现行建筑施工规范大全

（含条文说明）
第 4 册
材料及应用·检测技术
本社编

中国建筑工业出版社

图书在版编目（CIP）数据

现行建筑施工规范大全(含条文说明). 第 4 册　材料及应用·检测技
术/本社编. —北京：中国建筑工业出版社，2014.2
ISBN 978-7-112-16110-2

Ⅰ.①现…　Ⅱ.①本…　Ⅲ.①建筑工程-工程施工-建筑规范-中国
Ⅳ.①TU711

中国版本图书馆 CIP 数据核字（2013）第 270404 号

责任编辑：丁洪良　李翰伦
责任校对：党　蕾

现行建筑施工规范大全

（含条文说明）

第 4 册

材料及应用·检测技术

本社编

*

中国建筑工业出版社出版、发行（北京西郊百万庄）

各地新华书店、建筑书店经销

北京红光制版公司制版

北京中科印刷有限公司印刷

*

开本：787×1092 毫米　1/16　印张：128¾　字数：4634 千字
2014 年 7 月第一版　　2014 年 7 月第一次印刷
定价：**282.00** 元
ISBN 978-7-112-16110-2
（24882）

出 版 说 明

　　《现行建筑设计规范大全》、《现行建筑结构规范大全》、《现行建筑施工规范大全》缩印本（以下简称《大全》），自 1994 年 3 月出版以来，深受广大建筑设计、结构设计、工程施工人员的欢迎。2006 年我社又出版了与《大全》配套的三本《条文说明大全》。但是，随着科研、设计、施工、管理实践中客观情况的变化，国家工程建设标准主管部门不断地进行标准规范制订、修订和废止的工作。为了适应这种变化，我社将根据工程建设标准的变更情况，适时地对《大全》缩印本进行调整、补充，以飨读者。

　　鉴于上述宗旨，我社近期组织编辑力量，全面梳理现行工程建设国家标准和行业标准，参照工程建设标准体系，结合专业特点，并在认真调查研究和广泛征求读者意见的基础上，对 2009 年出版的设计、结构、施工三本《大全》和配套的三本《条文说明大全》进行了重大修订。

　　新版《大全》将《条文说明大全》和原《大全》合二为一，即像规范单行本一样，把条文说明附在每个规范之后，这样做的目的是为了更加方便读者理解和使用规范。

　　由于规范品种越来越多，《大全》体量愈加庞大，本次修订后决定按分册出版，一是可以按需购买，二是检索、携带方便。

　　《现行建筑设计规范大全》分 4 册，共收录标准规范 193 本。

　　《现行建筑结构规范大全》分 4 册，共收录标准规范 168 本。

　　《现行建筑施工规范大全》分 5 册，共收录标准规范 304 本。

　　需要特别说明的是，由于标准规范处在一个动态变化的过程中，而且出版社受出版发行规律的限制，不可能在每次重印时对《大全》进行修订，所以在全面修订前，《大全》中有可能出现某些标准规范没有替换和修订的情况。为使广大读者放心地使用《大全》，我社在网上提供查询服务，读者可登录我社网站查询相关标准规范的制订、全面修订、局部修订等信息。

为不断提高《大全》质量、更加方便查阅，我们期待广大读者在使用新版《大全》后，给予批评、指正，以便我们改进工作。请随时登录我社网站，留下宝贵的意见和建议。

中国建筑工业出版社

2013 年 10 月

欲查询《大全》中规范变更情况，或有意见和建议：请登录中国建筑出版在线网站(book. cabplink. com)。登录方法见封底。

目　　录

7　材料及应用

8 检 测 技 术

附：总目录

7

材 料 及 应 用

中华人民共和国国家标准

普通混凝土拌合物性能试验方法标准

Standard for test method of performance
on ordinary fresh concrete

GB/T 50080—2002

批准部门：中华人民共和国建设部
施行日期：２００３年６月１日

中华人民共和国建设部
公　告

第 103 号

建设部关于发布国家标准《普通混凝土拌合物性能试验方法标准》的公告

现批准《普通混凝土拌合物性能试验方法标准》为国家标准，编号为 GB/T 50080—2002，自 2003 年 6 月 1 日起实施。原《普通混凝土拌合物性能试验方法》GBJ 80—85 同时废止。

本标准由建设部标准定额研究所组织中国建筑工业出版社出版发行。

2003 年 1 月 10 日

前　言

根据建设部《根据 1998 年工程建设国家标准制定、修订计划的通知》（建标［1998］94 号）的要求，标准组在广泛调研、认真总结实践经验、参考国外先进标准、广泛征求意见的基础上，对原国家标准《普通混凝土拌合物性能试验方法》GBJ 80—85 进行了修订。

本标准的主要技术内容有：1　总则；2　拌合物取样及试样的制备；3　稠度试验；4　凝结时间试验；5　泌水与压力泌水试验；6　拌合物表观密度试验；7　拌合物含气量试验；8　配合比分析试验；附录 A　增实因数法。

修订的主要内容是：1. 删除原标准中水压法测量混凝土含气量的试验方法；2. 对原标准中其他试验方法从技术上加以修订，使其更适用、完善；3. 由于混凝土技术的发展，增加了坍落扩展度试验、凝结时间试验、泌水与压力泌水试验、增实因数法试验；4. 原标准中的"混凝土拌合物水灰比分析"由只能分析水灰比扩展成能分析配合比四大组分的较实用的试验方法；5. 对试验仪器设备提出了标准化要求；6. 增加了试验报告应包括的内容等。

本规范将来可能需要进行局部修订，有关局部修订的信息和条文内容将刊登在《工程建设标准化》杂志上。

本规范由建设部负责管理，中国建筑科学研究院负责具体技术内容的解释。

为提高规范质量，请各单位在执行本规范过程中，结合工程实践，认真总结经验，并将意见和建议寄交北京市北三环东路 30 号中国建筑科学研究院标准研究中心国家标准《普通混凝土拌合物性能试验方法标准》管理组（邮政编码：100013，E-mail：jgbz-cabr@ vip. sina. com）。

本标准编制单位和主要起草人名单

主 编 单 位：中国建筑科学研究院

参 编 单 位：清华大学
同济大学材料科学与工程学院
湖南大学
铁道部产品质量监督检验中心
贵州中建建筑科研设计院
中国建筑材料科学研究院
杭州应用工程学院
上海建筑科学研究院
济南试金集团有限公司

主要起草人：戎君明　李可长　黄小平　姚　燕
杨　静　李启令　黄政宇　钟美秦
林力勋　李家康　顾政民　陶立英

目　次

1 总 则

1.0.1 为进一步规范混凝土试验方法，提高混凝土试验精度和试验水平，并在检验或控制混凝土工程或预制混凝土构件的质量时，有一个统一的混凝土拌合物性能试验方法，制定本标准。

1.0.2 本标准适用于建筑工程中的普通混凝土拌合物性能试验，包括取样及试样制备、稠度试验、凝结时间试验、泌水与压力泌水试验、表观密度试验、含气量试验和配合比分析试验。

1.0.3 按本标准的试验方法所做的试验，试验报告应包括下列内容：

    1 委托单位提供的内容：

    1）委托单位名称；

    2）工程名称及施工部位；

    3）要求检测的项目名称；

    4）原材料的品种、规格和产地以及混凝土配合比；

    5）要说明的其他内容。

    2 检测单位提供的内容：

    1）试样编号；

    2）试验日期及时间；

    3）仪器设备的名称、型号及编号；

    4）环境温度和湿度；

    5）原材料的品种、规格、产地和混凝土配合比及其相应的试验编号；

    6）搅拌方式；

    7）混凝土强度等级；

    8）检测结果；

    9）要说明的其他内容。

1.0.4 普通混凝土拌合物性能试验方法，除应符合本标准的规定外，尚应按现行国家强制性标准中的有关规定的要求执行。

2 取样及试样的制备

2.1 取 样

2.1.1 同一组混凝土拌合物的取样应从同一盘混凝土或同一车混凝土中取样。取样量应多于试验所需量的 1.5 倍，且宜不小于 20L。

2.1.2 混凝土拌合物的取样应具有代表性，宜采用多次采样的方法。一般在同一盘混凝土或同一车混凝土中的约 1/4 处、1/2 处和 3/4 之间分别取样，从第一次取样到最后一次取样不宜超过 15min，然后人工搅拌均匀。

2.1.3 从取样完毕到开始做各项性能试验不宜超过 5min。

2.2 试样的制备

2.2.1 在试验室制备混凝土拌合物时，拌合时试验室的温度应保持在 20±5℃，所用材料的温度应与试验室温度保持一致。

    注：需要模拟施工条件下所用的混凝土时，所用原材料的温度宜与施工现场保持一致。

2.2.2 试验室拌合混凝土时，材料用量应以质量计。称量精度：骨料为 ±1%；水、水泥、掺合料、外加剂均为 ±0.5%。

2.2.3 混凝土拌合物的制备应符合《普通混凝土配合比设计规程》JGJ 55 中的有关规定。

2.2.4 从试样制备完毕到开始做各项性能试验不宜超过 5min。

2.3 试 验 记 录

2.3.1 取样记录应包括下列内容：

    1 取样日期和时间；

    2 工程名称、结构部位；

    3 混凝土强度等级；

    4 取样方法；

    5 试样编号；

    6 试样数量；

    7 环境温度及取样的混凝土温度。

2.3.2 在试验室制备混凝土拌合物时，除应记录以上内容外，还应记录下列内容：

    1 试验室温度；

    2 各种原材料品种、规格、产地及性能指标；

    3 混凝土配合比和每盘混凝土的材料用量。

3 稠 度 试 验

3.1 坍落度与坍落扩展度法

3.1.1 本方法适用于骨料最大粒径不大于 40mm、坍落度不小于 10mm 的混凝土拌合物稠度测定。

3.1.2 坍落度与坍落扩展度试验所用的混凝土坍落度仪应符合《混凝土坍落度仪》JG 3021 中有关技术要求的规定。

3.1.3 坍落度与坍落扩展度试验应按下列步骤进行：

    1 湿润坍落度筒及底板，在坍落度筒内壁和底板上应无明水。底板应放置在坚实水平面上，并把筒放在底板中心，然后用脚踩住二边的脚踏板，坍落度筒在装料时应保持固定的位置。

    2 把按要求取得的混凝土试样用小铲分三层均匀地装入筒内，使捣实后每层高度为筒高的三分之一左右。每层用捣棒插捣 25 次。插捣应沿螺旋方向由外向中心进行，各次插捣应在截面上均匀分布。插捣筒边混凝土时，捣棒可以稍稍倾斜。插捣底层时，捣棒应贯穿整个深度，插捣第二层和顶层时，捣棒应插透本层至下一层的表面；浇灌顶层时，混凝土应灌到高出筒口。插捣过程中，如混凝土沉落到低于筒口，则应随时添加。顶层插捣完后，刮去多余的混凝土，并用抹刀抹平。

3 清除筒边底板上的混凝土后，垂直平稳地提起坍落度筒。坍落度筒的提离过程应在 5 ～10s 内完成；从开始装料到提坍落度筒的整个过程应不间断地进行，并应在 150s 内完成。

4 提起坍落度筒后，测量筒高与坍落后混凝土试体最高点之间的高度差，即为该混凝土拌合物的坍落度值；坍落度筒提离后，如混凝土发生崩坍或一边剪坏现象，则应重新取样另行测定；如第二次试验仍出现上述现象，则表示该混凝土和易性不好，应予记录备查。

5 观察坍落后的混凝土试体的黏聚性及保水性。黏聚性的检查方法是用捣棒在已坍落的混凝土锥体侧面轻轻敲打，此时如果锥体逐渐下沉，则表示黏聚性良好，如果锥体倒塌、部分崩裂或出现离析现象，则表示黏聚性不好。保水性以混凝土拌合物稀浆析出的程度来评定，坍落度筒提起后如有较多的稀浆从底部析出，锥体部分的混凝土也因失浆而骨料外露，则表明此混凝土拌合物的保水性能不好；如坍落度筒提起后无稀浆或仅有少量稀浆自底部析出，则表示此混凝土拌合物保水性良好。

6 当混凝土拌合物的坍落度大于 220mm 时，用钢尺测量混凝土扩展后最终的最大直径和最小直径，在这两个直径之差小于 50mm 的条件下，用其算术平均值作为坍落扩展度值；否则，此次试验无效。

如果发现粗骨料在中央集堆或边缘有水泥浆析出，表示此混凝土拌合物抗离析性不好，应予记录。

3.1.4 混凝土拌合物坍落度和坍落扩展度值以毫米为单位，测量精确至 1mm，结果表达修约至 5mm。

3.1.5 混凝土拌合物稠度试验报告内容除应包括本标准第 1.0.3 条的内容外，尚应报告混凝土拌合物坍落度值或坍落扩展度值。

3.2 维勃稠度法

3.2.1 本方法适用于骨料最大粒径不大于 40mm，维勃稠度在 5～30s 之间的混凝土拌合物稠度测定。坍落度不大于 50mm 或干硬性混凝土和维勃稠度大于 30s 的特干硬性混凝土拌合物的稠度可采用附录 A 增实因数法来测定。

3.2.2 维勃稠度试验所用维勃稠度仪应符合《维勃稠度仪》JG 3043 中技术要求的规定。

3.2.3 维勃稠度试验应按下列步骤进行：

1 维勃稠度仪应放置在坚实水平面上，用湿布把容器、坍落度筒、喂料斗内壁及其他用具润湿；

2 将喂料斗提到坍落度筒上方扣紧，校正容器

位置，使其中心与喂料中心重合，然后拧紧固定螺丝；

3 把按要求取样或制作的混凝土拌合物试样用小铲分三层经喂料斗均匀地装入筒内，装料及插捣的方法应符合第 3.1.3 条中第 2 款的规定；

4 把喂料斗转离，垂直地提起坍落度筒，此时应注意不使混凝土试体产生横向的扭动；

5 把透明圆盘转到混凝土圆台体顶面，放松测杆螺钉，降下圆盘，使其轻轻接触到混凝土顶面；

6 拧紧定位螺钉，并检查测杆螺钉是否已经完全放松；

7 在开启振动台的同时用秒表计时，当振动到透明圆盘的底面被水泥浆布满的瞬间停止计时，并关闭振动台。

3.2.4 由秒表读出时间即为该混凝土拌合物的维勃稠度值，精确至 1s。

3.2.5 混凝土拌合物稠度试验报告内容除应包括本标准第 1.0.3 条的内容外，尚应报告混凝土拌合物维勃稠度值。

4 凝结时间试验

4.0.1 本方法适用于从混凝土拌合物中筛出的砂浆用贯入阻力法来确定坍落度值不为零的混凝土拌合物凝结时间的测定。

4.0.2 贯入阻力仪应由加荷装置、测针、砂浆试样筒和标准筛组成，可以是手动的，也可以是自动的。贯入阻力仪应符合下列要求：

1 加荷装置：最大测量值应不小于 1000N，精度为 ±10N；

2 测针：长为 100mm，承压面积为 100mm²、50mm² 和 20mm² 三种测针；在距贯入端 25mm 处刻有一圈标记；

3 砂浆试样筒：上口径为 160mm，下口径为 150mm，净高为 150mm 刚性不透水的金属圆筒，并配有盖子；

4 标准筛：筛孔为 5mm 的符合现行国家标准《试验筛》GB/T 6005 规定的金属圆孔筛。

4.0.3 凝结时间试验应按下列步骤进行：

1 应从按本标准第 2 章制备或现场取样的混凝土拌合物试样中，用 5mm 标准筛筛出砂浆，每次应筛净，然后将其拌合均匀。将砂浆一次分别装入三个试样筒中，做三个试验。取样混凝土坍落度不大于 70mm 的混凝土宜用振动台振实砂浆；取样混凝土坍落度大于 70mm 的宜用捣棒人工捣实。用振动台振实砂浆时，振动应持续到表面出浆为止，不得过振；用捣棒人工捣实时，应沿螺旋方向由外向中心均匀插捣 25 次，然后用橡皮锤轻轻敲打筒壁，直至插捣孔消失为止。振实或插捣后，砂浆表面应低于砂浆试样筒

口约 10mm；砂浆试样筒应立即加盖。

2 砂浆试样制备完毕，编号后置置于温度为 20±2℃ 的环境中或现场同条件下待试，并在以后的整个测试过程中，环境温度应始终保持 20±2℃。现场同条件测试时，应与现场条件保持一致。在整个测试过程中，除在吸取泌水或进行贯入试验外，试样筒应始终加盖。

3 凝结时间测定从水泥与水接触瞬间开始计时。根据混凝土拌合物的性能，确定测针试验时间，以后每隔 0.5h 测试一次，在临近初、终凝时可增加测定次数。

4 在每次测试前 2min，将一片 20mm 厚的垫块垫入筒底一侧使其倾斜，用吸管吸去表面的泌水，吸水后平稳地复原。

5 测试时将砂浆试样筒置于贯入阻力仪上，测针端部与砂浆表面接触，然后在 10±2s 内均匀地使测针贯入砂浆 25±2mm 深度，记录贯入压力，精确至 10N；记录测试时间，精确至 1min；记录环境温度，精确至 0.5℃。

6 各测点的间距应大于测针直径的两倍且不小于 15mm，测点与试样筒壁的距离应不小于 25mm。

7 贯入阻力测试在 0.2~28MPa 之间应至少进行 6 次，直至贯入阻力大于 28MPa 为止。

8 在测试过程中应根据砂浆凝结状况，适时更换测针，更换测针宜按表 4.0.3 选用。

表 4.0.3 测针选用规定表

贯入阻力（MPa）	0.2~3.5	3.5~20	20~28
测针面积（mm²）	100	50	20

4.0.4 贯入阻力的结果计算以及初凝时间和终凝时间的确定应按下述方法进行：

1 贯入阻力应按下式计算：

$$f_{PR} = \frac{P}{A} \qquad (4.0.4\text{-}1)$$

式中 f_{PR}——贯入阻力（MPa）；

P——贯入压力（N）；

A——测针面积（mm²）。

计算应精确至 0.1MPa。

2 凝结时间宜通过线性回归方法确定，是将贯入阻力 f_{PR} 和时间 t 分别取自然对数 $\ln(f_{PR})$ 和 $\ln(t)$，然后把 $\ln(f_{PR})$ 当作自变量，$\ln(t)$ 当作因变量作线性回归得到回归方程式：

$$\ln(t) = A + B\ln(f_{PR}) \qquad (4.0.4\text{-}2)$$

式中 t——时间（min）；

f_{PR}——贯入阻力（MPa）；

A、B——线性回归系数。

根据式 4.0.4-2 求得当贯入阻力为 3.5MPa 时为初凝时间 t_s，贯入阻力为 28MPa 时为终凝时间 t_e：

$$t_s = e^{(A+B\ln(3.5))} \qquad (4.0.4\text{-}3)$$

$$t_e = e^{(A+B\ln(28))} \qquad (4.0.4\text{-}4)$$

式中 t_s——初凝时间（min）；

t_e——终凝时间（min）；

A、B——式（4.0.4-2）中的线性回归系数。

凝结时间也可用绘图拟合方法确定，是以贯入阻力为纵坐标，经过的时间为横坐标（精确至 1min），绘制出贯入阻力与时间之间的关系曲线，以 3.5MPa 和 28MPa 划两条平行于横坐标的直线，分别与曲线相交的两个交点的横坐标即为混凝土拌合物的初凝和终凝时间。

3 用三个试验结果的初凝和终凝时间的算术平均值作为此次试验的初凝和终凝时间。如果三个测值的最大值或最小值中有一个与中间值之差超过中间值的 10% 时，则以中间值为试验结果；如果最大值和最小值与中间值之差均超过中间值的 10% 时，则此次试验无效。

凝结时间用 h：min 表示，并修约至 5min。

4.0.5 混凝土拌合物凝结时间试验报告内容除应包括本标准第 1.0.3 条的内容外，还应包括以下内容：

1 每次做贯入阻力试验时所对应的环境温度、时间、贯入压力、测针面积和计算出来的贯入阻力值。

2 根据贯入阻力和时间绘制的关系曲线。

3 混凝土拌合物的初凝和终凝时间。

4 其他应说明的情况。

5 泌水与压力泌水试验

5.1 泌 水 试 验

5.1.1 本方法适用于骨料最大粒径不大于 40mm 的混凝土拌合物泌水测定。

5.1.2 泌水试验所用的仪器设备应符合下列条件：

1 试样筒：符合本标准第 6.0.2 条中第 1 款、容积为 5L 的容量筒并配有盖子；

2 台秤：称量为 50kg、感量为 50g；

3 量筒：容量为 10mL、50mL、100mL 的量筒及吸管；

4 振动台：应符合《混凝土试验室用振动台》JG/T 3020 中技术要求的规定；

5 捣棒：应符合本标准第 3.1.2 条的要求。

5.1.3 泌水试验应按下列步骤进行：

1 应用湿布湿润试样筒内壁后立即称量，记录试样筒的质量。再将混凝土试样装入试样筒，混凝土的装料及捣实方法有两种：

1）方法 A：用振动台振实。将试样一次装入试样筒内，开启振动台，振动应持续到表面出浆为止，且应避免过振；并使混凝土拌合物表面低于试样筒筒口 30±3mm，用抹刀抹平。抹平后立即计时并称量，记录试样筒与试样的总质量。

2）方法 B：用捣棒捣实。采用捣棒捣实时，混凝土拌合物应分两层装入，每层的插捣次数应为 25 次；捣棒由边缘向中心均匀地插捣，插捣底层时捣棒应贯穿整个深度，插捣第二层时，捣棒应插透本层至下一层的表面；每一层捣完后用橡皮锤轻轻沿容量外壁敲打 5～10 次，进行振实，直至拌合物表面插捣孔消失并不见大气泡为止；并使混凝土拌合物表面低于试样筒筒口 30±3mm，用抹刀抹平。抹平后立即计时并称量，记录试样筒与试样的总质量。

2 在以下吸取混凝土拌合物表面泌水的整个过程中，应使试样筒保持水平、不受振动；除了吸水操作外，应始终盖好盖子；室温应保持在 20±2℃。

3 从计时开始后 60min 内，每隔 10min 吸取 1 次试样表面渗出的水。60min 后，每隔 30min 吸 1 次水，直至认为不再泌水为止。为了便于吸水，每次吸水前 2min，将一片 35mm 厚的垫块垫入筒底一侧使其倾斜，吸水后平稳地复原。吸出的水放入量筒中，记录每次吸水的水量并计算累计水量，精确至 1mL。

5.1.4 泌水量和泌水率的结果计算及其确定应按下列方法进行：

1 泌水量应按下式计算：

$$B_a = \frac{V}{A} \qquad (5.1.4-1)$$

式中 B_a——泌水量（mL/mm²）；

V——最后一次吸水后累计的泌水量（mL）；

A——试样外露的表面面积（mm²）；

计算应精确至 0.01mL/mm²。泌水量取三个试样测值的平均值。三个测值中的最大值或最小值，如果有一个与中间值之差超过中间值的 15%，则以中间值为试验结果；如果最大值和最小值与中间值之差均超过中间值的 15% 时，则此次试验无效。

2 泌水率应按下式计算：

$$B = \frac{V_W}{(W/G)G_W} \times 100 \qquad (5.1.4-2)$$

$$G_W = G_1 - G_0 \qquad (5.1.4-3)$$

式中 B——泌水率（%）；

V_W——泌水总量（mL）；

G_W——试样质量（g）；

W——混凝土拌合物总用水量（mL）；

G——混凝土拌合物总质量（g）；

G_1——试样筒及试样总质量（g）；

G_0——试样筒质量（g）。

计算应精确至 1%。泌水率取三个试样测值的平均值。三个测值中的最大值或最小值，如果有一个与中间值之差超过中间值的 15%，则以中间值为试验结果；如果最大值和最小值与中间值之差均超过中间值的 15% 时，则此次试验无效。

5.1.5 混凝土拌合物泌水试验记录及其报告内容除应满足本标准第 1.0.3 条要求外，还应包括以下内容：

1 混凝土拌合物总用水量和总质量；

2 试样筒质量；

3 试样筒和试样的总质量；

4 每次吸水时间和对应的吸水量；

5 泌水量和泌水率。

5.2 压力泌水试验

5.2.1 本方法适用于骨料最大粒径不大于 40mm 的混凝土拌合物压力泌水测定。

5.2.2 压力泌水试验所用的仪器设备应符合下列条件：

1 压力泌水仪：其主要部件包括压力表、缸体、工作活塞、筛网等（图 5.2.2）。压力表最大量程 6MPa，最小分度值不大于 0.1MPa；缸体内径 125±0.02mm，内高 200±0.2mm；工作活塞压强为 3.2MPa，公称直径为 125mm；筛网孔径为 0.315mm。

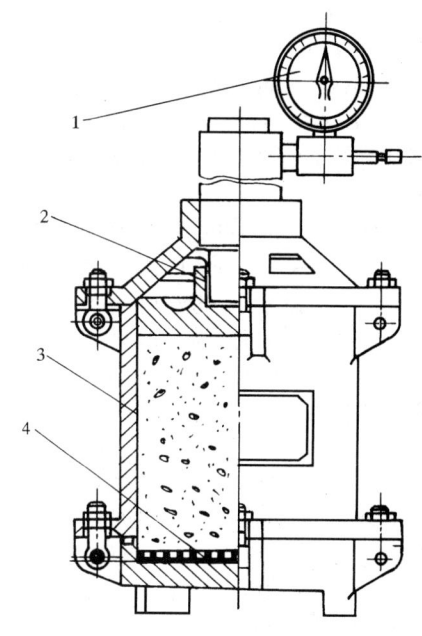

图 5.2.2 压力泌水仪

1—压力表；2—工作活塞；3—缸体；4—筛网

2 捣棒：符合本规程第 3.1.2 条的规定。

3 量筒：200mL 量筒。

5.2.3 压力泌水试验应按以下步骤进行：

1 混凝土拌合物应分两层装入压力泌水仪的缸体容器内，每层的插捣次数应为 20 次。捣棒由边缘向中心均匀地插捣，插捣底层时捣棒应贯穿整个深度，插捣第二层时，捣棒应插透本层至下一层的表面；每一层捣完后用橡皮锤轻轻沿容器外壁敲打 5～10 次，进行振实，直至拌合物表面插捣孔消失并不见大气泡为止；并使拌合物表面低于容器口以下约 30mm 处，用抹刀将表面抹平。

2 将容器外表擦干净，压力泌水仪按规定安装完毕后应立即给混凝土试样施加压力至 3.2MPa，并打开泌水阀门同时开始计时，保持恒压，泌出的水接入 200mL 量筒里；加压至 10s 时读取泌水量 V_{10}，加压至 140s 时读取泌水量 V_{140}。

5.2.4 压力泌水率应按下式计算：

$$B_V = \frac{V_{10}}{V_{140}} \times 100 \qquad (5.2.4)$$

式中　B_V——压力泌水率（%）；

　　　V_{10}——加压至 10s 时的泌水量（mL）；

　　　V_{140}——加压至 140s 时的泌水量（mL）。

压力泌水率的计算应精确至 1%。

5.2.5 混凝土拌合物压力泌水试验报告内容除应包括本标准第 1.0.3 条的内容外，还应包括以下内容：

1 加压至 10s 时的泌水量 V_{10}，和加压至 140s 时的泌水量 V_{140}；

2 压力泌水率。

6　表观密度试验

6.0.1 本方法适用于测定混凝土拌合物捣实后的单位体积质量（即表观密度）。

6.0.2 混凝土拌合物表观密度试验所用的仪器设备应符合下列规定：

1 容量筒：金属制成的圆筒，两旁装有提手。对骨料最大粒径不大于 40mm 的拌合物采用容积为 5L 的容量筒，其内径与内高均为 186±2mm，筒壁厚为 3mm；骨料最大粒径大于 40mm 时，容量筒的内径与内高均应大于骨料最大粒径的 4 倍。容量筒上缘及内壁应光滑平整，顶面与底面应平行并与圆柱体的轴垂直。

容量筒容积应予以标定，标定方法可采用一块能覆盖住容量筒顶面的玻璃板，先称出玻璃板和空桶的质量，然后向容量筒中灌入清水，当水接近上口时，一边不断加水，一边把玻璃板沿筒口徐徐推入盖严，应注意使玻璃板下不带入任何气泡；然后擦净玻璃板面及筒壁外的水分，将容量筒连同玻璃板放在台称上称其质量；两次质量之差（kg）即为容量筒的容积 L；

2 台秤：称量 50kg，感量 50g；

3 振动台：应符合《混凝土试验室用振动台》JG/T 3020 中技术要求的规定；

4 捣棒：应符合规程第 3.1.2 条的规定。

6.0.3 混凝土拌合物表观密度试验应按以下步骤进行：

1 用湿布把容量筒内外擦干净，称出容量筒质量，精确至 50g。

2 混凝土的装料及捣实方法应根据拌合物的稠度而定。坍落度不大于 70mm 的混凝土，用振动台振实为宜；大于 70mm 的用捣棒捣实为宜。采用捣棒捣实时，应根据容量筒的大小决定分层与插捣次数：用 5L 容量筒时，混凝土拌合物应分两层装入，每层的插捣次数应为 25 次；用大于 5L 的容量筒时，每层混凝土的高度不应大于 100mm，每层插捣次数应按每 10000mm^2 截面不小于 12 次计算。各次插捣应由边缘向中心均匀地插捣，插捣底层时捣棒应贯穿整个深度，插捣第二层时，捣棒应插透本层至下一层的表面；每一层捣完后用橡皮锤轻轻沿容器外壁敲打 5～10 次，进行振实，直至拌合物表面插捣孔消失并不见大气泡为止。

采用振动台振实时，应一次将混凝土拌合物灌到高出容量筒口。装料时可用捣棒稍加插捣，振动过程中如混凝土低于筒口，应随时添加混凝土，振动直至表面出浆为止。

3 用刮尺将筒口多余的混凝土拌合物刮去，表面如有凹陷应填平；将容量筒外壁擦净，称出混凝土试样与容量筒总质量，精确至 50g。

6.0.4 混凝土拌合物表观密度的计算应按下式计算：

$$\gamma_h = \frac{W_2 - W_1}{V} \times 1000 \qquad (6.0.4)$$

式中　γ_h——表观密度（kg/m^3）；

　　　W_1——容量筒质量（kg）；

　　　W_2——容量筒和试样总质量（kg）；

　　　V——容量筒容积（L）。

试验结果的计算精确至 10kg/m^3。

6.0.5 混凝土拌合物表观密度试验报告内容除应包括本标准第 1.0.3 条的内容外，还应包括以下内容：

1 容量筒质量和容积；

2 容量筒和混凝土试样总质量；

3 混凝土拌合物的表观密度。

7　含气量试验

7.0.1 本方法适于骨料最大粒径不大于 40mm 的混凝土拌合物含气量测定。

7.0.2 含气量试验所用设备应符合下列规定：

1 含气量测定仪：如图 7.0.2 所示，由容器及盖体两部分组成。容器：应由硬质、不易被水泥浆腐蚀的金属制成，其内表面粗糙度不应大于 3.2μm，内径应与深度相等，容积为 7L。盖体：应用与容器相同的材料制成。盖体部分应包括有气室、水找平室、加水阀、排水阀、操作阀、进气阀、排气阀及压力表。压力表的量程为 0～0.25MPa，精度为 0.01MPa。容器及盖体之间应设置密封垫圈，用螺栓连接，连接处不得有空气存留，并保证密闭；

2 捣棒：应符合本规程第 3.1.2 条的规定；

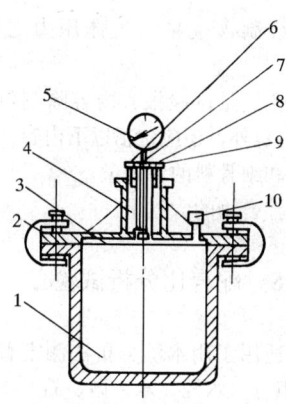

图 7.0.2 含气量测定仪
1—容器；2—盖体；3—水找平室；4—
气室；5—压力表；6—排气阀；7—操
作阀；8—排水阀；9—进气阀；
10—加水阀

3 振动台：应符合《混凝土试验室用振动台》
JG/T 3020 中技术要求的规定。

4 台秤：称量 50kg，感量 50g；

5 橡皮锤：应带有质量约 250g 的橡皮锤头。

7.0.3 在进行拌合物含气量测定之前，应先按下列
步骤测定拌合物所用骨料的含气量：

1 应按下式计算每个试样中粗、细骨料的质量：

$$m_g = \frac{V}{1000} \times m'_g \qquad (7.0.3-1)$$

$$m_s = \frac{V}{1000} \times m'_s \qquad (7.0.3-2)$$

式中 m_g、m_s——分别为每个试样中的粗、细骨料
质量（kg）；

m'_g、m'_s——分别为每立方米混凝土拌合物中
粗、细骨料质量（kg）；

V——含气量测定仪容器容积（L）。

2 在容器中先注入 1/3 高度的水，然后把通过
40mm 网筛的质量为 m_g、m_s 的粗、细骨料称好、拌
匀，慢慢倒入容器。水面每升高 25mm 左右，轻轻插
捣 10 次，并略予搅动，以排除夹杂进去的空气，加
料过程中应始终保持水面高出骨料的顶面；骨料全部
加入后，应浸泡约 5min，再用橡皮锤轻敲容器外壁，
排净气泡，除去水面泡沫，加水至满，擦净容器上口
边缘；装好密封圈，加盖拧紧螺栓；

3 关闭操作阀和排气阀，打开排水阀和加水阀，
通过加水阀，向容器内注入水，当排水阀流出的水流
不含气泡时，在注水的状态下，同时关闭加水阀和排
水阀；

4 开启进气阀，用气泵向气室内注入空气，使
气室内的压力略大于 0.1MPa，待压力表显示值稳
定；微开排气阀，调整压力至 0.1MPa，然后关紧排
气阀；

5 开启操作阀，使气室里的压缩空气进入容器，

待压力表显示值稳定后记录示值 P_{g1}，然后开启排气
阀，压力仪表示值应回零；

6 重复以上第 7.0.3 条第 4 款和第 7.0.3 条第 5
款的试验，对容器内的试样再检测一次记录表值 P_{g2}；

7 若 P_{g1} 和 P_{g2} 的相对误差小于 0.2% 时，则取
P_{g1} 和 P_{g2} 的算术平均值，按压力与含气量关系曲线
（见本标准第 7.0.6 条第 2 款）查得骨料的含气量
（精确 0.1%）；若不满足，则应进行第三次试验。测
得压力值 P_{g3}（MPa）。当 P_{g3} 与 P_{g1}、P_{g2} 中较接近一
个值的相对误差不大于 0.2% 时，则取此二值的算术
平均值。当仍大于 0.2% 时，则此次试验无效，应
重做。

7.0.4 混凝土拌合物含气量试验应按下列步骤进行：

1 用湿布擦净容器和盖的内表面，装入混凝土
拌合物试样；

2 捣实可采用手工或机械方法。当拌合物坍落
度大于 70mm 时，宜采用手工插捣，当拌合物坍落度
不大于 70mm 时，宜采用机械振捣，如振动台或插入
或振捣器等；

用捣棒捣实时，应将混凝土拌合物分 3 层装入，
每层捣实后高度约为 1/3 容器高度；每层装料后由边
缘向中心均匀地插捣 25 次，捣棒应插透本层高度，
再用木锤沿容器外壁重击 10～15 次，使插捣留下的
插孔填满。最后一层装料应避免过满；

采用机械捣实时，一次装入捣实后体积为容器容
量的混凝土拌合物，装料时可用捣棒稍加插捣，振实
过程中如拌合物低于容器口，应随时添加；振动至混
凝土表面平整、表面出浆即止，不得过度振捣；

若使用插入式振动器捣实，应避免振动器触及容
器内壁和底面；

在施工现场测定混凝土拌合物含气量时，应采用
与施工振动频率相同的机械方法捣实；

3 捣实完毕后立即用刮尺刮平，表面如有凹陷
应予填平抹光；

如需同时测定拌合物表观密度时，可在此时称量
和计算；

然后在正对操作阀孔的混凝土拌合物表面贴一小
片塑料薄膜，擦净容器上口边缘，装好密封垫圈，加
盖并拧紧螺栓；

4 关闭操作阀和排气阀，打开排水阀和加水阀，
通过加水阀，向容器内注入水，当排水阀流出的水流
不含气泡时，在注水的状态下，同时关闭加水阀和排
水阀；

5 然后开启进气阀，用气泵注入空气至气室内
压力略大于 0.1MPa，待压力示值仪表示值稳定后，
微微开启排气阀，调整压力至 0.1MPa，关闭排气
阀；

6 开启操作阀，待压力示值仪稳定后，测得压
力值 P_{01}（MPa）；

7 开启排气阀，压力仪示值回零；重复上述 5 至 6 的步骤，对容器内试样再测一次压力值 P_{02} (MPa)；

8 若 P_{01} 和 P_{02} 的相对误差小于 0.2% 时，则取 P_{01}、P_{02} 的算术平均值，按压力与含气量关系曲线查得含气量 A_0（精确至 0.1%）；若不满足，则应进行第三次试验，测得压力值 P_{03} (MPa)。当 P_{03} 与 P_{01}、P_{02} 中较接近一个值的相对误差不大于 0.2% 时，则取此二值的算术平均值查得 A_0；当仍大于 0.2%，此次试验无效。

7.0.5 混凝土拌合物含气量应按下式计算：

$$A = A_0 - A_g \qquad (7.0.5)$$

式中　A——混凝土拌合物含气量（%）；

A_0——两次含气量测定的平均值（%）；

A_g——骨料含气量（%）。

计算精确至 0.1%。

7.0.6 含气量测定仪容器容积的标定及率定应按下列规定进行：

1 容器容积的标定按下列步骤进行：

1）擦净容器，并将含气量仪全部安装好，测定含气量仪的总质量，测量精确至 50g；

2）往容器内注水至上缘，然后将盖体安装好，关闭操作阀和排气阀，打开排水阀和加水阀，通过加水阀，向容器内注入水，当排水阀流出的水流不含气泡时，在注水的状态下，同时关闭加水阀和排水阀，再测定其总质量；测量精确至 50g；

3）容器的容积应按下式计算：

$$V = \frac{m_2 - m_1}{\rho_w} \times 1000 \qquad (7.0.6)$$

式中　V——含气量仪的容积（L）；

m_1——干燥含气量仪的总质量（kg）；

m_2——水、含气量仪的总质量（kg）；

ρ_w——容器内水的密度（kg/m³）。

计算应精确至 0.01L。

2 含气量测定仪的率定按下列步骤进行：

1）按第 7.0.4 条中第 5 条至第 8 条的操作步骤测得含气量为 0 时的压力值；

2）开启排气阀，压力示值器示值回零；关闭操作阀和排气阀，打开排水阀，在排水阀口用量筒接水；用气泵缓缓地向气室内打气，当排出的水恰好是含气量仪体积的 1% 时。按上述步骤测得含气量为 1% 时的压力值；

3）如此继续测取含气量分别为 2%、3%、4%、5%、6%、7%、8% 时的压力值；

4）以上试验均应进行两次，各次所测压力值均应精确至 0.01MPa；

5）对以上的各次试验均应进行检验，其相对误差均应小于 0.2%；否则应重新率定；

6）据此检验以上含气量 0、1%、…、8% 共 9 次

的测量结果，绘制含气量与气体压力之间的关系曲线。

7.0.7 气压法含气量试验报告内容除应包括本标准第 1.0.3 条的内容外，还应包括以下内容：

1 粗骨料和细骨料的含气量；

2 混凝土拌合物的含气量。

8　配合比分析试验

8.0.1 本方法适用于用水洗分析法测定普通混凝土拌合物中四大组分（水泥、水、砂、石）的含量，但不适用于骨料含泥量波动较大以及用特细砂、山砂和机制砂配制的混凝土。

8.0.2 混凝土拌合物配合比水洗分析法使用的设备应符合下列规定：

1 广口瓶：容积为 2000mL 的玻璃瓶，并配有玻璃盖板；

2 台秤：称量 50kg、感量 50g 和称量 10kg、感量 5g 各一台；

3 托盘天平：称量 5kg，感量 5g；

4 试样筒：符合本标准第 6.0.2 条中第 1 款要求的容积为 5L 和 10L 的容量筒并配有玻璃盖板；

5 标准筛　孔径为 5mm 和 0.16mm 标准筛各一个。

8.0.3 在进行本试验前，应对下列混凝土原材料进行有关试验项目的测定：

1 水泥表观密度试验，按《水泥密度测定方法》GB/T 208 进行。

2 粗骨料、细骨料饱和面干状态的表观密度试验，按《普通混凝土用砂质量标准及检验方法》JGJ 52 和《普通混凝土用碎石或卵石质量标准及检验方法》JGJ 53 进行。

3 细骨料修正系数应按下述方法测定：

向广口瓶中注水至瓶口，再一边加水一边徐徐推进玻璃板，注意玻璃板下不带有任何气泡，盖严后擦净板面和广口瓶壁的余水，如玻璃板下有气泡，必须排除。测定广口瓶、玻璃板和水的总质量后，取具有代表性的两个细骨料试样，每个试样的质量为 2kg，精确到 5g。分别倒入盛水的广口瓶中，充分搅拌、排气后浸泡约半小时；然后向广口瓶中注水至瓶口，再一边加水一边徐徐推进玻璃板，注意玻璃板下不得带有任何气泡，盖严后擦净板面和瓶壁的余水，称得广口瓶、玻璃板、水和细粗骨料的总质量；则细骨料在水中的质量为：

$$m_{ys} = m_{ks} - m_p \qquad (8.0.3\text{-}1)$$

式中　m_{ys}——细骨料在水中的质量（g）；

m_{ks}——细骨料和广口瓶、水及玻璃板的总质量（g）；

m_p——广口瓶、玻璃板和水的总质量（g）；

应以两个试样试验结果的算术平均值作为测定值，计算应精确至1g。

然后用0.16mm的标准筛将细骨料过筛，用以上同样的方法测得大于0.16mm细骨料在水中的质量：

$$m_{ys1} = m_{ks1} - m_p \quad (8.0.3-2)$$

式中　m_{ys1}——大于0.16mm的细骨料在水中的质量（g）；

m_{ks1}——大于0.16mm的细骨料和广口瓶、水及玻璃板的总质量（g）；

m_p——广口瓶、玻璃板和水的总质量（g）。

应以两个试样试验结果的算术平均值作为测定值，计算应精确至1g。

细骨料修正系数为：

$$C_s = \frac{m_{ys}}{m_{ys1}} \quad (8.0.3-3)$$

式中　C_s——细骨料修正系数；

m_{ys}——细骨料在水中的质量（g）；

m_{ys1}——大于0.16mm的细骨料在的水中的质量（g）。

计算应精确至0.01。

8.0.4 混凝土拌合物的取样应符合下列规定：

1 混凝土拌合物的取样应按本标准第2章的规定进行。

2 当混凝土中粗骨料的最大粒径≤40mm时，混凝土拌合物的取样量≥20L，混凝土中粗骨料最大粒径＞40mm时，混凝土拌合物的取样量≥40L。

3 进行混凝土配合比分析时，当混凝土中粗骨料最大粒径≤40mm时，每份取12kg试样；当混凝土中粗骨料的最大粒径＞40mm时，每份取15kg试样。剩余的混凝土拌合物试样，按本标准第6章的规定，进行拌合物表观密度的测定。

8.0.5 水洗法分析混凝土配合比试验应按下列步骤进行：

1 整个试验过程的环境温度应在15～25℃之间，从最后加水至试验结束，温差不应超过2℃。

2 称取质量为m_0的混凝土拌合物试样，精确至50g并应符合本标准8.0.4条中的有关规定；然后按下式计算混凝土拌合物试样的体积；

$$V = \frac{m_0}{\rho} \quad (8.0.5-1)$$

式中　V——试样的体积（L）；

m_0——试样的质量（g）；

ρ——混凝土拌合物的表观密度（g/cm³）。

计算应精确至1g/cm³。

3 把试样全部移到5mm筛上水洗过筛，水洗时，要用水将筛上粗骨料仔细冲洗干净，粗骨料上不得粘有砂浆，筛下应备有不透水的底盘，以收集全部冲洗过筛的砂浆与水的混合物；称量洗净的粗骨料试样在饱和面干状态下在的质量m_g，粗骨料饱和面干

状态表观密度符号为ρ_g，单位g/cm³。

4 将全部冲洗过筛的砂浆与水的混合物全部移到试样筒中，加水至试样筒三分之二高度，用棒搅拌，以排除其中的空气；如水面上有不能破裂的气泡，可以加入少量的异丙醇试剂以消除气泡；让试样静止10min以使固体物质沉积于容器底部。加水至满，再一边加水一边徐徐推进玻璃板，注意玻璃板下不得带有任何气泡，盖严后应擦净板面和筒壁的余水。称出砂浆与水的混合物和试样筒、水及玻璃板的总质量。应按下式计算细砂浆的水中的质量：

$$m'_m = m_k - m_D \quad (8.0.5-2)$$

式中　m'_m——砂浆在水中的质量（g）；

m_k——砂浆与水的混合物和试样筒、水及玻璃板的总质量（g）；

m_D——试样筒、玻璃板和水的总质量（g）。

计算应精确至1g。

5 将试样筒中的砂浆与水的混合物在0.16mm筛上冲洗，然后将在0.16mm筛上洗净的细骨料全部移至广口瓶中，加水至满，再一边加水一边徐徐推进玻璃板，注意玻璃板下不得带有任何气泡，盖严后应擦净板面和瓶壁的余水；称出细骨料试样、试样筒、水及玻璃板总质量，应按下式计算细骨料在水中的质量：

$$m'_s = C_s(m_{cs} - m_p) \quad (8.0.5-3)$$

式中　m'_s——细骨料在水中的质量（g）；

C_s——细骨料修正系数；

m_{ks}——细骨料试样、广口瓶、水及玻璃板总质量（g）；

m_p——广口瓶、玻璃板和水的总质量（g）。

计算应精确至1g。

8.0.6 混凝土拌合物中四种组分的结果计算及确定应按下述方法进行：

1 混凝土拌合物试样中四种组分的质量应按以下公式计算：

1）试样中的水泥质量应按下式计算：

$$m_c = (m'_m - m'_s) \times \frac{\rho_c}{\rho_c - 1} \quad (8.0.6-1)$$

式中　m_c——试样中的水泥质量（g）；

m'_m——砂浆在水中的质量（g）；

m'_s——细骨料在水中的质量（g）；

ρ_c——水泥的表观密度（g/cm³）。

计算应精确至1g。

2）试样中细骨料的质量应按下式计算：

$$m_s = m'_s \times \frac{\rho_s}{\rho_s - 1} \quad (8.0.6-2)$$

式中　m_s——试样中细骨料的质量（g）；

m'_s——细骨料在水中的质量（g）；

ρ_s——处于饱和面干状态下的细骨料的表观密度（g/cm³）。

计算应精确至 1g。

3）试样中的水的质量应按下式计算：

$$m_w = m_o - (m_g + m_s + m_c) \quad (8.0.6\text{-}3)$$

式中　　　m_w——试样中的水的质量（g）；

m_o——拌合物试样质量（g）；

m_g、m_s、m_c——分别为试样中粗骨料、细骨料和水泥的质量（g）。

计算应精确至 1g。

4）混凝土拌合物试样中粗骨料的质量应按第 8.0.5 条中第 3 款得出的粗骨料饱和面干质量 m_g，单位 g。

2　混凝土拌合物中水泥、水、粗骨料、细骨料的单位用量，应按分别按下式计算：

$$C = \frac{m_c}{V} \times 1000 \quad (8.0.6\text{-}4)$$

$$W = \frac{m_w}{V} \times 1000 \quad (8.0.6\text{-}5)$$

$$G = \frac{m_g}{V} \times 1000 \quad (8.0.6\text{-}6)$$

$$S = \frac{m_s}{V} \times 1000 \quad (8.0.6\text{-}7)$$

式中　　C、W、G、S——分别为水泥、水、粗骨料、细骨料的单位用量（kg/m³）；

m_c、m_w、m_g、m_s——分别为试样中水泥、水、粗骨料、细骨料的质量（g）；

V——试样体积（L）。

以上计算应精确至 1kg/m³。

3　以两个试样试验结果的算术平均值作为测定值，两次试验结果差值的绝对值应符合下列规定：水泥：≤6kg/m³；水：≤4kg/m³；砂：≤20kg/m³；石：≤30kg/m³，否则此次试验无效。

8.0.7　混凝土拌合物水洗法分析试验报告内容除应包括本标准第 1.0.3 条的内容外，还应包括以下内容：

1　试样的质量；

2　水泥的表观密度；

3　粗骨料和细骨料的饱和面干状态的表观密度；

4　试样中水泥、水、细骨料和粗骨料的质量；

5　混凝土拌合物中水泥、水、粗骨料和细骨料的单位用量；

6　混凝土拌合物水灰比。

附录 A　增实因数法

A.0.1　本方法适用于骨料最大粒径不大于 40mm、增实因数大于 1.05 的混凝土拌合物稠度测定。

A.0.2　增实因数试验所用的仪器设备应符合下列条件：

1　跳桌：应符合《水泥胶砂流动度测定方法》GB 2419 中有关技术要求的规定。

2　台秤：称量 20kg，感量 20g；

3　圆筒：钢制，内径 150±0.2mm，高 300±0.2mm，连同提手共重 4.3±0.3kg，见图 A.0.2-1；

4　盖板：钢制，直径 146±0.1mm，厚 6±0.1mm，连同提手共重 830±20g，见图 A.0.2-1。

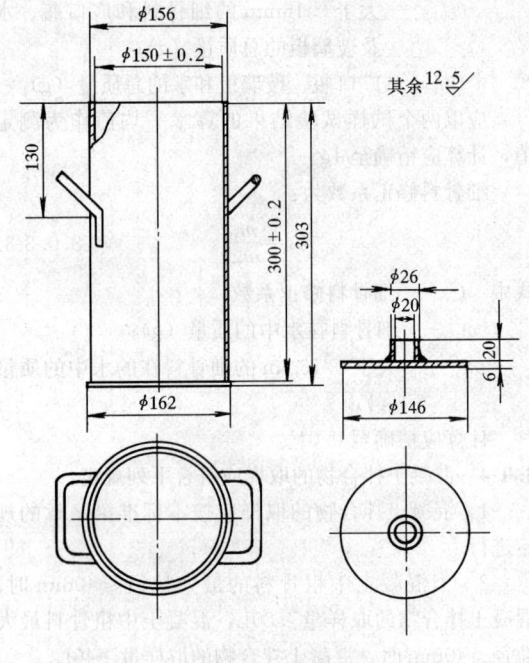

图 A.0.2-1　圆筒及盖板

5　量尺：刻度误差不大于 1%，见图 A.0.2-2。

A.0.3　增实因数试验用混凝土拌合物的质量应按下列方法之一确定：

1　当混凝土拌合物配合比及原材料的表观密度已知时，按下式确定混凝土拌合物的质量：

$$Q = 0.003 \times \frac{W + C + F + S + G}{\dfrac{W}{\rho_w} + \dfrac{C}{\rho_c} + \dfrac{F}{\rho_f} + \dfrac{S}{\rho_s} + \dfrac{G}{\rho_g}}$$

$$(A.0.3\text{-}1)$$

式中　　　Q——绝对体积为 3000mL 时混凝土拌合物的质量（kg）；

W, C, F, S, G——分别为水、水泥、掺合料、细骨料和粗骨料的质量（kg）；

ρ_w、ρ_c、ρ_f、ρ_s、ρ_g——分别为水、水泥，掺合料、细骨料和粗骨料的表观密度（kg/m³）。

2　当混凝土拌合物配合比及原材料的表观密度未知时，应按下述方法确定混凝土拌合物的质量：

先在圆筒内装入质量为 7.5kg 的混凝土拌合物，无需振实，将圆筒放在水平平台上，用量筒沿筒壁徐徐注水，并轻轻拍击筒壁，将拌合物中夹持的气泡排出，直至筒内水面与筒口平齐；记录注入圆筒中的水

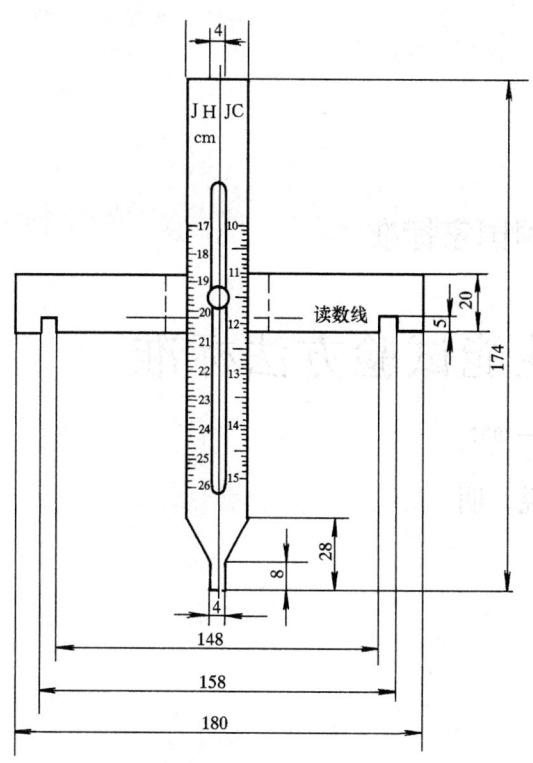

图 A.0.2-2　量尺

的体积,混凝土拌合物的质量应按下式计算:

$$Q=3000 \times \frac{7.5}{V-V_w} \times (1+A) \quad (A.0.3-2)$$

式中　Q——绝对体积为 3000mL 时混凝土拌
　　　　　合物的质量(kg);

　　　　V——圆筒的容积(mL);

　　　　V_w——注入圆筒中水的体积(mL);

　　　　A——混凝土含气量。

计算应精确至 0.05kg。

A.0.4　增实因数试验应按下列步骤进行:

　　1　将圆筒放在台秤上,用圆勺铲取混凝土拌合物,不加任何振动与扰动地装入圆筒,圆筒内混凝土拌合物的质量按本标准附录 A.0.3 条规定的方法确定后秤取;

　　2　用不吸水的小尺轻拨拌合物表面,使其大致成为一个水平面,然后将盖板轻放在拌合物上;

　　3　将圆筒轻轻移至跳桌台面中央,使跳桌台面以每秒一次的速度连续跳动 15 次;

　　4　将量尺的横尺置于筒口,使筒壁卡入横尺的凹槽中,滑动有刻度的竖尺,将竖尺的底端插入盖板中心的小筒内,读取混凝土增实因数 JC,精确至 0.01。

A.0.5　圆筒容积应经常予以校正,校正方法可采用一块能覆盖住圆筒顶面的玻璃板,先称出玻璃板和空桶的质量,然后向圆筒中灌入清水,当水接近上口时,一边不断加水,一边把玻璃板沿筒口徐徐推入盖严。应注意使玻璃板下不带入任何气泡。然后擦净玻璃板面及筒壁外的余水,将圆筒连同玻璃板放在台称上称其质量。两次质量之差(g)即为容量筒的容积(mL)。

A.0.6　混凝土拌合物稠度试验报告内容除应包括本标准第 1.0.3 条的内容外,尚应列出增实因素值和其他应说明的事项。

本标准用词、用语说明

　　1　为便于在执行本标准条文时区别对待,对于要求严格程度不同的用词说明如下:

　　1)　表示很严格,非这样不可的用词:
　　　　正面词采用:"必须";反面词采用:"严禁"。

　　2)　表示严格,在正常情况下均这样做的用词:
　　　　正面词采用:"应";反面词采用:"不应"或"不得"。

　　3)　表示允许稍有选择,在条件许可时,首先应这样做的用词:
　　　　正面词采用:"宜";反面词采用:"不宜"。
　　　　表示有选择,在一定条件下可以这样做的,采用:"可"。

　　2　条文中指定按其他有关标准执行的写法为"应按……执行"或"应符合……的规定"。

中华人民共和国国家标准

普通混凝土拌合物性能试验方法标准

GB/T 50080—2002

条 文 说 明

前　言

根据建设部建标〔1998〕第 94 号文《1998 年工程建设国家标准制定、修订计划的通知》的要求，《普通混凝土拌合物学性能试验方法》修编组对原标准进行了修订，新修订的《普通混凝土拌合物学性能试验方法标准》（GB/T50080—2002）经建设部 2003 年 1 月 10 日以第 103 号公告批准发布，于 2003 年 6 月 1 日正式实施。

为便于广大使用单位在使用本标准时能正确理解和执行条文的规定，《普通混凝土拌合物学性能试验方法标准》修编组根据建设部关于编制标准、规范条文的统一要求，按《普通混凝土拌合物性能试验方法标准》的章、节、条、款的顺序，编制了《普通混凝土拌合物学性能试验方法标准条文说明》，供有关部门和使用单位参考。在使用中如发现本条文说明有欠妥之处，请将意见直接函寄中国建筑科学研究院标准研究中心。

目　次

1 总 则

1.0.1 编制本标准的目的是进一步规范混凝土拌合物试验方法、提高试验精度，使试验结果具有代表性、准确性和复演性，确保混凝土施工质量。

1.0.2 随着混凝土技术的发展和混凝土工程施工需要，本标准不但包括原标准中 6 个混凝土拌合物性能试验方法，而且还增加了坍落扩展度、增实因数、凝结时间、泌水和压力泌水等 5 个混凝土拌合物性能试验方法。这次标准的修订，更完善了混凝土拌合物性能试验方法。

1.0.3 为规范试验报告，按国际试验标准惯例，提出了按本标准试验方法所做的试验，试验报告应包括的内容。

1.0.4 规定了混凝土拌合物性能试验方法，除应符合本标准的规定，还应符合国家强制标准中的有关规定执行。与普通混凝土拌合物性能试验方法有关的国家标准有《混凝土结构工程施工质量验收规范》GB50204、《混凝土质量控制标准》GB50154 等。

2 取样及试样的制备

2.1 取 样

2.1.1 混凝土的拌制和浇注是以一盘或一车混凝土为基本单位的，只有在同一盘或一车混凝土拌合物中取样，才代表了该基本单位的混凝土，才能用数理统计的原理，统计出各基本单位混凝土的差异。还规定了最小取样量：应多于试验所需量的 1.5 倍，且不小于 20L，以免影响取样的代表性。

2.1.2 为使取样具有代表性，往往采用多次取样。

混凝土搅拌机或搅拌运输车在出料的开始和结束阶段，容易离析，不宜取样；在约 1/4、1/2 和 3/4 处分别取样，然后人工搅拌均匀后，才能代表该车或该盘混凝土。为使取样具有代表性，往往采用多次取样。

混凝土拌合物的性能又是随时间变化的。为避免因取样时间影响混凝土拌合物的性能，规定从第一次取样到最后一次取样不宜超过 15min。

2.1.3 进一步规定了取样完毕后宜在 5min 内开始做混凝土拌合物各项性能试验（不包括成型试件），否则应重新取样或制备试样。采用"宜"，说明在条件许可的情况下，首先应这样做。在条件不许可的情况下，应视混凝土拌合物的性能而定。在不影响混凝土拌合物性能的前提下，时间可适当延长。

2.2 试样的制备

2.2.1 鉴于混凝土拌合物本身的温度对其性能有显著影响，所以修订后对混凝土原材料以及试验室温度作了明确的规定。

2.2.2 规定了试验室制备混凝土拌合物时材料的计量精度。

2.2.3 说明了混凝土拌合物制备时的技术要求，如混凝土制备量、配合比的基本参数、试配、调试和确定等，应符合《普通混凝土配合比设计规程》JGJ/T55 中的有关规定。

2.2.4 进一步规定了试样制备完毕后宜在 5min 内开始做混凝土拌合物各项性能试验（不包括成型试件），否则应重新取样或制备试样。采用"宜"，说明在条件许可的情况下，首先应这样做。在条件不许可的情况下，应视混凝土拌合物的性能而定。在不影响混凝土拌合物性能的前提下，时间可适当延长。

2.3 试验记录

2.3.1 根据国际惯例，列出了取样记录内容的有关要求。

2.3.2 根据国际惯例，列出了试样制备记录内容的有关要求。

3 稠 度 试 验

3.1 坍落度与坍落扩展度法

3.1.1 规定了本方法的使用范围，即粗骨料最大粒径不大于 40mm、坍落度不小于 10mm 的混凝土拌合物稠度的测定。国内外资料一致认为坍落度在 10～220mm 对混凝土拌合物的稠度具有良好的反映能力，但当坍落度大于 220mm 时，由于粗骨料的堆积的偶然性，坍落度就不能很好地代表拌合物的稠度。在实际工程中，坍落度大于 220mm 的混凝土，已日益增多。为适应工程需要，在修订后的新方法中增加了坍落扩展度，来测量坍落度大于 220mm 的混凝土拌合物的稠度。

3.1.2 规定了坍落度与坍落扩展度试验所用的坍落度仪，包括坍落度筒、捣棒、底板和测量标尺，应符合《混凝土坍落度仪》JG3021 中技术要求的规定。

3.1.3 说明了坍落度与坍落扩展度试验的试验步骤。

新增加的坍落扩展度试验，是在做坍落度试验的基础上，当坍落度值大于 220mm 时，测量混凝土扩展后最终的最大直径和最小直径。在最大直径和最小直径的差值小于 50mm 时，用其算术平均值作为其坍落扩展度值。如果最大直径和最小直径的差值大于 50mm，可能的原因有：插捣不均匀；提筒时歪斜；底板干湿不匀引起的对混凝土扩展的阻力不同；底板倾斜等原因。应查明原因后重新试验。

对于混凝土坍落度大于 220mm 的混凝土，如免振捣自密实混凝土，抗离析性能的优劣至关重要，将直接影响硬化后混凝土的各种性能，包括混凝土的耐久性，应引起我们足够重视。抗离析性能的优劣，从坍落扩展度的表观形状中就能观察出来。抗离析性能强的混凝土，在扩展的过程中，始终保持其匀质性，不论是扩展的中心还是边缘，粗骨料的分布都是均匀的，也无浆体从边缘析出。如果粗骨料在中央集堆、水泥浆从边缘析出，这是混凝土在扩展的过程中产生离析而造成的，说明混凝土抗离析性能很差。

3.1.4 在以往的规定中，坍落度值表达精确至5mm。在实际操作过程中，测量精确至1mm。所以在修订后规定改为"测量精确至1mm，结果表达修约至5mm"。

3.1.5 为规范试验报告，按国际试验标准惯例，提出了按本标准试验方法所做的试验，试验报告应包括的内容。

3.2 维勃稠度法

修订后，除了对维勃稠度仪的技术要求作了明确的规定应符合《维勃稠度仪》JG3043中技术要求的规定外，其余条文未作删改。

对于维勃稠度大于30s的特干硬性混凝土，用维勃稠度法难以准确判别试验的终点，使试验结果有较大的离差。修订后可采用附录A增实因素法来测定维勃稠度大于30s的特干硬性混凝土的稠度，这种试验方法测量特干硬性混凝土具的稠度具有较高的灵敏度和精度。

3.2.1 规定了本方法的适用范围。

3.2.2 规定了维勃稠度仪的技术要求。

3.2.3 说明了维勃稠度的试验步骤。

3.2.4 规定了维勃稠度值的精度要求。

3.2.5 为规范试验报告，按国际试验标准惯例，提出了按本标准试验方法所做的试验，试验报告应包括的内容。

4 凝结时间试验

凝结时间是混凝土拌合物的一项重要指标，它对混凝土工程中混凝土的搅拌、运输以及施工具有重要的参考作用。本标准修订参照了美国ASTMC/403和GB8076等有关标准，编制了本章内容。

4.0.1 本试验是通过测定对混凝土拌合物中筛出的砂浆，进行贯入阻力的测定来确定混凝土的凝结时间的。也可适用于砂浆或灌注料凝结时间的测定。

本试验可测定各种变量对混凝土凝结时间的影响，如水灰比、水泥牌号、水泥品种、掺合料品种和掺量、外加剂品种和掺量等影响因素。

4.0.2 规定了贯入阻力仪的技术要求。

4.0.3 规定了凝结时间试验的试验步骤。

1 本试验方法规定，应从按本标准第2章制备

或现场取样的混凝土拌合物试样中，用5mm标准筛筛出砂浆进行混凝土拌合物凝结时间的测定。不得配置同配比的砂浆来代替，研究表明，用同配比的砂浆的凝结时间会比混凝土的凝结时间长得多；

2 凝结时间的测定，对环境温度的要求较高，ASTM/C403规定温度为20~25℃。本标准规定温度为20±2℃。这是因为根据测试凝结时间的实践证明，温度对混凝土拌合物凝结时间影响较大，有一个稳定的测试环境，是保证凝结时间测试精度的必要条件。如果试验室环境温度达不到要求，可将砂浆试样筒放置在标准养护室内进行测试。在现场同条件测试时，不但应与现场条件保持一致，而且应避免阳光直射，以免试样筒内的温度超过现场环境温度；

3 关于确定测针试验开始时间，随各种拌合物的性能不同而不同。在一般的情况下，基准混凝土在成型后2~3h、掺早强剂的混凝土在1~2h、掺缓凝剂的混凝土在4~6h后开始用测针测试；

4 在每次垫块吸水时，应避免试样筒振动，以免扰动被测砂浆；

5 在测试贯入阻力时，应掌握好测针贯入速度，贯入速度过快或过慢，会影响贯入压力的测值大小；

6 根据各测点距离要求，测针面积对应的最小测点距离见表1；

表 1　最小测点距离

测针面积（mm²）	最小测点距离（mm）
100	23
50	16
20	15

7 为确保试验精度，测点应均布在贯入阻力测值的0.2~28MPa之间，并至少有6个测点。

8 GB8076—1997中测定凝结时间使用两种测针，在测定初凝时间时用100mm²的测针，测定终凝时间时用20mm²的测针。ASTMC403M—97标准采用测针按其截面分为六个规格（645mm²、323mm²、161mm²、65mm²、32mm²和16mm²）。本次标准修订，根据我国的测试经验，测针采用三个尺寸的规格，按测针截面积分别为100mm²、50mm²和20mm²。可根据表4.0.3选择和更换测针，当不符合表4.0.3的要求时，宜按表中要求更换测针后再测试一次。

4.0.4 规定了贯入阻力的结果计算以及初凝时间和终凝时间的确定的方法：

1 规定了贯入阻力的计算公式及计算精度；

2 规定了凝结时间的确定方法。混凝土拌合物初凝和终凝时间分别定义为贯入阻力等于3.5MPa和28MPa时的时间。当贯入阻力为3.5MPa时，混凝土在振动力的作用下不在呈现塑性；而当贯入阻力为

28MPa 时，混凝土立方体抗压强度大约为 0.7MPa。

凝结时间通过计算机非线性回归确定，其方法是将贯入阻 f_{PR} 和时间 t 分别取自然对数 $\ln(f_{PR})$ 和 $\ln(t)$，然后把 $\ln(f_{PR})$ 当作自变量，$\ln(t)$ 当作应变量作线性回归，对线性回归的数据可进行筛选，将明显偏离的数据舍去；凝结时间通过线性回归确定，得到回归方程式 (4.0.4-2)：

$$\ln(t) = A + B\ln(f_{PR})$$

将 $\ln(3.5)$ 和 $\ln(28)$ 分别代入上式，求出 $\ln(t)$，再由 $\ln(t)$ 代入式 (4.0.4-3) 和 (4.0.4-4) 求出凝结时间 t。

以下是一个测定凝结时间的实例，其测试数据见表 2：

表 2　贯入阻力试验数据汇总表

序号	贯入阻力 f_{PR}（MPa）	时间 t（min）	$\ln(f_{PR})$	$\ln(t)$
1	0.3	200	-1.204	5.298
2	0.8	230	-0.223	5.438
3	1.5	260	0.405	5.561
4	3.7	290	1.308	5.670
5	6.9	320	1.932	5.768
6	6.9	335	1.932	5.814
7	13.8	350	2.625	5.858
8	17.6	365	2.858	5.900
9	24.3	380	3.186	5.940
10	30.6	395	3.421	5.979

首先求出 $\ln(f_{PR})$ 和 $\ln(t)$ 值，列于表 2，把 $\ln(f_{PR})$ 作为横坐标，$\ln(t)$ 作为纵坐标，将数据点在坐标之上，发现第 6 个点明显偏离直线，把它舍去（见图 1）。把 $\ln(f_{PR})$ 作为自变量 X，$\ln(t)$ 作为因变量 Y，进行计算机线性回归，相关系数 $r = 0.999$，得到回归系数 $A = 5.480$；$B = 0.146$，即得 (4.0.4-2) 方程：

$$Y = 5.480 + 0.146X$$

将 $X_1 = \ln(3.5) = 1.253$ 和 $X_2 = \ln(28) = 3.332$ 分别代入上式得：

$$Y_1 = 5.663, \quad Y_2 = 5.966。$$

根据式 (4.0.4-3) 和 (4.0.4-4) 可得初凝时间 t_s 和终凝时间 t_e：

$$t_s = e^{5.663} = 288\text{min} = 4\text{h}：48\text{min}$$

$$t_e = e^{5.966} = 390\text{min} = 6\text{h}：30\text{min}$$

则初凝时间为 4h：50min（按标准要求精确至 5min）；终凝时间为 6h：30min。

用绘图拟合方法：以贯入阻力为纵坐标（精确至 0.1MPa），经过的时间为横坐标（精确至 1min），比

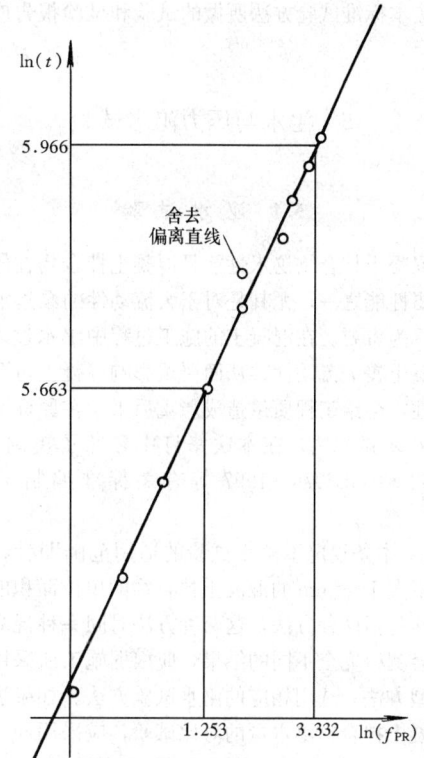

图 1　回归法确定凝结时间

例宜以 15mm 长度分别代表纵坐标 3MPa 和横坐标 h，绘制出贯入阻力与时间之间的关系曲线。以纵坐标 3.5MPa 和 28MPa 分别对应的横坐标的时间就是初凝时间为 288min，终凝时间为 389min（见图 2）。在图中也可以明显地看到，第六点明显偏离曲线，应舍去。其初凝时间和终凝时间分别为 4h：50min 和 6h：30min。

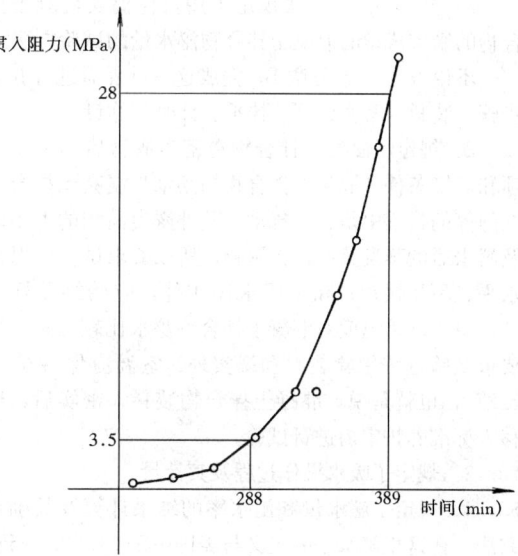

图 2　绘图法确定凝结时间

4.0.5 为规范试验报告，按国际试验标准惯例，提

出了按本标准试验方法所做的试验和试验报告应包括的内容。

5 泌水与压力泌水试验

5.1 泌 水 试 验

混凝土拌合物泌水性能是混凝土拌合物在施工中的重要性能之一，尤其是对于大流动性的泵送混凝土来说更为重要。在混凝土的施工过程中泌水过多，会使混凝土丧失流动性，从而严重影响混凝土可泵性和工作性，会给工程质量造成严重后果。在原标准中没有泌水试验方法，在本次修订中参照了美国 ASTMC232 和 GB8076—1997 等有关标准编制了本节内容。

5.1.1 本条规定了泌水试验的适用范围即骨料最大粒径不大于 40mm 的混凝土拌合物的单位面积的泌水量。共包括两种方法，这两种方法对同一种混凝土拌合物会测得完全不同的结果，应根据施工所采用的密实成型方法，选用相应的泌水试验方法。如果进行不同混凝土拌合物泌水量的对比试验，应采用同一种试验方法，而且混凝土拌合物试样的质量偏差应小于 1kg。

5.1.2 本条规定了泌水试验所用的试验仪器设备应符合的条件。所用的仪器设备有：试样筒、台秤、振动台、量筒、捣棒。

5.1.3 规定了泌水试验的试验步骤。

1 规定了两种混凝土密实成型的试验方法。

1）方法 A：本方法规定了混凝土在标准振动台上振动密实成型的混凝土拌合物泌水量的试验方法。

2）方法 B：本方法规定了用捣棒捣实混凝土拌合物的密实成型的混凝土拌合物泌水量的试验方法。

不论方法 A 或方法 B，完成这一过程需进行五个步骤：装料、密实成型、抹平、计时和称量。

2 规定了混凝土拌合物在密实成型后的注意事项和环境条件。混凝土拌合物的泌水与混凝土拌合物在静停的过程中是否受扰动、其外露表面积的大小以及泌水后的蒸发量有很大影响，所以要求试样筒保持水平、不受振动；除了吸水操作外，应始终盖好盖子；由于环境温度对混凝土拌合物泌水比较敏感，故要求试验过程中除装料和捣实外，室温应保持在 20±2℃，也就是说，混凝土拌合物装料、密实后，应移入标准养护室内进行试验。

3 规定了吸水操作过程及其计量。

5.1.4 规定了泌水量和泌水率的结果计算及其确定方法。在这里泌水量的定义与美国 ASTMC232 一致，被定义为一定量混凝土拌合物的单位面积的泌水。泌水率被定义为混凝土拌合物总泌水量和用水量之比，也就是混凝土单位用水量的泌水。

5.1.5 规定了试验记录和试验报告应包括的内容。

5.2 压力泌水试验

混凝土拌合物压力泌水性能是泵送混凝土的重要性能之一。它是衡量混凝土拌合物在压力状态下的泌水性能。混凝土压力泌水性能的好坏，关系到混凝土在泵送过程中是否会离析而堵泵。在原标准中没有此项试验方法，本次修订过程中参照日本《压力泌水试验方法》JSCE—F502 和我国行业标准《混凝土泵送剂》JC473 有关条文制定本试验方法。本方法吸取了日本试验方法中可取的部分，结合我国实际情况，丰富和完善了本试验方法。

5.2.1 本条文规定了试验方法的适用范围。

5.2.2 本条规定了压力泌水试验所用的试验仪器设备应符合的条件。所用的仪器设备有：压力泌水仪、捣棒和量筒。

5.2.3 规定了泌水试验的试验步骤。此次修订的试验方法与我国行业标准《混凝土泵送剂》JC473 关于压力泌水的试验方法基本一致，而且内容更详细、更具体，更具有操作性。

5.2.4 规定了压力泌水的计算公式和计算精度。

5.2.5 规定了试验记录和试验报告应包括的内容。

6 表观密度试验

本次修订的混凝土拌合物表观密度试验方法与原试验方法基本一致，没有很大的修改，只是对仪器设备的标准化和试验报告的内容作了一些必要的规定。

6.0.1 规定了表观密度试验的适用范围。但到目前为止，不少单位还是用试模测定拌合物表观密度，因试模的容积不宜校正，而且成型时试模边角粗骨料的含量差异较大，所以不得用试模来测定拌合物的表观密度。

6.0.2 规定了混凝土拌合物表观密度试验仪器设备应符合的规定。

《混凝土拌合物表观密度的测定》ISO 6276—1982 中规定：测定混凝土拌合物表观密度的容器的最小尺寸应大于骨料最大粒径的 4 倍，所以在本条中规定容量筒内径与内高均应大于骨料最大粒径的 4 倍。按骨料的最大粒径来选择容量筒应符合表 3 的规定。

表 3　表观密度试验容量筒选择表

骨料最大粒径（mm）	容量筒规格（L）	容量筒内径（mm）	容量筒内高（mm）
40	5	186	186
50	10	234	234
63.5	15	268	268

因容量筒在制作过程中有一定误差，而且在使用过程中会碰撞变形，所以容量筒应经常标定。

6.0.3 规定了混凝土拌合物表观密度试验的步骤。

混凝土拌合物表观密度一般在试验室内进行，故不另行规定现场检测时的检验方法。如要检测现场混凝土的表观密度，宜用与现场相同的成型方法成型。

6.0.4 规定了混凝土拌合物表观密度的计算方法。

6.0.5 规定了混凝土拌合物表观密度试验报告应包括的内容。

7 含气量试验

水压法主要是水利部门采用，但由于此试验试验过程繁杂，这次修订征求意见时，水利部门反映已经不采用此方法。故本次修订取消了水压法含气量的试验方法。

对气压法含气量试验方法，根据我国多年来使用情况表明，采用改良式气压法含气量试验方法能进一步提高含气量的试验精度及其复演性，所以这次修订，采用了改良式气压法含气量试验方法。

7.0.1 含气量试验方法的适用范围与原标准一致。由于只有一种试验方法，故把气压法含气量试验方法称为含气量试验方法。

7.0.2 规定了含气量试验所用的仪器设备应符合的要求，与原标准相比，提出了一些标准化要求：对含气量测定仪提出了更明确的技术规定，包括容器材料及其表面加工粗糙度要求、强调了容器与盖体连接处不得有空气截留，后者直接涉及到对密封垫圈的质量及对试验操作要求，用以提高测量的稳定性和精度。

7.0.3 规定了拌合物所用粗细骨料含气量的测定方法，与原标准不同的是由于使用改良含气量试验方法后，多了在混凝土表面与盖体之间的充水操作；骨料含气量 A_g 和混凝土拌合物含气量 A，误差理论要求 A_g 应具有不低于 A 的精度，因此 A_g 的测得改用两次测量方法；试验用气泵包括电动的或手动的。对气室加压后，原标准要求"轻叩表盘，使指针稳定"，改为："待压力指示器稳定后……"，主要考虑适应技术进步，产品更新，压力表将逐步由机械指针变换为更精确、更方便的电子示值。其他试验过程与原标准基本一致。

7.0.4 规定了混凝土拌合物含气量的试验步骤。

本次修订采用了改良含气量试验方法。改良含气量试验方法与原标准不同之处在于混凝土将混凝土拌合物表面与上盖之间充满水，这样避免了因混凝土拌合物修整不平、人为安装因素使气室容积产生差异而引起的测量误差。

在本次修订中，在用捣棒捣实混凝土时，改原标准要求的将容器左右交替地颠击地面的做法为用橡皮锤沿容器外壁锤击的方法。颠击地面效应受地面特征

影响太大，碰撞时间长短难以控制，至使冲量差异过大。用振动台捣实时强调了不得过振，过度振动会严重影响测定的混凝土含气量的真实性。

本次修订，容许用插入式振捣器，但使用插入式振动器捣实时，应避免振动器触及容器内壁和底面，以避免与容器内壁接触的混凝土拌合物的含气量发生显著差异。

7.0.5 规定了混凝土含气量的计算方法，与原标准一致。

7.0.6 规定了气压式含气量测定仪容器容积的校正及率定方法。

由于采用了改良含气量测定方法，大大简化了试验步骤、降低了人工操作的难度、排除了认为影响因素、从而达到提高试验精度的目的。

7.0.7 规定了试验记录和试验报告应包括的内容。

8 配合比分析试验

8.0.1 这次修订还是用水洗法分析混凝土拌合物配合比，但扩展了本章的内容，从原标准只能分析混凝土拌合物水灰比，修订后扩展为混凝土配合比四大组分的分析试验。由于本次修订没有考虑特细砂、山砂对试验结果的影响，所以不适用于用特细砂和山砂配制的混凝土。对骨料含泥量波动较大的混凝土，因无法修正含泥量对水泥用量的影响，故也不适用。

8.0.2 规定了混凝土配合比分析试验所用的仪器设备应符合的要求。

8.0.3 在对混凝土配合比分析试验前，必须知道原配合比各种原材料的表观密度。

1 在对水泥表观密度的测定时，如果掺有掺合料，此时应是水泥和掺合料混合物的表观密度，而不是单纯水泥的表观密度。

2 在《普通混凝土用砂质量标准及检验方法》JGJ 52 和《普通混凝土用碎石或卵石质量标准及检验方法》JGJ 53 中，粗、细骨料的表观密度是以干燥状态下定义的，而本标准中的表观密度是在饱和面干状态下定义的。只要稍加修正，将饱和面干状态的粗、细骨料试样代替干燥状态试样，其他试验方法与《普通混凝土用砂质量标准及检验方法》JGJ 52 和《普通混凝土用碎石或卵石质量标准及检验方法》JGJ53 中有关的试验方法相同，得出的就是饱和面干状态下的表观密度。

3 本次修订对细骨料中小于 0.16mm 部分对试验精度的影响加以修正。如果不对细骨料的用量加以修正，则细骨料中小于 0.16mm 部分，如砂子的含泥量和小于 0.16mm 的颗粒，都会被当作水泥来看待，这样会对水泥用量的分析带来很大误差。为减小试验误差，本次修订考虑了细骨料中小于 0.16mm 部分对水泥用量的影响，采用细骨料修正系数，对细骨料的

用量加以修正，从而达到减少试验误差的目的。

8.0.4 规定了混凝土拌合物的取样应符合的规定。

为使混凝土拌合物配合比分析具有一定精度，取样量应具有足够数量。本条规定的取样量是在满足一定试验精度要求的最小取样量。

8.0.5 规定了混凝土配合比分析试验的试验步骤：

在计算细骨料质量时，考虑了细骨料中小于0.16mm部分对水泥用量的影响，公式8.0.5-3中多了对细骨料的修正系数。

8.0.6 规定了混凝土拌合物中四种成分的结果计算及确定的方法。

1　规定了混凝土拌合物中四种组分质量的计算公式。

应该指出的是现在的混凝土中一般都掺有掺合料。如果掺有掺合料的混凝土，由公式8.0.6-1计算出的水泥质量，包含了掺合料的质量。所以 ρ_c 应是水泥和掺合料混合物的表观密度。

2　规定了混凝土拌合物四大成分单位用量的计算方法。

3　规定了混凝土拌合物四大成分的确定方法及试验误差。

8.0.7 规定了混凝土拌合物配合比分析的试验报告应包括的内容。

附录 A　增实因数法

增实因数法是引用铁道部行业标准 TB/T22181—90 混凝土拌合物稠度试验方法——跳桌增实法，并考虑混凝土掺合料的应用而修改制定的国家试验方法标准。本方法工作原理是利用跳桌对一定量的混凝土拌合物作一定的功使其密度增大，以混凝土拌合物增实后的密度与理想密实状态（绝对密实状态）下的密度之比作为稠度指标。它以示值读数表示拌合物的稠度，试验过程无人为影响因素，试验结果复演性好。

通过试验研究，在适用的范围内，增实因数与用水量呈直线关系，维勃稠度与用水量呈双曲线关系。而它们又随外加剂品种和掺量不同而不同。根据现有的对比试验，维勃稠度与增实因数之间的关系（见表4），只能给出对应的参考值，供使用者参考。

表4　维勃稠度与增实因数之间的关系

维勃稠度 S	增实因数 JC
<10	1.18～1.05
10～30	1.3～1.18
30～50	1.4～1.3
50～70	>1.4

A.0.1　本方法适用于增实因数大于1.05的塑性混凝土、干硬性混凝土稠度的测定，不适应于增实因数大于1.05的流动性混凝土。一般用于混凝土预制构件厂。试验用圆筒直径为150mm，允许粗骨料最大粒径为40mm，对混凝土预制构件厂是适用的。

A.0.2　本条规定了增实因数试验所用的仪器设备应符合的条件：

其中圆筒的容积为5301mL，应按 A.0.5 条经常校正圆筒的容积。量尺为专用量尺，以保证测量在试样筒的中心进行，得出的结果是均值。量尺同时给出拌合物增实因数与拌合物增实后的高度值。

A.0.3　本条规定了确定增实因数试验所用混凝土质量的方法：

1　当混凝土拌合物配合比及原材料的表观密度已知时确定混凝土拌合物的质量的方法。公式（A.0.3-1）计算出的是绝对体积为3000mL时的混凝土拌合物的质量。

2　当混凝土拌合物配合比及原材料的表观密度未知时确定混凝土拌合物的质量的方法。公式（A.0.3-2）中 V 是圆筒的容积，V_w 是注入圆筒中水的体积，则 $V-V_w$ 为7.5kg混凝土拌合物的体积。但还不是绝对体积，混凝土还有含气量，去掉含气量的混凝土的绝对体积应为 $(V-V_w)/(1+A)$，那么公式（A.0.3-2）的后半式为7.5kg拌合物的表观密度，乘以3000mL则为绝对体积为3000mL的混凝土拌合物是质量。

A.0.4　本条规定了增实因数试验的试验步骤。

1　因为拌合物增实后的密度与增实方法有关，因此在用跳桌增实前对拌合物的挖取、装筒、平整、放置都强调了轻放、勿振动。

2　拌合物顶面加6mm厚的钢盖板，一方面使拌合物承受 $4.5g/cm^2$ 的压力，以便拌合物沉落比较均匀，同时也便于对拌合物增实的高度进行测量。

3　跳桌跳动的次数代表给予拌合物能量的多少，采用较多的跳动次数，有利于分辨较干硬性混凝土拌合物的稠度；但对塑性混凝土拌合物的稠度测试范围就要缩小。反之，采用较少的跳动次数，有利于分辨塑性或流动性混凝土拌合物的稠度而不利于分辨干硬性混凝土拌合物的稠度。经过比较试验，采用15次跳动，除了流动性混凝土拌合物以外，对其他混凝土拌合物都具有较高的分辨能力。

4　用量尺可同时读取混凝土拌合物的增实因数 JC 和增实后的高度 JH。JC 与 JH 的关系如下：

$$JC = \frac{JH}{169.8}$$

式中　169.8——筒内拌合物在理想状态下体积等于3000mL时的高度。

中华人民共和国国家标准

普通混凝土力学性能试验方法标准

Standard for test method of mechanical properties
on ordinary concrete

GB/T 50081—2002

批准部门：中华人民共和国建设部
施行日期：２００３年６月１日

中华人民共和国建设部
公　　告

第 102 号

建设部关于发布国家标准
《普通混凝土力学性能试验方法标准》的公告

现批准《普通混凝土力学性能试验方法标准》为国家标准，编号为 GB/T 50081—2002，自 2003 年 6 月 1 日起实施。原《普通混凝土力学性能试验方法》GBJ 81—85 同时废止。

本标准由建设部标准定额研究所组织中国建筑工业出版社出版发行。

中华人民共和国建设部
2003 年 1 月 10 日

前　　言

根据建设部建标〔1998〕第 94 号文《1998 年工程建设国家标准制定、修订计划的通知》的要求，标准组在广泛调研、认真总结实践经验、参考国外先进标准、广泛征求意见的基础上，对原国家标准《普通混凝土力学性能试验方法》（GBJ 81—85）进行了修订。

本标准的主要技术内容有：1 总则；2 取样；3 试件的尺寸、形状和公差；4 试验设备；5 试件的制作和养护；6 抗压强度试验；7 轴心抗压强度试验；8 静力受压弹性模量试验；9 劈裂抗拉强度试验；10 抗折强度试验；附录 A 圆柱体试件的制作和养护；附录 B 圆柱体试件抗压强度试验；附录 C 圆柱体试件静力受压弹性模量试验；附录 D 圆柱体试件劈裂抗拉强度试验；本标准用词、用语说明。

修订的主要内容是：1. 为与国际标准接轨，在新标准的附录中增加了圆柱体试件的制作及其各种力学性能的试验方法；2. 对原标准中标准养护室的温度和湿度提出了更高的要求，由原来的温度 20±3℃，湿度为 90% 以上的标准养护室，修订为与 ISO 试验方法一致的温度为 20±2℃，湿度为 95% 以上的标准养护室；3. 经一系列的试验验证，混凝土静力受压弹性模量试验等同采用 ISO 标准试验方法。4. 对混凝土强度等级不小于 C60 的高强混凝土力学性能，提出了更科学，更合理的试验方法；5. 对试验仪器设备提出了标准化要求，对某些计量单位在物理概念上进行了更正；6. 提出了试验报告应包括的内容等。

本标准主编单位：中国建筑科学研究院（地址：北京市北三环东路 30 号，邮编 100013，E-mail：jg-bzcabr@vip，sina．com）

本标准参编单位：清华大学
同济大学材料科学与工程学院
湖南大学
铁道部产品质量监督检验中心
贵阳中建建筑科学设计院
中国建筑材料科学研究院
杭州应用工程学院
上海建筑科学研究院
济南试金集团有限公司。

本标准主要起草人：戎君明、陆建雯、姚燕、杨静、李启令、黄政宇、钟美秦、林力勋、李家康、顾政民、陶立英

目　次

1 总 则

1.0.1 为进一步规范混凝土试验方法，提高混凝土试验精度和试验水平，并在检验或控制混凝土工程或预制混凝土构件的质量时，有一个统一的混凝土力学性能试验方法，特制定本标准。

1.0.2 本标准适用于工业与民用建筑以及一般构筑物中的普通混凝土力学性能试验，包括抗压强度试验、轴心抗压强度试验、静力受压弹性模量试验、劈裂抗拉强度试验和抗折强度试验。

1.0.3 按本标准的试验方法所做的试验，试验报告或试验记录一般应包括下列内容：

    1 委托单位提供的内容：

      1）委托单位名称；

      2）工程名称及施工部位；

      3）要求检测的项目名称；

      4）要说明的其他内容。

    2 试件制作单位提供的内容：

      1）试件编号；

      2）试件制作日期；

      3）混凝土强度等级；

      4）试件的形状与尺寸；

      5）原材料的品种、规格和产地以及混凝土配合比；

      6）养护条件；

      7）试验龄期；

      8）要说明的其他内容。

    3 检测单位提供的内容：

      1）试件收到的日期；

      2）试件的形状及尺寸；

      3）试验编号；

      4）试验日期；

      5）仪器设备的名称、型号及编号；

      6）试验室温度；

      7）养护条件及试验龄期；

      8）混凝土强度等级；

      9）检测结果；

      10）要说明的其他内容。

1.0.4 普通混凝土力学性能试验方法，除应符合本标准的规定外，尚应按现行国家强制性标准中有关规定的要求执行。

2 取 样

2.0.1 混凝土的取样应符合《普通混凝土拌合物性能试验方法标准》（GB/T 50080）第 2 章中的有关规定。

2.0.2 普通混凝土力学性能试验应以三个试件为一组，每组试件所用的拌合物应从同一盘混凝土或同一车混凝土中取样。

3 试件的尺寸、形状和公差

3.1 试件的尺寸

3.1.1 试件的尺寸应根据混凝土中骨料的最大粒径按表 3.1.1 选定。

表 3.1.1 混凝土试件尺寸选用表

试件横截面尺寸（mm）	骨料最大粒径（mm）	
	劈裂抗拉强度试验	其他试验
100×100	20	31.5
150×150	40	40
200×200	—	63

注：骨料最大粒径指的是符合《普通混凝土用碎石或卵石质量标准及检验方法》（JGJ 53—92）中规定的圆孔筛的孔径。

3.1.2 为保证试件的尺寸，试件应采用符合本标准第 4.1 节规定的试模制作。

3.2 试件的形状

3.2.1 抗压强度和劈裂抗拉强度试件应符合下列规定：

    1 边长为 150mm 的立方体试件是标准试件。

    2 边长为 100mm 和 200mm 的立方体试件是非标准试件。

    3 在特殊情况下，可采用 ϕ150mm×300mm 的圆柱体标准试件或 ϕ100mm×200mm 和 ϕ200mm×400mm 的圆柱体非标准试件。

3.2.2 轴心抗压强度和静力受压弹性模量试件应符合下列规定：

    1 边长为 150mm×150mm×300mm 的棱柱体试件是标准试件。

    2 边长为 100mm×100mm×300mm 和 200mm×200mm×400mm 的棱柱体试件是非标准试件。

    3 在特殊情况下，可采用 ϕ150mm×300mm 的圆柱体标准试件或 ϕ100mm×200mm 和 ϕ200mm×400mm 的圆柱体非标准试件。

3.2.3 抗折强度试件应符合下列规定：

    1 边长为 150mm×150mm×600mm（或550mm）的棱柱体试件是标准试件。

    2 边长为 100mm×100mm×400mm 的棱柱体试件是非标准试件。

3.3 尺寸公差

3.3.1 试件的承压面的平面度公差不得超过

0.0005d（d 为边长）。

3.3.2 试件的相邻面间的夹角应为 90°，其公差不得超过 0.5°。

3.3.3 试件各边长、直径和高的尺寸的公差不得超过 1mm。

4 设 备

4.1 试 模

4.1.1 试模应符合《混凝土试模》（JG 3019）中技术要求的规定。

4.1.2 应定期对试模进行自检，自检周期宜为三个月。

4.2 振 动 台

4.2.1 振动台应符合《混凝土试验室用振动台》（JG/T 3020）中技术要求的规定。

4.2.2 应具有有效期内的计量检定证书。

4.3 压力试验机

4.3.1 压力试验机除应符合《液压式压力试验机》（GB/T 3722）及《试验机通用技术要求》（GB/T 2611）中技术要求外，其测量精度为 ±1%，试件破坏荷载应大于压力机全量程的 20% 且小于压力机全量程的 80%。

4.3.2 应具有加荷速度指示装置或加荷速度控制装置，并应能均匀、连续地加荷。

4.3.3 应具有有效期内的计量检定证书。

4.4 微变形测量仪

4.4.1 微变形测量仪的测量精度不得低于 0.001mm。

4.4.2 微变形测量固定架的标距应为 150mm。

4.4.3 应具有有效期内的计量检定证书。

4.5 垫块、垫条与支架

4.5.1 劈裂抗拉强度试验应采用半径为 75mm 的钢制弧形垫块，其横截面尺寸如图 4.5.1 所示，垫块的长度与试件相同。

4.5.2 垫条为三层胶合板制成，宽度为 20mm，厚度为 3～4mm，长度不小于试件长度，垫条不得重复使用。

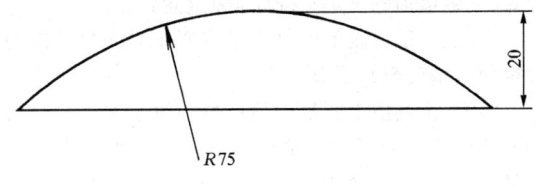

图 4.5.1 垫块

4.5.3 支架为钢支架，如图 4.5.3 所示。

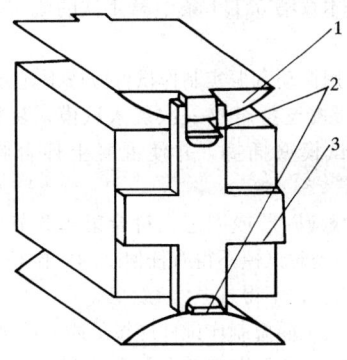

图 4.5.3 支架示意
1—垫块；2—垫条；3—支架

4.6 钢 垫 板

4.6.1 钢垫板的平面尺寸应不小于试件的承压面积，厚度应不小于 25mm。

4.6.2 钢垫板应机械加工，承压面的平面度公差为 0.04mm；表面硬度不小于 55HRC；硬化层厚度约为 5mm。

4.7 其他量具及器具

4.7.1 量程大于 600mm、分度值为 1mm 的钢板尺。

4.7.2 量程大于 200mm、分度值为 0.02mm 的卡尺。

4.7.3 符合《混凝土坍落度仪》（JG 3021）中规定的直径 16mm、长 600mm、端部呈半球形的捣棒。

5 试件的制作和养护

5.1 试 件 的 制 作

5.1.1 混凝土试件的制作应符合下列规定：

1 成型前，应检查试模尺寸并符合本标准第 4.1.1 条中的有关规定；试模内表面应涂一薄层矿物油或其他不与混凝土发生反应的脱模剂。

2 在试验室拌制混凝土时，其材料用量应以质量计，称量的精度：水泥、掺合料、水和外加剂为 ±0.5%；骨料为 ±1%。

3 取样或试验室拌制的混凝土应在拌制后尽短的时间内成型，一般不宜超过 15min。

4 根据混凝土拌合物的稠度确定混凝土成型方法，坍落度不大于 70mm 的混凝土宜用振动振实；大于 70mm 的宜用捣棒人工捣实；检验现浇混凝土或预制构件的混凝土，试件成型方法宜与实际采用的方法相同。

5 圆柱体试件的制作见附录 A。

5.1.2 混凝土试件制作应按下列步骤进行：

1 取样或拌制好的混凝土拌合物应至少用铁锹

再来回拌合三次。

　　2　按本章第 5.1.1 条中第 4 款的规定，选择成型方法成型。

　　1）　用振动台振实制作试件应按下述方法进行：

　　a. 将混凝土拌合物一次装入试模，装料时应用抹刀沿各试模壁插捣，并使混凝土拌合物高出试模口；

　　b. 试模应附着或固定在符合第 4.2 节要求的振动台上，振动时试模不得有任何跳动，振动应持续到表面出浆为止；不得过振。

　　2）用人工插捣制作试件应按下述方法进行：

　　a. 混凝土拌合物应分两层装入模内，每层的装料厚度大致相等；

　　b. 插捣应按螺旋方向从边缘向中心均匀进行。在插捣底层混凝土时，捣棒应达到试模底部；插捣上层时，捣棒应贯穿上层后插入下层 20～30mm；插捣时捣棒应保持垂直，不得倾斜。然后应用抹刀沿试模内壁插拔数次；

　　c. 每层插捣次数在 10000mm² 截面积内不得少于 12 次；

　　d. 插捣后应用橡皮锤轻轻敲击试模四周，直至插捣棒留下的空洞消失为止。

　　3）用插入式振捣棒振实制作试件应按下述方法进行：

　　a. 将混凝土拌合物一次装入试模，装料时应用抹刀沿各试模壁插捣，并使混凝土拌合物高出试模口；

　　b. 宜用直径为 φ25mm 的插入式振捣棒，插入试模振捣时，振捣棒距试模底板 10～20mm 且不得触及试模底板，振动应持续到表面出浆为止，且应避免过振，以防止混凝土离析；一般振捣时间为 20s。振捣棒拔出时要缓慢，拔出后不得留有孔洞。

　　3　刮除试模上口多余的混凝土，待混凝土临近初凝时，用抹刀抹平。

5.2　试件的养护

5.2.1　试件成型后应立即用不透水的薄膜覆盖表面。

5.2.2　采用标准养护的试件，应在温度为 20±5℃ 的环境中静置一昼夜至二昼夜，然后编号、拆模。拆模后应立即放入温度为 20±2℃，相对湿度为 95% 以上的标准养护室中养护，或在温度为 20±2℃ 的不流动的 Ca(OH)₂ 饱和溶液中养护。标准养护室内的试件应放在支架上，彼此间隔 10～20mm，试件表面应保持潮湿，并不得被水直接冲淋。

5.2.3　同条件养护试件的拆模时间可与实际构件的拆模时间相同，拆模后，试件仍需保持同条件养护。

5.2.4　标准养护龄期为 28d（从搅拌加水开始计时）。

5.3　试　验　记　录

5.3.1　试件制作和养护的试验记录内容应符合本标准第 1.0.3 条第 2 款的规定。

6　抗压强度试验

6.0.1　本方法适用于测定混凝土立方体试件的抗压强度，圆柱体试件的抗压强度试验见附录 B。

6.0.2　混凝土试件的尺寸应符合本标准第 3.1 节中的有关规定。

6.0.3　试验采用的试验设备应符合下列规定：

　　1　混凝立方体抗压强度试验所采用压力试验机应符合本标准第 4.3 节的规定。

　　2　混凝土强度等级≥C60 时，试件周围应设防崩裂网罩。当压力试验机上、下压板不符合本标准第 4.6.2 条规定时，压力试验机上、下压板与试件之间应各垫以符合本标准第 4.6 节要求的钢垫板。

6.0.4　立方体抗压强度试验步骤应按下列方法进行：

　　1　试件从养护地点取出后应及时进行试验，将试件表面与上下承压板面擦干净。

　　2　将试件安放在试验机的下压板或垫板上，试件的承压面应与成型时的顶面垂直。试件的中心应与试验机下压板中心对准，开动试验机，当上压板与试件或钢垫板接近时，调整球座，使接触均衡。

　　3　在试验过程中应连续均匀地加荷，混凝土强度等级<C30 时，加荷速度取每秒钟 0.3～0.5MPa；混凝土强度等级≥C30 且<C60 时，取每秒钟 0.5～0.8MPa；混凝土强度等级≥C60 时，取每秒钟 0.8～1.0MPa。

　　4　当试件接近破坏开始急剧变形时，应停止调整试验机油门，直至破坏。然后记录破坏荷载。

6.0.5　立方体抗压强度试验结果计算及确定按下列方法进行：

　　1　混凝土立方体抗压强度应按下式计算：

$$f_{cc} = \frac{F}{A} \qquad (6.0.5)$$

式中　f_{cc}——混凝土立方体试件抗压强度（MPa）；
　　　　F——试件破坏荷载（N）；
　　　　A——试件承压面积（mm²）。

　　混凝土立方体抗压强度计算应精确至 0.1MPa。

　　2　强度值的确定应符合下列规定：

　　1）三个试件测值的算术平均值作为该组试件的强度值（精确至 0.1MPa）；

　　2）三个测值中的最大值或最小值中如有一个与中间值的差值超过中间值的 15% 时，则把最大及最小值一并舍除，取中间值作为该组试件的抗压强度值；

3）如最大值和最小值与中间值的差均超过中间值的15%，则该组试件的试验结果无效。

3 混凝土强度等级＜C60时，用非标准试件测得的强度值均应乘以尺寸换算系数，其值为对200mm×200mm×200mm试件为1.05；对100mm×100mm×100mm试件为0.95。当混凝土强度等级≥C60时，宜采用标准试件；使用非标准试件时，尺寸换算系数应由试验确定。

6.0.6 混凝土立方体抗压强度试验报告内容除应满足本标准第1.0.3条要求外，还应报告实测的混凝土立方体抗压强度值。

7 轴心抗压强度试验

7.0.1 本试验方法适用于测定棱柱体混凝土试件的轴心抗压强度。

7.0.2 测定混凝土轴心抗压强度试验的试件应符合本标准第3章中的有关规定。

7.0.3 试验采用的试验设备应符合下列规定：

1 轴心抗压强度试验所采用压力试验机的精度应符合本标准第4.3节的要求。

2 混凝土强度等级≥C60时，试件周围应设防崩裂网罩。当压力试验机上、下压板不符合本标准第4.6.2条规定时，压力试验机上、下压板与试件之间应各垫以符合本标准第4.6节要求的钢垫板。

7.0.4 轴心抗压强度试验步骤应按下列方法进行：

1 试件从养护地点取出后应及时进行试验，用干毛巾将试件表面与上下承压板面擦干净。

2 将试件直立放置在试验机的下压板或钢垫板上，并使试件轴心与下压板中心对准。

3 开动试验机，当上压板与试件或钢垫板接近时，调整球座，使接触均衡。

4 应连续均匀地加荷，不得有冲击。所用加荷速度应符合本标准第6.0.4条中第3款的规定。

5 试件接近破坏而开始急剧变形时，应停止调整试验机油门，直至破坏。然后记录破坏荷载。

7.0.5 试验结果计算及确定按下列方法进行：

1 混凝土试件轴心抗压强度应按下式计算：

$$f_{cp} = \frac{F}{A} \qquad (7.0.5)$$

式中　f_{cp}——混凝土轴心抗压强度（MPa）；
　　　　F——试件破坏荷载（N）；
　　　　A——试件承压面积（mm²）。

混凝土轴心抗压强度计算值应精确至0.1MPa。

2 混凝土轴心抗压强度值的确定应符合本标准第6.0.5条中第2款的规定。

3 混凝土强度等级＜C60时，用非标准试件测得的强度值均应乘以尺寸换算系数，其值为对200mm×200mm×400mm试件为1.05；对100mm×

100mm×300mm试件为0.95。当混凝土强度等级≥C60时，宜采用标准试件；使用非标准试件时，尺寸换算系数应由试验确定。

7.0.6 混凝土轴压抗压强度试验报告内容除应满足本标准第1.0.3条要求外，还应报告实测的混凝土轴心抗压强度值。

8 静力受压弹性模量试验

8.0.1 本方法适用于测定棱性体试件的混凝土静力受压弹性模量（以下简称弹性模量）。圆柱体试件的弹性模量试验见附录C。

8.0.2 测定混凝土弹性模量的试件应符合本标准第3章中的有关规定。每次试验应制备6个试件。

8.0.3 试验采用的试验设备应符合下列规定：

1 压力试验机应符合本标准中第4.3节中的规定。

2 微变形测量仪应符合本标准第4.4节中的规定。

8.0.4 静力受压弹性模量试验步骤应按下列方法进行：

1 试件从养护地点取出后先将试件表面与上下承压板面擦干净。

2 取3个试件按本标准第7章的规定，测定混凝土的轴心抗压强度（f_{cp}）。另3个试件用于测定混凝土的弹性模量。

3 在测定混凝土弹性模量时，变形测量仪应安装在试件两侧的中线上并对称于试件的两端。

4 应仔细调整试件在压力试验机上的位置，使其轴心与下压板的中心线对准。开动压力试验机，当上压板与试件接近时调整球座，使其接触均衡。

5 加荷至基准应力为0.5MPa的初始荷载值F_0，保持恒载60s并在以后的30s内记录每测点的变形读数ε_0。应立即连续均匀地加荷至应力为轴心抗压强度f_{cp}的1/3的荷载值F_a，保持恒载60s并在以后的30s内记录每一测点的变形读数ε_a。所用加荷速度应符合本标准第6.0.4条中第3款的规定。

6 当以上这些变形值之差与它们平均值之比大于20%时，应重新对中试件后重复本条第5款的试验。如果无法使其减少到低于20%时，则此次试验无效。

7 在确认试件对中符合本条第6款规定后，以与加荷速度相同的速度卸荷至基准应力0.5MPa（F_0），恒载60s；然后用同样的加荷和卸荷速度以及60s的保持恒载（F_0及F_a）至少进行两次反复预压。在最后一次预压完成后，在基准应力0.5MPa（F_0）持荷60s并在以后的30s内记录每一测点的变形读数ε_0；再用同样的加荷速度加荷至F_a，持荷60s并在以后的30s内记录每一测点的变形读数ε_a（见图8.0.4）。

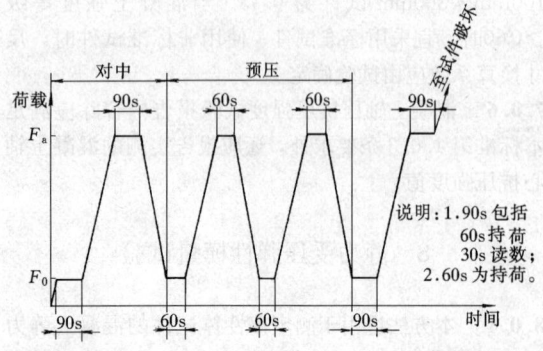

图 8.0.4 弹性模量加荷方法示意图

8 卸除变形测量仪，以同样的速度加荷至破坏，记录破坏荷载；如果试件的抗压强度与 f_{cp} 之差超过 f_{cp} 的 20% 时，则应在报告中注明。

8.0.5 混凝土弹性模量试验结果计算及确定按下列方法进行：

1 混凝土弹性模量值应按下式计算：

$$E_c = \frac{F_a - F_0}{A} \times \frac{L}{\Delta n} \qquad (8.0.5-1)$$

式中 E_c——混凝土弹性模量（MPa）；

F_a——应力为 1/3 轴心抗压强度时的荷载（N）；

F_0——应力为 0.5MPa 时的初始荷载（N）；

A——试件承压面积（mm²）；

L——测量标距（mm）；

$$\Delta n = \varepsilon_a - \varepsilon_0 \qquad (8.0.5-2)$$

式中 Δn——最后一次从 F_0 加荷至 F_a 时试件两侧变形的平均值（mm）；

ε_a——F_a 时试件两侧变形的平均值（mm）；

ε_0——F_0 时试件两侧变形的平均值（mm）。

混凝土受压弹性模量计算精确至 100MPa；

2 弹性模量按 3 个试件测值的算术平均值计算。如果其中有一个试件的轴心抗压强度值与用以确定检验控制荷载的轴心抗压强度值相差超过后者的 20% 时，则弹性模量值按另两个试件测值的算术平均值计算；如有两个试件超过上述规定时，则此次试验无效。

8.0.6 混凝土弹性模量试验报告内容除应满足本标准第 1.0.3 条要求外，尚应报告实测的静力受压弹性模量值。

9 劈裂抗拉强度试验

9.0.1 本方法适用于测定混凝土立方体试件的劈裂抗拉强度，圆柱体劈裂抗拉强度试验方法见附录 D。

9.0.2 劈裂抗拉强度试件应符合本标准第 3 章中有关的规定。

9.0.3 试验采用的试验设备应符合下列规定：

1 压力试验机应符合本标准第 4.3 节的规定。

2 垫块、垫条及支架应符合本标准第 4.5 节的规定。

9.0.4 劈裂抗拉强度试验步骤应按下列方法进行：

1 试件从养护地点取出后应及时进行试验，将试件表面与上下承压板面擦干净。

2 将试件放在试验机下压板的中心位置，劈裂承压面和劈裂面应与试件成型时的顶面垂直；在上、下压板与试件之间垫以圆弧形垫块及垫条各一条，垫块与垫条应与试件上、下面的中心线对准并与成型时的顶面垂直。宜把垫条及试件安装在定位架上使用（如图 4.5.3 所示）。

3 开动试验机，当上压板与圆弧形垫块接近时，调整球座，使接触均衡。加荷应连续均匀，当混凝土强度等级 < C30 时，加荷速度取每秒钟 0.02 ～ 0.05MPa；当混凝土强度等级 ≥ C30 且 < C60 时，取每秒钟 0.05 ～ 0.08MPa；当混凝土强度等级 ≥ C60 时，取每秒钟 0.08 ～ 0.10MPa，至试件接近破坏时，应停止调整试验机油门，直至试件破坏，然后记录破坏荷载。

9.0.5 混凝土劈裂抗拉强度试验结果计算及确定按下列方法进行：

1 混凝土劈裂抗拉强度应按下式计算：

$$f_{ts} = \frac{2F}{\pi A} = 0.637 \frac{F}{A} \qquad (9.0.5)$$

式中 f_{ts}——混凝土劈裂抗拉强度（MPa）；

F——试件破坏荷载（N）；

A——试件劈裂面面积（mm²）；

劈裂抗拉强度计算精确到 0.01MPa。

2 强度值的确定应符合下列规定：

1）三个试件测值的算术平均值作为该组试件的强度值（精确至 0.01MPa）；

2）三个测值中的最大值或最小值中如有一个与中间值的差值超过中间值的 15% 时，则把最大及最小值一并舍除，取中间值作为该组试件的抗压强度值；

3）如最大值与最小值与中间值的差均超过中间值的 15%，则该组试件的试验结果无效。

3 采用 100mm×100mm×100mm 非标准试件测得的劈裂抗拉强度值，应乘以尺寸换算系数 0.85；当混凝土强度等级 ≥ C60 时，宜采用标准试件；使用非标准试件时，尺寸换算系数应由试验确定。

9.0.6 混凝土劈裂抗拉强度试验报告内容除应满足本标准第 1.0.3 条要求外，尚应报告实测的劈裂抗拉强度值。

10 抗折强度试验

10.0.1 本方法适用于测定混凝土的抗折强度。

10.0.2 试件除应符合本标准第3章的有关规定外，在长向中部1/3区段内不得有表面直径超过5mm、深度超过2mm的孔洞。

10.0.3 试验采用的试验设备应符合下列规定：

1 试验机应符合第4.3节的有关规定。

2 试验机应能施加均匀、连续、速度可控的荷载，并带有能使二个相等荷载同时作用在试件跨度3分点处的抗折试验装置，见图10.0.3。

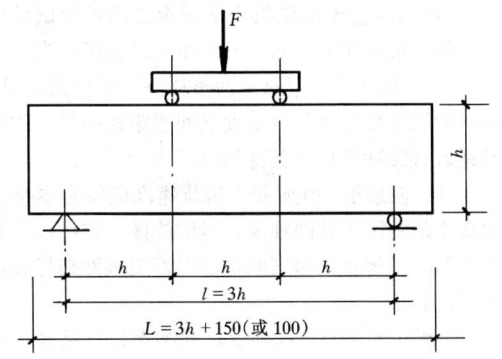

图10.0.3 抗折试验装置

3 试件的支座和加荷头应采用直径为20～40mm、长度不小于$b+10$mm的硬钢圆柱，支座立脚点固定铰支，其他应为滚动支点。

10.0.4 抗折强度试验步骤应按下列方法进行：

1 试件从养护地取出后应及时进行试验，将试件表面擦干净。

2 按图10.0.3装置试件，安装尺寸偏差不得大于1mm。试件的承压面应为试件成型时的侧面。支座及承压面与圆柱的接触面应平稳、均匀，否则应垫平。

3 施加荷载应保持均匀、连续。当混凝土强度等级＜C30时，加荷速度取每秒0.02～0.05MPa；当混凝土强度等级≥C30且＜C60时，取每秒钟0.05～0.08MPa；当混凝土强度等级≥C60时，取每秒钟0.08～0.10MPa，至试件接近破坏时，应停止调整试验机油门，直至试件破坏，然后记录破坏荷载。

4 记录试件破坏荷载的试验机示值及试件下边缘断裂位置。

10.0.5 抗折强度试验结果计算及确定按下列方法进行：

1 若试件下边缘断裂位置处于二个集中荷载作用线之间，则试件的抗折强度 f_f（MPa）按下式计算：

$$f_f = \frac{Fl}{bh^2} \qquad (10.0.5)$$

式中 f_f——混凝土抗折强度（MPa）；
$\quad\quad F$——试件破坏荷载（N）；
$\quad\quad l$——支座间跨度（mm）；
$\quad\quad h$——试件截面高度（mm）；

$\quad\quad b$——试件截面宽度（mm）；

抗折强度计算应精确至0.1MPa。

2 抗折强度值的确定应符合本标准第6.0.5条中第2款的规定。

3 三个试件中若有一个折断面位于两个集中荷载之外，则混凝土抗折强度值按另两个试件的试验结果计算。若这两个测值的差值不大于这两个测值的较小值的15%时，则该组试件的抗折强度值按这两个测值的平均值计算，否则该组试件的试验无效。若有两个试件的下边缘断裂位置位于两个集中荷载作用线之外，则该组试件试验无效。

4 当试件尺寸为100mm×100mm×400mm非标准试件时，应乘以尺寸换算系数0.85；当混凝土强度等级≥C60时，宜采用标准试件；使用非标准试件时，尺寸换算系数应由试验确定。

10.0.6 混凝土抗折强度试验报告内容除应满足本标准第1.0.3条要求外，尚应报告实测的混凝土抗折强度值。

附录A 圆柱体试件的制作和养护

A.0.1 本方法适用于混凝土圆柱体试件的制作及养护。

A.0.2 圆柱体试件的直径为100mm、150mm、200mm三种，其高度是直径的2倍。粗骨料的最大粒径应小于试件直径的1/4倍。

A.0.3 试验采用的试验设备应符合下列规定：

1 试模：试模应由刚性、金属制成的圆筒形和底板构成，用适当的方法组装而成。试模组装后不能有变形和漏水现象。试模的尺寸误差，直径误差应小于1/200d，高度误差应小于1/100h。试模底板的平面度公差应不超过0.02mm。组装试模时，圆筒形模纵轴与底板应成直角，其允许公差为0.5°。

2 试验用振动台、捣棒等用具：应符合第4.2节与第4.7节的有关规定。

3 压板：用于端面平整处理的压板，应采用厚度为6mm及其以上的平板玻璃，压板直径应比试模的直径大25mm以上。

A.0.4 圆柱体试件的制作应按下列方法进行：

1 在试验室制作试件时，应根据混凝土拌合物的稠度确定混凝土成型方法，坍落度不大于70mm的混凝土宜用振动振实；大于70mm的宜用捣棒人工捣实。

1）采用插捣成型时，分层浇注混凝土，当试件的直径为200mm时，分3层装料；当试件为直径150或100mm时，分2层装料，各层厚度大致相等；浇注时以试模的纵轴为对称轴，呈对称方式装入混凝土拌合物，浇注完一层后用捣棒摊平上表面；试件的直径为200mm时，每层用捣棒插捣25次；试的直径为 150mm 时，每层插捣 15 次；试件的直径为 100mm 时，每层插捣 8 次；插捣应按螺旋方向从边缘向中心均匀进行；在插捣底层混凝土时，捣棒应达到试模底部；插捣上层时，捣棒应贯穿该层后插入下一层 20~30mm；插捣时捣棒应保持垂直，不得倾斜。当所确定的插捣次数有可能使混凝土拌合物产生离析现象时，可酌情减少插捣次数至拌合物不产生离析的程度。插捣结束后，用橡皮锤轻轻敲打试模侧面，直到捣棒插捣后留下的孔消失为止。

2）采用插入式振捣棒振实时，直径为 100~200mm 的试件应分 2 层浇注混凝土。每层厚度大致相等，以试模的纵轴为对称轴，呈对称方式装入混凝土拌合物；振捣棒的插入密度按浇注层上表面每 6000mm² 插入一次确定，振捣下层时振捣棒不得触及试模的底板，振捣上层时，振捣棒插入下层大约 15mm 深，不得超过 20mm；振捣时间根据混凝土的质量及振捣棒的性能确定，以使混凝土充分密实为原则。振捣棒要缓慢拔出，拔出后用橡皮锤轻轻敲打试模侧面，直到捣棒插捣后留下的孔消失为止。

3）采用振动台振实时，应将试模牢固地安装在振动台上，以试模的纵轴为对称轴，呈对称方式一次装入混凝土，然后进行振动密实。装料量以振动时砂浆不外溢为宜。振动时间根据混凝土的质量和振动台的性能确定，以使混凝土充分密实为原则。

2　振实后，混凝土的上表面稍低于试模顶面 1~2mm。

A.0.5　试件的端面找平层处理按下述方法进行：

1　拆模前当混凝土具有一定强度后，清除上表面的浮浆，并用干布吸去表面水，抹上同配比的水泥净浆，用压板均匀地盖在试模顶部。找平层水泥净浆的厚度要尽量薄并与试件的纵轴相垂直；为了防止压板与水泥浆之间粘固，在压板的下面垫上结实的薄纸。

2　找平处理后的端面应与试件的纵轴相垂直；端面的平面度公差应不大于 0.1mm。

3　不进行试件端部找平层处理时，应将试件上端面研磨整平。

A.0.6　圆柱体试件养护应符合本标准 5.2 节的规定。

附录 B　圆柱体试件抗压强度试验

B.0.1　本方法适用于测定按附录 A 要求制作和养护的圆柱体试件的抗压强度。

B.0.2　测定圆柱体抗压强度的试件应是按附录 A 要求制作和养护的圆柱体试件。

B.0.3　圆柱体试件抗压强度试验设备应符合下列规定：

1　压力试验机：应符合本标准第 4.3 节中的有关规定。

2　卡尺：量程 300mm，分度值 0.02mm。

B.0.4　抗压强度试验步骤应按下列方法进行：

1　试件从养护地取出后应及时进行试验，将试件表面与上下承压板面擦干净，然后测量试件的两个相互垂直的直径，分别记为 d_1、d_2，精确至 0.02mm；再分别测量相互垂直的两个直径段部的四个高度；应符合本标准第 3.3 节中的有关规定。

2　将试件置于试验机上下压板之间，使试件的纵轴与加压板的中心一致。开动压力试验机，当上压板与试件或钢垫板接近时，调整球座，使接触均衡；试验机的加压板与试件的端面之间要紧密接触，中间不得夹入有缓冲作用的其他物质。

3　应连续均匀地加荷，加荷速度应符合本标准第 6.0.4 条中第 4 款的规定；当试件接近破坏，开始迅速变形时，停止调整试验机油门直至试件破坏。记录破坏荷载 F(N)。

B.0.5　圆柱体试件抗压强度试验结果计算及确定按下列方法进行：

1　试件直径应按下式计算：

$$d = \frac{d_1 + d_2}{2} \qquad (B.0.5\text{-}1)$$

式中　d——试件计算直径（mm）；

d_1、d_2——试件两个垂直方向的直径（mm）。

试件计算直径的计算精确至 0.1mm。

2　抗压强度应按下式计算：

$$f_{cc} = \frac{4F}{\pi d^2} \qquad (B.0.5\text{-}2)$$

式中　f_{cc}——混凝土的抗压强度（MPa）；

F——试件破坏荷载（N）；

d——试件计算直径（mm）。

混凝土圆柱体试件抗压强度的计算精确至 0.1MPa。

3　混凝土圆柱体抗压强度值的确定应符合本标准第 6.0.5 条中第 2 款的规定。

4　用非标准试件测得的强度值均应乘以尺寸换算系数，其值为对 $\phi 200mm \times 400mm$ 试件为 1.05；对 $\phi 100mm \times 200mm$ 试件为 0.95。

B.0.6　混凝土圆柱体抗压强度试验报告内容除应满足本标准第 1.0.3 条要求外，尚应报告实测混凝土圆柱体抗压强度值。

附录 C　圆柱体试件静力受压弹性模量试验

C.0.1　本方法适用于测定按附录 A 要求制作和养护的圆柱体试件的静力受压弹性模量（以下简称弹性模量）。

C.0.2　测定圆柱体试件的弹性模量的试件应是按附录 A 要求制作和养护的圆柱体试件。每次试验应制备 6 个试件。

C.0.3 试验采用的试验设备应符合下列规定：

1 压力试验机：应符合本标准中第 4.3 节中的规定。

2 微变形测量仪：应符合本标准第 4.4 节中的规定。

C.0.4 圆柱体试件弹性模量试验步骤应按下列方法进行：

1 试件从养护地点取出后应及时进行试验，将试件擦干净，观察其外观，按本标准 B.0.4 条中第 1 款的规定，测量试件尺寸，应符合本标准第 3.3 节中的有关规定。

2 取 3 个试件按本标准附录 B 的规定，测定圆柱体试件抗压强度（f_{cp}）。另 3 个试件用于测定圆柱体试件弹性模量。

3 在测定圆柱体试件弹性模量时，微变形测量仪应安装在圆柱体试件直径的延长线上并对称于试件的两端。

4 应仔细调整试件在压力试验机上的位置，使其轴心与下压板的中心线对准。开动压力试验机，当上压板与试件接近时调整球座，使其接触均衡。

5 加荷至基准应力为 0.5MPa 的初始荷载值 F_0，保持恒载 60s 并在以后的 30s 内记录每一测点的变形读数 ε_0。应立即连续均匀地加荷至应力为轴心抗压强度 f_{cp} 的 1/3 的荷载值 F_a，保持恒载 60s 并在以后的 30s 内记录每一测点的变形读数 ε_a。所用加荷速度应符合本标准第 6.0.4 条中第 3 款的规定。

6 当以上这些变形值之差与它们平均值之比大于 20% 时，应重新对中试件后重复本条第 5 款的试验。如果无法使其减少到低于 20% 时，则此次试验无效。

7 在确认试件对中符合本条第 6 款规定后，以与加荷速度相同的速度卸荷至基准应力 0.5MPa（F_0），恒载 60s；然后用同样的加荷和卸荷速度以及 60s 的保持恒载（F_0 及 F_a）至少进行两次反复预压。在最后一次预压完成后，在基准应力 0.5MPa（F_0）持荷 60s 并在以后的 30s 内记录每一测点的变形读数 ε_0；再用同样的加荷速度加荷至 F_a，持荷 60s 并在以后的 30s 内记录每一测点的变形读数 ε_a（见图 8.0.4）。

8 卸除变形测量仪，以同样的速度加荷至破坏。记录破坏荷载；如果试件的抗压强度与 f_{cp} 之差超过 f_{cp} 20% 时，则应在报告中注明。

C.0.5 圆柱体试件弹性模量试验结果计算及确定按下列方法进行：

1 试件计算直径 d 按 B.0.5 的有关规定计算。

2 圆柱体试件混凝土受压弹性模量值应按下式计算：

$$E_c = \frac{4(F_a - F_0)}{\pi d^2} \times \frac{L}{\Delta n} = 1.273 \times \frac{(F_a - F_0)L}{d^2 \Delta n}$$

(C.0.5-1)

式中 E_c——圆柱体试件混凝土静力受压弹性模量（MPa）；

F_a——应力为 1/3 轴心抗压强度时的荷载（N）；

F_0——应力为 0.5MPa 时的初始荷载（N）；

d——圆柱体试件的计算直径（mm）；

L——测量标距（mm）；

$$\Delta n = \varepsilon_a - \varepsilon_0 \qquad (C.0.5-2)$$

式中 Δn——最后一次从 F_0 加荷至 F_a 时试件两侧变形的平均值（mm）；

ε_a——F_a 时试件两侧变形的平均值（mm）；

ε_0——F_0 时试件两侧变形的平均值（mm）。

圆柱体试件混凝土受压弹性模量计算精确至 100MPa。

3 圆柱体试件弹性模量按 3 个试件的算术平均值计算。如果其中有一个试件的轴心抗压强度值与用以确定检验控制荷载的轴心抗压强度值相差超过后者的 20% 时，则弹性模量值按另两个试件测值的算术平均值计算；如有两个试件超过上述规定时，则此次试验无效。

C.0.6 圆柱体试件混凝土静力受压弹性模量试验报告内容除应满足本标准第 1.0.3 条要求外，尚应报告实测的圆柱体试件混凝土的静力受压弹性模量值。

附录 D 圆柱体试件劈裂抗拉强度试验

D.0.1 本方法适用于测定按附录 A 要求制作和养护的圆柱体试件的劈裂抗拉强度。

D.0.2 测定圆柱体劈裂抗拉强度的试件应是按附录 A 要求制作和养护的圆柱体试件。

D.0.3 试验采用的试验设备应符合下列规定：

1 试验机应符合本标准 4.3 节中的有关规定。

2 垫条应符合本标准 4.5.2 条的规定。

D.0.4 圆柱体劈裂抗压强度试验步骤应按下列方法进行：

1 试件从养护地点取出后应及时进行试验，先将试件擦拭干净，与垫层接触的试件表面应清除掉一切浮渣和其他附着物。测量尺寸，并检查其外观。圆柱体的母线公差应为 0.15mm。

2 标出两条承载线。这两条线应位于同一轴向平面，并彼此相对，两线的末端在试件的端面上相连，以便能明确地表示出承压面。

3 擦净试验机上下压板的加压面。将圆柱体试件置于试验机中心，在上下压板与试件承压线之间各垫一条垫条，圆柱体轴线应在上下垫条之间保持水平，垫条的位置应上下对准（见图 D.0.4-1）。宜把垫层安放在定位架上使用（见图 D.0.4-2）。

4 连续均匀地加荷，加荷速度按本标准第 9.0.3 条的规定进行。

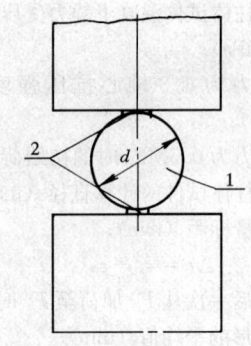

图 D. 0.4-1 劈裂抗拉试验
1—试件；2—垫条

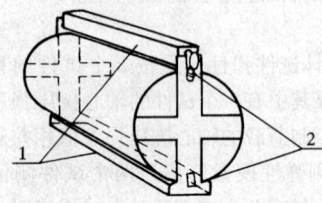

图 D. 0.4-2 定位架
1—定位架；2—垫条

D. 0. 5 圆柱体劈裂抗拉强度试验结果计算及确定按下列方法进行：

1 圆柱体劈裂抗拉强度按下式计算：

$$f_{ct} = \frac{2F}{\pi \times d \times l} = 0.637 \frac{F}{A} \qquad (D.0.5)$$

式中 f_{ct}——圆柱体劈裂抗拉强度（MPa）；

　　　F——试件破坏荷载（N）；

　　　d——劈裂面的试件直径（mm）；

　　　l——试件的高度（mm）；

　　　A——试件劈裂面面积（mm²）。

圆柱体劈裂抗拉强度精确至 0.01MPa。

2 圆柱体的劈裂抗拉强度值的确定应符合本标准第 6.0.5 条中第 2 款的规定。

3 当采用非标准试件时，应在报告中注明。

D. 0. 6 混凝土圆柱体的劈裂抗拉强度试验报告内容除应满足本标准第 1.0.3 条要求外，尚应报告实测的混凝土圆柱体的劈裂抗拉强度值。

本标准用词、用语说明

1 为便于在执行本标准条文时区别对待，对于要求严格程度不同的用词说明如下：

1）表示很严格，非这样不可的用词：
正面词采用："必须"；反面词采用；"严禁"。

2）表示严格，在正常情况下均这样做的用词：
正面词采用："应"；反面词采用："不应"或"不得"。

3）表示容许稍有选择，在条件许可时，首先应这样做的用词：
正面词采用："宜"；反面词采用："不宜"。
表示有选择，在一定条件下可以这样做的，采用："可"。

2 条文中指定按其他有关标准执行的写法为"应按……执行"或"应符合……的规定"。

中华人民共和国国家标准

普通混凝土力学性能试验方法标准

GB/T 50081—2002

条 文 说 明

前　言

根据建设部建标〔1998〕第 94 号文《1998 年工程建设国家标准制定、修订计划的通知》的要求，《普通混凝土力学性能试验方法》编制组对原标准进行了修订，新修订的《普通混凝土力学性能试验方法标准》（GB/T 50081—2002）经建设部 2003 年 1 月 10 日以公告第 102 号批准、发布。

为便于广大使用单位在使用本标准时能正确理解和执行条文的规定，《普通混凝土力学性能试验方法标准》编制组根据建设部关于编制标准、规范条文的统一要求，按《普通混凝土力学性能试验方法标准》的章、节、条、款的顺序，编制了《普通混凝土力学性能试验方法标准条文说明》，供有关部门和使用单位参考。在使用中如发现本条文说明有欠妥之处，请将意见直接函寄中国建筑科学研究院标准研究中心。

目　次

1 总　则

1.0.1　编制本标准的目的是为了进一步规范混凝土力学性能试验方法、提高试验精度，使试验结果具有代表性、准确性和复演性，确保混凝土施工质量。

1.0.2　本标准不但包括原标准中立方体和棱柱体试件的 5 个混凝土力学性能试验方法，还在附录中增加了圆柱体试件的制作和养护以及圆柱体试件混凝土力学性能试验方法，从而实现了混凝土力学性能试验方法标准与国际标准全面接轨，为我国进入 WTO 后，建筑业面向国际市场提供了与国际标准一致的混凝土力学性能试验方法标准。

1.0.3　为规范试验报告，按国际试验标准惯例，提出了按本标准试验方法所做的试验，试验报告应包括的内容。

1.0.4　规定了混凝土力学性能试验方法，除应符合本标准的规定，还应符合国家强制标准中的有关规定。与普通混凝土力学性能试验方法有关的国家标准有《混凝土结构工程施工质量验收规范》（GB 50204）、《混凝土质量控制标准》（GB 50154）等。

2 取　样

2.0.1　规定了混凝土的取样应遵循的规定。

2.0.2　每个试件的强度都是一个随机值，为避免取到极端值和与其他现行国家强制性标准统一，规定了混凝土力学性能试验必须以三个试件为一组，并规定了每组试件混凝土的取样地点。

3 试件的尺寸、形状和公差

3.1 试件的尺寸

3.1.1　试件尺寸与允许骨料最大粒径的关系，ISO 推荐的规定为试件的尺寸应大于 4 倍的骨料最大粒径。根据我国的实际状况，经修订组讨论和广泛征求意见，修订后的规定与原标准一致即试件尺寸大于 3 倍的骨料最大粒径，与美国 ASTM 标准相同。修订组根据现行标准筛的尺寸，对相应的允许骨料的最大粒径进行了修改。

对于劈裂抗拉强度试验，骨料的最大粒径，维持原规定不变。

3.1.2　为保证试件尺寸，应使用符合要求的试模制作试件。

3.2 试件的形状

3.2.1　规定了混凝土抗压强度和劈裂抗拉强度试件的形状尺寸：

　1　规定了立方体试件的标准试件的形状尺寸。

　2　规定了立方体试件的非标准试件的形状尺寸。

　3　在特殊情况下可采用的圆柱体标准试件和非标准试件的形状尺寸。特殊情况是指：当施工涉外工程或必须用圆柱体试件来确定混凝土力学性能时，一般情况或无特殊要求的情况下，应使用立方体试件。

3.2.2　规定了混凝土轴心抗压强度和静力受压弹性模量试件的形状尺寸：

　1　规定了棱柱体试件的标准试件的形状尺寸。

　2　规定了棱柱体试件的非标准试件的形状尺寸。

　3　在特殊情况下可采用的圆柱体标准试件和非标准试件的形状尺寸。特殊情况是指：当施工涉外工程或必须用圆柱体试件来确定混凝土力学性能时，一般情况或无特殊要求的情况下，应使用立方体试件。

3.2.3　规定了混凝土抗折强度试件的形状尺寸：

　1　规定了棱柱体试件的标准试件的形状尺寸。

　2　规定了棱柱体试件的非标准试件的形状尺寸。

3.3 尺寸公差

公差包括尺寸公差和形位公差。试件的形位公差是否符合要求，对其力学性能，特别是对高强混凝土的力学性能影响甚大。对试件承压面平面度公差主要是靠试模内表面的平面度来控制，而试件相邻面夹角公差不但靠试模相邻面夹角控制，而且还取决与每次安装试模的精度。所以要使试件的形位公差符合要求，不但应采用符合标准要求的试模来制作试件，而且必须对试模的安装引起高度的重视。

3.3.1　规定了所有试件承压面的平面度公差为 $0.0005d$。为方便使用，列出各种试件对应的承压面的平面度的公差值：

表 1　试件承压面公差允许值

试件横截面边长（mm）	承压面平面度公差（mm）
100	0.050
150	0.075
200	0.100

3.3.2　规定了各种试件相邻面夹角的公差为 0.5°。

3.3.3　规定了各种试件边长的尺寸公差为 1mm。

4 设　备

4.1 试　模

4.1.1　本条文对试模提出了详细的技术规定，规定了试模必须符合《混凝土试模》（JG 3019）中技术要求的规定。为方便使用单位，各种试模的技术要求见表 2：

表2　试模的主要技术指标

部 件 名 称	技 术 指 标
试模内表面	光滑平整，不得有砂眼、裂纹及划痕
试模内表面粗糙度	不得大于 3.2μm
组装后内部尺寸误差	不得大于公称尺寸的±0.2%
组装后相邻面夹角	90±0.3°
试模内表面平整度	100mm 不大于 0.04mm
组装后连接面缝隙	不得大于 0.2mm

4.1.2　对试模定期检查，应根据试模的使用频率来决定，至少每三个月应检查一次。

4.2　振　动　台

4.2.1　规定了振动台应符合的技术要求。其主要的技术要求见表3。

表3　振动台的主要技术指标

部 件 名 称	技 术 指 标
台面平整度	平面度误差不应大于 0.3mm
空载台面中心垂直振幅	0.5±0.02mm
空载台面振幅均匀度	不大于 15%
负载与空载台面中心垂直振幅比	不小于 0.7
试模固定装置	振动中试模无松动、无移动、无损伤
空载频率	50±3Hz
启动时间	不大于 2s
制动时间	不大于 5s
空载噪声	不大于 85dB

4.2.2　本条包含三个内容：
1　由法定计量部门检测；
2　定期进行检测，周期一年；
3　有计量检定证书。

以上规定是为了保持各个不同试验室中的试验仪器设备的一致性。

4.3　压　力　试　验　机

4.3.1　本条文强调了压力试验机测量精度为±1%，试件破坏荷载必须大于压力机全量程的 20% 且小于压力机全量程的 80%；尤其对于高强混凝土，对压力试验机提出更高的要求。对原标准中精度为 2% 的老式压力试验机，由于油泵和加压油缸磨损较大，随荷载增高，油泵和加压油缸的漏油量也增大，到达全量程的 60%～70% 时，就无法有效调节加荷速度，故不能满足试验要求，从压力试验机生产厂调查得知，精度为 2% 的压力试验机已是老产品，应属淘汰之例。

4.3.2　修订后，规定了压力试验机应具有加荷速度显示装置或加荷速度控制装置，是为了便于操作人员可按本标准要求控制加荷速度。

4.3.3　修订后规定了压力试验机应具有效期内的计量检定证书，是为了保持各个不同试验室中的试验仪器设备性能指标的一致性，其鉴定周期为一年。

4.4　微变形测量仪

4.4.1　本标准中规定了微变形测量仪的精度。微变形测量仪可采用千分表、电阻应变片测长仪和激光测长仪等，但其测量精度应符合本条的要求，其性能还应满足相关标准规定的要求。

4.4.2　规定了微变形测量仪的标距为150mm。

4.4.3　修订后规定了压力试验机应具有有效期内的计量检定证书，鉴定周期为一年，是为了保持各个不同试验室中的试验仪器设备性能指标的一致性。

4.5　垫块、垫条和支架

4.5.1　修订后将原标准的钢制弧形垫条改名为垫块，其形状尺寸没有变。

4.5.2　修订后将三合板垫层改名为垫条。

4.5.3　在做劈裂抗拉强度试验时，试件的对中很困难。试件对中精度又影响试验结果精度。修订后增加了钢支架，使试验对中变得很容易，从而提高了劈裂抗拉强度试验的速度和精度。

4.6　钢　垫　板

因为老的压力试验机，由于多年使用，上下压板有磨损现象，特别是压板的中心，由于压试件处磨成凹状。其平整度严重影响对压板平整度要求较高的高强混凝土的抗压强度。为提高高强混凝土抗压强度试验的精度，避免试验误差，修订后在强度等级不小于 C60 的抗压强度试验时，如压力试验机上下压板不符合钢垫板要求时，必须使用钢垫板。

4.6.1　本条规定了钢垫板承压面积和最小厚度。

4.6.2　本条规定了钢垫板承压面平面度公差、表面硬度和硬化层厚度。

4.7　其他量具和器具

本节规定了本标准所用的其他量具和器具的规格：

4.7.1　钢板尺。

4.7.2　卡尺。

4.7.3　捣棒。

5 试件的制作和养护

5.1 试件的制作

5.1.1 叙述了混凝土试件制作的一般规定:

1 成型前,应首先检查试模的尺寸,尤其是对高强混凝土,应格外重视检查试模的尺寸是否符合试模标准的要求。特别应检查 150mm×150mm×150mm 试模的内表面平整度和相邻面夹角是否符合要求。150mm×150mm×150mm 试模尺寸不符合要求是尺寸换算系数降低的主要原因。

2 规定了试验室拌制混凝土时材料用量的计量精度,与原标准一致。

3 修订后规定了混凝土拌合物拌制后宜在15min 内成型,一般在成型前要做坍落度试验,大约5～10min,15min 内成型是完全做得到的。

4 选择成型方式:坍落度不大于 70mm 宜用振动振实,大于 70mm 宜采用捣棒人工捣实。但对于黏度较大的混凝土拌合物,虽然坍落度大于 70mm,也可用振动振实方式,以充分密实,避免分层离析为原则;对拌合物稠度大于 70mm 的含气量较大的混凝土,由于采用人工插捣方法不利于混凝土排气,其强度与实际结构混凝土相差较大,也可采用振动振实方法成型。

5 修订后,本标准在附录 A 中增加了圆柱体试件的成型方法。

5.1.2 规定了混凝土试件的制作步骤:

1 规定了取样或拌制的混凝土拌合物至少应用铁锹来回拌合三次,以确保混凝土拌合物的匀质性。

2 根据混凝土拌合物稠度,选择成型方法;试件的制作有振动台振实、人工插捣和插入式振捣棒振实三种成型方法供选择。

1) 叙述了用振动台振实制作试件的方法,强调了试模应牢牢地附着或固定在振动台上,振动台振动时,不容许有任何跳动,振动持续至表面出浆为止;且应避免混凝土离析。

2) 叙述了用人工插捣制作试件的方法,与原标准基本一致。

3) 修订后增加了在现场检验时用插入式振捣棒振实制作试件的方法。

3 修订后标准对用抹刀抹平试模表面的时间做了规定:在混凝土临近初凝时抹平试模表面,是为了避免混凝土沉缩后,混凝土表面低于试模而引起的试验误差。

5.2 试件的养护

5.2.1 规定了成型后应立即用不透水的薄膜覆盖,以防水份蒸发。这一点对高强混凝土试件特别重要。尤其在干燥天气,高强混凝土试件制作后没有立即覆盖而失水,会影响试件的早期 1d、3d 甚至 28d 强度。

5.2.2 修订后试件的静停时要求的温度和时间没有改变,温度为 20±5℃,时间为一至二昼夜。标准养护室的温度和湿度由原标准的温度从 20±3℃、相对湿度 90%以上提高到与 ISO 标准一致的温度为 20±2℃、相对湿度为 95%以上的标准养护室或温度为 20±2℃的不流动的 Ca(OH)₂ 饱和溶液中养护。这点改进,对高强混凝土试件非常重要。我们做过试验,对于 150mm×150mm×150mm 高强混凝土试件来说,在温度为 20±3℃、相对湿度为 90%的养护室中养护28d 的强度会降低 10%～15%。这是因为高强混凝土的水灰比比较小、水泥用量较大、制作后试件的密实度比较大,在相对湿度为 90%的环境下,养护室中的湿空气的蒸汽压力不能足以渗透到 150mm×150mm×150mm 的试件内部,致使混凝土试件的强度降低。还规定,混凝土试件可在温度为 20±2℃的不流动的 Ca(OH)₂饱和溶液中养护。强调Ca(OH)₂饱和溶液,是因为水泥石中存在 Ca(OH)₂是水泥水化和维持水泥石稳定的重要前提,如果养护水不是 Ca(OH)₂饱和溶液,那么混凝土中的 Ca(OH)₂就会溶出,就会影响水泥的水化进程从而影响混凝土的强度。

5.2.3 规定了同条件养护试件的养护。

5.2.4 规定了标准养护龄期为 28d;非标准养护龄期一般为 1d、3d、7d、60d、90d 和 180d。

5.3 试 验 记 录

5.3.1 规定了试验记录的内容。

6 抗压强度试验

6.0.1 说明了本方法适用于混凝土立方体抗压强度试验。圆柱体抗压强度试验见附录 B。

6.0.2 说明了试件尺寸应符合的规定。

6.0.3 说明了试验设备应符合的规定,修订后强调了当混凝土强度等级≥C60 时压力试验机上、下压板不符合钢垫板的技术要求时,压力试验机上、下压板与试件之间应垫以符合本标准第 4.6 节要求的钢垫板。有关试验说明垫钢垫板后高强混凝土试件的抗压强度显著提高,其原因是高强混凝土试件对钢垫板的承压面要求较高,包括对平整度、硬度的要求。还规定试件周围应设置防崩裂网罩,以免高强混凝土试件在破坏时突然崩裂射出的试件碎块伤人。

6.0.4 规定了立方体抗压强度试验的试验步骤,修订后增加了当混凝土强度等级≥C60 时的加荷速度。加荷速度对高强混凝土试件的试验结果影响很大。对100mm 立方体试件,由于破坏荷载小,加荷速度容易控制;而 150mm 立方体试件,由于破坏荷载大,到接近破坏阶段,尽管油门已开至最大,加荷速度还是达不到规定的要求，结果破坏荷载就会明显减小而不能正确反映混凝土的真实强度。

6.0.5 规定了立方体抗压强度试验的计算方法和如何确定立方体抗压强度值。修订后根据高强混凝土的特殊性，规定了当混凝土强度等级≥C60时，宜采用标准试件；使用非标试件时，尺寸换算系数应由试验确定。在高强混凝土尺寸换算系数尚有争论的情况下，其目的有以下两点：

1 强调高强混凝土的抗压强度，以标准试件为准。

2 强调尺寸换算系数用试验确定，目的是为了纠正高强混凝土尺寸换算系数随高强混凝土强度的提高而降低的错误规定。其真正的原因是以前的高强混凝土立方体抗压强度试验方法不标准。编制组通过大量的试验证实 100mm×100mm×100mm 试件的尺寸换算系数还是 0.95。验证高强混凝土 100mm×100mm×100mm 试件的尺寸换算系数试验的要点如下：

1）试模必须符合《混凝土试模》（JG 3019）中技术要求的规定。

2）在同一振动台上必须成对成型 150mm 立方体和 100mm 立方体试件，还应防止过振；成型后应立即在试模上盖上塑料布。

3）养护必须在相对湿度95%以上环境（或为雾室）的标准养护室或在氢氧化钙饱和溶液中养护。

4）压力试验时，150mm 立方体试件上下应加标准钢垫板。

5）加荷速度必须符合本标准第 6.0.4 条的要求，尤其是对 150mm 立方体试件在接近破坏时必须保持标准要求的加荷速度。

6）确定尺寸换算系数的试件组数必须大于20 对。

6.0.6 规定了试验报告的内容。

7 轴心抗压强度试验

7.0.1 说明了本试验方法适用于测定棱柱体混凝土试件的轴心抗压强度。

7.0.2 说明了测定轴心抗压强度的棱柱体混凝土试件应符合的规定。

7.0.3 说明了试验设备应符合的规定。

7.0.4 规定了轴心抗压强度试验的试验步骤，修订后增加了当混凝土强度等级≥C60时的加荷速度。

7.0.5 规定了立方体抗压强度试验的计算方法和如何确定抗压强度值。修订后根据高强混凝土的特殊性，规定了当混凝土强度等级≥C60时，宜采用标准试件；使用非标试件时，尺寸换算系数应由试验确定。

7.0.6 规定了试验报告的内容。

8 静力受压弹性模量试验

8.0.1 说明了本试验方法适用于测定棱柱体混凝土试件的静力受压弹性模量，圆柱体试件的静力受压弹性模量试验，见附录 C。静力受压弹性模量试验的试验方法在修订后有了较大的变动，经过编制组全体成员的努力和试验验证，修订后的试验方法不但与 ISO 试验方法完全一致，而且试验结果也与原试验方法的试验结果一致。

8.0.2 说明了测定静力受压弹性模量试验的试件应符合的规定。

8.0.3 说明了试验设备应符合的规定。

8.0.4 规定了静力受压弹性模量试验的试验步骤。修订后的静力受压弹性模量试验方法与原试验方法有以下不同：

1 原试验方法先预压 3 次再对中读数；修订后新试验方法先读数对中，然后预压 2 次，在预压时必须持荷 60s。

2 原试验方法只对 100mm×100mm 截面非标准试件要求对中；修订后新试验方法不但对 100mm×100mm 截面非标准试件要求对中，而且对标准试件也要求对中。

3 原试验方法在读数前的持荷时间为 30s，对读数时间未作出规定；修订后新试验方法在读数前的持荷时间为 60s，并要求在以后的 30s 内读数。

4 原试验方法要求最后两次试验的变形值相差应不大于 0.00002 的测量标距，否则还应进行第 6 次或第 7 次试验；修订后的新试验方法无此要求。

总之修订后的试验方法不但完全与 ISO 标准一致，而且对新旧试验方法进行了对比试验。对比试验说明：新试验方法简化了原试验方法，其试验结果与原方法试验结果基本一致。

8.0.5 规定了静力受压弹性模量试验的计算方法和如何确定静力受压弹性模量值。

8.0.6 规定了试验报告的内容。

9 劈裂抗拉强度试验

9.0.1 说明了本试验方法适用于测定立方体混凝土试件的劈裂抗拉强度试验，劈裂抗拉强度试验基本上与原试验方法一致。圆柱体试件的劈裂抗拉强度试验，见附件 D。

9.0.2 说明了测定劈裂抗拉强度试验的立方体混凝土试件应符合的规定。

9.0.3 说明了试验设备应符合的规定。

9.0.4 规定了劈裂抗拉强度试验的试验步骤。由于劈裂抗拉强度试验的对中较困难，而且由于对中误差，也会导致较大的试验误差。所以修订后的试验步骤中规定了为保证对中精度和提高试验效率，可把垫条和试件安装在定位架上使用，并给出了定位架示意图。

9.0.5 规定了劈裂抗拉强度试验的计算方法和如何确定劈裂抗拉强度值。

9.0.6 规定了试验报告的内容。

10 抗折强度试验

10.0.1 说明了本试验方法适用于测定立方体混凝土试件的抗折强度试验，抗折强度试验基本上与原试验方法基本一致。

10.0.2 说明了测定抗折强度试验的棱柱体混凝土试件应符合的规定。

10.0.3 说明了试验设备应符合的规定。对试验加荷及其设备提出明确的要求：荷载必须均匀、连续和可控。试验的荷头改弧形顶面为圆柱体面。

10.0.4 规定了抗折强度试验的试验步骤。修订后的试验方法与原试验方法不同的是规定试件的支座其中一个应为铰支。还规定了高强混凝土抗折强度试验的加荷速度以及高强混凝土抗折强度试验采用非标准试件时，尺寸换算系数应由试验确定。

10.0.5 规定了抗折强度试验的计算方法和如何确定抗折强度值，对原标准的计算公式进行了更正。

10.0.6 规定了试验报告的内容。

附录 A 圆柱体试件的制作和养护

A.0.1 说明本方法适用于圆柱体度件的制作和养护。

A.0.2 规定了圆柱体试件的尺寸以及粗骨料的最大粒径。

A.0.3 规定了试模、试验用振动台、捣棒等用具和压板的技术要求。

A.0.4 规定了圆柱体试件制作的方法。

1 规定了在试验室制作混凝土试件时，试件的成型方法应根据拌合物的稠度确定，当混凝土拌合物的稠度大于 70mm，但对于黏度较大的混凝土拌合物，虽然坍落度大于 70mm，也可用振动振实方式成型，以充分密实，避免分层离析为原则；对拌合物稠度大于 70mm 的加气量较大的混凝土，由于采用人工插捣方法不宜混凝土排气，其强度与实际结构混凝土相差较大，也可采用振动振实方法成型。

1）说明了采用人工插捣制作试件的步骤。

2）说明了采用插入式振捣棒制作试件的步骤，强调应分两层浇注；在插捣次数上，做了原则规定：每 6000mm² 插捣一次。按此要求计算，直径为200mm、150mm 和 100mm 的试件的插捣次数分别为5 次、3 次和 1 次。之所以没有写进正文，是因为插

捣次数和时间应以充分密实，避免分层离析为原则，应根据实际情况，增加或减少插捣次数和时间。

3）说明了采用振动台振实制作试件的步骤。

2 与立方体试件不同，成型后混凝土表面应比试模顶面低 1～2mm，以便对端面的平整处理。

A.0.5 说明了试件找平层处理的方法。

1 拆模前用于试件端面找平层的水泥浆，宜与试件中混凝土的水灰比相同。找平层处理后 24h 才能拆模。

2 规定了试件端面找平层处理后应与试件的纵轴垂直及端面的平整度。

3 规定了不进行端面找平层处理时应将试件的上端面磨平。

A.0.6 规定了试件的养护，其要求与立方体试件的养护相同，符合本标准第 5.2 节的规定。

附录 B 圆柱体试件抗压强度试验

B.0.1 说明了本方法的适用范围。

圆柱体和立方体试件按抗压强度划分的抗压强度等级的相互关系，见 ISO 按抗压强度划分的抗压强度等级表（见表 4）。

表 4 ISO 按抗压强度划分的抗压强度等级表

混凝土强度等级	混凝土强度标准值（MPa）	
	圆柱体试件 φ150mm×300mm	立方体试件 150mm×150mm×150mm
C2/2.5	2.0	2.5
C4/5	4.0	5.0
C6/7.5	6.0	7.5
C8/10	8.0	10.0
C10/12.5	10.0	12.5
C12/15	12.0	15.0
C16/20	16.0	20.0
C20/25	20.0	25.0
C25/30	25.0	30.0
C30/35	30.0	35.0
C35/40	35.0	40.0
C40/45	40.0	45.0
C45/50	45.0	50.0
C50/55	50.0	55.0

B.0.2 说明了测定圆柱体试件抗压强度试验的试件应符合的规定。

B.0.3 说明了压力试验机应符合的条件。

B.0.4 规定了圆柱体试件抗压强度试验步骤。

B.0.5 规定了圆柱体试件试验结果计算和确定

方法。

对于高强混凝土，国外的有关试验表明，试件抗压强度从 72MPa 至 126MPa，在采用 ϕ100mm × 200mm 非标准试件时，其尺寸换算系数为 0.95。而 ASTM 建议高强混凝土 ϕ100mm×200mm 非标准试件的尺寸换算系数为 0.96。本标准规定 ϕ100mm× 200mm 非标准试件的尺寸换算系数一律为 0.95。

B. 0. 6　规定了圆柱体抗压强度试验报告的内容。

附录 C　圆柱体试件静力受压弹性模量试验

圆柱体试件静力受压弹性模量试验方法与棱柱体试件的试验方法基本一致，只是试件形状不一样。

C. 0. 1　说明了本试验方法适用圆柱体试件的静力受压弹性模量试验。

C. 0. 2　说明了测定静力受压弹性模量试验的试件应符合的规定及数量。

C. 0. 3　说明了试验设备应符合的规定。

C. 0. 4　规定了静力受压弹性模量试验的试验步骤。

C. 0. 5　规定了静力受压弹性模量试验的计算方法和

如何确定静力受压弹性模量值。

C. 0. 6　规定了试验报告的内容。

附录 D　圆柱体试件劈裂抗拉强度试验

圆柱体试件劈裂抗拉强度试验方法与立方体试件的试验方法基本一致，只是试件形状不一样。

D. 0. 1　说明了本试验方法适用于圆柱体试件的劈裂抗拉强度试验。

D. 0. 2　说明了测定劈裂抗拉强度试验的圆柱体试件应符合的规定。

D. 0. 3　说明了试验设备应符合的规定。

D. 0. 4　规定了劈裂抗拉强度试验的试验步骤。由于劈裂抗拉强度试验的对中较困难，而且由于对中误差，也会导致较大的试验误差。试验步骤中规定了为保证对中精度和提高试验效率，可把垫条和试件安装在定位架上使用，并给出了定位架示意图。

D. 0. 5　规定了劈裂抗拉强度试验的计算方法和如何确定劈裂抗拉强度值。

D. 0. 6　规定了试验报告的内容。

中华人民共和国行业标准

早期推定混凝土强度试验方法标准

Standard for test method of early estimating
compressive strength of concrete

JGJ/T 15—2008
J 784—2008

批准部门：中华人民共和国建设部
施行日期：２００８年９月１日

中华人民共和国建设部
公　告

第 819 号

建设部关于发布行业标准
《早期推定混凝土强度试验方法标准》的公告

现批准《早期推定混凝土强度试验方法标准》为行业标准，编号为 JGJ/T 15—2008，自 2008 年 9 月 1 日起实施。原《早期推定混凝土强度试验方法》JGJ 15—83 同时废止。

本标准由建设部标准定额研究所组织中国建筑工业出版社出版发行。

中华人民共和国建设部

2008 年 2 月 29 日

前　　言

根据建设部《关于印发〈二〇〇四年度工程建设城建、建工行业标准制订、修订计划〉的通知》（建标〔2004〕66 号）的要求，编制组经广泛调查研究，认真总结实践经验，参考有关国际标准和国外先进标准，并在广泛征求意见的基础上，对原行业标准《早期推定混凝土强度试验方法》JGJ 15 - 83 进行了修订。

本标准的主要技术内容是：1. 总则；2. 术语、符号；3. 混凝土加速养护法；4. 砂浆促凝压蒸法；5. 早龄期法；6. 混凝土强度关系式的建立与强度的推定；7. 早期推定混凝土强度的应用；以及混凝土强度关系式的建立方法。

修订的主要技术内容是：1. 将标准名称修订为《早期推定混凝土强度试验方法标准》；2. 增加了砂浆促凝压蒸法推定混凝土强度的试验方法；3. 增加了用早龄期强度推定混凝土 28d 强度的方法；4. 增加早期推定混凝土强度的应用一章，目的是充分利用早期推定的混凝土强度进行混凝土质量控制；5. 附录 A 中增加了采用幂函数回归法建立混凝土强度关系式的方法。

本标准由建设部负责管理，由主编单位负责具体技术内容的解释。

本标准主编单位：中国建筑科学研究院（地址：北京市北三环东路 30 号；邮政编码：100013）

本标准参加单位：贵州中建建筑科研设计院
西安建筑科技大学
浙江省台州市建设工程质量检测中心
北京城建混凝土有限公司
宁波市北仑区建设局
北京灵感科技发展有限公司
建研建材有限公司
台州四强新型建材有限公司
上虞市宏兴机械仪器制造有限公司

本标准主要起草人：张仁瑜　张秀芳　林力勋
尚建丽　孙盛佩　朱效荣
姚德正　孙　辉　罗世明
张关来

目　　次

1 总 则

1.0.1 为规范早期推定混凝土强度试验方法及其应用，达到适用可靠、经济合理，制定本标准。

1.0.2 本标准适用于混凝土强度的早期推定、混凝土生产和施工中的强度控制以及混凝土配合比调整的辅助设计。

1.0.3 早期推定混凝土强度时，除应符合本标准外，尚应符合国家现行有关标准的规定。

2 术语、符号

2.1 术 语

2.1.1 沸水法 boiling water method

混凝土试件成型、静置后，浸入沸水中养护，测得加速养护混凝土试件抗压强度，以此推定标准养护28d混凝土抗压强度的方法。

2.1.2 热水法80℃ heated water method

混凝土试件成型、静置后，浸入80℃热水中养护，测得加速养护混凝土试件抗压强度，以此推定标准养护28d混凝土抗压强度的方法。

2.1.3 温水法55℃ warm water method

混凝土试件成型、静置后，浸入55℃温水中养护，测得加速养护混凝土试件抗压强度，以此推定标准养护28d混凝土抗压强度的方法。

2.1.4 砂浆促凝压蒸法 accelerated setting mortar method with high temperature and pressure curing

筛取混凝土拌合物中的砂浆，加入促凝剂，成型试件，然后置于高温高压中养护，测得加速养护砂浆试件抗压强度，以此推定标准养护28d混凝土抗压强度的方法。

2.1.5 早龄期法 early ages method

以早龄期标准养护混凝土抗压强度推定标准养护28d混凝土抗压强度的方法。

2.1.6 加速试验周期 accelerated testing period

从加水拌和、取样、成型、加速养护至冷却破型前的时间总和。

2.2 符 号

a、b——回归系数；

$f_{cu,i}$——第 i 组标准养护28d混凝土试件抗压强度值；

$f^a_{cu,i}$——第 i 组加速养护混凝土（砂浆）试件抗压强度值；

f^a_{cu}——加速养护混凝土（砂浆）试件抗压强度值；

$f^c_{cu,i}$——第 i 组标准养护28d混凝土抗压强度的推定值；

f^c_{cu}——标准养护28d混凝土抗压强度的推定值；

$m_{f_{cu}}$——n 组标准养护28d混凝土试件抗压强度平均值；

n——试件组数；

r——回归方程的相关系数；

S^*——回归方程的剩余标准差；

$\hat{\sigma}$——早期推定混凝土强度标准差的控制目标值；

σ——标准养护28d混凝土强度标准差的控制目标值；

σ_{ε}——早期推定混凝土强度误差的标准差。

3 混凝土加速养护法

3.1 基 本 规 定

3.1.1 混凝土试件加速养护前，加速养护箱内水温应达到规定要求，且箱内各处水温相差不应大于2℃。

3.1.2 加速养护箱内的水温应于浸放试件后15min内恢复到规定温度。

3.1.3 在加速养护期间内，应连续或定时测定并记录养护水的温度。

3.1.4 对于具有温度自动控制装置的加速养护箱，还应采用独立于温度自动控制装置之外的温度计或其他测温装置校核水的温度。

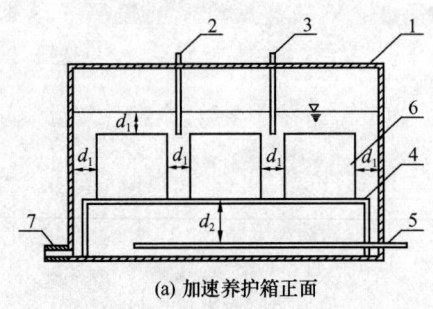

(a) 加速养护箱正面

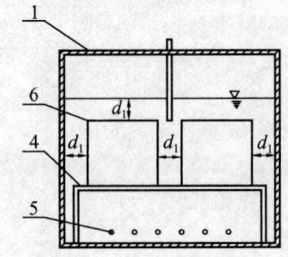

(b) 加速养护箱侧面

图3.2.1 加速养护箱示意

1—具有保温功能的养护箱；2—温度传感器；
3—校核温度计；4—放置试件的支架；
5—加热元件；6—试件；7—排水口

3.2 加速养护设备

3.2.1 加速养护箱的形状、尺寸应根据试件的尺寸、数量及在箱内放置形式而确定。试件与箱壁之间及各个试件之间应至少留有50mm的空隙，试件底面距热源不应小于100mm。在整个养护期间，箱内水面与试件顶面之间应至少保持50mm的距离（见图3.2.1）。

3.2.2 试验所采用试模应符合现行行业标准《混凝土试模》JG 3019的规定。带模加速养护时，试模应具有密封装置，保证不漏失水分。试验时，可采用特制的密封试模（见图3.2.2），也可在普通试模上覆盖橡皮垫，加盖钢板，用夹具夹紧，使试模密封。

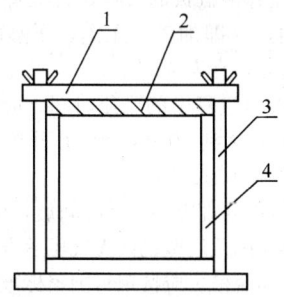

图 3.2.2 试模密封装置示意
1—钢板；2—橡皮垫；3—拉杆；4—试模

3.3 加速养护试验方法

3.3.1 沸水法试验应按下列步骤进行：

1 试件应在20±5℃室温下成型、抹面，随即应以橡皮垫或塑料布覆盖表面，然后静置。从加水拌和、取样、成型、静置至脱模，时间应为24h±15min。

2 应将脱模试件立即浸入加速养护箱内的Ca(OH)₂饱和沸水中。整个养护期间，箱中水应保持沸腾。

3 试件应在沸水中养护4h±5min，水温不应低于98℃。取出试件，应在室温20±5℃下静置1h±10min，使其冷却。然后，应按现行国家标准《普通混凝土力学性能试验方法标准》GB/T 50081的规定进行抗压强度试验，测得其加速养护强度f^a_{cu}。

4 加速试验周期应为29h±15min。

3.3.2 80℃热水法试验应按下列步骤进行：

1 试件应在20±5℃室温下成型、抹面，随即密封试模。从加水拌和、取样、成型至静置结束，时间应为1h±10min。

2 应将带有试模的试件浸入养护箱80±2℃热水中。整个养护期间，箱中水温应保持80±2℃。

3 试件应在80±2℃热水中养护5h±5min，取出带模试件，脱模，应在室温20±5℃下静置1h±10min，使其冷却。然后，应按现行国家标准《普通

混凝土力学性能试验方法标准》GB/T 50081的规定进行抗压强度试验，测得其加速养护强度f^a_{cu}。

4 加速试验周期应为7h±15min。

3.3.3 55℃温水法试验应按下列步骤进行：

1 试件应在20±5℃室温下成型、抹面，随即应密封试模。从加水拌和、取样、成型至静置结束，时间应为1h±10min。

2 应将带有试模的试件浸入养护箱55±2℃温水中。整个养护期间，箱中水温应保持55±2℃。

3 试件应在55±2℃温水中养护23h±15min，取出带模试件，脱模，应在室温20±5℃下静置1h±10min，使其冷却。然后，应按现行国家标准《普通混凝土力学性能试验方法标准》GB/T 50081的规定进行抗压强度试验，测得其加速养护强度f^a_{cu}。

4 加速试验周期应为25h±15min。

3.3.4 采用沸水法、热水法、温水法测得的加速养护强度推定标准养护28d强度时，应事先通过试验建立二者的强度关系式。建立公式的方法和要求应符合本标准第6章的规定。

4 砂浆促凝压蒸法

4.1 设 备

4.1.1 压蒸设备宜采用ϕ240mm的压蒸锅（见图4.1.1），压蒸锅上应装有压力表，其量程宜为0～160kPa。

4.1.2 热源应保证带模试件放入装有沸水的压蒸锅并加盖安全阀后，在15±1min内使锅内压力达到并稳定在90±10kPa。

4.1.3 专用试模的尺寸宜为40mm×40mm×50mm（见图4.1.3）。试模宜由可装卸的三联钢模和160mm×80mm×8mm的钢盖板组成，钢模应符合现行行业标准《水泥胶砂试模》JC/T 726的要求。

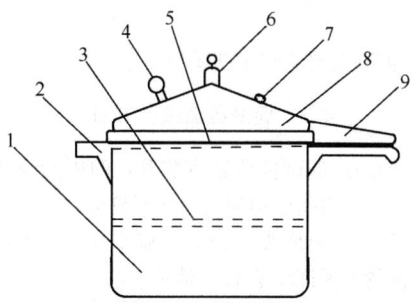

图 4.1.1 压蒸锅构造
1—锅体；2—小手柄；3—蒸屉；4—压力表；
5—密封圈；6—限压阀；7—易熔塞；
8—锅盖；9—大手柄

4.1.4 筛子孔径应为ϕ5mm，并应配备相应尺寸的料盘。

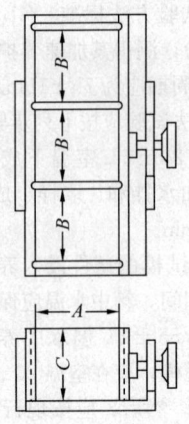

图 4.1.3　试模构造
A＝50mm；
B＝C＝40mm

4.1.5 案秤的称量应为 5kg，感量不应大于 5g；天平的称量应为 100g，感量不应大于 0.1g。

4.2　专用促凝剂

4.2.1 专用促凝剂应采用分析纯或化学纯化学试剂，并应按表 4.2.1 规定的质量比配制，称准至 0.1g 将所用的化学试剂分别研细，按比例拌匀后，应装入塑料袋密封，置于阴凉干燥处保存，保存期不得超过 7d。

表 4.2.1　促凝剂配方（质量比）

型号	无水碳酸钠 Na_2CO_3 （％）	无水硫酸钠 Na_2SO_4 （％）	铝酸钠 $NaAlO_2$ （％）
CS	75	25	—
CAS	60	25	15

4.2.2 试验用的促凝剂宜优先选用 CS 型；对于早期强度低、水化速度慢、凝结时间长的混凝土可采用 CAS 型。

4.2.3 促凝剂用量应通过试验确定。

4.3　促凝压蒸试验方法

4.3.1 擦净后的试模应紧密装配，四周缝隙处应涂抹少许黄油，内壁应均匀刷一薄层机油。

4.3.2 压蒸锅内应加水至离蒸屉 20mm 高度，将水加热至沸腾并保证压蒸锅不漏气。

4.3.3 每成型一组标准养护 28d 混凝土试件的同时，留取代表性的混凝土试样不应少于 3kg。

4.3.4 混凝土取样后应立即进行试验。将湿布擦过的筛子与料盘置于混凝土振动台上，应将混凝土试样一次性均匀摊放于筛子中。开动振动台后，应用小铲翻拌筛内混凝土试样，当粗骨料表面不粘砂浆并基本不见砂浆落入料盘时，可停止振动。

4.3.5 筛分完毕后，应立即将料盘中的砂浆试样拌匀，并称取 600g 砂浆放入湿布擦过的水泥净浆搅拌锅中，均匀撒入已称好的促凝剂，快速搅拌 30s。

4.3.6 从搅拌锅中取出的砂浆，应一次加入置于混凝土振动台上的专用试模中，振实砂浆，振动成型时间可参考表 4.3.6。振动完毕应立即用小刀将高出试模的砂浆刮去并抹平，盖上钢盖板。从掺入促凝剂至盖上钢盖板为止宜在 3min 内完成。

表 4.3.6　振动成型时间参考表

混凝土种类	塑性混凝土	流动性混凝土
振动成型时间（s）	30～50	20～40

4.3.7 应将盖有钢盖板的带模试件立即放入水已烧沸的压蒸锅内，立即加盖、压阀，压蒸时间应从加盖、压阀后起计，宜为 1h。

4.3.8 记录压蒸过程中的升压时间。应从加盖、压阀起至蒸汽压力达到 90±10kPa 并开始释放蒸汽为止。升压时间应为 15±1min。

4.3.9 压蒸养护到规定的压蒸时间后，应切断热源，去阀放气。应在确认压蒸锅内无气压后方可开盖取出试模，并应立即脱模。应按现行国家标准《水泥胶砂强度检验方法（ISO 法）》GB/T 17671 的规定进行抗压强度试验，测得其加速养护强度 f_{cu}。从切断热源到抗压强度试验的时间不宜超过 3min。

4.3.10 采用砂浆促凝压蒸法测得的加速养护强度推定标准养护 28d 强度时，应事先通过试验建立二者的强度关系式。建立公式的方法和要求应符合本标准第 6 章的规定。

5　早龄期法

5.0.1 早龄期法的龄期宜采用 3d 或 7d。

5.0.2 早龄期混凝土试件的抗压强度试验宜在 3d±1h 或 7d±2h 龄期内完成，试验应按现行国家标准《普通混凝土力学性能试验方法标准》GB/T 50081 的规定进行。

5.0.3 采用早龄期法时，早龄期混凝土试件与标准养护 28d 混凝土试件应取自同盘混凝土，且制作与养护条件应相同。

5.0.4 采用早龄期标准养护混凝土强度推定标准养护 28d 强度时，应事先通过试验建立二者的强度关系式。建立公式的方法和要求应符合本标准第 6 章的规定。

6　混凝土强度关系式的建立
与强度的推定

6.0.1 建立混凝土强度关系式时，可采用线性方程（6.0.1-1）或幂函数方程（6.0.1-2）：

$$f_{cu}^e = a + b f_{cu}^a \qquad (6.0.1\text{-}1)$$

$$f_{cu}^e = a \left(f_{cu}^a\right)^b \qquad (6.0.1\text{-}2)$$

式中 f_{cu}^e——标准养护 28d 混凝土抗压强度的推定值（MPa）；

f_{cu}^a——加速养护混凝土（砂浆）试件抗压强度值（MPa）；

a、b——回归系数，应按本标准附录 A 的规定计算。

6.0.2 为建立混凝土强度关系式而进行专门试验时，应采用与工程相同的原材料制作试件。混凝土拌合物的坍落度或工作度应与工程所用的相近。

6.0.3 每一混凝土试样应至少成型两组试件并组成一个对组。其中一组应按本标准规定进行加速养护，测得加速养护强度；另一组应进行标准养护，测得 28d 抗压强度。

6.0.4 建立强度关系式时，混凝土试件数量不应少于 30 对组。混凝土试样拌合物的水灰（胶）比不应少于三种。每种水灰（胶）比拌合物成型的试件对组数宜相同，其最大和最小水灰（胶）比之差不宜小于 0.2，且应使推定的水灰（胶）比位于所选水灰（胶）比范围的中间区段。

6.0.5 按回归方法建立强度关系式时，其相关系数不应小于 0.90，关系式的剩余标准差不应大于标准养护 28d 强度平均值的 10%。强度关系式的相关系数、剩余标准差可按本标准附录 A 的方法计算。

6.0.6 当应用专门建立的强度关系式推定实际工程用的混凝土强度时，应与建立强度关系式时的条件基本相同；其混凝土试件的加速养护强度应在事前建立强度关系式时的最大、最小加速养护强度值范围内，不应外延。

6.0.7 混凝土强度关系式在应用过程中，宜利用应用过程中积累的数据加原有试验数据修正原混凝土强度关系式，修正后的混凝土强度关系式仍应满足本标准第 6.0.5 条的要求。

7 早期推定混凝土强度的应用

7.1 基 本 规 定

7.1.1 已建立满足本标准第 6.0.5 条要求的强度关系式后，当早期推定混凝土强度的误差符合均值为零的正态分布时，可采用本标准第 7.2 节、第 7.3 节、第 7.4 节进行混凝土配合比的早期推测、混凝土强度的早期控制和早期推定。

7.1.2 对于现场取样的混凝土，取样后应立即移至温度为 20±5℃的室内成型试件。

7.2 混凝土配合比的早期推测

7.2.1 混凝土配合比设计应按现行行业标准《普通

混凝土配合比设计规程》JGJ 55 的规定进行。

7.2.2 早期推定混凝土强度的方法可作为混凝土配合比调整的辅助设计。

7.3 混凝土强度的早期控制

7.3.1 混凝土标准养护 28d 强度平均值和标准差的控制目标值（μ_{cu} 和 σ），应根据正常生产中测得的混凝土强度资料，按月（或季）求得。强度的控制目标值不应低于混凝土的配制强度。

7.3.2 早期推定混凝土强度平均值的控制目标值应与混凝土标准养护 28d 强度平均值的控制目标值相等。

7.3.3 早期推定混凝土强度标准差的控制目标值 $\hat{\sigma}$ 可按下式计算：

$$\hat{\sigma} = \sqrt{\sigma^2 - \sigma_\varepsilon^2} \qquad (7.3.3)$$

式中 $\hat{\sigma}$——早期推定混凝土强度标准差的控制目标值；

σ——标准养护 28d 混凝土强度标准差的控制目标值；

σ_ε——早期推定混凝土强度误差的标准差。

7.3.4 应采用早期推定混凝土强度的质量控制图对混凝土强度进行早期控制。

7.4 混凝土强度的早期评估

7.4.1 混凝土强度的早期评估宜与质量控制图同时使用，并作为工序质量控制的依据。混凝土工程的验收评定应以标准养护 28d 强度为依据。

7.4.2 混凝土强度的早期评估可采用现行国家标准《混凝土强度检验评定标准》GBJ 107 中的非统计方法和统计方法中方差未知的方法进行评估。

附录 A 混凝土强度关系式的建立方法

A.1 线性回归法

A.1.1 宜按线性回归方法建立式（A.1.1-1）的混凝土强度关系式，并按式（A.1.1-2）和式（A.1.1-3）计算回归系数。

$$f_{cu}^e = a + b f_{cu}^a \qquad (A.1.1\text{-}1)$$

$$b = \frac{\sum\limits_{i=1}^{n}\left(f_{cu,i} f_{cu,i}^a\right) - \frac{1}{n}\sum\limits_{i=1}^{n} f_{cu,i} \sum\limits_{i=1}^{n} f_{cu,i}^a}{\sum\limits_{i=1}^{n}\left(f_{cu,i}^a\right)^2 - \frac{1}{n}\left(\sum\limits_{i=1}^{n} f_{cu,i}^a\right)^2}$$

$$(A.1.1\text{-}2)$$

$$a = \frac{1}{n}\sum\limits_{i=1}^{n} f_{cu,i} - \frac{b}{n}\sum\limits_{i=1}^{n} f_{cu,i}^a \qquad (A.1.1\text{-}3)$$

式中 f_{cu}^e——标准养护 28d 混凝土抗压强度的推定值（MPa）；

f_{cu}^a ——加速养护混凝土（砂浆）试件抗压强度值（MPa）；

$f_{cu,i}^a$ ——第 i 组加速养护混凝土（砂浆）试件抗压强度值（MPa）；

$f_{cu,i}$ ——第 i 组标准养护 28d 混凝土试件抗压强度值（MPa）；

n ——试件组数；

a、b ——回归系数。

A.1.2 相关系数应按下式计算：

$$r = \frac{\sum_{i=1}^{n}(f_{cu,i}f_{cu,i}^a) - \frac{1}{n}\sum_{i=1}^{n}f_{cu,i}\sum_{i=1}^{n}f_{cu,i}^a}{\sqrt{\left(\sum_{i=1}^{n}(f_{cu,i})^2 - \frac{1}{n}\left(\sum_{i=1}^{n}f_{cu,i}\right)^2\right)\left(\sum_{i=1}^{n}(f_{cu,i}^a)^2 - \frac{1}{n}\left(\sum_{i=1}^{n}f_{cu,i}^a\right)^2\right)}} \quad (A.1.2)$$

式中 r ——相关系数。

A.1.3 剩余标准差应按下式计算：

$$S^* = \sqrt{\frac{(1-r^2)\left(\sum_{i=1}^{n}(f_{cu,i})^2 - \frac{1}{n}\left(\sum_{i=1}^{n}f_{cu,i}\right)^2\right)}{n-2}} \quad (A.1.3)$$

式中 S^* ——剩余标准差。

A.2 幂函数回归法

A.2.1 宜按幂函数回归方法建立式（A.2.1-1）的混凝土强度关系式，并应按式（A.2.1-2）和式（A.2.1-3）计算回归系数。

$$f_{cu}^e = a(f_{cu}^a)^b \quad (A.2.1-1)$$

$$b = \frac{\sum_{i=1}^{n}(\ln f_{cu,i}\ln f_{cu,i}^a) - \frac{1}{n}\sum_{i=1}^{n}\ln f_{cu,i}\sum_{i=1}^{n}\ln f_{cu,i}^a}{\sum_{i=1}^{n}(\ln f_{cu,i}^a)^2 - \frac{1}{n}\left(\sum_{i=1}^{n}\ln f_{cu,i}^a\right)^2} \quad (A.2.1-2)$$

$$c = \frac{1}{n}\sum_{i=1}^{n}\ln f_{cu,i} - \frac{b}{n}\sum_{i=1}^{n}\ln f_{cu,i}^a$$

$$a = e^c \quad (A.2.1-3)$$

式中 a、b ——回归系数。

A.2.2 相关系数应按下式计算：

$$r = \sqrt{1 - \frac{\sum_{i=1}^{n}(f_{cu,i} - f_{cu,i}^e)^2}{\sum_{i=1}^{n}(f_{cu,i} - m_{f_{cu}})^2}} \quad (A.2.2)$$

式中 r ——相关系数；

$f_{cu,i}^e$ ——第 i 组标准养护 28d 混凝土抗压强度的推定值（MPa）；

$m_{f_{cu}}$ —— n 组标准养护 28d 混凝土试件抗压强度平均值（MPa）。

A.2.3 剩余标准差应按下式计算：

$$S^* = \sqrt{\frac{\sum_{i=1}^{n}(f_{cu,i} - f_{cu,i}^e)^2}{n-2}} \quad (A.2.3)$$

式中 S^* ——剩余标准差。

本标准用词说明

1 为便于在执行本标准条文时区别对待，对要求严格程度不同的用词说明如下：

  1）表示很严格，非这样做不可的用词：

    正面词采用"必须"；反面词采用"严禁"。

  2）表示严格，在正常情况下均应这样做的用词：

    正面词采用"应"；反面词采用"不应"或"不得"。

  3）表示允许稍有选择，在条件许可时首先应这样做的用词：

    正面词采用"宜"；反面词采用"不宜"。

    表示有选择，在一定条件下可以这样做的用词，采用"可"。

2 条文中指明应按其他有关标准执行的写法为"应符合……的规定"或"应按……执行"。

中华人民共和国行业标准

早期推定混凝土强度试验方法标准

JGJ/T 15—2008

条 文 说 明

前　言

《早期推定混凝土强度试验方法标准》JGJ/T 15—2008，经建设部 2008 年 2 月 29 日以第 819 号公告批准发布。

本标准第一版的主编单位是中国建筑科学研究院，参加单位是北京市建筑工程局、中国建筑第四工程局、西安冶金建筑学院、中国建筑第三工程局、河北第一建筑工程公司、广西第五建筑工程公司、北京市第一建筑构件厂、上海市混凝土制品一厂、沈阳市建筑工程研究所、山西省第一建筑工程公司、中国建筑第六工程局第四公司。

为便于广大设计、施工、科研、学校等单位有关人员在使用本标准时能正确理解和执行条文规定，《早期推定混凝土强度试验方法标准》编制组按章、节、条顺序编制了本标准的条文说明，供使用者参考。在使用中如发现本条文说明有不妥之处，请将意见函寄中国建筑科学研究院（主编单位）。

目　　次

1 总 则

1.0.1 混凝土标准养护28d强度的试验方法，由于试验周期长，既不能及时预报施工中的质量状况，又不能据此及时设计和调整配合比，不利于加强混凝土质量管理和充分利用水泥活性。因此，有必要制定早期推定混凝土强度的试验方法标准。

1.0.2 通过建立标准养护28d强度与早期强度二者的关系式，利用早期强度推定标准养护28d强度。推定的混凝土强度仅适用于混凝土生产和施工中的强度控制以及混凝土配合比的调整和辅助设计。

3 混凝土加速养护法

3.1 基 本 规 定

3.1.1～3.1.4 三种混凝土加速养护法均为试件置于一定温度的水介质中经较短时间的加速养护，因此，水温不均匀和试件放入养护箱内造成水温降低的延续时间较长，均将影响混凝土试件强度发展条件的同一性。鉴于水温对混凝土加速养护强度的影响较大，且加速养护时间较短，因此对水温进行了较严格的规定。

3.2 加速养护设备

3.2.1 由于养护水对试验结果的影响较大，因此对热源的位置和功率、水位高度、试件放置位置和距离等都作了规定。

3.2.2 80℃热水法和55℃温水法是于试件成型后，经短暂静置，即置于热水或温水中养护。为防止未结硬的混凝土表面受养护热水的扰动，漏失水分，影响试验结果，故规定所用试模应具有密封装置。

3.3 加速养护试验方法

3.3.1～3.3.3 三种混凝土加速养护试验方法的加速养护制度的确定，主要是考虑既求得较高的早期强度，又使试验时间较短，并适应一般的工作时间。

加速养护制度中的前置时间、加速养护时间和后置时间，经二十余年的应用是合适的，本次修订未作改动。

对预拌混凝土在出料地点取样时，前置时间为从混凝土搅拌车出口或泵送出口取样，至成型、静置结束的时间。

沸水法是将脱模试件置于沸水中养护，因养护水的碱饱和与否对加速养护强度有一定的影响，故规定养护水为碱饱和沸水，以减小试验误差。

3.3.4 采用加速养护强度推定标准养护28d强度时，

需预先通过试验建立二者的强度关系式，根据推定公式进行混凝土强度的早期推定。

4 砂浆促凝压蒸法

4.1 设 备

4.1.1 压蒸设备可采用市场上均能购到的 ϕ240mm 压力锅，通过改装，安装压力表即可。因压蒸锅的稳定压力取决于限压阀的重量，ϕ240mm 压蒸锅的压力基本上稳定在 90±10kPa，稳定时的温度约120℃。采用量程 0～160kPa 的压力表，比较适合测量 90±10kPa 的压力。

4.1.2 采用 2.0kW 的电炉基本上可保证压蒸锅的压力在15±1min达到稳定压力。夏季或冬季可适当减小或增大热源的功率。

4.1.3 采用 40mm×40mm×50mm 的三联专用钢模，一方面是为了使试模能放到压蒸锅内，另一方面是为了能和水泥抗压夹具配套使用。钢盖板的尺寸以能盖住试模中的砂浆为宜。

4.1.4 筛孔直径采用 5mm，以保证筛得的砂浆中不含粗骨料。

4.2 专用促凝剂

4.2.1 本方法参照《公路工程水泥混凝土试验规程》JTJ 053—94，选用 CS 和 CAS 型 2 种促凝剂。促凝剂是砂浆促凝压蒸法的关键材料。

4.2.2 相同掺量下，掺 CS 型促凝剂砂浆的凝结时间比掺 CAS 型的要长，为了避免在成型过程中砂浆凝结太快以致无法成型，因此宜优先选用 CS 型促凝剂。但对于大流动性或大掺量矿物掺合料及掺缓凝型外加剂等混凝土，因其早期强度低，水化速度慢，凝结时间长，可采用 CAS 型促凝剂。

4.2.3 若促凝剂用量过少，砂浆压蒸后的强度较低，容易造成强度离散性大；若促凝剂用量过多，易造成砂浆凝结过快，以致无法成型。因此合理选择促凝剂的用量是本方法的关键。

对于流动性混凝土，因其坍落度较大，混凝土凝结时间较长，可适当增加促凝剂的用量。通过试验比较，促凝剂用量 6g（即砂浆试样质量的 1%）时比较合适。对于塑性混凝土，因坍落度较小，混凝土凝结时间较快，宜减少促凝剂的用量。试验表明大水胶比的塑性混凝土促凝剂用量可多一些，小水胶比的塑性混凝土则要少一些，其用量范围为砂浆试样质量的 0.6%～0.8% 时比较适宜。

对水胶比小于 0.4 的高强混凝土，因胶凝材料在混凝土中的相对含量增大，其凝结硬化速度相对加快，因此促凝剂用量应更少。本次试验中，当促凝剂用量减少到 2g（即砂浆试样质量的 0.33%）时，才能满足成型要求。

考虑到在本次标准修订的试验中，没有进行各种原材料品种及掺量下的促凝剂用量的系统试验研究工作，试验有一定的局限性，而全国各地混凝土原材料的品种及掺量千变万化，无法给出一个统一的掺量，因此本标准规定"促凝剂用量应通过试验确定"。上述给出的促凝剂用量是我们在试验中总结得出的，可供参考。

4.3 促凝压蒸试验方法

4.3.2 为了防止沸水飞溅到试模上，规定水与蒸屉有20mm的距离。如果压蒸锅漏气，就不能保证90±10kPa的稳定压力，所以试验前一定要检查压蒸锅，保证其不漏气。

4.3.3 试验表明，留取3kg左右的混凝土试样，可以成型一组砂浆试模，如果太少就缺乏代表性。

4.3.4 筛至粗骨料表面不粘砂浆，并基本不见砂浆落入料盘为止，此时水泥砂浆基本上和粗骨料分离。

4.3.5 600g砂浆正好能装满40mm×40mm×50mm三联试模。为了缩短中间操作时间，需预先称好促凝剂。通过试验比较，快速搅拌30s基本上能使促凝剂和砂浆混合均匀。

4.3.6 塑性混凝土因其流动性小，振动成型时间可长些，而流动性混凝土则要短些。表4.3.6给出振动成型时间的参考值，具体时间可通过试验确定。

4.3.7 为了统一压蒸时间，应预先将压蒸锅内的水烧沸。压蒸时间从加盖、压阀后起计，而不是从蒸汽达到稳定压力90±10kPa时起计。压蒸时间一般为1h，由于水泥品种不同（如普通型、早强型），混凝土中有的掺、有的不掺矿物掺合料，掺量又各不相同，外加剂又有缓凝型和早强型等品种，所以压蒸时间不一定限制为1h，可根据水泥、外加剂及矿物掺合料的品种与掺量，适当延长或缩短压蒸时间，具体时间可通过试验确定。

4.3.8 为了使砂浆在相同的压力和温度下，保持相同的强度增长时间，规定每次试验都保持相同的升压时间就显得尤其重要。试验表明，采用2.0kW的热源基本上能满足上述要求。如果试验受季节气温影响，可通过增减热源的功率来保证压蒸过程的升压时间。

4.3.9 压蒸养护到规定时间后，一定要去阀放气，在确认压蒸锅内无气压后再开盖取出试模，以免发生意外。取试模时要带上厚手套，以防止烫伤手。为了减少因时间带来的试验误差，一般宜在取出试模后3min内进行抗压强度试验。

5 早 龄 期 法

5.0.1～5.0.3 以早龄期3d、7d标准养护混凝土强度推定标准养护28d强度的方法，也是一种有效、可行的早期推定混凝土强度的方法，在实际工作中已有不少单位在使用，这次将其列入本标准。

受各种因素的影响，采用这种方法进行推定也是有误差的，因此有必要对试验条件、推定公式的建立与应用等加以规范。

6 混凝土强度关系式的
建立与强度的推定

6.0.1 通过对试验结果的回归分析，表明加速养护（早期）强度与标准养护28d强度间有较好的线性相关关系，且线性回归方程便于实际应用，故推荐以线性回归方程作为混凝土强度关系式。

有些情况下，幂函数方程比线性回归方程的显著性高一些，故本次修订增加了幂函数方程。通过对变量的适当变换，把非线性的相关关系转换成线性的相关关系，然后用线性回归的方法进行处理。在实际应用中，可选择相关性较好的方程作为混凝土强度关系式。

6.0.2 因水泥品种、粗细骨料品种、矿物掺合料的品种和掺量以及外加剂的品质等均影响混凝土强度的增长速度，因此应采用与工程相同的原材料建立强度关系式。当任何一种原材料发生变化时需重新建立新的强度关系式。

6.0.4 回归方程中的f_{cu}的变化范围（幅度）对回归方程的稳定性有直接影响。所以对f_{cu}的变化范围应有适当规定。考虑到常用强度等级混凝土水灰比的变化幅度，规定了在建立回归方程式时，混凝土试样最大、最小水灰比之差不宜小于0.2。

为便于对各次建立的回归方程的线性显著性进行比较，对观测值的数量（即成对试验数据组数）应有一个统一的规定。虽观测值的数量越多，推定值越准确，但考虑到试验工作量不能太大，同时，参考国外同类标准的有关规定，选定建立回归方程的试件数量不应少于30对组。

6.0.5 衡量回归方程相关显著性的参数是相关系数，用加速养护（早期）强度推定标准养护28d强度的精确度一般用剩余标准差表示，所以标准中规定计算相关系数和剩余标准差，据此确定本次试验所建立的混凝土强度关系式是否可用。

为了提高所建立强度关系式的显著性水平，本次修订将相关系数由0.85提高到0.90。

6.0.7 回归方程与用于试验的原材料（主要是水泥）的品种和质量状况有直接关系，水泥强度、质量和矿物组成的变化，将带来混凝土强度关系式系数的变化，它对推定误差有较大影响。为了保证强度关系式的可靠性，可用生产积累的数据校核强度关系式。若无异常情况，可用积累的数据加原有试验数据修订原强度关系式。当发现有系统误差时，应重新建立混凝土强度关系式。

7 早期推定混凝土强度的应用

7.1 基 本 规 定

7.1.1 标准养护强度与推定强度之差为推定强度的误差，误差应服从均值为零的正态分布，其检验应依据《数据的统计处理和解释 正态性检验》GB/T 4882 和《数据的统计处理和解释 正态分布均值和方差的估计与检验方法》GB 4889 进行。

7.1.2 在实际应用中，试验条件变化较大的是原材料的初始温度，特别是冬夏两季，在露天堆放的砂、石、水泥等原材料的初始温度相差很大，与建立强度公式时存放在室内的原材料也有较大的差异，这种情况对推定结果均有较明显的影响，有试验资料表明这种影响甚至会产生较大误差。本条规定就是尽量避免原材料的初始温度对推定结果的影响。

7.2 混凝土配合比的早期推测

7.2.2 因《普通混凝土配合比设计规程》JGJ 55 是依据标准养护 28d 强度进行配合比设计的，这往往不能及时满足工程的需要，为此，可根据早期推定的混凝土强度对混凝土配合比进行调整。

7.3 混凝土强度的早期控制

7.3.3 早期推定混凝土强度的关系式为：

$$f^e_{cu} = a + b f^a_{cu} \tag{1}$$

标准养护 28d 混凝土强度与早期推定的混凝土强度之间有如下关系：

$$f_{cu} = f^e_{cu} + \varepsilon \tag{2}$$

式中 ε——早期推定混凝土强度的误差。

经本标准第 7.1.1 条检验误差 ε 服从均值为零的正态分布。以某一段时间（如月、季）为统计期的标准养护 28d 混凝土强度是服从正态分布的，即 $f_{cu} \sim N(\mu, \sigma^2)$。同批混凝土因养护条件和龄期不同的加速养护混凝土强度 f^a_{cu}，假定也是服从正态分布，可以表示为 $f^a_{cu} \sim N(\mu_a, \sigma^2_a)$。早期推定混凝土强度 f^e_{cu} 和 f^a_{cu} 是线性关系，服从正态分布的随机变量经线性变换后仍服从正态分布，即 $f^e_{cu} \sim N(\hat{\mu}, \hat{\sigma}^2)$。

根据数学期望的性质，公式（1）有：

$$E(f^e_{cu}) = A + BE(f^a_{cu}) = \hat{\mu}$$

公式（2）有：$E(f_{cu}) = A + BE(f^a_{cu}) + E(\varepsilon)$ 即：$\mu = \hat{\mu}$

根据数学方差的性质，公式（1）有：

$$D(f^e_{cu}) = D(A + B f^a_{cu})，即 \hat{\sigma}^2 = B^2 \sigma^2_a;$$

公式（2）有：

$$D(f_{cu}) = D(A + B f^a_{cu} + \varepsilon)$$

即 $\sigma^2 = \hat{\sigma}^2 + \sigma^2_\varepsilon$ 或 $\hat{\sigma} = \sqrt{\sigma^2 - \sigma^2_\varepsilon}$。

由于早期推定混凝土强度的标准差 $\hat{\sigma}$，其值既受 σ 影响，又受 σ_ε 的影响。所以当早期推定混凝土强度值出现异常时，应从两个方面去查找原因。可以先从查早期推定混凝土强度的试验偏差入手，然后再查混凝土的生产过程，及时分析原因，采取对策，使生产恢复到稳定状态。

7.3.4 通常采用质量控制图进行混凝土质量控制。常用的控制图有计量型的单值-移动极差控制图（$X - R$），由单值（X）和移动极差（R）2 个控制图组成，如图 1、图 2 所示。移动极差就是在 1 个序列中相邻 2 个观测值之间的绝对差，即第 1 个观测值与第 2 个观测值的绝对差，第 2 个观测值与第 3 个观测值的绝对差，以此类推。

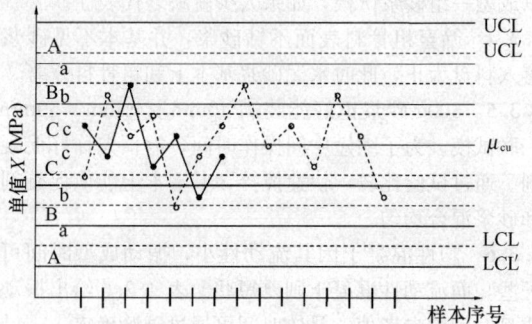

图 1 单值（X）控制

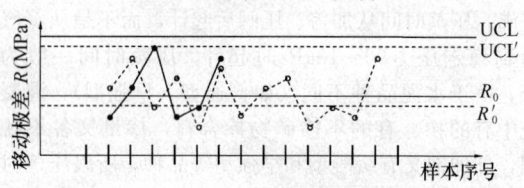

图 2 移动极差（R）控制

标准养护 28d 强度的单值（X）控制图的控制中心线坐标为强度控制目标值 μ_{cu}。上控制限（UCL）和下控制限（LCL）分别位于中心线之上与之下的 3σ 距离处。将控制图等分为 6 个区，每个区宽 σ。6 个区的符号分别为 A、B、C、C、B、A，两个 A 区、B 区及 C 区都关于中心线对称。在图 1 中以实线划分该 6 区。

早期推定混凝土强度的单值（X）控制图的控制中心线坐标为强度控制目标值 μ_{cu}。上控制限（UCL'）和下控制限（LCL'）分别位于中心线之上与之下的 $3\hat{\sigma}$ 距离处。将控制图等分为 6 个区，每个区宽 $\hat{\sigma}$。6 个区的符号分别为 a、b、c、c、b、a，两个 a 区、b 区及 c 区都关于中心线对称。在图 1 中以虚线划分该 6 区。

标准养护 28d 强度的移动极差（R）控制图的控制中心线坐标 R_0 为 1.128σ。上控制限（UCL）为

3.686σ，下控制限为 0。

早期推定混凝土强度的移动极差（R）控制图的控制中心线坐标 R_0' 为 1.128σ。上控制限（UCL'）为 3.686σ，下控制限为 0。

将混凝土试件的早期强度的推定值和移动极差，直接在两个图上绘点，并将相邻点用虚线连接，用于混凝土强度的早期控制。将混凝土试件的标准养护 28d 强度和移动极差也绘制在两个图上，并将相邻点用实线连接，用于混凝土标准养护 28d 强度的控制。

早期强度推定值或标准养护 28d 强度值在单值（X）控制图上的点各自出现下列模式检验情形之一时，表明生产过程已出现变差的可查明原因（见图 3）：

1 1 个点落在 A（a）区以外，见图（a）；

2 连续 9 点落在中心线同一侧，图（b）；

3 连续 6 点递增或递减，见图（c）；

4 连续 14 点中相邻点交替上下，见图（d）；

5 连续 3 点中有 2 点落在中心线 侧的 B（b）区以外，见图（e）；

6 连续 5 点中有 4 点落在中心线同一侧的 C（c）区以外，见图（f）；

7 连续 15 点落在中心线两侧的 C（c）区内，见图（g）；

8 连续 8 点落在中心线两侧且无一在 C（c）区内，见图（h）。

图 3 的模式检验是依据《常规控制图》GB/T 4091—2001 确定的。对移动极差控制图上的点是否出现变差的可查明原因，因该标准未给出检验的模式，故没有作出规定，可参考单值（X）控制图进行检验。

当出现变差的可查明原因时，应加以诊断和纠正，使之不再发生。

控制图使用一段时间后，应根据实际强度水平对中心线和控制界限进行修正。

7.4 混凝土强度的早期评估

7.4.1 当采用质量控制图进行混凝土质量控制时，可结合控制图对混凝土强度进行早期评估，但它只是作为工序质量控制的依据，而不作为混凝土工程的验收评定。

7.4.2 早期评估混凝土强度可采用《混凝土强度检验评定标准》GBJ 107 中的非统计方法和统计方法中方差未知的方法进行评估（以下简称"早期评估"）。可采用数学的方法进行推导和随机抽样的方法来验证其与标准养护 28d 检验评定混凝土强度（以下简称"标评"）之间的差异（见图 4、图 5）。早期评估的错判概率和漏判概率 α、β 均小于标评；早期评估的漏判概率 β 在多数情况下比错判概率 α 大。而标评的漏判概率 β 在多数情况下比错判概率 α 小。

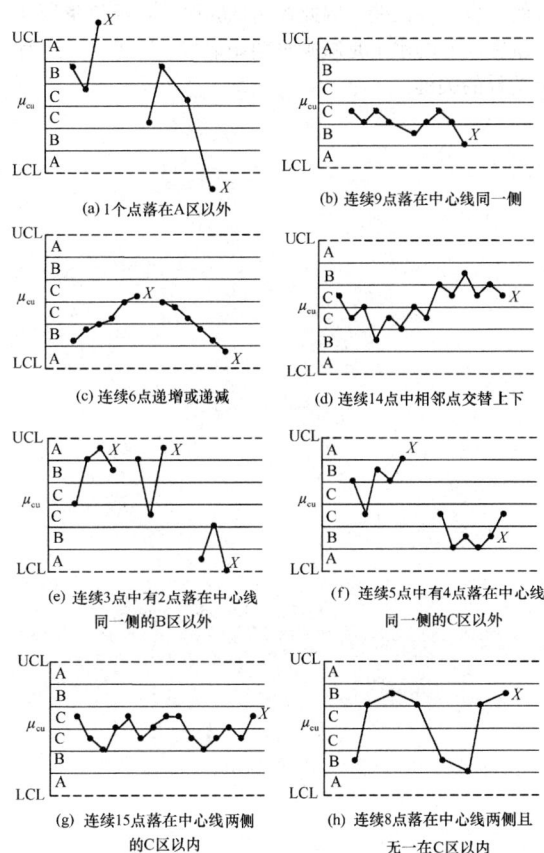

(a) 1 个点落在 A 区以外

(b) 连续 9 点落在中心线同一侧

(c) 连续 6 点递增或递减

(d) 连续 14 点中相邻点交替上下

(e) 连续 3 点中有 2 点落在中心线同一侧的 B 区以外

(f) 连续 5 点中有 4 点落在中心线同一侧的 C 区以外

(g) 连续 15 点落在中心线两侧的 C 区以内

(h) 连续 8 点落在中心线两侧且无一在 C 区以内

图 3 可查明原因的检验

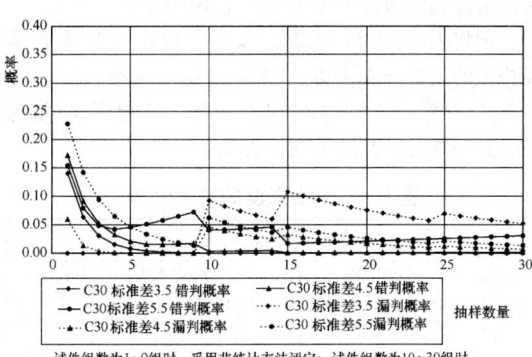

试件组数为 1～9 组时，采用非统计方法评定；试件组数为 10～30 组时，采用统计方法二评定

图 4 C30 混凝土早期推定强度评估（非统计方法与统计方法二）抽样数量与错、漏判概率关系

实际积累数据的检验评定比较：

选用某地实际积累的温水法对组数据，采用分批的方法分别按早期评估和标评的方法检验。以下分别叙述分批方法的检验效果。

从 1982 年至 2002 年 6 月不同单位的 2096 对组的数据中选出相同强度等级、对组数大于 100 的数据，其中 C20 混凝土 449 对组、C25 混凝土 266 对组、C28 混凝土 731 对组、C30 混凝土 342 对组。每个强度等级的数据按时间顺序排列，然后依次分别按

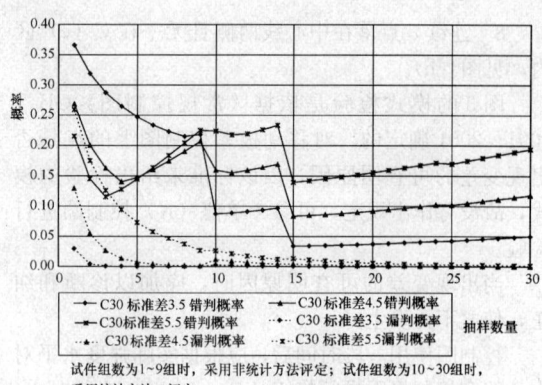

图5 C30 混凝土标养 28d 强度评定（非统计方法
与统计方法二）抽样数量与错、漏判概率关系

每批 1 组或每批 2 组或每批 3 组……或每批 30 组，
组成早期评估和标评验收批分别评定。

如 C20 混凝土 449 对组，其早期推定强度和标养
28d 强度可分别分成 1 组为一批共 449 批、2 组为一
批共 224 批、3 组为一批共 149 批、……30 组为一批
共 14 批。然后分别进行早期评估与标评，并比较两
种评定效果的差异。早期评估在采用统计方法二时混
凝土强度标准差由下式计算：$\sigma^2 = \hat{\sigma}^2 + \sigma_\varepsilon^2$。

此时会出现 4 种情况：①早期评估合格、标评也
合格；②早期评估不合格、标评也不合格；③早期评
估不合格、而标评合格；④早期评估合格、而标评不
合格。前两种情况属于两种评定的结果是一致的，后
两种情况属于两种评定的结果是不一致的。

现将 C20、C25、C28、C30 共 1788 对组检验结
果按批的组数分成 4 类：1 组到 9 组为一类、10 组到
14 组为一类、15 组到 24 组为一类、25 组到 30 组为
一类分别统计，其结果列于表 1。

检验结果分析：早期评估结果与标评结果基本一
致。从表 1 中可以看出：每类中的 4 种情况的批数占
本类的百分率基本相同，其百分率的平均值分别为
74％、9％、6％、11％。也就是说早期评估和标评结
果完全一致的情况①与情况②约占 83％，不一致的
约占 17％。可以说两种评定办法的结果大体上是一
致的。

早期评估与标评的差异：情况②与情况③均为早
期评估不合格，此时标评也判为不合格的约占这两种
情况的 60％，标评判为合格的约占 40％。也就是说
当早期评估判为不合格时，标评有 60％的可能是不
合格，有 40％的可能在标评时是合格的。因此可以
说出现情况③是一种有益的警告。情况①与情况④均
为早期评估合格，此时标评也合格的情况①约占这两
种情况的 87％，标评不合格的情况④约占 13％。因
此在早期评估合格时对验收函数略大于验收界线的也
应引起足够的重视，以避免早期评估的错判。

差异的原因：早期评估混凝土强度的误差是影响
早期评估与标评结果一致的主要因素。误差产生的原
因：一是试验条件的波动；二是混凝土养护条件不
同，混凝土强度的增长不同。前者的波动是难免的，
但是可以控制得尽量小。后者也是不可避免的，如同
样采用标准养护 3d、7d 的混凝土强度和 28d 强度之
间可以有很好的相关关系，但这种关系也不是一一对
应的，也存在误差。因此控制试验误差，控制混凝土
质量在较好的水平是减少早期评估与标准养护 28d 评
定差异的关键。

表 1 混凝土强度的统计分析

两种评定检验结果的情况	1～9组		10～14组		15～24组		25～30组	
	检验批数	占本类小计的百分率（％）	检验批数	占本类小计的百分率（％）	检验批数	占本类小计的百分率（％）	检验批数	占本类小计的百分率（％）
①	3664	73	555	74	694	75	285	74
②	530	10	60	8	79	9	35	9
③	450	9	51	7	37	4	15	4
④	401	8	82	11	109	12	49	13
小计	5045	—	748	—	919	—	381	—

中华人民共和国行业标准

钢筋焊接接头试验方法标准

Standard for Test Methods of Welded Joint of Steel Bars

JGJ/T 27—2001

批准部门：中华人民共和国建设部
施行日期：２００２年３月１日

关于发布行业标准《钢筋焊接接头 试验方法标准》的通知

建标 [2001] 264 号

根据我部《关于印发〈1995 年工程建设城建、建工行业标准制订、修订项目计划（第一批）〉的通知》（建标 [1995] 175 号）的要求，由陕西省建筑科学研究设计院主编的《钢筋焊接接头试验方法标准》，经审查，批准为行业标准，该标准编号为 JGJ/T 27—2001，自 2002 年 3 月 1 日起施行。原部标准《钢筋焊接接头试验方法》JGJ 27—86 同时废止。

本标准由建设部负责管理和解释，陕西省建筑科学研究设计院负责具体技术内容的解释，建设部标准定额研究所组织中国建筑工业出版社出版。

中华人民共和国建设部
2001 年 12 月 28 日

前　　言

根据建设部建标（1995）175 号文的要求，标准编制组通过广泛调查研究，认真总结实践经验，并在广泛征求意见的基础上，修订了本标准。

本标准的主要技术内容是：1 总则；2 拉伸试验方法；3 剪切试验方法；4 弯曲试验方法；5 冲击试验方法；6 疲劳试验方法。

修订的主要技术内容是：1. 取消了基本性能试验方法和特殊性能试验方法的划分，统一规定了拉伸试验、剪切试验、弯曲试验、冲击试验、疲劳试验等方法，删去了硬度试验和金相试验，此外还删去了原标准中的一些不适用的规定和附录；2. 拉伸试验增加了钢筋窄间隙电弧焊、钢筋气压焊接头的规定；3. 剪切试验增加了钢筋焊接网试样的要求；4. 冲击试验规定了以 10mm×10mm×55mm 带有 V 形缺口的试样为标准试样。

本标准技术内容授权由主编单位负责具体解释。

本标准主编单位是：陕西省建筑科学研究设计院（地址：西安市环城西路北段 272 号，邮政编码：710082）

本标准参加单位是：黑龙江省寒地建筑科学研究院
冶金工业部建筑研究总院
上海市住安建设发展总公司
无锡市超兴钢筋联接设备有限公司
北京第一通用机械厂

本标准主要起草人是：陈金安、李平壤、杨熊川、纪怀钦、冯才兴、马玉诚

目 次

1 总　则

1.0.1 为统一钢筋焊接接头的试验方法，正确评价焊接接头性能，制定本标准。

1.0.2 本标准适用于工业与民用建筑及一般构筑物的混凝土结构中的钢筋焊接接头的拉伸、剪切、弯曲、冲击和疲劳等试验。

1.0.3 试验应在 10～35℃室温下进行。

1.0.4 钢筋焊接接头或焊接制品在质量验收时，其抽样方法、试样数量及质量要求均应符合现行行业标准《钢筋焊接及验收规程》JGJ 18 中的有关规定。

1.0.5 在进行钢筋焊接接头性能试验时，除应符合本标准外，尚应符合国家现行有关强制性标准的规定。

2　拉伸试验方法

2.0.1 各种钢筋焊接接头的拉伸试样的尺寸可按表 2.0.1 的规定取用。

表 2.0.1　拉伸试样的尺寸

焊接方法	接头型式	试样尺寸（mm）	
		l_s	$L \geqslant$
电阻点焊		—	300 l_s+2l_j
闪光对焊		$8d$	l_s+2l_j
电弧焊	双面帮条焊	$8d+l_h$	l_s+2l_j
	单面帮条焊	$5d+l_h$	l_s+2l_j
	双面搭接焊	$8d+l_h$	l_s+2l_j

续表 2.0.1

焊接方法	接头型式	试样尺寸（mm）	
		l_s	$L \geqslant$
电弧焊	单面搭接焊	$5d+l_h$	l_s+2l_j
	熔槽帮条焊	$8d+l_h$	l_s+2l_j
	坡口焊	$8d$	l_s+2l_j
	窄间隙焊	$8d$	l_s+2l_j
电渣压力焊		$8d$	l_s+2l_j
气压焊		$8d$	l_s+2l_j
预埋件电弧焊 预埋件埋弧压力焊		—	200

注：l_s——受试长度；

l_h——焊缝（或镦粗）长度；

l_j——夹持长度（100～200mm）；

L——试样长度；

d——钢筋直径。

2.0.2 根据钢筋的级别和直径，应选用适配的拉力试验机或万能试验机。试验机应符合现行国家标准《金属拉伸试验方法》GB 228 中的有关规定。

2.0.3 夹紧装置应根据试样规格选用，在拉伸过程中不得与钢筋产生相对滑移。

2.0.4 在使用预埋件 T 形接头拉伸试验吊架时，应将拉杆夹紧于试验机的上钳口内，试样的钢筋应穿过垫板放入吊架的槽孔中心，钢筋下端应夹紧于试验机的下钳口内。

2.0.5 试验前应采用游标卡尺复核钢筋的直径和钢板厚度。

2.0.6 用静拉伸力对试样轴向拉伸时应连续而平稳，加载速率宜为 10～30MPa/s，将试样拉至断裂（或出现缩颈），可从测力盘上读取最大力或从拉伸曲线图上确定试验过程中的最大力。

2.0.7 试验中，当试验设备发生故障或操作不当而影响试验数据时，试验结果应视为无效。

2.0.8 当在试样断口上发现气孔、夹渣、未焊透、烧伤等焊接缺陷时，应在试验记录中注明。

2.0.9 抗拉强度应按下式计算：

$$\sigma_b = \frac{F_b}{S_0} \qquad (2.0.9)$$

式中　σ_b——抗拉强度（MPa），试验结果数值应修约到 5MPa，修约的方法应按现行国家标准《数值修约规则》GB 8170 的规定进行；

　　　F_b——最大力（N）；

　　　S_0——试样公称截面面积。

2.0.10 试验记录应包括下列内容：

　　——试验编号；

　　——钢筋级别和公称直径；

　　——焊接方法；

　　——试样拉断（或缩颈）过程中的最大力；

　　——断裂（或缩颈）位置及离焊缝口距离；

　　——断口特征。

2.0.11 试验记录有关内容可按本标准附录 A 的表 A.0.1 规定的钢筋焊接接头拉伸、弯曲试验报告式样填写。

3 剪切试验方法

3.0.1 试样的形式和尺寸应符合图 3.0.1 的规定。

3.0.2 剪切试验宜采用量程不大于 300kN 的万能试验机。

3.0.3 剪切夹具可分为悬挂式夹具和吊架式锥形夹具两种；试验时，应根据试样尺寸和设备条件选用合适的夹具。

3.0.4 夹具应安装于万能试验机的上钳口内，并应夹紧。试样横筋应夹紧于夹具的横槽内，不得转动。

纵筋应通过纵槽夹紧于万能试验机的下钳口内，纵筋受拉的力应与试验机的加载轴线相重合。

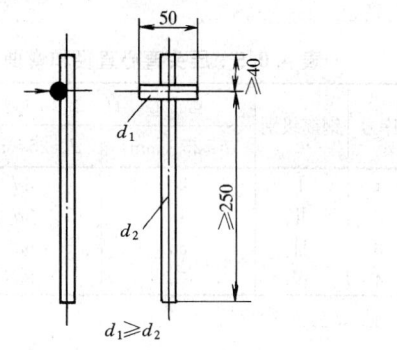

图 3.0.1-1　钢筋焊接骨架试样

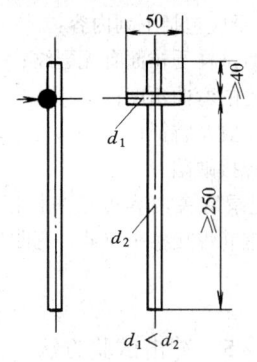

图 3.0.1-2　钢筋焊接网试样

3.0.5 加载应连续而平稳，加载速率宜为 10～30MPa/s，直至试件破坏为止。从测力度盘上读取最大力，即为该试样的抗剪载荷。

3.0.6 试验中，当试验设备发生故障或操作不当而影响试验数据时，试验结果应视为无效。

3.0.7 试验记录应包括下列内容：

　　——试样编号；

　　——钢筋级别和公称直径；

　　——试样的抗剪载荷；

　　——断裂位置。

3.0.8 试验记录有关内容可按本标准附录 A 的表 A.0.2 规定的钢筋电阻点焊制品力学性能试验报告式样填写。

4 弯曲试验方法

4.0.1 试样的长度宜为两支辊内侧距离另加 150mm，具体尺寸可按本标准附录 B 的表 B 选用。

4.0.2 应将试样受压面的金属毛刺和镦粗变形部分去除至与母材外表齐平。

4.0.3 弯曲试验可在压力机或万能试验机上进行。

4.0.4 进行弯曲试验时，试样应放在两支点上，并应使焊缝中心与压头中心线一致，应缓慢地对试样施加弯曲力，直至达到规定的弯曲角度或出现裂纹、破断为止。

4.0.5 压头弯心直径和弯曲角度应按表 4.0.5 的规定确定。

表 4.0.5 压头弯心直径和弯曲角度

序号	钢筋级别	弯 心 直 径 （D）		弯曲角 （°）
		d≤25（mm）	d>25（mm）	
1	Ⅰ	2d	3d	90
2	Ⅱ	4d	5d	90
3	Ⅲ	5d	6d	90
4	Ⅳ	7d	8d	90

注：d 为钢筋直径。

4.0.6 在试验过程中，应采取安全措施，防止试样突然断裂伤人。

4.0.7 试验记录应包括下列内容：
——弯曲后试样受拉面有无裂纹；
——断裂时的弯曲角度；
——断口位置及特征；
——有无焊接缺陷。

4.0.8 试验记录有关内容可按本标准附录 A 的表 A.0.1 规定的钢筋焊接接头拉伸、弯曲试验报告式样填写。

5 冲击试验方法

5.0.1 试样应在钢筋横截面中心截取，试样中心线与钢筋中心偏差不得大于 1mm。试样在各种焊接接头中截取的部位及方位应按表 5.0.1 的规定确定。

表 5.0.1 取样部位及方位

焊接方法		取 样 部 位			缺口方位	
		焊缝	熔合线	热影响区	光圆钢筋	带肋钢筋
闪光对焊			—			
电弧焊	坡口焊					
	窄间隙焊					
电渣压力焊						
气压焊			—			

注：试样缺口轴线与熔合线的距离 t 为 2～3mm。

5.0.2 标准试样应采用尺寸为 10mm×10mm×55mm 且带有 V 形缺口的试样。标准试样的形状及尺寸应符合现行国家标准《金属夏比缺口冲击试验方法》GB/T 229 中标准夏比 V 形缺口冲击试样的有关规定。试样缺口底部应光滑，不得有与缺口轴线平行的明显划痕。进行仲裁试验时，试样缺口底部的粗糙度参数 R_a 不应大于 $1.6\mu m$。

5.0.3 样坯宜采用机械方法截取，也可用气割法截取。试样的制备应避免由于加工硬化或过热而影响金属的冲击性能。

5.0.4 同样试验条件下同一部位所取试样的数量不应少于 3 个。试样应逐个编号，缺口底部处横截面尺寸应精确测量，并应记录。

5.0.5 测量试样尺寸的量具最小分度值不应大于 0.02mm。

5.0.6 冲击试验机的标准打击能量应为 300J（±10J）和 150J（±10J），打击瞬间摆锤的冲击速度应为 5.0～5.5m/s。

5.0.7 试验机的试样支座及摆锤刀刃尺寸应符合现行国家标准《金属夏比缺口冲击试验方法》GB/T 229 中的有关规定。

5.0.8 冲击试验可在室温或负温条件下进行。室温冲击试验应在 10～35℃进行，对试验温度要求严格的试验应在（20±2）℃进行。负温试验温度有：（0±2）℃、（—10±2）℃、（—20±2）℃、（—30±2）℃、（—40±2）℃等数种，可根据实际需要确定。

5.0.9 冲击试验机宜在摆锤最大能量的 10%～90% 范围内使用。

5.0.10 试验前应检查摆锤空打时被动指针的回零差；回零差不应超过最小分度值的四分之一。

5.0.11 试样应紧贴支座放置，并使试样缺口的背面朝向摆锤刀刃。试样缺口对称面应位于两支座对称面上，其偏差不应大于 0.5mm。

5.0.12 试样的冷却可在冰箱或盛有冷却剂的冷却箱中进行。宜采用干冰与乙醇的混合物作为冷却剂；干冰与乙醇混合时应进行搅拌，以保证冷却剂温度均匀。

5.0.13 测温用的玻璃温度计最小分度值不应大于 1℃，其误差应符合现行国家计量检定规程《工作用玻璃液体温度计检定规程》JJG 130 的规定。热电偶测点应放在控温试样缺口内，控温试样应与试验试样同时放入冷却箱中。

5.0.14 冰箱或冷却箱中的温度应低于规定的试验温度，其过冷度应根据实际情况通过试验确定。当从箱内取出试样到摆锤打击试样时的时间为 3～5s、室温为（20±5）℃、试验温度为 0～—40℃时，可采用 1～2℃的过冷度值。

5.0.15 夹取试样的工具应与试样同时冷却。在冰箱或冷却箱中放置试样应间隔一定的距离。试样应在规定温度下保持足够时间，使用液体介质时，保温时间不应少于 5min；使用气体介质时，保温时间不应少于 20min。

5.0.16 试样折断后，应检查断口，当发现有气孔、夹渣、裂纹等缺陷时，应记录下来。

5.0.17 试样折断时的冲击吸收功可从试验机表盘上直接读出。

5.0.18 冲击韧度（a_k）应按下式计算：

$$a_k = \frac{A_{kv}}{F} \quad\quad (5.0.18)$$

式中　a_k——试样的冲击韧度（J/cm^2）；

　　　A_{kv}——V 形缺口试样冲击吸收功（J）；

　　　F——试验前试样缺口底部处的公称截面面积（cm^2）。

5.0.19 试验记录应包括下列内容：

　　——焊接方法、接头型式及取样部位；

　　——试验温度；

　　——试验机打击能量；

　　——试样的冲击吸收功或冲击韧度；

　　——断口上发现的缺陷。

　　——如果试样未折断，应注明"未折断"。

5.0.20 试验记录有关内容可按本标准附录 A 的表 A.0.3 规定的钢筋焊接接头冲击试验报告式样填写。

6 疲劳试验方法

6.0.1 试样长度宜为疲劳受试长度（包括焊缝和母材）与两个夹持长度之和，其中受试长度不应小于 500mm。当试验机不能满足上述试样长度要求时，应在报告中注明试样的实际长度。高频疲劳试样的长度应根据试验机的具体条件确定。

6.0.2 试样不得有气孔、烧伤、压伤和咬边等焊接缺陷。

6.0.3 试验时，可选用下列措施加工试样夹持部分：

　　——进行冷作强化处理；

　　——采用与钢筋外形相应的铜套模；

　　——采用与钢筋外形相应的钢套模，并灌注环氧树脂。

6.0.4 试验所用的疲劳试验机应符合下列规定：

　　1 试验机的静载荷示值不应大于 ±1%；

　　2 在连续试验 10h 内，载荷振幅示值波动度不应大于使用载荷满量程的 ±2%；

　　3 试验机应具有安全控制和应力循环自动记录的装置。

6.0.5 应力循环频率应根据试验机的类型、试样的刚度和试验的要求确定。所选取的频率不得引起疲劳受试区发热。低频疲劳试验的频率宜采用 5～15Hz；高频疲劳试验机的频率宜采用 100～150Hz。

6.0.6 将试样夹持部分夹在试验机的上、下夹具中

时，夹具的中心线应与试验机的加载轴线重合。

6.0.7 试验的最大和最小载荷应根据接头的母材（钢筋）的力学性能、规格和使用要求等要素确定。载荷的增加应缓慢进行。在试验初期载荷若有波动应及时调整，直到稳定为止。

6.0.8 在一根试样的整个试验过程中，最大和最小的疲劳载荷以及循环频率应保持恒定，疲劳载荷的偶然变化不得超过初始值的 5%，其时间不得超过这根试样应力循环数的 2%。

6.0.9 疲劳试验宜连续进行；有停顿时，不得超过三次；停顿总时间不得超过全部时间的 10%，同时应在报告中注明。

6.0.10 条件疲劳极限的应力循环次数宜采用 $2×10^6$ 次。

6.0.11 试样破坏后应及时记录断裂的位置、离夹具端部的距离以及应力循环次数，并应仔细观察断口，并作图描述断口的特征。

6.0.12 条件疲劳极限的测定应符合下列规定：

　　1 在预应力混凝土结构中钢筋的应力比（ρ）可采用 0.7 或 0.8；在非预应力混凝土结构中，钢筋的应力比（ρ）可采用 0.2 或 0.1。

　　2 在确定应力比（ρ）条件下，改变应力 σ_{max} 和 σ_{min}，从高应力水平开始，分五级逐级下降，每级应取 1～3 个试样进行疲劳试验。

　　3 当试样在夹具内或在距离夹具（或套模）末端小于一倍钢筋直径处断裂，应力循环次数又小于 $2×10^6$ 次时，该试样的试验结果应视为无效。

　　4 试验结果处理时，应根据得出最大应力与疲劳寿命的关系，绘制在 S-N 曲线（图 6.0.12），并求出在给定应力比（ρ）的条件下达到 $2×10^6$ 应力循环

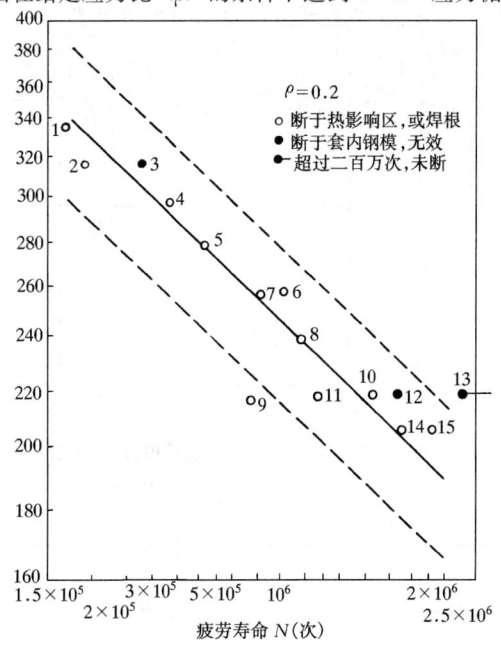

图 6.0.12　钢筋焊接接头疲劳试验 S-N 曲线

的条件疲劳极限。

6.0.13 进行检验性疲劳试验时，在所要求的疲劳应力水平和应力比之下至少应做三根试样的试验，以测定其疲劳寿命。当试样在夹具内或在距离夹具（或套模）末端小于一倍钢筋直径处断裂，应力循环次数又小于 $2×10^6$ 次时，该试样的试验结果应视为无效。当试样的应力循环次数等于或大于 $2×10^6$ 次时，试样无论在何处断裂，该试样的试验结果可视为有效。

6.0.14 疲劳试验过程应及时记录各项原始数据，试验完毕应提出试验报告。

6.0.15 钢筋焊接接头疲劳试验的记录表及试验报告格式可按本标准附录 A 的表 A.0.4 规定的钢筋焊接接头疲劳记录式样及表 A.0.5 钢筋焊接接头疲劳试验报告式样填写。

附录 A 试样报告格式

表 A.0.1 钢筋焊接接头拉伸、弯曲试验报告式样
钢筋焊接接头拉伸、弯曲试验报告

试验编号：

工程名称			
委托单位		工程取样部位	
钢筋级别		试验项目	
焊接操作人		施 焊 证	焊接方法或焊条型号
试样代表数量		送检日期	

试样编号	钢筋直径(mm)	拉 伸 试 验		试样编号	钢筋直径(mm)	弯 曲 试 验		评定
		抗拉强度(MPa)	断裂位置及特征(mm)			弯心直径(mm)	弯曲角(°)	

结论：

试验单位：（印章）
年　月　日

技术负责：　　　审核：　　　试验：

表 A.0.2 钢筋电阻点焊制品力学性能试验报告式样
钢筋电阻点焊制品剪切、拉伸试验报告

试验编号：

委托单位		施工单位	
工程取样部位		制品名称	
钢筋级别		制品用途	
送检日期		批　量	

剪 切 试 验		拉 伸 试 验	
试样编号	抗剪载荷（N）	试样编号	抗拉强度（MPa）

结论：

试验单位：（印章）
年　月　日

技术负责：　　　审核：　　　试验：

表 A.0.3 钢筋焊接接头冲击试验报告式样
钢筋焊接接头冲击试验报告

试验编号：

委托单位		焊接方法	
钢筋级别		接头型式	
钢筋直径		送检日期	

试样编号	试验温度(℃)	试样尺寸(mm)	缺口形式	缺口底部截面积(cm²)	冲击吸收功 A_{kv}(J)				冲击韧度 a_k(J/cm²)				备注
					焊缝区	熔合区	过热区	母材	焊缝区	熔合区	过热区	母材	

结论：

试验单位：（印章）
年　月　日

技术负责：　　　审核：　　　试验：

表 A.0.4 钢筋焊接接头疲劳试验记录式样

钢筋焊接接头疲劳试验记录

试验编号：

委托单位		试验机型号	
试验名称		试样组数	
钢筋级别		表面情况	
钢筋直径		试样处理	
焊接方法		送检日期	

试样编号	时 间		频率(Hz)	计算载荷				机器示值				循环次数		断口特征	断裂位置
	日/月/分/时			P_{max}(N)	P_{min}(N)	平均(N)	应力比(ρ)	P_{max}(N)	P_{min}(N)	平均(N)	应力比(ρ)	余数	累计		

分析：

试验：　　　　　审核：

表 A.0.5 钢筋焊接接头疲劳试验报告式样

钢筋焊接接头疲劳试验报告

试验编号：

委托单位		试验机型号	
试验名称		试样组数	
钢筋级别		表面情况	
钢筋直径		试样处理	
焊接方法		送检日期	

试样编号	载 荷		应 力		应力比(ρ)	频率(Hz)	循环次数(×10⁶)	断口特征	断裂位置
	P_{max}(N)	P_{min}(N)	σ_{max}(MPa)	σ_{min}(MPa)					

结论：

试验单位:(印章)

年　月　日

技术负责：　　审核：　　试验：

附录 B 弯曲试验参数

表 B 钢筋焊接接头弯曲试验参数表

钢筋公称直径(mm)	钢筋级别	弯心直径(mm)	支辊内侧距(D+2.5d)(mm)	试样长度(mm)
12	Ⅰ	24	54	200
	Ⅱ	48	78	230
	Ⅲ	60	90	240
	Ⅳ	84	114	260
14	Ⅰ	28	63	210
	Ⅱ	56	91	240
	Ⅲ	70	105	250
	Ⅳ	98	133	280
16	Ⅰ	32	72	220
	Ⅱ	64	104	250
	Ⅲ	80	120	270
	Ⅳ	112	152	300
18	Ⅰ	36	81	230
	Ⅱ	72	117	270
	Ⅲ	90	135	280
	Ⅳ	126	171	320
20	Ⅰ	40	90	240
	Ⅱ	80	130	280
	Ⅲ	100	150	300
	Ⅳ	140	190	340
22	Ⅰ	44	99	250
	Ⅱ	88	143	290
	Ⅲ	110	165	310
	Ⅳ	154	209	360
25	Ⅰ	50	113	260
	Ⅱ	100	163	310
	Ⅲ	125	188	340
	Ⅳ	175	237	390
28	Ⅰ	80	154	300
	Ⅱ	140	210	360
	Ⅲ	168	238	390
	Ⅳ	224	294	440
32	Ⅰ	96	176	330
	Ⅱ	160	240	398
	Ⅲ	192	259	410
36	Ⅰ	108	198	350
	Ⅱ	180	270	420
	Ⅲ	216	306	460
40	Ⅰ	120	220	370
	Ⅱ	200	300	450
	Ⅲ	240	340	490

注：试样长度根据（D+2.5d）+150mm 修约而得。

本标准用词说明

1 为便于在执行本标准条文时区别对待，对要求严格程度不同的用词说明如下：

(1) 表示很严格，非这样做不可的：

正面词采用"必须"，反面词采用"严禁"。

(2) 表示严格，在正常情况均应这样做的：

正面词采用"应"，反面词采用"不应"或"不得"。

(3) 表示允许稍有选择，在条件许可时首先应这样做的：

正面词采用"宜"，反面词采用"不宜"。

表示允许有选择，在一定条件下可以这样做的，采用"可"。

2 条文中指明应按其他有关标准执行的写法为"应按……执行"或"应符合……的规定（或要求）"。

中华人民共和国行业标准

钢筋焊接接头试验方法标准

JGJ/T 27—2001

条 文 说 明

前　言

《钢筋焊接接头试验方法标准》 （JGJ/T 27—2001），经建设部 2001 年 12 月 28 日以建标 [2001] 264 号文批准，业已发布。

为了便于广大设计、施工、科研、院校等单位有关人员在使用本标准时能正确理解和执行条文规定，本标准修订组按章、节、条的顺序编制了条文说明，供使用者参考。

在使用中如发现条文说明有欠妥之处，请将意见函寄陕西省建筑科学研究设计院《钢筋焊接接头试验方法标准》修订组。

目　次

1 总　则

1.0.1～1.0.2 制定本标准的目的是为了统一钢筋焊接接头的试验方法和正确的评价焊接接头性能，新修订的标准适用范围与原标准相同，包括工业与民用房屋和与房屋有关的常用构筑物，如烟囱、水塔、筒仓等，并将原条文中钢筋混凝土和预应力混凝土统称为混凝土结构。

原标准将钢筋焊接接头试验分为基本性能试验和特殊性能试验两大类，基本性能试验方法包括拉伸试验、抗剪试验和弯曲试验三种，特殊性能试验方法包括冲击试验、疲劳试验、硬度试验和金相试验四种。新标准取消了基本性能试验方法和特殊性能试验方法的划分，统一规定了拉伸试验、剪切试验、弯曲试验、冲击试验、疲劳试验等五种方法，删去了硬度试验和金相试验。

1.0.4 本标准是与现行行业标准《钢筋焊接及验收规程》JGJ 18相配套的专业技术标准，各种焊接接头抽样方法、试样数量及质量要求均应符合 JGJ 18 的有关规定。

取消了原标准对试验用的各种仪器设备定期进行校验的规定，因现行国家计量检定规程对各种类型试验机、量具都有了强制性检验的规定，本标准使用的试验机、量具等都应由计量部门定期检定，试验时所使用力的范围应在检定范围之内。

2 拉伸试验方法

2.0.1 本方法适用于电阻点焊、闪光对焊、电弧焊、电渣压力焊、气压焊和预埋件埋弧压力焊的焊接接头的拉伸试验，试验目的是测定焊接接头抗拉强度、观察断裂位置和断口特征，判定塑性断裂或脆性断裂。

拉伸试验新增加了窄间隙焊、气压焊的试样。各种焊接方法的试样尺寸是根据各地生产实践的经验总结，供参照使用。

2.0.3 试验前，应选用适合于试样规格的夹紧装置、要求夹紧装置在拉伸过程中，始终将钢筋夹紧，并与钢筋间不产生相对滑移。

2.0.4 由于生产发展的需要，增大了预埋件电弧焊和埋弧压力焊钢筋直径范围，在使用预埋件 T 形接头拉伸试验吊架时，各部件尺寸均需作修改，考虑到放置试样方便，底板槽孔仍就保留，垫板中心孔的大小应使钢筋恰好穿过，孔应压在焊缝金属，或焊包为宜，若中心孔太大，在拉伸过程中会产生附加力将焊缝提前撕裂，影响所测得的接头强度。

垫板中心孔也可设计两种规格，ϕ20mm 及以下的钢筋采用中心孔为 ϕ22mm，ϕ22mm 及以上的钢筋采用中心孔为 ϕ28mm。

2.0.9 抗拉强度按 $\sigma_0 = \dfrac{F_b}{S_0}$ 计算，式中 S_0 是指钢筋公称截面积，现行国家标准《金属拉伸试验方法》GB 228 中 5.1.6 条规定："等横截面不经机加工的试样，可采用重量法测定其平均原始面积，按公式 $S_0 = \dfrac{m}{P \cdot L} \times 1000$ 计算，试样质量的测量精确度达 ±0.5%，密度应由有关标准提供，至少取 3 位有效数字。试样总长度的测量精确度应达 ±0.5%。

如有关标准或协议允许，也可采用重量法测定周期截面不经机加工试样的平均原始横截面积，或者采用理论计算原始横截面积"。

钢筋焊接接头拉伸试样不经机加工，判定的标准是试样抗拉强度均不得小于该级别钢筋规定的抗拉强度，如采用试样原始横截面积计算，钢筋直径出现的上、下偏差，都会直接影响判定结果，为了统一起见，本标准试样横截面积是按钢筋的公称直径来

计算。

2.0.10 由于各地区，各单位的试验报告格式不尽相同、强行统一也不现实，为便于一致，试验记录应包括下列内容：试验编号；钢筋级别和公称直径；焊接方法；试样拉断（或缩颈）时的抗拉强度；断裂（或缩颈）位置及离焊缝的距离；断口特征。

3 剪切试验方法

3.0.1 本方法适用于钢筋焊接骨架和钢筋焊接网焊点的剪切试验，试验目的是测定焊点在断裂前承受的抗剪载荷。剪切试样的两根交叉钢筋应相互垂直，当在成品中所截取的试样其尺寸不能满足试验要求，或受力钢筋直径大于 8mm 时，可在生产过程中采用相同条件焊试验网片，从中截取试样。

3.0.3 剪切夹具有悬挂式和吊架式锥形夹具两种，试验时应根据具体条件选用。

悬挂式夹具由左夹块和右夹块组成，右夹块为一种规格，左夹块有三种规格，各有不同的纵槽尺寸，分别适用于不同直径的纵向钢筋，具体尺寸见表1。左、右夹块各有三道不同深度的 V 形横槽。

表 1　　　　　　　　　　左夹块纵槽尺寸

纵 槽 尺 寸（mm）	适用于纵向钢筋直径（mm）
8	4～5
12	6～10
16	12～14

左、右夹块各有三道不同深度的 V 形横槽，槽内带有斜齿，分别适用于不同直径的横向钢筋。悬挂式夹具主要用于 WE-10B 型万能试验机。

吊架式锥形夹具由吊架和锥形夹具两部分组成，吊架即可借用预埋件 T 形头拉伸试验用的吊架；锥形夹具由左夹片、右夹片和锚环组成，右夹片为一种规格，左夹片有三种规格，各有不同的纵槽，尺寸与悬挂式夹具左夹块相同。左、右夹片各有三道不同深度的 V 形横槽。

4 弯曲试验方法

4.0.1 本方法适用于闪光对焊、窄间隙焊、气压焊接头的弯曲试验，试验目的是检验钢筋焊接接头承受规定弯曲角度的弯曲变形性能和可能存在的焊接缺陷。

钢筋焊接接头弯曲试样的长度取决于钢筋的级别和直径，一般为两支辊的内侧距离另加150mm，两支辊的内侧距离为弯心直径加 2.5 倍钢筋直径。

4.0.2 试样受压面的金属毛刺和镦粗变形部位可用砂轮等工具加工，使之达到与母材外表齐平，其余部位可保持焊后状态（即焊态）。

4.0.5 压头弯心直径按本标准表 4.0.5 的规定可以得出一个计算直径，为了减少压头规格，实际使用时其弯心直径可参照附录 B 的表 B 推荐直径选用。

5 冲击试验方法

5.0.1 本方法适用于闪光对焊、电弧焊、电渣压力焊、气压焊等焊接接头的夏比冲击试验，试验目的是测定焊接接头各部位的

冲击吸收功或冲击韧度。

5.0.2 本标准规定以 10mm×10mm×55mm 带有 V 形缺口的试样为标准试样。原标准规定的另外三种试样缺口形式和尺寸实际意义不大，本标准只规定一种试样，也便于判定。表 5.0.1 中列出的几种焊接方法一般直径小于 16mm 的钢筋施工现场很少采用焊接，所以只要焊接钢筋直径为 16mm 及以上就可以截取出 10mm×10mm 的标准试样。

5.0.3 样坯截取时除应考虑其加工余量外，还需保证试样上不得留有气割剂产生的热影响区。

试样在开缺口前应用腐蚀剂使焊缝清楚地显示出来后，再按要求划线。加工缺口时，试样不得因受热而影响冲击性能。

5.0.8 试验温度是指摆锤触试样瞬间试样缺口底面的温度。

5.0.12 不得采用带爆炸性的液态氧、含氧量大于 10% 的工业液态氮或液态空气作为冷却剂。

6 疲劳试验方法

6.0.1 本方法适用于钢筋焊接接头在室温下的拉伸疲劳试验，试验目的是测定和检验钢筋焊接接头在恒载荷确定的应力比和 $2×10^6$ 次应力循环下的条件疲劳极限。

工业与民用结构中的动载结构一般是指吊车梁。对重级工作制吊车梁寿命的要求是 $4×10^6$ 次；对中级工作制吊车梁的寿命要求是 $2×10^6$ 。按现行国家标准《混凝土结构施工及验收规范》GB 50204 规定，中级及重级工作制吊车梁中的钢筋不宜有接头。因此，允许带焊接接头的动载混凝土结构通常只是指中级工作制吊车梁以及工况类似的钢筋混凝土结构。因此本标准将条件疲劳极限的应力循环次数定为 $2×10^6$ 次。

由于钢筋焊接试样的接头两侧钢筋轴心线往往不重合，受力拉伸时，若试样短，则试样在夹具端部处将产生附加力矩与应力集中，试验时会使试样在夹具内或夹具端部处断裂，其试验结果无效。而试样长度越长，试样在夹具端部处所产生的附加力矩与应力集中也越小，有助于避免试样在夹具端部处断裂。因受疲劳试验机的试样夹持长度的限制，本标准规定试样不小于 500mm。

高频疲劳试验机是利用共振进行加载的，因此必须使试样的固有频率与试验机加载系统的固有频率一致，只有试样长度在一定范围内才能在试验机上被加载。

6.0.3 在加载时，疲劳试样被夹持部分应力复杂，往往在此断裂，其试验结果无效。因此，必须将试样被夹持部分疲劳强度提高，并超过受试区。

方法之一：使试样被夹持部分表面产生压应力。为此，建议将试样夹持部分的纵肋和横肋车光后进行冷作硬化处理。

方法之二：避免试样被夹持部分的纵肋和横肋直接被夹具夹住而产生大的应力集中。为使试样被夹持部分的纵肋和横肋同时受力，可采用与钢筋外形相应的铜套模或钢套模并在套模与钢筋的间隙中灌注环氧树脂。

6.0.5 严格地说，在试验时，试样总会产生应变迟后于应力的现象，就是说总会产生一些非弹性能，其中大部分变成了热能。在低频疲劳试验时受试区产生的热功率很小，向四周扩散，受试区温度几乎不上升。采用高频疲劳试验机时，加载频率比低频高 10～30 倍，即热功率也大 10～30 倍，而且试样的质量又比低频的小，产生的热量难于向四周扩散，这时某些试样受试区的温度会上升。温度的变化对疲劳试验结果影响很大，为避免试验时试样温度上升，应选取适当的试验频率。

6.0.8 在一根试样的整个试验过程中，最大和最小疲劳载荷以及应力循环频率应保持恒定。疲劳载荷的偶然变化对疲劳试验的结果产生明显的影响。因此，本标准对疲劳载荷的偶然变化作了限制。

6.0.9 在疲劳试验过程中，试验的停顿次数、停顿时间也会影响疲劳试验的结果。实际上，一个试样的疲劳试验时间往往很长，在试验过程中外部电网的断电是无法控制的，为了减少误差，本标准对试验停顿的次数和时间也作了限制。

6.0.12 试验时试样被夹持部分及靠近夹具的部分应力非常复杂，它与试验所设定的应力水平相差很大，因此在测定条件疲劳极限时试样在被夹持部分及靠近夹具的部分发生断裂，该试样的试验结果应判无效。同理，当进行检验性疲劳试验时，在所要求的疲劳应力水平和应力比下，当试样被夹持部分及靠近夹具的部分断裂（距离夹具或套模末端小于一倍钢筋直径处），试验的循环次数又小于 $2×10^6$ 时，该试样的试验结果也为无效。

6.0.13 由于试样在夹具中被夹持部分和靠近夹具部分的应力非常复杂，应力集中也较严重，与所设定的受试区应力水平相差很大，而受试区的应力单一又无应力集中，并且受试区断裂疲劳寿命会很高，因此本标准规定，当进行检验性疲劳试验时，试样的应力循环次数达到或超过 $2×10^6$ 次，无论在试样何处断裂，该试样的试验结果都有效。

中华人民共和国行业标准

混 凝 土 用 水 标 准

Standard of water for concrete

JGJ 63—2006

J 531—2006

批准部门：中华人民共和国建设部
施行日期：２００６年１２月１日

中华人民共和国建设部

公　告

第 461 号

建设部关于发布行业标准
《混凝土用水标准》的公告

现批准《混凝土用水标准》为行业标准，编号为 JGJ 63-2006，自 2006 年 12 月 1 日起实施。其中，第 3.1.7 条为强制性条文，必须严格执行。原行业标准《混凝土拌合用水标准》JGJ 63-89 同时废止。

本规范由建设部标准定额研究所组织中国建筑工业出版社出版发行。

中华人民共和国建设部

2006 年 7 月 25 日

前　　言

根据建设部建标［2004］66 号文的要求，标准编制组经广泛调查研究，认真总结实践经验，参考有关国外先进标准，在广泛征求意见的基础上，对原《混凝土拌合用水标准》JGJ 63-89 进行修订。

本标准的主要技术内容是：1. 总则；2. 术语；3. 技术要求；4. 检验方法；5. 检验规则；6. 结果评定。

修订的主要内容是：1. 将标准名称修订为《混凝土用水标准》，将混凝土养护用水纳入本标准；2. 增加术语一章，取消分类一章；3. 将再生水纳入本标准；4. 在水质技术要求中，预应力混凝土用水 pH 值由 4.0 提高到 5.0，钢筋混凝土和素混凝土用水 pH 值由 4.0 提高到 4.5；钢筋混凝土用水中氯化物含量（以 Cl^- 计）由 1200mg/L 减少到 1000mg/L；设计使用年限为 100 年的结构混凝土用水氯离子含量不得超过 500mg/L；硫酸盐（以 SO_4^{2-} 计）含量由 2700mg/L 减少到 2000mg/L；取消了硫化物检验项目；增加了碱含量内容；5. 增加了放射性检验项目；6. 确定水泥胶砂强度试验为惟一的强度对比试验方法；7. 全部检验方法采用国家标准；8. 增加检验频率内容。

本标准由建设部负责管理和对强制性条文的解释，由主编单位负责具体技术内容的解释。

本标准主编单位：中国建筑科学研究院（地址：北京市北三环东路 30 号；邮政编码：100013）

本标准参加单位：北京排水集团京城中水公司
深圳大学
中国环境监测总站
云南建工混凝土有限公司
深圳高新建商品混凝土有限公司
北京市丰台区榆树庄构件厂
北京市节约用水管理中心
贵州中建建筑科研设计院
建研建材有限公司

本标准主要起草人员：丁　威　冷发光　霍　健
邢　峰　王　强　杜　炜
郭惠斌　李昕成　杨玉启
何建平　马冬花　赵继成
黄　蕾　王宇杰　林力勋

目　次

1 总　则

1.0.1 为保证混凝土用水的质量，使混凝土性能符合技术要求，制定本标准。

1.0.2 本标准适用于工业与民用建筑以及一般构筑物的混凝土用水。

1.0.3 混凝土用水除应符合本标准外，尚应符合国家现行有关标准的规定。

2 术　语

2.0.1 混凝土用水　water for concrete

混凝土拌合用水和混凝土养护用水的总称，包括：饮用水、地表水、地下水、再生水、混凝土企业设备洗刷水和海水等。

2.0.2 地表水　nature surface water

存在于江、河、湖、塘、沼泽和冰川等中的水。

2.0.3 地下水　underground water

存在于岩石缝隙或土壤孔隙中可以流动的水。

2.0.4 再生水　urban recycling water

指污水经适当再生工艺处理后具有使用功能的水。

2.0.5 不溶物　insoluble matter

在规定的条件下，水样经过滤，未通过滤膜部分干燥后留下的物质。

2.0.6 可溶物　soluble matter

在规定的条件下，水样经过滤，通过滤膜部分干燥蒸发后留下的物质。

3 技术要求

3.1 混凝土拌合用水

3.1.1 混凝土拌合用水水质要求应符合表 3.1.1 的规定。对于设计使用年限为 100 年的结构混凝土，氯离子含量不得超过 500mg/L；对使用钢丝或经热处理钢筋的预应力混凝土，氯离子含量不得超过 350mg/L。

表 3.1.1　混凝土拌合用水水质要求

项　目	预应力混凝土	钢筋混凝土	素混凝土
pH 值	≥5.0	≥4.5	≥4.5
不溶物（mg/L）	≤2000	≤2000	≤5000
可溶物（mg/L）	≤2000	≤5000	≤10000
Cl^-（mg/L）	≤500	≤1000	≤3500
SO_4^{2-}（mg/L）	≤600	≤2000	≤2700
碱含量（mg/L）	≤1500	≤1500	≤1500

注：碱含量按 $Na_2O + 0.658K_2O$ 计算值来表示。采用非碱活性骨料时，可不检验碱含量。

3.1.2 地表水、地下水、再生水的放射性应符合现行国家标准《生活饮用水卫生标准》GB 5749 的规定。

3.1.3 被检验水样应与饮用水样进行水泥凝结时间对比试验。对比试验的水泥初凝时间差及终凝时间差均不应大于 30min；同时，初凝和终凝时间应符合现行国家标准《硅酸盐水泥、普通硅酸盐水泥》GB 175 的规定。

3.1.4 被检验水样应与饮用水样进行水泥胶砂强度对比试验，被检验水样配制的水泥胶砂 3d 和 28d 强度不应低于饮用水配制的水泥胶砂 3d 和 28d 强度的 90%。

3.1.5 混凝土拌合用水不应有漂浮明显的油脂和泡沫，不应有明显的颜色和异味。

3.1.6 混凝土企业设备洗刷水不宜用于预应力混凝土、装饰混凝土、加气混凝土和暴露于腐蚀环境的混凝土；不得用于使用碱活性或潜在碱活性骨料的混凝土。

3.1.7 未经处理的海水严禁用于钢筋混凝土和预应力混凝土。

3.1.8 在无法获得水源的情况下，海水可用于素混凝土，但不宜用于装饰混凝土。

3.2 混凝土养护用水

3.2.1 混凝土养护用水可不检验不溶物和可溶物，其他检验项目应符合本标准 3.1.1 条和 3.1.2 条的规定。

3.2.2 混凝土养护用水可不检验水泥凝结时间和水泥胶砂强度。

4 检验方法

4.0.1 pH 值的检验应符合现行国家标准《水质pH 值的测定　玻璃电极法》GB/T 6920 的要求，并宜在现场测定。

4.0.2 不溶物的检验应符合现行国家标准《水质悬浮物的测定　重量法》GB/T 11901 的要求。

4.0.3 可溶物的检验应符合现行国家标准《生活饮用水标准检验法》GB 5750 中溶解性总固体检验法的要求。

4.0.4 氯化物的检验应符合现行国家标准《水质氯化物的测定　硝酸银滴定法》GB/T 11896 的要求。

4.0.5 硫酸盐的检验应符合现行国家标准《水质硫酸盐的测定　重量法》GB/T 11899 的要求。

4.0.6 碱含量的检验应符合现行国家标准《水泥化学分析方法》GB/T 176 中关于氧化钾、氧化钠测定的火焰光度计法的要求。

4.0.7 水泥凝结时间试验应符合现行国家标准《水泥标准稠度用水量、凝结时间、安定性检验方法》

GB/T 1346 的要求。试验应采用 42.5 级硅酸盐水泥，也可采用 42.5 级普通硅酸盐水泥；出现争议时，应以 42.5 级硅酸盐水泥为准。

4.0.8 水泥胶砂强度试验应符合现行国家标准《水泥胶砂强度检验方法（ISO 法）》GB/T 17671 的要求。试验应采用 42.5 级硅酸盐水泥，也可采用 42.5 级普通硅酸盐水泥；出现争议时，应以 42.5 级硅酸盐水泥为准。

5 检 验 规 则

5.1 取 样

5.1.1 水质检验水样不应少于 5L；用于测定水泥凝结时间和胶砂强度的水样不应少于 3L。

5.1.2 采集水样的容器应无污染；容器应用待采集水样冲洗三次再灌装，并应密封待用。

5.1.3 地表水宜在水域中心部位、距水面 100mm 以下采集，并应记载季节、气候、雨量和周边环境的情况。

5.1.4 地下水应在放水冲洗管道后接取，或直接用容器采集；不得将地下水积存于地表后再从中采集。

5.1.5 再生水应在取水管道终端接取。

5.1.6 混凝土企业设备洗刷水应沉淀后，在池中距水面 100mm 以下采集。

5.2 检验期限和频率

5.2.1 水样检验期限应符合下列要求：

　　1 水质全部项目检验宜在取样后 7d 内完成；

　　2 放射性检验、水泥凝结时间检验和水泥胶砂强度成型宜在取样后 10d 内完成。

5.2.2 地表水、地下水和再生水的放射性应在使用前检验；当有可靠资料证明无放射性污染时，可不检验。

5.2.3 地表水、地下水、再生水和混凝土企业设备洗刷水在使用前应进行检验；在使用期间，检验频率宜符合下列要求：

　　1 地表水每 6 个月检验一次；

　　2 地下水每年检验一次；

　　3 再生水每 3 个月检验一次；在质量稳定一年后，可每 6 个月检验一次；

　　4 混凝土企业设备洗刷水每 3 个月检验一次；在质量稳定一年后，可一年检验一次；

　　5 当发现水受到污染和对混凝土性能有影响时，应立即检验。

6 结 果 评 定

6.0.1 符合现行国家标准《生活饮用水卫生标准》GB 5749 要求的饮用水，可不经检验作为混凝土用水。

6.0.2 符合本标准 3.1 节要求的水，可作为混凝土用水；符合本标准 3.2 节要求的水，可作为混凝土养护用水。

6.0.3 当水泥凝结时间和水泥胶砂强度的检验不满足要求时，应重新加倍抽样复检一次。

本标准用词说明

　　1 为便于在执行本标准条文时区别对待，对要求严格程度不同的用词说明如下：

　　1）表示很严格，非这样做不可的：
　　　　正面词采用"必须"；反面词采用"严禁"。

　　2）表示严格，在正常情况下均应这样做的：
　　　　正面词采用"应"；反面词采用"不应"或"不得"。

　　3）表示允许稍有选择，在条件许可时首先应这样做的：
　　　　正面词采用"宜"；反面词采用"不宜"。

　　　　表示有选择，在一定条件下可以这样做的，采用"可"。

　　2 条文中指明应按其他有关标准执行的写法为："应符合……的规定"或"应按……执行"。

中华人民共和国行业标准

混 凝 土 用 水 标 准

JGJ 63—2006

条 文 说 明

前　言

《混凝土用水标准》JGJ 63—2006，经建设部 2006 年 7 月 25 日以公告第 461 号批准，业已发布。

原《混凝土拌合用水标准》JGJ 63—89 的主编单位是中国建筑科学研究院，参加单位是北京市市政设计院研究所、北京市第一建筑构件厂。

为便于广大设计、施工、科研、学校等单位有关人员在使用本标准时能正确理解和执行条文规定，《混凝土用水标准》编制组按章、节、条顺序编制了本标准的条文说明，供使用者参考。在使用中如发现本条文说明有不妥之处，请将意见函寄中国建筑科学研究院（主编单位）。

目　次

1 总 则

1.0.1 水是混凝土不可缺少、不可替代的主要组分之一,直接影响混凝土拌合物的性能,如力学性能、长期性能和耐久性能,应制定技术标准进行规范,保证混凝土质量,满足建设工程的要求。本标准规定的混凝土用水包括了混凝土拌合用水和养护用水,与原标准相比,增加了养护用水的内容。

1.0.2 规定了本标准的适用范围。

1.0.3 相关规定。

2 术 语

2.0.1 定义混凝土用水及其主要内容。

2.0.2 定义地表水。在我国,通常所说的地表水并不包括海洋水,属于狭义的地表水的概念。主要包括河流水、湖泊水、冰川水和沼泽水,并把大气降水视为地表水体的主要补给源。把分别存在于河流、湖库、沼泽、冰川和冰盖等水体中水分的总称定义为地表水。

2.0.3 定义地下水。

2.0.4 定义再生水。再生水也称为中水,应符合《城市污水利用 城市杂用水水质》GB/T 18920 的要求。

2.0.5、2.0.6 混凝土用水水质专有测试项目。

3 技 术 要 求

3.1 混凝土拌合用水

3.1.1 规定混凝土拌合用水中影响混凝土性能的物质含量限值。

1 原标准规定 pH 值大于 4.0,试验证明,pH 值约为 4.0 时,对水泥凝结时间和胶砂强度影响不大。但考虑到 pH 值约为 4.0 时,水呈较明显的酸性,尤其是腐殖酸或有机酸等对混凝土耐久性可能造成影响,因此,适当提高 pH 值,有益于混凝土的耐久性。正常情况下,各类水均可达到 pH 值大于 4.5 的要求。对于预应力混凝土,要求应高一些,如桥梁工程中预应力混凝土应用较多,《公路桥涵施工技术规范》JTJ 041—2000 规定 pH 值不得小于 5.0。另外,喷射混凝土用水的 pH 值小于 5.0 也会影响混凝土的施工性能。

2 不溶物含量限值主要是限制水中泥土、悬浮物等物质,当这类物质含量较高时,会影响混凝土质量,但控制在水泥含量的 1% 以内,影响较小。

3 可溶物含量限值主要是限制水中各类盐的总量,从而限制水中各类离子对混凝土性能的影响。原

标准规定的限值是合理的。

4 氯离子会引起钢筋锈蚀,《混凝土结构设计规范》GB 50010—2002 和《混凝土质量控制标准》GB 50164—92 对不同环境条件下混凝土中氯离子含量有明确的规定,本标准中的规定与其是协调的。对钢筋混凝土用水的要求与欧洲标准一致。

5 硫酸根离子（SO_4^{2-}）会与水泥水化产物反应,进而影响混凝土的体积稳定性,对钢筋也有腐蚀作用,混凝土各原材料的有关标准对其都有规定。在原标准的基础上,修订钢筋混凝土用水的要求与欧洲标准相一致。

6 如使用碱活性骨料,则必须限制混凝土中的碱含量,避免发生碱骨料反应。《混凝土结构设计规范》GB 50010—2002 对混凝土中最大碱含量有明确的规定。本标准的规定与其是协调的,也与欧洲标准一致。

3.1.2 放射性要求按饮用水标准从严控制,超标者不能使用。

3.1.3 本条款除保证混凝土拌合物施工性能外,对一些未列入检验的水中物质含量也是间接的控制。

3.1.4 强度是混凝土的主控项目,对比试验也反映水的质量。水泥胶砂试验使用材料一致,试验控制标准化水平高,对比性强,误差小。

3.1.5 采用油污染的水和泡沫明显的水会影响混凝土性能;采用明显颜色的水会影响混凝土质量;采用异味的水会影响环境。

3.1.6 经试验验证,混凝土生产企业(主要是商品混凝土搅拌站)设备洗刷水含 $Ca(OH)_2$,pH 值可达 12 左右;若沉淀不足会含有细颗粒;水中含有一些有害物质,如碱含量较高等。鉴于这些情况的影响,作出相应的规定。

3.1.7 未经处理的海水不能满足混凝土用水的技术要求。海水中含盐量较高,可超过 30000mg/L,尤其是氯离子含量高,可超过 15000mg/L。高含盐量会影响混凝土性能,尤其会严重影响混凝土耐久性,例如,高氯离子含量会导致混凝土中钢筋锈蚀,使结构物破坏。因此,海水严禁用于钢筋混凝土和预应力混凝土。

3.1.8 即使将海水用于素混凝土,也是在无法获得其他水源情况下的不得已的做法。海水会引起混凝土表面潮湿和泛霜,影响混凝土表面质量。

3.2 混凝土养护用水

3.2.1、3.2.2 对硬化混凝土的养护用水,重点控制 pH 值、氯离子含量、硫酸根离子含量和放射性指标等。对混凝土养护用水的要求,可较拌合用水适当放宽,检测项目可适当减少。

4 检 验 方 法

4.0.1～4.0.8 全部检验方法都采用国家标准规定的方法。

4.0.7、4.0.8 42.5级普通硅酸盐水泥受矿物掺合料影响较小，使用最普遍；42.5级硅酸盐水泥受矿物掺合料影响更小。

5 检 验 规 则

5.1 取　　样

5.1.1 规定检验水样的最小用量。

5.1.2 避免其他物质沾染容器，影响水样检验的准确性。

5.1.3 地表水取样应有代表性，并注意环境等影响因素。

5.1.4 地下水取样应避免管道中或地表附近物质的影响。

5.1.5 规定再生水取样位置。

5.1.6 混凝土生产企业设备洗刷用水在使用前应充分沉淀，取样情况也应相同。

5.2 检验期限和频率

5.2.1 避免水样陈放时间过长变质。

5.2.2 放射性检验不宜重复。

5.2.3 规定的检验频率可以满足监控混凝土用水质量稳定性的要求，便于及时解决发现的问题。

6 结 果 评 定

6.0.1 符合《生活饮用水卫生标准》GB 5749 的饮用水完全可以满足本标准要求，可以不经检验，直接用于混凝土生产。

6.0.2 满足混凝土拌合用水要求即可满足混凝土养护用水要求；混凝土养护用水要求可略低于混凝土拌合用水要求。

6.0.3 水泥凝结时间检验和水泥胶砂强度不符合要求，有可能是材料（如水泥）或操作等因素的影响，可对这两项进行复检。

中华人民共和国行业标准

建筑砂浆基本性能试验方法标准

Standard for test method of basic properties of construction mortar

JGJ/T 70—2009
J 856—2009

批准部门：中华人民共和国住房和城乡建设部
施行日期：２００９年６月１日

中华人民共和国住房和城乡建设部

公　告

第 233 号

关于发布行业标准《建筑砂浆
基本性能试验方法标准》的公告

现批准《建筑砂浆基本性能试验方法标准》为建筑工程行业标准，编号为 JGJ/T 70 - 2009，自 2009 年 6 月 1 日起实施。原《建筑砂浆基本性能试验方法》JGJ 70 - 90 同时废止。

本标准由我部标准定额研究所组织中国建筑工业出版社出版发行。

2009 年 3 月 4 日

前　言

根据原建设部《关于印发〈2006 年工程建设标准规范制订、修订计划（第一批）〉的通知》（建标〔2006〕77 号）的要求，标准编制组经广泛调查研究，认真总结实践经验，参考有关国际标准和国外先进标准，并在广泛征求意见的基础上，对《建筑砂浆基本性能试验方法》JGJ 70 - 90 进行了修订。

本标准的主要技术内容是：1. 总则；2. 术语、符号；3. 取样及试样制备；4. 稠度试验；5. 表观密度试验；6. 分层度试验；7. 保水性试验；8. 凝结时间试验；9. 立方体抗压强度试验；10. 拉伸粘结强度试验；11. 抗冻性能试验；12. 收缩试验；13. 含气量试验；14. 吸水率试验；15. 抗渗性能试验；16. 静力受压弹性模量试验。

修订的主要内容是：1. 增加了保水性试验、拉伸粘结强度试验、含气量试验、吸水率试验、抗渗性能试验；2. 立方体抗压强度试验中，每组试块的数量由 6 块变为 3 块、试块底模材质由砖底模变为钢底模。

本标准由住房和城乡建设部负责管理，由陕西省建筑科学研究院负责具体技术内容的解释。

本标准主编单位：陕西省建筑科学研究院
（地址：陕西省西安市环城西路北段 272 号，邮政编码：710082）
山河建设集团有限公司

本标准参编单位：福建省建筑科学研究院
上海市建筑科学研究院（集团）有限公司
山东省建筑科学研究院
上海浩赛干粉建材制品有限公司
中国建筑科学研究院
浙江嘉善县平安工程建设监理有限公司

本标准主要起草人：李　荣　何希铨　赵立群
王文奎　刘承英　王转英
张建峰　张秀芳　金裕民
陈友治　黄　林　樊　钧

7—6—2

目　次

1 总 则

1.0.1 为规范建筑砂浆基本性能的试验方法，提高砂浆试验精度和试验水平，并在检验或控制砂浆质量时有统一的砂浆性能试验方法，制定本标准。

1.0.2 本标准适用于以水泥基胶凝材料、细骨料、掺合料为主要材料，用于工业与民用建筑物和构筑物的砌筑、抹灰、地面工程及其他用途的建筑砂浆的基本性能试验。

1.0.3 进行建筑砂浆基本性能试验时，除应符合本标准的规定外，尚应符合国家现行有关标准的规定。

2 术语、符号

2.1 术 语

2.1.1 建筑砂浆 construction mortar

由水泥基胶凝材料、细骨料、水以及根据性能确定的其他组分按适当比例配合、拌制并经硬化而成的工程材料，可分为施工现场拌制的砂浆和由专业生产厂生产的预拌砂浆。

2.1.2 预拌砂浆 ready-mixed mortar

由专业生产厂生产的湿拌砂浆或干混砂浆。

2.1.3 湿拌砂浆 wet-mixed mortar

水泥基胶凝材料、细骨料、外加剂和水以及根据性能确定的其他组分，按一定比例，在搅拌站经计量、拌制后，采用搅拌运输车运至使用地点，放入专用容器储存，并在规定时间内使用完毕的湿拌拌合物。

2.1.4 干混砂浆 dry-mixed mortar

经干燥筛分处理的骨料与水泥基胶凝材料以及根据性能确定的其他组分，按一定比例在专业生产厂混合而成，在使用地点按规定比例加水或配套液体拌合使用的干混拌合物。也称为干拌砂浆。

2.2 符 号

A ——试件承压面积；

A_c ——砂浆含气量的体积百分数；

A_p ——贯入试针的截面积；

A_Z ——粘结面积；

E_m ——砂浆弹性模量；

f_2 ——砂浆立方体试件抗压强度平均值；

$f_{m,cu}$ ——砂浆立方体试件抗压强度；

f_{mc} ——砂浆轴心抗压强度；

f_{at} ——砂浆拉伸粘结强度；

f_p ——贯入阻力值；

K ——换算系数；

N_p ——贯入深度至25mm时的静压力；

N_u ——试件破坏荷载；

N'_u ——棱柱体破坏压力；

P ——砂浆抗渗压力值；

t_s ——砂浆凝结时间测定值；

W ——砂浆保水率；

W_x ——砂浆吸水率；

x ——砂子与水泥的重量比；

y ——外加剂与水泥用量之比；

ρ ——砂浆拌合物的实测表观密度；

ρ_t ——砂浆理论表观密度；

ε_{at} ——相应为 t 天时的砂浆试件自然干燥收缩值；

Δf_m ——n 次冻融循环后的砂浆强度损失率；

Δm_m ——n 次冻融循环后的质量损失率。

3 取样及试样制备

3.1 取 样

3.1.1 建筑砂浆试验用料应从同一盘砂浆或同一车砂浆中取样。取样量不应少于试验所需量的4倍。

3.1.2 当施工过程中进行砂浆试验时，砂浆取样方法应按相应的施工验收规范执行，并宜在现场搅拌点或预拌砂浆卸料点的至少3个不同部位及时取样。对于现场取得的试样，试验前应人工搅拌均匀。

3.1.3 从取样完毕到开始进行各项性能试验，不宜超过15min。

3.2 试样的制备

3.2.1 在试验室制备砂浆试样时，所用材料应提前24h运入室内。拌合时，试验室的温度应保持在20±5℃。当需要模拟施工条件下所用的砂浆时，所用原材料的温度宜与施工现场保持一致。

3.2.2 试验所用原材料应与现场使用材料一致。砂应通过 4.75mm 筛。

3.2.3 试验室拌制砂浆时，材料用量应以质量计。水泥、外加剂、掺合料等的称量精度应为±0.5%，细骨料的称量精度应为±1%。

3.2.4 在试验室搅拌砂浆时应采用机械搅拌，搅拌机应符合现行行业标准《试验用砂浆搅拌机》JG/T 3033 的规定，搅拌的用量宜为搅拌机容量的30%～70%，搅拌时间不应少于120s。掺有掺合料和外加剂的砂浆，其搅拌时间不应少于180s。

3.3 试 验 记 录

3.3.1 试验记录应包括下列内容：

 1 取样日期和时间；

 2 工程名称、部位；

 3 砂浆品种、砂浆技术要求；

4 试验依据；

5 取样方法；

6 试样编号；

7 试样数量；

8 环境温度；

9 试验室温度、湿度；

10 原材料品种、规格、产地及性能指标；

11 砂浆配合比和每盘砂浆的材料用量；

12 仪器设备名称、编号及有效期；

13 试验单位、地点；

14 取样人员、试验人员、复核人员。

4 稠 度 试 验

4.0.1 本方法适用于确定砂浆的配合比或施工过程中控制砂浆的稠度。

4.0.2 稠度试验应使用下列仪器：

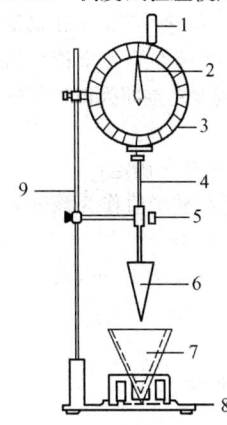

图 4.0.2 砂浆稠度
测定仪

1—齿条测杆；2—指针；
3—刻度盘；4—滑杆；
5—制动螺丝；6—试锥；
7—盛浆容器；8—底座；
9—支架

1 砂浆稠度仪：应由试锥、容器和支座三部分组成。试锥应由钢材或铜材制成，试锥高度应为 145mm，锥底直径应为 75mm，试锥连同滑杆的质量应为 300±2g；盛浆容器应由钢板制成，筒高应为 180mm，锥底内径应为 150mm；支座应包括底座、支架及刻度显示三个部分，应由铸铁、钢或其他金属制成（图4.0.2）；

2 钢制捣棒：直径为10mm，长度为 350mm，端部磨圆；

3 秒表。

4.0.3 稠度试验应按下列步骤进行：

1 应先采用少量润滑油轻擦滑杆，再将滑杆上多余的油用吸油纸擦净，使滑杆能自由滑动；

2 应先采用湿布擦净盛浆容器和试锥表面，再将砂浆拌合物一次装入容器；砂浆表面宜低于容器口10mm，用捣棒自容器中心向边缘均匀地插捣 25 次，然后轻轻地将容器摇动或敲击5～6下，使砂浆表面平整，随后将容器置于稠度测定仪的底座上；

3 拧开制动螺丝，向下移动滑杆，当试锥尖端与砂浆表面刚接触时，应拧紧制动螺丝，使齿条测杆下端刚接触滑杆上端，并将指针对准零点上；

4 拧开制动螺丝，同时计时间，10s 时立即拧紧螺丝，将齿条测杆下端接触滑杆上端，从刻度盘上读出下沉深度（精确至1mm），即为砂浆的稠度值；

5 盛浆容器内的砂浆，只允许测定一次稠度，重复测定时，应重新取样测定。

4.0.4 稠度试验结果应按下列要求确定：

1 同盘砂浆应取两次试验结果的算术平均值作为测定值，并应精确至1mm；

2 当两次试验值之差大于10mm 时，应重新取样测定。

5 表观密度试验

5.0.1 本方法适用于测定砂浆拌合物捣实后的单位体积质量，以确定每立方米砂浆拌合物中各组成材料的实际用量。

5.0.2 表观密度试验应使用下列仪器：

1 容量筒：应由金属制成，内径应为 108mm，净高应为 109mm，筒壁厚应为 2～5mm，容积应为 1L；

2 天平：称量应为 5kg，感量应为 5g；

3 钢制捣棒：直径为 10mm，长度为 350mm，端部磨圆；

4 砂浆密度测定仪（图 5.0.2）；

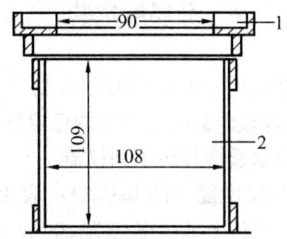

图 5.0.2 砂浆密度测定仪

1—漏斗；2—容量筒

5 振动台：振幅应为 0.5±0.05mm，频率应为50±3Hz；

6 秒表。

5.0.3 砂浆拌合物表观密度试验应按下列步骤进行：

1 应按照本标准第 4 章的规定测定砂浆拌合物的稠度；

2 应先采用湿布擦净容量筒的内表面，再称量容量筒质量 m_1，精确至5g；

3 捣实可采用手工或机械方法。当砂浆稠度大于50mm 时，宜采用人工插捣法，当砂浆稠度不大于50mm 时，宜采用机械振动法；

采用人工插捣时，将砂浆拌合物一次装满容量筒，使稍有富余，用捣棒由边缘向中心均匀地插捣25 次。当插捣过程中砂浆沉落到低于筒口时，应随时添加砂浆，再用木锤沿容器外壁敲击5～6下；

采用振动法时，将砂浆拌合物一次装满容量筒连同漏斗在振动台上振10s，当振动过程中砂浆沉入到低于筒口时，应随时添加砂浆；

4 捣实或振动后，应将筒口多余的砂浆拌合物刮去，使砂浆表面平整，然后将容量筒外壁擦净，称出砂浆与容量筒总质量 m_2，精确至 5g。

5.0.4 砂浆拌合物的表观密度应按下式计算：

$$\rho = \frac{m_2 - m_1}{V} \times 1000 \qquad (5.0.4)$$

式中 ρ——砂浆拌合物的表观密度（kg/m^3）；

m_1——容量筒质量（kg）；

m_2——容量筒及试样质量（kg）；

V——容量筒容积（L）。

取两次试验结果的算术平均值作为测定值，精确至 $10kg/m^3$。

5.0.5 容量筒的容积可按下列步骤进行校正：

1 选择一块能覆盖住容量筒顶面的玻璃板，称出玻璃板和容量筒质量。

2 向容量筒中灌入温度为 20±5℃ 的饮用水，灌到接近上口时，一边不断加水，一边把玻璃板沿筒口徐徐推入盖严。玻璃板下不得存在气泡。

3 擦净玻璃板面及筒壁外的水分，称量容量筒、水和玻璃板质量（精确至 5g）。两次质量之差（以 kg 计）即为容量筒的容积（L）。

6 分层度试验

6.0.1 本方法适用于测定砂浆拌合物的分层度，以确定在运输及停放时砂浆拌合物的稳定性。

6.0.2 分层度试验应使用下列仪器：

1 砂浆分层度筒（图 6.0.2）：应由钢板制成，内径应为 150mm，上节高度应为 200mm，下节带底净高应为 100mm，两节的连接处应加宽 3~5mm，并应设有橡胶垫圈；

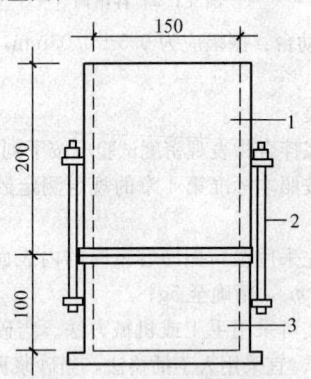

图 6.0.2 砂浆分层度测定仪
1—无底圆筒；2—连接螺栓；
3—有底圆筒

2 振动台：振幅应为 0.5±0.05mm，频率为 50±3Hz；

3 砂浆稠度仪、木锤等。

6.0.3 分层度的测定可采用标准法和快速法。当发

生争议时，应以标准法的测定结果为准。

6.0.4 标准法测定分层度应按下列步骤进行：

1 应按照本标准第 4 章的规定测定砂浆拌合物的稠度；

2 应将砂浆拌合物一次装入分层度筒内，待装满后，用木锤在分层度筒周围距离大致相等的四个不同部位轻轻敲击 1~2 下；当砂浆沉落到低于筒口时，应随时添加，然后刮去多余的砂浆并用抹刀抹平；

3 静置 30min 后，去掉上节 200mm 砂浆，然后将剩余的 100mm 砂浆倒在拌合锅内拌 2min，再按照本标准第 4 章的规定测其稠度。前后测得的稠度之差即为该砂浆的分层度值。

6.0.5 快速法测定分层度应按下列步骤进行：

1 应按照本标准第 4 章的规定测定砂浆拌合物的稠度；

2 应将分层度筒预先固定在振动台上，砂浆一次装入分层度筒内，振动 20s；

3 去掉上节 200mm 砂浆，剩余 100mm 砂浆倒出放在拌合锅内拌 2min，再按本标准第 4 章稠度试验方法测其稠度，前后测得的稠度之差即为该砂浆的分层度值。

6.0.6 分层度试验结果应按下列要求确定：

1 应取两次试验结果的算术平均值作为该砂浆的分层度值，精确至 1mm；

2 当两次分层度试验值之差大于 10mm 时，应重新取样测定。

7 保水性试验

7.0.1 保水性试验应使用下列仪器和材料：

1 金属或硬塑料圆环试模：内径应为 100mm，内部高度应为 25mm；

2 可密封的取样容器：应清洁、干燥；

3 2kg 的重物；

4 金属滤网：网格尺寸 45μm，圆形，直径为 110±1mm；

5 超白滤纸：应采用现行国家标准《化学分析滤纸》GB/T 1914 规定的中速定性滤纸，直径为 110mm，单位面积质量应为 $200g/m^2$；

6 2 片金属或玻璃的方形或圆形不透水片，边长或直径应大于 110mm；

7 天平：量程为 200g，感量应为 0.1g；量程为 2000g，感量应为 1g；

8 烘箱。

7.0.2 保水性试验应按下列步骤进行：

1 称量底部不透水片与干燥试模质量 m_1 和 15 片中速定性滤纸质量 m_2；

2 将砂浆拌合物一次性装入试模，并用抹刀插捣数次，当装入的砂浆略高于试模边缘时，用抹刀以

45°角一次性将试模表面多余的砂浆刮去，然后再用抹刀以较平的角度在试模表面反方向将砂浆刮平；

3 抹掉试模边的砂浆，称量试模、底部不透水片与砂浆总质量 m_3；

4 用金属滤网覆盖在砂浆表面，再在滤网表面放上 15 片滤纸，用上部不透水片盖在滤纸表面，以 2kg 的重物把上部不透水片压住；

5 静置 2min 后移走重物及上部不透水片，取出滤纸（不包括滤网），迅速称量滤纸质量 m_4；

6 按照砂浆的配比及加水量计算砂浆的含水率。当无法计算时，可按照本标准第 7.0.4 条的规定测定砂浆含水率。

7.0.3 砂浆保水率应按下式计算：

$$W = \left[1 - \frac{m_4 - m_2}{\alpha \times (m_3 - m_1)}\right] \times 100 \quad (7.0.3)$$

式中 W ——砂浆保水率（%）；

m_1 ——底部不透水片与干燥试模质量（g），精确至 1g；

m_2 ——15 片滤纸吸水前的质量（g），精确至 0.1g；

m_3 ——试模、底部不透水片与砂浆总质量（g），精确至 1g；

m_4 ——15 片滤纸吸水后的质量（g），精确至 0.1g；

α ——砂浆含水率（%）。

取两次试验结果的算术平均值作为砂浆的保水率，精确至 0.1%，且第二次试验应重新取样测定。当两个测定值之差超过 2% 时，此组试验结果应为无效。

7.0.4 测定砂浆含水率时，应称取 100±10g 砂浆拌合物试样，置于一干燥并已称重的盘中，在 105±5℃ 的烘箱中烘干至恒重。砂浆含水率应按下式计算：

$$\alpha = \frac{m_6 - m_5}{m_6} \times 100 \quad (7.0.4)$$

式中 α ——砂浆含水率（%）；

m_5 ——烘干后砂浆样本的质量（g），精确至 1g；

m_6 ——砂浆样本的总质量（g），精确至 1g。

取两次试验结果的算术平均值作为砂浆的含水率，精确至 0.1%。当两个测定值之差超过 2% 时，此组试验结果应为无效。

8 凝结时间试验

8.0.1 本方法适用于采用贯入阻力法确定砂浆拌合物的凝结时间。

8.0.2 凝结时间试验应使用下列仪器：

1 砂浆凝结时间测定仪：应由试针、容器、压力表和支座四部分组成，并应符合下列规定（图 8.0.2）；

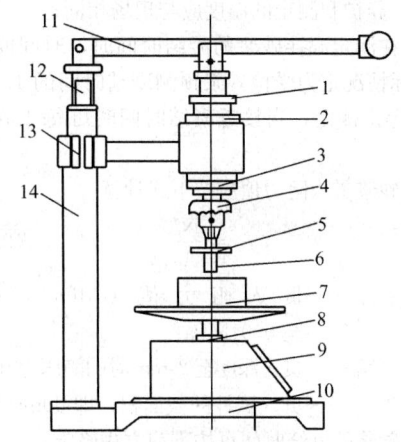

图 8.0.2 砂浆凝结时间测定仪
1—调节螺母；2—调节螺母；3—调节螺母；4—夹头；5—垫片；6—试针；7—盛浆容器；8—调节螺母；9—压力表座；10—底座；11—操作杆；12—调节杆；13—立架；14—立柱

　1) 试针：应由不锈钢制成，截面积应为 30mm²；

　2) 盛浆容器：应由钢制成，内径应为 140mm，高度应为 75mm；

　3) 压力表：测量精度应为 0.5N；

　4) 支座：应分底座、支架及操作杆三部分，应由铸铁或钢制成。

2 定时钟。

8.0.3 凝结时间试验应按下列步骤进行：

1 将制备好的砂浆拌合物装入盛浆容器内，砂浆应低于容器上口 10mm，轻轻敲击容器，并予以抹平，盖上盖子，放在 20±2℃ 的试验条件下保存。

2 砂浆表面的泌水不得清除，将容器放到压力表座上，然后通过下列步骤来调节测定仪：

　1) 调节螺母 3，使贯入试针与砂浆表面接触；

　2) 拧开调节螺母 2，再调节螺母 1，以确定压入砂浆内部的深度为 25mm 后再拧紧螺母 2；

　3) 旋动调节螺母 8，使压力表指针调到零位。

3 测定贯入阻力值，用截面为 30mm² 的贯入试针与砂浆表面接触，在 10s 内缓慢而均匀地垂直压入砂浆内部 25mm 深，每次贯入时记录仪表读数 N_p，贯入杆离开容器边缘或已贯入部位应至少 12mm。

4 在 20±2℃ 的试验条件下，实际贯入阻力值应在成型后 2h 开始测定，并应每隔 30min 测定一次，当贯入阻力值达到 0.3MPa 时，应改为每 15min 测定一次，直至贯入阻力值达到 0.7MPa 为止。

8.0.4 在施工现场测定凝结时间应符合下列规定：

1 当在施工现场测定砂浆的凝结时间时，砂浆的稠度、养护和测定的温度应与现场相同；

2 在测定湿拌砂浆的凝结时间时，时间间隔可根据实际情况定为受检砂浆预测凝结时间的1/4、1/2、3/4等来测定，当接近凝结时间时可每15min测定一次。

8.0.5 砂浆贯入阻力值应按下式计算：

$$f_p = \frac{N_p}{A_p} \qquad (8.0.5)$$

式中 f_p——贯入阻力值（MPa），精确至0.01MPa；

       N_p——贯入深度至25mm时的静压力（N）；

       A_p——贯入试针的截面积，即30mm²。

8.0.6 砂浆的凝结时间可按下列方法确定：

1 凝结时间的确定可采用图示法或内插法，有争议时应以图示法为准。

从加水搅拌开始计时，分别记录时间和相应的贯入阻力值，根据试验所得各阶段的贯入阻力与时间的关系绘图，由图求出贯入阻力值达到0.5MPa的所需时间 t_s（min），此时的 t_s 值即为砂浆的凝结时间测定值。

2 测定砂浆凝结时间时，应在同盘内取两个试样，以两个试验结果的算术平均值作为该砂浆的凝结时间值，两次试验结果的误差不应大于30min，否则应重新测定。

9 立方体抗压强度试验

9.0.1 立方体抗压强度试验应使用下列仪器设备：

1 试模：应为70.7mm×70.7mm×70.7mm的带底试模，应符合现行行业标准《混凝土试模》JG 237的规定选择，应具有足够的刚度并拆装方便。试模的内表面应机械加工，其不平度应为每100mm不超过0.05mm，组装后各相邻面的不垂直度不应超过±0.5°；

2 钢制捣棒：直径为10mm，长度为350mm，端部磨圆；

3 压力试验机：精度应为1%，试件破坏荷载应不小于压力机量程的20%，且不应大于全量程的80%；

4 垫板：试验机上、下压板及试件之间可垫以钢垫板，垫板的尺寸应大于试件的承压面，其不平度应为每100mm不超过0.02mm；

5 振动台：空载中台面的垂直振幅应为0.5±0.05mm，空载频率应为50±3Hz，空载台面振幅均匀度不应大于10%，一次试验应至少能固定3个试模。

9.0.2 立方体抗压强度试件的制作及养护应按下列步骤进行：

1 应采用立方体试件，每组试件应为3个；

2 应采用黄油等密封材料涂抹试模的外接缝，试模内应涂刷薄层机油或隔离剂。应将拌制好的砂浆一次性装满砂浆试模，成型方法应根据稠度而确定。当稠度大于50mm时，宜采用人工插捣成型，当稠度不大于50mm时，宜采用振动台振实成型；

    1）人工插捣：应采用捣棒均匀地由边缘向中心按螺旋方式插捣25次，插捣过程中当砂浆沉落低于试模口时，应随时添加砂浆，可用油灰刀插捣数次，并用手将试模一边抬高5～10mm各振动5次，砂浆应高出试模顶面6～8mm；

    2）机械振动：将砂浆一次装满试模，放置到振动台上，振动时试模不得跳动，振动5～10s或持续到表面泛浆为止，不得过振。

3 应待表面水分稍干后，再将高出试模部分的砂浆沿试模顶面刮去并抹平；

4 试件制作后应在温度为20±5℃的环境下静置24±2h，对试件进行编号、拆模。当气温较低时，或者凝结时间大于24h的砂浆，可适当延长时间，但不应超过2d。试件拆模后应立即放入温度为20±2℃，相对湿度为90%以上的标准养护室中养护。养护期间，试件彼此间隔不得小于10mm，混合砂浆、湿拌砂浆试件上面应覆盖，防止有水滴在试件上；

5 从搅拌加水开始计时，标准养护龄期应为28d，也可根据相关标准要求增加7d或14d。

9.0.3 立方体试件抗压强度试验应按下列步骤进行：

1 试件从养护地点取出后应及时进行试验。试验前应将试件表面擦拭干净，测量尺寸，并检查其外观，并应计算试件的承压面积。当实测尺寸与公称尺寸之差不超过1mm时，可按照公称尺寸进行计算；

2 将试件安放在试验机的下压板或下垫板上，试件的承压面应与成型时的顶面垂直，试件中心应与试验机下压板或下垫板中心对准。开动试验机，当上压板与试件或上垫板接近时，调整球座，使接触面均衡受压。承压试验应连续而均匀地加荷，加荷速度应为0.25～1.5kN/s；砂浆强度不大于2.5MPa时，宜取下限。当试件接近破坏而开始迅速变形时，停止调整试验机油门，直至试件破坏，然后记录破坏荷载。

9.0.4 砂浆立方体抗压强度应按下式计算：

$$f_{m,cu} = K \frac{N_u}{A} \qquad (9.0.4)$$

式中 $f_{m,cu}$——砂浆立方体试件抗压强度（MPa），应精确至0.1MPa；

       N_u——试件破坏荷载（N）；

       A——试件承压面积（mm²）；

       K——换算系数，取1.35。

9.0.5 立方体抗压强度试验的试验结果应按下列要求确定：

1 应以三个试件测值的算术平均值作为该组试件的砂浆立方体抗压强度平均值（f_2），精确至 0.1MPa；

2 当三个测值的最大值或最小值中有一个与中间值的差值超过中间值的 15% 时，应把最大值及最小值一并舍去，取中间值作为该组试件的抗压强度值；

3 当两个测值与中间值的差值均超过中间值的 15% 时，该组试验结果应为无效。

10 拉伸粘结强度试验

10.0.1 砂浆拉伸粘结强度试验条件应符合下列规定：

　　1 温度应为 20±5℃；

　　2 相对湿度应为 45%～75%。

10.0.2 拉伸粘结强度试验应使用下列仪器设备：

　　1 拉力试验机：破坏荷载应在其量程的 20%～80% 范围内，精度应为 1%，最小示值应为 1N；

　　2 拉伸专用夹具（图 10.0.2-1、图 10.0.2-2）：应符合现行行业标准《建筑室内用腻子》JG/T 3049－1998 的规定；

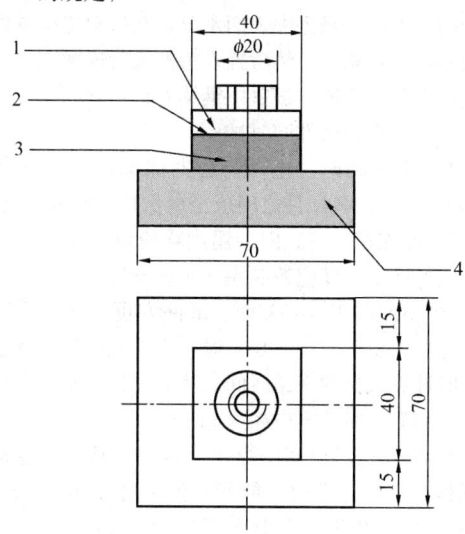

图 10.0.2-1　拉伸粘结强度用钢制上夹具

1—拉伸用钢制上夹具；2—胶粘剂；3—检验砂浆；
4—水泥砂浆块

　　3 成型框：外框尺寸应为 70mm×70mm，内框尺寸应为 40mm×40mm，厚度应为 6mm，材料应为硬聚氯乙烯或金属；

　　4 钢制垫板：外框尺寸应为 70mm×70mm，内框尺寸应为 43mm×43mm，厚度应为 3mm。

10.0.3 基底水泥砂浆块的制备应符合下列规定：

　　1 原材料：水泥应采用符合现行国家标准《通用硅酸盐水泥》GB 175 规定的 42.5 级水泥；砂应采用符合现行行业标准《普通混凝土用砂、石质量及检

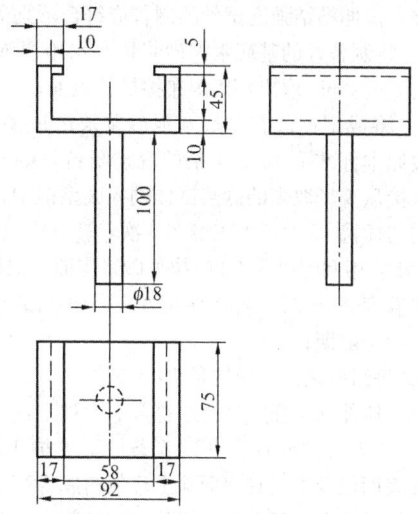

图 10.0.2-2　拉伸粘结强度用钢制
下夹具（单位：mm）

验方法标准》JGJ 52 规定的中砂；水应采用符合现行行业标准《混凝土用水标准》JGJ 63 规定的用水；

　　2 配合比：水泥：砂：水＝1：3：0.5（质量比）；

　　3 成型：将制成的水泥砂浆倒入 70mm×70mm×20mm 的硬聚氯乙烯或金属模具中，振动成型或用抹灰刀均匀插捣 15 次，人工颠实 5 次，转 90°，再颠实 5 次，然后用刮刀以 45°方向抹平砂浆表面；试模内壁事先宜涂刷水性隔离剂，待干、备用；

　　4 应在成型 24h 后脱模，并放入 20±2℃水中养护 6d，再在试验条件下放置 21d 以上。试验前，应用 200 号砂纸或磨石将水泥砂浆试件的成型面磨平，备用。

10.0.4 砂浆料浆的制备应符合下列规定：

　　1 干混砂浆料浆的制备

　　　1） 待检样品应在试验条件下放置 24h 以上；

　　　2） 应称取不少于 10kg 的待检样品，并按产品制造商提供比例进行水的称量；当产品制造商提供比例是一个值域范围时，应采用平均值；

　　　3） 应先将待检样品放入砂浆搅拌机中，再启动机器，然后徐徐加入规定量的水，搅拌 3～5min。搅拌好的料应在 2h 内用完。

　　2 现拌砂浆料浆的制备

　　　1） 待检样品应在试验条件下放置 24h 以上；

　　　2） 应按设计要求的配合比进行物料的称量，且干物料总量不得少于 10kg；

　　　3） 应先将称好的物料放入砂浆搅拌机中，再启动机器，然后徐徐加入规定量的水，搅拌 3～5min。搅拌好的料应在 2h 内用完。

10.0.5 拉伸粘结强度试件的制备应符合下列规定：

　　1 将制备好的基底水泥砂浆块在水中浸泡24h，并提前5~10min取出，用湿布擦拭其表面；

　　2 将成型框放在基底水泥砂浆块的成型面上，再将按照本标准第10.0.4条的规定制备好的砂浆料浆或直接从现场取来的砂浆试样倒入成型框中，用抹灰刀均匀插捣15次，人工颠实5次，转90°，再颠实5次，然后用刮刀以45°方向抹平砂浆表面，24h内脱模，在温度20±2℃、相对湿度60%~80%的环境中养护至规定龄期；

　　3 每组砂浆试样应制备10个试件。

10.0.6 拉伸粘结强度试验应符合下列规定：

　　1 应先将试件在标准试验条件下养护13d，再在试件表面以及上夹具表面涂上环氧树脂等高强度胶粘剂，然后将上夹具对正位置放在胶粘剂上，并确保上夹具不歪斜，除去周围溢出的胶粘剂，继续养护24h；

　　2 测定拉伸粘结强度时，应先将钢制垫板套入基底砂浆块上，再将拉伸粘结强度夹具安装到试验机上，然后将试件置于拉伸夹具中，夹具与试验机的连接宜采用球铰活动连接，以5±1mm/min速度加荷至试件破坏；

　　3 当破坏形式为拉伸夹具与胶粘剂破坏时，试验结果应无效。

10.0.7 拉伸粘结强度应按下式计算：

$$f_{at} = \frac{F}{A_z} \qquad (10.0.7)$$

式中　f_{at} ——砂浆拉伸粘结强度（MPa）；

　　　F ——试件破坏时的荷载（N）；

　　　A_z ——粘结面积（mm²）。

10.0.8 拉伸粘结强度试验结果应按下列要求确定：

　　1 应以10个试件测值的算术平均值作为拉伸粘结强度的试验结果；

　　2 当单个试件的强度值与平均值之差大于20%时，应逐次舍弃偏差最大的试验值，直至各试验值与平均值之差不超过20%，当10个试件中有效数据不少于6个时，取有效数据的平均值为试验结果，结果精确到0.01MPa；

　　3 当10个试件中有效数据不足6个时，此组试验结果应为无效，并应重新制备试件进行试验。

10.0.9 对于有特殊条件要求的拉伸粘结强度，应先按照特殊要求条件处理后，再进行试验。

11 抗冻性能试验

11.0.1 本方法可用于检验强度等级大于M2.5的砂浆的抗冻性能。

11.0.2 砂浆抗冻试件的制作及养护应按下列要求进行：

　　1 砂浆抗冻试件应采用70.7mm×70.7mm×70.7mm的立方体试件，并应制备两组、每组3块，分别作为抗冻和与抗冻试件同龄期的对比抗压强度检验试件；

　　2 砂浆试件的制作与养护方法应符合本标准第9.0.2条的规定。

11.0.3 抗冻性能试验应使用下列仪器设备：

　　1 冷冻箱（室）：装入试件后，箱（室）内的温度应能保持在−20~−15℃；

　　2 篮框：应采用钢筋焊成，其尺寸应与所装试件的尺寸相适应；

　　3 天平或案秤：称量应为2kg，感量应为1g；

　　4 融解水槽：装入试件后，水温应能保持在15~20℃；

　　5 压力试验机：精度应为1%，量程不小于压力机量程的20%，且不应大于全量程的80%。

11.0.4 砂浆抗冻性能试验应符合下列规定：

　　1 当无特殊要求时，试件应在28d龄期进行冻融试验。试验前两天，应把冻融试件和对比试件从养护室取出，进行外观检查并记录其原始状况，随后放入15~20℃的水中浸泡，浸泡的水面应至少高出试件顶面20mm。冻融试件应在浸泡两天后取出，并用拧干的湿毛巾轻轻擦去表面水分，然后对冻融试件进行编号，称其质量，然后置入篮框进行冻融试验。对比试件则放回标准养护室中继续养护，直到完成冻融循环后，与冻融试件同时试压；

　　2 冻或融时，篮框与容器底面或地面应架高20mm，篮框内各试件之间应至少保持50mm的间隙；

　　3 冷冻箱（室）内的温度均应以其中心温度为准。试件冻结温度应控制在−20~−15℃。当冷冻箱（室）内温度低于−15℃时，试件方可放入。当试件放入之后，温度高于−15℃时，应以温度重新降至−15℃时计算试件的冻结时间。从装完试件至温度重新降至−15℃的时间不应超过2h；

　　4 每次冻结时间应为4h，冻结完成后应立即取出试件，并应立即放入能使水温保持在15~20℃的水槽中进行融化。槽中水面应至少高出试件表面20mm，试件在水中融化的时间不应小于4h。融化完毕即为一次冻融循环。取出试件，并应用拧干的湿毛巾轻轻擦去表面水分，送入冷冻箱（室）进行下一次循环试验，依此连续进行直至设计规定次数或试件破坏为止；

　　5 每五次循环，应进行一次外观检查，并记录试件的破坏情况；当该组试件中有2块出现明显分层、裂开、贯通缝等破坏时，该组试件的抗冻性能试验应终止；

　　6 冻融试验结束后，将冻融试件从水槽取出，用拧干的湿布轻轻擦去试件表面水分，然后称其质量。对比试件应提前两天浸水；

7 应将冻融试件与对比试件同时进行抗压强度试验。

11.0.5 砂浆冻融试验后应分别按下列公式计算其强度损失率和质量损失率。

1 砂浆试件冻融后的强度损失率应按下式计算：

$$\Delta f_m = \frac{f_{m1} - f_{m2}}{f_{m1}} \times 100 \quad (11.0.5\text{-}1)$$

式中 Δf_m——n 次冻融循环后砂浆试件的砂浆强度损失率（%），精确至 1%；

f_{m1}——对比试件的抗压强度平均值（MPa）；

f_{m2}——经 n 次冻融循环后的 3 块试件抗压强度的算术平均值（MPa）。

2 砂浆试件冻融后的质量损失率应按下式计算：

$$\Delta m_m = \frac{m_0 - m_n}{m_0} \times 100 \quad (11.0.5\text{-}2)$$

式中 Δm_m——n 次冻融循环后砂浆试件的质量损失率，以 3 块试件的算术平均值计算（%），精确至 1%；

m_0——冻融循环试验前的试件质量（g）；

m_n——n 次冻融循环后的试件质量（g）。

当冻融试件的抗压强度损失率不大于 25%，且质量损失率不大于 5% 时，则该组砂浆试块在相应标准要求的冻融循环次数下，抗冻性能可判为合格，否则应判为不合格。

12 收 缩 试 验

12.0.1 本方法适用于测定砂浆的自然干燥收缩值。

12.0.2 收缩试验应使用下列仪器：

1 立式砂浆收缩仪：标准杆长度应为 176±1mm，测量精度应为 0.01mm（图 12.0.2-1）；

2 收缩头：应由黄铜或不锈钢加工而成（图 12.0.2-2）；

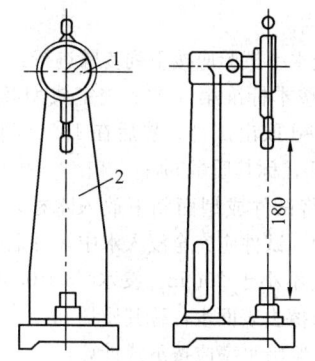

图 12.0.2-1 收缩仪（单位：mm）

1—千分表；2—支架

3 试模：应采用 40mm×40mm×160mm 棱柱体，且在试模的两个端面中心，应各开一个 φ6.5mm 的孔洞。

12.0.3 收缩试验应按下列步骤进行：

1 应将收缩头固定在试模两端面的孔洞中，收缩头应露出试件端面 8±1mm；

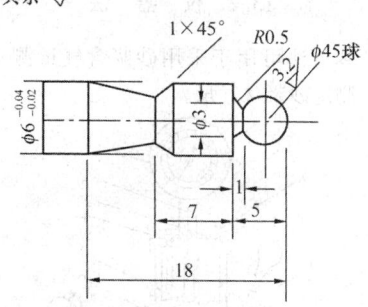

图 12.0.2-2 收缩头
（单位：mm）

2 应将拌合好的砂浆装入试模中，再用水泥胶砂振动台振动密实，然后置于 20±5℃ 的室内，4h 之后将砂浆表面抹平。砂浆应带模在标准养护条件（温度为 20±2℃，相对湿度为 90% 以上）下养护 7d 后，方可拆模，并编号、标明测试方向；

3 应将试件移入温度 20±2℃、相对湿度（60±5）% 的试验室中预置 4h，方可按标明的测试方向立即测定试件的初始长度。测定前，应先采用标准杆调整收缩仪的百分表的原点；

4 测定初始长度后，应将砂浆试件置于温度 20±2℃、相对湿度为（60±5）% 的室内，然后第 7d、14d、21d、28d、56d、90d 分别测定试件的长度，即为自然干燥后长度。

12.0.4 砂浆自然干燥收缩值应按下式计算：

$$\varepsilon_{at} = \frac{L_0 - L_t}{L - L_d} \quad (12.0.4)$$

式中 ε_{at}——相应为 t 天（7d、14d、21d、28d、56d、90d）时的砂浆试件自然干燥收缩值；

L_0——试件成型后 7d 的长度即初始长度（mm）；

L——试件的长度 160mm；

L_d——两个收缩头埋入砂浆中长度之和，即 20±2mm；

L_t——相应为 t 天（7d、14d、21d、28d、56d、90d）时试件的实测长度（mm）。

12.0.5 干燥收缩值试验结果应按下列要求确定：

1 应取三个试件测值的算术平均值作为干燥收缩值。当一个值与平均值偏差大于 20% 时，应剔除；当有两个值超过 20% 时，该组试件结果应无效；

2 每块试件的干燥收缩值应取二位有效数字，并精确至 10×10^{-6}。

13 含气量试验

13.1 一 般 规 定

13.1.1 砂浆含气量的测定可采用仪器法和密度法。当发生争议时，应以仪器法的测定结果为准。

13.2 仪器法

13.2.1 本方法可用于采用砂浆含气量测定仪（图13.2.1）测定砂浆含气量。

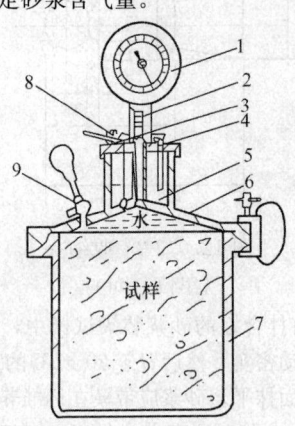

图 13.2.1 砂浆含气量测定仪

1—压力表；2—出气阀；3—阀门杆；
4—打气筒；5—气室；6—钵盖；
7—量钵；8—微调阀；9—小龙头

13.2.2 含气量试验应按下列步骤进行：

1 量钵应水平放置，并将搅拌好的砂浆分三次均匀地装入量钵内。每层应由内向外插捣 25 次，并应用木锤在周围敲数下。插捣上层时，捣棒应插入下层 10～20mm；

2 捣实后，应刮去多余砂浆，并用抹刀抹平表面，表面应平整、无气泡；

3 盖上测定仪钵盖部分，卡扣应卡紧，不得漏气；

4 打开两侧阀门，并松开上部微调阀，再用注水器通过注水阀门注水，直至水从排水阀流出。水从排水阀流出时，应立即关紧两侧阀门；

5 应关紧所有阀门，并用气筒打气加压，再用微调阀调整指针为零；

6 按下按钮，刻度盘读数稳定后读数；

7 开启通气阀，压力仪示值回零；

8 应重复本条的 5～7 的步骤，对容器内试样再测一次压力值。

13.2.3 试验结果应按下列要求确定：

1 当两次测值的绝对误差不大于 0.2％时，应取两次试验结果的算术平均值作为砂浆的含气量；当两次测值的绝对误差大于 0.2％时，试验结果应为无效；

2 当所测含气量数值小于 5％时，测试结果应精确到 0.1％；当所测含气量数值大于或等于 5％时，测试结果应精确到 0.5％。

13.3 密度法

13.3.1 本方法可用于根据一定组成的砂浆的理论表

观密度与实际表观密度的差值确定砂浆中的含气量。

13.3.2 砂浆理论表观密度应通过砂浆中各组成材料的表观密度与配比计算得到。

13.3.3 砂浆实际表观密度应按本标准第 5 章的规定进行测定。

13.3.4 砂浆含气量应按下列公式计算：

$$A_c = \left(1 - \frac{\rho}{\rho_t}\right) \times 100 \qquad (13.3.4\text{-}1)$$

$$\rho_t = \frac{1 + x + y + W_c}{\frac{1}{\rho_c} + \frac{x}{\rho_s} + \frac{y}{\rho_p} + W_c} \qquad (13.3.4\text{-}2)$$

式中 A_c ——砂浆含气量的体积百分数（％），应精确至 0.1％；

ρ ——砂浆拌合物的实测表观密度（kg/m³）；

ρ_t ——砂浆理论表观密度（kg/m³），应精确至 10kg/m³；

ρ_c ——水泥实测表观密度（g/cm³）；

ρ_s ——砂的实测表观密度（g/cm³）；

W_c ——砂浆达到指定稠度时的水灰比；

ρ_p ——外加剂的实测表观密度（g/cm³）；

x ——砂子与水泥的重量比；

y ——外加剂与水泥用量之比，当 y 小于 1％时，可忽略不计。

14 吸水率试验

14.0.1 吸水率试验应使用下列仪器：

1 天平：称量应为 1000g，感量应为 1g；

2 烘箱：0～150℃，精度±2℃；

3 水槽：装入试件后，水温应能保持在 20±2℃的范围内。

14.0.2 吸水率试验应按下列步骤进行：

1 应按本标准第 9 章的规定成型及养护试件，并应在第 28d 取出试件，然后在 105±5℃温度下烘干 48±0.5h，称其质量 m_0；

2 应将试件成型面朝下放入水槽，用两根 φ10 的钢筋垫起。试件应完全浸入水中，且上表面距离水面的高度应不小于 20mm。浸水 48±0.5h 取出，用拧干的湿布擦去表面水，称其质量 m_1。

14.0.3 砂浆吸水率应按下式计算：

$$W_x = \frac{m_1 - m_0}{m_0} \times 100 \qquad (14.0.3)$$

式中 W_x ——砂浆吸水率（％）；

m_1 ——吸水后试件质量（g）；

m_0 ——干燥试件的质量（g）。

应取 3 块试件测值的算术平均值作为砂浆的吸水率，并应精确至 1％。

15 抗渗性能试验

15.0.1 抗渗性能试验应使用下列仪器：

1 金属试模：应采用截头圆锥形带底金属试模，上口直径应为 70mm，下口直径应为 80mm，高度应为 30mm；

2 砂浆渗透仪。

15.0.2 抗渗试验应按下列步骤进行：

1 应将拌合好的砂浆一次装入试模中，并用抹灰刀均匀插捣 15 次，再颠实 5 次，当填充砂浆略高于试模边缘时，应用抹刀以 45°角一次性将试模表面多余的砂浆刮去，然后再用抹刀以较平的角度在试模表面反方向将砂浆刮平。应成型 6 个试件；

2 试件成型后，应在室温 20±5℃ 的环境下，静置 24±2h 后再脱模。试件脱模后，应放入温度 20±2℃、湿度90% 以上的养护室养护至规定龄期。试件取出待表面干燥后，应采用密封材料密封装入砂浆渗透仪中进行抗渗试验；

3 抗渗试验时，应从 0.2MPa 开始加压，恒压 2h 后增至 0.3MPa，以后每隔 1h 增加 0.1MPa。当 6 个试件中有 3 个试件表面出现渗水现象时，应停止试验，记下当时水压。在试验过程中，当发现水从试件周边渗出时，应停止试验，重新密封后再继续试验。

15.0.3 砂浆抗渗压力值应以每组 6 个试件中 4 个试件未出现渗水时的最大压力计，并应按下式计算：

$$P = H - 0.1 \qquad (15.0.3)$$

式中 P——砂浆抗渗压力值（MPa），精确至 0.1MPa；

H——6 个试件中 3 个试件出现渗水时的水压力（MPa）。

16 静力受压弹性模量试验

16.0.1 本方法适用于测定各类砂浆静力受压时的弹性模量（简称弹性模量）。本方法测定的砂浆弹性模量是指应力为 40%轴心抗压强度时的加荷割线模量。

16.0.2 砂浆弹性模量的标准试件应为棱柱体，其截面尺寸应为 70.7mm × 70.7mm，高宜为 210～230mm，底模采用钢底模。每次试验应制备 6 个试件。

16.0.3 砂浆静力受压弹性模量试验所用设备应符合下列规定：

1 试验机：精度应为 1%，试件破坏荷载应不小于压力机量程的 20%，且不应大于全量程的 80%；

2 变形测量仪表：精度不应低于 0.001mm；镜式引伸仪精度不应低于 0.002mm。

16.0.4 试件制作及养护应按本标准第 9.0.2 条的规定进行。试模的不平整度应为每 100mm 不超过

0.05mm，相邻面的不垂直度不应超过±1°。

16.0.5 砂浆弹性模量试验应按下列步骤进行：

1 试件从养护地点取出后，应及时进行试验。试验前，应先将试件擦拭干净，测量尺寸，并检查外观。试件尺寸测量应精确至 1mm，并计算试件的承压面积。当实测尺寸与公称尺寸之差不超过 1mm 时，可按公称尺寸计算。

2 取 3 个试件，按下列步骤测定砂浆的轴心抗压强度：

1）应将试件直立放置于试验机的下压板上，且试件中心应与压力机下压板中心对准。开动试验机，当上压板与试件接近时，应调整球座，使接触均衡；

轴心抗压试验应连续、均匀地加荷，其加荷速度应为 0.25～1.5kN/s。当试件破坏且开始迅速变形时，应停止调整试验机油门，直至试件破坏，然后记录破坏荷载；

2）砂浆轴心抗压强度应按下式计算：

$$f_{mc} = \frac{N'_u}{A} \qquad (16.0.5)$$

式中 f_{mc}——砂浆轴心抗压强度（MPa），应精确至 0.1MPa；

N'_u——棱柱体破坏压力（N）；

A——试件承压面积（mm²）。

应取 3 个试件测值的算术平均值作为该组试件的轴心抗压强度值。当 3 个试件测值的最大值和最小值中有一个与中间值的差值超过中间值的 20%时，应把最大及最小值一并舍去，取中间值为该组试件的轴心抗压强度值。当两个测值与中间值的差值超过 20%时，该组试验结果应为无效。

3 将测量变形的仪表安装在用于测定弹性模量的试件上，仪表应安装在试件成型时两侧面的中线上，并应对称于试件两端。试件的测量标距应为 100mm。

4 测量仪表安装完毕后，应调整试件在试验机上的位置。砂浆弹性模量试验应物理对中（对中的方法是将荷载加压至轴心抗压强度的 35%，两侧仪表变形值之差，不得超过两侧变形平均值的±10%）。试件对中合格后，应按 0.25～1.5kN/s 的加荷速度连续、均匀地加荷至轴心抗压强度的 40%，即达到弹性模量试验的控制荷载值，然后以同样的速度卸荷至零，如此反复预压 3 次（图 16.0.5）。

在预压过程中，应观察试验机及仪表运转是否正常。不正常时，应予以调整。

5 预压 3 次后，按上述速度进行第 4 次加荷。先加荷到应力为 0.3MPa 的初始荷载，恒荷 30s 后，读取并记录两侧仪表的测值，然后再加荷到控制荷载（$0.4f_{mc}$），恒荷 30s 后，读取并记录两侧仪表的测值，两侧测值的平均值，即为该次试验的变形值。按

上述速度卸荷至初始荷载，恒荷30s后，再读取并记录两侧仪表上的初始测值，再按上述方法进行第5次加荷、恒荷、读数，并计算出该次试验的变形值。当前后两次试验的变形值差，不大于测量标距的0.2‰时，试验方可结束，否则应重复上述过程，直到两次相邻加荷的变形值相差不大于测量标距的0.2‰为止。然后卸除仪表，以同样速度加荷至破坏，测得试件的棱柱体抗压强度 f'_{mc}。

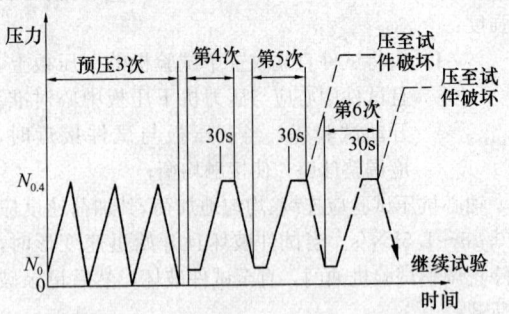

图16.0.5 弹性模量试验加荷制度示意图

16.0.6 砂浆的弹性模量值应按下式计算：

$$E_{m} = \frac{N_{0.4} - N_0}{A} \times \frac{l}{\Delta l} \quad (16.0.6)$$

式中　E_m——砂浆弹性模量（MPa），精确
　　　　　　至10MPa；

　　　$N_{0.4}$——应力为 $0.4 f_{mc}$ 的压力（N）；

　　　N_0——应力为0.3MPa的初始荷载（N）；

　　　A——试件承压面积（mm²）；

　　　Δl——最后一次从 N_0 加荷至 $N_{0.4}$ 时试件
　　　　　　两侧变形差的平均值（mm）；

　　　l——测量标距（mm）。

应取3个试件测值的算术平均值作为砂浆的弹性模量。当其中一个试件在测完弹性模量后的棱柱体抗压强度值 f'_{mc} 与决定试验控制荷载的轴心抗压强度值 f_{mc} 的差值超过后者的20%时，弹性模量值应按另外两个试件的算术平均值计算。当两个试件在测完弹性模量后的棱柱体抗压强度值 f'_{mc} 与决定试验控制荷载的轴心抗压强度值 f_{mc} 的差值超过后者的20%时，试验结果应为无效。

本标准用词说明

1 为便于在执行本标准条文时区别对待，对于要求严格程度不同的用词说明如下：

　　1）表示很严格，非这样做不可的：
　　　　正面词采用"必须"，反面词采用"严禁"；

　　2）表示严格，在正常情况下均应这样做的：
　　　　正面词采用"应"，反面词采用"不应"或"不得"；

　　3）表示允许稍有选择，在条件许可时首先应这样做的：
　　　　正面词采用"宜"，反面词采用"不宜"；
　　　　表示有选择，在一定条件下可以这样做的，采用"可"。

2 条文中指明应按其他有关标准执行的写法为："应按……执行"或"应符合……的规定"。

中华人民共和国行业标准

建筑砂浆基本性能试验方法标准

JGJ/T 70—2009

条 文 说 明

前　言

《建筑砂浆基本性能试验方法标准》JGJ/T 70—2009 经住房和城乡建设部 2009 年 3 月 4 日以第 233 号公告批准、发布。

为方便广大设计、施工、科研、院校等单位的有关人员在使用本标准时能正确的理解和执行条文规定，本标准修订组按章、节、条的顺序编制了条文说明，供使用者参考。在使用中如发现本条文说明有欠妥之处，请将意见函寄陕西省建筑科学研究院《建筑砂浆基本性能试验方法标准》修订组（地址：陕西省西安市环城西路北段 272 号，邮政编码：710082）。

目 次

1 总 则

1.0.1 随着建筑材料日新月异的发展，各类新型砂浆如预拌砂浆、干粉砂浆、特种砂浆不断涌现。砂浆试验方法的标准也不尽统一，为规范建筑砂浆基本性能的试验方法，做到可靠适用、经济合理，制定本标准。本次修订中将适用范围增大，即由原标准的适用于现场拌制砂浆改为适用于建筑砂浆，即：包括现场拌制和预拌砂浆。

1.0.2 目前各种新型砂浆中的添加物种类繁多，胶凝材料也不尽相同，本标准适用于以水泥基胶凝材料、细骨料、掺合料为主要材料的，用于工业与民用建筑物和构筑物的砌筑、抹灰、地面工程及其他用途的建筑砂浆的基本性能试验。其他砂浆可参照执行。

1.0.3 进行建筑砂浆基本性能试验时，可能会涉及到国家其他相关标准，这些标准也需执行。

2 术语、符号

2.1 术 语

2.1.1 根据目前建筑砂浆的拌合形式分为施工现场拌制的砂浆和由专业生产厂生产的预拌砂浆。根据胶凝材料不同又可分为水硬性胶凝材料、气硬性胶凝材料等，而本标准的方法主要针对由水泥基胶凝材料、细骨料、水以及根据性能确定的其他组分按适当比例配合、拌制并经硬化而成的水硬性砂浆材料。

2.1.2～2.1.4 预拌砂浆、湿拌砂浆、干混砂浆与现行行业标准《预拌砂浆》JG/T 230—2007 中的术语一致。

2.2 符 号

本节按照英文字母的顺序列出了本标准中涉及的符号。

3 取样及试样制备

3.1 取 样

3.1.1 砂浆的拌制是以同一盘或同一车砂浆为基本单位的，只有在同一盘或同一车砂浆拌合物中取样才能代表该基本单位砂浆。规定取样量不少于试验所需量的 4 倍，是为了保证试验用料的代表性及足够的样品数量。

3.1.2 本条规定了施工中进行砂浆试验时的取样方法。为使取样具有代表性，需至少从三个不同部位取样。对于现场取得的试样，试验前进行人工搅拌，是为了保证样品的均匀性。

3.1.3 该试验方法标准主要针对以水泥为主的胶凝材料，其拌合物的性能会随时间的变化而变化，样品试验前放置时间过长会影响其结果。

3.2 试样的制备

3.2.1 配制砂浆所用材料的温度会影响砂浆性能，试验所用材料提前 24h 运入室内可以保证试验时其温度与室温基本一致。有些工程需了解与施工条件一致的原材料配制砂浆的性能，此时原材料的温度需要与施工现场保持一致，而不需在规定温度的试验室放置。

3.2.2 对主要的组成材料水泥的处理应参照现行国家标准《水泥胶砂强度检验方法（ISO 法）》GB/T 17671—1999，去掉了以 0.9mm 筛过筛。为保证砂浆的使用性能，砂子不宜粗，应通过筛孔 4.75mm 的筛。

3.2.3 本条规定了试验室拌制砂浆时所用材料的计量精度。

3.2.4 对搅拌材料用量的规定由原标准不宜少于搅拌机容量的 20% 改为宜控制在搅拌机容量的 30%～70%，更实际、更便于控制。为使砂浆拌合物能搅拌均匀，对不同品种砂浆规定了最小搅拌时间。

3.3 试验记录

3.3.1 根据使用实际，列出了取样及制备砂浆试样时需记录的主要内容。

4 稠 度 试 验

4.0.1 说明了本方法适用于以稠度来控制用水量，保证砂浆拌合物的施工性。

4.0.2 说明了试验需要采用的仪器。

4.0.3 规定了稠度试验的试验步骤。

1 涂刷润滑油是为尽可能地减少滑杆的摩擦力，使滑杆下落时接近自由落体运动。

2 用湿布擦净盛浆容器和试锥表面，是为在试验过程中盛浆容器和试锥不会吸取砂浆拌合物的水分。自中心向边缘插捣是为使砂浆拌合物均匀向外扩散，如自边缘向中心插捣最后容易在中心试验点上形成孔洞，影响试验结果。轻轻敲击是为消除插捣可能留下的孔洞，使砂浆拌合物更加均匀。

4.0.4 规定了稠度试验结果的处理方法。

原标准中规定当两次稠度试验值之差大于 20mm，应重新取样测定，修订后的新试验方法规定当两次稠度试验值之差大于 10mm 时，应重新取样测试。在本次修订过程中大量试验表明两次测值偏差 20mm 有些太大，大量试验的偏差都不大于 10mm，故本次修订将两次试验值的偏差规定为不大于 10mm。

5　表观密度试验

5.0.1　说明了本方法适用于测定砂浆拌合物捣实后的单位体积质量。

5.0.2　说明了试验需要采用的仪器及其要求。

5　将原标准的水泥胶砂振动台改为振动台。

5.0.3　规定了表观密度的试验步骤。

3　对于稠度不大于 50mm 的砂浆拌合物，如用人工插捣容易留下孔洞，故采用机械振动。

5.0.4　规定了表观密度的计算方法。

5.0.5　规定了容量筒容积的校正方法。

6　分层度试验

6.0.1　说明了本试验方法适用于测定砂浆拌合物的分层度。

6.0.2　说明了试验需要采用的仪器及其要求。

6.0.3　规定了分层度试验的试验方法。分层度测定可采用标准法和快速法。当发生争议时，应采用标准法。

6.0.4　规定了标准法测定分层度试验的试验步骤。

6.0.5　规定了快速法测定分层度试验的试验步骤。

6.0.6　规定了分层度试验结果的处理方法。

2　原标准中规定当两次分层度试验值之差大于 20mm，应重新取样测定，修订后的新试验方法规定当两次分层度试验之差大于 10mm 时，应重新取样测定。根据调研的情况，该标准使用十几年来所测分层度差值很少有大于 10mm 的情况，同一盘砂浆两次分层度测定值相差大于 20mm 要求太低，故作此修改。

7　保水性试验

该章是参考国外标准，并考虑到我国目前砂浆品种日益增多，有些新品种砂浆用分层度试验来衡量砂浆各组分的稳定性或保持水分的能力已不太适宜，故新增加了保水性测定方法。该方法适宜于测定大部分预拌砂浆的保水性能。

7.0.1　说明了试验需要采用的仪器及其要求：

1　规定圆形试模需为金属或硬塑料制成，需要有一定刚度，不易变形，尽管未明确规定是否带底，但其密封性必须得到保证。

7.0.2　本条规定了保水性试验的步骤：

1　中速定性滤纸的数量根据砂浆的保水性能好坏可进行适当调整，对于保水性较好的预拌砂浆或有一定经验时该数量可以适当减少，但要以最上面一张滤纸不被水浸湿为原则。

6　按照砂浆的配比及加水量可以计算出砂浆的含水率。当无配合比数据时，可按照本标准第 7.0.4

条规定的方法进行测定。

7.0.3　规定了砂浆保水率的计算方法。

7.0.4　规定了砂浆含水率的实际测试方法。

8　凝结时间试验

8.0.1　说明了本试验方法适用于采用贯入阻力法确定砂浆拌合物的凝结时间。

8.0.2　说明了试验需要采用的仪器及其要求。

8.0.3　规定了凝结时间试验的试验步骤。

1　修改后新标准中的压力表及压力表座即为原标准中的台称，修改后的名称更符合实际。

2　修订后新标准在砂浆凝结时间测定仪的调节步骤上细化，使其更易于理解、易于操作。

8.0.4　这次修订时考虑到有些预拌砂浆的特殊性，当其凝结时间过长，如果半小时测一次，试验工作量太大，因此增加了时间间隔可根据实际情况来确定。

8.0.5　规定了砂浆贯入阻力值的计算方法。

8.0.6　规定了凝结时间确定方法：

1　原标准未明确开始计时的时间，修订后规定从加水搅拌时间开始计时，另外由于在实际操作中图示法比较麻烦，所以增加了试验人员可根据实际经验采用内插法确定凝结时间。这样更方便快捷、更切合实际。但当有争议时以图示法为准。

9　立方体抗压强度试验

原《建筑砂浆基本性能试验方法》JGJ 70—90 已应用 19 年之久，基本内容符合我国国情，但随着国家政策的改变，各种新型墙体材料相继出现，这就使原砂浆强度试验方法中的砖底模已不符合实际；另外原来的试块块数 6 块离散性大、偏差大。故本次修订将原来的砖底模被钢底模及塑料底模代替，而且试验个数由原来的六个变为三个。三个试件的均匀性是经过试验证明的。

9.0.1　说明了试验需要采用的仪器及其要求：

1　对试模的规格尺寸提出要求，未规定具体材质，只要具有足够的刚度、拆装方便、不平度等满足要求即可。目前市场上出售的塑料材质试模满足要求也可使用；

2　对钢制捣棒的直径、长度提出要求；

3　原标准要求使用精度为 2% 的压力试验机属于淘汰产品无法满足使用要求；

4　对垫板尺寸、不平度提出具体要求；

5　为减少试验室购置设备的数量，其技术参数与混凝土试验振动台技术参数基本一致，即混凝土振动台即可使用。

9.0.2　对砂浆立方体抗压强度试件的制作及养护作出规定：

1 采用立方体试件，每组试件减少为 3 个。原标准编制时根据我国工程实际及前苏联砌体规范中采用吸水率不大于 15%，含水率不大于 2% 的烧结砖做底模的情况，做出砂浆立方体抗压强度试件所用底模为吸水率不小于 10%，含水率不大于 2% 的普通黏土砖的规定。而不同的底模确定的砂浆强度等级有很大差别，从而大大影响了砌体的质量，降低了结构安全度或造成材料的浪费，为此针对不同底模对砂浆强度的影响进行了试验研究，结果表明采用普通黏土砖为底模所得强度最高但实验数据的离散性大，复现性差，采用钢底模所得强度最低，实验数据的离散性小，复现性好。为此本次修订使用钢底模，试块数量三块。

2 成型时的振捣方式改为两种：

当稠度大于 50mm 时，宜采用人工插捣成型；当稠度小于等于 50mm 时，宜采用振动台振实成型，这是由于当稠度小于等于 50mm 时人工插捣较难密实且人工插捣宜留下插孔影响强度结果。成型方式的选择以充分密实，避免离析为原则。

　　1）对人工插捣的方式进行了叙述，为避免人工插捣留下插孔影响强度结果，增加了用手将试模一边抬高 5～10mm 各振动 5 次的规定；

　　2）新增加了机械振动成型方法。强调将砂浆一次装满试模，在振动台上振动时试模不得跳动，振动 5～10s 或持续到表面泛浆为止，不得过振以免砂浆离析。

3 规定了用抹刀抹平砂浆试块表面的时间。采用钢底模后因底模材料不吸水，表面出现麻斑状态的时间会较长，为避免砂浆沉缩，试件表面低于试模，一定要在出现麻斑状态再将高出试模部分的砂浆沿试模顶面刮去并抹平。

4 规定了试件制作后拆模前放置的温度、时间。水泥砂浆、混合砂浆的养护条件统一改用 20±2℃，相对湿度 90% 以上，而且混合砂浆、湿拌砂浆养护时不能有水滴在试块上，用塑料布盖在试块上。经大量试验验证统一养护条件是可行的，这样既减少了试验室控制条件，也易于大家操作。

5 规定标准养护时间应从加水搅拌开始。标准养护龄期为 28d，非标准养护龄期一般为 7d 或 14d。

9.0.3 规定了砂浆立方体试件抗压强度试验步骤：

1 试件从养护地点取出后尽快进行试验，可以避免试件内部的温度发生显著变化。

2 因抗压强度试验底模改为钢底模后同样的配合比砂浆强度会降低 50% 左右，因此对原标准的加荷速度进行了相应的调整，加荷速度从原来的每秒钟 0.5～1.5kN（砂浆强度 5MPa 及 5MPa 以下时，取下限为宜，砂浆强度 5MPa 以上时，取上限为宜），改为每秒钟 0.25～1.5kN。砂浆强度不大于 2.5MPa

时，取下限为宜。

9.0.4 经大量试验由砖底模改为钢底模后，强度降低幅度在 50%～70%，为与《砌筑砂浆配合比设计规程》JGJ 98 相匹配，应将钢底模测出的强度乘以 1.35，作为强度值。这样就解决了各种材料吸水率、吸水速度的不同引起砂浆强度值不一致、离散性大的问题。本次验证试验是在全国范围内展开的，由于原材料性能差异大，砂浆强度降低幅度在一个较大范围内，考虑到结构安全性，K 值取 1.35 是最保守情况，因此各地在原材料相对稳定的情况下，经试验验证有充分数据支持下可调整 K 值。

目前，考虑与砌体结构设计、施工规范的衔接，需要时可采用墙体同类块体为砂浆试块底模，进行砂浆立方体抗压强度试验。此时，每组试件应为 6 个，试件其他制作、养护及试验同本条规定。试验结果以 6 个试件测值的算术平均值作为该组试件抗压强度值，平均值计算精确至 0.1MPa；当 6 个试件的最大值或最小值与平均值的差超过 20% 时，以中间 4 个试件的平均值作为该组试件的抗压强度值。

9.0.5 由于试验数量的改变即由 6 个变为 3 个，这就使得原标准中数据处理的方法不适用。另外，试验数据表明在采用钢底模或塑料底模后，数据的均匀性好，一组试验中 3 个试验值的中间值接近或等于中值的比例占 54%，故对数据处理做了改动。

10 拉伸粘结强度试验

由于砂浆是与基层共同构成一个整体，如抹灰砂浆与墙体材料粘结在一起构成一面墙，地面砂浆与楼板等粘结在一起构成一层地坪；有的直接以粘结为使用目的，如砌筑砂浆是将各种砖、砌块等粘结为一个整体等等，因而粘结强度是砂浆的一个非常重要的性能。只有砂浆本身具有一定的粘结力，才能与基层实现有效的粘结，并长期保持这种稳定性，否则，砂浆容易在由各种形变引起的拉应力或剪应力作用下，发生空鼓、开裂、脱落等质量问题。

现行行业标准《预拌砂浆》JG/T 230—2007 对抹灰砂浆、防水砂浆等提出了拉伸粘结强度的性能要求，为了使本标准能够适应建筑、建材领域的发展，这次修订增加了砂浆拉伸粘结强度的试验方法。

10.0.1 试验条件是参考大多数砂浆试验时的温湿度要求及粘结强度本身特性规定的，这样砂浆试验可集中在一个试验室进行。

10.0.2 说明了试验需要采用的仪器及其要求：

2 为尽量少增加试验专业仪器设备，减少试验室负担，标准之间尽可能相互协调一致，规定拉伸专用夹具符合现行行业标准《建筑室内用腻子》JG/T 3049—1998 的规定即可；

3 考虑到抹灰砂浆的厚度一般为 20mm，分三次施工，每层厚度大约为 6~7mm 左右，且砂子的最大粒径 5mm，因此规定成型框的厚度即砂浆涂层的试验厚度为 6mm。

10.0.3 对制备基底水泥砂浆块的原材料、配合比、成型方法、养护条件和养护时间提出要求，保证基底试块具有足够的强度，试验时不容易破坏，保证试验的成功率。

10.0.4 对不同品种砂浆料浆的制备提出要求：

 1 对干混砂浆料浆的制备过程进行了叙述；

 2 对现拌砂浆料浆的制备过程进行了叙述。

10.0.5 拉伸粘结强度试件的制备要求：

 1 由于普通砂浆的保水性及粘结强度较低，如成型时将砂浆涂抹在干燥的基底水泥砂浆块上，则砂浆中的水分就会被基底所吸收，导致砂浆粘结强度降低，且强度离散性较大。因而规定制备拉伸粘结强度试件时，提前 24h 将基底水泥砂浆块浸泡在水中，以使基底水泥砂浆块吸水饱和，不再从砂浆试样中吸取水分。试验前 5~10min 从水中取出基底块，使表面的水分蒸发，避免表面的水分改变砂浆的水灰比，影响砂浆的强度。

 2 拉伸粘结强度试件成型好后，脱模时间视砂浆的硬化程度而定，以砂浆已经凝结、成型框可以取下为宜。若过早脱模，此时砂浆还未凝结，会引起砂浆尺寸的变化；若过晚脱模，成型框已与砂浆粘结在一起，脱模时非常困难，一般不宜超过 24h。

 粘结强度试件成型后放入相对湿度 60%~80% 的环境中养护，是考虑到实际工程中抹灰砂浆处在大气环境中，而大气中的湿度较低，如试件的养护湿度太高，则与实际工程相差太大，不能很好地反映实际情况；如试件的养护湿度太低，不利于砂浆强度的增长。

 3 由于普通砂浆自身的粘结强度较低，导致测试结果离散性较大、复现性不好，因此规定制备 10 个试样，且有效数据不少于 6 个。建议各地检测部门严格检验条件，控制检验参数，加强人员培训，提高复现性。

10.0.6 试验表明，随着龄期的增长，砂浆粘结强度提高的幅度并不是很大，而且有的砂浆并没有提高。考虑到目前大多数砂浆产品行业标准中拉伸粘结强度的龄期为 14d，故本标准规定砂浆拉伸粘结强度试件的龄期为 14d。

10.0.7 规定了砂浆拉伸粘结强度的计算方法。

10.0.8 因砂浆拉伸粘结强度的测试结果离散性较大，一组数据中有可能有几个数值偏离平均值较大，因此采用逐次舍去偏差最大的试验值直至各试验值与平均值之差不超过 20%。但有效数据不能少于 6 个。

10.0.9 如需要测试砂浆耐水、耐热、耐碱、耐冻融等的拉伸粘结强度时，需将试件先在相应的条件下进行处理，然后再按本方法进行拉伸粘结强度试验。

11 抗冻性能试验

11.0.1 说明了本方法适用于检验强度等级大于 M2.5 的砂浆的抗冻性能。

11.0.2 说明了测定抗冻性试验的立方体试件制作及养护方法及其应符合的规定。原标准规定抗冻对比试件各 6 块，修订后与抗压强度试验对应，冻融及对比试件个数改为各 3 块，底模改为有底模。

11.0.3 对抗冻试验所使用的仪器设备等提出要求。

11.0.4 规定了抗冻性试验的试验步骤：

原标准中规定，冻融试件结束后冻融试件与对比试件同时在 105±5℃ 的条件下烘干，然后进行称量试压，这里烘干后称量与冻前质量不对应，无可比性，修订后新标准中规定冻融试件从水槽取出用拧干的湿布轻轻擦去试件表面水分然后称量。

新标准还规定，冻融试验结束后，冻融试件和对比试件不需要再进行烘干处理，而是将对比试件提前两天浸水后，再按本标准第 9 章的规定将冻融试件与对比试件同时进行抗压强度试验。

11.0.5 规定了冻融试验后，砂浆强度损失率和质量损失率的计算方法及砂浆抗冻性能是否合格的确定方法。

12 收缩试验

12.0.1 说明了本方法适用于测定砂浆的自然干燥收缩值。

12.0.2 说明了试验需要采用的仪器及其要求。

12.0.3 规定了收缩试验步骤：

原标准中规定的龄期为 7d、14d、21d、28d、42d、56d，修订后改为 7d、14d、21d、28d、56d、90d，即取消了 42d 增加了 90d，这是由于试验证明砂浆收缩基本上在 90d 才结束。

12.0.4 规定了自然收缩值的计算方法。

12.0.5 规定了自然收缩值试验结果的取值方法。

13 含气量试验

13.1 一 般 规 定

13.1.1 近年来，砂浆中增塑剂等外加剂的使用日益增多，这些外加剂主要是在砂浆中引入气体，而含气量过大会对砂浆的耐久性能等产生不利影响。因此，本次修订增加了含气量试验，砂浆含气量的测定可采用仪器法和密度法。当发生争议时，应以仪器法的测定结果为准。

13.2 仪 器 法

13.2.1 当采用砂浆含气量测定仪测定砂浆含气量时

采用本方法。

13.2.2 规定了含气量试验的步骤：

试验应重复进行两次，第二次试验应在同盘拌合物中重新取样测定。

13.2.3 规定了砂浆含气量试验结果的处理方法。

13.3 密 度 法

13.3.1 砂浆配合比采用的是假定密度法，即假定一立方米的砂子体积即构成一立方米砂浆的体积，水泥基胶凝材料、细骨料、掺合料等均填充到砂子空隙中。本方法即根据一定组成的砂浆的理论表观密度与实际表观密度的差值来确定砂浆中的含气量。该方法与《砌筑砂浆增塑剂》JG/T 164—2004 的附录 A 基本一致。

13.3.2 因采用的是假定密度法，砂浆理论表观密度可通过砂浆中各组成材料的表观密度与配比计算得到。

13.3.3 砂浆实际表观密度按本标准第 5 章表观密度试验方法进行测定。

13.3.4 规定了砂浆含气量的计算公式。

考虑到砂子、水泥的实测表观密度方法简单且其表观密度因品种不同密度差别相差较大，因此去掉了《砌筑砂浆增塑剂》JG/T 164—2004 的附录 A 中无实值时的建议值，将 ρ_s 定义为砂的实测表观密度（g/cm^3），ρ_c 定义为水泥实测表观密度（g/cm^3）。

14 吸水率试验

目前，随着新型材料及砂浆的不断涌现，为满足这些特殊品种砂浆性能的控制，增加了吸水率试验，本试验方法参照《砂浆、混凝土防水剂》JC 474—2008 标准编制而成。

14.0.1 说明了试验需要采用的仪器及其要求。

14.0.2 规定了吸水率试验的试验步骤，在《砂浆、混凝土防水剂》JC 474—2008 中规定试件浸入水中的高度应为 35mm，并在水槽要求的水面高度处开溢水孔，保持水面恒定。水槽应加盖，并应放在温度为 20±2℃、相对湿度为 80% 以上的恒温室中。试件表面不得有结露或水滴，然后在浸水 48±0.5h 后取出，用拧干的湿布擦去表面水，称其质量 m_1。本次修订鉴于此操作过程过于复杂不好控制，于是我们编制组对普通砂浆做了半浸和全浸的对比试验，结果表明二者无明显差别，因此本次修订我们简化了试验过程。

14.0.3 规定了砂浆吸水率的计算方法及砂浆吸水率的确定方法。

15 抗渗性能试验

目前，随着新型材料及砂浆的不断涌现，为满足这些特殊品种砂浆性能控制，增加了抗渗性能试验，本试验方法参照《砂浆、混凝土防水剂》JC 474—2008 标准编制而成。

15.0.1 说明了试验需要采用的仪器及其要求。

15.0.2 规定了抗渗性能试验步骤。

在《砂浆、混凝土防水剂》JC 474—2008 标准中规定应将拌合好的砂浆一次性装入试模中，并用抹刀均匀插捣数次，这次修订细化了此操作。

15.0.3 规定了砂浆抗渗性能的计算方法和如何确定砂浆抗渗性能。这里参照并采用了与混凝土抗渗压力值同样的表示方法。

16 静力受压弹性模量试验

16.0.1 说明了本方法适用于测定砂浆静力受压时的弹性模量。

16.0.2 说明了测定静力受压弹性模量试验的试件尺寸和个数应符合的规定。

16.0.3 说明了试验需要采用的仪器及其要求。

16.0.4 说明了测定静力受压弹性模量试验的试件的制作、养护及应其符合的规定。

16.0.5 规定了砂浆弹性模量试验的试验步骤。

16.0.6 规定了砂浆弹性模量值的计算方法和如何确定砂浆弹性模量值。另外原标准中规定当其中一个试件在测完弹性模量后的棱柱体抗压强度值 f_{mc} 与决定试验控制荷载的轴心抗压强度值 f_{mc} 的差值超过后者的 25% 时，则弹性模量值按另外两个试件的算术平均值计算。如两个试件超过上述规定，则试验结果无效。这里考虑到现今仪器精密度越来越高以及参照混凝土的相关标准，新标准规定当其中一个试件在测完弹性模量后的棱柱体抗压强度值 f_{mc} 与决定试验控制荷载的轴心抗压强度值 f_{mc} 的差值超过后者的 20% 时，弹性模量值应按另外两个试件的算术平均值计算。当两个试件在测完弹性模量后的棱柱体抗压强度值 f_{mc} 与决定试验控制荷载的轴心抗压强度值 f_{mc} 的差值超过后者的 20% 时，试验结果应为无效。

中华人民共和国行业标准

普通混凝土配合比设计规程

Specification for mix proportion design of ordinary concrete

JGJ 55—2011

批准部门：中华人民共和国住房和城乡建设部
施行日期：2 0 1 1 年 1 2 月 1 日

中华人民共和国住房和城乡建设部
公 告

第 991 号

关于发布行业标准《普通混凝土
配合比设计规程》的公告

现批准《普通混凝土配合比设计规程》为行业标准，编号为 JGJ 55 - 2011，自 2011 年 12 月 1 日起实施。其中第 6.2.5 条为强制性条文，必须严格执行。原行业标准《普通混凝土配合比设计规程》JGJ 55 - 2000 同时废止。

本规程由我部标准定额研究所组织中国建筑工业出版社出版发行。

中华人民共和国住房和城乡建设部

2011 年 4 月 22 日

前　言

根据原建设部《关于印发〈2005 年度工程建设标准规范制订、修订计划（第一批）〉的通知》（建标〔2005〕84 号）的要求，编制组经广泛调查研究，认真总结实践经验，参考有关国际标准和国外先进标准，并在广泛征求意见的基础上，修订了本规程。

本规程的主要技术内容是：1. 总则；2. 术语和符号；3. 基本规定；4. 混凝土配制强度的确定；5. 混凝土配合比计算；6. 混凝土配合比的试配、调整与确定；7. 有特殊要求的混凝土。

本次修订的主要技术内容是：1. 与 2000 年以后颁布的相关标准规范进行了协调；2. 增加并突出了混凝土耐久性的规定；3. 修订了普通混凝土试配强度的计算公式和强度标准差；4. 修订了混凝土水胶比计算公式中的胶砂强度取值以及回归系数 α_a 和 α_b；5. 增加了高强混凝土试配强度的计算公式；6. 增加了高强混凝土水胶比、胶凝材料用量和砂率推荐表。

本规程中以黑体字标志的条文为强制性条文，必须严格执行。

本规程由住房和城乡建设部负责管理和对强制性条文的解释，由中国建筑科学研究院负责具体技术内容的解释。执行过程中如有意见或建议，请寄送中国建筑科学研究院《普通混凝土配合比设计规程》管理组（地址：北京市北三环东路 30 号，邮政编码：100013）。

本 规 程 主 编 单 位：中国建筑科学研究院

本 规 程 参 编 单 位：北京建工集团有限责任公司

中国建筑材料科学研究

总院

重庆市建筑科学研究院

辽宁省建设科学研究院

贵州中建建筑科研设计院有限公司

云南建工混凝土有限公司

甘肃土木工程科学研究院

广东省建筑科学研究院

宁波金鑫商品混凝土有限公司

深圳大学土木工程学院

黑龙江省寒地建筑科学研究院

中南大学土木建筑学院

沈阳飞耀技术咨询有限公司

深圳市富通混凝土有限公司

山东省建筑科学研究院

天津港保税区航保商品砼供应有限公司

山西四建集团有限公司

河北麒麟建筑科技发展有限公司

建研建材有限公司

金华市建筑科学研究所有限公司

西麦斯（天津）有限公司

天津津贝尔建筑工程试验检测技术有限公司

延边朝鲜族自治州建设工程质量检测中心

四川省建筑科学研究院

中国水利水电第三工程局有限公司

张家口市建设工程质量检测中心

北京城建亚泰建设工程有限公司

本规程主要起草人员：丁　威　冷发光　艾永祥
　　　　　　　　　　赵顺增　韦庆东　肖保怀
　　　　　　　　　　王　元　张秀芳　钟安鑫
　　　　　　　　　　李章建　王惠玲　王新祥
　　　　　　　　　　陆士强　周永祥　田冠飞
　　　　　　　　　　丁　铸　朱广祥　胡晓波
　　　　　　　　　　刘良季　吴义明　王文奎
　　　　　　　　　　张　锋　刘雅晋　侯翠敏
　　　　　　　　　　季　宏　齐广华　尚静媛
　　　　　　　　　　谢凯军　姜　博　王鹏禹
　　　　　　　　　　毛海勇　刘　源　戴会生
　　　　　　　　　　李路明　费　恺　何更新
　　　　　　　　　　纪宪坤　王　晶
本规程主要审查人员：石云兴　郝挺宇　罗保恒
　　　　　　　　　　闻德荣　蔡亚宁　朋改非
　　　　　　　　　　封孝信　王　军　李帼英
　　　　　　　　　　高金枝

目　次

Contents

1 总 则

1.0.1 为规范普通混凝土配合比设计方法,满足设计和施工要求,保证混凝土工程质量,达到经济合理,制定本规程。

1.0.2 本规程适用于工业与民用建筑及一般构筑物所采用的普通混凝土配合比设计。

1.0.3 普通混凝土配合比设计除应符合本规程的规定外,尚应符合国家现行有关标准的规定。

2 术语和符号

2.1 术 语

2.1.1 普通混凝土 ordinary concrete
干表观密度为 $2000kg/m^3 \sim 2800kg/m^3$ 的混凝土。

2.1.2 干硬性混凝土 stiff concrete
拌合物坍落度小于 10mm 且须用维勃稠度(s)表示其稠度的混凝土。

2.1.3 塑性混凝土 plastic concrete
拌合物坍落度为 10mm~90mm 的混凝土。

2.1.4 流动性混凝土 flowing concrete
拌合物坍落度为 100mm~150mm 的混凝土。

2.1.5 大流动性混凝土 high flowing concrete
拌合物坍落度不低于 160mm 的混凝土。

2.1.6 抗渗混凝土 impermeable concrete
抗渗等级不低于 P6 的混凝土。

2.1.7 抗冻混凝土 frost-resistant concrete
抗冻等级不低于 F50 的混凝土。

2.1.8 高强混凝土 high strength concrete
强度等级不低于 C60 的混凝土。

2.1.9 泵送混凝土 pumped concrete
可在施工现场通过压力泵及输送管道进行浇筑的混凝土。

2.1.10 大体积混凝土 mass concrete
体积较大的、可能由胶凝材料水化热引起的温度应力导致有害裂缝的结构混凝土。

2.1.11 胶凝材料 binder
混凝土中水泥和活性矿物掺合料的总称。

2.1.12 胶凝材料用量 binder content
每立方米混凝土中水泥用量和活性矿物掺合料用量之和。

2.1.13 水胶比 water-binder ratio
混凝土中用水量与胶凝材料用量的质量比。

2.1.14 矿物掺合料掺量 percentage of mineral admixture
混凝土中矿物掺合料用量占胶凝材料用量的质量

百分比。

2.1.15 外加剂掺量 percentage of chemical admixture
混凝土中外加剂用量相对于胶凝材料用量的质量百分比。

2.2 符 号

f_b——胶凝材料 28d 胶砂抗压强度实测值 (MPa);

f_{ce}——水泥 28d 胶砂抗压强度(MPa);

$f_{ce,g}$——水泥强度等级值(MPa);

$f_{cu,0}$——混凝土配制强度(MPa);

$f_{cu,i}$——第 i 组的试件强度(MPa);

$f_{cu,k}$——混凝土立方体抗压强度标准值(MPa);

m_a——每立方米混凝土的外加剂用量(kg/m³);

m_{a0}——计算配合比每立方米混凝土的外加剂用量 (kg/m³);

m_b——每立方米混凝土的胶凝材料用量(kg/m³);

m_{b0}——计算配合比每立方米混凝土的胶凝材料用量(kg/m³);

m_c——每立方米混凝土的水泥用量(kg/m³);

m_{c0}——计算配合比每立方米混凝土的水泥用量 (kg/m³);

m_{cp}——每立方米混凝土拌合物的假定质量(kg/m³);

m_f——每立方米混凝土的矿物掺合料用量(kg/m³);

m_{f0}——计算配合比每立方米混凝土的矿物掺合料用量(kg/m³);

m_{fcu}——n 组试件的强度平均值(MPa);

m_g——每立方米混凝土的粗骨料用量(kg/m³);

m_{g0}——计算配合比每立方米混凝土的粗骨料用量 (kg/m³);

m_s——每立方米混凝土的细骨料用量(kg/m³);

m_{s0}——计算配合比每立方米混凝土的细骨料用量 (kg/m³);

m_w——每立方米混凝土的用水量(kg/m³);

m_{w0}——计算配合比每立方米混凝土的用水量(kg/m³);

m'_{w0}——未掺外加剂时推定的满足实际坍落度要求的每立方米混凝土用水量(kg/m³);

n——试件组数,n 值应大于或者等于30;

P_t——6 个试件中不少于 4 个未出现渗水时的最大水压值(MPa);

P——设计要求的抗渗等级值;

W/B——混凝土水胶比;

α——混凝土的含气量百分数;

α_a、α_b——混凝土水胶比计算公式中的回归系数;

β——外加剂的减水率（%）；

β_a——外加剂的掺量（%）；

β_f——矿物掺合料的掺量（%）；

β_s——砂率（%）；

γ_c——水泥强度等级值的富余系数；

γ_f——粉煤灰影响系数；

γ_s——粒化高炉矿渣粉影响系数；

δ——混凝土配合比校正系数；

ρ_c——水泥密度（kg/m³）；

$\rho_{c,c}$——混凝土拌合物表观密度计算值（kg/m³）；

$\rho_{c,t}$——混凝土拌合物表观密度实测值（kg/m³）；

ρ_f——矿物掺合料密度（kg/m³）；

ρ_g——粗骨料的表观密度（kg/m³）；

ρ_s——细骨料的表观密度（kg/m³）；

ρ_w——水的密度（kg/m³）；

σ——混凝土强度标准差（MPa）。

3 基本规定

3.0.1 混凝土配合比设计应满足混凝土配制强度及其他力学性能、拌合物性能、长期性能和耐久性能的设计要求。混凝土拌合物性能、力学性能、长期性能和耐久性能的试验方法应分别符合现行国家标准《普通混凝土拌合物性能试验方法标准》GB/T 50080、《普通混凝土力学性能试验方法标准》GB/T 50081 和《普通混凝土长期性能和耐久性能试验方法标准》GB/T 50082 的规定。

3.0.2 混凝土配合比设计应采用工程实际使用的原材料；配合比设计所采用的细骨料含水率应小于0.5%，粗骨料含水率应小于0.2%。

3.0.3 混凝土的最大水胶比应符合现行国家标准《混凝土结构设计规范》GB 50010 的规定。

3.0.4 除配制 C15 及其以下强度等级的混凝土外，混凝土的最小胶凝材料用量应符合表 3.0.4 的规定。

表 3.0.4 混凝土的最小胶凝材料用量

最大水胶比	最小胶凝材料用量（kg/m³）		
	素混凝土	钢筋混凝土	预应力混凝土
0.60	250	280	300
0.55	280	300	300
0.50	320		
≤0.45	330		

3.0.5 矿物掺合料在混凝土中的掺量应通过试验确定。采用硅酸盐水泥或普通硅酸盐水泥时，钢筋混凝土中矿物掺合料最大掺量宜符合表 3.0.5-1 的规定，预应力混凝土中矿物掺合料最大掺量宜符合表 3.0.5-2 的规定。对基础大体积混凝土，粉煤灰、粒化高炉矿渣粉和复合掺合料的最大掺量可增加 5%。采用掺

量大于 30% 的 C 类粉煤灰的混凝土应以实际使用的水泥和粉煤灰掺量进行安定性检验。

表 3.0.5-1 钢筋混凝土中矿物掺合料最大掺量

矿物掺合料种类	水胶比	最大掺量（%）	
		采用硅酸盐水泥时	采用普通硅酸盐水泥时
粉煤灰	≤0.40	45	35
	>0.40	40	30
粒化高炉矿渣粉	≤0.40	65	55
	>0.40	55	45
钢渣粉	—	30	20
磷渣粉	—	30	20
硅灰	—	10	10
复合掺合料	≤0.40	65	55
	>0.40	55	45

注：1 采用其他通用硅酸盐水泥时，宜将水泥混合材掺量 20% 以上的混合材量计入矿物掺合料；

2 复合掺合料各组分的掺量不宜超过单掺时的最大掺量；

3 在混合使用两种或两种以上矿物掺合料时，矿物掺合料总掺量应符合表中复合掺合料的规定。

表 3.0.5-2 预应力混凝土中矿物掺合料最大掺量

矿物掺合料种类	水胶比	最大掺量（%）	
		采用硅酸盐水泥时	采用普通硅酸盐水泥时
粉煤灰	≤0.40	35	30
	>0.40	25	20
粒化高炉矿渣粉	≤0.40	55	45
	>0.40	45	35
钢渣粉	—	20	10
磷渣粉	—	20	10
硅灰	—	10	10
复合掺合料	≤0.40	55	45
	>0.40	45	35

注：1 采用其他通用硅酸盐水泥时，宜将水泥混合材掺量 20% 以上的混合材量计入矿物掺合料；

2 复合掺合料各组分的掺量不宜超过单掺时的最大掺量；

3 在混合使用两种或两种以上矿物掺合料时，矿物掺合料总掺量应符合表中复合掺合料的规定。

3.0.6 混凝土拌合物中水溶性氯离子最大含量应符合表 3.0.6 的规定，其测试方法应符合现行行业标准《水运工程混凝土试验规程》JTJ 270 中混凝土拌合物中氯离子含量的快速测定方法的规定。

表 3.0.6　混凝土拌合物中水溶性氯离子最大含量

环境条件	水溶性氯离子最大含量 （%，水泥用量的质量百分比）		
	钢筋混凝土	预应力混凝土	素混凝土
干燥环境	0.30		
潮湿但不含氯离子的环境	0.20	0.06	1.00
潮湿且含有氯离子的环境、盐渍土环境	0.10		
除冰盐等侵蚀性物质的腐蚀环境	0.06		

3.0.7 长期处于潮湿或水位变动的寒冷和严寒环境以及盐冻环境的混凝土应掺用引气剂。引气剂掺量应根据混凝土含气量要求经试验确定，混凝土最小含气量应符合表 3.0.7 的规定，最大不宜超过 7.0%。

表 3.0.7　混凝土最小含气量

粗骨料最大公称粒径 （mm）	混凝土最小含气量（%）	
	潮湿或水位变动的 寒冷和严寒环境	盐冻环境
40.0	4.5	5.0
25.0	5.0	5.5
20.0	5.5	6.0

注：含气量为气体占混凝土体积的百分比。

3.0.8 对于有预防混凝土碱骨料反应设计要求的工程，宜掺用适量粉煤灰或其他矿物掺合料，混凝土中最大碱含量不应大于 3.0kg/m³；对于矿物掺合料碱含量，粉煤灰碱含量可取实测值的 1/6，粒化高炉矿渣粉碱含量可取实测值的 1/2。

4　混凝土配制强度的确定

4.0.1 混凝土配制强度应按下列规定确定：

1 当混凝土的设计强度等级小于 C60 时，配制强度应按下式确定：

$$f_{cu,0} \geqslant f_{cu,k} + 1.645\sigma \qquad (4.0.1\text{-}1)$$

式中：$f_{cu,0}$——混凝土配制强度（MPa）；

$f_{cu,k}$——混凝土立方体抗压强度标准值，这里取混凝土的设计强度等级值（MPa）；

σ——混凝土强度标准差（MPa）。

2 当设计强度等级不小于 C60 时，配制强度应按下式确定：

$$f_{cu,0} \geqslant 1.15 f_{cu,k} \qquad (4.0.1\text{-}2)$$

4.0.2 混凝土强度标准差应按下列规定确定：

1 当具有近 1 个月~3 个月的同一品种、同一强度等级混凝土的强度资料，且试件组数不小于 30 时，其混凝土强度标准差 σ 应按下式计算：

$$\sigma = \sqrt{\frac{\sum\limits_{i=1}^{n} f_{cu,i}^2 - n m_{fcu}^2}{n-1}} \qquad (4.0.2)$$

式中：σ——混凝土强度标准差；

$f_{cu,i}$——第 i 组的试件强度（MPa）；

m_{fcu}——n 组试件的强度平均值（MPa）；

n——试件组数。

对于强度等级不大于 C30 的混凝土，当混凝土强度标准差计算值不小于 3.0MPa 时，应按式（4.0.2）计算结果取值；当混凝土强度标准差计算值小于 3.0MPa 时，应取 3.0MPa。

对于强度等级大于 C30 且小于 C60 的混凝土，当混凝土强度标准差计算值不小于 4.0MPa 时，应按式（4.0.2）计算结果取值；当混凝土强度标准差计算值小于 4.0MPa 时，应取 4.0MPa。

2 当没有近期的同一品种、同一强度等级混凝土强度资料时，其强度标准差 σ 可按表 4.0.2 取值。

表 4.0.2　标准差 σ 值（MPa）

混凝土强度标准值	≤C20	C25~C45	C50~C55
Σ	4.0	5.0	6.0

5　混凝土配合比计算

5.1　水　胶　比

5.1.1 当混凝土强度等级小于 C60 时，混凝土水胶比宜按下式计算：

$$W/B = \frac{\alpha_a f_b}{f_{cu,0} + \alpha_a \alpha_b f_b} \qquad (5.1.1)$$

式中：W/B——混凝土水胶比；

α_a、α_b——回归系数，按本规程第 5.1.2 条的规定取值；

f_b——胶凝材料 28d 胶砂抗压强度（MPa），可实测，且试验方法应按现行国家标准《水泥胶砂强度检验方法（ISO法）》GB/T 17671 执行；也可按本规程第 5.1.3 条确定。

5.1.2 回归系数（α_a、α_b）宜按下列规定确定：

1 根据工程所使用的原材料，通过试验建立的水胶比与混凝土强度关系式来确定；

2 当不具备上述试验统计资料时，可按表 5.1.2 选用。

表 5.1.2　回归系数（α_a、α_b）取值表

粗骨料品种 系　数	碎　石	卵　石
α_a	0.53	0.49
α_b	0.20	0.13

5.1.3 当胶凝材料 28d 胶砂抗压强度值（f_b）无实测值时，可按下式计算：

$$f_b = \gamma_f \gamma_s f_{ce} \qquad (5.1.3)$$

式中：γ_f、γ_s——粉煤灰影响系数和粒化高炉矿渣粉
影响系数，可按表5.1.3选用；

f_{ce}——水泥28d胶砂抗压强度（MPa），可
实测，也可按本规程第5.1.4条
确定。

表 5.1.3　粉煤灰影响系数（γ_f）和粒化
高炉矿渣粉影响系数（γ_s）

种类 掺量（%）	粉煤灰影响 系数 γ_f	粒化高炉矿渣粉 影响系数 γ_s
0	1.00	1.00
10	0.85~0.95	1.00
20	0.75~0.85	0.95~1.00
30	0.65~0.75	0.90~1.00
40	0.55~0.65	0.80~0.90
50	—	0.70~0.85

注：1　采用Ⅰ级、Ⅱ级粉煤灰宜取上限值；
　　2　采用S75级粒化高炉矿渣粉宜取下限值，采用S95
级粒化高炉矿渣粉宜取上限值，采用S105级粒化
高炉矿渣粉可取上限值加0.05；
　　3　当超出表中的掺量时，粉煤灰和粒化高炉矿渣粉
影响系数应经试验确定。

5.1.4　当水泥28d胶砂抗压强度（f_{ce}）无实测值时，
可按下式计算：

$$f_{ce} = \gamma_c f_{ce,g} \qquad (5.1.4)$$

式中：γ_c——水泥强度等级值的富余系数，可按实际
统计资料确定；当缺乏实际统计资料
时，也可按表5.1.4选用；

$f_{ce,g}$——水泥强度等级值（MPa）。

表 5.1.4　水泥强度等级值的富余系数（γ_c）

水泥强度等级值	32.5	42.5	52.5
富余系数	1.12	1.16	1.10

5.2　用水量和外加剂用量

5.2.1　每立方米干硬性或塑性混凝土的用水量
（m_{w0}）应符合下列规定：

　1　混凝土水胶比在0.40~0.80范围时，可按表
5.2.1-1和表5.2.1-2选取；

　2　混凝土水胶比小于0.40时，可通过试验
确定。

表 5.2.1-1　干硬性混凝土的用水量（kg/m³）

拌合物稠度		卵石最大公称粒径（mm）			碎石最大公称粒径（mm）		
项目	指标	10.0	20.0	40.0	16.0	20.0	40.0
维勃稠度 (s)	16~20	175	160	145	180	170	155
	11~15	180	165	150	185	175	160
	5~10	185	170	155	190	180	165

表 5.2.1-2　塑性混凝土的用水量（kg/m³）

拌合物稠度		卵石最大公称粒径(mm)				碎石最大公称粒径(mm)			
项目	指标	10.0	20.0	31.5	40.0	16.0	20.0	31.5	40.0
坍落度 (mm)	10~30	190	170	160	150	200	185	175	165
	35~50	200	180	170	160	210	195	185	175
	55~70	210	190	180	170	220	205	195	185
	75~90	215	195	185	175	230	215	205	195

注：1　本表用水量系采用中砂时的取值。采用细砂时，每立方米混凝土用水
量可增加5kg~10kg；采用粗砂时，可减少5kg~10kg；
　　2　掺用矿物掺合料和外加剂时，用水量应相应调整。

5.2.2　掺外加剂时，每立方米流动性或大流动性混
凝土的用水量（m_{w0}）可按下式计算：

$$m_{w0} = m'_{w0}(1-\beta) \qquad (5.2.2)$$

式中：m_{w0}——计算配合比每立方米混凝土的用水量
（kg/m³）；

m'_{w0}——未掺外加剂时推定的满足实际坍落度
要求的每立方米混凝土用水量（kg/
m³），以本规程表5.2.1-2中90mm坍
落度的用水量为基础，按每增大
20mm坍落度相应增加5kg/m³用水量
来计算，当坍落度增大到180mm以上
时，随坍落度相应增加的用水量可
减少。

β——外加剂的减水率（%），应经混凝土试
验确定。

5.2.3　每立方米混凝土中外加剂用量（m_{a0}）应按下
式计算：

$$m_{a0} = m_{b0}\beta_a \qquad (5.2.3)$$

式中：m_{a0}——计算配合比每立方米混凝土中外加剂用
量（kg/m³）；

m_{b0}——计算配合比每立方米混凝土中胶凝材料用
量（kg/m³），计算应符合本规程第
5.3.1条的规定；

β_a——外加剂掺量（%），应经混凝土试验
确定。

5.3　胶凝材料、矿物掺合料和水泥用量

5.3.1　每立方米混凝土的胶凝材料用量（m_{b0}）应按
式（5.3.1）计算，并应进行试拌调整，在拌合物性
能满足的情况下，取经济合理的胶凝材料用量。

$$m_{b0} = \frac{m_{w0}}{W/B} \qquad (5.3.1)$$

式中：m_{b0}——计算配合比每立方米混凝土中胶凝材
料用量（kg/m³）；

m_{w0}——计算配合比每立方米混凝土的用水量
（kg/m³）；

W/B——混凝土水胶比。

5.3.2 每立方米混凝土的矿物掺合料用量（m_{f0}）应按下式计算：

$$m_{f0} = m_{b0}\beta_f \tag{5.3.2}$$

式中：m_{f0}——计算配合比每立方米混凝土中矿物掺合料用量（kg/m³）；

β_f——矿物掺合料掺量（%），可结合本规程第3.0.5条和第5.1.1条的规定确定。

5.3.3 每立方米混凝土的水泥用量（m_{c0}）应按下式计算：

$$m_{c0} = m_{b0} - m_{f0} \tag{5.3.3}$$

式中：m_{c0}——计算配合比每立方米混凝土中水泥用量（kg/m³）。

5.4 砂 率

5.4.1 砂率（β_s）应根据骨料的技术指标、混凝土拌合物性能和施工要求，参考既有历史资料确定。

5.4.2 当缺乏砂率的历史资料时，混凝土砂率的确定应符合下列规定：

　1 坍落度小于10mm的混凝土，其砂率应经试验确定；

　2 坍落度为10mm～60mm的混凝土，其砂率可根据粗骨料品种、最大公称粒径及水胶比按表5.4.2选取；

　3 坍落度大于60mm的混凝土，其砂率可经试验确定，也可在表5.4.2的基础上，按坍落度每增大20mm、砂率增大1%的幅度予以调整。

表5.4.2 混凝土的砂率（%）

水胶比	卵石最大公称粒径(mm)			碎石最大公称粒径(mm)		
	10.0	20.0	40.0	16.0	20.0	40.0
0.40	26～32	25～31	24～30	30～35	29～34	27～32
0.50	30～35	29～34	28～33	33～38	32～37	30～35
0.60	33～38	32～37	31～36	36～41	35～40	33～38
0.70	36～41	35～40	34～39	39～44	38～43	36～41

注：1 本表数值系中砂的选用砂率，对细砂或粗砂，可相应地减少或增大砂率；

　　2 采用人工砂配制混凝土时，砂率可适当增大；

　　3 只用一个单粒级粗骨料配制混凝土时，砂率应适当增大。

5.5 粗、细骨料用量

5.5.1 当采用质量法计算混凝土配合比时，粗、细骨料用量应按式（5.5.1-1）计算；砂率应按式（5.5.1-2）计算。

$$m_{f0} + m_{c0} + m_{g0} + m_{s0} + m_{w0} = m_{cp} \tag{5.5.1-1}$$

$$\beta_s = \frac{m_{s0}}{m_{g0} + m_{s0}} \times 100\% \tag{5.5.1-2}$$

式中：m_{g0}——计算配合比每立方米混凝土的粗骨料用

量（kg/m³）；

m_{s0}——计算配合比每立方米混凝土的细骨料用量（kg/m³）；

β_s——砂率（%）；

m_{cp}——每立方米混凝土拌合物的假定质量（kg），可取2350kg/m³～2450kg/m³。

5.5.2 当采用体积法计算混凝土配合比时，砂率应按公式（5.5.1-2）计算，粗、细骨料用量应按公式（5.5.2）计算。

$$\frac{m_{c0}}{\rho_c} + \frac{m_{f0}}{\rho_f} + \frac{m_{g0}}{\rho_g} + \frac{m_{s0}}{\rho_s} + \frac{m_{w0}}{\rho_w} + 0.01\alpha = 1 \tag{5.5.2}$$

式中：ρ_c——水泥密度（kg/m³），可按现行国家标准《水泥密度测定方法》GB/T 208测定，也可取2900kg/m³～3100kg/m³；

ρ_f——矿物掺合料密度（kg/m³），可按现行国家标准《水泥密度测定方法》GB/T 208测定；

ρ_g——粗骨料的表观密度（kg/m³），应按现行行业标准《普通混凝土用砂、石质量及检验方法标准》JGJ 52测定；

ρ_s——细骨料的表观密度（kg/m³），应按现行行业标准《普通混凝土用砂、石质量及检验方法标准》JGJ 52测定；

ρ_w——水的密度（kg/m³），可取1000kg/m³；

α——混凝土的含气量百分数，在不使用引气剂或引气型外加剂时，α可取1。

6 混凝土配合比的试配、调整与确定

6.1 试 配

6.1.1 混凝土试配应采用强制式搅拌机进行搅拌，并应符合现行行业标准《混凝土试验用搅拌机》JG 244的规定，搅拌方法宜与施工采用的方法相同。

6.1.2 试验室成型条件应符合现行国家标准《普通混凝土拌合物性能试验方法标准》GB/T 50080的规定。

6.1.3 每盘混凝土试配的最小搅拌量应符合表6.1.3的规定，并不应小于搅拌机公称容量的1/4且不应大于搅拌机公称容量。

表6.1.3 混凝土试配的最小搅拌量

粗骨料最大公称粒径(mm)	拌合物数量(L)
≤31.5	20
40.0	25

6.1.4 在计算配合比的基础上应进行试拌。计算水胶比宜保持不变，并应通过调整配合比其他参数使混

凝土拌合物性能符合设计和施工要求，然后修正计算配合比，提出试拌配合比。

6.1.5 在试拌配合比的基础上应进行混凝土强度试验，并应符合下列规定：

1 应采用三个不同的配合比，其中一个应为本规程第6.1.4条确定的试拌配合比，另外两个配合比的水胶比宜较试拌配合比分别增加和减少0.05，用水量应与试拌配合比相同，砂率可分别增加和减少1%；

2 进行混凝土强度试验时，拌合物性能应符合设计和施工要求；

3 进行混凝土强度试验时，每个配合比应至少制作一组试件，并应标准养护到28d或设计规定龄期时试压。

6.2 配合比的调整与确定

6.2.1 配合比调整应符合下列规定：

1 根据本规程第6.1.5条混凝土强度试验结果，宜绘制强度和胶水比的线性关系图或插值法确定略大于配制强度对应的胶水比；

2 在试拌配合比的基础上，用水量（m_w）和外加剂用量（m_a）应根据确定的水胶比作调整；

3 胶凝材料用量（m_b）应以用水量乘以确定的胶水比计算得出；

4 粗骨料和细骨料用量（m_g和m_s）应根据用水量和胶凝材料用量进行调整。

6.2.2 混凝土拌合物表观密度和配合比校正系数的计算应符合下列规定：

1 配合比调整后的混凝土拌合物的表观密度应按下式计算：

$$\rho_{c,c} = m_c + m_f + m_g + m_s + m_w \qquad (6.2.2\text{-}1)$$

式中：$\rho_{c,c}$——混凝土拌合物的表观密度计算值（kg/m³）；

m_c——每立方米混凝土的水泥用量（kg/m³）；

m_f——每立方米混凝土的矿物掺合料用量（kg/m³）；

m_g——每立方米混凝土的粗骨料用量（kg/m³）；

m_s——每立方米混凝土的细骨料用量（kg/m³）；

m_w——每立方米混凝土的用量（kg/m³）。

2 混凝土配合比校正系数应按下式计算：

$$\delta = \frac{\rho_{c,t}}{\rho_{c,c}} \qquad (6.2.2\text{-}2)$$

式中：δ——混凝土配合比校正系数；

$\rho_{c,t}$——混凝土拌合物的表观密度实测值（kg/m³）。

6.2.3 当混凝土拌合物表观密度实测值与计算值之差的绝对值不超过计算值的2%时，按本规程第

6.2.1条调整的配合比可维持不变；当二者之差超过2%时，应将配合比中每项材料用量均乘以校正系数（δ）。

6.2.4 配合比调整后，应测定拌合物水溶性氯离子含量，试验结果应符合本规程表3.0.6的规定。

6.2.5 对耐久性有设计要求的混凝土应进行相关耐久性试验验证。

6.2.6 生产单位可根据常用材料设计出常用的混凝土配合比备用，并应在启用过程中予以验证或调整。遇有下列情况之一时，应重新进行配合比设计：

1 对混凝土性能有特殊要求时；

2 水泥、外加剂或矿物掺合料等原材料品种、质量有显著变化时。

7 有特殊要求的混凝土

7.1 抗渗混凝土

7.1.1 抗渗混凝土的原材料应符合下列规定：

1 水泥宜采用普通硅酸盐水泥；

2 粗骨料宜采用连续级配，其最大公称粒径不宜大于40.0mm，含泥量不得大于1.0%，泥块含量不得大于0.5%；

3 细骨料宜采用中砂，含泥量不得大于3.0%，泥块含量不得大于1.0%；

4 抗渗混凝土宜掺用外加剂和矿物掺合料，粉煤灰等级应为Ⅰ级或Ⅱ级。

7.1.2 抗渗混凝土配合比应符合下列规定：

1 最大水胶比应符合表7.1.2的规定；

2 每立方米混凝土中的胶凝材料用量不宜小于320kg；

3 砂率宜为35%～45%。

表7.1.2 抗渗混凝土最大水胶比

设计抗渗等级	最大水胶比	
	C20～C30	C30以上
P6	0.60	0.55
P8～P12	0.55	0.50
>P12	0.50	0.45

7.1.3 配合比设计中混凝土抗渗技术要求应符合下列规定：

1 配制抗渗混凝土要求的抗渗水压值应比设计值提高0.2MPa；

2 抗渗试验结果应满足下式要求：

$$P_t \geqslant \frac{P}{10} + 0.2 \qquad (7.1.3)$$

式中：P_t——6 个试件中不少于 4 个未出现渗水时的最大水压值（MPa）；

P——设计要求的抗渗等级值。

7.1.4 掺用引气剂或引气型外加剂的抗渗混凝土，应进行含气量试验，含气量宜控制在 3.0%～5.0%。

7.2 抗冻混凝土

7.2.1 抗冻混凝土的原材料应符合下列规定：

1 水泥应采用硅酸盐水泥或普通硅酸盐水泥；

2 粗骨料宜选用连续级配，其含泥量不得大于 1.0%，泥块含量不得大于 0.5%；

3 细骨料含泥量不得大于 3.0%，泥块含量不得大于 1.0%；

4 粗、细骨料均应进行坚固性试验，并应符合现行行业标准《普通混凝土用砂、石质量及检验方法标准》JGJ 52 的规定；

5 抗冻等级不小于 F100 的抗冻混凝土宜掺用引气剂；

6 在钢筋混凝土和预应力混凝土中不得掺用含有氯盐的防冻剂；在预应力混凝土中不得掺用含有亚硝酸盐或碳酸盐的防冻剂。

7.2.2 抗冻混凝土配合比应符合下列规定：

1 最大水胶比和最小胶凝材料用量应符合表 7.2.2-1 的规定；

2 复合矿物掺合料掺量宜符合表 7.2.2-2 的规定；其他矿物掺合料掺量宜符合本规程表 3.0.5-1 的规定；

3 掺用引气剂的混凝土最小含气量应符合本规程第 3.0.7 条的规定。

表 7.2.2-1　最大水胶比和最小胶凝材料用量

设计抗冻等级	最大水胶比		最小胶凝材料用量（kg/m³）
	无引气剂时	掺引气剂时	
F50	0.55	0.60	300
F100	0.50	0.55	320
不低于 F150	—	0.50	350

表 7.2.2-2　复合矿物掺合料最大掺量

水胶比	最大掺量（%）	
	采用硅酸盐水泥时	采用普通硅酸盐水泥时
≤0.40	60	50
>0.40	50	40

注：1 采用其他通用硅酸盐水泥时，可将水泥混合材掺量 20% 以上的混合材计入矿物掺合料；

2 复合矿物掺合料中各矿物掺合料组分的掺量不宜超过表 3.0.5-1 中单掺时的限量。

7.3 高强混凝土

7.3.1 高强混凝土的原材料应符合下列规定：

1 水泥应选用硅酸盐水泥或普通硅酸盐水泥；

2 粗骨料宜采用连续级配，其最大公称粒径不宜大于 25.0mm，针片状颗粒含量不宜大于 5.0%，含泥量不应大于 0.5%，泥块含量不应大于 0.2%；

3 细骨料的细度模数宜为 2.6～3.0，含泥量不应大于 2.0%，泥块含量不应大于 0.5%；

4 宜采用减水率不小于 25% 的高性能减水剂；

5 宜复合掺用粒化高炉矿渣粉、粉煤灰和硅灰等矿物掺合料；粉煤灰等级不应低于 Ⅱ 级；对强度等级不低于 C80 的高强混凝土宜掺用硅灰。

7.3.2 高强混凝土配合比应经试验确定，在缺乏试验依据的情况下，配合比设计宜符合下列规定：

1 水胶比、胶凝材料用量和砂率可按表 7.3.2 选取，并应经试配确定；

表 7.3.2　水胶比、胶凝材料用量和砂率

强度等级	水胶比	胶凝材料用量（kg/m³）	砂率（%）
≥C60，<C80	0.28～0.34	480～560	
≥C80，<C100	0.26～0.28	520～580	35～42
C100	0.24～0.26	550～600	

2 外加剂和矿物掺合料的品种、掺量，应通过试配确定；矿物掺合料掺量宜为 25%～40%；硅灰掺量不宜大于 10%；

3 水泥用量不宜大于 500kg/m³。

7.3.3 在试配过程中，应采用三个不同的配合比进行混凝土强度试验，其中一个可为依据表 7.3.2 计算后调整拌合物的试拌配合比，另外两个配合比的水胶比，宜较试拌配合比分别增加和减少 0.02。

7.3.4 高强混凝土设计配合比确定后，尚应采用该配合比进行不少于三盘混凝土的重复试验，每盘混凝土应至少成型一组试件，每组混凝土的抗压强度不应低于配制强度。

7.3.5 高强混凝土抗压强度测定宜采用标准尺寸试件，使用非标准尺寸试件时，尺寸折算系数应经试验确定。

7.4 泵送混凝土

7.4.1 泵送混凝土所采用的原材料应符合下列规定：

1 水泥宜选用硅酸盐水泥、普通硅酸盐水泥、矿渣硅酸盐水泥和粉煤灰硅酸盐水泥；

2 粗骨料宜采用连续级配，其针片状颗粒含量不宜大于 10%；粗骨料的最大公称粒径与输送管径之比宜符合表 7.4.1 的规定；

表 7.4.1 粗骨料的最大公称粒径与输送管径之比

粗骨料品种	泵送高度 (m)	粗骨料最大公称粒径 与输送管径之比
碎石	＜50	≤1∶3.0
	50～100	≤1∶4.0
	＞100	≤1∶5.0
卵石	＜50	≤1∶2.5
	50～100	≤1∶3.0
	＞100	≤1∶4.0

　　3　细骨料宜采用中砂，其通过公称直径为 $315\mu m$ 筛孔的颗粒含量不宜少于 15%；

　　4　泵送混凝土应掺用泵送剂或减水剂，并宜掺用矿物掺合料。

7.4.2　泵送混凝土配合比应符合下列规定：

　　1　胶凝材料用量不宜小于 $300kg/m^3$；

　　2　砂率宜为 35%～45%。

7.4.3　泵送混凝土试配时应考虑坍落度经时损失。

7.5　大体积混凝土

7.5.1　大体积混凝土所用的原材料应符合下列规定：

　　1　水泥宜采用中、低热硅酸盐水泥或低热矿渣硅酸盐水泥，水泥的 3d 和 7d 水化热应符合现行国家标准《中热硅酸盐水泥　低热硅酸盐水泥　低热矿渣硅酸盐水泥》GB 200 规定。当采用硅酸盐水泥或普通硅酸盐水泥时，应掺加矿物掺合料，胶凝材料的 3d 和 7d 水化热分别不宜大于 240kJ/kg 和 270kJ/kg。水化热试验方法应按现行国家标准《水泥水化热测定方法》GB/T 12959 执行。

　　2　粗骨料宜为连续级配，最大公称粒径不宜小于 31.5mm，含泥量不应大于 1.0%。

　　3　细骨料宜采用中砂，含泥量不应大于 3.0%。

　　4　宜掺用矿物掺合料和缓凝型减水剂。

7.5.2　当采用混凝土 60d 或 90d 龄期的设计强度时，宜采用标准尺寸试件进行抗压强度试验。

7.5.3　大体积混凝土配合比应符合下列规定：

　　1　水胶比不宜大于 0.55，用水量不宜大于 $175kg/m^3$；

　　2　在保证混凝土性能要求的前提下，宜提高每立方米混凝土中的粗骨料用量；砂率宜为 38%～42%；

　　3　在保证混凝土性能要求的前提下，应减少胶凝材料中的水泥用量，提高矿物掺合料掺量，矿物掺合料掺量应符合本规程第 3.0.5 条的规定。

7.5.4　在配合比试配和调整时，控制混凝土绝热温升不宜大于 50℃。

7.5.5　大体积混凝土配合比应满足施工对混凝土凝结时间的要求。

本规程用词说明

　　1　为便于在执行本规程条文时区别对待，对要求严格程度不同的用词说明如下：

　　　1）　表示很严格，非这样做不可的：
　　　　正面词采用"必须"，反面词采用"严禁"；

　　　2）　表示严格，在正常情况下均应这样做的：
　　　　正面词采用"应"，反面词采用"不应"或"不得"；

　　　3）　表示允许稍有选择，在条件许可时首先应这样做的：
　　　　正面词采用"宜"，反面词采用"不宜"；

　　　4）　表示有选择，在一定条件下可以这样做的，采用"可"。

　　2　条文中指明应按其他有关标准执行的写法为："应符合……的规定"或"应按……执行"。

引用标准名录

　　1　《混凝土结构设计规范》GB 50010

　　2　《普通混凝土拌合物性能试验方法标准》GB/T 50080

　　3　《普通混凝土力学性能试验方法标准》GB/T 50081

　　4　《普通混凝土长期性能和耐久性能试验方法标准》GB/T 50082

　　5　《中热硅酸盐水泥　低热硅酸盐水泥　低热矿渣硅酸盐水泥》GB 200

　　6　《水泥密度测定方法》GB/T 208

　　7　《水泥水化热测定方法》GB/T 12959

　　8　《水泥胶砂强度检验方法（ISO 法）》GB/T 17671

　　9　《普通混凝土用砂、石质量及检验方法标准》JGJ 52

　　10　《混凝土试验用搅拌机》JG 244

　　11　《水运工程混凝土试验规程》JTJ 270

中华人民共和国行业标准

普通混凝土配合比设计规程

JGJ 55—2011

条 文 说 明

修 订 说 明

《普通混凝土配合比设计规程》JGJ 55 - 2011，经住房和城乡建设部 2011 年 4 月 22 日以第 991 号公告批准、发布。

本规程是在《普通混凝土配合比设计规程》JGJ 55 - 2000 的基础上修订而成。上一版的主编单位为中国建筑科学研究院，参编单位有：北京建工集团有限责任公司、北京城建集团有限责任公司混凝土公司、沈阳北方建设集团、上海徐汇区建工质量监督站、上海建工材料工程有限公司、山西四建集团有限公司、中建三局建筑技术研究设计院、北京住总构件厂、深圳安托山混凝土有限公司、中国建筑材料科学研究院、广东省建筑科学研究院、四川省建筑科学研究院和陕西省建筑科学研究设计院。主要起草人有：韩素芳、许鹤力、艾永祥、路来军、张秀芳、徐欣、丁整伟、陈尧亮、佘振阳、魏荣华、韩秉刚、朱艾路、杨晓梅、陈社生、李玮、刘树财、白显明。

本规程修订的主要技术内容是：1. 与 2000 年以后颁布的相关标准规范进行了协调；2. 增加并突出了混凝土耐久性的规定；3. 修订了普通混凝土试配强度的计算公式和强度标准差；4. 修订了混凝土水胶比计算公式中的胶砂强度取值以及回归系数 α_a 和 α_b；5. 增加了高强混凝土试配强度的计算公式；6. 增加了高强混凝土水胶比、胶凝材料用量和砂率推荐表。

本规程修订过程中，编制组进行了广泛而深入的调查研究，总结了我国工程建设中普通混凝土配合比设计的实践经验，同时参考了国外先进技术法规、技术标准，通过试验取得了普通混凝土配合比设计的重要技术参数。

为便于广大设计、生产、施工、科研、学校等单位有关人员在使用本规程时能正确理解和执行条文规定，《普通混凝土配合比设计规程》编制组按章、节、条顺序编制了本规程的条文说明，供使用者参考。但是，本条文说明不具备与规程正文同等的法律效力，仅供使用者作为理解和把握规程规定的参考。

目　次

1 总　则

1.0.1 混凝土配合比是生产、施工的关键环节之一，对于保证混凝土工程质量和节约资源具有重要意义。

1.0.2 普通混凝土配合比设计的适用范围非常广泛，除一些专业工程以及特殊构筑物的混凝土外，一般混凝土工程都可以采用。

1.0.3 与本规程有关的、难以详尽的技术要求，应符合国家现行有关标准的规定。

2　术语和符号

2.1　术　语

2.1.1 目前我国普通混凝土的定义是按干表观密度范围确定的，即干表观密度为 2000kg/m³～2800kg/m³ 的抗渗混凝土、抗冻混凝土、高强混凝土、泵送混凝土和大体积混凝土等均属于普通混凝土范畴。在建工行业，普通混凝土简称混凝土，是指水泥混凝土。

2.1.2 用维勃稠度（s）可以合理表示坍落度很小甚至为零的混凝土拌合物稠度，维勃稠度等级划分应符合表 1 的规定。

表 1　混凝土拌合物的维勃稠度等级划分

等　级	维勃时间（s）
V0	≥31
V1	30～21
V2	20～11
V3	10～6
V4	5～3

2.1.3～2.1.5 用坍落度可以合理表示塑性或流动性混凝土拌合物稠度，坍落度等级划分应符合表 2 的规定。

表 2　混凝土拌合物的坍落度等级划分

等　级	坍落度(mm)
S1	10～40
S2	50～90
S3	100～150
S4	160～210
S5	≥220

2.1.6 本条特指设计提出抗渗要求的混凝土，抗渗等级不低于 P6。

2.1.7 本条特指设计提出抗冻要求的混凝土，F50 是混凝土抗冻性能划分的最低抗冻等级。

2.1.8 本条定义已被混凝土工程界普遍接受，正在编制的高强混凝土应用技术规程中高强混凝土定义与本条相同。

2.1.9 泵送混凝土包括流动性混凝土和大流动性混凝土，泵送时坍落度不小于 100mm，应用极为广泛。

2.1.10 大体积混凝土也可以定义为：混凝土结构物实体最小几何尺寸不小于 1m 的大体量混凝土，或预计会因混凝土中胶凝材料水化引起的温度变化和收缩而导致有害裂缝产生的混凝土。

2.1.11、2.1.12 胶凝材料、胶凝材料用量的术语和定义在混凝土工程技术领域已被普遍接受。

2.1.13 随着混凝土矿物掺合料的广泛应用，国内外已经普遍采用水胶比取代水灰比。

2.1.14、2.1.15 本规程中，掺量含义是相对质量百分比，用量含义是绝对质量。

3　基　本　规　定

3.0.1 混凝土配合比设计不仅仅应满足配制强度要求，还应满足施工性能、其他力学性能、长期性能和耐久性能的要求。强调混凝土配合比设计应满足耐久性能要求，这是本次修订的重点之一。

3.0.2 基于我国骨料的实际情况和技术条件，我国长期以来一直在建设工程中采用以干燥状态骨料为基准的混凝土配合比设计，具有可操作性，应用情况良好。

3.0.3 控制最大水胶比是保证混凝土耐久性能的重要手段，而水胶比又是混凝土配合比设计的首要参数。现行国家标准《混凝土结构设计规范》GB 50010 对不同环境条件的混凝土最大水胶比作了规定。

3.0.4 在控制最大水胶比的条件下，表 3.0.4 中最小胶凝材料用量是满足混凝土施工性能和掺加矿物掺合料后满足混凝土耐久性能的胶凝材料用量下限。

3.0.5 规定矿物掺合料最大掺量主要是为了保证混凝土耐久性能。矿物掺合料在混凝土中的实际掺量是通过试验确定的，在本规程配合比调整和确定步骤中规定了耐久性试验验证，以确保满足工程设计提出的混凝土耐久性要求。当采用超出表 3.0.5-1 和表 3.0.5-2 给出的矿物掺合料最大掺量时，全盘否定不妥，通过对混凝土性能进行全面试验论证，证明结构混凝土安全性和耐久性可以满足设计要求后，还是能够采用的。

3.0.6 本规程按环境条件影响氯离子引起钢筋锈蚀的程度简明地分为四类，并规定了各类环境条件下的混凝土中氯离子最大含量。本规程采用测定混凝土拌合物中氯离子的方法，与测试硬化后混凝土中氯离子的方法相比，时间大大缩短，有利于配合比设计和控制。表 3.0.6 中的氯离子含量是相对混凝土中水泥用量的百分比，与控制氯离子相对混凝土中胶凝材料用量的百分比相比，偏于安全。

3.0.7 掺加适量引气剂有利于混凝土的耐久性，尤其对于有较高抗冻要求的混凝土，掺加引气剂可以明显提高混凝土的抗冻性能。引气剂掺量要适当，引气量太少作用不够，引气量太多混凝土强度损失较大。

3.0.8 将混凝土中碱含量控制在 3.0kg/m³ 以内，并掺加适量粉煤灰和粒化高炉矿渣粉等矿物掺合料，对预防混凝土碱-骨料反应具有重要意义。混凝土中碱含量是测定的混凝土各原材料碱含量计算之和，而实测的粉煤灰和粒化高炉矿渣粉等矿物掺合料碱含量并不是参与碱-骨料反应的有效碱含量，对于矿物掺合料中有效碱含量，粉煤灰碱含量取实测值的 1/6，粒化高炉矿渣粉碱含量取实测值的 1/2，已经被混凝土工程界采纳。

4 混凝土配制强度的确定

4.0.1 混凝土配制强度对生产施工的混凝土强度应具有充分的保证率。对于强度等级小于 C60 的混凝土，实践证明传统的计算公式是合理的，因此仍然沿用传统的计算公式；对于强度等级不小于 C60 的混凝土，传统的计算公式已经不能满足要求，修订后采用公式（4.0.1-2），这个公式早已经在现行行业标准《公路桥涵施工技术规范》JTJ 041 中体现，在公路桥涵和建筑工程等实际工程中得到检验。

4.0.2 根据实际生产技术水平和大量调研，适当调高了按公式（4.0.2）计算的强度标准差取值，并给出表 4.0.2 的强度标准差取值，这些取值与目前实际控制水平的标准差比较，是偏于安全的，也与国际上提高安全性的总体趋势是一致的。

5 混凝土配合比计算

5.1 水 胶 比

5.1.1～5.1.4 为了使混凝土水胶比计算公式更符合实际情况以及普遍掺加粉煤灰和粒化高炉矿渣粉等矿物掺合料的技术发展情况，在试验验证的基础上，对 0.30～0.68 水胶比范围，采用掺加矿物掺合料的胶凝材料胶砂强度和相应的混凝土强度进行回归分析，调整了表 5.1.2 的回归系数，并经过试验验证，给出了表 5.1.3 粉煤灰影响系数 γ_f 和粒化高炉矿渣粉影响系数 γ_s。表 5.1.4 中水泥强度等级值的富余系数是在全国范围内调研的基础上给出的。

验证试验覆盖全国代表性的主要地区和城市，参加试验的单位有：中国建筑科学研究院、北京建工集团有限责任公司、中国建筑材料科学研究总院、建研建材有限公司、中建商品混凝土公司、重庆市建筑科学研究院、辽宁省建设科学研究院、

贵州中建建筑科研设计院有限公司、云南建工混凝土有限公司、上海嘉华混凝土有限公司、甘肃土木工程科学研究院、广东省建筑科学研究院、宁波金鑫商品混凝土有限公司、深圳市富通混凝土有限公司、天津港保税区航保商品砼供应有限公司、山西四建集团有限公司等。试验量多达上千组，试验结果规律性良好。

5.2 用水量和外加剂用量

5.2.1 表 5.2.1-1 和表 5.2.1-2 是未掺加外加剂的干硬性和塑性混凝土的用水量，经多年应用，证明基本符合实际。干硬性和塑性混凝土也可以掺加外加剂，掺加外加剂后的用水量可在表 5.2.1-1 和表 5.2.1-2 的基础通过试验进行调整。

5.2.2 本节中的外加剂特指具有减水功能的外加剂。

5.2.3 本条具有指导性作用，尤其对于缺乏经验和试验资料者更为重要。在实际工作中，有经验的专业技术人员通常将满足混凝土性能和节约成本作为目标，结合经验并经试验来确定流动性或大流动性混凝土的外加剂用量和用水量。

5.3 胶凝材料、矿物掺合料和水泥用量

5.3.1 对于同一强度等级混凝土，矿物掺合料掺量增加会使水胶比相应减小，如果取用水量不变，按公式（5.3.1）计算的胶凝材料用量也会增加，并可能不是最节约的胶凝材料用量，因此，公式（5.3.1）计算结果仅为初算的胶凝材料用量，实际采用的胶凝材料用量应按本规程第 6.1.4 条调整，经过试拌选取一个满足拌合物性能要求的、较节约的胶凝材料用量。

5.3.2、5.3.3 计算矿物掺合料用量所采用的矿物掺合料掺量是在计算水胶比过程中选用不同掺量经过比较后确定的。计算得出的胶凝材料、矿物掺合料和水泥的用量还要在试配过程中调整验证。

5.4 砂 率

5.4.1、5.4.2 本节对砂率的取值具有指导性，经实际应用，证明基本符合实际。在实际工作中，也可以根据经验和历史资料初选砂率。砂率对混凝土拌合物性能影响较大，可调整范围略宽，也关系到材料成本，因此，按本节选取的砂率仅是初步的，需要在试配过程中调整后确定合理的砂率。

5.5 粗、细骨料用量

5.5.1、5.5.2 在实际工程中，混凝土配合比设计通常采用质量法。混凝土配合比设计也允许采用体积法，可视具体技术需要选用。与质量法比较，体积法需要测定水泥和矿物掺合料的密度以及骨料的表观密度等，对技术条件要求略高。

6 混凝土配合比的试配、调整与确定

6.1 试　配

6.1.1 本条提及的搅拌方法的内涵主要包括搅拌方式、投料方式和搅拌时间等。

6.1.2 本条规范了试配过程中试件成型的基本要求。

6.1.3 如果搅拌量太小，由于混凝土拌合物浆体粘锅因素影响和体量不足等原因，拌合物的代表性不足。

6.1.4 在试配过程中，首先是试拌，调整混凝土拌合物。在试拌调整过程中，在计算配合比的基础上，保持水胶比不变，尽量采用较少的胶凝材料用量，以节约胶凝材料为原则，通过调整外加剂用量和砂率，使混凝土拌合物坍落度及和易性等性能满足施工要求，提出试拌配合比。

6.1.5 调整好混凝土拌合物并形成试拌配合比后，即开始混凝土强度试验。无论是计算配合比还是试拌配合比，都不能保证混凝土配制强度是否满足要求，混凝土强度试验的目的是通过三个不同水胶比的配合比的比较，取得能够满足配制强度要求的、胶凝材料用量经济合理的配合比。由于混凝土强度试验是在混凝土拌合物调整适宜后进行，所以强度试验采用三个不同水胶比的配合比的混凝土拌合物性能应维持不变，即维持用水量不变，增加和减少胶凝材料用量，并相应减少和增加砂率，外加剂掺量也作减少和增加的微调。

在没有特殊规定的情况下，混凝土强度试件在28d龄期进行抗压试验；当规定采用60d或90d等其他龄期的设计强度时，混凝土强度试件在相应的龄期进行抗压试验。

6.2 配合比的调整与确定

6.2.1 通过绘制强度和胶水比关系图，或采用插值法，选用略大于配制强度的强度对应的胶水比作进一步配合比调整偏于安全。也可以直接采用前述3个水胶比混凝土强度试验中一个满足配制强度的胶水比作进一步配合比调整，虽然相对比较简明，但有时可能强度富余较多，经济代价高。

6.2.2、6.2.3 混凝土配合比是指每立方米混凝土中各种材料的用量。在配合比计算、混凝土试配和配合比调整过程中，每立方米混凝土的各种材料混成的混凝土可能不足或超过 $1m^3$，即通常所说的亏方或盈方，通过配合比校正，可使依据配合比计算的混凝土生产方量更为准确。

6.2.4 在确定设计配合比前，对混凝土氯离子含量进行试验验证是非常必要的。

6.2.5 在确定设计配合比前，应对设计规定的混凝土耐久性能进行试验验证，例如设计规定的抗水渗透、抗氯离子渗透、抗冻、抗碳化和抗硫酸盐侵蚀等耐久性能要求，以保证混凝土质量满足设计规定的性能要求。

6.2.6 备用的混凝土配合比在启用时，即便是条件类同，进行配合比验证试验是不可省略的。原材料质量显著变化是指诸如水泥胶砂强度、外加剂减水率和矿物掺合料细度等发生明显变化。

7 有特殊要求的混凝土

7.1 抗渗混凝土

7.1.1 原材料的选用和质量控制对抗渗混凝土非常重要。大量抗渗混凝土用于地下工程，为了提高抗渗性能和适合地下环境特点，掺加外加剂和矿物掺合料十分有利，也是普遍的做法。在以胶凝材料最小用量作为控制指标的情况下，采用普通硅酸盐水泥有利于提高混凝土耐久性能和进行质量控制。骨料粒径太大和含泥（包括泥块）较多都对混凝土抗渗性能不利。

7.1.2 采用较小的水胶比可提高混凝土的密实性，从而使其有较好的抗渗性，因此，控制最大水胶比是抗渗混凝土配合比设计的重要法则。另外，胶凝材料和细骨料用量太少也对混凝土抗渗性能不利。

7.1.3 抗渗混凝土的配制抗渗等级比设计值要求高，有利于确保实际工程混凝土抗渗性能满足设计要求。

7.1.4 在混凝土中掺用引气剂适量引气，有利于提高混凝土抗渗性能。

7.2 抗冻混凝土

7.2.1 采用硅酸盐水泥或普通硅酸盐水泥配制抗冻混凝土是一个基本做法，目前寒冷或严寒地区一般都这样做。骨料含泥（包括泥块）较多和骨料坚固性差都对混凝土抗冻性能不利。一些混凝土防冻剂中掺用氯盐，采用后会引起混凝土中钢筋锈蚀，导致严重的结构混凝土耐久性问题。现行国家标准《混凝土外加剂应用技术规范》GB 50119规定含亚硝酸盐或碳酸盐的防冻剂严禁用于预应力混凝土结构。

7.2.2 混凝土水胶比大则密实性差，对抗冻性能不利，因此要控制混凝土最大水胶比。在通常水胶比情况下，混凝土中掺入过量矿物掺合料也对混凝土抗冻性能不利。混凝土中掺用引气剂是提高混凝土抗冻性能的有效方法之一。

7.3 高强混凝土

7.3.1 原材料的选用和质量控制对高强混凝土非常重要。

1 在水泥方面，由于高强混凝土强度高，水胶比低，所以采用硅酸盐水泥或普通硅酸盐水泥无论是技术还是经济都比较合理：不仅胶砂强度较高，适合配制高强等级混凝土；而且水泥中混合材较少，可掺加较多的矿物掺合料来改善高强混凝土的施工性能。

2 在骨料方面，如果粗骨料粒径太大或（和）针片状颗粒含量较多，不利于混凝土中骨料合理堆积和应力合理分布，直接影响混凝土强度，也影响混凝土拌合物性能。细度模数为 2.6～3.0 的细骨料更适用于高强混凝土，使胶凝材料较多的高强混凝土中总体材料颗粒级配更加合理；骨料含泥（包括泥块）较多将明显降低高强混凝土强度。

3 在减水剂方面，目前采用具有高减水率的聚羧酸高性能减水剂配制高强混凝土相对较多，其主要优点是减水率高，可不低于 28%，混凝土拌合物保塑性较好，混凝土收缩较小；在矿物掺合料方面，采用复合掺用粒化高炉矿渣粉和粉煤灰配制高强混凝土比较普遍，对于强度等级不低于 C80 的高强混凝土，复合掺用粒化高炉矿渣粉、粉煤灰和硅灰比较合理，硅灰掺量一般为 3%～8%。

7.3.2 近年来，高强混凝土研究已经较多，工程应用也逐渐增多。根据国内外研究成果和工程应用的实践经验，推荐高强混凝土配合比参数范围对高强混凝土配合比设计具有指导意义。当经过充分试验验证，确认所设计的混凝土配合比满足拌合物性能、力学性能、长期性能和耐久性能要求时，可不受此条限制。

7.3.3 高强混凝土水胶比变化对强度影响比一般强度等级混凝土敏感，因此，在试配的强度试验中，三个不同配合比的水胶比间距为 0.02 比较合理。

7.3.4 因为高强混凝土强度稳定性和重要性受到高度重视，所以对高强混凝土配合比进行复验是必要的。

7.3.5 采用标准尺寸试件测定高强混凝土抗压强度最为合理。

7.4 泵送混凝土

7.4.1 硅酸盐水泥、普通硅酸盐水泥、矿渣硅酸盐水泥和粉煤灰硅酸盐水泥配制的混凝土的拌合物性能比较稳定，易于泵送。良好的骨料颗粒粒型和级配有利于配制泵送性能良好的混凝土。在混凝土中掺用泵送剂或减水剂以及粉煤灰，并调整其合适掺量，是配制泵送混凝土的基本方法。

7.4.2 如果胶凝材料用量太少，水胶比大则浆体太稀，黏度不足，混凝土容易离析，水胶比小则浆体不足，混凝土中骨料量相对过多，这些都不利于混凝土的泵送。泵送混凝土的砂率通常控制在 35%～45%。

7.4.3 泵送混凝土的坍落度经时损失值可以通过调整外加剂进行控制，通常坍落度经时损失控制在 30mm/h 以内比较好。

7.5 大体积混凝土

7.5.1 采用低水化热的胶凝材料，有利于限制大体积混凝土由于温度应力引起的裂缝。粗骨料粒径太小则限制混凝土变形作用较小。掺用缓凝型减水剂有利于缓解温升，起到温控作用。

7.5.2 由于采用低水化热的胶凝材料有利于限制大体积混凝土由于温度应力引起的裂缝，所以大体积混凝土的胶凝材料中往往掺用大量粉煤灰等矿物掺合料，使混凝土强度发展较慢，设计采用混凝土 60d 或 90d 龄期强度也是合理的。当标准养护时间和标准尺寸试件未能两全时，维持标准尺寸试件比较合理。

7.5.3 水胶比大，用水量多对限制裂缝不利。混凝土中粗骨料较多有利于限制胶凝材料硬化体的变形作用。因为水泥水化热相对较高，所以大体积混凝土中往往掺用大量粉煤灰，减少胶凝材料中的水泥用量，以达到降低水化热的目的。

7.5.4 可在配合比试配和调整时通过混凝土绝热温升测试设备测定混凝土的绝热温升，或通过计算求出混凝土的绝热温升，从而在配合比设计过程中控制混凝土绝热温升。

7.5.5 延迟混凝土的凝结时间对大体积混凝土施工操作和温度控制有利，大体积混凝土配合比设计应重视混凝土的凝结时间。

中华人民共和国行业标准

砌筑砂浆配合比设计规程

Specification for mix proportion
design of masonry mortar

JGJ/T 98—2010

批准部门：中华人民共和国住房和城乡建设部
施行日期：２０１１年８月１日

中华人民共和国住房和城乡建设部
公　告

第 798 号

关于发布行业标准
《砌筑砂浆配合比设计规程》的公告

现批准《砌筑砂浆配合比设计规程》为行业标准，编号为 JGJ/T 98 - 2010，自 2011 年 8 月 1 日起实施。原《砌筑砂浆配合比设计规程》JGJ 98 - 2000 同时废止。

本规程由我部标准定额研究所组织中国建筑工业

出版社出版发行。

中华人民共和国住房和城乡建设部

2010 年 11 月 4 日

前　言

根据住房和城乡建设部《关于印发〈2008 年工程建设标准规范制订、修订计划（第一批）〉的通知》（建标［2008］102 号）的要求，规程编制组经广泛调查研究，认真总结实践经验，参考有关国际标准和国外先进标准，并在广泛征求意见的基础上，修订本规程。

本规程的主要技术内容是：1. 总则；2. 术语；3. 材料要求；4. 技术条件；5. 砌筑砂浆配合比的确定与要求。

修订的主要技术内容是：1. 增加了粉煤灰水泥砂浆和预拌砌筑砂浆配合比设计的内容；2. 根据新型墙体材料性能，对砌筑砂浆施工稠度进行了调整；3. 在砂浆强度等级上去掉了 M2.5，增加了 M25 和 M30 两个等级；4. 取消了分层度指标，增加了砂浆保水率的要求；5. 根据不同气候区提出了砌筑砂浆抗冻性要求；6. 增加了根据砂浆表观密度实测值及理论值校正砂浆配合比的步骤；7. 将砂浆试配强度计算公式修改为 $f_{m,0} = kf_2$。

本规程由住房和城乡建设部负责管理，由陕西省建筑科学研究院负责具体技术内容的解释。执行过程中如有意见或建议，请寄送陕西省建筑科学研究院（地址：陕西省西安市环城西路北段 272 号，邮政编码：710082）。

本规程主编单位： 陕西省建筑科学研究院
　　　　　　　　　　浙江八达建设集团有限公司

本规程参编单位： 中国建筑科学研究院
　　　　　　　　　　福建省建筑科学研究院
　　　　　　　　　　上海市建筑科学研究院（集团）有限公司
　　　　　　　　　　陕西省第三建筑工程公司
　　　　　　　　　　山东省建筑科学研究院
　　　　　　　　　　浙江中技建设工程检测有限公司
　　　　　　　　　　嘉兴市春秋建设工程检测中心有限责任公司
　　　　　　　　　　浙江嘉善县建筑工程质量监督站
　　　　　　　　　　西安市建设工程质量安全监督站
　　　　　　　　　　西安天洋建材企业集团

本规程主要起草人员： 李　荣　孙占利　张秀芳
　　　　　　　　　　　　赵立群　刘军选　徐鹏如
　　　　　　　　　　　　王文奎　何希铨　金万春
　　　　　　　　　　　　王转英　袁永福　钱建武
　　　　　　　　　　　　张雪琴　薛天牢　金裕民
　　　　　　　　　　　　徐　建　黄春文　毛国强
　　　　　　　　　　　　何富林　陈　华　沈文忠

本规程主要审查人员： 王福川　张昌叙　张玉忠
　　　　　　　　　　　　黄可明　张德思　陈栓发
　　　　　　　　　　　　李海波　施钟毅　王巧莉

目　次

Contents

1 总 则

1.0.1 为统一砌筑砂浆的技术条件和配合比设计方法，满足设计和施工要求，保证砌筑砂浆质量，做到技术先进、经济合理，制定本规程。

1.0.2 本规程适用于工业与民用建筑及一般构筑物中所采用的砌筑砂浆的配合比设计。

1.0.3 砌筑砂浆配合比设计应根据原材料的性能、砂浆技术要求、块体种类及施工条件进行计算或查表选择，并应经试配、调整后确定。

1.0.4 砌筑砂浆配合比设计除应符合本规程外，尚应符合国家现行有关标准的规定。

2 术 语

2.0.1 砌筑砂浆 masonry mortar

将砖、石、砌块等块材经砌筑成为砌体，起粘结、衬垫和传力作用的砂浆。

2.0.2 现场配制砂浆 masonry mortar site mixing

由水泥、细骨料和水，以及根据需要加入的石灰、活性掺合料或外加剂在现场配制成的砂浆，分为水泥砂浆和水泥混合砂浆。

2.0.3 预拌砂浆 ready-mixed mortar

专业生产厂生产的湿拌砂浆或干混砂浆。

2.0.4 保水增稠材料 water-retentive and plastic material

改善砂浆可操作性及保水性能的非石灰类材料。

3 材 料 要 求

3.0.1 砌筑砂浆所用原材料不应对人体、生物与环境造成有害的影响，并应符合现行国家标准《建筑材料放射性核素限量》GB 6566 的规定。

3.0.2 水泥宜采用通用硅酸盐水泥或砌筑水泥，且应符合现行国家标准《通用硅酸盐水泥》GB 175 和《砌筑水泥》GB/T 3183 的规定。水泥强度等级应根据砂浆品种及强度等级的要求进行选择。M15 及以下强度等级的砌筑砂浆宜选用 32.5 级的通用硅酸盐水泥或砌筑水泥；M15 以上强度等级的砌筑砂浆宜选用 42.5 级通用硅酸盐水泥。

3.0.3 砂宜选用中砂，并应符合现行行业标准《普通混凝土用砂、石质量及检验方法标准》JGJ 52 的规定，且应全部通过 4.75mm 的筛孔。

3.0.4 砌筑砂浆用石灰膏、电石膏应符合下列规定：

1 生石灰熟化成石灰膏时，应用孔径不大于 3mm×3mm 的网过滤，熟化时间不得少于 7d；磨细生石灰粉的熟化时间不得少于 2d。沉淀池中储存的石灰膏，应采取防止干燥、冻结和污染的措施。严禁使用脱水硬化的石灰膏。

2 制作电石膏的电石渣应用孔径不大于 3mm×3mm 的网过滤，检验时应加热至 70℃后至少保持 20min，并应待乙炔挥发完后再使用。

3 消石灰粉不得直接用于砌筑砂浆中。

3.0.5 石灰膏、电石膏试配时的稠度，应为 120mm±5mm。

3.0.6 粉煤灰、粒化高炉矿渣粉、硅灰、天然沸石粉应分别符合国家现行标准《用于水泥和混凝土中的粉煤灰》GB/T 1596、《用于水泥和混凝土中的粒化高炉矿渣粉》GB/T 18046、《高强高性能混凝土用矿物外加剂》GB/T 18736 和《天然沸石粉在混凝土和砂浆中应用技术规程》JGJ/T 112 的规定。当采用其他品种矿物掺合料时，应有可靠的技术依据，并应在使用前进行试验验证。

3.0.7 采用保水增稠材料时，应在使用前进行试验验证，并应有完整的型式检验报告。

3.0.8 外加剂应符合国家现行有关标准的规定，引气型外加剂还应有完整的型式检验报告。

3.0.9 拌制砂浆用水应符合现行行业标准《混凝土用水标准》JGJ 63 的规定。

4 技 术 条 件

4.0.1 水泥砂浆及预拌砌筑砂浆的强度等级可分为M5、M7.5、M10、M15、M20、M25、M30；水泥混合砂浆的强度等级可分为 M5、M7.5、M10、M15。

4.0.2 砌筑砂浆拌合物的表观密度宜符合表 4.0.2 的规定。

表 4.0.2 砌筑砂浆拌合物的表观密度（kg/m³）

砂浆种类	表观密度
水泥砂浆	≥1900
水泥混合砂浆	≥1800
预拌砌筑砂浆	≥1800

4.0.3 砌筑砂浆的稠度、保水率、试配抗压强度应同时满足要求。

4.0.4 砌筑砂浆施工时的稠度宜按表 4.0.4 选用。

表 4.0.4 砌筑砂浆的施工稠度（mm）

砌体种类	施工稠度
烧结普通砖砌体、粉煤灰砖砌体	70～90
混凝土砖砌体、普通混凝土小型空心砌块砌体、灰砂砖砌体	50～70

续表 4.0.4

砌体种类	施工稠度
烧结多孔砖砌体、烧结空心砖砌体、轻集料混凝土小型空心砌块砌体、蒸压加气混凝土砌块砌体	60～80
石砌体	30～50

4.0.5 砌筑砂浆的保水率应符合表 4.0.5 的规定。

表 4.0.5 砌筑砂浆的保水率（%）

砂浆种类	保水率
水泥砂浆	≥80
水泥混合砂浆	≥84
预拌砌筑砂浆	≥88

4.0.6 有抗冻性要求的砌体工程，砌筑砂浆应进行冻融试验。砌筑砂浆的抗冻性应符合表 4.0.6 的规定，且当设计对抗冻性有明确要求时，尚应符合设计规定。

表 4.0.6 砌筑砂浆的抗冻性

使用条件	抗冻指标	质量损失率（%）	强度损失率（%）
夏热冬暖地区	F15	≤5	≤25
夏热冬冷地区	F25		
寒冷地区	F35		
严寒地区	F50		

4.0.7 砌筑砂浆中的水泥和石灰膏、电石膏等材料的用量可按表 4.0.7 选用。

表 4.0.7 砌筑砂浆的材料用量（kg/m³）

砂浆种类	材料用量
水泥砂浆	≥200
水泥混合砂浆	≥350
预拌砌筑砂浆	≥200

注：1 水泥砂浆中的材料用量是指水泥用量。
    2 水泥混合砂浆中的材料用量是指水泥和石灰膏、电石膏的材料总量。
    3 预拌砌筑砂浆中的材料用量是指胶凝材料用量，包括水泥和替代水泥的粉煤灰等活性矿物掺合料。

4.0.8 砌筑砂浆中可掺入保水增稠材料、外加剂等，掺量应经试配后确定。

4.0.9 砌筑砂浆试配时应采用机械搅拌。搅拌时间应自开始加水算起，并应符合下列规定：

　　1 对水泥砂浆和水泥混合砂浆，搅拌时间不得少于 120s。

　　2 对预拌砌筑砂浆和掺有粉煤灰、外加剂、保水增稠材料等的砂浆，搅拌时间不得少于 180s。

5 砌筑砂浆配合比的确定与要求

5.1 现场配制砌筑砂浆的试配要求

5.1.1 现场配制水泥混合砂浆的试配应符合下列规定：

　　1 配合比应按下列步骤进行计算：

　　1）计算砂浆试配强度（$f_{m,0}$）；

　　2）计算每立方米砂浆中的水泥用量（Q_c）；

　　3）计算每立方米砂浆中石灰膏用量（Q_D）；

　　4）确定每立方米砂浆中的砂用量（Q_s）；

　　5）按砂浆稠度选每立方米砂浆用水量（Q_w）。

　　2 砂浆的试配强度应按下式计算：

$$f_{m,0} = k f_2 \qquad (5.1.1-1)$$

式中：$f_{m,0}$——砂浆的试配强度（MPa），应精确至 0.1MPa；

　　　　f_2——砂浆强度等级值（MPa），应精确至 0.1MPa；

　　　　k——系数，按表 5.1.1 取值。

表 5.1.1 砂浆强度标准差 σ 及 k 值

施工水平 \ 强度等级	强度标准差 σ（MPa）							k
	M5	M7.5	M10	M15	M20	M25	M30	
优良	1.00	1.50	2.00	3.00	4.00	5.00	6.00	1.15
一般	1.25	1.88	2.50	3.75	5.00	6.25	7.50	1.20
较差	1.50	2.25	3.00	4.50	6.00	7.50	9.00	1.25

　　3 砂浆强度标准差的确定应符合下列规定：

　　1）当有统计资料时，砂浆强度标准差应按下式计算：

$$\sigma = \sqrt{\frac{\sum_{i=1}^{n} f_{m,i}^2 - n \mu_{fm}^2}{n-1}} \qquad (5.1.1-2)$$

式中：$f_{m,i}$——统计周期内同一品种砂浆第 i 组试件的强度（MPa）；

　　　　μ_{fm}——统计周期内同一品种砂浆 n 组试件强度的平均值（MPa）；

　　　　n——统计周期内同一品种砂浆试件的总组数，$n \geq 25$。

　　2）当无统计资料时，砂浆强度标准差可按表 5.1.1 取值。

　　4 水泥用量的计算应符合下列规定：

　　1）每立方米砂浆中的水泥用量，应按下式计算：

$$Q_c = 1000(f_{m,0} - \beta)/(\alpha \cdot f_{ce}) \quad (5.1.1-3)$$

式中：Q_c——每立方米砂浆中的水泥用量（kg），应精确至 1kg；

　　　　f_{ce}——水泥的实测强度（MPa），应精确至 0.1MPa；

　　　　α、β——砂浆的特征系数，其中 α 取 3.03，β 取 -15.09。

注：各地区也可用本地区试验资料确定 α、β 值，统计用的试验组数不得少于 30 组。

2）在无法取得水泥的实测强度值时，可按下式计算：

$$f_{ce} = \gamma_c \cdot f_{ce,k} \qquad (5.1.1-4)$$

式中：$f_{ce,k}$——水泥强度等级值（MPa）；

　　　γ_c——水泥强度等级值的富余系数，宜按实际统计资料确定；无统计资料时可取 1.0。

5　石灰膏用量应按下式计算：

$$Q_D = Q_A - Q_c \qquad (5.1.1-5)$$

式中：Q_D——每立方米砂浆的石灰膏用量（kg），应精确至 1kg；石灰膏使用时的稠度宜为 120mm±5mm；

　　　Q_c——每立方米砂浆的水泥用量（kg），应精确至 1kg；

　　　Q_A——每立方米砂浆中水泥和石灰膏总量，应精确至 1kg，可为 350kg。

6　每立方米砂浆中的砂用量，应按干燥状态（含水率小于 0.5%）的堆积密度值作为计算值（kg）。

7　每立方米砂浆中的用水量，可根据砂浆稠度等要求选用 210kg～310kg。

注：1　混合砂浆中的用水量，不包括石灰膏中的水；

　　2　当采用细砂或粗砂时，用水量分别取上限或下限；

　　3　稠度小于 70mm 时，用水量可小于下限；

　　4　施工现场气候炎热或干燥季节，可酌量增加用水量。

5.1.2　现场配制水泥砂浆的试配应符合下列规定：

1　水泥砂浆的材料用量可按表 5.1.2-1 选用。

表 5.1.2-1　每立方米水泥砂浆材料用量（kg/m³）

强度等级	水泥	砂	用水量
M5	200～230		
M7.5	230～260		
M10	260～290		
M15	290～330	砂的堆积密度值	270～330
M20	340～400		
M25	360～410		
M30	430～480		

注：1　M15 及 M15 以下强度等级水泥砂浆，水泥强度等级为 32.5 级；M15 以上强度等级水泥砂浆，水泥强度等级为 42.5 级；

　　2　当采用细砂或粗砂时，用水量分别取上限或下限；

　　3　稠度小于 70mm 时，用水量可小于下限；

　　4　施工现场气候炎热或干燥季节，可酌量增加用水量；

　　5　试配强度应按本规程式（5.1.1-1）计算。

2　水泥粉煤灰砂浆材料用量可按表 5.1.2-2 选用。

表 5.1.2-2　每立方米水泥粉煤灰砂浆材料用量（kg/m³）

强度等级	水泥和粉煤灰总量	粉煤灰	砂	用水量
M5	210～240			
M7.5	240～270	粉煤灰掺量可占胶凝材料总量的 15%～25%	砂的堆积密度值	270～330
M10	270～300			
M15	300～330			

注：1　表中水泥强度等级为 32.5 级；

　　2　当采用细砂或粗砂时，用水量分别取上限或下限；

　　3　稠度小于 70mm 时，用水量可小于下限；

　　4　施工现场气候炎热或干燥季节，可酌量增加用水量；

　　5　试配强度应按本规程式（5.1.1-1）计算。

5.2　预拌砌筑砂浆的试配要求

5.2.1　预拌砌筑砂浆应符合下列规定：

1　在确定湿拌砌筑砂浆稠度时应考虑砂浆在运输和储存过程中的稠度损失。

2　湿拌砌筑砂浆应根据凝结时间要求确定外加剂掺量。

3　干混砌筑砂浆应明确拌制时的加水量范围。

4　预拌砌筑砂浆的搅拌、运输、储存等应符合现行行业标准《预拌砂浆》JG/T 230 的规定。

5　预拌砌筑砂浆性能应符合现行行业标准《预拌砂浆》JG/T 230 的规定。

5.2.2　预拌砌筑砂浆的试配应符合下列规定：

1　预拌砌筑砂浆生产前应进行试配，试配强度应按本规程式（5.1.1-1）计算确定，试配时稠度取 70mm～80mm。

2　预拌砌筑砂浆中可掺入保水增稠材料、外加剂等，掺量应经试配后确定。

5.3　砌筑砂浆配合比试配、调整与确定

5.3.1　砌筑砂浆试配时应考虑工程实际要求，搅拌应符合本规程第 4.0.9 条的规定。

5.3.2　按计算或查表所得配合比进行试拌时，应按现行行业标准《建筑砂浆基本性能试验方法标准》JGJ/T 70 测定砌筑砂浆拌合物的稠度和保水率。当稠度和保水率不能满足要求时，应调整材料用量，直到符合要求为止，然后确定为试配时的砂浆基准配合比。

5.3.3　试配时至少应采用三个不同的配合比，其中一个配合比应为本规程得出的基准配合比，其余两

个配合比的水泥用量应按基准配合比分别增加及减少10％。在保证稠度、保水率合格的条件下，可将用水量、石灰膏、保水增稠材料或粉煤灰等活性掺合料用量作相应调整。

5.3.4 砌筑砂浆试配时稠度应满足施工要求，并应按现行行业标准《建筑砂浆基本性能试验方法标准》JGJ/T 70分别测定不同配合比砂浆的表观密度及强度；并应选定符合试配强度及和易性要求、水泥用量最低的配合比作为砂浆的试配配合比。

5.3.5 砌筑砂浆试配配合比尚应按下列步骤进行校正：

1 应根据本规程第5.3.4条确定的砂浆配合比材料用量，按下式计算砂浆的理论表观密度值：

$$\rho_t = Q_c + Q_D + Q_s + Q_w \qquad (5.3.5-1)$$

式中：ρ_t——砂浆的理论表观密度值（kg/m³），应精确至10kg/m³。

2 应按下式计算砂浆配合比校正系数δ：

$$\delta = \rho_c / \rho_t \qquad (5.3.5-2)$$

式中：ρ_c——砂浆的实测表观密度值（kg/m³），应精确至10kg/m³。

3 当砂浆的实测表观密度值与理论表观密度值之差的绝对值不超过理论值的2％时，可将按本规程第5.3.4条得出的试配配合比确定为砂浆设计配合比；当超过2％时，应将试配配合比中每项材料用量均乘以校正系数（δ）后，确定为砂浆设计配合比。

5.3.6 预拌砌筑砂浆生产前应进行试配、调整与确定，并应符合现行行业标准《预拌砂浆》JG/T 230的规定。

本规程用词说明

1 为便于在执行本规程条文时区别对待，对于要求严格程度不同的用词说明如下：

    1）表示很严格，非这样做不可的：

      正面词采用"必须"；反面词采用"严禁"。

    2）表示严格，在正常情况下均应这样做的：

      正面词采用"应"；反面词采用"不应"或"不得"。

    3）表示允许稍有选择，在条件许可时，首先应这样做的：

      正面词采用"宜"；反面词采用"不宜"。

    4）表示有选择，在一定条件下可以这样做的，采用"可"。

2 条文中指明应按其他有关标准执行的写法为："应符合……的规定"或"应按……执行"。

引用标准名录

1 《通用硅酸盐水泥》GB 175

2 《用于水泥和混凝土中的粉煤灰》GB/T 1596

3 《建筑材料放射性核素限量》GB 6566

4 《砌筑水泥》GB/T 3183

5 《用于水泥和混凝土中的粒化高炉矿渣粉》GB/T 18046

6 《高强高性能混凝土用矿物外加剂》GB/T 18736

7 《普通混凝土用砂、石质量及检验方法标准》JGJ 52

8 《混凝土用水标准》JGJ 63

9 《建筑砂浆基本性能试验方法标准》JGJ/T 70

10 《天然沸石粉在混凝土和砂浆中应用技术规程》JGJ/T 112

11 《预拌砂浆》JG/T 230

中华人民共和国行业标准

砌筑砂浆配合比设计规程

JGJ/T 98—2010

条 文 说 明

修 订 说 明

《砌筑砂浆配合比设计规程》JGJ/T 98-2010，经住房和城乡建设部 2010 年 11 月 4 日以第 798 号公告批准、发布。

本规程是在《砌筑砂浆配合比设计规程》JGJ 98-2000 的基础上修订而成的，上一版的主编单位是陕西省建筑科学研究设计院，参编单位是福建省建筑科学研究院、山东省建筑科学研究院、宝鸡市第一建筑工程公司、浙江嘉善县建筑工程质量监督站、济南四建集团有限公司，主要起草人员是李荣、张招、何希铨、刘延宁、耿家义、黄熙春、金裕民、袁惠星、陆锦法。本规程在修订过程中，编制组对砌筑砂浆的工程应用情况进行了广泛的调查研究，总结了我国砌体工程的实践经验，同时参考了国外先进技术法规、技术标准，通过试验取得了砌筑砂浆配合比的重要技术参数。

为便于广大设计、施工、科研、学校等单位有关人员在使用本规程时能正确理解和执行条文规定，《砌筑砂浆配合比设计规程》编制组按章、节、条顺序编制了本规程的条文说明，对条文规定的目的、依据以及执行中需注意的有关事项进行了说明。但是，本条文说明不具备与规程正文同等的法律效力，仅供使用者作为理解和把握规程规定的参考。

目　次

1 总　则

1.0.1 本规程规定了砌筑砂浆的技术条件及配合比设计方法。编制本规程的目的是确保砌筑砂浆质量，使设计、施工和科研工作中在确定砂浆配合比时，有一个统一的标准。

1.0.2 本规程属建筑砂浆范畴的专业标准，适用于工业与民用建筑及一般构筑物中的砌筑砂浆（包括现场配制砂浆和预拌砂浆）的质量控制。

1.0.3 砌筑砂浆配合比设计时，需以原材料的性能和砂浆的技术要求为依据，经计算或查表选定。

1.0.4 在按本规程进行配合比设计时，会涉及其他的现行标准、规范，也需要执行。

2 术　语

2.0.1 砌筑砂浆一般分为现场配制砂浆和预拌砌筑砂浆，现场配制砂浆又分为水泥砂浆和水泥混合砂浆，预拌砌筑砂浆（商品砂浆）是由专业生产厂生产的湿拌砌筑砂浆和干混砌筑砂浆，它的工作性、耐久性优良，生产时不分水泥砂浆和水泥混合砂浆。

2.0.2 目前现场配制水泥砂浆时，有单纯用水泥作为胶凝材料进行拌制的，也有掺入粉煤灰等活性掺合料与水泥一起作为胶凝材料拌制的，因此，水泥砂浆包括单纯用水泥为胶凝材料拌制的砂浆，也包括掺入活性掺合料与水泥共同拌制的砂浆。

2.0.3 按现行行业标准《预拌砂浆》JG/T 230 给出了预拌砂浆的定义。

2.0.4 预拌砂浆生产时会加入改善砂浆可操作性的非石灰类物质，按《砌筑砂浆增塑剂》JG/T 164-2004 给出了保水增稠材料的定义。

3 材料要求

3.0.1 考虑到拌制砂浆时会用到水泥、粉煤灰等可能含有放射性物质的材料，而砂浆大多用于人们从事活动的建筑物，因此要求所用原材料不得对人体、生物和环境造成有害的影响，需符合现行国家标准《建筑材料放射性核素限量》GB 6566 的规定。

3.0.2 为合理利用资源、节约材料，在配制砂浆时要尽量选用低强度等级的通用硅酸盐水泥和砌筑水泥。M15 及以下强度等级的砌筑砂浆宜选用 32.5 级的通用硅酸盐水泥或砌筑水泥。M15 以上强度等级的砌筑砂浆所用水泥宜选用 42.5 级通用硅酸盐水泥。预拌砂浆生产厂家在生产预拌砌筑砂浆时，为保证和易性的要求会加入外加剂、粉煤灰、保水增稠材料等，因此，在不浪费水泥的前提下，也可使用强度等级为 42.5 级的普通硅酸盐水泥或硅酸盐水泥。为保

证砂浆质量需从原材料源头进行质量控制，要求经复验合格方可使用。

3.0.3 采用中砂拌制砂浆既能满足和易性要求，又节约水泥，因此，建议优先选用。

砂中含泥量过大，不但会增加砂浆的水泥用量，还会使砂浆的收缩值增大、耐久性降低，影响砌筑质量，需特别关注。

目前，人工砂使用的越来越广泛，人工砂中石粉含量增大会增加砂浆的收缩，使用时要符合现行行业标准《普通混凝土用砂、石质量及检验方法标准》JGJ 52 的要求。

3.0.4 为了保证砂浆质量，需将生石灰、生石灰粉熟化成石灰膏后，方可使用。

1 为了保证石灰膏的质量，要求石灰膏需防止干燥、冻结、污染。脱水硬化的石灰膏不但起不到塑化作用，还会影响砂浆强度，故规定严禁使用。

2 为了保证电石膏的质量，要求按规定过滤后方可使用。电石膏中乙炔含量大会对人体造成伤害，因此规定检验后才可使用。

3 消石灰粉是未充分熟化的石灰，颗粒太粗，起不到改善和易性的作用。还会大幅度降低砂浆强度，因此规定不得使用。

磨细生石灰粉必须熟化成石灰膏才可使用。严寒地区，磨细生石灰直接加入砌筑砂浆中属冬期施工措施。

3.0.5 砂浆配制时，膏类（石灰膏、电石膏等）材料的含水量不计入砂浆用水量中，为了使膏类材料的含水率有一个统一的标准，根据国内外常规做法，规定其稠度一般为 120mm±5mm。如稠度不在规定范围可按表1进行换算。

表 1　石灰膏不同稠度的换算系数

稠度 (mm)	120	110	100	90	80	70	60	50	40	30
换算系数	1.00	0.99	0.97	0.95	0.93	0.92	0.90	0.88	0.87	0.86

该系数为石灰膏不同稠度时的重量换算系数。即：当计算石灰膏用量为 160kg 时，而石灰膏的实际稠度为 110mm，此时称量石灰膏的重量为 158.4kg。

3.0.6 凡使用的矿物掺合料，其品质指标，需符合国家现行的有关标准要求。粉煤灰不宜采用Ⅲ级粉煤灰。高钙粉煤灰使用时，必须检验安定性指标是否合格，合格后方可使用。

3.0.7 为满足砂浆和易性的要求，在拌制砂浆时有时会掺入保水增稠材料，但目前市场上的保水增稠材料质量良莠不齐，有些保水增稠材料虽能改善和易性，却会大幅度降低砂浆强度从而影响砌体强度，因此规定使用保水增稠材料需在使用前进行试验验证，

并有完整的型式检验报告。

3.0.8 实践中常常在砌筑砂浆中掺入砂浆外加剂，国内外的试验数据表明有些外加剂的加入，会降低砌体破坏荷载，但随着材料技术发展，这种状况得到很大程度的改善，故规范规定，使用外加剂需在使用前进行试验验证，并有完整的型式检验报告。与原《砌筑砂浆配合比设计规程》JGJ 98-2000 第 3.0.7 条的规定"需出具有法定检测机构出具的该产品的砌体强度型式检验报告，并经砂浆性能试验合格后，方可使用"的要求一致。

3.0.9 当水中含有有害物质时，将会影响水泥的正常凝结，并可能对钢筋产生锈蚀作用，故要求拌制砂浆的水，其水质需符合现行行业标准《混凝土用水标准》JGJ 63 的要求。

4 技术条件

4.0.1 根据国内砌筑砂浆的应用情况，M2.5 等级砂浆使用较少，而配筋砌体结构需要砂浆具有较高的强度等级，且新型砌块的出现，高强度等级砂浆的需求越来越大，因此本次修订既要考虑到与现行国家标准《砌体结构设计规范》GB 50003 匹配，又要跟上砌筑砂浆的发展方向，去掉了 M2.5 等级砂浆，增加了 M25、M30，将砌筑砂浆强度等级划分为：M5、M7.5、M10、M15、M20、M25、M30 共七个等级。

4.0.2 根据调查及试验结果表明，水泥混合砂浆拌合物的表观密度大于 $1800 kg/m^3$ 的占 90%以上，水泥砂浆拌合物的表观密度大于 $1900 kg/m^3$ 的占 93%以上，且考虑到过分降低砂浆密度，会对砌体力学性能产生不利影响。因此规定，水泥砂浆拌合物的表观密度不应小于 $1900 kg/m^3$，水泥混合砂浆及预拌砌筑砂浆拌合物表观密度不应小于 $1800 kg/m^3$。该表观密度值是对以砂为细骨料拌制的砂浆密度值的规定，不包含轻骨料砂浆。

4.0.3 明确指出所谓合格砂浆，即是砌筑砂浆的稠度、保水率、强度必须都合格。这里仅指砂浆配合比设计时，必检项目是三项，现场验收砂浆按相关评定规范执行。

4.0.4 原砌筑砂浆的稠度选用，是按国家标准《砌体工程施工及验收规范》GB 50203-98 表 3.3.2 的规定套用的，也是根据当时砌块种类确定的。本次修订根据目前常用砌块种类分为四类十种：烧结普通砖、粉煤灰砖、混凝土砖、普通混凝土小型空心砌块、灰砂砖、烧结多孔砖、烧结空心砖、轻骨料混凝土小型空心砌块、蒸压加气混凝土砌块及石砌体。石砌体主要是指由毛石等几乎不吸水的块体砌筑的砌体。

4.0.5 保水率是衡量砂浆保水性能的指标，参考国外标准及考虑到我国目前砂浆品种日益增多，有些新品种砂浆用分层度试验来衡量砂浆各组分的稳定性或

保持水分的能力已不太适宜，而且在砌筑砂浆实际试验应用中与保水率相比，分层度难操作、可复验性差且准确性低，所以本次修订中取消了分层度指标，增加了保水率要求。

4.0.6 受冻融影响较多的建筑部位，当设计中有冻融循环要求时，必须进行冻融试验，本条根据不同的气候区对冻融次数进行了规定，测定其重量损失率和强度损失率两项指标，参照相关标准，确定以砂浆试件质量损失率不大于 5%，抗压强度损失率不大于 25%的两项指标同时满足与否，来衡量该组砂浆试件抗冻性能是否合格，具体方法按现行行业标准《建筑砂浆基本性能试验方法标准》JGJ/T 70 规定进行。当设计中对循环次数有明确的规定时，按设计要求进行。

4.0.7 为保证水泥砂浆的保水性能，满足保水率要求，经试验和验证，提出水泥砂浆最小水泥用量不宜小于 $200 kg/m^3$ 的要求，如果水泥用量太少，不能填充砂子孔隙，稠度、保水率将无法保证。另外从调研的 400 多组数据看，水泥混合砂浆中胶结料和掺合料（石灰膏、黏土膏等）总量在 $350 kg/m^3$ 既满足和易性又满足试配强度的占 98%以上。因此，作出了本条规定。考虑到预拌砌筑砂浆的耐久性及砌体强度的要求，也对其最小胶凝材料用量作出了规定。

4.0.8 为改善砌筑砂浆的工作性能，可在拌制砂浆中加入保水增稠材料、外加剂等，但考虑到这类材料品种多，性能、掺量相差较大，因此掺量应根据不同厂家的说明书确定，性能必须符合规范要求。

4.0.9 为了减少试配工作的劳动强度，克服人工拌合砂浆不易搅拌均匀的缺点，提高试验的精确性，减少误差，规定砂浆应采用机械搅拌。同时为指导合理使用设备以及使物料充分拌合，保证砂浆拌合质量，对不同砂浆品种分别规定了最少拌合时间。搅拌时间从加水算起。

5 砌筑砂浆配合比的确定与要求

5.1 现场配制砌筑砂浆的试配要求

5.1.1 现场配制水泥混合砂浆的试配应符合下列要求：

1 规定了水泥混合砂浆配合比的计算步骤，原行业标准《建筑砂浆力学性能试验方法》JGJ 70-90 规定砂浆强度试验底模为普通黏土砖，而现行行业标准 JGJ/T 70-2009 标准规定砂浆强度试验底模为钢底模，因将钢底模实测值乘以系数换算成砖底模砂浆强度值，砂浆强度实际还是按砖底模确定的，故配合比计算步骤与原规程基本一致。

2 参照混凝土生产质量水平的划分，对一般质量的混凝土强度不低于要求强度等级的百分率应大于

85%。鉴于砌体结构的特殊性,即砌体是多种材料的复合体,砌筑砂浆仅是其中一种材料,它的强度对砌体强度(抗压、轴压、弯压、抗剪)的影响程度为:砌筑砂浆抗压强度降低 10%,各种砌体强度值降低可不超过 5%。可以认为,砌筑砂浆生产水平为一般时,其强度不低于要求强度等级的百分率(统计概率)可定为 75%~80%。

根据现行国家标准《建筑结构可靠度设计统一标准》GB 50068规定,"材料强度的概率分布宜采用正态分布或对数正态分布"。在砌筑砂浆强度的概率分布按正态分布时,标准差为 0.25 倍砌筑砂浆强度等级值的条件下,当砌筑砂浆试配强度 $f_{m,0}$ 为 $1.20 f_2$ 时,其强度不低于要求强度等级的百分率为 78.8%,当标准差为 0.30 倍砌筑砂浆强度等级值的条件下,砌筑砂浆试配强度 $f_{m,0}$ 为 $1.25 f_2$ 时,其强度不低于要求强度等级的百分率为 79.7%。

由于砌筑砂浆立方体抗压强度试验方法的改变,砂浆试模采用钢底模代替砖底模,试块强度的变异系数将减少。因此砌筑砂浆试配强度公式中的系数 k 的取值是合理的。

3 规定了砂浆现场强度标准差的确定方法。计算试配强度时,所需的标准差 σ 是根据现场多年来的统计资料,汇总分析而得,凡施工水平优良的取 C_v 值为 0.20;施工水平一般的 C_v 值为 0.25;施工水平较差的取 C_v 值为 0.30。通过计算制成表 5.1.1。该表仍然是根据多年来砖底模的试验数据统计得来的,改作钢底模后,离散性明显减少,变异系数及标准偏差也明显降低,但考虑到这次修订钢底模数据不多,因此仍采用原标准偏差,这样计算出的试配强度偏高,工程质量保证率提高,待积累一定数据后再作修改。

4 规定了水泥用量的计算方法。原行业标准《砌筑砂浆配合比设计规程》JGJ 98-2000 目前已应用近十年,经过调研按 JGJ 98-2000 中公式(5.1.4-1)对水泥用量进行确定,能满足试配的要求,本次修订又收集了山东、陕西、福建、浙江、上海等地区 398 组试验验证数据,进行数理统计分析,发现水泥混合砂浆的强度与水泥用量是线性显著相关的,且 α 取 3.03,β 取-15.09 也是适用的。

5 水泥混合砂浆石灰膏用量的确定,仍是依据多年实践,基本上采用胶结料和石灰膏的总量,为每立方米砂浆 350kg。

6 砂浆中的水、胶结料和掺合料是用来填充砂子的空隙,因此,1m³ 的砂子就构成了 1m³ 的砂浆。1m³ 干燥状态的砂子的堆积密度值,也就是 1m³ 砂浆所用的干砂用量。砂子干燥状态体积属恒定,当砂子含水 5%~7% 时,体积最大可膨胀 30% 左右,当砂子含水处于饱和状态,体积比干燥状态要减少 10% 左右。故必须按干燥状态为基准计算。

7 210kg~310kg 用水量是砂浆稠度为 70mm~90mm、中砂时的用水量参考范围。该用水量不包括石灰膏(电石膏)中的水;当采用细砂或粗砂时,用水量分别取上限或下限;稠度小于 70mm 时,用水量可小于下限;施工现场气候炎热或干燥季节,可酌情增加用水量。

5.1.2 现场配制水泥砂浆的试配应符合下列规定:

1 行业标准《砌筑砂浆配合比设计规程》JGJ 98-2000 修订时考虑到国内水泥的实际情况,以及参照国外先进标准将水泥砂浆配合比改为查表法,保证了砂浆的工作性能,根据近十年的使用情况,按直接查表确定水泥砂浆配合比,是合理可行的。但由于水泥新标准 GB 175-2007 的执行,使原规程表 5.2.1 的水泥用量不尽合理,本次修订编制组进行了大量的验证试验,提出了新的水泥砂浆材料用量表,表中 M15 及 M15 以下强度等级水泥砂浆所用水泥等级为 32.5 级;M15 以上强度等级水泥砂浆,水泥强度等级为 42.5 级。该表为单纯使用水泥为胶凝材料的配合比材料用量表,当还掺入粉煤灰等其他活性混合材时可按表 5.1.2-2 选用。

表中每立方米砂浆用水量范围,仅供参考。仍以达到稠度要求为根据。

当采用细砂或粗砂时,用水量分别取上限或下限;稠度小于 70mm 时,用水量可小于下限;施工现场气候炎热或干燥季节,可酌情增加用水量。

2 以表格的形式给出了不同等级水泥粉煤灰砂浆配合比的参考用量。

砂浆中掺入粉煤灰后,其早期强度会有所降低,因此水泥与粉煤灰胶凝材料总量比表 5.1.2-1 中水泥用量略高。考虑到水泥中特别是 32.5 级水泥中会掺入较大量的混合材,为保证砂浆耐久性,规定粉煤灰掺量不宜超过胶凝材料总量的 25%。当掺入矿渣粉等其他活性混合材时,可参照表 5.1.2-2 选用。

5.2 预拌砌筑砂浆的试配要求

5.2.1 目前预拌砂浆在我国大中城市逐步推广应用,为保证预拌砌筑砂浆质量、规范预拌砌筑砂浆的配合比设计,本规程对预拌砌筑砂浆配合比设计作出了规定,并提出了性能要求。

1 因在运输过程中湿拌砌筑砂浆稠度会有所降低,为保证施工性能,生产时应对其损失有充分考虑。

2 为保证不同的湿拌砌筑砂浆凝结时间的需要,应根据要求确定外加剂掺量。

3 不同材料的需水量不同,因此,生产厂家应根据配制结果,明确干混砌筑砂浆的加水量范围,以保证其施工性能。

4 对预拌砌筑砂浆的搅拌、运输、储存提出要求。

5 根据相关标准对干混砌筑砂浆、湿拌砌筑砂浆性能进行了规定，预拌砌筑砂浆性能应按表 2 确定。

表 2 预拌砌筑砂浆性能

项　　　目	干混砌筑砂浆	湿拌砌筑砂浆
强度等级	M5、M7.5、M10、M15、M20、M25、M30	M5、M7.5、M10、M15、M20、M25、M30
稠度 (mm)	—	50、70、90
凝结时间 (h)	3～8	≥8、≥12、≥24
保水率 (%)	≥88	≥88

5.2.2 对预拌砌筑砂浆配制时的试配强度等作出了原则性规定。

5.3 砌筑砂浆配合比试配、调整与确定

5.3.1 强调实验室试配与现场的一致性。

5.3.2 基准配合比是计算或查表选用的配合比，是指经试拌后，稠度、保水率已合格的配合比。

5.3.3 为了满足砂浆试配强度的要求，所以使用至少三个水泥用量，除基准配合比外，另外增、减 10％的水泥用量，制作试件，测定其强度。因现行行业标准《建筑砂浆基本性能试验方法标准》JGJ/T 70‑2009 将砂浆抗压强度试件底模改为钢底模，砂浆稠度对强度的影响很大，稠度大，用水量多，强度低，因此，在满足施工要求的情况下，试配时稠度尽可能取下限，这样得到的试块强度与砖底模更接近。

5.3.4 因强度试验所用底模改为钢底模，为减少两种底模材料作出的强度差值，试配时稠度尽量取最小值，且应选择符合强度要求的，并且水泥用量最低的砂浆配合比。

5.3.5 规定了根据砂浆表观密度实测值及理论值校正试配砂浆配合比的步骤。

5.3.6 强调了预拌砌筑砂浆生产前也应该经过配合比试配、调整与确定，试配时稠度及性能应按现行行业标准《预拌砂浆》JG/T 230 的要求进行。

中华人民共和国行业标准

水泥土配合比设计规程

Specification for mix proportion design of cement soil

JGJ/T 233—2011

批准部门：中华人民共和国住房和城乡建设部
施行日期：２０１１年１０月１日

中华人民共和国住房和城乡建设部
公 告

第 873 号

关于发布行业标准
《水泥土配合比设计规程》的公告

现批准《水泥土配合比设计规程》为行业标准，编号为 JGJ/T 233-2011，自 2011 年 10 月 1 日起实施。

本规程由我部标准定额研究所组织中国建筑工业出版社出版发行。

中华人民共和国住房和城乡建设部
2011 年 1 月 7 日

前 言

根据住房和城乡建设部《关于印发〈2008 年工程建设标准规范制订、修订计划（第一批）〉的通知》（建标〔2008〕102 号文）的要求，标准编制组经广泛调查研究，认真总结实践经验，参考有关国际标准和国外先进标准，并在广泛征求意见的基础上，制定本规程。

本规程的主要技术内容是：1 总则；2 术语和符号；3 基本规定；4 原材料；5 配合比设计。

本规程由住房和城乡建设部负责管理，由福建省建筑科学研究院负责具体技术内容的解释。执行过程中如有意见或建议，请寄送福建省建筑科学研究院（地址：福州市杨桥中路 162 号，邮编：350025）。

本 规 程 主 编 单 位：福建省建筑科学研究院
　　　　　　　　　　　福建建工集团总公司
本 规 程 参 编 单 位：同济大学

天津市建筑科学研究院
陕西省建筑科学研究院
浙江省建筑科学设计研究院有限公司
吉林省建筑科学研究设计院

本规程主要起草人员：张　蔚　戴益华　叶观宝
　　　　　　　　　　张展戣　林云腾　唐　蕾
　　　　　　　　　　徐　燕　孙长吉　张耀年
　　　　　　　　　　林生凤　黄　芳

本规程主要审查人员：黄　新　徐　超　张季超
　　　　　　　　　　赵维炳　杨志银　马建林
　　　　　　　　　　俞建霖　梅益生　赖树钦
　　　　　　　　　　戴一鸣　黄集生

目　次

Contents

1 总 则

1.0.1 为统一水泥土配合比设计及其性能试验方法，确保质量，制定本规程。

1.0.2 本规程适用于采用水泥作为固化剂加固土体的水泥土配合比设计及其性能试验。

1.0.3 水泥土配合比设计及其性能试验方法，除应符合本规程外，尚应符合国家现行有关标准的规定。

2 术语和符号

2.1 术 语

2.1.1 水泥土 cement soil

水泥和土以及其他组分按适当比例混合、拌制并经硬化而成的材料。

2.1.2 水泥掺入比 cement mixing ratio

掺入的水泥质量与被加固土的湿质量之比，以百分数表示。

2.1.3 水泥浆水灰比 ratio of water to cement

用于加固土体的水泥浆中，水与水泥的质量比。

2.1.4 无侧限抗压强度 unconfined compressive strength

水泥土立方体试件在无侧限压力的条件下，抵抗轴向应力的最大值。

2.1.5 水泥土配合比设计 mix proportion design of cement soil

根据原材料性能及确定的水泥掺入比计算各材料用量，并经试验室内试配、调整，确定水泥土各材料质量比的过程。

2.1.6 压缩模量 compression modulus

水泥土在侧限条件下受压时，竖向有效应力与竖向应变的比值。

2.2 符 号

A ——试件横截面积；

A_0 ——试件的初始断面积；

A_a ——试件剪切时的校正面积；

a_w ——水泥掺入比；

c ——水泥土黏聚力；

E_s ——水泥土压缩模量；

f_{cu} ——水泥土试件的无侧限抗压强度；

G_s ——水泥土相对密度；

k_T ——水温 $T℃$ 时水泥土的渗透系数；

k_{20} ——标准温度时水泥土的渗透系数；

m_a ——外加剂的质量；

m_c ——水泥的质量；

m_w ——加水量；

w ——土的天然含水率；

τ ——剪应力；

μ ——水泥浆水灰比；

ρ_0 ——水泥土密度；

φ ——水泥土内摩擦角。

3 基 本 规 定

3.0.1 在进行水泥土配合比设计前，应完成下列工作：

　　1 收集详细的岩土工程勘察资料；

　　2 根据工程设计的要求，确定配合比试验所需的各种材料并检验其性能指标；

　　3 结合工程情况，了解当地相关经验、配合比试验资料和影响水泥土强度的因素，对于有特殊要求的工程，尚应了解其他地区相似场地上同类项目经验和使用情况等。

3.0.2 水泥土配合比设计应确定下列内容：

　　1 用水泥加固土体的可行性；

　　2 加固土体合适的水泥品种和强度等级；

　　3 水泥土的水泥掺入比、水泥浆水灰比和外加剂品种及掺量。

3.0.3 水泥土的每种配合比宜进行 7d、28d 和 90d 三种龄期的试验。

3.0.4 无特殊要求的工程，水泥土的性能指标宜以 90d 龄期的试验结果为准；有特殊要求的工程，水泥土的性能指标可按设计要求执行。

4 原 材 料

4.0.1 水泥土配合比试验用土应符合下列规定：

　　1 试验用土应为工程拟加固土；

　　2 试 验 用 土 应 经 风 干、碾 碎，并 应 通 过 5mm 筛。

4.0.2 水泥土配合比试验用水泥应符合下列规定：

　　1 试验用水泥应与工程现场使用的水泥一致；

　　2 试验用水泥应符合现行国家标准《通用硅酸盐水泥》GB 175 的规定。

4.0.3 水泥土配合比试验用水应与工程现场用水一致。

4.0.4 水泥土配合比试验用外加剂应符合下列规定：

　　1 可根据工程需要和土质条件选用不同类型的外加剂，其品种和掺量应通过试验或工程经验确定；

　　2 外加剂性能应符合现行国家标准《混凝土外加剂》GB 8076 的规定。

5 配合比设计

5.0.1 水泥土配合比的设计应按下列步骤进行：

1 测定土样天然含水率和密度，当有特殊要求时，可增加土样其他相关性能的试验；

2 测定风干土含水率；

3 确定水泥掺入比基准值；

4 选取水泥浆水灰比；

5 计算各材料用量比例；

6 进行水泥土试配；

7 调整和确定水泥土配合比。

5.0.2 水泥掺入比基准值可根据使用目的及当地经验，按工程要求的水泥土性能指标确定，并宜取 3% ~25%，也可按工程要求的水泥掺入比确定。

5.0.3 水泥浆的水灰比可根据施工方法和处理目的，按设计要求或当地经验确定，也可取 0.45~2.0。

5.0.4 水泥土的材料用量应按下列步骤确定：

1 根据试验方案，确定试验所需湿土的质量，并应按下式计算：

$$m_s = 1000\rho_s V_s \qquad (5.0.4\text{-}1)$$

式中：m_s——湿土的质量（kg）；

ρ_s——土的天然密度（g/cm³）；

V_s——土的体积（m³）。

2 根据试验方案，确定试验所需风干土的质量，并应按下式计算：

$$m_0 = \frac{1+0.01w_0}{1+0.01w}m_s \qquad (5.0.4\text{-}2)$$

式中：m_0——风干土的质量（kg）；

w——土的天然含水率（%）；

w_0——风干土的含水率（%）。

3 根据选定的水泥掺入比基准值，确定掺入的水泥质量，并应按下式计算：

$$m_c = \frac{1+0.01w}{1+0.01w_0}0.01a_w m_0 \qquad (5.0.4\text{-}3)$$

式中：m_c——水泥的质量（kg）；

a_w——水泥掺入比（%）。

4 根据选定的水泥浆水灰比，确定加水量，并应按下式计算：

$$m_w = \left(\frac{0.01w-0.01w_0}{1+0.01w} + 0.01\mu a_w\right)\frac{1+0.01w}{1+0.01w_0}m_0$$
$$(5.0.4\text{-}4)$$

式中：m_w——加水量（kg）；

μ——水泥浆水灰比。

5 确定外加剂用量，并应按下式计算：

$$m_a = 0.01\alpha_a m_c \qquad (5.0.4\text{-}5)$$

式中：m_a——外加剂的质量（kg）；

α_a——外加剂的掺量（%），可根据外加剂性能按经验取值。

5.0.5 水泥土试配时，宜采用三个配合比，其中一个配合比的水泥掺入比应为基准值，另外两个配合比的水泥掺入比，宜比基准值分别增加和减少 3%。

5.0.6 水泥土试配时，试件制备应符合本规程附录

A 的规定，水泥土的性能试验应按本规程附录 B 执行。

5.0.7 根据试配结果，宜选定符合设计性能要求、较小水泥掺入比所对应的配合比。当试配结果不满足设计要求时，应调整配合比并重新进行试验。

附录 A 试件制备

A.1 仪器设备

A.1.1 试验用试模应符合下列规定：

1 试模应具有足够刚度、稳固可靠，内表面应光滑、防渗；

2 当采用立方体试模时，其尺寸应为 70.7mm×70.7mm×70.7mm，且试模内表面不平整度应为每 70.7mm 不超过 0.1mm，各相邻面的垂直度允许偏差应为 ±0.5°；

3 当采用圆柱体试模时，其尺寸应为下列三种尺寸之一：

1）内径 39.1mm，高度 80mm；

2）内径 61.8mm，高度 100mm；

3）内径 101mm，高度 150mm。

4 当采用截头圆锥形试模时，其上口内径应为 70mm，下口内径应为 80mm，高度应为 30mm，材质应为不锈钢；

5 试验用试模类型应符合表 A.1.1 的规定。

表 A.1.1 试验用试模类型

试验内容	无侧限抗压强度试验	压缩试验	剪切试验		渗透试验
			直剪试验	不固结不排水三轴压缩（UU）试验	
试模类型	立方体试模	立方体试模	立方体试模	圆柱体试模	截头圆锥形试模

A.1.2 除试模外，水泥土配合比试验采用的其他仪器设备应符合下列规定：

1 环刀应采用不锈钢材料制成，内径应为 61.8mm、高度应为 20mm 或 40mm；

2 称量土料、水泥和水用天平的量程宜为 30kg、分度值应为 5g，称量外加剂用天平的量程宜为 500g、分度值应为 0.01g；

3 捣棒宜采用直径为 10mm 且端部磨圆的光滑钢棒；

4 搅拌机宜采用转速可调、可封闭搅拌的行星式搅拌机，转速宜为（100~400）r/min；

5 振动台应符合现行行业标准《混凝土试验用振动台》JG/T 3020 的规定。

A.2 试件的搅拌、成型与养护

A.2.1 试件原材料应符合本规程第4章的规定，配合比应符合本规程第5章的规定。

A.2.2 每批试件宜一次搅拌成型，搅拌方式应采用机械搅拌，并应符合下列规定：

1 风干土和水泥应先均匀混合，再洒水搅拌直至均匀。

2 拌合水可一次加入，也可逐次加入。当采用逐次加入时，应逐次拌合1min。从加水起至搅拌均匀，搅拌时间不应少于10min，并不应超过20min。

A.2.3 试件的成型应符合下列规定：

1 成型试验室的环境温度应为(20±5)℃，相对湿度不应低于50%；

2 在试件成型前，试模内表面应涂一薄层矿物油或其他不与水泥土发生反应的脱模剂；

3 水泥土搅拌后应尽快成型，成型时间不应超过25min；

4 试件成型步骤应符合下列规定：

1)拌合物宜分两层插捣，每层装料高度宜相等；

2)每层应按螺旋方向从边缘向中心均匀插捣15次，在插捣底层拌合物时，捣棒应达到试模底部，插捣上层时，捣棒应贯穿该层后插入下一层5mm～15mm，插捣时捣棒应保持竖直，插捣后应用油灰刀或刮刀沿试模内壁插拔数次；

3)试模应附着或固定在振动台上振实，振实时间不应少于2min，振实后拌合物应高出试模上沿口；

4)直剪试验和压缩试验的试件，应在振实后的立方体试件中徐徐压入环刀，环刀顶沿应低于试模上沿口5mm以上；

5)试模顶部多余的水泥土应刮除，抹平后应盖上塑料薄膜。

A.2.4 试件拆模与养护应符合下列规定：

1 带环刀试件可在24h后拆模，拆模后应将环刀外侧及两端的水泥土削去，并应将试件从环刀内取出，试件不应受损、变形。渗透试验的试件应带试模养护，其余试件应在(20±5)℃的环境条件下静置48h后拆模。

2 拆模后应检查试件外观，不得有肉眼可见的裂纹、缺棱掉角、倾斜及变形。

3 应称取试件养护前的质量(m_1)，精确至1g，并应根据试件的公称尺寸计算拆模后水泥土的重度。当同组试件重度的最大值或最小值与平均值之差超过3%时，或当该组试件重度平均值小于天然土重度时，该组试件应作废，并应重新制备。

4 称量后的试件应放入(20±1)℃水中养护，试

件间的间隔不应小于10mm，水面高出试件表面不应小于20mm。

附录B 试 验 方 法

B.1 一 般 规 定

B.1.1 试件从养护室取出后应立即进行试验。

B.1.2 试验前应用拧干的湿布擦干试件表面，称取试件质量(m_2)，精确至1g，养护后与养护前的试件缺损质量不应超过试件养护前的质量(m_1)的1%。

B.1.3 应测量试件尺寸，并精确至1mm。试件的不平度应为每70.7mm不超过0.1mm，垂直度允许偏差应为±0.5°。

B.1.4 试验前，应根据试件的质量和尺寸计算水泥土试件的重度。

B.2 无侧限抗压强度试验

B.2.1 本试验适用于测定水泥土立方体试件的无侧限抗压强度。

B.2.2 压力试验机应符合下列规定：

1 应符合现行国家标准《液压式压力试验机》GB/T 3722和《试验机通用技术规程》GB/T 2611的规定；

2 测量精度应为±1%；

3 应具有加荷速率控制装置，并应能均匀、连续加荷；

4 试件破坏荷载应在压力试验机全量程的20%～80%之间。

B.2.3 无侧限抗压强度试验的试件应为6个，且试件制备应符合本规程附录A的规定。

B.2.4 无侧限抗压强度试验应按下列步骤进行：

1 将试件安放在试验机下垫板中心，试件的承压面应与成型面垂直。启动试验机后，上压板与试件接近时，应调整球座，使接触面均衡受压。

2 以(0.03～0.15)kN/s的速率连续均匀地对试件加荷，直至试件破坏后记录破坏荷载，并精确至0.01kN。

B.2.5 试验结果计算及确定应符合下列规定：

1 试件的无侧限抗压强度应按下式计算：

$$f_{cu} = \frac{P}{A} \qquad (B.2.5)$$

式中：f_{cu}——水泥土试件的无侧限抗压强度(MPa)，精确至0.01MPa；

P——破坏荷载(N)；

A——试件的横截面积(mm^2)。

2 试验结果的确定应符合下列规定：

1)应计算6个试件的无侧限抗压强度的平均

值，精确至 0.01MPa；

2）当 6 个试件无侧限抗压强度的最大值或最小值与平均值之差不超过平均值的 20% 时，应以 6 个试件的平均值作为该组试件的无侧限抗压强度结果；

3）当 6 个试件的最大值或最小值与平均值之差超过平均值的 20% 时，应以中间 4 个试件的平均值作为该组试件的无侧限抗压强度结果；

4）当中间 4 个试件中最大值或最小值与平均值之差超过平均值的 20% 时，该组试件的试验结果应作废，并应重新制作试件。

B.3 压缩试验

B.3.1 本试验适用于测定水泥土的压缩模量。

B.3.2 水泥土压缩试验的仪器设备应符合国家标准《土工试验方法标准》GB/T 50123 - 1999 第 14.1.2 条的规定，且环刀内径应为 61.8mm，高度应为 20mm。

B.3.3 水泥土压缩试验应制备 3 个环刀试件，且试件制备应符合本规程附录 A 的规定。

B.3.4 水泥土压缩试验应按下列步骤进行：

1 试验前测定水泥土密度（ρ_0），测定方法应符合国家标准《土工试验方法标准》GB/T 50123 - 1999 第 5.1 节的规定。

2 应按国家标准《土工试验方法标准》GB/T 50123 - 1999 第 14.1.5 条第 1、2、3 款的规定对试件施加压力并测定某级压力下试件的变形量。施加的第一级压力宜为 50kPa，加压等级宜为 50kPa、100kPa、200kPa、400kPa，最后一级压力应大于水泥土上覆土层自重压力与附加压力之和。

3 从破坏的试件内部取代表性样品测定水泥土含水率（w_1），测定方法应符合国家标准《土工试验方法标准》GB/T 50123 - 1999 第 4 章的规定。

4 从破坏试件中取代表性样品捣碎、烘干、通过 5mm 筛，并应按国家标准《土工试验方法标准》GB/T 50123 - 1999 第 6.2 节的规定测定水泥土相对密度（G_s）。

B.3.5 试验结果的确定应符合下列规定：

1 试件的初始孔隙比应按下式计算：

$$e_0 = \frac{(1+0.01w_1)G_s\rho_w}{\rho_0} - 1 \quad (B.3.5\text{-}1)$$

式中：e_0——试验前水泥土试件的孔隙比，精确至 0.01；

G_s——水泥土相对密度；

ρ_w——水的密度（g/cm³），取 1.0g/cm³；

ρ_0——水泥土的密度（g/cm³）；

w_1——试验前水泥土的初始含水率（%）。

2 各级压力下试件压缩稳定后的孔隙比应按下式计算：

$$e_i = e_0 - \frac{1+e_0}{h_0}\Delta h_i \quad (B.3.5\text{-}2)$$

式中：e_i——各级压力下试件压缩稳定后的孔隙比，精确至 0.01；

Δh_i——某级压力下试件高度变化（mm）；

h_0——试件初始高度（mm）。

3 某一压力范围内的压缩系数应按下式计算：

$$a_v = \frac{e_i - e_{i+1}}{p_{i+1} - p_i} \quad (B.3.5\text{-}3)$$

式中：a_v——压缩系数（MPa⁻¹）；

p_i——某级压力值（MPa）。

4 某一压力范围内的压缩模量应按下式计算：

$$E_s = \frac{1+e_0}{a_v} \quad (B.3.5\text{-}4)$$

式中：E_s——某压力范围内的压缩模量（MPa），精确至 0.1MPa。

5 应以 3 个试件测值的算术平均值作为压缩试验的结果。

B.4 剪切试验

B.4.1 本试验适用于测定水泥土抗剪强度参数（c 和 φ）。试验方法可采用直接剪切试验和三轴压缩试验。直接剪切试验宜采用快剪试验，三轴压缩试验宜采用不固结不排水压缩（UU）试验的方法。

B.4.2 水泥土剪切试验的仪器设备应符合国家标准《土工试验方法标准》GB/T 50123 - 1999 第 18.1.2 条或第 16.2 节的规定。

B.4.3 水泥土剪切试验的试件制备应符合本规程附录 A 的规定。

B.4.4 快剪试验应符合下列规定：

1 快剪试验应制备 3 组共 12 个试件。试件直径应为 61.8mm，试件高度可根据试验仪器规格选取 20mm 或 40mm。

2 快剪试验步骤应按国家标准《土工试验方法标准》GB/T 50123 - 1999 第 18.3 节进行。施加于试件的垂直压力宜分为 4 级，每级应分别为 100kPa、200kPa、300kPa、400kPa。

3 试验结果计算及确定应符合下列规定：

1）剪应力应按下式计算：

$$\tau = \frac{C_t \cdot R}{A} \times 10 \quad (B.4.4)$$

式中：τ——剪应力（kPa）；

C_t——测力计校正系数（N/0.01mm）；

R——测力计量表读数（0.01mm）；

A——试件横截面积（cm²）。

2）应将每个试件的最大剪应力点绘在坐标纸上，将其线性回归成一条直线，且应以垂直压力（p）为横坐标、抗剪强度（s）为纵坐标。此直线的倾角应为摩擦角（φ），

纵坐标上的截距应为黏聚力（c）（如图
B.4.4 所示）。

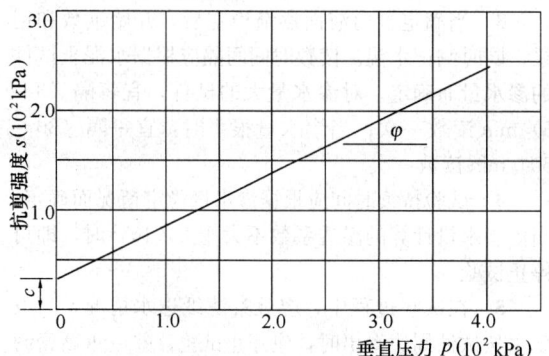

图 B.4.4　抗剪强度与垂直压力关系曲线

　　3）应以 3 组试件平均值作为试件的抗剪强度
参数。

B.4.5　不固结不排水三轴压缩试验应符合下列规定：

　　1　应制作 3 组共 12 个试件，且试件规格应为下
列三种尺寸之一：

　　　　1）直径 39.1mm，高度 80mm；

　　　　2）直径 61.8mm，高度 100mm；

　　　　3）直径 101mm，高度 150mm。

　　2　试件从养护地点取出后，应立即测量其直径
和高度，精确至 0.1mm：

　　　　1）试件的平均直径应按下式计算：

$$D_0 = \frac{D_1 + 2D_2 + D_3}{4} \qquad (B.4.5-1)$$

式中：D_0 ——试件的平均直径（mm），精确
　　　　　　至 0.1mm；

　　　　D_1 ——试件上部位的直径（mm）；

　　　　D_2 ——试件中部位的直径（mm）；

　　　　D_3 ——试件下部位的直径（mm）。

　　　　2）应用卡尺沿圆周对称的十字方向量取 4 个
高度，并取其平均值作为该试件的平均高
度，精确至 0.1mm。

　　3　不固结不排水三轴压缩试验步骤应按国家标
准《土工试验方法标准》GB/T 50123－1999 第 16.4
节进行。

　　4　试验结果计算及确定应符合下列规定：

　　　　1）试件的校正面积应按下式计算：

$$A_a = \frac{A_0}{1 - \varepsilon_1} \qquad (B.4.5-2)$$

式中：A_0 ——试件的初始断面积（cm²）；

　　　　A_a ——试件剪切时的校正面积（cm²），由试
验前量测的试件尺寸计算的试件平均
断面面积；

　　　　ε_1 ——轴向应变（%）。

　　　　2）主应力差（$\sigma_1 - \sigma_3$）应按下式计算：

$$\sigma_1 - \sigma_3 = \frac{C \cdot R}{A_a} \times 10 \qquad (B.4.5-3)$$

式中：σ_1 ——大主应力（kPa）；

　　　　σ_3 ——小主应力（kPa）；

　　　　C ——测力计率定系数（N/0.01mm 或 N/
mV）；

　　　　R ——百分表读数（0.01mm 或 mV）。

　　　　3）应绘制应力圆及强度包线。应以法向应力 σ
为横坐标、剪应力 τ 为纵坐标，在横坐标
上以 $\dfrac{\sigma_{1f} + \sigma_{3f}}{2}$ 为圆心，$\dfrac{\sigma_{1f} - \sigma_{3f}}{2}$ 为半径，在 τ
$-\sigma$ 应力平面图上绘制破损应力圆，作应力
圆包线，该包线的倾角应为内摩擦角 φ，包
线上纵轴上的截距应为黏聚力 c（图
B.4.5）。

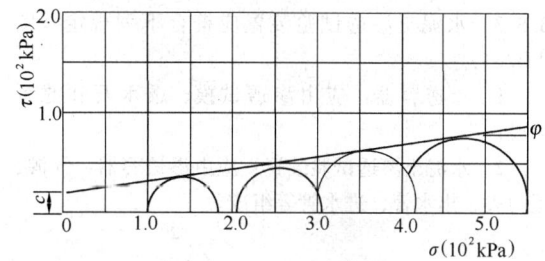

图 B.4.5　不固结不排水剪切强度包线

　　　　4）应以 3 组试件平均值作为试验结果。

B.5　渗　透　试　验

B.5.1　本试验适用于测定水泥土的渗透系数。

B.5.2　水泥土渗透试验应采用下列仪器设备和材料：

　　1　气源：应能使水压按规定要求稳定地作用在
试件上；

　　2　渗透试模：应采用金属试模，上口内径应为
70mm，下口内径应为 80mm，高度应为 40mm，试模
上部侧面应带有出水孔（图 B.5.2-1、图 B.5.2-2）；

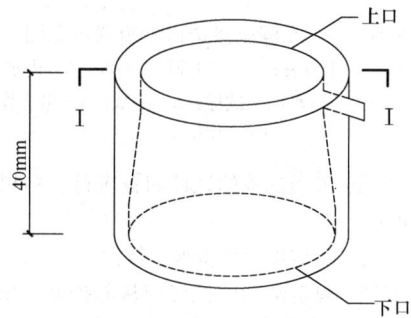

图 B.5.2-1　渗透试模示意图

　　3　压力表：量程应为（0～2.5）MPa，精确度
应不低于 0.4 级；

　　4　密封材料：可采用水泥加黄油密封材料；

　　5　透水石：直径宜为 80mm，厚度宜为 4mm，
且渗透系数应大于 10^{-3} cm/s；

　　6　滴定管：分度值应不大于 0.1mL；

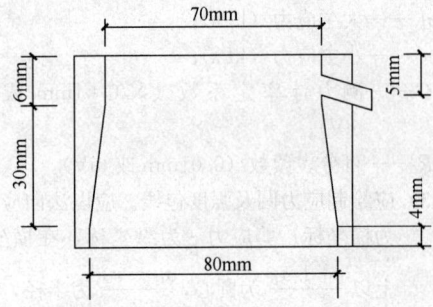

图 B.5.2-2 渗透试模Ⅰ-Ⅰ剖面示意图

7 滤纸：直径宜为 70mm；

8 秒表：分度值应不大于 1s；

9 试验用水：应采用纯水。

B.5.3 水泥土渗透试验装置应符合下列规定（图 B.5.3）：

1 渗透容器：应由渗透试模、透水石和滤纸组成；

2 水泥土渗透试验装置：应由渗透容器、气源、压力表、出水管、进水管等组成。

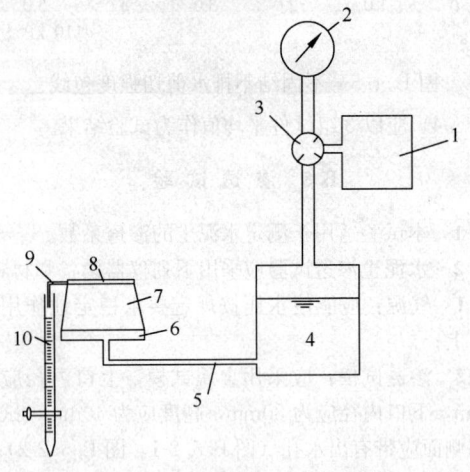

图 B.5.3 水泥土渗透试验装置示意图
1—气源；2—压力表；3—调压阀；4—水；5—进水管；
6—透水石；7—水泥土试样；8—滤纸；9—出水管；
10—滴定管

B.5.4 水泥土渗透试验的试件制备应符合本规程附录 A 的规定。

B.5.5 渗透试验应按下列步骤进行：

1 养护至规定龄期的试件应从养护室取出、脱模，并用拧干的湿布擦拭试件表面；采用密封材料密封装入渗透试模，下口放置透水石，装入渗透仪，并在试件上端面放置滤纸。

2 调节压力表，逐级施加压力。第一级压力宜为 0.02MPa，加压等级宜为 0.02MPa、0.04MPa、0.06MPa、0.08MPa、0.1MPa，以后应以 0.1MPa 的加压幅度递增，每级渗透压力的恒压时间应为 1h，最后一级压力应加至水泥土试件表面有水渗出为止，应记录此时

的渗透压力（p），并应在恒定的压力（p）下测定水泥土试件渗出的水量。

3 当滴定管内液面逐渐稳定后，开始读数和记录，同时测记水温。读数时间间隔应根据水泥土试件的渗水量而确定。对渗水量大的试件，宜每隔（3~5）min 读数一次；当渗水量很小时，宜每隔（30~60）min 读数一次。

4 试验持续时间应根据渗水量稳定情况而确定。当由渗水量计算的渗透系数不大于 $2×10^{-n}$ 时，即可停止试验。

5 在试验过程中，应观察滤纸透水情况，当发现水从试件周边渗出时，应停止试验，并应重新密封试件后再继续试验。

B.5.6 试验结果计算及确定应符合下列规定：

1 水温 T℃ 时水泥土渗透系数 k_T 应按下式计算：

$$k_T = \frac{V}{iAt} \qquad (\text{B.5.6-1})$$

$$i = \frac{p}{100\gamma_w h} \qquad (\text{B.5.6-2})$$

式中：k_T——水温 T℃ 时水泥土渗透系数（cm/s），精确至 $0.01×10^{-n}$cm/s；

t——时间间隔（s），精确至 1s；

A——试件中部横截面积（cm²），精确至 0.1cm²；

h——渗径，即试件高度（cm），精确至 0.1cm；

V——经时间间隔 t 渗出的水量（mL），精确至 0.1mL；

i——水力梯度，精确至 0.01；

p——施加的渗透压力（MPa），精确至 0.02MPa；

γ_w——水的重度（N/cm³），取 0.0098N/cm³。

2 每个试件应至少测定 6 次，并应取 3~4 个在允许差值范围内的相近值的平均值，作为该水泥土试件在某一龄期下的渗透系数，允许差值不应大于 $2×10^{-n}$。

3 渗透试验应以水温 20℃ 为标准温度，标准温度下的渗透系数应按式（B.5.6-3）计算，且黏滞系数比 $\left(\frac{\eta_T}{\eta_{20}}\right)$ 的确定应符合国家标准《土工试验方法标准》GB/T 50123-1999 第 13.1 节表 13.1.3 的规定：

$$k_{20} = k_T × \frac{\eta_T}{\eta_{20}} \qquad (\text{B.5.6-3})$$

式中：k_{20}——水温为标准温度时试件的渗透系数（cm/s），精确至 $0.01×10^{-n}$cm/s，其中 n 为数量级；

η_T——水温 T℃ 时水的动力黏滞系数（kPa·s）；

η_{20}——水温 20℃ 时水的动力黏滞系数（kPa·s）。

4 试验结果的确定应符合下列规定：

1）每组应制作 3 个试件，分别测定渗透压力 p；

2）当 3 个试件在相同的渗透压力 p 下渗水时，应计算 3 个试件的渗透系数平均值作为该组试件的渗透系数，结果精确至 0.01×10^{-n} cm/s；

3）当 3 个试件中有 2 个试件在相同的渗透压力 p 下渗水时，应以这 2 个试件渗透系数平均值作为该组试件的渗透系数，结果精确至 0.01×10^{-n} cm/s；

4）当 3 个试件在不同的渗透压力 p 下渗水时，该组试件的试验结果应作废，并应重新制作试件。

本规程用词说明

1 为便于在执行本规程条文时区别对待，对要求严格程度不同的用词说明如下：

1）表示很严格，非这样做不可的：
正面词采用"必须"，反面词采用"严禁"；

2）表示严格，在正常情况下均应这样做的：
正面词采用"应"，反面词采用"不应"或"不得"；

3）表示允许稍有选择，在条件许可时首先应这样做的：
正面词采用"宜"，反面词采用"不宜"；

4）表示有选择，在一定条件下可以这样做的，采用"可"。

2 条文中指明应按其他有关标准执行的写法为："应符合……的规定"或"应按……执行"。

引用标准名录

1 《土工试验方法标准》GB/T 50123

2 《通用硅酸盐水泥》GB 175

3 《试验机通用技术规程》GB/T 2611

4 《液压式压力试验机》GB/T 3722

5 《混凝土外加剂》GB 8076

6 《混凝土试验用振动台》JG/T 3020

中华人民共和国行业标准

水泥土配合比设计规程

JGJ/T 233—2011

条 文 说 明

制　定　说　明

《水泥土配合比设计规程》JGJ/T 233-2011，经住房和城乡建设部 2011 年 1 月 7 日以第 873 公告批准、发布。

本规程制定过程中，编制组对全国主要软土分布地区的土样进行了较广泛、较深入的调查研究，总结了我国工程建设中采用水泥作为固化剂加固土体的实践经验，同时参考了《土工试验方法标准》GB/T 50123-1999 等先进技术法规、技术标准，通过无侧限抗压强度试验、压缩试验、剪切试验和渗透试验分别取得了无侧限抗压强度、压缩模量、抗剪强度参数和渗透系数等重要技术参数。

为便于广大设计、施工、科研、学校等单位有关人员在使用本规程时能正确理解和执行条文规定，《水泥土配合比设计规程》编制组按章、节、条顺序编制了本规程的条文说明，对条文规定的目的、依据以及执行中需注意的有关事项进行了说明。但是，本条文说明不具备与规程正文同等的法律效力，仅供使用者作为理解和把握规程规定的参考。

目　次

1 总　则

1.0.1　水泥土作为道路路面基层、护坡修筑、衬砌注灌、地基加固、基础夯土和铺垫等工程的常见材料，具有经济耐久、就地取材、施工简便等优点，并以其施工期短、可加固深度大、处理效果好等特点广泛应用在软弱地基加固处理工程中。随着水泥土的发展，水泥土的室内试验也越来越受到重视，室内试验在工程设计中起着很关键的作用，在一定程度上决定了处理方案的经济性、合理性以及工程的成败。因此《建筑地基处理技术规范》JGJ 79‑2002 中第 11.1.5 条明确规定设计前应进行拟处理土的室内配比试验，为设计提供依据。

对于水泥土的室内配合比试验，国内目前尚无同类标准。各单位的试验方法存在着很大的差异，如试验用的土样，有原状土、风干土、烘干土等；试件搅拌方法有人工搅拌和机械搅拌等；试件尺寸有 70.7mm × 70.7mm × 70.7mm 或 50mm × 50mm × 50mm 的立方体和不同尺寸的圆柱体等；养护条件有自然养护、标准养护、土中养护和标准水中养护等；试验设备也存在着较大的差别，从而导致试验数据离散性大，不便于统计分析和广泛交流。因此有必要对水泥土室内试验统一化和标准化，制定出试验操作规程。本规程编制组充分考虑了近年来全国有代表性土质地区水泥土施工技术及工艺的变化，针对近年来水泥土在生产和施工中出现的新问题，广泛收集资料，开展调查研究，在试验研究的基础上，参考了诸多相关的技术资料和标准规范，统一了水泥土配合比及设计中常用的水泥土相关参数的试验方法。

1.0.2　水泥土配合比设计主要是通过工程设计单位提供的强度、水泥掺入比、水灰比等参数来制备水泥土试件，进行物理力学性能试验，研究水泥加固土的效果以及影响水泥土工程性质的因素。

室内试验条件与施工现场条件存在较大的区别，但既然是室内试验，应认为就是离散小的数值，即应认为水泥土是搅拌充分且均匀的，而不需完全与现场水泥土条件相同。进行室内试验主要是为了验证设计的合理性，同时也可为工程上寻求更加经济、合理的配方和合理的施工参数提供理论上的依据。

1.0.3　本条指出了在进行水泥土配合比设计时，还应执行现行的《土工试验方法标准》GB/T 50123‑1999、《建筑地基处理技术规范》JGJ 79、《软土地基深层搅拌加固法技术规程》YBJ 225、《水下深层水泥搅拌桩加固软土地基技术规程》JTJ/T 259、《粉体喷搅法加固软弱土层技术规范》TB 10113 等标准规定。

3　基本规定

3.0.1　本条规定在进行水泥土配合比设计前应完成

的工作，其中强调结合工程情况，了解当地相关经验、水泥土配合比试验资料和影响水泥土强度的因素，对于有特殊要求的工程，尚应了解其他地区相似场地上同类项目经验和使用情况等。

对拟采用水泥加固软弱土的工程，除了常规的工程地质勘察要求外，尚应注意查明：

1　填土层的组成：特别是大块物质（石块和树根等）的尺寸和含量。含大块石对采用水泥土搅拌法的施工有很大的影响，所以必须清除大块石等再予施工。

2　土的含水率：当水泥土配方相同时，其强度随土样的天然含水率的降低而增大。试验表明，当土的含水率在 50%～85% 范围内变化时，含水率每降低 10%，水泥土强度可提高 30%。

3　有机质含量：有机质含量较高会阻碍水泥水化反应，影响水泥土强度的增长。故对有机质含量较高的明、暗浜填土及吹填土应予慎重考虑。对生活垃圾的填土不应采用水泥土方法进行加固。

4　水质分析：对地下水的酸碱度（pH 值）以及硫酸盐含量等进行分析，以判断对水泥侵蚀性的影响。

5　塑性指数：当土的塑性指数大于 25 时，水泥和土不易搅拌均匀。

采用水泥加固砂性土应进行颗粒级配分析。特别注意土的黏粒含量及对水泥有害的土中离子种类及数量，如 SO_4^{2-}、Cl^- 等。

影响水泥土物理力学特性的因素有：水泥掺入比、水泥强度等级、龄期、含水率、有机质含量、外加剂、养护条件及土性等。

3.0.2　根据室内试验，一般认为用水泥作加固料，对含有高岭石、多水高岭石、蒙脱石等黏土矿物的软土加固效果较好；而对含有伊利石、氯化物和水铝英石等矿物的黏性土以及有机质含量高、pH 值较低的黏性土加固效果较差。当对含有机质或含盐量较高的土进行加固时，需进行试验确定选用水泥作为加固材料的可行性。同时通过试验选择合适的水泥类型及掺量，以减少水泥土强度的损失。

不同的外加剂对水泥土强度有着不同的影响。如木质素磺酸钙对水泥土强度的增长影响不大，主要起减水作用。石膏、三乙醇胺对水泥土强度有增强作用，而其增强效果对不同土样和不同水泥掺入比又有所不同，所以选择合适的外加剂可提高水泥土强度和节约水泥用量。一般早强剂可选用三乙醇胺、氯化钙、碳酸钠或水玻璃等材料；减水剂可选用木质素磺酸钙；石膏兼有缓凝和早强的双重作用。

3.0.3　《建筑地基处理技术规范》JGJ 79‑2002 第 11.1.5 条的条文说明指出：水泥土的强度随着龄期的增长而提高，一般在龄期超过 28d 后仍有明显增长，为了降低造价，对竖向承载的水泥土强度取 90d

龄期试件的立方体无侧限抗压强度平均值。从无侧限抗压强度试验得知，在其他条件相同时，不同龄期的水泥土无侧限抗压强度间大致呈线性关系，其经验关系式如下：

$$f_{cu7} = (0.47 \sim 0.63)f_{cu28}$$

$$f_{cu14} = (0.62 \sim 0.80)f_{cu28}$$

$$f_{cu60} = (1.15 \sim 1.46)f_{cu28}$$

$$f_{cu90} = (1.43 \sim 1.80)f_{cu28}$$

$$f_{cu90} = (2.37 \sim 3.73)f_{cu7}$$

$$f_{cu90} = (1.73 \sim 2.82)f_{cu14}$$

上式中 f_{cu7}、f_{cu14}、f_{cu28}、f_{cu60}、f_{cu90} 分别为 7d、14d、28d、60d 和 90d 龄期的水泥土无侧限抗压强度。

当龄期超过 3 个月后，水泥土的强度增长逐渐减缓。同样，据电子显微镜观察，水泥和土的硬凝反应约需 3 个月才能充分完成。因此选用 90d 龄期强度作为水泥土的标准强度较为适宜。一般情况下，龄期少于 3d 的水泥土强度与标准强度间关系其线性较差，离散性较大。

实际工程中，大多数对工期有严格要求，建议配合比龄期至少应进行 7d、28d、90d 三种龄期的试验，可用 7d 或 28d 龄期的试验结果推算标准龄期 90d 的参数。由于龄期越短，试验结果离散性越大，与标准龄期指标间关系的线性较差，因此，一般情况下可进行 7d、14d、28d、60d、90d 等龄期的试验，在工期允许的情况下，尽可能采用较长龄期（14d、28d）的试验结果进行推算。

3.0.4 《建筑地基处理技术规范》JGJ 79 - 2002 第 11.1.5 条规定：对竖向承载的水泥土强度宜取 90d 龄期试块的立方体抗压强度平均值；对承受水平荷载的水泥土强度宜取 28d 龄期试块的立方体抗压强度平均值。

从工程实际出发，对承受水平荷载和高压喷射注浆的水泥土强度宜取 28d 龄期试件的立方体无侧限抗压强度平均值。

为便于积累地区经验，室内试验应进行 90d 标准龄期的试验，尽管试验时间较长，但对积累经验、建立不同龄期与标准龄期之间的相关关系、提高推算精度非常有意义。

4 原 材 料

4.0.1 试验用土一般为淤泥、淤泥质土、黏性土、饱和黄土、粉土、素填土以及无流动地下水的饱和松散砂土等高压缩性土，均应从工程场区内拟加固的有代表性的土层中挖掘或钻取，并搜集拟加固区域内详尽的岩土工程资料，尤其是土层的组成、厚度，加固土层的分布范围、分层情况，地下水位及 pH 值，了解典型土层的物理力学性能指标，主要包括土的含水率、塑性指数、土颗粒级配和有机质含量，以及地下水的埋藏条件、渗透性和水质成分等。但对硬黏土和含有较多大粒径块石或有大量植物根茎的土将会影响处理效果。对于含有过多有机质的土层，其处理效果取决于固结体的化学稳定性。对于湿陷性黄土地基，因当前试验资料和施工实例较少，应预先进行现场可行性试验。

目前，试验用的土样有原状土、风干土和烘干土三种类型，其试验结果存在着较大的差异。原状土是指土样从现场钻孔或挖掘采取后，立即用厚聚氯乙烯塑料袋封装，4h 之内即开始配制试件。从表面上看，利用原状土做室内试验，似乎与实际情况较吻合，但存在着一些问题：①原状土在取样过程中有应力释放和人为扰动的影响，特别是灵敏度大的土，土体结构易破坏，与真正的原状土相比会有较大差异；②现场采取的原状土若为淤泥质黏土，其黏性很大，在土中掺入水泥浆后不易搅拌均匀，试验结果离散性较大，在工程运用中失去其代表性；③在水泥土搅拌法的设计公式中，f_{cu} 是与桩身水泥土配方相同的室内水泥土试块在标准养护条件下 90d 龄期的抗压强度。既然是室内试验，应认为就是离散性小的数值，即应认为水泥土是搅拌充分且均匀的，而不需完全与现场水泥土条件相同。风干土是指土样从现场采取后，运回试验室进行风干、碾碎和通过 5mm 筛子的粉状土料；烘干土是指土样运回试验室进行烘干、碾碎和过筛的粉状土料。这两种土由于是加工成粉末状的，它可以先和干水泥粉充分混合，然后加入所需的水，能够保证搅拌均匀，提供的设计参数相对可靠、合理。不过，土样经烘干后，土中所含的有机质成分和黏土矿物成分会遭到破坏，从而改变了土的内力结构和土的性质，其试验结果不能代表实际情况，提供的设计参数将不可靠。因此，应取风干土，并碾碎和通过 5mm 筛子制成粉末状。

4.0.2 水泥固化剂一般适用于正常固结的淤泥与淤泥质黏土、黏性土、粉土、素填土（包括冲填土）、饱和黄土、粉砂以及中粗砂、砂砾（粗粒土中无明显的流动地下水）等地基加固。一般情况下，所用水泥的品种宜根据设计要求并结合当地工程经验和土质条件确定，其最佳掺量应通过试验结果最终确定，水泥强度等级的评定方法应按照国家相关技术规范执行。目前，多采用普通硅酸盐水泥和矿渣硅酸盐水泥，复合硅酸盐水泥和粉煤灰硅酸盐水泥也有少量使用，若采用火山灰质硅酸盐水泥则需首先确定其适用性。

当地下水中含有大量硫酸盐（海水渗入地区），因硫酸盐与水泥发生反应时对水泥土具有结晶性侵蚀，会出现开裂、崩解而丧失强度。为此应适当添加防腐剂或选用抗硫酸盐水泥，使水泥土中产生的结晶膨胀物质控制在一定数量范围内，以提高水泥土的抗侵蚀性能，其可行性需经试验确定。

4.0.3 试验室采用施工现场用水，而施工现场受水源条件的影响，有可能就地取材，使用地下水、沟渠水、中水、污水、海水等，不一定符合《混凝土用水标准》JGJ 63 的规定，其水质会对水泥土固结产生不利影响，应对其进行必要的水质分析，并根据水质分析报告，采用添加外加剂等方法予以相应处理，并通过试验确定可行性。由于水是影响水泥硬化、水泥土固结的重要因素之一，为确保水泥土拌合的真实可行，为设计提供可靠依据，应尽量采用施工现场用水。若工程现场用水符合《混凝土用水标准》JGJ 63 的规定，试验室内搅拌用水采用工程现场用水、自来水均可。

4.0.4 外加剂具有改善水泥土加固体性能的作用，是提高水泥土强度的有效措施之一。可根据工程需要和土质条件选用不同类型的外加剂（见表 1）和掺合料，其掺入比应根据配比试验确定。在有经验的地区使用普通硅酸盐水泥作为固化剂时可以适当添加粉煤灰。粉煤灰是具有较高活性和较明显水硬性的工业废料，可作为水泥搅拌桩的掺合料，对于不同土质，不同掺量对水泥土强度提高量不同，其掺量应通过试验确定。冬期施工时，应注意负温对处理效果的影响。在我国北纬 40°以南的冬季负温条件下，冰冻对水泥土的结构损害甚微，由于水泥与黏土矿物的各种反应减弱，水泥土的强度增长缓慢（甚至停止），但正温后随着水泥水化等反应的继续深入，水泥土的强度可接近标准强度。

表 1　水泥土外加剂种类及掺量汇总表

名　　称	试　　剂	掺量占水泥重（%）	说　　明
速凝剂	氯化钙	1～2	加速凝结和硬化
	硅酸钠	0.5～3	加速凝结
	铝酸钠		
缓凝剂	木质磺酸钙	0.2～0.5	亦增加流动性
	酒石酸	0.1～0.5	
	糖	0.1～0.5	
流动剂	木质磺酸钙	0.2～0.3	
	去垢剂	0.05	产生空气
引气剂	松香树脂	0.1～0.2	产生约10%的空气
膨胀剂	铝　粉	0.005～0.02	约膨胀 15%
	饱和盐水	30～60	约膨胀 1%
防析水剂	纤维素	0.2～0.3	—
	硫酸铝	约 20	产生空气

注：由于各地土质条件不同，以上外加剂掺量仅供参考，应以试验结果为准。

5　配合比设计

5.0.2 根据工程实践，大部分工程的设计人员在进行水泥土加固设计时，均提出了水泥掺入比（或水泥用量）的具体要求，同时也提出了水泥土强度的设计要求，因此在进行水泥土配合比试验时，可以选取设计要求的水泥掺入量作为水泥掺入比基准值。若设计只提供水泥土强度要求，则可按照当地经验确定水泥掺入比基准值。

根据现行行业标准《建筑地基处理技术规范》JGJ 79 的有关规定，采用水泥作为固化剂材料，当其他条件相同时，在同一土层中水泥掺入比不同时，水泥土强度将不同。水泥土的抗压强度随其相应的水泥掺入比的增大而增大，但因场地地质与施工条件的差异，掺入比的提高与水泥土强度增加的百分比是不完全相同的。基于以上分析，本条给出了在水泥土配合比设计时，一般情况下的水泥掺入比的范围。

由于块状加固属于大体积处理，对于水泥土的无侧限强度要求不高，因此为了节约水泥，降低成本，可选用 7%～12%的水泥掺入比。水泥掺入比大于 10%时，水泥土强度可达（0.3～2）MPa 以上。一般水泥掺入比可采用 12%～20%。高压喷射注浆法加固土体时，一般设计水泥用量比水泥土搅拌法要大得多，但实际施工时，高压喷射注浆法的冒浆量非常大，冒浆率一般均达 40%以上，因此，室内试验时必须考虑冒浆因素。故水泥掺入比可适当提高，一般情况可达 25%。

对道路上采用水泥与土混合形成的水泥稳定中粒土和粗粒土，一般其水泥掺量可选用不小于 3%；对水泥稳定细粒土，水泥掺量可选用不小于 4%。

5.0.3 本条指出了水泥浆水灰比的要求，主要基于三点考虑：一是水泥浆水灰比较低时，水泥浆较稠，在现场施工时不利于水泥浆的泵送；二是水泥浆中所带入的水量对水泥土最终的强度影响不大；三是综合考虑我国相关规范规定的水泥浆水灰比取值范围。《建筑地基处理技术规范》JGJ 79 - 2002 给出水泥土搅拌法的水泥浆水灰比范围为 0.45～0.55，高压喷射注浆法的水泥浆水灰比范围为 0.8～1.5；《水下深层水泥搅拌桩加固软土地基技术规程》JTJ/T 259 - 2004 给出水泥土搅拌法的水泥浆水灰比范围为 0.7～1.3。三轴搅拌桩的水灰比一般为 1.5～2.0。因此，综合考虑各种水泥土加固的实际情况，提出水泥浆的水灰比宜取 0.45～2.0，应根据施工方法的不同合理选取。室内试验时应充分收集当地施工经验，合理选择水泥浆水灰比。水泥浆水灰比也可以通过试拌，观察水泥土拌合物塑性情况确定。可在水泥用量不变的情况下适当调整水泥浆水灰比，直到水泥土拌合物塑性满足试件成型要求为止。

5.0.4 为便于技术人员掌握水泥土室内试验各材料用量的计算步骤，现举例如下：

某工程，采用水泥土搅拌法加固，设计水泥掺入比为15%，被加固土体的天然含水率为50%，湿法施工，根据当地经验，水泥浆水灰比选取0.5。采用70.7mm×70.7mm×70.7mm立方体试块；水泥掺入比分别为12%、15%、18%三种；分别进行7d、28d、90d三个龄期的无侧限抗压强度试验。每种配合比每个龄期为一组试验，每组试验6个试件。

因此，共需制作54个试件，每种水泥掺入比制作18个试件。现以15%水泥掺入比为例：

1 假设土的天然密度为1.85g/cm³，则18个试件所需土的质量约为（此计算为确定现场取土量提供依据，考虑风干过程的损失，取富余系数为1.3）：

$$m_s = 1.3m'_s = 1.3 \times 18 \times 7.07 \times 7.07 \times 7.07 \times 1.85$$
$$= 1.3 \times 11768g \approx 15.3kg$$

2 假设风干土的含水率为10%，则试验所需风干土的质量约为：

$$m_0 = \frac{1 + 0.01w_0}{1 + 0.01w} \times m'_s = \frac{1 + 0.01 \times 10}{1 + 0.01 \times 50} \times 11768$$
$$= 8630g \approx 9kg$$

3 试验所需的水泥质量则为：

$$m_c = \frac{1 + 0.01w}{1 + 0.01w_0} 0.01a_w m_0$$
$$= \frac{1 + 0.01 \times 50}{1 + 0.01 \times 10} \times 0.01 \times 15 \times 9 = 1.84kg$$

4 加水量则为：

$$m_w = \left(\frac{0.01w - 0.01w_0}{1 + 0.01w} + 0.01\mu a_w \right) \frac{1 + 0.01w}{1 + 0.01w_0} m_0$$
$$= \left(\frac{0.01 \times 50 - 0.01 \times 10}{1 + 0.01 \times 50} + 0.01 \times 0.5 \times 15 \right)$$
$$\times \frac{1 + 0.01 \times 50}{1 + 0.01 \times 10} \times 9 = 4.19kg$$

5.0.7 当试配过程中塑性不满足要求时，则水泥土掺入比不变，调整水泥浆水灰比；当试配结果中强度等参数不满足设计要求时，则调整水泥掺入比基准值，重新进行试验。

附录A 试件制备

A.1 仪器设备

A.1.1 试模分为立方体、圆柱体和截头圆锥形三种：立方体试模用于无侧限抗压强度试验、压缩试验和直剪试验；圆柱体试模用于不固结不排水三轴压缩（UU）试验；截头圆锥形试模尺寸规格参照砂浆渗透

试验用试模，但因试件需带模在水中养护至规定龄期，故要求采用不锈钢材质。推荐的三种规格的圆柱体试模为常规土工三轴压缩试验中试件常用的尺寸规格，各根据所采用的三轴仪的允许试件规格取较大值。也有单位在制作水泥土三轴压缩试件时不用圆柱体试模，而是将具有一定强度的立方体试件进行切削打磨。考虑到不同操作人员的操作习惯与精度差异较大，为统一标准，保证试验精度，便于对比，本规程要求全部采用圆柱体试模制作不固结不排水三轴压缩试验用试件。

A.1.2 本条文规定了环刀的尺寸，不同试验选用的环刀不同，在具体试验方法中作出了规定。环刀试件的制作目的是满足水泥土直剪试验和压缩试验对试件规格的要求。捣棒长度可根据试模尺寸选择，以方便插捣为宜，可选用350mm长度，宜采用直径为10mm且端部磨圆的光滑钢棒。

采用砂浆搅拌机和混凝土搅拌机等设备对水泥土进行搅拌时，水泥土在搅拌初期包裹在搅拌叶片上，无法将其搅拌均匀，故考虑用低速搅拌和高速搅拌相结合的搅拌方式。经试验证明，选用转速为（100～400）r/min且转速可调的搅拌机，采用高低速交替搅拌的方式，可达到搅拌均匀的效果。当低速搅拌时水泥土包裹在叶片上，高速搅拌时包裹在叶片上的水泥土被甩在搅拌锅壁上，通过不断的高低速重复搅拌，使水泥土达到均匀的效果。但因高速搅拌时，如采用不封闭的搅拌锅，水泥会溅出，因此采用可封闭的搅拌锅。

A.2 试件的搅拌、成型与养护

A.2.2 建议搅拌时采用先低速搅拌1min，再高速搅拌30s，停止搅拌并在30s内将包裹在搅拌机叶片和锅壁上的水泥土用油灰刀刮去，如此循环反复，直至搅拌均匀。

A.2.3 综合使用插捣和振动两种方法是因为考虑到不同地区土质差异较大，对水泥土拌合物成型有不利影响，为减小试验误差，统一成型方法。可根据水泥土状态选择压入环刀的时间。

A.2.4 水泥土的重度可由公式 $\gamma = \frac{m \cdot g}{V}$ 计算得到。

本规程规定两次测定试件重度，分别在拆模后养护前和养护后试验前。拆模后养护前测定试件重度并计算同组试件重度的最大值或最小值与平均值的偏差，判定该组试件搅拌、成型过程的均匀性，以减少试验数据的离散性。养护后试验前测定重度主要是供工程中使用。养护条件对水泥土强度影响很大，通常采用标准养护（将试件放入塑料袋中密封20℃±2℃养护）、标准水中养护（将试件浸入20℃±1℃的水中养护）、软土养护（将试件包裹在20℃±2℃土样中养护）三种方式，通过对淤泥进行无侧限抗压强度试验表明：

标准水中养护或软土养护试件强度离散性较小，且强度明显高于标准养护试件；标准水中养护与软土养护试件的强度无明显差别。为便于操作，本规程提出采用标准水中养护。

附录 B 试验方法

B.1 一般规定

B.1.3 当试件尺寸不符合要求时，应重新制样。

B.2 无侧限抗压强度试验

B.2.2 压力试验机不符合现行国家标准《液压式压力试验机》GB/T 3722 和《试验机通用技术规程》GB/T 2611 的规定时，不得使用。

B.2.4 为了避免试件的温度和湿度发生变化，影响试验结果，试件从养护地点取出后应尽快进行试验。考虑到不同水泥掺入比、不同龄期的水泥土强度差异较大，因此建议水泥土预估强度小于 1MPa 时，加荷速率取（0.03～0.08）kN/s；水泥土强度大于等于1MPa 时，加荷速率取（0.08～0.15）kN/s。另外，从水泥土的应力应变关系可知，除了水泥掺入比较低、龄期较短的情况下水泥土呈塑性破坏外，一般都表现出脆性破坏的特点。通过试验表明：水泥土试件在脆性破坏时，压缩变形在 1%～10% 之间，因此塑性破坏试件可用压缩变形为 10% 时的荷载作为破坏荷载。

B.3 压缩试验

B.3.2 本规程多处引用《土工试验方法标准》GB/T 50123‑1999 具体条款内容，为了便于参阅，特将其条款内容详细列出。

仪器设备主要参考《土工试验方法标准》GB/T 50123‑1999 第 14.1.2 条的规定执行，具体的规定如下：

1 压缩仪器：由环刀、护环、透水板、水槽、加压上盖组成，如图 1 所示。

1）环刀：内径 61.8mm 和 79.8mm，高度为 20mm。环刀应具有一定的刚度，内壁应保持较高的光洁度，宜涂一薄层硅脂或聚四氟乙烯。

2）透水板：氧化铝或不受腐蚀的金属材料制成，其渗透系数应大于试件的渗透系数。用固定式容器时，顶部透水板直径应小于环刀内径 0.2mm～0.5mm；用浮环式容器时上下端透水板直径相等，均应小于环刀内径。

2 加压设备：应能垂直地在瞬间施加各级规定

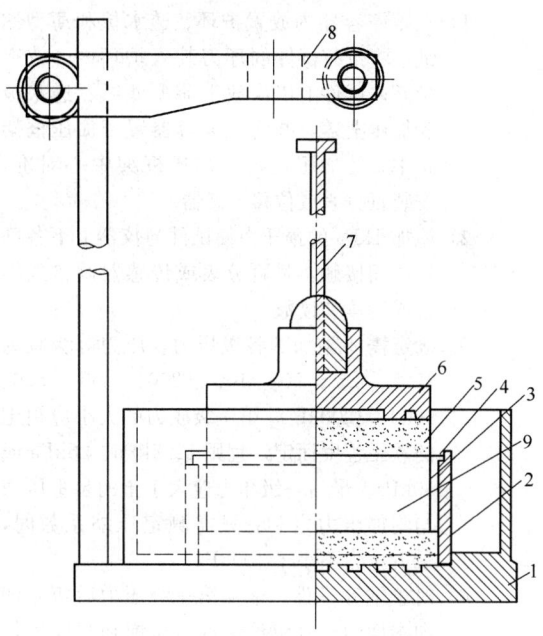

图 1 压缩仪示意图

1—水槽；2—护环；3—环刀；4—导环；
5—透水板；6—加压上盖；7—位移计导杆；
8—位移计架；9—试件

的压力，且没有冲击力，压力准确度应符合现行国家标准《土工仪器的基本参数及通用技术条件》GB/T 15406 的规定。

3 变形量测设备：量程 10mm，最小分度值为 0.01mm 的百分表或准确度为全量程 0.2% 的位移传感器。

B.3.4 试验步骤主要参考《土工试验方法标准》GB/T 50123‑1999 的相关规定执行。

1 《土工试验方法标准》GB/T 50123‑1999 第 5.1 节的具体规定如下：

1）主要仪器设备：

环刀：内径 61.8mm 和 79.8mm，高度 20mm；

天平：称量 500g，最小分度值 0.1g；称量 200g，最小分度值 0.01g。

2）环刀法测定密度的具体步骤为：根据试验要求用环刀切取试件时，应在环刀内壁涂一薄层凡士林，刃口向下放在土样上，将环刀垂直下压，并用切土刀沿环刀外侧切削土样，边压边削至土样高出环刀，根据试件的软硬采用钢丝锯或切土刀整平环刀两端土样，擦净环刀外壁，称环刀和土的总质量。

3）试件的湿密度按 $\rho_0 = \dfrac{m_0}{V}$ 计算，其中 m_0 为试件湿土质量，V 为环刀体积。

2 《土工试验方法标准》GB/T 50123‑1999 第 14.1.5 节的具体规定如下：

1) 在压缩容器内放置护环、透水板和薄型滤纸，将带有试件的环刀装入护环内，放上导环，试件上依次放上薄型滤纸、透水板和加压上盖，并将压缩容器置于加压框架正中，使加压上盖与加压框架中心对准，安装百分表或位移传感器。

2) 施加 1kPa 的预压力使试件与仪器上下各部件之间接触，将百分表或传感器调整到零位或测读初读数。

3) 确定需要施加的各级压力，压力等级宜为 12.5、25、50、100、200、400、800、1600、3200kPa。第一级压力的大小应视土的软硬程度而定，宜用 12.5kPa、25kPa 或 50kPa。最后一级压力应大于土的自重压力与附加压力之和。只需测定压缩系数时，最大压力不小于 400kPa。

4) 对于饱和试件，施加第一级压力后应立即向水槽中注水浸没试件。非饱和试件进行压缩试验时，须用湿棉纱围住加压板周围。

5) 试验结束后吸去容器中的水，迅速拆除仪器各部件，取出整块试件，测定含水率。

3 含水率试验应按下列步骤进行：

1) 取环刀中试样 15g～30g 放入称量盒内，盖上盒盖，称盒加湿土质量，准确至 0.01g。

2) 打开盒盖，将盒置于 105℃～110℃ 的恒温烘箱内烘至恒重，烘干时间不得少于 8h。

3) 将称量盒从烘箱中取出，盖上盒盖，放入干燥容器内冷却至室温，称盒加干土质量，准确至 0.01g。

4) 试样的含水率应按式 $W_1 = \left(\dfrac{m_0}{m_d} - 1\right) \times 100$ 计算，准确至 0.1%，其中 m 为湿土质量，m_d 为干土质量。

4 《土工试验方法标准》GB/T 50123-1999 第 6.2 节的具体规定如下：

1) 主要仪器设备：

比重瓶：容积 100mL 或 50mL，分长颈和短颈两种；恒温水槽：准确度应为 ±1℃；砂浴：应能调节温度；天平：称量 200g，最小分度值 0.001g；温度计：刻度为 0～50℃，最小分度值为 0.5℃。

2) 比重瓶的校核，应按下列步骤进行：

将比重瓶洗净、烘干，置于干燥器内，冷却后称量，准确至 0.001g。

将煮沸经冷却的纯水注入比重瓶，对长颈比重瓶注水至刻度处，对短颈比重瓶应注满纯水。塞紧瓶塞，多余水自瓶塞毛细管中溢出。将比重瓶放入恒温水槽直至瓶内水温稳定。取出比重瓶，擦干外壁，称瓶、水总质量，准确至 0.001g。测定恒温水槽内水温，准确至 0.5℃。

调节数个恒温水槽内的温度，温度差宜为 5℃，测定不同温度下的瓶、水总质量。每个温度时均应进行两次平行测定，两次测定的差值不得大于 0.002g，取两次测值的平均值。绘制温度与瓶、水总质量的关系曲线，如图 2 所示。

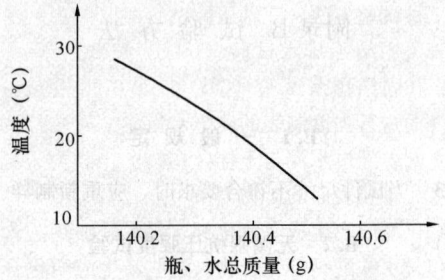

图 2　温度与瓶、水总质量关系曲线

3) 比重瓶法试验，应按下列步骤进行：

将比重瓶烘干。称烘干试件 15g（当用 50mL 的比重瓶时，称烘干试件 10g）装入比重瓶，称试件和瓶的总质量，准确至 0.001g。

向比重瓶内注入半瓶纯水，摇动比重瓶，并在砂浴上煮沸，煮沸时间自悬液沸腾起砂土不应少于 30min，黏土、粉土不得少于 1h。沸腾后应调节砂浴温度，比重瓶内悬液不得溢出。对砂土宜用真空抽气法；对含有可溶盐、有机质和亲水性胶体的土必须用中性液体（煤油）代替纯水，采用真空抽气法排气，真空表读数宜接近当地一个大气负压值，抽气时间不得少于 1h。

将煮沸经冷却的纯水（或抽气后的中性液体）注入装有试件悬液的比重瓶，当用长颈比重瓶时注纯水至刻度处，当用短颈比重瓶时应将纯水注满。塞紧瓶塞，多余的水分自瓶塞毛细管中溢出。将比重瓶置于恒温水槽内至温度稳定，且瓶内上部悬液澄清。取出比重瓶，擦干瓶外壁，称比重瓶、水、试件总质量，准确至 0.001g；并应测定瓶内的水温，准确至 0.5℃。

从温度与瓶、水总质量的关系曲线中查得各试验温度下的瓶、水总质量。

4) 土粒的相对密度按 $G_s = \dfrac{m_d}{m_{bw} + m_d - m_{bws}} \cdot G_{iT}$ 计算，其中 m_d 为试样烘干质量，m_{bw} 为比重瓶、水总质量，m_{bws} 为比重瓶、水、试样总质量，G_{iT} 为 T℃ 时纯水或中性液体的相对密度（可查物理手册）。

水泥土压缩过程中，每次加荷都要经过一定的时间，水泥土压缩才能稳定。一般情况下，加压 24h 后，可达到稳定。

B.4 剪 切 试 验

B.4.1 室内试验测定抗剪强度的方法一般有直接剪切试验、无侧限抗压强度试验和三轴压缩试验。无侧限抗压试验是三轴压缩试验中 $\sigma_3 = 0$ 的一种特殊情况。三轴压缩试验与直接剪切试验相比具有能够控制试件排水条件、受力状态明确、可以控制大小主应力、剪切面不固定等优点。直接剪切试验的特点是简单快捷，容易操作，其试验方法有快剪、固结快剪和慢剪三种试验方法。三轴压缩试验根据排水条件不同可分为不固结不排水试验（UU）、固结不排水试验（CU）和固结排水试验（CD）三种，以适用不同工程条件而进行强度制表的测定。水泥土试件与常规的土样不同，经过水泥与土拌合、振实、养护一定龄期后，水泥颗粒表面的矿物很快与软土中的水分发生水解和水化反应，生成氢氧化钙、含水硅酸钙、含水铝酸钙和含水铁酸钙等化合物。这些新生成的化合物在水中和空气中逐渐硬化，增大了水泥土的强度，而且由于其结构比较致密，水分不容易侵入，从而使水泥土具有足够的水稳定性。试验发现，经过一定的养护龄期后的水泥土，其应力应变关系曲线与软土已经有了显著区别，随着水泥掺入比的逐渐增大（从 5% ~ 25%），龄期的增长，水泥土中的水化和固化反应逐渐充分，强度逐渐增大，水泥土的初始模量也越来越大，应力应变曲线的下降段也愈加短而陡，呈比较显著的脆性破坏。因此，除了有特殊的研究目的外，在一般工程实际中，不需考虑水泥土的固结与排水问题，或者说在破坏时来不及排水，故在本规程中对水泥土的抗剪强度参数试验中采用快剪试验（Q）和不固结不排水三轴压缩试验（UU）。

快剪试验（Q）和不固结不排水三轴压缩试验（UU）得到的试验结果为水泥土总应力条件下的抗剪强度参数 c 和 φ。其中，快剪试验适用于测定水泥土简单应力条件下的 c 和 φ，不固结不排水三轴压缩试验（UU）适用于测定水泥土复杂的三向应力条件下的 c 和 φ。

B. 4. 2　试验仪器设备主要参考《土工试验方法标准》GB/T 50123 - 1999 第 18.1.2 条或第 16.2 条的规定执行。

1　《土工试验方法标准》GB/T 50123—1999 第 18.1.2 条具体的规定如下：

　　1）应变控制式直剪仪：由剪切盒、垂直加荷设备、剪切传动装置、测力计和位移量测系统组成。

　　2）环刀：内径 61.8mm，高 20mm。

　　3）位移量测设备：百分表或传感器，百分表量程为 10mm，分度值为 0.01mm，传感器的精度应为零级。

2　《土工试验方法标准》GB/T 50123—1999 第 16.2 条具体的规定如下：

　　1）应变控制式三轴压缩仪：由围压系统、反压系统、孔隙水压力量测系统和主机构成。

　　2）附属设备：击实器、饱和器、切土盘、切土器、成膜筒及对开圆模。

　　3）百分表：量程 3cm 或 1cm。

　　4）天平：称量 200g，感量 0.01g；称量 1000g，感量 0.1g。

　　5）橡皮膜：应具有弹性，厚度应小于橡皮膜直径的 1/100，且不得有漏气。

B. 4. 4　快剪试验的试验步骤主要参考《土工试验方法标准》GB/T 50123 - 1999 第 18.3 节的规定执行，其具体的规定如下：

1　对准剪切容器上下盒，插入固定销，在下盒内放置透水石和滤纸，将带有试件的环刀刃向上，对准剪盒口，在试件上放置滤纸和透水石，将试件小心地推入剪切盒内。

2　移动传动装置，使上盒前端钢珠刚好与测力计接触，依次加上传压板、加压框架，安装垂直位移量测装置，测记初始读数。

3　根据工程实际情况和土的软硬程度施加各级垂直压力。施加于试件的垂直压力宜分为 4 级，每级荷载分别为 100kPa、200kPa、300kPa、400kPa，在各级垂直压力下测定其剪损时的读数。

4　按照固结快剪的标准，剪切速度按照 0.8mm/min 控制。当测力计百分表读数不变或者后退时，继续剪切至剪切位移为 4mm 时停止，记下破坏值。当剪切过程中无峰值时，剪切至剪切位移达 6mm 时停止。

5　剪切结束，退去剪切力和垂直压力，移动压力框架，取出试件。

B. 4. 5　不固结不排水压缩（UU）试验的试验步骤主要参考《土工试验方法标准》GB/T 50123 - 1999 第 16.4 节的规定执行，其具体的规定如下：

1　试件的安装，应按下列步骤进行：

　　1）在压力室底座上依次放上不透水板、试件及试件帽，将橡皮膜套在试件外，并将橡皮膜两端与底座试件帽分别扎紧。

　　2）将压力室罩顶部活塞提高，放下压力室罩，将活塞对准试件中心，并均匀地拧紧底座连接螺母。向压力室内注满纯水，待压力室顶部排气孔有水溢出时，拧紧排气孔，并将活塞对准测力计和试件顶部。

　　3）将离合器调至粗位，转动粗调手轮，当试件帽与活塞及测力计接近时，将离合器调至细位，改用细调手轮，使试件帽与活塞及测力计接触，装上变形指示计，将测力计和变形指示计调至零位。

2　剪切试件应按下列步骤进行：

　　1）剪切应变速率宜为每分钟应变 0.5% ~ 1.0%。

　　2）启动电动机，合上离合器，开始剪切。试件每分钟产生 0.3% ~ 0.4% 的轴向应变

(或 0.2mm 变形量），测记一次测力计和轴向变形值。当轴向应变大于 3% 时，试件每产生 0.7%～0.8% 的轴向应变（或 0.5mm 变形值）测记一次。

3）当测力计读数出现峰值时，剪切应继续进行到轴向应变为 15%～20%。

4）试验结束，关电动机。关周围压力阀，脱开离合器，将离合器调至粗位，转动粗调手轮，将压力室降下，打开排气孔，排除压力室内的水，拆卸压力室罩，拆除试件，描述试件破坏形状，称试件质量，并测定含水率。

绘制应力圆时，需要根据破坏标准选取代表试件破坏时的应力。一般情况下以主应力差的峰值作为破坏值。如果主应力差无峰值，采用应变为 15% 时的主应力差作为破坏值。

B.5 渗 透 试 验

B.5.1 特殊工程可增加其他渗透试验方法。对有防渗要求的工程，也可参照《建筑砂浆基本性能试验方法标准》JGJ/T 70 中抗渗性能试验方法的规定执行。

B.5.2 本条第 1 款规定渗透仪需提供一定的渗透压力，且提供的水压应能按规定的要求稳定地作用在试件上，主要因为水泥土的渗透系数非常小，参照《土工试验方法标准》GB/T 50123 - 1999 中的变水头渗透装置，存在某些水泥土试件基本不能渗透，试验时间周期长且测定的数据不够准确，所以规定水泥土渗透仪应能够提供稳定的渗水压力，这样不仅更具有可操作性，而且更符合实际工程使用情况。

本条第 2 款规定渗透试模应采用高度为 40mm，且试模上部侧面应带有出水孔的金属试模，主要是考虑到由于水泥土渗透试件的高度为 30mm，为了便于测定其渗出的水量，防止侧溢而作此规定的。

B.5.5 本条第 1 款按下列方法进行试件的密封：用水泥加黄油密封时，其质量比宜为（2.5～3）：1。应采用三角刀将密封材料均匀地刮涂在试件侧面上，厚度应能保证试件与试模密封。应套上试模并将试件压入，在试模下口装入透水石，使透水石与试模底齐平。另外，试件上端面放置滤纸，是便于观察试件周围是否渗水，以判定试件是否密封完好。

本条第 2 款规定刚开始试验时加压幅度比较小，主要是考虑到低掺量的水泥土试件强度较低，较小幅度的加压可防止试件破损。

本条第 3 款中滴定管液面逐渐稳定是指在相同的时间间隔内，当滴定管内液面的变化量基本相同时，可以认为液面达到稳定，可继续进行试验。另外，本条文只规定了渗透水量大和渗水量特别小两种情况下测定试件渗透水量的间隔时间，因此，一般情况下，试

验人员可以根据试件实际情况，选择合适的时间间隔测定其渗水量。

B.5.6 试验采用的纯水应符合《土工试验方法标准》GB/T 50123 - 1999 第 13.1.2 条的规定。为便于查阅，将 GB/T 50123 - 1999 第 13.1 节表 13.1.3 列出，如表 2 所示。

表 2 水的动力黏滞系数、黏滞系数比、温度校正值

温度 (℃)	动力黏滞系数 η [kPa·s(10^{-6})]	η_T/η_{20}	温度校正值 T_p	温度 (℃)	动力黏滞系数 η [kPa·s(10^{-6})]	η_T/η_{20}	温度校正值 T_p
5.0	1.516	1.501	1.17	17.5	1.074	1.066	1.66
5.5	1.498	1.478	1.19	18.0	1.061	1.050	1.68
6.0	1.470	1.455	1.21	18.5	1.048	1.038	1.70
6.5	1.449	1.435	1.23	19.0	1.035	1.025	1.72
7.0	1.428	1.414	1.25	19.5	1.022	1.012	1.74
7.5	1.407	1.393	1.27	20.0	1.010	1.000	1.76
8.0	1.387	1.373	1.28	20.5	0.998	0.988	1.78
8.5	1.367	1.353	1.30	21.0	0.986	0.976	1.80
9.0	1.347	1.334	1.32	21.5	0.974	0.964	1.83
9.5	1.328	1.315	1.34	22.0	0.968	0.958	1.85
10.0	1.310	1.297	1.36	22.5	0.952	0.943	1.87
10.5	1.292	1.279	1.38	23.0	0.941	0.932	1.89
11.0	1.274	1.261	1.40	24.0	0.919	0.910	1.94
11.5	1.256	1.243	1.42	25.0	0.899	0.890	1.98
12.0	1.239	1.227	1.44	26.0	0.879	0.870	2.03
12.5	1.223	1.211	1.46	27.0	0.859	0.850	2.07
13.0	1.206	1.194	1.48	28.0	0.841	0.833	2.12
13.5	1.188	1.176	1.50	29.0	0.823	0.815	2.16
14.0	1.175	1.168	1.52	30.0	0.806	0.798	2.21
14.5	1.160	1.148	1.54	31.0	0.789	0.781	2.25
15.0	1.144	1.133	1.56	32.0	0.773	0.765	2.30
15.5	1.130	1.119	1.58	33.0	0.757	0.750	2.34
16.0	1.115	1.104	1.60	34.0	0.742	0.735	2.39
16.5	1.101	1.090	1.62	35.0	0.727	0.720	2.43
17.0	1.088	1.077	1.64	—	—	—	—

为便于技术人员掌握如何确定渗透系数，现举例如下：

某技术人员测得水泥土试件的渗透系数见表3。根据本规程 B.5.6 条第 4 款的规定，由于序号(1)~序号(4)的渗透系数与序号(5)~序号(8)的渗透系数差值大于 2×10^{-7}，故该水泥土试件的平均渗透系数应取最后四次渗透系数的平均值。

表 3　水泥土试件的渗透系数

次数序号 渗透系数	1	2	3	4	5	6	7	8
水温 20℃时渗透系数 k_{20} (cm/s)	5.16×10^{-7}	5.16×10^{-7}	4.56×10^{-7}	4.56×10^{-7}	2.07×10^{-7}	2.07×10^{-7}	2.01×10^{-7}	2.01×10^{-7}
平均渗透系数 k_{20} (cm/s)	2.04×10^{-7}							

中华人民共和国国家标准

混凝土强度检验评定标准

Standard for evaluation of concrete compressive strength

GB/T 50107—2010

主编部门：中华人民共和国住房和城乡建设部
批准部门：中华人民共和国住房和城乡建设部
施行日期：２０１０年１２月１日

中华人民共和国住房和城乡建设部
公　告

第 594 号

关于发布国家标准
《混凝土强度检验评定标准》的公告

现批准《混凝土强度检验评定标准》为国家标准，编号为 GB/T 50107-2010，自 2010 年 12 月 1 日起实施。原《混凝土强度检验评定标准》GBJ 107-87 同时废止。

本标准由我部标准定额研究所组织中国建筑工业出版社出版发行。

中华人民共和国住房和城乡建设部

2010 年 5 月 31 日

前　言

本标准是根据原建设部《关于印发〈二〇〇二～二〇〇三年度工程建设国家标准制订、修订计划〉的通知》（建标［2003］102 号）的要求，标准编制组经广泛调查研究，认真总结实践经验，参考有关国际标准和国外先进标准，并在广泛征求意见的基础上，修订本标准。

本标准主要内容包括：1　总则；2　术语和符号；3　基本规定；4　混凝土的取样与试验；5　混凝土强度的检验评定。

本标准修订的主要内容是：1　增加了术语和符号；2　补充了试件取样频率的规定；3　增加了 C60 及以上高强混凝土非标准尺寸试件确定折算系数的方法；4　修改了评定方法中标准差已知方案的标准差计算公式；5　修改了评定方法中标准差未知方案的评定条文；6　修改了评定方法中非统计方法的评定条文。

本标准由住房和城乡建设部负责管理，由中国建筑科学研究院负责具体技术内容的解释。执行过程中如有意见和建议，请寄送中国建筑科学研究院《混凝土强度检验评定标准》管理组（地址：北京市北三环东路 30 号，邮政编码：100013；电子信箱：standards@cabr.com.cn）。

本 标 准 主 编 单 位：中国建筑科学研究院

本 标 准 参 编 单 位：北京建工集团有限责任公司

湖南大学

北京市建筑工程安全质量监督总站

上海建工材料工程有限公司

西安建筑科技大学

云南建工混凝土有限公司

舟山市建筑工程质量监督站

北京东方建宇混凝土科学技术研究院

贵州中建建筑科研设计院

沈阳北方建设股份有限公司

广东省建筑科学研究院

本标准主要起草人：张仁瑜　韩素芳　史志华　艾永祥　黄政宇　张元勃　陈尧亮　尚建丽　田冠飞　李昕成　周岳年　路来军　林力勋　孙亚兰　盛国赛　王宇杰　王淑丽　王景贤

本标准主要审查人员：夏靖华　陈肇元　陈改新　谢永江　陈基发　白生翔　邸小坛　牛开民　赵顺增　石云兴　龚景齐　杨晓梅　郝挺宇　杨思忠　高　杰

目　　次

Contents

1 总　则

1.0.1 为了统一混凝土强度的检验评定方法，保证混凝土强度符合混凝土工程质量的要求，制定本标准。

1.0.2 本标准适用于混凝土强度的检验评定。

1.0.3 混凝土强度的检验评定，除应符合本标准外，尚应符合国家现行有关标准的规定。

2　术语和符号

2.1　术　语

2.1.1 混凝土　concrete

由水泥、骨料和水等按一定配合比，经搅拌、成型、养护等工艺硬化而成的工程材料。

2.1.2 龄期　age of concrete

自加水搅拌开始，混凝土所经历的时间，按天或小时计。

2.1.3 混凝土强度　strength of concrete

混凝土的力学性能，表征其抵抗外力作用的能力。本标准中的混凝土强度是指混凝土立方体抗压强度。

2.1.4 合格性评定　evaluation of conformity

根据一定规则对混凝土强度合格与否所作的判定。

2.1.5 检验批　inspection batch

由符合规定条件的混凝土组成，用于合格性评定的混凝土总体。

2.1.6 检验期　inspection period

为确定检验批混凝土强度的标准差而规定的统计时段。

2.1.7 样本容量　sample size

代表检验批的用于合格评定的混凝土试件组数。

2.2　符　号

$m_{f_{cu}}$——同一检验批混凝土立方体抗压强度的平均值；

$f_{cu,k}$——混凝土立方体抗压强度标准值；

$f_{cu,min}$——同一检验批混凝土立方体抗压强度的最小值；

$S_{f_{cu}}$——标准差未知评定方法中，同一检验批混凝土立方体抗压强度的标准差；

σ_0——标准差已知评定方法中，检验批混凝土立方体抗压强度的标准差；

$\lambda_1,\lambda_2,\lambda_3,\lambda_4$——合格评定系数；

$f_{cu,i}$——第 i 组混凝土试件的立方体抗压强度代表值；

n——样本容量。

3　基　本　规　定

3.0.1 混凝土的强度等级应按立方体抗压强度标准值划分。混凝土强度等级应采用符号C与立方体抗压强度标准值（以 N/mm² 计）表示。

3.0.2 立方体抗压强度标准值应为按标准方法制作和养护的边长为150mm的立方体试件，用标准试验方法在28d龄期测得的混凝土抗压强度总体分布中的一个值，强度低于该值的概率应为5％。

3.0.3 混凝土强度应分批进行检验评定。一个检验批的混凝土应由强度等级相同、试验龄期相同、生产工艺条件和配合比基本相同的混凝土组成。

3.0.4 对大批量、连续生产混凝土的强度应按本标准第5.1节中规定的统计方法评定。对小批量或零星生产混凝土的强度应按本标准第5.2节中规定的非统计方法评定。

4　混凝土的取样与试验

4.1　混凝土的取样

4.1.1 混凝土的取样，宜根据本标准规定的检验评定方法要求制定检验批的划分方案和相应的取样计划。

4.1.2 混凝土强度试样应在混凝土的浇筑地点随机抽取。

4.1.3 试件的取样频率和数量应符合下列规定：

　　1 每100盘，但不超过100m³的同配合比混凝土，取样次数不应少于一次；

　　2 每一工作班拌制的同配合比混凝土，不足100盘和100m³时其取样次数不应少于一次；

　　3 当一次连续浇筑的同配合比混凝土超过1000m³时，每200m³取样不应少于一次；

　　4 对房屋建筑，每一楼层、同一配合比的混凝土，取样不应少于一次。

4.1.4 每批混凝土试样应制作的试件总组数，除满足本标准第5章规定的混凝土强度评定所必需的组数外，还应留置为检验结构或构件施工阶段混凝土强度所必需的试件。

4.2　混凝土试件的制作与养护

4.2.1 每次取样至少制作一组标准养护试件。

4.2.2 每组3个试件应由同一盘或同一车的混凝土中取样制作。

4.2.3 检验评定混凝土强度用的混凝土试件，其成型方法及标准养护条件应符合现行国家标准《普通混凝土力学性能试验方法标准》GB/T 50081的规定。

4.2.4 采用蒸汽养护的构件，其试件应先随构件同条件养护，然后应置入标准养护条件下继续养护，两段养护时间的总和应为设计规定龄期。

4.3 混凝土试件的试验

4.3.1 混凝土试件的立方体抗压强度试验应根据现行国家标准《普通混凝土力学性能试验方法标准》GB/T 50081 的规定执行。每组混凝土试件强度代表值的确定，应符合下列规定：

    1 取 3 个试件强度的算术平均值作为每组试件的强度代表值；

    2 当一组试件中强度的最大值或最小值与中间值之差超过中间值的 15% 时，取中间值作为该组试件的强度代表值；

    3 当一组试件中强度的最大值和最小值与中间值之差均超过中间值的 15% 时，该组试件的强度不应作为评定的依据。

    注：对掺矿物掺合料的混凝土进行强度评定时，可根据设计规定，可采用大于 28d 龄期的混凝土强度。

4.3.2 当采用非标准尺寸试件时，应将其抗压强度乘以尺寸折算系数，折算成边长为 150mm 的标准尺寸试件抗压强度。尺寸折算系数按下列规定采用：

    1 当混凝土强度等级低于 C60 时，对边长为 100mm 的立方体试件取 0.95，对边长为 200mm 的立方体试件取 1.05；

    2 当混凝土强度等级不低于 C60 时，宜采用标准尺寸试件；使用非标准尺寸试件时，尺寸折算系数应由试验确定，其试件数量不应少于 30 对组。

5 混凝土强度的检验评定

5.1 统计方法评定

5.1.1 采用统计方法评定时，应按下列规定进行：

    1 当连续生产的混凝土，生产条件在较长时间内保持一致，且同一品种、同一强度等级混凝土的强度变异性保持稳定时，应按本标准第 5.1.2 条的规定进行评定。

    2 其他情况应按本标准第 5.1.3 条的规定进行评定。

5.1.2 一个检验批的样本容量应为连续的 3 组试件，其强度应同时符合下列规定：

$$m_{f_{cu}} \geqslant f_{cu,k} + 0.7\sigma_0 \qquad (5.1.2\text{-}1)$$

$$f_{cu,min} \geqslant f_{cu,k} - 0.7\sigma_0 \qquad (5.1.2\text{-}2)$$

检验批混凝土立方体抗压强度的标准差应按下式计算：

$$\sigma_0 = \sqrt{\frac{\sum_{i=1}^{n} f_{cu,i}^2 - n m_{f_{cu}}^2}{n-1}} \qquad (5.1.2\text{-}3)$$

当混凝土强度等级不高于 C20 时，其强度的最小值尚应满足下式要求：

$$f_{cu,min} \geqslant 0.85 f_{cu,k} \qquad (5.1.2\text{-}4)$$

当混凝土强度等级高于 C20 时，其强度的最小值尚应满足下列要求：

$$f_{cu,min} \geqslant 0.90 f_{cu,k} \qquad (5.1.2\text{-}5)$$

式中：$m_{f_{cu}}$——同一检验批混凝土立方体抗压强度的平均值（N/mm²），精确到 0.1（N/mm²）；

    $f_{cu,k}$——混凝土立方体抗压强度标准值（N/mm²），精确到 0.1（N/mm²）；

    σ_0——检验批混凝土立方体抗压强度的标准差（N/mm²），精确到 0.01（N/mm²）；当检验批混凝土强度标准差 σ_0 计算值小于 2.5N/mm² 时，应取 2.5N/mm²；

    $f_{cu,i}$——前一个检验期内同一品种、同一强度等级的第 i 组混凝土试件的立方体抗压强度代表值（N/mm²），精确到 0.1（N/mm²）；该检验期不应少于 60d，也不得大于 90d；

    n——前一检验期内的样本容量，在该期间内样本容量不应少于 45；

    $f_{cu,min}$——同一检验批混凝土立方体抗压强度的最小值（N/mm²），精确到 0.1（N/mm²）。

5.1.3 当样本容量不少于 10 组时，其强度应同时满足下列要求：

$$m_{f_{cu}} \geqslant f_{cu,k} + \lambda_1 \cdot S_{f_{cu}} \qquad (5.1.3\text{-}1)$$

$$f_{cu,min} \geqslant \lambda_2 \cdot f_{cu,k} \qquad (5.1.3\text{-}2)$$

同一检验批混凝土立方体抗压强度的标准差应按下式计算：

$$S_{f_{cu}} = \sqrt{\frac{\sum_{i=1}^{n} f_{cu,i}^2 - n m_{f_{cu}}^2}{n-1}} \qquad (5.1.3\text{-}3)$$

式中：$S_{f_{cu}}$——同一检验批混凝土立方体抗压强度的标准差（N/mm²），精确到 0.01（N/mm²）；当检验批混凝土强度标准差 $S_{f_{cu}}$ 计算值小于 2.5N/mm² 时，应取 2.5N/mm²；

    λ_1，λ_2——合格评定系数，按表 5.1.3 取用；

    n——本检验期内的样本容量。

表 5.1.3 混凝土强度的合格评定系数

试件组数	10~14	15~19	≥20
λ_1	1.15	1.05	0.95
λ_2	0.90	0.85	

5.2 非统计方法评定

5.2.1 当用于评定的样本容量小于 10 组时，应采用非统计方法评定混凝土强度。

5.2.2 按非统计方法评定混凝土强度时，其强度应同时符合下列规定：

$$m_{f_{cu}} \geqslant \lambda_3 \cdot f_{cu,k} \qquad (5.2.2-1)$$

$$f_{cu,min} \geqslant \lambda_4 \cdot f_{cu,k} \qquad (5.2.2-2)$$

式中：λ_3，λ_4——合格评定系数，应按表 5.2.2 取用。

表 5.2.2　混凝土强度的非统计法合格评定系数

混凝土强度等级	<C60	≥C60
λ_3	1.15	1.10
λ_4	0.95	

5.3 混凝土强度的合格性评定

5.3.1 当检验结果满足第 5.1.2 条或第 5.1.3 条或第 5.2.2 条的规定时，则该批混凝土强度应评定为合格；当不能满足上述规定时，该批混凝土强度应评定为不合格。

5.3.2 对评定为不合格批的混凝土，可按国家现行的有关标准进行处理。

本标准用词说明

1 为便于在执行本标准条文时区别对待，对要求严格程度不同的用词说明如下：

　　1）表示很严格，非这样做不可的：
　　　　正面词采用"必须"，反面词采用"严禁"；

　　2）表示严格，在正常情况下均应这样做的：
　　　　正面词采用"应"，反面词采用"不应"或"不得"；

　　3）表示允许稍有选择，在条件许可时首先应这样做的：
　　　　正面词采用"宜"，反面词采用"不宜"；

　　4）表示有选择，在一定条件下可以这样做的，采用"可"。

2 条文中指定应按其他有关标准执行时，写法为"应符合……的规定"或"应按……执行"。

引用标准名录

《普通混凝土力学性能试验方法标准》GB/T 50081

中华人民共和国国家标准

混凝土强度检验评定标准

GB/T 50107—2010

条 文 说 明

制 订 说 明

《混凝土强度检验评定标准》GB/T 50107-2010，经住房和城乡建设部 2010 年 5 月 31 日以第 594 公告批准、发布。

为便于广大设计、施工、科研、学校等单位有关人员在使用本标准时能正确理解和执行条文规定，《混凝土强度检验评定标准》编制组按章、节、条、款顺序编制了本标准的条文说明，对条文规定的目的、依据以及执行中需注意的有关事项进行了说明。但是，本条文说明不具备与标准正文同等的法律效力，仅供使用者作为理解和把握标准规定的参考。

目 次

1 总　则

混凝土强度是影响混凝土结构可靠性的重要因素，为保证结构的可靠性，必须进行混凝土的生产控制和合格性评定。本标准是关于混凝土抗压强度检验评定的具体规定，它对保证混凝土工程质量，提高混凝土生产的质量管理水平，以及提高企业经济效益等都具有重大作用。

2　术语和符号

2.1　术　语

2.1.1　本条规定了混凝土的基本组成和生产工艺。随着混凝土技术的发展，现代的混凝土组成往往还包括外加剂和矿物掺合料等。

2.1.5　检验批在《混凝土强度检验评定标准》GBJ 107-87 中称为验收批。

3　基本规定

3.0.1　混凝土强度等级由符号 C 和混凝土强度标准值组成。强度标准值以 $5N/mm^2$ 分段划分，并以其下限值作为示值。在现行国家标准《混凝土结构设计规范》GB 50010-2002 中规定的混凝土强度等级有：C15、C20、C25、C30、C35、C40、C45、C50、C55、C60、C65、C70、C75、C80 等，在该规范条文说明中指出，混凝土垫层可用 C10 级混凝土。

3.0.3　混凝土强度的分布规律，不但与统计对象的生产周期和生产工艺有关，而且与统计总体的混凝土配制强度和试验龄期等因素有关，大量的统计分析和试验研究表明：同一等级的混凝土，在龄期相同、生产工艺和配合比基本一致的条件下，其强度的概率分布可用正态分布来描述。因此，本条规定检验批应由试件强度等级和试验龄期相同、生产工艺条件和配合比基本相同的混凝土组成，以保证所评定的混凝土的强度基本符合正态分布，这是由于本标准的抽样检验方案是基于检验数据服从正态分布而制定的。其中的生产工艺条件包括了养护条件。

3.0.4　规定了有条件的混凝土生产单位以及样本容量不少于 10 组时，均应采用统计法进行混凝土强度的检验评定。统计法由于样本容量大，能够更加可靠地反映混凝土的强度信息。

4　混凝土的取样与试验

4.1　混凝土的取样

4.1.1　根据采用的检验评定方法，制定检验批的划分方案和相应的取样计划，是为了避免因施工、制作、试验等因素导致缺少混凝土强度试件。

4.1.2　对混凝土强度进行合格评定时，保证混凝土取样的随机性，是使所抽取的试样具有代表性的重要条件。此外考虑到搅拌机出料口的混凝土拌合物，经运输到达浇筑地点后，混凝土的质量还可能会有变化，因此规定试样应在浇筑地点抽取。预拌混凝土的出厂和交货检验与现行国家标准《预拌混凝土》GB/T 14902 的规定相同。

4.1.3　应用统计方法对混凝土强度进行检验评定时，取样频率是保证预期检验效率的重要因素，为此规定了抽取试样的频率。在制定取样频率的要求时，考虑了各种类型混凝土生产单位的生产条件及工程性质的特点，取样频率既与搅拌机的搅拌盘（罐）数和混凝土总方量有关，也与工作班的划分有关。这样规定，对不同规模的混凝土生产单位和施工现场都有较好的实用性。

一盘指搅拌混凝土的搅拌机一次搅拌的混凝土。一个工作班指 8h。

当一次连续浇筑同配合比的混凝土超过 $1000m^3$ 时，整批混凝土均按每 $200m^3$ 取样不应少于一次。

4.1.4　每批混凝土应制作的试件数量，应满足评定混凝土强度的需要。对用以检查混凝土在施工（生产）过程中强度的试件，其养护条件应与结构或构件相同，它的强度只作为评定结构或构件能否继续施工的依据，两类试件不得混同。

4.2　混凝土试件的制作与养护

4.2.1～4.2.3　混凝土试件的成型和养护方法，应考虑其代表性。对用于评定的混凝土强度试件，应采用标准方法成型，之后置于标准养护条件下进行养护，直到设计要求的龄期。

4.2.4　采用蒸汽养护的构件，考虑到混凝土经蒸汽养护后，对其后期强度增长（指设计规定龄期）存在不利的影响，因此规定在评定蒸汽养护构件的混凝土强度时，其试件应先随构件同条件养护，然后置入标养室继续养护，两段养护时间的总和等于设计规定龄期。

4.3　混凝土试件的试验

4.3.1　试验误差能够导致一组内 3 个试件的强度试验结果有较大的差异。试验误差可用盘内变异系数来衡量。国内外试验研究结果表明，盘内混凝土强度变异系数一般在 5% 左右。本条文规定，当组内 3 个试件强度的最大值或最小值与中间值之差超过中间值的 15% 时，也即 3 倍的盘内变异系数时，应舍弃最大值和最小值，而取中间值为该组试件强度的代表值。这种规定造成的检验误差，与取组内平均值方案造成的检验误差比较，两者差别不大，但取中间值应用方便。

为了改善混凝土性能和节能减排，目前多数混凝土中掺有矿物掺合料，尤其是大体积混凝土。实验表明，掺加矿物掺合料混凝土的强度与纯水泥混凝土相比，早期强度较低，而后期强度发展较快，在温度较低条件下更为明显。为了充分利用掺加矿物掺合料混凝土的后期强度，本标准以注的形式规定，其混凝土强度进行合格评定时的试验龄期可以大于 28d，具体龄期应由设计部门规定。

4.3.2 当采用非标准尺寸试件将其抗压强度折算为标准尺寸试件抗压强度时，折算系数需要通过试验确定。本条规定了试验的最少试件数量，有利于提高换算系数的准确性。

一个对组为两组试件，一组为标准尺寸试件，一组为非标准尺寸试件。

5 混凝土强度的检验评定

5.1 统计方法评定

5.1.1～5.1.3 对本节各条说明如下：

1 根据混凝土强度质量控制的稳定性，本标准将评定混凝土强度的统计法分为两种：标准差已知方案和标准差未知方案。

标准差已知方案：指同一品种的混凝土生产，有可能在较长的时期内，通过质量管理，维持基本相同的生产条件，即维持原材料、设备、工艺以及人员配备的稳定性，即使有所变化，也能很快予以调整而恢复正常。由于这类生产状况，能使每批混凝土强度的变异性基本稳定，每批的强度标准差 σ_0 可根据前一时期生产累计的强度数据确定。符合以上情况时，采用标准差已知方案，即第 5.1.2 条的规定。一般来说，预制构件生产可以采用标准差已知方案。

标准差已知方案的 σ_0 由同类混凝土、生产周期不应少于 60d 且不宜超过 90d、样本容量不少于 45 的强度数据计算确定。假定其值延续在一个检验期内保持不变。3 个月后，重新按上一个检验期的强度数据计算 σ_0 值。

此外，标准差的计算方法由极差估计法改为公式计算法。同时，当计算得出的标准差小于 2.5N/mm² 时，取值为 2.5N/mm²。

标准差未知方案：指生产连续性较差，即在生产中无法维持基本相同的生产条件，或生产周期较短，无法积累强度数据以资计算可靠的标准差参数，此时检验评定只能直接根据每一检验批抽样的样本强度数据确定，即第 5.1.3 条的规定。为了提高检验的可靠性，本标准要求每批样本组数不少于 10 组。

2 本次修订对《混凝土强度检验评定标准》GBJ 107－87 中标准差未知统计法的修改原则如下：

将原验收界限前面的系数去掉，即 [0.9$f_{cu,k}$] 改为 [1.0$f_{cu,k}$]，并把验收函数系数 λ_1 调整为：

试件组数	10～14	15～19	≥20
λ_1	1.15	1.05	0.95

并取消《混凝土强度检验评定标准》GBJ 107－87 第 4.1.3 条公式中 $S_{fcu} \geqslant 0.06 f_{cu,k}$ 的规定。

验收函数中的 λ_1 系数确定如下：根据《建筑工程施工质量验收统一标准》GB 50300－2001 第 3.0.5 条的规定，生产方风险和用户方风险均应控制在 5% 以内。同时，设定可接收质量水平 $AQL = f_{cu,k} + 1.645\sigma$（可接收质量水平相当于 $f_{cu,k}$ 具有不低于 95% 的保证率），极限质量水平 $LQ = f_{cu,k} + 0.2533\sigma$（极限质量水平相当于 $f_{cu,k}$ 具有不低于 60% 的保证率）。调整 λ_1 的值，采用蒙特卡罗（Monte-Carlo）法进行多次模拟计算，在生产方供应的混凝土质量水平较好（数据离散性较小）的情况下，得到生产方风险（即错判概率 α）和用户方风险（漏判概率 β）基本可控制在 5% 左右；当混凝土质量水平较差（数据离散性较大）时，也能使用户方风险始终控制在 5% 以内。

本标准新方案与原标准的对比计算结果表明，新方案均严于原标准。对小于 C30 的混凝土，两者相差不大。但随着混凝土强度等级的提高（标准差随之降低），新方案比原标准越来越严格，但仍在适度范围。

在第 5.1.2 条、5.1.3 条中规定强度标准差计算值 S_{fcu} 不应小于 2.5N/mm²，是因为在实际评定中会出现 S_{fcu} 过小的现象。其原因往往是统计的混凝土检验期过短，对混凝土强度的影响因素反映不充分造成的。虽然也有质量控制好的企业可以达到这样的水平，但对于全国平均水平来讲，是达不到的。

公式（5.1.2-2）、（5.1.2-4）、（5.1.2-5）及（5.1.3-2）是关于最小值限制条件，其作用旨在防止出现实际的标准差过大情况，或避免出现混凝土强度过低的情况。

5.2 非统计方法评定

5.2.2 《混凝土强度检验评定标准》GBJ 107－87 中非统计方法所选用的参数是在过去混凝土强度普遍不高的情况下规定的。而随着混凝土不断高强化，高强混凝土应用越来越多时，原规定对强度等级为 C60 及以上的高强混凝土是过于严格的。因此，本次修订在采用蒙特卡罗法模拟计算的基础上，对 C60 及以上强度等级的高强混凝土评定作了适当调整。

中华人民共和国国家标准

混凝土质量控制标准

Standard for quality control of concrete

GB 50164—2011

主编部门：中华人民共和国住房和城乡建设部
批准部门：中华人民共和国住房和城乡建设部
施行日期：2 0 1 2 年 5 月 1 日

中华人民共和国住房和城乡建设部
公　告

第 969 号

关于发布国家标准
《混凝土质量控制标准》的公告

现批准《混凝土质量控制标准》为国家标准，编号为 GB 50164 - 2011，自 2012 年 5 月 1 日起实施。其中，第 6.1.2 条为强制性条文，必须严格执行。原《混凝土质量控制标准》GB 50164 - 92 同时废止。

本标准由我部标准定额研究所组织中国建筑工业出版社出版发行。

中华人民共和国住房和城乡建设部

2011 年 4 月 2 日

前　言

本标准是根据原建设部《关于印发〈2005 年工程建设标准规范制订、修订计划（第一批）〉的通知》（建标［2005］84 号）的要求，由中国建筑科学研究院和北京中关村开发建设股份有限公司会同有关单位，并在原《混凝土质量控制标准》GB 50164－92 的基础上修订完成的。

本标准在编制过程中，编制组经广泛调查研究，认真总结实践经验、参考有关国际标准和国外先进标准，并在广泛征求意见的基础上，最后经审查定稿。

本标准共分 7 章和 1 个附录，主要技术内容是：总则、原材料质量控制、混凝土性能要求、配合比控制、生产控制水平、生产与施工质量控制、混凝土质量检验。

本标准修订的主要技术内容是：增加氯离子含量等质量控制指标；修订了混凝土拌合物稠度等级划分；补充混凝土耐久性质量控制指标；修订了混凝土生产控制的强度标准差要求；修订了混凝土组成材料计量结果的允许偏差；修订了混凝土蒸汽养护质量控制指标；增加混凝土质量检验等内容。

本标准中以黑体字标志的条文为强制性条文，必须严格执行。

本标准由住房和城乡建设部负责管理和对强制性条文的解释，由中国建筑科学研究院负责具体技术内容的解释。执行过程中如有意见和建议，请寄送中国建筑科学研究院（地址：北京市北三环东路 30 号，邮政编码：100013）。

本 标 准 主 编 单 位：中国建筑科学研究院
北京中关村开发建设股份有限公司

本 标 准 参 编 单 位：甘肃土木工程科学研究院
西安建筑科技大学
深圳大学
中建商品混凝土有限公司
贵州中建建筑科研设计院有限公司
中国建筑第二工程局深圳分公司
建研建材有限公司
北京天恒泓混凝土有限公司
宁波金鑫商品混凝土有限公司
重庆市建筑科学研究院
黑龙江省寒地建筑科学研究院
云南建工混凝土有限公司
山东省建筑科学研究院
上海市建筑科学研究院（集团）有限公司
浙江中科仪器有限公司
北京京辉混凝土有限公司
中设建工集团有限公司
浙江国泰建设集团有限公司
中国水利水电第三工程局有限公司
杭州中豪建设工程有限公司
北京城建亚泰建设工程有限公司

本标准主要起草人员：冷发光　丁　威　韦庆东
周永祥　杜　雷　尚建丽
王卫仑　武铁明　钟安鑫
许远峰　高金枝　陆士强
孟国民　朱卫中　李章建
鲁统卫　韩建军　谢岳庆
李帼英　田冠飞　洪昌华
袁勇军　谢凯军　姬脉兴
张伟尧　吴尧庆　费　恺
何更新　纪宪坤　王　晶
赖文帧

本标准主要审查人员：石云兴　郝挺宇　罗保恒
闻德荣　蔡亚宁　朋改非
封孝信　姜福田　陶梦兰
戴会生

目　次

Contents

1 总 则

1.0.1 为加强混凝土质量控制，促进混凝土技术进步，确保混凝土工程质量，制定本标准。

1.0.2 本标准适用于建设工程的普通混凝土质量控制。

1.0.3 混凝土质量控制除应符合本标准的规定外，尚应符合国家现行有关标准的规定。

2 原材料质量控制

2.1 水 泥

2.1.1 水泥品种与强度等级的选用应根据设计、施工要求以及工程所处环境确定。对于一般建筑结构及预制构件的普通混凝土，宜采用通用硅酸盐水泥；高强混凝土和有抗冻要求的混凝土宜采用硅酸盐水泥或普通硅酸盐水泥；有预防混凝土碱-骨料反应要求的混凝土工程宜采用碱含量低于0.6%的水泥；大体积混凝土宜采用中、低热硅酸盐水泥或低热矿渣硅酸盐水泥。水泥应符合现行国家标准《通用硅酸盐水泥》GB 175和《中热硅酸盐水泥 低热硅酸盐水泥 低热矿渣硅酸盐水泥》GB 200的有关规定。

2.1.2 水泥质量主要控制项目应包括凝结时间、安定性、胶砂强度、氧化镁和氯离子含量，碱含量低于0.6%的水泥主要控制项目还应包括碱含量，中、低热硅酸盐水泥或低热矿渣硅酸盐水泥主要控制项目还应包括水化热。

2.1.3 水泥的应用应符合下列规定：

1 宜采用新型干法窑生产的水泥。

2 应注明水泥中的混合材品种和掺加量。

3 用于生产混凝土的水泥温度不宜高于60℃。

2.2 粗骨料

2.2.1 粗骨料应符合现行行业标准《普通混凝土用砂、石质量及检验方法标准》JGJ 52的规定。

2.2.2 粗骨料质量主要控制项目应包括颗粒级配、针片状颗粒含量、含泥量、泥块含量、压碎值指标和坚固性，用于高强混凝土的粗骨料主要控制项目还应包括岩石抗压强度。

2.2.3 粗骨料在应用方面应符合下列规定：

1 混凝土粗骨料宜采用连续级配。

2 对于混凝土结构，粗骨料最大公称粒径不得大于构件截面最小尺寸的1/4，且不得大于钢筋最小净间距的3/4；对混凝土实心板，骨料的最大公称粒径不宜大于板厚的1/3，且不得大于40mm；对于大体积混凝土，粗骨料最大公称粒径不宜小于31.5mm。

3 对于有抗渗、抗冻、抗腐蚀、耐磨或其他特殊要求的混凝土，粗骨料中的含泥量和泥块含量分别不应大于1.0%和0.5%；坚固性检验的质量损失不应大于8%。

4 对于高强混凝土，粗骨料的岩石抗压强度应至少比混凝土设计强度高30%；最大公称粒径不宜大于25mm，针片状颗粒含量不宜大于5%且不应大于8%；含泥量和泥块含量分别不应大于0.5%和0.2%。

5 对粗骨料或用于制作粗骨料的岩石，应进行碱活性检验，包括碱-硅酸反应活性检验和碱-碳酸盐反应活性检验；对于有预防混凝土碱-骨料反应要求的混凝土工程，不宜采用有碱活性的粗骨料。

2.3 细骨料

2.3.1 细骨料应符合现行行业标准《普通混凝土用砂、石质量及检验方法标准》JGJ 52的规定；混凝土用海砂应符合现行行业标准《海砂混凝土应用技术规范》JGJ 206的有关规定。

2.3.2 细骨料质量主要控制项目应包括颗粒级配、细度模数、含泥量、泥块含量、坚固性、氯离子含量和有害物质含量；海砂主要控制项目除应包括上述指标外尚应包括贝壳含量；人工砂主要控制项目除应包括上述指标外尚应包括石粉含量和压碎值指标，人工砂主要控制项目可不包括氯离子含量和有害物质含量。

2.3.3 细骨料的应用应符合下列规定：

1 泵送混凝土宜采用中砂，且300μm筛孔的颗粒通过量不宜少于15%。

2 对于有抗渗、抗冻或其他特殊要求的混凝土，砂中的含泥量和泥块含量分别不应大于3.0%和1.0%；坚固性检验的质量损失不应大于8%。

3 对于高强混凝土，砂的细度模数宜控制在2.6～3.0范围之内，含泥量和泥块含量分别不应大于2.0%和0.5%。

4 钢筋混凝土和预应力混凝土用砂的氯离子含量分别不应大于0.06%和0.02%。

5 混凝土用海砂应经过净化处理。

6 混凝土用海砂氯离子含量不应大于0.03%，贝壳含量应符合表2.3.3-1的规定。海砂不得用于预应力混凝土。

表 2.3.3-1 混凝土用海砂的贝壳含量（按质量计，%）

混凝土强度等级	≥C60	C55～C40	C35～C30	C25～C15
贝壳含量	≤3	≤5	≤8	≤10

7 人工砂中的石粉含量应符合表2.3.3-2的规定。

表 2.3.3-2　人工砂中石粉含量（%）

混凝土强度等级		≥C60	C55～C30	≤C25
石粉含量	MB<1.4	≤5.0	≤7.0	≤10.0
	MB≥1.4	≤2.0	≤3.0	≤5.0

8　不宜单独采用特细砂作为细骨料配制混凝土。

9　河砂和海砂应进行碱-硅酸反应活性检验；人工砂应进行碱-硅酸反应活性检验和碱-碳酸盐反应活性检验；对于有预防混凝土碱-骨料反应要求的工程，不宜采用有碱活性的砂。

2.4　矿物掺合料

2.4.1　用于混凝土中的矿物掺合料可包括粉煤灰、粒化高炉矿渣粉、硅灰、沸石粉、钢渣粉、磷渣粉；可采用两种或两种以上的矿物掺合料按一定比例混合使用。粉煤灰应符合现行国家标准《用于水泥和混凝土中的粉煤灰》GB/T 1596 的有关规定，粒化高炉矿渣粉应符合现行国家标准《用于水泥和混凝土中的粒化高炉矿渣粉》GB/T 18046 的有关规定，钢渣粉应符合现行国家标准《用于水泥和混凝土中的钢渣粉》GB/T 20491 的有关规定，其他矿物掺合料应符合相关现行国家标准的规定并满足混凝土性能要求；矿物掺合料的放射性应符合现行国家标准《建筑材料放射性核素限量》GB 6566 的有关规定。

2.4.2　粉煤灰的主要控制项目应包括细度、需水量比、烧失量和三氧化硫含量，C 类粉煤灰的主要控制项目还应包括游离氧化钙含量和安定性；粒化高炉矿渣粉的主要控制项目应包括比表面积、活性指数和流动度比；钢渣粉的主要控制项目应包括比表面积、活性指数、流动度比、游离氧化钙含量、三氧化硫含量、氧化镁含量和安定性；磷渣粉的主要控制项目应包括细度、活性指数、流动度比、五氧化二磷含量和安定性；硅灰的主要控制项目应包括比表面积和二氧化硅含量。矿物掺合料的主要控制项目还应包括放射性。

2.4.3　矿物掺合料的应用应符合下列规定：

1　掺用矿物掺合料的混凝土，宜采用硅酸盐水泥和普通硅酸盐水泥。

2　在混凝土中掺用矿物掺合料时，矿物掺合料的种类和掺量应经试验确定。

3　矿物掺合料宜与高效减水剂同时使用。

4　对于高强混凝土或有抗渗、抗冻、抗腐蚀、耐磨等其他特殊要求的混凝土，不宜采用低于Ⅱ级的粉煤灰。

5　对于高强混凝土和有耐腐蚀要求的混凝土，当需要采用硅灰时，不宜采用二氧化硅含量小于90%的硅灰。

2.5　外　加　剂

2.5.1　外加剂应符合国家现行标准《混凝土外加剂》GB 8076、《混凝土防冻剂》JC 475 和《混凝土膨胀剂》GB 23439 的有关规定。

2.5.2　外加剂质量主要控制项目应包括掺外加剂混凝土性能和外加剂匀质性两方面，混凝土性能方面的主要控制项目应包括减水率、凝结时间差和抗压强度比，外加剂匀质性方面的主要控制项目应包括 pH 值、氯离子含量和碱含量；引气剂和引气减水剂主要控制项目还应包括含气量；防冻剂主要控制项目还应包括含气量和 50 次冻融强度损失率比；膨胀剂主要控制项目还应包括凝结时间、限制膨胀率和抗压强度。

2.5.3　外加剂的应用除应符合现行国家标准《混凝土外加剂应用技术规范》GB 50119 的有关规定外，尚应符合下列规定：

1　在混凝土中掺用外加剂时，外加剂应与水泥具有良好的适应性，其种类和掺量应经试验确定。

2　高强混凝土宜采用高性能减水剂；有抗冻要求的混凝土宜采用引气剂或引气减水剂；大体积混凝土宜采用缓凝剂或缓凝减水剂；混凝土冬期施工可采用防冻剂。

3　外加剂中的氯离子含量和碱含量应满足混凝土设计要求。

4　宜采用液态外加剂。

2.6　水

2.6.1　混凝土用水应符合现行行业标准《混凝土用水标准》JGJ 63 的有关规定。

2.6.2　混凝土用水主要控制项目应包括 pH 值、不溶物含量、可溶物含量、硫酸根离子含量、氯离子含量、水泥凝结时间差和水泥胶砂强度比。当混凝土骨料为碱活性时，主要控制项目还应包括碱含量。

2.6.3　混凝土用水的应用应符合下列规定：

1　未经处理的海水严禁用于钢筋混凝土和预应力混凝土。

2　当骨料具有碱活性时，混凝土用水不得采用混凝土企业生产设备洗刷水。

3　混凝土性能要求

3.1　拌合物性能

3.1.1　混凝土拌合物性能应满足设计和施工要求。混凝土拌合物性能试验方法应符合现行国家标准《普通混凝土拌合物性能试验方法标准》GB/T 50080 的有关规定；坍落度经时损失试验方法应符合本标准附录 A 的规定。

3.1.2 混凝土拌合物的稠度可采用坍落度、维勃稠度或扩展度表示。坍落度检验适用于坍落度不小于10mm的混凝土拌合物,维勃稠度检验适用于维勃稠度5s~30s的混凝土拌合物,扩展度适用于泵送高强混凝土和自密实混凝土。坍落度、维勃稠度和扩展度的等级划分及其稠度允许偏差应分别符合表3.1.2-1、表3.1.2-2、表3.1.2-3和表3.1.2-4的规定。

表3.1.2-1 混凝土拌合物的坍落度等级划分

等　级	坍落度（mm）
S1	10～40
S2	50～90
S3	100～150
S4	160～210
S5	≥220

表3.1.2-2 混凝土拌合物的维勃稠度等级划分

等　级	维勃稠度（s）
V0	≥31
V1	30～21
V2	20～11
V3	10～6
V4	5～3

表3.1.2-3 混凝土拌合物的扩展度等级划分

等级	扩展度（mm）	等级	扩展度（mm）
F1	≤340	F4	490～550
F2	350～410	F5	560～620
F3	420～480	F6	≥630

表3.1.2-4 混凝土拌合物稠度允许偏差

拌合物性能		允许偏差		
坍落度（mm）	设计值	≤40	50～90	≥100
	允许偏差	±10	±20	±30
维勃稠度（s）	设计值	≥11	10～6	≤5
	允许偏差	±3	±2	±1
扩展度（mm）	设计值	≥350		
	允许偏差	±30		

3.1.3 混凝土拌合物应在满足施工要求的前提下,尽可能采用较小的坍落度;泵送混凝土拌合物坍落度设计值不宜大于180mm。

3.1.4 泵送高强混凝土的扩展度不宜小于500mm;自密实混凝土的扩展度不宜小于600mm。

3.1.5 混凝土拌合物的坍落度经时损失不应影响混凝土的正常施工。泵送混凝土拌合物的坍落度经时损失不宜大于30mm/h。

3.1.6 混凝土拌合物应具有良好的和易性,并不得离析或泌水。

3.1.7 混凝土拌合物的凝结时间应满足施工要求和混凝土性能要求。

3.1.8 混凝土拌合物中水溶性氯离子最大含量应符合表3.1.8的要求。混凝土拌合物中水溶性氯离子含量应按照现行行业标准《水运工程混凝土试验规程》JTJ 270中混凝土拌合物中氯离子含量的快速测定方法或其他准确度更好的方法进行测定。

表3.1.8 混凝土拌合物中水溶性氯离子最大含量
（水泥用量的质量百分比,%）

环境条件	水溶性氯离子最大含量		
	钢筋混凝土	预应力混凝土	素混凝土
干燥环境	0.30		
潮湿但不含氯离子的环境	0.20	0.06	1.00
潮湿且含有氯离子的环境、盐渍土环境	0.10		
除冰盐等侵蚀性物质的腐蚀环境	0.06		

3.1.9 掺用引气剂或引气型外加剂混凝土拌合物的含气量宜符合表3.1.9的规定。

表3.1.9 混凝土含气量

粗骨料最大公称粒径（mm）	混凝土含气量（%）
20	≤5.5
25	≤5.0
40	≤4.5

3.2 力学性能

3.2.1 混凝土的力学性能应满足设计和施工的要求。混凝土力学性能试验方法应符合现行国家标准《普通混凝土力学性能试验方法标准》GB/T 50081的有关规定。

3.2.2 混凝土强度等级应按立方体抗压强度标准值（MPa）划分为C10、C15、C20、C25、C30、C35、C40、C45、C50、C55、C60、C65、C70、C75、C80、C85、C90、C95和C100。

3.2.3 混凝土抗压强度应按现行国家标准《混凝土强度检验评定标准》GB/T 50107的有关规定进行检验评定,并应合格。

3.3 长期性能和耐久性能

3.3.1 混凝土的长期性能和耐久性能应满足设计要求。试验方法应符合现行国家标准《普通混凝土长期性能和耐久性能试验方法标准》GB/T 50082 的有关规定。

3.3.2 混凝土的抗冻性能、抗水渗透性能和抗硫酸盐侵蚀性能的等级划分应符合表3.3.2的规定。

表 3.3.2 混凝土抗冻性能、抗水渗透性能和抗硫酸盐侵蚀性能的等级划分

抗冻等级（快冻法）		抗冻标号（慢冻法）	抗渗等级	抗硫酸盐等级
F50	F250	D50	P4	KS30
F100	F300	D100	P6	KS60
F150	F350	D150	P8	KS90
F200	F400	D200	P10	KS120
>F400		>D200	P12	KS150
			>P12	>KS150

3.3.3 混凝土抗氯离子渗透性能的等级划分应符合下列规定：

1 当采用氯离子迁移系数（RCM法）划分混凝土抗氯离子渗透性能等级时，应符合表3.3.3-1的规定，且混凝土龄期为84d。

表 3.3.3-1 混凝土抗氯离子渗透性能的等级划分（RCM法）

等级	RCM-I	RCM-II	RCM-III	RCM-IV	RCM-V
氯离子迁移系数 D_{RCM}（RCM法）（$\times 10^{-12} m^2/s$）	$D_{RCM} \geq 4.5$	$3.5 \leq D_{RCM}$ <4.5	$2.5 \leq D_{RCM}$ <3.5	$1.5 \leq D_{RCM}$ <2.5	$D_{RCM}<1.5$

2 当采用电通量划分混凝土抗氯离子渗透性能等级时，应符合表3.3.3-2的规定，且混凝土龄期宜为28d。当混凝土中水泥混合材与矿物掺合料之和超过胶凝材料用量的50%时，测试龄期可为56d。

表 3.3.3-2 混凝土抗氯离子渗透性能的等级划分（电通量法）

等级	Q-I	Q-II	Q-III	Q-IV	Q-V
电通量 Q_s（C）	$Q_s \geq 4000$	$2000 \leq Q_s$ <4000	$1000 \leq Q_s$ <2000	$500 \leq Q_s$ <1000	$Q_s<500$

3.3.4 混凝土抗碳化性能等级划分应符合表3.3.4的规定。

表 3.3.4 混凝土抗碳化性能的等级划分

等级	T-I	T-II	T-III	T-IV	T-V
碳化深度 d（mm）	$d \geq 30$	$20 \leq$ $d<30$	$10 \leq$ $d<20$	$0.1 \leq$ $d<10$	$d<0.1$

3.3.5 混凝土早期抗裂性能等级划分应符合表3.3.5的规定。

表 3.3.5 混凝土早期抗裂性能的等级划分

等级	L-I	L-II	L-III	L-IV	L-V
单位面积上的总开裂面积 C（mm^2/m^2）	$C \geq 1000$	$700 \leq C$ <1000	$400 \leq C$ <700	$100 \leq C$ <400	$C<100$

3.3.6 混凝土耐久性能应按现行行业标准《混凝土耐久性检验评定标准》JGJ/T 193 的有关规定进行检验评定，并应合格。

4 配合比控制

4.0.1 混凝土配合比设计应符合现行行业标准《普通混凝土配合比设计规程》JGJ 55 的有关规定。

4.0.2 混凝土配合比应满足混凝土施工性能要求，强度以及其他力学性能和耐久性能应符合设计要求。

4.0.3 对首次使用、使用间隔时间超过三个月的配合比应进行开盘鉴定，开盘鉴定应符合下列规定：

1 生产使用的原材料应与配合比设计一致。

2 混凝土拌合物性能应满足施工要求。

3 混凝土强度评定应符合设计要求。

4 混凝土耐久性能应符合设计要求。

4.0.4 在混凝土配合比使用过程中，应根据混凝土质量的动态信息及时调整。

5 生产控制水平

5.0.1 混凝土工程宜采用预拌混凝土。

5.0.2 混凝土生产控制水平可按强度标准差（σ）和实测强度达到强度标准值组数的百分率（P）表征。

5.0.3 混凝土强度标准差（σ）应按式（5.0.3）计算，并宜符合表5.0.3的规定。

$$\sigma = \sqrt{\frac{\sum_{i=1}^{n} f_{cu,i}^2 - n m_{fcu}^2}{n-1}} \quad (5.0.3)$$

式中：σ——混凝土强度标准差，精确到0.1MPa；

$f_{cu,i}$——统计周期内第 i 组混凝土立方体试件的抗压强度值，精确到0.1MPa；

m_{fcu}——统计周期内 n 组混凝土立方体试件的抗压强度的平均值，精确到0.1MPa；

n——统计周期内相同强度等级混凝土的试件组数，n 值不应小于30。

表 5.0.3　混凝土强度标准差（MPa）

生产场所	强度标准差 σ		
	<C20	C20~C40	≥C45
预拌混凝土搅拌站 预制混凝土构件厂	≤3.0	≤3.5	≤4.0
施工现场搅拌站	≤3.5	≤4.0	≤4.5

5.0.4　实测强度达到强度标准值组数的百分率（P）应按公式 5.0.4 计算，且 P 不应小于 95%。

$$P = \frac{n_0}{n} \times 100\% \qquad (5.0.4)$$

式中：P——统计周期内实测强度达到强度标准值组数的百分率，精确到 0.1%；

n_0——统计周期内相同强度等级混凝土达到强度标准值的试件组数。

5.0.5　预拌混凝土搅拌站和预制混凝土构件厂的统计周期可取一个月；施工现场搅拌站的统计周期可根据实际情况确定，但不宜超过三个月。

6　生产与施工质量控制

6.1　一般规定

6.1.1　混凝土生产施工之前，应制订完整的技术方案，并应做好各项准备工作。

6.1.2　混凝土拌合物在运输和浇筑成型过程中严禁加水。

6.2　原材料进场

6.2.1　混凝土原材料进场时，供方应按规定批次向需方提供质量证明文件。质量证明文件应包括型式检验报告、出厂检验报告与合格证等，外加剂产品还应提供使用说明书。

6.2.2　原材料进场后，应按本标准第 7.1 节的规定进行进场检验。

6.2.3　水泥应按不同厂家、不同品种和强度等级分批存储，并应采取防潮措施；出现结块的水泥不得用于混凝土工程；水泥出厂超过 3 个月（硫铝酸盐水泥超过 45d），应进行复检，合格者方可使用。

6.2.4　粗、细骨料堆场应有遮雨设施，并应符合有关环境保护的规定；粗、细骨料应按不同品种、规格分别堆放，不得混入杂物。

6.2.5　矿物掺合料存储时，应有明显标记，不同矿物掺合料以及水泥不得混杂堆放，应防潮防雨，并应符合有关环境保护的规定；矿物掺合料存储期超过 3 个月时，应进行复检，合格者方可使用。

6.2.6　外加剂的送检样品应与工程大批量进货一致，并应按不同的供货单位、品种和牌号进行标识，单独

存放；粉状外加剂应防止受潮结块，如有结块，应进行检验，合格者应经粉碎至全部通过 $600\mu m$ 筛孔后方可使用；液态外加剂应储存在密闭容器内，并应防晒和防冻，如有沉淀等异常现象，应经检验合格后方可使用。

6.3　计　量

6.3.1　原材料计量宜采用电子计量设备。计量设备的精度应符合现行国家标准《混凝土搅拌站（楼）》GB/T 10171 的有关规定，应具有法定计量部门签发的有效检定证书，并应定期校验。混凝土生产单位每月应自检 1 次；每一工作班开始前，应对计量设备进行零点校准。

6.3.2　每盘混凝土原材料计量的允许偏差应符合表 6.3.2 的规定，原材料计量偏差应每班检查 1 次。

表 6.3.2　各种原材料计量的允许偏差（按质量计，%）

原材料种类	计量允许偏差	原材料种类	计量允许偏差
胶凝材料	±2	拌合用水	±1
粗、细骨料	±3	外加剂	±1

6.3.3　对于原材料计量，应根据粗、细骨料含水率的变化，及时调整粗、细骨料和拌合用水的称量。

6.4　搅　拌

6.4.1　混凝土搅拌机应符合现行国家标准《混凝土搅拌机》GB/T 9142 的有关规定。混凝土搅拌宜采用强制式搅拌机。

6.4.2　原材料投料方式应满足混凝土搅拌技术要求和混凝土拌合物质量要求。

6.4.3　混凝土搅拌的最短时间可按表 6.4.3 采用；当搅拌高强混凝土时，搅拌时间应适当延长；采用自落式搅拌机时，搅拌时间宜延长 30s。对于双卧轴强制式搅拌机，可在保证搅拌均匀的情况下适当缩短搅拌时间。混凝土搅拌时间应每班检查 2 次。

表 6.4.3　混凝土搅拌的最短时间（s）

混凝土坍落度 (mm)	搅拌机机型	搅拌机出料量（L）		
		<250	250~500	>500
≤40	强制式	60	90	120
>40 且<100	强制式	60	60	90
≥100	强制式	60		

注：混凝土搅拌的最短时间系指全部材料装入搅拌筒起，到开始卸料止的时间。

6.4.4　同一盘混凝土的搅拌匀质性应符合下列规定：

　　1　混凝土中砂浆密度两次测值的相对误差不应大于 0.8%。

2 混凝土稠度两次测值的差值不应大于表 3.1.2-4 规定的混凝土拌合物稠度允许偏差的绝对值。

6.4.5 冬期施工搅拌混凝土时，宜优先采用加热水的方法提高拌合物温度，也可同时采用加热骨料的方法提高拌合物温度。当拌合用水和骨料加热时，拌合用水和骨料的加热温度不应超过表 6.4.5 的规定；当骨料不加热时，拌合用水可加热到 60℃ 以上。应先投入骨料和热水进行搅拌，然后再投入胶凝材料等共同搅拌。

表 6.4.5 拌合用水和骨料的最高加热温度（℃）

采用的水泥品种	拌合用水	骨料
硅酸盐水泥和普通硅酸盐水泥	60	40

6.5 运 输

6.5.1 在运输过程中，应控制混凝土不离析、不分层，并应控制混凝土拌合物性能满足施工要求。

6.5.2 当采用机动翻斗车运输混凝土时，道路应平整。

6.5.3 当采用搅拌罐车运送混凝土拌合物时，搅拌罐在冬期应有保温措施。

6.5.4 当采用搅拌罐车运送混凝土拌合物时，卸料前应采用快档旋转搅拌罐不少于 20s。因运距过远、交通或现场等问题造成坍落度损失较大而卸料困难时，可采用在混凝土拌合物中掺入适量减水剂并快档旋转搅拌罐的措施，减水剂掺量应有经试验确定的预案。

6.5.5 当采用泵送混凝土时，混凝土运输应保证混凝土连续泵送，并应符合现行行业标准《混凝土泵送施工技术规程》JGJ/T 10 的有关规定。

6.5.6 混凝土拌合物从搅拌机卸出至施工现场接收的时间间隔不宜大于 90min。

6.6 浇筑成型

6.6.1 浇筑混凝土前，应检查并控制模板、钢筋、保护层和预埋件等的尺寸、规格、数量和位置，其偏差值应符合现行国家标准《混凝土结构工程施工质量验收规范》GB 50204 的有关规定，并应检查模板支撑的稳定性以及接缝的密合情况，应保证模板在混凝土浇筑过程中不失稳、不跑模和不漏浆。

6.6.2 浇筑混凝土前，应清除模板内以及垫层上的杂物；表面干燥的地基土、垫层、木模板应浇水湿润。

6.6.3 当夏季天气炎热时，混凝土拌合物入模温度不应高于 35℃，宜选择晚间或夜间浇筑混凝土；现场温度高于 35℃ 时，宜对金属模板进行浇水降温，但不得留有积水，并宜采取遮挡措施避免阳光照射金属模板。

6.6.4 当冬期施工时，混凝土拌合物入模温度不应低于 5℃，并应有保温措施。

6.6.5 在浇筑过程中，应有效控制混凝土的均匀性、密实性和整体性。

6.6.6 泵送混凝土输送管道的最小内径宜符合表 6.6.6 的规定；混凝土输送泵的泵压应与混凝土拌合物特性和泵送高度相匹配；泵送混凝土的输送管道应支撑稳定，不漏浆，冬期应有保温措施，夏季施工现场最高气温超过 40℃ 时，应有隔热措施。

表 6.6.6 泵送混凝土输送管道的最小内径（mm）

粗骨料最大公称粒径	输送管道最小内径
25	125
40	150

6.6.7 不同配合比或不同强度等级泵送混凝土在同一时间段交替浇筑时，输送管道中的混凝土不得混入其他不同配合比或不同强度等级混凝土。

6.6.8 当混凝土自由倾落高度大于 3.0m 时，宜采用串筒、溜管或振动溜管等辅助设备。

6.6.9 浇筑竖向尺寸较大的结构物时，应分层浇筑，每层浇筑厚度宜控制在 300mm～350mm；大体积混凝土宜采用分层浇筑方法，可利用自然流淌形成斜坡沿高度均匀上升，分层厚度不应大于 500mm；对于清水混凝土浇筑，可多安排振捣棒，应边浇筑混凝土边振捣，宜连续成型。

6.6.10 自密实混凝土浇筑布料点应结合拌合物特性选择适宜的间距，必要时可以通过试验确定混凝土布料点下料间距。

6.6.11 应根据混凝土拌合物特性及混凝土结构、构件或制品的制作方式选择适当的振捣方式和振捣时间。

6.6.12 混凝土振捣宜采用机械振捣。当施工无特殊振捣要求时，可采用振捣棒进行捣实，插入间距不应大于振捣棒振动作用半径的一倍，连续多层浇筑时，振捣棒应插入下层拌合物约 50mm 进行振捣；当浇筑厚度不大于 200mm 的表面积较大的平面结构或构件时，宜采用表面振动成型；当采用干硬性混凝土拌合物浇筑成型混凝土制品时，宜采用振动台或表面加压振动成型。

6.6.13 振捣时间宜按拌合物稠度和振捣部位等不同情况，控制在 10s～30s 内，当混凝土拌合物表面出现泛浆，基本无气泡逸出，可视为捣实。

6.6.14 混凝土拌合物从搅拌机卸出后到浇筑完毕的

延续时间不宜超过表 6.6.14 的规定。

表 6.6.14　混凝土拌合物从搅拌机卸出后到浇筑完毕的延续时间（min）

混凝土生产地点	气　温	
	≤25℃	>25℃
预拌混凝土搅拌站	150	120
施工现场	120	90
混凝土制品厂	90	60

6.6.15 在混凝土浇筑同时，应制作供结构或构件出池、拆模、吊装、张拉、放张和强度合格评定用的同条件养护试件，并应按设计要求制作抗冻、抗渗或其他性能试验用的试件。

6.6.16 在混凝土浇筑及静置过程中，应在混凝土终凝前对浇筑面进行抹面处理。

6.6.17 混凝土构件成型后，在强度达到 1.2MPa 以前，不得在构件上面踩踏行走。

6.7　养　护

6.7.1 生产和施工单位应根据结构、构件或制品情况、环境条件、原材料情况以及对混凝土性能的要求等，提出施工养护方案或生产养护制度，并应严格执行。

6.7.2 混凝土施工可采用浇水、覆盖保湿、喷涂养护剂、冬季蓄热养护等方法进行养护；混凝土构件或制品厂生产可采用蒸汽养护、湿热养护或潮湿自然养护等方法进行养护。选择的养护方法应满足施工养护方案或生产养护制度的要求。

6.7.3 采用塑料薄膜覆盖养护时，混凝土全部表面应覆盖严密，并应保持膜内有凝结水；采用养护剂养护时，应通过试验检验养护剂的保湿效果。

6.7.4 对于混凝土浇筑面，尤其是平面结构，宜边浇筑成型边采用塑料薄膜覆盖保湿。

6.7.5 混凝土施工养护时间应符合下列规定：

1 对于采用硅酸盐水泥、普通硅酸盐水泥或矿渣硅酸盐水泥配制的混凝土，采用浇水和潮湿覆盖的养护时间不得少于 7d。

2 对于采用粉煤灰硅酸盐水泥、火山灰质硅酸盐水泥、复合硅酸盐水泥配制的混凝土，或掺加缓凝剂的混凝土以及大掺量矿物掺合料混凝土，采用浇水和潮湿覆盖的养护时间不得少于 14d。

3 对于竖向混凝土结构，养护时间宜适当延长。

6.7.6 混凝土构件或制品厂的混凝土养护应符合下列规定：

1 采用蒸汽养护或湿热养护时，养护时间和养护制度应满足混凝土及其制品性能的要求。

2 采用蒸汽养护时，应分为静停、升温、恒温和降温四个养护阶段。混凝土成型后的静停时间不宜少于 2h，升温速度不宜超过 25℃/h，降温速度不宜

超过 20℃/h，最高和恒温温度不宜超过 65℃；混凝土构件或制品在出池或撤除养护措施前，应进行温度测量，当表面与外界温差不大于 20℃时，构件方可出池或撤除养护措施。

3 采用潮湿自然养护时，应符合本节第 6.7.2 条～第 6.7.5 条的规定。

6.7.7 对于大体积混凝土，养护过程应进行温度控制，混凝土内部和表面的温差不宜超过 25℃，表面与外界温差不宜大于 20℃。

6.7.8 对于冬期施工的混凝土，养护应符合下列规定：

1 日均气温低于 5℃时，不得采用浇水自然养护方法。

2 混凝土受冻前的强度不得低于 5MPa。

3 模板和保温层应在混凝土冷却到 5℃方可拆除，或在混凝土表面温度与外界温度相差不大于 20℃时拆模，拆模后的混凝土亦应及时覆盖，使其缓慢冷却。

4 混凝土强度达到设计强度等级的 50% 时，方可撤除养护措施。

7　混凝土质量检验

7.1　混凝土原材料质量检验

7.1.1 原材料进场时，应按规定批次验收型式检验报告、出厂检验报告或合格证等质量证明文件，外加剂产品还应具有使用说明书。

7.1.2 混凝土原材料进场时应进行检验，检验样品应随机抽取。

7.1.3 混凝土原材料的检验批量应符合下列规定：

1 散装水泥应按每 500t 为一个检验批；袋装水泥应按每 200t 为一个检验批；粉煤灰或粒化高炉矿渣粉等矿物掺合料应按每 200t 为一个检验批；硅灰应按每 30t 为一个检验批；砂、石骨料应按每 400m³ 或 600t 为一个检验批；外加剂应按每 50t 为一个检验批；水应按同一水源不少于一个检验批。

2 当符合下列条件之一时，可将检验批量扩大一倍。

1）对经产品认证机构认证符合要求的产品。

2）来源稳定且连续三次检验合格。

3）同一厂家的同批出厂材料，用于同时施工且属于同一工程项目的多个单位工程。

3 不同批次或非连续供应的不足一个检验批量的混凝土原材料应作为一个检验批。

7.1.4 原材料的质量应符合本标准第 2 章的规定。

7.2　混凝土拌合物性能检验

7.2.1 在生产施工过程中，应在搅拌地点和浇筑地点分别对混凝土拌合物进行抽样检验。

7.2.2 混凝土拌合物的检验频率应符合下列规定：

1 混凝土坍落度取样检验频率应符合现行国家标准《混凝土强度检验评定标准》GB/T 50107 的有关规定。

2 同一工程、同一配合比、采用同一批次水泥和外加剂的混凝土的凝结时间应至少检验 1 次。

3 同一工程、同一配合比的混凝土的氯离子含量应至少检验 1 次；同一工程、同一配合比和采用同一批次海砂的混凝土的氯离子含量应至少检验 1 次。

7.2.3 混凝土拌合物性能应符合本标准第 3.1 节的规定。

7.3 硬化混凝土性能检验

7.3.1 硬化混凝土性能检验应符合下列规定：

1 强度检验评定应符合现行国家标准《混凝土强度检验评定标准》GB/T 50107 的有关规定，其他力学性能检验应符合设计要求和有关标准的规定。

2 耐久性能检验评定应符合现行行业标准《混凝土耐久性检验评定标准》JGJ/T 193 的有关规定。

3 长期性能检验规则可按现行行业标准《混凝土耐久性检验评定标准》JGJ/T 193 中耐久性检验的有关规定执行。

7.3.2 混凝土力学性能应符合本标准第 3.2 节的规定；长期性能和耐久性能应符合本标准第 3.3 节的规定。

附录 A　坍落度经时损失试验方法

A.0.1 本方法适用于混凝土坍落度经时损失的测定。

A.0.2 取样与试样的制备应符合现行国家标准《普通混凝土拌合物性能试验方法标准》GB/T 50080 的有关规定。

A.0.3 检测混凝土拌合物卸出搅拌机时的坍落度应按现行国家标准《普通混凝土拌合物性能试验方法标准》GB/T 50080 的有关规定执行，应在坍落度试验后立即将混凝土拌合物装入不吸水的容器内密闭搁置 1h，然后，应再将混凝土拌合物倒入搅拌机内搅拌 20s，卸出搅拌机后应再次测试混凝土拌合物的坍落度。

A.0.4 前后两次坍落度之差即为坍落度经时损失，计算应精确到 5mm。

本标准用词说明

1 为便于在执行本标准条文时区别对待，对要求严格程度不同的用词说明如下：

　　1）表示很严格，非这样做不可的：
　　　　正面词采用"必须"，反面词采用"严禁"；

　　2）表示严格，在正常情况下均应这样做的：
　　　　正面词采用"应"，反面词采用"不应"或"不得"；

　　3）表示允许稍有选择，在条件许可时，首先应这样做的：
　　　　正面词采用"宜"，反面词采用"不宜"；

　　4）表示有选择，在一定条件下可以这样做的，采用"可"。

2 条文中指明应按其他有关标准执行的写法为："应符合……的规定"或"应按……执行"。

引用标准名录

　　1　《普通混凝土拌合物性能试验方法标准》GB/T 50080

　　2　《普通混凝土力学性能试验方法标准》GB/T 50081

　　3　《普通混凝土长期性能和耐久性能试验方法标准》GB/T 50082

　　4　《混凝土强度检验评定标准》GB/T 50107

　　5　《混凝土外加剂应用技术规范》GB 50119

　　6　《混凝土结构工程施工质量验收规范》GB 50204

　　7　《通用硅酸盐水泥》GB 175

　　8　《中热硅酸盐水泥　低热硅酸盐水泥　低热矿渣硅酸盐水泥》GB 200

　　9　《用于水泥和混凝土中的粉煤灰》GB/T 1596

　　10　《建筑材料放射性核素限量》GB 6566

　　11　《混凝土外加剂》GB 8076

　　12　《混凝土搅拌机》GB/T 9142

　　13　《混凝土搅拌站（楼）》GB/T 10171

　　14　《用于水泥和混凝土中的粒化高炉矿渣粉》GB/T 18046

　　15　《用于水泥和混凝土中的钢渣粉》GB/T 20491

　　16　《混凝土膨胀剂》GB 23439

　　17　《混凝土泵送施工技术规程》JGJ/T 10

　　18　《普通混凝土用砂、石质量及检验方法标准》JGJ 52

　　19　《普通混凝土配合比设计规程》JGJ 55

　　20　《混凝土用水标准》JGJ 63

　　21　《混凝土耐久性检验评定标准》JGJ/T 193

　　22　《海砂混凝土应用技术规范》JGJ 206

　　23　《水运工程混凝土试验规程》JTJ 270

　　24　《混凝土防冻剂》JC 475

中华人民共和国国家标准

混凝土质量控制标准

GB 50164—2011

条 文 说 明

修 订 说 明

《混凝土质量控制标准》GB 50164－2011，经住房和城乡建设部2011年4月2日以第969号公告批准发布。

本标准是在原《混凝土质量控制标准》GB 50164－92 的基础上修订而成。上一版的主编单位为中国建筑科学研究院，参加单位有：西安冶金建筑学院、北京市第一建筑构件厂、上海市建工材料公司、中建三局深圳工程地盘管理公司、上海市建筑构件研究所、中国科学院系统科学研究所。主要起草人有：韩素芳、耿维恕、钟炯垣、曹天霞、胡企才、彭冠群、许鹤力、 吴传义 。

本标准修订的主要技术内容是：增加氯离子含量等质量控制指标；修订了混凝土拌合物稠度等级划分；补充混凝土耐久性质量控制指标；修订了混凝土生产控制的强度标准差要求；修订了混凝土组成材料计量结果的允许偏差；修订了混凝土蒸汽养护质量控制指标；增加混凝土质量检验等内容。

本标准修订过程中，编制组进行了广泛而深入的调查研究，总结了我国工程建设中混凝土质量控制的实践经验，同时参考了国外先进技术标准，通过试验取得了混凝土质量控制的重要技术参数。

为便于广大设计、生产、施工、科研、学校等单位有关人员在使用本标准时能正确理解和执行条文规定，《混凝土质量控制标准》编制组按章、节、条顺序编制了本标准的条文说明，供使用者参考。但是，本条文说明不具备与标准正文同等的法律效力，仅供使用者作为理解和把握标准规定的参考。

目　次

1 总　则

1.0.1 混凝土质量控制是工程建设的重要环节，体现着混凝土工程的整体技术水平，对于保证混凝土工程质量和促进混凝土技术进步具有重要意义。

1.0.2 混凝土质量控制包括对现浇混凝土和预制混凝土的质量控制，除一些特殊专业工程外，建设行业一般混凝土工程都适用。

1.0.3 与本标准有关的、难以详尽的技术要求，应符合国家现行标准的有关规定。

2 原材料质量控制

2.1 水　泥

2.1.1 在混凝土工程中，根据设计、施工要求以及工程所处环境合理选用水泥是十分重要的。硅酸盐水泥或普通硅酸盐水泥胶砂强度较高并掺加混合材较少，适合配制高强度混凝土，可掺用较多的矿物掺合料来改善高强混凝土的施工性能；由于掺加混合材较少，有利于配制抗冻混凝土。有预防混凝土碱-骨料反应要求的混凝土工程，采用碱含量不大于 0.6% 的低碱水泥是基本要求。采用低水化热的水泥，有利于限制大体积混凝土由温度应力引起的裂缝。

2.1.2 水泥质量主要控制项目为混凝土工程全过程中质量检验的主要项目。细度为选择性指标，没有列入主要控制项目，但水泥出厂检验报告中有细度检验内容；三氧化硫、烧失量和不溶物等化学项目可在选择水泥时检验，工程质量控制可以出厂检验为依据。

2.1.3 新型干法窑生产的水泥的质量稳定性较好；现行国家标准《通用硅酸盐水泥》GB 175 已经规定检验报告内容应包括混合材品种和掺加量，落实这一规定对混凝土质量控制很重要；当前建设工程对水泥的需求量很大，存在水泥出厂运到工程现场时温度过高的情况，水泥温度过高时拌制混凝土对混凝土性能不利，应予以控制。

2.2 粗　骨　料

2.2.1 现行行业标准《普通混凝土用砂、石质量及检验方法标准》JGJ 52 的内容不仅包括骨料一般质量及检验方法，还包括了不同混凝土强度等级和耐久性条件下对骨料的要求。

2.2.2 粗骨料中有害物质含量没有列入主要控制项目，实际工程中一般在选择料场时根据情况需要才进行检验。

2.2.3 连续级配粗骨料堆积相对紧密，空隙率比较小，有利于节约其他原材料，而其他原材料一般比粗骨料价格高，也有利于改善混凝土性能。混凝土中粗骨料最大公称粒径应考虑到结构或构件的截面尺寸以及钢筋间距，粗骨料最大公称粒径太大不利于混凝土浇筑成型；对于大体积混凝土，粗骨料最大公称粒径太小则限制混凝土变形作用较小。对于有抗渗、抗冻、抗腐蚀、耐磨或其他特殊要求的混凝土，坚固性检验是保证粗骨料性能稳定的重要方法。高强混凝土对粗骨料要求较高，如果粗骨料粒径太大或（和）针片状颗粒含量较多，不利于混凝土中骨料合理堆积和应力合理分布，直接影响混凝土强度；骨料含泥（包括泥块）较多将明显影响高强混凝土强度；工程实践表明，用于高强混凝土的岩石的抗压强度比混凝土设计强度高 30% 是可行的。对于有预防混凝土碱-骨料反应要求的混凝土工程，避免采用有碱活性的粗骨料是首选方案。

2.3 细　骨　料

2.3.1 当采用海砂作为混凝土细骨料时，质量控制应执行现行行业标准《海砂混凝土应用技术规范》JGJ 206 的规定，该规范规定了用于混凝土的海砂的质量标准。除此之外，一般细骨料应执行现行行业标准《普通混凝土用砂、石质量及检验方法标准》JGJ 52 的规定。

2.3.2 我国长期持续大规模建设，河砂资源日益枯竭，人工砂取代河砂用作混凝土细骨料是大势所趋。我国人工砂质量问题主要是石粉含量高、颗粒级配差和细度模数偏大，采用高水平的制砂设备可以解决这些问题，虽然设备投入大，但可以节约大量胶凝材料并提高混凝土性能，总体核算，十分经济。人工砂与碎石往往处于同一石料场，通常在选择料场时根据情况需要才检验氯离子含量和有害物质含量。

2.3.3 对于混凝土，尤其是对于有特殊性能要求的混凝土，如有抗渗、抗冻要求的混凝土和高强混凝土等，含泥（包括泥块）较多都对混凝土性能有不利的影响。

当采用海砂作为混凝土细骨料时，首要是须采用专用设备对海砂进行淡水淘洗并使之符合现行行业标准《海砂混凝土应用技术规范》JGJ 206 的要求。海砂的氯离子含量控制比河砂严格得多，河砂指标为 0.06%。现行行业标准《海砂混凝土应用技术规范》JGJ 206 对贝壳含量的控制指标（见本标准表 2.3.3-1）比现行行业标准《普通混凝土用砂、石质量及检验方法标准》JGJ 52 略宽，是经多年试验进行修正的。

对于人工砂中的石粉含量，根据我国人工砂生产现状和混凝土质量控制要求，本标准表 2.3.3-2 中的控制指标是比较合理的，既比较适合混凝土性能的要求，又可促进人工砂生产水平的提高，因为目前我国许多地区人工砂的石粉含量大于 10%，质量水平较差。*MB* 为人工砂中亚甲蓝测定值，测试方法应符合现行行业标准《普通混凝土用砂、石质量及检验方法标准》JGJ 52 的规定。

我国部分地区有特细砂资源，如重庆地区的特细河砂和云南的特细山砂等，目前特细砂与人工砂混合使用效果较好，但如果单独采用作为细骨料配制结构混凝土，混凝土收缩趋势较大，工程质量控制难度较大。

对于有预防混凝土碱-骨料反应要求的混凝土工程，避免采用有碱活性的细骨料是首选方案。

2.4 矿物掺合料

2.4.1 粉煤灰、粒化高炉矿渣粉、硅灰、钢渣粉、磷渣粉等矿物掺合料为活性粉体材料，掺入混凝土中能改善混凝土性能和降低成本，这些矿物掺合料列入国家标准或行业标准，在本条列出的标准中包括了对这些矿物掺合料的质量规定。

2.4.2 列入的矿物掺合料的主要控制项目是在混凝土工程中质量检验的主要项目，目前在实际工程中实行情况逐步规范。其他项目可在选择矿物掺合料时检验，工程质量控制可以出厂检验为依据。

2.4.3 硅酸盐水泥和普通硅酸盐水泥中混合材掺量相对较少，有利于掺加矿物掺合料，其他通用硅酸盐水泥中混合材掺量较多，再掺加矿物掺合料易于过量。矿物掺合料品种多，质量差异比较大，掺量范围较宽，用于混凝土时只有经过试验验证，才能实施混凝土质量的控制。采用适宜质量等级的矿物掺合料，有利于控制对性能有特殊要求的混凝土质量。

2.5 外 加 剂

2.5.1 国家现行标准《混凝土外加剂》GB 8076、《混凝土防冻剂》JC 475 和《混凝土膨胀剂》GB 23439 是我国关于外加剂产品的几本主要标准。

2.5.2 列入的外加剂的主要控制项目是在混凝土工程中质量检验的主要项目，其他项目可在选择外加剂时检验，工程质量控制可以出厂检验为依据。

2.5.3 现行国家标准《混凝土外加剂应用技术规范》GB 50119 规定了不同剂种外加剂的应用技术要求。外加剂品种多，质量差异比较大，掺量范围较宽，用于混凝土时只有经过试验验证，才能实施混凝土质量的控制。含有氯盐配制的外加剂引起的钢筋锈蚀问题对钢筋混凝土和预应力混凝土具有严重的危害。液态外加剂易于在混凝土中均匀分布。

2.6 水

2.6.1 混凝土用水包括拌合用水和养护用水。现行行业标准《混凝土用水标准》JGJ 63 包括了对各种水用于混凝土的规定。

2.6.2 混凝土用水主要控制项目在实际工程基本落实。

2.6.3 未经处理的海水含有大量氯盐，会引起严重的钢筋锈蚀，危及混凝土结构的安全性；混凝土企业设备洗刷水中碱含量高，与碱活性骨料一起配制混凝土易产生碱-骨料反应。

3 混凝土性能要求

3.1 拌合物性能

3.1.1 混凝土设计和施工都会提出对坍落度等混凝土拌合物性能的要求，如果混凝土拌合物出了问题，则硬化混凝土质量无法保证，因此，混凝土拌合物性能是混凝土质量控制的重点之一。现行国家标准《普通混凝土拌合物性能试验方法标准》GB/T 50080 未规定坍落度经时损失试验方法。

3.1.2 扩展度即坍落扩展度。混凝土拌合物的坍落度、维勃稠度、扩展度的等级划分以及稠度允许偏差与欧洲标准一致，也与原标准差异不大。允许偏差是指可以接受的实测值与设计值的差值。

3.1.3～3.1.7 这些条文的规定是工程实践的经验总结，在执行过程中已经取得了较好的质量控制效果。其中，泵送混凝土拌合物稠度的控制指标允许存在本标准表 3.1.2-4 中的允许偏差。自密实混凝土的扩展度的控制指标略大于国外标准 550mm 的指标，比较适合于我国工程实际情况。以拌合物坍落度设计值 180mm 为例，正文表 3.1.2-4 规定其允许偏差为 30mm，则实际控制范围应为 150mm～210mm。

3.1.8 按环境条件影响氯离子引起钢锈的程度简明地分为四类，并规定了各类环境条件下的混凝土中氯离子最大含量。本条规定与现行国家标准《混凝土结构设计规范》GB 50010 是协调的，也与欧美国家控制氯离子的趋势一致。测定混凝土拌合物中氯离子的方法，与测试硬化后混凝土中氯离子的方法相比，时间大大缩短，有利于混凝土质量控制。表 3.1.8 中的氯离子含量系相对混凝土中水泥用量的百分比，与控制氯离子相对混凝土中胶凝材料用量的百分比相比，偏于安全。

3.1.9 本条规定是针对一般环境条件下混凝土而言。对处于潮湿或水位变动的寒冷和严寒环境以及盐冻环境的混凝土可高于表 3.1.9 的规定，但最大含气量宜控制在 7.0% 以内。

3.2 力 学 性 能

3.2.1 混凝土的力学性能主要包括抗压强度、轴压强度、弹性模量、劈裂抗拉强度和抗折强度等。

3.2.2 立方体抗压强度标准值系指按标准方法制作和养护的边长为 150mm 的立方体试件在 28d 龄期用标准试验方法测得的具有 95% 保证率的抗压强度值（以 MPa 计）。

3.2.3 现行国家标准《混凝土强度检验评定标准》GB/T 50107 规定了混凝土取样、试件的制作与养护、试验、混凝土强度检验与评定，为各建设行业所采用。

3.3 长期性能和耐久性能

3.3.1 混凝土质量控制不仅仅是对混凝土拌合物性能和力学性能进行控制，还应包括混凝土长期性能和耐久性能的控制，以往对混凝土长期性能和耐久性能控制重视不够。本标准中的长期性能包括收缩和徐变。混凝土长期性能和耐久性能控制以满足设计要求为目标。

3.3.2 抗冻等级和抗渗等级的划分与我国各行业的标准规范是协调的，涵盖了各行业设计标准划分的全部等级。混凝土工程的结构（包括构件）混凝土基本都采用抗冻等级（快冻法），符号为 F；建材行业中的混凝土制品基本还沿用抗冻标号（慢冻法），符号为 D；抗渗等级是采用逐级加压的试验方法，为各行业通用的设计指标。

抗硫酸盐等级及其划分是在多年试验研究和工程实践的基础上制定的，并已经列入现行行业标准《混凝土耐久性检验评定标准》JGJ/T 193；抗硫酸盐侵蚀试验方法也已经列入现行国家标准《普通混凝土长期性能和耐久性能试验方法标准》GB/T 50082。一般在混凝土处于硫酸盐侵蚀环境时会对混凝土抗硫酸盐侵蚀性能提出设计要求。一般而言，抗硫酸盐等级为 KS120 的混凝土具有较好的抗硫酸盐侵蚀性能，抗硫酸盐等级超过 KS150 的混凝土具有优异的抗硫酸盐侵蚀性能。

3.3.3 按照氯离子迁移系数将混凝土抗氯离子渗透性能划分为五个等级，从Ⅰ级到Ⅴ级，表示混凝土抗氯离子渗透性能越来越高。同样，按电通量划分的混凝土抗氯离子渗透性能等级意义类同。

与Ⅰ～Ⅴ级对应的混凝土耐久性水平推荐意见见表1，该表定性地描述了等级中代号所代表的混凝土耐久性能的高低。这种定性评价仅对混凝土材料本身而言，至于是否符合工程实际的要求，则需要结合设计和施工要求进行确定。

表 1　等级代号与混凝土耐久性水平推荐意见

等级代号	Ⅰ	Ⅱ	Ⅲ	Ⅳ	Ⅴ
混凝土耐久性水平推荐意见	差	较差	较好	好	很好

混凝土氯离子迁移系数往往是针对海洋等氯离子侵蚀环境的控制指标，此类环境的工程由于耐久性需要，混凝土中一般都掺入较多的矿物掺合料，规定 84d 龄期指标相对比较合理。目前 84d 龄期指标已经被工程普遍采用，如我国杭州湾大桥和马来西亚槟城

第二跨海大桥等。一般而言，84d 龄期的混凝土氯离子迁移系数小于 2.5×10^{-12} m²/s，表明混凝土具有较好的抗氯离子渗透性能；氯离子迁移系数小于 1.5×10^{-12} m²/s，表明混凝土具有优异的抗氯离子渗透性能。

当采用电通量作为混凝土抗氯离子渗透性能的控制指标时，对于大掺量矿物掺合料的混凝土，28d 的试验结果可能不能准确反映混凝土真实的抗氯离子渗透性能，故允许采用 56d 的测试值进行评定。本标准明确了大掺量矿物掺合料的涵义：混凝土中水泥混合材与矿物掺合料之和超过胶凝材料用量的 50%。

本标准电通量的等级划分部分参照了 ASTM C 1202-05 的规定（见表2）。我国其他有关标准也是参考该标准制订的。

表 2　基于电通量的氯离子渗透性

电通量（C）	>4000	2000～4000	1000～2000	100～1000	<100
氯离子渗透性评价	高	中等	低	很低	可忽略

3.3.4 快速碳化试验碳化深度小于 20mm 的混凝土，其抗碳化性能较好，通常可满足大气环境下 50 年的耐久性要求。在大气环境下，有其他腐蚀介质侵蚀的影响，混凝土的碳化会发展得快一些。快速碳化试验碳化深度小于 10mm 的混凝土的碳化性能良好；许多强度等级高、密实性好的混凝土，在碳化试验中会出现测不出碳化的情况。

3.3.5 混凝土早期的抗裂性能系统试验研究表明，单位面积上的总开裂面积在 100mm²/m² 以内的混凝土抗裂性能好；当单位面积上的总开裂面积超过 1000mm²/m² 时，混凝土的抗裂性能较差。由于试验周期短，可用于混凝土配合比的对比和筛选，对混凝土裂缝控制具有良好的效果。

3.3.6 现行行业标准《混凝土耐久性检验评定标准》JGJ/T 193 包括了混凝土抗冻性能、抗水渗透性能、抗硫酸盐侵蚀性能、抗氯离子渗透性能、抗碳化性能和早期抗裂性能的检验评定。

4　配合比控制

4.0.1 多年以来，现行行业标准《普通混凝土配合比设计规程》JGJ 55 在混凝土工程领域普遍采用，可操作性强，效果良好。

4.0.2 混凝土配合比不仅应满足混凝土强度要求，还应满足混凝土施工性能和耐久性能的要求。目前应通过配合比控制加强对混凝土耐久性能的控制。

4.0.3 对于首次使用、使用间隔时间超过三个月的混凝土配合比，在使用前进行配合比审查和核准是不

可省略的。生产使用的原材料应与配合比设计一致是指原材料的品种、规格、强度等级等指标应相同。以水泥为例，即指采用同一厂家生产的同品种、同强度等级和同批次水泥。

4.0.4 在混凝土配合比使用过程中，现场会出现各种情况，需要对混凝土配合比进行适当调整，比如因气候或施工情况变化可能影响混凝土质量，则需要适当调整混凝土配合比。

5 生产控制水平

5.0.1 预拌混凝土包括预拌混凝土搅拌站、预制混凝土构件厂和施工现场搅拌站生产的混凝土，具体定义为：在搅拌站生产、通过运输设备送至使用地点、交付时为拌合物的混凝土。

5.0.2 混凝土强度标准差（σ）、实测强度达到强度标准值组数的百分率（P）是表征生产控制水平的重要指标。

5.0.3、5.0.4 按强度评价混凝土生产控制水平主要体现在：强度满足要求，分散性小，且合格保证率高。因此，不仅仅要看混凝土强度是否满足评定要求，还要看反映强度分散程度的标准差的大小以及实测强度达到强度标准值组数的百分率，其中重点是强度标准差指标。近年来，我国预拌混凝土生产质量控制水平得到提高，全国范围统计的强度标准差基本可以达到修订前的标准的优良水平，因此，本次修订取消了原有的强度标准差一般水平，将强度标准差优良水平稍作调整后作为控制水平。

5.0.5 施工现场集中搅拌站的混凝土生产不及预拌混凝土搅拌站和预制混凝土构件厂规律，因此，统计周期可根据实际情况延长，但不宜超过3个月。

6 生产与施工质量控制

6.1 一 般 规 定

6.1.1 完整的生产施工技术方案能够充分研究确定各个环节及相互联系的控制技术，有利于做好充分准备，保证混凝土工程的顺利实施，进而保证混凝土工程质量。

6.1.2 在生产施工过程中向混凝土拌合物中加水会严重影响混凝土力学性能、长期性能和耐久性能，对混凝土工程质量危害极大，必须严格禁止。

6.2 原材料进场

6.2.1 混凝土原材料进场时，应具有质量证明文件。质量证明文件应存档备案作为原材料验收文件的一部分。

6.2.2 原材料进场检验对于混凝土质量控制具有极

其重要的意义，因为原材料质量是混凝土质量的基本保证。

6.2.3 水泥在潮湿情况下容易结块，水泥结块后质量受到影响；水泥出厂超过3个月（硫铝酸盐水泥超过45d）属于过期，对质量重新进行检验是必要的。

6.2.4 混凝土骨料含水情况变化是长期以来影响混凝土质量的重要因素，很难在混凝土生产过程中对骨料含水情况变化做相应的准确调控。解决这一问题的最好办法就是建造大棚等遮雨设施，可大大提高混凝土质量的控制水平。建造大棚等遮雨设施一次性投资有限，可节约大量调控付出的材料成本和为质量问题付出的代价，经济上非常合算。目前国内许多搅拌站已经实施这一措施。

6.2.5 工程中存在将矿物掺合料和水泥搞错的质量事故，因此，区分矿物掺合料和水泥不得大意。

6.2.6 应杜绝外加剂送检样品与工程大批量进货不一致的情况。粉状外加剂受潮结块会影响质量，混凝土拌合时也不利于均匀分布；有些液态外加剂经过日晒和冻融后质量会下降，储存时应予以注意。

6.3 计 量

6.3.1 采用电子计量设备进行原材料计量对混凝土生产质量控制意义重大，无论是规模生产可控性还是控制精度，都是现代混凝土生产所要求的。混凝土生产企业应重视计量设备的自检和零点校准，保证计量设备运行质量。

6.3.2 由于拌合用水和外加剂用量对混凝土性能影响较大，所以本次修订提高拌合用水和外加剂计量控制水平（原来允许偏差为2%），目前计量设备可以满足要求。

6.3.3 在执行配合比进行计量时，粗、细骨料计量包含了骨料含水，拌合用水计量则应把相当于骨料含水的水扣除。

6.4 搅 拌

6.4.1 预拌混凝土搅拌站、预制混凝土构件厂和施工现场搅拌站都是采用强制式搅拌机，一些条件落后的情况还在使用自落式搅拌机。

6.4.2 原材料投料方式主要是指混凝土搅拌时原材料投料的顺序以及顺序之间的间隔时间。

6.4.3 目前，预拌混凝土搅拌站、预制混凝土构件厂和施工现场搅拌站基本采用双卧轴强制式搅拌机，采用的搅拌时间一般都少于表6.4.3给出的最短时间，但只要能保证混凝土搅拌均匀，就是允许的。

6.4.4 本条规定旨在直接控制混凝土搅拌质量，并给出具体控制指标。

6.4.5 在执行本条规定时，重点应注意通过骨料和热水搅拌使热水降温后，再加入水泥等胶凝材料搅拌。

6.5 运　　输

6.5.1 广泛采用的搅拌罐车是控制混凝土拌合物性能稳定的重要运输工具。

6.5.2 采用机动翻斗车运输混凝土时，如果道路颠簸，容易导致混凝土分层和离析。

6.5.3 由于要控制混凝土拌合物入模温度不低于5℃，所以对搅拌罐车的搅拌罐作出保温的规定。

6.5.4 卸料之前采用快档旋转搅拌的目的是将拌合物搅拌均匀，利于泵送施工。搅拌罐车卸料困难或混凝土坍落度损失过大情况时有发生，较多情况是现场施工组织不力，不能及时浇筑混凝土而导致压车，这时可向罐车内掺加适量减水剂并搅拌均匀以改善拌合物稠度，但应经过试验确定。

6.5.5 保证混凝土的连续泵送非常重要。尤其对大体积混凝土和不留施工缝的结构混凝土等。

6.5.6 随着混凝土外加剂技术的发展，调整混凝土拌合物的可操作时间并满足硬化混凝土性能要求比较容易实现，因此，控制混凝土出机至现场接收不超过90min是可行的。

6.6 浇筑成型

6.6.1 支模质量直接影响混凝土施工质量，如模板失稳或跑模会打乱混凝土浇筑节奏，影响混凝土质量；支模质量也对混凝土外观质量有直接影响。

6.6.2 表面干燥的地基土、垫层、木模板具有吸水性，会造成混凝土表面失水过多，容易产生外观质量问题。

6.6.3 混凝土拌合物入模温度过高，对混凝土硬化过程有影响，加大了控制难度，因此，避免高温条件浇筑混凝土是比较合理的选择。

6.6.4 混凝土拌合物入模温度过低，对水泥水化和混凝土强度发展不利，混凝土在冬期容易被冻伤。

6.6.5 混凝土浇筑质量控制目标为浇筑的均匀性、密实性和整体性。

6.6.6 如果混凝土粗骨料粒径太大而输送管道内径太小，会突出粗骨料与管道的摩阻力，混凝土的摩阻力也增大，在压力下，影响浆体对粗骨料包覆，易于堵泵。

6.6.7 无论采用车泵还是拖泵，都应避免输送管道中的混凝土混入其他不同配合比或不同强度等级混凝土，在工程中存在搞混引起质量事故的问题。

6.6.8 当混凝土自由倾落高度过大时，采用串筒、溜管或振动溜管等辅助设备有利于避免混凝土离析。

6.6.9 混凝土分层浇筑厚度过大不利于混凝土振捣，影响混凝土的成型质量，清水混凝土可采用边浇筑边振捣以利于形成质量均匀、颜色一致的混凝土表面。

6.6.10 自密实混凝土浇筑布料点往往选择多个，可避免自密实混凝土流动距离过远，影响混凝土的自密

实效果。

6.6.11～6.6.13 一般结构混凝土通常使用振捣棒进行插入振捣，较薄的平面结构可采用平板振捣器进行表面振捣，竖向薄壁且配筋较密的结构或构件可采用附壁振动器进行附壁振动，当采用干硬性混凝土成型混凝土制品时可采用振动台或表面加压振动。振捣（动）时间要适宜，避免混凝土密实不够或分层。

6.6.14 虽然通过混凝土外加剂技术，可以调整混凝土拌合物的可操作时间并满足硬化混凝土性能要求，但控制混凝土从搅拌机卸出到浇筑完毕的延续时间对混凝土浇筑质量仍然非常重要，抓紧时间尽早完成浇筑有利于浇筑成型各方面的操作。

6.6.15 同条件养护试件可以比较客观地反映结构和构件实体的混凝土质量情况。

6.6.16 在混凝土终凝前对浇筑面进行抹面处理有利于抑制表面裂缝，提高表面质量。

6.6.17 混凝土硬化不足时人为踩踏会给混凝土造成伤害；构件底模及其支架拆除过早会使上面结构荷载和施工荷载对混凝土构件造成伤害的可能性增大。混凝土在自然保湿养护下强度达到1.2MPa的时间可按表3估计。混凝土强度的发展还受混凝土强度等级、配合比设计、构件尺寸、施工工艺等因素影响。

表3　混凝土强度达到1.2MPa的时间估计（h）

水泥品种	外界温度（℃）			
	1～5	5～10	10～15	15以上
硅酸盐水泥 普通硅酸盐水泥	46	36	26	20
矿渣硅酸盐水泥 火山灰质硅酸盐水泥 粉煤灰硅酸盐水泥	60	38	28	22

注：掺加矿物掺合料的混凝土可适当增加时间。

6.7 养　　护

6.7.1 混凝土养护是水泥水化及混凝土硬化正常发展的重要条件，混凝土养护不好往往会前功尽弃。在工程中，制订施工养护方案或生产养护制度应作为必不可少的规定，并应有实施过程的养护记录，供存档备案。

6.7.2 养护应同时注意湿度和温度，原则是：湿度要充分，温度应适宜。

6.7.3 混凝土成型后立即用塑料薄膜覆盖可以预防混凝土早期失水和被风吹，是比较好的养护措施。对于难以潮湿覆盖的结构立面混凝土等，可采用养护剂进行养护，但养护效果应通过试验验证。

6.7.4 本规定可有效减少混凝土表面水分损失，有利于混凝土表面裂缝的控制。

6.7.5 粉煤灰硅酸盐水泥、火山灰质硅酸盐水泥和

复合硅酸盐水泥配制的混凝土，或掺加缓凝剂的混凝土以及大掺量矿物掺合料混凝土中胶凝材料水化速度慢，达到性能要求的水化时间长，因此，相应需要的养护时间也长。

6.7.6 采用蒸汽养护时，在可接受生产效率范围内，混凝土成型后的静停时间长一些有利于减少混凝土在蒸养过程中的内部损伤；控制升温速度和降温速度慢一些，可减小温度应力对混凝土内部结构的不利影响；控制最高和恒温温度不宜超过 65℃ 比较合适，最高不应超过 80℃。

6.7.7 大体积混凝土温度控制，可有效控制混凝土内部温度应力对混凝土浇筑体结构的不利影响，减小裂缝产生的可能性。

6.7.8 对于冬期施工的混凝土，同样应注意避免混凝土内外温差过大，有效控制混凝土温度应力的不利影响。混凝土强度不低于 5MPa 即具有了一定的非冻融循环大气条件下的抗冻能力，这个强度也称抗冻临界强度。

7 混凝土质量检验

7.1 混凝土原材料质量检验

7.1.1 混凝土原材料质量检验应包括型式检验报告、出厂检验报告或合格证等质量证明文件的查验和收存。

7.1.2 应在混凝土原材料进场时检验把关，不合格的原材料不能进场。

7.1.3 混凝土原材料每个检验批的量不能多于规定的量。

7.1.4 符合本标准第 2 章规定的原材料为质量合格，可以验收。

7.2 混凝土拌合物性能检验

7.2.1 坍落度与和易性检验在搅拌地点和浇筑地点都要进行，搅拌地点检验为控制性自检，浇筑地点检验为验收检验；凝结时间检验可以在搅拌地点进行。

7.2.2 水泥和外加剂及其相容性是影响混凝土凝结时间的主要因素，且不同批次的水泥和外加剂对混凝土凝结时间的影响可能变化。对于海砂混凝土，关键是控制海砂的氯离子含量，因此，相应于每批海砂的混凝土都应检验混凝土氯离子含量。

7.2.3 符合本标准第 3.1 节规定的混凝土拌合物为质量合格，可以验收。

7.3 硬化混凝土性能检验

7.3.1 我国现行标准《混凝土强度检验评定标准》GB/T 50107 和《混凝土耐久性检验评定标准》JGJ/T 193 中包括了相应于混凝土强度和混凝土耐久性的检验规则。

7.3.2 符合本标准第 3.2 节和第 3.3 节规定的硬化混凝土为质量合格，可以验收。

附录 A 坍落度经时损失试验方法

A.0.1 坍落度经时损失是混凝土拌合物性能的重要方面，现行国家标准《普通混凝土拌合物性能试验方法标准》GB/T 50080 中尚未规定具体试验标准。

A.0.2 取样与试样的制备与现行国家标准《普通混凝土拌合物性能试验方法标准》GB/T 50080 一致。

A.0.3 坍落度经时损失测定是在现行国家标准《普通混凝土拌合物性能试验方法标准》GB/T 50080 中坍落度试验方法的基础上进行的，试验条件与坍落度试验方法相同。本方法规定测定经过 1h 的坍落度损失为标准做法；如果工程需要，也可参照此方法测定经过不同时间的坍落度损失。

A.0.4 坍落度经时损失可以为负值，表示经过一段时间后，混凝土坍落度反而有所增大。

中华人民共和国行业标准

普通混凝土用砂、石质量及检验方法标准

Standard for technical requirements and test method
of sand and crushed stone（or gravel）for ordinary concrete

JGJ 52—2006
J 628—2006

批准部门：中华人民共和国建设部
施行日期：２００７年６月１日

中华人民共和国建设部
公　告

第 529 号

建设部关于发布行业标准《普通混凝土用砂、石质量及检验方法标准》的公告

现批准《普通混凝土用砂、石质量及检验方法标准》为行业标准，编号为 JGJ 52-2006，自 2007 年 6 月 1 日起实施。其中，第 1.0.3、3.1.10 条为强制性条文，必须严格执行。原行业标准《普通混凝土用砂质量标准及检验方法》JGJ 52-92 和《普通混凝土用碎石或卵石质量标准及检验方法》JGJ 53-92 同时废止。

本标准由建设部标准定额研究所组织中国建筑工业出版社出版发行。

中华人民共和国建设部

2006 年 12 月 19 日

前　言

根据建设部建标〔2002〕84 号文的要求，标准编制组经广泛调查研究，认真总结实践经验，参考有关国际标准和国外先进标准，并在广泛征求意见的基础上，对原《普通混凝土用砂质量标准及检验方法》JGJ 52-92 和《普通混凝土用碎石或卵石质量标准及检验方法》JGJ 53-92 进行了修订。

本标准的主要技术内容是：1. 总则；2. 术语、符号；3. 质量要求；4. 验收、运输和堆放；5. 取样与缩分；6. 砂的检验方法；7. 石的检验方法。

修订的主要技术内容是：1. 砂的种类增加了人工砂和特细砂，同时增加了相应的质量指标及试验方法；2. 增加了海砂中贝壳的质量指标及试验方法；3. 增加了 C60 以上混凝土用砂石的质量指标；4. 将原筛分析试验方法中的圆孔筛改为方孔筛；5. 增加了砂石碱活性试验的快速法。

本标准由建设部负责管理和对强制性条文的解释，由主编单位负责具体技术内容的解释。

本标准主编单位：中国建筑科学研究院（地址：北京市北三环东路 30 号；邮政编码：100013）

本标准参加单位：铁道部产品质量监督检验中心

贵州中建建筑科研设计院

重庆市建筑科学研究院

上海市建筑科学研究院

山东省建筑科学研究院

浙江省建筑科学设计研究院

河南省商丘市建委人工砂研究会

上海建工材料工程有限公司

济南四建（集团）有限责任公司

上海市东星建材试验设备有限公司

绍兴肯特机械电子有限公司

本标准主要起草人：陆建雯　钟美秦　张裕民　林力勋　敬相海　徐国孝　王文奎　袁惠星　陈尧亮　韩跃红　徐　彦　甄景泰

目 次

1 总　则

1.0.1 为在普通混凝土中合理使用天然砂、人工砂和碎石、卵石，保证普通混凝土用砂、石的质量，制定本标准。

1.0.2 本标准适用于一般工业与民用建筑和构筑物中普通混凝土用砂和石的质量要求和检验。

1.0.3 对于长期处于潮湿环境的重要混凝土结构所用的砂、石，应进行碱活性检验。

1.0.4 砂和石的质量要求和检验，除应符合本标准外，尚应符合国家现行有关标准的规定。

2　术语、符号

2.1　术　语

2.1.1 天然砂　natural sand

由自然条件作用而形成的，公称粒径小于5.00mm 的岩石颗粒。按其产源不同，可分为河砂、海砂、山砂。

2.1.2 人工砂　artificial sand

岩石经除土开采、机械破碎、筛分而成的，公称粒径小于 5.00mm 的岩石颗粒。

2.1.3 混合砂　mixed sand

由天然砂与人工砂按一定比例组合而成的砂。

2.1.4 碎石　crushed stone

由天然岩石或卵石经破碎、筛分而得的，公称粒径大于 5.00mm 的岩石颗粒。

2.1.5 卵石　gravel

由自然条件作用形成的，公称粒径大于 5.00mm 的岩石颗粒。

2.1.6 含泥量　dust content

砂、石中公称粒径小于 $80\mu m$ 颗粒的含量。

2.1.7 砂的泥块含量　clay lump content in sands

砂中公称粒径大于 1.25mm，经水洗、手捏后变成小于 $630\mu m$ 的颗粒的含量。

2.1.8 石的泥块含量　clay lump content in stones

石中公称粒径大于 5.00mm，经水洗、手捏后变成小于 2.50mm 的颗粒的含量。

2.1.9 石粉含量　crusher dust content

人工砂中公称粒径小于 $80\mu m$，且其矿物组成和化学成分与被加工母岩相同的颗粒含量。

2.1.10 表观密度　apparent density

骨料颗粒单位体积（包括内封闭孔隙）的质量。

2.1.11 紧密密度　tight density

骨料按规定方法颠实后单位体积的质量。

2.1.12 堆积密度　bulk density

骨料在自然堆积状态下单位体积的质量。

2.1.13 坚固性　soundness

骨料在气候、环境变化或其他物理因素作用下抵抗破裂的能力。

2.1.14 轻物质　light material

砂中表观密度小于 $2000kg/m^3$ 的物质。

2.1.15 针、片状颗粒　elongated and flaky particle

凡岩石颗粒的长度大于该颗粒所属粒级的平均粒径 2.4 倍者为针状颗粒；厚度小于平均粒径 0.4 倍者为片状颗粒。平均粒径指该粒级上、下限粒径的平均值。

2.1.16 压碎值指标　crushing value index

人工砂、碎石或卵石抵抗压碎的能力。

2.1.17 碱活性骨料　alkali-active aggregate

能在一定条件下与混凝土中的碱发生化学反应导致混凝土产生膨胀、开裂甚至破坏的骨料。

2.2　符　号

δ_a——碎石或卵石的压碎值指标；

δ_{sa}——人工砂压碎值指标；

ε_t——试件在 t 天龄期的膨胀率；

ε_{st}——试件浸泡 t 天的长度变化率；

μ_f——细度模数；

ρ——表观密度；

ρ_c——紧密密度；

ρ_L——堆积密度；

ω_b——贝壳含量；

ω_c——含泥量；

$\omega_c, _L$——泥块含量；

ω_{cl}——氯离子含量；

ω_f——石粉含量；

ω_l——轻物质含量；

ω_m——云母含量；

ω_p——碎石或卵石中针、片状颗粒含量；

ω_{wa}——吸水率；

ω_{wc}——含水率；

m_r——试样在一个筛上的剩留量；

MB——人工砂中亚甲蓝测定值。

3　质量要求

3.1　砂的质量要求

3.1.1 砂的粗细程度按细度模数 μ_f 分为粗、中、细、特细四级，其范围应符合下列规定：

粗砂：$\mu_f = 3.7 \sim 3.1$

中砂：$\mu_f = 3.0 \sim 2.3$

细砂：$\mu_f = 2.2 \sim 1.6$

特细砂：$\mu_f = 1.5 \sim 0.7$

3.1.2 砂筛应采用方孔筛。砂的公称粒径、砂筛筛孔的公称直径和方孔筛筛孔边长应符合表 3.1.2-1 的规定。

表 3.1.2-1　砂的公称粒径、砂筛筛孔的公称直径和方孔筛筛孔边长尺寸

砂的公称粒径	砂筛筛孔的公称直径	方孔筛筛孔边长
5.00mm	5.00mm	4.75mm
2.50mm	2.50mm	2.36mm
1.25mm	1.25mm	1.18mm
630μm	630μm	600μm
315μm	315μm	300μm
160μm	160μm	150μm
80μm	80μm	75μm

除特细砂外，砂的颗粒级配可按公称直径 630μm 筛孔的累计筛余量（以质量百分率计，下同），分成三个级配区（见表 3.1.2-2），且砂的颗粒级配应处于表 3.1.2-2 中的某一区内。

砂的实际颗粒级配与表 3.1.2-2 中的累计筛余相比，除公称粒径为 5.00mm 和 630μm（表 3.1.2-2 斜体所标数值）的累计筛余外，其余公称粒径的累计筛余可稍有超出分界线，但总超出量不应大于 5%。

当天然砂的实际颗粒级配不符合要求时，宜采取相应的技术措施，并经试验证明能确保混凝土质量后，方允许使用。

表 3.1.2-2　砂颗粒级配区

累计筛余（%）\ 级配区 公称粒径	Ⅰ 区	Ⅱ 区	Ⅲ 区
5.00mm	10～0	10～0	10～0
2.50mm	35～5	25～0	15～0
1.25mm	65～35	50～10	25～0
630μm	85～71	70～41	40～16
315μm	95～80	92～70	85～55
160μm	100～90	100～90	100～90

配制混凝土时宜优先选用Ⅱ区砂。当采用Ⅰ区砂时，应提高砂率，并保持足够的水泥用量，满足混凝土的和易性；当采用Ⅲ区砂时，宜适当降低砂率；当采用特细砂时，应符合相应的规定。

配制泵送混凝土，宜选用中砂。

3.1.3　天然砂中含泥量应符合表 3.1.3 的规定。

表 3.1.3　天然砂中含泥量

混凝土强度等级	≥C60	C55～C30	≤C25
含泥量（按质量计,%）	≤2.0	≤3.0	≤5.0

对于有抗冻、抗渗或其他特殊要求的小于或等于 C25 混凝土用砂，其含泥量不应大于 3.0%。

3.1.4　砂中泥块含量应符合表 3.1.4 的规定。

表 3.1.4　砂中泥块含量

混凝土强度等级	≥C60	C55～C30	≤C25
泥块含量（按质量计,%）	≤0.5	≤1.0	≤2.0

对于有抗冻、抗渗或其他特殊要求的小于或等于 C25 混凝土用砂，其泥块含量不应大于 1.0%。

3.1.5　人工砂或混合砂中石粉含量应符合表 3.1.5 的规定。

表 3.1.5　人工砂或混合砂中石粉含量

混凝土强度等级		≥C60	C55～C30	≤C25
石粉含量（%）	$MB<1.4$（合格）	≤5.0	≤7.0	≤10.0
	$MB≥1.4$（不合格）	≤2.0	≤3.0	≤5.0

3.1.6　砂的坚固性应采用硫酸钠溶液检验，试样经 5 次循环后，其质量损失应符合表 3.1.6 的规定。

表 3.1.6　砂的坚固性指标

混凝土所处的环境条件及其性能要求	5 次循环后的质量损失（%）
在严寒及寒冷地区室外使用并经常处于潮湿或干湿交替状态下的混凝土　对于有抗疲劳、耐磨、抗冲击要求的混凝土　有腐蚀介质作用或经常处于水位变化区的地下结构混凝土	≤8
其他条件下使用的混凝土	≤10

3.1.7　人工砂的总压碎值指标应小于 30%。

3.1.8　当砂中含有云母、轻物质、有机物、硫化物及硫酸盐等有害物质时，其含量应符合表 3.1.8 的规定。

表 3.1.8　砂中的有害物质含量

项　　目	质　量　指　标
云母含量（按质量计,%）	≤2.0
轻物质含量（按质量计,%）	≤1.0
硫化物及硫酸盐含量（折算成 SO_3 按质量计,%）	≤1.0

续表 3.1.8

项　　目	质 量 指 标
有机物含量（用比色法试验）	颜色不应深于标准色。当颜色深于标准色时，应按水泥胶砂强度试验方法进行强度对比试验，抗压强度比不应低于0.95

对于有抗冻、抗渗要求的混凝土用砂，其云母含量不应大于1.0%。

当砂中含有颗粒状的硫酸盐或硫化物杂质时，应进行专门检验，确认能满足混凝土耐久性要求后，方可采用。

3.1.9 对于长期处于潮湿环境的重要混凝土结构用砂，应采用砂浆棒（快速法）或砂浆长度法进行骨料的碱活性检验。经上述检验判断为有潜在危害时，应控制混凝土中的碱含量不超过 3kg/m³，或采用能抑制碱-骨料反应的有效措施。

3.1.10 砂中氯离子含量应符合下列规定：

1 对于钢筋混凝土用砂，其氯离子含量不得大于0.06%（以干砂的质量百分率计）；

2 对于预应力混凝土用砂，其氯离子含量不得大于0.02%（以干砂的质量百分率计）。

3.1.11 海砂中贝壳含量应符合表3.1.11的规定。

表 3.1.11　海砂中贝壳含量

混凝土强度等级	≥C40	C35～C30	C25～C15
贝壳含量（按质量计,%）	≤3	≤5	≤8

对于有抗冻、抗渗或其他特殊要求的小于或等于C25混凝土用砂，其贝壳含量不应大于5%。

3.2　石的质量要求

3.2.1 石筛应采用方孔筛。石的公称粒径、石筛筛孔的公称直径与方孔筛筛孔边长应符合表3.2.1-1的规定。

表 3.2.1-1　石筛筛孔的公称直径与方孔筛尺寸（mm）

石的公称粒径	石筛筛孔的公称直径	方孔筛筛孔边长
2.50	2.50	2.36
5.00	5.00	4.75
10.0	10.0	9.5
16.0	16.0	16.0
20.0	20.0	19.0
25.0	25.0	26.5
31.5	31.5	31.5
40.0	40.0	37.5
50.0	50.0	53.0
63.0	63.0	63.0
80.0	80.0	75.0
100.0	100.0	90.0

碎石或卵石的颗粒级配，应符合表3.2.1-2的要求。混凝土用石应采用连续粒级。

单粒级宜用于组合成满足要求的连续粒级；也可与连续粒级混合使用，以改善其级配或配成较大粒度的连续粒级。

当卵石的颗粒级配不符合本标准表3.2.1-2要求时，应采取措施并经试验证实能确保工程质量后，方允许使用。

表 3.2.1-2　碎石或卵石的颗粒级配范围

级配情况	公称粒级（mm）	累计筛余，按质量（%）											
		方孔筛筛孔边长尺寸（mm）											
		2.36	4.75	9.5	16.0	19.0	26.5	31.5	37.5	53	63	75	90
连续粒级	5～10	95～100	80～100	0～15	0	—	—	—	—	—	—	—	—
	5～16	95～100	85～100	30～60	0～10	0	—	—	—	—	—	—	—
	5～20	95～100	90～100	40～80	—	0～10	0	—	—	—	—	—	—
	5～25	95～100	90～100	—	30～70	—	0～5	0	—	—	—	—	—
	5～31.5	95～100	90～100	70～90	—	15～45	—	0～5	0	—	—	—	—
	5～40	—	95～100	70～90	—	30～65	—	—	0～5	0	—	—	—

续表 3.2.1-2

级配情况	公称粒级 (mm)	累计筛余,按质量（%）											
		方孔筛筛孔边长尺寸（mm）											
		2.36	4.75	9.5	16.0	19.0	26.5	31.5	37.5	53	63	75	90
单粒级	10~20	—	95~100	85~100	—	0~15	0	—	—	—	—	—	—
	16~31.5	—	95~100	—	85~100	—	—	0~10	0	—	—	—	—
	20~40	—	—	95~100	—	80~100	—	—	0~10	0	—	—	—
	31.5~63	—	—	—	95~100	—	—	75~100	45~75	—	0~10	0	—
	40~80	—	—	—	—	95~100	—	—	70~100	—	30~60	0~10	0

3.2.2 碎石或卵石中针、片状颗粒含量应符合表 3.2.2 的规定。

表 3.2.2 针、片状颗粒含量

混凝土强度等级	≥C60	C55~C30	≤C25
针、片状颗粒含量（按质量计,%）	≤8	≤15	≤25

3.2.3 碎石或卵石中含泥量应符合表 3.2.3 的规定。

表 3.2.3 碎石或卵石中含泥量

混凝土强度等级	≥C60	C55~C30	≤C25
含泥量（按质量计,%）	≤0.5	≤1.0	≤2.0

对于有抗冻、抗渗或其他特殊要求的混凝土，其所用碎石或卵石中含泥量不应大于 1.0%。当碎石或卵石的含泥是非黏土质的石粉时，其含泥量可由表 3.2.3 的 0.5%、1.0%、2.0%，分别提高到 1.0%、1.5%、3.0%。

3.2.4 碎石或卵石中泥块含量应符合表 3.2.4 的规定。

表 3.2.4 碎石或卵石中泥块含量

混凝土强度等级	≥C60	C55~C30	≤C25
泥块含量（按质量计,%）	≤0.2	≤0.5	≤0.7

对于有抗冻、抗渗或其他特殊要求的强度等级小于 C30 的混凝土，其所用碎石或卵石中泥块含量不应大于 0.5%。

3.2.5 碎石的强度可用岩石的抗压强度和压碎值指标表示。岩石的抗压强度应比所配制的混凝土强度至少高 20%。当混凝土强度等级大于或等于 C60 时，应进行岩石抗压强度检验。岩石强度首先应由生产单位提供，工程中可采用压碎值指标进行质量控制。碎石的压碎值指标宜符合表 3.2.5-1 的规定。

表 3.2.5-1 碎石的压碎值指标

岩石品种	混凝土强度等级	碎石压碎值指标（%）
沉积岩	C60~C40	≤10
	≤C35	≤16
变质岩或深成的火成岩	C60~C40	≤12
	≤C35	≤20
喷出的火成岩	C60~C40	≤13
	≤C35	≤30

注：沉积岩包括石灰岩、砂岩等；变质岩包括片麻岩、石英岩等；深成的火成岩包括花岗岩、正长岩、闪长岩和橄榄岩等；喷出的火成岩包括玄武岩和辉绿岩等。

卵石的强度可用压碎值指标表示。其压碎值指标宜符合表 3.2.5-2 的规定。

表 3.2.5-2 卵石的压碎值指标

混凝土强度等级	C60~C40	≤C35
压碎值指标（%）	≤12	≤16

3.2.6 碎石或卵石的坚固性应用硫酸钠溶液法检验，试样经 5 次循环后，其质量损失应符合表 3.2.6 的规定。

表 3.2.6 碎石或卵石的坚固性指标

混凝土所处的环境条件及其性能要求	5 次循环后的质量损失（%）
在严寒及寒冷地区室外使用，并经常处于潮湿或干湿交替状态下的混凝土；有腐蚀性介质作用或经常处于水位变化区的地下结构或有抗疲劳、耐磨、抗冲击等要求的混凝土	≤8
在其他条件下使用的混凝土	≤12

3.2.7 碎石或卵石中的硫化物和硫酸盐含量以及卵石中有机物等有害物质含量，应符合表 3.2.7 的规定。

表 3.2.7 碎石或卵石中的有害物质含量

项　　目	质　量　要　求
硫化物及硫酸盐含量（折算成 SO_3，按质量计，%）	≤1.0
卵石中有机物含量（用比色法试验）	颜色应不深于标准色。当颜色深于标准色时，应配制成混凝土进行强度对比试验，抗压强度比应不低于 0.95

当碎石或卵石中含有颗粒状硫酸盐或硫化物杂质时，应进行专门检验，确认能满足混凝土耐久性要求后，方可采用。

3.2.8 对于长期处于潮湿环境的重要结构混凝土，其所使用的碎石或卵石应进行碱活性检验。

进行碱活性检验时，首先应采用岩相法检验碱活性骨料的品种、类型和数量。当检验出骨料中含有活性二氧化硅时，应采用快速砂浆棒法和砂浆长度法进行碱活性检验；当检验出骨料中含有活性碳酸盐时，应采用岩石柱法进行碱活性检验。

经上述检验，当判定骨料存在潜在碱-碳酸盐反应危害时，不宜用作混凝土骨料；否则，应通过专门的混凝土试验，做最后评定。

当判定骨料存在潜在碱-硅反应危害时，应控制混凝土中的碱含量不超过 $3kg/m^3$，或采用能抑制碱-骨料反应的有效措施。

4 验收、运输和堆放

4.0.1 供货单位应提供砂或石的产品合格证及质量检验报告。

使用单位应按砂或石的同产地同规格分批验收。采用大型工具（如火车、货船或汽车）运输的，应以 $400m^3$ 或 600t 为一验收批；采用小型工具（如拖拉机等）运输的，应以 $200m^3$ 或 300t 为一验收批。不足上述量者，应按一验收批进行验收。

4.0.2 每验收批砂石至少应进行颗粒级配、含泥量、泥块含量检验。对于碎石或卵石，还应检验针片状颗粒含量；对于海砂或有氯离子污染的砂，还应检验其氯离子含量；对于海砂，还应检验贝壳含量；对于人工砂及混合砂，还应检验石粉含量。对于重要工程或特殊工程，应根据工程要求增加检测项目。对其他指标的合格性有怀疑时，应予检验。

当砂或石的质量比较稳定、进料量又较大时，可以 1000t 为一验收批。

当使用新产源的砂或石时，供货单位应按本标准第 3 章的质量要求进行全面检验。

4.0.3 使用单位的质量检验报告内容应包括：委托单位、样品编号、工程名称、样品产地、类别、代表数量、检测依据、检测条件、检测项目、检测结果、结论等。检测报告可采用附录 A、附录 B 的格式。

4.0.4 砂或石的数量验收，可按质量计算，也可按体积计算。测定质量，可用汽车地量衡或船舶吃水线为依据；测定体积，可按车皮或船舶的容积为依据。采用其他小型运输工具时，可按量方确定。

4.0.5 砂或石在运输、装卸和堆放过程中，应防止颗粒离析、混入杂质，并应按产地、种类和规格分别堆放。碎石或卵石的堆料高度不宜超过 5m，对于单粒级或最大粒径不超过 20mm 的连续粒级，其堆料高度可增加到 10m。

5 取样与缩分

5.1 取　　样

5.1.1 每验收批取样方法应按下列规定执行：

1 从料堆上取样时，取样部位应均匀分布。取样前应先将取样部位表层铲除，然后由各部位抽取大致相等的砂 8 份，石子为 16 份，组成各自一组样品。

2 从皮带运输机上取样时，应在皮带运输机机尾的出料处用接料器定时抽取砂 4 份、石 8 份组成各自一组样品。

3 从火车、汽车、货船上取样时，应从不同部位和深度抽取大致相等的砂 8 份，石 16 份组成各自一组样品。

5.1.2 除筛分析外，当其余检验项目存在不合格项时，应加倍取样进行复验。当复验仍有一项不满足标准要求时，应按不合格品处理。

注：如经观察，认为各节车皮间（汽车、货船间）所载的砂、石质量相差甚为悬殊时，应对质量有怀疑的每节列车（汽车、货船）分别取样和验收。

5.1.3 对于每一单项检验项目，砂、石的每组样品取样数量应分别满足表 5.1.3-1 和表 5.1.3-2 的规定。当需要做多项检验时，可在确保样品经一项试验后不致影响其他试验结果的前提下，用同组样品进行多项不同的试验。

表 5.1.3-1 每一单项检验项目所需砂的最少取样质量

检验项目	最少取样质量（g）
筛分析	4400
表观密度	2600
吸水率	4000
紧密密度和堆积密度	5000
含水率	1000

续表5.1.3-1

检验项目	最少取样质量（g）
含泥量	4400
泥块含量	20000
石粉含量	1600
人工砂压碎值指标	分成公称粒级5.00～2.50mm；2.50～1.25mm；1.25mm～630μm；630～315μm；315～160μm 每个粒级各需1000g
有机物含量	2000
云母含量	600
轻物质含量	3200
坚固性	分成公称粒级5.00～2.50mm；2.50～1.25mm；1.25mm～630μm；630～315μm；315～160μm 每个粒级各需100g
硫化物及硫酸盐含量	50
氯离子含量	2000
贝壳含量	10000
碱活性	20000

表5.1.3-2 每一单项检验项目所需碎石或卵石的最小取样质量（kg）

试验项目	最大公称粒径（mm）							
	10.0	16.0	20.0	25.0	31.5	40.0	63.0	80.0
筛分析	8	15	16	20	25	32	50	64
表观密度	8	8	8	8	12	16	24	24
含水率	2	2	2	2	3	3	4	6
吸水率	8	8	16	16	16	24	24	32
堆积密度、紧密密度	40	40	40	40	80	80	120	120
含泥量	8	8	24	24	40	40	80	80
泥块含量	8	8	24	24	40	40	80	80
针、片状含量	1.2	4	8	12	20	40	—	—
硫化物及硫酸盐	1.0							

注：有机物含量、坚固性、压碎值指标及碱-骨料反应检验，应按试验要求的粒级及质量取样。

5.1.4 每组样品应妥善包装，避免漏料散失，防止污染，并附样品卡片，标明样品的编号、取样时间、代表数量、产地、样品量、要求检验项目及取样方式等。

5.2 样品的缩分

5.2.1 砂的样品缩分方法可选择下列两种方法之一：

1 用分料器缩分（见图5.2.1）：将样品在潮湿状态下拌和均匀，然后将其通过分料器，留下两个接料斗中的一份，并将另一份再次通过分料器。重复上述过程，直至把样品缩分到试验所需量为止。

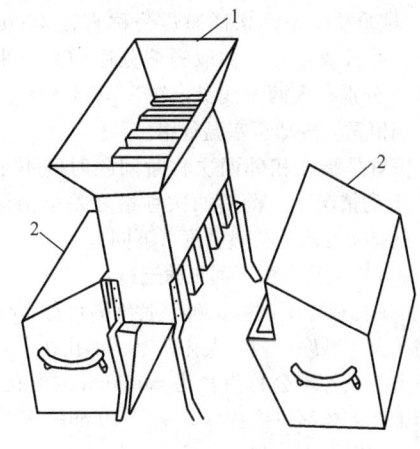

图5.2.1 分料器
1—分料漏斗；2—接料斗

2 人工四分法缩分：将样品置于平板上，在潮湿状态下拌合均匀，并堆成厚度约为20mm的"圆饼"状，然后沿互相垂直的两条直径把"圆饼"分成大致相等的四份，取其对角的两份重新拌匀，再堆成"圆饼"状。重复上述过程，直至把样品缩分后的材料量略多于进行试验所需量为止。

5.2.2 碎石或卵石缩分时，应将样品置于平板上，在自然状态下拌均匀，并堆成锥体，然后沿互相垂直的两条直径把锥体分成大致相等的四份，取其对角的两份重新拌匀，再堆成锥体。重复上述过程，直至把样品缩分至试验所需量为止。

5.2.3 砂、碎石或卵石的含水率、堆积密度、紧密密度检验所用的试样，可不经缩分，拌匀后直接进行试验。

6 砂的检验方法

6.1 砂的筛分析试验

6.1.1 本方法适用于测定普通混凝土用砂的颗粒级配及细度模数。

6.1.2 砂的筛分析试验应采用下列仪器设备：

1 试验筛——公称直径分别为10.0mm、5.00mm、2.50mm、1.25mm、630μm、315μm、160μm的方孔筛各一只，筛的底盘和盖各一只；筛框直径为 300mm 或 200mm。其产品质量要求应符合现行国家标准《金属丝编织网试验筛》GB/T 6003.1 和《金属穿孔板试验筛》GB/T 6003.2 的要求；

   2 天平——称量 1000g，感量 1g；

   3 摇筛机；

   4 烘箱——温度控制范围为（105±5）℃；

   5 浅盘、硬、软毛刷等。

6.1.3 试样制备应符合下列规定：

用于筛分析的试样，其颗粒的公称粒径不应大于 10.0mm。试验前应先将来样通过公称直径 10.0mm 的方孔筛，并计算筛余。称取经缩分后样品不少于 550g 两份，分别装入两个浅盘，在（105±5）℃的温度下烘干到恒重。冷却至室温备用。

   注：恒重是指在相邻两次称量间隔时间不小于 3h 的情况下，前后两次称量之差小于该项试验所要求的称量精度（下同）。

6.1.4 筛分析试验应按下列步骤进行：

   1 准确称取烘干试样 500g（特细砂可称 250g），置于按筛孔大小顺序排列（大孔在上、小孔在下）的套筛的最上一只筛（公称直径为 5.00mm 的方孔筛）上；将套筛装入摇筛机内固紧，筛分 10min；然后取出套筛，再按筛孔由大到小的顺序，在清洁的浅盘上逐一进行手筛，直至每分钟的筛出量不超过试样总量的 0.1% 时为止；通过的颗粒并入下一只筛子，并和下一只筛子中的试样一起进行手筛。按这样顺序依次进行，直至所有的筛子全部筛完为止。

   注：1 当试样含泥量超过 5% 时，应先将试样水洗，然后烘干至恒重，再进行筛分；

        2 无摇筛机时，可改用手筛。

   2 试样在各只筛子上的筛余量均不得超过按式（6.1.4）计算得出的剩留量，否则应将该筛的筛余试样分成两份或数份，再次进行筛分，并以其筛余量之和作为该筛的筛余量。

$$m_r = \frac{A\sqrt{d}}{300} \qquad (6.1.4)$$

式中　m_r——某一筛上的剩留量（g）；

      d——筛孔边长（mm）；

      A——筛的面积（mm²）。

   3 称取各筛筛余试样的质量（精确至 1g），所有各筛的分计筛余量和底盘中的剩余量之和与筛分前的试样总量相比，相差不得超过 1%。

6.1.5 筛分析试验结果应按下列步骤计算：

   1 计算分计筛余（各筛上的筛余量除以试样总量的百分率），精确至 0.1%；

   2 计算累计筛余（该筛的分计筛余与筛孔大于该筛的各筛的分计筛余之和），精确至 0.1%；

   3 根据各筛两次试验累计筛余的平均值，评定该试样的颗粒级配分布情况，精确至 1%；

   4 砂的细度模数应按下式计算，精确至 0.01：

$$\mu_f = \frac{(\beta_2 + \beta_3 + \beta_4 + \beta_5 + \beta_6) - 5\beta_1}{100 - \beta_1} \qquad (6.1.5)$$

式中　μ_f——砂的细度模数；

  β_1、β_2、β_3、β_4、β_5、β_6——分别为公称直径 5.00mm、2.50mm、1.25mm、630μm、315μm、160μm 方孔筛上的累计筛余。

   5 以两次试验结果的算术平均值作为测定值，精确至 0.1。当两次试验所得的细度模数之差大于 0.20 时，应重新取试样进行试验。

6.2 砂的表观密度试验（标准法）

6.2.1 本方法适用于测定砂的表观密度。

6.2.2 标准法表观密度试验应采用下列仪器设备：

   1 天平——称量 1000g，感量 1g；

   2 容量瓶——容量 500mL；

   3 烘箱——温度控制范围为（105±5）℃；

   4 干燥器、浅盘、铝制料勺、温度计等。

6.2.3 试样制备应符合下列规定：

经缩分后不少于 650g 的样品装入浅盘，在温度为（105±5）℃的烘箱中烘干至恒重，并在干燥器内冷却至室温。

6.2.4 标准法表观密度试验应按下列步骤进行：

   1 称取烘干的试样 300g（m_0），装入盛有半瓶冷开水的容量瓶中。

   2 摇转容量瓶，使试样在水中充分搅动以排除气泡，塞紧瓶塞，静置 24h；然后用滴管加水至瓶颈刻度线平齐，再塞紧瓶塞，擦干容量瓶外壁的水分，称其质量（m_1）。

   3 倒出容量瓶中的水和试样，将瓶的内外壁洗净，再向瓶内加入与本条文第 2 款水温相差不超过 2℃的冷开水至瓶颈刻度线。塞紧瓶塞，擦干容量瓶外壁水分，称质量（m_2）。

   注：在砂的表观密度试验过程中应测量并控制水的温度，试验的各项称量可在 15～25℃ 的温度范围内进行。从试样加水静置的最后 2h 起直至试验结束，其温度相差不应超过 2℃。

6.2.5 表观密度（标准法）应按下式计算，精确至 10kg/m³：

$$\rho = \left(\frac{m_0}{m_0 + m_2 - m_1} - \alpha_t\right) \times 1000 \qquad (6.2.5)$$

式中　ρ——表观密度（kg/m³）；

    m_0——试样的烘干质量（g）；

    m_1——试样、水及容量瓶总质量（g）；

    m_2——水及容量瓶总质量（g）；

    α_t——水温对砂的表观密度影响的修正系数，见表 6.2.5。

表 6.2.5 不同水温对砂的表观密度影响的修正系数

水温(℃)	15	16	17	18	19	20
α_t	0.002	0.003	0.003	0.004	0.004	0.005
水温(℃)	21	22	23	24	25	—
α_t	0.005	0.006	0.006	0.007	0.008	—

以两次试验结果的算术平均值作为测定值。当两次结果之差大于 20kg/m³ 时，应重新取样进行试验。

6.3 砂的表观密度试验（简易法）

6.3.1 本方法适用于测定砂的表观密度。

6.3.2 简易法表观密度试验应采用下列仪器设备：

1 天平——称量 1000g，感量 1g；

2 李氏瓶——容量 250mL；

3 烘箱——温度控制范围为（105±5）℃；

4 其他仪器设备应符合本标准第 6.2.2 条的规定。

6.3.3 试样制备应符合下列规定：

将样品缩分至不少于 120g，在（105±5）℃的烘箱中烘干至恒重，并在干燥器中冷却至室温，分成大致相等的两份备用。

6.3.4 简易法表观密度试验应按下列步骤进行：

1 向李氏瓶中注入冷开水至一定刻度处，擦干瓶颈内部附着水，记录水的体积（V_1）；

2 称取烘干试样 50g（m_0），徐徐加入盛水的李氏瓶中；

3 试样全部倒入瓶中后，用瓶内的水将粘附在瓶颈和瓶壁的试样洗入水中，摇转李氏瓶以排除气泡，静置约 24h 后，记录瓶中水面升高后的体积（V_2）。

注：在砂的表观密度试验过程中应测量并控制水的温度，允许在 15～25℃ 的温度范围内进行体积测定，但两次体积测定（指 V_1 和 V_2）的温差不得大于 2℃。从试样加水静置的最后 2h 起，直至记录完瓶中水面高度时止，其相差温度不应超过 2℃。

6.3.5 表观密度（简易法）应按下式计算，精确至 10kg/m³：

$$\rho = \left(\frac{m_0}{V_2 - V_1} - \alpha_t \right) \times 1000 \quad (6.3.5)$$

式中 ρ——表观密度（kg/m³）；

m_0——试样的烘干质量（g）；

V_1——水的原有体积（mL）；

V_2——倒入试样后的水和试样的体积（mL）；

α_t——水温对砂的表观密度影响的修正系数，见表 6.2.5。

以两次试验结果的算术平均值作为测定值，两次结果之差大于 20kg/m³ 时，应重新取样进行试验。

6.4 砂的吸水率试验

6.4.1 本方法适用于测定砂的吸水率，即测定以烘干质量为基准的饱和面干吸水率。

6.4.2 吸水率试验应采用下列仪器设备：

1 天平——称量 1000g，感量 1g；

2 饱和面干试模及质量为（340±15）g 的钢制捣棒（见图 6.4.2）；

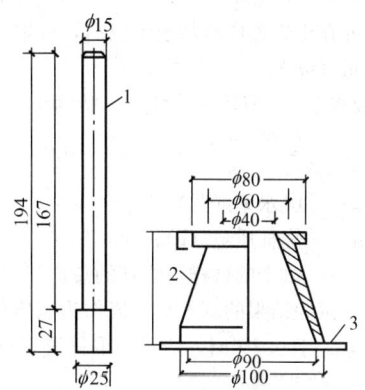

图 6.4.2 饱和面干试模及其捣棒（单位：mm）

1—捣棒；2—试模；3—玻璃板

3 干燥器、吹风机（手提式）、浅盘、铝制料勺、玻璃棒、温度计等；

4 烧杯——容量 500mL；

5 烘箱——温度控制范围为（105±5）℃。

6.4.3 试样制备应符合下列规定：

饱和面干试样的制备，是将样品在潮湿状态下用四分法缩分至 1000g，拌匀后分成两份，分别装入浅盘或其他合适的容器中，注入清水，使水面高出试样表面 20mm 左右〔水温控制在（20±5）℃〕。用玻璃棒连续搅拌 5min，以排除气泡。静置 24h 以后，细心地倒去试样上的水，并用吸管吸去余水。再将试样在盘中摊开，用手提吹风机缓缓吹入暖风，并不断翻拌试样，使砂表面的水分在各部位均匀蒸发。然后将试样松散地一次装满饱和面干试模中，捣 25 次（捣棒端面距试样表面不超过 10mm，任其自由落下），捣完后，留下的空隙不用再装满，从垂直方向徐徐提起试模。试样呈 6.4.3（a）形状时，则说明砂中尚含有表面水，应继续按上述方法用暖风干燥，并按上述方法进行试验，直至试模提起后试样呈图 6.4.3（b）的形状为止。试模提起后，试样呈 6.4.3（c）的形状时，则说明试样已干燥过分，此时应将试样洒水 5mL，充分拌匀，并静置于加盖容器中 30min 后，再按上述方法进行试验，直至试样达到图 6.4.3（b）的形状为止。

6.4.4 吸水率试验应按下列步骤进行：

立即称取饱和面干试样 500g，放入已知质量

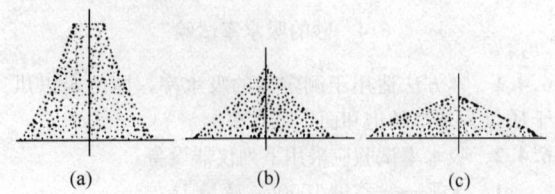

(a)   (b)   (c)

图 6.4.3 试样的塌陷情况

(m_1）烧杯中，于温度为（105±5）℃的烘箱中烘干至恒重，并在干燥器内冷却至室温后，称取干样与烧杯的总质量（m_2）。

6.4.5 吸水率 w_{wa} 应按下式计算，精确至 0.1%：

$$w_{wa} = \frac{500 - (m_2 - m_1)}{m_2 - m_1} \times 100\% \qquad (6.4.5)$$

式中 w_{wa}——吸水率（%）；

    m_1——烧杯质量（g）；

    m_2——烘干的试样与烧杯的总质量（g）。

以两次试验结果的算术平均值作为测定值，当两次结果之差大于 0.2% 时，应重新取样进行试验。

6.5 砂的堆积密度和紧密密度试验

6.5.1 本方法适用于测定砂的堆积密度、紧密密度及空隙率。

6.5.2 堆积密度和紧密密度试验应采用下列仪器设备：

    1 秤——称量 5kg，感量 5g；

    2 容量筒——金属制，圆柱形，内径 108mm，净高 109mm，筒壁厚 2mm，容积 1L，筒底厚度为 5mm；

    3 漏斗（见图 6.5.2）或铝制料勺；

    4 烘箱——温度控制范围为（105±5）℃；

    5 直尺、浅盘等。

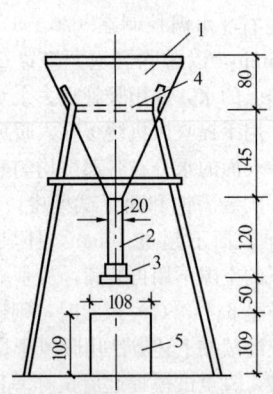

图 6.5.2 标准漏斗（单位：mm）

1—漏斗；2—ϕ20mm 管子；3—活动门；
4—筛；5—金属量筒

6.5.3 试样制备应符合下列规定：

先用公称直径 5.00mm 的筛子过筛，然后取经缩分后的样品不少于 3L，装入浅盘，在温度为（105±

5)℃烘箱中烘干至恒重，取出并冷却至室温，分成大致相等的两份备用。试样烘干后若有结块，应在试验前先予捏碎。

6.5.4 堆积密度和紧密密度试验应按下列步骤进行：

    1 堆积密度：取试样一份，用漏斗或铝制勺，将它徐徐装入容量筒（漏斗出料口或料勺距容量筒筒口不应超过 50mm）直至试样装满并超出容量筒筒口。然后用直尺将多余的试样沿筒口中心线向相反方向刮平，称其质量（m_2）。

    2 紧密密度：取试样一份，分两层装入容量筒。装完一层后，在筒底垫放一根直径为 10mm 的钢筋，将筒按住，左右交替颠击地面各 25 下，然后再装入第二层；第二层装满后用同样方法颠实（但筒底所垫钢筋的方向应与第一层放置方向垂直）；二层装完并颠实后，加料直至试样超出容量筒筒口，然后用直尺将多余的试样沿筒口中心线向两个相反方向刮平，称其质量（m_2）。

6.5.5 试验结果计算应符合下列规定：

    1 堆积密度（ρ_L）及紧密密度（ρ_c）按下式计算，精确至 10kg/m³：

$$\rho_L(\rho_c) = \frac{m_2 - m_1}{V} \times 1000 \qquad (6.5.5\text{-}1)$$

式中 $\rho_L(\rho_c)$——堆积密度（紧密密度）（kg/m³）；

    m_1——容量筒的质量（kg）；

    m_2——容量筒和砂总质量（kg）；

    V——容量筒容积（L）。

以两次试验结果的算术平均值作为测定值。

    2 空隙率按下式计算，精确至 1%：

$$空隙率\ \nu_L = \left(1 - \frac{\rho_L}{\rho}\right) \times 100\% \qquad (6.5.5\text{-}2)$$

$$\nu_c = \left(1 - \frac{\rho_c}{\rho}\right) \times 100\% \qquad (6.5.5\text{-}3)$$

式中 ν_L——堆积密度的空隙率（%）；

    ν_c——紧密密度的空隙率（%）；

    ρ_L——砂的堆积密度（kg/m³）；

    ρ——砂的表观密度（kg/m³）；

    ρ_c——砂的紧密密度（kg/m³）。

6.5.6 容量筒容积的校正方法：

以温度为（20±2）℃的饮用水装满容量筒，用玻璃板沿筒口滑移，使其紧贴水面。擦干筒外壁水分，然后称其质量。用下式计算筒的容积：

$$V = m'_2 - m'_1 \qquad (6.5.6)$$

式中 V——容量筒容积（L）；

    m'_1——容量筒和玻璃板质量（kg）；

    m'_2——容量筒、玻璃板和水总质量（kg）。

6.6 砂的含水率试验（标准法）

6.6.1 本方法适用于测定砂的含水率。

6.6.2 砂的含水率试验（标准法）应采用下列仪器

设备：

1 烘箱——温度控制范围为（105±5）℃；

2 天平——称量1000g，感量1g；

3 容器——如浅盘等。

6.6.3 含水率试验（标准法）应按下列步骤进行：

由密封的样品中取各重500g的试样两份，分别放入已知质量的干燥容器（m_1）中称重，记下每盘试样与容器的总重（m_2）。将容器连同试样放入温度为（105±5）℃的烘箱中烘干至恒重，称量烘干后的试样与容器的总质量（m_3）。

6.6.4 砂的含水率（标准法）按下式计算，精确至0.1%：

$$w_{wc} = \frac{m_2 - m_3}{m_3 - m_1} \times 100\% \qquad (6.6.4)$$

式中 w_{wc}——砂的含水率（%）；

m_1——容器质量（g）；

m_2——未烘干的试样与容器的总质量（g）；

m_3——烘干后的试样与容器的总质量（g）。

以两次试验结果的算术平均值作为测定值。

6.7 砂的含水率试验（快速法）

6.7.1 本方法适用于快速测定砂的含水率。对含泥量过大及有机杂质含量较多的砂不宜采用。

6.7.2 砂的含水率试验（快速法）应采用下列仪器设备：

1 电炉（或火炉）；

2 天平——称量1000g，感量1g；

3 炒盘（铁制或铝制）；

4 油灰铲、毛刷等。

6.7.3 含水率试验（快速法）应按下列步骤进行：

1 由密封样品中取500g试样放入干净的炒盘（m_1）中，称取试样与炒盘的总质量（m_2）；

2 置炒盘于电炉（或火炉）上，用小铲不断地翻拌试样，到试样表面全部干燥后，切断电源（或移出火外），再继续翻拌1min，稍予冷却（以免损坏天平）后，称干样与炒盘的总质量（m_3）。

6.7.4 砂的含水率（快速法）应按下式计算，精确至0.1%：

$$w_{wc} = \frac{m_2 - m_3}{m_3 - m_1} \times 100\% \qquad (6.7.4)$$

式中 w_{wc}——砂的含水率（%）；

m_1——炒盘质量（g）；

m_2——未烘干的试样与炒盘的总质量（g）；

m_3——烘干后的试样与炒盘的总质量（g）。

以两次试验结果的算术平均值作为测定值。

6.8 砂中含泥量试验（标准法）

6.8.1 本方法适用于测定粗砂、中砂和细砂的含泥量，特细砂中含泥量测定方法见本标准第6.9节。

6.8.2 含泥量试验应采用下列仪器设备：

1 天平——称量1000g，感量1g；

2 烘箱——温度控制范围为（105±5）℃；

3 试验筛——筛孔公称直径为80μm及1.25mm的方孔筛各一个；

4 洗砂用的容器及烘干用的浅盘等。

6.8.3 试样制备应符合下列规定：

样品缩分至1100g，置于温度为（105±5）℃的烘箱中烘干至恒重，冷却至室温后，称取各为400g（m_0）的试样两份备用。

6.8.4 含泥量试验应按下列步骤进行：

1 取烘干的试样一份置于容器中，并注入饮用水，使水面高出砂面约150mm，充分拌匀后，浸泡2h，然后用手在水中淘洗试样，使尘屑、淤泥和黏土与砂粒分离，并使之悬浮或溶于水中。缓缓地将浑浊液倒入公称直径为1.25mm、80μm的方孔套筛（1.25mm筛放置在上面）上，滤去小于80μm的颗粒。试验前筛子的两面应先用水润湿，在整个试验过程中应避免砂粒丢失。

2 再次加水于容器中，重复上述过程，直到筒内洗出的水清澈为止。

3 用水淋洗剩留在筛上的细粒，并将80μm筛放在水中（使水面略高出筛中砂粒的上表面）来回摇动，以充分洗除小于80μm的颗粒。然后将两只筛上剩留的颗粒和容器中已经洗净的试样一并装入浅盘，置于温度为（105±5）℃的烘箱中烘干至恒重。取出来冷却至室温后，称试样的质量（m_1）。

6.8.5 砂中含泥量应按下式计算，精确至0.1%：

$$w_c = \frac{m_0 - m_1}{m_0} \times 100\% \qquad (6.8.5)$$

式中 w_c——砂中含泥量（%）；

m_0——试验前的烘干试样质量（g）；

m_1——试验后的烘干试样质量（g）。

以两个试样试验结果的算术平均值作为测定值。两次结果之差大于0.5%时，应重新取样进行试验。

6.9 砂中含泥量试验（虹吸管法）

6.9.1 本方法适用于测定砂中含泥量。

6.9.2 含泥量试验（虹吸管法）应采用下列仪器设备：

1 虹吸管——玻璃管的直径不大于5mm，后接胶皮弯管；

2 玻璃容器或其他容器——高度不小于300mm，直径不小于200mm；

3 其他设备应符合本标准第6.8.2条的要求。

6.9.3 试样制备应按本标准第6.8.3条的规定进行。

6.9.4 含泥量试验（虹吸管法）应按下列步骤进行：

1 称取烘干的试样500g（m_0），置于容器中，并注入饮用水，使水面高出砂面约150mm，浸泡2h，浸泡过程中每隔一段时间搅拌一次，确保尘屑、淤泥和黏土与砂分离；

2 用搅拌棒均匀搅拌 1min（单方向旋转），以适当宽度和高度的闸板闸水，使水停止旋转。经 20～25s 后取出闸板，然后，从上到下用虹吸管细心地将浑浊液吸出，虹吸管吸口的最低位置应距离砂面不小于 30mm；

3 再倒入清水，重复上述过程，直到吸出的水与清水的颜色基本一致为止；

4 最后将容器中的清水吸出，把洗净的试样倒入浅盘并在（105±5）℃的烘箱中烘干至恒重，取出，冷却至室温后称砂质量（m_1）。

6.9.5 砂中含泥量（虹吸管法）应按下式计算，精确至 0.1%：

$$w_c = \frac{m_0 - m_1}{m_0} \times 100\% \qquad (6.9.5)$$

式中 w_c——砂中含泥量（%）；

m_0——试验前的烘干试样质量（g）；

m_1——试验后的烘干试样质量（g）。

以两个试样试验结果的算术平均值作为测定值。两次结果之差大于 0.5% 时，应重新取样进行试验。

6.10 砂中泥块含量试验

6.10.1 本方法适用于测定砂中泥块含量。

6.10.2 砂中泥块含量试验应采用下列仪器设备：

1 天平——称量 1000g，感量 1g；称量 5000g，感量 5g；

2 烘箱——温度控制范围为（105±5）℃；

3 试验筛——筛孔公称直径为 630μm 及 1.25mm 的方孔筛各一只；

4 洗砂用的容器及烘干用的浅盘等。

6.10.3 试样制备应符合下列规定：

将样品缩分至 5000g，置于温度为（105±5）℃的烘箱中烘干至恒重，冷却至室温后，用公称直径 1.25mm 的方孔筛筛分，取筛上的砂不少于 400g 分为两份备用。特细砂按实际筛分量。

6.10.4 泥块含量试验应按下列步骤进行：

1 称取试样约 200g（m_1）置于容器中，并注入饮用水，使水面高出砂面 150mm。充分拌匀后，浸泡 24h，然后用手在水中碾碎泥块，再把试样放在公称直径 630μm 的方孔筛上，用水淘洗，直至水清澈为止。

2 保留下来的试样应小心地从筛里取出，装入水平浅盘后，置于温度为（105±5）℃烘箱中烘干至恒重，冷却后称重（m_2）。

6.10.5 砂中泥块含量应按下式计算，精确至 0.1%：

$$w_{c,L} = \frac{m_1 - m_2}{m_1} \times 100\% \qquad (6.10.5)$$

式中 $w_{c,L}$——泥块含量（%）；

m_1——试验前的干燥试样质量（g）；

m_2——试验后的干燥试样质量（g）。

以两次试样试验结果的算术平均值作为测定值。

6.11 人工砂及混合砂中石粉含量试验（亚甲蓝法）

6.11.1 本方法适用于测定人工砂和混合砂中石粉含量。

6.11.2 石粉含量试验（亚甲蓝法）应采用下列仪器设备：

1 烘箱——温度控制范围为（105±5）℃；

2 天平——称量 1000g，感量 1g；称量 100g，感量 0.01g；

3 试验筛——筛孔公称直径为 80μm 及 1.25mm 的方孔筛各一只；

4 容器——要求淘洗试样时，保持试样不溅出（深度大于 250mm）；

5 移液管——5mL、2mL 移液管各一个；

6 三片或四片式叶轮搅拌器——转速可调[最高达（600±60）r/min]，直径（75±10）mm；

7 定时装置——精度 1s；

8 玻璃容量瓶——容量 1L；

9 温度计——精度 1℃；

10 玻璃棒——2 支，直径 8mm，长 300mm；

11 滤纸——快速；

12 搪瓷盘、毛刷、容量为 1000mL 的烧杯等。

6.11.3 溶液的配制及试样制备应符合下列规定：

1 亚甲蓝溶液的配制按下述方法：

将亚甲蓝（$C_{16}H_{18}ClN_3S \cdot 3H_2O$）粉末在（105±5）℃下烘干至恒重，称取烘干亚甲蓝粉末 10g，精确至 0.01g，倒入盛有约 600mL 蒸馏水（水温加热至 35～40℃）的烧杯中，用玻璃棒持续搅拌 40min，直至亚甲蓝粉末完全溶解，冷却至 20℃。将溶液倒入 1L 容量瓶中，用蒸馏水淋洗烧杯等，使所有亚甲蓝溶液全部移入容量瓶，容量瓶和溶液的温度应保持在（20±1）℃，加蒸馏水至容量瓶 1L 刻度。振荡容量瓶以保证亚甲蓝粉末完全溶解。将容量瓶中溶液移入深色储藏瓶中，标明制备日期、失效日期（亚甲蓝溶液保质期应不超过 28d），并置于阴暗处保存。

2 将样品缩分至 400g，放在烘箱中于（105±5）℃下烘干至恒重，待冷却至室温后，筛除大于公称直径 5.0mm 的颗粒备用。

6.11.4 人工砂及混合砂中的石粉含量按下列步骤进行：

1 亚甲蓝试验应按下述方法进行：

1）称取试样 200g，精确至 1g。将试样倒入盛有（500±5）mL 蒸馏水的烧杯中，用叶轮搅拌机以（600±60）r/min 转速搅拌

5min，形成悬浮液，然后以（400±40）r/min 转速持续搅拌，直至试验结束。

2) 悬浮液中加入 5mL 亚甲蓝溶液，以（400±40）r/min 转速搅拌至少 1min 后，用玻璃棒蘸取一滴悬浮液（所取悬浮液滴应使沉淀物直径在 8～12mm 内），滴于滤纸（置于空烧杯或其他合适的支撑物上，以使滤纸表面不与任何固体或液体接触）上。若沉淀物周围未出现色晕，再加入 5mL 亚甲蓝溶液，继续搅拌 1min，再用玻璃棒蘸取一滴悬浮液，滴于滤纸上，若沉淀物周围仍未出现色晕，重复上述步骤，直至沉淀物周围出现约 1mm 宽的稳定浅蓝色色晕。此时，应继续搅拌，不加亚甲蓝溶液，每 1min 进行一次蘸染试验。若色晕在 4min 内消失，再加入 5mL 亚甲蓝溶液；若色晕在第 5min 消失，再加入 2mL 亚甲蓝溶液。两种情况下，均应继续进行搅拌和蘸染试验，直至色晕可持续 5min。

3) 记录色晕持续 5min 时所加入的亚甲蓝溶液总体积，精确至 1mL。

4) 亚甲蓝 MB 值按下式计算：

$$MB = \frac{V}{G} \times 10 \qquad (6.11.4)$$

式中　MB——亚甲蓝值（g/kg），表示每千克 0～2.36mm 粒级试样所消耗的亚甲蓝克数，精确至 0.01；

　　　G——试样质量（g）；

　　　V——所加入的亚甲蓝溶液的总量（mL）。

注：公式中的系数 10 用于将每千克试样消耗的亚甲蓝溶液体积换算成亚甲蓝质量。

5) 亚甲蓝试验结果评定应符合下列规定：

当 MB 值＜1.4 时，则判定是以石粉为主；当 MB 值≥1.4 时，则判定为以泥粉为主的石粉。

2　亚甲蓝快速试验应按下述方法进行：

1) 应按本条第一款第一项的要求进行制样；

2) 一次性向烧杯中加入 30mL 亚甲蓝溶液，以（400±40）r/min 转速持续搅拌 8min，然后用玻璃棒蘸取一滴悬浊液，滴于滤纸上，观察沉淀物周围是否出现明显色晕，出现色晕的为合格，否则为不合格。

3　人工砂及混合砂中的含泥量或石粉含量试验步骤及计算按本标准 6.8 节的规定进行。

6.12　人工砂压碎值指标试验

6.12.1　本方法适用于测定粒级为 315μm～5.00mm 的人工砂的压碎指标。

6.12.2　人工砂压碎指标试验应采用下列仪器设备：

1　压力试验机，荷载 300kN；

2　受压钢模（图 6.12.2）；

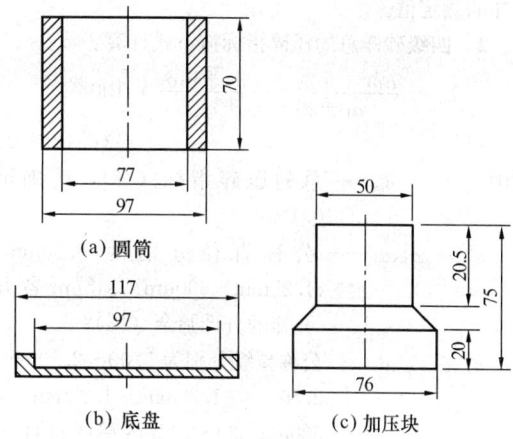

(a) 圆筒　　(b) 底盘　　(c) 加压块

图 6.12.2　受压钢模示意图（单位：mm）

3　天平——称量为 1000g，感量 1g；

4　试验筛——筛孔公称直径分别为 5.00mm、2.50mm、1.25mm、630μm、315μm、160μm、80μm 的方孔筛各一只；

5　烘箱——温度控制范围为（105±5）℃；

6　其他——瓷盘 10 个，小勺 2 把。

6.12.3　试样制备应符合下列规定：

将缩分后的样品置于（105±5）℃的烘箱内烘干至恒重，待冷却至室温后，筛分成 5.00～2.50mm、2.50～1.25mm、1.25mm～630μm、630～315μm 四个粒级，每级试样质量不得少于 1000g。

6.12.4　试验步骤应符合下列规定：

1　置圆筒于底盘上，组成受压模，将一单级砂样约 300g 装入模内，使试样距底盘约为 50mm；

2　平整试模内试样的表面，将加压块放入圆筒内，并转动一周使之与试样均匀接触；

3　将装好砂样的受压钢模置于压力机的支承板上，对准压板中心后，开动机器，以 500N/s 的速度加荷，加荷至 25kN 时持荷 5s，而后以同样速度卸荷；

4　取下受压模，移去加压块，倒出压过的试样并称其质量（m_0），然后用该粒级的下限筛（如砂样为公称粒级 5.00～2.50mm 时，其下限筛为筛孔公称直径 2.50mm 的方孔筛）进行筛分，称出该粒级试样的筛余量（m_1）。

6.12.5　人工砂的压碎指标按下述方法计算：

1　第 i 单级砂样的压碎指标按下式计算，精确至 0.1%：

$$\delta_i = \frac{m_0 - m_1}{m_0} \times 100\% \qquad (6.12.5\text{-}1)$$

式中　δ_i——第 i 单级砂样压碎指标（%）；

m_0——第 i 单级试样的质量（g）；

m_1——第 i 单级试样的压碎试验后筛余的试样质量（g）。

以三份试样试验结果的算术平均值作为各单粒级试样的测定值。

2 四级砂样总的压碎指标按下式计算：

$$\delta_{s\alpha} = \frac{\alpha_1\delta_1 + \alpha_2\delta_2 + \alpha_3\delta_3 + \alpha_4\delta_4}{\alpha_1 + \alpha_2 + \alpha_3 + \alpha_4} \times 100\%$$

(6.12.5-2)

式中　　$\delta_{s\alpha}$——总的压碎指标（%），精确至 0.1%；

α_1、α_2、α_3、α_4——公称直径分别为 2.50mm、1.25mm、630μm、315μm 各方孔筛的分计筛余（%）；

δ_1、δ_2、δ_3、δ_4——公称粒级分别为 5.00～2.50mm、2.50～1.25mm、1.25mm～630μm、630～315μm 单级试样压碎指标（%）。

6.13　砂中有机物含量试验

6.13.1　本方法适用于近似地判断天然砂中有机物含量是否会影响混凝土质量。

6.13.2　有机物含量试验应采用下列仪器设备：

1　天平——称量 100g，感量 0.1g 和称量 1000g，感量 1g 的天平各一台；

2　量筒——容量为 250mL、100mL 和 10mL；

3　烧杯、玻璃棒和筛孔公称直径为 5.00mm 的方孔筛；

4　氢氧化钠溶液——氢氧化钠与蒸馏水之质量比为 3：97；

5　鞣酸、酒精等。

6.13.3　试样的制备与标准溶液的配制应符合下列规定：

1　筛除样品中的公称粒径 5.00mm 以上颗粒，用四分法缩分至 500g，风干备用；

2　称取鞣酸粉 2g，溶解于 98mL 的 10%酒精溶液中，即配得所需的鞣酸溶液；然后取该溶液 2.5mL，注入 97.5mL 浓度为 3%的氢氧化钠溶液中，加塞后剧烈摇动，静置 24h，即配得标准溶液。

6.13.4　有机物含量试验应按下列步骤进行：

1　向 250mL 量筒中倒入试样至 130mL 刻度处，再注入浓度为 3%氢氧化钠溶液至 200mL 刻度处，剧烈摇动后静置 24h；

2　比较试样上部溶液和新配制标准溶液的颜色，盛装标准溶液与盛装试样的量筒容积应一致。

6.13.5　结果评定应按下列方法进行：

1　当试样上部的溶液颜色浅于标准溶液的颜色时，则试样的有机物含量判定合格；

2　当两种溶液的颜色接近时，则应将该试样（包括上部溶液）倒入烧杯中放在温度为 60～70℃的水浴锅中加热 2～3h，然后再与标准溶液比色；

3　当溶液颜色深于标准色时，则应按下法进一步试验：

取试样一份，用 3%的氢氧化钠溶液洗除有机杂质，再用清水淘洗干净，直至试样上部溶液颜色浅于标准溶液的颜色，然后用洗除有机质和未洗除的试样分别按现行的国家标准《水泥胶砂强度检验方法（ISO 法）》GB/T 17671 配制两种水泥砂浆，测定 28d 的抗压强度，当未经洗除有机杂质的砂的砂浆强度与经洗除有机物后的砂的砂浆强度比不低于 0.95 时，则此砂可以采用，否则不可采用。

6.14　砂中云母含量试验

6.14.1　本方法适用于测定砂中云母的近似百分含量。

6.14.2　云母含量试验应采用下列仪器设备：

1　放大镜（5 倍）；

2　钢针；

3　试验筛——筛孔公称直径为 5.00mm 和 315μm 的方孔筛各一只；

4　天平——称量 100g，感量 0.1g。

6.14.3　试样制备应符合下列规定：

称取经缩分的试样 50g，在温度（105±5）℃的烘箱中烘干至恒重，冷却至室温后备用。

6.14.4　云母含量试验应按下列步骤进行：

先筛出粒径大于公称粒径 5.00mm 和小于公称粒径 315μm 的颗粒，然后根据砂的粗细不同称取试样 10～20g（m_0），放在放大镜下观察，用钢针将砂中所有云母全部挑出，称取所挑出云母质量（m）。

6.14.5　砂中云母含量 w_m 应按下式计算，精确至 0.1%：

$$w_m = \frac{m}{m_0} \times 100\%$$

(6.14.5)

式中　w_m——砂中云母含量（%）；

m_0——烘干试样质量（g）；

m——云母质量（g）。

6.15　砂中轻物质含量试验

6.15.1　本方法适用于测定砂中轻物质的近似含量。

6.15.2　轻物质含量试验应采用下列仪器设备和试剂：

1　烘箱——温度控制范围为（105±5）℃；

2　天平——称量 1000g，感量 1g；

3　量具——量杯（容量 1000mL）、量筒（容量 250mL）、烧杯（容量 150mL）各一只；

4　比重计——测定范围为 1.0～2.0；

5　网篮——内径和高度均为 70mm，网孔孔径不大于 150μm（可用坚固性检验用的网篮，也可用孔

径 150μm 的筛);

6 试验筛——筛孔公称直径为 5.00mm 和 315μm 的方孔筛各一只;

7 氯化锌——化学纯。

6.15.3 试样制备及重液配制应符合下列规定:

1 称取经缩分的试样约 800g,在温度为(105±5)℃的烘箱中烘干至恒重,冷却后将粒径大于公称粒径 5.00mm 和小于公称粒径 315μm 的颗粒筛去,然后称取每份为 200g 的试样两份备用;

2 配制密度为 1950~2000kg/m³ 的重液:向 1000mL 的量杯中加水至 600mL 刻度处,再加入 1500g 氯化锌,用玻璃棒搅拌使氯化锌全部溶解,待冷却至室温后,将部分溶液倒入 250mL 量筒中测其密度;

3 如溶液密度小于要求值,则将它倒回量杯,再加入氯化锌,溶解并冷却后测其密度,直至溶液密度满足要求为止。

6.15.4 轻物质含量试验应按下列步骤进行:

1 将上述试样一份(m₀)倒入盛有重液(约 500mL)的量杯中,用玻璃棒充分搅拌,使试样中的轻物质与砂分离,静置 5min 后,将浮起的轻物质连同部分重液倒入网篮中,轻物质留在网篮中,而重液通过网篮流入另一容器,倾倒重液时应避免带出砂粒,一般当重液表面与砂表面相距约 20~30mm 时即停止倾倒,流出的重液倒回盛试样的量杯中,重复上述过程,直至无轻物质浮起为止;

2 用清水洗净留于网篮中的物质,然后将它倒入烧杯,在(105±5)℃的烘箱中烘干至恒重,称取轻物质与烧杯的总质量(m₁)。

6.15.5 砂中轻物质的含量 w_l 应按下式计算,精确到 0.1%:

$$w_l = \frac{m_1 - m_2}{m_0} \times 100\% \qquad (6.15.5)$$

式中 w_l——砂中轻物质含量(%);

m_1——烘干的轻物质与烧杯的总质量(g);

m_2——烧杯的质量(g);

m_0——试验前烘干的试样质量(g)。

以两次试验结果的算术平均值作为测定值。

6.16 砂的坚固性试验

6.16.1 本方法适用于通过测定硫酸钠饱和溶液渗入砂中形成结晶时的裂胀力对砂的破坏程度,来间接地判断其坚固性。

6.16.2 坚固性试验应采用下列仪器设备和试剂:

1 烘箱——温度控制范围为(105±5)℃;

2 天平——称量 1000g,感量 1g;

3 试验筛——筛孔公称直径为 160μm、315μm、630μm、1.25mm、2.50mm、5.00mm 的方孔筛各一只;

4 容器——搪瓷盆或瓷缸,容量不小于 10L;

5 三脚网篮——内径及高均为 70mm,由铜丝或镀锌铁丝制成,网孔的孔径不应大于所盛试样粒级下限尺寸的一半;

6 试剂——无水硫酸钠;

7 比重计;

8 氯化钡——浓度为 10%。

6.16.3 溶液的配制及试样制备应符合下列规定:

1 硫酸钠溶液的配制应按下述方法进行:

取一定数量的蒸馏水(取决于试样及容器大小,加温至 30~50℃),每 1000mL 蒸馏水加入无水硫酸钠(Na₂SO₄)300~350g,用玻璃棒搅拌,使其溶解并饱和,然后冷却至 20~25℃,在此温度下静置两昼夜,其密度应为 1151~1174kg/m³;

2 将缩分后的样品用水冲洗干净,在(105±5)℃的温度下烘干冷却至室温备用。

6.16.4 坚固性试验应按下列步骤进行:

1 称取公称粒级分别为 315~630μm、630μm~1.25mm、1.25~2.50mm 和 2.50~5.00mm 的试样各 100g。若为特细砂,应筛去公称粒径 160μm 以下和 2.50mm 以上的颗粒,称取公称粒级分别为 160~315μm、315~630μm、630μm~1.25mm、1.25~2.50mm 的试样各 100g。分别装入网篮并浸入盛有硫酸钠溶液的容器中,溶液体积应不小于试样总体积的 5 倍,其温度应保持在 20~25℃。三脚网篮浸入溶液时,应先上下升降 25 次以排除试样中的气泡,然后静置于该容器中。此时,网篮底面应距容器底面约 30mm(由网篮脚高控制),网篮之间的间距应不小于 30mm,试样表面至少应在液面以下 30mm。

2 浸泡 20h 后,从溶液中提出网篮,放在温度为(105±5)℃的烘箱中烘烤 4h,至此,完成了第一次循环。待试样冷却至 20~25℃后,即开始第二次循环,从第二次循环开始,浸泡及烘烤时间均为 4h。

3 第五次循环完成后,将试样置于 20~25℃的清水中洗净硫酸钠,再在(105±5)℃的烘箱中烘干至恒重,取出并冷却至室温后,用孔径为试样粒级下限的筛,过筛并称量各粒级试样试验后的筛余量。

注:试样中硫酸钠是否洗净,可按下法检验:取冲洗过试样的水若干毫升,滴入少量 10% 的氯化钡(BaCl₂)溶液,如无白色沉淀,则说明硫酸钠已被洗净。

6.16.5 试验结果计算应符合下列规定:

1 试样中各粒级颗粒的分计质量损失百分率 δ_{ji} 应按下式计算:

$$\delta_{ji} = \frac{m_i - m_i'}{m_i} \times 100\% \qquad (6.16.5\text{-}1)$$

式中 δ_{ji}——各粒级颗粒的分计质量损失百分率(%);

m_i——每一粒级试样试验前的质量(g);

m_i'——经硫酸钠溶液试验后,每一粒级筛余颗粒的烘干质量（g）。

2 $300\mu m \sim 4.75mm$ 粒级试样的总质量损失百分率 δ_j 应按下式计算，精确至 1%：

$$\delta_j = \frac{\alpha_1 \delta_{j1} + \alpha_2 \delta_{j2} + \alpha_3 \delta_{j3} + \alpha_4 \delta_{j4}}{\alpha_1 + \alpha_2 + \alpha_3 + \alpha_4} \times 100\%$$

(6.16.5-2)

式中 δ_j——试样的总质量损失百分率（%）；

α_1、α_2、α_3、α_4——公称粒级分别为 315～ 630μm、630μm～1.25mm、1.25～2.50mm、2.50～5.00mm 粒级在筛除小于公称粒径 315μm 及大于公称粒径 5.00mm 颗粒后的原试样中所占的百分率（%）。

δ_{j1}、δ_{j2}、δ_{j3}、δ_{j4}——公称粒级分别为 315～630μm、630μm～1.25mm、1.25～2.50mm、2.50～5.00mm 各粒级的分计质量损失百分率（%）。

3 特细砂按下式计算，精确至 1%：

$$\delta_j = \frac{\alpha_0 \delta_{j0} + \alpha_1 \delta_{j1} + \alpha_2 \delta_{j2} + \alpha_3 \delta_{j3}}{\alpha_0 + \alpha_1 + \alpha_2 + \alpha_3} \times 100\%$$

(6.16.5-3)

式中 δ_j——试样的总质量损失百分率（%）；

α_0、α_1、α_2、α_3——公称粒级分别为 160～315μm、315～630μm、630μm～1.25mm、1.25～2.50mm 粒级在筛除小于公称粒径 160μm 及大于公称粒径 2.50mm 颗粒后的原试样中所占的百分率（%）。

δ_{j0}、δ_{j1}、δ_{j2}、δ_{j3}——公称粒级分别为 160～315μm、315～630μm、630μm～1.25mm、1.25～2.50mm 各粒级的分计质量损失百分率（%）。

6.17 砂中硫酸盐及硫化物含量试验

6.17.1 本方法适用于测定砂中的硫酸盐及硫化物含量（按 SO_3 百分含量计算）。

6.17.2 硫酸盐及硫化物试验应采用下列仪器设备和试剂：

1 天平和分析天平——天平，称量 1000g，感量 1g；分析天平，称量 100g，感量 0.0001g；

2 高温炉——最高温度 1000℃；

3 试验筛——筛孔公称直径为 80μm 的方孔筛一只；

4 瓷坩埚；

5 其他仪器——烧瓶、烧杯等；

6 10%（W/V）氯化钡溶液——10g 氯化钡溶于 100mL 蒸馏水中；

7 盐酸（1+1）——浓盐酸溶于同体积的蒸馏水中；

8 1%（W/V）硝酸银溶液——1g 硝酸银溶于 100mL 蒸馏水中，并加入 5～10mL 硝酸，存于棕色瓶中。

6.17.3 试样制备应符合下列规定：

样品经缩分至不少于 10g，置于温度为（105± 5）℃烘干至恒重，冷却至室温后，研磨至全部通过筛孔公称直径为 80μm 的方孔筛，备用。

6.17.4 硫酸盐及硫化物含量试验应按下列步骤进行：

1 用分析天平精确称取砂粉试样 1g（m），放入 300mL 的烧杯中，加入 30～40mL 蒸馏水及 10mL 的盐酸（1+1），加热至微沸，并保持微沸 5min，试样充分分解后取下，以中速滤纸过滤，用温水洗涤 10～12 次；

2 调整滤液体积至 200mL，煮沸，搅拌同时滴加 10mL10%氯化钡溶液，并将溶液煮沸数分钟，然后移至温热处静置至少 4h（此时溶液体积应保持 200mL），用慢速滤纸过滤，用温水洗到无氯根反应（用硝酸银溶液检验）；

3 将沉淀及滤纸一并移入已灼烧至恒重的瓷坩埚（m_1）中，灰化后在 800℃的高温炉内灼烧 30min。取出坩埚，置于干燥器中冷却至室温，称量，如此反复灼烧，直至恒重（m_2）。

6.17.5 硫化物及硫酸盐含量（以 SO_3 计）应按下式计算，精确至 0.01%：

$$w_{SO_3} = \frac{(m_2 - m_1) \times 0.343}{m} \times 100\%$$

(6.17.5)

式中 w_{SO_3}——硫酸盐含量（%）；

m——试样质量（g）；

m_1——瓷坩埚的质量（g）；

m_2——瓷坩埚质量和试样总质量（g）；

0.343——$BaSO_4$ 换算成 SO_3 的系数。

以两次试验的算术平均值作为测定值，当两次试验结果之差大于 0.15%时，须重做试验。

6.18 砂中氯离子含量试验

6.18.1 本方法适用于测定砂中的氯离子含量。

6.18.2 氯离子含量试验应采用下列仪器设备和试剂：

1 天平——称量 1000g，感量 1g；

2 带塞磨口瓶——容量 1L；

3 三角瓶——容量 300mL；

4 滴定管——容量 10mL 或 25mL；

5 容量瓶——容量 500mL；

6 移液管——容量 50mL，2mL；

7 5%（W/V）铬酸钾指示剂溶液；

8 0.01mol/L 的氯化钠标准溶液；

9 0.01mol/L 的硝酸银标准溶液。

6.18.3 试样制备应符合下列规定：

取经缩分后样品 2kg，在温度（105±5）℃的烘箱中烘干至恒重，经冷却至室温备用。

6.18.4 氯离子含量试验应按下列步骤进行：

1 称取试样 500g（m），装入带塞磨口瓶中，用容量瓶取 500mL 蒸馏水，注入磨口瓶内，加上塞子，摇动一次，放置 2h，然后每隔 5min 摇动一次，共摇动 3 次，使氯盐充分溶解。将磨口瓶上部已澄清的溶液过滤，然后用移液管吸取 50mL 滤液，注入三角瓶中，再加入浓度为 5% 的（W/V）铬酸钾指示剂 1mL，用 0.01mol/L 硝酸银标准溶液滴定至呈现砖红色为终点，记录消耗的硝酸银标准溶液的毫升数（V_1）。

2 空白试验：用移液管准确吸取 50mL 蒸馏水到三角瓶内，加入 5% 铬酸钾指示剂 1mL，并用 0.01mol/L 的硝酸银标准溶液滴定至溶液呈砖红色为止，记录此点消耗的硝酸银标准溶液的毫升数（V_2）。

6.18.5 砂中氯离子含量 w_{cl} 应按下式计算，精确至 0.001%：

$$w_{cl} = \frac{C_{AgNO_3}(V_1 - V_2) \times 0.0355 \times 10}{m} \times 100\%$$

$$(6.18.5)$$

式中 w_{cl}——砂中氯离子含量（%）；

$\quad C_{AgNO_3}$——硝酸银标准溶液的浓度（mol/L）；

$\quad V_1$——样品滴定时消耗的硝酸银标准溶液的体积（mL）；

$\quad V_2$——空白试验时消耗的硝酸银标准溶液的体积（mL）；

$\quad m$——试样质量（g）。

6.19 海砂中贝壳含量试验（盐酸清洗法）

6.19.1 本方法适用于检验海砂中的贝壳含量。

6.19.2 贝壳含量试验应采用下列仪器设备和试剂：

1 烘箱——温度控制范围为（105±5）℃；

2 天平——称量 1000g、感量 1g 和称量 5000g、感量 5g 的天平各一台；

3 试验筛——筛孔公称直径为 5.00mm 的方孔筛一只；

4 量筒——容量 1000mL；

5 搪瓷盆——直径 200mm 左右；

6 玻璃棒；

7 （1+5）盐酸溶液——由浓盐酸（相对密度 1.18，浓度 26%～38%）和蒸馏水按 1∶5 的比例配制而成；

8 烧杯——容量 2000mL。

6.19.3 试样制备应符合下列规定：

将样品缩分至不少于 2400g，置于温度为（105±5）℃烘箱中烘干至恒重，冷却至室温后，过筛孔公称直径为 5.00mm 的方孔筛后，称取 500g（m_1）试样两份，先按本标准第 6.8 节测出砂的含泥量（w_c），再将试样放入烧杯中备用。

6.19.4 海砂中贝壳含量应按下列步骤进行：

在盛有试样的烧杯中加入（1+5）盐酸溶液 900mL，不断用玻璃棒搅拌，使反应完全。待溶液中不再有气体产生后，再加少量上述盐酸溶液，若再无气体生成则表明反应已完全。否则，应重复上一步骤，直至无气体产生为止。然后进行五次清洗，清洗过程中要避免砂粒丢失。洗净后，置于温度为（105±5）℃的烘箱中，取出冷却至室温，称重（m_2）。

6.19.5 砂中贝壳含量 w_b 应按下式计算，精确至 0.1%：

$$w_b = \frac{m_1 - m_2}{m_1} \times 100\% - w_c \qquad (6.19.5)$$

式中 w_b——砂中贝壳含量（%）；

$\quad m_1$——试样总量（g）；

$\quad m_2$——试样除去贝壳后的质量（g）；

$\quad w_c$——含泥量（%）。

以两次试验结果的算术平均值作为测定值，当两次结果之差超过 0.5% 时，应重新取样进行试验。

6.20 砂的碱活性试验（快速法）

6.20.1 本方法适用于在 1mol/L 氢氧化钠溶液中浸泡试样 14d 以检验硅质骨料与混凝土中的碱产生潜在反应的危害性，不适用于碱碳酸盐反应活性骨料检验。

6.20.2 快速法碱活性试验应采用下列仪器设备：

1 烘箱——温度控制范围为（105±5）℃；

2 天平——称量 1000g，感量 1g；

3 试验筛——筛孔公称直径为 5.00mm、2.50mm、1.25mm、630μm、315μm、160μm 的方孔筛各一只；

4 测长仪——测量范围 280～300mm，精度 0.01mm；

5 水泥胶砂搅拌机——应符合现行行业标准《行星式水泥胶砂搅拌机》JC/T 681 的规定；

6 恒温养护箱或水浴——温度控制范围为（80±2）℃；

7 养护筒——由耐碱耐高温的材料制成，不漏水，密封，防止容器内湿度下降，筒的容积可以保证试件全部浸没在水中。筒内设有试件架，试件垂直于试件架放置；

8 试模——金属试模，尺寸为 25mm×25mm×280mm，试模两端正中有小孔，装有不锈钢测头；

9 镘刀、捣棒、量筒、干燥器等。

6.20.3 试件的制作应符合下列规定：

1 将砂样缩分成约 5kg，按表 6.20.3 中所示级配及比例组合成试验用料，并将试样洗净烘干或晾干备用。

表 6.20.3 砂级配表

公称粒级	5.00 ～ 2.50mm	2.50 ～ 1.25mm	1.25mm ～ 630μm	630 ～ 315μm	315 ～ 160μm
分级质量（%）	10	25	25	25	15

注：对特细砂分级质量不作规定。

2 水泥应采用符合现行国家标准《硅酸盐水泥、普通硅酸盐水泥》GB 175 要求的普通硅酸盐水泥。水泥与砂的质量比为 1:2.25，水灰比为 0.47。试件规格 25mm×25mm×280mm，每组三条，称取水泥 440g，砂 990g。

3 成型前 24h，将试验所用材料（水泥、砂、拌合用水等）放入（20±2）℃的恒温室中。

4 将称好的水泥与砂倒入搅拌锅，应按现行国家标准《水泥胶砂强度检验方法（ISO 法）》GB/T 17671 的规定进行搅拌。

5 搅拌完成后，将砂浆分两层装入试模内，每层捣 40 次，测头周围应填实，浇捣完毕后用镘刀刮除多余砂浆，抹平表面，并标明测定方向及编号。

6.20.4 快速法试验应按下列步骤进行：

1 将试件成型完毕后，带模放入标准养护室，养护（24±4）h 后脱模。

2 脱模后，将试件浸泡在装有自来水的养护筒中，并将养护筒放入温度（80±2）℃的烘箱或水浴箱中养护 24h。同种骨料制成的试件放在同一个养护筒中。

3 然后将养护筒逐个取出。每次从养护筒中取出一个试件，用抹布擦干表面，立即用测长仪测试件的基长（L_0）。每个试件至少重复测试两次，取差值在仪器精度范围内的两个读数的平均值作为长度测定值（精确至 0.02mm），每次每个试件的测量方向应一致，待测的试件须用湿布覆盖，防止水分蒸发；从取出试件擦干到读数完成应在（15±5）s 内结束，读完数后的试件应用湿布覆盖。全部试件测完基准长度后，把试件放入装有浓度为 1mol/L 氢氧化钠溶液的养护筒中，并确保试件被完全浸泡。溶液温度应保持在（80±2）℃，将养护筒放回烘箱或水浴箱中。

注：用测长仪测定任一组试件的长度时，均应先调整测长仪的零点。

4 自测定基准长度之日起，第 3d、7d、10d、14d 再分别测其长度（L_t）。测长方法与测基长方法相同。每次测量完毕后，应将试件调头放入原养护筒，盖好筒盖，放回（80±2）℃的烘箱或水浴箱中，继续养护到下一个测试龄期。操作时防止氢氧化钠溶

液溢溅，避免烧伤皮肤。

5 在测量时应观察试件的变形、裂缝、渗出物等，特别应观察有无胶体物质，并作详细记录。

6.20.5 试件中的膨胀率应按下式计算，精确至 0.01%：

$$\varepsilon_t = \frac{L_t - L_0}{L_0 - 2\Delta} \times 100\% \qquad (6.20.5)$$

式中 ε_t——试件在 t 天龄期的膨胀率（%）；

L_t——试件在 t 天龄期的长度（mm）；

L_0——试件的基长（mm）；

Δ——测头长度（mm）。

以三个试件膨胀率的平均值作为某一龄期膨胀率的测定值。任一试件膨胀率与平均值均应符合下列规定：

1 当平均值小于或等于 0.05% 时，其差值均应小于 0.01%；

2 当平均值大于 0.05% 时，单个测值与平均值的差值均应小于平均值的 20%；

3 当三个试件的膨胀率均大于 0.10% 时，无精度要求；

4 当不符合上述要求时，去掉膨胀率最小的，用其余两个试件的平均值作为该龄期的膨胀率。

6.20.6 结果评定应符合下列规定：

1 当 14d 膨胀率小于 0.10% 时，可判定为无潜在危害；

2 当 14d 膨胀率大于 0.20% 时，可判定为有潜在危害；

3 当 14d 膨胀率在 0.10%～0.20% 之间时，应按本标准第 6.21 节的方法再进行试验判定。

6.21 砂的碱活性试验（砂浆长度法）

6.21.1 本方法适用于鉴定硅质骨料与水泥（混凝土）中的碱产生潜在反应的危害性，不适用于碱碳酸盐反应活性骨料检验。

6.21.2 砂浆长度法碱活性试验应采用下列仪器设备：

1 试验筛——应符合本标准第 6.1.2 条的要求；

2 水泥胶砂搅拌机——应符合现行行业标准《行星式水泥胶砂搅拌机》JC/T 681 规定；

3 镘刀及截面为 14mm×13mm、长 120～150mm 的钢制捣棒；

4 量筒、秒表；

5 试模和测头——金属试模，规格为 25mm×25mm×280mm，试模两端正中应有小孔，测头在此固定埋入砂浆，测头用不锈钢金属制成；

6 养护筒——用耐腐蚀材料制成，应不漏水，不透气，加盖后放在养护室中能确保筒内空气相对湿度为 95% 以上，筒内设有试件架，架下盛有水，试件垂直立于架上并不与水接触；

7 测长仪——测量范围 280～300mm，精度 0.01mm；

8 室温为（40±2）℃的养护室；

9 天平——称量 2000g，感量 2g；

10 跳桌——应符合现行行业标准《水泥胶砂流动度测定仪》JC/T 958 要求。

6.21.3 试件的制备应符合下列规定：

1 制作试件的材料应符合下列规定：

1）水泥——在做一般骨料活性鉴定时，应使用高碱水泥，含碱量为 1.2%；低于此值时，掺浓度为 10% 的氢氧化钠溶液，将碱含量调至水泥量的 1.2%；对于具体工程，当该工程拟用水泥的含碱量高于此值，则应采用工程所使用的水泥。

注：水泥含碱量以氧化钠（Na_2O）计，氧化钾（K_2O）换算为氧化钠时乘以换算系数 0.658。

2）砂——将样品缩分成约 5kg，按表 6.21.3 中所示级配及比例组合成试验用料，并将试样洗净晾干。

表 6.21.3 砂级配表

公称粒级	5.00～2.50mm	2.50～1.25mm	1.25mm～630μm	630～315μm	315～160μm
分级质量（%）	10	25	25	25	15

注：对特细砂分级质量不作规定。

2 制作试件用的砂浆配合比应符合下列规定：

水泥与砂的质量比为 1：2.25。每组 3 个试件，共需水泥 440g，砂料 990g，砂浆用水量应按现行国家标准《水泥胶砂流动度测定方法》GB/T 2419 确定，跳桌次数改为 6s 跳动 10 次，以流动度在 105～120mm 为准。

3 砂浆长度法试验所用试件应按下列方法制作：

1）成型前 24h，将试验所用材料（水泥、砂、拌用水等）放入（20±2）℃的恒温室中；

2）先将称好的水泥与砂倒入搅拌锅内，开动搅拌机，拌合 5s 后徐徐加水，20～30s 加完，自开动机器起搅拌（180±5）s 停机，将粘在叶片上的砂浆刮下，取下搅拌锅；

3）砂浆分两层装入试模内，每层捣 40 次；测头周围应填实，浇捣完毕后用镘刀刮除多余砂浆，抹平表面并标明测定方向和编号。

6.21.4 砂浆长度法试验应按下列步骤进行：

1 试件成型完毕后，带模放入标准养护室，养护（24±4）h 后脱模（当试件强度较低时，可延至 48h

脱模），脱模后立即测量试件的基长（L_0）。测长应在（20±2）℃的恒温室中进行，每个试件至少重复测试两次，取差值在仪器精度范围内的两个读数的平均值作为长度测定值（精确至 0.02mm）。待测的试件须用湿布覆盖，以防止水分蒸发。

2 测量后将试件放入养护筒中，盖严后放入（40±2）℃养护室里养护（一个筒内的品种应相同）。

3 自测基长之日起，14d、1 个月、2 个月、3 个月、6 个月再分别测其长度（L_t），如有必要还可适当延长。在测长前一天，应把养护筒从（40±2）℃养护室中取出，放入（20±2）℃的恒温室。试件的测长方法与测基长相同，测量完毕后，应将试件调头放入养护筒中，盖好筒盖，放回（40±2）℃养护室继续养护到下一测龄期。

4 在测量时应观察试件的变形、裂缝和渗出物，特别应观察有无胶体物质，并作详细记录。

6.21.5 试件的膨胀率应按下式计算，精确至 0.001%：

$$\varepsilon_t = \frac{L_t - L_0}{L_0 - 2\Delta} \times 100\% \qquad (6.21.5)$$

式中 ε_t——试件在 t 天龄期的膨胀率（%）；

L_0——试件的基长（mm）；

L_t——试件在 t 天龄期的长度（mm）；

Δ——测头长度（mm）。

以三个试件膨胀率的平均值作为某一龄期膨胀率的测定值。任一试件膨胀率与平均值均应符合下列规定：

1 当平均值小于或等于 0.05% 时，其差值均应小于 0.01%；

2 当平均值大于 0.05% 时，其差值应小于平均值的 20%；

3 当三个试件的膨胀率均超过 0.10% 时，无精度要求；

4 当不符合上述要求时，去掉膨胀率最小的，用其余两个试件的平均值作为该龄期的膨胀率。

6.21.6 结果评定应符合下列规定：

当砂浆 6 个月膨胀率小于 0.10% 或 3 个月的膨胀率小于 0.05%（只有在缺少 6 个月膨胀率时才有效）时，则判为无潜在危害。否则，应判为有潜在危害。

7 石的检验方法

7.1 碎石或卵石的筛分析试验

7.1.1 本方法适用于测定碎石或卵石的颗粒级配。

7.1.2 筛分析试验应采用下列仪器设备：

1 试验筛——筛孔公称直径为 100.0mm、80.0mm、63.0mm、50.0mm、40.0mm、31.5mm、25.0mm、20.0mm、16.0mm、10.0mm、5.00mm 和

2.50mm 的方孔筛以及筛的底盘和盖各一只，其规格和质量要求应符合现行国家标准《金属穿孔板试验筛》GB/T 6003.2 的要求，筛框直径为 300mm；

2 天平和秤——天平的称量 5kg，感量 5g；秤的称量 20kg，感量 20g；

3 烘箱——温度控制范围为（105±5）℃；

4 浅盘。

7.1.3 试样制备应符合下列规定：试验前，应将样品缩分至表 7.1.3 所规定的试样最少质量，并烘干或风干后备用。

表 7.1.3　筛分析所需试样的最少质量

公称粒径（mm）	10.0	16.0	20.0	25.0	31.5	40.0	63.0	80.0
试样最少质量（kg）	2.0	3.2	4.0	5.0	6.3	8.0	12.6	16.0

7.1.4 筛分析试验应按下列步骤进行：

1 按表 7.1.3 的规定称取试样；

2 将试样按筛孔大小顺序过筛，当每只筛上的筛余层厚度大于试样的最大粒径值时，应将该筛上的筛余试样分成两份，再次进行筛分，直至各筛每分钟的通过量不超过试样总量的 0.1%；

注：当筛余试样的颗粒粒径比公称粒径大 20mm 以上时，在筛分过程中，允许用手拨动颗粒。

3 称取各筛筛余的质量，精确至试样总质量的 0.1%。各筛的分计筛余量和筛底剩余量的总和与筛分前测定的试样总量相比，其相差不得超过 1%。

7.1.5 筛分析试验结果应按下列步骤计算：

1 计算分计筛余（各筛上筛余量除以试样的百分率），精确至 0.1%；

2 计算累计筛余（该筛的分计筛余与筛孔大于该筛的各筛的分计筛余百分率之总和），精确至 1%；

3 根据各筛的累计筛余，评定该试样的颗粒级配。

7.2　碎石或卵石的表观密度试验（标准法）

7.2.1 本方法适用于测定碎石或卵石的表观密度。

7.2.2 标准法表观密度试验应采用下列仪器设备：

1 液体天平——称量 5kg，感量 5g，其型号及尺寸应能允许在臂上悬挂盛试样的吊篮，并在水中称重（见图 7.2.2）；

2 吊篮——直径和高度均为 150mm，由孔径为 1~2mm 的筛网或钻有孔径为 2~3mm 孔洞的耐锈蚀金属板制成；

3 盛水容器——有溢流孔；

4 烘箱——温度控制范围为（105±5）℃；

5 试验筛——筛孔公称直径为 5.00mm 的方孔筛一只；

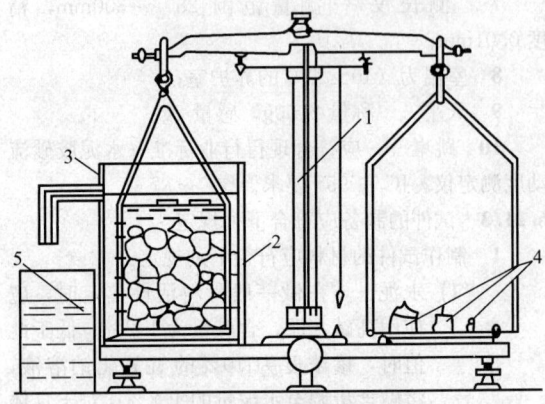

图 7.2.2　液体天平

1—5kg 天平；2—吊篮；3—带有溢流孔的金属容器；4—砝码；5—容器

6 温度计——0~100℃；

7 带盖容器、浅盘、刷子和毛巾等。

7.2.3 试样制备应符合下列规定：

试验前，将样品筛除公称粒径 5.00mm 以下的颗粒，并缩分至略大于两倍于表 7.2.3 所规定的最少质量，冲洗干净后分成两份备用。

表 7.2.3　表观密度试验所需的试样最少质量

最大公称粒径（mm）	10.0	16.0	20.0	25.0	31.5	40.0	63.0	80.0
试样最少质量（kg）	2.0	2.0	2.0	2.0	3.0	4.0	6.0	6.0

7.2.4 标准法表观密度试验应按以下步骤进行：

1 按表 7.2.3 的规定称取试样；

2 取试样一份装入吊篮，并浸入盛水的容器中，水面至少高出试样 50mm；

3 浸水 24h 后，移放到称量用的盛水容器中，并用上下升降吊篮的方法排除气泡（试样不得露出水面）。吊篮每升降一次约为 1s，升降高度为 30~50mm；

4 测定水温（此时吊篮应全浸在水中），用天平称取吊篮及试样在水中的质量（m_2）。称量时盛水容器中水面的高度由容器的溢流孔控制；

5 提起吊篮，将试样置于浅盘中，放入（105±5）℃的烘箱中烘干至恒重；取出来放在带盖的容器中冷却至室温后，称重（m_0）。

注：恒重是指相邻两次称量间隔时间不小于 3h 的情况下，其前后两次称量之差小于该项试验所要求的称量精度。下同。

6 称取吊篮在同样温度的水中质量（m_1），称量时盛水容器的水面高度仍应由溢流口控制。

注：试验的各项称重可以在 15~25℃的温度范围内进行，但从试样加水静置的最后 2h 起

直至试验结束，其温度相差不应超过 2℃。

7.2.5 表观密度 ρ 应按下式计算，精确至 10kg/m^3：

$$\rho = \left(\frac{m_0}{m_0 + m_1 - m_2} - \alpha_t \right) \times 1000 \quad (7.2.5)$$

式中 ρ——表观密度（kg/m^3）；

m_0——试样的烘干质量（g）；

m_1——吊篮在水中的质量（g）；

m_2——吊篮及试样在水中的质量（g）；

α_t——水温对表观密度影响的修正系数，见表 7.2.5。

表 7.2.5 不同水温下碎石或卵石的表观密度影响的修正系数

水温（℃）	15	16	17	18	19	20
α_t	0.002	0.003	0.003	0.004	0.004	0.005
水温（℃）	21	22	23	24	25	
α_t	0.005	0.006	0.006	0.007	0.008	

以两次试验结果的算术平均值作为测定值。当两次结果之差大于 20kg/m^3 时，应重新取样进行试验。对颗粒材质不均匀的试样，两次试验结果之差大于 20kg/m^3 时，可取四次测定结果的算术平均值作为测定值。

7.3 碎石或卵石的表观密度试验（简易法）

7.3.1 本方法适用于测定碎石或卵石的表观密度，不宜用于测定最大公称粒径超过 40mm 的碎石或卵石的表观密度。

7.3.2 简易法测定表观密度应采用下列仪器设备：

1 烘箱——温度控制范围为 (105 ± 5)℃；

2 秤——称量 20kg，感量 20g；

3 广口瓶——容量 1000mL，磨口，并带玻璃片；

4 试验筛——筛孔公称直径为 5.00mm 的方孔筛一只；

5 毛巾、刷子等。

7.3.3 试样制备应符合下列规定：

试验前，筛除样品中公称粒径为 5.00mm 以下的颗粒，缩分至略大于本标准表 7.2.3 所规定的量的两倍。洗刷干净后，分成两份备用。

7.3.4 简易法测定表观密度应按下列步骤进行：

1 按本标准表 7.2.3 规定的数量称取试样；

2 将试样浸水饱和，然后装入广口瓶中。装试样时，广口瓶应倾斜放置，注入饮用水，用玻璃片覆盖瓶口，以上下左右摇晃的方法排除气泡；

3 气泡排尽后，向瓶中添加饮用水直至水面凸出瓶口边缘。然后用玻璃片沿瓶口迅速滑行，使其紧贴瓶口水面。擦干瓶外水分后，称取试样、水、瓶和玻璃片总质量（m_1）；

4 将瓶中的试样倒入浅盘中，放在 (105 ± 5)℃的烘箱中烘干至恒重；取出，放在带盖的容器中冷却至室温后称取质量（m_0）；

5 将瓶洗净，重新注入饮用水，用玻璃片紧贴瓶口水面，擦干瓶外水分后称取质量（m_2）。

注：试验时各项称重可以在 15～25℃ 的温度范围内进行，但从试样加水静置的最后 2h 起直至试验结束，其温度相差不应超过 2℃。

7.3.5 表观密度 ρ 应按下式计算，精确至 10kg/m^3：

$$\rho = \left(\frac{m_0}{m_0 + m_2 - m_1} - \alpha_t \right) \times 1000 \quad (7.3.5)$$

式中 ρ——表观密度（kg/m^3）；

m_0——烘干后试样质量（g）；

m_1——试样、水、瓶和玻璃片的总质量（g）；

m_2——水、瓶和玻璃片总质量（g）；

α_t——水温对表观密度影响的修正系数，见表 7.2.5。

以两次试验结果的算术平均值作为测定值。当两次结果之差大于 20kg/m^3 时，应重新取样进行试验。对颗粒材质不均匀的试样，如两次试验结果之差大于 20kg/m^3 时，可取四次测定结果的算术平均值作为测定值。

7.4 碎石或卵石的含水率试验

7.4.1 本方法适用于测定碎石或卵石的含水率。

7.4.2 含水率试验应采用下列仪器设备：

1 烘箱——温度控制范围为 (105 ± 5)℃；

2 秤——称量 20kg，感量 20g；

3 容器——如浅盘等。

7.4.3 含水率试验应按下列步骤进行：

1 按本标准表 5.1.3-2 的要求称取试样，分成两份备用；

2 将试样置于干净的容器中，称取试样和容器的总质量（m_1），并在 (105 ± 5)℃的烘箱中烘干至恒重；

3 取出试样，冷却后称取试样与容器的总质量（m_2），并称取容器的质量（m_3）。

7.4.4 含水率 w_{wc} 应按下式计算，精确至 0.1%：

$$w_{wc} = \frac{m_1 - m_2}{m_2 - m_3} \times 100\% \quad (7.4.4)$$

式中 w_{wc}——含水率（%）；

m_1——烘干前试样与容器总质量（g）；

m_2——烘干后试样与容器总质量（g）；

m_3——容器质量（g）。

以两次试验结果的算术平均值作为测定值。

注：碎石或卵石含水率简易测定法可采用"烘干法"。

7.5 碎石或卵石的吸水率试验

7.5.1 本方法适用于测定碎石或卵石的吸水率，即测定以烘干质量为基准的饱和面干吸水率。

7.5.2 吸水率试验应采用下列仪器设备：

1 烘箱——温度控制范围为（105±5）℃；

2 秤——称量20kg，感量20g；

3 试验筛——筛孔公称直径为5.00mm的方孔筛一只；

4 容器、浅盘、金属丝刷和毛巾等。

7.5.3 试样的制备应符合下列要求：

试验前，筛除样品中公称粒径5.00mm以下的颗粒，然后缩分至两倍于表7.5.3所规定的质量，分成两份，用金属丝刷刷净后备用。

表 7.5.3 吸水率试验所需的试样最少质量

最大公称粒径 (mm)	10.0	16.0	20.0	25.0	31.5	40.0	63.0	80.0
试样最少质量 (kg)	2	2	4	4	4	6	6	8

7.5.4 吸水率试验应按下列步骤进行：

1 取试样一份置于盛水的容器中，使水面高出试样表面5mm左右，24h后从水中取出试样，并用拧干的湿毛巾将颗料表面的水分拭干，即成为饱和面干试样。然后，立即将试样放在浅盘中称取质量（m_2），在整个试验过程中，水温必须保持在（20±5）℃。

2 将饱和面干试样连同浅盘置于（105±5）℃的烘箱中烘干至恒重。然后取出，放入带盖的容器中冷却0.5～1h，称取烘干试样与浅盘的总质量（m_1），称取浅盘的质量（m_3）。

7.5.5 吸水率 w_{wa} 应按下式计算，精确至0.01%：

$$w_{wa} = \frac{m_2 - m_1}{m_1 - m_3} \times 100\% \qquad (7.5.5)$$

式中 w_{wa}——吸水率（%）；

m_1——烘干后试样与浅盘总质量（g）；

m_2——烘干前饱和面干试样与浅盘总质量（g）；

m_3——浅盘质量（g）。

以两次试验结果的算术平均值作为测定值。

7.6 碎石或卵石的堆积密度和紧密密度试验

7.6.1 本方法适用于测定碎石或卵石的堆积密度、紧密密度及空隙率。

7.6.2 堆积密度和紧密密度试验应采用下列仪器设备：

1 秤——称量100kg，感量100g；

2 容量筒——金属制，其规格见表7.6.2；

3 平头铁锹；

4 烘箱——温度控制范围为（105±5）℃。

表 7.6.2 容量筒的规格要求

碎石或卵石的最大公称粒径 (mm)	容量筒容积 (L)	容量筒规格 (mm) 内径	净高	筒壁厚度 (mm)
10.0,16.0,20.0,25	10	208	294	2
31.5,40.0	20	294	294	3
63.0,80.0	30	360	294	4

注：测定紧密密度时，对最大公称粒径为31.5mm、40.0mm的骨料，可采用10L的容量筒，对最大公称粒径为63.0mm、80.0mm的骨料，可采用20L容量筒。

7.6.3 试样的制备应符合下列要求：

按表5.1.3-2的规定称取试样，放入浅盘，在（105±5）℃的烘箱中烘干，也可摊在清洁的地面上风干，拌匀后分成两份备用。

7.6.4 堆积密度和紧密密度试验按以下步骤进行：

1 堆积密度：取试样一份，置于平整干净的地板（或铁板）上，用平头铁锹铲起试样，使石子自由落入容量筒内。此时，从铁锹的齐口至容量筒上口的距离应保持为50mm左右。装满容量筒除去凸出筒口表面的颗粒，并以合适的颗粒填入凹陷部分，使表面稍凸起部分和凹陷部分的体积大致相等，称取试样和容量筒总质量（m_2）。

2 紧密密度：取试样一份，分三层装入容量筒。装完一层后，在筒底垫放一根直径为25mm的钢筋，将筒按住并左右交替颠击地面各25下，然后装入第二层。第二层装满后，用同样方法颠实（但筒底所垫钢筋的方向应与第一层放置方向垂直），然后再装入第三层，如法颠实。待三层试样装填完毕后，加料直到试样超出容量筒筒口，用钢筋沿筒口边缘滚转，刮下高出筒口的颗粒，用合适的颗粒填平凹处，使表面稍凸起部分和凹陷部分的体积大致相等。称取试样和容量筒总质量（m_2）。

7.6.5 试验结果计算应符合下列规定：

1 堆积密度（ρ_L）或紧密密度（ρ_c）按下式计算，精确至10kg/m³：

$$\rho_L(\rho_c) = \frac{m_2 - m_1}{V} \times 1000 \qquad (7.6.5-1)$$

式中 ρ_L——堆积密度（kg/m³）；

ρ_c——紧密密度（kg/m³）；

m_1——容量筒的质量（kg）；

m_2——容量筒和试样总质量（kg）；

V——容量筒的体积（L）。

以两次试验结果的算术平均值作为测定值。

2 空隙率（ν_L、ν_c）按7.6.5-2及7.6.5-3计算，精

确至 1%：

$$\nu_L = \left(1 - \frac{\rho_L}{\rho}\right) \times 100\% \qquad (7.6.5-2)$$

$$\nu_c = \left(1 - \frac{\rho_c}{\rho}\right) \times 100\% \qquad (7.6.5-3)$$

式中 ν_L、ν_c——空隙率（%）；

ρ_L——碎石或卵石的堆积密度（kg/m³）；

ρ_c——碎石或卵石的紧密密度（kg/m³）；

ρ——碎石或卵石的表观密度（kg/m³）。

7.6.6 容量筒容积的校正应以（20±5）℃的饮用水装满容量筒，用玻璃板沿筒口滑移，使其紧贴水面，擦干筒外壁水分后称取质量。用下式计算筒的容积：

$$V = m'_2 - m'_1 \qquad (7.6.6)$$

式中 V——容量筒的体积（L）；

m'_1——容量筒和玻璃板质量（kg）；

m'_2——容量筒、玻璃板和水总质量（kg）。

7.7 碎石或卵石中含泥量试验

7.7.1 本方法适用于测定碎石或卵石中的含泥量。

7.7.2 含泥量试验应采用下列仪器设备：

1 秤——称量 20kg，感量 20g；

2 烘箱——温度控制范围为（105±5）℃；

3 试验筛——筛孔公称直径为 1.25mm 及 80μm 的方孔筛各一只；

4 容器——容积约 10L 的瓷盘或金属盒；

5 浅盘。

7.7.3 试样制备应符合下列规定：

将样品缩分至表 7.7.3 所规定的量（注意防止细粉丢失），并置于温度为（105±5）℃的烘箱内烘干至恒重，冷却至室温后分成两份备用。

表 7.7.3 含泥量试验所需的试样最少质量

最大公称粒径（mm）	10.0	16.0	20.0	25.0	31.5	40.0	63.0	80.0
试样量不少于（kg）	2	2	6	6	10	10	20	20

7.7.4 含泥量试验应按下列步骤进行：

1 称取试样一份（m_0）装入容器中摊平，并注入饮用水，使水面高出石子表面 150mm；浸泡 2h 后，用手在水中淘洗颗粒，使尘屑、淤泥和黏土与较粗颗粒分离，并使之悬浮或溶解于水。缓缓地将浑浊液倒入公称直径为 1.25mm 及 80μm 的方孔套筛（1.25mm 筛放置上面）上，滤去小于 80μm 的颗粒。试验前筛子的两面应先用水湿润。在整个试验过程中应注意避免大于 80μm 的颗粒丢失。

2 再次加水于容器中，重复上述过程，直至洗出的水清澈为止。

3 用水冲洗剩留在筛上的细粒，并将公称直径

为 80μm 的方孔筛放在水中（使水面略高出筛内颗粒）来回摇动，以充分洗除小于 80μm 的颗粒。然后将两只筛上剩留的颗粒和筒中已洗净的试样一并装入浅盘，置于温度为（105±5）℃的烘箱中烘干至恒重。取出冷却至室温后，称取试样的质量（m_1）。

7.7.5 碎石或卵石中含泥量 w_c 应按下式计算，精确至 0.1%：

$$w_c = \frac{m_0 - m_1}{m_0} \times 100\% \qquad (7.7.5)$$

式中 w_c——含泥量（%）；

m_0——试验前烘干试样的质量（g）；

m_1——试验后烘干试样的质量（g）。

以两个试样试验结果的算术平均值作为测定值。两次结果之差大于 0.2% 时，应重新取样进行试验。

7.8 碎石或卵石中泥块含量试验

7.8.1 本方法适用于测定碎石或卵石中泥块的含量。

7.8.2 泥块含量试验应采用下列仪器设备：

1 秤——称量 20kg，感量 20g；

2 试验筛——筛孔公称直径为 2.50mm 及 5.00mm 的方孔筛各一只；

3 水筒及浅盘等；

4 烘箱——温度控制范围为（105±5）℃。

7.8.3 试样制备应符合下列规定：

将样品缩分至略大于表 7.7.3 所示的量，缩分时应防止所含黏土块被压碎。缩分后的试样在（105±5）℃烘箱内烘至恒重，冷却至室温后分成两份备用。

7.8.4 泥块含量试验应按下列步骤进行：

1 筛去公称粒径 5.00mm 以下颗粒，称取质量（m_1）；

2 将试样在容器中摊平，加入饮用水使水面高出试样表面。24h 后把水放出，用手碾压泥块，然后把试样放在公称直径为 2.50mm 的方孔筛上摇动淘洗，直至洗出的水清澈为止；

3 将筛上的试样小心地从筛里取出，置于温度为（105±5）℃烘箱中烘干至恒重。取出冷却至室温后称取质量（m_2）。

7.8.5 泥块含量 $w_{c,L}$ 应按下式计算，精确至 0.1%：

$$w_{c,L} = \frac{m_1 - m_2}{m_1} \times 100\% \qquad (7.8.5)$$

式中 $w_{c,L}$——泥块含量（%）；

m_1——公称直径 5mm 筛上筛余量（g）；

m_2——试验后烘干试样的质量（g）。

以两个试样试验结果的算术平均值作为测定值。

7.9 碎石或卵石中针状和片状颗粒的总含量试验

7.9.1 本方法适用于测定碎石或卵石中针状和片状颗粒的总含量。

7.9.2 针状和片状颗粒的总含量试验应采用下列仪器设备：

1 针状规准仪（见图 7.9.2-1）和片状规准仪（见图7.9.2-2），或游标卡尺；

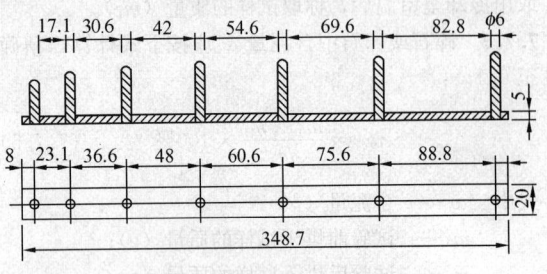

图 7.9.2-1 针状规准仪（单位：mm）

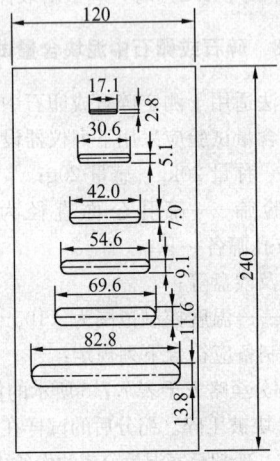

图 7.9.2-2 片状规准仪（单位：mm）

2 天平和秤——天平的称量 2kg，感量 2g；秤的称量 20kg，感量 20g；

3 试验筛——筛孔公称直径分别为 5.00mm、10.0mm、20.0mm、25.0mm、31.5mm、40.0mm、63.0mm 和 80.0mm 的方孔筛各一只，根据需要选用；

4 卡尺。

7.9.3 试样制备应符合下列规定：

将样品在室内风干至表面干燥，并缩分至表 7.9.3-1 规定的量，称量（m_0），然后筛分成表 7.9.3-2 所规定的粒级备用。

表 7.9.3-1 针状和片状颗粒的总含量试验所需的试样最少质量

最大公称粒径（mm）	10.0	16.0	20.0	25.0	31.5	≥40.0
试样最少质量（kg）	0.3	1	2	3	5	10

表 7.9.3-2 针状和片状颗粒的总含量试验的粒级划分及其相应的规准仪孔宽或间距

公称粒级（mm）	5.00~10.0	10.0~16.0	16.0~20.0	20.0~25.0	25.0~31.5	31.5~40.0
片状规准仪上相对应的孔宽（mm）	2.8	5.1	7.0	9.1	11.6	13.8
针状规准仪上相对应的间距（mm）	17.1	30.6	42.0	54.6	69.6	82.8

7.9.4 针状和片状颗粒的总含量试验应按下列步骤进行：

1 按表 7.9.3-2 所规定的粒级用规准仪逐粒对试样进行鉴定，凡颗粒长度大于针状规准仪上相对应的间距的，为针状颗粒。厚度小于片状规准仪上相应孔宽的，为片状颗粒。

2 公称粒径大于 40mm 的可用卡尺鉴定其针片状颗粒，卡尺卡口的设定宽度应符合表 7.9.4 的规定。

表 7.9.4 公称粒径大于 40mm 用卡尺卡口的设定宽度

公称粒级（mm）	40.0~63.0	63.0~80.0
片状颗粒的卡口宽度（mm）	18.1	27.6
针状颗粒的卡口宽度（mm）	108.6	165.6

3 称取由各粒级挑出的针状和片状颗粒的总质量（m_1）。

7.9.5 碎石或卵石中针状和片状颗粒的总含量 w_p 应按下式计算，精确至 1%：

$$w_p = \frac{m_1}{m_0} \times 100\% \qquad (7.9.5)$$

式中 w_p——针状和片状颗粒的总含量（%）；

m_1——试样中所含针状和片状颗粒的总质量（g）；

m_0——试样总质量（g）。

7.10 卵石中有机物含量试验

7.10.1 本方法适用于定性地测定卵石中的有机物含量是否达到影响混凝土质量的程度。

7.10.2 有机物含量试验应采用下列仪器、设备和试剂：

1 天平——称量 2kg，感量 2g 和称量 100g，感量 0.1g 的天平各 1 台；

2 量筒——容量为 100mL、250mL 和 1000mL；

3 烧杯、玻璃棒和筛孔公称直径为 20mm 的试

验筛;

4 浓度为 3% 的氢氧化钠溶液——氢氧化钠与蒸馏水之质量比为 3：97；

5 鞣酸、酒精等。

7.10.3 试样的制备和标准溶液配制应符合下列规定：

1 试样制备：筛除样品中公称粒径 20mm 以上的颗粒，缩分至约 1kg，风干后备用；

2 标准溶液的配制方法：称取 2g 鞣酸粉，溶解于 98mL 的 10% 酒精溶液中，即得所需的鞣酸溶液，然后取该溶液 2.5mL，注入 97.5mL 浓度为 3% 的氢氧化钠溶液中，加塞后剧烈摇动，静置 24h 即得标准溶液。

7.10.4 有机物含量试验应按下列步骤进行：

1 向 1000mL 量筒中，倒入干试样至 600mL 刻度处，再注入浓度为 3% 的氢氧化钠溶液至 800mL 刻度处，剧烈搅动后静置 24h；

2 比较试样上部溶液和新配制标准溶液的颜色。盛装标准溶液与盛装试样的量筒容积应一致。

7.10.5 结果评定应符合下列规定：

1 若试样上部的溶液颜色浅于标准溶液的颜色，则试样有机物含量鉴定合格；

2 若两种溶液的颜色接近，则应将该试样（包括上部溶液）倒入烧杯中放在温度为 60～70℃ 的水浴锅中加热 2～3h，然后再与标准溶液比色；

3 若试样上部的溶液的颜色深于标准色，则应配制成混凝土作进一步检验。其方法为：取试样一份，用浓度 3% 氢氧化钠溶液洗除有机物，再用清水淘洗干净，直至试样上部溶液的颜色浅于标准色；然后用洗除有机物的和未经清洗的试样用相同的水泥、砂配成配合比相同、坍落度基本相同的两种混凝土，测其 28d 抗压强度。若未经洗除有机物的卵石混凝土强度与经洗除有机物的混凝土强度之比不低于 0.95，则此卵石可以使用。

7.11 碎石或卵石的坚固性试验

7.11.1 本方法适用于以硫酸钠饱和溶液法间接地判断碎石或卵石的坚固性。

7.11.2 坚固性试验应采用下列仪器、设备及试剂：

1 烘箱——温度控制范围为（105±5）℃；

2 台秤——称量 5kg，感量 5g；

3 试验筛——根据试样粒级，按表 7.11.2 选用；

4 容器——搪瓷盆或瓷盆，容积不小于 50L；

5 三脚网篮——网篮的外径为 100mm，高为 150mm，采用网孔公称直径不大于 2.50mm 的网，由铜丝制成；检验公称粒径为 40.0～80.0mm 的颗粒时，应采用外径和高度均为 150mm 的网篮；

6 试剂——无水硫酸钠。

表 7.11.2 坚固性试验所需的各粒级试样量

公称粒级（mm）	5.00～10.0	10.0～20.0	20.0～40.0	40.0～63.0	63.0～80.0
试样重（g）	500	1000	1500	3000	3000

注：1 公称粒级为 10.0～20.0mm 试样中，应含有 40% 的 10.0～16.0mm 粒级颗粒、60% 的 16.0～20.0mm 粒级颗粒；

　　2 公称粒级为 20.0～40.0mm 的试样中，应含有 40% 的 20.0～31.5mm 粒级颗粒、60% 的 31.5～40.0mm 粒级颗粒。

7.11.3 硫酸钠溶液的配制及试样的制备应符合下列规定：

1 硫酸钠溶液的配制：取一定数量的蒸馏水（取决于试样及容器的大小）。加温至 30～50℃，每 1000mL 蒸馏水加入无水硫酸钠（Na_2SO_4）300～350g，用玻璃棒搅拌，使其溶解至饱和，然后冷却至 20～25℃。在此温度下静置两昼夜。其密度保持在 1151～1174kg/m³ 范围内；

2 试样的制备：将样品按表 7.11.2 的规定分级，并分别擦洗干净，放入 105～110℃ 烘箱内烘 24h，取出并冷却至室温，然后按表 7.11.2 对各粒级规定的量称取试样（m_1）。

7.11.4 坚固性试验应按下列步骤进行：

1 将所称取的不同粒级的试样分别装入三脚网篮并浸入盛有硫酸钠溶液的容器中。溶液体积应不小于试样总体积的 5 倍，其温度保持在 20～25℃ 的范围内。三脚网篮浸入溶液时应上下升降 25 次以排除试样中的气泡，然后静置于该容器中。此时，网篮底面应距容器底部约 30mm（由网篮脚控制），网篮之间的间距应不小于 30mm，试样表面至少应在液面以下 30mm。

2 浸泡 20h 后，从溶液中提出网篮，放在（105±5）℃ 的烘箱中烘 4h。至此，完成了第一个试验循环。待试样冷却至 20～25℃ 后，即开始第二次循环。从第二次循环开始，浸泡及烘烤时间均可为 4h。

3 第五次循环完后，将试样置于 25～30℃ 的清水中洗净硫酸钠，再在（105±5）℃ 的烘箱中烘至恒重。取出冷却至室温后，用筛孔孔径为试样粒级下限的筛过筛，并称取各粒级试样试验后的筛余量（m_i'）。

注：试样中硫酸钠是否洗净，可按下法检验：取洗试样的水数毫升，滴入少量氯化钡（$BaCl_2$）溶液，如无白色沉淀，即说明硫酸钠已被洗净。

4 对公称粒径大于 20.0mm 的试样部分，应在试验前后记录其颗粒数量，并作外观检查，描述颗粒的裂缝、开裂、剥落、掉边和掉角等情况所占颗粒数量，以作为分析其坚固性时的补充依据。

7.11.5 试样中各粒级颗粒的分计质量损失百分率 δ_{ji} 应按下式计算：

$$\delta_{ji} = \frac{m_i - m'_i}{m_i} \times 100\% \quad (7.11.5-1)$$

式中　δ_{ji}——各粒级颗粒的分计质量损失百分率（%）；

m_i——各粒级试样试验前的烘干质量（g）；

m'_i——经硫酸钠溶液法试验后，各粒级筛余颗粒的烘干质量（g）。

试样的总质量损失百分率 δ_j 应按下式计算，精确至1%：

$$\delta_j = \frac{\alpha_1\delta_{j1} + \alpha_2\delta_{j2} + \alpha_3\delta_{j3} + \alpha_4\delta_{j4} + \alpha_5\delta_{j5}}{\alpha_1 + \alpha_2 + \alpha_3 + \alpha_4 + \alpha_5} \times 100\%$$

$$(7.11.5-2)$$

式中　δ_j——总质量损失百分率（%）；

α_1、α_2、α_3、α_4、α_5——试样中分别为 5.00～10.0mm、10.0～20.0mm、20.0～40.0mm、40.0～63.0mm、63.0～80.0mm 各公称粒级的分计百分含量（%）；

δ_{j1}、δ_{j2}、δ_{j3}、δ_{j4}、δ_{j5}——各粒级的分计质量损失百分率（%）。

7.12　岩石的抗压强度试验

7.12.1 本方法适用于测定碎石的原始岩石在水饱和状态下的抗压强度。

7.12.2 岩石的抗压强度试验应采用下列设备：

1　压力试验机——荷载1000kN；

2　石材切割机或钻石机；

3　岩石磨光机；

4　游标卡尺，角尺等。

7.12.3 试样制备应符合下列规定：

试验时，取有代表性的岩石样品用石材切割机切割成边长为50mm的立方体，或用钻石机钻取直径与高度均为50mm的圆柱体。然后用磨光机把试件与压力机压板接触的两个面磨光并保持平行，试件形状须用角尺检查。

7.12.4 至少应制作六个试块。对有显著层理的岩石，应取两组试件（12块）分别测定其垂直和平行于层理的强度值。

7.12.5 岩石抗压强度试验应按下列步骤进行：

1　用游标卡尺量取试件的尺寸（精确至0.1mm），对于立方体试件，在顶面和底面上各量取其边长，以各个面上相互平行的两个边长的算术平均值作为宽或高，由此计算面积。对于圆柱体试件，在顶面和底面上各量取相互垂直的两个直径，以其算术平均值计算面积。取顶面和底面面积的算术平均值作为计算抗压强度所用的截面积。

2　将试件置于水中浸泡48h，水面应至少高出试件顶面20mm。

3　取出试件，擦干表面，放在有防护网的压力机上进行强度试验，防止岩石碎片伤人。试验时加压速度应为 0.5～1.0MPa/s。

7.12.6 岩石的抗压强度 f 应按下式计算，精确至1MPa：

$$f = \frac{F}{A} \quad (7.12.6)$$

式中　f——岩石的抗压强度（MPa）；

F——破坏荷载（N）；

A——试件的截面积（mm²）。

7.12.7 结果评定应符合下列规定：

以六个试件试验结果的算术平均值作为抗压强度测定值；当其中两个试件的抗压强度与其他四个试件抗压强度的算术平均值相差三倍以上时，应以试验结果相接近的四个试件的抗压强度算术平均值作为抗压强度测定值。

对具有显著层理的岩石，应以垂直于层理及平行于层理的抗压强度的平均值作为其抗压强度。

7.13　碎石或卵石的压碎值指标试验

7.13.1 本方法适用于测定碎石或卵石抵抗压碎的能力，以间接地推测其相应的强度。

7.13.2 压碎值指标试验应采用下列仪器设备：

1　压力试验机——荷载300kN；

2　压碎值指标测定仪（图7.13.2）；

3　秤——称量5kg，感量5g；

4　试验筛——筛孔公称直径为 10.0mm 和 20.0mm 的方孔筛各一只。

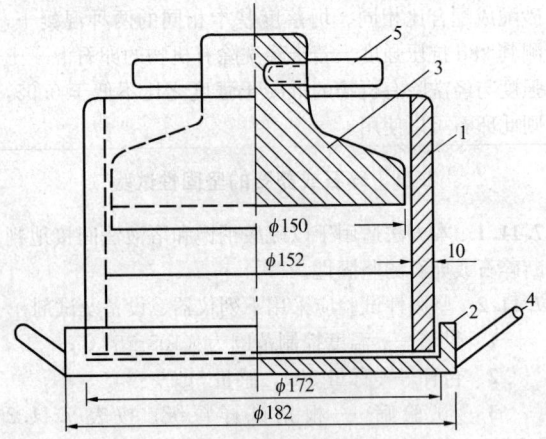

图 7.13.2　压碎值指标测定仪
1—圆筒；2—底盘；3—加压头；4—手把；5—把手

7.13.3 试样制备应符合下列规定：

1　标准试样一律采用公称粒级为 10.0～20.0mm 的颗粒，并在风干状态下进行试验。

2　对多种岩石组成的卵石，当其公称粒径大于

20.0mm 颗粒的岩石矿物成分与 10.0～20.0mm 粒级有显著差异时,应将大于 20.0mm 的颗粒应经人工破碎后,筛取 10.0～20.0mm 标准粒级另外进行压碎值指标试验。

3 将缩分后的样品先筛除试样中公称粒径 10.0mm 以下及 20.0mm 以上的颗粒,再用针状和片状规准仪剔除针状和片状颗粒,然后称取每份 3kg 的试样 3 份备用。

7.13.4 压碎值指标试验应按下列步骤进行:

1 置圆筒于底盘上,取试样一份,分二层装入圆筒。每装完一层试样后,在底盘下面垫放一直径为 10mm 的圆钢筋,将筒按住,左右交替颠击地面各 25 下。第二层颠实后,试样表面距盘底的高度应控制为 100mm 左右。

2 整平筒内试样表面,把加压头装好(注意应使加压头保持平正),放到试验机上在 160～300s 内均匀地加荷到 200kN,稳定 5s,然后卸荷,取出测定筒。倒出筒中的试样并称其质量(m_0),用公称直径为 2.50mm 的方孔筛筛除被压碎的细粒,称量剩留在筛上的试样质量(m_1)。

7.13.5 碎石或卵石的压碎值指标 δ_a,应按下式计算(精确至 0.1%):

$$\delta_a = \frac{m_0 - m_1}{m_0} \times 100\% \qquad (7.13.5\text{-}1)$$

式中 δ_a——压碎值指标(%);

　　　m_0——试样的质量(g);

　　　m_1——压碎试验后筛余的试样质量(g)。

多种岩石组成的卵石,应对公称粒径 20.0mm 以下和 20.0mm 以上的标准粒级(10.0～20.0mm)分别进行检验,则其总的压碎值指标 δ_a 应按下式计算:

$$\delta_a = \frac{\alpha_1 \delta_{a1} + \alpha_2 \delta_{a2}}{\alpha_1 + \alpha_2} \times 100\% \qquad (7.13.5\text{-}2)$$

式中 δ_a——总的压碎值指标(%);

　　　α_1、α_2——公称粒径 20.0mm 以下和 20.0mm 以上两粒级的颗粒含量百分率;

　　　δ_{a1}、δ_{a2}——两粒级以标准粒级试验的分计压碎值指标(%)。

以三次试验结果的算术平均值作为压碎指标测定值。

7.14 碎石或卵石中硫化物及硫酸盐含量试验

7.14.1 本方法适用于测定碎石或卵石中硫化物及硫酸盐含量(按 SO_3 百分含量计)。

7.14.2 硫化物及硫酸盐含量试验应采用下列仪器、设备及试剂:

1 天平——称量 1000g,感量 1g;

2 分析天平——称量 100g,感量 0.0001g;

3 高温炉——最高温度 1000℃;

4 试验筛——筛孔公称直径为 630μm 的方孔筛一只;

5 烧瓶、烧杯等;

6 10%氯化钡溶液——10g 氯化钡溶于 100mL 蒸馏水中;

7 盐酸(1+1)——浓盐酸溶于同体积的蒸馏水中;

8 1%硝酸银溶液——1g 硝酸银溶于 100mL 蒸馏水中,加入 5～10mL 硝酸,存于棕色瓶中。

7.14.3 试样制作应符合下列规定:

试验前,取公称粒径 40.0mm 以下的风干碎石或卵石约 1000g,按四分法缩分至约 200g,磨细使全部通过公称直径为 630μm 的方孔筛,仔细拌匀,烘干备用。

7.14.4 硫化物及硫酸盐含量试验应按下列步骤进行:

1 精确称取石粉试样约 1g(m)放入 300mL 的烧杯中,加入 30～40mL 蒸馏水及 10mL 的盐酸(1+1),加热至微沸,并保持微沸 5min,使试样充分分解后取下,以中速滤纸过滤,用温水洗涤 10～12 次;

2 调整滤液体积至 200mL,煮沸,边搅拌边滴加 10mL 氯化钡溶液(10%),并将溶液煮沸数分钟,然后移至温热处至少静置 4h(此时溶液体积应保持在 200mL),用慢速滤纸过滤,用温水洗至无氯根反应(用硝酸银溶液检验);

3 将沉淀及滤纸一并移入已灼烧至恒重(m_1)的瓷坩埚中,灰化后在 800℃的高温炉内灼烧 30min。取出坩埚,置于干燥器中冷却至室温,称重,如此反复灼烧,直至恒重(m_2)。

7.14.5 水溶性硫化物及硫酸盐含量(以 SO_3 计)(w_{SO_3})应按下式计算,精确至 0.01%:

$$w_{SO_3} = \frac{(m_2 - m_1) \times 0.343}{m} \times 100\%$$

$$(7.14.5)$$

式中 w_{SO_3}——硫化物及硫酸盐含量(以 SO_3 计)(%);

　　　m——试样质量(g);

　　　m_2——沉淀物与坩埚共重(g);

　　　m_1——坩埚质量(g);

　　　0.343——$BaSO_4$ 换算成 SO_3 的系数。

以两次试验的算术平均值作为评定指标,当两次试验结果的差值大于 0.15%时,应重做试验。

7.15 碎石或卵石的碱活性试验(岩相法)

7.15.1 本方法适用于鉴定碎石、卵石的岩石种类、成分,检验骨料中活性成分的品种和含量。

7.15.2 岩相法试验应采用下列仪器设备:

1 试验筛——筛孔公称直径为 80.0mm、

40.0mm、20.0mm、5.00mm 的方孔筛以及筛的底盘和盖各一只；

2 秤——称量 100kg，感量 100g；

3 天平——称量 2000g，感量 2g；

4 切片机、磨片机；

5 实体显微镜、偏光显微镜。

7.15.3 试样制备应符合下列规定：

经缩分后将样品风干，并按表 7.15.3 的规定筛分、称取试样。

表 7.15.3 岩相试验样最少质量

公称粒级 (mm)	40.0～80.0	20.0～40.0	5.00～20.0
试验最少质量 (kg)	150	50	10

注：1 大于 80.0mm 的颗粒，按照 40.0～80.0mm 一级进行试验；

2 试样最少数量也可以颗粒计，每级至少 300 颗。

7.15.4 岩相试验应按下列步骤进行：

1 用肉眼逐粒观察试样，必要时将试样放在砧板上用地质锤击碎（应使岩石碎片损失最小），观察颗粒新鲜断面。将试样按岩石品种分类。

2 每类岩石先确定其品种及外观品质，包括矿物质成分、风化程度、有无裂缝、坚硬性、有无包裹体及断口形状等。

3 每类岩石均应制成若干薄片，在显微镜下鉴定矿物质组成、结构等，特别应测定其隐晶质、玻璃质成分的含量。测定结果填入表 7.15.4 中。

表 7.15.4 骨料活性成分含量测定表

委托单位		样品编号		
样品产地、名称		检测条件		
公称粒级 (mm)	40.0～80.0	20.0～40.0		5.00～20.0
质量百分数 (%)				
岩石名称及外观品质				
碱活性矿物	品种及占本级配试样的质量百分含量 (%)			
	占试样总重的百分含量 (%)			
	合计			
结论		备注		

注：1 硅酸类活性硬度物质包括蛋白石、火山玻璃体、玉髓、玛瑙、蠕虫石英、磷石英、方石英、微晶石英、燧石、具有严重波状消光的石英；

2 碳酸盐类活性矿物为具有细小菱形的白云石晶体。

7.15.5 结果处理应符合下列规定：

根据岩相鉴定结果，对于不含活性矿物的岩石，可评定为非碱活性骨料。

评定为碱活性骨料或可疑时，应按本标准第 3.2.8 条的规定进行进一步鉴定。

7.16 碎石或卵石的碱活性试验（快速法）

7.16.1 本方法适用于检验硅质骨料与混凝土中的碱产生潜在反应的危害性，不适用于碳酸盐骨料检验。

7.16.2 快速法碱活性试验应采用下列仪器设备：

1 烘箱——温度控制范围为（105±5）℃；

2 台秤——称量 5000g，感量 5g；

3 试验筛——筛孔公称直径为 5.00mm、2.50mm、1.25mm、630μm、315μm、160μm 的方孔筛各一只；

4 测长仪——测量范围 280～300mm，精度 0.01mm；

5 水泥胶砂搅拌机——应符合现行国家标准《行星式水泥胶砂搅拌机》JC/T 681 要求；

6 恒温养护箱或水浴——温度控制范围为（80±2）℃；

7 养护筒——由耐碱耐高温的材料制成，不漏水，密封，防止容器内温度下降，筒的容积可以保证试件全部浸没在水中；筒内设有试件架，试件垂直于试架放置；

8 试模——金属试模尺寸为 25mm×25mm×280mm，试模两端正中有小孔，可装入不锈钢测头；

9 镘刀、捣棒、量筒、干燥器等；

10 破碎机。

7.16.3 试样制备应符合下列规定：

1 将试样缩分成约 5kg，把试样破碎后筛分成按表 6.20.3 中所示级配及比例组合成试验用料，并将试样洗净烘干或晾干备用；

2 水泥采用符合现行国家标准《硅酸盐水泥、普通硅酸盐水泥》GB 175 要求的普通硅酸盐水泥，水泥与砂的质量比为 1:2.25，水灰比为 0.47；每组试件称取水泥 440g，石料 990g；

3 将称好的水泥与砂倒入搅拌锅，应按现行国家标准《水泥胶砂强度检验方法（ISO 法）》GB/T 17671 规定的方法进行；

4 搅拌完成后，将砂浆分两层装入试模内，每层捣 40 次，测头周围应填实，浇捣完毕后用镘刀刮除多余砂浆，抹平表面，并标明测定方向。

7.16.4 碎石或卵石快速法试验应按下列步骤进行：

1 将试件成型完毕后，带模放入标准养护室，养护(24±4)h 后脱模。

2 脱模后，将试件浸泡在装有自来水的养护筒中，并将养护筒放入温度(80±2)℃的恒温养护箱或水浴箱中，养护 24h，同种骨料制成的试件放在同一个养护筒中。

3 然后将养护筒逐个取出，每次从养护筒中取出一个试件，用抹布擦干表面，立即用测长仪测试件的基长（L_0），测长应在（20±2）℃恒温室中进行，每个试件至少重复测试两次，取差值在仪器精度范围内的两个读数的平均值作为长度测定值（精确至0.02mm），每次每个试件的测量方向应一致，待测的试件须用湿布覆盖，以防止水分蒸发；从取出试件擦干到读数完成应在（15±5）s内结束，读完数后的试件用湿布覆盖。全部试件测完基长后，将试件放入装有浓度为1mol/L氢氧化钠溶液的养护筒中，确保试件被完全浸泡，且溶液温度应保持在（80±2）℃，将养护筒放回恒温养护箱或水浴箱中。

注：用测长仪测定任一组试件的长度时，均应先调整测长仪的零点。

4 自测定基长之日起，第3d、7d、14d再分别测长（L_t），测长方法与测基长方法一致。测量完毕后，应将试件调头放入原养护筒中，盖好筒盖放回（80±2）℃的恒温养护箱或水浴箱中，继续养护至下一测试龄期。操作时应防止氢氧化钠溶液溢溅烧伤皮肤。

5 在测量时应观察试件的变形、裂缝和渗出物等，特别应观察有无胶体物质，并作详细记录。

7.16.5 试件的膨胀率按下式计算，精确至0.01%：

$$\varepsilon_t = \frac{L_t - L_0}{L_0 - 2\Delta} \times 100\% \qquad (7.16.5)$$

式中 ε_t——试件在 t 天龄期的膨胀率（%）；

L_0——试件的基长（mm）；

L_t——试件在 t 天龄期的长度（mm）；

Δ——测头长度（mm）。

以三个试件膨胀率的平均值作为某一龄期膨胀率的测定值。任一试件膨胀率与平均值应符合下列规定：

1 当平均值小于或等于0.05%时，单个测值与平均值的差值均应小于0.01%；

2 当平均值大于0.05%时，单个测值与平均值的差值均应小于平均值的20%；

3 当三个试件的膨胀率均大于0.10%时，无精度要求；

4 当不符合上述要求时，去掉膨胀率最小的，用其余两个试件膨胀率的平均值作为该龄期的膨胀率。

7.16.6 结果评定应符合下列规定：

1 当14d膨胀率小于0.10%时，可判定为无潜在危害；

2 当14d膨胀率大于0.20%时，可判定为有潜在危害；

3 当14d膨胀率在0.10%～0.20%之间时，需按7.17节的方法再进行试验判定。

7.17 碎石或卵石的碱活性试验（砂浆长度法）

7.17.1 本方法适用于鉴定硅质骨料与水泥（混凝土）中的碱产生潜在反应的危险性，不适用于碱碳酸盐反应活性骨料检验。

7.17.2 砂浆长度法碱活性试验应采用下列仪器设备：

1 试验筛——筛孔公称直径为160μm、315μm、630μm、1.25mm、2.50mm、5.00mm方孔筛各一只；

2 胶砂搅拌机——应符合现行国家标准《行星式水泥胶砂搅拌机》JC/T 681的规定；

3 镘刀及截面为14mm×13mm、长130～150mm的钢制捣棒；

4 量筒、秒表；

5 试模和测头（埋钉）——金属试模，规格为25mm×25mm×280mm，试模两端板正中有小洞，测头以耐锈蚀金属制成；

6 养护筒——用耐腐材料（如塑料）制成，应不漏水、不透气，加盖后在养护室能确保筒内空气相对湿度为95%以上，筒内设有试件架，架下盛有水，试件垂直立于架上并不与水接触；

7 测长仪——测量范围160～185mm，精度0.01mm；

8 恒温箱（室）——温度为（40±2）℃；

9 台秤——称量5kg，感量5g；

10 跳桌——应符合现行行业标准《水泥胶砂流动度测定仪》JC/T 958的要求。

7.17.3 试样制备应符合下列规定：

1 制备试样的材料应符合下列规定：

1）水泥：水泥含碱量应为1.2%，低于此值时，可掺浓度10%的氢氧化钠溶液，将碱含量调至水泥量的1.2%。当具体工程所用水泥含碱量高于此值时，则应采用工程所使用的水泥。

注：水泥含碱量以氧化钠（Na_2O）计，氧化钾（K_2O）换算为氧化钠时乘以换算系数0.658。

2）石料：将试样缩分至约5kg，破碎筛分后，各粒级都应在筛上用水冲净粘附在骨料上的淤泥和细粉，然后烘干备用。石料按表7.17.3的级配配成试验用料。

表 7.17.3 石料级配表

公称粒级	5.00～2.50mm	2.50～1.25mm	1.25mm～630μm	630～315μm	315～160μm
分级质量（%）	10	25	25	25	15

2 制作试件用的砂浆配合比应符合下列规定：

水泥与石料的质量比为 1:2.25。每组 3 个试件，共需水泥 440g，石料 990g。砂浆用水量按现行国家标准《水泥胶砂流动度测定方法》GB/T 2419 确定，跳桌跳动次数应为 6s 跳动 10 次，流动度应为 105～120mm。

3 砂浆长度法试验所用试件应按下列方法制作：

　　1) 成型前 24h，将试验所用材料（水泥、骨料、拌合用水等）放入（20±2）℃的恒温室中。

　　2) 石料水泥浆制备：先将称好的水泥，石料倒入搅拌锅内，开动搅拌机。拌合 5s 后，徐徐加水，20～30s 加完，自开动机器起搅拌 120s。将粘在叶片上的料刮下，取下搅拌锅。

　　3) 砂浆分二层装入试模内，每层捣 40 次，测头周围应捣实，浇捣完毕后用镘刀刮除多余砂浆，抹平表面，并标明测定方向及编号。

7.17.4 砂浆长度法试验应按下列步骤进行：

1 试件成型完毕后，带模放入标准养护室，养护 24h 后，脱模（当试件强度较低时，可延至 48h 脱模）。脱模后立即测量试件的基长（L_0），测长应在（20±2）℃的恒温室中进行，每个试件至少重复测试两次，取差值在仪器精度范围内的两个读数的平均值作为测定值。待测的试件须用湿布覆盖，防止水分蒸发。

2 测量后将试件放入养护筒中，盖严筒盖放入（40±2）℃的养护室里养护（同一筒内的试件品种应相同）。

3 自测量基长起，第 14d、1 个月、2 个月、3 个月、6 个月再分别测长（L_t），需要时可以适当延长。在测长前一天，应把养护筒从（40±2）℃的养护室取出，放入（20±2）℃的恒温室。试件的测长方法与测基长相同，测量完毕后，应将试件调头放入养护筒。盖好筒盖，放回（40±2）℃的养护室继续养护至下一测试龄期。

4 在测量时应观察试件的变形、裂缝和渗出物等，特别应观察有无胶体物质，并作详细记录。

7.17.5 试件的膨胀率应按下式计算，精确至 0.001%：

$$\varepsilon_t = \frac{L_t - L_0}{L_0 - 2\Delta} \times 100\% \qquad (7.17.5)$$

式中 ε_t——试件在 t 天龄期的膨胀率（%）；

　　　L_0——试件的基长（mm）；

　　　L_t——试件在 t 天龄期的长度（mm）；

　　　Δ——测头长度（mm）。

以三个试件膨胀率的平均值作为某一龄期膨胀率的测定值。任一试件膨胀率与平均值应符合下列规定：

1 当平均值小于或等于 0.05% 时，单个测值与平均值的差值均应小于 0.01%；

2 当平均值大于 0.05% 时，单个测值与平均值的差值均应小于平均值的 20%；

3 当三个试件的膨胀率均超过 0.10% 时，无精度要求；

4 当不符合上述要求时，去掉膨胀率最小的，用其余两个试件膨胀率的平均值作为该龄期的膨胀率。

7.17.6 结果评定应符合下列规定：

当砂浆半年膨胀率低于 0.10% 时或 3 个月膨胀率低于 0.05% 时（只有在缺半年膨胀率资料时才有效），可判定为无潜在危害。否则，应判定为具有潜在危害。

7.18 碳酸盐骨料的碱活性试验（岩石柱法）

7.18.1 本方法适用于检验碳酸盐岩石是否具有碱活性。

7.18.2 岩石柱法试验应采用下列仪器、设备和试剂：

1 钻机——配有小圆筒钻头；

2 锯石机、磨片机；

3 试件养护瓶——耐碱材料制成，能盖严以避免溶液变质和改变浓度；

4 测长仪——量程 25～50mm，精度 0.01mm；

5 1mol/L 氢氧化钠溶液——（40±1）g 氢氧化钠（化学纯）溶于 1L 蒸馏水中。

7.18.3 试样制备应符合下列规定：

1 应在同块岩石的不同岩性方向取样；岩石层理不清时，应在三个相互垂直的方向上各取一个试件；

2 钻取的圆柱体试件直径为（9±1）mm，长度为（35±5）mm，试件两端面应磨光、互相平行且与试件的主轴线垂直，试件加工时应避免表面变质而影响碱溶液渗入岩样的速度。

7.18.4 岩石柱法试验应按下列步骤进行：

1 将试件编号后，放入盛有蒸馏水的瓶中，置于（20±2）℃的恒温室内，每隔 24h 取出擦干表面水分，进行测长，直至试件前后两次测得的长度变化不超过 0.02% 为止，以最后一次测得的试件长度为基长（L_0）。

2 将测完基长的试件浸入盛有浓度为 1mol/L 氢氧化钠溶液的瓶中，液面应超过试件顶面至少 10mm，每个试件的平均液量至少应为 50mL。同一瓶中不得浸泡不同品种的试件，盖严瓶盖，置于（20±2）℃的恒温室中。溶液每六个月更换一次。

3 在（20±2）℃的恒温室中进行测长（L_t）。每个试件测长方向应始终保持一致。测量时，试件从瓶中取出，先用蒸馏水洗涤，将表面水擦干后再测量。

测长龄期从试件泡入碱液时算起，在 7d、14d、21d、28d、56d、84d 时进行测量，如有需要，以后每 1 个月一次，一年后每 3 个月一次。

4 试件在浸泡期间，应观测其形态的变化，如开裂、弯曲、断裂等，并作记录。

7.18.5 试件长度变化应按下式计算，精确至 0.001%：

$$\varepsilon_{st} = \frac{L_t - L_0}{L_0} \times 100\% \qquad (7.18.5)$$

式中 ε_{st}——试件浸泡 t 天后的长度变化率；
L_t——试件浸泡 t 天后的长度（mm）；

L_0——试件的基长（mm）。
注：测量精度要求为同一试验人员、同一仪器测量同一试件，其误差不应超过±0.02%；不同试验人员，同一仪器测量同一试件，其误差不应超过±0.03%。

7.18.6 结果评定应符合下列规定：

1 同块岩石所取的试样中以其膨胀率最大的一个测值作为分析该岩石碱活性的依据；

2 试件浸泡 84d 的膨胀率超过 0.10%，应判定为具有潜在碱活性危害。

附录 A 砂的检验报告表

A.0.1 砂的检验报告可采用表 A.0.1 中的格式。

表 A.0.1 砂的检验报告表

报告日期：　　　　　　　　　　　　　　　　　　　　　　　　　　　　　　　　NO.

委托单位			样品编号	
工程名称			代表数量	
样品产地、名称			收样日期	年　月　日
检验条件			检验依据	
检验项目	检测结果	附记	检验项目	检测结果	附记

检验项目	检测结果	附记	检验项目		检测结果	附记
表观密度(kg/m³)			有机物含量			
堆积密度(kg/m³)			云母含量(%)			
紧密密度(kg/m³)			轻物质含量(%)			
含泥量(%)			坚固性质量损失率(%)			
泥块含量(%)			硫酸盐及硫化物含量(%)			
氯离子含量(%)			人工砂	石粉含量(%)		
含水率(%)				MB 值		
吸水率(%)			压碎值指标(%)			
碱活性			贝壳含量(%)			

颗　粒　级　配							检测结果
公称粒径	10.0mm	5.00mm	2.50mm	1.25mm	630μm	315μm	160μm	细度模数
砂级配颗粒区 Ⅰ区	0	10～0	35～5	65～35	85～71	95～80	100～90	
砂级配颗粒区 Ⅱ区	0	10～0	25～0	50～10	70～41	92～70	100～90	
砂级配颗粒区 Ⅲ区	0	10～0	15～0	25～0	40～16	85～55	100～90	
实际累计筛余(%)								级配区属 区砂

结论		备注	

技术负责人：　　校核：　　检验：　　检测单位：(盖章)

附录 B 石的检验报告表

B.0.1 碎石或卵石检验报告可采用表 B.0.1 中的格式。

表 B.0.1 碎石或卵石检验报告表

报告日期：   NO.

委托单位			样品编号		
工程名称			代表数量		
样品产地、名称			收样日期		年 月 日
检验条件			检验依据		
检验项目	检测结果	附记	检验项目	检测结果	附记
表观密度(kg/m³)			有机物含量		
堆积密度(kg/m³)			坚固性质量损失率(%)		
紧密密度(kg/m³)			岩石强度(N/mm²)		
吸水率(%)			压碎值指标(%)		
含水率(%)			SO₃含量(%)		
含泥量(%)			碱活性		
泥块含量(%)					
针状和片状颗粒总含量(%)					

颗 粒 级 配

公称粒径(mm)	80.0	63.0	50.0	40.0	31.5	25.0	20.0	16.0	10.0	5.00	2.50
标准颗粒级配范围累积筛余(%)											
实际累计筛余(%)											
检验结果											

结 论		备 注	

技术负责人：　　校核：　　检验：　　检测单位：(盖章)

本标准用词说明

1 为便于在执行本标准条文时区别对待，对于要求严格程度不同的用词说明如下：

1）表示很严格，非这样做不可的：

正面词采用"必须"，反面词采用"严禁"。

2）表示严格，在正常情况下均应这样做的：

正面词采用"应"，反面词采用"不应"或"不得"。

3）表示允许稍有选择，在条件许可时首先应这样做的：

正面词采用"宜"，反面词采用"不宜"。

表示允许有选择，在一定条件下可以这样做的，采用"可"。

2 条文中指明应按其他有关标准执行的写法为："应符合……的规定"或"应按……执行"。

中华人民共和国行业标准

普通混凝土用砂、石质量及检验方法标准

JGJ 52—2006

条 文 说 明

前　言

《普通混凝土用砂、石质量及检验方法标准》JGJ 52—2006，经建设部 2006 年 12 月 19 日以第 529 号公告批准发布。

本标准第一版为两本标准：《普通混凝土用砂质量标准及检验方法》JGJ 52—92 和《普通混凝土用碎石或卵石质量标准及检验方法》JGJ 53—92，主编单位是中国建筑科学研究院，参加单位是陕西省建筑科学研究设计院、黑龙江省低温建筑研究所、四川省建筑科学研究设计院、中建四局科研设计所、上海市建筑工程材料公司、福建省建筑科研所、山东省建筑科学研究设计院、冶金部建筑科学研究总院、河南建材研究设计院。

为便于广大设计、施工、科研、学校等单位有关人员在使用本标准时能正确理解和执行条文规定，《普通混凝土用砂、石质量及检验方法标准》编制组按章、节、条顺序编制了本标准的条文说明，供使用者参考。在使用中如发现本条文说明有不妥之处，请将意见函寄中国建筑科学研究院建筑工程质量检测中心（地址：北京市北三环东路 30 号；邮政编码：100013）。

目　　次

1 总 则

1.0.1 为在建筑工程上合理地选择和使用天然砂、人工砂和碎石、卵石，保证新配制的普通混凝土的质量，制定本标准。

1.0.2 本标准适用于一般工业与民用建筑和构筑物中的普通混凝土用砂和石的要求和质量检验。对用于港工、水工、道路等工程的砂和石，除按照各行业相应标准执行外，也可参照本标准执行。

修订标准中的砂系指：天然砂即河砂、海砂、山砂及特细砂；人工砂（包括尾矿）以及混合砂。石系指：碎石、碎卵石及卵石。通过本次修订扩大了砂的使用种类，将人工砂及特细砂纳入本标准，主要考虑天然砂资源日益匮乏，而建筑市场随着国民经济的发展日益扩大，天然砂供不应求，为了充分地利用有限的资源，解决供需矛盾，特作此修订。

1.0.3 "长期处于潮湿环境的重要混凝土结构"指的是处于潮湿或干湿交替环境，直接与水或潮湿土壤接触的混凝土工程；及有外部碱源，并处于潮湿环境的混凝土结构工程，如：地下构筑物、建筑物桩基、地下室、处于高盐碱地区的混凝土工程、盐碱化学工业污染范围内的工程。引起混凝土中砂石碱活性反应应具备三个条件：一是活性骨料，二是有水，三是高碱。骨料产生碱活性反应，直接影响混凝土的耐久性、建筑物的安全及使用寿命，因此将长期处于潮湿环境的重要混凝土结构用砂石应进行碱活性检验作为强制性条文。

1.0.4 砂、石的质量标准及检验除应符合本标准外，尚应符合国家现行的有关标准的规定。

2 术语、符号

2.1.1 由于试验筛孔径改为方孔，原5.00mm的筛孔直径改为边长4.75mm，为不改变习惯称呼，将原来砂的粒径和筛孔直径，称为砂的公称粒径和砂筛的公称直径，与方孔筛筛孔尺寸对应起来。

2.1.2 增加人工砂、混合砂是由于天然砂资源日益减少，混凝土用砂的供需矛盾日益突出。为了解决天然砂供不应求的问题，从20世纪70年代起，贵州省首先在建筑工程上广泛使用人工砂，近十几年来我国相继在十几个省市使用人工砂，并制定了各地区的人工砂标准及规定。

由于人工砂颗粒形状棱角多，表面粗糙不光滑，粉末含量较大，配制混凝土时用水量应比天然砂配制混凝土的用水量适当增加，增加量由试验确定。

人工砂配制混凝土时，当石粉含量较大时，宜配制低流动度混凝土，在配合比设计中，宜采用低砂率。细度模数高的宜采用较高砂率。

人工砂配制混凝土宜采用机械搅拌，搅拌时间应比天然砂配制混凝土的时间延长1min左右。

人工砂混凝土要注意早期养护。养护时间应比天然砂混凝土延长2~3d。

实践证明人工砂配制混凝土的技术是可靠的，将给建筑工程带来经济与质量的双赢。

2.1.3 混合砂的使用是为了克服机制砂粗糙、天然砂细度模数偏细的缺点。采用人工砂与天然砂混合，其混合的比例可按混凝土拌合物的工作性及所要求的细度模数进行调整，以满足不同要求的混凝土。

3 质量要求

3.1 砂的质量要求

3.1.1 本次修订增加了特细砂的细度模数。考虑到天然砂资源越来越匮乏，使用特细砂的地区已不限于重庆地区。而原建筑工程部标准 BJG 19—65 关于《特细砂混凝土配制及应用规程》至今一直未作修订，因此本次修订将特细砂纳入本标准范围内。

由特细砂配制的混凝土，俗称特细砂混凝土，在我国特别是重庆地区应用已有半个世纪，经研究和工程应用表明其许多物理力学性能和耐久性与天然砂配制的混凝土性能相当或接近，只要材料选择恰当，配合比设计合理，完全可以用于一般混凝土和钢筋混凝土工程。与人工砂复合改性，提高混合砂的细度模数与级配，也可以用于预应力混凝土工程。

用特细砂配制的混凝土拌合物黏度较大，因此，主要结构部位的混凝土必须采用机械搅拌和振捣。搅拌时间要比中、粗砂配制的混凝土延长1~2min。配制混凝土的特细砂细度模数满足表1要求。

表1 配制混凝土特细砂细度模数的要求

强度等级	C50	C40~C45	C35	C30	C20~C25	C20
细度模数（不小于）	1.3	1.0	0.8	0.7	0.6	0.5

配制C60以上混凝土，不宜单独使用特细砂，应与天然砂、粗砂或人工砂按适当比例混合使用。

特细砂配制混凝土，砂率应低于中、粗砂混凝土。水泥用量和水灰比：最小水泥用量应比一般混凝土增加20kg/m³，最大水泥用量不宜大于550kg/m³，最大水灰比应符合《普通混凝土配合比设计规程》JGJ 55 的有关规定。

特细砂混凝土宜配制成低流动度混凝土，配制坍落度大于70mm以上的混凝土时，宜掺外加剂。

3.1.2 本次修订，筛分析试验与 ISO 6274《混凝土-骨料的筛分析》一致，将原2.50mm以上的圆孔筛改为方孔筛，原2.50mm、5.00mm、10.0mm孔径的圆孔筛，改为 2.36mm、4.75mm、9.50mm 孔径的方孔筛。经编制组试验证明：筛的孔径调整后，砂的颗粒级配区，用新旧两种不同的筛子无明显不同，砂的细度模数也无明显的差异。

考虑到以往的习惯用法，编制了表 3.1.2-1。为不改变习惯称呼，将原来砂的粒径和砂筛筛孔直径，称为砂的公称粒径和砂筛的公称直径，与方孔筛筛孔尺寸对应起来。

本次修订规定砂（除特细砂外）颗粒级配应满足本标准要求。

由于特细砂多数均为 $150\mu m$ 以下颗粒，因此无级配要求。

由于天然砂是自然状态的级配，若不满足级配要求，允许采取一定的技术措施后，在保证混凝土质量的前提下，可以使用。

3.1.3 增加了 C60 及 C60 以上混凝土的含泥量。国内外相关标准对含泥量的最严格的限定：美国标准 ASTM C 33 规定受磨损的混凝土的限值为 3%，其他混凝土限值为 5.0%；德国 DIN 4226、英国 BS882 标准中最严格的要求均为 4%。我国砂石国家产品标准规定 I 类产品为 1%，《高强混凝土结构技术规定》 CECS104：99 要求配制 C70 以上混凝土时为 1.0%。经 569 批次 C60 混凝土用砂含泥量调查统计结果如下，含泥量：>1.5% 占 20.0%、>1.8% 占 18.4%、>2% 占 13.9%，鉴于砂子实际含泥的状况及国内外标准，同时考虑到在运输过程中的污染，因此将 C60 及 C60 以上混凝土的含泥量定在 2% 之内。

经试验证明，不同含泥量对混凝土拌合物和易性有一定影响。对低等级混凝土的影响比对高等级混凝土影响小，尤其是对低等级塑性贫混凝土，含有一定量的泥后，可以改善拌合物的和易性，因此含泥量可酌情放宽，放宽的量应视水泥等级和水泥用量而定，因此本次修订去掉了对 C10 以下混凝土中含泥量的规定。

3.1.4 增加了 C60 及 C60 以上混凝土用砂的泥块含量限值。美国标准对泥块的含量不分等级，所有混凝土限值均为 3.0%；国内《建筑用砂》、《高强混凝土结构技术规程》要求 C60 以上混凝土，泥块含量为 0。据调查，用于 C60 混凝土中的砂 569 个批次，泥块含量 > 0.3% 占 18.3%、> 0.5% 占 10.2%、>0.8% 占 8.6%，考虑到砂子的现实状况及运输堆放过程中的污染，允许有 0.5% 的泥块含量存在是合理的。

对 C10 和 C10 以下的混凝土用砂，适量的非包裹型的泥或胶泥，经加水搅拌粉碎后可改善混凝土的和易性，其量视水泥等级而定，因此本次修订去掉了对 C10 以下混凝土中泥块含量的规定。

3.1.5 石粉是指人工砂及混合砂中的小于 $75\mu m$ 以下的颗粒。人工砂中的石粉绝大部分是母岩被破碎的

细粒，与天然砂中的泥不同，它们在混凝土中的作用也有很大区别。石粉含量高一方面使砂的比表面积增大，增加用水量；另一方面细小的球形颗粒产生的滚珠作用又会改善混凝土和易性。因此不能将人工砂中的石粉视为有害物质。

石粉含量对人工砂的综合影响经过几十年的试验证明：贵州省从 20 世纪 70 年代开始研究使用人工砂，当人工砂中石粉含量在 0～30% 时，对混凝土的性能影响很小，对中、低等级混凝土的抗压、抗拉强度无影响，C50 级混凝土强度的降低也极小，收缩与河砂接近。铁科院的试验研究也证明，人工砂配制的混凝土各项力学性能与河砂混凝土相比更好一些（在水泥用量与混凝土拌合物稠度相等的条件下）。

许多工业发达国家早在数十年前对人工砂进行研究并把人工砂列入国家标准，现将我国有关标准及国外标准对石粉含量的要求列入表 2～表 4。

表 2　贵州省《山砂混凝土技术规定》

强度等级	<C20	C20～C30	>C30
石粉含量	<20%	<15%	<10%

表 3　国标《建筑用砂》

产品分类	I 类	II 类	III 类
石粉含量（%）	<3.0	<5.0	<7.0

表 4　国外石粉含量的限值

美国	英国	日本	德国（0.063mm 以下）
5%～7%	用于承重混凝土≤9% 一般混凝土≥16%	<7%	4%～22%

经试验证明，当人工砂中含有 7.5% 的石粉时，配制 C60 泵送混凝土强度比普通天然砂的强度稍高，当石粉含量为 14.5% 时，配制 C35 的强度比普通天然砂高。因此现将石粉含量限值定为：大于等于 C60 时为≤5%、C55～C30 时为≤7%、小于等于 C25 时为≤10% 是可行的。

考虑到采矿时山上土层没有清除干净或有土的夹层会在人工砂中夹有泥土，标准要求人工砂或混合砂需先经过亚甲蓝法判定。亚甲蓝法对石粉的敏感性如何？经试验证明，此方法对于纯石粉其测值是变化不大的，当含有一定量的石粉时其测值有明显变化，黏土含量与亚甲蓝 MB 值之间的相关系数在 0.99。

3.1.6 保留原条文。

3.1.7 人工砂的压碎值指标是检验其坚固性及耐久性的一项指标。经试验证明，中、低等级混凝土的强度不受压碎指标的影响，人工砂的压碎值指标对高等

级混凝土抗冻性无显著影响，但导致耐磨性明显下降，因此将压碎值指标定为30%。

3.1.8 保留原条文。

3.1.9 将原"对重要工程结构混凝土使用的砂"改为"对长期处于潮湿环境的重要结构混凝土用砂"应进行碱活性检验。因活性骨料产生膨胀，需水及高碱，缺一不可，否则不会膨胀。

去掉了原采用的化学法检验砂的碱活性，增加了砂浆棒法。因化学法易受某些因素的干扰如：碳酸盐、氧化铝等。快速砂浆棒法从制作到在1mol/L的氢氧化钠溶液里浸泡14d，共16d即能判断砂的碱活性，快捷、方便、直观。

本标准本次修订提出了当骨料判为有潜在危害时，应控制混凝土中的碱含量不应超过3kg/m³，与《混凝土结构设计规范》GB 50010一致。

3.1.10 本条文为强制性条文。本标准要求除海砂外，对受氯离子侵蚀或污染的砂，也应进行氯离子检测。

3.1.11 本标准中的贝壳指的是4.75mm以下被破碎了的贝壳。海砂中的贝壳对混凝土的和易性、强度及耐久性均有不同程度的影响，特别是对于C40以上的混凝土，两年后的混凝土强度会产生明显下降，对于低等级混凝土其影响较小，因此C10和C10以下的混凝土用砂的贝壳含量可不予规定。

3.2 石的质量要求

3.2.1 ISO 6274《混凝土-骨料的筛分析》方法中规定试验用筛要求用方孔筛，为与国际标准一致，同时考虑到试验筛与生产用筛一致，将原来的圆孔筛改为方孔筛。为使原有指标不产生大的变化，圆孔改为方孔后，筛子的尺寸相应的变小。编制组共进行了164组对比试验，对不同公称粒径的级配进行了圆孔筛及方孔筛筛分析。试验证明，筛分结果基本与原标准的颗粒级配范围基本相符合。因此表3.2.1-2中除将5~16的4.75mm筛上的累计筛余由原90~100改为85~100外，其余的均没变。

由于原圆孔筛与现在的方孔筛进行的筛分试验结果基本相符，在圆孔筛未损坏时，仍可使用。

为满足用户的习惯要求，筛孔尺寸改变，公称粒径称呼不变。

本次修订规定混凝土用石应采用连续粒级，去掉了可用单一粒级配制混凝土。主要是单粒级配制混凝土会加大水泥用量，对混凝土的收缩等性能造成不利影响。由于卵石的颗粒级配是自然形成的，若不满足级配要求时，允许采取一定的技术措施后，在保证混凝土质量的前提下，可以使用。

3.2.2 碎石或卵石的针、片状含量增加了大于等于C60以上混凝土的指标。经调查用于C60混凝土的808个批次的碎石针、片状颗粒含量>8.0%的占39.6%、>10%的占22.5%、>12%的占5.4%，若将指标定在5%将有一半的石子无法使用，实践证明8%含量的针、片状颗粒能够配制C60的混凝土，因此本次修订将C60及C60以上混凝土的针、片状颗粒含量规定为≤8%。

3.2.3 碎石或卵石中含泥量增加了大于等于C60的混凝土指标。经827批次的数据统计：含泥量>0.5%占21.8%、>0.6%的占13.9%、>0.8%的占4.1%。应考虑到含泥对混凝土耐久性有较大影响，将指标定在0.5%。

3.2.4 增加了大于等于C60的混凝土泥块含量的指标。国标《建筑用卵石、碎石》要求Ⅰ类等级泥块含量为0。美国根据不同气候条件及使用部位将黏土块含量分为10%、5.0%、3.0%、2.0%四等。经827批次用于C60混凝土的石子统计，>0.2%的占5.6%、>0.3的占1.4%、>0.5的占0.1%，应考虑到运输过程的污染，将指标定在0.2%，既满足使用要求又满足实际情况。

3.2.5 对配制C60及以上混凝土的岩石，由原来要求"岩石的抗压强度与混凝土强度等级之比不应小于1.5"，修改成"岩石的立方体抗压强度宜比新配制的混凝土强度高20%以上"。主要考虑到，随着混凝土等级的不断提高，原有的1.5倍要求不易达到。而提高混凝土等级不只是依靠岩石的强度，可通过不同的技术途径，实践证明是可以做到的。

3.2.6 保留原条文。

3.2.7 保留原条文。

3.2.8 同3.1.9条。

4 验收、运输和堆放

4.0.1 将砂、石验收批作了统一的规定，小型工具系指拖拉机等。

4.0.2 "当质量比较稳定，进料量又较大时，可定期检验"系指日进量在1000t以上，连续复检五次以上合格，可按1000t为一批。规定了砂、石检验的必试项目，增加了人工砂、混合砂需对石粉进行必试，以及海砂应进行贝壳含量的检测。

4.0.3 规定了砂、石质量检验报告的内容及可参照的报告格式。

4.0.4 规定了砂、石数量验收的方法，可按重量计也可按体积计。

4.0.5 规定了砂、石堆放的要求。

5 取样与缩分

5.1 取 样

5.1.1 规定了砂、石在料堆上、皮带运输机上、火车、汽车、货船不同地方取样的方法及份数。

5.1.2 规定了对不合格试样可进行加倍复验。但不包括筛分析。

5.1.3 规定了每组样品的取样数量，数量约是试验量的四倍，经四分法后，得试样重。同时规定了当做几项试验，如确保样品经一项试验后不致影响另一项试验的结果，可用同一组样品做几项不同的试验。

5.1.4 规定了样品的包装。

5.2 样品的缩分

5.2.1 规定了砂的样品的缩分的两种方法：1. 用分料器；2. 用人工四分法。

5.2.2 石子的缩分用人工四分法。

5.2.3 做砂、石含水率、堆积密度、紧密密度试验时，所用试样可不缩分。

6 砂的检验方法

6.1 砂的筛分析试验

试验筛改为方孔筛，原孔径 10.0mm、5.00mm、2.50mm 的圆孔筛改为 9.50mm、4.75mm、2.36mm的方孔筛。

筛框可采用内径为 $\phi200$ 或 $\phi300$。

6.2 砂的表观密度试验（标准法）

保留原条文。

6.3 砂的表观密度试验（简易法）

保留原条文。

6.4 砂的吸水率试验

保留原条文。

6.5 砂的堆积密度和紧密密度试验

保留原条文。

6.6 砂的含水率试验（标准法）

保留原条文。

6.7 砂的含水率试验（快速法）

保留原条文。

6.8 砂中含泥量试验（标准法）

此方法不适用于特细砂中含泥量的测定。因特细砂中公称粒径 $80\mu m$ 以下的颗粒较多，用此方法将小于 $80\mu m$ 以下的颗粒均作为泥计算了，公称粒径 $80\mu m$ 方孔筛边长为 $75\mu m$。

6.9 砂中含泥量试验（虹吸管法）

本方法适用于砂中的含泥量，尤其适用于测定特细砂中的含泥量。通过沉淀虹吸不会使细小的颗粒流出。

6.10 砂中泥块含量试验

删除了"两次结果的差值超过 0.4％时，应重新取样进行试验"的提法。因泥块不似泥粉具有分散性，当两次试验，一份有泥块，而一份无泥块时，差值往往会超过 0.4％的要求。因此取两次试验结果的算术平均值作为测定值。

6.11 人工砂及混合砂中石粉含量试验（亚甲蓝法）

本方法是此次修订新增的试验方法，是参照欧州标准 EW933-9：1999《骨料几何特性试验中的细粉评估——亚甲蓝试验》编制。

方法的原理是试样的水悬液中连续逐次加入亚甲蓝溶液，每次加亚甲蓝溶液后，通过滤纸蘸染试验检验游离染料的出现，以检查试样对染料溶液的吸附，当确认游离染料出现后，即可计算出亚甲蓝值（MB）表示为每千克试样粒级吸附的染料克数。

也可用快速法，一次加入 30mL 亚甲蓝溶液，此时 $MB \geqslant 1.4$，若出现色晕即为合格；若不出现，即为不合格，快速简便。

人工砂及混合砂中的石粉含量的测定，首先应进行亚甲蓝试验，通过亚甲蓝试验来评定，细粉是石粉还是泥粉。

当亚甲蓝值 $MB < 1.4$ 时，则判定是石粉；若 MB 值 $\geqslant 1.4$ 时，则判定为泥粉。

亚甲蓝对石粉的敏感性：经试验将机制砂中分别掺入不含黏土成分的纯石灰石粉 10％、15％、20％，测定其亚甲蓝值分别为 0.35、0.75、0.75，见图 1。

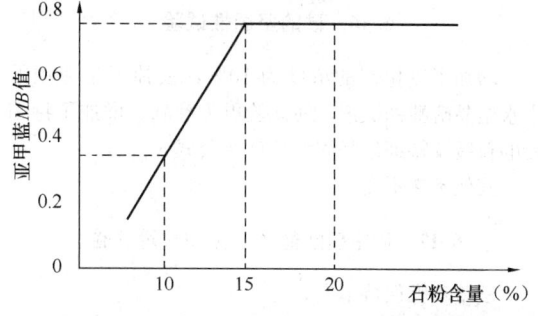

图 1

从图中可以看出机制砂中掺入不同比例的石粉，亚甲蓝测定值变化不大，说明亚甲蓝对纯石粉不敏感。

当石粉中掺入黏土时，用亚甲蓝法测其 MB 值，发现其相关性很高，相关系数可达 0.9959。这说明用亚甲兰法检测石粉中的黏土含量精确度很高。试验结果如图2所示。

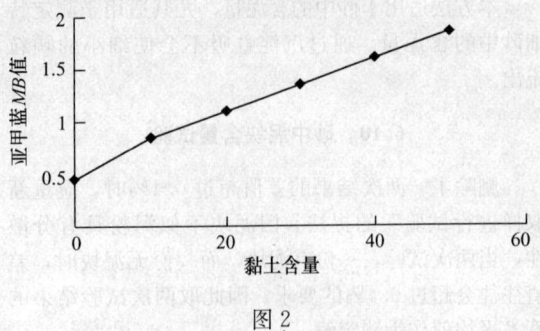

图 2

6.12 人工砂压碎值指标试验

压碎值指标是表示人工砂坚固性的一项指标。本方法取自于贵州省地方标准《山砂混凝土技术规定》。

方法规定采用四个粒级的筛分别进行压碎，然后将四级砂样进行总的压碎值指标计算。试验证明5～10mm颗粒级的压碎指标比其他粒级要明显大，总的趋势是粒径越大压碎指标越小，鉴于砂的定义，公称粒径5.00mm以下的颗粒为砂，所以取公称粒径5.00mm以下的颗粒分成公称粒级5.00～2.50mm、2.50～1.25mm、1.25mm～630μm、630～315μm 四个粒级，每级试样1000g。

6.13 砂中有机物含量试验

保留原条文。

6.14 砂中云母含量试验

保留原条文。

6.15 砂中轻物质含量试验

保留原条文。

6.16 砂的坚固性试验

增加了氯化钡的浓度为10%，去掉了工业用的十水结晶硫酸钠试剂，使试验更为准确。增加了特细砂的粒级及特细砂坚固性的计算公式。

其他条文不变。

6.17 砂中硫酸盐及硫化物含量试验

试验步骤保持不变。

6.18 砂中氯离子含量试验

为使试验步骤更具有操作性，空白试验时，具体规定加入5%铬酸钾指示剂"1mL"。

6.19 海砂中贝壳含量试验（盐酸清洗法）

本方法是新增的，本方法参照《宁波地区建筑用

海砂技术规定（试行）》编写而成，该方法操作方便、实用。

试验前可以先洗去含泥，用洗去泥的砂子做贝壳含量，也可用原样做，最终结果减去含泥量。

6.20 砂的碱活性试验（快速法）

本方法是按照 ASTM C1260—94《碱骨料潜在活性标准试验方法（砂浆棒法）》编写而成。

1 本方法适用于检验硅质骨料与混凝土中的碱产生潜在反应的危害性，不适用于碳酸盐骨料。

本方法采用1mol/L氢氧化钠溶液浸泡试件14d，温度为80℃的条件下来加速骨料的碱-硅反应。当然该试验条件不能代表混凝土在使用过程中所处的实际条件，可能对于反应缓慢或在反应后期产生膨胀的骨料有用。

2 由于本方法试件是浸泡在氢氧化钠溶液中，水泥的碱含量不是影响膨胀的首要因素，所以试验中没有考虑水泥的碱含量。

3 制作试件的骨料要有一定的级配。骨料的级配与日本、美国、水工方法是一致的。并对其每一级配的重量作了规定，由于特细砂粗颗粒较少，所以对分级重量不作规定。

4 标准中制作试件的水泥与砂的重量比、水灰比及制作方法、测试步骤均与美国标准 ASTM 1260—94 一致。

5 由于此方法国内采用时间不长，对这方面经验积累不多。结果评定是根据美国标准制定，并与国标一致，若当14d的膨胀率在0.1%～0.2%之间时，要用砂浆长度法进行试验判定，即用 3 个月或半年的慢速方法进行［水泥含碱量为 1.2%，温度（40±2）℃］。

6.21 砂的碱活性试验（砂浆长度法）

保留原条文。

7 石的检验方法

7.1 碎石或卵石的筛分析试验

根据 ISO 6274—1984《混凝土-骨料的筛分析》试验用筛要求用方孔筛，本次修订与国际标准一致，将原为圆孔筛改为方孔筛，筛孔尺寸，由原来的圆孔直径 为：100、80.0、63.0、50.0、40.0、31.5、25.0、20.0、16.0、10.0、5.00 和 2.50mm 改为方孔边长 90.0、75.0、63.0、53.0、37.5、31.5、26.5、19.0、16.0、9.50、4.75 和 2.36mm。习惯上仍按原来圆孔直径来称呼。

7.2 碎石或卵石的表观密度试验（标准法）

保留原条文。

7.3 碎石或卵石的表观密度试验（简易法）

保留原条文。

7.4 碎石或卵石的含水率试验

保留原条文。

7.5 碎石或卵石的吸水率试验

保留原条文。

7.6 碎石或卵石的堆积密度和紧密密度试验

保留原条文。

7.7 碎石或卵石中含泥量试验

保留原条文。

7.8 碎石或卵石中泥块含量试验

删除"如两次结果的差值超过 0.2%，应重新取样进行试验"，理由同 6.10 节。

其他条款，保留原条文。

7.9 碎石或卵石中针状和片状颗粒的总含量试验

针片状规准仪的尺寸，由于试验筛孔径的改变而改变了。根据定义，长度大于 2.5 倍的平均粒度为针状，厚度小于 0.4 倍平均粒度为片状，规准仪的尺寸作了相应的调整，具体数值见表 5、表 6。

表 5　针状规准仪（单位：mm）

新		82.8	69.6	54.6	42	30.6	17.1
旧		85.8	67.8	54	43.2	31.2	18
粒级	新	37.5～31.5	31.5～26.5	26.5～19	19～16	16～9.5	9.5～4.75
	旧	40～31.5	31.5～25	25～20	20～16	16～10	10～5

表 6　片状规准仪（单位：mm）

粒级	新	37.5～31.5	31.5～26.5	26.5～19	19～16	16～9.5	9.5～4.75
	旧	40～31.5	31.5～25	25～20	20～16	16～10	10～5
新		13.8	11.6	9.1	7.0	5.1	2.8
旧		14.3	11.3	9	7.2	5.2	3

其他条文保留原条文。

7.10 卵石中有机物含量试验

保留原条文。

7.11 碎石或卵石的坚固性试验

保留原条文。

7.12 岩石的抗压强度试验

增加了试件"应放在有防护网的"压力机上进行强度试验，"以防岩石碎片伤人"。因岩石强度越高脆性越大，破坏时会产生崩裂，碎片四溅易伤人。

7.13 碎石或卵石的压碎值指标试验

保留原条文。

7.14 碎石或卵石中硫化物及硫酸盐含量试验

增加分析天平一台，因做化学分析时，称量精度要求万分之一。

7.15 碎石或卵石的碱活性试验（岩相法）

保留原条文。

7.16 碎石或卵石的碱活性试验（快速法）

碎石或卵石的试样缩分成约 5kg，然后把试样破碎后筛分成 6.20.3 中所要求的级配及比例组合。

其他同 6.20 节。

7.17 碎石或卵石的碱活性试验（砂浆长度法）

同 6.21 节。

7.18 碳酸盐骨料的碱活性试验（岩石柱法）

保留原条文。

中华人民共和国国家标准

混凝土外加剂应用技术规范

Code for concrete admixture application

GB 50119—2013

主编部门：中华人民共和国住房和城乡建设部
批准部门：中华人民共和国住房和城乡建设部
施行日期：２０１４ 年 ３ 月 １ 日

中华人民共和国住房和城乡建设部
公　告

第 110 号

住房城乡建设部关于发布国家标准
《混凝土外加剂应用技术规范》的公告

现批准《混凝土外加剂应用技术规范》为国家标准，编号为 GB 50119 - 2013，自 2014 年 3 月 1 日起实施。其中，第 3.1.3、3.1.4、3.1.5、3.1.6、3.1.7 条为强制性条文，必须严格执行。原国家标准《混凝土外加剂应用技术规范》GB 50119 - 2003 同时废止。

本规范由我部标准定额研究所组织中国建筑工业出版社出版发行。

中华人民共和国住房和城乡建设部
2013 年 8 月 8 日

前　言

本规范是根据住房和城乡建设部《关于印发〈2009 年工程建设标准规范制订、修订计划（第一批）〉的通知》（建标〔2009〕88 号）的要求，由中国建筑科学研究院会同有关单位在原国家标准《混凝土外加剂应用技术规范》GB 50119 - 2003 的基础上修订而成的。

本规范在修订过程中，修订组经广泛调查研究，认真总结实践经验，参考有关国际标准和国外先进标准，并广泛征求意见，最后经审查定稿。

本规范共分 15 章和 3 个附录。主要技术内容是：总则；术语和符号；基本规定；普通减水剂；高效减水剂；聚羧酸系高性能减水剂；引气剂及引气减水剂；早强剂；缓凝剂；泵送剂；防冻剂；速凝剂；膨胀剂；防水剂；阻锈剂等。

本规范本次修订的主要技术内容是：

1. 与 2000 年以后颁布的相关标准规范进行了协调；

2. 增加了术语和符号章节；

3. 汇总了强制性条文至第 3 章基本规定第 3.1 节外加剂的选择；

4. 增加了聚羧酸系高性能减水剂和阻锈剂，并制订了相应的技术内容；

5. 修订了每章外加剂"品种"、"适用范围"和"施工"内容，在"施工"中增加了含减水组分的各类混凝土外加剂的相容性快速试验，增加了泵送剂施工过程中采用二次掺加法的技术规定；

6. 增加了每章外加剂"进场检验"内容，主要

包括进场检验批的数量、取样数量、留样、检验项目等；

7. 增加了引气剂、泵送剂和膨胀剂的"技术要求"内容；

8. 增加并修订了基本规定，修订了涉及普通减水剂、早强剂、防冻剂和防水剂等相关的强制性条文；

9. 修订了附录 A 试验方法，用砂浆扩展度法取代了水泥净浆流动度法。

本规范中以黑体字标志的条文为强制性条文，必须严格执行。

本规范由住房和城乡建设部负责管理和对强制性条文的解释，由中国建筑科学研究院负责具体技术内容的解释。本规范在执行过程中如有意见或建议，请寄送中国建筑科学研究院建筑材料研究所（地址：北京市北三环东路 30 号，邮政编码：100013，E-mail：cabrconcrete@vip.163.com），以供今后修订时参考。

本规范主编单位、参编单位、参加单位、主要起草人和主要审查人：

主 编 单 位：中国建筑科学研究院

参 编 单 位：中国建筑材料科学研究总院
　　　　　　　铁道部产品质量监督检验中心
　　　　　　　北京市混凝土协会外加剂分会
　　　　　　　北京市政路桥建材集团有限公司
　　　　　　　江苏博特新材料有限公司
　　　　　　　同济大学
　　　　　　　山东省建筑科学研究院

巴斯夫化学建材（中国）有限公司
西卡（中国）建筑材料有限公司
苏州弗克新型建材有限公司
浙江五龙化工股份有限公司
上海市建筑科学研究院（集团）有限公司
天津市建筑科学研究院
上海申立建材有限公司
四川柯帅外加剂有限公司
深圳市海川实业股份有限公司
江苏超力建材科技有限公司
山东华伟银凯建材有限公司
深圳市迈地砼外加剂有限公司
北京恒坤混凝土有限公司
参加单位：上海三瑞高分子材料有限公司
山东万山化工有限公司
马贝建筑材料（上海）有限公司

辽宁奥克化学股份有限公司
上海五四助剂总厂
江苏特密斯混凝土外加剂有限公司
格雷斯中国有限公司
天津市飞龙混凝土外加剂有限公司

主要起草人：郭京育　左彦峰　王　玲　孙　璐
　　　　　　王子明　杨思忠　刘加平　赵顺增
　　　　　　孙振平　王勇威　杨健英　郭景强
　　　　　　冷发光　韦庆东　薛　庆　徐　展
　　　　　　韩红良　俞海勇　黎春海　马明元
　　　　　　帅希文　贾吉堂　吴建华　何唯平
　　　　　　段雄辉　陈伟国　傅乐峰　刘　萌
　　　　　　焦　晔　刘兆滨　徐刚兵　陈国忠
　　　　　　江加标　刘子红　徐　莹

主要审查人：熊大玉　石人俊　田　培　张仁瑜
　　　　　　王　元　杜　雷　陈拴发　麻秀星
　　　　　　黄　靖　纪国晋　江　靖　李光明

目　次

Contents

1 总 则

1.0.1 为规范混凝土外加剂应用，改善混凝土性能，满足设计和施工要求，保证混凝土工程质量，做到技术先进、安全可靠、经济合理、节能环保，制定本规范。

1.0.2 本规范适用于普通减水剂、高效减水剂、聚羧酸系高性能减水剂、引气剂、引气减水剂、早强剂、缓凝剂、泵送剂、防冻剂、速凝剂、膨胀剂、防水剂和阻锈剂在混凝土工程中的应用。

1.0.3 混凝土外加剂在混凝土工程中的应用，除应符合本规范外，尚应符合国家现行有关标准的规定。

2 术语和符号

2.1 术 语

2.1.1 减缩型聚羧酸系高性能减水剂 shrinkage-reducing type polycarboxylate superplasticizer

28d 收缩率比不大于 90% 的聚羧酸系高性能减水剂。

2.1.2 相容性 compatibility between water reducing admixtures and other concrete raw materials

含减水组分的混凝土外加剂与胶凝材料、骨料、其他外加剂相匹配时，拌合物的流动性及其经时变化程度。

2.2 符 号

E——限制钢筋的弹性模量（MPa）；

h_0——试件高度的初始读数（mm）；

h_t——试件龄期为 t 时的高度读数（mm）；

h——试件基准高度（mm）；

L——初始长度测量值（mm）；

L_0——试件的基准长度（mm）；

L_t——所测龄期的试件长度测量值（mm）；

σ——膨胀或收缩应力（MPa）；

ε——所测龄期的限制膨胀率（%）；

ε_t——竖向膨胀率（%）；

μ——配筋率（%）。

3 基 本 规 定

3.1 外加剂的选择

3.1.1 外加剂种类应根据设计和施工要求及外加剂的主要作用选择。

3.1.2 当不同供方、不同品种的外加剂同时使用时，应经试验验证，并应确保混凝土性能满足设计和施工

要求后再使用。

3.1.3 含有六价铬盐、亚硝酸盐和硫氰酸盐成分的混凝土外加剂，严禁用于饮水工程中建成后与饮用水直接接触的混凝土。

3.1.4 含有强电解质无机盐的早强型普通减水剂、早强剂、防冻剂和防水剂，严禁用于下列混凝土结构：

  1 与镀锌钢材或铝铁相接触部位的混凝土结构；

  2 有外露钢筋预埋铁件而无防护措施的混凝土结构；

  3 使用直流电源的混凝土结构；

  4 距高压直流电源 100m 以内的混凝土结构。

3.1.5 含有氯盐的早强型普通减水剂、早强剂、防水剂和氯盐类防冻剂，严禁用于预应力混凝土、钢筋混凝土和钢纤维混凝土结构。

3.1.6 含有硝酸铵、碳酸铵的早强型普通减水剂、早强剂和含有硝酸铵、碳酸铵、尿素的防冻剂，严禁用于办公、居住等有人员活动的建筑工程。

3.1.7 含有亚硝酸盐、碳酸盐的早强型普通减水剂、早强剂、防冻剂和含亚硝酸盐的阻锈剂，严禁用于预应力混凝土结构。

3.1.8 掺外加剂混凝土所用水泥，应符合现行国家标准《通用硅酸盐水泥》GB 175 和《中热硅酸盐水泥 低热硅酸盐水泥 低热矿渣硅酸盐水泥》GB 200 的规定；掺外加剂混凝土所用砂、石应符合现行行业标准《普通混凝土用砂、石质量及检验方法标准》JGJ 52 的规定；所用粉煤灰和粒化高炉矿渣粉等矿物掺合料，应符合现行国家标准《用于水泥和混凝土中的粉煤灰》GB/T 1596 和《用于水泥和混凝土中的粒化高炉矿渣粉》GB/T 18046 的规定，并应检验外加剂与混凝土原材料的相容性，应符合要求后再使用。掺外加剂混凝土用水包括拌合用水和养护用水，应符合现行行业标准《混凝土用水标准》JGJ 63 的规定。硅灰应符合现行国家标准《高强高性能混凝土用矿物外加剂》GB/T 18736 的规定。

3.1.9 试配掺外加剂的混凝土应采用工程实际使用的原材料，检测项目应根据设计和施工要求确定，检测条件应与施工条件相同，当工程所用原材料或混凝土性能要求发生变化时，应重新试配。

3.2 外加剂的掺量

3.2.1 外加剂掺量应以外加剂质量占混凝土中胶凝材料总质量的百分数表示。

3.2.2 外加剂掺量宜按供方的推荐掺量确定，应采用工程实际使用的原材料和配合比，经试验确定。当混凝土其他原材料或使用环境发生变化时，混凝土配合比、外加剂掺量可进行调整。

3.3 外加剂的质量控制

3.3.1 外加剂进场时，供方应向需方提供下列质量

证明文件：

1　型式检验报告；

2　出厂检验报告与合格证；

3　产品说明书。

3.3.2　外加剂进场时，同一供方、同一品种的外加剂应按本规范各外加剂种类规定的检验项目与检验批量进行检验与验收，检验样品应随机抽取。外加剂进厂检验方法应符合现行国家标准《混凝土外加剂》GB 8076 的规定；膨胀剂应符合现行国家标准《混凝土膨胀剂》GB 23439 的规定；防冻剂、速凝剂、防水剂和阻锈剂应分别符合现行行业标准《混凝土防冻剂》JC 475、《喷射混凝土用速凝剂》JC 477、《混凝土防水剂》JC 474 和《钢筋阻锈剂应用技术规程》JGJ/T 192 的规定。外加剂批量进货应与留样一致，应经检验合格后再使用。

3.3.3　经进场检验合格的外加剂应按不同供方、不同品种和不同牌号分别存放，标识应清楚。

3.3.4　当同一品种外加剂的供方、批次、产地和等级等发生变化时，需方应对外加剂进行复检，应合格并满足设计和施工要求后再使用。

3.3.5　粉状外加剂应防止受潮结块，有结块时，应进行检验，合格者应经粉碎至全部通过公称直径为 630μm 方孔筛后再使用；液体外加剂应贮存在密闭容器内，并应防晒和防冻，有沉淀、异味、漂浮等现象时，应经检验合格后再使用。

3.3.6　外加剂计量系统在投入使用前，应经标定合格后再使用，标识应清楚，计量应准确，计量允许偏差应为±1%。

3.3.7　外加剂在贮存、运输和使用过程中应根据不同种类和品种分别采取安全防护措施。

4　普通减水剂

4.1　品　种

4.1.1　混凝土工程可采用木质素磺酸钙、木质素磺酸钠、木质素磺酸镁等普通减水剂。

4.1.2　混凝土工程可采用由早强剂与普通减水剂复合而成的早强型普通减水剂。

4.1.3　混凝土工程可采用由木质素磺酸盐类、多元醇类减水剂（包括糖钙和低聚糖类缓凝减水剂），以及木质素磺酸盐类、多元醇类减水剂与缓凝剂复合而成的缓凝型普通减水剂。

4.2　适用范围

4.2.1　普通减水剂宜用于日最低气温 5℃以上强度等级为 C40 以下的混凝土。

4.2.2　普通减水剂不宜单独用于蒸养混凝土。

4.2.3　早强型普通减水剂宜用于常温、低温和最低温度不低于−5℃环境中施工的有早强要求的混凝土工程。炎热环境条件下不宜使用早强型普通减水剂。

4.2.4　缓凝型普通减水剂可用于大体积混凝土、碾压混凝土、炎热气候条件下施工的混凝土、大面积浇筑的混凝土、避免冷缝产生的混凝土、需长时间停放或长距离运输的混凝土、滑模施工或拉模施工的混凝土及其他需要延缓凝结时间的混凝土，不宜用于有早强要求的混凝土。

4.2.5　使用含糖类或木质素磺酸盐类物质的缓凝型普通减水剂时，可按本规范附录 A 的方法进行相容性试验，并应满足施工要求后再使用。

4.3　进场检验

4.3.1　普通减水剂应按每 50t 为一检验批，不足 50t 时也应按一个检验批计。每一检验批取样不应少于 0.2t 胶凝材料所需用的减水剂量。每一检验批取样应充分混匀，并应分为两等份：其中一份应按本规范第 4.3.2 和 4.3.3 条规定的项目及要求进行检验，每检验批检验不得少于两次；另一份应密封留样保存半年，有疑问时，应进行对比检验。

4.3.2　普通减水剂进场检验项目应包括 pH 值、密度（或细度）、含固量（或含水率）、减水率，早强型普通减水剂还应检验 1d 抗压强度比，缓凝型普通减水剂还应检验凝结时间差。

4.3.3　普通减水剂进场时，初始或经时坍落度（或扩展度）应按进场检验批次，采用工程实际使用的原材料和配合比与上批留样进行平行对比试验，其允许偏差应符合现行国家标准《混凝土质量控制标准》GB 50164 的有关规定。

4.4　施　工

4.4.1　普通减水剂相容性的试验应按本规范附录 A 的方法进行。

4.4.2　普通减水剂掺量应根据供方的推荐掺量、环境温度、施工要求的混凝土凝结时间、运输距离、停放时间等经试验确定，不应过量掺加。

4.4.3　难溶和不溶的粉状普通减水剂应采用干掺法。粉状普通减水剂宜与胶凝材料同时加入搅拌机内，并宜延长搅拌时间 30s；液体普通减水剂宜与拌合水同时加入搅拌机内，计量应准确。减水剂的含水量应从拌合水中扣除。

4.4.4　普通减水剂可与其他外加剂复合使用，其掺量应经试验确定。配制溶液时，如产生絮凝或沉淀等现象，应分别配制溶液并分别加入混凝土搅拌机内。

4.4.5　早强型普通减水剂在日最低气温 0℃～−5℃条件下施工时，混凝土养护应加盖保温材料。

4.4.6　掺普通减水剂的混凝土浇筑、振捣后，应及时抹压，并应始终保持混凝土表面潮湿，终凝后还应浇水养护，低温环境施工时，应加强保温养护。

5 高效减水剂

5.1 品　种

5.1.1 混凝土工程可采用下列高效减水剂：

　　1 萘和萘的同系磺化物与甲醛缩合的盐类、氨基磺酸盐等多环芳香族磺酸盐类；

　　2 磺化三聚氰胺树脂等水溶性树脂磺酸盐类；

　　3 脂肪族羟烷基磺酸盐高缩聚物等脂肪族类。

5.1.2 混凝土工程可采用由缓凝剂与高效减水剂复合而成的缓凝型高效减水剂。

5.2 适 用 范 围

5.2.1 高效减水剂可用于素混凝土、钢筋混凝土、预应力混凝土，并可用于制备高强混凝土。

5.2.2 缓凝型高效减水剂可用于大体积混凝土、碾压混凝土、炎热气候条件下施工的混凝土、大面积浇筑的混凝土、避免冷缝产生的混凝土、需较长时间停放或长距离运输的混凝土、自密实混凝土、滑模施工或拉模施工的混凝土及其他需要延缓凝结时间且有较高减水率要求的混凝土。

5.2.3 标准型高效减水剂宜用于日最低气温 0℃ 以上施工的混凝土，也可用于蒸养混凝土。

5.2.4 缓凝型高效减水剂宜用于日最低气温 5℃ 以上施工的混凝土。

5.3 进 场 检 验

5.3.1 高效减水剂应按每 50t 为一检验批，不足 50t 时也应按一个检验批计。每一检验批取样不应少于 0.2t 胶凝材料所需用的外加剂量。每一检验批取样应充分混匀，并应分为两等份；其中一份应按本规范第 5.3.2 条和第 5.3.3 条规定的项目及要求进行检验，每检验批检验不得少于两次；另一份应密封留样保存半年，有疑问时，应进行对比检验。

5.3.2 高效减水剂进场检验项目应包括 pH 值、密度（或细度）、含固量（或含水率）、减水率，缓凝型高效减水剂还应检验凝结时间差。

5.3.3 高效减水剂进场时，初始或经时坍落度（或扩展度）应按进场检验批次采用工程实际使用的原材料和配合比与上批留样进行平行对比试验，其允许偏差应符合现行国家标准《混凝土质量控制标准》GB 50164 的有关规定。

5.4 施　工

5.4.1 高效减水剂相容性的试验应按本规范附录 A 的方法进行。

5.4.2 高效减水剂掺量应根据供方的推荐掺量、环境温度、施工要求的混凝土凝结时间、运输距离、停放时间等经试验确定。

5.4.3 难溶和不溶的粉状高效减水剂应采用干掺法。粉状高效减水剂宜与胶凝材料同时加入搅拌机内，并宜延长搅拌时间 30s；液体高效减水剂宜与拌合水同时加入搅拌机内，计量应准确。减水剂的含水量应从拌合水中扣除。

5.4.4 高效减水剂可与其他外加剂复合使用，其组成和掺量应经试验确定。配制溶液时，如产生絮凝或沉淀等现象，应分别配制溶液，并应分别加入搅拌机内。

5.4.5 需二次添加高效减水剂时，应经试验确定，并应记录备案。二次添加的高效减水剂不应包括缓凝、引气组分。二次添加后应确保混凝土搅拌均匀，坍落度应符合要求后再使用。

5.4.6 掺高效减水剂的混凝土浇筑、振捣后，应及时抹压，并应始终保持混凝土表面潮湿，终凝后应浇水养护。

5.4.7 掺高效减水剂的混凝土采用蒸汽养护时，其蒸养制度应经试验确定。

6 聚羧酸系高性能减水剂

6.1 品　种

6.1.1 混凝土工程可采用标准型、早强型和缓凝型聚羧酸系高性能减水剂。

6.1.2 混凝土工程可采用具有其他特殊功能的聚羧酸系高性能减水剂。

6.2 适 用 范 围

6.2.1 聚羧酸系高性能减水剂可用于素混凝土、钢筋混凝土和预应力混凝土。

6.2.2 聚羧酸系高性能减水剂宜用于高强混凝土、自密实混凝土、泵送混凝土、清水混凝土、预制构件混凝土和钢管混凝土。

6.2.3 聚羧酸系高性能减水剂宜用于具有高体积稳定性、高耐久性或高工作性要求的混凝土。

6.2.4 缓凝型聚羧酸系高性能减水剂宜用于大体积混凝土，不宜用于日最低气温 5℃ 以下施工的混凝土。

6.2.5 早强型聚羧酸系高性能减水剂宜用于有早强要求或低温季节施工的混凝土，但不宜用于日最低气温 −5℃ 以下施工的混凝土，且不宜用于大体积混凝土。

6.2.6 具有引气性的聚羧酸系高性能减水剂用于蒸养混凝土时，应经试验验证。

6.3 进 场 检 验

6.3.1 聚羧酸系高性能减水剂应按每 50t 为一检验

批，不足 50t 时也应按一个检验批计。每一检验批取样量不应少于 0.2t 胶凝材料所需用的外加剂量。每一检验批取样应充分混匀，并应分为两等份：一份应按本规范第 6.3.2 和 6.3.3 条规定的项目及要求进行检验，每检验批检验不得少于两次；另一份应密封留样保存半年，有疑问时，应进行对比检验。

6.3.2 聚羧酸系高性能减水剂进场检验项目应包括 pH 值、密度（或细度）、含固量（或含水率）、减水率，早强型聚羧酸系高性能减水剂应测 1d 抗压强度比，缓凝型聚羧酸系高性能减水剂还应检验凝结时间差。

6.3.3 聚羧酸系高性能减水剂进场时，初始或经时坍落度（或扩展度），应按进场检验批次采用工程实际使用的原材料和配合比与上批留样进行平行对比试验，其允许偏差应符合现行国家标准《混凝土质量控制标准》GB 50164 的有关规定。

6.4 施 工

6.4.1 聚羧酸系高性能减水剂相容性的试验应按本规范附录 A 的方法进行。

6.4.2 聚羧酸系高性能减水剂不应与萘系和氨基磺酸盐高效减水剂复合或混合使用，与其他种类减水剂复合或混合时，应经试验验证，并应满足设计和施工要求后再使用。

6.4.3 聚羧酸系高性能减水剂在运输、贮存时，应采用洁净的塑料、玻璃钢或不锈钢等容器，不宜采用铁质容器。

6.4.4 高温季节，聚羧酸系高性能减水剂应置于阴凉处；低温季节，应对聚羧酸系高性能减水剂采取防冻措施。

6.4.5 聚羧酸系高性能减水剂与引气剂同时使用时，宜分别掺加。

6.4.6 含引气剂或消泡剂的聚羧酸系高性能减水剂使用前应进行均化处理。

6.4.7 聚羧酸系高性能减水剂应按混凝土施工配合比规定的掺量添加。

6.4.8 使用聚羧酸系高性能减水剂生产混凝土时，应控制砂、石含水量、含泥量和泥块含量的变化。

6.4.9 掺聚羧酸系高性能减水剂的混凝土宜采用强制式搅拌机均匀搅拌。混凝土搅拌的最短时间可符合表 6.4.9 的规定。搅拌强度等级 C60 及以上的混凝土时，搅拌时间应适当延长。

表 6.4.9 混凝土搅拌的最短时间（s）

混凝土坍落度（mm）	搅拌机机型	搅拌机出料量（L）		
		<250	250～500	>500
≤40	强制式	60	90	120
>40 且<100	强制式	60	60	90
≥100	强制式		60	

6.4.10 掺用过其他类型减水剂的混凝土搅拌机和运输罐车、泵车等设备，应清洗干净后再搅拌和运输掺聚羧酸系高性能减水剂的混凝土。

6.4.11 使用标准型或缓凝型聚羧酸系高性能减水剂时，当环境温度低于 10℃ 时，应采取防止混凝土坍落度的经时增加的措施。

7 引气剂及引气减水剂

7.1 品 种

7.1.1 混凝土工程可采用下列引气剂：

　　1 松香热聚物、松香皂及改性松香皂等松香树脂类；

　　2 十二烷基磺酸盐、烷基苯磺酸盐、石油磺酸盐等烷基和烷基芳烃磺酸盐类；

　　3 脂肪醇聚氧乙烯磺酸钠、脂肪醇硫酸钠等脂肪醇磺酸盐类；

　　4 脂肪醇聚氧乙烯醚、烷基苯酚聚氧乙烯醚等非离子聚醚类；

　　5 三萜皂甙等皂甙类；

　　6 不同品种引气剂的复合物。

7.1.2 混凝土工程中可采用由引气剂与减水剂复合而成的引气减水剂。

7.2 适 用 范 围

7.2.1 引气剂及引气减水剂宜用于有抗冻融要求的混凝土、泵送混凝土和易产生泌水的混凝土。

7.2.2 引气剂及引气减水剂可用于抗渗混凝土、抗硫酸盐混凝土、贫混凝土、轻骨料混凝土、人工砂混凝土和有饰面要求的混凝土。

7.2.3 引气剂及引气减水剂不宜用于蒸养混凝土及预应力混凝土。必要时，应经试验确定。

7.3 技 术 要 求

7.3.1 混凝土含气量的试验应采用工程实际使用的原材料和配合比，有抗冻融要求的混凝土含气量应根据混凝土抗冻等级和粗骨料最大公称粒径等经试验确定，但不宜超过表 7.3.1 规定的含气量。

表 7.3.1 掺引气剂或引气减水剂混凝土含气量限值

粗骨料最大公称粒径（mm）	混凝土含气量限值（%）
10	7.0
15	6.0
20	5.5
25	5.0
40	4.5

注：表中含气量，C50、C55 混凝土可降低 0.5%，C60 及 C60 以上混凝土可降低 1%，但不宜低于 3.5%。

7.3.2 用于改善新拌混凝土工作性时，新拌混凝土含气量宜控制在3%～5%。

7.3.3 混凝土施工现场含气量和设计要求的含气量允许偏差应为±1.0%。

7.4 进场检验

7.4.1 引气剂应按每10t为一检验批，不足10t时也应按一个检验批计，引气减水剂应按每50t为一检验批，不足50t时也应按一个检验批计。每一检验批取样量不应少于0.2t胶凝材料所需用的外加剂量。每一检验批取样应充分混匀，并应分为两等份：其中一份应按本规范第7.4.2和7.4.3条规定的项目及要求进行检验，每检验批检验不得少于两次；另一份应密封留样保存半年，有疑问时，应进行对比检验。

7.4.2 引气剂及引气减水剂进场时，检验项目应包括pH值、密度（或细度）、含固量（或含水率）、含气量、含气量经时损失，引气减水剂还应检测减水率。

7.4.3 引气剂及引气减水剂进场时，含气量应按进场检验批次采用工程实际使用的原材料和配合比与上批留样进行平行对比试验，初始含气量允许偏差应为±1.0%。

7.5 施 工

7.5.1 引气减水剂相容性的试验应按本规范附录A的方法进行。

7.5.2 引气剂宜以溶液掺加，使用时应加入拌合水中，引气剂溶液中的水量应从拌合水中扣除。

7.5.3 引气剂、引气减水剂配制溶液时，应充分溶解后再使用。

7.5.4 引气剂可与减水剂、早强剂、缓凝剂、防冻剂等复合使用。配制溶液时，如产生絮凝或沉淀等现象，应分别配制溶液，并应分别加入搅拌机内。

7.5.5 当混凝土原材料、施工配合比或施工条件变化时，引气剂或引气减水剂的掺量应重新试验并确定。

7.5.6 掺引气剂、引气减水剂的混凝土宜采用强制式搅拌机搅拌，并应搅拌均匀。搅拌时间及搅拌量应经试验确定，最少搅拌时间可符合本规范表6.4.9的规定。出料到浇筑的停放时间不宜过长。采用插入式振捣时，同一振捣点振捣时间不宜超过20s。

7.5.7 检验混凝土的含气量应在施工现场进行取样。对含气量有设计要求的混凝土，当连续浇筑时每4h应现场检验一次；当间歇施工时，每浇筑200m³应检验一次。必要时，可增加检验次数。

8 早 强 剂

8.1 品 种

8.1.1 混凝土工程可采用下列早强剂：

1 硫酸盐、硫酸复盐、硝酸盐、碳酸盐、亚硝酸盐、氯盐、硫氰酸盐等无机盐类；

2 三乙醇胺、甲酸盐、乙酸盐、丙酸盐等有机化合物类。

8.1.2 混凝土工程可采用两种或两种以上无机盐类早强剂或有机化合物类早强剂复合而成的早强剂。

8.2 适用范围

8.2.1 早强剂宜用于蒸养、常温、低温和最低温度不低于-5℃环境中施工的有早强要求的混凝土工程。炎热条件以及环境温度低于-5℃时不宜使用早强剂。

8.2.2 早强剂不宜用于大体积混凝土；三乙醇胺等有机胺类早强剂不宜用于蒸养混凝土。

8.2.3 无机盐类早强剂不宜用于下列情况：

1 处于水位变化的结构；

2 露天结构及经常受水淋、受水流冲刷的结构；

3 相对湿度大于80%环境中使用的结构；

4 直接接触酸、碱或其他侵蚀性介质的结构；

5 有装饰要求的混凝土，特别是要求色彩一致或表面有金属装饰的混凝土。

8.3 进场检验

8.3.1 早强剂应按每50t为一检验批，不足50t时应按一个检验批计。每一检验批取样量不应少于0.2t胶凝材料所需用的外加剂量。每一检验批取样应充分混匀，并应分为两等份：其中一份应按本规范第8.3.2条和第8.3.3条规定的项目和要求进行检验，每检验批检验不得少于两次；另一份应密封留样保存半年，有疑问时，应进行对比检验。

8.3.2 早强剂进场检验项目应包括密度（或细度）、含固量（或含水率）、碱含量、氯离子含量和1d抗压强度比。

8.3.3 检验含有硫氰酸盐、甲酸盐等早强剂的氯离子含量时，应采用离子色谱法。

8.4 施 工

8.4.1 供方应向需方提供早强剂产品贮存方式、使用注意事项和有效期，对含有亚硝酸盐、硫氰酸盐的早强剂应按有关化学品的管理规定进行贮存和使用。

8.4.2 供方应向需方提供早强剂产品的主要成分及掺量范围。早强剂中硫酸钠掺入混凝土的量应符合本规范表8.4.2的规定，三乙醇胺掺入混凝土的量不应大于胶凝材料质量的0.05%，早强剂在素混凝土中引入的氯离子含量不应大于胶凝材料质量的1.8%。其他品种早强剂的掺量应经试验确定。

8.4.3 掺早强剂的混凝土采用蒸汽养护时，其蒸养制度应经试验确定。

表 8.4.2　硫酸钠掺量限值

混凝土种类	使用环境	掺量限值 （胶凝材料质量%）
预应力混凝土	干燥环境	≤1.0
钢筋混凝土	干燥环境	≤2.0
	潮湿环境	≤1.5
有饰面要求的混凝土	—	≤0.8
素混凝土	—	≤3.0

8.4.4　掺粉状早强剂的混凝土宜延长搅拌时间 30s。

8.4.5　掺早强剂的混凝土应加强保温保湿养护。

9　缓　凝　剂

9.1　品　种

9.1.1　混凝土工程可采用下列缓凝剂：

1　葡萄糖、蔗糖、糖蜜、糖钙等糖类化合物；

2　柠檬酸（钠）、酒石酸（钾钠）、葡萄糖酸（钠）、水杨酸及其盐类等羟基羧酸及其盐类；

3　山梨醇、甘露醇等多元醇及其衍生物；

4　2-膦酸丁烷-1,2,4-三羧酸（PBTC）、氨基三甲叉膦酸（ATMP）及其盐类等有机磷酸及其盐类；

5　磷酸盐、锌盐、硼酸及其盐类、氟硅酸盐等无机盐类。

9.1.2　混凝土工程可采用由不同缓凝组分复合而成的缓凝剂。

9.2　适用范围

9.2.1　缓凝剂宜用于延缓凝结时间的混凝土。

9.2.2　缓凝剂宜用于对坍落度保持能力有要求的混凝土、静停时间较长或长距离运输的混凝土、自密实混凝土。

9.2.3　缓凝剂可用于大体积混凝土。

9.2.4　缓凝剂宜用于日最低气温 5℃以上施工的混凝土。

9.2.5　柠檬酸（钠）及酒石酸（钾钠）等缓凝剂不宜单独用于贫混凝土。

9.2.6　含有糖类组分的缓凝剂与减水剂复合使用时，可按本规范附录 A 的方法进行相容性试验。

9.3　进场检验

9.3.1　缓凝剂应按每 20t 为一检验批，不足 20t 时也应按一个检验批计。每一批次检验批取样量不应少于 0.2t 胶凝材料所需用的外加剂量。每一检验批取样应充分混匀，并应分为两等份：其中一份应按本规范第 9.3.2 条和第 9.3.3 条规定的项目和要求进行检验，每检验批检验不得少于两次；另一份应密封留样保存半年，有疑问时，应进行对比检验。

9.3.2　缓凝剂进场时检验项目应包括密度（或细度）、含固量（或含水率）和混凝土凝结时间差。

9.3.3　缓凝剂进场时，凝结时间的检测应按进场检验批次采用工程实际使用的原材料和配合比与上批留样进行平行对比，初、终凝时间允许偏差应为±1h。

9.4　施　工

9.4.1　缓凝剂的品种、掺量应根据环境温度、施工要求的混凝土凝结时间、运输距离、静停时间、强度等经试验确定。

9.4.2　缓凝剂用于连续浇筑的混凝土时，混凝土的初凝时间应满足设计和施工要求。

9.4.3　缓凝剂宜以溶液掺加，使用时应加入拌合水中，缓凝剂溶液中的水量应从拌合水中扣除。难溶和不溶的粉状缓凝剂应采用干掺法，并宜延长搅拌时间 30s。

9.4.4　缓凝剂可与减水剂复合使用。配制溶液时，如产生絮凝或沉淀等现象，宜分别配制溶液，并应分别加入搅拌机内。

9.4.5　掺缓凝剂的混凝土浇筑、振捣后，应及时养护。

9.4.6　当环境温度波动超过 10℃时，应经试验调整缓凝剂掺量。

10　泵　送　剂

10.1　品　种

10.1.1　混凝土工程可采用一种减水剂与缓凝组分、引气组分、保水组分和黏度调节组分复合而成的泵送剂。

10.1.2　混凝土工程可采用两种或两种以上减水剂与缓凝组分、引气组分、保水组分和黏度调节组分复合而成的泵送剂。

10.1.3　混凝土工程可采用一种减水剂作为泵送剂。

10.1.4　混凝土工程可采用两种或两种以上减水剂复合而成的泵送剂。

10.2　适用范围

10.2.1　泵送剂宜用于泵送施工的混凝土。

10.2.2　泵送剂可用于工业与民用建筑结构工程混凝土、桥梁混凝土、水下灌注桩混凝土、大坝混凝土、清水混凝土、防辐射混凝土和纤维增强混凝土等。

10.2.3　泵送剂宜用于日平均气温 5℃以上的施工环境。

10.2.4　泵送剂不宜用于蒸汽养护混凝土和蒸压养护的预制混凝土。

10.2.5　使用含糖类或木质素磺酸盐的泵送剂时，可按本规范附录 A 进行相容性试验，并应满足施工要求后再使用。

10.3 技术要求

10.3.1 泵送剂使用时，其减水率宜符合表 10.3.1 的规定。减水率应按现行国家标准《混凝土外加剂》GB 8076 的有关规定进行测定。

表 10.3.1 减水率的选择

序号	混凝土强度等级	减水率（%）
1	C30 及 C30 以下	12～20
2	C35～C55	16～28
3	C60 及 C60 以上	≥25

10.3.2 用于自密实混凝土泵送剂的减水率不宜小于 20%。

10.3.3 掺泵送剂混凝土的坍落度 1h 经时变化量可按表 10.3.3 的规定选择。坍落度 1h 经时变化值应按现行国家标准《混凝土外加剂》GB 8076 的有关规定进行测定。

表 10.3.3 坍落度 1h 经时变化量的选择

序号	运输和等候时间（min）	坍落度 1h 经时变化量（mm）
1	<60	≤80
2	60～120	≤40
3	>120	≤20

10.4 进场检验

10.4.1 泵送剂应按每 50t 为一检验批，不足 50t 时也应按一个检验批计。每一检验批取样量不应少于 0.2t 胶凝材料所需用的外加剂量。每一检验批取样应充分混匀，并应分为两等份：其中一份应按本规范第 10.4.2 和 10.4.3 条规定的项目和要求进行检验，每检验批检验不得少于两次；另一份应密封留样保存半年，有疑问时，应进行对比检验。

10.4.2 泵送剂进场检验项目应包括 pH 值、密度（或细度）、含固量（或含水率）、减水率和坍落度 1h 经时变化值。

10.4.3 泵送剂进场时，减水率及坍落度 1h 经时变化值应按进场检验批次采用工程实际使用的原材料和配合比与上批留样进行平行对比试验，减水率允许偏差应为 ±2%，坍落度 1h 经时变化值允许偏差应为 ±20mm。

10.5 施 工

10.5.1 泵送剂相容性的试验应按本规范附录 A 的方法进行。

10.5.2 不同供方、不同品种的泵送剂不得混合使用。

10.5.3 泵送剂的品种、掺量应根据工程实际使用的原材料、环境温度、运输距离、泵送高度和泵送距离等经试验确定。

10.5.4 液体泵送剂宜与拌合水预混，溶液中的水量应从拌合水中扣除；粉状泵送剂宜与胶凝材料一起加入搅拌机内，并宜延长混凝土搅拌时间 30s。

10.5.5 泵送混凝土的原材料选择、配合比要求，应符合现行行业标准《普通混凝土配合比设计规程》JGJ 55 的有关规定。

10.5.6 掺泵送剂的混凝土采用二次掺加法时，二次添加的外加剂品种及掺量应经试验确定，并应记录备案。二次添加的外加剂不应包括缓凝、引气组分。二次添加后应确保混凝土搅拌均匀，坍落度应符合要求后再使用。

10.5.7 掺泵送剂的混凝土浇筑、振捣后，应及时抹压，并应始终保持混凝土表面潮湿，终凝后还应浇水养护，当气温较低时，应加强保温保湿养护。

11 防 冻 剂

11.1 品 种

11.1.1 混凝土工程可采用以某些醇类、尿素等有机化合物为防冻组分的有机化合物类防冻剂。

11.1.2 混凝土工程可采用下列无机盐类防冻剂：

　　1 以亚硝酸盐、硝酸盐、碳酸盐等无机盐为防冻组分的无氯盐类；

　　2 含有阻锈组分，并以氯盐为防冻组分的氯盐阻锈类；

　　3 以氯盐为防冻组分的氯盐类。

11.1.3 混凝土工程可采用防冻组分与早强、引气和减水组分复合而成的防冻剂。

11.2 适 用 范 围

11.2.1 防冻剂可用于冬期施工的混凝土。

11.2.2 亚硝酸钠防冻剂或亚硝酸钠与碳酸锂复合防冻剂，可用于冬期施工的硫铝酸盐水泥混凝土。

11.3 进 场 检 验

11.3.1 防冻剂应按每 100t 为一检验批，不足 100t 时也应按一个检验批计。每一检验批取样量不应少于 0.2t 胶凝材料所需用的外加剂量。每一检验批取样应充分混匀，并应分为两等份：一份应按本规范第 11.3.2 和 11.3.3 条规定的项目和要求进行检验，每检验批检验不得少于两次；另一份应密封留样保存半年，有疑问时，应进行对比检验。

11.3.2 防冻剂进场检验项目应包括氯离子含量、密度（或细度）、含固量（或含水率）、碱含量和含气量，复合类防冻剂还应检测减水率。

11.3.3 检验含有硫氰酸盐、甲酸盐等防冻剂的氯离子含量时，应采用离子色谱法。

11.4 施 工

11.4.1 含减水组分的防冻剂相容性的试验应按本规范附录 A 的方法进行。

11.4.2 防冻剂的品种、掺量应以混凝土浇筑后 5d 内的预计日最低气温选用。在日最低气温−5℃～−10℃、−10℃～−15℃、−15℃～−20℃时，应分别选用规定温度为−5℃、−10℃、−15℃的防冻剂。

11.4.3 掺防冻剂的混凝土所用原材料，应符合下列要求：

　　1 宜选用硅酸盐水泥、普通硅酸盐水泥；

　　2 骨料应清洁，不得含有冰、雪、冻块及其他易冻裂物质。

11.4.4 防冻剂与其他外加剂同时使用时，应经试验确定，并应满足设计和施工要求后再使用。

11.4.5 使用液体防冻剂时，贮存和输送液体防冻剂的设备应采取保温措施。

11.4.6 掺防冻剂混凝土拌合物的入模温度不应低于 5℃。

11.4.7 掺防冻剂混凝土的生产、运输、施工及养护，应符合现行行业标准《建筑工程冬期施工规程》JGJ/T 104 的有关规定。

12 速 凝 剂

12.1 品 种

12.1.1 喷射混凝土工程可采用下列粉状速凝剂：

　　1 以铝酸盐、碳酸盐等为主要成分的粉状速凝剂；

　　2 以硫酸铝、氢氧化铝等为主要成分与其他无机盐、有机物复合而成的低碱粉状速凝剂。

12.1.2 喷射混凝土工程可采用下列液体速凝剂：

　　1 以铝酸盐、硅酸盐为主要成分与其他无机盐、有机物复合而成的液体速凝剂；

　　2 以硫酸铝、氢氧化铝等为主要成分与其他无机盐、有机物复合而成的低碱液体速凝剂。

12.2 适 用 范 围

12.2.1 速凝剂可用于喷射法施工的砂浆或混凝土，也可用于有速凝要求的其他混凝土。

12.2.2 粉状速凝剂宜用于干法施工的喷射混凝土，液体速凝剂宜用于湿法施工的喷射混凝土。

12.2.3 永久性支护或衬砌施工使用的喷射混凝土、对碱含量有特殊要求的喷射混凝土工程，宜选用碱含量小于 1% 的低碱速凝剂。

12.3 进 场 检 验

12.3.1 速凝剂应按每 50t 为一检验批，不足 50t 时也应按一个检验批计。每一检验批取样量不应少于 0.2t 胶凝材料所需用的外加剂量。每一检验批取样应充分混匀，并应分为两等份：其中一份应按本规范第 12.3.2 和 12.3.3 条规定的项目和要求进行检验，每检验批检验不得少于两次；另一份应密封留样保存半年，有疑问时，应进行对比检验。

12.3.2 速凝剂进场时检验项目应包括密度（或细度）、水泥净浆初凝和终凝时间。

12.3.3 速凝剂进场时，水泥净浆初、终凝时间应按进场检验批次采用工程实际使用的原材料和配合比与上批留样进行平行对比试验，其允许偏差应为 ±1min。

12.4 施 工

12.4.1 速凝剂掺量宜为胶凝材料质量的 2%～10%，当混凝土原材料、环境温度发生变化时，应根据工程要求，经试验调整速凝剂掺量。

12.4.2 喷射混凝土的施工宜选用硅酸盐水泥或普通硅酸盐水泥，不得使用过期或受潮结块的水泥。当工程有防腐、耐高温或其他特殊要求时，也可采用相应特种水泥。

12.4.3 掺速凝剂混凝土的粗骨料宜采用最大粒径不大于 20mm 的卵石或碎石，细骨料宜采用中砂。

12.4.4 掺速凝剂的喷射混凝土配合比宜通过试配试喷确定，其强度应符合设计要求，并应满足节约水泥、回弹量少等要求。特殊情况下，还应满足抗冻性和抗渗性等要求。砂率宜为 45%～60%。湿喷混凝土拌合物的坍落度不宜小于 80mm。

12.4.5 湿法施工时，应加强混凝土工作性的检查。喷射作业时每班次混凝土坍落度的检查次数不应少于两次，不足一个班次时也应按一个班次检查。当原材料出现波动时应及时检查。

12.4.6 干法施工时，混合料的搅拌宜采用强制式搅拌机。当采用容量小于 400L 的强制式搅拌机时，搅拌时间不得少于 60s；当采用自落式或滚筒式搅拌机时，搅拌时间不得少于 120s。当掺有矿物掺合料或纤维时，搅拌时间宜延长 30s。

12.4.7 干法施工时，混合料在运输、存放过程中，应防止受潮及杂物混入，投入喷射机前应过筛。

12.4.8 干法施工时，混合料应随拌随用。无速凝剂掺入的混合料，存放时间不应超过 2h，有速凝剂掺入的混合料，存放时间不应超过 20min。

12.4.9 喷射混凝土终凝 2h 后，应喷水养护。环境温度低于 5℃ 时，不宜喷水养护。

12.4.10 掺速凝剂喷射混凝土作业区日最低气温不应低于 5℃。

12.4.11 掺速凝剂喷射混凝土施工时，施工人员应采取劳动防护措施，并应确保人身安全。

13 膨 胀 剂

13.1 品　　种

13.1.1 混凝土工程可采用硫铝酸钙类混凝土膨胀剂。

13.1.2 混凝土工程可采用硫铝酸钙-氧化钙类混凝土膨胀剂。

13.1.3 混凝土工程可采用氧化钙类混凝土膨胀剂。

13.2 适 用 范 围

13.2.1 用膨胀剂配制的补偿收缩混凝土宜用于混凝土结构自防水、工程接缝、填充灌浆，采取连续施工的超长混凝土结构，大体积混凝土工程等；用膨胀剂配制的自应力混凝土宜用于自应力混凝土输水管、灌注桩等。

13.2.2 含硫铝酸钙类、硫铝酸钙-氧化钙类膨胀剂配制的混凝土（砂浆）不得用于长期环境温度为80℃以上的工程。

13.2.3 膨胀剂应用于钢筋混凝土工程和填充性混凝土工程。

13.3 技 术 要 求

13.3.1 掺膨胀剂的补偿收缩混凝土，其限制膨胀率应符合表13.3.1的规定。

表13.3.1　补偿收缩混凝土的限制膨胀率

用　途	限制膨胀率（%）	
	水中14d	水中14d转空气中28d
用于补偿混凝土收缩	≥0.015	≥−0.030
用于后浇带、膨胀加强带和工程接缝填充	≥0.025	≥−0.020

13.3.2 补偿收缩混凝土限制膨胀率的试验和检验应按本规范附录B的方法进行。

13.3.3 补偿收缩混凝土的抗压强度应符合设计要求，其验收评定应符合现行国家标准《混凝土强度检验评定标准》GB/T 50107的有关规定。

13.3.4 补偿收缩混凝土设计强度不宜低于C25；用于填充的补偿收缩混凝土设计强度不宜低于C30。

13.3.5 补偿收缩混凝土的强度试件制作和检验，应符合现行国家标准《普通混凝土力学性能试验方法标准》GB/T 50081的有关规定。用于填充的补偿收缩混凝土的抗压强度试件制作和检测，应按现行行业标准《补偿收缩混凝土应用技术规程》JGJ/T 178 —

2009的附录A进行。

13.3.6 灌浆用膨胀砂浆，其性能应符合表13.3.6的规定。抗压强度应采用40mm×40mm×160mm的试模，无振动成型，拆模、养护、强度检验应按现行国家标准《水泥胶砂强度检验方法（ISO法）》GB/T 17671的有关规定执行，竖向膨胀率的测定应按本规范附录C的方法进行。

表13.3.6　灌浆用膨胀砂浆性能

扩展度（mm）	竖向限制膨胀率（%）		抗压强度（MPa）		
	3d	7d	1d	3d	28d
≥250	≥0.10	≥0.20	≥20	≥30	≥60

13.3.7 掺加膨胀剂配制自应力水泥时，其性能应符合现行行业标准《自应力硅酸盐水泥》JC/T 218的有关规定。

13.4 进 场 检 验

13.4.1 膨胀剂应按每200t为一检验批，不足200t时也应按一个检验批计。每一检验批取样量不应少于10kg。每一检验批取样应充分混匀，并应分为两等份：其中一份应按本规范第13.4.2条规定的项目进行检验，每检验批检验不得少于两次；另一份应密封留样保存半年，有疑问时，应进行对比检验。

13.4.2 膨胀剂进场时检验项目应为水中7d限制膨胀率和细度。

13.5 施　　工

13.5.1 掺膨胀剂的补偿收缩混凝土，其设计和施工应符合现行行业标准《补偿收缩混凝土应用技术规程》JGJ/T 178的有关规定。其中，对暴露在大气中的混凝土表面应及时进行保水养护，养护期不得少于14d；冬期施工时，构件拆模时间应延至7d以上，表层不得直接洒水，可采用塑料薄膜保水，薄膜上部应覆盖岩棉被等保温材料。

13.5.2 大体积、大面积及超长结构的后浇带可采用膨胀加强带措施连续施工，膨胀加强带的构造形式和超长结构浇筑方式，应符合现行行业标准《补偿收缩混凝土应用技术规程》JGJ/T 178的有关规定。

13.5.3 掺膨胀剂混凝土的胶凝材料最少用量应符合表13.5.3的规定。

表13.5.3　胶凝材料最少用量

用　途	胶凝材料最少用量（kg/m³）
用于补偿混凝土收缩	300
用于后浇带、膨胀加强带和工程接缝填充	350
用于自应力混凝土	500

13.5.4 灌浆用膨胀砂浆施工应符合下列规定：

1 灌浆用膨胀砂浆的水料（胶凝材料＋砂）比宜为0.12～0.16，搅拌时间不宜少于3min；

2 膨胀砂浆不得使用机械振捣，宜用人工插捣排除气泡，每个部位应从一个方向浇筑；

3 浇筑完成后，应立即用湿麻袋等覆盖暴露部分，砂浆硬化后应立即浇水养护，养护期不宜少于7d；

4 灌浆用膨胀砂浆浇筑和养护期间，最低气温低于5℃时，应采取保温保湿养护措施。

14 防 水 剂

14.1 品 种

14.1.1 混凝土工程可采用下列防水剂：

1 氯化铁、硅灰粉末、锆化合物、无机铝盐防水剂、硅酸钠等无机化合物类；

2 脂肪酸及其盐类、有机硅类（甲基硅醇钠、乙基硅醇钠、聚乙基羟基硅氧烷等）、聚合物乳液（石蜡、地沥青、橡胶及水溶性树脂乳液等）等有机化合物类。

14.1.2 混凝土工程可采用下列复合型防水剂：

1 无机化合物类复合、有机化合物类复合、无机化合物类与有机化合物类复合；

2 本条第1款各类与引气剂、减水剂、调凝剂等外加剂复合而成的防水剂。

14.2 适 用 范 围

14.2.1 防水剂可用于有防水抗渗要求的混凝土工程。

14.2.2 对有抗冻要求的混凝土工程宜选用复合引气组分的防水剂。

14.3 进 场 检 验

14.3.1 防水剂应按每50t为一检验批，不足50t时也应按一个检验批计。每一检验批取样量不应少于0.2t胶凝材料所需用的外加剂量。每一检验批取样应充分混匀，并应分为两等份：其中一份应按本规范第14.3.2条规定的项目进行检验，每检验批检验不得少于两次；另一份应密封留样保存半年，有疑问时，应进行对比检验。

14.3.2 防水剂进场检验项目应包括密度（或细度）、含固量（或含水率）。

14.4 施 工

14.4.1 含有减水组分的防水剂相容性的试验应按本规范附录A的方法进行。

14.4.2 掺防水剂的混凝土宜选用普通硅酸盐水泥。有抗硫酸盐要求时，宜选用抗硫酸盐硅酸盐水泥或火山灰质硅酸盐水泥，并应经试验确定。

14.4.3 防水剂应按供方推荐掺量掺加，超量掺加时应经试验确定。

14.4.4 掺防水剂混凝土宜采用最大粒径不大于25mm连续级配的石子。

14.4.5 掺防水剂混凝土的搅拌时间应较普通混凝土延长30s。

14.4.6 掺防水剂混凝土应加强早期养护，潮湿养护不得少于7d。

14.4.7 处于侵蚀介质中掺防水剂的混凝土，应采取防腐蚀措施。

14.4.8 掺防水剂混凝土的结构表面温度不宜超过100℃，超过100℃时，应采取隔断热源的保护措施。

15 阻 锈 剂

15.1 品 种

15.1.1 混凝土工程可采用下列阻锈剂：

1 亚硝酸盐、硝酸盐、铬酸盐、重铬酸盐、磷酸盐、多磷酸盐、硅酸盐、钼酸盐、硼酸盐等无机盐类；

2 胺类、醛类、炔醇类、有机磷化合物、有机硫化合物、羧酸及其盐类、磺酸及其盐类、杂环化合物等有机化合物类。

15.1.2 混凝土工程可采用两种或两种以上无机盐类或有机化合物类阻锈剂复合而成的阻锈剂。

15.2 适 用 范 围

15.2.1 阻锈剂宜用于容易引起钢筋锈蚀的侵蚀环境中的钢筋混凝土、预应力混凝土和钢纤维混凝土。

15.2.2 阻锈剂宜用于新建混凝土工程和修复工程。

15.2.3 阻锈剂可用于预应力孔道灌浆。

15.3 进 场 检 验

15.3.1 阻锈剂应按每50t为一检验批，不足50t时也应按一个检验批计。每一检验批取样量不应少于0.2t胶凝材料所需用的外加剂量。每一检验批取样应充分混匀，并应分为两等份：其中一份应按本规范第15.3.2条规定的项目进行检验，每检验批检验不得少于两次；另一份应密封留样保存半年，有疑问时，应进行对比检验。

15.3.2 阻锈剂进场检验项目应包括pH值、密度（或细度）、含固量（或含水率）。

15.4 施 工

15.4.1 新建钢筋混凝土工程采用阻锈剂时，应符合下列规定：

1 掺阻锈剂混凝土配合比设计应符合现行行业标准《普通混凝土配合比设计规程》JGJ 55 的有关规定。当原材料或混凝土性能要求发生变化时，应重新进行混凝土配合比设计。

2 掺阻锈剂或阻锈剂与其他外加剂复合使用的混凝土性能应满足设计和施工要求。

3 掺阻锈剂混凝土的搅拌、运输、浇筑和养护，应符合现行国家标准《混凝土质量控制标准》GB 50164 的有关规定。

15.4.2 使用掺阻锈剂的混凝土或砂浆对既有钢筋混凝土工程进行修复时，应符合下列规定：

1 应先剔除已被腐蚀、污染或中性化的混凝土层，并应清除钢筋表面锈蚀物后再进行修复。

2 当损坏部位较小、修补层较薄时，宜采用砂浆进行修复；当损坏部位较大、修补层较厚时，宜采用混凝土进行修复。

3 当大面施工时，可采用喷射或喷、抹结合的施工方法。

4 修复的混凝土或砂浆的养护应符合现行国家标准《混凝土质量控制标准》GB 50164 的有关规定。

附录 A 混凝土外加剂相容性快速试验方法

A.0.1 混凝土外加剂相容性快速试验方法适用于含减水组分的各类混凝土外加剂与胶凝材料、细骨料和其他外加剂的相容性试验。

A.0.2 试验所用仪器设备应符合下列规定：

1 水泥胶砂搅拌机应符合现行行业标准《行星式水泥胶砂搅拌机》JC/T 681 的有关规定；

2 砂浆扩展度筒应采用内壁光滑无接缝的筒状金属制品（图 A.0.2），尺寸应符合下列要求：

1）筒壁厚度不应小于 2mm；

2）上口内径 d 尺寸为 50mm±0.5mm；

3）下口内径 D 尺寸为 100mm±0.5mm；

4）高度 h 尺寸为 150mm±0.5mm。

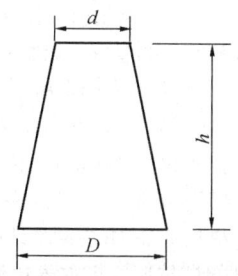

图 A.0.2 砂浆扩展度筒示意

3 捣棒应采用直径为 8mm±0.2mm、长为 300mm±3mm 的钢棒，端部应磨圆；玻璃板的尺寸应为 500mm×500mm×5mm；应采用量程为 500mm、分度值为 1mm 的钢直尺；应采用分度值为 0.1s 的秒表；应采用分度值为 1s 的时钟；应采用量程为 100g、分度值为 0.01g 的天平；应采用量程为 5kg、分度值为 1g 的台秤。

A.0.3 试验所用原材料、配合比及环境条件应符合下列规定：

1 应采用工程实际使用的外加剂、水泥和矿物掺合料；

2 工程实际使用的砂，应筛除粒径大于 5mm 以上的部分，并应自然风干至气干状态；

3 砂浆配合比应采用与工程实际使用的混凝土配合比中去除粗骨料后的砂浆配合比，水胶比应降低 0.02，砂浆总量不应小于 1.0L；

4 砂浆初始扩展度应符合下列要求：

1）普通减水剂的砂浆初始扩展度应为 260mm±20mm；

2）高效减水剂、聚羧酸系高性能减水剂和泵送剂的砂浆初始扩展度应为 350mm±20mm；

5 试验应在砂浆成型室标准试验条件下进行，试验室温度应保持在 20℃±2℃，相对湿度不应低于 50%。

A.0.4 试验方法应按下列步骤进行：

1 将玻璃板水平放置，用湿布将玻璃板、砂浆扩展度筒、搅拌叶片及搅拌锅内壁均匀擦拭，使其表面润湿；

2 将砂浆扩展度筒置于玻璃板中央，并用湿布覆盖待用；

3 按砂浆配合比的比例分别称取水泥、矿物掺合料、砂、水及外加剂待用；

4 外加剂为液体时，先将胶凝材料、砂加入搅拌锅内预搅拌 10s，再将外加剂与水混合均匀加入；外加剂为粉状时，先将胶凝材料、砂及外加剂加入搅拌锅内预搅拌 10s，再加入水；

5 加水后立即启动胶砂搅拌机，并按胶砂搅拌机程序进行搅拌，从加水时刻开始计时；

6 搅拌完毕，将砂浆分两次倒入砂浆扩展度筒，每次倒入约筒高的 1/2，并用捣棒自边缘向中心按顺时针方向均匀插捣 15 下，各次插捣应在截面上均匀分布。插捣筒边砂浆时，捣棒可稍微沿筒壁方向倾斜。插捣底层时，捣棒应贯穿筒内砂浆深度，插捣第二层时，捣棒应插透本层至下一层的表面。插捣完毕后，砂浆表面应用刮刀刮平，将筒缓慢匀速垂直提起，10s 后用钢直尺量取相互垂直的两个方向的最大直径，并取其平均值为砂浆扩展度；

7 砂浆初始扩展度未达到要求时，应调整外加剂的掺量，并重复本条第 1～6 款的试验步骤，直至砂浆初始扩展度达到要求；

8 将试验砂浆重新倒入搅拌锅内，并用湿布覆盖搅拌锅，从计时开始后 10min（聚羧酸系高性能减水剂应做)、30min、60min,开启搅拌机,快速搅拌1min,按本条第 7 款步骤测定砂浆扩展度。

A. 0. 5 试验结果评价应符合下列规定:

1 应根据外加剂掺量和砂浆扩展度经时损失判断外加剂的相容性;

2 试验结果有异议时,可按实际混凝土配合比进行试验验证;

3 应注明所用外加剂、水泥、矿物掺合料和砂的品种、等级、生产厂及试验室温度、湿度等。

附录 B 补偿收缩混凝土的限制膨胀率测定方法

B. 0. 1 补偿收缩混凝土的限制膨胀率测定方法适用于测定掺膨胀剂混凝土的限制膨胀率及限制干缩率。

B. 0. 2 试验用仪器应符合下列规定:

1 测量仪可由千分表、支架和标准杆组成(图 B. 0.2-1),千分表分辨率应为 0.001mm。

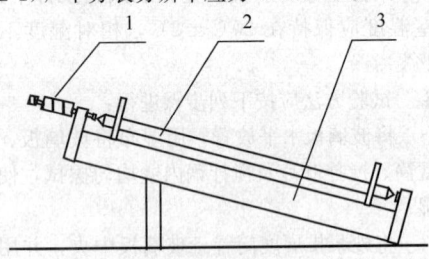

图 B. 0. 2-1 测量仪
1—电子千分表;2—标准杆;3—支架

2 纵向限制器应符合下列规定:

  1) 纵向限制器应由纵向限制钢筋与钢板焊接制成(图 B. 0.2-2)。

  2) 纵向限制钢筋应采用直径为 10mm、横截面面积为 78.54mm²,且符合现行国家标准《钢筋混凝土用钢 第 2 部分:热轧带肋钢筋》GB 1499.2 规定的钢筋。钢筋两侧应焊接 12mm 厚的钢板,材质应符合现行国家标准《碳素结构钢》GB 700 的有关规定,钢筋两端点各 7.5mm 范围内为黄铜或不锈钢,测头呈球面状,半径为 3mm。钢板与钢筋焊接处的焊接强度不应低于 260MPa。

  3) 纵向限制器不应变形,一般检验可重复使用 3 次,仲裁检验只允许使用 1 次。

  4) 该纵向限制器的配筋率为 0.79%。

B. 0. 3 试验室温度应符合下列规定:

1 用于混凝土试件成型和测量的试验室的温度应为 20℃±2℃。

2 用于养护混凝土试件的恒温水槽的温度应为 20℃±2℃。恒温恒湿室温度应为 20℃±2℃,湿度

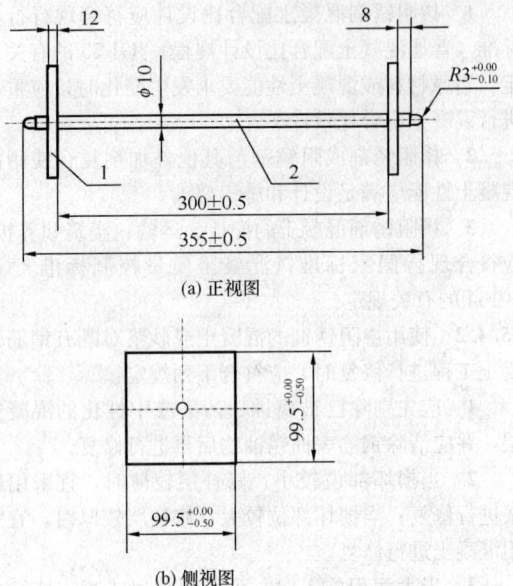

(a) 正视图

(b) 侧视图

图 B. 0. 2-2 纵向限制器
1—端板;2—钢筋

应为 60%±5%。

3 每日应检查、记录温度变化情况。

B. 0. 4 试件制作应符合下列规定:

1 用于成型试件的模型宽度和高度均应为 100mm,长度应大于 360mm。

2 同一条件应有 3 条试件供测长用,试件全长应为 355mm,其中混凝土部分尺寸应为 100mm×100mm×300mm。

3 首先应把纵向限制器放入试模中,然后将混凝土一次装入试模,把试模放在振动台上振动至表面呈现水泥浆,不泛气泡为止,刮去多余的混凝土抹平;然后把试件置于温度为 20℃±2℃的标准养护室内养护,试件表面用塑料布或湿布覆盖。

4 应在成型 12h~16h 且抗压强度达到 3MPa~5MPa 后再拆模。

B. 0. 5 试件测长和养护应符合下列规定:

1 测长前 3h,应将测量仪、标准杆放在标准试验室内,用标准杆校正测量仪并调整千分表零点。测量前,应将试件及测量仪测头擦净。每次测量时,试件记有标志的一面与测量仪的相对位置应一致,纵向限制器的测头与测量仪的测头应正确接触,读数应精确至 0.001mm。不同龄期的试件应在规定时间±1h 内测量。试件脱模后应在 1h 内测量试件的初始长度。测量完初始长度的试件应立即放入恒温水槽中养护,应在规定龄期时进行测长。测长的龄期应从成型日算起,宜测量 3d、7d 和 14d 的长度变化。14d 后,应将试件移入恒温恒湿室中养护,应分别测量空气中 28d、42d 的长度变化。也可根据需要安排测量龄期。

2 养护时,应注意不损伤试件测头。试件之间

应保持 25mm 以上间隔，试件支点距限制钢板两端宜为 70mm。

B. 0. 6 各龄期的限制膨胀率和导入混凝土中的膨胀或收缩应力，应按下列方法计算：

1 各龄期的限制膨胀率应按下式计算，应取相近的 2 个试件测定值的平均值作为限制膨胀率的测量结果，计算值应精确至 0.001%：

$$\varepsilon = \frac{L_t - L}{L_0} \times 100 \qquad (B. 0. 6\text{-}1)$$

式中：ε——所测龄期的限制膨胀率（%）；

L_t——所测龄期的试件长度测量值，单位为毫米（mm）；

L——初始长度测量值，单位为毫米（mm）；

L_0——试件的基准长度，300mm。

2 导入混凝土中的膨胀或收缩应力应按下式计算，计算值应精确至 0.01MPa：

$$\sigma = \mu \cdot E \cdot \varepsilon \qquad (B. 0. 6\text{-}2)$$

式中：σ——膨胀或收缩应力（MPa）；

μ——配筋率（%）；

E——限制钢筋的弹性模量，取 2.0×10^5 MPa；

ε——所测龄期的限制膨胀率（%）。

附录 C 灌浆用膨胀砂浆
竖向膨胀率的测定方法

C. 0. 1 灌浆用膨胀砂浆竖向膨胀率的测定方法适用于灌浆用膨胀砂浆的竖向膨胀率的测定。

C. 0. 2 测试仪器工具应符合下列规定：

1 应采用量程为 10mm，分度值为 0.001mm 的千分表；

2 应采用钢质测量支架；

3 应采用 140mm×80mm×5mm 的玻璃板；

4 应采用直径为 70mm，厚为 5mm，质量为 150g 的钢质压块；

5 应采用 100mm×100mm×100mm 的试模，试模的拼装缝应填入黄油，不得漏水；

6 应采用宽为 60mm，长为 160mm 的铲勺；

7 捣板可用钢锯条替代。

C. 0. 3 竖向膨胀率的测量装置（图 C. 0. 3）的安装，应符合下列要求：

1 测量支架的垫板和测量支架横梁应采用螺母紧固，其水平度不应超过 0.02；测量支架应水平放置在工作台上，水平度也不应超过 0.02；

2 试模应放置在钢垫板上，不应摇动；

3 玻璃板应平放在试模中间位置，其左右两边与试模内侧边应留出 10mm 空隙；

4 钢质压块应置于玻璃板中央；

5 千分表与测量支架横梁应固定牢靠，但表杆

应能自由升降。安装千分表时，应下压表头，宜使表针指到量程的 1/2 处。

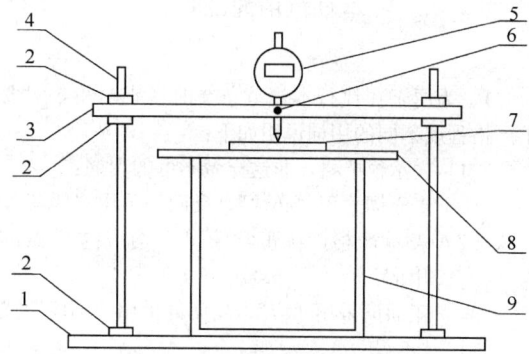

图 C. 0. 3　竖向膨胀率测量装置示意
1—测量支架垫板；2—测量支架紧固螺母；
3—测量支架横梁；4—测量支架立杆；
5—千分表；6—紧固螺钉；7—钢质压块；
8—玻璃板；9—试模

C. 0. 4 灌浆操作应按下列步骤进行：

1 灌浆料用水量应按扩展度为 250mm±10mm 时的用水量。

2 灌浆料加水搅拌均匀后应立即灌模。应从玻璃板的一侧灌入。当灌到 50mm 左右高度时，用捣板在试模的每一侧插捣 6 次，中间部位也插捣 6 次。灌到 90mm 高度时，和前面相同再做插捣，尽量排出气体。最后一层灌浆料要一次灌至两侧流出灌浆料为止。要尽量减少灌浆料对玻璃板产生的向上冲浮作用。

3 玻璃板两侧灌浆料表面，用小刀轻轻抹成斜坡，斜坡的高边与玻璃相平。斜坡的低边与试模内侧顶面相平。抹斜坡的时间不应超过 30s。之后 30s 内，用两层湿棉布覆盖在玻璃板两侧灌浆料表面。

4 把钢质压块置于玻璃板中央，再把千分表测量头垂放在钢质压块上，在 30s 内记录千分表读数 h_0，为初始读数。

5 从测定初始读数起，每隔 2h 浇水 1 次。连续浇水 4 次。以后每隔 4h 浇水 1 次。保湿养护至要求龄期，测定 3d、7d 试件高度读数。

6 从测定初始读数开始，测量装置和试件应保持静止不动，并不得振动。

7 成型温度、养护温度均应为 20℃±3℃。

C. 0. 5 竖向膨胀率应按下式计算，试验结果应取一组三个试件的算术平均值，计算值应精确至 0.001%：

$$\varepsilon_t = \frac{h_t - h_0}{h} \times 100 \qquad (C. 0. 5)$$

式中：ε_t——竖向膨胀率（%）；

h_0——试件高度的初始读数（mm）；

h_t——试件龄期为 t 时的高度读数（mm）；

h——试件基准高度，100mm。

本规范用词说明

1 为便于在执行本规范条文时区别对待，对要求严格程度不同的用词说明如下：

  1）表示很严格，非这样做不可的用词：
    正面词采用"必须"，反面词采用"严禁"；

  2）表示严格，在正常情况下均应这样做的用词：
    正面词采用"应"，反面词采用"不应"或"不得"；

  3）表示允许稍有选择，在条件许可时首先应这样做的用词：
    正面词采用"宜"，反面词采用"不宜"；

  4）表示有选择，在一定条件下可以这样做的用词，采用"可"。

2 条文中指明应按其他有关标准执行的写法为："应符合……的规定"或"应按……执行"。

引用标准名录

1 《普通混凝土力学性能试验方法标准》GB/T 50081

2 《混凝土强度检验评定标准》GB/T 50107

3 《混凝土质量控制标准》GB 50164

4 《通用硅酸盐水泥》GB 175

5 《中热硅酸盐水泥 低热硅酸盐水泥 低热矿渣硅酸盐水泥》GB 200

6 《碳素结构钢》GB 700

7 《钢筋混凝土用钢 第2部分：热轧带肋钢筋》GB 1499.2

8 《用于水泥和混凝土中的粉煤灰》GB/T 1596

9 《混凝土外加剂》GB 8076

10 《水泥胶砂强度检验方法（ISO法）》GB/T 17671

11 《用于水泥和混凝土中的粒化高炉矿渣粉》GB/T 18046

12 《高强高性能混凝土用矿物外加剂》GB/T 18736

13 《混凝土膨胀剂》GB 23439

14 《普通混凝土用砂、石质量及检验方法标准》JGJ 52

15 《普通混凝土配合比设计规程》JGJ 55

16 《混凝土用水标准》JGJ 63

17 《建筑工程冬期施工规程》JGJ/T 104

18 《补偿收缩混凝土应用技术规程》JGJ/T 178-2009

19 《钢筋阻锈剂应用技术规程》JGJ/T 192

20 《自应力硅酸盐水泥》JC/T 218

21 《混凝土防水剂》JC 474

22 《混凝土防冻剂》JC 475

23 《喷射混凝土用速凝剂》JC 477

24 《行星式水泥胶砂搅拌机》JC/T 681

中华人民共和国国家标准

混凝土外加剂应用技术规范

GB 50119—2013

条 文 说 明

制 订 说 明

《混凝土外加剂应用技术规范》GB 50119-2013，经住房和城乡建设部 2013 年 8 月 8 日以第 110 号公告批准、发布。

本规范是在《混凝土外加剂应用技术规范》GB 50119-2003 的基础上修订而成。上一版的主编单位是中国建筑科学研究院，参编单位有：中国混凝土外加剂专业委员会、中国建筑材料科学研究院、上海市建筑科学研究院、冶金建筑科学研究院、南京水利水电科学研究院、北京市建筑工程研究院、哈尔滨工业大学、北京城建集团总公司构件厂、北京市辛庄汇强外加剂有限公司、北京市高星混凝土外加剂厂、北京市混凝土外加剂协会、江苏镇江特密斯混凝土外加剂总厂、上海市新浦化工厂、上海市住总建科化学建材有限公司。主要起草人员是：田桂茹、郭京育、田培、陈嫣兮、游宝坤、吴菊珍、顾德珍、胡玉初、冯浩、巴恒静、张耀凯、段雄辉。

修订的主要技术内容是：1. 与 2000 年以后颁布的相关标准规范进行了协调；2. 增加了术语和符号章节；3. 汇总了强制性条文至第 3 章基本规定第 3.1 节外加剂的选择；4. 增加了聚羧酸系高性能减水剂和阻锈剂，并制订了相应的技术内容；5. 修订了每章外加剂"品种"、"适用范围"和"施工"内容，在"施工"中增加了含减水组分的各类混凝土外加剂的相容性快速试验，增加了泵送剂施工过程中采用二次掺加法的技术规定；6. 增加了每章外加剂"进场检验"内容，主要包括进场检验批的数量、取样数量、留样、检验项目等；7. 增加了引气剂、泵送剂和膨胀剂的"技术要求"内容；8. 增加并修订了基本规定，修订了涉及普通减水剂、早强剂、防冻剂和防水剂等相关的强制性条文；9. 修订了附录 A 试验方法，用砂浆扩展度法取代了水泥净浆流动度法。

本规范修订过程中，编制组进行了广泛深入的调查研究，总结了我国工程建设混凝土外加剂领域的实践经验，同时参考了国外先进技术法规、技术标准，通过试验取得了混凝土外加剂应用技术的重要技术参数。

为便于广大设计、施工、科研、学校等单位有关人员在使用本标准时能正确理解和执行条文规定，《混凝土外加剂应用技术规范》编制组按章、节、条顺序编制了本标准的条文说明，对条文规定的目的、依据以及执行中需注意的有关事项进行了说明，还着重对强制性条文的强制性理由做了解释。但是，本条文说明不具备与标准正文同等的法律效力，仅供使用者作为理解和把握标准规定的参考。

目　次

1 总　则

1.0.1 混凝土外加剂已是混凝土不可或缺的第五组分，并在我国混凝土工程得以大量广泛应用。规范外加剂在混凝土中科学、合理和有效的应用，对满足设计和施工要求、保证工程质量和促进外加剂技术进步具有重要的意义。

1.0.2 本次修订规范共涵盖十三种混凝土外加剂。除对原规范 GB 50119‑2003 中外加剂的应用技术予以修订外，又增加了聚羧酸系高性能减水剂（标准型、早强型和缓凝型）和阻锈剂，并制订了相应的应用技术规范。

1.0.3 与本规范有关的、难以详尽的技术要求，应符合国家现行有关标准的规定。

2　术语和符号

2.1　术　语

2.1.1 混凝土外加剂包括很多种类和品种，详见《混凝土外加剂定义、分类、命名与术语》GB/T 8075。聚羧酸系高性能减水剂是近十年来成果研发应用的减水剂新品种，其分子结构灵活多变，可以通过调整分子结构使其具有减缩性能。近几年减缩型聚羧酸系高性能减水剂在我国工程中也有较多的应用。大量的工程实践与试验验证表明，聚羧酸系高性能减水剂 28d 收缩率比一般不大于 110%，减缩型聚羧酸高性能减水剂具有更低的收缩率比，一般不大于 90%，可以用于控制混凝土早期收缩开裂。

2.1.2 相容性是用来评价混凝土外加剂与其他原材料共同使用时是否能够达到预期效果的术语。若能达到预期改善新拌合硬化混凝土性能的效果，其相容性较好；反之，其相容性较差。按照国家现行标准检验合格的各种混凝土外加剂用于实际工程中，由于混凝土原材料质量波动、配合比的不同、施工温度的变化等诸多影响因素，因此混凝土外加剂普遍存在相容性的问题。

混凝土外加剂中减水剂与混凝土原材料相容性的问题尤为突出：符合国家标准的各种混凝土原材料共同使用时，新拌混凝土的工作状态可能出现减水率不足、流动度保持不足、离析泌水等问题，严重时会影响施工。本规范所指的相容性是指含减水组分的混凝土外加剂的相容性，通过本规范新修订的附录 A 混凝土外加剂相容性快速试验方法，快速获得砂浆扩展度、扩展度保持值，及泌水、离析等工作性情况，由此预测含减水组分的混凝土外加剂与混凝土其他原材料（掺合料、砂、石）相匹配时新拌混凝土的流动性、坍落度经时损失的变化程度。

3　基本规定

3.1　外加剂的选择

3.1.1 混凝土外加剂种类较多、掺量范围较宽、功能各异、使用效果易受多种因素影响，因此，外加剂种类的选择通过采用工程实际使用的原材料，经过试验验证，达到满足混凝土工作性能、力学性能、长期性能、耐久性能、安全性及节能环保等设计和施工要求。外加剂的选择可参考以下建议：

1 改善工作性、提高强度等宜选用本规范第 4 章普通减水剂、第 5 章高效减水剂、第 6 章聚羧酸系高性能减水剂。

2 改善工作性、提高抗冻融性，宜选用本规范第 7 章引气剂及引气减水剂。

3 提高早期强度宜选用本规范第 8 章早强剂。

4 延长凝结时间，宜选用本规范第 9 章缓凝剂。

5 改善混凝土泵送性、提高工作性，宜选用本规范第 10 章泵送剂。

6 提高抗冻性和抗冻融性，宜选用本规范第 11 章防冻剂。

7 喷射混凝土或有速凝要求的混凝土，宜选用本规范第 12 章速凝剂。

8 配制补偿收缩混凝土与自应力混凝土，宜选用本规范第 13 章膨胀剂。

9 提高混凝土抗渗性，宜选用本规范第 14 章防水剂。

10 防止钢筋锈蚀，宜选用本规范第 15 章阻锈剂。

3.1.2 不同供方、不同品种、不同组分的外加剂经科学合理共同（复合或混合）使用时，会使外加剂效果优化、获得多功能性。但由于我国外加剂品种多样，功能各异，当不同供方、不同品种的外加剂共同使用时，有的可能会产生某些组分超出规定的允许掺量范围，造成混凝土凝结时间异常、含气量过高或对混凝土性能产生不利影响；而配制复合外加剂的水溶液时，有的可能会产生分层、絮凝、变色、沉淀等相溶性不好或发生化学反应等问题。因此，为确保安全性，本条文规定了当不同供方、不同品种外加剂共同使用时，需向供方咨询、并在供方指导下，经试验验证，满足混凝土设计和施工要求方可使用。

3.1.3 本条是强制性条文。六价铬盐、亚硝酸盐和硫氰酸盐是对人体健康有毒害作用的物质，常用作早强剂等外加剂，也可与减水剂组分复合应用。当含有这些组分的外加剂或该组分直接掺入用于饮水工程中建成后与饮用水直接接触的混凝土时，这些物质在流水的冲刷、渗透作用下会溶入水中，造成水质的污染，人饮用后会对健康造成危害。

3.1.4　本条为强制性条文，规定了含有强电解质无机盐的早强型普通减水剂、早强剂、防冻剂和防水剂严禁使用的混凝土结构。这类外加剂会导致镀锌钢材、铝铁等金属件发生锈蚀，生成的金属氧化物体积膨胀，进而导致混凝土的胀裂。强电解质无机盐在有水存在的情况下会水解为金属离子和酸根离子，这些离子在直流电的作用下会发生定向迁移，使得这些离子在混凝土中分布不均，容易造成混凝土性能劣化，导致工程安全问题。

3.1.5　本条为强制性条文，混凝土中的氯离子渗透到钢筋表面，会导致混凝土结构中的钢筋发生电化学锈蚀，进而导致结构的膨胀破坏，会对混凝土结构质量造成重大影响。因此，含有氯盐的早强型普通减水剂、早强剂、防水剂及氯盐类防冻剂严禁用于预应力混凝土、使用冷拉钢筋或冷拔低碳钢丝的混凝土以及间接或长期处于潮湿环境下的钢筋混凝土、钢纤维混凝土结构。

3.1.6　本条为强制性条文，硝酸铵、碳酸铵和尿素在碱性条件下能够释放出刺激性气味的气体，长期难以消除，直接危害人体健康，造成环境污染。因此规定了严禁用于公共娱乐场所、医院、学校、商场、候机候车室等人员活动的建筑工程。

3.1.7　本条为强制性条文，由于亚硝酸盐、碳酸盐会引起预应力混凝土中钢筋的应力腐蚀和晶格腐蚀，会对预应力混凝土结构安全造成重大影响，因此规定了严禁用于预应力混凝土结构。

3.1.8　本条文规定了掺外加剂混凝土所用的水泥、砂、石和掺合料等材料，应符合国家现行有关标准的规定。

3.2　外加剂的掺量

3.2.1　胶凝材料除水泥外，还包括矿物掺合料，主要有粉煤灰、粒化高炉矿渣、磷渣粉、硅灰、钢渣粉等。因此外加剂的掺量是以混凝土中胶凝材料总质量的百分数表示。有些特殊外加剂如膨胀剂属于内掺，因此与外掺的外加剂掺量表示方法不同。

3.2.2　外加剂掺量有固定范围，除外加剂本身的性能外，外加剂掺量还会受到水泥品种、矿物掺合料品种、混凝土原材料质量状况、混凝土配合比、混凝土强度等级、施工环境温度、商品混凝土运输距离及外加剂掺加方式等诸多因素的影响。因此，外加剂最佳掺量的确定应在供方推荐掺量范围内，根据上述的影响因素，经过试验来确定。在实际工程中，混凝土原材料的品质和施工环境温度经常波动，可以通过调整混凝土外加剂的掺量以及混凝土的配合比以满足设计和施工要求。

3.3　外加剂的质量控制

3.3.1　本条规定了外加剂进场时，供方提供给需方的质量证明文件应齐全，应包括型式检验报告、出厂检验报告与合格证和产品使用说明书等质量证明文件查验和收存。

3.3.2　进场检验的方法应符合国家现行有关标准的规定。外加剂产品进场检验对混凝土施工及质量控制具有极其重要的意义。在外加剂进场时应检验把关，不合格的外加剂产品不能进场。符合本规范各外加剂种类进厂检验规定的外加剂为质量合格，可以验收。

3.3.3　本条规定了外加剂存放及标识的要求。工程中存在因不同品种外加剂搞混、搞错而导致工程质量事故，因此，应分别存放，不得大意。

3.3.4　同一品种的外加剂，由于不同供方选用的原材料不同、生产工艺的区别、产地的差异、等级不等，该品种外加剂的质量、匀质性、甚至性能均有所区别，都会不同程度对掺外加剂混凝土性能、施工等产生一定影响，因此，当这些情况发生变化时，需需要复试验证，符合设计和施工要求方可使用。

3.3.5　本条规定了因受潮结块的粉状外加剂应经检验合格后方可使用。有的外加剂受潮结块后虽不影响质量，仍可使用，但须经粉碎，否则不利于混凝土的均匀拌合，有的外加剂受潮结块后会影响质量，如膨胀剂受潮结块会影响其膨胀性；有些液体外加剂贮存期间受环境的影响，质量会有所下降，会影响使用效果，贮存时应予以注意。

3.3.6　外加剂的精准计量是外加剂混凝土质量控制的重要保证，本条规定了计量仪器的标定及计量误差，以确保外加剂掺量的精准性。

3.3.7　有些外加剂的化学成分复杂多样，不正确的贮存、运输和使用方式会存在重大安全隐患。例如亚硝酸钠运输或存放过程中接触易燃物，易发生燃烧爆炸，且在燃烧时产生大量氧气，难以扑灭；又如强碱性粉状速凝剂、碱性液体速凝剂和具有酸性的低碱液体速凝剂对人的皮肤、眼睛具有强腐蚀性，因此外加剂的运输、存放及使用须按有关化学品的管理规定，采取相应的安全防护措施。为加强混凝土外加剂的安全防护，本次修订新增加了此条。

4　普通减水剂

4.1　品　种

4.1.1～4.1.3　木质素磺酸盐类的减水率约为5%～10%，一般为普通减水剂。丹宁目前基本无生产和工程应用，本次修订删除丹宁。

早强剂分为无机盐类、有机化合物类和复合类，见本规范第8章。

可以直接采用木质素磺酸盐类减水剂和多元醇系减水剂作为缓凝型普通减水剂，也可将缓凝剂（见本规范第9章）与普通减水剂复合制成缓凝型普通减水剂。常用糖蜜或糖钙、木质素磺酸钙、柠檬酸、磷酸盐等复合成缓凝减水剂，以延长混凝土的凝结时间，其应用已有数十年的历史，在大体积混凝土工程及水电站的主体大坝工程中，尤以木钙及糖钙类缓凝剂用量最多。缓凝减水剂不仅能使混凝土的凝结时间延长，而且还能降低混凝土的早期水化热，降低混凝土最高温升，这对于减少温度裂缝、减少温控措施费用、降低工程造价、提高工程质量都有显著的作用。

4.2 适用范围

4.2.1 普通减水剂减水率在 10% 左右，一般用于中低强度等级混凝土。掺普通减水剂的混凝土随气温的降低早期强度也降低，因此不适宜用于 5℃ 以下的混凝土施工。

4.2.2 普通减水剂的引气量较大，并具有缓凝性，浇筑后需要较长时间才能形成一定的结构强度，所以用于蒸养混凝土必须延长静停时间或减少掺量，否则蒸养后混凝土容易产生微裂缝、表面酥松、起鼓及肿胀等质量问题。因此普通减水剂不宜单独用于蒸养混凝土。

4.2.3 在最低温度不低于 −5℃ 环境中，加入早强剂、早强减水剂，混凝土表面采用一定的保温措施，混凝土不会受到冻害，温度转为正温时能较快地提高强度。

4.2.4 缓凝减水剂可以延长混凝土的凝结时间，其缓凝效果因品种及掺量而异，在推荐掺量范围内，柠檬酸延缓混凝土凝结时间一般约为 8h～19h，氯化锌延缓 10h～12h，糖蜜缓凝剂延缓 2h～4h，木钙延缓 2h～3h。缓凝减水剂还能降低水泥早期水化热，因而可用于炎热气候条件下施工的混凝土、大体积混凝土、大面积浇筑的混凝土、连续浇筑避免冷缝出现的混凝土，需较长时间停放或长距离运输的混凝土。

4.2.5 糖蜜、低聚糖类缓凝减水剂含有还原糖和多元醇，掺入水泥中会引发作为调凝剂的硬石膏、氟石膏在水中溶解度大幅度下降，导致水泥发生假凝现象。使用时，需进行缓凝型普通减水剂相容性试验，以防出现工程事故。

4.3 进场检验

4.3.1 分别规定了普通减水剂进场检验批数量、取样数量及留样。

4.3.2 规定了普通减水剂进场检验的项目。

4.3.3 为了确保进场普通减水剂的质量稳定，采用工程实际使用的原材料与上批留样进行平行对比试验，坍落度的允许偏差应符合现行国家标准《混凝土质量控制标准》GB 50164 的规定。

4.4 施 工

4.4.1 通过附录 A 试验方法检验普通减水剂与混凝土其他原材料的相容性，快速预测工程混凝土的工作性能的变化。

4.4.2 普通减水剂的常用掺量是根据试验结果和综合考虑技术经济效果而提出的。试验结果证明，随着普通减水剂掺量增加，混凝土的凝结时间延长，尤其是木质素磺酸盐类减水剂超过适宜掺量时，含气量有所增加，强度值随之降低，而减水率增高幅度不大，有时会使混凝土较长时间不凝而影响施工。因此注意避免过量掺加。

4.4.3 由于减水剂的掺量较小，采用干粉加入搅拌机时，不易在拌合物中均匀分散，会影响混凝土的质量，尤其是木质素磺酸盐类减水剂会造成混凝土工程中的个别部位长期不凝的质量事故。为了确保均匀性，粉状减水剂，特别是粉状早强型减水剂直接掺入混凝土干料中时，应延长混凝土搅拌时间。

4.4.4 根据工程要求，为满足混凝土多种性能要求，常需用复合减水剂。在配制复合减水剂时，应注意各种外加剂的相容性。将粉状复合减水剂配制成溶液，如有絮凝状或沉淀等现象产生，则影响外加剂的匀质性，并可能对混凝土性能产生不利影响，因此应分别配制溶液，分别加入搅拌机中。

4.4.5 低温下，掺有早强型普通减水剂的混凝土早期强度较低，开始浇水养护的时间应适当推迟，并应覆盖塑料薄膜或保温材料进行早期养护。

4.4.6 掺有缓凝型普通减水剂的混凝土早期强度较低，开始浇水养护的时间也应适当推迟。当施工气温较低时，应覆盖塑料薄膜或保温材料养护，在施工气温较高、风力较大时，应在平仓后立即覆盖混凝土表面，以防止混凝土水分蒸发，产生塑性裂缝，并始终保持混凝土表面湿润，直至养护龄期结束。

5 高效减水剂

5.1 品 种

5.1.1 本次修订删掉了原条文中的改性木质素磺酸钙、改性丹宁，因目前基本无相关产品。

5.2 适用范围

5.2.1 工程实践表明，萘系高效减水剂、氨基磺酸盐高效减水剂单独或复合使用可以配制出 C50 以上强度等级的混凝土。

5.2.2 缓凝高效减水剂通常在有较高减水率要求的混凝土中使用，而缓凝普通减水剂通常在强度等级不高、水灰比较大的混凝土中使用。缓凝高效减水剂可用于炎热气候条件下施工的混凝土、大体积混凝土、大面积浇筑的混凝土、连续浇筑避免冷缝出现的混凝土、需较长时间停放或长距离运输的混凝土、自密实混凝土、滑模施工或拉模施工的混凝土及其他需要延缓凝结时间的混凝土。

5.2.3 掺高效减水剂混凝土的强度随着温度降低而降低，但在 5℃养护条件下，3d 强度增长率仍然较高，因此高效减水剂可用于日最低气温 0℃以上施工的混凝土。高效减水剂混凝土一般含气量较低，缓凝时间较短，用于蒸养混凝土不需要延长静停时间，在实际工程中已大量应用，一般比不掺高效减水剂混凝土可缩短蒸养时间 1/2 以上。

5.2.4 掺有缓凝高效减水剂的混凝土随气温的降低早期强度也降低，因此，不适宜用于日最低气温 5℃以下混凝土的施工。

5.3 进场检验

5.3.1 分别规定了高效减水剂进场检验批数量、取样数量和留样。

5.3.2 规定了高效减水剂进场检验的项目。

5.3.3 为了确保进场高效减水剂的质量稳定，采用工程实际使用的材料与上批留样进行平行对比试验，坍落度或经时损失的允许偏差应符合《混凝土质量控制标准》GB 50164 的规定。

5.4 施 工

5.4.1 通过附录 A 试验方法检验高效减水剂与混凝土其他原材料的相容性，快速预测工程混凝土的工作性能的变化。

5.4.2 随着高效减水剂掺量增加，混凝土流动性能增加。当达到饱和点后，再增加高效减水剂掺量，而混凝土流动性并没有明显增加，有时还有副作用，成本也有所增加。因此，高效减水剂的掺量应根据供方的推荐掺量、气温高低、施工要求的混凝土凝结时间、运输距离、停放时间等，经试验确定，综合考虑技术经济效果。

5.4.3 高效减水剂采用干粉加入搅拌机中时，为了确保均匀性，应延长混凝土搅拌时间。

5.4.4 根据工程要求，为更好地满足混凝土多种性能要求，常需用复合高效减水剂。在配制复合高效减水剂时，应注意各种外加剂的相溶性。将粉状复合高效减水剂配制成溶液时，如有絮凝状或沉淀等现象产生，则影响外加剂的匀质性，并可能对混凝土性能产生不利影响，因此应分别配制溶液，分别加入搅拌机中。

5.4.5 为了减少坍落度损失，使高效减水剂更有效地发挥作用，可二次添加高效减水剂。为确保二次添加高效减水剂的混凝土满足设计和施工要求，本条规定了二次添加的高效减水剂不应包括缓凝、引气组分，以避免这两种组分过量掺加，而引起混凝土凝结时间异常和强度下降等问题。

5.4.6 掺有高效减水剂的混凝土应加强早期养护，防止混凝土表面失水，引起混凝土早期塑性开裂；并

始终保持混凝土表面湿润，直至养护龄期结束，防止混凝土干缩开裂。特别是低温下，掺有高效减水剂的混凝土早期强度还较低，开始浇水养护的时间也应适当推迟，可覆盖塑料薄膜或保温材料进行早期养护。

5.4.7 高效减水剂较适用于蒸养混凝土，蒸养制度适宜，才能达到最佳效果。

6 聚羧酸系高性能减水剂

6.1 品 种

6.1.1 本次修订增加了聚羧酸减水剂，并将其归类为高性能减水剂。经过近十年来聚羧酸系高性能减水剂在我国各类混凝土工程中大量的成功应用，证明它是目前技术水平条件下成熟可靠的高性能减水剂，性能符合现行国家标准《混凝土外加剂》GB 8076 高性能减水剂的要求，今后若有新的技术成熟的同类外加剂，可考虑纳入下次修订计划。

为方便工程应用，按照聚羧酸系高性能减水剂的应用性能特点分为标准型、早强型和缓凝型，与现行国家标准《混凝土外加剂》GB 8076 的分类相协调。聚羧酸系高性能减水剂的早强和缓凝性能既可通过聚合物分子结构设计得到，也可以通过复合早强和缓凝组分获得。

6.1.2 工程中也经常使用具有特殊功能的聚羧酸系高性能减水剂，例如具有减少混凝土收缩功能的、具有缓慢释放功能的、具有优越保坍功能的聚羧酸系高性能减水剂等，将这些划分为其他有特殊功能的聚羧酸系高性能减水剂。

6.2 适 用 范 围

6.2.1 聚羧酸系高性能减水剂性能优越，有害物质（氯离子、硫酸根离子和碱等）含量低，可用于多种混凝土工程，应用范围较广泛。

6.2.2 与其他减水剂相比，聚羧酸系高性能减水剂具有高减水、高保坍、收缩率小等优点，尤其适合于对混凝土性能和外观要求较高的混凝土工程，如高强混凝土、自密实混凝土、清水混凝土等。

6.2.3 大量的实践表明，聚羧酸系高性能减水剂能够比较全面地满足对耐久性要求高的混凝土结构工程，同时赋予新拌混凝土优异的工作性和硬化混凝土良好的力学性能，是重要基础设施混凝土结构中首选的外加剂。

6.2.4 缓凝型聚羧酸系高性能减水剂适用于高温环境的混凝土施工，适宜的施工环境温度为 25℃以上，适用于要求坍落度保持时间较长的混凝土施工或者大体积混凝土施工。日最低气温 5℃以下使用缓凝型聚羧酸系高性能减水剂会出现凝结时间过长的情况，影响混凝土强度的正常增长。

6.2.5 日最低气温－5℃以下使用早强型聚羧酸系高性能减水剂不能起到有效的抗冻作用，应添加防冻组分或直接使用防冻剂。大体积混凝土对水化放热速率有要求，早强型聚羧酸系高性能减水剂对降低早期水化热不利，不宜使用。

6.2.6 蒸养条件下，具有引气性的聚羧酸系高性能减水剂可能导致混凝土强度大幅度下降或耐久性能变差，因此本条规定了若用于蒸养混凝土时，应经试验验证。

6.3 进 场 检 验

6.3.1 分别规定了聚羧酸系高性能减水剂进场检验批数量、取样数量及留样。

6.3.2 规定了聚羧酸系高性能减水剂进场检验的项目。

6.3.3 为了确保进场聚羧酸系高性能减水剂的质量稳定，采用工程实际使用的材料与上批留样进行平行对比试验，坍落度（或扩展度）或经时损失的允许偏差应符合现行国家标准《混凝土质量控制标准》GB 50164 的规定。

6.4 施 工

6.4.1 通过附录 A 试验方法检验聚羧酸系高性能减水剂与混凝土其他原材料的相容性，快速预测工程混凝土的工作性能的变化。

6.4.2 大量的试验及工程实践表明，聚羧酸系高性能减水剂与萘系或氨基磺酸盐系减水剂复合或混合后会使减水剂的作用效果受到较大影响，甚至出现坍落度损失过快、工作性丧失、凝结时间异常等影响施工及工程质量，因此应避免复合或混合使用。目前，聚羧酸系高性能减水剂与其他种类减水剂复合或混合使用的经验较少，不足以证明其使用效果。为了保证工程质量的安全，本条规定了应经试验验证，满足设计和施工要求后方可使用。

6.4.3 聚羧酸系高性能减水剂产品多呈弱酸性，对铁质容器和管道存在腐蚀性。此外，铁离子与聚羧酸系高性能减水剂中的羧基易发生络合作用，影响减水剂的性能。

6.4.4 聚羧酸系高性能减水剂本身呈弱酸性，复配组分较多，尤其是复配有糖类调凝组分时，在夏季高温季节很容易发霉变质，冬季低温容易冻结。

6.4.5 有些引气剂与聚羧酸系高性能减水剂存在相溶性问题，因此宜分别掺加。

6.4.6 为了使引气剂或消泡剂均匀溶入聚羧酸系高性能减水剂，避免外加剂组分不均匀而影响混凝土的质量和稳定性，因此使用前要进行均化处理。

6.4.7 聚羧酸系高性能减水剂对掺量的敏感性较高，掺量的较小变化可引起混凝土工作性的较大改变。因此，最佳掺量应经试验确定，并在生产中严格控制添加量。

6.4.8 聚羧酸系高性能减水剂的应用性能与混凝土的原材料品质和配合比有关。砂石含水量对混凝土的用水量影响较大，在聚羧酸系高性能减水剂掺量不变的情况下，用水量增大会使混凝土产生离析、泌水等问题；砂石的含泥量对聚羧酸系高性能减水剂的性能影响显著，含泥量较高时，最好先冲洗砂子，不具备条件时，需要掺加更多的减水剂才能达到工作性要求；与机制砂共同使用时，要注意机制砂的石粉含量，当 MB 值大于 1.4 时石粉以泥为主，对聚羧酸系高性能减水剂的性能有较大影响。

6.4.9 聚羧酸系高性能减水剂分散作用发挥需要一定的时间，因此需要充分搅拌。

6.4.10 掺用过其他类型减水剂的混凝土搅拌机、运输罐车和泵车等设备，若未清洗干净，搅拌和运输掺聚羧酸系高性能减水剂的混凝土时，易出现工作性能显著降低的现象。

6.4.11 气温较低时，标准型和缓凝型聚羧酸系高性能减水剂的作用效果发挥缓慢，有时出现坍落度随时间延长而增加的现象，严重时出现泌水离析，影响混凝土性能。因此，环境温度低于 10℃时，应观察混凝土坍落度的经时变化，并制定预防措施，一旦出现不利情况应及时予以解决。

7 引气剂及引气减水剂

7.1 品 种

7.1.1 本次修订对引气剂品种进行了重新分类，新增了非离子聚醚和复合类。

7.1.2 由引气剂与减水剂复合而成的引气减水剂已广泛用于混凝土工程中，其中减水剂包括普通减水剂、高效减水剂和聚羧酸系高性能减水剂。引气剂和减水剂复合使用时也存在相容性问题，因此使用引气减水剂时还应注意其贮存稳定性。

7.2 适 用 范 围

7.2.1 本条规定了引气剂及引气减水剂的主要使用场合。引气剂能够在硬化混凝土内部产生一定量的微小气泡，这些小气泡能够阻断混凝土内部的毛细孔，大幅度提高混凝土的抗冻融能力。同时新拌混凝土含气量的提高有利于改善混凝土的工作性，降低新拌混凝土的泌水，保证施工质量。

7.2.2 本条规定了引气剂及引气减水剂的其他使用场合。引气剂可提高混凝土的抗渗性能，适用于抗渗混凝土、抗硫酸盐混凝土。引气剂可有效改善新拌混凝土的和易性和黏聚性，对水泥用量少或骨料粗糙混凝土的改善效果更为显著，如贫混凝土、轻骨料混凝土、人工砂配制的混凝土。掺引气剂的混凝土易于抹面，能使混凝土表面光洁，因此有饰面要求的混凝土也宜掺引气剂。

7.2.3 本条规定了不宜使用引气剂及引气减水剂的场合。在高温养护条件下，引气剂引入的气体会产生巨大膨胀，如果引入的气体含量不恰当，甚至可能导致混凝土强度大幅度下降以及耐久性能变差，因此蒸养混凝土一般不宜掺引气剂。混凝土含气量增大，会造成混凝土徐变增加、预应力损失较大，因此预应力混凝土中也不宜使用引气剂。某些工程中采用了含气量大于4%的聚羧酸系高性能减水剂生产蒸养预制构件和预应力混凝土，有些预应力桥梁也使用了含气量大于等于3.0%的泵送剂。

7.3 技术要求

7.3.1 混凝土抗冻融能力和含气量的大小密切相关，因此含气量大小应根据混凝土抗冻等级和骨料最大公称粒径等通过试验来确定。对于强度等级高的混凝土，达到相同抗冻等级所需要的含气量较低。

7.3.2 对抗冻融要求高的混凝土，注意控制施工现场的混凝土含气量波动。

7.3.3 引气剂及引气减水剂用于改善新拌混凝土工作性时，施工现场的新拌混凝土含气量在3%～5%为宜，太低的含气量起不到降低泌水和改善和易性的效果，太高的含气量会降低硬化混凝土力学性能。

7.4 进场检验

7.4.1 分别规定了引气剂进场检验批数量、取样数量及留样。

7.4.2 规定了引气剂及引气减水剂进场检验的项目。

7.4.3 为了确保进场引气剂或引气减水剂的质量稳定，采用工程实际使用的原材料与上批留样进行平行对比试验，初始含气量允许偏差应为±1.0%。

7.5 施 工

7.5.1 通过附录A试验方法检验引气减水剂与混凝土其他原材料的相容性，快速预测工程混凝土的工作性能的变化。

7.5.2 引气剂一般掺量较小，掺量的微小波动会导致含气量的大幅变化。为了计量准确，使用前应配成较低浓度的均匀溶液，一般质量分数不超过5%，溶液中的水量也应从拌合水中扣除。

7.5.3 引气剂属表面活性剂，一般需用热水溶解。此外水中的钙、镁等多价离子可能会和部分引气剂溶液相互作用产生沉淀，降低引气剂的性能，稀释用水应符合现行行业标准《混凝土用水标准》JGJ 63的规定。

7.5.4 引气剂与其他外加剂复合时，应注意与其他外加剂的相容性，如出现絮凝或沉淀等现象，则影响外加剂的匀质性，并可能对混凝土性能产生不利影

响，因此应分别配制溶液，分别加入搅拌机中。

7.5.5 混凝土原材料（如水泥品种、用量、细度及碱含量，掺合料品种、用量，骨料类型、最大粒径及级配，水的硬度，与其复合的其他外加剂品种）和施工条件（如搅拌机的类型、状态、搅拌量、搅拌速度、搅拌时间、振捣方式及环境温度）的变化对引气剂或引气减水剂的性能影响较大，需要根据这些情况的变化应经试验调整引气剂或引气减水剂的掺量。

7.5.6 混凝土搅拌时间、搅拌量及搅拌方式都会对引气剂或引气减水剂的性能产生影响。混凝土含气量随搅拌时间长短而发生变化，因此施工现场的搅拌工艺应根据试验确定。

7.5.7 为了保证浇筑后的混凝土含气量达到设计要求，考虑到在运输和振捣过程中含气量的经时变化，因此必须控制浇筑现场的混凝土含气量大小。对含气量要求严格的混凝土，施工中应定期测定含气量以确保工程质量。当气温超过30℃、砂石含水率或含泥量产生明显波动或其他必要情况下，宜增加检验次数。

8 早 强 剂

8.1 品 种

8.1.1 本条文所指的早强剂是按照化学成分来分类的。近几年，经过大量的试验及工程实践表明，硫氰酸盐是一种具有很好早强功能的早强剂，所以本次修订在无机盐类早强剂中增加了硫氰酸盐新品种。

8.1.2 原规范第6.1.1条中的第三类早强剂为"其他"，实际上是两种或两种以上无机盐类早强剂或有机化合物类早强剂复合而成的早强剂。本次修订更为明确。

8.2 适用范围

8.2.1 本条规定了早强剂的适用范围和避免使用的条件。在蒸养条件下，混凝土掺入早强剂可以缩短蒸养时间，降低蒸养温度；在常温和低温条件下，掺入早强剂均能显著提高混凝土的早期强度。在低于—5℃环境条件下，掺加早强剂不能完全防止混凝土的早期冻胀破坏，应掺加防冻剂；在炎热条件下，混凝土的早期强度可以得到较快发展，此时掺加早强剂对混凝土早期强度的发展意义不大。

8.2.2 早强剂使水泥水化热集中释放，导致大体积混凝土内部温升增大，易导致温度裂缝；三乙醇胺等有机胺类早强剂在蒸养条件下会使混凝土产生爆皮、强度降低等问题，不宜使用。

原规范中的强制性条文"大体积混凝土中严禁采用含有氯盐配制的早强剂"，是因为氯盐会导致大体积混凝土中的钢筋锈蚀，同时限制氯盐早强剂导致的

水泥水化热集中释放。

考虑到其他种类的早强剂也会导致水泥水化热的集中释放，所以在此将相关内容更改为"早强剂不宜用于大体积混凝土"。

8.2.3 在水的作用下，无机盐早强剂中的有害离子易在混凝土中迁移，导致钢筋锈蚀，也易导致混凝土的结晶盐物理破坏；掺无机盐早强剂的混凝土表面会出现盐析现象，影响混凝土的表面装饰效果，并对表面的金属装饰产生腐蚀。

8.3 进 场 检 验

8.3.1 分别规定了早强剂进场检验批数量、取样数量及留样。

8.3.2 规定了早强剂进场检验的项目。

8.3.3 硫氰酸根离子、甲酸根离子与银离子反应会生成白色沉淀物，所以在含有硫氰酸盐、甲酸盐的情况下，若采用硝酸银滴定法检测氯离子含量，检测结果会受到严重干扰。

8.4 施　　工

8.4.1 规定了早强剂的贮存、使用注意事项，应按有关化学品的管理规定，采取相应安全防护措施进行存放及使用。亚硝酸盐类、硫氰酸盐类早强剂是对人体健康有危害的化学物质，在使用和贮存过程中应严格控制。

8.4.2 本条规定了常用早强剂的掺量限值。硫酸盐掺量过大会导致混凝土后期强度降低，影响混凝土的耐久性；硫酸钠掺量超过水泥重量的 0.8% 即会产生表面盐析现象，不利于表面装饰。三乙醇胺掺量超过水泥重量的 0.05% 会导致混凝土缓凝和早期抗压强度的降低。由于原规范表 6.3.2 中"与缓凝减水剂复合的硫酸钠的掺量限值"没有明确缓凝减水剂的种类及掺量，因此本次修订将之取消。

8.4.3 采用不同品种水泥拌制的混凝土，使用不同品种的早强剂对混凝土的工作状态、凝结时间等性能产生不同程度的影响，所以在混凝土采用蒸汽养护时，应经试验确定静停时间、蒸养温度等技术指标。

8.4.4 粉状外加剂不易分散均匀，所以应适当延长搅拌时间。

8.4.5 掺早强剂的混凝土中水泥的水化速度较快，易出现早期裂缝，所以应加强保温保湿养护。

9 缓 凝 剂

9.1 品　　种

9.1.1、9.1.2 原则上，能够延缓混凝土凝结时间的外加剂都可称之为缓凝剂。糖类化合物既包括单糖也包括多糖。本此修订新增了部分新型缓凝剂，

如有机磷酸及其盐类。而聚乙烯醇、纤维素醚、改性淀粉和糊精等高分子物质，虽然也具有一定的缓凝功能，但其主要作用是用来增稠，因此本次修订不列入缓凝剂品种。原规范第 5.1.1 条中的木质素磺酸盐类由于具有减水和缓凝双重功能而归类为普通减水剂。

9.2 适 用 范 围

9.2.1 缓凝剂可延长混凝土的凝结时间，保证连续浇筑的混凝土不会由于混凝土凝结硬化而产生施工冷缝，如碾压混凝土、大面积浇筑的混凝土和滑模施工或拉模施工的混凝土工程。

9.2.2 缓凝剂可延缓水泥水化进程，降低水化产物生成速率，减少对减水剂的过度吸附，进而提高混凝土的坍落度保持能力，使混凝土在所需要的时间内具有流动性和可泵性，从而满足工作性的要求。

9.2.3 缓凝剂可延缓硬化过程中水泥水化时的放热速率，可降低混凝土内外温差。如水工大坝混凝土、大型构筑物和桥梁承台混凝土、工业民用建筑大型基础底板混凝土施工均可通过掺用缓凝剂以满足水化热和凝结时间的要求。

9.2.4 本条对缓凝剂的使用条件进行了规定。低的环境温度会降低掺缓凝剂的混凝土早期强度，因此缓凝剂不适宜于日最低气温 5℃ 以下的混凝土施工。掺缓凝剂的混凝土早期强度增长慢，达到所需结构强度的静停时间长，因此不适宜用于具有早强要求的混凝土及蒸养混凝土。

9.2.5 羟基羧酸及其盐类的缓凝剂（如柠檬酸、酒石酸钾钠等）的主要作用是延缓混凝土的凝结时间，但同时也会增大混凝土的泌水率，特别是水泥用量低、水灰比大的混凝土尤为显著。为了防止因泌水离析现象加剧而导致混凝土的和易性、抗渗性等性能的下降，故在水泥用量低或水灰比大的混凝土中不宜单独使用。

9.2.6 用硬石膏或脱硫石膏、磷石膏等工业副产石膏作调凝剂的水泥，掺用含有糖类组分的缓凝剂可能会引起速凝或假凝，使用前应做混凝土外加剂相容性试验。

9.3 进 场 检 验

9.3.1 规定了缓凝剂进场检验批数量、取样数量及留样。

9.3.2 规定了缓凝剂进场后的快速检验项目。

9.3.3 为了确保进场缓凝剂的质量稳定，采用工程实际使用的原材料与上批留样进行平行对比试验，初、终凝时间允许偏差应为 ±1h。若环境温度发生显著变化，需方要求供方调整缓凝剂配方时，则供方缓凝剂可不必和留样进行对比，进场检验细节需供需双方协商确定。

9.4 施　工

9.4.1 不同品种的缓凝剂其缓凝效果也不尽相同，因此应根据使用条件和目的选择品种，并进行试验以确定其适宜的掺量。不同品种的缓凝剂适用温度范围不同，也具有不同的温度敏感性。当施工环境温度高于30℃时宜选用糖类、有机膦酸盐等缓凝剂，而葡萄糖酸（钠）等缓凝剂在高温下缓凝作用明显降低。

9.4.2 对于碾压混凝土、滑模施工混凝土等连续浇筑施工的掺缓凝剂的混凝土，为了确保混凝土层间结合良好，避免施工冷缝的产生，必须保证在下一批次混凝土浇筑施工时，结合面位置混凝土未达初凝。过分的缓凝将影响混凝土施工进度，故应控制混凝土凝结时间满足施工设计要求。

9.4.3 缓凝剂一般掺量较小，为胶凝材料质量的万分之几到千分之几，为了计量的准确性，宜配成溶液掺入，溶液中所含的水分须从拌合水中扣除，以免造成混凝土的水胶比增加。对于不溶于水或水溶性差的缓凝剂应以干粉掺入到混凝土拌合料中并延长搅拌时间30s。

9.4.4 缓凝剂与减水剂复合使用时，应注意各种外加剂的相溶性。配制溶液或复合时可能会产生絮凝或沉淀现象，则影响外加剂的匀质性，并可能对混凝土性能产生不利影响，因此应分别配制溶液，分别加入搅拌机中。

9.4.5 掺缓凝剂的混凝土早期强度较低，开始浇水养护时间也应适当推迟。当施工温度较低时，可覆盖塑料薄膜或保温材料养护；当施工温度较高、风力较大时，应立即覆盖混凝土表面，以防止水分蒸发产生塑性裂缝，并始终保持混凝土表面湿润，直至养护龄期结束。

9.4.6 缓凝剂的缓凝效果与环境温度有关，环境温度升高，缓凝效果变差，环境温度降低，缓凝效果增强。当环境温度波动超过10℃时，可认为使用环境已经发生了显著变化，应慎用糖类缓凝剂，并调整缓凝剂掺量或重新确定缓凝剂品种。

10 泵 送 剂

10.1 品　种

10.1.1 混凝土中使用的泵送剂，是以减水剂为主要组分复合而成的。复合的其他组分包括缓凝组分、引气组分、保水组分和黏度调节组分等。

本条文规定采用的一种减水剂是指普通减水剂、高效减水剂或聚羧酸系高性能减水剂。

10.1.2 本条文规定采用不同品种的两种或两种以上的减水剂组分，与缓凝组分、引气组分、保水组分和黏度调节组分复合而成的泵送剂。

10.1.3 在满足泵送剂技术指标要求的情况下，单独的一种减水剂，如质量较好的木质素系普通减水剂、氨基磺酸盐系高效减水剂以及缓凝型聚羧酸系高性能减水剂等，可以直接作为泵送剂使用。

10.1.4 在满足泵送剂技术指标要求的情况下，两种或两种以上的减水剂复合，可以直接作为泵送剂使用。

10.2 适 用 范 围

10.2.1 泵送剂主要应用于长距离运输和泵送施工的预拌混凝土，以及其他以减水增强和增大流动性为目的混凝土工程。泵送剂可用于泵送施工工艺、滑模施工工艺、免振自密实工艺、顶升施工工艺和高抛施工工艺等。如果对凝结时间没有特殊要求，或需要一定缓凝的混凝土工程，也可采用泵送剂代替减水剂使用。含有缓凝组分的泵送剂，不适用于对早强要求较高的蒸汽养护混凝土和蒸压养护混凝土，也不宜用于预制混凝土。现场搅拌的非泵送施工混凝土由于对坍落度或坍落度保持性没有特殊要求，若采用泵送剂，要通过试验验证其适用性，并避免因凝结时间延缓而影响混凝土强度发展。

10.2.2 本条主要根据混凝土结构种类对泵送剂的适用范围进行了规定。

10.2.3 泵送剂中常复配有缓凝组分，掺入后混凝土凝结时间会延长。环境温度较低会降低掺泵送剂混凝土的早期强度，因此泵送剂不适宜于5℃以下的混凝土施工。

10.2.4 泵送剂中常复配有缓凝组分，掺入后混凝土凝结时间会延长，需要的静停时间也延长，因此不适用于对以快速增强为目的和对早强要求较高的蒸汽养护和蒸压养护的预制混凝土。

10.2.5 糖蜜、低聚糖类缓凝减水剂含有还原糖和多元醇，掺入水泥中会引发作为调凝剂的硬石膏、氟石膏在水中溶解度大幅度下降，导致水泥发生假凝现象。使用时，需进行泵送剂相容性试验，以防出现工程事故。

10.3 技 术 要 求

10.3.1 实际工程中泵送剂多种多样，减水率变化较大，从12%到40%不等。近几年大量的研究和工程实践表明，高强混凝土不宜采用低减水率的泵送剂，否则无法满足混凝土工作性和强度发展的要求；而中低强度等级的混凝土采用高减水率的泵送剂时，容易出现泌水、离析的问题。为便于合理有效选择泵送剂，本条规定了泵送剂的减水率宜符合表10.3.1的规定。

10.3.2 对于自密实混凝土，由于流动性要求很高，建议选择减水率不低于20%的泵送剂产品。

10.3.3 实际工程中，混凝土的坍落度保持性的控制是根据预拌混凝土运输和等候浇筑的时间决定的，一般浇筑时混凝土的坍落度不得低于120mm。按照现行国家标准《混凝土外加剂》GB 8076的规定，泵送剂产品的坍落度1h经时变化量不得大于80mm。对于运输和等候时间较长的混凝土，应选用坍落度保持性较好的泵送剂。通过大量调研和工程实践，本次修订提出了表10.3.3的规定，有利于需方合理选择泵送剂。

10.4 进 场 检 验

10.4.1 分别规定了泵送剂进场检验批数量、取样数量及留样。

10.4.2 规定了泵送剂进场检验的项目。

10.4.3 为了确保进场泵送剂的质量稳定，采用工程实际使用的原材料和配合比与上批留样进行平行对比试验，减水率允许偏差为±2%，坍落度1h经时变化值允许偏差为±20mm。

10.5 施 工

10.5.1 通过附录A试验方法检验泵送剂与混凝土其他原材料的相容性，快速预测工程混凝土的工作性能的变化。

10.5.2 由于不同供方、不同品种泵送剂混合使用，可能会产生外加剂性能降低的现象，例如减水率降低，坍落度保持性大幅下降，凝结时间异常等，所以不得将不同供方、不同品种的泵送剂混合使用，并应分别贮存。

10.5.3 预拌混凝土原材料来源广泛、质量波动大且工程条件也变化较大，给泵送剂的应用带来很多困难。因此泵送剂的品种、掺量应根据工程实际使用的水泥、掺合料和骨料情况，经试配后确定。在应用过程中，当原材料、环境温度、运输距离、泵送高度和泵送距离等发生变化时，应通过试验适当调整泵送剂掺量，也可适当调整混凝土配合比。

10.5.4 目前我国大都采用液体泵送剂，也有采用粉状泵送剂。液体泵送剂宜与拌合水预混，或直接加入搅拌机中；粉状泵送剂宜与胶凝材料一起加入搅拌机中，为了确保均匀性及充分发挥粉状泵送剂的效能，宜延长混凝土搅拌时间30s。

10.5.5 现行行业标准《普通混凝土配合比设计规程》JGJ 55对泵送混凝土的原材料、配合比设计等均有具体规定。

10.5.6 掺泵送剂的混凝土坍落度不能满足施工要求时，泵送剂可采用二次掺加法。为确保二次添加泵送剂的混凝土满足设计和施工要求，本条规定了二次添加的外加剂不应包括缓凝、引气组分，以避免这两种组分过量掺加，而引起混凝土凝结时间异常和强度下降等问题。二次添加的量应预先经试验确定。如需采用二次掺加法时，建议在泵送剂供方的指导下进行。

10.5.7 掺泵送剂的混凝土早期强度较低，开始浇水养护的时间也应适当推迟。当施工气温较低时，应覆盖塑料薄膜或保温材料养护，在施工气温较高、风力较大时，应在平仓后立即覆盖混凝土表面，以防止混凝土水分蒸发产生塑性裂缝，并始终保持混凝土表面湿润，直至养护龄期结束。

11 防 冻 剂

11.1 品 种

11.1.1 大多数情况下使用的防冻剂包括了无机盐类化合物、水溶性有机化合物、减水剂和引气剂等，以满足混凝土施工性能和防冻等要求。

某些醇类主要是指乙二醇、三乙醇胺、二乙醇胺、三异丙醇胺等。

11.1.2 氯盐阻锈类防冻剂对钢筋的锈蚀作用与阻锈组分和氯盐的用量比例有很大关系，只有在阻锈组分与氯盐的摩尔比大于一定比例时，才能保证钢筋不被锈蚀。无氯盐类常用的防冻组分除了亚硝酸盐和硝酸盐外，还有硫酸盐、硫氰酸盐和碳酸盐等。

11.2 适 用 范 围

11.2.1 本条对防冻剂的适用范围进行了规定。

11.2.2 亚硝酸钠具有明显改善硫铝酸盐水泥石孔结构的作用，可大幅度提高其负温下强度。碳酸锂对硫铝酸盐水泥有促凝作用，加快负温下受冻临界强度的形成，但由于对后期强度不利，应与亚硝酸钠复合使用。

11.3 进 场 检 验

11.3.1 分别规定了防冻剂进场检验批数量、取样量及留样。

11.3.2 规定了防冻剂进场检验的项目。

11.3.3 硫氰酸根离子、甲酸根离子与银离子反应会生成白色沉淀物，若采用硝酸银滴定法检测氯离子含量，检测结果会受到严重干扰。

11.4 施 工

11.4.1 通过附录A试验方法检验防冻剂与混凝土其他原材料的相容性，快速预测工程混凝土的工作性能的变化。

11.4.2 日平均气温一般比日最低气温高5℃左右，施工允许使用的最低温度比规定温度低5℃的防冻剂。

11.4.3 硅酸盐水泥、普通硅酸盐水泥的早期强度发展快，混凝土达到受冻临界强度的时间短，更有利于抵抗早期冻害。雨、雪混入骨料不仅会降低混凝土温度，也会改变混凝土的配合比，影响混凝土的温度和强度。

11.4.4 防冻剂有时需要与其他外加剂复合使用，为防止防冻剂与这些外加剂之间发生不良反应，要在使用前进行试配试验，确定可以共同掺加方可使用。

11.4.5 温度太低时，液体防冻剂本身受冻或者出现结晶，容易堵塞输送管道，应尽量采取保温措施。

11.4.6 控制混凝土入模温度，有利于混凝土尽快达到受冻临界强度以免遭受冻害。

11.4.7 掺防冻剂的混凝土多为冬期施工混凝土，现行行业标准《建筑工程冬期施工规程》JGJ/T 104 中对冬期施工混凝土的生产、运输、施工及养护有详细的规定，可参照执行。

12 速 凝 剂

12.1 品　　种

12.1.1 本条规定了用于喷射混凝土施工用的粉状速凝剂主要品种。一类是以铝酸盐、碳酸盐等为主要成分的粉状速凝剂，呈强碱性；另外一类是以硫酸铝、氢氧化铝等为主要成分（碱含量小于1%）的低碱粉状速凝剂。

12.1.2 本条规定了用于喷射混凝土施工用的液体速凝剂主要品种。一类是以铝酸盐、硅酸盐为主要成分的液体速凝剂，呈强碱性；另外一类是以硫酸铝、氢氧化铝等为主要成分（碱含量小于1%）的低碱液体速凝剂。

12.2 适 用 范 围

12.2.1 本条规定了速凝剂的使用场合。

速凝剂主要用于隧道、矿山井巷、水利水电、边坡支护等岩石支护工程，还广泛用于加固、堵漏等修复工程，在建筑薄壳屋顶、深基坑处理等场合也有一定的应用。

12.2.2 本条规定了粉状速凝剂和液体速凝剂分别适用的场合。

喷射混凝土分为干法喷射和湿法喷射施工工艺。其中干法施工是除水之外的混凝土拌合物拌合均匀后，水在喷嘴处加入，这种施工方法主要采用粉状速凝剂，该法发展较早，技术较为成熟，设备投资少，可在露天边坡工程中使用；湿法施工是预拌混凝土在喷出时在喷嘴处加入速凝剂，因此必须使用液体速凝剂。湿喷法粉尘少，回弹量少，质量更稳定，在公路隧道和封闭洞室喷锚支护中，宜优先使用。湿喷法是喷射混凝土技术今后发展的主要方向。

12.2.3 由于强碱性粉状速凝剂和碱性液体速凝剂含有相当数量的碱金属离子，使用这两种速凝剂的混凝土往往后期强度发展缓慢，相对于基准混凝土的强度损失可以达到15%以上，不宜于后期强度和耐久

性要求较高的喷射混凝土；当喷射混凝土的骨料具有碱活性时，使用这两种速凝剂会增加混凝土中的碱含量，增加碱骨料反应发生的可能性。因此对碱含量有特殊要求的喷射混凝土工程宜选用碱含量小于1%的低碱速凝剂。碱含量较低的速凝剂对喷射混凝土的后期强度影响较小，对混凝土的各项耐久性指标影响较小，因此可以用于永久性的支护和衬砌中。

12.3 进 场 检 验

12.3.1 分别规定了速凝剂进场检验批数量、取样数量及留样。

12.3.2 规定了速凝剂进场检验的项目。

12.3.3 为了确保进场速凝剂的质量稳定，采用工程实际使用的原材料与上批留样进行平行对比试验，水泥净浆初、终凝时间允许偏差应为±1min。

12.4 施　　工

12.4.1 速凝剂的掺量与速凝剂品种和使用环境温度有关。一般粉状速凝剂掺量范围为水泥用量的2%～5%。液体速凝剂的掺量，应在试验室确定的最佳掺量基础上，根据施工混凝土状态、施工损耗及施工时间进行调整，以确保混凝土均匀、密实。碱性液体速凝剂掺量范围为3%～6%，低碱液体速凝剂掺量范围为6%～10%。当温度较低时，应增加速凝剂的掺量。当速凝剂掺量过高时，会导致混凝土强度的过度损失。

12.4.2 速凝剂是促进水泥快速凝结的外加剂，矿物掺合料少、新鲜的硅酸盐水泥或普通硅酸盐水泥更有利于发挥速凝剂的速凝效果，使喷射混凝土快速凝结硬化，提供早期支护。

12.4.3 为了减少回弹量并防止物料的管路堵塞，石子的最大粒径不宜大于20mm，一般宜选用15mm以下的卵石或碎石。当采用短纤维配制纤维喷射混凝土时，甚至骨料粒径不宜大于10mm。

12.4.4 喷射混凝土的配合比，目前多依经验确定。由于喷射混凝土骨料粒径较小，需要较多的浆体包裹，为了减少回弹，水泥用量应较大，一般为400kg/m³，砂率也较高。干法施工中，砂率一般为45%～55%，湿喷施工中，砂率一般为50%～60%。湿喷施工中，混凝土需要一定距离的运输，一般都使用高效减水剂，混凝土应具有一定的流动性，甚至有时坍落度应高达220mm。

12.4.5 混凝土拌合物受到原材料、气温、计量等因素的影响，拌合物的工作性可能会产生波动，在湿喷前应加强混凝土拌合物工作性的控制，以防止由于混凝土工作性变化引起的回弹量增加、粘结性能下降等问题的产生。为了兼顾施工的连续性，本条规定了喷射作业时的检查次数。

12.4.6 干喷施工时，搅拌时间、搅拌量及搅拌方式

会对混合料的混合均匀性产生影响，从而影响其喷射混凝土效果，因此必须保证混合料均匀性，减少粉尘飞扬、水泥散失和减少脱落。当掺加短纤维时，搅拌时间不宜小于180s。

12.4.7 为了防止混合料在喷射前产生水化反应，因此在运输、存放过程中，应严防雨淋、滴水或大块石等杂物混入，装进喷射机前应过筛，防止堵管。

12.4.8 为了防止混合料在喷射前产生水化反应，混合料宜随拌随用，存放时间过长会吸收空气中的水，产生水化反应，从而影响喷射混凝土的性能和效果。

12.4.9 喷射混凝土的水泥用量和砂率都很大，表面水分蒸发率较大时，应加强养护，防止开裂。喷射混凝土终凝2h后，应喷水养护，一般工程的养护时间不少于7d，重要工程不少于14d。每天喷水养护的次数，以保持表面90%相对湿度为准。湿度较好的隧道、洞室或封闭环境中的喷射水泥混凝土，可酌情减少喷水养护次数。

12.4.10 速凝剂的凝结时间受环境温度影响很大，当作业区日最低气温低于5℃，混凝土凝结硬化速率降低，喷射混凝土回弹会增加。同时，环境温度很低时，喷射混凝土强度低于设计强度的30%时，混凝土会受到冻害。

12.4.11 强碱性粉状速凝剂和碱性液体速凝剂都对人的皮肤、眼睛具有强腐蚀性；低碱液体速凝剂为酸性，pH值一般为2～7，对人的皮肤、眼睛也具有腐蚀性。同时混凝土物料采用高压输送，因此施工时应有劳动防护，确保人身安全。当采用干法喷射施工时，还必须采用综合防尘措施，并加强作业区的局部通风。

13 膨 胀 剂

13.1 品 种

13.1.1～13.1.3 本规范所指的膨胀剂，是指现行国家标准《混凝土膨胀剂》GB 23439 规定的膨胀剂。包括水化产物为钙矾石（$C_3A \cdot 3CaSO_4 \cdot 32H_2O$）的硫铝酸钙类膨胀剂、水化产物为钙矾石和氢氧化钙的硫铝酸钙-氧化钙类膨胀剂、水化产物为氢氧化钙的氧化钙类膨胀剂，不包括其他类别的膨胀剂。例如，氧化镁膨胀剂虽然在大坝混凝土中已有使用，但由于技术原因，目前还没有在建筑工程中应用，进行的研究也比较少，因此其应用技术不包括在本规范中。

13.2 适 用 范 围

13.2.1 本条规定了膨胀剂的主要使用场合。

目前膨胀剂主要是掺入硅酸盐类水泥中使用，用于配制补偿收缩混凝土或自应力混凝土。表1是其常见的一些用途。

表 1　膨胀剂的一些常见用途

混凝土种类	常 见 用 途
补偿收缩混凝土	地下、水中、海水中、隧道等构筑物；大体积混凝土（除大坝外）；配筋路面和板；屋面与厕浴间防水；构件补强、渗漏修补；预应力混凝土；回填槽、结构后浇缝、隧洞堵头、钢管与隧道之间的填充；机械设备的底座灌浆、地脚螺栓的固定、梁柱接头、加固等
自应力混凝土	自应力钢筋混凝土输水管、灌注桩等

13.2.2 对膨胀源是钙矾石的膨胀剂使用条件进行了规定。因为在长期处于80℃以上的环境下，钙矾石可能分解，所以从安全性考虑，规定膨胀源是钙矾石的膨胀剂的使用环境温度不大于80℃，膨胀源是氢氧化钙的补偿收缩混凝土不受此规定的限制。

原规范第8.2.3条规定，含氧化钙类膨胀剂配制的混凝土（砂浆）不得用于海水或有侵蚀性水的工程。经调查，目前掺膨胀剂的混凝土中，几乎都掺加大量的粉煤灰、磨细矿渣粉等活性掺合料，即使是水泥，其混合材含量也比较大，如现行国家标准《通用硅酸盐水泥》GB 175 规定的普通硅酸盐水泥，混合材含量由以前的15%提高到20%，因此不存在氢氧化钙超量的问题。相反多数情况下都存在"钙"不足的现象，导致混凝土早期碳化比较严重，故本次修订取消该规定。

13.2.3 掺膨胀剂的混凝土原则上需要在限制条件下使用。这是因为，混凝土产生的膨胀在限制作用下，可导致混凝土内部产生预压应力。通过调整膨胀剂的掺加量，在限制条件下，可获得自应力值为0.2MPa～1.0MPa的补偿收缩混凝土和自应力值大于1.0MPa的自应力混凝土。因此离开限制谈膨胀是没有意义的。

13.3 技 术 要 求

13.3.1 按膨胀能大小可以将膨胀混凝土分为补偿收缩混凝土和自应力混凝土两类，其中补偿收缩混凝土的自应力值较小，主要用于补偿混凝土收缩和填充灌注。用于补偿因混凝土收缩产生的拉应力、提高混凝土的抗裂性能和改善变形性质时，其自应力值一般为0.2MPa～0.7MPa；用于后浇带、连续浇筑时预设的膨胀加强带以及接缝工程填充时，自应力值为0.5MPa～1.0MPa。在这两种情况下使用的膨胀混凝土，由于自应力很小，故在结构设计中一般不考虑自应力的影响。

自应力按照公式 $\sigma = \varepsilon \cdot E \cdot \mu$ 计算，（σ—自应力

值，ε—限制膨胀率，E—限制钢筋的弹性模量，取 2.0×10^5 MPa，μ—试件配筋率）。在本标准中，限制膨胀率是通过附录 B 规定的试验方法经试验获得。按照本标准附录 B 的规定，试件的配筋率为 0.785%，通过计算可知，当限制膨胀率为 0.015% 时，其自应力值约为 0.24MPa，故规定最小限制膨胀率为 0.015%。

应该强调，掺膨胀剂的膨胀混凝土性能指标的确定，一是在不影响抗压强度的条件下，膨胀率要尽量增大，二是试件转入空气中后，最终的剩余限制膨胀率要大。

统一用限制膨胀率表述补偿收缩混凝土的变形，用"＋"、"－"号区别膨胀与收缩，不再用"限制收缩率"的表述方法，易于理解。另外，根据最新的研究结果，将用于后浇带、膨胀加强带和工程接缝填充的混凝土限制膨胀率由 −0.030%（原表述为限制干缩率 3.0×10^{-4}）调整至 −0.020%，提高了混凝土的限制膨胀率指标。

13.3.2 规定了补偿收缩混凝土限制膨胀率的试验和检验方法。

13.3.3 本条规定了补偿收缩混凝土抗压强度设计和检验评定标准。

13.3.4 本条规定了补偿收缩混凝土最低抗压强度设计等级。

13.3.5 规定了补偿收缩混凝土的抗压强度试验方法。对膨胀较小的补偿收缩混凝土，按照现行国家标准《普通混凝土力学性能试验方法标准》GB/T 50081 检测。对用于填充的补偿收缩混凝土，有时因膨胀过大会出现无约束试件强度明显降低的情况，因此按照现行行业标准《补偿收缩混凝土应用技术规程》JGJ/T 178-2009 的附录 A 进行，使试件在试模中处于限制的状态，比较符合实际使用情况。

13.3.6 本条规定了灌浆用膨胀砂浆的基本性能和检验方法。

13.3.7 自应力混凝土属于膨胀量较大的一种膨胀混凝土，其自应力值较大，在结构设计时必须考虑自应力的影响。自应力混凝土目前主要用于制造自应力混凝土输水管，因此其制品性能应符合现行国家标准《自应力混凝土输水管》GB 4084 的规定。自应力水泥有多个品种，如自应力硅酸盐水泥、自应力硫酸盐水泥、自应力铝酸盐水泥等，用膨胀剂和硅酸盐类水泥配制的自应力水泥属于自应力硅酸盐水泥体系，因此其性能应符合自应力硅酸盐水泥标准的规定。

13.4 进场检验

13.4.1 本条规定了膨胀剂进场检验批数量、取样数量及留样。验收批、取样量和封存样的保存时间与现行国家标准《混凝土膨胀剂》GB 23439 的编号和取样一致。

13.4.2 本条规定了进场检验的项目。就混凝土膨胀剂而言，水中 7d 限制膨胀率指标是其最重要的技术指标，细度是膨胀剂重要的均质性指标，不符合产品标准规定的细度，如大的膨胀剂颗粒会导致混凝土局部膨胀、鼓包，影响工程质量，因此将这两项指标规定为进场检验项目。

13.5 施 工

13.5.1 混凝土膨胀剂是一种功能性外加剂，用其配制的膨胀混凝土属于特种混凝土，可用于补偿混凝土收缩或建立自应力，因此在使用过程中，首先由设计师根据工程特点和用途，确定需要的限制膨胀率，据此才能够配制补偿收缩混凝土。

现行行业标准《补偿收缩混凝土应用技术规程》JGJ/T 178 的第 4 章，对使用补偿收缩混凝土时，限制膨胀率的取值方法、超长结构连续施工的构造形式、膨胀加强带、配筋方式、结构自防水设计等进行了详细规定。

现行行业标准《补偿收缩混凝土应用技术规程》JGJ/T 178 的第 5 章、第 6 章、第 7 章和第 8 章，分别对补偿收缩混凝土的原材料选择、配合比、生产和运输、浇筑和养护等进行了较为详细的规定，本条采纳了这些规定，但不赘述，执行时可以查看 JGJ/T 178。涉及与 JGJ/T 178 相协调的内容，将在下面条文中进行规定。

13.5.2 补偿收缩混凝土基本能够补偿或部分补偿混凝土的干燥收缩，因此与一般混凝土相比，可以减免用于释放变形和应力的后浇带，也可以提前浇筑这些后浇带。详细的设计和施工方法参见现行行业标准《补偿收缩混凝土应用技术规程》JGJ/T 178 的有关规定。

13.5.3 本条规定了掺膨胀剂混凝土的最少胶凝材料用量。膨胀混凝土的膨胀发展和强度发展是一对矛盾，胶凝材料太少时，不能够为膨胀发展提供足够的强度基础，因此要确保最少的胶凝材料用量。一般膨胀量越大的混凝土，胶凝材料用量也越多。

13.5.4 对灌浆用膨胀砂浆的施工进行了规定。

原规范第 8.5.7 条规定灌浆用膨胀砂浆的水料（胶凝材料＋砂）比应为 0.14～0.16，本次修订改为"宜为 0.12～0.16"，是因为现在有一些厂家生产的支座砂浆的水料比小于 0.14。另外，对水料比而言，采用推荐性的指标更合适，故将"应"改为"宜"。

由于灌浆用膨胀砂浆的流动度大，一般不用机械振捣，否则会导致骨料不均匀沉降。为排除空气，可用人工插捣。浇筑抹压后，暴露部分要及时覆盖。在低于 5℃ 时需要采取保温保湿养护措施，一是防止膨胀砂浆受冻，二是避免水分蒸发，影响膨胀效果。

14 防 水 剂

14.1 品 种

14.1.1 根据防水剂的发展，本次修订增加了无机铝盐防水剂、硅酸钠防水剂。氯盐类防水剂能促进水泥的水化硬化，在早期具有较好的防水效果，特别是在要求早期必须具有防水性的情况下，可以用它作防水剂，但因为氯盐类会使钢筋锈蚀，收缩率大，后期防水效果不大，使用时应注意后期防水性能。

有机化合物类的防水剂主要是一些憎水性表面活性剂，聚合物乳液或水溶性树脂等，其防水性能较好，使用时应注意对强度的影响。

14.1.2 防水剂与引气剂组成的复合防水剂中由于引气剂能引入大量的微细气泡，隔断毛细管通道，减少泌水，减少沉降，减少混凝土的渗水通路，从而提高了混凝土的防水性。防水剂与减水剂组分复合而成的防水剂，由于减水剂的减水及改善和易性的作用使混凝土更致密，从而达到更好的防水效果。

14.2 适用范围

14.2.1 防水剂是在混凝土拌合物中掺入的能改善砂浆和混凝土的耐久性、降低其在静水压力下透水性能的外加剂。防水剂主要用于各种有抗渗要求的混凝土工程。

14.2.2 复合型防水剂中含有引气组分时，引气组分分子倾向于整齐地排列在气液界面，亲水基团在水中，而憎水基团面向空气，因而降低了水的表面张力。憎水作用的表面活性物质在搅拌时会在混凝土拌合物中产生大量微小、稳定、均匀、封闭的气泡，使硬化混凝土的内部结构得到改善。一方面气泡起到了阻断水的渗透作用，因而减少了混凝土的渗水通道；另一方面引气剂在混凝土中引入无数细小空气泡还能提高混凝土的抗冻性。因此，对于有抗冻要求的混凝土工程宜选用复合有引气组分的防水剂。

14.3 进场检验

14.3.1 分别规定了防水剂进场检验批数量、检验项目和留样。

14.3.2 规定了防水剂进场检验的项目。

14.4 施 工

14.4.1 通过附录 A 试验方法检验复合类防水剂与混凝土其他原材料的相容性，快速预测工程混凝土的工作性能的变化。

14.4.2 普通硅酸盐水泥的早期强度高，泌水性小，干缩也较小，所以在选择水泥时应优先采用普通硅酸盐水泥。但其抗水性和抗硫酸盐侵蚀能力不如火山灰

质硅酸盐水泥。火山灰质硅酸盐水泥抗水性好，水化热低，抗硫酸盐侵蚀能力较好，但早期强度低，干缩率大，抗冻性较差。

14.4.3 防水剂应按供方推荐掺量掺入，超量掺加时应经试验确定，符合要求方可使用。有些防水剂，如皂类防水剂、脂肪族防水剂超量掺加时，引气量大，会形成较多气泡的混凝土拌合物，反而影响强度与防水效果，所以超过推荐掺量使用时必须经试验确定。

14.4.4 防水剂混凝土宜采用小粒径、连续级配石子，以达到更加密实、更好的防水效果。

14.4.5 含有引气剂组分的防水剂，搅拌时间对混凝土的含气量有明显的影响。一般是含气量达到最大值后，如继续进行搅拌，则含气量开始下降。

14.4.6 防水剂的使用效果与早期养护条件紧密相关，混凝土的不透水性随养护龄期增加而增强。最初7d必须进行严格的养护，因为防水性能主要在此期间得以提高。不能采用间歇养护，因为一旦混凝土干燥，将不能轻易地将其再次润湿。

14.4.7 防水剂能提高静水压力下混凝土的抗渗性能。当混凝土处于侵蚀介质环境中时，除了使用防水剂以外，还需考虑各种防腐措施。

14.4.8 防水混凝土结构表面温度太高会影响到水泥石结构的稳定性，降低防水性能。

15 阻 锈 剂

15.1 品 种

15.1.1、15.1.2 本规范按化学成分将其分为无机类、有机类和复合类。目前使用较多的无机类阻锈剂为亚硝酸盐阻锈剂，其他无机阻锈剂也有应用；有机类阻锈剂应用比较成熟的有胺基醇和脂肪酸酯阻锈剂；两种或以上的无机、有机阻锈剂复合使用时，可以起到更好的阻锈效果，因此较为常用。

15.2 适用范围

15.2.1 本条规定了阻锈剂的主要使用环境和场合，阻锈剂可广泛应用于各种恶劣和氯盐腐蚀的环境中，如：

海洋环境：海水侵蚀区、潮汐区、浪溅区及海洋大气区；使用海砂作为混凝土用砂，施工用水含氯盐超出标准要求；用化冰（雪）盐的钢筋混凝土桥梁等；以氯盐腐蚀为主的工业与民用建筑；已有钢筋混凝土工程的修复；盐渍土、盐碱地工程；采用低碱度水泥或能降低混凝土碱度的掺合料；预埋件或钢制品在混凝土中需要加强防护的场合。

15.2.2 阻锈剂作为一种有效地阻止钢筋锈蚀的措施，对于新建有抗锈蚀要求的钢筋混凝土或钢纤维混凝土工程，应在混凝土拌制过程中加入阻锈剂，以阻

止钢筋或钢纤维锈蚀引起的对混凝土结构的破坏；钢筋阻锈剂也可用于修复钢筋外露的既有混凝土工程，加入到修补砂浆或混凝土中使用。

15.2.3 孔道灌浆作为后张法预应力施工的一道重要工序，对于保证工程质量，提高耐久性和使用寿命具有重要的作用。在灌浆材料中加入阻锈剂，可以更好地保护预应力钢绞线，使其免受锈蚀，保证预应力的施加更加有效，保证预应力工程质量。

15.3 进 场 检 验

15.3.1 分别规定了阻锈剂进场检验批数量、取样数量和留样。

15.3.2 规定了阻锈剂进场检验的项目。

15.4 施 工

15.4.1 掺阻锈剂混凝土的性能会随着原材料的变化而发生变化，为保证混凝土试配性能与施工性能的一致性，故应采用工程实际使用的原材料。当工程使用原材料或混凝土性能要求发生变化时，配合比亦应有所调整。浇筑前，应先经试验确定阻锈剂对混凝土凝结时间等性能的影响，从而能保证浇筑作业的顺利进行。

15.4.2 如果不剔除已受腐蚀、污染和中性化等破坏的混凝土层，将会削弱混凝土层与掺有阻锈剂的砂浆或混凝土之间的界面结合力，同时也影响钢筋阻锈剂的使用效果。由于工程具体情况不同及掺有阻锈剂的砂浆或混凝土的和易性等差别，实际工程施工中每层的抹面厚度会相应有所调整。若工程有具体的设计及施工要求时，可按要求进行施工。

附录 A 混凝土外加剂相容性
快速试验方法

A.0.1 近十年的大量试验研究和工程实践表明，原规范 GB 50119 - 2003 附录 A "混凝土外加剂对水泥的适应性检测方法"已落后，无法准确检验外加剂的相容性，不能对外加剂进行有效选择。由于原方法没有考虑混凝土中矿物掺合料和骨料对工作性的影响，因此导致净浆流动度的试验结果与混凝土的坍落度试验结果相关性很差。近几年，特别是聚羧酸系高性能减水剂已广泛大量应用于各类混凝土工程，更突显了原方法不适用于该类外加剂的相容性检验。因此，本次修订了原规范 GB 50119 - 2003 附录 A。新修订的附录 A "混凝土外加剂相容性快速试验方法"主要特点是采用工程实际使用的原材料（水泥、矿物掺合料、细骨料、其他外加剂），用砂浆扩展度法取代了水泥净浆流动度法。经规范编制组及外加剂相关企业大量的试验研究与验证表明，新方法获得的试验

结果与混凝土的坍落度试验结果相关性较好，更具实用性和可操作性。本条规定了试验方法的适用范围。

A.0.2 本条详细规定了试验所用的仪器设备。

A.0.3 大量的工程实践表明，混凝土外加剂的相容性不仅与水泥的特征有关，还与混凝土的其他原材料如矿物掺合料、细骨料质量等以及配合比相关。本条详细规定了试验所用的原材料和配合比。

本条第 3 款规定了水胶比降低 0.02，主要基于砂浆试验无粗骨料，而粗骨料本身会吸附一定的水分，因此在本试验中预先将该水分去除。

本条第 4 款大量试验结果表明，普通减水剂的初始砂浆扩展度在 260mm±20mm 范围内，高效减水剂、聚羧酸系高性能减水剂和泵送剂初始砂浆扩展度在 350mm±20mm 范围内，与混凝土的工作性能有较高的相关性，能有效地判别外加剂之间的相容性差异，也可有效判别外加剂与混凝土其他原材料之间的相容性。

A.0.5 掺量小、砂浆扩展度经时损失小的外加剂其相容性较优。

附录 B 补偿收缩混凝土的
限制膨胀率测定方法

B.0.1 本条规定了测试方法的适用范围。

B.0.2 本条规定了测量仪器的构造形式、仪器测试精度以及纵向限制器的构造形式。

B.0.3 本条规定了试件成型和养护的试验环境。

B.0.4 本条规定了试件的制作和脱模要求。研究表明，脱模强度对测量限制膨胀率的精确度影响很大，脱模强度太低时，不便于测量操作，而强度太高时，有一部分膨胀则测量不到，3MPa～5MPa 的脱模强度既不影响测量操作，对测量精度的影响也很低，比较适合。

B.0.5 本条规定了试件的测量和养护，特别需要指出的是，试件初始长度的测量一定要准确，因为它是以后测量和计算的基础。另外，每次测量时，都要用标准杆对测量仪的千分表进行零点校正。标准杆要放置在恒温处，不要靠近暖气，也不要让空调的冷风直接吹。千万不可摔、碰标准杆及其测头，否则会使标准杆变形，导致测量试验无法延续下去。

B.0.6 本条规定了测量结果的计算方法和取值精度。

由于补偿收缩混凝土的限制膨胀率值比较小，测量过程中小的误差就会影响测量精确度，因此在计算取值时，不采用 3 个试件测定值的平均值为计算依据，而采用相近的 2 个试件测定值的平均值为计算依据。

另外，为了便于对测量数据进行分析，本次修订增加了膨胀或收缩应力的计算方法。

附录 C 灌浆用膨胀砂浆竖向
膨胀率的测定方法

C.0.1 规定了测试方法的适用范围。

C.0.2 规定了测试仪器和试验工具。

目前量程 10mm 的数显千分表使用很普遍，而且读数很方便，故将原百分表修改为精度更高的千分表。

C.0.3 原来的竖向膨胀率测量装置采用磁力百分表架，但是实践证明，在安装百分表时，这种支架不容易对中，影响测试精度。因此本次标准修订规定采用新的测量支架构造形式。

原来的标准中，百分表是直接与玻璃板相接触，测量实践表明，膨胀砂浆流动度大时，其浮力会致使玻璃板上浮，影响测试精度。本次标准修订中，增加了钢质压块，其作用是平衡玻璃板的上浮。

C.0.4 本条规定了测量试验方法和步骤。

C.0.5 本条规定了竖向膨胀率的计算方法。

中华人民共和国行业标准

钢筋阻锈剂应用技术规程

Technical specification for application of corrosion inhibitor
for steel bar

JGJ/T 192—2009

批准部门：中华人民共和国住房和城乡建设部
实施日期：２０１０年７月１日

中华人民共和国住房和城乡建设部
公　　告

第 429 号

关于发布行业标准
《钢筋阻锈剂应用技术规程》的公告

现批准《钢筋阻锈剂应用技术规程》为行业标准，编号为 JGJ/T 192-2009，自 2010 年 7 月 1 日起实施。

本规程由我部标准定额研究所组织中国建筑工业

出版社出版发行。

中华人民共和国住房和城乡建设部

2009 年 11 月 9 日

前　　言

根据住房和城乡建设部《关于印发〈2008 年工程建设标准规范制订、修订计划（第一批）〉的通知》（建标〔2008〕102 号）的要求，规程编制组经广泛调查研究，认真总结实践经验，参考有关国际标准和国外先进标准，并在广泛征求意见的基础上，制定本规程。

本规程的主要技术内容有：1. 总则；2. 术语、符号；3. 环境类别和环境作用等级；4. 材料；5. 钢筋阻锈剂的选用；6. 施工；7. 质量验收；以及相关附录。

本规程由住房和城乡建设部负责管理，由中国建筑科学研究院负责具体技术内容的解释。执行过程中如有意见或建议，请寄送中国建筑科学研究院建筑材料研究所行业标准《钢筋阻锈剂应用技术规程》编制组（地址：北京市北三环东路 30 号；邮政编码：100013；E-mail：cabrmaterial@vip.163.com）

本 规 程 主 编 单 位：中国建筑科学研究院
　　　　　　　　　　　浙江中成建工集团有限

公司

本 规 程 参 编 单 位：建研建材有限公司
　　　　　　　　　　　山东省建筑科学研究院
　　　　　　　　　　　中交水运规划设计院有限公司
　　　　　　　　　　　北京市建筑材料质量监督检验站
　　　　　　　　　　　中交第一航务工程勘察设计院有限公司
　　　　　　　　　　　北京中冶欧德建筑技术有限公司

本规程主要起草人员：张小冬　董利华　张仁瑜
　　　　　　　　　　　黄　莹　周　庆　王顺柱
　　　　　　　　　　　宋作宝　胡仁平　王勇威
　　　　　　　　　　　金祖强　张晓辉　宋国台

本规程主要审查人员：魏　刚　陈小兵　熊蓉春
　　　　　　　　　　　王培铭　李德荣　邓宗才
　　　　　　　　　　　李　荣　姚秋来　王伟军

目　　次

Contents

1 总 则

1.0.1 为合理选择和正确使用钢筋阻锈剂，提高钢筋混凝土结构耐久性，制定本规程。

1.0.2 本规程适用于钢筋混凝土结构采用钢筋阻锈剂进行钢筋防护时的钢筋阻锈剂选用、检验、施工及质量验收。

1.0.3 当钢筋混凝土结构采用钢筋阻锈剂进行钢筋防护时，混凝土性能应满足设计和施工要求。

1.0.4 本规程规定了钢筋阻锈剂选用、检验、施工及质量验收的基本技术要求。当本规程与国家法律、行政法规的规定相抵触时，应按国家法律、行政法规的规定执行。

1.0.5 钢筋阻锈剂的应用除应符合本规程外，尚应符合国家现行有关标准的规定。

2 术语、符号

2.1 术 语

2.1.1 钢筋阻锈剂 corrosion inhibitor for steel bar

加入混凝土或砂浆中或涂刷在混凝土或砂浆表面，能够阻止或减缓钢筋腐蚀的化学物质。

2.1.2 内掺型钢筋阻锈剂 corrosion inhibitor added as admixture to concrete/mortar

在拌制混凝土或砂浆时加入的钢筋阻锈剂。

2.1.3 外涂型钢筋阻锈剂 migrating corrosion inhibitor

涂于混凝土或砂浆表面，能渗透到钢筋周围对钢筋进行防护的钢筋阻锈剂，又称渗透型或迁移型钢筋阻锈剂。

2.1.4 基准混凝土 reference concrete

同试验条件配制的、不掺加钢筋阻锈剂、同配比的混凝土。

2.2 符 号

A_0——钢筋表面积；

A_n——n 次循环后钢筋试件平均锈蚀面积；

R_1——内掺型钢筋阻锈剂加入量；

R_n——n 次循环后钢筋锈蚀面积百分率；

W_c——每立方米混凝土中钢筋阻锈剂用量；

W_w——每立方米混凝土中拌合水用量。

3 环境类别和环境作用等级

3.0.1 钢筋混凝土结构所处环境，按其对钢筋和混凝土材料的腐蚀机理可分为 5 类，并应按表 3.0.1 确定。

表 3.0.1 环 境 类 别

环境类别	名 称	腐蚀机理
Ⅰ	一般环境	保护层混凝土碳化引起钢筋锈蚀
Ⅱ	冻融环境	反复冻融导致混凝土损伤
Ⅲ	海洋氯化物环境	氯盐引起钢筋锈蚀
Ⅳ	除冰盐等其他氯化物环境	氯盐引起钢筋锈蚀
Ⅴ	化学腐蚀环境	硫酸盐等化学物质对混凝土的腐蚀

注：一般环境指无冻融、氯化物和其他化学腐蚀性物质作用的环境。

3.0.2 环境对钢筋混凝土结构的作用程度应采用环境作用等级表达，环境作用等级的划分应符合表 3.0.2 的规定。

表 3.0.2 环 境 作 用 等 级

环境作用等级 \ 环境类别	A 轻微	B 轻度	C 中度	D 严重	E 非常严重	F 极端严重
一般环境	Ⅰ-A	Ⅰ-B	Ⅰ-C	—	—	—
冻融环境	—	—	Ⅱ-C	Ⅱ-D	Ⅱ-E	—
海洋氯化物环境	—	—	Ⅲ-C	Ⅲ-D	Ⅲ-E	Ⅲ-F
除冰盐等其他氯化物环境	—	—	Ⅳ-C	Ⅳ-D	Ⅳ-E	—
化学腐蚀环境	—	—	Ⅴ-C	Ⅴ-D	Ⅴ-E	—

3.0.3 环境作用等级的确定应符合现行国家标准《混凝土结构耐久性设计规范》GB/T 50476 的规定。

4 材 料

4.1 钢筋阻锈剂

4.1.1 内掺型钢筋阻锈剂的技术指标应根据环境类别确定，并应符合表 4.1.1 的规定。

表 4.1.1 内掺型钢筋阻锈剂的技术指标

环境类别	检验项目		技术指标	检验方法
Ⅰ、Ⅲ、Ⅳ	盐水浸烘环境中钢筋腐蚀面积百分率		减少 95%以上	本规程附录 A
	凝结时间差	初凝时间	−60min～+120min	现行国家标准《混凝土外加剂》GB 8076
		终凝时间		
	抗压强度比		≥0.9	
	坍落度经时损失		满足施工要求	
	抗渗性		不降低	现行国家标准《普通混凝土长期性能和耐久性能试验方法标准》GB/T 50082
Ⅲ、Ⅳ	盐水溶液中的防锈性能		无腐蚀发生	本规程附录 A
	电化学综合防锈性能		无腐蚀发生	

注：1 表中所列的盐水浸烘环境中钢筋腐蚀面积百分率、凝结时间差、抗压强度比、抗渗性均指掺加钢筋阻锈剂混凝土与基准混凝土的相对性能比较；

2 凝结时间差技术指标中的"−"号表示提前、"+"号表示延缓；

3 电化学综合防锈性能试验仅适用于阳极型钢筋阻锈剂。

4.1.2 外涂型钢筋阻锈剂的技术指标应根据环境类别确定，并应符合表4.1.2的规定。

表 **4.1.2** 外涂型钢筋阻锈剂的技术指标

环境类别	检验项目	技术指标	检验方法
Ⅰ、Ⅲ、Ⅳ	盐水溶液中的防锈性能	无腐蚀发生	本规程附录A
	渗透深度	≥50mm	
Ⅲ、Ⅳ	电化学综合防锈性能	无腐蚀发生	

注：电化学综合防锈性能试验仅适用于阳极型钢筋阻锈剂。

4.2 混凝土或砂浆的组成材料

4.2.1 掺加钢筋阻锈剂的混凝土或砂浆宜采用硅酸盐水泥、普通硅酸盐水泥、矿渣硅酸盐水泥、火山灰质硅酸盐水泥或粉煤灰质硅酸盐水泥等，且水泥性能应符合现行国家标准《通用硅酸盐水泥》GB 175 的规定。

4.2.2 掺加钢筋阻锈剂的混凝土或砂浆所用骨料、拌合水和掺合料应符合现行行业标准《普通混凝土用砂、石质量及检验方法标准》JGJ 52、《混凝土用水标准》JGJ 63 和国家现行有关掺合料标准的规定。

4.2.3 掺加钢筋阻锈剂的混凝土所用外加剂应符合现行国家标准《混凝土外加剂》GB 8076 和《混凝土外加剂应用技术规范》GB 50119 的规定。

4.2.4 当内掺型钢筋阻锈剂与外加剂复合使用时，其相容性及对混凝土性能的影响应由试验确定，并不得降低钢筋阻锈剂的阻锈性能。

4.2.5 当使用含氯化物的外加剂时，混凝土中氯化物总含量应符合现行国家标准《混凝土质量控制标准》GB 50164 的规定。

4.2.6 当使用碱活性骨料时，应检验钢筋阻锈剂的碱含量。掺加钢筋阻锈剂的混凝土总碱含量应符合设计和现行国家标准《混凝土结构设计规范》GB 50010 的规定。

5 钢筋阻锈剂的选用

5.0.1 对于新建钢筋混凝土工程，钢筋阻锈剂的选用应符合下列规定：

　　1 当环境作用等级为Ⅲ-E、Ⅲ-F、Ⅳ-E时，在钢筋混凝土结构中应采用内掺型钢筋阻锈剂，并宜同时采用外涂型钢筋阻锈剂。

　　2 当环境作用等级为Ⅲ-C、Ⅲ-D、Ⅳ-C、Ⅳ-D时，在钢筋混凝土结构中宜采用钢筋阻锈剂，可采用内掺型钢筋阻锈剂，也可采用外涂型钢筋阻锈剂。

　　3 当环境作用等级为Ⅰ-A、Ⅰ-B、Ⅰ-C时，在钢筋混凝土结构中可采用内掺型钢筋阻锈剂或外涂型钢筋阻锈剂。

5.0.2 对于既有钢筋混凝土工程，钢筋阻锈剂的选用应符合下列规定：

　　1 当混凝土保护层因钢筋锈蚀失效时，宜选用掺加内掺型钢筋阻锈剂的混凝土或砂浆进行修复。

　　2 当环境作用等级为Ⅲ-E、Ⅲ-F、Ⅳ-E时，应采用外涂型钢筋阻锈剂。

　　3 当环境作用等级为Ⅲ-C、Ⅲ-D、Ⅳ-C、Ⅳ-D时，宜采用外涂型钢筋阻锈剂。

　　4 当环境作用等级为Ⅰ-A、Ⅰ-B、Ⅰ-C时，可采用外涂型钢筋阻锈剂。

　　5 当环境作用等级为Ⅲ-C、Ⅲ-D、Ⅳ-C、Ⅳ-D、Ⅰ-A、Ⅰ-B、Ⅰ-C，且存在下列情况之一时，应采用外涂型钢筋阻锈剂：

　　　　1）混凝土的密实性差；

　　　　2）混凝土保护层厚度不满足现行国家标准《混凝土结构工程施工质量验收规范》GB 50204 的规定；

　　　　3）锈蚀检测表明内部钢筋已处于有腐蚀可能的状态；

　　　　4）结构的使用环境或使用条件与原设计相比，发生显著改变，且结构可靠性鉴定表明这种改变会导致钢筋锈蚀而有损于结构的耐久性。

5.0.3 当环境作用等级为Ⅱ-C、Ⅱ-D、Ⅱ-E时，应先采取有效的防冻融技术措施后，再根据本规程第5.0.1条或第5.0.2条的规定选用钢筋阻锈剂。

5.0.4 当环境作用等级为Ⅴ-C、Ⅴ-D、Ⅴ-E时，应先根据化学腐蚀介质的种类及其对混凝土的腐蚀机理，采用相应的防止混凝土腐蚀、破坏的技术措施后，再根据本规程第5.0.1条或第5.0.2条的规定选用钢筋阻锈剂。

5.0.5 当采用钢筋阻锈剂时，应注明其类型，并应注明施工要求。

5.0.6 钢筋阻锈剂的用量应根据环境作用等级由试验确定。

5.0.7 工程中采用钢筋阻锈剂时，不得对环境造成污染。

6 施　　工

6.0.1 新建钢筋混凝土工程采用内掺型钢筋阻锈剂时的施工应符合下列规定：

　　1 混凝土配合比设计应采用工程使用的原材料。当使用水剂型钢筋阻锈剂时，混凝土拌合水中应扣除钢筋阻锈剂中含有的水量。当原材料或混凝土性能要求发生变化时，应重新进行混凝土配合比设计。

　　2 混凝土在浇筑前，应确定钢筋阻锈剂对混凝土初凝和终凝时间的影响。

　　3 混凝土的搅拌、运输、浇注、养护应符合现行国家标准《混凝土质量控制标准》GB 50164 的规定。

6.0.2 当使用掺加内掺型钢筋阻锈剂的混凝土或砂浆对既有钢筋混凝土工程进行修复时，施工应符合下列规定：

1 应先剔除已被腐蚀、污染或中性化的混凝土层，并应采用除锈剂或机械手段清除钢筋表面锈层后再进行修复。

2 当损坏部位较小、修补较薄时，宜采用砂浆进行修复。修复时，每层厚度应根据工程具体情况调整。每层施工间隔不宜小于 30min。大面积施工时，可采用喷射或喷、抹结合的施工方法。

3 当损坏部位较大、修补较厚时，宜采用混凝土进行修复。

4 混凝土或砂浆初凝后，不得继续使用。

5 混凝土或砂浆养护应符合现行国家标准《混凝土质量控制标准》GB 50164 的规定。

6.0.3 外涂型钢筋阻锈剂施工应符合下列规定：

1 钢筋阻锈剂应直接涂覆在混凝土表面。施工时，应采取防止日晒或雨淋的措施。施工完成后，宜覆盖薄膜养护 7d。

2 当混凝土表面有油污、油脂、涂层等影响渗透的物质时，应先去除后再进行涂覆操作。

3 当混凝土表面出现空鼓、松动及剥落等破损时，可先修复破损的混凝土后再进行涂覆操作。

4 钢筋阻锈剂涂覆的用量、涂覆的次数及间隔时间应符合设计要求。

6.0.4 施工过程中应填写施工记录，并应符合本规程附录 B 的规定。

7 质量验收

7.0.1 钢筋阻锈剂用于新建钢筋混凝土工程时，应按照现行国家标准《混凝土结构工程施工质量验收规范》GB 50204 的规定进行施工质量验收，并应提供下列资料：

1 设计及工程技术资料；

2 钢筋阻锈剂产品合格证；

3 钢筋阻锈剂产品使用说明；

4 钢筋阻锈剂性能检测报告；

5 钢筋阻锈剂进场复验报告；

6 混凝土配合比通知单；

7 施工记录表。

7.0.2 钢筋阻锈剂进场时，应对其品种、产品合格证、产品使用说明、出厂检验报告和性能检测报告进行检验。

检查数量：按进场的批次和产品的抽样检验方案确定。

检验方法：检查产品合格证、产品使用说明、出厂检验报告和性能检测报告。

7.0.3 钢筋阻锈剂进场时，应根据所处环境类别对其产品性能按本规程第 4 章的规定进行复验。

检查数量：同一进场、同种型号的钢筋阻锈剂，每 50t 应作为一个检验批，不足 50t 的应作为一个检验批。每检验批的钢筋阻锈剂应至少检验一次。

检验方法：检查进场复验报告。

7.0.4 外涂型钢筋阻锈剂施工后，应按本规程附录 A 检测渗透深度，以 3 点为一组，每组的渗透深度均不应小于 50mm。

检查数量：按涂覆面积计，500m² 以下工程应随机抽取 3 点，500m²～1000m² 工程应随机抽取 6 点，1000m² 以上工程应随机抽取 9 点。

检验方法：检查渗透深度检测报告。

附录 A 钢筋阻锈剂性能试验方法

A.1 盐水溶液中的防锈性能试验

A.1.1 本方法适用于盐水溶液中钢筋阻锈剂的防锈性能测定。

A.1.2 试验用钢筋试件或碳钢标准腐蚀试片应符合下列规定：

1 当采用钢筋试件时，试件宜采用 HPB235 钢筋，直径应为 10mm，长度应为 50mm，表面粗糙度应达到 6.3μm。当采用碳钢标准腐蚀试片时，试片尺寸应为 50mm×25mm×2mm。

2 钢筋试件或碳钢标准腐蚀试片使用前，应采用乙醇或丙酮等浸擦除去油脂，并应使用热风机吹干，经检查无锈痕后放入干燥器内备用。

A.1.3 试验用盐水溶液应按下列步骤进行配制：

1 计算并称量钢筋阻锈剂的加入量。钢筋阻锈剂的加入量应根据钢筋阻锈剂的类型确定，并应符合下列规定：

1) 内掺型钢筋阻锈剂加入量 R_1 应按下式计算：

$$R_1 = \frac{500 \times W_c}{W_w} \quad (A.1.3)$$

式中：R_1——内掺型钢筋阻锈剂加入量（g）；

W_c——每立方米混凝土中钢筋阻锈剂用量（kg）；

W_w——每立方米混凝土中拌合水用量（kg）。

2) 外涂型钢筋阻锈剂加入量可按推荐量确定。

2 配制试验用盐水溶液应按下列步骤进行：

1) 向带盖的容量为 500ml 的玻璃磨口瓶中加入 250g 蒸馏水，然后加入 3g 氢氧化钙进行搅拌；

2) 加入钢筋阻锈剂，搅拌均匀；

3）加入 5.75g 氯化钠，边搅拌边加蒸馏水至玻璃磨口瓶内总量为 500g。

A.1.4 防锈性能试验应以 3 个钢筋试件或碳钢标准腐蚀试片为一组。3 个钢筋试件或碳钢标准腐蚀试片应分别放置于 3 个盛满试验用盐水溶液的玻璃磨口瓶中，并应完全浸没于盐水溶液中，液面距钢筋试件或碳钢标准腐蚀试片顶面的距离不得少于 30mm。试验环境温度应控制在（22±5）℃。玻璃磨口瓶瓶盖应盖紧，并应观测钢筋表面 7d 内有无锈蚀发生。

A.1.5 当 3 个玻璃磨口瓶中的钢筋试件或碳钢标准腐蚀试片同时符合下列条件时，可判定为无腐蚀发生：

1 钢筋试件或碳钢标准腐蚀试片表面无锈蚀痕迹。

2 玻璃瓶中无腐蚀锈迹。

A.2 电化学综合防锈性能试验

A.2.1 本方法适用于阳极型钢筋阻锈剂的电化学综合防锈性能测定。

A.2.2 试验用钢筋试件应符合下列规定：

1 钢筋试件宜采用 HPB235 钢筋，直径应为 10mm，长度应为 50mm，表面粗糙度应达到 6.3μm。

2 钢筋试件应采用乙醇或丙酮等浸擦除去油脂，并应使用热风机吹干，经检查无锈痕后放入干燥器内备用。

A.2.3 试验用仪器设备应符合下列规定：

1 钢筋锈蚀测量仪的输出电压应为 0～±10V，恒电位控制范围应为 -1.999V～+1.999V，并应连续可调，控制误差不应大于 1mV。

2 电解池试验箱的不锈钢环状辅助电极直径应为（100±2）mm，高度应为（60±2）mm，钢板厚度应为（0.2～0.5）mm。试验溶液应为 3% 氯化钠溶液，液面高度应为（45±2）mm（图 A.2.3）。

3 烘箱应能使温度稳定在（60±5）℃，最高烘干温度应能达到 200℃，鼓风与加热应能同步。

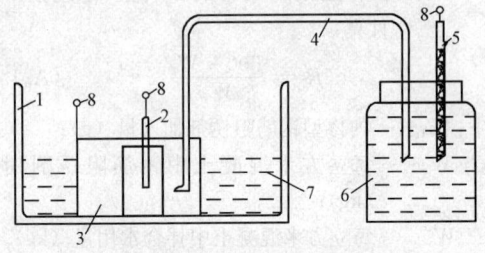

图 A.2.3 电解池试验箱示意
1—电解池；2—钢筋砂浆试块（接电源正极）；3—不锈钢环状辅助电极（接电源负极）；4—玻璃盐桥；5—参比电极（饱和甘汞电极）；6—饱和氯化钾溶液；7—试验溶液；8—插孔

A.2.4 砂浆试块的制作和养护应符合下列规定：

1 砂浆试块应采用强度等级为 42.5 的基准水泥和标准砂。基准水泥、标准砂和水应按 1∶2∶0.5（质量比）进行称量，钢筋阻锈剂的加入量可按推荐量确定。称量准确的原材料应采取先机械搅拌至均匀，再置于直径为 50mm、高为 50mm 的模具内，并振实至返浆。每组试块至少应成型 3 块。

2 应将经过处理的钢筋试件插入砂浆试块正中间，埋进应为 30mm 深，并应振捣密实，钢筋试件与砂浆试块之间应无缝隙。试块应在常温下静置 24h 后再拆模，并应放入标准养护室内养护 7d。

A.2.5 电化学综合防锈性能试验应按下列步骤进行：

1 将养护好的砂浆试块放入烘箱中，在 60℃ 的温度下烘干 2h 后取出，自然冷却 30min。在钢筋试件顶端焊接导线，再用环氧树脂将外露钢筋试件和砂浆试块上表面涂覆密封。

2 将待测砂浆试块放入电解池试验箱内，按照测量要求连接好导线。

3 施加 1200mV 的恒定电压，并应连续施加 168h。

4 分别测量 3 个试件通电 168h 时的电流值。

A.2.6 应取 3 个试件电流值的平均值作为该组试件的测量电流值。当测量电流值小于 150μA 时，可判定为无腐蚀发生。

A.3 盐水浸烘环境中防锈性能试验

A.3.1 本方法适用于盐水浸烘环境中钢筋阻锈剂的防锈性能测定。

A.3.2 试验用钢筋试件应符合下列规定：

1 钢筋试件宜采用 HPB235 钢筋，直径应为 6mm，长度应为 120mm，表面粗糙度应达到 6.3μm。

2 钢筋试件应采用乙醇或丙酮浸擦除去油脂，并应使用热风机吹干，经检查无锈痕后放入干燥器内备用。

A.3.3 试验用试剂和仪器设备应符合下列规定：

1 试剂应采用分析纯氯化钠。

2 烘箱应能使温度稳定在（60±5）℃，最高烘干温度应能达到 200℃，鼓风与加热应能同步。

3 塑料密封箱的高度不应小于 200mm。

4 试模的断面尺寸应为 100mm×100mm，长度应为 200mm。

A.3.4 试验用试块应符合下列规定：

1 试块的混凝土配合比应按国家现行标准《混凝土外加剂》GB 8076 和《普通混凝土配合比设计规程》JGJ 55 的规定进行设计，且粗骨料粒径应为 5mm～15mm，砂率应为 0.38，水灰比应为 0.6。

2 基准混凝土试块及掺加钢筋阻锈剂的混凝土试块中均应掺入 3.5% 氯化钠（以拌合水质量计），钢筋阻锈剂的加入量应按推荐量加入。

3 基准混凝土试块不应少于8块，掺加钢筋阻锈剂的混凝土试块不应少于6块。

A.3.5 试块的制作和养护应符合下列规定：

1 试块尺寸应为200mm×100mm×46mm，钢筋试件的保护层厚度应为20mm。

2 成型前，应先在试模内放置2根钢筋试件。钢筋试件两头应采用端头板和木楔固定。混凝土装入试模后，应在振动台上振动密实。

3 试块应在成型24h后卸去端头板和木楔，再在试块两头浇灌水灰比小于中间混凝土的富配比砂浆，并插捣密实。

4 试块应在成型72h后再拆模，并应放入标准养护室养护至7d（图A.3.5）。

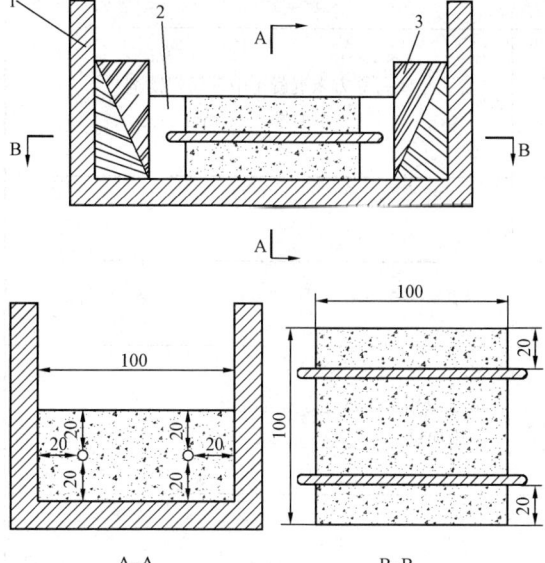

图 A.3.5 试块成型示意
1—试模；2—钢筋试件固定端板；3—木楔

A.3.6 浸烘循环应符合下列规定：

1 养护至7d的混凝土试块应放入烘箱中，并应于（80±5）℃的温度下烘干24h，然后冷却。

2 试块冷却30min后，应放入装有3.5%氯化钠溶液的密闭塑料箱中浸泡96h，然后再放入（60±5）℃的烘箱中烘72h。

3 试块浸泡96h、烘72h应为一个浸烘循环。

4 4个循环后，应劈开一块基准试块，测定钢筋锈蚀面积百分率。当锈蚀面积百分率大于15%时，应劈开掺加钢筋阻锈剂的试块进行测定。当锈蚀面积百分率小于15%时，应再进行1个浸烘循环，再测定基准试块的钢筋锈蚀面积百分率，直至锈蚀面积百分率大于15%后停止循环，进行测定。

5 浸泡过程中，氯化钠溶液应浸没试块，且试块间距不应小于10mm。

A.3.7 试验结果计算及判定应符合下列规定：

1 试验结束后，应检查试块，当封头的富配比砂浆与原混凝土裂开或钢筋试件的混凝土保护层厚度小于16mm时，该试块应作废。基准混凝土试块和掺加钢筋阻锈剂的混凝土试块的有效数量均不得小于4块。

2 应劈开试块，取出钢筋试件。应用玻璃纸或透明胶带纸裹在每根钢筋试件表面，描绘锈蚀部分轮廓，然后将玻璃纸或透明胶带纸取下贴在方格纸上，统计每根有效钢筋试件锈蚀部分面积，并分别计算出基准钢筋试件和掺加钢筋阻锈剂的钢筋试件的平均锈蚀面积。当有效钢筋试件少于4根时，该次试验应判定为无效。

3 基准钢筋试件和掺加钢筋阻锈剂的钢筋试件的锈蚀面积百分率应按下式计算：

$$R_n = \frac{A_n}{A_0} \times 100\% \qquad (A.3.7)$$

式中：R_n——n次循环后钢筋锈蚀面积百分率（%）；

A_n——n次循环后钢筋试件平均锈蚀面积（mm^2）；

A_0——钢筋表面积（mm^2）。

4 当掺加钢筋阻锈剂的钢筋试件n次循环后钢筋锈蚀面积百分率与基准钢筋试件n次循环后钢筋锈蚀面积百分率比值小于5%时，可判定为掺加钢筋阻锈剂后盐水浸烘环境中钢筋锈蚀面积百分率减少95%以上。

A.4 渗透深度测定试验

A.4.1 本方法适用于外涂型钢筋阻锈剂在混凝土中渗透深度的测定。

A.4.2 试验仪器及药品应符合下列规定：

1 取芯钻头直径应为20mm±2mm。

2 氨氮浓度测定仪应满足解析度0.01mg/L，电磁兼容性偏差应为±0.01mg/L。

A.4.3 试块的制作和养护应符合下列规定：

1 试块的混凝土配合比应按国家现行标准《混凝土外加剂》GB 8076和《普通混凝土配合比设计规程》JGJ 55的规定进行设计，且粗骨料粒径应为5mm～15mm，砂率应为0.38，水灰比应为0.6。

2 试块应按现行国家标准《普通混凝土力学性能试验方法标准》GB/T 50081的规定进行成型，试块数量应为3块。试块尺寸应为150mm×150mm×150mm，并应标准养护28d。

A.4.4 渗透深度的测定应符合下列规定：

1 应按推荐量在标准养护28d后的试块表面涂覆钢筋阻锈剂。涂覆后，应覆盖薄膜再养护28d。

2 养护28d后，应分别在试块表面使用取芯钻头钻取直径为20mm、长度为60mm芯样，并应用切割机切取距涂覆面50mm±5mm处的芯样薄片。薄片应分别粉碎至粉末状。

3 应先将 3 块试块的芯样粉末混合均匀，然后取出 5g 粉末置于容器中，用 50ml 蒸馏水浸泡 15min 后取出上层清液。对于样品中会产生干扰的物质，测试前应作预处理。

4 应将取出的清液置于氨氮浓度测定仪配套使用的比色皿中，加入检测试剂摇匀后，放入氨氮浓度测定仪检测氨氮含量值。

A.4.5 当氨氮含量值大于 2.0mg/L 时，可判定为钢筋阻锈剂渗透深度不小于 50mm。

附录 B 钢筋阻锈剂工程施工记录表

B.0.1 内掺型钢筋阻锈剂用于钢筋混凝土工程时的施工记录应按表 B.0.1 填写。

表 B.0.1 内掺型钢筋阻锈剂用于钢筋混凝土工程施工记录表

工程名称					
施工配合比					
钢筋阻锈剂名称		规格		每立方米混凝土中钢筋阻锈剂添加量（kg/m³）	
混凝土总用量（m³）					
钢筋阻锈剂理论添加总量（kg）		混凝土总用量×每立方米混凝土添加量＝_____kg			
钢筋阻锈剂实际添加总量（kg）					
钢筋阻锈剂理论添加总量与实际添加总量是否一致		是□　否□			
备　　注					
签字栏	监理（建设）单位	设计单位	施工单位		
			技术负责人	质检员	工　长
	年 月 日	年 月 日	年 月 日	年 月 日	年 月 日

注：本表中的钢筋混凝土工程既包括采用内掺型钢筋阻锈剂的新建钢筋混凝土工程，也包括既有钢筋混凝土工程中的混凝土修复工程。

B.0.2 内掺型钢筋阻锈剂用于砂浆修复工程时的施 工记录应按表 B.0.2 填写。

表 B.0.2　内掺型钢筋阻锈剂用于砂浆修复工程施工记录表

工程名称					
施工配合比					
使用部位					
钢筋阻锈剂名称	规　格	每千克干粉砂浆中钢筋 阻锈剂添加量（kg/kg）			
干粉砂浆总用量（kg）					
钢筋阻锈剂理论添加总量（kg）	干粉砂浆总用量×每千克干粉砂浆中钢筋 阻锈剂添加量＝_____ kg				
钢筋阻锈剂实际添加总量（kg）					
钢筋阻锈剂理论添加总量与实际 添加总量是否一致	是□　　否□				
备　注					

签字栏	监理（建设）单位	设计单位	施工单位		
			技术负责人	质检员	工　长
	年　月　日	年　月　日	年　月　日	年　月　日	年　月　日

B. 0. 3 外涂型钢筋阻锈剂的施工记录应按表 B. 0. 3 填写。

表 B. 0. 3 外涂型钢筋阻锈剂施工记录表

工程名称					
钢筋阻锈剂名称			规 格		
涂覆次数	第__遍□	第__遍□	第__遍□	第__遍□	第__遍□
涂覆部位					
养护条件	是否达到设计要求及产品使用要求？ 是□　　否□				
28d 渗透深度	结果评定				
	合格□　　不合格□				
备 注					
签字栏	监理（建设）单位	设计单位	施工单位		
			技术负责人	质检员	工 长
	年 月 日	年 月 日	年 月 日	年 月 日	年 月 日

本规程用词说明

1 为便于在执行本规程条文时区别对待,对要求严格程度不同的用词说明如下:

　　1) 表示很严格,非这样做不可的:
　　　正面词采用"必须",反面词采用"严禁";

　　2) 表示严格,在正常情况下均应这样做的:
　　　正面词采用"应",反面词采用"不应"或"不得";

　　3) 表示允许稍有选择,在条件许可时首先应这样做的:
　　　正面词采用"宜",反面词采用"不宜";

　　4) 表示有选择,在一定条件下可以这样做的,采用"可"。

2 条文中指明应按其他有关标准执行的写法为:"应按……执行"或"应符合……的规定"。

引用标准名录

1 《混凝土结构设计规范》GB 50010

2 《普通混凝土力学性能试验方法标准》GB/T 50081

3 《普通混凝土长期性能和耐久性能试验方法标准》GB/T 50082

4 《混凝土外加剂应用技术规范》GB 50119

5 《混凝土质量控制标准》GB 50164

6 《混凝土结构工程施工质量验收规范》GB 50204

7 《混凝土结构耐久性设计规范》GB/T 50476

8 《普通混凝土用砂、石质量及检验方法标准》JGJ 52

9 《普通混凝土配合比设计规程》JGJ 55

10 《混凝土用水标准》JGJ 63

11 《通用硅酸盐水泥》GB 175

12 《混凝土外加剂》GB 8076

中华人民共和国行业标准

钢筋阻锈剂应用技术规程

JGJ/T 192—2009

条 文 说 明

制 订 说 明

《钢筋阻锈剂应用技术规程》JGJ/T 192－2009，经住房和城乡建设部 2009 年 11 月 9 日以第 429 号公告批准、发布。

本规程制订过程中，编制组对钢筋阻锈剂的应用现状和检验方法进行了广泛的调查研究，总结了我国工程建设钢筋阻锈剂应用的实践经验，同时参考了国外先进技术法规、技术标准，通过系列验证试验取得了钢筋阻锈剂性能指标的重要技术参数。

为便于广大设计、施工、科研、学校等单位有关人员在使用本规程时能正确理解和执行条文规定，《钢筋阻锈剂应用技术规程》编制组按章、节、条顺序编制了本规程的条文说明，对条文规定的目的、依据以及执行中需注意的有关事项进行了说明。但是，本条文说明不具备与规程正文同等的法律效力，仅供使用者作为理解和把握规程规定的参考。

目　次

1 总　则

1.0.1 钢筋锈蚀引起建（构）筑物过早破坏的问题已引起全世界关注。使用钢筋阻锈剂是防止或减缓混凝土中钢筋锈蚀的一种有效的辅助措施。

1.0.2 本规程用于指导设计和施工，正确选用和使用钢筋阻锈剂，有利于提高钢筋混凝土结构的耐久性。

1.0.3 根据钢筋阻锈剂试验研究及钢筋阻锈剂工程实践发现，钢筋阻锈剂对混凝土或砂浆的初、终凝时间、抗压强度或坍落度等会有影响。使用钢筋阻锈剂时，需要确保钢筋阻锈剂性能满足设计及施工要求。此外，使用钢筋阻锈剂做防护时，需要确保混凝土质量。钢筋阻锈剂与高质量的混凝土配合，能延缓并减少腐蚀介质扩散到钢筋表面，充分发挥钢筋阻锈剂的效能。

2　术语、符号

2.1　术　语

2.1.1～2.1.3 钢筋阻锈剂是通过抑制混凝土与钢筋界面孔溶液中发生的阳极或阴极电化学反应来保护钢筋。钢筋阻锈剂直接参与界面化学反应，使钢筋表面形成钝化膜或吸附膜，直接阻止或延缓钢筋锈蚀的电化学过程。一些能改善混凝土对钢筋防护性能的添加剂或外涂保护剂（如硅灰、硅烷浸渍剂等）不属于钢筋阻锈剂范畴。常用的钢筋阻锈剂分类方法有 3 种，即按化学成分、作用机理或使用方式分类。本规程按使用方式将钢筋阻锈剂分为内掺型钢筋阻锈剂和外涂型钢筋阻锈剂两类。内掺型钢筋阻锈剂有水剂型和粉剂型两种。粉剂型主要以无机亚硝酸盐等为主要阻锈成分；水剂型主要以胺、醇胺及它们的盐为主要阻锈成分。外涂型钢筋阻锈剂主要为水剂型。

3　环境类别和环境作用等级

3.0.1～3.0.3 在国内外相关的混凝土结构耐久性标准中，通常将环境按其作用的严重程度划分类别和等级。在《欧洲规范2：混凝土结构设计　第1.1部分：一般原则与建筑物设计》（*Eurocode 2：Design of Concrete Structures—Part 1-1：General Rules and Rules for Buildings*）BS EN 1992-1-1：2004 和《混凝土—第一部分：技术要求、性能、生产和合格性》（*Concrete—Part 1：Specification, Performance, Production and Conformity*）BS EN 206-1：2000 中，将环境作用类别划分为6类，分别为：无锈蚀或侵蚀危险、碳化引起锈蚀、氯化物引起钢筋锈蚀、海水氯

化物引起的钢筋锈蚀、冻融侵蚀和化学侵蚀等。在参考了欧洲标准的基础上，本规程对环境类别及环境作用等级的划分主要采纳了国家标准《混凝土结构耐久性设计规范》GB/T 50476-2008 中的分类。

国家标准《混凝土结构耐久性设计规范》GB/T 50476-2008 中将环境作用按其对混凝土结构的腐蚀影响程度定性地划分成6个等级。一般环境的作用等级从轻微到中度，其他环境的作用程度则为中度到极端严重。表1～表7给出了不同环境类别下环境作用等级程度划分所依据的环境条件及结构构件示例，以便设计人员参考。

表1　一般环境对钢筋混凝土结构的环境作用等级

环境作用等级	环境条件	结构构件示例
I-A	室内干燥环境	常年干燥、低湿度环境中的室内构件；所有表面均永久处于静水下的构件
	永久的静水浸没环境	
I-B	非干湿交替的室内潮湿环境	中、高湿度环境中的室内构件；不接触或偶尔接触雨水的室外构件；长期与水或湿润土体接触的构件
	非干湿交替的露天环境	
	长期湿润环境	
I-C	干湿交替环境	与冷凝水、露水或与蒸汽频繁接触的室内构件；地下室顶板构件；表面频繁淋雨或频繁与水接触的室外构件；处于水位变动区的构件

表2　冻融环境对钢筋混凝土结构的环境作用等级

环境作用等级	环境条件	结构构件示例
II-C	微冻地区的无盐环境混凝土高度饱水	微冻地区的水位变动区构件和频繁受雨淋的构件水平表面
	严寒和寒冷地区的无盐环境混凝土中度饱水	严寒和寒冷地区受雨淋构件的竖向表面
II-D	严寒和寒冷地区的无盐环境混凝土高度饱水	严寒和寒冷地区的水位变动区构件和频繁受雨淋的构件水平表面
	微冻地区的有盐环境混凝土高度饱水	有氯盐微冻地区的水位变动区构件和频繁受雨淋的构件水平表面
	严寒和寒冷地区的有盐环境混凝土中度饱水	有氯盐严寒和寒冷地区受雨淋构件的竖向表面
II-E	严寒和寒冷地区的有盐环境混凝土高度饱水	有氯盐严寒和寒冷地区的水位变动区构件和频繁受雨淋的构件水平表面

表3　海洋氯化物对钢筋混凝土结构的环境作用等级

环境作用等级	环境条件	结构构件示例
III-C	水下区和土中区；周边永久浸没于海水或埋于土中	桥墩、基础

续表3

环境作用等级	环境条件	结构构件示例
Ⅲ-D	大气区（轻度盐雾）； 距平均水位15m高度以上的海上大气区； 涨潮岸线以外100m～300m内的陆上室外环境	桥墩、桥梁上部结构构件； 靠海的陆上建筑外墙及室外构件
Ⅲ-E	大气区（重度盐雾）； 距平均水位上方15m高度以内的海上大气区； 离涨潮岸线100m以内、低于海平面以上15m的陆上室外环境	桥梁上部结构构件； 靠海的陆上建筑外墙及室外构件
	潮汐区和浪溅区，非炎热地区	桥墩、码头
Ⅲ-F	潮汐区和浪溅区，炎热地区	桥墩、码头

表4 除冰盐等其他氯化物对钢筋混凝土结构的环境作用等级

环境作用等级	环境条件	结构构件示例
Ⅳ-C	受除冰盐盐雾轻度作用	离开行车道10m以外接触盐雾的构件
	四周浸于含氯化物水中	地下水中构件
	接触较低浓度氯子水体，且干湿交替	处于水位变动区，或部分暴露于大气、部分在地下水土中的构件
Ⅳ-D	受除冰盐水溶液轻度溅射作用	桥梁护墙、立交桥桥墩
	接触较高浓度氯离子水体，且有干湿交替	海水游泳池壁，或处于水位变动区、或部分暴露于大气、部分在地下水土中的构件
Ⅳ-E	直接接触除冰盐溶液	路面、桥面板、与含盐渗漏水接触的桥梁、墩柱顶面
	受除冰盐水溶液重度溅射或重度盐雾作用	桥梁护栏、护墙、立交桥桥墩；车道两侧10m以内的构件
	接触高浓度氯离子水体，有干湿交替	处于水位变动区，或部分暴露于大气、部分在地下水土中的构件

表5 水、土中硫酸盐和酸类物质环境作用等级

作用因素 环境作用等级	水中硫酸根离子浓度 SO_4^{2-}（mg/L）	土中硫酸根离子浓度（水溶值）SO_4^{2-}（mg/kg）	水中镁离子浓度（mg/L）	水中酸碱度（pH值）	水中侵蚀性二氧化碳浓度（mg/L）
V-C	200～1000	300～1500	300～1000	6.5～5.5	15～30
V-D	1000～4000	1500～6000	1000～3000	5.5～4.5	30～60
V-E	4000～10000	6000～15000	≥3000	<4.5	60～100

表6 干旱、高寒地区硫酸盐环境作用等级

作用因素 环境作用等级	水中硫酸根离子浓度 SO_4^{2-}（mg/L）	土中硫酸根离子浓度（水溶值）SO_4^{2-}（mg/kg）
V-C	200～500	300～750
V-D	500～2000	750～3000
V-E	2000～5000	3000～7500

表7 大气污染环境作用等级

环境作用等级	环境条件	结构构件示例
V-C	汽车或机车废气	受废气直射的结构构件，处于封闭空间内受废气作用的车库或隧道构件
V-D	酸雨（雾、露）pH值≥4.5	遭酸雨频繁作用的构件
V-E	酸雨 pH值<4.5	遭酸雨频繁作用的构件

4 材 料

4.1 钢筋阻锈剂

4.1.1、4.1.2 由于钢筋腐蚀最初源于点蚀（坑蚀），而点蚀属于不均匀腐蚀，所以本规程在盐水浸渍试验中未将失重率定为阻锈效果的硬性判断指标。此外，日本标准《钢筋混凝土用防锈剂》JIS A 6205 中也明确指出测试盐水浸渍溶液中钢筋自然电极电位的试验方法主要适用于阳极型钢筋阻锈剂，而现市场上钢筋阻锈剂种类已不仅仅局限于以亚硝酸盐为代表的阳极型钢筋阻锈剂，因此本规程中仅规定7天盐水浸渍挂片试验结果作为判断钢筋阻锈剂耐盐水浸渍性能的检验指标。

外涂型钢筋阻锈剂的渗透（迁移）性能是表征钢筋阻锈剂性能的一项重要指标。只有钢筋阻锈剂具有一定的渗透性能，涂覆于混凝土表面时才能对钢筋进行防护。国内外文献及大量国内重复性试验表明本规程中的外涂型钢筋阻锈剂渗透深度测定方法结果直观，是一种快速测定外涂型钢筋阻锈剂渗透性的有效方法。

4.2 混凝土或砂浆的组成材料

4.2.4 为了使产品达到最佳性能，很多钢筋阻锈剂产品（包括某些外加剂产品）均是由多种组分复配而成，并且因为知识产权原因，不可能公开所有基本成分。故使用单位在使用中也不可能完全清楚每种产品的所有组成。钢筋阻锈剂可与减水剂、早强剂、引气剂、缓凝剂等外加剂一起使用。当钢筋阻锈剂与外加剂复合使用时，某些钢筋阻锈剂中的酸根离子会与一些外加剂中的碱性物质发生化学反应并影响其效力；抑或钢筋阻锈剂中的某种成分可能会与某些外加剂发

生沉淀或絮凝等化学反应。此外，一些钢筋阻锈剂产品本身就含有减水、缓凝或早强等成分。当其与减水剂等外加剂复合使用时，必须进行相关试验以避免对混凝土性能及钢筋阻锈性能的不利影响。鉴于钢筋阻锈剂与不同外加剂之间可能出现的适应性问题，部分生产厂家推出了多功能型钢筋阻锈剂，该类钢筋阻锈剂同时具有抵抗硫酸盐腐蚀、抑制钢筋锈蚀、减水、引气、泵送等功能，解决了多种组分之间的相容性问题。

4.2.5 《混凝土质量控制标准》GB 50164－92 中第 2.3.4 条给出了处于不同混凝土环境中混凝土拌合物中的氯化物总含量（以氯离子重量计）的限定值，具体规定为对素混凝土，不得超过水泥重量的 2％；对处于干燥环境或有防潮措施的钢筋混凝土，不得超过水泥重量的 1％；对处在潮湿而不含有氯离子环境中的钢筋混凝土，不得超过水泥重量的 0.3％；对在潮湿并含有氯离子环境中的钢筋混凝土，不得超过水泥重量的 0.1％；预应力混凝土及处于易腐蚀环境中的钢筋混凝土，不得超过水泥重量的 0.06％。

4.2.6 《混凝土结构设计规范》GB 50010－2002 中第 3.4.2 条和第 3.4.3 条中规定了混凝土中的碱含量。其中第 3.4.3 条中明确指出，当使用碱活性骨料时，混凝土中的最大碱含量为 $3.0kg/m^3$。

5 钢筋阻锈剂的选用

5.0.1 钢筋阻锈剂是提高混凝土结构耐久性，延长混凝土使用寿命的有效措施。俄罗斯建筑法规《关于设计混凝土建筑结构和钢筋混凝土建筑结构防锈的参考资料》（Пособие по проектир- ованию защиты от коррозии бетонных и железобетонных строительных конструкций）СНиП 2.03.11 中第 8.16 条规定："为了提高钢筋混凝土在各种介质环境中的耐用能力，必须采取钢筋阻锈剂，以提高抗蚀性和对钢筋的保护能力。"日本建设省指令第 597 号文《钢筋混凝土用砂盐份规定》中要求："砂含盐量介于 0.04％～0.2％时必须采取防护措施，如采用钢筋阻锈剂等。"

5.0.2 对既有钢筋混凝土工程，一般选用外涂型钢筋阻锈剂进行阻锈处理。本条中的第 2～5 款给出了使用外涂型钢筋阻锈剂进行阻锈处理的场合，可供设计单位参考使用。经过国外多年的试验研究和在美国、欧洲等地区的工程应用实践，欧洲标准化委员会在《混凝土结构防护和维修用系统和产品：定义、要求、质量控制和一致性评估 第 9 部分：产品和系统使用的一般原则》（Products and Systems for the Protection and Repair of Concrete Structures-Definitions，Requirements，Quality Control and Evaluation of Conformity Part 9：General Principles for the Use of Products and Systems）DD ENV 1504-9：

1997 标准中，确认使用外涂型钢筋阻锈剂是一种有效的腐蚀控制方法。

当结构构件混凝土的密实性差，或混凝土保护层厚度不满足现行国家标准要求时，可将外涂型钢筋阻锈剂与其他补救措施结合起来提高混凝土耐久性。

混凝土中的钢筋锈蚀状况可根据测试条件和测试要求选择剔凿检测方法、电化学测定方法或综合分析判定方法加以检测。《建筑结构检测技术标准》GB/T 50344 中给出了通过测定钢筋锈蚀电流或测定混凝土的电阻率和测定钢筋的半电池电位等电化学方法评估混凝土结构中钢筋的"有腐蚀可能"（锈蚀程度）情况。表 8～表 10 给出了电化学测试结果与钢筋锈蚀状况之间的判别关系。

表 8　钢筋锈蚀电流与钢筋锈蚀速率和构件损伤年限判别

序号	锈蚀电流（$\mu A/cm^2$）	锈蚀速率	保护层出现损伤年限
1	＜0.2	钝化状态	—
2	0.2～0.5	低锈蚀速率	＞15 年
3	0.5～1.0	中等锈蚀速率	10～15 年
4	1.0～10	高锈蚀速率	2～10 年
5	＞10	极高锈蚀速率	不足 2 年

表 9　混凝土电阻率与钢筋锈蚀状态判别

序号	混凝土电阻率（$k\Omega \cdot cm$）	钢筋锈蚀状态判别
1	＞100	钢筋不会锈蚀
2	50～100	低锈蚀速率
3	10～50	钢筋活化时，可出现中高锈蚀速率
4	＜10	电阻率不是锈蚀的控制因素

表 10　钢筋电位与钢筋锈蚀状况判别

序号	钢筋电位状况（mV）	钢筋锈蚀状态判别
1	－350～－500	钢筋发生锈蚀的概率为 95％
2	－200～－350	钢筋发生锈蚀的概率为 50％，可能存在坑蚀现象
3	－200 或高于－200	无锈蚀活动性或锈蚀活动性不确定，锈蚀概率 5％

5.0.7 目前市场上钢筋阻锈剂种类较多，按化学成分可分为无机类和有机类两种。有机类钢筋阻锈剂一般无毒、环境安全性好，是现在钢筋阻锈剂应用和研究开发的热点。无机类钢筋阻锈剂（如亚硝酸盐类）具有一定的毒性和致癌性。建议工程中宜选用环保的钢筋阻锈剂，以减少对环境及人体的危害。此外，亚

硝酸盐类钢筋阻锈剂属于阳极型钢筋阻锈剂，该类钢筋阻锈剂在氯离子浓度达到一定程度时会产生局部腐蚀和加速腐蚀。鉴于亚硝酸盐类钢筋阻锈剂的环保问题，在瑞士、德国等国家已明令禁止使用该类型钢筋阻锈剂。《混凝土结构加固设计规范》GB 50367－2006 中第4.7.5条明确指出对混凝土承重结构破损界面的修复，不得采用以亚硝酸盐为主成分的钢筋阻锈剂。

6 施 工

6.0.2 如果不剔除已受腐蚀、污染和中性化等破坏的混凝土层，将会削弱混凝土层与掺有钢筋阻锈剂的砂浆之间的界面结合力，同时也影响钢筋阻锈剂的使用效果。

由于工程具体情况不同及掺有钢筋阻锈剂的砂浆的和易性等差别，实际工程施工中每层的抹面厚度会相应有所调整。若工程有具体的设计及施工要求时，可按要求进行施工。

6.0.3 本条是保证质量的具体施工措施，是国内外使用外涂型钢筋阻锈剂的工程经验总结，施工中应予以重视，否则很可能收不到应有的处理效果。此外，还应注意的是若混凝土表面已涂刷过涂料或各种防护液或其他原因致该混凝土表面不具备可渗性时，不应采用外涂型钢筋阻锈剂阻锈处理。

7 质量验收

7.0.1～7.0.4 目前国内外还没有可行的检测混凝土或砂浆中钢筋阻锈剂用量的检测手段。为了达到预期的设计要求及确保工程质量，本规程对质量验收时文件资料作了具体规定。

中华人民共和国国家标准

土工合成材料应用技术规范

Technical standard for applications
of geosynthetics

GB 50290—98

主编部门：中华人民共和国水利部
批准部门：中华人民共和国建设部
施行日期：1999 年 1 月 1 日

关于发布国家标准
《土工合成材料应用技术规范》的通知

建标〔1998〕260 号

根据我部《关于印发一九九八年工程建设国家标准制订、修订计划（第二批）的通知》（建标〔1998〕224 号）要求，由水利部会同有关部门共同制订的《土工合成材料应用技术规范》，经有关部门会审，批准为强制性国家标准，编号为 GB 50290—98，自 1999 年 1 月 1 日起施行。

本规范由水利部负责管理，由水利部水利水电规划设计总院负责具体解释工作，由建设部标准定额研究所组织中国计划出版社出版发行。

中华人民共和国建设部
一九九八年十二月二十二日

前　言

国家标准《土工合成材料应用技术规范》是为了落实国务院领导同志关于应用土工合成材料的重要指示精神，根据建设部建标（1998）13 号文的要求，由水利部负责主编，具体由水利部水利水电规划设计总院会同华北水电学院北京研究生部等单位共同编制完成。该规范于 1998 年 12 月经全国审查会议通过，并以建设部建标〔1998〕260 号文批准，由建设部和国家质量技术监督局联合发布。

《土工合成材料应用技术规范》在制定过程中，编制组经过了广泛的调查研究和收集资料，总结了我国土工合成材料在工程应用实践中的经验，从反滤、排水、防渗、加筋、防护等方面提出了土工合成材料应用的技术要求，这对推广应用土工合成材料和保证土工合成材料在工程中应用的质量将发挥重要作用。

本规范由水利部负责管理，具体解释由水利部水利水电规划设计总院负责。在规范执行过程中，请各单位结合工程实践，认真总结经验，如发现需要修改和补充之处，请将意见和建议寄交水利部水利水电规划设计总院（地址：北京六铺炕，邮政编码：100011），以供今后修订时参考。

本规范主编单位：水利部水利水电规划设计总院。

参编单位：华北水电学院北京研究生部、中国土工合成材料工程协会、交通部天津港湾工程研究所、铁道科学研究院、民航机场设计总院、交通部重庆公路科学研究所、南京玻璃纤维研究设计院、国家纺织局规划发展司等。

主要起草人：王正宏、董在志、杨灿文、王育人、曾锡庭、钟亮、邓卫东、刘聪凝、吴纯、窦如真等。

目　　次

1 总 则

1.0.1 为推动土工合成材料在工程建设中的应用,统一设计、施工、验收等方面的技术要求,确保工程质量,做到技术先进、经济合理、安全适用,制定本规范。

1.0.2 本规范适用于水利、铁路、公路、水运、建筑等工程中应用土工合成材料的设计、施工及验收。

1.0.3 土工合成材料的设计、施工除应遵守本规范的规定外,尚应符合国家现行有关强制性标准、规范的规定。

2 术语、符号

2.1 术 语

2.1.1 土工合成材料 geosynthetics

工程建设中应用的土工织物、土工膜、土工复合材料、土工特种材料的总称。

2.1.2 土工织物 geotextile

透水性土工合成材料。按制造方法不同,分为织造土工织物和非织造(无纺)土工织物。

2.1.3 织造土工织物 woven geotextile

由纤维纱或长丝按一定方向排列机织的土工织物。

2.1.4 非织造土工织物 nonwoven geotextile

由短纤维或长丝按随机或定向排列制成的薄絮垫,经机械结合、热粘或化粘而成的织物。

2.1.5 土工膜 geomembrane

由聚合物或沥青制成的一种相对不透水薄膜。

2.1.6 土工格栅 geogrid

由有规则的网状抗拉条带形成的用于加筋的土工合成材料。其开孔可容纳周围土、石或其它土工材料穿入。

2.1.7 土工带 geobelt

经挤压拉伸或再加筋制成的条带抗拉材料。

2.1.8 土工格室 geocell

由土工格栅、土工织物或土工膜、条带构成的蜂窝状或网格状三维结构材料。

2.1.9 土工网 geonet

由平行肋条经以不同角度与其上相同肋条粘结为一体的用于平面排液、排气的土工合成材料。

2.1.10 土工模袋 geofabriform

由双层化纤织物制成的连续或单独的袋状材料。其中充填混凝土或水泥砂浆,凝结后形成板状防护块体。

2.1.11 土工网垫 geosynthetic fiber mattress

以热塑性树脂为原料制成的三维结构。其底部为基础层,上覆起泡膨松网包,包内填沃土和草籽,供植物生长。

2.1.13 土工复合材料 geocomposite

由两种或两种以上材料复合成的土工合成材料。

2.1.14 塑料排水带 strip geodrain

由不同凹凸截面形状、具有连续排水槽的合成材料芯材,外包无纺土工织物构成的复合排水材料。

2.1.15 土工织物膨润土垫 geosynthetic clay liner(GCL)

土工织物或土工膜间包有膨润土或其它低透水性材料,以针刺、缝接或化学剂粘接而成的一种防水材料。

2.1.16 聚苯乙烯板块 expanded polystyrene sheet(EPS)

由聚苯乙烯加入发泡剂膨胀经模塑或挤压制成的轻型板块。

2.1.17 玻纤网 glass grid

以玻璃纤维为原料,通过纺织加工,并经表面后处理而成的网状制品。

2.1.18 反滤 filtration

在使液体通过的同时,保持受渗透压力作用的土粒不流失。

2.1.19 隔离 separation

防止相邻的不同介质混合。

2.1.20 加筋 reinforcement

利用土工合成材料的抗拉性能,改善土的力学性能。

2.1.21 防护 protection

限制或防止岩土体受外界环境作用而破坏。

2.1.22 极限抗拉强度 ultimate tensile strength

材料试样在缓慢增大的均匀单轴拉力作用下破坏时的最大拉力。

2.1.23 延伸率 elongation

材料试样受单轴拉力时的伸长量与原长度的比值。

2.1.24 垂直渗透系数 coefficient of vertical permeability

垂直于土工织物平面方向上的渗透系数。

2.1.25 平面渗透系数 coefficient of planar permeability

平行于土工织物平面方向上的渗透系数。

2.1.26 透水率 permittivity

土工织物在层流状态下单位面积、单位水头时,沿织物法线方向的渗流量。

2.1.27 导水率 transmissivity

土工织物在层流状态下单位水头时的单宽渗流量。

2.1.28 等效孔径 equivalent opening size(EOS)

土工织物的最大表观孔径。

2.1.29 梯度比 gradient ratio

在淤堵试验中,水流通过土工织物及其上 25mm 厚土料时的水力梯度与水流通过再上面 50mm 厚土料的水力梯度的比值。

2.2 符 号

A ——系数

A_r ——筋材覆盖率

B,b ——系数,宽度

d_{85} ——土的特征粒径

d_w ——当量井直径

F_s ——安全系数

f ——摩擦系数

H ——高度

i ——水力梯度
K_a ——主动土压力系数
K_0 ——静止土压力系数
k_g ——土工织物的渗透系数
k_s ——土的渗透系数
L ——长度
M_0 ——滑动力矩
O_{95} ——土工织物等效孔径
q ——流量
s_h ——水平间距
s_v ——垂直间距
T ——由加筋材料拉伸试验测得的极限抗拉强度
T_a ——设计容许抗拉强度
z ——深度
δ ——厚度
θ ——导水率
σ_h ——水平应力
σ_v ——垂直应力

3 基本规定

3.1 材料

3.1.1 土工合成材料的划分,宜符合下列要求:

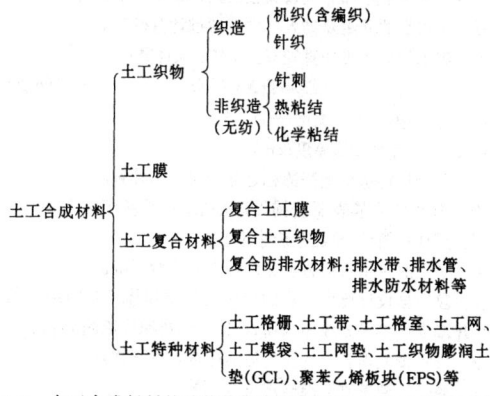

3.1.2 土工合成材料的性能指标应包括下列内容,并应按工程设计需要确定试验项目:

1 物理性能:单位面积质量、厚度(及其与法向压力的关系)、材料比重、孔径等。

2 力学性能:条带拉伸、握持拉伸、撕裂、顶破、CBR顶破、刺破、直剪摩擦、拉拔摩擦、蠕变等。

3 水力学性能:垂直渗透系数、平面渗透系数、淤堵、防水性等。

4 耐久性能:抗紫外线能力、化学稳定性和生物稳定性等。

3.1.3 设计指标的测试宜模拟工程实际条件进行,并应分析工程实际环境对指标测定值的影响。

3.1.4 设计容许抗拉强度 T_a 应按下式计算:

$$T_a = \frac{1}{F_{iD} \cdot F_{cR} \cdot F_{cD} \cdot F_{bD}} \cdot T \qquad (3.1.4)$$

式中 T_a ——设计容许抗拉强度;
F_{iD} ——铺设时机械破坏影响系数;
F_{cR} ——材料蠕变影响系数;
F_{cD} ——化学剂破坏影响系数;
F_{bD} ——生物破坏影响系数;
T ——由加筋材料拉伸试验测得的极限抗拉强度。

3.1.5 铺设时机械破坏影响系数、材料蠕变影响系数、化学剂破坏影响系数、生物破坏影响系数应按实际经验确定;无经验时,其乘积宜采用2.5~5.0;当施工条件差、材料蠕变大时,其乘积采用大值。

3.1.6 设计采用的撕裂强度、顶破强度以及接缝连接强度的确定应符合本规范3.1.4条的规定。

3.1.7 土工合成材料应具有经国家或部门认可的测试单位的测试报告。材料进场时,应进行抽检。

3.1.8 材料应有标志牌,并应注明商标、产品名称、代号、等级、规格、执行标准、生产厂名、生产日期、毛重、净重等。外包装宜为黑色。

3.1.9 材料运送过程中应有封盖,在现场存放时应通风干燥,不得受日光照射,并应远离火源。

3.2 设计原则

3.2.1 设计应从工程整体出发,合理确定材料的铺放位置、范围和与其它部件的连接等。

3.2.2 土工合成材料性状受荷载、加荷速率、使用时间、温度和试样尺寸等因素影响,应按有关标准的规定进行测试,对重要工程尚应进行现场试验。

3.2.3 当采用的土工合成材料具有多种功能时,应按其主要功能设计。

3.2.4 设计安全系数应根据工程应用条件确定。

3.2.5 设计中应提出土工合成材料施工需要采取的防护措施。

3.2.6 设计中应根据工程需要,确定原位观测项目。

3.2.7 采用土工合成材料可能对整体工程产生负作用,设计时应进行验算,并应提出相应的预防措施。

3.3 施工检验

3.3.1 施工时应有专人随时检查,每完成一道工序应按设计要求及时验收,合格后,方可进行下道工序。

3.3.2 检查、验收的主要内容应包括清基、材料铺放方向、材料的接缝或搭接、材料与结构物的连接、回填料、压重和防护层等。

3.3.3 应根据设计要求,埋设必要的观测设备。

4 反滤及排水

4.1 一般规定

4.1.1 可根据工程反滤、排水需要,合理选用土工织物、土工复合材料和土工管等。

4.1.2 采用土工合成材料作反滤、排水设施的主要工程有:

1 铁路、公路反滤、排水设施。
2 挡墙后排水系统。
3 岸墙后填土排水系统。
4 隧洞、隧道衬砌后排水系统。
5 土石坝过渡层、灰坝、尾矿坝反滤层。
6 防渗铺盖下排气、排水系统。
7 农田水利工程、减压井、农用井等外包体。
8 地基处理塑料排水带预压工程。

4.2 反滤准则

4.2.1 反滤材料应具有以下功能:

1 保土性:防止被保护土土粒随水流流失。
2 透水性:保证渗流水通畅排走。
3 防堵性:防止材料被细土粒堵塞失效。

4.2.2 反滤材料的保土性应符合下式要求:

$$O_{95} \leqslant Bd_{85} \qquad (4.2.2)$$

式中 O_{95}——土工织物的等效孔径(mm);

d_{85}——土的特征粒径(mm),按土中小于该粒径的土粒质量占总土粒质量的85%确定;

B——系数,按工程经验确定,宜采用1~2,当土中细粒含量大,及为往复水流时取小值。

4.2.3 反滤材料的透水性应符合下式要求:

$$k_g \geqslant Ak_s \qquad (4.2.3)$$

式中 A——系数,按工程经验确定,不宜小于10;

k_g——土工织物渗透系数(cm/s),应按其垂直渗透系数 k_v 确定;

k_s——土的渗透系数(cm/s)。

4.2.4 反滤材料的防堵性应符合下列要求:

1 以现场土料制成的试样和拟选用土工织物在进行淤堵试验后,所得梯度比 GR 应符合下式要求:

$$GR \leqslant 3 \qquad (4.2.4)$$

2 当排水失效后损失巨大时,应以拟用的土工织物和现场土料进行室内淤堵试验。

4.3 设计方法

4.3.1 土工织物反滤材料应满足反滤准则,并应按下列步骤进行选择:

1 确定土工织物的等效孔径 O_{95}、渗透系数 k_v、k_h 和被保护土的特征粒径 d_{15}、d_{85}。

2 按本规范第4.2.2条、第4.2.3条和第4.2.4条的规定检验待选土工织物。

4.3.2 排水材料选择应按以下步骤进行:

1 待选土工织物应符合反滤准则。

2 按下式计算土工织物的导水率 θ_a 和要求的导水率 θ_r:

$$\theta_a = k_h \cdot \delta \qquad (4.3.2-1)$$

$$\theta_r = q/i \qquad (4.3.2-2)$$

式中 k_h——土工织物水平渗透系数(cm/s);

δ——土工织物在预计现场压力作用下的厚度(cm);

q——预估单宽来水量(cm³/s);

i——土工织物首末端间的水力梯度。

3 待选土工织物的导水率 θ_a,应满足下式要求:

$$\theta_a \geqslant F_s \cdot \theta_r \qquad (4.3.2-3)$$

式中 F_s——安全系数,可取3~5,重要工程应取大值。

4 当土工织物导水率不满足时,可选用较厚土工织物,或采用其它复合排水材料。

4.3.3 坡面上铺土工织物后,应进行稳定性验算。

4.3.4 土工织物表面防护应采取以下措施:

1 土表面为粗粒料时,应先铺薄砂砾层,再铺土工织物;土工织物顶面应设防护层。

2 坡顶部与底部的土工织物应锚固;水下岸坡脚处土工织物应采取防冲措施。

4.4 施工要求

4.4.1 场地应平整,场地上的杂物应清除干净。

4.4.2 备料时,应先将窄幅缝接,并应裁剪成要求的尺寸。

4.4.3 铺设应符合以下要求:

1 铺放应平顺,松紧适度,并应与土面密贴。

2 有损坏处,应修补或更换。相邻片(块)可搭接300mm;对可能发生位移处应缝接;不平地、软土上和水下铺设搭接宽度应适当增大;水流处上游片应铺在下游片上。

3 坡面上铺设宜自下而上进行。在顶部和底部应予以固定;坡面上应设防滑钉,并应随铺随压重。

4 与岸坡和结构物连接处应结合良好。

5 铺设人员不应穿硬底鞋。

4.4.4 土料回填应符合以下要求:

1 应及时回填。

2 回填土石块最大落高不得大于300mm;重土石块不应在坡面上滚动下滑。

3 填土的压实度应符合设计要求;回填300mm松土层后,方可用轻碾压实。

4.5 软土地基处理中排水带设计与施工

4.5.1 排水带地基设计应符合以下规定:

1 排水带的平面布置可为正三角形或正方形。

2 排水带的间距及插入深度应通过计算确定。

3 排水带的当量井直径 d_w 可按下式计算:

$$d_w = 2(b + \delta)/\pi \qquad (4.5.1)$$

式中 b——排水带的宽度(cm);

δ——排水带的厚度(cm)。

4 应进行排水带地基的稳定分析与沉降计算。

5 排水带地基表面应铺设砂垫层,其厚度应大于400mm。砂料宜选用中、粗砂,含泥量应小于5%。

6 采用的排水带应符合排水带产品质量标准。

7 应根据设计要求完成的固结沉降量和预定时间进行预压设计,并按设计要求分级施加荷载,采取现场原位监测措施。

4.5.2 排水带处理软土地基的施工应符合以下规定:

1 插带机插带时应准确定位。

2 插设应垂直,并应达到设计要求深度。应采取防止发生回带的措施。

3 排水带上端伸入砂垫层的长度不宜小于500mm,并应与砂垫层贯通。

4 排水带存放时应覆盖。

4.5.3 排水带施工应对排水带平面位置、间距、数量、外露长度、深度等及时进行检验。间距允许偏差为±150mm,抽查量不应少于2%;垂直度偏差不应大于1.5%;并应根据排水带用量和孔数校核插设深度。

5 防 渗

5.1 一 般 规 定

5.1.1 挡水、输水、贮液等构筑物防漏；建筑物屋面、地下工程防渗；废料、尾矿等淋滤液防污染和路基隔水、防渗等，当采用土工合成材料时，应执行本章规定。

5.1.2 用于防渗的土工合成材料可选用土工膜、复合土工膜、土工织物膨润土垫(GCL)及复合防水材料。

5.1.3 防渗设施设置的高程、尺寸、范围、抗震要求以及与其它部位或岸坡的连接等，都必须符合主体工程设计的要求。

5.1.4 采用土工合成材料防渗的主要工程有：
1 土石坝、堆石坝、砌石坝和碾压混凝土坝。
2 堤、坝前水平防渗铺盖，地基垂直防渗层。
3 尾矿坝、污水库坝身及库区。
4 施工围堰。
5 渠道、蓄液池(坑、塘)。
6 废料场。
7 地铁、地下室和隧道、隧洞防渗衬砌。
8 路基。
9 路基及其它地基盐渍化防治。
10 膨胀土和湿陷性黄土的防水层。
11 屋面防漏。

5.2 防 渗 结 构

5.2.1 防渗结构宜包括防渗材料的上、下垫层、上垫层上部的防护层、下垫层下部的支持层和排水、排气设施(图5.2.1)。

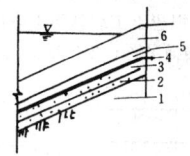

图 5.2.1 防渗结构
1—坝体；2—支持层；3—下垫层；
4—土工膜；5—上垫层；6—防护层

5.2.2 防渗结构应根据工程性质、类别、重要性和使用条件等确定。

5.2.3 防护层的材料可采用压实土料、砂砾料、水泥砂浆、干砌块石、浆砌块石或混凝土板块等。对以下情况可以不设防护层：
1 防渗材料位于主体工程内部。
2 防渗材料有足够的强度和抗老化能力，且有专门管理措施。
3 防渗材料用作面层，更换面层在经济上比较合理。

5.2.4 上垫层材料可采用砂砾料、无砂混凝土、沥青混凝土、土工织物或土工网等。对以下情况可不设上垫层：
1 当防护层为压实细粒土，且有足够的厚度。
2 选用复合土工膜。
3 本规范第5.2.3条规定不设防护层的情况。

5.2.5 下垫层材料可采用压实细粒土、土工织物、土工网、土工格栅等。对以下情况可不设下垫层：
1 基底为均匀平整细粒土体。
2 选用复合土工膜、土工织物膨润土垫(GCL)或防排水材料。

5.2.6 排水、排气设施，可采用逆止阀、排水管和纵、横排水沟等。当采用土工织物复合土工膜时，可不设排水、排气系统。

5.3 工程防渗设计与施工

5.3.1 工程防渗的要求应符合国家现行有关工程防渗方面的标准、规范的规定。

5.3.2 土石堤、坝的防渗设计应符合以下规定：
1 土工膜厚度、材质及类型的选择应按水头大小、填料和铺设部位确定。
2 对重要工程，选用的土工膜厚度不应小于0.5mm。
3 防渗结构应进行稳定性分析。可采取膜面加糙，按台阶形、锯齿形或折皱形铺设等方法提高其稳定性。
4 斜墙、心墙等防渗材料应与坝基和岸坡防渗设施紧密连接，并应形成完整的封闭系统。
5 对含毒矿场的尾矿坝，当库区地基为透水层时，应铺设两层及以上的土工膜或复合土工膜或1m以上的压实粘土层或土工织物膨润土垫(GCL)。防渗土工膜、复合土工膜的焊接应严格监控。

5.3.3 输水渠道的防渗设计应符合以下规定：
1 防渗材料的厚度、材质及类型，应根据当地气候、地质条件和工程规模确定。其厚度不应小于0.25mm，重要工程和特殊部位应增加厚度。
2 渠道边坡防渗材料的铺设高度，应达到最高水位以上并有一定超高，超高值不宜小于0.5m，并应予以固定。
3 对防渗结构应采取防冻措施。

5.3.4 生活垃圾、工业垃圾和有毒废料填埋场(坑)防渗层的设计，应符合以下规定：
1 当填埋物无毒时，可采用单层防渗结构；当填埋物有毒时，应采用双层防渗结构。
2 膜的厚度不应小于0.75mm，并应具有较大延伸率。膜和焊接剂应通过试验检验。
3 单层防渗结构(图5.3.4-1)，膜应覆盖底面及坑壁。

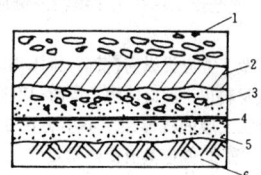

图 5.3.4-1 单层防渗结构
1—废料；2—保护层；3—砂砾石；
4—土工膜；5—细粒土；6—地基土

4 当采用双层防渗结构时(图5.3.4-2)，膜应覆盖底面及坑壁。主土工膜层以上为淋滤液汇集层。主、副膜之间为淋滤液检测层。

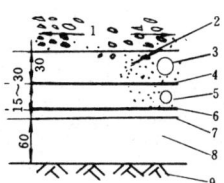

图 5.3.4-2 双层防渗结构
1—废料；2—砂层；3—淋滤液汇集层；4—主土工膜；
5—检测层；6—副土工膜；7—GCL；8—粘土层；9—地基土

5 废料坑底部应设2%～4%坡度，并应设垂直管道排除和检测淋滤液。
6 废料坑顶应设封盖层。坑内和封盖的土工膜在地面应埋封，(图5.3.4-3)。

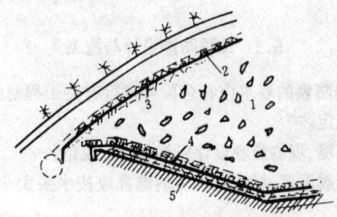

图 5.3.4-3 废料坑封盖土工膜的封固
1—废料；2—GCL 或压实粘土；3—土工膜封盖；
4—主土工膜；5—副土工膜

5.3.5 当采用土工膜或复合土工膜作路基防渗隔层，防止路基翻浆冒泥、防治盐渍化和防止地面水浸入膨胀土及湿陷性黄土路基时，应置于路基的防渗透隔离位置，并应设置封闭和排水系统。

5.3.6 当采用土工膜作为防渗层，截断地下水流或地上水流时，应符合以下要求：

1 地下垂直防渗和地下截潜流采用的土工膜厚度不宜小于 0.25mm，重要工程可采用复合土工膜或复合防排水材料，膜厚度不宜小于 0.5mm。

2 应根据地基土质的具体条件，选用成槽机具和固壁方法。

3 铺膜后，应及时在膜两侧回填，并应防止下端绕渗。土工膜的上端应与地面防渗体连接。

4 地上临时挡水坝宜用于高度不大于 4m 的浅河床及滩地围堵。膜的强度应能承受相应的水压力，并采用耐老化、强度高的复合土工膜。

5.3.7 当采用土工膜对地下铁道、隧洞、隧道进行防渗设计时，应符合以下要求：

1 洞室排水防渗土工膜可采用复合土工膜，对排水量较大的洞室，可选用合适的防排水复合料。

2 对于岩体中的洞室，掘成后应向洞壁上喷浆，形成平整面，再设复合土工膜，复合土工膜的土工织物一侧应与洞壁紧贴，并予固定。

3 洞室两侧壁下方应设纵向（横向）排水沟。

5.3.8 土工合成材料用于屋面防渗工程时，应符合以下规定：

1 所用复合土工膜的抗渗性应不小于在 0.3MPa 水压力下保证 30min 以上不漏水；并应具有耐热稳定性。

2 复合土工膜在屋面工程中可以单独用作防水层，也可与其它防水材料结合使用，作成多道防水层。使用时应注意表面防护。

3 复合土工膜的接缝及与找平层的粘接，所采用的粘接剂应与所采用的复合土工膜匹配。

4 当采用土工织物作为涂膜防水屋面中的胎基增强材料时，其材料性能应符合有关屋面防水规范的要求。

6 加 筋

6.1 一 般 规 定

6.1.1 本章适用于加筋土挡墙、加筋土垫层、加筋土坡等采用土工合成材料加筋土结构的设计、施工。

6.1.2 在土体内一定部位可铺放抗拉强度高、表面摩擦阻力大的筋材。用作筋材的土工合成材料可选用：土工格栅、织造型土工织物和土工带等。

6.1.3 加筋土结构设计荷载应符合国家现行有关工程设计荷载规范的规定。

6.2 加筋土挡墙设计

6.2.1 加筋土挡墙的组成部分应包括：墙面、基础、筋材和墙内填土（图 6.2.1）。其筋材布置断面可为矩形或倒梯形等。

墙面应根据筋材类型和具体工程要求确定。可采用整体的或拼装块体的钢筋混凝土板、预制混凝土模块、包裹式墙面、挂网喷浆式墙面等类型。

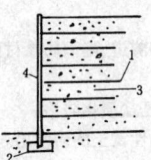

图 6.2.1 加筋土挡墙结构
1—加筋材；2—基础；3—填土；4—墙面

6.2.2 加筋土挡墙可分为以下两种型式：

1 刚性筋式：用抗拉模量高、延伸率低的土工格栅或加筋土工带等作为筋材；墙内填土中的潜在破裂面见图 6.2.2(a)。

2 柔性筋式：以织造土工织物等中等拉伸模量材料作为筋材，墙内土中潜在破裂面见图 6.2.2(b)。

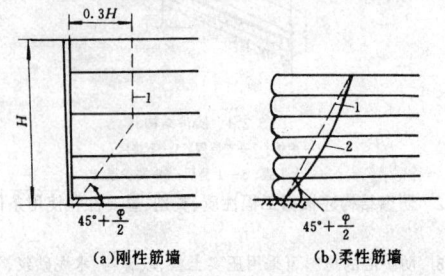

(a)刚性筋墙   (b)柔性筋墙

图 6.2.2 两类加筋土挡墙的破裂面
1—破裂面；2—实测破裂面

6.2.3 加筋土挡墙设计采用极限平衡法，其设计应包括：挡墙外部稳定性验算、挡墙内部稳定性验算以及确定墙后排水设施和墙顶防水措施。

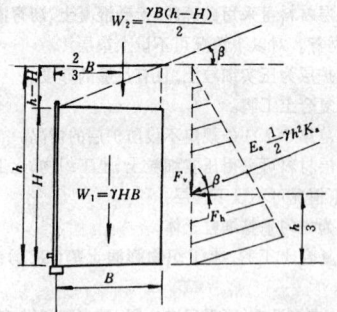

图 6.2.4 墙背垂直，填土倾斜时的土压力计算

6.2.4 外部稳定性验算应采用重力式挡墙的稳定验算方法验算墙体的抗水平滑动、抗深层滑动稳定性和地基承载力。墙背土压力应按朗金土压力理论确定(图6.2.4)。

6.2.5 内部稳定性验算应包括筋材强度验算和抗拔稳定性验算,并应按下述方法进行:

1 筋材强度验算:

1)每层筋材均应进行验算。第 i 层单位墙长筋材承受的水平拉力 T_i 可按下式计算:

$$T_i = [(\sigma_{vi} + \sum \Delta\sigma_{vi})K_i + \Delta\sigma_{hi}]s_{vi}/A_r \quad (6.2.5-1)$$

式中 σ_{vi}——筋材层所受的土的垂直自重压力(kPa);

$\sum \Delta\sigma_{vi}$——超载引起的垂直附加压力(kPa);

$\Delta\sigma_{hi}$——水平附加荷载(kPa);

A_r——筋材面积覆盖率。$A_r = 1/s_{hi}$;对于筋材满铺的情况取1;

s_{hi}——筋材水平间距(m);

s_{vi}——筋材垂直间距(m);

K_i——土压力系数。

2)对于柔性筋材[图6.2.5-1(a)],

$$K_i = K_a \quad (6.2.5-2)$$

对于刚性筋材,K_i 按下式确定[图6.2.5-1(b)]:

$$K_i = K_0 - [(K_0 - K_a)z_i]/6 \quad 0 < z \leqslant 6m$$
$$K_i = K_a \quad z > 6m \quad (6.2.5-3)$$

式中 K_0——静止土压力系数;

K_a——主动土压力系数。

3)T_i 应满足下式的要求:

$$T_a/T_i \geqslant 1 \quad (6.2.5-4)$$

4)当 T_a/T_i 的值小于1时,应调整筋材间距或改用具有更高强度的筋材。

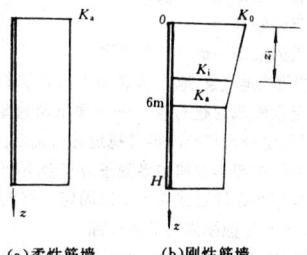

(a)柔性筋墙　　(b)刚性筋墙

图6.2.5-1 挡墙土压力系数

2 筋材抗拔稳定性验算:

1)筋材抗拔力 T_{pi} 应根据填土破裂面以外筋材有效长度 L_e 与周围土体产生的摩擦力(图6.2.5-2)按下式计算:

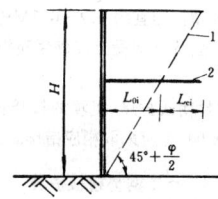

图6.2.5-2 筋材长度
1—破裂面;2—第 i 层筋材

$$T_{pi} = 2\sigma_{vi} \cdot B \cdot L_{ei} \cdot f \quad (6.2.5-5)$$

式中 σ_{vi}——筋材上的有效法向应力(kPa);

f——筋材与土的摩擦系数,应由试验测定;

L_{ei}——筋材有效长度(m),按破裂面以外的筋材长度确定;

B——筋材宽度(m)。

2)筋材抗拔稳定性安全系数应符合下式要求,安全系数应为:

$$F_s = T_{pi}/T_i \quad (6.2.5-6)$$

3)安全系数不应小于1.3。当式(6.2.5-6)不能满足时,应加长筋材,重新进行验算。

6.2.6 确定筋材长度时,第 i 层筋材长度 L_i 应按下式计算:

$$L_i = L_{0i} + L_{ei} + L_{wi} \quad (6.2.6)$$

式中 L_{0i}——第 i 层筋材滑动面以内长度(m);

L_{wi}——第 i 层筋端部包裹土体所需长度,或筋材与墙面连接所需长度(m)。

为施工方便,自上而下筋材宜取同等长度,也可分段采用不同长度。

6.2.7 设计应对加筋土挡墙的填料及填筑施工方法提出具体要求。

6.3 加筋土垫层设计与施工

6.3.1 加筋土垫层底筋可采用土工织物、土工格栅或土工格室等。

6.3.2 加筋土垫层的设计应包括以下内容:

1 稳定性验算。

2 确定加筋构造。

3 验算加筋垫土层地基的承载力和沉降。

6.3.3 稳定性验算应包括垫层筋材被切断及不被切断的地基稳定、沿筋材顶面滑动、沿薄软土层底面滑动以及筋材下薄层软土被挤出。

验算方法及稳定安全系数应符合国家现行有关地基设计标准、规范的规定。

6.3.4 垫层构造应符合以下要求:

1 在软土上宜先铺砂垫层,再覆盖筋材。砂垫层厚度在陆上施工时不应小于200mm,水下施工时不应小于500mm。垫层料宜采用中、粗砂,含泥量不应大小5%。

2 筋材上直接抛石时,应先铺一层保护层或土工网。

6.3.5 加筋土的施工应符合以下要求:

1 筋材的铺设宽度应符合设计要求。施工时,筋材应垂直于堤坝轴线方向铺设,需要接长时,连接强度不应低于原筋材强度。

2 应将筋材定位。水下铺设土工织物筋材时应采用工作船或工作平台,并应及时定位或压重。

3 应先两侧后中央的顺序分层回填,并应控制施工速率。

4 软弱地基上填土应按设计要求进行。

5 应按设计要求进行施工监测。

6.4 加筋土坡设计与施工

6.4.1 加筋土坡应沿坡高按一定垂直间距水平方向铺放筋材,其地基应稳定。

6.4.2 加筋土坡设计应按以下步骤进行:

1 应先对未加筋土坡进行稳定分析,求得其最小安全系数 F_{su}。并与设计要求的安全系数 F_{sr} 比较,当 $F_{su} < F_{sr}$,应采取加筋处理。

2 应将上款中所有 $F_{su} \approx F_{sr}$ 的滑弧绘在同一幅图中,各弧的外包线即为需要加筋的临界范围(图6.4.2-1)。

3 所需筋材总拉力 T_s(单宽)应按下式计算(图6.4.2-2):

$$T_s = (F_{sr} - F_{su})M_0/D \quad (6.4.2-1)$$

式中 M_0——未加筋土坡每一滑弧对应的滑动力矩(kN·m);

D——对应于每一滑弧的 T_s 相对于滑动圆心的力臂(m),T_s 的作用点可设定在坡高的1/3处。

4 T_s 中的最大值 T_{smax} 即为设计所需的筋材总加筋力。加筋层数应合理确定。

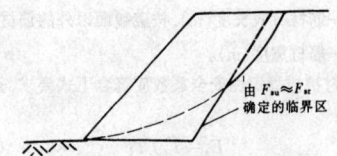

图 6.4.2-1 有待加筋的临界区范围

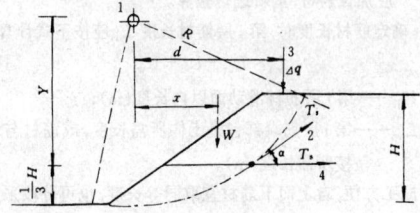

图 6.4.2-2 确定加筋力的滑弧计算
1—滑动圆心；2—延伸性筋材拉力；
3—超载；4—非延伸性筋材拉力

5 筋材的强度验算和抗拔稳定性验算应符合本规范第 6.2.5 条的要求。

6 筋材布置应便于施工，筋材长度可定为一种或二种长度。

7 坡面应植草或采取其它有效的防护措施，并应设置排水措施。坡内设置有效的截水设施。

6.4.3 加筋土坡的施工应符合以下要求：

1 填土质量应符合设计规定。压实机械与筋材间至少应有 300mm 的土料。

2 当坡面缓于 1:1，且筋材垂直间距不大于 400mm 时，坡面处筋材端部可不包裹；否则应予以包裹，折回段应压在上层土之下。

3 当筋材为土工格栅时，坡面包裹处应设细孔土工网或土工织物。

7 防 护

7.1 一般规定

7.1.1 防冲、防浪、防冻、防震、固砂、防止盐渍化及防泥石流等防护措施，当选用土工合成材料或其制品时，应符合本章规定。

7.1.2 作防护用的土工合成材料可选用土工织物、土工膜、土工格栅、土工网、土工模袋、土工格室、土工网垫及聚苯乙烯板块等。

作防护用的土工合成材料制品可采用土工织物充填袋和软体排等。

7.1.3 土工织物充填袋应包括砂被、砂枕、土枕、土袋等。

7.1.4 软体排应由编织土工织物结合压载物制成，可分为单片软体排和双片软体排。

7.1.5 采用土工合成材料进行防护的主要工程有：

1 江、河、湖、海和渠道、储液池护坡、护底。

2 水下结构基础防冲。

3 道路边坡防冲。

4 涵闸工程护底。

5 泥石流和悬崖侧面建筑物障墙防冲。

6 应急防汛措施。

7 沙漠地区砂篱滞砂和固砂。

8 军工弹药库防爆。

9 严寒地区防冻措施。

10 道路防止盐渍化措施。

11 边坡土钉加固等。

7.2 软体排防冲

7.2.1 软体排的铺设范围、高程等应根据防护的面积和位置确定。

7.2.2 软体排材料可选用 $130g/m^2$ 以上的编织土工织物在正、反面连以尼龙绳网构成。单片软体排可用于一般防护，双片排软体可用于重点防护；按软体排上压载方式，砂肋排可用于淤积区，混凝土连锁排可用于冲刷区。

7.2.3 顺水流方向的排宽应为防护区的宽度、相邻排块缝接或搭接宽度和排体收缩需预留宽度的总和。相邻排块缝接或搭接，搭接宽度不应小于 1m。

7.2.4 垂直水流方向的软体排长度应为水上部分软体排长度与水下部分软体排长度之和。

1 水上部分软体排长度应为水上坡面长度和坡顶固定所需长度之和。

2 水下部分软体排长度应为与水上排衔接长度、水下坡长度（含折皱和计入伸缩量所需长度）和预计冲刷所需预留长度之和。

7.2.5 软体排应进行下列验算：

1 抗浮稳定。

2 排体边缘抗冲刷稳定。

3 抗滑稳定。

4 软体排需要的压载量。

7.2.6 软体排沉排施工应根据具体条件选用以下方法：

1 人工或机械直接沉排。

2 水上船舶或浮桥沉排。

3 冰期沉排，包括冰上沉排和冰下沉排。

7.3 土工模袋护坡

7.3.1 模袋护坡设计应包括以下内容：

1 岸坡稳定性验算。

2 确定模袋选型及充填厚度。

3 模袋稳定性验算。

4 模袋护坡的细部构造及边界处理。

7.3.2 模袋应根据当地气象、地形、水流条件和工程重要性等选择。

7.3.3 岸坡稳定性验算应进行模袋的平面抗滑稳定分析。模袋厚度应通过抗浮稳定分析和抗冰推移稳定分析确定。

7.3.4 模袋护坡的细部构造和边界处理应符合下列要求：

1 顶部宜采用浆砌块石或填土予以固定。有地面径流处，坡顶应采用防止地表水侵蚀模袋底部的措施。

2 岸坡模袋底端应设压脚或护脚棱体；有冲刷处应采取防冲措施。

3 模袋护坡的侧翼宜设压袋沟。

4 相邻模袋接缝处底部应设土工织物滤层。

7.3.5 模袋护坡施工应符合以下要求：

1 坡面应清理整平。

2 模袋铺展后应拉紧固定，在充填混凝土或砂浆时不得下滑。

3 可采用泵车进行混凝土（砂浆）充填，充填应连续。充填速度宜为 $10 \sim 15m^3/h$，充填压力宜为 $0.2 \sim 0.3MPa$。

4 需要排水的边坡，应在混凝土或砂浆充填后初凝前开孔埋设排水管。

5 受淤砂影响的封闭式护岸、堤坝的模袋护坡，施工前应充分分析内外水头差的影响，并应采取相应措施。

7.4 土工网垫植被护坡

7.4.1 用土工网垫植被护坡时，应避免在高温、多雨或寒冷季节施工；坡面应平整；土工网垫在坡顶、坡趾和坡中间予以固定。

7.4.2 应根据当地气温、降水和土质条件等选择草种，必要时，应进行试种。

应选择土质适应性强、环境适应性强、根系发达、生长快和价格低廉的草种。

7.5 土工织物充填袋筑防护堤

7.5.1 砂被筑防护堤设计应符合以下规定：

1 砂被筑防护堤设计应包括砂被袋体材料选择、堤身断面确定、砂料选择与充填度控制、护坡与护底设计和堤身整体与局部稳定性验算。

2 制作砂被的袋体材料宜选用机织土工物。其反滤与排水性能应符合反滤准则，且应经受施工应力。单位面积质量不应小于 $130g/m^2$，极限抗拉强度不应低于 $18kN/m$。

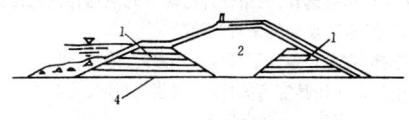

（a）双断面图

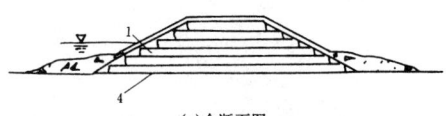

（b）单断面图

（c）全断面图

图 7.5.1 砂被防护堤示意
1—土工织物袋;2—充填土;3—吹填土;4—垫层

3 砂被防护堤的断面型式应包括全断面、双断面和单断面（图 7.5.1）。单断面宜用于围海造地工程围堤。

4 砂被充填料应采用排水性较好的砂性土、粉细砂类土。其粘粒含量不应超过 10%。砂被的充填密度不宜小于 $14.5kN/m^3$，充填度不宜小于 85%。

5 砂被护坡与护底应按地基、水流及波浪等条件设计。

6 堤身的整体稳定性应采用圆弧滑动法验算。

7 砂被与砂被之间的抗滑稳定性应进行验算。

7.5.2 砂被筑防护堤施工应符合以下规定：

1 场地应平整。

2 应选定贮料场。采砂处应远离堤身。

3 应采用水力方法造浆和充填，浆液浓度宜为 20%～45%，并应按充填—进浆一二次充填的顺序进行。泥浆泵的出口压力宜为 0.2～0.3MPa，充填后的砂被厚度宜为 400～500mm。

4 充填后应尽快对砂被作护面层。

7.5.3 砂枕筑防护堤设计应符合下列要求：

1 砂枕筑防护堤设计内容及袋体材料应符合本规范第 7.5.1 条的规定。

2 堤身断面应根据航道整治工程防护堤断面型式与尺寸确定，并应符合现行国家标准《堤防工程设计规范》的有关要求。

3 砂枕表面应作防护层。

4 砂枕充填料应选用施工区附近河沙，其粘粒含量不应大于 10%，并不得含卵石。

5 砂枕充填度不宜小于 80%。

6 砂枕尺寸应按下式计算：

$$L/B > 2.4 \quad 及 \quad L/H > 3.5 \quad (7.5.3)$$

式中 L、B、H——分别为砂枕充填后的长度、宽度和高度(m)。

7 砂枕堤身整体稳定性可按圆弧滑动法验算。

7.5.4 砂枕筑防护堤施工应符合下列要求：

1 场地应平整;应选择采砂场，采砂处应远离防护堤。

2 应测定砂枕水面投掷点至沉落于河底的流动距离(流距)，并应确定砂枕投放的提前量。

3 投放砂枕应按上、下游边线导标，层层平抛，并应沿高度逐渐缩窄抛填宽度。抛填时应保证密度。

4 砂枕露出水面后应及时覆盖，并应砌筑护面层。

7.6 路面与道面反射裂缝的防治

7.6.1 在公路和城市道路路面及机场道面中采用土工合成材料防治路面及道面的反射裂缝应符合本节规定。

7.6.2 用于防治反射裂缝的材料应符合以下要求：

1 土工织物应采用非织造针刺土工织物，其单位质量不应大于 $200g/m^2$;极限抗拉强度宜大于 $8kN/m$，耐温性宜在 170℃ 以上。

2 玻纤网的孔眼尺寸宜为其上沥青面层材料最大粒径的 0.5～1.0 倍，极限抗拉强度应大于 $50kN/m$。

7.6.3 土工合成材料应铺设于新建沥青面层或旧路沥青罩面层的底部。可满铺，也可局部铺设。

7.6.4 对旧路面或旧道面在铺设罩面层前应对路面和道面进行检验，并应确定材料的铺设方案。对损坏部位进行修补处理，并应将铺设场地清理干净。

7.6.5 材料铺设应符合以下规定：

1 铺设土工织物时，应先洒布粘层油，用量宜为 0.7～$1.1kg/m^2$;铺设时将土工织物拉紧、平整顺直。如有折皱，应将折皱处剪开，对齐后再继续铺设。土工织物铺放后，宜在表面用轻型工具碾压。土工织物接头可对接，也可搭接。采用搭接时搭接长度宜为 40～100mm。搭接处的结合面应涂满粘层油并压实。铺放土工织物后应及时筑沥青混合料面层。

2 铺设玻纤网时，应保证铺设平顺，宜先铺设玻纤网，再洒布粘层油，用量宜为 0.4～$0.6kg/m^2$。玻纤网的搭接长度宜为 50～100mm。

7.7 其它防护工程

7.7.1 选用土工合成材料建造防止悬崖附近建筑物受落石冲击或沟谷处泥石流冲泻的障墙时，应符合以下规定：

1 障墙可由土工格栅笼、箱堆筑而成，其内应填块石或装土的土工织物充填袋。笼、箱断面宜呈梯形，并应采用筋绳将笼、箱捆扎。

2 障墙结构：
1）障墙底部设石块糙面垫层;
2）墙体应有足够抗滑稳定性;
3）应有足够的排水能力，必要时，应在水出流处设置消能墩。

7.7.2 在沙漠地带流沙或寒冷风雪地带可采用土工合成材料固砂、屏蔽流沙和建造滞砂篱或滞雪篱。滞砂篱和滞雪篱可每隔 1.5～3.0m 竖立高出地表 1～2m 的桩柱，并应在桩排上固定土工网，形成长距离的防护墙。土工网应有一定耐久性。

7.7.3 军火库、爆炸物仓库可采用土工合成材料建造防爆堤。防爆堤与仓库距离可为 2m，高度不应低于仓库屋顶。防爆堤可为土工格栅加筋土堤，堤宽不宜小于 2m，在坡面可植草、或喷水泥砂浆护面。

7.7.4 严寒地区挡墙及涵闸底板可采用土工合成材料在墙背及板下设置保温层，并应符合以下规定：

1 保温层可采用聚苯乙烯板块(EPS)。材料应具有一定的强度、低导热系数、低吸水率。

2 聚苯乙烯板块保温层的厚度应通过计算确定。对于小型工程，可取当地标准冻深的 1/10～1/15，并不应小于 50mm。

3 保温板设置可为单向、双向或三向。单向可设于墙背面;

双向可设于墙被面和墙顶地面层;三向可设于墙背面、墙顶地面层和垂直于墙轴的两端板。保温板长度应超出要求保温区的范围。

7.7.5 铺设保温板时接缝处应密闭。如铺设厚度大于100mm时,可采用两层及以上,接缝错开。保温板应固定于墙背。

7.7.6 设隔断层时,应先在层面上铺薄砂层,并应设2%~4%的坡度,然后铺土工合成材料。连接宜采用粘接或焊接。铺膜后应及时回填,在面层300mm内不得用羊足碾等压实。

7.7.7 可采用土工合成材料隔振和减振。隔振屏应采用以薄塑片制成的柱状气垫包在由土工织物制成的空腔内。

规范用词用语说明

1. 为便于在执行本规范条文时区别对待,对要求严格程度不同的用词说明如下:

(1)表示很严格,非这样做不可的用词:

正面词采用"必须",反面词采用"严禁";

(2)表示严格,在正常情况下均应这样做的用词:

正面词采用"应",反面词采用"不应"或"不得";

(3)表示允许稍有选择,在条件许可时首先应这样做的用词:

正面词采用"宜",反面词采用"不宜";

表示有选择,在一定条件下可以这样做的,采用"可"。

2. 规范中指定应按其它有关标准、规范执行时,写法为:"应符合……的规定"或"应按……执行"。

中华人民共和国国家标准

土工合成材料应用技术规范

GB 50290—98

条 文 说 明

目　次

1 总　　则

1.0.1　80年代初，我国即开始土工织物等土工合成材料的应用和研究。据不完全统计，应用这种材料修建的工程迄今已近万项。材料与技术的优点愈来愈为工程界所认可，尤其是近几年来在防洪抢险中的大量应用及其成效，引起了广大岩土工程人员的高度重视。但是该技术在我国的应用尚不普及，为了在规范设计与施工中使之得到正确应用，故制定本规范。

1.0.2　土工合成材料具有反滤、排水、隔离、加筋、防渗、防护等功能，其复合制品更能满足工程的多种需要，故在各种工程建设中皆有广泛用途。

1.0.3　应用土工合成材料工程措施只是主体工程中的一个组成部分，其设计、施工应当符合国家现行的其它有关规程、规范的规定。

2 术语、符号

2.0.1　参考了美国ASTM、国际土工合成材料协会（IGS）有关资料、《土工合成材料工程应用手册》和国家标准GB/T 13759《土工布术语》等。

所列术语是本规范中出现的主要术语，包括材料名称、功能、试验参数等。

3 基本规定

3.1 材　　料

3.1.1　所列分类系系根据IGS分类法编写的。

3.1.2　所列为一般的测试项目，应按工程需要选用。

3.1.3　土工合成材料特性常随温度、压力、试样尺寸等试验条件改变，试验应尽量模拟预计现场条件进行。

3.1.4　土工合成材料的强度在实际工程中会不同程度地因机械损伤、化学与生物作用以及在长期使用中的蠕变等因素而削弱。应根据工程经验经统计确定其折减系数。公式3.1.4的各系数取值亦可参见表1。

表1　土工织物强度的影响系数

适用范围	影响系数			
	F_{iD}	F_{cR}	F_{cD}	F_{bD}
挡墙	1.1~2.0	2.0~4.0	1.0~1.5	1.0~1.3
堤坝	1.1~2.0	2.0~3.0	1.0~1.5	1.0~1.3
承载力	1.1~2.0	2.0~4.0	1.0~1.5	1.0~1.3
斜坡稳定	1.1~1.5	1.5~2.0	1.0~1.5	1.0~1.3

3.1.9　土工合成材料极易受紫外线照射降解的破坏，应特别注意防护。

3.2 设计原则

3.2.3　土工合成材料在工程中发挥的作用大多是综合性的，例如用作加筋时，也有隔离、排水的功能，在设计时可以以加筋为依据，兼顾其它。

3.2.5　土工合成材料是一种轻型、单薄制品，易于受到施工损伤、日光紫外线等破坏，整个施工过程中均应注意及时防护。

3.2.6　设计中应根据需要规定观测项目。根据连续的观测记录，

可以监控施工状态，必要时调整施工进度；长期观测，可以掌握工程运行状态，并积累资料，供改进设计之用。

3.2.7　采用土工合成材料在获得工程效益的同时，可能带来负面作用，例如，利用土工织物垫层排水，会造成渗水通道，应采取防渗措施。

3.3 施工检验

3.3.2　施工每道工序是否符合设计要求，关系到整个工程的安全与质量。例如土工膜接缝不密，会因其漏水而使防渗失效；压重、防护欠佳，会使工程破坏。必须抓好每一施工环节。

4 反滤及排水

4.1 一般规定

4.1.1　用粒状材料建反滤层，尤其是建竖向或斜向反滤或排水体质量很难保证。采用土工合成材料，不仅能保证质量，而且施工方便。

4.1.2　可以采用土工合成材料作反滤和排水体的工程项目很多，这里列举的只是其中的一部分，它们的设计方法在原理上基本相同。

4.2 反滤准则

4.2.1　这是任何反滤材料必须遵守的要求。

对于编织型土工织物，保土性准则可以参考以下规定：

1　粘粒含量大于10%的粘、壤土，当覆盖保护层料块较大（0.4m×0.6m），缝隙小（如预制件）的条件下，可采用 $O_{90} \leqslant 10d_{90}$。

2　粘粒含量小于10%的砂性土，在覆盖保护层料块较大（0.4m×0.6m），缝隙小（如预制件）的条件下，可采用 $O_{90} \leqslant (2\sim5)d_{90}$。浪高小于0.6m时，取大值，否则取小值。

注：O_{90}表示编织土工织物的等效孔径。

4.2.4　根据淤堵试验流量q（纵坐标）与时间t（横坐标）的关系曲线，如随 t 增大，q 趋于常量，表明织物未被淤堵；如 q 不断减小，则表明织物被淤堵。

4.3 设计方法

4.3.2　土工合成材料用作排水体时，除应符合反滤准则，还需要排除来水，主要靠织物的平面排水能力，故需要验算。

4.3.3　土工织物与坡面土的摩擦系数较小，有滑动的可能性，对其稳定性应予以核算。

4.3.4　为保证土工织物正常工作，必须加以保护。其端部应予以固定，防止位移。下端更应妥加保护，不允许冲刷破坏。

4.5 软土地基处理中排水带设计与施工

4.5.1　利用排水带加固地基的目的，即是要求在预定工期内消除地基的规定预期沉降和提高地基土强度。

排水带地基设计方法与传统的砂井地基设计相同。利用砂井计算方法时应将排水带断面转化为当量砂井直径。

砂垫层所用应为洁净砂料，以保证排水通畅。

4.5.2　存放排水带需加封盖，是为保护其不变坏。

5 防　　渗

5.2 防渗结构

5.2.1　防渗结构设置上、下垫层的目的是保护土工膜不受破坏；

下垫层尚有排水、排气作用。

5.2.6 铺设土工膜后，膜下仍可能因缺陷引起渗漏而积水，也可能有土中排出的气体或产生的沼气等，水、气可能顶托土工膜，危及膜的安全，尤其是在大面积的膜下，必须考虑排水、排气措施。

5.3 工程防渗设计与施工

5.3.2 对含毒矿场的尾矿坝等，有毒物质混入水体将造成环境污染，危及人、畜生命安全，必须严格防止。条文中所述措施是为了确保安全。

5.3.3 建议渠道防渗土工膜厚度不小于0.25mm是根据多年的实践经验。土工膜太薄可能产生气孔，也易于在施工中受损，使防渗效果减小。

5.3.4 一般生活垃圾和工业垃圾不含毒质或毒质较小，故可采用单层防渗结构。如果这类垃圾也含有毒物质，则应选用双层防渗结构。如含剧毒，甚至要求多层结构。

5.3.7 隧道、洞室防渗应采用复合土工膜或合适的防排水材料，是因为围岩(土)中皆有渗水，必须将其通过土工织物或防排水材料流入下方纵(横)向排水沟排走，以确保防渗衬砌安全工作。

5.3.8 我国南北地区虽然温差很大，采用土工膜进行屋面防渗已有许多成功实例。

采用的复合土工膜有聚乙烯和聚氯乙烯两种。黑龙江省采用聚乙烯丙纶复合卷材，有防水屋面的标准设计图(LJ407)。

聚乙烯膜厚约0.2mm，聚氯乙烯膜厚约1.2mm，本规范只提出技术要求，对膜厚不作统一规定。

防渗层上应设刚性或柔性防护层，对于可上人的屋面尤有需要。

复合膜接缝处理和与找平层的粘接以及细部构造是工程成败的关键，必须遵照有关规范执行。

6 加 筋

6.2 加筋土挡墙设计

6.2.2 加筋土挡墙采用的筋材有两种。因筋材的抗拉模量不同，墙内填土中的潜在破坏面相异。

6.2.3 目前加筋土挡墙设计有极限平衡法和有限元法两大类。用后一方法计算时，由于筋材、填土以及两者相互作用的本构关系难以准确和协调建立，加之缺乏破坏准则，工程中几乎均采用极限平衡法，后者可作为一种辅助和对比方法。

排水设备对保证加筋土挡墙的稳定十分重要。

6.2.5 土压力一般均针对单位长度的墙体计算。故筋材满铺时即采用算得的土压力，即式(6.2.5-1)中的$A_r = 1$。如果筋材采用土工带，则筋材承受的是水平间距s_{hi}范围内的拉力，则式(6.2.5-1)中的$A_r = 1/s_{hi}$。

进行筋材验算时，对于刚性筋材，由于墙内土体位移受到较大限制，应力分布改变，由土压力引起的筋材拉力相应变化。根据实测，此时的压力分布如图6.2.5(b)所示。筋材所受拉力应按该图确定。

筋材验算，基于上述原因，对于满铺式墙，式(6.2.5-5)中的B应为单位墙长，即$B = 1$；对于筋带式墙，B应为实际提供摩阻力的筋带宽度。

6.3 加筋土垫层设计与施工

6.3.3 实践可知，加筋垫层抗深层滑动计算采用圆弧法，得到的稳定安全系数往往提高较少，表明加筋效果不显著，实际效果却很明显。这说明现有的稳定分析方法未能反映筋材所起的全部作

用。分析认为，加筋所以发挥明显作用可能与下列因素有关，例如加筋后潜在滑动面可能往深处发展，地基土的侧向位移受到部分限制以及地基中应力分布发生了变化，而这些有利因素在计算中却未能计入，可见现有分析方法有待改进。

我国铁路、公路系统目前在作圆弧滑动分析时，认为首先所加底筋应该是稳定的，即滑动圆弧不应该切断底筋，应将筋材及其上填土视为一整体，为此，潜在圆弧必然下移，稳定安全系数自然有所提高。此项考虑是否符合实际，应通过实践和积累资料来加以验证。

6.3.5 由于筋材承受拉力才能发挥其加筋作用。所以建议回填顺序，目的是使筋材始终处于受拉状态。

6.4 加筋土坡设计与施工

6.4.1 本节推荐的设计方法取材于美国联邦公路局1996年出版的Mechanically Stabilized Earth Walls And Reinforced Soil Slopes Design And Construction Guildlines. 设计的基本原理是认为土坡所需的加筋力应根据每个可能的滑动圆弧逐一计算，而求得其最大值T_{smax}，该拉力并非产生于最危险滑动圆弧。求得该最大加筋力后，再按二区或三区合理分配。按二区分配时，底区可分配$2/3 T_{smax}$，顶区分配$1/3 T_{smax}$；按三区分配时，底、中、顶区分别分配$1/2, 1/3$和$1/6 T_{smax}$。

7 防 护

7.1 一般规定

7.1.2 为了使用方便，常先将土工合成材料制成符合一定规格的产品，如各种充填袋、软体排等。

7.1.4 采用软体排时，其上必须压载，可以将压块(如混凝土块)固定在排体上，亦可在沉排时同时抛物压载，否则不能起防护作用。

7.2 软体排防冲

7.2.2 排体常需以筋绳或绳网加固，部分筋绳尚可供牵引排体定位之用。

7.2.5 软体排验算可参考有关行业标准。

7.2.6 目前我国的沉排施工还没有规范的方法，应根据具体条件进行。在北方寒冷地带，采用冰期沉排较为方便，但要受季节限制。

7.3 土工模袋护坡

7.3.1 模袋护坡验算方法可参考有关行业标准。

7.3.5 模袋护坡施工应注意防止充灌故障。所用骨料不得大于泵送管直径的1/3。应严格控制充填料的坍落度等，以防硬结。泵送距离不宜大于50m。

7.5 土工织物充填袋筑防护堤

7.5.1 作砂被用的织物要求孔隙较均匀，透水性好，使能截留粗土粒，排走细土粒，加速固结。需要一定强度以承受施工应力。在海岸波浪较大地区，为防漏砂，采用编织与无纺土工织物的复合材料最佳。

围海造陆时，沿海一侧，可将单断面堤建造到平均潮位以上，在其内侧可吹填筑造，筑堤和吹填可同时进行。

充填采用砂性土，织物孔不易淤堵，可加速充填土固结。

7.5.3 砂枕充填度过大易于折断；同时因长期受拉，孔径增大，会使枕内砂料漏失。

规定砂枕尺寸是为了保证堆积时稳定。目前常用尺寸,直径为 1~2m,长度不小于 3m。在航运整治工程中应用较普遍的尺寸是 $\phi1.4m×3.5m$ 和 $\phi1.4m×4.5m$。

7.6 路面与道面反射裂缝的防治

7.6.1 采用土工合成材料防治反射裂缝主要是为减少或延缓旧沥青路面、旧水泥混凝土路面或旧机场道面,对其上加铺沥青面层,产生反射裂缝。对新建道路或新建机场道面,当施工中发现基层或碾压式混凝土已产生裂缝(如收缩裂缝等),为减少或延缓这种裂缝对沥青面层的影响,也可采用土工合成材料进行防治。

7.6.2 目前应用于防止反射裂缝的土工合成材料主要是玻纤网和土工织物。一般认为玻纤网主要起加筋作用,土工织物主要起隔离作用,因此,采用玻纤网时,要求其强度要高,延伸率要小;采用土工织物时,也要有一定强度。

由于沥青面层施工时,温度会高达 170℃ 左右,因此要求所采用的土工合成材料能耐 170℃ 以上高温。玻纤网性能一般不受高温影响,因此只对土工织物提出了耐高温要求。

7.6.3 土工合成材料可局部铺设于裂缝处,在裂缝较多、较集中之处,也可满铺。

7.6.4、7.6.5 施工时,土工合成材料与上下结构层粘结的好坏直接影响到防治反射裂缝的效果,甚至可能导致负面影响,因此,要求清理、平整场地。

7.7 其它防护工程

7.7.1 障墙是大体积柔性块体,受冲击力时可以由于变形而吸收大量能量,并无定形设计方法,可按具体条件筑造,原则是必须要有整体性、抗滑性。应该以强度较高的土工格栅等建造。人口稠密、紧挨悬崖的香港居民点曾建造过此类障墙。

7.7.2 我国铁道部门曾在荒漠地带采用滞砂篱等防治路基被掩埋。

7.7.4 我国东北地区有不少挡墙、水闸采用了聚苯乙烯板防治冻胀,曾测得板内外温差达 20℃ 以上。水利行业已制定了有关水工建筑防冻的规范。

中华人民共和国国家标准

木骨架组合墙体技术规范

Technical code for partitions with timber framework

GB/T 50361—2005

主编部门：中 国 建 材 工 业 协 会
批准部门：中华人民共和国建设部
施行日期：２００６年３月１日

中华人民共和国建设部
公　告

第 384 号

建设部关于发布国家标准
《木骨架组合墙体技术规范》的公告

现批准《木骨架组合墙体技术规范》为国家标准，编号为 GB/T 50361—2005，自 2006 年 3 月 1 日起实施。

本规范由建设部标准定额研究所组织中国计划出版社出版发行。

中华人民共和国建设部
二〇〇五年十一月三十日

前　言

根据建设部建标［2000］44 号文件要求，标准编制组经过调查研究，参考有关国际标准和国外先进经验，结合我国的具体情况，编制本规范。

本规范的主要技术内容有：1. 总则；2. 术语和符号；3. 基本规定；4. 材料；5. 墙体设计；6. 施工和生产；7. 质量和验收；8. 维护管理。

本规范由建设部负责管理，由国家建筑材料工业局标准定额中心站负责具体技术内容的解释。

本规范在执行过程中，请各单位注意总结经验，积累资料，随时将有关意见和建议反馈给国家建筑材料工业局标准定额中心站（北京市西城区西直门内北顺城街 11 号，邮政编码：100035），以供今后修订时参考。

本规范主编单位、参编单位和主要起草人：

主 编 单 位： 国家建筑材料工业局标准定额中心站
中国建筑西南设计研究院

参 编 单 位： 四川省建筑科学研究院
公安部天津消防研究所

主要起草人： 吴佐民　龙卫国　郝德泉
王永维　杨学兵　冯　雅
倪照鹏　邱培芳　张红娜

目 次

1 总　则

1.0.1 为使木骨架组合墙体的应用做到技术先进、保证安全适用和人体健康、确保质量，制定本规范。

1.0.2 本规范适用于住宅建筑、办公楼和《建筑设计防火规范》GBJ 16 规定的丁、戊类工业建筑的非承重墙体的设计、施工、验收和维护管理。

1.0.3 按本规范设计时，荷载应按现行国家标准《建筑结构荷载规范》GB 50009 的规定执行。

1.0.4 木骨架组合墙体的应用设计及安装施工，除应符合本规范的规定外，尚应符合国家现行有关标准的规定。

2 术语和符号

2.1 术　语

2.1.1 规格材　dimension lumber

木材截面的宽度和高度按规定尺寸生产加工的规格化的木材。

2.1.2 板材　plank

宽度为厚度 3 倍或 3 倍以上的矩形锯材。

2.1.3 木骨架　timber studs

墙体中按一定间距布置的非承重的规格材骨架构件。

2.1.4 墙面板　boards

用于墙体表面的墙面板材。

2.1.5 木骨架组合墙体　partitions with timber framework

在由规格材制作的木骨架外部覆盖墙面板，并可在木骨架构件之间的空隙内填充保温隔热及隔声材料而构成的非承重墙体。

2.1.6 直钉连接　vertical nailing

钉子钉入方向垂直于两构件间连接面的钉连接。

2.1.7 斜钉连接　diagonal nailing

钉子钉入方向与两构件间连接面成一定斜角的钉连接。

2.2 符　号

2.2.1 材料力学性能

E——材料弹性模量；

f——材料强度设计值。

2.2.2 作用和作用效应

S——作用效应组合的设计值；

R——构件截面承载力设计值；

S_E——地震作用效应和其他荷载效应按基本组合的设计值；

q_{EK}——垂直于墙平面的均布水平地震作用标准值；

P_{EK}——平行于墙体平面的集中水平地震作用标准值；

G_K——木骨架组合墙重力荷载标准值。

2.2.3 几何参数

A——墙体面积。

2.2.4 系数

γ_0——结构构件重要性系数；

γ_{RE}——结构构件承载力抗震调整系数；

β_E——动力放大系数；

α_{max}——水平地震影响系数最大值。

2.2.5 其他

C——根据结构构件正常使用要求规定的变形限值。

3 基本规定

3.1 结构组成

3.1.1 木骨架组合墙体的类型按下列规定采用：

1 根据墙体的功能和用途分为外墙、分户墙和房间隔墙。

2 根据设计要求分为单排木骨架墙体、木骨架加防声横条墙体和双排木骨架墙体（图 3.1.1）。

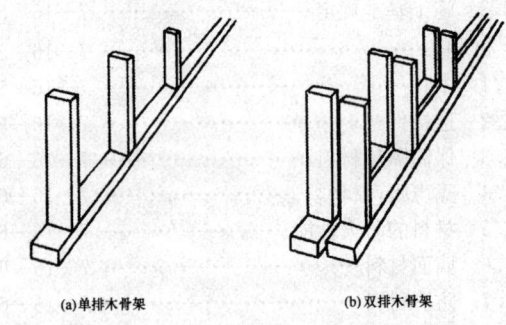

(a)单排木骨架　　　　(b)双排木骨架

图 3.1.1　墙体结构形式

3.1.2 木骨架组合墙体的结构组成有以下几种（图 3.1.2）：

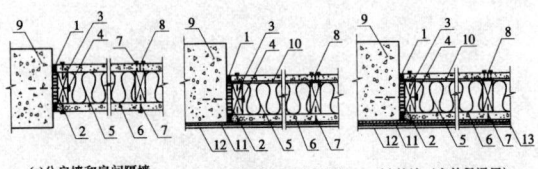

(a)分户墙和房间隔墙　　(b)外墙（有或无保温层）　(c)外墙（有外保温层）
（有或无保温层）

图 3.1.2　木骨架组合墙体构成示意图

1—密封胶；2—密封条；3—木骨架；4—连接螺栓；5—保温材料；
6—墙面板；7—面板固定螺钉；8—墙面板连接缝及密封材料；
9—钢筋混凝土主体结构；10—防汽层；11—防潮层；
12—外墙面保护层及装饰层；13—外保温层

1 分户墙和房间隔墙的构造主要由木骨架、墙面材料、密封材料和连接件组成。当按设计要求需要时，也包括保温材料、隔声材料和防护材料。

2 外墙的构造主要由木骨架、外墙面材料、保温材料、隔声材料、内墙面材料、外墙面挡风防潮材料、防护材料、密封材料和连接件组成。

3.1.3 木骨架应采用符合设计要求的规格材制作。同一墙体木骨架的边框和立柱应采用截面尺寸相同的规格材。

3.1.4 木骨架宜竖立布置（图 3.1.4），木骨架的立柱间距 s_0 宜为 600mm、400mm 或 450mm。木骨架构件的布置应满足下列要求：

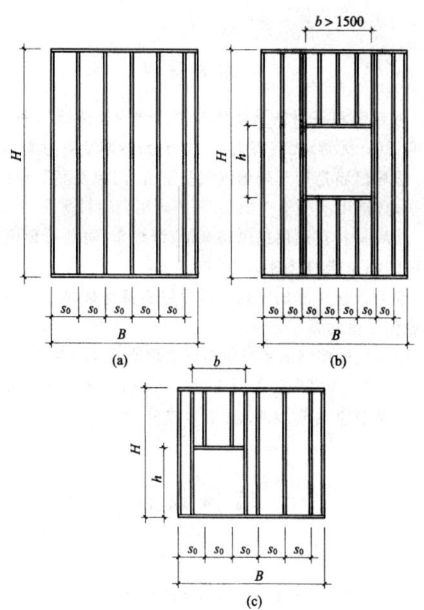

图 3.1.4 木骨架布置示意图

1 按间距 s_0 的尺寸等分墙体;

2 在等分点上布置立柱,木骨架墙体周边均应设置边框;

3 墙体上有洞口时,当洞口边缘不在等分点上时,应在洞口边缘布置立柱;当洞口宽度大于 1.50m 时,洞口两侧均宜设双根立柱。

3.2 设计基本规定

3.2.1 本规范采用以概率理论为基础的极限状态设计法。

3.2.2 木骨架组合墙体的安全等级采用二级,其所有木构件的安全等级亦采用二级。

3.2.3 木骨架组合墙体除自重外,不承受竖向荷载,也无任何支撑功能。木骨架组合墙体用作外墙时,还应承受风荷载,墙面板应具有足够强度将风荷载传递到木骨架。

3.2.4 木骨架组合墙体应具有足够的承载能力、刚度和稳定性,并与结构主体可靠连接。

3.2.5 木骨架组合墙体及其与结构主体的连接,应进行抗震设计。

3.2.6 对于承载能力极限状态,木骨架构件的设计表达式应符合下列要求:

1 非抗震设计时,应按荷载效应的基本组合,采用下列设计表达式:

$$\gamma_0 S \leqslant R \qquad (3.2.6\text{-}1)$$

式中 γ_0——结构构件重要性系数,$\gamma_0 \geqslant 1$;

S——承载能力极限状态的荷载效应的设计值,按现行国家标准《建筑结构荷载规范》GB 50009 的规定进行计算;

R——结构构件的承载力设计值。

2 抗震设计时,考虑地震作用效应组合,采用下列设计表达式:

$$S_E \leqslant R/\gamma_{RE} \qquad (3.2.6\text{-}2)$$

式中 S_E——地震作用效应和其他荷载效应按基本组合的设计值;

γ_{RE}——结构构件承载力抗震调整系数,一般情况下取 1.0。

3.2.7 对正常使用极限状态,结构构件应按荷载效应的标准组合,采用下列设计表达式:

$$S \leqslant C \qquad (3.2.7)$$

式中 S——正常使用极限状态的荷载效应的组合值;

C——根据结构构件正常使用要求规定的变形限值。

3.2.8 木材的设计指标和构件的变形限值,按现行国家标准《木结构设计规范》GB 50005 的规定采用。

3.3 施工基本规定

3.3.1 木骨架组合墙的施工必须保证安全,消防设施应齐全。

3.3.2 施工工地现场必须整洁,应建立清洁、安静的施工环境。施工中产生的废弃物应分类堆放,严禁乱扔、乱放。有害物质应分类封闭包装,并及时处理,严禁造成二次环境污染。

3.3.3 施工中应严格控制噪声、粉尘和废气对周围环境的影响。

3.3.4 施工必须按设计图纸进行,严禁不按设计要求随意施工。

3.3.5 施工所用的各种材料必须具有产品质量合格证书。

3.3.6 施工必须按程序进行,每项施工完成后应进行自检并做好检测记录,自检合格后才能交由下一个工序继续施工。

3.3.7 施工应有工程监理单位负责监督、检查(检测)施工质量。

4 材 料

4.1 木 材

4.1.1 用于木骨架组合墙体的木材,宜优先选用针叶材树种。

4.1.2 当使用规格材制作木骨架时,可采用任何等级的规格材,规格材的材质等级见现行国家标准《木结构设计规范》GB 50005。

当现场利用板材加工木骨架时,其材质等级宜采用Ⅱ级。

4.1.3 木骨架采用规格材制作时,规格材含水率不应大于 20%。当现场采用板材制作木骨架时,板材含水率不应大于 18%。

4.1.4 当使用马尾松、云南松、湿地松、桦木以及新利用树种和速生树种中易遭虫蛀和易腐朽的木材时,木骨架应按设计要求进行防虫、防腐处理。常用的药剂配方和处理方法,可按现行国家标准《木结构工程施工质量验收规范》GB 50206 的规定采用。

4.2 连 接 件

4.2.1 木骨架组合墙体与主体结构的连接应采用连接件进行连接。连接件应符合现行国家标准的有关规定及设计要求。尚无相应标准的连接件应符合设计要求,并应有产品质量出厂合格证书。

4.2.2 当墙体的连接件采用钢材时,宜采用 Q235 钢,其质量应符合现行国家标准《碳素结构钢》GB/T 700 的规定。当采用其他牌号的钢材时,尚应符合有关标准的规定和要求。连接件所用钢材的强度设计值应按现行国家标准《钢结构设计规范》GB 50017 的规定采用。

4.2.3 墙体连接采用的钢材,除不锈钢和耐候钢外,其他钢材应进行表面热浸镀锌处理、无机富锌涂料处理或采取其他有效的防腐、防锈措施。当采用表面热浸镀锌处理时,锌膜厚度应符合现行国家标准《金属覆盖层 钢铁制件热浸镀锌层技术要求及试验方法》GB/T 13912 的规定。

4.2.4 墙体连接件采用的钢材和强度设计值尚应符合下列要求:

1 普通螺栓应符合现行国家标准《六角头螺栓 C 级》GB/T 5780 和《六角头螺栓》GB/T 5782 的规定。

2 木螺钉应符合现行国家标准《十字槽沉头木螺钉》GB/T 951 和《开槽沉头木螺钉》GB/T 100 的规定。

3 自钻自攻螺钉应符合现行国家标准《十字槽盘头自钻自攻螺钉》GB/T 15856.1 和《十字槽沉头自钻自攻螺钉》GB/T 15856.2 的规定。

4 墙体其他连接件应符合下列现行国家标准的规定：

《紧固件　螺钉和螺钉通孔》GB/T 5277；

《紧固件机械性能　螺栓、螺钉和螺柱》GB/T 3098.1；

《紧固件机械性能　螺母　粗牙螺纹》GB/T 3098.2；

《紧固件机械性能　螺母　细牙螺纹》GB/T 3098.4；

《紧固件机械性能　自攻螺钉》GB/T 3098.5；

《紧固件机械性能　自钻自攻螺钉》GB/T 3098.11。

4.3　保温隔热材料

4.3.1 木骨架组合墙体保温隔热材料宜采用岩棉、矿棉和玻璃棉。

4.3.2 用岩棉、矿棉、玻璃棉做墙体内部保温隔热材料，宜采用刚性、半刚性成型材料，填充应固定在木骨架上，不得松动，以确保填充的厚度内被满填，不得采用松散的保温隔热材料松填墙体。

4.3.3 岩棉、矿棉作为墙体保温隔热材料时，物理性能指标应符合现行国家标准《绝热用岩棉、矿渣棉及其制品》GB/T 11835 的规定。

4.3.4 玻璃棉作为墙体保温隔热材料时，物理性能指标应符合现行国家标准《绝热用玻璃棉及其制品》GB/T 13350 的规定。

4.4　隔声吸声材料

4.4.1 木骨架组合墙体隔声吸声材料宜采用岩棉、矿棉、玻璃棉和纸面石膏板，或其他适合的板材。

4.4.2 其他板材作为墙体隔声材料时，单层板的平均隔声量不应小于 22dB。

4.5　材料的防火性能

4.5.1 木骨架组合墙体所采用的各种防火材料应为国家认可检测机构检验合格的产品。

4.5.2 木骨架组合墙体的墙面材料宜采用纸面石膏板，如采用其他材料，其燃烧性能应符合现行国家标准《建筑材料燃烧性能分级方法》GB 8624 关于 A 级材料的要求。四级耐火等级建筑物的墙面材料的燃烧性能可为 B₁ 级。

4.5.3 木骨架组合墙体填充材料的燃烧性能应为 A 级。

4.6　墙面材料

4.6.1 分户墙、房间隔墙和外墙内侧的墙面板一般采用纸面石膏板。纸面石膏板应根据墙体的性能要求分为普通型、防火型及防潮型三种。

纸面石膏板的主要技术性能指标应以供货商提供的产品出厂合格证所标注的性能指标为依据，应符合现行国家标准《纸面石膏板》GB/T 9775 的要求，其主要技术性能应符合表 4.6.1 的规定。

表 4.6.1　纸面石膏板产品质量标准

板材厚度（mm）	纵向断裂荷载（N）	横向断裂荷载（N）	遇火物理性能（稳定时间）
9.5	360	140	
12	500	180	
15	650	220	≥20min
18	800	270	
21	950	320	适用于防火型纸面石膏板
25	1100	370	

4.6.2 外墙外侧墙面材料一般选用防潮型纸面石膏板。防潮型纸面石膏板厚度不应小于 9.5mm。

4.7　防护材料

4.7.1 密封剂和密封条是墙体与主体结构连接缝的密封材料。密封剂应无味、无毒、无有害物质。密封条的厚度应为 4～20mm。

4.7.2 塑料薄膜是用于外墙隔汽和窗台、门槛及底层地面防渗、防潮材料，宜选用不小于 0.2mm 厚的耐用型塑料薄膜。

4.7.3 挡风材料宜选用挡风防潮纸、纤维布、防潮石膏板或其他具有挡风防潮功能的材料。

4.7.4 墙面板连接缝的密封材料及钉头覆盖材料宜选用石膏粉密封膏或弹性密封膏。

4.7.5 墙面板连接缝的密封材料宜选用能透气的弹性纸带、玻璃棉条和纤维布。弹性纸带的厚度为 0.2mm，宽度为 50mm。

4.7.6 防腐剂应无毒、无味、无有害成分。

5　墙　体　设　计

5.1　设计的基本要求

5.1.1 设计木骨架组合墙体时，应满足下列功能要求：

　　1 用作外墙时：

　　　1）房屋的建筑功能；

　　　2）墙体的承载功能；

　　　3）保温隔热功能；

　　　4）隔声功能；

　　　5）防火功能；

　　　6）防潮功能；

　　　7）防风功能；

　　　8）防雨功能；

　　　9）密封功能。

　　2 用作分户和房间隔墙时：

　　　1）房屋的建筑功能；

　　　2）墙体的承载功能；

　　　3）隔声功能；

　　　4）防火功能；

　　　5）防潮功能；

　　　6）密封功能。

5.1.2 木骨架组合墙体根据保温隔热功能要求分为 4 级，应符合本规范第 5.4 节的规定。

5.1.3 木骨架组合墙体根据隔声功能要求分为 7 级，应符合本规范第 5.5 节的规定。

5.1.4 采用木骨架组合墙体的建筑耐火等级按墙体的耐火极限分为 4 级，应符合本规范第 5.6 节的规定。

5.1.5 分户墙和房间隔墙设计，应符合下列要求：

　　1 根据本规范第 5.1.3 条、第 5.1.4 条规定的要求，选定墙体的隔声级别和防火级别。

　　2 根据房屋使用功能要求，确定门窗尺寸和位置。

　　3 根据本规范前两款要求，确定木骨架尺寸和墙体构造，并按现行国家标准《木结构设计规范》GB 50005 对构件强度和刚度进行验算，对规格材尺寸进行调整。

　　4 设计墙体和主体结构的连接方式及连接构造。

　　5 根据需要，确定有关防潮、密封等构造措施。

　　6 特殊部位结构设计。

5.1.6 外墙设计应符合下列要求：

　　1 根据本规范第 5.1.2 条、第 5.1.3 条和第 5.1.4 条规定的要求，选定外墙保温隔热、隔声和防火级别。

2 根据房屋建筑功能要求,确定门、窗尺寸和位置。

3 根据本条前两款要求,确定木骨架尺寸和墙体构造,并按现行国家标准《建筑结构荷载规范》GB 50009 和《木结构设计规范》GB 50005 的要求,对构件强度和刚度进行验算,对规格材尺寸进行调整。

4 进行墙体和主体结构的连接设计。

5 设计防风、防雨、防潮及密封等构造措施。

6 特殊部位结构设计。

5.2 木骨架结构设计

5.2.1 木骨架构件应执行本规范第 3.2 节的规定,并按本规范第 5.1.5 条、第 5.1.6 条的规定进行设计。

5.2.2 垂直于墙平面的均布水平地震作用标准值,可按下式计算:

$$q_{EK} = \beta_E \alpha_{max} G_K / A \qquad (5.2.2-1)$$

式中 q_{EK}——垂直于墙平面的均布水平地震作用标准值,kN/m²;

β_E——动力放大系数,可取 5.0;

α_{max}——水平地震影响系数最大值,应按表 5.2.2 采用;

G_K——木骨架组合墙体重力荷载标准值,kN;

A——墙面面积,m²。

表 5.2.2 水平地震影响系数最大值 α_{max}

抗震设防烈度	6 度	7 度	8 度
α_{max}	0.04	0.08(0.12)	0.16(0.24)

注:7、8 度时括号内数值分别用于设计基本地震加速度为 0.15g 和 0.30g 的地区。

平行于墙体平面的集中水平地震作用标准值,可按下式计算:

$$P_{EK} = \beta_E \alpha_{max} G_K \qquad (5.2.2-2)$$

式中 P_{EK}——平行于墙体平面的集中水平地震作用标准值,kN。

5.2.3 木骨架组合墙体中规格材尺寸见表 5.2.3-1。当采用机械分级的速生树种规格材时,截面尺寸见表 5.2.3-2。

表 5.2.3-1 规格材截面尺寸表

截面尺寸 宽(mm)×高(mm)	40×40	40×65	40×90	40×115	40×140	40×185	40×235	40×285

注:**1** 表中截面尺寸均为含水率不大于 20%、由工厂加工的干燥木材尺寸。

2 进口规格材截面尺寸与表列规格材尺寸相差不超过 2mm 时,可与其相应规格材等同使用,但在计算时,应按进口规格材实际截面进行计算。

3 不得将不同规格系列的规格材在同一建筑中混合使用。

表 5.2.3-2 速生树种结构规格材截面尺寸表

截面尺寸 宽(mm)×高(mm)	45×75	45×90	45×140	45×190	45×240	45×290

注:同表 5.2.3-1 注 1 及注 3。

5.2.4 木骨架设计时,规格材宜选用 V_c 级,经过计算亦可选用其他等级木材。

5.2.5 水平构件尺寸宜与木骨架立柱尺寸一致。

5.2.6 当立柱中心间距为 600mm 和 400mm 时,木骨架宜用宽度为 1200mm 的墙面板覆面;当立柱中心间距为 450mm 时,木骨架宜用宽度为 900mm 的墙面板覆面。

5.2.7 当受力需要时,可采用两根或几根截面尺寸相同的立柱加强洞口两侧。

5.3 连 接 设 计

5.3.1 木骨架组合墙体连接设计包括木骨架构件之间的连接设计和木骨架组合墙体与钢筋混凝土主体结构的连接设计。

5.3.2 木骨架组合墙体为分户墙、房间隔墙和高度不大于 3m 的外墙时,与主体结构的连接应采用墙体上下两边连接的方式;木骨架组合墙体为高度大于 3m 的外墙时,与主体结构的连接应采用墙体周围四边连接的方式。

5.3.3 分户墙及房间隔墙的连接设计一般可不进行计算,当需要计算时,可根据所受荷载按外墙的连接计算规定进行计算。

5.3.4 外墙的连接承载力计算,应计入重力荷载、风荷载和地震荷载作用。

5.3.5 分户墙及房间隔墙的木骨架构件之间的连接应采用直钉连接或斜钉连接,钉直径不应小于 3mm。当木骨架之间采用直钉连接时,每个连接节点不得少于 2 颗钉,钉长应大于 80mm,钉入构件的深度(含钉尖)不得小于 12d(d 为钉直径);当采用斜钉连接时,每个连接节点不得少于 3 颗钉,钉长应大于 80mm,钉入构件的深度(含钉尖)不得小于 12d(d 为钉直径),斜钉应与钉入构件成 30°角,从距构件端 1/3 钉长位置钉入(图 5.3.5)。

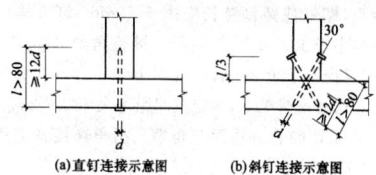

(a)直钉连接示意图　(b)斜钉连接示意图

图 5.3.5 房间隔墙木骨架构件之间连接示意图

5.3.6 木骨架组合墙体与主体结构的连接应采用膨胀螺栓连接(方式一)、自钻自攻螺钉连接(方式二)和销钉连接(方式三)(图 5.3.6)。分户墙及房间隔墙与主体结构连接采用的连接件直径不应小于 6mm,连接件锚入主体结构长度不得小于 5d(d 为连接件的直径),连接点间距不大于 1.2m,每一连接边不少于 4 个连接点。采用销钉连接时,应在混凝土构件上预留孔。连接件应布置在木骨架宽度中心的 1/3 区域内,木骨架上均应预先钻导孔,导孔直径为 0.8d(d 为连接件直径)。

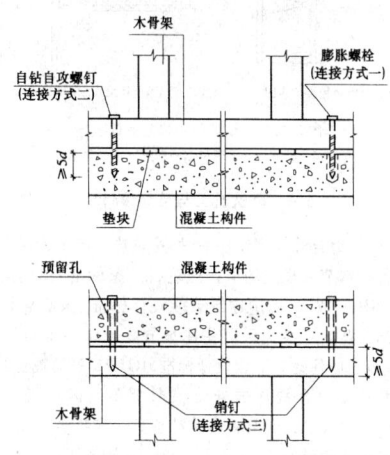

图 5.3.6 墙体与主体结构连接示意图

5.3.7 当房间隔墙尺寸较小时,墙与主体结构的连接可采用射钉连接。射钉直径不应小于 3.7mm,锚入主体结构长度不得小于 7.5d(d 为射钉直径),连接点间距不应大于 600mm。射钉与木骨架末端的距离不应小于 100mm,并应沿木骨架宽度的中心线布置。

5.3.8 外墙承受较大荷载时,木骨架构件之间宜采用角链连接(图 5.3.8)。角链所用螺钉直径及数量应根据所承受的内力按现行国家标准《木结构设计规范》GB 50005 的相关公式计算确定,螺钉长度应大于 30mm。角链尺寸应根据所承受的内力按现行国家标准《钢结构设计规范》GB 50017 的相关公式计算确定。

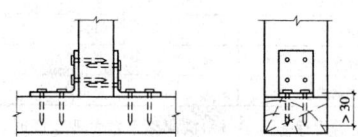

图 5.3.8 外墙木骨架构件之间角链连接示意图

5.3.9 外墙与主体结构的连接方式应符合本规范第 5.3.6 条的规定,并且,连接点的数量和连接件的尺寸应根据连接件所承受的内力按现行国家标准《木结构设计规范》GB 50005 的相关公式计算确定。

5.3.10 连接所用螺栓及钉排列的最小间距应符合现行国家标准《木结构设计规范》GB 50005 的相关规定。

5.3.11 木骨架组合墙体之间相接时,应满足下列构造要求:

1 两墙体呈直角相接时,相接墙体的木骨架应用直径不小于 3mm 的螺钉或圆钉牢固连接,连接点间距不大于 0.75m,且不少于 4 个连接点,螺钉或圆钉钉长应大于 80mm,钉入构件的深度(含钉尖)不得小于 12d(d 为钉直径)。外直角处可用 L 50×50 角钢保护,并用直径不小于 3mm、长度不小于 36mm 的螺钉或圆钉将角钢固定在墙角木骨架上,固定点间距不大于 0.75m,且不少于 4 个固定点;或采用胶合方法固定角钢。拐角连接缝应用密封胶封闭[图 5.3.11(a)]。

2 两墙体呈 T 型相接时,相接墙体的木骨架应用直径不小于 3mm 的螺钉或圆钉牢固连接,连接点间距不大于 0.75m,且不少于 4 个连接点,螺钉或圆钉钉长应大于 80mm,钉入构件的深度(含钉尖)不得小于 12d(d 为钉直径)。拐角连接应用密封胶封闭[图 5.3.11(b)]。

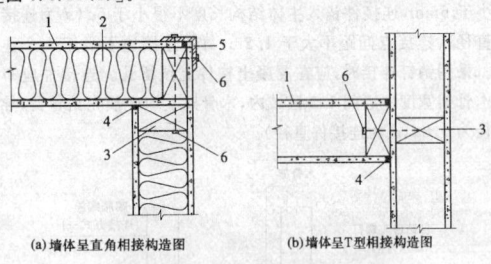

(a)墙体呈直角相接构造图 (b)墙体呈T型相接构造图

图 5.3.11　墙体相接构造示意图
1—石膏板;2—矿棉;3—木骨架;4—密封胶;5—角钢;6—钉

5.4　建筑热工与节能设计

5.4.1 木骨架组合墙体用作外墙时,建筑热工与节能设计应按本节规定执行。本节未规定的应按照现行国家标准《民用建筑热工设计规范》GB 50176、《民用建筑节能设计标准(采暖居住建筑部分)》JGJ 26、《夏热冬冷地区居住建筑节能设计标准》JGJ 134 和《夏热冬暖地区居住建筑节能设计标准》JGJ 75 等的规定执行。

5.4.2 木骨架组合墙体的外墙根据所在地区按表 5.4.2-1、5.4.2-2 分为 5 级,填充保温隔热材料厚度应按照第 5.4.1 条中的相关规范和标准设计。

表 5.4.2-1　墙体热工级别

热工级别	传热系数[W/(m²·K)]
I_t	≤0.4
II_t	≤0.5
III_t	≤0.6
IV_t	≤1.0
V_t	≤1.2

表 5.4.2-2　墙体所处地域的热工级别

所处地域	墙体热工级别
严寒地区	I_t、II_t
寒冷地区	II_t、III_t
夏热冬冷地区	III_t、IV_t
夏热冬暖地区	IV_t、V_t

5.4.3 当不需用保温隔热材料满填整个木骨架空间时,保温隔热材料与空气间层之间宜设允许蒸汽渗透,不允许空气循环的隔空气膜层。

5.4.4 木骨架组合墙体中空气间层应布置在建筑围护结构的低温侧。

5.4.5 在木骨架组合墙体外墙外饰面层宜设防水、透气的挡风防潮纸。

5.4.6 木骨架组合墙体外墙高温侧应设隔汽层,以防止蒸汽渗透,在墙体内部产生凝结,使保温材料或墙体受潮。

5.4.7 穿越墙体的设备管道和固定墙体的金属连接件应采用高效保温隔热材料填实空隙。

5.5　隔声设计

5.5.1 木骨架组合墙体隔声设计应按本节规定执行。本节未规定的应按照现行国家标准《民用建筑隔声设计规范》GBJ 118 的规定执行。

5.5.2 木骨架组合墙体根据隔声要求按表 5.5.2-1 分为 7 级。根据功能要求,应符合表 5.5.2-2 的规定。

表 5.5.2-1　墙体隔声级别

隔声级别	计权隔声量指标(dB)
I_n	≥55
II_n	≥50
III_n	≥45
IV_n	≥40
V_n	≥35
VI_n	≥30
VII_n	≥25

表 5.5.2-2　墙体功能要求的隔声级别

功能要求	隔声级别
特殊要求	I_n
特殊要求的会议室、办公室隔墙	II_n
办公室、教室隔墙	II_n、III_n
住宅分户墙、旅馆客房与客房隔墙	III_n、IV_n
无特殊安静要求的一般房间隔墙	V_n、VI_n、VII_n

5.5.3 设备管道穿越木骨架组合墙体时,对管道穿越空隙以及墙与墙连接部位的接缝间隙应采用隔声密封胶或密封条,隔声标准应大于 40dB。

5.5.4 在木骨架组合墙体中布置有设备管道时,设备管道应设有防振、隔噪声措施。

5.6　防火设计

5.6.1 木骨架组合墙体可用作 6 层及 6 层以下住宅建筑和办公楼的非承重外墙和房间隔墙,以及房间面积不超过 100m² 的 7~18 层普通住宅和高度为 50m 以下的办公楼的房间隔墙。

5.6.2 木骨架组合墙体的耐火极限不应低于表 5.6.2 的规定。

表 5.6.2　木骨架组合墙体的耐火极限(h)

构件名称	建筑分类			
	一级耐火等级或 7~18 层一、二级耐火等级的普通住宅	二级耐火等级	三级耐火等级	四级耐火等级
非承重外墙	不适用	1.00	1.00	无要求
户与走廊、楼梯间的墙	不适用	不适用	不适用	0.50
分户墙	不适用	不适用	不适用	0.50
房间隔墙	0.50	0.50	0.50	无要求

注:对于一级耐火等级的工业建筑和办公建筑,其房间隔墙的耐火极限不低于 0.75h。

5.6.3 木骨架组合墙体覆面材料的燃烧性能应符合表 5.6.3 的规定。

表 5.6.3　木骨架组合墙体覆面材料的燃烧性能

构件名称	建筑分类			
	一级耐火等级或7～18层一、二级耐火等级的普通住宅	二级耐火等级	三级耐火等级	四级耐火等级
外墙覆面材料	纸面石膏板和A级耐火材料	纸面石膏板和A级耐火材料	纸面石膏板和A级耐火材料	可燃材料
房间隔墙覆面材料	纸面石膏板和A级耐火材料	纸面石膏板和A级耐火材料	纸面石膏板和难燃材料	可燃材料

5.6.4 墙体内设管道、电气线路或者管道、电气线路穿过墙体时，应对管道和电气线路进行绝缘保护。管道、电气线路与墙体之间的缝隙应采用防火封堵材料将其填塞密实。

5.6.5 锚固件之间、锚固件与覆面材料边缘之间的距离应达到相关标准的要求。锚固件应具有足够的长度，保证墙面材料在规定受热时间内不至于脱落。

5.7　墙面设计

5.7.1 分户墙和房间隔墙的墙面板采用纸面石膏板时，一般墙体两面采用单层板，当隔声要求较高时，应采用两面双层板。

5.7.2 当要求墙体防潮、防水、挡风时，墙面板（如卫生间、地下室、外墙体的外墙面等）应选择防潮型纸面石膏板。

5.7.3 当耐火等级要求较高时，墙面板应选择防火型纸面石膏板。

5.7.4 木骨架组合墙体的墙面板应采用螺钉或屋面钉固定在木骨架上，钉直径不得小于 2.5mm，钉入木骨架的深度不得小于 20mm；钉的布置及固定应符合下列规定：

   1 当墙体采用双面单层墙面板时，两侧墙面板接缝的位置应错开一个木骨架间距。

   2 当墙体采用双层墙面板时，外层墙面板接缝的位置应与内层墙面板接缝的位置错开一个木骨架间距。用于固定内层墙面板的钉距不应大于 600mm。固定外层墙面板的钉距应符合本条第 3 款的规定。

   3 外层墙面板边缘钉钉距：在内墙上不得大于 200mm，在外墙上不得大于 150mm；外层墙面板中间钉钉距：在内墙上不得大于 300mm；在外墙上不得大于 200mm。钉头中心距离墙面板边缘：不得小于 15mm。

5.8　防护设计

5.8.1 外墙隔汽层和墙体局部防渗潮宜选用 0.2mm 厚的耐用型塑料薄膜。

5.8.2 墙体与建筑物四周构件连接缝密封宜选用密封剂和密封条。

5.8.3 墙面板的连接缝密封宜选用石膏粉密封膏或弹性密封膏，然后用弹性密带、玻璃棉条和纤维布密封。

5.8.4 用于固定石膏板的螺钉头宜用石膏粉密封膏和防锈密封膏覆盖，覆盖面积应大于两倍钉头直径，或采用其他防锈措施。

5.8.5 木骨架组合墙体外墙的边框不允许直接与地面或楼面接触，应采取防潮措施防止墙体受潮。

5.8.6 木骨架组合墙体外墙与建筑四周的间隙应采用密封材料填实，防止空气渗透。

5.9　特殊部位设计

5.9.1 木骨架组合墙体上安装电源插座盒时，插座盒宜采用螺钉固定在木骨架上。墙体有隔声要求时，插座盒与墙面板之间宜采用石膏抹灰进行密封，插座盒周围的石膏覆盖层厚度不小于 10mm；或在插座盒两旁立柱之间填充符合隔声要求的岩棉（图

5.9.1）。

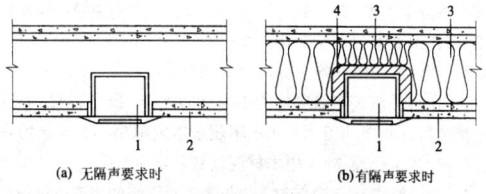

(a) 无隔声要求时　　　(b) 有隔声要求时

图 5.9.1　电源插座盒安装示意图
1—插座盒；2—墙面板；3—岩棉；4—石膏抹灰

5.9.2 隔声要求不大于 50dB 的隔墙允许设备管道穿越。需穿管的墙面板上应预先钻孔，孔洞的直径应比管道直径大 15mm，管道与孔洞之间的间隙应采用密封胶进行密封。管道直径较大或重量较重时，应采用铁件将管道固定在木骨架上。当需在墙内敷设电源线时，应将电源线敷于 PVC 管内，再将 PVC 管敷设在墙内。当 PVC 管需穿越木骨架时，可在木骨架构件宽度方向的中间 1/3 区域内预先钻孔（图5.9.2）。

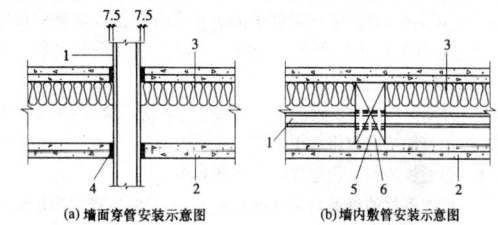

(a)墙面穿管安装示意图　　　(b)墙内敷管安装示意图

图 5.9.2　墙面穿管及墙内敷管安装示意图
1—管线；2—墙面板；3—岩棉；4—密封胶；5—留穿线孔；6—木骨架

5.9.3 木骨架组合墙体上悬挂物体时，根据不同悬挂物体重量可采用下列不同方式进行固定，固定点之间的间距应大于 200mm：

   1 悬挂重量小于 150N 时，可采用直径不小于 3mm 的膨胀螺钉进行固定[图 5.9.3(a)]。

   2 悬挂重量超过 150N 但小于 300N 时，可采用锚固装置加以固定，锚杆直径不小于 6mm[图 5.9.3(b)]。

   3 悬挂重量超过 300N 但小于 500N 时，可用直径不小于 6mm 的自攻螺钉将悬挂物固定在木骨架上，自攻螺钉锚入木骨架的深度不得小于 30mm[图 5.9.3(c)]。

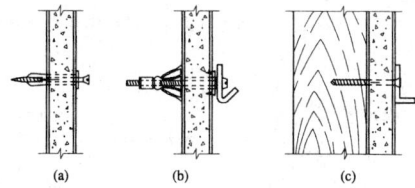

(a)　　　(b)　　　(c)

图 5.9.3　墙体上悬挂物体的固定方法示意图

6　施工和生产

6.1　施工准备

6.1.1 施工前应按工程设计文件的技术要求，设计施工方案、施工程序与要求，向施工人员进行技术交底。

6.1.2 施工前应备好符合设计要求的各种材料，所选购的材料必须有产品出厂合格证。

6.2　施工要求

6.2.1 施工作业基面必须清理干净，不得有浮灰和油污；作业基

面的平整度、强度和干燥度应符合设计要求；应准确测量作业基面空间的长度和高度，并应做好测量记录，然后确定基准面，画好安装线，以备木骨架制作与安装。

6.2.2 墙体的制作和施工应符合下列要求：

1 在木骨架制作前应检测木材的含水率、虫蛀、裂纹等质量是否符合设计要求。当木材含水率超过本规范第 4.1.3 条的规定时，应进行烘干处理，施工中木材应注意防水、防潮。

2 木骨架的上、下边框和立柱与墙面板接触的表面应按设计要求的尺寸刨平、刨光。木骨架构件截面尺寸的负偏差不应大于 2mm。

3 根据施工条件，木骨架可工厂预制或现场制作组装。

6.2.3 木骨架的安装应符合下列要求：

1 木骨架安装前应按安装线安装好塑料垫，待木骨架安装固定后用密封剂和密封条填严、填满四周连接缝。

2 木骨架安装完成后应按本规范第 7.1.3 条的规定检测其垂直方向和水平方向的垂直度。两表面应平整、光洁，表面平整度偏差应小于 3mm。

6.2.4 当选用岩棉毡时，应按设计要求的厚度将岩棉毡填满立柱之间。当需要时，岩棉毡宜用钉子固定在木骨架上。填充的尺寸应比两立柱间的空间尺寸大 5～10mm。材料在存放和安装过程中严禁受潮和接触水。

6.2.5 外墙隔汽层塑料薄膜的安装必须保证完好无损，不得出现破漏，应用钉或粘接剂将其固定在木骨架上。

6.2.6 墙面板的安装固定应符合下列要求：

1 经切割过的纸面石膏板的直角边，安装前应将切割边倒角 45°，倒角深度应为板厚的 1/3。

2 安装完成后，墙体表面的平整度偏差应小于 3mm。纸面石膏板的表面纸层不应破损，螺钉头不应穿入纸层。

3 外墙面板在存放和施工中严禁与水接触或受潮。

6.2.7 墙面板连接缝的密封、钉头覆盖的施工应符合下列要求：

1 墙面板连接缝的密封、钉头的覆盖应用石膏粉密封膏或弹性密封膏填严、填满，并抹平打光。

2 墙体与建筑物四周构件连接缝的密封应用密封剂连续、均匀地填满连接缝并抹平打光。

6.2.8 外墙体局部防渗、防潮保护应符合下列要求：

1 外墙体顶端与建筑物构件之间覆盖一层塑料薄膜，当外墙体施工完毕后，剪去多余的塑料薄膜［图 6.2.8(a)］。

2 外墙开窗时，窗台表面应覆盖一层塑料薄膜［图 6.2.8(b)］。

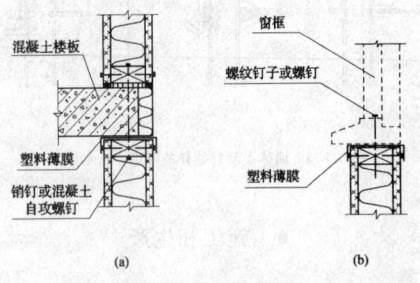

图 6.2.8 外墙体防渗、防潮构造示意图

6.2.9 木骨架组合墙体工厂预制与现场安装应符合下列要求：

1 当用销钉固定时，应按设计要求在混凝土楼板或梁上预留孔洞。预留孔位置偏差不应大于 10mm。

2 当用自钻自攻螺钉或膨胀螺钉固定时，墙体按设计要求定位后，应将木骨架边框与主体结构构件一起钻孔，再进行固定。

3 预制墙体在吊运过程中，应避免碰坏墙体的边角、墙面或震裂墙面板，应保证每面墙体完好无损。

7 质量和验收

7.1 质量要求

7.1.1 木骨架组合墙体墙面应平整，不应有裂纹、裂缝。墙面不平整度不应大于 3mm。

7.1.2 木骨架组合墙体墙面板缝密封应完整、严实，不应开裂。

7.1.3 木骨架组合墙体应垂直，竖向垂直偏差不应大于 3mm；水平方向偏差不应大于 5mm。

7.1.4 木骨架组合墙体所采用材料的性能指标应符合现行国家标准的规定和设计要求。

7.1.5 木骨架组合墙体的连接固定方式、特殊部位的结构形式、局部安装与保护等应符合设计要求。

7.1.6 木骨架组合墙体的性能指标应符合设计要求。

7.2 质量检验

7.2.1 木骨架组合墙体施工应按设计程序分项检查验收并交接，未经检查验收合格者，不得进行后续施工。

7.2.2 木骨架组合墙体墙面平整度的检测应用 2m 长直尺检测，尺面与墙面间的最大间隙不应大于 5mm，每米长度内不应多于 1 处。

7.2.3 木骨架组合墙体垂直度的检测应用 2m 长水平仪检测，竖向的最大偏差不应大于 5mm，水平方向的最大偏差不应大于 3mm。

7.3 工程验收

7.3.1 木骨架组合墙体施工完成后，应按本规范的相关要求组织验收。

7.3.2 木骨架组合墙体工程验收时，应提交下列技术文件，并应归档：

1 工程设计文件、设计变更通知单、工程承包合同。

2 工程施工组织设计文件、施工方案、技术交底记录。

3 主要材料的产品出厂合格证、材性试验或检测报告。

4 木骨架组合墙体施工质量的自检记录和测试报告。

7.3.3 木骨架组合墙体工程验收时，除按本规范规定的程序外，还应遵守现行国家标准《建筑装饰装修工程质量验收规范》GB 50210 的有关规定。

8 维护管理

8.1 一般规定

8.1.1 采用木骨架组合墙体的工程竣工验收时，墙体承包商应向业主提供《木骨架组合墙体使用维护说明书》。《木骨架组合墙体使用维护说明书》应包括下列内容：

1 墙体的主要组成材料和基本的组成形式；

2 墙体的主要性能参数；

3 使用注意事项；

4 日常与定期的维护、保养要求；

5 墙体悬挂荷载的注意事项和规定；

6 承包商的保修责任。

8.1.2 墙体交付使用后，业主或物业管理部门应根据《木骨架组合墙体使用维护说明书》的相关要求及注意事项，制定墙体的维修、保养计划及制度。

8.1.3 在墙体交付使用后,业主或物业管理部门根据检查和维修的情况,应对检查结果和维修过程作出详细、准确的记录,并建立检查和维修的技术档案。

8.2 检查与维修

8.2.1 木骨架组合墙体的日常维护和保养应符合下列规定:

    1 应避免猛烈地撞击墙体;

    2 应避免锐器与墙面接触;

    3 应避免纸面石膏板墙面长时间接近超过 50℃ 的高温;

    4 墙体应避免水的浸泡;

    5 墙体上的悬挂荷载不应超过设计的规定。

8.2.2 木骨架组合墙体的日常检查一般采用以经验判断为主的非破坏性方法,在现场对墙体易损坏部位进行检查。日常检查和维护应符合下列规定:

    1 墙体工程竣工使用 1 年时,应对墙体工程进行一次日常检查,此后,业主或物业管理部门应根据当地气候特点(如雪季、雨季和风季前后),每 5 年进行一次日常检查。

    2 日常检查的项目应包括:

      1)内、外墙面不应有变形、开裂和损坏;

      2)墙体与主体结构的连接不应松动;

      3)墙体面板不应受潮;

      4)外墙上门窗边框的密封胶或密封条不应有开裂、脱落、老化等损坏现象;

      5)墙体面板的固定螺钉不应松动和脱落。

    3 应对本条第 2 款检查项目中不符合要求的内容,由业主或物业管理部门组织实施一般的维修,主要是封闭裂缝,以及对各种易损零部件进行更换或修复。

8.2.3 当发现木骨架构件有腐蚀和虫害的迹象时,应根据腐蚀的程度、虫害的性质和损坏程度制定处理方案,及时进行补强加固或更换。

本规范用词说明

    1 为便于在执行本规范条文时区别对待,对要求严格程度不同的用词说明如下:

    1)表示很严格,非这样做不可的用词:

      正面词采用"必须",反面词采用"严禁"。

    2)表示严格,在正常情况下均应这样做的用词:

      正面词采用"应",反面词采用"不应"或"不得"。

    3)表示允许稍有选择,在条件许可时首先应这样做的用词:

      正面词采用"宜",反面词采用"不宜";

      表示有选择,在一定条件下可以这样做的用词,采用"可"。

    2 本规范中指明应按其他有关标准、规范执行的写法为"应符合……的规定"或"应按……执行"。

中华人民共和国国家标准

木骨架组合墙体技术规范

GB/T 50361—2005

条 文 说 明

目 次

1 总 则

1.0.1 本条主要阐明制定本规范的目的，为了与现行国家标准《木结构设计规范》GB 50005 相协调，并考虑到木骨架组合墙体的特点,规范除了规定应做到技术先进、安全适用和确保质量外,还特别提出应保证人体健康。

1.0.2 本条规定了本技术规范的使用范围。考虑到木骨架组合墙体的燃烧性能只能达到难燃级,所以本条将其使用范围限制在普通住宅建筑和火灾荷载与住宅建筑相当的办公楼。另外,考虑到《建筑设计防火规范》GBJ 16 规定的丁、戊类工业建筑主要用于储存、使用和加工难燃烧或非燃烧物质,其火灾危险性相对较低,所以本条允许其使用木骨架组合墙体作为其非承重外墙和房间隔墙。

1.0.3 木骨架组合墙体的设计应考虑自重、地震荷载和风荷载,一般情况下,墙体用作外墙时,对墙体起控制作用的是风荷载,墙体中的木骨架及其连接必须具有足够的承载能力,能承受风荷载的作用,荷载取值应按现行国家标准《建筑结构荷载规范》GB 50009 的规定执行。

1.0.4 与木骨架组合墙体材料的选用以及墙体的设计与施工密切相关的还有下列现行国家标准或行业标准:《木结构设计规范》GB 50005、《建筑抗震设计规范》GB 50011、《民用建筑节能设计标准(采暖居住建筑部分)》JGJ 26、《民用建筑热工设计规范》GB 50176、《外墙内保温质量检验评定标准》DBJ 01-30、《建筑设计防火规范》GBJ 16、《高层民用建筑设计防火规范》GB 50045、《建筑内部装修设计防火规范》GB 50222、《夏热冬暖地区居住建筑节能设计标准》JGJ 75、《民用建筑隔声设计规范》GBJ 118、《纸面石膏板产品质量标准》GB/T 9775、《绝热用岩棉、矿渣棉及其制品》GB/T 11835、《民用建筑工程室内环境污染控制规范》GB 50325、《建筑材料燃烧性能分级方法》GB 8624 等,其相关的规定也应参照执行。

3 基 本 规 定

3.1 结 构 组 成

3.1.2 木骨架组合墙体的结构组成有以下几种:
    1 一般分户墙及房间隔墙的结构组成(图1、图2):

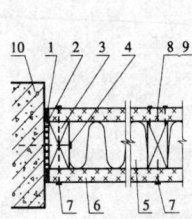

图 1 分户墙及房间隔墙水平剖面图

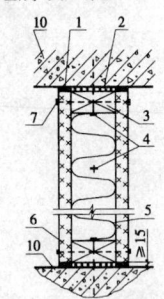

图 2 分户墙及房间隔墙竖向剖面图

    1)密封胶;
    2)聚乙烯密封条;
    3)木龙骨;
    4)混凝土自钻自攻螺钉或螺栓;
    5)岩棉毡(密度≥28kg/m³);
    6)墙面板——纸面石膏板;
    7)墙面板连接螺钉;
    8)墙面板连接缝密封材料——石膏粉密封膏或弹性密封膏;

    9)墙面板连接缝密封纸带;
    10)建筑物的混凝土柱、楼板。

隔声房间隔墙的结构组成(图3、图4)除同图1、图2相同的1)~10)外,还有:

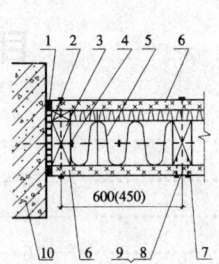

图 3 隔声内墙水平剖面图　　图 4 隔声内墙竖向剖面图

    11)防声弹性木条;
    12)螺纹钉子或螺钉;
    13)岩棉毡(密度≥28kg/m³)。

    2 一般外墙体的结构组成(图5、图6)
    1)~3)同图1、图2;
    4)岩棉毡,密度≥40kg/m³;
    5)外墙面板——防水型纸面石膏板;
    6)外挂装饰板:彩色钢板、铝塑板、彩色聚乙烯板等;
    7)~10)同图1、图2;
    11)销钉 φ10×300mm;
    12)塑料垫,厚≥10mm;
    13)自钻自攻螺钉或螺栓;
    14)木骨架定位螺钉;

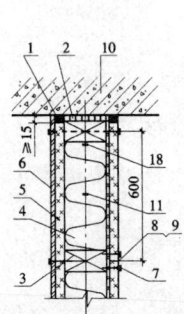

图 5 外墙水平剖面图　　图 6 外墙竖向剖面图

    15)塑料薄膜;
    16)内墙面板——石膏板;
    17)隔汽层——塑料薄膜;
    18)混凝土自钻自攻螺钉或螺栓;
    19)通风气缝。

3.1.3 用于制作木骨架组合墙体的规格材,在根据设计要求选定其规格及截面尺寸时,应考虑墙体要适应工业化制作,以及便于墙面板的安装,因此,同一块墙体中木骨架边框和中部的骨架构件应采用截面高度相同的规格材。

3.1.4 木骨架竖立布置主要是方便整个墙体的制作和施工。当有特殊要求时,也可采用构件水平布置的木骨架。

由于墙面板采用的板材平面标准尺寸一般为1200mm×2400mm,因此,木骨架组合墙体中木骨柱的间距允许采用600mm或400mm两种尺寸;当采用900mm×2400mm的纸面石膏板时,立柱的间距应为

450mm。这样，墙面板的连接缝正好能位于木骨柱构件的截面中心位置处，能较好地固定和安装墙面板。为了保证墙面板的固定和安装，当墙体上需要开门窗洞口时，规范规定了木骨架构件在墙体中布置的基本要求。当墙体设计要求必须采用其他尺寸的间距时，应尽量减少尺寸的改变对整个墙体的施工和制作带来的不利影响。

3.2 设计基本规定

3.2.1 本规范的基本设计方法应与现行国家标准《木结构设计规范》GB 50005 一致。《木结构设计规范》GB 50005 的设计方法采用现行国家标准《建筑结构可靠度设计标准》GB 50068 统一规定的"以概率理论为基础的极限状态设计法"，故本规范应采用该方法进行设计。

3.2.2 现行国家标准《木结构设计规范》GB 50005 规定，一般建筑物安全等级均定为二级，建筑物中各类结构构件的安全等级，宜与整个结构的安全等级相同，故本规范确定木骨架组合墙体安全等级为二级。建筑物安全等级按一级设计时，木骨架组合墙体的安全等级，亦应定为一级。

3.2.3～3.2.5 木骨架组合墙体虽然是非承重墙体，但应有足够的承载能力。因此，应满足一系列要求——强度、刚度、稳定性、抗震性能等。同时，木骨架组合墙体不管是整块制作后吊装还是现场组装，均应与主体结构有可靠的、正确的连接，才能保证墙体正常、安全地工作。

3.2.6、3.2.7 本条提供木骨架组合墙体承载能力极限状态和正常使用极限状态的基本计算公式，与现行国家标准《木结构设计规范》GB 50005 一致。一般情况时，结构重要性系数 $\gamma_0 \geqslant 1$。

3.2.8 木材设计指标和构件的变形限值等，均应执行现行国家标准《木结构设计规范》GB 50005 的有关规定。如果现行国家标准《木结构设计规范》GB 50005 未予规定，可参照最新版本的《木结构设计手册》的相关内容选用。

4 材 料

4.1 木 材

4.1.1 作为具有一定承载能力的墙体，应优先选用针叶树种，因为针叶树种的树干长直，纹理平顺，材质均匀，木节少、扭纹少、能耐腐蚀和虫蛀、易干燥、少开裂和变形，具有较好的力学性能，木质较软而易加工。

4.1.2 国外主要用规格材作为墙体的木骨架，由于是通过设计确定木骨架的尺寸，故本规范不限制使用规格材等级。

国内取材时，相当一段时间还会使用板材在现场加工，此时，明确规定板材的等级宜采用Ⅱ级。

4.1.3 与现行国家标准《木结构设计规范》GB 50005 规定的规格材含水率一致，规格材含水率不应大于 20%。在我国使用墙体时，考虑到我国的现状，经常会采用未经工厂干燥的板材在现场制作木骨架，为保证质量，故对板材的含水率作了更为严格的规定。

4.1.4 鉴于木骨架的使用环境，我国一些易虫蛀和腐朽的木材在使用时不仅要经过干燥处理，还一定要经过药物处理，否则一旦虫蛀、腐朽发生，又不易检查发现，后果会相当严重。

4.2 连接件

4.2.1、4.2.2 木骨架组合墙体构件间的连接以及墙体与主体结构的连接，是整个墙体工程中十分重要的组成部分，墙体连接的可靠性决定了墙体是否能满足使用功能的要求，是否能保证墙体的安全使用。因此，要求连接采用的各种材料应有足够的耐久性和可靠性，能保证墙体的连接符合设计要求。在实际工程中，连接材料的品种和规格很多，以及许多连接件的新产品不断进入建筑市

场，因此，木骨架组合墙体所采用的连接件和紧固件应符合现行国家标准及符合设计要求。当所采用的连接材料为新产品时，应按国家标准经过性能和强度的检测，达到设计要求后才能在工程中使用。

4.2.3 木骨架组合墙体用于外墙时，经常受自然环境不利因素的影响，如日晒、雨淋、风沙、水汽等作用的侵蚀。因此，要求连接材料应具备防风雨、防日晒、防锈蚀和防撞击等功能。对连接材料，除不锈钢和耐候钢外，其他钢材应采用有效的防腐、防锈处理，以保证连接材料的耐久性。

4.3 保温隔热材料

4.3.1 岩棉、矿棉和玻璃棉是目前世界上最为普通的建筑保温隔热材料，这些材料具有以下优点：

1 导热系数小，既隔热又防火，保温隔热性能优良；

2 材料有较高的孔隙率和较小的表观密度，一般密度不大于 100kg/m³，有利于减轻墙体的自重；

3 具有较低的吸湿性，防潮，热工性能稳定；

4 造价低廉，成型和使用方便；

5 无腐蚀性，对人体健康不造成直接影响。

因此，采用岩棉、矿棉和玻璃棉作为木骨架组合墙体保温隔热材料。

4.3.2 松散保温隔热材料在墙体内部分布不均匀，将直接影响墙体的保温隔热性和隔声效果。采用刚性、半刚性成型保温隔热材料，解决了松散材料松填墙体所造成的墙体内部分布不均匀的问题，保证了空气间层厚度均匀，能充分发挥不同材料的性能，还具有施工方便等优点。

4.3.3、4.3.4 对影响岩棉、矿棉和玻璃棉的质量以及木骨架组合墙体性能的主要物理性能指标作出了规定，同时要求纸面石膏板、岩棉、矿棉和玻璃棉等材料应符合国家相关的产品技术标准。例如，设计时应控制岩棉、矿棉和玻璃棉的热物理性能指标，需符合表1和表2的规定，这样基本能保证墙体的热工节能性能。

表 1 岩棉、矿棉的热物理性能指标

产品类别	导热系数[W/(m·K)]，(平均温度20±5℃)	吸湿率
棉	≤0.044	≤5%
板	≤0.044	
毡	≤0.049	

表 2 玻璃棉的热物理性能指标

产品类别	导热系数[W/(m·K)]，(平均温度20±5℃)	含水率
棉	≤0.042	≤1%
板	≤0.046	
毡	≤0.043	

4.4 隔声吸声材料

4.4.1 纸面石膏板具有质量轻，并具有一定的保温隔热性，石膏板的导热系数约为 0.2W/(m·K)。石膏制品的主要成分是二水石膏，含 21% 的结晶水，遇火时，结晶水释放产生水蒸气，消耗热能，且水蒸气幕不利于火势蔓延，防火效果较好。

石膏制品为中性，不含对人体有害的成分，因石膏对水蒸气的呼吸性能，可调节室内湿度，使人感觉舒适，是国家倡导发展的绿色建材。而且石膏板加工性能好，材料尺寸稳定，装饰美观，可锯、可钉、可粘结，可做各种理想、美观、高贵、豪华的造型；它不受虫害、鼠害，使用寿命长，具有一定的隔声效果，是理想的木骨架组合墙体墙面板。

石膏板、岩棉、矿棉、玻璃棉材料作为隔声、吸声材料是由它的构造特征和吸声机理所决定的，表3、表4和表5是国内有关研究单位对石膏板、岩棉、矿棉和玻璃棉材料的声学测试指标。

表3　纸面石膏板隔声量指标

板材厚度 (mm)	面密度 (kg/m²)	隔声量(dB)						
		125Hz	250Hz	500Hz	1000Hz	2000Hz	4000Hz	$\bar{R}$
9.5	9.5	11	17	22	28	27	27	22
12.0	12.0	14	21	26	31	30	30	25
15.0	15.0	16	24	28	33	32	32	27
18.0	18.0	17	23	29	33	34	33	28

表4　岩(矿)棉吸声系数

厚度 (mm)	表观密度 (kg/m³)	吸声系数						
		100Hz	125Hz	250Hz	500Hz	1000Hz	2000Hz	4000Hz
50	120	0.08	0.11	0.30	0.75	0.91	0.89	0.97
50	150	0.08	0.11	0.33	0.73	0.90	0.80	0.96
75	80	0.21	0.31	0.59	0.87	0.83	0.91	0.97
75	150	0.23	0.31	0.58	0.82	0.91	0.86	0.96
100	80	0.27	0.36	0.64	0.90	0.96	0.96	0.98
100	100	0.33	0.38	0.59	0.77	0.78	0.87	0.95
100	120	0.30	0.38	0.62	0.82	0.81	0.76	0.96

表5　玻璃棉吸声系数

材料 名称	板材厚度 (mm)	密度 (kg/m³)	吸声系数					
			125Hz	250Hz	500Hz	1000Hz	2000Hz	4000Hz
超细玻璃棉	5	20	0.15	0.35	0.65	0.85	0.86	0.86
	7	20	0.22	0.55	0.39	0.81	0.93	0.84
	9	20	0.32	0.80	0.73	0.78	0.86	—
	10	20	0.30	0.72	0.86	0.87	0.87	0.87
	15	20	0.31	0.80	0.86	0.87	0.86	0.80
	5	25	0.16	0.38	0.62	0.82	0.86	—
	7	25	0.23	0.67	0.70	0.77	0.86	0.89
	9	25	0.32	0.85	0.70	0.80	0.89	—
	9	30	0.28	0.57	0.54	0.70	0.82	—
玻璃棉毡	5~50	30~40	平均0.65				0.8	

在人耳可听的主要频率范围内(常用中心频率从125Hz至4000Hz的6个倍频带所反映出的墙体隔声性能随频率的变化),纸面石膏板、岩棉、矿棉和玻璃棉等材料在宽频带范围内具有吸声系数较高,吸声性能长期稳定、可靠的隔声吸声特性。

4.4.2　为了使设计、施工人员在设计施工中更为方便、简单,鼓励采用新型材料,对其他适合作木骨架组合墙体隔声的板材规定了单层板最低平均隔声量。

4.5　材料的防火性能

4.5.1　本条对与木骨架组合墙体有关的各种材料的质量作出了总体规定,从而保证整个墙体能够达到一定的质量标准。

4.5.2　木骨架组合墙体覆面材料的燃烧性能对整个墙体的燃烧性能有着重要影响。国外比较成熟的此类墙体的覆面材料多数使用纸面石膏板,因此本技术规范推荐使用纸面石膏板。该墙体体系的覆面材料也可以使用其他材料,但其燃烧性能必须符合现行国家标准《建筑材料燃烧性能分级方法》GB 8624关于A级材料的要求,从而保证整个墙体能够达到本规范规定的燃烧性能。《建筑设计防火规范》GBJ 16—87对四级耐火等级建筑物的最高层数和防火分区最大允许建筑面积都作了相关规定,并且其构件的耐火极限要求相对较低,所以本条允许其墙面材料的燃烧性能为B₁级。

4.5.3　为了保证整个墙体体系的防火性能,本技术规范规定其填充材料必须是不燃材料,如岩棉、矿棉。

4.6　墙面材料

4.6.1　纸面石膏板常用的规格有以下几种:
纸面石膏板厚度分为:9.5mm、12mm、15mm、18mm;
纸面石膏板长度分为:1.8m、2.1m、2.4m、2.7m、3.0m、3.3m、3.6m;
纸面石膏板宽度分为:900mm、1200mm。

5　墙体设计

5.1　设计的基本要求

5.1.1　对木骨架组合墙体用作内、外墙时各种功能要求作出规定,设计人员在设计时,应满足这些功能要求。

5.1.2～5.1.4　木骨架组合墙体的功能,除承受荷载外,主要是保温隔热、隔声和防火功能,根据功能的具体要求,分别分为4级、7级和4级,这里是原则的提示,具体要求见后面各节。

5.1.5　对分户墙及房间隔墙的设计步骤,作出明确规定,指导设计人员设计,不致漏项。

5.1.6　对外墙的设计步骤,作出明确规定,指导设计人员设计,不致漏项。

5.2　木骨架结构设计

5.2.1　本条规定的木骨架在静力荷载及风载作用下,设计应遵守的基本原则和步骤,这些规定与现行国家标准《木结构设计规范》GB 50005是一致的。

5.2.2　这是对垂直于墙平面的均匀水平地震作用标准值作出的规定,主要用于外墙,这条基本与现行国家标准《玻璃幕墙工程技术规范》JGJ 102相关规定一致。

5.3　连接设计

5.3.1　木骨架是木骨架组合墙体的主要受力构件,因此木骨架构件之间及木骨架组合墙体与主体结构之间的连接承载能力应满足使用要求。

5.3.2　木骨架布置形式以竖立布置为主,竖立布置的木骨架将所受荷载传递到上、下边框,上、下边框成为主要受力边,因此,墙体与主体结构的连接方式,应以上下边连接方式为主;当外墙高度大于3m时,由于所受风荷载较大,规范规定应采用四边连接方式,即通过侧边木骨架分担部分墙面荷载,以减小上、下边框的受力。

5.3.3　分户墙及房间隔墙一般情况下主要承受重力荷载、地震荷载作用,由于所受荷载较小,通常按构造进行连接设计即可满足要求。

5.3.5　木骨架构件之间的直钉连接通常在墙体预制情况下采用和用于木骨架内部节点;而斜钉连接常用于现场施工连接。

5.3.6　在木骨架上预先钻导孔,是防止连接件钉入木骨架时造成木材开裂。

5.3.11　有关墙体细部构造是参照北欧有关标准的构造规定而确定的。外墙直角的保护也可采用金属、木材、塑料或其他加强材料。

5.4　建筑热工与节能设计

5.4.1　我国已经编制了北方严寒和寒冷地区、夏热冬冷地区和南方夏热冬暖地区的居住建筑节能设计标准,并已先后发布实施。公共建筑节能设计标准也即将颁布。以上节能标准对建筑围护结构建筑热工指标作了明确的规定,因此,木骨架组合墙体作为一种不同形式的建筑围护结构,也应遵守国家有关建筑节能相关标准的规定。

5.4.2　我国幅员辽阔,地形复杂,各地气候差异很大。为了建筑物适应各地不同的气候条件,在进行建筑的节能设计时,应根据建筑物所处城市的建筑气候分区和5.4.1条中相关标准,确定建筑围护结构合理的热工性能参数,为了使设计人员在设计中更为方便、简单,因而把木骨架组合外墙墙体,按表5.4.2-1、5.4.2-2分为5级，供设计人员选择。

5.4.3 木骨架组合墙体的外墙体保温隔热材料不能满填整个木骨架空间时，在墙体内保温隔热材料与空气间层之间，由于受温度梯度分布影响，将产生空气和蒸汽渗透迁移现象，对保温隔热材料这比较疏散多孔材料的防潮作用和保温隔热性能有较大的影响。空气间层中的空气在保温隔热材料中渗入渗出，直接带走了热量，在渗入渗出的线路上的空气升温降湿和降温升湿，会使某些部位保温隔热材料受潮甚至产生凝结，使材料的热绝缘性降低。因此，在保温隔热材料与空气间层之间应设允许蒸汽渗透，不允许空气渗透的隔空气膜层，能有效地防止空气的渗透，又可止水蒸气渗透扩散，从而保证了墙体内部保温隔热材料不受潮，保持其热绝缘性。

5.4.4 当建筑围护结构内、外表面出现温差时，建筑围护结构内部的湿度将会重新分布，温度较高的部位有较高的水蒸气分压，这个压力梯度会使水蒸气向温度低的方向迁移。同时，在温度较低的区域材料有较大的平衡湿度，在围护结构中将出现平衡湿度的梯度，湿度迁移的方向从低温指向高温，表明液态水将会从低温侧向高温方向迁移，大量的理论和实验研究以及工程实践都表明，这是建筑热工领域中建筑围护结构热湿迁移的基本理论。

在建筑热工工程应用领域，利用在围护结构中出现温度梯度的条件下，湿平衡会使高温方向的水蒸气与低温方向的液态水进行反向迁移，使高温方向的水蒸气重湿度和低温方向的液态水重湿度都有减少的趋势这一原理，在建筑围护结构的低温侧设空气间层，切断了保温材料层与其他材料层的联系，也斩断了液态水的通道。相应空气间层的高温侧所形成的相对湿度较低的空气边界环境，可干燥它所接触的保温材料，所以木骨架组合墙体的外墙体空气间层应布置在建筑围护结构的低温侧。

5.4.5 在木骨架组合墙体外墙的外饰面层宜设防水、透气的挡风防潮纸的主要原因是：

1 因外墙面材料主要为纸面石膏板，设挡风防潮纸可防止外墙表面受雨、雪等侵蚀受潮。

2 由于冬季木骨架组合墙体的外墙在室内温度大于室外气温时，墙体内水蒸气将从室内水蒸气分压高的高温侧向室外水蒸气分压低的低温侧迁移，在木骨架组合墙体外墙的外饰面层设透气的挡风防潮纸来允许渗透，使墙体内水蒸气在保温隔热材料层不产生积累，防止结露，从而保证了墙体内部保温隔热材料的热绝缘性。

5.4.6 由于木骨架组合外墙体内填充的是保温隔热材料，为了防止蒸汽渗透在墙体保温隔热材料内部产生凝结，使保温材料或墙体受潮，因此，高温侧应设隔汽层。

5.4.7 木骨架组合外墙是装配式建筑围护结构，为了防止墙体出现施工所产生的间隙、孔洞，防止室外空气渗透，使墙体保温隔热材料内部产生凝结，墙体受潮，影响墙体的保温隔热性能和质量从而增加建筑能耗，本条对之作出了相关的条文规定。

5.5 隔声设计

5.5.1 木骨架组合墙体是轻质围护结构，这些墙体的面密度较小，根据围护结构隔声质量定律，它们的隔声性能较差，难以满足隔声的要求。为了保证建筑的物理环境质量，隔声设计也就显得很重要，因此，本标准必须考虑建筑的隔声设计。

5.5.2 为了在设计过程中比较方便、简单地选择木骨架组合墙体的隔声性能，使条文具有可操作性，根据木骨架组合墙体不同构造形式的隔声性能，将木骨架组合墙体隔声性能按表5.5.2-1分为7级，从25dB至55dB每5dB为一个差级，基本能满足本规范所适用范围的建筑不同围护结构隔声的要求。表6为几种墙体隔声性能和构造措施参考表，设计时按照现行国家标准《民用建筑隔声设计规范》GBJ 118的规定，根据建筑的不同功能要求，选择围护结

构的不同隔声级别。

表6　几种墙体隔声性能和构造措施

隔声级别	计权隔声量指标(dB)	构造措施
I_n	≥55	1. M140 双面双层板（填充保温材料 140mm）； 2. 双排 M65 墙骨柱（每侧墙骨柱之间填充保温材料 65mm），两排墙骨柱间距 25mm，双面双层板
II_n	≥50	M115 双面双层板（填充保温材料 115mm）
III_n	≥45	M115 双面单层板（填充保温材料 115mm）
IV_n	≥40	M90 双面双层板（填充保温材料 90mm）
V_n	≥35	1. M65 双面单层板（填充保温材料 65mm）； 2. M45 双面双层板（填充保温材料 45mm）
VI_n	≥30	1. M45 双面单层板（填充保温材料 45mm）； 2. M45 双面双层板
VII_n	≥25	M45 双面单层板

注：表中 M 表示木骨架立柱高度，单位为 mm。

5.5.3、5.5.4 设备管道穿越墙体或布置有设备管道、安装电源盒、通风换气等设备开孔时，会使墙体出现施工所产生的间隙、孔洞，设备、管道运行所产生的噪声，将直接影响墙体的隔声性能，为了保证建筑的声环境质量，使墙体的隔声指标真正达到国家设计标准的要求，必须对管道穿越空隙以及墙与墙连接部位的接缝间隙进行建筑隔声处理，对设备管道应设有相应的防振、隔噪声措施。

5.6 防火设计

5.6.1 考虑到木骨架组合墙体很难达到国家现行标准《建筑设计防火规范》GBJ 16规定的不燃烧体，所以本技术规范除了对该墙体的适用范围作了限制外，还对采用该墙体的建筑物层数和高度作了限制。本条的部分内容是依据《高层民用建筑设计防火规范》GB 50045—95中的有关条款制定的。

5.6.2、5.6.3 第5.6.2条对木骨架组合墙体的耐火极限作出了规定。因为本墙体最多只能做到难燃烧体，所以在表5.6.2和表5.6.3中没有重复。根据《建筑设计防火规范》GBJ 16—87（2001年版）表2.0.1的规定，一、二、三级耐火等级建筑物的非承重外墙和一、二级耐火等级建筑物的房间隔墙都必须是不燃烧体，但鉴于本墙体无法达到不燃烧体标准，所以表5.6.2对该墙体的燃烧性能适当放松，但严格限制其适用范围，以保证整个建筑物的安全性。同时，表5.6.3还对该类墙体的覆面材料作了更细化的规定。

因为一级耐火等级的工业、办公建筑物对防火的要求相对较高，所以表5.6.2的注将该类建筑物内房间隔墙的耐火极限提高了0.25h，以保证该类建筑物的防火安全。

5.6.4 本条是为了保证整个墙体的防火性能，防止火灾从一个空间穿过管道孔洞或管线传播到其他空间。

5.6.5 本条对石膏板的安装作了详细规定。墙体的防火性能取决于多方面的因素，如石膏板的层数、石膏板的类型、质量和石膏板的安装方法以及填充岩棉的质量和方法等。

5.7 墙面设计

5.7.4 有关墙面板固定的构造要求是研究和吸收北欧相关标准的构造措施后，作出的规定。

5.9 特殊部位设计

5.9.1 电源插座盒与墙面板之间采用石膏抹灰并密封，其目的是为了隔声。

5.9.2 对于隔声要求大于50dB的隔墙，如果在墙板上开孔穿管，所形成的间隙即使采用密封胶密封，墙体隔声也很难满足大于50dB的要求，因此，对于隔声要求大于50dB的隔墙不允许开孔穿过设备管线。

5.9.3 悬挂物固定方式是参照北欧有关标准参数而确定。

6 施工和生产

6.2 施工要求

6.2.6 经切割过的纸面石膏板的直角边,安装前应将切割边倒角并打光,以备密封,如图7所示。

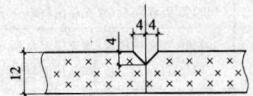

图 7 纸面石膏板的倒角

外墙面板的下端面与建筑物构件表面间应留有 10～20mm 的缝隙,以便外墙体通风、水汽出入,防止墙体内部材料受潮变形。

外墙面板在存放和施工中严禁与水接触或受潮,这一点很重要,必须十分注意。

7 质量和验收

7.1 质量要求

7.1.1 木骨架组合墙体的质量要求都作出了明确的数量指标,以便作为工程质量与验收的依据。

7.1.4 木骨架组合墙体的主要性能指标应在工程施工前所做的样品试验测试时提供可靠的检测报告,以备工程验收时参考。故各地区采用木骨架组合墙体时,必须根据当地的气候条件和建筑要求标准,设计适当的墙体厚度,特别是保温隔热层厚度,选择经济合理的设计方案,以满足建筑节能、隔声和防火要求。

7.3 工程验收

7.3.2 本条款列出的应提交的工程验收资料是木骨架组合墙体工程验收时必不可少的。但在实际操作中,墙体的验收可能与整个建筑工程一起进行,其应提交的技术文件、报告、记录等可一起提交,以备建筑工程统一验收时使用。

8 维护管理

8.1 一般规定

8.1.1 为了使木骨架组合墙体在使用过程中能达到和保持设计要求的预定功能,保证墙体的安全使用,要求墙体承包商向业主提供《木骨架组合墙体使用维护说明书》,其目的主要是让业主清楚地了解该墙体的有关性能和指标参数,能做到正确使用和进行一般的维护。

8.2 检查与维修

8.2.2 一般情况下,木骨架组合墙体在工程竣工使用一年后,墙体采用的材料和配件的一些缺陷均有不同程度的暴露,这时,应对木骨架组合墙体进行一次全面检查和维护。此后,业主或物业管理部门应根据当地气候特点,在容易对木骨架组合墙体造成破坏的雪季、雨季和风季前后,每 5 年进行一次日常检查。日常检查和维护一般由业主或物业管理部门自行组织实施。

中华人民共和国国家标准

水泥基灌浆材料应用技术规范

Code for application technique of cementitious grout

GB/T 50448—2008

主编部门：中 国 冶 金 建 设 协 会
批准部门：中华人民共和国住房和城乡建设部
施行日期：２ ０ ０ ８ 年 ８ 月 １ 日

中华人民共和国住房和城乡建设部
公　　告

第 7 号

关于发布国家标准
《水泥基灌浆材料应用技术规范》的公告

现批准《水泥基灌浆材料应用技术规范》为国家标准，编号为GB/T 50448—2008，自 2008 年 8 月 1 日起实施。

本规范由我部标准定额研究所组织中国计划出版社出版发行。

中华人民共和国住房和城乡建设部

二〇〇八年三月三十一日

前　　言

本规范是根据建设部建标函〔2005〕124 号文《关于印发"2005 年工程建设标准规范制订、修订计划（第二批）"的通知》的要求，由中国冶金建设协会组织中冶集团建筑研究总院会同有关设计、施工、生产厂家组成编制组，在广泛调研、开展专题试验研究、总结工程实践经验、参考国内外标准及有关资料、广泛征求各方意见的基础上共同编制完成。

本规范的主要内容有：总则、术语、基本规定、材料、进场复验、工程设计、施工、工程验收，共 8 章和 3 个附录。

本规范由建设部负责管理，由中冶集团建筑研究总院负责具体技术内容的解释。为提高标准质量，请各单位在执行本规范过程中，注意总结经验，积累资料，随时将建议和意见反馈给中冶集团建筑研究总院（地址：北京市海淀区西土城路 33 号；邮编：100088；E-mail：bnvc@bjnvc.com），以供今后修订时参考。

主 编 单 位：中冶集团建筑研究总院

参 编 单 位：中国京冶工程技术有限公司

北京纽维逊建筑工程技术有限公司

中国建筑材料科学研究总院

中冶京诚工程技术有限公司

中冶赛迪工程技术股份有限公司

中国石化工程建设公司

上海宝冶工程技术公司

中国石化洛阳石化工程公司

中国联合工程公司

北京市建筑设计研究院

北京国电华北电力工程有限公司

煤炭工业西安设计研究院

中国第二十二冶金建设公司中心实验室

天津水泥工业设计研究院

巴斯夫建材系统（中国）有限公司

湖南省白银新材料有限公司

黑龙江省火电第三工程公司

主要起草人：王　强　邹　新　郑　旗　邵正明
田　培　王立军　薛尚铃　张立华
聂向东　郑昆白　刘　武　鄢　磊
束伟农　郑洪有　王志杰　高连松
Frans de Peuter(德)王成明　李洪生

目　次

1 总　则

1.0.1 为使水泥基灌浆材料在工程设计、施工和使用中做到技术先进、安全适用、经济合理、确保质量，制定本规范。

1.0.2 本规范适用于水泥基灌浆材料应用的检验与验收，灌浆工程的设计、施工、质量控制与工程验收。

1.0.3 应用水泥基灌浆材料的工程除应符合本规范外，尚应符合国家现行有关标准的规定。

2 术　语

2.0.1 水泥基灌浆材料　cementitious grout

一种由水泥、集料（或不含集料）、外加剂和矿物掺合料等原材料，经工业化生产的具有合理级分的干混料。加水拌和均匀后具有可灌注的流动性、微膨胀、高的早期和后期强度、不泌水等性能。

2.0.2 二次灌浆　baseplate grouting

在地脚螺栓锚固灌浆完毕后，对设备或钢结构柱脚的底板底面与混凝土基础表面之间进行的填充性灌浆工艺，以满足紧密接触底板并均匀传递荷载的要求。

2.0.3 自重法灌浆　self-leveling grouting

水泥基灌浆材料在灌浆过程中，利用其良好的流动性，依靠自身重力自行流动满足灌浆要求的方法。

2.0.4 高位漏斗法灌浆　high-level funnel grouting

水泥基灌浆材料在灌浆过程中，当其自行流动不能满足灌浆要求时，利用高位漏斗提高位能差，满足灌浆要求的方法。

2.0.5 压力法灌浆　pressure grouting

水泥基灌浆材料在灌浆过程中，采用灌浆增压设备，满足灌浆要求的方法。

2.0.6 早期膨胀　early age expansion

水泥基灌浆材料在加水拌和后产生且持续至初凝的体积膨胀。

2.0.7 硬化后膨胀　post-hardening expansion

水泥基灌浆材料在凝结硬化过程中，伴随着膨胀性水化产物的生成而产生的体积膨胀。

2.0.8 复合膨胀　combination expansion

同时具有早期膨胀和硬化后膨胀。

3 基本规定

3.0.1 水泥基灌浆材料适用于地脚螺栓锚固、设备基础或钢结构柱脚底板的灌浆、混凝土结构加固改造及后张预应力混凝土结构孔道灌浆。

3.0.2 水泥基灌浆材料应用设计应根据强度要求、设备运行时的环境温度、灌浆层厚度、地脚螺栓表面

与孔壁的净间距、施工环境温度、养护措施等因素选择材料。水泥基灌浆材料应有生产厂家提供的工作环境温度范围、施工环境温度范围及相应的性能指标。

3.0.3 水泥基灌浆材料拌和用水的质量应符合国家现行标准《混凝土用水标准》JGJ 63 的有关规定。水泥基灌浆材料在施工时，应按照产品要求的用水量拌和，不得通过增加用水量来提高其流动性。

3.0.4 水泥基灌浆材料应用过程中，应采取措施避免操作人员吸入有害粉尘和造成环境污染。

4 材　料

4.1 水泥基灌浆材料性能

4.1.1 水泥基灌浆材料主要性能应符合表 4.1.1 的规定。

表 4.1.1 水泥基灌浆材料主要性能指标

类　别		Ⅰ类	Ⅱ类	Ⅲ类	Ⅳ类	
最大集料粒径（mm）		≤4.75			>4.75 且≤16	
流动度（mm）	初始值	≥380	≥340	≥290	≥270*	≥650**
	30min保留值	≥340	≥310	≥260	≥240*	≥550**
竖向膨胀率（%）	3h	0.1～3.5				
	24h与3h的膨胀值之差	0.02～0.5				
抗压强度（MPa）	1d	≥20.0				
	3d	≥40.0				
	28d	≥60.0				
对钢筋有无锈蚀作用		无				
泌水率（%）		0				

注：1 表中性能指标均应按产品要求的最大用水量检验；
　　2 ＊表示坍落度数值，＊＊表示坍落扩展度数值；
　　3 水泥基灌浆材料类别的选择应按本规范第 6 章中的有关规定执行；
　　4 快凝快硬型水泥基灌浆材料的性能指标除 30min流动度（或坍落度和坍落扩展度）保留值、24h与 3h 的膨胀值之差及 24h 内抗压强度值由供需双方协商确定外，其他性能指标应符合本表的规定；
　　5 当Ⅳ类水泥基灌浆材料用于混凝土结构改造和加固时，对其 3h 的竖向膨胀率指标不作要求；
　　6 对用于冬期施工的水泥基灌浆材料的 30min保留值和 24h 与 3h 的膨胀值之差不作要求。

4.1.2 用于冬期施工的水泥基灌浆材料性能除应符合表 4.1.1 规定外，尚应符合表 4.1.2 的规定。

表 4.1.2 用于冬期施工的水泥基灌浆材料性能指标

规定温度 (℃)	抗压强度比（%）		
	R_{-7}	R_{-7+28}	R_{-7+56}
-5	≥20	≥80	≥90
-10	≥12		

注：1 R_{-7} 表示负温养护 7d 的试件抗压强度值与标准养护 28d 的试件抗压强度值的比值。

2 R_{-7+28}、R_{-7+56} 分别表示负温养护 7d 转标准养护 28d 和负温养护 7d 转标准养护 56d 的试件抗压强度值与标准养护 28d 的试件抗压强度值的比值；

3 施工时最低温度可比规定温度低 5℃。

4.1.3 用于高温环境的水泥基灌浆材料性能除应符合表 4.1.1 的规定外，尚应符合表 4.1.3 的规定。

表 4.1.3 用于高温环境的 水泥基灌浆材料耐热性能指标

使用环境温度 (℃)	抗压强度比 (%)	热震性（20 次）
200～500	≥100	1) 试块表面无脱落; 2) 热震后的试件浸水端抗压强度与试件标准养护 28d 的抗压强度比（%）≥90

4.2 检 验

4.2.1 流动度的检验应按附录 A.0.2 进行。

4.2.2 坍落度和坍落扩展度的检验应按附录 A.0.3 进行。

4.2.3 抗压强度的检验应按附录 A.0.4 进行。

4.2.4 竖向膨胀率的检验应按附录 A.0.5 进行。仲裁检验应按附录 A.0.5 规定的"方法一：架百分表法"进行。

4.2.5 对钢筋有无锈蚀作用的检验应按现行国家标准《混凝土外加剂》GB 8076 中附录 C 的规定进行。

4.2.6 泌水率的检验应按现行国家标准《普通混凝土拌合物性能试验方法标准》GB/T 50080 中 5.1 节的有关规定进行。浆体装入试样桶时不得振动或插捣。

4.2.7 氯离子含量的检验应按现行国家标准《混凝土外加剂匀质性试验方法》GB/T 8077 中第 9 章的方法进行。

4.2.8 用于冬期施工的水泥基灌浆材料性能检验应按附录 A.0.6 进行。

4.2.9 用于高温环境的水泥基灌浆材料性能检验应按附录 A.0.7 进行。

5 进场复验

5.1 一般规定

5.1.1 水泥基灌浆材料进场时应复验，合格后方可用于施工。

5.1.2 复验项目应包括水泥基灌浆材料性能和净含量。

5.1.3 进场复验应由经国家计量认证和实验室认可的检验单位按本规范第 4 章规定的检验方法进行检验。

5.1.4 复验性能指标应符合本规范第 4.1 节的相关要求。

5.1.5 净含量应符合下列要求：

1 每袋净质量应为 25kg 或 50kg，且不得少于标志质量的 99%；

2 随机抽取 40 袋 25kg 包装或 20 袋 50kg 包装的产品，其总净含量不得少于 1000kg；

3 其他包装形式由供需双方协商确定，但净含量应符合上述原则规定。

5.2 编号及取样

5.2.1 水泥基灌浆材料每 200t 为一个编号，不足一个编号的按一个编号计，每一编号为一个取样单位。

5.2.2 取样方法按现行国家标准《水泥取样方法》GB 12573 的有关规定进行。取样应有代表性，总量不得少于 30kg。

5.2.3 将样品混合均匀，用四分法，将每一编号取样量缩减至试验所需量的 2.5 倍。

5.3 试样及留样

5.3.1 每一编号取得的试样应充分混合均匀，分为两等份。其中一份按本规范表 4.1.1 规定的项目进行检验，另一份应密封保存至有效期，以备有疑问时进行仲裁检验。

5.4 技术资料

5.4.1 进场的水泥基灌浆材料应具有下列技术文件：产品合格证、使用说明书、出厂检验报告。

5.4.2 出厂检验报告内容应包括：产品名称与型号、检验依据标准、生产日期、用水量、流动度（或坍落度和坍落扩展度）的初始值和 30min 保留值、竖向膨胀率、1d 抗压强度、检验部门印章、检验人员签字（或代号）。当用户需要时，生产厂家应在水泥基灌浆材料发出之日起 7d 内补发 3d 抗压强度值、32d 内补发 28d 抗压强度值。

6 工程设计

6.1 地脚螺栓锚固

6.1.1 地脚螺栓锚固宜根据表 6.1.1 的规定选择水

泥基灌浆材料。

表 6.1.1　地脚螺栓锚固用水泥基灌浆材料的选择

螺栓表面与孔壁的净间距（mm）	水泥基灌浆材料类别
15～50	Ⅱ类、Ⅲ类
50～100	Ⅲ类、Ⅳ类
>100	Ⅳ类

6.1.2　螺栓锚固埋设深度应满足设计要求，埋设深度不宜小于 15 倍的螺栓直径。

6.1.3　基础混凝土强度等级不宜低于 C20。

6.2　二 次 灌 浆

6.2.1　二次灌浆除应满足设计强度要求外，尚宜根据灌浆层厚度按表 6.2.1 选择水泥基灌浆材料。

表 6.2.1　二次灌浆用水泥基灌浆材料的选择

灌浆层厚度（mm）	水泥基灌浆材料类别
5～30	Ⅰ类
20～100	Ⅱ类
80～200	Ⅲ类
>200	Ⅳ类

注：1　采用压力法或高位漏斗法灌浆施工时，可放宽水泥基灌浆材料的类别选择。

　　2　当灌浆层厚度大于 150mm 时，可平均分成两次灌浆。根据实际分层厚度按上表选择合适的水泥基灌浆材料类别。第二次灌浆宜在第一次灌浆 24h 后，灌浆前应对第一次灌浆层表面做凿毛处理。

6.2.2　设备基础混凝土强度等级不宜低于 C20。

6.3　混凝土结构改造和加固

6.3.1　混凝土柱采用加大截面加固法加固时（图 6.3.1），混凝土柱与模板的最小间距 b 不应小于 60mm，应采用第Ⅳ类水泥基灌浆材料。

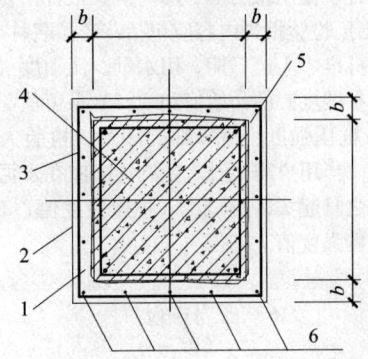

图 6.3.1　混凝土柱加大截面法灌浆加固
1—水泥基灌浆材料；2—模板；3—新增箍筋；
4—原混凝土柱；5—原混凝土面；6—新增纵向钢筋

6.3.2　混凝土柱采用加钢板套加固（图 6.3.2），原混凝土柱表面与外钢板套的最小间距 b 为 10～20mm 时，宜采用第Ⅰ、Ⅱ类水泥基灌浆材料；最小间距 b 不小于 20mm 时，宜采用第Ⅱ、Ⅲ类水泥基灌浆材料。

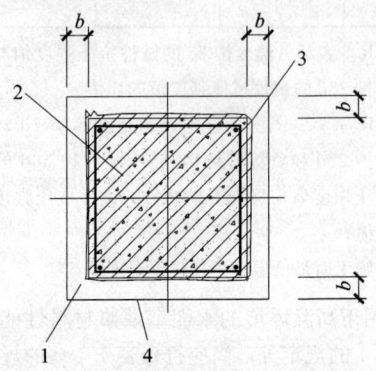

图 6.3.2　混凝土柱加钢板套法灌浆加固
1—水泥基灌浆材料；2—原混凝土柱；
3—原混凝土面；4—钢板套

6.3.3　混凝土柱采用干式外包钢加固法加固（图 6.3.3），角钢与模板的最小间距 b_1 不小于 30mm、角钢与原混凝土柱的最小间距 b_2 不小于 20mm 时，应采用第Ⅳ类水泥基灌浆材料。

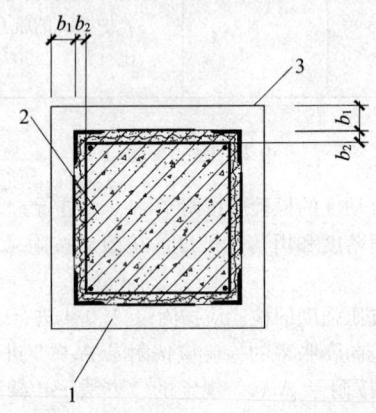

图 6.3.3　混凝土柱外包钢法灌浆加固
1—水泥基灌浆材料；2—原混凝土柱；3—外包角钢

6.3.4　混凝土梁采用加大截面法加固（图 6.3.4），梁侧表面与模板之间的最小间距 b_1 不小于 60mm 或梁的底面与模板之间的最小间距 b_2 不小于 80mm 时，应采用第Ⅳ类水泥基灌浆材料。

6.3.5　楼板采用叠合层法增加板厚加固（图 6.3.5），当楼板上层加固增加的板厚 b_1 不小于 40mm 或楼板下层加固增加的板厚 b_2 不小于 80mm 时，应采用第Ⅳ类水泥基灌浆材料。

6.3.6　混凝土结构施工中出现的蜂窝、孔洞、柱子烂根的修补，灌浆层厚度不小于 50mm 时，应采用第Ⅳ类水泥基灌浆材料。

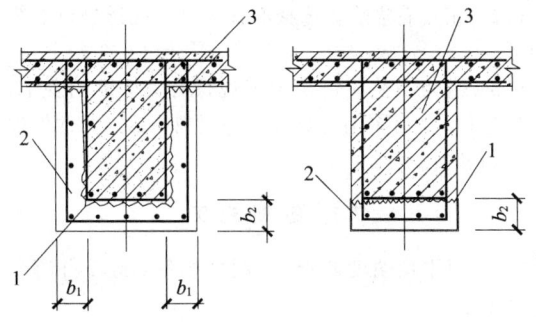

(a)混凝土梁侧面及底面
加大截面法灌浆加固

(b)混凝土梁底面
加大截面法灌浆加固

图 6.3.4　混凝土梁加大截面法灌浆加固
1—原混凝土面；2—水泥基灌浆材料；3—原梁截面

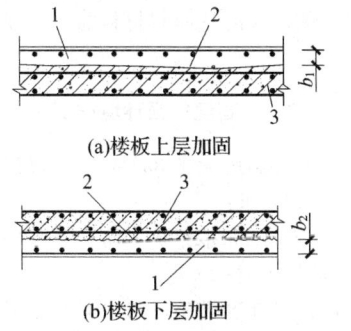

(a)楼板上层加固

(b)楼板下层加固

图 6.3.5　混凝土板叠合层法
增加板厚灌浆加固
1—水泥基灌浆材料；2—原混凝土面；
3—原混凝土楼板

6.4　后张预应力混凝土结构孔道灌浆

6.4.1　后张预应力混凝土结构孔道灌浆应根据现行国家标准《混凝土结构设计规范》GB 50010 环境类别分类，按表 6.4.1 的规定选择水泥基灌浆材料。

表 6.4.1　后张预应力混凝土结构
孔道用水泥基灌浆材料的选择

环境类别	一、二	三	四、五
灌浆材料	可采用第Ⅰ类水泥基灌浆材料	宜采用第Ⅰ类水泥基灌浆材料	应采用第Ⅰ类水泥基灌浆材料

6.4.2　水泥基灌浆材料性能要求：

1　氯离子含量不应超过水泥基灌浆材料总量的 0.06%；

2　当有特殊性能要求时，尚应符合相关标准或设计要求。

7　施　工

7.1　施工准备

7.1.1　施工现场质量管理应有相应的施工技术标准、健全的质量管理体系、施工质量控制和质量检验制度。灌浆前应有施工组织设计或施工技术方案，并经审查批准。

7.1.2　灌浆施工前应准备搅拌机具、灌浆设备、模板及养护物品。

7.1.3　模板支护除应符合现行国家标准《混凝土结构工程施工质量验收规范》GB 50204 中的有关规定外，尚应符合下列规定：

1　二次灌浆时，模板与设备底座四周的水平距离宜控制在 100mm 左右；模板顶部标高应不低于设备底座上表面 50mm（图7.1.3）；

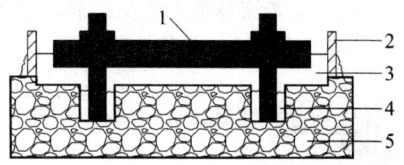

图 7.1.3　模板支设示意图
1—设备底座；2—模板；3—二次灌浆层；
4—地脚螺栓孔灌浆层；5—设备基础

2　混凝土结构改造加固时，模板支护应留有足够的灌浆孔及排气孔，灌浆孔的孔径不小于 50mm，间距不超过 1000mm，灌浆孔与排气孔应高于孔洞最高点 50mm。

7.2　拌　和

7.2.1　水泥基灌浆材料拌和时，应按照产品要求的用水量加水。

7.2.2　水泥基灌浆材料宜采用机械拌和。拌和时宜先加入 2/3 的水拌和约 3min，然后加入剩余水量拌和直至均匀。若生产厂家对产品有具体拌和要求，应按其要求进行拌和。

7.2.3　拌和地点宜靠近灌浆地点。

7.3　地脚螺栓锚固灌浆

7.3.1　锚固地脚螺栓施工工艺应符合附录 B 的要求。

7.3.2　地脚螺栓成孔时，螺栓孔的水平偏差不得大于 5mm，垂直度偏差不得大于 5°。螺栓孔壁应粗糙，应将孔内清理干净，不得有浮灰、油污等杂质，灌浆前用水浸泡 8～12h，清除孔内积水。当环境温度低于 5℃时应采取措施预热，温度保持在 10℃以上。

7.3.3　灌浆前应清除地脚螺栓表面的油污和铁锈。

7.3.4　将拌和好的水泥基灌浆材料灌入螺栓孔内时，可根据需要调整螺栓的位置。灌浆过程中严禁振捣，可适当插捣，灌浆结束后不得再次调整螺栓。

7.3.5　孔内灌浆层上表面宜低于基础混凝土表面 50mm 左右。

7.4　二次灌浆

7.4.1　二次灌浆应根据工程实际情况，选用合适的灌浆方法。工艺流程应符合附录 C 的要求。

7.4.2 灌浆前,应将与灌浆材料接触的设备底板和混凝土基础表面清理干净,不得有松动的碎石、浮浆、浮灰、油污、蜡质等。灌浆前24h,基础混凝土表面应充分润湿,灌浆前1h,清除积水。

7.4.3 二次灌浆时,应从一侧进行灌浆,直到从另一侧溢出为止,不得从相对两侧同时进行灌浆。灌浆开始后,必须连续进行,并尽可能缩短灌浆时间。

7.4.4 轨道基础或灌浆距离较长时,视实际工程情况可分段施工。

7.4.5 在灌浆过程中严禁振捣,必要时可采用灌浆助推器(图7.4.5)沿浆体流动方向的底部推动灌浆材料,严禁从灌浆层的中、上部推动。

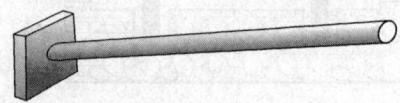

图 7.4.5 灌浆助推器

7.4.6 设备基础灌浆完毕后,宜在灌浆后3～6h沿底板边缘向外切45°斜角(图7.4.6)。

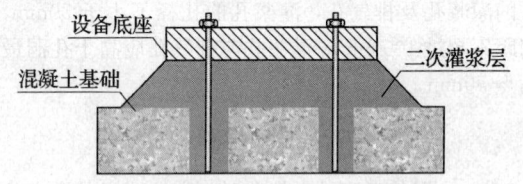

图 7.4.6 切边后示意图

7.5 混凝土结构改造和加固灌浆

7.5.1 水泥基灌浆材料接触的混凝土表面应充分凿毛。

7.5.2 混凝土结构缺陷修补,应剔除酥松的混凝土并使其露出钢筋,将修补区域边缘切成垂直形状,深度不小于20mm。

7.5.3 灌浆前应清除所有的碎石、粉尘或其他杂物,并湿润基层混凝土表面。

7.5.4 将拌和均匀的灌浆材料灌入模板中并适当敲击模板。

7.5.5 灌浆层厚度大于150mm时,应采取相关措施,防止产生温度裂缝。

7.6 后张预应力混凝土结构孔道灌浆

7.6.1 后张预应力混凝土结构孔道灌浆方法应根据现行国家标准《混凝土结构设计规范》GB 50010 环境类别分类,符合表7.6.1的规定。

表 7.6.1 灌浆工艺的选择

环境类别	一、二	三	四、五
灌浆工艺	可采用压力法灌浆或真空压浆法灌浆	宜采用压力法灌浆或真空压浆法灌浆	应采用真空压浆法灌浆

7.6.2 正式灌浆前宜选择有代表性的孔道进行灌浆试验。

7.6.3 灌浆工艺应符合国家现行有关标准的要求;灌浆过程中,不得在水泥基灌浆材料中掺入其他外加剂、掺和料。

7.7 冬期施工

7.7.1 日平均温度低于5℃时应按冬期施工并符合下列要求:

    1 灌浆前应采取措施预热基础表面,使其温度保持在10℃以上,并清除积水;

    2 应采用不超过65℃的温水拌和水泥基灌浆材料,浆体的入模温度在10℃以上;

    3 受冻前,水泥基灌浆材料的抗压强度不得低于5MPa。

7.8 高温气候环境施工

7.8.1 灌浆部位温度大于35℃,应按高温气候环境施工并符合下列要求:

    1 灌浆前24h采取措施,防止灌浆部位受到阳光直射或其他热辐射;

    2 采取适当降温措施,与水泥基灌浆材料接触的混凝土基础和设备底板的温度不应大于35℃;

    3 浆体的入模温度不应大于30℃;

    4 灌浆后应及时采取保湿养护措施。

7.9 常温养护

7.9.1 灌浆时,日平均温度不应低于5℃,灌浆完毕后裸露部分应及时喷洒养护剂或覆盖塑料薄膜,加盖湿草袋保持湿润。采用塑料薄膜覆盖时,水泥基灌浆材料的裸露表面应覆盖严密,保持塑料薄膜内有凝结水。灌浆料表面不便浇水时,可喷洒养护剂。

7.9.2 应保持灌浆材料处于湿润状态,养护时间不得少于7d。

7.9.3 当采用快凝快硬型水泥基灌浆材料时,养护措施应根据产品要求的方法执行。

7.10 冬期施工养护

7.10.1 冬期施工,工程对强度增长无特殊要求时,灌浆完毕后裸露部分应及时覆盖塑料薄膜并加盖保温材料。起始养护温度不应低于5℃。在负温条件养护时不得浇水。

7.10.2 拆模后水泥基灌浆材料表面温度与环境温度之差大于20℃时,应采用保温材料覆盖养护。

7.10.3 如环境温度低于水泥基灌浆材料要求的最低施工温度或需要加快强度增长时,可采用人工加热养护方式;养护措施应符合国家现行标准《建筑工程冬期施工规程》JGJ 104 的有关规定。

8 工程验收

8.0.1 工程验收除应符合设计要求及现行国家标准《混凝土结构工程施工质量验收规范》GB 50204 的有关规定外，尚应符合下列规定：

1 灌浆施工时，以每 50t 为一个留样编号，不足 50t 时按一个编号计。

2 以标准养护条件下的抗压强度留样试块的测试数据作为验收数据；同条件养护试件的留置组数应根据实际需要确定。

3 留样试件尺寸及试验方法应按附录 A 的相关规定执行。

8.0.2 工程质量验收文件应包括水泥基灌浆材料的产品合格证、出厂检验报告和进场复验报告、施工检验报告、施工技术方案与施工记录等文件。

附录 A 检验方法

A.0.1 实验室的温度、湿度应符合下列规定：

1 温度应为 20℃±2℃，相对湿度应大于 50%。

2 养护室的温度应为 20℃±1℃，相对湿度应大于 90%；养护水的温度应为 20℃±1℃；

3 成型时，水泥基灌浆材料和拌和水的温度应与实验室的温度一致。

A.0.2 流动度检验应符合下列规定：

1 采用行星式水泥胶砂搅拌机搅拌，预先用潮湿的布擦拭搅拌锅和搅拌叶。

2 首先将 1800g 水泥基灌浆材料倒入搅拌锅中，开机搅拌，在 10s 内加入计量好的拌和用水，按水泥胶砂搅拌机的固定程序搅拌 240s 结束；若生产厂家对产品有具体搅拌要求时，应按其要求进行搅拌。

3 预先用潮湿的布擦拭玻璃板和截锥圆模内壁，并将截锥圆模放置在玻璃板中心，然后将搅拌好的灌浆材料迅速倒满截锥圆模内，浆体与截锥圆模上口平齐。截锥圆模应符合现行国家标准《水泥胶砂流动度测定方法》GB/T 2419 的规定，尺寸为下口内径 100mm±0.5mm，上口内径 70mm±0.5mm，高 60mm±0.5mm；玻璃板尺寸不小于 500mm×500mm，并放置在水平试验台上。

4 徐徐提起截锥圆模，灌浆材料在无扰动条件下自由流动直至停止，用卡尺测量底面最大扩散直径及与其垂直方向的直径，计算平均值，作为流动度初始值，测试结果精确到 1mm，取整后用 mm 表示并记录数据。

5 流动度初始值检验，从搅拌开始计时到测量结束，应在 6min 内完成。

6 流动度初始值测量完毕后，迅速将玻璃板上的灌浆材料装入搅拌锅内，并用潮湿的布封盖搅拌锅，防止水分蒸发。

7 流动度初始值测量完毕后 30min，重新将搅拌锅内灌浆材料按搅拌机的固定程序搅拌 240s，然后重新按本条第 3、4 款测量流动度值，作为流动度 30min 保留值，并记录数据。

A.0.3 坍落度和坍落扩展度检验应符合下列规定：

1 采用强制式混凝土搅拌机拌和，预先用水润湿，不得有明水。

2 首先将 20kg 水泥基灌浆材料倒入搅拌机内，开机后 10s 内加入计量好的拌和用水，并搅拌 180s；当生产厂家对产品有具体搅拌要求时，应按其要求进行搅拌。

3 将混凝土坍落度筒及底板用水润湿，但不得有明水，底板应平直，尺寸不小于 800mm×800mm；把坍落度筒放在底板中心，然后用脚踩住两边的脚踏板，坍落度筒在装料时应保持在固定的位置。

4 将搅拌好的水泥基灌浆材料一次性装满坍落度筒，不需插捣，用抹刀刮平。清除筒边底板上的灌浆材料，垂直平稳地提起坍落度筒，提离过程应在 5~10s 内完成，从开始装料到提坍落度筒的整个过程应在 60s 内完成。

5 用直尺测量灌浆料扩展后的坍落度和垂直方向上的扩展直径，计算两个所测直径的平均值，即为坍落扩展度初始值，测试结果精确到 1mm，取整后用 mm 表示并记录数据。

6 坍落度和坍落扩展度初始值检验，从搅拌开始计时到测量结束，应在 5min 内完成。

7 坍落度和坍落扩展度初始值测量完毕后，迅速将底板上的灌浆材料装入搅拌机内，并用潮湿的布封盖搅拌机入料口，防止水分蒸发。

8 坍落度和坍落扩展度初始值测量完毕后 30min，重新将搅拌机内灌浆材料搅拌 180s，按本条第 3、4、5 条款测量坍落度和坍落扩展度，作为坍落度和坍落扩展度 30min 保留值并记录数据。

A.0.4 抗压强度检验应符合下列规定：

1 水泥基灌浆材料的最大集料粒径不大于 4.75mm 时，抗压强度标准试件采用尺寸为 40mm×40mm×160mm 的棱柱体，抗压强度的检验应按现行国家标准《水泥胶砂强度检验方法（ISO 法）》GB/T 17671 中的有关规定执行。应采取非震动成型，按第 A.0.2 条搅拌水泥基灌浆材料，将拌和好的浆体直接灌入试模，浆体与试模的上边缘平齐。从搅拌开始计时到成型结束，应在 6min 内完成。

2 水泥基灌浆材料的最大集料粒径大于 4.75mm 且不大于 16mm 时，抗压强度采用尺寸 100mm×100mm×100mm 的立方体，抗压强度检验应依据现行国家标准《普通混凝土力学性能试验方法标准》GB/T 50081 中的有关规定执行。按第 A.0.3

条搅拌水泥基灌浆材料，将拌和好的浆体直接灌入试模，适当手工振动，浆体与试模的上边缘平齐。边长为 100mm 立方体抗压强度 $f_{cu,10}$ 应乘以表 A.0.4 的换算系数，作为标准抗压强度 $f_{cu,k}$。

表 A.0.4　边长为 100mm 立方体抗压强度 $f_{cu,10}$ 与边长为 150mm 立方体抗压强度 $f_{cu,k}$ 的折算系数

边长为 100mm 立方体强度 $f_{cu,10}$（MPa）	折算系数	边长为 100mm 立方体强度 $f_{cu,10}$（MPa）	折算系数
≤55	0.95	76～85	0.92
56～65	0.94	86～95	0.91
66～75	0.93	>96	0.90

A.0.5　竖向膨胀率检验应符合下列规定：

可以采用下述方法中的一种。

方法一：架百分表法

1　仪器设备应符合现行国家标准《混凝土外加剂应用技术规范》GB 50119 中附录 C 的有关规定。

2　试验步骤：

1）根据最大骨料的尺寸，按本规范第 A.0.2 条或第 A.0.3 条拌和水泥基灌浆材料。

2）将玻璃板平放在试模中间位置，并轻轻压住玻璃板。拌和料一次性从一侧倒满试模，至另一侧溢出并高于试模边缘约 2mm。对于Ⅳ类灌浆料，成型过程中可轻微插捣。

3）用湿棉丝覆盖玻璃板两侧的浆体。

4）把百分表测量头垂直放在玻璃板中央，并安装牢固。在 30s 内读取百分表初始读数 h_0；成型过程应在搅拌结束后 3min 内完成。

5）自加水拌和时起分别于 3h 和 24h 读取百分表的读数 h_t。整个测量过程中应保持棉丝湿润，装置不得受震动。成型养护温度均为 20℃±2℃。

3　按现行国家标准《混凝土外加剂应用技术规范》GB 50119 中附录 C.0.5 计算竖向膨胀率。

方法二：非接触式测量法

1　仪器设备：

1）激光发射接收系统及数据采集系统。

2）边长为 100mm 立方体混凝土用试模，拼装缝应紧密，不得漏水。或有效高度为 100mm，上口直径 100mm 的刚性圆锥形试模。

注：要求系统最小测量精度不大于 0.01mm，量程不小于 4mm，并有计量合格证明。

2　试验步骤：

1）根据最大骨料的尺寸，按第 A.0.2 条或第 A.0.3 条拌和水泥基灌浆材料。

2）将拌和料一次性倒满试模，浆体与试模上沿平齐。在浆体表面中间位置放置一个激光反射薄片。

3）将试模放置在激光测量探头的正下方，按照仪器的使用要求操作。

4）应在拌和后 5min 内完成上述操作，并开始测量，记录 3h 和 24h 的读数。当有特殊要求时，按要求的时间读取读数。

5）测量过程中应采取适当的保湿措施，避免浆体水分蒸发。

6）在测量过程中，不得振动、接触或移动试体和测试仪器。

3　竖向膨胀率按下式计算：

$$^{O}H = (I/H) \times 100\% \qquad (A.0.5)$$

式中　^{O}H——竖向膨胀率（%），精确至 0.01；

I——激光反射薄片位移读数（mm），如果浆体发生收缩，记为负（－）；

H——试件的初始高度（100mm）。

A.0.6　用于冬期施工的水泥基灌浆材料检验应按国家现行标准《混凝土防冻剂》JC 475 中的有关养护制度执行，修改部分如下：

1　成型方法按本规范第 A.0.4 条的有关规定进行；

2　抗压强度比按下列公式计算：

$$R_{-7} = (f_{-7}/f_{28}) \times 100\% \qquad (A.0.6-1)$$

$$R_{-7+28} = (f_{-7+28}/f_{28}) \times 100\% \qquad (A.0.6-2)$$

$$R_{-7+56} = (f_{-7+56}/f_{28}) \times 100\% \qquad (A.0.6-3)$$

式中　f_{28}——标准养护条件养护 28d 受检水泥基灌浆材料抗压强度（MPa）；

f_{-7}——负温养护 7d 受检水泥基灌浆材料抗压强度（MPa）；

f_{-7+28}——负温养护 7d 转标准养护 28d 受检水泥基灌浆材料抗压强度（MPa）；

f_{-7+56}——负温养护 7d 转标准养护 56d 受检水泥基灌浆材料抗压强度（MPa）。

A.0.7　用于高温环境下的水泥基灌浆材料检验应符合下列规定：

1　抗压强度比的试验步骤如下：

1）按第 A.0.4 条制备试件。

2）试件成型后 24h 脱模，放置标准养护室养护至 28d。

3）试件在电热干燥箱中，于 110℃±5℃下干燥 24h。

4）试件按国家现行标准《致密耐火浇注料 线变化率试验方法》YB/T 5203 第 6.3 条进行加热，并在加热至受检规定温度时保温 3h，其受检规定温度按产品耐热性能指标确定。

5）抗压强度比按下式计算：
$$R_t = f_t / f_{28} \times 100\% \qquad (A.0.7)$$
式中 R_t——抗压强度比（%）；
　　　f_t——焙烧至受检规定温度的水泥基灌浆材料抗压强度（MPa）。

2 按本条款的要求制备试件、养护与烘干。热震性试验步骤如下：

1）将高温炉升温至规定温度，并保持恒温 15min。

2）将试块迅速放入高温炉，距离发热体表面不少于 30mm；保持 10min。

3）迅速取出试块，沿端部将试块的一半垂直浸入 20℃±2℃的水中 3min。

4）从水中取出试块，在空气中晾置 5min。

5）按 2）的步骤重复 20 次。每次应调节水温，并用试块同一端部浸入水中。

6）测定试块浸水端的抗压强度。

附录 B 锚固地脚螺栓施工工艺

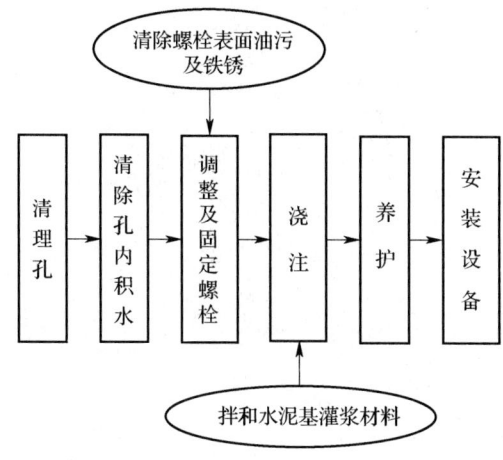

附录 C 二次灌浆施工工艺

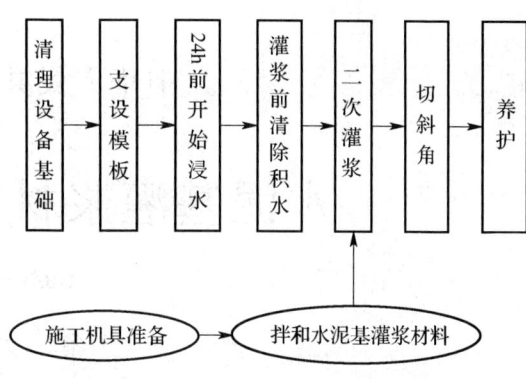

本规范用词说明

1 为便于在执行本规范条文时区别对待，对要求严格程度不同的用词说明如下：

1）表示很严格，非这样做不可的用词：
正面词采用"必须"；反面词采用"严禁"。

2）表示严格，在正常情况下均应这样做的用词：
正面词采用"应"；反面词采用"不应"或"不得"。

3）表示允许稍有选择，在条件许可时首先应这样做的用词：
正面词采用"宜"；反面词采用"不宜"；

表示有选择，在一定条件下可以这样做的用词，采用"可"。

2 本规范中指明应按其他有关标准、规范执行的写法为"应符合……的规定"或"应按……执行"。

中华人民共和国国家标准

水泥基灌浆材料应用技术规范

GB/T 50448—2008

条 文 说 明

目　　次

1 总 则

1.0.1 我国自改革开放以来，冶金、石化和电力系统等从国外引进了轧钢、连铸、大型压缩机和大型发电机等大型、特大型设备。为了提高此类设备的安装精度，加快安装速度和延长设备使用寿命，水泥基灌浆材料得到广泛应用并得以迅速的发展。自 20 世纪 90 年代初，我国自主研发生产的水泥基灌浆材料在众多大中型企业的设备安装、建筑结构加固改造工程中得到广泛应用。该材料在国内已有近 20 年的工程应用历史。1997 年国家科委将水泥基灌浆材料列为国家科技成果重点推广项目。

目前国内从事水泥基灌浆材料的生产企业达二百余家，年产量 30～50 万 t。为规范产品质量、正确选型和指导施工，达到技术先进、安全适用、经济合理、确保质量，特制定本规范。

1.0.3 应用水泥基灌浆材料的工程尚应符合《混凝土结构设计规范》GB 50010、《混凝土结构工程施工质量验收规范》GB 50204、《建筑工程冬期施工规程》JGJ 104、《混凝土结构加固设计规范》GB 50367、《建筑工程预应力施工规程》CECS 180 等国家现行有关标准的规定。

2 术 语

2.0.1 水泥基灌浆材料绝大部分用于设备安装灌浆，起到固定地脚螺栓和传递设备荷载的作用，灌浆层与设备底板的实际接触面积非常重要。试验和工程中均发现，有的水泥基灌浆材料与底板的实际接触面积不大，没有很好地起到传递荷载的作用，不利于工程质量。

对于水泥基灌浆材料，有效承载面（effective bearing area）是一个很重要的概念。所谓有效承载面是指设备或钢结构柱脚底板下面灌浆材料实际接触底板并可传递受压荷载的面积与设备或钢结构柱脚的底板总面积之比，以百分数表示。美国标准 ASTM C1339—2002《耐化学腐蚀聚合物机械灌浆料流动性和承载面积的标准试验方法》（《Standard test method for flowability and bearing area of chemical-resistant polymer machinery grouts》）给出了耐化学腐蚀聚合物灌浆料的流动性和承载面积的试验方法。目前还没有精确测定表面气泡孔穴面积的方法，无法给出相应的技术指标，因此尚不能作为一项标准指标。生产、施工单位可以模拟工程情况，进行模拟试验，以改善产品的灌浆效果，或者选择有效承载面更高的产品用于施工。

2.0.6～2.0.8 根据美国标准 ASTM C 1107—2002

《干包装水硬水泥砂浆（非收缩的）标准规范》《Standard specification for packaged dry, hydraulic-cement grout（nonshrink）》，水泥基灌浆材料的体积变化分为硬化前体积控制、硬化后体积控制和复合体积控制三种类别。参照该分类方法，结合国内的测定方法和对不同类别产品的试验结果，本规范规定以水泥基灌浆材料加水拌和后 3h 的竖向膨胀值为早期膨胀指标，此时浆体处于塑性。随着水化的进行，逐步生成膨胀性水化产物，导致体积膨胀，定义为硬化后膨胀，而同时具有早期膨胀和硬化后膨胀，称为复合膨胀。

3 基 本 规 定

3.0.2 由于工程情况各不相同，对灌浆材料的要求也不尽一样，因此必须根据工程具体条件，如施工条件、使用温度、灌浆层厚度、设计强度等级等，选择合适的灌浆材料。生产厂家除提供所必要的水泥基灌浆材料的性能外，应提供材料的使用温度、施工温度范围，供使用单位参考。

3.0.3 在施工时，需按照产品说明书规定的用水量拌和。增加用水量虽能提高流动性，但可能造成强度降低、沉降离析、表面气泡增多等问题，对材料的使用性能有不利影响。

4 材 料

4.1 水泥基灌浆材料性能

4.1.1 水泥基灌浆材料最重要的三项性能指标是流动度、竖向膨胀率和抗压强度。

1 流动度。本规范按流动度对材料进行分类，以突出该指标的重要性，也便于设计选型。

水泥基灌浆材料区别于其他水泥基材料的典型特征之一是该类材料具有好的流动性，依靠自身重力的作用，能够流进所要灌注的空隙，不需振捣能密实填充。对于大型设备灌浆，或狭窄间隙灌浆，对流动性的要求更高。因此流动度的大小是该类材料是否具有可使用性的前提，顺利灌浆也是施工操作的第一步。假如流动性不够，灌浆施工时极易出现图 1 所示的情况，浆体不能顺利流满所要填充的空间，如果从另一侧进行补灌，显然会形成窝气，带来工程隐患。

水泥基灌浆材料施工时只需加水拌和均匀即可灌注。加大拌和用水量对增加流动性有利，而对强度、竖向膨胀和泌水率等均会产生不利影响。如果产品对拌和用水量非常敏感，水料比增加 1%，就会出现表面大量返泡，甚至泌水离析的情况，有效承载面很低，甚至失去承载作用，施工留样强度远低于材料检验强度。为避免出现上述现象，本规范规定按产品要

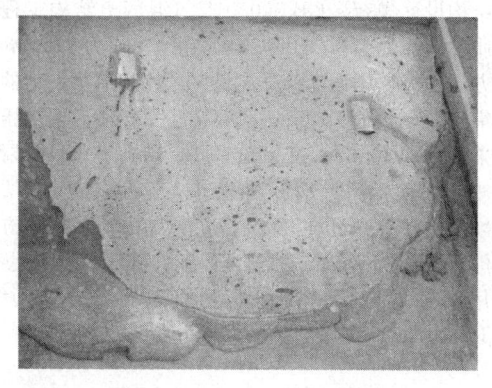

图 1 流动度不够灌浆易出现的情况

求的最大用水量，或者说产品能够达到的最大流动度为检验前提；如果施工时不需要大的流动度，可以降低拌和用水量，这样不会对工程造成不良后果。ASTM C 1107—2002 也要求按最大用水量检验材料的性能。

工程经验表明，水泥基灌浆材料须具有较好的流动性保持能力，确保拌和料经过一定时间后仍具有一定的流动度，以便顺利灌注。结合国内外施工说明，本规范规定 30min 流动度保留值。

对于Ⅳ类水泥基灌浆材料，参照现行国家标准《普通混凝土拌和物性能试验方法标准》GB/T 50080 和对自密实混凝土（砂浆）的相关性能要求，同时采用坍落度和坍落扩展度表征流动性，以避免坍落扩展度与坍落度所表征的流动性能不一致的情况。

2 竖向膨胀率。水泥基灌浆材料的另一个重要特性是该类材料具有膨胀性，以能够密实填充所灌注的空间，增大有效承载面，起到有效承载的作用。

采用国内工程中应用的产品，按照附录 A.0.5 方法一，测得复合型膨胀（图 2）、塑性膨胀（图 3）、硬化后膨胀（图 4）24h 内水泥灌浆材料膨胀-时间关系曲线；按照方法二，测得某水泥灌浆材料 24h 内膨胀-时间关系曲线如图 5。对于具有早期膨胀的水泥基灌浆材料，拌和成型后 10min 就能够显著观测到膨胀，且一直持续到 2～3h，在 3h 内完成。复合型膨胀的竖向膨胀率在 3h 后仍有显著增长。硬化后膨胀类型，成型初期浆体存在收缩，4h 后开始膨胀。

水泥基灌浆材料拌和后具有很大流动度，如果前期没有膨胀，必然存在收缩，包括塑性收缩和沉降收缩，即使后期的膨胀能够补偿前期的收缩（图 4），这种早期浆体的收缩对于灌浆的密实性有负面影响，容易引入空气，降低有效承载面；如果后期的膨胀不能补偿前期的收缩（图 5），将直接导致空鼓、灌浆层丧失承载功能。可见早期膨胀是一项重要特性，对克服塑性收缩，使得灌浆层更加密实，增大有效承载面，确保灌浆质量有重要意义。在硬化过程中，仍需要适当的膨胀（图 2），以进一步密实填充，并且在

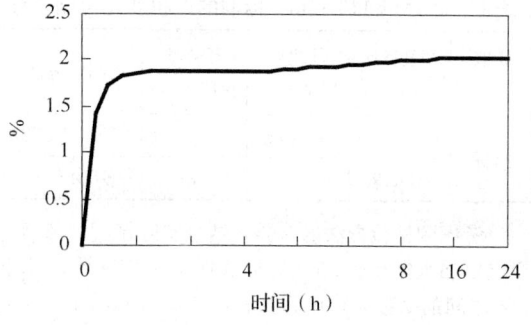

图 2 复合型膨胀曲线

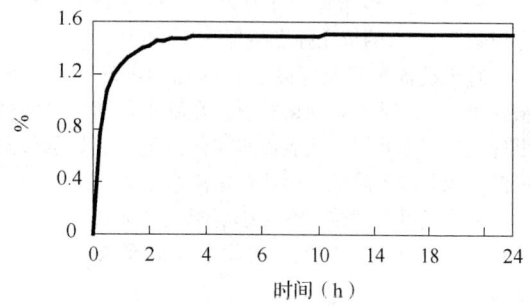

图 3 塑性膨胀曲线

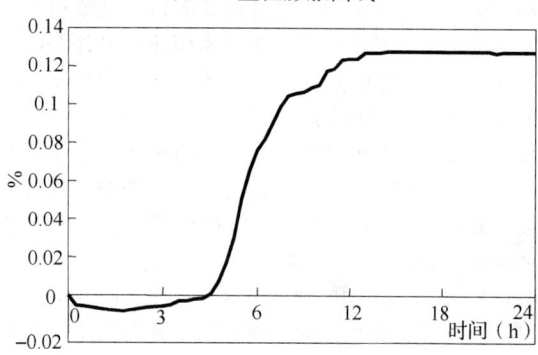

图 4 硬化后膨胀曲线

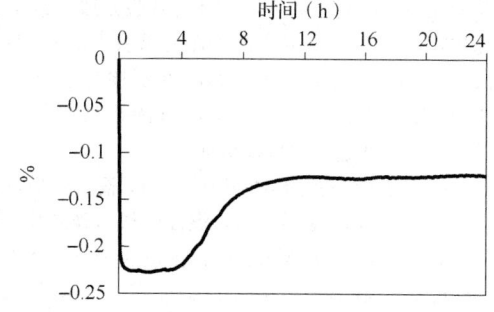

图 5 某水泥基灌浆材料膨胀曲线

硬化的水泥基灌浆材料中产生一定的膨胀应力，有利于补偿后期的收缩。

试验表明，24h 后竖向膨胀率指标基本达到最大值。

美国标准 ASTM C 1107—2002 对于水泥基灌浆材料的体积变化控制指标见表 1。

表 1　ASTM C1107-2002 标准的体积变化控制指标

膨胀分类	塑性膨胀（%）	硬化后膨胀（%）	复合型膨胀（%）	测定方法
指标	0～+4.0	不要求	0～+4.0	ASTM C827
	不要求	0～+0.3	0～+0.3	ASTM C 1090

考虑到检验方法的差异，结合实际情况，本规范规定以加水拌和后 3h 的竖向膨胀为早期膨胀，3h 到 24h 之间的膨胀为硬化后膨胀，依据试验结果，规定了竖向膨胀率指标。

3　其他性能指标。在对比试验的基础上，本规范规定表4.1.1的抗压强度指标。

对于设备灌浆及混凝土补强加固，均要求无泌水。对比试验证实，如果材料存在泌水，则接触面会出现大量气泡孔穴，或表面水泥浆富集，有效承载面很低，承载能力降低，因此规定泌水率为零。

无论是设备灌浆，或用于混凝土补强加固，灌浆材料都与钢铁材料接触，因此本规范要求对钢筋无锈蚀。

对于快凝快硬型水泥基灌浆材料，由于早期强度高，甚至 2h 的抗压强度能达到 20MPa，其流动性损失必然大，3h 后竖向膨胀率基本恒定；另外，用于冬期施工的水泥基灌浆材料，在负温养护时抗压强度能够快速增长，常温条件测定其流动性损失必然大，抗压强度可能快速增长，3h 后竖向膨胀率可能基本恒定，因此本规范对上述两类水泥基灌浆材料的流动度（或坍落度和坍落扩展度）的保留值、24h 与 3h 的竖向膨胀率之差不作规定。

4.1.2　本条参照国家现行标准《混凝土防冻剂》JC 475—2004，在试验基础上确定用于冬期施工的水泥基灌浆材料检验项目及指标。

4.1.3　当应用于冶金、水泥等行业，水泥基灌浆材料要承受高温环境。参照耐火材料试验方法《致密耐火浇注料 常温抗折强度和抗压强度试验方法》YB/T 5201—93 和《耐火浇注料抗热震性试验方法（水急冷法）》YB/T 2206.2，结合水泥基灌浆材料的具体情况，经试验确定此项目及指标。

试验表明，普通的水泥基灌浆材料，高温烧后抗压强度可能提高。但热震性试验，表面较快出现裂纹、脱落，浸水端抗压强度显著降低，而能够用于高温环境下的特殊水泥基灌浆材料，应烧后强度高，耐热震性好。因此，本规范规定此两项指标作为控制指标。

4.2　检　验

4.2.3　对于集料粒径不大于 4.75mm 的水泥基灌浆材料，依据国家现行标准《水泥基灌浆材料》JC/T 986，抗压强度试件采用 40mm×40mm×160mm 的棱柱体，本规范也采用此尺寸试件作为标准试件；当此材料用于结构修补加固时，依据现行国家标准《混凝

土结构设计规范》GB 50010 及《混凝土结构工程施工质量验收规范》GB 50204，应以边长为 150mm 的立方体作为抗压强度标准试件。水泥基灌浆材料的最大集料粒径大于 4.75mm 且不大于 16mm 时，抗压强度采用尺寸 100mm×100mm×100mm 的立方体试件，且按现行国家标准《普通混凝土力学性能试验方法标准》GB/T 50081 进行试验。边长为 100mm 的立方体试件与边长为 150mm 的立方体标准试件的强度关系，采用国家现行标准《高强混凝土结构技术规程》CECS 104：99 提出的抗压强度折算系数。

5　进场复验

5.1　一般规定

5.1.1～5.1.5　水泥基灌浆材料的质量对于工程质量乃至设备或结构的正常运行，有着直接的重要影响。使用前应对进场的材料进行复验，其中材料性能应委托给经国家计量认证和实验室认可的检验单位检验。

5.2　编号及取样

5.2.2～5.2.3　在进行检验前，应根据检验项目，计算所需材料的量。每灌注 1L 的体积，需要水泥基灌浆材料质量约为：Ⅰ类1.9kg，Ⅱ～Ⅳ类 2.3kg。

5.4　技术资料

5.4.2　出厂检验报告项目应包括流动度（或坍落度）的初始值和 30min 保留值、竖向膨胀率、1d 抗压强度。这 3 个项目是水泥基灌浆材料的基本性能，也反映了材料是否具有使用性能。

6　工程设计

6.1　地脚螺栓锚固

6.1.1　工程经验表明，对于螺栓表面与孔壁的净间距为 15～50mm 的地脚螺栓孔，根据深度的不同，可以采用Ⅱ类、Ⅲ类水泥基灌浆材料；50～100mm 的地脚螺栓孔，则可以采用Ⅲ类、Ⅳ类水泥基灌浆材料；螺栓表面与孔壁的净间距大于 100mm，此种情况对水平流动性要求低，宜选择使用Ⅳ类水泥基灌浆材料。

地脚螺栓的常见形式见图 6，其中又以弯钩、直钩、折弯钩和锚板类较为常见。锚固端异形或增加锚固件是为了增加地脚螺栓的锚固力和缩短地脚螺栓的锚固长度。

6.1.2　本规范仅给出埋设深度的下限，即便对无受力要求的地脚螺栓，从结构构造上其埋设深度也不宜小于 15 倍螺栓直径。具体应根据设计要求。

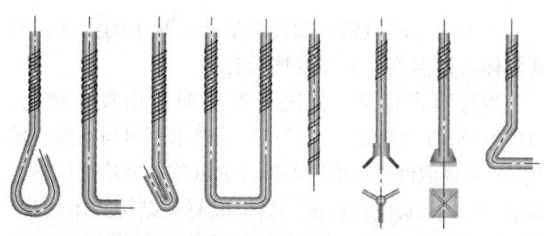

弯构　直钩　弯折　U形　螺纹钢　爪式　锚板式　折弯钩

图 6　地脚螺栓常用形式

6.2　二次灌浆

6.2.1　在设备基础二次灌浆时，从便于灌浆施工、灌浆质量控制的要求，以自重法灌浆工艺为条件，以二次灌浆层的厚度为主要参数，对水泥基灌浆材料类别的选择作出规定。

6.3　混凝土结构改造和加固

6.3.1～6.3.3　对混凝土柱采用外包混凝土、角钢等方法增大柱截面时，根据增大截面的厚度，即灌浆层的厚度的大小及新增截面防裂要求等因素，对水泥基灌浆材料的选择作了相应的规定。一般宜用Ⅳ类水泥基灌浆材料，既便于施工又便于防裂。

6.3.4　对混凝土梁采用加大截面法补强加固时，无论是梁底增厚或梁侧梁底同时增厚（即梁三面同时增大截面的情况），根据相关的规程、规范的构造要求，增厚截面防裂要求，施工可实施性和以往的工程经验，其梁侧增厚不宜小于 60mm，梁底增厚不宜小于 80mm，采用Ⅳ类水泥基灌浆材料主要是为在便于施工的情况下利于防裂。

6.3.5、6.3.6　对混凝土楼板的补强加固，采用加大截面法（增加板厚）采用水泥基灌浆材料时，主要从便于施工和防止板面裂缝的需要，规定宜采用Ⅳ类水泥基灌浆材料。

6.4　后张预应力混凝土结构孔道灌浆

6.4.1　本条对需要采用水泥基灌浆材料的环境条件及材料选择作了相应规定。根据工程经验和工程实例，在使用除冰盐、严寒地区冬季水位变动环境、滨海室外、海水环境及人为或自然的侵蚀性物质影响的环境，采用水泥基灌浆材料是确保结构耐久性的关键措施。

现行国家标准《混凝土结构设计规范》GB 50010 对混凝土结构的环境类别分类见表 2。

6.4.2　氯离子对预应力筋有极强的腐蚀破坏作用。由于在恶劣环境条件下后张预应力结构孔道灌浆及锚具封锚的质量和耐久性要求高，在参考国家现行标准《建筑工程预应力施工规程》CECS 180：2005、《混凝土结构耐久性设计与施工指南》CCES 01—2004（2005 年修订版）和现行国家标准《混凝土结构工程施工质量验收规范》GB 50204 的基础上，本条对用于后张预应力孔道灌浆的水泥基灌浆材料的氯离子含量作了详细规定。

表 2　混凝土结构的环境类别

环境类别		条　件
一		室内正常环境
二	a	室内潮湿环境；非严寒和非寒冷地区的露天环境、与无侵蚀性的水或土壤直接接触的环境
	b	严寒和寒冷地区的露天环境、与无侵蚀性的水或土壤直接接触的环境
三		使用除冰盐；严寒和寒冷地区冬季水位变动的环境；滨海室外环境
四		海水环境
五		人为或自然的侵蚀性物质影响的环境

注：严寒和寒冷地区的划分符合国家现行标准《民用建筑热工设计规程》JGJ 24 的规定。

7　施　工

7.1　施工准备

7.1.3　二次灌浆时，模板与设备周边应留出一定的距离，一般在 100mm 左右为宜。自重法灌浆时，灌浆侧的模板应根据流动距离适当加高，以提高两侧的位能差。

当用于结构加固和改造时，一般从高点灌浆。灌浆孔与排气孔应高于孔洞最高点 50mm 左右，让浆体从排气孔中排出。在确认不会窝气的情况下，再灌实灌浆孔和排气孔。

7.2　拌　和

7.2.2　推荐采用强制式搅拌机，如立式强制搅拌机。机械搅拌，拌和料均匀，可以缩短拌和时间。搅拌时应先加入 2/3 的水，待拌和料团块全部打开后，再加入剩余水。搅拌量很小，或机械操作有困难时，可以采用人工搅拌。不宜采用滚筒式混凝土搅拌机，这类搅拌机在搅拌过程中容易引入较多空气，且易造成材料粘壁、拌和水计量不准等缺点。如果产品说明书对搅拌工艺有特殊要求，应按照产品说明书的要求操作。

7.2.3　应尽量缩短拌和料的运输距离，缩短料出搅拌机到灌入模板的时间。应采用对拌和料产生振动小的运输方式。

7.3　地脚螺栓锚固灌浆

7.3.2　国家现行标准《混凝土结构后锚固技术规程》JGJ 145—2004 第 9 章规定，锚孔应符合设计或产品说明书的要求。当无具体要求时，位置允许偏差不得大于 5mm，垂直度允许偏差不得大于 5°。灌注前应采取清理浮灰、用水浸泡等措施，对提高粘结力有益。

7.3.5　本条要求为便于养护。

7.4 二次灌浆

7.4.1 工程中常见灌浆方法有：自重法、高位漏斗法、压力法，其中最常见的是自重法。高位漏斗法能够适当提高位差，提高流动速度和增大灌浆距离。对于流动距离长、缝隙狭窄，底板下有复杂形状如剪切板、剪切栓排气困难等，应采用压力法灌浆，有利于确保工程质量。

7.4.3 为了排除气泡，应采取一侧灌浆，从另一侧溢出的工艺。对于非水平底板，应从低的一侧灌浆，从高点溢出。为此应适当提高灌浆点的模板高度。

连续灌浆，浆体持续流动，灌注距离长，浆体质量均一。间断灌浆可能导致分层，或后浇注的料推动前面的料存在困难，致使灌浆距离缩短。

7.4.4 硬化后，由于温度收缩、干缩等，材料存在一定的体积变形。因此，对于轨道等较长距离施工，应每隔一定距离留伸缩缝，根据具体情况分段，每段长不宜超过 10m。

7.4.6 二次灌浆工程中，较常出现的情况是设备边缘外的水泥基灌浆材料产生裂纹。有的裂纹上下贯通，有的向设备边缘发展，一般到设备处停止。没有出现裂纹妨碍使用的工程实例，但裂纹影响美观。本规范借鉴工程经验，采取切除自由边的方法，以避免产生裂纹。

7.5 混凝土结构改造和加固灌浆

7.5.2 将修补区域边缘切成垂直形状，深度不应小于水泥基灌浆材料中最大骨料直径的两倍，有益于修补层与原混凝土基面的结合，确保修补后结构的整体性。

7.5.4 在改造和加固灌浆过程中，应适当敲击模板，消除模板表面气泡，且使填充更密实。

7.6 后张预应力混凝土结构孔道灌浆

7.6.1～7.6.3 在国家现行标准《建筑工程预应力施工规程》CECS 180：2005、《混凝土结构耐久性设计与施工指南》CCES 01—2004（2005 年修订版）和现行国家标准《混凝土结构工程施工质量验收规范》GB 50204 中对用于预应力孔道灌浆用水泥浆的灌浆工艺和技术要求都有具体规定。根据本规范 6.4 节的规定，应选用I类灌浆材料，灌浆时应密实填充，保证工程质量。

7.7 冬 期 施 工

7.7.1 按国家现行标准《建筑工程冬期施工规程》JGJ 104—97 规定，当室外日平均气温连续 5d 稳定低于 5℃时即进入冬期施工。作为灌浆施工，时间短、灌注体积小、要求早强，因此日平均温度低于 5℃时即要求按冬期施工操作。

如果灌浆过程和养护没有采取升温措施，应根据环境条件选择适合负温施工的水泥基灌浆材料。

采取适当的措施，如提高基础混凝土的温度、提高浆体入模温度，对强度增长有利。

现行国家标准《混凝土外加剂应用技术规范》GB 50119第 7 章规定，高于 65℃的热水不得与水泥直接混合；入模温度严寒地区不得低于 10℃，寒冷地区不得低于 5℃。国家现行标准《高强混凝土结构技术规程》CECS 104：99 规定，在冬期拌制泵送高强混凝土时，入模温度高于 10℃。由于水泥基灌浆材料抗压强度高，含有外加剂等多种辅助材料，本规范规定拌和水温度不应超过 65℃，并规定浆体入模温度大于 10℃。

依据现行国家标准《混凝土外加剂应用技术规范》GB 50119，当抗压强度达到 5MPa，可以保证严寒环境下（不低于－20℃）水泥基灌浆材料不受冻害。恢复到 0℃以上后强度持续增长。

7.8 高温气候环境施工

7.8.1 随着温度的升高，水泥的水化速度快，且表面水分散失量增大，因此水泥基灌浆材料浆体流动度损失加大，可施工时间缩短，不利于施工操作；若养护不及时，导致产生较大的塑性收缩，浆体表面容易产生塑性收缩裂纹。借鉴国外经验，当温度大于35℃，应采取适当的措施，降低灌浆部位的温度，避免产生不利情况。

7.10 冬期施工养护

7.10.1～7.10.3 参照现行国家标准《混凝土结构工程施工质量验收规范》GB 50204 和国家现行标准《建筑工程冬期施工规程》JGJ 104—97 的相关规定编写。

可采用的人工加热养护方式，如蒸汽养护法、暖棚法、电热毯法、碘钨灯法。应采取充分的保水保湿措施，养护温度不得超过 65℃。

环境温度不同，拆模时间和养护时间应不同。国家现行标准《水泥基灌浆材料施工技术规程》YB/T 9261—98 规定如表 3。

表 3 拆模和养护时间与环境温度的关系

日最低气温（℃）	拆模时间（h）	养护时间（d）
－10～0	96	14
0～5	72	10
5～15	48	7
≥15	24	7

8 工 程 验 收

8.0.1 施工验收时应提供标准养护试块抗压强度数据。留样试件尺寸为：对于I类、II类、III类，采用 40mm×40mm×160mm 的棱柱体，对于IV类，采用 100mm×100mm×100mm 的立方体。

中华人民共和国国家标准

墙体材料应用统一技术规范

Uniform technical code for wall materials used in buildings

GB 50574—2010

主编部门：中华人民共和国住房和城乡建设部
批准部门：中华人民共和国住房和城乡建设部
施行日期：2 0 1 1 年 6 月 1 日

中华人民共和国住房和城乡建设部
公　告

第 733 号

关于发布国家标准
《墙体材料应用统一技术规范》的公告

现批准《墙体材料应用统一技术规范》为国家标准，编号为 GB 50574 - 2010，自 2011 年 6 月 1 日起实施。其中，第 3.1.4、3.1.5、3.2.1（1、6）、3.2.2（1、2）、3.4.1、4.1.8、5.4.2、5.4.3、5.5.2、6.1.9、6.1.10 条（款）为强制性条文，必须严格执行。

本规范由我部标准定额研究所组织中国建筑工业出版社出版发行。

中华人民共和国住房和城乡建设部
2010 年 8 月 18 日

前　言

本规范是根据原建设部《关于印发〈2006 年工程建设标准规范制定、修订计划（第一批）〉的通知》（建标［2006］77 号）的要求，由中国建筑东北设计研究院有限公司、广厦建设集团有限责任公司会同有关单位共同编制完成的。

本规范在编制过程中，编制组就我国墙体材料工程应用现状进行了大量的调查研究，对某些课题进行了必要的试验验证，与墙体材料生产企业、工程设计、施工、监理、质检单位及有关管理部门进行了广泛的研讨。吸纳了近年来墙材革新及建筑应用的新成果与经验，充分考虑了我国墙体材料的发展及应用现状，着重对墙体材料品质与建筑工程应用的需要进行了技术整合，并广泛征求了有关单位和专家的意见和建议，经反复讨论、修改和充实，最后经审查定稿。

本规范共分 10 章。主要内容包括：总则、术语和符号、墙体材料、建筑及建筑节能设计、结构设计、墙体裂缝控制与构造要求、施工、验收、墙体维护和试验。

本规范中以黑体字标志的条文为强制性条文，必须严格执行。

本规范由住房和城乡建设部负责管理和对强制性条文的解释，中国建筑东北设计研究院有限公司负责具体内容的解释。在执行过程中，请各单位结合墙体材料工程应用的实践，认真总结经验，并将意见和建议寄交中国建筑东北设计研究院有限公司《墙体材料应用统一技术规范》管理组（地址：沈阳市和平区光荣街 65 号，邮编：110003，Email：gaoly @ masonry.cn），以便今后修订时参考。

本 规 范 主 编 单 位： 中国建筑东北设计研究院
有限公司
广厦建设集团有限责任
公司

本 规 范 参 编 单 位： 长沙理工大学
沈阳建筑大学
陕西省建筑科学研究院
同济大学
湖南大学
浙江大学
哈尔滨工业大学
重庆市建筑科学研究院
重庆大学
广州市民用建筑科研设
计院
上海市建筑科学研究院
辽宁省建筑材料科学研
究所

本 规 范 参 加 单 位： 中国建筑砌块协会
中国加气混凝土协会
中国 GRC 协会
中国建筑西北设计研究院
有限公司
西安交通大学
西安建筑科技大学
广州大学
福建海源自动化机械股份
有限公司
卓越（福建）机械制造发
展有限公司

本规范主要起草人员： 高连玉　梁建国　赵成文
（以下按姓氏笔画排列）
王风来　刘　斌　李　莉
李　翔　余祖国　杨伟军
张兴富　林文修　林炎飞
金伟良　姜　凯　骆泱泱
赵立群　顾祥林　秦士洪
黄　靓　雷　波　戴显明

本规范主要审查人员： 孙伟民　何星华　顾同曾
夏敬谦　陶有生　梁嘉琪
王存贵　朱盈豹　李庆繁

目　次

Contents

1 总 则

1.0.1 为统一各类墙体材料工程应用的基本要求及相应的设计原则和方法，确保墙体工程质量，做到技术先进、安全适用、经济合理，制定本规范。

1.0.2 本规范适用于墙体材料的建筑工程应用。

1.0.3 墙体材料的工程应用，除应符合本规范外，尚应符合国家现行有关标准的规定。

2 术语和符号

2.1 术 语

2.1.1 承重墙体 load bearing wall
承担各种作用并可兼作围护结构的墙体。

2.1.2 自承重墙体 non load bearing wall
承担自身重力作用并可兼作围护结构的墙体。

2.1.3 块体材料 masonry unit
由烧结或非烧结生产工艺制成的实（空）心或多孔正六面体块材。

2.1.4 墙板 wallboard
用于围护结构的各类外墙及分隔室内空间的各类隔墙板。

2.1.5 预拌砂浆 ready-mixed mortar
由胶凝材料、细骨料、矿物掺合料及外加剂等组分按一定比例混合，由专业厂生产的湿拌砂浆或干混砂浆。

2.1.6 专用砌筑砂浆 special mortar
用于提高某种块体材料砌体强度及改善砌筑质量的砂浆。

2.1.7 灌孔混凝土 grout
用于浇注混凝土小型空心砌块砌体芯柱或其他需要填实部位孔洞的混凝土。

2.1.8 抗折强度 bending strength
按标准试验方法确定的块体材料抗折强度算术平均值。

2.1.9 折压比 ratio of bending-compressive strength
块体材料抗折强度与其抗压强度等级之比。

2.1.10 薄灰缝 thin layer mortar
砌筑灰缝厚度不大于 5mm 的灰缝。

2.1.11 传热系数 heat transfer coefficient
在单位时间内通过单位面积维护结构的传热量。

2.1.12 平均传热系数 average of heat transfer coefficient
考虑梁、柱（芯柱）等影响后的外墙传热系数平均值。

2.1.13 蓄热系数 heat mass coefficient of material
材料层一侧受到谐波热作用时，通过表面的热流波幅与表面温度波幅的比值。

2.1.14 热惰性指标 index of thermal inertia
表征围护结构反抗温度波动和热流波动的无量纲指标。

2.1.15 露点温度 dew point temperature
在一定的空气压力下，逐渐降低空气的温度，当空气中所含水蒸气达到饱和状态，开始凝结形成水滴时的温度即该空气在空气压力下的露点温度。

2.1.16 控制缝 control joint
设置在墙体应力比较集中或与墙的垂直灰缝一致的部位，为允许墙自由变形和对外力有足够抵抗能力的构造缝。

2.1.17 窗肚墙 belly wall of window
外墙窗台至楼面（或室内地面）的墙段。

2.1.18 防水透气性 waterproof permeability
加强建筑的气密性、水密性，同时又可使围护结构及室内潮气得以排出的性能。

2.2 符 号

2.2.1 材料及墙体性能
MU——块体强度等级；
A——蒸压加气混凝土砌块强度等级；
M——砂浆强度等级；
Ma——蒸压加气混凝土砌块专用砌筑砂浆强度等级；
Mb——混凝土小型空心砌块专用砌筑砂浆强度等级；
Ms——蒸压砖专用砌筑砂浆强度等级；
Cb——混凝土小型空心砌块灌孔混凝土的强度等级。

3 墙 体 材 料

3.1 一 般 规 定

3.1.1 非烧结墙体材料所用的原材料及配合比应符合国家现行标准《轻骨料混凝土技术规程》JGJ 51、《普通混凝土配合比设计规程》JGJ 55、《粉煤灰混凝土应用技术规范》GBJ 146、《粉煤灰在混凝土和砂浆中应用技术规程》JGJ 28、《轻集料及其试验方法 第 1 部分：轻集料》GB/T 17431.1、《硅酸盐建筑制品用粉煤灰》JC/T 409、《硅酸盐建筑制品用生石灰》JC/T 621 和《硅酸盐建筑制品用砂》JC/T 622 的有关规定。

3.1.2 砌筑蒸压砖、蒸压加气混凝土砌块、混凝土小型空心砌块、石膏砌块墙体时，宜采用专用砌筑砂浆。

3.1.3 有机材料制成的墙体材料产品说明书中应标注其使用年限。

3.1.4 墙体不应采用非蒸压硅酸盐砖（砌块）及非

蒸压加气混凝土制品。

3.1.5 应用氯氧镁墙材制品时应进行吸潮返卤、翘曲变形及耐水性试验，并应在其试验指标满足使用要求后用于工程。

3.2 块体材料

3.2.1 块体材料的外形尺寸除应符合建筑模数要求外，尚应符合下列规定：

1 非烧结含孔块材的孔洞率、壁及肋厚度等应符合表3.2.1的要求；

2 承重烧结多孔砖的孔洞率不应大于35%；

3 承重单排孔混凝土小型空心砌块的孔型，应保证其砌筑时上下皮砌块的孔与孔相对；多孔砖及自承重单排孔小砌块的孔型宜采用半盲孔；

表 3.2.1 非烧结含孔块材的孔洞率、壁及肋厚度要求

块体材料类型及用途		孔洞率(%)	最小外壁(mm)	最小肋厚度(mm)	其他要求
含孔砖	用于承重墙	≤35	15	15	孔的长度与宽度比应小于2
	用于自承重墙	—	10	10	
砌块	用于承重墙	≤47	30	25	孔的圆角半径不应小于20mm
	用于自承重墙	—	15	15	

注：1 承重墙体的混凝土多孔砖的孔洞应垂直于铺浆面。当孔的长度与宽度比不小于2时，外壁的厚度不应小于18mm；当孔的长度与宽度比小于2时，壁的厚度不应小于15mm。

2 承重含孔块材，其长度方向的中部不得设孔，中肋厚度不宜小于20mm。

4 薄灰缝砌体结构的块体材料，其块型外观几何尺寸误差不应超过±1.0mm；

5 蒸压加气混凝土砌块长度尺寸应为负误差，其值不应大于5.0mm；

6 蒸压加气混凝土砌块不应有未切割面，其切割面不应有切割附着屑；

7 夹心复合砌块的二肢块体之间应有拉结。

3.2.2 块体材料强度等级应符合下列规定：

1 产品标准除应给出抗压强度等级外，尚应给出其变异系数的限值；

2 承重砖的折压比不应小于表3.2.2-1的要求；

表 3.2.2-1 承重砖的折压比

砖种类	高度(mm)	砖强度等级				
		MU30	MU25	MU20	MU15	MU10
		折 压 比				
蒸压普通砖	53	0.16	0.18	0.20	0.25	—
多孔砖	90	0.21	0.23	0.24	0.27	0.32

注：1 蒸压普通砖包括蒸压灰砂实心砖和蒸压粉煤灰实心砖；

2 多孔砖包括烧结多孔砖和混凝土多孔砖。

3 蒸压加气混凝土劈压比不应小于表3.2.2-2的要求；

表 3.2.2-2 蒸压加气混凝土的劈压比

强度等级	A3.5	A5.0	A7.5
劈压比	0.16	0.12	0.10

注：蒸压加气混凝土劈压比为试件劈拉强度平均值与其抗压强度等级之比。

4 块体材料的最低强度等级应符合表3.2.2-3的规定；

表 3.2.2-3 块体材料的最低强度等级

块体材料用途及类型		最低强度等级	备 注
承重墙	烧结普通砖、烧结多孔砖	MU10	用于外墙及潮湿环境的内墙时，强度应提高一个等级
	蒸压普通砖、混凝土砖	MU15	
	普通、轻骨料混凝土小型空心砌块	MU7.5	以粉煤灰做掺合料时，粉煤灰的品质、取代水泥最大限量和掺量应符合国家现行标准《用于水泥和混凝土中的粉煤灰》GB/T 1596、《粉煤灰混凝土应用技术规范》GBJ 146和《粉煤灰在混凝土和砂浆中应用技术规程》JGJ 28的有关规定
	蒸压加气混凝土砌块	A5.0	
自承重墙	轻骨料混凝土小型空心砌块	MU3.5	用于外墙及潮湿环境的内墙时，强度等级不应低于MU5.0。全烧结陶粒保温砌块用于内墙时，其强度等级不应低于MU2.5，密度不应大于800kg/m³
	蒸压加气混凝土砌块	A2.5	用于外墙时，强度等级不应低于A3.5
	烧结空心砖和空心砌块、石膏砌块	MU3.5	用于外墙及潮湿环境的内墙时，强度等级不应低于MU5.0

注：1 防潮层以下应采用实心砖或预先将孔灌实的多孔砖（空心砌块）；

2 水平孔块体材料不得用于承重砌体。

3.2.3 块体材料物理性能应符合下列要求：

1 材料标准应给出吸水率和干燥收缩率限值；

2 碳化系数不应小于0.85；

3 软化系数不应小于0.85；

4 抗冻性能应符合表3.2.3的规定；

表 3.2.3 块体材料抗冻性能

适用条件	抗冻指标	质量损失（%）	强度损失（%）
夏热冬暖地区	F15	≤5	≤25
夏热冬冷地区	F25		
寒冷地区	F35		
严寒地区	F50		

注：F15、F25、F35、F50分别指冻融循环15次、25次、35次、50次。

5 线膨胀系数不宜大于 $1.0\times10^{-5}/℃$。

3.3 板 材

3.3.1 各类骨架隔墙覆面平板的表面平整度不应大于 1.0mm。

3.3.2 预制隔墙板的表面平整度不应大于 2.0mm，厚度偏差不应超过 ±1.0mm。

3.3.3 安装各类预制隔墙板的金属拉结件应进行防锈蚀处理。

3.3.4 骨架隔墙覆面平板的断裂荷载（抗折强度）应在国家现行有关标准规定的基础上提高 20%。

3.3.5 预制隔墙板力学性能应符合下列规定：

1 墙板弯曲产生的横向最大挠度应小于允许挠度，且板表面不应开裂；允许挠度应为受弯试件支座间距离的 1/250；

2 墙板抗冲击次数不应少于 5 次；

3 墙板单点吊挂力不应小于 1000N。

3.3.6 预制隔墙板材物理性能应符合下列规定：

1 墙板应满足相应的建筑热工、隔声及防火要求；

2 安装时板的质量含水率不应大于 10%。

3.3.7 预制外墙板的构造设计应进行单块板抗风、墙板与主体结构的连接构造及部件耐久性设计。

3.4 砂浆、灌孔混凝土

3.4.1 设计有抗冻性要求的墙体时，砂浆应进行冻融试验，其抗冻性能应与墙体块材相同。

3.4.2 专用砌筑砂浆和预拌抹灰砂浆，应有抗压强度、抗折强度、粘结强度、收缩率、碳化系数、软化系数等指标要求。

3.4.3 专用砌筑砂浆应编制材料标准及应用技术标准。

3.4.4 砌筑砂浆应符合下列规定：

1 普通砖砌体砌筑砂浆强度等级不应低于 M5.0，蒸压加气混凝土砌体砌筑砂浆强度等级不应低于 Ma5.0。混凝土砌块（砖）砌筑砂浆强度等级不应低于 Mb5.0，蒸压普通砖砌筑砂浆强度等级不应低于 Ms5.0；

2 室内地坪以下及潮湿环境，应为水泥砂浆、预拌砂浆或专用砌筑砂浆，普通砖砌体砌筑砂浆强度等级不应低于 M10，混凝土砌块（砖）砌筑砂浆强度等级不应低于 Mb10，蒸压普通砖砌筑砂浆不应低于 Ms10；

3 掺有引气剂的砌筑砂浆，其引气量不应大于 20%；

4 水泥砂浆的最低水泥用量不应小于 200kg/m³；

5 水泥砂浆密度不应小于 1900kg/m³，水泥混合砂浆密度不应小于 1800kg/m³。

3.4.5 抹灰砂浆应符合下列规定：

1 相关应用标准应给出抹灰砂浆的抗压强度等级及粘结强度最低限值和收缩率指标；

2 内墙抹灰砂浆的强度等级不应小于 M5.0，粘结强度不应小于 0.15MPa；

3 外墙抹灰砂浆宜采用防裂砂浆；采暖地区砂浆强度等级不应小于 M10，非采暖地区砂浆强度等级不应小于 M7.5；蒸压加气混凝土砂浆强度等级宜为 Ma5.0；

4 地下室及潮湿环境应采用具有防水性能的水泥砂浆或预拌防水砂浆；

5 墙体宜采用薄层抹灰砂浆。

3.4.6 灌孔混凝土应符合下列规定：

1 强度等级不应小于块材强度等级的 1.5 倍；

2 设计有抗冻性要求的墙体，灌孔混凝土应根据使用条件和设计要求进行冻融试验；

3 坍落度不宜小于 180mm，泌水率不宜大于 3.0%，3d 龄期的膨胀率不应小于 0.025%，且不应大于 0.50%，并应具有良好的粘结性。

3.5 保温、连接及其他材料

3.5.1 墙体保温材料应符合下列规定：

1 浆体保温材料不宜单独用于严寒及寒冷地区除加气混凝土墙体以外的建筑外墙内、外保温；

2 墙体内、外保温材料的干密度应符合表 3.5.1 的规定；

表 3.5.1 墙体内、外保温材料的干密度

材料名称	模塑聚苯板	挤塑聚苯板	聚苯颗粒保温浆料	聚氨酯硬泡板	无机保温砂浆	玻璃棉板	岩棉及矿渣棉毡	岩棉及矿棉板	蒸压加气混凝土砌块	陶粒混凝土小型空心砌块	泡沫玻璃保温板
干密度（kg/m³）	18~22	25~32	180~250	35~45	250~350	32~48	60~100	80~150	500~600	600~800	150~180

3 不得采用掺有无机掺合料的模塑聚苯板、挤塑聚苯板；

4 当相对变形为 10% 时，模塑聚苯板和挤塑聚苯板的压缩强度分别不应小于 0.10MPa 和 0.20MPa；墙体外保温的挤塑聚苯板的抗压强度不应小于 0.20MPa；

5 胶粉模塑聚苯板颗粒保温浆料的抗压强度不应小于 0.20MPa，无机保温砂浆压缩强度不应小于 0.40MPa，浆料养护不得少于 28d；

6 墙体保温材料的导热系数应符合现行国家标准《民用建筑热工设计规范》GB 50176 的有关规定；

7 聚苯板的氧指数及出厂前的尺寸稳定性应符合现行国家标准《绝热用模塑聚苯乙烯泡沫塑料》GB/T 10801.1 和《绝热用挤塑聚苯乙烯泡沫塑料》

GB/T 10801.2 的有关规定；

8 进场保温材料应有永久性标识，并应标明产品类型、规格及型号，产品说明书应注明产品燃烧性能级别和使用寿命期限。

3.5.2 连接材料应符合下列规定：

1 金属连接部件应进行防腐蚀处理或采用不锈钢连接件；

2 连接部件应满足现行行业标准《膨胀聚苯板薄抹灰外墙外保温系统》JG 149 的技术性能指标要求。其产品说明书应注明材料使用寿命期限，不得采用再生材料制品。

3.5.3 其他材料应符合下列规定：

1 嵌缝腻子、硅酮密封胶及防水材料的产品说明书中应有耐候性指标；

2 玻璃纤维网格布应具有耐碱性能；

3 外保温墙体所采用的饰面涂料应具有防水透气性。

4 建筑及建筑节能设计

4.1 建筑设计

4.1.1 建筑设计应根据当地墙体材料的种类及质量状况选择质量可靠、技术成熟、经济合理的材料，并应有与之相配套的应用技术。

4.1.2 砌块类墙体应与其他专业配合进行排块设计。

4.1.3 外保温底层外墙、阳角、门窗洞口等易受碰撞的墙体部位应采取加强措施。

4.1.4 外墙洞口、有防水要求房间的墙体应采取防渗和防漏措施。

4.1.5 保温材料上粘贴面砖时，应有材料要求、构造措施、施工工法及饰面瓷砖与基层拉拔试验依据。

4.1.6 夹心保温复合墙的外叶墙上不得直接吊挂重物及承托悬挑构件。

4.1.7 采用的墙体材料的核素限量不得超出现行国家标准《建筑材料放射性核素限量》GB 6566 的有关规定。

4.1.8 建筑设计不得采用含有石棉纤维、未经防腐和防虫蛀处理的植物纤维墙体材料。

4.1.9 墙体设计应根据材料特性和构造特点进行相应的防火、隔声及防水设计。

4.2 建筑节能设计

4.2.1 墙体节能设计应符合当地节能建筑设计要求。

4.2.2 建筑外墙可根据不同气候分区、墙体材料与施工条件，采用外保温复合墙、内保温复合墙、夹心保温复合墙或单一材料保温墙系统。

4.2.3 新型节能保温墙体应进行原型系统试验。

4.2.4 建筑设计文件应注明外保温体系中保温材料的设计使用年限。

4.2.5 保温复合墙体设计的技术文件应注明保温系统使用期间的维护及达到设计使用年限后的更换措施。

4.2.6 外保温复合墙体设计应符合下列规定：

1 饰面层应选用防水透气性材料或作透气性构造处理；

2 浆体材料保温层设计厚度不得大于 50mm；

3 外保温系统应根据不同气候分区的要求进行耐候性试验；

4 外墙体内表面温度不应低于室内空气露点温度。

4.2.7 内保温复合墙体设计应符合下列规定：

1 保温材料应选用非污染、不燃、难燃且燃后不产生有害气体的材料；

2 外部墙体应选用蒸汽渗透阻较小的材料或设有排湿构造，外饰面涂料应具有防水透气性；

3 保温材料应做防护面层，当需在墙上悬挂重物时，其挂件的预埋件应固定于基层墙体内；

4 不满足梁、柱等热桥部位内表面温度验算时，应对内表面温度低于室内空气露点温度的热桥部位采取保温措施。

4.2.8 夹心保温复合墙设计应符合下列规定：

1 应根据不同气候分区、材料供应及施工条件选择夹心墙的保温材料，并确定其构造和厚度；

2 夹心保温材料应为低吸水率材料；

3 外叶墙及饰面应具有防水透气性；

4 寒冷及严寒地区，保温层与外叶墙间应设置空气间层，其间距宜为 20mm，且应在楼层处采取排湿构造措施；

5 多层及高层建筑的夹心墙，其外叶墙应由每层楼板托挑，外露托挑构件应采取外保温措施。

4.2.9 单一材料保温墙体设计应符合下列规定：

1 墙体设计应满足结构功能的要求；

2 外墙饰面应采用防水透气性材料；

3 应对梁、柱等热桥部位进行保温处理。

5 结构设计

5.1 设计原则

5.1.1 砌体结构设计应采用以概率理论为基础的极限状态设计方法，以可靠指标度量结构构件的可靠度，并应采用分项系数的设计表达式进行设计。

5.1.2 结构的安全等级应按现行国家标准《建筑结构可靠度设计统一标准》GB 50068 的有关规定划分。

5.1.3 砌体结构应按承载能力极限状态设计，并应满足正常使用极限状态和耐久性的要求。

5.1.4 砌体结构设计时，应分别对墙体结构进行使用阶段和施工阶段作用效应分析，并确定其最不利组合。

5.1.5 砌体结构设计使用年限应按现行国家标准《建筑结构可靠度设计统一标准》GB 50068 的有关规定确定。

5.2 结构体系及分析方法

5.2.1 砌体结构宜采用横墙或纵横墙混合承重体系，横墙平面内布置宜均匀、对称，沿平面内宜对齐，沿竖向应上下连续贯通，且应保持墙段截面相近。

5.2.2 结构分析所需的计算模型、作用的取值、材料性能指标、几何参数等应符合结构的实际状况，并应具有相应的构造措施。

5.2.3 结构分析所采用的基本假定和必要的简化计算，应有可靠的理论和充分的试验研究依据。

5.2.4 计算机计算结果应经分析判断确认其合理、有效后再用于工程设计。

5.2.5 结构静力分析方法，应符合下列规定：

    1 应根据房屋横（纵）墙间距及楼（屋）盖类别确定砌体房屋的静力计算方案与计算简图；

    2 各类砌体房屋宜采用刚性方案。

5.2.6 结构抗震计算方法，应符合下列规定：

    1 多层砌体结构房屋宜采用底部剪力法；

    2 高层砌体结构房屋宜采用振型分解反应谱法、时程分析法或静力非线性分析法。

5.3 砌体计算指标

5.3.1 砌体物理力学性能指标应符合下列规定：

    1 砌体各项计算指标应根据本规范研究性试验要求及数理统计方法确定；

    2 砌体强度标准值的保证率不应小于 95%；

    3 砌体强度设计值应按强度标准值除以材料分项系数计算确定，施工等级为 B 级时，材料分项系数不应小于 1.6；施工等级为 A 级时，材料分项系数不应小于 1.5；

    4 当遇有砌体构件计算截面面积过小、非对孔砌筑的单排孔混凝土小型空心砌块砌体等不利情况时，砌体强度设计值应根据试验结果予以折减；

    5 砌体的弹性模量、剪变模量、泊松比、线膨胀系数、干燥收缩率、徐变系数、摩擦系数及砌体重度等，应根据试验研究确定。

5.3.2 验算施工阶段的砌体构件时，砌体强度设计值可提高 10%。

5.4 构件静力设计基本要点

5.4.1 块体材料应用技术标准应根据不同作用效应及块体材料固有特性，给出构件相应承载力计算方法及相应的构造要求。

5.4.2 夹心保温复合墙应进行抗风设计。

5.4.3 外墙板应进行抗风及连接设计，板材与主体结构应柔性连接。

5.5 结构抗震设计基本要点

5.5.1 砌体结构抗震设计应符合下列规定：

    1 应根据块体材料的固有特性，确定多层砌体房屋的层数、总高度、承重房屋的层高、总高度和总宽度的最大比值、最小抗震墙厚度和抗震墙间距及墙段局部尺寸的限值；

    2 应根据砌体的抗震性能，确定墙体的承载力计算方法和相应的构造措施；

    3 应根据块体材料的固有特性，采取相应的构造措施，提高结构的延性和整体性；

    4 带有方（尖）角孔的多孔砖不宜用于地震设防区砌体结构的抗侧力墙。

5.5.2 外墙板与主体结构连接件承载力设计的安全等级应提高一级。

5.5.3 墙板在罕遇地震作用下应保持其整体稳定及与主体结构连接的可靠性。

5.6 正常使用极限状态和耐久性

5.6.1 承重墙结构体系除应按承载力极限状态进行设计外，尚应采取相应的构造措施，满足其变形、裂缝等正常使用极限状态和耐久性。

5.6.2 块体材料应用技术标准应给出砌体高厚比计算方法及允许高厚比。

5.6.3 墙体设计除应满足本规范最低材料强度等级要求外，尚应符合下列规定：

    1 非烧结墙体材料不得用于长期受 200℃ 以上或急热急冷的建筑部位，且不得用于有酸性介质的建筑部位；

    2 软化系数小于 0.9 的墙体材料不得用于 ±0.000 以下承重墙体。

6 墙体裂缝控制与构造要求

6.1 墙体裂缝控制

6.1.1 墙体设计时，宜选用有利于裂缝控制的墙体材料。

6.1.2 建造在软土或有软弱下卧层地基上的多层砌体结构房屋，应选择整体性能好的基础，在基础顶面沿纵、横向内外墙布置应具有足够刚度的贯通钢筋混凝土地梁。

6.1.3 多层砌体结构房屋顶层墙体应采取下列措施：

    1 加强屋面保温；

    2 提高房屋顶层砌体的砌筑砂浆强度等级；

    3 在建筑物的温度和变形集中敏感区域，应采取增强抵抗温度应力或释放温度应变的构造措施；

    4 现浇钢筋混凝土檐口应设置分隔缝，并用柔性嵌缝材料填实，屋面保温层应覆盖全部檐口。

6.1.4 非烧结块材砌体房屋的墙体应根据块体材料类型采取下列措施：

1 应根据所用块体材料，在窗肚墙水平灰缝内设置一定量钢筋；

2 在承重外墙底层窗台板下，应配置通长水平钢筋或设置现浇混凝土配筋带；

3 混凝土小型空心砌块房屋的门窗洞口，其两侧不少于一个孔洞中应配置钢筋并用灌孔混凝土灌芯，钢筋应在基础梁或楼层圈梁中锚固；

4 墙长大于8m的非烧结块材框架填充墙，应设置控制缝或增设钢筋混凝土构造柱，其间距不应大于4m；

5 承重墙体局部开洞处及不利墙垛部位应采取加强措施。

6.1.5 夹心保温复合墙的内、外叶墙宜采用可调节变形的拉结件。

6.1.6 夹心保温复合墙的外叶墙应根据块体材料固有特性设置控制缝。

6.1.7 墙体控制缝的设置应满足抗震设计要求，且应采取防渗、漏措施。

6.1.8 保温墙体的女儿墙应采取保温措施。

6.1.9 外保温复合墙的饰面层选用非薄抹灰时，应对由饰面层自重累积作用所产生的变形影响采取构造措施。

6.1.10 内保温复合墙与梁、柱相接触部位，应采取防裂措施。

6.1.11 设计时应根据所用隔墙板的具体性能指标，沿墙长方向每隔一定距离设置竖向分隔缝，并应用柔性嵌缝材料填实并作好建筑盖缝处理。

6.1.12 隔墙板拼装墙体的饰面层宜采用双层玻璃纤维网格布，两层网格布的纬向应相互垂直。

6.2 构 造 要 求

6.2.1 设计时应采取减少正常使用荷载作用下结构变形对填充墙的影响的措施。

6.2.2 砌块砌体水平灰缝钢筋宜采用平焊网片，并应保证钢筋被砂浆或灌浆包裹。

6.2.3 多孔砖墙体内拉结筋的锚固长度应为实心砖墙体的1.4倍。

6.2.4 当填充墙高大于4m时，应在墙半高处设置与柱（墙）连接且沿墙全长贯通的钢筋混凝土板带或系梁。

6.2.5 块材高度大于53mm的墙体采用的预制窗台板不得嵌入墙内。

7 施 工

7.1 一 般 规 定

7.1.1 施工技术方案应根据设计施工图纸、工法、现场自然条件和墙体材料特点编制，并应进行技术交底和必要的培训。

7.1.2 板材、加气混凝土砌块等墙体宜由专业施工队伍施工。

7.1.3 非烧结块体材料应满足存放时间的要求。

7.1.4 施工方应核对进入施工现场的原材料技术文件，并应进行抽样复检，应在合格后再使用。

7.1.5 墙体材料应按强度等级分别堆放，并应设置标识。

7.1.6 施工现场存放的材料应采取防水、防潮措施。

7.2 砌 体

7.2.1 块体砌筑应符合下列规定：

1 施工前砌块类材料应按设计进行试排块，并应满足本规范第6.2节的要求；

2 多孔砖及小砌块的半盲孔面，应作为砌筑铺浆面；

3 烧结块体材料用普通砂浆砌筑前应预先浇水湿润；非烧结块体材料砌筑前不宜浇水湿润，当施工环境十分干燥时，其表面可适当洒水；

4 固定门、窗的孔洞不得现场凿砍制取，应采用预先加工成孔的块材；

5 墙体的洞口下边角处不得有砌筑竖缝；

6 不同墙体材料及强度等级的块材不得混砌，墙体孔洞不得用异物填塞；

7 现浇混凝土结构的填充墙应在主体结构浇筑完成28d后开始砌筑。

7.2.2 砂浆应符合下列规定：

1 各种砂浆应通过试配确定配合比；当组成材料有变更时，其配合比应重新确定；

2 砂浆中掺有外加剂时，其外加剂及掺量应符合现行国家标准《混凝土外加剂》GB 8076的有关规定；

3 砂浆中掺入的粉煤灰，其等级及掺量应符合现行行业标准《粉煤灰在混凝土和砂浆中应用技术规程》JGJ 28的有关规定；

4 预拌（专用）砂浆应严格按相应产品说明书的要求进行搅拌。

7.2.3 灌孔混凝土的配制及性能应符合现行行业标准《混凝土小型空心砌块灌孔混凝土》JC 861的有关规定。

7.2.4 混凝土小型空心砌块墙体芯柱施工，应采用专用振捣机具。施工缝宜留在块材的半高处，施工缝的界面应在接续施工前进行清洁处理。

7.2.5 砌筑需灌孔的混凝土小型空心砌块墙体时，应随砌随清除孔洞灰缝处的内挤灰。

7.2.6 蒸压加气混凝土砌块、蒸压粉煤灰（灰砂）实心砖墙体，砌筑墙体时应随砌随勾缝，灰缝宜内凹2mm～3mm；含有孔洞的砖或砌块墙体的砌筑灰缝不得内凹。

7.2.7 砌筑混凝土小型空心砌块墙体时宜采用专用铺灰器具。

7.2.8 框架填充墙顶处预留的间隙宜在墙体砌筑15d后封堵。

7.2.9 非烧结块材墙体抹灰宜在墙体砌筑完成60d后进行，最短不应少于45d。

7.3 墙板隔墙

7.3.1 墙板隔墙施工应符合下列规定：

　　1 玻璃纤维网格布的径向应垂直于板与板、板与主体结构的接缝方向；

　　2 隔墙板安装前应进行排板布置设计，并应规定施工顺序；

　　3 需竖向连接的隔墙板，其接缝应错缝连接，相邻板材的错缝距不应小于300mm，并应根据条板的高度采取相应的加固措施。

7.3.2 隔墙板安装时应减少振动，板材上开槽、打孔应用专用机具切割或电钻钻孔，不得直接手工剔凿或敲击。

7.3.3 隔墙板应侧立放置在平坦、坚实且干燥的场地，雨期应采取覆盖措施。

7.4 墙体保温

7.4.1 墙体保温系统施工应符合下列规定：

　　1 保温系统所用的各种材料进场后，除应检验产品合格证和出厂检测报告外，尚应对主要材料的主要性能进行复检，并应严格按设计要求施工；

　　2 外墙的浆体保温材料应根据其构成和使用环境要求进行冻融试验，并应合格后再使用。

7.4.2 粘贴夹心复合墙外饰面砖时，应在外叶墙干缩稳定后施工。

7.4.3 固定外保温层的锚栓应锚入基层墙体，锚栓有效锚固深度不应小于25mm。

7.4.4 施工模塑聚苯钢丝网架板与混凝土剪力墙复合墙时，应采取减小现浇混凝土侧压力对网架板的压缩变形的措施。

8 验 收

8.1 一般规定

8.1.1 墙体工程验收应符合现行国家标准《建筑工程施工质量验收统一标准》GB 50300及相关墙体材料应用技术标准的规定。

8.1.2 节能保温墙体的工程质量验收时，施工单位应提供与之相关的审查后的设计文件、设计变更文件、施工方案、工法、所用材料检验及复检报告、检验批质量验收记录、分项工程质量验收报告、现场检验报告及隐蔽工程验收记录等文件。

8.1.3 建设方应验收材料及配件设计使用寿命期限后的维修或更换措施设计文件。

8.1.4 当承包合同及设计文件要求的墙体质量高于现行国家标准《建筑工程施工质量验收统一标准》GB 50300的有关规定时，验收时应以承包合同及设计文件为准。

8.1.5 节能保温墙体施工质量验收不合格的民用建筑工程不得进行竣工验收，且不得交付使用。

8.2 感观质量验收

8.2.1 墙体的感观质量应由验收人员通过现场检查，并应共同确认。

8.2.2 开裂的墙体应按下列情况进行验收：

　　1 应由有资质的检测单位对开裂墙体进行检测、鉴定；

　　2 对能影响结构安全性的开裂墙体，需返修或加固处理时，应待返修或加固处理满足使用要求后进行二次验收；

　　3 对不影响结构安全性的开裂墙体可予以验收，对明显影响使用功能和观感质量的墙体裂缝，应进行处理。

8.2.3 通过返修或加固处理仍不能满足安全、正常使用的墙体，应严禁验收。

9 墙体维护

9.1 一般规定

9.1.1 墙体及部件使用年限少于主体结构的设计使用年限时，应制定更换、维护方案及实施细则。

9.1.2 房屋产权单位应组织相关部门，根据墙体物理损伤或化学损伤的原因、程度、所处环境以及结构安全性和耐久性的要求进行检测、评估，并制定修复设计与施工方案。

9.1.3 未经设计单位同意，不得擅自凿墙、开洞及改变既有建筑的使用功能。

9.1.4 修复材料应根据墙体损伤状况、与被修复材料的适应性、预期修复效果、修复施工条件及经济性等因素选用。

9.1.5 墙体修复施工前应根据损伤状况、修复材料性能及施工条件等制定施工方案。

9.1.6 墙体修复后应进行检验与验收，所有技术文件及资料应存档。

9.2 墙体维护

9.2.1 房屋产权单位应定期检查建筑物周边及室内的排水设施。

9.2.2 房屋产权单位应按制度查阅所用墙体材料及

配件的设计使用寿命资料，对接近或超出使用年限的应进行安全性评估。

9.2.3 对局部损伤的墙体，应及时更换、修补或加固。

9.2.4 清洁墙面时，应根据墙体或饰面材料的性质，采用无害清洁剂和相应的墙面清洁方法。

9.2.5 对处于有害化学介质侵蚀、长期水浸及冻融循环部位的墙体，应采取特殊防护措施。

9.3 墙体修补

9.3.1 寿命少于设计使用年限的材料及部件应按更换和维护实施细则，除掉到期材料和配件并重新更换，对其使用中的局部损坏，应按原设计要求进行修补。

9.3.2 房屋产权单位应根据墙体裂缝的不同性态采取可靠的修补方法。

9.3.3 墙体修补区的范围及形状应根据修补材料模数、性能及修补后的外观质量确定。

9.3.4 对待修补的基层面应进行预处理。

9.3.5 墙体修补后应根据修复材料的特性进行养护。

9.4 墙体补强与加固

9.4.1 墙体因损伤而引起的承载力不足或变形过大时，应及时进行补强与加固。

9.4.2 墙体补强加固前，应由有资质的单位进行检测、鉴定、制定加固方案和补强加固设计。

9.4.3 墙体补强加固施工前，应根据补强加固设计制定施工方案和应急预案。

9.4.4 墙体补强加固施工中，除应采取安全措施外，尚应采取监控措施。

10 试　验

10.1 一般规定

10.1.1 试验可分为研究性试验和检验性试验。

10.1.2 试验用的墙材制品应从同一批中随机抽取，其试件的组数、样本数量应根据试验目标确定。

10.1.3 研究性试验应符合下列规定：

　　1 试验应由不少于两个研究单位完成；

　　2 每个研究单位所进行同一力学性能指标的试验样本数量不应少于6组，每组应为6件；同一物理性能指标的试验样本数量不应少于2组，每组应为6件；

　　3 每个研究单位所进行的砌体通缝抗剪强度试验，其试件样本数量不应少于30个；

　　4 同一构件承载力性能指标的试验样本数量不应少于2组，每组应为3件。

10.1.4 检验性试验应符合下列规定：

　　1 试验可由一个检测单位完成，但对试验结果有争议时，应由另一检测单位进行重复试验；

　　2 检验性试验的试件组数及每组试件的数量，在同等条件下，同一检测单位所进行的同一基本力学性能指标的试验样本数量不应少于3组，每组应为6件；同一物理性能指标的试验样本数量不应少于2组，每组应为3件；

　　3 构件承载力性能指标的试验样本数量不应少于2组，每组应为2件。

10.1.5 编制墙体材料的应用技术标准应进行研究性试验。

10.1.6 试验仪器及设备应由有资质的计量单位定期标定。

10.1.7 同一试验研究单位或检测单位所统计试验数据的变异系数大于0.2时，其相应指标的试验样本数量应在本规范规定基础上增加至少一倍。

10.2 材料试验

10.2.1 砖的试验方法应按现行国家标准《砌墙砖试验方法》GB/T 2542的有关规定执行，块体材料抗压试验时，加载方向应与其在砌体中所受重力方向一致。

10.2.2 混凝土小型空心砌块的物理力学性能试验方法应按现行国家标准《混凝土小型空心砌块试验方法》GB/T 4111的有关规定执行。

10.2.3 蒸压加气混凝土性能试验方法应按现行国家标准《蒸压加气混凝土性能试验方法》GB/T 11969的有关规定执行。

10.2.4 建筑砂浆基本性能试验方法应按现行行业标准《建筑砂浆基本性能试验方法》JGJ/T 70的有关规定执行，砂浆试块底模为砌体的同材料底模。

10.2.5 混凝土小型空心砌块砌筑砂浆试验方法应按现行行业标准《混凝土小型空心砌块砌筑砂浆》JC 860的有关规定执行。

10.2.6 蒸压加气混凝土砌筑砂浆与抹面砂浆的基本性能试验方法应按现行行业标准《蒸压加气混凝土用砌筑砂浆与抹面砂浆》JC 890的有关规定执行。

10.2.7 各类专用砂浆的抗折强度试验方法应按现行国家标准《水泥胶砂强度检验方法》GB/T 17671的有关规定执行。

10.2.8 标准制定单位应根据不同块体材料的固有特性，编制专用砌筑砂浆的物理力学性能试验方法。

10.2.9 对掺有引气剂的砂浆应进行抗折强度试验。

10.2.10 砂浆的冻融试验应与块材试验条件及试验方法相同。

10.2.11 混凝土小型空心砌块灌孔混凝土试验方法应按现行行业标准《混凝土小型空心砌块灌孔混凝土》JC 861的有关规定执行。

10.3 砌体和板材试验

10.3.1 砌体的力学性能试验方法应按现行国家标准《砌体基本力学性能试验方法标准》GBJ 129 的有关规定执行。

10.3.2 蒸压加气混凝土板的力学性能试验方法应按现行国家标准《蒸压加气混凝土板》GB 15762 的有关规定执行。

10.3.3 除蒸压加气混凝土板以外的各类隔墙板材的试验方法应符合下列规定：

1 各类隔墙板的抗折强度试验方法应按现行国家标准《玻璃纤维增强水泥轻质多孔隔条板》GB/T 19631 的有关规定执行；各类平板的抗折试验方法应按现行国家标准《纤维水泥制品试验方法》GB/T 7019 的有关规定执行；

2 各类隔墙板材的物理力学性能试验方法（除抗折强度试验方法外）应按现行行业标准《建筑用轻质隔墙条板》GB/T 23451 的有关规定执行。

10.3.4 外墙整间挂板应进行板间拉结件及与主体结构连接件的锚拉强度试验。

10.4 墙体试验

10.4.1 墙体试验方法应符合下列规定：

1 试件的形状及几何尺寸应根据试验目标确定，砌体宜采用足尺试件；当采用模型试验时，模型比例系数不应小于1/4；

2 试件制作应与墙体施工工序一致；

3 试件的模拟加载边界条件，应接近构件的实际工作状态。

10.4.2 节能保温复合墙体的原型系统试验，应包括系统构成的材料质量、保温层厚度、传热系数及耐候性等试验。

10.4.3 墙体的抗震试验方法应按现行行业标准《建筑抗震试验方法规程》JGJ 101 的有关规定执行。

本规范用词说明

1 为便于在执行本规范条文时区别对待，对要求严格程度不同的用词说明如下：

1）表示很严格，非这样做不可的用词：

正面词采用"必须"，反面词采用"严禁"；

2）表示严格，在正常情况下均应这样做的用词：

正面词采用"应"，反面词采用"不应"或"不得"；

3）表示允许稍有选择，在条件许可时首先应这样做的用词：

4）表示有选择，在一定条件下可以这样做的用词：采用"可"。

2 本规范中指明应按其他有关标准执行的写法为："应符合……的规定"或"应按……执行"。

引用标准名录

1 《砌体基本力学性能试验方法标准》GBJ 129

2 《粉煤灰混凝土应用技术规范》GBJ 146

3 《建筑结构可靠度设计统一标准》GB 50068

4 《民用建筑热工设计规范》GB 50176

5 《建筑工程施工质量验收统一标准》GB 50300

6 《用于水泥和混凝土中的粉煤灰》GB/T 1596

7 《砌墙砖试验方法》GB/T 2542

8 《混凝土小型空心砌块试验方法》GB/T 4111

9 《建筑材料放射性核素限量》GB 6566

10 《纤维水泥制品试验方法》GB/T 7019

11 《混凝土外加剂》GB 8076

12 《绝热用模塑聚苯乙烯泡沫塑料》GB/T 10801.1

13 《绝热用挤塑聚苯乙烯泡沫塑料》GB/T 10801.2

14 《蒸压加气混凝土性能试验方法》GB/T 11969

15 《蒸压加气混凝土板》GB 15762

16 《轻集料及其试验方法 第1部分：轻集料》GB/T 17431.1

17 《水泥胶砂强度检验方法》GB/T 17671

18 《玻璃纤维增强水泥轻质多孔隔条板》GB/T 19631

19 《建筑用轻质隔墙条板》GB/T 23451

20 《粉煤灰在混凝土和砂浆中应用技术规程》JGJ 28

21 《轻骨料混凝土技术规程》JGJ 51

22 《普通混凝土配合比设计规程》JGJ 55

23 《建筑砂浆基本性能试验方法》JGJ/T 70

24 《建筑抗震试验方法规程》JGJ 101

25 《膨胀聚苯板薄抹灰外墙外保温系统》JG 149

26 《硅酸盐建筑制品用粉煤灰》JC/T 409

27 《硅酸盐建筑制品用生石灰》JC/T 621

28 《硅酸盐建筑制品用砂》JC/T 622

29 《混凝土小型空心砌块砌筑砂浆》JC 860

30 《混凝土小型空心砌块灌孔混凝土》JC 861

31 《蒸压加气混凝土用砌筑砂浆与抹面砂浆》JC 890

中华人民共和国国家标准

墙体材料应用统一技术规范

GB 50574—2010

条 文 说 明

制 订 说 明

《墙体材料应用统一技术规范》GB 50574-2010，经住房和城乡建设部 2010 年 8 月 18 日以第 733 号公告批准、发布。

本规范编制过程中，编制组对我国墙体材料的生产状况、产品质量及墙体材料工程应用现状进行了大量的调查研究，总结了我国墙体材料工程应用的实践经验，同时参考了国外先进技术法规、技术标准，通过对墙体材料的建筑应用品质试验研究、新型墙材抗冻性试验、墙体干燥收缩试验、块体材料折压比试验研究、不同孔型的多孔砖墙体抗震性能对比试验、不同构造措施的蒸压粉煤灰砖墙体伪静力试验研究、蒸压加气混凝土墙体应用技术试验研究、墙体裂缝防治技术研究及墙体材料质量控制等试验研究，取得了重要技术参数及编制依据。

为便于广大设计、施工、科研、学校、墙材生产企业等单位有关人员在使用本规范时能正确理解和执行条文规定，《墙体材料应用统一技术规范》编制组按章、节、条顺序编制了本规范的条文说明，对条文规定的目的、依据以及执行中需注意的有关事项进行了说明，并着重对强制性条文的强制性理由作了解释。但是，本条文说明不具备与标准正文同等的法律效力，仅供使用者作为理解和把握规范规定的参考。

使用中如发现本条文说明有不妥之处，请将意见或建议函寄中国建筑东北设计研究院有限公司。

目　　次

1 总　　则

1.0.1 当前我国墙体材料品种繁多，应用技术标准往往滞后于材料标准，标准管理不尽统一，不同部门、不同地区编制的同一种墙体材料标准，其指标及技术要求相差较大，有的标准"政出多门"（如国家技术监督局、建设部、国家建材局等部门均曾发布过轻质隔墙板的标准），各标准的指标水平不一致；有几种性能不同的产品共同执行同一个产品标准（如高性能的蒸压粉煤灰和低档次的'非蒸压粉煤灰砖'共同执行《粉煤灰砖》JC 239标准），使非蒸压粉煤灰砖在标准的幌子下得以泛滥，近年来全国上马的非蒸压砖生产线近万条。一些企业不懂得建筑工程对砖品质的要求，以最大利润为着眼点，在原材料选用、生产工业控制等方面偷工减料，有的片面理解"节能减排"概念，认为只要制砖时多掺废渣就是实现了减排目标，如此生产的劣质砖必将对建筑物的安全及耐久性构成隐患；有的企业不懂得国家设计、施工规范的科学性、严谨性及法规性，盲目认为只要有产品、有"专利证书"及"检测报告"就可被设计及施工方采用，结果事与愿违，投产后的产品或不被采用，或通过非正常手段错误应用；也有同一种产品由两个水平相差悬殊的标准来评价的现象，如同是一种尺寸的小型混凝土空心砌块就有《普通混凝土小型空心砌块》GB 8239、《粉煤灰小型空心砌块》JC 862和《轻集料混凝土小型空心砌块》GB/T 15229，使得材料指标差距较大。

目前我国的墙体材料大致可划分为淘汰型、过渡型和发展型产品，其划分的原则是依据产品的技术性、政策性、经济性三大要素。不符合三大要素中任何一项均应视为淘汰型产品（如技术不成熟、国家政策不允许或造价昂贵缺少市场竞争力的产品）。过渡型产品则不完全符合三大要素中某一要素的某项要求（如一些地区仍在使用的黏土空心砖、混凝土实心砖等），对于符合或基本符合三大要素的墙材则应为倡导的发展型产品，设计中应积极采用。当前我国墙体材料应用现状不容乐观，调查分析表明淘汰型产品被大量、广泛地应用着，低劣产品的应用已对建筑质量构成隐患。

由于应用技术标准滞后于材料生产，一些材料标准指标就低不就高，缺少统一的准用门槛，应用技术不配套且较混乱，影响了墙体材料的合理应用及工程质量。

低品质块材墙及缺少必要的"统一"技术，使得工程质量问题颇多，"渗、裂、漏"现象严重，危及了建筑物质量与安全，影响了墙体材料的科学发展及应用与推广。

为使墙体材料合理地推广和应用，确保建筑工程

质量，有必要将墙体材料应用技术进行整合，为墙体材料的工程应用设置统一的门槛，统一墙体材料工程应用的基本要求及相应的设计原则和方法。建设部于2006年5月以建标［2006］77号文的形式下达了本标准的编制计划，要求对墙体材料的选择、设计、施工、验收、维护及试验方法等提出统一技术规定。

编制组紧密结合了我国墙体材料革新及建筑工程应用的迫切需要，通过技术创新、试验研究、工程调查、充分研讨与征求意见并不断完善，力求使《墙体材料应用统一技术规范》达到技术先进、安全适用、经济合理的目标。

1.0.2 本规范所指的墙体材料为块体材料、板材、砂浆、灌孔混凝土及保温、连接及其他材料。

1.0.3 墙体材料的工程应用涉及材料质量、设计、施工、质检、维护等相关领域，还涉及建材、建筑、结构、施工等相关专业。各相关领域及相关专业的标准已有相应的规定内容，除必要的重申外，本规范不再重复。

3 墙体材料

3.1 一般规定

3.1.1 目前多数非烧结墙体材料均已有各自的国家或行业标准，标准中对墙体材料所采用的原材料都有严格要求。这些要求正是保证墙体材料质量的关键。调查中发现出现问题的墙材大都未严格按标准选用原材料及控制其配合比。

3.1.2 非烧结的块体材料（如：蒸压粉煤灰砖、蒸压灰砂砖、蒸压加气混凝土砌块、混凝土多孔砖、混凝土小型空心砌块和石膏砌块等）由于其具有与传统烧结黏土砖不同的特性，故宜采用与之相适应的，且可改善砌筑质量和提高砌体力学性能的配套砂浆——专用砂浆。

3.1.3 含有机物的墙体材料（如EPS、XPS等保温材料及有机材料连接件等）的设计使用年限关系到建筑物的正常使用，故对该类墙体材料提出此要求，这既可使生产厂家增强产品质量意识，也可为墙体的后期更换提供依据。

3.1.4 近年来的调查及工程实践证明，由于非蒸压硅酸盐砖（砌块）生产线工艺及机械装备均较简陋，且制品的最终水化生成物与蒸压制品相差较大，是导致建筑墙体劣化、影响建筑物耐久性的主要原因，甚至危及建筑物的使用安全，致使拆楼事件时有发生。

非蒸压加气混凝土制品由于缺少必要的养护工艺，制品的最终生成物耐久性差，将会给墙体应用带来隐患。故对此类产品要谨慎。

3.1.5 工程实践表明，一些以氯氧镁为原材料生产的制品，出现了较多的工程质量问题。由于在原材

料、生产配方以及在生产工艺上存在着问题，造成了氯氧镁制品的一个突出弊病——吸潮返卤和翘曲变形。制品出现吸潮返卤后，表面出现水珠或变湿；翘曲变形会引起墙体开裂，严重地影响了装饰质量和使用效果，降低了产品强度，缩短了制品的使用寿命，这种现象在长期处于高湿度环境下及长江以南的高温高湿地区尤为严重。

应强化氯氧镁制品的吸潮返卤、翘曲变形和耐水性检验，待满足使用要求后方可用于工程。经检索，有关标准进行吸潮返卤检测的几种检测方法均为肉眼观察、定性检测。众多的氯氧镁制品生产企业基本都没有此种检测装置；而且这种检测方法的养护箱，湿度控制精度比较差，难以保证试验所需条件。更为重要的是几种方法都需要将要检测的样板或试块养护到15d后才能放入到养护箱中，这样检测结果对生产配方的指导明显滞后，无法及时地调整配方；另外，检测标准也不统一，经常引起质量判定的纠纷。建议相关标准尽早制定"定量分析、检测、评价氯氧镁制品抗返卤性能的方法"，以确保制品应用效果与质量。

3.2 块体材料

3.2.1 本条文对块体材料的外形尺寸等对建筑应用影响较大的特征作出了必要的规定。

1 含孔砖（砌块）的孔洞布置及孔洞率（空心率）是影响块材物理力学性能的主要因素。试验表明孔洞布置不合理的砖将导致砌体开裂荷载降低，尤其当多孔砖的中部开有孔洞时，砖的抗折强度大幅度降低，降低砌体的承载能力并造成墙体过早开裂。一些设备制造企业不了解块材孔型对砖应用的影响，以所谓节能要求为理由，对块材模具随意开孔，生产企业只注重块材的外观尺寸，对制品的肋（壁）厚度要求、孔型的重要性一无所知，对此必须予以高度关注。试验表明多孔砖的孔洞布置不合理或孔洞率大于35%时，砖的肋及孔壁相对较窄或孔壁较柔（孔的长度与宽度比大于2），在荷载作用下易发生脆性破坏或外壁崩析（长沙理工大学、沈阳建筑大学及中国建筑东北设计研究院的研究成果均证明此点）。本规范在总结试验研究和工程实践的基础上给出了开孔要求及多孔砖孔洞率（空心率）的限值。砌块孔洞成型时不宜带有直角，以防孔洞尖角处的应力集中（注：孔的长度系指与块材长边相平行的长度）。

3 承重单排孔混凝土空心砌块砌体对穿孔（上下皮砌块孔与孔相对）是保证混凝土砌块与砌筑砂浆有效粘结、混凝土芯柱成型所必需的条件。然而目前我国多数企业生产的砌块对此均欠考虑，生产的块材往往不能满足砌筑时的对穿孔，其砌体通缝抗剪强度必然比规范给出的强度指标有所降低，因《砌体结构设计规范》GB 50003 给出的各项强度设计指标，是在块型必须保证在砌体中的对穿孔的前提下试验确定

的。砌块墙体的非对穿孔势必会影响墙体结构的安全度。工程实践表明，由于非对穿孔墙体砂浆的有效粘结面少、墙体的整体性差，已成为空心砌块建筑墙体"渗、漏、裂"的主要原因。故必须对此予以强调，要求设备制造企业在砌块模具的加工时，就应对块材的应用情况有所了解。

自承重块材的半盲孔面作为砌筑时的铺浆面，可使砂浆在半盲孔处形成嵌固钉楔，从而提高砌体沿水平通缝的抗剪能力（沈阳建筑大学、中国建筑东北设计研究院、天津城建学院等单位的研究表明可比无孔砖砌体沿水平通缝的抗剪强度提高 1.5 倍以上）。此举可有效减少墙体裂缝。

4 试验表明，薄灰缝既可提高砌体的力学性能，又可减少专用砂浆用量而降低造价。减少块型外观几何尺寸误差是实现薄灰缝砌体的前提条件。

5 现行的国家标准《蒸压加气混凝土砌块》GB 11968 给出的砌块长度标准为 600mm，其合格品误差限值为 ±4.0mm，即按标准要求604mm 长度的砌块当属合格品。然而这个尺寸却不满足工程应用的要求，以宽度为 1.80m 的窗间墙采用该砌块砌筑为例，用三整块砌筑其尺寸为：604×3+2×15＝1842mm（15mm 为竖缝宽度），超出窗间墙的设计宽度 42mm，致使门、窗无法正常安装，施工现场经常见工人对块材用斧、锯进行二次加工，其结果不但影响砌体的质量而且降低了施工速度，同时影响了加气混凝土的推广与应用。

6 蒸压加气混凝土为模具浇筑成型，为了制品脱模方便，通常要在模具表面涂刷废机油等脱模剂。若不将制品的油面切掉，必然严重影响墙体的砌筑与抹灰质量。工程调查发现，砌块表面为油面是导致墙体裂缝、空鼓的直接原因（如沈阳、哈尔滨一些建筑外墙饰面空鼓、脱落），故生产企业必须具备制品"六面扒皮"的能力。同样当加气混凝土坯体切割钢丝过粗（直径大于 0.8mm）时，切割面将残留较多的切割附着屑，这些浮着于块体表面的渣屑将成为影响墙体砌筑与抹灰质量的障碍。经验表明当采用高强细钢丝时可有效避免上述现象的发生。

7 目前有些企业自行研制、开发了夹心复合砌块，即两叶薄型混凝土砌块中间夹有保温层（如EPS、XPS 等），并将其用于框架结构的填充墙。虽然墙的整体宽度一般均大于 90mm，但每片混凝土薄块仅为 30mm～40mm。由于保温夹层较软，不能对混凝土砌块构成有效的侧限，因此当混凝土梁（板）变形并压紧墙时，单叶墙会因高厚比过大而出现失稳崩坏，故内外叶间必须有可靠的拉结。

3.2.2 本条文对块体材料的强度等级作出了规定：

1 目前多数块体材料标准对强度指标要求一般仅为平均值和单块最小值，企业在推广应用时也仅提供送检试样的送检报告（按标准检测），用户对企业

产品的综合质量状况无从知晓，很容易使鱼龙混杂的块材应用于墙体。而块体强度指标的变异系数是衡量企业管理水平、块体材料质量的一项综合指标，同时也是保证砌体安全性的前提条件。材料标准强化块体强度变异系数要求是控制产品质量稳定、确保砌体质量重要举措。

2 实践表明，蒸压灰砂砖和蒸压粉煤灰砖等硅酸盐墙材制品的原材料配比直接影响着砖的脆性，砖越脆墙体开裂越早。研究表明，制品中不同的粉煤灰掺量，其抗折强度相差甚多，即脆性特征相差较大，因此规定合理的折压比将有利于提高砖的品质，改善砖的脆性，也提高墙体的受力性能。同样含孔洞块材的砌体试验也表明：仅用含孔洞块材的抗压强度作为衡量其强度指标是不全面的，因为该指标并没有反映孔型、孔的布置对砌体受力性能、墙体安全的影响，提出本款要求还可规范设备制造企业在加工块材模具、块材生产企业设计孔型方面更加满足工程应用要求。

烧结多孔砖抗折强度按相关标准规定的下式计算：

$$R_c = \frac{3PL}{2BH^2} \tag{1}$$

式中：R_c——抗折强度（MPa）；

P——最大破坏荷载（N）；

L——跨距（mm）；

B——试样宽度（mm）；

H——试样高度（mm）。

3 因蒸压加气混凝土制品的抗拉强度远小于抗压强度，当拉应力超过其抗拉强度时，制品必然开裂。较低的抗拉强度使得制品在二轴或三轴应力状态下发生劈裂或压酥剥落并导致破坏。也就是说制品的抗拉强度等级是一项非常重要的性能指标，其指标的大小将直接影响墙体能否容易开裂。然而制品的抗拉强度往往很难检测，即使检测也不准确，为了方便，工程中用比较简便的劈裂法测试出制品的劈裂强度并用劈压比来表征其抗裂能力的强弱。据悉，日本等国蒸压加气混凝土的劈压比指标为 1/5，我国目前的块材大多为 1/8～1/10，本规范出于应用的需要，以 1/7 为目标。因此企业应将提高制品的劈裂强度作为产品质量的攻关目标，将单纯用制品的抗压强度指标衡量其质量优劣改成用抗压强度和劈压比两项指标来判断。而要达到理想的劈压比指标，就一定要有原材料的选择、材料的配比、工艺养护等各环节的技术保障。

4 通过试验研究及工程调查并参照国外承重块材的发展趋势，为确保承重墙的安全性及耐久性，本规范给出承重墙的砖强度等级最低限值。加气混凝土砌块用于多层房屋的承重墙体在我国已有多年的应用经验，国家已有相应的应用规程，强度等级不小于

A5.0 的块材可满足应用要求。

烧结陶粒包括烧结页岩陶粒、黏土陶粒、粉煤灰陶粒等。轻骨料砌块的建筑应用，应采用以强度等级和密度等级双控的原则，避免只顾块体强度而忽视其耐久性，调查发现当前许多企业以生产陶粒砌块为名，代之以大量的炉渣等工业废弃物，严重降低了块材质量，为建筑质量埋下隐患。实践表明，自承重墙块体用全陶粒保温砌块强度等级不小于 MU2.5、密度等级不大于 800 级的条件实施双控，以保证砌块的耐久性能，这既符合目前企业的实际生产能力，也可满足工程需要。

调查发现，一些企业生产的轻骨料小砌块的煤渣质量及掺量不遵循相关标准，严重降低了砌块质量，给工程带来隐患，因此强调煤渣轻粗骨料掺量不应大于轻粗骨料总量的 30%。

蒸压加气混凝土砌块由于在制作过程中有严格的养护制度（高压、高温下十几个小时）保证，材料水化反应彻底，制品稳定且耐久性好，参照国外经验及国内几十年的应用实际状况，将用于自承重墙的蒸压加气混凝土砌块强度等级确定为不小于 A2.5 是合适的。

3.2.3 本条文对块体材料的物理性能提出了要求：

1 工程实践及试验研究（武汉理工大学、沈阳建筑大学、长沙理工大学、辽宁省建设科学研究院等单位）表明，控制块体材料干燥收缩率和吸水率指标是防止墙体产生干缩裂缝的重要举措。但是，由于块体材料种类繁多，组成不同墙体材料的材料之间，干表观密度有较大差异，如生产普通混凝土小型空心砌块、轻骨料混凝土小型空心砌块和蒸压加气混凝土砌块等用的混凝土，致使不同的墙体材料的吸水率和干燥收缩率差异较大；即使同一品种，如生产轻骨料混凝土小型空心砌块的轻骨料混凝土，干表观密度范围具有较大跨度，约为 800kg/m³～1950kg/m³，如对其规定统一的吸水率和干燥收缩率指标，亦不尽合理。因此，本规范难以给出统一指标要求。编制材料标准时，应根据块体材料的固有特性和应用技术要求，给出相应的最高限值。

2 非烧结块体材料，在大气中长期与二氧化碳接触产生的碳化作用，是导致墙体劣化的主要原因之一。目前一些企业片面追求利润，或用质量低劣的工业废弃物顶替材料标准要求的原材料，或简化工艺养护制度，使块材的碳化系数小于 0.85，故对此予以强调。

限制其碳化指标是保障墙体的耐久性和结构安全性的重要措施，同时也对生产企业原材料质量控制、工艺养护制度起到促进作用。

3 软化系数是用来表示墙体材料耐水性的优劣，材料的耐水性主要与其组成在水中的溶解度和材料的孔隙率有关，因此，块材的原材料选择、成型和养护

工艺等均对软化系数有较大影响。当软化系数小于
0.85时材料强度降低，给墙体的安全性、耐久性带
来影响。曾有过墙体由于软化系数过小而丧失承载能
力的事故案例。

4 材料抗冻性指标的高低，不仅能评价材料在
寒冷及严寒地区的应用效果，还可表征材料的最终水
化生成物的反应水平及其内在质量的优劣。工程实践
表明：生产过程中的水化反应不彻底，将导致块体材
料的抗冻性能降低，这将成为墙体劣化的重要原因之
一，甚至直接威胁建筑的安全，此类工程事故已为数
不少。为了强化非烧结块材的抗冻性能要求，以适应
我国寒冷及严寒地区的工程应用，本条文根据所在地
区及应用部位的不同，规定不同抗冻性能要求。

3.3 板　　材

3.3.1、3.3.2 各类覆面平板和预制多孔墙条板的
平整度是板材应用质量（墙面平整度和抹灰质量）的
关键，也是区别板材是由土法制作还是用高档现代化
生产线制成的重要标志。为提高板的质量及隔墙效
果，同时淘汰落后的生产工艺及设备，特制定本
条文。

3.3.3 由于板的工作环境十分复杂，应对金属拉结
件或钢筋进行必要的防锈蚀处理，以保证其耐久性。

3.3.4 目前市场所应用的骨架隔墙覆面平板基本为
纸面石膏板、纤维水泥加压板、加压低收缩性硅酸盐
板、纤维石膏板、粉石英硅酸盐板等，调查发现凡工
艺、设备先进且管理到位的企业，其板材制品的断裂
荷载（抗折强度）均高出标准规定的指标30％以上，
为确保板材的应用质量并引导企业科学发展、淘汰落
后产品，特制定此条款。

3.3.5、3.3.6 目前有关轻质隔墙板的标准较多，各
部标准对产品的力学、物理性能指标要求不尽一致，
有些指标因材而异，有的指标甚至不满足工程要求。
试验方法与评价标准也存在区别，为此有必要对轻质
隔墙板材的各项力学、物理指标进行整合，提出统一
的技术要求。

3.3.7 由于预制外墙板的受力特点和使用环境不同
于内墙板，板的抗风能力、连接节点的承载及变形能
力、板部件的使用寿命直接关系到外墙板的使用安全
与耐久性，因此要求预制企业必须按实际应用条件设
计与制作。

3.4 砂浆、灌孔混凝土

3.4.1 以往对砂浆的抗冻性要求不高，一般仅为冻
融循环15次。近年来一些掺有大量粉煤灰或各类引
气剂的砂浆不断被采用，若不对其质量严加监控，作
为墙体的重要组成部分——砂浆将会出现严重的质量
问题，并将危及墙体的使用及安全。本条款对砂浆提
出了与非烧结块材相同的抗冻要求。

3.4.2 为适应墙体材料的推广及应用，国内已研究
出多种与各类新型墙材相适应的配套材料——专用砌
筑（抹灰）砂浆（如蒸压粉煤灰砖、蒸压加气混凝土
砌块、混凝土多孔砖、混凝土小型空心砌块等专用砂
浆），为保证专用砂浆的应用质量特提出本条之规定。
又由于目前商品砂浆中大多掺入不同种类的增塑剂、
引气剂等外加剂，虽然砂浆抗压强度满足要求，但其
抗折性能降低，致使墙体的延性降低，故对抗折强度
等指标提出要求。

3.4.3 国内外的试验研究表明，采用专用砂浆砌筑
新型块体材料是保证砌筑质量、提高砌体强度的有效
方法，特别是提高砌体的抗剪强度尤为明显。专用砂
浆物理力学性能的优劣取决于砂浆改性材料、配合比
及其制备技术。但是，目前砂浆改性材料品种繁多、
价格相差悬殊、性能各异，甚至有的产品名不副实。
另外，由于新型墙体材料种类多，不可仅进行少量试
验或仅提供一个配方就被采用。要按本规范第
10.1.3条的要求，专用砌筑砂浆应通过研究性试
验而编制的材料和应用技术标准。

3.4.4 本条文对砌筑砂浆作出了必要的规定：

3 湖南大学、上海建筑科学研究院、沈阳建筑
大学等单位的研究成果表明：砂浆中超量掺引气剂将
直接影响砌体的强度及耐久性。

3.4.5 本条文对抹灰砂浆作出了必要的规定：

工程实践表明，抹灰砂浆只规定体积配合比而无
强度指标要求是不恰当的，因无法检查竣工后的墙面
是否按设计配合比进行施工；体积配合比忽略水泥强
度等级因素，浪费资源，提高造价且不够科学。用不
同强度等级的水泥，以同一体积比配置出的砂浆强度
是不同的；仅有体积配比不适应不同强度等级的水泥
配置砂浆，也不适应预拌砂浆的需要，同时也无法区
分、标识砂浆的性能，因此对抹灰砂浆提出了抗压强
度等级要求。其他则参考了上海、北京等地的地方
标准。

研究表明，由于蒸压加气混凝土的弹性模量偏
低，采用较高强度等级的抹灰砂浆后，由于抹灰层与
基层墙体变形的不协调，易引发饰面层空鼓、开裂乃
至脱落。因此，采用与制品自身性能相近的抹灰砂浆
能保证墙体的抹灰质量。

薄抹灰作法适应了块体材料块形尺寸精度的现
状，提倡薄抹灰可减轻墙体自重、减少砂浆用量、简
化施工工艺，有利于提高墙体质量。

3.4.6 本条文对灌孔混凝土作出了必要的规定：

1 由于混凝土砌块的抗压强度为毛截面强度，
块材的混凝土强度等级约为块体强度等级的1.5倍以
上，故灌孔混凝土应与块材混凝土的强度等级相
匹配。

2 基于北方寒冷及严寒地区混凝土的冻害实例，
为确保混凝土芯柱在低温交替状态下的受力性能，尤

其为控制灌孔混凝土所掺外加剂的质量，特提出本条规定。

3 鉴于灌孔混凝土在空心砌块砌体（或配筋砌块砌体）中所起的重要作用，特对其坍落度、泌水率、膨胀率等提出具体要求。

3.5 保温、连接及其他材料

3.5.1 本条文对墙体保温材料作出了必要的规定：

1 浆体保温材料用于严寒及寒冷地区外墙外保温，由于浆体保温材料的多孔性而形成的面层强度较低、易吸水、耐久性差及现场操作的离散性大、质量不均，影响保温效果；用于严寒及寒冷地区外墙内保温，则不易消除墙体的局部"热桥"，且外墙内保温不合乎外墙保温应采用"内隔外透"的热工设计要求，目前严寒及寒冷地区已基本不再应用浆体保温材料作建筑外墙内、外保温。浆体保温材料与蒸压加气混凝土制品的密度等级、强度、导热系数及蒸汽渗透阻基本相同，故可在蒸压加气混凝土墙体上作内保温。

2 现场调查表明，墙体保温材料质量相差悬殊，尤以干密度指标突出。对此如不进行统一要求，将严重影响墙体的保温效果及质量。

3 对出现工程事故的保温板材进行检验分析发现，一些企业为了使保温产品达到设计要求的干密度指标，不从工艺配方及质量管理入手，采取了弄虚作假的欺骗手段，如有的企业在原材料中添加了石灰、石粉等无机物以加大干密度，从而导致了保温板在应用中出现粉碎现象。

4 工程实践表明，抗压强度不小于 0.20MPa 的挤塑聚苯板（XPS 板），其干密度一般为 $25kg/m^3 \sim 32kg/m^3$，超过此范围的板材由于整张板的刚度较大，易引起板的翘曲变形从而导致墙体表面开裂。

5 胶粉 EPS 颗粒浆料保温层的强度偏低，压缩变形后将直接影响其保温性能及墙体质量，有必要对其压缩强度进行控制。

7 保温材料的氧指数要求是消防设计的重要参数。工程实践表明，出厂陈放天数尚未达到要求用于工程后其变形仍将继续发展，这就是导致墙面开裂的主要原因之一。

3.5.2 本条文对连接材料作出了必要的规定：

1 墙体拉结件或固定件的耐久性能是保证墙体正常工作的前提条件，其要求参照了国内外相关标准。

2 工程调查发现，一些廉价尼龙胀钉等锚固件生产时添加了大量再生原料，由于再生材料制品性能差、易老化，难以满足墙体耐久性指标要求。

3.5.3 本条文对其他材料出了必要的规定：

2 由于玻纤网格布用于呈碱性的砂浆层中，所以其耐碱性能是玻纤网格布受力性能及正常使用的基本保证。

3 工程实践表明，一些外保温墙体所采用的饰面涂料为一般涂料，由于非防水透气性涂料的水蒸气湿流密度低，致使墙体轻者造成饰面外表色差，重者导致墙体饰面起泡、发霉、开裂及脱落，使保温材料的热工性能产生变化（墙体中的湿度越高，导热系数越大，其保温隔热效果越差），影响了墙体的美观和保温节能效果。而防水透气性涂料可以防止室外水（如雨水等）侵入墙体，同时又可排除保温层内的水蒸气，有关标准规定的具体指标为：水蒸气湿流密度不小于 0.85g/(m² · h)（这里水蒸气湿流密度指的就是透气性）。调查发现该指标规定得偏低，已有多种饰面材料及做法的水蒸气湿流密度远远高于 0.85g/(m² · h)，达到了 1.1、1.8、3.2g/(m² · h)，设计施工时应查看有关检测报告并选择水蒸气湿流密度高的材料及做法。

4 建筑及建筑节能设计

4.1 建 筑 设 计

4.1.1 墙体材料的质量和与之相配套的应用技术是保证墙体正常使用的前提条件。工程设计时应推广、采用当地的发展型墙体材料。

4.1.2 由于混凝土小型空心砌块和加气混凝土砌块尺寸较大，不易现场加工，应采用与主块型相配套的辅助块型，为保证墙体砌筑模数及质量，建筑设计时应有墙体的排块设计。工程调查发现，一些墙的窗洞口下边角处开裂较严重，经凿开抹灰饰面查看，该部位刚好为一条竖向灰缝，为保证墙体质量应在此处避免竖缝。

4.1.4 调查发现复合型保温墙体往往在门窗洞口处易出现渗漏，设计时应采取有效防护措施。工程实践证明，墙底部设现浇混凝土条带的措施，防水效果十分明显。

4.1.5 目前一些建筑物外保温墙体在保温层外侧粘贴了饰面瓷砖，由于瓷砖的蒸气渗透阻过大，墙体内的湿迁移水分无法排出，从而在负温环境下面砖产生冻胀剥落，如 2008 年 3 月辽宁省沈阳市的一幢 16 层公建的外墙饰面大面积脱落（保温材料含湿过大、强度过低），造成较大影响。另外保温材料的质量与性能与面砖相差悬殊，变形性能相差较大，在饰面砖自重的作用下，保温层将产生较大的徐变，很容易使墙体开裂。另外胶粘剂的质量好坏及面砖粘贴技术水平的高低都将影响面砖的粘贴质量，易给墙体带来安全隐患。故建筑的外保温墙体，在没有材料选择、构造措施、施工工法、饰面瓷砖与基层拉拔试验等足够依据的情况下不得直接在保温材料上粘贴面砖。

4.1.7 墙体材料的核素放射性对环境及人体可构成

严重危害，要严格禁止应用核素限量超出国家相关标准的墙体材料。

4.1.8 石棉纤维属致癌物质，国际癌症研究机构（IARC）已将石棉列为"对人类致癌物"。在板材生产、施工中易受纤维粉尘污染，一些国家已严禁生产、使用掺有石棉纤维的板材。另经调研一些板材的原材料中添加了一些植物纤维，在应用过程中其后期质量无法保证。为保证板材耐久性特提出防虫蛀及防腐要求。

4.1.9 鉴于目前墙体材料的多样性和墙体构造的差异性，应针对不同材料（如块体、板材、保温材料及连接件等）特性及构造特点，按国家现行有关标准进行相应的防火、隔声及防水设计。

4.2 建筑节能设计

4.2.2 考虑到当前保温材料的性能特点、质量状况、施工水平的差异及外墙耐久性要求，优先推荐采用夹心墙或外墙外保温系统。非严寒地区墙体可选用内保温或"单一材料"保温方式。对于严寒地区，蒸压加气混凝土墙体由于材料具有蒸气渗透阻较小（与内保温材料相近），故可采用内保温构造。

4.2.3 保证新型节能保温墙体的安全性、适用性、耐久性及耐候性，须对墙体进行原型系统试验，以保证各项指标满足设计要求。

4.2.4 目前存在着保温墙体的保温材料及其系统与主体墙体的寿命相差较大的现象。一些质量低劣的保温材料被应用于节能墙体上，致使建筑物在启用后不久外墙面发生严重的损坏，影响节能效果及建筑安全，为此材料厂家应向用户及设计单位提供系统使用年限的承诺，以便增强企业的质量意识，也可有助于外保温体系达到设计使用年限时墙体维护措施的制定。

4.2.5 当前，多数建筑外墙保温系统的使用寿命低于主体结构的设计使用年限，而业主往往对此并不知情，房屋在使用期间保温系统一旦出现问题，设计技术文件可为业主提供法律依据。此举也有助于房屋产权单位制定墙体保温系统维护制度及提前制定更换预案。

4.2.6 经调查并参照目前各地外保温复合墙体设计的先进做法，特提出下列规定：

1 选用防水透气性饰面层有利于防止水的侵入及渗透，又有利于保温层内的水蒸气的畅通排出渗水，确保墙体质量；调查发现有的外保温饰面层材料质地密实，具有较大的蒸气渗透阻，使墙体内部湿迁移遇到障碍形成结露，影响保温质量，因此该层应为防水透气性材料（或作透气性构造处理）。

2 寒冷及严寒地区不适于采用浆体材料保温，其他地区若采用浆体保温，要防止由于保温层过厚（大于 50mm）而产生材料徐变导致的墙体开裂。

4.2.7 本条文对内保温复合墙体设计作了必要的规定：

2 外部墙体可采用蒸汽渗透阻较小的材料，如蒸压加气混凝土制品等。对蒸汽渗透阻较大的外部墙体应设置排湿构造。

4.2.8 本条文对夹心保温复合墙设计作了必要的规定：

4 国外考察及相关研究表明夹心复合墙的保温层与外叶墙间应设置空气间层，这是排除夹层内湿气及水分的必要措施，我国夹心复合墙大多不设此层，造成保温层失效和外叶墙开裂，严重影响了墙体的质量。研究成果表明，不设排湿构造的夹心保温复合墙，存在发生内部结露甚至冻胀的危险。近年来寒冷及严寒地区建造的混凝土空心砌块建筑采用的无空气间层夹心复合墙，其室内侧局部结露、墙体长毛霉变、墙外侧开裂渗水。

5 若不采取每层楼板托挑措施，外叶墙会因内外墙在重力荷载作用下的徐变差而导致墙体开裂。

5 结构设计

5.1 设计原则

5.1.1 本规范根据《建筑结构可靠度设计统一标准》GB 50068 墙体结构设计采用概率极限状态设计原则，设计式采用荷载分项系数和材料性能分项系数表达形式。

荷载分项系数应按国家标准《建筑结构荷载规范》GB 50009 的规定采用，砌体结构的材料性能分项系数应不小于 1.6。

5.1.3、5.1.4 墙体材料的种类繁多，砌体的受力性能各有不同。为了保证理论计算结果与结构的实际工作状态相符合，结构分析和承载力计算中所采用的基本假定、计算模型、相关计算参数的取值及构造措施等均应有理论和试验依据，或经工程实践验证。

5.1.5 目前常用墙体可分为承重墙体和自承重墙体，承重墙的设计使用年限不应小于主体结构的设计使用年限，自承重墙体及外墙保温系统的设计使用年限可按易替换构件确定。

5.2 结构体系及分析方法

5.2.1 采用横墙或纵横墙混合承重体系有助于提高建筑物横向的整体刚度。墙体的合理布置将有利于提高整体结构的受力性能，特别是抗震性能。

5.2.2、5.2.3 砌体结构分析应根据墙体材料的特点、结构特征及结构布置等，选择相应的分析方法。

5.2.4 目前计算软件在结构设计中已相当普遍，但是计算软件的功能和计算精度参差不齐，特别是对于较复杂结构其计算结果的可靠性令人质疑已成为不争事实，因此应采用辅助方法校准计算机计算结果的合理性。

5.2.5、5.2.6 墙体材料的种类繁多，砌体的受力性能各有不同。为了保证理论计算结果与结构的实际工作状态相符合，静力分析方法和地震作用分析方法的基本假定、计算模型、相关计算参数的取值及构造措施等均应有理论和试验依据，或经工程实践验证。

5.3 砌体计算指标

5.3.1 本条文对砌体物理力学性能指标作了必要的规定：

　　2 本条文的依据为《建筑结构可靠度设计统一标准》GB 50068。

　　3 材料分项系数 1.6 是依据《砌体结构设计规范》GB 50003。当施工等级为 A 级时，砌体的强度设计值在 B 级基础上提高 5%。

　　4 砌体强度指标是通过研究性试验确定的，对于本条文所给定的特殊情况，应对其强度设计指标进行必要调整。

5.4 构件静力设计基本要点

5.4.2 在实际工程中，风荷载效应对多层及多层以上房屋影响较大，应根据墙体的原材料、构造及墙体的边界条件对夹心保温复合墙进行抗风承载力设计。

5.4.3 工程实践表明，一些预制外墙挂板与主体结构的连接采用了预埋件将板材与主体结构"焊死"的构造，使连接件在设防烈度下不能满足主体结构弹性位移角限值要求。而预制外墙挂板与主体结构的柔性连接，既满足结构层间变形又可保证外墙挂板在地震作用下的整体稳定性。

5.5 结构抗震设计基本要点

5.5.1 砌体结构抗震设计应符合下列规定：

　　4 汶川震害调查表明，由于带有方（尖）角孔的多孔砖往往先天就有不同程度内裂缝，应力集中效应显著，用其砌筑的抗侧力墙的抗震延性差，地震作用下会导致此类结构开裂过早、破坏严重，甚至倒塌。生产企业调查表明，开有（尖）角孔的多孔砖的孔洞角部普遍带有微细裂缝。这些角部的裂缝必然会导致该部位提早开裂，会影响到墙体的安全性，特制定此规定。

5.5.2 外墙挂板与主体结构连接件的可靠性是保证外墙挂板正常工作的前提条件，其一旦失效将严重危及生命财产安全。

5.5.3 墙板与主体结构的连接应考虑其在罕遇地震作用下的整体稳定性，避免其脱落造成的次生地震灾害。

5.6 正常使用极限状态和耐久性

5.6.1 编制各类墙体材料应用技术标准时，除应给

出承载力计算方法，尚应给出正常使用极限状态的验算方法和构造措施。

5.6.2 研究表明，砌体的允许高厚比随着砌筑灰缝的减薄而提高。因此，编制新型墙材砌体应用技术标准时，应给出薄灰缝砌体的高厚比限值。

5.6.3 第 1 款　对用于特定环境下的非烧结墙体材料提出限制。有关非烧结墙体材料在特定环境下的受力性能有待进一步研究，应慎重应用。

6 墙体裂缝控制与构造要求

6.1 墙体裂缝控制

6.1.1 所谓有利于裂缝控制的墙体材料不外乎是那些强度高、干缩小、碳化系数大的材料，外墙饰面及嵌缝材料则应为性能良好的防水透气材料或柔性材料，应用前应进行适应性试验，以确保应用质量与效果。

6.1.2 整体刚度好的基础，可防止墙身因基础不均匀变形而产生的裂缝。

6.1.3 为防止或减轻多层砌体结构房屋顶层墙体的裂缝，本条文提出了必要的防裂措施：

　　2 试验研究和工程实践表明，砌体结构顶层的温度效应较大，顶层墙体的裂缝较其他层严重，顶层砌体的普通砌筑砂浆的强度等级不宜小于 M7.5。

　　3 根据不同部位采用"抗"或"导"的防裂措施，可取得理想的防裂效果。

　　4 砌体结构的现浇钢筋混凝土挑檐受温度变化的影响，其变形可使墙体开裂。工程实践表明，檐口每隔 12m 左右设置一条分隔缝，屋面保温层覆盖全部檐口可大幅减少檐口板温度变形对墙身的影响。

6.1.4 为了防止或减轻非烧结块材砌体房屋的墙体裂缝，本条文根据块体材料类型采取了必要的防裂措施：

　　1 外墙内侧安放散热器（暖气片等）的窗肚墙处受温度影响严重，此部位往往易出现温度裂缝，为此应对该部位墙体采用防裂措施。

　　2 调查中发现，建筑物底层外墙窗台中部易开裂，而在窗台板下部设置通长水平筋（或现浇混凝土）可有效防止此部位发生裂缝。

　　5 一些建筑墙上预留了诸如防火栓箱、电表箱、水表箱等孔洞，这些孔洞往往是结构设计时始料不及，为避免墙体开裂并确保墙体安全，设计中应有加强开孔部位的构造措施。

6.1.5 夹心保温复合墙的内叶墙往往为承重墙，而外叶墙往往为自承重墙，会因内、外叶墙变形不协调而使墙体开裂，选择可调节变形的拉结件可有效解决此问题。

6.1.8 工程调研发现，砌体房屋的女儿墙均未进行

保温设计，沿女儿墙根部水平开裂的现象屡见不鲜，其主要原因是由于女儿墙与屋面板交接处温度梯度大、砌体与屋面板变形不协调。

6.1.9 调查中发现一些外保温墙体的外抹灰较厚，尽管施工时采用了胶粘剂及锚栓固定，但由于较厚的饰面抹在保温层上，而保温材料的徐变值较大，在饰面自重长期作用下，墙面可产生横向开裂，尤以顶部两层为主。

6.1.10 工程调查发现，多数内保温复合墙与结构的梁、柱等混凝土构件在外侧取齐，由于混凝土构件的线膨胀系数、弹性模量等参数与墙体材料差异较大，使外墙表面的不同材料交接处产生裂缝，因此要求对该部位采取必要、有效的防裂措施。

6.1.11 不同品种的隔墙板其含水率、干缩率及强度指标有所不同，较长的整体隔墙将因干缩等原因产生裂缝，因此应在墙的一定部位设置能释放变形应力的分隔缝，分隔缝的设置间距可通过计算或经验确定。国外考察看到轻质隔墙一般都设变形分隔缝，缝隙除用柔性材料嵌缝外，盖缝的处理也十分美观巧妙，应予以借鉴。

6.1.12 玻璃纤维网格布是有经纬两向玻纤束编织而成，通常经向为直束，而纬向为尚可有少量伸长的绕织束，故纬向束的约束变形能力不如经向束。调研发现有的墙体虽然采用了玻璃纤维网格布，由于仅为一层，且纬向顺着变形方向，依然出现了不少的裂缝；采用两层网格布的纬向相互垂直布置后，墙体再未开裂。

6.2 构 造 要 求

6.2.1 调查中发现有的填充墙与结构梁（板）间存有较大缝隙，墙体又没有与结构的拉结措施，对墙体的稳定性带来不利影响。还发现一些轻质填充墙（块或板）施工时将墙的顶端挤紧，将隔墙板的底部用木楔顶严，即墙的上下两端嵌固十分牢固，然而当房屋交付使用并开始入住后，由于使用荷载的骤增，结构梁（板）产生了一定的变形，这种变形直接作用于轻质填充墙，将使墙易出现严重的开裂，影响墙体应用效果，因此填充墙顶部应有和结构的拉结措施，且缝隙应采用柔性材料填实。

6.2.3 沈阳建筑大学的砌体水平灰缝钢筋锚固试验研究表明，由于多孔砖孔洞的存在，钢筋在多孔砖砌体灰缝内的锚固承载力小于同等条件下在实心砖砌体灰缝内的锚固承载力，根据试验数据和可靠性分析，对于孔洞率不大于30%的多孔砖，墙体水平灰缝拉结筋的锚固长度应为实心砖墙体的1.4倍。

工程调查还发现，一些用于非承重墙的空心砖或砌块，由于片面追求开孔率而使墙体拉结钢筋不得不放在孔洞上，严重影响墙体中拉结钢筋的拉结效果。应用时应考虑此影响。

6.2.5 工程调查发现，当墙体采用块高大于53mm的块体（如多孔砖、小砌块、加气混凝土砌块等）时，若使预制窗台板嵌入墙内，则需对墙体中块材进行现场加工，即对该部位墙体进行凿、砍，安装窗台板后再用其他材料填堵，这必然会影响窗下角墙体的质量，建议采用不嵌入墙内（不伤及墙身）的预制卡口式窗台板。

7 施 工

7.1 一 般 规 定

7.1.2 每种墙材制品有其不同特性和施工方法。工程实践表明，专业施工队伍施工将有助于提高墙体的施工质量。

7.1.3 非蒸压及非烧结块材（如混凝土空心砌块、混凝土多孔砖等）经过28d存放可大大减少块材的干缩变形，根据武汉理工大学等单位的研究，蒸压砖（蒸压粉煤灰砖、蒸压灰砂砖）出釜存放14d（2周）后，其失水收缩基本稳定，故提出此条要求。

7.1.4 块体材料质量是保证墙体质量的前提条件，应按国家现行有关标准规定进行抽样复检，合格后方可使用。要求提供连续生产三个月的出厂检验抗压强度记录并对其变异系数进行评价，此举可以控制块体材料的质量稳定性，改变以往仅凭一份送检的检测报告就畅行天下的局面。

7.1.5 避免同类材料不同强度等级误用。

7.1.6 工程实践表明，采用吸水超标的材料将加大墙体的干缩变形，严重影响墙体的质量和使用功能。

7.2 砌 体

7.2.1 本条文对块体的砌筑作出了必要的规定：

5 墙体的洞口下边角处有砌筑竖缝时，墙体很容易在该处沿竖缝开裂。

6 避免由于不同种材料性能差异而出现墙体裂缝的基本要求。

7 一些填充墙与主体结构（梁、板、柱及剪力墙）交界处出现了不同程度的开裂，经调研得知，这些填充墙体大都是主体结构尚未达到养护龄期就开始砌筑，为减少由于主体结构混凝土收缩而引起的填充墙开裂，特制定本条文。

7.2.2 本条文对砂浆作出了必要的规定：

1～3 当前砂浆市场比较混乱，功能各异、名目繁多的"专利"产品在一些工程中被应用，而其中的砂浆在材料选择及砂浆配合比就存有明显的不合理现象（如外加剂的选用和粉煤灰的质量及掺量不符合国家现行有关标准规定等）。本条款对砂浆的配合比和外加剂、掺合料等提出具体要求。

7.2.4 混凝土空心砌块墙体芯柱的施工缝留在块材

的半高处将有利于保证芯柱的施工质量。

7.2.5 调查中发现，砌块砌体灰缝在孔内有突出的内挤灰现象，若不清除将影响芯柱的成型质量。

7.2.6 灰缝宜内凹 2mm～3mm 将有利于抹灰砂浆与墙面的粘结。对含孔砖（块）墙体由于壁厚较薄，灰缝不宜内凹。

7.2.7 工程实践表明，采用专用铺灰器具可以提高铺灰质量、加快施工速度及节省砌筑砂浆。

7.2.8 工程实践表明，墙体开裂往往受施工阶段框架结构变形的影响。

7.2.9 块材砌筑后其干缩仍在进行，若在短时间内抹面将会导致饰面层裂缝。

7.3 墙板隔墙

7.3.1 本条文对隔墙板的施工作出了规定：

2 隔墙板往往类型比较单一，应用时应根据隔墙的实际情况进行二次布置设计，并规定施工顺序。经验表明此举可避免板材施工现场的无序加工，确保墙板的质量。

3 隔墙板施工过程中会遇到板的竖向连接，为避免相邻板材接缝毗邻而引发的墙体开裂，特作了错缝距应大于 300mm 的规定。

7.3.2 为使已安装好的隔墙不再开裂，必须避免隔墙遭受外力的撞击，故本条文提出了墙板上开槽、打孔必须用专门机具施工的要求。

7.3.3 为了防止板材在场地堆放过程中的变形，特制定此规定。

7.4 墙体保温

7.4.1 本条文对保温系统的施工作出了规定：

1 实施本条是为了强化保温系统施工的过程控制，以确保保温系统的施工质量。

2 外墙的浆体保温材料的强度较低，当孔隙吸水后，很容易在冻融循环产生剥蚀、开裂及脱落现象。

7.4.2 为了防止由于外叶墙干缩变形而引起的饰面砖开裂或脱落。

7.4.3 调查发现有的锚栓锚固深度明显不足，甚至仅锚在墙体的外抹灰层内，有的锚栓松动，导致保温层被大风吹落，因此必须予以强调。目前已有多种类的专门适用于多孔墙材制品的锚栓（如膨胀式、成结式等），宜优先采用。

8 验 收

8.1 一 般 规 定

8.1.1 墙体工程质量关系到整体工程的安全性及耐久性，尤其面对种类繁多的墙体材料的大量应用，更应强化执行国家标准《建筑工程施工质量验收统一标准》GB 50300 的质量验收规定，按国家标准确定的"验评分离、强化验收、完善手段、过程控制"的原则做好验收工作。即要求墙体工程要以控制为主导且与强化验收相结合，以形成完整的质量管理和验收体系。

8.1.2 随着国家节能标准的实施，各地已出现多种形式及类别的节能保温墙体，这些墙体往往是材料新、样式新、技术新、构造新，若不强化此类墙体的过程控制与验收环节，势必会影响墙体的节能效果及房屋的工程质量。

8.1.4 《建筑工程施工质量验收统一标准》GB 50300 的有关规定是墙体质量的最低要求，对于有特殊质量要求的墙体工程，应按承包合同及设计文件要求验收。

8.2 感观质量验收

8.2.1 墙体的感观质量应由验收人员通过现场检查，并应共同确认。

8.2.2 墙体裂缝问题在工程实践中是往往无法回避的，应根据其对建筑安全性、适用性及耐久性的影响程度的不同，采取相应的措施予以返修或加固处理。

9 墙 体 维 护

9.1 一 般 规 定

9.1.1 当前一些墙体及与其配套的部件（如某些板材或模塑聚苯板、挤塑聚苯板、聚氨酯泡沫、尼龙胀钉等）的使用寿命少于国家标准规定的设计使用年限，为保证建筑物在设计使用年限内的质量及效果，特制定本条款。

9.1.3 当前一些房屋用户为改变既有建筑的使用功能，不向有关部门报请，也不经设计单位同意，擅自对房屋进行改造，改造过程中随意凿墙、开洞，给建筑物墙体带来很大危害，有的甚至影响到房屋结构的安全，特制定本条款予以规定。

9.2 墙 体 维 护

9.2.5 墙体维护是保证房屋正常使用及耐久性的前提条件。

9.4 墙体补强与加固

9.4.1 墙体若因损伤而引起的承载力不足或变形过大，将危及墙体及结构的安全，必须及时进行补强与加固。

10 试 验

10.1 一 般 规 定

10.1.1～10.1.5 目前国内部分省市为推广本地区墙体材料，相继出台了材料标准和应用技术标准，但多数标准的背景资料试验数据较少，相互引用试验资料的现象较为普遍，甚至仅通过少数几个检验试件就确定试验强度指标，这不仅不利于新型材料的推广和应用，同时也给结构安全度带来隐患。因此本规范对研究试验的研究单位个数和试验样本数量提出具体要求。

10.1.6 本条款是试验数据可靠性和可比性的前提条件。

10.1.7 试验数据的变异系数大于 0.2 时，说明试验目标值的离散性较大，扩大试验样本数量将增大试验数据统计值的代表性。

10.2 材 料 试 验

10.2.1 目前工程中采用非标砖的块型较多，而国家现行有关标准尚没有统一的试验方法，有的空心制品检验时的试件加载方向与实际工程应用时的受力方向不一致，所确定的强度等级未与工程应用时受力状态衔接，是工程实践中亟待解决的问题。

中华人民共和国国家标准

纤维增强复合材料建设工程
应用技术规范

Technical code for infrastructure application of FRP composites

GB 50608—2010

主编部门：中 国 冶 金 建 设 协 会
批准部门：中华人民共和国住房和城乡建设部
施行日期：2 0 1 1 年 6 月 1 日

中华人民共和国住房和城乡建设部
公　告

第 735 号

关于发布国家标准
《纤维增强复合材料建设工程应用技术规范》的公告

现批准《纤维增强复合材料建设工程应用技术规范》为国家标准，编号为 GB 50608—2010，自 2011 年 6 月 1 日起实施。其中，第 3.2.2、3.3.2、4.1.3、4.1.6、4.6.9 条为强制性条文，必须严格执行。

本规范由我部标准定额研究所组织中国计划出版社出版发行。

中华人民共和国住房和城乡建设部
二〇一〇年八月十八日

前　言

本规范是根据原建设部《关于印发〈二○○○至二○○一年度工程建设国家标准制订、修订计划〉的通知》(建标〔2001〕87号文)的要求,由中冶建筑研究总院有限公司和国家工业建筑诊断与改造工程技术研究中心会同有关单位共同编制而成。

本规范在编制过程中,规范编制组开展了多项专题研究,进行了广泛的调查分析和大量的试验研究,总结了近年来我国在纤维增强复合材料建设工程应用领域的实践经验,与相关标准进行了协调,与国际先进的标准进行了比较和借鉴。在此基础上以多种方式广泛征求了有关单位和专家的意见,并进行了大量的试设计和工程试点,对重点章节进行了反复修改,最后经审查定稿。

本规范分为7章和6个附录。主要内容有:总则、术语与符号、材料、混凝土结构加固及修复、砌体结构加固及修复、FRP筋及预应力FRP筋混凝土结构构件、FRP管组合构件、FRP-混凝土组合梁等。

本规范中以黑体字标志的条文为强制性条文,必须严格执行。

本规范由住房和城乡建设部负责管理和对强制性条文的解释,由中冶建筑研究总院有限公司负责具体技术内容的解释。为充实、提高规范的质量,请各使用单位在施行本规范过程中,结合工程实践,认真总结经验,并将意见和建议寄交中冶建筑研究总院有限公司国家标准《纤维增强复合材料建设工程应用技术规范》管理组(地址:北京市海淀区西土城路33号,邮编:100088),以供今后修订时参考。

本规范主编单位、参编单位、主要起草人和主要审查人:

主 编 单 位: 中冶建筑研究总院有限公司
国家工业建筑诊断与改造工程技术
研究中心

参 编 单 位: 清华大学
东南大学
同济大学
香港理工大学
哈尔滨工业大学
重庆交通大学
中国京冶工程技术有限公司
中国电子工程设计院
北京市政工程设计研究总院
四川省建筑科学研究院
东丽商事(上海)有限公司
厦门博仕泰建筑材料有限公司
新日石(上海)贸易有限公司
晓士达复合材料建材(广东)有限
公司
湖南固特邦土木技术发展有限公司
亨斯迈先进化工材料(广东)有限
公司
深圳市海川实业股份有限公司
南京海拓复合材料有限责任公司
信宏实业有限公司

主要起草人: 岳清瑞　叶列平　李　荣　杨勇新
陈小兵　张继文　滕锦光　薛元德
薛伟辰　潘景龙　张锡祥　吴智深
冯　鹏　陆新征　娄　宇　包琦伟
罗苓隆　徐太龙　曲建平　黄一强
王汉珽　彭　勃　张成英　汤惠工
包兆鼎　陈大奇　姜　涛　余　涛
金熙男　欧阳煜　朱　虹

主要审查人: 江见鲸　林文修　林志伸　霍文营
牟宏远　姚正治　陈　强

目 次

Contents

1 总　则

1.0.1 为使纤维增强复合材料在建设工程应用中做到技术先进、安全适用、经济合理、确保质量，制定本规范。

1.0.2 本规范适用于混凝土结构和砌体结构采用粘贴纤维增强复合材料片材加固修复的设计、施工与验收，以及纤维增强复合材料筋及预应力纤维增强复合材料筋混凝土结构构件、纤维增强复合材料管混凝土构件和纤维增强复合材料-混凝土组合梁的设计与施工。

1.0.3 纤维增强复合材料在建设工程中的应用，除应符合本规范外，尚应符合国家现行有关标准的规定。

2　术语与符号

2.1　术　语

2.1.1 纤维　fiber

指土木工程中所采用的各类高性能纤维，其种类主要为碳纤维、玻璃纤维、芳纶和玄武岩纤维等。

2.1.2 纤维增强复合材料　fiber reinforced polymer composites

指采用连续纤维或纤维织物为增强相，聚合物树脂为基体相，两相材料通过复合工艺组合而成的一种聚合物基复合材料，简称FRP。

2.1.3 碳纤维增强复合材料　carbon fiber reinforced polymer

碳纤维或碳纤维织物为增强相，聚合物树脂为基体相，通过复合工艺组合而成，简称CFRP。

2.1.4 玻璃纤维增强复合材料　glass fiber reinforced polymer

玻璃纤维或玻璃纤维织物为增强相，聚合物树脂为基体相，通过复合工艺组合而成，简称GFRP。

2.1.5 芳纶增强复合材料　aramid fiber reinforced polymer

芳纶或芳纶织物为增强相，聚合物树脂为基体相，通过复合工艺组合而成，简称AFRP。

2.1.6 玄武岩纤维增强复合材料　basalt fiber reinforced polymer

玄武岩纤维或玄武岩纤维织物为增强相，聚合物树脂为基体相，通过复合工艺组合而成，简称BFRP。

2.1.7 纤维布　fiber sheet

高性能纤维的一种制品形式，包括单向、双向或多向等纤维织物。按所用纤维的种类分为碳纤维布、玻璃纤维布、芳纶布和玄武岩纤维布等。本规范中无

特殊说明时指单向纤维布。

2.1.8 FRP板　FRP plate

连续纤维单向或多向排列，并在工厂经树脂浸渍固化的板状制品。

2.1.9 FRP片材　FRP laminate

纤维布与FRP板的统称。

2.1.10 底层树脂　primer

粘贴加固时用于基底处理的树脂。

2.1.11 找平材料　putty filler

粘贴加固时用于表面找平处理的材料。

2.1.12 浸渍树脂　saturating resin

粘贴加固时用于粘贴并浸透纤维布的树脂材料。

2.1.13 FRP板粘结剂　adhesive

粘贴加固时用于粘贴FRP板的树脂材料。

2.1.14 FRP筋　FRP bar

由单向连续纤维拉挤成型并经树脂浸渍固化的纤维增强复合材料棒状制品。

2.1.15 FRP管　FRP tube

多向纤维铺设形成的圆形或方形层合管。

2.1.16 FRP管混凝土组合构件　concrete-filled FRP tube

采用FRP管与内填充混凝土组合形成的构件。

2.1.17 FRP-混凝土组合梁　hybrid FRP-concrete beam

由FRP构件与混凝土翼板通过抗剪连接构造组合而成，能整体受力的受弯构件。

2.1.18 FRP构件　FRP member

由FRP层合板或夹心板构成的具有特定截面形状的型材。

2.2　符　号

2.2.1 材料性能

E_f——FRP材料的弹性模量；

f_{fd}——FRP材料的抗拉强度设计值；

f_{fk}——FRP材料的抗拉强度标准值；

f_{cc}——FRP约束混凝土轴心抗压强度设计值；

f_v——组合梁中FRP构件与混凝土翼板间剪力连接件粘接面的抗剪强度设计值；

$\varepsilon_{cc,u}$——FRP约束混凝土的极限压应变设计值；

ε_{ru}——FRP约束混凝土标准圆柱试件中纤维布的环向极限应变设计值；

$\varepsilon_{ru,k}$——FRP约束混凝土标准圆柱试件中纤维布的环向极限应变标准值；FRP管环向极限应变标准值；

ε_{fd}——FRP片材的拉应变设计值；

ε_{fh}——FRP圆管环向极限应变设计值；

ε_{fa}——FRP圆管轴向极限应变设计值；

τ_{ave}——纤维布搭接平均剪切强度；

2.2.2 作用、作用效应及承载力

N——轴向压力设计值；

N_0——采用粘贴预应力 CFRP 片材加固时，加固结束并扣除所有预应力损失后 CFRP 片材的预拉力；

M——包含初始弯矩的总弯矩设计值；

M_i——加固前受弯构件计算截面承受的初始弯矩；

M_k——正常使用阶段的标准荷载组合下的弯矩值；

M_1——CFRP 片材施加预应力前，计算截面所受弯矩值；

V——剪力设计值；

V_i——加固前受剪计算截面承担的初始剪力；

V_b——梁的剪力设计值；

$V_{b,rc}$——未加固钢筋混凝土梁的受剪承载力；

$V_{b,f}$——加固梁达到受剪承载力极限状态时 FRP 片材承担的剪力设计值；

V_c——柱的剪力设计值；

$V_{c,rc}$——未加固钢筋混凝土柱的受剪承载力；

$V_{c,f}$——加固柱达到受剪承载力极限状态时 FRP 片材承担的剪力设计值；

V_{cs}——混凝土和箍筋承担的剪力设计值；

V_f——FRP 管承担的剪力设计值；

$\sigma_{f,md}$——达到受弯承载力极限状态时，受拉 FRP 材料的拉应力设计值；

$\sigma_{f,p0}$——采用粘贴预应力 CFRP 片材加固时，加固结束并扣除所有预应力损失后 CFRP 片材的应力；

$\sigma_{f,vd}$——采用封闭包裹粘贴或有可靠锚固措施的 U 形粘贴受剪加固时 FRP 片材的有效拉应力设计值；

σ_{cc}、ε_{cc}——FRP 约束混凝土的应力和应变；

$\varepsilon_{fe,m1}$——受压边缘混凝土达到极限压应变时 FRP 片材的有效拉应变；

$\varepsilon_{fe,m2}$——FRP 片材与混凝土界面产生剥离破坏时 FRP 片材的有效拉应变；

ε_i——考虑二次受力影响时，加固前受弯构件在初始弯矩 M_i 作用下，截面受拉边缘混凝土的初始应变；

$\varepsilon_{f,p0}$——采用预应力 CFRP 片材加固时，扣除预应力损失后在受拉边缘混凝土应力等于零时的应变值；

$\varepsilon_{fe,v}$——采用封闭包裹粘贴或有可靠锚固措施的 U 形粘贴受剪加固时 FRP 片材的有效应变；

$\varepsilon_{f,e}$——封闭连续粘贴 FRP 片材对钢筋混凝土柱抗震加固时 FRP 片材有效应变值；

$\gamma_{fd,sw}$——组合梁中 FRP 构件腹板极限剪切应变设计值；

2.2.3 几何参数

b_f——CFRP 片材的宽度；

d——FRP 圆管直径；

b_e——组合梁中混凝土翼板的有效宽度；

b_{f1}、h_{f1}——组合梁 FRP 构件顶板的宽度和高度；

b_{f2}、h_{f2}——组合梁 FRP 构件底板的宽度和高度；

b_{fw}——组合梁 FRP 构件的腹板总宽度；

b_s——组合梁中混凝土翼板剪力连接件与 FRP 构件粘接连接的底面宽度；

h_{fe}——受拉 FRP 片材或预应力 CFRP 片材的面积形心至受压边缘的有效高度；受剪加固时 FRP 片材的粘贴高度；

h_c——组合梁中混凝土翼板的厚度；

h_f——组合梁中 FRP 构件的高度；

r——FRP 圆管半径；

r_c——纤维布转角处粘贴时的曲率半径；

s_f——FRP 片材条带净间距；

t_{f1}——单层纤维布的厚度；

t_f——FRP 片材的总有效厚度；

t_{frp}——FRP 圆管厚度；

t_{fi}——第 i 层板的厚度；

w_f——FRP 片材条带宽度；

α——FRP 纤维方向与梁轴线的夹角；

α_i——第 i 层纤维方向与梁轴线的夹角；

A_f——FRP 片材的截面面积；

A_0、I_0——分别为将钢筋、CFRP 片材按与混凝土弹性模量比换算成混凝土后的换算截面面积和换算截面惯性矩；

A_{se}——计算 FRP 片材加固混凝土受弯构件挠度变形时的换算受拉钢筋截面面积；

L_1——纤维布的搭接长度；

L_d——FRP 片材从其充分利用截面到截断位置的延伸长度；

L_f——FRP 片材抗弯承载力充分利用截面到不需要 FRP 片材截面的距离；

2.2.4 计算系数及其他

β_w——CFRP 片材宽度影响系数；

β——受拉面粘贴的 FRP 片材对裂缝间距的影响系数；

β_j——约束刚度参数；

β_f——FRP 圆管抗压区极限承载力折减系数；

γ_f——FRP 材料的分项系数；

γ_e——FRP 材料的环境影响系数；

γ'_f——受压翼缘加强系数；

ζ——受压边缘混凝土压应变综合系数；

ω——当 $\varepsilon_{fe,m1}$ 大于 $\varepsilon_{fe,m2}$ 或 $\varepsilon_{fe,m1}$ 大于 FRP 片材的抗拉强度设计值时考虑的受压区混凝土等效应力图形的折减系数；

ψ_v——二次受力影响系数；

υ_i——受拉区纵向 FRP 筋的相对粘结特性系数；

ρ_{ve}——考虑柱原有箍筋和加固 FRP 片材的总折算体积配箍率；

$\rho_{sv,v}$——按柱原有箍筋范围以内的核心截面计算的体积配箍率；

λ_{Ef}——采用封闭包裹粘贴或有可靠锚固措施的 U 形粘贴的受剪加固特征值；

λ_v——最小配箍特征值；

ϕ——受剪加固形式系数；

k_{sd}——应力截面形状系数；

k_{se}——应变截面形状系数；

k_v——剪力连接件粘接连接影响系数；

n_s——纤维布层数；

K_f——U 型及侧面粘贴受剪加固时受剪剥离系数。

3 材 料

3.1 一 般 规 定

3.1.1 材料应包括纤维、纤维布、基体树脂、FRP、加固用粘贴树脂材料和表面防护材料。

3.1.2 用于粘贴纤维布和 FRP 板等片材加固的粘贴树脂材料应采用环氧树脂，并应与相应的片材配套使用。FRP 管和 FRP 构件的基体树脂可选用环氧树脂、乙烯基酯树脂和不饱和聚酯树脂。

3.2 纤维布及纤维增强复合材料

3.2.1 碳纤维、玻璃纤维、芳纶和玄武岩纤维应符合国家现行有关产品标准的规定。

3.2.2 用于结构加固的玻璃纤维布、GFRP 筋和 GFRP 管中的玻璃纤维，应使用高强型、含碱量小于 0.8% 的无碱玻璃纤维或耐碱玻璃纤维，不得使用中碱玻璃纤维及高碱玻璃纤维。

3.2.3 用于 FRP-混凝土组合梁的 GFRP 型材，可使用中碱玻璃纤维。

3.2.4 用于粘贴加固的单向纤维布应符合下列规定：

1 纤维布的抗拉强度应按纤维布的净截面面积计算。净截面应取纤维布的计算厚度乘以宽度。纤维布的计算厚度应为纤维布的单位面积质量除以纤维密度。

2 单层碳纤维布单位面积质量不宜小于 150g/m²，不宜大于 450g/m²。

3 单层玻璃纤维布的单位面积质量不宜小于 300g/m²，不宜大于 900g/m²。

4 单层芳纶布单位面积质量不宜小于 250g/m²，不宜大于 650g/m²。

5 单层玄武岩纤维布的单位面积质量不宜小于 300g/m²，不宜大于 900g/m²。

3.2.5 纤维布的主要力学性能指标应满足表 3.2.5

的规定。纤维布抗拉强度标准值应具有 95% 的保证率，弹性模量和伸长率应取平均值。

表 3.2.5 纤维布的主要力学性能指标

纤维布类型和等级		抗拉强度标准值 (MPa)	弹性模量 (GPa)	延伸率 (%)
高强度型碳纤维布	Ⅰ级	≥2500	≥210	≥1.3
	Ⅱ级	≥3000	≥210	≥1.4
	Ⅲ级	≥3500	≥230	≥1.5
高弹性模量型碳纤维布		≥2900	≥390	≥0.7
玻璃纤维布	Ⅰ级	≥1500	≥75	≥2.0
	Ⅱ级	≥2500	≥80	≥2.3
芳纶布		≥2000	≥110	≥2.0
玄武岩纤维布		≥2000	≥90	≥2.0

3.2.6 FRP 可包括 FRP 板材、筋材、管材、角型材、工字型材、槽型材等各种型材。FRP 型材的质量应符合国家现行有关产品标准的规定，其纤维铺向及铺层厚度应根据使用要求进行设计。

3.2.7 用于粘贴加固的 FRP 板应符合下列规定：

1 单向 FRP 板的抗拉强度应按板的截面面积（含树脂）计算，截面面积（含树脂）应取实测厚度乘以计算宽度。

2 单向 FRP 板的纤维体积含量不宜小于 60%。

3.2.8 单向 FRP 板的主要力学性能指标应满足表 3.2.8 的规定。抗拉强度标准值应具有 95% 的保证率，弹性模量和伸长率应取平均值。

表 3.2.8 单向 FRP 板的主要力学性能指标

纤维板类型	抗拉强度标准值 (MPa)	弹性模量 (GPa)	伸长率 (%)
高强度型 CFRP 板	≥2300	≥150	≥1.4
GFRP 板	≥800	≥40	≥2.0

3.2.9 FRP 筋的抗拉强度应按筋材的截面面积（含树脂）计算，截面面积应按名义直径计算。FRP 筋的纤维体积含量不应小于 60%，主要力学性能指标应满足表 3.2.9 的规定。

表 3.2.9 FRP 筋的主要力学性能指标

类型	抗拉强度标准值 (MPa)		弹性模量 (GPa)	伸长率 (%)
CFRP 筋	≥1800		≥140	≥1.5
GFRP 筋	$d≤10mm$	≥700	≥40	≥1.8
	$22mm≥d>10mm$	≥600		≥1.5
	$d>22mm$	≥500		≥1.3
AFRP 筋	≥1300		≥65	≥2.0
BFRP 筋	≥800		≥50	≥1.6

3.2.10 FRP 管和 FRP-混凝土组合梁中的 FRP 构件，可选用单一 GFRP、CFRP、AFRP 或混杂纤维复合材料，纤维体积含量不应小于 50%，并应根据 FRP 构件的受力状态对纤维取向及铺层进行专门设计。FRP 管中的纤维应符合现行国家标准《玻璃纤维无捻粗纱》GB/T 18369 的有关规定。

3.2.11 FRP 管和 FRP 构件的力学性能指标应按下列试验方法确定，各项强度的标准值应具有 95% 的保证率，等效弹性模量和泊松比应取平均值：

1 FRP 管轴向和 FRP 型材各主要受力方向的材料抗拉强度、等效弹性模量及泊松比，应按现行国家标准《玻璃纤维增强塑料拉伸性能试验方法》GB/T 1447 的有关规定执行；

2 FRP 管轴向和 FRP 型材各主要受力方向的材料轴向抗压强度、等效弹性模量及泊松比，应按现行国家标准《玻璃纤维增强塑料压缩性能试验方法》GB/T 1448 的有关规定执行；

3 FRP 管的环向抗拉强度和等效弹性模量，应按现行国家标准《纤维缠绕增强塑料环形试样剪切试验方法》GB 1458 的有关规定执行；

4 FRP 管的轴向抗压强度和等效弹性模量，应按现行国家标准《纤维增强热固性塑料管轴向压缩性能试验方法》GB/T 5350 的有关规定执行；

5 FRP 圆管混凝土极限状态时环向和轴向应变标准值，应按本规范附录 A 的有关规定执行。

6 在 FRP 管和 FRP 构件的铺层设计中，FRP 单层板的材料常数可按本规范附录 B 的有关规定执行；FRP 层合板的力学性能应按复合材料层合板理论确定；FRP 构件中层合板在多轴应力下的极限状态可按 Tsai-Wu 理论及首层破坏准则计算。

3.2.12 FRP 材料的抗拉强度设计值应按下式确定：

$$f_{fd} = \frac{f_{fk}}{\gamma_f \gamma_e} \qquad (3.2.12)$$

式中：f_{fd}——FRP 材料的抗拉强度设计值；

f_{fk}——FRP 材料的抗拉强度标准值；

γ_f——FRP 材料的分项系数，纤维布及 FRP 筋取 1.4，其他 FRP 制品取 1.25；

γ_e——FRP 材料的环境影响系数，应按表 3.2.12 取值。对临时性混凝土结构，可取 1.0。

表 3.2.12　FRP 材料的环境影响系数

环境条件	FRP 类型	γ_e
室内环境	CFRP	1.0
	BFRP	1.0
	AFRP	1.2
	GFRP	1.25

表 3.2.12

环境条件	FRP 类型	γ_e
一般室外环境	CFRP	1.1
	BFRP	1.2
	AFRP	1.3
	GFRP	1.4
海洋环境侵蚀性环境	CFRP	1.2
	BFRP	1.2
	AFRP	1.5
	GFRP	1.6（强碱环境中取 2.0）

3.3　加固用 FRP 片材配套粘结材料及表面防护材料

3.3.1 采用粘贴纤维布或 FRP 板加固修复结构时，应采用配套的底层树脂、找平材料、浸渍树脂或 FRP 板粘接剂。

3.3.2 粘结材料的主要性能指标应满足表 3.3.2-1～表 3.3.2-4 的规定。

表 3.3.2-1　底层树脂性能指标

项　　目	性能指标
混合后初粘度（25℃）	≤2000MPa·s
适用期（25℃）	≥40min
凝胶时间（25℃）	≤12h

表 3.3.2-2　找平材料性能指标

项　　目	性能指标
适用期（25℃）	≥40min
凝胶时间（25℃）	≤12h

表 3.3.2-3　浸渍树脂性能指标

项　　目	性能指标
混合后初粘度（25℃）	4000MPa·s～20000MPa·s
触变指数 TI	≥1.7
适用期（25℃）	≥40min
凝胶时间（25℃）	≤12h
拉伸强度	≥30MPa
拉伸弹性模量	≥1500MPa
伸长率	≥1.8%
压缩强度	≥70MPa
弯曲强度	≥40MPa
拉伸剪切强度	≥10MPa
层间剪切强度	≥35MPa

表 3.3.2-4　FRP 板粘接剂性能指标

项　　目	性　能　指　标
适用期（25℃）	≥40min
凝胶时间（25℃）	≤12h
拉伸强度	≥25MPa
拉伸弹性模量	≥2500MPa
压缩强度	≥70MPa
弯曲强度	≥30MPa
拉伸剪切强度（钢-钢）	≥14MPa
对接接头拉伸强度（钢-钢）	≥25MPa

注：适用期（25℃）指标指常温型粘接树脂的性能指标，其他性能指标试件的固化条件除另有规定外，固化方式均为 23℃±2℃ 下固化 7d。

3.3.3　配套粘结材料的正拉粘结强度标准值不应小于被加固混凝土抗拉强度标准值，且不应小于 2.5MPa。配套粘结材料的正拉粘结强度标准值应按本规范附录 C 的方法测定。层间剪切强度应按本规范附录 D 的方法制备试样。

3.3.4　浸渍树脂和 FRP 板粘接剂，经 2000h 的湿热循环加速老化后，树脂拉伸剪切强度（钢-钢）不应小于 9MPa，且强度下降率应小于 20%。

3.3.5　浸渍树脂和 FRP 板粘接剂的热变形温度应大于 50℃，特殊环境下使用的浸渍树脂和 FRP 板粘接剂的热变形温度不应低于 60℃。

3.3.6　加固修复完成后的结构表面应进行防护处理。表面防护材料应与 FRP 片材可靠粘结。当被加固结构处于其他特殊环境时，应根据具体情况选择防护材料。

4　混凝土结构加固及修复

4.1　一　般　规　定

4.1.1　采用粘贴 FRP 片材加固修复混凝土结构之前，应按国家现行有关标准对原结构进行检测和可靠性鉴定，并应根据结构的实际情况，按国家现行有关标准确定原结构钢筋和混凝土的材料强度设计指标。

4.1.2　粘贴 FRP 片材加固修复混凝土结构时，应采用配套粘结材料将 FRP 片材粘贴于构件表面，并应与混凝土变形协调、共同受力。

4.1.3　粘贴 FRP 片材进行抗弯加固和抗剪加固时，被加固混凝土构件的实测混凝土强度等级不应低于 C15。采用 FRP 片材约束加固混凝土柱时，实测混凝土强度等级不应低于 C10。

4.1.4　粘贴 FRP 片材加固修复混凝土结构时，应符合下列规定：

　　1　FRP 片材的纤维方向应与加固要求所需要的受力方向一致。当纤维方向与受力方向不一致时，应根据纤维方向与受力方向之间的夹角对 FRP 受力作用进行折减。

　　2　粘贴预应力碳纤维布加固混凝土梁时，应采用Ⅲ级碳纤维布。

　　3　应分析加固后对结构中的其他构件或构件的其他性能可能产生的不利影响。

　　4　加固施工时宜卸除结构上的活荷载作用，并应采取减小被加固构件的初始受力对加固后二次受力的影响的措施。当不能完全卸载进行加固时，应计算分析二次受力对加固的不利影响。

　　5　除本规范规定的混凝土构件加固形式外，当有可靠依据时，FRP 片材也可用于其他形式的混凝土构件加固。

4.1.5　粘贴 FRP 片材加固修复混凝土结构时，应进行承载能力极限状态的计算和正常使用极限状态的验算。

4.1.6　采用 FRP 片材加固混凝土结构时，被加固结构的原承载力设计值不应低于其荷载效应准永久组合值。

4.1.7　当纤维布沿其纤维方向需绕构件转角处粘贴时，转角处构件外表面的曲率半径 r_c 不应小于 20mm（见图 4.1.7）。

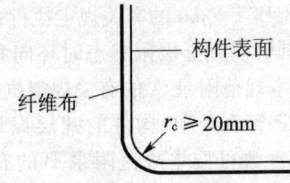

图 4.1.7　纤维布转角处的倒角要求

4.1.8　FRP 片材的搭接应符合下列规定：

　　1　FRP 片材的搭接宜避开 FRP 片材受拉力较大部位。

　　2　搭接长度应满足下式要求：

$$L_l = \max\,(150\text{mm},\ f_{fk} \cdot t_{fl}/\tau_{ave})\quad(4.1.8)$$

式中：L_l——纤维布的搭接长度；

　　　f_{fk}——FRP 材料的抗拉强度标准值；

　　　t_{fl}——单层纤维布的厚度；

　　　τ_{ave}——纤维布搭接平均剪切强度，取 4MPa。

　　3　当采用多条或多层纤维布加固时，各条或各层纤维布之间的搭接位置相互错开距离不应小于 250mm，且不应小于搭接长度的 1.5 倍（图 4.1.8）。

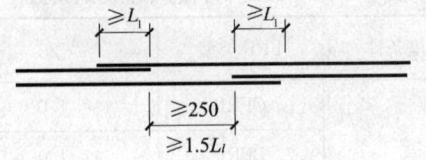

图 4.1.8　纤维布搭接长度的要求

　　4　当采用 FRP 板对受弯构件抗弯加固时，在主要加固受力区 FRP 板不宜采用搭接。

4.1.9 采用横向封闭约束混凝土粘贴的纤维布，在约束区段宜沿构件轴线方向连续粘贴。横向封闭约束混凝土粘贴纤维布的搭接长度应符合本规范公式（4.1.8）的要求，且搭接竖缝位置不应位于构件同一侧，每侧搭接竖缝高度不应大于 500mm。当采用多层横向封闭约束粘贴时，各层搭接位置应错开，错开的距离不应小于 200mm。

4.1.10 粘贴 FRP 片材对混凝土板进行抗弯加固时，FRP 片材宜采用多条密布方案，FRP 片材条带之间的净间距不应大于受力钢筋的间距，且不应大于 200mm。

4.1.11 对 FRP 片材与混凝土间可采取附加机械锚固措施。

4.2 梁、板的抗弯加固

4.2.1 本节适用于跨高比大于 5 的一般钢筋混凝土梁和预应力混凝土梁，以及钢筋混凝土和预应力混凝土板。

4.2.2 粘贴 FRP 片材的抗弯加固修复应包括下列形式：

1 FRP 片材应粘贴于受弯构件的受拉面及受拉区侧面。构件受弯承载力计算时应仅计入与构件轴线方向一致的有效 FRP 片材的截面面积。

2 FRP 片材应粘贴于受弯构件的受拉面或侧面对裂缝进行修复，FRP 片材的纤维方向宜与裂缝方向垂直。

4.2.3 粘贴 FRP 片材抗弯加固设计应符合下列规定：

1 应进行受弯承载力极限状态计算，并应进行正常使用极限状态的验算。

2 受弯构件加固后，应避免受剪破坏先于受弯破坏的发生。当有抗震设防要求时，尚应符合现行国家标准《建筑抗震设计规范》GB 50011 的有关规定。

3 当未加固钢筋混凝土梁的受压区高度大于界限相对受压区高度的 0.8 倍时，不宜进行抗弯加固。

4.2.4 在受弯构件受拉面和梁侧面粘贴 FRP 片材进行抗弯加固时，其正截面受弯承载力应按下列基本假定进行计算：

1 截面应变保持平面。

2 不考虑混凝土的抗拉强度。

3 混凝土受压应力与应变关系应按现行国家标准《混凝土结构设计规范》GB 50010 的有关规定执行。

4 纵向钢筋的应力与应变关系应按现行国家标准《混凝土结构设计规范》GB 50010 的有关规定执行。

5 FRP 片材的拉应力应取等于 FRP 片材的拉应变与其弹性模量的乘积，且不应超过本规范第 3.2.5 条规定的 FRP 片材抗拉强度设计值，同时其极限拉应变设计值不应大于 0.01。

4.2.5 矩形或 T 形截面受弯构件，在受拉面和梁侧面粘贴 FRP 片材或预应力 CFRP 片材进行抗弯加固时，正截面受弯承载力应按下列公式计算：

1 当混凝土受压区高度小于 $0.85 h_0$，且大于 h'_f 时（图 4.2.5-1）：

$$M \leqslant \omega f_c b x \left(h_0 - \frac{x}{2}\right) + \omega f_c \left(b'_f - b\right) h'_f \left(h_0 - \frac{h'_f}{2}\right) + f'_y A'_s \left(h_0 - a'\right) + \sigma_{f,md} A_f \left(h_{fe} - h_0\right)$$

$$\tag{4.2.5-1}$$

$$\omega f_c b x + \omega f_c \left(b'_f - b\right) h'_f = f_y A_s - f'_y A'_s + \sigma_{f,md} A_f \tag{4.2.5-2}$$

式中：M——包含初始弯矩的总弯矩设计值；

b——矩形截面宽度或 T 形截面腹板的宽度；

h_0——截面的有效高度，即受拉钢筋面积重心至受压边缘的距离；

h_{fe}——受拉 FRP 片材或预应力 CFRP 片材的面积形心至受压边缘的有效高度，当在构件受拉面粘贴 FRP 片材时，可取 h_{fe} 等于截面高度 h；

b'_f——T 形截面受压翼缘宽度；

h'_f——T 形截面受压翼缘高度；

x——混凝土受压区等效矩形应力图高度；

a'——受压钢筋截面重心至混凝土受压区边缘的距离；

A_s、A'_s——受拉钢筋、受压钢筋截面面积；

A_f——受拉 FRP 片材或预应力 CFRP 片材的有效截面面积；对于在受拉区侧面粘贴加固，仅计入距受拉边缘 1/4 梁高范围内粘贴的 FRP 片材，且宜将侧面 FRP 片材的截面面积乘以折减系数（$1 - 0.5 h_f/h$），其中 h_f 为侧面 1/4 梁高范围内 FRP 片材的粘贴高度；

f_c——混凝土轴心抗压强度设计值；

f_y、f'_y——受拉钢筋和受压钢筋的抗拉、抗压强度设计值；

$\sigma_{f,md}$——达到受弯承载力极限状态时，受拉 FRP 材料的拉应力设计值；

ω——受压区混凝土等效应力图形的折减系数。

2 当混凝土受压区高度小于 h'_f，且大于 $2a'$ 时（图 4.2.5-2）：

$$M \leqslant \omega f_c b'_f x \left(h_0 - \frac{x}{2}\right) + f'_y A'_s \left(h_0 - a'\right) + \sigma_{f,md} A_f \left(h_{fe} - h_0\right) \tag{4.2.5-3}$$

$$\omega f_c b'_f x = f_y A_s - f'_y A'_s + \sigma_{f,md} A_f \tag{4.2.5-4}$$

3 当混凝土受压区高度小于 $2a'$ 时：

$$M \leqslant f_y A_s \left(h_0 - a'\right) + \sigma_{f,md} A_{cf} \left(h_{fe} - a'\right)$$

$$\tag{4.2.5-5}$$

4 达到受弯承载力极限状态时，受拉 FRP 片材的拉应力设计值应按下式计算：

$$\sigma_{f,md}=\min\{f_{fd},\ E_f\varepsilon_{fe,m1},\ E_f\varepsilon_{fe,m2}\}$$

$$(4.2.5\text{-}6)$$

式中：f_{fd}——FRP 片材的抗拉强度设计值；

$\varepsilon_{fe,m1}$——受压边缘混凝土达到极限压应变时 FRP 片材的有效拉应变，按本规范第 4.2.6 条计算；对于粘贴预应力 CFRP 片材加固时，有效拉应变 $\varepsilon_{fe,m1}$ 应采用 $(\varepsilon_{fe,m1}+\varepsilon_{f,p0})$ 代入式（4.2.5-6）计算，其中 $\varepsilon_{f,p0}$ 为预应力 CFRP 片材扣除有关预应力损失后，在受拉边缘混凝土应力等于零时的应变值；

$\varepsilon_{fe,m2}$——FRP 片材与混凝土界面产生剥离破坏时 FRP 片材的有效拉应变，按本规范第 4.2.7 条计算，且不宜小于 $0.5\varepsilon_{fe,m1}$；对于粘贴预应力 CFRP 片材加固时，有效拉应变 $\varepsilon_{fe,m2}$ 应采用 $(\varepsilon_{fe,m2}+\varepsilon_{f,p0})$ 代入式（4.2.5-6）计算；

E_f——FRP 材料的弹性模量。

5 当 $\varepsilon_{fe,m1}>\varepsilon_{fe,m2}$ 或 $E_f\varepsilon_{fe,m1}>f_{fd}$ 时，受压区混凝土等效应力图形的折减系数应按下式计算：

$\varepsilon_{fe,m1}>\varepsilon_{fem2}$ 时：$\omega=0.5+0.5\dfrac{\varepsilon_{fe,m2}}{\varepsilon_{fe,m1}}$

$$(4.2.5\text{-}7a)$$

$\varepsilon_f\varepsilon_{fe,m1}>f_{fd}$ 时：$\omega=0.5+0.5\dfrac{f_{fd}/E_f}{\varepsilon_{fe,m1}}$

$$(4.2.5\text{-}7b)$$

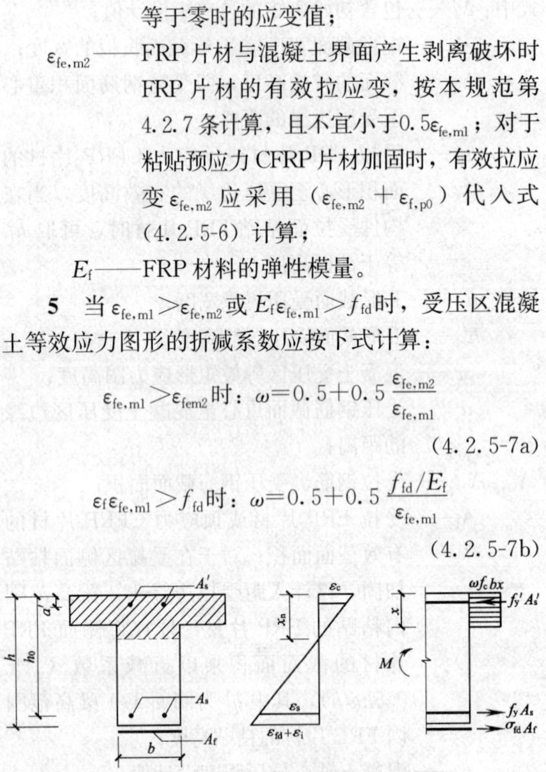

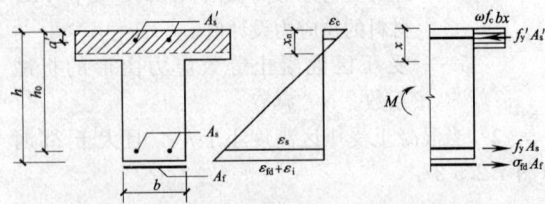

图 4.2.5-1 $x>h'_f$ 时正截面受弯承载力
计算截面变形和应力

图 4.2.5-2 $2a'<x<h'_f$ 时正截面受弯承
载力计算截面变形和应力

4.2.6 受压边缘混凝土达到极限压应变时 FRP 片材的有效拉应变 $\varepsilon_{fe,m1}$，应按下列公式计算：

1 当混凝土受压区高度 x 大于受压翼缘高度 h'_f 时，应按下列公式联立求解计算：

$$f_c[bx+(b'_f-b)h'_f]=f_yA_s-f'_yA'_s+E_f(\varepsilon_{fe,m1}+\varepsilon_{f,p0})A_f$$

$$(4.2.6\text{-}1)$$

$$x=\frac{0.8\varepsilon_{cu}}{\varepsilon_{cu}+\varepsilon_{fe,m1}+\varepsilon_i}h$$

$$(4.2.6\text{-}2)$$

式中：x——混凝土受压区高度；

h'_f——受压翼缘高度。

2 当混凝土受压区高度 x 小于受压翼缘高度 h'_f 时，应按下列公式联立求解计算：

$$f_cb'_fx=f_yA_s-f'_yA'_s+E_f(\varepsilon_{fe,m1}+\varepsilon_{f,p0})A_f$$

$$(4.2.6\text{-}3)$$

$$x=\frac{0.8\varepsilon_{cu}}{\varepsilon_{cu}+\varepsilon_{fe,m1}+\varepsilon_i}h$$

$$(4.2.6\text{-}4)$$

式中：x——混凝土受压区高度；

h'_f——受压翼缘高度；

ε_{cu}——混凝土极限压应变，按现行国家标准《混凝土结构设计规范》GB 50010 的有关规定确定，对于不大于 C50 级的混凝土，取 0.0033；

ε_i——考虑二次受力影响时，加固前受弯构件在初始弯矩 M_i 作用下，截面受拉边缘混凝土的初始应变，按本规范第 4.2.8 条计算；当忽略二次受力影响时，取 ε_i 等于零；

$\varepsilon_{f,p0}$——采用预应力 CFRP 片材加固时，扣除预应力损失后，在受拉边缘混凝土应力等于零时的应变值。对于非预应力 FRP 片材加固，取 $\varepsilon_{f,p0}$ 等于零。

4.2.7 采用 FRP 片材粘贴进行抗弯加固受弯剥离时的有效拉应变，应按下列公式计算，且不宜小于受压边缘混凝土达到极限压应变时 FRP 片材的有效拉应变 $\varepsilon_{fe,m1}$ 的 0.5 倍：

$$\varepsilon_{fe,m2}=(1.1/\sqrt{E_ft_f}-0.2/L_d)\beta_wf_t$$

$$(4.2.7\text{-}1)$$

$$\beta_w=\sqrt{(2.25-b_f/b_c)\ /\ (1.25+b_f/b_c)}$$

$$(4.2.7\text{-}2)$$

式中：$\varepsilon_{fe,m2}$——FRP 片材与混凝土界面产生剥离破坏时 FRP 片材的有效拉应变；

t_f——FRP 片材的总有效厚度（mm）；

L_d——FRP 片材从其充分利用截面到截断位置的延伸长度（图 4.2.7）（mm），不应小于 (L_f+200)（mm），其中 L_f 为 FRP 片材抗弯承载力充分利用截面到不需要 FRP 片材截面的距离；

β_w——CFRP 片材宽度影响系数；

b_f——CFRP 片材的宽度；

b_c——混凝土梁底宽度；

f_t——混凝土抗拉强度设计值（MPa）。

4.2.8 加固前受弯构件承受的初始弯矩对受弯承载力的影响，应符合下列规定：

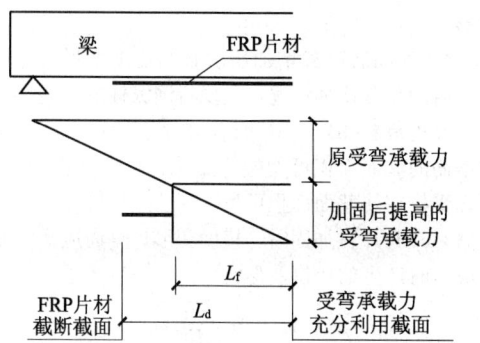

图 4.2.7 FRP 片材的延伸长度

1 当加固前计算截面承担的初始弯矩 M_i 小于未加固截面受弯承载力的 20% 时，可不计二次受力的影响。当加固前计算截面承担的初始弯矩 M_i 大于未加固截面受弯承载力的 50% 以上，且无法卸载时，不宜采取非预应力加固方法。

2 加固前初始弯矩作用下截面受拉边缘混凝土的初始应变，应按下列公式计算：

$$\varepsilon_i = \frac{h}{h_0}(\varepsilon_{ci} + \varepsilon_{si}) - \varepsilon_{ci} \quad (4.2.8\text{-}1)$$

$$\varepsilon_{ci} = \frac{M_i}{\zeta E_c b h_0^2} \quad (4.2.8\text{-}2)$$

$$\varepsilon_{si} = \frac{\psi}{\eta} \cdot \frac{M_i}{E_s A_s h_0} \quad (4.2.8\text{-}3)$$

$$\zeta = \frac{(1 + 3.5\gamma_f')\alpha_E\rho}{0.2(1 + 3.5\gamma_f') + 6\alpha_E\rho} \quad (4.2.8\text{-}4)$$

$$\psi = 1.1 - 0.65\frac{f_{tk}}{\sigma_{s1}\rho_{te}} \quad (4.2.8\text{-}5)$$

$$\sigma_{si} = \frac{M_i}{A_s \eta h_0} \quad (4.2.8\text{-}6)$$

$$\rho = A_s / b h_0 \quad (4.2.8\text{-}7)$$

$$A_{te} = 0.5bh + (b_f - b)h_f \quad (4.2.8\text{-}8)$$

$$\gamma_f' = \frac{(b_f' - b)h_f'}{b h_0} \quad (4.2.8\text{-}9)$$

式中：M_i——加固前受弯构件计算截面承受的初始弯矩；

ε_{ci}——加固前初始弯矩 M_i 作用下受压边缘的压应变；

ε_{si}、σ_{si}——加固前初始弯矩 M_i 作用下受拉钢筋的拉应变和拉应力；

ζ——受压边缘混凝土压应变综合系数；

ψ——受拉钢筋拉应变不均匀系数，当小于 0.2 时，取 0.2；当大于 1.0 时，取 1.0；

η——内力臂系数，取 0.87；

α_E——钢筋弹性模量与混凝土弹性模量的比值；

ρ——受拉钢筋配筋率；

f_{tk}——混凝土抗拉强度标准值；

ρ_{te}——按有效受拉混凝土截面面积计算的纵

向受拉钢筋配筋率 A_s / A_{te}；

A_{te}——有效受拉混凝土截面面积；

γ_f'——受压翼缘加强系数；

b_f、h_f——受拉翼缘的宽度和高度；

b_f'、h_f'——受压翼缘的宽度和高度。

4.2.9 在频遇荷载组合下，受拉钢筋的拉应力不应大于其抗拉强度标准值。频遇荷载组合下受拉钢筋的拉应力，可按下列方法计算：

1 采用非预应力 FRP 片材时，可按下列公式计算：

$$\sigma_s = \frac{M_k}{0.87 h_0 (1 + \beta_f) A_s} \quad (4.2.9\text{-}1)$$

$$\beta_f = 1.08\left(1 + 1.15\frac{a}{h_0}\right)\frac{E_f A_f}{E_s A_s} \quad (4.2.9\text{-}2)$$

2 采用预应力 CFRP 片材时，可按下列公式计算：

$$\sigma_s = \frac{M_k - N_0 z}{A_s z} + \sigma_{s0} \quad (4.2.9\text{-}3)$$

$$z = \left[0.87(1 + \beta_f) - 0.12(1 - \gamma_f')\left(\frac{h_0}{e}\right)^2\right]h_0 \quad (4.2.9\text{-}4)$$

$$N_0 = \sigma_{f,p0} A_{cf} \quad (4.2.9\text{-}5)$$

$$e = \frac{M_{fk}}{N_0} \quad (4.2.9\text{-}6)$$

$$\sigma_{s0} = \frac{M_1 - N_0 e_0}{I_0}y_s - \frac{N_0}{A_0} \quad (4.2.9\text{-}7)$$

式中：σ_s——正常使用阶段受拉钢筋的拉应力；

M_k——正常使用阶段的标准荷载组合下的弯矩值；

N_0——采用粘贴预应力 CFRP 片材加固时，加固结束并扣除所有预应力损失后 CFRP 片材的预拉力；

M_1——CFRP 片材施加预应力前，计算截面所受弯矩值；

σ_{s0}——采用粘贴预应力 CFRP 片材加固时，加固结束并扣除所有预应力损失后受拉钢筋中的应力；

$\sigma_{f,p0}$——采用粘贴预应力 CFRP 片材加固时，加固结束并扣除所有预应力损失后 CFRP 片材的应力；

E_s、A_s——受拉钢筋的弹性模量和截面面积；

A_f、A_{cf}——分别为 FRP 片材和 CFRP 片材的截面面积；

E_f——FRP 材料的弹性模量；

z——受拉钢筋与 CFRP 片材合力点至受压区压力合力点的距离；

A_0、I_0——分别为将钢筋、CFRP 片材按与混凝土弹性模量比换算成混凝土后的换算截面面积和换算截面惯性矩；

4.2.10 采用 FRP 片材对钢筋混凝土和预应力混凝

土受弯构件进行裂缝修复时，应符合下列规定：

1 粘贴 FRP 片材前，应对原有裂缝进行封闭处理。

2 FRP 片材的纤维方向宜与裂缝方向垂直。

3 当梁受拉区裂缝发展高度较大时，除应在梁的最大受拉面粘贴 FRP 片材，尚应在梁侧面粘贴 FRP 片材进行裂缝修复。对在梁侧面粘贴 FRP 片材、且纤维方向垂直于裂缝方向进行封闭裂缝修复时，可不进行裂缝宽度验算。

4 当进行在受弯构件受拉面粘贴 FRP 片材进行受弯加固时，应根据现行国家标准《混凝土结构设计规范》GB 50010 等的有关规定，按所处环境类别和结构类别确定相应的裂缝控制等级及最大裂缝宽度限值，并应进行裂缝宽度验算。

4.2.11 对仅在受拉面粘贴 FRP 片材加固的受弯构件，加固后按荷载效应标准组合并计入长期作用影响的最大裂缝宽度，可按下列公式计算：

$$w_{\max}=2.1\psi\frac{\sigma_{sk}}{E_s}\left(1.9c+0.08\frac{d}{\rho_{te}}\right)\frac{1}{1+\beta}$$

$$(4.2.11\text{-}1)$$

$$\psi=1.1-0.65\frac{f_{tk}}{\sigma_{sk}\rho_{te}\left(1+0.415\dfrac{A_f}{A_s+A_f}\right)}$$

$$(4.2.11\text{-}2)$$

$$\beta=\frac{A_f}{A_s+A_f}\left(\left(0.35\frac{A_f}{A_s}+0.05\right)\frac{d}{t_f}-1\right)$$

$$(4.2.11\text{-}3)$$

$$\rho_{te}=\frac{A_s+A_f}{0.5bh+(b_f-b)\,h_f}\quad(4.2.11\text{-}4)$$

式中：σ_{sk}——荷载标准组合下受拉钢筋的拉应力，按本规范式（4.2.9-1）计算；当采用预应力 CFRP 片材加固时，按本规范式（4.2.9-3）计算，但式（4.2.9-3）中的 σ_{s0} 取为 0；

d——受拉钢筋直径（mm）；

A_s——受拉钢筋截面面积；

A_f、t_f——分别为 CFRP 片材的截面面积和厚度，当采用其他 FRP 片材时，A_f 应乘以 $E_f/210$，其中 E_f 为其他 FRP 片材的弹性模量（GPa）；

ψ——钢筋应力不均匀系数；

β——受拉面粘贴的 FRP 片材对裂缝间距的影响系数。

4.2.12 采用 FRP 片材对受弯构件进行加固时，在正常使用极限状态下挠度变形，应符合下列规定：

1 加固后受弯构件的总挠度变形的计算值，应符合现行国家标准《混凝土结构设计规范》GB 50010 的有关规定。

2 加固后受弯构件的总挠度变形应包括加固前已产生的挠度变形和加固后增加荷载所产生的挠度变形。

3 加固后荷载增加所引起的挠度变形，应根据加固后的荷载增加情况，按现行国家标准《混凝土结构设计规范》GB 50010 的有关规定计算，计算中受拉钢筋的截面面积可用换算受拉钢筋截面面积代替，换算受拉钢筋截面面积可按下列公式计算。当采用预应力 CFRP 片材加固时，挠度变形计算尚应扣除施加预应力时产生的反拱变形：

$$A_{se}=A_s+\frac{E_f}{E_s}A_f\qquad(4.2.12)$$

式中：A_{se}——计算 FRP 片材加固混凝土受弯构件挠度变形时的换算受拉钢筋截面面积；

A_s——受拉钢筋截面面积；

A_f——FRP 片材的截面面积。

4.2.13 采用 FRP 片材进行受弯承载力加固时，应符合下列规定：

1 对梁（图 4.2.13-1），FRP 片材宜延伸至支座边缘，并应在端部设置不少于 2 道构造纤维布 U 型箍，净间距不应大于梁高的 1 倍，且纤维布 U 型箍应伸至梁顶部或梁顶部的板底面。对于采用纤维布受弯加固，端部纤维布 U 型箍的宽度和厚度分别不应小于受弯加固纤维布宽度和厚度的 1/2；对于 FRP 板受弯加固，端部纤维布 U 型箍的宽度不应小于 100mm，纤维布 U 型箍的截面面积不应小于 FRP 板截面面积的 1/4。

有集中荷载或次梁两侧宜设置宽度不小于 100mm 构造纤维布 U 型箍，且纤维布 U 型箍宜伸至梁顶部或梁顶部的板底面。在其他部位也宜适当设置宽度不小于 100mm 的构造纤维布 U 型箍，高度不宜小于 300mm 和梁侧高两者的较小值，净间距不宜大于梁高的 3 倍。

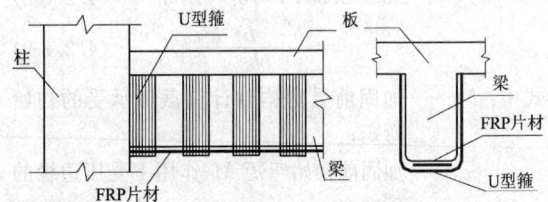

图 4.2.13-1　梁受弯加固时 FRP 片材 U 型箍构造

2 对板（图 4.2.13-2），FRP 片材宜延伸至支座边缘，且在 FRP 片材端部应粘贴设置不小于

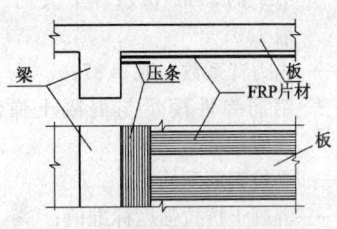

图 4.2.13-2　板受弯加固时 FRP 片材压条构造

200mm 宽的横向纤维布压条。当采用纤维布受弯加固时，横向纤维布压条的宽度和厚度不宜小于受弯加固纤维布条带宽度的 1/2；当采用 FRP 板进行受弯加固时，横向纤维布压条的截面面积不宜小于 FRP 板截面面积的1/4。

3 当采用粘贴 FRP 片材对梁、板负弯矩区进行受弯加固时，FRP 片材的截断位置距支座边缘的长度不应小于加固后 FRP 片材抗弯承载力的充分利用截面到不需要 FRP 片材截面的距离加 200mm，且对板不应小于跨度的 1/4，对梁不应小于跨度的 1/3。

4 当采用 FRP 片材在框架梁负弯矩区进行受弯加固时，应采取可靠锚固措施与支座连接。当 FRP 片材需绕过柱时，宜在梁两侧 4 倍板厚范围内粘贴 FRP 片材（图 4.2.13-3），当有可靠依据和经验时，可适当放宽。

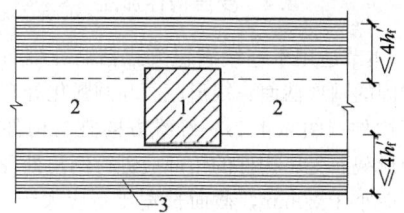

图 4.2.13-3 负弯矩区加固时梁侧有效粘贴范围

1—柱；2—梁；3—板顶面碳纤维片材；h'_f—板厚

4.3 梁、柱的抗剪加固

4.3.1 粘贴 FRP 片材对混凝土梁、柱进行抗剪加固修复的形式，应包括封闭粘贴、U 形粘贴或侧面粘贴（图 4.3.1），有条件时宜采用封闭缠绕粘贴形式。

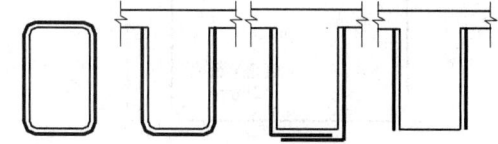

封闭缠绕粘贴 U形粘贴 双L形板U形粘贴 侧面粘贴

图 4.3.1 FRP 片材受剪加固方式

4.3.2 粘贴 FRP 片材对混凝土梁、柱进行抗剪加固，应符合下列规定：

1 受剪承载力的提高幅度不宜超过 40%。

2 当未加固受弯构件的剪力设计值大于 $0.2f_cbh_0$ 时，不宜粘贴 FRP 片材进行抗剪加固。

4.3.3 粘贴 FRP 片材对混凝土梁、柱进行抗剪加固时，应符合下列规定：

1 对梁抗剪加固，可采用 U 形粘贴和侧面粘贴加固形式（图 4.3.3）。FRP 片材的纤维方向宜与构件轴线垂直，当纤维方向与轴线不垂直时，纤维方向宜垂直于预计的斜裂缝，且 FRP 片材宜采用满贴形式。当采用 FRP 板 U 形粘贴时，可采用双 L 形板形成 U 形粘贴。

2 当 FRP 片材采用条带布置时，FRP 条带净间距 s_f 不应大于现行国家标准《混凝土结构设计规范》GB 50010 规定的最大箍筋间距的 0.7 倍。

3 U 形粘贴和侧面粘贴的粘贴高度 h_f 宜取构件截面高度。对于 U 形粘贴形式，宜在上端粘贴纵向 FRP 片材压条；对侧面粘贴形式，宜在上、下端粘贴纵向 FRP 片材压条（图 4.3.3）。

4 对柱抗剪加固应采用封闭粘贴形式，且 FRP 片材的纤维方向应与柱轴线垂直。

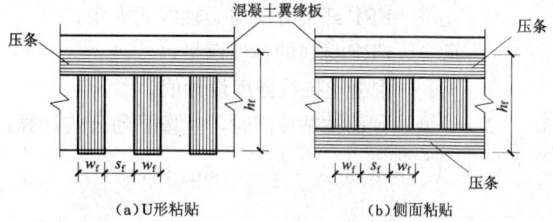

图 4.3.3 梁 U 形粘贴和侧面粘贴抗剪加固

4.3.4 粘贴 FRP 片材对钢筋混凝土梁进行抗剪加固时，应按下列公式进行斜截面受剪承载力计算：

$$V_b \leqslant V_{b,rc} + V_{b,f} \qquad (4.3.4)$$

式中：V_b——梁的剪力设计值；

$V_{b,rc}$——未加固钢筋混凝土梁的受剪承载力，按现行国家标准《混凝土结构设计规范》GB 50010 的有关规定计算；

$V_{b,f}$——加固梁达到受剪承载力极限状态时 FRP 片材承担的剪力设计值，按本规范第 4.3.5 条的规定计算。

4.3.5 粘贴 FRP 片材对钢筋混凝土梁进行抗剪加固时，达到受剪承载力极限状态时 FRP 片材承担的剪力设计值 $V_{b,f}$ 应按下列方法确定：

1 封闭粘贴加固时，应按下列公式计算：

$$V_{b,f} = \psi_v \frac{2w_f t_f}{(s_f + w_f)} \sigma_{f,vd} h_f (\sin\alpha + \cos\alpha)$$

$$(4.3.5-1)$$

$$\sigma_{f,vd} = \min \{f_{fd}, E_f \varepsilon_{fe,v}\} \qquad (4.3.5-2)$$

$$\varepsilon_{fe,v} = \frac{8}{\sqrt{\lambda_{Ef}} + 10} \varepsilon_{fd} \qquad (4.3.5-3)$$

$$\lambda_{Ef} = \frac{2n_f w_f t_f}{b(s_f + w_f)} \cdot \frac{E_f}{f_t} \qquad (4.3.5-4)$$

式中：$V_{b,f}$——加固梁达到受剪承载力极限状态时 FRP 片材承担的剪力设计值；

$\sigma_{f,vd}$——采用封闭包裹粘贴或有可靠锚固措施的 U 形粘贴受剪加固时 FRP 片材的有效拉应力设计值；

$\varepsilon_{fe,v}$——采用封闭包裹粘贴或有可靠锚固措施的 U 形粘贴抗剪加固时 FRP 片材的有效应变；

ε_{fd}——FRP 片材的拉应变设计值，取 FRP 材料抗拉强度设计值 f_{fd} 除以 FRP 片材的弹性模量；

λ_{Ef}——采用封闭包裹粘贴或有可靠锚固措施的 U 形粘贴的受剪加固特征值；

s_f——FRP 片材条带净间距；

w_f——FRP 片材条带宽度；

t_f——单侧 FRP 片材的总有效厚度；

h_{fe}——受剪加固时 FRP 片材的粘贴高度；

ψ_v——二次受力影响系数，按本规范第 4.3.6 条的规定确定；

α——FRP 纤维方向与梁轴线的夹角；

E_f——FRP 材料的弹性模量；

f_t——混凝土抗拉强度设计值。

2 U 型及侧面粘贴加固时，应按下列公式计算：

$$V_{b,f}=K_f\tau_b w_f\frac{h_{fe}^2}{s_f+w_f}(\sin\alpha+\cos\alpha)$$
(4.3.5-5)

$$K_f=\phi\frac{\sin\alpha\sqrt{E_f t_f}}{\sin\alpha\sqrt{E_f t_f}+0.3h_{fe}f_t}$$ (4.3.5-6)

$$\tau_b=1.2\beta_w f_t$$ (4.3.5-7)

$$\beta_w=\sqrt{\frac{2.25-w_f/(s_f+w_f)}{1.25+w_f/(s_f+w_f)}}$$ (4.3.5-8)

式中：τ_b——FRP 片材与混凝土的粘结强度设计值；

K_f——U 型及侧面粘贴受剪加固时受剪剥离系数；

ϕ——受剪加固形式系数，对于侧面粘贴加固，取 1.0；对于 U 型粘贴加固，取 1.3。

4.3.6 对于梁的抗剪加固，加固前初始剪力设计值 V_i 对受剪承载力的影响，可按下列方法确定：

1 对于封闭包裹情况，当初始剪力小于或等于 $0.7f_t bh_0$ 时，可不计二次受力的影响；当初始剪力大于 $0.7f_t bh_0$ 时，FRP 片材的受剪承载力设计值 $V_{b,f}$ 可按下列公式计算二次受力影响的折减系数 ψ_v：

$$\psi_v=1-\frac{V_i-0.7f_t bh_0}{V-0.7f_t bh_0}$$ (4.3.6)

式中：V_i——加固前梁受剪计算截面承担的初始剪力。

2 对于 U 型和侧面粘贴加固情况，可不计二次受力的影响。

3 当初始剪力设计值大于未加固截面受剪承载力设计值的 50% 以上，且无法卸载时，不宜进行抗剪加固。当有工程经验或可靠依据进行加固时，应进行专门设计。

4.3.7 封闭粘贴 FRP 片材对混凝土柱进行抗剪加固时，应按下列公式进行斜截面受剪承载力计算：

$$V_c\leqslant V_{c,rc}+V_{c,f}$$ (4.3.7-1)

$$V_{c,f}=\frac{2n_{cf}w_{cf}t_{cf}}{(s_{cf}+w_{cf})}\sigma_{f,vd}h$$ (4.3.7-2)

$$\sigma_{f,vd}=\min\{f_{fd},E_f\varepsilon_{fe,v}\}$$ (4.3.7-3)

$$\varepsilon_{fe,v}=\frac{8(1-n)}{\sqrt{\lambda_{Ef}}+10}\varepsilon_{fd}$$ (4.3.7-4)

式中：V_c——柱的剪力设计值；

$V_{c,rc}$——未加固钢筋混凝土柱的受剪承载力，按现行国家标准《混凝土结构设计规范》 GB 50010 的有关规定计算；

$V_{c,f}$——加固柱达到受剪承载力极限状态时 FRP 片材承担的剪力设计值；

h——柱截面高度；

n——柱的轴压比，取 $N/f_c A$，N 为柱轴向压力设计值，A 为柱截面面积；

λ_c——柱的剪跨比，对于框架柱可取 $H_n/2h_0$，当 λ_c 大于 3.0 时，取 3.0；当 λ_c 小于 1.0 时，取 1.0，H_n 为框架柱净高度。

4.4 受压构件加固

4.4.1 本节适用于连续满包方式粘贴纤维布约束混凝土加固的圆形截面、矩形截面和圆弧化处理矩形截面受压构件（图 4.4.1）。纤维方向宜与构件轴线垂直。矩形截面受压构件的角部应进行倒角处理，倒角半径不应小于 20mm，截面长宽比不应大于 1.5，截面长度不宜大于 600mm，当截面长度大于 600mm 时，尚应对矩形截面进行圆弧化处理。圆弧化处理矩形截面受压构件应保证其圆弧线的矢高不小于边长的 1/20（图 4.4.1）。圆弧化处理矩形截面受压构件承载力计算中构件截面的几何参数应采用原矩形截面的几何参数。

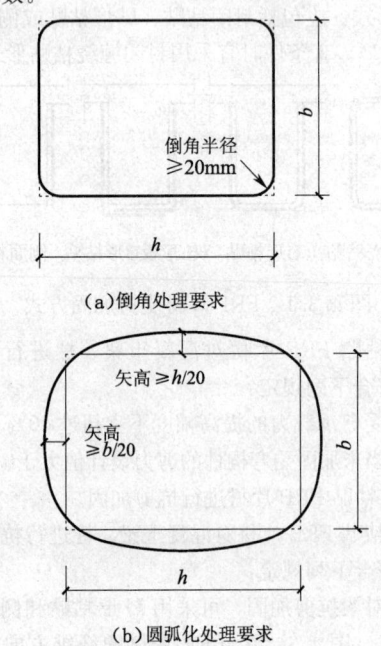

（a）倒角处理要求

（b）圆弧化处理要求

图 4.4.1 矩形截面的倒角处理要求和圆弧化处理要求

4.4.2 混凝土的约束状态及构件长细比应符合下列

规定：

1 混凝土的约束状态应由约束刚度参数确定。约束刚度参数可按下式确定：

$$\beta_j = \frac{E_f t_f}{f_{c,k} R} \qquad (4.4.2\text{-}1)$$

式中：β_j——约束刚度参数；

E_f——FRP 材料的弹性模量；

t_f——FRP 材料的总有效厚度；

$f_{c,k}$——混凝土抗压强度标准值；

R——几何参数，按表 4.4.2 取值。

2 当 $\beta_j > \beta_{jb}$ 时，应为强约束；当 $\beta_j \leqslant \beta_{jb}$ 时，应为弱约束。受压构件加固所采用的 FRP 应满足强约束。约束刚度参数界限值应按表 4.4.2 取值。

表 4.4.2 R 及 β_{jb} 的取值

	圆形截面	矩形截面	圆弧化处理矩形截面
R	r	$0.5\sqrt{b^2+h^2}$	$\dfrac{b+h}{\pi}$
β_{jb}	6.5	$6.5/k_{s\sigma}$	12.7

注：1 r 为圆形截面半径；

2 b 为矩形截面或圆弧化处理矩形截面的宽度；

3 h 为矩形截面或圆弧化处理矩形截面的长度；

4 $k_{s\sigma}$ 为应力截面形状系数，按本规范第 4.4.5 条的规定确定。

3 构件的长细比不应超过下列限值：

$$\frac{l_0}{h} \leqslant 12.5 - 330\varepsilon_{ru,k} \qquad (4.4.2\text{-}2)$$

式中：l_0——柱计算长度，按现行国家标准《混凝土结构设计规范》GB 50010 的有关规定取值；

h——截面尺寸：对圆形截面取直径；对矩形截面及圆弧化处理矩形截面，取其偏心方向的截面尺寸；

$\varepsilon_{ru,k}$——由 FRP 约束混凝土标准圆柱试件确定的纤维布环向极限应变标准值，FRP 约束混凝土标准圆柱的试验方法应符合本规范附录 E 的有关规定；无试验条件时，对 CFRP，可取 $0.5 f_{fk}/E_f$；对 GFRP，可取 $0.7 f_{fk}/E_f$；

f_{fk}——FRP 材料的抗拉强度标准值；

E_f——FRP 材料的弹性模量。

4.4.3 采用 FRP 约束加固的钢筋混凝土受压构件，其正截面受压承载力应按下列基本假定计算：

1 截面应变分布应符合平截面假定；

2 不应计入混凝土的抗拉强度；

3 FRP 约束混凝土的受压应力-应变关系应按本规范第 4.4.4 条的规定确定；

4 纵向钢筋的应力-应变关系应按现行国家标准《混凝土结构设计规范》GB 50010 的有关规定执行。

4.4.4 FRP 约束混凝土的受压应力-应变关系（图4.4.4），应按下列公式确定：

1 $0 \leqslant \varepsilon_{cc} \leqslant \varepsilon_t$ 时：

$$\sigma_{cc} = E_1\varepsilon_{cc} - \frac{(E_1-E_2)^2}{4f_c}\varepsilon_{cc}^2 \qquad (4.4.4\text{-}1a)$$

2 $\varepsilon_t < \varepsilon_{cc} \leqslant \varepsilon_{cc,u}$ 时：

$$\sigma_{cc} = f_c + E_2\varepsilon_{cc} \qquad (4.4.4\text{-}1b)$$

$$\varepsilon_t = \frac{2f_c}{E_1 - E_2} \qquad (4.4.4\text{-}2)$$

$$E_2 = \frac{f_{cc} - f_c}{\varepsilon_{cc,u}} \qquad (4.4.4\text{-}3)$$

式中：σ_{cc}、ε_{cc}——FRP 约束混凝土的应力和应变；

E_1——FRP 约束混凝土应力-应变曲线的第一段初始斜率，取无约束混凝土弹性模量；

E_2——FRP 约束混凝土应力-应变曲线的第二段斜率；

f_c——混凝土轴心抗压强度设计值；

f_{cc}——FRP 约束混凝土轴心抗压强度设计值，按本规范第 4.4.5 条的规定确定，且应满足 $f_{cc}/f_c \leqslant 1.75$；

ε_t——FRP 约束混凝土应力-应变曲线第一段至第二段转折点的应变；

$\varepsilon_{cc,u}$——FRP 约束混凝土的极限压应变设计值，按本规范第 4.4.6 条的规定确定。

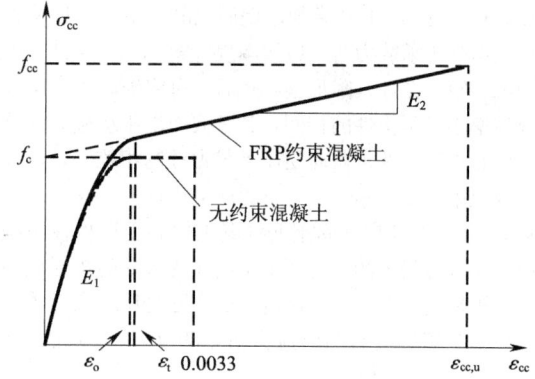

图 4.4.4　FRP 约束混凝土应力-应变曲线

4.4.5 FRP 约束混凝土的轴心抗压强度设计值应按下列公式计算：

1 对于圆形截面：

$$f_{cc} = f_c + 3.5\frac{E_f t_f}{R}\left(1 - \frac{6.5}{\beta_j}\right)\varepsilon_{ru} \qquad (4.4.5\text{-}1)$$

2 对于矩形截面：

$$f_{cc} = f_c + 3.5\frac{E_f t_f}{R}\left(k_{s\sigma} - \frac{6.5}{\beta_j}\right)\varepsilon_{ru}$$

$$(4.4.5\text{-}2a)$$

$$k_{s\sigma} = \left(\frac{r_c}{b} + 1.5\frac{r_c}{h} + 0.3\right)\left(\frac{b}{h}\right)^2$$

$$(4.4.5\text{-}2b)$$

3 对于圆弧化处理的矩形截面：

$$f_{cc}=f_c+3\frac{E_f t_f}{R}\left(1-\frac{12.7}{\beta_j}\right)\varepsilon_{ru} \quad (4.4.5\text{-}3)$$

$$\varepsilon_{ru}=\frac{\varepsilon_{ru,k}}{\gamma_f\gamma_e} \quad (4.4.5\text{-}4)$$

式中：ε_{ru}——FRP 约束混凝土纤维布的环向极限应变设计值；

r_c——矩形截面和圆弧化处理矩形截面的倒角半径。

4.4.6 FRP 约束混凝土的极限压应变设计值应按下列公式计算：

1 对于圆形截面：

$$\varepsilon_{cc,u}=0.0033+0.6\beta_j^{0.8}\varepsilon_{ru}^{1.45} \quad (4.4.6\text{-}1)$$

2 对于矩形截面：

$$\varepsilon_{cc,u}=0.0033+0.6k_{se}\beta_j^{0.8}\varepsilon_{ru}^{1.45} \quad (4.4.6\text{-}2)$$

$$k_{se}=\left(\frac{r_c}{b}+1.5\frac{r_c}{h}+0.3\right)\left(\frac{h}{b}\right)^{0.5} \quad (4.4.6\text{-}3)$$

3 对于圆弧化处理矩形截面：

$$\varepsilon_{cc,u}=0.0033+0.45\beta_j^{0.8}\varepsilon_{ru}^{1.45} \quad (4.4.6\text{-}4)$$

式中：k_{se}——应变截面形状系数。

4.4.7 在 FRP 约束加固受压构件的正截面承载力计算中，应计入附加偏心距 e_a。对于偏心受压构件，其值应取 20mm 和偏心方向截面尺寸的 1/30 两者中的较大值；对于轴心受压构件，其值应取 20mm 和计入附加偏心距方向截面尺寸的 1/30 两者中的较大值。

4.4.8 计算 FRP 约束加固钢筋混凝土轴心受压构件正截面受压承载力时，应按本规范第 4.4.7 条计入附加偏心距。在计入附加偏心距后，可将轴心受压构件视为偏心受压构件的特例，其正截面受压承载力计算与偏心受压构件正截面受压承载力计算相统一，应按本规范第 4.4.9～4.4.15 条的规定执行。

4.4.9 FRP 约束加固钢筋混凝土偏心受压构件正截面受压区混凝土的应力图形可简化为等效的矩形应力图。矩形应力图受压区高度可取实际受压区高度乘以系数 β_1；矩形应力图的应力值取为 f_{cc} 乘以系数 α_1。
$\alpha_1=1.17-0.2\dfrac{f_{cc}}{f_c}$，$\beta_1=0.9$。

4.4.10 FRP 约束加固钢筋混凝土偏心受压构件的相对界限受压区高度 ξ_b，应按下式计算：

$$\xi_b=\frac{\beta_1}{1+\dfrac{f_y}{E_s\varepsilon_{cc,u}}} \quad (4.4.10)$$

式中：ξ_b——相对界限受压区高度，$\xi_b=x_b/h_0$；

x_b——界限受压区高度；

h_0——截面有效高度，等于截面压应力较大一侧边缘至截面另一侧纵向钢筋合力点的距离；

f_y——纵向钢筋抗拉强度设计值；

E_s——钢筋弹性模量。

4.4.11 FRP 约束加固圆形截面钢筋混凝土偏心受压构件，当其纵向钢筋沿周边均匀配置，且纵筋数量不少于 6 根时（图 4.4.11），其正截面受压承载力宜按下列规定计算：

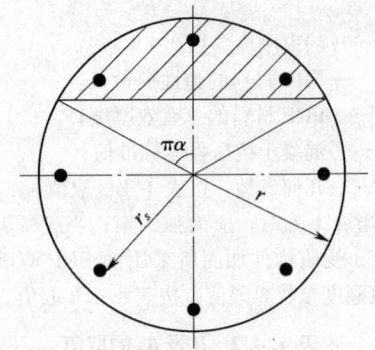

图 4.4.11　沿周边均匀配筋的圆形截面

$$N\leqslant\alpha\alpha_1 f_{cc}A\left(1-\frac{\sin 2\pi\alpha}{2\pi\alpha}\right)+(\alpha_c-\alpha_t)f_y A_s$$

$$(4.4.11\text{-}1)$$

$$Ne_{max}\leqslant\frac{2}{3}\alpha_1 f_{cc}Ar\frac{\sin^3\pi\alpha}{\pi}+f_y A_s r_s\frac{\sin\pi\alpha_c+\sin\pi\alpha_t}{\pi}$$

$$(4.4.11\text{-}2)$$

$$\alpha_c=1.25\alpha-0.125 \quad (4.4.11\text{-}3)$$

$$\alpha_t=1.125-1.5\alpha \quad (4.4.11\text{-}4)$$

$$e_{max}=\max(\eta e_i, e_2+e_a) \quad (4.4.11\text{-}5)$$

$$e_i=e_0+e_a \quad (4.4.11\text{-}6)$$

$$e_0=0.6e_2+0.4e_1\leqslant 0.4e_2 \quad (4.4.11\text{-}7)$$

式中：N——轴向压力设计值；

A——圆形截面面积；

A_s——全部纵向钢筋截面面积；

f_y——纵向钢筋抗拉强度设计值；

r——圆形截面半径；

r_s——纵向钢筋重心所在圆周的半径；

e_i——初始偏心距；

e_a——附加偏心距，按本规范第 4.4.7 条的规定确定；

e_1，e_2——柱两端的偏心距。构件同向受弯时，两者同号；反向受弯时，两者异号。e_2 为两者中绝对值较大者且始终取正值；

e_0——等效偏心距；

e_{max}——计入附加偏心距后等效偏心距和较大端部偏心距两者中的较大值；

η——偏心距增大系数，按本规范第 4.4.15 条的规定确定；

α——对应于受压区混凝土截面面积的圆心角（rad）与 2π 的比值；

α_c——纵向受压钢筋截面面积与全部纵向钢筋截面面积的比值，$0\leqslant\alpha_c\leqslant 1$；

α_t——纵向受拉钢筋截面面积与全部纵向钢筋截面面积的比值，$0\leqslant\alpha_t\leqslant 1$。

4.4.12 FRP 约束加固矩形截面及圆弧化处理矩形截面钢筋混凝土偏心受压构件的正截面受压承载力，应按下列公式计算：

$$N \leqslant \alpha_1 f_{cc} bx + \sigma'_s A'_s - \sigma_s A_s \quad (4.4.12\text{-}1)$$

$$Ne_{\max} \leqslant \alpha_1 f_{cc} bx \left(\frac{h}{2} - \frac{x}{2} \right) + \sigma'_s A'_s \left(\frac{h}{2} - a'_s \right)$$
$$+ \sigma_s A_s \left(\frac{h}{2} - a_s \right) \quad (4.4.12\text{-}2)$$

$$e_{\max} = \max \, (\eta e_i, \ e_2 + e_a) \quad (4.4.12\text{-}3)$$

$$e_i = e_0 + e_a \quad (4.4.12\text{-}4)$$

$$e_0 = 0.6e_2 + 0.4e_1 \leqslant 0.4e_2 \quad (4.4.12\text{-}5)$$

式中：h——偏心方向截面尺寸；

b——与 h 垂直方向截面尺寸；

x——受压区高度；

A'_s——受压较大侧纵向钢筋的截面面积；

A_s——受拉侧或受压较小侧纵向钢筋的截面面积；

σ'_s——受压较大侧纵向钢筋的应力，按本规范第 4.4.13 条的规定确定；

σ_s——受拉侧或受压较小侧纵向钢筋的应力，按本规范第 4.4.14 条的规定确定；

a'_s——受压较大侧纵向钢筋合力点至截面该侧边缘的距离；

a_s——受拉侧或受压较小侧纵向钢筋合力点至截面该侧边缘的距离。

4.4.13 FRP 约束加固矩形截面及圆弧化处理矩形截面钢筋混凝土偏心受压构件受压较大侧的纵向钢筋的应力，应按下列规定确定：

$$\sigma'_s = \varepsilon_{cc,u} \left(1 - \frac{\beta_1 a'_s}{x} \right) E_s \leqslant f'_y \quad (4.4.13)$$

式中：f'_y——纵向钢筋抗压强度设计值。

$\varepsilon_{cc,u}$——FRP 约束混凝土的极限压应变设计值，按本规范第 4.4.6 条的规定确定。

4.4.14 FRP 约束加固矩形截面及圆弧化处理矩形截面钢筋混凝土偏心受压构件受拉侧或受压较小侧的纵向钢筋的应力 σ_s，应按下列规定确定：

1 当 $\xi \leqslant \xi_b$ 时为大偏心受压构件，可取 $\sigma_s = f_y$。

2 当 $\xi > \xi_b$ 时为小偏心受压构件，σ_s 应按下式计算：

$$\sigma_s = \varepsilon_{cc,u} \left(\frac{\beta_1 h_0}{x} - 1 \right) E_s \quad (4.4.14)$$

式中：ξ——相对受压区高度，$\xi = x/h_0$；

ξ_b——相对界限受压区高度，按本规范第 4.4.10 条的规定确定。

4.4.15 FRP 约束加固钢筋混凝土偏心受压构件的偏心距增大系数 η，可按下列公式计算：

$$\eta = 1 + \frac{1.25\varepsilon_{cu} + 0.0017}{8.3e_i/h_0} \left(\frac{l_0}{h} \right)^2 \zeta_1 \zeta_2$$
$$(4.4.15\text{-}1)$$

$$\zeta_1 = \frac{0.8f_{cc}A}{N} \quad (4.4.15\text{-}2)$$

$$\zeta_2 = (1.15 + 30\varepsilon_{ru}) - (0.01 + 6\varepsilon_{ru}) \frac{l_0}{h}$$
$$(4.4.15\text{-}3)$$

当构件的长细比符合下列条件时，取 $\eta = 1$：

$$\frac{l_0}{h} \leqslant \frac{15 \dfrac{e_2 - e_1}{h} + 5}{\dfrac{f_{cc}}{f_c} (1 + 30\varepsilon_{ru,k})} \quad (4.4.15\text{-}4)$$

式中：l_0——柱计算长度，按现行国家标准《混凝土结构设计规范》GB 50010 的有关规定取值；

h——截面尺寸。对圆形截面取直径，对矩形截面及圆弧化处理矩形截面，取其偏心方向的截面尺寸；

h_0——截面有效高度，对圆形截面取 $h_0 = r + r_s$；

A——构件的截面面积；

ζ_1——偏心受压构件的截面曲率修正系数，当 $\zeta_1 > 1$ 时，取 $\zeta_1 = 1$；

ζ_2——构件长细比对截面曲率的影响系数，当 $\zeta_2 > 1$ 时，取 $\zeta_2 = 1$。

4.4.16 FRP 约束加固偏心受压构件除应计算弯矩作用平面的受压承载力外尚应按轴心受压构件验算垂直于弯矩作用平面的受压承载力，验算时，应按本规范第 4.4.7 条的规定计入附加偏心距。

4.5 柱的抗震加固

4.5.1 粘贴 FRP 片材对钢筋混凝土柱进行抗震加固时，宜在柱端箍筋加密区采用沿柱轴向连续封闭粘贴，FRP 片材的纤维方向应与柱轴线垂直。当柱为矩形截面时，截面高度与宽度之比不宜大于 1.5，倒角半径应符合本规范第 4.1.7 条的规定，并宜采用本规范第 4.4.1 条的圆弧化处理方法。

4.5.2 对于矩形框架柱，柱抗震加固后应符合现行国家标准《混凝土结构设计规范》GB 50010 规定的轴压比限值要求。柱端箍筋加密区总折算体积配箍率，应符合下列规定：

$$\rho_{ve} \geqslant \lambda_v \frac{f_c}{f_{yv}} \quad (4.5.2\text{-}1)$$

$$\rho_{ve} = \rho_{sv,v} + \frac{2t_f u \cdot w_f}{A_c \, (w_f + s_f)} \cdot \frac{E_f \varepsilon_{f,e}}{f_{yv}} \quad (4.5.2\text{-}2)$$

式中：ρ_{ve}——考虑柱原有箍筋和加固 FRP 片材的总折算体积配箍率；

$\rho_{sv,v}$——按柱原有箍筋范围以内的核心截面计算的体积配箍率；

λ_v——最小配箍特征值，按现行国家标准《混凝土结构设计规范》GB 50010 表 11.4.17 根据箍筋形式和柱轴压比大小取值；对于圆形截面和符合本规范第 4.4.2 条规定的圆弧化处理的矩形截面，可按螺旋箍计算；

t_f——FRP 片材的总有效厚度（mm）；

u——柱截面周长；

w_f——封闭 FRP 片材条带宽度；

s_f——FRP 片材条带净间距；

A_c——柱截面面积；

$\varepsilon_{f,e}$——封闭连续粘贴 FRP 片材对钢筋混凝土柱抗震加固时 FRP 片材有效应变值，按本规范表 4.5.2 取值。当柱轴压力设计值下的轴压比大于 0.5 时，本规范表 4.5.2 中的值宜乘以 0.8；

f_{yv}——箍筋抗拉强度设计值。

表 4.5.2 抗震加固时 FRP 片材的有效应变

纤维种类 \ 截面形状	矩形截面	圆柱
高强型 CFRP	0.005	0.006
GFRP 和 AFRP	0.007	0.008

4.5.3 对于圆形截面和圆弧化处理的矩形截面柱，并沿柱整个高度连续封闭粘贴 FRP 片材形成 FRP 约束混凝土加固时，轴压比可按下式计算：

$$n = \frac{N}{f_{cc} A_c} \qquad (4.5.3)$$

式中：N——地震作用组合时柱轴向压力设计值；

f_{cc}——FRP 约束混凝土轴心抗压强度设计值，按本规范第 4.4.5 条的规定计算；

A_c——柱截面面积；对于圆弧化处理的矩形截面，仍应按原矩形截面尺寸确定。

4.6 施工和验收

4.6.1 采用粘贴 FRP 片材加固混凝土结构，应由熟悉该技术施工工艺的专业施工队伍承担。在施工前应根据设计要求及施工现场的实际状况编制施工技术方案。

4.6.2 施工现场的环境条件应符合下列规定：

1 施工宜在环境温度为 5℃~35℃ 的条件下进行，当环境温度低于 5℃ 时，应采用适用于低温环境的配套树脂或采取升温措施。

2 当环境湿度超过 70% 时，应计入环境湿度对树脂固化的不利影响。

4.6.3 施工机具的选用应符合下列规定：

1 应根据混凝土的表面情况选用适当的打磨机具。当现场有防尘要求时，应配备除尘设备。

2 底层树脂和浸渍树脂配制时应使用机械搅拌。可使用电动搅拌杆或搅拌机器。

3 采用特制的滚子对纤维布表面进行滚压粘贴。

4.6.4 在粘贴 FRP 片材施工之前，应按下列规定对被加固构件混凝土基层进行处理：

1 应清除被加固构件表面的剥落、疏松、蜂窝、腐蚀等劣化混凝土，并应露出坚实的混凝土结构层，同时应修复平整。

2 应按设计要求对裂缝进行灌缝或封闭处理。

3 被粘贴的混凝土表面应打磨平整，并应除去表层浮浆、油污等杂质，应直至完全露出混凝土结构新面。

4 转角粘贴处应进行倒角处理并打磨成圆弧状，曲率半径应符合本规范第 4.1.7 条的规定。

5 混凝土表面应清理干净并保持干燥。

4.6.5 树脂应按产品使用说明中规定的配比配制，并应搅拌至色泽均匀。树脂的每次拌和量应根据现场实际情况确定，并应按要求严格控制使用时间。

4.6.6 粘贴纤维布施工应按下列步骤和要求进行：

1 混凝土基层应处理。

2 应按设计要求的尺寸裁剪纤维布。

3 应配制并涂刷底层树脂。应采用滚筒刷将配制好的底层树脂均匀涂刷于混凝土表面。在底层树脂表面指触干燥后，应尽快进行下一工序的施工。

4 应配制找平材料并对不平整处进行找平处理。对混凝土表面凹陷部位应采用找平材料填补平整，不应有棱角。转角处采用找平材料修理成为光滑的圆弧，半径应符合本规范第 4.1.7 条的规定。在找平材料表面指触干燥后，应尽快进行下一工序的施工。

5 应配制并涂刷浸渍树脂。应采用滚筒刷将配制好的浸渍树脂均匀涂刷于粘贴部位。

6 应粘贴纤维布。应将纤维布用手轻压贴于需粘贴的位置，应采用专用的滚子顺纤维方向多次滚压，并应挤除气泡，滚压时不得损伤纤维布。

7 多层粘贴时应重复本条第 5 款和第 6 款的步骤，并应在纤维表面的浸渍树脂指触干燥后尽快进行下一层粘贴。

8 在最后一层纤维布的表面应均匀涂抹浸渍树脂。

9 表面应防护。

4.6.7 粘贴 FRP 板施工应按下列步骤和要求进行：

1 混凝土基层应处理。

2 应按设计要求的尺寸切割 FRP 板。当采用表面未经粗糙化处理的 FRP 板时，应将 FRP 板粘贴面打磨处理。

3 应配制并涂抹 FRP 板粘结剂。应将 FRP 板表面擦拭干净，并应立即涂抹配制好的 FRP 板粘结剂，胶层应呈突起状，最小厚度不宜小于 2mm。

4 应粘贴 FRP 板。应将涂有粘结剂的 FRP 板用手轻压贴于需粘贴的位置。应用橡皮滚筒顺纤维方向均匀平稳压实，并应保证密实无空洞。

5 需粘贴两层 FRP 板时，应连续粘贴。底层 FRP 板的两面均应粗糙并擦拭干净。当不能立即粘贴时，再开始粘贴前应对底层 FRP 板重新进行清理。

6 表面应防护。

4.6.8 当因外观要求、避免阳光直射、防止撞击或防火等原因需要进行表面防护时，应保证防护材料与FRP片材之间有可靠的粘结。

4.6.9 碳纤维施工时应采取避免对周围带电设备造成损伤的防护措施。施工完成后应及时清理现场残留的碳纤维片材废料。

4.6.10 施工中应注意下列事项：

1 树脂应密封储存，并应远离火源，同时应避免阳光直接照射。

2 树脂的配制和使用场所应保持通风良好。

3 现场施工人员应采取相应的劳动保护措施。

4 施工过程中应避免碳纤维片材弯折。

4.6.11 粘贴FRP片材加固施工的检验与验收，应符合下列规定：

1 在施工之前，应确认FRP片材和配套树脂类粘结材料的产品合格证、产品质量出厂检验报告，各项性能指标应符合本规范的要求。对于重要的或大型的加固工程，还应对FRP片材和配套树脂类粘结材料进行现场抽样并送检。

2 应严格进行各工序隐蔽工程的检验与验收，应在每道工序检查合格后再进行下一道工序的施工。

3 纤维布与混凝土之间的粘结质量，宜采用小锤敲击法检查，空鼓率不应大于5%。出现空鼓时可采用针管注胶的方法进行修补。当空鼓面积较大难以采用注胶法修补或发现因基层处理不当产生空鼓时，宜将空鼓部位的纤维布切除，然后应重新处理基层并应粘贴等量的纤维布，新贴纤维布应与已贴纤维布搭接，搭接长度应符合本规范第4.1.8条的规定。

4 必要时应按本规范附录F的方法对施工质量进行现场抽样检验。

4.6.12 施工完成后应注意成品维护，后续的施工中在加固部位不应进行有明火的操作，并应避免在加固部位进行穿孔或切割等破坏FRP片材的操作行为。

5 砌体结构加固及修复

5.1 一般规定

5.1.1 本章适用于粘贴纤维布对普通砖和多孔砖砌体墙的面内受剪加固和抗震加固。当有可靠依据时，粘贴纤维布也可用于其他形式的砌体结构加固。

5.1.2 砌体结构加固前，应按国家现行有关标准对原有结构进行检测鉴定或评估。对于粉化和受腐蚀的砌体，应进行表面处理，并应达到粘贴纤维布的要求。严重腐蚀或粉化的砌体不宜采用粘贴纤维布加固。

5.1.3 满足本规范规定的纤维布均可用于砌体结构加固，并应采用配套粘贴树脂。粘贴纤维加固时宜采用多条密布粘贴方式。

5.1.4 粘贴纤维布提高砌体墙面内受剪承载力和抗震承载力的加固方式可包括水平加固方式、斜向加固方式及混合加固方式（图5.1.4），宜采用混合加固方式。

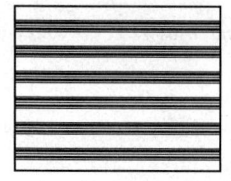 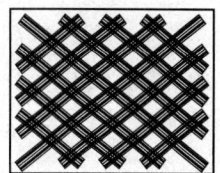

（a）水平加固方式　　（b）斜向加固方式

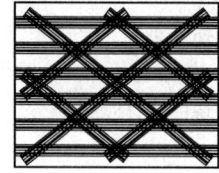

（c）混合加固方式

图5.1.4　纤维布加固方式示意

5.2 砌体墙面内抗剪加固

5.2.1 粘贴纤维布对砌体墙面内受剪承载力加固的受剪截面，应符合下式要求：

$$V \leqslant 0.19 fA \qquad (5.2.1)$$

式中：V——砌体墙面内剪力设计值；

f——砌体的抗压强度设计值；

A——砌体墙水平截面面积。

5.2.2 粘贴纤维布加固砌体墙的面内受剪承载力，应按下式计算：

$$V \leqslant \min \{V_{M1}, V_{M2} + V_F\} \qquad (5.2.2)$$

式中：V_{M1}——沿砌体墙底部水平截面的受剪承载力，按本规范第5.2.3条计算；

V_{M2}——沿砌体墙斜截面砌体部分的受剪承载力，按本规范第5.2.4条计算；

V_F——沿砌体墙斜截面纤维布提供的受剪承载力，按本规范第5.2.5条计算。

5.2.3 粘贴纤维布加固砌体墙沿底面水平截面的受剪承载力 V_{M1}，应按下列公式计算：

$$V_{M1} \leqslant (f_v + \alpha_1 \mu_1 \sigma_0) A \qquad (5.2.3\text{-}1)$$
$$\mu_1 = 0.311 - 0.118 \sigma_0 / f \qquad (5.2.3\text{-}2)$$

式中：A——墙体的水平截面面积，对多孔砖取毛截面面积；当墙面有孔洞时，取净截面面积；

f_v——砌体抗剪强度设计值；

α_1——修正系数，对砖砌体及混凝土砌块砌体，取0.8；

μ_1——剪压复合受力影响系数；

σ_0——永久荷载设计值在计算水平截面上产生

的平均压应力；

　　f——砌体的抗压强度设计值；

　　σ_0/f——墙体轴压比，不应大于 0.8。

5.2.4 沿砌体墙斜截面砌体部分受剪承载力 V_{M2}，应按下列公式计算：

$$V_{M2} = (f_v + \eta \alpha_2 \mu_2 \sigma_0) A \qquad (5.2.4-1)$$

当 $\gamma_G = 1.2$ 时：

$$\mu_2 = 0.26 - 0.082 \sigma_0 / f \qquad (5.2.4-2)$$

当 $\gamma_G = 1.35$ 时：

$$\mu_2 = 0.23 - 0.065 \sigma_0 / f \qquad (5.2.4-3)$$

对于实心砌块的砌体：

$$\eta = 1 + 0.71 \rho_A \qquad (5.2.4-4)$$

对于空心砌块的砌体：

$$\eta = 1 + 0.4 \rho_A \qquad (5.2.4-5)$$

式中：γ_G——恒荷载分项系数；

　　α_2——修正系数，当 $\gamma_G = 1.2$ 时，砖砌体取 0.60，混凝土砌块取 0.64；当 $\gamma_G = 1.35$ 时，砖砌体取 0.64，混凝土砌块取 0.66；

　　μ_2——剪压复合受力影响系数；

　　σ_0/f——墙体轴压比，且不大于 0.8；

　　η——粘贴纤维布加固后对砌体墙受剪承载力的提高系数；

　　ρ_A——墙体两面粘贴纤维布面积加固率的平均值，每面纤维布面积加固率等于扣除加固重叠部分的纤维布加固面积与墙面面积之比。单面粘贴时，未粘贴面的加固率取零。

5.2.5 沿墙体斜截面纤维布提供的受剪承载力 V_F，应按下式计算，

$$V_F = \zeta E_f \varepsilon_{fd} \sum_{i=1}^{n} A_{fi} \cos\theta_i \qquad (5.2.5)$$

式中：ζ——纤维布参与工作系数，对水平加固形式和交叉加固形式分别按表 5.2.5-1 及表 5.2.5-2 取值；对混合加固形式，应分别按水平加固形式和交叉加固形式用式（5.2.5）计算后叠加得到 V_F；

　　E_f——FRP 片材的弹性模量；

　　ε_{fd}——纤维布有效拉应变设计值，取 $\varepsilon_{fd} = \varepsilon_{fe}/\gamma_e$，其中，$\varepsilon_{fe}$ 为纤维布有效拉应变，按表 5.2.5-3 取值；

　　A_{fi}——穿过计算斜截面的第 i 个纤维布条带的截面面积；

　　θ_i——第 i 个纤维布条带受力纤维方向与水平方向的夹角；

　　n——穿过计算斜截面纤维布的条带数。

表 5.2.5-1　水平加固形式纤维布参与工作系数 ζ

墙体高宽比	0.4	0.6	0.8	1.0	1.2
ζ	0.40	0.50	0.55	0.60	0.60

表 5.2.5-2　交叉加固形式纤维布参与工作系数 ζ

穿过计算斜截面纤维布条带数 n	1	2	3	4
ζ	1	0.85	0.7	0.6

表 5.2.5-3　纤维布的有效拉应变 ε_{fe}

端部开放		端部封闭或采用可靠锚固措施	
设置拉条	不设置拉条	设置拉条	不设置拉条
0.0015	0.001	0.002	0.0015

5.3　抗　震　加　固

5.3.1 粘贴纤维布对砌体结构进行抗震加固，宜采用连续粘贴形式增强砌体结构的整体性。

5.3.2 粘贴纤维布加固砌体墙的抗震受剪承载力，应按下式计算：

$$V \leqslant \min \{V_{M1}, (V_{ME} + V_F)/\gamma_{RE}\} \qquad (5.3.2)$$

式中：V_{M1}——沿墙体底部水平截面的受剪承载力，按本规范第 5.2.3 条计算；

　　V_{ME}——砌体墙的抗震受剪承载力，按本规范第 5.3.3 条确定；

　　V_F——沿墙体斜截面纤维布提供的受剪承载力，按本规范第 5.2.5 条确定；

　　γ_{RE}——承载力抗震调整系数，取 0.85。

5.3.3 砌体部分的抗震受剪承载力 V_{ME}，应按下式计算：

$$V_{ME} = \eta \zeta_N f_v A \qquad (5.3.3)$$

式中：V_{ME}——砌体墙的抗震受剪承载力；

　　A——砌体墙水平截面面积。当有孔洞时，取净截面面积；

　　f_v——砌体抗剪强度设计值；

　　ζ_N——砌体抗震抗剪强度的正应力影响系数，按表 5.3.3 取值；

　　η——粘贴纤维布加固后对砌体墙受剪承载力的提高系数，按本规范式（5.2.4-4）或式（5.2.4-5）确定。

表 5.3.3　砌体抗震抗剪强度的正应力影响系数 ζ_N

σ_0/f_v	0.0	1.0	3.0	5.0	7.0	10.0	15.0
ζ_N	0.80	1.00	1.28	1.50	1.70	1.95	2.32

5.4　构　造　要　求

5.4.1 纤维布条带的在全墙面上宜等间距均匀布置，条带宽度不宜小于 100mm，条带的最大净间距不宜大于三皮砌块的高度，也不宜大于 200mm。

5.4.2 沿纤维布条带方向应采取可靠锚固措施，可按图 5.4.2 设置拉结构造。在纤维布受压部位的拉结构造间距宜取 300mm～400mm，其余部位拉结构造间距宜取 400mm～600mm。拉结构造材料可与加固纤维布材料一致。

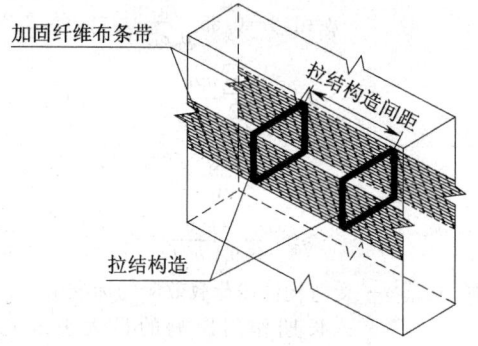

图 5.4.2 沿纤维布条带方向设置拉结构造

5.4.3 纤维布条带端部的锚固构造措施可根据墙体端部情况，按图 5.4.3 所示采用。纤维布条带绕过阳角粘贴时，阳角转角处曲率半径不应小于 20mm。当有可靠的工程依据或试验资料时，也可采用其他机械锚固方式。

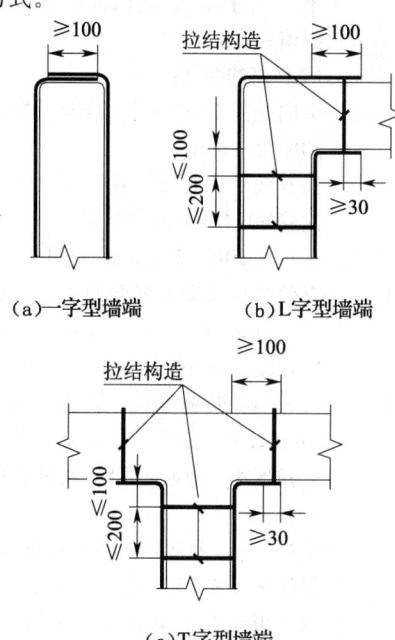

（a）一字型墙端　　　（b）L字型墙端

（c）T字型墙端

图 5.4.3 纤维布条带端部的锚固构造

5.4.4 当采用搭接方式接长纤维布条带时，搭接长度 L_l 应满足下式要求，并应在搭接长度中部设置一道拉结构造：

$$L_l = \max \ (150mm, \ f_{fk}t_f/\tau_{ave}) \quad (5.4.4)$$

式中：f_{fk}——纤维布抗拉强度标准值；

t_f——纤维布的厚度；

τ_{ave}——搭接平均剪切强度，取 4MPa。

5.5 施工和验收

5.5.1 粘贴纤维布加固修复砌体结构的施工，应由熟悉该技术施工工艺的专业施工队伍完成。

5.5.2 粘贴纤维布加固修复砌体结构的施工过程，应按施工准备、表面处理、涂刷底层树脂、涂刷浸渍树脂树脂、粘贴纤维布、表面防护等步骤进行。

5.5.3 粘贴纤维布加固修复砌体结构的施工过程，可按粘贴纤维布加固混凝土结构的施工要求进行，并应符合下列规定：

　　1 在施工准备阶段应按设计要求对拉条构造或其他锚固所需的孔洞进行钻孔，洞口直径不宜大于 8mm，并应在拉结构造施工完成后，采用灌浆料将孔洞填实。

　　2 进行墙体表面处理时，应去除墙体的外抹灰层及粉刷层，并应剔除风化、粉化表面，且在粘贴纤维布范围应采用找平材料将表面修补平整。

　　3 当采用水泥砂浆找平时，应等到水泥砂浆强度大于砌块强度后再进行下一步施工。在涂刷底层树脂时，找半砂浆表面应干燥。

　　4 若底层树脂在指触干燥前被砌体吸收，应在底层树脂干透前对此类部位补充涂刷底层树脂。

5.5.4 粘贴拉结构造纤维布应按下列施工工序进行（图 5.5.4）：

　　1 在表面清理前，应根据拉结构造设计要求在墙体粘贴纤维布条带两侧钻孔。

　　2 粘贴受力纤维布条带后，应将浸渍后的纤维布拉结条带从一侧孔中穿过。

　　3 应将拉条纤维布整理平整粘贴于受力纤维布上，再从另一侧孔中穿回。

　　4 应将拉条纤维布整理平整后，再将其中一端粘贴于受力纤维布上。

　　5 应再将拉条纤维布另一端整理平整后搭接于已经粘贴好的拉条上，并应满足搭接长度的要求。

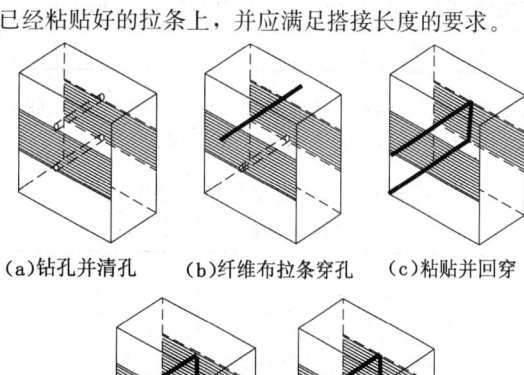

（a）钻孔并清孔　（b）纤维布拉条穿孔　（c）粘贴并回穿

（d）拉条一端粘贴　　　（e）拉条搭接

图 5.5.4 拉结构造纤维布粘贴施工步骤

5.5.5 粘贴纤维布加固修复砌体结构的检验与验收，可按本规范第4.6节的有关规定执行。

6 FRP筋及预应力FRP筋混凝土结构构件

6.1 一般规定

6.1.1 本章适用于FRP筋及预应力FRP筋混凝土梁、板受弯构件。FRP筋可选用耐碱GFRP筋、AFRP筋或CFRP筋。预应力FRP筋应选用CFRP筋和AFRP筋。

6.1.2 FRP筋混凝土构件应进行正常使用极限状态的裂缝宽度、变形计算和承载能力极限状态验算，预应力FRP筋混凝土构件应进行承载能力极限状态计算和正常使用极限状态验算。

6.1.3 荷载效应准永久组合下，FRP筋的应力 σ_{fs} 或预应力FRP筋的应力 $\sigma_{fp,s}$ 不宜大于下式的应力限值 $\sigma_{fs,lim}$。FRP筋的应力 σ_{fs} 应按本规范公式 (6.2.2-5)，将 M_k 改用 M_s 计算确定；预应力FRP筋的应力 $\sigma_{fp,s}$ 应按本规范公式（6.3.9）和公式（6.3.10-5），将 M_k 改用 M_s 计算确定：

$$\sigma_{fs,lim} = f_{fk} / (\gamma_{fc}\gamma_e) \quad (6.1.3)$$

式中：γ_{fc}——正常使用极限状态下FRP筋及预应力FRP筋的徐变断裂折减系数，按表6.1.3取值；

γ_e——FRP材料的环境影响系数，按本规范表3.2.12取值。

表6.1.3 正常使用状态下FRP筋及预应力FRP筋的徐变断裂折减系数 γ_{fc}

FRP筋类型	CFRP筋	AFRP筋	GFRP筋
γ_{fc}	1.4	2.0	3.5

6.1.4 预应力FRP筋应采用后张法施工工艺，张拉控制应力的限值应符合表6.1.4的规定。

表6.1.4 预应力FRP筋的张拉控制应力 σ_{con} 上下限值

FRP筋类型	CFRP筋	AFRP筋
σ_{con} 上限值	$0.65f_{fk}$	$0.55f_{fk}$
σ_{con} 下限值	$0.40f_{fk}$	$0.35f_{fk}$

6.2 FRP筋混凝土受弯构件

6.2.1 FRP筋混凝土受弯构件按荷载效应标准组合，并应计入长期作用影响的最大裂缝宽度限值取0.5mm，挠度变形限值可按现行国家标准《混凝土结构设计规范》GB 50010的有关规定执行。

6.2.2 FRP筋混凝土受弯构件按荷载效应的标准组合并计入长期作用影响的最大裂缝宽度，应按下列公式计算：

$$w_{max} = 2.1\psi\frac{\sigma_{fk}}{E_f}\left(1.9c + 0.08\frac{d_{eq}}{\rho_{te}}\right) \quad (6.2.2-1)$$

$$\psi = 1.1 - 0.65\frac{f_{tk}}{\rho_{te}\sigma_{fk}} \quad (6.2.2-2)$$

$$d_{eq} = \frac{\sum n_i d_i^2}{\sum n_i v_i d_i} \quad (6.2.2-3)$$

$$\rho_{te} = \frac{A_f}{A_{te}} \quad (6.2.2-4)$$

$$\sigma_{fk} = \frac{M_k}{0.9A_f h_0 f} \quad (6.2.2-5)$$

式中：w_{max}——受弯构件按荷载效应的标准组合并计入长期作用影响的最大裂缝宽度（mm）；

ψ——裂缝间纵向受拉FRP筋应变不均匀系数：当 $\psi < 0.2$ 时，取 $\psi = 0.2$；当 $\psi > 1$ 时，取 $\psi = 1$；对直接承受重复荷载的构件，取 $\psi = 1$；

σ_{fk}——荷载效应标准组合下FRP筋的应力，不应大于本规范第6.1.3条规定的限值；

E_f——FRP筋的弹性模量；

c——纵向受拉FRP筋外边缘至受拉区底边的距离（mm）；

ρ_{te}——按有效受拉混凝土截面面积计算的纵向受拉FRP筋的配筋率；

A_f——受拉区FRP筋的截面面积；

A_{te}——有效受拉混凝土截面面积，对受弯构件，取 $A_{te} = 0.5bh + (b_f - b)h_f$，其中，$b_f$、$h_f$ 为受拉翼缘的宽度、高度；

d_{eq}——受拉区纵向FRP筋的等效直径（mm）；

d_i——受拉区第 i 种纵向FRP筋的公称直径（mm）；

n_i——受拉区第 i 种纵向FRP筋的根数；

v_i——受拉区纵向FRP筋的相对粘结特性系数。根据FRP筋表面特性不同，参照试验数据，取粘结试验所得的FRP筋粘结强度与同条件带肋钢筋的粘结强度的比值。当 v_i 大于1.5时，取1.5；无试验数据时，可取0.7；

M_k——按荷载效应标准组合计算的弯矩值，取计算区段内的最大弯矩值；

h_{0f}——FRP筋合力点距混凝土受压区边缘的距离（mm）。

6.2.3 FRP筋混凝土受弯构件的挠度计算可按现行国家标准《混凝土结构设计规范》GB 50010的有关

规定执行。对于矩形、T形、倒T形和I形截面受弯构件，按荷载效应标准组合并计入长期作用影响的截面抗弯刚度，可按下式计算：

$$B_l = \frac{M_k}{M_q (\theta-1) + M_k} B_s \quad (6.2.3)$$

式中：B_l——截面抗弯刚度；

M_q——按荷载效应准永久组合计算的弯矩值，取计算区段内的最大弯矩值；

B_s——荷载效应标准组合作用下受弯构件的短期抗弯刚度，按本规范第6.2.4条确定；

θ——考虑荷载长期作用对挠度增大的影响系数。当 $\rho'=0$ 时，取 $\theta=2$；当 $\rho'=\rho$ 时，取 $\theta=1.6$；当 ρ' 为中间数值时，θ 按线性内插法取用。此处，$\rho'=A'_s/(bh_0)$，$\rho=A_f/(bh_0)$。对于翼缘位于受拉区的倒T形截面，θ 应增加20%。当有可靠工程经验或测试数据时，可按实际情况取值。

6.2.4 荷载效应标准组合作用下FRP筋混凝土受弯构件的短期抗弯刚度，可按下列公式计算：

$$B_s = \frac{E_f A_f h_{0f}^2}{1.15\psi + 0.2 + \dfrac{6\alpha_{fE}\rho_f}{1+3.5\gamma'_f}} \quad (6.2.4\text{-}1)$$

$$\gamma'_f = \left[(b'_f - b) \, h'_f \right] / (bh_{0f}) \quad (6.2.4\text{-}2)$$

式中：B_s——短期抗弯刚度；

ψ——裂缝间纵向受拉FRP应变不均匀系数，按本规范第6.2.2条确定；

α_{fE}——FRP筋弹性模量与混凝土弹性模量的比值，$\alpha_{fE}=E_f/E_c$；

ρ_f——纵向受拉FRP筋的配筋率，取 $\rho=A_f/(bh_{0f})$；

γ'_f——受压翼缘截面面积与腹板有效截面面积的比值。

6.2.5 FRP筋混凝土受弯构件的正截面受弯承载力，应按下列基本假定进行计算：

1 截面应变保持平面；

2 不应计入混凝土的抗拉强度；

3 混凝土受压的应力应变的关系曲线应按现行国家标准《混凝土结构设计规范》GB 50010 的有关规定执行；

4 受拉FRP筋的应力应取等于FRP筋应变与其弹性模量的乘积，但其绝对值不应大于其抗拉强度设计值；

5 不应计入受压区FRP筋的影响。

6.2.6 纵向受拉FRP筋达到设计强度与受压区混凝土破坏同时发生的相对界限受压区高度 ζ_{fb} 及相应的配筋率 ρ_{fb}，应按下列公式计算：

$$\zeta_{fb} = \frac{\beta_1 \varepsilon_{cu}}{\varepsilon_{cu} + f_{fd}/E_f} \quad (6.2.6\text{-}1)$$

$$\rho_{fb} = \frac{\alpha_1 f_c}{f_{fd}} \cdot \zeta_{fb} \quad (6.2.6\text{-}2)$$

式中：ζ_{fb}——相对界限受压区高度；

ρ_{fb}——相应的配筋率；

α_1、β_1——系数，按国家标准《混凝土结构设计规范》GB 50010 第7.1.3条的规定执行；

ε_{cu}——正截面混凝土极限压应变，取0.0033；

f_{fd}——FRP筋的抗拉强度设计值，按本规范公式（3.2.12）取值；

E_f——FRP筋的弹性模量；

ρ_{fb}——当FRP筋与受压边缘混凝土同时达到极限应变时，FRP筋混凝土梁的平衡配筋率。

6.2.7 不同FRP筋配筋率下的FRP有效设计应力 f_{fe}，应按下列公式计算：

$$f_{fe} = \begin{cases} f_{fd} & (\rho_f \leqslant \rho_{fb}) \\ f_{fd}\left[1-0.211\,(\rho_f/\rho_{fb}-1)^{0.2}\right] & (\rho_{fb}<\rho<1.5\rho_{fb}) \\ f_{fd}\,(\rho_f/\rho_{fb})^{-0.50} & (\rho_f \geqslant 1.5\rho_{fb}) \end{cases}$$

$$(6.2.7)$$

式中：ρ_f——纵向受力FRP筋的配筋率，取 $\rho_f = \dfrac{A_f}{bh_{0f}}$。

6.2.8 正截面受弯极限承载力应按下列公式计算：

1 当 $\rho_{min}<\rho_f<\rho_{fb}$ 时：

$$M \leqslant 0.9 f_{fe} A_f h_{0f} \quad (6.2.8\text{-}1)$$

2 当 $\rho_f \geqslant \rho_{fb}$ 时：

$$M \leqslant f_{fe} A_f (h_{0f} - x/2) \quad (6.2.8\text{-}2)$$

$$x = \frac{f_{fe} A_f}{f_c b} \quad (6.2.8\text{-}3)$$

式中：ρ_{min}——FRP筋混凝土梁的最小配筋率，$\rho_{min} = \dfrac{1.1 f_t}{f_{fd}}$；

ρ_{fb}——当FRP筋与受压边缘混凝土同时达到极限应变时，FRP筋混凝土梁的平衡配筋率；

A_f——FRP筋横截面面积；

f_c——混凝土轴心抗压强度设计值；

f_{fe}——FRP筋的有效设计应力值，按本规范公式（6.2.7）确定；

f_{fd}——FRP筋的极限抗拉强度，按本规范公式（3.2.12）取值；

f_t——混凝土轴心抗拉强度设计值；

b——构件截面宽度；

h_{0f}——FRP筋合力点距构件顶面的距离；

x——混凝土受压区高度。

6.2.9 采用FRP筋作为箍筋的混凝土构件的斜截面受剪承载力，应按下列公式计算：

$$V \leqslant V_c + V_f \quad (6.2.9\text{-}1)$$

$$V_c = 0.86 f_t b_w c \quad (6.2.9\text{-}2)$$

$$c = kh_{0f} \quad (6.2.9\text{-}3)$$

$$k = \sqrt{2\rho_f\alpha_f + (\rho_f\alpha_f)^2} - \rho_f\alpha_f \quad (6.2.9\text{-}4)$$

$$\rho_f = A_f / b_w h_{0f} \quad (6.2.9\text{-}5)$$

式中：V——构件斜截面上的最大剪力设计值；

V_c——构件斜截面上混凝土受剪承载力设计值；

V_f——构件斜截面上箍筋受剪承载力设计值；

b_w——矩形截面的宽度，T 形截面或 I 形截面的腹板宽度；

c——截面中和轴至受压区边缘的距离；

A_f——纵向受拉 FRP 筋截面面积；

ρ_f——纵向受拉 FRP 筋配筋率；

α_f——FRP 筋弹性模量与混凝土弹性模量的比值；

h_{0f}——纵向受拉 FRP 筋合力点至截面受压区边缘的距离。

6.2.10 受弯构件斜截面上箍筋受剪承载力设计值 V_f，应按下列公式计算：

1 当配置垂直于构件轴线的箍筋时：

$$V_f = \frac{A_{fv} f_{fv} h_{0f}}{s} \quad (6.2.10\text{-}1)$$

$$A_{fv} = n A_{fv1} \quad (6.2.10\text{-}2)$$

2 当配置不垂直于构件轴线的箍筋时：

$$V_f = \frac{A_{fv} f_{fv} h_{0f}}{s}(\sin\alpha + \cos\alpha) \quad (6.2.10\text{-}3)$$

3 当配置连续 FRP 矩形螺旋箍筋时：

$$V_f = \frac{A_{fv} f_{fv} h_{0f}}{s}\sin\alpha \quad (6.2.10\text{-}4)$$

4 箍筋的抗拉强度设计值应按下列公式确定：

$$f_{fv} = \min\{0.004E_f, \phi_{bend} f_{fd}\} \quad (6.2.10\text{-}5)$$

$$\phi_{bend} = \left(0.3 + 0.05\frac{r_v}{d_v}\right) \quad (6.2.10\text{-}6)$$

式中：f_{fv}——箍筋的抗拉强度设计值；

A_{fv}——配置在同一截面内箍筋各肢的全部截面面积；

n——同一截面内箍筋的肢数；

A_{fv1}——单肢箍筋的截面面积；

f_{fv}——箍筋的抗拉强度设计值；

s——沿构件长度方向上的箍筋间距或螺旋筋的间距；

α——倾斜箍筋或螺旋筋与构件纵向轴线的夹角；

E_f——箍筋的弹性模量；

r_v——FRP 箍筋的弯折半径；

d_v——FRP 箍筋的直径。

5 当 $V > 0.375V_c$ 时，箍筋的配筋率不应小于最小配筋率 $\rho_{fv,min}$，最小配筋率应按下式计算：

$$\rho_{fv,min} = \frac{A_{fv,min}}{b_w s} = 0.35 f_t / f_{fv} \quad (6.2.10\text{-}7)$$

6.2.11 采用钢筋作为箍筋的混凝土构件的斜截面受剪承载力应按现行国家标准《混凝土结构设计规范》

GB 50010 的有关规定计算。

6.3 预应力 FRP 筋混凝土受弯构件

6.3.1 预应力 FRP 筋混凝土受弯构件的预应力损失，可按下列规定计算：

1 锚具变形和预应力筋内缩引起的预应力损失值 σ_{l1}，可按下列规定计算：

1）直线预应力 FRP 筋：

$$\sigma_{l1} = \frac{\alpha}{l}E_f \quad (6.3.1\text{-}1)$$

式中：a——张拉端锚具变形和 FRP 筋内缩值（mm），可按表6.3.1-1采用；

l——张拉端至锚固端之间的距离（mm）；

E_f——FRP 筋的弹性模量。

2）曲线或折线预应力 FRP 筋，应根据预应力曲线 FRP 筋或折线 FRP 筋与孔道壁之间反向摩擦影响长度 l_f 范围内的预应力 FRP 筋变形值等于锚具变形和 FRP 筋内缩值的条件确定，具体计算公式可按现行国家标准《混凝土结构设计规范》GB 50010 的有关规定确定。在无实测数据时，内缩值可按表 6.3.1-1 采用，有实测数据时应取实测值。

表 6.3.1-1 锚具类型和预应力 FRP 筋内缩值 a（mm）

锚 具 类 型	a
粘结型锚具	1～2
夹片型锚具	8

注：表中夹片型锚具的内缩值是有顶压时的内缩值。

2 预应力 FRP 筋与孔道壁间的摩擦引起的预应力损失值 σ_{l2}，可按下列规定计算：

$$\sigma_{l2} = \sigma_{con}\left(1 - \frac{1}{e^{kx+\mu\theta}}\right) \quad (6.3.1\text{-}2)$$

当 $(kx + \mu\theta) \leqslant 0.2$ 时，σ_{l2} 可按下列公式计算：

$$\sigma_{l2} = (kx + \mu\theta)\sigma_{con} \quad (6.3.1\text{-}3)$$

式中：σ_{con}——预应力 FRP 筋的张拉控制应力值；

x——张拉端至计算截面的孔道长度（mm）；对于曲线预应力筋，可近似取该段孔道在构件纵轴上的投影长度；

θ——张拉端至计算截面曲线孔道部分切线的夹角（rad）；

k——考虑孔道每米长度局部偏差的摩擦系数，在无实测数据时，可按表 6.3.1-2 采用，有实测数据时取实测值；

μ——预应力 FRP 筋与孔道壁之间的摩擦系数，在无实测数据时，可按表 6.3.1-2 采用，有实测数据时取实测值。

表 6.3.1-2　预应力 FRP 筋与孔道壁间摩擦系数

FRP 筋类型	k（m）	μ（/rad）
CFRP 筋	0.004	0.30
AFRP 筋	0.003	0.25

注：国产 CFRP 筋 k 取 0.0015；μ 取 0.35。

3　预应力 FRP 筋的松弛损失 σ_{l4}，可按下列公式计算：

$$\sigma_{l4} = r\sigma_{con} \tag{6.3.1-4}$$

$$r = a + b\log T \tag{6.3.1-5}$$

式中：r——松弛损失率，当无实测数据确定系数 a 和 b 时，对于设计基准期为 50 年的预应力 FRP 筋受弯构件，r 也可按表 6.3.1-3 的数值取用；

　　　a，b——系数；

　　　T——设计基准期。

表 6.3.1-3　预应力 FRP 筋的松弛损失率

FRP 筋类型	松弛损失率（%）
CFRP 筋	2.2
AFRP 筋	16.0

注：AFRP 筋张拉锚固前应进行持荷，持荷时间应超过 1h。如未进行持荷，表中松弛损失率需增大至 20%。

4　对于后张法预应力 FRP 筋混凝土受弯构件，由混凝土收缩和徐变引起的预应力损失 σ_{l5}，可按下式计算：

$$\sigma_{l5} = \frac{35 + 280\sigma_{pc}/f'_{cu}}{200 \times (1 + 15\rho)} \cdot E_{fp} \tag{6.3.1-6}$$

$$\rho = (A_{fp} + A_s) / (bh_0) \tag{6.3.1-7}$$

式中：σ_{l5}——预应力损失；

　　　σ_{pc}——预应力 FRP 筋合力点处的混凝土法向压应力；

　　　E_{fp}——预应力 FRP 筋的弹性模量；

　　　ρ——预应力 FRP 筋和非预应力筋的配筋率；

　　　f'_{cu}——施加预应力时的混凝土立方体抗压强度。

5　由季节温差造成的温差损失 σ_{l6}，可按下式计算：

$$\sigma_{l6} = \Delta T \cdot |\alpha_f - \alpha_c| \cdot E_{fp} \tag{6.3.1-8}$$

式中：ΔT——年平均最高（或最低）温度与预应力筋张拉锚固时的温差；

　　　α_f、α_c——FRP 筋、混凝土的轴向温度膨胀系数。α_f 与 FRP 筋的种类有关，无产品指标时可按最不利情况在表 6.3.1-4 范围内取用。

表 6.3.1-4　FRP 筋、混凝土的轴向温度膨胀系数

材　料	轴向温度膨胀系数（1×10^{-5}）
CFRP 筋	0.6～1.0
AFRP 筋	−2.0～−6.0
混凝土	1.2

6.3.2　预应力 FRP 筋混凝土受弯构件正截面受弯承载力应按本规范第 6.2.5 条的基本假定进行计算。如同时配有纵向非预应力钢筋，则钢筋的应力取值应取等于钢筋应变与其弹性模量的乘积，但其绝对值不应大于其相应的强度设计值。纵向受拉钢筋的极限拉应变应取 0.01。

6.3.3　纵向非预应力受拉钢筋屈服与受压区混凝土破坏同时发生时的相对界限受压区高度，应按下式计算：

$$\xi_b = \frac{\beta_1 \varepsilon_{cu}}{\varepsilon_{cu} + f_y/E_s} \tag{6.3.3}$$

式中：ξ_b——相对界限受压区高度；

　　　β_1——为受压区高度系数，按国家标准《混凝土结构设计规范》GB 50010 第 7.1.3 条的规定计算；

　　　ε_{cu}——正截面混凝土极限压应变，取 0.0033；

　　　E_s——纵向受拉钢筋的弹性模量；

　　　f_y——纵向受拉钢筋的抗拉强度设计值。

6.3.4　纵向预应力 FRP 筋达到设计强度与受压区混凝土破坏同时发生的相对平衡受压区高度应按下式计算：

$$\xi_{fp,b} = \frac{\beta_1 \varepsilon_{cu}}{\varepsilon_{cu} + (f_{fpd} - \sigma_{fp0})/E_{fp}} \tag{6.3.4}$$

式中：$\xi_{fp,b}$——相对平衡受压区高度；

　　　E_{fp}——预应力 FRP 筋的弹性模量；

　　　σ_{fp0}——预应力 FRP 筋合力点处混凝土法向应力等于零时的预应力 FRP 筋的应力，按本规范第 6.3.14 条规定进行计算；

　　　f_{fpd}——预应力 FRP 筋的抗拉强度设计值。

6.3.5　同时配有预应力 FRP 筋和普通钢筋的混凝土受弯构件的正截面受弯承载力应符合下列规定：

1　当 $\xi_{fp,b}h_{0fp} \leqslant x < \xi_b h_0$ 时（图 6.3.5-1）：

$$M \leqslant f_y A_s \left(h_0 - \frac{x}{2}\right) + \sigma_{fp} A_{fp} \left(h_{0fp} - \frac{x}{2}\right)$$
$$+ f'_y A'_s \left(\frac{x}{2} - a'_s\right) + \alpha_1 f_c (b'_f - b) h'_f \left(\frac{x}{2} - \frac{h'_f}{2}\right) \tag{6.3.5-1}$$

$$\begin{cases} \alpha_1 f_c bx = f_y A_s - f'_y A'_s + \sigma_{fp} A_{fp} - \alpha_1 f_c (b'_f - b) h'_f \\ x = \dfrac{\beta_1 \varepsilon_{cu}}{\varepsilon_{cu} + (\sigma_{fp} - \sigma_{fp0})/E_{fp}} h_{0fp} \end{cases}$$

$$\tag{6.3.5-2}$$
$$\tag{6.3.5-3}$$

2　当 $x < 2a'_s$ 时：

$$M_u \leqslant f_y A_s \ (h_0 - a'_s) \ + \sigma_{fp} A_{fp} \ (h_{fp} - a'_s)$$

(6.3.5-4)

$$\sigma_{fp} A_{fp} = 2\alpha_1 f_c b a'_s + \alpha_1 f_c \ (b'_f - b) \ h'_f - f_y A_s + f'_y A'_s$$

(6.3.5-5)

3 对于矩形截面，取 b'_f 等于 b；对于 T 形截面，首先取 b 等于 b'_f 进行计算，当计算所得的 $x >$ h'_f 时，用实际的 b、b'_f 重新计算。

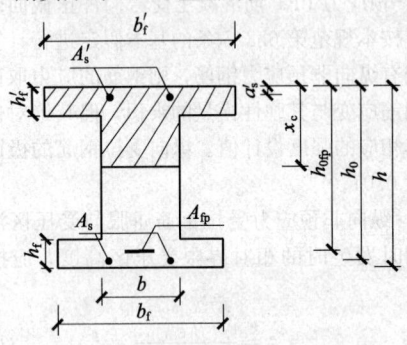

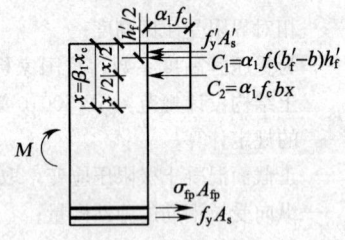

图 6.3.5-1　配有普通钢筋的预应力 FRP
筋受弯构件正截面受弯承载力计算
（$\xi_{fp,b} h_{0fp} \leqslant x < \xi_b h_0$ 时）

4 当按式（6.3.5-2）和式（6.3.5-3）计算所得 $x <$ $\xi_{fp,b} h_{0fp}$ 时（图 6.3.5-2），混凝土实际受压区高度 x_c 应重新按公式（6.3.5-6）～公式（6.3.5-11）计算确定，正截面受弯承载力应按公式（6.3.5-12）确定：

$$\alpha_1 f_c b \beta_1 x_c + f'_y A'_s + \alpha_1 f_c \ (b'_f - b) \ h'_f = f_y A_s + f_{fpd} A_{fp}$$

(6.3.5-6)

$$\frac{x_c}{h_{0f} - x_c} = \frac{\varepsilon_c}{(f_{fpd} - \sigma_{fp0}) / E_{fp}}$$

(6.3.5-7)

当 $0 \leqslant \varepsilon_c \leqslant \varepsilon_0$ 时：

$$\beta_1 = \frac{4\varepsilon_0 - \varepsilon_c}{6\varepsilon_0 - 2\varepsilon_c}$$

(6.3.5-8)

$$\alpha_1 = \frac{1}{\beta_1} \left(\frac{\varepsilon_c}{\varepsilon_0} - \frac{\varepsilon_c^2}{3\varepsilon_0^2} \right)$$

(6.3.5-9)

当 $\varepsilon_0 \leqslant \varepsilon_c \leqslant 0.0033$ 时：

$$\beta_1 = 2 - \frac{6 - \dfrac{\varepsilon_0^2}{\varepsilon_c^2}}{6 - 2\dfrac{\varepsilon_0}{\varepsilon_c}}$$

(6.3.5-10)

$$\alpha_1 = \frac{1}{\beta_1} \left(1 - \frac{\varepsilon_0}{3\varepsilon_c} \right)$$

(6.3.5-11)

$$M \leqslant f_y A_s \left(h_0 - \frac{1}{2}\beta_1 x_c \right) + f_{fpd} A_{fp} \left(h_{0fp} - \frac{1}{2}\beta_1 x_c \right) + f'_y A'_s$$
$$\left(\frac{1}{2}\beta_1 x_c - a'_s \right) + \alpha_1 f_c \ (b'_f - b_f) \ h'_f \left(\frac{1}{2}\beta_1 x_c - \frac{h_f}{2} \right)$$

(6.3.5-12)

式中：M——弯矩设计值；

α_1、β_1——分别为等效矩形应力图的应力系数和受压区高度系数，当 $\xi_{fp,b} h_{0fp} \leqslant x < \xi_b h_0$ 时，按现行国家标准《混凝土结构设计规范》GB 50010 第 7.1.3 条的规定计算，当 $x < \xi_{fp,b} h_{0fp}$ 时，按公式（6.3.5-8）～公式（6.3.5-11）计算；

ε_{cu}——正截面混凝土极限压应变，取 0.0033；

f_c——混凝土轴心抗压强度设计值；

f_y——受拉区钢筋的抗拉强度设计值；

A_s——受拉区所配钢筋的截面面积；

f'_y——受压区钢筋的抗拉强度设计值；

A'_s——受压区所配钢筋的截面面积；

E_{fp}——预应力 FRP 筋的弹性模量；

A_{fp}——所配预应力 FRP 筋横截面面积；

σ_{fp}——预应力 FRP 筋的应力，$\sigma_{fp} = E_{fp} \varepsilon_{fp}$，其中，$\varepsilon_{fp}$ 为 FRP 筋的应变；

h_0——钢筋合力点距构件顶面的距离；

b——构件截面宽度；

h'_f——T 形、I 形截面受压区的翼缘高度；

b'_f——T 形、I 形截面受压区的翼缘计算宽度，按现行国家标准《混凝土结构设计规范》GB 50010 第 7.2.3 条的规定计算；

h_{0fp}——预应力 FRP 筋合力点距构件顶面的距离；

a'_s——受压区纵向钢筋合力点至截面受压边缘的距离；

f_c——混凝土轴心抗压强度设计值。

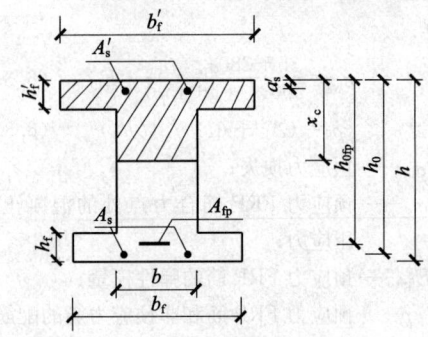

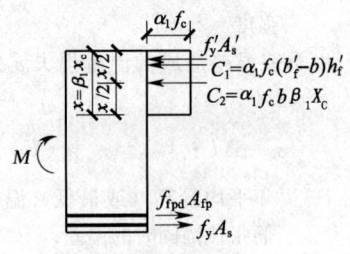

图 6.3.5-2　配有普通钢筋的预应力 FRP 筋
受弯构件正截面受弯承载力
计算（$x < \xi_{fp,b} h_{0fp}$ 时）

6.3.6 同时配有预应力 FRP 筋和非预应力 FRP 筋的混凝土受弯构件，应按平截面假定根据截面上内力平衡和力矩平衡建立方程组设计计算，设计时应保证承载能力极限状态下非预应力 FRP 筋的 $\sigma_f < f_{fd}$。

6.3.7 预应力 FRP 筋混凝土构件应进行正常使用极限状态抗裂和变形验算，并应进行预应力 FRP 筋应力验算。FRP 筋混凝土构件的容许挠度可按现行国家标准《混凝土结构设计规范》GB 50010 第 3.3.2 条的规定确定。

6.3.8 预应力 FRP 筋混凝土受弯构件中当非预应力筋采用普通钢筋时，其抗裂控制要求可按现行国家标准《混凝土结构设计规范》GB 50010 的有关规定执行；当非预应力筋采用 FRP 筋时，其抗裂控制要求可根据工程需要确定，但最大裂缝宽度不应超过0.5mm。

6.3.9 预应力 FRP 筋的等效应力 $\sigma_{fp,k}$ 应按下式计算，计算结果不应大于本规范第 6.1.3 条规定的 FRP 筋拉应力限值：

$$\sigma_{fp,k} = \sigma_{fp0} + \frac{E_f}{E_s}\sigma_{sk} \quad (6.3.9)$$

式中：$\sigma_{fp,k}$——等效应力；

σ_{sk}——按荷载效应的标准组合计算的预应力 FRP 筋混凝土受弯构件中纵向受拉筋的等效应力，按本规范式（6.3.10-5）计算。

6.3.10 在荷载效应的标准组合下，当受拉边缘混凝土名义拉应力 $\sigma_{ck} - \sigma_{pc} < f_{tk}$，且非预应力筋采用普通钢筋时，抗裂验算可按现行国家标准《混凝土结构设计规范》GB 50010 的规定进行验算；当受拉边缘混凝土名义拉应力 $\sigma_{ck} - \sigma_{pc} \geq f_{tk}$，在荷载效应标准组合下并计入长期作用影响的最大裂缝宽度，可按下列公式计算：

$$w_{max} = 2.1\psi \frac{\sigma_{sk}}{E_s}\left(1.9c + 0.08\frac{d_{eq}}{\rho_{te}}\right)$$
$$(6.3.10\text{-}1)$$

$$\psi = 1.1 - 0.65\frac{f_{tk}}{\rho_{te}\sigma_{sk}} \quad (6.3.10\text{-}2)$$

$$d_{eq} = \frac{\sum n_i d_i^2}{\sum n_i v_i d_i} \quad (6.3.10\text{-}3)$$

$$\rho_{te} = \frac{A_s + A_f E_f/E_s}{A_{te}} \quad (6.3.10\text{-}4)$$

$$\sigma_{sk} = \frac{M_k \pm M_2 - N_{p0}\,(z - e_p)}{(A_f E_f/E_s + A_s)\,z} \quad (6.3.10\text{-}5)$$

$$z = \left[0.87 - 0.12\,(1 - \gamma_f')\left(\frac{h_0}{e}\right)^2\right]h_0$$
$$(6.3.10\text{-}6)$$

$$e = e_p + \frac{M_k \pm M_2}{N_{p0}} \quad (6.3.10\text{-}7)$$

式中：ψ——裂缝间纵向受拉钢筋应变不均匀系数，按本规范公式（6.2.2-2）计算；

σ_{sk}——按荷载效应标准组合计算的预应力 FRP 筋混凝土受弯构件纵向受拉筋等效拉

应力；

E_s——钢筋的弹性模量；

E_f——FRP 筋的弹性模量；

c——纵向 FRP 筋外边缘至受拉区底边的距离（mm）；

ρ_{te}——按有效受拉混凝土截面面积计算的纵向受拉筋的等效配筋率；

A_f——受拉区 FRP 筋的截面面积；

A_{te}——有效受拉混凝土截面面积：对轴心受拉构件，取构件截面面积；对受弯、偏心受压和偏心受拉构件，取 $A_{te} = 0.5bh + (b_f - b)\,h_f$；其中，$b_f$、$h_f$ 为受拉翼缘的宽度、高度；

d_{eq}——受拉区纵向筋的等效直径（mm）；

d_i——受拉区第 i 种纵向筋的公称直径（mm）；

n_i——受拉区第 i 种纵向筋的根数；

v_i——受拉区第 i 种筋的相对粘结特性系数。根据 FRP 筋表面特性不同，按已有的试验数据取值。无试验数据时，也可根据 FRP 筋表面特征近似按 0.11~0.14 值选用；

M_k——按荷载效应的标准组合计算的弯矩值；

M_2——后张法预应力混凝土超静定结构构件中的次弯矩；

z——受拉区纵向非预应力钢筋和预应力 FRP 筋合力点至截面受压区合力点的距离；

e_p——混凝土法向预应力等于零时全部纵向非预应力钢筋和预应力 FRP 筋的合力 N_{p0} 的作用点至受拉区纵向非预应力钢筋和预应力 FRP 筋的合力点的距离。

6.3.11 预应力 FRP 筋混凝土受弯构件的抗弯刚度 B_s，应按下列公式计算：

1 不出现裂缝的受弯构件：

$$B_s = 0.85E_c I_0 \quad (6.3.11\text{-}1)$$

2 出现裂缝的受弯构件：

$$B_s = \frac{0.85E_c I_0}{k_{cr} + (1 - k_{cr})\,\omega} \quad (6.3.11\text{-}2)$$

$$k_{cr} = \frac{M_{cr}}{M_k} \quad (6.3.11\text{-}3)$$

$$\omega = \left(1.0 + \frac{0.21}{\alpha_E \bar{\rho}}\right)(1 + 0.45\gamma_f) - 0.7$$
$$(6.3.11\text{-}4)$$

$$\alpha_E = E_s/E_c \quad (6.3.11\text{-}5)$$

$$\bar{\rho} = (A_{fp}E_f/E_s + A_s)/(bh_0) \quad (6.3.11\text{-}6)$$

$$M_{cr} = (\sigma_{pc} + \gamma f_{tk})W_0 \quad (6.3.11\text{-}7)$$

式中：E_c——混凝土的弹性模量；

I_0——换算截面惯性矩；

α_E——纵向受拉钢筋的弹性模量与混凝土弹性模量的比值；

$\bar{\rho}$——纵向受拉筋的等效配筋率；

γ_f——受拉翼缘截面面积与腹板有效截面面积的比值；

k_{cr}——预应力混凝土受弯构件正截面的开裂弯矩 M_{cr} 与弯矩 M_k 的比值，当 $k_{cr} > 1.0$ 时，取 $k_{cr} = 1.0$；

σ_{pc}——扣除全部预应力损失后，由预加力在抗裂验算边缘产生的混凝土预压应力；

γ——混凝土构件的截面抵抗矩塑性影响系数，按现行国家标准《混凝土结构设计规范》GB 50010 第8.2.4条的规定确定；

f_{tk}——混凝土抗拉强度标准值。

6.3.12 预应力 FRP 筋混凝土受弯构件的受剪截面，应符合现行国家标准《混凝土结构设计规范》GB 50010 的有关规定。

6.3.13 预应力 FRP 筋混凝土受弯构件的斜截面受剪承载力，应符合下列规定：

1 采用普通钢筋作箍筋的构件应符合下列规定：

$$V \leqslant V_{cs} + V_p \quad (6.3.13\text{-}1)$$
$$V_p = 0.05 N_{p0} \quad (6.3.13\text{-}2)$$

式中：V_{cs}——构件斜截面上混凝土和箍筋的受剪承载力设计值，按现行国家标准《混凝土结构设计规范》GB 50010 的有关规定计算；

V_p——由预加力所提高的构件受剪承载力设计值；

N_{p0}——计算截面上混凝土法向预应力等于零时的纵向预应力筋及非预应力筋的合力，按现行国家标准《混凝土结构设计规范》GB 50010 的有关规定计算。

2 采用 FRP 筋作箍筋的构件应符合下列规定：

$$V \leqslant V_{cf} + V_p \quad (6.3.13\text{-}3)$$

式中：V_{cf}——构件斜截面上混凝土和 FRP 箍筋的受剪承载力设计值，按本规范第 6.2.9 条的规定计算。

6.3.14 预应力 FRP 筋合力点处混凝土法向应力等于零时的预应力 FRP 筋的应力 σ_{fp0}，应按下列公式计算：

1 先张法构件：

$$\sigma_{fp0} = \sigma_{con} - \sigma_l \quad (6.3.14\text{-}1)$$

2 后张法构件：

$$\sigma_{fp0} = \sigma_{con} - \sigma_l + (E_{fp}/E_c)\sigma_{pc} \quad (6.3.14\text{-}2)$$

6.4 构 造 要 求

6.4.1 FRP 筋不宜用作受压筋，但可作为架立筋。不应采用光圆表面的 FRP 筋。

6.4.2 纵向 FRP 筋的配筋率不应小于最小配筋率 $\rho_{f,min}$，最小配筋率可按下式计算：

$$\rho_{f,min} = \frac{1.1 f_t}{f_{fd}} \quad (6.4.2)$$

6.4.3 FRP 箍筋应有锚固段。锚固可采用 90°的弯钩（图6.4.3），弯钩处的搭接长度应满足下式要求，箍筋的弯折半径 r_v 与 d_b 的比值不得小于 3：

$$l_{thf} \geqslant 12 d_b \quad (6.4.3)$$

式中：l_{thf}——弯钩处的搭接长度；

d_b——圆形箍筋直径或矩形箍筋高度。

6.4.4 FRP 筋用于混凝土板时，最小保护层的厚度不应小于 15mm；用于混凝土梁时，最小保护层厚度不应小于 20mm。

6.4.5 曲线预应力 FRP 筋的曲率半径应大于 5m，并应大于孔道直径的 100 倍。预应力 FRP 筋的净间距应大于孔道直径。

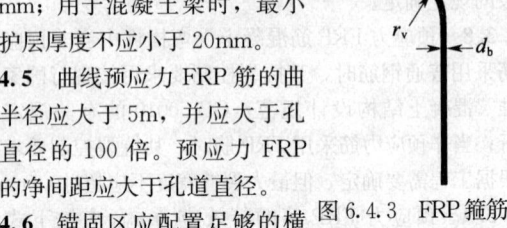

图 6.4.3 FRP 箍筋弯折的构造要求

6.4.6 锚固区应配置足够的横向间接钢筋。先张法锚固区长度应取预应力 FRP 筋的直径的 65 倍。

6.4.7 张拉结束后，应切断过长的 FRP 筋，并应保留不小于 30mm 的余量，且应对外露的锚具涂刷防腐剂，并应用不低于 C30 的细石混凝土密实封堵，封堵混凝土中应配置构造钢筋。

6.4.8 受拉 FRP 筋的锚固长度应通过试验确定。无试验数据时，锚固长度可按式（6.4.8）计算，且 GFRP 筋、AFRP 筋和 CFRP 筋的最小锚固长度分别不应小于 20d、25d 和 35d。当锚固长度不足时，应采用可靠的机械锚固措施。

$$l_a = \frac{f_{fd}}{8 f_t} d \quad (6.4.8)$$

6.4.9 纵向受力的 FRP 筋水平方向的净间距不应小于 25mm 或 FRP 筋的最大直径。当需要配置多层纵向 FRP 筋时，各层 FRP 筋之间的净间距不应小于 25mm 或 FRP 筋的最大直径。超过 2 根 FRP 筋不应捆绑在一起作为一根 FRP 筋使用。

6.4.10 对于 FRP 筋的搭接连接，应按国家标准《混凝土结构设计规范》GB 50010 第 9.4 节的有关规定执行。

7 FRP 管组合构件

7.1 一 般 规 定

7.1.1 本章适用于采用 FRP 圆管的组合桥墩、塔柱及桩等受压构件，包括 FRP 管混凝土组合构件和 FRP 管-混凝土-钢管组合构件。用于 FRP 管混凝土组合构件的 FRP 圆管径厚比不应大于 80；用于 FRP 管-混凝土-钢管组合构件的 FRP 圆管径厚比不应大于 200。

7.1.2 用于 FRP 管组合构件时，应根据 FRP 管的受力状态对纤维取向及铺层进行专门设计。当采用角铺设层合管时，宜采用对称、平衡的铺层方式，并应将不同角度的纤维分散布置。用于 FRP 管混凝土组合构件的 FRP 管，宜采用正交各向异性对称层合管，采用角铺设层合管时在轴向和环向都应布置足够的纤维；用于 FRP 管-混凝土-钢管组合构件的 FRP 管，纤维取向及铺层应满足 FRP 管主要用于承受环向应力的要求，当采用角铺设层合管时在环向应布置足够的纤维。

7.1.3 FRP 圆管组合构件中 FRP 管的环向刚度，应满足下式规定：

$$\frac{E_f t_f}{f_{c,k} r} \geq 6.5 \qquad (7.1.3)$$

式中：E_f——FRP 管的等效环向抗拉弹性模量，即 $E_f = E_{\theta t,eff}$；

t_f——FRP 圆管的壁厚，即 $t_f = t_{frp}$；

r——FRP 管内核心混凝土半径。

7.1.4 FRP 管混凝土组合构件内可配或不配钢筋。当 FRP 管混凝土组合构件内不配钢筋时，设计中应避免极限状态时 FRP 管受拉区破坏。

7.1.5 混凝土强度等级不应低于 C30，且不应高于 C60。设计中宜计入混凝土的收缩、徐变及 FRP 与混凝土间的温差对组合构件的不利影响。

7.1.6 荷载效应准永久组合下，FRP 管中的最大应力不宜大于本规范第 6.1.3 条规定的应力限值。

7.1.7 FRP 管组合构件施工中，FRP 管可兼作混凝土的模板使用，并应根据施工阶段的受力状况，验算 FRP 管的强度、稳定性和变形。

7.1.8 当 FRP 管组合构件的长细比不满足下列条件时，设计中应合理计入二阶效应的影响：

$$\frac{l_0}{d} \leq \frac{15 \dfrac{e_2 - e_1}{d} + 5}{\dfrac{f_{cc}}{f_c}(1 + 30\varepsilon_{ru,k})} \qquad (7.1.8)$$

式中：l_0——构件计算长度，按现行国家标准《混凝土结构设计规范》GB 50010 的有关规定取值；

d——FRP 管内直径；

$\varepsilon_{ru,k}$——FRP 管的环向极限应变标准值，对 FRP 管混凝土组合构件按本规范第 7.2.1 条的规定确定，对 FRP 管-混凝土-钢管组合构件按本规范第 7.3.3 条的规定确定；

f_{cc}——FRP 约束混凝土抗压强度设计值，按本规范第 7.2.2 条的规定确定，为极限状态时 FRP 约束混凝土的应力；

e_1，e_2——构件两端的荷载偏心距。构件同向受弯时，两者同号；反向受弯时，两者异号。e_2 为两者中绝对值较大者且始终取正值。

7.1.9 FRP 管受压组合构件正常使用极限状态，应符合下列规定：

1 混凝土压应变不应超过 0.002。

2 对于内配钢筋的 FRP 管混凝土组合构件，其纵向钢筋不应达到其屈服强度标准值。

3 对于 FRP 管-混凝土-钢管组合构件，其内部钢管不应达到其屈服强度标准值。

7.2 FRP 管混凝土组合构件

7.2.1 FRP 圆管混凝土组合构件轴心受压时的 FRP 管的环向极限应变标准值 $\varepsilon_{ru,k}$，应按下式确定：

$$\varepsilon_{ru,k} = \frac{1}{1 - v_{x\theta,eff} v_{\theta x,eff}}(\varepsilon_{f\theta,k} - v_{x\theta,eff}\varepsilon_{fx,k}) \quad (7.2.1)$$

式中：$v_{x\theta,eff}$、$v_{\theta x,eff}$——FRP 层合管等效泊松比，按本规范第 3.2.11 条规定的试验方法确定，其中 $v_{x\theta,eff}$ 为轴向应力作用下环向应变与轴向应变之比值的绝对值，$v_{\theta x,eff}$ 为环向应力作用下轴向应变与环向应变之比值的绝对值；

$\varepsilon_{f\theta,k}$——FRP 圆管环向极限应变标准值，按本规范附录 A 确定；

$\varepsilon_{fx,k}$——FRP 圆管轴向极限应变标准值，按本规范附录 A 确定。

7.2.2 FRP 圆管混凝土组合受压构件中混凝土的受压应力—应变关系，应按下列规定确定：

1 FRP 圆管混凝土轴心受压构件中混凝土的应力—应变关系，应采用本规范第 7.2.1 条规定的环向极限应变，并应按本规范第 4.4.4～4.4.6 条规定确定。计算约束混凝土的轴心抗压强度及极限压应变设计值时，应取 $E_f = E_{\theta t,eff}$，$t_f = t_{frp}$。当计算得出的约束混凝土极限压应变值大于由本规范第 3.2.11 条规定的 FRP 条形压缩试件试验方法确定的极限压应变时，应取 FRP 条形压缩试件试验方法确定的极限压应变为约束混凝土的极限压应变。

2 FRP 圆管混凝土受弯构件中混凝土的受压应力-应变关系，应按下列公式确定：

当 $0 \leq \varepsilon_{cc} \leq \dfrac{2f_c}{E_1}$ 时：

$$\sigma_{cc} = E_1\varepsilon_{cc} - \frac{E_1^2}{4f_c}\varepsilon_{cc}^2 \qquad (7.2.2-1)$$

当 $\dfrac{2f_c}{E_1} \leq \varepsilon_{cc} \leq \varepsilon_{cc,ub}$ 时：

$$\sigma_{cc} = f_c \qquad (7.2.2-2)$$

式中：E_1——FRP 约束混凝土应力-应变曲线第一段斜率，取无约束混凝土弹性模量；

f_c——混凝土轴心抗压强度设计值；

$\varepsilon_{cc,ub}$——受弯构件中 FRP 约束混凝土极限应变设计值，取轴心受压 FRP 圆管混凝土本规范第 3.2.11 条第 4、第 5 款规定的试验方法所得极限压应变的较小值。

3 FRP圆管混凝土偏压构件中混凝土应力-应变关系,应按下列公式确定:

当 $0 \leqslant \varepsilon_{cc} \leqslant \varepsilon_t$ 时:

$$\sigma_{cc} = E_1 \varepsilon_{cc} - \frac{(E_1 - E_{2,ec})^2}{4f_c} \varepsilon_{cc}^2 \quad (7.2.2-3)$$

当 $\varepsilon_t \leqslant \varepsilon_{cc} \leqslant \varepsilon_{cc,uec}$ 时:

$$\sigma_{cc} = f_c + E_{2,ec} \varepsilon_{cc} \quad (7.2.2-4)$$

$$\varepsilon_t = \frac{2f_c}{E_1 - E_{2,ec}} \quad (7.2.2-5)$$

$$E_{2,ec} = E_2 \frac{d}{d + e_i} \quad (7.2.2-6)$$

$$\varepsilon_{cc,uec} = (\varepsilon_{cc,u} - \varepsilon_{cc,ub}) \frac{d}{d + e_i} + \varepsilon_{cc,ub} \quad (7.2.2-7)$$

式中: ε_t——FRP约束混凝土应力-应变曲线第一段至第二段转折点的应变;

$E_{2,ec}$——偏压构件中FRP约束混凝土应力-应变曲线第二段斜率;

E_2——轴压构件FRP约束混凝土应力-应变曲线第二段斜率,按本规范第4.4.4条的规定确定;

$\varepsilon_{cc,uec}$——偏压构件中FRP约束混凝土极限压应变设计值;

$\varepsilon_{cc,u}$——轴压构件中FRP约束混凝土极限压应变设计值;

$\varepsilon_{cc,ub}$——受弯构件中FRP约束混凝土极限压应变设计值;

d——FRP管内直径;

e_i——初始偏心距,按本规范第7.2.4条的规定确定。

7.2.3 计算FRP圆管混凝土轴心受压构件正截面承载力时,应按本规范第7.2.4条的规定计入附加偏心距。在计入附加偏心距后,应将轴心受压构件视为偏心受压构件的特例,其正截面受压承载力计算应与偏心受压构件正截面受压承载力计算统一,应按本规范第7.2.4和7.2.5条的规定执行。

7.2.4 FRP圆管混凝土偏心受压构件正截面承载力应满足下列公式的要求,且应在设计中避免FRP管受拉区破坏:

$$N \leqslant N_{sc} + N_{fc} + N_c - N_{st} - N_{ft} \quad (7.2.4-1)$$

$$M \leqslant M_{st} + M_{ft} + M_{sc} + M_{fc} + M_c \quad (7.2.4-2)$$

$$M = N \cdot e_i \quad (7.2.4-3)$$

$$e_i = e_0 + e_a \quad (7.2.4-4)$$

式中: N——外荷载产生的轴向压力设计值;

M——外荷载产生的弯矩设计值;

N_{st}、M_{st}——受拉钢筋合力设计值及其对截面中心的力矩;

N_{ft}、M_{ft}——受拉FRP合力设计值及其对截面中心的力矩;

N_{sc}、M_{sc}——受压钢筋合力设计值及其对截面中心的

力矩;

N_{fc}、M_{fc}——受压FRP合力设计值及其对截面中心的力矩;

N_c、M_c——受压混凝土合力设计值及其对截面中心的力矩;

e_i——初始偏心距;

e_0——轴向压力对截面重心的偏心距,$e_0 = e_2$;

e_a——附加偏心距,取20mm和 $d/30$ 两者中的较大者。

7.2.5 当FRP圆管混凝土偏心受压构件纵向钢筋沿周边均匀配置、且纵筋数量不少于6根时,N_{st}、M_{st}、N_{ft}、M_{ft}、N_{sc}、M_{sc}、N_{fc}、M_{fc}、N_c、M_c 应按下列方法计算(见图7.2.5):

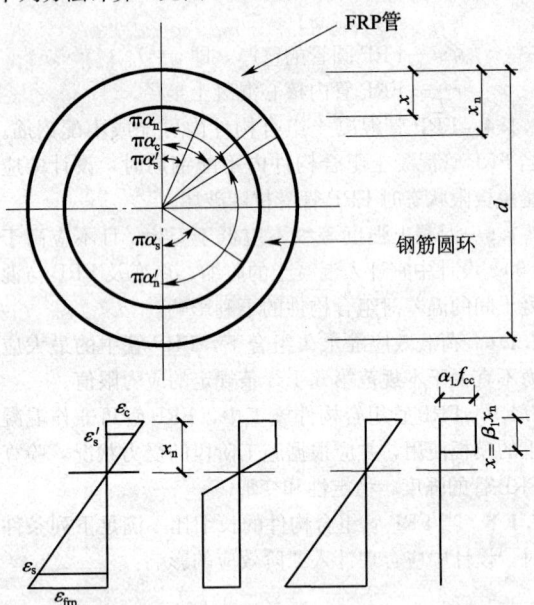

图7.2.5 圆形截面应力、应变分布

1 受拉钢筋合力设计值 N_{st} 及其对截面中心的力矩,宜按下列公式计算:

$$N_{st} = A_s f_y \alpha_s + k_{stn} E_s A_s \quad (7.2.5-1)$$

$$M_{st} = f_y A_s r_s \frac{\sin \pi \alpha_s}{\pi} + k_{stm} E_s A_s r_s \quad (7.2.5-2)$$

$$k_{stn} = \frac{r_s(\sin \pi \alpha_{ns}' - \sin \pi \alpha_s) + r(\pi \alpha_{ns}' - \pi \alpha_s)\cos \pi \alpha_n}{\pi} \phi \quad (7.2.5-3)$$

$$k_{stm} = \left[\frac{r_s}{4}(2\pi \alpha_{ns}' - 2\pi \alpha_s + \sin 2\pi \alpha_{ns}' - \sin 2\pi \alpha_s) + r \cos \pi \alpha_n (\sin \pi \alpha_{ns}' - \sin \pi \alpha_s) \right] \frac{\phi}{\pi} \quad (7.2.5-4)$$

式中: N_{st}——受拉钢筋合力设计值;

A_s——钢筋总面积;

$2\pi \alpha_s$——受拉钢筋屈服应变对应的圆心角(从受压区端部逆时针计起);当所有受拉

钢筋都未屈服时，α_s 取为 0;

$2\pi\alpha_n$——中和轴处 FRP 管对应的圆心角（从受压区端部顺时针计起）;

$2\pi\alpha_{ns}'$——中和轴处钢筋对应的圆心角（从受拉区端部逆时针计起）;

r_s——钢筋圆环半径;

f_y——受拉钢筋屈服强度设计值;

ϕ——极限状态时截面曲率，恒取正值;

E_s——钢筋弹性模量。

2 受拉 FRP 合力设计值 N_{ft} 及其对截面中心的力矩 M_{ft}，宜按下列公式计算：

$$N_{ft}=k_{ftn}E_{xt,eff}t_{frp}r \quad (7.2.5\text{-}5)$$

$$M_{ft}=k_{ftm}E_{xt,eff}t_{frp}r^2 \quad (7.2.5\text{-}6)$$

$$k_{ftn}=2(r\sin\pi\alpha_n'+r\pi\alpha_n'\cos\pi\alpha_n)\phi \quad (7.2.5\text{-}7)$$

$$k_{ftm}=\left[\frac{r}{2}(2\pi\alpha_n'+\sin2\pi\alpha_n')+2r\cos\pi\alpha_n\sin\pi\alpha_n'\right]\phi \quad (7.2.5\text{-}8)$$

式中：r——FRP 管内半径;

$E_{xt,eff}$、t_{frp}——FRP 圆管等效轴向抗拉弹性模量及厚度;

$2\pi\alpha_n'$——中和轴处 FRP 管对应的圆心角（从受拉区端部逆时针计起）。

3 受压钢筋合力设计值 N_{sc} 及其对截面中心的力矩 M_{sc}，宜按下列公式计算：

$$N_{sc}=A_sf_y'\alpha_s'+k_{scn}E_sA_s \quad (7.2.5\text{-}9)$$

$$M_{sc}=f_y'A_sr_s\frac{\sin\pi\alpha_s'}{\pi}+k_{scm}E_sA_sr_s \quad (7.2.5\text{-}10)$$

$$k_{scn}=\frac{r_s(\sin\pi\alpha_{ns}-\sin\pi\alpha_s')-r(\pi\alpha_{ns}-\pi\alpha_s')\cos\pi\alpha_n}{\pi}\phi \quad (7.2.5\text{-}11)$$

$$k_{scm}=\left[\frac{r_s}{4}(2\pi\alpha_{ns}-2\pi\alpha_s'+\sin2\pi\alpha_{ns}-\sin2\pi\alpha_s')\right.$$
$$\left.-r\cos\pi\alpha_n(\sin\pi\alpha_{ns}-\sin\pi\alpha_s')\right]\frac{\phi}{\pi} \quad (7.2.5\text{-}12)$$

式中：$2\pi\alpha_s'$——受压钢筋屈服应变对应的圆心角（从受压区端部顺时针计起）;当所有受压钢筋都未屈服时，α_s' 取为 0;

$2\pi\alpha_{ns}$——中和轴处钢筋对应的圆心角（从受压区端部顺时针计起）;

f_y'——受压钢筋屈服强度设计值。

4 受压 FRP 合力设计值 N_{fc} 及其对截面中心的力矩 M_{fc}，宜按下列公式计算：

$$N_{fc}=\beta_fk_{fcn}E_{xc,eff}t_{frp}r \quad (7.2.5\text{-}13)$$

$$M_{fc}=\beta_fk_{fcm}E_{xc,eff}t_{frp}r^2 \quad (7.2.5\text{-}14)$$

$$k_{fcn}=2(r\sin\pi\alpha_n-r\pi\alpha_n\cos\pi\alpha_n)\phi \quad (7.2.5\text{-}15)$$

$$k_{fcm}=\left[\frac{r}{2}(2\pi\alpha_n+\sin2\pi\alpha_n)-2r\cos\pi\alpha_n\sin\pi\alpha_n\right]\phi \quad (7.2.5\text{-}16)$$

$$\beta_f=\frac{1-v_{\theta x,eff}\dfrac{\varepsilon_{f\theta}}{\varepsilon_{cc,max}}}{1-v_{x\theta,eff}v_{\theta x,eff}} \quad (7.2.5\text{-}17)$$

式中：$E_{xc,eff}$——FRP 圆管等效轴向抗压弹性模量;

β_f——FRP 圆管抗压区极限承载力折减系数;

$\varepsilon_{cc,max}$——极限状态时截面受压区混凝土最大应变值。

5 受压混凝土合力设计值 N_c 及其对截面中心的力矩 M_c，宜按下列公式计算：

$$N_c=\alpha_1k_{cn}\sigma_{cc,max}r^2 \quad (7.2.5\text{-}18)$$

$$M_c=\frac{2}{3}\alpha_1\sigma_{cc,max}r^3\sin^3\pi\alpha_c \quad (7.2.5\text{-}19)$$

$$k_{cn}=(2\pi\alpha_c-\sin2\pi\alpha_c)/2 \quad (7.2.5\text{-}20)$$

$$\alpha_1=1.17-0.2\frac{\sigma_{cc,max}}{f_c} \quad (7.2.5\text{-}21)$$

式中：α_1——混凝土强度等效系数;

$2\pi\alpha_c$——混凝土矩形等效应力块底端对应的圆心角，矩形等效应力块由图 7.2.5 确定，β_1 取 0.9;

$\sigma_{cc,max}$——极限状态时截面受压区混凝土最大应力值。

7.2.6 FRP 管混凝土组合构件受剪承载力，应按下列公式计算：

$$V\leqslant V_{cs}+V_f \quad (7.2.6\text{-}1)$$

$$V_f=\sum_{i=1}^{n_s}\frac{\pi}{2}t_{fi}E_{fi}\varepsilon_{fa}h(\sin\alpha_i+\cos\alpha_i)\sin\alpha_i \quad (7.2.6\text{-}2)$$

式中：V——外荷载产生的剪力设计值;

V_{cs}——混凝土和箍筋承担的剪力设计值，按现行国家标准《混凝土结构设计规范》GB 50010 的有关规定计算;

V_f——FRP 管承担的剪力设计值;

α_i——第 i 层纤维方向与构件轴向的夹角，对图 7.2.6 所示构件从轴向顺时针计起;

h——构件截面直径;

E_{fi}——第 i 层层板的纤维方向表观弹性模量;

t_{fi}——第 i 层层板的厚度;

ε_{fa}——纤维允许拉应变，取 $\varepsilon_{fa}=0.004$;

n_s——纤维层数。

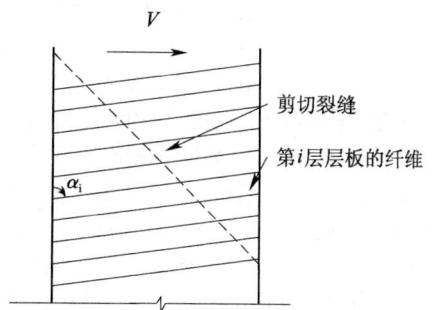

图 7.2.6　剪力作用下 FRP 管第 i 层层板纤维示意

7.3 FRP 管-混凝土-钢管组合构件

7.3.1 本节的 FRP 管-混凝土-钢管组合构件仅限于截面如图7.3.1所示之受压构件。该组合构件空心率 χ 可按下式确定，且 χ 的设计取值范围宜为 0.6~0.8：

$$\chi = \frac{d_i}{d_0} \qquad (7.3.1)$$

式中：d_i——混凝土内径；

d_0——混凝土外径。

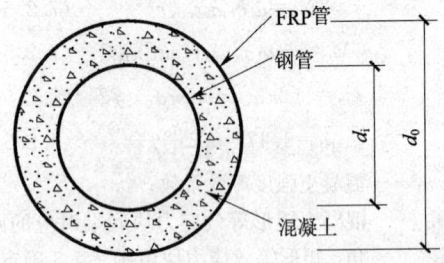

图 7.3.1 FRP 管-混凝土-钢管组合构件截面

7.3.2 用于该组合构件的 FRP 管中纤维所提供的轴向刚度不宜超过其环向刚度的 5%，超过该限值时，则宜限制组合构件中 FRP 管达到极限状态时的轴向压应力不超过 FRP 管的材料轴向抗压强度的 50%。组合构件中 FRP 管达到极限状态时的轴向压应力应按本规范附录 A 确定，而 FRP 管的材料轴向抗压强度则应由本规范第 3.2.11 条第 2 款确定。用于该组合构件的钢管径厚比宜小于 70。当钢管径厚比大于 40 且小于 70 时，钢管的屈服强度应进行折减，折减系数应按下式确定：

$$\beta_s = \frac{190 - D_s/t_s}{150} \qquad (7.3.2)$$

式中：D_s——钢管的直径；

t_s——钢管的厚度。

7.3.3 FRP 管-混凝土-钢管组合构件轴心受压时的 FRP 管的环向极限应变标准值，应按下式确定：

$$\varepsilon_{ru,k} = \frac{1}{1 - v_{\theta x,eff} v_{\theta x,eff}} \left[0.7\varepsilon_{f\theta,k} - v_{x\theta,eff}\varepsilon_{fx,k} \left(1 - \chi\right)^{0.22} \right]$$

$$(7.3.3)$$

式中：$v_{\theta x,eff}$、$v_{\theta x,eff}$——FRP 层合管等效泊松比；

$\varepsilon_{f\theta,k}$——FRP 圆管环向极限应变标准值，按本规范附录 A 确定；

$\varepsilon_{fx,k}$——FRP 圆管轴向极限应变标准值，按本规范附录 A 确定。

7.3.4 FRP 管-混凝土-钢管组合构件中混凝土的受压应力-应变关系，应按下列规定确定：

1 FRP 管-混凝土-钢管轴压构件中混凝土的应力-应变关系，应按本规范第 4.4.4 条的规定确定，其中约束混凝土的轴心抗压强度设计值，应采用本规范第 7.3.3 条规定的环向极限应变，并应按本规范第 4.4.5 条的规定确定，E_f、t_f 应按本规范第 7.2.2 条

规定取值，r 应取为 $d_0/2$；约束混凝土的极限压应变设计值，应采用本规范第 7.3.3 条规定的环向极限应变，并应按下式确定：

$$\varepsilon_{cc,u} = 0.0033 + 0.6\beta_j^{0.8}\varepsilon_{ru}^{1.45}\left(1 - \chi\right)^{-0.22}$$

$$(7.3.4)$$

式中：β_j——约束刚度参数，按本规范第 4.4.2 条的规定确定。

2 FRP 管-混凝土-钢管偏压构件中混凝土的受压应力-应变关系，可按本规范第 7.2.2 条的有关规定确定。

7.3.5 FRP 管-混凝土-钢管轴心受压构件和偏心受压构件正截面承载力，可采用本规范第 7.3.4 条规定的约束混凝土受压应力-应变关系，应按本规范第 7.2.3 和 7.2.4 由截面分析确定。

7.3.6 FRP 管-混凝土-钢管组合构件的受剪承载力，应按下式计算：

$$V \leqslant V_{cs} + V_f \qquad (7.3.6)$$

式中：V——外荷载产生的剪力设计值；

V_{cs}——混凝土和钢管承担的剪力设计值，可按现行国家标准《混凝土结构设计规范》GB 50010 的计算原理采用保守的近似计算方法确定；

V_f——FRP 管承担的剪力设计值，可按本规范第 7.2.6 条的规定确定。

7.4 构造要求

7.4.1 FRP 管和混凝土之间、混凝土和钢管之间，应采取抗滑移措施。FRP 管应具有粗糙或凹凸不平的内表面，FRP 管内壁和钢管外壁不得有油渍粉尘等污物，并宜在混凝土中加入适量的膨胀剂。

7.4.2 FRP 管组合构件的长细比宜满足下式要求。当超出下式限值时，施工时应采取有效的支承措施：

$$\frac{l_0}{d_{frp}} \leqslant 54\sqrt[3]{\frac{E_{xc,eff}t_{frp}}{d_{frp}^2}} \qquad (7.4.2)$$

式中：l_0——构件的计算长度；

d_{frp}、t_{frp}——FRP 管的直径、厚度；

$E_{xc,eff}$——FRP 圆管等效轴向抗压弹性模量（MPa）。

7.4.3 FRP 管内混凝土宜连续浇灌，必须间隙时，间隙时间不应超过混凝土终凝时间。

7.4.4 FRP 管内混凝土的浇灌质量，可用敲击管壁的方法进行初步检查，如有异常，则应用超声波检测，应严格控制浇灌混凝土的施工步骤。

8 FRP-混凝土组合梁

8.1 一般规定

8.1.1 本章规定由 FRP 梁式构件与混凝土翼板通过

抗剪连接构造组合形成的整体受弯的构件，可用于简支梁体系。

8.1.2 组合梁中 FRP 构件的截面形式宜采用箱形或工形，可由夹芯板或层合板构成，并应根据构件的受力状态进行纤维方向和铺层设计。采用 GFRP 构件时，与混凝土翼板连接的界面处的纤维应选用无碱玻璃纤维或耐碱玻璃纤维，基体树脂宜选用环氧树脂。

8.1.3 FRP 应按线弹性材料计算，等效弹性常数与各项强度标准值由与 FRP 构件中相同材料、相同铺层构造和相同工艺条件的试件，应按标准试验方法试验确定，应按本规范式（3.2.12）确定强度设计值。FRP 构件的材料参数可按本规范附录 B 及复合材料层合板理论、Tsai-Wu 理论及首层破坏准则确定。组合梁中混凝土的强度等级不应低于 C30 级，并应按现行国家标准《混凝土结构设计规范》GB 50010 的有关规定进行设计。

8.1.4 组合梁 FRP 构件与混凝土翼板的连接界面应按完全抗剪连接进行设计，剪力连接件宜采用沿横向通长设置的树脂混凝土条、FRP 波形板、FRP 小工字梁或有可靠依据的其他类型连接件。

8.1.5 FRP-混凝土组合梁混凝土翼板的有效宽度 b_e（图 8.1.5），应按下式计算：

$$b_e = b_{f1} + b_1 + b_2 \qquad (8.1.5)$$

式中：b_e——混凝土翼板的有效宽度；

b_{f1}——FRP 构件的顶板宽度；

b_1、b_2——组合梁外侧和内侧混凝土翼板的计算宽度，各取梁跨 l 的 1/6 和翼板厚度 h_c 的 6 倍中的较小值。此外，b_1 尚不应超过混凝土翼板实际外伸宽度 s_1；b_2 不应超过相邻 FRP 构件顶板间的净距 s_0 的 1/2。当为中间梁时，$b_1 = b_2$。

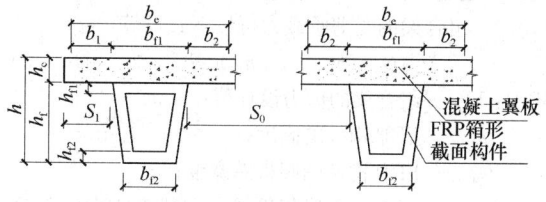

(a)FRP箱型截面-混凝土组合梁

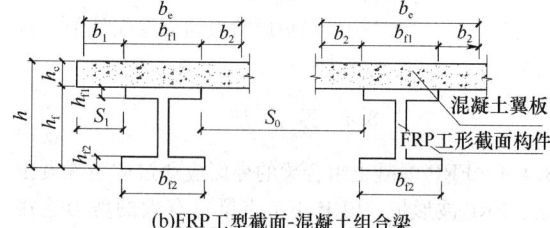

(b)FRP工型截面-混凝土组合梁

图 8.1.5　混凝土翼板的有效宽度

8.1.6 组合梁的挠度应按弹性方法计算，并应按本规范第 8.5.3 条的规定计入混凝土收缩和徐变以及 FRP 徐变的影响。

8.1.7 组合梁应按混凝土受压破坏的极限状态计算抗弯承载力，应避免 FRP 构件受拉断裂、剪切断裂和界面剪力连接破坏等脆性破坏，还应计算温差及温度产生的变形差对组合梁的不利影响。

8.1.8 组合梁施工中，FRP 构件可兼作混凝土翼板的模板使用，若梁下无临时支承，则混凝土硬结前的材料重量和施工荷载应由 FRP 构件承受，应验算 FRP 构件的强度、稳定性和变形。施工完成后的使用阶段，组合梁承受的续加荷载产生的变形应与施工阶段 FRP 构件的变形相叠加。

8.1.9 长期荷载组合作用下，FRP 构件中的等效应力与其材料强度标准值之比，CFRP 不应超过 0.7，AFRP 不应超过 0.5，GFRP 不应超过 0.4。

8.2　受弯承载力计算

8.2.1 FRP-混凝土组合梁受弯极限承载力的计算，应采用下列基本假定：

1 在承载力极限状态，FRP 构件和混凝土之间应没有脱离和滑移，界面剪力应有效传递。

2 组合梁截面应变保持平面。

3 不应计入 FRP 构件腹板对组合梁受弯承载力的贡献，也不应计入混凝土翼板受拉区混凝土和受压区纵向钢筋的作用。

4 组合梁混凝土翼板的应力应按等效矩形应力分布简化计算。

5 组合梁 FRP 构件顶板和底板的应力应沿其高度均匀分布，其值应等于顶板和底板的弹性模量与其 1/2 厚度处正应变的乘积，正应变不得超过顶板和底板的极限正应变设计值。

8.2.2 FRP-混凝土组合梁的受弯承载力应按下列规定计算（图 8.2.2）：

1 当 $x < h_c$ 时：

$$M \leqslant \alpha_1 f_c b_e x \left(h_c - \frac{x}{2} \right) + E_{f1} \varepsilon_{f1} b_{f1} \frac{h_{f1}^2}{2} + E_{f2} \varepsilon_{f2} b_{f2} h_{f2} \left(h_f - \frac{h_{f2}}{2} \right) \qquad (8.2.2-1)$$

2 当 $x \geqslant h_c$ 时：

$$M \leqslant \alpha_1 f_c b_e \frac{h_c^2}{2} + E_{f1} \varepsilon_{f1} b_{f1} \frac{h_{f1}^2}{2} + E_{f2} \varepsilon_{f2} b_{f2} h_{f2} \left(h_f - \frac{h_{f2}}{2} \right) \qquad (8.2.2-2)$$

3 FRP 构件中各处的应变应符合下列规定：

$$-\varepsilon_{fd,c1} \leqslant \varepsilon_{f1} \leqslant \varepsilon_{fd,t1} \qquad (8.2.2-3a)$$

$$-\varepsilon_{fd,c2} \leqslant \varepsilon_{f2} \leqslant \varepsilon_{fd,t2} \qquad (8.2.2-3b)$$

$$\varepsilon_{f1} = (0.8h_c/x + 0.4h_{f1}/x - 1)\varepsilon_{cu} \qquad (8.2.2-4a)$$

$$\varepsilon_{f2} = (0.8h_c/x - 0.4h_{f2}/x - 1)\varepsilon_{cu} \qquad (8.2.2-4b)$$

4 组合梁有效受压区高度可按下式确定：

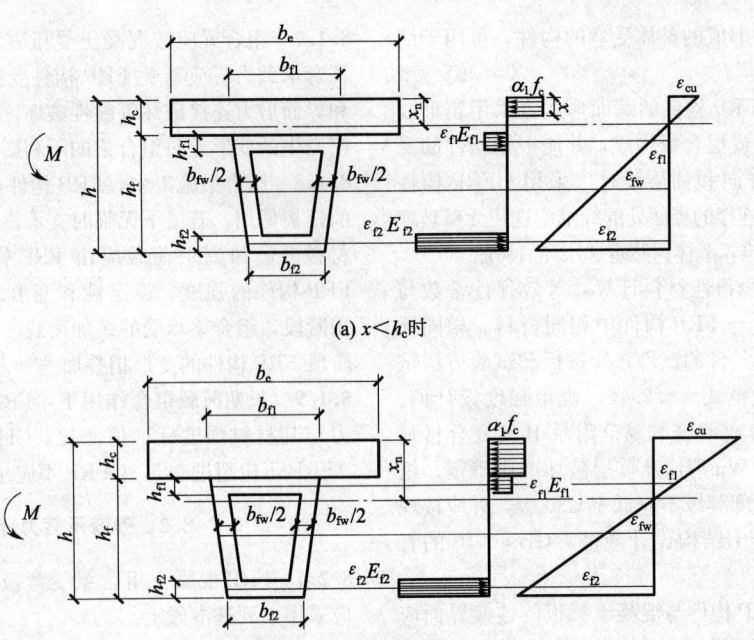

(a) $x < h_c$ 时

(b) $x \geqslant h_c$ 时

图 8.2.2 组合梁正截面受弯承载力计算

$$\alpha_1 f_c b_e x = E_{f1} \varepsilon_{f1} b_{f1} h_{f1} + E_{f2} \varepsilon_{f2} b_{f2} h_{f2} \quad (8.2.2\text{-}5)$$

式中：M——FRP-混凝土组合梁弯矩设计值；

x——组合梁有效受压区高度；

f_c——混凝土翼板中的混凝土抗压强度设计值；

α_1——混凝土翼板受压区等效矩形应力系数，按现行国家标准《混凝土结构设计规范》GB 50010 的有关规定确定；

ε_{cu}——混凝土翼板的极限压应变，按现行国家标准《混凝土结构设计规范》GB 50010 的有关规定确定；

h_c——混凝土翼板的厚度；

h_f——FRP 构件的高度；

b_{f1}、h_{f1}——FRP 构件顶板的宽度和高度；

b_{f2}、h_{f2}——FRP 构件底板的宽度和高度；

E_{f1}、E_{f2}——FRP 构件顶板和底板沿梁纵向的等效弹性模量；

ε_{f1}、ε_{f2}——FRP 构件顶板和底板 1/2 高度处的正应变，受拉为正；

$\varepsilon_{fd,c1}$、$\varepsilon_{fd,t1}$——FRP 构件顶板沿梁纵向的抗压极限应变设计值和抗拉极限应变设计值，最大不超过 0.01；

$\varepsilon_{fd,c2}$、$\varepsilon_{fd,t2}$——FRP 构件底板沿梁纵向的抗压极限应变设计值和抗拉极限应变设计值，最大不超过 0.01。

8.2.3 受弯极限状态下，组合梁中性轴宜在混凝土翼板内或 FRP 构件顶板内，满足此条件的组合梁可不进行组合梁的纵向稳定性验算。

8.3 受剪承载力计算

8.3.1 FRP-混凝土组合梁的受剪承载力的计算，应采用下列基本假定：

1 不计混凝土翼板、FRP 构件顶板和底板对组合梁抗剪承载力的贡献，组合梁的全部剪力应由 FRP 构件的腹板承担；

2 达到受剪承载力极限状态时，FRP 构件腹板的极限剪应力应沿腹板高度均匀分布，极限剪应力值应取为腹板的剪切弹性模量与其剪应变的乘积，剪应变不得超过腹板的极限剪应变设计值。

8.3.2 组合梁的受剪承载力可按下式计算：

$$V \leqslant b_{fw} \ (h_f - h_{f1} - h_{f2}) \ G_{sw} \gamma_{fd,sw} \quad (8.3.2)$$

式中：V——组合梁的剪力设计值；

h_f——FRP 构件的高度；

b_{fw}——FRP 构件的腹板总宽度；

G_{sw}——FRP 构件腹板沿梁长和梁高方向的表观平均剪切弹性模量；

$\gamma_{fd,sw}$——FRP 构件腹板极限剪切应变设计值，最大不超过 0.005。

8.4 界面连接

8.4.1 FRP-混凝土组合梁的界面应通过树脂混凝土条、FRP 波形板、FRP 小工字梁等有效的剪力连接件连接（图 8.4.1）。组合梁界面连接设计，应以剪力零点与剪力突变点为界限划分成若干区段，应分段计算各区段内所需的抗剪连接件数量，在区段内应均匀布置。各区段所需的抗剪连接件的总数量 n 应按下式计算：

$$n \geqslant \max \left(\frac{E_{f1} \varepsilon_{f1} b_{f1} h_{f1} + E_{f2} \varepsilon_{f2} b_{f2} h_{f2}}{k_v b_s b_s f_v}, \frac{\alpha_1 f_c b_e h_c}{k_v b_{f1} b_s f_v}, \frac{V}{k_v b_{f1} b_s f_v} \right)$$

(8.4.1)

式中：V——计算区段内最大剪力设计值；

b_s——剪力连接件与 FRP 构件粘接连接的底面宽度；

k_v——剪力连接件粘接连接影响系数，湿法成型树脂混凝土条或 FRP 波形板的粘接连接形式，取 $k_v = 0.9$；干法粘接树脂混凝土条、FRP 波形板、小工字梁的粘接连接形式，取 $k_v = 0.7$；

f_v——组合梁剪力连接件与 FRP 构件粘接连接界面的抗剪强度设计值，工艺条件有保证时，湿法成型树脂混凝土条或 FRP 波形板的粘接连接界面，取 $f_v = 25.0$MPa；干法粘接树脂混凝土条、FRP 波形板、小工字梁的粘接连接界面，取 $f_v = 15.0$MPa；

ε_{f1}、ε_{f2}——计算区段内弯矩最大截面的 FRP 构件顶板和底板 1/2 高度处的正应变。

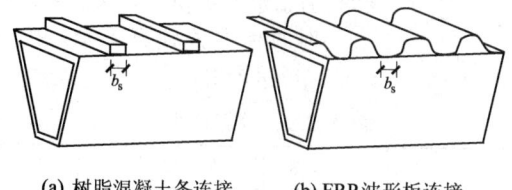

(a) 树脂混凝土条连接　　(b) FRP 波形板连接

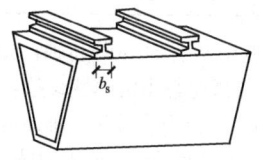

(c)FRP小工字梁连接

图 8.4.1　组合梁剪力连接件的构造形式

8.4.2 组合梁界面连接构造和施工应符合下列规定：

1 剪力连接件应沿梁宽全长设置，最大间距不应大于 500mm，最小间距不应小于 $1.2b_s$ 和 40mm。

2 剪力连接件的高度不宜小于 $h_c/4$，宽度不宜小于 20mm 或其高度的 1.5 倍。

3 剪力连接件与 FRP 构件粘接前，应对粘接面进行除蜡去脂、打磨糙化和清洁处理。

4 FRP 构件与混凝土翼板连接的界面应制作成凹凸不平或带刻痕、毛刺的糙面或刷胶粘砂增糙处理。

5 FRP 波形板剪力连接件的顶面和侧面应预成孔，孔洞的直径或短边尺寸不宜大于波形板顶面宽度或侧面高度的 1/2，也不宜小于 30mm，孔洞的净间距不宜小于孔洞直径或短边尺寸的 3 倍。

6 连接剪力连接件的 FRP 构件顶板的厚度不宜小于 4mm。

8.5 挠 度 计 算

8.5.1 FRP-混凝土组合梁的挠度应按弹性方法的结构力学公式计算，计算采用的荷载组合应分别取荷载标准组合和准永久组合进行计算，并应以其中的较大值作为依据。在荷载标准组合和准永久组合中，组合梁应分别取短期刚度和长期刚度。

8.5.2 FRP-混凝土组合梁的抗弯短期刚度 可按下列公式计算：

$$\overline{EI} = E_c b_e h_c x_c^2 + E_{f1} b_{f1} h_{f1} x_{f1}^2 + E_{f2} b_{f2} h_{f2} x_{f2}^2$$

(8.5.2-1)

$$x_0 = \frac{E_c b_e h_c x_{c0} + E_{f1} b_{f1} h_{f1} x_{f10} + E_{f2} b_{f2} h_{f2} x_{f20}}{E_c b_e h_c + E_{f1} b_{f1} h_{f1} + E_{f2} b_{f2} h_{f2}}$$

(8.5.2-2)

式中：$\overline{EI}$——抗弯短期刚度；

x_0——组合梁截面形心轴至梁顶面的距离；

x_c——组合梁混凝土翼板截面形心轴至梁截面形心轴的距离；

x_{c0}——组合梁混凝土翼板截面形心轴至梁顶面的距离；

x_{f1}、x_{f2}——组合梁 FRP 构件的顶板和底板的截面形心轴至梁截面形心轴的距离；

x_{f10}、x_{f20}——组合梁 FRP 构件的顶板和底板截面形心轴至梁顶面的距离。

8.5.3 组合梁的抗弯长期刚度应考虑混凝土收缩和徐变以及 FRP 徐变的影响，一般环境中的结构可按表 8.5.3 中的折减系数乘以组合梁各组成部分的弹性模量进行折减，再按本规范第8.5.2条的规定计算组合梁的长期抗弯刚度，其中 V_f 为 FRP 构件的纤维体积含量。

表 8.5.3　FRP-混凝土组合梁长期荷载
作用弹性模量折减系数

组合梁组成部分	弹性模量折减系数
混凝土翼板	0.4
CFRP 构件	$0.3 + 0.8V_f$
GFRP 构件	$0.2 + 0.7V_f$
AFRP 构件	$0.2 + 0.55V_f$

8.5.4 组合梁宜设置预拱度，预拱度值取宜为恒载标准值及 50% 活载（不计冲击力）标准值作用下的挠度值，梁预拱线应做成平顺曲线。当恒载及活载（不计冲击力）产生的向下挠度不超过梁跨的 1/1600 时，可不设置预拱度。

8.6 构 造 要 求

8.6.1 FRP-混凝土组合梁应符合下列规定：

1 组合梁混凝土翼板的高度不宜超过 FRP 构件高度的 1/4；组合梁的跨度不宜超过 FRP 单一构件宽

度或 FRP 多个构件中距的 20 倍。

2 FRP-混凝土组合梁混凝土翼板横向伸出 FRP 构件中心线的长度不应小于 150mm，且伸出 FRP 构件侧板的长度不应小于 50mm。

8.6.2 FRP 构件应符合下列规定：

1 层合板和夹芯板中的纤维铺层方式可选择 0°、±45°或 90°，各铺层角的最小铺层百分比不宜小于 5%；不同方向的铺层宜交错铺设，同方向连续铺设的铺层组内不应超过 4 层；采用 45°角铺层时，应成对设置为±45°层；沿梁长变厚度的铺层，应在厚度方向上成台阶状增减，每层台阶宽度宜相等，并宜在表面铺设不小于 2 层的连续铺层。

2 箱形截面夹芯构件及夹芯板中的夹芯应选用密度低且具有较大的剪切刚度和抗压刚度的材料，可选用 FRP 蜂窝夹芯、FRP 波纹夹芯和聚氨酯硬质泡沫夹芯，夹芯与层合板间应有可靠粘接。

3 FRP 箱形和工形截面构件通常应设置横隔板或横向加劲肋，最小间距应为 $0.5h_f$，最大间距应为 $2.5h_f$，在跨中、支点处和集中荷载作用位置必须设置。通过稳定性验算或有其他可靠措施保证不会发生顶板受压屈曲或腹板剪切屈曲的 FRP 型材可不设置。

8.6.3 混凝土翼板应符合下列规定：

1 混凝土中的钢筋配置，应符合现行国家标准《混凝土结构设计规范》GB 50010—2002 的有关规定；混凝土翼板的底面有 FRP 板封闭时，下表面的混凝土保护层可不受限制，但应保证混凝土的浇筑密实。

2 混凝土中的钢筋宜通过粘接连接或机械构造连接与剪力连接件构成整体。

附录 A FRP 圆管混凝土短柱 压缩试验方法

A.1 试　件

A.1.1　试件应为 FRP 圆管混凝土短柱，试件所用 FRP 管通常应与设计中实际工程所用 FRP 管相同。当实际工程所用 FRP 管尺寸较大时，也可采用缩尺的 FRP 管进行 FRP 圆管混凝土短柱压缩试验；缩尺的 FRP 管应与实际工程所用 FRP 管具有同样的或相近的径厚比，其铺层方式和纤维方向应通过层合板理论合理设计。

A.1.2　每组试件数量不应少于 6 个。

A.2 试验方法和结果

A.2.1　在试件中截面处应沿周向均匀布置不少于 4 个双向应变片，宜采用标距为 20mm 的应变片。

A.2.2　极限状态时应变标准值应按下列公式确定：

$$\varepsilon_{f\theta,k} = \varepsilon_{f\theta,m} - kS_{f\theta} \qquad (A.2.2-1)$$

$$\varepsilon_{fx,k} = \varepsilon_{fx,m} - kS_{fx} \qquad (A.2.2-2)$$

$$\varepsilon_{f\theta,m} = \frac{\sum_{i=1}^{n} \varepsilon_{f\theta,i}}{n} \qquad (A.2.2-3)$$

$$\varepsilon_{fx,m} = \frac{\sum_{i=1}^{n} \varepsilon_{fx,i}}{n} \qquad (A.2.2-4)$$

$$S_{f\theta} = \sqrt{\frac{\sum_{i=1}^{n}(\varepsilon_{f\theta,i} - \varepsilon_{f\theta,m})^2}{n-1}} \qquad (A.2.2-5)$$

$$S_{fx} = \sqrt{\frac{\sum_{i=1}^{n}(\varepsilon_{fx,i} - \varepsilon_{fx,m})^2}{n-1}} \qquad (A.2.2-6)$$

式中：$\varepsilon_{f\theta,m}$、$\varepsilon_{fx,m}$ ——极限状态时环向和轴向应变平均值；

$\varepsilon_{f\theta,i}$、$\varepsilon_{fx,i}$ ——单个试件极限状态时各应变片环向、轴向应变读数的平均值；

$S_{f\theta}$、S_{fx} ——极限状态时环向和轴向应变标准差；

n ——试件数量；

k ——置信水平 0.75 下，保证率 95% 时的标准值计算系数，按表 A.2.2 采用。

表 A.2.2　计算系数 k

n	6	7	8	9	10	12	15
k	2.336	2.25	2.19	2.141	2.103	2.048	1.991

A.2.3　确定极限状态时环向和轴向应变标准值后，可采用单轴材料试验得出的弹性参数，根据本规范附录 E 计算出环向抗拉强度及相应轴向应力。用该方法得出的 FRP 管环向及轴向极限应力标准值不应高于相应单轴材料试验中所得标准值。

附录 B 确定 FRP 单层板材料常数的 理论计算方法

B.0.1　FRP 单层板的材料常数可按下列公式确定：

$$E_1 = E_{f1}V_f + E_mV_m \qquad (B.0.1-1)$$

$$E_2 = \frac{E_{f2}E_m(V_f + \eta V_m)}{E_{f2}V_m\eta + E_mV_f} \qquad (B.0.1-2)$$

$$v_{12} = v_{f2}V_f + v_mV_m \qquad (B.0.1-3)$$

$$G_{12} = \frac{G_{f1}G_m(V_f + \eta V_m)}{G_{f1}V_m\eta + G_mV_f} \qquad (B.0.1-4)$$

式中：E_1 ——纤维方向的表观弹性模量；

E_2 ——垂直纤维方向的表观弹性模量；

v_{12} ——泊松比；

G_{12} ——剪切模量；

E_{f1}——纤维纵向拉伸模量；

E_{f2}——纤维横向拉伸模量；

E_m——基体拉伸模量；

v_{f2}——纤维泊松比；

v_m——基体泊松比；

G_{f1}——纤维纵向剪切模量；

G_m——基体剪切模量；

V_f——纤维体积含量；

V_m——基体体积含量；

η——试验修正系数，对于 CFRP，取 0.97；对于 GFRP，取 0.5。

B.0.2 各单层材料的工程弹性常数可按下列公式确定：

$$E_{x,i}=\cfrac{1}{\cfrac{\cos^4\theta}{E_1}+\left(\cfrac{1}{G_{12}}-2\cfrac{v_{12}}{E_1}\right)\sin^2\theta\cos^2\theta+\cfrac{\sin^4\theta}{E_2}}$$

(B.0.2-1)

$$E_{y,i}=\cfrac{1}{\cfrac{\cos^4\theta}{E_2}+\left(\cfrac{1}{G_{12}}-2\cfrac{v_{12}}{E_1}\right)\sin^2\theta\cos^2\theta+\cfrac{\sin^4\theta}{E_1}}$$

(B.0.2-2)

$$G_{xy,i}=\cfrac{1}{\cfrac{1}{G_{12}}+4\left(\cfrac{1}{E_1}+\cfrac{1}{E_2}+2\cfrac{v_{12}}{E_1}-\cfrac{1}{G_{12}}\right)\sin^2\theta\cos^2\theta}$$

(B.0.2-3)

式中：θ——单层板纤维方向到 x 方向的夹角。

附录 C 粘结树脂正拉粘结强度的测定方法

C.1 适用范围和试验原理

C.1.1 本方法适用于粘结树脂粘结 FRP 片材与混凝土间的正拉粘结强度的测定，以检测粘贴 FRP 的质量。

C.1.2 在规定的加载速率下，对试样的粘结面应施加垂直、均匀的正拉应力，直至发生破坏。此时所测得的最大拉应力值，应为该试样在某种破坏形式下的正拉粘结强度。

C.2 试验设备

C.2.1 拉力试验机的量程选择应与试样的破坏荷载相适应，试验机应能使拉力平稳增加。试验时所用的夹具应能使试样对中、固定，不产生偏心和扭转作用。

C.2.2 试验所用机具应采用钢材加工而成，其形状及尺寸如图 C.2.2。

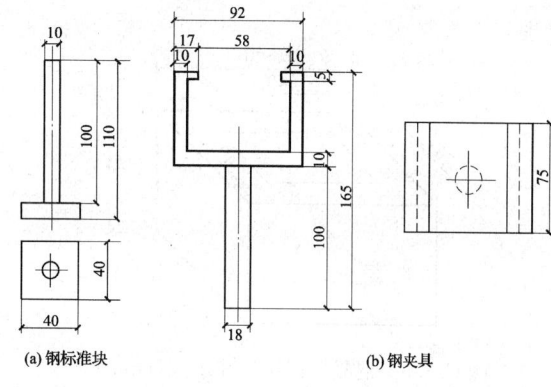

(a) 钢标准块　　(b) 钢夹具

图 C.2.2　试样夹具及标准块尺寸（mm）

C.3 试　样

C.3.1 试样应为 FRP 片材与混凝土试块的组合件。测定正拉粘结强度的试样应由受检测的粘结树脂、被粘结的 FRP 片材、混凝土试块和金属标准块相互粘结而成（图 C.3.1）。

C.3.2 试样数量应符合下列规定：

1 对于常规试验，每组试样不应少于 5 个；

2 对于仲裁试验，试样数量不应少于 10 个。

C.3.3 试样组成部分的制备应符合下列规定：

1 受检测的粘结树脂应按规定的规则抽样；粘结树脂的配制与固化条件，应按其产品技术条件和工艺说明书的要求施行。

2 试验所用混凝土试块尺寸应为 70mm×70mm×40mm。混凝土强度等级不应低于 C30，试块浇筑后应经过 28d 标准养护。试块使用前应切缝，预切缝深度应为 2mm～3mm，缝宽度应为 1mm～2mm（图 C.3.3），预切缝尺寸应为 40mm×40mm，并应位于试块的中心。

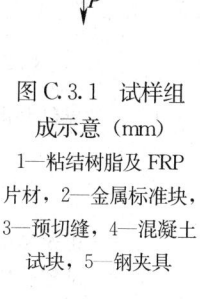

图 C.3.1　试样组成示意（mm）

1—粘结树脂及 FRP 片材，2—金属标准块，3—预切缝，4—混凝土试块，5—钢夹具

3 金属标准块宜采用 45 号碳钢按图 C.2.2（a）的要求制作。金属标准块表面应采用喷砂或其他机械方法进行粗糙化处理。金属标准块可重复使用，但在粘贴前应重新进行表面粗糙化处理，应完全清除粘结面上的胶层或污迹。

4 被粘结的 FRP 片材应按规定的规则抽样，应从送检样品的中间部位裁剪出尺寸为 40mm×40mm 的试件，试件外观应平整，并应无弯曲、歪斜等变形，粘结面应洁净、无油脂等污染物，表面应粗糙化处理。

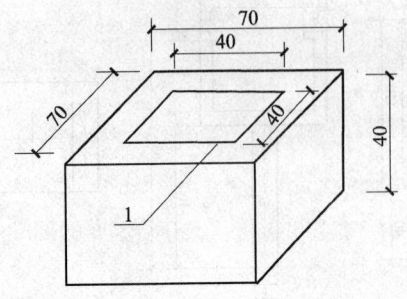

图 C.3.3　混凝土试块尺寸示意（mm）

1—预切缝

C.3.4　试样的粘结和养护应符合下列规定：

1　在混凝土试块的中心位置，应按规定的粘结工艺用受检的粘结树脂粘贴 FRP 片材，FRP 片材的尺寸应与混凝土试块中部预切缝尺寸相同。

2　当为多层粘结时，应在胶层指触干燥时尽快粘贴下一层，然后将金属标准块粘贴在 FRP 片材表面，每一道粘贴工序均应注意保证各层之间的对中。

3　粘贴完成后的试样，应在温度 23℃±2℃、相对湿度 60%～70%的条件下静置固化 7d 后检测。

C.4　试验条件和步骤

C.4.1　粘结树脂正拉粘结强度试验时温度应为 23℃±2℃，相对湿度应为 60%～70%。

C.4.2　将制备好的试样放入拉力试验机的夹具中并对中。

C.4.3　试验时，应以 1500N/min～2000N/min 的速度进行加载，并应直至破坏。应记录试样破坏时的荷载值并观察破坏形式。

C.5　试验结果

C.5.1　正拉粘结强度的试验结果应按下式计算：

$$f = \frac{P}{A} \qquad (C.5.1)$$

式中：f——正拉粘结强度，MPa；

P——试样破坏时的荷载值，N；

A——钢标准块的粘结面面积，mm^2。

C.5.2　试验结果的表示与评定应符合下列规定：

1　破坏形式应分为下列类型：

1）内聚破坏，包括混凝土试块内部发生破坏的混凝土内聚破坏和粘结树脂胶层内部发生破坏的粘结树脂内聚破坏。混凝土内聚破坏以 CFS 表示，粘结树脂内聚破坏以 CF 表示。

2）粘结失效破坏 AF，包括粘结树脂胶层与混凝土之间的界面破坏和粘结树脂胶层之间的界面破坏。粘结树脂胶层与混凝土之间

的界面破坏以 AF1 表示，粘结树脂胶层之间的界面破坏以 AF2 表示。

3）混合破坏，粘结面出现两种或两种以上的破坏形式，以 MF 表示。

2　破坏判定应符合下列规定：

1）当破坏形式为 CFS 时，或当为混合破坏形式且 CFS 形式的破坏面积占粘结面积 85% 以上时，可判定为合格；

2）当破坏形式为 CF 或 AF，或当为混合破坏形式且 CF 和 AF 破坏形式所占面积大于 15%时，应判定为不合格。

3　每组被测试样不应少于 5 个。单个试样的 f 值与该组试样算术平均值的误差不超过±15%时应为有效值。应至少取 3 个有效值的算术平均值作为该组正拉粘结强度的试验结果。

4　试验结果应用正拉粘结强度的试验结果和破坏形式共同表示。

C.5.3　试验报告应包括下列内容：

1　受检粘结树脂的名称、牌号、批号和来源。

2　制备试样的工艺条件。

3　试样的编号和数量。

4　试验时环境的温度、湿度。

5　拉力试验机的型号、量程、加载速度。

6　试样的破坏荷载、破坏形式、正拉粘结强度及其平均误差。

7　试验中出现的偏差和异常现象。

8　试验日期、试验人员。

附录 D　纤维布层间粘结剪切强度试样制备方法

D.0.1　试件应裁尺寸 300mm（纤维方向）×200mm 的单位面积质量规格为 300g/m^2 的纤维布 12 块，应平整、不含有任何外观缺陷。

D.0.2　试验时，应将 400mm×500mm 的隔离薄膜放在 300mm×400mm 钢板上，然后在隔离薄膜上用刮板和罗拉将 12 层纤维布逐层均匀涂敷粘结树脂，各层纤维布的纤维方向应保持一致，铺纤维布和涂浸渍树脂的过程中应保持纤维丝的平直，应采用沿纤维方向由一端向另一端或从中间向两端辊压树脂的方法。最后一层纤维布涂完浸渍树脂后，其上应放置 400mm×500mm 隔离薄膜。在四角应垫上 4mm 厚的钢块，再放钢板（30cm×40cm），在上面应放上 100kg 的重物，应使胶布层压至垫块厚度，23℃±2℃下固化 7d 后，取出纤维布复合材料板，在 60℃下再固化 2h。

D.0.3　试验时，应将纤维布复合材料板沿纤维方向用机械加工法截取层间剪切强度试件，应在距纤维布

复合材料板边 30mm 内截取。试件尺寸应为 34mm（纤维方向）×6mm（宽度）×4mm（厚度），试件数量应为 20 个，测量时应取 10 个有效试件的数据。

附录 E　FRP 约束混凝土标准圆柱压缩试验方法

E.1　试　件

E.1.1　试件应为外贴纤维布约束的混凝土圆柱，直径应为 150mm，高应为 300mm，外包纤维量应保证 $\beta_j = 10 \sim 20$，β_j 应按本规范第 4.4.2 条的规定计算，但此时混凝土强度应取实测无约束混凝土圆柱轴压强度平均值。纤维布环向的搭接长度应为 150mm。试件上下两端应各加包一层宽度为 25mm 的纤维布。纤维布的力学指标、树脂种类和施工工艺应与实际应用时相同。

E.1.2　每组试件数量不应少于 6 个。

E.2　试验方法和结果

E.2.1　在试件搭接区外的中截面处，应沿周向均匀布置 3 个～5 个双向应变片，宜采用标距为 20mm 的应变片，应测出极限状态时环向和轴向应变。

E.2.2　极限状态时环向应变标准值应按下列公式确定：

$$\varepsilon_{ru,k} = \varepsilon_{ru,m} - k S_{ru} \leqslant \frac{f_{fk}}{E_f} \qquad (E.2.2\text{-}1)$$

$$\varepsilon_{ru,m} = \frac{\sum\limits_{i=1}^{n} \varepsilon_{ru,i}}{n} \qquad (E.2.2\text{-}2)$$

$$S_{ru} = \sqrt{\frac{\sum\limits_{i=1}^{n} (\varepsilon_{ru,i} - \varepsilon_{ru,m})^2}{n-1}} \qquad (E.2.2\text{-}3)$$

式中：f_{fk}——纤维布抗拉强度标准值；

$\varepsilon_{ru,m}$——极限状态时环向应变平均值；

$\varepsilon_{ru,i}$——单个试件极限状态时各应变片环向应变读数的平均值；

S_{ru}——极限状态时环向应变标准差；

n——试件数量；

k——置信水平 0.75 下，保证率 95% 时的标准值计算系数，按表 E.2.2 采用。

表 E.2.2　计算系数 k

n	6	7	8	9	10	12	15
k	2.336	2.25	2.19	2.141	2.103	2.048	1.991

附录 F　粘贴 FRP 片材加固混凝土结构施工质量现场检验方法

F.1　适用范围、试验设备和试样

F.1.1　本方法适用于粘贴 FRP 片材加固混凝土结构施工质量的现场检验。

F.1.2　粘结强度检测仪宜符合现行行业标准《数显式粘结强度检测仪》JH 3056 的有关规定。粘结强度检测仪应每年检定一次，发现异常时应随时维修、检定。

F.1.3　取样应符合下列规定：

1　现场检验应在已完成 FRP 片材粘贴加固的结构表面上进行。

2　按实际粘贴 FRP 片材的加固结构表面面积计，500m² 以下工程应取一组试样（每组 3 个试样），500m²～1000m² 工程应取两组试样，1000m² 以上工程每 1000m² 应取两组试样。

3　试样应由检验人员随机抽取，试样间距不得小于 500mm。

F.1.4　现场试样制备应符合下列规定：

1　被测部位的加固表面应清除污渍并保持干燥。

2　从加固表面向混凝土基体内部切割预切缝，切入混凝土深度应为 2mm～3mm，宽度应为 1mm～2mm。预切缝形状应为直径 40mm 的圆形。

3　应采用取样粘结剂粘贴直径为 40mm 的圆形钢标准块（图 F.1.4）。取样粘结剂的正拉粘结强度应大于 FRP 片材粘贴树脂的正拉粘结强度。钢标准块粘贴后应及时固定。

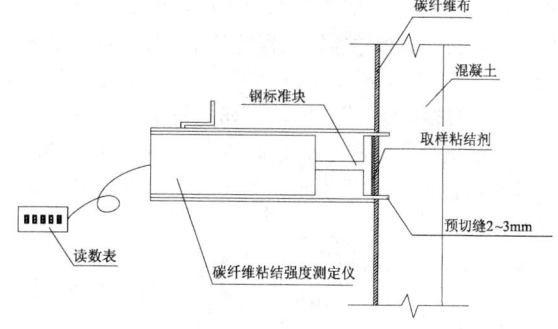

图 F.1.4　现场粘贴强度检测方法

F.2　试验步骤

F.2.1　钢标准块应按粘结强度检测仪生产厂提供的使用说明书连接。

F.2.2　试验时，应以 1500N/min～2000N/min 匀速加载，并应记录破坏时的荷载值，应观察破坏形态。

F.3 试验结果

F.3.1 正拉粘结强度应按下式计算：

$$f = \frac{P}{S} \qquad (F.3.1)$$

式中：f——正拉粘结强度（MPa）；

P——试样破坏时的荷载值（N）；

S——钢标准块的粘结面面积（mm²）。

F.3.2 试验结果的表示应符合下列规定：

1 破坏形式应分为下列类型：

1）混凝土破坏：混凝土试块破坏，以 AF 表示。

2）层间破坏：树脂与混凝土间复合涂层界面破坏，以 BF 表示。

3）FRP 片材破坏：FRP 片材内部破坏，以 CF 表示。

4）粘结失效：FRP 片材与钢标准块之间的界面破坏，以 DF 表示。

2 每组应取 3 个被测试样，并应以算术平均值作为该组正拉粘结强度的试验结果。

3 试验结果应包括破坏形式、3 个试样的正拉粘结强度值和每组正拉粘结强度的试验平均值。

F.3.3 施工质量的判定应符合下列规定：

1 当破坏形式为 AF 时，施工质量应判定为合格。

2 当破坏形式为 BF、CF、DF 时，如满足每组试样的正拉粘结强度试验平均值不小于 2.5MPa，且其中单个试样的正拉粘结强度最小值不小于 2.25MPa 的要求，施工质量应判定为合格。

3 当破坏形式为 BF、CF 时，如该组试样的正拉粘结强度试验平均值小于 2.5MPa，或单个试样的正拉粘结强度最小值小于 2.25MPa，施工质量判定应为不合格，或根据实际工程情况加大样本数量重新检验。

4 当破坏形式为 DF 时，如该每组试样的正拉粘结强度试验平均值不小于 2.5MPa，或单个试样的正拉粘结强度最小值小于 2.25MPa，应重新制备试样和检验。

F.3.4 试验报告应包括下列内容：

1 建设单位、委托单位、施工单位和检验单位的名称。

2 制备试样的工艺条件。

3 工程名称、取样部位、试样的数量和编号。

4 试验时环境的温度、湿度。

5 粘结强度检测仪的型号、量程、加载速度。

6 试样的破坏荷载值、破坏形式、粘结强度及其平均误差。

7 试验中出现的偏差和异常现象。

8 试验日期、试验人员。

本规范用词说明

1 为便于在执行本规范条文时区别对待，对要求严格程度不同的用词说明如下：

1）表示很严格，非这样做不可的：

正面词采用"必须"，反面词采用"严禁"；

2）表示严格，在正常情况下均应这样做的：

正面词采用"应"，反面词采用"不应"或"不得"；

3）表示允许稍有选择，在条件许可时首先应这样做的：

正面词采用"宜"，反面词采用"不宜"；

4）表示有选择，在一定条件下可以这样做的，采用"可"。

2 条文中指明应按其他有关标准执行的写法为："应符合……的规定"或"应按……执行"。

引用标准名录

《混凝土结构设计规范》GB 50010

《建筑抗震设计规范》GB 50011

《玻璃纤维增强塑料拉伸性能试验方法》GB/T 144

《玻璃纤维增强塑料压缩性能试验方法》GB/T 1448

《纤维缠绕增强塑料环形试样剪切试验方法》GB 1458

《纤维增强热固性塑料管轴向压缩性能试验方法》GB/T 5350

《玻璃纤维无捻粗纱》GB/T 18369

《数显式粘结强度检测仪》JH 3056

"Guide for the Design and Construction of Structural Concrete Reinforced with FRP Bars" ACI 440.1R-06

"Guide for the Design and Construction of Externally Bonded FRP Systems for Strengthening Concrete Structures" ACI 440.2R-08

中华人民共和国国家标准

纤维增强复合材料建设工程
应用技术规范

GB 50608—2010

条 文 说 明

制 订 说 明

《纤维增强复合材料建设工程应用技术规范》GB 50608—2010，经住房和城乡建设部 2010 年 8 月 18 日以第 735 号公告批准发布。

为便于广大设计、施工、科研、学校等单位的有关人员在使用本规范时能正确理解和执行条文规定，《纤维增强复合材料建设工程应用技术规范》编制组按章、节、条顺序编制了本规范的条文说明，供使用者参考。在使用过程中如发现条文说明有不妥之处，请将意见寄交中冶建筑研究总院有限公司国家标准《纤维增强复合材料建设工程应用技术规范》管理组（地址：北京市海淀区西土城路 33 号，邮编：100088）。但是，本条文说明不具备与规范正文同等的法律效力，仅供使用者作为理解和把握规范规定的参考。

目　次

1 总　则

1.0.1 本条指出制定本规程的目的和要求，并提出了纤维增强复合材料（FRP）在建设工程中应用必须遵循的原则。与传统建筑材料相比，纤维增强复合材料在建设工程中的应用技术在国内是近十年来发展起来的新技术，已取得了大量的研究成果，设计与施工水平不断提高，工程量迅速增加。制定本规范，是为了该项新技术的发展更为规范化和系统化，以获得更好的经济效益和社会效益。

1.0.2 本规范的适用范围是纤维增强复合材料在建设工程中应用得较为成熟的粘贴 FRP 片材加固修复混凝土结构和砌体结构、FRP 筋及预应力 FRP 筋混凝土结构构件、FRP 管混凝土构件和 FRP-混凝土组合梁。铁路工程、公路工程、港口工程和水利水电工程等有专门要求的工程行业中应用 FRP 材料时，应结合具体情况参照本规范执行。

1.0.3 在执行本规范的同时，尚应配合使用国家现行有关标准，如《混凝土结构设计规范》GB 50010 等。

3 材　料

3.1 一般规定

3.1.1 本条说明了在建筑领域所用的纤维增强复合材料所涉及或包含的材料种类。各种材料均应经过检测合格后方可使用。

3.1.2 片材加固用的粘贴树脂材料是指纤维布现场手工涂刷成型所用的浸渍树脂和纤维板粘贴所用粘结剂，特别指出粘贴树脂材料应是与纤维布及 FRP 板相配套的产品或经过检测合格的产品，应有试验资料证明树脂材料与相应的纤维布及 FRP 板的粘接效果。粘贴树脂强调采用环氧树脂是因为目前工程中所用的绝大多数是环氧树脂。

FRP 管和 FRP 构件的生产方式是非现场手工涂刷成型工艺，对于不同的工艺要求可以选择不同的基体树脂材料。

3.2 纤维布及纤维增强复合材料

3.2.2 结构加固用玻璃纤维布、GFRP 筋和 GFRP 管，仅限于高强型（S）、含碱量小于 0.8% 的无碱（E）或耐碱（AR）玻璃纤维，不得使用中碱及高碱玻璃纤维。因为在一般情况下混凝土的碱性比较强，从产品耐久性角度考虑，必须采用高强型（S）、无碱（E）或耐碱（AR）玻璃纤维。从而保证玻璃纤维增强复合材料的长期力学性能。

高强型玻璃纤维，也称为 S 玻璃纤维，碱金属氧

化物含量 <0.3%。无碱玻璃纤维，也称为 E 玻璃纤维，碱金属氧化物含量 <0.8%。耐碱玻璃纤维，也称为 AR 玻璃纤维，含有 16% 的 ZrO，所以耐碱性大为提高。另外，玻璃纤维纱线应为经增强型浸润剂（如氨基硅烷偶联剂等）进行处理的无捻粗纱。

3.2.3 GFRP 型材中纤维外有较厚的树脂层，一般不会与混凝土直接接触。

3.2.4 对本条的规定需说明以下几点：

1 纤维布的计算厚度为理论值，而不是纤维布的实测厚度，因为纤维布质地柔软，实测厚度离散性很大。纤维密度应由厂商提供，但应同时出具检测单位的测定证明材料。

2 试验研究和工程应用证明，单层纤维布的单位面积质量越大，施工时浸渍树脂越不容易完全浸透，施工质量较难保证。因此对于单位面积质量比较大的纤维布，应采用粘度低且可使用时间较长的浸渍树脂施工，以有利于树脂对纤维的充分浸透。在施工质量有可靠保证时，单层芳纶布单位面积纤维质量可提高到 850g/m²。

3 本条所指纤维质量是指纤维的净质量，不包括固定纤维所用的纬线和预浸所用的树脂质量在内。

4 玻璃纤维布和玄武岩纤维布因纤维密度较大，单位面积质量不宜过低导致厚度过小，因此单层厚度可以较大，但在使用中也应保证树脂能够充分浸透纤维布。

3.2.5 纤维布的主要力学性能应按现行国家标准《定向纤维增强塑料拉伸性能试验方法》GB/T 3354 测定，试件宽度取 15mm，表 3.2.5 中所列碳纤维布的指标主要依据日本东丽公司 T700S 碳纤维丝织成单向碳纤维布的性能确定。根据国内进行的大量碳纤维布材料检测结果及其频率分析，主要依强度不同分为三级，以满足不同结构加固要求的选择，尽量降低成本。其中主要数据参考日本东丽公司生产的 UT 70-30 等碳纤维布与日本小西公司的树脂配套制样试验结果。

目前用于结构加固或修复的玻璃纤维布种类较少，由于玻璃纤维的成本较低，使用时可以根据不同的需要选择不同级别。芳纶布与玄武岩纤维布均应用较少，暂时不作详细分级规定。

各种纤维布的性能指标是根据国内相关单位的检测结果、各参加编制单位对加固市场上广泛使用的纤维布材料的检测试验结果和科研结果，以及参考国外相关研究成果和技术规程而制定的。目前在加固工程中大量使用的是单向纤维布，故本条仅列出了单向纤维布的性能指标，对双向或多向纤维布的性能指标未予列出，可以参照单向纤维布的指标采用。

纤维布的强度标准值应具有 95% 的保证率，弹性模量和延伸率取平均值。结构加固用纤维增强复合材料，强度指标是最重要的指标之一，采用标准值与

现行的国家相关规范是一致的。纤维布的抗拉强度应按纤维布的净截面积计算。净截面积取纤维布的计算厚度乘以宽度。纤维布的计算厚度为纤维布的单位面积质量除以纤维密度。

本规范采用以概率论为基础的极限状态法进行承载能力极限状态和正常使用极限状态的计算和验算，各状态表征材料性能的基准值为标准值，按照《建筑结构可靠度设计统一标准》GB 50068 规定，纤维布的强度标准值，取不小于95%的保证率的性能指标值，即可按下式计算确定：

$$f_k = \mu_f - 1.645\sigma_f = \mu_f(1 - 1.645\delta_f) \quad (1)$$

式中：f_k、μ_f、σ_f、δ_f——抗拉强度的标准值、均值、标准差、变异系数。

3.2.6 本条要求 FRP 型材的质量应满足有关国家规范和产品质量标准，且纤维体积含量不宜小于60%。

3.2.7 FRP 板的主要力学性能应按现行国家标准《定向纤维增强塑料拉伸性能试验方法》GB/T 3354 测定，试件宽度取15mm。单向 FRP 板的抗拉强度应按板的截面（含树脂）面积计算，截面面积（含树脂）取实测厚度乘以计算宽度。

FRP 板过厚或过宽，施工质量均难以保证，所以在设计和施工时，都应尽量使用宽度较小的 FRP 板。相关研究表明，纤维体积含量在60%～70%时性能最好，故本规范规定 FRP 板中的纤维体积含量不宜小于60%。

3.2.8 试验研究表明，FRP 板的力学性能检测时，试样总长度为230mm，可保证工作部分为100mm，宽度为15mm，检测的数据准确率较高，离散性较小。

3.2.9 本条规定了 FRP 筋的主要力学性能指标，其他规格的 FRP 筋的主要力学性能参考厂家的检测报告。FRP 为各向异性的材料，其性能与钢筋不同，由于剪切滞后现象，一般 FRP 筋随直径的增大，其强度也越低，检测时应采用不经过表面处理的筋材进行测试。

另外，作为结构受力筋使用时，除考虑 FRP 筋的拉伸强度、弹性模量、伸长率外，还应有剪切强度、握裹力、在碱性环境中的耐久性以及 FRP 筋在新建结构中的耐火性能等方面的数据支持。

FRP 筋混凝土结构中，由于高强度 FRP 筋的极限强度不易充分发挥，同时考虑到 GFRP 筋具有相对的价格优势，建议 FRP 筋的选择依次为耐碱 GFRP 筋、AFRP 筋、CFRP 筋。GFRP 筋分为耐碱和不耐碱等种类，不耐碱的 GFRP 筋在碱性环境中性能显著降低，因此 FRP 筋混凝土结构中应选择耐碱的 GFRP 筋。预应力 FRP 筋应选用高强度 FRP 筋，而 GFRP 筋由于强度不是特别高且易发生徐变断裂，不宜用作预应力筋，预应力 FRP 筋应选用 CFRP 筋或 AFRP 筋。

FRP 筋，主要是 GFRP 筋，与钢筋显著的不同在于随着直径的增加其强度会逐渐降低。根据不同检测机构的检测结果，参照美国 ACI、广州晓士达等研究结果，在表 3.2.9 中对 GFRP 筋进行了分级，其他 FRP 未作分级，待有丰富的测试数据或使用证据后再考虑分级。

3.2.10 FRP 构件具有很强的可设计性，在选择纤维方面可选用单一的碳纤维、玻璃纤维、芳纶或玄武岩纤维，为了改善构件的某种性能，也可以选择上述纤维中的两者或三者混杂，以达到优化的目的。FRP 构件中纤维体积含量不应小于50%是为了保证其有较好的性能。FRP 构件为各向异性，应根据 FRP 构件的受力状态对纤维取向及铺层进行专门设计，以充分利用 FRP 材料的性能。

3.2.11 尽管 FRP 层合管的弹性材料参数可以通过力学方法计算得出，但研究表明，理论计算值对不同材料参数的误差可以分别达到40%（极限强度）、25%（弹性模量）和50%（泊松比）。同时，对于角铺设层合管，当有相当数量纤维偏离受力方向时，FRP 表现出明显的非线性，这无法在理论计算得到反映。另外，现有的经典细观力学方法和层合板理论假设 FRP 的受拉与受压弹模相等，这与试验得出的结果并不吻合。试验研究表明，FRP 的受压弹性模量通常低于其受拉弹性模量。基于上述理由，本规范推荐采用5种标准试验方法得到 FRP 管的材料性质。

FRP 条形试件拉伸试验具有操作简便、离散性较低的优点，因此本规范推荐其为测试 FRP 材料轴向抗拉性能的标准试验方法。但是应该注意，该种试验方法仅适用于对称、平衡（或特殊正交各向异性）铺层方式；当其用于其他铺层方式的层合管时，应合理评估单轴拉力引起的翘曲变形的影响。

FRP 条形试件压缩试验是通过夹具与试件端部间剪应力传递来对试件中部施加压应力的一种试验方法，为本规范所推荐。该种方法能有效避免试件端部破坏以及屈曲破坏，因此能够较为准确地得到材料的抗压弹性参数及压溃荷载。与拉伸试验一样，该种方法仅适用于宏观表现为正交各向异性的 FRP；当其用于其他 FRP 时，应注意复杂变形的影响。

在 FRP 圆管混凝土构件中，FRP 圆管的环向抗拉性能对其约束效果十分重要。而由于圆管曲率的存在，条形试件拉伸试验难以进行。以往的试验研究对 FRP 圆管的环向抗拉性能通常采用环形试件拉伸试验，该试验方法较为成熟，因此为本规范所推荐。由于曲率的影响，用环形试件拉伸试验得出的极限抗拉强度低于用条形试件得出的极限抗拉强度。

条形试件压缩试验可以得到 FRP 的材料抗压性能，但由于其采用试件为 FRP 管中的一小片，故不能反映 FRP 管整体受压下的极限状态（如不能考虑屈曲的影响、管非均匀性的影响等）。基于此，对于 FRP 圆管，本规范推荐 FRP 空管压缩试验以得到其单轴抗压极限状态下的强度。在以往的试验研究中，也有学者采用其他试验方法进行空管压缩试验。

理论和试验研究表明，FRP 圆管混凝土破坏时管的环向拉断应变具有较大的离散性。此拉断应变与混凝土的不均匀性、截面曲率以及 FRP 管本身多轴应力影响等因素有关，其值往往低于 FRP 标准拉伸试验所得数值。对于具有不同铺层组成的 FRP 层合管，其轴向和周向的刚度、强度比变化很大，多轴应力对极限状态的影响尤难评估。基于此，本规范推荐采用 FRP 圆管混凝土短柱压缩试验（附录 A）来确定 FRP 圆管混凝土的极限状态。试验中通常可采用强度等级为 C40 的混凝土。当混凝土强度等级高于 C50 时，混凝土强度对 FRP 管极限状态的影响不能忽略，故应采用相应等级混凝土进行 FRP 圆管混凝土短柱压缩试验。

本规范设计方法主要基于 FRP 材料应力-应变关系符合线弹性的假设。当材料试验表明所采用 FRP 具有明显的非线性性质时，宜等效为线弹性材料，其弹性模量按等效方法计算。

当 FRP 管应力-应变曲线表现出不断软化的非线性时，其等效弹性模量可取极限状态时的割线弹性模量；当 FRP 管应力-应变曲线表现出不断硬化的非线性时，其等效弹性模量应取初始切线弹性模量。

在 FRP 管铺层方式的设计过程中以及材料试验结果未知的情况下，可以采用经典力学方法估计 FRP 的线弹性材料性质，包括通过细观力学方法确定单层板的材料常数以及通过层合板理论计算 FRP 层合管的材料常数两个步骤，详见附录 B 和附录 C。

FRP 管和 FRP 构件在复杂外力作用下的极限状态可以采用 Tsai-Wu 理论和首层破坏准则进行估算。但是，由于这个过程涉及利用经典力学方法计算 FRP 管内各单层板的应力状态，而该计算过程本身可能存在一定误差，故 FRP 管的极限状态在很多情况下并不能由该方法准确评估。另外，初步的试验研究表明，由于 FRP 单层板在垂直纤维方向单轴受压时表现出一定的非线性，Tsai-Wu 理论并不总能很好地预估其极限状态。因此，该计算方法仅能作为 FRP 管铺层设计过程中以及材料试验结果未知时对极限状态的一种估计方法。

FRP 构件中纤维铺层的设计决定了构件的性能，各种铺层设计可以按照要求按细观力学和层合板理论计算确定。按细观力学和层合板理论计算两种典型铺层的基本参数见表 1。其中类型一为 [90°/0°/0°/90°]s，类型二为 [90°/±45°/90°]s，各层厚度相同。

由于 FRP 型材的成型工艺对其质量、性能影响较大，为排除生产工艺的不稳定性造成的产品质量离散性，故本规范中要求用于结构加固、修复工程和构成组合结构的 FRP 型材，必须是机械化生产工艺成型。目前国内外较成熟的 FRP 型材机械化成型工艺，主要为拉挤成型工艺和缠绕成型工艺。为保证产品质量，还要求必须是专业认证工厂生产、并经权威质检部门检测认可的产品。

表 1　典型铺层基本参数

类别	轴向等效弹性模量 $E_{ah,eff}$ (GPa)	环向等效弹性模量 $E_{ha,eff}$ (GPa)	轴向等效泊松比 $v_{ah,eff}$	环向等效泊松比 $v_{ha,eff}$	等效剪切模量 $G_{ah,eff}$ (GPa)	轴向强度 $S_{ah,eff}$ (GPa)	环向强度 $S_{ha,eff}$ (GPa)
类型一	24.6	24.6	0.096	0.096	2.4	200	280
类型二	12.7	23.2	0.258	0.471	6.8	180	360

3.2.12　FRP 材料抗拉强度标准值 f_{fk} 具有 95% 的保证率，符合现行国家标准《建筑结构可靠度设计统一标准》GB 50068 对材料标准值的保证率要求，在此基础上进行设计取值。FRP 材料的分项系数主要考虑 FRP 片材加固混凝土构件的可靠性指标与现行国家标准《混凝土结构设计规范》GB 50010 一致，并考虑 FRP 材料破坏的脆性特点确定的，对纤维布加固及新建结构中的 FRP 筋，取 1.4；其他工厂预制的 FRP 制品取 1.25。

FRP 在长期所处环境的酸碱盐、湿度、温度、日照等作用下，性能会有不同程度地降低。由于不同环境情况对不同品种纤维材料劣化影响程度不同，考虑到耐久性的要求，采用不同的系数给予折减，环境影响系数是根据我国试验研究成果，并参考了 ACI 相关规范和国外学者的试验研究数据确定的。

3.3　加固用 FRP 片材配套粘结材料及表面防护材料

3.3.1　底层树脂的作用是增强混凝土表层，提高混凝土与找平材料或浸渍树脂界面的粘接强度。找平材料的作用是填充混凝土表面的空洞、裂隙等，使加固表面平整度符合要求，并与底层树脂及浸渍树脂具有可靠的粘接强度，形成粘结体系。当混凝土表面平整度满足要求时，可尽量减少找平材料的用量。浸渍树脂是粘贴纤维布的主要粘结材料，其作用是使纤维丝之间以及与混凝土之间充分粘结，以共同承受结构的作用。FRP 板粘接剂是粘贴 FRP 板的主要粘结材料。本条强调必须使用与 FRP 片材相配套的经检测合格的粘结材料。

3.3.2　本条为强制性条文，粘结树脂的性能必须满足本规范的有关要求，因为粘结材料的性能与复合材料的性能、粘结质量及加固效果密切相关。如粘结材料的性能达不到要求，必然导致加固效果降低，甚至加固失效。检测指标规定为标准固化温度，是为了保证检测数据的准确性和可比性。

材料的检测温度对粘结树脂的固化质量有直接影

响，其他特殊条件下使用的粘结树脂，比如低温条件下使用的粘结树脂和高湿环境下使用的树脂要满足其相应使用状况下的性能要求。

此处规定粘度为树脂甲乙组分混合后的初粘度，是因为作为热固性树脂材料，体系的粘度与时间有关系，混合后粘度会不断上升。表中的性能指标为平均值。

触变指数 TI 是表征树脂体系触变性的数据指标，施工时，浸渍树脂经常涂刷在构件的下表面，要求树脂具有一定的抗流淌性能，以防止浸渍树脂从纤维布中析出，同时又要求树脂的真实的动力剪切强度要小，以有利于浸渍树脂对纤维布的浸透，触变指数是综合浸渍树脂这两方面性能的指标。

粘结材料混合后初粘度的检测按《胶粘剂粘度的测定》GB/T 2794 的规定进行。

触变指数按《胶粘剂粘度的测定》GB/T 2794 的规定进行，测量浸渍树脂在旋转式粘度计转子 6r/min 时的粘度值 V_r，再测量浸渍树脂在旋转式粘度计转子 60r/min 时的粘度值 V_o，触变指数 TI 等于 V_r/V_o 的比值。

适用期的检验按《胶粘剂适用期的测定》GB 7123.1 的规定进行，250 克混合树脂的适用期。

凝胶时间的检验按《环氧树脂凝胶时间测定方法》GB 12007.7 的规定进行。

拉伸强度、弹性模量和伸长率的检验按《树脂浇铸体拉伸强度试验方法》GB/T 2568 的规定进行，试件厚度为 4mm。

压缩强度的检验按《树脂浇铸体压缩强度试验方法》GB/T 2569 的规定进行。

弯曲强度的检验按《树脂浇铸体弯曲强度试验方法》GB/T 2570 的规定进行。

拉伸剪切强度（钢-钢）的检验按《胶粘剂拉伸剪切强度测定方法（金属对金属）》GB/T 7124 的规定进行，试件的材质为 45 号碳钢。

3.3.3 正拉粘结强度是反映树脂与混凝土粘结性能的一个指标，其检测按附录 C 的规定进行。

浸渍树脂与纤维布之间的层间剪切强度是两者之间浸润性能的基本反映，也是反映浸渍树脂与纤维布是否匹配的主要指标。

层间剪切强度按《单向纤维增强塑料层间剪切强度试验方法》GB 3357 测定。试件的尺寸为 34mm×4mm×6mm（由 12 层 300g 的碳纤维和浸渍树脂复合而成），试件的标准固化方式采取 23℃±2℃下固化 7d 后 60℃下再固化 2h，层间剪切强度的试样制备见附录 D。本条规定了碳纤维布与浸渍树脂的层间剪切强度，其他种类的纤维布的层间剪切强度参考此方法进行，但纤维布的层数应相应调整。

3.3.4 在实际应用时，一般在大气环境中湿热的共同作用是影响加固长期效果的主要因素，湿热老化对

材料本身和粘结界面有较大的影响，其中粘结界面是最薄弱的环节，因此本条规定了粘结强度在规定的湿热老化条件下的粘结界面强度的最低强度保证数值。同时，经过湿热循环老化后，如果强度降低超过20%，说明产品的性能稳定性较差，也不满足加固的要求。湿热循环加速老化试验应按照《玻璃纤维增强塑料湿热试验方法》GB 2574 规定进行。

3.3.5 材料的耐热性是材料的热性能指标中重要特性之一。耐热性是指在受负荷下，材料失去其物理机械强度而发生形变的温度。耐热性所表征的是材料的热物理变化。工程上一般采用测量热变形温度的试验方法，热变形温度是聚合物耐热性的一种量度。对于一般的加固工程，要求浸渍树脂的热变形温度大于 50℃；对于在使用环境温度较高的场所，要求浸渍树脂的热变形温度不应低于 60℃。热变形温度的检测应按照《塑料弯曲负载热变形温度试验方法》GB 1634 测定。试件的尺寸为 120mm×150mm×10mm，试件的标准固化方式采取 23℃±2℃下固化 7d 后 60℃下再固化 2h。

3.3.6 表面防护的作用是保护加固结构的纤维片材和树脂免受外界不利环境的侵害，如紫外线照射、火灾等。表面防护材料的选择，可按国家现行有关标准的规定执行。

需要指出，纤维片材不能同时当作防护材料和补强材料。当被加固混凝土结构本身有防护要求时，采用纤维片材加固后还应采取相应的防护措施。必须保证防护材料与 FRP 片材粘结可靠，变形协调。

本条强调对于有防火要求的建筑物，必须按照要求选择防火材料并进行防护处理，以保证加固后建筑物能够达到防火规范规定的防火等级。

当被加固结构本身需要按使用环境条件采取规定的防护措施时，结构加固后同样应按相应国家标准的规定执行。

4 混凝土结构加固及修复

4.1 一般规定

4.1.1 目前粘贴纤维布和 FRP 板加固及修复混凝土结构在工程上应用最多，研究和工程应用经验也较多。本章的有关设计计算方法和规定主要针对这种加固及修复形式。其他可用于混凝土结构加固及修复的还有嵌入式 FRP 棒材、FRP 网格材等，这些加固方法的有关设计计算方法可参照本章的规定，但这些加固方法的有关构造要求研究尚不够，如采用可进行专门的研究或有可靠的依据。

4.1.2 粘贴 FRP 片材加固修复混凝土结构的质量关键在于 FRP 片材与混凝土构件表面之间有可靠的粘结强度，保证 FRP 材料参与原混凝土结构共同受力。加固用 FRP 片材的受力主要依靠纤维承受拉应力来

提供，一般加固用 FRP 不考虑承受压力。需特别注意的是，不同类型的 FRP 片材，配套树脂也不同，加固时必须配套使用，并应经过粘结强度检验。

4.1.3 FRP 片材与混凝土的粘结强度主要取决于混凝土强度。当被加固的混凝土强度太低，将导致界面粘结强度不足，影响 FRP 片材的强度发挥。本条为强制性条文。

4.1.4 本条说明如下：

1 FRP 片材的纤维通常为单向，故应与加固要求所需要的受力方向一致，才能充分发挥 FRP 片材的强度。当纤维方向与计算受力方向不一致时，应乘以纤维方向与计算受力方向之间的夹角余弦来考虑 FRP 片材的纤维在计算受力方向的贡献。

2 对 FRP 片材施加预应力加固主要用于抗弯加固，可提高 FRP 片材的强度利用效率，增强抗弯加固效果，减少加固前受弯构件的初始受力，还可显著减少加固后的裂缝宽度和挠度。本章抗弯加固的计算公式包含了预应力 FRP 片材加固，但计算公式中是基于 FRP 片材获得有效预应力 $\sigma_{f,p0}$ 的前提下给出的。采用预应力 FRP 片材加固受弯构件及在确定有效预应力 $\sigma_{f,p0}$ 时，需注意的问题有：

（1）预应力张拉设备：预应力 FRP 片材的张拉设备与 FRP 片材类型和张拉方法有关，应根据所采用的张拉设备和方法确定由张拉设备和工艺所引起的预应力损失。

（2）FRP 片材质量：根据研究经验，用于预应力 FRP 片材加固受弯构件只能采用碳纤维布和 FRP 板。碳纤维布的质量应有较好的均匀性，张拉时碳纤维布宽度方向的受力应均匀，不应产生起毛和断丝现象。

（3）预应力 FRP 片材加固应考虑的预应力损失有：张拉设备引起的损失；碳纤维布不均匀性引起的损失；FRP 片材的松弛引起的损失；粘贴施工过程引起的损失；放张时引起的回缩损失；粘贴树脂的固化收缩变形引起的损失；混凝土收缩和徐变引起的损失。

（4）预应力 FRP 片材的锚固措施：FRP 片材张拉预应力后再粘贴于受弯构件，FRP 片材的弹性回缩将粘贴树脂层界面（特别是在 FRP 片材端部）产生很大应力，应在放张前采取可靠锚固措施，避免放张后预应力 FRP 片材的剥离。

3 工程结构作为一个整体，不同构件的承载力以及构件不同受力形式的承载力之间存在级差要求，如强柱弱梁、强剪弱弯等，这些级差要求在现行有关国家标准中均有相关规定。加固后应注意保持原有结构构件和构件的承载力间的级差，避免影响整个结构的合理的受力性能。

5 粘贴 FRP 片材还可用于混凝土双向板加固、剪力墙抗剪加固、抗扭加固、壳体结构加固等，对于

这些加固方法的研究尚不充分，如在实际工程需要时，应有可靠依据。

4.1.5 正常使用极限状态的验算主要包括裂缝和变形验算。

4.1.6 本条为强制性条文。由于环境影响、防护失效、火灾等原因，可能导致 FRP 片材与混凝土粘结界面的粘结强度降低导致加固失效或 FRP 片材的强度不能充分发挥，此时被加固构件仍应具有足够的剩余承载力，以避免被加固构件严重破坏。被加固构件的剩余承载力不应低于恒载和可变荷载频遇值组合下的作用效应设计值 S_f：

$$S_f = 1.2 C_G G_k + C_{Qf} Q_f \qquad (2)$$

式中：G_k、C_G——恒载标准值和恒载荷载效应系数；

Q_f、C_{Qf}——可变荷载频遇值和可变荷载效应系数。

4.1.7 如构件转角处曲率半径 r_c 太小，纤维布绕构件转角处粘贴时会导致纤维布内存在较大的初始应力集中，影响纤维布强度的发挥。根据国外有关试验研究结果，转角曲率半径 r_c 取 20mm 时，初始应力集中不大。

4.1.8 粘贴 FRP 片材加固时，FRP 片材尽量不要搭接。当确因加固施工困难需要采取搭接时，不应在主要受力区段搭接。国外纤维布搭接试验研究表明，搭接长度不宜小于 150mm，搭接长度范围的平均剪切粘结强度 $\tau_{ave} = 4MPa$，是根据剪切强度试验结果取偏小值确定的，当有可靠依据时，可适当增大。

对 FRP 板，因厚度较大，直接搭接难以保证受力传递，故一般不宜采用搭接。如有可靠搭接构造措施和可靠依据时，FRP 板也可采用搭接。

4.1.11 附加机械锚固措施主要有：用膨胀螺栓固定钢板条压住 FRP 片材、直接在 FRP 板上设置锚固于混凝土的栓钉等。

4.2 梁、板的抗弯加固

4.2.1 对于深受弯构件目前尚未有试验研究资料可供参考，本节的计算公式不能推广到深受弯构件的加固计算。

对于双向板，虽已有一些试验研究资料表明在板底双向粘贴 FRP 片材可显著提高双向板的承载力，但由于试验研究和计算方法还不成熟，本规范中暂未列出专门的计算公式，可参考单向板的计算方法按两个方向分别计算。

4.2.2 从对受弯构件加固的效率和使用可靠性来说，对裂缝和耐久性加固修复最好，其次受弯疲劳加固，再次是抗剪承载力加固。对于抗弯承载力加固，则以钢筋混凝土板的加固较为有效，因为板的配筋率一般较小，加固 FRP 片材的截面相对较大，可有效提高正常使用荷载的承载能力。而对梁的抗弯承载力加固，宜仅限于结构中的次梁，且宜采用 CFRP 片材。

当用于主梁抗弯承载力加固时，仅容许采用 CFRP 片材进行抗弯加固，同时必需对正常使用极限状态下的受拉钢筋应力进行验算，确保不超过钢筋抗拉强度标准值，还应特别注意火灾等意外情况可能导致 FRP 片材加固失效引起的主梁承载力不足。

试验研究表明，粘贴 CFRP 片材尤其是粘贴预应力 CFRP 片材加固钢筋混凝土受弯构件，对于疲劳寿命有显著的提高，其疲劳寿命加固提高机理在于可减小裂缝宽度，控制裂缝的进一步开展，减小裂缝截面处的钢筋应力，从而减小裂缝截面处的钢筋疲劳损伤。因此，粘贴 CFRP 片材对钢筋混凝土受弯构件的疲劳加固是一种较为有效的加固应用形式。

粘贴 FRP 片材对于裂缝和耐久性加固修复，可不考虑加固后的承载力提高作用，仅考虑其隔离侵蚀性介质通过裂缝对钢筋产生锈蚀影响，保证和提高原构件的耐久性和使用年限，因此宜采用满贴方式，以隔离环境介质对原构件材料的劣化作用影响。FRP 片材的纤维方向宜与裂缝方向垂直，是避免粘贴 FRP 片材修补后裂缝进一步开展。

4.2.3 试验和分析均表明，当被加固梁的配筋率较大时，即未加固钢筋混凝土梁的受压区高度 x 较大时，受弯承载力加固提高幅度有限，且延性较小，因此不宜进行抗弯加固。

4.2.4 在受弯构件受拉面和梁侧面粘贴 FRP 片材加固后的受弯承载力计算理论和方法与现行国家标准《混凝土结构设计规范》GB 50010 钢筋混凝土构件受弯承载力的计算理论和方法一致，只是 FRP 片材按线弹性应力-应变关系来确定其达到受弯承载力极限状态时的有效拉应力。规定 FRP 片材的极限拉应变设计值不应大于 0.01，是为了避免受弯承载力极限状态时变形过大，这与现行国家标准《混凝土结构设计规范》GB 50010 规定受拉钢筋的应变不超过 0.01 是一致的。同时规定 FRP 片材的极限拉应变设计值不大于 0.01，也兼顾考虑到 FRP 片材的弹脆性性质，可以认为 0.01 是 FRP 片材的极限拉应变设计值。极限拉应变设计值与 FRP 片材的弹性模量的乘积即可认为是 FRP 片材的容许应力。

4.2.5 本条规定的粘贴 FRP 片材和预应力 CFRP 片材加固混凝土受弯构件的受弯承载力计算公式与现行国家标准《混凝土结构设计规范》GB 50010 是统一的，其关键是确定达到受弯承载力极限状态时 FRP 片材的拉应力设计值 $\sigma_{f,md}$。$\sigma_{f,md}$ 取以下三种情况下 FRP 片材拉应力的较小值：

（1）FRP 片材抗拉强度设计值 f_{fd}；

（2）受压边缘混凝土达到极限压应变 ε_{cu} 时 FRP 片材的有效拉应变 $\varepsilon_{fe,m1}$ 与其弹性模量 E_f 的乘积；

（3）FRP 片材与混凝土界面产生剥离或粘结破坏时 FRP 片材的有效拉应变 $\varepsilon_{fe,m2}$ 与其弹性模量 E_f 的乘积。

对于上述第（2）种情况，受压区混凝土可按现行国家标准《混凝土结构设计规范》GB 50010 的规定等效为矩形应力图计算，而当第（1）种情况的 f_{fd}/E_f 和第（3）种情况的 $\varepsilon_{fe,m2}$ 小于按第（2）种情况计算的 $\varepsilon_{fe,m1}$ 时，受压边缘混凝土压应变未达到极限压应变 ε_{cu}，此时受压区混凝土应力图的等效矩形应力图形系数小于现行国家标准《混凝土结构设计规范》GB 50010 的规定值，因此引入系数 ω 考虑这一差别对受弯承载力所产生的降低影响。

在计算中，FRP 片材的有效截面面积 A_f 是指抗拉强度检测时所采用的名义计算厚度与粘贴宽度和粘贴层数的乘积。同样 FRP 片材的弹性模量 E_f 也应按检测时所取的名义厚度或截面面积所测定的弹性模量确定。

本条受弯承载力计算公式适用于混凝土强度等级不大于 C50 的情况，对于混凝土强度等级大于 C50 的受弯构件，本条的计算公式应按照现行国家标准《混凝土结构设计规范》GB 50010 矩形应力图形系数进行调整。对于矩形截面，取受压翼缘高度 h'_f 等于零、受压翼缘宽度 b'_f 等于截面宽度 b 计算。对于单向板，取宽度 b 等于 1000mm，高度等于 h，按矩形截面计算，计算所得 FRP 片材加固量应按 1000m 板宽分条带均匀布置。

粘贴预应力 CFRP 片材可有效提高受弯承载力加固效率，且可显著减小被加固混凝土构件的裂缝宽度和挠度变形。本条规定的受弯承载力计算方法是考虑了粘贴预应力 CFRP 片材抗弯加固的统一计算公式，这在计算 FRP 片材的有效拉应变中体现，即考虑了对 CFRP 片材施加所产生的有效拉应变 ε_{fp0}。ε_{fp0} 的确定应考虑所有预应力损失。预应力 CFRP 片材的预应力损失与所采用的预应力张拉设备、张拉工艺和 CFRP 片材的锚固构造有关，可参照 4.1.3 第 3 款的说明按实际情况确定。

本条给出的受弯承载力计算公式也适用于 CFRP 网格材和嵌入式 CFRP 加固混凝土构件的受弯承载力计算，对于 CFRP 网格材加固，当采取可靠锚固措施时，可不考虑 $\varepsilon_{fe,m2}$；对于嵌入式 CFRP 加固，$\varepsilon_{fe,m2}$ 的计算应根据可靠依据确定。

4.2.6 本条系根据受压边缘混凝土达到极限压应变时的截面受力平衡条件和截面应变平截面假定联立求解，得到计算达到该受弯承载力极限使的 FRP 片材有效拉应变 $\varepsilon_{fe,m1}$。

本条计算公式适用于混凝土强度等级不大于 C50 的情况，对于混凝土强度等级大于 C50 的受弯构件，本条的计算公式应按照现行国家标准《混凝土结构设计规范》GB 50010 矩形应力图形系数进行调整，混凝土极限压应变也应作相应调整。对于矩形截面，取受压翼缘高度 h'_f 等于零、受压翼缘宽度 b'_f 等于截面宽度 b 计算。对于单向板，取宽度等于 1000mm 范围内的 FRP 片材，高度等于 h，按矩形截面计算。

4.2.7 现有试验研究表明，抗弯加固时，大量存在 FRP 片材与混凝土界面强度不足而发生界面剥离破坏。受弯加固界面剥离破坏主要分为三个类型：在 FRP 端部由于应力集中引起的剥离破坏；在斜裂缝位置梁剪切错动引起的剥离破坏和在受弯裂缝附近由于裂缝张开引起的剥离破坏。其中，端部剥离破坏应通过根据规范 4.2.13 条在 FRP 片材端部设置 U 型箍构造措施加以避免，构造 U 型箍的数量和布置是根据已有试验研究确定的；斜裂缝引起的剥离破坏应通过保证梁强剪弱弯，限制斜裂缝出现及其宽度加以避免。由于钢筋混凝土梁大多带裂缝工作，而根据已有研究，即使采取附加锚固措施，也难以用构造方法来避免受弯裂缝附近的剥离破坏，另一方面，当 U 型箍布置合适时，即使发生界面剥离，其破坏过程具有一定的延性特征。因此在实际受弯加固中，容许第三类剥离破坏作为受弯承载力极限状态的一种形式，并应对其抗弯承载力进行计算。本条给出的 FRP 片材有效拉应变 $\varepsilon_{fe,m2}$ 是根据梁中部受弯裂缝开展引起剥离破坏的界面受力分析和国内外大量试验研究结果分析得到的。

4.2.8 考虑二次受力影响时，极限受弯承载力状态时 FRP 片材的有效应变应扣除初始弯矩下被加固梁计算截面处受拉边缘的初始拉应变。根据试验和理论分析，初始弯矩 M_i 小于未加固梁受弯承载力的 20% 时，受拉边缘的初始拉应变较小，FRP 片材受拉应变的滞后效应不大，对加固后的受弯承载力影响不大，故可忽略初始弯矩的影响。当初始弯矩 M_i 大于未加固梁受弯承载力的 50% 以上时，受拉边缘的初始拉应变较大，非预应力加固方法的 FRP 片材受拉应变的滞后较大，FRP 片材的强度得不到有效发挥，宜采取预应力 FRP 片材加固方法或其他经过论证可靠的方法。

初始弯矩作用下，加固前计算截面受拉边缘的初始应变的计算方法，是根据初始弯矩作用下由平截面假定按钢筋混凝土截面受力分析方法得到的。

4.2.9 因为受弯加固 FRP 的粘贴面积相对于受拉钢筋面积而言一般较小，且 CFRP 的弹性模量与钢材相近，其他 FRP 的弹性模量小于钢材，因此在未采用预应力加固的情况下，FRP 片材是在受拉钢筋屈服后才开始发挥较大的作用。因此，尽管按受弯承载力极限状态进行计算可提高受弯构件的承载力，但为保证加固后正常使用阶段承载的可靠性，避免钢筋在正常使用荷载下超过屈服强度，需对正常使用阶段频遇荷载组合下受拉钢筋的拉应力进行控制。此外，与 4.1.5 条呼应，当需要考虑火灾等意外事件造成 FRP 加固失效时，应保证被加固梁仍能承受频遇荷载组合而不致破坏。如不满足本条所规定的要求，将会因受拉钢筋屈服而导致正常使用阶段出现过大裂缝和变

形。因此，本条规定是对抗弯承载力加固的重要补充，必须进行计算。

4.2.10 粘贴 FRP 片材对钢筋混凝土和预应力混凝土受弯构件进行裂缝修复，是提高耐久性的有效方法，此时宜采用满贴 FRP 片材方法封闭已有裂缝，且 FRP 片材纤维方向宜与裂缝垂直。由于对在梁侧面粘贴 FRP 片材、且纤维方向垂直于裂缝方向的封闭裂缝修复，不仅可控制裂缝的继续开展，也避免了侵蚀介质的对钢筋的锈蚀作用，满足耐久性要求，故可不必再对裂缝宽度进行验算。

但当仅在梁受拉面粘贴 FRP 进行抗弯承载力加固，因 FRP 片材的有效影响范围有限，对梁腹部裂缝宽度不能起到有效地减小效果，此时应按《混凝土结构设计规范》GB 50010 的规定或其他有关规定，按所处环境类别和结构类别计算梁腹的裂缝宽度，并满足相应的裂缝控制要求。

4.2.11 对仅在受拉面粘贴 FRP 片材加固的受弯构件，裂缝宽度的计算方法与现行国家标准《混凝土结构设计规范》GB 50010 相同，只是在计算公式中考虑了 FRP 片材对裂缝间距、受拉钢筋应力和受拉区有效配筋率的影响。

4.2.12 粘贴 FRP 片材对受弯构件进行加固后，其对抗弯刚度的提高作用相当于在原有钢筋基础上增加了 FRP 的换算钢筋面积。不过在计算加固构件的变形时，应根据加固前荷载情况和加固后增加荷载情况分别采用不同的抗弯刚度计算不同阶段的挠度变形，然后叠加得到加固后的挠度变形。

4.2.13 本条说明如下：

1～2 端部 FRP U 型箍主要用于防止 FRP 端部应力集中引起的剥离破坏。由于此类剥离破坏脆性较大且受力复杂，因此端部 FRP U 型箍必须有足够的强度和刚度。在梁中部弯曲裂缝或者弯剪裂缝附近，还会出现中部受弯裂缝引起的剥离。中部受弯裂缝引起的剥离破坏已通过 4.2.7 的规定加以限制。在梁中部区域适当布置 FRP U 型箍，可有效减少剥离破坏的脆性。

3 在梁、板负弯矩区进行受弯加固时，FRP 片材的截断位置的确定方法同钢筋截断。

4 根据有效翼缘宽度的概念，在梁两侧 $4h_f'$ 范围内粘贴 FRP 片材，可发挥受拉作用。

4.3 梁、柱的抗剪加固

4.3.1 封闭粘贴加固，达到受剪破坏时 FRP 片材通常为拉断破坏，其抗拉强度可得到充分发挥，且封闭粘贴加固还可以起到约束混凝土的作用，尤其适合对混凝土柱的抗剪加固。U 形粘贴或侧面粘贴加固一般适合梁的抗剪加固，但这两种加固形式，达到受剪破坏时通常为 FRP 片材的剥离破坏，FRP 的抗拉强度发挥有限，但对抗剪承载力仍然有一定的提高作用。

4.3.2 本条说明如下：

1 控制抗剪加固承载力提高幅度的目的与4.2.9条的原因一致，但因目前无法给出正常使用阶段抗剪加固的箍筋应力计算方法，故采取控制抗剪加固承载力提高幅度的方法。

2 试验和分析均表明，当未加固受弯构件的剪力设计值大于 $0.2f_cbh_0$ 时，原配箍率较大，受剪承载力加固提高幅度有限，因此不进行抗剪加固。

4.3.3 本条说明如下：

1 由于FRP片材通常为单向纤维，采用纤维方向与构件轴线垂直的粘贴方式，对在剪跨区段任意位置形成的斜截面受剪破坏均可提供相近的受剪承载力。而但采取纤维方向与轴线不垂直粘贴方式时，纤维方向宜垂直于预计的斜裂缝，并应在剪跨区段连续粘贴才能保证对在剪跨区段任意位置形成的斜截面受剪破坏均可提供相近的受剪承载力。对于双向FRP片材，只有与预计斜裂缝基本垂直的纤维才能提供受剪承载力。

2 采用封闭粘贴FRP片材对柱进行抗剪加固，纤维方向与柱轴线垂直，不仅可提高受剪承载力，还可对混凝土柱提供一定的约束，提高柱的延性。

3 当FRP片材采用条带布置时，FRP条带净间距 s_f 的规定是保证斜裂缝至少穿过一道FRP条带。

4 抗剪加固时，如果不能进行FRP包裹加固，则主要破坏形式为FRP和混凝土之间的剥离破坏，通过在FRP上施加附加锚固措施可以适当提高其剥离承载力和剥离破坏的延性。

4.3.4、4.3.5 根据国内外大量试验研究分析，粘贴FRP片材对混凝土梁进行抗剪加固时，抗剪承载力采用被加固混凝土梁的抗剪贡献与达到受剪承载力极限状态时FRP片材的抗剪贡献的叠加。被加固混凝土梁的抗剪贡献仍按现行国家标准《混凝土结构设计规范》GB 50010的计算方法确定。式（4.3.5-1）为封闭粘贴抗剪加固时FRP片材发生拉断破坏时的FRP片材抗剪贡献，式（4.3.5-5）为U型粘贴和侧面粘贴FRP片材发生剥离破坏时的FRP片材抗剪贡献。这两个FRP片材抗剪贡献的计算公式是在国内外大量试验研究分析的基础上得到的。

4.3.6 对于封闭包裹情况，在斜裂缝出现后FRP片材的拉应力才开始增大，且随剪力的增加基本呈线性增加，也即FRP片材的受剪贡献 $V_{b,f1}$ 随剪力的增加基本呈线性增加，达到受剪承载力极限状态时FRP片材的拉应力通常未达到其抗拉强度设计值。因此，当加固前初始剪力 $V_i \le 0.7f_tbh_0$ 时，通常未出现斜裂缝，故可忽略初始剪力 V_i 对加固后受剪承载力的影响。当加固前初始剪力 $V_i > 0.7f_tbh_0$ 时，出现斜裂缝，根据FRP片材的受剪贡献随剪力的增加基本呈线性增加的关系，考虑初始剪力 V_i 对FRP片材受剪贡献 $V_{b,f1}$ 的折减影响，即得到公式（4.3.6）。

对于U型和侧面粘贴加固情况，由于此时FRP片材的受剪贡献 $V_{b,f2}$ 取决于FRP片材剥离时FRP片材的拉应力值，该拉应力值通常较小，与初始剪力大小无关，故不考虑初始剪力 V_i 的对FRP片材受剪贡献 $V_{b,f2}$ 的影响。

4.3.7 封闭粘贴FRP片材对混凝土柱进行抗剪加固时，FRP片材的抗剪贡献的计算公式是在国内外大量试验研究分析的基础上得到的，当轴压比 n 等于零时，该公式与封闭粘贴FRP片材对混凝土梁的FRP片材的抗剪贡献一致。

4.4 受压构件加固

4.4.1 混凝土在竖向荷载作用下，当侧向变形受到限制时，称其为约束混凝土。当约束材料为FRP时，称其为FRP约束混凝土。混凝土经FRP约束后，其强度和延性均可得到提高。在圆形截面中，由于混凝土受到均匀约束作用，FRP的约束效果最好。在矩形截面中，由于约束应力在截面上的分布不均匀，且在截面角部将产生应力集中现象，因而FRP的约束作用较弱。因此，在用FRP进行加固之前，必须对矩形截面进行倒角处理或圆弧化处理以提高FRP的约束作用。进行倒角处理时，倒角半径受混凝土保护层厚度的控制，但应满足4.4.1条有关规定。进行圆弧化处理时，理论上矢高越大、截面形状越接近圆形时FRP的约束效果越好，但考虑到用过厚的水泥砂浆层将导致施工不便，且截面尺寸增加过大，因此在实际施工时，圆弧的矢高不宜过大，但应满足4.4.1条有关规定。

4.4.2 FRP约束混凝土随纤维力学性质及纤维包裹量的变化，其应力-应变关系和破坏特征有较大差别。本规范用约束刚度参数 β_j 为指标以反映纤维用量、纤维和混凝土的力学指标及截面尺寸的影响。实验结果表明，当 $\beta_j \le \beta_b$ 时，应力-应变曲线存在下降段，包裹纤维的断裂通常发生在峰值应力之后；$\beta_j > \beta_b$ 时，则应力-应变曲线无下降段并呈近似双线性关系，包裹纤维断裂时达到FRP约束混凝土的强度极限。前者称为弱约束，后者称为强约束。

采用FRP约束加固钢筋混凝土受压构件可以达到两个主要目的：（1）提高构件的极限承载力；（2）提高构件的延性，改善其抗震性能。当混凝土处于弱约束状态时，虽然混凝土的延性可以有较大程度的提高，但是混凝土抗压强度的提高很小，可忽略不计。在此种情况下，虽然通过混凝土延性的增加也可获得一定的构件极限承载力的提高，但通过这种方式获得的构件极限承载力的提高极为有限，因此弱约束主要应用于提高构件延性，改善构件抗震性能。当以提高构件的极限承载力为主要目的时，要求混凝土处于强约束状态，即通过提高混凝土抗压强度的方式来提高构件的极限承载力。

当构件过于细长时，由于二阶效应的存在，使得通过 FRP 约束来获得构件极限承载力提高这一加固方法的有效性及经济性降低，因此 FRP 约束加固不应用于过于细长的钢筋混凝土受压构件，本条对构件的长细比进行了限制。

现有的圆形截面强约束混凝土试件的大量试验结果表明，由于受到截面曲率、混凝土变形的不均匀性、FRP 纵向应变等因素的影响，试件破坏时的纤维拉断应变平均值明显小于由标准拉伸试验获得的拉断应变，且纤维拉断应变平均值的离散性较大，因此本规范建议采用试验的方法来确定纤维拉断应变特征值。标准试验方法见附录 E。

4.4.4 FRP 强约束混凝土的应力-应变曲线呈近似双线性关系，第一段应力-应变曲线形状与无约束混凝土相似，第二段应力-应变曲线可近似看作直线。本规范采用香港理工大学提出的二次抛物线加直线分段式模型。该模型是建立在以下假设之上的：(1) 应力-应变曲线由两部分组成，第一部分为二次抛物线，第二部分为直线；(2) FRP 约束混凝土的初始弹性模量（原点切线弹性模量）与无约束混凝土的弹性模量相等；(3) 抛物线方程应反映 FRP 约束对该段应力-应变曲线的影响；(4) 两段应力-应变曲线光滑连接，即在两段曲线连接处，其一阶导数连续；(5) 第二部分的直线与纵坐标（纵向应力）的交点为无约束混凝土的强度。基于以上假设，得到式 (4.4.4-1) ～式 (4.4.4-3)。当约束力为零时（不包括 FRP 时），该模型可以退化到《混凝土结构设计规范》GBJ 10—89 所采用的无约束混凝土模型；当混凝土强度等级不大于 C50 时，该模型也可以退化到现行国家标准《混凝土结构设计规范》GB 50010 所采用的无约束混凝土模型。

本条规定了 $f_{cc}/f_c \leqslant 1.75$，即通过 FRP 约束获得的混凝土抗压强度的提高不应超过 75%，这是因为当混凝土抗压强度提高过大时：(1) 构件破坏可能非常突然；(2) 由于混凝土的极限压应变提高很大，导致二阶效应更为显著（构件横向变形过大）。

4.4.5、4.4.6 FRP 约束混凝土的轴心抗压强度设计值和极限压应变设计值的计算。正文中的圆形截面和矩形截面的计算公式主要依据香港理工大学的研究成果；圆弧化处理矩形截面的计算公式主要依据哈尔滨工业大学的研究成果。上述公式考虑了约束材料的刚度及变形能力对混凝土强度及延性提高的影响。

4.4.8 FRP 约束加固轴心受压构件正截面承载力计算。规范正文不再单独给出轴心受压构件正截面承载力计算公式，而是通过考虑附加偏心距与偏心受压构件正截面承载力计算采取统一的计算公式。圆弧化处理矩形截面轴心受压构件承载力计算中构件截面的几何参数仍采用原矩形截面的几何参数。

4.4.9 现行国家标准《混凝土结构设计规范》GB

50010 中，对于混凝土强度 C50 以下圆形截面偏压构件，取受压区高度为按平截面假定所确定的中和轴高度的 0.8 倍，受压区内混凝土应力值取为混凝土强度，即 $\alpha_1 = 1$，$\beta_1 = 0.8$。根据香港理工大学研究结果，上述取值并不适用于 FRP 约束加固钢筋混凝土偏压柱，因为 α_1、β_1 的值随着混凝土所受约束程度的变化而变化。在保证计算精度的前提下，为简化计算，对强约束混凝土可取 $\alpha_1 = 1.17 - 0.2 \dfrac{f_{cc}}{f_c}$，$\beta_1 = 0.9$。

4.4.11 FRP 约束加固圆形截面偏心受压构件正截面承载力计算。计算公式体现了 FRP 的约束作用，但其原理与现行国家标准《混凝土结构设计规范》GB 50010 中相应公式相同。值得说明的是，设计公式同样适用于柱两端偏心距不同的情况。考虑 FRP 约束作用后，对 α_c 及 α_t 的取值作出了相应调整。该计算公式及式 (4.4.12) 均基于中和轴在截面内的假定。按正文规定，构件的最小偏心距不小于正文 4.4.7 条规定的附加偏心距。因此，在通常情况下，该假定是正确的。但是，当计算表明中和轴在截面外时，式 (4.4.11) 和式 (4.4.12) 不再适用，此时应采用精确的截面分析方法进行设计。

4.4.12～4.4.14 FRP 约束加固矩形截面及圆弧化处理矩形截面偏心受压构件正截面承载力计算。计算公式体现了 FRP 的约束作用，但其原理与现行国家标准《混凝土结构设计规范》GB 50010 中相应公式相同。设计公式同样适用于柱两端偏心距不同的情况。圆弧化处理矩形截面偏心受压构件承载力计算中构件截面的几何参数仍采用原矩形截面的几何参数。由于对 FRP 约束加固矩形截面及圆弧化处理矩形截面双向偏心受压构件的研究尚不充分，规范未给出双向偏心受压构件的计算公式。第 4.4.12 条～第 4.4.14 条仅适用于单向偏心受压构件。

4.4.15 FRP 约束加固钢筋混凝土受压构件的偏心距增大系数的计算。当满足式 (4.4.15-4) 时，由二阶效应引起的柱承载力降低在 5% 以内，因此认为在该范围内，二阶效应可忽略不计，无需计算偏心距增大系数，相应的受压构件称为短柱，否则称为长柱。长柱设计时需考虑二阶效应的影响，偏心距增大系数可按式 (4.4.15-1) ～式 (4.4.15-3) 计算。

短柱、长柱的判别长细比称为短柱的长细比限值，该值由式 (4.4.15-4) 规定。无约束钢筋混凝土柱的短柱长细比限值主要与柱端部偏心距比值 $\dfrac{e_1}{e_2}$ 以及偏心率 $\dfrac{e_2}{h}$ 有关。香港理工大学近期的研究结果表明，FRP 约束放大了二阶效应的作用，因此对于 FRP 约束加固钢筋混凝土柱，其短柱长细比限值尚需考虑 FRP 约束作用的影响。式 (4.4.15-4) 考虑了上述因素，该式的分子部分为无约束钢筋混凝土柱的长细比限值，分母部分则考虑了 FRP 约束对长细比限值的影响。需要说明的是，现行国家标准《混凝土结构设计规范》GB 50010 中关于长细比限值的规定仅考虑了柱两端偏心距相等的情况，且忽略了偏心率的影响，是较为保守的。在无 FRP 约束且柱两端偏心距相等时，由式（4.4.15-4）得出的短柱长细比限值与现行国家标准《混凝土结构设计规范》GB 50010 中关于偏心受压构件的短柱长细比限值规定一致。

4.5 柱的抗震加固

4.5.1 沿柱轴向连续封闭粘贴 FRP 片材约束混凝土柱，可显著改善其塑性变形能力，增加延性，是 FRP 加固混凝土结构最有效的方法。约束效果与柱的截面形状有关，当为圆形截面柱，约束效果最好，不仅可显著提高变形能力，还可提高混凝土的抗压强度；当为矩形截面柱时，随截面尺寸增大和随截面高度与宽度之比增大，约束效果降低。由于缺乏对大截面尺寸矩形柱的试验研究，当没有其他限制截面侧面混凝土膨胀的有效措施时，被加固柱的截面尺寸不宜大于 600mm，且截面高度与宽度之比也不宜过大，并宜采用 4.4.1 条的圆弧化处理方法。

4.5.2 沿柱轴向连续封闭粘贴 FRP 片材约束混凝土柱进行抗震加固，主要是解决被加固柱因配箍率不足而不能满足现行国家标准在相应轴压比情况下的抗震延性要求，并不能提高现行国家标准中规定的不同抗震等级结构的轴压比限值。

FRP 的折算配箍率是根据 FRP 约束混凝土抗震加固混凝土柱的试验研究，按极限变形时 FRP 的实测应变统计结果，并考虑一定的安全储备得到的。

对于非箍筋加密区，其总折算配箍率也应符合现行国家标准的有关要求，且当采用 FRP 条带时，条带净间距不应大于现行国家标准规定的箍筋最大间距的 0.7 倍。

4.5.3 对于矩形截面柱，利用 FRP 约束混凝土对柱进行抗震加固，仅考虑对柱延性的改善，不能考虑混凝土强度的提高。而对圆形截面柱和圆弧化处理的矩形截面柱，则可同时考虑对混凝土强度的提高，从而可进一步提高柱的抗压承载力。

4.6 施工和验收

4.6.1 在进行 FRP 片材施工之前，首先应对施工现场进行勘查，了解施工时的现场条件，包括现场的环境温度、环境湿度及选择现场存放材料的地点等。根据施工现场的条件拟定相应的施工计划并进行施工前的各项准备。

4.6.2 施工现场的温度、相对湿度以及表面的潮湿度是影响粘贴 FRP 片材施工质量的几个主要因素。

1 施工现场的环境温度必须符合粘结材料的使用温度才能保证粘贴质量，环境温度太高或是太低都会对 FRP 片材加固施工后的性能有一定的影响。温度较高，固化时间很短，会影响到树脂对纤维的浸润；温度较低，固化时间很长，影响树脂的粘接强度。因此，在夏季较炎热的气候条件下，应尽量选择在温度相对较低的时间段进行施工，或是选用夏用型树脂；在冬季较寒冷的气候条件下，现场应采取一些升温的辅助措施，以达到规定的施工温度要求，或是选用在低温环境中使用的树脂。应对施工部位的结构表面进行温度测量，如不能达到规定的温度，要采取相应的措施或停止施工。

2 当环境湿度不超过 70% 时，可以不考虑环境湿度对树脂固化的不利影响。如果环境的相对湿度较大，会影响 FRP 片材的粘贴质量，粘贴后容易出现空鼓或是剥离现象。因此，在现场环境相对湿度较大的情况下，尤其是雨雪天气又露天作业的时候，应采取相应措施，或是停止施工。如果采用适用于潮湿环境的粘结材料时可不受此限制。

4.6.3 粘贴 FRP 片材施工不需要大型的机具，因此施工较为简便。一般经常用到的工具有如下几种：处理混凝土结构表面的角磨机；清除混凝土表面灰尘的吹风机或是吸尘器；混合树脂用的电动搅拌杆或搅拌机器；涂刷树脂用的滚筒刷；粘贴纤维布时使用的特制的滚子（罗拉）；以及人员防护所使用的手套、眼镜、防尘口罩、服装等；在现场有防尘要求的情况下，应配备除尘设备；冬季施工而施工现场温度又不满足施工要求时，要配备增温设备。

搅拌杆和滚子等工具在使用后要及时进行清理，可以用酒精或丙酮擦拭，尽可能去掉粘附在表面的树脂。

4.6.4 基层处理是指对加固构件原有混凝土结构的处理和加固部位混凝土表面的处理，是粘贴 FRP 片材非常重要的一个步骤。基层处理不好，很容易造成后来粘贴的 FRP 片材剥离或是形成空鼓。

加固部位的混凝土表面应打磨平整，并清除存在的浮浆、油污或是其他可能会影响 FRP 片材粘贴质量的杂质。打磨处理后的混凝土表面如存在较大的坑洞或是凹陷，应用修复材料修复平整。修复材料一般选用聚合物水泥砂浆，且与原有混凝土粘结良好。加固构件本身若存在较大的高差，应在拐点处打磨出坡度，或是用修复材料修补出坡度，并使坡度越缓越好。

4.6.5 本条规定了配制底层树脂、找平材料、浸渍树脂和 FRP 板粘结剂时均应满足的一般要求。树脂的混合比例以及两种组分混合所需的搅拌时间应严格按照生产商提供的说明执行。施工时应根据施工进度和环境温度控制每次的拌和量，在树脂混合搅拌后应根据生产商提出的要求在规定时间内使用，超出使用时间的树脂不得再使用。

4.6.6 本条规定了粘贴纤维布加固的一般施工工序和具体要求：

2 在进行粘贴纤维布施工前，应按照设计图纸要求，对加固部位弹线以明确加固区域，确认粘贴纤维布的尺寸以及需要粘贴的层数。

根据设计图纸的要求现场按实际使用的尺寸对纤维布进行裁剪。应充分考虑到加固时所要用到的各种尺寸，合理安排裁剪的方式，避免不必要的材料浪费。

3 涂刷底层树脂前，必须确认混凝土表面没有粉尘、水渍或是其他对树脂渗透有影响的杂质。在底层树脂表面指触干燥到完全固化期间进行下一步工序施工的粘结效果最好。树脂的指触干燥是指树脂达到凝胶的状态，在施工现场可以通过手指触摸树脂表面有凝胶的感觉，但不会粘附树脂的状态。

5 在涂刷浸渍树脂前，要先检查加固部位和纤维布表面的杂质是否已清理干净。

6 在涂刷浸渍树脂后，要迅速将纤维布粘贴于加固表面。试验研究和工程经验证明，只有浸渍树脂充分浸透在纤维布中才能保证纤维布的粘贴质量。用专用滚子顺纤维方向滚压纤维布时，可以向一个方向，也可以从中间向两个方向滚动，但不允许来回反复滚动，以免损伤纤维，影响粘结质量。要多次进行滚动，以挤出残留在内部的气泡，确保树脂能够充分浸润纤维。在碾压纤维布的同时，要确保纤维布没有偏离加固的方向或是移位。对于加固较长的构件或是环形粘贴时纤维布需要进行搭接。搭接长度应符合第4.1.7条中的相关规定。

7 当需要进行多层粘贴时，重复上面的步骤，但要注意进行下一层粘贴的间隔时间。最好在上一层指触干燥的情况下，及时进行下一层的粘贴。

8 在最后一层纤维布表面均匀涂刷一层浸渍树脂作为保护层。

4.6.7 FRP板在所需加固量较大或施工空间狭小、障碍物较多时比粘贴纤维布更具有优势。且板材在工厂里加工成型，施工时受人为因素影响小，质量易保证。本条规定了粘贴FRP板加固的一般施工工序和具体要求。

2 根据设计图纸，并按现场实际需要使用的尺寸，对FRP板材进行切割。切割的工具可以使用钢锯、砂轮机或盘式金刚石切割刀等。板材不能重叠搭接，所以在切割前应先确认施工的实际长度，避免不必要的材料浪费。

为保证粘结质量，一些品牌的CFRP板在出厂前已将其中一面进行过粗糙化处理，施工时应注意选择粗糙面作为粘贴面。若使用双面均光滑并经处理的FRP板时，应在现场将粘贴面打磨。

4 挤出的和沾在板上的FRP板粘结剂要用刮刀或抹布等工具及时除去。

4.6.8 常用的表面防护方法是在FRP片材的表面抹水泥砂浆。根据现场的实际情况可以采用人工涂抹或机器喷射。因树脂完全固化后表面非常光滑，水泥砂浆很难挂住，可以在表层树脂没有完全固化的时候，在纤维布表面撒一些细砂，使其表面有一定的粗糙度。

4.6.9 由于碳纤维具有导电性，裁剪时飞扬起来的碳纤维丝可能会引发电器设备的短路，因此，当施工现场有电器设备时，应采取可靠的防护措施。

4.6.10 本条说明如下：

2 当在封闭空间内使用树脂作业时，应特别注意换气。可根据需要用风扇和送风管道进行强制换气。

3 打磨混凝土表面时会产生较多的粉尘，操作人员要佩戴防尘眼镜、防尘口罩等防护装备；配套树脂是化学品，在配制树脂的时候，操作人员要穿好工作服，戴好口罩以及塑胶手套；个人对环氧树脂引发的过敏性皮炎敏感程度不同，有严重过敏的人员不能从事配制树脂的工作；如果采用干式方法切割碳纤维板材，碳纤维的粉末会飞扬起来，操作人员应佩戴防尘口罩和防尘眼镜等劳保用品。如遇高空作业时，应采取可靠的保护措施，保证施工安全。

4.6.11 本条说明如下：

1 FRP片材有多种型号，所以在检查时应注意所选用的材料是否与设计图纸要求的型号一致。有些生产厂家的配套树脂有季节区分，在检验时要注意选用的树脂是否符合当时的施工环境。

2 检查混凝土基层处理情况：检查混凝土表面是否存在裂缝；检查混凝土表面是否平整，是否存在疏松、蜂窝、麻面等现象；粘贴FRP片材的部位是否存在浮浆、油渍或其他有碍粘贴质量的物质。

检查底层树脂涂刷情况：根据现场温度情况查看底层树脂是否符合要求；两种组分是否按照比例要求混合；涂刷是否均匀。

检查找平材料找平情况：根据现场温度情况查看找平材料是否符合要求；两种组分是否按照比例要求混合；找平是否平整，是否存在棱角。

检查FRP片材粘贴情况：检查FRP片材粘贴部位和尺寸是否与设计图纸一致，实际粘贴面积应不少于设计面积，位置偏差应不大于10mm；根据现场温度情况查看浸渍树脂或FRP板粘结剂是否符合要求；两种组分是否按照要求比例混合；纤维布有搭接时是否符合搭接要求。

3 局部空鼓采用针管注胶的方法进行修补，用树脂将空鼓填满。当发现树脂开始从间隙中渗出，用滚子（罗拉）将注胶处压实。

4 在选择抽样拉拔的部位时，应避免选择应力集中或受力较大的区域。

5 砌体结构加固及修复

5.1 一般规定

5.1.1 粘贴纤维布加固砌体结构的形式有：砌体结构整体性加固、砌体墙面外承载力加固、砌体墙面内承载力加固，也可以用于其他砌体构件和受力形式的加固，但目前我国对粘贴 FRP 片材加固砌体结构的试验研究仅限于砌体墙的面内受剪承载力加固。根据砌体结构的受力特征，对砌体结构的整体性加固，对改善整个结构的整体受力性能更为有利，建议在加固时应尽量使纤维布连续粘贴整个结构。由于可供参考的国内外试验研究资料很少，目前仅对砌体墙面内受力给出有关设计计算方法，对其他砌体构件和其他受力形式的加固有待进一步的研究，若有可靠依据，在实际工程中也可采用。

5.1.3 粘贴纤维布加固砌体墙提高墙体抗剪承载力的原理主要是使纤维布与砌体墙协同工作，加强了墙体的整体性，更充分地发挥墙体自身受剪承载力。尽管纤维布本身也可提供一定抗剪能力，但由于砌体墙的强度及模量都较小，因此纤维布的设计应力通常远小于纤维布的抗拉强度设计值，故符合本规范规定的纤维布均可用于砌体结构加固，且厚度不宜过大，而且应尽量增大墙体粘贴纤维布的面积，加强砌体墙的整体性，使墙体受剪性能得到综合提高。

5.1.4 试验研究表明，在同样加固量情况下，混合加固方式的加固效果最好。当墙体轴压比较小时，混合粘贴纤维布中以水平粘贴的纤维布为主，粘贴时，使水平纤维布粘贴在内侧，交叉纤维布粘贴在外侧；当墙体轴压比比较大时，混合粘贴纤维布中以沿墙体对角线方向交叉粘贴的纤维布为主，粘贴时，使交叉纤维布粘贴在内侧，水平纤维布粘贴在外侧。

从加固效果来说，双面粘贴纤维布加固砌体墙较好，但对于外墙，也可采用单面粘贴。

此外，本章规定主要针对单向纤维布加固砌体墙。当采用双向纤维布时，宜满贴；如采用条带形式时，双向纤维布的宽度不宜小于 400mm。

5.2 砌体墙面内抗剪加固

5.2.1 现行国家标准《砌体结构设计规范》GB 50003 第5.5.1条的说明中指出，砌体抗剪强度并非如摩尔和库仑两种理论随轴压比 σ/f 的增大而持续增大，而是在 $\sigma/f=0\sim0.6$ 区间在增长逐步减慢，当 $\sigma/f>0.6$ 后，砌体抗剪强度迅速下降，在 $\sigma/f=1.0$ 时为零。《砌体结构设计规范》GB 50003 第5.5.1条的砌体墙受剪承载力计算采用的是 σ/f 在 $0\sim0.8$ 区间内的剪摩公式，即在 $\sigma/f=0\sim0.8$ 区间增长逐步减慢。当 $\sigma/f=0.8$ 时，砌体抗剪强度已经处于下降段。

从理论上说，$\sigma/f=0.8$ 的墙体按砌体规范公式计算的受剪承载力比 $\sigma/f=0\sim0.6$ 的墙体受剪承载力安全度有所下降，但仍为规范条文所允许。考虑到本规范与现行国家标准《砌体结构设计规范》GB 50003 的衔接，取 $\sigma/f=0.8$ 时未加固砌体墙的抗剪承载力作为受剪截面的限制条件。

5.2.2 粘贴纤维布加固砌体墙的总受剪承载力分为砌体部分的受剪贡献和纤维布的受剪贡献。墙体的受剪破坏模式可能有三种：沿底面水平错动破坏、沿斜裂缝错动破坏以及沿斜裂缝与水平裂缝的复合裂缝错动破坏。当墙面上纤维布条带布置均匀时，墙体的受剪承载力可以由沿底面水平错动破坏及沿斜裂缝错动破坏的受剪承载力两者中的较小值确定。

5.2.3 本条公式的形式与现行国家标准《砌体结构设计规范》GB 50003 的剪摩公式相同。《砌体结构设计规范》条文说明第5.5.1条中指出，修正系数 α 意在考虑试验与工程实际的差异，并考虑了与抗震规范的衔接。从墙体破坏来说，单剪试验或双剪试验与墙体实际常见的斜裂缝破坏之间存在较大差异。如果加固后墙体的破坏形态从斜裂缝剪摩破坏变成底部水平缝错动破坏，则墙体破坏接近于单剪试验或双剪试验的破坏状态，因此剪压复合受力影响系数 μ_1 及修正系数 α_1 都比《砌体结构设计规范》GB 50003 第5.5.1条剪摩公式中的系数 μ 及 α 有所增大。根据国内多家单位对砌体结构剪压复合受力影响系数 μ_1 及修正系数 α_1 的取值建议，并考虑纤维布加固后砌体墙沿底面水平错动受剪破坏的特点，得到本条计算公式（5.2.3-1）的剪压复合受力影响系数 μ_1 及修正系数 α_1。

5.2.4 本条公式的形式与现行国家标准《砌体结构设计规范》GB 50003 第5.5.1条的剪摩公式相同。考虑粘贴纤维布的加固作用还能提高砌体墙本身的受剪承载力，因此引入砌体剪摩提高系数 η。试验研究表明，剪摩提高系数随纤维布加固量的增大而增大。纤维布加固率与剪摩提高系数之间的关系离散性较大，本条计算公式是根据清华大学的试验研究结果回归得到的，经与国内其他单位的试验研究结果进行计算对比，结果也较为理想。

5.2.5 沿墙体斜截面破坏时，斜裂缝通常不止一条，分布在沿墙体对角线的一定范围内。为方便计算，假定斜裂缝位于沿墙体对角线两侧固定宽度范围内。对墙面上不同材料、粘贴角度、锚固情况的纤维布条带应分别计算其承载力贡献。

5.3 抗震加固

5.3.2、5.3.3 现行国家标准《建筑抗震设计规范》GB 50011 中砌体受剪承载力计算公式是由地震震害统计得到，采用的是主拉应力计算公式，与现行国家标准《砌体结构设计规范》GB 50003 所给的剪摩公式在理论体系上不一样。通过纤维布加固砌体的主拉应力理论分析得到的计算公式繁琐复杂，又无加固墙体的震害统计资料。目前国内所进行的纤维布加固砌体墙的受剪承载力试验，一般都是拟静力试验，并据此得到墙体的受剪承载力。纤维布加固砌体墙，主要的提高作用体现在对砌体松散特性的改良上。当地震发生时，在振动情况下，加固后的砌体由于改善了整体性，将获得可靠的承载力提高，比在非抗震情况下对墙体受剪承载力的提高帮助更大。因此本节参照砌体墙在非抗震时的承载力提高比例，确定砌体墙在抗震时的承载力提高。

5.4 构 造 要 求

5.4.1 采用多条密布粘贴方案可获得较好的整体加固效果，但纤维布条带宽度太小会给施工带来较大难度，纤维布条带宽度太大又可能会影响粘贴质量。一般情况下，纤维布条带宽度不宜大于 500mm。粘贴于砌体表面的纤维布条带能够对粘贴部位以外一定区域内的砌体发挥加固效果，但影响区域有限，同时由于砌体墙具有一定的松散性，砌体墙的受剪破坏时可能沿多种可能路径破坏，若纤维布条带净间距过大，容易造成加固效果降低，因此对纤维布条带的最大净间距给予限制。

5.4.2 砌体结构的强度较低，与纤维布协同工作的性能不好，因此在设计中应充分考虑粘结及锚固等构造措施。在受力过程中，砌体墙受力破碎导致整体性下降是墙体抗剪承载力降低的重要因素，同时墙体的受力破损也会引起纤维布粘贴失效，通过设置拉结构造可以提高纤维布与墙体的联系，对改善纤维布的锚固和提高墙体的整体受力性能有很大帮助。

5.4.3 拉结构造能够在锚固区域内对受力纤维布施加可靠的沿墙面向内的拉力，避免纤维布与墙面脱离导致锚固失效。纤维布的锚固方式可以多样。例如将混凝土块埋入锚固部位，再将纤维布在混凝土块上锚固的方式，或可采用夹具的方式进行机械锚固。当采用这些锚固措施时，应分别满足纤维布在不同材料上的锚固长度要求，对于机械锚固，应提供必要的试验资料。锚固端的纤维布弯折曲率不应小于 20mm。

5.5 施工和验收

5.5.1～5.5.3 砌体表面处理同混凝土加固构件的表面处理类似。表面平整度控制以能良好粘贴纤维布为宜。找平材料应能与被加固砌体及粘贴树脂均能有可靠强度。处理后的表面应为砌块新面或找平材料，没有明显的突起、凹陷及表面起伏，防止纤维布受拉时发生剥离。纤维布在两个相交表面上连续布置时，应按纤维布加固混凝土构件的要求做好光滑连续处理。

5.5.4 拉结构造材料可与加固纤维布材料一致，宽度可取30mm～50mm。

6 FRP 筋及预应力 FRP 筋混凝土结构构件

6.1 一 般 规 定

6.1.1 FRP 筋混凝土构件指仅用一种 FRP 筋作加强纵筋、同时采用 FRP 筋或防腐钢筋（如环氧树脂涂层钢筋）作为箍筋的构件。预应力 FRP 筋混凝土构件指预应力筋采用 FRP 筋、同时采用 FRP 筋或防腐钢筋（如环氧树脂涂层钢筋）作为加强纵筋和箍筋的构件。在 FRP 筋混凝土结构中，由于高强度 FRP 筋的极限强度不易充分发挥，同时考虑到 GFRP 筋具有相对的价格优势，建议 FRP 筋的选择依次为耐碱 GFRP 筋、AFRP 筋、CFRP 筋。GFRP 筋有耐碱的和不耐碱的，不耐碱的 GFRP 筋在碱性环境中性能显著降低，因此 FRP 筋混凝土结构中的 GFRP 筋应选择耐碱的。预应力 FRP 筋应选用高强度 FRP 筋，而 GFRP 筋由于强度不是特别高且易产生徐变断裂，不宜用作预应力筋，因此本章要求采用预应力 FRP 应选用 CFRP 筋或 AFRP 筋。

6.1.2 FRP 筋的弹性模量较低，因此 FRP 筋混凝土构件的裂缝宽度和挠度常成为设计 FRP 筋混凝土构件的控制因素，所以 FRP 筋混凝土构件应首先进行正常使用极限状态的裂缝宽度和变形计算，算得需要的 FRP 筋的截面面积后，再进行承载能力极限状态的验算。

6.1.3 徐变断裂是指 FRP 筋在低于其抗拉强度的拉力的长期作用下发生断裂的现象，这是 FRP 材料特有的问题，钢材则不存在这一问题。为了保证 FRP 筋在结构设计基准期内不发生断裂，其长期承受的应力不能大于某一个限值。由于目前国际上关于徐变断裂的研究还不充分，关于徐变折减系数的取值尚未得出统一的结论。为了安全，徐变断裂折减系数的取值应偏于保守。根据国内外已有试验数据，CFRP 筋、AFRP 筋和 GFRP 筋的徐变断裂折减系数至少不应低于 1.25、2.0、3.5。考虑到 CFRP 筋的材料分项系数为 1.4，CFRP 筋在荷载效应标准组合下的应力限值不应大于抗拉强度设计值，因此将 CFRP 筋、AFRP 筋和 GFRP 筋的徐变断裂折减系数分别取为 1.4、2.0 和 3.5。考虑徐变断裂及环境影响，FRP 筋和预应力 FRP 筋在荷载效应标准组合下的应力不得超出其应力限值 $\sigma_{fs,lim}$。

6.1.4 由于先张法中的 FRP 筋与混凝土的粘结性能还需进一步研究，因此本章规定预应力 FRP 筋的张拉采用后张法。借鉴 ACI 规范中关于预应力 CFRP 筋、AFRP 筋的张拉控制应力上限分别为 $0.65f_{fu}$ 和 $0.50f_{fu}$，本章中 AFRP 筋的环境折减系数取值比 ACI 规范中略高，因此将 AFRP 筋张拉控制应力上限值适当增加，调整后 CFRP 筋和 AFRP 筋的 σ_{con} 上限

值分别为 $0.65f_{\text{fk}}$ 和 $0.55f_{\text{fk}}$。

如果控制应力取值过低，则预应力 FRP 筋在经历了各项损失后，对混凝土产生的预压应力过小，不能有效地提高预应力混凝土构件的抗裂度和刚度。而且，如果预应力过低，为了给构件提供相同的抗裂度所需 FRP 筋的根数增多，锚具数量增多，张拉锚固成本增加。因此，给出 CFRP 筋和 AFRP 筋张拉控制应力下限值分别为 $0.40f_{\text{fk}}$ 和 $0.35f_{\text{fk}}$。

6.2 FRP 筋混凝土受弯构件

6.2.1 由于 FRP 筋是非金属的材料，耐腐蚀性能好，裂缝宽度的限定主要取决于对安全感和美观的要求。经征求专家意见并参考国外权威数据，将 FRP 筋混凝土构件的最大裂缝宽度限值放宽至 0.5mm。结构构件的挠度限值取决于结构构件正常使用要求，因此挠度限值仍与一般混凝土结构相同。如果设计中对构件的裂缝宽度和挠度有更为严格的要求，FRP 筋混凝土受弯构件不能满足时，可对 FRP 筋施加预应力，关于预应力 FRP 筋混凝土构件的相关条文见本章 6.3 节。

6.2.2 由于 FRP 筋的弹性模量不高，因此在 FRP 筋混凝土构件中起控制作用的因素一般不再是承载力要求，而转变为裂缝宽度要求和挠度要求。为了提高设计工作的效率，首先应进行裂缝宽度和挠度计算，从而确定出 FRP 筋的用量。相应的计算步骤与一般钢筋混凝土结构相同，原来公式中与钢筋有关的项（A_{s}、E_{s}、σ_{sk}）均换成与 FRP 筋有关的项（A_{f}、E_{f}、σ_{fk}）。经试验研究及数据统计分析，FRP 筋混凝土受弯构件在正常使用极限状态下的内力臂系数要大于钢筋混凝土受弯构件，因此计算 σ_{fk} 的公式（6.2.2-5）中的内力臂系数由《混凝土结构设计规范》GB 50010 中的 0.87 修正为 0.90。不同类型、表面特征的 FRP 筋与混凝土之间的粘结性能不同，因此，FRP 筋粘结特性系数宜尽可能参照已有试验数据取值。参考美国混凝土规范 ACI440.1R—06 中关于相对粘结特性系数 k_{b} 的取值，无试验数据时，可选用 $v_1=0.7$。

6.2.3 在受弯构件短期刚度 B_{s} 基础上，并考虑荷载效应准永久组合的长期作用对挠度增大的影响，给出公式（6.2.3）。

6.2.4 FRP 筋混凝土受弯构件挠度的计算原则与钢筋混凝土受弯构件相同，具体规定见现行国家标准《混凝土结构设计规范》GB 50010 第 8.2.1 条。

6.2.5 认为 FRP 筋混凝土受弯构件正截面的应变关系符合平截面假定。FRP 筋的应变不应超出其极限拉应变。本节的 ρ_{fb}、f_{fe} 和 M 的计算公式适用矩形截面 FRP 筋混凝土梁。

6.2.6 传统的钢筋混凝土设计是利用钢筋屈服后所表现的大应变以达到构件延性设计的目的。有别于钢筋，FRP 筋是一种弹脆性材料，没有屈服阶段，因

此钢筋混凝土的延性设计理论并不完全适用于 FRP 筋混凝土设计。国内外试验表明，FRP 混凝土截面的破坏模式可以划分为 FRP 筋断裂和混凝土压碎两种破坏模式。由于 FRP 筋的弹性模量较低，因此不论出现何种破坏模式，构件在破坏前还是会表现出一定的大裂缝宽度和大变形特征。在 FRP 混凝土构件的设计在既满足强度又满足刚度要求的前提下，任何一种破坏模式的出现都是允许的。ρ_{fb} 就是界定构件发生何种破坏模式的平衡配筋率。

6.2.7 当构件的配筋率 ρ_{f} 小于平衡配筋率 ρ_{fb} 时，构件发生 FRP 筋断裂的破坏模式，FRP 筋有效设计应力 f_{fe} 取设计强度 f_{fd}。当构件的配筋率 ρ_{f} 大于平衡配筋率 ρ_{fb} 时，构件发生混凝土压碎的破坏模式，FRP 筋未拉断，其有效设计应力 f_{fe} 根据配筋率大小按式（6.2.7）分 $\rho_{\text{fb}}<\rho_{\text{f}}<1.5\rho_{\text{fb}}$ 和 $\rho_{\text{f}}\geqslant1.5\rho_{\text{fb}}$ 两种情况计算。

6.3 预应力 FRP 筋混凝土受弯构件

6.3.1 σ_{l1}、σ_{l2} 的计算方法与预应力钢筋混凝土相同。但是，由于 FRP 筋的物理、力学性能以及与混凝土间的粘结性能、摩擦系数均与预应力筋不同，因此需重新确定内缩值 a、摩擦系数 k 和 μ。这些系数均应首先根据实测数据确定，如无实测数据，也可按照表 6.3.1-1 和表 6.3.1-2 中所列数值确定。表 6.3.1-1 中的内缩值根据国内部分试验所得，表 6.3.1-2 中 k 和 μ 的取值则为参考日本 JSCE 于 1997 年出版的《使用连续纤维补强材料的混凝土结构的设计、施工指南》中建议的值。

CFRP 筋的松弛率比较小，AFRP 筋的松弛率则比较大，且不同的型号、不同编织方法的 FRP 筋具有不同的松弛性能。设计时 CFRP 筋和 AFRP 筋的松弛损失率宜优先采用实测值，如无实测值，可取用表 6.3.1-3 中的数值，并要求选用的 FRP 筋产品力学性能指标出厂报告中松弛率指标低于这一松弛率限值。

由混凝土收缩、徐变引起的预应力损失 σ_{l5} 相当复杂，相关研究还在进行。对于预应力 FRP 筋混凝土受弯构件，相关研究更不充分。在借鉴预应力钢筋混凝土结构 σ_{l5} 的计算方法的基础上，考虑 FRP 筋的弹性模量与预应力钢筋有很大不同这一主要因素的影响，对原公式进行修正，修正系数为 $E_{\text{fp}}/E_{\text{s}}$。

6.3.2 基本假定同 6.2.5 条。增加对受拉钢筋应力和应变限值的规定。

6.3.3、6.3.4 ξ_{b} 和 $\xi_{\text{fp,b}}$ 之间的大小关系受到预应力大小的影响。当预应力较小而 FRP 筋的极限延伸率较高时，平衡相对受压区高度 $\xi_{\text{fp,b}}$ 小于界限相对受压区高度 ξ_{b}，FRP 筋达到极限拉应变发生在钢筋屈服之后；当预应力较大而 FRP 筋的极限延伸率又较低时，平衡相对受压区高度 $\xi_{\text{fp,b}}$ 大于界限相对受压区高度 ξ_{b}，FRP 筋达到极限拉应变发生在钢筋屈服之前。

预应力 FRP 筋混凝土受弯构件应满足 $\xi_{fp,b} < \xi_b$，保证 FRP 筋达到极限拉应变时钢筋已屈服。

6.3.5 按照受压区高度与两类平衡受压区高度的关系，区分为两种情况进行计算。认为预应力梁如出现 $x < 2a'_s$ 的情况属于不合理设计，因此要求保证计算出的 x 满足 $x \geq 2a'_s$。

6.3.7 预应力 FRP 筋混凝土构件同样应进行正常使用极限状态抗裂和变形验算，且必须进行正常使用极限状态下预应力 FRP 筋的应力验算，从而保证其不发生徐变断裂破坏。

6.3.8 当构件中有普通钢筋时，裂缝宽度仍应满足《混凝土结构设计规范》GB 50010 中规定的限值。当构件中仅有 FRP 筋，则裂缝宽度要求参见 6.2.1 条说明。

6.3.9 预应力筋中的应力为有效预应力与正常使用荷载作用下的预应力筋应力增量之和。

6.3.11 本条给出的公式（6.3.11-1）～式（6.3.11-7）适用于配置预应力 FRP 筋和非预应力钢筋的情况，当配置预应力 FRP 筋和非预应力 FRP 筋时，计算公式中的 α_E、E_s 应分别换成 α_{fE}、E_f。预应力 FRP 筋混凝土受弯构件的裂缝宽度和刚度计算步骤和公式基本参照《混凝土结构设计规范》GB 50010 进行，但是由于 FRP 筋的弹性模量与钢筋有较大差异，因此，在进行裂缝宽度计算时，应根据 FRP 筋与钢筋的弹性模量比，将 FRP 筋的实际截面积修正为等效截面积，受拉筋的等效配筋率和等效应力分别采用式（6.3.10-4）和式（6.3.10-5）进行计算。σ_{sk} 为等效应力，实际的 FRP 筋的应力增量应考虑弹性模量修正。

6.3.13 预应力 FRP 筋混凝土受弯构件斜截面受剪承载力的计算类似于钢筋混凝土构件，参考《混凝土结构设计规范》GB 50010 相关条文及本规范中 6.2.9 条规定进行。

6.4 构 造 要 求

6.4.1 FRP 筋的抗压强度远低于其抗拉强度，在受弯构件中不考虑其抗压强度。光圆表面的 FRP 筋的粘结性能较差，因此不允许在 FRP 筋混凝土受弯构件中采用。

6.4.2 为了防止构件发生一裂就断的破坏形式，需限制纵向 FRP 筋的最小配筋率。

6.4.3 试验表明，过小的 FRP 筋弯钩会造成构件受剪承载力的急剧下降，因此本规范规定箍筋的弯折半径 r_v 与箍筋弯钩直径 d_b 的比值 r_v/d_b 不得小于 3。

6.4.4 FRP 筋的可靠锚固需要有足够的保护层厚度，本条对最小保护层厚度作了限制。

6.4.5 孔道的曲率半径应满足孔道内的预应力 FRP 筋的强度没有因为筋的转向而下降。本条规定的曲率半径是上限，如有可靠经验时可适当放宽。

6.4.6 锚固区应配置足够的横向间接钢筋以防止局部受压破坏。

6.4.7 受拉 FRP 筋的锚固长度与纤维的表面特征密切相关，FRP 筋的锚固长度参考了国外试验数据和 ACI440.1R-06 规范。考虑 ACI440.1R-06 规范与我国规范的体系有所不同，为使设计计算结果与 ACI 结果相近，偏安全地考虑最大环境影响系数的影响。

7 FRP 管组合构件

7.1 一 般 规 定

7.1.1 FRP 管组合构件是采用 FRP 管和其他结构材料（如混凝土、钢管和钢筋）组合形成的构件。FRP 管组合构件利用各种材料的协调互补和共同工作，充分发挥不同材料的优势。FRP 圆管组合构件中混凝土所受有效约束作用远大于 FRP 方管组合构件，且目前对 FRP 方管组合构件的研究还不够充分，因此本章中的 FRP 管组合构件仅限于 FRP 圆管组合构件。FRP 管混凝土组合构件由 FRP 圆管与内填充混凝土组合形成，混凝土中可配钢筋；FRP 管-混凝土-钢管组合构件由 FRP 外圆管、钢内圆管与两者之间填充混凝土组合形成。为避免 FRP 管局部屈曲，规定其厚径比的上限。

7.1.2 理论计算表明，特殊正交异性对称铺层是唯一一种三种耦合刚度（弯曲耦合刚度，平面内正应力-剪应变/剪应力-正应变耦合刚度，扭转耦合刚度）均为零的铺层方式。这三种耦合刚度的存在，不仅增大了理论计算的复杂性和不可靠性，而且直接导致层合管在外界温度和养护条件变化下的翘曲以及简单外力作用下的复杂变形（如面内轴力作用下的剪切变形等），不利于层合管在结构中的应用。基于此，本规范推荐使用特殊正交异性对称铺层。采用角铺设层合管时，对称、平衡的铺层方式因只具有一种非零耦合刚度（扭转耦合刚度），为本规范所推荐。同时，应合理设计铺层次序，如尽量将不同角度的纤维分散布置，以减小扭转耦合刚度的影响。例如，铺层方式为 [0°/45°/0°/45°/0°/45°/0°] 的层合管的扭转耦合刚度明显小于铺层方式为 [0°/0°/45°/45°/45°/45°/0°/0°] 的层合管。试验研究表明，FRP 在偏离纤维方向应力/平面内剪应力作用下表现出明显的非线性/软化；而当 FRP 管受力方向有相当数量纤维时，材料基本表现为线性。基于此，为减小该种材料非线性的影响，本规范推荐在角铺设层合管受力方向铺设足够的纤维。当由于工艺或其他原因不能采用上述两种铺层方式时，为减小三种耦合刚度以及材料偏离纤维方向非线性的影响，应合理设计铺层方式。

7.1.3 混凝土在竖向荷载作用下，当侧向变形受到限制时，称其为约束混凝土。当约束材料为 FRP 时，称其为 FRP 约束混凝土（如 FRP 圆管混凝土柱中的混凝土）。混凝土经 FRP 约束后，其强度和延性均可得到提高。FRP 约束混凝土随 FRP 力学性质的变化，其应力-应变关系和破坏特征有较大差别。本规范在混凝土受压构件加固时，用约束刚度参数 $\beta_j = \dfrac{E_f t_f}{f_{c,k} r}$ 为指标以反映纤维用量、截面尺寸及相关力学指标的影响。试验结果表明，当 $\beta_j \leqslant 6.5$ 时，约束混凝土应力-应变曲线存在下降段，FRP 的断裂通常发生在峰值应力之后；$\beta_j > 6.5$ 时，则约束混凝土应力-应变曲线无下降段，而呈线性强化段，FRP 断裂时达到约束混凝土的强度极限。前者称弱约束，后者称强约束。FRP 弱约束混凝土虽在一定程度上也能提高混凝土强度和改善混凝土延性，但与 FRP 强约束混凝土相比，其增幅不大，而且目前对它的系统研究不多。以往的试验研究表明，FRP 管中混凝土的力学性能和加固构件中包裹纤维布后的混凝土没有明显差别。基于此，本规范建议 FRP 圆管组合构件中 FRP 圆管刚度应满足正文 4.4.2 条规定之强约束条件。

7.1.5 FRP 力学性能指标如静、动力拉、压、弯、剪强度都远高于混凝土结构，若混凝土强度等级太低，易使组合结构的力学性能不能充分发挥，并且界面连接强度也较低，故规定组合结构中混凝土强度等级不低于 C30。因混凝土在组合结构中的结构功能主要是受压，这正好能发挥其抗压性能好的主要优点，混凝土部分配筋或不配筋对组合结构的性能的影响都不很明显，故配钢筋也可不配钢筋。由于组合结构中的混凝土体量较大，又多为依附于 FRP 施工成型，混凝土收缩、徐变及温度变化都会使组合结构产生附加内力，故结构设计中应考虑这些影响。

7.1.8 对于 FRP 管组合构件长柱，目前研究尚不充分。第 7.2 节和第 7.3 节有关承载力计算的规定均只适用于符合正文 7.1.8 条规定的短柱。该条规定基于香港理工大学近期对 FRP 加固混凝土柱的研究结果。当 FRP 管组合构件长细比不满足正文第 7.1.8 条规定时，设计中应合理考虑二阶效应的影响。

7.2 FRP 管混凝土组合构件

7.2.1 轴心受压 FRP 圆管约束混凝土的应力-应变关系采用与 FRP 加固受压构件相同的模型，该模型是基于大量试验数据得到的约束混凝土应力-应变关系，详见第 4.4.4 条。同时，由于 FRP 管含多个方向纤维，其轴向刚度和轴向泊松比远大于受压构件加固中所采用的只含环向纤维的 FRP，故 FRP 圆管混凝土短柱试验所得环向极限应变不能直接用于第 4.4.5 条和第 4.4.6 条。在 FRP 加固受压构件中，环向极限应变可以认为全部由极限环向应力产生，而在 FRP 圆管混凝土受压构件中，环向极限应变中由轴向应力产生的部分可能占有相当比例。FRP 管中环

向极限应力的大小直接决定了混凝土所受约束的强弱及其极限状态。基于此，考虑双向应力的影响，FRP 圆管中环向极限应力设计值可由下式确定。

$$\sigma_{frp,\theta,k} = \frac{E_{\theta t,eff}}{1 - v_{x\theta,eff} v_{\theta x,eff}} (\varepsilon_{f\theta,k} - v_{x\theta,eff} \varepsilon_{fx,k}) \quad (3)$$

式中：$\sigma_{frp,\theta,k}$——FRP 圆管等效环向应力标准值；

$E_{\theta t,eff}$——FRP 圆管等效环向抗拉弹性模量；

$v_{x\theta,eff}$、$v_{\theta x,eff}$——FRP 圆管等效泊松比；

$\varepsilon_{f\theta,k}$——FRP 圆管混凝土短柱压缩试验所得之环向极限应变标准值；

$\varepsilon_{fx,k}$——FRP 圆管混凝土短柱压缩试验所得之极限轴向应变标准值。

相应地，第 4.4.5 条和第 4.4.6 条中纤维环向极限应变 $\varepsilon_{ru,k}$ 应由下式确定。

$$\varepsilon_{ru,k} = \frac{1}{1 - v_{x\theta,eff} v_{\theta x,eff}} (\varepsilon_{f\theta,k} - v_{x\theta,eff} \varepsilon_{fx,k}) \quad (4)$$

7.2.2 对于 FRP 圆管混凝土构件，以往的试验研究表明，FRP 对混凝土的约束作用与截面受力状态有关，其中轴压最大、纯弯最小而偏压居中。基于此，本规范对这三种受力情况推荐采用不同的混凝土应力-应变关系。轴压构件混凝土应力-应变关系由本规范 7.2.2 条第 1 款确定，混凝土极限压应变值由第 4.4.6 条确定。当混凝土强度变化时，该计算极限压应变值可能大于 FRP 管混凝土短柱试验中所得极限值。考虑到环向应力的影响，此计算压应变值应总是小于 FRP 条形试件压缩试验所得之极限压应变值。基于此，本规范规定后者为轴压构件中混凝土极限压应变的上限。

对于纯弯构件中混凝土应力-应变关系，以往的研究尚未形成统一的看法，有直接采用轴压构件中混凝土的应力-应变关系、直接采用无约束混凝土的应力-应变关系和采用类似理想弹塑性模型的应力-应变关系。前两种应力-应变关系要么忽视轴压与纯弯构件中约束混凝土的差别，要么忽视纯弯构件中约束的作用，因此不能反映实际情况。基于现有研究结果，建议应力-应变曲线形式介于两者之间，本规范推荐采用式（7.2.2-1）和式（7.2.2-2）确定 FRP 管混凝土受弯构件中混凝土的应力-应变曲线。此曲线采用二次抛物线-直线分段式模型，当采用 0.0033 作为极限应变时，可以退化到《混凝土结构设计规范》所采用的无约束混凝土模型。可以看出，与轴压构件的应力-应变关系相比，式（7.2.2-1）和式（7.2.2-2）所确定应力-应变曲线的区别主要在于第二段斜率 $E_2 = 0$。对于此种情况下混凝土的极限压应变，本规范考虑选取以下两种情况时的较小值：（1）FRP 管受环向拉力和轴向压力共同作用破坏；对这种情况，采用 FRP 圆管混凝土短柱压缩试验得到的极限值；由于受弯构件中极限状态时环向应力通常小于相应的受压构件，故受弯构件中 FRP 管的极限

压应变值通常大于相应的受压构件，因此采用压缩试验得到的极限值是偏于安全的；（2）FRP 管局部屈曲；对这种情况，采用 FRP 空管受压破坏的极限值；在 FRP 圆管混凝土构件中，由于环向应力的存在，轴向屈曲承载力将有所提高，因此采用空管受压破坏的极限值也是偏于安全的。对于偏压构件，通常认为，混凝土所受约束介于轴压构件和纯弯构件之间。基于此，本规范推荐采用插值的方法确定偏压构件中混凝土的应力-应变关系，主要是确定应力-应变曲线第二段斜率以及极限压应变。为设计方便，本规范推荐采用初始偏心距进行插值，如式（7.2.2-6）和式（7.2.2-7）所示。为了满足平截面假定，FRP 管内表面与混凝土之间必须采取适当的抗滑移措施。三种受力情况下应力-应变曲线关系如图 1 所示：

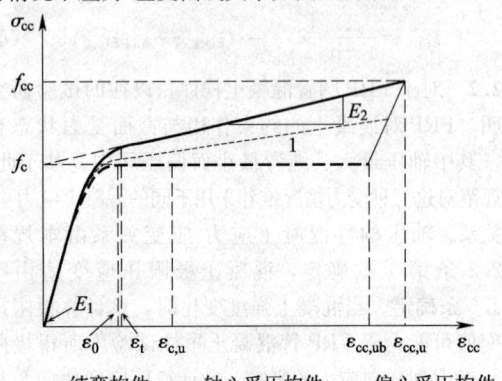

图 1　三种受力情况下应力-应变曲线关系

应当指出，在本规范第 4.4 节的受压构件加固设计规定中，并未考虑截面受力状态对 FRP 约束作用的影响。这是因为，在受压构件加固设计中，通过 FRP 约束作用产生的混凝土强度的提高通常较为有限（在设计中通过控制 FRP 用量来实现），因此截面受力状态的影响较小。

7.2.3 FRP 圆管混凝土轴心受压构件正截面承载力计算。规范不再单独给出轴心受压构件正截面承载力计算公式，而是通过考虑附加偏心距与偏心受压构件正截面承载力计算采取统一的计算公式。

7.2.5 FRP 圆管混凝土柱试验表明平截面假定是成立的。但是试验也显示在 FRP 管混凝土梁中 FRP 管与混凝土之间可能存在较大的相对滑移，因此为了满足平截面假定，FRP 管内表面必须采用适当的抗滑移措施。

对于内部配置钢筋的 FRP 圆管混凝土柱，考虑两种可能的极限状态，即受拉区破坏和受压区破坏。设计时应根据截面分析方法或本条规定的公式，对两种极限状态分别计算截面承载力，并取其中较小值作为截面设计承载力。对于不配钢筋的 FRP 圆管混凝土柱，由于受拉区破坏通常表现出较强的脆性，故应在设计中予以避免。此时，可以受压区破坏作为极限

状态计算截面承载力，同时验算受拉区 FRP 管应变，确保其不超过材料极限拉应变设计值。

偏压构件中受拉区 FRP 管可被看做只承受单轴拉力，因此其极限拉应变值可通过 FRP 条形试件拉伸试验得到。受压区破坏之极限压应变由第 7.2.2 条第 3 款按插值方法确定。由于在插值的两个极限状况轴压构件和纯弯构件的计算中，已考虑各种因素及破坏模式的影响，故此插值方法计算所得之极限压应变可以直接用于偏压构件的设计。

为了充分发挥 FRP 管的作用、减少管内钢筋以利混凝土浇捣，可按最小配筋率配置纵筋和箍筋。偏压构件中正截面承载力计算时，若纵筋数量不少于 6 根，截面中纵筋可简化为圆管进行计算，否则应采用精确的截面分析方法进行设计。

规范式（7.2.5-1）～式（7.2.5-21）均假定中和轴在截面内。按规范规定，构件的最小偏心距不小于其附加偏心距，即 20mm 和 $d/30$ 两者中的较大者。因此，在通常情况下，该假定是正确的。但是，当计算表明中和轴在截面外时，式（7.2.5-1）～式（7.2.5-21）不再适用，此时应采用精确的截面分析方法进行设计。式（7.2.5-1）～式（7.2.5-4）以及式（7.2.5-9）～式（7.2.5-12）还进一步假定中和轴在钢筋圆环内；由于采用了附加偏心距，在多数情况下，该假定也是正确的。但当计算表明上述假定不满足时，应基于截面分析方法计算钢筋的贡献。

在正截面承载力计算中，计算受压区 FRP 管对截面承载力的贡献时，为考虑环向拉力对轴向应变的影响，引入 FRP 管受压区承载力折减系数 β_{f}。根据正交异性板弹性方程，在截面受压区边缘，FRP 管等效压应力可由下式计算。

$$\sigma_{\mathrm{frp,x}} = \frac{N_{\mathrm{frp,x}}}{t_{\mathrm{frp}}} = \frac{E_{\mathrm{xc,eff}}}{1 - v_{\mathrm{x\theta,eff}} v_{\mathrm{\theta x,eff}}} (\varepsilon_{\mathrm{cc,max}} - v_{\mathrm{\theta x,eff}} \varepsilon_{\mathrm{f\theta}}) \quad (5)$$

式中：$\sigma_{\mathrm{frp,x}}$——FRP 圆管轴向等效压实力；

$N_{\mathrm{frp,x}}$——FRP 圆管单位周长轴向承载力；

t_{frp}——FRP 圆管厚度；

$E_{\mathrm{xc,eff}}$——FRP 圆管等效轴向抗压弹性模量；

$v_{\mathrm{x\theta,eff}}$、$v_{\mathrm{\theta x,eff}}$——FRP 圆管等效泊松比；

$\varepsilon_{\mathrm{f\theta}}$——FRP 圆管混凝土构件极限状态时环向应变，可偏于安全地取为 FRP 圆管混凝土短柱压缩试验所得之环向极限应变；

$\varepsilon_{\mathrm{cc,max}}$——偏压构件中截面受压区混凝土最大应变值。

而根据规范正文之计算方法，在截面受压区边缘，有：

$$\sigma_{\mathrm{frp,x}} = \beta_{\mathrm{f}} E_{\mathrm{xc,eff}} \varepsilon_{\mathrm{cc,max}} \quad (6)$$

所以，可以得到：

$$\beta_{\mathrm{f}} = \frac{1 - v_{\mathrm{\theta x,eff}} \dfrac{\varepsilon_{\mathrm{f\theta}}}{\varepsilon_{\mathrm{cc,max}}}}{1 - v_{\mathrm{x\theta,eff}} v_{\mathrm{\theta x,eff}}} \quad (7)$$

为简化设计，将此 β_1 值用于整个截面受压区。

偏压构件中，混凝土应力-应变关系由 7.2.2 条确定。为设计方便，混凝土等效矩形应力图系数 β_1（中和轴高度系数）统一取为 0.9，与加固构件相同；混凝土强度等效系数 α_1 取 $\alpha_1 = 1.17 - 0.2 \frac{\sigma_{cc,max}}{f_c}$，亦与加固构件相同。

在偏压构件正截面承载力计算中，对钢筋（包括受拉及受压钢筋）合力及其对截面中心的力矩的计算采用了较为精确的计算公式，而并未采用加固构件设计中规定的简化公式（见规范第 4.4.11 条）。这是因为，和加固构件不同，FRP 管混凝土构件中的 FRP 管具有一定的轴向刚度，而配（钢）筋率通常较低，采用第 4.4.11 条规定的简化公式有可能造成较大误差。

7.2.6 FRP 管混凝土构件的抗剪承载力采用了混凝土、箍筋和 FRP 三部分叠加的简化计算方法，研究认为这三部分并不是同时达到各自的峰值，为了考虑这一因素的影响，可通过降低纤维允许拉应变 ε_{fa} 的取值来考虑。FRP 管抗剪承载力的计算沿用了桁架比拟公式。

7.3 FRP 管-混凝土-钢管组合构件

7.3.1 FRP 管-混凝土-钢管组合构件由 FRP 外管、钢内管以及两者之间填充的混凝土三部分组成，三种材料的协同互补和共同工作使该组合构件具有许多优于现有组合构件的性能，如自重轻、延性好、耐腐蚀、易施工等。香港理工大学对截面如图 7.3.1 所示的组合构件的力学性能进行了系统的研究，并提出了相应的设计理论。本节规定均以香港理工大学的研究为基础。

为充分体现该组合构件的优点，其空心率不宜过小；但过大的空心率会导致混凝土面积过小而不利于截面的抗压性能，同时也会造成施工困难。基于此，本规范推荐空心率设计取值范围为 0.6～0.8。

7.3.2 在该组合构件中，FRP 管主要对混凝土提供约束以提高构件的延性，故其环向刚度应明显大于轴向刚度。当 FRP 管中有相当数量的轴向纤维时，为避免处于双轴应力状态的 FRP 管达到极限状态时对混凝土提供的约束应力过小，限制其达到极限状态时的轴向压应力与其单轴抗压强度的比值。为考虑该组合构件中的钢管在大应变情况下由于局部屈曲造成的承载力下降，当径厚比超过 40 时，对钢管的屈服强度进行适当折减；同时，为避免钢管局部屈曲造成的承载力下降过大，限制其径厚比的最大值。

7.3.3 该组合构件中 FRP 管环向极限应变值根据正交异性板弹性方程计算得出，如式（7.3.3）所示。该式中采用 FRP 管混凝土构件达到极限状态时的轴向及环向应变值，并考虑了由空心率引起的构件达到

极限状态时轴向压应变的增大和相应的环向应变的减小。

7.3.4 根据试验研究，该组合构件中混凝土的应力-应变关系与 FRP 约束实心混凝土柱类似，但应通过式（7.3.4）考虑空心率对约束混凝土轴向极限压应变的影响。

7.4 构 造 要 求

7.4.1 保证 FRP 管与混凝土之间、混凝土和钢管之间无相对滑移是 FRP 管组合结构中各组成部分共同工作的关键。试验发现仅加膨胀剂并不能完全保证各组成部分间不发生相对滑移，为安全起见要求采取抗滑移措施如设置剪切连接键。FRP 管切割时会产生很多粉末，吸附在内管壁会影响 FRP 管与混凝土的粘结，浇捣混凝土前必须清除干净。

7.4.4 由于混凝土被 FRP 管所包裹，因此无法从外观上直接检查混凝土的质量，为此对 FRP 管内混凝土的浇捣质量尤需予以重视，如有异常则必须采用超声波检测进行确认。

8 FRP-混凝土组合梁

8.1 一 般 规 定

8.1.1 FRP-混凝土组合梁，即纤维增强复合材料-混凝土组合梁，是单个或多个 FRP 梁式构件与其顶面的整体混凝土翼板沿二者的结合界面通过抗剪连接构造组合形成的受弯构件。它利用 FRP 构件自重轻、强度高、弹性好和混凝土翼板刚度大、稳定性好、工程造价低的优势，通常将 FRP 构件用于组合梁的受拉区，将混凝土翼板用于组合梁的受压区，因此，FRP-混凝土组合梁的最优结构体系为简支梁，当经济条件许可或工程实际需要时，也可用于连续梁和伸臂梁。在施工过程中，FRP 构件可作为混凝土翼板的永久模板。

8.1.2 国外及国内清华大学、重庆交通大学等单位的研究实践中，FRP-混凝土组合梁 FRP 构件多采用箱型截面和工型截面形式。从技术、经济性能综合最优的角度考虑，FRP 构件的优化截面形式应是以较少的 FRP 材料获得较大的抗弯和抗扭刚度，因此，组合梁 FRP 构件宜首选箱形截面形式。工程常用且证明有效的 FRP 箱形截面梁式构件，主要有层合板箱形截面构件、层合板箱形截面夹芯构件、夹芯板箱形截面构件。

FRP 构件为非均质各向异性结构，应根据组合梁的受力状态及 FRP 构件各点的应力状态，对组成 FRP 构件的纤维铺层取向进行专门设计，可按复合材料力学理论和相应设计规范设计计算方法确定。

FRP 构件一般采用 CFRP、AFRP、GFRP 单一

纤维增强复合材料或其中二者或三者混杂复合材料构成，FRP构件的基体树脂一般采用环氧树脂、乙烯基酯树脂和不饱和聚酯树脂。因FRP-混凝土组合梁的界面上，混凝土翼板对界面存在着碱化学腐蚀作用，GFRP中的中碱玻璃纤维耐碱腐蚀性能相对较弱，强度相对也较低，故要求GFRP构件界面处的纤维材料应选用无碱玻璃纤维和耐碱玻璃纤维；因环氧树脂中的醚基和羟基极性基团能使环氧树脂分子与相邻混凝土基材表面产生吸力，并且环氧树脂耐碱腐蚀性强，故要求FRP构件的界面层树脂应选择三种基体树脂中粘接力、耐水性、耐蚀性最好的环氧树脂，从材料上保证FRP-混凝土组合梁不因界面粘接连接失效造成剥离破坏。

8.1.3 FRP构件的材料为完全弹性材料，并且这种弹性接近线弹性，故从反映主要、真实的材料性能和简化分析计算考虑，FRP构件的材料可按线弹线材料考虑。

因FRP构件的材料和结构都是非均质各向异性，材料性能参数的表述非常复杂，若用复合材料力学的微观力学弹性常数方法表述，不仅计算分析困难，也不便于工程应用，因此采用等效的弹性常数，即FRP构件顶板、底板、侧板的表观平均弹性常数。这不仅能反映FRP构件的宏观材料性能，还能省略繁杂的复合材料力学计算，使FRP-混凝土组合梁的工程应用从设计计算上成为真实可行。

FRP构件材料的等效弹性常数确定，可由与FRP构件中相同材料、相同铺层构造和相同工艺条件的试件按国家相应技术标准进行试验确定；为避免每个工程每根梁都靠试验获得材料性能参数和节省试验费用，也可按经典复合材料力学理论，由组成FRP构件各单层的纤维、树脂材料的弹性常数和铺层方式计算确定FRP构件顶板、底板和侧板的等效弹性常数。

FRP-混凝土组合梁中，FRP构件的力学性能指标如静、动力拉、压、弯、剪强度都远高于混凝土翼板，若混凝土翼板强度等级太低，易使组合梁的力学性能不能充分发挥，并且界面连接强度也较低，也易使组合梁的界面连接失效，故规定组合梁中的混凝土翼板的强度等级不低于C30。

8.1.4 完全抗剪连接是指最大弯矩截面到零弯矩截面间的所有抗剪连接件的抗剪能力都大于或等于极限状态下平衡条件确定的各连接件所受的剪力。清华大学进行了FRP波形板、干法粘接FRP小工字梁、螺栓剪力钉等剪力连接的试验研究，国内外其他单位也进行过粘接横向的树脂混凝土条、FRP销钉等形式的剪力连接的研究，结果表明，各种本条规定的连接方式均能提供可靠的剪力连接，同时容易保证施工质量。

8.1.5 FRP-混凝土组合梁混凝土翼板的有效宽度计算，参考了现行国家标准《混凝土结构设计规范》GB 50010和《钢结构设计规范》GB 50017的规定。根据清华大学的试验结果，此条规定中的要求是合理且偏于保守的。

8.1.6 组合梁的挠度可按弹性方法计算，是因为组合梁FRP构件的材料为线弹性，在荷载标准组合作用下产生的截面弯矩不会使混凝土翼板进入明显的塑性，界面的剪力连接件也处于弹性。但如果混凝土翼板出现开裂，应考虑其影响，忽略受拉区混凝土的刚度贡献。

8.1.7 混凝土受压破坏具有一定的延性，并且能使材料强度得到充分发挥，而FRP受拉断裂、剪切断裂与界面剪力连接破坏等破坏形式具有明显的脆性，应在结构设计中予以避免，如果不能避免，应适当进行承载力折减以保证结构具有足够的承载力安全储备。

8.1.8 FRP构件作为混凝土翼板的模板使用的施工状态，应根据FRP构件的支承方式和施工荷载按弹性方法计算FRP构件的强度、稳定性和变形，并满足相应的技术规范要求。使用阶段组合梁的承载能力极限状态验算，可不考虑FRP构件初始内力对组合梁极限承载力的影响，但组合梁的变形计算，应考虑使用阶段荷载产生的变形与施工阶段FRP构件的变形进行叠加。

8.1.9 FRP构件的有效应力比为构件的设计应力与设计强度的比值。因FRP构件在长期荷载作用下会产生徐变，当拉应力水平较高时会出现徐变断裂。以GFRP构件为例，因试验证明GFRP材料的徐变系数不超过2.1，故GFRP构件的设计应变应控制在其极限应变的1/2.1以内，由此推得GFRP的设计应力不应超过其设计强度的1/2.1＝0.48，故可偏安全的规定GFRP构件考虑长期荷载影响的有效应力比不超过0.4，CFRP、AFRP构件的有效应力比规定推导证明类似。

8.2 受弯承载力计算

8.2.1 FRP-混凝土组合梁受弯承载力计算采用的假定依据如下：

1 FRP构件-混凝土之间的界面剪力连接件一旦发生破坏，构件的承载力和刚度都会大大降低，在设计中要尽量避免界面破坏。试验研究也证明，组合梁采用本规范第8.1.4条规定的界面连接构造，FRP构件与混凝土翼板间没有脱离和滑移，能满足此假定。

2 试验证明设计合理的FRP-混凝土组合梁中的应变能够保证较好的线性，且依据平截面假定能较好的预测结构的承载力。当界面处出现脱离和滑移时平截面假定会出现变化，但通常的设计中不允许FRP-混凝土组合梁界面脱离和滑移，因此平截面的假定成立。

3 组合梁 FRP 构件的腹板部分距离梁截面中性轴较近，这部分提供的抗弯承载力计算分析约占 8%～12%，但腹板部分同时承担抗剪，为简化计算，通常偏于保守地不考虑其抗弯承载力贡献，这与复合材料箱梁理论简化计算所采用的"顶、底板承受弯矩产生的薄膜力，腹板承受剪力"的计算假定也是一致的。

试验和计算分析都证明，混凝土翼板的受拉区混凝土在开裂前承担的应力很小，开裂后基本不再受力，翼板中的受压钢筋对组合梁的承载力提高作用也不明显，并且这些钢筋通常也是为防止混凝土开裂和构造要求而设置，为简化计算和偏于安全考虑，也可忽略它们的作用。

4 组合梁达到受弯承载力极限状态，混凝土翼板上边缘的混凝土压应变达到极限压应变，受压混凝土塑性特征充分表现，采用等效矩形应力图形反映混凝土翼板的受力情况，既体现了混凝土的塑性特征，又使计算分析简化。但这种简化仍保证混凝土受压区合力的大小和作用位置不变，并且采用抗压强度设计值作为平均应力进行计算是偏于安全的。

5 组合梁达到受弯承载力极限状态时，FRP 构件仍处于弹性受力状态，截面上的正应变分布仍保持线性关系，可根据平截面假定确定截面上各点的正应变。因 FRP 构件顶板和底板厚度较小，整体弯曲在顶板和底板厚度上造成的应变不均匀程度很小，故可近似认为顶板和底板应变沿其高度均匀分布，并按顶板和底板中心线上的应变简化计算。又因 FRP 材料为弹脆性材料，FRP 构件一般由应变控制设计，故组合梁 FRP 构件应采用最大应变强度理论控制构件任一点的正应变不超过材料的极限应变。在此限定内，梁内任一点的正应力 σ_f 可根据虎克定律表示成该点的弹性模量 E_f 与其正应变 ε_f 的乘积 $E_f\varepsilon_f$。FRP 构件顶板和底板极限正应变设计值 σ_{fd} 取为 0.01，是根据本规范第 3.2.5 条、第 3.2.8 条和第 8.1.9 条规定分析计算确定。

8.2.2 组合梁截面抗弯承载力计算，考虑了混凝土翼板厚度大于有效受压区高度和混凝土翼板厚度小于等于有效受压区高度两种情况，同时考虑了防止 FRP 构件各部分发生强度破坏。通常情况下，组合梁 FRP 构件顶板和底板的轴向应变较大，此处采用 FRP 构件顶板和底板在轴线方向上的最大平均应变进行控制。当构件中可能出现较大的横向应力时，应采用复合材料力学理论进行横向应力计算和强度校核。

8.2.3 组合梁截面中性轴位于混凝土翼板内时，因 FRP 构件受拉，故不会因其截面单薄而失稳；中性轴位于 FRP 构件顶板内时，因混凝土翼板帮助顶板受压而增大了组合梁的受压区高度，并且顶板离中性轴近而压应力小，故也不会使顶板受压失稳。因此，从优化设计角度考虑，组合梁的受压区高度宜设计在

混凝土翼板内或 FRP 构件顶板内。满足此条件的组合梁，梁的纵向稳定条件一般满足，故可不进行梁的纵向稳定验算。设计合理的组合梁应使 FRP 尽量受拉，以达到较好的经济性。

8.3 受剪承载力计算

8.3.1 组合梁受剪承载力计算依据以下假定：

1 在承载能力极限状态，组合梁的受弯承载力和受剪承载力可分开考虑，不计其相互影响。试验证明，FRP 构件的腹板承担了 FRP 构件中的绝大部分剪力，故从简化计算和偏于安全考虑，假定组合梁的剪力全部由 FRP 构件的腹板承担，不计混凝土翼板和 FRP 构件顶板、底板的抗剪强度贡献。

2 计算分析和试验证明，组合梁受剪承载力极限状态时，腹板的剪应变沿板高变化不大，剪应力图的曲线很平缓，又根据腹板的纤维铺层和刚度沿组合梁高度基本不变的实际情况，为简化计算和偏于安全考虑，故假定腹板的剪应力沿腹板高度均匀分布，腹板的剪应变达到其极限剪应变设计值。

清华大学的理论研究表明，组合梁混凝土翼板分担的剪力随翼板厚度的增大而增大，且分担的剪力占总剪力的比例与 h_c/h_f 近似呈线性关系，但从简化计算和偏于安全考虑，不计混凝土翼板的抗剪强度贡献。

8.4 界 面 连 接

8.4.1 组合梁的界面连接采用脂混凝土条、FRP 波形板、FRP 小工字梁等剪力连接件构造和按完全抗剪连接设计，是根据 FRP 构件截面单薄的构造特征和材料特性决定的。横向贯通的剪力连接件不仅易于和其上的混凝土翼板和其下的 FRP 构件连成结构整体，还能增大 FRP 构件顶板的局部强度、刚度和稳定性，并能提供保证组合梁正常工作的完全抗剪连接。当有可靠依据时，也可采用型钢和 FRP 型材等刚性剪力连接件，但不宜采用单个、独立的柔性剪力连接件。

组合梁的界面连接效果，主要取决于界面上连接件的材料性能、构造方式及数量。当连接材料和方式确定时，连接件的数量确定是组合梁界面连接设计的主要内容。连接件的数量主要由界面上的剪力大小和作用方式决定。设计时，将梁从弯矩最大点到弯矩零点划分成若干剪跨区，即将梁划分成从剪力最小变到最大的若干梁段，分段计算该梁段的剪力连接件数量。将计算所需的剪力连接件在该梁段均匀布置，是在保证该梁段界面上抗剪合力不变的前提下使剪力连接件设计和施工简化。

本条中计算公式是根据试验和理论推导确定的。根据剪力段内最大剪力确定剪力连接件的数量，是偏于保守的计算方法。剪力连接件的粘接面承担组合梁

界面连接的全部剪力，不计其他界面的抗剪贡献。同时由于剪力连接件的宽度较小，认为剪应力在粘接面上均匀分布。

8.4.2 本条为剪力连接件的构造要求。

1 剪力件沿梁宽全长设置是为保证组合梁界面具有可靠的剪力连接；剪力连接件的高度控制是为了增加剪力件高度方向的约束作用而防止翼板掀起使混凝土翼板与 FRP 构件间脱离和滑移，宽度控制是保证剪力连接件本身具有一定的刚度，防止变形过大。

2 对粘接面进行处理以保证粘接质量，剪力连接件的粘接连接宜在有质量保证的工厂车间中进行。

3 试验研究表明，FRP 构件和剪力连接件表面进行除蜡去脂、打磨糙化和清洁处理，能够很好地保证界面的工作性能，防止出现分离裂缝。

4 试验研究表明，对 FRP 波形板开孔可使翼板混凝土连成整体以增强翼板和界面的结构性能，波形板不开孔的混凝土翼板与 FRP 构件之间的界面连接性能不够理想。

8.5 挠 度 计 算

8.5.1 组合梁的挠度计算与钢筋混凝土梁类似，需要分别计算在荷载标准组合和准永久组合下的挠度，并以二者中的较大值与相应技术规范规定的挠度限值进行比较和判定。

8.5.2 组合梁的刚度计算采用复合材料结构的等代设计方法，这与本规范第 8.2 节受弯承载力计算的计算模式一致，计算中也未考虑 FRP 构件腹板的抗弯刚度贡献，并且计算公式简单，计算结果与试验结果比较接近。

8.5.3 组合梁的长期抗弯刚度考虑了混凝土收缩和徐变以及 FRP 徐变的影响。混凝土部分的收缩及徐变的总影响参照混凝土结构设计规范和钢-混凝土组合结构设计规范近似取徐变系数为 2.5。FRP 材料的徐变与树脂含量有关，但通常都小于混凝土的徐变，本规范中根据清华大学、重庆交通大学和国外一些单位的 FRP 构件的长期试验确定。由于试验环境的限制，此计算方法仅针对一般的室内外环境。

8.6 构 造 要 求

8.6.1 FRP-混凝土组合梁的构造要求，根据计算分析和国内外工程实践经验提出。

1 考虑组合梁中 FRP 构件底板下边缘的拉应变达到极限拉应变和混凝土翼板上边缘的混凝土同时达到极限压应变的受弯承载力极限状态，并考虑组合梁的抗剪强度与抗弯强度协调，假定截面中中性轴位于界面层上，可计算得到 $h \leqslant 1.25 h_f$ 和 $h_c \leqslant h_f/4$，故从优化设计角度提出混凝土翼板的高度不宜超过 FRP 构件高度的 1/4 的构造要求。组合梁的跨度不宜超过 FRP 单一构件宽度和 FRP 多个构件中距的 20 倍构造要求，是根据国内外大量 FRP-混凝土组合梁、钢-混凝土组合梁的试验研究结果、工程实践经验及相关技术标准类比确定。

2 混凝土翼板横向伸出 FRP 构件的长度构造要求，是从利用翼板的有效宽度，提高组合梁的横向稳定和经济指标，并参照钢-混凝土组合梁的相应规定确定。

8.6.2 根据重庆交通大学大量的 FRP 箱梁（单箱单室和单箱多室箱梁）及国内外 FRP 梁的试验研究结果，并参照我国航空航天复合材料设计手册规定，明确 FRP 箱形截面构件有关纤维铺层取向、铺层厚度、铺层方式及夹芯、蒙皮材料选择标准、构造方式规定，是保证 FRP 构件尽善尽美，避免工程应用因构造不当引起的结构失误。

8.6.3 本条为混凝土翼板的构造要求：

1 因混凝土翼板底面受 FRP 构件保护，无混凝土开裂后受水、气及有害介质渗入裂缝锈蚀钢筋的担忧，故混凝土翼板若配钢筋，则在界面处的混凝土保护层不受混凝土结构规范有关保护层的限制。

2 混凝土翼板的配筋可使混凝土翼板的整体性增强，提高剪力连接件的作用，增大组合梁的界面连接效果。施工中比较容易实现，建议采用。

混凝土翼板的配筋，通过粘接连接构造或机械连接构造与翼板底层的剪力连接件连成结构整体的构造要求，可增大组合梁的界面连接效果，提高组合梁的整体结构性能。并且，这种构造工艺上也因同类材料粘接连接而易于实现，并且效果较好。

中华人民共和国国家标准

预防混凝土碱骨料反应技术规范

Technical code for prevention of alkali-aggregate reaction in concrete

GB/T 50733—2011

主编部门：中华人民共和国住房和城乡建设部
批准部门：中华人民共和国住房和城乡建设部
施行日期：2 0 1 2 年 6 月 1 日

中华人民共和国住房和城乡建设部
公 告

第 1144 号

关于发布国家标准《预防混凝土
碱骨料反应技术规范》的公告

现批准《预防混凝土碱骨料反应技术规范》为国家标准，编号为 GB/T 50733－2011，自 2012 年 6 月 1 日起实施。

本规范由我部标准定额研究所组织中国建筑工业出版社出版发行。

中华人民共和国住房和城乡建设部

2011 年 8 月 26 日

前　言

根据住房和城乡建设部《关于印发〈2010年工程建设标准规范制订、修订计划〉的通知》（建标〔2010〕43号）的要求，规范编制组经广泛调查研究，认真总结实践经验，参考有关国际标准和国外先进标准，并在广泛征求意见的基础上，编制本规范。

本规范的主要技术内容是：1　总则；2　术语；3　基本规定；4　骨料碱活性的检验；5　抑制骨料碱活性有效性检验；6　预防混凝土碱骨料反应的技术措施；7　质量检验与验收；附录A　抑制骨料碱-硅酸反应活性有效性试验方法。

本规范由住房和城乡建设部负责管理，由中国建筑科学研究院负责具体技术内容的解释。执行过程中如有意见和建议，请寄送中国建筑科学研究院（地址：北京市北三环东路30号，邮政编码：100013）。

本 规 范 主 编 单 位：中国建筑科学研究院
　　　　　　　　　　浙江舜江建设集团有限公司
本 规 范 参 编 单 位：南京工业大学
　　　　　　　　　　中国建筑材料科学研究总院
　　　　　　　　　　中冶集团建筑研究总院
　　　　　　　　　　建筑材料工业砂石产品质量监督检验中心
　　　　　　　　　　中国铁道科学研究院
　　　　　　　　　　长江水利委员会长江科学院
　　　　　　　　　　贵州中建建筑科研设计院有限公司
　　　　　　　　　　中交武汉港湾工程设计研究院有限公司
　　　　　　　　　　中铁十二局（集团）有限公司

深圳市安托山混凝土有限公司
上海中技桩业股份有限公司
上海市建筑科学研究院（集团）有限公司
广东三和管桩有限公司
青岛一建集团有限公司
山西省建筑科学研究院
青岛博海建设集团有限公司
云南建工混凝土有限公司
浙江运业建筑工程有限公司
浙江中联建设集团有限公司
浙江湖州市建工集团有限公司
西安建筑科技大学

本规范主要起草人员：丁　威　冷发光　卢都友
　　　　　　　　　　王　玲　冯惠敏　周永祥
　　　　　　　　　　郝挺宇　谢永江　李鹏翔
　　　　　　　　　　张金波　徐立斌　王福川
　　　　　　　　　　张国志　何更新　黄直久
　　　　　　　　　　尤立峰　魏宜龄　朱建舟
　　　　　　　　　　严忠海　尚延青　张　毅
　　　　　　　　　　陶官思　韦庆东　王芳芳
　　　　　　　　　　王永海　李昕成　王　晶
　　　　　　　　　　纪宪坤　徐世木　曹巍巍
　　　　　　　　　　张　惠
本规范主要审查人员：姜福田　封孝信　闻德荣
　　　　　　　　　　罗保恒　施钟毅　王　元
　　　　　　　　　　杜　雷　丁　铸　蔡亚宁

目　次

Contents

1 总　则

1.0.1 为预防混凝土碱骨料反应，保证混凝土工程的耐久性和安全性，制定本规范。

1.0.2 本规范适用于建设工程中混凝土碱骨料反应的预防。

1.0.3 预防混凝土碱骨料反应除应符合本规范的规定外，尚应符合国家现行有关标准的规定。

2 术　语

2.0.1 混凝土碱骨料反应　alkali-aggregate reaction in concrete

混凝土中的碱（包括外界渗入的碱）与骨料中的碱活性矿物成分发生化学反应，导致混凝土膨胀开裂等现象。

2.0.2 碱-硅酸反应　alkali-silica reaction

混凝土中的碱（包括外界渗入的碱）与骨料中活性 SiO_2 发生化学反应，导致混凝土膨胀开裂等现象。

2.0.3 碱-碳酸盐反应　alkali-carbonate reaction

混凝土中的碱（包括外界渗入的碱）与碳酸盐骨料中活性白云石晶体发生化学反应，导致混凝土膨胀开裂等现象。

2.0.4 碱活性　alkali reactivity

骨料在混凝土中与碱发生反应产生膨胀并对混凝土具有潜在危害的特性。

2.0.5 碱含量　alkali content

混凝土及其原材料中当量 Na_2O 含量；当量 $Na_2O = Na_2O + 0.658K_2O$。

2.0.6 胶凝材料用量　binder content

混凝土中水泥用量和矿物掺合料用量之和。

2.0.7 矿物掺合料　mineral addition

以硅、铝、钙等氧化物为主要成分，并达到规定细度，掺入混凝土中能改善混凝土性能的粉体材料。

2.0.8 矿物掺合料掺量　percentage of mineral addition

混凝土胶凝材料用量中矿物掺合料用量所占的质量百分比。

2.0.9 外加剂掺量　percentage of chemical admixture

混凝土中外加剂用量相对胶凝材料用量的质量百分比。

2.0.10 水胶比　water-binder ratio

混凝土拌合物中用水量与胶凝材料用量之比。

3 基 本 规 定

3.0.1 用于混凝土的骨料应进行碱活性检验。

3.0.2 对采用碱活性骨料或设计要求预防碱骨料反应的混凝土工程，应采取预防混凝土碱骨料反应的技术措施。

3.0.3 对于大型或重要的混凝土工程，采料场的骨料碱活性检验和抑制骨料碱活性有效性检验宜进行不同实验室的比对试验。

4 骨料碱活性的检验

4.1 一 般 规 定

4.1.1 骨料碱活性检验项目应包括岩石类型、碱-硅酸反应活性和碱-碳酸盐反应活性检验。

4.1.2 各类岩石制作的骨料均应进行碱-硅酸反应活性检验，碳酸盐类岩石制作的骨料还应进行碱-碳酸盐反应活性检验。

4.1.3 河砂和海砂可不进行岩石类型和碱-碳酸盐反应活性的检验。

4.2 试 验 方 法

4.2.1 用于检验骨料的岩石类型和碱活性的岩相法，应符合现行行业标准《普通混凝土用砂、石质量及检验方法标准》JGJ 52 的规定。

4.2.2 用于检验骨料碱-硅酸反应活性的快速砂浆棒法，应符合现行国家标准《建筑用卵石、碎石》GB/T 14685 中快速碱-硅酸反应试验方法的规定。

4.2.3 用于检验碳酸盐骨料的碱-碳酸盐反应活性的岩石柱法，应符合现行行业标准《普通混凝土用砂、石质量及检验方法标准》JGJ 52 的规定。

4.2.4 用于检验骨料碱-硅酸反应活性和碱-碳酸盐反应活性的混凝土棱柱体法，应符合现行国家标准《普通混凝土长期性能和耐久性能试验方法标准》GB/T 50082 中碱骨料反应试验方法的规定。

4.3 试验方法的选择

4.3.1 宜采用岩相法对骨料的岩石类型和碱活性进行检验，且检验结果应按下列规定进行处理：

　　1 岩相法检验结果为不含碱活性矿物的骨料可不再进行检验；

　　2 岩相法检验结果为碱-硅酸反应活性或可疑的骨料应再采用快速砂浆棒法进行检验；

　　3 岩相法检验结果为碱-碳酸盐反应活性或可疑的骨料应再采用岩石柱法进行检验。

4.3.2 在不具备岩相法检验条件且不了解岩石类型的情况下，可直接采用快速砂浆棒法和岩石柱法分别进行骨料的碱-硅酸反应活性和碱-碳酸盐反应活性检验。

4.3.3 在时间允许的情况下，可采用混凝土棱柱体法进行骨料碱活性检验或验证。

4.4 检验结果评价

4.4.1 岩相法、快速砂浆棒法、岩石柱法和混凝土棱柱体法的试验结果的判定应符合国家现行相关试验方法标准的规定。

4.4.2 当同一检验批的同一检验项目进行一组以上试验时,应取所有试验结果中碱活性指标最大者作为检验结果。

4.4.3 检验报告结论为碱活性时应注明碱活性类型。

4.4.4 岩相法和快速砂浆棒法的检验结果不一致时,应以快速砂浆棒法的检验结果为准。

4.4.5 岩相法、快速砂浆棒法和岩石柱法的检验结果与混凝土棱柱体法的检验结果不一致时,应以混凝土棱柱体法的检验结果为准。

5 抑制骨料碱活性有效性检验

5.0.1 快速砂浆棒法检验结果不小于 0.10%膨胀率的骨料应进行抑制骨料碱活性有效性检验。

5.0.2 抑制骨料碱-硅酸反应活性有效性试验应按本规范附录 A 的规定执行,试验结果 14d 膨胀率小于 0.03%可判断为抑制骨料碱-硅酸反应活性有效。

5.0.3 当有效性检验进行一组以上试验时,应取所有试验结果中膨胀率最大者作为检验结果。

6 预防混凝土碱骨料反应的技术措施

6.1 骨 料

6.1.1 混凝土工程宜采用非碱活性骨料。

6.1.2 在勘察和选择采料场时,应对制作骨料的岩石或骨料进行碱活性检验。

6.1.3 对快速砂浆棒法检验结果膨胀率不小于 0.10%的骨料,应按本规范第 5 章的规定进行抑制骨料碱-硅酸反应活性有效性试验,并验证有效。

6.1.4 在盐渍土、海水和受除冰盐作用等含碱环境中,重要结构的混凝土不得采用碱活性骨料。

6.1.5 具有碱-碳酸盐反应活性的骨料不得用于配制混凝土。

6.2 其他原材料

6.2.1 宜采用碱含量不大于 0.6%的通用硅酸盐水泥。水泥的碱含量试验方法应按现行国家标准《水泥化学分析方法》GB 176 执行。

6.2.2 应采用 F 类的Ⅰ级或Ⅱ级粉煤灰,碱含量不宜大于 2.5%。粉煤灰的碱含量试验方法应按现行国家标准《水泥化学分析方法》GB 176 执行。

6.2.3 宜采用碱含量不大于 1.0%的粒化高炉矿渣粉。粒化高炉矿渣粉的碱含量试验方法应按现行国家

标准《水泥化学分析方法》GB 176 执行。

6.2.4 宜采用二氧化硅含量不小于 90%、碱含量不大于 1.5%的硅灰。其碱含量试验方法应按现行国家标准《水泥化学分析方法》GB 176 执行。

6.2.5 应采用低碱含量的外加剂。外加剂的碱含量试验方法应按现行国家标准《混凝土外加剂匀质性试验方法》GB/T 8077 执行。

6.2.6 应采用碱含量不大于 1500mg/L 的拌合用水。水的碱含量试验方法应符合现行行业标准《混凝土用水标准》JGJ 63 的规定。

6.3 配 合 比

6.3.1 混凝土配合比设计应符合现行行业标准《普通混凝土配合比设计规程》JGJ 55 的规定。

6.3.2 混凝土碱含量不应大于 3.0kg/m³。混凝土碱含量计算应符合以下规定:

  1 混凝土碱含量应为配合比中各原材料的碱含量之和;

  2 水泥、外加剂和水的碱含量可用实测值计算;粉煤灰碱含量可用 1/6 实测值计算,硅灰和粒化高炉矿渣粉碱含量可用 1/2 实测值计算;

  3 骨料碱含量可不计入混凝土碱含量。

6.3.3 当采用硅酸盐水泥和普通硅酸盐水泥时,混凝土中矿物掺合料掺量宜符合下列规定:

  1 对于快速砂浆棒法检验结果膨胀率大于 0.20%的骨料,混凝土中粉煤灰掺量不宜小于 30%;当复合掺用粉煤灰和粒化高炉矿渣粉时,粉煤灰掺量不宜小于 25%,粒化高炉矿渣粉掺量不宜小于 10%;

  2 对于快速砂浆棒法检验结果膨胀率为 0.10%～0.20%范围的骨料,宜采用不小于 25%的粉煤灰掺量;

  3 当本条第 1、2 款规定均不能满足抑制碱-硅酸反应活性有效性要求时,可再增加掺用硅灰或用硅灰取代相应掺量的粉煤灰或粒化高炉矿渣粉,硅灰掺量不宜小于 5%。

6.3.4 当采用除硅酸盐水泥和普通硅酸盐水泥以外的其他通用硅酸盐水泥配制混凝土时,可将水泥中混合材掺量 20%以上部分的粉煤灰和粒化高炉矿渣掺量分别计入混凝土中粉煤灰和粒化高炉矿渣粉掺量,并应符合本规范第 6.3.3 条的规定。

6.3.5 在混凝土中宜掺用适量引气剂,引气剂掺量应通过试验确定。

6.4 混凝土性能

6.4.1 混凝土拌合物不应泌水,稠度和其他拌合物性能应满足设计要求。

6.4.2 混凝土强度和其他力学性能应满足设计要求。

6.4.3 混凝土耐久性能应满足设计要求。

6.5 生产和施工

6.5.1 混凝土生产和施工应符合现行国家标准《混凝土质量控制标准》GB 50164 的规定。

6.5.2 对于采用快速砂浆棒法检验结果不小于 0.10% 膨胀率的骨料，当其配制的混凝土用于盐渍土、海水和受除冰盐作用等含碱环境中非重要结构时，除应采取抑制骨料碱活性措施和控制混凝土碱含量之外，还应在混凝土表面采用防碱涂层等隔离措施。

6.5.3 对于大体积混凝土，混凝土浇筑体内最高温度不应高于 80℃。

6.5.4 采用蒸汽养护或湿热养护时，最高养护温度不应高于 80℃。

6.5.5 混凝土潮湿养护时间不宜少于 10d。

6.5.6 施工时应加强对混凝土裂缝的控制，出现裂缝应及时修补。

7 质量检验与验收

7.1 骨料碱活性及其他原材料质量检验

7.1.1 在勘察和选择采料场时岩石碱活性检验应符合下列规定：

1 岩石碱活性检验与评价应符合本规范第 4 章的规定；

2 每个采料场宜分别选取不少于 3 个具有代表性的部位各采集 1 份样品；样品宜为爆破或开采的非表层部分；每份样品不宜少于 20kg，宜为 3~4 块各方向尺寸相近的完整岩石；

3 每份样品应进行不少于 1 组碱活性检验。

7.1.2 骨料进场时，应按规定批量进行骨料碱活性检验，检验样品应随机抽取。

7.1.3 骨料的检验批量应符合下列规定：

1 砂、石骨料的碱活性检验应按每 3000m³ 或 4500t 为一个检验批；当来源稳定且连续两次检验合格，可每 6 个月检验一次；

2 砂、石骨料碱活性以外的质量检验应符合现行国家标准《混凝土质量控制标准》GB 50164 的规定；

3 不同批次或非连续供应的不足一个检验批量的骨料应作为一个检验批。

7.1.4 骨料质量和抑制骨料碱-硅酸反应活性有效性应符合本规范第 6.1 节的规定。

7.1.5 除骨料以外的原材料的质量检验应符合现行国家标准《混凝土质量控制标准》GB 50164 的规定，其质量应符合本规范第 6.2 节的规定。

7.2 混凝土质量检验

7.2.1 混凝土配合比应符合本规范第 6.3 节的规定，

并应在每工作班前进行确认和在班中进行检查。

7.2.2 混凝土拌合物性能、硬化混凝土力学性能和耐久性能的检验应符合现行国家标准《混凝土质量控制标准》GB 50164 的规定。

7.2.3 混凝土拌合物性能、硬化混凝土力学性能和耐久性能应符合本规范第 6.4 节的规定。

7.3 工程验收

7.3.1 混凝土工程质量验收应符合现行国家标准《混凝土结构工程施工质量验收规范》GB 50204 的规定。

7.3.2 混凝土工程质量验收时，还应符合本规范对预防混凝土碱骨料反应的规定。

附录 A 抑制骨料碱-硅酸反应活性有效性试验方法

A.0.1 本试验方法适用于评估采用粉煤灰、粒化高炉矿渣粉和硅灰等矿物掺合料抑制骨料碱-硅酸反应活性的有效性。

A.0.2 试验应采用下列仪器设备：

1 烘箱——温度控制范围为 (105±5)℃；

2 天平——称量 1000g，感量 1g；

3 试验筛——筛孔公称直径为 5.00mm、2.50mm、1.25mm、630μm、315μm、160μm 的方孔筛各一只；

4 测长仪——测量范围 280mm~300mm，精度 0.01mm；

5 水泥胶砂搅拌机——应符合现行行业标准《行星式水泥胶砂搅拌机》JC/T 681 的规定；

6 恒温养护箱或水浴——温度控制范围为 (80±2)℃；

7 养护筒——由耐酸耐高温的材料制成，不漏水，密封，防止容器内湿度下降，筒的容积可以保证试件全部浸没在水中；筒内设有试件架，试件垂直于试件架放置；

8 试模——金属试模，尺寸为 25mm×25mm×280mm，试模两端正中有小孔，装有不锈钢测头；

9 镘刀、捣棒、量筒、干燥器等。

A.0.3 试验用胶凝材料应符合下列规定：

1 水泥应采用硅酸盐水泥，并应符合现行国家标准《通用硅酸盐水泥》GB 175 的规定；

2 矿物掺合料应为工程实际采用的矿物掺合料；粉煤灰应采用符合现行国家标准《用于水泥和混凝土中的粉煤灰》GB/T 1596 要求的 I 级或 II 级的 F 类粉煤灰；粒化高炉矿渣粉应符合现行国家标准《用于水泥和混凝土中的粒化高炉矿渣粉》GB/T 18046 的规定；硅灰的二氧化硅含量不宜小于 90%。

A.0.4 胶凝材料中矿物掺合料掺量应符合下列

规定：

1 单独掺用粉煤灰时，粉煤灰掺量应为30%；

2 当复合掺用粉煤灰和粒化高炉矿渣粉时，粉煤灰掺量应为25%，粒化高炉矿渣粉掺量应为10%；

3 可掺用硅灰取代相应掺量的粉煤灰或粒化高炉矿渣粉，硅灰掺量不得小于5%。

A.0.5 试验用骨料应符合下列规定：

1 骨料应与混凝土工程实际采用的骨料相同；

2 骨料14 d膨胀率不应小于0.10%，试验方法应为快速砂浆棒法，并应符合现行国家标准《建筑用卵石、碎石》GB/T 14685中快速碱-硅酸反应试验方法的规定；

3 应将骨料制成砂样并缩分成约5kg，按表A.0.5中所示级配及比例组合成试验用料，并将试样洗净烘干或晾干备用。

表 A.0.5 砂级配表

公称粒级	5.00mm～2.50mm	2.50mm～1.25mm	1.25mm～630μm	630μm～315μm	315μm～160μm
分级质量（%）	10	25	25	25	15

A.0.6 试件制作应符合下列规定：

1 成型前24h，应将试验所用材料放入（20±2）℃的试验室中；

2 胶凝材料与砂的质量比应为1：2.25，水灰比应为0.47；称取一组试件所需胶凝材料440g和砂990g；

3 当胶砂变稠难以成型时，可维持用水量不变而掺加适量非引气型的减水剂，调整胶砂稠度利于成型；

4 将称好的水泥与砂倒入搅拌锅，应按现行国家标准《水泥胶砂强度检验方法（ISO法）》GB/T 17671的规定进行搅拌；

5 搅拌完成后，应将砂浆分两层装入试模内，每层捣20次；测头周围应填实，浇捣完毕后用镘刀刮除多余砂浆，抹平表面，并标明测定方向及编号；

6 每组应制作三条试件。

A.0.7 试验应按下列步骤进行：

1 将试件成型完毕后，应带模放入标准养护室，养护（24±4）h后脱模。

2 脱模后，应将试件浸泡在装有自来水的养护筒中，同种骨料制成的试件放在同一个养护筒中，然后将养护筒放入温度（80±2）℃的烘箱或水浴箱中养护24h。

3 然后应将养护筒逐个取出，每次从养护筒中取出一个试件，用抹布擦干表面，立即用测长仪测试件的基长（L_0），测试时环境温度应为（20±2）℃，每个试件至少重复测试两次，取差值在仪器精度范围内的两个读数的平均值作为长度测定值（精确至

0.02mm），每次每个试件的测量方向应一致；从取出试件擦干到读数完成应在（15±5）s内结束，读完数后的试件应用湿毛巾覆盖。全部试件测完基准长度后，把试件放入装有浓度为1mol/L氢氧化钠溶液的养护筒中，并确保试件被完全浸泡。溶液温度应保持在（80±2）℃，将养护筒放回烘箱或水浴箱中。

注：用测长仪测定任一组试件的长度时，均应先调整测长仪的零点。

4 自测定基准长度之日起，第3d、7d、10d、14d应再分别测其长度（L_t）。测长方法与测基长方法相同。每次测量完毕后，应将试件调头放入原有氢氧化钠溶液养护筒，盖好筒盖，放回（80±2）℃的烘箱或水浴箱中，继续养护到下一个测试龄期。操作时防止氢氧化钠溶液溢溅，避免烧伤皮肤。

5 在测量时应观察试件的变形、裂缝、渗出物等，特别应观察有无胶体物质，并作详细记录。

A.0.8 每个试件的膨胀率应按下式计算，并应精确至0.01%：

$$\varepsilon_t = \frac{L_t - L_0}{L_0 - 2\Delta} \times 100 \qquad (A.0.8)$$

式中：ε_t ——试件在t天龄期的膨胀率（%）；

L_t ——试件在t天龄期的长度（mm）；

L_0 ——试件的基长（mm）；

Δ ——测头长度（mm）。

A.0.9 某一龄期膨胀率的测定值应为三个试件膨胀率的平均值；任一试件膨胀率与平均值均应符合下列规定：

1 当平均值小于或等于0.05%时，其差值均应小于0.01%；

2 当平均值大于0.05%时，单个测值与平均值的差值均应小于平均值的20%；

3 当三个试件的膨胀率均大于0.10%时，可无精度要求；

4 当不符合上述要求时，应去掉膨胀率最小的，用其余两个试件的平均值作为该龄期的膨胀率。

A.0.10 试验结果应为三个试件14d膨胀率的平均值；当试验结果——14d膨胀率小于0.03%时，可判定抑制骨料碱-硅酸反应活性有效。

本规范用词说明

1 为便于在执行本规范条文时区别对待，对要求严格程度不同的用词说明如下：

1）表示很严格，非这样做不可的：

正面词采用"必须"，反面词采用"严禁"；

2）表示严格，在正常情况下均应这样做的：

正面词采用"应"，反面词采用"不应"或"不得"；

3）表示允许稍有选择，在条件许可时首先应

这样做的：

正面词采用"宜"，反面词采用"不宜"；

4）表示有选择，在一定条件下可以这样做的，采用"可"。

2 条文中指明应按其他有关标准执行的写法为："应符合……的规定"或"应按……执行"。

引用标准名录

1 《普通混凝土长期性能和耐久性能试验方法标准》GB/T 50082

2 《混凝土质量控制标准》GB 50164

3 《混凝土结构工程施工质量验收规范》GB 50204

4 《通用硅酸盐水泥》GB 175

5 《水泥化学分析方法》GB 176

6 《用于水泥和混凝土中的粉煤灰》GB/T 1596

7 《混凝土外加剂匀质性试验方法》GB/T 8077

8 《建筑用卵石、碎石》GB/T 14685

9 《水泥胶砂强度检验方法（ISO法）》GB/T 17671

10 《用于水泥和混凝土中的粒化高炉矿渣粉》GB/T 18046

11 《普通混凝土用砂、石质量及检验方法标准》JGJ 52

12 《普通混凝土配合比设计规程》JGJ 55

13 《混凝土用水标准》JGJ 63

14 《行星式水泥胶砂搅拌机》JC/T 681

中华人民共和国国家标准

预防混凝土碱骨料反应技术规范

GB/T 50733—2011

条 文 说 明

制 定 说 明

《预防混凝土碱骨料反应技术规范》GB/T 50733 - 2011，经住房和城乡建设部 2011 年 8 月 26 日以第 1144 号公告批准、发布。

本规范制定过程中，编制组进行了广泛而深入的调查研究，总结了我国工程建设中预防混凝土碱骨料反应的实践经验，同时参考了国外先进技术法规、技术标准，通过试验取得了预防混凝土碱骨料反应的重要技术参数。

为便于广大设计、施工、科研、学校等单位有关人员在使用本规范时能正确理解和执行条文规定，《预防混凝土碱骨料反应技术规范》编制组按章、节、条顺序编制了本规范的条文说明，对条文规定的目的、依据以及执行中需注意的有关事项进行了说明。但是，本条文说明不具备与规范正文同等的法律效力，仅供使用者作为理解和把握规范规定的参考。

目　次

1 总　　则

1.0.1 混凝土碱骨料反应破坏一旦发生，往往没有很好的方法进行治理，直接危害混凝土工程耐久性和安全性。解决混凝土碱骨料反应问题的最好方法就是采取预防措施，本规范对此作出相应规定。

1.0.2 本规范的适用范围可包括建筑工程、市政工程、水工、公路、铁路、核电和冶金等各个建设行业的混凝土工程中混凝土碱骨料反应的预防。

1.0.3 本规范涉及的混凝土领域的标准规范较多，对于预防混凝土碱骨料反应的技术内容，以本规范的规定为准，未作规定的其他内容应按其他相关标准规范执行。

2 术　　语

2.0.1 混凝土碱骨料反应包括了碱-硅酸反应和碱-碳酸盐反应，这两种反应都会导致混凝土膨胀开裂等现象。

2.0.2 在我国，工程中发生的混凝土碱骨料反应普遍是碱-硅酸反应，用于混凝土骨料的岩石中都有可能存在含活性 SiO_2 的矿物，如蛋白石、火山玻璃体、玉髓、玛瑙和微晶石英等，当含量达到一定程度时就有可能在混凝土中引发碱-硅酸反应的破坏。

2.0.3 混凝土工程中发生碱-碳酸盐反应破坏的情况很少，也不易确认。通常只有碳酸盐骨料中可能存在活性白云石晶体，如细小菱形白云石晶体等，对于纯粹的碱-碳酸盐反应活性的骨料，目前尚无公认的好的预防措施。

2.0.4 骨料碱活性包括碱-硅酸反应活性和碱-碳酸盐反应活性，应采用本规范中规定的标准方法予以鉴别和判定。

2.0.5 混凝土中的碱含量是影响混凝土碱骨料反应的重要因素。混凝土原材料中或多或少存在 Na_2O 和 K_2O，可采用标准方法予以测定。目前，混凝土中的碱含量不计入骨料中的碱含量。混凝土含量表达为每立方米混凝土中碱的质量（kg/m^3），水的碱含量表达为每升水中碱的质量（mg/L），其他原材料的碱含量表达为原材料中碱的质量相对原材料质量的百分比（%）。外加剂的碱含量称为总碱量。

2.0.6 胶凝材料用量的术语和定义在混凝土工程技术领域已被普遍接受。

2.0.7 矿物掺合料的种类主要有粉煤灰、粒化高炉矿渣粉、硅灰等。

2.0.8、2.0.9 用量含义是使用量（以质量计）；掺量含义是相对质量的百分比。

2.0.10 随着混凝土矿物掺合料的广泛应用，国内外已经普遍用水胶比取代水灰比。

3 基本规定

3.0.1 碱活性检验可判断骨料在混凝土中是否与碱发生膨胀反应并对混凝土具有潜在危害，以便采取相应的对策。

3.0.2 采用非碱活性骨料，通常无须采取预防混凝土碱骨料反应的技术措施；对设计要求预防碱骨料反应的混凝土工程，应对骨料碱活性进行批量检验，尽量采用非碱活性骨料；如不得已采用碱活性骨料，应采取预防混凝土碱骨料反应的技术措施。

3.0.3 进行不同实验室的比对试验可提高试验结果及其分析的准确性和可靠性，这对大型或重要的混凝土工程的采料场选定是必要的。

4 骨料碱活性的检验

4.1 一般规定

4.1.1 骨料碱活性包括碱-硅酸反应活性和碱-碳酸盐反应活性两种。确定岩石类型对于判断骨料碱活性有一定帮助。

4.1.2 用于制作混凝土骨料的各类岩石（包括碳酸盐岩石）中都有可能存在活性 SiO_2，工程中发生的混凝土碱骨料反应普遍是碱-硅酸反应；而通常只有碳酸盐骨料中才可能存在活性白云石晶体。岩石类型检验可以确定碳酸盐骨料。

4.1.3 在我国，尚未有检验确定为碱-碳酸盐反应活性的河砂和海砂。

4.2 试验方法

4.2.1 岩相法见于现行行业标准《普通混凝土用砂、石质量及检验方法标准》JGJ 52 - 2006 第 7 章 7.15 节。

4.2.2 快速砂浆棒法见于现行国家标准《建筑用卵石、碎石》GB/T 14685 - 2001 第 6 章 6.14.2 节，与现行行业标准《普通混凝土用砂、石质量及检验方法标准》JGJ 52 - 2006 第 7 章 7.16 节的方法的区别在于：前者采用硅酸盐水泥，后者采用普通硅酸盐水泥。本规范的试验方法中采用硅酸盐水泥而不采用普通硅酸盐水泥的原因是，普通硅酸盐水泥中混合材种类和掺量变化较大，且掺量最高可达到 20%，对检验骨料碱活性会有影响。

4.2.3 岩石柱法见于现行行业标准《普通混凝土用砂、石质量及检验方法标准》JGJ 52 - 2006 第 7 章 7.18 节，目前国内其他标准也普遍采用这一方法。在使用该方法时，最好在小岩石柱两端粘接小测钉，以保证测试的准确性和可重复性。目前，国际上在检验碱-碳酸盐反应活性试验方法方面有近几年来推荐的"RILEM TC 191-ARP AAR-5：碳酸盐骨料快速初步筛选试验方法"，也具有使用价值。

4.2.4 混凝土棱柱体法见于现行国家标准《普通混凝土长期性能和耐久性能试验方法标准》GB/T 50082 第 15 章。该方法是目前唯一采用混凝土试件检验骨料碱活性的正式方法，可检验砂和石的碱活性；当前采用人工砂是大势所趋，该方法也可检验砂石一起用于人工砂混凝土的碱活性。该方法得到普遍认可，但试验周期长，为 52 周（星期）。

4.3 试验方法的选择

4.3.1 岩相法对检验人员的专业水平要求高，当镜下碱活性矿物清楚且含量与临界量差距较大的情况下，可根据经验进行鉴别和判断。但是，相比较而言，要确切判断骨料碱活性情况，还得采用快速砂浆棒法等测试膨胀率的试验方法比较可靠。岩相法对骨料为非碱活性的判定依据是制作骨料的岩石中不含（镜下看不见）碱活性矿物，因此，岩相法检验结果为非碱活性的骨料可不再进行验证。岩相法检验还应包括确定岩石名称。

4.3.2 一般质量检验单位不具备岩相法检验条件，骨料碱活性检验可按本条规定执行。

4.3.3 混凝土棱柱体法试验周期为 52 周（星期），一般工程情况无法等待这么长的时间，但是，对于一些重大工程，前期论证和准备有充分的时间进行前期验证试验。

4.4 检验结果评价

4.4.1 岩相法、快速砂浆棒法、岩石柱法和混凝土棱柱体法试验方法中都给出了判定依据，可据此对试验结果进行判定。

4.4.2 由于岩石矿物的不均匀性，并且试验量有限，因此，采取进行一组以上试验时所有试验结果中碱活性指标最大者作为检验结果的偏于安全的做法。

4.4.3 检验报告明确骨料碱活性类型是必要的，对于碱-硅酸反应活性的骨料，可以通过采取预防混凝土骨料反应措施用于混凝土；而对于碱-碳酸盐反应活性的骨料，则不能用于混凝土。碱活性骨料是指具有碱-硅酸反应活性或碱-碳酸盐反应活性；非碱活性骨料是指不具有碱-硅酸反应活性和碱-碳酸盐反应活性。

4.4.4 采用快速砂浆棒法等测试膨胀率的试验方法比较可靠。

4.4.5 混凝土棱柱体法更接近混凝土的实际情况，普遍认可度比较高。

5 抑制骨料碱活性有效性检验

5.0.1 快速砂浆棒法 14d 膨胀率大于 0.2% 的骨料为

具有碱-硅酸反应活性，14d 膨胀率在 0.1%～0.2% 的骨料属于不确定。对于这类骨料，从偏于安全的角度考虑，14d 膨胀率不小于 0.10% 的骨料需要进行抑制骨料碱活性有效性检验并采取预防碱骨料反应措施是合理的。另外，采用 25% 粉煤灰掺量的预防措施几乎没有代价，因为 25% 粉煤灰掺量的混凝土是常规采用的普通混凝土。

5.0.2 抑制骨料碱-硅酸反应活性有效性试验方法是在 ASTM C1567-08 确定胶凝材料与骨料潜在碱-硅反应活性的标准测试方法（快速砂浆棒法）的基础上制定的，具体说明可见附录 A 的条文说明。本规范采用该方法取代了国内标准原来采用的抑制骨料碱活性效能试验方法。实际上原方法难以实现，而且采用高活性石英玻璃代替实际骨料，国际和国内都已经很少采用。

5.0.3 经多家实验室比对试验验证，对于碱-硅酸反应活性高的骨料，采用试验方法规定的矿物掺合料掺量的试验结果膨胀率均小于 0.025%，最大值为 0.021%；曾在实际工程中采用不同骨料的试验结果膨胀率也都小于 0.020%。另外，按附录 A 试验方法的规定，三个试件的膨胀率平均值小于或等于 0.05% 时，各试件的膨胀率差值均应小于 0.01%，因此，膨胀率控制值为 0.03% 是合理的。

6 预防混凝土碱骨料反应的技术措施

6.1 骨 料

6.1.1、6.1.2 选择采料场是预防混凝土碱骨料反应的关键环节之一。如果选择了非碱活性的骨料料场，就不需要考虑预防碱骨料反应的问题。因此，在勘察和选择采料场时就需要进行岩石或骨料碱活性检验，根据检验结果，作出采用或弃用的抉择。

6.1.3 对快速砂浆棒法检验结果不小于 0.1% 的骨料，采取预防碱骨料反应措施的关键技术之一就是验证抑制骨料碱-硅酸反应活性有效。

6.1.4 含碱环境中的碱会渗入混凝土，强化碱骨料反应条件，在这种环境下采用碱活性骨料用于混凝土是很危险的。虽然可以采用防碱涂层等外防护技术，但由于外防护材料品种多样，其耐久性和长期有效性值得商榷，实际应用时，对于重要结构（一般设计使用期长）需要定期维护或更新，代价不小，实际操作也不一定能保证，因此，外防护往往作为提高安全储备的辅助技术手段，而采用或换用非碱活性骨料无论是技术方面还是经济方面都是最合理的。对于含碱环境中的非重要结构，可以在采取预防碱骨料反应措施的情况下有条件地采用碱活性骨料。

6.1.5 我国工程中发生的混凝土碱骨料反应普遍是碱-硅酸反应，发生碱-碳酸盐反应破坏的情况很少，也不易确认。对于纯粹的碱-碳酸盐反应活性的骨料，尚无好的预防混凝土碱骨料反应的措施。

6.2 其他原材料

6.2.1 硅酸盐水泥目前各地难以买到；普通硅酸盐水泥（代号 P·O）质量相对比较稳定，可以掺加较大掺量的矿物掺合料抑制骨料碱活性，耐久性也可以达到要求；其他品种的通用硅酸盐水泥中混合材比较复杂并掺量较大，用于混凝土时应将水泥中的粉煤灰、粒化高炉矿渣等混合材与配制混凝土外掺的粉煤灰、粒化高炉矿渣等矿物掺合料统筹考虑，可比普通硅酸盐水泥掺加较少的矿物掺合料。由于水泥碱含量是混凝土中碱含量的主要来源，因此，控制水泥碱含量是控制混凝土碱含量的重要环节。许多地方难以购买到碱含量不大于 0.6% 的低碱水泥，但如果能够控制混凝土中碱含量不超过 3kg/m³，水泥碱含量略微大于 0.6% 也是可以的。

6.2.2 验证试验和工程实践表明，Ⅰ级或Ⅱ级的F类粉煤灰在达到一定掺量的情况下都可以显著抑制骨料的碱-硅活性，粉煤灰碱含量的影响作用不明显，由于验证试验和工程实践采用粉煤灰的碱含量最大值为 2.64%，因此规定碱含量不宜大于 2.5%。

6.2.3 验证试验和工程实践表明，以粉煤灰为主并复合粒化高炉矿渣粉在达到一定掺量的情况下也可以显著抑制骨料的碱-硅活性。粒化高炉矿渣粉碱含量一般不超过 1.0%。

6.2.4 硅灰可以显著抑制骨料的碱-硅活性已经为公认的事实，二氧化硅含量不小于 90% 的硅灰质量较好，硅灰碱含量一般不超过 1.5%。

6.2.5 混凝土外加剂碱含量对混凝土碱骨料反应影响较大，只有采用低碱含量的外加剂，才有利于预防混凝土碱骨料反应。在现行国家标准《混凝土外加剂匀质性试验方法》GB/T 8077 碱含量试验方法中，外加剂的碱含量称为总碱量。

6.2.6 一般情况下，水中的碱含量比较低。

6.3 配 合 比

6.3.1 对于预防混凝土碱骨料反应，混凝土配合比设计仍应执行现行行业标准《普通混凝土配合比设计规程》JGJ 55，本章作出的特殊规定与《普通混凝土配合比设计规程》JGJ 55 并无矛盾。

6.3.2 控制混凝土碱含量是预防混凝土碱骨料反应的关键环节之一，混凝土碱含量不大于 3.0kg/m³ 的控制指标已经被普遍接受。研究表明：矿物掺合料碱含量实测值并不代表实际参与碱骨料反应的有效碱含量，参与碱骨料反应的粉煤灰、硅灰和粒化高炉矿渣粉的有效碱含量分别约为实测值 1/6、1/2 和 1/2，这也已经被普遍接受，并已经用于工程实际。

混凝土碱含量表达为每立方米混凝土中碱的质量

（kg/m³），而除水以外的原材料碱含量表达为原材料中当量 Na_2O 含量相对原材料质量的百分比（%），因此，在计算混凝土碱含量时，应先将原材料有效碱含量百分比计算为每立方米混凝土配合比中各种原材料中碱的质量（kg/m³），然后再求和计算；水的计算过程类似。

6.3.3 本条规定的混凝土中矿物掺合料掺量与《普通混凝土配合比设计规程》JGJ 55 的规定无矛盾，《普通混凝土配合比设计规程》JGJ 55 相关规定见表1和表2。

预应力混凝土强度要求较高，在矿物掺合料掺量大的情况下，可取较低的水胶比。

表 1　钢筋混凝土中矿物掺合料最大掺量

矿物掺合料种类	水胶比	最大掺量（%）	
		采用硅酸盐水泥时	采用普通硅酸盐水泥时
粉煤灰	≤0.40	45	35
	>0.40	40	30
粒化高炉矿渣粉	≤0.40	65	55
	>0.40	55	45
硅灰	—	10	10
复合掺合料	≤0.40	65	55
	>0.40	55	45

注：1　复合掺合料各组分的掺量不宜超过单掺时的最大掺量；
　　2　在混合使用两种或两种以上矿物掺合料时，矿物掺合料总掺量应符合表中复合掺合料的规定。

表 2　预应力钢筋混凝土中矿物掺合料最大掺量

矿物掺合料种类	水胶比	最大掺量（%）	
		采用硅酸盐水泥时	采用普通硅酸盐水泥时
粉煤灰	≤0.40	35	30
	>0.40	25	20
粒化高炉矿渣粉	≤0.40	55	45
	>0.40	45	35
硅灰	—	10	10
复合掺合料	≤0.40	55	45
	>0.40	45	35

注：同表1的注。

6.3.4 除硅酸盐水泥和普通硅酸盐水泥以外的其他

品种的通用硅酸盐水泥中混合材比较复杂并掺量较大，应将水泥中的粉煤灰、粒化高炉矿渣粉等混合材与配制混凝土外掺的粉煤灰和粒化高炉矿渣粉统筹考虑，因此，采用其他品种的通用硅酸盐水泥可比硅酸盐水泥和普通硅酸盐水泥掺加较少的粉煤灰和粒化高炉矿渣粉。以各地应用较为普遍的复合硅酸盐水泥为例：复合硅酸盐水泥中混合材品种可以包括粒化高炉矿渣、火山灰质混合材料、粉煤灰和石灰石等，复合硅酸盐水泥中混合材掺量范围为>20％且≤50％，因此，在执行本条规定时，可将混合材掺量20％以上部分（20％以下部分可以包括火山灰质混合材料、石灰石、粉煤灰或其他等）的粉煤灰和粒化高炉矿渣掺量分别计入混凝土中粉煤灰和粒化高炉矿渣粉掺量，20％以上部分其他品种混合材不计入。

6.3.5 混凝土中矿物掺合料掺量较大会影响混凝土的抗冻性能和抗碳化性能，在混凝土中掺用适量引气剂可以改善混凝土的这些耐久性能。掺加引气剂还能对缓解碱骨料反应早期膨胀起一定作用。

6.4　混凝土性能

6.4.1 掺加大量粉煤灰混凝土拌合物的混凝土易于产生泌水。在掺加粉煤灰的同时，复合掺加粒化高炉矿渣粉有利于控制泌水问题。

6.4.2 关于预防混凝土碱骨料反应的混凝土性能方面，强度仍是混凝土最重要的性能之一。

6.4.3 掺加大量粉煤灰会明显影响混凝土的抗冻和抗碳化性能，掺加引气剂可以改善混凝土抗冻和抗碳化性能。

6.5　生产和施工

6.5.1 现行国家标准《混凝土质量控制标准》GB 50164对有预防混凝土碱骨料反应要求的工程同样适用，对于具体有效地落实预防混凝土碱骨料反应的措施和全面保证混凝土工程质量具有重要意义。

6.5.2 盐渍土、海水和受除冰盐作用等含碱环境能不断向混凝土内部提供远高于混凝土碱骨料反应所需要的碱，采取抑制骨料碱活性措施和控制混凝土碱含量后，防碱涂层等隔离措施能阻断外部环境向混凝土内部提供混凝土碱骨料反应所需要的碱。即便这样，也仅可用于非重要结构，可见本规范6.1.4条及其条文说明。

6.5.3、6.5.4 较高的温度会加速混凝土碱骨料反应；采取抑制骨料碱活性措施有效性检验的试验温度为80℃，超过80℃的情况目前缺少试验依据。

6.5.5 矿物掺合料掺量较大的混凝土需要较长的潮湿养护时间。

6.5.6 混凝土开裂后，水分容易进入从而为碱骨料反应创造了条件，同时，裂缝处溶出物集中处的碱度一般比较高，发生碱骨料反应的风险增加。

7　质量检验与验收

7.1　骨料碱活性及其他原材料质量检验

7.1.1 在勘察和选择骨料料场时进行岩石碱活性检验可以最大限度地选择有利于预防混凝土碱骨料反应的骨料料场，如果能排除采用碱活性骨料料场，则是预防混凝土碱骨料反应的最佳方案。在勘察和选择骨料料场时进行岩石碱活性检验时，最好在具有代表性的多个不同部位和未受风化影响的部位取样，在需要用岩石柱法检验碱-碳酸盐反应活性时，由于需要从三个方向钻取小圆柱体，所以样品应具有一定的厚度，最好各方向尺寸相近。

7.1.2、7.1.3 在预拌混凝土生产过程中，无论是商品混凝土搅拌站还是现场搅拌站，对于3000m³的供货量，骨料来源一般变化不大；经验表明，一旦确定某一区域或料场的骨料碱活性与否，相对是比较稳定的；另外，由于检验条件和检验时间的限制，不可能将检验批量规定得太小。

7.1.4 本条规定了骨料质量和抑制骨料碱-硅酸反应活性有效性检验的评定依据。

7.1.5 其他原材料的质量检验在现行国家标准《混凝土质量控制标准》GB 50164已有明确的规定，本规范不再重复引用。

7.2　混凝土质量检验

7.2.1 混凝土配合比是落实预防混凝土碱骨料反应技术措施的关键环节之一，因此，检查并核实施工配合比应体现在每个工作班的全过程中。

7.2.2 现行国家标准《混凝土质量控制标准》GB 50164明确规定了混凝土拌合物性能、硬化混凝土力学性能和耐久性能的检验规则。

7.2.3 本条规定了混凝土拌合物性能、硬化混凝土力学性能和耐久性能检验的评定依据。

7.3　工　程　验　收

7.3.1 预防混凝土碱骨料反应是针对混凝土工程，对于混凝土工程的验收，应符合现行国家标准《混凝土结构工程施工质量验收规范》GB 50204的规定。

7.3.2 对采用碱活性骨料或设计要求预防碱骨料反应的混凝土工程，落实本规范有关规定的技术工作应作为混凝土工程质量验收的内容之一。

附录A　抑制骨料碱-硅酸反应活性有效性试验方法

本试验方法源于ASTM C1567－08《确定胶凝材

料与骨料潜在碱-硅反应活性的标准测试方法》，与 ASTM C1567-08 原理一致。主要变动为：将用胶凝材料控制骨料碱-硅酸反应活性的判据由 0.1% 调整为 0.03%，并规定了矿物掺合料的种类和掺量。变动的主要理由是：本试验方法是由快速碱-硅酸反应试验方法——快速砂浆棒法发展而来，不同的是本试验方法采用有矿物掺合料的胶凝材料，而快速碱-硅酸反应试验方法采用水泥。如果试验判据都是 0.1%，这会导致在很少矿物掺合料掺量的情况下也判定抑制骨料碱-硅酸反应活性有效，而采用很少的矿物掺合料掺量可能并不能满足实际工程中抑制骨料碱-硅酸反应活性的要求。

为了验证本试验方法的有效性，编制组组织四个实验室进行了验证和比对试验。结果表明：在胶凝材料中掺加规定的矿物掺合料可以显著抑制骨料的碱-硅活性；该试验方法具有良好的敏感性，能够分辨在胶凝材料中掺加矿物掺合料对抑制骨料碱-硅酸反应的有效程度；抑制骨料碱-硅酸反应及其试验方法的技术规律显著，稳定性良好。

本试验方法已经在采用碱活性骨料的混凝土工程的碱骨料反应预防过程中进行过应用。

中华人民共和国国家标准

防腐木材工程应用技术规范

Technical code for engineering application of
preservative treated wood

GB 50828—2012

主编部门：中 华 人 民 共 和 国 商 务 部
批准部门：中华人民共和国住房和城乡建设部
施行日期：２ ０ １ ２ 年 １ ２ 月 １ 日

中华人民共和国住房和城乡建设部
公 告

第 1496 号

住房城乡建设部关于发布国家标准
《防腐木材工程应用技术规范》的公告

现批准《防腐木材工程应用技术规范》为国家标准，编号为 GB 50828—2012，自 2012 年 12 月 1 日起实施。其中，第 4.1.1、7.1.10 条为强制性条文，必须严格执行。

本规范由我部标准定额研究所组织中国计划出版

社出版发行。

中华人民共和国住房和城乡建设部
2012 年 10 月 11 日

前　言

本规范是根据住房和城乡建设部《关于印发〈2008 年工程建设标准规范制订、修订计划（第一批）〉的通知》（建标［2008］102 号）的要求，由木材节约发展中心和宁波建工股份有限公司会同有关单位共同编制完成的。

本规范在编制过程中，编制组经过广泛深入的调查研究，系统总结了防腐木材工程应用的实践经验，参考有关国内外标准，广泛吸纳多方面意见和建议，并结合我国防腐木材工程应用的具体情况，最后经审查定稿。

本规范共分 8 章和 4 个附录，主要内容包括：总则、术语、基本规定、材料选择、构件设计计算、连接设计计算、施工、检验验收等。

本规范中以黑体字标志的条文为强制性条文，必须严格执行。

本规范由住房和城乡建设部负责管理和对强制性条文的解释，商务部负责日常管理，木材节约发展中心负责具体技术内容的解释。在执行本规范过程中，请各单位结合工程实践，提出意见和建议，并寄送木材节约发展中心《防腐木材工程应用技术规范》编制组（地址：北京市西城区月坛北街 25 号，邮政编码：100834，传真：010-68391872，e-mail：mjzx@cwp.org, cn），以供今后修订时参考。

本规范主编单位：木材节约发展中心
宁波建工股份有限公司

本规范参编单位：中国木材保护工业协会
哈尔滨工业大学
长春市新阳光防腐木业有限公司
福建省漳平木村林产有限公司
中国物流与采购联合会木材保护质量监督检验测试中心
上海大不同木业科技有限公司
同济大学
东北林业大学
南京林业大学
北京天湖山环境艺术设计有限公司
中铁物资鹰潭木材防腐有限公司
四川省恒希木业有限责任公司

本规范参加单位：扬州市怡人木业有限公司
东莞市尚源木业有限公司
苏州中瑞嘉珩景观工程有限公司
绍兴奥林木材防腐技术有限公司
沈阳枫蓝木业有限公司
浙江海悦景观工程有限公司
北京盛华林木材保护科技有限公司
海南中林鸿锦木业有限公司

本规范主要起草人员：喻逎秋　祝恩淳　李玉栋
李水明　姜铁华　吴冬平
李惠明　陈人望　黄凤武
钱晓航　王洁瑛　何敏娟
苏文强　刘用海　范良森
程康华　孙永良　王清文
赵运铎　张海燕　陶以明
马守华　唐镇忠　党文杰
王　倩　张少芳　文庆辉
姚有涛　李明月　朱　嬘
冯　刚　郭剑永　刘兴财
黄国林　陈泽锦　张丁辉

本规范主要审查人员：肖　岩　金重为　陆伟东
张双保　张新培　任海青
程少安　吕　斌　曾斌斌

目　次

Contents

1 总　则

1.0.1　为规范和指导防腐木材工程应用，贯彻执行国家技术经济政策，保证安全和人身健康，保护环境及维护公共利益，制定本规范。

1.0.2　本规范适用于房屋建筑（构筑）、海事、矿山、铁道等工程中使用防腐木材作为工程主要构件的选材、设计、施工、检验与验收。

1.0.3　防腐木材工程应用中的工程技术文件和承包合同文件及施工质量验收应符合本规范的规定。

1.0.4　防腐木材工程的选材、设计、施工、检验与验收除应符合本规范外，尚应符合国家现行有关标准的规定。

2 术　语

2.0.1　防腐木材　preservative treated wood
经木材防腐剂处理的木材及其制品。

2.0.2　防腐木材工程应用　engineering application of preservative treated wood
防腐木材在房屋建筑、园林景观、海事、古建筑的修缮、矿用木支护与矿用枕木、铁道枕木等工程中的应用。

2.0.3　木材防腐　wood preservation
应用化学药剂防止菌、虫、海生钻孔动物等对木材的侵害和破坏且延长使用年限的防护技术。

2.0.4　木材防腐剂　wood preservative
用于增强木材抵抗菌腐、虫害、海生钻孔动物侵蚀风化、化学损害等破坏因素作用的化学药剂，主要分为油类、油载型和水载型。

2.0.5　木材防腐处理　wood preservative treatment
采用防腐剂对木材进行真空/加压浸渍的过程。

2.0.6　木材败坏　wood deterioration
木材遭受生物侵害和物理、化学等损害所造成的材质退化。

2.0.7　木材腐朽　wood decay
木材腐朽菌侵入木材组织，其细胞壁受到破坏，木材呈筛孔状、纤维状、粉末状、大理石状的现象。

2.0.8　齿连接　step joint
木桁架中木压杆抵承在弦杆齿槽上传递压力的节点连接形式。

2.0.9　齿板连接　truss plate joint
用镀锌钢板冲压成多齿的连接板，主要用于轻型木桁架节点的连接。

2.0.10　木材含水率　moisture content of wood
木材中的水分质量占木材质量的百分数。分为相对含水率和绝对含水率。

2.0.11　层板胶合木　glued laminated timber
由木板层叠胶合而成的木产品，简称胶合木，也称结构用集成材。

2.0.12　方木　square timber
直角锯切、截面为矩形或方形的木材。

2.0.13　规格材　dimension lumber
截面尺寸按规定的系列尺寸加工的锯材，并经干燥、刨光、定级和标识后的一种木产品。

2.0.14　胶合板　plywood
奇数层单板按相邻层木纹方向互相垂直组坯胶合压制而成的板材。

2.0.15　定向刨花板　oriented strand board(OSB)
应用扁平窄长刨花，施加胶黏剂和其他添加剂，铺装时刨花在同一层按同一方向排列成型再热压而成的板材。

2.0.16　结构复合木材　structural composite lumber(SCL)
用于建筑工程中承重构件的复合木材产品的总称。将原木旋切成单板或切削成木片，施胶加压而成的一类木基结构用材，包括旋切板胶合木(LVL)、平行木片胶合木(PSL)、层叠木片胶合木(LSL)及定向木片胶合木(OSL)等。

2.0.17　木栈道　wood trestle road along cliff
架设于陡峻地段提供给行人、物资运输的木质通道。

2.0.18　海事工程　marine engineering
用含木质构件的金属连接件或防护件在内的木质人工构筑物建造和维护的涉水工程。

2.0.19　桩木　timber stake
用于桥梁承载、石坝、堤防、海塘等重力式建筑的防护水工构件，也称木桩。

2.0.20　海岸护木　seacoast guard timber(fender beam)
码头、堤岸或水工建筑物前沿的木质防撞构件。

2.0.21　木栈桥　wood trestle
由木桩或墩柱与梁板组成的连接码头与陆域的木质排架结构物。

2.0.22　浮码头　floating pier
由趸船和活动引桥或再接一段固定引桥组成的停靠船舶的箱形浮体。

2.0.23　压木　accumbent wood
为防止室外露置的立木或桩木等木质构件遭受水、阳光、微生物等外部因素侵袭时腐烂或开裂，在其端部铺设的具有防护性的横木或其他木质构件。

2.0.24　龙骨　timber framework
截面为长方形或正方形的木条，用于撑起外面的装饰板，起立架作用。

2.0.25　木材害虫　wood insect
通常为食木性昆虫和食菌性昆虫。

2.0.26　海生蛀木动物　marine borer
海水中或略含盐分水中钻蛀木材的动物，主要包括软体动物和甲壳纲动物。

2.0.27　白蚁　termite
主要指家白蚁属（*Coptotermes* spp.）、散白蚁属（*Reticulitermes* spp.）、堆砂白蚁属（*Cryptotermes* spp.）等品种。

2.0.28　耐候性涂料　weathering coating
涂于木材表面能形成具有高耐久性保护及装饰固态涂膜的一类液体材料。

2.0.29　废弃物　waste
在防腐木材工程施工过程中，已失去使用价值，且无法利用的边角余料。

2.0.30　房屋建筑工程　building engineering
指木结构房屋和各种混合结构房屋建筑工程。

2.0.31　修缮　maintenance and repair
对建筑物进行修理、修补、整修和翻新等。

2.0.32 枕木 sleeper

木质的轨枕,也泛指其他材料制成的轨枕。用于铁路、专用轨道走行设备铺设和承载设备铺垫的材料。

2.0.33 节子 knot

指木材内的枝条根部部分,分为活节和死节。

3 基 本 规 定

3.0.1 防腐木材工程设计除应符合基本建设工程设计程序外,尚应符合下列规定:

1 建筑及装饰装修中涉及防腐木材工程应用的内容应按要求设计,并应在设计文件中注明。

2 设计说明中应有防腐木材工程专项条款,并应在施工图中以注释或详图注明。

3 防腐木材工程设计应依据木材的使用环境分类,并应符合本规范第3.0.5条的规定。

4 防腐木材工程设计应依据木材的使用环境分类、工程所在地的生物败坏因子及其危害程度、木材应用部位、木材的耐腐性等级和耐蚁蛀等级、木材的可处理性,选择木材树种、木材防腐剂及防腐处理措施。

5 木结构构件设计计算应符合本规范第5章的规定。

6 木结构节点连接设计计算应符合本规范第6章的规定。

7 应对防腐木材、木制品及木材防腐技术的施工提出要求。

8 根据项目需要确定防腐木材工程外观质量等级时,应符合本规范第8.2.4条第1款的规定。

3.0.2 防腐木材构件的设计应符合现行国家标准《建筑结构可靠度设计统一标准》GB 50068和《木结构设计规范》GB 50005的有关规定。

3.0.3 防腐木材设计指标的取用值应符合现行国家标准《木结构设计规范》GB 50005的有关规定。

3.0.4 经刻痕处理的规格材,设计指标的调整应符合下列规定:

1 刻痕沿顺纹方向,刻痕深度不超过10.0mm、长度不超过9.5mm,且刻痕密度每平方米不超过12000个时,弹性模量应下调5%;抗弯、抗拉、抗剪和顺纹抗压强度应下调20%,横纹抗压强度不应作调整。

2 其他刻痕方式,强度调整系数应根据试验确定。

3.0.5 木材及其制品的使用分类应符合本规范表3.0.5的规定。

表3.0.5 木材及其制品使用分类

使用分类	使用条件及环境	主要生物败坏因子	典型用途
C1	在室内干燥环境中使用,且不接触土壤,避免气候和水分的影响	蛀虫	建筑内部及装饰、家具
C2	在室内环境中使用,且不接触土壤,有时潮湿和水分的影响,避免气候的影响	蛀虫、白蚁、木腐菌	建筑内部及装饰、家具、地下室、卫生间
C3.1	在室外环境中使用,但不接触土壤,暴露在各种气候中,包括淋湿,但表面有油漆等保护,避免直接暴露在雨水中	蛀虫、白蚁、木腐菌	户外家具、(建筑)外门窗
C3.2	在室外环境中使用,但不接触土壤,暴露在各种气候中,包括淋湿,表面无保护,但避免长期浸泡在水中	蛀虫、白蚁、木腐菌	(平台、步道、栈道)的甲板、户外家具、(建筑)外门窗
C4.1	在室外环境中使用,且接触土壤或浸在淡水中,暴露在各种气候中,且与地面接触或长期浸泡在淡水中	蛀虫、白蚁、木腐菌	围栏支柱、支架、木屋基础、冷却水塔、电杆、矿柱(坑木)

续表3.0.5

使用分类	使用条件及环境	主要生物败坏因子	典型用途
C4.2	在室外环境中使用,且接触土壤或浸在淡水中,暴露在各种气候中,且与地面接触或长期浸泡在淡水中。难于更换或关键结构部件	蛀虫、白蚁、木腐菌	(淡水)码头护木、桩木、矿柱(坑木)
C5	长期浸泡在海水(咸水)中使用	海生钻孔动物	海水(咸水)码头护木、桩木、木质船舶

4 材 料 选 择

4.1 木 材

4.1.1 下列环境条件下使用的木构件或木制品,当作为建设工程的主要结构构件时,必须进行防腐处理:

1 浸在淡水、海水或咸水中。

2 埋入土壤、砌体或混凝土中。

3 长期暴露在室外。

4 长期处于通风不良且经常潮湿的环境中。

5 承重结构且易腐朽或遭虫害的木材或树种。

4.1.2 在不与土壤、砌体或混凝土接触,且处于通风良好的室内干燥环境中,使用分类为C1的木构件或木制品宜采用常压浸渍或涂刷防腐处理。

4.1.3 防腐木材及其制品的载药量应符合表4.1.3-1和表4.1.3-2的规定。

表4.1.3-1 防腐木材及其制品的载药量

防腐剂名称		活性成分	组成比例(%)	药剂保持量(kg/m³) 使用分类						
				C1	C2	C3.1	C3.2	C4.1	C4.2	C5
硼化合物①		三氧化二硼	100	≥2.8	≥4.5	NR	NR	NR	NR	NR
季铵铜(ACQ)	ACQ-2	氧化铜	66.7	≥4.0	≥4.0	≥4.0	≥4.0	≥6.4	≥9.6	NR
		DDAC②	33.3							
	ACQ-3	氧化铜	66.7	≥4.0	≥4.0	≥4.0	≥4.0	≥6.4	≥9.6	NR
		BAC④	33.3							
	ACQ-4	氧化铜	66.7	≥4.0	≥4.0	≥4.0	≥4.0	≥6.4	≥9.6	NR
		DDAC③	33.3							
铜唑(CuAz)	CuAz-1	铜	49.0	≥3.3	≥3.3	≥3.3	≥3.3	≥6.5	≥9.8	
		硼酸	49.0							
		戊唑醇	2.0							
	CuAz-2	铜	96.1	≥1.7	≥1.7	≥1.7	≥1.7	≥3.3	≥5.0	
		戊唑醇	3.9							
	CuAz-3	铜	96.1	≥1.7	≥1.7	≥1.7	≥1.7	≥3.3	≥5.0	
		丙环唑	3.9							
	CuAz-4	铜	96.1	≥1.0	≥1.0	≥1.0	≥1.0	≥2.4	≥4.0	
		戊唑醇	1.95							
		丙环唑	1.95							
唑醇啉(PTI)		戊唑醇	47.6	≥0.21	≥0.21	≥0.21	≥0.29	NR	NR	NR
		丙环唑	47.6							
		吡虫啉	4.8							
铜铬砷(CCA-C)		氧化铜	18.5	NR	NR	≥4.0	≥4.0	≥6.4	≥9.6	≥24.0
		三氧化铬	47.5							
		五氧化二砷	34.0							
柠檬酸铜(CC)		氧化铜	62.3	≥4.0	≥4.0	≥4.0	≥4.0			
		柠檬酸	37.7							
氨溶砷酸铜锌(ACZA)		氧化铜	50.0	NR	NR	≥4.0	≥4.0	≥6.4	≥9.6	≥24.0
		氧化锌	25.0							
		五氧化二砷	25.0							
8-羟基喹啉铜(Cu8)		铜	100	≥0.32	≥0.32	≥0.32	≥0.32	NR	NR	NR

续表 4.1.3-1

防腐剂名称	活性成分	组成比例(%)	药剂保持量(kg/m³) 使用分类						
			C1	C2	C3.1	C3.2	C4.1	C4.2	C5
环烷酸铜(CuN)	铜	100	NR	NR	≥0.64	≥0.64	≥0.96	NR	NR
克里苏油	—	100	NR	NR	NR	NR	≥160	≥160	≥400

注:①硼化合物包括硼酸、四硼酸钠、八硼酸钠、五硼酸钠等及其混合物;
②DDAC 即二癸基二甲氯化铵;
③BAC 即十二烷基苄基二甲氯化铵;
NR 指不建议使用。

表 4.1.3-2 防腐木材中防腐剂应达到的透入度

使用分类	边材透入率(%)
C1	≥85
C2	≥85
C3.1	≥90
C3.2	≥90
C4.1	≥95
C4.2	≥95
C5	100

4.1.4 防腐木材应符合下列规定:

1 防腐木材的产品标识应符合现行行业标准《商用木材及其制品标志》SB/T 10383 的有关规定,外观和材质应符合现行国家标准《防腐木材》GB/T 22102 的有关规定。

2 结构用防腐木材的材质等级应符合现行国家标准《木结构设计规范》GB 50005 的有关规定。

3 用于室内和特殊地区的防腐木材宜选用二次窑干防腐木材,干燥质量应符合现行国家标准《锯材干燥质量》GB/T 6491 的有关规定。

4 室内使用防腐木材应符合现行国家标准《室内装饰装修材料 木家具中有害物质限量》GB 18584 和《室内装饰装修材料 溶剂型木器涂料中有害物质限量》GB 18581 的有关规定。

4.1.5 海事工程用防腐木材应符合下列规定:

1 原木材质等级应达到现行国家标准《原木检验》GB/T 144 规定的二等或以上等级。针叶锯材、阔叶锯材的材质等级应分别达到现行国家标准《针叶树锯材》GB/T 153 和《阔叶树锯材》GB/T 4817 规定的二等或以上等级。

2 海岸护木、桥桩、桩木的规格尺寸应具有相应的承载力。海桩木的长度、直径、入土深度、桩距、材质等应根据水深、流速、泥沙、地质和潮汐情况,按设计确定。

3 经常浸泡在海水中的海桩木、海岸护木、下水坡道、浮码头护木和桥桩木等木构件,防腐处理的载药量和透入度应符合本规范表 4.1.3-1 和表 4.1.3-2 中 C5 分类的要求;偶尔接触海水的压木、木栈道与木栈桥的铺面板和护栏等用材的载药量和透入度应符合本规范表 4.1.3-1 和表 4.1.3-2 中 C4.2 分类的要求。

4.1.6 古建维修用防腐木材应符合下列规定:

1 修复材料树种宜与原物一致。无法保持一致时,应选用材质及外观纹理等性质相近的材料代替。

2 木构件之间的连接件应按原物的材料和样式制作。

3 木材和木构件防腐处理应符合本规范第 3.0.5 条和第 4.1.3 条的规定。

4.1.7 矿用木支护与矿用枕木的防腐木材应符合下列规定:

1 防腐处理的载药量和药剂透入度应符合本规范第 4.1.3 条的规定。

2 木材的材质等级应符合现行国家标准《针叶树锯材 分等》GB 153.2 有关一等材的要求,可不做抛光处理。

4.1.8 铁道枕木用防腐木材应符合下列规定:

1 铁道枕木的树种、规格尺寸、材质等级及检验方法应符合现行国家标准《枕木》GB 154 的有关规定。

2 防腐枕木的技术质量要求应符合现行行业标准《防腐木枕》TB/T 3172 的有关规定。

4.1.9 防腐木材的包装、运输和仓储应符合下列规定:

1 应根据材料防潮和防破损的要求选择表面包裹防水布和捆扎带,并应捆扎牢固。

2 应根据装运、搬运条件及要求,设定包装的规格体积和重量,并应分类包装。

3 应采用机械运输,装卸作业应防破损。运输过程中应采取防雨、防污染措施。

4 防腐木材应在防雨、通风的场所存储,并应分类堆放。

4.2 防 腐 剂

4.2.1 防腐木材工程应用中使用的防腐剂应符合现行国家标准《木材防腐剂》GB/T 27654 的有关规定。

4.2.2 含砷或含铬的防腐剂处理的木材,不应用于建筑内部及装饰、家具、地下室、卫生间和室外桌椅、儿童娱乐设施等居住或与人直接接触的构件、饮用水源地及其周围、储存食品或饮用水的房屋及场所。

4.2.3 硼化合物处理木材应避免与雨水和土壤接触,并应避免药剂流失。

4.2.4 需进行油漆涂刷时,不应采用油类防腐剂。

4.2.5 需保持木材原色的构件,应采用无色的木材防腐剂。

4.2.6 矿用木支护与矿用枕木宜选用低毒、抗流失性好的木材防腐剂。

4.2.7 铁道枕木宜采用由木材防腐油和煤焦油混合均匀的混合油。

4.3 金属连接件

4.3.1 用于防腐木材的金属连接件的材质应符合现行国家标准《碳素结构钢》GB/T 700 的有关规定,螺栓的材质应符合现行国家标准《六角头螺栓》GB/T 5782 和《六角头螺栓—C 级》GB/T 5780 的有关规定,钉的材料性能应符合现行行业标准《一般用途圆钢钉》YB/T 5002 的有关规定。

4.3.2 与防腐木材直接接触的金属连接件应采用不锈钢或热浸镀锌材料,与海水接触的金属连接件应采用抗腐蚀性不低于 316 型的不锈钢材料。

5 构件设计计算

5.1 轴心受拉和轴心受压构件

5.1.1 轴心受拉构件的承载力应按下式验算:

$$N \leqslant T_r = \alpha_t f_t A_n \qquad (5.1.1)$$

式中:N——轴心受拉构件拉力设计值(N);

T_r——轴心受拉构件的承载力(N);

f_t——木材顺纹抗拉强度设计值(N/mm²);

A_n——构件的净截面面积(mm²),应由构件的截面毛面积扣除分布在 150mm 长度上的缺孔投影面积;

α_t——受拉构件抗力调整系数,可按表 5.1.1 的规定取值。

表 5.1.1 构件抗力调整系数

木产品种类	受拉构件 α_t	受压构件 α_c	受弯构件 α_m
方木、原木、普通层板胶合木	1.0	1.0	1.0
目测分等和机械分等层板胶合木(6层以上)	0.694	0.803	0.766
目测分等规格材	0.467	0.760	0.623
机械分等规格材	0.617	0.651	0.685

5.1.2 轴心受压构件的承载力应按下式验算：

1 按强度验算时：

$$N \leqslant N_r = \alpha_c f_c A_n \qquad (5.1.2\text{-}1)$$

式中：N——轴心受压构件压力设计值(N)；

　　　N_r——轴心受压构件的承载力(N)；

　　　f_c——木材顺纹抗压强度设计值(N/mm²)；

　　　A_n——构件的净截面面积(mm²)，应由构件的截面毛面积扣除分布在150mm长度上的缺孔投影面积；

　　　α_c——受压构件抗力调整系数，可按表5.1.1的规定取值。

2 按稳定条件验算时：

$$N \leqslant N_r = \alpha_c f_c \varphi A_0 \qquad (5.1.2\text{-}2)$$

式中：N——轴心受压构件压力设计值(N)；

　　　N_r——轴心受压构件的稳定承载力(N)；

　　　f_c——木材顺纹抗压强度设计值(N/mm²)；

　　　A_0——轴心受压构件截面的计算面积(mm²)；

　　　φ——轴心受压构件的稳定系数。

3 轴心受压构件截面的计算面积应按下列规定确定：

1)截面无缺损时，计算面积应取构件截面的毛面积；

2)缺损在截面的中部位置时，应取构件毛面积的0.9倍；

3)缺损对称于截面边缘两侧时，应取构件截面的净面积；

4)缺损不对称时，应按偏心受压构件计算；

5)采用原木构件时，计算面积应按原木的平均直径计算，平均直径应按下式计算：

$$d = d_0 + 0.0045l \qquad (5.1.2\text{-}3)$$

式中：d_0——原木的梢径；

　　　l——构件的长度。

4 轴心受压构件的稳定系数应按下列公式计算：

$\lambda \leqslant a_c \sqrt{\dfrac{E^*}{f_c^*}}$ 时：

$$\varphi = \frac{1}{1 + \dfrac{b_c \lambda^2}{E^* / f_c^*}} \qquad (5.1.2\text{-}4)$$

$\lambda > a_c \sqrt{\dfrac{E^*}{f_c^*}}$ 时：

$$\varphi = \frac{c_c E^*}{\lambda^2 f_c^*} \qquad (5.1.2\text{-}5)$$

$$f_c^* = \alpha_c f_c \qquad (5.1.2\text{-}6)$$

$$E^* = \frac{E\mu(1 - 1.645\upsilon)}{\gamma_c} \qquad (5.1.2\text{-}7)$$

式中：λ——轴心受压构件的长细比；

　　　f_c——木材顺纹抗压强度设计值(N/mm²)；

　　　f_c^*——木材顺纹抗压强度计算值(N/mm²)；

　　　E——木材的弹性模量(N/mm²)；

　　　E^*——木材的弹性模量计算值(N/mm²)；

　　　α_c——受压构件抗力调整系数，可按本规范表5.1.1的规定取值；

　　　γ_c——受压构件的抗力分项系数，按表5.1.2的规定取值；

　　　υ——弹性模量变异系数，按表5.1.2的规定取值；

　　　μ——木材表观弹性模量换算为纯弯弹性模量的系数，按表5.1.2的规定取值；

　　　a_c、b_c、c_c——轴心受压构件稳定系数计算调整系数，按表5.1.2的规定取值。

表 5.1.2 轴心受压构件稳定系数计算调整系数

木产品种类	a_c	b_c	c_c	γ_c	υ	μ
方木、原木、普通层板胶合木	TC17、TC15及TB20	4.33	0.0467	10.00	1.45	0.25	1.03
	TC13、TC11、TB17、TB15、TB13及TB11	5.00	0.060	10.00	1.45	0.25	1.03
目测分等和机械分等层板胶合木(6层以上)	2.90	0.040	6.30	1.21	0.10	1.05
目测分等规格材	3.142	0.06	6.20	1.28	0.25	1.03
机械分等规格材	3.142	0.06	6.20	1.21	0.15	1.03

5.2 受弯构件

5.2.1 受弯构件的抗弯承载力应按下式验算：

$$M \leqslant M_r = \alpha_m f_m W \qquad (5.2.1\text{-}1)$$

式中：M——构件弯矩设计值；

　　　M_r——构件抗弯承载力；

　　　f_m——构件所用木材的抗弯强度设计值；

　　　W——构件验算截面处的截面弹性抵抗矩；

　　　α_m——受弯构件抗力调整系数，按本规范表5.1.1的规定取值。

5.2.2 受弯构件应满足稳定承载力的要求，并应符合下列规定：

1 计及侧向稳定时，受弯构件的抗弯承载力应按下列公式验算：

$$M \leqslant M_r = \alpha_m f_m W \varphi_l \qquad (5.2.2\text{-}1)$$

$\lambda_B \leqslant a_m \sqrt{\dfrac{E^*}{f_m^*}}$ 时：$\varphi_l = \dfrac{1}{1 + \dfrac{b_m \lambda_B^2}{E^* / f_m^*}} \qquad (5.2.2\text{-}2)$

$\lambda_B > a_m \sqrt{\dfrac{E^*}{f_m^*}}$ 时：$\varphi_l = \dfrac{c_m E^*}{\lambda_B^2 f_m^*} \qquad (5.2.2\text{-}3)$

$$f_m^* = \alpha_m f_m \qquad (5.2.2\text{-}4)$$

$$E^* = \frac{E\mu(1 - 1.645\upsilon)}{\gamma_m} \qquad (5.2.2\text{-}5)$$

$$\lambda_B = \sqrt{\frac{l_{eq} h}{b^2}} \qquad (5.2.2\text{-}6)$$

式中：φ_l——受弯构件的侧向稳定系数；

　　　α_m——受弯构件抗力调整系数，可按表5.1.1的规定取值；

　　　λ_B——受弯构件的长细比；

　　　l_{eq}——受弯构件的计算长度，可取表5.2.2-1规定的长度系数乘以构件侧向支撑的间距(无支撑段的长度)；

　　　b——矩形截面受弯构件的截面宽度(mm)；

　　　h——矩形截面受弯构件的截面高度(mm)；

　　　f_m——木材抗弯强度设计值(N/mm²)；

　　　f_m^*——木材抗弯强度计算值(N/mm²)；

　　　E——木材的弹性模量(N/mm²)；

　　　E^*——木材的弹性模量计算值(N/mm²)；

　　　μ——木材表观弹性模量换算为纯弯弹性模量的系数，按表5.2.2-2的规定取值；

　　　γ_m——受弯构件抗力分项系数，按表5.2.2-2的规定取值；

　　　υ——弹性模量变异系数，按表5.2.2-2的规定取值；

　　　a_m、b_m、c_m——受弯构件侧向稳定系数计算调整系数，按表5.2.2-2的规定取值。

表 5.2.2-1 受弯计算长度系数

构件类型、荷载情况	荷载作用位置		
	顶部	中部	底部
简支构件，两端弯矩相等	—	1.00	—
简支构件，均布荷载	0.95	0.90	0.85
简支构件，中部一个集中力	0.80	0.75	0.70
悬臂梁，均布荷载	—	1.20	—
悬臂梁，梁端一个集中力	—	1.70	—
悬臂梁，梁端作用弯矩	—	2.00	—

表 5.2.2-2 受弯构件侧向稳定系数计算调整系数

木产品种类	a_m	b_m	c_m	γ_m	υ	μ
方木、原木、普通层板胶合木	1.306	0.08	1.50	1.60	0.25	1.03
目测分等和机械分等层板胶合木(6层以上)	0.864	0.20	0.65	1.27	0.25	1.05
目测分等规格材	1.028	0.23	0.85	1.56	0.25	1.03
机械分等规格材	1.028	0.23	0.85	1.27	0.15	1.03

2 当受弯构件截面的高宽比 h/b 和侧向支撑满足下列条件时，可不必验算稳定承载力：

1) $h/b \leqslant 4$，且跨中部可不设侧向支撑；

2) $4 < h/b \leqslant 5$，跨中部有檩条等侧向支撑；

3) $5 < h/b \leqslant 6.5$，在受压翼缘有直接固定其上的密铺板或间距不大于 600mm 的搁栅支撑；

4) $6.5 < h/b \leqslant 7.5$，在受压翼缘有直接固定其上的密铺板或间距不大于 600mm 的搁栅支撑，且受弯构件间设有间距不大于 8 倍截面高度的横撑；

5) $7.5 < h/b \leqslant 9$，在构件的上、下翼缘均设有沿长度方向通长的限制侧向位移的装置；

6) 层板胶合木受弯构件，当截面高度比不超过 2.5：1 时；

7) 原木受弯构件。

5.2.3 受弯构件的抗剪承载力应按下列公式验算：

$$V \leqslant V_r = \frac{f_v I b}{S} \quad (5.2.3-1)$$

或

$$V \leqslant V_r = \frac{2}{3} f_v A \quad (5.2.3-2)$$

式中：V——构件的剪力设计值（N）；

V_r——构件的抗剪承载力（N）；

f_v——木材的顺纹抗剪强度设计值（N/mm²），方木、原木、规格材和胶合木皆应根据所用树种，按现行国家标准《木结构设计规范》GB 50005 规定的方木、原木的抗剪强度设计指标取值；

I——截面的惯性矩（mm⁴）；

S——最大剪应力所在点以上部分截面对形心轴的面积矩（mm³）；

b——最大剪应力所在位置的截面宽度；

A——构件截面面积（mm²）。

5.2.4 受弯构件支座处横纹承压承载力应按下式验算：

$$R \leqslant R_r = b l_b f_{c,90} \quad (5.2.4)$$

式中：R——受弯构件的支座反力设计值（N）；

R_r——受弯构件支座处局部承压承载力（N）；

b——受弯构件支座处的截面宽度（mm）；

l_b——受弯构件支座的支承长度（mm）；

$f_{c,90}$——木材的横纹承压强度设计值（N/mm²），按现行国家标准《木结构设计规范》GB 50005 规定的方木、原木的横纹承压强度设计指标取值；当支承长度 $l_b \leqslant 150$mm，且支承面外缘距构件端部不小于 75mm 时，$f_{c,90}$ 取局部表面横纹承压强度，其他情况应取全面积横纹承压强度；当支座反力主要由距支座为构件截

面高度范围内的荷载所引起时，局部承压承载力应取式（5.2.4）计算结果的 2/3。

5.2.5 规格材受弯构件的支座横纹承压承载力除应按本规范第 5.2.4 条计算外，尚应乘以局部承压长度（顺木纹测量）调整系数 K_B 和局部承压尺寸调整系数 K_{Zcp}。局部承压长度调整系数 K_B 应按表 5.2.5-1 的规定取值，局部承压尺寸调整系数 K_{Zcp} 应按表 5.2.5-2 的规定取值，并应符合下式要求：

$$R \leqslant R_r = b l_b K_B K_{Zcp} f_{c,90} \quad (5.2.5)$$

表 5.2.5-1 承压长度调整系数 K_B

承压长度（顺纹量）或垫圈直径(mm)	K_B
≤12.5	1.75
25.0	1.38
38.0	1.25
50.0	1.19
75.0	1.13
100.0	1.10
≥150.0	1.00

注：支承面外缘距构件端部不小于 75mm。

表 5.2.5-2 承压尺寸调整系数 K_{Zcp}

构件截面宽度与高度比 b/h	K_{Zcp}
1.0 或更小	1.0
2.0 或更大	1.15

注：b/h 介于 1.0 和 2.0 之间，按线性内插法计算。

5.2.6 受弯构件的挠度应按下式验算：

$$\omega \leqslant [\omega] \quad (5.2.6)$$

式中：ω——构件在荷载效应标准组合作用下的变形计算值（mm）；

$[\omega]$——受弯构件的挠度限值，按表 5.2.6 取用。

表 5.2.6 受弯构件挠度限值

构 件 类 型		挠度限值
檩条	$l \leqslant 3.3$m	$1/200$
	$l > 3.3$m	$1/250$
椽条		$1/150$
吊顶中的受弯构件		$1/250$
楼盖梁、搁栅		$1/250$

5.2.7 双向受弯构件的承载力和挠度验算应符合下列规定：

1 双向受弯构件的承载力应按下列公式验算：

$$M_x \leqslant M_{xr} = \frac{\omega}{\omega + m} \alpha_m f_m W_x \quad (5.2.6-1)$$

或

$$\frac{M_x}{\alpha_m f_m W_x} + \frac{M_y}{\alpha_m f_m W_y} \leqslant 1.0 \quad (5.2.6-2)$$

$$m = M_y / M_x \quad (5.2.6-3)$$

$$\omega = W_y / W_x \quad (5.2.6-4)$$

式中：M_x、M_y——作用在构件两个主平面内的弯矩设计值；

M_{xr}——构件截面绕 x 轴的抗弯承载力；

W_x、W_y——构件两个主轴方向的截面弹性抵抗矩；

α_m——受弯构件抗力调整系数，按本规范表 5.1.1 的规定取值。

2 挠度应按下式验算：

$$\omega = \sqrt{\omega_x^2 + \omega_y^2} \leqslant [\omega] \quad (5.2.6-5)$$

式中：ω_x、ω_y——为荷载在 x 轴和 y 轴方向产生的挠度。

5.3 偏心受拉与偏心受压构件

5.3.1 对于单向偏心受拉和拉弯构件应按下列公式验算承载力：

$$T \leqslant T_r = \frac{\alpha_t f_t \alpha_m f_m}{\alpha_m f_m + \frac{e}{e_n} \alpha_t f_t} \quad (5.3.1-1)$$

或

$$\frac{T}{\alpha_t f_t A_n} + \frac{M}{\alpha_m f_m W_n} \leqslant 1.0 \tag{5.3.1-2}$$

$$e = M/T \tag{5.3.1-3}$$

$$e_n = \frac{W_n}{A_n} \tag{5.3.1-4}$$

式中：M——构件验算截面上的弯矩设计值；

T——构件验算截面上的拉力设计值；

e——拉力相对于净截面的偏心距；

W_n——构件验算截面的净截面抵抗矩；

e_n——验算截面的净截面核心距；

α_t——受拉构件抗力调整系数，按本规范表 5.1.1 的规定取值；

α_m——受弯构件抗力调整系数，按本规范表 5.1.1 的规定取值。

5.3.2 偏心受压或压弯构件应符合下列规定：

1 偏心受压或压弯构件应按下列公式验算其承载力：

$$N \leqslant N_r = \frac{\alpha_c f_c \alpha_m f_m A_n}{\alpha_m f_m + \dfrac{|e + e_0|}{e_n} \alpha_c f_c} \tag{5.3.2-1}$$

或

$$\frac{N}{\alpha_c f_c A_n} + \frac{|N e_0 + M|}{\alpha_m f_m W_n} \leqslant 1.0 \tag{5.3.2-2}$$

$$e = \frac{M}{N} \tag{5.3.2-3}$$

式中：M——横向荷载产生的弯矩设计值；

N——轴力设计值；

e_0——轴力作用的偏心距；

e_n——净截面的核心距；

h——弯矩作用平面内的截面边长；

α_c——受压构件抗力调整系数，按本规范表 5.1.1 的规定取值；

α_m——受弯构件抗力调整系数，按本规范表 5.1.1 的规定取值。

2 偏心受压或压弯构件弯矩作用平面内的稳定承载力应按下列公式验算：

$$N \leqslant N_r = \alpha_c f_c \varphi \varphi_m A_0 \tag{5.3.2-4}$$

$$\varphi_m = (1-k)^2(1-k_0) \tag{5.3.2-5}$$

$$k = \frac{|N e_0 + M|}{W \alpha_m f_m \left(1 + \sqrt{\dfrac{N}{\alpha_c f_c A}}\right)} \tag{5.3.2-6}$$

$$k_0 = \frac{N e_0}{W \alpha_m f_m \left(1 + \sqrt{\dfrac{N}{\alpha_c f_c A}}\right)} \tag{5.3.2-7}$$

式中：φ——轴心受压构件稳定系数，按本规范式(5.1.2-4)计算；

φ_m——偏心受压和横向作用力弯矩共同作用时，在弯矩作用平面内的稳定影响系数；

M——横向荷载在构件中产生的最大初始弯矩；

e_0——轴向作用力的初始偏心距；

α_c——受压构件抗力调整系数，按本规范表 5.1.1 的规定取值；

α_m——受弯构件抗力调整系数，按本规范表 5.1.1 的规定取值。

3 偏心受压或压弯构件弯矩作用平面外的稳定承载力应按下式验算：

$$\frac{N}{\varphi_y \alpha_c f_c A_0} + \left(\frac{M_x}{\varphi_l \alpha_m f_m W_x}\right)^2 \leqslant 1.0 \tag{5.3.2-8}$$

式中：φ_l——构件的侧向稳定系数，按本规范式(5.2.2-2)计算；

φ_y——弯矩作用平面外的轴心压杆稳定系数，按本规范公式(5.1.2-4)计算；

α_c——受压构件抗力调整系数，按本规范表 5.1.1 的规定取值；

α_m——受弯构件抗力调整系数，按本规范表 5.1.1 的规定取值。

6 连接设计计算

6.1 齿 连 接

6.1.1 齿连接可采用单齿连接(图 6.1.1-1)或双齿连接(图 6.1.1-2)，并应符合下列规定：

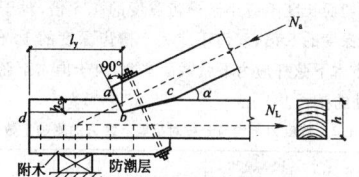

图 6.1.1-1 单齿连接

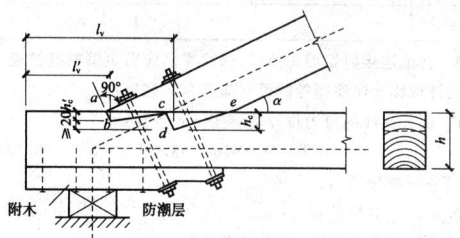

图 6.1.1-2 双齿连接

1 齿连接的承压面应与所连接杆件的轴线垂直。

2 单齿连接应使压杆轴线通过承压面的中心。

3 桁架支座节点采用齿连接时，对于木方或板材桁架，宜采用下弦杆净截面的中心线作为轴线；对于原木桁架，可采用毛截面的中心线作为下弦杆的轴线。齿槽处的静截面可按轴心受拉验算。

4 齿槽深度，对于方木桁架不应小于 20mm，原木桁架不应小于 30mm；对于支座节点，方木桁架齿槽深度不应大于下弦截面高度的 1/3，原木桁架不应大于原木直径的 1/3；对于其他节点，方木桁架不应大于下弦截面高度的 1/4，原木桁架不应大于原木直径的 1/4。

5 双齿连接中，第二齿槽的深度 h_c 应至少大于第一齿槽深度 h'_c 20mm。

6 单齿连接及双齿连接中的第一、第二齿，其受剪面长度 l_v 或 l'_v 均不应小于槽深 h_c 或 h'_c 的 4.5 倍。

7 单齿或双齿连接的桁架支座节点均应设保险螺栓。保险螺栓应垂直于上弦杆轴线，每个剪切面应各设一个。对于其他节点的齿连接，应用扒钉将相交于节点处的杆件两侧彼此钉牢。

6.1.2 齿连接应按下列公式计算其承载力：

1 承压面的承载力：

$$N_r = f_{c\alpha} A_c \tag{6.1.2-1}$$

$\alpha \leqslant 10°$：

$$f_{c\alpha} = f_c \tag{6.1.2-2}$$

$10° < \alpha < 90°$：

$$f_{c\alpha} = \frac{f_c}{1 + \left(\dfrac{f_c}{f_{c,90}} - 1\right)\dfrac{\alpha - 10°}{80°}\sin\alpha} \tag{6.1.2-3}$$

式中：$f_{c\alpha}$——木材斜纹承压强度设计值；

A_a——承压面面积，可根据槽深和相应的几何关系计算，双齿连接的承压面面积为两槽齿的承压面积之和；

f_c——木材的顺纹抗压强度，各类木产品均按同树种所在强度等级的方木、原木的设计指标取用；

$f_{c,90}$——木材的横纹抗压强度，各类木产品均按同树种所在强度等级的方木、原木的设计指标取用。

2 剪切面的承载力：

$$V_r = \psi_v f_v l_v b_v \qquad (6.1.2-4)$$

式中：ψ_v——剪应力在剪切面长度上的不均匀分布对抗剪承载力的影响系数，应按表6.1.2取用；

f_v——木材的顺纹抗剪强度设计值，各类木产品均应按同树种所在强度等级的方木、原木的设计指标取用；

l_v——剪切面的长度，对于双齿连接应取第二齿的剪切面长度；

b_v——剪切面宽度。

实际剪切面长度不应小于槽齿深度的4.5倍，对于单齿也不应大于槽齿深度的8倍，双齿不应大于槽齿深度的10倍；剪切面宽度，对于方木下弦杆应为下弦截面宽度，对于原木下弦则为槽齿深度h_c处的弦长。

表6.1.2 剪应力不均匀分布对抗剪承载力的影响系数 ψ_v

l_v/h_c	4.5	5	6	7	8	10
单齿	0.95	0.89	0.77	0.70	0.64	—
双齿			1.00	0.93	0.85	0.71

6.1.3 在齿连接剪切面失效时，保险螺栓应有足够的抗拉能力阻止上弦杆滑移。保险螺栓的设计应符合下列规定：

1 保险螺栓的拉力设计值应按下式计算：

$$T = N_a \tan(60° - \alpha) \qquad (6.1.3-1)$$

式中：T——螺栓拉力；

N_a——上弦杆的轴力；

α——端节点处上、下弦间的夹角。

2 保险螺栓的抗拉承载力应按下式计算：

$$T_r = 1.25 f_y A \qquad (6.1.3-2)$$

式中：T_r——保险螺栓的抗拉承载力；

f_y——保险螺栓所用钢材的抗拉强度设计值；

A——保险螺栓的净面积，按表6.1.3选用；双齿时A为两根保险螺栓净面积之和，且应采用两根同直径的螺栓。

表6.1.3 普通螺栓净面积

公称直径(mm)	12	14	16	18	20	22	24	27	30
净面积(mm²)	84	115	157	192	245	303	353	459	561

6.2 螺栓连接和钉连接

6.2.1 螺栓连接和钉连接可采用双剪连接(图6.2.1-1)或单剪连接(图6.2.1-2)。被连接木构件的最小厚度应符合表6.2.1的规定。

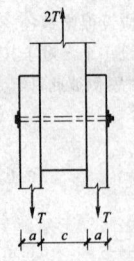
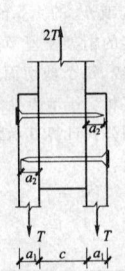
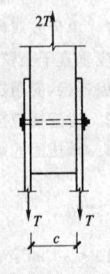

(a)木夹板对称双剪连接　(b)木夹板对称双剪连接　(c)钢夹板对称双剪连接

图6.2.1-1 双剪连接

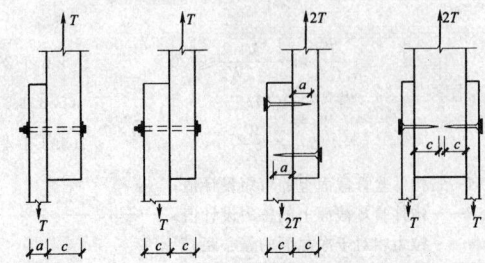

(a)不等厚单剪连接 (b)等厚单剪连接 (c)双销单剪连接 (d)两侧不等厚单剪连接

图6.2.1-2 单剪连接

表6.2.1 螺栓和钉连接中木构件最小厚度

连接形式	螺栓连接		钉连接
	$d < 18$mm	$d \geq 18$mm	
对称双剪连接	$c \geq 5d, a \geq 2.5d$	$c \geq 5d, a \geq 4d$	$c \geq 8d, a \geq 4d$
单剪连接	$c \geq 7d, a \geq 2.5d$	$c \geq 7d, a \geq 4d$	$c \geq 10d, a \geq 4d$

注：1 c为中部构件的厚度或单剪连接中较厚构件的厚度，a为边部构件的厚度或单剪连接中较薄构件的厚度，d为螺栓或钉的直径；

2 钉连接计算时，c、a除应扣除穿透的钉，并减去1.5d的钉尖长度；若钉尖穿透最后一构件，该构件的计算厚度也应减少1.5d。

6.2.2 木构件的最小厚度满足本规范表6.2.1的规定时，每一螺栓连接或钉连接顺纹受力的承载力应按下式计算：

$$N_r = n k_v d^2 \sqrt{f_c} \qquad (6.2.2)$$

式中：n——同一根螺栓或钉上的剪切面数，单剪连接取1，对称双剪连接取2；

f_c——木材顺纹抗压强度设计值，方木、原木、规格材和胶合木皆应根据所用树种，按现行国家标准《木结构设计规范》GB 50005规定的方木、原木的轴心抗压强度设计指标取值；

d——螺栓连接或钉的直径；

k_v——螺栓或钉连接的载承力计算系数，按表6.2.2取值。当木材含水率大于19%时，k_v不得大于6.7；对钢夹板k_v取表6.2.2中的最大值。

表6.2.2 螺栓和钉连接的设计承载力计算系数 k_v

连接件类型	螺栓				钉				
a/d	2.5~3	4	5	≥ 6	4	6	8	10	≥ 11
k_v	5.5	6.1	6.7	7.5	7.6	8.4	9.1	10.2	11.1

6.2.3 螺栓连接，当作用力方向与木纹间呈夹角α时，应除按本规范式(6.2.2)计算其连接承载力外，尚应乘以木材斜纹承压的折减系数ψ_α。ψ_α值应按表6.2.3确定。钉连接可不计木材斜纹承压的影响。

表6.2.3 斜纹承压螺栓连接承载力折减系数 ψ_α

夹角α(°)	螺栓直径(mm)					
	12	14	16	18	20	22
$\alpha \leq 10$	1.0	1.0	1.0	1.0	1.0	1.0
$10 < \alpha < 80$	1.0~0.84	1.0~0.81	1.0~0.78	1.0~0.75	1.0~0.73	1.0~0.71
$\alpha \geq 80$	0.84	0.81	0.78	0.75	0.73	0.71

注：$10 < \alpha < 80$范围内，由表中所列数值经线性插入法确定。

6.2.4 单剪连接中，木构件厚度不能满足本规范表6.2.1的规定时，按本规范式(6.2.2)计算的连接承载力不得大于$0.3cd f_c \psi_\alpha^2$。

6.2.5 螺栓可采用两行齐列(图6.2.5-1)或两行错列(图6.2.5-2)的布置方式，排列的间距不应小于表6.2.5的规定。

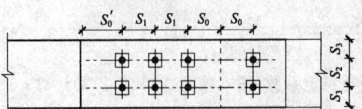

图6.2.5-1 两行齐列

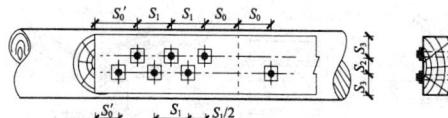

图 6.2.5-2 两行错列

表 6.2.5 螺栓排列的最小端距、边距和中距

排列类型	顺木纹		横木纹	
	端距 S_0、S_0'	中距 S_1	边距 S_3	中距 S_2
两行齐列	7d	7d	3d	3.5d
两行错列		10d		2.5d

注:d 为螺栓直径。

6.2.6 钉可采用齐列(图 6.2.6-1)、错列(图 6.2.6-2)或斜列(图 6.2.6-3)的布置方式,排列的间距不应小于表 6.2.6 的规定。

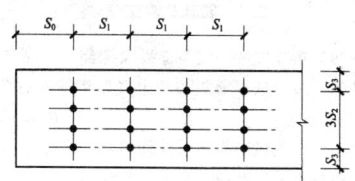

图 6.2.6-1 齐列

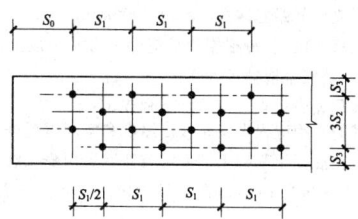

图 6.2.6-2 错列

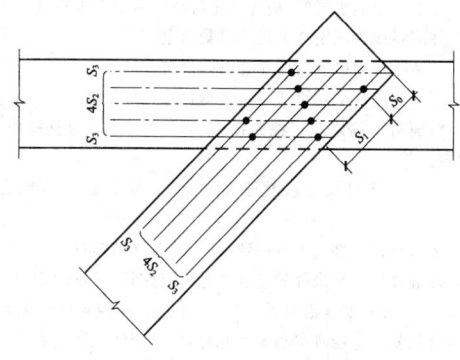

图 6.2.6-3 斜列

表 6.2.6 钉排列的最小端距、边距和中距

钉入木构件中的有效厚度(深度)a	顺木纹		横纹		
	中距 S_1	端距 S_0	中距 S_2		边距 S_3
			齐列	错列或斜列	
$a \geq 10d$	15d	15d	4d	3d	4d
$10d > a > 4d$	内插法				
$a = 4d$	25d				

注:d 为钉的直径。

7 施 工

7.1 一 般 规 定

7.1.1 防腐木材工程施工准备应符合下列规定:

1 应制定施工质量责任制度、相应的管理制度和工程质量检验制度。

2 应根据材料分类和清单作出材料计划,防腐木材的树种、规格、使用分类、质量应符合设计文件要求。

3 本工程需要其他施工单位配合,且需预留或预埋部分时,应提前与其他施工单位衔接或作出书面说明。

7.1.2 防腐木材处理、加工和安装作业人员应戴口罩和手套,作业后应用肥皂水清洗脸、手、脚等皮肤暴露部位。

7.1.3 防腐木材入场后应按品种和尺寸分类别整齐存放于通风、干燥处,并应做好标识。转运过程中应避免摔、扔等剧烈碰撞。

7.1.4 木构件或木制品应在防护处理前完成加工制作、预拼装等工序;经防腐剂处理后不宜进行锯解、刨削等加工。确需再加工时,其切割面、孔眼及运输吊装过程中的表皮损伤应采用喷洒法或涂刷法进行防腐修补。

7.1.5 防腐木材表面宜用耐候性涂料进行保护性涂刷。

7.1.6 施工完成后应及时按本规范第 8 章的规定进行工程验收。

7.1.7 防腐木材工程完工投入使用后,应定期检查,木材表面损伤暴露部位应涂刷防腐剂原液。

7.1.8 使用中的防腐木材建筑物或构筑物应定期维护,可使用户外型的木材水性涂料或油性涂料涂刷。

7.1.9 用水载型防腐剂处理的木材,油漆时防腐木材的含水率应与所在地的平衡含水率一致。用油溶性木材防腐处理的木材,油漆前木材内的溶剂应已完全挥发。

7.1.10 施工过程中剩余防腐木材及废弃物应回收并集中处理,严禁随意丢弃或焚烧。

7.1.11 有回收利用价值的防腐木材,其储存、保管应符合现行国家标准《防腐木材生产规范》GB/T 22280 的有关规定。

7.2 房屋建筑工程

7.2.1 防腐木材可用于木柱、木梁、木龙骨、墙骨、户外用木板和地板、外墙挂板、外立面墙的门和窗框木料、封檐板、屋面板、挂瓦条和木瓦等。

7.2.2 房屋建筑工程的材料选择应符合下列规定:

1 应确定防腐木材应用环境的腐朽和虫蚁危害程度级别。

2 应根据木材在房屋建筑中使用的部位确定防腐木材使用环境分类。

3 房屋外墙挂板用防腐木材应符合下列规定:

1)外墙挂板宜选用易进行防腐处理的木材;

2)材质等级应符合现行国家标准《针叶树锯材 分等》GB 153.2 中一等材的规定。

4 工程应用的金属连接件应符合本规范第 4.3.1 条和第 4.3.2 条的规定。

7.2.3 房屋建筑工程木结构及木构件的安装施工应符合下列规定:

1 木结构房屋建筑中立柱的安装应按设计要求在混凝土基础中预埋钢件,并应将木柱通过钢件固定在混凝土基础上(图 7.2.3-1)。

2 木结构墙体框架安装应符合现行国家标准《木结构设计规范》GB 50005 的有关规定。

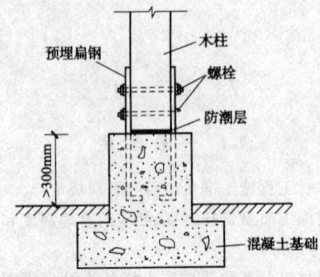

图 7.2.3-1 立柱安装方法

3 木构件搁置在混凝土或砖石支座时,应设置防潮层。

4 木结构屋面防水处理应符合设计文件的要求,并应符合现行国家标准《木结构设计规范》GB 50005 的有关规定。

5 仿古木结构建筑柱应安装在石墩上,爪柱应安装在梁上;应根据施工方案,按顺序安装各种立柱和梁构件;平衡木构件和斗拱、檩条、屋面板和挂瓦板和封檐板等构件安装应符合现行行业标准《古建筑修建工程施工及验收规范》JGJ 159 的有关规定。

6 木瓦安装(图 7.2.3-2)应在做好防水层的屋面板上固定顺水条和挂瓦条,顺水条和挂瓦条应根据设计要求进行安装,宜采用纵向布置安装。在顺水条和挂瓦条上应铺一层防水布质材料,在防水材料上应从下往上铺木瓦,木瓦应用螺丝钉固定在木龙骨上。

7.2.4 木结构中的下列部位应采取防潮和通风构造措施:

1 桁架、大梁的支座节点或其他承重木构件不应封闭在墙、保温层或通风不良的环境中(图 7.2.4-1、图 7.2.4-2)。

2 处于房屋隐蔽部分的木结构应设通风孔洞。

3 露天结构在构造上应避免积水。

4 房屋的围护结构宜采取保温和隔汽措施。

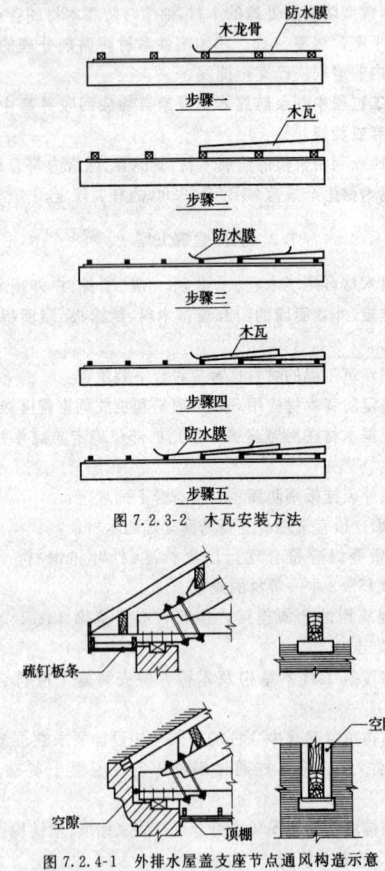

图 7.2.3-2 木瓦安装方法

图 7.2.4-1 外排水屋盖支座节点通风构造示意

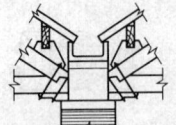 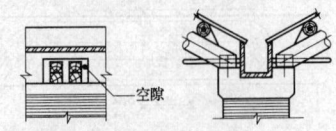

图 7.2.4-2 内排水屋盖支座节点通风构造示意

7.2.5 房屋建筑中防腐木材工程的维护应符合下列规定:

1 油漆维护应根据使用环境和油漆性能定期进行。涂刷前应先清洁和砂光木构件表面。

2 工程竣工验收 180d 内,应检查螺栓、螺帽是否突出、松动,并应予以拧紧。

3 工程竣工验收 360d 内,应检查木构件是否开裂。外墙面构件的心材部位,裂缝宽 10mm 以上、深 20mm 以上时,应用水性木材防腐剂兑两倍水进行灌注或涂刷,防腐剂药液应达到裂缝底部。

7.3 园林景观工程

7.3.1 景观构架类立柱的固定与连接应符合下列规定:

1 立柱的安装方法可通过预埋金属连接件或后置锚固件固定在混凝土基础上。

2 应用不锈钢或做防腐防锈处理的金属连接件。

7.3.2 栅栏栏杆类的安装应符合下列规定:

1 栅栏栏杆立柱的安装宜采用埋桩或角铁连接,宜采用现浇混凝土或在预制混凝土上安装,可预先埋入金属连接件,并应与木柱锚固。木柱两侧宜安装角铁,应保证立柱的稳固与垂直。

2 栅栏立柱间距宜取 800mm~2000mm。

3 栅栏板的固定,每根栅栏板应保证有两个以上的固定点。栏杆的横条安装宜采取榫接方式。

7.3.3 铺装用龙骨的安装应符合下列规定:

1 龙骨的间距应根据安装板面厚度和实际情况进行调整。

2 龙骨在混凝土基础上的固定方法宜采用膨胀螺栓或角铁。固定点应从龙骨端头 100mm 起开始固定。中间固定点间距不应大于 800mm。

3 龙骨安装的金属连接件宜采用镀锌或不锈钢材料或防腐涂装处理。

4 地面为自然土层时,应先把土层夯实后插入木桩或先筑混凝土桩,并应将龙骨固定在木桩或混凝土上。

7.3.4 铺装类板面的安装应符合下列规定:

1 板面固定应采用镀锌或不锈钢材质的螺纹钉。

2 板面端头固定点应控制在 20mm~100mm 的范围内,应两点固定。

3 当两个板接头时应置于龙骨上,并应分别用两颗螺钉固定。

4 螺钉载入深度应保持一致,并应分布均匀整齐。

7.3.5 外墙挂板和装饰件的安装应先固定龙骨,龙骨的安装应注意外墙防水层和外墙保温层的保护,可采用在构筑墙体时先埋入连接件,或用膨胀螺栓直接锁定木龙骨,应在墙体上钻孔后清洁孔眼,注入专业防水胶,再置入膨胀螺栓固定龙骨。

7.3.6 园林景观建筑的维护和保养应符合下列规定:

1 用于园林景观建筑的防腐木材,在安装施工完成后应在木材表面涂刷户外水封涂料或油漆。

2 涂刷水封涂料或油漆前应将防腐木材表面清洗干净。

3 经涂料或油漆涂刷后 24h 内,应避免雨水冲刷、人员走动和重物碰击。

7.4 海 事 工 程

7.4.1 海事工程施工方案的确定应符合下列规定:

1 应避免气象情况对施工产生影响。

2 应按海水潮汐规律安排施工和制定安装进度表。应在潮汐高位时做好准备工作，将桩木摆放在岸边，并临近安装位置，将工程船舶停在护岸边，并应准备好连接件、胶黏剂；应在潮汐低位时进行安装。

7.4.2 护木(立木)的上端头、压木的两个端头应加钉防裂板。防裂板应采用不锈钢材料。

7.4.3 护木/护板与压木的安装应符合下列规定：

1 在现场安装过程中应准备好工程船舶和吊装机械，并应制作施工人员使用的专用爬梯；施工人员应穿好工作服，并应戴好安全帽和安全带，应与吊装人员密切配合。

2 在护岸或码头安装预埋件时，螺栓间距不应大于400mm，螺栓直径不小于20mm。

3 应按设计要求采用不锈钢螺栓将护木牢固地安装在护岸上，再用防腐木塞将钻孔(螺栓孔)堵住，并应用强力防水胶固定。防腐木塞木纹方向应与护木木纹方向一致。

4 压木在长度方向的连接，宜在2根压木之间用2根～4根阔叶木圆棒连接并定位，也可采用螺栓连接。

5 压木与护木(立木)之间应采用不锈钢角钢连接，角钢规格不小于60mm×60mm，角钢长度与护木厚度一致。角钢与压木和护木之间应采用不锈钢螺钉固定，螺钉间隔不应大于50mm，螺钉直径不小于8mm。

6 压木的宽度应大于或等于护木的厚度。

7.4.4 海桩木的安装应按设计要求和施工方案进行，并应符合下列规定：

1 海桩木的布置可采用1排～3排桩，应按需要选择坝型，排距应为2.0m～4.0m，同一排桩的桩与桩之间可采用透水式或不透水式。透水式桩应以横梁连接，并应用防腐木挂板等材料构成屏蔽式桩埂，桩间及与堤脚之间可填加块石、混凝土预制块等。

2 打桩前应对海桩木进行外观检查，桩木不得有劈裂，接桩应牢固、直顺、接榫整齐，不得脱榫、折断。不符合设计要求的海桩木不得使用。

7.4.5 木栈桥的安装应符合下列规定：

1 木栈桥采用木桩柱时，原木桩柱的直径不应小于200mm，方木桩柱的短边不应小于150mm。

2 海桩基础可采用混凝土或打桩式固定，应牢固并能抗击海浪和海潮的冲击。

3 木栈桥步道板面的高度应高于最大潮位时的海平面2m～4m。

4 木栈桥铺面板厚度不应小于38mm。

5 连接铺面板的连接件不应高于步道板面。

6 木栈桥护栏高度不应小于1500mm，护栏的立式防护柱净间距不应大于140mm。采用交叉式、带状式护栏时，横板间距不应大于140mm。

7.4.6 木栈道的安装应符合下列规定：

1 海边木栈道的基础应采用混凝土、钢结构、岩石或其他坚硬材料。

2 作为隔栅(龙骨)的防腐木材，断面尺寸不应小于60mm×80mm。

3 作为铺面板的防腐木材，厚度不应小于38mm，宽度不应小于90mm。安装时应留出散水空间。

4 护栏的立式防护柱净间距不应大于140mm。

5 连接铺面板的连接件不应高于步道板面。

7.4.7 浮码头的安装应符合下列规定：

1 浮码头可分为桩柱式和无桩柱式。

2 安装浮码头护木时宜在岸上施工，并宜待基本安装好后再拖入或吊到指定海域进行下一步施工。

3 浮码头甲板的铺面板在加工时进行防滑处理。

4 浮码头需安装水电设施时，应采用双层护木。外层护木宽度应为内层护木宽度的1.5倍～2.0倍，内、外层护木应同时固定在浮码头上。电缆和水管应布置在内层护木的底部，并应固定在浮码头上。

7.4.8 下水坡道的安装应符合下列规定：

1 下水坡道的坡度应小于1:8或10°。

2 引桥的防腐木铺面板应进行防滑处理。

3 在安装下水坡道铺面板时，应用木螺钉将引桥的钢架与铺面板的底面连接。

4 连接件应进行防锈处理，宜采用不锈钢金属连接件。

7.4.9 海事工程的验收应符合本规范第8章的规定，并应符合下列规定：

1 应对施工技术参数要求、海桩、离水面距离、港口施工资质进行验收。

2 海桩防护工程验收时，应提交打桩记录、加压防腐证明和木材防腐剂含量检测报告。

7.4.10 海事工程的维护和保养应符合下列规定：

1 防腐木材海事工程应建立专门的维护与维修队伍，并应建立维护与维修操作规程。

2 应定期或不定期巡查；应检查海桩木、浮码头护木、下水坡道地板、木栈道地板和护栏的螺栓、螺帽、封盖，有松动时，应及时紧固；有脱落时，应及时填补。更换或填补新的封盖前，应首先紧固螺栓、螺帽，并应补充密封胶。更换或填补新的螺栓、螺帽等连接件时，应选用抗腐蚀性高的不锈钢材质连接件，最低应为316型号。

3 海桩木、浮码头护木、坡道地板、木栈道地板和护栏的木材出现劈裂、贯通裂和严重翘曲时，应及时更换。更换的防腐木板或木方的棱角(直角)应加工为圆角或弧形。

4 工程中防腐木材安装时应采用暗连接方式，在更换时可采用明连接，但应使用沉头螺钉固定。

5 浸入海水中的下水坡道部位应及时清除海藻类动植物，可采用铁铲、铁刷等工具进行清除，不应破坏防腐木材表面。

7.5 古建筑的修缮

7.5.1 古建筑木结构修缮前应对承重木结构进行可靠性查勘与鉴定，应包括下列内容：

1 结构、构件及其连接的尺寸。

2 结构整体的变位和支承情况，包括房屋整体倾斜程度、屋架垂直度、水平移位等情况及下弦、木梁等两端支座搁置的长度和腐朽程度；木柱开裂、柱根腐朽程度。

3 木材的材质情况，包括木材(树)品名和木节、斜纹、扭纹、髓心在受弯木构件上的分布情况。在利用旧木材接修时，应按现行行业标准《古建筑修缮工程施工及验收规范》JGJ 159 的有关规定检查，并应在检验合格后再使用。

4 承重构件的受力和变形情况，包括梁、搁栅、檩条、木柱和屋架等构件的挠曲、开裂程度等。

5 主要吊点、连接的工作状态，包括构件节点木榫、夹铁(穿杆)等松动、开裂、腐(锈)朽程度。

6 历次修缮措施的现存内容及其当前状态。

7.5.2 古建筑木构件材质的勘查，应对木构件的腐朽程度、虫蛀程度及白蚁侵食程度进行分级和标识。木材腐朽分级和标记应符合本规范第 C.0.1 条的规定，木材虫蛀分级和标识应符合本规范第 C.0.2 条的规定，白蚁侵食分级和标识应符合本规范第 C.0.3 条的规定。

7.5.3 古建筑的修缮应符合下列规定：

1 应遵循渐进、先撑后拆、先撑后补、分区(段)进行的原则。

2 对屋架的脊柱、步柱、廊柱与廊川等及梁枋榫接点等受力部位可能发生的损坏应采取相应的安全措施，在施工中应对木结构各构件的变形情况、构件节点的连结情况进行标记、观察和监测，出现异常情况时应及时处理。

3 埋入墙体的木梁、檩条、搁栅等构件端部、与墙体接触紧靠的木柱、门窗樘(杆)构件与柱根等应做防腐、防虫蚀处理。

4 木结构表面的防火、防腐及防虫的处理要求应符合设计要求，无要求时应按现行国家标准《木结构设计规范》GB 50005 的有关规定执行。

5 木结构木柱、梁枋内部存在中空时，应采取剔除、清理虫蛀或腐朽部位的措施；当木柱中空部位直径超过 150mm 时，应在中空部位填充木块，对木柱中空部位进行不饱和聚酯树脂灌注加固，对梁枋中空部位应进行环氧树脂灌注加固。

6 古建筑木结构构件所使用的胶黏剂应保证胶缝强度不低于被胶合木材的顺纹抗剪和横纹抗拉强度，胶黏剂的耐水性及耐久性应与木构件的用途和使用年限相适应。

7 木构件中使用的金属连接件级别、规格、力学性能应符合设计要求，金属连接件应除锈，并应进行防锈处理；螺栓材料应采用 I 级钢，钢和螺栓的直径不应小于 12mm，采用钢夹板连接时，其厚度不应小于 6mm。

7.5.4 古建筑修缮的材料选择应符合下列规定：

1 金属连接件的材质、型号、规格和连接方法应符合修缮设计的要求。安装前应检查出厂合格证和检测报告。

2 修缮或更换承重构件的木材，其材质应与原构件相同，并应进行材质检查验收，旧桁(檩)的上、下面不得颠倒搁置。

7.5.5 古建筑木结构加固修缮施工应符合下列规定：

1 古建筑的木构架进行打牮拨正时，应先揭除瓦顶、拆下望板和部分椽，并将擦端的榫卯清理干净；有加固金属连接件时应全部取下；对已严重残损的檩、角梁、平身科斗等构件，也应先行取下。对古建筑木构架的打牮拨正，应根据实际情况分次调整。

2 古建筑的木构架进行整体加固时，应符合下列规定：

1)加固方案不得改变原受力体系。

2)对既有建筑结构和构造的固有缺陷，应采取予以消除的措施，对所增设的连接件应设法加以隐蔽。

3)对本应拆除的梁枋、柱，当其文物价值较高而必须保留时，可另加支柱，但另加的支柱应易于识别。

4)对任何整体加固措施，木构架中原有的连接件，包括椽、檩和构架间的连接件应全部保留。有缺陷时，应更新补齐。

5)加固所用材料的耐久性不应低于原有结构材料的耐久性。

3 古建筑木构架中，下列部位的榫卯连接在整体加固时，应根据结构构造的具体情况采用连接件进行锚固：

1)柱与额枋连接处；

2)檩端连接处；

3)有外廊或周围的木构架中，抱头梁或穿插枋与金柱的连接处；

4)其他用半榫锭榫连接的部位。

4 古建筑木结构加固修复时，应从构造上改善通风防潮条件，应使木结构经常保持干燥；对易受潮腐朽或遭受虫蛀的木结构应用防腐防虫药剂进行处理。

5 古建筑腐朽以及虫蚁危害的处理应符合下列规定：

1)应先剔除或清理腐朽层及白蚁侵蚀层；

2)应采用水载型木材防腐剂原液浓度的 60% 液体喷、涂 3 遍，每次喷、涂时间间隔 2h 以上。

3)应按原油漆工艺修复。

4)堵塞虫蛀孔洞，应用浓度为 15% 的水载型木材防腐剂原液浸泡木屑，晒干后拌胶水堵塞。堵塞深度达 20mm 以上时，也可用材质坚硬的木材做成直径大小不一的木栓，用水载型木材防腐剂原液浸泡后晒干，用药栓堵塞虫眼

和虫道。针眼小虫孔宜用针筒装浓度为 15% 的水载型木材防腐剂原液注射。也可用材质坚硬的木材做成牙签状，或将竹牙签用水载型木材防腐剂原液浸透后晒干，用药签堵塞小虫眼。

5)承重柱和梁、楼板、地框、屋面板和瓦条中度腐朽或中度虫蚁危害时，受害部位可裁切更换，应裁切并更换为经防腐处理的木材。不可裁切更换时，经承重受力计算，危害部位尚能承载时，可按本规范第 7.5.5 条第 5 款第 1~4 项的要求进行修复。

6)木雕刻工艺品轻度、中度腐朽，可用钢丝刷清除腐朽层，用无色木材防腐剂原液喷、涂 3 遍。

7)所有重度腐朽、重度白蚁侵蚀的木构件均应拆除并更换为经防腐处理的木材。

7.5.6 古建筑移建与改造应符合下列规定：

1 古建筑木结构建筑物的移建、部分托换修复时，应先揭除瓦顶，再由上而下分层拆除望板、椽及梁架。在拆落过程中，应采取防止榫头折断或劈裂的措施，并应避免磨损木构件上的彩画和墨书题记。

2 拆落木构架前，应先将所有拆落的构件编号，并应将构件编号标明在记录的图纸上，不得损坏构件和榫卯，应确保构件的完整无损。

3 构件安装前，应认真检查构件是否齐全。有损构件应按本规范第 7.5.5 条的要求进行加固修复，损坏严重时应更换。

4 古建筑木结构预防受潮腐朽或遭受虫蛀的加固修复应符合下列规定：

1)从构造上改善通风防潮条件；

2)对易受潮腐朽或遭受虫蛀的木结构用防腐防虫药剂进行处理。

5 古建筑木结构加固修复时，天花、藻井以上的梁架宜喷涂防火涂料；天花、吊顶用的苇席和纸、木板墙等应进行防火处理，处理方法应经专门研究确定。

6 结构安装的轴线、标高、收势、侧脚、升起、弯势应符合原状及记录的要求。

7 移建、部分托换修复工程中采用金属连接件加固时，金属连接件的材质、型号、规格和连接方法应符合移建、部分更换修复设计的要求。

7.5.7 加固修复木柱应符合加固修复设计要求。加固修复设计无明确规定时，应符合下列规定：

1 当柱脚损坏高度超过 80cm 时，应采用榫和螺栓牢固换接，不得使用铁钉代替。

2 当柱损坏深度不超过柱直径的 1/2，采用剔补包镶做法时，应用同一种木材加胶填补、楔紧。包镶较长时，应用金属连接件加固。

3 当柱外皮最薄处厚度不小于 50mm 时，柱心腐朽时应采用化学材料浇注法加固；应观察、尺量检查和检查施工记录。

7.5.8 加固修复梁、枋、檩(桁)等木构件应符合加固修复设计要求。加固修复设计无明确规定时，应符合下列规定：

1 当顺纹裂缝的深度不大于构件直径的 1/4 时，宽度不应大于 10mm，裂缝的长度不应大于构件自身长度的 1/2；斜纹裂缝在短型构件中不大于 180°，在圆形构件中裂缝的长度不大于周长的 1/3 时，可用胶结、化学材料浇注加固、金属连接件加固修补。

2 当顺纹裂缝的深度大于构件直径的 1/4 或斜纹裂缝在短型构件中大于 180° 时，应更换构件。

3 当梁类构件腐朽截面面积大于构件原截面的 1/5，且角梁腐朽长度大于挑出长度的 1/5 时，不宜修补加固，应更换构件。

7.5.9 斗拱加固修复应符合加固修复设计要求。加固修复设计无明确规定时，应符合下列规定：

1 斗劈裂为两半，断纹能对齐时，可采取胶黏方法。座斗被

压扁超过3mm时,可在斗口内用硬木薄板补齐,薄板的木纹应与原构件木纹一致,断纹不能对齐或严重腐朽时应更换。

2 拱劈裂未断开时可采用浇注法,腐朽严重时应锯掉后榫接,并应用螺栓加固。

3 牌条、琵琶撑等构件腐朽超过截面的2/5以上或折断时,应更换。

4 应进行观察和尺量检查。

7.5.10 斗拱(科牌)制作和安装应符合下列规定:

1 斗拱的维修应严格掌握尺度、形象和法式特征。添配昂嘴和雕刻构件时,应拓出原形象,并制成样板进行核对。

2 凡能整攒卸下的斗拱,应先在原位捆绑牢固;卸下时应整攒轻卸,并应标出部位,堆放应整齐。

3 维修斗拱时不得增加杆件。

4 斗拱中受弯构件的相对挠度未超过1/20时,不应更换,当有变形引起的尺寸偏差时,可在小斗的腰上粘贴硬木垫,但不得放置活木片或楔块。

5 加固修复斗拱时,应将小斗与斗拱间的暗销补齐。暗销的榫卯应严实。

6 对斗拱的残损构件,凡能用胶黏剂粘接而不影响受力时,均不宜更换。

7 各类斗拱制作之前应放实样套样板,样板应符合设计要求,应观察检查。

8 各类斗拱榫卯节点做法应符合下列规定:

1)斗拱纵横构件刻半相交,昂、耍、云头应在腹面刻口,横拱(斗三升、斗六升)应在背面刻口,角斜斗拱等三层构件相交时,斜出构件应在腹面刻口;

2)斗盘枋与座斗面应以斗桩榫结合,大斗内应留五分胆与三升拱相嵌连,拱面应作小榫与升子相嵌连,每座斗拱自顶至底贯以半寸硬木梢子,每层用于固定作用的暗梢不应少于2个,坐斗,斗三升、斗六升等不应少于1个。

9 斗拱构件在正式安装前应进行检验、试装,并应分别编码,不得混淆;应进行观察和检查施工记录。

10 拱安装时,各类构件应齐全,不得使用残缺和缺棱掉角等缺陷的构件;应观察检查。

7.5.11 古建筑修缮的检验与验收应符合下列规定:

1 木构件加固修缮安装及观感应符合下列规定:

1)金属连接件位置基本正确,连结基本严密牢固,外观基本整齐美观,防锈处理均匀无漏涂;

2)木构件接槎基本平整,无刨、锤印;

3)木构件榫卯连接基本严密牢固,标高基本一致,表面基本洁净无污物。

2 木结构移建、部分托换修复工程的允许偏差和检验方法应符合表7.5.11-1的规定。

表7.5.11-1 移建、部分托换修复工程的允许偏差和检验方法

项 目	允许偏差(mm)	检 验 方 法
轴线偏移	±15	尺量检查
垂直度(有收势侧脚扣除)	10	用经纬仪或吊线尺量检查
榫卯节点的间隙	2	用楔形塞尺检查
檐口标高	±10	用水准仪和尺量检查
翼角起翘标高	±15	
翼角伸出	±15	尺量检查
檐椽椽头齐直	以间为单位拉线尺量检查	
楼面平整度	15	用2m直尺和楔形塞尺检查

3 斗拱构件的制作外观应表面平整,线条应顺直,棱角应完整,应无刨、锤印。

4 斗拱榫卯节点应结合严密,安装应牢固,梢子应齐全,应无翘曲、无缝隙和松动,并应观察检查。

5 斗拱安装外观应构件齐全,层次应清楚,棱角应分明,斗拱配置应均匀一致。

6 斗拱制作安装的允许偏差和检验方法应符合本规范表7.5.11-2的规定,并应观察检查。

表7.5.11-2 斗拱制作安装的允许偏差和检验方法

项 目	允许偏差(mm)	检 验 方 法
上口平直	7	以间为单位,拉线尺量检查
出挑齐直	5	
榫卯间隙	0.5	用楔形塞尺检查
垂直度	3	吊线和尺量检查
轴线位移	2	尺量检查

7.6 矿用木支护与矿用枕木

7.6.1 矿用木支护与矿用枕木应选用防腐木材。

7.6.2 矿用木支护与矿用枕木的施工方案应符合下列规定:

1 应根据井下巷道的结构特点和掘进进度提出详细的木支护施工和枕木安装要求。

2 应合理安排掘进、通风、运输等相关工序。

3 应制定安装进度计划和作业流程表。

4 安装前应准备好相关的防腐木材及其辅助材料。

5 应做好施工人员的安保措施。

6 应明确施工技术标准与施工技术方案,应满足作业规程要求。

7.6.3 矿用木支护与矿用枕木的材料选择应符合下列规定:

1 矿井内木支护和枕木与土壤接触时,木支护应属于C4.2使用分类,枕木应属于C4.1使用分类。

2 矿用枕木和矿用木支护宜选用易进行防腐处理且透入度高的木材。

3 应检验防腐木材的数量、规格、出厂产品合格证和检测报告。

7.6.4 矿用木支护与矿用枕木的安装与施工应符合下列规定:

1 应进入工作地点辅道前检查确认安全后再作业。安全检查应符合下列规定:

1)应测量巷道掘高、净宽。

2)未达标准时应进行处理,应确保辅道结束后巷道净高合要求,矿车能够正常通行,不撞不擦巷帮。

3)轨道铺设时运输大巷和总回风巷木轨枕长度应为1.0m,枕间距1m,允许误差为±50mm,轨道中线距上帮为1.1m,下帮为1.4m(水沟侧),允许误差为±50mm。机巷、风巷轨距为1.2m,允许误差为±100mm。机巷轨道中线距风袋侧为1150mm,另一侧应为650mm,风巷距风袋侧950mm,另一侧为550mm,允许误差为±50mm。轨距600mm,两轨直线段误差不大于5mm。

4)道渣的粒度及铺设厚度应符合要求,木轨枕下应捣实;应经常清理道床杂物、浮煤、积水。

2 矿用木支护的安装应符合下列规定:

1)木支护前应确定中线、腰线,量取棚距,并按中线拉三角线找出木棚立柱的腿窝。

2)架木棚前应备齐备好所用的木材和工具等,材料的规格、材质应符合要求;

3)按作业规程要求将腿窝扒够深度并清出实底,棚腿不得高吊;

4)按顺序安装棚腿和棚梁,棚梁与棚腿接口应严密吻合;

5)棚梁安装就位后,应按设计要求校正中线、腰线,并确认符合要求后再安装顶板和侧板;

6)按设计规定位置及数量刹紧背实小杆镀块;

7)支木棚要及时,木棚距迎头不得超过作业规程或施工中

8）倾斜巷道、交岔点和弯道处的木棚应按局部木支护施工大样图安装每架木棚。

7.6.5 矿用木支护与矿用枕木的验收应由防腐木生产方、矿生产及安监部门及施工方等共同验收。

7.6.6 矿用木支护与矿用枕木应定期进行维护保养和检查，发现断裂和机械表面损伤时应更换，表面损伤部位应涂刷较高浓度的防腐剂封闭。

7.6.7 废弃的矿用木支护与矿用枕木的回收处理，应符合本规范第7.1.11条的规定。

7.7 铁道枕木

7.7.1 铁道枕木的设计和施工方案应符合下列规定：

1 在正线木枕地段，线路设备大修时，下列情况之一应增加木轨枕配置数量：

1）半径为800m及以下的曲线地段；

2）坡度大于12‰的下坡制动地段；

3）长度300m及以上的隧道内。

2 木轨枕配置数量为木枕应每千米增加160根，但每千米木轨枕最多铺设根数标准为木枕1920根。

3 下列地段应铺设木枕：

1）铺设木岔枕的普通道岔两端各5根木轨枕，铺设木岔枕的提速道岔两端各50根木轨枕；

2）铺设木枕的有砟桥和无砟桥的桥台挡砟墙范围内及两端各不少于15根木轨枕，有护轨时应延至梭头外不少于5根木轨枕。

4 木轨枕应按设计技术条件规定的标准铺设，除道岔内专用钢枕外，非同类型轨枕的铺设应符合下列规定，并不得混铺：

1）混凝土枕与木枕的分界处，距钢轨接头不应少于5根木轨枕；

2）提速道岔铺设木枕时，应用160mm×260mm×2600mm的木枕过渡，两端过渡枕均不得少于50根。

7.7.2 铁道枕木的材料选择应符合下列规定：

1 普通枕木应选用阔叶树种或针叶树种，杨木不应作岔枕。

2 铁道枕木尺寸应按现行国家标准《枕木》GB 154的有关规定执行。

7.7.3 铁道枕木用防腐木材技术条件应按现行行业标准《防腐木枕》TB/T 3172的有关规定执行。

7.7.4 铁道枕木的安装与施工应符合下列规定：

1 木枕（含木岔枕）的安装应符合下列规定：

1）木枕宽面在下，顶面与底面同宽时，应使髓心一面向下；

2）接头处应使用质量较好的木枕；

3）劈裂的木枕，铺设前应捆扎或钉板；

4）使用新木枕，应预先钻孔，孔径12.5mm，有铁垫板时孔深应为110mm，无铁垫板时孔深应为130mm，使用螺纹道钉时，应按普通道钉处理；

5）用于改道的道钉孔木片，长应为110mm，宽应为5mm～10mm，并应经防腐处理。

2 组装轨排时，轨端相错量应在铺轨前方向一端量测，直线两轨端应取齐，曲线相错量应按计算确定。

3 铺设木枕应一端取齐。在区间直线地段，单线铁路应沿线路计算里程方向左侧取齐，双线铁路应沿列车运行方向的左侧取齐，曲线地段应沿外侧取齐。邻近站台的轨道均应在靠站台的一侧取齐，木枕应预钻直径小于道钉3mm～4mm的道钉孔，不得用归钉挤轨的方法调整轨距。

4 钉道钉应符合下列规定：

1）有铁垫板时，直线及半径800mm以上的曲线地段，每根木枕上每股钢轨内、外侧各钉1个道钉；半径在800mm

及以下的曲线（含缓和曲线）地段，内侧加钉1个道钉。铁垫板与木枕连结道钉，应钉齐（冻害地段，明桥面除外）。

2）无铁垫板时，每根木枕上每股钢轨的内、外各钉1个，4个道钉位置成八字形，道钉中心至木枕边缘的距离应大于50mm，钢轨内、外侧道钉应错开80mm以上。

7.7.5 铁道枕木的工程验收应按现行行业标准《铁路轨道工程施工质量验收标准》TB 10413的有关规定执行，并应符合下列规定：

1 木轨枕进场时，应对其规格、型号、外观进行验收，其质量应符合设计及产品标准规定。

2 木枕K型分开式扣件安装时，应符合下列规定：

1）螺纹道钉应旋入木枕，不得硬性击入。

2）根据接头位置调整枕木，选用接头垫板及接头扣件。在钢桥上使用，应在铺轨后安装护木。

3）桥上按设计要求设置不扣紧轨底扣件。

3 同一类型的轨枕应集中连续铺设（不同类型钢轨接头处除外），两木枕地段间长度小于50m时，应铺设木枕。

4 在木枕护轨底设置经防腐处理的木垫板时，其厚度不得大于30mm，并应加钉固定。

7.7.6 铁道枕木的维护与保养应符合下列规定：

1 有下列情况之一时，应更换含木岔枕在内的木枕：

1）腐朽失去承压能力，钉孔腐朽无处改孔且不能持钉；

2）折断或接拼的接合部分分离，不能保持轨距；

3）因机械磨损，经削平或除去腐朽木质后，允许速度大于120km/h的线路，其厚度不足140mm，其他线路不足100mm；

4）劈裂或其他损伤，且不能承压和持钉。

2 应用削平、捆扎、腻缝或钉组、钉板等方法修理木枕。

3 应保持木枕表面清洁，应无污染，且应一端整齐，枕木扣件应干净无杂物。

4 道岔的岔枕端头应在直股外侧，应整齐划一，侧股外侧应呈有规律递减，且枕面及扣件应无杂物。

7.7.7 从线路上更换下来的旧木轨枕应及时回收、分类堆码，并应集中存放、合理使用。

8 检验验收

8.1 进场检验

8.1.1 防腐木材工程应用材料进场检验，应根据合同检测防腐木材的产品合格证、树种、规格尺寸、材积及其相应的检测报告等。其他材料应按相应产品标准进行验收。材料有下列情况之一时不得使用：

1 检验不合格。

2 不符合设计。

3 不符合合同约定。

8.1.2 材料验收应由监理工程师或建设单位工程师组织施工项目质量员等进行。材料未经检验不得使用。

8.1.3 进场检验合格的防腐木材及木材防腐剂应进行抽样检验，每种规格应抽取相应的样品数量进行检测。检测内容应为防腐剂类型、载药量、边（心）材透入度。其他材料应按相应产品标准进行检验。

8.1.4 当抽样检验有下列情况之一时，应对入场的材料进行双倍抽样复检：

1 设计有复检要求的产品。

2 有约定的产品。

3 当任一相关方对抽样送检的检验数值和样品的真实性有异议时。

8.1.5 防腐木材的抽样检验及复检应符合下列规定：

1 样品应送具备国家相关资质的检测机构进行检测。

2 抽检和复检应按现行行业标准《防腐木材及木材防腐剂取样方法》SB/T 10558 的有关规定进行取样，复检取样数量应为抽样检验的 2 倍。

8.1.6 管理员应定期检查现场材料，发现防腐木材产生腐朽、严重开裂等情况时，应进行分离和标注，不合格品不得在工程中使用。

8.2 工程验收

8.2.1 防腐木材工程质量验收程序和组织应符合现行国家标准《建筑工程施工质量验收统一标准》GB 50300 的有关规定。

8.2.2 防腐木材工程验收应符合下列规定：

1 工程完工后，施工单位应向建设单位提交工程竣工报告，并应申请工程竣工验收。实行监理的工程，工程竣工报告应经总监理工程师签署意见。

2 项目单位收到工程竣工报告后，对符合竣工验收要求的工程应组织设计、施工、监理等单位和其他有关方面的专家组成验收组，进行验收。

8.2.3 工程文件性验收应符合下列规定：

1 施工现场质量管理应有相应的施工技术标准、健全的质量管理体系、施工质量检验制度和综合施工质量水平的考评制度。施工现场质量管理应按本规范附录 D 的要求检查记录。

2 施工方应提供施工组织技术方案、施工日志、图纸会审、自检报告、施工过程当中的资料及产品合格证等资料。

3 应包括隐蔽工程和分部分项工程的验收资料。

4 应包括不合格项的处理与验收记录。

5 应包括重大质量问题的处理方案及验收记录。

8.2.4 工程现场勘查的主要查验项目合格项应符合下列规定：

1 防腐木材工程外观质量应按表 8.2.4 评定。

2 垂直度、平整度、平行度、平面尺寸、标高等应符合现行国家标准《木结构工程施工质量验收规范》GB 50206 的有关规定。

表 8.2.4 防腐木材工程外观质量

分级	结构及外观	涂刷油漆	外观质量描述	检查方法
A	结构外露，外观要求高	需要	木构件表面应平整光滑，表面空隙需用不收缩材料封填	目测
B	结构外露，外观要求一般	需要	木构件表面应平整光滑，不允许有漏刨、松软节子和空洞，但允许有细小的缺陷（空隙、缺损）	目测
C	无特殊要求	不需要	允许有目测等级规定的缺陷、孔洞	目测

3 木材缝隙应符合胀缩缝隙的预留量，材料含水率应在 19% 以下；户外地板胀缩缝隙应为 4mm～7mm，含水率应在 15% 以下；户外雾天环境下使用的铺装防腐木板胀缩缝隙应为 3mm～8mm；外墙板的胀缩缝隙应为 2mm～3mm；内墙板的胀缩缝隙应为 1mm～2mm。

4 螺栓、螺丝帽的平齐度应紧固，应无漏钉，螺帽、钉帽不应突出木材表面。

5 检查建筑物的外观效果，死节尺寸和开裂程度应在允许范围内。死节大于材料宽度 1/3 以上时应为不合格，小于 1/3 时应填补，开裂长度小于 50mm 且裂缝宽小于 3mm 时，可采用胶水拌木屑填补裂缝；木构件加工和安装的精确度应在允许范围内，榫卯槽孔和板与板间的接缝应平齐，缝隙宽度小于 3mm。

6 必要时可现场取样复检，应确认符合设计载药量要求。

8.2.5 防腐木材结构工程应在各分项工程检验批验收合格后验收，验收程序应按现行国家标准《木结构工程施工质量验收规范》GB 50206 的有关规定执行。

8.2.6 验收不合格项目应提出整改方案，应组织设计、监理、建设单位、施工单位进行会审，并应进行整改，对整改项应重新进行验收，并应有不合格项的处理与验收记录；重大质量问题应有处理方案及验收记录。

8.2.7 矿用木支护与矿用枕木施工质量验收应按现行国家标准《煤矿井巷工程质量验收规范》GB 50213 的有关规定执行，铁道枕木施工质量验收应按现行行业标准《铁路轨道工程施工质量验收标准》TB 10413 的有关规定执行。

附录 A 生物危害分区表

表 A 生物危害分区

分区	省份	空气相对湿度（%）	木材平衡含水率（%）	易腐朽程度	蛀虫危害程度	白蚁危害程度
A区	福建	76～79	15.6	++++	++++	++++
	广东、香港、澳门	77～81	15.1	++++	++++	++++
	海南	79	17.3	++++	++++	++++
	台湾	78～82	16.4	++++	++++	++++
B区	广西	76～79	15.4	+++	+++	+++
	云南	63～79	13.5	+++	+++	+++
	四川	81	16.0	+++	+++	+++
	贵州	76	15.4	+++	+++	+++
	重庆	80	15.9	+++	+++	+++
	江西	76～78	16.0	+++	+++	+++
	浙江	77～79	16.5	+++	+++	+++
	湖南	80～82	16.5	+++	+++	+++
	湖北	77～81	15.4	+++	+++	+++
	上海	76	16.0	+++	+++	+++
	江苏	69～79	14.9	+++	++	++
	安徽	76～81	14.8	+++	++	++
C区	天津	62	12.2	+++	++	+
	北京	57	11.4	+++	++	+
	河北	67	11.8	+++	++	+
	辽宁	64	13.0	+++	++	+
	陕西	70	14.3	+++	++	+
	山东	66～77	14.4	+++	++	+
	河南	67～75	12.4	+++	++	+
	黑龙江	67	13.6	+++	+	0
	吉林	63	13.6	+++	+	0
D区	新疆	58	12.1	++	+	0
	西藏	44	8.6	++	+	0
	山西	39	11.7	++	+	0
	宁夏	43～56	11.8	++	+	0
	甘肃	43～56	11.3	++	+	0
	内蒙古	58	11.2	++	+	0

注：++++ 严重区；+++ 中度区；++ 轻度区；+ 轻微区；0 无害区。

附录 B 木材及构件的使用分类

表 B 木材及构件的使用分类

材料及使用		使用分类
楼板		C3
墙骨		C3
屋面板	锯材	C3
	胶合木	C3
户外用地板	地面以上使用	C3
	与土壤或淡水接触	C4.1
企口板	地面以上使用	C3
	与土壤或淡水接触	C4.1
室内地板	锯材	C2
	胶合板	C2
地坪	锯材	C3
	胶合板	C3
垫板、垫条		C3
搁栅/龙骨		C3
外墙挂板		C3
永久性木基础		C4.2
门槛、窗槛、地槛		C2
建筑木线材		C3
嵌角板条		C3
表面涂饰的柱、桩		C4.1
建筑结构用桩、柱		C4.2
方材、方柱形围栏		C4.1
板条围栏、板条形支柱等		C4.1
景观用枕木		C4.1

注：C1、C2、C3、C4.1、C4.2 表示防腐木材及其制品使用环境分类，应符合本规范第 3.0.5 条的规定。

附录 C 木材腐朽分级、虫蛀分级、白蚁侵食分级和标识

C.0.1 木材腐朽分级和标识应符合表 C.0.1 的规定。

表 C.0.1 木材腐朽分级和标识

级别	标识	腐朽状况
无腐朽	0	材质完好，肉眼观察毫无腐朽
轻微腐朽	+	表面有可见的轻微腐朽，深度不足 2mm，对木材力学性能无影响
轻度腐朽	++	表面可见明显腐朽或有腐朽菌生长，深度 2mm～5mm，对木材力学性能无明显影响
中度腐朽	+++	表面可见腐朽，深 5mm～10mm，对木材力学性能有明显影响
重度腐朽	++++	木材腐朽至损坏程度，腐朽部分可以轻易折断或手握钉子直接刺入木材内，不能继续使用

C.0.2 木材虫蛀分级和标识应符合表 C.0.2 的规定。

表 C.0.2 木材虫蛀分级和标识

级别	标识	虫蛀状况
无虫蛀	0	木材表面未见虫眼、木材表层无虫蛀道痕
轻微虫蛀	+	木构件 1m 长范围内虫眼不超过 3 个或木材浅层仅有 2 个～3 个不相连贯的长度 10mm 以内的虫蛀道痕
轻度虫蛀	++	木构件 1m 范围内虫眼不超过 5 个，木材内虫蛀道相连，深度 20mm 以内
中度虫蛀	+++	木构件 1m 长范围内虫眼 6 个～10 个，木材内虫蛀道交叉相连，蛀蚀深度超过 50mm
重度虫蛀	++++	木构件表面虫眼密布，木材内蛀道交错相连成蜂窝状，强度完全丧失

C.0.3 白蚁侵食分级和标识应符合表 C.0.3 的规定。

表 C.0.3 白蚁侵食分级和标识

级别	标识	蚁食状况
无白蚁危害	0	材质完好，肉眼观察无白蚁
轻微危害	+	木构件被白蚁侵食面积 5% 以内，食层深 5mm 以内，对木材力学性能无影响
轻度危害	++	木构件被白蚁侵食面积 10% 以内，食层深 10mm 以内，对木材力学性能无明显影响
中度危害	+++	木构件被白蚁侵食面积 40% 以内，食层深 20mm 以内，或白蚁钻进木材内部侵食，木材内部被食空达 20% 以内，对木材力学性能无明显影响
重度危害	++++	木构件被白蚁侵食面积 60% 以内，食层深 40mm 以内，或白蚁钻进木材内部侵食，木材内部被食空达 40% 以上，木材力学性能丧失，不能继续使用

附录 D 施工现场质量管理检查

表 D 施工现场质量管理检查记录

开工日期：

工程名称			施工许可证号	
建设单位			项目负责人	
设计单位			项目负责人	
监理单位			总监理工程师	
施工单位		项目经理	项目技术负责人	
序号	项 目		主 要 内 容	
1	现场质量管理制度			
2	质量责任制			
3	主要专业工种操作上岗证书			
4	施工图审查情况			
5	施工组织设计、施工方案及审批			
6	施工技术标准			
7	工程质量检验制度			
8	现场材料、设备管理			
9	其他			
10				
结论	施工单位项目负责人：（签章）　　　年 月 日	单位项目负责人：（签章）　　　年 月 日	建设单位项目负责人：（签章）　　　年 月 日	

本规范用词说明

1 为便于在执行本规范条文时区别对待，对要求严格程度不同的用词说明如下：

　　1）表示很严格，非这样做不可的：

　　　　正面词采用"必须"，反面词采用"严禁"；

2) 表示严格,在正常情况下均应这样做的:
正面词采用"应",反面词采用"不应"或"不得";
3) 表示允许稍有选择,在条件许可时首先应这样做的:
正面词采用"宜",反面词采用"不宜";
4) 表示有选择,在一定条件下可以这样做的,采用"可"。
2 条文中指明应按其他有关标准执行的写法为:"应符合……的规定"或"应按……执行"。

引用标准名录

《木结构设计规范》GB 50005
《建筑结构可靠度设计统一标准》GB 50068
《木结构工程施工质量验收规范》GB 50206
《煤矿井巷工程质量验收规范》GB 50213

《建筑工程施工质量验收统一标准》GB 50300
《原木检验》GB/T 144
《针叶树锯材》GB/T 153
《针叶树锯材 分等》GB 153.2
《枕木》GB 154
《碳素结构钢》GB/T 700
《阔叶树锯材》GB/T 4817
《六角头螺栓—C级》GB/T 5780
《六角头螺栓》GB/T 5782
《锯材干燥质量》GB/T 6491
《室内装饰装修材料 溶剂型木器涂料中有害物质限量》GB 18581
《室内装饰装修材料 木家具中有害物质限量》GB 18584
《防腐木材》GB/T 22102
《防腐木材生产规范》GB/T 22280
《木材防腐剂》GB/T 27654
《古建筑修建工程施工及验收规范》JGJ 159
《商用木材及其制品标志》SB/T 10383
《防腐木材及木材防腐剂取样方法》SB/T 10558
《防腐木枕》TB/T 3172
《铁路轨道工程施工质量验收标准》TB 10413
《一般用途圆钢钉》YB/T 5002

中华人民共和国国家标准

防腐木材工程应用技术规范

GB 50828—2002

条 文 说 明

制 订 说 明

《防腐木材工程应用技术规范》GB 50828—2012，经住房和城乡建设部 2012 年 10 月 11 日以第 1496 号公告批准、发布。

本规范制订过程中，编制组进行了广泛的调查研究，总结了我国防腐木材工程应用的实践经验，同时参考了国外先进技术法规和技术标准，通过调研和实验，取得了多方面的技术参数。

为便于广大设计、施工、检验验收、科研、学校等单位有关人员在使用本规范是能正确理解和执行条文规定，《防腐木材工程应用技术规范》编制组按章、节、条顺序编制了本规范的条文说明，对条文规定的目的、依据以及执行中需注意的有关事项进行了说明，还着重对强制性条文的强制性理由作了解释。但是，本条文说明不具备与规范正文同等的法律效力，仅供使用者作为理解和把握规范规定的参考。

目　次

2.0.17 古时建筑物之间的通道也叫栈道(或阁道)。

2.0.18 海事工程包括船舶、港口、码头、海上平台、水下设施、木栈道、涉水景观、水工建筑物以及护岸设施(含堤防、海塘)的建造与维护工程。

2.0.25 食木性昆虫和食菌性昆虫主要有粉蠹虫(*Lyctus branneus* Stephens)、长蠹虫(*Calophagu pekinensis* Lesne)、小蠹虫等。小蠹虫包括松纵坑切梢小蠹(*Tomicus piniperda* Linnaeus)、落叶松八齿小蠹(*Ips subelongatus* Motschulsky)、云杉八齿小蠹(*Ips typographus* Linnaeus)、多毛切梢小蠹(*Tomicus pilifer* Spessivtseff)以及白蚁(termite)等。

2.0.26 海生蛀木动物对海洋中的木质建筑、桩和木船只危害极大。本规范中所指海生蛀木动物主要分为软体类蛀木动物,如船蛆科(Teredinidae)的三个属——船蛆属(*Teredo*)、节铠蛆属(*Bankia*)和马特海笋属(*Martesia*);甲壳类蛀木动物:蛀木海虱属(*Limnoria*)、团海虱属(*Sphaeroma*)等。海生蛀木动物一般指船蛆和水虱。

我国船蛆科有 20 多种,常见的有船蛆(*Teredo navalis* Linné)、长柄船蛆(*T. parks*; Bartsch)、列铠船蛆[*T. manni*(Wright)]、密节船蛆[*Bankia saulii*(Wright)]、钟形节铠船蛆(*B. campanullata* Moll et Roch)和套杯船蛆[*Teredomassa jousseaume*(Wright)]等,主要分布在南方温暖水域,发现于北方水域的只有两种船蛆。我国发现危害木材的海笋主要有马特海笋(*Martesia riata* Linnaeus)和江马特海笋(*M. rivicola* Sowerby),后者也能在江河淡水中生活。甲壳纲中危害木材的,我国主要有蛀木水虱属(*Limnoria* spp.),团水虱属(*Sphaeroma* spp.)和蛀木跳虫属(*Chelura* spp.)等。

2.0.27 白蚁(亦称虫尉)属节肢动物门,昆虫纲,等翅目,类似蚂蚁营社会性生活,其社会阶级为蚁后、蚁王、兵蚁、工蚁。以其栖性分类有木栖性、土栖性和土木两栖性三类,主要分布于热带和亚热带地区,以木材或纤维素为食。

3 基本规定

3.0.1 本条是关于防腐木材工程设计的规定。

1~4 这几款规定是为了使防腐木材工程应用在建筑设计中清晰表述。

5,6 防腐木材用作结构构件时,其设计计算必须满足承载力和刚度要求。诸如齿连接、螺栓连接和钉连接等连接设计,也必须满足承载力要求。

本章适用于工程中使用的木材、木构件和木产品以及防腐剂和金属连接件。工程中使用的木材、木构件及木产品,应根据其树种木材性质及本规范第 3.0.5 条规定的使用条件分类确定是否适宜和需要进行防腐处理。天然防腐性能较好的木材、木构件及木产品,如能够满足其使用条件下的防腐设计要求,可以不再进行防腐处理。木材防腐处理时,应选用适当的防腐剂及防腐处理工艺,其载药量和透入度应符合本规范第 4.1 节的规定。如生产商与使用客户达成协议,双方应共同确认所使用材料的性质并同意使用,否则不应使用。

在选择木材时应首先选用天然耐久性木材,之后选用经防腐处理的木材。参照英国标准 BS EN350—2《Durability of wood and wood-based products-Natural durability of solid wood-Part 2: Guide to natural durability and treatability of selected wood species of importance in Europe》,常用木材的天然耐久性见表 1 和表 2,木材的可处理性见表 3 和表 4。

表1　针叶材的天然耐久性

序号	树种名称			产地	密度 (kg/m³)	心材天然耐久性	
	中文名	国外商品材名称	拉丁名			天然耐腐性	天然抗白蚁性
1	欧洲银冷杉 北美冷杉	Fir Silver Fir	*Abies* spp. *A. alba* *A. grandis*	欧洲、北美洲	440~480	稍耐腐	不耐蚁蛀
2	贝壳杉	Agathis Damar minyak Kauri pine	*Agathis* spp. *A. dammara*	澳大利亚、新西兰、马来西亚、巴布亚新几内亚	430~550	中等耐腐~稍耐腐	不耐蚁蛀
3	窄叶南洋杉	Parana pine Bunya pine Hoop pine	*Araucaria* spp. *A. angustifolia*	巴西	500~600	稍耐腐~不耐腐	不耐蚁蛀
4	阿拉斯加扁柏	Yellow cedar	*Chamaecyparis* spp. *C. nootkatensis*	北美洲	430~530	耐腐~中等耐腐	不耐蚁蛀
5	日本柳杉	Sugi	*Cryptomeria japonica*	东亚、欧洲栽培	280~400	不耐腐	不耐蚁蛀
6	落叶松	Larch European larch Westen larch	*Larix* spp. *L. gmelinii*	欧洲 日本	470~650	中等耐腐~稍耐腐	不耐蚁蛀

序号	树种名称			产地	密度 (kg/m³)	心材天然耐久性	
	中文名	国外商品材名称	拉丁名			天然耐腐性	天然抗白蚁性
7	欧洲云杉	Spruce White spruce	*Picea* spp. *P. abies*	欧洲	400～470	稍耐腐	不耐蚁蛀
8	西加云杉	Spruce White spruce	*Picea* spp. *P. sitchensis*	北美洲、欧洲栽培	400～450	稍耐腐～不耐腐	不耐蚁蛀
9	加勒比松	Caribbean pine	*Pinus* spp. *P. caribaea*	中美洲	710～770	中等耐腐	中等耐蚁蛀～不耐蚁蛀
10a	湿地松 长叶松 火炬松 萌芽松（短叶松） [统称：南方松]	Slash pine Longleaf pine Loblolly pine Shortleaf pine [Southern pine]	*Pinus* spp. *P. elliottii* *P. palustris* *P. taeda* *P. echinata*	北美洲	650～670	中等耐腐	中等耐蚁蛀～不耐蚁蛀
10b	湿地松 火炬松 [也统称：南方松]	Slash pine Loblolly pine [Southern pine]	*Pinus* spp. *P. elliottii* *P. taeda*	中美洲、北美洲栽培	400～500	稍耐腐	不耐蚁蛀
11	海岸松	Maritime pine	*Pinus* spp. *P. pinaster*	西南欧、南欧	530～550	中等耐腐～稍耐腐	不耐蚁蛀
12	辐射松	Radiata pine	*Pinus* spp. *P. radiata*	巴西、智利、澳大利亚、新西兰、南非栽培	420～500	稍耐腐～不耐腐	不耐蚁蛀
13	北美乔松	Yellow pine	*Pinus* spp. *P. strobus*	北美洲、欧洲栽培	400～420	稍耐腐	不耐蚁蛀
14	北美黄杉（俗称：花旗松）	Douglas fir	*Pseudotsuga menziesii*	北美洲、欧洲栽培	510～550 470～520	中等耐腐 中等耐腐～稍耐腐	不耐蚁蛀
15	欧洲红豆杉	European yew	*Taxus baccata*	欧洲	650～800	耐腐	无充分数据
16	红崖柏（俗称：红侧柏、红雪松）	West redc edar	*Thuja* spp. *T. plicata*	北美洲、英国栽培	330～390	耐腐 中等耐腐	不耐蚁蛀
17	异叶铁杉（俗称：西部铁杉）	Westen hemlock	*Tsuga* spp. *T. heterophylla*	北美洲、英国栽培	470～510	稍耐腐	不耐蚁蛀

表2 阔叶材的天然耐久性

序号	树种名称			产地	密度 (kg/m³)	心材天然耐久性	
	中文名	国外商品材名称	拉丁名			天然耐腐性	天然抗白蚁性
1	奥克榄（俗称：奥古曼）	Okoume	*Aucoumea klaineana*	西部非洲	430~450	稍耐腐	不耐蚁蛀
2	黄桦	Yellow birch	*Betula* spp. *B. alleghaniensis*	北美洲	550~710	不耐腐	不耐蚁蛀
3	北美白桦	Paper birch	*Betula* spp. *B. papyrifera*	北美洲	580~740	不耐腐	不耐蚁蛀
4	欧洲桦	European white birch	*Betula* spp. *B. pubescens*	欧洲	640~670	不耐腐	不耐蚁蛀
5	海棠木	Bintangor	*Calophyllum* spp. *C. inophyllum*	东南亚、巴布亚新几内亚	630~690	中等耐腐	中等耐蚁蛀
6	光皮山核桃 鳞皮山核桃 毛山核桃	Hickory	*Carya* spp. *C. glabra* *C. ovata* *C. tomentosa*	北美洲	790~830	稍耐腐	不耐蚁蛀
7	香洋椿 劈裂洋椿	Cedro	*Cedrela* spp. *C. odorata* *C. fissilis*	中美洲、南美洲	450~600	耐腐	中等耐蚁蛀
8	龙脑香（俗称：克隆木、阿必东）	Keruing	*Dipterocarpus* spp. *D. alatus*	东南亚	740~780	稍耐腐 （变异性很大）	不耐蚁蛀
9	异色桉（俗称：红桉）	Karri	*Eucalyptus* spp. *E. diversicolor*	澳大利亚	800~900	耐腐	无充分数据
10	蓝桉	Blue gum	*Eucalyptus* spp. *E. globulus*	欧洲栽培	700~800	不耐腐	不耐蚁蛀
11	边缘桉（俗称：红桉）	Karri	*Eucalyptus* spp. *E. marginata*	澳大利亚	790~900	强耐腐	中等耐蚁蛀
12	良木芸香	Pau amarelo	*Euxylophora paraensis*	南美洲	730~810	强耐腐	耐蚁蛀
13	欧洲水青冈（俗称：山毛榉、欧洲榉木）	European beech	*Fagus* spp. *F. sylvatica*	欧洲	690~750	不耐腐	不耐蚁蛀
14	香脂苏木	Agaba	*Cossweilerodendron balsamiferum*	西部非洲	480~510	耐腐~稍耐腐	不耐蚁蛀

序号	树种名称			产地	密度 (kg/m³)	心材天然耐久性	
	中文名	国外商品材名称	拉丁名			天然耐腐性	天然抗白蚁性
15	单叶银叶树 爪哇银叶树	Mengkulang Lumbayau	*Heritiera* spp. *H. simplicifolia* *H. javanica*	东南亚	680～720	稍耐腐	不耐蚁蛀
16	良木银叶树	Mengkulang Lumbayau	*Heritiera* spp. *H. utilis*	西部非洲	670～710	稍耐腐	中等耐蚁蛀
17	印茄（木）（俗称:波罗格）	Merbau	*Intsia* spp. *I. bijuga*	东南亚、巴布亚新几内亚	730～830	强耐腐～耐腐	中等耐蚁蛀
18	黑核桃	Black walnut	*Juglans* spp. *J. nigra*	北美洲	550～660	稍耐腐	无充分数据
19	甘巴豆（俗称:金不换）	Kempas	*Koompassia* spp. *K. malaccensis*	东南亚	850～880	耐腐	不耐蚁蛀
20	翼红铁木	Azobe	*Lophira* spp. *L. alata*	西部非洲	950～1100	耐腐 （变异性很大）	耐蚁蛀
21	曼森梧桐	Mansonia	*Mansonia* spp. *M. altissima*	西部非洲	610～630	强耐腐	耐蚁蛀
22	狄氏黄胆木	Badi	*Nauclea* spp. *N. diderrichii*	西部非洲	740～780	强耐腐	耐蚁蛀
23	绿心樟	Green heart	*Ocotea* *rodiei*	南美洲	980～1150	强耐腐	耐蚁蛀
24	大美木豆	Afrormosia	*Pericopsis* spp. *P. elata*	西部非洲	680～710	强耐腐～耐腐	耐蚁蛀
25	番龙眼	Taun, Kasai	*Pometia* spp. *P. pinnata*	东南亚、巴布亚新几内亚	650～750	稍耐腐	中等耐蚁蛀
26	非洲紫檀	African padauk	*Pterocarpus* spp. *P. soyauxii*	西部非洲	720～820	强耐腐	耐蚁蛀
27	红木棉	Alone, Bouma	*Rhodognaphalon* spp. *R. brevicuspe*	非洲	470～490	不耐腐	不耐蚁蛀
28	平滑娑罗双 黑脉娑罗双 粉绿娑罗双 （俗称:巴劳木）	Balau	*Shorea* spp. *S. laevis* *S. atrinervosa* *S. glauca*	东南亚	700～1150	耐腐	耐蚁蛀

序号	树种名称			产地	密度 (kg/m³)	心材天然耐久性	
	中文名	国外商品材名称	拉丁名			天然耐腐性	天然抗白蚁性
29	胶状娑罗双 吉索娑罗双 库特娑罗双	Red balau	*Shorea* spp. *S. collina* *S. guiso* *S. kunstleri*	东南亚	750~900	中等耐腐~稍耐腐	中等耐蚁蛀
30	柯氏娑罗双 疏花娑罗双	Dark red meranti	*Shorea* spp. *S. curtisii* *S. pauciflora*	东南亚	600~730	耐腐~稍耐腐	中等耐蚁蛀
31	大叶桃花心木	Mahogany, Mogno	*Swietenia* spp. *S. madrophylla*	中美洲、南美洲 加勒比	510~580 700~770	耐腐	不耐蚁蛀
32	柚木	Teak	*Tectona* spp. *T. grandis*	亚洲及其他国家 栽培	650~750	强耐腐	中等耐蚁蛀
33	白梧桐	Ayus	*Triplochitin* spp. *T. scleroxylon*	西部非洲	370~400	不耐腐	不耐蚁蛀
34	山榆 英国榆 平榆	Elm, Wych elm	*Ulmus* spp. *U. glabra* *U. procera* *U. laevis*	欧洲	630~680	稍耐腐	不耐蚁蛀

表 3 常用针叶材的可处理性

序号	树种名称			产地	密度 (kg/m³)	可处理性分级	
	中文名	国外商品材名称	拉丁名			心材	边材
1	欧洲冷杉 北美冷杉	Fir Silver Fir	*Abies* spp. *A. alba* *A. grandis*	欧洲、北美洲	440~480	2级~3级	2级(变异性很大)
2	贝壳杉	Agathis Damar minyak Kauri pine	*Agathis* spp. *A. dammara*	澳大利亚、新西兰 马来西亚 巴布亚新几内亚	430~550	3级	无充分数据
3	窄叶南洋杉	Parana pine Bunya pine Hoop pine	*Araucaria* spp. *A. angustifolia*	巴西	500~600	2级	1级
4	阿拉斯加扁柏	Yellow cedar	*Chamaecyparis* spp. *C. nootkatensis*	北美洲	430~530	3级	1级
5	日本柳杉	Sugi	*Cryptomeria*	东亚、欧洲栽培	280~400	3级	1级
6	落叶松	Larch European larch Westen larch	*Larix* spp. *L. gmelinii*	欧洲、日本	470~650	4级	2级(变异性很大)

序号	树种名称			产地	密度	可处理性分级	
	中文名	国外商品材名称	拉丁名		（kg/m³）	心材	边材
7	欧洲云杉	Spruce White spruce	*Picea* spp. *P. abies*	欧洲	440～470	3级～4级	3级（变异性很大）
8	西加云杉	Spruce White spruce	*Picea* spp. *P. sitchensis*	北美洲、欧洲栽培	400～450	3级	2级～3级
9	加勒比松	Caribbean pine	*Pinus* spp. *P. caribaea*	中美洲	710～770	4级	1级
10a	湿地松 长叶松 火炬松 萌芽松（短叶松） ［统称：南方松］	Slash pine Longleaf pine Loblolly pine Shortleaf pine ［Southern pine］	*Pinus* spp. *P. elliottii* *P. palustris* *P. taeda* *P. echinata*	北美洲	650～670	3级～4级	1级
10b	湿地松 火炬松 ［也统称：南方松］	Slash pine Loblolly pine ［Southern pine］	*Pinus* spp. *P. elliottii* *P. taeda*	中美洲、北美洲栽培	400～500	3级	1级
11	海岸松	Maritime pine	*Pinus* spp. *P. pinaster*	西南欧、南欧	530～550	4级	1级
12	辐射松	Radiata pine	*Pinus* spp. *P. radiata*	巴西、智利、澳大利亚、新西兰、南非栽培	420～500	2级～3级	1级
13	北美乔松	Yellow pine	*Pinus* spp. *P. strobus*	北美洲、欧洲栽培	400～420	2级	1级
14	北美黄杉（俗称：花旗松）	Douglas fir	*Pseudotsuga* spp. *P. menziesii*	北美洲、欧洲栽培	510～550 470～520	4级 4级	3级 2级～3级
15	欧洲红豆杉	European yew	*Taxus baccata*	欧洲	650～800	3级	2级
16	红崖柏（俗称：西部侧柏、红雪松）	West redc edar	*Thuja* spp. *T. plicata*	北美洲、英国栽培	330～390	3级～4级 3级～4级	3级 3级
17	异叶铁杉（俗称：西部铁杉）	Westen hemlock	*Tsuga* spp. *T. heterophylla*	北美洲、英国栽培	470～510	3级 2级	2级 1级

表 4 常用阔叶材的可处理性

序号	树种名称			产地	密度 (kg/m³)	可处理性分级	
	中文名	国外商品材名称	拉丁名			心材	边材
1	奥克榄(俗称:奥古曼)	Okoume	*Aucoumea klaineana*	西部非洲	430~450	3级	无充分数据
2	黄桦	Yellow birch	*Betula* spp. *B. alleghaniensis*	北美洲	550~710	1级~2级	1级~2级
3	北美白桦	Paper birch	*Betula* spp. *B. papyrifera*	北美洲	580~740	1级~2级	1级~2级
4	欧洲桦	European white birch	*Betula* spp. *B. pubescens*	欧洲	640~670	1级~2级	1级~2级
5	海棠木	Bintangor	*Calophyllum* spp. *C. inophyllum*	东南亚、巴布亚新几内亚	630~690	4级	2级
6	光皮山核桃 鳞皮山核桃 毛山核桃	Hickory	*Carya* spp. *C. glabra* *C. ovata* *C. tomentosa*	北美洲	790~830	2级	1级
7	香洋椿 劈裂洋椿	Cedro	*Cedrela* spp. *C. odorata* *C. fissilis*	中美洲、南美洲	450~600	3级~4级	1级~2级
8	龙脑香(俗称:克隆木、阿必东)	Keruing	*Dipterocarpus* spp. *D. alatus*	东南亚	740~780	3级(变异性很大)	2级
9	异色桉(俗称:红桉)	Karri	*Eucalyptus* spp. *E. diversicolor*	澳大利亚	800~900	4级	1级
10	蓝桉	Blue gum	*Eucalyptus* spp. *E. globulus*	欧洲栽培	700~800	3级	1级
11	边缘桉(俗称:红桉)	Karri	*Eucalyptus* spp. *E. marginata*	澳大利亚	790~900	4级	1级
12	良木芸香	Pau amarelo	*Euxylophora paraensis*	南美洲	730~810	3级~4级	无充分数据
13	欧洲水青冈(俗称:山毛榉、欧洲榉木)	European beech	*Fagus* spp. *F. sylvatica*	欧洲	690~750	1级	1级
14	香脂苏木	Agaba	*Cosstweilerodendron balsamiferum*	西部非洲	480~510	3级	1级
15	单叶银叶树 爪哇银叶树	Mengkulang Lumbayau	*Heritiera* spp. *H. simplicifolia* *H. javanica*	东南亚	680~720	3级	2级

序号	树种名称			产地	密度 (kg/m³)	可处理性分级	
	中文名	国外商品材名称	拉丁名			心材	边材
16	良木银叶树	Mengkulang Lumbayau	*Heritiera* spp. *H. utilis*	西部非洲	670~710	4级	3级
17	印茄(木)(俗称:波罗格)	Merbau	*Intsia* spp. *I. bijuga*	东南亚、巴布亚新几内亚	730~830	4级	无充分数据
18	黑核桃	Black walnut	*Juglans* spp. *J. nigra*	北美洲	550~660	3级~4级	1级
19	甘巴豆(俗称:金不换)	Kempas	*Koompassia* spp. *K. malaccensis*	东南亚	850~880	3级	1级~2级
20	翼红铁木	Azobe	*Lophira* spp. *L. alata*	西部非洲	950~1100	4级	2级
21	曼森梧桐	Mansonia	*Mansonia* spp. *M. altissima*	西部非洲	610~630	4级	1级
22	狄氏黄胆木	Badi	*Nauclea* spp. *N. diderrichii*	西部非洲	740~780	2级	1级
23	绿心樟	Green heart	*Ocotea rodiei*	南美洲	980~1150	4级	2级
24	大美木豆	Afrormosia	*Pericopsis* spp. *P. elata*	西部非洲	680~710	4级	1级
25	番龙眼	Taun, Kasai	*Pometia* spp. *P. pinnata*	东南亚、巴布亚新几内亚	650~750	3级~4级	2级
26	非洲紫檀	African padauk	*Pterocarpus* spp. *P. soyauxii*	西部非洲	720~820	2级	无充分数据
27	红木棉	Alone, Bouma	*Rhodognaphalon* spp. *R. brevicuspe*	非洲	470~490	1级	1级
28	平滑娑罗双 黑脉娑罗双 粉绿娑罗双 (俗称:巴劳木)	Balau	*Shorea* spp. *S. laevis* *S. atrinervosa* *S. glauca*	东南亚	700~1150	4级	1级~2级
29	胶状娑罗双 吉索娑罗双 库特娑罗双	Red balau	*Shorea* spp. *S. collina* *S. guiso* *S. kunstleri*	东南亚	750~900	4级(变异性很大)	2级

续表4

序号	树种名称			产地	密度（kg/m³）	可处理性分级	
	中文名	国外商品材名称	拉丁名			心材	边材
30	柯氏娑罗双 疏花娑罗双	Dark red meranti	*Shorea* spp. *S. curtisii* *S. pauciflora*	东南亚	600~730	4级（变异性很大）	2级
31	大叶桃花心木	Mahogany, Mogno	*Swietenia* spp. *S. madrophylla*	中美洲、南美洲 加勒比	510~580 700~770	4级	2级~3级
32	柚木	Teak	*Tectona* spp. *T. grandis*	亚洲及其他国家 栽培	650~750	4级	3级
33	白梧桐	Ayus	*Triplochitin* spp. *T. scleroxylon*	西部非洲	370~400	3级	1级
34	山榆 英国榆 平榆	Elm, Wych elm	*Ulmus* spp. *U. glabra* *U. procera* *U. laevis*	欧洲	630~680	2级~3级	1级

3.0.2 任何材料的构件设计都应符合现行国家标准《建筑结构可靠度设计统一标准》GB 50068 的规定，因此本条规定防腐木材构件的设计首先应符合该标准的规定。就设计原则而言，现行国家标准《木结构设计规范》GB 50005 的相关规定与《建筑结构可靠度设计统一标准》GB 50068 是一致的，在此基础上考虑木结构的特殊性，又作出了木结构的基本设计规定。除方木、原木外，现行国家标准《木结构设计规范》GB 50005 所规定的规格材和层板胶合木的设计指标，尚不满足现行国家标准《建筑结构可靠度设计统一标准》GB 50068 规定的可靠度要求，故本规范在构件设计时尚需对各类构件的承载力进行调整。调整办法详见本规范第 5 章及相关的条文说明。

3.0.3 除规格材外，不计防腐处理对木材设计指标的影响，故本条规定防腐木材的设计指标按现行国家标准《木结构设计规范》GB 50005 取用。设计指标由现行国家标准《木结构设计规范》GB 50005 按方木、原木、目测分等规格材、机械分等规格材和层板胶合木等分别给出。层板胶合木分为普通层板胶合木（视为同树种的方木、原木）、目测分等层板胶合木和机械弹性模量分等层板胶合木，后两类胶合木又分为同等组合胶合木、对称异等组合胶合木和非对称异等组合胶合木。现行国家标准《木结构设计规范》GB 50005 还规定，目测分等层板胶合木和机械弹性模量分等层板胶合木的设计指标应符合现行国家标准《胶合木结构技术规范》GB/T 50708 的规定，实际上就是指按该规范的规定取值。取用木材的设计指标时还应注意，设计指标需要随木结构的使用年限、使用条件及木构件的尺寸不同而调整，详细规定需参考现行国家标准《木结构设计规范》GB 50005。

为方便应用和参考，将现行国家标准《木结构设计规范》GB 50005 中关于方木、原木的强度等级划分以及各类木产品的设计指标规定列于表 5~表 11 中。

表5 方木、原木强度等级和适用树种

强度等级	组别	针叶材适用树种
TC17	A	柏木 长叶松 湿地松 粗皮落叶松
	B	东北落叶松 欧洲赤松 欧洲落叶松
TC15	A	铁杉 油杉 太平洋海岸黄柏 花旗松－落叶松 西部铁杉 南方松
	B	鱼鳞云杉 西南云杉 南亚松
TC13	A	油松 新疆落叶松 云南松 马尾松 扭叶松 北美落叶松 海岸松
	B	红皮云杉 丽江云杉 樟子松 红松 西加云杉 俄罗斯红松 欧洲云杉 北美山地云杉 北美短叶松
TC11	A	西北云杉 新疆云杉 北美黄松 云杉－松木－冷杉 铁杉－冷杉 东部铁杉 杉木
	B	冷杉 速生杉木 速生马尾松 新西兰辐射松
强度等级		阔叶材适用树种
TB20		青冈 椆木 门格里斯木 卡普木 沉水稍克隆 绿心木 紫心木 孪叶豆 塔特布木
TB17		栎木 达荷玛木 萨佩莱木 苦油树 毛罗藤黄
TB15		锥栗（椎木） 桦木 黄梅兰蒂 梅萨瓦木 水曲柳 红劳罗木
TB13		深红梅兰蒂 浅红梅兰蒂 白梅兰蒂 巴西红厚壳木
TB11		大叶椴 小叶椴

表6 方木、原木的强度设计值和弹性模量（N/mm²）

强度等级	组别	抗弯 f_m	顺纹受压及承压 f_c	顺纹受拉 f_t	顺纹受剪 f_v	横纹承压 $f_{c,90}$			弹性模量 E
						全面积	局部面积	受拉螺栓垫板下	
TC17	A	17	16	10	1.7	2.3	3.5	4.6	10000
	B		15	9.5	1.6				
TC15	A	15	13	9.0	1.6	2.1	3.1	4.2	10000
	B		12	9.0	1.5				

强度等级	组别	抗弯 f_m	顺纹受压及承压 f_c	顺纹受拉 f_c	顺纹受剪 f_v	横纹承压 $f_{c,90}$ 全面积	横纹承压 $f_{c,90}$ 局部齿面	横纹承压 $f_{c,90}$ 受拉螺栓垫板下	弹性模量 E
TC13	A	13	12	8.5	1.5	1.9	2.9	3.8	10000
	B		10	8.0	1.4				9000
TC11	A	11	10	7.5	1.4	1.8	2.7	3.6	9000
	B		10	7.0	1.2				
TB20	—	20	18	12	2.8	4.2	6.3	8.4	12000
TB17	—	17	16	11	2.4	3.8	5.7	7.6	11000
TB15	—	15	14	10	2.0	3.1	4.7	6.2	10000
TB13	—	13	12	9.0	1.4	2.4	3.6	4.8	8000
TB11	—	11	10	8.0	1.3	2.1	3.2	4.1	7000

表7 北美地区进口目测分等规格的强度设计值和弹性模量(N/mm²)

树种名称	等级	截面最大尺寸(mm)	抗弯 f_m	顺纹抗压 f_c	顺纹抗拉 f_t	顺纹抗剪 f_v	横纹承压 $f_{c,90}$	弹性模量 E
花旗松-落叶松类(南部)	I_c	285	16	18	11	1.9	7.3	13000
	II_c	285	11	16	7.2	1.9	7.3	12000
	III_c		9.7	15	6.2	1.9	7.3	11000
	IV_c,V_c		5.6	8.3	3.5	1.9	7.3	10000
	VI_c	90	11	18	7.0	1.9	7.3	10000
	VII_c		6.2	15	4.0	1.9	7.3	10000
花旗松-落叶松类(北部)	I_c	285	15	20	8.8	1.9	7.3	13000
	II_c	285	9.1	15	5.4	1.9	7.3	11000
	III_c		9.1	15	5.4	1.9	7.3	11000
	IV_c,V_c		5.1	8.8	3.5	1.9	7.3	10000
	VI_c	90	10	19	6.2	1.9	7.3	10000
	VII_c		5.6	15	3.5	1.9	7.3	10000
铁杉-冷杉(南部)	I_c	285	15	14	9.9	1.6	4.7	11000
	II_c	285	11	15	6.7	1.6	4.7	10000
	III_c		9.1	14	5.6	1.6	4.7	9000
	IV_c,V_c		5.4	7.8	3.5	1.6	4.7	8000
	VI_c	90	11	17	6.7	1.6	4.7	9000
	VII_c		5.9	14	3.5	1.6	4.7	8000
铁杉-冷杉(北部)	I_c	285	14	18	8.3	1.6	4.7	12000
	II_c	285	11	16	6.2	1.6	4.7	11000
	III_c		11	16	6.2	1.6	4.7	11000
	IV_c,V_c		6.2	9.1	3.5	1.6	4.7	10000
	VI_c	90	12	19	7.0	1.6	4.7	10000
	VII_c		7.0	16	3.8	1.6	4.7	10000
南方松	I_c	285	20	19	11	1.9	6.6	12000
	II_c	285	13	17	7.2	1.9	6.6	12000
	III_c		11	16	5.9	1.9	6.6	11000
	IV_c,V_c		6.2	8.8	3.5	1.9	6.6	10000
	VI_c	90	12	19	6.7	1.9	6.6	10000
	VII_c		6.7	16	3.8	1.9	6.6	9000
云杉-松木-冷杉类	I_c	285	13	15	7.5	1.4	4.9	10300
	II_c	285	9.4	15	4.8	1.4	4.9	9700
	III_c		9.4	15	4.8	1.4	4.9	9700
	IV_c,V_c		5.4	7.0	2.7	1.4	4.9	8300
	VI_c	90	11	15	5.4	1.4	4.9	9000
	VII_c		5.9	12	2.9	1.4	4.9	8300

树种名称	等级	截面最大尺寸(mm)	抗弯 f_m	顺纹抗压 f_c	顺纹抗拉 f_t	顺纹抗剪 f_v	横纹承压 $f_{c,90}$	弹性模量 E
其他北美树种	I_c	285	9.7	11	4.3	1.2	3.9	7600
	II_c		6.4	9.1	2.9	1.2	3.9	6900
	III_c		6.4	9.1	2.9	1.2	3.9	6900
	IV_c,V_c		3.8	5.4	1.6	1.2	3.9	6200
	VI_c	90	7.5	11	3.2	1.2	3.9	6900
	VII_c		4.3	9.4	1.9	1.2	3.9	6200

表8 机械分等规格材的强度设计值和弹性模量(N/mm²)

强度名称	M10	M14	M18	M22	M26	M30	M35	M40
抗弯 f_m	8.20	12	18	21	25	29	33	
顺纹抗拉 f_t	5.0	7.0	9.0	11	13	15	17	20
顺纹抗压 f_c	14	16	17	18	19	21	22	24
顺纹抗剪 f_v	1.1	1.3	1.6	1.9	2.2	2.4	2.8	3.1
横纹承压 $f_{c,90}$	4.8	5.0	5.1	5.3	5.4	5.6	5.8	6.0
弹性模量 E	8000	8800	9600	10000	11000	12000	13000	14000

表9 同等组合胶合木的强度设计值和弹性模量(N/mm²)

强度等级	抗弯 f_m	顺纹抗压 f_c	顺纹抗拉 f_t	弹性模量 E
TCT30	30	27	21	12500
TCT27	27	25	19	11000
TCT24	24	22	17	9500
TCT21	21	20	13	8000
TCT18	18	17	13	6500

表10 对称异等组合胶合木的强度设计值和弹性模量(N/mm²)

强度等级	抗弯 f_m	顺纹抗压 f_c	顺纹抗拉 f_t	弹性模量 E
TCYD30	30	25	20	14000
TCYD27	27	23	18	12500
TCYD24	24	22	17	1100
TCYD21	21	18	13	9500
TCYD18	18	15	11	8000

表10中,当验算荷载的作用方向与层板窄边垂直时(如梁的侧向弯曲),抗弯强度设计值 f_m 应乘以 0.7 的降低系数,弹性模量 E 应乘以 0.9 的降低系数。

表11 非对称异等组合胶合木的强度设计值和弹性模量(N/mm²)

强度等级	抗弯 f_m 正弯曲	抗弯 f_m 负弯曲	顺纹抗压 f_c	顺纹抗拉 f_t	弹性模量 E
TCYF30	28	17	21	18	13000
TCYF27	25	19	19	17	11500
TCYF24	23	17	15	15	10500
TCYF21	20	15	15	13	9000
TCYF18	17	13	13	11	6500

表11中,当验算荷载的作用方向与层板窄边垂直时(如梁的侧向弯曲),抗弯强度设计值 f_m 应乘以 0.7 的降低系数,弹性模量 E 应乘以 0.9 的降低系数。

3.0.4 规格材有时需经刻痕处理,其载药量或透入度才能达到要求,但这种处理方法会损伤木纤维,损伤程度对规格材的力学性能的影响已不可忽视,故需对规格材的设计指标予以折减。我国目前尚未见相关的研究成果,本条系参照美国《木结构设计规范》NDS—2005 的相关规定制定的。刻痕处理对其他木产品力学性能的影响,目前世界各国的设计规范中都未予考虑。

3.0.5 木材的使用寿命与使用环境密切相关,也与生物(主要是腐朽菌和白蚁)对木材的危害等级相关。为了使木质建筑材料经久耐用,除了要考虑当地的腐朽因素外,还必须考虑虫害特别是白蚁的危害情况。分类考虑了对室外地上用木材是否进行保护及进行何种程度保护的重要依据,也对室内结构用材的环境危害程度以及所需要的设计和保护手段提供了参考。

4 材料选择

4.1 木 材

4.1.1 木材防腐处理应由专业工厂加压浸渍。由于木材边材的可处理性比心材好,因此边材比例大的木材(树种)更适宜用作防腐处理,如南方松、辐射松。而心材比例大的木材(树种),如花旗松,进行防腐处理时,大多需要预处理(刻痕)。对于药物难浸入的木材,可采用刻痕处理。本条涉及工程安全质量,为强制性条文,必须严格执行。防腐木材工程应用在一些特殊环境、特殊地点或承重结构等特殊部位,其使用必须严格按照分类进行。质量不达标或防腐等级不符合应用环境的防腐木材应用到工程中,易遭受蛀虫、白蚁、木腐菌的侵害,导致木材败坏,给工程整体质量和安全埋下巨大隐患,甚至导致建筑坍塌危及人员安全。

埋入混凝土或砌体中,等同于接触土壤的使用条件。在户内与土壤接触的条件,属于 C4.1。

4.1.3 当防腐木材及制品为非承重结构时,其心材透入度不作要求。当防腐木材及其制品为承重结构时,使用分类 C5 的心材透入度应达到 8mm。防腐木材材质指标和防腐质量是防腐木材使用年限的根本保证,上述各项要求应严格执行,达不到标准的防腐木材,在施工前应拒绝使用。

4.1.4 本条对防腐木材作出规定。

1 为便于与国际通用规则接轨,防腐木材及产品出口时,推荐使用图1的方法和符号进行标记。

如获买方同意,以上信息可以采用其他方式标记在防腐木材或产品上。

防腐木材常用规格:墙板常用规格为 10mm、12mm、16mm、20mm、25mm、30mm、38mm;家装用木龙骨常用规格为 20mm×30mm、30mm×30mm、30mm×40mm;木屋用木龙骨常用规格为 40mm×90mm、40mm×140mm、40mm×184mm;防腐木地板常用规格为 20mm×90mm、40mm×100mm、50mm×120mm;木柱常用规格为 90mm×90mm、95mm×95mm、100mm×100mm、120mm×120mm、150mm×150mm、180mm×180mm、200mm×200mm、250mm×250mm、300mm×300mm。

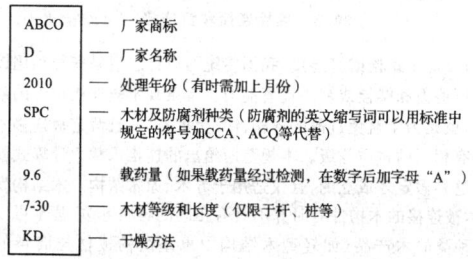

ABCOD	—— 厂家商标
D	—— 厂家名称
2010	—— 处理年份(有时需加上月份)
SPC	—— 木材及防腐剂种类(防腐剂的英文缩写词可以用标准中规定的符号如 CCA、ACQ 等代替)
9.6	—— 载药量(如果载药量经过检测,在数字后加字母"A")
7-30	—— 木材等级和长度(仅限于杆、桩等)
KD	—— 干燥方法

图 1 出口防腐木材及产品标记

3 按照现行国家标准《锯材干燥质量》GB/T 6491 的要求,干燥锯材的干燥质量规定为四个等级。干燥质量指标包括平均最终含水率、干燥均匀度、锯材厚度上含水率偏差、残余应力指标和

可见干燥缺陷。防腐木材二次窑干的干燥质量应符合现行国家标准《锯材干燥质量》GB/T 6491 的相关要求。

4.1.5 本条对海事工程用防腐木材作出规定。

2 海事工程中海桩木常用规格为 200mm×200mm、200mm×250mm、220mm×260mm、300mm×300mm 和 300mm×350mm。

4.1.7 本条对矿用木支护与矿用枕木的防腐木材作出规定。

1 矿用枕木和矿用木支护所要求的载药量高、透入度大,故宜选用易进行防腐处理的木材。

4.1.9 属于危险化学品的木材防腐剂,其包装、运输、储存和使用、事故应急救援应遵守《危险化学品安全管理条例》的相关规定。

4.2 防 腐 剂

4.2.1 防腐木材工程应用中使用的防腐剂应具有毒杀木腐菌和害虫的功能、稳定性和持久性,且不应显著增加木材的吸湿性,不应危及人畜健康,不应污染环境。

4.2.2 因施工需要,施工现场需使用防腐剂原液和浓液,对防腐木材进行涂刷等,故本条对现场需使用的防腐剂作出规定。

4.3 金属连接件

4.3.1 本条参照现行国家标准《木结构设计规范》GB 50005—2003 中第 3.2 节的规定。

4.3.2 某些防腐剂可能对金属材料具有腐蚀作用,故选用金属材料及螺栓时应考虑采用耐腐蚀的连接件。海水对金属的腐蚀性较强,应尽可能选择耐腐蚀的金属连接件,不应用铁、铜或铝质制品,避免使用过程中生锈腐蚀,影响连接牢度。

5 构件设计计算

5.1 轴心受拉和轴心受压构件

5.1.1、5.1.2 轴心受拉和轴心受压构件的设计计算中,引入了承载力调整系数。对方木、原木构件,承载力调整系数为 1.0,其他木产品构件都采用了小于 1.0 的系数。现行国家标准《木结构设计规范》GB 50005 已明确说明,按所规定的方木、原木的设计指标,顺纹受拉构件的可靠指标为 4.3,顺纹受压构件的可靠指标为 3.8,符合现行国家标准《建筑结构可靠度设计统一标准》GB 50068 中关于安全等级为二级的一般工业与民用建筑,延性破坏构件的可靠指标不应低于 3.2,脆性破坏构件的可靠性指标不应低于 3.7 的规定,故承载力调整系数取 1.0。

对于层板胶合木,我国按所用层板的种类分为普通层板胶合木、目测分等层板胶合木和机械分等层板胶合木。其中的普通层板胶合木,强度指标的取值与同树种的方木、原木相同,故承载力调整系数与方木、原木相同。

对于规格材、目测分等层板胶合木和机械分等层板胶合木,其设计指标系由美国《木结构设计规范》NDS—1997 规定的设计指标转换而来。现经可靠度验算,现行国家标准《木结构设计规范》GB 50005 所规定的设计指标符合北美可靠性的要求(北美木结构的可靠性指标为 2.4~2.8,平均值为 2.6),尚达不到我国的可靠性要求。因而构件设计计算中需要对构件的承载力进行调整,使设计符合我国可靠性指标的规定,故引入承载力调整系数。

本规范所给出的承载力调整系数系根据可靠度验算,在满足现行国家标准《建筑结构可靠度设计统一标准》GB 50068 规定的可靠度要求的前提下给出的。对于目测分等规格材,考虑不同树

种和恒载分别与住宅可变荷载、办公楼楼面荷载以及屋盖雪荷载效应组合,在可变荷载与恒载效应比值为 0.25、0.5、1.5、2.0 的不同情况下进行可靠度验算。取荷载效应比值对应的最低可靠度计算值满足可靠度要求,各树种和目测等级对应的平均可靠度计算值满足可靠度要求,由此计算出应有的抗力分项系数。由现行国家标准《木结构设计规范》GB 50005 所规定的设计指标计算出实有的抗力分项系数,实有抗力分项系数与应有抗力分项系数的比值即为本规范所采用的承载力调整系数。对于目测分等层板胶合木和机械分等层板胶合木,除考虑上述荷载效应组合外,增加了风荷载效应组合,强度按正态分布,变异系数取 $v_m = 0.16$ 计(见现行国家标准《胶合木结构技术规范》GB/T 50708 第 7 章构件防火设计条文说明),按不同荷载效应组合和不同荷载效应比值下的最低可靠度满足现行国家标准《建筑结构可靠度设计统一标准》GB 50068 的要求,不同组坯、强度等级取平均值满足现行国家标准《建筑结构可靠度设计统一标准》GB 50068 的要求来确定承载力调整系数。对于机械分等规格材,在目前缺乏研究资料的情况下,其强度分布函数及其统计参数作最理想的假定,与层板胶合木一致,$v_m = 0.16$,符合正态分布,经进行与目测分等规格材相同的验算,确定承载力调整系数。

关于轴心受压构件稳定承载力的验算,我国原有稳定系数的计算方法仅适用于方木、原木结构,不适用于规格材和胶合木等现代木产品构件。受压构件的稳定系数和受弯构件的侧向稳定系数的理论分析结果表明,稳定系数 φ 应与 E/f 存在正相关关系。又由于木材的抗压、抗弯强度随荷载持续时间的增长而降低,故稳定系数应随荷载持续时间的增加而增大。我国原有的稳定系数计算方法均未体现这两个特点,导致其取值保守,特别是在长细比较大的情况下,更为明显。另一方面,如果进口规格材和胶合木构件的稳定系数仍采用原有计算公式,会导致其取值与国外规范相比差过大。各类木产品构件的稳定系数也应采用与方木、原木和规格材形式一致的计算式。因此,本规范对我国原有轴心受压木构件稳定系数的计算式进行了调整,使之既适用于方木、原木构件,也适用于规格材和胶合木等现代木产品构件。

轴心受压构件稳定系数计算式调整的原则是,对于原木、方木构件,TC17~TC15 受压构件的稳定系数基本上与我国历次设计规范取值一致,因此其平均稳定系数基本不作变动;对于 TC13~TC11,需要考虑的是低强度等级树种的木材,E/f 值往往高于高强度等级树种木材,其稳定系数应相对较高,而不是更低。本次调整中为消除这一矛盾,采用与 TC17、TC15 一致的计算式。对于进口规格材和层板胶合木受压和受弯构件的稳定系数,我国未作过系统的试验研究,本次调整参照美国《木结构设计规范》NDS—2005 的取值进行,但考虑了荷载持续时间对强度取值的不同。在稳定系数的计算形式上,仍沿用我国习惯,采用分段形式,且使受压、受弯构件的稳定系数的计算在形式上也统一。调整后,稳定系数计算的误差一般在 10% 以内,多数情况在 5% 以内。

5.2 受弯构件

5.2.1 与轴心受拉、受压构件同理,在满足我国可靠性指标要求的前提下,对方木、原木受弯构件的承载力验算无需调整,对其他木产品受弯构件的承载力验算应按本规范规定的承载力调整系数予以调整。

5.2.2 我国木结构设计计算理论长期以来并未涉及受弯构件的侧向稳定问题,原因是我国木结构设计计算理论基本基于方木、原木结构,受弯构件一般并不细长。随着规格材和胶合木的工程应用,受弯构件趋于细长,侧向稳定问题不容忽视。本着稳定系数计算结果应与国外规范同类构件的计算结果基本一致,且与受压构件稳定系数计算式形式上也宜相近,便于工程应用的原则,本规范给出了一个有别于各国的回归计算式,该式的计算精度与国外规范比,误差也基本在 10% 以内,多数情况下在 5% 以内。

5.2.3 对于抗剪承载力计算,美国《木结构设计规范》NDS—2005 仍根据清材小试件的试验结果给出各类木产品的抗剪强度设计值,这种做法与现行国家标准《木结构设计规范》GB 50005 关于方木、原木设计指标的确定方法是一致的。故本规范建议仍按树种确定各类木产品的设计指标,即按现行国家标准《木结构设计规范》GB 50005 规定的方木、原木的抗剪强度设计值取用,设计时不必对承载力进行调整。

5.2.4、5.2.5 木材的横纹承压强度,不管是哪类木产品,国内外都是基于清材小试件的试验结果给出各类木产品的抗剪强度设计值。由于受缺陷影响小,同一树种不同强度等级木材的横纹承压强度基本相同。因此,本规范规定各类木产品木材的横纹承压强度一律取用树种所在强度等级的方木、原木的设计指标,并且无需考虑承载力调整。

5.2.6 在持续荷载作用下,木材发生蠕变。木结构正常使用极限状态的验算应考虑蠕变变形的影响,这是世界各国木结构设计通常的做法。我国的习惯计算方法是通过仅计算受弯构件的短期挠度,达到控制长期挠度的目的,即通过采用严格的短期变形限值,使受弯构件的长期挠度也符合正常使用极限状态的要求。这一点在结构设计时是应予注意的。

6 连接设计计算

6.1 齿 连 接

6.1.1 "宜采用下弦杆净截面的中心线作为轴线",即宜使上弦杆轴线、下弦杆净截面的中心线及支座反力作用线汇交于一点;对于原木桁架,可采用毛截面的中心线作为下弦杆的轴心,即可使上弦杆轴线、下弦杆毛截面的中心线及支座反力作用线汇交于一点。

齿连接的工作性能很大程度上取决于其正确的构造设计,本条对单齿、双齿连接的构造要求作了详细规定。

6.1.2 齿连接通过抵承传递压力,弦杆在齿槽处斜纹受压、受剪。由于木材的抗压、抗剪强度受木材缺陷的影响小,同一树种不同强度等级木材的抗压、抗剪强度差别不大,故本条规定各类木产品均按方木、原木的设计指标取用,而不必进行承载力调整。

6.1.3 采用保险螺栓的目的是为了一旦齿连接发生受剪破坏,能通过螺栓受拉阻止上、下弦杆的相对滑移,避免突然性倒塌,为桁架修复提供保障。式(6.1.3-1)中的 60° 是考虑了上、下弦杆之间的摩擦力影响;采用式(6.1.3-2)的强度调整系数,是考虑到螺栓仅在抗剪失效时参与工作,对其强度设计值予以提高。双齿连接设计时尚需注意,每一齿槽上都应设置一枚保险螺栓。

6.2 螺栓连接和钉连接

6.2.1 对于螺栓或钉连接,我国传统的设计思想是充分利用销槽的承压能力和螺栓或钉的抗弯能力。本条规定被连接构件的最小厚度,就是为了避免过薄的木构件发生劈裂,并且假定被连接木构件具有相同的材质等级。本规范所给出的连接承载力计算式就是基于这种假定才成立的,且仅适用于方木、原木结构。木结构发展至今,被连接的木构件有时并不具有相同的材质等级,甚至可以是不同种类的木产品(如轻型木结构中木基结构板材与墙骨的连接),我国螺栓或钉连接承载力的设计计算显然需要改进和扩展。本规范所规定的计算方法是将各类木产品的螺栓或钉连接均近似按方木、原木处理,是一种偏于保守的做法。

6.2.2 螺栓连接或钉连接的承载力实际上取决于销槽的承压强度和钢材的抗弯强度,欧美各国的设计规范一般按此两项强度设计值计算。我国所给出的计算公式是基于木材顺纹抗压强度的试验回归结果，在节点连接采用相同材质等级木材和破坏模式相同的情况下，计算结果与国外规范相差并不大，故本规范仍采用我国习惯计算方法计算各类木产品螺栓或钉连接的承载力，但仅适用于被连接构件采用相同材质等级的木材，并要求各类木产品均按树种所在强度等级的方木、原木的轴心抗压强度取值。对于不同材质等级木材的节点连接，其承载力计算尚有待于我国从事木结构的科技人员进一步研究。

7 施 工

7.1 一般规定

7.1.2 本条从人员安全防护的角度对防腐木材的施工过程提出了相关控制要求。

7.1.4 原则上，防腐木材在进入施工前应加工至最终尺寸，在施工现场不应再进行锯、切、钻等工序。如确实难以避免，应在新的切口或孔眼处涂刷渗透性强的防腐剂2遍～3遍。在施工安装过程中，如果防腐木材被机械磨损或损伤，暴露出未浸渍防腐剂的木材表面时，应及时采取补救措施，用渗透性强的防腐剂涂刷2遍～3遍。透入度及载药量取样分析时，如果采用空心钻取样，应用相同木材防腐剂加压处理的木芯将取样留下的钻孔塞紧。

7.1.6 矿用木支护与矿用枕木工程因其特殊性，其质量验收按现行国家标准《煤矿井巷工程质量验收规范》GB 50213 的相关要求执行。

7.1.10 本条涉及人员和环境安全，为强制性条文。防腐剂中含有重金属成分的防腐处理材，应进行回收集中处理。严禁随意丢弃，因防腐材中的药剂若流失则有污染土壤和水源的危险。为避免防腐木材废料对人员健康和环境保护产生有害影响，施工现场防腐木材再加工过程中产生的锯切边角料、锯屑、刨花、凿洞碎料等，应集中装袋，运到指定地点进行处理后挖坑填埋，填埋地点应远离人、畜居住活动的地方和水源地，埋深达2m以上，不易被一般的耕种或沟渠开挖等作业造成裸露。

7.2 房屋建筑工程

7.2.4 本条对木结构中应采取防潮和通风构造措施的部位进行了规定。

3 露天结构可在构件之间留有空隙（连接部位除外），以在构造上避免积水。

7.2.5 本条对防腐木材工程的维护进行了规定。

2 采用螺丝固定的板材厚度较小，安装木材干湿度不统一时，经180d后木材的干湿平衡度基本达到统一，会产生局部干缩，造成钉帽突出和松动，需检查维护。

3 结构用木材通常截面规格较大，含水率较高，且心材部分在安装后360d后会自然干燥，产生收缩干裂，因潮湿白蚁危害严重的区域，腐朽菌和白蚁可从木材裂缝侵入，故需对裂缝进行专门处理。

7.3 园林景观工程

7.3.1 亭、廊、栅架构架类的防水卷材的安装，卷材铺设应平顺、贴实，尽量减少褶皱，铺设后及时压载或锚固。其平整度应在容许的范围内平缓变化，坡度均匀，卷厚一致。无开裂、无明显尖突、凹凸不平；应合理布置每片防水卷材的位置，力求接缝最少；铺设不

论是边坡还是场底，应平整、顺直，避免出现褶皱、波纹，以使两幅对正、搭接。搭接宽度按设计要求。多彩瓦的安装应按照多彩玻纤瓦的安装指南，使用正确型号、尺寸和等级的钉子；应从屋面底部开始向上铺设多彩玻纤瓦，在此过程中确保不影响多彩瓦屋面的耐用性和美观性；应选用镀锌防锈钉并应按照多彩玻纤瓦的安装要求确定钉子的位置，钉子的位置应位于装饰缝上方16mm，距离两端25mm，且距每个装饰缝中心左、右各25mm处；固定钉子前，多彩玻纤瓦要排列整齐，以免钉子外露；每张多彩玻纤瓦使用不少于4枚钉子。

7.3.2 本条对栅栏栏杆类安装作出规定。

2 一般栅栏越高，立柱的间距越小，以确保栅栏的稳固性。

7.3.3 常用龙骨搭接方法有3种：斜接、对接、错位搭接，见图2。

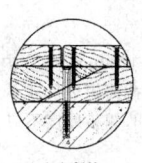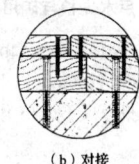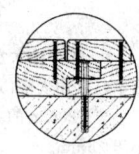

(a) 斜接　　　　(b) 对接　　　　(c) 错位搭接

图2 龙骨搭接方法

木龙骨安装前应先进行场地检查，检查施工场地是否满足施工要求。重点检查场地水泥基层强度及平整度，也要检查施工现场其他作业班组是否影响木地板工程施工。确认场地完全满足施工要求后，方可组织进场施工。

7.3.6 园林景观建筑用的防腐木材，长时间暴露在室外不同气候环境下使用，在安装施工完后应在木材表面涂刷功能性优、环保性好、耐候性强的户外水封涂料或油漆。

7.4 海事工程

7.4.1 本节适用于经常接触海水的桩木、护木、压木、木栈道、浮码头、海岸防护、下水坡道等的施工。

7.4.4 海岸防护工程应符合现行国家标准《堤防工程设计规范》GB 50286 的有关规定。

7.4.7 本条对浮码头的安装进行了规定。

1 浮码头是游艇的停泊场。桩柱式浮码头是以防腐木海桩或混凝土桩为柱，浮码头沿桩柱上下滑动。无桩柱式浮码头是一项新的海事工程技术，以青岛奥帆赛基地浮码头为例，该浮码头清晰、美观，具有良好的视觉空间，浮码头的主体是特殊配方混凝土制成的构件，桩基为高性能橡胶拉簧，拉簧可使浮码头始终浮在水面，在5m潮差、1m波高的极限情况下也能使甲板（干舷）到水面的高度保持在0.5m。浮码头平面距水面控制在0.5m之内，人们可以在上面自由行走。

4 当游艇或船舶停靠浮码头时，需充电、照明、清洗、加水等，所以需安装水电等配套设施。

7.4.8 本条对下水坡道的安装进行了规定。

1 下水坡道是用于人员和小型（无动力）船舶上下水使用的，下水坡道可采用铰接式并配以近水式浮箱平台，也可采用固定式下水坡道。固定式坡道的优点是承载力大，可承载较大型拖带机械。下水坡道的坡度应小于1∶8或10°是依据国际帆联的规定。

3 本款规定是由于铺面板的底面往上安装，可以使铺面板上表面无钉帽，以防伤人。

7.4.10 本条对海事工程的维护和保养进行了规定。

1 维护与维修队伍应经过专业培训，具备相应的海事工程、防腐木材等的知识，充分了解海事工程的特殊性，尤其是船舶撞击、海浪冲击等。

3 加工为圆角或弧形是为了防止伤人。

7.5 古建筑的修缮

7.5.2 古建筑木构件材质的勘查过程中，要对木构件的腐朽程度、虫蛀的个数、深度、蛀孔大小以及白蚁侵食的深度、范围，木构件内部被虫蛀空，白蚁食空的程度、范围等，都要进行分级和标识。

参照相关国家标准《木材耐久性能　第2部分：天然耐久性野外试验方法》GB/T 13942.2 及福建地方标准《风貌建筑加固修复工程施工质量安全与技术规程》DBJ13 的要求，把各等级的腐朽和虫蛀列表说明。以上判定方法和标准是多年实践的总结，部分为现场测定值，在实际勘查中操作人员及使用工具的不同，对标准的掌握会略有差异，因此，腐朽和虫蛀等级应该是一个定性的判定。实践证明，这种判定方法和标准对于修缮设计具有很高的参考价值。

7.6 矿用木支护与矿用枕木

7.6.1 矿用枕木常用规格为 120mm×140mm×1200mm，木支护用木材常用规格：立柱用原木 ϕ200mm 以上或横截面短边尺寸不应小于 120mm 的方木，顶板厚度不应小于 30mm，侧板厚度不应小于 25mm。

7.6.4 本条中轨道铺设标准按照《煤矿各工种操作规程》中《铺道工操作规程》的要求制定。

7.7 铁道枕木

本节适用于防腐普枕、岔枕、桥枕等。

8 检验验收

8.1 进场检验

8.1.2 施工材料进场均要进行验收，验收程序根据现行国家标准《建筑工程施工质量验收统一标准》GB 50300—2001 第6章的要求执行。

8.1.4 当与防腐木材工程相关的任何一方，包括甲方、乙方或监理方等，对抽样检验的结果，包括防腐木材的载药量、边材透入度、材料的规格尺寸，金属连接件等产品质量有异议，以及在设计文件或甲、乙双方在合同中有双倍抽样复检要求时，应在原抽样送检的同一批次中，再次抽取样本进行检验，样本量为抽样检验时的2倍，以决定该批材料是否通过验收。

8.1.5 防腐木材样品检测可按以下方法进行：

1 防腐木产品取样应按现行行业标准《防腐木材及木材防腐剂取样方法》SB/T 10558 的有关规定执行。

当双方对取样方法有约定时，应按与客户协商的取样标准进行。

2 含铜、铬、砷样品的湿灰化消解应按现行国家标准《防腐木材化学分析前的预处理方法》GB/T 27652 的有关规定执行，并应进行空白样测试。也可采用下列湿灰化方法消解：

1）称取约 5g 粉碎好的样品（精确至 0.1mg），置于 250mL 锥形瓶中，加入 50mL 硫酸溶液（2.5mol/L）和 10mL 过氧化氢溶液（30%水溶液），混合均匀，于 75℃±1℃ 的水浴中振荡加热 30min，用慢速滤纸将溶液过滤至 250mL 锥形瓶中，并用不超过 100mL 的水彻底清洗残渣和滤纸。加热滤液至停止冒泡（即过氧化氢全部分解），冷却至室温，将滤液转移至 250mL 容量瓶中，加入 25mL 硫酸钠溶液（30g/L），用水定容至刻度，摇匀，用原子荧光光谱仪测定。同时进行空白样测试。

2）称取 1g 经过干燥的木粉样品（精确至 0.1mg）至消解杯，加入 10mL 浓盐酸，消解杯上盖上一个玻璃皿，或者真空回收装

置，将样品置于电热板上，在 95℃±5℃ 条件下加热、回流 15min，直到消解液体积减少到 5mL 左右。或者在 95℃±5℃ 条件下加热 2h，直到消解液不再沸腾，避免将消解液煮干。如果采用微波消解的话，在 95℃±5℃ 条件下消解 6min。当溶液不沸腾时开始计时，再保持 10min，以便将消解液中的酸排除干净。冷却后，将消解液转移到 100mL 容量瓶，并用去离子水定容。如果消解液中有颗粒状的不溶物，应通过离心（2000rpm～3000rpm，10min）或者采用 Whatman No.41 滤纸或过滤器进行过滤，将其除去，或将定容后的溶液静置一段时间待用。定容后的消解液中大约含有 5% 的硝酸，在分析前根据适当的比例进行稀释，并根据仪器条件，添加相应的试剂如基体改进剂等。同时进行空白样测试。

3）称取约 0.5g 木粉（精确至 0.1mg），置于 250mL 烧杯（或三角瓶）中，用少量水润湿，再加入 5.0mL 浓硫酸，如果待测样品为 CCA（铜铬砷防腐剂）防腐处理材，需另外加入 8mL 30% 的过氧化氢。在 75℃ 条件下保持 30min，冷却至室温，将消解液移入 200mL 容量瓶，用去离子水定容，并过滤，滤液待用。同时进行空白样测试。

4）称取约 1g 试样（精确至 0.1mg），置于 250mL 烧杯（或三角瓶）中，加入 5mL 浓硫酸，于加热板上加热至炭化，待冒白烟后，小心滴加硝酸至反应结束，溶液澄清后，冷却，将溶液转移到 100mL 容量瓶中，以水冲洗烧杯 3 次以上，并定容混匀待用。同时进行空白样测试。

3 含铜、铬、砷样品的干法消解时应称取约 1g 试样（精确至 0.1mg），置于 30mL 瓷坩埚中，在电炉上明火加热至炭化变黑，将样品全部转移到马弗炉中，500℃ 条件下灰化 2h，冷却，先后加入 2mL 浓硫酸和 5mL 浓硝酸，加热溶解灰状物，冷却后，将溶液转移到 100mL 容量瓶中，以水冲洗坩埚 3 次以上，并将冲洗液转移至容量瓶中，定容混匀待用。同时应进行空白样测试。

4 含铜、铬、砷样品的微波消解时应称取约 0.5g 试样（精确至 0.1mg），置于 100mL 微波消解罐中，加入 10mL 硝酸和 4mL 过氧化氢，放置片刻，待剧烈反应完成后，首先在 12min 内升温到 120℃，保持 12min，再在 6min 内升温到 180℃，保持 30min，待消解罐冷却后，将消解液转移到 100mL 容量瓶中，以去离子水冲消解罐内壁 3 次以上，并将冲洗液转移至容量瓶中，定容混匀待用。同时进行空白样测试。

5 季铵盐萃取时用植物粉碎机将待测样品粉碎至通过 30 目标准筛之后将木粉在 103℃±2℃ 的烘箱中干燥至恒重，称取 1.5g（精确至 0.1mg），置于 30mL 的具塞聚四氟乙烯萃取瓶中，用移液管准确加入 25mL 0.1mol/L 盐酸-乙醇萃取剂。塞紧盖子，放入超声波浴中萃取 3h（超声功率不低于 360W），其间每隔 30min 取出一次萃取瓶，摇匀后重新放入超声波水浴继续萃取。萃取结束后，取出，静置冷却，在测定前要使木粉沉淀下来（必要时可用离心机分离）。

6 唑类化合物的索氏萃取时应准确称取约 2.0g 样品（精确至 0.1mg）到圆底烧瓶，放入几颗玻璃珠。往烧瓶中加入 50mL 甲醇，并安装上水冷冷凝装置，加热圆底烧瓶，自甲醇出现回流开始计时，保持 30min，将萃取液转移到 100mL 容量瓶中。重复上述萃取 2 次，并定容备用。

7 唑类化合物的超声波萃取时应准确称取 0.5g 样品（精确至 0.1mg），全部转移到聚四氟乙烯材质的萃取管中，称量并记录萃取管、样品的质量 m_1。准确加入 10mL 色谱级甲醇，并将盖子旋紧。将萃取管置于已预热至 55℃ 的超声波萃取仪中，开始萃取计时，每隔 30min 将萃取管取出，并用力晃动萃取管，共萃取 3h。如果有必要，需要小心地将萃取管的盖子打开，缓慢释放其中的压力，并防止样品流失。萃取结束，将萃取管取出，冷却，并将外壁的水擦拭干净，然后再次称量并记录萃取管、样品和萃取液的质量

m_2。前后质量差（$m_2 - m_1$）就是萃取用的甲醇的量。将萃取液用100mL的注射器通过0.45μm的滤膜过滤。过滤后的溶液转移到100mL容量瓶中，往滤液中加入2mL的1000 mg/L的戊唑醇内标溶液，并定容备用。

8 样品中铜、铬和砷的化学法测定应按现行行业标准《水载型防腐剂和阻燃剂主要成分的测定》SB/T 10404 的有关规定执行。

9 样品中铜、铬和砷的原子吸收光谱法测定应符合下列规定：

1）混合标准工作溶液配置时应分别吸取 0、0.5mL、1.0mL、2.0mL、3.0mL、4.0mL、5.0mL、6.0mL、7.0mL 的混合标准溶液于 100mL 的容量瓶中，用硫酸（0.5mol/L）-硫酸钠（3g/L）溶液定容至刻度线，摇匀。该混合标准工作溶液的浓度水平见表12。

表 12　混合标准工作溶液浓度水平

序号	1	2	3	4	5	6	7	8	9
铜（Cu）	0	0.5	1	2	3	4	5	6	7
铬（Cr）	0	0.5	1	2	3	4	5	6	7
砷（As）	0	5	10	20	30	40	50	60	70

表12 中可根据试样的元素含量及不同仪器的检测范围适当调整混合标准溶液的浓度水平。

2）测定时应将消解后的样品溶液中待测元素的含量用上述硫酸-硫酸钠溶液稀释到标准工作溶液的浓度范围之内，选择适当的仪器工作条件（见表13），对上述混合标准工作溶液进行测定，并得出工作曲线，然后分别测定空白试样和样品溶液。

表 13　仪器工作条件

项　　　目	工　作　条　件		
	铜的测定	铬的测定	砷的测定
测定波长（nm）	324.8	357.9	193.7
通带宽度（nm）	0.5	0.2	0.5
灯电流（mA）	4.0	7.0	10.0
火焰类型	空气/乙炔	空气/乙炔	空气/乙炔
空气流量（L/min）	13.50	11.00	13.50
乙炔流量（L/min）	2.00	3.00	2.45
背景校正	氘灯	氘灯	氘灯

实验室可根据仪器型号，选择合适的工作条件。

3）计算时样品中铜（以 CuO 计）、铬（以 CrO$_3$ 计）和砷（以 As$_2$O$_5$ 计）的含量按下式计算，计算结果应保留 3 位有效数字：

$$w_i = n \times \frac{V_1(c_i - c_0)(100 + h)}{m} \times 10^{-6} \qquad (1)$$

式中：w_i——样品中被测元素浓度（%）；

c_i——样品溶液中被测元素的浓度（mg/L）；

c_0——空白溶液中被测元素的浓度（mg/L）；

V_1——消解溶液定容后的体积（mL）；

h——样品的含水率（%）；

m——样品的质量（g）；

n——计算因子，CuO、CrO$_3$ 和 As$_2$O$_5$ 的计算因子分别是：1.2518、1.9231 和 1.5339。

10 样品中硼的仪器法测定应符合下列规定：

1）称取适量绝干后的待测木粉样品（含硼约0.01g，精确至0.1mg）置入一 150mL 的锥形瓶中，准确移取 5.0mL 去离子水，加热并煮沸 1min 后冷却至室温，再次加入去离子水稀释至溶液总质量为100.0g（精确至0.1mg），定容混匀待用。同时进行空白样消解，进行测试的空白样。

2）或称取 0.5g 绝干后的待测木粉样品（精确至0.1mg），置入石英消解管内，加入 5mL 浓硝酸，放置过夜以防止消解时产生泡沫过多。将消解仪温度调到150℃，开始计时并保持1h；再加入5mL 硝酸，并将温度升高至180℃，直至溶液澄清透明。待消解液冷却后，将其转移至100mL 容量瓶中，用去离子水洗涤消解管数次，洗涤水一并转移至容量瓶中，定容混匀待用。同时进行空白样测试。

3）或者将样品在70℃条件下干燥至恒重，准确称取 2.5g 样品（精确至0.1mg）和1.5g无水碳酸钠与无水氧化钙的混合物至瓷坩埚，并充分混匀。在550℃条件下干法消解1h，并冷却。将消解后的样品转移到烧杯中，并用少量的10%盐酸溶液冲洗瓷坩埚，再用去离子水彻底冲洗干净，将冲洗液倒入烧杯中；往烧杯中再加入10mL盐酸，并盖上蒸发皿，防止溶液飞溅。用去离子水冲洗蒸发皿和烧杯的内壁，加入1mL 酚酞指示剂；往溶液中逐滴加入已冷却的、新配制的15%氢氧化钠溶液，充分摇动烧杯，使得溶液混合均匀，直至溶液变为粉红色，此时溶液呈弱碱性。将烧杯中的溶液和沉淀全部转移到100mL 容量瓶中，并定容，过滤溶液待用。

4）样品溶液采用电感耦合等离子发射光谱（ICP-OES）或原子吸收光谱进行测定。

11 样品中硼的化学法——甲亚胺-H 酸法测定：

1）标准溶液配置：应将 0.5715g 分析纯硼酸溶解在1000mL 的去离子水中，此溶液中硼的浓度为100mg/L，将此标准溶液稀释为硼的浓度分别为 2mg/L、4mg/L、6mg/L、8mg/L、10mg/L 的一系列工作溶液。

2）缓冲溶液配置：应将 250g 乙酸铵溶解在 400mL 去离子水中，加入15g 乙二胺四乙酸二铵（EDTA）和125mL（131g）冰乙酸，搅拌均匀。该溶液可放冰箱里保存。

3）甲亚胺-H 试剂配置：应将 1.0g 抗坏血酸和 0.45g 甲亚胺-H 溶解在 100mL 容量瓶中，并用去离子水定容，混合均匀后，放冰箱里储存。

4）标准曲线的绘制：应取 1.0mL 标准溶液到比色皿中，依次加入 1.0mL 的缓冲液和 1.0mL 的甲亚胺-H 试剂，混合均匀，并放置 30min～40min。然后用紫外分光光度计（波长设置为420nm）测量各标液的吸光度。以去离子水混合缓冲液和甲亚胺-H 试剂作为空白对照。最后以吸光度为 y 轴，硼标准溶液的含量为 x 轴，绘制标准曲线。

5）样品的测定方法与硼标准溶液的测定相同，在同样条件下测定吸光度。用湿灰化法得到的样品溶液必须先用稀氨水将其 pH 值调到 5.5～6.0 之间才能用此方法检测。根据所绘制的标准曲线计算出相对应的硼含量。

12 样品中唑类化合物的测定可按现行国家标准《水载型木材防腐剂分析方法》GB/T 23229 的有关规定执行。

13 防腐木材的边材透入度的测定应用空心钻（内径约5mm）在距样品中央部位的边棱上钻取边材木芯，确定具体位置时应避开节子、开裂和应力木等缺陷，钻取时应垂直边棱，取出木芯。或者在样品长度方向的中间位置截取一段木块，用游标卡尺测量防腐剂的透入深度；水载型木材防腐剂处理的木材，可借助化学显色判断防腐木材中防腐剂的边材透入度。

14 含铜木材防腐剂处理材的边材透入度可采用 0.5g 铬天青和5g 醋酸钠先后溶于80mL 去离子水中混匀成浓缩液，然后稀释至500mL 去离子水溶液作为显色剂储备备用；测定含铜木材防腐剂处理材的透入度，应将显色剂分装于 50mL 滴管玻璃瓶中并顺滴在木芯上，或利用喷雾器将显色剂喷在木芯或者截取的试件端面上，稍停片刻，凡含铜的试样应显现深蓝色。

15 对含砷木材防腐剂处理材可采用三种显色剂配合使用，1号显色剂为取 3.5g 钼酸铵溶于90mL 去离子水，再加入 9mL 浓盐酸，即配即用；2 号显色剂为取 1g 茴香胺（邻氨基苯甲醚）溶于99g 的浓度为 1.7% 的稀盐酸中，并贮存在棕色试剂瓶内，备用，有效期 7d。3 号显色剂为取 30g 氯化亚锡溶于100mL 的 1:1 的盐酸溶液中（1 份浓盐酸加 1 份水），贮存在棕色瓶内，备用，有效期 7d。

16 测定含砷木材防腐剂处理材的透入度，应将三种显色剂分装于滴管玻璃瓶中，并按 1、2、3 号显色剂的顺序先后点滴或喷在试件的端面或木芯上，约 1min 后，含砷部分的试样应呈蓝绿色，试样不含砷或砷的含量非常低时，应呈橙红色。

17 对含铬木材防腐剂处理材可采用 0.5g 羟基萘磺酸溶于 100mL 的浓度为 1% 的硫酸溶液中备用。测定含铬木材防腐剂处理材的透入度，应将木芯或截取的试件放置在白色滤纸上，用配置好的显色剂试液不断滴在试样上，大约经过 10min 后予以冲洗，然后检测滤纸，呈现紫红色的部分可证明该部分有铬的存在。

18 含硼木材防腐剂处理材的边材透入度可采用 10mL 盐酸与 80mL 乙醇混合，然后用乙醇将其稀释至 100mL，加入 0.25g 姜黄素，再加入 10g 水杨酸，混匀待用后将显色剂直接滴加或喷洒在木芯或者木材的截面上，防腐木材含硼木芯部分显示淡红至亮红色。

19 对含锌木材防腐剂处理材应采用铁氰酸钾、碘化钾和淀粉(可溶)各 1g，分别溶入 100mL 去离子水中备用。其中可溶性淀粉应先用少许水浸湿，然后加水至 100mL，并在烧杯中加热，不断搅拌直到全部溶解。测定时，应将三种溶液各取 10mL 混匀作为显色剂使用(有效期 3d)，将显色剂直接滴在木芯或者木材的截面上，含锌部分的木芯应立即呈深蓝色，无锌的木芯部分应保持原色。

20 测定有色的木材防腐油、环烷酸铜等木材防腐剂的边材透入率或透入深度，可直接在木芯上测量，对浅色的环烷酸铜、煤杂酚油等处理防腐木材，可采用含有 5% 的红染料干粉喷刷样品进行显色反应。

21 积分仪测定防腐木材的边材透入率：在样品的横切面上使用积分仪分别测出边材总面积和防腐剂活性成分在边材中的渗透面积，两个面积值的比值即为边材透入率。外露心材透入深度按防腐剂活性成分透入到外露心材中离表面最小的距离计算。

8.2 工 程 验 收

8.2.4 本条对工程现场勘查的主要查验项目合格项进行了规定。

3 含水率采用测水仪测量得到。胀缩缝隙为木材的干缩湿胀系数对应的调整值。

中华人民共和国行业标准

再生骨料应用技术规程

Technical specification for application
of recycled aggregate

JGJ/T 240—2011

批准部门：中华人民共和国住房和城乡建设部
施行日期：２０１１年１２月１日

中华人民共和国住房和城乡建设部
公　告

第 994 号

关于发布行业标准《再生骨料
应用技术规程》的公告

现批准《再生骨料应用技术规程》为行业标准，编号为 JGJ/T 240 - 2011，自 2011 年 12 月 1 日起实施。

本规程由我部标准定额研究所组织中国建筑工业出版社出版发行。

中华人民共和国住房和城乡建设部

2011 年 4 月 22 日

前　言

根据原建设部《关于印发〈2007 年工程建设标准规范制订、修订计划（第一批）〉的通知》（建标〔2007〕125 号）的要求，规程编制组经广泛调查研究，认真总结实践经验，参考有关国际标准和国外先进标准，并在广泛征求意见的基础上，编制本规程。

本规程的主要技术内容是：1. 总则；2. 术语和符号；3. 基本规定；4. 再生骨料的技术要求、进场检验、运输和储存；5. 再生骨料混凝土；6. 再生骨料砂浆；7. 再生骨料砌块；8. 再生骨料砖。

本规程由住房和城乡建设部负责管理，由中国建筑科学研究院负责具体技术内容的解释。执行过程中如有意见或建议，请寄送中国建筑科学研究院（地址：北京市北三环东路 30 号，邮编：100013）。

本 规 程 主 编 单 位：中国建筑科学研究院
　　　　　　　　　　　青建集团股份公司

本 规 程 参 编 单 位：同济大学
　　　　　　　　　　　青岛理工大学
　　　　　　　　　　　北京建筑工程学院
　　　　　　　　　　　中国建筑材料科学研究总院
　　　　　　　　　　　广州市建筑科学研究院
　　　　　　　　　　　邯郸市建筑科学研究所
　　　　　　　　　　　北京城建建材工业有限公司
　　　　　　　　　　　邯郸全有生态建材有限公司
　　　　　　　　　　　西麦斯（青岛）有限公司
　　　　　　　　　　　中建商品混凝土有限公司
　　　　　　　　　　　青岛农业大学
　　　　　　　　　　　青岛信达荣昌基础建设工程有限公司
　　　　　　　　　　　辽宁省建设科学研究院
　　　　　　　　　　　天津市水利科学研究院
　　　　　　　　　　　北京元泰达环保建材科技有限责任公司
　　　　　　　　　　　甘肃土木工程科学研究院
　　　　　　　　　　　哈尔滨工业大学
　　　　　　　　　　　青岛绿帆再生建材有限公司
　　　　　　　　　　　贵州成智重工科技有限公司
　　　　　　　　　　　许昌金科建筑清运有限公司
　　　　　　　　　　　建研建材有限公司

本规程主要起草人员：赵霄龙　张同波　肖建庄
　　　　　　　　　　　李秋义　陈家珑　王武祥
　　　　　　　　　　　张秀芳　何更新　任　俊
　　　　　　　　　　　冷发光　蔡亚宁　梅爱华
　　　　　　　　　　　张文彬　张胜彦　寇全有
　　　　　　　　　　　邹超英　全洪珠　王　军
　　　　　　　　　　　曹　剑　李　红　王　岩
　　　　　　　　　　　王春波　孙永军　杨　慧
　　　　　　　　　　　吴建民　陈　勇　朱东敏
　　　　　　　　　　　李建明

本规程主要审查人员：王　甦　阎培渝　陶驷骥
　　　　　　　　　　　曹万林　关淑君　赵文海
　　　　　　　　　　　路来军　杨思忠　兰明章
　　　　　　　　　　　檀春丽

目　次

Contents

1 总 则

1.0.1 为贯彻执行国家有关节约资源、保护环境的技术经济政策，保证再生骨料在建筑工程中的合理应用，做到安全适用、技术先进、经济合理、确保质量，制定本规程。

1.0.2 本规程适用于再生骨料在建筑工程中的应用。

1.0.3 再生骨料在建筑工程中的应用，除应符合本规程外，尚应符合国家现行有关标准的规定。

2 术语和符号

2.1 术 语

2.1.1 再生粗骨料 recycled coarse aggregate
由建筑垃圾中的混凝土、砂浆、石或砖瓦等加工而成，粒径大于 4.75mm 的颗粒。

2.1.2 再生细骨料 recycled fine aggregate
由建筑垃圾中的混凝土、砂浆、石或砖瓦等加工而成，粒径不大于 4.75mm 的颗粒。

2.1.3 再生骨料混凝土 recycled aggregate concrete
掺用再生骨料配制而成的混凝土。

2.1.4 再生骨料砂浆 recycled aggregate mortar
掺用再生细骨料配制而成的砂浆。

2.1.5 再生粗骨料取代率 replacement ratio of recycled coarse aggregate
再生骨料混凝土中再生粗骨料用量占粗骨料总用量的质量百分比。

2.1.6 再生细骨料取代率 replacement ratio of recycled fine aggregate
再生骨料混凝土或再生骨料砂浆中再生细骨料用量占细骨料总用量的质量百分比。

2.1.7 再生骨料砌块 recycled aggregate block
掺用再生骨料，经搅拌、成型、养护等工艺过程制成的砌块。

2.1.8 相对含水率 relative water percentage
含水率与吸水率之比。

2.1.9 再生骨料砖 recycled aggregate brick
掺用再生骨料，经搅拌、成型、养护等工艺过程制成的砖。

2.2 符 号

c——再生骨料混凝土比热容；

E_c——再生骨料混凝土弹性模量；

f_c、f_{ck}——再生骨料混凝土轴心抗压强度设计值、标准值；

f_c^f——再生骨料混凝土轴心抗压疲劳强度设计值；

f_t、f_{tk}——再生骨料混凝土轴心抗拉强度设计值、标

准值；

f_t^f——再生骨料混凝土轴心抗拉疲劳强度设计值；

G_c——再生骨料混凝土剪切变形模量；

K_c——再生骨料砌块或再生骨料砖的碳化系数；

K_f——再生骨料砌块或再生骨料砖的软化系数；

W——砌块或砖的相对含水率；

a_c——再生骨料混凝土温度线膨胀系数；

δ_g——再生粗骨料取代率；

δ_s——再生细骨料取代率；

λ——再生骨料混凝土导热系数；

ν_c——再生骨料混凝土泊松比；

σ——再生骨料混凝土抗压强度标准差；

ω_1——砌块或砖的含水率；

ω_2——砌块或砖的吸水率。

3 基 本 规 定

3.0.1 被污染或腐蚀的建筑垃圾不得用于制备再生骨料。再生骨料及其制品的放射性应符合现行国家标准《建筑材料放射性核素限量》GB 6566 的规定。

3.0.2 再生骨料的选择应满足所制备的混凝土、砂浆、砌块或砖的性能要求。

3.0.3 再生骨料的应用应符合国家有关安全和环保的规定。

4 再生骨料的技术要求、进场检验、运输和储存

4.1 技 术 要 求

4.1.1 制备混凝土用的再生粗骨料应符合现行国家标准《混凝土用再生粗骨料》GB/T 25177 的规定。

4.1.2 制备混凝土和砂浆用的再生细骨料应符合现行国家标准《混凝土和砂浆用再生细骨料》GB/T 25176 的规定。

4.1.3 制备砌块和砖的再生骨料应符合下列规定：

　　1 再生粗骨料的性能指标应满足表 4.1.3-1 的要求，再生细骨料的性能 指标应满足表 4.1.3-2 的要求；

　　2 再生粗骨料性能试验方法按现行国家标准《混凝土用再生粗骨料》GB/T 25177 相关规定执行，再生细骨料性能试验方法按现行国家标准《混凝土和砂浆用再生细骨料》GB/T 25176 相关规定执行；

　　3 再生粗骨料和再生细骨料应进行型式检验，并应分别包括表 4.1.3-1 和表 4.1.3-2 的全部项目；

　　4 再生粗骨料的出厂检验应包括表 4.1.3-1 中的微粉含量、泥块含量和吸水率，再生细骨料的出厂检验应包括表 4.1.3-2 中的微粉含量和泥块含量；

　　5 再生粗骨料和再生细骨料的型式检验及出厂

检验的组批规则、试样数量和判定规则应分别按现行国家标准《混凝土用再生粗骨料》GB/T 25177 和《混凝土和砂浆用再生细骨料》GB/T 25176 的规定执行。

表 4.1.3-1　制备砌块和砖的再生粗骨料性能指标

项　目	指标要求
微粉含量（按质量计,%）	<5.0
吸水率（按质量计,%）	<10.0
杂物（按质量计,%）	<2.0
泥块含量、有害物质含量、坚固性、压碎指标、碱集料反应性能	应符合现行国家标准《混凝土用再生粗骨料》GB/T 25177 的规定

表 4.1.3-2　制备砌块和砖的再生细骨料性能指标

项　目		指标要求
微粉含量（按质量计,%）	MB 值<1.40 或合格	<12.0
	MB 值≥1.40 或不合格	<6.0
泥块含量、有害物质含量、坚固性、单级最大压碎指标、碱集料反应性能		应符合现行国家标准《混凝土和砂浆用再生细骨料》GB/T 25176 的规定

4.2　进 场 检 验

4.2.1　再生骨料进场时，应按规定批次检查型式检验报告、出厂检验报告及合格证等质量证明文件。

4.2.2　再生骨料进场检验应符合下列规定：

1　制备混凝土的再生粗骨料，应对其泥块含量、吸水率、压碎指标和表观密度进行检验；

2　制备混凝土和砂浆的再生细骨料，应对其泥块含量、再生胶砂需水量比和表观密度进行检验；

3　制备砌块和砖的再生粗骨料，应对其泥块含量和吸水率进行检验；制备砌块和砖的再生细骨料，应对其泥块含量进行检验；

4　同一厂家、同一类别、同一规格、同一批次的再生骨料，每 400m³ 或 600t 应作为一个检验批，不足 400m³ 或 600t 的应按一批计；

5　再生骨料进场检验结果应符合本规程第 4.1 节的规定。当有一项指标达不到要求时，可从同一批产品中加倍取样，对不符合要求的项目进行复检。复检结果合格的，可判定该批产品为合格产品；复检结果不合格的，应判定该批产品为不合格产品。

4.3　运 输 和 储 存

4.3.1　再生骨料运输时，应采取防止混入杂物和粉尘飞扬的措施。

4.3.2　再生骨料应按类别、规格分开堆放储存，且应采取防止混入杂物、人为碾压和污染的措施。

5　再生骨料混凝土

5.1　一 般 规 定

5.1.1　再生骨料混凝土用原材料应符合下列规定：

1　天然粗骨料和天然细骨料应符合现行行业标准《普通混凝土用砂、石质量及检验方法标准》JGJ 52 的规定。

2　水泥宜采用通用硅酸盐水泥，并应符合现行国家标准《通用硅酸盐水泥》GB 175 的规定；当采用其他品种水泥时，其性能应符合国家现行有关标准的规定；不同水泥不得混合使用。

3　拌合用水和养护用水应符合现行行业标准《混凝土用水标准》JGJ 63 的规定。

4　矿物掺合料应分别符合国家现行标准《用于水泥和混凝土中的粉煤灰》GB/T 1596、《用于水泥和混凝土中的粒化高炉矿渣粉》GB/T 18046、《高强高性能混凝土用矿物外加剂》GB/T 18736 和《混凝土和砂浆用天然沸石粉》JG/T 3048 的规定。

5　外加剂应符合现行国家标准《混凝土外加剂》GB 8076 和《混凝土外加剂应用技术规范》GB 50119 的规定。

5.1.2　Ⅰ类再生粗骨料可用于配制各种强度等级的混凝土；Ⅱ类再生粗骨料宜用于配制 C40 及以下强度等级的混凝土；Ⅲ类再生粗骨料可用于配制 C25 及以下强度等级的混凝土，不宜于配制有抗冻性要求的混凝土。

5.1.3　Ⅰ类再生细骨料可用于配制 C40 及以下强度等级的混凝土；Ⅱ类再生细骨料宜用于配制 C25 及以下强度等级的混凝土；Ⅲ类再生细骨料不宜于配制结构混凝土。

5.1.4　再生骨料不得用于配制预应力混凝土。

5.1.5　再生骨料混凝土的耐久性设计应符合现行国家标准《混凝土结构设计规范》GB 50010 和《混凝土结构耐久性设计规范》GB/T 50476 的相关规定。当再生骨料混凝土用于设计使用年限为 50 年的混凝土结构时，其耐久性宜符合表 5.1.5 的规定。

表 5.1.5　再生骨料混凝土耐久性基本要求

环境类别	最大水胶比	最低强度等级	最大氯离子含量（%）	最大碱含量（kg/m³）
一	0.55	C25	0.20	3.0
二 a	0.50(0.55)	C30(C25)	0.15	3.0
二 b	0.45(0.50)	C35(C30)	0.15	3.0

续表 5.1.5

环境类别	最大水胶比	最低强度等级	最大氯离子含量（%）	最大碱含量（kg/m³）
三 a	0.40	C40	0.10	3.0

注：1 氯离子含量是指氯离子占胶凝材料总量的百分比；

2 素混凝土构件的水胶比及最低强度等级可不受限制；

3 有可靠工程经验时，二类环境中的最低混凝土强度等级可降低一个等级；

4 处于严寒和寒冷地区二 b、三 a 类环境中的混凝土应使用引气剂或引气型外加剂，并可采用括号中的有关参数；

5 当使用非碱活性骨料时，对混凝土中的碱含量可不作限制。

5.1.6 再生骨料混凝土中三氧化硫的允许含量应符合现行国家标准《混凝土结构耐久性设计规范》GB/T 50476 的规定。

5.1.7 当再生粗骨料或再生细骨料不符合现行国家标准《混凝土用再生粗骨料》GB/T 25177 或《混凝土和砂浆用再生细骨料》GB/T 25176 的规定，但经过试验试配验证能满足相关使用要求时，可用于非结构混凝土。

5.2 技术要求和设计取值

5.2.1 再生骨料混凝土的拌合物性能、力学性能、长期性能和耐久性能、强度检验评定及耐久性检验评定等，应符合现行国家标准《混凝土质量控制标准》GB 50164 的规定。

5.2.2 再生骨料混凝土的轴心抗压强度标准值（f_{ck}）、轴心抗压强度设计值（f_c）、轴心抗拉强度标准值（f_{tk}）、轴心抗拉强度设计值（f_t）、轴心抗压疲劳强度设计值（f_c^f）、轴心抗拉疲劳强度设计值（f_t^f）、剪切变形模量（G_c）和泊松比（ν_c）均可按现行国家标准《混凝土结构设计规范》GB 50010 的相关规定取值。

5.2.3 仅掺用 I 类再生粗骨料配制的混凝土，其受压和受拉弹性模量（E_c）可按现行国家标准《混凝土结构设计规范》GB 50010 的规定取值。其他情况下配制的再生骨料混凝土，其弹性模量宜通过试验确定；在缺乏试验条件或技术资料时，可按表 5.2.3 的规定取值。

表 5.2.3 再生骨料混凝土弹性模量

强度等级	C15	C20	C25	C30	C35	C40
弹性模量（×10⁴N/mm²）	1.83	2.08	2.27	2.42	2.53	2.63

5.2.4 再生骨料混凝土的温度线膨胀系数（a_c）、比热容（c）和导热系数（λ）宜通过试验确定。当缺乏试验条件或技术资料时，可按现行国家标准《混凝土结构设计规范》GB 50010 和《民用建筑热工设计规范》GB 50176 的规定取值。

5.3 配合比设计

5.3.1 再生骨料混凝土配合比设计应满足混凝土和易性、强度和耐久性的要求。

5.3.2 再生骨料混凝土配合比设计可按下列步骤进行：

1 根据已有技术资料和混凝土性能要求，确定再生粗骨料取代率（δ_g）和再生细骨料取代率（δ_s）；当缺乏技术资料时，δ_g 和 δ_s 不宜大于 50%，I 类再生粗骨料取代率（δ_g）可不受限制；当混凝土中已掺用 III 类再生粗骨料时，不宜再掺入再生细骨料。

2 确定混凝土强度标准差（σ），并可按下列规定进行：

1）对于不掺用再生细骨料的混凝土，当仅掺 I 类再生粗骨料或 II 类、III 类再生粗骨料取代率（δ_g）小于 30% 时，σ 可按现行行业标准《普通混凝土配合比设计规程》JGJ 55 的规定取值。

2）对于不掺用再生细骨料的混凝土，当 II 类、III 类再生粗骨料取代率（δ_g）不小于 30% 时，σ 值应根据相同再生粗骨料掺量和同强度等级的同品种再生骨料混凝土统计资料计算确定。计算时，强度试件组数不应小于 30 组。对于强度等级不大于 C20 的混凝土，当 σ 计算值不小于 3.0MPa 时，应按计算结果取值；当 σ 计算值小于 3.0MPa 时，σ 应取 3.0MPa；对于强度等级大于 C20 且不大于 C40 的混凝土，当 σ 计算值不小于 4.0MPa 时，应按计算结果取值，当 σ 计算值小于 4.0MPa 时，σ 应取 4.0MPa。

当无统计资料时，对于仅掺再生粗骨料的混凝土，其 σ 值可按表 5.3.2 的规定确定。

表 5.3.2 再生骨料混凝土抗压强度标准差推荐值

强度等级	≤C20	C25、C30	C35、C40
σ（MPa）	4.0	5.0	6.0

3）掺用再生细骨料的混凝土，也应根据相同再生骨料掺量和同强度等级的同品种再生骨料混凝土统计资料计算确定 σ 值。计算时，强度试件组数不应小于 30 组。对于各强度等级的混凝土，当 σ 计算值小于表 5.3.2 中对应值时，应取表 5.3.2 中对应值。当无统计资料时，σ 值也可按表 5.3.2 选取。

3 计算基准混凝土配合比，应按现行行业标准《普通混凝土配合比设计规程》JGJ 55 的方法进行。外加剂和掺合料的品种和掺量应通过试验确定；在满足和易性要求前提下，再生骨料混凝土宜采用较低的砂率。

4 以基准混凝土配合比中的粗、细骨料用量为基础，并根据已确定的再生粗骨料取代率 (δ_g) 和再生细骨料取代率 (δ_s)，计算再生骨料用量。

5 通过试配及调整，确定再生骨料混凝土最终配合比，配制时，应根据工程具体要求采取控制拌合物坍落度损失的相应措施。

5.4 制备和运输

5.4.1 再生骨料混凝土原材料的储存和计量应符合现行国家标准《混凝土质量控制标准》GB 50164、《混凝土结构工程施工规范》GB 50666 和《预拌混凝土》GB/T 14902 的相关规定。

5.4.2 再生骨料混凝土的搅拌和运输应符合现行国家标准《混凝土质量控制标准》GB 50164、《混凝土结构工程施工规范》GB 50666 和《预拌混凝土》GB/T 14902 的相关规定。

5.5 浇筑和养护

5.5.1 再生骨料混凝土的浇筑和养护应符合现行国家标准《混凝土质量控制标准》GB 50164 和《混凝土结构工程施工规范》GB 50666 的相关规定。

5.6 施工质量验收

5.6.1 再生骨料混凝土的施工质量验收应符合现行国家标准《混凝土结构工程施工质量验收规范》GB 50204 的相关规定。

6 再生骨料砂浆

6.1 一般规定

6.1.1 再生细骨料可用于配制砌筑砂浆、抹灰砂浆和地面砂浆。再生骨料地面砂浆不宜用于地面面层。

6.1.2 再生骨料砌筑砂浆和再生骨料抹灰砂浆宜采用通用硅酸盐水泥或砌筑水泥；再生骨料地面砂浆应采用通用硅酸盐水泥，且宜采用硅酸盐水泥或普通硅酸盐水泥。除水泥和再生细骨料外，再生骨料砂浆的其他原材料应符合国家现行标准《预拌砂浆》GB/T 25181 和《抹灰砂浆技术规程》JGJ/T 220 的规定。

6.1.3 Ⅰ类再生细骨料可用于配制各种强度等级的砂浆，Ⅱ类再生细骨料可用于配制强度等级不高于 M15 的砂浆，Ⅲ类再生细骨料宜用于配制强度等级不高于 M10 的砂浆。

6.1.4 再生骨料抹灰砂浆应符合现行行业标准《抹灰砂浆技术规程》JGJ/T 220 的规定；当采用机械喷涂抹灰施工时，再生骨料抹灰砂浆还应符合现行行业标准《机械喷涂抹灰施工规程》JGJ/T 105 的规定。

6.1.5 再生骨料砂浆用于建筑砌体结构时，尚应符合现行国家标准《砌体结构设计规范》GB 50003 的相关规定。

6.2 技术要求

6.2.1 采用再生骨料的预拌砂浆性能应符合现行国家标准《预拌砂浆》GB/T 25181 的规定。

6.2.2 现场配制的再生骨料砂浆的性能应符合表 6.2.2 的规定。

表 6.2.2 现场配制的再生骨料砂浆性能指标要求

砂浆品种	强度等级	稠度 (mm)	保水率 (%)	14d 拉伸粘结强度 (MPa)	抗冻性 强度损失率 (%)	抗冻性 质量损失率 (%)
再生骨料砌筑砂浆	M2.5、M5、M7.5、M10、M15	50～90	≥82	—	≤25	≤5
再生骨料抹灰砂浆	M5、M10、M15	70～100	≥82	≥0.15	≤25	≤5
再生骨料地面砂浆	M15	30～50	≥82	—	≤25	≤5

注：有抗冻性要求时，应进行抗冻性试验。冻融循环次数按夏热冬暖地区 15 次、夏热冬冷地区 25 次、寒冷地区 35 次、严寒地区 50 次确定。

6.2.3 再生骨料砂浆性能试验方法应按现行行业标准《建筑砂浆基本性能试验方法标准》JGJ/T 70 的规定执行。

6.3 配合比设计

6.3.1 再生骨料砂浆配合比设计应满足砂浆和易性、强度和耐久性的要求。

6.3.2 再生骨料砂浆配合比设计可按下列步骤进行：

1 按现行行业标准《砌筑砂浆配合比设计规程》JGJ/T 98 的规定计算基准砂浆配合比；

2 根据已有技术资料和砂浆性能要求确定再生细骨料取代率 (δ_s)，当无技术资料作为依据时，再生细骨料取代率 (δ_s) 不宜大于 50%；

3 以再生细骨料取代率 (δ_s) 和基准砂浆配合比中的砂用量，计算再生细骨料用量；

4 通过试验确定外加剂、添加剂和掺合料等的品种和掺量；

5 通过试配和调整，确定符合性能要求且经济性好的配合比作为最终配合比。

6.3.3 配制同一品种、同一强度等级再生骨料砂浆时，宜采用同一水泥厂生产的同一品种、同一强度等级水泥。

6.4 制备和施工

6.4.1 在专业生产厂以预拌方式生产的再生骨料砂浆，其制备应符合现行国家标准《预拌砂浆》GB/T 25181 的相关规定，其施工应符合现行行业标准《预拌砂浆应用技术规程》JGJ/T 223 的相关规定。

6.4.2 现场配制的再生骨料砂浆，其原材料储存和计量应符合现行国家标准《预拌砂浆》GB/T 25181 中有关湿拌砂浆的规定。

6.4.3 现场配制再生骨料砂浆时，宜采用强制式搅拌机搅拌，并应拌合均匀。搅拌时间应符合下列规定：

　　1 仅由水泥、细骨料和水配制的砂浆，从全部材料投料完毕开始计算，搅拌时间不宜少于 120s；

　　2 掺有矿物掺合料、添加剂或外加剂的砂浆，从全部材料投料完毕开始计算，搅拌时间不宜少于 180s；

　　3 具体搅拌时间可根据搅拌机的技术参数经试验确定。

6.4.4 现场配制的再生骨料砂浆的使用应符合下列规定：

　　1 以通用硅酸盐水泥为胶凝材料，现场配制的水泥砂浆宜在拌制后的 2.5h 内用完；当施工环境最高气温超过 30℃时，宜在拌制后的 1.5h 内用完。

　　2 以通用硅酸盐水泥为胶凝材料，现场配制的水泥混合砂浆宜在拌制后的 3.5h 内用完；当施工环境最高气温超过 30℃时，宜在拌制后的 2.5h 内用完。

　　3 砌筑水泥砂浆和掺用缓凝成分的砂浆，其使用时间可根据具体情况适当延长。

　　4 现场拌制好的砂浆应采取防止水分蒸发的措施；夏季应采取遮阳措施，冬季采取保温措施；砂浆堆放地点的气温宜为 5℃～35℃。

　　5 当砂浆拌合物出现少量泌水现象，使用前应再拌合均匀。

　　6 现场配制的再生骨料砂浆施工应符合现行行业标准《预拌砂浆应用技术规程》JGJ/T 223 的相关规定。

6.5 施工质量验收

6.5.1 现场配制的再生骨料抹灰砂浆的施工质量验收应按现行行业标准《抹灰砂浆技术规程》JGJ/T 220 的规定执行；再生骨料砌筑砂浆、再生骨料地面砂浆和预拌再生骨料抹灰砂浆的施工质量验收应按现行行业标准《预拌砂浆应用技术规程》JGJ/T 223 的

规定执行。

7 再生骨料砌块

7.1 一般规定

7.1.1 再生骨料砌块按抗压强度可分为 MU3.5、MU5、MU7.5、MU10、MU15 和 MU20 六个等级。

7.1.2 再生骨料砌块所用原材料应符合下列规定：

　　1 骨料的最大公称粒径不宜大于 10mm；

　　2 再生骨料应符合本规程第 4.1.3 条的规定；

　　3 当采用石屑作为骨料时，石屑中小于 0.15mm 的颗粒含量不应大于 20%；

　　4 其他原材料应符合本规程第 5.1.1 条和国家现行有关标准的规定。

7.2 技术要求

7.2.1 再生骨料砌块尺寸允许偏差和外观质量应符合表 7.2.1 的规定。

表 7.2.1　再生骨料砌块尺寸允许偏差和外观质量

项　目		指标
尺寸允许偏差（mm）	长度	±2
	宽度	±2
	高度	±2
最小外壁厚（mm）	用于承重墙体	≥30
	用于非承重墙体	≥16
肋厚（mm）	用于承重墙体	≥25
	用于非承重墙体	≥15
缺棱掉角	个数（个）	≤2
	三个方向投影的最小值（mm）	≤20
裂缝延伸投影的累计尺寸（mm）		≤20
弯曲（mm）		≤2

7.2.2 再生骨料砌块的抗压强度应符合表 7.2.2 的规定。

表 7.2.2　再生骨料砌块抗压强度

强度等级	抗压强度（MPa）	
	平均值	单块最小值
MU3.5	≥3.5	≥2.8
MU5	≥5.0	≥4.0
MU7.5	≥7.5	≥6.0
MU10	≥10.0	≥8.0
MU15	≥15.0	≥12.0
MU20	≥20.0	≥16.0

7.2.3 再生骨料砌块干燥收缩率不应大于 0.060%；相对含水率应符合表 7.2.3-1 的规定；抗冻性应符合表 7.2.3-2 的规定；碳化系数（K_c）和软化系数（K_f）均不应小于 0.80。

相对含水率可按下式计算：

$$W = 100 \times \frac{\omega_1}{\omega_2} \quad (7.2.3)$$

式中：W——砌块的相对含水率（%）；

ω_1——砌块的含水率（%）；

ω_2——砌块的吸水率（%）。

表 7.2.3-1　再生骨料砌块相对含水率

使用地区的湿度条件	潮湿	中等	干燥
相对含水率（%）	≤40	≤35	≤30

注：潮湿是指年平均相对湿度大于 75% 的地区；中等是指年平均相对湿度为 50%～75% 的地区；干燥是指年平均相对湿度小于 50% 的地区。

表 7.2.3-2　再生骨料砌块抗冻性

使用条件	抗冻指标	质量损失率（%）	强度损失率（%）
夏热冬暖地区	D15		
夏热冬冷地区	D25	≤5	≤25
寒冷地区	D35		
严寒地区	D50		

7.2.4 再生骨料砌块各项性能的试验方法应按现行国家标准《混凝土小型空心砌块试验方法》GB/T 4111 的规定执行。

7.2.5 再生骨料砌块型式检验应包括放射性及本规程第 7.2.1 条、第 7.2.2 条和第 7.2.3 条规定的所有项目，出厂检验应包括尺寸允许偏差、外观质量和抗压强度。

7.2.6 同一配合比、同一工艺制作的同一强度等级的再生骨料砌块，每 10000 块应作为一个检验批，不足 10000 块的应按一批计。

7.2.7 型式检验时，每批应随机抽取 64 块再生骨料砌块。受检的 64 块砌块中，尺寸允许偏差和外观质量的不合格数不超过 8 块时，可判定该批砌块尺寸允许偏差和外观质量合格，否则，应判定该批砌块尺寸允许偏差和外观质量为不合格。从尺寸允许偏差和外观质量合格的样品中应随机抽取再生骨料砌块，进行下列检验：

　1　抽取 5 块进行抗压强度检验；

　2　抽取 3 块进行干燥收缩率检验；

　3　抽取 3 块进行相对含水率检验；

　4　抽取 10 块进行抗冻性检验；

　5　抽取 12 块进行碳化系数检验；

　6　抽取 10 块进行软化系数检验；

　7　抽取 5 块进行放射性检验。

当所有检验项目的检验结果均符合本规程第 7.2.1 条、第 7.2.2 条和第 7.2.3 条以及现行国家标准《建筑材料放射性核素限量》GB 6566 的规定时，应判定该批产品合格，否则，应判定该批产品不合格。

7.2.8 出厂检验时，每批应随机抽取 32 块再生骨料砌块。受检的 32 块砌块中，尺寸允许偏差和外观质量的不合格数不超过 4 块时，应判定该批砌块尺寸允许偏差和外观质量合格，否则，应判定该批砌块尺寸允许偏差和外观质量为不合格。从尺寸允许偏差和外观质量合格的样品中随机抽取 5 块进行抗压强度检验，当抗压强度符合本规程第 7.2.2 条的规定时，应判定该批产品合格，否则，应判定该批产品不合格。

7.3　进场检验

7.3.1 再生骨料砌块进场时，应按规定批次检查型式检验报告、出厂检验报告及合格证等质量证明文件。

7.3.2 再生骨料砌块进场时，应对尺寸允许偏差、外观质量和抗压强度进行检验。

7.3.3 再生骨料砌块进场检验批的划分应按本规程第 7.2.6 条执行；检验抽样规则和判定规则应按本规程第 7.2.8 条执行。

7.4　施工质量验收

7.4.1 再生骨料砌块砌体工程施工可按现行行业标准《混凝土小型空心砌块建筑技术规程》JGJ/T 14 的有关规定执行。

7.4.2 再生骨料砌块砌体工程质量验收应按现行国家标准《砌体结构工程施工质量验收规范》GB 50203 的有关规定执行。

8　再生骨料砖

8.1　一般规定

8.1.1 再生骨料可用于制备多孔砖和实心砖，且再生骨料砖按抗压强度可分为 MU7.5、MU10、MU15 和 MU20 四个等级。

8.1.2 再生骨料实心砖主规格尺寸宜为 240mm×115mm×53mm，再生骨料多孔砖主规格尺寸宜为 240mm×115mm×90mm；再生骨料砖其他规格可由供需双方协商确定。

8.1.3 再生骨料砖所用原材料应符合下列规定：

　1　骨料的最大公称粒径不应大于 8mm；

　2　再生骨料应符合本规程第 4.1.3 条的规定；

　3　其他原材料应符合本规程第 5.1.1 条和国家现行有关标准的规定。

8.2 技术要求

8.2.1 再生骨料砖的尺寸允许偏差和外观质量应符合表8.2.1的规定。

表8.2.1 再生骨料砖尺寸允许偏差和外观质量

项　目		指标
尺寸允许偏差 （mm）	长度	±2.0
	宽度	±2.0
	高度	±2.0
缺棱掉角	个数（个）	≤1
	三个方向投影的最小值 （mm）	≤10
裂缝长度	大面上宽度方向及其延伸到条面的长度（mm）	≤30
	大面上长度方向及其延伸到顶面的长度或条、顶面水平裂纹的长度（mm）	≤50
弯曲（mm）		≤2.0
完整面		不少于一条面和一顶面
层　裂		不允许
颜　色		基本一致

8.2.2 再生骨料砖的抗压强度应符合表8.2.2的规定。

表8.2.2 再生骨料砖抗压强度

强度等级	抗压强度（MPa）	
	平均值	单块最小值
MU7.5	≥7.5	≥6.0
MU10	≥10.0	≥8.0
MU15	≥15.0	≥12.0
MU20	≥20.0	≥16.0

8.2.3 每块再生骨料砖的吸水率不应大于18%；干燥收缩率和相对含水率应符合表8.2.3-1的规定；抗冻性应符合表8.2.3-2的规定；碳化系数（K_c）和软化系数（K_f）均不应小于0.80。

相对含水率可按下式计算：

$$W = 100 \times \frac{\omega_1}{\omega_2} \quad (8.2.3)$$

式中：W——砖的相对含水率（%）；

ω_1——砖的含水率（%）；

ω_2——砖的吸水率（%）。

表8.2.3-1 再生骨料砖干燥收缩率和相对含水率

干燥收缩率 （%）	相对含水率平均值（%）		
	潮湿环境	中等环境	干燥环境
≤0.060	≤40	≤35	≤30

注：潮湿是指年平均相对湿度大于75%的地区；中等是指年平均相对湿度为50%～75%的地区；干燥是指年平均相对湿度小于50%的地区。

表8.2.3-2 再生骨料砖抗冻性

强度等级	冻后抗压强度平均值 （MPa）	冻后质量损失率平均值 （%）
MU20	≥16.0	≤2.0
MU15	≥12.0	≤2.0
MU10	≥8.0	≤2.0
MU7.5	≥6.0	≤2.0

注：冻融循环次数按照使用地区确定：夏热冬暖地区15次，夏热冬冷地区25次，寒冷地区35次，严寒地区50次。

8.2.4 再生骨料砖的尺寸允许偏差、外观质量和抗压强度的试验方法应按现行国家标准《砌墙砖试验方法》GB/T 2542的规定执行；吸水率、干燥收缩率、相对含水率、抗冻性、碳化系数和软化系数的试验方法应按现行国家标准《混凝土小型空心砌块试验方法》GB/T 4111的规定执行，测定干燥收缩率的初始标距应设为200mm。

8.2.5 再生骨料砖型式检验应包括放射性及本规程第8.2.1条、第8.2.2条和第8.2.3条规定的所有项目，出厂检验应包括尺寸允许偏差、外观质量和抗压强度。

8.2.6 同一配合比、同一工艺制作的同一品种、同一强度等级的再生骨料砖，每100000块应作为一个检验批，不足100000块的应按一批计。

8.2.7 再生骨料砖检验的抽样及判定规则应按现行行业标准《非烧结垃圾尾矿砖》JC/T 422中的相关规定执行。

8.3 进场检验

8.3.1 再生骨料砖进场时，应按规定批次检查型式检验报告、出厂检验报告及合格证等质量证明文件。

8.3.2 再生骨料砖进场时，应对尺寸允许偏差、外观质量和抗压强度进行检验。

8.3.3 再生骨料砖进场检验批的划分应按本规程第8.2.6条执行。每批应随机抽取50块进行检验。受检的50块再生骨料砖中，尺寸允许偏差和外观质量的不合格数不超过7块时，应判定该批砖尺寸允许偏差和外观质量合格，否则，应判定该批砖尺寸允许偏差和外观质量为不合格。从尺寸允许偏差和外观质量合格的样品中随机抽取10块进行抗压强度检验，当抗压强度符合本规程第8.2.2条的规定时,应判定该批产品合格,否则,应判定该批产品不合格。

8.4 施工质量验收

8.4.1 再生骨料砖砌体工程施工可按现行行业标准《多孔砖砌体结构技术规范》JGJ 137 的有关规定执行。

8.4.2 再生骨料砖砌体工程质量验收应按现行国家标准《砌体结构工程施工质量验收规范》GB 50203 的有关规定执行。

本规程用词说明

1 为便于在执行本规程条文时区别对待,对要求严格程度不同的用词说明如下:

　1) 表示很严格,非这样做不可的:
　　正面词采用"必须",反面词采用"严禁";

　2) 表示严格,在正常情况下均应这样做的:
　　正面词采用"应",反面词采用"不应"或"不得";

　3) 表示允许稍有选择,在条件许可时首先应这样做的:
　　正面词采用"宜",反面词采用"不宜";

　4) 表示有选择,在一定条件下可以这样做的,采用"可"。

2 条文中指明应按其他有关标准执行的写法为:"应符合……的规定(或要求)"或"应按……执行"。

引用标准名录

1 《砌体结构设计规范》GB 50003
2 《混凝土结构设计规范》GB 50010
3 《混凝土外加剂应用技术规范》GB 50119
4 《混凝土质量控制标准》GB 50164
5 《民用建筑热工设计规范》GB 50176
6 《砌体结构工程施工质量验收规范》GB 50203
7 《混凝土结构工程施工质量验收规范》GB 50204
8 《混凝土结构耐久性设计规范》GB/T 50476
9 《混凝土结构工程施工规范》GB 50666
10 《通用硅酸盐水泥》GB 175
11 《用于水泥和混凝土中的粉煤灰》GB/T 1596
12 《砌墙砖试验方法》GB/T 2542
13 《混凝土小型空心砌块试验方法》GB/T 4111
14 《建筑材料放射性核素限量》GB 6566
15 《混凝土外加剂》GB 8076
16 《预拌混凝土》GB/T 14902
17 《用于水泥和混凝土中的粒化高炉矿渣粉》GB/T 18046
18 《高强高性能混凝土用矿物外加剂》GB/T 18736
19 《混凝土和砂浆用再生细骨料》GB/T 25176
20 《混凝土用再生粗骨料》GB/T 25177
21 《预拌砂浆》GB/T 25181
22 《混凝土小型空心砌块建筑技术规程》JGJ/T 14
23 《普通混凝土用砂、石质量及检验方法标准》JGJ 52
24 《普通混凝土配合比设计规程》JGJ 55
25 《混凝土用水标准》JGJ 63
26 《建筑砂浆基本性能试验方法标准》JGJ/T 70
27 《砌筑砂浆配合比设计规程》JGJ/T 98
28 《机械喷涂抹灰施工规程》JGJ/T 105
29 《多孔砖砌体结构技术规范》JGJ 137
30 《抹灰砂浆技术规程》JGJ/T 220
31 《预拌砂浆应用技术规程》JGJ/T 223
32 《混凝土和砂浆用天然沸石粉》JG/T 3048
33 《非烧结垃圾尾矿砖》JC/T 422

中华人民共和国行业标准

再生骨料应用技术规程

JGJ/T 240—2011

条 文 说 明

制 定 说 明

《再生骨料应用技术规程》(JGJ/T 240 - 2011)，经住房和城乡建设部 2011 年 4 月 22 日以第 994 号公告批准、发布。

本标准制定过程中，编制组进行了广泛而深入的调查研究，总结了我国工程建设中再生骨料应用的实践经验，同时参考了国外先进技术法规、技术标准，通过实验室和工程现场试验取得了再生骨料应用的重要技术参数。

为便于广大设计、施工、科研、学校等单位有关人员在使用本规程时能正确理解和执行条文规定，《再生骨料应用技术规程》编制组按章、节、条顺序编制了本规程的条文说明，对条文规定的目的、依据以及执行中需注意的有关事项进行了说明。但是，本条文说明不具备与规程正文同等的法律效力，仅供使用者作为理解和把握规程规定的参考。

目　　次

1 总　则

1.0.1 推广使用再生骨料可减轻建筑垃圾对环境的不良影响，实现建筑垃圾的资源化利用，节约天然资源，促进建筑业的节能减排和可持续发展，符合国家节约资源、保护环境的大政策。但是，由于再生骨料的性能有别于天然骨料，其应用也有一定的特殊性，所以，为了保证再生骨料应用的效果和质量，推动再生骨料在建筑工程中的应用技术进步，需要制定专门的规程。

1.0.2 在我国，再生骨料主要用于取代天然骨料来配制普通混凝土或普通砂浆，或者作为原材料用于生产非烧结砌块或非烧结砖。例如，采用再生粗骨料部分取代或全部取代天然粗骨料配制混凝土，已经在很多工程中得以成功应用，有些商品混凝土搅拌站已经专设储存库将再生骨料作为固定原材料；采用再生细骨料部分取代天然砂来配制建筑砂浆也已经有不少工程实例；利用再生骨料生产非烧结砌块和非烧结砖能够消纳更多的建筑垃圾，是我国目前建筑垃圾资源化利用的主力军，全国已经拥有数十条生产线，相关产品已经广泛用于各类建筑工程。

　　本规程不仅对混凝土、砂浆、砌块和砖的生产过程中使用再生骨料作出了技术规定，而且对再生骨料混凝土、再生骨料砂浆、再生骨料砌块和再生骨料砖在建筑工程中的应用也作出了技术规定。

2　术语和符号

2.1　术　语

2.1.1~2.1.2　现行国家标准《混凝土用再生粗骨料》GB/T 25177 中对"混凝土用再生粗骨料"定义为：由建(构)筑废物中的混凝土、砂浆、石、砖瓦等加工而成，用于配制混凝土的、粒径大于 4.75mm 的颗粒；现行国家标准《混凝土和砂浆用再生细骨料》GB/T 25176 中对"混凝土和砂浆用再生细骨料"定义为：由建(构)筑废物中的混凝土、砂浆、石、砖瓦等加工而成，用于配制混凝土和砂浆的粒径不大于 4.75mm 的颗粒。本规程的再生粗骨料、再生细骨料不仅用于配制混凝土和砂浆，还可用于再生骨料砖、再生骨料砌块等，所以，此处再生粗骨料、再生细骨料定义只规定来源和粒径。事实上，再生粗骨料、再生细骨料的来源也不仅局限于定义中列出的几种建筑垃圾，还可能来源于废弃墙板、废弃砌块等，有些建筑垃圾生产的再生骨料可能不适于配制混凝土或砂浆，但是可以用来生产再生骨料砖、再生骨料砌块等，这样就可以大大提高建筑垃圾的再生利用率，有利于节能减排。

　　本规程没有另行给出"再生骨料"的术语和定义，

因为行业标准《建筑材料术语标准》JGJ/T 191 中已经有了"再生骨料"术语和定义。

2.1.3　混凝土在配制过程中掺用再生骨料，较常见的是再生粗骨料部分取代或全部取代天然粗骨料，而细骨料采用天然砂；也有某些工程应用实例是再生粗骨料、再生细骨料分别部分取代天然粗骨料和天然砂。根据工程需要和再生骨料性能品质不同，再生骨料取代天然骨料的比例范围很宽泛。一般情况下，再生骨料取代天然骨料的质量百分比不低于 30%，甚至可以达到 100%，目前国内的技术水平已经完全可以达到这样的能力。所以，鼓励行业内充分利用现有技术提高再生骨料的取代比例，将有利于促进再生产品技术进步，可以逐步提高建筑垃圾的再生利用率，有利于节能减排。另一方面，如果再生骨料掺量过低，配制技术实际上就与普通混凝土无区别，不能体现再生骨料混凝土的技术内涵。

2.1.4　砂浆在配制过程中掺用再生细骨料，目前较为可靠的做法是再生细骨料部分取代天然砂。根据工程需要和再生细骨料性能品质不同，再生细骨料取代天然砂的比例范围也可以很宽泛。一般情况下，建议再生细骨料取代率不低于 30%。一方面是因为目前国内的技术水平已经完全可以达到这样的能力，另一方面，努力提高再生细骨料的取代比例，将有利于促进再生产品技术进步，可以逐步提高建筑垃圾的再生利用率，有利于节能减排。

2.1.7、2.1.9　本规程所说的"再生骨料砌块"、"再生骨料砖"，都是指采用养护方式而非烧结的方式制成。利用再生骨料生产非烧结砌块和非烧结砖能够消纳更多的建筑垃圾，目前国内的技术已经可以实现完全以再生骨料甚至建筑垃圾混合破碎物辅之以胶凝材料来生产再生骨料砌块和再生骨料砖，大大促进了建筑垃圾的再生利用。针对目前我国的主流技术现状，本规程所说的再生骨料砌块和再生骨料砖是采用水泥或水泥加矿物掺合料等水硬性胶凝材料作为胶结料；为了符合节能减排的要求，这类再生骨料砌块和再生骨料砖宜采用自然养护或蒸汽养护，不宜采用蒸压养护，不适合采用烧结工艺。所以，本规程所指再生骨料砌块和再生骨料砖均是指非烧结类型的砌块和砖。

　　再生骨料砌块或再生骨料砖如果采用蒸汽养护，则有利于提高早期强度，提高生产效率，且蒸汽养护可以利用工业余热，以实现能源高效利用。蒸压养护工艺尽管也可以用于再生骨料砌块和再生骨料砖，但是设备要求较复杂，能耗也比蒸汽养护高，所以不提倡采用蒸压养护。自然养护能耗小，但是养护时间相对较长，适合于生产场地宽敞的企业。

3　基　本　规　定

3.0.1　原则上，有害杂质含量不足以影响再生骨料混凝土、再生骨料砂浆、再生骨料砌块或再生骨料砖使用性能的建筑垃圾均能用来生产再生骨料，但下列情况下的建筑垃圾不宜用于生产再生骨料：

  1 建筑垃圾来自于有特殊使用场合的混凝土（如核电站、医院放射室等）；

  2 建筑垃圾中硫化物含量高于 600mg/L；

  3 建筑垃圾已受重金属或有机物污染；

  4 建筑垃圾已受硫酸盐或氯盐等腐蚀介质严重侵蚀；

  5 原混凝土已发生严重的碱集料反应。

  现行行业标准《建筑垃圾处理技术规范》CJJ134-2010中对"建筑垃圾"定义为：建筑垃圾指人们在从事建设、拆迁、装修、修缮等建筑业的生产活动中产生的渣土、砖石、泥浆及其他废弃物的统称。按产生源分类，建筑垃圾可分为工程渣土、装修垃圾、拆迁垃圾、工程泥浆等；按组成成分分类，建筑垃圾中主要包括渣土、泥浆、碎石块、废砂浆、砖瓦碎块、混凝土块、沥青块、废塑料、废金属、废竹木等。

  本规程所说的建筑垃圾是指建筑物或构筑物拆除过程中产生的建筑垃圾，以及预拌混凝土或混凝土预制构件等生产企业在生产过程中产生的、混凝土现场浇筑施工过程产生的废弃硬化混凝土等，不包含对废弃的、尚处于拌合物状态的混凝土进行回收利用，因为这种情况的回收利用一般只是对拌合物进行冲洗等工序，分离出清洗干净的骨料进行重新利用，这与本规程所说的再生骨料不是一个概念。

4 再生骨料的技术要求、进场检验、运输和储存

4.1 技术要求

4.1.3 表4.1.3-1和表4.1.3-2中微粉含量、吸水率等指标名称的含义与现行国家标准《混凝土用再生粗骨料》GB/T 25177 和《混凝土和砂浆用再生细骨料》GB/T 25176 中的相关指标名称含义相同。

  符合现行国家标准《混凝土用再生粗骨料》GB/T 25177 和《混凝土和砂浆用再生细骨料》GB/T 25176 规定的再生骨料可用于制备再生骨料砌块和再生骨料砖。但实际生产经验和应用案例证明，用于制备砌块和砖的再生骨料，其某些性能指标完全可以放宽，所以本规程作出了第4.1.3条的规定。

  再生粗骨料颗粒级配、表观密度、针片状颗粒含量、空隙率等性能指标对再生骨料砌块或砖性能影响不大，故不作要求。再生粗骨料泥块含量、压碎指标、有机物、硫化物及硫酸盐、氯化物、坚固性、碱集料反应性能等指标关系到砌块或砖的强度和耐久性等关键性能，所以，这些指标应严格，需要满足现行国家标准《混凝土用再生粗骨料》GB/T 25177 的相关

要求，而且经过调研和验证试验，上述这些指标都可以较容易达到 GB/T 25177 的Ⅲ类再生粗骨料相关要求。

  再生粗骨料微粉含量、吸水率或杂物含量过高，会对砌块或砖的干燥收缩、强度、耐久性等性能带来不利影响，所以应对这些指标有所限制。但是，如果这些指标按照 GB/T 25177 的要求来限制又过于苛刻，对生产砌块或砖没有必要，反而不利于推动建筑垃圾资源化利用。调研和试验验证数据证明，这些指标比 GB/T 25177 的要求稍大一点并不会对砌块或砖性能带来明显影响，且指标适当放宽有利于再生骨料的推广。所以，相对于 GB/T 25177 的要求，本规程此处适当放宽了微粉含量、吸水率和杂物含量等指标的限值，规定再生粗骨料微粉含量＜5.0%，吸水率＜10.0%，杂物含量＜2.0%。

  再生细骨料颗粒级配、再生胶砂需水量比、再生胶砂强度比、表观密度、堆积密度、空隙率等性能指标对再生骨料砌块或砖性能影响不大，故不作要求。再生细骨料泥块含量、坚固性、单级最大压碎指标、有害物质含量、碱集料反应性能等指标关系到砌块或砖的强度和耐久性等关键性能，所以，这些指标应较为严格，需要满足现行国家标准《混凝土和砂浆用再生细骨料》GB/T 25176 的相关要求，而且经过调研和试验验证，这些指标都可以较容易达到 GB/T 25176 的Ⅲ类再生细骨料相关要求。

  再生细骨料微粉含量过高，会对砌块或砖的干燥收缩带来不利影响，所以应对该指标有所限制。但是同样道理，如果该指标按照 GB/T 25176 的要求来限制又过于苛刻，对生产砌块或砖没有必要，反而不利于推动建筑垃圾资源化利用。调研和试验验证数据证明，该指标比 GB/T 25176 的要求稍大一点并不会对砌块或砖性能带来明显影响，且指标适当放宽有利于再生骨料的推广。所以，相对于 GB/T 25176 的要求，此处适当放宽指标限值，根据 MB 值不同规定再生细骨料微粉含量＜12.0%或＜6.0%。

  在再生骨料砌块或再生骨料砖实际生产过程中，所采用的再生骨料往往是粗骨料和细骨料混合在一起。此种情况下，在对再生骨料进行检验时，可以先采用4.75mm的筛将混合再生骨料进行筛分，之后分别按照表4.1.3-1和表4.1.3-2进行检测评价。

  由于目前尚无用于砌块或砖的再生骨料产品标准，也就没有相应的型式检验和出厂检验项目要求、组批规则等依据，而本规程对再生骨料的进场检验又要求供货方提供型式检验报告和出厂检验报告，所以本规程在此处给出了用于砌块或砖的再生骨料型式检验和出厂检验的相关规定，相关企业可以照此执行。

  总的来说，砌块或砖对再生骨料的性能要求较低，本规程重点在于控制砌块或砖的产品质量，这体现于本规程第7章和第8章的相关规定。

4.2 进 场 检 验

4.2.1 由于再生骨料的来源较复杂，为了保证来货的性能质量和进行质量追溯，再生骨料进场手续检验应更加严格，应验收质量证明文件，包括型式检验报告、出厂检验报告及合格证等；质量证明文件中还要体现生产厂信息、合格证编号、再生骨料类别、批号及出厂日期、再生骨料数量等内容。

用于混凝土或砂浆的再生骨料型式检验、出厂检验按照现行国家标准《混凝土用再生粗骨料》GB/T 25177 和《混凝土和砂浆用再生细骨料》GB/T 25176 来执行。

4.2.2 再生骨料的进场检验是按照用户最关心且便于检验指标的原则来确定所选项目的。

4.3 运 输 和 储 存

4.3.2 为了避免使用时出现误用等差错，用户在储存原材料时，应在堆场或料库等储存地点设置明显的标志或专门标识，例如"混凝土用再生粗骨料"、"砂浆用再生细骨料"等。

5 再生骨料混凝土

5.1 一 般 规 定

5.1.2 由于Ⅰ类再生粗骨料品质已经基本达到常用天然粗骨料的品质，所以其应用不受强度等级限制。为充分保证结构安全，达到Ⅱ类产品指标要求的再生粗骨料限制可以用于配制不高于 C40 的再生骨料混凝土，目前我国国内如北京、青岛等地再生骨料混凝土在实际工程中应用已经达到了 C40；Ⅲ类再生粗骨料由于品质相对较差，可能对结构混凝土或较高强度再生骨料混凝土性能带来不利影响，所以限制其仅可用于 C25 以下的再生骨料混凝土，且由于吸水率等指标相对较高，所以Ⅲ类再生粗骨料不宜用于有抗冻要求的混凝土。本规程所说混凝土均指符合现行国家标准《混凝土结构设计规范》GB 50010 规定的混凝土。

国外相关标准对再生骨料混凝土强度应用范围也有类似限定，例如对于近似于我国Ⅱ类再生粗骨料配制的混凝土，比利时限定为不超过 C30，丹麦限定为不超过 40MPa，荷兰限定为不超过 C50（荷兰国家标准规定再生骨料取代天然骨料的质量比不能超过 20%）。

5.1.3 尽管Ⅰ类再生细骨料主要技术性能已经基本达到常用天然砂的品质，但是由于再生细骨料中往往含有水泥石颗粒或粉末，而且目前采用再生细骨料配制混凝土的应用实践相对较少，所以对再生细骨料在混凝土中的应用比再生粗骨料限制严格一些。Ⅲ类再生细骨料由于品质较差，不宜用于混凝土。

5.1.4 再生骨料往往会增大混凝土的收缩，由此可能增大预应力损失，所以本规程从严规定不得用于预应力混凝土。

5.1.5、5.1.6 现行国家标准《混凝土结构设计规范》GB 50010 中对设计使用寿命为 50 年的结构用混凝土耐久性进行了相关规定。由于来源的客观原因，再生骨料吸水率、有害物质含量等指标状况往往比天然骨料差一些，这些指标可能影响混凝土耐久性或长期性能，所以，为了确保安全，本规程对最大水胶比、最低强度等级、最大氯离子含量等的要求相对于 GB 50010 中的相关规定均相应提高了一级要求。

本规程目前仅就再生骨料混凝土用于设计使用年限为 50 年及以内的工程作出规定，对用于更长设计使用年限的情况，为慎重稳妥起见，还需要继续积累研究与工程应用数据及经验。

由于来源的复杂性，再生骨料中氯离子含量、三氧化硫含量可能高于天然骨料。由于氯离子含量等对混凝土尤其是钢筋混凝土和预应力混凝土的耐久性影响较大，所以，本规程并没有将掺用了再生骨料的混凝土中氯离子含量、三氧化硫含量要求有所降低，而是严格执行现行国家标准《混凝土结构设计规范》GB 50010 和《混凝土结构耐久性设计规范》GB/T 50476 的规定。

5.1.7 近年来，随着城市化进程的加快，我国很多地区排放了大量的建筑垃圾，亟待消纳处理。但是由于建筑垃圾来源的复杂性、各地技术及产业发达程度差异和加工处理的客观条件限制，生产出来的大量再生骨料往往有一些指标不能满足现行国家标准《混凝土用再生粗骨料》GB/T 25177 或《混凝土和砂浆用再生细骨料》GB/T 25176 的要求，例如微粉含量、骨料级配等等，这些再生骨料尽管不宜用来配制结构混凝土，但是完全可以配制垫层等非结构混凝土。所以，为了扩大建筑垃圾的消纳利用范围，提高利用率，此处作出了较为宽松的补充规定。

5.2 技术要求和设计取值

5.2.1 再生骨料混凝土的拌合物性能试验方法按现行国家标准《普通混凝土拌合物性能试验方法标准》GB 50080 执行；力学性能试验方法及试件尺寸换算系数按现行国家标准《普通混凝土力学性能试验方法标准》GB 50081 执行；耐久性能和长期性能试验方法按现行国家标准《普通混凝土长期性能和耐久性能试验方法标准》GB 50082 执行；质量控制应符合现行国家标准《混凝土质量控制标准》GB 50164 的规定；强度检验评定应符合现行国家标准《混凝土强度检验评定标准》GB/T 50107 的规定；耐久性的检验评定应符合现行行业标准《混凝土耐久性检验评定标准》JGJ/T 193 的规定。

5.2.2 由于本规程对用于混凝土的再生骨料性能指

标要求与天然骨料产品标准要求总体一致，有区别的项目也或者是偏于严格（例如针片状含量），或者是对混凝土力学性能影响不大（指标宽松于天然骨料的项目主要是吸水率、有害物质含量等，这些指标影响的是混凝土耐久性或长期性能，这已在耐久性要求方面加以约束），再生混凝土其力学性能与常规混凝土要求应该一致，所以本规程对再生骨料混凝土的轴心抗压强度标准值、轴心抗压强度设计值、轴心抗拉强度标准值、轴心抗拉强度设计值、轴心抗压疲劳强度设计值、轴心抗拉疲劳强度设计值、剪切变形模量和泊松比的相关规定与 GB 50010 一致。

5.2.3 表 5.2.3 参考了上海市地方标准《再生混凝土应用技术规程》DG/TJ08-2018-2007 中的数据，该数据是上海地标编制组基于国内外 528 组代表性实验数据统计出来的。表 5.2.3 的取值相比于现行国家标准《混凝土结构设计规范》GB 50010 都相应有所折减，这是考虑到再生骨料对混凝土力学性能的影响，基于试验验证而给出的数据。

5.2.4 国内外研究表明，再生骨料混凝土其热工性能与普通混凝土没有明显区别，所以本规程规定，如果没有试验条件，则再生骨料混凝土热工性能取值可与现行国家标准《混凝土结构设计规范》GB 50010 或《民用建筑热工设计规范》GB 50176 中的取值一致。GB 50010 规定混凝土线膨胀系数 α_c 为 $1 \times 10^{-5}/℃$，比热容 c 为 $0.96\mathrm{kJ/(kg \cdot K)}$；GB 50176 规定钢筋混凝土导热系数 λ 为 $1.74\mathrm{W/(m \cdot K)}$，碎石或卵石混凝土导热系数 λ 为 $1.51\mathrm{W/(m \cdot K)}$。

5.3 配合比设计

5.3.2 Ⅰ类再生粗骨料品质较好，可以按照常用天然粗骨料来使用，所以其取代率可不受限制。

近年来各相关企业积累的实践经验表明，对于 C30、C40 混凝土，再生粗骨料掺量一般以 50% 以内为宜，这样较容易控制和易性及保证强度。所以，在缺乏实践经验情况下来计算配合比参数，Ⅱ类、Ⅲ类再生粗骨料的取代率一般不宜大于 50%。

混凝土中掺用再生细骨料的试验研究和工程应用实践较少，所以宜通过充分的验证试验来确定其可行性，且由于再生细骨料中容易引入较多的微粉，可能对混凝土性能尤其是耐久性造成影响，所以再生细骨料取代率也不宜大于 50%。

一般不宜同时掺用再生粗骨料和再生细骨料，因为这样操作的交互影响因素过多，对配制技术要求较高，且再生细骨料易导致混凝土坍落度损失加快。所以为保险起见，在目前实践经验较少、没有经过试验验证的情况下，暂不提倡同时掺用再生粗、细骨料，尤其是如果已经掺用了Ⅲ类再生粗骨料时，则不宜再掺入再生细骨料；如果同时掺用，必须进行充分的试验验证。

由于Ⅰ类再生粗骨料品质已经相当于天然骨料，所以对于仅掺Ⅰ类再生粗骨料的混凝土可以视其为常规混凝土。如果掺用Ⅱ类、Ⅲ类再生粗骨料，但是取代率小于 30%，由于再生骨料掺量较小，对混凝土性能影响很有限，此时也可以视为常规混凝土。所以对于不掺用再生细骨料的混凝土，如果仅掺Ⅰ类再生粗骨料或Ⅱ类、Ⅲ类再生粗骨料取代率小于 30% 时，抗压强度标准差 σ 可按现行行业标准《普通混凝土配合比设计规程》JGJ 55 的规定执行。当再生骨料掺量较大，例如当Ⅱ类、Ⅲ类再生粗骨料取代率大于 30% 时，由于建筑垃圾来源的复杂性、再生骨料品质的离散性导致其对混凝土性能的影响相应增大，这种情况下，根据统计资料计算时，为了更好的保证统计数据的代表性，本规程规定强度试件组数提高到不小于 30 组（《普通混凝土配合比设计规程》JGJ 55-2000 要求是不小于 25 组），且为了保证再生骨料混凝土配制强度具有较好的富余度，进一步降低再生骨料离散性带来的影响，本规程对 σ 计算值的最低限值作出了相应的下限要求。

当无统计资料时，对于仅掺再生粗骨料的混凝土，其 σ 值可按表 5.3.2 确定。表 5.3.2 取值比上述计算值最低限值相应增大，目的是保证无统计资料时的配制强度富余度足够。

掺用再生细骨料或同时掺用再生粗骨料和再生细骨料的混凝土，混凝土强度的影响因素往往更为复杂，此时，也应根据统计资料计算确定 σ 值。计算时，强度试件组数同样提高到不小于 30 组，σ 要取计算值和表 5.3.2 中对应值中的大者，取值要求更高；当无统计资料时，抗压强度标准差 σ 也按表 5.3.2 取值。此处规定偏严格的目的就是为了充分保证再生细骨料复杂影响情况下的配制强度。

配制再生骨料混凝土离不开外加剂，尤其建议选择使用氨基磺酸盐、聚羧酸盐等减水率较高的高效减水剂，这对于保证再生骨料混凝土性能具有较明显优势。

由于再生骨料的微粉含量等往往高于天然骨料，有可能影响混凝土强度和耐久性；砂率较高也会影响混凝土强度和耐久性，所以适当降低砂率可以在一定程度上弥补再生骨料带来的不利影响。因此，在设计基准混凝土配合比时，宜采用较低的砂率。

基于目前我国再生骨料的生产水平，再生骨料的吸水率往往高于天然骨料，在相同用水量情况下，再生骨料混凝土拌合物工作性往往比基准混凝土差，所以，在设计水灰比基础上，一般需要通过掺入减水剂或增加减水剂掺量等方式来保证工作性；配制时也可以适当增加用水量以满足再生骨料的吸水率需要，此时增加的用水量被再生骨料吸附而不是用于水泥水化，所以一般不会影响混凝土的性能，但用水增加量一般不宜超过 5%。此外，由于再生骨料的吸水率往往高于天然骨料，再生骨料混凝土的坍落度损失也往往会偏快，所以需要采取比普通混凝土更有效的措施加以控制，例如增加缓凝剂或坍落度抑制剂的掺量，减水剂延时掺加，再生骨料预湿处理等。

5.4 制备和运输

5.4.1、5.4.2 再生骨料混凝土原材料的储存和计量，再生骨料混凝土搅拌、运输等，总体上和普通混凝土的要求一样。由于再生骨料混凝土制备对综合技术要求较高，应鼓励采用预拌方式生产，且目前我国的再生骨料混凝土基本都是在生产条件较好的大中城市加以发展，所以，对再生骨料混凝土的制备和运输要求基本上采纳了现行国家标准《预拌混凝土》GB/T 14902 的规定。

5.5 浇筑和养护

5.5.1 由于再生骨料混凝土对干燥收缩更为敏感，预防混凝土早期收缩开裂尤为重要，所以对于再生骨料混凝土应特别加强早期养护。

6 再生骨料砂浆

6.1 一般规定

6.1.1 再生骨料砂浆用于地面砂浆时，宜用于找平层而不宜用于面层，因为面层对耐磨性要求较高，再生骨料砂浆往往难以达到。

6.1.2 现行国家标准《预拌砂浆》GB/T 25181 对砂浆所用水泥、细骨料、掺合料、外加剂、拌合水以及添加剂（例如保水增稠材料、可再分散胶粉、颜料、纤维等）和填料（例如重质碳酸钙、轻质碳酸钙、石英粉、滑石粉等）作出了规定；现行行业标准《抹灰砂浆技术规程》JGJ/T 220 对砂浆用石灰膏、磨细生石灰粉、建筑石膏等作出了规定。尽管已经有行业标准《预拌砂浆》JG/T 230-2007，但是目前已经颁布了国标《预拌砂浆》GB/T 25181-2010，所以本规程引用最新的国标《预拌砂浆》GB/T 25181。

6.1.3 现行国家标准《混凝土和砂浆用再生细骨料》GB/T 25176 中规定的Ⅰ类再生细骨料技术性能指标已经类似于天然砂，所以其在砂浆中的强度等级应用范围不受限制。而Ⅱ类再生细骨料、Ⅲ类再生细骨料由于综合品质逊色于天然骨料，尽管实际验证试验中也配制出了 M20 等较高强度等级的砂浆，但是为可靠起见，规定Ⅱ类再生细骨料一般只适用于配制 M15 及以下的砂浆，Ⅲ类再生细骨料一般只适用于配制 M10 及以下的砂浆。

6.3 配合比设计

6.3.2 本规程提出的再生骨料砂浆配合比设计方法

适用于现场配制的砂浆和预拌砂浆中的湿拌砂浆。由于生产方式的特殊性，干混砂浆配合比设计一般由生产厂根据工艺特点采用专门的技术路线，本规程不作规定。

由于再生细骨料的吸水率往往较天然砂大一些，配制的砂浆抗裂性能相对较差，所以对于抗裂性能要求较高的抹灰砂浆或地面砂浆，再生细骨料取代率不宜过大，一般限制在 50% 以下为宜；对于砌筑砂浆，由于需要充分保证砌体强度，所以在没有技术资料可以借鉴的情况下，再生细骨料取代率一般也要限制在 50% 以下较为稳妥。

再生骨料砂浆配制过程中一般应掺入外加剂、添加剂和掺合料，并需要试验调整外加剂、添加剂、掺合料掺量，以此来满足工作性要求。在设计用水量基础上，也可根据再生细骨料类别和取代率适当增加单位体积用水量，但增加量一般不宜超过 5%。

6.4 制备和施工

6.4.1 该条规定的是再生骨料预拌砂浆的制备和施工。制备包括原料储存、计量、搅拌生产等环节，按照国家标准《预拌砂浆》GB/T 25181 相关规定执行；进厂检验、砂浆储存、拌合、基层要求、施工操作等环节，按照《预拌砂浆应用技术规程》JGJ/T 223 的相关规定执行。

6.4.2～6.4.4 这几条规定的是现场配制的再生骨料砂浆的制备、生产和施工。现场拌制的砂浆在很多技术环节上与湿拌砂浆类似。

不论是预拌砂浆还是现场拌制的砂浆，其施工要求都是一样的，所以现场配制的再生骨料砂浆施工也按照《预拌砂浆应用技术规程》JGJ/T 223 的相关规定执行。

6.5 施工质量验收

6.5.1 《抹灰砂浆技术规程》JGJ/T 220 规定：抹灰砂浆的施工质量验收包括砂浆试块抗压强度验收和实体拉伸粘结强度检验两个指标，这说明，不论是预拌的还是现场配制的抹灰砂浆，都需要检验这两个指标。

《预拌砂浆应用技术规程》JGJ/T 223 相关条文显示出，预拌抹灰砂浆在进场时已对抗压强度进行进场检验，为避免重复繁冗的检验，施工验收时就不用再进行抗压强度检验，验收时只需检验实体拉伸粘结强度即可。所以，预拌再生骨料抹灰砂浆施工质量验收遵循《预拌砂浆应用技术规程》JGJ/T 223 即可。

而现场配制的抹灰砂浆的施工质量验收则需要检验砂浆试块抗压强度和拉伸粘结强度实体检测值，就不能直接执行《预拌砂浆应用技术规程》JGJ/T 223 关于验收的相关规定，否则就会缺少砂浆试块抗压强度检验过程。所以，此处对现场配制的再生骨料抹灰砂浆的施工质量验收单独作出了规定，即按照《抹灰砂浆技术规程》JGJ/T 220规定执行。

7 再生骨料砌块

7.1 一般规定

7.1.2 砌块生产中往往掺用石屑等破碎石材作为部分骨料，此处对小于0.15mm的细石粉颗粒的限制参考了现行国家标准《普通混凝土小型空心砌块》GB 8239的相关规定。

其他相关标准例如，如果砌块中使用轻集料，则应符合现行国家标准《轻集料及其试验方法 第1部分：轻集料》GB/T 17431.1的规定，如果砌块中使用重矿渣骨料，则应符合现行行业标准《混凝土用高炉重矿渣碎石技术条件》YBJ 20584的规定。

7.2 技术要求

7.2.1 尺寸允许偏差和外观质量指标要求参考了现行行业标准《粉煤灰混凝土小型空心砌块》JC/T 862的规定。

7.2.2 强度等级规定也参考了现行行业标准《粉煤灰混凝土小型空心砌块》JC/T 862的规定。

7.2.5 由于目前尚无专门的再生骨料砌块产品国家标准或行业标准，根据产品具体情况，再生骨料砌块的型式检验和出厂检验一般是依据企业标准或参考现行相关行业标准或国家标准执行。所以，再生骨料砌块型式检验和出厂检验项目可以根据企业所依据标准情况而定，但是型式检验应包含有放射性及本规程第7.2节所列所有项目，出厂检验应包含有本规程第7.2节所列的尺寸允许偏差、外观质量和抗压强度等项目。放射性按照现行国家标准《建筑材料放射性核素限量》GB 6566规定执行。

7.3 进场检验

7.3.1 再生骨料砌块各项性能指标达到要求方能出厂。产品出厂时，应提供产品质量合格证，合格证一般应标明生产厂信息、产品名称、批量及编号、产品实测技术性能和生产日期等。

为了保证再生骨料砌块的生产质量，生产厂需要重视养护和运输储存等环节。在正常生产工艺条件下，再生骨料砌块收缩值最终可达0.60mm/m，经28d养护后收缩值可完成60%。因此，延长养护时间，能保证砌体强度并减少因砌块收缩过多而引起的墙体裂缝。一般地，养护时间不少于28d；当采用人工自然养护时，在养护的前7d应适量喷水养护，人工自然养护总时间不少于28d。

再生骨料砌块在堆放、储存和运输时，应采取防雨措施。再生骨料砌块应按规格和强度等级分批堆放，不应混杂。堆放、储存时保持通风流畅，底部宜用木制托盘或塑料托盘支垫，不宜直接贴地堆放。堆放场地必须平整，堆放高度一般不宜超过1.6m。

7.3.2 再生骨料砌块的进场检验项目一般应包括尺寸允许偏差、外观质量和抗压强度；如果用户方根据工程需要提出更多进场检验项目要求，则供需双方可以协商附加选择本规程第7.2节中的其他检验项目。

8 再生骨料砖

8.1 一般规定

8.1.1 尽管现行国家标准《砌体结构设计规范》GB 50003、现行行业标准《多孔砖砌体结构技术规范》JGJ 137中对砖的强度等级最低规定为MU10，现行国家标准《混凝土实心砖》GB/T 21144和现行行业标准《非烧结垃圾尾矿砖》JC/T 422中最低抗压强度为MU15，但是为了拓宽再生骨料的推广应用，本规程将再生骨料多孔砖和再生骨料实心砖的最低强度拓宽为MU7.5。

8.2 技术要求

8.2.1 本规程基本上采纳了现行行业标准《非烧结垃圾尾矿砖》JC/T 422中关于尺寸允许偏差和外观质量的规定。

8.2.2 再生骨料砖抗压强度主要是参考了现行行业标准《非烧结垃圾尾矿砖》JC/T 422和《混凝土多孔砖》JC 943等标准中的规定，MU7.5的强度规定是按照线性外推计算得到的。

8.2.3 在验证试验数据基础上，再生骨料砖吸水率单块值、干燥收缩率、碳化系数和软化系数指标参考现行行业标准《非烧结垃圾尾矿砖》JC/T 422的规定，相对含水率指标参考现行国家标准《混凝土实心砖》GB/T 21144的规定。再生骨料砖的抗冻指标要求也参考了现行行业标准《非烧结垃圾尾矿砖》JC/T 422的规定，并采用线性外推方法补充了MU7.5和MU10的抗冻指标要求。

8.2.5 由于目前尚无专门的再生骨料砖产品国家标准或行业标准，根据产品具体情况，再生骨料砖的型式检验和出厂检验一般是依据企业标准或参考现行相关行业标准或国家标准。所以，再生骨料砖型式检验和出厂检验项目可以根据企业所依据标准情况而定，但是型式检验应包含有放射性及本规程第8.2节所列所有项目，出厂检验应包含有本规程第8.2节所列的尺寸允许偏差、外观质量和抗压强度等项目。放射性按照现行国家标准《建筑材料放射性核素限量》GB 6566规定执行。

8.3 进场检验

8.3.1 再生骨料砖各项性能指标达到要求方能出厂。

产品出厂时，应提供产品质量合格证，合格证一般应标明生产厂信息、产品名称、批量及编号、产品实测技术性能和生产日期等。

为了保证再生骨料砖的生产质量，需要重视养护和运输储存等环节。在正常生产工艺条件下，再生骨料砖收缩值最终可达 0.60mm/m，经 28d 养护后收缩值可完成 60%。因此，延长养护时间，能保证砌体强度并减少因砖收缩过多而引起的墙体裂缝。一般地，养护时间不少于 28d；当采用人工自然养护时，在养护的前 7d 应适量喷水养护，人工自然养护总时间不少于 28d。

再生骨料砖在堆放、储存和运输时，应采取防雨措施。再生骨料砖应按规格和强度等级分批堆放，不应混杂。堆放、储存时保持通风流畅，底部宜用木制托盘或塑料托盘支垫，不宜直接贴地堆放。堆放场地必须平整，堆放高度一般不宜超过 1.6m。

8.3.2 再生骨料砖的进场检验项目一般应包括尺寸允许偏差、外观质量和抗压强度；如果用户方根据工程需要提出更多进场检验项目要求，则供需双方可以协商附加选择本规程第 8.2 节中的其他检验项目。

中华人民共和国行业标准

石膏砌块砌体技术规程

Technical specification for gypsum block masonry

JGJ/T 201—2010

批准部门：中华人民共和国住房和城乡建设部
施行日期：２０１０年８月１日

中华人民共和国住房和城乡建设部
公　告

第 540 号

关于发布行业标准《石膏砌块
砌体技术规程》的公告

现批准《石膏砌块砌体技术规程》为行业标准，编号为 JGJ/T 201 - 2010，自 2010 年 8 月 1 日起实施。

本规程由我部标准定额研究所组织中国建筑工业出版社出版发行。

中华人民共和国住房和城乡建设部

2010 年 4 月 14 日

前　言

根据住房和城乡建设部《关于印发〈2008 年工程建设标准规范制订、修订计划（第一批）〉的通知》（建标［2008］102 号）的要求，规程编制组经广泛调查研究，认真总结实践经验，参考有关国际标准和国外先进标准，并在广泛征求意见的基础上，制定本规程。

本规程的主要技术内容是：1. 总则；2. 术语；3. 材料；4. 构造设计；5. 施工；6. 验收。

本规程由住房和城乡建设部负责管理，由南通建筑工程总承包有限公司负责具体技术内容的解释。执行过程中如有意见或建议，请寄送南通建筑工程总承包有限公司（地址：江苏省海门市常乐镇中南大厦，邮政编码：226124，电子信箱：ytjsk@sina.com）。

本 规 程 主 编 单 位： 南通建筑工程总承包有限公司

龙信建设集团有限公司

本 规 程 参 编 单 位： 中国建筑科学研究院

东南大学

中国新型建筑材料工业杭州设计研究院

江苏省第二建筑设计研究院有限责任公司

北京市翔牌墙体材料有限公司

咸阳古建集团有限公司

本规程主要起草人员： 董年才　张　军　沈国章

侯海泉　陆建忠　杨金明

郭正兴　刘家彬　薛滔菁

王立云　堵效彦　李清楠

刘　瑛　黄　新

本规程主要审查人员： 叶可明　刘加平　南建林

任家骥　陆金方　王玉章

张守健　付江波　胡根宝

目　　次

Contents

1 总 则

1.0.1 为规范石膏砌块砌体的构造设计、施工与质量验收，做到技术先进，经济合理，安全可靠，制定本规程。

1.0.2 本规程适用于抗震设防烈度为 8 度及 8 度以下地区的工业与民用建筑中采用石膏砌块砌筑的室内非承重墙体的构造设计、施工与质量验收。

1.0.3 石膏砌块砌体的构造设计、施工与质量验收除应符合本规程外，尚应符合国家现行有关标准的规定。

2 术 语

2.0.1 石膏砌块 gypsum block

以建筑石膏为主要原料，经加水搅拌，浇注成型和干燥制成的轻质块状建筑石膏制品。生产中允许加入纤维增强材料、轻集料、发泡剂等辅助材料。

2.0.2 石膏基粘结浆 gypsum-based adhesive paste

以建筑石膏作为胶凝材料，经加水搅拌制成的用于石膏砌块砌筑和嵌缝的建筑材料。

2.0.3 水泥基粘结浆 cement-based adhesive paste

由水泥、砂、建筑胶粘剂、水和（或）外加剂制成的用于石膏砌块砌筑和嵌缝的建筑材料。

3 材 料

3.0.1 石膏砌块的技术性能应符合现行行业标准《石膏砌块》JC/T 698 的规定。

3.0.2 耐碱玻璃纤维网布的技术性能应符合现行行业标准《耐碱玻璃纤维网布》JC/T 841 的规定。

3.0.3 石膏基粘结浆的技术性能应符合现行行业标准《粘结石膏》JC/T 1025 的规定。

3.0.4 水泥基粘结浆的物理力学性能指标应符合表3.0.4 的规定。稠度、湿密度、分层度、凝结时间、抗压强度、收缩性能的试验方法应符合现行行业标准《建筑砂浆基本性能试验方法》JGJ/T 70 的规定；拉伸粘结强度的试验方法应符合现行行业标准《蒸压加气混凝土用砌筑砂浆与抹面砂浆》JC 890 的规定。

表 3.0.4 水泥基粘结浆的物理力学性能指标

项 目	指 标
稠度（mm）	70～90
湿密度（kg/m³）	≤2000
分层度（mm）	≤20
凝结时间（h）	贯入阻力达到 0.5MPa 时，2.5～4.0

续表 3.0.4

项 目	指 标
抗压强度（MPa）	≥5.0
拉伸粘结强度（MPa）	≥0.20
收缩性能（％）	≤0.25

4 构 造 设 计

4.0.1 石膏砌块砌体不得用于下列部位：

1 防潮层以下部位；

2 长期处于浸水或化学侵蚀的环境。

4.0.2 石膏砌块砌体底部应设置高度不小于 200mm 的 C20 现浇混凝土或预制混凝土、砖砌墙垫，墙垫厚度应为砌体厚度减 10mm。厨房、卫生间等有防水要求的房间应采用现浇混凝土墙垫。

4.0.3 厨房、卫生间砌体应采用防潮实心石膏砌块，砌体内侧应采取防水砂浆抹灰或防水涂料涂刷等有效的防水措施。

4.0.4 窗洞口四周 200mm 范围内的石膏砌块砌体的孔洞部分应采用粘结石膏填实，门洞口宽度大于 1500mm 的窗洞口应加设钢筋混凝土边框，边框宽度不应小于 120mm、厚度应同砌体厚度（图 4.0.4），边框混凝土强度等级不应小于 C20，纵向钢筋不应小于 2φ10，箍筋宜采用 φ6，间距不应大于 200mm。

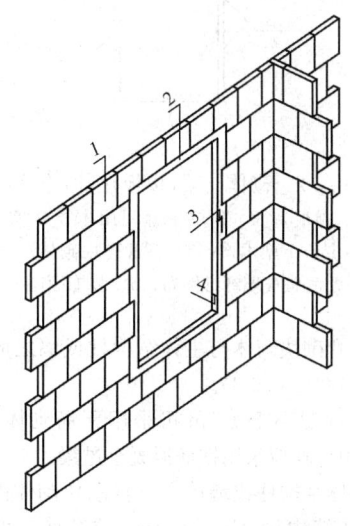

图 4.0.4 洞口边框示意

1—石膏砌块砌体；2—洞口边框；
3—边框宽度；4—边框厚度

4.0.5 石膏砌块砌体的隔声性能应符合现行国家标准《民用建筑隔声设计规范》GBJ 118 的要求。

4.0.6 石膏砌块砌体与主体结构之间应采取可靠的拉结措施，并应符合下列规定：

1 石膏砌块砌体与主体结构梁或顶板之间宜采

用柔性连接；当主体结构刚度相对较大可忽略石膏砌块砌体的刚度作用时，石膏砌块砌体与主体结构梁或顶板之间可采用刚性连接（图4.0.6-1和图4.0.6-2）。

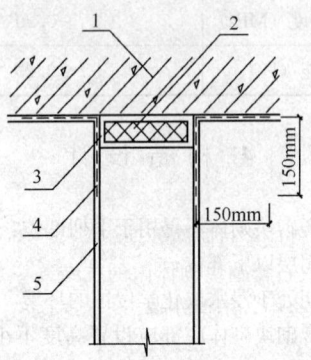

图 4.0.6-1　砌体与梁（顶板）柔性连接示意
1—梁（顶板）；2—用粘结石膏在梁（顶板）下粘贴 10mm～15mm 厚泡沫交联聚乙烯，宽度＝墙厚－10mm；3—粘结石膏嵌缝抹平；4—粘贴耐碱玻璃纤维网布；5—装饰面层

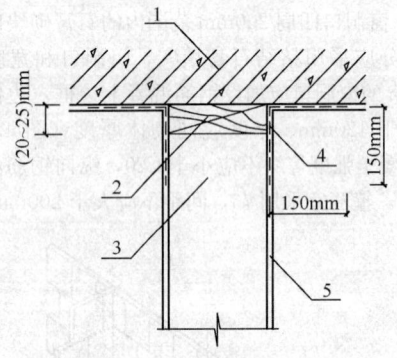

图 4.0.6-2　砌体与梁（顶板）刚性连接示意
1—梁（顶板）；2—顶层平缝间用木楔挤实，每砌块不少于 1 副木楔；3—石膏砌块砌体；4—粘贴耐碱玻璃纤维网布；5—装饰面层

　2　石膏砌块砌体与主体结构柱或墙之间应采用刚性连接（图4.0.6-3）。

4.0.7　除宽度小于 1.0m 可采用配筋砌体过梁外，门窗洞口顶部均应采用钢筋混凝土过梁。

4.0.8　主体结构柱或墙应在石膏砌块砌体高度方向每皮水平灰缝中设 2ϕ6 拉结筋，拉结筋应伸入砌体内，末端应有 90°弯钩。伸入砌体内的长度应符合下列规定：

　1　当抗震设防烈度为 6、7 度时，伸入长度不应小于砌体长度的 1/5，且不应小于 700mm。

　2　当抗震设防烈度为 8 度时，宜沿砌体两侧主体结构高度每皮设置拉结筋，拉结筋与两端主体结构柱或墙应连接可靠，并沿砌体全长贯通。

4.0.9　当石膏砌块砌体长度大于 5m 时，砌体顶与

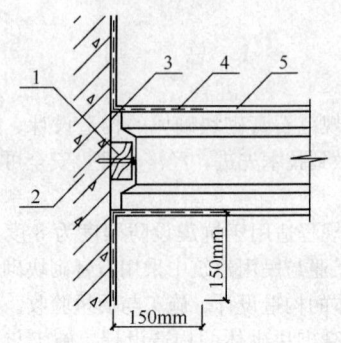

图 4.0.6-3　砌体与柱（墙）刚性连接示意
1—防腐木条用钢钉固定，钢钉中距≤500mm；
2—柱（墙）；3—粘结浆填实补齐；4—粘贴耐碱玻璃纤维网布；5—装饰面层

梁或顶板应有拉结；当砌体长度超过层高 2 倍时，应设置钢筋混凝土构造柱；当砌体高度超过 4m 时，砌体高度 1/2 处应设置与主体结构柱或墙连接且沿砌体全长贯通的钢筋混凝土水平系梁。

　当设置钢筋混凝土构造柱或水平系梁时，混凝土强度等级不应低于 C20；构造柱截面宽度不应小于 120mm，厚度应同砌体厚度，纵向钢筋不应小于 4ϕ12，箍筋宜采用 ϕ6，间距不应大于 200mm，且在构造柱上下段 500mm 范围内间距不应大于 100mm；水平系梁截面高度不应小于 120mm，厚度应同砌体厚度，纵向钢筋不应小于 4ϕ8，箍筋宜采用 ϕ6，间距不应大于 200mm。

4.0.10　石膏砌块砌体与不同材料的接缝处和阴阳角部位，应采用粘结石膏粘贴耐碱玻璃纤维网布加强带进行处理。

5　施　　工

5.1　一　般　规　定

5.1.1　石膏砌块运输时宜有专门包装，搬运或安装时应轻拿轻放。

5.1.2　石膏砌块宜室内存放，严禁淋雨受潮，应避免碰撞。石膏砌块存放时应保持垂直方向，下部应采用垫木架空，最高码放高度不应超过 4 层。不同规格型号的石膏砌块应分类堆放，并应根据试验状态标识型号。

5.1.3　在砌筑石膏砌块砌体时，石膏砌块含水率不应大于 8%。

5.1.4　粘结浆的品种和强度等级应符合设计要求，并应通过试配确定配合比。

5.1.5　石膏砌块砌体内不得混砌黏土砖、蒸压加气混凝土砌块、混凝土小型空心砌块等其他砌体材料。

5.2 施工准备

5.2.1 除通用砌筑工具外，施工时还应配备刀锯、切割机、橡皮锤、电钻、冲击电锤等工具。

5.2.2 砌筑工程所使用的材料进场时，应查验产品合格证书、产品性能检测报告，对石膏砌块、水泥、钢筋、砂石、粘结石膏、耐碱玻璃纤维网布、外加剂等材料应进行复验。

5.2.3 石膏砌块砌体施工前宜按照设计施工图绘制石膏砌块立面排块图。排列时应根据石膏砌块规格、灰缝厚度和宽度、门窗洞口尺寸、过梁与水平系梁的高度、构造柱位置、预留洞大小等进行错缝搭接排列。当顶端或墙边不足整块时，可将砌块切锯成所需要的规格，其最小规格尺寸不得小于整块的1/3。

5.2.4 石膏砌块砌筑前应检查基层。基层表面应平整、不得有污染杂物，现浇混凝土墙垫的强度应达到1.2MPa。

5.2.5 在石膏砌块砌筑前，应按照设计施工图施画砌体位置线，在砌体阴阳角处应设立皮数杆，皮数杆的间距不宜大于15m。

5.3 砌筑施工要求

5.3.1 石膏砌块砌筑时应上下错缝搭接，搭接长度不应小于石膏砌块长度的1/3，石膏砌块的长度方向应与砌体长度方向平行一致，榫槽应向下。砌体转角、丁字墙、十字墙连接部位应上下搭接咬砌。

5.3.2 石膏砌块砌体灰缝应符合下列规定：

1 砌体的水平和竖向灰缝应横平、竖直、厚度均匀、密实饱满，不得出现假缝。

2 水平灰缝的厚度和竖向灰缝的宽度应控制在7mm～10mm。

3 在砌筑时，粘结浆应随铺随砌，水平灰缝宜采用铺浆法砌筑，当采用石膏基粘结浆时，一次铺浆长度不得超过一块石膏砌块的长度；当采用水泥基粘结浆时，一次铺浆长度不得超过两块石膏砌块的长度，铺浆应满铺。竖向灰缝应采用满铺端面法。

5.3.3 粘结浆应符合下列规定：

1 当采用石膏基粘结浆时，应在初凝前使用完毕，硬化后不得继续使用。

2 当采用水泥基粘结浆时，拌合时间自投料完算起不得少于3min，并应在初凝前使用完毕。当出现泌水现象时，应在砌筑前再次搅拌。

5.3.4 石膏砌块砌体与主体结构梁或顶板的连接应符合下列规定：

1 当石膏砌块砌体与主体结构梁或顶板采用柔性连接时，应采用粘结石膏将10mm～15mm厚泡沫交联聚乙烯带粘贴在主体结构梁或顶板底面，石膏砌块应砌筑至泡沫交联聚乙烯带；泡沫交联聚乙烯宽度

宜为砌体厚度减去10mm。

2 当石膏砌块砌体与主体结构梁或顶板采用刚性连接时，砌块砌筑至接近梁或顶板底面处应留置20mm～25mm空隙，在空隙处应打入木楔挤紧，并应至少间隔7d后用粘结浆将空隙嵌填密实。木楔应经过防腐处理，每块石膏砌块不得少于一副。

5.3.5 当石膏砌块砌体与主体结构柱或墙采用刚性连接时，应先将木构件用钢钉固定在主体结构柱或墙侧面，钢钉间距不得大于500mm，然后应在石膏砌块断面凹槽内铺满粘结浆，通过石膏砌块凹槽卡住木构件。木构件应经过防腐处理。

5.3.6 砌入石膏砌块砌体内的拉结筋应放置在水平灰缝的粘结浆中，不得外露。

5.3.7 石膏砌块砌体的转角处和交接处宜同时砌筑。在需要留置的临时间断处，应砌成斜槎；接槎时，应先清理基面，并应填实粘结浆，保持灰缝平直、密实。

5.3.8 施工中需要在砌体中设置的临时性施工洞口的侧边距端部不应小于600mm。洞口宜留置成马牙槎，洞口上部应设置过梁，过梁的设置应符合本规程第4.0.7条的规定。

5.3.9 石膏砌块砌体不得留设脚手架眼。

5.3.10 石膏砌块砌体每天的砌筑高度，当采用石膏基粘结浆砌筑时不宜超过3m，当采用水泥基粘结浆砌筑时不宜超过1.5m。

5.3.11 石膏砌块砌筑过程中，应随时用靠尺、水平尺和线坠检查，调整砌体的平整度和垂直度。不得在粘结浆初凝后敲打校正。

5.3.12 石膏砌块砌体砌筑完成后，应用石膏基粘结浆或石膏腻子将有缺损或掉角处修补平整，砌体面应用原粘结浆作嵌缝处理。

5.3.13 对设计要求或施工所需的各种孔洞，应在砌筑时进行预留，不得在已砌筑的砌体上开洞、剔凿。

5.3.14 管线安装应符合下列规定：

1 在砌体上埋设管线，应待砌体粘结浆达到设计要求的强度等级后进行；埋设管线应使用专用开槽工具，不得人工敲凿。

2 埋入砌体内的管线外表面距砌体面不应小于4mm，并应与石膏砌块砌体固定牢固，不得有松动、反弹现象。管线安装后空隙部位应采用原粘结浆填实补平，填补表面应加贴耐碱玻璃纤维网布。

5.4 构造柱施工要求

5.4.1 设置钢筋混凝土构造柱的石膏砌块砌体，应按绑扎钢筋、砌筑石膏砌块、支设模板、浇筑混凝土的施工顺序进行。

5.4.2 石膏砌块砌体与构造柱连接处应砌成马牙槎，从每层柱脚开始，砌体应先退后进，并应形成100mm宽、一皮砌块高度的凹凸槎口。在构造

柱与砌体交接处，沿砌体高度方向每皮石膏砌块应设 2φ6 拉结筋，每边伸入砌体内的长度应符合设计要求。

5.4.3 构造柱两侧模板应紧贴砌体面，模板支撑应牢固，板缝不得漏浆。

5.4.4 构造柱在浇筑混凝土前，应将砌体槎口凸出部位及底部落地灰等杂物清理干净，然后应先注入与混凝土配合比相同的 50mm 厚水泥砂浆，再浇筑混凝土。凹形槎口的腋部及构造柱顶部与梁或顶板间应振捣密实。

5.5 砌体面装饰层施工要求

5.5.1 在砌体面装饰层施工前，应清理砌体表面浮灰、杂物，设备孔洞、管线槽口周围应用石膏基粘结浆批嵌刮平。

5.5.2 在刮腻子前，应先刷界面剂一度，随后应满批腻子二度共 3mm～5mm 厚，最后施工装饰面层。

5.5.3 石膏砌块砌体与其他材料的接缝处和阴阳角部位应采用粘结石膏粘贴耐碱玻璃纤维网布加强带进行处理，加强带与各基体的搭接宽度不应小于150mm，耐碱玻璃纤维网布之间搭接宽度不得小于 50mm。

5.5.4 厨房、卫生间等粘贴瓷砖施工应按下列工序进行：

  1 先满贴耐碱玻璃纤维网布或满铺镀锌钢丝网；

  2 再刷界面剂一度；

  3 然后水泥砂浆打底后施工防水层；

  4 最后粘贴瓷砖面层。

5.6 冬期、雨期施工要求

5.6.1 当室外日平均气温连续 5d 低于 5℃时，石膏砌块砌体工程应采取冬期施工措施。

5.6.2 石膏砌块砌体工程冬期施工应编制相应的施工方案。

5.6.3 冬期施工所用的材料应符合下列规定：

  1 当石膏砌块砌筑采用水泥基粘结浆时，应采用普通硅酸盐水泥拌制，砂不得含有冰块和冻结块；当采用石膏基粘结浆时，应采用快凝型粘结石膏。

  2 不得使用已冻结的粘结浆。

  3 石膏砌块不得遇水浸冻。

  4 现场运输与储存粘结浆应采取保温措施。

5.6.4 石膏砌块砌体砌筑后应及时用保温材料对砌体进行覆盖，砌筑面不得留有粘结浆。

5.6.5 当采用水泥基粘结浆时，应采用防冻水泥基粘结浆，且粘结浆强度等级应比常温施工时提高一级，粘结浆使用时的温度不应低于 5℃。

5.6.6 当水泥基粘结浆中掺用外加剂时，其掺量应由试验确定，并应符合现行国家标准《混凝土外加剂应

用技术规程》GB 50119 的有关规定。

5.6.7 当采用暖棚法施工时，石膏砌块和粘结浆在砌筑时的温度以及距离所砌的结构底面 500mm 处的棚内温度不应低于 5℃。

5.6.8 在暖棚内的砌体养护时间，应根据暖棚内温度按表 5.6.8 确定。

表 5.6.8　暖棚法砌体养护时间

暖棚内温度（℃）	5	10	15	20
养护时间（d）	≥6	≥5	≥4	≥3

5.6.9 雨期施工应符合下列规定：

  1 雨期施工时，石膏砌块应设置严密的覆盖设施，严禁淋雨受潮。

  2 当采用水泥基粘结浆砌筑时，粘结浆稠度应根据实际情况适当减小。

  3 雨期不宜进行室内腻子施工作业。

6 验 收

6.1 一 般 规 定

6.1.1 石膏砌块砌体工程应对下列隐蔽工程进行验收，且隐蔽工程验收记录应符合本规程附录 A 的规定：

  1 石膏砌块砌体底部的现浇混凝土或预制混凝土、砖砌墙垫；

  2 石膏砌块砌体与主体结构间的连接构造措施；

  3 石膏砌块砌体内设置的拉结筋规格、位置、间距、埋置长度；

  4 过梁及钢筋混凝土水平系梁、构造柱；

  5 门窗洞口的加强处理措施；

  6 石膏砌块砌体与其他材料的接缝处和阴阳角部位加强带处理措施。

6.1.2 石膏砌块砌体工程验收前，应提供下列文件和记录：

  1 原材料的出厂合格证及产品性能检测报告；

  2 粘结浆及石膏砌块的进场复验资料；

  3 混凝土试块抗压强度试验报告；

  4 砌体工程施工记录；

  5 石膏砌块砌体工程各检验批质量验收记录；

  6 分项工程验收记录；

  7 隐蔽工程验收记录；

  8 冬期、雨期施工记录；

  9 重大技术问题的处理或修改设计的技术文件；

  10 其他必须检查的项目；

  11 其他有关文件和记录。

6.1.3 石膏砌块砌体工程检验批质量验收记录应符

合本规程附录 B 的要求，分项工程质量验收记录应符合本规程附录 C 的要求。

6.2 主 控 项 目

6.2.1 石膏砌块规格、型号和粘结浆的品种、强度等级应符合设计要求。

抽检数量：

1 石膏砌块应按批检验，同一生产厂家每 1 万块同规格、型号的石膏砌块为一批，不足 1 万块时应按一批计。普通石膏砌块应从每批中抽取 3 块作为一组试样，防潮实心砌块应抽取 6 块为一组试样。

2 石膏基粘结浆应按批检验，同一生产厂家每 60t 为一批，不足 60t 应按一批计。每批中抽取 5 袋，每袋抽取 3kg，总量不应少于 15kg。

3 水泥基粘结浆每一检验批且不超过 250m³ 砌体至少应取样一次，每次不得少于 3 组。

检验方法：检查石膏砌块和粘结浆的性能试验报告。

6.2.2 石膏砌块砌体钢筋混凝土构造柱及水平系梁设置应符合设计要求。

抽检数量：全数检查。

检验方法：观察检查。

6.2.3 石膏砌块砌体与主体结构梁或顶板、柱或墙的连接构造措施应符合设计要求。

抽检数量：全数检查。

检验方法：检查隐蔽工程验收记录及施工记录。

6.2.4 石膏砌块砌体门窗洞口加强技术措施应符合设计要求。

抽检数量：全数检查。

检验方法：检查隐蔽工程验收记录及施工记录。

6.3 一 般 项 目

6.3.1 石膏砌块砌体水平灰缝厚度和竖向灰缝的宽度应为 7mm～10mm。

抽检数量：在检验批的标准间中抽查 10%，且不应少于 3 间，每间抽取不少于 5 处。

检验方法：用尺量 5 皮石膏砌块的高度和水平方向连续 3 块石膏砌块的长度折算。

6.3.2 石膏砌块砌体水平灰缝和竖向灰缝应密实。

抽检数量：在检验批的标准间中抽查 10%，且不应少于 3 间，每间抽取不少于 5 处。

检验方法：目测检查。

6.3.3 石膏砌块砌体内设置的拉结筋位置应与石膏砌块皮数相符合，拉结筋置于灰缝中，拉结筋数量、埋置长度应符合设计要求。

抽检数量：在检验批中抽查 20%，且不应少于 5 处。

检验方法：观察、尺量检查。

6.3.4 石膏砌块砌体不得有裂损，不得有大于 30mm×30mm 的缺角。

抽检数量：在检验批的标准间中抽查 10%，且不应少于 3 间，每间抽取不少于 5 处。

检验方法：观察、尺量检查。

6.3.5 石膏砌块砌体转角处和交接处砌块应相互搭接并同时砌筑，临时间断处应砌成斜槎，斜槎水平投影长度不应小于高度的 2/3。

抽检数量：每检验批抽查 10% 接槎，且不应少于 5 处。

检验方法：观察检查。

6.3.6 石膏砌块砌体与其他材料的接缝处和阴阳角部位应采用粘结石膏粘贴耐碱玻璃纤维网布加强带进行处理，加强带与各基体的搭接宽度不应小于 150mm，耐碱玻璃纤维网布间搭接宽度不得小于 50mm。

抽检数量：在检验批的标准间中抽查 10%，且不应少于 3 片墙。

检查方法：检查隐蔽工程验收记录及施工记录。

6.3.7 石膏砌块砌体尺寸的允许偏差应符合表 6.3.7 的规定。

抽检数量：在检验批的标准间中抽查 10%，且不应少于 3 间；大面积房间和楼道按两个轴线或每 10 延长米按一标准间计数。每间检验不应少于 3 处。

表 6.3.7 石膏砌块砌体尺寸的允许偏差

项 目	允许偏差（mm）	检验方法
轴线位移	5	用尺量检查
立面垂直度	4	用 2m 托线板检查
表面平整度	4	用 2m 靠尺和楔形塞尺检查
阴阳角方正	4	用直角检测尺检查
门窗洞口高、宽	±5	用尺量检查
水平灰缝平直度	7	拉 10m 线和尺量检查

6.3.8 石膏砌块砌体不应与其他块材混砌。

抽检数量：在检验批中抽查 20%，且不应少于 5 片墙。

检验方法：外观检查。

6.3.9 石膏砌块砌体砌筑时，石膏砌块应上下错缝搭接，搭接长度不应小于石膏砌块长度的 1/3。

抽检数量：在检验批的标准间中抽查 10%，且不应少于 3 片墙。

检查方法：观察和用尺检查。

附录A 隐蔽工程验收记录

表A 隐蔽工程验收记录

单位工程名称		项目经理	
分项工程名称		专业工长	
隐蔽工程项目			
施工单位			
施工执行标准名称及编号			
施工图名称及编号			

隐蔽工程部位	质量要求	施工单位自查记录	监理(建设)单位验收记录

施工单位自查结论	
	施工单位项目技术负责人: 年 月 日
监理(建设)单位验收结论	
	监理工程师(建设单位项目负责人): 年 月 日

附录B 检验批质量验收记录

表B 检验批质量验收记录

单位(子单位)工程名称			
分部(子分部)工程名称		验收部位	
施工单位		项目经理	
施工执行标准名称及编号			

施工质量验收标准的规定			施工单位检查评定记录	监理(建设)单位验收记录
主控项目	1	块材规格、型号,粘结浆品种、强度等级	设计要求	
	2	构造柱、水平系梁设置	设计要求	
	3	砌体与主体结构连接构造措施	设计要求	
	4	门窗洞口加强技术措施	设计要求	
一般项目	1	灰缝厚度、宽度	第6.3.1条	
	2	灰缝密实情况	第6.3.2条	
	3	拉结筋设置	第6.3.3条	
	4	砌块不得有裂损及大于30mm×30mm缺角	第6.3.4条	
	5	砌体转角和交接处搭接咬砌	第6.3.5条	
	6	无混砌现象	第6.3.8条	
	7	错缝搭砌	第6.3.9条	

续表 B

单位（子单位）工程名称					
分部（子分部）工程名称				验收部位	
施工单位				项目经理	
施工执行标准名称及编号					
施工质量验收标准的规定			施工单位检查评定记录		监理（建设）单位验收记录
一般项目	8	耐碱玻璃纤维网布搭接宽度	≥150mm（网布与基体搭接）		
			≥50mm（网布与网布间搭接）		
	9	轴线位移	≤5mm		
	10	立面垂直度	≤4mm		
	11	表面平整度	≤4mm		
	12	阴阳角方正	≤4mm		
	13	门窗洞口高、宽	±5mm		
	14	水平灰缝平直度	≤7mm		
施工单位检查评定结果	专业工长（施工员）		施工班组长		
	项目专业质量检查员：　　　年 月 日				
监理（建设）单位验收结论	监理工程师（建设单位项目专业技术负责人）： 年 月 日				

附录 C　分项工程质量验收记录

表 C　分项工程质量验收记录

工程名称		结构类型		检验批数	
施工单位		项目经理		项目技术负责人	
分包单位		分包单位负责人		分包项目经理	
序号	检验批部位、区段		施工单位检查评定结果		监理（建设）单位验收结论
1					
2					
3					
4					
5					
6					
7					
8					
9					
10					
11					
12					
检查结论	项目专业技术负责人： 年 月 日			验收结论	监理工程师（建设单位项目专业技术负责人）： 年 月 日

本规程用词说明

1 为便于在执行本规程条文时区别对待，对要求严格程度不同的用词说明如下：

1）表示很严格，非这样做不可的：

正面词采用"必须"，反面词采用"严禁"；

2）表示严格，在正常情况下均应这样做的：

正面词采用"应"，反面词采用"不应"或"不得"；

3）表示允许稍有选择，在条件许可时首先应这样做的：

正面词采用"宜"，反面词采用"不宜"；

4）表示有选择，在一定条件下可以这样做的，采用"可"。

2 条文中指明应按其他有关标准执行的写法为："应符合……的规定"或"应按……执行"。

引用标准名录

1 《民用建筑隔声设计规范》GBJ 118

2 《混凝土外加剂应用技术规程》GB 50119

3 《建筑砂浆基本性能试验方法》JGJ/T 70

4 《石膏砌块》JC/T 698

5 《耐碱玻璃纤维网布》JC/T 841

6 《蒸压加气混凝土用砌筑砂浆与抹面砂浆》JC 890

7 《粘结石膏》JC/T 1025

中华人民共和国行业标准

石膏砌块砌体技术规程

JGJ/T 201—2010

条 文 说 明

制 订 说 明

《石膏砌块砌体技术规程》JGJ/T 201-2010，经住房和城乡建设部 2010 年 4 月 14 日以第 540 号公告批准发布。

为便于广大设计、施工、科研、学校等单位有关人员在使用本规程时能正确理解和执行条文规定，《石膏砌块砌体技术规程》编制组按章、节、条顺序编制了本规程的条文说明，对条文规定的目的、依据以及执行中需要注意的有关事项进行了说明。但是，本条文说明不具备与标准正文同等的法律效率，仅供使用者作为理解和把握标准规定的参考。

目　次

1 总　　则

1.0.1 制定本规程的目的，是为了统一石膏砌块砌体工程的质量，保证安全使用。

1.0.2 本规程的适用范围明确规定为采用石膏砌块砌筑的室内非承重墙体的构造设计、施工和质量验收。

1.0.4 为保证石膏砌块砌体的工程质量，必须全面执行国家现行有关标准的规定，例如：

1 《砌体结构设计规范》GB 50003
2 《建筑抗震设计规范》GB 50011
3 《混凝土外加剂应用技术规程》GB 50119
4 《建筑装饰装修工程质量验收规范》GB 50210
5 《建筑工程施工质量验收统一标准》GB 50300
6 《民用建筑隔声设计规范》GBJ 118
7 《建筑砂浆基本性能试验方法》JGJ/T 70
8 《蒸压加气混凝土用砌筑砂浆与抹面砂浆》JC 890
9 《石膏砌块》JC/T 698
10 《耐碱玻璃纤维网布》JC/T 841
11 《粘结石膏》JC/T 1025

3 材　　料

3.0.4 本规程中表 3.0.4 的数据来源于南通职业大学对水泥基粘结浆物理力学性能指标的试验结果，共进行了 130 组试块的试验，试验数据表明：同一强度等级水泥基粘结浆中 801 胶粘剂的掺量与粘结浆的抗压强度成反比，与拉伸粘结强度成正比。

综合考虑粘结浆的抗压强度、拉伸粘结强度等力学性能指标并结合施工操作工艺要求，水泥基粘结浆的物理力学性能指标应符合表 3.0.4 的规定。

4 构造设计

4.0.1 石膏砌块强度较低，吸水率较大，不得用于外墙和地面以下墙体的砌筑，首层墙体应加设防潮层；石膏砌块对强酸性介质和强碱性介质的耐腐蚀性较差，因此不得使用在酸碱环境中。为确保石膏砌块砌体的耐久性和结构安全，明确了石膏砌块不适用的两种环境。

4.0.2 考虑到石膏砌块的强度及耐久性，又不宜承受剧烈碰撞，以及吸湿性大等因素，同时为提高厨房、卫生间等有防水要求的房间的防水性能等因素而作此规定。墙垫厚度为砌体厚度每侧减 5mm，是为了便于砌体面装饰面层的施工。

4.0.3 考虑石膏砌块强度较低，吸水率较大，厨房、卫生间应采取有效的防水措施；由于厨房、卫生间二

次装修变化较大，同时石膏空心砌块壁较薄，吊挂重物易引起开裂、渗漏及不能满足承载力要求等因素，而作此规定。

4.0.4 石膏砌块砌体门窗洞口四周易开裂，对于宽度小于或等于 1500mm 的窗洞口，洞口四周 200mm 范围内的石膏砌块应用粘结石膏填实，以提高局部抗压强度。对于宽度大于 1500mm 的窗洞口及门洞口，其洞口两侧的石膏砌块砌体牢固性、稳定性较差，为了加强其稳定性，宜设钢筋混凝土边框。

4.0.5 根据《民用建筑隔声设计规范》GBJ 118，住宅、学校等民用建筑，其分户墙及隔墙的空气声计权隔声量要求较高标准的为一级，隔声量为 50dB，一般标准为二级，隔声量为 45dB，最低标准为三级，隔声量为 40dB。石膏砌块砌体的隔声性能应符合现行国家标准要求。

4.0.6 石膏砌块砌体与主体结构顶板连接时，由于板的刚度较小，相对变形较大，具有反复性或可能传递力时，宜采用柔性连接。石膏砌块砌体与主体结构梁或柱（墙）连接时，由于梁或柱（墙）的刚度较大，相对变形较小，宜采用刚性连接。

4.0.8、4.0.9 《建筑抗震设计规范》GB 50011 第 13.3.3 条规定了钢筋混凝土结构中的砌体填充墙应采取的抗震措施。当砌体长度大于 5m 时，砌体顶部与梁或顶板的拉结可采用在梁或顶板下预埋钢筋或埋件，砌入砌体内的做法。

4.0.10 鉴于石膏砌块与混凝土的收缩性能不同，在材料的结合部位很容易产生裂缝，实践证明：采用耐碱玻璃纤维网布加强带对薄弱环节进行处理，是行之有效的办法。

5 施　　工

5.1 一般规定

5.1.1 产品包装可减少石膏砌块搬运、堆放过程中的损耗。

5.1.2 考虑到石膏砌块强度较低，吸水率较大，碰撞易碎，并为创建文明工地提供方便和条件，特作此规定。最高码放不超过 4 层是便于施工过程中材料的人工搬运。

5.1.3 由于石膏砌块的含水率受环境变化影响较大，控制石膏砌块的含水率，使石膏砌块的材料性能趋于稳定，能有效减少石膏砌块砌体的收缩裂缝。

5.1.4 粘结浆的强度等级是保证石膏砌块砌体强度最基本的因素，故要求符合设计要求。

5.1.5 由于不同材料砌块的强度、弹性模量差异较大，混砌极易引起砌体裂缝，影响砌体强度。

5.2 施工准备

5.2.2 材料的产品合格证书和产品性能检测报告是

工程质量评定中必备的质量保证资料之一，特作此规定。此外，对工程质量有影响的块材、水泥、钢筋、砂石、粘结石膏、耐碱玻璃纤维网布等主要材料应进行性能的复验，合格后方可使用。鉴于市场上外加剂品牌较多，为符合环保要求，故要求外加剂应经检验合格后方可应用于工程。

5.2.3 编制石膏砌块砌体排块图是施工作业准备的一项首要工作，也是保证石膏砌块砌体工程质量的重要技术措施。尤其是初次接触石膏砌块施工更应编制排块图。在编制时，应综合考虑石膏砌块规格、灰缝厚度和宽度、门窗洞口尺寸、过梁与水平系梁的高度、构造柱位置、预留洞大小等，使排块图真正起到指导施工的作用。

5.2.4 检查基层情况，清理污染杂物是为了确保石膏砌块砌体与基层之间粘结牢固。现浇混凝土墙垫的强度达到 1.2N/mm² 后，才能够承受上部砌体的荷载。

5.2.5 砌筑前弹出砌体位置线和设立皮数杆是保证石膏砌块砌体砌筑质量的重要措施，能使轴线准确，砌体面平整，砌体水平灰缝平直并厚度一致，故施工中应坚持使用。

5.3 砌筑施工要求

5.3.1 石膏砌块上下错缝、搭接咬砌，主要保证砌体传递竖向荷载的直接性，避免产生竖向裂缝，影响石膏砌块砌体强度，保证石膏砌块砌体的整体性。石膏砌块的榫槽向下，易于铺放粘结浆和保证水平灰缝的饱满度。

5.3.2 明确石膏砌块砌体灰缝的具体规定和要求。灰缝横平、竖直、厚度均匀，既是对石膏砌块砌体表面美观的要求，又有利于石膏砌块砌体均匀传力。

由于石膏砌块不应浇水湿润后再砌筑，为防止粘结浆中水分被石膏砌块快速吸收，以随铺随砌为宜；由于水泥基粘结浆与石膏基粘结浆性能相差较大，一次铺浆长度根据粘结浆的品种确定。竖向灰缝的饱满度对石膏砌块砌体的抗剪强度影响明显，对防止砌体裂缝至关重要，故竖向灰缝宜采用满铺端面法，即将石膏砌块端面朝上铺粘结浆再上墙挤紧。在砌筑时应用力向横、竖方向挤压，同时应用橡皮锤敲击挤实，并应及时刮去从缝中挤出的多余粘结浆，以确保砌筑质量。

5.3.3 石膏基粘结浆硬化后已失去化学活性，再次掺水搅拌不能起到塑化作用，将极大地影响其强度，故不得使用。

施工时，水泥基粘结浆放置时间过长会产生泌水现象，使其和易性变差，操作困难，灰缝不易饱满，影响石膏砌块砌体的强度。因此，砌筑前应再次搅拌。

5.3.4、5.3.5 石膏砌块砌体应与主体结构的梁或顶板、柱或墙有可靠的连接，《建筑抗震设计规范》GB 50011 第 13.3.3 条规定一般情况下宜采用柔性连接，当忽略石膏砌块砌体的变形时，可采用刚性连接。

5.3.6 保证粘结浆与钢筋有较好的握裹力，并与石膏砌块较好的粘结，同时对钢筋起到保护作用。

5.3.7 明确砌体转角处和交接处砌筑的规定和要求。转角处和交接处的砌筑质量是保证石膏砌块砌体结构整体性能和抗震性能的关键。

5.3.8 在砌体上留置临时性施工洞口，限于施工条件，有时确实难免，但洞口位置不当或洞口过大，虽经补砌，也必然削弱砌体的整体性。为此，本条对在砌体上留置临时性施工洞口作了具体的规定。

5.3.9 石膏砌块强度较低，单块石膏砌块高度较高，为保证石膏砌块砌体强度和施工过程中砌体的稳定性，故不得在石膏砌块砌体上留置脚手眼。

5.3.10 规定砌体每天砌筑高度有利于已砌筑砌体的粘结浆强度的增长，使其稳定，有利于砌体收缩裂缝的减少。因此，根据粘结浆的品种控制砌体每天的砌筑高度是必要的。

5.3.11 石膏砌块砌体无需抹灰，施工过程中应严格控制砌体的平整度和垂直度，考虑施工技术水平，砌筑施工过程中，应利用检测工具随时进行检查，确保工程质量。

5.3.12 石膏砌块砌体无需抹灰，嵌缝使石膏砌块企口缝内粘结浆密实，修补使石膏砌块砌体表面平整、光滑，以便于装饰层的施工。

5.3.13 由于石膏砌块强度较低且空心石膏砌块壁较薄，在已砌筑的砌体上随意打洞，影响石膏砌块砌体强度，降低墙体的稳定性，甚至产生裂缝。

5.3.14 为防止管线安装处的砌体产生裂缝而采取的措施。

5.4 构造柱施工要求

5.4.1 先砌筑砌体后浇筑构造柱的施工顺序有利构造柱与砌体的结合，施工中应严格遵守。

5.4.2 构造柱是房屋抗震设防的重要构造措施。为保证构造柱与砌体可靠的连接，使构造柱能充分发挥其作用而提出了施工要求。由于石膏砌块的高度为500mm，因此马牙槎的高度为一皮砌块的高度。

5.4.3 为保证构造柱混凝土密实且不胀模，构造柱模板要求支撑牢固且紧贴砌体面，确保不漏浆。

5.4.4 本条相关规定，是为了保证混凝土的强度和两次浇筑时结合面的密实和整体性。

由于石膏砌块马牙槎较大，凹形槎口的腹部混凝土不易密实，故浇筑构造柱混凝土时要引起注意。

5.5 砌体面装饰层施工要求

5.5.1、5.5.2 基层清理及涂刷界面剂有利于腻子层与砌体基层间粘结牢固。设备孔洞、管线槽口周围采用石膏基粘结浆批嵌刮平，腻子层分二度施工有利于防止裂缝及控制表面平整度。

5.5.3 粘贴耐碱玻璃纤维网布是石膏砌块砌体防止装饰面层产生裂缝的技术措施。

5.5.4 满贴耐碱玻璃纤维网布或满铺镀锌钢丝网，能有效地控制砌体面的瓷砖空鼓。

5.6 冬期、雨期施工要求

5.6.1 实践证明，室外日平均气温连续 5d 低于 5℃ 时，作为划分冬期施工的界限，基本上是符合我国国情的，其技术效果和经济效果均比较好。若冬期施工期规定得太短，或者应采取冬期施工措施时没有采取，都会导致技术上的失误，造成工程质量事故；若冬期施工规定得太长，到了没有必要时还采取冬期施工措施，将影响到冬期施工费用问题，增加工程造价，并给施工带来不必要的麻烦。

5.6.2 石膏砌块砌体工程在冬期施工过程中，只有加强管理和采取必要的技术措施才能保证工程质量符合要求。因此，石膏砌块砌体工程冬期施工应编制冬期施工方案。

5.6.3 普通硅酸盐水泥早期强度增长较快，有利于粘结浆在冻结前即具有一定强度，应优先选用。砂中含有冰块和冻结块，将影响粘结浆强度的增长和砌体灰缝厚度的控制。

粘结石膏冻结后已失去化学活性，不能起到塑化作用，故不得使用。

因石膏砌块强度较低，吸水率较大，砌筑时不应浇水湿润，更不得遭水冻结。

粘结浆的现场运输与储存应根据施工现场实际情况，采取相应有效的御寒防冻措施。

5.6.4 本条文规定是为了保证石膏砌块砌体冬期砌筑的质量。

5.6.5 冬期施工期间适当提高砌筑用水泥基粘结浆强度等级有利于石膏砌块砌体质量。

5.6.6 目前市场上防冻剂产品较多，为保证水泥基粘结浆质量，使其在负温下强度能缓慢增长，应关注产品的适用条件并符合《混凝土外加剂应用技术规程》GB 50119 的有关规定，实际掺量由试验确定。

5.6.7 暖棚法施工可使砌体中粘结浆强度始终在大于+5℃的气温状态下得到增长而不遭冻结的一项施工技术措施。

5.6.8 石膏砌块砌体采用暖棚法施工，近似于常温下施工与养护，为有利于砌体强度的增长，暖棚内尚应保持一定的温度。表 5.6.8 中给出的最少养护期是根据水泥基粘结浆的强度等级和养护温度与强度增长之间的关系确定的。水泥基粘结浆强度达到设计强度的 30%，即达到了水泥基粘结浆允许受冻临界强度值，再拆除暖棚时，遇到负温度也不会引起强度损

失。表中数值是最少养护期限，如果施工要求强度有较快增长，可以延长养护时间或提高棚内养护温度以满足施工进度要求。

采用石膏基粘结浆时，因快凝型粘结石膏终凝时间 $t \leqslant 20\text{min}$，其养护时间应满足终凝时间要求。

6 验　　收

6.1 一般规定

6.1.1 本条所列内容为石膏砌块砌体应验收的隐蔽项目。

6.1.2 本条所列内容为工程必要的验收资料和文件。

6.2 主控项目

6.2.1 石膏砌块和粘结浆的质量是砌体力学性能的重要保证，故作此规定。

6.2.2 钢筋混凝土构造柱和水平系梁是房屋抗震设防的重要构造措施。为保证石膏砌块砌体的抗震性能，使钢筋混凝土构造柱和水平系梁能充分发挥其作用而提出了本条要求。

6.2.3 为了使石膏砌块砌体能够与主体结构部位结合紧密，不出现裂缝，特要求连接部位的连接构造措施应符合设计要求并在砌筑时全数检查。

6.2.4 本条规定是为了提高门窗洞口两侧的石膏砌块砌体牢固性、稳定性，应全数检查。

6.3 一般项目

6.3.1 考虑到拉结筋的直径及粘结浆握裹力的要求，本条特对此作了规定。

6.3.2 水平灰缝粘结浆饱满度对石膏砌块砌体的抗压强度影响较大，竖向灰缝粘结浆的饱满度虽然对抗压强度影响不大，但对抗剪强度影响明显；因此本条对石膏砌块砌体施工时的水平灰缝和竖向灰缝的粘结浆饱满度作出了"应密实"的规定。

6.3.3 本条规定是为了保证石膏砌块砌体与相邻主体结构有可靠的连接。

6.3.4 依据产品标准，破碎、断裂、多于一处的缺角（或缺角尺寸大于 30 mm ×30mm）的石膏砌块均属于废品，对石膏砌块砌体的抗压强度将产生不利影响，所以在石膏砌块砌体中不得使用这类砌块。

6.3.5 石膏砌块砌体转角处及纵横墙交接处的砌筑和接槎质量，是保证石膏砌块砌体结构整体性能的关键之一。临时间断处留槎的连接性能要比留直槎好，所以本条建议临时间断处留斜槎。

6.3.6 考虑到石膏砌块砌体与不同材料的接缝处及阴角部位容易出现裂缝的现象，阳角损坏修补后对涂饰装修会有一定影响，故作出了相应的规定。

6.3.7 石膏砌块砌体一般尺寸允许偏差，虽然对结构的受力性能和结构安全不会产生重要影响，但对整个建筑物的施工质量、经济性、建筑美观和确保有效使用面积产生影响，故施工中对其偏差应予以控制。

6.3.8 石膏砌块与加气混凝土砌块、黏土砖、混凝土小型空心砌块等干缩性能不一样，为防止或控制干缩裂缝的产生，作出"不应混砌"的规定。

6.3.9 上下皮石膏砌块错开砌筑，搭砌满足一定尺寸要求是为了增强砌体的整体性能。

中华人民共和国行业标准

混凝土小型空心砌块建筑技术规程

Technical specification for concrete small-sized hollow block masonry buildings

JGJ/T 14—2011

批准部门：中华人民共和国住房和城乡建设部
施行日期：２０１２年４月１日

中华人民共和国住房和城乡建设部
公 告

第 1131 号

关于发布行业标准《混凝土小型空心砌块建筑技术规程》的公告

现批准《混凝土小型空心砌块建筑技术规程》为行业标准，编号为 JGJ/T 14-2011，自 2012 年 4 月 1 日起实施。原行业标准《混凝土小型空心砌块建筑技术规程》JGJ/T 14-2004 同时废止。

本规程由我部标准定额研究所组织中国建筑工业出版社出版发行。

中华人民共和国住房和城乡建设部

2011 年 8 月 29 日

前 言

根据住房和城乡建设部《关于印发〈2009 年工程建设标准规范制订、修订计划〉的通知》（建标〔2009〕88 号）的要求，规程编制组经广泛调查研究，认真总结实践经验，参考有关国际标准和国外先进标准，并在广泛征求意见的基础上，修订本规程。

本规程主要内容：总则，术语和符号，材料和砌体的结构设计计算指标，建筑设计与建筑节能设计，小砌块砌体静力设计，配筋砌块砌体剪力墙静力设计，抗震设计，施工和工程验收等。

本规程修订的主要技术内容：

1. 增加了多层、高层配筋砌块砌体建筑的设计与施工要求；

2. 修订了砌块建筑的抗震措施；

3. 增加了轻骨料混凝土自承重砌块墙体的设计内容；

4. 调整了部分构件承载力计算参数及计算公式；

5. 调整了建筑节能设计的部分计算参数及计算公式；

6. 增加了复合保温砌块墙体结构设计与施工要求。

本规程由住房和城乡建设部负责管理，由四川省建筑科学研究院负责具体技术内容的解释。执行过程中如有意见或建议，请寄送四川省建筑科学研究院（成都市一环路北三段 55 号，邮编：610081）。

本规程主编单位：四川省建筑科学研究院
广西建工集团第五建筑工程有限责任公司

本规程参编单位：哈尔滨工业大学
浙江大学建筑设计研究院

北京市建筑设计研究院
同济大学
天津市建筑设计院
四川省建筑设计院
上海住总（集团）总公司
上海城乡建筑设计院有限公司
上海申城建筑设计有限公司
上海中房建筑设计有限公司
安徽省建筑科学研究设计院
辽宁省建设科学研究院
重庆市建筑科学研究院
成都市墙材革新建筑节能办公室

本规程主要起草人员：孙氰萍　侯立林　唐岱新
严家熹　周炳章　韦延年
程才渊　李渭渊　刘声惠
高永孚　刘永峰　林文修
吴 体　章茂木　章一萍
楼永林　薛慧立　冯锦华
周海波　尹 康

本规程主要审查人员：白生翔　李 琇　周运灿
刘国亮　陈旭能　章关福
周九仪　于本英　陈正祥
程绍革

目　次

Contents

1 总 则

1.0.1 为保证混凝土小型空心砌块建筑的设计和施工质量，做到因地制宜、就地取材、技术先进、经济合理、安全适用、质量可靠，制定本规程。

1.0.2 本规程适用于非抗震地区和抗震设防烈度为 6 度至 9 度地区，以混凝土小型空心砌块为墙体材料的房屋建筑的设计、施工及工程质量验收。

1.0.3 混凝土小型空心砌块建筑的设计、施工及工程质量验收，除应符合本规程之外，尚应符合国家现行有关标准的规定。

2 术语和符号

2.1 术 语

2.1.1 混凝土小型空心砌块 concrete small-sized hollow block

普通混凝土小型空心砌块和轻骨料混凝土小型空心砌块的总称，简称小砌块（或砌块）。

2.1.2 普通混凝土小型空心砌块 normal concrete small-sized hollow block

以碎石或碎卵石为粗骨料制作的混凝土小型空心砌块，主规格尺寸为 390mm×190mm×190mm，简称普通小砌块。

2.1.3 轻骨料混凝土小型空心砌块 lightweight aggregated concrete small-sized hollow block

以浮石、火山渣、煤渣、自然煤矸石、陶粒等粗骨料制作的混凝土小型空心砌块，主规格尺寸为 390mm×190mm×190mm，简称为轻骨料小砌块。

2.1.4 单排孔小砌块 single row small-sized hollow block

沿厚度方向有单排方形孔的混凝土小型空心砌块。按骨料不同简称单排孔普通小砌块或单排孔轻骨料小砌块。

2.1.5 对孔砌筑 stacked hollow bond

小砌块砌体砌筑时上下层砌块孔洞相对。

2.1.6 错孔砌筑 staggered hollow bond

小砌块砌体砌筑时上下层砌块孔洞相互错位。

2.1.7 反砌 reverse bond

小砌块砌体砌筑时砌块底面朝上。

2.1.8 芯柱 core column

按建筑设计要求，在小砌块墙体中对孔砌筑的竖向孔洞内浇灌混凝土形成的混凝土柱，竖向孔洞内不插钢筋称素混凝土芯柱，竖向孔洞内插钢筋称钢筋混凝土芯柱。

2.1.9 构造柱 structural column

按设计要求，设置在砌块墙体中并先砌墙后浇灌

混凝土柱的钢筋混凝土柱，简称构造柱。

2.1.10 控制缝 control joint

设置在墙体应力比较集中或墙的垂直灰缝相一致的部位，并允许墙身自由变形和对外力有足够抵抗能力的构造缝。

2.1.11 配筋砌体用小砌块 small concrete hollow block for reinforced masonry

由普通混凝土制成，主要规格尺寸为 390mm×190mm×190mm、孔洞率在 46%～48%、壁和肋部开有槽口、适合配筋小砌块砌体施工的单排孔空心砌块。

2.1.12 配筋小砌块砌体 reinforced small concrete hollow block masonry

配筋砌体用小砌块的孔洞和凹槽中配置竖向钢筋和水平钢筋、并采用灌孔混凝土填实孔洞后的砌体。

2.1.13 保温小砌块 thermal insulation small-sized hollow block

由单一材料成型具有良好保温性能的小砌块总称。其名称应冠以材料名称及排孔数，如陶粒混凝土三排孔保温小砌块。

2.1.14 复合保温小砌块 compound thermal insulation small-sized hollow block

由两种或两种以上材料复合成型具有良好保温性能的小砌块总称。

2.1.15 夹心保温砌块砌体 sandwiched complex thermal insulation hollow block masonry

由两个相互独立的内叶、外叶内夹保温隔热材料，并通过连接拉筋将其相互之间复合成整体的夹心保温砌块砌体。

2.1.16 承载面 area for loading

小砌块建筑墙体的砌筑中，设计承受墙体轴向压应力的面。

2.1.17 墙体保温隔热系统 thermal insulation system on walls

由保温层、保护层和固定材料（胶粘剂、锚固构件等）构成保温隔热构造系统的总称。按复合在外墙内外表面上的位置不同，分外墙外保温隔热系统和外墙内保温隔热系统。

2.1.18 传热系数 heat transfer coefficient

在稳定传热条件下，小砌块墙体两侧空气温度差为 1K（1℃），1h 内通过 1m² 面积墙体传递的热量。传热系数用 K 表示，是传热阻 R_0 的倒数。小砌块建筑墙体的传热系数应考虑结构性冷（热）桥部位影响的平均传热系数，用符号 K_m 表示，单位为 W/（m²·K）。

2.1.19 热惰性指标 index of thermal inertia

表征小砌块外墙体反抗温度波动和热流波动的无量纲指标，用符号 D 表示。小砌块建筑外墙体的热惰性指标应取考虑结构性热桥部位影响后的平均热惰

性指标，用符号 D_m 表示。

2.1.20 配筋砌块砌体剪力墙结构 reinforced concrete masonry shear wall structure

由承受竖向和水平作用的配筋砌块砌体剪力墙和混凝土楼、屋盖所组成的房屋建筑结构。

2.2 符　号

2.2.1　材料性能

Cb——混凝土砌块灌孔混凝土的强度等级；

D_b——小砌块砌体热惰性指标；

f_1——小砌块抗压强度平均值；

f_2——砂浆抗压强度平均值；

f_g——对孔砌筑单排孔混凝土砌块灌孔砌体抗压强度设计值；

f_t——砌体轴心抗拉强度设计值；

f_v——砌体抗剪强度设计值；

f_{gv}——对孔砌筑单排孔混凝土砌块灌孔砌块抗剪强度设计值；

f_{vE}——砌体沿阶梯形截面破坏抗震抗剪强度设计值；

f_y——钢筋抗拉强度设计值；

f_c——混凝土轴心抗压强度设计值；

Mb——混凝土砌块砌筑砂浆的强度等级；

MU——小砌块强度等级；

R_b——小砌块砌体热阻。

2.2.2　作用、效应与抗力

F——集中力设计值；

F_{EK}——结构总水平地震作用标准值；

G_{eq}——地震时结构（构件）的等效总重力荷载代表值；

K——结构（构件）的刚度；

N——轴向力设计值；

N_k——轴向力标准值；

N_l——局部受压面积上轴向力设计值，梁端支承压力设计值；

N_0——上部轴向力设计值；

V——剪力设计值。

2.2.3　几何参数

A——构件截面毛面积；

A_l——局部受压面积；

A_c——芯柱截面总面积；

A_0——影响局部抗压强度的计算面积；

A_b——垫块面积；

A_s——钢筋截面面积；

a——距离，边长，梁端实际支承长度；

a_0——梁端有效支承长度；

B——房屋总宽度；

b——截面宽度，边长；

b_f——带壁柱端的计算截面翼缘宽度，翼墙计

算宽度；

b_s——在相邻横墙、窗间墙间或壁柱间的距离范围内的门窗洞口宽度；

e——轴向力合力作用点到截面重心的距离，简称轴向力的偏心距；

H——结构或墙体总高度，构件高度；

H_i——第 i 层高；

H_0——构件的计算高度；

h——墙的厚度或矩形截面轴向力偏心方向的边长；

h_c——梁的截面高度；

h_b——小砌块的高度；

h_0——截面有效高度；

h_T——T 形截面的折算厚度；

L——结构（单元）总长度；

S——相邻横墙、窗间墙间或壁柱间的距离；

y——截面重心到轴向力所在偏心方向截面边缘的距离。

2.2.4　计算系数

n——总数，如楼层数、质点数、钢筋根数、跨数等；

α_{max}——水平地震影响系数最大值；

β——墙、柱的高厚比；

γ——砌体局部抗压强度提高系数；

γ_a——砌体强度设计值调整系数；

γ_f——结构构件材料性能分项系数；

γ_{RE}——承载力抗震调整系数；

φ——组合值系数，轴向力影响系数；

ζ——计算系数，局压系数；

λ——构件长细比，比例系数；

μ_1——自承重墙允许高厚比的修正系数；

μ_2——有门窗洞口墙允许高厚比的修正系数；

μ_c——设构造柱墙体允许高厚比提高系数；

ρ——配筋灌孔率，比率。

3　材料和砌体的结构设计计算指标

3.1　材料强度等级

3.1.1 小砌块、砌筑砂浆和灌孔混凝土的强度等级，应按下列规定采用：

1 普通混凝土小型空心砌块强度等级可采用 MU20、MU15、MU10、MU7.5 和 MU5；

2 轻骨料混凝土小型空心砌块强度等级可采用 MU15、MU10、MU7.5、MU5 和 MU3.5；

3 砌筑砂浆的强度等级可采用 Mb20、Mb15、Mb10、Mb7.5 和 Mb5；

4 灌孔混凝土强度等级可采用 Cb40、Cb35、Cb30、Cb25 和 Cb20。

注：1 普通混凝土小型空心砌块、轻骨料混凝土小型空心砌块和砌筑砂浆的技术要求、试验方法和检验规则应符合现行国家标准；

2 确定砌筑砂浆强度等级时，试块底模应采用同类小砌块侧面做底模。

3.2 砌体的结构设计计算指标

3.2.1 龄期为 28d 的以毛截面计算单排孔普通混凝土小砌块和轻骨料混凝土小砌块砌体的抗压强度设计值，当施工质量控制等级为 B 级时，应根据块体和砂浆强度等级分别按下列规定采用。

1 单排孔普通混凝土小砌块和轻骨料混凝土小砌块对孔砌筑的抗压强度设计值，应按本规程表 3.2.1-1 的规定取值。

2 单排孔普通混凝土小砌块对孔砌筑时，灌孔砌体的抗压强度设计值 f_g，应按下列方法确定：

表 3.2.1-1 单排孔普通混凝土小砌块和煤矸石混凝土小砌块砌体的抗压强度设计值（MPa）

砌块强度等级	砌筑砂浆强度等级					砌筑砂浆强度
	Mb20	Mb15	Mb10	Mb7.5	Mb5	0
MU20	6.30	5.68	4.95	4.44	3.94	2.33
MU15	—	4.61	4.02	3.61	3.20	1.89
MU10	—		2.79	2.50	2.22	1.31
MU7.5	—			1.93	1.71	1.01
MU5	—				1.19	0.70

注：1 对独立柱或厚度为双排组砌的小砌块砌体，应按表中数值乘以 0.7；

2 对 T 形截面砌体墙体和柱，应按表中数值乘以 0.85；

3 当砌筑砂浆强度等级高于小砌块强度等级时，应按小砌块强度等级相同的砌筑砂浆强度等级，按表 3.2.1.1 采用小砌块砌体的抗压强度设计值；

4 表中煤矸石为自然煤矸石。

1） 普通混凝土小砌块砌体的灌孔混凝土强度等级不应低于 Cb20，也不应低于 1.5 倍的块体强度等级；

注：灌孔混凝土的强度等级 Cb20 等同于对应的混凝土强度等级 C20 的强度指标。

2） 灌孔普通混凝土小砌块砌体的抗压强度设计值 f_g，应按下列公式计算：

$$f_g = f + 0.6\alpha f_c \quad (3.2.1\text{-}1)$$
$$\alpha = \delta\rho \quad (3.2.1\text{-}2)$$

式中—— f_g——灌孔普通混凝土小砌块砌体的抗压强度设计值（MPa），设计取值不应大于未灌孔普通混凝土小砌块砌体抗压强度设计值的 2 倍；

f——未灌孔普通混凝土小砌块砌体的抗压强度设计值（MPa），应按本规程表

3.2.1-1 取值；

f_c——灌孔混凝土的轴心抗压强度设计值（MPa）；

α——普通混凝土小砌块砌体中灌孔混凝土面积与砌体毛截面面积的比值；

δ——普通混凝土小砌块的孔洞率；

ρ——混凝土砌块砌体的灌孔率，系截面灌孔混凝土面积与截面孔洞面积的比值，灌孔率应根据受力情况或施工条件确定，ρ 不应小于 33%。

3 双排孔、多排孔普通混凝土小砌块砌体的抗压强度设计值，应按本规程表 3.2.1-1 的规定取值。

4 小砌块孔洞率不大于 35% 的双排孔或多排孔轻骨料混凝土小砌块砌体的抗压强度设计值，应按本规程表 3.2.1-2 的规定取值。

表 3.2.1-2 轻骨料混凝土小砌块砌体的抗压强度设计值（MPa）

砌块强度等级	砌筑砂浆强度等级			砌筑砂浆强度
	Mb10	Mb7.5	Mb5	0
MU10	3.08	2.76	2.45	1.44
MU7.5		2.13	1.88	1.12
MU5			1.31	0.78
MU3.5			0.95	0.56

注：1 表中的小砌块为火山渣、浮石和陶粒轻骨料混凝土小砌块；

2 对厚度方向为双排组砌的轻骨料混凝土小砌块砌体的抗压强度设计值，应按表中数值乘以 0.8。

3.2.2 龄期为 28d 的以毛截面计算的小砌块砌体的轴心抗拉强度设计值、弯曲抗拉强度设计值和抗剪强度设计值，当施工质量控制等级为 B 级时，应按本规程表 3.2.2 的规定取值。

表 3.2.2 沿砌块砌体灰缝截面破坏时砌体的轴心抗拉强度设计值、弯曲抗拉强度设计值和抗剪强度设计值（MPa）

强度类别	破坏特征	砌筑砂浆强度等级		
		≥Mb10	Mb7.5	Mb5
轴心抗拉	沿齿缝截面	0.09	0.08	0.07
弯曲抗拉	沿齿缝截面	0.11	0.09	0.08
	沿通缝截面	0.08	0.06	0.05
抗剪	沿通缝或阶梯形截面	0.09	0.08	0.06

注：1 对于形状规则的砌块砌筑的砌体，当搭接长度与砌块高度的比值小于 1 时，其轴心抗拉强度设计值 f_t 和弯曲抗拉强度设计值 f_{tm} 应按表中值乘以搭接长度与砌块高度的比值后采用；

2 对孔洞率不大于 35% 的双排孔和多排孔轻骨料混凝土小砌块砌体的抗剪强度设计值，应按表中的砌块砌体抗剪强度设计值乘以 1.1。

单排孔普通混凝土小砌块对孔砌筑时，灌孔砌体的抗剪强度设计值 f_{gv}，应按下式计算或按本规程附录 A 中表 A.0.1-1～表 A.0.1-4 取用：

$$f_{gv} = 0.2 f_g^{0.55} \qquad (3.2.2)$$

式中：f_g——灌孔砌体的抗压强度设计值（MPa）。

3.2.3 下列情况的小砌块砌体的砌体强度设计值应乘以调整系数 γ_a，γ_a 应按下列规定取值：

1 对无筋小砌块砌体，其截面面积小于 $0.3m^2$ 时，γ_a 应取其截面面积加 0.7；对配筋小砌块砌体，当其中小砌块砌体截面面积小于 $0.2m^2$ 时，γ_a 应取其截面面积加 0.8；

2 当砌体用强度等级小于 Mb5 水泥砂浆砌筑时，对本规程第 3.2.1 条表中的数值，γ_a 应取为 0.9；对于本规程表 3.2.2 中数值，γ_a 应取为 0.8；

3 当验算施工中房屋的砌体时，γ_a 应取为 1.1；

4 当施工质量控制等级为 C 级时，γ_a 应取为 0.89。

注：1 构件截面面积以 m^2 计；
　　2 配筋砌体的施工质量控制等级不得采用 C 级。

3.2.4 施工阶段砂浆尚未硬化的新砌砌体的强度和稳定性，可按砌筑砂浆强度为零进行验算。

对冬期施工采用掺盐法施工的砌体，砌筑砂浆强度按常温施工的强度等级提高一级时，砌体强度和稳定性可不验算。

注：配筋砌体不得用掺盐砂浆施工。

3.2.5 小砌块砌体的弹性模量、线膨胀系数、收缩系数和摩擦系数可分别按表 3.2.5-1～表 3.2.5-3 规定取值。砌体的剪变模量可按砌体弹性模量的 40% 采用。

1 砌体的弹性模量，可按表 3.2.5-1 规定取值；

单排孔且对孔砌筑的普通混凝土小砌块灌孔砌体的弹性模量，应按下列公式计算：

$$E = 2000 f_g \qquad (3.2.5)$$

式中：f_g——灌孔砌体的抗压强度设计值（MPa）。

2 小砌块砌体的线膨胀系数和收缩率，可按表 3.2.5-2 规定取值；

表 3.2.5-1　砌体的弹性模量（MPa）

砌体类别	砂浆强度等级		
	≥Mb10	Mb7.5	Mb5
普通混凝土小砌块砌体	1700f	1600f	1500f
轻骨料混凝土小砌块砌体			

表 3.2.5-2　砌体的线膨胀系数和收缩率

砌体类别	线膨胀系数 $10^{-6}/℃$	收缩率 mm/m
普通混凝土小砌块砌体	10	-0.2
轻骨料混凝土小砌块砌体	10	-0.3

注：表中的收缩率由达到收缩允许标准的小砌块砌筑 28d 的砌体收缩率，当地方有可靠的小砌块砌体收缩试验数据时，亦可采用当地的试验数据。

3 砌体的摩擦系数，可按表 3.2.5-3 规定取值。

表 3.2.5-3　摩擦系数

材料类别	摩擦面情况	
	干燥的	潮湿的
砌体沿砌体或混凝土滑动	0.70	0.60
砌体沿木材滑动	0.60	0.50
砌体沿钢滑动	0.45	0.35
砌体沿砂或卵石滑动	0.60	0.50
砌体沿粉土滑动	0.55	0.40
砌体沿黏性土滑动	0.50	0.30

3.2.6 小砌块砌体应按小砌块实际的小砌块孔洞率并应考虑在墙体中增加的构造措施的重量计算墙体自重。灌孔砌体应按实际灌孔后的砌体重量计算墙体自重。

4　建筑设计与建筑节能设计

4.1　建　筑　设　计

4.1.1 小砌块建筑和配筋小砌块砌体建筑的平面及竖向设计应符合下列要求：

1 小砌块建筑平面设计宜以 $2M_0$ 为基本模数，特殊情况下可采用 $1M_0$；竖向设计及墙的分段净长度应以 $1M_0$ 为模数。

2 配筋小砌块砌体建筑宜用配筋小砌块砌体专用混凝土小型空心砌块砌筑，平面设计应以 $2M_0$ 为模数。

3 应做墙体的平面及竖向排块设计。对配筋小砌块砌体建筑要保证砌块错缝及孔洞上下贯通。排块设计时，应采用主规格砌块为主，减少辅助规格砌块的数量和种类。

4 平面应简洁，不宜凹凸转折过多。竖向尽量规则，宜避免过大的外挑和内收。配筋墙体门、窗洞口宜层层上、下对齐。在用小砌块作填充墙的框架建筑中，填充墙的平面布置宜均匀对称，沿高度方向宜连续贯通。

5 设计预留的孔洞、管线槽口以及门窗、设备等固定点和固定件，应在墙体排块图上详细标注。小砌块建筑施工时应用混凝土填实各固定范围内的孔洞。

6 小砌块砌体设置控制缝时，应做好室内墙面的盖缝粉刷。

7 住宅建筑的门厅和楼梯间内，应根据功能需求合理安排好水、电、暖通管线等用的管道竖井及各种表盒位置。水表、电表、燃气表、消火栓箱等洞口，亦可在砌块墙中预埋预制钢筋混凝土表框框。应保证表盒安装后的楼梯及通道的尺寸符合有关规范要求。

8 排水管道的主管、支管或立管、横管宜明管安装。管径较小的其他管线，可预埋于墙体内。

9 在满足节能要求下，立面设计宜利用装饰砌块突出小砌块建筑的特色。

4.1.2 小砌块建筑和配筋小砌块砌体建筑的防水设计应符合下列要求：

1 清水外墙或装饰性砌块外墙面采用的小砌块的抗渗性能应符合有关规定。宜采用掺加适量憎水剂的砂浆砌筑墙体，且宜在清水外墙表面喷涂透明防水涂料。

2 在多雨水地区，单排孔小砌块墙体应作双面粉刷，勒脚应采用水泥砂浆粉刷。

3 室外散水坡顶面以上和室内地面以下的砌体内，应设置防潮层。

4 对伸出墙外的雨篷、开敞式阳台、室外空调机搁板、遮阳板、窗套、外楼梯根部及水平装饰线脚处，均应采用节能保温措施和防水措施。

5 处于潮湿环境的小砌块墙体，墙面应采用水泥砂浆粉刷等有效的防水措施。

6 在夹心墙的外叶墙每层圈梁上的砌块竖缝底宜设置排水孔。

7 墙体粉刷应在砌体结构验收及完工 28d 后进行。面积较大的外墙面粉刷宜设置分格缝。

4.1.3 小砌块墙体的耐火极限应按表 4.1.3 采用。

表 4.1.3　小砌块墙体的燃烧性能和耐火极限

小砌块墙体类型	耐火极限（h）	燃烧性能
90mm 厚小砌块墙体	1	不燃烧体
190mm 厚小砌块墙体	承重墙 2	不燃烧体
190mm 厚配筋小砌块墙体	承重墙 3.5	不燃烧体

注：墙体两侧无粉刷层。

对防火要求高的小砌块建筑或其局部，可采用混凝土或松散材料灌实孔洞的方法来提高墙体的耐火极限，也可采取其他附加防火措施。

复合保温砌块中所复合的保温材料，宜采用燃烧性能为 A 级的保温材料。当采用不是不燃或难燃级别的保温材料时，应提出复合保温砌块砌体的耐火极限和燃烧性能。

当小砌块建筑墙体采用外保温系统时，应符合国家现行有关标准的规定。

4.1.4 对 190mm 厚小砌块墙体双面粉刷（各 20mm

厚）的空气声计权隔声量应按 45dB 采用。对 190mm 厚配筋小砌块墙体双面粉刷（各 20mm 厚）的空气声计权隔声量应按 50dB 采用。

对隔声要求较高的小砌块建筑，可采用下列措施提高其隔声性能：

1 孔洞内填矿渣棉、膨胀珍珠岩、膨胀蛭石等松散材料；

2 在小砌块墙体的一面或双面采用纸面石膏板或其他板材做带有空气隔层的复合墙体构造。

对有吸声要求的建筑或其局部，墙体宜采用吸声砌块砌筑。

4.1.5 小砌块建筑及配筋小砌块砌体建筑的屋面设计应符合下列要求：

1 采用钢筋混凝土平屋面时，应在屋面上设置保温隔热层。

2 小砌块住宅建筑宜做成有檩体系坡屋面。当采用钢筋混凝土基层坡屋面时，坡屋面宜外挑出墙面，并应在坡屋面上设置保温隔热层。

3 钢筋混凝土屋面板及上面保温隔热防水层中的砂浆找平层、刚性面层等应设置分格缝，并应与周边的女儿墙断开。

4.2　建筑节能设计

4.2.1 小砌块建筑的建筑节能设计应符合下列要求：

1 建筑的体形系数、窗墙面积比及其对应的窗的传热系数、遮阳系数和空气渗透性能，以及其他围护结构的传热系数、热惰性指标，均应符合设计建筑所在气候地区现行居住建筑与公共建筑节能设计标准的规定；

2 通过建筑节能设计计算确定的围护结构的构造设计，应满足建筑结构整体性、变形能力及防火性能的要求，安全、可靠，并具有可操作性；

3 墙体及楼地板的建筑节能设计，应同时考虑建筑装饰与设备节能对管线及设备埋设、安装和维修的要求。

4.2.2 小砌块及配筋小砌块砌体的热工性能计算参数应符合下列要求：

1 小砌块及配筋小砌块砌体的热工性能计算参数用砌体热阻和砌体热惰性指标表征，分别用符号 R_{ma} 和 D_{ma} 表示。砌体热阻 R_{ma} 应按现行国家标准《民用建筑热工设计规范》GB 50176 规定的计算方法与《绝热　稳态传热性质的测定　标定和防护热箱法》GB/T 13475 规定的检测方法计算或检测确定。砌体热惰性指标 D_{ma} 可按本规程附录 B 的计算方法计算确定。

2 普通小砌块及配筋小砌块砌体的热阻 R_{ma} 和热惰性指标 D_{ma} 可按表 4.2.2 采用。

4.2.3 小砌块建筑外墙的建筑热工设计应符合下列要求：

表 4.2.2　普通小砌块及配筋小砌块砌体的热阻 R_{ma} 和热惰性指标 D_{ma}

小砌块砌体块型	厚度 mm	孔洞率 %	表观密度 kg/m³	R_{ma} (m²·K)/W	D_{ma}
单排孔小砌块	90	30	1500	0.12	0.85
	190	40	1280	0.17	1.47
双排孔小砌块	190	40	1280	0.22	1.70
三排孔小砌块	240	45	1200	0.35	2.31
单排孔配筋小砌块	190	—	2400	0.11	1.88

注：1　取单排孔配筋小砌块砌体的当量导热系数 $\lambda_{ma.c}=$ 1.74W/(m·K)，平均蓄热系数 $\overline{S}_{ma}=17.20$W/(m²·K)；

2　表中的热阻及热惰性指标值未包含砌体两侧的抹灰层；

3　小砌块的基材、块型及厚度与表 4.2.2 不同，或孔洞中内填、内插保温材料形成的复合保温小砌块砌体和带有空气间层或不带有空气间层的内、外叶小砌块夹心砌体的热阻 R_{ma} 和热惰性指标 D_{ma}，应按 4.2.2 条 1 款和本规程附录 C 的规定进行检测和计算确定；

4　孔洞中内插、内填保温材料的复合保温小砌块砌体的热阻 R_{ma} 和热惰性指标 D_{ma} 可按本规程附录 D 采用。

1　外墙的传热系数和热惰性指标，应考虑外墙上结构性热桥部位的影响取平均传热系数和平均热惰性指标。小砌块主体部位与结构性热桥部位的传热系数 K_p、K_b 及热惰性指标 D_p、D_b 和外墙平均传热系数 K_m、平均热惰性指标 D_m 按本规程附录 E 的计算方法进行计算。

2　外墙中结构性热桥部位的传热阻 $R_{o·b}$，不仅应满足外墙平均传热系数 K_m 的要求，而且不应小于按现行国家标准《民用建筑热工设计规范》GB 50176 规定计算的设计建筑所在气候地区外墙要求的最小传热阻（$R_{o·min}$）值。

3　外墙宜采用外墙外保温系统技术。采用外墙内保温系统技术时，应将计算的外墙平均传热系数乘以 1.2 作为外墙平均传热系数 K_m 的设计值。同时还应对横墙与外墙交接处的 400mm 宽度范围进行适宜的保温处理。

4　在夏热冬冷和夏热冬暖地区，外墙宜采用外反射、外遮阳、外通风和外绿化等外隔热措施。当采用符合现行国家标准《建筑用反射隔热涂料》GB/T 25261 要求的涂料饰面时，外墙传热阻计算值中可附加一个热阻值 R_{ad}：夏热冬冷地区，$R_{ad}=0.20$(m²·

K)/W，夏热冬暖地区，$R_{ad}=0.25$(m²·K)/W；若外墙平均热惰性指标 D_m 小于平均传热系数 K_m 对应的规定性指标时，可不进行隔热性能设计验算。

5　建筑热工设计计算时，保温材料的导热系数和蓄热系数应采用计算导热系数 λ_c 和计算蓄热系数 S_c。

6　在严寒和寒冷地区，当外墙的保温层外侧有密实保护层或内侧构造层为加气混凝土及其他多孔材料时，保温设计时应根据地区气候条件及室内环境设计指标，按现行国家标准《民用建筑热工设计规范》GB 50176 的规定进行内部冷凝受潮验算确定是否设置隔气层。设置隔气层应保证施工质量，并应有与室外空气相通的排湿措施。

7　外墙的填充墙采用具有优良热工性能的保温小砌块、复合保温小砌块及小砌块夹心砌体构成的墙体自保温系统时，保温小砌块、复合保温小砌块及小砌块夹心砌体的厚度应根据设计建筑所在地区现行建筑节能设计标准对外墙平均传热系数 K_m 的限值规定，考虑到结构性热桥部位应采用的保温系统的计算厚度确定。同时应保证墙体自保温系统部位与结构性热桥部位交接处构造合理，表面平整。

8　外墙的保温隔热措施，应与屋顶、楼地板、门窗等构件连接部位的保温隔热措施保持构造上的连续性和可靠性。

4.2.4　居住建筑的分户墙或公共建筑的采暖空调房间与非采暖空调房间间墙采用小砌块墙体时，建筑热工设计应符合下列要求：

1　分户墙或隔墙采用普通小砌块及配筋小砌块砌体时，应按现行建筑节能设计标准的规定，在其一侧或两侧采取适宜的保温技术进行热工设计计算；

2　分户墙或隔墙采用保温小砌块及复合保温小砌块砌体时，若保温小砌块及复合保温小砌块砌体部位的面积大于或等于分户墙或隔墙面积的 70%，可将保温小砌块及复合保温小砌块砌体部位的传热系数 K_p 作为分户墙或隔墙的传热系数 K 计算值；若保温小砌块及复合保温小砌块砌体部位的面积小于分户墙或隔墙面积的 70%，应考虑结构性热桥部位的影响按本规程附录 E 的计算方法计算分户墙或隔墙的平均传热系数 K_m。

4.2.5　小砌块建筑屋面的建筑热工设计应符合下列要求：

1　屋面的传热系数及热惰性指标应符合设计建筑所在气候地区现行居住建筑与公共建筑节能设计标准的规定。保温层材料的导热系数和蓄热系数应采用计算导热系数 λ_c 和计算蓄热系数 S_c。

2　屋面宜设计为保温隔热层置于防水层上的倒置式屋面，且宜选择憎水型的绝热材料做保温隔热层。

3　在夏热冬冷和夏热冬暖地区，屋面宜采用绿色植被屋面或有保温材料作基层的架空通风屋面。

4 屋面的天沟、女儿墙、变形缝及突出屋面的构件与屋面交接处，应按现行国家标准《民用建筑热工设计规范》GB 50176 的规定，通过建筑热工设计计算在该部位的垂直或水平面上设置一定厚度的保温材料，使该部位的最小传热阻不低于设计建筑所在气候地区屋面要求的最小传热阻（$R_{\text{o．min}}$）值。

5 小砌块砌体静力设计

5.1 设计基本规定

5.1.1 本规程采用以概率理论为基础的极限状态设计方法，以可靠指标度量结构可靠度，用分项系数的设计表达式进行计算。

5.1.2 小砌块砌体结构应按承载能力极限状态设计，并应有相应的构造措施满足正常使用极限状态的要求。

5.1.3 砌体结构和结构构件在设计使用年限内，在正常使用及正常维护条件下，必须保持满足使用要求，而不需大修或加固。设计使用年限应按现行国家标准《建筑结构可靠度设计统一标准》GB 50068 规定。

5.1.4 根据建筑结构破坏可能产生的后果（危及人的生命、造成经济损失、产生社会影响等）的严重性，建筑结构按表 5.1.4 划分为三个安全等级。

表 5.1.4　建筑结构的安全等级

安全等级	破坏后果	建筑物类型
一级	很严重	重要的建筑物
二级	严重	一般的建筑物
三级	不严重	次要的建筑物

注：1　对特殊的建筑物，其安全等级可根据具体情况另行确定；
　　2　对地震区砌体结构设计，应按现行国家标准《建筑工程抗震设防分类标准》GB 50223 根据建筑物重要性区分建筑物类别。

5.1.5 小砌块砌体结构承载能力极限状态设计表达式，整体稳定性验算表达式，弹性方案、刚弹性方案、刚性方案的静力设计规定及其相应的横墙间距要求以及耐久性规定等，应按现行国家标准《砌体结构设计规范》GB 50003 的规定执行。

5.1.6 梁支承在墙上时，梁端支承压力（N_l）到墙边的距离，对刚性方案房屋屋盖梁和楼盖梁均应取梁端有效支承长度（a_0）的 40%（图 5.1.6）。多层房屋由上面楼层传来的荷载（N_u），可视为作用于上一楼层的墙、柱的截面重心处。

注：当板支承于墙上时，板端支承压力 N_l 到墙内边的距离可取板的实际支承长度 a 的 40%。

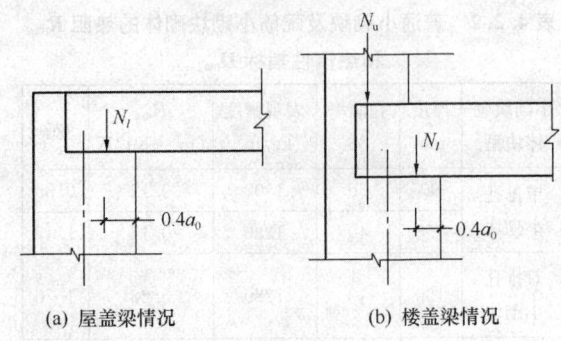

(a) 屋盖梁情况　　　　(b) 楼盖梁情况

图 5.1.6　梁端支承压力位置

5.1.7 带壁柱墙的计算截面翼缘宽度（b_f）可按下列规定采用：

1 对多层房屋，当有门窗洞口时，可取窗间墙宽度；当无门窗洞口时，每侧翼墙宽度可取壁柱高度的 1/3；

2 对单层房屋，可取壁柱宽加 2/3 墙高，但不应大于窗间墙宽度和相邻壁柱间的距离；

3 计算带壁柱墙体的条形基础时，应取相邻壁柱间的距离。

5.1.8 当转角墙段受竖向集中荷载时，计算截面的长度可从角点起，每侧宜取层高的 1/3。当上述墙体范围内有门窗洞口时，则计算截面取至洞边，但不宜大于层高的 1/3。当上层荷载传至本层时，可按均布荷载计算，此时转角墙段可按角形截面偏心受压构件进行承载力验算。

5.2 受压构件承载力计算

5.2.1 受压构件的承载力应符合下式要求：

$$N \leqslant \varphi f A \qquad (5.2.1)$$

式中：N——轴向力设计值（N）；

　　　φ——高厚比 β 和轴向力偏心距 e 对受压构件承载力的影响系数，应按本规程附录 F 附表采用；

　　　f——砌体抗压强度设计值（MPa），应按本规程第 3.2.1 条采用；

　　　A——截面毛面积（mm^2）；对带壁柱墙，其翼缘宽度可按本规程第 5.1.7 条采用。

注：对矩形截面构件，当轴向力偏心方向的截面边长大于另一方向的边长时，除按偏心受压计算外，还应对较小边长方向，按轴心受压进行验算。

5.2.2 确定影响系数 φ 时，构件高厚比 β 应按下列公式计算：

对矩形截面：　$\beta = 1.1 \dfrac{H_0}{h}$　　　(5.2.2-1)

对 T 形截面：　$\beta = 1.1 \dfrac{H_0}{h_T}$　　　(5.2.2-2)

对灌孔混凝土砌块砌体：$\beta = \dfrac{H_0}{h}$　　(5.2.2-3)

式中：H_0——受压构件的计算高度（m），按本规程表 5.2.4 确定；

h——矩形截面轴向力偏心方向的边长（m），当轴心受压时为截面较小边长；

h_T——T 形截面的折算厚度（m），可近似按 $3.5i$ 计算；

i——截面回转半径（m）。

5.2.3 受压构件计算高度 H_0 应按下列规定采用：

1 对房屋底层，取楼板顶面到构件下端支点的距离。下端支点的位置，应取在基础顶面；当基础埋置较深且有刚性地坪时，可取室外地面下 500mm 处。

2 对在房屋其他层次，取楼板或其他水平支点间的距离。

3 对无壁柱的山墙，可取层高加山墙尖高度的 1/2；对带壁柱的山墙可取壁柱处的山墙高度。

5.2.4 受压构件的计算高度 H_0 应根据房屋类别、构件支承条件等按表 5.2.4 采用。

表 5.2.4 受压构件的计算高度 H_0

房屋类别		柱		带壁柱墙或周边拉结的墙		
		排架方向	垂直排架方向	$S>2H$	$2H \geqslant S>H$	$S \leqslant H$
单跨	弹性方案	1.50H	1.00H	1.50H		
	刚弹性方案	1.20H	1.00H	1.20H		
两跨或多跨	弹性方案	1.25H	1.00H	1.25H		
	刚弹性方案	1.10H	1.00H	1.10H		
刚性方案		1.00H	1.00H	1.00H	0.40S+0.20H	0.60S

注：1 对上端为自由端的构件 $H_0 = 2H$；
　　2 对独立柱，当无柱间支撑时，在垂直排架方向的 H_0，应按表中数值乘以 1.25 后采用；
　　3 自承重墙的计算高度应根据周边支承或拉结条件确定；
　　4 S 为房屋横墙间距。

5.2.5 轴向力的偏心距 e 应符合下式要求：

$$e \leqslant 0.6y \qquad (5.2.5)$$

式中：e——轴向力的偏心距（mm），按内力设计值计算；

y——截面重心到轴向力所在偏心方向截面边缘的距离（mm）。

5.3 局部受压承载力计算

5.3.1 砌体截面中受局部均匀压力时的承载力应符合下式要求：

$$N_l \leqslant \gamma f A_l \qquad (5.3.1)$$

式中：N_l——局部受压面积上的轴向力设计值（N）；

γ——砌体局部抗压强度提高系数；

f——砌体的抗压强度设计值（MPa），当局部荷载作用面用混凝土灌实一皮时，应按未灌实砌体强度值采用；

A_l——局部受压面积（mm^2）。

5.3.2 砌体局部抗压强度提高系数 γ，应符合下列要求：

1 γ 可按下式计算：

$$\gamma = 1 + 0.35 \sqrt{\frac{A_0}{A_l} - 1} \qquad (5.3.2)$$

式中：A_0——影响砌体局部抗压强度的计算面积（m^2）。

2 计算所得 γ 值，尚应符合下列要求：

1）在图 5.3.2a 的情况下，$\gamma \leqslant 2.5$；

2）在图 5.3.2b 的情况下，$\gamma \leqslant 2.0$；

3）在图 5.3.2c 的情况下，$\gamma \leqslant 1.5$；

4）在图 5.3.2d 的情况下，$\gamma \leqslant 1.25$；

5）按本规范第 5.8.2 条的要求灌孔的砌块砌体，在 1）、2）、3）项的情况下，尚应符合 γ 小于等于 1.5。未灌孔混凝土砌块砌体 γ 等于 1。

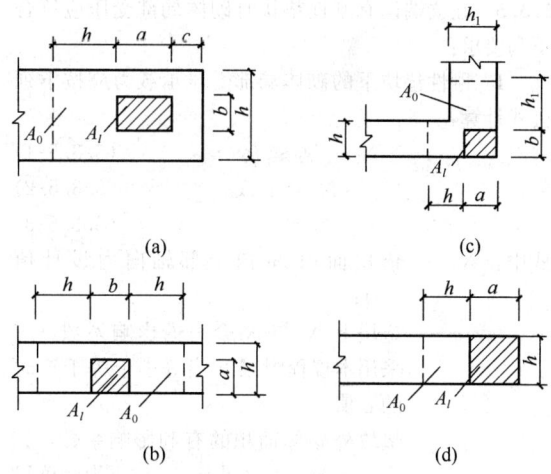

(a)　　　　　　　　　　(c)

(b)　　　　　　　　　　(d)

图 5.3.2 影响局部抗压强度的面积 A_0

5.3.3 影响砌体局部抗压强度的计算面积可按下列规定采用：

1 在图 5.3.2a 的情况下，$A_0 = (a+c+h)h$；

2 在图 5.3.2b 的情况下，$A_0 = (b+2h)h$；

3 在图 5.3.2c 的情况下，$A_0 = (a+h)h + (b+h_1-h)h_1$；

4 在图 5.3.2d 的情况下，$A_0 = (a+h)h$。

注：a、b 为矩形局部受压面积 A_l 的边长；h、h_1 为墙厚或柱的较小边长，墙厚；c 为矩形局部受压面积的外边缘至构件边缘的较小距离，当小于 h 时，应取为 h。

5.3.4 梁端支承处砌体的局部受压承载力应按下列公式计算：

$$\psi N_0 + N_l \leqslant \eta \gamma f A_l \qquad (5.3.4-1)$$

$$\psi = 1.5 - 0.5 \frac{A_0}{A_l} \qquad (5.3.4-2)$$

$$N_0 = \sigma_0 A_l \qquad (5.3.4-3)$$

$$A_l = a_0 b \qquad (5.3.4\text{-}4)$$

$$a_0 = 10\sqrt{\dfrac{h_c}{f}} \qquad (5.3.4\text{-}5)$$

式中：ψ——上部荷载的折减系数，当 A_0/A_l 大于等于 3 时，应取 ψ 等于 0；

N_0——局部受压面积内上部轴向力设计值（N）；

N_l——梁端支承压力设计值（N）；

σ_0——上部平均压应力设计值（N/mm²）；

η——梁端底面压应力图形的完整系数，应取 0.7，对于过梁和墙梁应取 1.0；

a_0——梁端有效支承长度（mm），当 a_0 大于 a 时，应取 a_0 等于 a；

a——梁端实际支承长度（mm）；

b——梁的截面宽度（mm）；

h_c——梁的截面高度（mm）；

f——砌体的抗压强度设计值（MPa）。

5.3.5 在梁端设有刚性垫块时砌体局部受压应符合下列要求：

1 刚性垫块下的砌体局部受压承载力应按下列公式计算：

$$N_0 + N_l \leqslant \varphi \gamma_1 f A_b \qquad (5.3.5\text{-}1)$$

$$N_0 = \sigma_0 A_b \qquad (5.3.5\text{-}2)$$

$$A_b = a_b b_b \qquad (5.3.5\text{-}3)$$

式中：N_0——垫块面积 A_b 内上部轴向力设计值（N）；

φ——垫块上 N_0 与 N_l 合力的影响系数，应采用本规程附录 F 当 β 小于等于 3 时的 φ 值；

γ_1——垫块外砌体面积的有利影响系数，γ_1 应为 0.8γ，但不小于 1.0。γ 为砌体局部抗压强度提高系数，按本规程公式（5.3.2）以 A_b 代替 A_l 计算得出；

A_b——垫块面积（mm²）；

a_b——垫块伸入墙内的长度（mm）；

b_b——垫块的宽度（mm）。

2 刚性垫块的构造应符合下列要求：

1） 刚性垫块的高度不宜小于 190mm，自梁边算起的垫块挑出长度不宜大于垫块高度 t_b；

2） 在带壁柱墙的壁柱内设刚性垫块时（图 5.3.5），其计算面积应取壁柱范围内的面积，而不应计算翼缘部分，同时壁柱上垫块伸入翼墙内的长度不应小于 100mm；

3） 当现浇垫块与梁端整体浇筑时，垫块可在梁高范围内设置。

3 梁端设有刚性垫块时，梁端有效支承长度 a_0 应按下式确定：

$$a_0 = \delta_1 \sqrt{\dfrac{h_c}{f}} \qquad (5.3.5\text{-}4)$$

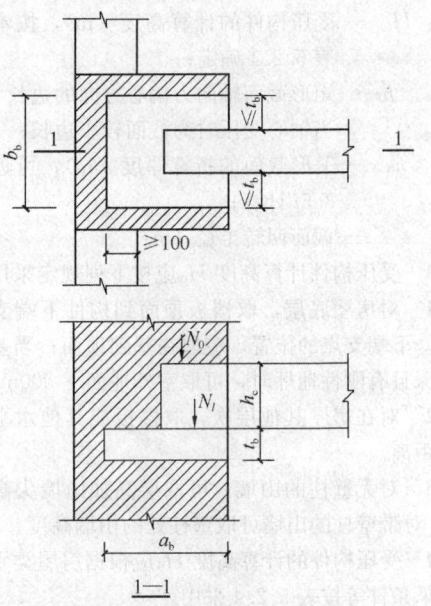

图 5.3.5 壁柱上设有垫块时梁端局部受压

式中：δ_1——刚性垫块的影响系数，可按表 5.3.5 采用。

垫块上 N_l 作用点的位置可取 $0.4a_0$ 处。

表 5.3.5 系数 δ_1 值表

σ_0/f	0	0.2	0.4	0.6	0.8
δ_1	5.4	5.7	6.0	6.9	7.8

注：表中其间的数值可采用插入法求得。

4 梁端设现浇刚性垫块时，其局压强度亦应按本条规定计算。

5.3.6 梁下设有长度大于 πh_0 的垫梁时（图 5.3.6），垫梁下的砌体局部受压承载力应按下列公式计算：

$$N_0 + N_l \leqslant 2.4\delta_2 f b_b h_0 \qquad (5.3.6\text{-}1)$$

$$N_0 = \pi b_b h_0 \sigma_0/2 \qquad (5.3.6\text{-}2)$$

$$h_0 = 2\sqrt[3]{\dfrac{E_b I_b}{Eh}} \qquad (5.3.6\text{-}3)$$

式中：N_0——垫梁上部轴向力设计值（N）；

b_b——垫梁在墙厚方向的宽度（mm）；

δ_2——垫梁底面压应力分布系数，当荷载沿墙厚方向均匀分布时可取 1.0，不均匀分布时可取 0.8；

h_0——垫梁折算高度（mm）；

E_b、I_b——分别为垫梁的混凝土弹性模量（MPa）和截面惯性矩（mm⁴）；

h_b——垫梁的高度（mm）；

E——砌体的弹性模量；

h——墙厚（mm）。

垫梁上梁端有效支承长度 a_0 可按本规程公式（5.3.5-4）计算。

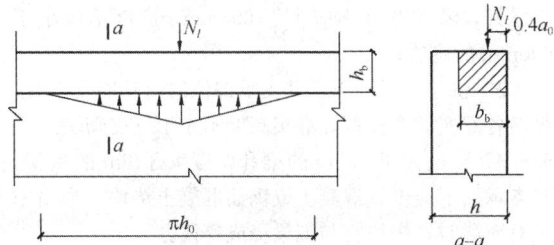

图 5.3.6 垫梁局部受压

5.4 轴心受拉构件承载力计算

5.4.1 轴心受拉构件的承载力应按下式计算:

$$N_t \leqslant f_t A \tag{5.4.1}$$

式中: N_t——轴心拉力设计值 (N);

f_t——砌体的轴心抗拉强度设计值 (MPa), 应按本规程表 3.2.2 采用。

5.5 受弯构件承载力计算

5.5.1 受弯构件的承载力应按下式计算:

$$M \leqslant f_{tm} W \tag{5.5.1}$$

式中: M——弯矩设计值 (N·mm);

f_{tm}——砌体弯曲抗拉强度设计值 (MPa), 应按本规程表 3.2.2 采用;

W——截面抵抗矩 (mm³)。

5.5.2 受弯构件的受剪承载力, 应按下列公式计算:

$$V \leqslant f_v b z \tag{5.5.2-1}$$

$$z = I/S \tag{5.5.2-2}$$

式中: V——剪力设计值 (N);

f_v——砌体的抗剪强度设计值 (MPa), 应按本规程表 3.2.2 采用;

b——截面宽度 (mm);

z——内力臂, 当截面为矩形时取 z 等于 $2h/3$;

I——截面惯性矩 (mm⁴);

S——截面面积矩 (mm³);

h——截面高度 (mm)。

5.6 受剪构件承载力计算

5.6.1 沿通缝或沿阶梯形截面破坏时受剪构件的承载力应按下列公式计算:

$$V \leqslant (f_v + \alpha \mu \sigma_0) A \tag{5.6.1-1}$$

当荷载分项系数 $\gamma_G = 1.2$ 时

$$\mu = 0.26 - 0.082 \frac{\sigma_0}{f} \tag{5.6.1-2}$$

当荷载分项系数 $\gamma_G = 1.35$ 时

$$\mu = 0.23 - 0.065 \frac{\sigma_0}{f} \tag{5.6.1-3}$$

式中: V——截面剪力设计值 (N);

A——截面面积 (mm²)。对各类砌体均按毛截面计算;

f_v——砌体抗剪强度设计值 (N), 对灌孔的混凝土砌块砌体取 f_{gv};

α——修正系数: 当 $\gamma_G = 1.2$ 时, 混凝土砌块砌体取 0.64; 当 $\gamma_G = 1.35$ 时, 混凝土砌块砌体取 0.66;

μ——剪压复合受力影响系数;

σ_0——永久荷载设计值产生的水平截面平均压应力 (MPa);

f——砌体的抗压强度设计值 (MPa);

σ_0/f——轴压比, 且不大于 0.8。

5.7 墙、柱的允许高厚比

5.7.1 墙、柱高厚比应按下式验算:

$$\beta = \frac{H_0}{h} \leqslant \mu_1 \mu_2 \mu_c [\beta] \tag{5.7.1}$$

式中: H_0——墙、柱的计算高度 (m);

h——墙厚或矩形柱与 H_0 相对应的边长 (m);

μ_1——自承重墙允许高厚比的修正系数;

μ_2——有门窗洞口墙允许高厚比的修正系数;

μ_c——设构造柱墙体允许高厚比提高系数;

$[\beta]$——墙、柱的允许高厚比应按表 5.7.1 采用。

注: 当与墙连的相邻两横墙间的距离 S 不大于 $\mu_1 \mu_2 [\beta] h$ 时, 墙的高厚比可不受本条限制。

表 5.7.1 墙、柱的允许高厚比 [β] 值

砂浆强度等级	墙	柱
Mb5	24	16
≥Mb7.5	26	17

注: 1 配筋小砌块砌体构件的允许高厚比不应大于 30;

2 验算施工阶段砂浆尚未硬化的新砌砌体高厚比时, 对墙允许高厚比取 14, 对柱允许高厚比取 11。

5.7.2 带壁柱墙和带构造柱墙的高厚比验算, 应符合下列规定:

1 当按本规程式 (5.7.1) 验算带壁柱墙的高厚比时, 公式中 h 应改用带壁柱墙截面的折算厚度 h_T; 当确定截面回转半径时, 墙截面的翼缘宽度, 可按本规程第 5.1.7 条的规定采用; 当确定带壁柱墙的计算高度 H_0 时, S 应取相邻横墙间的距离。

2 当构造柱截面宽度不小于墙厚时, 可按本规程式 (5.7.1) 验算带构造柱墙的高厚比, 此时公式中 h 取墙厚; 当确定墙的计算高度时, S 应取相邻横墙间的距离; 墙的允许高厚比 $[\beta]$ 可乘以下列的提高系数 μ_c:

$$\mu_c = 1 + \frac{b_c}{l} \tag{5.7.2}$$

式中: b_c——构造柱沿墙长方向的宽度 (m);

l——构造柱的间距 (m)。

当 $b_c/l > 0.25$ 时，取 $b_c/l = 0.25$；当 $b_c/l < 0.05$ 时，取 $b_c/l = 0$。

注：考虑构造柱有利作用的高厚比验算不适用于施工阶段。

3 当按本规程式（5.7.1）验算壁柱间墙的高厚比时，S 值应取相邻壁柱间的距离。设有钢筋混凝土圈梁的带壁柱墙，b/S 不小于 1/30 时，圈梁可视作壁柱间墙的不动铰支点（b 为圈梁宽度）。如不允许增加圈梁宽度，可按等刚度原则（墙体平面外刚度相等）增加圈梁高度。

5.7.3 当自承重墙厚度等于 190mm 时，允许高厚比修正系数 μ_1 取值应为 1.2；当厚度等于 90mm 时，μ_1 取值应为 1.5；当厚度在 90mm～190mm 之间时，μ_1 可按插入法取值。

注：上端为自由端墙的允许高厚比，除按上述规定提高外，尚可再提高 30%。

5.7.4 对有门窗洞口的墙，允许高厚比修正系数 μ_2 应按下式计算：

$$\mu_2 = 1 - 0.4 \frac{b_s}{S} \qquad (5.7.4)$$

式中：b_s——在宽度 S 范围内的门窗洞口总宽度（m）；

S——相邻窗间墙或壁柱之间的距离（m）；

μ_2——允许高厚比修正系数，当 $\mu_2 < 0.7$ 时，应取 0.7。当洞口高度等于或小于墙高的 1/5 时，可取 μ_2 等于 1.0。

5.8 一般构造要求

5.8.1 砌块房屋所用的材料，除应满足承载力计算要求外，对地面以下或防潮层以下的砌体、潮湿房间的墙，所用材料的最低强度等级尚应符合表 5.8.1 的要求。

表 5.8.1 地面以下或防潮层以下的墙体、潮湿房间墙所用材料的最低强度等级

基土潮湿程度	混凝土小砌块	水泥砂浆
稍潮湿的	MU7.5	Mb5
很潮湿的	MU10	Mb7.5
含水饱和的	MU15	Mb10

注：1 砌块孔洞应采用强度等级不低于 C20 的混凝土灌实；

2 对安全等级为一级或设计使用年限大于 50 年的房屋，表中材料强度等级应至少提高一级。

5.8.2 在墙体的下列部位，应采用 C20 混凝土灌实砌体的孔洞：

1 无圈梁和混凝土垫块的檩条和钢筋混凝土楼板支承面下的一皮砌块；

2 未设置圈梁和混凝土垫块的屋架、梁等构件

支承处，灌实宽度不应小于 600mm，高度不应小于 600mm 的砌块；

3 挑梁支承面下，其支承部位的内外墙交接处，纵横各灌实 3 个孔洞，灌实高度不小于三皮砌块。

5.8.3 跨度大于 4.2m 的梁和跨度大于 6m 的屋架，其支承面下应设置混凝土或钢筋混凝土垫块。当墙中设有圈梁时，垫块宜与圈梁浇成整体。

当大梁跨度大于 4.8m，且墙厚为 190mm 时，其支承处宜加设壁柱，或采取其他加强措施。

跨度大于或等于 7.2m 的屋架或预制梁的端部，应采用锚固件与墙、柱上的垫块锚固。

5.8.4 小砌块墙与后砌隔墙交接处，应沿墙高每 400mm 在水平灰缝内设置不少于 $2\phi4$、横筋间距不大于 200mm 的焊接钢筋网片（图 5.8.4）。

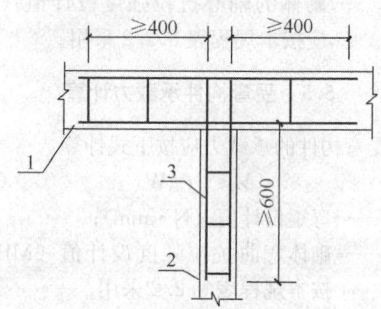

图 5.8.4 砌块墙与后
砌隔墙交接处钢筋网片
1—砌块墙；2—后砌隔墙；
3—$\phi4$ 焊接钢筋网片

5.8.5 预制钢筋混凝土板在墙上或圈梁上支承长度不应小于 80mm，板端伸出的钢筋应与圈梁可靠连接，并一起浇筑。当不能满足上述要求时，应按下列方法进行连接：

1 布置在内墙上的板中钢筋应伸出进行相互可靠对接，板端钢筋伸出长度不应少于 70mm，并用混凝土浇筑成板带，混凝土强度不应低于 C20；

2 布置在外墙上的板中钢筋应伸出进行相互可靠连接，板端钢筋伸出长度不应少于 100mm，并用混凝土浇筑成板带，混凝土强度不应低于 C20；

3 与现浇板对接时，预制钢筋混凝土板端钢筋应伸入现浇板中进行可靠连接后，再浇筑现浇板。

5.8.6 山墙处的壁柱或构造柱，应砌至山墙顶部，且屋面构件应与山墙可靠拉结。

5.8.7 在砌体中留槽洞及埋设管道时，应符合下列要求：

1 在截面长边小于 500mm 的承重墙体、独立柱内不得埋设管线；

2 墙体中应避免穿行暗线或预留、开凿沟槽；当无法避免时，应采取必要的加强措施或按削弱后的截面验算墙体的承载力。

5.9 砌块墙体的抗裂措施

5.9.1 小砌块房屋的墙体应按表 5.9.1 规定设置伸缩缝。在钢筋混凝土屋面上挂瓦的屋盖应按钢筋混凝土屋盖采用。墙体的伸缩缝应与结构的其他变形缝相重合，在进行立面处理时，必须保证缝隙的伸缩作用。

表 5.9.1 砌块房屋伸缩缝的最大间距（m）

屋盖或楼盖类别		间距	
		砌块砌体房屋	配筋砌块砌体房屋
整体式或装配整体式钢筋混凝土结构	有保温层或隔热层的屋盖、楼盖	40	50
	无保温层或隔热层的屋盖	32	40
装配式无檩体系钢筋混凝土结构	有保温层或隔热层的屋盖、楼盖	48	60
	无保温层或隔热层的屋盖	40	50
装配式有檩体系钢筋混凝土结构	有保温层或隔热层的屋盖	60	75
	无保温层或隔热层的屋盖	48	60
瓦材屋盖、木屋盖或楼盖、砖石屋盖或楼盖		75	100

注：1 当有实践经验并采取有效措施时，可适当放宽；
2 温差较大且变化频繁地区和严寒地区不采暖的房屋及构筑物墙体的伸缩缝的最大间距，应按表中数值予以适当减小。

5.9.2 小砌块房屋顶层墙体可根据情况采取下列措施：

1 采用装配式有檩体系钢筋混凝土屋盖和瓦材屋盖。

2 屋面应设置保温、隔热层。屋面保温（隔热）层的屋面刚性面层及砂浆找平层应设置分格缝，分格缝间距不宜大于 6m，并应与女儿墙隔开，其缝宽不应小于 30mm。

3 当钢筋混凝土屋面板与墙体圈梁的接触面处设置水平滑动层时，滑动层可采用两层油毡夹滑石粉或橡胶片等；对长纵墙可仅在其两端的 2～3 个开间内设置，对横墙可只在横墙两端1/4长度范围内设置。

4 现浇钢筋混凝土屋盖当房屋较长时，宜在屋盖设置分格缝。

5 当顶层屋面板下设置现浇钢筋混凝土圈梁并沿内外墙拉通时，圈梁高度不宜小于 190mm，纵向钢筋不应少于 4ϕ12。

6 顶层挑梁末端下墙体灰缝内设置 3 道焊接钢筋网片（纵向钢筋不宜少于 2ϕ4，横筋间距不宜大于 200mm），钢筋网片应自挑梁末端伸入两边墙体不小于 1m（图 5.9.2）。

7 顶层墙体门窗洞口过梁上砌体每皮水平灰缝内设置 2ϕ4 焊接钢筋网片，并应伸入过梁两端墙体内不小于 600mm。

8 女儿墙应设置钢筋混凝土芯柱或构造柱，构

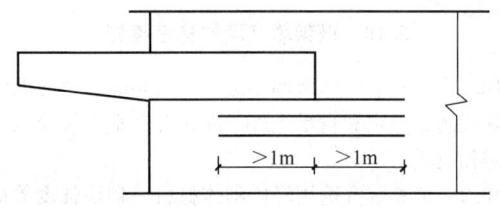

图 5.9.2 顶层挑梁末端钢筋网片

造柱间距不宜大于 4m（或每开间设置），插筋芯柱间距不宜大于 1.6m，构造柱或芯柱插筋应伸至女儿墙顶，并与现浇钢筋混凝土压顶整浇在一起。

9 加强顶层芯柱（或构造柱）与墙体的拉结，拉结钢筋网片的竖向间距不宜大于 400mm，伸入墙体长度不宜小于 1000mm。

10 房屋山墙可采取设置水平钢筋网片或在山墙中增设钢筋混凝土芯柱或构造柱。在山墙内设置水平钢筋网片时，其间距不宜大于 400mm；在山墙内增设钢筋混凝土芯柱或构造柱时，其间距不宜大于 3m。

5.9.3 防止或减轻房屋底层墙体裂缝，可根据情况采取下列措施：

1 增大基础圈梁刚度；

2 基础部分砌块墙体在砌块孔洞中用 Cb20 混凝土灌实；

3 底层窗台下墙体设置通长钢筋网片 2ϕ4 及横筋 ϕ4@200，竖向间距不大于 400mm；

4 底层窗台采用现浇钢筋混凝土窗台板，窗台板伸入窗间墙内不小于 600mm。

5.9.4 防止房屋顶层外纵墙两端和底层第一、第二开间门窗洞处的裂缝，可采用下列措施：

1 在门窗洞口两侧不少于一个孔洞中设置不小于 1ϕ12 钢筋，钢筋应在楼层圈梁或基础内锚固，并采用不低于 C20 灌孔混凝土灌实；

2 在门窗洞口两边的墙体水平灰缝中，设置长度不小于 900mm、竖向间距为 400mm 的 2ϕ4 焊接钢筋网片；

3 在顶层设置通长钢筋混凝土窗台梁时，窗台梁的高度宜为块高的模数，纵筋不少于 4ϕ10，箍筋宜为 ϕ6@200，混凝土强度等级宜为 C20。

5.9.5 防止房屋顶层和次顶层第一开间内纵墙上裂缝，可在墙中设置钢筋混凝土芯柱，芯柱间距不大于 1.2m。

5.9.6 防止房屋顶层横墙上的裂缝，可在连接外纵墙的横墙端部设置钢筋混凝土芯柱。顶层楼梯间横墙可按 1.6m 间距设置钢筋混凝土芯柱。

5.9.7 砌块房屋的顶层可在窗台下或窗台角处墙体内设置竖向控制缝，缝的间距宜为 8m～12m。在墙体高度或厚度突然变化处也宜设置竖向控制缝，或采取其他可靠的防裂措施。竖向控制缝的构造和嵌缝材料应能满足墙体平面外传力和防护的要求。

5.10 框架填充墙的构造措施

5.10.1 填充墙墙体墙厚不应小于 90mm。填充墙墙体除应满足稳定和自承重外，尚应考虑水平风荷载及地震作用。

5.10.2 填充墙宜选用轻质砌体材料。砌块强度等级不宜低于 MU3.5。

5.10.3 根据房屋的高度、建筑体形、结构的层间变形、地震作用、墙体自身抗侧力的利用等因素，选择采用填充墙与框架柱、梁不脱开方法或填充墙与框架柱、梁脱开方法。

5.10.4 填充墙与框架柱、梁脱开的方法宜符合下列要求：

1 填充墙两端与框架柱、填充墙顶面与框架梁之间留出 20mm 的间隙。

2 填充墙两端与框架柱之间宜用钢筋拉结。

3 填充墙长度超过 5m 或墙长大于 2 倍层高时，中间应加设构造柱；墙体高厚比大于本规程第 5.7.1 条规定或墙高度超过 4m 时宜在墙高中部设置与柱连通的水平系梁。水平系梁的截面高度不小于 60mm。填充墙高不宜大于 6m。

4 填充墙与框架柱、梁的缝隙可采用聚苯乙烯泡沫塑料板条或聚氨酯发泡充填，并用硅酮胶或其他弹性密封材料封缝。

5.10.5 填充墙与框架柱、梁不脱开的方法宜符合下列要求：

1 墙厚不大于 240mm 时，宜沿柱高每隔 400mm 配置 2 根直径 6mm 的拉结钢筋；墙厚大于 240mm 时，宜沿柱高每隔 400mm 配置 3 根直径 6mm 的拉结钢筋。钢筋伸入填充墙长度不宜小于 700mm，且拉结钢筋应错开截断，相距不宜小于 200mm。填充墙墙顶应与框架梁紧密结合。顶面与上部结构接触处宜用一皮混凝土砖或混凝土配砖斜砌楔紧。

2 当填充墙有洞口时，宜在窗洞口的上端或下端、门洞口的上端设置钢筋混凝土带，钢筋混凝土带应与过梁的混凝土同时浇筑，其过梁的断面及配筋由设计确定。钢筋混凝土带的混凝土强度等级不宜小于 C20。当有洞口的填充墙尽端至门窗洞口边距离小于 240mm 时，宜采用钢筋混凝土门窗框。

3 填充墙长度超过 5m 或墙长大于 2 倍层高时，墙顶与梁宜有拉结措施，中间应加设构造柱；墙高度超过 4m 时宜在墙高中部设置与柱连接的水平系梁；墙高超过 6m 时，宜沿墙高每 2m 设置与柱连接的水平系梁，梁的截面高度不小于 60mm。

5.11 夹心复合墙的构造规定

5.11.1 夹心复合墙应符合下列要求：

1 混凝土小砌块的强度等级不应低于 MU10；

2 夹心复合墙的夹层厚度不宜大于 100mm；

3 夹心复合墙的有效厚度可取内、外叶墙（层）厚度的算数平方根（$h_t = \sqrt{h_1^2 + h_2^2}$）；

4 夹心复合墙的有效面积应取承重或主叶墙的面积；

5 夹心复合墙外叶墙的最大横向支承间距不宜大于 9m。

5.11.2 夹心复合墙叶墙间的连接应符合下列要求：

1 叶墙间的拉结件或钢筋网片应进行防腐处理，当采用热镀锌时，其镀层厚度不应小于 290g/m²，或采用具有等效防腐性能的其他材料涂层；

2 当采用环形拉结件时，钢筋直径不应小于 4mm，当为 Z 形拉结件时，钢筋直径不应小于 6mm；拉结件应沿竖向梅花形布置，拉结件的水平和竖向最大间距分别不宜大于 800mm 和 600mm；对有振动或有抗震设防要求时，其水平和竖向最大间距分别不宜大于 800mm 和 400mm；

3 当采用可调拉结件时，钢筋直径不应小于 4mm，拉结件的水平和竖向最大间距均不宜大于 400mm。叶墙间灰缝的高差不大于 3.2mm，可调拉结件中孔眼和扣钉间的公差不大于 1.6mm；

4 当采用钢筋网片作拉结件时，网片横向钢筋的直径不应小于 4mm；其间距不应大于 400mm；网片的竖向间距不宜大于 600mm；对有振动或有抗震设防要求时，不宜大于 400mm；

5 拉结件在叶墙上的搁置长度，不应小于叶墙厚度的 2/3，并不应小于 60mm；

6 门窗洞口周边 300mm 范围内应附加间距不大于 600mm 的拉结件。

注：对安全等级为一级或使用年限大于 50 年的房屋，夹心墙叶墙间宜采用不锈钢拉结件。

5.11.3 夹心复合墙拉结件或网片的选择应符合下列要求：

1 非抗震设防地区的多层房屋，或风荷载较小地区的高层的夹心复合墙可采用环形或 Z 形拉结件；风荷载较大地区的高层建筑房屋宜采用焊接钢筋网片。

2 抗震设防地区的砌体房屋（含高层建筑房屋）夹心复合墙应采用焊接钢筋网作为拉结件，焊接网片沿夹心复合墙连续通长设置，外叶墙至少有一根纵向钢筋。钢筋网片可计入内叶墙的配筋率，其搭接与锚固长度应符合有关规范的规定。

5.12 圈梁、过梁、芯柱和构造柱

5.12.1 钢筋混凝土圈梁应按下列要求设置：

1 多层房屋或比较空旷的单层房屋，应在基础部位设置一道现浇圈梁；当房屋建筑在软弱地基或不均匀地基上时，圈梁刚度应适当加强。

2 比较空旷的单层房屋，当檐口高度为 4m～5m 时，应设置一道圈梁；当檐口高度大于 5m 时，

宜增设。

3 多层民用砌块房屋，层数为 3 层~4 层时，应在底层和檐口标高处各设置一道圈梁。当层数超过 4 层时，应在所有纵、横墙上层层设置。

4 采用现浇混凝土楼（屋）盖的多层砌块结构房屋，当层数超过 5 层时，除在檐口标高处设置一道圈梁外，可隔层设置圈梁，并与楼（屋）面板一起现浇。未设置圈梁的楼面板嵌入墙内的长度不应小于 100mm，并沿墙长配置不少于 2φ10 的纵向钢筋。

5 多层工业砌块房屋，应每层设置钢筋混凝土圈梁。

5.12.2 圈梁应符合下列构造要求：

1 圈梁宜连续地设在同一水平面上，并形成封闭状；当不能在同一水平面上闭合时，应增设附加圈梁，其搭接长度不应小于两倍圈梁间的垂直距离，且不应小于 1m；

2 圈梁截面高度不应小于 200mm，纵向钢筋不应少于 4φ10，箍筋间距不应大于 300mm，混凝土强度等级不应低于 C20；

3 圈梁兼作过梁时，过梁部分的钢筋应按计算用量另行增配；

4 屋盖处圈梁应现浇，楼盖处圈梁可采用预制槽形底模整浇，槽形底模应采用不低于 C20 细石混凝土制作；

5 挑梁与圈梁相遇时，应整体现浇；当采用预制挑梁时，应采取措施，保证挑梁、圈梁和芯柱的整体连接。

5.12.3 门窗洞口顶部应采用钢筋混凝土过梁，验算过梁下砌体局部受压承载力时，可不考虑上层荷载的影响。

5.12.4 过梁上的荷载，可按下列规定采用：

1 对于梁、板荷载，当梁、板下的墙体高度小于过梁净跨时，可按梁、板传来的荷载采用。当梁、板下墙体高度不小于过梁净跨时，可不考虑梁、板荷载。

2 对于墙体荷载，当过梁上墙体高度小于 1/2 过梁净跨时，应按墙体的均布自重采用。当墙体高度不小于 1/2 过梁净跨时，可按高度为 1/2 过梁净跨墙体的均布自重采用。

5.12.5 墙体的下列部位应设置芯柱：

1 纵横墙交接处孔洞应设置混凝土芯柱。在外墙转角、楼梯间四角的纵横墙交接处的三个孔洞，宜设置钢筋混凝土芯柱；

2 五层及五层以上的房屋，应在上述部位设置钢筋混凝土芯柱。

5.12.6 芯柱应符合下列构造要求：

1 芯柱截面不宜小于 120mm×120mm，宜采用不低于 Cb20 的灌孔混凝土灌实；

2 钢筋混凝土芯柱每孔内插竖筋不应小于

1φ10，底部应伸入室内地坪下 500mm 或与基础圈梁锚固，顶部应与屋盖圈梁锚固；

3 芯柱应沿房屋全高贯通，并与各层圈梁整体现浇；

4 在钢筋混凝土芯柱处，沿墙高每隔 400mm 应设 φ4 钢筋网片拉结，每边伸入墙体不应小于 600mm。

5.12.7 采用钢筋混凝土构造柱加强的砌块房屋，应在外墙四角、楼梯间四角的纵横墙交接处设置构造柱。在纵横墙交接处，沿竖向每隔 400mm 设置直径 4mm 焊接钢筋网片，埋入长度从墙的转角处伸入墙不应小于 700mm。

5.12.8 砌块房屋的构造柱应符合下列要求：

1 构造柱最小截面宜为 190mm×190mm，纵向钢筋宜采用 4φ12，箍筋间距不宜大于 250mm；

2 构造柱与砌块连接处宜砌成马牙槎，并应沿墙高每隔 400mm 设焊接钢筋网片（纵向钢筋不应少于 2φ4，横筋间距不应大于 200mm），伸入墙体不应小于 600mm；

3 与圈梁连接处的构造柱的纵筋应穿过圈梁，构造柱纵筋上下应贯通。

6 配筋砌块砌体剪力墙静力设计

6.1 设计基本规定

6.1.1 配筋小砌块砌体剪力墙结构的内力与位移分析可采用弹性分析方法，应根据荷载效应的基本组合或偶然组合按承载能力极限状态设计，并满足正常使用状态的要求。

6.1.2 配筋小砌块砌体剪力墙平面外的轴向力偏心距 e 按内力设计值计算，并不应超过 $0.7y$。

6.2 正截面受压承载力计算

6.2.1 配筋小砌块砌体剪力墙正截面承载力应按下列基本假定进行计算：

1 受力后的截面变形符合平截面假定；

2 钢筋与灌孔混凝土之间、灌孔混凝土与砌块之间无相对滑移；

3 砌体、灌孔混凝土的抗拉强度忽略不计；

4 灌孔小砌块砌体的极限压应变不大于 0.003，钢筋的极限拉应变不大于 0.01。

6.2.2 轴心受压配筋小砌块砌体剪力墙正截面受压承载力应按下列公式计算：

$$N \leqslant \varphi_{0g}(f_g A + 0.8 f'_y A'_s) \quad (6.2.2-1)$$

$$\varphi_{0g} = \frac{1}{1 + 0.001\beta^2} \quad (6.2.2-2)$$

式中：N——轴向力设计值（N）；

f_g——灌孔小砌块砌体的抗压强度设计值（MPa）；

f'_y——钢筋的抗压强度设计值（MPa）；

A——构件的毛截面面积（mm^2）；

A'_s——全部竖向钢筋的截面面积（mm^2）；

φ_{0g}——轴心受压构件的稳定系数；

β——构件的高厚比。

注：无箍筋或水平分布钢筋时，$f'_y A'_s = 0$。

6.2.3 配筋小砌块砌体剪力墙构件的计算高度（H_0），房屋底层取楼板顶面到剪力墙下端基础或地下室顶面的距离，对房屋其他楼层取该层层高。

6.2.4 矩形截面偏心受压配筋小砌块砌体构件正截面承载力计算，应符合下列规定：

1 大小偏心受压界限：

当 $x \leqslant \xi_b h_0$ 时，为大偏心受压；

当 $x > \xi_b h_0$ 时，为小偏心受压。

式中：ξ_b——界限相对受压区高度，对 HPB300 级钢筋取 ξ_b 等于 0.56，对 HRB335 级钢筋取 ξ_b 等于 0.53，对 HRB400 或 RRB400 级钢筋 ξ_b 等于 0.50；

x——截面受压区高度（mm）；

h_0——截面有效高度（mm）。

2 大偏心受压时应按下列公式计算（图 6.2.4）：

$$N \leqslant f_g bx + f'_y A'_s - f_y A_s - \sum f_{si} A_{si}$$

$$(6.2.4\text{-}1)$$

$$Ne_N \leqslant f_g bx(h_0 - x/2) + f'_y A'_s(h_0 - a'_s) - \sum f_{si} S_{si}$$

$$(6.2.4\text{-}2)$$

式中：N——轴向力设计值（N）；

f_g——灌孔砌体的抗压强度设计值（MPa）；

f_y, f'_y——竖向受拉、压主筋的强度设计值（MPa）；

b——截面宽度（mm）；

f_{si}——竖向分布钢筋的抗拉强度设计值（MPa）；

A_s, A'_s——竖向受拉、压主筋的截面面积（mm^2）；

A_{si}——单根竖向分布钢筋的截面面积（mm^2）；

S_{si}——第 i 根竖向分布钢筋对竖向受拉主筋的面积矩（mm^3）；

e_N——轴向力作用点到竖向受拉主筋合力点之间的距离（mm）；

a'_s——受压区纵向钢筋合力点至截面受压区边缘的距离，对 T 形、L 形、工形截面，当翼缘受压时取 100mm，其他情况取 300mm；

a_s——受拉区纵向钢筋合力点至截面受拉区边缘的距离，对 T 形、L 形、工形截面，当翼缘受压时取 300mm，其他情况取 100mm。

当受压区高度 $x < 2a'_s$ 时，其正截面承载力可按下式进行计算：

$$Ne'_N \leqslant f_y A_s(h_0 - a'_s) \quad (6.2.4\text{-}3)$$

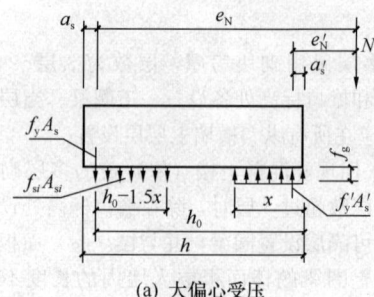

(a) 大偏心受压

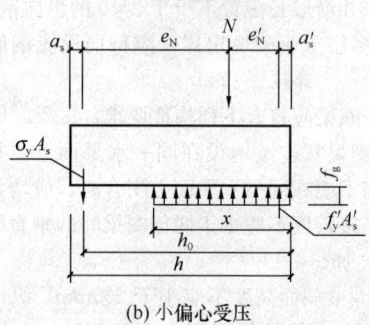

(b) 小偏心受压

图 6.2.4 矩形截面偏心受压正截面承载力计算简图

式中：e'_N——轴向力作用点至竖向受压主筋合力点之间的距离（mm）。

3 小偏心受压时，应按下列公式计算（图 6.2.4）：

$$N \leqslant f_g bx + f'_y A'_s - \sigma_s A_s \quad (6.2.4\text{-}4)$$

$$Ne_N \leqslant f_g bx(h_0 - x/2) + f'_y A'_s(h_0 - a'_s)$$

$$(6.2.4\text{-}5)$$

$$\sigma_s = \frac{f_y}{\xi_b - 0.8}\left(\frac{x}{h_0} - 0.8\right) \quad (6.2.4\text{-}6)$$

式中：σ_s——钢筋 A_s 的应力（MPa）。

注：当受压区竖向受压主筋无箍筋或无水平钢筋约束时，可不考虑竖向受压主筋的作用，取 $f'_y A'_s = 0$。

矩形截面对称配筋小砌块砌体小偏心受压时，可近似按下列公式计算钢筋截面面积：

$$A_s = A'_s = \frac{Ne_N - \xi(1 - 0.5\xi)f_g bh_0^2}{f'_y(h_0 - a'_s)}$$

$$(6.2.4\text{-}7)$$

其中相对受压区高度 ξ，可按下式计算：

$$\xi = \frac{x}{h_0} = \frac{N - \xi_b f_g bh_0}{\dfrac{Ne_N - 0.43 f_g bh_0^2}{(0.8 - \xi_b)(h_0 - a'_s)} + f_g bh_0} + \xi_b$$

$$(6.2.4\text{-}8)$$

注：小偏心受压计算中不考虑竖向分布钢筋的作用。

6.2.5 T 形、L 形、工形截面偏心受压构件，当翼缘和腹板的相交处采用错缝搭接砌筑和同时设置垂直间距不大于 1.2m 的水平配筋带，且水平配筋带的截面高度 ≥60mm，钢筋不少于 2φ12 时，可考虑翼缘的共同工作，翼缘的计算宽度取表 6.2.5 中的最小值，其正截面受压承载力应按下列规定计算：

1 当受压区高度 $x \leqslant h'_f$ 时，应按宽度为 b'_f 的矩形截面计算；

2 当受压区高度 $x > h'_f$ 时，则应考虑腹板的受压作用，应按下列公式计算：

1）大偏心受压（图 6.2.5）

$$N \leqslant f_g[bx + (b'_f - b)h'_f] + f'_y A'_s - f_y A_s - \sum f_{si} A_{si} \tag{6.2.5-1}$$

$$Ne_N \leqslant f_g[bx(h_0 - x/2) + (b'_f - b)h'_f(h_0 - h'_f/2)] + f'_y A'_s(h_0 - a'_s) - \sum f_{si} S_{si} \tag{6.2.5-2}$$

式中：b'_f——T形、L形、工形截面受压区的翼缘计算宽度（mm）；

h'_f——T形、L形、工形截面受压区的翼缘厚度（mm）。

2）小偏心受压

$$N \leqslant f_g[bx + (b'_f - b)h'_f] + f'_y A'_s - \sigma_s A_s \tag{6.2.5-3}$$

$$Ne_N \leqslant f_g[bx(h_0 - x/2) + (b'_f - b)h'_f(h_0 - h'_f/2)] + f'_y A'_s(h_0 - a'_s) \tag{6.2.5-4}$$

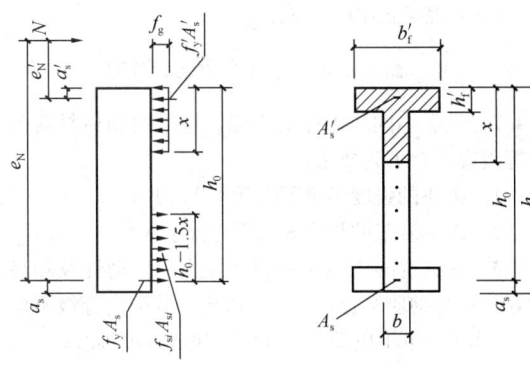

图 6.2.5 T形截面偏心受压构件正截面
承载力计算简图

**表 6.2.5 T形、L形、工形截面偏心受压
构件翼缘计算宽度 b'_f**

考虑情况	T形、工形截面	L形截面
按构件计算高度 H_0 考虑	$H_0/3$	$H_0/6$
按腹板间距 L 考虑	L	$L/2$
按翼缘厚度 h'_f 考虑	$b + 6h'_f$	$b + 3h'_f$
按翼缘的实际宽度 b'_f 考虑	b'_f	b'_f

注：表中 b 为腹板宽度，构件的计算高度 H_0 可按本规程第 6.2.3 条的规定取用。

6.2.6 矩形截面出平面偏心受压配筋小砌块砌体剪力墙承载力计算，应按下列公式计算：

$$N \leqslant \varphi_g(f_g A + 0.8 f'_y A'_s) \tag{6.2.6-1}$$

$$\varphi_g = \cfrac{1}{1 + 2.5 \times \left[\cfrac{e}{b} + \sqrt{\cfrac{1}{2.5} \times \left(\cfrac{1}{\varphi_{0g}} - 1\right)}\right]^2} \tag{6.2.6-2}$$

式中：φ_g——出平面偏心受压构件承载力影响系数；

e——出平面偏心力作用点至墙片受压端边缘的距离（mm）；

A——剪力墙受压面积（mm²），$A = b \times h$；

b——配筋小砌块砌体剪力墙厚度（mm）；

h——配筋小砌块砌体剪力墙计算长度（mm），沿墙均布偏心荷载作用时取墙的长度，楼面梁与剪力墙墙肢在墙肢平面外方向连接时，h 取梁两边各 200mm 再加梁宽；

φ_{0g}——轴心受压构件的稳定系数。

6.3 斜截面受剪承载力计算

6.3.1 偏心受压和偏心受拉配筋小砌块砌体剪力墙，其斜截面受剪承载力应根据下列情况进行计算：

1 剪力墙的截面应满足下列要求：

$$V \leqslant 0.25 f_g bh_0 \tag{6.3.1-1}$$

式中：V——剪力墙的剪力设计值（N）；

b——剪力墙截面宽度或T形、倒L形截面腹板宽度（mm）；

h_0——剪力墙截面的有效高度（mm）。

2 剪力墙在偏心受压时的斜截面受剪承载力应按下列公式计算：

$$V \leqslant \cfrac{1}{\lambda - 0.5}\left(0.6 f_{gv} bh_0 + 0.12N\cfrac{A_w}{A}\right) + 0.9 f_{yh}\cfrac{A_{sh}}{S}h_0 \tag{6.3.1-2}$$

$$\lambda = M/Vh_0 \tag{6.3.1-3}$$

式中：f_{gv}——灌孔小砌块砌体抗剪强度设计值（MPa）；

M、N、V——计算截面的弯矩（N·mm）、轴向力（N）和剪力设计值（N），其中 V 不大于 $0.25 f_g bh_0$；

A——剪力墙的截面面积（mm²），其中翼缘的有效面积，可按本规程表 6.2.5 确定；

A_w——T形或倒L形截面腹板的截面面积（mm²），对矩形截面取 A_w 等于 A；

λ——计算截面的剪跨比，当 λ 小于 1.5 时取 1.5，当 λ 大于等于 2.2 时取 2.2；

h_0——剪力墙截面的有效高度（mm）；

A_{sh}——配置在同一截面内的水平分布钢筋的全部截面面积（mm²）；

S——水平分布钢筋的竖向间距（mm）；

f_{yh}——水平钢筋的抗拉强度设计值（MPa）。

3 剪力墙在偏心受拉时的斜截面受剪承载力应按下式计算：

$$V \leqslant \cfrac{1}{\lambda - 0.5}\left(0.6 f_{gv} bh_0 - 0.22N\cfrac{A_w}{A}\right) + 0.9 f_{yh}\cfrac{A_{sh}}{S}h_0 \tag{6.3.1-4}$$

6.3.2 配筋小砌块砌体剪力墙跨高比大于 2.5 的

连梁宜采用钢筋混凝土连梁,其截面组合的剪力设计值和斜截面承载力,应符合现行国家标准《混凝土结构设计规范》GB 50010对连梁的有关规定。

6.3.3 剪力墙采用配筋小砌块砌体连梁时应符合下列要求:

1 连梁的截面应满足下式的要求:

$$V \leqslant 0.25 f_g b h_0 \qquad (6.3.3-1)$$

2 连梁的斜截面受剪承载力应按下式计算:

$$V \leqslant 0.8 f_{gv} b h_0 + f_{yv} \frac{A_{sh}}{S} h_0 \qquad (6.3.3-2)$$

式中:A_{sh}——配置在同一截面内的箍筋各肢的全部截面面积(mm²);

f_{yv}——箍筋的抗拉强度设计值(MPa)。

6.4 构 造 措 施

I 钢 筋

6.4.1 钢筋的规格应符合下列要求:

1 钢筋的直径不宜大于25mm,设置在灰缝中的箍筋不应小于6mm,在其他部位不应小于10mm;

2 配置在孔洞或空腔中的钢筋面积不应大于孔洞或空腔面积的5%。

6.4.2 钢筋的设置应符合下列规定:

1 设置在灰缝中钢筋的直径不宜大于灰缝厚度的1/2;

2 两平行的水平钢筋间的净距不应小于50mm;两平行的水平钢筋间应设不小于φ4拉结筋,水平间距不应大于600mm。

6.4.3 灌孔混凝土中竖向钢筋的锚固应符合下列要求:

1 当计算中充分利用竖向受拉钢筋强度时,其锚固长度L_a,对HPB300级和HRB335级钢筋不应小于30d;对HRB400和RRB400级钢筋不应小于35d;在任何情况下钢筋的锚固长度不应小于300mm;

2 当计算中充分利用竖向受压钢筋强度时,其锚固长度不应小于0.7L_a;

3 受力光面钢筋,应在钢筋末端作弯钩,在轴心受压构件中,可不作弯钩;绑扎骨架中的受力变形钢筋,在钢筋的末端可不作弯钩。

6.4.4 配筋小砌块砌体墙内竖向钢筋的接头应符合下列要求:

钢筋的直径大于22mm时宜采用机械连接接头,接头的质量应符合有关标准的规定;其他直径的钢筋可采用搭接接头,并应符合下列要求:

1 钢筋的接头位置宜设置在受力较小处。

2 受拉钢筋的搭接接头长度不应小于1.1L_a,受压钢筋的搭接接头长度不应小于0.8L_a,且均不

应小于300mm。

3 当相邻接头钢筋的间距不大于75mm时,其搭接长度不应小于1.2L_a。当钢筋间接头错开20d时,搭接长度可不增加。

6.4.5 设置在凹槽砌块混凝土带中的水平分布钢筋可弯入端部灌孔混凝土中,锚固长度不宜小于30d,且其水平或垂直弯折段的长度不应小于20d和200mm;钢筋的搭接长度不宜小于35d。

6.4.6 钢筋的最小保护层厚度应符合下列要求:

1 灰缝中钢筋砂浆保护层,室内正常环境不应小于15mm,在室外或潮湿环境不应小于30mm;

2 位于砌块孔槽中的钢筋保护层,在室内正常环境不宜小于20mm;在室外或潮湿环境不宜小于30mm。

注:对安全等级为一级或设计使用年限大于50年的配筋砌体结构构件,钢筋的保护层应比本条规定的厚度至少增加5mm,或采用经防腐处理的钢筋、抗渗混凝土砌块等措施。

II 配筋小砌块砌体剪力墙、连梁

6.4.7 配筋小砌块砌体剪力墙、连梁的砌体材料强度等级应符合下列要求:

1 砌块的强度等级不应低于MU10;

2 砌筑砂浆的强度等级不应低于Mb7.5;

3 灌孔混凝土应采用坍落度大、流动性及和易性好,并与砌块结合良好的混凝土,其强度等级不应低于Cb20,也不应低于1.5倍的块体强度等级;

4 作为承重或抗侧作用的配筋小砌块砌体剪力墙的孔洞,应全部用灌孔混凝土灌实。

注:对安全等级为一级或设计使用年限大于50年的配筋小砌块砌体房屋,所用材料的最低强度等级应至少提高一级。

6.4.8 配筋小砌块砌体剪力墙厚度为190mm,连梁截面宽度不应小于190mm。

6.4.9 配筋小砌块砌体剪力墙的构造配筋应符合下列要求:

1 应在墙的转角、端部和洞口的两侧配置竖向连续的钢筋,钢筋直径不宜小于12mm;

2 应在洞口的底部和顶部设置不小于2φ10的水平钢筋,其伸入墙内的长度不宜小于40d和600mm;

3 应在楼(屋)盖的所有纵横墙处设置现浇钢筋混凝土圈梁,圈梁的宽度宜等于墙厚且其高度应符合立面排块的模数,圈梁主筋不应少于4φ10且不应小于相应配筋砌体墙的水平钢筋,圈梁的混凝土强度等级不应小于相应灌孔小砌块砌体的强度,也不应低于C20;

4 剪力墙其他部位的竖向和水平钢筋的间距不应大于墙长及墙高的1/3,也不应大于800mm;

5 剪力墙沿竖向和水平方向的构造钢筋配筋率

均不应小于 0.07%。

6.4.10 按短肢墙设计的配筋砌块窗间墙除应符合本规程第 6.4.8 条和第 6.4.9 条规定外，尚应符合下列要求：

1 窗间墙的截面应符合下列要求：

1）墙宽不应小于 800mm；

2）墙净高与墙宽之比不宜大于 5。

2 窗间墙中的竖向钢筋应符合下列要求：

1）每片窗间墙中沿全高不应少于 4 根钢筋；

2）窗间墙的竖向钢筋的配筋率不宜小于 0.2%，也不宜大于 0.8%。

3 窗间墙中的水平分布钢筋应符合下列要求：

1）水平分布钢筋应在墙端部纵筋处向下弯折 90°，弯折段长度不小于 $15d$ 和 150mm；

2）水平分布钢筋的间距：在距梁边 1 倍墙宽范围内不应大于 1/4 墙长，其余部位不应大于 1/2 墙长；

3）水平分布钢筋的配筋率不宜小于 0.15%。

6.4.11 配筋小砌块砌体剪力墙应按下列情况设置边缘构件：

1 当利用剪力墙端的砌体时，应符合下列要求：

1）应在一字形墙端至少 3 倍墙厚范围内的孔中设置不小于 $\phi12$ 通长竖向钢筋；

2）应在墙体交接处设置每孔不小于 $\phi12$ 的通长竖向钢筋，L 形宜设置 3 个孔，T 形宜设置 4 个孔，十字形宜设置 5 个孔；

3）剪力墙端部压应力大于 $0.6f_g$ 的部位，除按本款第一项的规定设置竖向钢筋外，尚应设置间距不大于 200mm、直径不小于 6mm 的封闭箍筋，该封闭箍筋宜设置在灌孔混凝土中。

2 当在剪力墙墙端设置混凝土柱时，应符合下列要求：

1）柱的截面宽度不应小于墙厚，柱的截面高度宜为 1 倍～2 倍的墙厚，并不应小于 200mm；

2）柱混凝土的强度等级不应小于相应灌孔小砌块砌体的强度，也不应低于 C20；

3）柱的竖向钢筋不宜小于 $4\phi12$，箍筋不宜小于 $\phi6$、间距不宜大于 200mm；

4）墙体中的水平钢筋应在柱中锚固，并应满足钢筋的锚固要求；

5）柱的施工顺序应为先砌砌块墙体，将与混凝土柱交界面所有砌块的堵头凿除后，同时浇捣灌孔混凝土。

6.4.12 应控制配筋小砌块砌体剪力墙平面外的弯矩，当剪力墙肢的平面外方向梁的偏心距大于本规程第 6.1.2 条规定时，应采取下列措施之一：

1 沿梁轴线方向设置与梁相连的配筋小砌块砌体剪力墙，抵抗该墙肢平面外弯矩；

2 当不能设置时，可将梁端与墙连接作为铰接处理，并采取相应梁与墙铰接的构造措施；

3 梁高不宜大于墙截面厚度的 2 倍。

6.4.13 配筋小砌块砌体剪力墙中当连梁采用钢筋混凝土时，连梁混凝土的强度等级不应小于相应灌孔小砌块砌体的强度，也不应低于 C20；其他构造尚应符合现行国家标准《混凝土结构设计规范》GB 50010 的有关规定要求。

6.4.14 配筋小砌块砌体剪力墙中当连梁采用配筋小砌块砌体时，连梁应符合下列要求：

1 连梁的截面应符合下列要求：

1）连梁的高度不应小于两皮砌块的高度和 400mm；

2）连梁应采用 H 型砌块或凹槽砌块组砌，孔洞应全部浇灌混凝土。

2 连梁的水平钢筋宜符合下列要求：

1）连梁上、下水平受力钢筋宜对称、通长设置，在灌孔砌体内的锚固长度不宜小于 $40d$ 和 600mm；

2）连梁水平受力钢筋的配筋率不宜小于 0.2%，也不宜大于 0.8%。

3 连梁的箍筋应符合下列要求：

1）箍筋的直径不应小于 6mm；

2）箍筋的间距不宜大于 1/2 梁高和 600mm；

3）在距支座等于梁高范围内的箍筋间距不应大于 1/4 梁高，距支座表面第一根箍筋的间距不应大于 100mm；

4）箍筋的面积配筋率不宜小于 0.15%；

5）箍筋宜为封闭式，双肢箍末端弯钩为 135°；单肢箍末端的弯钩为 180°，或弯 90°加 12 倍箍筋直径的延长段。

6.4.15 部分框支配筋小砌块砌体剪力墙结构中框支层上一层及以下的配筋小砌块砌体墙的水平及竖向分布钢筋最小配筋率均不应小于 0.10%，最大间距均不应大于 600mm。

7 抗 震 设 计

7.1 一 般 规 定

7.1.1 抗震设防地区的混凝土小砌块砌体承重的多层房屋，底部一层或两层框架-抗震墙砌体房屋，配筋小砌块砌体抗震墙房屋，除应满足静力设计要求外，尚应按本章的规定进行抗震设计，同时应符合现行国家标准《建筑抗震设计规范》GB 50011 的要求。

注：本章中"配筋小砌块砌体抗震墙"指全部灌芯配筋砌块砌体。

7.1.2 多层小砌块砌体房屋的抗震设计，应保证结构的整体性，并按规定设置钢筋混凝土圈梁、芯柱或构造柱，或采用约束砌体、配筋砌体等。

7.1.3 多层小砌块砌体房屋和配筋小砌块砌体抗震墙房屋宜避免采用不规则建筑结构方案。

1 多层小砌块砌体房屋的建筑布置和结构体系宜符合国家标准《建筑抗震设计规范》GB 50011-2010 中 7.1 节的要求，并应符合下列要求：

　　1）应优先采用横墙承重或纵横墙共同承重的结构体系；

　　2）楼梯间不宜设置在房屋的尽端和转角处；

　　3）多层小砌块砌体房屋，不应在房屋转角处设置转角窗；

　　4）横墙较少、跨度较大或高度较大的房屋，宜采用现浇钢筋混凝土楼、屋盖；

　　5）烟道、风道等不应削弱墙体，不宜采用无竖向配筋的附墙烟囱及出屋面的烟囱；

　　6）不应采用无锚固的钢筋混凝土预制挑檐。

2 配筋小砌块砌体抗震墙房屋应符合国家标准《建筑抗震设计规范》GB 50011-2010 中 3.4 节的规则性要求，并符合下列要求：

　　1）纵横向抗震墙宜拉通对直；每个独立墙段长度不宜大于 8m，也不宜小于墙厚的 5 倍；墙段的高度与墙段长度之比不宜小于 2。门窗洞口宜上下对齐，成列布置。

　　2）宜避免设置转角窗，否则应采取加强措施。

7.1.4 抗震设计时，房屋应根据不规则程度、地基基础条件和技术经济等因素的比较分析，确定是否设置防震缝。

1 多层小砌块砌体房屋有下列情况之一时宜设置防震缝，缝两侧均应设置墙体，缝宽应根据烈度和房屋高度确定，可采用 70mm～100mm：

　　1）房屋立面高差在 6m 以上；

　　2）房屋有错层，且楼板高差大于层高的 1/4；

　　3）各部分结构刚度、质量截然不同。

2 配筋小砌块砌体抗震墙房屋，体形复杂、平立面不规则时宜设防震缝。防震缝宽度应根据烈度和房屋高度确定，当房屋高度不超过 24m 时，可采用 100mm；当超过 24m 时，6 度、7 度、8 度和 9 度相应每增加 6m、5m、4m 和 3m，宜加宽 20mm。

7.1.5 抗震设计时结构材料性能指标，应符合下列要求：

1 混凝土小砌块的强度等级不应低于 MU7.5，其砌筑砂浆强度等级不应低于 Mb7.5。配筋小砌块砌体抗震墙，混凝土小砌块的强度等级不应低于 MU10，其砌筑砂浆强度等级不应低于 Mb10。

2 混凝土材料，应符合下列要求：

　　1）托梁，底部框架-抗震墙砌体房屋中的框架梁、柱、节点核芯区、落地混凝土墙和过渡层楼板，部分框支配筋小砌块砌体抗震

墙结构中的框支梁和框支柱等转换构件、节点核芯区、落地混凝土墙和转换层楼板，其混凝土的强度等级不应低于 C30；

　　2）构造柱、圈梁、水平现浇钢筋混凝土带及其他各类构件不应低于 C20，砌块砌体芯柱和配筋小砌块砌体抗震墙的灌孔混凝土强度等级不应低于 Cb20。

3 普通钢筋材料应符合抗震性能指标，宜优先采用延性、韧性和焊接性较好的钢筋，并宜符合下列规定：

　　1）砌体中普通钢筋宜选用 HRB400 级钢筋和 HRB335 级钢筋，也可采用 HPB300 级钢筋；

　　2）托梁、框架梁、框架柱、落地混凝土墙和框支梁、框支柱等混凝土构件，其纵向受力普通钢筋和墙分布钢筋宜选用不低于 HRB400 的热轧钢筋，也可采用 HRB335 级热轧钢筋；箍筋宜选用不低于 HRB335 级的热轧钢筋，也可选用 HPB300 级热轧钢筋。

Ⅰ　多层小砌块砌体结构

7.1.6 多层小砌块砌体房屋的层数和总高度应符合下列要求：

1 一般情况下，房屋的层数和总高度不应超过表 7.1.6 的规定。

表 7.1.6　房屋的层数和总高度限值

房屋类别	最小抗震墙厚度(mm)	烈度和设计基本地震加速度								
		6 度		7 度				8 度		9 度
		0.05g		0.10g		0.15g		0.20g	0.30g	0.40g
		高度(m)	层数	高度(m)	层数	高度(m)	层数	高度(m)	层数	高度(m)	层数	高度(m)	层数	高度(m)	层数
多层混凝土小砌块砌体房屋	190	21	7	21	7	18	6	18	6	15	5	9	3
底部框架-抗震墙混凝土小砌块砌体房屋	190	22	7	22	7	19	6	16	5	—	—	—	—

注：1　房屋的总高度指室外地面到主要屋面板板顶或檐口的高度，半地下室从地下室室内地面算起，全地下室和嵌固条件好的半地下室允许从室外地面算起；对带阁楼的坡屋面应算到山尖墙的 1/2 高度处。

　　2　室内外高差大于 0.6m 时，房屋总高度应允许比表中的数据适当增加，但增加量应少于 1.0m。

　　3　乙类的多层砌体房屋仍按本地区设防烈度查表，其层数应减少一层且总高度应降低 3m；不应采用底部框架-抗震墙砌体房屋。

　　4　本表小砌块砌体房屋不包括配筋小砌块砌体抗震墙房屋。

2 各层横墙较少的多层砌体房屋，总高度应比表7.1.6的规定降低3m，层数相应减少一层；各层横墙很少的多层砌体房屋，还应再减少一层。

注：横墙较少是指同一楼层内开间大于4.2m的房间占该层总面积的40%以上；其中，开间不大于4.2m的房间占该层总面积不到20%且开间大于4.8m的房间占该层总面积的50%以上为横墙很少。

3 6、7度时，横墙较少的丙类多层砌体房屋，当按第7.3.14条规定采取加强措施并满足抗震承载力要求时，其高度和层数应允许仍按表7.1.6的规定采用。

7.1.7 多层小砌块砌体承重房屋的层高，不应超过3.6m。

底部框架-抗震墙砌体房屋的底部，层高不应超过4.5m；当底层采用约束小砌块砌体抗震墙时，底层的层高不应超过4.2m。

7.1.8 多层小砌块砌体房屋总高度与总宽度的最大比值，宜符合表7.1.8的要求。

表7.1.8　房屋最大高宽比

烈　度	6度	7度	8度	9度
最大高宽比	2.5	2.5	2.0	1.5

注：1　单面走廊房屋的总宽度不包括走廊宽度；
　　2　建筑平面接近正方形时，其高宽比宜适当减小。

7.1.9 多层小砌块砌体房屋抗震横墙的间距，不应超过表7.1.9的要求：

表7.1.9　房屋抗震横墙的间距（m）

房屋类别		烈　度			
		6度	7度	8度	9度
多层砌体房屋	现浇或装配整体式钢筋混凝土楼、屋盖	15	15	11	7
	装配式钢筋混凝土楼、屋盖	11	11	9	4
底部框架-抗震墙砌体房屋	上部各层	同多层砌体房屋			—
	底层或底部两层	18	15	11	—

注：多层砌体房屋的顶层，最大横墙间距应允许适当放宽，但应采取相应加强措施。

7.1.10 多层小砌块砌体房屋中砌体墙段的局部尺寸限值，宜符合表7.1.10的要求：

表7.1.10　房屋的局部尺寸限值（m）

部　　位	6度	7度	8度	9度
承重窗间墙最小宽度	1.0	1.0	1.2	1.5
承重外墙尽端至门窗洞边的最小距离	1.0	1.0	1.2	1.5

续表7.1.10

部　　位	6度	7度	8度	9度
非承重外墙尽端至门窗洞边的最小距离	1.0	1.0	1.0	1.0
内墙阳角至门窗洞边的最小距离	1.0	1.0	1.5	2.0
无锚固女儿墙（非出入口处）的最大高度	0.5	0.5	0.5	0.0

注：1　局部尺寸不足时，应采取增加构造柱或芯柱及增大配筋等局部加强措施弥补，且最小宽度不宜小于1/4层高和表列数据的80%；
　　2　当表中部位采用全灌孔配筋小砌块或钢筋混凝土墙垛时，其局部尺寸不受本表限制；
　　3　出入口处的女儿墙应有锚固。

7.1.11 底部框架-抗震墙砌体房屋的结构布置和钢筋混凝土结构部分，应符合现行国家标准《建筑抗震设计规范》GB 50011的有关规定。底部混凝土框架的抗震等级，6、7、8度应分别按三、二、一级采用，混凝土墙体的抗震等级，6、7、8度应分别按三、三、二级采用。

Ⅱ　配筋小砌块砌体抗震墙结构

7.1.12 配筋小砌块砌体抗震墙房屋的最大高度应符合表7.1.12-1的规定，且房屋高宽比不宜超过表7.1.12-2的规定；对横墙较少或建造于Ⅳ类场地的房屋，适用的最大高度应适当降低。

表7.1.12-1　配筋小砌块砌体抗震墙房屋适用的最大高度（m）

结构类型	最小墙厚	烈度和设计基本地震加速度					
		6度	7度		8度		9度
		0.05g	0.10g	0.15g	0.20g	0.30g	0.40g
配筋小砌块砌体抗震墙	190mm	60	55	45	40	30	24
配筋小砌块砌体部分框支抗震墙		55	49	40	31	24	—

注：1　房屋高度指室外地面至檐口的高度（不包括局部突出屋顶部分）；
　　2　某层或几层开间大于6.0m以上的房间建筑面积占该层总建筑面积40%以上时，应按表内的规定相应降6.0m取用；
　　3　房屋的高度超过表内高度时，应进行专门的研究和论证，采取有效的加强措施。

表7.1.12-2　配筋小砌块砌体抗震墙房屋的最大高宽比

烈　度	6度	7度	8度	9度
最大高宽比	4.5	4.0	3.0	2.0

注：房屋的平面布置和竖向布置不规则时应适当减小最大高宽比的值。

7.1.13 配筋小砌块砌体抗震墙房屋应根据抗震设防分类、抗震设防烈度、房屋高度和结构类型采用不同的抗震等级，并应符合相应的计算和构造措施要求。

丙类建筑的抗震等级宜按表 7.1.13 确定。

表 7.1.13 抗震等级的划分

结构类型	高度 (m) 设防烈度	6度		7度		8度		9度
		≤24	>24	≤24	>24	≤24	>24	≤24
配筋小砌块砌体抗震墙		四	三	三	二	二	一	一
部分框支配筋小砌块砌体抗震墙	非底部加强部位抗震墙	四	三	三	二	二	一	不应采用
	底部加强部位抗震墙	三	二	二	一	一		
	框支框架	二	二	一	一			

注：1 接近或等于高度分界时，可结合房屋不规则程度及场地、地基条件确定抗震等级；

2 多层房屋（总高度≤18m）可按表中抗震等级降低一级取用，已是四级时取四级；

3 部分框支抗震墙结构指首层或底部两层为框支层的结构，不包括仅个别框支墙的情况；

4 乙类建筑按表内提高一度所对应的抗震等级采取抗震措施，已是一级取一级。

7.1.14 采用现浇钢筋混凝土楼、屋盖时，抗震横墙的最大间距，应符合表 7.1.14 的要求：

表 7.1.14 配筋小砌块砌体抗震横墙的最大间距

烈度	6度	7度	8度	9度
最大间距（m）	15	15	11	7

7.1.15 配筋小砌块砌体抗震墙房屋的层高应符合下列要求：

1 底部加强部位的层高，一、二级不宜大于 3.2m，三、四级不宜大于 3.9m；

2 其他部位的层高，一、二级不宜大于 3.9m，三、四级不宜大于 4.8m。

注：底部加强部位指不小于房屋高度的 1/6 且不小于底部二层的高度范围，房屋总高度小于 18m 时取一层。

7.1.16 配筋小砌块砌体抗震墙的短肢墙应符合下列要求：

1 不应采用全部为短肢墙的配筋小砌块砌体抗震墙结构，应形成短肢抗震墙与一般抗震墙共同抵抗水平地震作用的抗震墙结构，9 度时不宜采用短肢墙；

2 短肢墙的抗震等级应比本规程表 7.1.13 的规定提高一级采用；已为一级时，配筋应按 9 度的要求提高；

3 在给定的水平力作用下，一般抗震墙承受的地震倾覆力矩不应小于结构总倾覆力矩的 50%，且短肢抗震墙截面面积与同层抗震墙总截面面积比例，抗震等级为三级及以上上房屋两个主轴方向均不宜大于 20%，抗震等级为四级的房屋，两个主轴方向均不宜大于 50%；总高度小于等于 18m 的多层房屋，短肢抗震墙截面面积与同层抗震墙总截面面积比例，一、二级时两个主轴方向均不宜大于 30%，三级时不宜

大于 50%，四级时不宜大于 70%；

4 短肢墙宜设置翼墙；不应在一字形短肢墙平面外布置与之单侧相交的楼、屋面梁。

注：短肢抗震墙是指墙肢截面高度与宽度之比为 5～8 的抗震墙，一般抗震墙是指墙肢截面高度与厚度之比大于 8 的抗震墙。"L"形，"T"形，"+"形等多肢墙截面的长短肢性质应由较长一肢确定。

7.1.17 配筋小砌块砌体抗震墙房屋抗震计算时，应按本节规定调整地震作用效应；6 度时可不作截面抗震验算（不规则建筑除外），但应按本规程的有关要求采取抗震构造措施。配筋小砌块砌体抗震墙房屋应进行多遇地震作用下的抗震变形验算，其楼层内最大的层间弹性位移角不宜超过 1/800，底层不宜超过 1/1200，部分框支配筋小砌块砌体抗震墙结构除底层之外的部分框支层不宜超过 1/1000。

7.1.18 部分框支配筋小砌块砌体抗震墙房屋的结构布置应符合下列要求：

1 上部的配筋小砌块砌体抗震墙的中心线宜与底部的抗震墙或框架的中心线相重合。

2 房屋的底部应沿纵横两个方向设置一定数量的抗震墙，并应均匀布置。底部抗震墙可采用配筋小砌块砌体抗震墙或钢筋混凝土抗震墙，但同一层内不应混用。如采用钢筋混凝土抗震墙，混凝土强度等级不宜大于 C35。

3 矩形平面的部分框支配筋小砌块砌体抗震墙房屋结构的楼层侧向刚度比和底层框架部分承担的地震倾覆力矩，应符合国家标准《建筑抗震设计规范》GB 50011 - 2010 第 6.1.9 条的有关要求。

4 抗震墙应采用条形基础、筏板基础、箱基或桩基等整体性能较好的基础。

5 除应符合本规程有关条文要求之外，部分框支配筋小砌块砌体抗震墙房屋的结构布置尚应符合国家现行标准《建筑抗震设计规范》GB 50011 和《高层建筑混凝土结构技术规程》JGJ 3 中的有关要求。

7.2 地震作用和结构抗震验算

7.2.1 计算地震作用时，建筑的重力荷载代表值应取结构和构件自重标准值和各可变荷载组合值之和。各可变荷载的组合值系数，应按表 7.2.1 采用。

表 7.2.1 组合值系数

可变荷载种类		组合值系数
雪荷载		0.5
屋面积灰荷载		0.5
屋面活荷载		不计入
按实际情况计算的楼面活荷载		1.0
按等效均布荷载计算的楼面活荷载	藏书库、档案库	0.8
	其他民用建筑	0.5

7.2.2 结构抗震计算应符合现行国家标准《建筑抗震设计规范》GB 50011 相关规定。配筋小砌块砌体抗震墙房屋宜采用振型分解反应谱法，多层小砌块砌体房屋可采用底部剪力法进行抗震计算。

7.2.3 多层小砌块砌体房屋采用底部剪力法计算时，各楼层可仅取一个自由度，结构的水平地震作用标准值应按下列公式确定（图 7.2.3）：

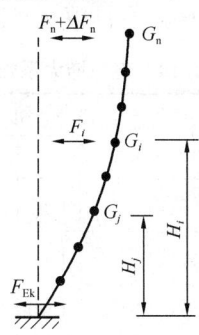

图 7.2.3　结构水平地震作用计算简图

$$F_{Ek} = \alpha_{max} G_{eq} \qquad (7.2.3-1)$$

$$F_i = \frac{G_i H_i}{\sum_{j=1}^{n} G_j H_j} F_{Ek}(1-\delta_n) \quad (i = 1,2 \cdots n)$$

$$(7.2.3-2)$$

$$\Delta F_n = \delta_n F_{Ek} \qquad (7.2.3-3)$$

式中：F_{Ek}——结构总水平地震作用标准值（N）；

α_{max}——水平地震影响系数最大值，应按表 7.2.3 采用；

G_{eq}——结构等效总重力荷载（N），单质点应取总重力荷载代表值，多质点可取总重力荷载代表值的 85%；

F_i——质点 i 的水平地震作用标准值（N）；

G_i，G_j——分别为集中于质点 i、j 的重力荷载代表值（N），应按本规程第 7.2.1 条确定；

H_i，H_j——分别为质点 i、j 的计算高度（mm）；

ΔF_n——顶部附加水平地震作用（N）；

δ_n——顶部附加地震作用系数，多层小砌块砌体房屋可采用 0.0。

表 7.2.3　水平地震影响系数最大值

烈　度	6 度	7 度	8 度	9 度
多遇地震 α_{max}	0.04	0.08 (0.12)	0.16 (0.24)	0.32

注：括号中数值分别用于设计基本地震加速度为 0.15g 和 0.30g 的地区。

7.2.4 采用底部剪力法时，突出屋面的屋顶间、女儿墙、烟囱等的地震作用效应，宜乘以增大系数 3，此增大部分不应往下传递，但与该突出部分相连的构件应予计入。采用振型分解反应谱法时，突出屋面部

分可作为一个质点。

7.2.5 一般情况下，小砌块砌体房屋应至少在建筑结构的两个主轴方向分别计算水平地震作用并进行抗震验算，各方向的水平地震作用应由该方向抗侧力构件承担。

7.2.6 质量和刚度分布明显不对称的小砌块砌体房屋，应计入双向水平地震作用下的扭转影响。

Ⅰ　多层小砌块砌体结构

7.2.7 采用底部剪力法时，结构的楼层水平地震剪力设计值，应按下式计算：

$$V_i = 1.3 V_{hi} \qquad (7.2.7)$$

式中：V_i——第 i 层水平地震剪力设计值（N）；

V_{hi}——第 i 层水平地震剪力标准值（N），由本规程第 7.2.3 条的水平地震作用标准值计算得到。

7.2.8 进行地震剪力分配和截面验算时，砌体墙段的层间等效侧向刚度应按下列原则确定：

1 刚度的计算应计及高宽比的影响。高宽比小于 1 时，可只计算剪切变形；高宽比不大于 4 且不小于 1 时，应同时计算弯曲和剪切变形；高宽比大于 4 时，等效侧向刚度可取 0；

注：墙段的高宽比指层高与墙长之比，对门窗洞边的小墙段指层间净高与洞侧墙宽之比。

2 墙段宜按门窗洞口划分；对设置构造柱的小开口墙段按毛墙面计算的刚度，可根据开洞率乘以表 7.2.8 的墙段洞口影响系数。

表 7.2.8　墙段洞口影响系数

开　洞　率	0.10	0.20	0.30
影响系数	0.98	0.94	0.88

注：1　开洞率为洞口水平截面积与墙段水平毛截面积之比，相邻洞口之间净宽小于 500mm 的墙段视为洞口。

2　洞口中线偏离墙段中线大于墙段长度的 1/4，表中影响系数值折减 0.9；门洞的洞顶高度大于层高 80% 时，表中数据不适用；窗洞高度大于 50% 层高时，按门洞对待。

7.2.9 多层小砌块砌体房屋，可只选从属面积较大或竖向应力较小的墙段进行截面抗震承载力验算。

7.2.10 小砌块砌体沿阶梯形截面破坏的抗震抗剪强度设计值，应按下式确定：

$$f_{vE} = \zeta_N f_v \qquad (7.2.10)$$

式中：f_{vE}——砌体沿阶梯形截面破坏的抗震抗剪强度设计值（MPa）；

f_v——非抗震设计的砌体抗剪强度设计值；应按本规程表 3.2.2 采用；

ζ_N——砌体抗震抗剪强度的正应力影响系数，应按表 7.2.10 采用。

表 7.2.10　砌体强度的正应力影响系数

砌体类别	σ_0/f_v						
	1.0	3.0	5.0	7.0	10.0	12.0	≥16.0
普通小砌块	1.23	1.69	2.15	2.57	3.02	3.32	3.92

注：σ_0 为对应于重力荷载代表值的砌体截面平均压应力。

7.2.11 小砌块墙体的截面抗震受剪承载力，应按下式验算：

$$V \leqslant f_{vE}A/\gamma_{RE} \qquad (7.2.11)$$

式中：V——考虑地震作用组合的墙体剪力设计值 （N）；

A——墙体横截面积（mm^2）；

γ_{RE}——承载力抗震调整系数，应按表 7.2.11 采用。

表 7.2.11　承载力抗震调整系数

墙体	两端设置芯柱或构造柱的承重抗震墙	自承重抗震墙	其他抗震墙
γ_{RE}	0.90	0.75	1.00

7.2.12 设置构造柱和芯柱的小砌块墙体的截面抗震受剪承载力，可按下式验算：

$$V \leqslant \frac{1}{\gamma_{RE}}[f_{vE}A + (0.3f_{t1}A_{c1} + 0.3f_{t2}A_{c2}$$
$$+ 0.05f_{y1}A_{s1} + 0.05f_{y2}A_{s2})\zeta_c] \quad (7.2.12)$$

式中：f_{t1}——芯柱混凝土轴心抗拉强度设计值（MPa）；

f_{t2}——构造柱混凝土轴心抗拉强度设计值（MPa）；

A_{c1}——墙中部芯柱截面总面积（mm^2）；

A_{c2}——墙中部构造柱截面总面积（mm^2）；

A_{s1}——芯柱钢筋截面总面积（mm^2）；

A_{s2}——构造柱钢筋截面总面积（mm^2）；

f_{y1}——芯柱钢筋抗拉强度设计值（MPa）；

f_{y2}——构造柱钢筋抗拉强度设计值（MPa）；

ζ_c——芯柱、构造柱参与工作系数，可按表 7.2.12 采用。

表 7.2.12　芯柱和构造柱参与工作系数

填孔率 ρ	$\rho<0.15$	$0.15\leqslant\rho<0.25$	$0.25\leqslant\rho<0.5$	$\rho\geqslant0.5$
ζ_c	0	1.00	1.10	1.15

注：填孔率指芯柱和构造柱根数（含构造柱和芯柱数量）与孔洞总数之比。

7.2.13 底部框架-抗震墙房屋的抗震验算，应按现行国家标准《建筑抗震设计规范》GB 50011 的有关规定执行。

Ⅱ　配筋小砌块砌体抗震墙结构

7.2.14 配筋小砌块砌体抗震墙承载力计算时，底部加强部位截面的组合剪力设计值应按下列规定调整：

$$V = \eta_{vw}V_w \qquad (7.2.14)$$

式中：V——抗震墙截面组合的剪力设计值（N）；

V_w——抗震墙截面组合的剪力计算值（N）；

η_{vw}——剪力增大系数，按表 7.2.14 取用。

表 7.2.14　剪力增大系数 η_{vw}

结构部位	抗震等级			
	一	二	三	四
底部加强区抗震墙	1.60	1.40	1.20	1.00
其他部位抗震墙	1.00	1.00	1.00	1.00
底部加强区的短肢抗震墙	1.70	1.50	1.30	1.10
多层房屋其他部位的短肢抗震墙	1.20	1.15	1.10	1.05

注：表中多层房屋是指总高度小于等于 18m 且按本规程第 7.1.16 条第 3 款要求布置的短肢抗震墙多层房屋。

7.2.15 配筋小砌块砌体抗震墙截面组合的剪力设计值，应符合下列公式要求：

剪跨比大于 2

$$V \leqslant \frac{1}{\gamma_{RE}}(0.2f_gbh) \qquad (7.2.15-1)$$

剪跨比不大于 2

$$V \leqslant \frac{1}{\gamma_{RE}}(0.15f_gbh) \qquad (7.2.15-2)$$

式中：f_g——灌孔小砌块砌体抗压强度设计值（MPa）；

b——抗震墙截面宽度（mm）；

h——抗震墙截面高度（mm）；

γ_{RE}——承载力抗震调整系数，取 0.85。

7.2.16 偏心受压配筋小砌块砌体抗震墙截面受剪承载力，应按下列公式验算：

$$V \leqslant \frac{\lambda}{\gamma_{RE}}\left[\frac{\lambda}{\lambda-0.5}(0.48f_{gv}bh_0 + 0.1N)\right.$$
$$+ 0.72f_{yh}\frac{A_{sh}}{S}h_0\bigg] \qquad (7.2.16-1)$$

$$0.5V \leqslant \frac{1}{\gamma_{RE}}(0.72f_{yh}\frac{A_{sh}}{S}h_0) \quad (7.2.16-2)$$

式中：N——抗震墙组合的轴向压力设计值（N）；当 $N>0.2f_gbh$ 时，取 $N=0.2f_gbh$；

λ——计算截面处的剪跨比，取 $\lambda=M/Vh_0$；小于 1.5 时取 1.5，大于 2.2 时取 2.2；

f_{gv}——灌孔小砌块砌体抗剪强度设计值（MPa）；$f_{gv}=0.2f_g^{0.55}$；

A_{sh}——同一截面的水平钢筋截面面积（mm^2）；

S——水平分布钢筋间距（mm）；

f_{yh}——水平分布钢筋抗拉强度设计值（MPa）；

h_0——抗震墙截面有效高度（mm）。

7.2.17 偏心受拉配筋小砌块砌体抗震墙，其斜截面受剪承载力应按下列公式计算：

$$V \leqslant \frac{1}{\gamma_{RE}}\left[\frac{1}{\lambda-0.5}(0.48f_{gv}bh_0 - 0.17N)\right.$$
$$\left. + 0.72f_{yh}\frac{A_{sh}}{S}h_0\right] \quad (7.2.17\text{-}1)$$

$$0.5V \leqslant \frac{1}{\gamma_{RE}}\left(0.72f_{yh}\frac{A_{sh}}{S}h_0\right) \quad (7.2.17\text{-}2)$$

当 $0.48f_{gv}bh_0 - 0.17N \leqslant 0$ 时，取 $0.48f_{gv}bh_0 - 0.17N = 0$。

7.2.18 抗震墙采用配筋小砌块砌体连梁时应符合下列要求：

1 连梁的截面应满足下式的要求：

$$V \leqslant \frac{1}{\gamma_{RE}}(0.15f_gbh_0) \quad (7.2.18\text{-}1)$$

2 连梁的斜截面受剪承载力应按下式计算：

$$V \leqslant \frac{1}{\gamma_{RF}}\left(0.56f_{gv}bh_0 + 0.7f_{yv}\frac{A_{sv}}{S}h_0\right)$$
$$(7.2.18\text{-}2)$$

式中：A_{sv}——配置在同一截面内的箍筋各肢的全部截面面积（mm²）；

f_{yv}——箍筋的抗拉强度设计值（MPa）。

7.2.19 配筋小砌块砌体结构构件抗震设计，除应符合本章规定外，尚应符合现行国家标准《建筑抗震设计规范》GB 50011 和《砌体结构设计规范》GB 50003 的有关要求，混凝土构件部分应符合国家现行标准《混凝土结构设计规范》GB 50010 和《高层建筑混凝土结构技术规程》JGJ 3 的有关要求。

7.3 抗震构造措施

Ⅰ 多层小砌块砌体结构

7.3.1 小砌块砌体房屋同时设置构造柱和芯柱时，应按下列要求设置现浇钢筋混凝土构造柱（以下简称构造柱）：

1 构造柱设置部位，应符合表 7.3.1 的要求。

2 外廊式和单面走廊式的多层小砌块砌体房屋，应根据房屋增加一层后的层数，按表 7.3.1 的要求设置构造柱，且单面走廊两侧的纵墙均应按外墙处理。

3 横墙较少的房屋，应根据房屋增加一层的层数，按表 7.3.1 的要求设置构造柱。当横墙较少的房屋为外廊式或单面走廊式时，应按本条 2 款要求设置构造柱；但 6 度不超过 4 层、7 度不超过 3 层和 8 度不超过 2 层时，应按增加 2 层的层数设置。

4 各层横墙很少的房屋，应按增加两层的层数设置构造柱。

5 有错层的多层房屋，错层部位应设置墙，墙中部构造柱间距不宜大于 2m，在错层部位的纵横墙

交接处应设置构造柱。

表 7.3.1 多层小砌块砌体房屋构造柱设置要求

房 屋 层 数				设 置 部 位
6度	7度	8度	9度	
≤5	≤4	≤3	1	外墙四角和对应转角；楼、电梯间四角，楼梯斜梯段上下端对应的墙体处；错层部位横墙与外纵墙交接处；大房间内外墙交接处；较大洞口两侧	隔12m或单元横墙与外纵墙交接处；楼梯间对应的另一侧内横墙与外纵墙交接处
6	5	4	2		隔开间横墙（轴线）与外墙交接处；山墙与内纵墙交接处
7	6、7	5、6	3、4		内墙（轴线）与外墙交接处；内墙的局部较小墙垛处；内纵墙与横墙（轴线）交接处

注：1 较大洞口，内墙指不小于 2.1m 的洞口；外墙在内外墙交接处已设置构造柱时允许适当放宽，但洞侧墙体应加强；

2 当按本条第 2~4 款规定确定的层数超出表 7.3.1 范围时，构造柱设置要求不应低于表中相应烈度的最高要求且宜适当提高。

7.3.2 小砌块砌体房屋的构造柱，应符合下列构造要求：

1 构造柱截面不宜小于 190mm×190mm，纵向钢筋不宜少于 4φ12，箍筋间距不宜大于 250mm，且在柱上下端应适当加密；6、7 度时超过 5 层、8 度时超过 4 层和 9 度时，构造柱纵向钢筋宜采用 4φ14，箍筋间距不应大于 200mm；外墙转角的构造柱应适当加大截面及配筋；

2 构造柱与小砌块墙连接处应砌成马牙槎；与构造柱相邻的砌块孔洞，6 度时宜填实，7 度时应填实，8、9 度时应填实并插筋 1φ12；

3 构造柱与圈梁连接处，构造柱的纵筋应在圈梁纵筋内侧穿过，保证构造柱纵筋上下贯通；

4 构造柱可不单独设置基础，但应伸入室外地面下 500mm，或与埋深小于 500mm 的基础圈梁相连；

5 必须先砌筑小砌块墙体，再浇筑构造柱混凝土。

7.3.3 小砌块砌体房屋采用芯柱做法时，应按表 7.3.3 的要求设置钢筋混凝土芯柱，并应满足下列要求：

1 混凝土砌块砌体墙纵横墙交接处、墙段两端和较大洞口两侧宜设置不少于单孔的芯柱。

2 有错层的多层房屋，错层部位应设置墙，墙

中部的钢筋混凝土芯柱间距宜适当加密，在错层部位纵横墙交接处宜设置不少于4孔的芯柱。

3 房屋层数或高度等于或接近本规程表7.1.6中限值时，纵、横墙内芯柱间距尚应符合下列要求：

1）底部1/3楼层横墙中部的芯柱间距，6度时不宜大于2m；7、8度时不宜大于1.5m；9度时不宜大于1.0m；

2）当外纵墙开间大于3.9m时，应另设加强措施。

4 对外廊式和单面走廊式的房屋、横墙较少的房屋、各层横墙很少的房屋，尚应分别按本规程第7.3.1条第2、3、4款关于增加层数的对应要求，按表7.3.3的要求设置芯柱。

表7.3.3 小砌块砌体房屋芯柱设置要求

房屋层数				设置部位	设置数量
6度	7度	8度	9度		
≤5	≤4	≤3	—	外墙转角和对应转角； 楼、电梯间四角，楼梯斜梯段上下端对应的墙体处（单层房屋除外）； 大房间内外墙交接处； 错层部位横墙与外纵墙交接处； 隔12m或单元横墙与外纵墙交接处	外墙转角，灌实3个孔； 内外墙交接处，灌实4个孔； 楼梯斜梯段上下端对应的墙体处，灌实2个孔
6	5	4	1	同上； 隔开间横墙（轴线）与外纵墙交接处	
7	6	5	2	同上； 各内墙（轴线）与外纵墙交接处； 内纵墙与横墙（轴线）交接处和洞口两侧	外墙转角，灌实5个孔； 内外墙交接处，灌实4个孔； 内墙交接处，灌实4个孔～5个孔；洞口两侧各灌实1个孔
—	7	6	3	同上； 横墙内芯柱间距不大于2m	外墙转角，灌实7个孔； 内外墙交接处，灌实5个孔； 内墙交接处，灌实4个孔～5个孔；洞口两侧各灌实1个孔

注：1 外墙转角、内外墙交接处、楼电梯间四角等部位，应允许采用钢筋混凝土构造柱替代部分芯柱；

2 当按本规程第7.3.1条第2～4款规定确定的层数超出表7.3.3范围时，芯柱设置要求不应低于表中相应烈度的最高要求且宜适当提高。

7.3.4 小砌块砌体房屋的芯柱，尚应符合下列构造

要求：

1 小砌块砌体房屋芯柱截面不宜小于120mm×120mm；

2 芯柱混凝土强度等级，不应低于Cb20；

3 芯柱的竖向插筋应贯通墙身且与圈梁连接；插筋不应小于1φ12，6、7度时超过5层、8度时超过4层和9度时，插筋不应小于1φ14；

4 芯柱混凝土应贯通楼板，当采用装配式钢筋混凝土楼盖时，应采用贯通措施（图7.3.4）；

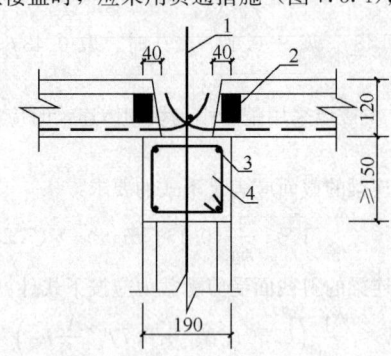

图7.3.4 芯柱贯穿楼板构造
1—芯柱插筋；2—堵头；3—1φ8；4—圈梁

5 芯柱应伸入室外地面下500mm或与埋深小于500mm的基础圈梁相连。

7.3.5 小砌块砌体房屋墙体交接处或芯柱、构造柱与墙体连接处应设置拉结钢筋网片，网片可采用直径4mm的钢筋点焊而成，沿墙高间距不大于600mm，并应沿墙体水平通长设置。6、7度时底部1/3楼层，8度时底部1/2楼层，9度时全部楼层，上述拉结钢筋网片沿墙高间距不大于400mm。

7.3.6 小砌块砌体房屋各楼层均应设置现浇钢筋混凝土圈梁，不得采用槽形砌块代作模板，并应按表7.3.6的要求设置；纵墙承重时，抗震横墙上的圈梁间距应比表内要求适当加密。现浇或装配整体式钢筋混凝土楼、屋盖与墙体有可靠连接的房屋，应允许不另设圈梁，但楼板沿抗震墙周边均应加强配筋并应与相应的构造柱、芯柱钢筋可靠连接。有错层的多层小砌块砌体房屋，在错层部位的错层楼板位置应设置现浇钢筋混凝土圈梁。

表7.3.6 小砌块砌体房屋现浇钢筋混凝土圈梁设置要求

墙 类	烈 度		
	6、7度	8度	9度
外墙和内纵墙	屋盖处及每层楼盖处	屋盖处及每层楼盖处	屋盖处及每层楼盖处
内横墙	同上； 屋盖处间距不应大于4.5m； 楼盖处间距不应大于7.2m	同上； 各层所有横墙，且间距不应大于4.5m； 构造柱对应部位	同上； 各层所有横墙

7.3.7 圈梁除应符合现行国家标准《建筑抗震设计规范》GB 50011 要求外，尚应符合下列构造要求：

1 现浇混凝土圈梁的截面宽度宜取墙宽且不应小于 190mm，配筋宜符合表 7.3.7 的要求，箍筋直径不应小于 ϕ6；基础圈梁的截面宽度宜取墙宽，截面高度不应小于 200mm，纵筋不应少于 4ϕ14。

表 7.3.7 混凝土砌块砌体房屋圈梁配筋要求

配 筋	烈 度		
	6、7 度	8 度	9 度
最小纵筋	4ϕ10	4ϕ12	4ϕ14
箍筋最大间距(mm)	250	200	150

2 圈梁应闭合，遇有洞口圈梁应上下搭接。圈梁宜与预制板设在同一标高处或紧靠板底。

3 圈梁在本规程第 7.3.6 条圈梁设置要求的间距内无横墙时，应利用梁或板缝中配筋替代圈梁。

7.3.8 多层小砌块砌体房屋的层数，6 度时超过 5 层、7 度时超过 4 层、8 度时超过 3 层和 9 度时，在底层和顶层的窗台标高处，沿纵横墙应设置通长的水平现浇钢筋混凝土带；其截面高度不小于 60mm，纵筋不少于 2ϕ10，并应有分布拉结钢筋；其混凝土强度等级不应低于 C20。

水平现浇混凝土带亦可采用槽形砌块替代模板，其纵筋和拉结钢筋不变。

7.3.9 楼梯间应符合下列要求：

1 楼梯间墙体中部的芯柱间距，6 度时不宜大于 2m；7、8 度时不宜大于 1.5m；9 度时不宜大于 1.0m；房屋层数或高度等于或接近本规程表 7.1.6 中限值时，底部 1/3 楼层芯柱间距宜适当减少。突出屋顶的楼梯间和电梯间，构造柱、芯柱应伸到顶部，并与顶部圈梁连接。

2 楼梯间墙体，应沿墙高每隔 400mm 水平通长设置 ϕ4 点焊拉结钢筋网片。

3 楼梯间及门厅内墙阳角处的大梁支承长度不应小于 500mm，并应与圈梁连接。

4 装配式楼梯段应与平台板的梁可靠连接，8、9 度时不应采用装配式楼梯段；不应采用墙中悬挑式踏步或踏步竖肋插入墙体的楼梯，不应采用无筋砖砌栏板。

7.3.10 小砌块砌体房屋的楼、屋盖应符合下列要求：

1 装配式钢筋混凝土楼板或屋面板，当板的跨度大于 4.8m 并与外墙平行时，靠外墙的预制板侧边应与墙或圈梁拉结。

2 房屋端部大房间的楼盖，6 度时房屋的屋盖和 7 度~9 度时房屋的楼、屋盖，当圈梁设在板底时，钢筋混凝土预制板应相互拉结，并应与梁、墙或圈梁拉结。

3 楼、屋盖的钢筋混凝土梁和屋架应与墙、柱

（包括构造柱）或圈梁可靠连接。在梁支座处墙内不少于 3 个孔洞应设置芯柱。当 8、9 度房屋采用大跨梁或井字梁时，宜在梁支座处墙内设置构造柱；在梁端支座处构造柱和墙体的承载力，尚应考虑梁端弯矩对墙体和构造柱的影响。

4 坡屋顶房屋的屋架应与顶层圈梁可靠连接，檩条或屋面板应与墙及屋架可靠连接，房屋出入口处的檐口瓦应与屋面构件锚固；采用硬山搁檩时，顶层内纵墙顶，8 度和 9 度时，应增砌支撑山墙的踏步式墙垛，7 度时，宜增砌支撑山墙的踏步式墙垛，并设构造柱。

7.3.11 预制阳台，6、7 度时应与圈梁和楼板的现浇板带可靠连接；8、9 度时不应采用预制阳台。

7.3.12 小砌块砌体女儿墙高度超过 0.5m 时，应在墙中增设锚固于顶层圈梁构造柱或芯柱做法，构造柱间距不大于 3m，芯柱间距不大于 1.6m；女儿墙顶应设置压顶圈梁，其截面高度不应小于 60mm，纵向钢筋不应少于 2ϕ10。

7.3.13 同一结构单元的基础或桩承台，宜采用同一类型的基础，底面宜埋置在同一标高上，否则应增设基础圈梁并应按 1:2 的台阶逐步放坡。

7.3.14 丙类的多层小砌块砌体房屋，当横墙较少且总高度和层数接近或达到本规程表 7.1.6 规定限值，应采取下列加强措施：

1 房屋的最大开间尺寸不宜大于 6.6m；

2 同一结构单元内横墙错位数量不宜超过横墙总数的 1/3，且连续错位不宜多于两道；错位的墙体交接处均应增设构造柱或芯柱，且楼、屋面板应采用现浇钢筋混凝土板；

3 横墙和内纵墙上洞口的宽度不宜大于 1.5m，外纵墙上洞口的宽度不宜大于 2.1m 或开间尺寸的一半，且内外墙上洞口位置不应影响内外纵墙与横墙的整体连接；

4 所有纵横墙均应在楼、屋盖标高处设置加强的现浇钢筋混凝土圈梁：圈梁的截面高度不宜小于 150mm，上下纵筋各不应少于 3ϕ10，箍筋不小于 ϕ6，间距不大于 300mm；

5 所有纵横墙交接处及横墙的中部，均应增设构造柱或 2 个芯柱，在纵、横墙内的柱距不宜大于 3.0m；芯柱每孔插筋的直径不应小于 18mm；构造柱截面尺寸不宜小于 240mm×240mm（墙厚 190mm 时为 240mm×190mm），配筋宜符合表 7.3.14 的要求；

6 同一结构单元的楼、屋面板应设置在同一标高处；

7 房屋底层和顶层的窗台标高处，宜设置沿纵横墙通长的水平现浇钢筋混凝土带；其截面高度不小于 60mm，宽度不小于 190mm，纵向钢筋不少于 3ϕ10，横向分布筋的直径不应小于 ϕ6 且其间距不大于 200mm；

表 7.3.14 增设构造柱的纵筋和箍筋设置要求

位置	纵向钢筋			箍筋		
	最大配筋率（%）	最小配筋率（%）	最小直径（mm）	加密区范围（mm）	加密区间距（mm）	最小直径（mm）
角柱	1.8	0.8	14	全高	100	6
边柱			14	上端700下端500		
中柱	1.4	0.6	12			

8 所有门窗洞口两侧，均应设置一个芯柱，钢筋不应少于 1φ12。

7.3.15 底部框架-抗震墙房屋过渡层小砌块砌体块材的强度等级不应低于 MU10，砌筑砂浆强度等级不应低于 Mb10。

7.3.16 过渡层墙体的构造，应符合下列要求：

1 上部抗震墙的中心线宜与底部的框架梁、抗震墙的中心线相重合；构造柱或芯柱宜与框架柱或墙贯通。

2 过渡层应在底部框架柱、混凝土墙或约束砌体墙所对应处设置构造柱或芯柱；墙体内的构造柱间距不宜大于层高；芯柱除应按本规程表 7.3.3 设置外，最大间距不宜大于 1m。

3 过渡层构造柱的纵向钢筋，6、7 度时不宜少于 4φ16，8 度时不宜少于 4φ18。过渡层芯柱的纵向钢筋，6、7 度时不宜少于每孔 1φ16，8 度时不宜少于每孔 1φ18。一般情况下，纵向钢筋应锚入下部的框架柱或混凝土墙内；当纵向钢筋锚固在托墙梁或次梁内时，梁的相应位置应加强。

4 过渡层的小砌块墙在窗台标高处，应设置沿纵横墙通长的水平现浇钢筋混凝土带或系梁块；现浇钢筋混凝土带的截面高度不应小于 60mm，宽度不应小于墙厚，纵向钢筋不应少于 2φ10，横向分布筋的直径不小于 6mm 且其间距不大于 200mm。此外，小砌块砌体墙芯柱之间沿墙高应每隔 400mm 设置 φ4 通长水平点焊钢筋网片。

5 过渡层的砌体墙，凡宽度不小于 1.2m 的门洞和 2.1m 的窗洞，洞口两侧宜增设截面不小于 120mm×190mm 的构造柱或单孔芯柱。

6 当过渡层的砌体抗震墙与底部框架梁、墙体不对齐时，应在底部框架内设置托墙转换梁，并且过渡层小砌块墙应采取比本条 4 款更高的加强措施。

7.3.17 底部框架-抗震墙房屋的楼盖应符合下列要求：

1 过渡层的底板应采用现浇钢筋混凝土板，板厚不应小于 120mm；并应少开洞、开小洞，当洞口尺寸大于 800mm 时，洞口周边应设置边梁；

2 其他楼层，采用装配式钢筋混凝土楼板时均应设置现浇圈梁；采用现浇钢筋混凝土楼板时应允许不另设圈梁，但楼板沿抗震墙周边均应加强配筋并

应与相应的构造柱可靠连接。

7.3.18 底部框架-抗震墙房屋的钢筋混凝土托墙梁，其截面和构造应符合下列要求：

1 梁的截面宽度不应小于 300mm，梁的截面高度不应小于跨度的 1/10。

2 梁上、下部纵向钢筋最小配筋率，一、二级时不应小于 0.4%，三、四级时不应小于 0.3%。

3 箍筋的直径不应小于 10mm，间距不应大于 200mm；梁端在 1.5 倍梁高且不小于 1/5 梁净跨范围内，以及上部墙体的洞口处和洞口两侧各 500mm 且不小于梁高的范围内，箍筋间距不应大于 100mm。对托墙梁支承在框架梁的一端，梁端箍筋可不设置箍筋加密区；支承托墙次梁的框架梁，全跨箍筋间距不应大于 100mm，且在托墙次梁两侧设置附加横向钢筋。

4 沿梁高应设腰筋，数量不应少于 2φ14，间距不应大于 200mm。

5 梁的纵向受力钢筋和腰筋应按受拉钢筋的要求锚固在柱内，且支座上部的纵向钢筋在柱内的锚固长度应符合钢筋混凝土框支梁的有关要求。

7.3.19 底部框架-抗震墙房屋的底部采用配筋小砌块砌体抗震墙时，抗震墙水平向或竖向钢筋在边框梁、柱中的锚固长度，应按现行国家标准《混凝土结构设计规范》GB 50010 的规定确定。

7.3.20 底部框架-抗震墙砌体房屋的底部采用钢筋混凝土墙时，其截面和构造应符合下列要求：

1 抗震墙周边应设置梁（或暗梁）和边框柱（或框架柱）组成的边框；边框梁的截面宽度不宜小于墙板厚度的 1.5 倍；截面高度不宜小于墙板厚度的 2.5 倍；边框柱的截面高度不宜小于墙板厚度的 2 倍；

2 抗震墙的厚度不宜小于 160mm，且不应小于墙板净高的 1/20；抗震墙宜设竖缝或洞口形成若干墙段，各墙段的高宽比不宜小于 2；

3 抗震墙的竖向和横向分布钢筋配筋率均不应小于 0.30%，并应采用双排布置；双排分布钢筋间拉筋的间距不应大于 600mm，直径不应小于 6mm；

4 墙体的边缘构件可按国家标准《建筑抗震设计规范》GB 50011 - 2010 第 6.4 节关于一般部位的规定设置。

7.3.21 对 6 度设防且层数不超过 4 层的底层框架-抗震墙房屋，可采用嵌砌于框架之间的小砌块抗震墙，但应计入小砌块墙对框架的附加轴力和附加剪力，并应符合下列构造要求：

1 墙厚不应小于 190mm，砌筑砂浆强度等级不应低于 Mb10，应先砌墙后浇框架；

2 沿框架柱每隔 400mm 配置 φ4 点焊拉结钢筋网片，并沿小砌块墙水平通长设置；在墙体半高处尚应设置与框架柱相连的钢筋混凝土水平系梁，系梁截

面不应小于 190mm×190mm，纵筋不应小于 4φ12，箍筋直径不应小于 φ6，间距不应大于 200mm；

3 墙体在门、窗洞口两侧应设置芯柱；墙长大于 4m 时，应在墙内增设芯柱，芯柱应符合本规程第 7.3.4 条的有关规定；其余位置，宜采用钢筋混凝土构造柱替代芯柱，钢筋混凝土构造柱应符合本规程第 7.3.2 条的有关规定。

7.3.22 底部框架-抗震墙房屋的框架柱应符合下列要求：

1 柱的截面不应小于 400mm×400mm，圆柱直径不应小于 450mm；

2 柱的轴压比，6 度时不宜大于 0.85，7 度时不宜大于 0.75，8 度时不宜大于 0.65；

3 柱的纵向钢筋最小总配筋率，当钢筋的强度标准值低于 400MPa 时，中柱在 6、7 度时不应小于 0.9%，8 度时不应小于 1.1%；边柱、角柱和混凝土抗震墙端柱在 6、7 度时不应小于 1.0%，8 度时不应小于 1.2%；

4 柱的箍筋直径，6、7 度时不应小于 8mm，8 度时不应小于 10mm，并应全高加密箍筋，间距不应大于 100mm；

5 柱的最上端和最下端组合的弯矩设计值应乘以增大系数，一、二、三级的增大系数应分别按 1.5、1.25 和 1.15 采用。

7.3.23 底部框架-抗震墙房屋的其他抗震构造措施，应符合现行国家标准《建筑抗震设计规范》GB 50011 的有关要求。

Ⅱ 配筋小砌块砌体抗震墙结构

7.3.24 配筋小砌块砌体抗震墙的水平和竖向分布钢筋应符合表 7.3.24-1 和表 7.3.24-2 的要求。

表 7.3.24-1 配筋小砌块砌体抗震墙水平分布钢筋的配筋构造要求

抗震等级	最小配筋率（%）		最大间距（mm）	最小直径（mm）
	一般部位	加强部位		
一级	0.13	0.15	400	φ8
二级	0.13	0.13	600	φ8
三级	0.11	0.13	600	φ8
四级	0.10	0.10	600	φ6

注：1 9 度时配筋率不应小于 0.2%；

2 水平分布钢筋宜双排布置，在顶层和底部加强部位，最大间距不应大于 400mm；

3 双排水平分布钢筋应设不小于 φ6 拉结筋，水平间距不应大于 400mm。

7.3.25 配筋小砌块砌体抗震墙在重力荷载代表值作用下的轴压比，应符合下列要求：

表 7.3.24-2 配筋小砌块砌体抗震墙竖向分布钢筋的配筋构造要求

抗震等级	最小配筋率（%）		最大间距（mm）	最小直径（mm）
	一般部位	加强部位		
一级	0.15	0.15	400	φ12
二级	0.13	0.13	600	φ12
三级	0.11	0.13	600	φ12
四级	0.10	0.10	600	φ12

注：1 9 度时配筋率不应小于 0.2%；

2 竖向分布钢筋宜采用单排布置，直径不应大于 25mm；

3 在顶层和底部加强部位，最大间距应适当减小。

1 一级（9 度）不宜大于 0.4，一级（7、8 度）不宜大于 0.5，二、三级不宜大于 0.6。

2 短肢墙全高范围，一级不宜大于 0.5，二、三级不宜大于 0.6；对于无翼缘的一字形短肢墙，其轴压比限值应相应降低 0.1。

3 各向墙肢截面均为 $3b < h < 5b$ 的小墙肢，一级不宜大于 0.4，二、三级不宜大于 0.5，其全截面竖向钢筋的配筋率在底部加强部位不宜小于 1.2%，一般部位不宜小于 1.0%。对于无翼缘的一字形独立小墙肢，其轴压比限值应相应降低 0.1。

4 多层房屋（总高度小于等于 18m）的短肢墙及各向墙肢截面均为 $3b < h < 5b$ 的小墙肢的全部竖向钢筋的配筋率，底部加强部位不宜小于 1%，其他部位不宜小于 0.8%。

7.3.26 配筋小砌块砌体抗震墙墙肢端部应设置边缘构件（图 7.3.26）。构造边缘构件的配筋范围：无翼墙端部为 3 孔配筋，"L" 形转角节点为 3 孔配筋，"T" 形转角节点为 4 孔配筋，其最小配筋应符合表 7.3.26 的要求，边缘构件范围内应设置水平箍筋。底部加强部位的轴压比，一级大于 0.2 和二、三级大于 0.3 时，应设置约束边缘构件，约束边缘构件的范围应沿受力方向比构造边缘构件增加 1 孔，水平箍筋应相应加强，也可采用钢筋混凝土边框柱。

表 7.3.26 配筋小砌块砌体抗震墙边缘构件的配筋要求

抗震等级	每孔竖向钢筋最小量		水平箍筋最小直径	水平箍筋最大间距（mm）
	底部加强部位	一般部位		
一级	1φ20	1φ18	φ8	200
二级	1φ18	1φ16	φ6	200
三级	1φ16	1φ14	φ6	200
四级	1φ14	1φ12	φ6	200

注：1 边缘构件水平箍筋宜采用搭接点焊网片形式；

2 当抗震等级为一、二、三级时，边缘构件箍筋应采用不低于 HRB335 级或 RRB335 级钢筋；

3 二级轴压比大于 0.3 时，底部加强部位边缘构件的水平箍筋最小直径不应小于 φ8；

4 约束边缘构件采用混凝土边框柱时，应符合相应抗震等级的钢筋混凝土框架柱的要求。

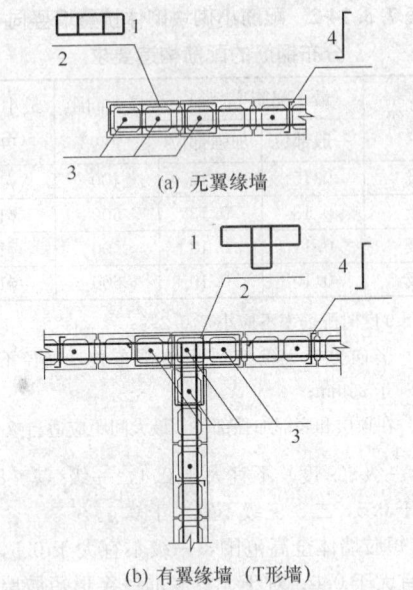

(a) 无翼缘墙

(b) 有翼缘墙（T形墙）

(c) 转角墙（L形墙）

图 7.3.26　配筋小砌块砌体抗震墙
的构造边缘构件

1—水平箍筋；2—芯柱区；
3—芯柱纵筋（3孔）；4—拉筋

7.3.27　宜避免设置转角窗，否则，转角窗开间相关墙体尽端边缘构件最小纵筋直径应比本规程表 7.3.26 的规定值提高一级，且转角窗开间的楼、屋面应采用现浇钢筋混凝土楼、屋面板。

7.3.28　配筋小砌块砌体抗震墙内钢筋的锚固和搭接，应符合下列要求：

1　配筋小砌块砌体抗震墙内竖向和水平分布钢筋的搭接长度不应小于 48 倍钢筋直径，竖向钢筋的锚固长度不应小于 42 倍钢筋直径；

2　配筋小砌块砌体抗震墙的水平分布钢筋，沿墙长应连续设置，两端的锚固应符合下列规定：

1）一、二级的抗震墙，水平分布钢筋可绕主筋弯 180°弯钩，弯钩端部直段长度不宜小于 12d；水平分布钢筋亦可弯入端部灌孔混凝土中，锚固长度不应小于 30d，且不应小于 250mm；

2）三、四级的抗震墙，水平分布钢筋可弯入端部灌孔混凝土中，锚固长度不应小于 25d，且不应小于 200mm。

7.3.29　配筋小砌块砌体抗震墙连梁的构造，当采用混凝土连梁时，应符合本规程第 6.4.13 条的规定和《混凝土结构设计规范》GB 50010 中有关地震区连梁的构造要求；当采用配筋小砌块砌体连梁时，除符合第 6.4.14 条的规定以外，尚应符合下列要求：

1　连梁上下水平钢筋锚入墙体内的长度，一、二级不应小于 1.15 倍锚固长度，三级不应小于 1.05 倍锚固长度，四级不应小于锚固长度，且不应小于 600mm。

2　连梁的箍筋应沿梁长布置，并应符合表 7.3.29 的要求：

表 7.3.29　连梁箍筋的构造要求

抗震等级	箍筋最大间距（mm）	直　径
一级	75	$\phi10$
二级	100	$\phi8$
三级	120	$\phi8$
四级	150	$\phi8$

注：当梁端纵筋配筋率大于 2% 时，表中箍筋最小直径应加大 2mm。

3　顶层连梁在伸入墙体的纵向钢筋长度范围内应设置间距不大于 200mm 的构造封闭箍筋，其规格和直径与该连梁的箍筋相同。

4　墙体水平钢筋应作为连梁腰筋在连梁拉通连续配置。当连梁截面高度大于 700mm 时，自梁顶面下 200mm 至梁底面上 200mm 范围内应设置腰筋，其间距不应大于 200mm；每皮腰筋数量，一级不小于 2φ12，二级～四级不小于 2φ10；对跨高比不大于 2.5 的连梁，梁两侧腰筋的面积配筋率不应小于 0.3%；腰筋伸入墙体内的长度不应小于 30d，且不应小于 300mm。

5　连梁不宜开洞，当必须开洞时应满足下列要求：

1）在跨中梁高 1/3 处预埋外径不应大于 200mm 的钢套管；

2）洞口上下的有效高度不应小于 1/3 梁高，且不应小于 200mm；

3）洞口处应配补强钢筋并在洞周边浇筑灌孔混凝土，被洞口削弱的截面应进行受剪承载力验算。

6　对于跨高比不小于 5 的连梁宜按框架梁设计，计算时其刚度不应按连梁方法折减；短肢墙的剪力增大系数应满足本规程表 7.2.14 的规定。

7.3.30　配筋小砌块砌体抗震墙的圈梁构造，应符合下列要求：

1　在基础及各楼层标高处，每道配筋小砌块砌体抗震墙均应设置现浇钢筋混凝土圈梁，圈梁的宽度不应小于墙厚，其截面高度不宜小于 200mm；

2 圈梁混凝土抗压强度不应小于相应灌孔混凝土的强度,且不应小于 C20;

3 圈梁纵向钢筋不应小于相应配筋砌体墙的水平钢筋,且不应小于 4ϕ12;基础圈梁纵筋不应小于 4ϕ12;圈梁及基础圈梁箍筋直径不应小于 ϕ8,间距不应大于 200mm;当圈梁高度大于 300mm 时,应沿梁截面高度方向设置腰筋,其间距不应大于 200mm,直径不应小于 10mm;

4 圈梁底部嵌入墙顶小砌块孔洞内,深度不宜小于 30mm;圈梁顶部应是毛面。

7.3.31 配筋小砌块砌体抗震墙房屋的基础(或钢筋混凝土框支梁)与抗震墙结合处的受力钢筋,当房屋高度超过 50m 或一级抗震等级时宜采用机械连接,其他情况可采用搭接。当采用搭接时,一、二级抗震等级时搭接长度不宜小于 50d,三、四级抗震等级时不宜小于 40d(d 为受力钢筋直径)。

7.3.32 部分框支配筋小砌块砌体抗震墙结构中底部加强区配筋小砌块砌体墙的水平及竖向分布钢筋最小配筋率,不应小于 0.13%,多层不应小于 0.10%,最大间距不应大于 400mm。

7.3.33 部分框支配筋小砌块砌体抗震墙结构中混凝土部分的设计尚应符合现行国家标准《混凝土结构设计规范》GB 50010、《建筑抗震设计规范》GB 50011 的相关要求。

7.3.34 总层数 8 层及以上或高度超过 24m 的部分框支配筋小砌块砌体抗震墙结构房屋,其混凝土部分的设计尚应符合现行行业标准《高层建筑混凝土结构技术规程》JGJ 3 的相关要求。

8 施 工

8.1 材 料 要 求

8.1.1 小砌块在厂内的自然养护龄期或蒸汽养护后的停放时间应确保 28d。轻骨料小砌块的厂内自然养护龄期宜延长至 45d。

8.1.2 同一单位工程使用的小砌块应为同一厂家生产的产品,并需有产品合格证书和进场复验报告。

8.1.3 小砌块孔洞内及块体内部复合的聚苯板或其他绝热保温材料的性能、密度、厚度、位置、数量应在厂内按小砌块墙体节能设计的要求进行插填或充填,不得歪斜或自行脱落,并列为复验检查项目。

8.1.4 小砌块产品宜包装出厂,并应采用托板装运。雨、雪天运输小砌块应有防雨雪措施。

8.1.5 水泥进场后应检查产品合格证、出厂检验报告,并在使用前分批对其强度、安定性进行复验。抽检时,应以同一生产厂家、同一编号、同一品种、同一强度等级且持续进场的水泥为一批,其中袋装水泥一批的检验量不应超过 200t,散装水泥则应以 500t

为一批,每批抽样不得少于一次。安定性不合格的水泥严禁使用。不同品种的水泥,不得混合使用。

8.1.6 砌筑砂浆宜采用过筛的洁净中砂,应符合现行国家标准《建筑用砂》GB/T 14684 的规定;构造柱、芯柱、灌孔混凝土用砂应符合现行行业标准《普通混凝土用砂、石质量及检验方法标准》JGJ 52 的规定。采用人工砂、山砂及特细砂时应符合相应的技术标准。

8.1.7 芯柱与灌孔混凝土中的粗骨料粒径宜为 5mm～15mm,构造柱混凝土中的粗骨料粒径宜为 10mm～30mm,并均应符合现行行业标准《普通混凝土用砂、石质量及检验方法标准》JGJ 52 的有关规定。

8.1.8 拌制水泥混合砂浆用的石灰膏、粉煤灰等无机掺合料应符合下列要求:

1 配制石灰膏的生石灰、磨细生石灰粉的品质指标应符合现行行业标准《建筑生石灰》JC/T 479 与《建筑生石灰粉》JC/T 480 的有关规定。

2 石灰膏用生石灰熟化时,应采用孔格不大于 3mm×3mm 的网过滤。熟化时间不得少于 7d,磨细生石灰粉的熟化时间不得小于 2d。石灰膏用量,应按稠度 120mm±5mm 计量。石灰膏不同稠度的换算系数,可按表 8.1.8 确定。沉淀池中的石灰膏应防止干燥、冻结和污染。严禁使用脱水硬化的石灰膏。

表 8.1.8 石灰膏不同稠度的换算系数

稠度 (mm)	120	110	100	90	80	70	60	50	40	30
换算 系数	1.00	0.99	0.97	0.95	0.93	0.92	0.90	0.88	0.87	0.86

3 消石灰粉不得直接用于砌筑砂浆中。

4 粉煤灰的性能指标应符合现行行业标准《混凝土小型空心砌块和混凝土砖砌筑砂浆》JC 860 和《抹灰砂浆技术规程》JGJ/T 220 的有关规定。

5 采用其他掺合料时,应经试验并符合砌筑砂浆规定的各项性能指标方可使用。

8.1.9 掺入砌筑砂浆中的有机塑化剂或早强、缓凝、防冻等外加剂,应经检验和试配,符合要求后,方可计量使用。有机塑化剂产品,应具有法定检测机构出具的砌体强度型式检验报告。

8.1.10 砌筑砂浆和混凝土的拌合用水应符合现行行业标准《混凝土用水标准》JGJ 63 的规定。

8.1.11 钢筋进场应有产品合格证书,并按规定取样复验,合格后方可使用。

8.2 砌 筑 砂 浆

8.2.1 小砌块砌体的砌筑砂浆配合比及其技术要求应符合现行行业标准《砌筑砂浆配合比设计规程》JGJ/T 98 和《混凝土小型空心砌块和混凝土砖砌

砂浆》JC 860 的规定，并应按重量比计量配制。

8.2.2 砌筑砂浆应具有良好的保水性，其保水率不得小于 88%。砌筑普通小砌块砌体的砂浆稠度宜为 50mm~70mm；轻骨料小砌块的砌筑砂浆稠度宜为 60mm~90mm。

8.2.3 小砌块基础砌体应采用水泥砂浆砌筑；地下室内部及室内地坪以上的小砌块墙体应采用水泥混合砂浆砌筑。施工中用水泥砂浆代替水泥混合砂浆，应按现行国家标准《砌体结构设计规范》GB 50003 的规定执行。

8.2.4 墙体采用具有保温功能的砌筑砂浆时，其砂浆强度等级应符合设计要求。

8.2.5 砌筑砂浆应采用机械搅拌，拌合时间自投料完算起，不得少于 2min。当掺有外加剂时，不得少于 3min；当掺有机塑化剂时，应为 3min~5min。

8.2.6 砌筑砂浆应随拌随用，并应在 3h 内使用完毕；当施工期间最高气温超过 30℃时，应在 2h 内使用完毕。砂浆出现泌水现象时，应在砌筑前再次拌合。

8.2.7 预拌砂浆的性能、运输、储存、使用及检验等应符合现行国家行业标准《预拌砂浆》JG/T 230 的规定。

8.2.8 砌筑砂浆试块取样应取自搅拌机或运输湿的预拌砂浆车辆的出料口。同盘或同车砂浆应制作一组试块。

8.2.9 砌筑砂浆强度等级的评定应以标准养护、龄期为 28d 的试块抗压试验结果为准，并应按现行行业标准《建筑砂浆基本性能试验方法标准》JGJ/T 70 的规定执行。

8.2.10 同一验收批的砌筑砂浆试块抗压强度平均值应大于或等于设计强度等级所对应的立方体抗压强度值的 1.1 倍；其中抗压强度最小一组的平均值应大于或等于设计强度等级所对应的立方体抗压强度值的 85%。砌筑砂浆的验收批指同类型、同强度等级的砂浆试块不应少于 3 组，每组 3 块；当同一验收批只有 1 组或 2 组试块时，每组试块抗压强度的平均值应大于或等于设计强度等级所对应的立方体抗压强度值的 1.1 倍；建筑结构的安全等级为一级或设计使用年限为 50 年及以上的房屋，同一验收批砂浆试块的数量不得少于 3 组。

注：制作试块的砂浆稠度应与工程使用一致。

8.2.11 每一检验批且不超过一个楼层或 250m³ 小砌块砌体所用的砌筑砂浆，每台搅拌机应至少抽检一次。当配合比变更时，应制作相应试块。

注：用小砌块砌筑的基础砌体可按一个楼层计。

8.2.12 当施工中或验收时出现下列情况时，宜采用非破损或微破损检验方法对砌筑砂浆和砌体强度进行原位检测，判定砌筑砂浆的强度：

1 砌筑砂浆试块缺乏代表性或试块数量不足；

2 对砌筑砂浆试块的试验结果有怀疑或争议；

3 砌筑砂浆试块的试验结果不能满足设计要求时，需另行确认砌筑砂浆或砌体的实际强度；

4 对工程质量事故有疑义。

8.3 施 工 准 备

8.3.1 墙体施工前必须按房屋设计图编绘小砌块平、立面排块图。排块时应根据小砌块规格、灰缝厚度和宽度、门窗洞口尺寸、过梁与圈梁或连系梁的高度、芯柱或构造柱位置、预留洞大小、管线、开关、插座敷设部位等进行对孔、错缝搭砌排列，并以主规格小砌块为主，辅以配套的辅助块。

8.3.2 各种型号、规格的小砌块备料量应依据设计图和排块图进行计算，并按施工进度计划分期、分批进入现场。

8.3.3 堆放小砌块的场地应预先夯实平整，并应有防潮和防雨、雪等排水设施。不同规格型号、强度等级的小砌块应分别覆盖堆放；堆置高度不宜超过 1.6m，且不得着地堆放；堆垛上应有标志，垛间宜留适当宽度的通道。装卸时，不得翻斗卸车和随意抛掷。

8.3.4 砌入墙体内的各种建筑构配件、埋设件、钢筋网片与拉结筋等应事先预制及加工；各种金属类拉结件、支架等预埋铁件应做防锈处理，并按不同型号、规格分别存放。

8.3.5 备料时，不得使用有竖向裂缝、断裂、受潮、龄期不足的小砌块及插填聚苯板或其他绝热保温材料的厚度、位置、数量不符合墙体节能设计要求的小砌块进行砌筑。

8.3.6 小砌块表面的污物和用于芯柱及所有灌孔部位的小砌块，其底部孔洞周围的混凝土毛边应在砌筑前清理干净。

8.3.7 砌筑小砌块基础或底层墙体前，应采用经检定的钢尺校核房屋放线尺寸，允许偏差值应符合表 8.3.7 的规定。

表 8.3.7　房屋放线尺寸允许偏差

长度 L、宽度 B(m)	允许偏差(mm)
$L(B) \leqslant 30$	±5
$30 < L(B) \leqslant 60$	±10
$60 < L(B) \leqslant 90$	±15
$L(B) > 90$	±20

8.3.8 砌筑底层墙体前必须对基础工程按有关规定进行检查和验收。当芯柱竖向钢筋的基础插筋作为房屋避雷设施组成部分时，应用检定合格的专用电工仪表进行检测，符合要求后方可进行墙体施工。

8.3.9 配筋小砌块砌体剪力墙施工前，应按设计要求在施工现场建造与工程实体完全相同的具有代表性的模拟墙。剖解后的模拟墙质量应符合设计要求，方可正式施工。

8.3.10 编制施工组织设计时，应根据设计按表8.3.10要求确定小砌块砌体施工质量控制等级。

表 8.3.10　小砌块砌体施工质量控制等级

项　目	施工质量控制等级		
	A	B	C
现场质量管理	监督检查制度健全，并严格执行；施工方有在岗专业技术管理人员，人员齐全，并持证上岗	监督检查制度基本健全，并能执行；施工方有在岗专业技术管理人员，并持证上岗	有监督检查制度；施工方有在岗专业技术管理人员
砌筑砂浆、混凝土强度	试块按规定制作，强度满足验收规定，离散性小	试块按规定制作，强度满足验收规定，离散性较小	试块按规定制作，强度满足验收规定，离散性大
砌筑砂浆拌合方式	机械拌合；配合比计量控制严格	机械拌合；配合比计量控制一般	机械或人工拌合；配合比计量控制较差
砌筑工人	中级工以上，其中高级工不少于30%	高、中级工不少于70%	初级工以上

注：1　砌筑砂浆与混凝土强度的离散性大小，应按强度标准差确定；

2　配筋小砌块砌体的施工质量控制等级不允许采用C级；对配筋小砌块砌体高层建筑宜采用A级。

8.4　墙体施工基本要求

8.4.1　墙体砌筑应从房屋外墙转角定位处开始。砌筑皮数、灰缝厚度、标高应与皮数杆标志相一致。皮数杆应竖立在墙体的转角和交界处，间距宜小于15m。

8.4.2　砌筑厚度大于240mm的小砌块墙体时，宜在墙体内外侧同时挂两根水平准线。

8.4.3　正常施工条件下，小砌块墙体（柱）每日砌筑高度宜控制在1.4m或一步脚手架高度内。

8.4.4　小砌块在砌筑前与砌筑中均不应浇水，尤其是插填聚苯板或其他绝热保温材料的小砌块。当施工期间气候异常炎热干燥时，对无聚苯板或其他保温材料的小砌块及轻骨料小砌块可在砌筑前稍喷水湿润，但表面明显潮湿的小砌块不得上墙。

8.4.5　砌筑单排孔小砌块、多排孔封底小砌块、插填聚苯板或其他绝热保温材料的小砌块时，均应底面朝上反砌于墙上。

8.4.6　小砌块墙内不得混砌黏土砖或其他墙体材料。镶砌时，应采用实心小砌块（90mm×190mm×53mm）或与小砌块材料强度同等级的预制混凝土块。

8.4.7　小砌块砌筑形式应每皮顺砌。当墙、柱（独立柱、壁柱）内设置芯柱时，小砌块必须对孔、错缝、搭砌，上下两皮小砌块搭砌长度应为195mm；当墙体设构造柱或使用多排孔小砌块及插填聚苯板或其他绝热保温材料的小砌块砌筑墙体时，应错缝搭砌，搭砌长度不应小于90mm。否则，应在此部位的水平灰缝中设 $\phi 4$ 点焊钢筋网片。网片两端与该位置的竖缝距离不得小于400mm。墙体竖向通缝不得超过2皮小砌块，柱（独立柱、壁柱）宜为3皮。

8.4.8　190mm厚的非承重小砌块墙体可与承重墙同时砌筑。小于190mm厚的非承重小砌块墙宜后砌，且应按设计要求从承重墙预留出不少于600mm长的 $2\phi 6@400$ 拉结筋或 $\phi 4@400$ T（L）形点焊钢筋网片；当需同时砌筑时，小于190mm厚的非承重墙不得与设有芯柱的承重墙相互搭砌，但可与无芯柱的承重墙搭砌。两种砌筑方式均应在两墙交接处的水平灰缝中埋置 $2\phi 6@400$ 拉结筋或 $\phi 4@400$ T（L）形点焊钢筋网片。

8.4.9　混合结构中的各楼层内墙砌至离上层楼板的梁、板底尚有100mm间距时暂停砌筑，且顶皮应采用封底小砌块反砌或用Cb20混凝土填实孔洞的小砌块正砌筑。当暂停时间超过7d时，可用实心小砌块斜砌楔紧，且小砌块灰缝及与梁、板间的空隙应用砂浆填实；房屋顶层内隔墙的墙顶应离该处屋面板板底15mm，缝内宜用弹性腻子或1：3石灰砂浆嵌塞。

8.4.10　小砌块采用内、外两排组砌时，应按下列要求进行施工：

1　当内、外两排小砌块之间插有聚苯板等绝热保温材料时，应采取隔皮（分层）交替对孔或错孔的砌筑方式，且上下相邻两皮小砌块在墙体厚度方向应搭砌，其搭砌长度不得小于90mm。否则，应在内、外两排小砌块的每皮水平灰缝中沿墙长铺设 $\phi 4$ 点焊钢筋网片。

2　小砌块内、外两排组砌宜采用一顺一丁方式进行砌筑，但上下相邻两皮小砌块的竖缝不得同缝。

3　当内、外两排小砌块从墙底到墙顶均采取顺砌方式时，则应在内、外排小砌块的每皮水平灰缝中沿墙长铺设 $\phi 4$ 点焊钢筋网片。

4　小砌块内、外两排之间的缝宽应为10mm，并与水平、垂直（竖）灰缝一致饱满。

8.4.11　砌筑小砌块的砂浆应随铺随砌。水平灰缝应满铺下皮小砌块的全部壁肋或单排、多排孔小砌块的封底面；竖向灰缝宜将小砌块一个端面朝上满铺砂浆，上墙应挤紧，并加浆插捣密实。灰缝应横平竖直。

8.4.12 砌筑时，墙（柱）面应用原浆做勾缝处理。缺灰处应补浆压实，并宜做成凹缝，凹进墙面2mm。

8.4.13 砌入墙（柱）内的钢筋网片、拉结筋和拉结件的防腐要求应符合设计规定。砌筑时，应将其放置在水平灰缝的砂浆层中，不得有露筋现象。钢筋网片应采用点焊工艺制作，且纵横筋相交处不得重叠点焊，应控制在同一平面内。2根ϕ4纵筋应分置于小砌块内、外壁厚的中间位置，ϕ4横筋间距应为200mm。

8.4.14 现浇圈梁、挑梁、楼板等构件时，支承墙的顶皮小砌块应正砌，其孔洞应预先用C20混凝土填实至140mm高度，尚余50mm高的洞孔应与现浇构件同时浇灌密实。

8.4.15 圈梁等现浇构件的侧模板高度除应满足梁的高度外，尚应向下延伸紧贴墙体的两侧。延伸部分不宜少于2皮~3皮小砌块高度。

8.4.16 固定现浇圈梁、挑梁等构件侧模的水平拉杆、扁铁或螺栓所需的穿墙孔洞宜在砌体灰缝中预留，或采用设有穿墙孔洞的异型小砌块，不得在小砌块上打凿安装洞。内墙可利用侧砌的小砌块孔洞进行支模，模板拆除后应用实心小砌块或C20混凝土填实孔洞。

8.4.17 预制梁、板直接安放在墙上时，应将墙的顶皮小砌块正砌，并用C20混凝土填实孔洞，或用填实的封底小砌块反砌，也可丁砌三皮实心小砌块（90mm×190mm×53mm）。

8.4.18 安装预制梁、板时，支座面应先找平后坐浆，不得两者合一，不得干铺，并按设计要求与墙体支座处的现浇圈梁进行可靠的锚固。预制楼板安装也可采用硬架支模法施工。

8.4.19 钢筋混凝土窗台梁、板的两端伸入墙内部位应预留孔洞。洞口的大小、位置应与此部位的上下皮小砌块孔洞完全一致，窗洞两侧的芯柱孔洞应竖向贯通。

8.4.20 墙体施工段的分段位置宜设在伸缩缝、沉降缝、防震缝、构造柱或门窗洞口处。相邻施工段的砌筑高度差不得超过一个楼层高度，也不应大于4m。

8.4.21 墙体的伸缩缝、沉降缝和防震缝内不得夹有砂浆、碎砌块和其他杂物。

8.4.22 基础或每一楼层砌筑完成后，应校核墙体的轴线位置和标高。对允许范围内的轴线偏差，应在基础顶面或本层楼面上校正。标高偏差宜逐皮调整上部墙体的水平灰缝厚度。

8.4.23 在砌体中设置临时性施工洞口时，洞口净宽度不应超过1m。洞边离交接处的墙面距离不得小于600mm，并应在洞口两侧每隔2皮小砌块高度设置长度为600mm的ϕ4点焊钢筋网片及经计算的钢筋混凝土门过梁。

8.4.24 尚未施工楼板或屋面以及未灌孔的墙和柱，其抗风允许自由高度不得超过表8.4.24的规定。当允许自由高度超过时，应加设临时支撑或及时浇注灌孔混凝土、现浇圈梁或连梁。

表8.4.24 小砌块墙和柱的允许自由高度

墙（柱）厚度（mm）	墙和柱的允许自由高度（m）		
	风载（kN/m²）		
	0.3（相当于7级风）	0.4（相当于8级风）	0.6（相当于9级风）
190	1.4	1.0	0.6
240	2.2	1.6	1.0
390	4.2	3.2	2.0
490	7.0	5.2	3.4
590	10.0	8.6	5.6

注：1 本表适用于施工处相对标高H在10m范围的情况。如10m<H≤15m，15m<H≤20m时，表中的允许自由高度应分别乘以0.9、0.8的系数；如H>20m时，应通过抗倾覆验算确定其允许自由高度；

2 当所砌筑的墙有横墙或其他结构与其连接，而且间距小于表中相应墙、柱的允许自由高的2倍时，砌筑高度可不受本表的限制。

8.4.25 砌筑小砌块墙体应采用双排外脚手架、里脚手架或工具式脚手架，不得在砌筑的墙体上设脚手孔洞。

8.4.26 在楼面、屋面上堆放小砌块或其他物料时，不得超过楼板的允许荷载值。当施工楼层进料处的施工荷载较大时，应在楼板下增设临时支撑。

8.5 保温墙体施工

8.5.1 小砌块孔洞中需填散粒状的绝热保温或隔声材料时，应砌一皮填满一皮，不得捣实。充填材料的性能指标应符合设计要求，且洁净、干燥。

8.5.2 孔洞内插填聚苯板或其他绝热保温材料的复合保温小砌块的砌筑要求、铺灰方法、搭接长度等应符合本规程第8.4节相关条文的规定。砌筑时，应采用强度等级符合设计要求并具有保温功能的砌筑砂浆。

8.5.3 砌筑带内复合绝热保温层（板）的夹心复合保温小砌块墙体时，上下左右的小砌块内复合绝热保温层（板）应相互垂直对接，不得留有缝隙。当内复合绝热保温层（板）具有阻断、隔绝墙体任何部位的热桥功能时，可不予对接，并按常用砌筑砂浆错位砌筑；当内复合绝热保温层（板）的长度和高度均未超出小砌块体时，应用符合设计强度等级的保温砌筑砂浆砌筑。

8.5.4 90mm厚外叶墙与190mm厚内叶墙组成的小

砌块夹心墙施工应符合下列要求：

1 内、外叶墙小砌块的排块宜一一对应。

2 砌筑时，内、外叶墙均应挂水平准线，并按皮数杆上的标志先砌内叶墙后砌外叶墙，依次交替往上砌筑。

3 空腔两侧内、外叶墙的水平灰缝与竖缝应随砌随勾平缝，墙面应平整，不得挂有砂浆，并及时清除掉入空腔内的砂浆等杂物。

4 聚苯板或其他保温板材应在内、外叶墙每砌 2 或 3 皮时插入空腔内。板间的上下左右拼缝应正交、平直对接，不得歪斜、重叠，不得相互分离、留有缝隙。当空腔内同时设保温层和空气间层时，应将聚苯板或其他保温板材用胶粘剂粘贴在内叶墙墙面上，并按设计要求的位置、间距留设排水道和出水孔。保温板周边的胶粘剂应形成连续的封闭圈，板的中间部分可采用点粘法涂抹。涂胶粘剂的面积不得少于保温板面积的 40%；当采用浇注型硬质聚氨酯泡沫塑料、发泡脲醛树脂或现浇泡沫混凝土等保温材料时，应符合本规程第 8.13.23 和 8.13.24 条的规定。

5 钢筋网片的纵、横筋均应采用 $\phi4$ 钢筋，长度宜为房屋开间或相邻轴线间的距离，并需编号。纵、横筋组成的网片形状应与该开间或轴线内的小砌块排块图完全一致。内叶墙应设纵筋 2 根，分置于小砌块两个壁厚的中间；外叶墙仅在小砌块外侧壁厚 1/2 处设纵筋；内、外叶墙的竖向灰缝 1/2 宽度处设长横筋，间距应为 400mm；短横筋仅设在内叶墙小砌块中肋的中间位置，离长横筋间距应为 200mm。网片的纵、横筋均不宜位于小砌块孔洞处，并应按本规程第 8.4.13 条的要求进行焊接与埋置，竖向间距宜为 400mm ～ 600mm。

6 拉结件采用 $\phi4$ 热镀锌钢筋制成箍筋形状的拉结环时，其环箍的外围长度应比夹心墙厚度少 30mm，外围宽度宜为 40mm；当采用 $\phi6$ 热镀锌钢筋制成 Z 形拉结件时，其长度同拉结环，Z 形的弯钩长度不应小于 100mm。拉结件在同皮水平灰缝中的间距不得大于 800mm，竖向间距宜为 400mm ～ 600mm，且相邻上、下皮拉结件的水平投影间距应为 400mm，呈梅花状布置。

7 砌筑室内地面以下的夹心墙时，小砌块孔洞应用 C20 混凝土填实，空腔内填实高度宜为 400mm ～600mm。

8 在夹心墙上安装预制挑梁或支设现浇圈梁的模板前，应在梁底处的外叶墙顶面铺 2 层～3 层油毡或聚苯板，不得将外叶墙作为挑梁与圈梁的支承点。

9 窗洞口两侧的夹心墙空腔处，应用 2mm 厚的钢板网全封闭。

10 砌筑时，门洞两侧内、外叶墙端部的孔洞处应埋置 $\phi6@400$ 拉结环或 $\phi6@200$ 拉结筋。墙端空腔中的保温材料不得外露，应用 1：2 水泥砂浆或 C20 混凝土封闭；当采用现浇钢筋混凝土边框加强内、外叶墙时，边框的纵向钢筋伸入现浇门过梁内，$\phi6@200$ 的水平箍筋两端应分别锚入内、外叶墙端部的小砌块孔洞中。

11 门洞两侧内叶墙端部的小砌块孔洞，应按插筋芯柱的要求进行施工；外叶墙端部的小砌块长孔可用 Cb20 混凝土填实。

8.5.5 190mm 厚度外叶墙与 90mm 厚度内叶墙组成的小砌块夹心墙施工应符合下列要求：

1 在多层砌体混合结构房屋中，190mm 厚度外叶墙在 L 形与 T 形节点处，可设置芯柱或构造柱。

2 在墙体设置芯柱的 L 形节点处，外墙与山墙应错缝搭砌并每隔 2 皮小砌块埋置转角的 $\phi4$ 点焊钢筋网片或 $2\phi6$ 拉结钢筋；在 T 形节点处，内墙不得与外墙搭砌，但仍应按 2 皮小砌块垂直间距设 $\phi4$ 点焊钢筋网片或 $2\phi6$ 拉结钢筋。芯柱数量、位置应按设计要求设置，且在 T 形部位内墙不得少于 3 孔芯柱。

3 在墙体设置构造柱的 L 形节点处，外墙、山墙与构造柱间应按 2 皮小砌块垂直间距埋设 $\phi4$ 点焊钢筋网片或 $2\phi6$ 拉结钢筋并留马牙槎口；在 T 形节点处，外墙与构造柱仍按前述要求设拉结筋，留马牙槎，但内墙仅将 $2\phi6@400$ 拉结钢筋锚入构造柱，不留槎口。构造柱在 L 形节点处的截面边长应与外墙、山墙厚度一致；在 T 形节点处，构造柱的外侧表面应平齐外墙面，其截面边长应与内墙厚度等宽，另一方向的截面边长宜为外墙厚度 190mm 减 20mm。

4 当墙体 T 形节点设芯柱时，邻近外墙的内墙第一块小砌块的端面从墙底到墙顶应用预先满贴聚苯板的小砌块砌筑。聚苯板厚度宜为 10mm；当 T 形节点设构造柱时，聚苯板厚度宜为 20mm。

5 保温墙夹心层（空腔）与 90mm 厚度的内叶墙可日后施工。保温板粘贴可在外叶墙较干燥时进行。

6 内、外叶墙间可不设拉结钢筋网片或任何形式的拉结件，但内叶墙两端与内墙应每隔 2 皮小砌块设置 $\phi4$ 点焊钢筋网片或 $2\phi6$ 拉结钢筋。当内叶墙高度超过 4m 时，宜在 1/2 墙高处设置与内墙连接且沿墙全长贯通的钢筋混凝土水平系梁。

7 墙体 T 形交接处的楼、屋面现浇圈梁中的纵向钢筋须连通，但混凝土在结合处的聚苯板位置留缝断开。缝宽宜为 10mm～20mm，缝内宜充填聚氨酯填缝剂。

8 在不改变室内净宽度和净长度尺寸的前提下，外墙的定位轴线应设在 190mm 厚度的外叶墙上。

8.6 芯柱施工

8.6.1 每根芯柱的柱脚部位应采用带清扫口的 U 型、E 型或 C 型等异型小砌块砌筑。

8.6.2 砌筑中应及时清除芯柱孔洞内壁及孔道内掉

落的砂浆等杂物。

8.6.3 芯柱的纵向钢筋应采用带肋钢筋，并从每层墙（柱）顶向下穿入小砌块孔洞，通过清扫口与从圈梁（基础圈梁、楼层圈梁）或连系梁伸出的竖向插筋绑扎搭接。搭接长度应符合设计要求。

8.6.4 用模板封闭清扫口时，应有防止混凝土漏浆的措施。

8.6.5 灌筑芯柱的混凝土前，应先浇 50mm 厚与灌孔混凝土成分相同不含粗骨料的水泥砂浆。

8.6.6 芯柱的混凝土应待墙体砌筑砂浆强度等级达到 1MPa 及以上时，方可浇灌。

8.6.7 芯柱的混凝土坍落度不应小于 90mm；当采用泵送时，坍落度不宜小于 160mm。

8.6.8 芯柱的混凝土应按连续浇灌、分层捣实的原则进行操作，直浇至离该芯柱最上一皮小砌块顶面 50mm 止，不得留施工缝。振捣时，宜选用微型行星式高频振动棒。

8.6.9 芯柱沿房屋高度方向应贯通。当采用预制钢筋混凝土楼板时，其芯柱位置处的每层楼面应预留缺口或设置现浇钢筋混凝土板带。

8.6.10 芯柱的混凝土试件制作、养护和抗压强度取值应符合现行国家标准《混凝土结构工程施工质量验收规范》GB 50204 的规定。混凝土配合比变更时，应相应制作试块。施工现场实测检验宜采用锤击法敲击芯柱外表面。必要时，可采用钻芯法或超声法检测。

8.7 构造柱施工

8.7.1 设置钢筋混凝土构造柱的小砌块墙体，应按绑扎钢筋、砌筑墙体、支设模板、浇灌混凝土的施工顺序进行。

8.7.2 墙体与构造柱连接处应砌成马牙槎，从每层柱脚开始，先退后进。槎口尺寸为长 100mm、高 200mm。墙、柱间的水平灰缝内应按设计要求埋置 φ4 点焊钢筋网片。

8.7.3 构造柱两侧模板应紧贴墙面，不得漏浆。柱模底部应预留 100mm × 200mm 清扫口。

8.7.4 构造柱纵向钢筋的混凝土保护层厚度宜为 20mm，且不应小于 15mm。混凝土坍落度宜为 50mm～70mm。

8.7.5 构造柱混凝土浇灌前，应清除砂浆等杂物并浇水湿润模板，然后先注入与混凝土成分相同不含粗骨料的水泥砂浆 50mm 厚，再分层浇灌、振捣混凝土，直至完成。凹形槎口的腋部应振捣密实。

8.8 填充墙体施工

8.8.1 小砌块填充墙的砌筑除应按本规程第 8.4 节的规定执行外，尚应符合本节要求。

8.8.2 小砌块堆放要求除符合本规程第 8.3.3 条的

规定外，应充分利用在建框架结构的空间，将小砌块按每层的使用量分散堆放至各层楼面的墙体砌筑位置处。

8.8.3 轻骨料小砌块用于未设混凝土反梁或坎台（导墙）的厨房、卫生间及其他需防潮、防湿房间的墙体时，其底部第一皮应用 C20 混凝土填实孔洞的普通小砌块或实心小砌块（90mm×190mm×53mm）三皮砌筑。

8.8.4 填充墙与框架或剪力墙间的界面缝连接应按下列要求施工：

1 沿框架柱或剪力墙全高每隔 400mm 埋设或用植筋法预留 2φ6 拉结钢筋，其伸入填充墙内水平灰缝中的长度应按抗震设计要求沿墙全长贯通。

2 填充内墙砌筑时，除应每隔 2 皮小砌块在水平灰缝中埋置长度不得小于 1000mm 或至门窗洞口边并与框架柱（剪力墙）拉结的 2φ6 钢筋外，尚宜在水平灰缝中按垂直间距 400mm 沿墙全长铺设直径为 φ4 点焊钢筋网片。网片与拉结筋可不设在同皮水平灰缝内，宜相距一皮小砌块的高度。网片应按本规程第 8.4.13 条的要求进行制作与埋设，不得翘曲。铺设时，应将网片的纵、横向钢筋分置于小砌块的壁、肋上。网片间搭接长度不宜小于 90mm 并焊接。

3 除芯柱部位外，填充墙的底皮和顶皮小砌块宜用 C20 混凝土或 LC20 轻骨料混凝土预先填实后正砌砌筑。

4 界面缝采用柔性连接时，填充墙与框架柱或剪力墙相接处预留 10mm～15mm 宽的缝隙；填充墙顶与上层楼面的梁底或板底间也应预留 10mm～20mm 宽的缝隙。缝内中间处宜在填充墙砌完后 28d 用聚乙烯（PE）棒材嵌塞，其直径宜比缝宽大 2mm～5mm。缝的两侧应充填聚氨酯泡沫填缝剂（PU 发泡剂）或其他柔性嵌缝材料。缝口应在 PU 发泡剂外再用弹性腻子封闭；缝内也可嵌填宽度为墙厚减 60mm，厚度比缝宽大 1mm～2mm 的膨胀聚苯板，应挤紧，不得松动。聚苯板的外侧应喷 25mm 厚 PU 发泡剂，并用弹性腻子封至缝口。

5 界面缝采用刚性连接时，填充墙与框架柱或剪力墙相接处的灰缝必须饱满、密实，并应二次补浆勾缝，凹进墙面宜 5mm；填充墙砌至接近上层楼面的梁、板底时，应留空隙 100mm 高。空隙宜在填充墙砌完后 28d 用实心小砌块（90mm× 190mm× 53mm）斜砌挤紧，灰缝等空隙处的砂浆应饱满、密实。

6 填充墙与框架柱或剪力墙之间不埋设拉结钢筋，并相离 10mm～15mm；墙的两端与墙中 1/3 墙长处以及门窗洞口两侧各设 2 孔～3 孔配筋芯柱或构造柱，其纵筋的上下两端应采用预留钢筋、预埋铁件、化学植筋或膨胀螺栓等连接方式与主体结构固定；墙体内应按本条第 2 款的要求，在砌筑时每隔 2

皮小砌块沿墙长铺设 φ4 点焊钢筋网片；墙顶除芯柱或构造柱部位外，宜留 10mm～20mm 宽的缝隙，并按本条第 4 款的要求进行界面缝施工。填充外墙尚应在窗台与窗顶位置沿墙长设置现浇钢筋混凝土连系带，并与各芯柱或构造柱拉结。连系带宜用 U 型小砌块砌筑，内置的纵向水平钢筋应符合设计要求且不得小于 2φ12。

8.8.5 小砌块填充墙与框架柱、梁或剪力墙相接处的界面缝的正反两面，均应平整地紧贴墙、柱、梁的表面钉设钢丝直径为 0.5mm～0.9mm、菱形网孔边长 20mm 的热镀锌钢丝网。网宽应为缝两侧各 200mm，且不得使用翘曲、扭曲等不平整的钢丝网。固定钢丝网的射钉、水泥钉、骑马钉（U 形钉）等紧固件应为金属制品并配带垫圈或压板压紧。同时，在此部位的抹灰层面层及靠近面层的表面处，宜增设一层与钢丝网外形尺寸相同由聚酯纤维制成的无纺布或薄型涤棉平布。

8.8.6 小砌块填充墙内设置构造柱时，应按本规程第 8.7 节的规定进行施工。

8.8.7 填充墙中的芯柱施工除底部清扫口外，尚应在 1/2 柱高与柱顶处设置。芯柱纵向钢筋的下料长度应为 1/2 柱高加搭接长度，数量应为两根，并应同时放入中部的清扫口。一根纵筋应通过底部清扫口与本层楼面的竖向插筋或其他方式固定；另一根纵筋应在砌到墙顶时通过中部清扫口向上提升，在顶部清扫口与上层梁、板底的预留筋或其他方式连接。底部清扫口应在清除孔道内砂浆等杂物后先行封模；中部清扫口应在芯柱下半部的混凝土浇灌、振捣完成后封闭，并继续浇灌直至顶部清扫口下缘。顶部清扫口内应用 C20 干硬性混凝土或粗砂拌制的 1∶2 水泥砂浆填实。

8.8.8 小砌块填充外墙当采用带有锚栓的外保温系统时，其小砌块的强度等级不得低于 MU5.0 级且外壁厚度不得少于 30mm。

8.8.9 内嵌式填充外墙当采用复合保温小砌块砌筑时，宜将整个墙体外挑，其挑出宽度不得大于 50mm，且应沿墙底全长用经防腐处理的金属托条支承。托条宜采用一肢宽度为 40mm～50mm、厚度不小于 5mm 的不等边角钢或高强铝合金件，且与主体结构的梁、柱或墙固定。

8.8.10 填充外墙采用夹心复合保温小砌块砌筑时，宜采取外贴式外包框架柱；当采用内嵌式砌筑时，应按本规程第 8.8.9 条的要求将整个墙体外挑。

8.8.11 填充外墙采用夹心墙时，190mm 厚度的外叶墙不宜外挑并外包框架柱。框架柱外侧应按设计要求粘贴保温板或其他保温材料。保温夹心层（空腔）与 90mm 厚度的内叶墙可日后施工。内叶墙与框架柱连接应按本规程第 8.8.4 条第 1 款要求施工；当采用内嵌式砌筑时，应将 190mm 厚度的外叶墙外挑，并

按本规程第 8.8.9 条要求施工。保温夹心层（空腔）与 90mm 厚度的内叶墙可日后施工；当 90mm 厚度墙作外叶墙、190mm 厚度墙为内叶墙时，应采取不外挑的外贴式外包框架柱或按内嵌填充外墙进行砌筑，其施工要求应符合本规程第 8.5.4 条的规定。严禁内嵌式填充外墙将 90mm 厚度外叶墙外挑。

8.8.12 框架结构中的楼梯间、通道、走廊、门厅、出入口等人流通过的交通区域，该范围内的填充墙两侧墙面应分层抹 1∶2 水泥砂浆钢丝网面层，总厚度宜为 20mm。钢丝网的规格、尺寸应符合本规程第 8.8.5 条的要求。

8.9 单层房屋非承重围护墙体施工

8.9.1 小砌块用于生产性用房（厂房、车间、仓库等）与非生产性用房（食堂、练习房、多功能厅等）的单层房屋的非承重围护墙时，其砌筑要求应符合本规程第 8.4 节的有关规定。

8.9.2 围护墙与房屋主体结构钢筋混凝土柱连接的拉结筋为 2φ6 钢筋，竖向间距 400mm，埋入墙内水平灰缝中的长度不得小于 700mm；围护墙与钢柱间的连接构造、焊缝形式、焊缝长度和厚度应符合设计要求。

8.9.3 门窗洞口两侧的单排孔小砌块孔洞，应用 C20 普通混凝土或 LC20 轻骨料混凝土灌孔填实；双排孔或多排孔小砌块的孔洞宜填实后砌筑。

8.9.4 围护墙的窗台处，应设现浇或预制的钢筋混凝土窗台梁、板。当无窗台梁或窗台板时，应将窗台长度范围内的顶面一皮小砌块孔洞用 C20 混凝土填实；对插填聚苯板或其他绝热保温材料的小砌块应用 2mm 厚的钢板网封闭顶面，外抹 1∶2 水泥砂浆。

8.9.5 设有钢筋混凝土抗风柱的单层房屋的山墙，应在柱顶与屋架以及屋架间的支撑均已连接固定后，方可砌筑。

8.9.6 围护墙的壁柱与山墙的抗风柱应采用强度等级不得低于 MU7.5 级单排孔小砌块砌筑。相邻的上下皮小砌块应对孔搭砌，竖向通缝不得超过 3 皮，并应将壁柱与抗风柱范围内的所有孔用 Cb20 混凝土全高灌实。当柱的孔洞内设有纵向钢筋时，应按本规程第 8.10 节的要求进行施工。

8.9.7 清水围护墙应采用符合抗渗性指标要求的小砌块砌筑，除灰缝砌筑饱满、勾缝密实外，墙面应至少刷两遍中、高档弹性防水涂料。

8.9.8 围护墙上现浇圈梁、连梁、过梁等构件的施工，应符合本规程第 8.4.13～8.4.15 条的规定。

8.9.9 小砌块山墙顶部的斜坡或卧梁应用 C20 混凝土现浇，内埋铁件与屋面构件或纵向连系杆连接。

8.10 配筋小砌块砌体施工

Ⅰ 小砌块砌筑

8.10.1 配筋小砌块砌体应采用带功能缝的小砌块砌筑，并应符合本规程第 8.4 节和本节的要求。

8.10.2 灌孔混凝土墙、柱的每层第一皮应用带清扫口的小砌块砌筑。

8.10.3 设置墙体水平钢筋的小砌块槽口应在砌筑时按需随砌随蔽，且槽口应向下反砌。

8.10.4 小砌块水平灰缝砂浆宜铺一块砌一块；竖缝砂浆仅铺于小砌块端面两边缘部位，中间凹槽面不得铺灰，应为空腔。

8.10.5 砌筑时，应随砌随清理孔道内壁和竖缝空腔内被挤出的砂浆，并用原浆勾缝。

8.10.6 高层小砌块配筋砌体当采用夹心墙时，应按本规程第 8.5.4 条的规定进行施工。

Ⅱ 钢筋施工

8.10.7 配筋小砌块墙体内的水平钢筋应置于反砌小砌块的槽口内，并应对称位于墙体中心线两侧，水平中距宜为 80mm，用定位拉筋固定；水平筋的竖向间距应符合设计要求。环箍钢筋、S 形拉筋应埋置在水平灰缝砂浆层中，不得露筋。

8.10.8 墙、柱的纵向钢筋应按本规程第 8.6.3 条的要求进行穿孔安装。

8.10.9 配筋小砌块墙体内的上下楼层的纵向钢筋（竖筋），宜对称位于小砌块孔洞中心线两侧并相互搭接；竖筋在每层墙体顶部处应用定位钢筋焊接固定；竖筋表面离小砌块孔洞内壁的水平净距不宜小于 20mm。

8.10.10 环箍钢筋的两端应焊接闭合，且在同一平面。

8.10.11 独立柱与壁柱的每个小砌块孔洞中宜放置 1 根纵向钢筋，不应超过 2 根。当孔内设置 2 根时，两根钢筋的搭接接头不得在同一位置，应上下错开一个搭接长度的距离。

8.10.12 独立柱、壁柱的箍筋与拉筋应埋设在水平灰缝或灌孔混凝土中。箍筋与拉筋置于灌孔混凝土内时，应将其通过小砌块壁、肋的部位开出槽口。槽的宽度宜比箍筋或拉筋的直径大 2mm，高度宜为 50mm；箍筋与拉筋置于水平灰缝时，其直径不得大于 10mm。

Ⅲ 灌孔混凝土施工

8.10.13 灌孔混凝土浇灌前，应按工程设计图对墙、柱内的钢筋品种、规格、数量、位置、间距、接头要求及预埋件的规格、数量、位置等进行隐蔽工程验收。

8.10.14 墙肢较短的配筋小砌块砌体与独立柱，在浇灌混凝土前应有防止砌体侧向移位的措施。

8.10.15 灌孔混凝土应采用粗骨料粒径 5mm～16mm 的预拌混凝土。浇灌时，混凝土不得有离析现象。坍落度宜为 230mm～250mm。

8.10.16 灌孔混凝土浇灌应按本规程第 8.6.4～第 8.6.6 条及第 8.6.8 条要求执行，并符合下列规定：

1 采用混凝土泵浇灌时，混凝土应经浇灌平台再入模（墙、柱），不得直接灌入墙、柱内。

2 振捣时，应逐孔按顺序捣实。振动棒在小砌块各个孔洞内的插入深度宜一致，不得遗漏或重复振捣。

3 浇灌时，应防止混凝土流入非承重墙的小砌块孔洞内。

8.11 管线与设备安装

8.11.1 水、电等管线应按小砌块排块图的要求进行敷设安装，并应与土建施工进度密切配合。

8.11.2 设计规定或施工所需的孔洞、沟槽与预埋件等，应在砌筑时预留或预埋，不得在已砌筑的墙体上打洞和凿槽。设计更改或施工遗漏的少量孔洞、沟槽宜用石材切割机开设。

8.11.3 水、电、煤气管道的进户水平向总管应埋于室外地面下；竖向总管应敷设于管道井内或楼梯间等阴角部位。

8.11.4 照明、电信、有线电视等线路可采用内穿 12 号钢丝的白色增强塑料管。水平管线宜敷设在圈梁（连梁）模板内侧或现浇混凝土楼板（屋面板）中，也可埋于专供安装水平管的带凹槽的异型小砌块内，凹槽深 50mm，宽为 130mm；竖向管线应随墙体砌筑埋设在小砌块孔洞内或在墙内水平钢筋与小砌块孔洞内壁之间。管线出口处应采用 U 型小砌块（190mm×190mm×190mm）竖砌或用石材切割机开出槽口，内埋安装开关、插座的接线盒等配件，四周应用水泥砂浆填实且凹进墙面 2mm。

8.11.5 冷、热给水管应明装。当非配筋墙体需暗设时，水平管可敷设在带凹槽的异型小砌块内；立管宜安装在 E 型或 ┗ 型小砌块的开口孔洞中。给水管道经试水验收合格，应按本规程第 8.11.6 条的要求进行封闭。

8.11.6 安装在小砌块凹槽内与开口孔洞中的管道应用管卡与墙体固定，不得有松动、反弹现象。浇水湿润后用 1：2 水泥砂浆或 C20 干硬性细石混凝土填实凹槽，封闭面宜低凹于墙面 2mm。外设 10mm×10mm 直径为 0.5mm～0.9mm 的钢丝网。网宽应跨过槽、洞口，每边与墙搭接的宽度不得小于 100mm。

8.11.7 污水管、粪便管等排水管不论立管还是水平管均宜明管安装。

8.11.8 挂壁式的卫生设备安装宜用膨胀螺栓与墙体

固定。

8.11.9 电表箱、电话箱、水表箱、煤气表箱、有线电视铁盒及信报箱等应按设计要求在砌筑墙体时留设或明装。当安装表箱的洞口宽度大于400mm时，洞顶应设外形尺寸符合小砌块模数的钢筋混凝土过梁。

8.11.10 脱排油烟机和空调机的排气管与排水管应按集中排放的要求，预留出墙洞口的位置。在外墙面同一部位的上下洞口位置应垂直对齐，洞口直径的允许偏差为15mm，上下洞口位置偏移不得大于20mm。

8.12 门窗框安装

8.12.1 木门窗框两侧与非配筋墙体连接处的上、中、下部位，宜砌入单排孔小砌块（190mm×190mm×190mm）。孔洞内应预埋满涂沥青的楔形木块，其端头小的端面应与小砌块洞口齐平，四周用C20混凝土填实，或砌入3皮一顺一丁的实心小砌块（90mm×190mm×53mm）。木门窗框应用铁钉与木块连接或用射钉、膨胀螺栓与实心小砌块固定。

8.12.2 配筋小砌块墙体及非配筋墙体的门窗洞口两侧的小砌块用C20普通混凝土或LC20轻骨料混凝土填实时，门窗框与墙间的连接件可采用射钉或膨胀螺栓固定，其施工方法同实心混凝土墙体（剪力墙）的门窗安装。

8.12.3 工业建筑、公共建筑及单层房屋中的大型、重型及组合式的门窗安装，应按设计要求在洞边和洞顶现浇钢筋混凝土门窗框与过梁。夹心墙上的门窗洞现浇钢筋混凝土框时，应按本规程第8.5.4条要求与内、外叶墙连接。

8.12.4 外墙门窗框与墙体间空隙的室外一侧应采用外墙弹性腻子封闭，室内侧及内墙门窗框与墙的间隙处均应用聚氨酯泡沫填缝剂（PU）充填。

8.12.5 外墙为外保温系统时，门窗框与墙体之间预留的缝隙宽度应考虑保温层的厚度。整个保温系统遮盖门窗框的宽度不应大于20mm。

8.13 墙体节能工程施工

8.13.1 小砌块外墙保温系统各组成部分的构造、材料性能、技术要求及保温系统的整体性能与试验方法应符合国家现行标准《外墙外保温工程技术规程》JGJ 144、《建筑节能工程施工质量验收规范》GB 50411、《膨胀聚苯板薄抹灰外墙外保温系统》JG 149、《胶粉聚苯颗粒外墙外保温系统》JG 158、《喷涂硬质聚氨酯泡沫塑料》GB/T 20219、《硬泡聚氨酯保温防水工程技术规范》GB 50404、《建筑保温砂浆》GB/T 20473等标准的规定。

8.13.2 外墙饰面层面砖的胶粘剂、勾缝剂的性能应分别符合现行行业标准《陶瓷墙地砖胶粘剂》JC/T 547与《陶瓷墙地砖填缝剂》JC/T 1004的要求。

8.13.3 外墙饰面层涂料的性能应符合现行国家标准《合成树脂乳液外墙涂料》GB/T 9755的要求。

8.13.4 施工现场应对下列材料的性能进行见证取样送检复验：

　　1 保温材料的导热系数、密度、抗压强度或压缩强度。

　　2 粘贴保温板的胶粘剂、面砖胶粘剂的粘结强度。严寒和寒冷地区尚应进行冻融试验，其试验结果应符合当地最低气温环境的使用要求。

　　3 耐碱涂塑玻璃纤维网格布、热镀锌电焊钢丝网的力学性能、抗腐蚀性能。

　　4 锚栓的抗拉承载力。

8.13.5 施工现场应对下列项目进行拉拔试验：

　　1 膨胀聚苯板、聚氨酯硬泡保温板、岩棉板等保温板材与基层的粘结强度；

　　2 后置入的锚栓锚固力；

　　3 饰面砖与防护层或基层的粘结强度。

8.13.6 组成小砌块外墙保温系统的各构造层的施工工序，均应列为隐蔽工程验收项目，每道工序验收合格方可进入下一施工顺序。

8.13.7 小砌块外墙保温系统施工前，墙体基层或找平层应平整、干净，不得有杂物、油污，其表面平整度的允许偏差应为4mm，立面垂直度允许偏差为5mm。

8.13.8 保温层表面的平整度、垂直度及阴阳角方正的偏差均不超过4mm时，方可进行抗裂砂浆或抹面胶浆防护层施工。

8.13.9 抗裂砂浆或抹面胶浆防护层表面的平整度、垂直度及阴阳角方正的偏差均不超过3mm时，方可进行饰面层施工。

8.13.10 膨胀聚苯板、聚氨酯硬泡保温板、岩棉板等保温板材的粘贴应符合下列规定：

　　1 保温板粘贴宜采用满粘法。

　　2 膨胀聚苯板出厂前应在自然条件下陈化42d或在60℃蒸气中陈化5d。陈化时间不足的膨胀聚苯板不得上墙粘贴。

　　3 墙体找平层表面应按排板图的要求弹线标明每一行保温板的粘贴位置。粘贴顺序应自下而上沿水平方向横向铺贴，上下相邻两行板缝应错缝搭接；墙体阴阳角部位应搓口咬合；门窗洞口处应用整板粘贴，板间接缝离洞口四角不得小于200mm。现场裁切保温板的切口边缘应平直。

　　4 膨胀聚苯板不得用于高度100m及以上的居住建筑和高度50m及以上的公共建筑外墙外保温工程。

8.13.11 外墙外保温系统锚栓施工应符合下列规定：

　　1 锚栓应采用拧入打结式。螺钉应用不锈钢或镀锌的沉头自攻钢钉，锌的涂层厚度不得小于5μm；膨胀套管外径应为7mm～10mm，用尼龙6或尼龙66制成，不得使用回收的再生材料，且应带大于φ50塑料圆盘压住保温板或带 U 形金属压盘固定钢丝网。单个锚栓抗拉承载力标准值不得小于 0.8kN。

2 锚栓安装应在保温板粘贴 24h 后进行。锚栓孔应采用旋转方式钻孔并清孔。孔深应大于锚栓长度至少 20mm，锚入墙体小砌块内的有效深度不得少于 25mm。当房屋高度为 20m 及以下时，锚栓数量不宜少于 6 个/m²；房屋高度超过 20m 时宜为 8 个/m²，且墙体阳角两侧各 2.4m 宽的部位宜每平方米增加 2 个。板的四角、中心部位及板长边的中间点位置均应设置锚栓。

8.13.12 膨胀聚苯板薄抹灰的抹面胶浆防护层厚度不应小于 3mm，也不宜大于 6mm，并分底、面两层。底层抹面胶浆可直接抹在膨胀聚苯板面上，厚度宜为 2mm～3mm。耐碱涂塑玻璃纤维网格布（以下简称耐碱网布或网布）应及时进行铺贴。门窗洞口四角和墙体阴阳角等处的加强型耐碱网布应先平整压入底层胶浆中，连续铺贴的大面积普通型网布应压盖局部、分散的加强型网布，不得褶皱、空鼓、翘边。耐碱网布间竖、横向搭接宽度均不宜少于 100mm；墙体阳角处网布的转角包边宽度应为 200mm，阴角处的转角搭接宽度不得少于 150mm。面层抹面胶浆应在底层胶浆稍干涂抹，厚度宜为 1mm～3mm，并应全遮盖耐碱网布。

8.13.13 胶粉聚苯颗粒保温浆料（以下简称保温浆料或浆料）施工前，应在墙体基层表面涂刷或滚刷界面砂浆，厚度宜为 2mm。界面砂浆中的水泥与中细砂应先均匀混合成干混料，使用时拌入界面剂。

8.13.14 保温浆料施工应符合下列要求：

1 保温浆料应为袋装干混预拌料。施工现场取样的保温浆料干密度宜为 180kg/m³～250kg/m³。施工中应制作同条件养护试件，并见证取样送检。

2 保温浆料层的厚度、平整度与垂直度的控制应按外墙抹灰工艺的要求进行。施工时，应分遍抹浆料，每遍厚度不宜超过 20mm，且间隔时间应大于 24h。第一遍浆料应抹压实，面层浆料应平整，厚度宜为 10mm。浆料与基层及各构造层之间的粘结必须牢固，不应脱层、空鼓和开裂。保温浆料应随拌随用，并在 4h 内用完，回收落地的保温浆料应及时拌合使用。

3 在严寒和寒冷地区，不得将浆料类外墙外保温系统作为单一的外保温材料使用，但可与高效保温材料复合应用。

8.13.15 抗裂砂浆应由 42.5 级普通硅酸盐水泥、中砂、抗裂剂按 1∶3∶1 重量比组成。预拌干混抗裂砂浆应按照该产品的使用要求加水拌合，并宜在 2h 内用完。稠度宜为 80mm～130mm。

8.13.16 抗裂砂浆防护层采用耐碱网布增强时，其底层厚度宜为 2mm～3mm。耐碱网布应按本规程第 8.13.12 条的要求进行铺贴，但房屋首层（底层）外

墙面应粘贴双层耐碱网布，第一层加强型耐碱网布可采用平缝对接，第二层普通型耐碱网布应搭接。铺贴顺序应先抹抗裂砂浆并及时压入第一层耐碱网布，再抹抗裂砂浆压入第二层耐碱网布，上下两层耐碱网布搭接位置应错开。首层墙体阳角部位在第一层耐碱网布铺贴后应及时安装 35mm×35mm×0.5mm 的金属护角并压实；抹第二遍抗裂砂浆压第二层耐碱网布时，应包裹整个护角。面层抗裂砂浆应在底层抗裂砂浆稍干涂抹，厚度宜为 1mm～3mm，并应全覆盖所有的耐碱网布。

8.13.17 饰面层为面砖时，抗裂砂浆防护层中的增强网应采用热镀锌电焊钢丝网（以下简称钢丝网）代替耐碱网布，并应用锚栓固定。

8.13.18 抗裂砂浆防护层采用钢丝网增强时，其底层厚度宜为 3mm～5mm；面层砂浆应在钢丝网铺设完成并检查合格后涂抹，厚度宜为 5mm～7mm，且应全覆盖钢丝网。砂浆层总厚度宜为（10±2）mm。

8.13.19 外墙外保温系统中钢丝网施工应符合下列要求：

1 钢丝网丝径宜为 0.9mm，网孔尺寸为 12.5mm×12.5mm，并用克丝钳剪成长度不超过 3m，宽度宜为楼层高度的网片并找平。墙体阴阳角和门窗洞口部位的钢丝网应用专用成型机将其预先折成方正直角。

2 钢丝网应按从上到下、自左至右的顺序铺设，并将呈弧形弯曲面的钢丝网内侧面朝向抗裂砂浆底层，不得有凸鼓、褶皱和翘曲等现象。钢丝网应用带金属 U 形压盘的尼龙锚栓固定。锚栓安装与钢丝网铺设应前后配合同步进行。锚栓锚入墙体小砌块内的深度不得少于 25mm，间距宜为 400mm，呈梅花状布置。局部铺设不平整之处，宜用 12 号镀锌钢丝制作的 U 形卡压平固定。钢丝网的竖、横向搭接宽度应大于 50mm，并用 22 号镀锌钢丝绑扎连接。钢丝网在墙体阳角部位应转角包边，宽度不得少于 200mm，在阴角处的弯折宽度应为 150mm。门窗洞侧面、女儿墙、变形缝等处的钢丝网应用带金属 U 形压盘的尼龙锚栓或带钢垫片的水泥钉与墙体固定。

8.13.20 小砌块外墙采用岩棉板外墙外保温系统施工应符合下列要求：

1 岩棉板的性能应符合现行国家标准《建筑用岩棉、矿渣棉绝热制品》GB/T 19686 和《绝热用岩棉、矿渣棉及其制品》GB/T 11835 的规定。

2 岩棉板外墙外保温系统应采用耐碱网布和钢丝网"双网"增强网结构。

3 岩棉板表面应涂刷界面砂浆后方可进行下一道工序。

4 当饰面层为涂料时，钢丝网应直接铺设在岩棉保温板板面，抗裂砂浆防护层应覆盖耐碱网布；当饰面层为面砖时，耐碱网布应压入底层抗裂砂浆并紧

贴岩面板板面，钢丝网应铺设在网布外侧，并用锚栓固定。面层抗裂砂浆应全覆盖钢丝网。

5 采用面砖饰面时，岩棉板的抗拉强度应大于0.015MPa；耐碱网布的经、纬向耐碱断裂强力应大于1250N/50mm。

8.13.21 小砌块外墙采用泡沫玻璃保温系统的施工应符合下列要求：

1 泡沫玻璃的性能应符合现行行业标准《泡沫玻璃绝热制品》JC/T 641的规定。

2 泡沫玻璃可用于内、外保温系统，其各部分的构造层均应为：墙体基层、粘贴层、泡沫玻璃保温层、防护层和饰面层组成。

3 当粘结层使用胶粘剂粘贴泡沫玻璃时，应符合本规程第8.13.10条的规定，可不设锚栓固定。

4 抗裂砂浆防护层应按本规程第8.13.15条和第8.13.16条的规定施工。耐碱网布应视工程情况按需设置。

5 外墙室外饰面层应使用乳液型弹性外墙涂料；外墙室内饰面层可用涂料、墙纸或粘贴纸面石膏板。

8.13.22 小砌块外墙采用喷涂聚氨酯硬泡外墙外保温系统施工应符合下列要求：

1 喷涂聚氨酯硬泡保温层前，墙体基层应先抹聚氨酯底漆或抹面胶浆。

2 喷涂施工时的环境温度宜为10℃～40℃，风速不应大于5m/s三级风。当施工环境温度低于10℃时，应有保证喷涂质量的措施。

3 喷枪口距作业面的距离不宜超过1.5m，且应遮挡、保护门窗、阳台等不需喷涂的部位和部件。

4 聚氨酯硬泡的喷涂厚度标志应均匀布设整个墙面。每次喷涂厚度宜为10mm，不得流淌。上一层喷涂的聚氨酯硬泡表面不粘手时，方可喷涂下一层。

5 喷涂后的聚氨酯硬泡保温层应充分熟化后方可进行下道工序施工。

6 不平整的聚氨酯硬泡保温层表面应抹界面砂浆层与保温浆料或保温砂浆找平层。

7 抗裂砂浆覆盖增强网的施工要求应符合本规程第8.13.16条和第8.13.18条的规定。

8.13.23 小砌块夹心墙中的保温层为现场浇注聚氨酯硬泡、发泡脲醛树脂或泡沫混凝土保温材料时，应符合下列要求：

1 浇注聚氨酯硬泡、发泡脲醛树脂或泡沫混凝土保温材料前，每层内、外叶墙的砌筑、勾缝等工序应完成，且夹心墙空腔部位的门窗等洞口周边应严密封闭，不得渗漏。

2 浇注时，小砌块墙体的砌筑砂浆强度等级不得低于1MPa。

3 浇注应采取循环、连续、间隔的浇注方式进行作业，一次浇注高度宜为350mm～500mm。

4 浇注后，在墙顶圈梁等楼、屋面构件尚未施

工前，应予遮盖保护。

5 泡沫混凝土的导热系数、干密度、抗压强度等性能指标应符合墙体节能设计的要求。

6 泡沫混凝土宜采用预拌混凝土，或在现场制备，就地浇注，两种拌制方式，均应见证取样送检复验。

8.13.24 单排孔小砌块墙体灌注聚氨酯硬泡、发泡脲醛树脂或泡沫混凝土时，应符合下列要求：

1 灌注的保温材料其导热系数、密度、强度等性能指标应符合墙体节能设计的规定。

2 墙体交接处应设构造柱，且不留马牙槎口，应采用平直缝及拉结筋连接。在墙体T形结合处，内墙紧邻构造柱的第一块小砌块从墙底到墙顶均应用复合保温小砌块或紧靠构造柱的端面粘有厚度10mm～20mm聚苯板的小砌块砌筑。

3 每层外墙的第一皮小砌块应设清扫口。当孔洞内的杂物清理完成并在灌注绝热保温材料前应封闭。

4 过梁、圈梁应为节能型现浇钢筋混凝土构件。

5 保温材料的灌注应按房屋楼层分层进行，且所灌注的墙体其砌筑及墙内管线埋设等作业已经完成。

6 灌注时，小砌块砌体的砌筑砂浆强度等级应达到1MPa及以上。

8.13.25 小砌块墙体采用保温砂浆保温时，应符合下列要求：

1 保温砂浆施工前，应对小砌块墙体基层（找平层）进行界面处理。

2 保温砂浆分层厚度不应大于20mm。保温砂浆层的厚度宜为10mm～30mm，且应分遍施工，每遍的砂浆厚度不宜大于10mm。后一遍保温砂浆应在前一遍保温砂浆初凝且表面有一定强度后方可施工。抹时可适度用力，但不宜过大，不得在同一部位反复抹压。

3 保温砂浆的外保温抹灰顺序应由上向下，内保温可由顶层开始。墙体阳角、门窗洞口、踢脚线等易被碰撞的部位应用水泥砂浆做护角或踢脚线。

4 保温砂浆层的表面应用聚合物抗裂砂浆层罩面，厚度宜为3mm～5mm。抗裂砂浆层内应压贴耐碱网布。

5 饰面层材料应采用涂料。

6 施工中应制作同条件养护试件，检测其导热系数、干密度和抗压强度，并应见证取样送检。

8.13.26 外墙外保温防火隔离带设置应符合国家现行有关标准的规定。

8.13.27 外保温施工时，对聚苯板、聚氨酯等非A级保温材料的保管、使用应有防火应急预案，并实行全过程、全方位的防火监控与设防。

8.13.28 饰面层应采用乳液型弹性外墙涂料。施工时，防护层应干燥，并应按"一底二面"分遍涂刷。

对要求较高的工程可增加涂层的遍数。后一遍涂料的涂刷应待前一遍涂料表面干燥后方可进行。避免在大风、强日照的天气条件下施工。

8.13.29 饰面层面砖施工应符合下列要求：

1 面砖自重不应大于 30kg/m²，厚度宜为 8mm～10mm，砖面尺寸长度×宽度应小于或等于 300mm×300mm 或 200mm×400mm，单块面积不应大于 0.09m²，吸水率应在 3%以下，且砖背面应有燕尾槽。

2 面砖粘贴应在表面拉毛的抗裂砂浆层完成且稍湿养护 7d 后进行。粘结层厚度宜为 3mm～5mm，应采用满粘法自上而下粘贴，必须粘贴牢固，不得出现空鼓。面砖间的缝宽不应小于 5mm，不得密缝粘贴。

3 面砖勾缝剂应为高憎水型，并具有柔性。勾缝施工离面砖完工时间应至少相隔 2d。勾缝应按先平缝后竖缝的顺序进行，且应连续、平直、光滑、无裂纹、无空鼓。缝深不宜大于 2mm，可采用平缝。

8.13.30 房屋楼层数的 1/4～1/5 的顶部楼层，其室内抹灰及装饰装修宜在屋面保温层乃至整个屋面工程完工后进行。

8.13.31 房屋外墙抹灰及外保温工程应待屋面工程全部完工后进行。

8.13.32 墙面抹灰前及设有钢丝网的部位，应先用有机胶拌制的水泥浆或界面剂等材料满涂后，方可进行抹灰施工。

8.13.33 抹灰前墙面不宜洒水。天气炎热干燥时可在操作前 1h～2h 适度喷水。

8.13.34 墙面抹灰应分层进行，总厚度宜为 15mm～20mm。

8.14 雨期、冬期施工

8.14.1 雨量为小雨及以上时，应停止砌筑，并对已砌筑的砌体与堆放在室外的小砌块进行遮盖。继续砌筑时，应先复核砌体垂直度。

8.14.2 室外日平均气温连续 5d 稳定低于 5℃或气温骤然下降以及冬期施工期限以外的日最低气温低于 0℃时，均应采取冬期施工措施。

8.14.3 冬期施工，砌筑砂浆的稠度应视实际情况适当减小。日砌筑高度不宜超过 1.2m。

8.14.4 小砌块砌体冬期施工应按国家现行标准《砌体结构工程施工质量验收规范》GB 50203 和《建筑工程冬期施工规程》JGJ/T 104 的规定执行。

8.14.5 冬期小砌块砌体施工所用的材料，应符合下列要求：

1 不得使用表面结冰的小砌块；

2 砌筑砂浆宜用普通硅酸盐水泥拌制；

3 石灰膏应防止受冻；遭冻结的石灰膏应融化后使用；

4 砌筑砂浆、构造柱混凝土和灌孔混凝土所用的砂与粗骨料不得含有冰块和直径大于 10mm 的冻结块；

5 拌合砌筑砂浆时，水的温度不得超过 80℃，砂的温度不得超过 40℃，砂浆稠度宜较常温减小；

6 干粉砂浆应按需适量拌制，随拌随用；

7 现场拌制、储存与运送砂浆应有冬期施工措施。

8.14.6 冬期施工应及时用保温材料对新砌砌体进行覆盖，砌筑面不得留有砂浆。继续砌筑前，应清扫砌筑面。

8.14.7 冬期施工时，砌筑砂浆的强度等级应视气温的高低比常温施工至少提高 1 级。

8.14.8 冬期施工时，砌筑砂浆试块的留置除应按常温规定外，尚应增留不少于 1 组与砌体同条件养护的试块，测试检验 28d 强度。

8.14.9 砌筑砂浆使用时的温度不应低于 5℃。

8.14.10 记录冬期砌筑的施工日记除应按常规要求外，尚应记载室外空气温度、砌筑时砂浆温度、外加剂掺量以及其他有关数据。

8.14.11 构造柱混凝土与灌孔混凝土的冬期施工应按现行行业标准《建筑工程冬期施工规程》JGJ/T 104 的规定执行。

8.14.12 基土无冻胀性时，基础可在冻结的地基上砌筑；基土有冻胀性时，应在未冻的地基上砌筑。在基槽、基坑回填土前应采取防止地基遭受冻结的措施。

8.14.13 小砌块砌体不得采用冻结法施工。配筋小砌块砌体与埋有未经防腐处理的钢筋及钢筋网片的砌体，不得使用掺氯盐的砌筑砂浆。

8.14.14 采用掺外加剂法时，其掺量应由试验确定，并应符合现行国家标准《混凝土外加剂应用技术规范》GB 50119 的规定。

8.14.15 采用暖棚法施工时，小砌块和砂浆在砌筑时的温度不应低于 5℃，同时离所砌的结构底面 500mm 处的棚内温度也不应低于 5℃。

8.14.16 暖棚内的小砌块砌体养护时间，应根据暖棚内的温度按表 8.14.16 确定。

表 8.14.16 暖棚法小砌块砌体的养护时间

暖棚内温度(℃)	5	10	15	20
养护时间不少于(d)	6	5	4	3

8.14.17 雨期、冬期不得进行外墙外保温工程与涂料、面砖饰面施工。

9 工 程 验 收

9.1 一 般 规 定

9.1.1 小砌块砌体工程验收应按检验批验收、分项工程验收、子分部工程验收的程序依次进行。

9.1.2 检验批的数量及范围可按楼层及施工段数确定，不应超过 250m³ 小砌块砌体，且应为同质材料及同强度等级的砌体；小砌块基础砌体，可按一个楼层数计；小砌块填充墙砌体的量很少时，可将几个楼层的同质材料及同强度等级的填充墙砌体合为一个检验批。

9.1.3 检验批验收时，其主控项目应全部符合本章的规定；一般项目应有 80% 及以上的抽检处符合本章的规定；允许偏差项目的最大超差值，不得大于允许偏差值的 1.5 倍。

9.1.4 检验批的工程质量不符合要求时，应按现行国家标准《建筑工程施工质量验收统一标准》GB 50300 的规定执行。

9.1.5 子分部工程验收时，应对小砌块砌体工程的观感质量作出总体评价。

9.1.6 对有裂缝的小砌块砌体应分别按下列情况进行验收：

1 有可能影响结构安全性的砌体裂缝，应由有资质的检测单位检测鉴定。凡返修或加固处理的部分，应符合使用要求并进行再次验收。

2 不影响结构安全性的砌体裂缝，应予以验收。有碍使用功能和观感效果的裂缝，应进行遮蔽处理。

9.1.7 通过返修或加固处理仍不能满足安全使用要求的子分部工程，严禁验收。

9.1.8 小砌块砌体工程验收时，应提供下列文件和资料：

1 小砌块（含复合保温砌块、夹心复合保温砌块）、水泥、钢材等原材料的合格证书、产品性能检测报告和复验报告；

2 砌筑砂浆（含保温砌筑砂浆）和混凝土的配合比报告；

3 砌筑砂浆（含保温砌筑砂浆）和混凝土试件抗压强度试验报告；

4 施工记录；

5 配筋小砌块墙体实体检测记录；

6 钢筋施工隐蔽工程验收记录；

7 夹心墙保温层施工隐蔽工程验收记录；

8 填充墙界面缝施工记录；

9 各检验批的主控项目、一般项目质量验收记录；

10 分项工程质量验收记录；

11 子分部工程质量验收记录；

12 施工质量控制资料；

13 重大技术问题处理记录；

14 修改及变更设计的文件和资料；

15 其他必要提供的资料。

9.1.9 配筋小砌块砌体剪力墙应进行结构实体检验，其灌孔混凝土的强度应以在混凝土浇筑入模处取样制备并与结构实体同条件养护的试件强度为依据，并应采用非破损（超声波检测）或局部破损（钻孔取芯）的方法进行检测验证。同条件养护的试件留置数量与强度判定应按现行国家标准《混凝土强度检验评定标准》GB/T 50107 和《混凝土结构工程施工质量验收规范》GB 50204 的规定执行。

9.1.10 填充墙砌体与钢筋混凝土柱（墙、梁）间的界面缝施工应列为隐蔽工程验收。

9.1.11 小砌块墙体保温工程验收应按现行国家标准《建筑节能工程施工质量验收规范》GB 50411 的规定执行。

9.2 小砌块砌体工程

Ⅰ 主控项目

9.2.1 小砌块的强度等级必须符合设计要求，其中复合保温砌块与夹心复合保温砌块中的绝热保温材料的材性、数量、位置、厚度等尚应符合小砌块墙体节能设计要求。

检查数量：

1 产地（厂家）相同的原材料以同一生产时间、配合比例、生产工艺、成型设备所生产的同强度等级的每 1 万块标准小砌块（或用于配筋砌体的带功能缝的标准小砌块）至少应抽检一组；用于房屋的基础和底层的小砌块抽检数量不应少于 2 组。

2 在材料、配比、工艺、设备、参数、规格及型号都相同的条件下，不带功能缝的 5 块小砌块抗压强度平均值应等于或大于带功能缝的 5 块小砌块抗压强度平均值的 1.1 倍。同时，单块带缝与不带缝小砌块的最小抗压强度值均不得小于各自平均值的 80%。

检验方法：检查小砌块的产品合格证书和试验、复验报告。

9.2.2 砌筑砂浆的强度等级必须符合设计要求，其中保温砌筑砂浆的导热系数、密度等性能指标尚应符合小砌块墙体节能设计要求。

检查数量：现场拌制的砌筑砂浆与干混砂浆的抽检应符合本规程第 8.2.11 条的规定；预拌砂浆以每次进入施工现场的数量为一检验批。

检验方法：检查砌筑砂浆试块的试验报告。预拌砂浆尚应检查砂浆合格证书、配合比报告和施工记录。

9.2.3 小砌块砌体的水平灰缝砂浆饱满度应按扣除小砌块孔洞后的净面积计算，不得小于 90%；竖向灰缝饱满度不应小于 90%，且不得有透光缝与假缝存在。配筋小砌块砌体的竖缝饱满度不计凹槽部位的面积。

检查数量：每检验批不得少于 5 处。

检验方法：用专用百格网检测小砌块与砂浆粘结痕迹。每处检测 3 块小砌块，取其平均值。

9.2.4 除应设置构造柱的部位外，墙体转角和纵横墙交接处应同时砌筑。临时间断处应砌成斜槎。斜槎水平投影长度不应小于其高度的 2/3。

检查数量：每检验批抽检不应少于 5 处。

检验方法：观察检查。

Ⅱ 一般项目

9.2.5 墙体的水平灰缝厚度和竖向灰缝宽度宜为 10mm，不得大于 12mm，也不应小于 8mm。

检查数量：每检验批抽检不得少于 5 处。

检验方法：用尺量 5 皮小砌块的高度和 2m 长度的墙体进行折算。

9.2.6 小砌块砌体的轴线、垂直度与一般尺寸的允许偏差值以及检验要求应符合表 9.2.6 的规定。

表 9.2.6 小砌块砌体的轴线、垂直度与一般尺寸的允许偏差

项次	项 目			允许偏差（mm）	检验方法	抽检数量
1	轴线位移			10	用经纬仪和尺或用其他测量仪器检查	承重墙、柱全数检查
2	基础、墙、柱顶面标高			±15	用水准仪和尺检查	不应少于 5 处
3	墙面垂直度	每层		5	用 2m 托线板检查	不应少于 5 处
		全高	≤10m	10	用经纬仪、吊线和尺或用其他测量仪器检查	外墙全部阳角
			>10m	20		
4	表面平整度	清水墙、柱		5	用 2m 靠尺和楔形塞尺检查	不应少于 5 处
		混水墙、柱		8		
5	水平灰缝平直度	清水墙		7	拉 5m 线和尺检查	不应少于 5 处
		混水墙		10		
6	门窗洞口高、宽（后塞口）			±10	用尺检查	不应少于 5 处
7	外墙上下窗口偏移			20	以底层窗口为准，用经纬仪或吊线检查	不应少于 5 处

9.3 配筋小砌块砌体工程

Ⅰ 主控项目

9.3.1 配筋小砌块砌体中的小砌块与砌筑砂浆的检验应符合本规程第 9.2.1 条和第 9.2.2 条的规定。

9.3.2 钢筋的品种、级别、规格、数量和设置部位应符合设计要求。

检查数量：按设计图全数检查。

检验方法：检查钢筋的合格证书、钢筋性能试验报告、隐蔽工程记录。

9.3.3 芯柱的混凝土、构造柱的混凝土及配筋小砌块砌体的灌孔混凝土的强度等级应符合设计要求。

检查数量：

1 每一检验批砌体中的芯柱、构造柱至少各应制作一组标准养护试块，验收批砌体试块不得少于 3 组。

2 配筋小砌块砌体的灌孔混凝土以灌注一个楼层或一个施工段墙体的同配合比的浇灌量为一检验批，其取样不得少于一次，并应至少留置一组标准养护试块；同一检验批的同配合比浇灌量超过 100m³ 时，其取样次数和标准养护试件留置组数应相应增加。同条件养护试件的留置组数应按工程实际需要确定，但不应少于 6 组。

检验方法：检查混凝土试块试验报告和施工记录。

9.3.4 构造柱与小砌块砌体连接处的马牙槎砌筑应符合本规程第 8.7.2 条的规定。槎口处的拉结钢筋直径、位置与垂直间距应正确，施工中不得随意弯折，且垂直位移不应超过一皮小砌块的高度。每一构造柱的拉结钢筋垂直移位和槎口尺寸偏差不应超过 2 处。

检查数量：每检验批抽检不得少于 5 处。

检验方法：观察与测量检查。

9.3.5 芯柱的混凝土应按本规程第 8.6.9 条的规定在预制楼板处全截面贯通，不得被楼盖截断。

检查数量：每检验批抽检不应少于 5 处。

检验方法：观察检查。

9.3.6 配筋小砌块砌体的竖向和水平向受力钢筋锚固长度与搭接长度应符合设计要求。

检查数量：每检验批抽检不应少于 5 处。

检验方法：尺量检查。

Ⅱ 一般项目

9.3.7 构造柱位置及垂直度的允许偏差应符合表 9.3.7 的规定。

表 9.3.7 构造柱尺寸允许偏差

项次	项 目			允许偏差（mm）	检查方法
1	柱中心线位置			10	用经纬仪和尺量检查
2	柱层间错位			8	用经纬仪和尺量检查
3	柱垂直度	每层		5	用吊线法和尺量检查
		全高	≤10m	10	用经纬仪或吊线法和尺量检查
			>10m	20	

检查数量：每检验批抽检不得少于 5 处。

9.3.8 墙体水平灰缝内的直钢筋、钢筋网片、环箍状钢筋、S形拉筋均应被砂浆层包裹，不得外露。

　　检查数量：每检验批抽检不得少于 5 处。

　　检验方法：观察检查。

9.3.9 配筋小砌块砌体中的受力钢筋保护层厚度与凹槽中水平钢筋间距的允许偏差值均应为 ±10mm。

　　检查数量：每检验批抽检不应少于 5 处。

　　检验方法：检查保护层厚度应在浇筑灌孔混凝土前进行观察并用尺量；检查水平钢筋间距可用钢尺连续量三档，取最大值。

9.4　填充墙小砌块砌体工程

Ⅰ　主控项目

9.4.1 小砌块和砌筑砂浆的强度等级应符合设计要求，其中复合保温砌块与夹心复合保温砌块中的绝热保温材料及保温砌筑砂浆的导热系数、密度等性能指标尚应符合小砌块填充墙体节能设计要求。

　　检查数量：按本规程第 9.2.1 条的规定执行。

　　检验方法：检查小砌块的产品合格证书、产品性能检测报告、强度试验（复验）报告和砌筑砂浆试块试验报告，并应按本规程第 9.2.1 条的规定进行抽检与检验。

9.4.2 小砌块填充墙砌体与房屋主体结构间的连接构造应符合设计要求。

　　检查数量：每检验批抽检不应少于 5 处。

　　检验方法：观察检查，并应有全施工过程的影像资料。

9.4.3 当小砌块填充墙与框架柱（剪力墙、框架梁）之间的拉结筋，采用化学植筋方式连接时，应进行实体检测。拉结钢筋非破坏的拉拔试验其轴向受拉的承载力不应小于 6.0kN，且钢筋无滑移，基材不得有裂缝；在 2min 持荷时间内，载荷值降低不得大于 5%。化学植筋的锚固力检验抽样判定应符合本规程附录 G 的规定。

　　检查数量：按表 9.4.3 确定。

表 9.4.3　检验批抽检锚固钢筋样本最小容量

检验批的容量	样本最小容量	检验批的容量	样本最小容量
≤90	5	281～500	20
91～150	8	501～1200	32
151～280	13	1201～3200	50

　　检验方法：原位试验检查。

Ⅱ　一般项目

9.4.4 同一柱、墙体，应使用同厂家、同品种、同材质、同强度等级的小砌块砌筑，不得混砌。

　　检查数量：每检验批抽检不应少于 5 处。

　　检验方法：外观检查。

9.4.5 填充墙小砌块砌体的砂浆饱满度及检验方法应符合表 9.4.5 的规定。

　　检查数量：每检验批抽检不应少于 5 处。

表 9.4.5　填充墙小砌块砌体的砂浆饱满度及检验方法

砌体名称	灰缝位置	饱满度要求	检验方法
小砌块砌体	水平	≥90%	采用百格网检查小砌块的底面或侧面砂浆粘结痕迹面积
	垂直（竖向）	≥90%，不得有透明缝、瞎缝、假缝	

9.4.6 预留的或植筋的拉结钢筋均应置于填充墙砌体水平灰缝中，不得露筋。拉结钢筋的直径、数量、竖向间距及墙内的埋设长度应符合设计要求。竖向位置的偏差不得超过一皮小砌块高度。

　　检查数量：每检验批抽检不应少于 5 处。

　　检验方法：观察和尺量检查。

9.4.7 填充墙上下相邻皮小砌块应错缝搭砌。

　　检查数量：每检验批抽检不应少于 5 处。

　　检验方法：观察和尺量检查。

9.4.8 填充墙小砌块砌体的灰缝厚度和宽度宜为 10mm，不得小于 8mm，也不应大于 12mm。

　　检查数量：每检验批抽检不应少于 5 处。

　　检验方法：用尺量 5 皮小砌块的高度和 2m 长度的墙体进行折算。

9.4.9 填充墙小砌块砌体一般尺寸的允许偏差和检验方法应符合表 9.4.9 的规定。

　　检查数量：每检验批抽检不应少于 5 处。

表 9.4.9　填充墙小砌块砌体一般尺寸允许偏差

项次	项目		允许偏差（mm）	检验方法
1	轴线位移		10	尺量检查
	垂直度	墙高≤3m	5	用 2m 托线板或吊线、尺量检查
		墙高>3m	10	
2	表面平整度		8	用 2m 靠尺和楔形塞尺检查
3	门窗洞口高、宽（后塞口）		±10	尺量检查
4	外墙上、下窗口偏移		20	用经纬仪或吊线和尺量检查

附录 A　单排孔普通混凝土砌块灌孔砌体抗压强度设计值

A.0.1 单排孔普通混凝土砌块灌孔砌体抗压强度设计值应符合表 A.0.1-1～表 A.0.1-4 的规定。

表 A. 0. 1-1　$\delta=0.49$，$\rho=0.33$ 灌孔砌体抗压强度设计值 f_g（MPa）

砌块强度等级	砂浆强度等级	灌孔混凝土强度等级				
		Cb20	Cb25	Cb30	Cb35	Cb40
MU20	Mb20	—	—	7.70	7.94	8.17
	Mb15	—	—	7.08	7.32	7.55
	Mb10	—	—	6.35	6.59	6.82
MU15	Mb15	—	5.78	6.01	6.25	—
	Mb10	—	5.19	5.42	5.56	
	Mb7.5	—	4.78	5.01	5.25	
MU10	Mb10	3.73	3.96	4.19		
	Mb7.5	3.44	3.67	3.90		
	Mb5	3.16	3.39	3.62		
MU7.5	Mb7.5	2.87	3.10			
	Mb5	2.65	2.88			

注：1 表中上部未列灌孔砌体抗压强度设计值的范围是灌孔混凝土强度等级小于1.5倍块体强度的应用限制范围；

　　2 表中下部未列灌孔砌体抗压强度设计值的范围是应用不合理的范围。

表 A. 0. 1-2　$\delta=0.49$，$\rho=0.50$ 灌孔砌体抗压强度设计值 f_g（MPa）

砌块强度等级	砂浆强度等级	灌孔混凝土强度等级				
		Cb20	Cb25	Cb30	Cb35	Cb40
MU20	Mb20	—	—	8.40	8.75	9.11
	Mb15	—	—	7.78	8.13	8.49
	Mb10	—	—	7.05	7.40	7.76
MU15	Mb15	—	6.36	6.71	7.06	—
	Mb10	—	5.77	6.12	6.47	
	Mb7.5	—	5.36	5.71	6.06	
MU10	Mb10	4.20	4.54	4.89		
	Mb7.5	3.91	4.25	4.60		
	Mb5	3.63	3.97	4.32		
MU7.5	Mb7.5	3.34	3.68			
	Mb5	3.12	3.42			

注：1 表中上部未列灌孔砌体抗压强度设计值的范围是灌孔混凝土强度等级小于1.5倍块体强度的应用限制范围；

　　2 表中下部未列灌孔砌体抗压强度设计值的范围是应用不合理的范围；

　　3 表中粗线下的灌孔砌体抗压强度设计值为灌孔砌体抗压强设计值取2倍未灌孔砌体抗压强度的范围。

表 A. 0. 1-3　$\delta=0.49$，$\rho=0.66$ 灌孔砌体抗压强度设计值 f_g（MPa）

砌块强度等级	砂浆强度等级	灌孔混凝土强度等级				
		Cb20	Cb25	Cb30	Cb35	Cb40
MU20	Mb20	—	—	9.10	9.57	10.04
	Mb15	—	—	8.48	8.95	9.42
	Mb10	—	—	7.75	8.22	8.69
MU15	Mb15	—	6.94	7.41	7.88	
	Mb10	—	6.35	6.82	7.29	
	Mb7.5	—	5.94	6.41	6.88	
MU10	Mb10	4.67	5.12	5.58		
	Mb7.5	4.38	4.83	5.0		
	Mb5	4.10	4.44	4.44		
MU7.5	Mb7.5	3.81	3.86			
	Mb5	3.42	3.42			

注：同表 A. 0. 1-2 的注。

表 A. 0. 1-4　$\delta=0.49$，$\rho=1.00$ 灌孔砌体抗压强度设计值 f_g（MPa）

砌块强度等级	砂浆强度等级	灌孔混凝土强度等级				
		Cb20	Cb25	Cb30	Cb35	Cb40
MU20	Mb20	—	—	10.50	11.20	11.92
	Mb15	—	—	9.88	10.59	11.30
	Mb10	—	—	9.15	9.86	9.90
MU15	Mb15	—	8.11	8.81	9.22	
	Mb10	—	7.52	8.04	8.04	
	Mb7.5	—	7.11	7.22	7.22	
MU10	Mb10	5.58	5.58	5.58		
	Mb7.5	5.0	5.0	5.0		
	Mb5	4.44	4.44	4.44		

注：同表 A. 0. 1-2 的注。

A. 0. 2　应用本附录查表得到单排孔普通混凝土砌块灌孔砌体抗压强度设计值时应满足如下条件：

　　1 本附录表中的小砌块孔洞率 $\delta=0.49$，系 390mm × 190mm × 190mm 规格，壁、肋厚均为 30mm，内圆角为 $r=30$mm 的小砌块的体积孔洞率。

$$\delta = \frac{(390 - 2 \times 31 - 32)(190 - 2 \times 31) - (2 \times 60 \times 60 - 2 \times 3.14 \times 30^2)}{190 \times 390}$$

$$= 0.49$$

2 本附录各表中选用的灌孔率 ρ 分别为：

A. 0. 1-1 　$\rho = 0.33$

A. 0. 1-2 　$\rho = 0.50$

A. 0. 1-3 　$\rho = 0.66$

A. 0. 1-4 　$\rho = 1.00$

3 附录 A 表依据本规程 3.2.1-2 条规定计算

A. 0. 1-1 　$f_g = f + 0.6 \times 0.49 \times 0.33 f_c$

A. 0. 1-2 　$f_g = f + 0.6 \times 0.49 \times 0.50 f_c$

A. 0. 1-3 　$f_g = f + 0.6 \times 0.49 \times 0.66 f_c$

A. 0. 1-4 　$f_g = f + 0.6 \times 0.49 \times 1.00 f_c$

注：本附录表中的适用范围是常用的应用范围，不在该范围内的，应根据本规程第 3.2.1-2 条规定计算灌孔砌体强度设计值。

附录 B　小砌块砌体的热惰性指标计算方法

B. 0. 1　小砌块砌体的热惰性指标可按下列公式计算：

$$D_{ma} = R_{ma} \cdot \overline{S}_{ma} \qquad \text{(B. 0. 1-1)}$$

$$R_{ma} = \frac{\delta}{\lambda_{ma \cdot c}} \qquad \text{(B. 0. 1-2)}$$

$$\overline{S}_{ma} = 0.51 \sqrt{\gamma_{ma} \cdot \lambda_{ma \cdot c} \cdot \overline{C}_{ma}} \qquad \text{(B. 0. 1-3)}$$

$$\lambda_{ma \cdot c} = \frac{\delta}{R_{ma}} \qquad \text{(B. 0. 1-4)}$$

$$\overline{C}_{ma} = C_1 \cdot V_1 + C_2 \cdot V_2 \qquad \text{(B. 0. 1-5)}$$

式中：D_{ma}——砌体热惰性指标；

R_{ma}——砌体热阻 $[(m^2 \cdot K)/W]$；

$\overline{S}_{ma}$——砌体平均蓄热系数 $[W/(m^2 \cdot K)]$，亦称砌体计算蓄热系数 S_c；

γ_{ma}——砌体干密度 (kg/m^2)；

$\lambda_{ma \cdot c}$——砌体计算导热系数 $[W/(m \cdot K)]$；

δ——砌体厚度 (m)；

$\overline{C}_{ma}$——砌体平均比热容 $[W \cdot h/(kg \cdot K)]$；

C_1、C_2——分别为砌体中小砌块及砌筑砂浆的比热容 $[W \cdot h/(kg \cdot K)]$；

V_1、V_2——分别为单位砌体体积中，小砌块及砌筑砂浆所占的体积比值。

B. 0. 2　小砌块砌体的热惰性指标计算应满足下列要求：

1　小砌块砌体的干密度 γ_{ma}，可由构成砌体的小砌块或配筋小砌块的表观密度、砌筑砂浆的密度及它们在单位体积中所占的体积比值加权计算求出；

2　砌体计算导热系数 $\lambda_{ma \cdot c}$ 可由检测的砌体热阻 R_{ma} 及厚度 δ 按公式（B. 0. 1-4）求出；

3　孔洞中内填保温材料的复合保温小砌块的比热容 C_1 可用混凝土的比热容和孔洞中空气（或内填保温材料）的比热容和它们在小砌块体积中所占的体积比值与小砌块的体积按加权平均计算方法求出；

4　空气的比热容为 $0.2 W \cdot h/(kg \cdot K)$；

5　配筋小砌块砌体的比热容可取钢筋混凝土的比热容 $C_1 = 0.27 W \cdot h/(kg \cdot K)$；

6　各类混凝土及保温材料的比热容可在现行国家标准《民用建筑热工设计规范》GB 50176 中查取，计算时应将查取的比热容值乘以 0.28 换算系数，使其单位变为 $W \cdot h/(kg \cdot K)$。

附录 C　小砌块夹心砌体热阻计算方法

C. 0. 1　小砌块夹心砌体的热阻可按下式计算：

$$R_{s \cdot ma} = R_{ma \cdot i} + R_s + R_{ma \cdot e} \qquad \text{(C. 0. 1)}$$

式中：$R_{s \cdot ma}$——小砌块夹心砌体热阻 $[(m^2 \cdot K)/W]$；

$R_{ma \cdot i}$——内叶小砌块砌体热阻 $[(m^2 \cdot K)/W]$；

$R_{ma \cdot e}$——外叶小砌块砌体热阻 $[(m^2 \cdot K)/W]$；

R_s——夹心层热阻 $[(m^2 \cdot K)/W]$。

C. 0. 2　小砌块夹心砌体的热阻计算应满足下列要求：

1　内叶、外叶小砌块砌体的热阻 $R_{ma \cdot i}$、$R_{ma \cdot e}$ 可按照本规程表 4.2.2 和附录 D 选取，亦可根据本规程 4.2.2 第 1 款的要求，按现行国家标准《绝热　稳态传热性质的测定　标定和防护热箱法》GB/T 13475 的规定检测确定。

2　夹心层是封闭空气间层时，

$$R_s = 0.8 R_a \qquad \text{(C. 0. 2-1)}$$

式中：R_a——空气间层热阻 $[(m^2 \cdot K)/W]$，按现行国家标准《民用建筑热工设计规范》GB 50176 查取；

0.8——考虑连接筋影响的修正系数。

3　夹心层是保温材料填充时，

$$R_s = \frac{0.8 \delta_s}{\lambda_c} \qquad \text{(C. 0. 2-2)}$$

$$\lambda_c = \lambda \cdot a \qquad \text{(C. 0. 2-3)}$$

式中：δ_s——夹心层厚度 (m)；

λ_c——保温材料的计算导热系数 $[W/(m^2 \cdot K)]$；

λ——保温材料的导热系数 $[W/(m^2 \cdot K)]$；

a——修正系数，按现行国家标准《民用建筑热工设计规范》GB 50176 查取。

附录 D 孔洞中内插、内填保温材料的复合保温小砌块砌体的热阻和热惰性指标

表 D 孔洞中内插、内填保温材料的复合保温小砌块砌体的热阻和热惰性指标

序号	措施	砌体厚度(mm)	保温材料及其导热系数		砌体热阻 R_{ma} [(m² · K)/W]	砌体热惰性指标 D_{ma}
			材料	λ [W/(m · K)]		
1	孔洞中插板	190	25 厚发泡聚苯小板	0.04	0.32	1.66
2			30 厚矿棉毡(包塑)	0.05	0.31	1.66
3			40 厚膨胀珍珠岩芯板	0.06	0.31	1.75
4			25 厚硬质矿棉板	0.05	0.33	1.70
5			2 厚单面铝箔聚苯板	0.04	0.42	1.55
6	孔洞中填料	190	满填膨胀珍珠岩	0.06	0.40	1.91
7			满填松散矿棉	0.45	0.43	1.90
8			满填水泥聚苯碎粒混合料	0.09	0.36	1.91
9			满填水泥珍珠岩混合料	0.12	0.33	1.95

附录 E 墙体传热系数及热惰性指标计算方法

E.1 墙体传热系数计算方法

E.1.1 墙体传热系数可按下列公式计算：

$$K_p = \frac{1}{R_{o \cdot p}} = \frac{1}{R_i + R_p + R_e} \quad (E.1.1-1)$$

$$K_b = \frac{1}{R_{o \cdot b}} = \frac{1}{R_i + R_b + R_e} \quad (E.1.1-2)$$

$$R_p = \Sigma R_{j \cdot p} \quad (E.1.1-3)$$

$$R_b = \Sigma R_{j \cdot b} \quad (E.1.1-4)$$

$$R_{j \cdot p} = \frac{\delta_{j \cdot p}}{\lambda_{c \cdot j \cdot p}} \quad (E.1.1-5)$$

$$R_{j \cdot b} = \frac{\delta_{j \cdot b}}{\lambda_{c \cdot j \cdot b}} \quad (E.1.1-6)$$

式中：K_p、K_b——分别为墙体主体部位和结构性热桥部位的传热系数[W/(m² · K)]；

$R_{o \cdot p}$、$R_{o \cdot b}$——分别为墙体主体部位和结构性热桥部位的传热阻[(m² · K)/W]；

R_p、R_b——分别为墙体主体部位和结构性热桥部位的构造系统热阻[(m² · K)/W]，为各构造层热阻之和；

$R_{j \cdot p}$、$R_{j \cdot b}$——分别为墙体主体部位和结构性热桥部位的各构造层热阻[(m² · K)/W]，小砌块砌体层应取砌体

热阻 R_{ma}；

$\delta_{j \cdot p}$、$\delta_{j \cdot b}$——分别为墙体主体部位和结构性热桥部位的各构造层厚度(m)；

$\lambda_{c \cdot j \cdot p}$、$\lambda_{c \cdot j \cdot b}$——分别为墙体主体部位和结构性热桥部位的各构造层材料的计算导热系数[W/(m² · K)]；

R_i——墙体内表面换热阻[(m² · K)/W]，一般取 $R_i = 0.11$(m² · K)/W；

R_e——墙体外表面换热阻[(m² · K)/W]，对于外墙外表面，一般取 $R_e = 0.04$(m² · K)/W。

E.1.2 墙体传热系数计算应满足下列要求：

1 小砌块砌体是一个构造层次，计算导热系数 λ_c 为砌体的当量导热系数 λ_e，可按本规程附录 B 中的计算公式（B.0.1-4）计算求出。若砌体热阻已知，可直接用砌体热阻 R_{ma} 代入计算。

2 结构性热桥部位主要是指以钢筋混凝土为主的结构构件部位，钢筋混凝土构件的计算厚度按结构体系选择：

1） 砖混和框架结构体系建筑以混凝土小砌块砌体的厚度为计算厚度 δ；

2） 框剪和剪力墙结构体系建筑以剪支或剪力墙的厚度为计算厚度 δ。

3 计算内墙的传热系数时，内墙两侧面的表面换热阻 R_i 均取 0.11(m² · K)/W。

E.2 墙体热惰性指标计算方法

E.2.1 墙体热惰性指标可按下列公式计算：

$$D_p = \Sigma D_{j \cdot p} \quad (E.2.1-1)$$

$$D_b = \Sigma D_{j \cdot b} \quad (E.2.1-2)$$

$$D_{j \cdot p} = R_{j \cdot p} \cdot S_{c \cdot j \cdot p} \quad (E.2.1-3)$$

$$D_{j \cdot b} = R_{j \cdot b} \cdot S_{c \cdot j \cdot b} \quad (E.2.1-4)$$

式中：D_p、D_b——分别为墙体主体部位和结构性热桥部位的热惰性指标，为主体部位和结构性热桥部位各构造层热惰性指标 $D_{j \cdot p}$、$D_{j \cdot b}$ 之和；

$R_{j \cdot p}$、$R_{j \cdot b}$——分别为墙体主体部位和结构性热桥部位各构造层的热阻[(m² · K)/W]；

$S_{c \cdot j \cdot p}$、$S_{c \cdot j \cdot b}$——分别为墙体主体部位和结构性热桥部位各构造层材料的计算蓄热系数[W/(m² · K)]。

E.2.2 墙体热惰性指标计算应满足下列要求：

1 小砌块砌体是一个构造层次，计算蓄热系数 S_c 为砌体平均蓄热系数 $\overline{S}_{ma}$，可按本规程附录 B 的计算公式计算求出；

2 结构性热桥部位的钢筋混凝土构件计算厚度同该层的热阻计算厚度 δ。

E.3 外墙平均传热系数及平均热惰性指标计算方法

E.3.1 外墙平均传热系数及平均热惰性指标可按下列公式计算:

$$K_m = K_p \cdot A + K_b \cdot B \qquad (E.3.1-1)$$
$$D_m = D_p \cdot A + D_b \cdot B \qquad (E.3.1-2)$$

式中:K_m、D_m——分别为外墙的平均传热系数[W/(m^2·K)]和平均热惰性指标;

K_p、K_b——分别为外墙主体部位和结构性热桥部位的传热系数[W/(m^2·K)],按本规程 E.1 的计算方法进行计算;

D_p、D_b——分别为外墙主体部位和结构性热桥部位的热惰性指标,按本规程 E.2 的计算方法进行计算;

A、B——分别为外墙主体部位和结构性热桥部位的面积 F_p、F_b 在建筑外墙中(不含外门、外窗)所占的面积比值,可计算统计得出,亦可根据设计建筑的结构体系按表 E.3.1 选取。

表 E.3.1 F_p 和 F_b 在外墙中所占比值 A 和 B

建筑的结构体系	A	B
砖混结构体系	0.75	0.25
框架结构体系	0.65	0.35
框剪(异形柱)结构体系	0.45	0.55
剪力墙结构体系	0.30	0.70
	亦可取剪力墙部位的 $K_b = K_m$	

E.3.2 混凝土小砌块用作居住建筑的分户墙或公共建筑的采暖空调与非采暖空调房间的隔墙时,分户墙或隔墙的传热系数亦应取平均传热系数 K_m,计算方法与外墙平均传热系数相同,只是分户墙或隔墙两侧表面的换热阻 R_i 均取 0.11(m^2·K)/W。

附录 F 影响系数 φ

F.0.1 高厚比 β 和轴向力偏心距 e 对受压构件承载力的影响系数 φ,应按表 F.0.1-1～表 F.0.1-3 采用:

表 F.0.1-1 影响系数 φ(砂浆强度等级≥Mb5)

β	\multicolumn{13}{c}{$\frac{e}{h}$ 或 $\frac{e}{h_T}$}
	0	0.025	0.05	0.075	0.1	0.125	0.15	0.175	0.2	0.225	0.25	0.275	0.3
≤3	1	0.99	0.97	0.94	0.89	0.84	0.79	0.73	0.68	0.62	0.57	0.52	0.48
4	0.98	0.95	0.90	0.85	0.80	0.74	0.69	0.64	0.58	0.53	0.49	0.45	0.41
6	0.95	0.91	0.86	0.81	0.75	0.69	0.64	0.59	0.54	0.49	0.45	0.42	0.38
8	0.91	0.86	0.81	0.76	0.70	0.64	0.59	0.54	0.50	0.46	0.42	0.39	0.36
10	0.87	0.82	0.76	0.71	0.65	0.60	0.55	0.50	0.46	0.42	0.39	0.36	0.33
12	0.82	0.77	0.71	0.66	0.60	0.55	0.51	0.47	0.43	0.39	0.36	0.33	0.31
14	0.77	0.72	0.66	0.61	0.56	0.51	0.47	0.43	0.40	0.36	0.34	0.31	0.29
16	0.72	0.67	0.61	0.56	0.52	0.47	0.44	0.40	0.37	0.34	0.31	0.29	0.27
18	0.67	0.62	0.57	0.52	0.48	0.44	0.40	0.37	0.34	0.31	0.29	0.27	0.25
20	0.62	0.57	0.53	0.48	0.44	0.40	0.37	0.34	0.32	0.29	0.27	0.25	0.23
22	0.58	0.53	0.49	0.45	0.41	0.38	0.35	0.32	0.30	0.27	0.25	0.24	0.22
24	0.54	0.49	0.45	0.41	0.38	0.35	0.32	0.30	0.28	0.26	0.24	0.22	0.21
26	0.50	0.46	0.42	0.38	0.35	0.33	0.30	0.28	0.26	0.24	0.22	0.21	0.19
28	0.46	0.42	0.39	0.36	0.33	0.30	0.28	0.26	0.24	0.22	0.21	0.19	0.18
30	0.42	0.39	0.36	0.33	0.31	0.28	0.26	0.24	0.22	0.21	0.20	0.18	0.17

表 F.0.1-2 影响系数 φ（砂浆强度等级 Mb2.5）

β	\(\frac{e}{h}\)或\(\frac{e}{h_T}\)												
	0	0.025	0.05	0.075	0.1	0.125	0.15	0.175	0.2	0.225	0.25	0.275	0.3
≤3	1	0.99	0.97	0.94	0.89	0.84	0.79	0.73	0.68	0.62	0.57	0.52	0.48
4	0.97	0.94	0.89	0.84	0.78	0.73	0.67	0.62	0.57	0.52	0.48	0.44	0.40
6	0.93	0.89	0.84	0.78	0.73	0.67	0.62	0.57	0.52	0.48	0.44	0.40	0.37
8	0.89	0.84	0.78	0.72	0.67	0.62	0.57	0.52	0.48	0.44	0.40	0.37	0.34
10	0.83	0.78	0.72	0.67	0.61	0.56	0.52	0.47	0.43	0.40	0.37	0.34	0.31
12	0.78	0.72	0.67	0.61	0.56	0.52	0.47	0.43	0.40	0.37	0.34	0.31	0.29
14	0.72	0.66	0.61	0.56	0.51	0.47	0.43	0.40	0.36	0.34	0.31	0.29	0.27
16	0.66	0.61	0.56	0.51	0.47	0.43	0.40	0.36	0.34	0.31	0.29	0.26	0.25
18	0.61	0.56	0.51	0.47	0.43	0.40	0.36	0.33	0.31	0.29	0.26	0.24	0.23
20	0.56	0.51	0.47	0.43	0.39	0.36	0.33	0.31	0.28	0.26	0.24	0.23	0.21
22	0.51	0.47	0.43	0.39	0.36	0.33	0.31	0.28	0.26	0.24	0.23	0.21	0.20
24	0.46	0.43	0.39	0.36	0.33	0.31	0.28	0.26	0.24	0.23	0.21	0.20	0.18
26	0.42	0.39	0.36	0.33	0.31	0.28	0.26	0.24	0.22	0.21	0.20	0.18	0.17
28	0.39	0.36	0.33	0.30	0.28	0.26	0.24	0.22	0.21	0.20	0.18	0.17	0.16
30	0.36	0.33	0.30	0.28	0.26	0.24	0.22	0.21	0.20	0.18	0.17	0.16	0.15

表 F.0.1-3 影响系数 φ（砂浆强度 0）

β	\(\frac{e}{h}\)或\(\frac{e}{h_T}\)												
	0	0.025	0.05	0.075	0.1	0.125	0.15	0.175	0.2	0.225	0.25	0.275	0.3
≤3	1	0.99	0.97	0.94	0.89	0.84	0.79	0.73	0.68	0.62	0.57	0.52	0.48
4	0.87	0.82	0.77	0.71	0.66	0.60	0.55	0.51	0.46	0.43	0.39	0.36	0.33
6	0.76	0.70	0.65	0.59	0.54	0.50	0.46	0.42	0.39	0.36	0.33	0.30	0.28
8	0.63	0.58	0.54	0.49	0.45	0.41	0.38	0.35	0.32	0.30	0.28	0.25	0.24
10	0.53	0.48	0.44	0.41	0.37	0.34	0.32	0.29	0.27	0.25	0.23	0.22	0.20
12	0.44	0.40	0.37	0.34	0.31	0.29	0.27	0.25	0.23	0.21	0.20	0.19	0.17
14	0.36	0.33	0.31	0.28	0.26	0.24	0.23	0.21	0.20	0.18	0.17	0.16	0.15
16	0.30	0.28	0.26	0.24	0.22	0.21	0.19	0.18	0.17	0.16	0.15	0.14	0.13
18	0.26	0.24	0.22	0.21	0.19	0.18	0.17	0.16	0.15	0.14	0.13	0.12	0.12
20	0.22	0.20	0.19	0.18	0.17	0.16	0.15	0.14	0.13	0.12	0.12	0.11	0.10
22	0.19	0.18	0.16	0.15	0.14	0.14	0.13	0.12	0.12	0.11	0.10	0.10	0.09
24	0.16	0.15	0.14	0.13	0.13	0.12	0.11	0.11	0.10	0.10	0.09	0.09	0.08
26	0.14	0.13	0.13	0.12	0.11	0.11	0.10	0.10	0.09	0.09	0.08	0.08	0.07
28	0.12	0.12	0.11	0.11	0.10	0.10	0.09	0.09	0.08	0.08	0.08	0.07	0.07
30	0.11	0.10	0.10	0.09	0.09	0.09	0.08	0.08	0.07	0.07	0.07	0.07	0.06

附录 G 填充墙砌体植筋锚固力检验抽样判定

G.0.1 填充墙砌体植筋锚固力检验抽样判定应按表 G.0.1-1 和表 G.0.1-2 判定。

表 G.0.1-1 正常一次性抽样的判定

样本容量	合格判定数	不合格判定数	样本容量	合格判定数	不合格判定数
5	0	1	20	2	3
8	1	2	32	3	4
13	1	2	50	5	6

表 G.0.1-2 正常二次性抽样的判定

抽样次数与样本容量	合格判定数	不合格判定数	抽样次数与样本容量	合格判定数	不合格判定数
(1)—5 (2)—10	0 1	2 2	(1)—20 (2)—40	1 3	3 4
(1)—8 (2)—16	0 1	2 2	(1)—32 (2)—64	2 6	5 7
(1)—13 (2)—26	0 3	3 4	(1)—50 (2)—100	3 9	6 10

本规程用词说明

1 为了便于在执行本规程条文时区别对待,对要求严格程度不同的用词说明如下:

1）表示很严格,非这样做不可的:

正面词采用"必须",反面词采用"严禁";

2）表示严格,在正常情况下均应这样做的:

正面词采用"应",反面词采用"不应"或"不得";

3）表示允许稍有选择,在条件许可时首先这样做的:

正面词采用"宜",反面词采用"不宜";

4）表示有选择,在一定条件下可以这样做的,采用"可"。

2 条文中指明应按其他有关标准执行的写法为:"应符合……的规定"或"应按……执行"。

引用标准名录

1 《砌体结构设计规范》GB 50003
2 《混凝土结构设计规范》GB 50010
3 《建筑抗震设计规范》GB 50011
4 《建筑结构可靠度设计统一标准》GB 50068
5 《混凝土强度检验评定标准》GB/T 50107
6 《混凝土外加剂应用技术规范》GB 50119
7 《民用建筑热工设计规范》GB 50176
8 《砌体结构工程施工质量验收规范》GB 50203
9 《混凝土结构工程施工质量验收规范》GB 50204
10 《建筑工程抗震设防分类标准》GB 50223
11 《建筑工程施工质量验收统一标准》GB 50300
12 《硬泡聚氨酯保温防水工程技术规范》GB 50404
13 《建筑节能工程施工质量验收规范》GB 50411
14 《合成树脂乳液外墙涂料》GB/T 9755
15 《绝热用岩棉、矿渣棉及其制品》GB/T 11835
16 《绝热 稳态传热性质的测定 标定和防护热箱法》GB/T 13475
17 《建筑用砂》GB/T 14684
18 《建筑用岩棉、矿渣棉绝热制品》GB/T 19686
19 《喷涂硬质聚氨酯泡沫塑料》GB/T 20219
20 《建筑保温砂浆》GB/T 20473
21 《建筑用反射隔热涂料》GB/T 25261
22 《高层建筑混凝土结构技术规程》JGJ 3
23 《普通混凝土用砂、石质量及检验方法标准》JGJ 52
24 《混凝土用水标准》JGJ 63
25 《建筑砂浆基本性能试验方法标准》JGJ/T 70
26 《砌筑砂浆配合比设计规程》JGJ/T 98
27 《建筑工程冬期施工规程》JGJ/T 104
28 《外墙外保温工程技术规程》JGJ 144
29 《膨胀聚苯板薄抹灰外墙外保温系统》JG 149
30 《胶粉聚苯颗粒外墙外保温系统》JG 158
31 《抹灰砂浆技术规程》JGJ/T 220
32 《预拌砂浆》JG/T 230
33 《建筑生石灰》JC/T 479
34 《建筑生石灰粉》JC/T 480
35 《陶瓷墙地砖胶粘剂》JC/T 547
36 《泡沫玻璃绝热制品》JC/T 641
37 《混凝土小型空心砌块和混凝土砖砌筑砂浆》JC 860
38 《陶瓷墙地砖填缝剂》JC/T 1004

中华人民共和国行业标准

混凝土小型空心砌块建筑技术规程

JGJ/T 14—2011

条 文 说 明

修 订 说 明

《混凝土小型空心砌块建筑技术规程》JGJ/T 14
-2011，经住房和城乡建设部 2011 年 8 月 29 日以第
1131 号公告批准、发布。

本规程是在《混凝土小型空心砌块建筑技术规程》JGJ/T 14-2004 的基础上修订而成，上一版的
主编单位是四川省建筑科学研究院，参编单位是哈尔滨工业大学、浙江大学建筑设计研究院、北京市建筑
设计研究院、上海住总（集团）总公司、上海市城乡建筑设计院、上海中房建筑设计院、中国建筑标准设
计所、上海市申城建筑设计有限公司、天津市建筑设计院、四川省建筑设计院、辽宁省建设科学研究院、
甘肃省建筑科学研究院、重庆市建筑科学研究院、成都市墙材革新与建筑节能办公室，主要起草人员是孙
氰萍、唐岱新、严家熺、周炳章、李渭渊、韦延年、刘声惠、刘永峰、高永孚、李晓明、楼永林、李振长、林文修、唐元旭、尹康。本次修订的主要技术内容是：1. 增加了多层、高层配筋砌块砌体建筑的设计和砌筑、施工技术；2. 修订了砌块建筑的抗震措施；3. 增加了轻骨料混凝土自承重砌块墙体的设计内容；4. 调整了部分构件承载力计算参数及计算公式；5. 调整了建筑节能设计的部分计算参数及计算公式；6. 增加了复合保温砌块墙体结构设计与施工技术。

本规程修订过程中，编制组进行了深入广泛的调查研究，总结了我国在混凝土小型空心砌块建筑自上一版颁布实施以来在研究、设计、施工、验收等方面工作的实践经验，同时参考了国内外先进技术法规、技术标准，并对混凝土砌块砌体的抗剪、抗弯、抗裂等性能进行了试验研究。

为便于广大设计、施工、科研、学校等单位有关人员在使用本规程时能正确理解和执行条文规定，《混凝土小型空心砌块建筑技术规程》编制组按章、节、条顺序编制了本标准的条文说明，对条文规定的目的、依据以及执行中需注意的有关事项进行了说明。但是，本条文说明不具备与标准正文同等的法律效力，仅供使用者作为理解和把握规程规定的参考。

目　次

1 总 则

1.0.1、1.0.2 混凝土小型空心砌块已成为我国发展的一种主导墙体材料。《混凝土小型空心砌块建筑技术规程》JGJ/T 14-2004（以下简称 JGJ/T 14-2004 或原规程）自 2004 年颁布实行以来，对我国混凝土小型空心砌块建筑的发展，起到了巨大的推动作用。近几年来，有关科研、大专院校对混凝土小型空心砌块砌体静力和动力性能、配筋砌体力学性能和抗震性能进行了深入的科学研究，并获得了丰硕成果；设计和施工单位也积累了丰富的工程实践经验。JGJ/T 14-2004 已不能满足我国混凝土小型空心砌块建筑发展的需要，为此，很有必要对 JGJ/T 14-2004 进行修订。这次增加的主要内容：

1 多层、高层配筋砌体砌块建筑设计和施工技术；

2 调整了不同地区建筑的抗震措施，特别是抗震设防烈度 6 度～8 度地区的抗震、抗裂措施；

3 轻骨料混凝土自承重砌块材料强度等级和砌体计算指标；

4 调整构件承载力与建筑节能设计计算部分计算参数及计算公式；砌块砌体及建筑墙体的传热系数及热惰性指标计算方法和保温隔热措施。

2 术语和符号

2.1.14 复合保温砌块为由两种或两种以上材料复合成型具有良好保温性能的小砌块总称，包括在小砌块孔洞内填充或内插不同类型轻质保温隔热材料的保温砌块。

3 材料和砌体的结构设计计算指标

3.1 材料强度等级

3.1.1 《混凝土小型空心砌块试验方法》GB/T 4111 确定碳化系数时，采用人工碳化系数的试验方法，目前我国砌墙用砖和砌块产品标准中规定的碳化系数不应小于 0.85，按原规程取人工碳化系数时应乘 1.15 倍，1.15 乘 0.85 等于 0.98，接近 1.0，故取消原规程注 2 的规定。

3.2 砌体的结构设计计算指标

本章规定的砌块砌体的强度设计值指标和强度平均值公式的说明见《混凝土小型空心砌块建筑技术规程》JGJ/T 14-2004 的条文说明。

本章砌块砌体计算指标，依据《建筑结构可靠度设计统一标准》GB 50068 的要求，材料性能分项系

数，按施工质量控制等级为 B 级时，取 $\gamma_f = 1.6$；当为 A 级时取 $\gamma_f = 1.5$；当为 C 级时，取 $\gamma_f = 1.8$。

3.2.1 砌块孔洞率不大于 35% 的双排孔、多排孔轻骨料混凝土小砌块砌体，二排组砌的方式有多种，本条仅适用在厚度方向二排组砌的砌体采用同类砌块错缝搭砌的砌体。

本条本次修订有以下内容：

1 随着我国高层砌块建筑的发展，根据目前应用情况，表 3.2.1-1 增加 MU20、Mb20 的单排孔混凝土小砌块砌体抗压强度设计值。取值依据砌体结构设计规范，该强度设计值主要用于灌孔混凝土砌块砌体。本规程与上海全灌孔混凝土小砌块砌体试验值比较，偏于安全。

2 因水泥煤渣混凝土砌块产品变异系数较大，应用中较易出现墙体裂缝，故取消了水泥煤渣混凝土小砌块。应用在建筑的煤矸石混凝土仅能用自然煤矸石，故表 3.2.1-1 中加了注 4。

3 增加了双排孔、多排孔普通混凝土小砌块砌体的抗压强度设计值，近年我国部分地区多层混凝土砌块建筑中为了节能和提高抗剪强度，采用了双排孔或多排孔小砌块为墙体材料，已建成几十万平方米的住宅，并对双排孔和多排孔小砌块砌体进行了砌体抗压强度和抗剪强度的验证试验，其抗压和抗剪强度均高于单排孔小砌块砌体的抗压、抗剪强度，规程对双排孔和多排孔普通小砌块砌体抗压强度和抗剪强度设计值采用单排孔普通小砌块砌体的抗压强度和抗剪强度设计值，偏于安全。

3.2.3 取消了有吊车房屋砌体、跨度不小于 7.2m 的梁下混凝土和轻骨料混凝土砌块砌体 γ_a 为 0.9 的规定，原规程规定主要考虑动荷载和跨度较大时对砌体结构的影响，属于结构分析和构造内容，本次修订取消该系数。

3.2.5 根据历年和近年单排孔对孔砌筑的普通混凝土砌块灌孔砌体的弹性模量的试验数据，原规程灌孔砌块砌体弹性模量偏低，使高层砌块建筑内力计算值偏低，本次规程修订，通过验证修改了灌孔砌块砌体的弹性模量，原规程为 $E = 1700 f_g$，现修改为 $E = 2000 f_g$。

4 建筑设计与建筑节能设计

4.1 建 筑 设 计

4.1.1 混凝土小型空心砌块是我国目前发展的主导墙材之一。与原规程相比，本次修订小砌块建筑定义中增加了配筋小砌块砌体建筑，在建筑设计中，除遵守本规程外，还应遵守国家颁布的有关建筑设计标准的规定。

1 在建筑平面设计中，不采用小于 $1M_0$ 的分模

数，是砌块规格所决定，尽可能采用 2M。可减少辅助砌块种类，方便生产和施工。再则，模数协调也是住宅产业化的前提条件。

2 配筋小砌块砌体用的专用混凝土小砌块是指小砌块的壁和肋都为 30mm 厚并开有槽口或留有凹槽、适合配筋小砌块砌体施工的单排孔空心小砌块。其主规格尺寸仍为 390mm×190mm×190mm，空心率为 46%～48%。

为保证配筋砌体的插筋和灌孔，配筋砌体建筑的平面设计应以 2M 为模数，这样才可能避免出现半孔相对。在上海的配筋砌体试点建筑和黑龙江的大量的配筋砌体建筑的实践中都证实了这一点。

3 在施工前要做平面和立面的排块设计，这是混凝土小砌块建筑不同于其他砌体建筑的特殊要求，它可保证砌块建筑芯柱的位置及数量，保证设备管线的预留和敷设，保证设计规定的洞口、开槽和预埋件的位置，避免了在砌好的墙体上凿槽或开洞。

对配筋砌体建筑，排块设计能保证砌块错缝砌筑的整孔贯通，便于插筋和灌孔。

在排块设计时，应着重解决好转角墙、丁字墙和十字墙的排块。

表1和图1、图2、图3是配筋砌体用的专用小砌块块型和排块图，是上海市多次配筋砌体建筑试点的总结成果，供设计时参考。本图表选自上海市地方规程《配筋混凝土小型空心砌块砌体建筑技术规程》DG/TJ 08-2006 附录 A。

表 1 配筋小砌块块型

块型	规　　格	适用部位
PK1	390mm×190mm×190mm	主规格
PK2	390mm×190mm×190mm	用于 T 形和 L 形墙角处
PK3、PK4	390mm×190mm×190mm	用于清扫口（每层墙体第一皮）
PK5	190mm×190m×190mm	
PK6	290mm×190mm×190mm	用于 T 形墙体交接处的辅助块
PK7	190mm×190m×190mm	与 PK1 配套使用
PK8	390mm×190mm×190mm	用于现浇混凝土圈梁梁底第二皮砌块（预留半圆孔，用于支模板时放置横撑）

4 根据现行国家标准《建筑抗震设计规范》GB 50011 和《砌体结构设计规范》GB 50003 的有关条文要求，对小砌块建筑的平面布置和竖向布置提出相应的要求。

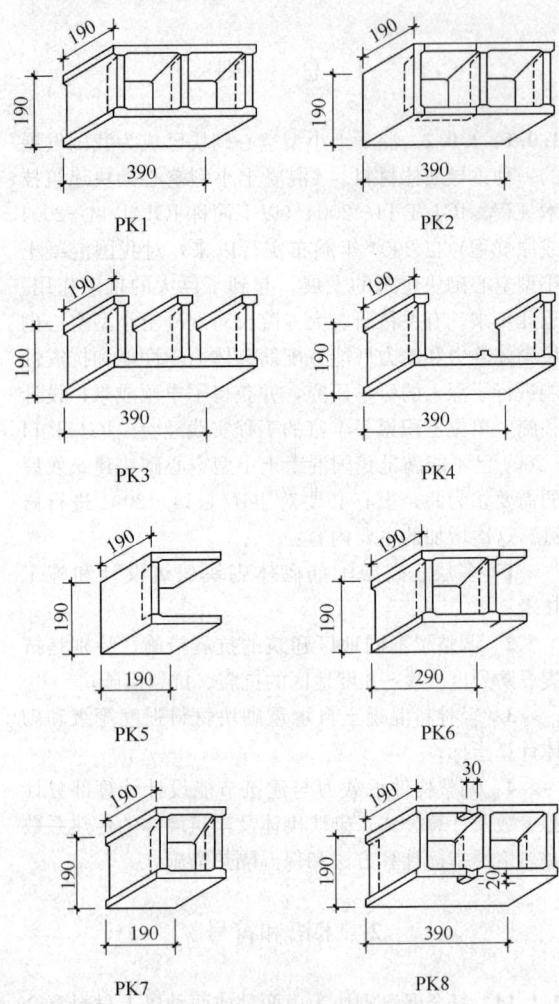

图 1 PK1～PK8 块型图

注：图中虚线为在施工现场开凿的砌块槽口，专门用于布置水平钢筋及使灌孔混凝土能相互流通。

原规程中曾对小砌块住宅建筑的体形系数提出过"不宜大于 0.3"的要求，这是基于两方面的理由：一是小砌块的热工性能较砖制品差，减少外墙面积，对节能有利。二是体形系数小反映了建筑体形简洁，平面规整，对小砌块建筑的抗震有利。随着国家对建筑节能的要求不断提高，在国家和地方颁布的节能标准中体形系数都作为一个重要参数作出了规定，本规程应该执行，就不再另作要求了。

6 设控制缝对于防止小砌块墙体开裂是一项有"放"作用的措施。在国外早有报道和实践，在国内近年来也有采用，如上海恒隆广场。北京市试用图《普通混凝土小型空心砌块建筑墙体构造》中也有建筑设计沿外墙设控制缝的做法。

根据国内外经验，非配筋砌体控制缝间距与在水平灰缝内设钢筋网片的间距有关，控制缝在墙体薄弱和应力集中处。如墙体高度和厚度突变处，门窗洞口的一侧或两侧设置，并与抗震缝、沉降缝、温度缝及楼地面、屋面的施工缝合并设置。控制缝与结构抗震

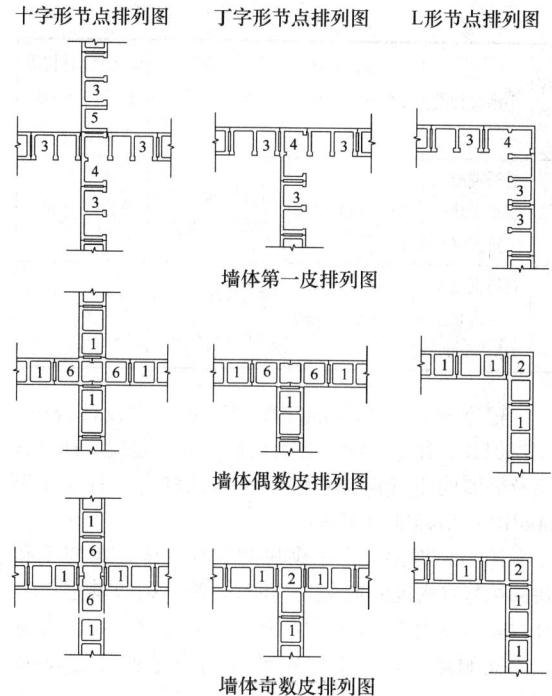

| 十字形节点排列图 | 丁字形节点排列图 | L形节点排列图 |

墙体第一皮排列图

墙体偶数皮排列图

墙体奇数皮排列图

图 2　砌块砌体排列组合示例

注：图中所示数字 1～6 分别表示砌块块型 PK1～PK6。

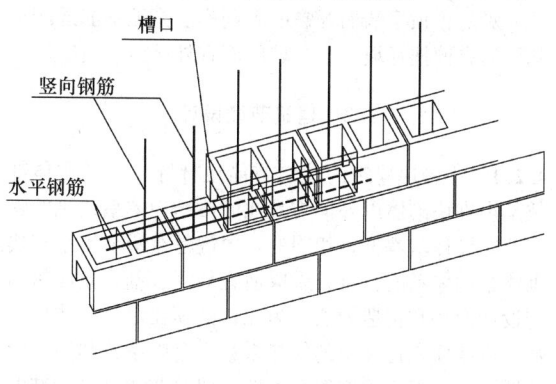

图 3　砌块砌体配筋示例

应结合考虑。

在非配筋的单排砌块墙或夹心墙的内叶墙上设控制缝，在室内会有缝出现。若室内装修允许设缝，则可按室内变形缝做法做盖缝处理。若内墙上不希望有缝，则应作盖缝粉刷，例如可在缝口用聚合物胶粘剂贴耐碱玻纤或无纺布，再用防裂砂浆粉刷。

7 小砌块住宅建筑的公共部分只有门厅、楼梯间和公共走道，特别在单元式的多层住宅中，公共走道也没有了，户门是直接开在楼梯间里。在门厅和楼梯间里要安排好住宅公共设备的管道井和各种表箱，特别是七层及以上的单元式住宅，超过六层的塔式住宅、通廊式住宅，底层设有商业网点的单元式住宅，还应在此设室内消防给水设施。门厅、楼梯间面积小，墙面少，而且是住宅交通和紧急疏散的要道。为了保证楼梯间墙的耐火极限，200 厚的墙还不能因安

置表箱而减薄（即表箱嵌墙设置），否则应另加防火措施。根据防火规范要求，在安置管道井和表箱后，走道的净宽，多层住宅不应小于 1.1m，高层住宅不应小于 1.2m。故在设计中应适当加大门厅和楼梯间的尺寸。对于人员是从楼梯间一侧进入住户的，楼梯间开间宜不小于 2.6m。

8 配筋砌块砌体建筑中管径较小的其他管线，水平管道宜设在圈梁中，垂直管线宜布置在无竖向插筋孔洞中。

9 突出小砌块建筑的特色就是用砌块作清水外墙，这在国外尤其在美国是常见的，它的前提应是满足建筑节能要求。夹心墙的外叶墙和节能要求不高的工业建筑外墙是可以做砌块清水外墙的。

4.1.2 防水设计的措施都是做在容易漏水的部位，这样做效果明显。

1 本次修订增加了对清水外墙的防水抗渗措施。

3 原规程中对"室外散水坡顶面以上和室内地面以下的砌体内，宜设防潮层。"改为"应设防潮层"。

6 在夹心墙夹层中会产生冷凝水，故设排水孔以便随时排出。

7 这是本次修订中新增的一条，是对砌块墙体粉刷的要求。

4.1.3 耐火极限的规定

混凝土小砌块墙体的耐火极限取值是根据近年来国内各地一些小砌块生产厂家和科研单位测试数值并参考了美国、加拿大等国的有关标准来确定的。考虑到各地小砌块生产的水平有高低，取值比实测值略有降低，以保证安全。

当 190mm 厚小砌块墙体双面抹水泥砂浆或混合砂浆各 20mm 厚时，其耐火极限可提高到 2.5h 以上。如果要作为防火墙，则需要在 190mm 厚的小砌块墙体用混凝土灌孔或在孔洞内填砂石、页岩陶粒或矿渣，其耐火极限可大于 4.0h。

190mm 厚配筋小砌块墙体的材性与钢筋混凝土相当，其耐火极限是按等厚的钢筋混凝土取值，配筋小砌块砌体的燃烧性能和耐火极限已达到作为防火墙的要求。

轻骨料混凝土小砌块由于轻骨料的不同其耐火极限也有差异，但总体而言普通混凝土小砌块的耐火极限稍好，故仍按本规程表 4.1.3 取值。

表 2　混凝土小型空心砌块墙体耐火极限

序号	小砌块种类	小砌块规格（长×厚×高）（mm）	孔内填充情况	墙面粉刷情况	耐火极限
1	普通混凝土小砌块（承重）	390×190×190	无	无粉刷	2.43h

序号	小砌块种类	小砌块规格（长×厚×高）(mm)	孔内填充情况	墙面粉刷情况	耐火极限
2	普通混凝土小砌块（承重）	390×190×190	灌芯	无粉刷	>4h
3	普通混凝土小砌块（承重）	390×190×190	孔内填充	双面各抹10mm厚砂浆	>4h

随着建筑节能的要求逐步提高，对外围护结构中的重要部位外墙体的保温性能的要求也愈来愈高，各种形式的复合保温砌块也应运而生。对于复合保温砌块所复合的保温材料宜采用燃烧性能为不燃（A级）或难燃（B₁级）的材料来保障安全。纵观目前全国的复合保温砌块所复合的保温材料中，大多数是燃烧性能为可燃（B₂级）的EPS或XPS板。如果用它们来作为多排孔保温砌块中孔洞的插板，问题还不大，但如果要作为图4中所示的复合保温砌块中的保温夹层，这种复合保温砌块的耐火极限及燃烧性能应给出。这样有利于决定其使用的场所和防火所必须采取的措施。

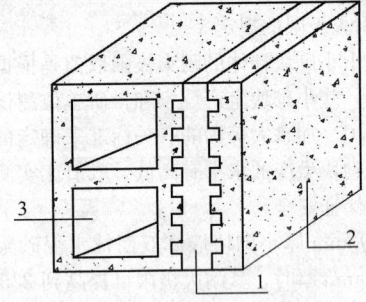

图4　一种复合保温砌块
1—EPS板（XPS板）保温夹层；2—外壁（混凝土）；3—小砌块本体（混凝土）

4.1.4 混凝土小砌块的空气声计权隔声量取值是根据近几年来国内许多科研单位和小砌块生产厂家提供的测试数据确定的，见表3。

表3　190mm混凝土小砌块的计权隔声量

序号	小砌块种类	小砌块规格（长×厚×高）(mm)	粉刷情况	墙体总厚度(mm)	计权隔声量(dB)
1	普通混凝土小砌块 MU15	390×190×190	两面各抹15mm厚水泥砂浆	220	51
2	普通混凝土小砌块 MU10	390×190×190	两面各抹15mm厚水泥砂浆	220	50

序号	小砌块种类	小砌块规格（长×厚×高）(mm)	粉刷情况	墙体总厚度(mm)	计权隔声量(dB)
3	普通混凝土小砌块 MU7.5	390×190×190	两面各抹15mm厚水泥砂浆	220	48
4	普通混凝土小砌块 MU5.0	390×190×190	两面各抹15mm厚水泥砂浆	220	46

根据现行国家标准《民用建筑隔声设计规范》GB 50118，住宅、学校等大量性的民用建筑，其分户墙及隔墙的空气声计权隔声量要求较高，高标准为50dB，一般标准为45dB。

100mm厚混凝土小砌块的空气声隔声量与小砌块的标号（密度）有关，MU5.0的小砌块其空气声计权隔声量大于45dB，能满足一般隔声标准。若将墙内孔洞填实，其空气声计权隔声量就可达50dB以上。

4.1.5 满足对屋面设计的要求可防止或减轻屋顶因温度变化而引起小砌块房屋顶层墙体开裂。

对防止顶层墙面开裂的有利作法是无钢筋混凝土基层的有檩挂瓦坡屋面。坡屋面宜外挑出墙面。

4.2　建筑节能设计

4.2.1 小砌块建筑的建筑节能设计除墙体的主体部位是小砌块砌体以外，与其他墙体结构体系建筑的建筑节能设计基本上是相同的，关键是在于突出小砌块砌体结构体系的特点，采取适宜的平、剖、立面布局与设计形式和构造做法。为此，必须在建筑的体形系数、窗墙面积比及窗的传热系数、遮阳系数和空气渗透性能等方面，均应符合本地区建筑节能设计标准的规定；围护结构各部分的热工性能，除应符合本地区现行民用建筑节能设计标准的规定外，其构造措施尚应满足建筑结构整体性和变形能力的要求，以保证整个建筑结构构造的完整性、安全性、经济性和可操作性；特别是墙体和楼地板的建筑热工节能设计，应同时考虑建筑装饰工程与设备节能工程的需要，对管线及设备埋设、安装和维修的要求，以保证墙体和楼板的保温隔热设计构造措施不受破坏。

4.2.2 本条是对小砌块及配筋小砌块砌体的建筑热工设计计算参数提出要求。

小砌块砌体的热阻（R_{ma}）和热惰性指标（D_{ma}）是建筑节能热工设计计算中的基本参数。小砌块砌体是带有空洞，而不是带有空气间层的砌体，它包含混凝土肋壁、孔洞和砌筑砂浆三部分，是一个均值，必须通过一定的计算和实测予以确定。表4.2.2是综合国内各地区的测试与计算结果，列出的小砌块及配筋小砌块砌体的计算热阻（R_{ma}）和计算热惰性指标（D_{ma}），建筑热工设计计算时可直接采用。

如果实际工程应用中的小砌块孔型、厚度或孔洞率与表 4.2.2 所列不同，应按现行国家标准《绝热 稳态传热性质的测定 标定和防护热箱法》GB/T 13475 的规定通过试验检测确定，或根据现行国家标准《民用建筑热工设计规范》GB 50176 的计算方法计算确定砌体热阻，按本规程附录 C 计算小砌块砌体的热惰性指标。

在普通小砌块中内填、内插不同类型的轻质保温材料，是改善小砌块砌体热工性能的一个措施，如本规程附录 D。但由于混凝土肋壁的传热较大，砌体的热阻值增加很有限。而且多为手工操作，工序多，施工速度慢，效率低。如表 4 所示，内插或内填轻质保温材料后的外墙主体部位的传热系数 $K_p = (1.33 \sim 1.50)$ W/($m^2 \cdot$ K)，仍较大。所以，宜从砌块基材、孔形或复合方式上进行合理设计来提高混凝土小砌块砌体的保温隔热性能。

在本规程附录 D 中列出了部分孔洞中内插（填）保温材料的复合保温小砌块砌体的热阻及热惰性指标，建筑热工设计计算时，可参考采用。

表 4 孔洞中内插、内填保温材料的小砌块墙体主体部位的热工性能

编号	构造做法	K_p[W/($m^2 \cdot$ K)]	D_p
1	1 20mm 厚水泥砂浆外抹灰； 2 单排孔小砌块孔洞内插 25mm 厚发泡聚苯小板； 3 20mm 厚石膏聚苯颗粒保温砂浆内抹灰	1.50	2.29
2	1 20mm 厚水泥砂浆外抹灰； 2 单排孔小砌块孔洞内满填膨胀珍珠岩； 3 20mm 厚石膏聚苯颗粒保温砂浆内抹灰	1.33	2.52

4.2.3 本条是对小砌块建筑外墙的热工设计提出要求。

1 外墙的热工性能包含主体部位和结构性热桥部位及其构成的整墙体部位。所以，建筑节能设计标准中规定外墙的传热系数和热惰性指标应取平均传热系数和平均热惰性指标。

平均传热系数（K_m）和平均热惰性指标（D_m）是由外墙中主体部位的传热系数 K_p 与热惰性指标 D_p 和结构性热桥部位的传热系数 K_b 和热惰性指标 D_b，以及它们在外墙上（不含门窗）的面积 F_p 和 F_b 加权计算求得。本条提出了便捷的计算方法。

2 由混凝土或钢筋混凝土填实的芯柱、构造柱、圈梁、门窗洞口边框，以及外墙与女儿墙、阳台、楼地板等构件连接的实体部位，都属结构性热桥部位，与主体部位比较，其传热（冷）损失都较大，也是产生表面冷凝的敏感部位，这些部位应通过建筑热工设计计算采取适宜的保温构造处理，以满足热工性能指标的要求。结构性热桥部位的传热系数和热惰性指标 K_b 和 D_b 的计算方法与主体部位传热系数 K_p 的计算方法相同。

进行建筑设计时首先要尽量减少结构性热桥部位的数量和面积。

为保证结构性热桥部位的内表面在冬季正常采暖期间不致产生结露，其最小传热阻 $R_{0 \cdot min}$（或最大允许的传热系数 $K_{b \cdot max}$），应根据地区的室内外气候计算参数，按照现行国家标准《民用建筑热工设计规范》GB 50176 规定的计算方法计算确定。

3 大量的热工性能实测和计算结果表明，仅有双面抹灰层的小砌块墙体，不管在北方和南方，都不能满足现行建筑节能设计标准中规定的室内热舒适环境和对外墙、楼梯间内墙及分户墙的热工性能指标要求，必须采取一定的保温隔热措施提高其热工性能。也正是因为过去不重视小砌块墙体的保温隔热措施这一重要环节，形成了房屋建成后居民普遍有"热"的反映，严重地影响了小砌块墙体及小砌块建筑的进一步推广应用。

最适宜于小砌块外墙的保温隔热措施，是在其外侧直接复合外墙外保温系统，或在外侧设置空气层。若采用内保温系统，本条提出了提高其保温性能的设计要求。

外墙采用不同外墙保温系统施工完成后的检测结果与节能设计要求的节能率对比计算、研究分析表明：

外墙采用外墙外保温系统能符合节能设计要求的 95%～100%；

外墙采用外墙自保温系统能符合节能设计要求的 85%～90%；

外墙采用外墙内保温系统能符合节能设计要求的 75%～80%。

产生以上节能率差异的原因，主要是外墙自保温与外墙内保温系统中的结构性热桥部位保温隔热性能差所引起。为补偿这一差异，在上海市的《居住建筑节能设计标准》DG/TJ 08-205-2008 中，提出了如表 5 所示的不同主墙体的平均传热系数修正系数 C_2。目前，四川省内也有设计院在进行外墙的热工设计时，将采用外墙内保温系统的外墙平均传热系数计算值乘以 1.2 作为外墙平均传热系数 K_m 的设计值，这实际上就是要求增加内保温系统的保温层厚度来使其热工性能达到采用外墙外保温系统的热工性能。这是科学的，也是合理的。

表5　不同主墙体的平均传热系数修正系数 C_2

结构体系与保温形式	剪力墙			短肢剪力墙			框剪/框架			砖混		
	外保温	自保温或中保温	内保温	外保温	自保温或中保温	内保温	外保温	自保温或中保温	内保温	外保温	自保温或中保温	内保温
主墙体	钢筋混凝土			钢筋混凝土			填充材料			填充材料		
修正系数 C_2	1.0	—	1.4	1.0	—	1.4	1.1	1.45	1.45	1.15	1.5	1.5

　　本条还对采用外墙内保温系统的外墙与横墙交接处 400mm 宽范围内的保温处理提出了要求，即该部位的传热阻 R_o 不能小于设计建筑所在气候地区的外墙最小传热阻 $R_{o \cdot min}$。

　　从求真务实地实施建筑节能工作来讲，提出这个要求是非常必要的，可对现在墙体热工节能设计中随意地采用外墙内保温系统有所约束。

　　4　对夏热冬冷及夏热冬暖地区建筑的外墙隔热，本条提出宜采用外隔热措施，可有效地降低小砌块墙体的内外表面温差，减少恶劣环境的作用，保护小砌块墙体。最好是采用建筑用反射隔热涂料作外墙饰面，不仅可显著提高外墙的隔热性能，而且通过计算对比，还可使外墙有 $0.20(m^2 \cdot K)/W$ 以上的附加热阻值。

　　由于小砌块墙体有孔洞存在，孔洞中空气的蓄热系数近似为 0。加之轻质保温材料的蓄热系数也很小，如表4所示，将导致小砌块外墙的建筑热工性能设计计算结果，往往是外墙的传热系数能满足居住建筑节能设计标准的规定，而热惰性指标 D 不能满足规定。出现这种情况时，居住建筑节能设计标准要求按照国家标准《民用建筑热工设计规范》GB 50176－93 第5.1.1条进行隔热设计验算。应当指出，国家标准《民用建筑热工设计规范》GB 50176－93 第5.1.1条是指房间在自然通风良好的使用条件下规定的隔热指标验算方法，不符合节能住宅的居室是在门窗关闭的使用条件。而且没有提出具体的外墙内表面最高温度允许值，也无法用第5.1.1条的计算公式和计算方法进行验算。

　　5　无论采用哪种保温构造技术及饰面做法，都要根据本地区的建筑节能标准要求和室内外气候计算参数，计算确定其热工性能指标要求的保温层厚度。考虑到保温材料在安装敷设中可能受损，以及环境湿作用的影响使保温材料的保温性能削弱，在建筑热工计算中，应取计算导热系数和计算蓄热系数，一般可用实际测定的导热系数和蓄热系数乘以修正系数 a。修正系数 a 应按照现行国家标准《民用建筑热工设计规范》GB 50176，根据其使用场合及影响因素进行选择，以确保墙体在正常使用时的保温性能不致削弱。

　　6　在寒冷地区，建筑的外围护结构保温设计，都要进行内部冷凝受潮验算，确定是否设置隔气层。对于寒冷地区的小砌块建筑外墙，应根据现行国家标准《民用建筑热工设计规范》GB 50176 的规定，在外墙的保温设计时，进行外墙内部冷凝受潮验算，确定是否设置隔气层。若需设置隔气层，应保证其施工质量，并有与室外空气相通的排湿措施。目前在夏热冬冷地区的个别城市，也有参照国外严寒地区的外墙外保温技术设置隔气层和排潮措施的工程。是否适宜，应根据计算确定，否则会造成不必要的经济损失。对于夏热冬冷地区的小砌块建筑外墙，一般可不用进行冷凝受潮验算，也不用设置隔气层。

　　7　本条提出对有优良热工性能的保温小砌块及复合保温小砌块在建筑外墙中应用时，可按墙体自保温系统应用在建筑的填充墙中，该部位可不再复合内、外保温系统。在夏热冬冷地区及夏热冬暖地区，这是非常可取的一种保温小砌块墙体自保温系统工程做法。

　　8　小砌块外墙的保温隔热措施，必须与屋面、楼地板和门窗等构件的连接部位有联系，这些连接部位也是传热敏感部位，除了做好这些部位的保温措施外，尚应保持构造上的连续性和可靠性。

　　4.2.4　本条对小砌块居住建筑的分户墙和公共建筑的采暖空调房间与非采暖空调房间隔墙的建筑热工设计提出应以平均传热系数 K_m 作为热工性能评价指标，因为不是一种墙材构成，应和外墙的要求一样。

　　4.2.5　本条是对小砌块建筑屋面的建筑热工设计提出要求。

　　1　小砌块建筑屋面的建筑热工设计，与其他墙体结构体系建筑的屋面热工设计基本相同，首先应符合建筑节能设计标准的规定，并选择适宜的保温隔热构造做法，重视结构性热桥部位的构造设计和处理措施。

　　2　与外墙外保温技术一样，倒置式屋面比正置式屋面（即保温层在防水层之下）有很多优点，但需采用憎水型的保温材料。保温层的厚度应根据地区的气候条件、室内外气候计算参数和节能设计标准规定的热工性能指标计算确定，计算时应采用材料的计算导热系数和计算蓄热系数，即应乘以修正系数 a。憎水型保温材料的修正系数 a 可取 1.2，多孔吸湿保湿材料的修正系数 a 可取 1.5。

　　3　在夏热冬冷和夏热冬暖地区，屋面采用浅色饰面，采用绿色植被屋面或有保温材料基层的架空通风屋面，都是有效而可行的屋面外隔热措施。采用绿色植被屋面或架空通风屋面时，应按照屋面防水规范的要求，保证防水层的设计和施工质量。

　　4　应重视结构性热桥部位的保温隔热构造设计与处理。对于小砌块建筑，由于要保证墙体顶部与屋顶之间是柔性连接，更应采取适宜的保温隔热构造措施，以避免热桥的出现。

5 小砌块砌体静力设计

5.1 设计基本规定

5.1.1～5.1.5 砌块砌体结构仍然采用以概率理论为基础的极限状态设计方法，砌块砌体受压、受剪构件可靠指标已达到 4.0 以上，且与国家标准《砌体结构设计规范》GB 50003 保持一致。本次修订补充了《建筑结构可靠度设计统一标准》GB 50068 使用年限的规定。

5.1.6 将梁端支承力的位置由原规程的两种情况简化为一种，均按 $0.4a_0$ 以方便设计应用。

5.1.8 补充了转角墙受集中荷载时计算截面的规定和可按角形截面偏心受压构件进行承载力验算。

5.2 受压构件承载力计算

5.2.2 补充了确定影响系数 φ 时，构件高厚比 β 的计算公式，公式中的 1.1 系数是经砌块砌体长柱试验确定的。对灌孔混凝土砌块砌体 β 取 H_0/h，是依据《砌体结构设计规范》GB 50003 的规定。

5.2.5 轴向力的偏心距按内力设计计算，偏心距 e 的限值与《砌体结构设计规范》GB 50003 一致。

5.3 局部受压承载力计算

5.3.2 为避免空心砌块砌体直接承受局部荷载时可能出现的内肋压溃提前破坏，所以强调对未灌实的空心砌块砌体局部抗压强度提高系数 γ 为 1.0。要求采取灌实一皮砌块的构造措施后才能按局部抗压强度提高系数计算。

5.3.4 关于梁端有效支承长度 a_0 计算，原《混凝土小型空心砌块建筑技术规程》JGJ/T 14-95 列了两个计算公式，即 $a_0 = \sqrt{\dfrac{N_e}{bf\tan\theta}}$ 和简化公式 $a_0 = 10\sqrt{\dfrac{h_c}{f}}$，为避免工程应用上引起争端，并为简化计算；在上一版修订中取消前一个公式，只保留简化公式。工程实践表明，应用简化公式并未出现安全问题。本次修订仍维持只保留简化公式。

5.3.5 明确规定梁端现浇刚性垫块下局部抗压应按本条方法计算。本条第 2 款第 2) 项中"……壁柱上垫块伸入翼墙内的长度不应小于 100mm"，《砌体结构设计规范》GB 50003 是"……壁柱上垫块伸入翼墙内的长度不应小于 120mm"。造成这一差别的原因是因为砌块模数 M＝100，砌块主规格尺寸为 390mm×190mm×190mm。

5.3.6 进深梁支承于圈梁的情况在砌块房屋中经常

遇到，因而增加了柔性垫梁下砌体局压的计算方法，根据哈尔滨工业大学的分析研究提出了考虑砌体局压应力三维分布时的实用计算方法，并与《砌体结构设计规范》GB 50003 相一致。

5.4 轴心受拉构件承载力计算

5.4.1 增加了轴心受拉构件计算。

5.5 受弯构件承载力计算

5.5.1 增加了受弯构件计算。

5.6 受剪构件承载力计算

5.6.1 根据重庆建筑大学的试验和分析，提出了考虑复合受力影响的剪摩理论公式。该式亦能适合砌块砌体构件的抗剪计算，能较好地反映在不同轴压比下的剪压相关性和相应阶段的受力工作机理，克服了原公式的局限性。

5.7 墙、柱的允许高厚比

5.7.1 在表 5.7.1 表注中增加了配筋混凝土砌块砌体构件的允许高厚比不应大于 30。该项规定是引进了国际标准的规定。

5.7.2 砌块墙体的加强一般可以利用其天然的竖向孔洞配筋灌芯形成芯柱，也可采用设钢筋混凝土构造柱（集中配筋）来加强。墙体中设有构造柱时可提高使用阶段墙体的稳定性和刚度，因此本次修订保留了配构造柱情况下墙体允许高厚比的提高系数的计算公式。

5.8 一般构造要求

5.8.1～5.8.7 砌块房屋的合理构造是保证房屋结构安全使用和耐久性的重要措施，根据设计和应用经验在下列几个关键问题上给予加强：①受力较大、环境条件差（潮湿环境），材料最低强度等级给予明确规定；②对一些受力不利的部位强调用混凝土灌孔；③加强一些构件的连接构造；④墙体中预留槽洞设管道的构造措施。原规程表 5.8.1 中最低强度等级，很潮湿的 MU7.5，改为 MU10。含饱和水的 MU10 改为 MU15。主要是考虑材料耐久性要求。

5.9 砌块墙体的抗裂措施

随着砌块建筑的推广应用和住房商品化进程的推进，小砌块房屋的裂缝问题显得十分突出，受到比较广泛的关注。因此，本规程根据迄今国内外的研究成果和建设经验，按照治理墙体裂缝"防、放、抗"相结合，设计、施工、材料综合防治的基本思路，较多地充实了砌块墙体的防裂措施。

5.9.1 按表 5.9.1 设置的墙体伸缩缝，一般不能同时防止由于钢筋混凝土屋盖的温度变形和砌体干缩变形引起的墙体局部裂缝。

5.9.5 该条为修改条文，根据工程调查顶层和次顶层两端第一开间墙体上常易出现斜裂缝或水平裂缝，该条文明确在墙中设置钢筋混凝土芯柱的间距。

5.9.6 该条为修改条文，根据工程调查横墙上常易在靠近外纵墙处的横墙上发生斜裂缝，一般该裂缝在纵墙窗台角高度按约45°向上延伸至楼盖，也可在该区段中设置钢筋混凝土芯柱。

楼梯间横墙墙身较高，且较易受外界气候影响，常易发生水平缝和斜裂缝，因水平缝在全墙发生，故在全墙按1.6m间距设置钢筋混凝土芯柱。

5.10 框架填充墙的构造措施

新增加本节主要基于以往历次大地震，尤其是此次汶川地震的震害情况表明，框架（含框剪）结构填充墙等非结构构件均遭到不同程度破坏，有的损害甚至超出了主体结构，导致不必要的经济损失，尤其高级装饰条件下的高层建筑的损失更为严重。这种现象引起人们的广泛关注，尽快制订防止或减轻该类墙体震害的有效设计方法和构造措施已成为工程界的急需。

5.10.2 填充墙选用轻质砌体材料可减轻结构重量、降低造价，有利于结构抗震。但填充墙体材料强度不应过低，否则，当框架稍有变形时，填充墙体就可能开裂，在意外荷载或烈度不高的地震作用时，容易遭到损坏，甚至造成人员伤亡和财产损失。

5.10.4 震害经验表明：嵌砌在框架和梁中间的填充墙砌体，当强度和刚度较大，在地震发生时，产生的水平地震作用力，将会顶推框架梁柱，易造成柱节点处的破坏，所以过强的填充墙并不完全有利于框架结构的抗震。本条提出填充墙与框架柱、梁脱开的方式，是为在地震发生时，减小填充墙对框架梁柱的顶推作用，避免框架的损坏。但为了保证填充墙平面外的稳定性，在填充墙中应设构造柱和水平系梁，并在与主体结构连接处留20mm缝隙用聚苯泡沫材料填充。

5.11 夹心复合墙的构造规定

为适应建筑节能要求，北方地区砌块房屋的外墙往往采用复合墙形式，即由内叶墙承重外叶墙保护，中间填以高效保温（岩棉、苯板等）材料。这种墙体也称夹心墙。哈尔滨工业大学等单位做过试验，试验表明两叶墙之间的拉结构件能在一定程度上协调内、外墙的变形，外叶墙的存在对内叶墙的稳定性以及水平荷载下脱落倒塌有一定的支撑作用。本规程只是在夹心墙的构造上提出一些具体规定。本次修订在原规程基础上作了一些补充。

5.12 圈梁、过梁、芯柱和构造柱

5.12.1 为加强小砌块房屋的整体刚度，保证垂直荷载能较均匀地向下传递，考虑到砌块砌体抗剪、抗拉强度较低的特点，根据各地的实践经验，本规程对圈梁设置作了较严格的规定。本次修订对多层民用砌块房屋圈梁的设置进行了修改，根据近期砌块房屋圈梁设置的调查，一般在房屋内外墙均设置圈梁，故取消了原规程表5.8.1中分内、外墙设置的要求。

5.12.2 本次修订将屋盖处圈梁宜现浇改为应现浇，挑梁与圈梁相遇时，宜整体现浇改为应整体现浇。

5.12.4 对过梁上的荷载取值作了规定。由于过梁上墙体内拱的卸荷作用，当梁、板下的墙体高度大于过梁净跨时，梁、板荷载及墙体自重产生的过梁内力很小，过梁设计由施工阶段的荷载控制，荷载取本条规定的一定高度的墙体均匀自重作为当量荷载。

5.12.5 设置混凝土及钢筋混凝土芯柱是一种构造措施，主要是为了提高小砌块房屋的整体工作性能，不必进行强度计算。本次修订将原规程5.6.7条对纵横墙交接处孔洞用混凝土灌实的规定移至本条，原规程要求灌实范围为在墙中心线每边不小于300mm范围内的孔洞，改为在墙体交接处孔洞设置混凝土芯柱。

5.12.6 提出了芯柱构造和施工的具体要求，以保证芯柱发挥作用。

5.12.7 当小砌块房屋中采用钢筋混凝土构造柱加强时，应满足构造要求。

6 配筋砌块砌体剪力墙静力设计

6.1 设计基本规定

6.1.1 根据试验研究结果，配筋小砌块砌体剪力墙结构的受力性能与钢筋混凝土剪力墙结构的受力性能相似，因此在设计计算时可以采用与钢筋混凝土剪力墙相同的线弹性计算、分析方法，对结构构件的计算则应符合本规程有关条文的要求，同时对结构的位移变形也应按照本规程的要求进行验算。在计算、分析时，楼层侧移刚度取楼层等效剪切刚度。在计算分析时还应注意，即使是多层配筋小砌块砌体剪力墙结构仍应按剪力墙进行设计计算。

6.1.2 配筋小砌块砌体剪力墙的配筋方式与普通钢筋混凝土剪力墙不同，由于配筋小砌块砌体剪力墙中的竖向垂直钢筋是单排配置在墙厚的中央，当出平面受弯时，竖向垂直钢筋不能充分发挥作用，因此配筋小砌块砌体剪力墙作为主要的承载力构件其出平面的抗弯能力比普通钢筋混凝土剪力墙要弱，但又要明显强于普通砖砌体。条文是依据目前的试验研究情况以及综合各地的工程实践经验，规定了配筋小砌块砌体房屋剪力墙平面外的轴向力偏心距 e 不应超过 $0.7y$。从试验结果来看，规定偏于安全，因此今后如积累了确切、可靠的试验数据和计算分析，平面外的轴向力偏心距 e 的规定可适当放宽。

6.2 正截面受压承载力计算

6.2.1 根据试验研究结果，灌孔混凝土与砌块和钢筋之间的粘结状况良好，在承载力极限状态配筋小砌块砌体墙片中的竖向垂直钢筋和水平钢筋都能达到屈服，而且配筋小砌块砌体与钢筋混凝土的受力性能相似，因此配筋小砌块砌体计算的基本假定也与钢筋混凝土类似。根据试验研究结果，配筋小砌块砌体中的砌体与灌孔混凝土是分两次施工，在荷载作用下的变形状态不完全相同，因此灌孔小砌块砌体的极限压应变稍小于混凝土的极限压应变。

试验研究结果表明，配筋小砌块砌体墙片在偏心荷载作用下，当达到70%的极限荷载时，即使是竖向钢筋上的小标距应变量测结果也表明砌体截面的变形能较好的符合平截面假定，而有部分试件在90%以上的极限荷载时仍基本符合平截面假定。因此根据平截面假定的定义，配筋小砌块砌体在垂直荷载作用下的截面变形符合平截面假定。

6.2.2 式（6.2.2-1）和式（6.2.2-2）是根据欧拉公式和灌孔砌体的应力-应变关系以及配筋小砌块砌体的试验结果推导和拟合得到的，它不同于一般砌体的稳定性计算公式，不仅考虑了灌孔砌体，而且还考虑了竖向钢筋的抗压作用。在使用公式进行计算时还应注意，配筋小砌块砌体是指配置有垂直和水平钢筋、且水平钢筋必须布置在砌块水平槽内、用专用灌孔混凝土灌孔后形成的配筋小砌块砌体，如无水平钢筋或水平钢筋放置在砂浆灰缝中，则按配筋小砌块砌体的公式来计算其抗压稳定性可能会偏于不安全。

6.2.3 配筋小砌块砌体剪力墙房屋的结构性能与钢筋混凝土剪力墙房屋的结构性能相似，因此配筋小砌块砌体剪力墙构件的计算高度取值不应该按砌体结构，而是应该和钢筋混凝土剪力墙房屋相同。除一般情况，当有跃层或开洞形成无楼板支承的高墙的情况时，层高应取至有楼板支承的墙体之间的高度。

6.2.4 根据平截面假定，配筋小砌块砌体剪力墙上的任1根钢筋的应变均可根据变形协调的相似关系计算得到，而钢筋的应力及性质可由该处钢筋应变确定；按6.2.1条的基本假定，根据截面内力平衡条件也可以计算得到配筋小砌块砌体受压区截面高度，从而确定墙体的承载能力；但计算时需解联立方程或进行试算逐步迭代，计算比较复杂。本条采用的是钢筋混凝土构件的计算模式，大偏压时近似认为在荷载作用下，修正后的受拉区和受压区范围内的分布钢筋都能够达到屈服，而小偏压时则根据受压区高度近似求解钢筋的应力状况，使复杂的计算问题简化。关于偏心距 e，是参照混凝土偏心受压构件的计算方法进行计算。

6.2.5 由于配筋小砌块砌体之间的连接主要靠砌块的搭接砌筑、水平钢筋和砌块水平槽内的通长混凝土

连接键相连，因此T形截面和L形截面的腹板和翼缘之间的连接要弱于类似的整浇钢筋混凝土墙片。根据同济大学所做的配筋小砌块砌体工字形截面和Z字形截面墙片的压弯反复荷载试验，当墙片的翼缘宽度为腹板厚度的3倍（工字形截面）和2倍（Z字形截面）时，在垂直荷载和水平反复荷载作用下，虽然翼缘部分的钢筋仍能达到屈服，但在接近破坏时，翼缘和腹板的连接处会突然产生垂直通缝，翼缘和腹板的共同工作明显减弱。因此如参照混凝土剪力墙进行设计，可能高估了配筋小砌块砌体翼缘和腹板的共同工作作用，从而使实际构件处于不安全状态。根据上述的试验结果和分析，本条对T形和倒L形截面偏心受压构件翼缘的计算宽度采用了比较严格的规定。

6.2.6 同济大学在2005年进行了墙片出平面偏心受压试验研究，试验共设计了三组高度的试件，尺寸分别为590mm×190mm×800mm、590mm×190mm×1200mm、590mm×190mm×1600mm（宽×厚×高）。每组高度的试件包括三种不同的出平面偏心距，分别为20mm、50mm和80mm，总共9个墙片。在极限荷载时，测得的各试件竖向钢筋的应变与偏心距和墙片高度有关，当出平面荷载偏心距为60mm～65mm时，竖向钢筋应力几乎为零。试验结果表明，同一高度的试件，极限荷载随偏心距的增大而减小。试验中9个试件都表现为脆性破坏的形式，但随着偏心距的增大，试件的破坏模式有从受压破坏向受弯破坏模式转化的趋势。试验结果还显示竖向垂直钢筋对墙片脆性破坏的改善作用有限，因为虽然偏心较大，试件墙片的竖向钢筋已经达到屈服状态，但由于钢筋是布置在墙体的中心位置，形成的抵抗力矩较小，因此墙片出平面抗弯能力有限。

根据普通砖砌体计算偏心受压影响系数的计算公式，假设矩形截面配筋小砌块砌体（$\beta < 3$）单向偏心受压影响系数 $\varphi = \dfrac{1}{1 + m \times (e/h)^2}$，其中：$h$ 为矩形截面在轴向力偏心方向的边长；m 为小于12的系数。对于高而薄的墙片（$\beta > 3$）承受出平面单向偏心荷载时，还应考虑附加偏心距 e_i，因此，出平面偏心受压配筋小砌块砌体墙片的承载力影响系数 $\varphi = \dfrac{1}{1 + m \times [(e + e_i)/h]^2}$。当轴心受压时，$e = 0$，该影响系数应该等于轴心受压稳定系数，可以解得 $e_i = h \times \sqrt{\dfrac{1}{m} \times \left(\dfrac{1}{j_0} - 1\right)}$，于是出平面偏心受压配筋小砌块砌体墙片承载力的影响系数 $\varphi = \dfrac{1}{1 + m \times \left[\dfrac{e}{h} + \sqrt{\dfrac{1}{m} \times \left(\dfrac{1}{j_0} - 1\right)}\right]^2}$。将试验数据与该公式拟和，当 $m = 2.5$ 时，公式计算结果与试验值吻合较好，因此可以认为出平面偏心受压配筋

小砌块砌体墙片承载力的影响系数 $\varphi = \dfrac{1}{1+2.5\times\left[\dfrac{e}{h}+\sqrt{\dfrac{1}{2.5}\times\left(\dfrac{1}{j_0}-1\right)}\right]^2}$。

上述公式的计算结果与试验结果比较如表6所示，计算结果与试验值吻合较好。

表6 同济大学的试验结果与公式计算值的比较

试件编号	墙高(mm)	高厚比	偏心距(mm)	试验值(kN)	φ	$N=\varphi\times f_{gm}\times A$ (本规程公式)	试验值/计算值
Q1	800	4.21	20	2334	0.902	2097	1.11
Q2	800	4.21	50	2032	0.749	1741	1.17
Q3	800	4.21	80	1536	0.593	1378	1.11
Q4	1200	6.32	20	1932	0.855	1989	0.97
Q5	1200	6.32	50	1620	0.696	1618	1.00
Q6	1200	6.32	80	1420	0.547	1271	1.12
Q7	1600	8.42	20	2472	0.805	1871	1.32
Q8	1600	8.42	50	1724	0.645	1499	1.15
Q9	1600	8.42	80	1212	0.504	1172	1.03
平均值							1.11

哈尔滨工业大学在2005年也进行了无水平分布钢筋灌孔砌体墙片轴心受压及出平面偏心受压承载力试验，其中11个试件为出平面偏心受压，偏心距分别为20mm、30mm、40mm和60mm，哈尔滨工业大学的试验结果与公式的计算结果比较如表7所示。

表7 哈尔滨工业大学的试验结果与公式计算值的比较

试件编号	墙高(mm)	高厚比	偏心距(mm)	试验值(kN)	φ	$N=\varphi\times f_{gm}\times A$ (本规程公式)	试验值/计算值
Q4	1000	5.26	20	2188	0.879	2107	1.04
Q10	1000	5.26	20	1980	0.879	2017	0.98
Q11	1000	5.26	20	2199	0.879	2017	1.09
Q12	1000	5.26	30	1624	0.829	1770	0.92
Q13	1000	5.26	30	1560	0.829	1770	0.88
Q1	1000	5.26	40	1650	0.776	1826	0.90
Q2	1000	5.26	40	1476	0.776	1826	0.81
Q3	1000	5.26	40	1778	0.776	1826	0.97
Q7	1000	5.26	60	1120	0.669	1564	0.72
Q8	1000	5.26	60	1230	0.669	1564	0.79
Q9	1000	5.26	60	1329	0.669	1564	0.85
平均值							0.90

由于哈尔滨工业大学的墙片试件没有配置水平钢筋，因此试验结果稍小于本规程公式计算的结果，但试件破坏现象和规律与同济大学的试验结果类似。

由于到目前为止，仅同济大学和哈尔滨工业大学分别做过9个和11个配筋小砌块砌体墙片出平面偏心受压试验，试验数据偏少，而且墙片试件的高厚比也不够充分大，因此有关墙体的出平面偏心受压性能还有待进一步开展试验研究，但按公式6.2.6进行设计计算还是安全的。

6.3 斜截面受剪承载力计算

6.3.1 根据有关试验研究结果，影响配筋小砌块砌体墙片抗剪承载力的因素主要有墙片的形状、尺寸；高宽比 λ；灌孔砌体的抗压强度；竖向荷载；水平钢筋和垂直钢筋的配筋率等等。①墙片抗剪承载力受其尺寸大小的影响是显而易见的，在组成墙片的材料相同的情况下，墙片的尺寸越大其承载能力也越大；②对于配筋小砌块砌体墙片，已有的试验研究表明，墙片的高宽比 λ 对抗剪强度有很大的影响，而且墙片的抗剪强度在高宽比 λ 一定范围内变动时，随着高宽比的加大而逐渐减小；③根据已有的试验研究成果，配筋小砌块砌体墙片的抗剪强度与灌孔砌体的抗压强度基本上呈正比关系，由于灌孔砌体抗剪能力占整个墙片抗剪能力的很大一部分，因此当采用强度较高的砌体和灌孔混凝土时，其抗剪承载能力也会相应有较大增加；④墙片承受水平荷载作用时，如果有适当垂直荷载共同作用，则在墙片内的主拉应力轨迹线与水平轴的夹角变大，斜向主拉应力值降低，从而可以推迟斜裂缝的出现，垂直荷载也使得斜裂缝之间的骨料咬合力增加，使斜裂缝出现后开展比较缓慢，从而提高墙片的抗剪能力。垂直荷载对墙片的抗剪能力有很大的影响，当墙片的轴压比 $\dfrac{N}{f_m bh}\approx 0.3\sim0.5$ 时，垂直荷载对墙片的抗剪强度影响最大，当轴压比超过此值时，墙片的破坏形态由剪切破坏转化为斜压破坏，反而使得墙片的抗剪承载能力下降；⑤墙片开裂以后，配筋小砌块砌体墙片的抗剪能力将大大削弱，而穿过斜裂缝的水平钢筋直接参与受拉，由墙片开裂面的骨料咬合及水平钢筋共同承担剪力，因此，水平钢筋的配筋率是影响墙片抗剪能力的主要因素之一；⑥垂直钢筋的配筋率。国内外许多研究结果表明，配置于墙片中的垂直钢筋可以有效地提高其抗剪能力，垂直钢筋对墙片抗剪的贡献主要是由于销栓作用，以及墙片在配置一定数量的钢筋以后对原素墙片受力性能的改良，但一般将其有利作用计入在灌孔砌体的抗剪强度这一部分中。

根据上述对影响配筋小砌块砌体剪力墙截面受剪承载力诸因素的试验研究和分析，配筋小砌块砌体剪力墙截面受剪承载力可以按照式（6.3.1-2）和式

（6.3.1-4）公式进行计算。

当配筋小砌块砌体剪力墙所承担的剪力较大，而墙片的截面积又较小时，增加墙片内的水平钢筋不仅不能有效提高墙片的抗剪能力，而且会导致剪力墙发生斜压脆性破坏，因此公式（6.3.1-1）规定与承受剪力相对应的剪力墙要有一定的截面积。

6.3.2、6.3.3 配筋小砌块砌体由于受其块型、砌筑方法和配筋方式的影响，不适宜做跨高比较大的梁构件。而连梁配筋小砌块砌体剪力墙结构中，连梁是保证房屋整体性的重要构件，为了保证连梁与剪力墙节点处在弯曲屈服前不会出现剪切破坏和具有适当的刚度和承载能力，对于跨高比大于 2.5 的连梁宜采用受力性能较好的钢筋混凝土连梁，以确保连梁构件的"强剪弱弯"。对于跨高比小于 2.5 的连梁（主要指窗下墙部分），则允许采用配筋小砌块砌体连梁。

6.4 构 造 措 施

I 钢 筋

6.4.1 配筋小砌块砌体剪力墙孔洞内配筋面积不应过大，否则钢筋太多，直径太大，不仅影响结构延性，也不利于灌孔混凝土施工。

6.4.2 配筋小砌块砌体剪力墙，配置在灰缝中钢筋直径应控制，以避免影响钢筋的握裹力及钢筋强度的发挥。根据工程经验，水平箍筋放置于砌体灰缝中，受灰缝高度限制（一般灰缝高度为 10mm），水平箍筋直径不小于 6mm，且不应大于 8mm 比较合适；当箍筋直径较大时，将难以保证砌体结构灰缝的砌筑质量，会影响配筋小砌块砌体强度；灰缝过厚则会给现场施工和施工验收带来困难，也会影响砌体的强度。

6.4.3～6.4.6 我国沈阳建筑大学和北京建筑工程学院作了专门锚固实验，结果表明，位于灌孔混凝土中的钢筋，不论位置是否对中，均能在远小于规定的锚固长度内达到屈服。国际标准《配筋砌体设计规范》ISO 9652-3 中有砌块约束的混凝土内的钢筋锚固粘结强度比无砌块约束（不在砌块孔洞内）的数值（混凝土强度等级为 C10～C25 情况下），对光面钢筋高出 85%～20%；对变形钢筋高出 140%～64%。

实验发现对于配置在水平灰缝中的受力钢筋，其握裹条件较灌孔混凝土中的钢筋要差一些。灰缝中砂浆的最小保护层要求，是基于在正常条件下，钢筋不会锈蚀和保证需要的握裹力发挥而确定的。在灌孔混凝土中钢筋的保护层，基本同普通混凝土中的钢筋保护层要求，但它的条件要更好些，因为有一层砌块外壳的保护，国外规范规定抗渗砌块的钢筋保护层可以减少。

根据安全等级为一级或设计使用年限大于 50 年的房屋，对耐久性的要求更高的原则，提出了第 6.4.6 条的注（含第 6.4.7 条）。

II 配筋砌块砌体剪力墙、连梁

6.4.7 根据配筋砌块砌体目前的应用情况及耐久性要求，对材料等级进行相应规定。灌孔混凝土是指由水泥、砂、石等主要原材料配制的大流动性细石混凝土，石子粒径控制在 5mm～16mm 之间，坍落度控制在 230mm～250mm，大流动性是砌块孔洞内细石混凝土灌实的先决条件，才能保障混凝土与砌块结合紧密。灌孔混凝土强度与混凝土小砌块块材的强度应匹配，由此组成的灌孔砌体的性能可得到充分发挥。配筋小砌块砌体剪力墙是一个整体，必须全部灌孔，才能保证平截面假定。在配筋小砌块砌体剪力墙结构的房屋中，允许有部分墙体不灌孔，但不灌孔部分的墙体不能按配筋小砌块砌体剪力墙计算，而必须按填充墙考虑。

6.4.8 这是根据承重混凝土砌块的最小厚度规格尺寸和承重墙支承长度确定的。最通常采用的配筋砌块厚度为 190mm。在允许的前提下，连梁可加宽以满足抗剪要求。

6.4.9 这是配筋砌块砌体剪力墙的最低构造钢筋要求。对由于孔洞削弱的墙体进行了加强。剪力墙的配筋比较均匀，其隐含的构造含钢率约为 0.05%～0.06%。据国外规范的背景材料，该构造配筋率有两个作用：一是限制砌体干缩裂缝，二是能保证剪力墙具有一定的延性，一般在非地震设防地区的剪力墙结构应满足这种要求。

6.4.10 窗间墙一般为短肢墙，构造及配筋适当加强。

6.4.11 配筋砌块砌体剪力墙的边缘构件，要求在该区设置一定数量的竖向构造钢筋和横向箍筋或等效的约束件，以提高剪力墙的整体抗弯能力和延性。本条是根据工程实践和参照我国有关规范的有关要求，及砌块剪力墙的特点给出的。

另外，在保证等强设计的原则，并在砌块砌筑、混凝土浇灌质量保证的情况下，砌块砌体剪力墙端可采用混凝土柱为边缘构件。虽然在施工程序上增加模板工序，但能集中设置较多竖向钢筋，水平钢筋的锚固也易解决，美国有类似的成功工程经验。

6.4.12 剪力墙的特点是平面内刚度及承载力大，而平面外刚度及承载力都相对很小。当剪力墙与平面外方向的梁连接时，会造成墙肢平面外弯矩，而一般情况下并不验算墙的平面外的刚度及承载力。配筋小砌块砌体剪力墙的竖向配筋居墙截面中心处，对剪力墙平面外的受弯能力甚为不利。试验表明，配筋小砌块砌体剪力墙平面外受弯能力较差。

剪力墙平面外设置的扶壁柱宜按计算确定截面及配筋，但当扶壁柱较短，其总长不大于 3 倍墙厚时，往往超筋或配筋过大。为保证其一定的抗弯能力，扶壁柱全截面配筋应不低于本规程的有关规定。

当梁高大于2倍墙厚时，梁端弯矩对墙平面外的安全不利，因此应采取措施，降低梁的刚度，减少剪力墙平面外的弯矩，以利墙体安全。

本条所列措施，均可增大墙肢抵抗平面外弯矩的能力。另外，对截面高度较小的楼面梁可设计为铰接或半刚接，减小墙肢平面外弯矩。铰接端或半刚接端可通过弯矩调幅或梁变截面来实现，此时应相应加大梁跨中弯矩，且梁顶配筋不宜过小。

6.4.13 本条规定了当采用钢筋混凝土连梁时的有关技术要求。

6.4.14 本条是参照美国规范和混凝土砌块的特点以及我国的工程实践制定的。混凝土砌块砌体剪力墙连梁由H型砌块或凹槽砌块组砌（当采用钢筋混凝土与配筋砌块组合连梁时受此限制），并应全部浇灌混凝土，以确保其整体性和受力。

6.4.15 部分框支配筋砌块砌体剪力墙结构底部的配筋砌块砌体墙的水平及竖向分布钢筋最小配筋率适当提高。

7 抗 震 设 计

7.1 一 般 规 定

7.1.1 抗震设防地区的小砌块砌体房屋抗震设计，首先要在满足静力设计要求的基础上进行，应对结构进行抗震承载力验算。

7.1.2 小砌块砌体房屋抗震设计时应共同遵守的原则和要求，对于刚性较大的砌体结构基本都是一样的。通过设置圈梁、构造柱或芯柱约束砌体墙，使砌体墙发生裂缝后不致崩塌和散落而丧失对重力荷载的承载能力。

配筋小砌块砌体抗震墙地震作用下受力状态与钢筋混凝土墙接近，应采取措施避免混凝土压碎、构件剪切破坏、钢筋锚固部分拉脱（粘结破坏）等脆性破坏。

7.1.3 小砌块砌体房屋抗震设计时，结构布置应按照优先采用横墙承重或纵横墙混合承重的结构体系，以利于房屋整体抗震要求。

多层小砌块砌体房屋，应避免设置转角窗。配筋小砌块砌体抗震墙房屋宜避免设置转角窗，否则，转角窗开间相关墙体尽端边缘构件最小纵筋直径应按规定值提高一级。

由于配筋小砌块砌体结构的受力性能类似于钢筋混凝土结构，因此参照钢筋混凝土抗震墙结构要求配筋小砌块砌体结构房屋的平面布置宜规则，不应采用严重不规则的平面布置形式，从结构体形的设计上保证房屋具有较好的抗震性能。

考虑到抗震墙结构应具有延性，细高的抗震墙（高宽比大于2）属弯曲型的延性抗震墙，可避免脆性的剪切破坏，因此要求配筋小砌块砌体墙段的长度（即墙段截面高度）不宜大于8m。当墙很长时，可通过开设洞口将长墙分成长度较小、较均匀的超静定次数较高的联肢墙，洞口连梁宜采用约束弯矩较小的弱连梁（其跨高比宜大于6），使其可近似认为分成了独立墙段。由于配筋小砌块砌体抗震墙的纵向钢筋设置在砌块孔洞内（距墙端约100mm），因此墙肢长度很短时很难充分发挥作用，因此设计时墙肢长度也不宜过短。高度小于18m的配筋小砌块砌体抗震墙多层房屋，由于相对地震作用较小，往往结构平面布置短肢抗震墙即能满足强度和刚度的要求，但是根据试验研究结果短肢抗震墙的抗震性能相对较差，因此宜在房屋外墙四角布置非一字形（一般为L形）一般抗震墙以保证房屋的整体性，提高房屋的抗震性能。

7.1.4 小砌块砌体房屋防震缝宽度应根据烈度和房屋高度确定。

根据试验研究结果，由于配筋小砌块砌体抗震墙存在水平灰缝和垂直灰缝，其结构变形能力要优于钢筋混凝土抗震墙，因此在规定防震缝的宽度时，相应的也要大于钢筋混凝土抗震墙结构建筑。当房屋高度不超过24m时，可采用100mm；当超过24m时，在100mm宽度的基础上，随着房屋高度增大按不同烈度相应加大防震缝宽度。

汶川地震中，在大震作用下，设置防震缝的房屋在缝两侧均发生不同程度破坏，破坏部位全部集中在高度相对较小房屋顶部对应的高度范围内。为避免相撞部位墙体破坏严重而倒塌伤人甚至造成相对较高房屋局部坍塌，因此建议加强相撞部位墙体防倒塌能力。

7.1.5 承重砌块的最低强度等级应根据房屋层数和强度大小而确定。本条规定的最低强度等级是适合多层和低层小砌块砌体房屋的要求。

在抗震设计中，根据荷载作用性质的不同，对配筋小砌块砌体的材料强度要求应比非抗震设计的要求要高一些。

I 多层小砌块砌体结构

7.1.6 小砌块砌体房屋地震作用时的破坏与房屋的层数和高度成正比。所以，要控制房屋的层数和高度，以避免遭到严重破坏或倒塌。根据有关科研资料和抗震设计规范的规定，混凝土小砌块多层房屋基本与其他砌体结构类同。对底部框架-抗震墙结构，均取与一般砌体房屋相同的层数和高度，考虑该结构体系不利于抗震，8度（0.20g）设防时适当降低层数和高度，8度（0.30g）和9度设防时及乙类建筑不允许采用。

对要求设置大开间的多层小砌块砌体房屋，在符合横墙较少条件的情况下，通过多方面的加强措施，可以弥补大开间带来的削弱作用，而使多层小砌块砌体房屋不降低层数和总高度。

本条按照 2010 年版抗震规范作下列变动：

1 补充规定了 7 度（0.15g）和 8 度（0.30g）的高度和层数限值。

2 底部框架-抗震墙砌体房屋，不允许用于乙类建筑和 8 度（0.3g）以上的丙类建筑。

3 表 7.1.6 中底部框架-抗震墙砌体房屋的最小砌体墙厚系指上部砌体房屋部分。

4 根据横墙较少砌体房屋的试设计结果，横墙较少的房屋，按规定的措施加强后，总层数和总高度不变的适用范围，扩大到丙类建筑，但规定仅 6、7 度时允许总层数和总高度不降低。

5 补充了横墙很少的多层砌体房屋的定义。对各层横墙很少的多层砌体房屋，其总层数应比横墙较少时再减少一层，由于层高的限制，总高度也有所降低。

坡屋面阁楼层一般仍需计入房屋总高度和层数；但重力荷载小于标准层 1/3 的突出屋面小建筑，不计入层数和高度的控制范围。斜屋面下的"小建筑"通常按实际有效使用面积或重力荷载代表值小于顶层30%控制。

7.1.8 若砌体房屋考虑整体弯曲进行验算，目前的方法即使在 7 度时，超过 3 层就不满足要求，与大量的地震宏观调查结果不符。实际上，多层砌体房屋一般可以不做整体弯曲验算，但为了保证房屋的稳定性，限制了其高宽比。

7.1.9 小砌块砌体房屋的主要抗震构件是各道墙体。因此，作为横向地震作用的主要承力构件就是横墙。横墙的分布决定了房屋横向的抗震能力。为此，要求限制横墙的最大间距，以保证横向地震作用的满足。

本次修订，考虑到原规定的抗震横墙最大间距在实际工程中一般并不需要这么大，同时，亦为提高多层砌体房屋的抗震能力，故将横墙间距均减小 2m～3m，并补充了 9 度时相关规定。

7.1.10 小砌块砌体房屋的局部尺寸规定，主要是为防止由于局部尺寸的不足引起连锁反应，导致房屋整体破坏倒塌。当然，小砌块的局部墙垛尺寸还要符合自身的模数；当局部尺寸不能满足规定要求，也可以采取增加构造柱或芯柱及增大配筋来弥补；当表中部位采用全灌孔配筋小砌块或钢筋混凝土墙垛时，其局部尺寸可不受表 7.1.10 限制，但其截面尺寸和配筋应满足稳定和承载力要求。

本次修订，补充了承重外墙尽端局部尺寸限值和9 度时相关规定。

承重外墙尽端指，建筑物平面凸角处（不包括外墙总长的中部局部凸折处）的外墙端头，以及建筑物平面凹角处（不包括外墙总长的中部局部凹折处）未与内墙相连的外墙端头。

7.1.11 底部框架-抗震墙房屋，当上层砌体部分采用小砌块墙体时，其结构布置及有关构造要求应与其他砌体结构一致，所不同的仅是砌块砌体材料。而试验资料已经表明，小砌块代替其他砌体材料，具有更多的优点，如可以配置较多的钢筋，使底部框架的材料与小砌块材料更为接近等，有利于变形及动力特性的一致。

底部框架-抗震墙房屋的钢筋混凝土结构部分，其抗震要求原则上均应符合国家标准《建筑抗震设计规范》GB 50011-2010 第 6 章的要求，抗震等级与钢筋混凝土结构的框支层相当。但考虑到底部框架-抗震墙房屋高度较低，底部的钢筋混凝土抗震墙应按低矮墙或开竖缝设计，构造上有所区别。

Ⅱ 配筋小砌块砌体抗震墙结构

7.1.12 国内外有关试验研究结果表明，配筋小砌块砌体抗震墙结构具有强度高、延性好的特点，其受力性能和计算方法都与钢筋混凝土抗震墙结构相似，因此理论上其房屋适用高度可参照钢筋混凝土抗震墙房屋，但应适当降低。上海、哈尔滨、大庆等地都曾成功建造过 18 层的配筋小砌块砌体抗震墙住宅房屋，同济大学和湖南大学都曾进行过 7 度～9 度区配筋小砌块砌体抗震墙住宅房屋的静力弹塑性分析，计算结果表明，按表 7.1.12-1 规定的适用最大高度是比较合适的。试验研究表明，底部为框支抗震墙的配筋小砌块砌体抗震墙结构抗震相对不利，因此对于这类房屋的最大适用高度应给予更严格的控制，同时在 9 度区不应采用。

近年来的工程实践和计算分析表明，配筋小砌块砌体抗震墙结构在 8 层～18 层范围具有很强的竞争力，相对钢筋混凝土抗震墙结构房屋，土建造价要低 5%～7%，为了鼓励和推动配筋小砖块砌体房屋的推广应用，当经过专门研究和论证，有可靠技术依据，采取必要的加强措施后，可适当突破表 7.1.12-1 的规定，但增加高度一般不宜大于 6m、2 层。

配筋小砌块砌体房屋高宽比限制在一定范围内时，有利于房屋的稳定性，一般可不做整体弯曲验算；配筋小砌块砌体抗震墙抗拉相对不利，因此限制房屋高宽比可以使抗震墙墙肢一般不会出现大偏心受拉状况。根据试验研究和计算分析，当房屋的平面布置和竖向布置比较规则时，对提高房屋的整体性和抗震能力有利。当房屋的平面布置和竖向布置不规则时，会增大房屋的地震反应，此时应适当减小房屋高宽比以保证在地震荷载作用下结构不会发生整体弯曲破坏。

计算配筋小砌块砌体抗震墙房屋的高宽比，一般情况，可按所考虑方向的最小投影宽度计算高宽比，但对突出建筑物平面很小的局部结构（如楼梯间、电梯间等），一般不应包含在计算宽度内；对于不宜采用最小投影宽度计算高宽比的情况，还应根据实际情况确定。

7.1.13 配筋小砌块砌体结构的抗震等级是考虑了结构构件的受力性能和变形性能，同时参照了钢筋混凝土房屋的抗震设计要求而确定的，主要是根据抗震设防分类、烈度、房屋高度和结构类型等因素划分配筋小砌块砌体结构的不同抗震等级，对于底部为框支抗震墙的配筋小砌块砌体抗震墙结构的抗震等级则相应提高一级。

7.1.14 楼、屋盖平面内的变形，将影响楼层水平地震作用在各抗侧力构件之间的分配，为了保证配筋小砌块砌体抗震墙结构房屋的整体性，楼、屋盖宜采用现浇钢筋混凝土楼、屋盖，横墙间距也不应过大，使楼盖具备传递地震力给横墙所需的水平刚度。

7.1.15 已有的试验研究表明，抗震墙的高度对抗震墙出平面偏心受压强度和变形有直接关系，因此本条文规定配筋小砌块砌体抗震墙的层高主要是为了保证抗震墙出平面的强度、刚度和稳定性。由于小砌块的厚度是确定的为190mm，因此当房屋的层高为3.2m～4.8m时，与普通钢筋混凝土抗震墙的要求基本相当。

7.1.16 虽然短肢抗震墙结构有利于建筑布置，能扩大使用空间，减轻结构自重，但是其抗震性能较差，因此抗震墙不能过少、墙肢不宜过短。对于高层配筋小砌块砌体抗震墙房屋不应设计多数为短肢抗震墙的建筑，而要求设置足够数量的一般抗震墙，形成以一般抗震墙为主、短肢抗震墙与一般抗震墙相结合的共同抵抗水平力的结构，保证房屋的抗震能力，因此参照有关规定，对短肢抗震墙截面面积与同一层内所有抗震墙截面面积比例作了规定；而对于高度小于18m的多层房屋，考虑到地震作用相对较小，应与高层建筑房屋有所区别，因此对短肢抗震墙截面面积与同一层内所有抗震墙截面面积的比例予以放宽，但仍应满足7.1.3条第2款的要求，即在房屋外墙四角布置L形一般抗震墙。

一字形短肢抗震墙延性及平面外稳定均十分不利，因此规定不宜布置单侧楼面梁与之平面外垂直或斜交，同时要求短肢抗震墙应尽可能设置翼缘，保证短肢抗震墙具有适当的抗震能力。

7.1.17 由于配筋小砌块砌体抗震墙存在水平灰缝和垂直灰缝，在荷载作用下其变形性能类似于钢筋混凝土开缝抗震墙，因此在地震作用下此类结构具有良好的耗能能力，而且灌孔砌体的强度和弹性模量也要低于相对应的混凝土性能指标，其变形能力要比普通钢筋混凝土抗震墙好。根据同济大学进行的配筋小砌块砌体抗震墙受弯、受剪试验研究结果，墙片开裂时的层间位移角都在1/480以上，哈尔滨工业大学、湖南大学等有关单位的试验研究结果也都在该值之上，说明配筋小砌块砌体抗震墙的层间变形能力确实优于普

通钢筋混凝土抗震墙。本条文根据试验研究结果，综合考虑了钢筋混凝土抗震墙弹性层间位移角限值，规定了配筋小砌块砌体抗震墙结构在多遇地震作用下的抗震变形验算时，其楼层内的弹性层间位移角限值为1/800，底层由于承受的剪力最大，主要是剪切变形，因此其弹性层间位移角限值要求也较高，为1/1200。

7.1.18 对于底部框架抗震墙结构的房屋，保持纵向受力构件的连续性是防止结构纵向刚度突变而产生薄弱层的主要措施，对结构抗震有利。在结构平面布置时，由于配筋小砌块砌体抗震墙和钢筋混凝土抗震墙在强度、刚度和变形能力方面都有一定差异，因此应避免在同一层面上混合使用。底部框架-抗震墙房屋的过渡层担负结构转换，在地震时容易遭受破坏，因此除在计算时应满足有关规定之外，在构造上也应予以加强。底部框架-抗震墙房屋的抗震墙往往要承受较大的弯矩、轴力和剪力，应选用整体性能好的基础，否则抗震墙不能充分发挥作用。

对于底下一层或多层的底部框架抗震墙结构的房屋还应按照《建筑抗震设计规范》GB 50011和《高层建筑混凝土结构技术规程》JGJ 3中的有关要求，采用适当的结构布置。

7.2 地震作用和结构抗震验算

7.2.1 根据《建筑结构可靠度设计统一标准》GB 50068的规定，发生地震时荷载与其他重力荷载的可能组合结果称为抗震设计重力荷载代表值 G_E，即永久荷载标准值与有关的可变荷载组合值之和。组合值系采用《建筑抗震设计规范》GB 50011规定的数值。

7.2.3、7.2.4 多层小砌块砌体房屋层数和高度已有限制，刚度沿高度分布一般也比较均匀，变形以剪切变形为主。因此，符合采用底部剪力法的条件。对局部突出于顶层的部分，按《建筑抗震设计规范》GB 50011的规定乘以3倍地震作用进行本层的强度验算。

7.2.5、7.2.6 地震作用于房屋是任意方向的，但均可按方向分解为两个主轴方向，抗震验算时分别沿房屋的两个主轴方向作用。当房屋的质量和刚度有明显不均匀时，或采用了不对称结构时，应考虑地震作用导致的扭转影响，进行扭转验算。

I　多层小砌块砌体结构

7.2.7 根据《建筑抗震设计规范》GB 50011结构构件的地震作用效应和其他荷载效应的基本组合的规定，直接规定了多层小砌块砌体房屋结构楼层水平地震剪力设计值的计算。

7.2.8 在各楼层的各墙段间进行地震剪力与配筋截面验算时，可根据层间墙段的不同高宽比（一般墙段和门窗洞边的小墙段），分别按剪切变形、弯曲变形或同时考虑弯剪变形区别对待进行验算。计算墙段时

可按门窗洞口划分。

墙段的高宽比指层高与墙长之比，对门窗洞边的小墙段指洞净高与洞侧墙宽之比。

本次修订明确，关于开洞率的定义及适用范围，系参照原行业标准《设置钢筋混凝土构造柱多层砖房抗震技术规程》JGJ/T 13 的相关内容得到的，墙段洞口影响系数表仅适用于带构造柱的小开口墙段。当本层门窗过梁及以上墙体的合计高度小于层高的 20% 时，洞口两侧应分为不同的墙段。

7.2.9 一般情况下，抗震验算可只选择纵、横向不利墙段进行截面验算。

7.2.10 地震作用下的砌体材料强度指标难以求得。小砌块砌体强度主要通过试验，采用调整抗剪强度的方法来表达。

由于小砌块砌体的抗剪强度 f_v 较低，σ_0/f_v 相对较大，根据试验资料，砌体强度正应力影响的系数由剪摩公式得到。对普通小砌块的公式是：

$$\zeta_N = 1 + 0.25\sigma_0/f_v \qquad (\sigma_0/f_v \leq 5) \qquad (1)$$
$$\zeta_N = 2.25 + 0.17(\sigma_0/f_v - 5) \qquad (\sigma_0/f_v > 5) \qquad (2)$$

本次修订，根据砌体规范 f_v 取值的变化，对表内数值作了调整，使 f_{vE} 与 σ 的函数关系基本不变。根据有关试验资料，当 $\sigma_0/f_v \geq 16$ 时，小砌块砌体的正应力影响系数如仍按剪摩公式线性增加，则其值偏高，偏于不安全。因此当 σ_0/f_v 大于 16 时，普通小砌块砌体的正应力影响系数都按 $\sigma_0/f_v = 16$ 时取 3.92。

7.2.11、7.2.12 多层小砌块墙体截面的抗震抗剪承载能力，采用《建筑抗震设计规范》GB 50011 的规定。相应的承载力抗震调整系数也均取一致的数值。

对设置芯柱的小砌块墙体截面抗震抗剪承载力计算，主要是依据有关的试验资料统计确定的。

当墙段中既设有芯柱，又设有构造柱时，根据北京市建筑设计研究院数十片墙体试验结果统计分析，可按式（7.2.12）直接计算。

7.2.13 底部框架-抗震墙的抗震验算，应按《建筑抗震设计规范》GB 50011 规定进行。

Ⅱ　配筋小砌块砌体抗震墙结构

7.2.14 配筋小砌块砌体抗震墙房屋的抗震计算分析，包括内力调整和截面应力计算方法，大多参照钢筋混凝土结构的有关规定，并针对配筋小砌块砌体结构的特点做了修正。

在配筋小砌块砌体抗震墙房屋抗震设计计算中，抗震墙底部的荷载作用效应最大，因此应根据计算分析结果，对底部截面的组合剪力设计值采用按不同抗震等级确定剪力放大系数的形式进行调整，以使房屋的最不利截面得到加强。多层配筋小砌块砌体房屋（≤18m），根据其受力特点一般布置有较多短肢抗震墙，因此在本规程第 7.1.16 条第 3 款中对短肢抗震

墙截面面积与同层抗震墙总截面面积的比例予以了适当调整，但考虑到短肢抗震墙抗震性能相对不利，因此对短肢抗震墙的剪力增大系数取值要求更高，而且在多层配筋小砌块砌体房屋设计中，适当提高其剪力增大系数可调整短肢抗震墙的布置，使结构更加合理。

7.2.15～7.2.19 规定配筋小砌块砌体抗震墙的截面抗剪能力限制条件，是为了规定抗震墙截面尺寸的最小值，或者说是限制了抗震墙截面的最大名义剪应力值。试验研究结果表明，抗震墙的名义剪应力过高，灌孔砌体会在早期出现斜裂缝，水平抗剪钢筋不能充分发挥作用，即使配置很多水平抗剪钢筋，也不能有效地提高抗震墙的抗剪能力。

配筋小砌块砌体抗震墙截面应力控制值，类似于混凝土抗压强度设计值，采用"灌孔小砌块砌体"的抗压强度，它不同于砌体抗压强度，也不同于混凝土抗压强度。

配筋小砌块砌体抗震墙截面受剪承载力由砌体、竖向钢筋和水平分布筋三者共同承担，为使水平分布钢筋不致过小，要求水平分布筋应承担一半以上的水平剪力。

7.3　抗震构造措施

Ⅰ　多层小砌块砌体结构

7.3.1 在小砌块砌体房屋中，国外和国内以往的做法中均采用芯柱，即在规定的部位内，设置若干个芯柱来加强小砌块墙段的抗压、抗剪以及整体性，对于抗震而言，可以增大变形能力和延性。

但是，芯柱做法存在要求设置的数量多、施工浇灌混凝土不易密实，浇灌的混凝土质量难以检查，多排孔小砌块无法做芯柱等不足，因此有待改进和完善这种构造做法。

经过试验研究，如北京市建筑设计研究院进行的数十片墙的芯柱、构造柱对比试验，以及 6 层芯柱体系和 9 层构造柱体系的 1/4 比例模型正弦波激振试验。结果表明，小砌块砌体房屋中采用构造柱做法比芯柱做法具有下列优点：①减少现浇混凝土量，减少芯柱的数量，在墙体连接中可用一个构造柱替代多个芯柱；②构造柱替代芯柱，可节约混凝土浇灌量和竖向钢筋；③构造柱做法容易检查浇灌混凝土的质量，比芯柱质量有保证，施工亦较方便；④根据试验结果，构造柱比芯柱体系的变形能力有较大提高，结构耗能两者相差 1.6 倍，延性系数从 2 可提高到 3 以上。

根据有关试验和工程实践，采用部分构造柱代替芯柱做法是结合了我国工程实践和经济条件的特点，是符合我国国情的。

本次关于构造柱设置和构造要求主要作了下列

修改：

1 增加了不规则平面的外墙对应转角（凸角）处设置构造柱的要求；楼梯斜段上下端对应墙体处增加 4 根构造柱，与在楼梯间四角设置的构造柱合计有 8 根构造柱。

2 对横墙很少的多层砌体房屋，明确按增加 2 层的层数设置构造柱。

7.3.2 小砌块砌体房屋中设置的构造柱需符合小砌块墙的特点，包括构造柱截面尺寸及与墙的拉结。

7.3.3 小砌块砌体房屋采用芯柱做法时，对芯柱的间距适当减小，可减少墙体裂缝的发生。因此，对房屋顶层和底部一、二层墙体的芯柱间距要求，更为严格，以减少相应部位的墙体开裂。

芯柱伸入室外地面下 500mm，地下部分为砖砌体时，可采用类似于构造柱的方法。

本次关于芯柱的修订，与本规程第 7.3.1 条相同，增加了楼、电梯间的芯柱或构造柱的布置要求，并补充 9 度的设置要求。

小砌块砌体房屋墙体交接处、墙体与构造柱、芯柱的连接，均要设钢筋网片，保证连接的有效性。本次修订，要求拉结钢筋网片沿墙体水平通长设置；为加强下部楼层墙体的抗震性能，将下部楼层墙体的拉结钢筋网片沿墙高的间距加密，提高抗倒塌能力。

7.3.4 同本规程第 7.3.1 条和本规程第 7.3.3 条，本次修订对芯柱设置和构造要求也作了相应的修改。

7.3.5 小砌块墙体交接处，不论采用芯柱做法还是构造柱做法，为了加强墙体之间的连接，沿墙高设置拉结钢筋网片，以保证房屋有较好的整体性。

原规定拉结筋每边伸入墙内不小于 1m，构造柱间距 4m，中间只剩下 2m 无拉结筋。为加强下部楼层墙体的抗震性能，本次修订将下部楼层构造柱或芯柱间的拉结筋贯通。

7.3.6 小砌块多层房屋楼层要设置现浇钢筋混凝土圈梁，不允许采用槽形砌块代替现浇圈梁。

根据震害调查结果，现浇钢筋混凝土楼盖不需要设置圈梁。现浇或装配整体式钢筋混凝土楼、屋盖与墙体有可靠连接的房屋，允许不另设圈梁，但为加强砌体房屋的整体性，楼板沿抗震墙周边均应加强配筋并应与相应的构造柱钢筋可靠连接。

有错层的多层小砌块砌体房屋，即使采用现浇或装配整体式钢筋混凝土楼、屋盖，在错层部位的错层楼板位置均应设置现浇钢筋混凝土圈梁。

7.3.7 本次修订补充了 9 度时圈梁配筋要求。

7.3.8 小砌块多层房屋，在房屋层数相对较高时，为了防止小砌块砌体房屋在顶层和底层墙体发生开裂现象，因此，要求在顶层和底层窗台标高处，沿纵、横墙设置通长的现浇钢筋混凝土带，截面高度不小于 60mm，纵筋不小于 2φ10，混凝土强度等级不低于 C20。此时也可利用砌块开槽的做法现浇混凝土。

7.3.9 楼梯间墙体是抗震的薄弱环节，为了保证其安全，提出了对楼梯间墙体的特殊要求。如减小芯柱间距等，加强楼梯段的连接，加大楼梯间梁的支承长度等措施。

历次地震震害表明，楼梯间由于比较空旷，常常破坏严重，必须采取一系列有效措施。本次修订增加 8、9 度时不应采用装配式楼梯段的要求。

突出屋顶的楼、电梯间，地震中受到较大的地震作用，因此在构造措施上也需要特别加强。

7.3.10 本次修订，提高了 6 度～8 度时预制板相互拉结的要求。

坡屋顶房屋逐年增加，做法亦不尽相同。对于檩条或屋面板应与墙或屋架有可靠的连接，以保证坡屋顶的整体性能。对于房屋出入口的檐口瓦，为防止地震时首先脱落，应与屋面构件有可靠锚固。

对于硬山搁檩的坡屋顶房屋，为了保证各道山墙的侧面稳定和抗震安全，要求在山墙两侧增砌踏步式的扶墙垛。

7.3.11 预制的悬挑构件，特别是较大跨度时，需要加强与圈梁和楼板等现浇构件的可靠连接，以增强稳定性。本次修订，对预制阳台的限制有所加严。

7.3.12 小砌块砌体女儿墙高度超过 0.5m 时，应在女儿墙中增设构造柱或芯柱做法；构造柱间距不大于 3m，芯柱间距不大于 1m。并在女儿墙顶设置压顶圈梁，与构造柱或芯柱相连，保证女儿墙地震时的安全。

7.3.13 同一结构单元的基础宜采用同一类型的基础形式，底标高亦宜一致。否则必须按 1：2 的台阶放坡。

7.3.14 本次修订将本条适用范围由横墙较少的多层小砌块住宅扩大到横墙较少的丙类多层小砌块砌体房屋。

对于横墙较少的丙类多层小砌块砌体房屋，由于开间加大，横墙减少，各道墙体的承载面积加大，要求墙体抗侧能力相应提高，为此，除限定最大开间为 6.6m 以外，还要相应增大圈梁和构造柱的截面和配筋；限定一个单元内横墙错位数量不宜大于总墙数的 1/3，连续错位墙不宜多于两道等措施，以保持横墙较少的小砌块砌体房屋可以不降低层数和高度。

7.3.16 过渡层指与底部框架-抗震墙相邻的上一小砌块砌体楼层。对过渡层应采取加强措施，以保证上下层的抗侧移刚度的变化不宜过大。

由于过渡层在地震时破坏较重，因此，本次修订将关于过渡层的要求集中在一条内叙述并予以特别加强。

1 增加了过渡层小砌块砌体墙芯柱设置及插筋的要求。

2 加强了过渡层构造柱或芯柱的设置间距要求。

3 过渡层构造柱纵向钢筋配置的最小要求，增加了 6 度时的加强要求，8 度时考虑到构造柱纵筋根数与其截面的匹配性，统一取为 4 根。

4 增加了过渡层墙体在窗台标高处设置通长水平现浇钢筋混凝土带的要求；加强了墙体与构造柱或芯柱拉结措施。

5 过渡层墙体开洞较大时，要求在洞口两侧增设构造柱或单孔芯柱。

6 对于底部次梁转换的情况，过渡层墙体应另外采取加强措施。

7.3.17～7.3.22 底部框架-抗震墙小砌块砌体房屋，对于楼板、屋盖、托墙梁、框架柱、抗震墙以及其他有关抗震构造措施，可以参照现行国家标准《建筑抗震设计规范》GB 50011。

本次修订规定底框房屋的框架柱不同于一般框架-抗震墙结构中的框架柱的要求，大体上接近框支柱的有关要求。柱的轴压比、纵向钢筋和箍筋要求，参照国家标准《建筑抗震设计规范》GB 50011－2010 第 6 章对框架结构柱的要求，同时箍筋全高加密。

Ⅱ 配筋小砌块砌体抗震墙结构

7.3.24 根据有关的试验研究结果、配筋小砌块砌体的特点和试点工程的经验，并参照了国内外相应的规范等资料，规定了配筋小砌块砌体抗震墙中配筋的最低构造要求。同时，配筋小砌块砌体抗震墙是由带槽口的混凝土小型空心砌块通过砌筑、布筋、灌孔而成，是一种类似预制装配整体式的结构，一般小砌块的空心率不大于 48%。因此，相比全现浇混凝土抗震墙，配筋小砌块砌体抗震墙的工地现场混凝土湿作业量将减少将近一半，相应的材料水化热与收缩量也大幅降低，且由于配筋小砌块砌体建筑的总高度在本规程中已有严格限制，所以其最小构造配筋率比现浇混凝土抗震墙有一定程度的减小。

7.3.25 配筋小砌块砌体抗震墙在重力荷载代表值作用下的轴压比控制是为了保证配筋小砌块砌体在水平荷载作用下的延性和强度的发挥，同时也是为了防止墙片截面过小、配筋率过高，保证抗震墙结构延性。对多层、高层及一般墙、短肢墙、一字形短肢墙的轴压比限值做了区别对待，由于短肢墙和无翼缘的一字形短肢墙的抗震性能较差，因此对其轴压比限值应该做更为严格的规定。

7.3.26 在配筋小砌块砌体抗震墙结构中，边缘构件无论是在提高墙体强度和变形能力方面的作用都非常明显，因此参照混凝土抗震墙结构边缘构件设置的要求，结合配筋小砌块砌体的特点，规定了边缘构件的配筋要求。

在配筋小砌块砌体抗震墙端部设置水平箍筋是为了提高对砌体的约束作用及墙端部混凝土的极限压应变，提高墙体的延性。根据工程经验，水平箍筋放置于砌体灰缝中，受灰缝高度限制（一般灰缝高度为 10mm），水平箍筋直径不小于 6mm，且不应大于 8mm 比较合适；当箍筋直径较大时，将难以保证砌体结构灰缝的砌筑质量，会影响配筋小砌块砌体强度；灰缝过厚则会出现现场施工和施工验收带来困难，也会影响砌体的强度。抗震等级为一级，水平箍筋最小直径为 $\phi 8$，二级～四级为 $\phi 6$，为了适当弥补钢筋直径减小造成的损失，本条文注明抗震等级为一、二、三级时，应采用 HRB335 或 RRB335 级钢筋。亦可采用其他等效的约束件如等截面面积，厚度不大于 5mm 的一次冲压钢圈，对边缘构件，将具有更强约束作用。

本条文参照混凝土抗震墙，增加了一、二、三级抗震墙的底部加强部位设置约束边缘构件的要求。当房屋高度接近本规程的限值时，也可以采用钢筋混凝土边框柱作为约束边缘构件来加强对墙体的约束，边框柱截面沿墙体方向的长度可取 400mm。在设计时还应注意，过于强大的边框柱可能会造成墙体与边框柱的受力和变形不协调，使边框柱和配筋小砌块墙体的连接处开裂，影响整片墙体的抗震性能。

7.3.27 转角窗的设置将削弱结构的抗扭能力，配筋小砌块砌体抗震墙较难采取措施（如：墙加厚、梁加高），故建议避免转角窗的设置。但配筋小砌块砌体抗震墙结构受力特性类似于钢筋混凝土抗震墙结构，若需设置转角窗，则应适当增加边缘构件配筋，并且将楼、屋面板做成现浇板以增强整体性。

7.3.28 配筋小砌块砌体抗震墙竖向受力钢筋的焊接接头到现在仍是个难题。主要是由施工程序造成的，要先砌墙或柱，后插钢筋，并在底部清扫孔中焊接，由于狭小的空间，只能局部点焊，满足不了受力要求，因此目前大部采用搭接。根据配筋小砌块砌体抗震墙的施工特点，墙内的钢筋放置无法绑扎搭接，因此墙内钢筋的搭接长度应比普通混凝土构件的搭接长度要长些，对于直径大于 22mm 的竖向钢筋，则宜采用工具式机械接头。

根据国内外有关试验研究成果，小砌块砌体抗震墙的水平钢筋，当采用围绕墙端竖向钢筋 180° 加 12d 延长段锚固时，施工难度较大，而一般作法可将该水平钢筋在末端弯钩锚于灌孔混凝土中，弯入长度不小于 200mm，在试验中发现这样的弯折锚固长度已能保证该水平钢筋能达到屈服。因此，本条文考虑不同的抗震等级和施工因素，给出该锚固长度规定。

7.3.29 本条是根据国内外试验研究成果和经验以及配筋小砌块砌体连梁的特点而制定的，并将配筋混凝土小型空心砌块连梁的箍筋要求用表列出，使设计使用更加方便、明了。

7.3.30 在配筋小砌块砌体抗震墙和楼盖的结合处设置钢筋混凝土圈梁，可进一步增加结构的整体性，同时该圈梁也可作为建筑竖向尺寸调整的手段。钢筋混凝土圈梁作为配筋小砌块砌体抗震墙的一部分，其强度应和灌孔小砌块砌体强度基本一致，相互匹配，其纵筋配筋量不应小于配筋小砌块砌体抗震墙水平筋数量，其间距不应大于配筋小砌块砌体抗震墙水平筋间距，并宜适当加密。

7.3.31 根据配筋小砌块砌体墙的施工特点，竖向受力钢筋的连接方式采用焊接接头不合适，因此目前大部采用搭接。墙内的钢筋放置无法绑扎搭接，且在同一截面搭接，因此墙内钢筋的搭接长度应比普通混凝土构件的搭接长度要长些。条件许可时，竖向钢筋连接，宜优先采用机械连接接头。

7.3.32～7.3.34 框支层以下的框架及抗震墙采用钢筋混凝土，其设计可参照《混凝土结构设计规范》GB 50010、《建筑抗震设计规范》GB 50011、《高层建筑混凝土结构技术规程》JGJ 3 相关规定。

8 施 工

8.1 材料要求

8.1.1 干燥收缩是小砌块的特征，而影响收缩的因素又较多。在正常生产工艺条件下，小砌块收缩值达到 0.37mm/m，经 28d 养护后收缩值可完成 60%。因此，延长养护时间，能减少因小砌块收缩而引起的墙体裂缝。工程实践发现，用于填充墙的轻骨料小砌块产生裂缝的现象较为普遍，故养护时间必须超过28d。有的地方认为，陶粒混凝土小砌块自然养护期应不少于 60d。总之，各地可根据具体情况对养护时间作适当的调整，但应满足 28d 厂内养护期的规定。

8.1.2 小砌块产品合格证书应具有型号、规格、产品等级、强度等级、密度等级、相对含水率、生产日期等内容。主规格小砌块即标准块（390mm×190mm×190mm）应进行尺寸偏差和外观质量的检验以及强度等级的复验；辅助规格小砌块仅做尺寸偏差和外观质量的检验，但应有保证强度等级的产品合格证书。同一单位工程不宜使用不同厂家生产的小砌块，这是为避免墙体收缩裂缝对产品提出的要求。

8.1.3 随着节能建筑工作的深入开展，不少地方在单排孔与多排孔孔洞内插填聚苯板或其他绝热保温材料，有的满插满填，有的插填一排孔或两排孔，以期改善墙体的热工性能；有些地方在小砌块块体内复合聚苯板保温层，并使小砌块之间的聚苯板上下左右可平缝对接，彻底阻断了冷热桥效应。聚苯板的外侧有混凝土保护层，内侧为小砌块主体，使保温材料的使用年限与主体建筑一致；有的地方利用夹心墙的空腔将聚苯板或其他绝热保温材料夹在内、外叶小砌块墙体之间，同时在小砌块孔洞内还插填了聚苯板，以满足节能 65% 的要求。对此种种，本规程施工部分都作了相应的规定。

8.1.4 产品包装可减少小砌块搬运、堆放过程中的

损耗，并为现场创建文明工地提供方便和条件。

8.1.5 水泥质量应符合国家标准，并要求复验合格方可使用，这是保证工程质量的重要措施。不同水泥混合使用，会产生强度降低或材性变化，所以强调不同品种、不同强度等级的水泥不能混堆储存与使用。

8.1.6 砌筑砂浆与混凝土用砂一般以中砂为宜。对使用人工砂、山砂与特细砂的地区应按相应的技术规范并结合当地施工经验采用。

8.1.7 由于小砌块孔洞较小，为防止粗骨料被卡住，粒径以 5mm～15mm 为宜。构造柱混凝土用的粗骨料可按一般混凝土构件要求。

8.1.8 生石灰熟化成石灰膏时，应用筛网过滤，并使其充分熟化。沉淀池中储存的石灰膏，应防止干燥、冻结和污染。脱水硬化的石灰膏已失去化学活性，对砌筑砂浆保水性与和易性会有影响，故不得使用。

8.1.9 鉴于市场上外加剂与有机塑化剂品牌较多，为保证砌筑砂浆质量，对外加剂应进行检验与试配，合格后方可应用于工程；对有机塑化剂应作砌体强度的型式检验，并按其结果确定砌体强度。

8.1.10 现城市中一般使用自来水拌制砌筑砂浆和混凝土。若用河水或其他水源，应符合混凝土用水标准。

8.1.11 芯柱钢筋、构造柱钢筋、拉结钢筋、钢筋网片及配筋小砌块砌体中的各类钢筋，其材质要求应符合现行相关国家标准，并按国家标准《混凝土结构工程施工质量验收规范》GB 50204 的规定抽取试样做力学性能试验，合格后方可使用。

8.2 砌筑砂浆

8.2.1 砌筑砂浆配料时，不严格称量是造成砌筑砂浆达不到设计强度等级或超出规定强度等级过多的原因，离散性相当大，既浪费了材料又影响了质量。因此，本条文规定砌筑砂浆配合比应根据计算和试配确定，并按重量比控制。

8.2.2 砌筑砂浆的操作性能对小砌块砌体质量影响较大，它不仅影响砌体的抗压强度，而且对砌体抗剪和抗拉强度影响较为明显。砂浆良好的保水性、稠度及粘结力对防止墙体渗漏、开裂与消除干缩裂缝有一定的成效。

8.2.3 用水泥砂浆砌筑小砌块基础砌体是地下防潮要求，并应将小砌块孔洞全部用 C20 混凝土填实。对于地下室室内的填充墙等墙体可用水泥混合砂浆砌筑。水泥混合砂浆的保水性较好，易于砌筑，有利砌体质量，在无防潮要求的情况下应首先使用。

8.2.4 当聚苯板或其他绝热保温材料仅插填在小砌块孔洞内而并不伸出或超出小砌块块体之外时，为防止灰缝产生热桥现象，提高墙体热工性能，故要求这类小砌块，应使用符合设计强度等级并具有保温功能

的砌筑砂浆进行砌筑。

8.2.5 施工单位一般都采用机械拌制砂浆，但有些地区仍存在用手工拌制的情况。显然，手工不易拌合均匀，影响砂浆质量。因此，条文强调采用机械拌制。

8.2.6 砌筑砂浆应在条文规定的时间内使用完毕，否则会较大地降低砌体强度。施工时，砂浆放置时间过长会产生泌水现象，致使砂浆和易性变差，操作困难，灰缝不易饱满，影响砂浆与小砌块的粘结力。因此，砌筑前应再次拌合。

8.2.7 预拌砂浆的推广应用有利于小砌块墙体砌筑质量的提高，也为现场实现文明施工创造了条件。

8.2.8 为统一现场拌制砌筑砂浆的试块取样方法，使其具有代表性和可比性，条文规定了以出料口为取样点。

8.2.9～8.2.11 现场拌制的砌筑砂浆立方体抗压强度试件的制作、养护和强度计算要求应按《建筑砂浆基本性能试验方法标准》JGJ/T 70 的规定执行。不同搅拌机拌制的砂浆质量状况不完全相同，所以应分别取样检查砂浆强度。不同强度等级的砂浆及材料、配合比的改变也都应取样检查，使试块的试验数据更能反映工程实际情况，具有代表性。

8.2.12 为保证小砌块砌体质量，对条文中所规定的四种情况应进行砌体原位检测。

8.3 施 工 准 备

8.3.1 编制小砌块排块图是施工作业准备的一项首要工作，也是保证小砌块墙体工程质量的重要技术措施，尤其是初次接触小砌块施工更应编制排块图。在编制时，土建施工人员应与管线安装人员共同商定，使排块图真正起到指导施工的作用。以主规格小砌块为主进行排块可提高砌筑工效，并可减少砌筑砂浆量。

8.3.2 为保证小砌块按施工进度计划的需用量配套供货，应按实际排块图进行计算。小砌块分期分批配套进场，既可满足施工进度的要求，又便于现场开展文明施工，这对场地窄小的工地是有利的。

8.3.3 为防止小砌块砌筑前受潮湿，堆放场地要有排水和防雨、雪的设施。小砌块属薄壁空心制品，堆放不当或搬运中翻斗倾卸与抛掷，极易造成小砌块缺棱掉角而不能使用，故应推广小砌块包装化，以利施工现场文明管理，同时又可减少小砌块损耗。

8.3.4 由于小砌块墙体构造的特殊性，如与门窗连接的预制块，局部墙体的填实块，暗敷水平管线的凹形块，以及砌入墙体的钢筋网片和拉结筋等都要求在施工准备阶段先行加工并分类、分规格存放，以备砌筑时使用。

8.3.5 干燥收缩是小砌块的重要特征，也是造成砌体裂缝的主要起因。在自然条件下，混凝土干燥收缩

一般需要 180d 后才趋于稳定，养护 28d 的混凝土仅完成最终收缩值的 60%，其余收缩将在 28d 后完成，故在生产厂的室内或棚内的停置时间应越长越好。这样对减少小砌块上墙后的收缩裂缝有好处。考虑到工厂堆放场地有限，故条文规定了不得使用在厂内的停置时间即龄期不足 28d 的小砌块进行砌筑。

8.3.6 清理小砌块表面的污物是为了使小砌块与砌筑砂浆或抹灰层之间粘结得更好。小砌块在制造中形成孔洞周围的水泥砂浆毛边使孔洞缩小，用于芯柱将引起柱断面颈缩，影响芯柱质量。因此，要求在砌筑前清除。同时，也便于芯柱混凝土浇灌。

8.3.7、8.3.8 基础工程质量将影响上部砌体工程及整个建筑工程的质量。因此，应坚持上道基础工序未经验收，下道砌筑工序不得施工的原则。

8.3.9 建造与工程实体完全相同的模拟墙能使管理和操作人员做到心中有数，有利施工参数的验证与调整，为工程施工工作好铺垫，是一项切实保证工程质量的重要举措。

8.3.10 为了逐步和国际上同类标准接轨，参照国际标准的有关内容，结合我国工程建设的特点、管理方式、施工技术水平、质量等级评定标准等，提出了小砌块砌体施工质量控制等级。小砌块砌体施工质量控制等级的确定应由建设、设计、工程监理等单位共同商定。

8.4 墙体施工基本要求

8.4.1 皮数杆是保证小砌块砌体砌筑质量的重要措施。它能使墙面平整，砌体水平灰缝平直并厚度一致，故施工中应坚持使用。

8.4.2 夹心墙与插填聚苯板或其他绝热保温材料的自保温小砌块其墙体厚度一般都较厚，为保证墙体两侧面平整和垂直，应挂双线砌筑。

8.4.3 规定小砌块墙体日砌筑高度有利于已砌筑墙体尽快形成强度使其稳定安全，有利于墙体收缩裂缝的减少。因此，适当控制每天的砌筑速度是必要的。

8.4.4 浇过水的小砌块与表面明显潮湿的小砌块会产生湿胀和日后干缩现象，上墙后易使墙体产生裂缝，所以不应使用。考虑到气候特别炎热干燥时，砂浆铺摊后会失水过快，影响砌筑砂浆与小砌块间的粘结，因此，砌筑时可稍喷水湿润。

8.4.5 小砌块底面的铺灰面较大，便于砂浆铺摊，对保证水平灰缝的饱满度以及小砌块受力有利。

8.4.6 小砌块是混凝土制成的薄壁空心墙体材料，其块体强度与黏土砖或其他墙体材料并不等强，而且两者间的线膨胀值也不一致。混凝土极易引起砌体裂缝，影响砌体强度。所以，即使混砌也应采用与小砌块材料强度同等级的预制混凝土块。

8.4.7 单排孔小砌块孔肋对齐、错缝搭砌，主要是保证墙体传递竖向荷载的直接性，避免产生竖向裂

缝，影响砌体强度。同时，也可使墙体转角等交接部位的芯柱孔洞上下贯通。鉴于设计原因，有时不易做到完全对孔，因此，规定最小搭砌长度不得小于90mm，即主规格小砌块块长的1/4。否则，应在此水平灰缝中加设φ4钢筋网片，以保证小砌块壁肋均匀受力。

多排孔小砌块及插填聚苯板或其他绝热保温材料的小砌块主要用于无芯柱或设构造柱的墙，无对孔砌筑要求，但上下皮小砌块仍应搭砌，并不得小于90mm。

8.4.8 条文作此规定，是为了保证承重墙中的芯柱贯通。

8.4.9 为防止混合结构中的内隔墙顶与梁、板底间产生裂缝，应等待一段时间再补砌斜砌实心小砌块，使隔墙有一个凝固稳定的过程。实心小砌块应斜砌在无孔洞或孔洞被填满填实的小砌块上，以确保墙体稳定；房屋顶层内隔墙顶预留间隙，是为了避免因温度作用使屋面板变形，从而拉动隔墙引起墙体开裂，故顶层内隔墙不得与屋面板底接触。

8.4.10 内、外两排小砌块组砌的墙体在承重或保温节能方面具有特定的优势。在严寒和寒冷地区，可根据当地气候、施工等条件予以采用，但必须保证内、外排小砌块墙体的整体稳定。

8.4.11 小砌块不应浇水砌筑，为防止砂浆中水分被小砌块吸收，以随铺随砌为宜。垂直灰缝饱满度对防止墙体裂缝和渗水至关重要，故提出提高垂直灰缝饱满度的具体措施。

8.4.12 随砌随勾缝可使墙体灰缝密实不渗水。凹缝有利于抹灰层与墙体基层粘结。

8.4.13 砌入小砌块墙体的φ4点焊钢筋网片，若纵横向钢筋重叠为8mm厚，则有露筋的可能。因此，要求钢筋点焊应在同一平面内。

8.4.14 为防止现浇构件时混凝土漏浆，应将支承梁、板的顶皮小砌块孔洞预先填实140mm高，余下部分与现浇构件一起浇筑，形成整体。

8.4.15 为防止现浇圈梁底与小砌块墙体间出现水平裂缝，向下延伸圈梁两侧模板，将力传至下部墙体可克服这种通病。

8.4.16 考虑支模需要，同时防止在已砌好的墙体上打洞，特提出本条措施。当外墙利用侧砌的小砌块孔洞支模时，应防止该部位存在渗水隐患。

8.4.17 预制梁、板支承处的小砌块填实或用实心小砌块砌筑可增加梁、板底接触面，对支承与局部受压有利。

8.4.18 为使预制梁、板安装平整，不因支座不平发生断裂，故强调了找平后再坐浆的操作步骤。

8.4.19 目的使门窗洞口两侧的芯柱贯通。

8.4.20 为组织流水施工，房屋变形缝和门窗洞口是划分施工工作段的最佳位置。构造柱将墙体分隔成几个独立部分，因此，也是施工工作段的划分位置。同时，出于墙体稳定性考虑，规定相邻施工工作段高差不得超过一个楼层高度，也不应大于4m。

8.4.21 缝内有了砂浆、碎块等杂物就限制了房屋建筑的变形，使变形缝起不到应有的作用。

8.4.22 这是保证整幢房屋建筑和每一层墙体质量的一项有效的施工技术措施。

8.4.23 主要防止施工中随意留设施工洞口，以确保人身安全。

8.4.24 本规定引自《砌体结构工程施工质量验收规范》GB 50203，并结合小砌块组砌的截面尺寸对墙（柱）厚度进行了调整。

8.4.25 小砌块属薄壁空心材料，墙上留设脚手孔洞会造成墙体局部受压；事后镶砌，将使该部位砂浆较难饱满密实。多年施工实践证实，小砌块墙体施工可完全做到不设脚手洞。因此，条文作了严格规定。

8.4.26 施工中，应防止因局部堆载或冲击荷载超过楼面、屋面的允许承载力而发生楼板开裂甚至突然坍塌的重大安全事故，为此，作出本规定。

8.5 保温墙体施工

8.5.1 砌一皮填一皮隔热、隔声材料可避免漏放的情况。

8.5.2 保温砌筑砂浆的强度等级与导热系数等指标应符合设计要求方可用于墙体砌筑。砌筑时，应防止聚苯板等绝热保温材料粘有砂浆。

8.5.3 砌筑中应使上下左右的保温夹芯层相互衔接成一体，避免热桥现象，以提高墙体保温效果。

8.5.4 拉结件的防腐与埋设关系到内、外叶墙的稳定与安全，施工中应予注意。

8.5.5 在多层砌体混合结构的房屋中，将190mm厚度墙作外叶墙、90mm厚度墙为内叶墙所组成的夹心墙有以下特点：

1 在外叶墙较干燥时进行保温夹心层施工能保持聚苯板外表干燥，使保温效果不受影响。

2 内、外叶墙可不同时砌筑，既方便了施工，又节省了钢筋网片或拉结件。

3 内、外叶墙间的空腔内可不设排水通道。

4 有利室内装修及管线安装。在90mm厚度内叶墙上打洞凿槽，无碍主体结构墙。

8.6 芯柱施工

8.6.1 凡有芯柱之处应设清扫口，一是用于清扫孔道内杂物，二是便于上下芯柱钢筋绑扎固定。施工时，芯柱清扫口可用U型砌块砌筑，但仅用一种单孔U型块竖砌将在此部位发生两皮同缝的状况。为避免此现象，应与双孔E型块同用为宜。C型小砌块用于墙体90°转角部位，可使转角芯柱底部相互贯通。

8.6.2 芯柱孔洞内有杂物将影响混凝土质量。内壁的砂浆将使芯柱断面缩小。因此，在砌筑时应随砌随刮从灰缝中挤出的砂浆。

8.6.3 因芯柱孔洞较小，使用带肋钢筋可省却两端弯钩占去的空间，有利于芯柱的混凝土浇灌。

8.6.4 由于灌注芯柱混凝土的流动度较大，为保证混凝土密实，要求有严密封闭清扫口的措施，防止漏浆。

8.6.5 先浇 50mm 厚与芯柱的混凝土成分相同的水泥砂浆，可防止芯柱底部的混凝土显露粗骨料。

8.6.6 当砌筑砂浆未达到规定强度即浇灌、振捣芯柱的混凝土会造成墙体位移。因此，施工时应予注意。

8.6.7 芯柱的混凝土坍落度应比一般混凝土大，有利于浇灌，稍许振捣即可密实。但非泵送的预拌混凝土坍落度过大会给施工操作带来一定的困难。

8.6.8 为使芯柱的混凝土有较好的整体性，应实行连续浇灌，直浇至离该芯柱最上一皮小砌块顶面 50mm 止，使上层圈梁的底与所有芯柱交接处均形成凹凸形暗键，以增强房屋的抗震能力。

8.6.9 为了充分发挥芯柱在房屋抗震中的作用，芯柱沿房屋高度方向应在每层楼面处全截面贯通。

8.6.10 目前，锤击法听其声音是最简单的方法。若有异疑可随机抽查，凿开芯柱外壁观察。超声法属无损伤检验，方法科学可靠，但费用稍大，不宜作为常规检测手段，仅对芯柱质量有争议时使用。

8.7 构造柱施工

8.7.1 先砌墙后浇柱的施工顺序有利构造柱与墙体的结合，施工中应切实遵守。

8.7.2 为避免构造柱因混凝土收缩而导致柱、墙脱开状况，小砌块墙体与构造柱之间应设马牙槎。由于小砌块块体较大，马牙槎槎口尺寸也相应较大，一般为 100mm×200mm，否则小砌块不易排列。

8.7.3 构造柱两侧模板与墙体表面的间隙是混凝土浇捣时漏浆的通道，易造成构造柱混凝土施工质量问题。施工中，可在两侧模板与墙体接触处边缘，沿模板高度粘贴泡沫塑料条，以达到模板紧贴墙体的要求，堵塞混凝土浆水流出。

8.7.4 坍落度可根据施工时气温、泵送高度作适当调整。

8.7.5 由于小砌块马牙槎较大，凹形槎口的腋部混凝土不易密实，故浇灌、振捣构造柱混凝土时要引起注意。

8.8 填充墙体施工

8.8.1 本节用于框架填充墙施工也包括混凝土剪力墙内的填充墙。为避免内容重复，施工时应遵守本规程中的有关条文。

8.8.2 将小砌块堆置在各楼层内，既可充分利用空

间又使小砌块与框架结构处于同一温湿环境中，这对日后填充墙与框架柱、梁间尽可能缩小两者因干缩湿涨与温度及风吹等影响而产生的变形较为有利。

8.8.3 从防潮与耐久性考虑，作此规定。

8.8.4、8.8.5 为防止界面裂缝的产生，应按条文要求采取柔性接缝的构造较为妥当，并在缝外与抹灰层中分设钢丝网及可以防裂的织造物。

8.8.6 当填充墙较长较高时，为保证墙体自身稳定并防止墙体产生裂缝，应在墙内设置构造柱或芯柱。

8.8.7 对填充墙内设置芯柱的施工方法作了规定。

8.8.8 为保证锚栓锚入墙体内牢固可靠，特作此规定。

8.8.9 将复合保温小砌块墙体外挑是为了解决主体结构框架柱与梁存在热桥问题而采取的技术措施，但外挑宽度不得大于 50mm，以防墙体重心外移而倾倒。

8.8.10 夹心复合保温小砌块填充外墙采取外贴式可从根本上解决热桥问题。当采取内嵌式时，应将墙体外挑，凸出框架柱 50mm。框架柱外侧粘贴保温板后与外墙面应在同一垂直面内，并外抹内置耐碱网格布的抗裂砂浆。

8.8.11 夹心墙可解决墙体保温问题，外贴式能阻断结构存在的热桥问题。为使墙体稳定，防止倾倒，严禁外叶墙外挑。

8.8.12 墙面抹水泥砂浆钢丝网，既可加强墙的整体性，又能防止其突然倾倒。在突发事件时，有利于人流安全疏散、撤离。

8.9 单层房屋非承重围护墙体施工

8.9.1 小砌块可广泛用于单层房屋的围护墙。当前，在我国推进城镇化的道路上，在新农村建设与城乡经济的发展中，小砌块将大有用武之地。对此，本节的条文是在既有小砌块单层房屋施工经验的基础上进行了归纳与总结。

8.9.2 拉结筋与现浇圈梁是围护墙连接房屋主体结构的两种主要方式，它关系到墙体的稳定与房屋的安全，应按条文规定进行设置。

8.9.3 单层房屋中的生产用房与公共建筑，一般门窗都较大，故洞口两侧的小砌块孔洞应用混凝土填实加强。

8.9.4 无窗台板或梁时，水极易渗入墙内，故应封闭。

8.9.5 抗风柱柱顶固定前犹如一根竖立的悬臂杆件，发生位移的可能性很大，并影响到与其相连接的山墙也跟随移位。同时，山墙承受的正、负风压又传给悬臂的抗风柱，两者间互相影响，导致山墙不稳定而倒塌，故从安全计，应遵守条文规定的施工程序。

8.9.6 壁柱、抗风柱均是稳定墙体的重要受力部件。孔洞内全高灌实混凝土可加强整体性。

8.9.7 当生产性用房的外墙不作外抹灰时，为防止墙体渗水，应采用抗渗小砌块砌筑较妥。

8.9.8 见本规程第 8.4.13 条~8.4.15 条条文说明。

8.9.9 山墙虽是围护墙实际上它是承受风压的受力部件，加之山墙处一般开设较大的门洞，对墙体整体有一定的削弱。为传递风荷载及加强整体稳定性，在山墙顶现浇钢筋混凝土斜坡并埋设与屋盖连接的铁件，对房屋安全是有利的。

8.10 配筋小砌块砌体施工

Ⅰ 小砌块砌筑

8.10.1 带功能缝（槽口）的小砌块是专用于配筋小砌块砌体的墙体材料。开设槽口的目的，一是为配置砌体内的通长水平钢筋；二是保证灌孔混凝土沿墙长水平流动；三是使小砌块竖缝的中间空腔部位也可灌实混凝土，从而使小砌块、砌筑砂浆、水平钢筋、竖向钢筋通过灌孔混凝土连接成整体。

8.10.2 设清扫口的目的，一是用于清扫孔道内杂物，二是便于上下竖向钢筋绑扎固定。因配筋小砌块砌体所有小砌块孔洞均需灌实混凝土，故每层砌体的第一皮小砌块应用带清扫口的小砌块砌筑。

8.10.3 鉴于小砌块底面（反面）的铺灰面较顶面（正面）大，有利砂浆铺摊，易保证水平灰缝饱满度，故应反砌。

8.10.4 为防止砌筑砂浆中水分过早过快地被小砌块吸收，使操作困难，故宜铺一块砌一块，随铺随砌。配筋小砌块砌体的竖缝中间部位应为空腔，不得留有砌筑砂浆，待日后灌孔混凝土填实。

8.10.5 为防止砌筑时挤出的砌筑砂浆占了小砌块孔洞的空间，使灌孔混凝土与每块小砌块孔洞内壁能够紧密结合，保证竖向孔洞内壁尺寸一致，故应及时清除挤出的砂浆。

8.10.6 高层配筋砌体因受力需要一般都在墙体的端部及转角部位配以纵筋，故夹心墙中的 190mm 厚度墙应为内叶墙，并加强内、外叶间的拉结，以保证 90mm 厚度外叶墙的稳定与安全。

Ⅱ 钢筋施工

8.10.7~8.10.12 竖向钢筋、水平钢筋、环箍状钢筋、S 形拉筋，其规格、数量、位置、间距、搭接长度与部位等均应符合设计要求和条文的规定。施工中，应随时进行检查，尤其是水平钢筋、环箍状钢筋和 S 形拉筋，力求避免事后返工事故。

Ⅲ 灌孔混凝土施工

8.10.13 配筋小砌块砌体内的钢筋应按隐蔽工程要求进行检查验收，并作书面记录和必要的影像资料。合格后，方可浇筑灌孔混凝土。

8.10.14 从短墙肢与独立柱的稳定、安全考虑，防止混凝土灌孔时受振动、捣固等影响造成砌体位移，故应适当加强墙、柱支撑或砌体间的拉结。

8.10.15 混凝土坍落度是确保灌孔混凝土在小砌块砌体内处处密实的一项重要施工技术指标。工程实践表明，在符合混凝土强度等级的前提下，其坍落度为 230mm ~ 250mm 较适宜。

8.10.16 条文对灌孔混凝土施工顺序及技术要求作了规定：

　　1 为防止混凝土泵在送料、布料时将脉动式冲击直接传至墙体，故要求混凝土应经浇灌平台后再入模（墙、柱）较妥，并可减少混凝土流失。

　　2 按条文要求操作，既可防漏振，又能均衡振捣混凝土。

　　3 浇捣时，可在承重墙与非承重墙交接处采取临时隔断阻挡措施。

8.11 管线与设备安装

8.11.1、8.11.2 编制小砌块排块图时，应将土建施工与水电等安装通盘考虑，做到预留、预埋。施工时，负责水电安装的施工员应时时跟随现场，密切配合土建施工进度，做好管线暗敷和空调机、脱排油烟机等洞口留设工作，仅个别考虑不周的部位方可用电动机具开凿，以确保墙体工程质量。

8.11.3~8.11.7 条文对各类管线敷设作了原则性规定。无论多层或高层小砌块砌体建筑均宜设管道井或集中设置在某个隐蔽部位，便于检修管理。

8.11.8 各类设备安装可采用金属或塑料锚栓固定。

8.11.9 各类表箱的安装位置应按设计要求预留。

8.11.10 预留上下楼层同一部位的脱排油烟机废气口和空调机出墙管的洞口中心应在同一垂线上，洞口位置和大小也应上下一致。

8.12 门窗框安装

8.12.1 木门与小砌块墙体连接方式采用混凝土包木砖，再用钉子相连。这种传统连接的可靠度已为工程实践所证实，也可直接将木框固定在实心小砌块上。塑料门窗和铝合金门窗可用射钉或膨胀螺栓连接固定。

8.12.2 门窗与实心混凝土墙体连接安装可按本规程第 8.12.1 条提供的方法施工。木门框安装应先在墙上钻洞，然后塞入四周涂满胶粘剂的木榫（木桩），再用钉子连接。

8.12.3 小砌块墙体自重较轻，不适宜直接承受大型或重型门窗的重量及其风载。同时，为减少门窗开闭对墙体撞击的影响，门窗洞周边应现浇钢筋混凝土框及设置相应的连接铁件。

8.12.4 采用聚氨酯泡沫填缝剂填充门窗框与墙体间的缝隙其施工方便，质量也较传统水泥砂浆嵌塞为好。条件不具备的地区，在保证门窗安装质量的前提下，仍可采用传统的嵌塞方法。

8.12.5 预留门窗洞时，必须考虑外保温层厚度，否则洞口周边的保温层施工将影响到门窗的开启、采光及外表。

8.13 墙体节能工程施工

8.13.1 本节墙体节能工程主要针对膨胀聚苯板薄抹灰等外保温系统所存在的工程质量问题而提出的具体措施与要求，以规范施工操作，保证工程质量。小砌块建筑应根据小砌块自身特点，积极发展推广小砌块墙体自保温与夹心墙保温技术，使保温材料使用年限与房屋建筑寿命尽可能一致，以充分发挥小砌块在这方面具有其他墙体材料无可比拟的优势。

8.13.2、8.13.3 关于外保温饰面层使用的面砖胶粘剂、勾缝剂及涂料的选用有很多说法，不便于施工单位操作。为保证工程质量，材料的性能指标仍应以国内现行标准为准并结合工程具体情况作些变动。

8.13.4 根据建设部 2005 年 141 号令第 12 条规定，见证取样试验应由建设单位委托，送至具备见证资质的检测机构进行试验。同一厂家的同一种类产品（不考虑规格）应至少抽样复验 3 次。不同厂家、不同种类（品种）的材料均应分别抽样复验。

8.13.5 条文列出的拉拔试验项目关系到工程质量与安全，尤其是面砖的粘贴质量及使用年限较长后容易变形脱落等问题，更应引起关注和重视。

8.13.6 隐蔽工程除书面签证验收等施工记录外，应有影像摄影资料，尤其是节点构造、交错搭接、转角包边等细部处理部位应有清晰的照片或录像，能再现各个组成部分的施工过程。

8.13.7 墙体基层或找平层的平整、干净是确保外保温系统工程质量的基础，应引起高度重视。

8.13.8、8.13.9 为保证外保温系统工程质量，条文规定了基层、保温层、防护层每一层的允许偏差值，层层把关，偏差不累积，使每一层的厚度在墙面各个部位基本一致，既保证工程质量又提高节能效果。

8.13.10 满粘法粘贴保温板材有利板材与墙体基层的粘结，尤其适合饰面层为面砖的保温系统，各地可根据工程实际情况斟酌。

膨胀聚苯板在自然环境中自身的收缩变形长达90d，而按条文规定的时间进行陈化，则自身收缩变形可完成 98% 左右。倘若陈化时间不够就上墙，聚苯板将会继续收缩，往往在板缝处产生集中应力，导致防护层抹面胶浆产生裂缝。此外，低密度聚苯板易变形，抗冲击性能差，也是造成保温系统产生裂缝的原因。

聚氨酯硬泡板是工厂化生产的泡沫板材，分单板和复合板两种。单板指纯聚氨酯硬质泡沫板；复合板是在单板的外面再复饰面层等材料，形成保温装饰一体化的新型板材。单板的施工方法同膨胀聚苯板薄抹灰外墙外保温系统，而聚氨酯保温装饰复合板的施工方法有：粘贴法、粘贴加锚固件固定法、干挂法等。

8.13.11 安装锚栓位置的保温板背面胶粘剂应饱满密实。为避免外力冲击对墙内小砌块造成破坏，应采用回转钻孔方法。尼龙锚栓应在小砌块孔洞内自行打结锚固。锚栓不应生锈，并有较小的材料导热系数，其抗拔力应大于设计拉拔力。

8.13.12 抹面胶浆是置于聚苯板外的一种柔性抗裂砂浆，对整个保温系统起着十分重要的作用。当抹面胶浆中的聚合物量掺少了，将导致胶浆柔性不够，引起开裂；未掺或少掺保水剂，则胶浆中的水分将会部分被聚苯板吸收，使胶浆操作性变差，甚至会使胶凝材料不能充分水化，导致胶浆与聚苯板间的界面强度降低，使胶浆开裂、脱落。因此，在胶浆中应掺入纤维材料。当胶浆发生收缩时，收缩应力将被分散到具有高强度低弹性模量的纤维上，起到耗能、缓冲的作用，从而提高了胶浆的柔韧性，抑制微裂纹的产生和发展。

8.13.13 界面砂浆可增强胶粉聚苯颗粒浆料与墙体找平层之间的粘结力，防止浆料层空鼓与脱落。界面砂浆中的砂与水泥应先混合成均匀的干混料，界面剂在使用时拌入，这样可使水泥均匀分散，不易形成粉团，所拌的料浆也较均匀。

8.13.14 胶粉聚苯颗粒保温浆料是一种干拌保温砂浆，其胶凝材料胶粉的主要成分是质量比较小的硅灰、熟石灰、粉煤灰，因而密度比较小，与水反应后的主要生成物是水化硅酸钙等硅酸盐化合物。骨料采用轻质保温的废聚苯颗粒，使浆料密度大大减小，导热系数也随之降低；聚苯颗粒粒度过大，易使浆料产生分层，和易性差；粒度过小，聚苯颗粒间的空隙率和总表面积增加，致使浆料密度也随之增大，影响浆料的导热系数与热工性能。

施工现场应对保温浆料做湿密度测定。检测时，将容积为 1 升量筒的浆料进行称量，其重量不得大于 0.4kg。否则浆料的干密度与导热系数均不符合要求，应重新配制。这种方法较简单，便于工地作初步控制，但最终结果应按标准的试验方法为准。

8.13.15 干混料抗裂砂浆应按使用要求在施工现场加水拌合。当采用抗裂剂时，鉴于抗裂剂的黏度大，对细颗粒砂容易包裹，所以应先将抗裂剂与砂拌匀。水泥加入后，即与抗裂剂进行正常水化反应，搅拌成水泥抗裂砂浆。否则颠倒了拌料的顺序，易形成水泥块，影响抗裂砂浆的质量，且拌合时不得加水。

8.13.16 由于抗裂砂浆（抹面胶浆）水化后生成氢氧化钙，使胶浆呈现强碱性。因此，必须用耐碱网布。在抗裂砂浆（抹面胶浆）中压入耐碱网布，可起到增强并分散收缩应力和温度应力的作用。耐碱涂塑玻璃纤维网格布是以含二氧化锆的玻璃纤维网格布为基布，面层涂覆合成胶乳类物质，能有效抵抗水泥中的碱性物质的侵蚀。试验表明，当玻璃纤维中二氧化锆含量大于 14.5% 时，网布的耐碱强度保留率可大于 90%。复验时，应由专门机构按规定的要求在饱和 $Ca(OH)_2$ 溶液、饱和水泥溶液及 5%NaOH 溶液中分别浸泡 28d 进行测定。

8.13.17~8.13.19 抗裂防护层由水泥抗裂砂浆与热镀锌电焊钢丝网（耐碱网布）复合组成。砂浆中的钢丝网（耐碱网布）能使应力均匀向四周分散，起到抗裂和抗冲击的作用。水泥抗裂砂浆中的聚合物乳液（抗裂剂）增添了砂浆的柔性，改变了水泥砂浆易开裂的特性。加入纤维材料更增强了砂浆的柔韧性和抗裂性。

热镀锌电焊钢丝网做抗裂防护层的骨架既保护了保温层，又增强了防护层自身。施工中应使钢丝网位于抗裂砂浆层的中间，以获得最大的拉拔强度。试验表明：抗裂砂浆厚度小于 5mm 时，对保温层保护作用不大，拉拔破坏面集中在保温层上；当厚度超过 5mm 乃至大于 8mm 时，拉拔破坏面发生在抗裂防护层中，保温层得到了有效的保护。为此，条文规定抗裂砂浆层总厚度为（10±2）mm，过薄起不到应有的保护增强作用，过厚则将增加工程造价。

8.13.20 鉴于岩棉板质软，易分层，抗拉强度低等特点，在岩棉板外墙外保温系统中采用了耐碱网布与钢丝网"双网"配置的构造。

在岩棉板上喷涂界面砂浆，可提高岩棉板表面的强度和防水性能，并能提高胶粉聚苯颗粒浆料或抗裂砂浆与岩棉板间的粘结力。

胶粉聚苯颗粒浆料不但有保温功能并有良好的粘结性与抗裂性，优于保温砂浆只有单一的保温功能，故用其作找平层材料。

鉴于岩棉板垂直于板面方向的抗拉强度较低的缘故，且饰面层又为重质面砖，因此条文规定岩棉板的抗拉强度应大于 0.015MPa，并采取了将钢丝网置于耐碱网布的外侧，选用耐碱断裂强力大于 1250N/50mm 的网布；锚栓的一端应紧紧扣压住抗裂砂浆防护层中的钢丝网，另一端应锚入墙体基层内，以及控制面砖的尺寸和重量等一系列措施。

8.13.21 泡沫玻璃为多孔无机非金属材料，具有防火、防水、防磁波、防静电、不燃烧、不易老化、不霉变、无毒、无害、无放射性、耐腐蚀、绝缘、尺寸稳定等特点，是一种环保型多功能建筑保温材料，但目前成本较高，可用于医院、学校一类公益性建筑及作防火隔离带。

8.13.22 聚氨酯喷涂前应用聚氨酯底漆对基层墙体进行界面处理，使基层墙体上的水分、杂质不会对聚氨酯喷涂产生不利影响，保证聚氨酯与基层墙体间的粘结。

喷涂时应注意：

1 施工时的环境温度宜高，冬、雨期不得进行喷涂作业。当环境温度低于 18℃ 以下时，部分反应热就会散发到环境中，推迟泡沫熟化期。温度越低，泡沫的成型收缩率越高，并增加了材料的用量。

2 基层墙体应清洁、平整，而且墙体温度不能太低，否则材料混合反应后所产生的热量会被墙体基层吸收，从而减少了发泡量。墙体基层未经找平也会造成材料的浪费。

3 聚氨酯材料在高压作用下以雾状液滴形式从喷枪喷出，质量很轻，易被风吹散飞逸。在喷房屋阳角、装饰线等部位时，材料浪费极其严重，不少材料未能喷涂到墙体上。

4 喷涂前应对会波及的部位、物件等进行全封闭遮挡，以免对环境造成污染。同时，操作人员应做好劳动防护。

5 严禁电焊等明火作业，应有安全可靠的防火设施。

6 应在喷涂 4h 后涂刷界面砂浆，可起到有效的防火作用。

8.13.23 在夹心墙中浇注聚氨酯硬泡、发泡脲醛树脂或泡沫混凝土等材料作保温层是一种较好的施工方法，适用于我国南北广大省、区。这两种材料有利于内、外叶墙的连接，有利于小砌块建筑的抗震设防。

8.13.24 往小砌块墙体单排孔洞中灌注绝热保温材料是一种较好的保温施工方法。若同时用保温砂浆做内保温或外保温，则冷、热桥问题能基本得以解决，可用于夏热冬冷和夏热冬暖地区。

8.13.25 目前国家标准《建筑保温砂浆》GB/T 20473-2006 是专指以膨胀珍珠岩或膨胀蛭石、胶凝材料为主要成分的保温砂浆，而国内不少单位已研制了相当数量的不同品种不同成分的保温砂浆，有的已用于工程上，这一切有待实践验证并逐渐完善、规范。鉴于此，条文仅对保温砂浆的施工操作提出了要求。物理力学性能参照上述标准。总之，保温砂浆应有保温效果，使用后能达到预期的节能目标，与保温系统其他材料具有相容性，并有抗裂性较好的防护面层。

8.13.27 鉴于外保温施工中时有火灾发生的情况，故对易引燃的保温材料应妥善存放保管与使用。严禁明火及电焊作业靠近施工点。事前必须有应急预案和相应的安全措施与消防设施，杜绝一切事故苗头与隐患。

8.13.28 涂料长期经受风吹日晒，应选用耐老化、耐水的涂料，否则涂料层会开裂、起泡，故条文规定应使用水性弹性涂料，并与外保温系统相容。

8.13.29 按《外墙外保温工程技术规程》JGJ 144 的要求，膨胀聚苯板的压缩性能与抗拉强度均不应低于 0.1MPa，即垂直于板面方向的聚苯板每平方米能够承受 10t 重的力；粘贴聚苯板的胶粘剂拉伸粘结强度按 JG 149 的规定不得低于 0.1MPa，且粘贴面积本规定要求满粘法，但考虑到施工等各种不利因素以 60％粘贴面积计，则板与墙体基层间的粘结力应为 0.06MPa，即可以承受 60kN/m² 的拉力，相当于承受 6t/m² 左右的重量；单个锚栓的抗拉承载力标准值按 JG 149 的规定不小于 0.30kN，本规定要求每平方米为 6 个，则锚栓的抗拉承载力标准值为 1.80kN/m² 即 0.18t/m²。所以将板的强度、胶粘剂的粘结力、锚栓的锚固力三者相加，采用粘贴加锚固的方式，外保温系统粘贴面砖的安全度是有保证的，技术上也是可行的。从计算数据可看出，锚栓仅起辅助作用，可防止负风压及板的局部脱落。真正发挥主力的是聚苯板自身的强度和胶粘剂强度及其粘结面积。因此，施工中应把握住这两项材料的质量检验关。

8.13.30 适当延缓房屋顶部楼层内装饰施工时间，可较有效控制墙面裂缝。根据工程实践，规程提出了"房屋顶部楼层"即房屋楼层数的 1/4～1/5 概念，以引起施工等有关单位予以重视。

8.13.31 待房屋外墙稍稳定并且顶上儿层砌筑砂浆终凝完成后再做外抹灰，有利于外抹灰与墙体基层间粘结，墙面不致产生不规则裂缝或龟裂。

8.13.32 涂刷有机胶或界面剂有利于抹灰材料与钢丝网及墙体基层间粘结。

8.13.33 小砌块墙面抹灰前一般不需要洒水。当使用有机胶或界面剂时更不应洒水。

8.13.34 分层抹灰有利于防止抹灰层空壳和裂纹等质量弊病。外墙抹灰分三道工序可提高抹灰质量。施工实践证实，外墙面使用带弹性的中高档涂料有利于外墙面防渗。当使用瓷砖、面砖饰面材料时，应选用专用粘贴和嵌缝材料。若粘贴不周、施工马虎会引起外墙渗水，应引起注意。

8.14 雨期、冬期施工

8.14.1 小砌块被雨水淋湿将会产生湿胀，日后上墙因干缩缘故易使墙体开裂，所以对堆放在室外的小砌块应有防雨覆盖设施。当雨量为小雨及以上时，若继续往上砌筑，常因已砌好砌体的灰缝砂浆尚未凝固而使墙体发生偏斜。

8.14.2 条文是我国对冬期施工期限界定的规定，和其他国家基本一致，并体现了我国气候特点。详见《建筑工程冬期施工规程》JGJ/T 104。

8.14.3 砌筑砂浆稠度应视气温和天气情况变化而定。冬期不利小砌块砌筑。因此，日砌筑高度也应适当减小。

8.14.4 小砌块砌体冬期施工除符合本节要求外，应遵守条文规定的两项现行国家标准。

8.14.5 表面结冰的小砌块会降低与砌筑砂浆间的粘结强度并有滑移现象，故冬期施工中不得使用。

普通硅酸盐水泥早期强度增长较快，有利于砂浆在冻结前即具有一定强度，应优先选用。

为使砌筑砂浆和混凝土的强度在冬期施工中能有效增长，故对石灰膏、砂、石等原材料也分别提出要求。

干粉砂浆宜在室内或有遮蔽的操作棚内拌制，随拌随用。

砂浆的现场运输与储存应结合施工现场的实际情况，采取相应的御寒防冻措施。

8.14.6 本条文规定是为了保证砌体冬期砌筑的质量。

8.14.7 冬期施工期间适当提高砌筑砂浆强度等级有利于砌体质量。

8.14.8 留置与砌体同条件养护的砂浆试块，可真实反映砌筑砂浆的实际强度值。

8.14.9 气温低于 5℃ 不利于砂浆强度增长，故冬期砂浆强度等级宜比常温施工提高一级。

8.14.10 记录条文规定内容的数据和情况，便于日后施工质量检查。

8.14.11 现行行业标准《建筑工程冬期施工规程》JGJ/T 104 中对混凝土冬期施工要求已有详细规定，故不予重复，遵照执行。

8.14.12 为保证在冻胀性地基施工的质量，作出此规定。

8.14.13 因小砌块砌体的水平灰缝中有效铺灰面较小，若采用冻结法施工，在解冻期间施工中易产生墙体稳定问题，故不予取之。掺入氯盐的砂浆对未经防腐处理的钢筋、网片会造成腐蚀，故也不应采用。

8.14.14 现市场上防冻剂产品较多，为保证砂浆质量，使其在负温下强度能缓慢增长，应注意产品的适用条件，并符合《混凝土外加剂应用技术规范》GB 50119 中有关规定，实际掺量由试验确定。

8.14.15 暖棚法施工可使砌体中砂浆强度始终在大于 5℃ 的气温状态下得到增长而不遭冻结的一项施工技术措施。

8.14.16 表中数值是最少养护期限，如果施工要求强度能较快增长，可以提高棚内温度或适当延长养护时间。

8.14.17 因保温材料和涂料材性的原因，决定了冬、雨期不可进行保温和饰面施工。

9 工 程 验 收

9.1 一 般 规 定

9.1.1、9.1.2 小砌块砌体工程可由一个或若干个检验批组成。检验批可根据不同材质、不同强度等级的小砌块砌体的施工量，按房屋楼层、施工段、变形缝位置等进行划分。

9.1.3 主控项目是对工程质量起决定作用的检验项

目，应全部符合本规定，一般项目是对工程质量尤其是涉及安全性方面的施工质量不起决定作用的检验项目，可允许有 20% 以内的抽查处超出验收条文合格标准的规定。

9.1.4 国家标准《建筑工程施工质量验收统一标准》GB 50300－2001 第 5.0.6 条明确了质量不符合要求的 4 种处理办法。

9.1.5 鉴于砌体工程的质量与人为因素相关，其外观质量即墙面平整度、垂直度、灰缝平直度等优劣在某种程度上可判定砌体内在质量的好坏，故评价观感质量是必要的验收程序。

9.1.6 砌体的裂缝问题常困扰着各有关方，并影响到工程验收。条文以工程安全性为准则，对有裂缝的砌体提出了不同的验收要求。

9.1.7 条文引自国家标准《建筑工程施工质量验收统一标准》GB 50300－2001。

9.1.8 条文所列的文件和资料，反映了小砌块砌体施工的全过程，是第一手原始资料，也是正确评价工程质量的可靠依据。

9.1.9 本条文应与《混凝土结构工程施工质量验收规范》GB 50204 中的相关条文同时执行。

9.1.10 填充墙与框架柱、梁及剪力墙的界面处常因处理不当产生裂缝，因此该部位施工应列为隐蔽工程。

9.1.11 有关墙体保温系统中的主体结构基层、保温材料、饰面层等验收均应按现行国家标准《建筑节能工程施工质量验收规范》GB 50411 执行。

9.2 小砌块砌体工程

Ⅰ 主控项目

9.2.1、9.2.2 小砌块和砌筑砂浆的强度等级直接关系到小砌块砌体的工程质量，因此，必须符合设计要求。鉴于现行国家标准规定小砌块的强度等级由标准块（390mm×190mm×190mm）的抗压强度值决定，故带功能缝的同尺寸小砌块强度等级与标准块强度等级两者间应通过一定数量的试件测试并按数理统计方法建立相关关系，以满足砌块生产、现场施工验收等要求。这种关系可以用数据、方程、图表等方式表示。

9.2.3 小砌块因有孔洞原因，水平缝铺灰面积较少，仅铺于壁肋部位，故对水平灰缝饱满度提出了较高要求；竖缝饱满度与砌体抗剪强度有关，并可提高砌体抗渗性，故饱满度不得小于 90%。

9.2.4 为加强墙体整体性及提高房屋抗震性能，在墙体转角处和交接处应同时砌筑。对不能同时砌筑而又必须留置的临时间断处应按条文规定砌成斜槎。

Ⅱ 一般项目

9.2.5 工程实践表明，小砌块砌体水平灰缝的厚度和垂直灰缝的宽度宜为 10mm，这是小砌块外形尺寸设计时的基本要求。大于 12mm 的水平灰缝不但降低砌体强度，而且也不便于铺灰操作；而小于 8mm，则易造成空缝、瞎缝及露筋，故应按本条文要求砌筑。

9.2.6 小砌块砌体的轴线位置偏移和垂直度偏差将影响墙体受力性能和房屋结构安全。而砌体的其他一般尺寸允许偏差，虽无碍砌体的受力性能和房屋结构的安全，但对外观质量及日后使用有一定影响，故应逐项检查。

9.3 配筋小砌块砌体工程

Ⅰ 主控项目

9.3.1 见本规程第 9.2.1 条和第 9.2.2 条的条文说明。

9.3.2 小砌块砌体内的钢筋配置应按图施工，变更设计应有相关文件，不得擅自修改。

9.3.3 混凝土的强度等级符合设计要求是保证小砌块砌体受力性能的基础，直接影响砌体的结构性能，故应合格。

9.3.4 构造柱是房屋抗震设防的重要结构件。为保证构造柱与墙体可靠连接，特设马牙槎与拉结钢筋，使其共同工作。

9.3.5 见本规程第 8.6.9 条条文说明。

9.3.6 小砌块砌体内的竖向和水平向受力钢筋均应按绑扎搭接形式进行施工安装。竖向钢筋搭接位置应在基础顶面及每层楼面标高处。

Ⅱ 一般项目

9.3.7 构造柱从基础面到房屋顶层或女儿墙必须垂直，对准柱中心线。柱模板安装应控制垂直度，偏差值不得大于 6mm。

9.3.8 为使灰缝内钢筋不因外露而锈蚀，要求水平灰缝厚度应大于钢筋直径 4mm，使钢筋位于缝厚的中间，避免钢筋与上下皮小砌块直接接触，不致影响砌筑砂浆与小砌块间的粘结。

9.3.9 引自现行国家标准《砌体结构工程施工质量验收规范》GB 50203 的相关规定。

9.4 填充墙小砌块砌体工程

Ⅰ 主控项目

9.4.1 小砌块（含复合保温砌块、夹心复合保温砌块）和砌筑砂浆（含保温砌筑砂浆）的强度等级符合设计要求是保证砌体强度、稳定性及耐久性的基础，故应合格。

9.4.2 填充墙与主体结构间的构造连接关系到房屋抗震与墙体裂缝，关系到房屋的安全和使用，因此应列为主控项目。

9.4.3 为检验化学植筋的施工质量，使其起到拉结筋应有的作用，应按国家现行标准《建筑结构检测技术标准》GB/T 50344 和《混凝土结构后锚固技术规程》JGJ 145 的要求，对其进行非破坏的原位拉拔试验，以确保房屋安全。

Ⅱ 一 般 项 目

9.4.4 为防止或减少墙体日后产生干缩裂缝而采取的预控性措施。

9.4.5 填充墙砌体的砂浆饱满度虽能直接影响砌体的质量，但一般不危及结构的重大安全，故列为一般

项目检查验收。

9.4.6 设置拉结筋是为了使填充墙与框架柱等承重结构有可靠的连接。

9.4.7 为使砌体稳定并形成整体，因此砌筑上、下皮小砌块时应错缝搭砌。

9.4.8 灰缝横平竖直，厚薄均匀，不但砌体表面美观，还有利于砌体均匀受力。试验表明，灰缝过厚或过薄对砌体强度都有一定影响。长期工程实践积累表明，规定灰缝厚度（宽度）8mm～12mm，并以10mm为标准灰缝厚度（宽度）是适宜的。

9.4.9 因填充墙属非受力构件，故将轴线位移和垂直度允许偏差列为一般项目检查验收。

中华人民共和国行业标准

植物纤维工业灰渣混凝土砌块建筑技术规程

Technical specification for plant fiber-industrial waste
slag concrete block masonry buildings

JGJ/T 228—2010

批准部门：中华人民共和国住房和城乡建设部
施行日期：２０１１年１０月１日

中华人民共和国住房和城乡建设部
公　告

第 804 号

关于发布行业标准《植物纤维工业灰渣混凝土砌块建筑技术规程》的公告

现批准《植物纤维工业灰渣混凝土砌块建筑技术规程》为行业标准，编号为 JGJ/T 228 - 2010，自 2011 年 10 月 1 日起实施。

本规程由我部标准定额研究所组织中国建筑工业出版社出版发行。

中华人民共和国住房和城乡建设部

2010 年 11 月 17 日

前　言

根据原建设部《关于印发〈2007 年工程建设标准规范制订、修订计划（第一批）〉的通知》（建标[2007] 125 号）的要求，规程编制组经广泛调查研究，认真总结实践经验，参考有关国际标准和国外先进标准，并在广泛征求意见的基础上，制定本规程。

本规程的主要技术内容是：1. 总则；2. 术语和符号；3. 材料和砌体的计算指标；4. 建筑设计与构造；5. 结构设计；6. 施工及验收。

本规程由住房和城乡建设部负责管理，由中国建筑设计研究院负责具体技术内容的解释。执行过程中如有意见或建议，请寄送中国建筑设计研究院国家住宅工程中心（地址：北京西城区车公庄大街 19 号，邮政编码：100044）。

本 规 程 主 编 单 位： 中国建筑设计研究院

本 规 程 参 编 单 位： 中博建设集团有限公司
湖北天然居墙材有限公司
武汉理工大学
广州市设计院

本规程主要起草人员： 娄　霓　　张兰英　　胡修坤
李保德　　李炎成　　何建清
高宝林　　李荣栋　　胡晏义
王　刚　　雷宜欣　　王　佶
刘元志

本规程主要审查人员： 金鸿祥　　顾泰昌　　陈衍庆
黄小坤　　孙振声　　王庆生
杜建东　　谢尧生　　陈友治
游广才　　张行彪

目　　次

Contents

1 总　则

1.0.1 为规范植物纤维工业灰渣混凝土砌块建筑的设计、施工及验收，做到安全适用、技术先进、经济合理、确保质量，制定本规程。

1.0.2 本规程适用于非抗震设防地区和抗震设防烈度为 8 度及 8 度以下地区，以植物纤维工业灰渣混凝土砌块为墙体材料的低层、多层构造柱体系砌块建筑的设计、施工及验收，以及采用植物纤维工业灰渣混凝土砌块砌筑的非承重墙体的设计、施工及验收。

1.0.3 植物纤维工业灰渣混凝土砌块建筑的设计、施工及验收，除应符合本规程外，尚应符合国家现行有关标准的规定。

2　术语和符号

2.1　术　语

2.1.1 植物纤维工业灰渣混凝土砌块　plant fiber-industrial waste slag concrete block

以水泥基材料为主要胶结料，以工业灰渣为主要骨料，并加入植物纤维，经搅拌、振动、加压成型的砌块，简称砌块。分为承重砌块和非承重砌块。

2.1.2 植物纤维工业灰渣混凝土承重砌块　load-bearing plant fiber-industrial waste slag concrete block

强度等级在 MU5.0 及以上的植物纤维工业灰渣混凝土砌块。简称承重砌块。

2.1.3 植物纤维工业灰渣混凝土非承重砌块　non-load-bearing plant fiber-industrial waste slag concrete block

强度等级在 MU5.0 以下的植物纤维工业灰渣混凝土砌块。简称非承重砌块。

2.1.4 单排孔砌块　single row hollow block
沿厚度方向只有一排孔洞的砌块。

2.1.5 双排孔砌块　double rows hollow block
沿厚度方向有双排条形孔洞的非承重砌块。

2.1.6 对孔砌筑　stacked hollow bond
砌筑墙体时，将上下层砌块的孔洞对准的砌筑方式。

2.1.7 错孔砌筑　staggered hollow bond
砌筑墙体时，将上下层砌块的孔洞相互错位的砌筑方式。

2.1.8 反砌　reverse bond
砌筑墙体时，砌块的底面朝上的砌筑方式。

2.2　符　号

2.2.1　材料性能

MU——砌块强度等级；

Mb——砂浆强度等级；

C——混凝土强度等级；

f——砌块砌体抗压强度设计值；

f_t——砌体轴心抗拉强度设计值；

f_{tm}——砌体弯曲抗拉强度设计值；

f_v——砌体抗剪强度设计值；

f_{VE}——砌体沿阶梯形截面破坏的抗震抗剪强度设计值。

2.2.2　作用和作用效应

V——剪力设计值；

F_{EK}——结构总水平地震作用标准值；

G_{eq}——地震时结构（构件）的等效总重力荷载代表值；

σ_0——对应于重力荷载代表值的砌体水平截面平均压应力。

2.2.3　几何参数

A——构件截面毛面积；

A_c——构造柱截面面积；

A_s——钢筋截面面积。

2.2.4　计算系数

γ_f——结构构件材料性能分项系数；

γ_a——砌体强度设计值调整系数；

γ_{RE}——承载力抗震调整系数；

α_{max}——水平地震影响系数最大值；

ζ_N——砌体强度正应力影响系数；

ζ_c——构造柱参与系数；

n——总数，如：楼层数、质点数、钢筋根数、跨数等。

3　材料和砌体的计算指标

3.1　材　料

3.1.1 砌块的主规格尺寸应符合下列规定：

1 单排孔砌块主规格尺寸应为 390mm×190mm×190mm、390mm×140mm×190mm 和 390mm×90mm×190mm。

2 双排孔砌块主规格尺寸应为 390mm×190mm×190mm 和 390mm×240mm×190mm。

3 承重砌块应为单排孔砌块，且主规格尺寸应为 390mm×190mm×190mm。

3.1.2 砌块、砌筑砂浆和灌孔混凝土的强度等级应按下列规定划分：

1 承重砌块的强度等级应为 MU10、MU7.5、MU5；

2 非承重砌块的强度等级应为MU3.5；

3 砌筑砂浆的强度等级应为 Mb10、Mb7.5、Mb5、Mb3.5、Mb2.5；

4 灌孔混凝土的强度等级应为 C20。

3.1.3 砌筑砂浆的技术要求、试验方法和检验规则应符合现行行业标准《混凝土小型空心砌块和混凝土砖砌筑砂浆》JC 860、《砌筑砂浆配合比设计规程》JGJ/T 98、《建筑砂浆基本性能试验方法标准》JGJ/T 70 和《预拌砂浆应用技术规程》JGJ/T 223 的有关规定。

3.2 砌体的计算指标

3.2.1 对于采用植物纤维工业灰渣混凝土砌块的建筑，砌体工程施工质量控制等级宜为 B 级，也可为 C 级。

3.2.2 对于采用承重的单排孔砌块的砌体，其抗压强度设计值、轴心抗拉强度设计值、弯曲抗拉强度设计值和抗剪强度设计值应符合下列规定：

　　1 砌体的龄期应为 28d，并应以毛截面计算；

　　2 当砌体工程的施工质量控制等级为 B 级时，砌体的抗压强度设计值应按表 3.2.2-1 采用，砌体的轴心抗拉强度设计值、弯曲抗拉强度设计值和抗剪强度设计值应按表 3.2.2-2 采用。

表 3.2.2-1　砌体的抗压强度设计值（MPa）

砌块强度等级	砂浆强度等级			砂浆强度
	Mb10	Mb7.5	Mb5	0
MU10	2.79	2.50	2.22	1.31
MU7.5	—	1.93	1.71	1.01
MU5	—	—	1.19	0.70

　　注：1　对错孔砌筑的砌体，应按表中数值乘以 0.8；
　　　　2　对独立柱或厚度为双排组砌的砌块砌体，应按表中数值乘以 0.7；
　　　　3　对 T 形截面砌体，应按表中数值乘以 0.85。

表 3.2.2-2　砌体的轴心抗拉强度设计值、弯曲抗拉强度设计值和抗剪强度设计值（MPa）

强度类别	破坏特征	砂浆强度等级		
		Mb10	Mb7.5	Mb5
轴心抗拉	沿齿缝截面	0.09	0.08	0.07
弯曲抗拉	沿齿缝截面	0.11	0.09	0.08
	沿通缝截面	0.08	0.06	0.05
抗剪	沿通缝或阶梯形截面	0.09	0.08	0.06

　　注：对形状规则的砌块砌体，当搭接长度与砌块高度的比值小于 1 时，其轴心抗拉强度设计值 f_t 和弯曲抗拉强度设计值 f_{tm} 应按表中数值乘以搭接长度与砌块高度的比值后采用。

3.2.3 下列情况的砌体强度设计值，应乘以调整系数（γ_a）：

　　1 有吊车建筑砌体、跨度不小于 7.2m 的梁下砌块砌体，γ_a 为 0.9；

　　2 砌体毛截面面积小于 0.3m² 时，γ_a 为其截面面积加 0.7，构件截面面积以平方米计；

　　3 当采用水泥砂浆砌筑砌体时，对本规程表 3.2.2-1 中的抗压强度设计值，γ_a 为 0.9；对本规程表 3.2.2-2 中的数据，γ_a 为 0.8；

　　4 当施工质量控制等级为 C 级时，γ_a 为 0.89；

　　5 当验算施工中建筑的构件时，γ_a 为 1.1。

3.2.4 施工阶段砂浆尚未硬化的新砌砌体的强度和稳定性，可按砂浆强度为零进行验算。对于冬期施工采用掺盐砂浆法施工的砌体，当砂浆强度等级按常温施工的强度等级提高一级时，砌体强度和稳定性可不验算。

3.2.5 砌体的弹性模量、剪变模量、线膨胀系数、收缩率、摩擦系数可按现行国家标准《砌体结构设计规范》GB 50003 中混凝土砌块砌体的相应指标执行。

4　建筑设计与构造

4.1　建　筑　设　计

4.1.1 砌块建筑的平面及竖向设计应符合下列规定：

　　1 平面设计宜以 2M 为基本模数，特殊情况下可采用 1M；竖向设计及墙的分段净长度应以 1M 为模数；

　　2 平面及立面应做墙体排块设计，宜采用主规格砌块；

　　3 设计预留孔洞、管线槽口以及门窗、设备等固定点和固定件，应在墙体排块图上详细标注；施工时应采用混凝土填实各固定点范围内的孔洞。

4.1.2 砌块建筑的防水设计应符合下列规定：

　　1 砌块墙体内、外表面除粘贴面砖外，均应做抹灰；

　　2 对伸出墙外的雨篷、开敞式阳台、室外空调机搁板、遮阳板、窗套等与外墙体交接处，外楼梯根部及外墙水平装饰线脚等处，均应采取防水措施；

　　3 室外散水坡顶面以上和室内地面以下的砌体内，宜设置防潮层；

　　4 卫生间等有防水要求的房间，四周墙下部应采用混凝土灌实一皮砌块，或设置高度为 200mm 的现浇混凝土带；内墙粉刷应采取防水措施；

　　5 阳台栏板、女儿墙等砌体应加设钢筋混凝土构造柱及压顶，并应采取防裂、防水、防渗漏措施；

　　6 顶层墙体宜做钢筋混凝土挑檐或天沟，并应做好泛水和滴水。

4.1.3 砌块外墙抹灰层宜采取抗裂、防水措施。

4.1.4 砌块墙体的耐火极限和燃烧性能应符合表 4.1.4 的规定。对防火要求高的砌块建筑或其局部，宜采用提高墙体耐火极限的混凝土或松散材料灌实孔洞或采取其他附加防火措施。

表 4.1.4 砌块墙体的耐火极限和燃烧性能

砌块墙体类型	耐火极限（h）	燃烧性能
190mm 厚承重砌块墙体	2	非燃烧体
90mm 厚砌块墙体	1	非燃烧体

注：1 墙体两面无粉刷；

    2 对于其他类型的砌块墙体耐火极限，可根据实测实验数据确定。

4.1.5 对有隔声要求的砌块墙体，隔声要求应符合现行国家标准《民用建筑隔声设计规范》GB 50118 的规定。对隔声要求较高的砌块建筑，可采取下列措施提高其隔声性能：

    1 孔洞内填矿渣棉、膨胀珍珠岩、膨胀蛭石等松散材料；

    2 在砌块墙体的一面或双面采用纸面石膏板或其他板材做带有空气隔层的复合墙体构造。

4.1.6 砌块不得用于下列部位：

    1 长期与土壤接触、浸水的部位；

    2 经常受干湿交替或经常受冻融循环的部位；

    3 受酸碱化学物质侵蚀的部位；

    4 表面温度高于80℃以上的承重墙。

4.2 建筑节能设计

4.2.1 砌块建筑应进行建筑节能设计，并应符合节能要求。

4.2.2 砌块砌体的热阻（R_b）计算值应符合表 4.2.2 的规定。

表 4.2.2 砌块砌体的热阻（R_b）计算值

砌块规格	厚度（mm）	表观密度（kg/m³）	R_b（m²·K/W）
单排孔砌块	190	1200	0.27
单排孔砌块	190	1000	0.30
双排孔砌块	240	800	0.50
双排孔砌块	190	700	0.50

注：当砌块的孔型和厚度与表 4.2.2 不同，其 R_b 应另行测定。

4.2.3 砌块外墙应进行热工设计，并应符合下列规定：

    1 砌块外墙的热阻应考虑结构性热桥的影响，并应根据主体部位与结构性热桥部位的热工性能和面积取平均热阻，结构性热桥部位的热阻不应小于建筑物所在地区要求的最小热阻；

    2 砌块外墙采取的保温措施及保温层厚度应满足节能要求；保温材料的导热系数和蓄热系数的计算值应采用修正后的计算导热系数和计算蓄热系数；

    3 砌块外墙进行保温设计时，应根据地区气候条件及室内环境设计指标，按现行国家标准《民用建筑热工设计规范》GB 50176 的规定进行内部冷凝受潮验算。

4.2.4 砌块建筑屋面的天沟、女儿墙、变形缝及突出屋面的构件与屋面交接处等部位的保温措施应通过热工计算确定，其热阻计算值应取现行国家标准《民用建筑热工设计规范》GB 50176 规定的最小传热阻。

4.3 建筑构造措施

4.3.1 砌块墙体应设置伸缩缝，且应设在因温度和收缩变形可能引起应力集中和砌体产生裂缝可能性最大的地方。伸缩缝的最大间距不宜大于表 4.3.1 的规定。

表 4.3.1 砌块砌体建筑伸缩缝的最大间距

屋盖或楼盖类别		伸缩缝最大间距（m）
整体式或装配整体式钢筋混凝土结构	有保温层或隔热层的屋盖、楼盖	40
	无保温层或隔热层的屋盖	32
装配式无檩体系钢筋混凝土结构	有保温层或隔热层的屋盖、楼盖	48
	无保温层或隔热层的屋盖	40
装配式有檩体系钢筋混凝土结构	有保温层或隔热层的屋盖	60
	无保温层或隔热层的屋盖	48
瓦材屋盖、木屋盖或楼盖、轻钢屋盖		75

注：1 当有实践经验并采取有效措施时，可适当放宽；

    2 在钢筋混凝土屋面上挂瓦的屋盖应按钢筋混凝土屋盖采用；

    3 按本表设置的墙体伸缩缝，不能同时防止由于钢筋混凝土屋盖的温度变形和砌体干缩变形引起的墙体局部裂缝；

    4 温差较大且变化频繁地区和严寒地区不采暖的建筑及构筑物墙体的伸缩缝的最大间距，应按表中数值予以适当减小；

    5 墙体的伸缩缝应与结构的其他变形缝相重合，在进行立面处理时，应保证缝隙的伸缩作用。

4.3.2 为防止或减轻建筑顶层墙体的裂缝，可根据情况采取下列建筑构造措施：

    1 屋面设置保温、隔热层；

    2 屋面保温（隔热）层的刚性面层及砂浆找平层设置分格缝，分格缝间距不大于 6m，并与女儿墙隔开，其缝宽不小于 30mm；

    3 采用装配式有檩体系钢筋混凝土屋盖和瓦材屋盖。

4.3.3 砌块建筑宜在窗台下或窗台角处墙体内设置竖向控制缝，缝的间距宜为 8m～12m。在墙体高度或厚度突然变化处宜设置竖向控制缝，也可采取其他可靠的防裂措施。竖向控制缝的构造和嵌缝材料应能满足墙体平面外传力和防护的要求。

4.3.4 砌块墙体门窗洞边 200mm 内的砌体宜采用不低于 C15 的细石混凝土填实，也可加设与墙同厚、宽

100mm的不低于C15钢筋混凝土抱框，钢筋混凝土抱框的纵筋不应小于2φ12，水平筋宜为φ6@250，与墙体的拉结筋应采用φ4@400焊接钢筋网片，拉结筋伸入墙内不应少于600mm；窗台下200mm高度内砌块应采用不低于C15细石混凝土填实或加设钢筋混凝土窗台板。

4.3.5 当砌体墙面有吊挂设备时，可在墙面挂钢丝网或耐碱玻纤网增强，并应将孔洞回填堵实。

5 结 构 设 计

5.1 一 般 规 定

5.1.1 砌块建筑的结构设计采用以概率理论为基础的极限状态设计方法，可靠度设计的基本原则和方法按现行国家标准《建筑结构可靠度设计统一标准》GB 50068执行。

5.1.2 承重砌块不得用于安全等级为一级或设计使用年限大于50年的砌体建筑。

5.1.3 植物纤维工业灰渣混凝土砌块不得用于基础或地下室外墙砌筑。

5.1.4 首层室内地面以下的地下室内墙，五层及五层以上的砌体建筑的底层墙体，以及受振动或层高大于6m的墙、柱，所用砌块的强度等级不应小于MU7.5。

5.1.5 砌块砌体结构承载能力极限状态设计表达式，整体稳定性验算表达式，弹性方案、刚弹性方案、刚性方案的静力设计规定及其相应的横墙间距要求等，应按现行国家标准《砌体结构设计规范》GB 50003的规定执行。

5.1.6 砌块砌体结构的受压构件承载力计算、局部受压承载力计算、受剪构件承载力计算及墙、柱的高厚比验算，应按现行国家标准《砌体结构设计规范》GB 50003中关于混凝土小型空心砌块砌体的规定执行。

5.1.7 砌块建筑的结构构造措施除满足本规程的规定外，尚应符合现行国家标准《砌体结构设计规范》GB 50003和《建筑抗震设计规范》GB 50011中关于混凝土小型空心砌块砌体的相关规定。

5.2 抗 震 设 计

5.2.1 本节适用于丙类、丁类砌块建筑的抗震设计。

5.2.2 抗震设防地区的砌块建筑，除应满足静力设计的要求外，尚应进行抗震设计。

5.2.3 用于抗震设防地区的砌块的强度等级不应低于MU7.5，其砌筑砂浆的强度等级不应低于Mb7.5。

5.2.4 砌块砌体建筑的总高度和层数应符合下列规定：

    1 建筑的层数和总高度不宜超过表5.2.4的规定。

表 5.2.4　砌块砌体建筑的层数和总高度限值（m）

建筑类别	最小抗震墙厚度(mm)	抗震设防烈度和设计基本地震加速度									
		6		7				8			
		0.05g		0.10g		0.15g		0.20g		0.30g	
		高度	层数	高度	层数	高度	层数	高度	层数	高度	层数
多层砌体建筑	190	15	5	15	5	12	4	12	4	9	3
底层框架-抗震墙砌体建筑	190	16	5	16	5	13	4	10	3	—	—

注：1　建筑的总高度指室外地面到主要屋面板板顶或檐口的高度，半地下室从地下室内地面算起，全地下室和嵌固条件好的半地下室允许从室外地面算起；对带阁楼的坡屋面应算到山尖墙的1/2高度处；

    2　当室内外高差大于0.6m时，建筑总高度允许比表中数据适当增加，但增加量不应大于1.0m。

    2 横墙较少的砌块砌体建筑，总高度应比表5.2.4的规定降低3m，层数相应减少一层；各层横墙很少的砌体建筑，还应再减少一层。

    3 对于抗震设防烈度为6度和7度的横墙较少的丙类多层砌体建筑，当按现行国家标准《建筑抗震设计规范》GB 50011的规定采取加强措施并满足抗震承载力要求时，其总高度和层数可按表5.2.4的规定采用。

5.2.5 砌块砌体建筑的层高不应超过3.6m；底层框架-抗震墙砌体建筑的底层层高不应超过4.5m。

5.2.6 砌块砌体建筑的最大高宽比宜符合表5.2.6的规定。

表 5.2.6　砌块砌体建筑的最大高宽比限值

抗震设防烈度	6	7	8
最大高宽比	2.5	2.5	2.0

注：1　单面走廊建筑的总宽度不包括走廊宽度；

    2　建筑平面接近正方形时，其高宽比宜适当减小。

5.2.7 砌块砌体建筑抗震横墙最大间距不应超过表5.2.7的规定。

表 5.2.7　砌块砌体建筑的抗震横墙最大间距（m）

建 筑 类 别		抗震设防烈度		
		6	7	8
多层砌体建筑	现浇或装配整体式钢筋混凝土楼、屋盖	15	15	11
	装配式钢筋混凝土楼、屋盖	11	11	9
	木屋盖	9	9	4
底层框架-抗震墙砌体建筑	上部各层	同多层砌体建筑		
	底层	18	15	11

注：砌体建筑的顶层，除木屋盖外的最大横墙间距允许适当放宽，但应采取相应加强措施。

5.2.8 砌块砌体建筑的局部尺寸限值宜符合表5.2.8的规定。

表 5.2.8　砌块砌体建筑的局部尺寸限值（m）

部　位	抗震设防烈度		
	6 度	7 度	8 度
承重窗间墙最小宽度	1.0	1.0	1.2
承重外墙尽端至门窗洞边的最小距离	1.0	1.0	1.2
非承重外墙尽端至门窗洞边的最小距离	1.0	1.0	1.0
内墙阳角至门窗洞边的最小距离	1.0	1.0	1.5
无锚固女儿墙（非出入口处）最大高度	0.5	0.5	0.5

注：1　局部尺寸不足时，应采取局部加强措施弥补，且最小宽度不宜小于1/4层高和表列数据的80%；

　　2　出入口处的女儿墙应有锚固。

5.2.9 计算地震作用时，砌块砌体建筑的重力荷载代表值应取结构与构配件自重标准值和各可变荷载组合值之和。各可变荷载的组合值系数应按现行国家标准《建筑抗震设计规范》GB 50011 的规定执行。

5.2.10 对于考虑地震作用组合的砌体结构构件，其截面承载力应除以承载力抗震调整系数（γ_{RE}）。承载力抗震调整系数应按表5.2.10采用。

表 5.2.10　承载力抗震调整系数

结构构件类别	受力状态	γ_{RE}
两端均设构造柱的砌体抗震墙	受剪	0.9
自承重墙	受剪	0.75
其他抗震墙	受剪	1.0

5.2.11 砌块墙体的截面抗震受剪承载力应按下式验算：

$$V \leqslant [f_{VE}A + (0.3f_tA_c + 0.05f_yA_s)\zeta_c]/\gamma_{RE}$$
(5.2.11)

式中：V——考虑地震作用组合的墙体剪力设计值；

　　f_{VE}——砌体沿阶梯形截面破坏的抗震抗剪强度设计值；

　　A——墙体横截面面积；

　　f_t——构造柱混凝土轴心抗拉强度设计值；

　　A_c——构造柱截面总面积；

　　f_y——构造柱钢筋抗拉强度设计值；

　　A_s——构造柱钢筋截面总面积；

　　ζ_c——构造柱参与工作系数，可按表5.2.11采用；

　　γ_{RE}——承载力抗震调整系数。

表 5.2.11　构造柱参与工作系数

填孔率ρ	ρ<0.15	0.15≤ρ<0.25	0.25≤ρ<0.50	ρ≥0.50
ζ_c	0.00	1.00	1.10	1.15

注：填孔率指构造柱数量与墙体孔洞总数之比。

5.2.12 砌体沿阶梯形截面破坏的抗震抗剪强度设计值应按下式计算：

$$f_{VE} = \zeta_N f_v$$
(5.2.12)

式中：f_{VE}——砌体沿阶梯形截面破坏的抗震抗剪强度设计值；

　　f_v——非抗震设计的砌体抗剪强度设计值；

　　ζ_N——砌体抗震抗剪强度的正应力影响系数，应按表5.2.12采用。

表 5.2.12　砌体强度的正应力影响系数

σ_0/f_v	1.0	3.0	5.0	7.0	10.0	12.0	≥16.0
ζ_N	1.23	1.69	2.15	2.57	3.02	3.32	3.92

注：σ_0为对应于重力荷载代表值的砌体截面平均压应力。

5.2.13 砌块砌体建筑的结构体系、防震缝设置、结构构件抗震设计等应符合现行国家标准《建筑抗震设计规范》GB 50011 的规定。

5.3　结构构造措施

5.3.1 在砌块墙体的下列部位应采用强度等级不低于 C20 的灌孔混凝土灌实砌体的孔洞：

　　1　首层室内地面以下的地下室内墙砌体；

　　2　无圈梁的檩条和钢筋混凝土楼板支承面下的高度不小于 200mm 的砌体；

　　3　未设置混凝土垫块的屋架、梁等构件支承处，且灌实高度不应小于 600mm，长度不应小于 600mm 的砌体；

　　4　挑梁支承面下，其支承部位的内外墙交接处，且纵横应各灌实 3 个孔洞，灌实高度不应小于 600mm。

5.3.2 砌块建筑的纵横墙交接处，距墙中心线每边不小于 300mm 范围内的孔洞等，应采用不低于 C20 灌孔混凝土灌实，且灌实高度应为墙身全高。

5.3.3 跨度大于 4.2m 的梁，其支承面下应设置混凝土或钢筋混凝土垫块。当墙中设有圈梁时，垫块宜与圈梁浇成整体。当大梁跨度不小于 4.8m，且墙厚为 190mm 时，其支承处宜加设壁柱。

5.3.4 砌块墙体与后砌隔墙交接处，应沿墙高每 400mm 在水平灰缝内设置直径不小于 $\phi4$ 的焊接钢筋网片（图 5.3.4）。

5.3.5 混凝土楼盖、屋盖宜采用现浇混凝土板。当采用混凝土预制装配式楼盖、屋盖时，应从楼盖体系和构造上采取措施确保各预制板之间连接的整体性；预制钢筋混凝土板在墙上或圈梁上支承长度不应小于 80mm。

5.3.6 山墙处的壁柱宜砌至山墙顶部；屋面构件应与山墙可靠拉结。

5.3.7 当砌块墙体中留槽洞及埋设管道时，应符合下列规定：

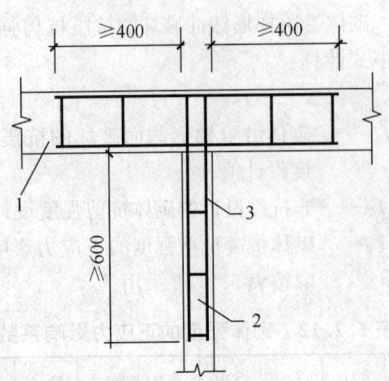

图 5.3.4 砌块墙体与后砌隔墙交接处钢筋网片
1—砌块墙体；2—后砌隔墙；3—3φ4 焊接钢筋网片

1 不应在截面长边小于 500mm 的承重墙体和独立柱内埋设管线；

2 在砌块墙体中宜避免开凿沟槽，当无法避免时，应采取必要的加强措施或按削弱后的截面验算墙体的承载力；

3 砌块墙体中预留的设备或弱电洞口边，距墙体端部不宜小于 400mm。

5.3.8 门窗洞口顶部应采用钢筋混凝土过梁。验算过梁下砌体局部受压承载力时，可不考虑上层荷载的影响。

5.3.9 砌块砌体建筑在外墙转角、楼梯间四角的纵横墙交接处宜设置构造柱；5 层及 5 层以上的砌块砌体建筑在外墙转角、楼梯间四角的纵横墙交接处应设置构造柱。

5.3.10 砌块建筑的墙体构造柱最小截面宜为 190mm×190mm，纵向钢筋宜采用 4φ12，箍筋间距不宜大于 250mm。构造柱与砌块墙连接处宜砌成马牙槎，并应沿墙高每隔 600mm 设置焊接钢筋网片，伸入墙体不应小于 1000mm。

5.3.11 砌块建筑的现浇钢筋混凝土圈梁宽度不应小于 190mm，高度不应小于 200mm，配筋不应少于 4φ10，箍筋间距不应大于 300mm，混凝土强度等级不应低于 C20。圈梁设置应符合现行国家标准《砌体结构设计规范》GB 50003 的相关规定。

5.3.12 未设置圈梁的现浇楼面板应沿墙体周边加强配筋，并应与相应的构造柱可靠连接。

5.3.13 为防止或减轻建筑顶层墙体的裂缝，可根据情况采取下列结构构造措施：

1 在钢筋混凝土屋面板与墙体圈梁的接触面处设置水平滑动层，滑动层可采用两层油毡夹滑石粉或橡胶片等；对于长纵墙，可仅在其两端的 2～3 个开间内设置，对于横墙可仅在其两端各 $l/4$ 范围内设置（l 为横墙长度）；

2 顶层屋面板下设置现浇钢筋混凝土圈梁，并沿内外墙拉通，建筑两端圈梁下的墙体内宜适当设置水平钢筋；

3 顶层挑梁末端下墙体灰缝内设置 3 道焊接钢筋网片或 2φ6 钢筋，钢筋片或钢筋应自挑梁末端伸入两边墙体不小于 1m；

4 顶层墙体有门窗等洞口时，在过梁上的砌体水平灰缝内设置 2～3 道焊接钢筋网片或 2φ6 钢筋，并应伸入过梁两端墙内不小于 600mm；顶层横墙在窗口高度中部宜加设 3～4 道钢筋网片；

5 顶层及女儿墙砂浆强度等级不低于 Mb5；

6 女儿墙应设置构造柱，构造柱间距不宜大于 4m，构造柱应伸至女儿墙顶并与现浇钢筋混凝土压顶整浇在一起；

7 加强顶层构造柱与墙体的拉结，拉结钢筋网片的竖向间距不宜大于 400mm，伸入墙体长度不宜小于 1m；

8 建筑顶层端部墙体内适当增设构造柱；

9 顶层建筑山墙可采取设置水平焊接钢筋网片或在山墙中增设构造柱。在山墙内设置水平焊接钢筋网片时，其间距不宜大于 400mm；在山墙内增设构造柱时，其间距不宜大于 3m。

5.3.14 为防止或减轻建筑底层墙体裂缝，可根据情况采取下列措施：

1 增大基础圈梁的刚度；

2 在底层的窗台下墙体灰缝内设置 3 道焊接钢筋网片或 2φ6 钢筋，并伸入两边窗间墙内不小于 600mm；

3 在底层墙体窗洞口处采用现浇钢筋混凝土窗台板，窗台板嵌入窗间墙内不小于 600mm。

5.3.15 砌块墙体转角处和纵横墙交接处宜沿竖向每隔 400mm 设焊接钢筋网片或 2φ6 拉结钢筋，埋入长度从墙的转角或交接处算起，每边不应小于 1000mm。

5.3.16 砌块砌体各层门、窗过梁上方的水平灰缝内及窗台下第一和第二道水平灰缝内宜设置焊接钢筋网片或 2φ6 钢筋，焊接钢筋网片或钢筋应伸入两边窗间墙内不应小于 600mm。当墙体长度大于 5m 时，宜在每层墙高度中部设置 2～3 道焊接钢筋网片或 3φ6 的通长水平钢筋，且竖向间距宜为 400mm。

5.3.17 建筑顶层两端和底层第一、第二开间门窗洞口处应采取下列防裂措施：

1 在门窗洞口两侧不少于一个孔洞中设置不小于 1φ12 钢筋，且钢筋应在楼层圈梁或基础锚固，并应采用不低于 C20 灌孔混凝土灌实或设置钢筋混凝土抱框柱；

2 在门窗洞口两边的墙体的水平灰缝中，设置长度不小于 900mm、竖向间距为 400mm 的焊接钢筋网片；

3 在顶层和底层设置通长钢筋混凝土窗台梁，且窗台梁的高度宜为块高的模数，纵筋不宜少于 4φ10，箍筋宜为 φ6@200，混凝土强度等级宜为 C20。

5.3.18 进行抗震设计的砌块砌体建筑应按下列规定设置构造柱：

1 构造柱的设置部位应符合表 5.3.18 的规定；

2 外廊式和单面走廊式的多层建筑，应根据建筑增加一层后的层数，按表 5.3.18 的规定设置构造柱，且单面走廊两侧的纵墙均应按外墙处理；

3 横墙较少的建筑，应根据建筑增加一层后的层数，按表 5.3.18 的规定设置构造柱；当横墙较少的建筑为外廊式或单面走廊式时，应按本条第 2 款要求设置构造柱，当 6 度不超过四层、7 度不超过三层和 8 度不超过二层时，应按增加二层后的层数设置构造柱；

4 各层横墙很少的砌块砌体建筑，应按增加二层后的层数设置构造柱。

表 5.3.18　构造柱的设置部位

建筑层数			构造柱设置部位	
6 度	7 度	8 度		
四、五	三、四	二、三	楼、电梯间的四角，楼梯踏步板段上下端对应的墙体处；建筑物平面凹凸角处对应的外墙转角	隔 12m 或单元横墙与外纵墙交接处；楼梯间对应的另一侧内横墙与外纵墙交接处
/	五	四	错层部位横墙与纵墙交接处；大房间内外墙交接处；较大洞口两侧	隔开间横墙（轴线）与外纵墙交接处；山墙与内纵墙交接处

注：较大洞口，内墙指不小于 2.1m 的洞口；外墙在内外墙交接处已设置构造柱时允许适当放宽，但内侧墙体应加强。

5.3.19 进行抗震设计的砌块砌体建筑中构造柱应符合下列规定：

1 构造柱最小截面可采用 190mm×190mm，纵向钢筋宜采用 4φ12，箍筋间距不宜大于 250mm，且在柱上下端宜适当加密；外墙转角的构造柱可适当加大截面及配筋；

2 构造柱与砌块墙连接处应砌成马牙槎，与构造柱相邻的砌块孔洞，6 度时宜填实，7 度时应填实，8 度时应填实并插筋 1φ12；砌体房屋墙体交接处及构造柱与墙体连接处，沿墙高每隔 600mm 应设置焊接钢筋网片，并应沿墙体水平通长设置；对于 6、7 度时底部 1/3 楼层，8 度时底部 1/2 楼层，焊接钢筋网片沿墙高间距不应大于 400mm；

3 构造柱与圈梁连接处，构造柱的纵筋应穿过圈梁并上下贯通；

4 构造柱可不单独设置基础，但应伸入室外地面下 500mm，或与埋深小于 500mm 的基础圈梁相连；

5 应先砌筑砌块墙体，再浇筑构造柱混凝土；

6 当建筑总高度和层数接近本规程表 5.2.4 的限值时，纵、横墙内构造柱间距尚应符合下列规定：

1）横墙内的构造柱间距不宜大于层高的二倍；

下部 1/3 楼层的构造柱间距宜适当减少；

2）当外纵墙开间大于 3.9m 时，应另设加强措施。内纵墙的构造柱间距不宜大于 4.2m。

5.3.20 进行抗震设计的砌块砌体建筑的现浇钢筋混凝土圈梁宽度不应小于 190mm，高度不应小于 200mm，配筋不应少于 4φ12，箍筋间距不应大于 200mm。圈梁位置设置应按现行国家标准《建筑抗震设计规范》GB 50011 中关于多层砖砌体房屋圈梁的要求执行。

5.3.21 砌块砌体建筑的层数，7 度时超过四层和 8 度时超过三层时，在底层和顶层的窗台标高处，沿纵横墙应设置通长的水平现浇钢筋混凝土带，其截面高度不应小于 60mm，纵筋不应少于 2φ10，并应有分布拉结钢筋；混凝土强度等级不应低于 C20。

5.3.22 8 度时不应采用预制阳台，6、7 度时预制阳台应与圈梁和楼板的现浇板带可靠连接。

5.3.23 同一结构单元的基础（或桩承台），宜采用同一类型的基础，底面宜埋置在同一标高上，否则应增设基础圈梁，并应按 1：2 的台阶逐步放坡。

5.4　非承重砌块墙体的构造措施

5.4.1 对于进行抗震设计的建筑，其非承重砌块墙体与主体结构应有可靠的拉结，并应能适应主体结构不同方向的层间位移；8 度时应具有满足层间变位的变形能力，与悬挑构件相连接时，尚应具有满足节点转动引起的竖向变形的能力。

5.4.2 后砌非承重砌块墙体与主体结构墙、柱交接处，应沿墙高每 400mm 在水平灰缝内设置焊接钢筋网片。钢筋在主体结构墙、柱内应满足受拉钢筋的锚固长度要求，钢筋网片伸入墙内的长度，非抗震时不得小于 600mm，6、7 度时不应小于墙长的 1/5 且不得小于 700mm，8 度时宜沿墙全长贯通。

5.4.3 进行抗震设计的建筑，后砌非承重砌块墙体长度大于 5m 时，墙顶与楼板或梁宜有拉结；墙长超过层高 2 倍时，宜设置钢筋混凝土构造柱；墙高超过 4m 时，墙体半高宜设置与柱连接且沿墙全长贯通的钢筋混凝土水平系梁。

5.4.4 进行抗震设计的建筑，非承重砌块墙体宜与主体结构墙、柱脱开或采用柔性连接。

5.4.5 后砌非承重砌块墙体与混凝土梁、柱或墙结合的界面处，宜在抹灰前设置细钢丝网片，且细钢丝网片应沿界面缝两侧各延伸 250mm，也可在砌块墙体与梁、柱或墙界面处采用嵌缝条等有效防裂措施。

5.4.6 进行抗震设计的建筑，非承重砌块墙体的砌筑砂浆强度等级不应低于 Mb5。

5.4.7 砌块女儿墙在人流出入口应与主体结构锚固；防震缝处应留有足够的宽度，缝两侧的自由端应予以加强。

6 施工及验收

6.1 一般规定

6.1.1 砌块砌体施工除应符合本规程的规定外,尚应符合国家现行标准《砌体工程施工质量验收规范》GB 50203 和《建筑工程冬期施工规程》JGJ 104 的规定。

6.1.2 材料应符合设计要求,进场时应查验产品合格证、出厂检验报告。砌块、水泥、钢筋和外加剂等应进行进场复验。同一单位工程应使用同一厂家生产的砌块产品。

6.1.3 施工时所用的砌块产品龄期不应小于 28d。不得使用有竖向裂缝、断裂、龄期不足 28d 的砌块及外表明显受潮的砌块,承重墙体严禁使用断裂砌块。

6.1.4 水泥应采用通用硅酸盐水泥;不同品种的水泥,不得混合使用。

6.1.5 砌筑砂浆以及灌孔混凝土和构造柱混凝土的用砂应符合现行行业标准《普通混凝土用砂、石质量及检验方法标准》JGJ 52 的规定,且砌筑砂浆宜采用中砂。

6.1.6 灌孔混凝土粗骨料粒径宜为 5mm～15mm,构造柱混凝土粗骨料粒径宜为 5mm～30mm,并均应符合现行行业标准《普通混凝土用砂、石质量及检验方法标准》JGJ 52 的有关规定。

6.1.7 堆放砌块的场地应预先夯实平整,并应便于排水。不同规格型号、强度等级的砌块应分别覆盖堆放。堆垛上应有标志,垛间应留通道。堆置高度不宜超过 1.6m,堆放场地应有防潮措施。装卸时,不得采用翻斗卸车和随意抛掷。

6.1.8 砌块建筑的墙体施工前,应按建筑设计图编绘砌块平、立面排块图。排列时应根据砌块规格、灰缝厚度和宽度、门窗洞口尺寸、过梁与圈梁或连系梁的高度、构造柱位置、预留洞大小、管线、开关、插座敷设部位等进行对孔、错缝搭接排列,并应以主规格砌块为主,辅以相应的辅助块。

6.1.9 砌入墙体内的建筑构配件、钢筋网片与拉结筋应事先预制加工,并应按不同型号、规格进行堆放。

6.1.10 砌筑墙体前应对基础防潮层或楼地面基层等进行检查,表面应平整、整洁,不得有污染杂物,应采用经检定的钢尺校核建筑放线尺寸,且允许偏差值应符合现行国家标准《砌体工程施工质量验收规范》GB 50203 的相关规定。

6.1.11 砌筑底层墙体前应对基础工程进行检查和验收。

6.2 砌筑砂浆和灌孔混凝土

6.2.1 砌筑砂浆应具有良好的和易性,分层度不得大于 30mm,保水性不得小于 88%,稠度宜为 60mm～80mm,并应根据季节和气候条件作相应调整。砌筑砂浆应采用机械搅拌,并应在初凝前使用完毕。当砌筑砂浆出现泌水现象时,应在砌筑前再次拌合。

6.2.2 采用预拌砌筑砂浆时,砂浆的贮存、使用及试件取样等应符合现行国家标准《预拌砂浆》GB/T 25181 的规定。

6.2.3 首层室内地面以下的地下室内墙砌体应采用水泥砂浆砌筑,地坪以上的砌体宜采用水泥混合砂浆砌筑。

6.2.4 灌孔混凝土应具有良好的流动性和一定的膨胀性,坍落度不宜小于 180mm,沁水率不宜大于 3.0%,灌孔混凝土的技术要求、试验方法和检验规则等应按现行行业标准《混凝土砌块(砖)砌体用灌孔混凝土》JC 861 执行。

6.3 墙体砌筑

6.3.1 砌块建筑的墙体砌筑应从建筑外墙转角定位处开始。砌筑皮数、灰缝厚度、标高应与该工程的皮数杆相应标志一致。皮数杆应竖立在墙体的转角处和交接处,间距不宜超过 15m。

6.3.2 砌块砌筑时,应符合下列规定:

1 砌块与黏土砖等其他墙体材料不得混用;

2 砌筑时,砌块应反砌;

3 砌块砌筑前不得浇水,在气候异常炎热干燥的情况下,可提前在砌块上加喷水润湿;

4 砌筑前,应清理砌块表面的污物和砌块孔洞四周的毛边;

5 砌筑应采用双排外脚手架或里脚手架进行施工,不得在砌筑的墙体内设脚手孔洞;

6 砌筑高度应根据气温、风压和墙体部位等不同情况分别控制,日砌筑高度宜控制在 1.4m 内或一步脚手架高度内。

6.3.3 砌体灰缝应符合下列规定:

1 灰缝应横平竖直,水平灰缝的砂浆饱满度不应低于 90%,竖直灰缝的砂浆饱满度不宜低于 90%;砌筑中不应出现瞎缝、假缝和透明缝;

2 水平灰缝的厚度和竖直灰缝的宽度应控制在 8mm～12mm 内;

3 砌筑时的铺灰长度不得超过 800mm;不得用水冲浆灌缝。

6.3.4 水平灰缝宜采用坐浆法满铺砌块全部壁肋或封底面;竖向灰缝应采取满铺端面法,并应采用碰头灰砌筑方式。

6.3.5 砌块应对孔错缝搭砌,且竖缝应相互错开主规格砌块长度 1/2,个别情况无法对孔砌筑时,砌块的搭接长度不应小于 90mm。当不能满足要求时,应在灰缝中设置焊接钢筋网片,网片两端与竖缝的距离不得小于 400mm;但竖向通缝仍不得超过两皮砌块。

6.3.6 砌块内外墙和纵横墙应同时砌筑并相互交错搭接。临时间断处应砌成斜槎，斜槎水平投影长度不应小于斜槎高度。严禁留直槎。

6.3.7 砌入墙内的焊接钢筋网片和拉结筋应放置在水平灰缝的砂浆层中，保护层厚度不宜小于 15mm，不得有露筋现象，焊接钢筋网片宜做防腐处理。当保护层厚度小于 15mm 时，焊接钢筋网片应做防腐处理。

6.3.8 砌筑砂浆应随铺随砌；砌块就位后，应采用橡皮锤敲打，保证灰缝砂浆密实。

6.3.9 砌筑时，墙面应用原浆做勾缝处理，并宜作成凹缝，凹进墙面的深度宜为 2mm。灰缝修补宜在灰缝砂浆仍处在塑性状态下进行。

6.3.10 对于砌块受撬动或因碰撞导致灰缝开裂的砌体，应清除原砂浆，重新砌筑。

6.3.11 凹陷及孔洞均应在勾缝之前用新拌砂浆填补。

6.3.12 砂浆硬化后的补缝应先刮掉一层灰缝露出新鲜面，再洒水湿润后用新拌砂浆填补。

6.3.13 砌筑砂浆强度达到设计要求的 70% 之前，不得拆除过梁底部的模板。

6.3.14 固定圈梁、挑梁等构件侧模的水平拉杆、扁铁或螺栓应从砌块灰缝中预留 4φ10 孔穿入，不得在砌块块体上打凿安装洞。

6.3.15 对设计规定或施工所需的孔洞、管道、沟槽和预埋件等，应在砌筑时预留或预埋，不得在已砌筑的墙体打洞和凿槽。

6.3.16 水、电管线的敷设安装应按砌块排块图的要求与土建施工进度密切配合，不得事后凿槽打洞。

6.3.17 照明、电信、闭路电视等线路的水平管线宜敷设在现浇混凝土楼板（屋面板）中，竖向管线应随墙体砌筑埋设在砌块孔洞内。管线出口处应采用侧面带开口的砌块砌筑，内埋开关、插座或接线盒等配件，四周应用水泥砂浆填实。

6.3.18 冷、热水水平管宜敷设在现浇混凝土楼板（屋面板）中或明敷。立管宜安装在侧面开口砌块的开口孔洞中。管道试水验收合格后，应采用 C20 混凝土浇灌封闭。

6.3.19 卫生设备安装宜采用筒钻成孔。孔径不得大于 100mm，上下左右孔距应相隔一块以上的砌块。

6.3.20 外墙和纵、横承重墙沿水平方向，不得开凿长度大于 390mm 的沟槽。

6.3.21 非盲孔砌块砌体的下列部位应铺设细钢丝网：

  1 需沿高度进行局部混凝土灌实的砌体，最下方的待灌实砌块孔洞底部灰缝处；

  2 圈梁和现浇楼板与砌块交界处灰缝处。

6.3.22 墙体施工段的分段位置宜设在伸缩缝、沉降缝、防震缝、构造柱或门窗洞口处。相邻施工段的砌筑高差不得超过一个楼层高度，也不应大于 4m。

6.3.23 每一楼层砌完后，应校核墙体的轴线尺寸和标高。对允许范围内的偏差，应在本层楼面上校正。

6.3.24 砌块砌体尺寸和位置允许偏差应符合现行国家标准《砌体工程施工质量验收规范》GB 50203 中关于砖砌体的尺寸和位置允许偏差的规定。

6.4 构造柱施工

6.4.1 设置钢筋混凝土构造柱的砌块砌体，应按绑扎钢筋、砌筑墙体、支设模板、浇筑混凝土的施工顺序进行。

6.4.2 墙体与构造柱连接应砌成马牙槎，并宜从每层柱脚开始，先退后进，形成 100mm 宽、200mm 高的凹凸槎口。

6.4.3 构造柱两侧模板必须紧贴墙面，支撑必须牢靠，严禁板缝漏浆。

6.4.4 构造柱钢筋的混凝土保护层厚度宜为 20mm，且不应小于 15mm。混凝土坍落度宜为 50mm～70mm。构造柱的混凝土浇筑宜分段进行，每段高度不宜大于 2m，并应分（2～3）次振动密实。当施工条件较好并能确保浇灌密实时，可每层一次浇灌。

6.4.5 浇灌构造柱混凝土前，应将砌体留槎部位和模板浇水湿润，将模板内的落地灰、砖渣和其他杂物清理干净，并宜在结合面处注入与构造柱混凝土配比相同的 50mm 厚水泥砂浆，再分段浇筑、振捣混凝土，直至完成。振捣时，应避免触碰墙体，严禁通过墙体传振。

6.5 墙面抹灰

6.5.1 砌体墙面应进行双面抹灰。墙体抹灰应在砌筑完成后，根据具体施工季节及施工条件搁置一段时间后进行。抹灰前，应清理砌体表面浮灰、杂物，并应用水泥砂浆填塞孔洞、水电管槽或梁、柱、板与砌体之间的缝隙。

6.5.2 对钢筋混凝土平屋面，应在保温层、隔热层施工完成后进行建筑顶层内粉刷；对钢筋混凝土坡屋面，应在屋面工程完工后进行房屋顶层内粉刷。

6.5.3 建筑外墙抹灰应在屋面工程全部完工后进行。

6.5.4 墙面设有钢丝网的部位，应先采用聚合物水泥浆或界面剂等材料涂满后，再进行抹灰施工。

6.5.5 抹灰前墙面不宜洒水。天气炎热干燥时，可在抹灰前1h～2h适度喷水。

6.5.6 墙面抹灰应分层进行，总厚度不宜大于 20mm。若墙面平整度好，内墙可刮普通腻子找平。

6.6 冬、雨期施工

6.6.1 砌块砌体工程冬期、雨期施工时，应制定冬、雨期施工方案。

6.6.2 冬期施工所用材料应符合下列规定：

1 不得使用浇过水或浸水后受冻的砌块；

2 砌筑砂浆宜用普通硅酸盐水泥拌制；

3 石灰膏、电石膏等应防止受冻；

4 现场拌制砂浆、混凝土所用原材料中不得含有冰、雪、冻块及其他易冻裂物质；

5 拌合砌筑砂浆宜采用两步投料法，且水的温度不得超过80℃，砂的温度不得超过40℃，砂浆稠度宜较常温适当减小；

6 现场运输与贮存砂浆应有冬期施工措施。

6.6.3 砌筑后，应及时用保温材料对新砌砌体进行覆盖，砌筑面不得留有砂浆。继续砌筑前，应清扫砌筑面。

6.6.4 记录冬期砌筑的施工日记，除应满足常规施工记录的要求外，尚应记载室外空气温度、砌筑时砂浆温度、外加剂掺量等。

6.6.5 冬期施工时，对低于Mb10的砌筑砂浆，应比常温施工提高一级，且砂浆使用时的温度不应低于5℃。

6.6.6 砌块砌体不得采用冻结法施工。埋有未经防腐处理的钢筋（网片）的砌块砌体不应采用掺氯盐砂浆法施工。

6.6.7 采用掺外加剂法时，其掺量应由试验确定，并应符合现行国家标准《混凝土外加剂应用技术规范》GB 50119的有关规定。

6.6.8 采用暖棚法施工时，砌块和砂浆在砌筑时的温度不应低于5℃，同时离所砌的结构底面500mm处的棚内温度也不应低于5℃。

6.6.9 暖棚法砌体的养护时间应按表6.6.9确定。

表6.6.9 暖棚法砌体的养护时间

暖棚的温度（℃）	5	10	15	20
养护时间（d）	≥6	≥5	≥4	≥3

6.6.10 雨期施工应符合下列规定：

1 雨期施工时，堆放在室外的砌块应采取防雨覆盖措施；

2 雨量为小雨及以上时，应停止砌筑，并对已砌筑的墙体应进行防雨覆盖，继续施工时，应复核墙体的垂直度；

3 砌筑砂浆稠度应根据实际情况适当减小，每日砌筑高度不宜超过1.2m；

4 被雨淋湿的砌块应干燥后再使用。

6.7 安全措施

6.7.1 当使用托盘吊装垂直运输砌块时，应使用尼龙网或安全罩围护砌块。

6.7.2 在楼面或脚手架上堆放砌块或其他物料时，严禁倾卸和抛掷，不得撞击楼板和脚手架。

6.7.3 堆放在楼面和屋面上的各种施工荷载不得超过楼板或屋面板的设计允许承载力。

6.7.4 砌筑砌块或进行其他施工时，施工人员严禁站在墙上进行操作。

6.7.5 当需要在砌体中设置临时施工洞口时，洞边离交接处的墙面距离不得小于600mm，并应沿洞口两侧每400mm处设置2φ4焊接钢筋网片及洞顶钢筋混凝土过梁。

6.7.6 当未浇筑（安装）楼板或屋面板的砌块墙和柱遇大风时，其允许自由高度不得超过表6.7.6的规定。

表6.7.6 砌块墙和柱的允许自由高度

墙（柱）厚度（mm）	砌块墙和柱的允许自由高度（mm）		
	风荷载（kN/m²）		
	0.3（相当7级风）	0.4（相当8级风）	0.6（相当9级风）
190	1.4	1.0	0.6
390	4.2	3.2	2.0
490	7.0	5.2	3.4
590	10.0	8.6	5.6

注：允许自由高度超过时，应加设临时支撑或及时现浇圈梁。

6.8 工程验收

6.8.1 砌块建筑中砌体工程验收应按现行国家标准《砌体工程施工质量验收规范》GB 50203中混凝土小型空心砌块的相关规定执行，混凝土工程应按现行国家标准《混凝土结构工程施工质量验收规范》GB 50204的要求执行。

本规程用词说明

1 为便于在执行本规程条文时区别对待，对要求严格程度不同的用词说明如下：

1）表示很严格，非这样做不可的：

正面词采用"必须"；反面词采用"严禁"；

2）表示严格，在正常情况下均应这样做的：

正面词采用"应"；反面词采用"不应"或"不得"；

3）表示允许稍有选择，在条件许可时首先应这样做的：

正面词采用"宜"；反面词采用"不宜"；

4）表示有选择，在一定条件下可以这样做的，采用"可"。

2 条文中指明应按其他有关标准、规范执行时的写法为："应符合……的规定"或"应按……执行"。

引用标准名录

1 《砌体结构设计规范》GB 50003
2 《建筑抗震设计规范》GB 50011
3 《建筑结构可靠度设计统一标准》GB 50068
4 《民用建筑隔声设计规范》GB 50118
5 《混凝土外加剂应用技术规范》GB 50119
6 《民用建筑热工设计规范》GB 50176
7 《砌体工程施工质量验收规范》GB 50203
8 《混凝土结构工程施工质量验收规范》GB 50204

9 《预拌砂浆》GB/T 25181
10 《普通混凝土用砂、石质量及检验方法标准》JGJ 52
11 《建筑砂浆基本性能试验方法标准》JGJ/T 70
12 《砌筑砂浆配合比设计规程》JGJ/T 98
13 《建筑工程冬期施工规程》JGJ 104
14 《预拌砂浆应用技术规程》JGJ/T 223
15 《混凝土小型空心砌块和混凝土砖砌筑砂浆》JC 860
16 《混凝土砌块(砖)砌体用灌孔混凝土》JC 861

中华人民共和国行业标准

植物纤维工业灰渣混凝土砌块
建筑技术规程

JGJ/T 228—2010

条 文 说 明

制 定 说 明

《植物纤维工业灰渣混凝土砌块建筑技术规程》JGJ/T 228-2010，经住房和城乡建设部 2010 年 11 月 17 日以第 804 号公告批准、发布。

本规程编制过程中，编制组进行了深入的调查研究，总结了我国工程建设中砌块建筑领域的实践经验，同时参考了国外先进技术法规和技术标准，通过试验取得了植物纤维工业灰渣混凝土砌块砌体的重要技术参数。

为便于广大设计、施工、科研和学校等单位有关人员在使用本标准时能正确理解和执行条文规定，《植物纤维工业灰渣混凝土砌块建筑技术规程》编制组按章、节、条顺序编制了本标准的条文说明，对条文规定的目的、依据以及执行中需注意的有关事项进行了说明。但是，本条文说明不具备与标准正文同等的法律效力，仅供使用者作为理解和把握标准规定的参考。

目　次

1 总　　则

1.0.1 本条明确制定本规程的目的，即提高植物纤维工业灰渣混凝土砌块建筑的工程质量，保证安全使用。

1.0.2 本条规定了本规程适用范围：非抗震设防地区和抗震设防烈度为 8 度及 8 度以下地区，以植物纤维工业灰渣混凝土砌块为墙体材料的低层、多层构造柱体系砌块建筑的设计、施工和验收，以及采用植物纤维工业灰渣混凝土砌块砌筑的非承重墙体的设计、施工和验收。

1.0.3 为保证植物纤维工业灰渣混凝土砌块建筑的工程施工质量，除应符合本规程规定外，还需要全面执行国家现行有关标准的规定，例如：

1 《建筑结构可靠度设计统一标准》GB 50068；
2 《砌体工程施工质量验收规范》GB 50203；
3 《砌体结构设计规范》GB 50003；
4 《建筑抗震设计规范》GB 50011；
5 《建筑地基基础设计规范》GB 50007。

3 材料和砌体的计算指标

3.1 材　　料

3.1.1 本条规定了单排孔砌块、双排孔砌块的主规格尺寸，并明确了其中承重砌块的主规格尺寸。

3.1.2 本条规定了砌块、砌筑砂浆和灌孔混凝土的强度等级。砌块的强度等级，根据产品标准，应按毛截面计算。

3.1.3 砌筑砂浆的技术要求、试验方法和检验规则应符合现行行业标准《混凝土小型空心砌块和混凝土砖砌筑砂浆》JC 860、《砌筑砂浆配合比设计规程》JGJ/T 98、《建筑砂浆基本性能试验方法标准》JGJ/T 70 和《预拌砂浆应用技术规程》JGJ/T 223 的有关规定。

3.2 砌体的计算指标

3.2.1～3.2.5 现行国家标准《砌体工程施工质量验收规范》GB 50203 根据现场质量管理、砂浆和混凝土的施工质量、砂浆拌合方式和砌筑工人技术等级的情况划为 A、B、C 三个施工质量控制等级。施工质量控制等级的选择由设计和建设单位商定，并在工程设计图中明确注明设计采用的施工质量控制等级。

本节的强度指标为 B 级质量控制等级的材料计算指标。考虑到我国目前的施工质量水平，对一般多层建筑宜按 B 级控制；当采用 C 级时，砌体强度设计值应乘以砌体强度设计值调整系数 0.89。对复杂、重要的建筑，在施工时宜采用 A 级的施工质量控制

等级，设计时选用 B 级的砌体强度指标，提高这种结构体系的安全储备。

本规程对 390mm×190mm×190mm 尺寸的单排双孔承重砌块开展了力学性能试验研究，收集了武汉理工大学土木工程与建筑学院和北京建筑工程学院的 8 组 36 件砌块抗压试件试验数据，3 组 18 件通缝抗剪试件试验数据，6 组 54 件弯曲抗拉（沿齿缝）试件试验数据，4 组 12 件砌体弹性模量与泊松比试验数据，2 片砌块墙片拟静力抗震性能试验数据。试验用植物纤维工业灰渣混凝土砌块的壁厚和肋厚均为 45mm。试验结果如下：

表 1　轴心抗压强度试验值

砌体类型	f_1 (MPa)	f_2 (MPa)	试件数量（件）	抗压强度试验值		规范值 f_m^C (MPa)	$\dfrac{f_m^T}{f_m^C}$
				f_m^T (MPa)	δ		
MU15 (Mb15)	17	25.9	6	11.4	0.06	13.9	0.82
MU15 (Mb10)	17	16.8	3	8.5	0.05	11.9	0.71
MU10 (Mb10)	8.7	16.8	6	7.4	0.11	6.5	1.12
MU10 (Mb7.5)	8.7	12.4	3	6.0	0.11	5.9	1.02
MU10 (Mb5)	8.7	6.8	6	5.5	0.11	4.8	1.15
MU7.5 (Mb7.5)	9.2	12.4	6	7.6	0.17	6.2	1.24
MU7.5 (Mb5)	9.2	6.8	3	6.4	0.08	5.0	1.29
MU5 (Mb5)	6.8	6.8	6	5.9	0.14	3.8	1.56

注：1 表中 f_1——块体抗压强度平均值。

2 表中 f_2——砂浆抗压强度平均值。

3 表中 f_m^T——轴心抗压强度试验平均值。

4 表中 f_m^C——轴心抗压强度规范平均值，按公式 $f_m^C = 0.46 f_1^{0.9}(1+0.07 f_2)$ 计算。

5 表中 δ——试验数据的变异系数。

6 砂浆强度为两组强度的平均值，并按现行行业标准《建筑砂浆基本性能试验方法标准》JGJ/T 70 评定。

表 2　通缝抗剪强度试验值

砌体类型	砂浆强度 f_2 (MPa)	试件数量（件）	试验值		规范值 $f_{v,m}^C$ (MPa)	$\dfrac{f_{v,m}^T}{f_{v,m}^C}$
			$f_{v,m}^T$ (MPa)	δ		
Mb5	4.6	6	0.167	0.23	0.148	1.13
Mb5	4.8	6	0.206	0.30	0.151	1.36
Mb7.5	8.0	6	0.282	0.19	0.195	1.44

注：1 表中 f_2——砂浆抗压强度平均值。

2 表中 $f_{v,m}^T$——通缝抗剪强度试验平均值。

3 表中 $f_{v,m}^C$——通缝抗剪强度规范平均值，按公式 $f_{v,m}^C = 0.069 \sqrt{f_2}$ 计算。

4 砂浆强度为两组强度的平均值，并按现行行业标准《建筑砂浆基本性能试验方法标准》JGJ/T 70 评定。

5 表中 δ——试验数据的变异系数。

表3 弯曲抗拉强度（沿齿缝）试验值

砌体类型	砌块强度 f_1(MPa)	砂浆强度 f_2(MPa)	试件数量(件)	试验值 $f_{tm,m}$(MPa)	δ	规范值 $f_{tm,m}^C$(MPa)	$\dfrac{f_{tm,m}^T}{f_{tm,m}^C}$
MU10(Mb10)	8.7	13.4	9(8)	0.82	0.10	0.30	2.77
MU7.5(Mb7.5)	9.2	11.6	9(8)	0.88	0.15	0.28	3.19
MU5(Mb5)	6.8	6.8	9(7)	0.69	0.12	0.21	3.27

注：1 表中括号内数字表示有效试件数量，在弯剪区破坏的试件没有计入表中。

　　2 表中 f_1——块体抗压强度平均值。

　　3 表中 f_2——砂浆抗压强度平均值。

　　4 表中 $f_{tm,m}^T$——弯曲抗拉强度（沿齿缝）试验平均值。

　　5 表中 $f_{tm,m}^C$——弯曲抗拉强度（沿齿缝）规范平均值，按公式 $f_{tm,m}^C = 0.081\sqrt{f_2}$ 计算。

　　6 表中 δ——试验数据的变异系数。

　　7 砂浆强度为两组强度的平均值，并按现行行业标准《建筑砂浆基本性能试验方法标准》JGJ/T 70 评定。

表4 弹性模量试验值

试件类型	砌体抗压强度平均值 f_m(MPa)	δ	试件数量(件)	弹性模量试验值 E^T(MPa)	δ	规范值 $E_混^C$(MPa)	$\dfrac{E^T}{E_混^C}$
MU15 (Mb15)	11.3	0.10	3	16020	0.04	10031	1.597
MU10 (Mb10)	7.0	0.12	3	10997	0.18	5969	1.842
MU7.5 (Mb7.5)	8.1	0.21	3	6767	0.07	5302	1.276
MU5 (Mb5)	6.4	0.16	3	5520	0.10	4421	1.249

注：1 表中 $E_混^C$——弹性模量规范平均值，按混凝土砌块砌体的弹性模量取值，分别按公式 $E=1700f$（Mb15, Mb10），$E=1600f$（Mb7.5），$E=1500f$（Mb5）计算。其中 f 为砌体抗压强度设计值，$f=\dfrac{f_m}{\gamma_f}(1-1.645\delta)$，$\gamma_f=1.6$。

　　2 表中 f_m——抗压强度试验平均值。

　　3 表中 E^T——弹性模量试验平均值。

　　4 表中 δ——试验数据的变异系数。

　　5 砂浆强度为两组强度的平均值，并按现行行业标准《建筑砂浆基本性能试验方法标准》JGJ/T 70 评定。

表5 砌体泊松比试验值

试件类型	试件数量(件)	泊松比平均值 υ	变异系数 δ
MU15 (Mb15)	3	0.254	0.16
MU10 (Mb10)	3	0.136	0.45
MU7.5 (Mb7.5)	3	0.097	0.14
MU5 (Mb5)	3	0.183	0.26

注：应力 $\sigma=0.4f_m$ 时的泊松比作为试验试件的泊松比。

4 建筑设计与构造

4.1 建 筑 设 计

4.1.1 基本模数的数值应为100mm，其符号为M，即1M等于100mm。承重砌块的主规格尺寸为390mm×190mm×190mm，模数是2M，辅助及配套块可扩大到1M。不应采用小于1M的分模数。墙的

分段净长度（如洞口间墙段）也应符合模数。这样可以减少砌块种类，方便生产和施工。

在施工前应做平面和立面的排块设计，这样可以保证设备管线的预留和敷设，保证设计规定的洞口、开槽和预埋件的位置，避免在墙体上凿槽或孔洞，减少辅助块的种类和数量。

在排块设计时，应着重解决好转角墙、丁字墙和十字墙的排块。

4.1.2 防水设计的措施都是做在容易漏水的部位，这样做效果明显。

4.1.3 砌块外墙抹灰层宜采取抗裂、防水措施，如以下措施：

　　1 加挂防裂耐碱玻纤网或钢丝网，采用抗裂砂浆抹灰；

　　2 采用防水砂浆抹灰，或聚合物水泥砂浆抹面再加防水涂层；

　　3 采用短切纤维防裂砂浆抹灰。

4.1.4 根据实测结果，190mm厚砌块墙体两面无粉刷，耐火极限可达到3h。考虑到各地砌块生产水平有差异，取值有所降低，以保证安全。

4.1.5 对有隔声要求的砌块墙体，隔声要求应符合国家现行标准的有关规定。对隔声要求较高的砌块建筑，可采取提高隔声性能的有效措施

4.1.6 地下潮湿，且植物纤维工业灰渣混凝土砌块含有植物纤维等有机物质，虽然含量少，且经过耐腐处理，但出于安全考虑，不得用于地面以下墙体。因为相关研究较少，为安全起见，其他环境恶劣的部位，也不得采用。

4.2 建筑节能设计

4.2.1～4.2.3 目前实施的《严寒和寒冷地区居住建筑节能设计标准》JGJ 26 和《夏热冬冷地区居住建筑节能设计标准》JGJ 134，主要针对居住建筑。砌块建筑的建筑节能设计除墙体的主体结构是砌块砌体外，与其他墙体结构体系建筑的建筑节能设计基本上是相同的。

实测的砌块砌体的热阻指标计算值均好于表4.2.2中数值，考虑到不同厂家砌块材料的配比不同对数据的影响，数据偏于安全考虑取值。当有可靠测试数据时，可采用实际测试数据作为设计依据。

实测表明，砌块砌体在采用保温砂浆砌筑、双面抹灰等措施后，热工性能有较大提高，当有可靠测试数据时，可作为设计依据。

砌块建筑外墙的保温设计，应根据地区气候条件及室内环境设计指标，按现行国家标准《民用建筑热工设计规范》GB 50176 的规定进行内部冷凝受潮验算并确定是否设置隔汽层。

4.2.4 砌块建筑屋面的天沟、女儿墙、变形缝及突出屋面的构件与屋面交接处，应按现行国家标准《民

用建筑热工设计规范》GB 50176 规定的最小传热阻，通过热工计算，确定该部位垂直或水平面上设置保温层的材料及其厚度。

4.3 建筑构造措施

4.3.1~4.3.5 为了减少砌块砌体建筑的开裂，从伸缩缝间距、控制缝、门窗洞口、墙面吊挂等方面进行规定，采取加强措施。

砌体门窗洞边易开裂，应用混凝土填实，提高局部抗压强度。当砌块强度较低，厚度较小时，门洞两侧的砌体牢固性和稳定性较差，为了加强门洞的坚固性，宜设钢筋混凝土边框。

内墙吊挂重物或安装管线应事先设计，并采用有效加固措施以免开裂。外墙吊挂设备重物易引起砌体开裂、渗漏及不安全，宜在立面设计时加设阳台和挑板等构件以支承重物。

砌块墙灰缝内按构造要求铺设的焊接钢筋网片，纵向钢筋不宜少于 2φ4，横筋间距不宜大于 200mm，本规程其他条文处的焊接钢筋网片要求相同。

5 结 构 设 计

5.1 一 般 规 定

5.1.1 砌块砌体结构仍然采用以概率理论为基础的极限状态设计方法。

5.1.2、5.1.3 规定了砌块的应用范围。

5.1.4 为保证建筑结构安全使用和耐久性，环境条件较差（潮湿环境）或受力较大时，明确规定了材料的最低强度等级。

5.1.5、5.1.6 砌块砌体结构的静力设计与现行国家标准《砌体结构设计规范》GB 50003 保持一致。

5.1.7 砌块砌体建筑的构造措施除满足本规程的规定外，尚应符合现行国家标准《砌体结构设计规范》GB 50003 和《建筑抗震设计规范》GB 50011 中关于混凝土小型空心砌块砌体的相关规定。

5.2 抗 震 设 计

5.2.2 抗震设防地区的砌块砌体建筑抗震设计，首先要在满足静力设计要求的基础上进行，应对结构进行抗震地震力复核验算。

5.2.3 承重砌块的最低强度等级应根据建筑层数和强度大小而确定。本条规定的最低强度等级是适合多层和低层砌块建筑的要求。

5.2.4 考虑到目前在工程中已普遍应用的该类砌块强度等级均不大于 MU10，因此规程中对砌块砌体建筑的层数和高度进行了限制。

横墙较少是指同一楼层内开间大于 4.2m 的房间占该层总面积的 40％以上；其中，开间不大于 4.2m 的房间占该层总面积不到 20％且开间大于 4.8m 的房间占该层总面积的 50％以上为横墙很少。

5.2.6 对抗震设防地区砌块砌体建筑的高宽比限制，主要是为了减少验算工作量，只要符合规定的高宽比要求，就不必进行整体弯曲验算。

5.2.7 砌块砌体建筑的主要抗震构件是各道墙体。横墙的分布决定了建筑物的横向抗震能力。因此要求限制横墙的最大间距，以保证横向地震作用的满足。

5.2.8 砌块砌体建筑的局部尺寸规定，主要是为防止由于局部尺寸的不足引起连锁反应，导致房屋整体破坏倒塌。砌块的局部墙垛尺寸还要符合自身的模数；当局部尺寸不能满足规定要求时，也可采取增加构造柱及增大配筋来弥补。

5.2.10~5.2.13 砌块砌体建筑地震作用和结构抗震验算等采用现行国家标准《建筑抗震设计规范》GB 50011 的规定，相应的承载力抗震调整系数也均取一致的数值。

本规程收集了武汉理工大学土木工程与建筑学院的 2 片砌块墙片拟静力抗震性能试验数据。试验用植物纤维工业灰渣混凝土砌块的壁厚和肋厚均为45mm。试验结果如下：

表 6　砌块墙片抗震抗剪承载力试验结果

试件编号	正应力 σ_0(MPa)	砂浆强度 f_2(MPa)	开裂荷载 P_c(kN)	极限荷载 P_u(kN)	f_{VE}^T(MPa)	$f_{VE,m}^C$(MPa)	$\dfrac{f_{VE}^T}{f_{VE,m}^C}$
W-1墙片	0.2	16.0	210.8	305.4	0.618	0.439	1.41
W-2墙片	0.7	16.1	311.5	465.8	0.943	0.748	1.26

注：1　表中 P_c、P_u 取推拉两个方向开裂、极限荷载的平均值。

2　表中 f_2——砂浆试块抗压强度平均值。

3　表中 f_{VE}^T——墙片抗震抗剪强度试验值。

4　表中 $f_{VE,m}^C$——墙片抗震抗剪强度计算值，按公式 $f_{VE,m}^C = \zeta_N f_{v,m}$ 计算。其中 $f_{v,m} = 0.069\sqrt{f_2}$，$\zeta_N$ 由 $\dfrac{\sigma_0}{f_v}$ 查表得；考虑取 $\delta = 0.20$，$\gamma_f = 1.6$，则 $f_v = \dfrac{f_{v,m}}{\gamma_f}(1 - 1.645\delta) = 0.42 f_{v,m}$。

5.3 结构构造措施

5.3.1~5.3.7 砌块建筑的合理构造是保证建筑结构安全使用和耐久性的重要措施，根据设计和应用经验在下列几个关键问题上给予加强：（1）对一些受力不利的部位强调用混凝土灌孔；（2）加强一些构件的连接构造；（3）墙体中预留槽洞及埋设管道的构造措施。

5.3.9、5.3.10 设置构造柱是一种构造措施，主要是为了提高砌块建筑的整体工作性能，不必进行强度计算，构造柱应满足构造要求。

5.3.11 圈梁应满足构造要求，圈梁的设置与现行国家标准《砌体结构设计规范》GB 50003 保持一致。

5.3.13~5.3.17 针对砌块建筑产生裂缝的性质（温差、干缩和地基沉降）和容易出现裂缝的部位（顶层、底层和中部）提出较系统的防裂构造措施。

5.3.18、5.3.19 考虑到多排孔和盲孔砌块无法设置芯柱，因此本章重点对构造柱体系作了规定，包括构造柱设置位置、截面尺寸以及与墙的拉结等具体构造要求。

5.3.20 对进行抗震设计的砌块砌体建筑的现浇钢筋混凝土圈梁规定了最小构造尺寸和配筋，圈梁设置与现行国家标准《建筑抗震设计规范》GB 50011 保持一致。

5.4 非承重砌块墙体的构造措施

5.4.4 非承重砌块墙体与主体结构墙、柱采用脱开或柔性连接时，建筑结构抗震计算可不计入其刚度，构造措施应满足以下要求：

1 非承重砌块墙体与主体结构墙、柱脱开的宽度应根据结构计算分析确定，并满足主体结构不同方向的层间位移要求。脱开宽度不宜小于 20mm。

2 非承重砌块墙体应保持墙体出平面外的稳定，保证地震作用时非承重砌块墙体不致倾斜或倾倒；非承重砌块墙体出平面的计算，应根据墙体的尺寸、墙体的结构构造及墙端的实际连接情况，分别采用固端、铰接的单向板或双向板的简化模型。

3 非承重砌块墙体与主体结构水平方向可采取设置水平系梁的连接方式，竖向可采取设置构造柱的连接方式。水平系梁的纵筋按受拉钢筋锚入结构墙、柱内，外墙水平系梁可结合门窗洞口设置，内墙水平系梁沿高度方向的间距不小于 1.5m；可采用槽形砌块配筋浇筑 C20 混凝土，梁高不小于 200mm，纵筋直径不小于 $\phi 8$，箍筋不小于 $\phi 4@200$。构造柱间距不宜大于 4m，纵筋直径不小于 $\phi 12$，箍筋不小于 $\phi 6@200$。

4 非承重砌块墙体与主体结构也可采取钢筋柔性连接方式，并采用钢筋砂浆面层的组合砌体加强非承重砌块墙体。

6 施工及验收

6.1 一般规定

6.1.1 为了确保植物纤维工业灰渣混凝土砌块砌体的施工质量，砌体施工除应符合本规程的规定外，尚应符合现行国家标准《砌体工程施工质量验收规范》GB 50203 的规定；冬期施工时，由于气温低给施工带来诸多不便，必须采取一些必要的冬期施工技术措施来确保工程质量，同时又要保证常温施工情况下的一些工程质量要求，因此砌块砌体的冬期施工除符合上述要求外，还应符合现行行业标准《建筑工程冬期施工规程》JGJ 104 的规定。

6.1.2 砌块产品合格证明书应包括型号、规格、产品等级、强度等级、密度等级、相对含水率和生产日期等内容。主规格砌块应进行尺寸偏差和外观质量的检验以及强度等级的复验。辅助规格的砌块仅做尺寸偏差和外观质量的检验，但应有保证强度等级的产品质量证明书。

为避免墙体收缩裂缝，同一单位工程不宜使用两个厂家砌块。

构造柱钢筋、拉结筋和钢筋网片的材质要求应符合现行相关国家标准，并按《混凝土结构工程施工质量验收规范》GB 50204 的规定抽取试样做力学性能试验，合格后方可使用。

6.1.3 适当延长养护时间，能够减少因砌块收缩过多引起的墙体裂缝。

6.1.4 水泥应采用通用硅酸盐水泥，水泥质量要求应符合国家标准《通用硅酸盐水泥》GB 175 的规定，复试合格方可使用，而且不同品种的水泥，不得混合使用，这是保证工程质量的重要措施。

6.1.6 由于砌块孔洞较小，灌注孔洞混凝土的浇灌高度一般大于 2m，为防止粗骨料被卡住，粒径以 5mm～15mm 为宜。构造柱混凝土用的粗骨料可按一般混凝土构件要求。

6.1.7 为防止砌块砌筑前受潮湿，堆放场地要设有排水设施。砌块属空心制品，堆放不当或搬运中翻斗倾卸与抛掷，极易造成砌块缺棱掉角而不能使用，故应推广砌块包装化，以利施工现场文明管理，同时，又可减少砌块损耗。

6.1.8 编制砌块排块图是施工作业准备的一项首要工作，是保证砌块墙体工程质量的重要技术措施。在编制时，水电管线安装人员与土建施工人员共同配合，使排块图真正起到指导施工的作用。

6.2 砌筑砂浆和灌孔混凝土

6.2.1 砌筑砂浆的操作性能对砌块砌体质量影响较大，不仅影响砌体的抗压强度，而且对砌体抗剪强度和抗拉强度影响较为明显。砂浆良好的保水性、稠度及粘结力对防止墙体渗漏、开裂与消除干缩裂缝有一定的成效。手工拌制砂浆不易拌合均匀，影响砂浆质量。

6.2.2 预拌砂浆的推广应用有利于砌块墙体砌筑质量的提高。

6.2.3 用水泥砂浆砌筑基础砌体是地下防潮的要求。对于地下室室内的填充墙等墙体可用水泥混合砂浆砌筑。水泥混合砂浆的保水性较好，易于砌筑，有利于砌体质量，在无防潮要求的情况下宜首先使用。

6.2.4 灌孔混凝土是砌块砌体灌注孔洞和构造柱的专用混凝土，是保证砌块砌体整体工作性能、抗震性能、承受局部荷载、施工所必需的重要配套材料，灌孔混凝土的工作性能和其硬化后的实际性能（强度、收缩膨胀性），对砌体的力学性能特别是建筑抗震性能尤其重要，其技术要求、试验方法和检验规则等按现行行业标准《混凝土砌块（砖）砌体用灌孔混凝土》JC 861执行。

6.3 墙体砌筑

6.3.1 为使墙面平整，水平灰缝平直、厚度一致，施工中应坚持使用皮数杆。

6.3.2 砌块是空心墙体材料，其强度与其他砖类墙体材料不等强，而且两者的线膨胀系数也不一致。混砌极易引起砌体裂缝，影响砌体强度。

浇过水的砌块与表面明显潮湿的砌块会产生膨胀和日后干缩现象，砌筑上墙后使墙体产生裂缝，所以严禁使用。考虑到气候特别炎热干燥时，砂浆铺摊后会失水过快，影响砌筑砂浆与砌块间的粘结，因此可根据施工情况稍喷水湿润。

清理砌块表面的污物是为了使砌块与砌筑砂浆或粉刷层之间粘结得更好。

砌块属于薄壁空心材料，墙上留设脚手孔洞将使墙体承受局压，事后镶砌也难以使该部位砂浆饱满密实。

规定砌块墙体日砌筑高度有利于已砌筑墙体尽快形成强度使其稳定，有利于减少墙体收缩裂缝。

6.3.3 竖直灰缝饱满度对防止墙体裂缝和渗水至关重要，故要求竖直灰缝饱满度不宜低于90%。

6.3.4 砌块砌筑方式对砌筑质量的影响较大，水平灰缝采用坐浆法、竖向灰缝采取满铺端面法并采用碰头灰砌筑方式，即将灰缝两侧砌块的端面均铺满砂浆后再挤紧，能够保证砌筑质量，避免出现瞎缝、假缝，保证灰缝饱满度。

6.3.5 确保砌块砌体的砌筑质量，可简单归纳为六个字：对孔、错缝、反砌。所谓对孔，即上皮砌块的孔洞对准下皮砌块的孔洞，上、下皮砌块的壁、肋可较好传递竖向荷载，保证砌体的整体性及强度。所谓错缝，即上、下皮砌块错开砌筑（搭砌），以增强砌体的整体性，这属于砌筑工艺的基本要求。所谓反砌，即砌块生产时的底面朝上砌筑于墙体上，易于铺放砂浆和保证水平灰缝砂浆的饱满度，这也是确定砌体强度指标的试件的基本砌法。

6.3.6 墙体转角处和纵横墙交接处同时砌筑可保证墙体结构整体性，提高砌块建筑抗震性能以及抵抗水灾、室内爆炸等偶然事件的能力。留直槎的墙体不利于建筑抗震，接槎处是墙体遭遇地震时最易受到破坏的部位，因此严禁留直槎。由于砌块墙厚190mm并有孔洞，从墙体稳定性考虑，斜槎长度与高度比例不同于黏土砖，因此与砖砌体相比作了调整。

6.3.8 砌块不应浇水砌筑，为防止砂浆中水分被砌块吸收，以随铺随砌为宜；为保证灰缝砂浆密实性、提高砌体强度，应使用橡皮锤采用一定的敲打力度和次数对砌块进行敲打。本规程编制过程中，就有无橡皮锤敲打对砌体强度的影响作了试验对比，试验中用橡皮锤敲打的砌体通缝抗剪强度试验值比没有敲打的提高了16%～23%。

6.3.9 随砌随勾缝可使墙体灰缝密实不渗水。凹缝便于粉刷层与墙体基层连接。

6.3.10 砌块的水平缝铺灰面积较小，撬动或碰动了已砌好的砌体会影响砌体质量。因此新砌筑的砌体，不宜采用黏土砖墙的敲击法来矫正，而应拆除重砌。

6.3.14 考虑支模需要，同时防止在已砌好的墙体上打洞，特提出本条措施。

6.3.15、6.3.16 因为砌块是空心材料，砌好后打洞、凿槽会损坏砌块的壁和肋，影响砌体强度，导致微裂缝。因此各种管线和孔洞应预埋或预留，以确保墙体工程质量。

6.3.17、6.3.18 砌块建筑均宜设管道井或集中设置在楼梯间、出入口等部位，便于检修管理。条文对各种管线、各类电箱、双下水管道及插座、开关盒的埋设与安装都作了规定。

6.3.20 因为砌块属于薄壁空心材料，沿水平方向凿槽将危及墙体结构安全，因此严格禁止。

6.3.21 进行混凝土浇筑时，为防止混凝土浇筑时混凝土流入不需要灌实的砌块孔洞，应在本条规定的部位铺设细钢丝网，细钢丝网可用20号钢丝加工成16目/cm²。

6.3.22 建筑变形缝和门窗洞口是划分墙体施工段的最佳位置。构造柱将墙体分隔成几个独立部分，也是施工段的划分位置。同时，出于墙体稳定性考虑，规定相邻施工段的砌筑高差不得超过一个楼层高度，也不应大于4m。

6.4 构造柱施工

6.4.1 先砌墙后浇柱的施工顺序有利于构造柱与墙体的结合，施工中应切实遵守。

6.4.2 为避免构造柱因混凝土收缩而导致柱与墙脱开，砌块墙体与构造柱之间要求设马牙槎。砌块块体较大，马牙槎槎口尺寸也相应较大，一般为200mm宽、200mm高的凹凸槎口，否则砌块不易排列。

6.4.4 为便于浇灌、振捣，混凝土坍落度以50mm～70mm为宜。

6.4.5 由于砌块墙体马牙槎尺寸较大，浇灌、振捣构造柱混凝土时要特别注意。

6.5 墙 面 抹 灰

6.5.1 本砌块不用于清水墙面，墙面应进行双面抹灰。墙体抹灰时间应根据具体施工季节及施工条件而定，对五层砌体结构建筑，墙面抹灰宜在墙体砌筑完30d后进行。

6.5.4 墙面涂刷聚合物水泥浆或界面剂有利于抹灰材料与钢丝网及墙体基层间粘结。

6.5.5 砌块墙面抹灰前一般不需要洒水。当使用有机胶或界面剂时更不应洒水。

6.6 冬、雨期施工

6.6.1 砌块砌体工程在冬施过程中，只有加强管理和采取必要的技术措施才能保证工程质量符合要求。因此，砌体工程冬期施工应有完整的冬期施工方案。

6.6.2 遭水浸冻后的砖或其他块材，使用时将降低它们与砂浆的粘结强度并因它们温度较低而影响砂浆强度的增长，因此规定砌体块材不得遭水浸冻。

石灰膏和电石膏等若受冻使用，将直接影响砂浆的强度，因此石灰膏和电石膏等如遭受冻结，应经融化后才可使用。砂和混凝土中含有冰块和冻结块，也将影响砂浆、混凝土强度的增长和砌体灰缝厚度的控制，因此对拌制砂浆、混凝土原材料提出要求。

为了避免砂浆拌合时因砂和水过热造成水泥假凝现象，规定了砂和水的最高拌合温度。

6.6.3 本条规定是为了保证砌体冬期砌筑的质量。

6.6.5 冬期施工期间适当提高砌筑砂浆强度等级有利于砌体质量。

6.6.6 因砌块砌体的水平灰缝中有效铺灰面较小，若采用冻结法施工在解冻期间施工中易产生墙体稳定问题，故不予采取。

6.6.8 暖棚法施工是可使砌体中砂浆强度始终在大于+5℃的气温状态下得到增长而不遭冻结的一项施工技术措施。

6.6.9 砌块砌体暖棚法施工，近似于常温下施工与养护，为有利于砌体强度的增长，暖棚内尚应保持一定的温度。表6.6.9中给出的最少养护期是根据砂浆等级和养护温度与强度增长之间的关系确定的。砂浆强度达到设计强度的30%，即达到了砂浆允许受冻临界强度值，再拆除暖棚时，遇到负温度也不会引起

强度损失。表中数值是最少养护期限，并限于未掺盐的砂浆，如果施工要求强度有较快增长，可以延长养护时间或提高棚内养护温度以满足施工进度要求。

6.6.10 砌块被雨水淋湿会产生湿涨，上墙后因干缩原因易使墙体开裂，所以对堆放在室外的砌块应有防雨覆盖设施。

当雨量为小雨及以上时，若继续砌筑，常因已砌墙体的灰缝砂浆尚未凝固使墙体发生偏斜。

砌筑砂浆稠度应视气温和天气情况变化而定。雨期不利砌块砌筑，因此，日砌高度也应适当减小。

6.7 安全措施

6.7.1 为防止砌块在垂直吊运过程中因手碰动或其他因素的影响从高空坠落伤人，因此要求用尼龙网或安全罩围护砌块。

6.7.2 在楼面倾倒或抛掷砌块及其他物料，易造成砌块破碎、楼板断裂及脚手架不稳，故应予制止。

6.7.3 主要防止堆载超过楼板或屋面板的允许承载能力而突然断裂，造成重大安全事故。

6.7.4 站在墙上操作既不符合安全施工要求，又影响砌体砌筑质量。

6.7.6 本规定引自现行国家标准《砌体工程施工质量验收规范》GB 50203，并结合砌块组砌的截面尺寸对墙（柱）厚度进行了调整。

6.8 工程验收

6.8.1 植物纤维工业灰渣混凝土砌块建筑中砌体工程验收应符合现行国家标准《砌体工程施工质量验收规范》GB 50203中混凝土小型空心砌块的相关规定，混凝土工程应符合现行国家标准《混凝土结构工程施工质量验收规范》GB 50204的相关规定。同时上述规范应与现行国家标准《建筑工程施工质量验收统一标准》GB 50300配套使用。

中华人民共和国行业标准

装饰多孔砖夹心复合墙技术规程

Technical specification for cavity wall filled with
insulation and decorative perforated brick

JGJ/T 274—2012

批准部门：中华人民共和国住房和城乡建设部
施行日期：２０１２年１０月１日

中华人民共和国住房和城乡建设部
公 告

第 1347 号

关于发布行业标准《装饰多孔砖
夹心复合墙技术规程》的公告

现批准《装饰多孔砖夹心复合墙技术规程》为行
业标准，编号为 JGJ/T 274 - 2012，自 2012 年 10 月
1 日起实施。

本规程由我部标准定额研究所组织中国建筑工业
出版社出版发行。

中华人民共和国住房和城乡建设部

2012 年 4 月 5 日

前　　言

根据住房和城乡建设部《关于印发〈2009 年工
程建设标准规范制订、修订计划〉的通知》（建标
[2009] 88 号）的要求，编制组经广泛调查研究，认
真总结实践经验，参考有关国际标准和国外先进标
准，并在广泛征求意见的基础上，编制本规程。

本规程的主要技术内容是：1　总则；2　术语和
符号；3　材料；4　基本规定；5　建筑与建筑节能
设计；6　结构设计；7　施工；8　质量验收。

本规程由住房和城乡建设部负责管理，由西安墙
体材料研究设计院负责具体技术内容的解释。执行过
程中如有意见或建议，请寄送西安墙体材料研究设计
院（地址：陕西省西安市长安南路 6 号，邮编：
710061）。

本 规 程 主 编 单 位：西安墙体材料研究设计院
西安建筑科技大学

本 规 程 参 编 单 位：黑龙江省寒地建筑科学研
究院
秦皇岛发电有限责任公司
晨瓷建材分公司
吉林省第二建筑工程公司
秦皇岛福电集团送变电工
程公司

本规程主要起草人员：尚建丽　李寿德　周丽红
朱卫中　白国良　贾彦武
赵裕文　郭永亮　史志东
王科颖　张锋剑

本规程主要审查人员：高连玉　同继锋　苑振芳
王庆霖　张昌叙　赵成文
杨晓明　王　辉　邵永民

目　次

Contents

1 总　则

1.0.1 为使夹心复合墙建筑的设计、施工做到技术先进、安全可靠、经济合理，确保工程质量，制定本规程。

1.0.2 本规程适用于严寒及寒冷地区的非抗震设防区和严寒及寒冷地区抗震设防烈度为 6 度至 8 度地区夹心复合墙建筑的设计、施工及验收。

1.0.3 夹心复合墙建筑的设计、施工及验收，除应符合本规程外，尚应符合国家现行有关标准的规定。

2　术语和符号

2.1　术　语

2.1.1 烧结装饰多孔砖　fired decorative perforated brick

以页岩、煤矸石或粉煤灰等为主要原料，经焙烧后，孔洞率不小于 25% 且具有装饰外表面的砖。

2.1.2 非烧结装饰空心砌块　non-fired decorative hollow block

以骨料和水泥为主要原料，经混料、成型等工序而制成的、空心率不小于 35% 且具有装饰外表面的砌块。

2.1.3 配砖　auxiliary brick

砌筑时与主规格砖配合使用的砖。

2.1.4 饰面砖　tapestry brick

用于夹心墙构造中圈梁等混凝土构件外露面装饰的砖。

2.1.5 夹心保温材料　thermal insulating material

填充在内、外叶墙中间，用于提高墙体保温性能的板状类、憎水性颗粒类材料。

2.1.6 夹心复合墙　cavity wall filled with insulation

在预留连续空腔内填充保温或隔热材料，内、外叶墙之间用防锈的金属拉结件连接而成的墙体，又称夹心墙。

2.1.7 拉结件　tie

两端分别锚固在内、外叶墙灰缝中，用于连接内、外叶墙的防锈金属连接件。

2.1.8 外叶墙控制缝　control joint

把外叶墙体分割成若干个独立墙肢的缝，作用是使墙肢在其平面内可自由变形且对其平面外的作用有较高的抵抗能力。

2.1.9 建筑物体形系数　shape coefficient of building

建筑物与室外大气接触的外表面积与其所包围的体积的比值。外表面积中，不包括地面、不采暖楼梯间隔墙和户门的面积。

2.1.10 围护结构传热系数　heat transfer coefficient of building envelope

在稳态条件下，围护结构两侧空气温差为 1℃，在单位时间内通过单位面积围护结构的传热量。

2.1.11 热桥　thermal bridge

围护结构中包含混凝土梁或柱等结构性部位，在室内、外温度作用下，形成热流密集、内表面温度较低的部位。

2.1.12 夹心墙的高厚比　ratio of height to thickness of cavity wall with insulation

夹心墙的计算高度（H_0）与有效厚度（h_e）之比。

2.1.13 非组合作用　non-composite action

两叶墙之间由拉结件连接、内叶墙承重、外叶墙自承重的组合体系。

2.2　符　号

A_n——内叶墙截面毛面积；

A_w——外叶墙截面毛面积；

F_p——夹心墙主体部位的面积；

F_B——夹心墙热桥部位的面积；

H_0——夹心墙计算高度；

h_n——内叶墙横截面厚度；

h_w——外叶墙横截面厚度；

h_e——夹心墙有效厚度；

K_m——夹心墙平均传热系数；

K_p——夹心墙主体部位传热系数；

K_B——夹心墙热桥部位传热系数；

MU——块体强度等级；

M——砂浆强度等级；

S——拉结件之间距离；

β——墙柱的高厚比；

$[\beta]$——墙柱的允许高厚比；

λ——导热系数；

ρ——表观密度；

φ——水蒸气渗透系数；

ω——吸水率。

3　材　料

3.1　块体材料

3.1.1 外叶墙可采用烧结装饰多孔砖、非烧结装饰砌块，内叶墙可采用各类承重砖或混凝土砌块。

3.1.2 烧结装饰多孔砖强度等级分为 MU10、MU15、MU20、MU25、MU30，其技术性能应符合现行国家标准《烧结多孔砖和多孔砌块》GB 13544 的规定。

3.1.3 非烧结装饰砌块技术性能应符合现行行业标准《装饰混凝土砌块》JC/T 641 的规定。

3.1.4 内叶墙用块体材料性能应符合相应技术标准的要求，其强度等级应按现行国家标准《砌体结构设计规范》GB 50003、《墙体材料应用统一技术规范》GB 50574 的规定采用。

3.1.5 当夹心墙为自承重墙时，内叶墙空心砖强度等级不应低于 MU3.5，轻集料混凝土砌块强度等级不应低于 MU3.5，最大干密度应符合现行国家标准《墙体材料应用统一技术规范》GB 50574 的规定。

3.2 砌 筑 砂 浆

3.2.1 承重夹心墙内叶墙砌筑砂浆的选用应符合现行国家标准《砌体结构设计规范》GB 50003 的有关规定。

3.2.2 外叶墙所用砂浆宜采用预拌砂浆或与块体相应的专用砂浆砌筑。预拌砂浆性能应符合现行行业标准《预拌砂浆》JG/T 230 的规定，混凝土砌块专用砂浆应符合现行行业标准《混凝土小型空心砌块和混凝土砖砌筑砂浆》JC 860 的规定。

3.2.3 外叶墙墙面应采用防水透气、抗裂性能好的勾缝剂，勾缝剂性能尚应符合现行行业标准《陶瓷墙地砖填缝剂》JC/T 1004 的规定。

3.3 保 温 材 料

3.3.1 保温材料宜选用模塑聚苯乙烯泡沫塑料板（EPS）、挤塑聚苯乙烯泡沫塑料板（XPS）、憎水岩棉制品、聚氨酯泡沫塑料板。

3.3.2 模塑聚苯乙烯泡沫塑料板（EPS），除应符合现行国家标准《绝热用模塑聚苯乙烯泡沫塑料》GB/T 10801.1 规定的阻燃性（ZR）外，其主要技术性能指标尚应符合表 3.3.2 的规定。

表 3.3.2 模塑聚苯乙烯泡沫塑料板（EPS）的性能指标

项 目	指 标	项 目	指 标
表观密度(kg/m³)	18~22	水蒸气渗透系数[ng/(Pa·m·s)]	≤4.5
导热系数[W/(m·K)]	≤0.041	吸水率(%)	≤4.0
压缩强度(MPa)	>0.10	尺寸稳定性(%)	≤3.0

3.3.3 挤塑聚苯乙烯泡沫塑料板（XPS），除应符合现行国家标准《绝热用挤塑聚苯乙烯泡沫塑料》GB/T 10801.2 规定的阻燃性（ZR）外，其主要技术性能指标尚应符合表 3.3.3 的规定。

表 3.3.3 挤塑聚苯乙烯泡沫塑料板（XPS）的性能指标

项 目	指 标	项 目	指 标
表观密度(kg/m³)	18~22	水蒸气渗透系数[ng/(Pa·m·s)]	≤3.5
导热系数[W/(m·K)]	≤0.030	吸水率(%)	≤1.5
压缩强度(MPa)	>0.15	尺寸稳定性(%)	≤2.0

3.3.4 憎水岩棉板质量应符合现行国家标准《绝热用岩棉、矿渣棉及其制品》GB/T 11835 的要求，其主要性能指标尚应符合表 3.3.4 的规定。

表 3.3.4 岩棉板主要技术性能指标

项 目	指 标	项 目	指 标
密度(kg/m³)	40~100	导热系数[W/(m·K)]	≤0.044
密度误差(%)	±15	吸水性(%)	≤2.0
有机物含量(%)	≤4.0	燃烧性能	不燃材料

3.3.5 聚氨酯泡沫塑料除应符合现行国家标准《建筑绝热用硬质聚氨酯泡沫塑料》GB/T 21558 规定的燃烧性能要求外，其主要性能指标尚应符合表 3.3.5 的规定。

表 3.3.5 聚氨酯泡沫塑料主要技术性能指标

项 目	指标	项 目	指标
表观密度(kg/m³)	≥30	水蒸气渗透系数[ng/(Pa·m·s)]	≤6.5
导热系数[W/(m·K)]	≤0.024	吸水率(%)	≤4.0
压缩强度(MPa)	≥0.12	尺寸稳定性(%)，70℃，48h	≤2.0

3.3.6 当采用现场发泡保温材料时，其导热系数宜控制在 0.04W/(m·K) 以下，发泡保温材料憎水率不应小于 95%，其他性能指标应符合现行国家标准《建筑绝热用硬质聚氨酯泡沫塑料》GB/T 21558 规定。

3.3.7 夹心墙保温材料燃烧性能等级不应低于现行国家标准《建筑材料及其制品燃烧性能分级》GB 8624 中规定的 C 级。

3.4 拉 结 件

3.4.1 拉结件分为通用型和可调型，采用直径为 4mm~6mm 的钢筋制作。通用型包括 Z 形或矩形冷轧带肋钢筋拉结件和焊接钢筋网拉结件（图 3.4.1）。

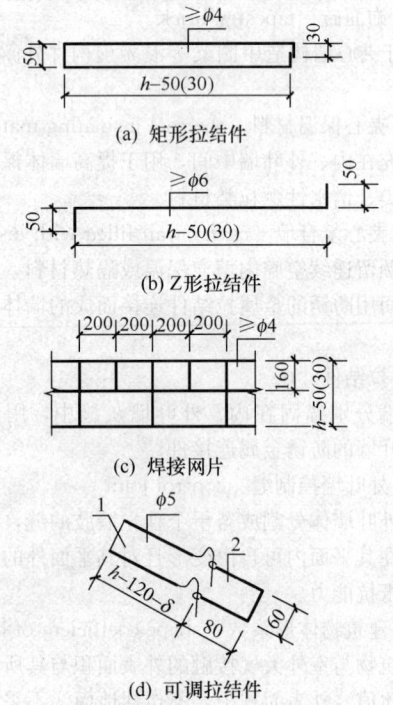

图 3.4.1 拉结件示意图

1—扣钉件；2—孔眼件；h—夹心墙总厚度；δ—保温层厚度；h－50（30）—内（外）叶墙厚度分别为 240(115)、190(90) 对应的拉结件长度

3.4.2 夹心墙的拉结件可根据建筑形式、块体材质及抗震设防烈度等情况，按下列原则选用：

1 非抗震设防地区的多层房屋和基本风压值小于 0.6N/m² 地区的高层建筑，夹心墙可采用 Z 形或矩形拉结件；

2 抗震设防地区的多层房屋或基本风压值大于 0.6N/m² 的高层建筑，夹心墙宜采用焊接钢筋网拉结件；

3 内、外叶墙块体材质不同时，宜采用可调拉结件。

4 基 本 规 定

4.1 一 般 规 定

4.1.1 夹心复合墙体应按非组合作用进行夹心墙设计。承重夹心墙内叶墙应为承重叶墙，外叶墙应为自承重叶墙；非承重夹心墙（自承重或填充墙）内、外叶墙均为自承重墙。

4.1.2 夹心复合墙应依据其功能要求分别进行建筑、建筑节能、结构的计算与构造设计。

4.1.3 承重夹心复合墙内叶墙，应按现行国家标准《砌体结构设计规范》GB 50003 等相关标准进行结构设计。

4.1.4 夹心复合墙的夹层厚度不宜大于 120mm，两侧内、外叶墙应由拉结件拉结。

4.1.5 多、高层砌体房屋承重夹心墙的外叶墙可由楼盖、梁或挑板作为横向支承。

4.1.6 夹心复合墙外叶墙的最大横向支承间距，宜按下列规定采用：抗震设防烈度 6 度时不宜大于 9m，7 度时不宜大于 6m，8 度时不宜大于 3m。

4.1.7 严寒及寒冷地区，保温层与外叶墙间应设置空气间层，其间距宜为 20mm，且应在楼层处采取排湿构造措施。

4.1.8 承重夹心复合墙的耐火等级应符合现行国家标准《建筑设计防火规范》GB 50016 中规定的四级要求。

4.2 耐 久 性 规 定

4.2.1 夹心复合墙应根据结构所处环境条件按现行国家标准《砌体结构设计规范》GB 50003 进行耐久性设计。

4.2.2 外叶墙块体除应满足强度等级和装饰性要求外，尚应符合下列规定：

1 烧结装饰多孔砖的吸水率应小于 5%，其耐久性指标应符合现行国家标准《烧结多孔砖和多孔砌块》GB 13544 中的规定；

2 非烧结块体的抗冻性应符合表 4.2.2 的规定。

表 4.2.2 非烧结块体抗冻性要求

使用条件	抗冻等级	技术指标	
		质量损失（%）	强度损失（%）
采暖区	≥F50	≤5	≤25
非采暖区	≥F25		

注：采暖区和非采暖区指最冷月平均气温以 -5℃ 为界限，前者低于 -5℃，后者高于 -5℃。

4.2.3 外叶墙未采用烧结装饰多孔砖、非烧结装饰砌块，且需要饰面层装饰时，其饰面装饰层应采用具有防水、透气性能的材料。

4.2.4 对安全等级为一级或结构设计使用年限大于 50 年的房屋，宜采用不锈钢拉结件（筋、网片）；对其他安全等级及设计使用年限的房屋，当属于环境类别 1 时，宜采用热镀锌拉结筋或具有等效防腐性能涂料层的拉结筋。

4.2.5 拉结件应按下列规定进行防腐处理：

1 当采用热镀锌方法进行拉结件防腐处理时，其镀层厚度不应小于 45μm 或采用具有等效防腐性能的涂料层；

2 钢筋网片防腐处理时，不应出现遗漏点，焊接点处镀层应加厚且不小于 50μm；

3 拉结件应先按设计选型加工，后进行防腐处理；

4 采用塑料套筒进行拉结件防腐处理或选用与钢材等强度的耐腐蚀材料做拉结件。

5 建筑与建筑节能设计

5.1 建 筑 设 计

5.1.1 夹心复合墙砌体建筑的平面及竖向设计应符合下列规定：

1 平面设计宜用 3M 或 2M 为基本模数，外叶墙平面模数和竖向模数宜采用 1M；

2 门窗洞口的平面和竖向尺寸宜符合 1M 的基本模数。

5.1.2 夹心复合墙应按下列原则做墙体排块设计：

1 内、外叶墙为烧结多孔砖时，承重墙体宜采用统一主规格，细部构造尺寸则宜符合半砖（120mm）的倍数。

2 外叶墙为烧结装饰多孔砖，内叶墙为混凝土砌块时，宜采用主规格块材，细部构造尺寸宜使用辅助砌块并按设计要求进行芯柱布置。

3 各种管道的主管、支管设立宜事先预留孔洞，并应在夹心墙排块图上详细标注，施工时应采用混凝土填实各预留孔洞。

5.1.3 夹心复合墙建筑的防水设计应符合下列规定：

1 夹心墙建筑的室内地面以下和室外散水坡顶

面以上应设置防潮层。

2 窗洞口四周应有防雨水的构造措施。

5.1.4 夹心复合墙建筑墙体的空气声计权隔声量，可根据墙厚和空气间层设计在 45dB～50dB 范围内选用。

5.1.5 夹心复合墙建筑的屋面应设保温层并应符合下列规定：

1 设置挑檐时，屋面保温层应覆盖整个挑檐。

2 设置女儿墙时，保温层应贯通女儿墙直至女儿墙压顶。

3 屋面刚性防水层应设置分隔缝，并应与周边女儿墙断开。

5.2 建筑节能设计

5.2.1 居住建筑节能设计应符合下列规定：

1 建筑物体形系数宜控制在 0.3 及 0.3 以下，当体形系数大于 0.3，屋面和外墙应加强保温措施；

2 夹心墙建筑围护结构的传热系数应符合本规程附录 A 的有关规定。

5.2.2 公共建筑节能设计应符合下列规定：

1 建筑物体形系数宜控制在 0.4 以下，当体形系数大于 0.4，屋面和外墙应加强保温措施；

2 夹心墙公共建筑围护结构的传热系数应符合本规程附录 B 的有关规定；

3 外窗（包括阳台门上部透明部分）面积不宜过大；不同朝向的窗墙面积比不应超过表 5.2.2 规定的数值：

表 5.2.2 不同朝向的窗墙面积比

朝向	北	东、西	南
窗墙面积比	0.25	0.30	0.35

注：如窗墙面积比超过表中规定的数值，则应调整外墙和屋顶等围护结构的传热系数，使建筑物耗热量指标达到规定要求。

5.2.3 保温节能设计应符合下列规定：

1 墙体平均传热系数宜按本规程附录 C 的方法计算。

2 保温层设计应符合下列原则：

1) 应根据当地气候条件对墙体传热系数限值的要求，计算并确定夹心墙保温层的厚度；

2) 当选用聚苯板（EPS）、挤塑板（XPS）、岩棉板等保温板材作保温层时，导热系数应采用修正后的计算导热系数。

3 圈梁产生的热桥部位应进行保温处理（图 5.2.3-1）。

4 地坪以下及与地坪接触的周边外墙部位应进行保温处理（图 5.2.3-2）。

5.2.4 夹心墙防潮设计应符合下列规定：

1 严寒地区的建筑采用夹心墙时，应按现行国家

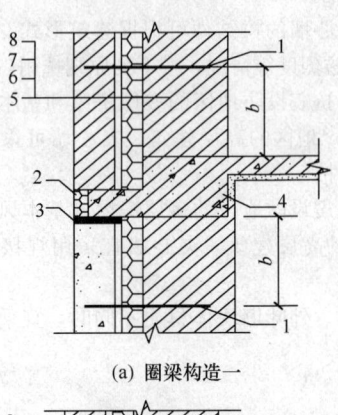

(a) 圈梁构造一

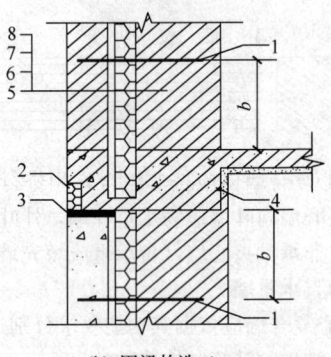

(b) 圈梁构造二

图 5.2.3-1 圈梁构造示意图
1—拉结件；2—保温材料；3—弹性层；4—圈梁；5—内叶墙；6—保温层；7—空气间层；8—外叶墙；b—拉结件至圈梁的距离

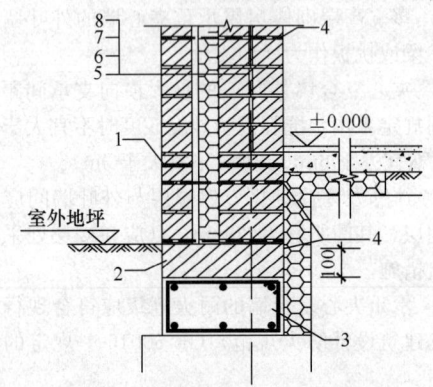

图 5.2.3-2 基础周边墙体保温示意图
1—防潮层；2—实心砖；3—基础圈梁；4—拉结钢筋网片；5—内叶墙；6—保温层；7—空气间层；8—外叶墙

标准《民用建筑热工设计规范》GB 50176 的规定进行冷凝验算，并应设置排湿层（空气间层）与泄水口；

2 夏热冬冷地区的建筑采用夹心墙时，可不进行内部冷凝受潮验算。但外叶墙应进行防水、抗渗设计。

5.3 建 筑 构 造

5.3.1 外叶墙的构造应符合下列规定：

1 外叶墙与保温层之间宜设置 20mm 厚的排湿

空气层（图 5.3.1-1）。

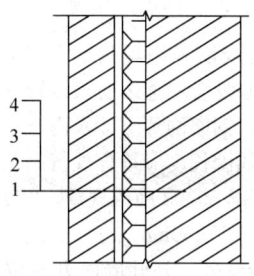

图 5.3.1-1 排湿层示意图

1—内叶墙；2—保温层；3—排湿空气层；4—外叶墙

2 外叶墙宜设置泄水口（图 5.3.1-2）。

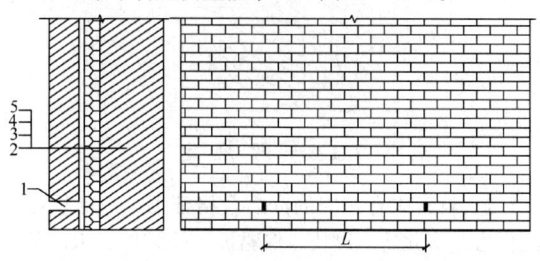

图 5.3.1-2 泄水口示意图

1—泄水口；2—内叶墙；3—保温层；
4—空气间层；5—外叶墙；L—泄水口间距

5.3.2 外叶墙应根据块体材料特性宜设置控制缝（图 5.3.2），对于烧结砖类砌体，其间距宜为 6m～8m；对于混凝土砌块类砌体，控制缝间距宜为 4m～6m。控制缝应采用硅酮胶或其他密封胶嵌实。

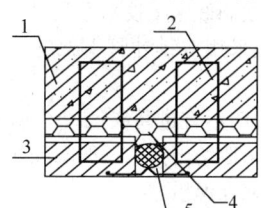

图 5.3.2 外叶墙控制缝示意图

1—构造柱；2—拉结件；3—外叶墙；
4—保温层；5—控制缝

5.3.3 圈梁或楼板外挑处与外叶墙的接触面上宜设置 2mm～3mm 厚度的弹性层（图 5.3.3）。

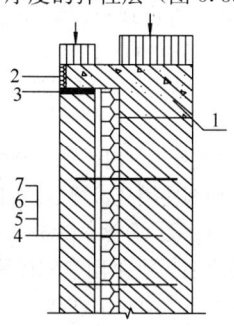

图 5.3.3 保温层和弹性层示意图

1—圈梁；2—保温材料；3—弹性层；4—内叶墙；
5—保温层；6—空气间层；7—外叶墙

6 结 构 设 计

6.1 非抗震设计

6.1.1 承重夹心复合墙内叶墙承受墙体自重、梁板荷载以及各层挑板传来的外叶墙和保温层重量等竖向荷载，外叶墙仅承受墙体自重，可不考虑竖向荷载在内、外叶墙间的分配。

6.1.2 承重夹心复合墙内叶墙承受其平面内由风荷载引起的水平力作用时，不应考虑与其平行的外叶墙的作用。

6.1.3 承重夹心复合墙承载力计算采用的有效计算面积仅为内叶墙的截面面积。

6.1.4 承重夹心墙和自承重夹心墙高厚比采用有效厚度 h_e，有效厚度可按下式计算：

$$h_e = \sqrt{h_n^2 + h_w^2} \qquad (6.1.4)$$

式中：h_n——内叶墙横截面厚度（mm）；
h_w——外叶墙横截面厚度（mm）。

6.1.5 多层房屋夹心墙宜按下列规定进行出平面的抗裂验算：

1 夹心墙在水平荷载（风荷载）作用下，内力可根据其横向支承条件并忽略其连续性，按单向或双向板简支板计算。板的有效跨度可取板支承中心的距离或支承间净距加有效厚度中较小者。

2 出平面弯矩可按叶墙的相对抗弯刚度的比例进行分配。

3 当轴向力的偏心距 e 超过截面重心到轴向力所在偏心方向截面边缘距离的 0.6 倍时，夹心墙的内、外叶墙分别按下式进行抗裂验算：

$$\frac{M_k}{W} - \sigma_0 \leqslant f_{tm.k} \qquad (6.1.5)$$

式中：M_k——由风荷载引起的叶墙弯矩标准值（N·m）；

W——叶墙截面抵抗矩（m³）；

σ_0——叶墙轴向压应力标准值（MPa）；

$f_{tm.k}$——砌体沿通缝截面弯曲抗拉强度标准值（MPa）。

4 当夹心墙的内叶墙为配筋砌体墙，其单向板跨厚比小于 35 或连续板、双向板的跨厚比小于 45 时，可不进行夹心墙出平面的抗裂验算。

6.1.6 夹心复合墙夹层厚度不大于 120mm 且满足本规程第 6.3 节构造要求时，可不进行拉结件的锚固、压曲等验算。

6.2 抗 震 设 计

6.2.1 抗震设防地区夹心复合墙砌体结构除应满足非抗震设计要求外，尚应按本节的规定进行抗震设计。

6.2.2 夹心复合墙砌体结构抗震设计应按现行国家标准《建筑抗震设计规范》GB 50011 和《砌体结构设计规范》GB 50003 进行。

6.2.3 承重夹心复合墙内叶墙作为抗侧力构件承受其平面内的水平地震剪力，不应考虑外叶墙的抗侧力作用。

6.2.4 夹心墙外叶墙由楼板挑板支承，重力荷载代表值计算时，外叶墙的自重应集中到与支承挑板相连的楼盖处。

6.2.5 承重夹心复合墙平面内的侧向刚度，应只考虑承重内叶墙的侧向刚度。

6.2.6 夹心复合墙拉结件在满足非抗震设计要求的条件下，可不进行拉结件的验算。

6.3 构 造 要 求

6.3.1 夹心复合墙叶墙间的连接应符合下列规定：

1 拉结件在叶墙上的部分应全部埋入砂浆或混凝土中，拉结件的端部弯 90°，其弯折段长度不应小于 50mm。

2 当采用矩形拉结件时，钢筋直径不应小于 4mm，当为 Z 形拉结件时，钢筋直径不应小于 6mm；拉结件应在墙面上梅花形布置，拉结件的水平和竖向最大间距分别不宜大于 800mm 和 600mm；有抗震设防要求时，其水平和竖向最大间距分别不宜大于 800mm 和 400mm。

3 当采用可调拉结件时，钢筋直径不应小于 4mm，拉结件的水平和竖向最大间距均不宜大于 400mm。叶墙间灰缝的高差不应大于 3.0mm，可调拉结件中孔眼和扣钉间的公差不应大于 1.6mm。

4 当采用钢筋网片作拉结件时，网片横向钢筋的直径不应小于 4mm；其间距不应大于 400mm；网片的竖向间距不宜大于 600mm，有抗震设防要求时，其竖向间距不宜大于 400mm。

5 拉结件在叶墙上的搁置长度，不应小于叶墙厚度的 2/3，并不应小于 60mm。

6 门窗洞口周边 300mm 范围内应附加间距不大于 600mm 的拉结件。

7 控制缝两侧应附加间距不大于 600mm 的拉结件。

6.3.2 拉结件和灰缝钢筋的最小砂浆保护层厚度不应小于 15mm。

6.3.3 支承外叶墙的挑板除应满足结构受力要求外，挑板厚度应与饰面砖尺寸相协调。

6.3.4 夹心复合墙用于框架填充墙时，内叶墙与框架柱、梁的连接方法应按现行国家标准《砌体结构设计规范》GB 50003 中有关规定采用，外叶墙与框架柱连接可采用 1φ6 钢筋拉结。

6.3.5 抗震设防区夹心复合墙砌体应符合下列规定：

1 承重夹心复合墙构造柱截面高度与内叶墙厚度相同，构造柱应沿高度方向每 400mm 设置拉结件与外叶墙拉结。

2 夹心复合墙采用焊接钢筋网作为拉结件时，焊接网应沿夹心复合墙连续通长设置，外叶墙至少有一根纵向钢筋。钢筋网片可计入内叶墙的配筋率，钢筋网片搭接与锚固长度应符合现行国家标准《砌体结构设计规范》GB 50003 中的规定，8 度抗震设防地区竖向间距不应大于 400mm。

3 外墙转角处，外叶墙两方向拉结网片置于同一灰缝时，如灰缝过厚可上、下层交错放置。

4 门窗洞口边，外叶墙应设阳槎与内叶墙搭接，且应沿竖向每隔 300mm 设置"U"形拉结筋。

7 施 工

7.1 一 般 规 定

7.1.1 材料应有相应的产品合格证书、产品性能检测报告，多孔砖、砌块、保温板、拉结件、水泥及钢筋等材料应在进场复检合格后方可使用。

7.1.2 施工除应符合本节规定外，尚应符合现行国家标准《砌体结构工程施工质量验收规范》GB 50203 的规定。

7.1.3 施工的管理人员和操作工人，上岗前必须接受专业培训。

7.1.4 施工前，应根据施工图纸、工法，并结合施工现场条件等编制好施工技术方案。

7.1.5 施工应采用双排外脚手架施工，严禁在外叶墙留脚手眼。

7.1.6 冬、雨期不宜进行夹心复合墙施工；对未完工的墙体，应采取防雨措施；严寒和寒冷地区冬季来临之前应有防寒保温措施。

7.1.7 砌体施工质量等级控制应符合现行国家标准《砌体结构工程施工质量验收规范》GB 50203 的要求，且不应低于 B 级。

7.2 砌 筑 砂 浆

7.2.1 砌筑砂浆应符合现行国家标准《墙体材料应用统一技术规范》GB 50574、《砌体结构设计规范》GB 50003 及《砌体结构工程施工质量验收规范》GB 50203 中有关规定。

7.2.2 当砂浆掺入外加剂时，外加剂应符合国家现行标准《混凝土外加剂应用技术规范》GB 50119、《混凝土外加剂》GB 8076 及《砂浆、混凝土防水剂》JC 474 中有关规定。砌块墙体宜采用专用砂浆，外叶墙用砂浆掺加的外加剂不得含有可溶性盐。

7.2.3 施工中采用强度等级小于 M5 水泥砂浆代替水泥混合砂浆时，必须将水泥砂浆提高一个强度等级。

7.3 施 工 准 备

7.3.1 施工人员应熟悉施工图，了解墙体各部位的构造和门窗洞口的位置、尺寸、标高，明确拉结件规格、位置、埋入长度等，确定保温板的尺寸，并加工制作或订货。

7.3.2 施工材料应按计划组织进场。材料进场后，应按品种、规格和强度分等级分别堆放，并设置标识。

7.3.3 砖、砌块、水泥、砂等材料的存放应采取有效的防潮、防雨、防冻及其他污染措施，块体材料场地应预先夯平整，宜垫起堆放，便于排水，垛间应有适当宽度的通道；保温材料的存放应采取有效的防水、防潮、防火措施；拉结件及塑料尼龙类材料应采取必要的措施防止材料变形和暴晒。

7.3.4 拉结件应采取工厂制作，并按设计及本规程第4.2.5条要求做好防腐处理，进场后应按型号、规格进行堆放。

7.3.5 施工前应准备好施工用具及必要的检测工具，准备好裁切保温板的木案及电热丝、壁纸刀、电热丝切割器等。

7.3.6 砌筑夹心复合墙时，烧结普通砖和烧结多孔砖应提前1d～2d适度湿润，其相对含水率宜为60%～70%；混凝土多孔砖、混凝土实心砖、装饰多孔砖及砌块不宜提前浇水湿润；其他非烧结类块体的相对含水率宜为40%～50%。

7.3.7 施工前，应按技术要求和施工程序砌筑一个开间和层高的样板墙，砌块夹心复合墙尚应按照排块图砌筑，在建设、设计、施工三方达成共识的基础上，作为指导工程的样板，保留到工程验收之后。

7.3.8 砌筑底层墙体前，必须对基础工程按有关规定进行检查和验收，符合要求后方可进行墙体施工。

7.4 砌 筑 要 求

7.4.1 内、外叶墙砌筑应符合现行国家标准《墙体材料应用统一技术规范》GB 50574和《砌体结构工程施工质量验收规范》GB 50203中有关规定。

7.4.2 砌筑墙体应设置皮数杆，其有效间距不宜大于15m，墙体的阴、阳角及内、外墙交接处应增设皮数杆。

7.4.3 正常施工条件下，每日砌筑高度不宜大于1.4m或一步脚手架的高度。

7.4.4 砌筑时，砌块墙体宜采用专用铺灰器具，砖墙体宜采用"三一"砌砖法砌筑，水平灰缝和竖向灰缝应随砌随刮平。

7.4.5 夹心复合墙砌体应上下错缝，灰缝应横平竖直、饱满、密实，灰缝厚度宜为10mm，竖向灰缝宜采用加浆填实的方法，严禁用水冲浆灌缝。

7.4.6 内、外叶墙应沿墙高分段砌筑，每段墙体应按照内叶墙→保温层→空气间层→外叶墙→拉结件的顺序连续施工（图7.4.6）。

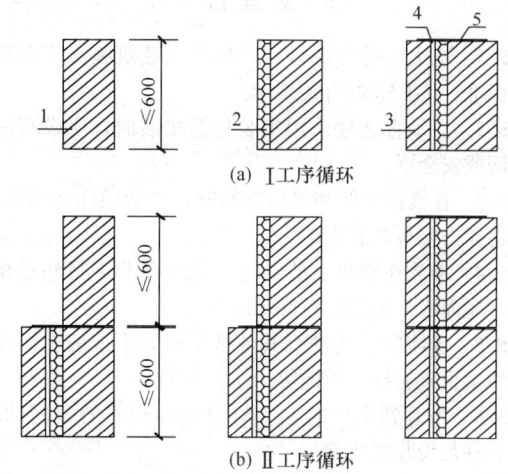

图7.4.6 施工顺序
1—内叶墙；2—保温板；3—外叶墙；
4—预留20mm空气间层；5 放置拉结件

7.4.7 砌筑外叶墙时，应先砌筑好撂底砖，底层砌筑砂浆应采用防水砂浆，并应随砌随清扫残留在外叶墙外表面的砂浆。

7.4.8 保温板应按墙面尺寸及拉结件竖距进行裁割，横向搭接的两侧边应切割成45°坡角，切割后的保温板不应缺棱掉角；保温板应固定在内叶墙，从一侧开始、自下而上进行安装，并及时清理落在接缝处的杂物；上下保温板的竖缝应错开，错缝距离不应小于100mm，外墙转角处保温板应咬槎搭接。

7.4.9 拉结件应随砌随放置，埋入灰缝正中，在灰缝内每边的埋入长度不小于50mm。

7.4.10 每段内、外叶墙砌筑完后，应检查墙面的垂直度和平整度，并随时纠正偏差。

7.4.11 在底层墙体底部、每层圈梁上、门窗洞口、过梁上及不等高房屋的屋面交接处等部位，应设置外墙泄水口并采取预留孔，严禁砌完墙体后打凿孔，墙体砌筑完后应清理预留孔。

7.4.12 外叶墙砌筑时，在灰缝达到"指纹硬化"时，用专业划缝机和专用勾缝剂勾凹圆或V形缝，凹缝深度宜为4mm～5mm。

7.4.13 砌筑施工段的分段位置宜设在伸缩缝、沉降缝、防震缝、构造柱或门窗洞口处。相邻施工段的砌筑高度差不得超过一个楼层高度，且不应大于4m。

7.4.14 遇雨天应停止施工，新砌墙体应用防雨布遮盖；继续施工时，应复核墙体的垂直度，如垂直度超过允许偏差，应拆除后重新砌筑。

7.4.15 对伸出墙面的建筑部件根部及水平装饰线脚等处，应采取有效的防水措施。

7.4.16 内叶墙设计规定的洞口、沟槽和预埋件等，应在砌筑时预留或预埋，不应在砌好的墙体上剔凿或用冲击钻钻孔。

7.5 安全措施

7.5.1 施工应符合现行行业标准《建筑施工安全检查标准》JGJ 59 的有关规定。

7.5.2 当垂直运输采用集装托盘吊装时，应设有尼龙网或安全罩。

7.5.3 在楼面装卸和堆放物料时，严禁倾卸和抛掷，不得撞击楼板和脚手架。

7.5.4 堆放在楼板上的物料等施工荷载不得超过楼板（屋面板）的设计允许承载力。

7.5.5 墙体砌筑或进行其他施工时，不得墙上操作和墙上设置支撑、缆绳等。

7.5.6 当遇到大风时，应对稳定性较差的窗间墙、独立柱加设临时支撑。

8 质量验收

8.1 主控项目

8.1.1 墙体所用块体材料强度等级必须符合设计要求。

　　抽检数量：每 5 万块装饰多孔砖或每 1 万块砌块应至少抽检一组，其他块体材料应符合现行国家标准《砌体结构工程施工质量验收规范》GB 50203 的规定。

　　检验方法：查块材出厂合格证及块材进场强度等级复试报告。

8.1.2 砌筑砂浆品种必须符合设计要求。

　　抽检数量：每一检验批且不超过 250m³ 砌体的各类、各强度等级的砌筑砂浆，每台搅拌机应至少抽检一次。验收批的预拌砂浆、蒸压加气混凝土砌块专用砂浆，抽检可为 3 组。

　　检验方法：在砂浆搅拌机出料口或在湿拌砂浆的储存容器出料口随机取样制作砂浆试块（现场拌制的砂浆，同盘砂浆只作 1 组试块），试块标养 28d 后作强度试验。预拌砂浆中的湿拌砂浆稠度应在进场时取样检验。

8.1.3 保温板的导热系数、密度、抗压强度、燃烧性能必须符合设计要求和本规程第 3.3 节的规定。

　　抽检数量：每一生产厂家，每 500m² 保温板至少抽检一组。

　　检验方法：检查保温板的产品合格证书、产品性能复试报告。

8.1.4 拉结件的品种、规格、尺寸、力学性能及防腐，必须符合设计要求。

　　抽检数量：在检验批中抽检 20%，且不应少于 5 个。

　　检验方法：尺量拉结件长度允许偏差为 ±2.5%；检查拉结件防腐镀层检测报告，不锈钢拉结件检查产

品的合格证书、产品性能复试报告。

8.1.5 保温板厚度、其水平和竖向接缝必须严密，空气间层厚度应符合设计要求。

　　检查数量：按楼层（4m 高以内）每 20m 抽查一处，每处 3 延长米，每楼层不应少于 3 处。

　　检验方法：观察检查、尺量、查看施工隐蔽验收记录。

8.1.6 砌体灰缝应饱满，砖砌体内叶墙水平灰缝和垂直灰缝砂浆饱满度不得低于 80%，砌块砌体内叶墙水平灰缝和垂直灰缝的砂浆饱满度不得低于 90%，各种块材外叶墙水平灰缝和竖向灰缝饱满度不得低于 90%。

　　抽检数量：每检验批抽查不应少于 5 处。

　　检验方法：用百格网检查砖底面与砂浆的粘结痕迹面积。每处检测 3 块砖，取其平均值。

8.1.7 墙体拉结件的水平及竖向间距、埋入长度均应符合设计要求。

　　检查数量：每检验批抽检 20%，且不应少于 5 处。

　　检查方法：观察和尺量检查。

8.2 一般项目

8.2.1 承重墙砌体和填充墙砌体一般尺寸和位置允许偏差、构造柱位置及垂直度的允许偏差，检验数量及检验方法应符合现行国家标准《砌体结构工程施工质量验收规范》GB 50203 中相关规定。保温板碰头缝间隙用楔形塞尺检查，允许偏差为 3mm。

8.2.2 保温板安装位置应正确，上下层保温板间压槎错缝搭接及横向保温板 45°坡角压槎搭接应符合设计要求。

　　检验方法：观察和手推（视其是否与内叶墙贴紧）。

　　检查数量：按楼层（4m 高以内）每 20m 抽查一处，每处 3 延长米，每楼层不应少于 3 处。

8.2.3 空气间层厚度应符合设计要求，允许偏差为 ±3mm。

　　检查数量：按楼层（4m 高以内）每 20m 抽查一处，每处 3 延米长，每楼层不应少于 3 处。

　　检查方法：尺量检查。

8.2.4 放置拉结件的两叶墙水平灰缝要保证水平对准，允许误差为 ±3mm，放置可调拉结件的内、外叶墙水平灰缝高差不超过 30mm。

　　检查数量：每检验批抽检 20%，且不应少于 5 处。

　　检验方法：靠尺和楔形塞尺检查。

8.2.5 外墙的门窗洞口四周，应按设计要求采取节能保温措施。

　　检查数量：每检验批抽查 5%，并不少于 5 个洞口。

检查方法：对照设计检查，检查隐蔽工程验收记录。

8.2.6 圈梁、过梁等易产生热桥部位，应符合设计要求。

检查数量：按不同热桥种类，每种抽查 20%，并不少于 5 处。

检查方法：对照设计检查，检查隐蔽工程验收记录。

8.3 工 程 验 收

8.3.1 工程验收除应执行本条外，尚应符合现行国家标准《砌体结构工程施工质量验收规范》GB 50203 中有关子分部工程验收的技术规定。

砌体工程验收前，应提供下列文件和记录：

1 夹心复合墙的设计文件、图纸审查、设计变更和洽商记录；

2 施工方案和施工工艺文件；

3 施工技术交底记录；

4 施工材料的产品合格证、出厂检验报告和现场验收记录；

5 隐蔽工程验收记录；

6 拉结件的防腐镀层检测报告；

7 其他必须提供的资料。

8.3.2 应对下列隐蔽项目进行验收：

1 防潮层；

2 沉降缝、伸缩缝、控制缝和防震缝；

3 内叶墙外侧和外叶墙内侧原浆刮平；

4 保温板厚度、接槎；

5 空腔层厚度及清理；

6 预埋拉结件及钢筋位置、数量；

7 门窗洞口边、内、外叶墙的接槎连接；

8 构造柱位置、数量；

9 热桥部位处理；

10 其他隐蔽工程项目。

8.3.3 夹心保温工程不符合设计要求和下列规定的，应按要求返工重做。

1 保温板的密度等级、规格、导热系数指标中任何一项未达到设计要求或不符合本规程表 3.3.2~表 3.3.5 的规定；

2 保温板的安装违反施工工序要求，造成保温板缺棱掉角、板缝过大或板间砂浆嵌缝或不符合本规程第 7.4.8 条的规定；

3 内、外叶墙拉结件未按要求做防腐处理或其规格、间距不符合设计要求和本规程第 6.3.1 条的规定。

附录 A 严寒和寒冷地区居
住建筑传热系数限值

A.0.1 严寒（A）区围护结构传热系数应符合表

A.0.1 的规定。

表 A.0.1 严寒（A）区围护结构传热系数限值

围护结构部位	传热系数[W/(m²·K)]		
	≤3层建筑	(4~8) 层建筑	≥9层建筑
屋面	0.20	0.25	0.25
外墙	0.25	0.40	0.50
架空或外挑楼板	0.30	0.40	0.40
非采暖地下室顶板	0.35	0.45	0.45

A.0.2 严寒（B）区围护结构传热系数应符合表 A.0.2 的规定。

表 A.0.2 严寒（B）区围护结构传热系数限值

围护结构部位	传热系数[W/(m²·K)]		
	≤3层建筑	(4~8) 层建筑	≥9层建筑
屋面	0.25	0.30	0.30
外墙	0.30	0.45	0.55
架空或外挑楼板	0.30	0.45	0.45
非采暖地下室顶板	0.35	0.50	0.50

A.0.3 严寒（C）区围护结构传热系数应符合表 A.0.3 的规定。

表 A.0.3 严寒（C）区围护结构传热系数限值

围护结构部位	传热系数[W/(m²·K)]		
	≤3层建筑	(4~8) 层建筑	≥9层建筑
屋面	0.30	0.40	0.40
外墙	0.35	0.50	0.60
架空或外挑楼板	0.35	0.50	0.50
非采暖地下室顶板	0.50	0.60	0.60

A.0.4 寒冷（A）区围护结构传热系数应符合表 A.0.4 的规定。

表 A.0.4 寒冷（A）区围护结构传热系数限值

围护结构部位	传热系数[W/(m²·K)]		
	≤3层建筑	(4~8) 层建筑	≥9层建筑
屋面	0.35	0.45	0.45
外墙	0.45	0.60	0.70
架空或外挑楼板	0.45	0.60	0.60
非采暖地下室顶板	0.50	0.65	0.65

A.0.5 寒冷（B）区围护结构传热系数应符合表 A.0.5 的规定。

表 A.0.5　寒冷（B）区围护结构传热系数限值

围护结构部位	传热系数[W/(m²·K)]		
	≤3层建筑	(4~8)层建筑	≥9层建筑
屋面	0.35	0.45	0.45
外墙	0.45	0.60	0.70
架空或外挑楼板	0.45	0.60	0.60
非采暖地下室顶板	0.50	0.65	0.65

附录 B　严寒和寒冷地区公共建筑传热系数限值

B.0.1　严寒（A）区围护结构传热系数应符合表 B.0.1 的规定。

表 B.0.1　严寒（A）区围护结构传热系数限值

围护结构部位	传热系数[W/(m²·K)]	
	体形系数≤0.3	0.3<体形系数≤0.4
屋面	0.35	0.30
外墙（包括非透明幕墙）	0.45	0.40
底面接触室外的架空或外挑楼板	0.45	0.40
非采暖房间与采暖房间的隔墙或楼板	0.60	0.60

B.0.2　严寒（B）区围护结构传热系数应符合表 B.0.2 的规定。

表 B.0.2　严寒（B）区围护结构传热系数限值

围护结构部位	传热系数[W/(m²·K)]	
	体形系数≤0.3	0.3<体形系数≤0.4
屋面	0.45	0.35
外墙（包括非透明幕墙）	0.50	0.45
底面接触室外的架空或外挑楼板	0.50	0.45
非采暖房间与采暖房间的隔墙或楼板	0.80	0.80

B.0.3　寒冷地区围护结构传热系数应符合表 B.0.3 的规定。

表 B.0.3　寒冷地区围护结构传热系数限值

围护结构部位	传热系数[W/(m²·K)]	
	体形系数≤0.3	0.3<体形系数≤0.4
屋面	0.55	0.45
外墙（包括非透明幕墙）	0.60	0.50
底面接触室外的架空或外挑楼板	0.60	0.50
非采暖房间与采暖房间的隔墙或楼板	1.50	1.50

附录 C　夹心墙平均传热系数的计算方法

C.0.1　夹心墙平均传热系数应按下式计算：

$$K_m = \frac{K_p F_p + K_{B1} F_{B1} + K_{B2} F_{B2} + \cdots + K_{Bj} F_{Bj}}{F_p + F_{B1} + F_{B2} + \cdots + F_{Bj}}$$

（C.0.1）

式中：　K_m——夹心墙的平均传热系数[W/(m²·K)]；

K_p——夹心墙主体部位的传热系数[W/(m²·K)]；

F_p——夹心墙主体部位的面积(m²)；

K_{B1}、K_{B2}、…、K_{Bj}——夹心墙热桥部位传热系数[W/(m²·K)]；

F_{B1}、F_{B2}、…、F_{Bj}——夹心墙热桥部位的面积(m²)。

本规程用词说明

1　为便于在执行本规程条文时区别对待，对要求严格程度不同的用词说明如下：

　1）表示很严格，非这样做不可的：

　　正面词采用"必须"，反面词采用"严禁"；

　2）表示严格，在正常情况均应这样做的：

　　正面词采用"应"，反面词采用"不应"或"不得"；

　3）表示允许稍有选择，在条件许可时首先应这样做的：

　　正面词采用"宜"，反面词采用"不宜"；

　4）表示有选择，在一定条件下可以这样做的，采用"可"。

2　条文中指明应按其他有关标准执行的写法为："应按……执行"或"应符合……的规定"。

引用标准名录

1　《砌体结构设计规范》GB 50003

2　《建筑抗震设计规范》GB 50011

3　《建筑设计防火规范》GB 50016

4　《混凝土外加剂应用技术规范》GB 50119

5　《民用建筑热工设计规范》GB 50176

6　《砌体结构工程施工质量验收规范》GB 50203

7　《墙体材料应用统一技术规范》GB 50574

8　《混凝土外加剂》GB 8076

9　《建筑材料及其制品燃烧性能分级》GB 8624

10　《绝热用模塑聚苯乙烯泡沫塑料》GB/T 10801.1

11　《绝热用挤塑聚苯乙烯泡沫塑料》GB/

T 10801.2

12 《绝热用岩棉、矿渣棉及其制品》GB/
T 11835

13 《烧结多孔砖和多孔砌块》GB 13544

14 《建筑绝热用硬质聚氨酯泡沫塑料》GB/
T 21558

15 《建筑施工安全检查标准》JGJ 59

16 《预拌砂浆》JG/T 230

17 《砂浆、混凝土防水剂》JC 474

18 《装饰混凝土砌块》JC/T 641

19 《混凝土小型空心砌块和混凝土砖砌筑砂
浆》JC 860

20 《陶瓷墙地砖填缝剂》JC/T 1004

中华人民共和国行业标准

装饰多孔砖夹心复合墙技术规程

JGJ/T 274—2012

条 文 说 明

制 订 说 明

《装饰多孔砖夹心复合墙技术规程》JGJ/T 274 - 2012，经住房和城乡建设部 2012 年 4 月 5 日以第 1347 号公告批准、发布。

本规程在制订过程中，编制组进行了大量的调查研究，总结了我国夹心复合墙工程应用的实践经验，同时参考了国外先进技术标准，通过对夹心复合墙的砌体基本力学性能试验研究、抗震性能试验研究、房屋模型的模拟地震振动台试验研究、传热试验研究和拉结件试验研究等，取得了重要的技术参数和编制依据。

为便于广大设计、施工、科研、学校等单位有关人员在使用本规程时能正确理解和执行条文规定，《装饰多孔砖夹心复合墙技术规程》编制组按章、节、条顺序编制了本规程的条文说明，对条文规定的目的、依据以及执行中需注意的有关事项进行了说明。但是，本条文说明不具备与规程正文同等的法律效力，仅供使用者作为理解和把握规程规定的参考。

目 次

1 总　则

1.0.1 根据我国砌体结构发展状况，夹心墙已在一些地区得到了应用，为规范其设计、施工和验收，提出编制技术依据。

1.0.2 夹心墙具有良好的保温性能和防火性能，尤其适合严寒及寒冷地区的建筑外墙，编制组通过对装饰多孔砖夹心墙抗震性能试验的研究及分析，证明夹心墙体的抗震性能能够满足6度至8度地区抗震设防要求。

夹心墙砌体结构包括：夹心墙单、多层砌体结构，夹心墙底部框架结构，夹心墙配筋砌体剪力墙结构及框架结构的填充墙。

2　术语和符号

2.1　术　语

2.1.1～2.1.13 对与夹心墙建筑相关的名称，进行定义。

2.2　符　号

规定了有关夹心墙的主要符号，其余符号参照国家标准《砌体结构设计规范》GB 50003的有关规定。

3　材　料

3.1　块体材料

3.1.1 夹心墙在材料选用上具有灵活多样的特点，根据块材的材质和种类，在试验和已有应用经验基础上，规定了内、外叶墙的选材范围。

3.1.2 由于烧结装饰多孔砖作为外叶墙，直接承受大气环境作用，为保证其耐久性，提出装饰多孔砖的强度等级要求；同时外叶墙要起到装饰作用，应选择棱角整齐、无弯曲、裂纹、颜色均匀、规格基本一致的无石灰爆裂、泛霜现象出现，抗冻性及抗风化性符合相应规范要求的装饰多孔砖。

3.1.3 当外叶墙选用非烧结装饰块材时，装饰混凝土砌块（简称装饰砌块）应符合现行行业标准规定的技术指标。

3.1.4 由于内叶墙为承重墙且选材范围较大，除应根据所选材料的种类进行性能的检验外，其强度、耐久性应符合相应标准的技术要求。

3.1.5 本条规定了当夹心墙为自承重墙时应满足的基本要求。

3.2　砌筑砂浆

3.2.1 砌筑砂浆的质量直接影响砌体结构性能，承重夹心墙内叶墙必须保证砂浆强度等级，砂浆强度等级应符合现行国家标准《砌体结构设计规范》GB 50003的规定。

3.2.2 外叶墙直接与大气环境接触，其抗渗、裂缝等问题将影响墙体的耐久性，因此外叶墙所用砂浆宜采用预拌砂浆或与块体相应的专用砂浆砌筑。

3.2.3 外叶墙勾缝剂应具有装饰作用，并能有效防止雨水渗透和泛碱，由于目前没有相应的勾缝剂标准和技术要求，本规程提出勾缝剂可参考现行行业标准《陶瓷墙地砖填缝剂》JC/T 1004。

3.3　保温材料

3.3.1～3.3.5 对夹心墙所选的各种保温材料的性能指标提出要求。

3.3.6 目前夹心墙保温材料大多为板类，随着新型保温材料和施工技术的发展，现场发泡保温材料在施工中得以应用，为保证夹心墙保温性能，对这类保温材料导热系数和憎水性提出要求。

3.3.7 现行国家标准《建筑材料及其制品燃烧性能分级》GB 8624中将材料燃烧性能等级分为A1、A2、B、C、D、E、F七个等级，按照该标准提出保温材料燃烧性能等级不应低于C级。

3.4　拉结件

3.4.1 在试验基础上并参考国外规范，对夹心墙可选用拉结件的类型、材质以及直径进行说明。

3.4.2 拉结件的类型直接影响夹心墙的稳定，根据抗震设防烈度及建筑形式、房屋层数、地区风压，提出了拉结件类型的选用原则。提出以地区基本风压值$0.6N/m^2$为界，非抗震设防地区选用Z形或矩形拉结件，抗震设防地区宜采用钢筋网拉结件；另试验研究表明，内、外叶墙块体材质不同时，可采用可调拉结件以起到一定的协调作用。

4　基　本　规　定

4.1　一　般　规　定

4.1.1 夹心墙分组合作用和非组合作用两种结构形式，本规程是按照非组合作用进行夹心墙的设计，本条明确了夹心墙承重和非承重体系中，其内、外叶墙各自的作用。

4.1.2 夹心墙功能不同，其性能要求也不同，夹心墙的建筑、节能、结构计算和构造设计是需考虑的主要方面。

4.1.3 规定了承重夹心复合墙内叶墙的结构设计原则和应执行的设计标准。

4.1.4 参考国外相关资料，对于非组合夹心墙，空腔层厚度超过100mm时，拉结件作用降低。考虑到外叶墙的稳定和20mm厚的排湿空气层，本条规定夹层厚度不宜大于120mm。

4.1.5、4.1.6 参考国外有关标准和现行国家标准《砌体结构设计规范》GB 50003中有关规定，提出了横向支承的布置和最大间距的要求。

4.1.7 严寒和寒冷地区的夹心墙，考虑室内、外湿度相差较大，应采取排湿构造措施。

4.1.8 建筑防火是关系到人民生命财产安全的重大问题。夹心墙所用材料及构造特点，决定其具有良好的防火性能，但作为建筑构件必须满足现行国家标准《建筑设计防火规范》GB 50016要求，因此增加本条文。现行国家标准《建筑设计防火规范》GB 50016中规定的四级耐火等级，是根据两个指标：一是燃烧性能为难燃烧体，二是耐火极限为0.5h。不论夹心墙保温材料属于可燃还是难燃，内、外叶墙材质决定了夹心墙属难燃烧体，为保证夹心墙的防火安全性，实际工程中需要检测其耐火极限是否达到要求。

4.2 耐久性规定

4.2.1 现行国家标准《砌体结构设计规范》GB 50003规定结构的耐久性根据环境类别和设计使用年限进行设计，并提出具体规定和要求。

4.2.2 需严格控制装饰多孔砖的吸水率和装饰砌块抗冻性，以保证外叶墙的耐久性。

4.2.3 当外叶墙采用外饰面层进行装饰，为避免装饰层起鼓脱落，保证外叶墙材料的耐久性，饰面层应采用防水且透气的材料。

4.2.4 拉结件对夹心墙耐久性的影响有两个方面，一是材质，二是形式。不锈钢材料有较好的防腐性能，钢筋网片比拉结筋锚固性能强，设计时可以根据建筑物的安全等级及设计使用年限选择拉结件材质和形式。环境类别划分按照现行国家标准《砌体结构设计规范》GB 50003进行。

4.2.5 拉结件耐久性决定了外叶墙的耐久性，而拉结件防腐性能又决定其耐久性。本条规定的拉结件的防腐要求，是在借鉴国外相关规定防腐镀层不小于290g/m² 的基础上，考虑我国实际工程应用中的可操作性，进行了等效厚度的换算。

5 建筑与建筑节能设计

5.1 建 筑 设 计

5.1.1 为保证夹心墙砌筑质量和美观，应对外叶墙砌筑的模数提出要求，具体要求应满足现行国家标准《砌体结构工程施工质量验收规范》GB 50203的规定。

5.1.2 为保证不同外叶墙饰面类型夹心墙的外装饰效果，应对不同块体材料组合的规格、尺寸、细部构造和外叶墙的配套组砌提出要求。

5.1.3 为保证夹心墙保温性能，并考虑窗洞口、勒脚处经常与水接触，必须做好该部位的防潮和防水构造措施。

5.1.4 可以通过调整夹心墙墙厚和空气间层厚度，使得隔声指标可以达到设计取值范围。

5.1.5 为了保证夹心墙建筑整体的节能保温效果，提出屋面挑檐和女儿墙的保温构造要求。

5.2 建筑节能设计

5.2.1、5.2.2 夹心墙既可在居住建筑中应用，也可在公共建筑中应用，鉴于两类建筑均有相应的建筑节能设计标准，考虑建筑物体形系数对建筑能耗的影响，并能有效降低建筑能耗，本条提出应满足的相应地区墙体传热系数限值。

5.2.3 夹心墙最大特点是可根据不同的保温材料，确定不同厚度的保温层，因此本条提出保温层的设计原则，对保温层厚度、导热系数、热桥和保温措施等方面提出了具体要求。

夹心墙的外墙阴、阳角及丁字墙节点处的拉结钢筋比较密集，增加了局部部位的热桥效应，尤其是圈梁处，因此必须在该部位采取有效的保温措施，最大限度地减少热损失，以保证夹心墙的保温节能效果。

与土壤接触的地面以及地面以上几十厘米高的周边外墙（特别是墙角）由于受二维、三维传热的影响，比较容易出现表面温度低的情况，一方面造成大量的热量损失，另一方面也容易发生返潮、结露，因此要特别注意这一部分围护结构的保温防潮。在严寒及寒冷地区，即使没有地下室，也应该将外墙外侧的保温延伸到地坪以下，有利于减小周边地面以及地面以上几十厘米高的周边外墙（特别是墙角）热损失，提高内表面温度，避免结露。

5.2.4 同第5.3.1条、第5.3.2条的条文说明

5.3 建 筑 构 造

5.3.1 由于人们室内活动不可避免要产生湿气，严寒和寒冷地区冬季室外温度很低，在外叶墙内表面上就会冷凝，进而冻结，产生较大的冻胀压力，严重时造成外叶墙的外突、崩塌，有效的措施设置排湿空气层。总结我国严寒地区已有夹心墙应用实践证明，雨水长期作用于外叶墙，会使外叶墙与保温层之间形成液相，如果不排出，长此以往将会导致保温层失效，借鉴国外有关夹心外叶墙防雨水的构造，提出宜在外叶墙合适部位设置泄水口。

5.3.2 外叶墙直接暴露在外，经受极端气候环境影响，产生的温度和干缩变形比内叶墙大，是夹心墙开裂的主要原因之一。因此对外叶墙的抗裂或防裂措施与砌体房屋其他墙体抗裂措施不同，根据欧美规范和国内相关研究表明，防止或减少砌体房屋墙体裂缝的

最直接的措施是设置局部分割缝或控制缝，将长墙变短，将温度变形应力减小到砌体允许的程度。为避免产生裂缝，应在适当部位设置控制缝。由于装饰砖和装饰砌块材质差别，变形有差异，故本条文提出两种情况下控制缝间距。

5.3.3 通过对夹心墙抗震性能试验研究发现，夹心墙仅内叶墙设置构造柱，挑板与外叶墙之间若不设置弹性层，在低周反复水平荷载作用下，由于受两者间摩阻力的影响，外叶墙破坏时的裂缝宽度很大，影响结构的使用功能，因此宜在该接触面设置弹性层。

6 结 构 设 计

6.1 非抗震设计

6.1.1~6.1.6 主要参考现行国家标准《砌体结构设计规范》GB 50003 中对砌体结构及夹心墙设计的相关规定。关于夹心墙出平面抗裂验算中的墙厚可按内叶墙厚采用。

6.2 抗震设计

6.2.1、6.2.2 抗震设防地区的夹心墙砌体房屋抗震设计，首先要在满足非抗震设计的基础上，应对结构进行抗震作用复核验算。

6.2.3 与承重夹心墙竖向荷载下内叶墙受力原则一致，非组合夹心墙抗震设计时，不考虑外叶墙平面内抗侧力作用，主要以内叶墙作为抗侧力构件进行计算。

6.2.4、6.2.5 规定承重夹心墙砌体结构设计原则，抗震设计均可按照现行国家标准《建筑抗震设计规范》GB 50011 规定进行。

6.2.6 拉结件拉拔试验研究表明，最小拉拔力可以满足抗震要求。

6.3 构 造 要 求

6.3.1 依据现行国家标准《砌体结构设计规范》GB 50003 中对夹心墙拉结件布置、形式及直径的规定。

6.3.2 为防止拉结件锈蚀，规定最小保护层厚度，当拉结件或灰缝钢筋采用不锈钢时，仍应满足最小保护层厚度的要求。

6.3.4 框架结构填充夹心墙的连接方法，应符合现行国家标准《砌体结构设计规范》GB 50003 的规定。

6.3.5 根据抗震设防烈度要求，提出加强构造柱与墙之间的连接要求以及拉结件的布置。

7 施 工

7.1 一 般 规 定

7.1.3 按照现行国家标准《墙体材料应用统一技术规范》GB 50574 要求上岗前应进行必要的培训。

7.1.5 双排外脚手架能够保证夹心复合墙的施工顺序和质量；外叶墙只起自承重作用，厚度一般为90mm 或 115mm，不宜承受施工荷载，如在外叶墙设置脚手架使其局部受压，且施工后脚手架眼对墙体防雨、防渗性能有影响，故本条规定严禁在外叶墙留脚手眼。

7.1.6 保温材料受潮、雨淋，将严重影响其保温的性能，另外装饰多孔砖砌筑湿度大时上墙，增加墙体侵蚀和泛白，因此雨期不宜施工，应采取防雨措施，可用塑料布遮盖防雨；冬期可在遮盖布下放置保温材料，以防冰冻引起外墙产生收缩裂缝。

7.1.7 施工质量对夹心复合墙体性能影响很大，本条规定对施工质量控制不应低于 B 级。

7.2 砌 筑 砂 浆

7.2.2 砂浆中含可溶性盐会引起墙体泛碱，影响装饰砖的外装饰效果。

7.2.3 根据新修订的国家标准《砌体结构设计规范》GB 50003 的规定：当砌体用强度等级小于 M5 的水泥砂浆砌筑时，砌体强度设计值应予降低，其中抗压强度值乘以 0.9 的调整系数；轴心抗拉、弯曲抗拉、抗剪强度值乘以 0.8 的调整系数；当砌筑砂浆强度等级大于和等于 M5 时，砌体强度设计值不予降低。

7.3 施 工 准 备

7.3.3 砖、砌块、水泥、砂等材料直接放置在地面上会被地面水或其他有机物质污染，增加风化或者侵蚀，宜垫起堆放，并便于排水，垛间应有适当宽度的通道以保持通风。

7.3.6 对吸水率较大的烧结普通砖和烧结多孔砖提前润湿以防止上墙后吸收砂浆中过多的水分而影响粘结力；而装饰多孔砖吸水率低，太湿上墙难，在砂浆层上产生滑移，因此不宜提前浇水湿润。

7.3.7 为保证施工质量，施工前应先砌样板墙，以作为施工的指导。

7.4 砌 筑 要 求

7.4.3 为了保证施工中墙体的整体稳定。

7.4.4 专用铺灰器可避免砌筑砌块时往砌块孔里掉灰，保证灰缝砂浆饱满度，提高施工速度；"三一"砌砖法即一铲灰、一块砖、一揉压的砌筑方法，该法对提高水平灰缝和竖向灰缝的饱满度都有利，粘结性好，墙面整洁。

7.4.9 根据国内、外相关施工经验：严禁拉结件后放置或明露墙体的外侧和填满灰缝后将拉结件压入灰缝中，对已固定好的拉结件不能再移动，制订本条规定。

7.4.11 借鉴国外有关夹心外叶墙构造，在外叶墙合适部位设置泄水口，以导出空腔中的水分，并保证预留孔的通畅以便排水。

泄水口设置方法有两种：一是每隔 600mm 左右留置开放的竖向端缝；二是每隔 400mm 左右在竖向端缝内设置直径 10mm 左右不锈钢或塑料管（图1）。

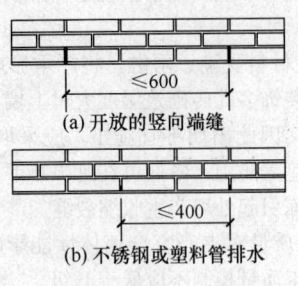

(a) 开放的竖向端缝

(b) 不锈钢或塑料管排水

图1 泄水口示意

7.4.12 灰缝是主要渗漏源，除要采用措施保证灰缝砂浆饱满度外，必须进行二次勾缝处理，勾缝形式宜采用排水好的凹圆或 V 形缝。勾缝顺序为：由上而下，先勾水平缝，后勾竖缝。灰缝应厚度均匀、颜色一致。

8 质量验收

8.1 主控项目

8.1.2 本条是根据新修订的国家标准《砌体结构工程施工质量验收规范》GB 50203 对砌筑砂浆规定进行编制。

8.1.4 按照新修订的国家标准《砌体结构工程施工质量验收规范》GB 50203 规定，检验批应按照楼层划分，且不超过 250m³ 砌体为一个检验批。

8.1.6、8.1.7 同 8.1.4。

8.2 一般项目

8.2.4 同 8.1.4。

8.2.5 按照现行国家标准《建筑节能工程施工质量验收规范》GB 50411 的有关规定：外墙或毗邻不采暖空间墙体上的门窗洞口四周的侧面，墙体上凸窗四周的侧面，应按设计要求采取节能保温措施。

8.2.6 按照现行国家标准《建筑节能工程施工质量验收规范》GB 50411 的有关规定：严寒和寒冷地区外墙热桥部位，应按设计要求采取节能保温等隔断热桥措施。

8.3 工程验收

8.3.2 隐蔽工程验收是工程质量、防止质量隐患的重要手段之一，本条在现行国家标准《建筑节能工程施工质量验收规范》GB 50411 的基础上，又增加夹心复合墙的几个项目，这些项目应在下一施工工序开始前，由工程负责人会同建设单位、监理单位等共同进行检查和验收。验收合格后认真办理隐蔽工程验收的各项手续，并整理归档作为竣工验收的一部分。

8.3.3 保温工程的质量决定了夹心复合墙建筑的节能效果能否达到节能设计标准要求，因此，依据现行国家标准《建筑工程施工质量验收统一标准》GB 50300 中当建筑工程质量不符合要求时的有关规定，本条给出了当保温工程质量不符合要求时的处理办法。

中华人民共和国行业标准

淤泥多孔砖应用技术规程

Technical specification for application of
silt perforated bricks

JGJ/T 293—2013

批准部门：中华人民共和国住房和城乡建设部
施行日期：2 0 1 3 年 1 2 月 1 日

中华人民共和国住房和城乡建设部

公　告

第 32 号

住房城乡建设部关于发布行业标准
《淤泥多孔砖应用技术规程》的公告

现批准《淤泥多孔砖应用技术规程》为行业标准，编号为 JGJ/T 293 - 2013，自 2013 年 12 月 1 日起实施。

本规程由我部标准定额研究所组织中国建筑工业出版社出版发行。

中华人民共和国住房和城乡建设部

2013 年 5 月 13 日

前　言

根据住房和城乡建设部《关于印发〈2010 年工程建设标准规范制订、修订计划〉的通知》（建标［2010］43 号）的要求，规程编制组经广泛调查研究，认真总结实践经验，参考有关国际标准和国外先进标准，并在广泛征求意见的基础上，编制本规程。

本规程的主要技术内容是：1 总则；2 术语和符号；3 材料；4 建筑和节能设计；5 结构静力设计；6 抗震设计；7 施工和质量验收。

本规程由住房和城乡建设部负责管理，由中国建筑标准设计研究院负责具体技术内容的解释。执行过程中如有意见和建议，请寄送中国建筑标准设计研究院（地址：北京市海淀区首体南路 9 号主语国际 2 号楼，邮政编码：100048）。

本 规 程 主 编 单 位：中国建筑标准设计研究院
山东德建集团有限公司

本 规 程 参 编 单 位：河南省建筑科学研究院有限公司

莆田鑫晶山淤泥开发有限公司

郑州大学

山东省建筑科学研究院

南通市墙体材料革新与建筑节能管理办公室

河南四建股份有限公司

本规程主要起草人员：林岚岚　葛汝英　刘新生
庄国伟　胡兆文　宋福申
陈锦兴　赵自东　孙洪明
潘法兴　张利歌　黄展娟
朱爱东　姚中旺　于　静
曹　杨　刘　涛　李建光
金佐明　庄文学　陈锦来
朱锡华

本规程主要审查人员：谢　泽　崔　琪　高连玉
王培铭　汪　毅　王武祥
张增寿　王云新　王庆生
张淮湧

目　　次

Contents

1 总　则

1.0.1 为贯彻执行国家可持续发展、资源节约、综合利用政策，规范淤泥多孔砖在建筑中的应用，保证工程质量，制定本规程。

1.0.2 本规程适用于非抗震设防区和抗震设防 6 度至 8 度地区的新建、改建和扩建的民用建筑工程的设计、施工及验收。

1.0.3 淤泥多孔砖的应用除应执行本规程外，尚应符合国家现行有关标准的规定。

2　术语和符号

2.1　术　语

2.1.1 淤泥　silt

在江、河、湖、渠中沉积形成的，以细砂、黏土为主要成分的未固结的综合固体物质。

2.1.2 淤泥多孔砖　silt perforated brick

以淤泥为主要原料，经焙烧而成，孔的尺寸小而数量多，孔洞率不小于 28%，且不大于 35% 的砖。

2.1.3 粉刷槽　painting channel

设在砖条面或顶面上深度不小于 2mm 的沟或类似凹槽。

2.1.4 施工质量控制等级　category of construction quality control

按质量控制和质量保证若干要素对施工技术水平所做的分级，分 A、B、C 级。

2.1.5 导热系数 λ　heat transfer coefficient

在稳定传热条件下，1m 厚的材料，两侧表面的温差为 1℃，在 1s 内，通过 $1m^2$ 面积传递的热量，单位为瓦/（米·度）[W/（m·K）]。

2.1.6 热桥　heat bridge

围护结构在温差作用下，形成热流密集的传热部位，具有在室内采暖条件下，该部位内表面温度比主体部位低，在室内空调降温条件下，该部位内表面温度比主体部位高的特征。

2.2　符　号

2.2.1 作用和作用效应

S——内力设计值；

N——轴向力设计值；

M——弯矩设计值；

V——剪力设计值；

N_l——本层梁端支承压力；

N_u——上面楼层施加的荷载。

2.2.2 材料性能和抗力

ρ_0——密度等级；

f、f_k——砌体的抗压强度设计值、标准值；

f_m——砌体的抗压强度平均值；

σ_f——砌体的抗压强度标准差；

γ——淤泥多孔砖砌体重力密度；

λ——导热系数。

2.2.3 几何参数

A——砌体的毛截面面积；

a_0——梁端有效支承长度；

a——梁端实际支撑长度；

b_f——带壁柱墙的计算截面翼缘宽度；

b_s——在宽度 s 范围内的门窗洞口宽度；

H——构件高度；

H_0——受压构件的计算高度；

h——矩形截面轴向力偏心方向的边长；

h_w——支撑墙体的墙厚；

h_T——T 形截面的折算厚度；

e——轴向力偏心距；

q——孔洞率；

i——截面的回转半径；

s——间距；

y——截面重心到轴向力所在偏心方向截面边缘的距离；

α_k——几何参数标准值。

2.2.4 计算系数

γ_0——结构重要性系数；

γ_f——结构构件材料性能分项系数；

γ_a——修正系数；

φ——承载力的影响系数；

β——构件高厚比；

$[\beta]$——墙、柱的允许高厚比；

μ_1——非承重墙允许高厚比的修正系数；

μ_2——有门窗洞口墙允许高厚比的修正系数。

3　材　料

3.0.1 淤泥多孔砖和砌筑砂浆的强度等级应符合下列规定：

　　1 淤泥多孔砖的强度等级为 MU30、MU25、MU20、MU15、MU10。

　　2 砌筑砂浆的强度等级为 M15、M10、M7.5、M5、M2.5。

　　3 淤泥多孔砖折压比应符合现行国家标准《墙体材料应用统一技术规范》GB 50574 的有关规定。

3.0.2 淤泥多孔砖密度等级 ρ_0 应符合表 3.0.2 的规定。

表 3.0.2　密度等级 ρ_0（kg/m³）

密度等级	密度平均值
1000	$900 < \rho_0 \leqslant 1000$
1100	$1000 < \rho_0 \leqslant 1100$
1200	$1100 < \rho_0 \leqslant 1200$
1300	$1200 < \rho_0 \leqslant 1300$

3.0.3 淤泥多孔砖规格尺寸应符合下列规定：

1 外形应为直角六面体。

2 淤泥多孔砖规格尺寸宜为 290mm×190mm× 90mm、240mm×115mm×90mm、190mm×140mm ×90mm，其他规格产品可根据具体工程需要确定。

3 孔型结构及孔洞率应符合表 3.0.3 的规定。

表 3.0.3　孔型结构及孔洞率

孔型	孔洞尺寸(mm)		最小外壁 厚(mm)	最小肋 厚(mm)	孔洞率 (%)	孔洞排列
	宽度 b	长度 L				
矩形 条孔 或矩 形孔	≤13	≤40	≥12	≥5	≥28 且 ≤35	1. 所有孔宽应相等，孔采 用单向或双向交排排列； 2. 孔洞排列上下、左右应 对称，分布均匀，手抓孔的 长度方向尺寸应平行于砖的 条面。

注：孔四个角应做成过渡圆角，不得做成直角。

3.0.4 当施工质量控制等级为 B 级时，龄期为 28d，以毛截面面积计算的淤泥多孔砖砌体抗压强度设计值应符合表 3.0.4 的规定。当砖的孔洞率大于 30% 时，应按表中数值乘以 0.9。

表 3.0.4　淤泥多孔砖砌体抗压强度设计值（MPa）

砖强度等级	砂浆强度等级					砂浆强度
	M15	M10	M7.5	M5	M2.5	0
MU30	3.94	3.27	2.93	2.59	2.26	1.15
MU25	3.60	2.98	2.68	2.37	2.06	1.05
MU20	3.22	2.67	2.39	2.12	1.84	0.94
MU15	2.79	2.31	2.07	1.83	1.60	0.82
MU10	—	1.89	1.69	1.50	1.30	0.67

注：1　砂浆强度为零时的砌体抗压强度设计值，仅适用于施工阶段新砌淤泥多孔砖砌体的强度验算；

　　2　M2.5 砂浆强度等级主要用于建筑房屋工程质量鉴定。

3.0.5 当施工质量控制等级为 B 级时，龄期为 28d，以毛截面面积计算的淤泥多孔砖砌体弯曲抗拉强度设计值、抗剪强度设计值应符合表 3.0.5 的规定。

表 3.0.5　淤泥多孔砖砌体弯曲抗拉强度设计值、抗剪强度设计值（MPa）

强度类别	破坏特征	砂浆强度等级			
		≥M10	M7.5	M5	M2.5
弯曲抗拉	沿齿缝截面	0.33	0.29	0.23	0.17
	沿通缝截面	0.17	0.14	0.11	0.08
抗剪	沿齿缝或阶梯形截面	0.17	0.14	0.11	0.08

注：在砌体中，当搭接长度与砖的高度比值小于 1 时，其弯曲抗拉强度设计值应按表中数值乘以搭接长度与砖高度的比值后采用。

3.0.6 淤泥多孔砖砌体的抗压强度设计值应乘以调整系数，调整系数取值应符合下列规定：

1 当砌体截面面积小于 0.3m² 时，调整系数应

为其截面面积值加 0.7，构件截面面积以平方米计。

2 当使用水泥砂浆砌筑砌体时，对本规程表 3.0.4 中的砌体抗压强度设计值，调整系数应取 0.9。对本规程表 3.0.5 中的数据，调整系数应取 0.8。

3 验算施工中房屋的构件时，调整系数应取 1.1。

3.0.7 淤泥多孔砖砌体的弹性模量、剪变模量、线膨胀系数，应按现行国家标准《砌体结构设计规范》GB 50003 的有关规定取值。

3.0.8 淤泥多孔砖砌体的重力密度应按下式计算：

$$\gamma = \left(1 - \frac{q}{2}\right) \times 19 \qquad (3.0.8)$$

式中：γ——淤泥多孔砖砌体重力密度（kN/m³）；

　　　q——孔洞率（%）。

3.0.9 淤泥多孔砖砌体房屋中的混凝土材料应符合国家现行有关标准的规定。

4　建筑和节能设计

4.1　建　筑　设　计

4.1.1 淤泥多孔砖砌体建筑物的建筑设计应符合下列规定：

1 建筑平面设计应符合淤泥多孔砖建筑模数要求。

2 淤泥多孔砖不得用于建筑地下部分的外墙。

3 对抗震设防的建筑物，不宜有错层，楼梯间不宜设置在房屋尽端和转角处，其平面布置应简单、规则，体形凹凸转折不宜过多，立面突变不宜过大，复杂平面可设缝分隔。

4.1.2 淤泥多孔砖砌体建筑物燃烧性能及耐火极限应符合现行国家标准《建筑设计防火规范》GB 50016 的有关规定。

4.2　节　能　设　计

4.2.1 淤泥多孔砖砌体建筑的节能设计应符合国家现行有关标准的规定。

4.2.2 淤泥多孔砖及其砌体（无抹灰层）热工参数应符合表 4.2.2 的规定。

表 4.2.2　淤泥多孔砖及其砌体（无抹灰层）热工参数

编号	无抹灰层砌体厚度 d (mm)	淤泥多孔砖				无抹灰层的淤泥多孔砖砌体			
		密度等级 (kg/m³)	计算导热系数 [W/(m·K)]	蓄热系数 [W/(m²·K)]	修正系数	热阻 [(m²·K)/W]	热惰性指标	传热阻 [(m²·K)/W]	传热系数 [W/(m²·K)]
1	190	1000	0.42	5.46	1.15	0.39	2.47	0.54	1.84
		1100	0.44	5.89		0.38	2.36	0.53	1.90
		1200	0.46	6.31		0.36	2.26	0.51	1.96
		1300	0.48	6.74		0.34	0.00	0.49	2.02

续表 4.2.2

编号	无抹灰层砌体厚度 d (mm)	淤泥多孔砖 密度等级 (kg/m³)	计算导热系数 [W/(m·K)]	蓄热系数 [W/(m²·K)]	修正系数	无抹灰层的淤泥多孔砖砌体 热阻 [(m²·K)/W]	热惰性指标	传热阻 [(m²·K)/W]	传热系数 [W/(m²·K)]
2	240	1000	0.42	5.46		0.50	3.12	0.65	1.55
		1100	0.44	5.89		0.47	2.98	0.62	1.60
		1200	0.46	6.31		0.45	2.85	0.60	1.66
		1300	0.48	6.74		0.43	2.73	0.58	1.71
3	370	1000	0.42	5.46	1.15	0.77	4.81	0.92	1.09
		1100	0.44	5.89		0.73	4.59	0.88	1.13
		1200	0.46	6.31		0.70	4.38	0.85	1.18
		1300	0.48	6.74		0.67	4.21	0.82	1.22
4	490	1000	0.42	5.46		1.01	6.37	1.16	0.86
		1100	0.44	5.89		0.97	6.08	1.12	0.89
		1200	0.46	6.31		0.93	5.82	1.08	0.93
		1300	0.48	6.74		0.89	5.57	1.04	0.96

注：热阻数据不包括内外表面换热阻和钢筋混凝土圈梁、过梁、构造柱等热桥部位的影响。

5 结构静力设计

5.1 一 般 规 定

5.1.1 根据淤泥多孔砖砌体建筑结构破坏可能产生的后果（危及人的生命、造成经济损失、产生社会影响等）的严重程度，其建筑结构的安全等级按表 5.1.1 划分为三个安全等级。设计时应根据破坏后果及建筑类型选用。

表 5.1.1 建筑结构的安全等级

安全等级	破坏后果	建筑物类型
一 级	很严重	重要的建筑物
二 级	严 重	一般的建筑物
三 级	不严重	次要的建筑物

注：对于特殊的建筑物，安全等级可根据具体情况另行确定。

5.1.2 淤泥多孔砖砌体结构按承载能力极限状态设计时，应满足下式要求：

$$\gamma_0 S \leqslant R(f, \alpha_k \cdots\cdots) \tag{5.1.2-1}$$

式中：γ_0——结构重要性系数。对安全等级为一级或设计使用年限为 50 年以上的结构构件，不应小于 1.1；对安全等级为二级或设计使用年限为 50 年的结构构件，不应小于 1.0；对安全等级为三级或设计使用年限为 1 年～5 年的结构构件，不应

小于 0.9；

S——内力设计值，分别表示为轴向力设计值 N、弯矩设计值 M 和剪力设计值 V 等；

$R(\cdots)$——结构构件的抗力函数；

f——砌体的抗压强度设计值（MPa）；

α_k——几何参数标准值。

砌体的强度设计值、砌体的强度标准值应分别按下列公式计算：

$$f = \frac{f_k}{\gamma_f} \tag{5.1.2-2}$$

$$f_k = f_m - 1.645\sigma_f \tag{5.1.2-3}$$

式中：f——砌体的抗压强度设计值（MPa）；

f_k——砌体的抗压强度标准值（MPa）；

γ_f——砌体结构的材料性能分项系数，当施工控制等级为 B 级时，γ_f 等于 1.6；

f_m——砌体的抗压强度平均值（MPa）；

σ_f——砌体的抗压强度标准差（MPa）。

5.1.3 淤泥多孔砖砌体结构房屋的静力计算应根据房屋的空间工作性能分为刚性方案、刚弹性方案和弹性方案。设计时应按现行国家标准《砌体结构设计规范》GB 50003 的有关规定进行房屋静力计算和整体稳定性验算。

5.1.4 刚性房屋静力计算时，作用在墙、柱上的竖向荷载，应考虑实际偏心影响。本层梁端支承压力 N_l（图 5.1.4）到墙、柱内边的距离，应取梁端有效支承长度 a_0 的 0.4 倍。由上面楼层施加的荷载 N_u 可视为作用于上一楼层的墙、柱的截面重心处。

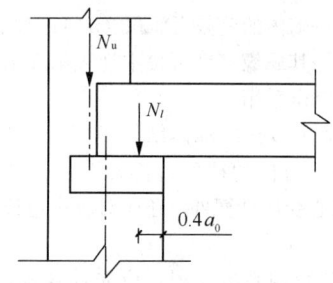

图 5.1.4 梁端支承压力

N_l——本层梁端支承压力；N_u——上面楼层施加的荷载；a_0——梁端有效支承长度

5.1.5 带壁柱墙的计算截面翼缘宽度 b_f 可按下列规定采用：

1 对于多层房屋，当有门窗洞口时，可取窗间墙宽度；当无门窗洞口时，每侧翼缘墙宽度可取壁柱高度的 1/3，但不应大于相邻壁柱间的间距。

2 对于单层房屋，可取壁柱宽加 2/3 墙高，但不应大于窗间墙宽度和相邻壁柱间的间距。

3 当计算带壁柱墙体的条形基础时，可取相邻壁柱间的间距。

5.1.6 对多层砖房非抗震设计，总层数不宜超过 8 层或高度不得超过 24m。

5.1.7 有单边挑廊、阳台等悬挑结构的房屋，应考虑其对房屋内力及变形的不利影响；并应满足房屋的抗倾覆稳定要求；同时对挑梁下支承面砌体的局部受压承载力进行验算。

5.1.8 对于梁跨度大于 9m 的墙承重的多层刚性方案房屋，除按本规程第 5.1.4 条计算墙体承载力外，应按梁端固结计算梁端弯矩，再将其乘以修正系数 γ_a 后，按墙体线性刚度分到上层墙底部和下层墙顶部，修正系数 γ_a 可按下式计算：

$$\gamma_a = 0.2 \sqrt{a/h_w} \qquad (5.1.8)$$

式中：γ_a——修正系数；

　　　a——梁端实际支撑长度（m）；

　　　h_w——支撑墙体的墙厚（m），当上下墙厚不同时取下部墙厚，当有壁柱时取 h_T。

5.2 受压构件承载力计算

5.2.1 淤泥多孔砖砌体结构受压构件的承载力应按下式计算：

$$N \leqslant \varphi f A \qquad (5.2.1)$$

式中：N——轴向力设计值（kN）；

　　　φ——高厚比 β 和轴向力偏心距 e 对受压构件承载力的影响系数；可按本规程附录 A 的表 A.0.1-1～表 A.0.1-3 采用，或按本规程附录 A 的公式计算；

　　　f——砌体抗压强度设计值（MPa），应按本规程表 3.0.4 采用；

　　　A——砌体的毛截面面积（m²）；对带壁柱墙，其翼缘宽度可按本规程第 5.1.5 条的规定采用。

5.2.2 对淤泥多孔砖砌体结构矩形截面受压构件，当轴向力偏心方向的截面边长大于另一方向的边长时，除按偏心受压计算外，还应对较小边长方向，按轴心受压进行验算。

5.2.3 计算影响系数 φ 时，应先计算构件高厚比，淤泥多孔砖砌体构件高厚比 β 应按下列公式计算：

1 矩形截面：

$$\beta = \frac{H_0}{h} \qquad (5.2.3-1)$$

式中：β——高厚比；

　　　H_0——受压构件的计算高度（m）；

　　　h——矩形截面轴向力偏心方向的边长，当轴心受压时，为截面较小边长（m）。

2 T 形截面：

$$\beta = \frac{H_0}{h_T} \qquad (5.2.3-2)$$

式中：h_T——T 形截面的折算厚度（m），可近似按 3.5i 计算，i 为 T 形截面的回转半径。

5.2.4 受压构件计算高度 H_0，应根据结构类别和构件支承条件等按表 5.2.4 采用。

表 5.2.4　受压构件计算高度 H_0

结构类别		带壁柱墙或周边拉结的墙		
		$s>2H$	$2H \geqslant s > H$	$s \leqslant H$
单跨	弹性方案	1.5H		
	刚弹性方案	1.2H		
两跨或多跨	弹性方案	1.25H		
	刚弹性方案	1.1H		
刚性方案		1.0H	0.4s+0.2H	0.6s

注：1　s 为房屋横墙间距（m）；

　　2　构件高度 H，按现行国家标准《砌体结构设计规范》GB 50003 的有关规定采用。

5.2.5 按内力设计值计算的轴向力的偏心距 e 不应超过 0.6y，y 为截面重心到轴向力所在偏心方向截面边缘的距离。

5.2.6 墙梁和支座反力较大的梁下砌体和承重墙梁的托梁支座上部砌体，均应进行局部受压承载力计算，砌体局部受压承载力计算应符合现行国家标准《砌体结构设计规范》GB 50003 的有关规定。

5.2.7 淤泥多孔砖网状配筋砌体构件计算应符合现行国家标准《砌体结构设计规范》GB 50003 的有关规定。

5.3 墙、柱的允许高厚比

5.3.1 墙柱的高厚比应符合下列规定：

1 墙柱的高厚比应按下式验算：

$$\beta = \frac{H_0}{h} \leqslant \mu_1 \mu_2 [\beta] \qquad (5.3.1-1)$$

式中：μ_1——非承重墙允许高厚比的修正系数；

　　　μ_2——有门窗洞口墙允许高厚比的修正系数；

　　　$[\beta]$——墙、柱的允许高厚比，应按表 5.3.1 采用。

2 当与墙连接的相邻两横墙间的间距 s 符合下式要求时，墙的高厚比可不受本条限制：

$$s \leqslant \mu_1 \mu_2 [\beta] h \qquad (5.3.1-2)$$

式中：s——相邻横墙或壁柱间的间距（m）。

3 墙、柱的允许高厚比应符合表 5.3.1 的规定。

表 5.3.1　墙、柱的允许高厚比

砂浆强度等级	墙	柱
M5	24（22）	16（14）
≥M7.5	26（24）	17（15）

注：1　带钢筋混凝土构造柱（以下简称构造柱）墙的允许高厚比 β，可适当提高；

　　2　括号内数值，适用于 h 为 190mm 的墙；

　　3　验算施工阶段砂浆尚未硬化新砌的砌体构件高厚比时，允许高厚比对墙取 14，对柱取 11。

5.3.2 厚度不大于 240mm 的非承重墙，允许高厚比可按本规程表 5.3.1 数值乘以非承重墙允许高厚比的修正系数 μ_1，修正系数 μ_1 应符合下列规定：

1 当 h 等于 240mm 时，μ_1 取 1.2。

2 当 h 等于 190mm 时，μ_1 取 1.3。

5.3.3 对有门窗洞口的墙，允许高厚比应按本规程表5.3.1数值乘以有门窗洞口墙允许高厚比的修正系数 μ_2，修正系数 μ_2 应按下式计算：

$$\mu_2 = 1 - 0.4 \frac{b_s}{s} \qquad (5.3.3)$$

式中：b_s——在宽度 s 范围内的门窗洞口宽度（m）。

当按公式（5.3.3）算出的修正系数 μ_2 值小于0.7时，应取0.7。当洞口高度不大于墙体高的1/5时，可取修正系数 μ_2 为1.0。

当洞口高度大于或等于墙高的4/5时，可按独立墙段验算高厚比。

5.3.4 设有钢筋混凝土圈梁的带壁柱墙或构造柱间墙，当圈梁宽度 b 与相邻横墙或相邻壁柱间的间距 s 之比 b/s 不小于1/30时，圈梁可视作壁柱间墙的不动铰支点。当条件不允许增加圈梁宽度时，可按等刚度原则（墙体平面外刚度相等）增加圈梁高度。

5.4 一般构造

5.4.1 跨度大于6m的屋架和跨度大于4.8m的梁，其支承面处应设置混凝土或钢筋混凝土垫块；当墙中设有圈梁时，垫块与圈梁应浇成整体。

5.4.2 对厚度为190mm的墙，当大梁跨度不小于4.8m时，或对于厚度为240mm的墙，当大梁跨度不小于6m时，其支承处宜加设壁柱或构造柱或采取其他加强措施。

5.4.3 预制钢筋混凝土板的支承长度，在墙上不宜小于100mm；在钢筋混凝土圈梁上，不宜小于80mm；当利用板端伸出钢筋和混凝土灌缝时，其支承长度可为40mm，但板端缝宽不宜小于80mm。并应按下列方法进行连接：

1 板支承于内墙时，板端钢筋伸出长度不应小于70mm，且与支座处沿墙配置的纵筋绑扎，用强度等级不应低于C25的混凝土浇筑成板带。

2 板支承于外墙时，板端钢筋伸出长度不应小于100mm，且与支座处沿墙配置的纵筋绑扎，并用强度等级不应低于C25的混凝土浇筑成板带。

3 预制钢筋混凝土板与现浇板对接时，预制板端钢筋应伸入现浇板中进行连接后，再浇筑现浇板。

5.4.4 对墙厚为240mm、跨度不小于9m和墙厚为190mm、跨度不小于6.6m的预制梁和支承在墙、柱上的屋架端部，应采用锚固件与墙、柱上的垫块锚固。

5.4.5 山墙处的壁柱宜砌至山墙顶部。檩条应与山墙锚固，屋盖不宜挑出山墙。

5.4.6 墙体转角处和纵横墙交接处应沿竖向每隔400mm～500mm设拉结钢筋，不少于2根直径6mm的钢筋；或采用焊接钢筋网片，埋入长度从墙的转角或交接处算起不小于700mm。

5.4.7 淤泥多孔砖外墙的室外勒脚处应作水泥砂浆粉刷。

5.4.8 在淤泥多孔砖砌体中留槽洞及埋设管道时，应符合下列规定：

1 施工中应准确预留槽洞位置，不得在已砌墙体上凿槽打洞。

2 不应在墙面上留（凿）水平槽、斜槽或埋设水平暗管和斜暗管。

3 墙体中的竖向暗管宜预埋；无法预埋需留槽时，墙体施工时预留槽的深度及宽度不宜大于95mm×95mm。管道安装完后，应采用强度等级不低于C20的细石混凝土或强度等级为M10的水泥砂浆填塞。当槽的平面尺寸大于95mm×95mm时，应对墙身削弱部分予以补强并将槽两侧的墙体内预留钢筋相互拉结。

4 在宽度小于500mm的承重小墙段及壁柱内不应埋设竖向管线。

5 墙体中不应设水平穿行暗管或预留水平沟槽；无法避免时，宜将暗管居中埋于局部现浇的混凝土水平构件中。当暗管直径较大时，混凝土构件宜配筋。墙体开槽后应满足墙体承载力要求。

6 管道不宜横穿墙垛、壁柱；确实需要时，应采用带孔的混凝土块砌筑。

5.4.9 当洞口的宽度大于或等于1.8m时，洞口两侧应设置钢筋混凝土边框或壁柱。

5.4.10 淤泥多孔砖砌体不应用于室内地坪标高下的墙体和基础。

5.5 圈梁、过梁

5.5.1 淤泥多孔砖砌筑的住宅、办公楼等民用房屋：当层数在四层及以下时，墙厚为190mm时，应在底层和檐口标高处各设置圈梁一道；墙厚大于190mm时，应在檐口标高处设置圈梁一道。当层数超过四层时，除顶层应设置圈梁外，应层层设置圈梁。

5.5.2 圈梁应符合下列构造要求：

1 圈梁应采用现浇钢筋混凝土，且宜连续设置在同一水平面上，形成封闭状；当圈梁被门窗洞口截断时，应在洞口上部增设相同截面的附加圈梁。附加圈梁与圈梁的搭接长度不应小于二者中心线高差的2倍，且不得小于1m。

2 纵、横墙交接处的圈梁应可靠连接。刚弹性和弹性方案房屋，圈梁应与屋架、大梁等构件可靠连接。

3 钢筋混凝土圈梁的宽度可取墙厚。当墙厚不小于240mm时，其宽度不宜小于2/3墙厚。圈梁高度不宜小于200mm。纵向钢筋不宜少于4根 ϕ10，绑扎接头的搭接长度应按受拉钢筋考虑，箍筋直径不应小于6mm，间距不宜大于250mm。

4 圈梁兼作过梁时，过梁部分的钢筋应按计算面积另行增配。

5.5.3 建筑在软弱地基或不均匀地基上的砌体房屋，除按本节规定设置圈梁外，尚应符合现行国家标准《建筑地基基础设计规范》GB 50007的有关规定。

5.5.4 淤泥多孔砖砌体房屋宜采用钢筋混凝土过梁，并应按钢筋混凝土受弯构件计算。

5.5.5 计算过梁上的梁、板荷载，当梁、板下的墙体高度 h_w 小于过梁净跨 l_n 时，过梁应计入梁、板传来的荷载，否则可不考虑梁、板荷载。

5.5.6 计算过梁上的墙体荷载，当过梁上的墙体高度小于过梁净跨的 1/3 时，应按墙体的均布自重采用；当墙体高度不小于过梁净跨的 1/3 时，应按高度为过梁净跨的 1/3 墙体均布自重采用。

5.6 预防和减轻墙体裂缝措施

5.6.1 淤泥多孔砖砌体多层房屋应在温度和收缩变形引起应力集中、砌体产生裂缝可能性最大处设置伸缩缝。伸缩缝的最大间距应符合表 5.6.1 的规定。

表 5.6.1 伸缩缝的最大间距（m）

屋盖或楼盖类别		间距
整体式或装配整体式 钢筋混凝土结构	有保温层或隔热层的屋盖、楼盖	50
	无保温层或隔热层的屋盖	40
装配式有檩体系 钢筋混凝土结构	有保温层或隔热层的屋盖	75
	无保温层或隔热层的屋盖	60
装配式无檩体系 钢筋混凝土结构	有保温层或隔热层的屋盖、楼盖	60
	无保温层或隔热层的屋盖	50
瓦材屋盖、木屋盖或楼盖、轻型屋盖		100

注：当淤泥多孔砖砌体多层房屋外墙有保温措施时可适当放宽。

5.6.2 伸缩缝的间距调整应符合下列规定：

1 温差较大且变化频繁地区和严寒地区不采暖的房屋墙体的伸缩缝的最大间距，应按表中数值予以适当减少。

2 墙体的伸缩缝应与结构的其他变形缝相重合，缝宽度应满足各种变形缝的变形要求；在进行立面处理时，应保证缝隙的变形作用。

3 在钢筋混凝土屋面上挂瓦的屋盖应按钢筋混凝土结构屋盖采用。

5.6.3 对于多层淤泥多孔砖砌体房屋顶层墙体，应采取下列预防或减轻裂缝的措施：

1 屋盖上宜设置有效的保温层或隔热层。

2 屋面保温（隔热）层或屋面刚性面层及砂浆找平层应设置分隔缝，分隔缝间距不宜大于 6m，其缝宽不小于 30mm，并应与女儿墙隔开。

3 女儿墙应设置构造柱，构造柱间距不宜大于 4m，构造柱应伸至女儿墙顶并与现浇钢筋混凝土压顶整浇在一起；顶层及女儿墙砂浆强度等级不低于 M7.5。

4 顶层墙体有门窗等洞口时，在过梁上的水平灰缝内设置 2 道～3 道焊接钢筋网片或 2 根直径 6mm 钢筋，焊接钢筋网片或钢筋伸入洞口两端墙内不应小于 600mm。

5 顶层屋面板下设置现浇钢筋混凝土圈梁，并沿内外墙拉通，房屋两端圈梁下的墙体内宜设置水平钢筋。

5.6.4 对多层淤泥砖砌体房屋底层墙体，宜采取下列措施：

1 增大基础圈梁的截面高度。

2 在底层的窗台下墙体灰缝内设置 3 道焊接钢筋网片或 2 根直径 6mm 钢筋，并伸入两边窗间墙内不应小于 600mm。

5.6.5 房屋两端和底层第一、第二开间门窗洞处，可采取下列措施：

1 在门窗洞口两边墙体的水平灰缝中，设置长度不小于 900mm、竖向间距为 400mm 的 2 根直径 4mm 的焊接钢筋网片。

2 在顶层和底层设置通长钢筋混凝土窗台梁，窗台梁高宜为多孔砖高度的模数，梁内纵筋不少于 4 根，直径不小于 10mm，箍筋直径不小于 6mm，间距不大于 200mm，混凝土强度等级不低于 C20。

5.6.6 预防和减轻淤泥多孔砖砌体墙体裂缝的措施还应符合现行国家标准《砌体结构设计规范》GB 50003 的有关规定。

6 抗 震 设 计

6.1 一 般 规 定

6.1.1 抗震设防地区的淤泥多孔砖多层房屋除应满足本章的规定外，还应符合现行国家标准《建筑抗震设计规范》GB 50011 的有关规定。

6.1.2 抗震设防地区的淤泥多孔砖房屋总高度及层数限值不应超过表 6.1.2 的规定。各层横墙较少的多层淤泥多孔砖房屋，总高度应比表 6.1.2 的规定降低 3m，层数相应减少 1 层，各层横墙很少的房屋，还应再减少 1 层。

表 6.1.2 房屋总高度及层数限值

房屋类别	最小抗震墙厚度 （mm）	烈度和基本地震加速度									
		6		7				8			
		0.05g		0.10g		0.15g		0.20g		0.30g	
		高度	层数	高度	层数	高度	层数	高度	层数	高度	层数
多层砌体 房屋	240	18	6	18	6	15	5	15	5	12	4
	190	18	6	15	5	12	4	12	4	9	3
底部框架- 抗震墙砌体 房屋	240	19	6	19	6	16	5	15	5	—	—
	190	19	6	16	5	13	4	—	—	—	—

注：1 房屋的总高度指室外地面到主要屋面板板顶或檐口的高度，半地下室从地下室室内地面算起，全地下室和嵌固条件好的半地下室允许从室外地面算起；对带阁楼的坡屋面应算到山尖墙的 1/2 高度处；

2 室内外高差大于 0.6m 时，房屋总高度应允许比表中的数据适当增加，但增加量应少于 1.0m；

3 乙类的多层砌体房屋仍按设防烈度查表，其层数应减少一层且总高度应降低 3m，不应采用底部框架-抗震墙砌体房屋；

4 横墙较少是指同一楼层内开间大于 4.2m 的房间占该层总面积的 40% 以上；其中，开间不大于 4.2m 的房间占该层总面积不到 20% 且开间大于 4.8m 的房间占该层总面积的 50% 以上为横墙很少。

6.1.3 淤泥多孔砖房屋总高度与总宽度的最大比值宜符合表 6.1.3 的规定。

表 6.1.3 淤泥多孔砖房屋总高度与总宽度的最大比值

6 度	7 度	8 度
2.5	2.5	2.0

注：1 单面走廊或挑廊的宽度不包括在房屋总宽度之内；
　　2 建筑平面接近正方形时，其高宽比适当减小。

6.1.4 多层砌体结构房屋的层高不应超过 3.6m。

6.1.5 淤泥多孔砖多层房屋的抗震设计应符合下列规定：

1 应优先采用横墙承重或纵横墙共同承重的结构体系，不应采用砌体墙和混凝土结构混合承重的结构体系。

2 纵横向砌体抗震墙的布置宜均匀对称，沿平面内宜对齐，沿竖向上下连续，且纵横墙体的数量不宜相差过大；平面轮廓凹凸尺寸，不应超过典型尺寸的 50%；当超过典型尺寸的 25% 时，房屋转角处应采取加强措施。

在房屋宽度方向的中部应设置内纵墙，其累计长度不宜小于房屋总长度的 60%（高宽比大于 4 的墙段不计入）。

横墙较少、跨度较大的房屋，宜采用现浇混凝土楼盖、屋盖。

3 楼板局部大洞口的尺寸不宜超过楼板宽度的 30%，且不应在墙体两侧同时开洞；房屋错层的楼板高差超过 500mm 时，应按两层计算；错层部位的墙体应采取加强措施。

4 同一轴线上的窗间墙宽度宜均匀；抗震设防烈度为 6、7 度时，墙面洞口的面积不宜大于墙面总面积的 55%；抗震设防烈度为 8 度时不宜大于 50%。

5 防震缝两侧均应设置墙体，缝宽应根据烈度和房屋高度确定，可采用 70mm～100mm；房屋有下列情况之一时宜设置防震缝：

1) 房屋立面高差在 6m 以上；

2) 房屋有错层，且楼板高差大于层高的 1/4；

3) 各部分结构刚度、质量截然不同。

6 楼梯间不宜设置在房屋的尽端或转角处；不应在房屋转角设置转角窗。

6.1.6 考虑地震作用组合的砌体结构构件，其截面承载力应除以承载力抗震调整系数，两端均设有构造柱的淤泥多孔砖砌体抗震墙受剪计算时承载力抗震调整系数为 0.9；其他淤泥多孔砖砌体剪压计算时承载力抗震调整系数取 1.0。

6.1.7 结构抗震设计时，地震作用应按国家标准《建筑抗震设计规范》GB 50011-2010 的有关规定计算。结构的截面抗震验算，应符合下列规定：

1 抗震设防烈度为 6 度时，规则的砌体结构房屋构件，可不进行抗震验算，但应符合国家标准《建筑抗震设计规范》GB 50011-2010 规定的抗震措施。

2 抗震设防烈度为 6 度时的下列多层砌体结构房屋的构件，应进行多遇地震作用下的截面抗震验算：

1) 平面不规则的建筑；

2) 总层数超过三层的底部框架-抗震墙砌体房屋；

3) 外廊式和单面走廊式底部框架-抗震墙砌体房屋。

3 抗震设防烈度为 7 度和 7 度以上的建筑结构，应进行多遇地震作用下的截面抗震验算。

6.1.8 多层房屋抗震横墙的最大间距，不应超过表 6.1.8 的规定。

表 6.1.8 抗震横墙的最大间距（m）

房屋类型		烈　度		
		6	7	8
多层砌体房屋	现浇或装配整体式钢筋混凝土楼板、屋盖	15	15	11
	装配式钢筋混凝土楼板、屋盖	11	11	9
	木屋盖	9	9	4
底部框架-抗震墙房屋	上部各层	同多层砌体房屋		
	底层或底部两层	18	15	11

注：1 厚度为 190mm 抗震横墙，最大间距应为表中值减 3m；
　　2 多层砌体房屋的顶层，除木屋盖外的最大横墙间距应允许适当放宽，但应采取相应加强措施。

6.1.9 淤泥多孔砖房屋局部尺寸限值宜符合表 6.1.9 的规定。

表 6.1.9 淤泥多孔砖房屋局部尺寸限值（m）

部　位	6 度	7 度	8 度
承重窗间墙最小宽度	1.2	1.2	1.5
承重外墙尽端至门窗洞边的最小距离	1.2	1.2	1.5
非承重外墙尽端至门窗洞边的最小距离	1.2	1.2	1.5
内墙阳角至门窗洞边的最小距离	1.2	1.2	1.5
无锚固女儿墙（非出入口）处最大高度	0.5	0.5	0.5

注：1 局部尺寸不足时，可采用局部加强措施弥补，且最小宽度不宜小于 1/4 层高和表列数据的 80%；
　　2 出入口处的女儿墙应有锚固。

6.1.10 淤泥多孔砖的强度等级不应低于 MU10，其砌筑砂浆强度等级不应低于 M5；构造柱、圈梁、水平现浇带及其他各类钢筋混凝土构件强度等级不应低于 C20；钢筋宜选用 HRB400 级钢筋和 HRB335 级钢筋。

6.1.11 抗震设防地区的淤泥多孔砖多层房屋地震作

用和结构抗震验算应符合国家标准《建筑抗震设计规范》GB 50011-2010 第 5 章的规定。

6.2 抗震构造措施

6.2.1 淤泥多孔砖房屋现浇钢筋混凝土构造柱设置应符合表 6.2.1 的要求。

表 6.2.1 淤泥多孔砖房屋现浇钢筋混凝土构造柱设置

房屋层数			设 置 部 位	
6 度	7 度	8 度		
四、五	三、四	二、三	楼、电梯间四角，楼梯斜梯段上下端对应墙体处；外墙四角和对应转角；错层部位横墙与外纵墙交接处；大房间内外交接处；较大洞口两侧	隔 12m 或单元墙与外纵墙交接处；楼梯间对应的另一侧内横墙与外纵墙交接处
六	五	四		隔开间横墙（轴线）与外墙交接处，山墙与内纵墙交接处
七	≥六	≥五		内墙（轴线）与外墙交接处，内墙的局部较小墙垛处；内纵墙与横墙（轴线）交接处

注：较大洞口，内墙指不小于 2.1m 的洞口，外墙在内外墙交接处已经设置构造柱的应允许适当放宽，但洞侧墙体应增加。

6.2.2 外廊式或单面走廊式的多层房屋，应根据房屋增加一层后的层数，按本规程表 6.2.1 要求设置构造柱，单面走廊两侧的纵墙均应按外墙处理。教学楼、医院等横墙较少的房屋，应根据房屋增加二层后的层数，按本规程表 6.2.1 的要求设置构造柱。

6.2.3 构造柱应符合下列规定：

1 构造柱最小截面尺寸不应小于 190mm×190mm，且不应小于交接处墙体厚度。纵向钢筋不小于 4φ12，箍筋直径不应小于 6mm，间距不宜大于 200mm，且在圈梁相交的节点处应适当加密，加密范围在圈梁上下均不应小于 1/6 层高及 450mm 中之较大者，箍筋间距不宜大于 100mm。房屋四大角的构造柱可适当加大截面及配筋。

2 房屋高度和层数接近本规程表 6.1.2 的限值时，纵横墙内构造柱尚应符合下列规定：

 1）横墙内的构造柱间距不宜大于层高的 2 倍；下部 1/3 楼层的构造柱间距宜适当减小；

 2）当外纵墙开间大于 3.9m 时，应另设加强措施。内纵墙的构造柱间距不宜大于 4.2m。

3 当 7 度区超过 6 层、8 度区超过 5 层时，构造柱的纵向钢筋宜采用 4φ14，箍筋间距不宜大于 200mm。

4 构造柱与墙体的连接处宜砌成马牙槎，并沿墙高每 500mm 设 2φ6 的拉结钢筋，每边伸入墙内不宜小于 1000mm（图 6.2.3-1）；相邻的拉结钢筋伸入

墙体的端部位置上下应错开 150mm。

5 构造柱可不单独设置基础，但应伸入室外地面下不小于 500mm（图 6.2.3-2），或锚入距室外地面小于 500mm 的基础圈梁内。当遇有管沟时，应伸到管沟下。

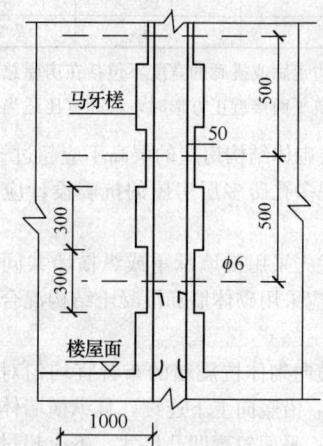

图 6.2.3-1 拉结钢筋布置及马牙槎示意

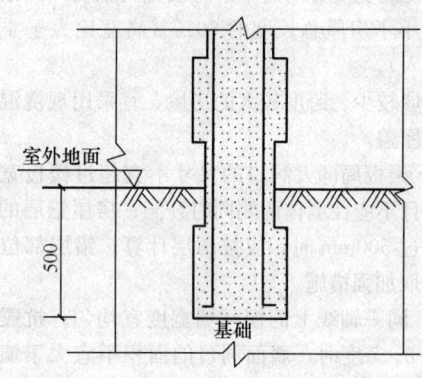

图 6.2.3-2 构造柱基础示意

6.2.4 淤泥多孔砖房屋的现浇钢筋混凝土圈梁设置应符合下列规定：

1 横墙承重时，装配式钢筋混凝土楼、屋盖或木楼、屋盖房屋的各类墙的现浇钢筋混凝土圈梁设置应符合表 6.2.4 的规定；纵墙承重时，抗震横墙上的圈梁间距应比表内要求适当加密。

表 6.2.4 现浇钢筋混凝土圈梁设置

墙类	6 度和 7 度	8 度
外墙及内纵墙	屋盖及每层楼盖处	屋盖及每层楼盖处
内横墙	同上，屋盖处间距不应大于 4.5m，楼盖处间距不应大于 7.2m；构造柱对应部位	同上，屋盖处沿所有横墙，且间距不应大于 4.5m；构造柱对应部位

2 现浇或装配整体式钢筋混凝土楼、屋盖与墙

体有可靠连接的房屋可不另设圈梁，但楼板边沿应加 2φ12 的加强钢筋，并应与相应构造柱可靠连接。

6.2.5 现浇钢筋混凝土圈梁构造应符合下列规定：

1 同一标高的圈梁应闭合，遇有洞口应上下搭接。圈梁应与预制板设在同一标高处或紧靠板底。

2 当横墙间距大于本规程表 6.2.4 规定的间距时，应在梁或板缝中设置钢筋混凝土现浇带替代圈梁。

3 圈梁钢筋应伸入构造柱内，并应有可靠锚固。伸入顶层圈梁的构造柱钢筋锚固长度不应小于 40 倍钢筋直径。

4 圈梁的截面高度不应小于 200mm，圈梁配筋应符合表 6.2.5 的规定。

表 6.2.5 圈梁配筋

配　筋	6 度和 7 度	8 度
最小纵筋	4φ10	4φ12
箍筋最大间距	250	200

6.2.6 淤泥多孔砖房屋的楼、屋盖应符合下列规定：

1 现浇钢筋混凝土楼板或屋面板，伸进纵、横墙的长度均不应小于 120mm。

2 装配式钢筋混凝土楼板或屋面板，当圈梁未设在板的同一标高时，板端伸进外墙的长度不应小于 120mm，伸进内墙的长度不应小于 100mm，在梁上不应小于 80mm。

3 当板的跨度大于 4.8m 并与外墙平行时，靠外墙的预制板侧边应与墙或圈梁拉结。

4 房屋端部大房间的楼盖，6 度时房屋的屋盖和 7、8 度时房屋的楼、屋盖，当圈梁设在板底时，钢筋混凝土预制板应相互拉结，并应与梁、墙或圈梁拉结。

6.2.7 淤泥多孔砖房屋楼、屋盖的连接应符合下列规定：

1 楼、屋盖的钢筋混凝土梁或屋架，应与墙、柱（包括构造柱）或圈梁可靠连接，梁与砖柱的连接不应削弱砖柱截面，各层独立砖柱顶部应在两个方向均有可靠连接。

2 坡屋顶房屋的屋架应与顶层圈梁可靠连接，檩条或屋面板应与墙及屋架可靠连接，房屋出入口处的檐口瓦应与屋面构件锚固。

6.2.8 淤泥多孔砖房屋楼梯间应符合下列规定：

1 装配式楼梯段应与平台板的梁可靠连接，8 度时不应采用装配式楼梯段；不应采用墙中悬挑式踏步或踏步竖肋插入墙体的楼梯，不应采用无筋砖砌栏板。

2 楼梯间及门厅内墙阳角处的大梁支承长度不应小于 500mm，并应与圈梁连接。

3 顶层楼梯间墙体应沿墙高每隔 500mm 设 2φ6 通长钢筋和 φ4 分布短钢筋平面内点焊组成的拉结网片或 φ4 点焊网片；7 度～8 度时其他各层楼梯间墙体应在休息平台或楼层半高处设置 60mm 厚、纵向钢筋不应少于 2φ10 的钢筋混凝土带或配筋砖带，配筋砖带不少于 3 皮，每皮的配筋不少于 2φ6，砂浆强度等级不应低于 M7.5 且不低于同层墙体的砂浆强度等级。

4 突出屋顶的楼、电梯间，构造柱应伸到顶部，并与顶部圈梁连接，所有墙体应沿墙高每个 500mm 设 2φ6 通长钢筋和 φ4 分布短筋平面内点焊组成的拉结网片或 φ4 点焊网片。

6.2.9 抗震设防区在 7 度～8 度时的多层淤泥多孔砖砌体房屋，纵墙及承重横墙应采用水平配筋砌体，其钢筋直径不大于 φ6，配筋率应符合下列规定：

1 设防烈度为 7 度时，配筋率不应小于 0.05%。

2 设防烈度为 8 度时，配筋率不应小于 0.07%。

7 施工和质量验收

7.1 施工准备

7.1.1 淤泥多孔砖的规格、密度等级、强度等级应符合设计要求，并应按现行国家标准《烧结多孔砖和多孔砌块》GB 13544 的有关规定进行检验和验收。

7.1.2 淤泥多孔砖在运输、装卸过程中，不得倾倒和抛掷。经验收合格的砖，应分类堆放整齐，堆置高度不宜超过 2m。

7.1.3 在常温状态下，淤泥多孔砖应提前 1d～2d 浇水湿润，不得采用干砖或处于吸水饱和状态的砖砌筑，砌筑时的相对含水率宜为 60%～70%。

7.1.4 砌筑砂浆及抹灰砂浆所用的水泥应符合下列规定：

1 水泥进场时应对其品种、等级、包装或散装仓号、出厂日期等进行检查，并应对其强度、安定性进行复验，其质量应符合现行国家标准《通用硅酸盐水泥》GB 175 的有关规定。

2 当在使用中对水泥质量有怀疑或水泥出厂超过三个月、快硬硅酸盐水泥超过一个月时，应复查试验，并应按复验结果使用。

3 不同品种的水泥，不得混合使用。

7.1.5 砂浆用砂宜采用过筛中砂，并应符合现行国家标准《建设用砂》GB/T 14684 有关规定。

7.1.6 拌制水泥混合砂浆用的石灰膏、粉煤灰和磨细生石灰粉应符合以下规定：

1 块状生石灰熟化为石灰膏，其熟化时间不得少于 7d；当采用磨细生石灰粉时，其熟化时间不得少于 2d；沉淀池中贮存的石灰膏，应防止干燥、冻结和污染。不应使用脱水硬化的石灰膏；消石灰粉不应直接用于砂浆中。

2 粉煤灰的质量指标应符合现行行业标准《粉煤灰在混凝土及砂浆中应用技术规程》JGJ 28 的有关规定。

3 生石灰及磨细生石灰粉的质量应符合现行行业标准《建筑生石灰》JC/T 479 和《建筑生石灰粉》JC/T 480 的有关规定。

4 石灰膏的用量，可按稠度 12mm±10mm 计量。现场施工中，当石灰膏稠度与试配不一致时，石灰膏不同稠度时的换算系数可按表 7.1.6 采用。

表 7.1.6 石灰膏不同稠度时的换算系数

稠度（mm）	120	110	100	90	80	70	60	50	40	30
换算系数	1.00	0.99	0.97	0.95	0.93	0.92	0.90	0.88	0.87	0.86

7.1.7 当砂浆中掺入砌筑砂浆增塑剂、早强剂、缓凝剂、防冻剂、防水剂等砂浆外加剂，其品种和用量应经有资质的检测单位检验和试配确定。所用外加剂的技术性能应符合国家现行标准《混凝土外加剂》GB 8076、《混凝土外加剂应用技术规范》GB 50119、《砌筑砂浆增塑剂》JG/T 164、《砂浆、混凝土防水剂》JC 474 的质量要求。

7.1.8 拌制砂浆及混凝土用水应符合现行行业标准《混凝土用水标准》JGJ 63 的有关规定。

7.1.9 砌筑砂浆的配合比应采用重量比，配合比应经试验确定。施工时砌筑砂浆配制强度应按现行行业标准《砌筑砂浆配合比设计规程》JGJ/T 98 的有关规定确定。

7.1.10 砌筑砂浆及抹灰砂浆宜采用预拌砂浆，预拌砂浆质量应符合现行国家标准《预拌砂浆》GB/T 25181 的有关规定。

7.1.11 混凝土配合比设计应符合现行行业标准《普通混凝土配合比设计规程》JGJ 55 的有关规定。

7.2 施工技术要求

7.2.1 不同品种的砖不得在同一楼层混砌。

7.2.2 砖砌体组砌方法应正确，内外搭砌，上下错缝。清水墙、窗间墙无通缝。

7.2.3 砌体灰缝应横平竖直，厚薄均匀，水平灰缝厚度和竖向灰缝宽度宜为 10mm，不应小于 8mm，不应大于 12mm。

7.2.4 砌体灰缝砂浆应饱满，水平灰缝的砂浆饱满度不得低于 80%，竖向灰缝宜采用加浆填灌的方法，使其砂浆饱满，不得用水冲浆灌缝。

对抗震设防地区砌体应采用一铲灰、一块砖、一揉压的"三一"砌砖法砌筑。对非地震区可采用铺浆法砌筑，铺浆长度不得超过 750mm，当施工期间最高气温高于 30℃时，铺浆长度不得超过 500mm。

7.2.5 砌筑砌体时，多孔砖的孔洞应垂直于受压面；砌筑第一皮砖前应排砖擦底。

7.2.6 砌筑砂浆应采用机械拌合，拌合时间，自投料完算起，应符合下列规定：

1 水泥砂浆和水泥混合砂浆，不得少于 2min。

2 水泥粉煤灰砂浆和有机塑化剂砂浆，不得少于 3min。

3 掺用塑剂的砂浆，其搅拌方式、搅拌时间应符合现行行业标准《砌筑砂浆增塑剂》JG/T 164 的有关规定。

7.2.7 现场拌制砂浆应随拌随用。拌制的砂浆应在拌成后 3h 内使用完毕；当施工期间最高气温超过 30℃时，应在拌成后 2h 内使用完毕。超过上述时间的砂浆，不得再拌合使用。

7.2.8 砖砌体的转角处和交接处应同时砌筑，不得将无可靠措施的内外墙分砌施工。在抗震设防烈度为 8 度的地区，对不能同时砌筑而又必需留置的临时间断处应砌成斜槎，斜槎长高比不应小于 1/2。斜槎高度不得超过一步脚手架的高度。

7.2.9 非抗震设防及抗震设防烈度为 6 度、7 度地区，不能留斜槎时，除转角处外，可留置凸槎形式的直槎，并应加设拉结钢筋，拉结钢筋应符合下列规定：

1 墙中应沿墙厚放置 φ6 拉结钢筋，当墙厚大于 120mm 时，拉结钢筋间距应小于 120mm 墙厚；当墙厚为 120mm 时，应放置 2φ6 拉结钢筋。

2 间距沿墙高不应超过 500mm，且竖向间距偏差不应超过 100mm。

3 拉结钢筋埋入长度从留槎处算起每边均不应小于 500mm，对抗震设防烈度 6 度、7 度的地区，不应小于 1000mm。

4 拉结钢筋末端应有 90°弯钩。

7.2.10 砌体接槎时，应将接槎处的表面清理干净，浇水湿润并填实砂浆，保持灰缝平直。

7.2.11 砌筑完每一楼层后，应校核砌体的标高。当标高偏差超出本规程表 7.4.7 允许范围时，其偏差应在圈梁顶面通过调整上部灰缝厚度逐步校正。

7.2.12 砖墙每日砌筑高度不宜超过 1.8m，雨天施工时不宜超过 1.2m。

7.2.13 构造柱施工中沿整个建筑物高度应对正贯通，构造柱钢筋位置应准确。

7.2.14 设置构造柱的墙体应先砌墙后浇灌混凝土，浇灌构造柱混凝土前应将砖砌体和模板浇水润湿并将模板内的落地灰、砖渣等清除干净。

7.2.15 构造柱混凝土分段浇灌时，在新老混凝土接槎处，应先用水冲洗、润湿，然后用原混凝土配合比去掉石子的水泥砂浆再铺 10mm～20mm 厚，方可继续浇灌混凝土。

7.2.16 浇捣构造柱混凝土时，宜采用插入式振捣棒。振捣时振捣棒应避免直接触碰砖墙，不得通过砖墙传振。

7.2.17 冬期施工时，应符合现行行业标准《建筑工程冬期施工规程》JGJ/T 104 的有关规定。

7.3 安全措施

7.3.1 外墙砌筑当采用外侧砌法时，其脚手架应符合现行国家标准《建筑施工扣件式钢管脚手架安全技术规范》JGJ 130 的有关规定。

7.3.2 砌体相邻工作段的高度差，不得超过一层楼的高度，也不宜大于 3.6m。工作段的分段位置，宜设在伸缩缝、沉降缝、防震缝、构造柱或门窗洞口处。

7.3.3 尚未安装楼板或屋面板的墙和柱，其抗风允许自由高度应按国家现行有关标准的要求进行验算。

7.3.4 雨天不宜在露天砌筑墙体，对下雨当日砌筑的墙体应进行遮盖，防止雨水冲刷砂浆。

7.3.5 施工中需在砖墙中留的临时洞口，其侧边离交接处的墙面不应小于 0.5m，洞口净宽度不应超过 1.0m；洞口顶部宜设置钢筋混凝土过梁。

7.4 工程质量检验

7.4.1 砂浆强度等级应以标准养护、龄期为 28d 的试块抗压试验结果为准。砂浆试样在搅拌机出料口随机抽样，每一楼层或 250m³ 砌体中的各种强度等级的砂浆，每台搅拌机应至少检查一次，每次至少应制作一组试块。当砂浆强度等级或配合比变更时，应重新制作试块。

7.4.2 砂浆试块强度应符合下列规定：

1 同一验收批砂浆抗压强度平均值应大于或等于设计强度等级值的 1.1 倍。

2 同一验收批中砂浆抗压强度的最小一组平均值应大于或等于设计强度等级值的 85%。

3 砂浆强度应以标准养护、28d 龄期的试块抗压强度为准。

7.4.3 在砌筑过程中，砌体水平灰缝的砂浆饱满度，每步架至少应抽查 3 处，每处抽查 3 块砖，其平均值不得低于 80%。

7.4.4 淤泥多孔砖砌体结构工程检验批的划分应同时符合下列规定：

1 所用材料类型及同类型材料的强度等级相同。

2 不应超过 250m³ 砌体。

3 主体结构砌体一个楼层，基础砌体可按一个楼层计；填充墙砌体量少时可多个楼层合并。

7.4.5 混凝土试块强度的检验和评定，应按现行国家标准《混凝土强度检验评定标准》GB/T 50107 的有关规定执行。

7.4.6 构造柱混凝土应振捣密实，不应露筋。

7.4.7 砌体尺寸和位置的允许偏差应按表 7.4.7 确定。

表 7.4.7 砌体尺寸和位置的允许偏差

序号	项目			允许偏差（mm）		检验方法
				墙	柱	
1	轴线位移			10	10	用经纬仪复查或检查施工记录
2	墙、柱顶面标高			±15	±15	用水平仪复查或检查施工记录
3	墙面垂直度	每层		5	5	用2m托线板检查
		全高	≤10m	10	10	用经纬仪或吊线和尺检查
			>10m	20	20	
4	表面平整度	清水墙、柱		5	5	用2m直尺和楔形塞尺检查
		混水墙、柱		8	8	
5	水平灰缝平直度	清水墙		7		拉10m线和尺检查
		混水墙		10		
6	清水墙游丁走缝			20		吊线和尺检查，以每层每一批砖为准
7	门窗洞口宽度（后塞口）			±5		用尺检查
8	外窗上下窗口偏移			20		以底层窗口为准，用经纬仪或吊线检查

7.5 工程验收

7.5.1 淤泥多孔砖砌体工程应对下列隐蔽工程进行验收。

1 砌体中的预埋拉结筋、钢筋网片。

2 圈梁、过梁及构造柱。

3 其他隐蔽项目。

7.5.2 淤泥多孔砖砌体工程验收时应提供下列资料：

1 设计及变更的设计文件。

2 施工执行的技术标准。

3 原材料出厂合格证书、产品性能检测报告和进场复验报告。

4 混凝土及砂浆试件抗压强度试验报告单。

5 混凝土及砂浆配合比通知单。

6 砌体工程施工记录。

7 隐蔽工程验收记录。

8 检验批验收记录。

9 分项工程验收记录。

10 重大技术问题的处理方案和验收记录。

11 其他必要的文件、记录。

7.5.3 淤泥多孔砖砌体工程的验收，应对砌体工程的观感质量做出总体评价。

7.5.4 有裂缝的砌体应按下列情况进行验收：

1 对不影响结构安全性的砌体裂缝，应予以验收，对明显影响使用功能和观感质量的裂缝，应进行处理。

2 对有可能影响结构安全性的砌体裂缝，应由有资质的检测单位检测鉴定，需返修或加固处理的，待返修或加固处理满足使用要求后进行二次验收。

7.5.5 当提供的文件、记录及外观检查的结果符合现行国家标准《建筑工程施工质量验收统一标准》GB 50300 和《砌体结构工程施工质量验收规范》GB 50203 的有关规定时，方可进行验收。

7.5.6 淤泥多孔砖砌体房屋的节能工程施工质量验收应符合现行国家标准《建筑节能工程施工质量验收规范》GB 50411 的有关要求。

附录 A　轴力影响系数 φ

A.0.1　无筋砌体矩形截面单向偏心受压构件（图 A.0.1）承载力的影响系数 φ 可按下列公式计算：

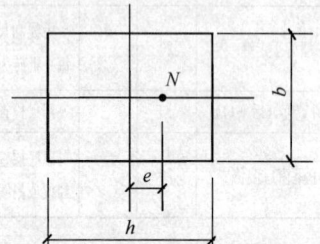

图 A.0.1　单向偏心受压
构件截面示意

当 $\beta \leqslant 3$ 时

$$\varphi = \frac{1}{1 + 12\left(\dfrac{e}{h}\right)^2} \tag{A.0.1-1}$$

当 $\beta > 3$ 时

$$\varphi = \frac{1}{1 + 12\left[\dfrac{e}{h} + \sqrt{\dfrac{1}{12}\left(\dfrac{1}{\varphi_0} - 1\right)}\right]^2} \tag{A.0.1-2}$$

$$\varphi_0 = \frac{1}{1 + \alpha\beta^2} \tag{A.0.1-3}$$

式中：e——轴向力的偏心距；

　　　h——矩形截面的轴向力偏心方向的边长（m）；

　　　φ——轴心受压构件承载力的影响系数；

　　　α——与砂浆强度等级有关的系数，当砂浆强度等级大于或等于 M5 时，α 等于 0.0015；当砂浆强度等级等于 M2.5 时，α 等于 0.002；当砂浆强度等级 f_2 等于 0 时，α 等于 0.009；

　　　β——构件的高厚比。

计算 T 形截面受压构件时应以折算厚度 h_t 代替公式（A.0.1-2）中的 h，h_t 应按下式计算：

$$h_t = 3.5i \tag{A.0.1-4}$$

式中：i——T 形截面的回转半径（m）。

A.0.2　无筋砌体矩形截面双向偏心受压构件（图 A.0.2）承载力的影响系数可按下列公式计算：

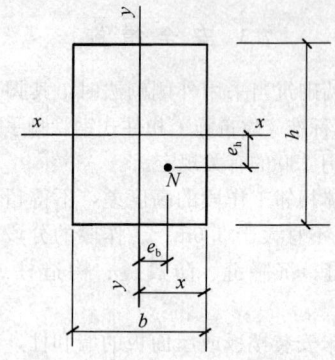

图 A.0.2　双向偏心受压构件截面示意

$$\varphi = \frac{1}{1 + 12\left[\left(\dfrac{e_b + e_{ib}}{b}\right)^2 + \left(\dfrac{e_h + e_{ih}}{h}\right)^2\right]} \tag{A.0.2-1}$$

$$e_{ib} = \frac{b}{\sqrt{12}}\sqrt{\frac{1}{\varphi_0} - 1}\left(\frac{\dfrac{e_h}{b}}{\dfrac{e_b}{b} + \dfrac{e_h}{h}}\right) \tag{A.0.2-2}$$

$$e_{ih} = \frac{h}{\sqrt{12}}\sqrt{\frac{1}{\varphi_0} - 1}\left(\frac{\dfrac{e_h}{b}}{\dfrac{e_b}{b} + \dfrac{e_h}{h}}\right) \tag{A.0.2-3}$$

式中：e_b、e_h——轴向力在截面重心 x 轴、y 轴方向的偏心距（m），e_b、e_h 宜分别不大于 $0.5x$ 和 $0.5y$；

　　　x、y——自截面重心沿 x 轴、y 轴至轴向力所在偏心方向截面边缘的距离（m）；

　　　e_{ib}、e_{ih}——轴向力在截面重心 x 轴、y 轴方向的附加偏心距（m）。

当一个方向的偏心率（e_b/b 或 e_h/h）不大于另一个方向的偏心率的 5% 时，可简化按另一个方向的单向偏心受压，按本规程第 A.0.1 条的规定确定承载力的影响系数。

A.0.3　无筋砌体矩形截面单向偏心受压构件承载力的影响系数 φ 可按表 A.0.3-1～表 A.0.3-3 取值。

表 A.0.3-1　影响系数 φ（砂浆强度等级 $\geqslant$ M5）

β	e/h 或 e/h_T						
	0	0.025	0.05	0.075	0.1	0.125	0.15
$\leqslant 3$	1	0.99	0.97	0.94	0.89	0.84	0.79
4	0.98	0.95	0.90	0.85	0.80	0.74	0.69
6	0.95	0.91	0.86	0.81	0.75	0.69	0.64
8	0.91	0.86	0.81	0.76	0.70	0.64	0.59
10	0.87	0.82	0.76	0.71	0.65	0.60	0.50

β	e/h 或 e/h_T						
	0	0.025	0.05	0.075	0.1	0.125	0.15
12	0.82	0.77	0.71	0.66	0.60	0.55	0.51
14	0.77	0.72	0.66	0.61	0.56	0.51	0.47
16	0.72	0.67	0.61	0.56	0.52	0.47	0.44
18	0.67	0.62	0.57	0.53	0.48	0.44	0.40
20	0.62	0.57	0.53	0.48	0.44	0.40	0.37
22	0.58	0.53	0.49	0.45	0.41	0.38	0.35
24	0.54	0.49	0.45	0.41	0.38	0.35	0.32
26	0.50	0.46	0.42	0.38	0.35	0.33	0.30
28	0.46	0.42	0.39	0.36	0.33	0.30	0.28
30	0.42	0.39	0.36	0.33	0.31	0.28	0.26

β	e/h 或 e/h_T					
	0.175	0.2	0.225	0.25	0.275	0.3
≤3	0.73	0.68	0.62	0.57	0.52	0.48
4	0.64	0.58	0.53	0.49	0.45	0.41
6	0.59	0.54	0.49	0.45	0.42	0.38
8	0.54	0.50	0.46	0.42	0.39	0.36
10	0.50	0.46	0.42	0.39	0.36	0.33
12	0.47	0.43	0.39	0.36	0.33	0.31
14	0.43	0.40	0.36	0.34	0.31	0.29
16	0.40	0.37	0.34	0.31	0.29	0.27
18	0.37	0.34	0.31	0.29	0.27	0.25
20	0.34	0.32	0.29	0.27	0.25	0.23
22	0.32	0.30	0.27	0.25	0.24	0.22
24	0.30	0.28	0.26	0.24	0.22	0.21
26	0.28	0.26	0.24	0.22	0.21	0.19
28	0.26	0.24	0.22	0.21	0.19	0.18
30	0.24	0.22	0.21	0.20	0.18	0.17

表 A.0.3-2　影响系数 φ（砂浆强度等级 M2.5）

β	e/h 或 e/h_T						
	0	0.025	0.05	0.075	0.1	0.125	0.15
≤3	1	0.99	0.97	0.94	0.89	0.84	0.79
4	0.97	0.94	0.89	0.84	0.78	0.73	0.67
6	0.93	0.89	0.84	0.78	0.73	0.67	0.62
8	0.89	0.84	0.78	0.72	0.67	0.62	0.57
10	0.83	0.78	0.72	0.67	0.61	0.56	0.52
12	0.78	0.72	0.67	0.61	0.56	0.52	0.47
14	0.72	0.66	0.61	0.56	0.51	0.47	0.43
16	0.66	0.61	0.56	0.51	0.47	0.43	0.40
18	0.61	0.56	0.51	0.47	0.43	0.40	0.36
20	0.56	0.51	0.47	0.43	0.39	0.36	0.33
22	0.51	0.47	0.43	0.39	0.36	0.33	0.31
24	0.46	0.43	0.39	0.36	0.33	0.31	0.28
26	0.42	0.39	0.36	0.33	0.31	0.28	0.26
28	0.39	0.36	0.33	0.30	0.28	0.26	0.24
30	0.36	0.33	0.30	0.28	0.26	0.24	0.22

β	e/h 或 e/h_T					
	0.175	0.2	0.225	0.25	0.275	0.3
≤3	0.73	0.68	0.62	0.57	0.52	0.48
4	0.62	0.57	0.52	0.48	0.44	0.40
6	0.57	0.52	0.48	0.44	0.40	0.37
8	0.52	0.48	0.44	0.40	0.37	0.34
10	0.47	0.43	0.40	0.37	0.34	0.31
12	0.43	0.40	0.37	0.34	0.31	0.29
14	0.40	0.36	0.34	0.31	0.29	0.27
16	0.36	0.34	0.31	0.29	0.26	0.25
18	0.33	0.31	0.29	0.26	0.24	0.23
20	0.31	0.28	0.26	0.24	0.23	0.21
22	0.28	0.26	0.24	0.23	0.21	0.20
24	0.26	0.24	0.23	0.21	0.20	0.18
26	0.24	0.22	0.21	0.20	0.18	0.17
28	0.22	0.21	0.20	0.18	0.17	0.16
30	0.21	0.20	0.18	0.17	0.16	0.15

表 A.0.3-3　影响系数 φ（砂浆强度等级 0）

β	e/h 或 e/h_T						
	0	0.025	0.05	0.075	0.1	0.125	0.15
≤3	1	0.99	0.97	0.94	0.89	0.84	0.79
4	0.87	0.82	0.77	0.71	0.66	0.60	0.55
6	0.76	0.70	0.65	0.59	0.54	0.50	0.46
8	0.63	0.58	0.54	0.49	0.45	0.41	0.38
10	0.53	0.48	0.44	0.41	0.37	0.34	0.32
12	0.44	0.40	0.37	0.34	0.31	0.29	0.27
14	0.36	0.33	0.31	0.28	0.26	0.24	0.23
16	0.30	0.28	0.26	0.24	0.22	0.21	0.19
18	0.26	0.24	0.22	0.21	0.19	0.18	0.17
20	0.22	0.20	0.19	0.18	0.16	0.15	0.15
22	0.19	0.18	0.16	0.15	0.14	0.14	0.13
24	0.16	0.15	0.14	0.13	0.13	0.12	0.101
26	0.14	0.13	0.13	0.12	0.11	0.11	0.10
28	0.12	0.12	0.11	0.11	0.10	0.10	0.09
30	0.11	0.10	0.10	0.09	0.09	0.09	0.08

β	e/h 或 e/h_T					
	0.175	0.2	0.225	0.25	0.275	0.3
≤3	0.73	0.68	0.62	0.57	0.52	0.48
4	0.51	0.46	0.43	0.39	0.36	0.33
6	0.42	0.39	0.36	0.33	0.30	0.28
8	0.35	0.32	0.30	0.28	0.25	0.24
10	0.29	0.27	0.25	0.23	0.22	0.20
12	0.25	0.23	0.21	0.20	0.19	0.17
14	0.21	0.20	0.18	0.17	0.16	0.15
16	0.18	0.17	0.16	0.15	0.14	0.13
18	0.16	0.15	0.14	0.13	0.12	0.12
20	0.14	0.13	0.12	0.12	0.11	0.10
22	0.12	0.12	0.11	0.10	0.10	0.09
24	0.11	0.10	0.10	0.09	0.09	0.08
26	0.10	0.09	0.09	0.08	0.08	0.07
28	0.09	0.08	0.08	0.08	0.07	0.07
30	0.08	0.07	0.07	0.07	0.07	0.06

本规程用词说明

1 为便于在执行本规程条文时区别对待,对要求严格程度不同的用词说明如下:

   1) 表示很严格,非这样做不可的用词:

      正面词采用"必须",反面词采用"严禁";

   2) 表示严格,在正常情况下均应这样做的用词:

      正面词采用"应",反面词采用"不应"或"不得";

   3) 表示允许稍有选择,在条件许可时首先应这样做的用词:

      正面词采用"宜",反面词采用"不宜";

   4) 表示有选择,在一定条件下可以这样做的用词,采用"可"。

2 条文中指明应按其他有关标准执行的写法为:"应符合……的规定"或"应按……执行"。

引用标准名录

1 《砌体结构设计规范》GB 50003

2 《建筑地基基础设计规范》GB 50007

3 《建筑抗震设计规范》GB 50011-2010

4 《建筑设计防火规范》GB 50016

5 《混凝土外加剂应用技术规范》GB 50119

6 《砌体结构工程施工质量验收规范》GB 50203

7 《建筑工程施工质量验收统一标准》GB 50300

8 《建筑节能工程施工质量验收规范》GB 50411

9 《墙体材料应用统一技术规范》GB 50574

10 《混凝土强度检验评定标准》GB/T 50107

11 《通用硅酸盐水泥》GB 175

12 《混凝土外加剂》GB 8076

13 《烧结多孔砖和多孔砌块》GB 13544

14 《建设用砂》GB/T 14684

15 《预拌砂浆》GB/T 25181

16 《粉煤灰在混凝土及砂浆中应用技术规程》JGJ 28

17 《普通混凝土配合比设计规程》JGJ 55

18 《混凝土用水标准》JGJ 63

19 《砌筑砂浆配合比设计规程》JGJ/T 98

20 《建筑工程冬期施工规程》JGJ/T 104

21 《建筑施工扣件式钢管脚手架安全技术规范》JGJ 130

22 《砌筑砂浆增塑剂》JG/T 164

23 《砂浆、混凝土防水剂》JC 474

24 《建筑生石灰》JC/T 479

25 《建筑生石灰粉》JC/T 480

中华人民共和国行业标准

淤泥多孔砖应用技术规程

JGJ/T 293—2013

条 文 说 明

制 订 说 明

《淤泥多孔砖应用技术规程》JGJ/T 293-2013,经住房和城乡建设部 2013 年 5 月 13 日以第 32 号公告批准、发布。

本规程编制过程中,编制组总结了淤泥多孔砖的科研、生产、应用经验,进行了大量的调研和试验研究,在广泛征求意见的基础上完成了该规程的编制。本规程结合淤泥多孔砖的特点,根据结构安全和建筑节能的要求,经试验验证,合理确定了淤泥多孔砖砌体的力学和热工性能参数;规范了淤泥多孔砖的技术

性能,提出了建筑设计、结构设计、节能设计、施工和质量验收等要求。

为便于广大设计、施工、科研、学校等单位有关人员在使用本规程时能正确理解和执行条文规定,《淤泥多孔砖应用技术规程》编制组按章、节、条顺序编制了本规程的条文说明,对条文规定的目的、依据以及执行中需注意的有关事项进行了说明。但是,本条文说明不具备与规程正文同等的法律效力,仅供使用者作为理解和把握规程规定的参考。

目　次

1 总　　则

1.0.1 淤泥多孔砖是利用每年大量淤积在各地江、河、湖、渠中的淤泥制成的墙体材料，它的推广应用不但能替代普通黏土砖制品，保护土地资源，同时有助于改善墙体的热工性能，节约能源。制定本规程的目的，在于在现有条件下，能正确使用淤泥多孔砖，保证工程质量，提高经济效益和社会效益。

1.0.2 本条规定了淤泥多孔砖的适用范围。就地区而言，适用于非抗震设防区和抗震设防烈度为6度至8度的地区，其适用地区可包括黄河下游地区。

2　术语和符号

2.1　术　　语

本节规定了适用于本规程的有关术语。

2.1.2 淤泥多孔砖已列入国家定型产品。配砖由于用量少，有些地区尚未列入正式的产品，目前较普遍的做法是用淤泥实心砖作为淤泥多孔砖砌体的地下部分，同时又用作淤泥多孔砖的配砖。

2.1.6 热桥往往是由于该部位的传热系数比相邻部位大得多、保温隔热性能差得多所致，在围护结构中这是一种十分常见的现象。如砌体中的混凝土或钢筋混凝土的梁、柱、板等，预制保温中的肋条，夹心保温墙中为拉结内外两片墙体设置的金属连接件，外保温墙体中为固定保温板加设的金属锚固件等。

3　材　　料

3.0.1 材料强度等级的合理限定，关系到多孔砖砌体结构房屋的安全性、耐久性。

淤泥多孔砖的砌体试验也表明：仅用含孔洞块材的抗压强度作为衡量其强度指标是不全面的，多孔砖孔型、孔的布置不合理将导致块体的抗折强度降低很大，降低了墙体的延性，墙体容易开裂。当前，制砖企业或模具制造企业随意确定砖型、孔型及砖的细部尺寸现象较为普遍，已发生影响墙体质量的案例，对此必须引起重视。国家标准《墙体材料应用统一技术规范》GB 50574，明确规定需控制用于承重的多孔砖的折压比。

3.0.2 淤泥多孔砖密度等级的划分。

3.0.3 各企业可按本规程示范的孔结构及孔洞率组织生产，亦可设计适合当地建筑要求且满足标准孔结构及孔洞率规定的淤泥多孔砖。

孔洞的设计建议采用下列尺寸：

1 孔洞尺寸

孔宽尺寸应保持一致，孔洞宽度宜为10mm～12mm。

2 拐角处理

孔洞拐角处宜设置倒角，倒角的圆角半径宜为2mm～4mm。

3 手抓孔

对于较大尺寸的砖、砖体中心位置可设方形或圆形的单指手抓孔，边长尺寸宜为30mm～40mm。

4 外壁及内肋厚度

外壁厚度不应小于12mm，肋厚宜为8mm～10mm。

3.0.4、3.0.5 由于淤泥多孔砖砌体具有较普通砖砌体更为显著的脆性破坏特征，本条款特规定在一定条件下的强度调整系数。淤泥多孔砖的抗压强度设计值和抗剪强度设计值，根据全国众多单位的试验研究结果，综合统计分析，均采用普通砖砌体的相应指标。编制组组织河南境内黄河淤泥、山东境内黄河淤泥、长江淤泥、福建淤泥制成的淤泥烧结砖进行了抗压试验、抗剪试验，各单位相同条件下对比试验结果，两项指标均相当或略高于普通烧结多孔砖。

3.0.6、3.0.7 本条系参照现行国家标准《多孔砖砌体结构技术规范》JGJ 137 编写的。由于淤泥多孔砖砌体具有较普通砖砌体更为显著的脆性破坏特征，本条款特规定在一定条件下的强度调整系数。

4　建筑和节能设计

4.1　建　筑　设　计

4.1.1 由于淤泥多孔砖不利于地下建筑的防水、防潮，故作此规定；合理的建筑布置在抗震设计中是头等重要的，建筑设计提倡平、立面简单对称。因为震害表明，简单、对称的建筑在地震时较不容易破坏。规则的建筑结构体现在体型简单，抗侧力体系的刚度和承载力上下变化连续、均匀，平面布置基本对称。即在平面、竖向图形或抗侧力体系上，没有明显的、实质的不连续。本条主要对建筑师的建筑设计方案提出了要求。首先应符合合理的抗震概念设计原则，强调应避免采用严重不规则的设计方案。

4.1.2 淤泥多孔砖的耐火极限取值是国内各地一些厂家和科研单位测试数值并参考了其他国家的有关标准来确定的。考虑到各地淤泥多孔砖原材料的不同以及生产水平的参差不齐，取值比实测值略有降低，以保证安全。当290mm淤泥多孔砖墙体，墙面粉刷双抹面10mm厚水泥砂浆或者混合砂浆各10mm厚时，其耐火极限可提高到大于4.0h。根据防火规范，可作为耐火等级为一级、二级的建筑物的防火墙。

4.2　节　能　设　计

4.2.1 根据我国建筑热工设计分区划分和建筑类别，

建筑节能设计应该满足现行国家标准《公共建筑节能设计标准》GB 50189 或现行行业标准《严寒和寒冷地区居住建筑节能设计标准》JGJ 26、《夏热冬冷地区居住建筑节能设计标准》JGJ 134 及《夏热冬暖地区居住建筑节能设计标准》JGJ 75 的要求。

4.2.2 由于我国幅员辽阔，各地区气候差异很大。为了使建筑物适应各地不同的气候条件，满足节能要求，应根据建筑物类型、所处的建筑气候分区，确定建筑外墙传热系数限制。

《公共建筑节能设计标准》GB 50189 - 2005 第 4.2.2 条、《严寒和寒冷地区居住建筑节能设计标准》JGJ 26 - 2010 第 4.2.2 条、《夏热冬冷地区居住建筑节能设计标准》JGJ 134 - 2010 第 4.0.4 条、《夏热冬暖地区居住建筑节能设计标准》JGJ 75 - 2003 第 4.0.6 条分别对不同类型、不同气候区域的建筑外墙传热系数提出了明确要求，本规程不再赘述。当淤泥多孔砖应用在建筑外墙时，不同类型、不同建筑气候分区的建筑外墙传热系数满足相应标准的条文即可。

5 结构静力设计

5.1 一般规定

5.1.1、5.1.2 根据《建筑结构可靠度设计统一标准》GB 50068，结构设计仍采用概率极限状态设计原则和分项系数表达的计算方法。

重点介绍了不同安全等级的建筑物分类和结构重要性系数的取值、砌体的强度设计值、砌体的强度标准值计算方法。

5.1.3 设计时，可按表 1 确定静力计算方案。

表 1 房屋的静力计算方案

	屋盖或楼盖类别	刚性方案	刚弹性方案	弹性方案
1	整体式、装配整体和装配式无檩体系钢筋混凝土屋盖或钢筋混凝土楼盖	$s<32$	$32\leqslant s\leqslant72$	$s>72$
2	装配式有檩体系钢筋混凝土屋盖、轻钢屋盖和有密铺望板的木屋盖或木楼盖	$s<20$	$20\leqslant s\leqslant48$	$s>48$
3	瓦材屋面的木屋盖和轻钢屋盖	$s<16$	$16\leqslant s\leqslant36$	$s>36$

5.1.4 计算表明，因屋盖梁下砌体承受的荷载一般较楼盖梁小，承载力裕度较大，当采用楼盖梁的支承长度后，对其承载力影响很小，这样做以简化设计计算。

5.1.6 《建筑抗震设计规范》GB 50011 - 2010 规定多孔砖房屋层数在 6 度区 21m，层数 7 层，结合多孔砖实际应用情况考虑到非地震区 6 度以下适当放宽改为"不宜超过 8 层或高度不得超过 24m"。

5.1.7 提示对淤泥多孔砖砌体非常重要，但设计时又容易忽略的局部受压部位的验算。

5.1.8 对于梁跨度大于 9m 的墙承重的多层房屋，

应考虑梁端约束弯矩影响的计算。

5.2 受压构件承载力计算

5.2.1、5.2.2 无筋砌体受压构件承载力的计算，具有概念清楚的特点：轴向力的偏心距按照荷载设计值计算，在通常情况下，直接采用其设计值代替标准值计算其偏心距，由此引起的承载力降低不超过 6%；承载力影响系数 φ 的公式，符合试验结果，计算简化。

5.2.3、5.2.4 主编及参编单位对各种不同类型的淤泥多孔砖进行了砌体偏心影响系数试验和长柱轴向稳定系数试验，试验结果中该两项指标与普通砖砌体相当，故本规程该条与现行国家标准《砌体结构设计规范》GB 50003 一致。

5.2.5 淤泥多孔砖偏心受压试验表明，相对偏心距 e/y 为 0.4 时，砌体受力较小的一边首先出现水平裂缝，随后受压较大的一边出现竖向裂缝。砖墙的受力特点是抗压承载力较高而抗拉能力很低，设计淤泥多孔砖房屋时应利用优点回避缺点。

5.2.6 考虑到淤泥多孔砖劈裂破坏特点，当砌体孔洞不能填实时，局部抗压强度不能提高。

5.3 墙、柱的允许高厚比

参考《砌体结构设计规范》GB 50003 中墙、柱允许高厚比要求的有关计算，由于施工中大多是先砌筑墙体再进行构造柱的浇筑，故在施工中应注意采取措施以保证设构造柱墙体的稳定性。

5.4 一般构造

5.4.1、5.4.2 针对淤泥多孔砖砌体承受局部集中荷载能力较低，容易出现局部受压裂缝等情况，提出的在设计时应注意的事项和做法。

5.4.3、5.4.4 对于设板底圈梁的 190mm 砖墙，预制板的支承长度可以满足要求，当无板底圈梁时，应采取其他加强构造措施。

5.4.7 水泥砂浆抹面用于保护砖墙，防止碰伤或损坏。

5.4.8 现行施工的工程以暗埋管线为主，施工中如果随意打凿墙体或随意预留沟槽，将严重削弱墙体的整体性能和受力性能，本规定正是针对此现象进行相应的限制。

5.4.9 本条旨在加强房屋的整体性，提出洞口两侧墙体损坏即有损主体结构以限制用户对其的破坏。

5.4.10 工程地面以下墙体易受地下水浸泡，将会降低淤泥多孔砖的强度和耐久性，故不宜用于地面以下。

5.5 圈梁、过梁

5.5.1~5.5.3 根据住宅商品化对房屋工程的质量要

求以及抗震的有关要求，加强了对圈梁的设置和构造要求，以提高房屋的整体性、抗震和抗倒塌能力。

5.5.4~5.5.6 当过梁上有一定高度的墙体时，不应完全将梁按照受弯构件计算。过梁与墙梁并无明显的分界定义，区别在于过梁支承于平行的墙体上，支承长度较长，且一般跨度较小，承受的梁板荷载比较小。当过梁跨度较大或承受较大的梁板荷载时，应按墙梁计算。

5.6 预防和减轻墙体裂缝措施

5.6.1 为防止或减轻砌体房屋因长度过大或由于温差和砌体干缩引起的墙体竖向整体裂缝，规定的伸缩缝的最大间距。但是，由于砌体房屋裂缝成因的复杂性，根据目前的技术经济水平，尚不能完全防止和杜绝由于钢筋混凝土屋盖的温度变形、砌体干缩变形或其他原因引起的墙体局部裂缝。

5.6.2、5.6.3 为了防止或减轻由于钢筋混凝土屋盖的温度变化和砌体干缩变形以及其他原因引起的墙体裂缝，使用者可根据自己的具体情况选用。

5.6.4 本条是根据《砌体结构设计规范》GB 50003有关措施提出的要求。

6 抗 震 设 计

6.1 一 般 规 定

6.1.2 多层砖房的抗震能力，除依赖于横墙间距、砖和砂浆强度等级、结构的整体性和施工质量因素外，还与房屋的总高度有直接的联系。基于砌体材料的脆性性质和震害经验，限制其层数和总高度是主要的抗震措施。

需要注意：房屋高度按有效数字控制，因此应注意室内外高差部分的计入。

6.1.3 多层砌体房屋一般可以不做整体弯曲验算，但为了保证房屋的稳定性，限制了其高宽比。

6.1.5 本条对淤泥多孔砖砌体房屋的建筑布置和结构体系做了较为详细规定。

根据历次地震调查统计，横墙承重及纵横墙承重的结构布置方案相对纵墙承重的结构布置方案，出现的破坏频率较低，因此，应优先使用。

避免采用混凝土墙与砌体墙混合承重的体系，防止地震时不同性能的材料的墙体被各个击破。

楼梯间墙体无各层楼板的侧向支承，还可能因楼梯踏步削弱楼梯间的墙体，尤其是楼梯间顶层，墙体有一层半楼层高度，震害加重。不得不在尽端开间时，应采取专门的加强措施。

房间的转角处不应设窗，避免局部破坏严重。

6.1.6 承载力抗震调整系数是结构抗震的重要依据，当对一般部位的淤泥多孔砖砌体剪压计算时，承载力抗震调整系数采用0.9，抗力偏大，因此建议取1.0；由于构造柱的约束作用对两端均设有构造柱的淤泥多孔砖砌体抗震墙受剪计算时承载力抗震调整系数为0.9。

6.1.7 根据国家标准《建筑抗震设计规范》GB 50011-2010，补充了结构的构件截面抗震验算的有关规定。

多层砌体房屋不符合下列要求之一时可视为平面不规则，抗震设防烈度为6度时仍要求进行多遇地震作用下的构件截面抗震验算。

1 平面轮廓凹凸尺寸，不超过典型尺寸的50%。

2 纵横向砌体抗震墙的布置均匀对称，沿平面内基本对齐；且同一轴线上的门、窗间墙宽度比较均匀；墙面洞口的面积，抗震设防烈度为6、7度时不宜大于墙面总面积的55%，抗震设防烈度为8度时不宜大于50%。

3 房屋纵横向抗震墙体的数量相差不大；横墙的间距和内纵墙累计长度满足国家标准《建筑抗震设计规范》GB 50011-2010的要求。

4 有效楼板宽度不小于该层楼板典型宽度的50%，或开洞面积不大于该层楼面面积的30%。

5 房屋错层的楼板高差不超过500mm。

6.1.8 多层砌体房屋的横向地震力主要由横墙承担，地震中横墙间距大小对房屋倒塌影响很大，不仅横墙需要有足够的承载力，且楼盖须有传递地震力给横墙的水平刚度，本条规定是为了满足楼盖对传递水平地震力所需的刚度要求。

6.1.9 砌体房屋局部尺寸的控制，在于防止因这些部位的失效，而造成整栋结构的破坏甚至倒塌。如采用另增设构造柱等措施，可适当放宽。

6.2 抗震构造措施

6.2.1、6.2.3 钢筋混凝土构造柱在多层淤泥多孔砖砌体结构中的应用，与普通砖砌体结构情况相同：

1 构造柱能提高砌体的受剪承载力10%～30%，提高幅度与墙体高宽比、竖向压力和开洞情况有关。

2 构造柱主要是对砌体起约束作用，使之有较高的变形能力。

3 构造柱应当设置在震害较重、连接构造比较薄弱和易于应力集中的部位。

6.2.4、6.2.5 圈梁能增强房屋的整体性，提高房屋的抗震能力，是抗震的有效措施，根据《建筑抗震设计规范》GB 50011-2010对淤泥多孔砖砌体结构中圈梁的设置进行规定。

6.2.6、6.2.7 砌体房屋楼、屋盖的抗震构造要求，包括楼板搁置长度、楼板与圈梁、墙体的拉结，屋架（梁）与墙、柱的锚固、拉结等，是保证楼、屋盖与墙体整体性的重要措施。

6.2.8 楼梯间由于比较空旷，在地震中常常破坏严重，必须采取有效的抗震措施。

突出屋顶的楼、电梯间，地震中受到较大的地震作用，因此在构造措施上也需要特别加强。

6.2.9 淤泥多孔砖墙体的延性较差，应当予以必要的构造措施保证其必要的变形能力。特别是抗震设防烈度为7、8度区多层房屋的底部2层～3层墙体更应加强。

7 施工和质量验收

7.1 施 工 准 备

7.1.1 在淤泥多孔砖砌体工程中，首先应按《烧结多孔砖和多孔砌块》GB 13544进行检验和验收。

7.1.2 淤泥多孔砖在工地进行人工二次倒运时，其破损率是普通实心砖的2倍～3倍，因此规定运输、装卸和堆放的做法。

7.1.3 砌筑时保持淤泥多孔砖一定的湿润度，对保证砌体质量和砌筑效率都有直接影响，但如果砌筑前临时浇水，砖表面容易形成水膜，影响砌体质量。

7.1.4 水泥的强度及安定性是判定水泥质量是否合格的两项主要技术指标，因此在水泥使用前应进行复验。

7.1.6 为了保证砌筑砂浆的质量，在砌筑砂浆中的粉煤灰、建筑生石灰、建筑生石灰粉，均应符合国家现行标准的质量要求。

7.1.7 由于在砌筑砂浆中掺用的砂浆增塑剂、早强剂、缓凝剂、防冻剂等产品种类繁多，性能及质量也存在差异，为了保证砌筑砂浆的性能和砌体的砌筑质量，应对外加剂的品种和用量进行检验和试配，符合要求后方可使用。

7.1.8 当水中含有有害物质时，将会影响水泥的正常凝结，并可能对钢筋产生锈蚀作用。

7.1.9 砌筑砂浆通过配合比设计确定的配合比，是使施工中砌筑砂浆达到设计强度等级，符合砂浆试块合格验收条件，减小砂浆强度离散性的重要保证。

7.1.10 混凝土配合比设计，常采用计算与试验相结合的方法，并进行调整，得出施工所需要的混凝土配合比。

7.2 施工技术要求

7.2.2 本条从确保砌体结构整体性和有利于结构承载出发，对组砌方法提出的基本要求，施工中应予满足。

7.2.3 灰缝横平竖直，厚薄均匀，不仅使砌体表面美观，又使砌体的变形及传力均匀。

7.2.4 灰缝饱满度达到73.6%时，砌体的抗压强度

能满足设计规范所规定的值。提出80%是保证砌体强度能满足设计要求。

"三一"砌砖法不论对水平灰缝还是竖向灰缝的砂浆饱满度都是有利的，从而对砌体的整体性和强度也是有利的。

7.2.5 淤泥多孔砖的孔洞垂直于受压面是保证砌体有最大的抗压和抗剪强度，砌筑前试摆，是为了协调组砌方式。

7.2.6 为了降低劳动强度和克服人工搅拌砂浆不易搅拌均匀的缺点，规定砌筑砂浆应采用机械搅拌，同时为了保证砌筑砂浆充分搅拌，保证其质量，对不同砂浆分别规定了搅拌时间。

7.2.7 根据有关试验和收集的国内资料，在一般气候情况下，水泥砂浆和水泥混合砂浆在3h和4h使用完，砂浆强度降低不会超过20%，虽然对砌体强度有所影响，但降低幅度在10%以内，又因为大部分砂浆已在之前使用完毕，对整个砌体的质量影响不大。当气温较高时，水泥凝结加速，砂浆拌制后的使用时间应予缩短。近年来，由于设计中对砌筑砂浆强度普遍提高，水泥用量增加，因此将砌筑砂浆拌制后的使用时间做了一些调整。

7.2.8、7.2.9 淤泥多孔砖砌体转角处和交接处的砌筑和接槎质量，是保证砌体结构整体性能和抗震性能的关键之一，而砌体的转角处和交接处同时砌筑，对保证砌体整体性能有益。

7.2.10 为了确保接槎处砌体的整体性和美观。

7.2.11 淤泥多孔砖砌体水平灰缝厚度过薄和过厚，会降低砌体强度，因此宜通过上部灰缝厚度逐步校正。

7.2.13～7.2.16 淤泥多孔砖砌体构造柱施工要求。

7.2.17 砌体及混凝土的冬期施工应符合现行行业标准《建筑工程冬期施工规程》JGJ/T 104的要求。

7.3 安 全 措 施

7.3.2 为了替留置斜槎创造有利条件，并有利于保证墙体的稳定性和组织流水施工，规定了砌体相邻工作段的高差不得超过一个楼层的高度，且不宜大于3.6m。

7.3.4 防止雨水冲刷砂浆减低砂浆强度的措施。

7.3.5 在墙体上留置临时洞口时，若留置不当，会削弱墙体的整体性，故此条对留置洞口位置和洞口顶部处理都做出了相应规定。

7.4 工程质量检验

7.4.1 为保证砂浆试块具有代表性，对砂浆试块的要求。

7.4.2 参照《砌体结构设计规范》GB 50003做出此条要求。

7.4.3 砌体中水平灰缝砂浆饱满度对砌体强度影响

明显，施工中应随时抽查。本条款源自《砌体结构工程施工质量验收规范》GB 50203。

7.4.7 允许偏差取自现行国家标准《砌体结构工程施工质量验收规范》GB 50203。

7.5 工 程 验 收

7.5.1 此条为淤泥多孔砖砌体应验收的隐蔽项目。

其他隐蔽项目包括防潮层、垫块等。

7.5.2 为工程必要的验收资料和文件。

7.5.3 工程验收时，除要进行资料检查外，还要进行外观抽查，才具有代表性和真实性。

7.5.4 砌体中的裂缝常有发生，且又涉及工程质量的验收。因此，本条分两种情况，对裂缝是否影响结构安全性作了不同的验收规定。

中华人民共和国国家标准

粉煤灰混凝土应用技术规范

GBJ 146—90

主编部门：中华人民共和国水利部
批准部门：中华人民共和国建设部
施行日期：1991年10月1日

关于发布国家标准《粉煤灰混凝土应用技术规范》的通知

（90）建标字第 697 号

根据原国家计委计综〔1985〕1 号文的要求，由水利部会同有关部门共同制订的《粉煤灰混凝土应用技术规范》，已经有关部门会审。现批准《粉煤灰混凝土应用技术规范》GBJ 146—90 为国家标准，自 1991 年 10 月 1 日起施行。

本规范由水利部负责管理，其具体解释等工作由水利水电科学研究院负责。出版发行由建设部标准定额研究所负责组织。

中华人民共和国建设部

1990 年 12 月 30 日

编 制 说 明

本规范是根据原国家计委（85）计综字 1 号文的要求，由水利水电科学研究院负责主编，并会同有关单位共同编制而成。

在本规范编制过程中，规范编制组进行了广泛的调查研究，认真总结了我国粉煤灰混凝土科研成果和工程的实践经验，参考了有关国家标准和国外先进标准，针对有关技术问题开展了科学研究与试验验证工作，并广泛征求了全国有关单位的意见。最后由我部会同有关部门审查定稿。

鉴于本规范系初次编制，在执行过程中，希各单位结合工程实践和科学研究，认真总结经验，注意积累资料，如发现需要修改和补充之处，请将意见和有关资料寄交水利水电科学研究院，（地址：北京复兴路甲 1 号，邮政编码：100038），以供今后修订时参考。

水利部

1990 年 12 月 1 日

目　　录

第一章 总 则

第1.0.1条 为了正确、合理地在混凝土中应用粉煤灰，使之掺入混凝土后达到改善混凝土性能、提高工程质量、节省水泥、降低混凝土成本、节约资源等要求，以适应基本建设发展的需要，特制订本规范。

第1.0.2条 本规范适用于各类工程建设中，在施工现场、集中搅拌站和预制厂，掺用粉煤灰的无筋混凝土、钢筋混凝土及预应力钢筋混凝土。

不适用于建筑砂浆和作为外加剂载体所应用的粉煤灰。

第1.0.3条 粉煤灰混凝土的应用，除执行本规范规定外，尚应符合国家现行的有关标准和规范的规定。

第二章 粉煤灰的技术要求

第一节 质量指标

第2.1.1条 用于混凝土中的粉煤灰质量的指标划分为三个等级。其质量指标应符合表2.1.1的规定。

粉煤灰质量指标的分级（%） 表2.1.1

质量指标 粉煤灰等级	细度 （45μm方孔筛筛余）	烧失量	需水量比	三氧化硫含量
I	≤12	≤5	≤95	≤3
II	≤20	≤8	≤105	≤3
III	≤45	≤15	≤115	≤3

第2.1.2条 干排法获得的粉煤灰，其含水量不宜大于1%；湿排法获得的粉煤灰，其质量应均匀。

第2.1.3条 主要用于改善混凝土和易性所采用的粉煤灰，可不受本规范的限制。

第二节 试验方法

第2.2.1条 粉煤灰的细度，应按本规范附录一《粉煤灰细度试验方法（气流筛法）》测定。

第2.2.2条 粉煤灰的烧失量、三氧化硫含量和含水量等，应按现行国家标准《水泥化学分析法》测定。

第2.2.3条 粉煤灰的需水量比试验方法，应按本规范附录二规定的试验方法测定。

第三节 验收要求

第2.3.1条 用灰单位应按本规范对粉煤灰进行按批检验。每批粉煤灰应有供灰单位的出厂合格证，合格证的内容应包括：厂名、合格证编号、粉煤灰等级、批号及出厂日期、粉煤灰数量及质量检验结果等。

第2.3.2条 粉煤灰的取样，应以连续供应的200t相同等级的粉煤灰为一批；不足200t者按一批计。

第2.3.3条 粉煤灰的取样，应符合下列规定：

一、散装灰的取样，应从每批不同部位取15份试样，每份不得少于1kg，混拌要均匀，按四分法缩取出比试验用量大一倍的试样。

二、袋装灰的取样，应从每批中任抽10袋，每袋各取试样不得少于1kg，按本条第一款的方式缩取。

第2.3.4条 每批的粉煤灰试样，应测定细度和烧失量。对同一供灰单位每月测定一次需水量比，每季应测定一次三氧化

硫含量。

第2.3.5条 粉煤灰的质量检验，应符合本规范对粉煤灰的各项质量指标规定。当有一项指标达不到规定要求时，应重新从同一批中加倍取样进行复检，复检后仍达不到要求时，该批粉煤灰应作为不合格品或降级处理。

第三章 粉煤灰混凝土的工程应用

第3.0.1条 粉煤灰用于混凝土工程可根据等级，按下列规定应用：

一、I级粉煤灰适用于钢筋混凝土和跨度小于6m的预应力钢筋混凝土。

二、II级粉煤灰适用于钢筋混凝土和无筋混凝土。

三、III级粉煤灰主要用于无筋混凝土。对设计强度等级C30及以上的无筋粉煤灰混凝土，宜采用I、II级粉煤灰。

四、用于预应力钢筋混凝土、钢筋混凝土及设计强度等级C30及以上的无筋混凝土的粉煤灰等级，如经试验论证，可采用比本条第一、二、三款规定低一级的粉煤灰。

第3.0.2条 粉煤灰用于跨度小于6m的预应力钢筋混凝土时，放松预应力前，粉煤灰混凝土的强度必须达到设计规定的强度等级，且不得小于20MPa。

第3.0.3条 配制泵送混凝土、大体积混凝土、抗渗结构混凝土、抗硫酸盐和抗软水侵蚀混凝土、蒸养混凝土、轻骨料混凝土、地下工程混凝土、水下工程混凝土、压浆混凝土及碾压混凝土等，宜掺用粉煤灰。

第3.0.4条 根据各类工程和各种施工条件的不同要求，粉煤灰可与各类外加剂同时使用。外加剂的适应性及合理掺量应由试验确定。

第3.0.5条 粉煤灰用于下列混凝土时，应采取相应措施：

一、粉煤灰用于要求高抗冻融性的混凝土时，必须掺入引气剂；

二、粉煤灰混凝土在低温条件下施工时，宜掺入对粉煤灰混凝土无害的早强剂或防冻剂，并应采取适当的保温措施；

三、用于早期脱模、提前负荷的粉煤灰混凝土，宜掺用高效减水剂、早强剂等外加剂。

第3.0.6条 掺有粉煤灰的钢筋混凝土，对含有氯盐外加剂的限制，应符合现行国家标准《混凝土外加剂应用技术规范》的有关规定。

第四章 粉煤灰混凝土配合比设计与粉煤灰取代水泥的最大限量

第一节 粉煤灰混凝土配合比设计

第4.1.1条 粉煤灰混凝土的设计强度等级、强度保证率、标准差及离差系数等指标，应与基准混凝土相同，其取值应按现行国家有关标准规范执行。

第4.1.2条 粉煤灰混凝土设计强度等级的龄期，地上工程宜为28d；地面工程宜为28d或60d；地下工程宜为60d或90d；大体积混凝土工程宜为90d或180d。在满足设计要求的条件下，以上各种工程采用的粉煤灰混凝土，其强度等级龄期也可采用相应的较长龄期。

第4.1.3条 混凝土中掺用粉煤灰可采用等量取代法、超量取代法和外加法。粉煤灰混凝土配合比设计，应按本规范附录三规定执行。

第4.1.4条 当粉煤灰混凝土配合比设计采用超量取代法时，

超量系数可按表4.1.4选用；当混凝土超强较大或配制大 体 积混凝土时，可采用等量取代法；当主要为改善混凝土的和易性时，

粉煤灰的超量系数 表4.1.4

粉 煤 灰 等 级	超 量 系 数
I	1.1～1.4
I	1.3～1.7
I	1.5～2.0

可采用外加法。

第4.1.5条 粉煤灰的含水率大于1％时，应从粉煤灰混凝土配合比用水量中扣除。粉煤灰混凝土中掺入引气剂时，其增加的空气体积应在配合比设计的混凝土体积中扣除。

第二节 粉煤灰取代水泥的最大限量

第4.2.1条 粉煤灰在各种混凝土中取 代 水 泥 的 最 大 限量（以重量计），应符合表4.2.1的规定。

粉煤灰取代水泥的最大限量 表4.2.1

混凝土种类	粉煤灰取代水泥的最大限量（％）			
	硅酸盐水泥	普通硅酸盐水泥	矿渣硅酸盐水泥	火山灰质硅酸盐水泥
预应力钢筋混凝土	25	15	10	～
钢筋混凝土 高强度混凝土 高抗渗融性混凝土 蒸养混凝土	30	25	20	15
中、低强度混凝土 泵送混凝土 大体积混凝土 水下混凝土 地下混凝土 压浆混凝土	50	40	30	20
碾压混凝土	65	55	45	35

第4.2.2条 当钢筋混凝土中钢筋保护层厚度小于5cm时,粉煤灰取代水泥的最大限量，应比表4.2.1的规定相应减少5％。

第五章 粉煤灰混凝土的施工

第5.0.1条 粉煤灰掺入混凝土中的方式，可采用干掺或湿掺。其掺入方法应符合下列要求：

一、干掺时，干粉煤灰单独计量，与水泥、砂、石、水等材料按规定次序加入搅拌机进行搅拌；

二、湿掺时，先将粉煤灰配制成粉煤灰与水及外加剂的悬浮浆液，与砂、石等材料按规定次序加入搅拌机进行搅拌。

第5.0.2条 使用干态或湿态粉煤灰应以重量计量，称量误差不得超过±2％。粉煤灰中的含水量，应在拌合水中扣除。

第5.0.3条 粉煤灰混凝土拌合物必须搅拌均匀，其搅拌时间应比基准混凝土延长10～30s。

第5.0.4条 粉煤灰混凝土浇筑时，不得漏振或过振。振捣后的粉煤灰混凝土表面，不得出现明显的粉煤灰浮浆层。

第5.0.5条 粉煤灰混凝土振捣完毕后，应加强养护，混凝土表面宜加遮盖，并保持湿润。暴露面的潮湿养护时间，不得少于14d；干燥或炎热气候条件下的潮湿养护时间，不得少于21d。

第5.0.6条 粉煤灰混凝土在低温条件下施工时应加强表 面保温，粉煤灰混凝土表面的最低温度不得低于5℃。寒 潮 冲击情况下，日降温幅度大于8℃时，应加强粉煤灰混凝土表面的保护，防止产生裂缝。

第5.0.7条 蒸养粉煤灰混凝土，应符合下列要求：

一、成型后热预养温度不宜高于45℃；预养（静停）时间不

得少于1h；常温预养时，其预养时间应适当延长。

二、蒸养时的升温速度宜为15～20℃/h；恒温温度宜为85～90℃；降温速度宜为35～45℃/h。

三、蒸养粉煤灰混凝土的养护周期，宜为8～10h。

第六章 粉煤灰混凝土的检验

第6.0.1条 粉煤灰混凝土的质量，应以坍落度或工作 度、抗压强度进行检验。引气剂的粉煤灰混凝土，应增测含气量。有特殊要求时，还应增测其它相应的检验项目。

第6.0.2条 现场施工粉煤灰混凝土的坍落度或工作度的 检验，每班至少应测定两次，其测定值允许偏差应为±2cm。

第6.0.3条 粉煤灰混凝土抗压强度的检验，应符合下列规定：

一、非大体积粉煤灰混凝土每拌制100m³，至少 成 型 一组试块，大体积粉煤灰混凝土每拌制500m³，至少成型一组试块；不足上列规定数量时，每班至少成型一组试块。

二、用边长15cm的立方体试块，在标准养护条件下所 得的抗压强度极限值作为标准。

三、每组3个试块试验结果的平均值，作为该组试块强 度代表值。当3个试块的最大或最小强度值与中间值相比超过15％时，以中间值代表该组试块的强度值。

第6.0.4条 掺引气剂的粉煤灰混凝土，每班应至少测定2次含气量，其测定值的允许偏差应为±0.5％。

附录一 粉煤灰细度试验方法
（气流筛法）

一、目的及适用范围：

测定粉煤灰的细度，作为评定粉煤灰等级的质量指标之一。

二、仪器设备：

1.气流筛（包括控制仪与气流筛座）；

2.工业吸尘器（包括收尘器与真空泵）·

3.旋风分离器；

4.金属标准筛（筛网孔径45μm）；

5.筛余物收集瓶；

6.其它：软管、毛刷、木锤。

三、试验步骤：

1.将吸尘软管一头插入工业吸尘器的吸口，另一头通过调压接头插入气流筛的抽气口。

2.将工业吸尘器的电源插头插入气流筛后面的座内。

3.将气流筛的电源插入220V交流电源内。

4.称取试样50g，精度0.1g，倒入45μm方孔筛筛网上，将筛子置于气流筛筛座上，盖上有机玻璃盖。

5.将定时开关拨到3min，气流筛开始筛析。

6.气流筛开始工作后，观察负压表，负压大于2000Pa时表示工作正常，若负压小于2000Pa，则应停机，清理吸尘器的积灰后再进行筛析。

7.在筛析过程中，发现有细灰黏附在筛盖上，可用木锤轻轻敲打筛盖，使吸附在筛盖上的灰落下。

8.3min后气流筛自动停止工作，停机后将筛网内的 筛余物收集并称重，准确到0.1g。

四、试验结果处理：

粉煤灰的细度，应按下式进行计算：

筛余（％）＝G×2　　　　　　　　（附1.1）

式中 G——筛余物重量。

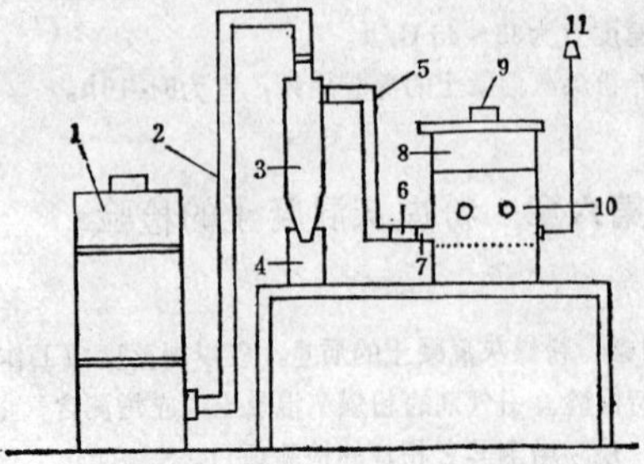

附图1.1　气流筛筛分装置
1.工业吸尘器　2.塑料软管　3.旋风分离器　4.收集容器　5.塑料软管
6.抽气孔　7.风门　8.筛网　9.筛盖　10.控制仪　11.电源插头

附录二　粉煤灰需水量比试验方法

一、目的及适用范围：

测定粉煤灰需水量比，作为评定粉煤灰等级的质量指标之一。

二、仪器设备：

1.胶砂搅拌机。

2.跳桌。

3.试模，上口内径70 ± 0.5mm，下口内径100 ± 0.5mm，高60 ± 0.5mm，截锥形圆模上有套模，套模下口须与圆模上口配合。

4.捣棒，直径20mm，长约200mm的金属棒。

5.卡尺，量程$200\sim300$mm。

三、试验步骤：

1.称取试验样品粉煤灰90g、硅酸盐水泥210g、标准砂750g，另外称取对比样品硅酸盐水泥300g、标准砂750g。将称取的2份样品加入适当用水量，分别进行拌合。

2.将拌合好的胶砂分两次装入预先放置在跳桌中心用湿布擦过的截锥形圆模内。第一次先装至模高的2/3，用圆柱形捣棒自边缘至中心均匀插捣15次；第二次装至高出圆模约20mm，再插捣10次，每次插捣至下层表面，然后将多余胶砂刮去抹平，并清除落在跳桌上的砂浆。

3.将圆模垂直向上轻轻提起，以每秒1次的速度摇动跳桌手轮30次，然后用卡尺量测胶砂底部扩散直径，以相互垂直的两直径平均值为测定值。如测定值在$125\sim135$mm范围内，则所加入的用水量，即为胶砂用水量。测定结果如不符合规定的胶砂流动度，应重新调整用水量，直至胶砂流动度符合要求为止。

四、试验结果处理：

粉煤灰需水量比，应按下式计算：

$$P_w(\%) = \frac{G_2}{G_1} \times 100 \qquad (附2.1)$$

式中　P_w——需水量比（％）；

G_1——水泥胶砂需水量（ml）；

G_2——粉煤灰胶砂需水量（ml）。

附录三　粉煤灰混凝土配合比计算方法

一、基准混凝土配合比计算方法。

1.根据混凝土结构设计要求的强度和标准差的计算方法：

（1）混凝土的试配强度，应按下列公式计算：

$$R_h = R_o + \sigma_o \qquad (附3.1)$$

式中　R_h——混凝土的试配强度；

R_o——混凝土设计要求的强度；

σ_o——混凝土标准差。

当施工单位具有30组以上混凝土试配强度的历史资料时，σ_o可按下式求得：

$$\sigma_o = \sqrt{\frac{\sum_{i=1}^{n} R_i^2 - nR_n^2}{n-1}} \qquad (附3.2)$$

式中　R_i——第R_i组的试块强度；

R_n——n组试块强度的平均值。

当施工单位无历史统计资料时，σ_o可按附表3.1取值。

混凝土强度标准差　　　　　附表3.1

R_o（MPa）	$10\sim20$	$25\sim40$	$50\sim60$
σ_o（MPa）	4.0	5.0	6.0

（2）根据试配强度R_h，应按下式计算水灰比值：

$$R_h = A \cdot R_c \cdot (\frac{C}{W} - B) \qquad (附3.3)$$

式中　R_c——水泥的实际强度（MPa）；

$\frac{C}{W}$——混凝土的灰水比。

A、B——试验系数。当缺乏AB、试验系数时，可按下列数值取用。采用碎石时，A=0.46，B=0.52；采用卵石时，A=0.48，B=0.61（仅适用于骨料为干燥状态）。

（3）根据骨料最大粒径及混凝土坍落度选用用水量（W_o），可按附表3.2选用。

混凝土用水量　　　　　附表3.2

粗骨料最大粒径（mm）	20	40	80	150
混凝土用水量（Kg/m³）	$165\sim185$	$145\sim165$	$125\sim145$	$105\sim125$

（4）根据水灰比、粗骨料最大粒径及砂细度模数选用砂率，可按附表3.3选用。

混凝土砂率　　　　　附表3.3

粗骨料最大粒径（mm）	20	40	80	150
砂率（％）	$38\sim42$	$32\sim36$	$24\sim28$	$19\sim23$

（5）水泥的用量（C_o），应按下式计算：

$$C_o = \frac{C_o}{W_o} W_o \qquad (附3.4)$$

（6）水泥浆的体积（V_P），应按下式计算：

$$V_P = \frac{C_c}{r_c} + W_o \qquad (附3.5)$$

式中　r_c——水泥比重。

（7）砂和石料的总体积（V_A），应按下式计算：

$$V_A = 1000(1-a) - V_P \qquad (附3.6)$$

式中　a——混凝土含气量（％），不掺外加剂的混凝土，当骨料最大粒径为20mm时，可取2％；40mm时取1％；80mm和150mm时可忽略不计。

（8）砂料的重量（S_o），应按下式计算：

$$S_o = V_A \cdot Q_s \cdot \gamma_s \qquad (附3.7)$$

式中　γ_s——砂料比重；

Q_s——砂率（％）。

（9）石料的重量（G_o），应按下式计算：

$$G_o = V_A \cdot (1-Q_s) \cdot \gamma_g \qquad (附3.8)$$

式中 γ_{g}——石料比重。

2.根据混凝土结构设计要求的强度（R_0）和强度保证率（P）及离差系数（C_V）的计算方法。

（1）计算出要求的试配强度：

混凝土试配强度应等于设计强度（R_0）乘以系数K，K值与混凝土强度保证率和离差系数有关，可按附表3.4查得。

K 值 表　　　　附表3.4

C_V　　　P(%)	95	90	85	80	75
0.10	1.18	1.15	1.12	1.09	1.08
0.13	1.26	1.20	1.15	1.12	1.10
0.15	1.32	1.24	1.19	1.15	1.10
0.18	1.40	1.30	1.22	1.18	1.14
0.20	1.49	1.35	1.26	1.20	1.16
0.25	1.68	1.47	1.35	1.27	1.21

表中P值根据结构物类型和重要性，由设计单位规定。

C_V值由混凝土施工质量水平决定，可预先选用。当混凝土强度在20MPa及以上时可选用0.15；在20MPa以下时可选用0.20。以后根据施工资料调整。C_V值应按下列方法计算：

①计算平均强度 R_m——总体强度的特征值，指同一强度等级的混凝土若干组试件抗压强度的算术平均值，应按下列公式计算：

$$R_m = \frac{\sum\limits_{i=1}^{n} R_i}{n} \qquad （附3.9）$$

式中 R_i——每组试件的平均极限抗压强度；

　　　n——试件的组数。

②混凝土强度的标准差 σ_0，应按下列公式计算：

$$\sigma_0 = \sqrt{\frac{1}{n-1}\sum_{i=1}^{n}(R_i - R_m)^2} \qquad （附3.10）$$

③混凝土强度的离差系数C_V，应按下列公式计算：

$$C_V = \frac{\sigma_0}{R_m} \qquad （附3.11）$$

（2）水灰比、用水量、砂率、水泥用量及砂料石料重量的计算或选用方法与本附录三第（一）款第2项至第9项的内容相同。

（3）基准混凝土配合比各种材料用量为：C_0、W_0、S_0、G_0。

二、等量取代法配合比计算方法。

1.选定与基准混凝土相同或稍低的水灰比。

2.根据确定的粉煤灰等量取代水泥量（f%）和基准混凝土水泥用量（C_0），应按下式计算粉煤灰用量（F）和粉煤灰混凝土中的水泥量（C）：

$$F = C_0 \cdot f(\%) \qquad （附3.12）$$
$$C = C_0 - F \qquad （附3.13）$$

3.粉煤灰混凝土的用水量（W），应按下式计算：

$$W = \frac{W}{C_0}(C+F) \qquad （附3.14）$$

4.水泥和粉煤灰的浆体积（V_P），应按下式计算：

$$V_P = \frac{C}{\gamma_c} + \frac{F}{\gamma_f} + W \qquad （附3.15）$$

式中 γ_f——粉煤灰比重。

5.砂料和石料的总体积（V_A），应按下式计算：

$$V_A = 1000(1-a) - V_P \qquad （附3.16）$$

6.选用与基准混凝土相同或稍低的砂率（Q_s）、砂料（S）和石料（G）的重量，应按下式计算：

$$S = V_A \times Q_s \cdot \gamma_s \qquad （附3.17）$$
$$G = V_A \cdot (1-Q_s) \cdot \gamma_g \qquad （附3.18）$$

7.等量取代法粉煤灰混凝土配合比各种材料用量为：C、F、W、S、G。

三、超量取代法配合比计算方法。

1.根据基准混凝土计算出的各种材料用量（C_0、W_0、S_0、G_0），选取粉煤灰取代水泥率（f%）和超量系数（K），对各种材料进行计算调整。

2.粉煤灰取代水泥量（F）、总掺量（Ft）及超量部分重量（Fe），应按下式计算：

$$F = C_0 \cdot f(\%) \qquad （附3.19）$$
$$Ft = K \cdot F \qquad （附3.20）$$
$$Fe = (K-1) \cdot F \qquad （附3.21）$$

3.水泥的重量（C），应按下式计算：

$$C = C_0 - F \qquad （附3.22）$$

4.粉煤灰超量部分的体积应按下式计算，即在砂料中扣除同体积的砂重，求出调整后的砂重（S_e）：

$$S_e = S_0 - \frac{F_e}{\gamma_f} \cdot \gamma_s \qquad （附3.23）$$

5.超量取代粉煤灰混凝土的各种材料用量为：C、F_t、S_e、W_c、G_{oo}。

四、外加法配合比计算方法。

1.根据基准混凝土计算出的各种材料用量（C_0、W_0、S_0、G_0），选定外加粉煤灰掺入率（f_m%），对各种材料进行计算调整。

2.外加粉煤灰的重量（F_m），应按下式计算：

$$F_m = C_0 \cdot f_m(\%) \qquad （附3.24）$$

3.外加粉煤灰的体积，应按下式计算，即在砂料中扣除同体积的砂重，求出调整后的砂重（S_m）：

$$S_m = S_0 - \frac{F_m}{\gamma_f} \cdot \gamma_s \qquad （附3.25）$$

4.外加粉煤灰混凝土的各种材料用量为：C_0、F_m、S_m、W_0、G_{oo}。

附录四　名词解释

本规范所用名词	解　　释
粉煤灰	在煤粉炉中燃烧煤粉时从烟道气体中收集到的细颗粒粉末
水灰比	混凝土用水量与水泥量之比
水胶比	混凝土用水量与水泥加粉煤灰量之比
基准混凝土	不掺粉煤灰的以硅酸盐类水泥为胶凝材料配制的混凝土
粉煤灰混凝土	掺入一定量粉煤灰的混凝土
等稠度	粉煤灰混凝土与基准混凝土具有相同坍落度或维勃秒
等量取代法	粉煤灰等量取代水泥
超量取代法	粉煤灰混凝土与基准混凝土在等强度条件下，粉煤灰量超过其取代的水泥量
外加法	粉煤灰混凝土与基准混凝土具有相同水泥量（粉煤灰不取代水泥），掺入一定量的粉煤灰
超量系数	粉煤灰掺入量与其所取代水泥量的比值
无筋混凝土	以水泥、水、砂、石为主要成分，容重在1900~2500kg/m³，抗压强度等级在C40以下，用常规方法进行浇拌、振捣、养护的混凝土
高强混凝土	抗压强度等级等于或大于C40的混凝土
中、低强混凝土	抗压强度等级等于或小于C30的混凝土
大体积混凝土	现浇混凝土结构断面最小尺寸在100cm以上，或要求限制由于水化热引起混凝土体积变化的混凝土

续表

本规范所用名词	解　释
地面混凝土	公路路面混凝土
高抗冻融性混凝土	快冻法冻融循环满足300次的混凝土
炎热条件下施工的混凝土	月平均气温超过25℃条件下施工的混凝土
低温条件下施工的混凝土	寒冷地区日平均气温连续5天稳定在5℃以下，温和地区日平均气温连续5天稳定在3℃以下浇筑的混凝土

附录五　本规范用词说明

一、执行本规范条文时，对于要求严格程度的用词说明如下，以便在执行中区别对待。

1. 表示很严格，非这样作不可的用词：

正面词采用"必须"，

反面词采用"严禁"。

2. 表示严格，在正常情况下均应这样作的用词：

正面词采用"应"，

反面词采用"不应"或"不得"。

3. 表示允许稍有选择，在条件许可时，首先应这样作的用词：

正面词采用"宜"或"可"，

反面词采用"不宜"。

二、条文中指明应按其它有关标准和规范执行的写法为"应按……执行"或"应符合……要求或规定"。

附加说明

本规范主编单位、参加单位和主要起草人名单

主编单位：水利水电科学研究院

参加单位：中国建筑科学研究院

铁道部科学研究院

冶金部冶金建筑研究总院

上海市建筑科学研究所

主要起草人：杨德福　甄永严　水翠娟　石人俊

彭　先　钟美秦　谷章昭　盛丽芳

杜小春

中华人民共和国行业标准

蒸压加气混凝土建筑应用技术规程

Technical specification for application of autoclaved aerated concrete

JGJ/T 17—2008
J 824—2008

批准部门：中华人民共和国住房和城乡建设部
施行日期：２００９年５月１日

中华人民共和国住房和城乡建设部
公 告

第 153 号

关于发布行业标准《蒸压加气
混凝土建筑应用技术规程》的公告

现批准《蒸压加气混凝土建筑应用技术规程》为行业标准，编号为 JGJ/T 17 - 2008，自 2009 年 5 月 1 日起实施。原《蒸压加气混凝土应用技术规程》JGJ/T 17 - 84 同时废止。

本规程由我部标准定额研究所组织中国建筑工业

出版社出版发行。

2008 年 11 月 14 日

前 言

根据原建设部关于发布《一九八八年工程建设标准规范制订计划》（草案）的通知（计标函［1987］78 号）的要求，规程编制组经广泛调查研究，认真总结实践经验，参考有关国际标准和国外先进标准，并在广泛征求意见的基础上，全面修订了本规程。

本规程的主要技术内容是：1. 总则；2. 术语、符号；3. 一般规定；4. 材料计算指标；5. 结构构件计算；6. 围护结构热工设计；7. 建筑构造；8. 饰面处理；9. 施工与质量验收。

本规程修订的主要技术内容是：

1. 根据现行国家标准《建筑结构可靠度设计统一标准》GB 50068，修改过去的安全系数法为以概率理论为基础的极限状态设计方法，以分项系数设计表达式进行计算；

2. 砌体的材料分项系数由原规程的 $\gamma_f = 1.55$ 提高到 $\gamma_f = 1.6$，适当提高了结构可靠度；

3. 根据实际工程的事故调查总结，对受弯板材中的配筋，规定上下层钢筋网必须有箍筋相连接；同时，为了不使屋面板脱落而要求设置预埋件，与屋架或圈梁焊接；

4. 将上墙含水率改为宜小于 30%，同时又规定了墙体抹灰前含水率为 15%～20%；

5. 为解决抹灰裂缝问题，总结以往经验，在抹灰材料、施工工艺及构造措施方面，提出相应规定并推广在实践中行之有效的专用砌筑砂浆和抹灰材料，以防止墙体裂缝；

6. 根据现行国家标准《蒸压加气混凝土砌块》

GB 11968、《蒸压加气混凝土板》GB 15762 及检测的加气混凝土热工数据，调整了加气混凝土材料导热系数和蓄热系数计算值的数据；

7. 为适应建筑节能形势的要求及扩大加气混凝土的应用，增加了 03 级、04 级加气混凝土的热工参数；

8. 根据国家现行标准《夏热冬冷地区居住建筑节能设计标准》JGJ 134 和《夏热冬暖地区居住建筑节能设计标准》JGJ 75 的要求，增加了这两个地区加气混凝土围护结构低限保温厚度的选用表。

本规程由住房和城乡建设部负责管理，由北京市建筑设计研究院负责具体技术内容的解释。

本规程主编单位：北京市建筑设计研究院（地址：北京市南礼士路 62 号，邮编：100045）

哈尔滨市建筑设计院

本规程参编单位：清华大学

浙江大学建筑设计研究院

中国建筑科学研究院

中国建筑东北设计研究院

武汉市建筑设计院

上海建筑科学研究院

北京加气混凝土厂

本规程主要起草人：顾同曾　周炳章　过镇海
严家禧　蒋秀伦　何世全
高连玉　杨善勤　夏祖宏
杨星虎　崔克勤

目　次

1 总　　则

1.0.1 为了在工业与民用建筑中积极合理地推广应用蒸压加气混凝土(以下简称"加气混凝土")制品，做到技术先进、安全适用、经济合理，以确保工程质量，节约能耗，实现墙体革新和有效地利用工业废料，制定本规程。

1.0.2 本规程适用于在抗震设防烈度为 6~8 度的地震区以及非地震区使用，强度等级为 A2.5 级及以上的蒸压加气混凝土砌块，强度等级为 A3.5 级以上的蒸压加气混凝土配筋板材的设计、施工与质量验收。

1.0.3 蒸压加气混凝土制品质量应符合现行国家标准《蒸压加气混凝土砌块》GB 11968、《蒸压加气混凝土板》GB 15762 及有关标准的规定。

1.0.4 蒸压加气混凝土建筑的设计、施工与质量验收，除应符合本规程外，尚应符合国家现行有关标准的规定。

2　术语、符号

2.1　术　　语

2.1.1 蒸压加气混凝土制品　autoclaved aerated concrete

以硅、钙为原材料，以铝粉(膏)为发气剂，经过蒸压养护而制造成的砌块、板材等制品。

2.1.2 蒸压加气混凝土砌块　autoclaved aerated concrete blocks

蒸压加气混凝土制成的砌块，可用作承重和非承重墙体或保温隔热材料。

2.1.3 蒸压加气混凝土板材　autoclaved aerated concrete plates

蒸压加气混凝土制成的板材，可分为屋面板、外墙板、隔墙板和楼板。根据结构构造要求，在加气混凝土内配置经防腐处理的不同数量钢筋网片。

2.1.4 蒸压加气混凝土专用砂浆　special mortar for autoclaved aerated concrete

与蒸压加气混凝土性能相匹配的，能满足加气混凝土砌块、板材建筑施工要求的内外墙专用抹面和砌筑砂浆。

加气混凝土粘结砂浆：采用水泥、级配砂、轻骨料、掺合料，以及保水剂、引气剂等原料，在专业工厂经精确计量、均匀混合，用于砌筑灰缝厚度不大于 5mm 的加气混凝土砌块的干混砂浆。该砂浆尤其适用于加气混凝土单一材料保温体系。

加气混凝土砌筑砂浆：采用水泥、级配砂、掺合料、保水剂及其他外加剂等原料，在专业工厂经精确计量、均匀混合，用于砌筑加气混凝土砌块的干混砂浆。砌筑灰缝厚度≤15mm。

2.1.5 外墙平均传热系数　average heat-transfer coefficient of exterior wall

外墙主体部位传热系数与热桥部位传热系数按照面积的加权平均值。

2.1.6 热惰性指标　thermal inertia index

表征围护结构反抗温度波动和热流波动能力的无量纲指标。

2.2　符　　号

2.2.1 材料性能

A_{xx}——加气混凝土强度等级；

E——加气混凝土砌体弹性模量；

E_c——加气混凝土板弹性模量；

$f_{cu,15}^A$——加气混凝土出釜强度等级代表值；

f_c——抗压强度设计值；

f_{ck}——抗压强度标准值；

f_t——抗拉强度设计值；

f_{tk}——抗拉强度标准值；

f_y——钢筋抗拉强度设计值；

f_v——沿砌体通缝截面抗剪强度设计值；

ρ_0——干密度；

λ——导热系数；

S_{24}——蓄热系数。

2.2.2 作用、作用效应

M——弯矩设计值；

M_k——按全部荷载标准值计算的弯矩；

M_q——按荷载长期效应组合计算的弯矩；

N——轴向压力设计值；

V——剪力设计值。

2.2.3 几何参数

A——截面积；

A_b——垫板面积；

A_s——纵向受拉钢筋截面积；

e——轴向力的偏心矩；

H_0——受压构件的计算高度；

h_1——砌块高度；

l_1——砌块长度；

x——截面受压区高度。

2.2.4 计算参数

μ_1——非承重墙[β]的修正系数；

μ_2——有门窗洞口时的墙[β]的修正系数；

B_e——板材截面长期抗弯刚度；

B_s——板材截面短期抗弯刚度；

C——块形修正系数；

γ_0——结构重要性系数；

γ_f——材料分项系数；

R——构件的承载力设计值；

S——构件的荷载效应组合的设计值；

φ——受压构件的纵向弯曲系数；

α——轴向力的偏心影响系数；

θ——荷载长期效应组合对挠度的影响系数。

3 一般规定

3.0.1 在应用蒸压加气混凝土制品时，应结合本地区的具体情况和建筑物的使用要求，进行方案比较和技术经济分析。

3.0.2 地震区加气混凝土砌块横墙承重房屋总层数与总高度的限值应符合表 3.0.2 的规定。

**表 3.0.2 地震区加气混凝土砌块横墙承重房屋
总层数与总高度（m）限值**

强度等级	抗震设防烈度（度）		
	6	7	8
A5.0(B07)	5/16	5/16	4/13
A7.5(B08)	6/19	6/19	5/16

注：1 在有可靠试验依据的情况下，增加墙厚或采取其他有效措施时，总层数和总高度可适当提高；

2 房屋承重砌块的最小厚度不宜小于 250mm；

3 强度等级栏中括号内为加气混凝土相应的干密度等级。

3.0.3 在下列情况下不得采用加气混凝土制品：

1 建筑物防潮层以下的外墙；

2 长期处于浸水和化学侵蚀环境；

3 承重制品表面温度经常处于 80℃ 以上的部位。

3.0.4 加气混凝土制品砌筑或安装时的含水率宜小于 30％。

3.0.5 加气混凝土砌块应采用专用砂浆砌筑。

3.0.6 加气混凝土制品用作民用建筑外墙时，应做饰面防护层。

3.0.7 采用加气混凝土砌块作为承重墙体的房屋，宜采用横墙承重结构，横墙间距不宜超过 4.2m，宜使横墙对正贯通。每层每开间均应设置现浇钢筋混凝土圈梁。

3.0.8 加气混凝土砌块用作多层房屋的承重墙体，当设防烈度为 6 或 7 度时，应在内外墙交接处设置拉结钢筋，沿墙高度每 600mm 应放置 2φ6 钢筋，伸入墙内的长度不得小于 1m。且每开间均应设置现浇钢筋混凝土构造柱。

当设防烈度为 8 度时，除应按上述要求设置拉结钢筋外，还应在内外纵、横墙连接处设置现浇的钢筋混凝土构造柱。构造柱的最小截面应为 180mm×200mm，最小配筋应为 4φ12，混凝土强度等级不应低于 C20。构造柱与加气混凝土砌块的相接处宜砌成马牙槎。

3.0.9 非抗震设防地区的圈梁、构造柱设置可参照地震区的要求适当放宽。但房屋顶层必须设置圈梁，房屋四角必须有构造柱，马牙槎连接可改为拉结筋连接。

3.0.10 加气混凝土墙体的隔声、耐火性能应符合本规程附录 A 和附录 B 的规定。

4 材料计算指标

4.0.1 加气混凝土的强度等级应按出釜状态（含水率为 35％～40％）时的立方体抗压强度标准值确定。

4.0.2 加气混凝土在气干工作状态时的强度标准值应按表 4.0.2-1 的规定确定，强度设计值应按表 4.0.2-2 的规定确定。

**表 4.0.2-1 加气混凝土抗压、
抗拉强度标准值（N/mm²）**

强度种类	符号	强 度 等 级			
		A2.5	A3.5	A5.0	A7.5
抗压强度	f_{ck}	1.80	2.40	3.50	5.20
抗拉强度	f_{tk}	0.16	0.22	0.31	0.47

注：本表抗压强度标准值用于板和砌块，抗拉强度标准值用于板。

**表 4.0.2-2 加气混凝土抗压、抗拉强度
设计值（N/mm²）**

强度种类	符 号	强 度 等 级			
		A2.5	A3.5	A5.0	A7.5
抗压强度	f_c	1.28	1.71	2.50	3.71
抗拉强度	f_t	0.11	0.15	0.22	0.33

注：本表强度设计值用于板构件。

4.0.3 加气混凝土的弹性模量可按表 4.0.3 的规定确定。

表 4.0.3 加气混凝土的弹性模量 E_c（N/mm²）

品 种	强 度 等 级			
	A2.5	A3.5	A5.0	A7.5
水泥、石灰、砂加气混凝土	1700	1900	2300	2300
水泥、石灰、粉煤灰加气混凝土	1500	1700	2000	2000

注：本表弹性模量用于板构件。

4.0.4 加气混凝土的泊松比可取为 0.20，线膨胀系数可取为 $8×10^{-6}/℃$（温度范围为：0～100℃）。

4.0.5 砂浆龄期为 28d 的砌体抗压强度设计值 f、沿通缝截面的抗剪强度设计值 f_v 和砌体弹性模量 E

应根据砂浆强度等级分别按表 4.0.5-1～表 4.0.5-3 的规定确定，有关试验方法可按本规程附录 C、附录 D 进行。

当砌块高度小于 250mm 且大于 180mm、长度大于 600mm 时，其砌体抗压强度 f 应乘以块形修正系数 C，C 值应按下式计算：

$$C = 0.01 \times \frac{h_1^2}{l_1} \leqslant 1 \qquad (4.0.5)$$

式中 h_1——砌块高（mm）；

l_1——砌块长度（mm）。

表 4.0.5-1 每皮高度 250mm 的
砌体抗压强度设计值 f（N/mm²）

砂浆强度等级	加气混凝土强度等级			
	A2.5	A3.5	A5.0	A7.5
M2.5	0.67	0.90	1.33	1.95
≥M5	0.73	0.97	1.42	2.11

注：有系统的试验数据时可另定。

表 4.0.5-2 砌体沿通缝截面
的抗剪强度设计值 f_v（N/mm²）

砂浆强度等级	f_v
M2.5	0.03
≥M5.0	0.05

注：采用专用砂浆时，可根据试验数据确定。

表 4.0.5-3 每皮高度 250mm 的
砌体弹性模量 E（N/mm²）

砂浆强度等级	加气混凝土强度等级			
	A2.5	A3.5	A5.0	A7.5
M2.5	1100	1480	2000	2400
≥M5	1180	1600	2200	2600

4.0.6 加气混凝土配筋构件中的钢筋宜采用 HPB235 级钢。抗拉强度设计值 f_y 应为 210N/mm²。当机械调直钢筋有可靠试验根据时，可按试验数据取值，但抗拉强度设计值 f_y 不宜超过 250N/mm²。冷拔钢筋的弹性模量应取 2×10^5 N/mm²。

4.0.7 涂有防腐剂的钢筋与加气混凝土间的粘结强度应符合下列规定：

　　1 当加气混凝土强度等级为 A2.5 时，粘结强度不应小于 0.8N/mm²；

　　2 当加气混凝土强度等级为 A5.0 时，粘结强度不应小于 1N/mm²。

4.0.8 加气混凝土砌体和配筋构件重量可按加气混凝土标准干密度乘系数 1.4 采用。

5 结构构件计算

5.1 基本计算规定

5.1.1 加气混凝土结构构件应根据现行国家标准《建筑结构可靠度设计统一标准》GB 50068 的有关规定进行计算。构件应满足承载能力极限状态的要求，受弯板材还应满足正常使用极限状态的要求，受压砌体应满足允许高厚比的要求。

5.1.2 构件按承载能力极限状态设计时，应符合下式要求：

$$\gamma_0 S \leqslant \frac{1}{\gamma_{RA}} R(\cdot) \qquad (5.1.2)$$

式中　γ_0——结构重要性系数；对安全等级为一级、二级、三级的结构构件可分别取 1.1、1.0、0.9；

S——荷载效应组合的设计值；分别表示构件的轴向力设计值 N，剪力设计值 V，或弯矩设计值 M 等；

$R(\cdot)$——结构构件的抗力函数；

γ_{RA}——加气混凝土构件的承载力调整系数，可取 1.33。

5.1.3 受弯板材应按荷载效应的标准值组合，并应考虑荷载长期作用影响进行变形验算，其最大挠度计算值不应超过 $l_0/200$（l_0 为板材计算跨度）。

5.1.4 受弯板材应根据出釜和吊装的受力情况进行承载力验算。此时板材自重荷载的分项系数应取 1.2，并乘以动力系数 1.5。

5.2 砌体构件的受压承载力计算

5.2.1 轴心或偏心受压构件的承载力应按下式验算：

$$N \leqslant 0.75 \varphi \alpha f A \qquad (5.2.1)$$

式中　N——轴向压力设计值；

φ——受压构件的纵向弯曲系数，按本规程第 5.2.3 条采用；

α——轴向力的偏心影响系数，按本规程第 5.2.4 条采用；

f——砌体抗压强度设计值，按本规程第 4.0.5 条采用；

A——构件截面面积。

5.2.2 按荷载设计值计算的构件轴向力的偏心距 e，不应超过 $0.5y$，其中 y 为截面重心到轴向力所在方向截面边缘的距离。

5.2.3 受压构件的纵向弯曲系数 φ，可根据构件的高厚比 β 值乘以 1.1 后，按表 5.2.3 采用。构件的高厚比 β 应按下式计算：

$$\beta = \frac{H_0}{h} \tag{5.2.3}$$

式中 H_0 ——受压构件的计算高度，应按现行国家标准《砌体结构设计规范》GB 50003 中的有关规定采用；

  h ——矩形截面的轴向力偏心方向的边长；当轴心受压时为截面较小边长。

表 5.2.3 受压构件的纵向弯曲系数 φ

1.1β	6	8	10	12	14	16	18	20	22	24	26	28	30
φ	0.93	0.89	0.83	0.78	0.72	0.66	0.61	0.56	0.51	0.46	0.42	0.39	0.36

5.2.4 对于矩形截面，根据轴向力的偏心矩 e，轴向力的偏心影响系数 α 应按下式计算：

$$\alpha = \frac{1}{1 + 12\left(\dfrac{e}{h}\right)^2} \tag{5.2.4-1}$$

式中 e ——轴向力的偏心矩。

当墙体厚度 $h < 200\text{mm}$ 时，式（5.2.4-1）的 α 值应乘以修正系数 η，η 应按下式验算：

$$\eta = 1 - 0.9\left(\frac{2e}{h} - 0.4\right) \leqslant 1 \tag{5.2.4-2}$$

5.2.5 在梁端下设置刚性垫块时，垫块下砌体的局部受压承载力 N 应按下式计算：

$$N \leqslant 0.75\alpha f A_L \tag{5.2.5}$$

$$N = N_1 + N_0$$

式中 N_1 ——梁端支承压力设计值；

  N_0 ——上部传来作用于垫块上的轴向力设计值；

  α ——轴向力对垫块下表面积重心的偏心影响系数，按本规程第5.2.4条采用；

  A_L ——垫块面积。

5.3 砌体构件的受剪承载力计算

5.3.1 砌体沿通缝的受剪承载力应按下式验算：

$$V \leqslant 0.75(f_v + 0.2\sigma_0)A \tag{5.3.1}$$

式中 V ——剪力设计值；

  f_v ——砌体沿通缝截面的抗剪强度设计值，应按本规程第4.0.5条采用；

  σ_0 ——永久荷载设计值产生的平均压应力；

  A ——受剪截面面积。

5.4 配筋受弯板材的承载力计算

5.4.1 配筋加气混凝土受弯板材的正截面承载力（图5.4.1）应按下列公式计算：

$$M \leqslant 0.75 f_c bx\left(h_0 - \frac{x}{2}\right) \tag{5.4.1-1}$$

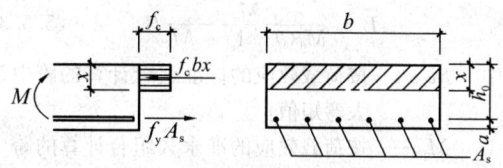

图5.4.1 配筋受弯板材正截面承载力计算简图

受压区高度可按下列公式确定：

$$f_c bx = f_y A_s \tag{5.4.1-2}$$

并应符合条件：

$$x \leqslant 0.5h_0 \tag{5.4.1-3}$$

即单面受拉钢筋的最大配筋率为：

$$\mu_{max} = 0.5\frac{f_c}{f_y} - 100\% \tag{5.4.1-4}$$

式中 M ——弯矩设计值；

  f_c ——加气混凝土抗压强度设计值，按本规程第4.0.2条采用；

  b ——板材截面宽度；

  h_0 ——截面有效高度（图中 a 为受拉钢筋截面中心到板底的距离）；

  x ——加气混凝土受压区的高度；

  f_y ——纵向受拉钢筋的强度设计值，按本规程第4.0.6条采用；

  A_s ——纵向受拉钢筋的截面面积。

矩形截面的受弯构件可采用本规程附录E的表进行计算。

5.4.2 配筋受弯板材的截面抗剪承载力，可按下式验算：

$$V \leqslant 0.45 f_t b h_0 \tag{5.4.2}$$

式中 V ——剪力设计值；

  f_t ——加气混凝土抗拉强度设计值，按本规程第4.0.2条采用。

当不能符合式（5.4.2）的要求时，应增大板材的厚度。

5.5 配筋受弯板材的刚度计算

5.5.1 配筋受弯板材在正常使用极限状态下的挠度应按荷载效应标准组合，并考虑荷载长期作用影响的刚度 B，用结构力学的方法计算。所得挠度应符合本规程第5.1.3条的规定。

5.5.2 配筋受弯板材在荷载效应标准组合下的短期刚度 B_s，可按下式计算：

$$B_s = 0.85 E_c I_0 \tag{5.5.2}$$

式中 E_c ——加气混凝土板的弹性模量，按本规程第4.0.3条采用；

  I_0 ——换算截面的惯性矩。

5.5.3 当考虑荷载长期作用的影响时，板材的刚度 B 可按下式：

$$B = \frac{M_k}{M_q(\theta - 1) + M_k} B_s \quad (5.5.3)$$

式中 M_k ——按荷载效应的标准组合计算的跨中最大弯矩值;

M_q ——按荷载效应的准永久组合计算的跨中最大弯矩值;

θ ——考虑荷载长期作用对挠度增大的影响系数,在一般情况下可取 2.0。

5.6 构 造 要 求

5.6.1 砌块墙体的高厚比 β 应符合下列规定:

$$\beta = \frac{H_0}{h} \leqslant \mu_1 \mu_2 [\beta] \quad (5.6.1)$$

式中 μ_1 ——非承重墙 $[\beta]$ 的修正系数,取为 1.3;

μ_2 ——有门窗洞口墙 $[\beta]$ 的修正系数,按第 5.6.2 条采用;

$[\beta]$ ——墙的允许高厚比,应按表 5.6.1 采用。

注:当墙高 H 大于或等于相邻横墙间的距离 S 时,应按计算高度 $H_0 = 0.6S$ 验算高厚比。

表 5.6.1 墙的允许高厚比 $[\beta]$ 值

砂浆强度等级	≥M5.0	M2.5
$[\beta]$	20	18

5.6.2 有门窗洞口墙的允许高厚比 $[\beta]$ 的修正系数 μ_2 可按下式计算:

$$\mu_2 = 1 - 0.4\frac{b_s}{S} \quad (5.6.2)$$

式中 b_s ——在宽度 S 范围内的门窗洞口宽度;

S ——相邻横墙之间的距离。

当按式(5.6.2)算得的 μ_2 值小于 0.7 时,仍采用 0.7。

5.6.3 加气混凝土砌块承重房屋伸缩缝的间距不宜大于 40m。

5.6.4 抗震设防地区的砌块墙体,应根据设计选用粘结性能良好的专用砂浆砌筑,砂浆的最低强度等级不应低于 M5.0。

5.6.5 不宜用加气混凝土砌块做独立柱承重。支承梁的加气混凝土砌块墙段,必须有混凝土垫块;当有圈梁时,应将圈梁与混凝土垫块浇成整体。

5.6.6 在房屋底层和顶层的窗口标高处,应沿纵横墙设置通长的水平配筋带三皮,每皮 $3\phi4$;或采用 60mm 厚的配筋混凝土条带,配 $2\phi10$ 纵筋和 $\phi6$ 的分布筋,用 C20 混凝土浇注。

5.6.7 楼、屋盖的钢筋混凝土梁或屋架,应与墙、柱或圈梁有可靠的连接。

5.6.8 加气混凝土砌块承重墙上的门窗洞口,不得采用无筋砌块过梁;其他过梁支承长度每侧不应小于 240mm。

5.6.9 墙长大于或等于层高的 1.5 倍时,应在墙的中段增设构造柱,其做法与设在纵横墙间的构造柱相同。

5.6.10 受弯板材中应采用焊接网和焊接骨架配筋,不得采用绑扎的钢筋网片和骨架。钢筋上网与下网必须有连接钢筋或采用其他形式使之形成一个整体的焊接钢筋网骨架。钢筋网片必须采用防锈蚀性能可靠并具有良好粘结力的防腐剂进行处理。

5.6.11 受弯板材内,下网主筋的直径不宜超过 $\phi10$,其间距不应大于 200mm,数量不得少于 $3\phi6$。主筋末端应焊接 3 根横向锚固筋,直径与最大主筋相同。中间的分布钢筋可采用 $\phi4$,最大间距应小于 1200mm。钢筋保护层应为 20mm,主筋端部到板端部的距离不得大于 10mm(图 5.6.11)。

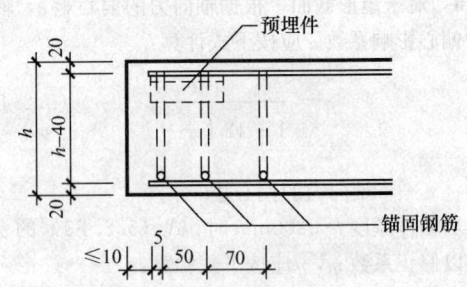

图 5.6.11 受弯板材主筋端部锚固示意图

5.6.12 受弯板材内,上网的纵向钢筋不得少于 2 根,两端应各有 1 根锚固钢筋,直径与上网主筋相同。上网钢筋必须与下网主筋有箍筋相连,箍筋可采用封闭式、U 形开口或其他形式。

5.6.13 地震区受弯板材应在板内设置预埋件,或采取其他有效措施加强相邻板间的连接。预埋件应与板内钢筋网片焊接(图 5.6.11 和图 7.2.1)。板材安装后,与相邻板之间应相互焊牢,或采取其他有效连接措施。

5.6.14 屋面板端部的横向锚固钢筋至少应有 2 根配置在支座承压面以内。同时支座承压区的长度应符合下列规定:

1 当支承在砖墙上时,不应小于 110mm;

2 当支承在钢筋混凝土梁和钢结构上时,不应小于 90mm。

6 围护结构热工设计

6.1 一 般 规 定

6.1.1 加气混凝土应用在具有保温隔热和节能要求的围护结构中时,根据建筑物性质、地区气候条件、围护结构构造形式,应合理地进行热工设计。当保温、隔热和节能设计要求的厚度不同时,应采用其中的最大厚度。

6.1.2 加气混凝土用作围护结构时,其材料的导热系数和蓄热系数设计计算值应按表 6.1.2 采用。

表 6.1.2　加气混凝土材料导热系数和蓄热系数设计计算值

围护结构类别		干密度 ρ_0 (kg/m³)	理论计算值（体积含水量 3% 条件下）		灰缝影响系数	潮湿影响系数	设计计算值	
			导热系数 λ [W/(m·K)]	蓄热系数 S_{24} [W/(m²·K)]			导热系数 λ [W/(m·K)]	蓄热系数 S_{24} [W/(m²·K)]
单一结构		400	0.13	2.06	1.25	—	0.16	2.58
		500	0.16	2.61	1.25	—	0.20	3.26
		600	0.19	3.01	1.25	—	0.24	3.76
		700	0.22	3.49	1.25	—	0.28	4.36
复合结构	铺设在密闭屋面内	300	0.11	1.64	—	1.5	0.17	2.46
		400	0.13	2.06	—	1.5	0.20	3.09
		500	0.16	2.61	—	1.5	0.24	3.92
		600	0.19	3.01	—	1.5	0.29	4.52
	浇注在混凝土构件中	300	0.11	1.64	—	1.6	0.18	2.62
		400	0.13	2.06	—	1.6	0.21	3.30
		500	0.16	2.61	—	1.6	0.26	4.18
		600	0.19	3.01	—	1.6	0.30	4.82

注：当加气混凝土砌块和条板之间采用粘结砂浆，且灰缝≤3mm 时，灰缝影响系数取 1.00。

6.2　围护结构热工设计

6.2.1　加气混凝土外墙和屋面的传热系数（K 值）（当外墙中有钢筋混凝土柱、梁等热桥影响时，应为外墙平均传热系数 K_m 值）和热惰性指标（D 值），应符合国家现行有关标准的规定。

6.2.2　加气混凝土外墙和屋面的传热系数（K 值）和热惰性指标（D 值），应按现行国家标准《民用建筑热工设计规范》GB 50176 的规定计算，外墙的平均传热系数 K_m 值应按现行节能设计标准的规定计算。

6.2.3　不同厚度加气混凝土外墙的传热系数 K 值和热惰性指标 D 值可按表 6.2.3 采用。

表 6.2.3　不同厚度加气混凝土外墙热工性能指标（B06 级）

外墙厚度 δ (mm)	传热阻 R_0 [(m²·K)/W]	传热系数 K [W/(m²·K)]	热惰性指标 D
150	0.82(0.98)	1.23(1.02)	2.77(2.80)
175	0.92(1.11)	1.09(0.90)	3.16(3.19)
200	1.02(1.24)	0.98(0.81)	3.55(3.59)
225	1.13(1.37)	0.88(0.73)	3.95(3.98)
250	1.23(1.51)	0.81(0.66)	4.34(4.38)
275	1.34(1.64)	0.75(0.61)	4.73(4.78)
300	1.44(1.77)	0.69(0.56)	5.12(5.18)
325	1.54(1.90)	0.65(0.53)	5.51(5.57)
350	1.65(2.03)	0.61(0.49)	5.90(5.96)

续表 6.2.3

外墙厚度 δ (mm)	传热阻 R_0 [(m²·K)/W]	传热系数 K [W/(m²·K)]	热惰性指标 D
375	1.75(2.16)	0.57(0.46)	6.30(6.36)
400	1.86(2.30)	0.54(0.43)	6.69(6.76)

注：1　表中热工性能指标为干密度 600kg/m³ 加气混凝土，考虑灰缝影响导热系数 $\lambda=0.24$W/(m·K)，蓄热系数 $S_{24}=3.76$W/(m²·K)；

　　2　括号内数据为加气混凝土砌块之间采用粘结砂浆，导热系数 $\lambda=0.19$W/(m·K)，蓄热系数 $S_{24}=3.01$W/(m²·K)；

　　3　其他干密度的加气混凝土热工性能指标可根据本规程表 6.1.2 的数据计算；

　　4　表内数据不包括钢筋混凝土圈梁、过梁、构造柱等热桥部位的影响。

6.2.4　不同厚度加气混凝土屋面板的传热系数 K 值和热惰性指标 D 值可按表 6.2.4 采用。

表 6.2.4　不同厚度加气混凝土屋面板热工性能指标（B06 级）

屋面板厚度 δ(mm)	传热阻 R_0 [(m²·K)/W]	传热系数 K [W/(m²·K)]	热惰性指标 D
200	1.02	0.98	3.55
225	1.13	0.88	3.95
250	1.23	0.81	4.34
275	1.34	0.75	4.73

续表 6.2.4

屋面板厚度 δ(mm)	传热阻 R_0 [(m²·K)/W]	传热系数 K [W/(m²·K)]	热惰性指标 D
300	1.44	0.69	5.12
325	1.54	0.65	5.51
350	1.65	0.61	5.90

注：1 表中热工性能指标为干密度 600kg/m³ 加气混凝土，考虑灰缝影响导热系数 $\lambda=0.24$W/(m·K)，蓄热系数 $S_{24}=3.76$W/(m²·K)；

2 其他干密度的加气混凝土热工性能指标根据表 6.1.2 的数据计算。

6.2.5 在严寒、寒冷和夏热冬冷地区，加气混凝土外墙中的钢筋混凝土梁、柱等热桥部位外侧应做保温处理；经处理后，当该部位的热阻值不小于外墙主体部位的热阻时，则可取外墙主体部位的传热系数作为外墙的平均传热系数，否则应按 6.2.2 条的规定计算外墙平均传热系数。

6.2.6 加气混凝土外墙和屋面的隔热性能应符合现行国家标准《民用建筑热工设计规范》GB 50176 的有关规定。单一加气混凝土围护结构的隔热低限厚度可按表 6.2.6-1 采用；复合屋盖中加气混凝土隔热低限厚度可按表 6.2.6-2 采用。

表 6.2.6-1 加气混凝土围护结构隔热低限厚度

围护结构类别	隔热低限厚度（mm）
外墙（不包括内外饰面）	175～200
屋面板	250～300

表 6.2.6-2 复合屋盖中加气混凝土隔热低限厚度（mm）

钢筋混凝土屋面板厚度	加气混凝土隔热低限厚度
120	180～200
150	160～180

注：1 表中隔热层厚度包括加气混凝土碎块找坡层（以平均厚度计）和加气混凝土砌块保温层厚度；

2 采用其他材料找坡层或其他构造形式的复合屋面构造形式中，加气混凝土隔热层厚度应根据热工计算确定。

6.2.7 当采用加气混凝土作为复合墙体的保温、隔热层时，加气混凝土应布置在水蒸气流出的一侧。

6.2.8 采用加气混凝土作保温层的复合屋面或单一屋面，每 50m² 应设置排湿排汽孔 1 个（图 6.2.8）。在单一加气混凝土屋面板的下表面宜做隔汽涂层。

6.2.9 加气混凝土砌块用作复合屋面的保温、隔热层时，可先在屋面板上做找坡层和找平层，将加气混凝土砌块置于找坡层之上，然后在隔热层上做防水层（图 6.2.9）。

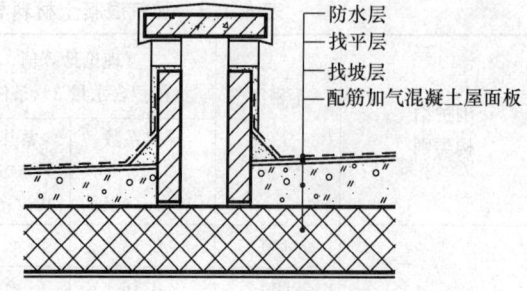

图 6.2.8 加气混凝土复合及单一屋面排湿排汽孔构造示意图

防水层
找平层
找坡层
配筋加气混凝土屋面板

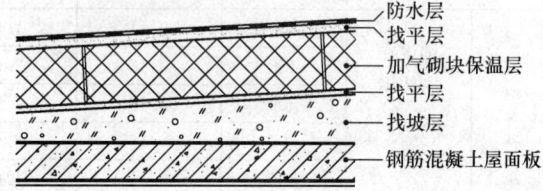

图 6.2.9 复合屋面构造示意图

防水层
找平层
加气砌块保温层
找平层
找坡层
钢筋混凝土屋面板

7 建筑构造

7.1 一般规定

7.1.1 当加气混凝土外墙墙面水平方向有凹凸线脚和挑出部分时，应做泛水和滴水。

7.1.2 加气混凝土制品与门、窗、附墙管道、管线支架、卫生设备等应连接牢固。当采用金属件作为进入或穿过加气混凝土制品的连接构件时，应有防锈保护措施。

7.1.3 加气混凝土屋面板表面不宜镂槽；有特殊要求时，可在板的上部表面沿板长方向镂划，深度不大于 15mm。墙板表面不得横向镂槽；有特殊要求时可在板的一面沿板长方向镂划。双面配筋的墙板，其镂划深度不应大于 15mm。单网片配筋隔板镂划深度不得大于板厚的 1/3，并不得破坏钢筋的防锈层。

7.2 屋 面 板

7.2.1 采用加气混凝土屋面板做平屋面时，当由支座找坡时，坡度应符合设计要求，支座部位应平整，板下应铺专用砂浆。在地震区应采取符合抗震要求的可靠连接措施，对设置有预埋件的屋面板，预埋件应通过连系钢筋使板与板之间以及板与支座之间有牢固的构造连接（图 7.2.1）。

7.2.2 加气混凝土屋面板不应作为屋架的支撑系统。

7.2.3 加气混凝土屋面板的挑出长度（图 7.2.3）应符合下列规定：

1 沿板宽方向不宜大于板宽的 1/3；

2 与相邻板应有可靠的连接；

3 沿板长方向不宜大于板宽的 2/3。

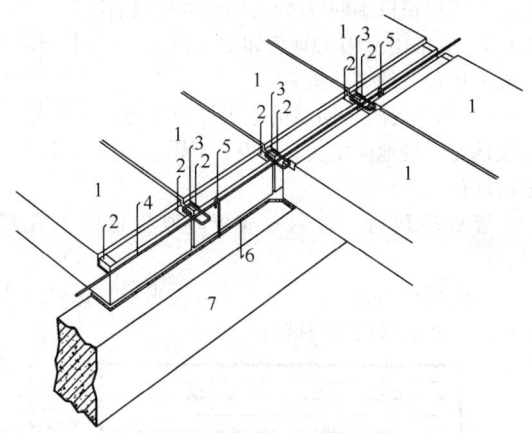

图 7.2.1 有抗震设防要求的加气
混凝土屋面板构造示意图

1—抗震加气混凝土屋面板；2—预埋角铁；3—φ8 钢筋环
与预埋角铁和 φ8 通长钢筋焊接；4—φ8 通长钢筋；5—梁
内预埋 φ10 钢筋，间距 1200 与 φ8 通长钢筋焊接；6—专用
砌筑砂浆坐浆；7—钢筋混凝土梁或圈梁

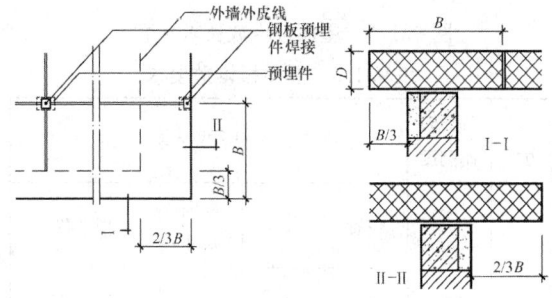

图 7.2.3 屋面板挑出长、宽度示意图

7.2.4 当不切断钢筋和不破坏钢筋防腐层时，加气混凝土屋面板上可开一个孔洞（图 7.2.4）。如开较大的孔洞，应另行设计。

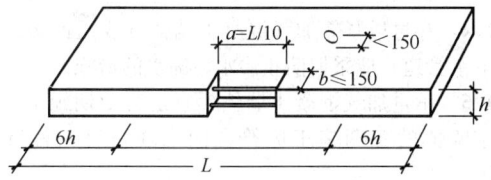

图 7.2.4 屋面板上开洞示意图

7.2.5 在加气混凝土屋面板上做卷材防水层时，屋盖应有良好的整体性，当为两道以上卷材时，在板的端头缝处应干铺一条宽度为 150～200mm 的卷材，第一层应采用花撒或点铺或在底层加铺一层带孔油毡。卷材的搭接部分和屋盖周边应满粘，第二层以上应符合国家现行有关标准的规定。

7.2.6 当加气混凝土屋面板采用无组织排水时，其檐口部位应有合理的防水、排水和滴水构造，不得顺板侧或板端自由流淌。

7.2.7 加气混凝土屋面板底表面不应做普通抹灰，宜采用刮腻子喷浆或在其下部做吊顶等底表面构造处

理方式。

7.3 砌 块

7.3.1 加气混凝土砌块作为单一材料用作外墙，当其与其他材料处于同一表面时，应在其他材料的外表设保温材料，并在其表面和接缝处做聚合物砂浆耐碱玻纤布加强面层或其他防裂措施。

在严寒地区，外墙砌块应采用具有保温性能的专用砌筑砂浆砌筑，或采用灰缝小于等于 3mm 的密缝精确砌块。

7.3.2 对后砌筑的非承重墙，在与承重墙或柱交接处应沿墙高 1m 左右用 2φ4 钢筋与承重墙或柱拉结，每边伸入墙内长度不得小于 700mm。地震区应采用通长钢筋。当墙长大于等于 5.0m 或墙高大于等于 4.0m 时，应根据结构计算采取其他可靠的构造措施。

7.3.3 对后砌筑的非承重墙，其顶部在梁或楼板下的缝隙宜作柔性连接，在地震区应有卡固措施。

7.3.4 墙体洞口过梁，伸过洞口两边搁置长度每边不得小于 300mm。

7.3.5 当砌块作为外墙的保温材料与其他墙体复合使用时，应采用专用砂浆砌筑。并沿墙高每 500～600mm 左右，在两墙体之间应采用钢筋网片拉结。

7.4 外 墙 板

7.4.1 加气混凝土墙板作非承重的围护结构时，其与主体结构应有可靠的连接。当采用竖墙板和拼装大板时，应分层承托；横墙应按一定高度由主体结构承托。

在地震区采用外墙板时，应符合抗震构造要求。

7.4.2 外墙拼装大板，洞口两边和上部过梁板最小尺寸应符合表 7.4.2 的规定。

表 7.4.2 最小尺寸限值

洞口尺寸 宽×高（mm）	洞口两边板宽（mm）	过梁板板高（mm）
900×1200 以下	300	300
1800×1500 以下	450	300
2400×1800 以下	600	400

注：300mm 或 400mm 板材如需用 600mm 宽的板材在纵向切锯，不得切锯两边截取中段。如用作过梁板，应经结构验算。

7.5 内 隔 墙 板

7.5.1 加气混凝土隔墙板，宜采用垂直安装（过梁板除外）。板与主体结构的顶部构造宜采用柔性连接。

板上端与主体结构连接的水平板缝应填放弹性材料，压缩后的厚度可控制在 5mm 左右。

板下端顺板宽方向打入楔子（如用木材应经防腐处理），应使板上部通过弹性材料与上部主体结构顶

紧。板下楔子不再撤出，楔子之间应采用豆石混凝土填塞严实，或采用其他有效的方法固定。

7.5.2 板与板之间无楔口槽平接时，应采用专用砂浆粘结，且饱满度应大于80%。

沿板缝高度每800mm应按30°角上下各钉入铝合金片或涂锌金属片（图7.5.2）。

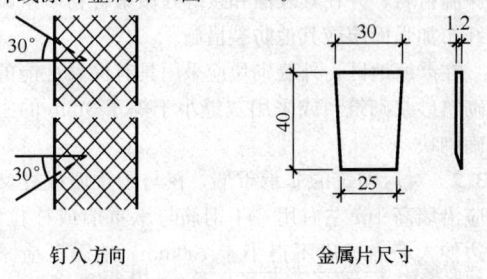

钉入方向　　　　　　金属片尺寸

图7.5.2　金属片钉入板缝示意图

7.5.3 在加气混凝土隔墙板上吊挂重物时，应按国家现行有关标准设计和施工。

7.5.4 在隔墙板上设置暗线时，宜沿板高方向镂槽埋设管线。

8　饰面处理

8.0.1 加气混凝土墙面应做饰面。外饰面应对冻融交替、干湿循环、自然碳化和磕碰磨损等起有效的保护作用。饰面材料与基层应粘结良好，不得空鼓开裂。

8.0.2 加气混凝土墙面抹灰前，应在其表面用专用砂浆或其他有效的专用界面处理剂进行基底处理后方可抹底灰。

8.0.3 加气混凝土外墙的底层，应采用与加气混凝土强度等级接近的砂浆抹灰，如室内表面宜采用粉刷石膏抹灰。

8.0.4 在墙体易于磕碰磨损部位，应做塑料或钢板网护角，提高装修面层材料的强度等级。

8.0.5 当加气混凝土制品与其他材料处在同一表面时，两种不同材料的交界缝隙处应采用粘贴耐碱玻纤网格布聚合物水泥加强层加强后方可做装修。

8.0.6 抹灰层宜设分格缝，面积宜为30m²，长度不宜超过6m。

8.0.7 加气混凝土制品用于卫生间墙体，应在墙面上做防水层（至顶板底部），并粘贴饰面砖。

8.0.8 当加气混凝土制品的精确度高，砌筑或安装质量好，其表面平整度达到质量要求时，可直接刮腻子喷涂料做装饰面层。

9　施工与质量验收

9.1　一般规定

9.1.1 装卸加气混凝土砌块时，应轻拿轻放避免磕碰，并应严格按不同等级规格分别堆放整齐。

9.1.2 应采用专用工具装卸加气混凝土板材，运输时应采用包装的绑扎措施。

9.1.3 加气混凝土制品的施工堆放场地应选择靠近安装地点，场地应坚实、平坦、干燥。不得直接接触地面堆放。

墙板堆放时，宜侧立放置，堆放高度不宜超过3m。

屋面板可平放，应按表9.1.3要求堆放保管（图9.1.3），并应采用覆盖措施。

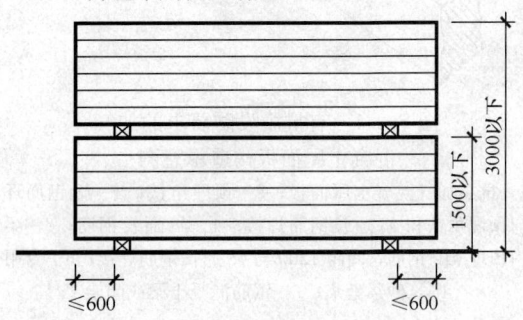

图9.1.3　屋面板堆放要求示意图

表9.1.3　屋面板堆放要求

堆放方式	堆放限制高度	垫木			
		位置	长度	断面尺寸	根数
平放	3.0m以下	距端头≤600mm	约900mm	100mm×100mm	板长4m以上时，每点2根；板长4m以下时，每点1根

9.1.4 穿过或紧靠加气混凝土墙体（或屋面板）的上下水管道，应采取防止渗水、漏水的措施。

9.1.5 承重加气混凝土墙体不宜进行冬期施工。非承重墙体的冬期施工应符合国家现行有关标准的规定。

9.1.6 在加气混凝土墙体或屋面板上钻孔、镂槽或切锯时，应采用专用工具。不得任意剔凿，不得横向镂槽。

9.2　砌块施工

9.2.1 砌块砌筑时，应上下错缝，搭接长度不宜小于砌块长度的1/3。

9.2.2 砌块内外墙墙体应同时咬槎砌筑，临时间断时可留成斜槎，不得留"马牙槎"。灰缝应横平竖直，水平缝砂浆饱满度不应小于90%。垂直缝砂浆饱满度不应小于80%。如砌块表面太干，砌筑前可适量浇水。

9.2.3 地震区砌块应采用专用砂浆砌筑，其水平缝和垂直缝的厚度均不宜大于15mm。非地震区如采用普通砂浆砌筑，应采取有效措施，使砌块之间粘结良好，灰缝饱满。当采用精确砌块和专用砂浆薄层砌筑方法时，其灰缝不宜大于3mm。

9.2.4 后砌填充砌块墙，当砌筑到梁（板）底面位置时，应留出缝隙，并应等待7d后，方可对该缝隙做柔性处理。

9.2.5 切锯砌块应采用专用工具，不得用斧子或瓦刀任意砍劈。洞口两侧，应选用规格整齐的砌块砌筑。

9.2.6 砌筑外墙时，不得在墙上留脚手眼，可采用里脚手或双排外脚手。

9.3 墙板安装

9.3.1 应使用专用工具和设备安装外墙板。当墙板上有油污时，应在安装前将其清除。外墙板的板缝应采用有效的连接构造，缝隙应严密、粘结牢固。

9.3.2 内隔墙板的安装顺序应从门洞处向两端依次进行，门洞两侧宜用整块板。无门洞口的墙体应从一端向另一端顺序安装。

9.3.3 平缝拼接缝间粘结砂浆应饱满，安装时应以缝隙间挤出砂浆为宜。缝宽不得大于5mm。

9.3.4 在墙板上钻孔、开洞，或固定物件时，必须待板缝内粘结砂浆达到设计强度后进行。

9.4 屋面工程

9.4.1 应采用专用工具安装屋面板，不得用钢丝绳直接兜吊，不得用普通撬杠调整板位。

9.4.2 当在屋面板上部施工时，板上部的施工荷载不得超过设计荷载，否则应加临时支撑。

9.4.3 应按设计要求焊接屋面板上的预埋件，不得漏焊。

9.5 墙体抹灰

9.5.1 加气混凝土墙面抹灰宜采用干粉料专用砂浆。内外墙饰面应严格按设计要求的工序进行，待制品砌筑、安装完毕后不应立即抹灰，应待墙面含水率达15%～20%后再做装修抹灰层。抹灰工序应先做界面处理、后抹底灰，厚度应予控制。当抹灰层超过15mm时应分层抹，一次抹灰厚度不宜超过15mm，其总厚度宜控制在20mm以内。

9.5.2 两种不同材料之间的缝隙（包括埋设管线的槽），应采用聚合物水泥砂浆耐碱玻纤网格布加强，然后再抹灰。

9.5.3 抹灰层宜用中砂，砂子含泥量不得大于3%。

9.5.4 抹灰砂浆应严格按设计要求级配计量。掺外加剂的砂浆，应按有关操作说明搅拌混合。

9.5.5 当采用水硬性抹灰砂浆时，应加强养护，直至达到设计强度。

9.6 工程质量验收

9.6.1 验收砌块墙体时，砌体结构尺寸和位置的偏差不应超过表9.6.1-1的规定，墙板结构尺寸和位置的偏差不应超过表9.6.1-2的规定。

表 9.6.1-1 砌体结构尺寸和位置允许偏差

项　目		允许偏差（mm）	检查方法
砌体厚度		±4	
基础顶面和楼面标高		±15	—
轴线位移		10	
墙面垂直	每层	5	用2m靠尺检查
	全高	10	
表面平整		6	用2m靠尺检查
水平灰缝平直		7	用10m长的线拉直检查

表 9.6.1-2 墙板结构尺寸和位置允许偏差

项　目			允许偏差（mm）	检查方法
拼装大板的高度或宽度两对角线长度差			±55	拉　线
外墙板安装	垂直度	每层	5	用2m靠尺检查
		全高	20	
	平整度	表面平整	5	
内墙板安装	垂直度	墙面垂直	4	用2m靠尺检查
	平整度	表面平整	5	
内外墙门、窗框余量10mm			±5	—

9.6.2 屋面板施工时支座的平整度偏差不得大于5mm，屋面板相邻的平整度偏差不得大于3mm。

附录 A　蒸压加气混凝土隔墙隔声性能

表 A 蒸压加气混凝土隔墙隔声性能表

隔墙做法	构造示意	下列各频率的隔声量(dB)						100～3150Hz的计权隔声量R_w(dB)
		125Hz	250Hz	500Hz	1000Hz	2000Hz	4000Hz	
75mm厚砌块墙，双面抹灰	10‖75‖10	29.9	30.4	30.4	40.2	49.2	55.5	38.8
100mm厚砌块墙，双面抹灰	10‖100‖10	34.7	37.5	33.3	40.1	51.9	56.5	41.0

续表A

隔墙做法	构造示意	下列各频率的隔声量(dB)						100～3150Hz的计权隔声量 R_w(dB)
		125 Hz	250 Hz	500 Hz	1000 Hz	2000 Hz	4000 Hz	
150mm厚砌块墙，双面抹灰	20‖150‖20	37.4	38.6	38.4	48.6	53.6	57.0	44.0(砌块)
		37.4	38.6	38.4	48.6	53.6	57.0	46.0(板材)(B06级无抹灰层)
100mm厚条板，双面刮腻子喷浆	3‖100‖3	32.6	31.6	31.9	40.0	47.9	60.0	39.0
两道75mm厚砌块墙，双面抹混合灰	5‖75‖75‖75‖5	35.4	38.9	46.0	47.0	62.2	69.2	49.0
两道75mm厚条板，双面抹混合灰	5‖75‖75‖75‖5	38.6	49.3	49.4	55.6	65.7	69.6	56.0
一道75mm厚砌块和一道半砖墙，双面抹灰	20‖75‖50‖120‖20	40.3	40.8	55.4	57.7	67.2	63.5	55.0
200mm厚条板，双面刮腻子喷浆	5‖200‖5	31.0	37.2	41.1	43.1	51.3	54.7	45.2(板材)
		39.0	40.1	40.4	50.4	59.1	48.4	48.4(砖块)(B06级无抹灰层)

注：1 本检测数据除注明外，均为B05级水泥、矿渣、砂加气混凝土砌块；

2 砌块均为普通水泥砂浆砌筑；

3 抹灰为1:3:9(水:石灰:砂)混合砂浆；

4 B06级制品隔声数据系水泥、石灰、粉煤灰加气混凝土制品。

附录B 蒸压加气混凝土耐火性能

表B 蒸压加气混凝土耐火性能表

材料		体积密度级别	厚度（mm）	耐火极限（h）
加气混凝土砌块	水泥、矿渣、砂为原材料	B05	75	2.5
			100	3.75
			150	5.75
			200	8.0
	水泥、石灰、粉煤灰为原材料	B06	100	6
			200	8
	水泥、石灰、砂为原材料	B05	150	>4
			100	3
水泥、矿渣、砂为原材料	屋面板	B05	100	3
			3300×600×150	1.25
	墙板	B05	2700×(3×600)×150	<4

附录C 蒸压加气混凝土砌体抗压强度的试验方法

C.0.1 加气混凝土砌体试件采用三皮砌块，包括2条水平灰缝和1条垂直灰缝（图C.0.1）。试件的截面尺寸可为200mm×600mm。砌体高度与较小边的比值可采用3～4。

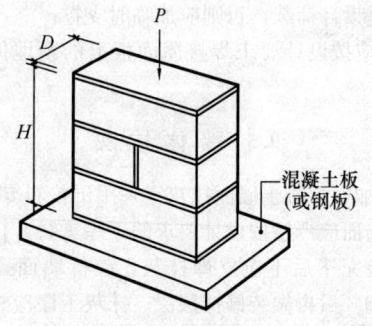

图C.0.1 砌体试件示意图

C.0.2 砌体抗压强度试验应按下列步骤进行：

1 在砌筑前，先确定加气混凝土强度和砂浆强度。每组砌体至少应做1组（3块）砂浆试块，与砌体相同的条件养护，并在砌体试验的同时进行抗压试验。

2 砌体试件采用3个为1组，按图C.0.1所示砌筑砌体，其砌筑方法与质量应与现场操作一致。

3 试件在温度为(20±3)℃的室内自然条件下，养护28d，放在压力机上进行轴心受压试验。

试验时采用等速[加载速度为 0.5N/(mm²·s)]分级加载，每级荷载约等于预计破坏荷载 10%，直至破坏为止。

4 根据破坏荷载，按下列公式确定砌体抗压试验强度 f，并计算 3 个试件的平均值：

$$f = \frac{P\psi}{\varphi A} \qquad \text{(C.0.2-1)}$$

$$\psi = \frac{1}{0.75 + \dfrac{18.5S}{A}} \qquad \text{(C.0.2-2)}$$

式中　P——破坏荷载(N)；
　　　A——试件的受压面积(mm²)；
　　　φ——纵向弯曲系数，按本规程第 5.2.3 条采用；
　　　ψ——截面换算系数；
　　　S——试件的截面周长(mm)。

附录 D　砌体水平通缝抗剪强度试验方法

D.0.1　试件尺寸：砌体标准尺寸见图 D.0.1。灰缝厚度为 8~15mm。若砌块生产规格不同，试件尺寸可按图 D.0.1 中括号内的数值确定。

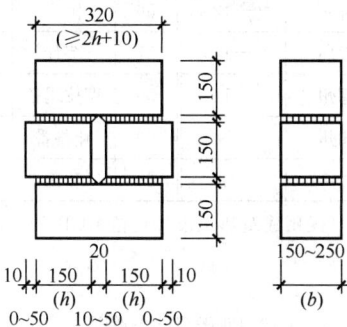

图 D.0.1　砌体标准尺寸示意图

D.0.2　试件制作：砌体水平砌筑，砌块的砌筑面需为切割面，同一水平的左右灰缝不得相连。试件砌筑完成后，顶部压二皮砌块，直至试验前取下。

抗剪试件一般砌筑 2~3 组、每组 3~5 个，砌筑的同时留 1 组砂浆标准试件(至少 3 块)，在室内条件下一起养护和存放，待砂浆达到预期强度后进行试验。

D.0.3　试验方法：试件按图 D.0.3-1 安装，直接在试验机或其他设备上加载，传力板和垫板尺寸和制作见图 D.0.3-2。

试验时可采用等速连续或分级加载，加载过程力求缓慢、均匀。当试件出现滑移并开始卸载时，即认为达到极限状态，记下最大荷载值 P(N)，其中应包括试件上的全部附加重量。

D.0.4　抗剪强度：按下式确定砌体水平通缝的抗剪强度 f_v，并计算各组试件的平均值。

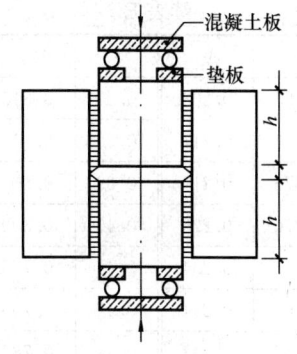

图 D.0.3-1　试件安装示意图

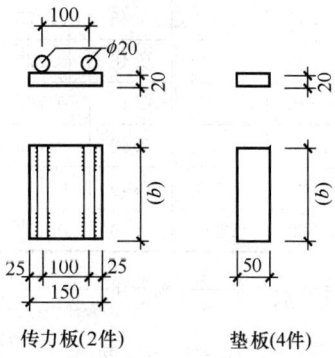

图 D.0.3-2　传力板和垫板尺寸示意图

$$f_v = \frac{P}{2bh} \qquad \text{(D.0.4)}$$

式中　f_v——砌体水平通缝的抗剪强度(N/mm²)；
　　　b——砌体试件宽度(mm)；
　　　h——试件剪切面长度(mm)，见图 D.0.1、图D.0.3-1。

附录 E　配筋加气混凝土矩形截面受弯构件承载力计算表

ξ	γ_0	A_0	ξ	γ_0	A_0
0.01	0.995	0.010	0.12	0.940	0.113
0.02	0.990	0.020	0.13	0.935	0.121
0.03	0.985	0.030	0.14	0.930	0.130
0.04	0.980	0.039	0.15	0.925	0.139
0.05	0.975	0.048	0.16	0.920	0.147
0.06	0.970	0.058	0.17	0.915	0.155
0.07	0.965	0.067	0.18	0.910	0.164
0.08	0.960	0.077	0.19	0.905	0.172
0.09	0.955	0.086	0.20	0.900	0.180
0.10	0.950	0.095	0.21	0.895	0.188
0.11	0.945	0.104	0.22	0.890	0.196

ξ	γ_0	A_0	ξ	γ_0	A_0
0.23	0.885	0.203	0.37	0.815	0.301
0.24	0.880	0.211	0.38	0.810	0.308
0.25	0.875	0.219	0.39	0.805	0.314
0.26	0.870	0.226	0.40	0.800	0.320
0.27	0.865	0.234	0.41	0.795	0.326
0.28	0.860	0.241	0.42	0.790	0.332
0.29	0.855	0.248	0.43	0.785	0.337
0.30	0.850	0.255	0.44	0.780	0.343
0.31	0.845	0.262	0.45	0.775	0.349
0.32	0.840	0.269	0.46	0.770	0.354
0.33	0.835	0.275	0.47	0.765	0.360
0.34	0.830	0.282	0.48	0.760	0.365
0.35	0.825	0.289	0.49	0.755	0.370
0.36	0.820	0.295	0.50	0.750	0.375

注：表中 $\xi = \dfrac{x}{h_0} = \dfrac{f_y A_s}{f_c b h_0}$，$\gamma_0 = 1 - \dfrac{\xi}{2} = \dfrac{\gamma_{RA} M}{f_y A_s h_0}$，$A_0 = \xi \gamma_0 = \dfrac{\gamma_{RA} M}{f_c b h_0^2}$，$A_s = \xi \dfrac{f_c}{f_y} b h_0$ 或 $A_s = \dfrac{\gamma_{RA} M}{\gamma_0 f_y h_0}$，$M = \dfrac{A_0}{\gamma_{RA}} f_c b h_0^2$。

附录 F 我国 60 个城市围护结构冬季室外计算温度 t_e（℃）

序名	地名	围护结构室外计算温度 t_e（℃）	序名	地名	围护结构室外计算温度 t_e（℃）
1	北京	−14	13	锡林浩特	−31
2	天津	−12	14	海拉尔	−40
3	石家庄	−14	15	通辽	−25
4	张家口	−21	16	赤峰	−23
5	秦皇岛	−15	17	二连浩特	−32
6	保定	−13	18	多伦	−31
7	唐山	−14	19	沈阳	−27
8	承德	−18	20	丹东	−19
9	太原	−16	21	大连	−17
10	大同	−22	22	抚顺	−27
11	运城	−11	23	本溪	−23
12	呼和浩特	−23	24	锦州	−19

序名	地名	围护结构室外计算温度 t_e（℃）	序名	地名	围护结构室外计算温度 t_e（℃）
25	鞍山	−23	43	日喀则	−14
26	锦西	−18	44	西安	−10
27	长春	−28	45	榆林	−23
28	吉林	−31	46	延安	−16
29	延吉	−24	47	兰州	−15
30	通化	−28	48	酒泉	−21
31	四平	−26	49	敦煌	−20
32	哈尔滨	−31	50	天水	−12
33	嫩江	−39	51	西宁	−18
34	齐齐哈尔	−30	52	银川	−21
35	牡丹江	−29	53	乌鲁木齐	−30
36	佳木斯	−32	54	塔城	−30
37	伊春	−35	55	哈密	−24
38	济南	−12	56	伊宁	−30
39	青岛	−11	57	喀什	−16
40	德州	−14	58	克拉玛依	−31
41	郑州	−9	59	吐鲁番	−21
42	拉萨	−9	60	和田	−16

注：摘自《民用建筑热工设计规范》GB 50176—93 附录三附表 3.1。

本规程用词说明

1 为便于在执行本规程条文时区别对待，对要求严格程度不同的用词说明如下：

1）表示很严格，非这样做不可的：

正面词采用"必须"，反面词采用"严禁"；

2）表示严格，在正常情况下均应这样做的：

正面词采用"应"，反面词采用"不应"或"不得"；

3）表示允许稍有选择，在条件许可时首先应这样做的：

正面词采用"宜"，反面词采用"不宜"；

表示有选择，在一定条件下可以这样做的，采用"可"。

2 条文中指明按其他有关标准执行的写法为："应符合……的规定"或"应按……执行"。

中华人民共和国行业标准

蒸压加气混凝土建筑应用技术规程

JGJ/T 17—2008

条 文 说 明

前　言

《蒸压加气混凝土建筑应用技术规程》JGJ/T 17—2008，经住房和城乡建设部 2008 年 11 月 14 日以第 153 号公告批准发布。

本标准第一版的主编单位是北京市建筑设计院、哈尔滨市建筑设计院，参加单位是清华大学、中国建筑东北设计院、北京加气混凝土厂等共 16 个单位。

为便于广大设计、施工、科研、学校等单位有关人员在使用本标准时能正确理解和执行条文规定，《蒸压加气混凝土建筑应用技术规程》编制组按章、节、条顺序编制了本标准的条文说明，供使用者参考。在使用中如发现本条文说明有不妥之处，请将意见函寄主编单位北京市建筑设计研究院（地址：北京市南礼士路 62 号，邮编 100045）。

目　次

1 总 则

1.0.1 蒸压加气混凝土的生产和应用在我国尽管已有40多年的历史，但就全国范围来看，大量建厂生产加气混凝土还是近十多年的事情。

从加气混凝土制品在各类建筑中的应用效果来看，技术经济效益较好，受到设计、施工和建设单位的好评。特别是近些年来国家提出墙体改革和节约能源的政策以来，更使加气混凝土材料有用武之地。

但是，在推广应用过程中，也暴露出应用技术与之不相适应的问题，如设计、施工不尽合理，辅助材料不够配套，以致在房屋的施工和使用中不断出现一些质量问题，影响加气混凝土更快更广泛地推广应用。

为了更好地推广和应用加气混凝土制品，充分发挥这种材料的优点，扬长避短，确保建筑的质量和安全，是本规程的编制目的。

1.0.2 我国是一个多地震的国家，6度和6度以上地震区占全国国土面积2/3以上。因此，任何一种材料要广泛用于房屋建筑中，必须了解它的抗震性能和适用范围。

本规程针对加气混凝土砌块和屋面板等构件应用于抗震设防地区及非地震区作出相应规定。

加气混凝土制品的原材料主要是硅、钙两种成分，如当前国内主要生产两个品种的加气混凝土，即水泥、石灰、砂加气混凝土和水泥、石灰、粉煤灰加气混凝土。过去所进行的材性和构性试验中，以干密度为B05级、强度为A2.5级的水泥矿渣砂加气混凝土制品较多。后来大量发展干密度为B06级、强度为A3.5级的水泥、石灰、粉煤灰的加气混凝土制品，又做了大量的材性试验工作。最近又开发作为保温用的B03级和B04级的制品，这类制品仅作为保温材料使用。故本规程适用于水泥、石灰、砂以及水泥、石灰、粉煤灰两种加气混凝土制品以及有可靠检测数据的其他硅、钙为原材料的加气混凝土制品。从实验室的试验来看，它们之间的材性基本上是相似的，因此制定本条，扩大了本规程的应用对象。对于其差异之处，将引入不同的设计参数加以区别对待。对配筋板材，为提高其刚度和钢筋的粘结力，要求强度等级在A3.5以上。

对于非蒸压加气混凝土制品，由于其强度低、收缩大，只能作为保温隔热材料使用。不属于本规程范围。

1.0.3 加气混凝土制品的质量应符合《蒸压加气混凝土板》GB 15762和《蒸压加气混凝土砌块》GB 11968的要求，这两个产品质量标准是最低的质量要求。为了确保建筑质量，对于不符合质量要求的产品，不应在建筑上使用。

1.0.4 本规程是现行设计和施工标准的补充文件，规程仅根据加气混凝土的特性作了一些必要的补充规定。在设计、施工和装修中还应符合国家现行的有关标准的要求。

3 一般规定

3.0.1 从应用效果来看，在民用房屋建筑和一般工业厂房的围护结构中用加气混凝土墙板、砌块、屋面板和保温材料是适宜的，它充分利用了体轻和保温效果好的优点，技术经济效果比较好。但应结合本地区和建筑物的具体情况进行方案比较，做到"物尽其用"。

3.0.2 多年的实践已经取得许多经验。但对于砌块作为承重墙体用于地震区，还缺乏宏观震害经验，出于安全考虑，参考其他砌体材料，对以横墙承重的房屋，限制其总层数及总高度是必要的。

表3.0.2给出加气混凝土砌块的强度等级与干密度的对应关系，是根据现行国家标准《蒸压加气混凝土砌块》GB 11968和《蒸压加气混凝土板》GB 15762的规定。如B05级产品即干密度小于等于500kg/m³的产品，其他级别产品以此类推。

3.0.3 加气混凝土制品长期处于受水浸泡环境，会降低强度。在可能出现0℃以下的地区，易受局部冻融破坏。对浓度较大的二氧化碳以及酸碱环境下也易于破坏。其耐火性能较好，但长期在高温环境下采用承重制品如墙、屋面板应慎重，因其在长期高温环境下易开裂。

3.0.4 控制加气混凝土制品在砌筑或安装时的含水率是减少收缩裂缝的一项有效措施，这已为工程实践证明。首先控制上房含水率，不得在饱和状态下上房；其次控制墙体抹灰前含水率，墙体砌筑完毕后不宜立即抹灰，一般控制在15%以内再进行抹灰工艺。通过试验研究证明，对粉煤灰加气混凝土制品以及相对湿度较高的地区，制品含水率可适当放宽，但亦宜控制在20%左右。

3.0.5 实践证明，采用普通水泥砂浆或混合砂浆砌筑加气混凝土砌块，如无切实可行的措施，不能保证缝隙砂浆饱满及两者粘结良好，这是墙体开裂的主要原因之一。因此承重墙体宜采用专用砌筑砂浆。

3.0.6 工程调查的结果表明，没有做饰面的加气混凝土墙面（尤其是外墙），经过数年后，由于干湿、冻融循环等自然条件影响，均有不同程度的损坏。因此，做外饰面是保护加气混凝土制品耐久性的重要措施。

3.0.7 震害经验表明，地震区采用横墙承重的结构体系其抗震性能优于其他结构布置形式。为此，加气混凝土砌块作为承重墙体时，应尽量采用横墙承重体系。同时，参考其他砌体房屋的震害经验，其横墙间距取较小的数值。

3.0.8 加气混凝土砌块承重房屋的抗震性能还取决于它的整体性。为了加强砌块墙体内外墙的连接，按照不同烈度设置拉结钢筋。

构造柱是砌体结构防止地震时突然倒塌的有效抗震措施，对于加气混凝土砌块承重的房屋，设置钢筋混凝土构造柱是十分必要的。

3.0.9 在加气混凝土砌块作为承重结构时，虽在非地震区建造，但也应加强房屋结构的整体性。因此，在一般在房屋顶层应设置现浇圈梁；房屋四角应有钢筋混凝土构造柱等。

3.0.10 隔声和耐火性能仅做过干密度为 500～600kg/m³ 的加气混凝土制品的试验。其他干密度制品目前仅能根据理论推算，有待各厂家逐步完善，经试验后补充数据。

4 材料计算指标

4.0.1 加气混凝土强度等级的定义是：

1 考虑到加气混凝土生产的特点，为了方便生产检验和准确地标定加气混凝土强度，由原规程的气干状态（含水率 10%）检验强度改为出釜状态（含水率 35%～40%）检验强度。

2 在出釜状态随机抽取远离侧模边 250mm 以上的 3 块砌块，在每个砌块发气方向的中间部位切割 3 个边长 100mm 立方体试块组成 1 组，用标准试验方法测得的、具有 95% 保证率的立方体抗压强度平均值为加气混凝土抗压强度等级的标准值。

3 加气混凝土强度等级（亦称标号）的代表值（A2.5、A3.5、A5.0、A7.5），系指在出釜状态立方体抗压强度检验时 3 个试块为 1 组的平均值，应等于或大于强度等级（A2.5、A3.5、A5.0 和 A7.5）代表值（且其中 1 个试块的立方体抗压强度不得低于代表值的 85%），以确保加气混凝土在应用时的安全度。

4 加气混凝土在出釜状态时的强度等级代表值 $f_{cu\cdot15}^A$，是本规程加气混凝土各项力学指标的基本代表值。

4.0.2 按照国家现行标准《建筑结构可靠度设计统一标准》GB 50068，并参照《混凝土结构设计规范》GB 50010 的要求，依据原《蒸压加气混凝土应用技术规程》JGJ 17—84 的编制背景材料《我国加气混凝土主要力学性能统计分析研究报告》（哈尔滨市建筑设计院 1982 年 10 月）和《加气混凝土构件的计算及其试验基础》（清华大学抗震抗爆工程研究室科学研究报告集第二集 1980 年）所提供的试验资料数据，并考虑到目前我国加气混凝土在气干状态（含水率 10%）时的实际强度，对加气混凝土的抗压、抗拉强度标准值、设计值按下述原则和方法确定。

1 抗压强度：按正态分布曲线统计分析确定。

1）抗压强度标准值 f_{ck}：
取其概率分布的 0.05 分位数确定，保证率为 95%。

$$f_{ck} = 0.88 \times 1.10 f_{cu\cdot15}^A - 1.645\sigma \quad (1)$$

式中 f_{ck}——抗压强度标准值（N/mm²）；
0.88——考虑结构中加气混凝土强度与试件强度之间的差异对试件强度的修正系数；
1.10——出釜强度换算成气干强度的调整系数；
$f_{cu\cdot15}^A$——加气混凝土出釜强度等级代表值（N/mm²）；
σ——标准差（N/mm²）。

按正态分布曲线统计规律，加气混凝土强度的变异系数 $\delta_f = \sigma/f_{cu\cdot15}^A$ 为 0.10～0.18，取 $\delta_f = 0.15$ 确定标准差 σ 后，代入 (1) 式得出本规程加气混凝土抗压强度标准值（见表 4.0.2-1）。

2）抗压强度设计值 f_c：
参照《混凝土结构设计规范》GB 50010 及其条文说明的可靠度分析，根据安全等级为二级的一般建筑结构构件，按脆性破坏，要求满足可靠度指标 $\beta = 3.7$。经综合分析后，对于板构件加气混凝土抗压强度设计值由加气混凝土抗压强度标准值除以加气混凝土材料分项系数 γ_f 求得，加气混凝土材料分项系数取 $\gamma_f = 1.40$。加气混凝土抗压强度设计值为：

$$f_c = \frac{1}{\gamma_f} f_{ck} \quad (2)$$

按 (2) 式得出本规程加气混凝土抗压强度设计值（见表 4.0.2-2）。

2 抗拉强度：与抗压强度处于同一正态分布曲线，变异系数相同，按抗拉强度与抗压强度相关规律：

1）抗拉强度标准值 $f_{tk} = 0.09 f_{ck}$ （3）
2）抗拉强度设计值 $f_t = 0.09 f_c$ （4）
由此得表 4.0.2-1 和表 4.0.2-2 中的相应值。

4.0.3 加气混凝土的弹性模量仍按原规程的定义和方法确定。

1 水泥矿渣砂加气混凝土和水泥石灰砂加气混凝土取为：

$$E_c = 310 \sqrt{1.10 f_{cu\cdot15}^A \times 10} \quad (5)$$

2 水泥石灰粉煤灰加气混凝土取为：

$$E_c = 280 \sqrt{1.10 f_{cu\cdot15}^A \times 10} \quad (6)$$

按 (5)、(6) 式得出本规程加气混凝土弹性模量（见表 4.0.3）。

4.0.4 加气混凝土的泊松比、线膨胀系数系参照国内的科研成果和国外标准而定。

4.0.5 砌体的抗压强度、抗剪强度和弹性模量。

本条是根据国内北京、哈尔滨、重庆等地有关单位的科研成果而定的。

国内目前生产的块材尺寸，一般的高度为 250～

300mm，长度为 400～600mm，厚度按使用要求和承载能力确定。影响砌体强度的主要因素是砌块的强度和高度，本标准以块高 250～300mm 作为标准给出砌体强度。

砂浆为广义名称，包括水泥砂浆、混合砂浆、胶粘剂和保温砂浆等，砌筑加气混凝土应优先采用专用砂浆。由于加气混凝土砌块强度不高，试验表明采用高强度等级的砂浆对其砌体强度增长得不多，强度太低的砂浆又不易保证较大砌块的砌体整体工作性能，故只给出 M2.5 和 M5.0 两个砂浆强度等级作为砌体强度正常选用指标，高于 M5.0 的砂浆强度等级仍按 M5.0 砂浆采用。

表 4.0.5-1 中的砌体抗压强度系按国内的科研成果，以高 250mm、长 600mm 砌块为准，按砌体强度与砌块材料立方强度的线性关系给定的。

当砂浆强度等级为 M2.5 时，砌体抗压强度标准值为 $f_k = 0.6 f_{ck}$，f_{ck} 为加气混凝土砌块材料立方抗压强度标准值。

当砂浆强度等级为 M5.0 时，砌体抗压强度标准值为 $f_k = 0.65 f_{ck}$。

砌体的材料分项系数由原规程的 $\gamma_f = 1.55$，提高到 $\gamma_f = 1.6$，将砌体抗压强度标准值除以此材料分项系数即得砌体抗压强度设计值：

当砂浆为 M2.5 时，$f = f_k / \gamma_f = 0.375 f_{ck}$；当砂浆为 M5.0 时，$f = f_k / \gamma_f = 0.406 f_{ck}$。

按上式得出砌体抗压强度设计值见表 4.0.5-1。

当砌块高度小于 250mm、大于 180mm，长度大于 600mm 时，其砌体抗压强度按块形变动，需乘以块形修正系数 C 进行调整。

块形修正系数：

$$C = 0.01 \frac{h_1^2}{l_1} \leqslant 1.0 \qquad (7)$$

只取小于 1 的 C 值进行修正。

式中　h_1——砌块高度（mm）；
　　　　l_1——砌块长度（mm）。

砌体沿通缝的抗剪强度，系规程编制组采用普通砂浆砌体试验的科研成果而标定的，见表 4.0.5-2。采用专用砂浆时的抗剪强度，因离散性较大不便统一规定。

砌体的弹性模量取压应力等于砌体抗压强度 40% 时的割线模量，按原来试验统计公式，当砂浆强度等级 M2.5～M5.0 时为：

$$E = \alpha \sqrt{R_a} \qquad (8)$$

$$\alpha = \frac{1.06 \times 10^6}{\frac{1550}{\sqrt{R_1}} + \frac{450}{\sqrt{R_2}}} \qquad (9)$$

式中　E——加气混凝土砌体弹性模量（kg/cm^2）；
　　　　α——系数；
　　　　R_a——加气混凝土砌体的抗压强度值 $R_a = 0.6 R_1$

（kg/cm^2）；
　　　　R_1——砌块的抗压强度（kg/cm^2）；
　　　　R_2——砂浆强度（kg/cm^2）。

将上述公式中各项的单位，由 kg/cm^2 变换为 N/mm^2，并将本规程的加气混凝土强度等级和砂浆强度等级代入，经计算调整后得表 4.0.5-3 所列值。

4.0.6 加气混凝土配筋构件的钢筋强度取值是按国内科研成果并参照《混凝土结构设计规范》GB 50010 给出的。配筋构件的钢筋，宜采用 HPB235 级钢，其抗拉、抗压强度设计值取 210N/mm^2。

经过机械调直和蒸养时效的 HPB235 级钢筋，屈服强度可提高。通过规程编制组的试验和各主要生产厂的采样分析，其提高值离散性较大。有的生产厂机械调直设备完善，管理较好，质量控制较严，机械调直能起冷加工作用，调直蒸压后的钢筋抗拉强度提高较多，且性能稳定。有的生产厂机械调直设备陈旧、型号较杂，管理较差，钢筋机械调直后的强度变化不大。鉴于此种情况不宜作统一规定。如果生产厂能保证钢筋调直后提高强度，且有可靠试验根据时，当钢筋直径等于或小于 12mm 时，调直蒸压后的钢筋抗拉强度可取 250N/mm^2，但抗压强度均为 210N/mm^2。

4.0.7 规程对钢筋防腐处理明确提出要有严格的保证，这是配筋构件的关键性技术要求。工程实践表明加气混凝土配筋构件的钢筋防腐如果处理不好，将是造成构件破坏或不能使用的主要原因，因此强调钢筋防腐必须可靠，在产品标准中加以严格的保证。

本规程提出的涂有防腐剂的钢筋与加气混凝土的粘着力不得小于 0.8N/mm^2（A2.5）和 1N/mm^2（A5.0），这是最低要求，并不作为产品标准的依据。产品标准应提高保证数据，储存可靠的安全度。

4.0.8 将砌体和配筋构件的重量综合在一起进行标定。主要是考虑加气混凝土的密度小，各类构件密度差的绝对值不大。为了便于应用和简化，以加气混凝土干密度为准，给定一个综合增重系数 1.4，考虑了使用阶段的超密度，较大含水率、钢筋量、胶结材料超重等因素。各地可根据所采用的加气混凝土制品干密度指标乘以增重系数，切合实际而又灵活。在目前国内各生产厂产品密度离散性较大的情况下，不宜给出统一标定的设计密度绝对指标。

5　结构构件计算

5.1　基本计算规定

5.1.1 我国颁布《建筑结构可靠度设计统一标准》GB 50068 后，统一了结构可靠度和表达式形式，各种设计规范都根据此标准所规定的原则相继地进行修订。与本规程密切相关的有：《建筑结构荷载规范》GB 50009，《砌体结构设计规范》50003，《混凝土结构设计规范》GB 50010 和《建筑抗震设计规范》GB 50011 等。

本规程的原版本 JGJ 17—84 是此前制定的，因此也必须进行相应的修订。本规程中结构构件计算部分遵循的修订原则如下：

1 根据统一标准 GB 50068 规定的原则，采用了以概率理论为基础的极限状态设计法和分项系数表达的计算式；

2 在实际工程中，加气混凝土构件常常和钢筋混凝土、砖砌体构件等结合使用。同一建筑物内各构件的设计可靠度应该相等或相近。在确定加气混凝土的材料强度和弹性模量的设计值，以及砌体强度设计值时，采用了与混凝土或砖砌体相同或略高的可靠度指标（β 值）；

3 设计人员对常用的荷载、混凝土结构和砖砌体结构等的设计规范都很熟悉，本规程中构件计算公式的形式和符号都与同类受力构件（如板受弯、砌体受压）在相应规范中的计算式基本一致，以方便使用、避免混淆。

4 考虑到加气混凝土材质的特点和差异，以及构件在运输或建造过程中可能受到损伤等不利因素，在构件承载能力的极限状态设计基本公式（5.1.2）中，在承载力设计值 R 一边引入一个调整系数（γ_{RA}）。

在原规程 JGJ 17—84 中，基于同样的考虑在确定加气混凝土构件的设计安全系数 K 值时就比原混凝土结构和砖砌体结构规范所要求的安全系数有一定提高（表 1）。为了使两本规程很好地衔接，也注意到近年加气混凝土配筋板材的质量有所提高，本规程对于配筋板和砌体采取相同的承载力调整系数值 $\gamma_{RA} = 1.33$，相当于对加气混凝土构件的安全系数提高 1.33 倍。此值与表 1 中原规程的安全系数提高值相当。

表 1 原规程与相关规范安全系数的比较

构件种类	配筋板		砌体	
受力种类	受弯	受剪	受压	受剪
加气混凝土应用规程 JGJ 17—84	2.0	2.2	3.0	3.3
钢筋混凝土规范 TJ 10—74	1.4	1.55		
砖砌体规范 GBJ 3—73			2.3	2.5
加气混凝土构件的安全系数提高比	1.43	1.42	1.30	1.32

原规程在工程实践中使用已二十多年，表明设计安全系数取值合理。本规程按上述修改后，对典型构件进行对比计算，构件可靠度与原规程的计算结果基本相同，故构件可靠度有切实保证，且比原规程略有改进。

关于构件的极限承载力和变形等性能的计算方法和参数值的确定，在原规程 JGJ 17—84 的编制说明中已经列举了试验依据和分析。在制定本规程时如无重大补充和修改，将不再重复。

5.1.2 承载能力极限状态设计的一般计算式按照《建筑结构可靠度设计统一标准》GB 50068 的原则确定。承载力调整系数 γ_{RA} 及其数值专为加气混凝土构件而设定。

5.1.3 关于构件的正常使用极限状态，由于加气混凝土的弹性模量值低，需验算受弯板材的变形。

试验证明，由于制造过程中形成的初始自应力和加气混凝土的抗折强度较高等原因，适筋受弯板材的开裂弯矩与极限弯矩的比值约为 $M_{cr}/M_u = 0.5 \sim 0.7$，远大于普通混凝土构件的相应值。因此，加气混凝土板材在使用荷载下一般不会出现受弯裂缝，而且钢筋外表有防腐涂层可防止锈蚀，故不需作抗裂验算。

5.1.4 本条用以计算板材截面上网的配筋数量。板材的自重分项系数根据生产经验由原规程的 1.1 增加至 1.2。

5.2 砌体构件的受压承载力计算

5.2.1 轴心和偏心受压构件的承载力计算式与原规程中的相同，也与现行《砌体结构设计规范》GB 50003 的同类计算式相似。受压构件的纵向弯曲系数 φ 和轴向力的偏心影响系数 α 分列，系数 0.75 即承载力调整系数（$\gamma_{RA} = 1.33$）的倒数值（下列有关计算式中同此）。

5.2.2 加气混凝土砌体的偏心受压试验表明，大小偏心受压破坏的界限偏心距在 $e = (0.48 \sim 0.51)y$ 范围内。当 $e > 0.5y$ 时，砌体的一侧出现拉应力，极限承载力很低，且破坏突然，设计时宜加以限制。

5.2.3 长柱砌体的试验结果表明，加气混凝土砌体的纵向弯曲系数 φ 与砖砌体（砂浆 M2.5）的数值相近。本条根据构件高厚比 β 值确定系数 φ 的方法，以及表 5.2.3 中的 φ 值同原规程，也与《砌体结构设计规范》GB 50003 中的相应条款相同。

β 的修正值取为 1.1，系参考了规范 GB 50003 的规定，并通过试算和对比试验结果后确定。构件的计算高度 H_0，按规范 GB 50003 中的有关规定取用。

5.2.4 加气混凝土短柱砌体的偏心受压试验证明，偏心影响系数 α 值与砌体和砂浆强度的关系不大，且与砖砌体的相应值吻合，故可采用规范 GB 50003 中相应的计算式，即式（5.2.4-1）。

5.2.5 由于加气混凝土本身强度较低，梁端下应设置刚性垫块。加气混凝土砌体的试验表明，其局部承压强度较砌体抗压强度（f）提高有限，计算式（5.2.5）中仍取后者。

5.3 砌体构件的受剪承载力计算

按照统一标准 GB 50068 的原则，原规程的公式变换成本规程公式（5.3.1），其中 σ_k 前的系数值推导如下：

由 JGJ 17—84 的　　$KQ = (R_{qj} + 0.6\sigma_0)A$

以 $K = 3.3$ 代入得：

$$Q = \frac{1}{3.3}(R_{qj} + 0.6\sigma_0)A \tag{10}$$

本规程的表述式为 $\bar{\gamma}V_k = 0.75(f_v + x\sigma_k)A$

以平均荷载系数 $\bar{\gamma} = 1.24$ 代入得：

$$V_k = \frac{0.75}{1.24}(f_v + x\sigma_k)A \tag{11}$$

在式（5.3.1）中 $Q = V_k$，$\sigma_0 = \sigma_k$，为使本规程和原规程的计算安全度相同，必须符合：

$$f_v = \frac{1.24}{0.75} \cdot \frac{1}{3.3}R_{qj} = 0.501R_{qj} \tag{12}$$

$$x = \frac{1.24}{0.75} \cdot \frac{0.6}{3.3} = 0.301 \approx 0.3 \tag{13}$$

5.4　配筋受弯板材的承载力计算

5.4.1　正截面承载力的基本计算公式（5.4.1-1）、（5.4.1-2）由原规程的公式按统一标准的原则和符号改写，且与现行《混凝土结构设计规范》GB 50010 中的有关公式一致。系数 0.75 即承载力调整系数（$\gamma_{RA} = 1.33$）的倒数值。

式（5.4.1-3）、（5.4.1-4）分别为界限受压区相对高度的限制条件和适筋受弯破坏的最大配筋率。由于《混凝土结构设计规范》GB 50010 在计算受弯构件时，改用了平截面假定，本规程随之作相应变化。

根据已有试验结果（详见"加气混凝土构件的计算及其试验基础"，清华大学，1980），配筋加气混凝土板在弯矩作用下的截面应变符合平截面假定，适筋破坏时压区加气混凝土的最大应变为 $2 \times 10^{-3} \sim 4 \times 10^{-3}$，平均值为 2.8×10^{-3}。由此得界限受压区相对高度：

$$\xi = \frac{0.0028}{0.0028 + \dfrac{f_y}{E_s}} = \frac{1}{1 + \dfrac{f_y}{0.0028E_s}} \tag{14}$$

而等效矩形应力图的相对高度为：

$$\xi_b = 0.75\xi = \frac{0.75}{1 + \dfrac{f_y}{0.0028E_s}} \tag{15}$$

所以　　$$\mu_{max} = \xi_b \frac{f_c}{f_y} \times 100\% \tag{16}$$

本规程中钢筋屈服强度 $f_y = 210(250)\text{N/mm}^2$，$E_s = 2.0 \times 10^5 \text{N/mm}^2$，代入式（15）得：

$$\xi_b = 0.545(0.5185) \tag{17}$$

与试验结果（见前面同一文献）$\xi_b = 0.5$ 相一致。故本规程建议采用 $\mu_{max} = 0.5\dfrac{f_c}{f_y} \times 100\%$。

5.4.2　原规程的计算式中，板材抗剪承载力取为 $0.055f_ch_0$，是根据板材均布荷载和集中荷载试验结果所得的最小抗剪能力。改写成本规程的表达式，并将加气混凝土的抗压强度转换成抗拉强度（$f_t =$

$0.09f_c$），故：

$$\frac{1}{\gamma_{RA}}0.055f_ch_0 = \frac{1}{1.33}0.055\frac{f_t}{0.09}bh_0 = 0.458f_tbh_0$$

取整后即得式（5.4.2）。

5.5　配筋受弯板材的挠度验算

5.5.1　这是一般的方法，同普通混凝土构件的计算。

5.5.2　加气混凝土板材的试验表明，在使用荷载的短期作用下，一般不出现受弯裂缝，且抗弯刚度（B_s）接近常值。为简化计算，将换算截面的弹性刚度 E_cI_0 予以折减，系数值 0.85 比实测值（0.81～1.04，平均为 0.94）偏小，计算结果可偏安全。

5.5.3　计算公式同《混凝土结构设计规范》GB 50010。

水泥矿渣砂加气混凝土板的长期荷载试验中，实测得 6 年后挠度增长 1.4～1.7 倍。据其发展规律推算，在 20 年和 30 年后将分别达 1.886 和 2.063，故暂取 $\theta = 2.0$。

5.6　构　造　要　求

5.6.1～5.6.2　验算高厚比 β 的计算式同原规程，也同《砌体结构设计规范》GB 50003。允许高厚比 $[\beta]$ 值（表 5.6.1）参照该规范和工程经验确定。

5.6.3　控制房屋伸缩缝的间距是减轻砌体裂缝现象的重要措施之一。最大距离 40m 约可安排 3 个住宅单元。

5.6.4　砌筑墙体所用的砂浆，由原规程建议的混合砂浆改为"粘结性能良好的专用砂浆"，以保证砌块的粘结强度和砌体质量（砌体强度）。

5.6.5　加气混凝土砌块由于强度偏低，不宜直接承担局部受压荷载，因此要采用垫块或圈梁作为过渡。

5.6.6　为增强房屋的整体性，对加气混凝土砌块承重的底层和顶层窗台标高处，设置通长的现浇混凝土条带。

5.6.7　楼、屋盖处的梁或屋架，必须与相对应位置的墙、柱或圈梁有可靠的连接，以增强房屋的整体性能，提高其抗震能力。

5.6.8　承重加气混凝土砌块房屋，门窗洞口的过梁应采用钢筋砌块过梁（跨度≤900）或钢筋混凝土过梁（跨度较大时）。支承长度均不应小于 240mm。

5.6.9　加气混凝土砌块墙长大于层高的 1.5 倍时，为了保持砌块墙体出平面外的稳定性，应在墙中段设置起稳定作用的钢筋混凝土构造柱。

5.6.10　加气混凝土与钢筋的粘结强度较低，板材中的钢筋网片和骨架都要加焊接，以充分地发挥钢筋的受力作用。钢筋上、下网片之间设连接箍筋，以加强板材的压区和拉区的整体联系作用。

加气混凝土的透气性大，为防止钢筋锈蚀，板材内所有的钢筋（网片）都必须经过可靠的防腐处理。

5.6.11 板材内钢筋直径和数量的限制，参照国内外的有关试验研究和工程经验制定。试验证明，当主筋末端焊接 3 根相同直径的横向锚固筋，可保证受弯板材的跨中主筋屈服时端部不产生滑移。

根据工程经验，主筋末端到板端部的距离，由原规程要求的小于等于 15mm，改为小于等于 10mm。

5.6.12 当板材起吊时，上网纵向钢筋受拉，因此，上网钢筋不得少于 2 根，并与下网受力主筋相连。

5.6.13 为增强地震区加气混凝土屋盖结构的整体刚度，对加气混凝土屋面板与板之间加强连接是十分必要的。为此，在板内埋设预埋铁件，并在吊装后加以焊接。由于加气混凝土强度等级较低，因此，预埋件应与板主筋或架立筋焊接。

5.6.14 若板材的支承长度过小，不仅安装困难，还易发生局部损坏，影响承载力。本条的限制值是根据板材主筋的长度、板材试验和工程经验而确定。

6 围护结构热工设计

6.1 一 般 规 定

6.1.1 本条是加气混凝土围护结构热工设计的基本原则和方法的规定，在同一地区同一建筑中，从满足保温、隔热和节能要求出发，求得的加气混凝土外墙和屋面的保温层厚度可能不同，实际使用时，应取其中的最大厚度。

6.1.2 根据目前加气混凝土生产和应用中有代表性的密度等级、使用情况、有无灰缝影响及含水率等，对加气混凝土围护结构材料热工性能有主要影响的计算参数——导热系数和蓄热系数计算值的规定，以便使计算结果具有可比性和一定程度的准确性，并更接近实际应用效果。

在根据保温隔热和节能要求计算确定加气混凝土围护结构或加气混凝土保温隔热层厚度时，正确确定和选用加气混凝土材料导热系数和蓄热系数的计算值，是十分重要的。这是因为如果计算值的确定和选用不当（偏高或偏低）则将影响计算结果的正确性，使计算结果与实际效果偏离较大，或在实际上不能满足保温隔热和节能要求。

计算值的确定应具有代表性，亦即材料的品种、密度，以及在围护结构中所处的状况（潮湿和灰缝影响等）应具有代表性，本规程表 6.1.2 中所列的 4 种密度（400、500、600、700kg/m³）、2 种构造（单一结构和复合结构）、3 种状况（单一结构中，体积含水率 3% 的正常含水率和灰缝影响；复合结构中，铺设在密闭屋面内和浇筑在混凝土构件中所受潮湿和灰缝的影响），具有代表性，且与《民用建筑热工设计规范》GB 50176 的取值接近。按本表计算值采用，基本上能够反映实际情况。

6.2 保温和节能设计围护结构热工设计

6.2.1 对加气混凝土围护结构（主要包括外墙和屋面）的传热系数 K 值和热惰性指标 D 值，应符合国家现行节能设计标准的有关规定，近因年来我国建筑节能迅速发展，对围护结构保温、隔热的要求不断提高，有些城市（如北京、天津等）已先行实施节能 65% 的居住建筑节能设计标准，适用于我国严寒、寒冷、夏热冬冷和夏热冬暖地区的节能 50% 的居住建筑节能设计行业标准目前正在修订中，《公共建筑节能设计标准》GB 50189 也已实施。为了适应这种不断发展变化的形势需要，作出本条规定。满足相关节能标准要求的保温厚度，以及满足《民用建筑热工设计规范》GB 50176 要求的低限保温、隔热厚度的规定。

6.2.2 本条规定了加气混凝土外墙和屋面传热系数 K 值、热惰性指标 D 值，以及外墙中存在钢筋混凝土梁、柱等热桥情况下外墙平均传热系数的计算方法。

6.2.3 本表所列为干密度为 600kg/m³ 的加气混凝土外墙砌筑和粘结不同做法的传热系数 K 值和热惰性指标 D 值，供参考选用。

6.2.4 本表所列为干密度为 600kg/m³ 的加气混凝土单一材料屋面板的传热系数 K 值和热惰性指标 D 值，供参考选用。

6.2.5 加气混凝土外墙中常存在钢筋混凝土梁、柱等热桥部位，如果不在这些热桥部位的外侧作保温处理，则将严重影响整体的保温效果，并有在这些部位的内表面结露长霉的危害，故作出本条规定。

6.2.6 本条从我国许多地区夏季有隔热的要求出发，对加气混凝土外墙和屋面能够满足《民用建筑热工设计规范》GB 50176 隔热要求的厚度列出数据，但还应与满足建筑节能设计标准要求的计算厚度进行比较，取其中的最大厚度。

6.2.7 为避免加气混凝土复合墙体冬季内部冷凝受潮，降低保温效果，并引起结构损坏，作出本条规定。

6.2.8 为避免加气混凝土复合屋面冬季内部冷凝受潮，降低保温效果，并引起防水层损坏，作出本条规定。

6.2.9 本条还有另一种做法，即在屋面板上先做找坡层和防水层，再将加气混凝土块铺设在防水层上面，然后再做刚性防水层或其他防水层，实质上是一种倒置屋面。这种做法有利于加气混凝土内部潮湿的散发，对改善屋面的保温、隔热性能和保护防水层有利。

7 建 筑 构 造

7.1 一 般 规 定

7.1.1 在低温下，加气混凝土外表受潮结冰，体积增大 1.09 倍，在实际使用过程中，一般均外层结冰，这样就封闭了内部水分向外迁移的通道。当加气混凝土的内部水分向表面迁移时，在表层产生较大破坏应力，加气混凝土抗拉强度低，只有 0.3~0.5MPa，所以局部冻融容易产生分层剥离。

7.1.2 加气混凝土系多孔材料，出釜含水率为 35%~40%，使用过程中，水分不可能全部蒸发；其次在潮湿季节中，它也会吸入一部分水分；三是加气混凝土属于中性材料，pH 值在 9~11 之间。上述因素对未经处理的铁件均会起锈蚀作用，所以进入加气混凝土中的铁件应作防锈处理。

7.1.3 加气混凝土屋面板上镂划沟槽容易破坏钢筋保护层，所以一般不宜镂划，横向镂槽会减小板材的受力面积，而且如施工不当，有可能伤及更多的纵向钢筋，所以不宜横向镂划。沿纵向镂划的，其深度应小于等于 15mm，以不触及钢筋保护层为原则。

7.2 屋 面 板

7.2.1 加气混凝土屋面板是兼有保温和结构双重功能的构件，并由于机械钢丝切割，厚度精确，只要安装精确可不必在其上表面做找平层，如支座处找坡，则支座必须平整。在荷载允许情况下在屋面板上部可做找坡层。在地震区屋面必须有两个要求，板内上下网片应有连接和板上应设预埋件，构造方法如图 7.2.1 所示，或采用其他行之有效的连接方法。

7.2.2 加气混凝土屋面板强度偏低，在屋盖体系中，不应考虑作为水平支撑，因此应对屋架上部支撑予以适当加强。

7.2.3 沿板长和板宽方向不得出挑过多，以避免上部受拉产生裂缝，参考国外有关资料，其挑出长度给予限制，并采取相应构造连接措施。

7.2.4 板两端为受力钢筋的锚固区，不能在此范围内开洞，如需切断钢筋时，要对板的承载力进行验算。在正常情况下，只能按图 7.2.4 允许的范围内开洞。加气混凝土屋面板两端有横向锚固钢筋，因此严禁切断使用。需要纵向切锯的板材要与厂方协商，经计算后采用特殊配筋，专门生产允许切锯的板材。

7.2.5 加气混凝土屋面板因用切割机切割，一般两面都比较平整。如用支座找坡，只要支座处平整，屋面上下都会十分平整，可不做找平层，直接铺卷材防水层。如屋面板上做找坡层和找平层，则在设计时应验算板的上部荷载，不要超过设计荷载。

加气混凝土屋面板因宽度较窄（600mm）刚度差，当铺好卷材防水层后，如其上部有施工荷载或温差伸缩变形时，易于将端头缝防水处拉裂，尤其当满铺时更易拉裂。因此为防止端头缝开裂，除采取板材预埋件相互焊接外，还应在防水层做法上采取一定措施。在端头缝处干铺一条卷材的作用：一是加强作用；二是允许滑动，花撒和点铺的作用，均是允许有

伸缩余地，以免在薄弱部位拉裂。

7.2.6 加气混凝土易受局部冻融破坏，同时也易受干湿循环破坏，所以在一些经常有可能处于干湿交替部位如檐口、窗台等排水部位应做滴水处理。

7.2.7 坯体经钢丝切割后，在制品表面有一些鱼鳞状的渣末，在使用过程中相当一段时间，会有掉落现象，因此，在其底面必须进行处理，一般以刮腻子喷浆为宜，因板表面抹灰较难保证质量，不做抹灰。对卫生要求较高的建筑，以及公共建筑等一般均做吊顶。

7.3 砌 块

7.3.1 加气混凝土保温性能好，在寒冷地区宜作为单一材料墙体，其用材厚度要比传统材料薄，如与其他材料处于同一表面，如外露混凝土构件（圈梁、柱或门窗过梁），则在采暖地区在该部位易产生"热桥"，同时两种材料密度不同，收缩值和温度变形不一，外露在同一表面易在交接处产生裂缝。所以无论在采暖或非采暖地区，在构件外表面均应有保温构造。由于在严寒地区其墙厚比传统墙体减薄，相应的灰缝距离也短，易于在灰缝处出现"热桥"，所以应采用保温砂浆砌筑，但有的产品精确度高，灰缝可控制在 3mm 以下，则灰缝产生"热桥"的可能性较小。

7.4 外 墙 板

7.4.1 加气混凝土用作外墙板，因其强度偏低，不宜将每层墙板层层叠压到顶。根据多年的实践经验，以分层承托为宜，尤其在地震区的高层建筑中，必须各层分别承托本层的重量。

7.4.2 外墙拼装大板是由过梁板、窗下板和洞口两边板三部分组合，洞口两边宽度和过梁板高度不宜太窄，否则在板材组装运输和吊装过程中易于损坏。外墙板一般为对称双面布筋每面 4 根，如要切锯成过梁板，最小宽度不宜小于 300mm，以使切锯后的板内保持有 4 根钢筋，并根据洞口大小经结构验算后方可使用，也可与厂方协商生产专用板材。

7.5 内 隔 墙 板

7.5.1 一般民用建筑隔墙的平面较为复杂，垂直安装的灵活性比较大，为保证隔墙板的牢固，在地震区梁（或板）下应设预埋件将板上部卡住。为防止上部结构产生挠度或地震时结构变形，将板压坏，在板顶部应放柔性材料。板材安装时其下部用楔子将板往上顶紧，楔子应顺板宽方向打入，这样使板之间越挤越紧，不能从厚度方向对楔。当然同时也应采用上部固定方式。板缝间打入金属片的目的，是板之间用胶粘后的补强措施，一旦发生振动而不致开胶。

7.5.3 加气混凝土强度低、板材薄，如在民用建筑墙板上安装卫生设备、暖气片、热水器、吊柜等重

物，或在工业建筑中固定管道支架时，应采用加强措施，如穿墙螺栓夹板锚固等。

8 饰 面 处 理

8.0.1 加气混凝土的饰面不仅是美观要求，主要是保护加气混凝土墙体耐久性不可少的措施。良好的饰面是提高抗冻、抗干湿循环和抗自然碳化的有效方法，对有可能受磕碰和磨损部位，如底层外墙、墙体阳角、门窗口、窗台板、踢脚线等要适当提高抹灰层的强度，当做完基层处理后，头道底灰一般抹强度与制品强度接近的混合砂浆。待头道抹灰初凝后，再抹强度较高的面层。

8.0.2 加气混凝土的吸水特性与传统的砖或混凝土不同，它的毛细作用较差，形似一种"墨水瓶"结构，其单端吸水试验表明，是先快后慢，吸水时间长，24h 内吸水速度快，以后渐缓，直到 10d 以上才能达到平衡，但量不多。所以如基层不做处理，将不断吸收砂浆中的水分，使砂浆在未达到强度前就失去水化条件，造成抹灰开裂空鼓。根据德国标准，对加气混凝土饰面层的基层，其吸水率的要求是 $A = 0.5 kg/(m^2 \cdot h)$，所以宜采用专用抹灰砂浆或在粉刷前做界面处理封闭气孔。减少吸水量，并使抹灰层与加气混凝土有较好的粘结力。

8.0.3 因加气混凝土本身强度较低，故抹底灰层的强度应与加气混凝土的强度、弹性模量和收缩值等相适应，以避免抹灰开裂。

8.0.4 根据 8.0.3 条原则加气混凝土的底灰强度不宜过高，如表面要做强度较高的砂浆，则应采取逐层过渡、逐层加强的原则。

8.0.5 在设计中力求避免两种不同材料在同一表面。如遇此情况，则应对该缝隙或界面进行处理，如用聚合物砂浆及玻纤网格布加强。但采用聚合物砂浆所用水泥必须用低碱水泥，玻纤网格布一定要用耐碱和涂塑的，其性能应符合相关标准要求。

8.0.6 这是防止抹灰层开裂的措施之一，尤其是住宅的山墙，工业厂房的外墙，都是窗户小、墙面大。

8.0.7 在卫生间使用时，其墙面应做防水层，一般采用防水涂料一直做到上层顶板底部，表面粘贴饰面砖。

8.0.8 目前国内有些厂家已能达到这一标准。

9 施工与质量验收

9.1 一 般 规 定

9.1.1 因加气混凝土砌块本身强度较低，要求在搬动和堆放过程中尽量减少损坏，有条件的应采用包装运输。

9.1.2 板材如不采取捆绑措施，在运输过程中易产生倾倒损坏或发生安全事故。板材运输采用专用车辆和包装运输，其目的是使板材在运输和装卸过程中避免受损。

9.1.3 墙板均按构造配筋，如平放易造成板材断裂，因此规定墙板应侧立放置。堆放高度限值是从安全考虑。屋面板可平放，其堆放规定是参照瑞典、日本的做法。

9.1.4 加气混凝土制品系气孔结构，孔内如渗入水分、受冻、膨胀，易于破坏制品，干湿循环易于使制品开裂，或产生盐析破坏。

9.1.5 因目前加气砌块砌体冬期施工的经验尚少，为慎重起见，暂规定承重砌块砌体不宜进行冬期施工。

9.1.6 在加气混凝土的墙体、屋面上钻孔镂槽，一定要使用专用工具，如乱剔、乱凿易于破坏制品及其受力性能。

9.2 砌 块 施 工

9.2.1 砌块砌筑时，错缝搭接是加强砌体整体性、保证砌体强度的重要措施，要求必须做到。

9.2.2～9.2.3 承重砌块内外墙体同时砌筑是加强砌块建筑整体性的重要措施，在地震区尤为必要，根据工程实际调查，砌块砌筑在临时间断处留"马牙槎"，后塞砌块的竖缝大部分灰浆不饱满。留成斜槎可避免此不足。

砌体灰缝要求饱满度，是墙体有良好整体性的必要条件，而采用专用砂浆更能使灰缝饱满得到可靠保证；对于灰缝的宽度，取决于砌块尺寸的精确度。精确砌块可控制在小于等于 3mm。

灰缝厚度的规定是参照砖石结构规范和砌块尺寸的特点而拟定的，灰缝太大，易在灰缝处产生热桥，且影响砌体强度。

砌块的吸水特性与黏土砖不同，它的初始吸水高于砖。因持续吸水时间较长，因此，用普通砂浆砌筑前适量浇水，能保证砌筑砂浆本身硬化过程的水化作用所必要的条件，并使砂浆与砌块有良好的粘结力，浇水多少与遍数视各地气候和制品品种不同而定。如采用精确砌块、专用胶粘剂密缝砌筑则可不用浇水。

9.2.4 砌块墙砌筑后灰缝会受压缩变形，一定要等灰缝压缩变形基本稳定后再处理顶缝，否则该缝隙会太宽影响墙体稳定性。

9.2.5 针对目前施工中不采用专用工具而用斧子任意剔凿，造成砌块不应有的破损。尤其是门窗洞口两侧，因门窗开闭经常受撞击，要求其两侧不得用零星小块。

9.2.6 砌筑加气砌块墙体不得留脚手眼的原因有两点：

1 加气砌块不允许直接承受局部荷载，避免加

气砌块局部受压;

2 一般加气砌块墙体较薄,留脚手眼后用砂浆或砌块填塞,很难严实且极易在该部位产生开裂缝或造成"热桥"。

9.3 墙板安装

9.3.1 内外墙板安装时需有专用的机具设备,如夹具、无齿锯、手电钻、手工刀锯和特制撬棍等。外墙拼接缝灌缝和粘结不严,如在雨期有风压时,雨水就有可能侵入缝内。墙板板侧如有油污应该除净,以保证板之间的粘结良好。

9.3.2 如内隔墙板由两端向中间安装,最后安装的中间条板很难使粘结砂浆饱满,致使在该处产生裂缝。因而规定了从一端向另一端依次安装,边缝作特殊处理。如有门洞,则从门洞处向两端安装。门洞处因需固定门框,宜用整板。

9.3.3~9.3.4 控制拼缝厚度和粘结砂浆饱满,以及施工中尽量减少墙面和楼层振动是防止板缝出现裂缝的几项主要措施。

9.4 屋 面 工 程

9.4.1 针对目前施工中不采用专用工具如吊装不用夹具而用钢丝索起吊,撬板用普通撬杠调整使屋面板受到不同程度的损坏,特制定本条。

9.4.2 为确保施工安全,施工荷载应予控制,一般不得在加气屋面板上推小车等,否则应在板下采取临时支撑等措施。

9.4.3 为保证屋面板之间以及屋面板与支座之间的有效连接,以保证有效地抵抗地震力的破坏,故相互之间的焊接一定要认真进行。

9.5 内外墙抹灰

9.5.1 加气混凝土制品为封闭型的气孔结构,表面因钢丝切割破坏了原来的气孔,并有许多渣末存在。其表面的初始吸水快,而向制品内的吸水速度缓慢,因此在做饰面前应作界面处理,方法是多样的,如可

以刷界面处理剂,也可以采用专用砂浆刮糙。界面处理的作用是不使加气混凝土制品过多地吸取抹灰砂浆中的水分,而使砂浆在未充分水化前失水而形成空鼓开裂,同时也能增强抹灰层与加气墙的粘结力。工程实践表明,在界面处理前,一般在墙面均用水稍加湿润。这一工序能收到较好的效果。同时,一次性抹灰厚度较厚易于开裂,分层抹可以避免开裂。为控制加气混凝土墙含水率太高引起的收缩裂缝,因此建议控制墙体抹灰前的含水率,在墙体砌筑完毕后不应立即抹灰,因砌筑好的墙最利于排除块内水分,加速完成收缩过程,各地可根据不同气候条件确定抹灰前墙体含水率,一般宜控制在 15%~20%,也不排斥根据各地的实际情况控制墙体抹灰前的含水率。

9.5.2 这是避免不同材料之间变形而产生裂缝的较为有效的措施,但聚合物砂浆和玻纤网格布的质量至关重要,应符合有关标准。

9.5.3~9.5.4 在施工中,对抹灰砂浆配比、计量、混料应严格要求,从实际情况看,所以引起墙面抹灰开裂,其主要原因之一是用料不当,计量不准,操作工艺不规范,如采用过高标号的水泥、配比不计量、砂子含泥量高、掺入外加剂后搅拌时间不够等等,使原设计的砂浆面目全非,这在施工中要特别注意。

9.5.5 基于加气混凝土制品的材性特点,除注意基面处理、抹灰强度、控制一次抹灰厚度等措施外,对其养护也是十分重要,水硬性材料一般可采用喷水养护,亦可采用养护剂养护。如采用气硬性和石膏类抹灰,则没有必要养护。

9.6 工程质量验收

9.6.1 验收指标是参照砖石砌体施工验收规范中有关条文和国内部分地区工程实践调查总结而得。

9.6.2 屋面板相邻平整度偏差不得超过 3mm,这是根据加气混凝土屋盖上不做找平层而直接做防水层的要求,这不仅与施工质量有关,而且受加气屋面板外观尺寸的影响较大,因此符合质量标准的板方可上房使用,当然支座的平整度也很重要。

中华人民共和国行业标准

轻骨料混凝土技术规程

Technical specification for lightweight aggregate concrete

JGJ 51—2002

批准部门：中华人民共和国建设部
实施日期：2003年1月1日

建设部关于发布行业标准
《轻骨料混凝土技术规程》的公告

建标〔2002〕68号

现批准《轻骨料混凝土技术规程》为行业标准，编号为 JGJ 51—2002，自 2003 年 1 月 1 日起实施。其中，第 5.1.5、5.3.6、6.2.3 条为强制性条文，必须严格执行；原行业标准《轻集料混凝土技术规程》JGJ 51—90 同时废止。

本规程由建设部标准定额研究所组织中国建筑工业出版社出版发行。

中华人民共和国建设部
2002 年 9 月 27 日

前　言

根据建设部建标〔1999〕309 号文的要求，规程编制组经广泛调查研究，认真总结实践经验，参考有关国外先进标准，并在广泛征求意见的基础上，对《轻骨料混凝土技术规程》JGJ 51—90 进行了修订。

本规程修订的主要技术内容是：

1. 按新修订的水泥和轻骨料等标准，对轻骨料混凝土原材料提出新的要求，与有关新修标准相一致；

2. 调整了轻骨料混凝土的密度等级和强度等级：密度等级新增了 600 级和 700 级；强度提高到 LC55 和 LC60；

3. 重新标定了结构轻骨料混凝土的弹性模量、收缩和徐变等技术指标；取消了弯曲强度和抗剪强度指标；

4. 新增了 600 级和 700 级保温轻骨料混凝土的热物理系数；

5. 新增了对干湿循环部位轻骨料混凝土的抗冻指标；明确了轻骨料混凝土的抗渗性应满足工程设计的要求；

6. 根据国外有关标准，对轻骨料混凝土耐久性设计的有关指标（最大水灰比和最小水泥用量），按不同环境条件作了调整；

7. 突出了松散体积法设计轻骨料混凝土配合比

的实用性和可靠性，并根据实际经验，对混凝土稠度、用水量和粗细骨料总体积等有关设计参数做了相应调整；

8. 根据国内外实际经验，放宽了对轻骨料混凝土中粉煤灰掺量的要求；

9. 根据工程需要，新增了轻骨料混凝土工程验收的条文；

10. 新增了附录 A——大孔轻骨料混凝土和附录 B——泵送轻骨料混凝土。

本规程由建设部负责管理并对强制性条文的解释，主编单位负责具体技术内容的解释。

本规程主编单位：中国建筑科学研究院。

本规程参加单位：陕西建筑科学研究设计院、黑龙江寒地建筑科学研究院、同济大学材料科学与工程学院、辽宁省建设科学研究院、上海建筑科学研究院、北京市榆树庄构件厂、哈尔滨金鹰建筑节能建材制品有限责任公司、南通大地陶粒有限公司、金坛海发新兴建材有限公司、宜昌宝珠陶粒开发有限责任公司。

本规程主要起草人员：丁威、龚洛书、周运灿、刘巽伯、陈烈芳、沈玄、董金道、陶梦兰、宋淑敏、杨正宏、鞠东岳、尤志杰。

目　次

1 总　则

1.0.1 为促进轻骨料混凝土生产和应用，保证技术先进、安全可靠、经济合理的要求，制订本规程。

1.0.2 本规程适用于无机轻骨料混凝土及其制品的生产、质量控制和检验。

热工、水工、桥涵和船舶等用途的轻骨料混凝土可按本规程执行，但还应遵守相关的专门技术标准的有关规定。

1.0.3 轻骨料混凝土性能指标的测定和施工工艺，除应符合本规程的规定外，尚应符合国家现行有关强制性标准的规定。

2 术语、符号

2.1 术　语

2.1.1 轻骨料混凝土　lightweight aggregate concrete

用轻粗骨料、轻砂（或普通砂）、水泥和水配制而成的干表观密度不大于 1950kg/m³ 的混凝土。

2.1.2 全轻混凝土　full lightweight aggregate concrete

由轻砂做细骨料配制而成的轻骨料混凝土。

2.1.3 砂轻混凝土　sand lightweight concrete

由普通砂或部分轻砂做细骨料配制而成的轻骨料混凝土。

2.1.4 大孔轻骨料混凝土　hollow lightweight aggregate concrete

用轻粗骨料，水泥和水配制而成的无砂或少砂混凝土。

2.1.5 次轻混凝土　specified density concret

在轻粗骨料中掺入适量普通粗骨料，干表观密度大于1950kg/m³、小于或等于2300kg/m³ 的混凝土。

2.1.6 混凝土干表观密度　dry apparent density of concrete

硬化后的轻骨料混凝土单位体积的烘干质量。

2.1.7 混凝土湿表观密度　apparent density of fresh concrete

轻骨料混凝土拌和物经捣实后单位体积的质量。

2.1.8 净用水量　net water content

不包括轻骨料1h吸水量的混凝土拌和用水量。

2.1.9 总用水量　total water content

包括轻骨料1h吸水量的混凝土拌和用水量。

2.1.10 净水灰比　net water-cement ratio

净用水量与水泥用量之比。

2.1.11 总水灰比　total water-cement ratio

总用水量与水泥用量之比。

2.1.12 圆球型轻骨料　spherical lightweight aggregate

原材料经造粒、煅烧或非煅烧而成的，呈圆球状的轻骨料。

2.1.13 普通型轻骨料　ordinary lightweight aggregate

原材料经破碎烧胀而成的，呈非圆球状的轻骨料。

2.1.14 碎石型轻骨料　crushed lightweight aggregate

由天然轻骨料、自燃煤矸石或多孔烧结块经破碎加工而成的；或由页岩块烧胀后破碎而成的，呈碎石状的轻骨料。

2.2 符　号

a_c——轻骨料混凝土在平衡含水率状态下的导温系数计算值；

a_d——轻骨料混凝土在干燥状态下的导温系数；

c_c——轻骨料混凝土在平衡含水率状态下的比热容计算值；

c_d——轻骨料混凝土在干燥状态下的比热容；

E_{LC}——轻骨料混凝土的弹性模量；

f_{ck}——轻骨料混凝土轴心抗压强度标准值；

$f_{cu,o}$——轻骨料混凝土的试配强度；

$f_{cu,k}$——轻骨料混凝土的立方体抗压强度标准值；

f_{tk}——轻骨料混凝土轴心抗拉强度标准值；

m_c——每立方米轻骨料混凝土的水泥用量；

m_a——每立方米轻骨料混凝土的粗集料用量；

m_s——每立方米轻骨料混凝土的细集料用量；

m_{wa}——每立方米轻骨料混凝土的附加水量；

m_{wn}——每立方米轻骨料混凝土的净用水量；

m_{wt}——每立方米轻骨料混凝土的总用水量；

s_{c24}——轻骨料混凝土在平衡含水率状态下，周期为24h的蓄热系数；

s_{d24}——轻骨料混凝土在干燥状态下，周期为24h的蓄热系数；

s_p——轻骨料混凝土的砂率，以体积砂率表示；

V_a——每立方米轻骨料混凝土的粗骨料体积；

V_s——每立方米轻骨料混凝土的细骨料体积；

V_t——每立方米轻骨料混凝土的粗细骨料总体积；

a_T——轻骨料混凝土的温度线膨胀系数；

β_c——粉煤灰取代水泥百分率；

δ_c——粉煤灰的超量系数；

η——配合比设计的校正系数；

λ_c——轻骨料混凝土在平衡含水率状态下的导热系数计算值；

λ_d——轻骨料混凝土在干燥状态下导热系数；

ρ_d——轻骨料混凝土的干表观密度；

ρ_l——轻骨料的堆积密度；

ρ_p——轻骨料的颗粒表观密度；

σ——轻骨料混凝土强度标准差；

ψ——轻骨料混凝土的软化系数；

ω_a——轻粗骨料 1h 吸水率；

ω_s——轻砂 1h 吸水率；

ω_{sat}——轻骨料混凝土的饱和吸水率。

3 原 材 料

3.0.1 轻骨料混凝土所用水泥应符合现行国家标准《硅酸盐水泥、普通硅酸盐水泥》(GB 175) 和《矿渣硅酸盐水泥、火山灰质硅酸盐水泥和粉煤灰硅酸盐水泥》(GB 1344) 的要求。

当采用其他品种的水泥时，其性能指标必须符合相应标准的要求。

3.0.2 轻骨料混凝土所用轻骨料应符合国家现行标准《轻集料及其试验方法第 1 部分：轻集料》(GB/T 17431.1) 和《膨胀珍珠岩》(IC 209) 的要求；膨胀珍珠岩的堆积密度应大于80kg/m³。

3.0.3 轻骨料混凝土所用普通砂应符合国家现行标准《普通混凝土用砂质量标准及检验方法》(JGJ 52) 的要求。

3.0.4 混凝土拌和用水应符合国家现行标准《混凝土拌和用水标准》(JGJ 63) 的要求。

3.0.5 轻骨料混凝土矿物掺和料应符合国家现行标准《用于水泥和混凝土的粉煤灰》(GB 1596)、《粉煤灰在混凝土和砂浆中应用技术规程》(JGJ 28)、《粉煤灰混凝土应用技术规范》(GBJ 146) 和《用于水泥和混凝土中的粒化高炉矿渣粉》(GB/T 18046) 的要求。

3.0.6 轻骨料混凝土所用的外加剂应符合现行国家标准《混凝土外加剂》(GB 8076) 的要求。

4 技 术 性 能

4.1 一 般 规 定

4.1.1 轻骨料混凝土的强度等级应按立方体抗压强度标准值确定。

4.1.2 轻骨料混凝土的强度等级应划分为：LC5.0；LC7.5；LC10；LC15；LC20；LC25；LC30；LC35；LC40；LC45；LC50；LC55；LC60。

4.1.3 轻骨料混凝土按其干表观密度可分为十四个等级（表 4.1.3）。某一密度等级轻骨料混凝土的密度标准值，可取该密度等级干表观密度变化范围的上限值。

4.1.4 轻骨料混凝土根据其用途可按表 4.1.4 分为三大类。

表 4.1.3 轻骨料混凝土的密度等级

密度等级	干表观密度的变化范围（kg/m³）	密度等级	干表观密度的变化范围（kg/m³）
600	560～650	1300	1260～1350
700	660～750	1400	1360～1450
800	760～850	1500	1460～1550
900	860～950	1600	1560～1650
1000	960～1050	1700	1660～1750
1100	1060～1150	1800	1760～1850
1200	1160～1250	1900	1860～1950

表 4.1.4 轻骨料混凝土按用途分类

类别名称	混凝土强度等级的合理范围	混凝土密度等级的合理范围	用 途
保温轻骨料混凝土	LC5.0	≤800	主要用于保温的围护结构或热工构筑物
结构保温轻骨料混凝土	LC5.0 LC7.5 LC10 LC15	800～1400	主要用于既承重又保温的围护结构
结构轻骨料混凝土	LC15 LC20 LC25 LC30 LC35 LC40 LC45 LC50 LC55 LC60	1400～1900	主要用于承重构件或构筑物

4.2 性 能 指 标

4.2.1 结构轻骨料混凝土的强度标准值应按表 4.2.1 采用。

表 4.2.1 结构轻骨料混凝土的
强度标准值（MPa）

强 度 种 类		轴心抗压	轴心抗拉
符 号		f_{ck}	f_{tk}
混凝土强度等级	LC15	10.0	1.27
	LC20	13.4	1.54
	LC25	16.7	1.78
	LC30	20.1	2.01
	LC35	23.4	2.20
	LC40	26.8	2.39
	LC45	29.6	2.51
	LC50	32.4	2.64
	LC55	35.5	2.74
	LC60	38.5	2.85

注：自燃煤矸石混凝土轴心抗拉强度标准值应按表中值乘以系数 0.85；浮石或火山渣混凝土轴心抗拉强度标准值应按表中值乘以系数 0.80。

4.2.2 结构轻骨料混凝土弹性模量应通过试验确定。在缺乏试验资料时，可按表4.2.2取值。

表 4.2.2　轻骨料混凝土的弹性模量 E_{LC}（$\times 10^2$ MPa）

强度等级	密　度　等　级							
	1200	1300	1400	1500	1600	1700	1800	1900
LC15	94	102	110	117	125	133	141	149
LC20	—	117	126	135	145	154	163	172
LC25	—	—	141	152	162	172	182	192
LC30	—	—	—	166	177	188	199	210
LC35	—	—	—	—	191	203	215	227
LC40	—	—	—	—	—	217	230	243
LC45	—	—	—	—	—	—	230	244	257
LC50	—	—	—	—	—	—	243	257	271
LC55	—	—	—	—	—	—	—	267	285
LC60	—	—	—	—	—	—	—	280	297

注：用膨胀矿渣珠、自燃煤矸石作粗骨料的混凝土，其弹性模量值可比表列数值提高20%。

4.2.3 结构用砂轻混凝土的收缩值可按下列公式计算，且计算后取值和实测值不应大于表4.2.3-2的规定值。

$$\varepsilon(t) = \varepsilon(t)_0 \beta_1 \cdot \beta_2 \cdot \beta_3 \cdot \beta_5 \quad (4.2.3\text{-}1)$$

$$\varepsilon(t)_0 = \frac{t}{a+bt} \times 10^{-3} \quad (4.2.3\text{-}2)$$

式中　$\varepsilon(t)$——结构用砂轻混凝土的收缩值；

$\varepsilon(t)_0$——结构用砂轻混凝土随龄期变化的收缩值；

t——龄期（d）；

β_1、β_2、β_3、β_5——结构用砂轻混凝土的收缩值修正系数，可按表4.2.3-1取值；

a、b——计算参数，当初始测试龄期为3d时，取 $a=78.69$，$b=1.20$；当初始测试龄期为28d时，取 $a=120.23$，$b=2.26$。

表 4.2.3-1　收缩值与徐变系数的修正系数

影响因素	变化条件	收缩值		徐变系数	
		符号	系数	符号	系数
相对湿度（%）	≤40 ≈60 ≥80	β_1	1.30 1.00 0.75	ξ_1	1.30 1.00 0.75
截面尺寸（体积/表面积，cm）	2.00 2.50 3.75 5.00 10.00 15.00 >20.00	β_2	1.20 1.00 0.95 0.90 0.80 0.65 0.40	ξ_2	1.15 1.00 0.92 0.85 0.70 0.60 0.55

续表 4.2.3-1

影响因素	变化条件	收缩值		徐变系数	
		符号	系数	符号	系数
养护方法	标准的 蒸养的	β_3		ξ_3	1.00 0.85
加荷龄期（d）	7 14 28 90			ξ_4	1.20 1.10 1.00 0.80
粉煤灰取代水泥率（%）	0 10~20	β_5	1.00 0.95	ξ_5	1.00 1.00

表 4.2.3-2　不同龄期的收缩值

龄　期（d）	28	90	180	360	终极值
收缩值（mm/m）	0.36	0.59	0.72	0.82	0.85

4.2.4 结构用砂轻混凝土的徐变系数可按下列公式计算，且计算后取值和实测值不应大于表4.2.4的规定值。

$$\phi(t) = \phi(t)_0 \cdot \xi_1 \cdot \xi_2 \cdot \xi_3 \cdot \xi_4 \cdot \xi_5 \quad (4.2.4\text{-}1)$$

$$\varphi(t)_0 = \frac{t^n}{a+bt^n} \quad (4.2.4\text{-}2)$$

式中　$\phi(t)$——结构用砂轻混凝土的徐变系数；

$\phi(t)_0$——结构用砂轻混凝土随龄期变化的徐变系数；

ξ_1、ξ_2、ξ_3、ξ_4、ξ_5——结构用砂轻混凝土徐变系数的修正系数，可按表4.2.3-1取值；

n、a、b——计算参数，当加荷龄期为28d时，取：$n=0.6$，$a=4.520$，$b=0.353$。

表 4.2.4　不同龄期的徐变系数

龄　期（d）	28	90	180	360	终极值
徐变系数	1.63	2.11	2.38	2.64	2.65

4.2.5 轻骨料混凝土的泊松比可取0.2。

4.2.6 轻骨料混凝土温度线膨胀系数，当温度为0~100℃范围时可取 $7\times10^{-6}/℃ \sim 10\times10^{-6}/℃$。低密度等级者可取下限值，高密度等级者可取上限值。

4.2.7 轻骨料混凝土在干燥条件下和在平衡含水率条件下的各种热物理系数应符合表4.2.7的要求。

表 4.2.7　轻骨料混凝土的各种热物理系数

密度等级	导热系数		比热容		导温系数		蓄热系数	
	λ_d	λ_c	c_d	c_c	a_d	a_c	S_{d24}	S_{c24}
	(W/m·K)		(kJ/kg·K)		(m²/h)		(W/m²·K)	
600	0.18	0.25	0.84	0.92	1.28	1.63	2.56	3.01
700	0.20	0.27	0.84	0.92	1.25	1.50	2.91	3.38

密度等级	导热系数		比热容		导温系数		蓄热系数	
	λ_d	λ_c	c_d	c_c	a_d	a_c	S_{d24}	S_{c24}
	(W/m·K)		(kJ/kg·K)		(m²/h)		(W/m²·K)	
800	0.23	0.30	0.84	0.92	1.23	1.38	3.37	4.17
900	0.26	0.33	0.84	0.92	1.22	1.33	3.73	4.55
1000	0.28	0.36	0.84	0.92	1.20	1.37	4.10	5.13
1100	0.31	0.41	0.84	0.92	1.23	1.36	4.57	5.62
1200	0.36	0.47	0.84	0.92	1.29	1.43	5.12	6.28
1300	0.42	0.52	0.84	0.92	1.38	1.48	5.73	6.93
1400	0.49	0.59	0.84	0.92	1.50	1.56	6.43	7.65
1500	0.57	0.67	0.84	0.92	1.63	1.66	7.19	8.44
1600	0.66	0.77	0.84	0.92	1.78	1.77	8.01	9.30
1700	0.76	0.87	0.84	0.92	1.91	1.89	8.81	10.20
1800	0.87	1.01	0.84	0.92	2.08	2.07	9.74	11.30
1900	1.01	1.15	0.84	0.92	2.26	2.23	10.70	12.40

注：1. 轻骨料混凝土的体积平衡含水率取 6%。
　　2. 用膨胀矿渣珠作粗骨料的混凝土导热系数可按表列数值降低 25%取用或经试验确定。

4.2.8 轻骨料混凝土不同使用条件的抗冻性应符合表 4.2.8 的要求。

表 4.2.8　不同使用条件的抗冻性

使　用　条　件	抗冻标号
1. 非采暖地区	F15
2. 采暖地区	
相对湿度≤60%	F25
相对湿度>60%	F35
干湿交替部位和水位变化的部位	≥F50

注：1. 非采暖地区系指最冷月份的平均气温高于−5℃的地区；
　　2. 采暖地区系指最冷月份的平均气温低于或等于−5℃的地区。

4.2.9 结构用砂轻混凝土的抗碳化耐久性应按快速碳化标准试验方法检验，其 28d 的碳化深度值应符合表 4.2.9 的要求。

表 4.2.9　砂轻混凝土的碳化深度值

等　　级	使用条件	碳化深度值（mm），不大于
1	正常湿度，室内	40
2	正常湿度，室外	35
3	潮湿，室外	30
4	干湿交替	25

注：1. 正常湿度系相对湿度为 55%～65%；
　　2. 潮湿系指相对湿度为 65%～80%；
　　3. 碳化深度值相当于在正常大气条件下，即 CO_2 的体积浓度为 0.03%、温度为 20±3℃环境条件下，自然碳化 50 年时轻骨料混凝土的碳化深度。

4.2.10 结构用砂轻混凝土的抗渗性应满足工程设计抗渗等级和有关标准的要求。

4.2.11 次轻混凝土的强度标准值、弹性模量、收缩、徐变等有关性能，应通过试验确定。

5　配合比设计

5.1　一般要求

5.1.1 轻骨料混凝土的配合比设计主要应满足抗压强度、密度和稠度的要求，并以合理使用材料和节约水泥为原则。必要时尚应符合对混凝土性能（如弹性模量、碳化和抗冻性等）的特殊要求。

5.1.2 轻骨料混凝土的配合比应通过计算和试配确定。混凝土试配强度应按下式确定：

$$f_{cu,o} \geqslant f_{cu,k} + 1.645\sigma \qquad (5.1.2\text{-}1)$$

式中　$f_{cu,o}$——轻骨料混凝土的试配强度（MPa）；
　　　$f_{cu,k}$——轻骨料混凝土立方体抗压强度标准值（即强度等级）（MPa）；
　　　σ——轻骨料混凝土强度标准差（MPa）。

5.1.3 混凝土强度标准差应根据同品种、同强度等级轻骨料混凝土统计资料计算确定。计算时，强度试件组数不应少于 25 组。

当无统计资料时，强度标准差可按表 5.1.3 取值。

表 5.1.3　强度标准差 σ（MPa）

混凝土强度等级	低于 LC20	LC20～LC35	高于 LC35
σ	4.0	5.0	6.0

5.1.4 轻骨料混凝土配合比中的轻粗骨料宜采用同一品种的轻骨料。结构保温轻骨料混凝土及其制品掺入煤（炉）渣轻粗骨料时，其掺量不应大于轻粗骨料总量的 30%，煤（炉）渣含碳量不应大于 10%。为改善某些性能而掺入另一品种粗骨料时，其合理掺量应通过试验确定。

5.1.5 在轻骨料混凝土配合比中加入化学外加剂或矿物掺和料时，其品种、掺量和对水泥的适应性，必须通过试验确定。

5.1.6 大孔轻骨料混凝土和泵送轻骨料混凝土的配合比设计应符合附录 A 和附录 B 的规定。

5.2　设计参数选择

5.2.1 不同试配强度的轻骨料混凝土的水泥用量可按表 5.2.1 选用。

表 5.2.1　轻骨料混凝土的水泥用量（kg/m³）

混凝土试配强度（MPa）	轻骨料密度等级						
	400	500	600	700	800	900	1000
<5.0	260～320	250～300	230～280				
5.0～7.5	280～360	260～340	240～320	220～300			

续表5.2.1

混凝土试配强度（MPa）	轻骨料密度等级						
	400	500	600	700	800	900	1000
7.5~10		280~370	260~350	240~320			
10~15			280~350	260~340	240~330		
15~20			300~400	280~380	270~370	260~360	250~350
20~25				330~400	320~390	310~380	300~370
25~30				380~450	370~440	360~430	350~420
30~40				420~500	390~490	380~480	370~470
40~50					430~530	420~520	410~510
50~60					450~550	440~540	430~530

注：1. 表中横线以上为采用32.5级水泥时水泥用量值；横线以下为采用42.5级水泥时的水泥用量值；
2. 表中下限值适用于圆球型和普通型轻粗骨料，上限值适用于碎石型轻粗骨料和全轻混凝土；
3. 最高水泥用量不宜超过550kg/m³。

5.2.2 轻骨料混凝土配合比中的水灰比应以净水灰比表示。配制全轻混凝土时，可采用总水灰比表示，但应加以说明。

轻骨料混凝土最大水灰比和最小水泥用量的限值应符合表5.2.2的规定。

表5.2.2　轻骨料混凝土的最大水灰比和最小水泥用量

混凝土所处的环境条件	最大水灰比	最小水泥用量（kg/m³）	
		配筋混凝土	素混凝土
不受风雪影响混凝土	不作规定	270	250
受风雪影响的露天混凝土；位于水中及水位升降范围内的混凝土和潮湿环境中的混凝土	0.50	325	300
寒冷地区位于水位升降范围内的混凝土和受水压或除冰盐作用的混凝土	0.45	375	350
严寒和寒冷地区位于水位升降范围内和受硫酸盐、除冰盐等腐蚀的混凝土	0.40	400	375

注：1. 严寒地区指最寒冷月份的月平均温度低于一15℃者，寒冷地区指最寒冷月份的月平均温度处于一5～一15℃者；
2. 水泥用量不包括掺和料；
3. 寒冷和严寒地区用的轻骨料混凝土应掺入引气剂，其含气量宜为5%～8%。

5.2.3 轻骨料混凝土的净用水量根据稠度（坍落度或维勃稠度）和施工要求，可按表5.2.3选用。

表5.2.3　轻骨料混凝土的净用水量

轻骨料混凝土用途	稠度		净用水量（kg/m³）
	维勃稠度（s）	坍落度（mm）	
预制构件及制品： （1）振动加压成型	10~20	—	45~140
（2）振动台成型	5~10	0~10	140~180
（3）振捣棒或平板振动器振实	—	30~80	165~215
现浇混凝土： （1）机械振捣	—	50~100	180~225
（2）人工振捣或钢筋密集	—	≥80	200~230

注：1. 表中值适用于圆球型和普通型轻粗骨料，对碎石型轻粗骨料，宜增加10kg左右的用水量；
2. 掺加外加剂时，宜按其减水率适当减少用水量，并按施工稠度要求进行调整；
3. 表中值适用于砂轻混凝土；若采用轻砂时，宜取轻砂1h吸水率为附加水量；若无轻砂吸水率数据时，可适当增加用水量，并按施工稠度要求进行调整。

5.2.4 轻骨料混凝土的砂率可按表5.2.4选用。当采用松散体积法设计配合比时，表中数值为松散体积砂率；当采用绝对体积法设计配合比时，表中数值为绝对体积砂率。

表5.2.4　轻骨料混凝土的砂率

轻骨料混凝土用途	细骨料品种	砂率（%）
预制构件	轻砂	35~50
	普通砂	30~40
现浇混凝土	轻砂	—
	普通砂	35~45

注：1. 当混合使用普通砂和轻砂作细骨料时，砂率宜取中间值，宜按普通砂和轻砂的混合比例进行插入计算；
2. 当采用圆球型轻粗骨料时，砂率宜取表中值下限；采用碎石型时，则宜取上限。

5.2.5 当采用松散体积法设计配合比时，粗细骨料松散状态的总体积可按表5.2.5选用。

表5.2.5　粗细骨料总体积

轻粗骨料粒型	细骨料品种	粗细骨料总体积（m³）
圆球型	轻砂	1.25~1.50
	普通砂	1.10~1.40
普通型	轻砂	1.30~1.60
	普通砂	1.10~1.50
碎石型	轻砂	1.35~1.65
	普通砂	1.10~1.60

5.2.6 当采用粉煤灰作掺和料时，粉煤灰取代水泥百分率和超量系数等参数的选择，应按国家现行标准

《粉煤灰在混凝土和砂浆中应用技术规程》（JGJ 28）的有关规定执行。

5.3 配合比计算与调整

5.3.1 砂轻混凝土和全轻混凝土宜采用松散体积法进行配合比计算，砂轻混凝土也可采用绝对体积法。配合比计算中粗细骨料用量均应以干燥状态为基准。

5.3.2 采用松散体积法计算应按下列步骤进行：

1 根据设计要求的轻骨料混凝土的强度等级、混凝土的用途，确定粗细骨料的种类和粗骨料的最大粒径；

2 测定粗骨料的堆积密度、筒压强度和1h吸水率，并测定细骨料的堆积密度；

3 按本规程第5.1.2条计算混凝土试配强度；

4 按本规程第5.2.1条选择水泥用量；

5 根据施工稠度的要求，按本规程第5.2.3条选择净用水量；

6 根据混凝土用途按本规程第5.2.4条选取松散体积砂率；

7 根据粗细骨料的类型，按本规程第5.2.5条选用粗细骨料总体积，并按下列公式计算每立方米混凝土的粗细骨料用量：

$$V_s = V_t \times S_p \qquad (5.3.2\text{-}1)$$

$$m_s = V_s \times \rho_{1s} \qquad (5.3.2\text{-}2)$$

$$V_a = V_t - V_s \qquad (5.3.2\text{-}3)$$

$$m_a = V_a \times \rho_{1a} \qquad (5.3.2\text{-}4)$$

式中　V_s、V_a、V_t——分别为每立方米细骨料、粗骨料和粗细骨料的松散体积（m^3）；

m_s、m_a——分别为每立方米细骨料和粗骨料的用量（kg）；

S_p——砂率（%）；

ρ_{1s}、ρ_{1a}——分别为细骨料和粗骨料的堆积密度（kg/m^3）。

8 根据净用水量和附加水量的关系按下式计算总用水量：

$$m_{wt} = m_{wn} + m_{wa} \qquad (5.3.2\text{-}5)$$

式中　m_{wt}——每立方米混凝土的总用水量（kg）；

m_{wn}——每立方米混凝土的净用水量（kg）；

m_{wa}——每立方米混凝土的附加水量（kg）。

附加水量计算应符合本规程第5.3.4条的规定。

9 按下式计算混凝土干表观密度，并与设计要求的干表观密度进行对比，如其误差大于2%，则应按下式重新调整和计算配合比。

$$\rho_{cd} = 1.15m_c + m_a + m_s \qquad (5.3.2\text{-}6)$$

式中　ρ_{cd}——轻骨料混凝土的干表观密度（kg/m^3）。

5.3.3 采用绝对体积法计算应按下列步骤进行：

1 根据设计要求的轻骨料混凝土的强度等级、密度等级和混凝土的用途，确定粗细骨料的种类和粗骨料的最大粒径；

2 测定粗骨料的堆积密度、颗粒表观密度、筒压强度和1h吸水率，并测定细骨料的堆积密度和相对密度；

3 按本规程第5.1.2条计算混凝土试配强度；

4 按本规程第5.2.1条选择水泥用量；

5 根据制品生产工艺和施工条件要求的混凝土稠度指标，按本规程第5.2.3条确定净用水量；

6 根据轻骨料混凝土的用途，按本规程第5.2.4条选用砂率；

7 按下列公式计算粗细骨料的用量：

$$V_s = \left[1 - \left(\frac{m_c}{\rho_c} + \frac{m_{wn}}{\rho_w} \right) \div 1000 \right] \times s_p$$
$$(5.3.3\text{-}1)$$

$$m_s = V_s \times \rho_s \qquad (5.3.3\text{-}2)$$

$$V_a = \left[1 - \left(\frac{m_c}{\rho_c} + \frac{m_{wn}}{\rho_w} + \frac{m_s}{\rho_s} \right) \div 1000 \right]$$
$$(5.3.3\text{-}3)$$

$$m_a = V_a \times \rho_{ap} \qquad (5.3.3\text{-}4)$$

式中　V_s——每立方米混凝土的细骨料绝对体积（m^3）；

m_c——每立方米混凝土的水泥用量（kg）；

ρ_c——水泥的相对密度，可取 $\rho_c = 2.9 \sim 3.1$；

ρ_w——水的密度，可取 $\rho_w = 1.0$；

V_a——每立方米混凝土的轻粗骨料绝对体积（m^3）；

ρ_s——细骨料密度，采用普通砂时，为砂的相对密度，可取 $\rho_s = 2.6$；采用轻砂时，为轻砂的颗粒表观密度（g/cm^3）；

ρ_{ap}——轻粗骨料的颗粒表观密度（kg/m^3）。

8 根据净用水量和附加水量的关系，按下式计算总用水量：

$$m_{wt} = m_{wn} + m_{wa} \qquad (5.3.3\text{-}5)$$

附加水量的计算应符合本规程第5.3.4条的规定。

9 按下式计算混凝土干表观密度，并与设计要求的干表观密度进行对比，当其误差大于2%，则应重新调整和计算配合比。

$$\rho_{cd} = 1.15m_c + m_a + m_s \qquad (5.3.3\text{-}6)$$

5.3.4 根据粗骨料的预湿处理方法和细骨料的品种，附加水量宜按表5.3.4所列公式计算。

表 5.3.4　附加水量的计算

项　　　目	附加水量（m_{wa}）
粗骨料预湿，细骨料为普砂	$m_{wa}=0$
粗骨料不预湿，细骨料为普砂	$m_{wa}=m_a \cdot \omega_a$
粗骨料预湿，细骨料为轻砂	$m_{wa}=m_s \cdot \omega_s$
粗骨料不预湿，细骨为轻砂	$m_{wa}=m_a \cdot \omega_a+m_s \cdot \omega_s$

注：1. ω_a、ω_s 分别为粗、细骨料的 1h 吸水率。
　　2. 当轻骨料含水时，必须在附加水量中扣除自然含水量。

5.3.5 粉煤灰轻骨料混凝土配合比计算应按下列步骤进行：

　　1 基准轻骨料混凝土的配合比计算应按本规程第 5.3.2 条或第 5.3.3 条的步骤进行；

　　2 粉煤灰取代水泥率应按表 5.3.5 的要求确定；

表 5.3.5　粉煤灰取代水泥率

混凝土强度等级	取代普通硅酸盐水泥率 β_c（%）	取代矿渣硅酸盐水泥率 β_c（%）
≤LC15	25	20
LC20	15	10
≥LC25	20	15

注：1. 表中值为范围上限，以 32.5 级水泥为基准；
　　2. ≥LC20 的混凝土宜采用 I、Ⅱ 级粉煤灰，≤LC15 的素混凝土可采用Ⅲ级粉煤灰；
　　3. 在有试验根据时，粉煤灰取代水泥百分率可适当放宽。

　　3 根据基准混凝土水泥用量（m_{co}）和选用的粉煤灰取代水泥百分率（β_c），按下式计算粉煤灰轻骨料混凝土的水泥用量（m_c）：

$$m_c = m_{co}(1-\beta_c) \qquad (5.3.5\text{-}1)$$

　　4 根据所用粉煤灰级别和混凝土的强度等级，粉煤灰的超量系数（δ_c）可在 1.2～2.0 范围内选取，并按下式计算粉煤灰掺量（m_f）：

$$m_f = \delta_c(m_{co}-m_c) \qquad (5.3.5\text{-}2)$$

　　5 分别计算每立方米粉煤灰轻骨料混凝土中水泥、粉煤灰和细骨料的绝对体积。按粉煤灰超出水泥的体积，扣除同体积的细骨料用量；

　　6 用水量保持与基准混凝土相同，通过试配，以符合稠度要求来调整用水量；

　　7 配合比的调整和校正方法同本规程第 5.3.6 条。

5.3.6 计算出的轻骨料混凝土配合比必须通过试配予以调整。

5.3.7 配合比的调整应按下列步骤进行：

　　1 以计算的混凝土配合比为基础，再选取与之相差 ±10% 的相邻两个水泥用量，用水量不变，砂率相应适当增减，分别按三个配合比拌制混凝土拌和

物。测定拌和物的稠度，调整用水量，以达到要求的稠度为止；

　　2 按校正后的三个混凝土配合比进行试配，检验混凝土拌和物的稠度和振实湿表观密度，制作确定混凝土抗压强度标准值的试块，每种配合比至少制作一组；

　　3 标准养护 28d 后，测定混凝土抗压强度和干表观密度。最后，以既能达到设计要求的混凝土配制强度和干表观密度又具有最小水泥用量的配合比作为选定的配合比；

　　4 对选定配合比进行质量校正。其方法是先按公式（5.3.6-1）计算出轻骨料混凝土的计算湿表观密度，然后再与拌和物的实测振实湿表观密度相比，按公式（5.3.6-2）计算校正系数：

$$\rho_{cc} = m_a + m_s + m_c + m_f + m_{wt} \quad (5.3.6\text{-}1)$$

$$\eta = \frac{\rho_{co}}{\rho_{cc}} \qquad (5.3.6\text{-}2)$$

式中　　　η——校正系数；

　　　　　ρ_{cc}——按配合比各组成材料计算的湿表观密度（kg/m³）；

　　　　　ρ_{co}——混凝土拌和物的实测振实湿表观密度（kg/m³）；

m_a、m_s、m_c、m_f、m_{wt}——分别为配合比计算所得的粗骨料、细骨料、水泥、粉煤灰用量和总用水量（kg/m³）。

　　5 选定配合比中的各项材料用量均乘以校正系数即为最终的配合比设计值。

6 施 工 工 艺

6.1 一 般 要 求

6.1.1 大孔径骨料混凝土的施工应符合附录 A 的规定，轻骨料混凝土的泵送施工应符合附录 B 的规定。

6.1.2 轻骨料进厂（场）后，应按现行国家标准《轻集料及其试验方法》（GB/T 17431.1—2）的要求进行检验验收，对配制结构用轻骨料混凝土的高强轻骨料，还应检验强度等级。

6.1.3 轻骨料的堆放和运输应符合下列要求：

　　1 轻骨料应按不同品种分批运输和堆放，不得混杂；

　　2 轻粗骨料运输和堆放应保持颗粒混合均匀，减少离析。采用自然级配时，堆放高度不宜超过 2m，并应防止树叶、泥土和其他有害物质混入；

　　3 轻砂在堆放和运输时，宜采取防雨措施，并防止风刮飞扬。

6.1.4 在气温高于或等于 5℃ 的季节施工时，根据工程需要，预湿时间可按外界气温和来料的自然含水状态确定，应提前半天或一天对轻粗骨料进行淋水或

泡水预湿，然后滤干水分进行投料。在气温低于 5℃ 时，不宜进行预湿处理。

6.2 拌和物拌制

6.2.1 应对轻粗骨料的含水率及其堆积密度进行测定。测定原则宜为：

1 在批量拌制轻骨料混凝土拌和物前进行测定；

2 在批量生产过程中抽查测定；

3 雨天施工或发现拌和物稠度反常时进行测定。

对预湿处理的轻粗骨料，可不测其含水率，但应测定其湿堆积密度。

6.2.2 轻骨料混凝土生产时，砂轻混凝土拌和物中的各组分材料应以质量计量；全轻混凝土拌和物中轻骨料组分可采用体积计量，但宜按质量进行校核。

轻粗、细骨料和掺和料的质量计量允许偏差为 ±3%；水、水泥和外加剂的质量计量允许偏差为 ±2%。

6.2.3 **轻骨料混凝土拌和物必须采用强制式搅拌机搅拌。**

6.2.4 在轻骨料混凝土搅拌时，使用预湿处理的轻粗骨料，宜采用图 6.2.4-1 的投料顺序；使用未预湿处理的轻粗骨料，宜采用图 6.2.4-2 的投料顺序。

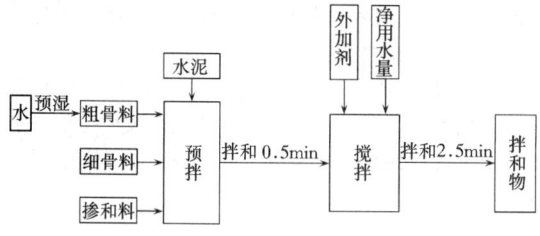

图 6.2.4-1 使用预湿处理的轻粗骨料时的投料顺序

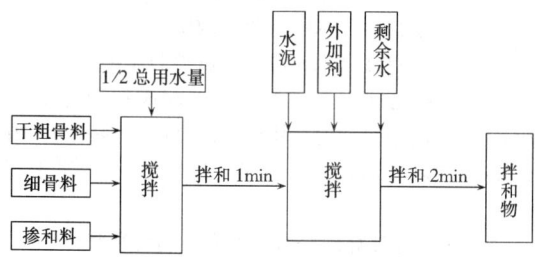

图 6.2.4-2 使用未预湿处理的轻粗骨料时的投料顺序

6.2.5 轻骨料混凝土全部加料完毕后的搅拌时间，在不采用搅拌运输车运送混凝土拌和物时，砂轻混凝土不宜少于 3min；全轻或干硬性砂轻混凝土宜为 3～4min。对强度低而易破碎的轻骨料，应严格控制混凝土的搅拌时间。

6.2.6 外加剂应在轻骨料吸水后加入。当用预湿处理的轻粗骨料时，液体外加剂可按图 6.2.4-1 所示加入；当用未预湿处理的轻粗骨料时，液体外加剂可按

图 6.2.4-2 所示加入。采用粉状外加剂，可与水泥同时加入。

6.3 拌和物运输

6.3.1 拌和物在运输中应采取措施减少坍落度损失和防止离析。当产生拌和物稠度损失或离析较重时，浇筑前应采用二次拌和，但不得二次加水。

6.3.2 拌和物从搅拌机卸料起到浇入模内止的延续时间不宜超过 45min。

6.3.3 当用搅拌运输车运送轻骨料混凝土拌和物，因运距过远或交通问题造成坍落度损失较大时，可采取在卸料前掺入适量减水剂进行搅拌的措施，满足施工所需和易性要求。

6.4 拌和物浇筑和成型

6.4.1 轻骨料混凝土拌和物浇筑倾落的自由高度不应超过 1.5m。当倾落高度大于 1.5m 时，应加串筒、斜槽或溜管等辅助工具。

6.4.2 轻骨料混凝土拌和物应采用机械振捣成型。对流动性大、能满足强度要求的塑性拌和物以及结构保温类和保温类轻骨料混凝土拌和物，可采用插捣成型。

6.4.3 干硬性轻骨料混凝土拌和物浇筑构件，应采用振动台或表面加压成型。

6.4.4 现场浇筑的大模板或滑模施工的墙体等竖向结构物，应分层浇筑，每层浇筑厚度宜控制在 300～350mm。

6.4.5 浇筑上表面积较大的构件，当厚度小于或等于 200mm 时，宜采用表面振动成型；当厚度大于 200mm 时，宜先用插入式振捣器振捣密实后，再表面振捣。

6.4.6 用插入式振捣器振捣时，插入间距不应大于棒的振动作用半径的一倍。连续多层浇筑时，插入式振捣器应插入下层拌和物约 50mm。

6.4.7 振捣延续时间应以拌和物捣实和避免轻骨料上浮为原则。振捣时间应根据拌和物稠度和振捣部位确定，宜为 10～30s。

6.4.8 浇筑成型后，宜采用拍板、刮板、辊子或振动抹子等工具，及时将浮在表层的轻粗骨料颗粒压入混凝土内。若颗粒上浮面积较大，可采用表面振动器复振，使砂浆返上，再作抹面。

6.5 养护和缺陷修补

6.5.1 轻骨料混凝土浇筑成型后应及时覆盖和喷水养护。

6.5.2 采用自然养护时，用普通硅酸盐水泥、硅酸盐水泥、矿渣水泥拌制的轻骨料混凝土，湿养护时间不应少于 7d；用粉煤灰水泥、火山灰水泥拌制的轻骨料混凝土及在施工中掺缓凝型外加剂的混凝土，湿

养护时间不应少于 14d。轻骨料混凝土构件用塑料薄膜覆盖养护时，全部表面应覆盖严密，保持膜内有凝结水。

6.5.3 轻骨料混凝土构件采用蒸汽养护时，成型后静停时间不宜少于 2h，并应控制升温和降温速度。

6.5.4 保温和结构保温类轻骨料混凝土构件及构筑物的表面缺陷，宜采用原配合比的砂浆修补。结构轻骨料混凝土构件及构筑物的表面缺陷可采用水泥砂浆修补。

6.6 质量检验和验收

6.6.1 轻骨料混凝土拌和物的检验应按下列规定进行：

　　1 检验拌和物各组成材料的称量是否与配合比相符。同一配合比每台班不得少于一次；

　　2 检验拌和物的坍落度或维勃稠度以及表观密度，每台班每一配合比不得少于一次。

6.6.2 轻骨料混凝土强度的检验应按下列规定进行，其检验评定方法应按现行国家标准《混凝土强度检验评定标准》（GBJ 107）执行。

　　1 每 100 盘，且不超过 100m³ 的同配合比的混凝土，取样次数不得少于一次；

　　2 每一工作班拌制的同配合比混凝土不足 100 盘时，取样次数不得少于一次。

6.6.3 混凝土干表观密度的检验应按下列规定进行，其检验结果的平均值不应超过配合比设计值的 ±3%。

　　1 连续生产的预制厂及预拌混凝土搅拌站，对同配合比的混凝土，每月不得少于四次；

　　2 单项工程，每 100m³ 混凝土的抽查不得少于一次，不足者按 100m³ 计。

6.6.4 轻骨料混凝土工程验收应按现行国家标准《混凝土结构工程施工质量验收规范》（GB 50204）的有关规定执行。

7 试 验 方 法

7.1 一 般 规 定

7.1.1 轻骨料混凝土拌和物性能、力学性能、收缩和徐变等长期性能，以及碳化、钢锈和抗冻等耐久性能指标的测定，应符合现行国家标准《普通混凝土拌和物性能试验方法》（GB 50080）、《普通混凝土力学性能试验方法》（GB 50081）和《普通混凝土长期性能和耐久性能试验方法》（GB 50082）的有关规定。

7.1.2 与轻骨料特性有关的干表观密度、吸水率、软化系数、导热系数和线膨胀系数等混凝土性能指标的测定应符合本章的规定。

7.2 拌 和 方 法

7.2.1 配合比中各组分材料的质量计量允许误差：

粗、细骨料和掺和料为 ±1%；水、水泥和外加剂为 ±0.5%。

7.2.2 试验室拌制轻骨料混凝土时，拌和量不应小于搅拌机公称搅拌量的三分之一。

7.2.3 轻骨料混凝土应按下列步骤拌和：

　　1 采用干燥或自然含水的轻粗骨料时，先将轻粗骨料、细骨料和水泥加入搅拌机内，加入二分之一拌和用水，搅拌 1min 后，再加入剩余拌和用水量，继续拌 2min 即可。

　　2 采用经过淋水预湿处理的轻粗骨料时，先将轻粗骨料滤去明水，与细骨料、水泥一起拌和约 1min 后，再加入拌和用水量，继续拌和 2min 即可。

7.2.4 掺和料或粉状外加剂可与水泥同时加入。液状外加剂或预制成溶液的粉状外加剂，宜加入剩余拌和用水中。

7.3 干 表 观 密 度

7.3.1 干表观密度可采用整体试件烘干法或破碎试件烘干法测定。

7.3.2 当采用整体试件烘干法测定干表观密度时，可把试件置于 105～110℃ 的烘箱中烘至恒重，称重，并测定试件的体积，应按公式（7.3.3-1）计算干表观密度。

7.3.3 当采用破碎试件烘干法测定干表观密度时应按下列试验步骤进行：

　　1 在做抗压试验前，先将立方体试件表面水分擦干。用称量为 5kg（感量 2g）的托盘天平称重。求出该组试件自然含水时混凝土的表观密度。应按下式计算：

$$\rho_n = \frac{m}{V} \times 10^3 \qquad (7.3.3\text{-}1)$$

式中　ρ_n——自然含水时混凝土的表观密度（kg/m³）；

　　　　m——自然含水时混凝土的质量（g）；

　　　　V——自然含水时混凝土试件的体积（cm³）。

　　2 将做完抗压强度的试件破碎成粒径为 20～30mm 以下的小块。把 3 块试件的破碎试料混匀，取样 1kg，然后将试样放在 105～110℃ 烘箱中烘干至恒重；

　　3 按下式计算出轻骨料混凝土的含水率：

$$W_c = \frac{m_1 - m_0}{m_0} \times 100\% \qquad (7.3.3\text{-}2)$$

式中　W_c——混凝土的含水率（%），计算精确至 0.1%；

　　　　m_1——所取试样质量（g）；

　　　　m_0——烘干后试样质量（g）。

　　4 按下式计算出轻骨料混凝土的干表观密度：

$$\rho_d = \frac{\rho_n}{1 + W_c} \qquad (7.3.3\text{-}3)$$

式中　ρ_d——轻骨料混凝土的干表观密度（kg/m³），

精确至 $10kg/m^3$；

ρ_n——自然含水状态下轻骨料混凝土的表观密度(kg/m^3)。

7.4 吸水率和软化系数

7.4.1 吸水率和软化系数试验所用设备应符合下列规定：

1 托盘天平：称量 5kg，感量 2g；

2 烘箱：105～110℃，可恒温；

3 压力试验机：测力精度不低于±1%。

7.4.2 吸水率和软化系数试验应按下列步骤进行：

1 试件的制作和养护按《普通混凝土力学性能试验方法》（GB 50081）的要求进行。采用边长为 100mm 立方体试件时，每组为 12 块；采用边长为 150mm 立方体试件时，每组为 6 块；

2 标准养护 28d 后，取出试件在 105～110℃下烘至恒重，取 6 块（或 3 块）试件作抗压强度试验，绝干状态混凝土的抗压强度（f_0）；

3 取其余 6 块（或 3 块）试件，先称重，确定其质量平均值。然后，将它们浸入温度为 20±5℃的水中，浸水时间分别为：0.5h、1h、3h、6h、12h、24h、48h；每到上述各时间，将试件取出，擦干、称重，确定其质量平均值。随后，再浸入水中，直至 48h 时，将试件取出，擦干、称重，确定其质量平均值；

4 在称得浸水时间为 48h 时试件的质量平均值后，即进行抗压强度试验，确定饱水状态混凝土的抗压强度（f_1）；

5 按下列公式计算轻骨料混凝土的吸水率及软化系数：

$$\omega_t = \frac{m_1 - m_0}{m_0} \times 100\% \qquad (7.4.2\text{-}1)$$

$$\omega_{sat} = \frac{m_n - m_0}{m_0} \times 100\% \qquad (7.4.2\text{-}2)$$

$$\psi = \frac{f_1}{f_0} \qquad (7.4.2\text{-}3)$$

式中 m_0——烘至恒重试件的质量平均值（kg）；

m_t——浸水时间为 t 时试件的质量平均值（kg）；

m_n——浸水时间为 48h 时试件的质量平均值（kg）；

ω_t——浸水时间为 t 时的吸水率（%）；

ω_{sat}——浸水时间为 48h 时的吸水率（%）；

ψ——软化系数；

f_0——绝干状态混凝土的抗压强度（MPa）；

f_1——饱水状态混凝土的抗压强度（MPa）。

7.5 导 热 系 数

7.5.1 导热系数可采用热脉冲法进行测定，其适用于测定干燥或不同含湿状况下轻骨料混凝土的导热系数、导温系数和比热容。

7.5.2 热脉冲法测定导热系数的装置由一个加热器和放置在加热器两侧材料相同的三块试件以及测温热电偶组成（图 7.5.2）。当加热器通以电流后，根据被测试件的温度变化可测出试件的导热系数、导温系数和比热容。装置的各个部分应满足下列要求：

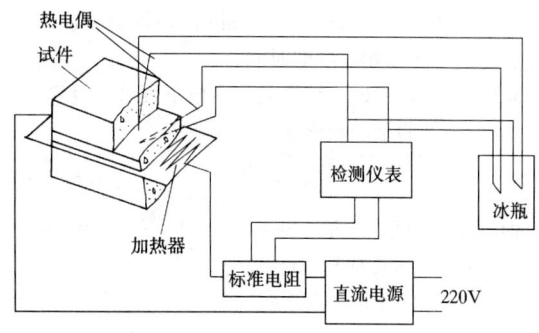

图 7.5.2 用热脉冲法测量
导热系数装置示意图

1 加热器的厚度不应大于 0.4mm，且应有弹性，其面热容量应小于 0.42kJ/$(m^2 \cdot ℃)$；加热丝应选用电阻温度系数小的镍铜、锰铜等材料，加热丝之间的间距宜小于 2mm，整个面积发出的热量应是均匀的，且对试件应为对称传热，加热器不应有吸湿性，其尺寸宜与试件尺寸相同；

2 热电偶直径宜选用 0.1mm，电势测量仪表的精度应为±1μV；

3 在试验过程中，应保持测量装置电压恒定，稳定度应为±0.1%，功率测量误差应小于 0.5%；

4 应设有试件夹紧装置，以保证相互间接触紧密。

7.5.3 导热系数测定所用试件应符合下列要求：

1 试件以三块为一组，取自相同配合比的混凝土，各试件间的表观密度差应小于 5%；

2 三块试件分别为：薄试件一块（200mm×200mm×20～30mm），厚试件二块（200mm×200mm×60～100mm）；

3 试件两表面应平行，厚度应均匀。薄试件不平行度应小于试件厚度的 1%。各试件的接触面应结合紧密；

4 测量干燥状态的热物理系数时，试件应在 105～110℃下烘干至恒重。测量不同含湿状况的热物理性能时，应将干燥试件培养至所需湿度后再进行测定。一组试件之间的湿度差应小于 1%，在同一试件内湿度分布宜均匀。

7.5.4 导热系数试验应按下列步骤进行：

1 称量试件质量，测量试件尺寸，计算混凝土的干表观密度；

2 将试件按图 7.5.2 所示安置完毕。当试件的初始温度在 10min 内的变化小于 0.05℃，且薄试件上下表面温度差小于 0.1℃时，可开始测定；

3 接通加热器电源，并同时启动秒表，测量加热回路电流；

4 加热时间（τ'）控制为 4～6min，当薄试件上表面温度升高 1～2℃时，记录上表面热电势及相对应的时间。接着测量热源面上的热电势及相对应的时间，其间隔不宜超过 1min；

5 关闭加热器，经 4～6min 后，再测一次热源面上的热电势和相对应的时间。

7.5.5 导热系数试验结果应分别按下列公式计算。

1 试件的干表观密度：

$$\rho_d = \frac{m}{V} \qquad (7.5.5-1)$$

式中 m——试件质量（kg）；

V——试件体积（m³）。

2 试件的质量含水率：

$$\omega = \frac{m_2 - m_1}{m_1} \times 100\% \qquad (7.5.5-2)$$

式中 m_1——烘干至恒重试件的质量（kg）；

m_2——某一含湿状态下试件的质量（kg）。

3 试件的导温系数、导热系数及比热容应分别按下列公式计算：

（1）函数 $B(Y)$ 值的计算：

$$B(Y) = \frac{\theta'(x \cdot \tau')\sqrt{\tau}}{\theta(o \cdot \tau_2')\sqrt{\tau_2}} \qquad (7.5.5-3)$$

式中 $\theta'(x \cdot \tau')$、τ'——薄试件上表面过余温度（℃），及相对应的时间（h）；

$\theta'(o \cdot \tau_2')$、τ_2'——升温过程中热源面上的过余温度（℃）及相对应的时间（h）。

根据计算所得的 $B(Y)$ 值，查表 7.5.5 求得 Y^2 值；

（2）导温系数（a）的计算：

$$a = \frac{d^2}{4\tau'Y^2} (\text{m}^2/\text{h}) \qquad (7.5.5-4)$$

式中 d——薄试件的厚度（m）；

τ'——薄试件上表面温度为 $\theta'(x, \tau')$ 时的时间（h）；

Y^2——函数 $B(Y)$ 的自变量。

（3）导热系数（λ）的计算：

$$\lambda = \frac{Q\sqrt{a}(\sqrt{\tau_2} - \sqrt{\tau_2 - \tau_1})}{A\theta(o \cdot \tau_2)\sqrt{\pi}} [\text{W}/(\text{m} \cdot \text{K})]$$

$$(7.5.5-5)$$

式中 $\theta(o \cdot \tau_2)$、τ_2——降温过程中热源面上的过余温度（℃）及相对应的时间（h）；

τ_1——关闭热源相对应的时间（h）；

A——加热器的面积（m²）；

a——导温系数（m²/h）；

Q——加热器的功率（W）；

$$Q = I^2R \qquad (7.5.5-6)$$

I——通过加热器的电流（A）；

R——加热器的电阻（Ω）。

（4）比热容（c）的计算：

$$c = \frac{\lambda}{a\rho} [\text{kJ}/(\text{kg} \cdot \text{K})] \qquad (7.5.5-7)$$

式中 λ——导热系数 [W/(m·K)]；

ρ——三块试件的平均表观密度（kg/m³）。

（5）蓄热系数（s）的计算：

$$s = 0.51 \cdot \lambda \cdot a \cdot \rho$$

表 7.5.5　　　　函数 $B(Y)$ 表

Y^2	0	1	2	3	4
0.0	1.0000	0.8327	0.7693	0.7229	0.6852
0.1	0.5379	0.5203	0.5037	0.4881	0.4736
0.2	0.4010	0.3908	0.3810	0.3716	0.3625
0.3	0.3151	0.3031	0.3014	0.2948	0.2885
0.4	0.2543	0.2492	0.2442	0.2394	0.2347
0.5	0.2089	0.2049	0.2010	0.1973	0.1937
0.6	0.1735	0.1704	0.1674	0.1645	0.1616
0.7	0.1456	0.1431	0.1407	0.1383	0.1360
0.8	0.1230	0.1210	0.1190	0.1170	0.1151
0.9	0.1044	0.1027	0.1011	0.09949	0.09791
1.0	0.08908	0.08770	0.08634	0.08501	0.08370
1.1	0.07631	0.07516	0.07403	0.07292	0.07181
1.2	0.06562	0.06464	0.06368	0.06274	0.06181
1.3	0.05657	0.05575	0.05494	0.05414	0.05335
1.4	0.04890	0.04820	0.04751	0.04684	0.04617
1.5	0.04238	0.04179	0.04120	0.04062	0.04004
1.6	0.03680	0.03629	0.03578	0.03528	0.3479
1.7	0.03201	0.03157	0.03114	0.03072	0.03030
1.8	0.02790	0.02752	0.02715	0.02678	0.02642
1.9	0.02435	0.02402	0.02370	0.02333	0.02307
2.0	0.02128	—	—	—	—

Y^2	5	6	7	8	9
0.0	0.6533	0.6253	0.6002	0.5777	0.5570
0.1	0.4599	0.4469	0.4346	0.4229	0.4117
0.2	0.3539	0.3455	0.3375	0.3298	0.3223
0.3	0.2824	0.2764	0.2707	0.2651	0.2596
0.4	0.2301	0.2256	0.2213	0.2170	0.2129
0.5	0.1902	0.1867	0.1833	0.1800	0.1767
0.6	0.1588	0.1561	0.1534	0.1507	0.1481
0.7	0.1337	0.1315	0.1293	0.1271	0.1250
0.8	0.1132	0.1114	0.1096	0.1078	0.1061
0.9	0.09645	0.09491	0.09340	0.09129	0.09048

续表7.5.5

Y^2	5	6	7	8	9
1.0	0.08241	0.08115	0.07991	0.07869	0.07749
1.1	0.07073	0.06967	0.06863	0.06761	0.06660
1.2	0.06090	0.06000	0.05912	0.05826	0.05741
1.3	0.05258	0.05182	0.05107	0.05033	0.04961
1.4	0.04552	0.04487	0.04423	0.04360	0.04298
1.5	0.03948	0.03893	0.03839	0.03785	0.03732
1.6	0.03431	0.03384	0.03337	0.03291	0.03246
1.7	0.02988	0.02947	0.02907	0.02867	0.02828
1.8	0.02606	0.02570	0.02535	0.02501	0.02468
1.9	0.02276	0.02246	0.02216	0.02186	0.02157
2.0	—	—	—	—	—

注：Y^2值的竖行为其首数，横行为其尾数。

7.5.6 每组试件应测量三次，当相对误差小于5%时，取三次试验平均值作为该组试件的热物理系数值。

7.6 线膨胀系数

7.6.1 线膨胀系数测定时所用的试件应为100mm×100mm×300mm的棱柱体，每组至少三块；并应具有下列设备：

1 人工气候箱，如无人工气候箱，亦可采用稳定性较好的烘箱；

2 电阻应变仪；

3 测量温度用镍铜—铜热电偶（试件成型时埋入混凝土内）及符合精度要求（精确至0.1℃）的电位差计；

4 石英管一根。

7.6.2 线膨胀系数测定应按下列步骤进行：

1 试件应在恒温恒湿养护室养护到28d龄期后，放入105～110℃的烘箱中加热24h，再在室内放置5～7d以使其湿度达到平衡；

2 每个试件两侧各贴一个电阻片及一个热电偶。电阻片标距应为100mm，其电阻值应相同。贴片可采用502胶或其他在试验温度范围内工作可靠的胶粘贴；

3 热电偶应事先在恒温器中校核，求出温度与电位差的关系，其温度读数应精确在0.1℃；

4 应在石英管上贴同样规格的电阻片，作电阻应变仪的补偿之用。为检查试验工作是否正常，应同时准备已知线膨胀系数的钢或铜等材料的试件，与混凝土试件同时进行测试；

5 所有测量温度和变形的引出导线与仪器接通，经检验待工作正常后，调零，记下初读数。随即开始升（降）温，每次升（降）温的幅度控制在10℃左右，升（降）温速度宜缓慢，到达温度后要恒温到试件内外温差小于0.2℃时才能测数，每次恒温时间宜为3h；

6 记下所有各点的温度及变形读数后，即可继续升（降）温。整个试验的最低和最高温度差值应大于60℃。

7.6.3 线膨胀系数值的取用和计算应按下列规定进行：

1 按测得的温度和变形的数据用回归分析法求得两者的关系。温度和变形若呈直线关系，其斜率即为线膨胀系数值；

2 数据不多时，也可用下式计算：

$$a_T = \frac{\varepsilon_t - \varepsilon_0}{t - t_0} \qquad (7.6.3)$$

式中 a_T——线膨胀系数；

ε_t——温度为t时的变形值（mm）；

ε_0——初始变形值（mm），如电阻应变仪在t_0时调零，则$\varepsilon_0 = 0$；

t_0——初始温度（℃）；

t——测量时的温度（℃）。

附录A 大孔轻骨料混凝土

A.1 一般规定

A.1.1 大孔径骨料混凝土按其抗压强度标准值，可划分为LC2.5、LC3.5、LC5.0、LC7.5和LC10.0五个强度等级。按其干表观密度，可按本规程第4.1.3条划分密度等级。

A.2 轻粗骨料技术要求

A.2.1 轻粗骨料级配宜采用5～10mm或10～16mm单一粒级。

A.2.2 轻粗骨料的密度等级和强度应根据工程需要选用。

A.2.3 轻粗骨料其他技术性能应符合现行国家标准《轻集料及其试验方法第1部分：轻集料》（GB/T 17431.1）的有关规定。

A.3 配合比计算与试配

A.3.1 混凝土的试配强度应按照本规程第5.1.2条计算。

A.3.2 根据轻粗骨料的堆积密度，宜按下式（A.3.2）计算每立方米混凝土的轻粗骨料用量：

$$m_a = V_a \times \rho_{1a} \qquad (A.3.2)$$

按体积计量时，每立方米混凝土的轻粗骨料用量取一立方米松散体积（V_a）。

A.3.3 根据混凝土要求的强度等级和轻粗骨料品种，水泥用量可在150～250kg/m³ 范围内选用，并可掺入适量外加剂和掺和料。

A.3.4 混凝土拌和物的用水量宜以水泥浆能均匀附

在骨料表面并呈油状光泽而不流淌为度。可在净水灰比 0.30～0.42 的范围内选用一个试配水灰比，并可按下式计算拌和物的净用水量（kg/m³）：

$$m_{wn} = m_c \times W/C \qquad (A.3.4-1)$$

式中 W/C——试配水灰比。

当采用干燥骨料时，应根据净用水量加上轻粗骨料 1h 吸水量，按下式计算总用水量：

$$m_{wt} = m_{wn} + m_{wa} \qquad (A.3.4-2)$$

A.3.5 振动加压成型的轻骨料混凝土小型空心砌块宜采用干硬性大孔混凝土拌和物，其用水量宜以模底不淌浆和坯体不变形为准，可按本规程表 5.2.3 选用。

A.3.6 配合比应通过试验确定。其试验与调整应按本规程 5.3.6 条进行。

A.3.7 混凝土试件的成型方法，应与实际施工采用的成型工艺相同。

A.4 施 工 工 艺

A.4.1 拌和物各组分材料应按质量计量。轻粗骨料也可采用体积计量。

A.4.2 拌和物应采用强制式搅拌机拌制。

A.4.3 当采用预湿饱和面干骨料时，粗骨料、水泥和净用水量可一次投入搅拌机内，拌和至水泥浆均匀包裹在骨料表面且呈油状光泽时为准，拌和时间宜为 1.5～2.0min。采用干骨料时，先将骨料和 40%～60% 总用水量投入搅拌机内，拌和 1min 后，再加入剩余水量和水泥拌和 1.5～2.0min。拌制少砂大孔轻骨料混凝土时，砂或轻砂和粉煤灰等宜与水泥一起加入搅拌机内。

A.4.4 现场浇筑时，混凝土拌和物直接浇筑入模，依靠自重落料压实。可用捣棒轻轻插捣靠近模壁处的拌和物，不得振捣。

A.4.5 浇筑高度较高时，应水平分层和多点浇筑。每层高度不宜大于 300mm，浇筑捣实后，表面用铁铲拍平。

A.4.6 大孔轻骨料混凝土小型空心砌块应采用振动加压成型。

A.4.7 养护应按本规程第 6.5 节规定的要求进行。

A.5 质量检验与验收

A.5.1 大孔轻骨料混凝土的质量检验与验收应按本规程第 6.6 节的规定执行。

附录 B 泵送轻骨料混凝土

B.1 一 般 规 定

B.1.1 泵送轻骨料混凝土宜采用砂轻混凝土。

B.1.2 泵送轻骨料混凝土采用的轻粗骨料在使用前，宜浸水或洒水进行预湿处理，预湿后的吸水率不应少于 24h 吸水率。

B.2 原 材 料

B.2.1 泵送轻骨料混凝土采用的水泥应符合本规程第 3.1.1 条的要求。

B.2.2 泵送轻骨料混凝土采用的轻粗骨料的密度等级不宜低于 600 级；当掺入轻细骨料时，轻细骨料的密度等级不宜低于 800 级。

B.2.3 泵送轻骨料混凝土中的轻粗骨料应采用连续级配，公称最大粒径不宜大于 16mm，粒型系数不宜大于 2.0。

B.2.4 泵送砂轻混凝土的细骨料宜采用中砂，细度模数宜在 2.2～2.7 之间，并应符合国家现行标准《普通混凝土用砂质量标准及试验方法》（JGJ 52）的要求，其中，通过 0.315mm 颗粒含量不应少于 15%。

B.2.5 泵送轻骨料混凝土宜掺用泵送剂、减水剂和引气剂等外加剂，且可掺加 I、II 级粉煤灰、矿物微粉或其他矿物掺和料。外加剂和掺和料应符合有关标准的要求。

B.3 配 合 比 设 计

B.3.1 泵送轻骨料混凝土配合比的设计除应满足轻骨料混凝土设计强度、耐久性和密度的要求外，其拌和物还应满足混凝土可泵性、粘聚性和保水性的要求。

B.3.2 泵送轻骨料混凝土拌和物入泵时的坍落度值应根据泵送的高度选用，宜为 150～200mm；含气量宜为 5%。

B.3.3 泵送轻骨料混凝土试配时要求的坍落度值应按下式计算：

$$T_t = T_p + \Delta T \qquad (B.3.3)$$

式中 T_t——试配时要求的坍落度值（mm）；

T_p——入泵时要求的坍落度值（mm）；

ΔT——试验时测得在预计时间内的坍落度经时损失值（mm）。

B.3.4 泵送轻骨料混凝土的水泥用量不宜少于 350kg/m³。

B.3.5 泵送轻骨料混凝土的体积砂率宜为 40%～50%。当掺用粉煤灰并采用超量法取代水泥时，砂率可适当降低。

B.3.6 泵送轻骨料混凝土配合比的设计步骤宜按本规程第 5 章进行。其中，轻粗骨料吸水率应采用 24h 吸水率。泵送轻骨料混凝土配合比应根据具体施工条件进行试配和调整，并应进行试泵。

B.4 施 工 工 艺

B.4.1 泵送轻骨料混凝土施工工艺及其设备应符合

国家现行标准《混凝土泵送施工技术规程》（JGJ/T 10）第 4、5、6 章和本规程第 6 章的有关规定。

B. 4. 2 拌制轻骨料混凝土之前，浸水预湿的轻骨料宜采取表面覆盖、充分沥水等措施以控制轻骨料呈饱和面干状态，也可采用测出预湿后轻骨料含水率的方法，以控制搅拌时的用水量。

B. 4. 3 泵送轻骨料混凝土的投料顺序和搅拌时间应符合本规程第 6 章的有关规定。

B. 4. 4 泵送轻骨料混凝土泵送施工时，应采取降低泵送阻力的措施。输送管的管径不宜小于 125mm。所有管道内应清洁，泵送开始前应先采用砂浆润滑管壁。

B. 5 质量检验与验收

B. 5. 1 泵送轻骨料混凝土的质量控制和质量检验与验收应符合国家现行标准《混凝土泵送施工技术规程》（JGJ/T 10）第 7 章的要求和本规程第 6.6 节有关规定。

B. 5. 2 泵送轻骨料混凝土各项性能的试验方法应按本规程第 7 章的有关规定进行。

本标准用词说明

1. 为便于在执行本标准条文时区别对待，对于要求严格程度不同的用词说明如下：

1) 表示很严格，非这样做不可的：
正面词采用"必须"；反面词采用"严禁"。

2) 表示严格，在正常情况下均应这样做的：
正面词采用"应"；反面词采用"不应"或"不得"。

3) 表示允许稍有选择，在条件许可时首先应这样做的：
正面词采用"宜"；反面词采用"不宜"。

表示有选择，在一定条件下可以这样做的，采用"可"。

2. 条文中指明应按其他有关标准执行的写法为："应符合……的规定"或"应按……执行"。

中华人民共和国行业标准

轻骨料混凝土技术规程

Technical specification for lightweight
aggregate concrete

JGJ 51—2002

条 文 说 明

前　　言

《轻骨料混凝土技术规程》（JGJ51—2002），经建设部 2002 年 9 月 27 日以公告第 68 号文批准、发布。

本标准第一版的主编单位是中国建筑科学研究院，参加单位是陕西省建筑科学研究院、上海建筑科学研究院、黑龙江建筑低温科学研究所、辽宁省建筑科学研究所、大庆油田建设设计研究院、同济大学、北京市第二建筑构件厂。

为便于广大设计、施工、科研、学校等单位有关人员在使用本标准时能正确理解和执行条文规定，《轻骨料混凝土技术规程》编制组按章、节、条顺序编制了本标准的条文说明，供使用者参考。在使用中如发现本条文说明有不妥之处，请将意见函寄中国建筑科学研究院（地址：北京市北三环东路 30 号，邮编：100013）。

目 次

1 总 则

1.0.1 阐明本规程的编制目的。

1.0.2 本规程规定了无机轻骨料混凝土的适用范围。根据轻骨料混凝土技术发展的需要，删去了原规程不适用于无砂或少砂大孔轻骨料混凝土的规定，初次将无砂大孔轻骨料混凝土列入规程。

2 术语、符号

在我国，轻骨料混凝土属新品种混凝土，在《建筑结构设计术语和符号标准》GB/T 50083—97 中列入的、与之相适应的术语和符号很少。因此，《规程》中的术语和符号除按《建筑结构设计术语和符号标准》GB/T 50083 的要求和原则制订外，还考虑尽量与国内相关标准相一致。

3 原 材 料

3.0.1～3.0.7 轻骨料混凝土的原材料主要是水泥、轻粗细骨料、普通砂、水、各种化学外加剂和掺和料。这些原材料的各项技术性能及要求都应满足现行国家或行业的有关标准和规程的要求。因此，本规程将有关标准、规程和规范的名称和编号列入，而内容不再一一列入。

4 技 术 性 能

4.1 一 般 规 定

4.1.1～4.1.4 根据国内外同类型标准和规程的经验，本章主要规定了轻骨料混凝土强度等级和密度等级的定义及其划分原则。参照国际通用原则，按用途将轻骨料混凝土划分为保温、结构保温和结构轻骨料混凝土三大类，分别规定了各类混凝土的强度等级、密度等级和合理使用的范围，将轻骨料混凝土强度等级符号统一改为 LC。

4.2 性 能 指 标

4.2.1 20 世纪 90 年代以来，我国高强轻骨料的生产取得突破性的发展，在上海、宜昌、哈尔滨、天津和金坛等地已可生产出质量符合国家标准的高强陶粒，可以配制出密度等级为 1900，强度等级为 LC40～LC60 的高强轻骨料混凝土，并越来越多在高层、大跨的房屋建筑和桥梁工程中应用。因此，在轻骨料混凝土强度等级中增设了 LC55 和 LC60 两个等级。

为与钢筋混凝土结构设计规范相适应，删去弯曲抗压和抗剪强度两项标准值。增设 LC55 和 LC60 两个强度等级标准值，其确定原则与其他等级相同。

4.2.2 原《规程》中轻骨料混凝土弹性模量值（E_{LC}），是在专题研究基础上提出的我国自己的弹性模量经验公式 $E_{LC}=2.02 \cdot \rho \cdot \sqrt{f_{cu \cdot k}}$ 标定而得的，但近几年发现工程中应用的高强轻骨料混凝土的 E_{LC} 值与公式相比偏高约 12%。

在这次修订中，经专题论证发现，其主要原因是在参照美国 ACI 213R74、84、87 的弹性模量公式 $E_c=\rho_c^{15} \cdot 0.043 \cdot \sqrt{f_c}$（式中 f_c 为轻骨料混凝土圆柱体试件抗压强度）时，在轻骨料混凝土强度大于 35～42MPa 范围，E_{LC} 值下调 6%～15% 所致。

经与近几年工程中所用高强轻骨料混凝土的 E_{LC} 值相比较，完全证实了这一点。因此，在这次修订中，仍以原公式 $E_{LC}=2.02 \cdot \rho \cdot \sqrt{f_{cu \cdot k}}$ 为依据，但高强、高密度区的 E_{LC} 值不再下调。

4.2.3～4.2.4 原《规程》的收缩和徐变的标定值，在专题研究成果的基础上，提出的我国自己的在标准状态轻骨料混凝土下收缩经验公式 $\varepsilon(t)_0=\frac{t}{a+bt} \times 10^{-3}$、徐变系数的经验公式 $\varphi(t)_0=\frac{t^n}{a+bt^n}$ 标定而得的。但原《规程》规定只适用于 LC20～LC30 的结构轻骨料混凝土。

在这次修订中，经与 ACI 213R 和美国 SOLITE 公司的有关资料相比较，又经近几年我国有关工程和试验的实测资料验证，充分说明，原规程中给出的有关公式和系数，仍然适用于 LC30～LC60 的结构轻骨料混凝土。只是原《规程》标定值富裕系数较小，特别是收缩值更为明显。因此，本规程中规定的收缩值和徐变系数上限，即表 4.2.3 和表 4.2.4 列出的数值，是按《规程》中给出的公式，按不同龄期和具有 95% 保证率计算得出。

4.2.7 为适应建筑节能技术发展的需要，在轻骨料混凝土密度等级方面，增加了 600 和 700 两个密度等级。与其相对应的有关热物理系数，仍按原规程所采用的有关实验公式计算。

4.2.8 轻骨料混凝土与普通混凝土同样，具有良好的抗冻性，本规程的抗冻性指标主要参照国外有关标准和规范的一般性规定，近 10 年来未有异议。这次修订基本保持原规定，并新规定在干湿交替部位、水位变化部位或粉煤灰掺量大于 50% 的工程应用时，抗冻等级应大于 F50，以保证工程的耐久性，国外桥梁和海工等工程的应用经验证明这是适宜的。

4.2.9 轻骨料混凝土的抗碳化指标是在 1981 年建筑科技发展计划中，在轻骨料混凝土和普通混凝土抗碳化性能专题研究成果的基础上制定的。20 多年的工程实践表明，抗碳化指标是合理、可行的。

4.2.10 这一新增条款是在轻骨料混凝土应用日益增多的情况下，根据工程实际的要求而制订。轻骨料混凝土比普通混凝土具有更好的抗渗性，许多工程在混凝土的抗渗性方面也有相应的要求。

4.2.11 这是新列入的条款。20 世纪 80 年代以来，在国外，次轻混凝土（又称指定密度混凝土，或普通轻混凝土）在桥梁等工程中的应用越来越多。在轻粗骨料中加入适量的普通粗骨料配制而成的次轻混凝土，与未掺入普通粗骨料的轻骨料混凝土相比，具有更好的力学性能和体积稳定性，这对改善轻骨料混凝土的性能，扩大其应用范围都有积极的意义。因此，为促进次轻混凝土的发展，将其列入规程是十分必要的。鉴于我国尚缺乏次轻混凝土的系统试验资料，因此，规定次轻混凝土的强度标准值、弹性模量、收缩和徐变等有关性能，应通过试验确定。

5 配合比设计

5.1 一 般 要 求

5.1.1 本条文规定轻骨料混凝土配合比设计的主要目的与任务。轻骨料混凝土与普通混凝土不同的是，除抗压强度应满足设计要求外，表观密度也应满足要求。在某些特殊情况下，如在高层、大跨等承载结构上，还应满足对弹性模量、收缩和徐变等的要求。

5.1.2 本条文规定了试配强度的确定方法，强调轻骨料混凝土的配合比应通过计算和试配确定，一样也不能少。和普通混凝土一样，试配强度应具有 95% 的保证率。

5.1.3 《规程》新编时，对我国各主要地区的部分工程中不同强度等级、不同品种的轻骨料混凝土取样的 4800 组试块抗压强度的统计资料说明，其各强度等级总体的强度标准差 σ，与普通混凝土基本上是一致的。因此，其 σ 的取值与普通混凝土相同。

5.1.4 鉴于轻骨料混凝土技术的发展，为改善某些性能指标，在轻骨料混凝土中同时采用两种不同品种的粗骨料，在国外应用已越来越多。在国内，近几年，发现不少厂家，从谋利出发，在陶粒混凝土小砌块中，加入大量劣质炉渣（又称煤渣），仍称陶粒混凝土小砌块，以高价售出，引起公愤。为了抑制这种现象，保证混凝土小砌块的质量，特意在本条文中，规定了对炉渣的限量。

5.1.5 化学外加剂和掺和料品种很多，性能各异。其品种与掺入量对水泥适应性的影响，比普通混凝土更甚，因此，为了保证轻骨料混凝土的施工质量，特制定本条文。

5.1.6 根据轻骨料混凝土技术发展的需要，增设了主要用于小砌块、屋面和墙体的大孔轻骨料混凝土，以及用于现浇施工的泵送轻骨料混凝土的技术内容。

5.2 设计参数选择

5.2.1 表 5.2.1 下注中的水泥强度等级应按现行国家标准《硅酸盐水泥、普通硅酸盐水泥》（GB175—1999）的规定执行。因为轻骨料混凝土配合比设计复杂，水泥用量不按公式计算，而是按表 5.2.1 的有关参数经试验确定，所以，这次水泥新标准的实施对其影响不大。

5.2.2 根据对混凝土耐久性更高的要求，参照美国 ACI 318 M—95 的要求，将表 5.2.2 中最大水灰比调低。表中的最小水泥用量，是根据 ACI 318 M—95 给出的对不同环境条件和不同强度等级的要求，在原规程的基础上调整而得。

5.2.3 根据十多年来生产和工程实践经验，表 5.2.3 中增加振动加压成型，是为适应某些干硬性混凝土生产的需要，如砌块等；坍落度加大，是根据减水剂的普遍使用、混凝土搅拌运输车出料和施工操作要求等多方面技术发展情况调整的。

5.2.4 此条文规定了轻骨料混凝土砂率特殊的表示方法，及不同用途轻骨料混凝土的砂率值的变化范围。与普通混凝土的不同点：一是以体积砂率表示；二是一般砂率较大。

轻骨料混凝土的砂率应以体积砂率表示，即细骨料体积与粗细骨料总体积之比。体积可采用松散体积或绝对体积表示。其对应的砂率为松散体积砂率或绝对体积砂率。随其配合比设计方法不同，采用砂率表示方法不同：采用松散体积法设计配合比则用松散体积砂率表示；用绝对体积法设计时，则用绝对体积砂率表示。

不同用途混凝土的砂率变化范围是根据国内外施工经验制定的。经过多年的实践证明是可行的。故本次修订没有变动。

5.2.5 表 5.2.5 中用普通砂时粗细骨料总体积下限降低，主要是根据高强陶粒、高强陶粒混凝土和较高强度等级的砂轻混凝土在结构中的推广应用，及其施工操作性能的要求等原因，使水泥和粉煤灰等掺和料总用量相对增加而确定的。试验和实际工程已经明显反映出这一变化。美国用于工程结构方面（如桥梁等）的轻骨料混凝土配合比也反映出这一点。

5.2.6 《粉煤灰在混凝土和砂浆中应用技术规程》（JGJ28—86）尚未重新修订。当时制订的某些掺量较保守。当前，粉煤灰在混凝土中掺量向较大掺量方向发展。因此，这次修订中，允许在有试验根据时，可适当放宽粉煤灰掺量的范围。

5.3 配合比计算与调整

5.3.1 将松散体积法用于砂轻混凝土的配合比计算，并放在突出位置，基于五点考虑：1. 在计算过程中，有关材料的计算参数，需要经专门试验加以确定，而轻骨料和砂等有关材料匀质性不理想，试验确定的参数，代表性并不好。因此，绝对体积法往往与实际情况有较大出入。2. 实际工程中，时常由于缺乏试验条件，或图方便省时间，往往直接采用经验取值作为计算参数。实践证明，这种方法应用效果不理想，最终还是靠试验修正，修正的偏差还较大。3. 松散体积法基于试验和应用经验，也包括了积累经验过程中绝对体积法在初步计算时的大量应用，我们可以站在已有知识（包括理论指导、试验和应用经验）的平台上，在合理范围内查取计算参数，直接经试验调整确定配合比，相对较为简明。4. 松散体积法相对较简易，便于理解和应用，有利于试验和工程中配合比的反复调配，有利于轻骨料混凝土的推广应用；5. 试验和工程证明，松散体积法的应用，确实带来很大的方便，而且，其准确性和可靠性是有保证的。

经验证明，两种配合比计算和调整的步骤可行，这次修订未作改动。

5.3.2 松散体积法是以给定每立方米混凝土的粗细骨料松散总体积为基础进行计算，然后按设计要求的混凝土干表观密度为依据进行校核，最后通过试验调整出配合比。

20多年使用经验说明，本条文规定的松散体积法，既适用全轻混凝土，也适用于砂轻混凝土。它是一个十分简便易行、预估性较好的和非常实用的轻骨料混凝土配合比设计方法。它特别适用于在施工中及时、快速地调整配合比。这次规定仍沿用以前设计步骤，未作修改。

5.3.3 绝对体积法是按每立方米混凝土的绝对体积为各组成材料的绝对体积之和进行计算。绝对体积法概念明确，便于计算。但由于原材料的某些设计参数，如粗、细骨料的颗粒表观密度和水泥的密度等，设计需经试验确定，费时较多，十分麻烦，不能满足于施工中经常检测，及时调整配合比的要求。若不采用实测值，而是按一般的资料任取一个经验值进行计算，则可能带来配合比设计结果的较大误差，影响工程质量。

但对于对比、检验、分析和研究等工作，绝对体积法仍是有用的。这次规定仍沿用以前设计步骤，未作修改。

5.3.4 轻骨料一般都具有吸水性。为了便于计算附加水量，进而计算轻骨料混凝土的总用水量，特列出表5.3.4，使概念更为清楚，便于使用。

5.3.5 表5.3.5将粉煤灰的应用扩大到LC30以上，同时考虑到大掺量粉煤灰技术发展的需要，在注中取消了"钢筋轻骨料混凝土的粉煤灰取代水泥率不宜大于15%"的内容，写入了在有试验根据时可适当放宽的条款。经近年来的研究和工程实践证明，只要加强粉煤灰质量控制和应用技术保证，适当扩大粉煤灰在轻骨料混凝土中的应用是可行的。

6 施 工 工 艺

6.1 一 般 要 求

6.1.1 该条对本章的适用范围重新作了调整。去掉

了"适用于一般工业与民用建筑"，和"不适用于特种……工程"的字样。

20多年的施工经验说明，本章的规定不仅适用于工业与民用建筑，也可适用于热工、水工、桥涵等土木工程轻骨料混凝土的施工。

6.1.2 强调原材料进场后，应按国家标准的要求进行复检验收。

6.1.3 对轻骨料进入施工现场后的堆放、运输作了具体规定。强调应按不同品种，分批运输和堆放，在堆放时避免离析，并宜采取防雨、防风防水措施。

6.1.4 在低于5℃的气温下，不宜进行轻骨料混凝土的预湿和施工。

6.2 拌 和 物 拌 制

6.2.1 一般来说，轻粗骨料的堆积密度变化较大，在生产过程中若不经常对其进行测定，将在很大程度上影响拌和物方量的准确性。轻粗骨料的含水率会影响配合比中用水量的准确性，并对拌和物的稠度和混凝土的强度产生不良影响。为保证混凝土施工用轻骨料混凝土拌和物方量与配合比计算方量相吻合，以及拌和物的和易性符合施工要求，应对轻粗骨料的含水率及其堆积密度进行测定。

6.2.2 本条文规定轻骨料混凝土原材料的计量方法。砂轻混凝土和普通混凝土一样可采用按质量计量；但全轻混凝土则采用体积与质量相结合的方法计量。误差的控制按质量计量，与普通混凝土相同。

6.2.3 轻骨料混凝土因骨料轻，自落式搅拌机一般不易搅匀，严重影响混凝土性能，建设部已明文规定禁止使用。因此，本条规定应采用强制式搅拌机。

6.2.4 本条文按预湿处理和非预湿处理两种拌和物搅拌工艺分别提出预湿、计量、下料、拌和、出料的工艺流程图，程序明确，一目了然，便于操作。20年来生产实践表明，该工艺流程是可行的。此次修订基本上未作变动。

6.2.5 本条文规定了不采用搅拌运输车运送混凝土拌和物时，即不是由预拌混凝土厂供料时，砂轻混凝土和全轻混凝土的搅拌时间（含下料）不宜超过3min。为保证拌和物的均匀性，全轻混凝土拌和物的搅拌时间宜延长1min。

若由预拌混凝土厂供货时，砂轻混凝土拌和物的搅拌时间，则可视拌和物距离的远近，适当缩短。

6.2.6 本条文专门规定了化学外加剂掺入的方法。轻粗骨料具有一定吸水性，试验证明，轻粗骨料未预湿时，与拌和水同步加入化学外加剂，会部分被轻粗骨料所吸收，而影响其功效，因此，外加剂应在轻骨料吸水后加入。

6.3 拌 和 物 运 输

6.3.1 本条文明确规定，轻骨料混凝土拌和物运输

时，如坍落度损失或离析较严重者，浇筑前应采用人工二次拌和，但不得加水。若加水，即使是加入量不多，也会严重降低混凝土的强度，影响工程质量。

6.3.2 为了减少轻骨料混凝土拌和物的坍落损失，应选择最佳运输路线，中途不停顿。本条文规定，其从搅拌机卸料至浇入模内止的时间，不宜超过45min。

6.3.3 当采用搅拌运输车运送拌和物时，如发现罐内拌和物坍落度损失严重，可在卸料前加入适量减水剂，加速转几圈后出料。掺入量的多少应以不影响混凝土质量为准。

6.4 拌和物浇筑和成型

6.4.1 为了避免离析，减小了拌和物浇筑时倾落的自由高度。倾落的自由高度从2m降低到1.5m。

6.4.2 轻骨料混凝土拌和物的内摩擦力比普通混凝土的大。为保证拌和物的密实性，本条规定应采用机械振捣成型。只有对流动性大、不振捣和硬化后的混凝土强度能满足要求的塑性拌和物，以及对强度没有要求的结构保温类和保温类的轻骨料混凝土拌和物，可采用插捣成型。

6.4.3 本条规定了干硬性轻骨料混凝土构件的成型应采用振动台或表面振动加压成型，以保证振捣密实。

6.4.4 本条规定了竖向结构成构件的浇筑应采用用分层振捣成型，拌和物每层厚度宜控制在300mm左右。

6.4.5 本条规定了浇筑大面积水平构件时的振捣方法。厚度小于200mm或大于200mm时，可采用不同的振捣方式。但最终是要保证混凝土的密实性。

6.4.6 本条根据施工经验，规定了采用插入式振捣器的振捣深度和距离，以及多层浇筑插捣的注意事项。强调连续多层浇筑时，插入式振捣器应插入下层拌和物50mm。

6.4.7 本条规定了拌和物成型时的振捣时间（含振动台，表面振动器和插入式振捣器）。振捣时间的长短不仅影响混凝土的密度和强度，而且还影响拌和物中轻骨料的上浮，表面气泡的大小和分布，以及蜂窝、狗洞等表面质量问题。应根据拌和物稠度、振捣部位、配筋疏密和操作工技术水平等具体情况，在本条规定的振捣时间范围（为10～30s）内，利用经验和试振捣确定。

6.4.8 为保证轻骨料混凝土表面质量，在振捣成型后，应进行抹面处理。若轻粗骨料上浮时，不应刮去，应采取措施（如用表面振动器再振一遍等），将其压入混凝土内，抹平，保证混凝土配合比与设计相符。

6.5 养护和缺陷修补

6.5.1 轻骨料混凝土成型后，应比普通混凝土更为注意防止表面失水，否则可能因为内外湿差引起收缩应力，导致混凝土表面裂缝。

6.5.2 本条文规定了轻骨料混凝土自然养护应注意的事项。虽然因水泥品种不同而略有差异，但还都应注意早期养护，坚持14天湿养护是十分必要的。特别是在夏季，并非14天后就平安无事了，对厚大的结构或构件更不能掉以轻心。

6.5.3 取消热拌混凝土的养护要求。蒸汽养护时，成型后应有一定的静停时间，强调升温、降温都不宜太快，以保证通汽升温时不发生温度裂缝。

6.5.4 对结构保温类和保温类轻骨料混凝土构件，为使其缺陷修补处的保温性能与主体一致，宜用原配合比砂浆修补。

6.6 质量检验和验收

6.6.1 本条文规定了轻骨料拌和物检验的项目和次数。应注意，与普通混凝土拌和物不同的是，除强度与坍落度外，每次还必须检验拌和物的表观密度。很多工地，甚至是对轻骨料混凝土较熟悉的技术人员，也经常忘了这一点。

6.6.2 本条文规定了轻骨料混凝土强度的检验次数和评定方法。和普通混凝土强度一样，应按GBJ107—87的规定进行。

6.6.3 轻骨料混凝土硬化后的表观密度的检验，可在28d龄期时，按本规程第7.3节规定的方法，与抗压强度同时进行。按本文规定予以评定时，若检验值与设计值之间的偏差＞3%时，应及时采取措施。一般说来，在按6.6.1条进行拌和物检验后，如轻骨料混凝土理论干表观密度（即 $\rho_{cd}=1.15m_c+m_a+m_s$）与设计值之间的偏差不大于2%，则按本条检验就不会有问题。所以应该说按6.6.1验评更为重要。

6.6.4 前规程未列入“工程验收”的条文，曾引起一些误解，以为不必进行工程验收，也不明白应如何进行验收。因此，本条文明确规定，应按《混凝土结构工程施工质量验收规范》的有关规定进行验收。

7 试验方法

7.1～7.6 轻骨料混凝土和普通混凝土同属混凝土范畴。根据国外经验，为了便于使用和比较，其试验方法是统一的。轻骨料混凝土拌和物性能、力学性能以及收缩徐变等长期性能的试验方法，全部按我国普通混凝土的国家标准执行。干表观密度，导热系数等试验方法，则参照国内外轻骨料混凝土通用的方法制定。试验配合比中各组分材料计量允许误差的控制严于施工配合比。7.4节用于测定轻骨料混凝土随时间变化的吸水性能及吸水饱和后的强度变化情况，以评定其耐水性能。7.6节用于测定轻骨料混凝土的温度线膨胀系数；以评定其温度变形性能。

附录A 大孔轻骨料混凝土

大孔轻骨料混凝土具有水泥用量低、表观密度小、热工性能好、收缩小和无毛细管渗透现象等特点。早在二次大战后，国外就大量推广应用大孔轻骨料混凝土。我国在20世纪70年代后期也开始研究，并在工业与民用建筑墙体工程中（包括现浇与预制）应用。近几年，大量应用于制作小砌块，取代粘土砖，成为我国墙体材料改革中最有发展前途的一种新型墙体材料。

但是，以前的规程没有包括大孔轻骨料混凝土。为了使大孔轻骨料混凝土的生产和应用达到技术先进、质量优良和经济合理，特将其列入本规程的附录。

A.1 一般规定

本节阐明了附录A的适用范围，以及大孔轻骨料混凝土强度等级和密度等级的划分。

A.2 轻粗骨料技术要求

A.2.1 大孔轻骨料混凝土对轻粗骨料级配的要求与密实轻骨料不同。为了使混凝土中形成较多的大孔隙，宜采用单一粒级。

A.2.2 轻粗骨料的密度和强度是影响大孔轻骨料混凝土质量的主要因素，因此，轻粗骨料的选用，要与大孔轻骨料混凝土要求的密度和强度相适应。

A.3 配合比计算与试配

A.3.1 与轻骨料混凝土的配合比计算步骤相同，应根据混凝土要求的强度等级，计算试配强度。试配强度的计算方法与本规程5.1.2条相同。

A.3.2 本条规定了每立方米大孔混凝土的轻粗骨料用量的计算方法。大孔轻骨料混凝土的轻粗骨料用量是按每立方米混凝土用1m³松散体积的轻粗骨料计算。如按质量计量，则1m³混凝土的轻粗骨料用量等于其堆积密度乘以1m³。

A.3.3 大孔轻骨料混凝土的水泥用量取决于混凝土强度等级和所用轻粗骨料的品种。虽然国内一些研究者提出过各种计算公式，但使用时都有一定的局限条件。考虑到每立方米大孔轻骨料混凝土的水泥用量一般都在150～250kg，变化范围较窄。因此，可以根据设计的混凝土强度等级，初步选用一个相应的水泥用量。

A.3.4 大孔轻骨料混凝土与普通混凝土的稠度指标不同，采用浇注成型时，用水量是以水泥浆能均匀粘附在骨料表面并呈油光光泽而不流淌为度，因此，是以达到这种状态来确定水灰比（用水量）的。经验说明，净水灰比变化范围为0.30～0.42，可在此范围内选用。

A.3.5 制作小砌块时，采用振动加压成型。根据实践经验，用水量应以模底不淌浆和坯体不变形为准。

A.3.6 与其他混凝土配合比设计要求相同，应进行试配和调整。

为起提示作用，给出应用实例，其中的配合比供参考。

附表A.3.6-1 现浇大孔轻骨料混凝土应用实例

混凝土强度等级	混凝土密度等级	轻粗骨料				混凝土原材料用量			净水胶比	大孔轻骨料混凝土		
		产地	品种	密度等级	粒级(mm)	水泥(kg)	粉煤灰(kg)	粗骨料(kg)		干表观密度(kg/m³)	抗压强度(MPa)	弹性模量(10³MPa)
LC5	1000	天津	粉煤灰陶粒	700	5～10	150 32.5级	—	730	0.34	1000	6.0	6.4
LC5	1100	陕西	粉煤灰陶粒	900	5～16	150 32.5级	37.5	948	0.30	1066	6.1	8.7
LC10	1200	陕西	粉煤灰陶粒	900	5～16	200 32.5级	100	948	0.36	1200	10.7	8.9
LC7.5	1200	上海	粉煤灰陶粒	800	5～16	186 42.5级	—	837	0.45	1180	7.8	8.9
LC5	1100	上海	粉煤灰陶粒	800	5～16	186 32.5级	—	837	0.45	1080	5.7	8.7
LC5	1100	上海	粘土陶粒	800	5～16	200 32.5级	—	800	0.37	1150	5.8	9.0
LC7.5	1200	上海	粘土陶粒	800	5～16	231 42.5级	—	838	0.33	1200	8.3	11.4

附表A.3.6-2 大孔轻骨料混凝土小型空心砌块应用实例

砌块强度等级	砌块密度等级	轻粗骨料				混凝土原材料用量			净水胶比	小型空心砌块	
		产地	品种	密度等级	粒级(mm)	32.5级水泥(kg)	粉煤灰(kg)	粗骨料(kg)		干表观密度(kg/m³)	抗压强度(MPa)
1.5	600	黑龙江	页岩陶粒	500	5～16	246	62	489	0.43	518	1.6
1.5	600	黑龙江	页岩陶粒	600	5～16	238	60	600	0.38	590	2.0
2.5	700	黑龙江	页岩陶粒	700	5～16	231	58	720	0.33	650	2.8

注：1. 小砌块的规格尺寸390mm×290mm×190mm；
2. 小砌块空心率35%；
3. 允许用煤渣取代部分页岩陶粒，但其取代量应通过试验确定，且不宜超过30%。

A.3.7 规定了测定大孔轻骨料混凝土力学性能的试验方法。

A.4 施 工 工 艺

A.4.1 本条规定了计量方法。

A.4.2 强制式搅拌机不粘盘,搅拌均匀。

A.4.3 本条规定了大孔轻骨料混凝土搅拌工艺,包括投料顺序、搅拌时间和拌和物状态等。

A.4.4 现场浇注靠拌和物自重压实,用捣棒轻插边角处,不得采用机械振捣,避免过于密实,影响有关性能。

A.4.5 因现场浇注不得采用机械振捣,故构筑物较高大时,应分层和多点浇注,保证匀质性。

A.4.6 砌块生产与现场浇注不同,应采用振动加压成型。

A.4.7 大孔径骨料混凝土的孔隙多、孔大、内表面积大,因此要注意早期保湿养护。

附录 B 泵送轻骨料混凝土

20世纪90年代,我国商品混凝土得到迅猛发展,泵送混凝土的技术水平有了很大提高;同时,泵送轻骨料混凝土也在我国得到应用,并取得了较好的技术经济效益。为了进一步推广泵送轻骨料混凝土在建筑工程中的应用,充分发挥其优越性,保证工程质量,特编制本附录。

B.1 一 般 规 定

B.1.1 全轻混凝土一般因空隙太大,含水率高,泵送时易产生严重离析。根据国内外经验,除个别采用高密度等级作轻砂外,泵送施工时一般都是采用砂轻混凝土。

B.1.2 因为轻骨料孔隙率和吸水率比普通骨料大,所以,轻骨料混凝土的泵送比普通混凝土困难得多。在泵送压力下,轻骨料会急剧吸收拌和物中的水分,使泵送管道内的拌和物坍落度明显下降,和易性变差,影响泵送,甚至发生堵泵现象。当压力消失后,轻骨料内部吸收的水分又会释放出来,影响轻骨料混凝土的凝结和硬化后的性能。为解决这些问题,在轻骨料混凝土泵送工艺中规定了轻粗骨料在泵送前要预湿处理。

条文中只推荐了一种预湿方法。工程说明这种方法较方便,也较实用。在有条件时,也可采用真空法、压力法等。

B.2 原 材 料

B.2.1 规定了泵送轻骨料混凝土所用水泥应符合本规程第3.1.1条的要求。

B.2.2 密度等级太低的轻骨料混凝土拌和物易产生离析,因此不宜泵送。根据工程调研,轻粗骨料一般

不低于600级。为防止泵送施工中的离析、轻骨料上浮等现象,当轻骨料混凝土密度较小时,轻粗骨料公称最大粒径不宜大于16mm。轻粗骨料的粒型系数会影响拌和物的泵送性能,若粒型系数太大,易造成堵泵现象,因此,控制粒型系数以2.0为宜。

B.2.3 为保证泵送轻骨料混凝土拌和物的质量,规定了宜用的轻粗骨料颗粒级配和粒型系数。

B.2.4 砂的质量对泵送性能也有较大的影响。宜使用中砂,且较细部分(0.315mm通过量)应占有一定比例,否则影响拌和物的和易性。

B.3 配 合 比 设 计

B.3.1 本条提出了泵送轻骨料混凝土的技术要求。

B.3.2 混凝土含气量太大会降低泵送效率,严重时会引起堵泵现象,参照有关规程,轻骨料混凝土的含气量不宜大于5%。

B.3.3 本条规定了试配时泵送轻骨料混凝土坍落度的计算方法。

B.3.4 本条规定了泵送轻骨料混凝土的最小水泥用量。

B.3.5 泵送混凝土的砂率应比非泵送的高,体积砂率宜为40%~50%。

为提高拌和物的和易性,可掺加外加剂和矿物掺和料。由于其品种较多,因此,除应符合现行有关标准要求外,还要通过试验确定品种和用量。

B.3.6 本条规定了泵送轻骨料混凝土配合比设计、试验和调整方法。指明与普通混凝土不同的是,其轻粗骨料的吸水率应按24h取用。

B.4 施 工 工 艺

B.4.1 泵送轻骨料混凝土施工工艺及其设备除应符合本规程外,尚应符合《混凝土泵送施工技术规程》JGJ/T10的相关要求。

B.4.2 本条规定了轻骨料预湿后的注意事项,以保证搅拌时混凝土拌和用水量的严格控制。

B.4.3 本条规定了泵送轻骨料混凝土搅拌时的投料顺序和搅拌时间的要求。

B.4.4 为减少泵送阻力,除在泵型方面应有所选择外,还应尽量选用钢管,少用胶管,减少弯管数量。此外,浇注速度也应适当放慢。

泵送混凝土用轻骨料的最大粒径变化较小,对输送管道的管径大小影响不大。根据国外的经验,一般不宜小于125mm。

B.5 质量控制与验收

B.5.1 本条规定了泵送轻骨料混凝土施工时质量的控制、检验与验收的要求。

B.5.2 本条规定了对泵送轻骨料混凝土各项性能指标的试验方法应按本规程第7章的要求进行。

中华人民共和国行业标准

清水混凝土应用技术规程

Technical specification for fair-faced concrete construction

JGJ 169—2009

J 858—2009

批准部门：中华人民共和国住房和城乡建设部

施行日期：２００９年６月１日

中华人民共和国住房和城乡建设部
公　告

第 232 号

关于发布行业标准《清水
混凝土应用技术规程》的公告

现批准《清水混凝土应用技术规程》为建筑工程行业标准，编号为 JGJ 169 - 2009，自 2009 年 6 月 1 日起实施。其中，第 3.0.4、4.2.3 条为强制性条文，必须严格执行。

本规程由我部标准定额研究所组织中国建筑工业出版社出版发行。

中华人民共和国住房和城乡建设部

2009 年 3 月 4 日

前　言

根据原建设部《关于印发〈2005 年工程建设标准规范制订、修订计划（第一批）〉的通知》（建标函 [2005] 84 号）的要求，编制组经过广泛调查研究，认真总结实践经验，参考有关国际标准和国外先进标准，并在广泛征求意见的基础上，制定了本规程。

本规程的主要技术内容是：1. 总则；2. 术语；3. 基本规定；4. 工程设计；5. 施工准备；6. 模板工程；7. 钢筋工程；8. 混凝土工程；9. 混凝土表面处理；10. 成品保护；11. 质量验收。

本规程中以黑体字标志的条文为强制性条文，必须严格执行。

本规程由住房和城乡建设部负责管理和对强制性条文的解释，由中国建筑股份有限公司（地址：北京三里河路 15 号中建大厦，邮政编码：100037）负责具体技术内容的解释。

本规程主编单位：中国建筑股份有限公司
　　　　　　　　　中建三局建设工程股份有限公司
本规程参编单位：中国建筑工程一局（集团）

有限公司
中国建筑第八工程局有限公司
中建八局第二建设有限公司
中建国际建设有限公司
中国建筑西南设计研究院有限公司
中建柏利工程技术发展有限公司
北京奥宇模板有限公司
三博桥梁模板制造有限公司
旭硝子化工贸易（上海）有限公司

本规程主要起草人：毛志兵　张良杰　张晶波
　　　　　　　　　周鹏华　黄　迅　刘　源
　　　　　　　　　张金序　许宏雷　石云兴
　　　　　　　　　李忠卫　王桂玲　邓明胜
　　　　　　　　　王建英　董秀林　黄宗瑜
　　　　　　　　　仇铭华　杨秋利　周　衡

目　次

1 总 则

1.0.1 为保证清水混凝土工程的设计和施工质量，做到技术先进、经济合理、安全适用，制定本规程。

1.0.2 本规程适用于表面有清水混凝土外观效果要求的混凝土工程的设计、施工与质量验收。

1.0.3 清水混凝土工程应进行饰面效果设计和构造设计，并应编制施工组织管理文件。

1.0.4 清水混凝土工程的设计、施工与质量验收，除应符合本规程的规定外，尚应符合国家现行有关标准的规定。

2 术 语

2.0.1 清水混凝土 fair-faced concrete
直接利用混凝土成型后的自然质感作为饰面效果的混凝土。

2.0.2 普通清水混凝土 standard fair-faced concrete
表面颜色无明显色差，对饰面效果无特殊要求的清水混凝土。

2.0.3 饰面清水混凝土 decorative fair-faced concrete
表面颜色基本一致，由有规律排列的对拉螺栓孔眼、明缝、蝉缝、假眼等组合形成的、以自然质感为饰面效果的清水混凝土。

2.0.4 装饰清水混凝土 formlining fair-faced concrete
表面形成装饰图案、镶嵌装饰片或彩色的清水混凝土。

2.0.5 对拉螺栓孔眼 eyelet of tie rod
对拉螺栓在混凝土表面形成的有饰面效果的孔眼。

2.0.6 明缝 visible joint
凹入混凝土表面的分格线或装饰线。

2.0.7 蝉缝 panel joint
模板面板拼缝在混凝土表面留下的细小痕迹。

2.0.8 表面色差 differences in surface color
清水混凝土成型后的表面颜色差异。

2.0.9 堵头 bulkhead
模板内侧对拉螺栓套管两端的定位、成孔配件。

2.0.10 假眼 artificial eyelet
在没有对拉螺杆的位置设置堵头或接头而形成的有饰面效果的孔眼。

2.0.11 衬模 sheathing mould
设置在模板内表面，用于形成混凝土表面装饰图案的内衬板。

2.0.12 装饰图案 facing pattern
混凝土成型后表面形成的凹凸线条或花纹。

2.0.13 装饰片 facing sheet
镶嵌在清水混凝土表面的装饰物。

3 基 本 规 定

3.0.1 清水混凝土可分为普通清水混凝土、饰面清水混凝土和装饰清水混凝土。装饰清水混凝土的质量要求应由设计确定，也可参考普通清水混凝土或饰面清水混凝土的相关规定。

3.0.2 清水混凝土施工应进行全过程质量控制。对于饰面效果要求相同的清水混凝土，材料和施工工艺应保持一致。

3.0.3 有防水和人防等要求的清水混凝土构件，必须采取防裂、防渗、防污染及密闭等措施，其措施不得影响混凝土饰面效果。

3.0.4 处于潮湿环境和干湿交替环境的混凝土，应选用非碱活性骨料。

3.0.5 清水混凝土工程应在上一道施工工序质量验收合格后再进行下一道工序施工。

3.0.6 清水混凝土关键工序应编制专项施工方案。

3.0.7 饰面清水混凝土和装饰清水混凝土施工前，宜做样板。

4 工 程 设 计

4.1 建 筑 设 计

4.1.1 建筑设计应确定清水混凝土类型及应用范围。清水混凝土构件尺寸宜标准化和模数化。

4.1.2 对于饰面清水混凝土和装饰清水混凝土，应绘制构件详图，并应明确明缝、蝉缝、对拉螺栓孔眼、装饰图案和装饰片等的形状、位置和尺寸。

4.1.3 清水混凝土的施工缝宜与明缝的位置一致。

4.2 结 构 设 计

4.2.1 当钢筋混凝土结构采用清水混凝土时，混凝土结构的使用年限不宜超过 50 年，清水混凝土结构的环境条件宜符合表 4.2.1 规定。

表 4.2.1 清水混凝土结构的环境条件

环境类别		条 件
一		室内正常环境
二	a	室内潮湿环境；非严寒和非寒冷地区的露天环境、与无侵蚀性的水或土壤直接接触的环境
	b	严寒和寒冷地区的露天环境、与无侵蚀性的水或土壤直接接触的环境

4.2.2 清水混凝土的强度等级应符合下列规定：

　　1 普通钢筋混凝土结构采用的清水混凝土强度

等级不宜低于 C25；

2 当钢筋混凝土伸缩缝的间距不符合现行国家标准《混凝土结构设计规范》GB 50010 的规定时，清水混凝土强度等级不宜高于 C40；

3 相邻清水混凝土结构的混凝土强度等级宜一致；

4 无筋和少筋混凝土结构采用清水混凝土时，可由设计确定。

4.2.3 对于处于露天环境的清水混凝土结构，其纵向受力钢筋的混凝土保护层最小厚度应符合表 4.2.3 的规定。

表 4.2.3 纵向受力钢筋的混凝土
保护层最小厚度 (mm)

部位	保护层最小厚度
板、墙、壳	25
梁	35
柱	35

注：钢筋的混凝土保护层厚度为钢筋外边缘至混凝土表面的距离。

4.2.4 设计结构钢筋时，应根据清水混凝土饰面效果对螺栓孔位的要求确定。

4.2.5 对于伸缩缝间距不符合现行国家标准《混凝土结构设计规范》GB 50010 的规定的楼（屋）盖和墙体，其设计应符合下列规定：

1 水平方向（长向）的钢筋宜采用带肋钢筋，钢筋间距宜适当减小，配筋率宜增加；

2 可根据工程的具体情况，采用设置后浇带或跳仓施工等措施；

3 当采用后浇带分段浇筑混凝土时，后浇带施工缝宜设在明缝处，且后浇带宽度宜为相邻两条明缝的间距。

5 施 工 准 备

5.1 技 术 准 备

5.1.1 施工前应熟悉设计图纸，明确清水混凝土范围和类型，并应确定施工工艺。

5.1.2 施工前应进行施工图深化设计，并应综合考虑各施工工序对清水混凝土饰面效果的影响。

5.2 材 料 准 备

5.2.1 模板工程应符合下列规定：

1 模板体系的选型应根据工程设计要求和工程具体情况确定，并应满足清水混凝土质量要求；所选择的模板体系应技术先进、构造简单、支拆方便、经济合理；

2 模板面板可采用胶合板、钢板、塑料板、铝板、玻璃钢等材料，应满足强度、刚度和周转使用要求，且加工性能好；

3 模板骨架材料应顺直、规格一致，应有足够的强度、刚度，且满足受力要求；

4 模板之间的连接可采用模板夹具、螺栓等连接件；

5 对拉螺栓的规格、品种应根据混凝土侧压力、墙体防水、人防要求和模板面板等情况选用，选用的对拉螺栓应有足够的强度；

6 对拉螺栓套管及堵头应根据对拉螺栓的直径进行确定，可选用塑料、橡胶、尼龙等材料；

7 明缝条可选用硬木、铝合金等材料，截面宜为梯形；

8 内衬模可选用塑料、橡胶、玻璃钢、聚氨酯等材料。

5.2.2 钢筋工程应符合下列规定：

1 钢筋连接方式不应影响保护层厚度；

2 钢筋绑扎材料宜选用 20～22 号无锈绑扎钢丝；

3 钢筋垫块应有足够的强度、刚度，颜色应与清水混凝土的颜色接近。

5.2.3 饰面清水混凝土原材料除应符合现行国家标准《混凝土结构工程施工质量验收规范》GB 50204 等的规定外，尚应符合下列规定：

1 应有足够的存储量，原材料的颜色和技术参数宜一致。

2 宜选用强度等级不低于 42.5 级的硅酸盐水泥、普通硅酸盐水泥。同一工程的水泥宜为同一厂家、同一品种、同一强度等级。

3 粗骨料应采用连续粒级，颜色应均匀，表面应洁净，并应符合表 5.2.3-1 的规定。

表 5.2.3-1 粗骨料质量要求

混凝土强度等级	≥C50	<C50
含泥量（按质量计，%）	≤0.5	≤1.0
泥块含量（按质量计，%）	≤0.2	≤0.5
针、片状颗粒含量（按质量计，%）	≤8	≤15

4 细骨料宜采用中砂，并应符合表 5.2.3-2 的规定。

表 5.2.3-2 细骨料质量要求

混凝土强度等级	≥C50	<C50
含泥量（按质量计，%）	≤2.0	≤3.0
泥块含量（按质量计，%）	≤0.5	≤1.0

5 同一工程所用的掺合料应来自同一厂家、同一规格型号。宜选用 I 级粉煤灰。

5.2.4 涂料应选用对混凝土表面具有保护作用的透

明涂料，且应有防污染性、憎水性、防水性。

6 模板工程

6.1 模板设计

6.1.1 模板分块设计应满足清水混凝土饰面效果的设计要求。当设计无具体要求时，应符合下列规定：

　　1 外墙模板分块宜以轴线或门窗口中线为对称中心线，内墙模板分块宜以墙中线为对称中心线；

　　2 外墙模板上下接缝位置宜设于明缝处，明缝宜设置在楼层标高、窗台标高、窗过梁梁底标高、框架梁梁底标高、窗间墙边线或其他分格线位置；

　　3 阴角模与大模板之间不宜留调节余量；当确需留置时，宜采用明缝方式处理。

6.1.2 单块模板的面板分割设计应与蝉缝、明缝等清水混凝土饰面效果一致。当设计无具体要求时，应符合下列规定：

　　1 墙模板的分割应依据墙面的长度、高度、门窗洞口的尺寸、梁的位置和模板的配置高度、位置等确定，所形成的蝉缝、明缝水平方向应交圈，竖向应顺直有规律。

　　2 当模板接高时，拼缝不宜错缝排列，横缝应在同一标高位置。

　　3 群柱竖缝方向宜一致。当矩形柱较大时，其竖缝宜设置在柱中心。柱模板横缝宜从楼面标高开始向上作均匀布置，余数宜放在柱顶。

　　4 水平模板排列设计应均匀对称、横平竖直；对于弧形平面宜沿径向辐射布置。

　　5 装饰清水混凝土的内衬模板的面板分割应保证装饰图案的连续性及施工的可操作性。

6.1.3 模板结构设计除应符合国家现行标准《建筑工程大模板技术规程》JGJ 74 和《钢框胶合板模板技术规程》JGJ 96 的规定外，尚应符合下列规定：

　　1 模板结构应牢固稳定，拼缝应严密，规格尺寸应准确。模板宜高出墙体浇筑高度 50mm。

　　2 斜墙、斜柱等异形构件的模板应进行专项受力计算。

　　3 液压爬模、预制构件等工艺的清水混凝土模板，应进行专业设计和计算，且应满足饰面效果要求。

6.1.4 饰面清水混凝土模板应符合下列规定：

　　1 阴角部位应配置阴角模，角模面板之间宜斜口连接；

　　2 阳角部位宜两面模板直接搭接；

　　3 模板面板接缝宜设置在肋处，无肋接缝处应有防止漏浆措施；

　　4 模板面板的钉眼、焊缝等部位的处理不应影响混凝土饰面效果；

　　5 假眼宜采用同直径的堵头或锥形接头固定在模板面板上；

　　6 门窗洞口模板宜采用木模板，支撑应稳固，周边应贴密封条，下口应设置排气孔，滴水线模板宜采用易于拆除的材料，门窗洞口的企口、斜坡宜一次成型；

　　7 宜利用下层构件的对拉螺栓孔支承上层模板；

　　8 宜将墙体端部模板面板内嵌固定；

　　9 对拉螺栓应根据清水混凝土的饰面效果，且应按整齐、匀称的原则进行专项设计。

6.2 模板制作

6.2.1 模板下料尺寸应准确，切口应平整，组拼前应调平、调直。

6.2.2 模板龙骨不宜有接头。当确需接头时，有接头的主龙骨数量不应超过主龙骨总数量的 50%。

6.2.3 木模板材料应干燥，切口宜刨光。

6.2.4 模板加工后宜预拼，应对模板平整度、外形尺寸、相邻板面高低差以及对拉螺栓组合情况等进行校核，校核后应对模板进行编号。

6.3 模板安装

6.3.1 模板安装前，应进行下列工作：

　　1 检查面板清洁度；

　　2 清点模板和配件的型号、数量；

　　3 核对明缝、蝉缝、装饰图案的位置；

　　4 检查模板内侧附件连接情况，附件连接应牢固；

　　5 复核基层上内外模板控制线和标高；

　　6 涂刷脱模剂，且脱模剂应均匀。

6.3.2 应根据模板编号进行安装，模板之间应连接紧密；模板拼接缝处应有防漏浆措施。

6.3.3 对拉螺栓安装应位置正确、受力均匀。

6.3.4 应对模板面板、边角和已成型清水混凝土表面进行保护。

6.4 模板拆除

6.4.1 清水混凝土模板的拆除，除应符合国家现行标准《混凝土结构工程施工质量验收规范》GB 50204 和《建筑工程大模板技术规程》JGJ 74 的规定外，尚应符合下列规定：

　　1 应适当延长拆模时间；

　　2 应制定清水混凝土墙体、柱等的保护措施；

　　3 模板拆除后应及时清理、修复。

7 钢筋工程

7.0.1 钢筋应清洁、无明显锈蚀和污染。

7.0.2 钢筋保护层垫块宜梅花形布置。饰面清水混凝土定位钢筋的端头应涂刷防锈漆，并宜套上与混凝土颜色接近的塑料套。

7.0.3 每个钢筋交叉点均应绑扎，绑扎钢丝不得少于两圈，扎扣及尾端应朝向构件截面的内侧。

7.0.4 饰面清水混凝土对拉螺栓与钢筋发生冲突时，宜遵循钢筋避让对拉螺栓的原则。

7.0.5 钢筋绑扎后应有防雨水冲淋等措施。

8 混凝土工程

8.1 配合比设计

8.1.1 清水混凝土配合比设计除应符合国家现行标准《混凝土结构工程施工质量验收规范》GB 50204、《普通混凝土配合比设计规程》JGJ 55 的规定外，尚应符合下列规定：

　　1 应按照设计要求进行试配，确定混凝土表面颜色；

　　2 应按照混凝土原材料试验结果确定外加剂型号和用量；

　　3 应考虑工程所处环境，根据抗碳化、抗冻害、抗硫酸盐、抗盐害和抑制碱-骨料反应等对混凝土耐久性产生影响的因素进行配合比设计。

8.1.2 配制清水混凝土时，应采用矿物掺合料。

8.2 制备与运输

8.2.1 搅拌清水混凝土时应采用强制式搅拌设备，每次搅拌时间宜比普通混凝土延长 20～30s。

8.2.2 同一视觉范围内所用清水混凝土拌合物的制备环境、技术参数应一致。

8.2.3 制备成的清水混凝土拌合物工作性能应稳定，且无泌水离析现象，90min 的坍落度经时损失值宜小于 30mm。

8.2.4 清水混凝土拌合物入泵坍落度值：柱混凝土宜为 150±20mm，墙、梁、板的混凝土宜为 170±20mm。

8.2.5 清水混凝土拌合物的运输宜采用专用运输车，装料前容器内应清洁、无积水。

8.2.6 清水混凝土拌合物从搅拌结束到入模前不宜超过 90min，严禁添加配合比以外用水或外加剂。

8.2.7 进入施工现场的清水混凝土应逐车检查坍落度，不得有分层、离析等现象。

8.3 混凝土浇筑

8.3.1 清水混凝土浇筑前应保持模板内清洁、无积水。

8.3.2 竖向构件浇筑时，应严格控制分层浇筑的间隔时间。分层厚度不宜超过 500mm。

8.3.3 门窗洞口宜从两侧同时浇筑清水混凝土。

8.3.4 清水混凝土应振捣均匀，严禁漏振、过振、欠振；振捣棒插入下层混凝土表面的深度应大于 50mm。

8.3.5 后续清水混凝土浇筑前，应先剔除施工缝处松动石子或浮浆层，剔凿后应清理干净。

8.4 混凝土养护

8.4.1 清水混凝土拆模后应立即养护，对同一视觉范围内的清水混凝土应采用相同的养护措施。

8.4.2 清水混凝土养护时，不得采用对混凝土表面有污染的养护材料和养护剂。

8.5 冬期施工

8.5.1 掺入混凝土的防冻剂，应经试验对比，混凝土表面不得产生明显色差。

8.5.2 冬期施工时，应在塑料薄膜外覆盖对清水混凝土无污染且阻燃的保温材料。

8.5.3 混凝土罐车和输送泵应有保温措施，混凝土入模温度不应低于 5℃。

8.5.4 混凝土施工过程中应有防风措施；当室外气温低于-15℃时，不得浇筑混凝土。

9 混凝土表面处理

9.0.1 对局部不满足本规程第 11.3.1 条和第 11.3.2 条要求的部位应进行处理，且应由施工单位编写方案、做样板，经监理（建设）单位、设计单位同意后实施。

9.0.2 普通清水混凝土表面宜涂刷透明保护涂料；饰面清水混凝土表面应涂刷透明保护涂料。

9.0.3 同一视觉范围内的涂料及施工工艺应一致。

10 成品保护

10.1 模板成品保护

10.1.1 清水混凝土模板上不得堆放重物。模板面板不得被污染或损坏，模板边角和面板应有保护措施，运输过程中应采用护角保护。

10.1.2 清水混凝土模板应有专用场地堆放，存放区应有排水、防水、防潮、防火等措施。

10.1.3 饰面清水混凝土模板胶合板面板切口处应涂刷封边漆，螺栓孔眼处应有保护垫圈。

10.2 钢筋成品保护

10.2.1 钢筋半成品应分类摆放、及时使用，存放环境应干燥、清洁。

10.2.2 对于钢筋、垫块、预埋件等，操作时不得对其位置造成影响。

10.3 混凝土成品保护

10.3.1 浇筑清水混凝土时不应污染、损伤成品清水混凝土。

10.3.2 拆模后应对易磕碰的阳角部位采用多层板、塑料等硬质材料进行保护。

10.3.3 当挂架、脚手架、吊篮等与成品清水混凝土表面接触时，应使用垫衬保护。

10.3.4 严禁随意剔凿成品清水混凝土表面。确需剔凿时，应制定专项施工措施。

11 质量验收

11.1 模　　板

11.1.1 模板制作尺寸的允许偏差与检验方法应符合表 11.1.1 的规定。

检查数量：全数检查。

表 11.1.1 清水混凝土模板制作
尺寸允许偏差与检验方法

项次	项　目	允许偏差（mm）		检验方法
		普通清水混凝土	饰面清水混凝土	
1	模板高度	±2	±2	尺量
2	模板宽度	±1	±1	尺量
3	整块模板对角线	≤3	≤3	塞尺、尺量
4	单块板面对角线	≤3	≤2	塞尺、尺量
5	板面平整度	3	2	2m靠尺、塞尺
6	边肋平直度	2	2	2m靠尺、塞尺
7	相邻面板拼缝高低差	≤1.0	≤0.5	平尺、塞尺
8	相邻面板拼缝间隙	≤0.8	≤0.8	塞尺、尺量
9	连接孔中心距	±1	±1	游标卡尺
10	边框连接孔与板面距离	±0.5	±0.5	游标卡尺

11.1.2 模板板面应干净，隔离剂应涂刷均匀。模板间的拼缝应平整、严密，模板支撑应设置正确、连接牢固。

检查方法：观察。

检查数量：全数检查。

11.1.3 模板安装尺寸允许偏差与检验方法应符合表 11.1.3 的规定。

检查数量：全数检查。

表 11.1.3 清水混凝土模板安装
尺寸允许偏差与检验方法

项次	项　目		允许偏差（mm）		检验方法
			普通清水混凝土	饰面清水混凝土	
1	轴线位移	墙、柱、梁	4	3	尺量
2	截面尺寸	墙、柱、梁	±4	±3	尺量
3	标高		±5	±3	水准仪、尺量
4	相邻板面高低差		3	2	尺量
5	模板垂直度	不大于5m	4	3	经纬仪、线坠、尺量
		大于5m	6	5	
6	表面平整度		3	2	塞尺、尺量
7	阴阳角	方正	3	2	方尺、塞尺
		顺直	3	2	线尺
8	预留洞口	中心线位移	8	6	拉线、尺量
		孔洞尺寸	+8,0	+4,0	
9	预埋件、管、螺栓	中心线位移	3	2	拉线、尺量
10	门窗洞口	中心线位移	8	5	拉线、尺量
		宽、高	±6	±4	
		对角线	8	6	

11.2 钢　　筋

11.2.1 钢筋表面应清洁无浮锈；钢筋保护层垫块颜色应与混凝土表面颜色接近，位置、间距应准确；钢筋绑扎钢丝扎扣和尾端应弯向构件截面内侧。

检查方法：观察。

检查数量：全数检查。

11.2.2 钢筋工程安装尺寸允许偏差与检验方法应符合现行国家标准《混凝土结构工程施工质量验收规范》GB 50204 的规定，受力钢筋保护层厚度偏差不应大于3mm。

11.3 混凝土

11.3.1 混凝土外观质量与检验方法应符合表 11.3.1 的规定。

检查数量：抽查各检验批的 30%，且不应少于 5 件。

表 11.3.1　清水混凝土外观质量与检验方法

项次	项　目	普通清水混凝土	饰面清水混凝土	检查方法
1	颜色	无明显色差	颜色基本一致，无明显色差	距离墙面5m观察
2	修补	少量修补痕迹	基本无修补痕迹	距离墙面5m观察
3	气泡	气泡分散	最大直径不大于8mm，深度不大于2mm，每平方米气泡面积不大于20cm²	尺量
4	裂缝	宽度小于0.2mm	宽度小于0.2mm，且长度不大于1000mm	尺量、刻度放大镜
5	光洁度	无明显漏浆、流淌及冲刷痕迹	无漏浆、流淌及冲刷痕迹，无油迹、墨迹及锈斑，无粉化物	观察
6	对拉螺栓孔眼	—	排列整齐，孔洞封堵密实，凹孔棱角清晰圆滑	观察、尺量
7	明缝	—	位置规律、整齐，深度一致，水平交圈	观察、尺量
8	蝉缝	—	横平竖直，水平交圈，竖向成线	观察、尺量

11.3.2　清水混凝土结构允许偏差与检查方法应符合表11.3.2的规定。

检查数量：抽查各检验批的30%，且不应少于5件。

表 11.3.2　清水混凝土结构允许偏差与检查方法

项次	项　目		允许偏差（mm）普通清水混凝土	允许偏差（mm）饰面清水混凝土	检查方法
1	轴线位移	墙、柱、梁	6	5	尺量
2	截面尺寸	墙、柱、梁	±5	±3	尺量
3	垂直度	层高	8	5	经纬仪、线坠、尺量
		全高（H）	H/1000，且≤30	H/1000，且≤30	
4	表面平整度		4	3	2m靠尺、塞尺
5	角线顺直		4	3	拉线、尺量
6	预留洞口中心线位移		10	8	尺量
7	标高	层高	±8	±5	水准仪、尺量
		全高	±30	±30	
8	阴阳角	方正	4	3	尺量
		顺直	4	3	
9	阳台、雨罩位置		±8	±5	尺量
10	明缝直线度		—	3	拉5m线，不足5m拉通线，钢尺检查

续表 11.3.2

项次	项　目	允许偏差（mm）普通清水混凝土	允许偏差（mm）饰面清水混凝土	检查方法
11	蝉缝错台	—	2	尺量
12	蝉缝交圈	—	5	拉5m线，不足5m拉通线，钢尺检查

本规程用词说明

1　为了便于在执行本规程条文时区别对待，对要求严格程度不同的用词说明如下：

　　1）表示很严格，非这样做不可的：

　　　　正面词采用"必须"，反面词采用"严禁"。

　　2）表示严格，在正常情况下均应这样做的：

　　　　正面词采用"应"，反面词采用"不应"或"不得"。

　　3）表示允许稍有选择，在条件许可时首先应这样做的：

　　　　正面词采用"宜"，反面词采用"不宜"。

　　表示有选择，在一定条件下可以这样做的，采用"可"。

2　条文中指明应按其他有关标准执行的写法为："应按……执行"或"应符合……规定"。

中华人民共和国行业标准

清水混凝土应用技术规程

JGJ 169—2009

条 文 说 明

前　言

《清水混凝土应用技术规程》JGJ 169—2009 经住房和城乡建设部 2009 年 3 月 4 日以 232 号公告批准,业已发布。

为方便广大设计、施工、科研、院校等单位的有关人员在使用本标准时能正确理解和执行条文规定,本规程编制组按章、节、条的顺序编制了条文说明,供使用时参考。在使用中如发现本条文说明有欠妥之处,请将意见函寄中国建筑股份有限公司。

目　次

1 总　则

1.0.1 近些年来，随着我国建筑业整体水平的提高、绿色建筑的兴起，清水混凝土越来越引起人们的重视，清水混凝土工程越来越多。但长期以来，国内没有关于清水混凝土的统一定义，更没有清水混凝土设计、施工和质量验收等方面的标准。在这种情况下，编制组经过广泛调查研究，认真总结实践经验，参考有关国际标准和国外先进标准，并在广泛征求意见的基础上，制定了本规程。

1.0.2 本条规定了本规程的适用范围，即适用于清水混凝土工程的设计、施工与质量验收。本规程的规定是最低标准，当承包合同和设计文件对质量验收的要求高于本规程的规定时，验收时应当以承包合同和设计文件的要求为准。

1.0.3 本条规定了清水混凝土在施工图设计时需进行有针对性的详细设计，包括混凝土表面的饰面效果、装饰图案的设计等，并进行结构耐久性相关构造设计。

清水混凝土施工管理是一个精细化管理的过程，本规程规定了相关单位要编制施工组织管理文件，内容要涵盖施工组织机构、质量计划、旁站制度、"三检"制度、质量会诊制度、成品保护制度、表面修复管理制度等各项质量保证措施及管理制度。

1.0.4 本条提出了本规程编制的依据是现行国家标准，如《建筑工程施工质量验收统一标准》GB 50300、《混凝土结构工程施工质量验收规范》GB 50204、《混凝土结构设计规范》GB 50010 等，因此在执行本规程时强调应与这些标准配套使用。

3 基本规定

3.0.1 本条说明清水混凝土的分类情况，饰面清水混凝土的质量验收标准高于普通清水混凝土；装饰清水混凝土由于体现设计师的设计理念，饰面效果各不相同，因此，无法对其施工工艺和质量验收标准等作统一规定，可参考其他两类清水混凝土。

3.0.2 本条规定了清水混凝土的质量控制管理要求，提出了全过程的质量控制，包括对模板、钢筋、混凝土等的选择；对模板的设计、加工、安装的质量控制；对混凝土的制备、运输、浇筑、振捣、养护、成品保护等工作的质量控制；保证模板的拆模时间、拆模程序、混凝土浇筑、养护条件及修复等工艺的一致性。这些都是混凝土表面颜色一致性的保证措施。

3.0.3 对于有防水功能要求的地下室外墙及人防墙体，除采用抗渗混凝土、增加抗裂配筋外，该部位的穿墙对拉螺栓采用中间焊止水钢片的三节式对拉螺栓；对于倾斜墙体，该构件同时具有墙体及顶板功

能，此处穿墙（板）对拉螺栓采用中间焊止水钢片的三节式对拉螺栓，并涂刷涂料等防渗漏措施；对于清水混凝土卫生间，在墙体与楼板之间、墙体施工缝之间设置钢板止水带等防水措施，并在混凝土表面进行渗透结晶等刚性防水处理方式。

3.0.4 本条为强制性条文。混凝土中的碱（Na_2O 和 K_2O）与砂、石中含有的活性硅会发生化学反应，称为"碱-硅反应"；某些碳酸盐类岩石骨料也能和碱起反应，称为"碱-碳酸盐反应"。这些都称为"碱-骨料反应"。这些"碱-骨料反应"能引起混凝土的开裂，在国内外都发生过此类工程损害的案例。发生"碱-骨料反应"的充分条件是：混凝土有较高的碱含量；骨料有较高的活性；还有水的参与。所以，本条规定了潮湿环境和干湿交替环境的混凝土，应选用非碱活性骨料。

3.0.6 本条所指的专项施工方案包括：模板施工方案、钢筋施工方案、混凝土施工方案、预留预埋施工方案、成品保护施工方案、表面处理施工方案、透明涂料施工方案、季节性施工方案、施工管理措施等。

3.0.7 通过样板对混凝土的配合比、模板体系、施工工艺等进行验证，并进行技能培训和技术交底。

4 工程设计

4.1 建筑设计

4.1.1、4.1.2 为合理安排施工，设计图纸中需明确清水混凝土的类型及细部要求。为做到经济合理，在考虑饰面效果的同时兼顾标准化和模数化。

4.1.3 本条规定是为了保证清水混凝土饰面效果的一致性。

4.2 结构设计

4.2.1 本条规定了设计清水混凝土范围。规定了设计使用年限为 50 年的三类环境类别的清水混凝土结构的建筑要结合当地环境进行专门研究。

4.2.2 参照英国 BS8110 规范，结合我国的实际情况和近年清水混凝土工程实例，本条规定了清水混凝土的适宜最低强度等级和最高等级。对于超长结构，限制使用过高的混凝土强度等级，主要是控制混凝土的水化热，减少和制约裂缝的发生。相邻构件的混凝土强度等级宜一致是为防止不同配合比的相邻部位表面色差过大。

4.2.3 参照国外规范和国内的研究成果，考虑混凝土的耐久性，本条规定了露天环境的混凝土保护层最小厚度。

4.2.4 在清水混凝土施工实例中，经常碰到对拉螺栓孔眼与主筋位置矛盾的问题，设计应同时兼顾结构

安全和建筑饰面效果，通常采取主筋错开对拉螺栓位置解决。

4.2.5 采用带肋钢筋和适当增加配筋率的措施，是为了减少和限制混凝土表面的裂缝；后浇带的位置与宽度规定主要是为了控制清水混凝土饰面效果和降低施工难度。

5 施 工 准 备

5.1 技 术 准 备

5.1.2 综合考虑结构、建筑、设备、电气、水暖等专业图纸进行全面深化设计，避免在清水混凝土表面剔凿。施工单位、监理（建设）单位和设计单位就钢筋保护层，影响对拉螺栓和混凝土浇筑的钢筋间距，构造配筋，施工缝与明缝的一致性，楼梯间、梁、后浇带、高级装修之间的衔接等可能对清水混凝土饰面效果产生影响的部位进行协商。

5.2 材 料 准 备

5.2.1 根据不同的清水混凝土等级选择不同的模板体系及相关的模板配件。

1 清水混凝土模板选择可参考表1。

表1 清水混凝土模板选型表

序号	模板类型	清水混凝土分类		
		普通清水混凝土	饰面清水混凝土	装饰清水混凝土
1	木梁胶合板模板	●		
2	铝梁胶合板模板		●	●
3	木框胶合板模板	●		
4	钢框胶合板模板（包边）		●	●
5	钢框胶合板模板（不包边）			●
6	全钢大模板		●	●
7	全钢不锈钢贴面模板		●	●
8	全钢不锈钢装饰模板			●
9	50mm厚木板模板			●
10	铸铝装饰内衬模板			●
11	胶合板装饰模板			●
12	玻璃钢模板	●	●	●
13	塑料模板	●	●	●

2 模板面板选材需兼顾面板材料的吸水性、周转使用次数、清水混凝土饰面效果影响程度等因素。面板的选择可参考表2。

表2 清水混凝土模板面板选材表

面板材料	吸水性能	混凝土饰面效果	注意事项	周转次数	备注
原木板材，表面不封漆	吸水性面板	粗糙木板纹理	色差大，有斑纹	2～3	
锯木板材，表面不封漆		粗糙木板纹理，暗色调	多次使用后，纹理和吸水性会减退	3～4	具体使用次数与清水混凝土饰面要求等级的高低有关
表面刨平的木板材		平滑的木板纹理，暗色调	多次使用后，纹理和吸水性会减退	3～5	
普通胶合板或松木板		粗糙木板纹理，暗色调	多次使用后，纹理和吸水性会减退	3～5	
表面封漆的平木板	弱吸水性面板	平滑的木板纹理，深色调	多次使用后，纹理和吸水性会减退	10～15	具体使用次数与板材的封漆厚度有关
木质光面多层板三合板		平滑的木板纹理	多次使用后，纹理和吸水性会减退	8～15	具体使用次数与板材的厚度有关
压实处理的三合板			多次使用后，纹理和吸水性会减退	15～20	具体使用次数多取决于板材的压实胶结度
覆膜多层板		平滑表面没有纹理	面层不均匀性和覆膜色调差异	5～30	具体使用次数与板材的覆膜厚度有关（120～600g/m²）
平面塑料板材	非吸水性面板	平滑发亮的混凝土表面		50	
塑料、塑胶、聚氨酯内衬膜		根据设计选择制作		20～50	具体使用次数与衬膜厚度和使用部位有关
玻璃钢		平滑表面	混凝土表面易形成气孔和石状纹理	8～10	
金属模板			混凝土表面易形成气孔和石状纹理甚至锈痕	80～100	

4 清水混凝土模板之间的连接采用操作简便、三维受力较好的模板夹具，能降低施工操作难度，减少漏浆的同时，避免模板错台，如图1。

5 参考清水混凝土施工实例：无要求的墙体选

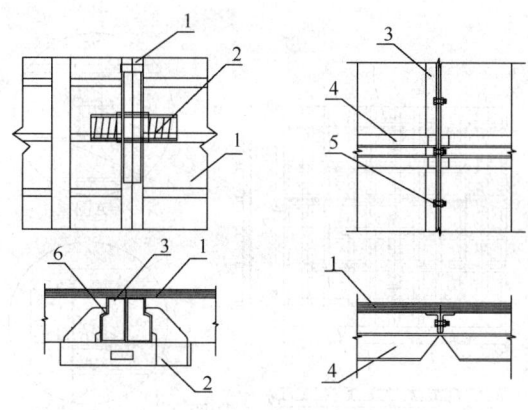

图 1　模板之间的连接
1—清水混凝土模板；2—模板夹具；3—模板边框；
4—槽钢背楞；5—连接螺栓；6—斜面三维受力

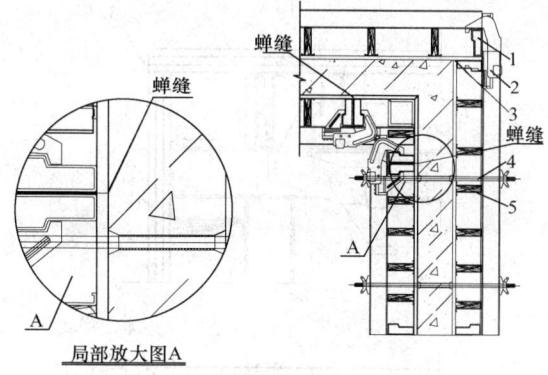

图 2　非闭合墙体阴角处理
1—型材边框；2—模板夹具；3—密封条；
4—对拉螺栓；5—型材龙骨

用通丝型对拉螺栓与相配的套管及套管堵头施工比较方便；有防水和人防等要求的墙体选用三节式对拉螺栓，三节式螺栓的锥接头与模板面板接触端采用塑料套保护，可以有效地保证混凝土表面效果。

5.2.2　结合清水混凝土实例：墙、柱、梁竖向结构选用与混凝土颜色近似的塑料垫块；梁、板底部选用与混凝土同强度等级的砂浆垫块或塑料垫块，既满足清水混凝土的保护层要求，又可以保证饰面效果。

5.2.4　本条规定选用透明涂料的目的是为了防止清水混凝土表面污染，减少外界有害物质的侵害，延缓混凝土表面碳化速度。为提高混凝土耐久性，满足结构设计年限，可引用国家现行标准《色漆和清漆涂层老化的评级方法》GB/T 1766—2008 和《交联型氟树脂涂料》HG/T 3792—2005，耐人工气候老化性（白色和浅色）指标不低于 3500h，失光率不大于 20%。

6　模板工程

6.1　模板设计

6.1.1　为保证脱模后的效果与其他蝉缝一致，本条规定了非闭合墙体阴角模与大模板面板之间不宜留调节余量；闭合墙体阴角模与大模板面板之间采用明缝的方式处理调节余量，可以避免破坏混凝土表面。如图 2、图 3 所示。

6.1.2　墙面形式影响模板面板的分割，当面板采用胶合板时，分割尺寸为 1800mm×900mm、2400mm×1200mm、2440mm×1220mm 等标准尺寸适宜周转使用。钢模板面板分割缝一般竖向布置，同一块模板上的面板分割缝一般对称均匀布置。

6.1.4　在总结清水混凝土实例基础上，本规程列举了模板细部处理的参考做法。

1　设置阴角模，可保证阴角部位模板的稳定性，角模不变形，接缝不漏浆；角模面板采用斜口连接可

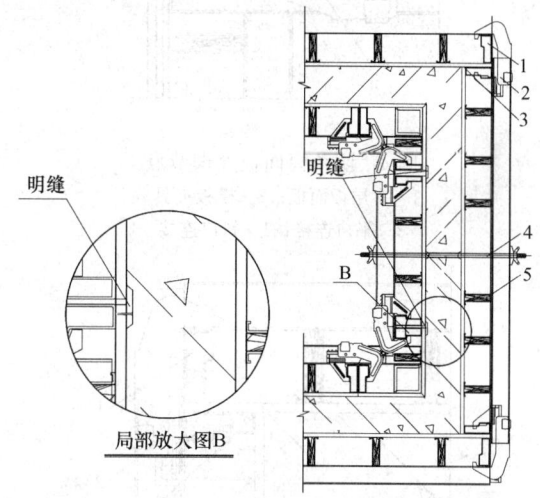

图 3　闭合墙体阴角处理
1—型材边框；2—模板夹具；3—密封条；
4—对拉螺栓；5—型材龙骨

保证阴角部位清水混凝土的饰面效果。

斜口连接时，角模面板的两端切口倒角略小于45°，切口处涂防水胶粘结；平口连接时，切口处刨光并涂刷防水材料，连接端刨平并涂刷防水胶粘结。如图 4 所示。

2　阳角部位采用两面模板直接搭接的方式可保证阳角部位模板的稳定性。搭接处用与模板型材边框相吻合的专用模板夹具连接，并在拼缝处加密封条，可有效防止漏浆，保证阳角质量。如图 5 所示。

3　模板面板采用胶合板时，竖向拼缝设置在竖肋位置，并在接缝处涂胶；水平拼缝位置一般无横肋（木框模板可加短木方），模板接缝处背面切 85°坡口并涂胶，用高密度密封条沿缝贴好，再用胶带纸封严。如图 6 所示。

4　以胶合板面板模板为例说明钉眼处理方法：模板面板与肋的连接采用木螺钉从背面固定，螺钉间距 150～300mm。弧度较大的模板，面板与肋采

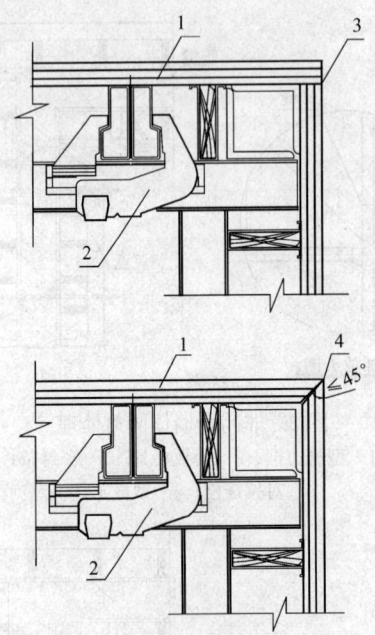

图 4 阴角模面板处理节点
1—多层板面板；2—模板夹具；
3—平口连接；4—斜口连接

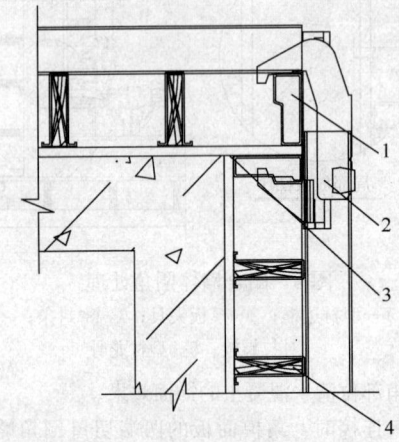

图 5 阳角角节点处理
1—型材边框；2—模板夹具；3—密封条；4—型材龙骨

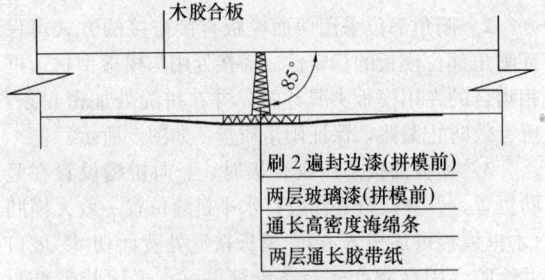

图 6 蝉缝的处理

用沉头螺钉正钉连接，钉头下沉 2～3mm，并用铁腻子将凹坑刮平。如图 7 所示。

5 为了保证清水混凝土的整体饰面效果，在

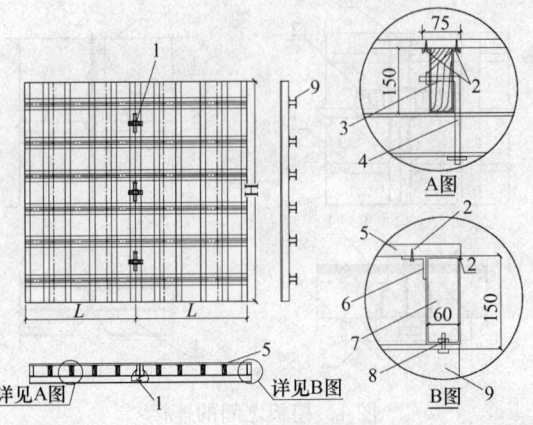

图 7 龙骨与面板连接示意图
1—模板夹具；2—自攻螺钉；3—型材；4—连接扣件；
5—木胶合板；6—角铁；7—边框型材；8—螺栓；
9—双向槽钢背楞

"L"形墙、"丁"字墙或梁柱上常设有对拉螺栓孔眼，当不能或不需设置对拉螺栓时，采用设置假眼的方式进行处理。如图 8 所示。

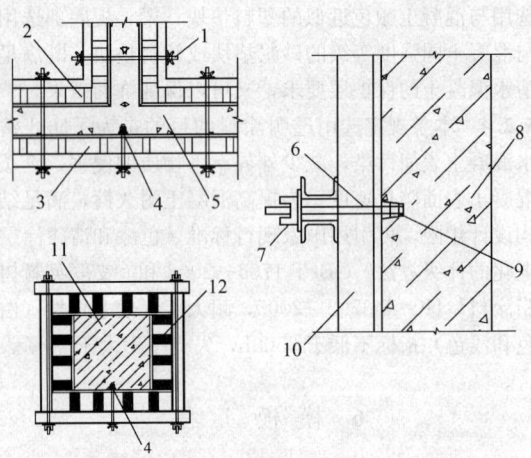

图 8 假眼的位置
1—穿墙螺栓；2—内侧模板；3—外侧模板；4—假眼；
5—混凝土墙；6—螺栓；7—螺母；8—混凝土墙柱；
9—堵头；10—清水混凝土模板；11—混凝土柱；
12—柱模

6 门窗洞口模板采用钢模板或钢角木模板时，施工中易在清水混凝土模板面板上造成划痕，模板周转使用至其他部位时，此划痕将影响清水混凝土的饰面效果；滴水线模板采用梯形塑料条、铝合金等材料。

7 模板上口的明缝条在墙面上形成的凹槽作为上一层模板下口的明缝，为防止漏浆，在结合处贴密封条。这种做法适用于清水混凝土的施工缝设置在明缝的部位。如图 9 所示。

8 墙体端部堵头模板设置不好，易造成漏浆、跑模现象，影响清水混凝土的饰面效果，采用内嵌端

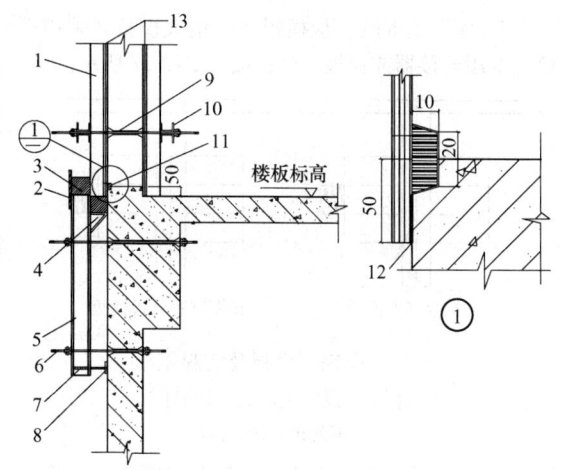

图 9　明缝与楼层施工节点做法
1—铝梁；2—φ32钢筋与槽钢焊接；3—方木；
4—三角形支架与槽钢焊接；5—10号槽钢；
6—对拉螺栓；7—φ28钢筋；8—钢垫片下垫
密封条；9—PVC套管；10—10号槽钢；
11—20mm宽、10mm深明缝；
12—贴密封条；13—模板

部模板面板的做法可以解决。边框为型材的清水混凝土模板采用模板夹具加固，边框不是型材的清水混凝土模板采用槽钢加固。如图10、图11所示。

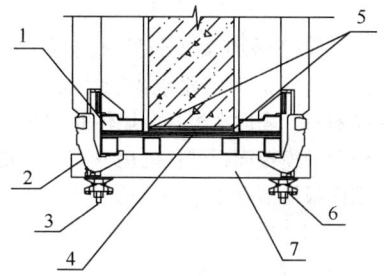

图 10　堵头模板处理一
1—模板边框；2—模板夹具；3—钩
头螺栓；4—堵头模板；5—加海绵
条；6—铸钢螺母、垫片；7—背楞

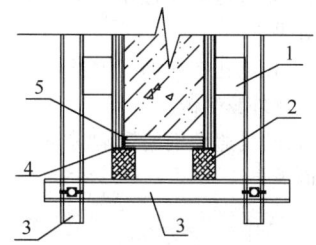

图 11　堵头模板处理二
1—模板竖楞；2—50mm×100mm
木方；3—10号槽钢；4—贴透明胶
带纸；5—海绵条嵌缝

9　对拉螺栓有通丝型、三节式或锥形螺栓等。通丝型对拉螺栓的穿墙套管采用硬质塑料管或PVC

套管。套管堵头与套管相配套，有一定的强度，避免穿墙孔眼变形或漏浆。为防止漏浆和保护面板，施工时，在套管堵头上粘贴密封条或橡胶垫圈，并使之与模板面板接触紧密。如图12所示。

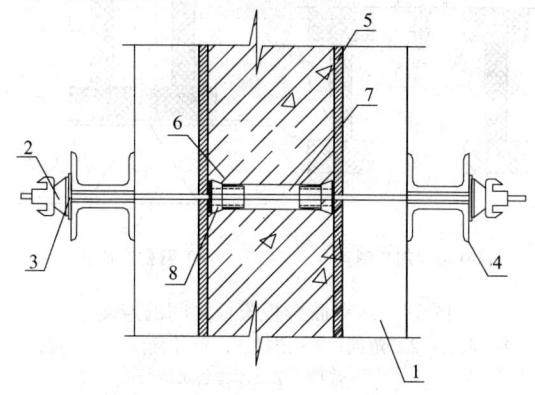

图 12　通丝型对拉螺栓的安装
1—清水模板；2—铸钢螺母；3—钢垫片；
4—槽钢背楞；5—模板面板；6—海绵垫圈；
7—PVC套管；8—塑料堵头

三节式对拉螺栓的锥形接头与模板面接触面积较大，加海绵垫圈或塑料垫圈防止漏浆。如图13所示。

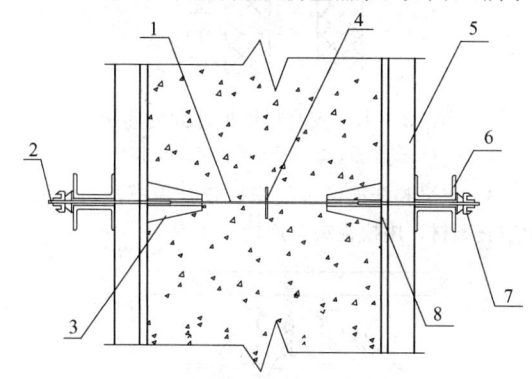

图 13　止水螺栓方案图
1—埋入螺栓；2—接头螺母；3—锥接头；
4—止水片；5—模板；6—背楞；
7—铸钢螺母、垫片；8—垫圈

6.3　模　板　安　装

6.3.1　模板面板不清洁或脱模剂喷涂不均匀，将影响清水混凝土饰面效果。补刷遭雨淋、水浇或脱模剂失效的模板。清洗清水混凝土模板面板上的墨线痕迹、油污、铁锈等。

6.3.2　模板之间的连接易产生漏浆、错台等现象，影响清水混凝土的饰面效果，因此本条规定了应有防漏浆措施。为防止密封条挤压后凸出板面，在模板侧边退后板面1～3mm粘贴；将竖向模板下部的缝隙封堵严密。模板之间的连接采用以下方式：

1　木梁胶合板模板之间加连接角钢、密封条，并用螺栓连接；或采用背楞加芯带的做法，面板边口刨光，木梁缩进5～10mm，相互之间连接靠芯带、钢销紧固。如图14所示。

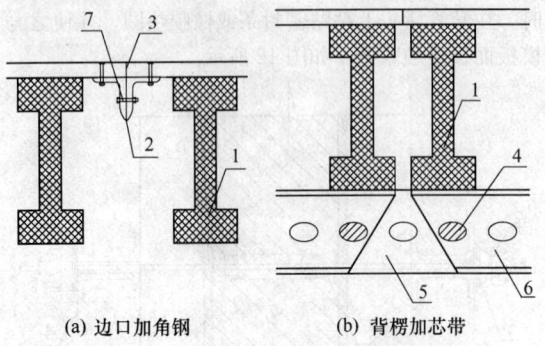

(a) 边口加角钢　　　(b) 背楞加芯带

图14　木梁胶合板模板之间的连接
1—木梁；2—角钢；3—密封条；4—钢销；5—芯带；
6—背楞；7—连接螺栓

2　以木方作边框的胶合板模板，采用企口连接，一块模板的边口缩进25mm，另一块模板边口伸出35～45mm，连接后两木方之间留有10～20mm拆模间隙，模板背面以ϕ48×3.5钢管作背楞。如图15所示。

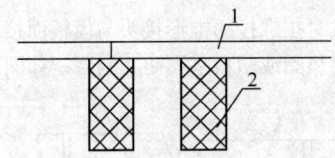

图15　木方胶合板模板之间的连接
1—多层板；2—50mm×100mm木方

3　铝梁胶合板模板及钢框胶合板模板，边框采用空腹型材，用模板夹具连接。如图16所示。

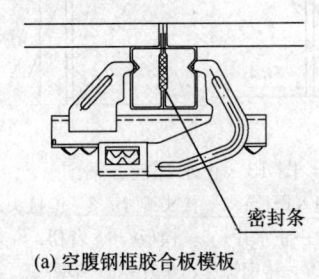

密封条

(a) 空腹钢框胶合板模板

(b) 铝梁胶合板模板

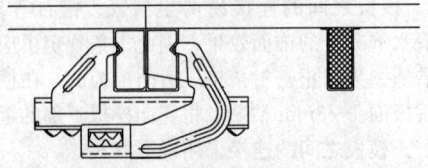

(c) 钢木胶合板模板

图16　模板之间夹具连接

4　实腹钢框胶合板模板及全钢大模板，采用螺栓、专用连接器或模板夹具连接。如图17所示。

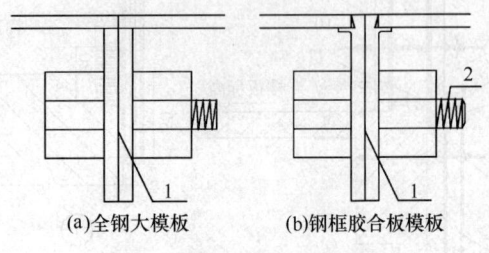

(a)全钢大模板　　　(b)钢框胶合板模板

图17　全钢大模板及实腹钢框
胶合板模板中模板之间的连接
1—密封条；2—螺栓

6.3.3　对拉螺栓安装不正确，易造成模板的损伤和对拉螺栓孔眼处漏浆。安装时调整位置，并确保每个孔位都装有塑料垫圈，避免螺纹损伤模板面板上的对拉螺栓孔眼。拧紧对拉螺栓和模板夹具等连接件时用力均匀，保证塑料垫圈与模板板面正确接触，避免混凝土浇筑后孔眼发生不规则变形。

6.3.4　施工过程中，模板面板易与钢筋、清水混凝土表面等发生刮碰而破损，影响清水混凝土的饰面效果，可采用地毯、木方或胶合板等与钢筋隔离、牵引入模等措施。

6.4　模板拆除

6.4.1　适当延长清水混凝土养护时间可提高混凝土的强度，减轻拆模时对清水混凝土表面和棱角的破坏；拆除模板时，采取在模板与墙体间加塞木方等保护措施。胶合板模板面板破损处用铁腻子修复，并涂刷清漆；钢面板需清理干净并防锈。

7　钢筋工程

7.0.1　本条规定是为了防止钢筋锈蚀污染混凝土饰面效果。

7.0.2　钢筋外露或保护层过小，将影响结构安全及混凝土饰面效果。

7.0.3　钢筋绑扎点扎扣和绑扎钢丝尾端朝结构内侧是为了防止扎丝外露生锈。

7.0.4　本条目的是避免钢筋影响对拉螺栓的安装和混凝土的饰面效果。

8　混凝土工程

8.1　配合比设计

8.1.1　清水混凝土配合比设计时重点考虑混凝土耐久性；通过原材料选择、实验室试配出适宜的混凝土表面颜色。

8.1.2 掺入矿物掺合料的目的是为了增加混凝土密实度，有效降低混凝土内部水化热，降低裂缝发生的概率，从而提高清水混凝土的工作性和耐久性。常用的掺合料有粉煤灰、矿渣粉等。

8.2 制备与运输

8.2.1 适当延长混凝土搅拌时间可提高混凝土拌合物的匀质性和稳定性。

8.2.2 同一视觉范围是指水平距离清水混凝土构件表面5m，平视清水混凝土表面所观察的范围；混凝土拌合物的制备环境、技术参数一致是指混凝土的出机温度及拌合物状态一致。

8.2.3 控制混凝土坍落度的经时损失可减少现场二次增加混凝土外加剂而改变混凝土匀质性和稳定性的现象发生。

8.2.4 本条规定了混凝土坍落度的量化指标，目的是在满足施工的前提下尽量减小混凝土坍落度，以减小浮浆厚度和混凝土表面色差。

8.2.5 本条是为了防止混凝土因容器不洁净而发生性质改变，如采用混凝土运输车接料前反转排水等措施。

8.2.6 本条是为了防止现场调整混凝土而产生饰面效果差异。

8.3 混凝土浇筑

8.3.2 严格控制分层浇筑的间隔时间是为了防止冷缝出现；水泥砂浆通过振捣溶合于混凝土中。

8.3.3 本条是为了防止门窗洞口模板被一侧混凝土挤压变形及位移。

8.3.5 剔除施工缝处松动石子或浮浆层有利于结构安全和保证清水混凝土的饰面效果。

8.4 混凝土养护

8.4.1 混凝土浇筑后12h内及时采取覆盖保温养护措施是为了防止混凝土脱水产生裂缝。采用塑料薄膜养护时保持膜内潮湿；采用浇水养护时混凝土保持湿润；大体积混凝土养护时有控温、测温措施；冬期养护时有保温、防冻措施。

8.4.2 采用保水性好的养护剂是为了保证混凝土表面颜色的一致性。

8.5 冬期施工

8.5.1~8.5.4 冬期施工时对防冻剂进行试验对比是为了防止混凝土表面返碱，影响清水混凝土的饰面效果以及对耐久性的影响。

9 混凝土表面处理

9.0.1 清水混凝土是混凝土表面作为饰面，追求的是一次成型的原始效果。目前，全国不同地区的材料水平、施工工艺等都存在很大不同，结合近年施工的清水混凝土实例，大面积的清水混凝土施工中要做到表面效果一致难度较大。所以，本条提出了表面处理。但表面处理以越少越好为原则，这里强调了由设计、监理（建设）单位共同确定标准和工艺。表面处理的施工工艺可参考以下方法：

1 气泡处理：清理混凝土表面，用与原混凝土同配比减砂石水泥浆刮补墙面，待硬化后，用细砂纸均匀打磨，用水冲洗洁净。

2 螺栓孔眼处理：清理螺栓孔眼表面，将原堵头放回孔中，用专用刮刀取界面剂的稀释液调制同配比减石子的水泥砂浆刮平周边混凝土面，待砂浆终凝后擦拭混凝土表面浮浆，取出堵头，喷水养护。

3 漏浆部位处理：清理混凝土表面松动砂子，用刮刀取界面剂的稀释液调制成颜色与混凝土基本相同的水泥腻子抹于需处理部位。待腻子终凝后用砂纸磨平，刮至表面平整，阳角顺直，喷水养护。

4 明缝处胀模、错台处理：用铲刀铲平，打磨后用水泥浆修复平整。明缝处拉通线，切割超出部分，对明缝上下阳角损坏部位先清理浮渣和松动混凝土，再用界面剂的稀释液调制同配比减石子砂浆，将明缝条平直嵌入明缝内，将砂浆填补到处理部位，用刮刀压实刮平，上下部分分次处理；待砂浆终凝后，取出明缝条，及时清理被污染混凝土表面，喷水养护。

5 螺栓孔的封堵：采用三节式螺栓时，中间一节螺栓留在混凝土内，两端的锥形接头拆除后用补偿收缩防水水泥砂浆封堵，并用专用封孔模具修饰，使修补的孔眼直径、孔眼深度与其他孔眼一致，并喷水养护。采用通丝型对拉螺栓时，螺栓孔用补偿收缩水泥砂浆和专用模具封堵，取出堵头后，喷水养护。

9.0.2 在清水混凝土表面涂刷保护涂料的目的是增强混凝土的耐久性。

9.0.3 本条规定是为了保证清水混凝土表面颜色的一致性。

10 成品保护

10.1 模板成品保护

10.1.1、10.1.2 本条说明了清水混凝土模板存放的重要性，模板水平叠放时，采用面对面、背靠背的方式；模板竖向存放时，使用专用插放架，面对面的插入存放，上面覆盖塑料布。

10.1.3 采用封边漆封边和保护垫圈是为了防止雨水等从胶合板面板的切口和侧面渗入，胶合板吸水翘曲变形，影响清水混凝土表面效果。

10.2 钢筋成品保护

10.2.1 加工成型的钢筋按规格、品种、使用部位和顺序分类摆放，采用防雨水等措施，都是为了防止锈蚀的钢筋对混凝土表面颜色产生影响。

10.3 混凝土成品保护

10.3.1 混凝土浇筑过程采取专人监控方式进行，从浇筑部位流淌下的水泥浆和洒落的混凝土及时清理干净，成品清水混凝土用塑料薄膜封严保护，材料运输通道等易破坏地方用硬质材料护角保护。

10.3.3 使用挂架、脚手架、吊篮时，与混凝土墙面的接触点采用垫橡胶板、木方或聚苯板等材料，是为了防止破坏清水混凝土表面。

中华人民共和国行业标准

补偿收缩混凝土应用技术规程

Technical specification for application of
shrinkage-compensating concrete

JGJ/T 178—2009

批准部门：中华人民共和国住房和城乡建设部
施行日期：２００９年１２月１日

中华人民共和国住房和城乡建设部
公 告

第 331 号

关于发布行业标准
《补偿收缩混凝土应用技术规程》的公告

现批准《补偿收缩混凝土应用技术规程》为行业标准，编号为 JGJ/T 178 - 2009，自 2009 年 12 月 1 日起实施。

本规程由我部标准定额研究所组织中国建筑工业出版社出版发行。

中华人民共和国住房和城乡建设部
2009 年 6 月 16 日

前 言

根据住房和城乡建设部《关于印发〈2008 年工程建设标准规范制订、修订计划（第一批）〉的通知》（建标〔2008〕102 号）的要求，本规程编制组经广泛调查研究，认真总结实践经验，参考有关国外标准，并在广泛征求意见的基础上，制定了本规程。

本规程的主要技术内容是：1. 总则；2. 术语；3. 基本规定；4. 设计原则；5. 原材料选择；6. 配合比；7. 生产和运输；8. 浇筑和养护；9. 施工缝、防水节点和施工缺陷的处理措施；10. 验收；附录 A 限制状态下补偿收缩混凝土抗压强度检验方法。

本规程由住房和城乡建设部负责管理，由中国建筑材料科学研究总院负责具体技术内容的解释。执行过程中如有意见或建议，请寄送中国建筑材料科学研究总院（地址：北京市朝阳区管庄东里 1 号，邮政编码：100024）。

本规程主编单位：中国建筑材料科学研究总院
　　　　　　　　长业建设集团有限公司
本规程参编单位：中国建筑科学研究院
　　　　　　　　北京市建筑设计研究院
　　　　　　　　山东省建筑科学研究院

北京中岩特种工程材料公司
江苏博特新材料有限公司
天津豹鸣股份有限公司
重庆市江北特种建材有限公司
浙江合力新型建材有限公司
深圳陆基建材技术有限公司
武汉三源特种建材有限责任公司
杭州力盾混凝土外加剂有限公司

本规程主要起草人员： 赵顺增　刘　立　游宝坤
　　　　　　　　　　　张利俊　徐少骏　敖　鹏
　　　　　　　　　　　丁　威　陈彬磊　刘加平
　　　　　　　　　　　王勇威　李光明　李乃珍
　　　　　　　　　　　董同刚　刘福全　丁小富
　　　　　　　　　　　苑立东　邓庆洪
本规程主要审查人员： 王栋民　徐湘生　陈锡智
　　　　　　　　　　　白生翔　曹永康　阎培渝
　　　　　　　　　　　左克伟　张培建　王子明

目　次

Contents

1 总　则

1.0.1 为规范补偿收缩混凝土的工程应用，减少或消除混凝土收缩裂缝，提高混凝土结构的防水性能，保证工程质量，制定本规程。

1.0.2 本规程适用于补偿收缩混凝土的设计、施工及验收。

1.0.3 补偿收缩混凝土的应用除应符合本规程外，尚应符合国家现行有关标准的规定。

2 术　语

2.0.1 混凝土膨胀剂 expansive agents for concrete
与水泥、水拌合后经水化反应生成钙矾石、氢氧化钙或钙矾石和氢氧化钙，使混凝土产生体积膨胀的外加剂，简称膨胀剂。

2.0.2 限制膨胀率 percentage of restrained expansion
混凝土的膨胀被钢筋等约束体限制时导入钢筋的应变值，用钢筋的单位长度伸长值表示。

2.0.3 自应力 self-stress
混凝土的膨胀被钢筋等约束体约束时导入混凝土的压应力。

2.0.4 补偿收缩混凝土 shrinkage-compensating concrete
由膨胀剂或膨胀水泥配制的自应力为 0.2～1.0MPa 的混凝土。

2.0.5 单位胶凝材料用量 binding material content
每立方米混凝土中使用的水泥、矿物掺合料和膨胀剂的质量之和。

2.0.6 膨胀剂掺量 addition percentage of expansive agent in binding material
混凝土中膨胀剂占胶凝材料总量的百分含量。

2.0.7 膨胀加强带 expansive strengthening band
通过在结构预设的后浇带部位浇筑补偿收缩混凝土，减少或取消后浇带和伸缩缝、延长构件连续浇筑长度的一种技术措施，可分为连续式、间歇式和后浇式三种。
连续式膨胀加强带是指膨胀加强带部位的混凝土与两侧相邻混凝土同时浇筑；间歇式膨胀加强带是指膨胀加强带部位的混凝土与一侧相邻的混凝土同时浇筑，而另一侧是施工缝；后浇式膨胀加强带与常规后浇带的浇筑方式相同。

3 基 本 规 定

3.0.1 补偿收缩混凝土宜用于混凝土结构自防水、工程接缝填充、采取连续施工的超长混凝土结构、大体积混凝土等工程。以钙矾石作为膨胀源的补偿收缩混凝土，不得用于长期处于环境温度高于 80℃的钢筋混凝土工程。

3.0.2 补偿收缩混凝土的质量除应符合现行国家标准《混凝土质量控制标准》GB 50164 的规定外，还应符合设计所要求的强度等级、限制膨胀率、抗渗等级和耐久性技术指标。

3.0.3 补偿收缩混凝土的限制膨胀率应符合表3.0.3 的规定。

表 3.0.3　补偿收缩混凝土的限制膨胀率

用　途	限制膨胀率（%）	
	水中 14d	水中 14d 转空气中 28d
用于补偿混凝土收缩	≥0.015	≥−0.030
用于后浇带、膨胀加强带和工程接缝填充	≥0.025	≥−0.020

3.0.4 补偿收缩混凝土限制膨胀率的试验和检验应按照现行国家标准《混凝土外加剂应用技术规范》GB 50119 的有关规定进行。

3.0.5 补偿收缩混凝土的抗压强度应满足下列要求：

　　1 对大体积混凝土工程或地下工程，补偿收缩混凝土的抗压强度可以标准养护 60d 或 90d 的强度为准；

　　2 除对大体积混凝土工程或地下工程外，补偿收缩混凝土的抗压强度应以标准养护 28d 的强度为准。

3.0.6 补偿收缩混凝土设计强度等级不宜低于 C25；用于填充的补偿收缩混凝土设计强度等级不宜低于 C30。

3.0.7 补偿收缩混凝土的抗压强度检验应按照现行国家标准《普通混凝土力学性能试验方法标准》GB/T 50081 执行。用于填充的补偿收缩混凝土的抗压强度检测，可按照本规程附录 A 进行。

4 设 计 原 则

4.0.1 设计使用补偿收缩混凝土时，应在设计图纸中明确注明不同结构部位的限制膨胀率指标要求。

4.0.2 补偿收缩混凝土的设计取值应符合下列规定：

　　1 补偿收缩混凝土的设计强度等级应符合现行国家标准《混凝土结构设计规范》GB 50010 的规定。用于后浇带和膨胀加强带的补偿收缩混凝土的设计强度等级应比两侧混凝土提高一个等级。

　　2 限制膨胀率的设计取值应符合表 4.0.2 的规定。使用限制膨胀率大于 0.060% 的混凝土时，应预先进行试验研究。

表 4.0.2　限制膨胀率的设计取值

结构部位	限制膨胀率（%）
板梁结构	≥0.015
墙体结构	≥0.020
后浇带、膨胀加强带等部位	≥0.025

3　限制膨胀率的取值应以 0.005％的间隔为一个等级。

4　对下列情况，表 4.0.2 中的限制膨胀率取值宜适当增大：

　　1）强度等级大于等于 C50 的混凝土，限制膨胀率宜提高一个等级；

　　2）约束程度大的桩基础底板等构件；

　　3）气候干燥地区、夏季炎热且养护条件差的构件；

　　4）结构总长度大于 120m；

　　5）屋面板；

　　6）室内结构越冬外露施工。

4.0.3　大体积、大面积及超长混凝土结构的后浇带可采用膨胀加强带的措施，并应符合下列规定：

1　膨胀加强带可采用连续式、间歇式或后浇式等形式（见图 4.0.3-1～图 4.0.3-3）；

2　膨胀加强带的设置可按照常规后浇带的设置原则进行；

3　膨胀加强带宽度宜为 2000mm，并应在其两侧用密孔钢（板）丝网将带内混凝土与带外混凝土分开；

4　非沉降的膨胀加强带可在两侧补偿收缩混凝土浇筑 28d 后再浇筑，大体积混凝土的膨胀加强带应在两侧的混凝土中心温度降至环境温度时再浇筑。

4.0.4　补偿收缩混凝土的浇筑方式和构造形式应根据结构长度，按表 4.0.4 进行选择。膨胀加强带之间的间距宜为 30～60m。强约束板式结构宜采用后浇式膨胀加强带分段浇筑。

表 4.0.4　补偿收缩混凝土浇筑方式和构造形式

结构类别	结构长度 L（m）	结构厚度 H（m）	浇筑方式	构造形式
墙体	L≤60	—	连续浇筑	连续式膨胀加强带
	L>60	—	分段浇筑	后浇式膨胀加强带
板式结构	L≤60	—	连续浇筑	—
	60<L≤120	H≤1.5	连续浇筑	连续式膨胀加强带
	60<L≤120	H>1.5	分段浇筑	后浇式、间歇式膨胀加强带
	L>120	—	分段浇筑	后浇式、间歇式膨胀加强带

注：不含现浇挑檐、女儿墙等外露结构。

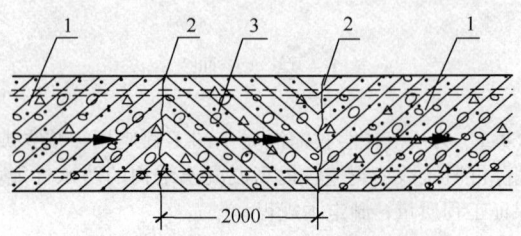

图 4.0.3-1　连续式膨胀加强带
1—补偿收缩混凝土；2—密孔钢丝网；
3—膨胀加强带混凝土

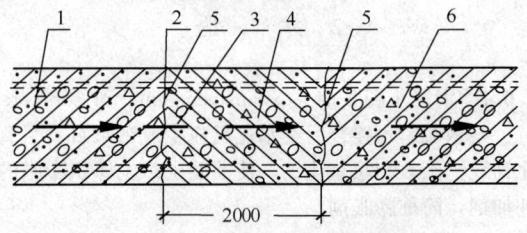

图 4.0.3-2　间歇式膨胀加强带
1—先浇筑的补偿收缩混凝土；2—施工缝；3—钢板止水带；4—后浇筑的膨胀加强带混凝土；5—密孔钢丝网；6—与膨胀加强带同时浇筑的补偿收缩混凝土

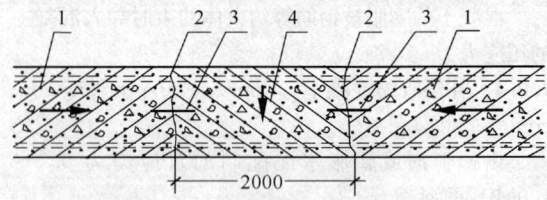

图 4.0.3-3　后浇式膨胀加强带
1—补偿收缩混凝土；2—施工缝；3—钢板止水带；4—膨胀加强带混凝土

4.0.5　补偿收缩混凝土中的钢筋配置应符合下列规定：

1　补偿收缩混凝土应采用双排双向配筋，钢筋间距宜符合表 4.0.5 的要求。当地下室外墙的净高度大于 3.6m 时，在墙体高度的水平中线部位上下 500mm 范围内，水平筋的间距不宜大于 100mm。配筋率应符合现行国家标准《混凝土结构设计规范》GB 50010 的有关规定。

表 4.0.5　钢　筋　间　距

结构部位	钢筋间距（mm）
底板	150～200
楼板	100～200
屋面板、墙体水平筋	100～150

2　附加钢筋的配置宜符合下列规定：

　　1）当房屋平面形体有凹凸时，在房屋和凹角处的楼板、房屋两端阳角处及山墙处的楼板、与周围梁柱墙等构件整体浇筑且受约束较强的楼板，宜加强配筋。

  2）在出入口位置、结构截面变化处、构造复杂的突出部位、楼板预留孔洞、标高不同的相邻构件连接处等，宜加强配筋。

4.0.6 当地下结构或水工结构采用补偿收缩混凝土作结构自防水时，在施工保证措施完善的前提下，迎水面可不做柔性防水。

5 原材料选择

5.0.1 水泥应符合现行国家标准《通用硅酸盐水泥》GB 175 或《中热硅酸盐水泥、低热硅酸盐水泥、低热矿渣硅酸盐水泥》GB 200 的规定。

5.0.2 膨胀剂的品种和性能应符合现行行业标准《混凝土膨胀剂》JC 476 的规定。膨胀剂应单独存放，并不得受潮。当膨胀剂在存放过程中发生结块、胀袋现象时，应进行品质复验。

5.0.3 外加剂和矿物掺合料的选择应符合下列规定：

  1 减水剂、缓凝剂、泵送剂、防冻剂等混凝土外加剂应分别符合国家现行标准《混凝土外加剂》GB 8076、《混凝土泵送剂》JC 473、《混凝土防冻剂》JC 475 等的规定。

  2 粉煤灰应符合现行国家标准《用于水泥和混凝土中的粉煤灰》GB 1596 的规定，不得使用高钙粉煤灰。使用的矿渣粉应符合现行国家标准《用于水泥和混凝土中的粒化高炉矿渣粉》GB/T 18046 的规定。

5.0.4 骨料应符合现行行业标准《普通混凝土用砂、石质量及检验方法标准》JGJ 52 的规定。轻骨料应符合现行国家标准《轻集料及其试验方法第1部分：轻集料》GB/T 17431.1 的规定。

5.0.5 拌合水应符合现行行业标准《混凝土用水标准》JGJ 63 的规定。

6 配 合 比

6.0.1 补偿收缩混凝土的配合比设计，应满足设计所需要的强度、膨胀性能、抗渗性、耐久性等技术指标和施工工作性要求。配合比设计应符合现行行业标准《普通混凝土配合比设计规程》JGJ 55 的规定。使用的膨胀剂品种应根据工程要求和施工要求事先进行选择。

6.0.2 膨胀剂掺量应根据设计要求的限制膨胀率，并应采用实际工程使用的材料，经过混凝土配合比试验后确定。配合比试验的限制膨胀率值应比设计值高 0.005%，试验时，每立方米混凝土膨胀剂用量可按照表 6.0.2 选取。

表 6.0.2 每立方米混凝土膨胀剂用量

用 途	混凝土膨胀剂用量（kg/m³）
用于补偿混凝土收缩	30～50
用于后浇带、膨胀加强带和工程接缝填充	40～60

6.0.3 补偿收缩混凝土的水胶比不宜大于 0.50。

6.0.4 单位胶凝材料用量应符合现行国家标准《混凝土外加剂应用技术规范》GB 50119 的规定，且补偿收缩混凝土单位胶凝材料用量不宜小于 300kg/m³，用于膨胀加强带和工程接缝填充部位的补偿收缩混凝土单位胶凝材料用量不宜小于 350kg/m³。

6.0.5 有耐久性要求的补偿收缩混凝土，其配合比设计应符合现行国家标准《混凝土结构耐久性设计规范》GB/T 50476 的规定。

7 生产和运输

7.0.1 补偿收缩混凝土宜在预拌混凝土厂生产，并应符合现行国家标准《混凝土质量控制标准》GB 50164 的有关规定。

7.0.2 补偿收缩混凝土的各种原材料应采用专用计量设备进行准确计量。计量设备应定期校验，使用前应进行零点校核。原材料每盘称量的允许偏差应符合表 7.0.2 的规定。

表 7.0.2 原材料每盘称量的允许偏差

材料名称	允许偏差（%）
水泥、膨胀剂、矿物掺合料	±2
粗、细骨料	±3
水、外加剂	±2

7.0.3 补偿收缩混凝土应搅拌均匀。对预拌补偿收缩混凝土，其搅拌时间可与普通混凝土的搅拌时间相同，现场拌制的补偿收缩混凝土的搅拌时间应比普通混凝土的搅拌时间延长 30s 以上。

8 浇筑和养护

8.0.1 补偿收缩混凝土的浇筑和养护应符合现行国家标准《混凝土质量控制标准》GB 50164 的有关规定。

8.0.2 补偿收缩混凝土的浇筑应符合下列规定：

  1 浇筑前应制定浇筑计划，检查膨胀加强带和后浇带的设置是否符合设计要求，浇筑部位应清理干净。

  2 当施工中因遇到雨、雪、冰雹需留施工缝时，对新浇混凝土部分应立即用塑料薄膜覆盖；当出现混凝土已硬化的情况时，应先在其上铺设 30～50mm 厚的同配合比无粗骨料的膨胀水泥砂浆，再浇筑混凝土。

　　3　当超长的板式结构采用膨胀加强带取代后浇带时，应根据所选膨胀加强带的构造形式，按规定顺序浇筑。间歇式膨胀加强带和后浇式膨胀加强带浇筑前，应将先期浇筑的混凝土表面清理干净，并充分湿润。

　　4　水平构件应在终凝前采用机械或人工的方式，对混凝土表面进行三次抹压。

8.0.3　补偿收缩混凝土的养护应符合下列规定：

　　1　补偿收缩混凝土浇筑完成后，应及时对暴露在大气中的混凝土表面进行潮湿养护，养护期不得少于14d。对水平构件，常温施工时，可采用覆盖塑料薄膜并定时洒水、铺湿麻袋等方式。底板宜采取直接蓄水养护方式。墙体浇筑完成后，可在顶端设多孔淋水管，达到脱模强度后，可松动对拉螺栓，使墙体外侧与模板之间有2～3mm的缝隙，确保上部淋水进入模板与墙壁间，也可采取其他保湿养护措施。

　　2　在冬期施工时，构件拆模时间应延至7d以上，表层不得直接洒水，可采用塑料薄膜保水，薄膜上部再覆盖岩棉被等保温材料。

　　3　已浇筑完混凝土的地下室，应在进入冬期施工前完成灰土的回填工作。

　　4　当采用保温养护、加热养护、蒸汽养护或其他快速养护等特殊养护方式时，养护制度应通过试验确定。

9　施工缝、防水节点和施工缺陷的处理措施

9.0.1　墙体混凝土预留的水平施工缝和竖向施工缝应在迎水面进行混凝土自防水的修补处理，可在浇筑混凝土时沿缝预留凹槽，也可在拆模后在施工缝位置开凿深10mm、宽100mm的凹形槽。穿墙管（盒）、固定模板的对穿螺栓等节点位置，应开凿凹槽。应先用清水将凹槽冲洗干净，再涂刷一层混凝土界面剂，然后再用膨胀水泥砂浆填实抹平并湿润养护14d，也可在修补部位表面涂刷防水涂料。

9.0.2　现浇混凝土所产生的外观质量缺陷，应按照现行国家标准《混凝土结构工程施工质量验收规范》GB 50204的相关规定进行处理。较大的蜂窝、孔洞等应采用比结构混凝土高一个强度等级的补偿收缩混凝土进行修补；对有防水要求的部位，还宜在修补的表面采用膨胀水泥砂浆进行防水处理，采用补偿收缩混凝土或膨胀水泥砂浆修补的部位应湿润养护14d。

9.0.3　对于贯穿性的混凝土裂缝，当混凝土有防水要求时，应采用压力灌浆法进行修补。对于非贯通性的混凝土裂缝，可进行表面封堵，也可沿着裂缝开凿凹形槽，采用刚性防水材料或膨胀水泥砂浆修补。

10　验　　收

10.0.1　补偿收缩混凝土工程的验收应符合现行国家标准《建筑工程施工质量验收统一标准》GB 50300和《混凝土结构工程施工质量验收规范》GB 50204的有关规定。

10.0.2　补偿收缩混凝土的原材料验收应符合下列规定：

　　1　同一生产厂家、同一类型、同一编号且连续进场的膨胀剂，应按不超过200t为一批，每批抽样不应少于一次，检查产品合格证、出厂检验报告和进场复验报告。

　　2　水泥、外加剂等原材料应按现行国家标准《混凝土结构工程施工质量验收规范》GB 50204的规定进行验收。

10.0.3　对于补偿收缩混凝土的限制膨胀率的检验，应在浇筑地点制作限制膨胀率试验的试件，在标准条件下水中养护14d后进行试验，并应符合下列规定：

　　1　对于配合比试配，应至少进行一组限制膨胀率试验，试验结果应满足配合比设计要求。

　　2　施工过程中，对于连续生产的同一配合比的混凝土，应至少分成两个批次抽样进行限制膨胀率试验，每个批次应至少制作一组试件，各批次的试验结果均应满足工程设计要求。

　　3　对于多组试件的试验，应取平均值作为试验结果。

　　4　限制膨胀率试验应按现行国家标准《混凝土外加剂应用技术规范》GB 50119的有关规定进行。

10.0.4　当现场取样试件的限制膨胀率低于设计值，而实际工程没有发生贯通裂缝时，可通过验收；当现场取样试件的限制膨胀率符合设计值，而实际工程发生贯通裂缝时，应按本规程第9章的措施修补，或由施工单位提出技术处理方案，并经认可后进行处理。处理后应重新检查验收。

　　当现场取样试件的限制膨胀率低于设计值，实际工程也发生贯通裂缝时，应组织专家进行专项评审并提出处理意见，经认可后进行处理。处理后，应重新检查验收。

附录A　限制状态下补偿收缩混凝土抗压强度检验方法

A.0.1　本方法适用于在限制状态下养护的补偿收缩混凝土抗压强度的检验。

A.0.2　试件尺寸及制作应符合现行国家标准《普通混凝土力学性能试验方法标准》GB/T 50081的有关规定，应采用钢制模具。装入混凝土之前，应确认模

具的挡块不松动。

A.0.3 试件养护和脱模应符合下列规定：

    1 试件在标准养护条件下带模养护不应少于 7d。

    2 龄期 7d 后，可拆模并进行标准养护。脱模时，模具破损或接缝处张开的试件，不得用于检验。

A.0.4 抗压强度检验应符合现行国家标准《普通混凝土力学性能试验方法标准》GB/T 50081 的有关规定。

本规程用词说明

    1 为便于在执行本规程条文时区别对待，对于要求严格的程度不同的用词说明如下：

        1）表示很严格，非这样做不可的：

        正面词采用"必须"；反面词采用"严禁"。

        2）表示严格，在正常情况均应这样做的：

        正面词采用"应"；反面词采用"不应"或"不得"。

        3）表示允许稍有选择，在条件许可时，首先这样做的：

        正面词采用"宜"；反面词采用"不宜"。

        4）表示有选择，在一定条件下可以这样做的，采用"可"。

    2 条文中指明应按照其他有关标准执行的写法为："应按照…执行"或"应符合…的规定"。

引用标准名录

    1 《混凝土结构设计规范》GB 50010

    2 《普通混凝土力学性能试验方法标准》GB/T 50081

    3 《混凝土外加剂应用技术规范》GB 50119

    4 《混凝土质量控制标准》GB 50164

    5 《混凝土结构工程施工质量验收规范》GB 50204

    6 《建筑工程施工质量验收统一标准》GB 50300

    7 《混凝土结构耐久性设计规范》GB/T 50476

    8 《通用硅酸盐水泥》GB 175

    9 《中热硅酸盐水泥、低热硅酸盐水泥、低热矿渣硅酸盐水泥》GB 200

    10 《用于水泥和混凝土中的粉煤灰》GB 1596

    11 《混凝土外加剂》GB 8076

    12 《用于水泥和混凝土中的粒化高炉矿渣粉》GB/T 18046

    13 《轻集料及其试验方法第 1 部分：轻集料》GB/T 17431.1

    14 《普通混凝土用砂、石质量及检验方法标准》JGJ 52

    15 《普通混凝土配合比设计规程》JGJ 55

    16 《混凝土用水标准》JGJ 63

    17 《混凝土泵送剂》JC 473

    18 《混凝土防冻剂》JC 475

    19 《混凝土膨胀剂》JC 476

中华人民共和国行业标准

补偿收缩混凝土应用技术规程

JGJ/T 178—2009

条 文 说 明

修 订 说 明

《补偿收缩混凝土应用技术规程》JGJ /T 178—2009，经住房和城乡建设部 2009 年 6 月 16 日以 331 号公告批准发布。

本规程制订过程中，编制组进行了补偿收缩混凝土应用技术现状与发展和工程应用实例的调查研究，总结了我国补偿收缩混凝土工程应用的实践经验，同时参考了日本《膨胀混凝土设计施工指南》和美国混凝土协会《使用补偿收缩混凝土的标准做法》（ACI223.1R），通过补偿收缩混凝土的基本性能试验、配合比设计试验和干燥收缩开裂试验等取得了补偿收缩混凝土的基本性能、配合比及质量控制等重要技术参数。

为方便广大设计、施工、科研、院校等单位的有关人员在使用本标准时能正确的理解和执行条文规定，《补偿收缩混凝土应用技术规程》编制组按章、节、条的顺序编制了条文说明，对条文规定的目的、依据以及执行中需要注意的有关事项进行了说明。但是，本条文说明不具备与标准正文同等的法律效力，仅供使用者作为理解和把握标准规定的参考。

目　次

1 总　则

1.0.1 制定本规程的目的，即规范补偿收缩混凝土工程的设计与施工，突出补偿收缩混凝土结构的防水性能，从而保证补偿收缩混凝土工程的质量。

1.0.2 本规程的适用范围。本规程的直接服务对象是设计和施工人员。

1.0.3 补偿收缩混凝土源于普通混凝土，二者在制备工艺、施工工艺、工作性能与强度性能等诸方面基本相同，又确无必要一一列入本规程。因此，补偿收缩混凝土在应用过程中，除执行本规程的规定外，同时要符合国家现行有关标准的规定。本规程的有关内容，将随着建筑技术和新材料开发的进步以及工程实践经验的不断积累，得到补充和完善。

2 术　语

2.0.1 本规程所指的膨胀剂，包括水化产物为钙矾石（$C_3 A \cdot 3CaSO_4 \cdot 32H_2O$）的硫铝酸钙类膨胀剂、水化产物为钙矾石和氢氧化钙的硫铝酸钙—氧化钙类膨胀剂、水化产物为氢氧化钙的氧化钙类膨胀剂，不包括其他类别的膨胀剂。氧化镁膨胀剂虽然在大坝混凝土中已有使用，但由于技术原因，目前还没有在建筑工程中应用，进行的研究也比较少，因此不包括在本规程中。

2.0.2 通过测量配筋率一定的单向限制器具的变形可以获得限制膨胀率。膨胀剂的限制膨胀率是膨胀剂产品的关键质量和技术指标，按照现行行业标准《混凝土膨胀剂》JC 476 规定的方法测定。补偿收缩混凝土的限制膨胀率是工程设计指标，按现行国家标准《混凝土外加剂应用技术规范》GB 50119 规定的方法测定。

2.0.3 补偿收缩混凝土膨胀时，会对其约束体施加拉应力，根据作用力与反作用力原理，约束体会对其产生相应的压应力，由于此压应力是利用混凝土自身的化学能（膨胀能）张拉钢筋或其他约束体产生的，有别于外部施加的机械预应力，所以称为自应力。自应力按照公式 $\sigma = \varepsilon \cdot E \cdot \mu$ 计算（σ 为自应力值；E 为限制钢筋的弹性模量，取 2.0×10^5 MPa；μ 为试件配筋率），对于钢筋混凝土而言，在一定范围内，配筋率与自应力值成正比关系；配筋率一定时，限制膨胀率高，自应力值就大。

2.0.4 按膨胀能大小可以将膨胀混凝土分为补偿收缩混凝土和自应力混凝土两类，其中补偿收缩混凝土的自应力值较小，主要用于补偿混凝土收缩和填充灌注。用于补偿因混凝土收缩产生的拉应力、提高混凝土的抗裂性能和改善变形性质时，其自应力值一般为 0.2～0.7MPa；用于后浇带、连续浇筑时预设的膨

胀加强带、以及接缝工程填充时，自应力值为 0.5～1.0MPa。在这两种情况下使用的膨胀混凝土，由于自应力很小，故在结构设计中一般不考虑自应力的影响。

日本认为当膨胀混凝土经过干燥收缩后尚残留压应力，称为自应力混凝土，否则为补偿收缩混凝土。我国所称的自应力混凝土的自应力值较大，在结构设计时必须考虑自应力的影响，自应力混凝土主要用于制造自应力混凝土压力输水管。

以前是使用膨胀水泥拌制膨胀混凝土，自从膨胀剂问世后，由于其成本低，使用灵活方便，现在基本上都使用膨胀剂拌制膨胀混凝土，鉴于两种工艺拌制的补偿收缩混凝土性质大致相同，因此使用膨胀水泥拌制补偿收缩混凝土时，本规程也具有一定参考性。

2.0.5 因为膨胀剂与水泥一样，参与水化作用，属于胶凝材料，所以单位胶凝材料用量应该为（$C+E+F$），此处 C 表示单位水泥用量，E 表示单位膨胀剂用量，F 表示除膨胀剂以外的掺合料（如粉煤灰、磨细矿渣粉等）的单位用量。

2.0.6 膨胀剂掺量是指膨胀剂与水泥、膨胀剂和矿物掺合料等胶凝材料的百分比，即 $E/(C+E+F)$。

2.0.7 膨胀加强带一般设在原设计留有后浇带的部位，收缩应力比较集中，需要采用自应力大的补偿收缩混凝土对两侧混凝土进行强化补偿。根据工程结构特点和施工要求，膨胀加强带分为连续式、间歇式和后浇式三种构造形式。

3 基 本 规 定

3.0.1 本条明确了补偿收缩混凝土的主要使用场合。对膨胀源是钙矾石的补偿收缩混凝土使用条件进行了规定。因为钙矾石在 80℃ 以上可能分解，所以从安全性考虑，规定膨胀源是钙矾石的补偿收缩混凝土使用环境温度不高于 80℃，膨胀源是氢氧化钙的补偿收缩混凝土不受此规定的限制。

3.0.2 掺入膨胀剂的补偿收缩混凝土仍属普通硅酸盐体系的混凝土，其使用也在普通混凝土的范围之内，故需满足普通混凝土的质量控制标准，但是掺入膨胀剂后，与普通混凝土相比，在多数情况下新拌补偿收缩混凝土的凝结时间略快、坍落度偏低、坍落度损失偏大，在确定其工作性指标时，应予以注意。

3.0.3 限制膨胀率指标是依据现行国家标准《混凝土外加剂应用技术规范》GB 50119 的规定确定的。其中用于后浇带、膨胀加强带和工程接缝填充的混凝土限制膨胀率，根据最新的研究结果调整至 -0.020%。根据补偿收缩混凝土的定义，自应力为 0.2～1.0MPa 时，相应的限制膨胀率约为 0.015%～0.060%，故最小限制膨胀率取 0.015%。

3.0.4 本条规定了补偿收缩混凝土限制膨胀率的试验

和检验方法。

3.0.5 本条规定了补偿收缩混凝土抗压强度的检验龄期。

3.0.6 本条规定了补偿收缩混凝土的最低抗压强度设计等级。

3.0.7 本条规定了补偿收缩混凝土的抗压强度试验方法。对膨胀较小的补偿收缩混凝土，按照现行国家标准《普通混凝土力学性能试验方法标准》GB/T 50081检测。对用于填充的补偿收缩混凝土，有时因膨胀过大会出现无约束试件强度明显降低的情况，按照本规程附录 A 进行，使试件在试模中处于限制的状态，比较符合实际使用情况。

4 设 计 原 则

4.0.1 随着国内建设的高速发展，现浇大体积、大面积和超长混凝土得到大量应用，同时其开裂情况不断增多，补偿收缩混凝土是一种较好的解决手段。本条是对补偿收缩混凝土设计的一般规定。不同的结构部位受约束的程度不同，因此补偿收缩时需要的膨胀能也不一样，需要明示限制膨胀率取值范围。膨胀剂掺量不能准确反映混凝土的膨胀能，规定了限制膨胀率后，可以根据限制膨胀率经过配合比试验确定膨胀剂的准确掺量。由于导入混凝土的自应力值很小，在计算补偿收缩混凝土的设计轴向压缩极限应力和设计弯曲拉伸极限应力时，可不考虑膨胀的影响。

4.0.2 在胶凝材料用量和水胶比相同的条件下，补偿收缩混凝土的 28d 强度与普通混凝土相当；在限制充分的状态下，强度高于普通混凝土；无约束试件 60d 龄期强度一般比 28d 增长 15%以上。从过去的研究结果和工程实践来看，我国的膨胀剂配制的补偿收缩混凝土，在中等强度等级（C25～C40）的水平上较适于体现膨胀的有益作用，因此需要注重膨胀与强度的协调问题，不宜过大追求混凝土的富余强度。但是高强度混凝土是混凝土的发展方向，应该努力探究提高混凝土的补偿收缩能力的新措施。后浇带和膨胀加强带的部位收缩应力一般比较大，故在强度设计时作适当提高。

本条所述限制膨胀率设计取值，是指本规程第 3 章规定的水中 14d 龄期限制膨胀率。

基于限制膨胀率检测误差等考虑，限制膨胀率的取值一般以 0.005%为级，如 0.015%、0.020%、0.025%……0.060%。

根据补偿收缩混凝土的定义，自应力为 0.2～1.0MPa 时，相应的限制膨胀率约为 0.015%～0.060%，故补偿收缩混凝土的最小限制膨胀率为 0.015%，最大限制膨胀率为 0.060%，限制膨胀率大于 0.060%的混凝土可归为自应力混凝土，所以如果在特殊条件下需要使用自应力混凝土时，事前应进

行必要的试验研究，重点研究膨胀稳定期、强度变化规律等。

设计选取限制膨胀率时，需要综合考虑混凝土强度等级、限制（约束）程度、使用环境、结构总长度等因素；另外，同一结构的不同部位的约束程度和收缩应力不同，其限制膨胀率的设计取值也不相同，养护条件的差别会影响混凝土限制膨胀率的发挥，也是设计取值的考虑因素，因此，墙体结构的限制膨胀率取值高于水平梁板结构。大的限制应该用大的膨胀进行补偿，故后浇带、膨胀加强带的取值要高一些。

板梁和墙体结构部位，限制膨胀率的取值主要考虑结构长度、约束程度和混凝土强度，结构长度小、约束较弱、混凝土强度较低的情况下，可取低些，反之则取高些。

后浇带、膨胀加强带等填充部位，限制膨胀率的取值主要考虑结构总长度和构件厚度，一般随着结构体总长度增加或厚度增大，限制膨胀率渐次增大。

4.0.3 膨胀加强带的设计。

补偿收缩混凝土基本能够补偿或部分补偿混凝土的干燥收缩，因此与一般混凝土相比，用于释放变形和应力的后浇带可以提前浇筑，为降低温度应力的影响，大体积混凝土应该在温度降至环境温度下再浇筑后浇带。后浇带详细构造见现行国家标准《地下工程防水技术规范》GB 50108 的要求。

采用普通混凝土施工时，关于后浇带混凝土的浇筑时间，不同的规范要求也不相同，现行国家标准《地下工程防水技术规范》GB 50108—2008 要求在两侧混凝土浇筑 42d 后再施工，高层建筑的后浇带应该在结构顶板浇筑混凝土 14d 后进行；《混凝土结构设计规范》GB 50010—2002 在条文说明中认为后浇带混凝土在两个月后施工比较合适。采用了补偿收缩混凝土，由于可以补偿混凝土的干燥收缩，根据大量的工程实例，28d 可以浇筑后浇带混凝土。

膨胀加强带是一种旨在提高混凝土结构抗裂性能的技术措施。施工中采用膨胀加强带的目的是代替后浇带，进一步简化施工工艺，所以一般设置在后浇带的位置。为了有效发挥膨胀效果，增加长度方向的膨胀量值，所以其宽度应该比后浇带更宽一些；膨胀加强带是一种"抗"的措施，在连续施工的混凝土结构中，为提高其抵御收缩应力的能力，增设一些附加钢筋。膨胀加强带的构造与后浇带基本相同，但是在较厚的板中，一般不用设止水带。图 4.0.3-1～图 4.0.3-3 是工程实践过程中应用效果比较好的部分节点构造示例，工程技术人员可以根据工程特点选择更合理的构造形式。其中图 4.0.3-1～图 4.0.3-3 是板式结构中三种膨胀加强带构造示意图。图 4.0.3-1 是连续浇筑混凝土时的膨胀加强带构造示意图，图 4.0.3-2 是与先浇筑混凝土相接时采用的膨胀加强带构造示意图，图 4.0.3-3 是一种类似于后浇带的后浇

筑方式，除大体积混凝土考虑温度收缩应力外，一般可以在浇筑完两侧膨胀混凝土的任何候回填浇筑。墙体一般采用后浇式膨胀加强带，在两侧混凝土浇筑完7～14d后回填浇筑。

对于钢筋混凝土结构的裂缝控制有"抗"与"放"两种措施。设膨胀加强带方式属于"抗"，后浇带或后浇式膨胀加强带方式属于"放"，同时使用补偿收缩混凝土、后浇带、膨胀加强带体现了"抗"与"放"的结合。对于地下结构及较薄的构件，以"抗"为主较为有利；对于地上结构及厚大构件，结合采用"放"的措施较为妥当。

设置的膨胀加强带条数及形状依工程构造、尺寸和施工组织安排，由设计和施工技术人员视工程具体情况酌定。

4.0.4 本条规定了超长结构采取的浇筑方式和结构形式。

表4.0.4体现了约束弱、结构总长度小、结构厚度小的构件，连续浇筑的区段长，反之则短的原则。

采用膨胀加强带取代后浇带，简化了施工工艺。超长、人面积混凝土结构施工时，一般采用分段浇筑，在相邻区段之间设后浇式膨胀加强带比单设后浇带有利于缩短工期。后浇式膨胀加强带实质上是一种加宽、加强的后浇带。另外，跳仓施工也是超长、大面积分段浇筑中常用的施工方式，与后浇带、后浇式膨胀加强带相比，减少了一条施工缝。

《混凝土结构设计规范》GB 50010—2002第9章指出，在采用后浇带分段施工、预加应力或采取能减小混凝土收缩的措施时，可以适当增大伸缩缝间距。补偿收缩混凝土膨胀产生的自应力（化学预应力）能够抵消混凝土结构因为收缩产生的拉应力，因此可以减免为释放收缩应力而设置的伸缩缝或后浇带，延长浇筑区段，故本条规定与《混凝土结构设计规范》GB 50010—2002的第9章规定是统一的。

4.0.5 补偿收缩混凝土主要用于避免或减少混凝土的干燥收缩和温度收缩裂缝，并不承担提高承载能力的任务，所以配筋率按现行设计规范取值。改善配筋方式，分散配筋可以充分发挥混凝土的膨胀性能，提高混凝土的抗裂能力，在一些薄弱部位增设附加钢筋，能够发挥混凝土的补偿收缩效果，抵御有害裂缝的产生。

对补偿收缩混凝土而言，均衡配筋可以保证在需要补偿收缩的部位产生均匀有效的膨胀，因此强调在全截面双层配筋。

4.0.6 补偿收缩混凝土用于地下工程防水是其最重要的技术特点，不仅能够提高防水能力，而且可以节约柔性防水材料、缩短工期，因此是一种节能节材的优质建筑材料。补偿收缩混凝土是集结构承重和防水于一体的抗裂防水材料，国外称其为不透水混凝土，根据《UEA补偿收缩混凝土防水工法》YJGF 22-92

以及众多地下室和水池的工程实践提供的范例和经验，采用补偿收缩混凝土可以不做外防水。补偿收缩混凝土的寿命远比柔性防水长，只要严格施工，用补偿收缩混凝土完全可以达到结构自防水的效果，并且具有防水与建筑结构寿命相等的优点。

试验研究和工程实践表明，补偿收缩混凝土有显著的裂缝"自愈合"能力，对因施工不当产生的微小裂缝，即使一些渗水的裂缝，在水养护一段时间后，由于膨胀性水化产物堵塞裂缝可以将断裂的两个表面胶接为一体，这个性质对地下防水工程非常有益。

5 原材料选择

5.0.1 原则上膨胀剂可以掺入所有硅酸盐类水泥中使用，但是水泥的矿物组成和细度等对补偿收缩混凝土的膨胀率和膨胀速度有一定影响，也会影响混凝土的工作性。研究表明，水泥中的含铝相、含硫相对膨胀性能产生影响，水泥的强度发展规律也会影响膨胀，一般粉磨细、早期强度高的水泥膨胀较小，使用时应该予以注意。

5.0.2 选用膨胀剂以限制膨胀率作为主要控制指标，不同厂家、不同类别的产品存在质量差异，因此，有必要对产品进行复核检验。另外，原材料在存放过程中有异常时，也必须进行复验，合格后才能使用，膨胀剂也不例外。

5.0.3 化学外加剂对于补偿收缩混凝土的新拌状态和硬化后性质的影响与普通混凝土的情况大致相同，不宜选用收缩率比偏大的化学外加剂，早强剂、防冻剂会使膨胀性质产生差别，使用时应该予以注意。

使用粉煤灰和矿渣粉可以改善混凝土工作性、降低水化热等，但用量增大时，对膨胀率也会产生较大的影响，需要在配合比设计时通过调整膨胀剂掺量获得需要的限制膨胀率和抗压强度。对补偿收缩混凝土而言，高钙粉煤灰中的游离氧化钙对体积稳定性具有很大的不确定性，无法控制其膨胀，故严禁使用。

对硅灰、沸石粉、石灰石粉、高岭土粉等掺合料，对发泡剂、速凝剂、水下不离散混凝土外加剂等外加剂，与膨胀剂共同使用时应在使用前进行试验、论证。

5.0.4 补偿收缩混凝土使用的骨料与一般混凝土相同。对于要求使用非碱活性骨料的工程，应在使用前检验、测定骨料的碱活性，或采取控制混凝土最大碱含量的措施。轻骨料也同样能够配制补偿收缩混凝土。

5.0.5 补偿收缩混凝土与一般混凝土的用水标准相同。

6 配 合 比

6.0.1 补偿收缩混凝土和普通混凝土的标志性区别在于它可以通过自身产生的膨胀而具有抗裂防渗功能。因此，在配合比设计与试配时，应在选材和确定材料用量方面，尽可能做到有利于膨胀的发挥，以保证限制膨胀率设计值，并进行限制膨胀率测定、验证。

研究表明，钙矾石长期在80℃的环境中会分解，所以规定膨胀源是钙矾石的补偿收缩混凝土不能在环境温度大于80℃的情况下使用。因此须根据使用条件事先对膨胀剂类型进行选择。另外，我国膨胀剂生产厂家多，产品品种也多，普遍存在膨胀剂与水泥、化学外加剂的适应性问题，因此有必要事先选择、确定膨胀剂的种类。

凝结时间对混凝土的温升和表面裂缝形成有较大影响，这一点补偿收缩混凝土与普通混凝土也一样，工程实践表明，下述的凝结时间有利于补偿收缩混凝土抗裂性能的发挥：①常温施工环境下，初凝时间大于12h；②高于28℃的环境和强度等级C50以上时，初凝时间大于16h；③大体积混凝土初凝时间大于18h；④冬期施工时，初凝时间小于10h。在配合比设计时予以注意。

6.0.2 补偿收缩混凝土的限制膨胀率大小，不像强度那样主要取决于水胶比大小，而与单位膨胀剂用量关系最密切，大致成正比。以往，单纯使用百分比掺量确定膨胀剂用量，在混凝土强度等级较低或水泥用量较少时，直接采用生产厂家推荐的掺量，会出现膨胀剂实际用量不足，而导致膨胀率偏低，达不到补偿收缩的目的。科学的方法是根据设计要求的限制膨胀率，采用工程实际原材料，通过配合比试验求取。表6.0.2是为方便试验而推荐的掺量范围，研究表明，大部分补偿收缩混凝土膨胀剂掺量在此范围之内。实际应用中，由于膨胀剂品质的差异，可能出现超出表中推荐值的情况，这时应以试验结果为准。

一般而言，混凝土膨胀率越大，补偿收缩和导入自应力的效果越好，然而膨胀率过大，会使自由状态的混凝土试件抗压强度比不掺膨胀剂时有所降低。所以，应在保证达到最低强度要求的前提下确定较高的膨胀率。

6.0.3 试验研究表明，水胶比大于0.50，不仅对补偿收缩混凝土的膨胀性能有一定影响，而且混凝土的耐久性也不好，故规定不宜大于0.50。

6.0.4 单位胶凝材料用量根据单位用水量和水胶比确定。一般来说，C25～C40补偿收缩混凝土的单位胶凝材料用量为300～450kg/m³时，可获得结构致密及最佳的补偿收缩效果。研究表明，胶凝材料中掺料过多会降低膨胀性能，因此在配合比试验设计过程

中，需要根据选用水泥的品种、膨胀剂品种及混凝土强度等级等具体情况，适当调节胶凝材料中各组分的比例，比如在掺合料用量大的情况下，可以适当调高膨胀剂的掺量，确保设计要求的限制膨胀率。

6.0.5 工程设计中，出于混凝土在不同环境条件下的耐久性考虑，需要提出一些耐久性指标，为满足这些指标，在混凝土配合比设计过程中，需要采取一些必要的技术措施，如限制水胶比、限制氯离子和碱含量等等，这些要求和措施需要符合现行国家标准《混凝土结构耐久性设计规范》GB/T 50476的相关要求。

7 生产和运输

7.0.1 补偿收缩混凝土是具有膨胀性能的高品质混凝土，为了确保其品质，需要选择技术水平和生产管理水平高的预拌混凝土工厂。选择工厂时，必须考虑到达现场的运输时间、卸车时间、混凝土的生产能力、运输车数、工厂的生产设备以及质量管理状态等。

7.0.2 膨胀剂与其他外加剂必须用专用计量器，使用前确认其具有所规定的计量精度；应防止膨胀剂在上次计量后残留在计量器具上，下一次使用时应检查、清扫；当遇雨天或骨料含水率有显著变化时，应及时调整水和骨料的用量，确保原材料计量准确。

7.0.3 一般而言，膨胀剂与水泥同时投入为好。为得到均匀的混凝土，应规定恰当的投料顺序与投料方式。采用间歇式搅拌机时，由于最初的一盘混凝土中的部分砂浆会附着在搅拌机内，所以最好先预拌适量的砂浆，然后卸出，再投入规定的材料进行搅拌。

混凝土尽量以近似搅拌结束时的状态进行运输、浇筑至关重要。运输必须快捷，需要严格控制从搅拌开始到运至现场的时间。为避免出现混凝土坍落度小于浇筑要求的情况，使用缓凝剂、保塑剂是有效的。采取后掺减水剂的方法可以恢复坍落度，对强度和膨胀效果几乎没有影响。

8 浇筑和养护

8.0.1 补偿收缩混凝土的浇筑应该遵循普通混凝土的浇筑质量标准。

8.0.2 补偿收缩混凝土是具有膨胀效果的优质混凝土，其浇筑过程和注意事项也应该采取与普通混凝土相同的作业标准。

出于保证混凝土质量和洁净施工面的目的，施工遇到雨雪时，应该对新浇筑的混凝土进行覆盖保护。许多工程实例证明，万一出现施工"冷缝"，采用膨胀砂浆接缝的措施比较可靠。

终凝前对混凝土表面进行多次抹压是为了消除塑性裂缝。

8.0.3 本条规定了补偿收缩混凝土的养护方法。

1 充分的水养护是保障补偿收缩混凝土发挥其膨胀性能的关键技术措施，应予以足够的重视，特别是早期。补偿收缩混凝土在硬化初期应避免受到低温、干燥以及急剧的温度变化影响。新浇筑的混凝土既没有足够的强度，也没有建立起有效的膨胀应力，不能够抵御突然降温或振动、冲击等产生的破坏应力，为防止出现裂缝，要采取一定的保护措施。

2 北方冬期施工的混凝土，直接浇水可能会导致混凝土遭受冻害，因此需要进行保温养护，虽然这样做会导致膨胀效果的降低，但是由于冬期施工的混凝土冷缩小，与高温季节相比，需要的膨胀也较小。

3 使用补偿收缩混凝土的工程，在完工后应该尽早回填，使混凝土处于潮湿状态，对膨胀能的充分发挥十分有利。为防止温度应力造成工程裂缝，应该在降温之前对地下工程进行回填保温。

4 对补偿收缩混凝土进行保温养护、加热养护、蒸汽养护等特殊养护时，必须预先充分地研究，以确认这些措施能获得所要求的品质。

9 施工缝、防水节点和施工缺陷的处理措施

9.0.1 施工缝、穿墙螺栓孔和穿墙管道等节点部位是容易产生渗漏的部位，而且是漏浆、砂眼、结瘤挂浆等缺陷易发部位，对这些部位进行处理，可以消除渗漏隐患并改善构件的外观，选用水泥基无机材料可以实现防渗与结构本体材料等寿命。膨胀砂浆可以按去掉石子后的填充用膨胀混凝土配合比拌制；也可以拌制1∶2砂浆，水泥中的膨胀剂掺量按生产厂推荐值的高限。

9.0.2 处理现浇混凝土结构的外观质量缺陷，要按照现行国家标准的相关要求进行，在进行修补时优先

采用膨胀水泥砂浆或膨胀混凝土，是由于其膨胀作用可以使新老混凝土结合部位牢固粘接。

9.0.3 对于贯穿性裂缝，采取灌浆的方法可以将裂缝全面封闭；对于非贯穿性裂缝或局部裂缝，采用膨胀水泥砂浆修补能够节约修补成本。对同一结构的裂缝处理，也可以根据实际需要结合使用两种措施。

10 验 收

10.0.2 规定了补偿收缩混凝土原材料进场复验验收原则。

10.0.3、10.0.4 规定了补偿收缩混凝土限制膨胀率取样方式、检验方法和验收原则。

补偿收缩混凝土确有减少和消除混凝土裂缝的作用，但是应用不当，如养护不到位膨胀性能没有充分发挥、混凝土水化热过高产生的冷缩大于其补偿收缩能力等，混凝土结构也会产生一些裂缝，规定了因施工过程中出现的裂缝或其他外观缺陷的后续处理和验收原则。

附录 A 限制状态下补偿收缩混凝土抗压强度检验方法

A.0.1 大膨胀混凝土在无约束情况下，抗压强度会显著降低；在充分限制情况下，其强度比无约束状态高，也高于相同配合比的普通混凝土。制定本检验方法，目的在于使试验结果更趋近于工程实际情况。

A.0.2 钢制模型的弹性模量与混凝土中的钢筋相同，约束力强，采用单块模型比三联模型的效果好。

A.0.3 为了保证混凝土膨胀需要的水分，并充分受到约束，达到理想的膨胀效果，至少需要保持带模湿润养护 7d。

中华人民共和国行业标准

海砂混凝土应用技术规范

Technical code for application of sea sand concrete

JGJ 206—2010

批准部门：中华人民共和国住房和城乡建设部
施行日期：２０１０年１２月１日

中华人民共和国住房和城乡建设部
公 告

第 578 号

关于发布行业标准
《海砂混凝土应用技术规范》的公告

现批准《海砂混凝土应用技术规范》为行业标准，编号为 JGJ 206 - 2010，自 2010 年 12 月 1 日起实施。其中，第 3.0.1 条为强制性条文，必须严格执行。

本规范由我部标准定额研究所组织中国建筑工业出版社出版发行。

中华人民共和国住房和城乡建设部
2010 年 5 月 18 日

前 言

根据住房和城乡建设部《关于印发〈2008 年工程建设标准规范制订、修订计划（第一批）〉的通知》（建标〔2008〕102 号）的要求，编制组经广泛调查研究，认真总结实践经验，参考有关国际标准和国外先进标准，并在广泛征求意见的基础上，制订本规范。

本规范的主要技术内容有：1. 总则；2. 术语；3. 基本规定；4. 原材料；5. 海砂混凝土性能；6. 配合比设计；7. 施工；8. 质量检验和验收。

本规范以黑体字标志的条文为强制性条文，必须严格执行。

本规范由住房和城乡建设部负责管理和对强制性条文的解释，由中国建筑科学研究院负责具体技术内容的解释。执行过程中如有意见或建议，请寄送至中国建筑科学研究院建筑材料研究所《海砂混凝土应用技术规范》标准编制组（地址：北京市北三环东路 30 号，邮政编码：100013）。

本 规 范 主 编 单 位：中国建筑科学研究院
浙江中联建设集团有限公司

本 规 范 参 编 单 位：舟山弘业预拌混凝土有限公司
青岛理工大学
宁波华基混凝土有限公司
深圳大学
上海市建筑科学研究院（集团）有限公司
厦门市建筑科学研究院集团股份有限公司
中交上海三航科学研究院有限公司
中国建筑第二工程局有限公司
中交天津港湾工程研究院有限公司
北京耐久伟业科技有限公司
建研建材有限公司

本规范主要起草人员：冷发光　丁　威　周永祥
周岳年　赵铁军　刘江平
邢　锋　施钟毅　纪宪坤
苏　卿　刘　伟　王　彤
王　晶　田冠飞　李景芳
何更新　桂苗苗　王成启
曹巍巍　张　俐　李俊毅
张小冬　陈　思

本规范主要审查人员：姜福田　洪乃丰　石云兴
闻德荣　朋改非　封孝信
张仁瑜　蔡亚宁　杜　雷

目　次

Contents

1 总　　则

1.0.1 为规范海砂混凝土的应用，保证工程质量，制定本规范。

1.0.2 本规范适用于建设工程中海砂混凝土的配合比设计、施工、质量检验和验收。

1.0.3 海砂混凝土的应用除应符合本规范外，尚应符合国家现行有关标准的规定。

2 术　　语

2.0.1 海砂　sea sand
出产于海洋和入海口附近的砂，包括滩砂、海底砂和入海口附近的砂。

2.0.2 滩砂　beach sand
出产于海滩的砂。

2.0.3 海底砂　undersea sand
出产于浅海或深海海底的砂。

2.0.4 海砂混凝土　sea sand concrete
细骨料全部或部分采用海砂的混凝土。

2.0.5 净化处理　washing treatment
采用专用设备对海砂进行淡水淘洗并使之符合本规范要求的生产过程。

3 基 本 规 定

3.0.1 用于配制混凝土的海砂应作净化处理。

3.0.2 海砂不得用于预应力混凝土。

3.0.3 配制海砂混凝土宜采用海底砂。

3.0.4 海砂宜与人工砂或天然砂混合使用。

4 原 材 料

4.1 海　　砂

4.1.1 海砂的颗粒级配应符合表 4.1.1 的要求，且宜选用Ⅱ区砂。

表 4.1.1　海砂的颗粒级配

累计筛余（%）　级配区 方孔筛筛孔边长	Ⅰ区	Ⅱ区	Ⅲ区
4.75mm	10～0	10～0	10～0
2.36mm	35～5	25～0	15～0
1.18mm	65～35	50～10	25～0
600μm	85～71	70～41	40～16
300μm	95～80	92～70	85～55

续表 4.1.1

累计筛余（%）　级配区 方孔筛筛孔边长	Ⅰ区	Ⅱ区	Ⅲ区
150μm	100～90	100～90	100～90

注：除 4.75mm 和 600μm 筛外，其他筛的累计筛余可略有超出，超出总量不应大于 5%。

4.1.2 海砂的质量应符合表 4.1.2 的要求。海砂质量检验的试验方法应符合现行行业标准《普通混凝土用砂、石质量及检验方法标准》JGJ 52 的规定。

表 4.1.2　海砂的质量要求

项　　目	指　　标
水溶性氯离子含量（%，按质量计）	≤0.03
含泥量（%，按质量计）	≤1.0
泥块含量（%，按质量计）	≤0.5
坚固性指标（%）	≤8
云母含量（%，按质量计）	≤1.0
轻物质含量（%，按质量计）	≤1.0
硫化物及硫酸盐含量（%，折算为 SO₃，按质量计）	≤1.0
有机物含量	符合现行行业标准《普通混凝土用砂、石质量及检验方法标准》JGJ 52 的规定

4.1.3 海砂应进行碱活性检验，检验方法应符合现行国家标准《建筑用砂》GB/T 14684 的规定。当采用有潜在碱活性的海砂时，应采取有效的预防碱-骨料反应的技术措施。

4.1.4 海砂中贝壳的最大尺寸不应超过 4.75mm。贝壳含量应符合表 4.1.4 的要求。对于有抗冻、抗渗或其他特殊要求的强度等级不大于 C25 的混凝土用砂，贝壳含量不应大于 8%。贝壳含量的试验方法应符合现行行业标准《普通混凝土用砂、石质量及检验方法标准》JGJ 52 的规定。

表 4.1.4　海砂中贝壳含量

混凝土强度等级	≥C60	C40～C55	C35～C30	C25～C15
贝壳含量（%，按质量计）	≤3	≤5	≤8	≤10

4.1.5 海砂的放射性应符合现行国家标准《建筑材料放射性核素限量》GB 6566 的规定。

4.2 其他原材料

4.2.1 海砂混凝土宜采用硅酸盐水泥或普通硅酸盐水泥。水泥应符合现行国家标准《通用硅酸盐水泥》GB 175 的规定，且氯离子含量不得大于 0.025%。

4.2.2 海砂混凝土宜采用粉煤灰、粒化高炉矿渣粉、硅灰等矿物掺合料，且粉煤灰等级不宜低于 II 级，粒化高炉矿渣粉等级不宜低于 S95 级。粉煤灰和粒化高炉矿渣粉应分别符合现行国家标准《用于水泥和混凝土中的粉煤灰》GB/T 1596 和《用于水泥和混凝土中的粒化高炉矿渣粉》GB/T 18046 的规定。

4.2.3 海砂混凝土用粗骨料和除海砂之外的细骨料应符合现行行业标准《普通混凝土用砂、石质量及检验方法标准》JGJ 52 的规定。

4.2.4 海砂混凝土用水应符合现行行业标准《混凝土用水标准》JGJ 63 的规定，且拌合用水的氯离子含量不得超过 250mg/L。

4.2.5 海砂混凝土用外加剂应符合现行国家标准《混凝土外加剂》GB 8076 和《混凝土外加剂应用技术规范》GB 50119 的规定。海砂混凝土宜采用聚羧酸系减水剂，且聚羧酸系减水剂的质量应符合现行行业标准《聚羧酸系高性能减水剂》JG/T 223 的规定。

4.2.6 海砂混凝土用于钢筋混凝土工程时，可掺加钢筋阻锈剂。阻锈剂的应用应符合现行行业标准《钢筋阻锈剂应用技术规程》JGJ/T 192 的规定。

5 海砂混凝土性能

5.1 拌合物技术要求

5.1.1 海砂混凝土拌合物应具有良好的粘聚性、保水性和流动性，不得离析或泌水。

5.1.2 海砂混凝土坍落度应满足工程设计和施工要求；泵送海砂混凝土坍落度经时损失不宜大于 30mm/h。海砂混凝土坍落度的试验方法应符合现行国家标准《普通混凝土拌合物性能试验方法标准》GB/T 50080 的规定。

5.1.3 海砂混凝土拌合物的水溶性氯离子最大含量应符合表 5.1.3 的要求。海砂混凝土拌合物的水溶性氯离子含量宜按照现行行业标准《水运工程混凝土试验规程》JTJ 270 中混凝土拌合物中氯离子含量的快速测定方法进行测定。

表 5.1.3 海砂混凝土拌合物水溶性氯离子最大含量

环境条件	水溶性氯离子最大含量（%，水泥用量的质量百分比）	
	钢筋混凝土	素混凝土
干燥环境	0.3	0.3
潮湿但不含氯离子的环境	0.1	
潮湿且含有氯离子的环境	0.06	
腐蚀环境	0.06	

5.2 力学性能

5.2.1 海砂混凝土的强度标准值、强度设计值、弹性模量、轴心抗压强度与轴心抗拉疲劳强度设计值、疲劳变形模量等应符合现行国家标准《混凝土结构设计规范》GB 50010 的规定。海砂混凝土力学性能应按照现行国家标准《普通混凝土力学性能试验方法标准》GB/T 50081 的规定进行试验测定，并应满足设计要求。

5.2.2 海砂混凝土抗压强度应按现行国家标准《混凝土强度检验评定标准》GB/T 50107 进行评定，并应满足设计要求。

5.3 长期性能与耐久性能

5.3.1 海砂混凝土的干缩率和徐变系数应满足设计要求。

5.3.2 海砂混凝土耐久性应满足表 5.3.2 的要求。

表 5.3.2 海砂混凝土耐久性要求

项 目		技术要求
碳化深度（mm）		≤25
抗硫酸盐等级（有抗硫酸盐侵蚀性能要求时）		≥KS60
抗渗等级		≥P8
抗氯离子渗透	28d 电通量（C）	≤3000
	84d RCM 氯离子迁移系数（$10^{-12} m^2/s$）	≤4.0
抗冻等级（有抗冻性能要求时）		≥F100
碱-骨料反应（%，52 周膨胀率）		≤0.04

5.3.3 海砂混凝土长期性能与耐久性能的试验方法应符合现行国家标准《普通混凝土长期性能和耐久性能试验方法标准》GB/T 50082 的规定。

6 配合比设计

6.1 一 般 规 定

6.1.1 海砂混凝土配合比设计应符合现行行业标准《普通混凝土配合比设计规程》JGJ 55 的规定，并应满足设计和施工要求。

6.1.2 海砂混凝土的最大水胶比应符合现行国家标准《混凝土结构耐久性设计规范》GB/T 50476 的规定。

6.1.3 除 C15 及其以下强度等级的混凝土外，海砂混凝土的胶凝材料最小用量应符合表 6.1.3 的要求。海砂混凝土的胶凝材料最大用量不宜超过 550kg/m³。

表 6.1.3 海砂混凝土的胶凝材料最小用量（kg/m³）

最大水胶比	素混凝土	钢筋混凝土
0.60	250	280
0.55	280	300
0.50	320	
0.45	350	

注：1 胶凝材料用量是指水泥用量和矿物掺合料用量之和；

2 最大水胶比数值介于表中相邻两个水胶比之间时，其对应的胶凝材料最小用量可采用线性插值的方法计算得到。

6.1.4 矿物掺合料和外加剂的品种和掺量应经混凝土试配确定，并应满足海砂混凝土强度和耐久性设计要求以及施工要求。

6.1.5 海砂混凝土的氯离子含量应符合本规范表 5.1.3 的规定。

6.1.6 海砂混凝土不宜用于除冰盐环境。当用于长期处于潮湿的严寒环境、严寒和寒冷地区冬季水位变动环境等时应掺用引气剂，混凝土的含气量宜为 4.5%～6.0%，且不应超过 7.0%。

6.1.7 当采用人工砂与海砂混合配制海砂混凝土时，海砂与人工砂的质量比宜为 2/3～3/2。

6.1.8 对于重要工程结构，混凝土中碱含量（以 Na_2O_{eq} 计）不宜大于 3.0kg/m³；对于与预防碱-骨料反应措施有关的混凝土总碱含量计算，粉煤灰碱含量计算可取粉煤灰碱含量测试值的 1/6，矿渣粉碱含量计算可取矿渣粉碱含量测试值的 1/2。

6.2 配制强度的确定

6.2.1 海砂混凝土的配制强度应符合下列规定：

1 当设计强度等级小于或等于 C60 时，配制强度应符合下式规定：

$$f_{cu,0} \geqslant f_{cu,k} + 1.645\sigma \quad (6.2.1-1)$$

式中：$f_{cu,0}$ ——海砂混凝土的配制强度（MPa）；

$f_{cu,k}$ ——混凝土立方体抗压强度标准值，此处为设计的海砂混凝土强度等级值（MPa）；

σ ——海砂混凝土的强度标准差（MPa）。

2 当设计强度等级大于 C60 时，配制强度应符合下式规定：

$$f_{cu,0} \geqslant 1.15 f_{cu,k} \quad (6.2.1-2)$$

6.2.2 海砂混凝土强度标准差应按下列规定确定：

1 当具有近 1 个月～3 个月的同一品种海砂混凝土的强度资料时，其强度标准差 σ 应按下式计算：

$$\sigma = \sqrt{\frac{\sum_{i=1}^{n} f_{cu,i}^2 - n m_{fcu}^2}{n-1}} \quad (6.2.2)$$

式中：$f_{cu,i}$ ——第 i 组的试件强度平均值（MPa）；

m_{fcu} ——n 组试件的强度平均值（MPa）；

n ——试件组数，n 应大于等于 30。

2 对于强度等级小于等于 C30 的海砂混凝土，当 σ 计算值大于等于 3.0MPa 时，应按计算结果取值；当 σ 计算值小于 3.0MPa 时，σ 取 3.0MPa。对于强度等级大于 C30 且小于等于 C60 的海砂混凝土，当 σ 计算值大于等于 4.0MPa 时，应按照计算结果取值；当 σ 计算值小于 4.0MPa 时，σ 应取 4.0MPa。

3 当没有近期的同品种海砂混凝土强度资料时，其强度标准差 σ 可按表 6.2.2 取值。

表 6.2.2 标准差 σ 值（MPa）

混凝土强度标准差值	≤C20	C25～C45	C50～C60
σ	4.0	5.0	6.0

6.3 配合比计算

6.3.1 海砂混凝土配合比计算应符合现行行业标准《普通混凝土配合比设计规程》JGJ 55 的规定。

6.3.2 海砂混凝土配合比计算宜采用质量法。

6.3.3 海砂混凝土配合比计算中骨料应以干燥状态下的质量为基准。

6.3.4 海砂混凝土每立方米拌合物的假定质量宜按下列规定取值：

1 混凝土强度等级不大于 C35 时，假定质量宜为 2300kg～2400kg。

2 混凝土强度等级大于 C35 时，假定质量宜为 2350kg～2450kg。

3 混凝土强度等级较高时，宜取上限值；混凝土强度等级较低时，宜取下限值。

6.4 配合比试配、调整与确定

6.4.1 海砂混凝土试配、调整与确定应符合现行行业标准《普通混凝土配合比设计规程》JGJ 55 的规定。

6.4.2 在海砂混凝土试配过程中，应根据贝壳和轻物质等的影响，对配合比进行调整。

6.4.3 在确定设计配合比和施工配合比前，应测定混凝土拌合物的表观密度，并应按下式计算配合比校正系数（δ）：

$$\delta = \frac{\rho_{c,t}}{\rho_{c,c}} \qquad (6.4.3)$$

式中：$\rho_{c,t}$——混凝土拌合物表观密度实测值（kg/m³）；

$\rho_{c,c}$——混凝土表观密度计算值，即每立方米混凝土所用原材料质量之和（kg/m³）。

6.4.4 当混凝土表观密度实测值与计算值之差的绝对值超过计算值的2%时，应将配合比中每项材料用量均乘以校正系数（δ），作为确定的设计配合比。

6.4.5 配合比设计时，应按照本规范第5.1.3条规定的方法测试拌合物的水溶性氯离子含量。当海砂批次发生变化时，应重新测试拌合物的水溶性氯离子含量。

6.4.6 配合比设计时，应在满足混凝土拌合物性能要求和混凝土设计强度等级的基础上，对设计要求的或本规范第5.3.2条规定的混凝土耐久性项目进行检验和评定。检验不合格的配合比，不得确定为设计配合比。

7 施 工

7.1 一 般 规 定

7.1.1 海砂混凝土的施工应符合现行国家标准《混凝土质量控制标准》GB 50164 的有关规定。

7.1.2 在施工过程中，应按本规范第8章的要求对海砂及其他原材料、混凝土质量进行检验。

7.2 海砂混凝土的制备、运输、浇筑和养护

7.2.1 海砂混凝土宜采用预拌混凝土。当需要在现场制备混凝土时，宜采用具有自动计量装置的现场集中搅拌方式。

7.2.2 原材料计量宜采用电子计量仪器，计量仪器在使用前应进行检查。每盘原材料计量的允许偏差应符合表7.2.2的要求。

表 7.2.2 每盘原材料计量的允许偏差

原材料种类	允许偏差（按质量计）
胶凝材料（水泥、掺合料等）	±2%
化学外加剂（高效减水剂或其他化学添加剂）	±1%

续表 7.2.2

原材料种类	允许偏差（按质量计）
粗、细骨料	±3%
拌合用水	±1%

7.2.3 海砂混凝土的拌制宜采用双卧轴强制式搅拌机，搅拌时间可控制在60s～90s。当采用细度模数小于2.3的海砂和（或）粉剂外加剂配制混凝土时，搅拌时间宜取上限值。

7.2.4 制备混凝土前，应测定粗、细骨料的含水率，并应根据含水率的变化调整混凝土配合比。每工作班应至少抽测2次，雨雪天应增加抽测次数。骨料堆场宜搭设遮雨棚。

7.2.5 在每个工作班开始前，宜在堆场用铲车将海砂翻拌均匀。

7.2.6 海砂混凝土的运输、浇筑、养护应符合现行国家标准《混凝土质量控制标准》GB 50164 的有关规定。

8 质量检验和验收

8.1 混凝土原材料质量检验

8.1.1 混凝土原材料进场时，应按规定批次验收型式检验报告、出厂检验报告或合格证等质量证明文件，外加剂产品还应具有使用说明书。

8.1.2 原材料进场后，应进行进场检验，且在混凝土生产过程中，宜对混凝土原材料进行随机抽检。

8.1.3 原材料进场检验和生产中抽检的项目应符合下列规定：

1 海砂的检验项目应包括氯离子含量、颗粒级配、细度模数、贝壳含量、含泥量和泥块含量。

2 其他原材料的检验项目应按国家现行有关标准执行。

8.1.4 原材料的检验规则应符合下列规定：

1 海砂应按每400m³ 或600t 为一个检验批。同一产地的海砂，放射性可只检验一次；当有可靠的放射性检验数据时，可不再检验。

2 散装水泥应按每500t 为一个检验批，袋装水泥应按每200t 为一个检验批；矿物掺合料应为每200t 为一个检验批；砂、石应按每400m³ 或600t 为一个检验批；外加剂应按每50t 为一个检验批。

3 不同批次或非连续供应的混凝土原材料，在不足一个检验批量情况下，应按同品种和同等级材料每批次检验一次。

8.1.5 海砂及其他原材料的质量应符合本规范第4章的规定。

8.2 混凝土拌合物性能检验

8.2.1 制备系统的计量仪器、设备应经检定合格后方可使用，且混凝土生产单位每月应自检一次。原材料计量偏差应每班检查1次；混凝土搅拌时间应每班检查2次，原材料计量偏差和搅拌时间应分别符合本规范第7.2.2条和第7.2.3条的规定。

8.2.2 在生产和施工过程中，应对海砂混凝土拌合物进行抽样检验，坍落度、粘聚性和保水性应在搅拌地点和浇筑地点分别取样检验；水溶性氯离子含量应在浇筑地点取样检验。

8.2.3 对于海砂混凝土拌合物的坍落度、粘聚性和保水性项目，每工作班应至少检验2次；同一工程、同一配合比的海砂混凝土，水溶性氯离子含量应至少检验1次。

8.2.4 海砂混凝土拌合物性能应符合本规范第5.1节的规定。

8.2.5 当海砂混凝土拌合物性能出现异常时，应查找原因，并应根据实际情况，对配合比进行调整。

8.3 硬化混凝土性能检验

8.3.1 对海砂混凝土的力学性能、长期性能和耐久性能检验时，应对设计规定的项目进行检验，设计未规定的项目可不检验。

8.3.2 海砂混凝土性能检验应符合下列规定：

    1 强度检验应符合现行国家标准《混凝土强度检验评定标准》GB/T 50107的规定，其他力学性能检验应符合工程要求和国家现行有关标准的规定。

    2 耐久性检验评定应符合现行行业标准《混凝土耐久性检验评定标准》JGJ/T 193的规定。

    3 长期性能检验可按现行行业标准《混凝土耐久性检验评定标准》JGJ/T 193中耐久性检验的有关规定执行。

8.3.3 海砂混凝土力学性能应符合本规范第5.2节的规定，长期性能和耐久性能应符合本规范第5.3节的规定。

8.4 混凝土工程验收

8.4.1 海砂混凝土工程验收应符合现行国家标准《混凝土结构工程施工质量验收规范》GB 50204的规定。

8.4.2 海砂混凝土工程验收时，应符合本规范对海砂混凝土长期性能和耐久性能的规定。

本规范用词说明

    1 为便于在执行本规范条文时区别对待，对要求严格程度不同的用词说明如下：

        1）表示很严格，非这样做不可的：

        正面词采用"必须"，反面词采用"严禁"；

        2）表示严格，在正常情况下均应这样做的：

        正面词采用"应"，反面词采用"不应"或"不得"；

        3）表示允许稍有选择，在条件许可时首先应这样做的：

        正面词采用"宜"，反面词采用"不宜"；

        4）表示有选择，在一定条件下可以这样做的，采用"可"。

    2 条文中指明应按其他有关标准执行的写法为："应符合……的规定"或"应按……执行"。

引用标准名录

    1《混凝土结构设计规范》GB 50010

    2《普通混凝土拌合物性能试验方法标准》GB/T 50080

    3《普通混凝土力学性能试验方法标准》GB/T 50081

    4《普通混凝土长期性能和耐久性能试验方法标准》GB/T 50082

    5《混凝土强度检验评定标准》GB/T 50107

    6《混凝土外加剂应用技术规范》GB 50119

    7《混凝土质量控制标准》GB 50164

    8《混凝土结构工程施工质量验收规范》GB 50204

    9《混凝土结构耐久性设计规范》GB/T 50476

    10《通用硅酸盐水泥》GB 175

    11《用于水泥和混凝土中的粉煤灰》GB/T 1596

    12《建筑材料放射性核素限量》GB 6566

    13《混凝土外加剂》GB 8076

    14《建筑用砂》GB/T 14684

    15《用于水泥和混凝土中的粒化高炉矿渣粉》GB/T 18046

    16《普通混凝土用砂、石质量及检验方法标准》JGJ 52

    17《普通混凝土配合比设计规程》JGJ 55

    18《混凝土用水标准》JGJ 63

    19《钢筋阻锈剂应用技术规程》JGJ/T 192

    20《混凝土耐久性检验评定标准》JGJ/T 193

    21《聚羧酸系高性能减水剂》JG/T 223

    22《水运工程混凝土试验规程》JTJ 270

中华人民共和国行业标准

海砂混凝土应用技术规范

JGJ 206—2010

条 文 说 明

制 订 说 明

《海砂混凝土应用技术规范》（JGJ 206 - 2010），经住房和城乡建设部 2010 年 5 月 18 日以第 578 号公告批准、发布。

本规范制定过程中，编制组进行了广泛而深入的调查研究，总结了我国工程建设中海砂混凝土应用的实践经验，同时参考了国外先进技术法规、技术标准，通过试验取得了海砂混凝土应用的重要技术参数。

为便于广大设计、施工、科研、学校等单位有关人员在使用本标准时能正确理解和执行条文规定，《海砂混凝土应用技术规范》编制组按章、节、条顺序编制了本标准的条文说明，对条文规定的目的、依据以及执行中需注意的有关事项进行了说明。但是，本条文说明不具备与标准正文同等的法律效力，仅供使用者作为理解和把握标准规定的参考。

目 次

1 总 则

1.0.1 海砂混凝土在日本、英国、我国台湾地区等已有数十年的应用历史，20 世纪 90 年代以来，我国海砂混凝土的应用有了较大发展。海砂混凝土的应用，国内外均走过弯路，在混凝土结构耐久性方面付出过沉重的代价。本规范本着从严控制的原则，以确保海砂混凝土的工程质量为目的。本规范主要根据我国现有的标准规范、科研成果和实践经验，并参考国外先进标准制定而成。

1.0.2 本规范的适用范围包括建筑工程和其他建设行业中使用的海砂混凝土。

1.0.3 对于海砂混凝土的有关技术内容，本规范规定的以本规范为准，未作规定的应按照其他标准执行。

2 术 语

2.0.1 建设工程中应用的海砂大致可分为滩砂、海底砂和入海口附近的砂，其中以海底砂为主。入海口是河流与海洋的汇合处，淡水和海水的界线不易分明，且随着季节发生变化，为保险起见，故规定入海口附近的砂属于海砂。

2.0.3 目前海砂主要来源于浅海地区的海底砂，一般属于陆源砂。

2.0.4 掺有海砂的混凝土，无论掺加比例多少，都视为海砂混凝土。

2.0.5 海砂的净化处理需要使用专用设备，采用淡水淘洗。净化过程包括去除氯离子等有害离子、泥、泥块，以及粗大的砾石和贝壳等杂质。

3 基 本 规 定

3.0.1 海砂因含有较高的氯离子、贝壳等物质，直接用于配制混凝土会严重影响结构的耐久性，造成严重的工程质量问题甚至酿成事故。海砂的净化处理需要采用专用设备进行淡水淘洗，并去除泥、泥块、粗大的砾石和贝壳等杂质。采用简易的人工清洗，含盐量和杂质不易去除干净，且均匀性差，质量难以控制。海砂用于配制混凝土，应特别考虑影响建设工程的安全性和耐久性的因素，确保工程质量，确保海砂应用的安全性。鉴于我国目前质量管理的现实状况，本规范规定，用于配制混凝土的海砂应作净化处理（净化处理的解释见本规范术语部分第 2.0.5 条），并将此条作为强制性条文。

3.0.2 国内外有关标准规范中，对预应力混凝土结构的氯离子总量限制最为严格。《混凝土结构耐久性设计规范》GB/T 50476 的有关条文说明阐述：重要

结构的混凝土不得使用海砂配制。而预应力混凝土一般属于重要结构。国内工程中，预应力混凝土也很少采用海砂。因此，本着确保结构安全的原则，本规范规定预应力混凝土结构不得使用海砂混凝土。

3.0.3、3.0.4 海砂主要包括滩砂、海底砂和入海口附近的砂。开采滩砂和入海口附近的砂会破坏海岸线及其周边的生态环境，甚至会造成滨海地质环境的改变。此外，滩砂通常比海底砂要细，多属于细砂范畴，采用滩砂配制的混凝土，性能相比海底砂较差。

海砂经过净化之后能够满足一般建设工程用砂的要求，但海砂的大量开采会破坏采砂区的生态环境。以日本为例，20 世纪八九十年代，日本的海砂用量占整个建筑用砂的比例高达 30% 左右。经过近 20 多年的海砂开采，日本周边海洋的生态环境出现了严重的破坏；加之，海砂虽经淡化处理，仍然比其他砂更具有潜在的危害性。自 2000 年起，日本开始逐渐禁止采掘海砂。濑户内海于 2003 年禁止开采海砂，其余海域亦从严审查。2007 年，日本海砂占建筑用砂的比例已经下降到 12%。在使用方式上，海砂通常与人工砂（机制砂）混合使用。在应用中，由于天然砂石的表面形貌较为圆滑，骨料堆积紧密，空隙率低，配制混凝土的工作性较好。然而天然砂产量日趋减少，人工砂是未来建筑用砂的必然趋势。人工砂与海砂混合使用，既可降低混凝土的氯离子含量，又可以节约天然砂资源。当有其他天然砂资源时，也允许海砂与其他天然砂（如河砂）混合使用。

4 原 材 料

4.1 海 砂

4.1.1 本条与《普通混凝土用砂、石质量及检验方法标准》JGJ 52 和《建筑用砂》GB/T 14684 的要求一致。

4.1.2 本条对混凝土用海砂的若干重要性能指标进行了规定，其要求或高于《普通混凝土用砂、石质量及检验方法标准》JGJ 52 的规定，或取该标准中最严格的限值，以达到从严控制的目的。

1 水溶性氯离子含量

《普通混凝土用砂、石质量及检验方法标准》JGJ 52 中对砂的氯离子含量作为强制性条文规定：钢筋混凝土用砂，氯离子含量不得大于 0.06%（以干砂质量百分率计）；预应力钢筋混凝土用砂，氯离子含量不得大于 0.02%。

日本标准《预拌混凝土》JIS A5308：2003 对砂的氯离子含量的要求是：氯盐（按 NaCl 计算）含量不超过 0.04%（相当于 0.024% 的 Cl$^-$ 含量），同时

又规定：如砂的氯盐含量超过 0.04%，则应获得用户许可，但不得超过 0.1%（相当于 0.06%的 Cl⁻ 含量）；如果用于先张预应力混凝土的砂，氯盐含量不应超过 0.02%（相当于 0.012%的 Cl⁻ 含量），即使得到用户许可，也不应超过 0.03%（相当于 0.018%的 Cl⁻ 含量）。

我国台湾地区的标准《混凝土粒料》CNS 1240 沿用了日本最严格的规定：预应力钢筋混凝土用砂，水溶性氯离子含量不得大于 0.012%；所有其他混凝土用砂，水溶性氯离子含量不得大于 0.024%。

本标准借鉴日本和我国台湾地区的标准，并同时考虑到我国大陆地区的实际情况，将钢筋混凝土用海砂的氯离子含量限值规定为 0.03%，低于《普通混凝土用砂、石质量及检验方法标准》JGJ 52 规定的 0.06%。

本规范规定的海砂氯离子含量低于 JGJ 52 的另外一个原因是：目前采用《普通混凝土用砂、石质量及检验方法标准》JGJ 52 测定氯离子含量的制样方法，与工程中使用海砂的实际中的做法不相符，且会低估海砂中氯离子的含量。该标准的制样方法为：取经缩分后的样品，在温度（105±5）℃的烘箱中烘干至恒重，经冷却至室温备用，简称为干砂制样。另一种与实际情况相符合的制样方法是采用湿砂进行制样：先测定砂的含水率 ω_{wc}，然后根据试验所用的干砂质量 500g，计算得到湿砂的实际用量 $500/(1-\omega_{wc})$g，简称湿砂制样。干砂制样和湿砂制样后的其他试验操作完全相同。

采用 A、B 两个砂样分别用不同水砂比例（质量）淘洗、过滤，获得不同的淡化砂，分别采用两种制样方法测试氯离子含量。试验发现，同样的砂样，湿砂制样测定的氯离子含量比干砂制样的要高 20%~30%以上（图 1）。而且，无论是海砂原砂还是淡化砂，无论是试验室取样还是海砂净化生产线现场取样，这一规律都明显存在。其主要原因是干砂制样过程会造成氯离子的损失。

在实际生产中使用海砂时，一般不存在烘干的过程，因此，湿砂制样更能准确反映实际情况，且结果偏于安全。试验结果发现，两种制样方法的测试结果存在近似的平行关系，可以视为系统误差进行处理，因此，在不改变《普通混凝土用砂、石质量及检验方法标准》JGJ 52 干砂制样的试样方法的前提下，可以通过降低氯离子含量的限值来弥补制样方法带来的对砂样氯离子含量的低估。因此，本标准仍采用《普通混凝土用砂、石质量及检验方法标准》JGJ 52 的制样方法，但提高了指标要求。

2　含泥量与泥块含量

《建筑用砂》GB/T 14684-2001 对天然砂的含泥量和泥块含量的规定如表 1。

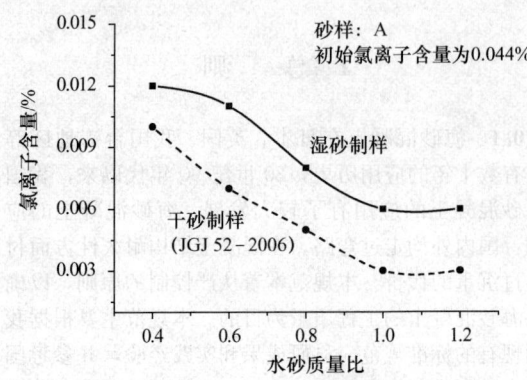

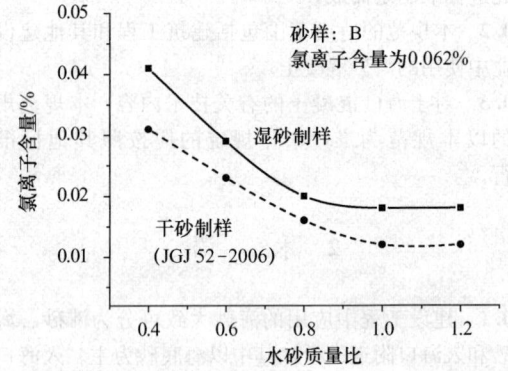

图 1　不同制样方法对测定氯离子含量的影响

表 1　含泥量和泥块含量

项　目	指标		
	Ⅰ类	Ⅱ类	Ⅲ类
含泥量（%，按质量计）	<1.0	<3.0	<5.0
泥块含量（%，按质量计）	0	<1.0	<2.0

《普通混凝土用砂、石质量及检验方法标准》JGJ 52 对天然砂中含泥量和泥块含量的规定分别如表 2 和表 3 所示。且规定：对于有抗冻、抗渗或其他特殊要求的小于或等于 C25 混凝土用砂，其含泥量不应大于 3.0%。对于有抗冻、抗渗或其他特殊要求的小于或等于 C25 混凝土用砂，其泥块含量不应大于 1.0%。

表 2　天然砂中含泥量

混凝土强度等级	≥C60	C55~C30	≤C25
含泥量（%，按质量计）	≤2.0	≤3.0	≤5.0

表 3　天然砂中泥块含量

混凝土强度等级	≥C60	C55~C30	≤C25
泥块含量（%，按质量计）	≤0.5	≤1.0	≤2.0

试验发现，经过净化处理的海砂，易于做到含泥量小于 1.0%，泥块含量小于 0.5%。此两项指标规定为现有砂、石标准的最严格限值，对于海砂混凝土的质量控制具有重要意义。

3 坚固性

《普通混凝土用砂、石质量及检验方法标准》JGJ 52 根据混凝土所处的环境及其性能要求，将砂的坚固性指标分为两个等级：≤8% 和≤10%。本规范考虑到海砂多用于滨海环境，且海砂来源复杂，颗粒表面质地可能较河砂差，所以将坚固性指标规定为较为严格的≤8%。

4 云母、轻物质、硫化物及硫酸盐和有机物含量

《建筑用砂》GB/T 14684 - 2001 对天然砂的云母、轻物质、硫化物及硫酸盐和有机物含量的规定如下表。

表 4 有害物质含量

项　　目	指　　标		
	Ⅰ 类	Ⅱ 类	Ⅲ 类
云母（％，按质量计）	<1.0	<2.0	<2.0
轻物质（％，按质量计）	1.0	1.0	1.0
有机物（比色法）	合格	合格	合格
硫化物及硫酸盐（％，按 SO_3 质量计）	<0.5	<0.5	<0.5

《普通混凝土用砂、石质量及检验方法标准》JGJ 52 对天然砂中云母、轻物质、硫化物及硫酸盐和有机物含量的规定如表 5 所示。

表 5 砂中的有害物质含量

项　　目	质量指标
云母（％，按质量计）	≤2.0
轻物质（％，按质量计）	≤1.0
硫化物及硫酸盐（％，按 SO_3 质量计）	≤1.0
有机物（用比色法试验）	颜色不应深于标准色。当颜色深于标准色时，应按水泥胶砂强度试验方法进行强度对比试验，抗压强度比不应低于 0.95

考虑到海砂混凝土的使用环境和海砂性能，云母、轻物质、硫化物及硫酸盐和有机物含量基本按照现行国家标准《建筑用砂》GB/T 14684 的最高标准进行要求。此外，海砂中硫酸盐含量较低，参照建工的行业标准，硫化物及硫酸盐含量相应取值为≤1.0%。

4.1.3 海砂通常比河砂具有更大的碱活性风险，应用前需要进行检验。对于有潜在碱活性的海砂，应采取控制混凝土的总碱含量、掺加可预防破坏性碱-骨料反应的矿物掺合料、使用低碱水泥等措施。这些措施经确认有效后，方能使用。

4.1.4 《普通混凝土用砂、石质量及检验方法标准》JGJ 52 对海砂中的贝壳含量进行了规定，但未对贝壳尺寸进行规定，大贝壳会明显影响混凝土的性能，故对贝壳尺寸进行了规定。《普通混凝土用砂、石质量及检验方法标准》JGJ 52 - 2006 对贝壳含量的规定见表 6。

表 6 海砂中贝壳含量

混凝土强度等级	≥C40	C35～C30	C25～C15
贝壳含量（％，按质量计）	≤3	≤5	≤8

目前宁波、舟山地区经过净化的海砂，其贝壳含量的常见范围是 5%～8%。故 JGJ 52 - 2006 的规定将在很大程度上限制海砂的合理使用。试验研究发现，采用贝壳含量在 7%～8% 的海砂可以配制 C60 混凝土，且试验室的耐久性指标良好。从目前取得的贝壳含量对普通混凝土抗压强度和自然碳化深度影响的 10 年数据来看，贝壳含量从 2.4% 增加到 22.0%，抗压强度和自然碳化深度无明显变化。2003 年发布的《宁波市建筑工程使用海砂管理规定》（试行）对贝壳含量有如下规定：混凝土强度等级大于 C60，净化海砂的贝壳含量小于 4.0%；强度等级为 C30～C60，净化海砂的贝壳含量小于（4.0%～8.0%）；强度等级小于 C30，净化海砂的贝壳含量小于（8.0%～10.0%）。根据上述情况，本着审慎的原则，本规范对海砂的贝壳含量进行了新的规定。

4.1.5 海砂的来源和形成过程十分复杂，可能具有放射性危害。用于建筑特别是人居环境中的海砂，需要确保其放射性满足《建筑材料放射性核素限量》GB 6566 的要求。

4.2 其他原材料

4.2.1 硅酸盐水泥和普通硅酸盐水泥有利于降低早期混凝土的孔隙率，有利于维持混凝土较高的碱性环境，对抗碳化和保护钢筋较为有利。为了控制海砂混凝土中的氯离子含量，对水泥的氯离子含量进行了限制。

4.2.2 采用品质较好的矿物掺合料有利于提高混凝土的密实性，对海砂混凝土的耐久性具有明显的意义。

4.2.4 海砂混凝土拌合用水的氯离子含量比非海砂混凝土更严格。我国台湾地区的混凝土拌合用水氯离子含量的最大限值为 250mg/L。

4.2.5 聚羧酸系减水剂对海砂的敏感性小，配制的海砂混凝土拌合物性能稳定。另外，相比萘系减水剂，聚羧酸系减水剂在混凝土耐久性方面（如抗开裂性能、收缩性能等）具有明显的技术优势。

4.2.6 为了预防海砂引起混凝土结构中的钢筋锈蚀，对于重要工程或重要结构部位，可掺加符合有关标准要求的钢筋阻锈剂。

5 海砂混凝土性能

5.1 拌合物技术要求

5.1.2 海砂的盐分含量对混凝土的坍落度损失有影响,坍落度经时损失变异性较大,这是海砂混凝土相比于其他混凝土的一个特点。因此,加强对混凝土坍落度经时损失的控制是海砂混凝土质量控制的重要手段。工程经验表明,混凝土坍落度经时损失不大于30mm/h,能够满足一般混凝土工程的施工要求。

5.1.3 《混凝土结构设计规范》GB 50010、《预拌混凝土》GB 14902 和《混凝土结构耐久性设计规范》GB/T 50476 均对不同环境中混凝土的氯离子最大含量进行了规定。参照以上标准规范的规定,本规范将环境类别简单清楚地分为四类。本着从严控制的原则,对处于存在氯离子的潮湿环境的钢筋混凝土,水溶性氯离子最大含量一律规定为不超过水泥用量的0.06%,对于其余环境的钢筋混凝土或素混凝土结构,本规范的限值也明显比其他标准规范严格。

现行行业标准《水运工程混凝土试验规程》JTJ 270 中提供了混凝土拌合物中氯离子含量的快速测定方法,海砂混凝土拌合物水溶性氯离子含量可以采用该方法进行测定,也可以根据试验条件采取化学滴定法等方法,以及其他精度更高的快速测定方法。我国台湾地区的标准《新拌混凝土中水溶性氯离子含量试验法》CNS 13465 可以作为参考,但要将其测试结果(kg/m^3)换算为水泥用量的质量百分比。

5.2 力学性能

5.2.1、5.2.2 明确了现行国家标准《混凝土结构设计规范》GB 50010、《混凝土强度检验评定标准》GB/T 50107 等规范有关混凝土力学性能的规定同样适用于海砂混凝土。

5.3 长期性能与耐久性能

5.3.2 本条规定了无设计要求时,结构用海砂混凝土需要满足的耐久性能基本要求,这也是一般混凝土工程耐久性的主要控制指标。

1 碳化深度

试验证明,碳化深度小于25mm的混凝土,其抗碳化性能较好,可以满足大气环境下50年的耐久性要求。海砂混凝土系统的试验研究表明:采用普通硅酸盐水泥配制的海砂混凝土,碳化28d的碳化深度均小于25mm;但采用复合硅酸盐水泥,碳化深度要大于25mm,最大值接近30mm。规定海砂混凝土的碳化深度不大于25mm,可保证保护层对钢筋的保护作用。

2 抗硫酸盐等级与抗渗等级

系统的试验研究表明:采用普通硅酸盐水泥并掺加部分矿物掺合料配制的低强度等级的海砂混凝土,其抗硫酸盐等级不低于KS60,抗渗等级不低于P8。随着混凝土强度等级的提高,抗硫酸盐侵蚀性能和抗水渗透性能会有明显改善。提出海砂混凝土的抗硫酸盐等级不低于KS60,抗渗等级不低于P8,以保证海砂混凝土的耐久性能。

3 抗氯离子渗透性能(电通量法)

《铁路混凝土结构耐久性设计暂行规定》对氯盐环境进行了分类,并根据不同的设计使用年限和环境作用等级,规定了混凝土的电通量(56d)等级(见表7)。另外,该标准还规定氯盐环境和化学侵蚀环境下混凝土的电通量一般不超过1500C,有的则需要小于800C或1000C。需要说明的是,表7的电通量数据是56d龄期的测试结果。美国ASTM C 1202-05对氯离子电通量的规定如表8所示。系统的试验研究表明:掺加部分矿物掺合料,耐久性能较好的低强度等级海砂混凝土28d氯离子电通量普遍低于2500C。海砂的含盐量越高,混凝土的氯离子电通量值越大。根据试验结果并结合已有标准,规定海砂混凝土28d氯离子电通量不大于3000C。

表7 混凝土的电通量

设计使用年限级别		一(100年)	二(60年)、三(30年)
电通量(56d),C	<C30	<2000	<2500
	C30～C45	<1500	<2000
	≥C50	<1000	<1500

表8 基于电通量的抗氯离子渗透性

电通量(C)	>4000	2000～4000	1000～2000	100～1000	<100
氯离子渗透性评价	高	中等	低	很低	可忽略

4 抗氯离子渗透性能(RCM法)

海砂混凝土大多用于滨海环境或沿海地区建筑,控制混凝土氯离子迁移系数,有利于提高海砂混凝土在滨海环境中的耐久性。掺入较多的矿物掺合料,以84d龄期的测试值进行规定较为合理。《混凝土耐久性检验评定标准》JGJ/T 193 对RCM法氯离子迁移系数的等级划分如表9所示。系统的试验研究表明:耐久性较好的低强度等级的海砂混凝土,84d氯离子迁移系数普遍低于4.0×10^{-12} m^2/s,故以此值作为下限值。

**表9 混凝土抗氯离子渗透性能的
等级划分(RCM法)**

等级	RCM-Ⅰ	RCM-Ⅱ	RCM-Ⅲ	RCM-Ⅳ	RCM-Ⅴ
氯离子迁移系数(RCM法)($\times 10^{-12} m^2/s$)	≥4.5	≥3.5 <4.5	≥2.5 <3.5	≥1.5 <2.5	<1.5

5 抗冻性能

《水运工程混凝土质量控制标准》JTJ 269-96 对水位变动区有抗冻要求的混凝土进行了规定（见表10）。《公路钢筋混凝土及预应力混凝土桥涵设计规范》JTG D62-2004 对水位变动区混凝土抗冻等级的要求与表10一致。系统试验研究表明：耐久性良好的低强度等级的海砂混凝土的抗冻等级可高于F100。因此，对于有抗冻要求的海砂混凝土，抗冻等级最低要求不低于F100。

表10　水位变动区混凝土抗冻等级选定标准

建筑所在地区	海水环境		淡水环境	
	钢筋混凝土及预应力混凝土	素混凝土	钢筋混凝土及预应力混凝土	素混凝土
严重受冻地区（最冷月平均气温低于−8℃）	F350	F300	F250	F200
受冻地区（最冷月平均气温在−4℃～−8℃之间）	F300	F250	F200	F150
微冻地区（最冷月平均气温在0℃～−4℃之间）	F250	F200	F150	F100

6 碱-骨料反应

按照《普通混凝土长期性能和耐久性能试验方法标准》GB/T 50082中规定的混凝土碱-骨料反应试验方法进行试验，52周混凝土试件的膨胀率不大于0.04%即可认为混凝土不存在潜在的碱-骨料反应危害，因此规定海砂混凝土的52周混凝土试件膨胀率不大于0.04%。

6 配合比设计

6.1 一般规定

6.1.2 与现行国家标准相协调。

6.1.3 《混凝土结构设计规范》GB 50010关于混凝土中水泥最小用量的规定如表11所示，《混凝土结构耐久性设计规范》GB/T 50476附录B中关于混凝土中胶凝材料最小用量如表12所示。考虑到海砂混凝土的特性及其使用环境，将胶凝材料最小用量略加提高，以保证海砂混凝土结构的耐久性。另外，海砂混凝土与非海砂混凝土在胶凝材料最大用量方面无本质差异。

表11　结构混凝土耐久性的基本要求

环境类别		最大水灰比	水泥最小用量（kg/m³）	最低混凝土强度等级	氯离子最大含量（%）	最大碱含量（kg/m³）
一		0.65	225	C20	1.0	不限制

续表11

环境类别		最大水灰比	水泥最小用量（kg/m³）	最低混凝土强度等级	氯离子最大含量（%）	最大碱含量（kg/m³）
二	a	0.60	250	C25	0.3	3.0
	b	0.55	275	C30	0.2	3.0
三		0.50	300	C30	0.1	3.0

注：1 氯离子含量系指占水泥用量的百分率；
　　2 预应力构件混凝土中的氯离子最大含量为0.06%，水泥最小用量为300kg/m³；最低混凝土强度等级应按表中规定提高两个等级；
　　3 素混凝土构件的水泥最小用量不应小于表中数值减25kg/m³；
　　4 当混凝土中加入活性掺合料或能够提高耐久性的外加剂时，可适当降低水泥最小用量；
　　5 当有可靠工程经验时，处于一类和二类环境中的最低混凝土强度等级可降低一个等级；
　　6 当使用非碱活性骨料时，对混凝土中的碱含量可不作限制。

表12　单位体积混凝土的胶凝材料用量

最低强度等级	最大水胶比	最小用量（kg/m³）	最大用量（kg/m³）
C25	0.60	260	400
C30	0.55	280	
C35	0.50	300	
C40	0.45	320	450
C45	0.40	340	
C50	0.36	360	480
≥C55	0.36	380	500

注：1 表中数据适用于最大骨料粒径为20mm的情况，骨料粒径较大时宜适当降低胶凝材料用量，骨料粒径较小时可适当增加；
　　2 引气混凝土的胶凝材料用量与非引气混凝土要求相同；
　　3 对于强度等级达到C60的泵送混凝土，胶凝材料最大用量可增大至530kg/m³。

6.1.4 矿物掺合料的掺量太大会影响混凝土的强度和耐久性，掺量太小则不经济，也会影响混凝土性能，需要通过试配确定。外加剂掺量也需要通过试配确定，以满足施工和混凝土性能的要求。

6.1.5 为了更好地控制海砂混凝土的氯离子含量，配合比设计的必要步骤之一就是计算混凝土的氯离子含量，检查该值是否超过本规范的限值。如果计算值超出限值，此时一般需要部分更换原材料，选用氯离子含量更低的产品。根据各种原材料的氯离子含量的检测值（当没有水溶性氯离子含量的检测值时，可以采用偏于安全的酸溶值替代），可以计算出混凝土的氯离子含量。要求计算值不超过本规范表5.1.3的限值，是为了严格控制，并确保实际混凝土生产中控制到位。

6.1.6 参照《普通混凝土配合比设计规程》JGJ 55中对抗冻混凝土和抗渗混凝土配合比设计参数的规定，结合目前对冻融环境、氯离子侵蚀环境等条件下混凝土抗冻性能的研究结果和工程经验，规定了海砂混凝土设计配合比时的含气量的要求。验证试验表明：在所规定的含气量范围内，海砂混凝土具有良好的抗冻性能。

6.1.7 为了节约海砂资源，同时推广人工砂的应用，本规范第3.0.4条推荐人工砂与海砂混合使用。实践经验表明，海砂与人工砂的质量比在2/3～3/2之间，混凝土的各种性能良好，尤其可以有效降低海砂应用的技术风险。

6.1.8 对于重要的工程结构，需要对碱-骨料反应层层设防。粉煤灰和矿渣粉的碱含量计算可按碱含量中对碱-骨料反应有潜在贡献的有效碱计算。

6.2 配制强度的确定

6.2.1 配制强度的计算分两种情况，对于强度等级不大于C60的混凝土，仍按现行配合比设计规程执行；对于强度等级大于C60的高强混凝土，经大量工程实践，采用式（6.2.1-2）为宜。

6.2.2 本规范规定的强度标准差σ与有关标准协调，也是大量工程实践的总结。

6.3 配合比计算

6.3.2 质量法即通常所谓的重量法。对于海砂混凝土，采用质量法计算配合比较为合理，且易于操作。若采用绝对体积法计算配合比，则有关材料的计算参数（如材料密度等）需经专门试验加以确定，条件和时间往往难以保证；如果直接采用经验值计算，则误差较大。

6.3.4 海砂中因存在的贝壳等物质，堆积密度略小于河砂。因此，海砂混凝土拌合物的表观密度也受到影响。为了减小配合比设计的误差，根据试验研究，将不同强度等级的海砂混凝土拌合物分成两个表观密度范围。

6.4 配合比试配、调整与确定

6.4.1 海砂混凝土的配合比试配、调整与确定，在操作上与普通混凝土无异。

6.4.2 海砂混凝土中的贝壳和轻物质等使得海砂的吸水率略高于河砂，这是影响拌合物性能的重要因素，也是海砂混凝土区别于非海砂混凝土的特点之一。

6.4.3 由于海砂混凝土的特点，调方工作一般是不可少的。

6.4.4 规定了何种情况下应对配合比计算方量进行调整。

6.4.5 在海砂混凝土的配合比设计过程中，需要检测拌合物的水溶性氯离子含量，符合本规范的规定才能用于工程中。

6.4.6 本条强调在配合比试配过程中应包括混凝土耐久性能验证试验的工作内容，这对海砂混凝土尤为重要。

7 施　工

7.1 一般规定

7.1.1 海砂混凝土施工的总体要求与普通混凝土无异，执行相应的标准规范即可。

7.1.2 本条规定了海砂混凝土施工中的质量控制要求。

7.2 海砂混凝土的制备、运输、浇筑和养护

7.2.1 预拌混凝土是现代混凝土生产的最佳方式，有利于混凝土质量控制和环境保护。海砂混凝土优先选择预拌方式生产。

7.2.3 现代混凝土的掺合料和外加剂较为复杂，为保证混凝土的均匀性，宜采用双卧轴强制式搅拌机进行拌合。由于混凝土原材料性能与生产条件差异较大，生产时可根据实际情况调整到适宜的拌合时间，保证拌合均匀即可。当采用较细的海砂和（或）粉剂外加剂配制混凝土时，需要适当延长搅拌时间。

7.2.4、**7.2.5** 海砂的含水率变化对混凝土性能影响极大，通过加强测试，及时发现变化情况，适时调整配合比。海砂的含水率较高，且与含盐量密切相关，含水率的不均匀会影响海砂混凝土的质量。因此，采取保证含水率均匀的措施是必要的。

7.2.6 海砂混凝土的运输、浇筑、养护与普通混凝土无异，按照相应规范和标准执行即可。

8 质量检验和验收

8.1 混凝土原材料质量检验

8.1.2 本条规定了海砂混凝土原材料的进场要求。

8.1.3 本条规定了海砂等原材料的检验项目。

8.1.4 本条规定了海砂等原材料的检验规则。

8.2 混凝土拌合物性能检验

8.2.1 计量仪器和系统的正常是混凝土质量控制的基本前提。因计量仪器故障出现的工程事故并不少见，因此，本条规定了计量仪器的检查频率，以确保

计量的精准性。

8.2.2 海砂混凝土拌合物质量控制是关键环节之一。本条规定了拌合物检验项目及其检验地点。

8.2.3 本条规定了海砂混凝土拌合物有关性能检验的频率。

8.2.4 本条为评定的规定。

8.2.5 海砂混凝土拌合物性能出现异常，可能是使用海砂的原因，也可能是其他方面的原因，需要及时分析，然后做出针对性处理。

8.3 硬化混凝土性能检验

8.3.1 本规范的第 5.2 和 5.3 节分别对海砂混凝土的力学性能、长期性能和耐久性能进行了较为全面的规定，但这些项目并非都需要检验。具体的检验项目需要根据设计要求而定。

8.3.2 《混凝土耐久性检验评定标准》JGJ/T 193 未对混凝土长期性能的检验作出规定，但其中的耐久性检验规则可以适用于长期性能的检验。

8.4 混凝土工程验收

8.4.1 海砂混凝土工程验收的一般要求与非海砂混凝土工程无异。

8.4.2 本条强调需将海砂混凝土的长期性能和耐久性能作为验收的主要内容之一。

中华人民共和国行业标准

纤维混凝土应用技术规程

Technical specification for application of
fiber reinforced concrete

JGJ/T 221—2010

批准部门：中华人民共和国住房和城乡建设部
施行日期：２０１１　年　３　月　１　日

中华人民共和国住房和城乡建设部
公 告

第 706 号

关于发布行业标准
《纤维混凝土应用技术规程》的公告

现批准《纤维混凝土应用技术规程》为行业标准，编号为 JGJ/T 221-2010，自 2011 年 3 月 1 日起实施。

本规程由我部标准定额研究所组织中国建筑工业

出版社出版发行。

2010 年 7 月 23 日

前 言

根据原建设部《关于印发〈二〇〇二～二〇〇三年度工程建设城建、建工行业标准制订、修订计划〉的通知》（建标〔2003〕104 号）的要求，编制组经广泛调查研究，认真总结实践经验，参考有关国际标准和国外先进标准，并在广泛征求意见的基础上，制定本规程。

本规程的主要技术内容是：1 总则；2 术语；3 原材料；4 纤维混凝土性能；5 配合比设计；6 施工；7 质量检验和验收；以及相关附录。

本规程由住房和城乡建设部负责管理，由中国建筑科学研究院负责具体技术内容的解释。执行过程中如有意见或建议，请寄送至中国建筑科学研究院（地址：北京市北三环东路 30 号，邮政编码：100013）。

本规程主编单位： 中国建筑科学研究院
　　　　　　　　　大连悦泰建设工程有限公司
本规程参编单位： 大连理工大学
　　　　　　　　　哈尔滨工业大学
　　　　　　　　　北京中纺纤建科技有限公司
　　　　　　　　　同济大学
　　　　　　　　　中国铁道科学研究院
　　　　　　　　　中冶集团建筑研究总院
　　　　　　　　　郑州大学
　　　　　　　　　北京市建筑材料质量监督检验站
　　　　　　　　　恒律发展有限公司
　　　　　　　　　北京旺虹佳盛经贸有限公司
　　　　　　　　　深圳市海川实业股份有限公司
　　　　　　　　　辽阳康达特种纤维厂
　　　　　　　　　上海哈瑞克斯金属制品有限公司
　　　　　　　　　嘉兴市七星钢纤维有限公司
　　　　　　　　　总参工程兵第四设计研究院
　　　　　　　　　镇江特密斯混凝土外加剂总厂
　　　　　　　　　厦门资贸达工业有限公司
　　　　　　　　　北京中科九千建筑工程质量检测有限公司
　　　　　　　　　重庆市建筑科学研究院

本规程主要起草人员： 丁 威　郭延辉　丁一宁
　　　　　　　　　高丹盈　赵景海　史小兴
　　　　　　　　　马一平　徐蕴贤　苏 波
　　　　　　　　　宋作宝　朱万里　韦庆东
　　　　　　　　　龚 益　王 蕾　何唯平
　　　　　　　　　卞铁强　张学军　陈加梅
　　　　　　　　　顾渭建　薛 庆　左彦峰
　　　　　　　　　陈国忠　蓝廷骏　王玉棠
　　　　　　　　　罗 晖
本规程主要审查人员： 石云兴　罗保恒　张仁瑜
　　　　　　　　　张 君　付 智　郝挺宇
　　　　　　　　　朋改非　陶梦兰　蔡亚宁

目　　次

Contents

1 总 则

1.0.1 为规范纤维混凝土在建设工程中的应用，保证工程质量，做到技术先进、安全可靠、经济合理，制定本规程。

1.0.2 本规程适用于钢纤维混凝土和合成纤维混凝土的配合比设计、施工、质量检验和验收。

1.0.3 纤维混凝土的应用除应符合本规程外，尚应符合国家现行有关标准的规定。

2 术 语

2.0.1 钢纤维 steel fiber

由细钢丝切断、薄钢片切削、钢锭铣削或由熔钢抽取等方法制成的纤维。

2.0.2 纤维混凝土 fiber reinforced concrete

掺加短钢纤维或短合成纤维的混凝土总称。

2.0.3 钢纤维混凝土 steel fiber reinforced concrete

掺加短钢纤维作为增强材料的混凝土。

2.0.4 当量直径 equivalent diameter

纤维截面为非圆形时，按截面积相等原则换算成圆形截面的直径。

2.0.5 纤维长径比 aspect ratio of fiber

纤维的长度与直径或当量直径的比值。

2.0.6 合成纤维 synthetic fiber

用有机合成材料经过挤出、拉伸、改性等工艺制成的纤维。

2.0.7 膜裂纤维 fibrillated fiber

展开后能形成网状的合成纤维。

2.0.8 合成纤维混凝土 synthetic fiber reinforced concrete

掺加短合成纤维作为增强材料的混凝土。

2.0.9 纤维用量 fiber content

每立方米纤维混凝土中纤维的质量。

2.0.10 纤维体积率 fraction of fiber by volume

纤维体积占混凝土体积的百分比。

3 原 材 料

3.1 钢 纤 维

3.1.1 钢纤维混凝土可采用碳钢纤维、低合金钢纤维或不锈钢纤维。钢纤维的形状可为平直形或异形，异形钢纤维又可为压痕形、波形、端钩形、大头形和不规则麻面形等。

3.1.2 钢纤维的几何参数宜符合表 3.1.2 的规定。

表 3.1.2 钢纤维的几何参数

用　途	长度 (mm)	直径（当量直径） (mm)	长径比
一般浇筑钢纤维混凝土	20～60	0.3～0.9	30～80
钢纤维喷射混凝土	20～35	0.3～0.8	30～80
钢纤维混凝土抗震框架节点	35～60	0.3～0.9	50～80
钢纤维混凝土铁路轨枕	30～35	0.3～0.6	50～70
层布式钢纤维混凝土复合路面	30～120	0.3～1.2	60～100

3.1.3 钢纤维抗拉强度等级及其抗拉强度应符合表 3.1.3 的规定。当采用制作钢纤维的母材做试验时，试件抗拉强度等级及其抗拉强度也应符合表 3.1.3 的规定。

表 3.1.3 钢纤维抗拉强度等级

钢纤维抗拉强度等级	抗拉强度 (MPa)	
	平均值	最小值
380 级	$600 > R \geqslant 380$	342
600 级	$1000 > R \geqslant 600$	540
1000 级	$R \geqslant 1000$	900

3.1.4 钢纤维弯折性能的合格率不应低于 90%。

3.1.5 钢纤维尺寸偏差的合格率不应低于 90%。

3.1.6 异形钢纤维形状合格率不应低于 85%。

3.1.7 样本平均根数与标称根数的允许误差应为 ±10%。

3.1.8 钢纤维杂质含量不应超过钢纤维质量的 1.0%。

3.1.9 钢纤维抗拉强度、弯折性能、尺寸偏差、异形钢纤维形状、钢纤维根数误差、钢纤维杂质含量的检验方法应符合本规程附录 A 的规定。

3.2 合 成 纤 维

3.2.1 合成纤维混凝土可采用聚丙烯腈纤维、聚丙烯纤维、聚酰胺纤维或聚乙烯醇纤维等。合成纤维可为单丝纤维、束状纤维、膜裂纤维和粗纤维等。合成纤维应为无毒材料。

3.2.2 合成纤维的规格宜符合表 3.2.2 的规定。

表 3.2.2 合成纤维的规格

外 形	公称长度（mm）		当量直径（μm）
	用于水泥砂浆	用于水泥混凝土	
单丝纤维	3～20	6～40	5～100
膜裂纤维	5～20	15～40	—
粗纤维	—	15～60	＞100

3.2.3 合成纤维的性能应符合表 3.2.3 的规定。

表 3.2.3 合成纤维的性能

项 目	防裂抗裂纤维	增韧纤维
抗拉强度（MPa）	≥270	≥450
初始模量（MPa）	≥3.0×10³	≥5.0×10³
断裂伸长率（%）	≤40	≤30
耐碱性能（%）	≥95.0	

3.2.4 合成纤维的分散性相对误差、混凝土抗压强度比和韧性指数应符合表 3.2.4 的规定。

表 3.2.4 合成纤维的分散性相对误差、混凝土抗压强度比和韧性指数

项 目	防裂抗裂纤维	增韧纤维
分散性相对误差	−10%～+10%	
混凝土抗压强度比	≥90%	
韧性指数（I_5）	—	≥3

3.2.5 单丝合成纤维的主要性能参数宜经试验确定；当无试验资料时，可按表 3.2.5 选用。

表 3.2.5 单丝合成纤维的主要性能参数

项 目	聚丙烯腈纤维	聚丙烯纤维	聚丙烯粗纤维	聚酰胺纤维	聚乙烯醇纤维
截面形状	肾形或圆形	圆形或异形	圆形或异形	圆形	圆形
密度（g/cm³）	1.16～1.18	0.90～0.92	0.90～0.93	1.14～1.16	1.28～1.30
熔点（℃）	190～240	160～176	160～176	215～225	215～220
吸水率（%）	＜2	＜0.1	＜0.1	＜4	＜5

3.2.6 合成纤维主要性能的试验方法应符合现行国家标准《水泥混凝土和砂浆用合成纤维》GB/T 21120 的规定。

3.3 其他原材料

3.3.1 水泥应符合现行国家标准《通用硅酸盐水泥》GB 175 和《道路硅酸盐水泥》GB 13693 的规定。钢纤维混凝土宜采用普通硅酸盐水泥和硅酸盐水泥。

3.3.2 粗、细骨料应符合现行行业标准《普通混凝土用砂、石质量及检验方法标准》JGJ 52 的规定，并宜采用 5mm～25mm 连续级配的粗骨料以及级配Ⅱ区中砂。钢纤维混凝土不得使用海砂，粗骨料最大粒径不宜大于钢纤维长度的 2/3；喷射钢纤维混凝土的骨料最大粒径不宜大于 10mm。

3.3.3 外加剂应符合现行国家标准《混凝土外加剂》GB 8076 和《混凝土外加剂应用技术规范》GB 50119 的规定，并不得使用含氯盐的外加剂。速凝剂应符合现行行业标准《喷射混凝土用速凝剂》JC 477 的规定，并宜采用低碱速凝剂。

3.3.4 粉煤灰和粒化高炉矿渣粉等矿物掺合料应符合现行国家标准《用于水泥和混凝土中的粉煤灰》GB/T 1596 和《用于水泥和混凝土中的粒化高炉矿渣粉》GB/T 18046 的规定。

3.3.5 拌合用水应符合现行行业标准《混凝土用水标准》JGJ 63的规定，并不得采用海水。

4 纤维混凝土性能

4.1 拌合物性能

4.1.1 纤维混凝土拌合物应具有良好的和易性，不得离析、泌水或纤维聚团，并应满足设计和施工要求。拌合物性能的试验方法应符合现行国家标准《普通混凝土拌合物性能试验方法标准》GB/T 50080 的规定。

4.1.2 泵送纤维混凝土拌合物在满足施工要求的条件下，入泵坍落度不宜大于 180mm，其可泵性应符合现行行业标准《混凝土泵送施工技术规程》JGJ/T 10 的规定。

4.1.3 纤维混凝土拌合物中水溶性氯离子最大含量应符合表 4.1.3 的规定。纤维混凝土拌合物中水溶性氯离子含量的试验方法宜符合现行行业标准《水运工程混凝土试验规程》JTJ 270 中混凝土拌合物中氯离子含量的快速测定方法的规定。

表 4.1.3 纤维混凝土拌合物中水溶性氯离子最大含量

环境条件	水溶性氯离子最大含量（%）		
	钢纤维混凝土	配钢筋的合成纤维混凝土	预应力钢筋纤维混凝土
干燥或有防潮措施的环境	0.30	0.30	0.06
潮湿但不含氯离子的环境	0.10	0.20	

续表 4.1.3

环境条件	水溶性氯离子最大含量（％）		
	钢纤维混凝土	配钢筋的合成纤维混凝土	预应力钢筋纤维混凝土
潮湿并含有氯离子的环境	0.06	0.10	0.06
除冰盐等腐蚀环境	0.06	0.06	

注：水溶性氯离子含量是指占水泥用量的质量百分比。

4.2 力学性能

4.2.1 纤维混凝土的强度等级应按立方体抗压强度标准值确定。合成纤维混凝土的强度等级不应小于C20；钢纤维混凝土的强度等级应采用 CF 表示，并不应小于 CF25；喷射钢纤维混凝土的强度等级不宜小于 CF30。纤维混凝土抗压强度的合格评定应符合现行国家标准《混凝土强度检验评定标准》GB/T 50107 的规定。

4.2.2 纤维混凝土的轴心抗压强度、受压和受拉弹性模量、剪变模量、泊松比、线膨胀系数以及合成纤维混凝土轴心抗拉强度标准值可按国家现行标准《混凝土结构设计规范》GB 50010 和《公路钢筋混凝土及预应力混凝土桥涵设计规范》JTG D 62 的规定采用。纤维体积率大于 0.15％的合成纤维混凝土的轴心抗压强度、受压和受拉弹性模量、剪变模量、泊松比、线膨胀系数以及合成纤维混凝土轴心抗拉强度标准值应经试验确定；钢纤维混凝土轴心抗拉强度标准值应符合本规程第 4.2.4 条的规定。纤维混凝土轴心抗压强度和弹性模量试验方法应符合现行国家标准《普通混凝土力学性能试验方法标准》GB/T 50081 的规定。

4.2.3 纤维混凝土的抗弯韧性、弯曲韧性、抗剪强度、抗疲劳性能和抗冲击性能应符合设计要求；抗弯韧性试验方法应符合本规程附录 B 的规定；弯曲韧性试验方法应符合本规程附录 C 的规定；抗剪强度试验方法应符合本规程附录 D 的规定；抗疲劳性能试验方法应符合现行国家标准《普通混凝土长期性能和耐久性能试验方法标准》GB/T 50082 的规定；抗冲击性能试验方法应符合现行国家标准《水泥混凝土和砂浆用合成纤维》GB/T 21120 的规定。

注：抗弯韧性和弯曲韧性试验方法不同，两者取其一即可。

4.2.4 钢纤维混凝土的轴心抗拉强度标准值可按下式计算：

$$f_{ftk} = f_{tk}(1 + \alpha_t \rho_f l_f/d_f) \qquad (4.2.4)$$

式中：f_{ftk}——钢纤维混凝土轴心抗拉强度标准值

（MPa）；

f_{tk}——同强度等级混凝土轴心抗拉强度标准值（MPa），应按现行国家标准《混凝土结构设计规范》GB 50010 采用；

ρ_f——钢纤维体积率（％）；

l_f——钢纤维长度（mm）；

d_f——钢纤维直径或当量直径（mm）；

α_t——钢纤维对钢纤维混凝土轴心抗拉强度的影响系数，宜通过试验确定，在没有试验依据的情况下，也可按本规程附录 E 采用。

钢纤维混凝土的轴心抗拉强度可采用劈裂抗拉强度乘以 0.85 确定；钢纤维混凝土劈裂抗拉强度试验方法应符合现行国家标准《普通混凝土力学性能试验方法标准》GB/T 50081 的规定，并应满足设计要求。

4.2.5 钢纤维混凝土的弯拉强度标准值可按下式计算：

$$f_{ftm} = f_{tm}(1 + \alpha_{tm} \rho_f l_f/d_f) \qquad (4.2.5)$$

式中：f_{ftm}——钢纤维混凝土的弯拉强度标准值（MPa）；

f_{tm}——同强度等级混凝土的弯拉强度标准值（MPa），应按现行行业标准《公路水泥混凝土路面设计规范》JTG D 40 的规定确定；

α_{tm}——钢纤维对钢纤维混凝土弯拉强度的影响系数，宜通过试验确定，在没有试验依据的情况下，也可按本规程附录 E 采用。

钢纤维混凝土弯拉强度试验方法应符合现行行业标准《公路工程水泥及水泥混凝土试验规程》JTG E 30 的规定。

4.3 长期性能和耐久性能

4.3.1 纤维混凝土的收缩和徐变性能应符合设计要求。纤维混凝土的收缩和徐变试验方法应符合现行国家标准《普通混凝土长期性能和耐久性能试验方法标准》GB/T 50082 的规定。

4.3.2 纤维混凝土的抗冻、抗渗、抗氯离子渗透、抗碳化、早期抗裂、抗硫酸盐侵蚀等耐久性能应符合设计要求。纤维混凝土耐久性能的检验评定应符合现行行业标准《混凝土耐久性检验评定标准》JGJ/T 193 的规定。纤维混凝土耐久性能试验方法应符合现行国家标准《普通混凝土长期性能和耐久性能试验方法标准》GB/T 50082 的规定。

5 配合比设计

5.1 一般规定

5.1.1 纤维混凝土配合比设计应满足混凝土试配强

度的要求，并应满足混凝土拌合物性能、力学性能和耐久性能的设计要求。

5.1.2 纤维混凝土的最大水胶比应符合现行国家标准《混凝土结构耐久性设计规范》GB/T 50476 的规定。

5.1.3 纤维混凝土的最小胶凝材料用量应符合表 5.1.3 的规定；喷射钢纤维混凝土的胶凝材料用量不宜小于 380kg/m³。

表 5.1.3　纤维混凝土的最小胶凝材料用量

最大水胶比	最小胶凝材料用量（kg/m³）	
	钢纤维混凝土	合成纤维混凝土
0.60	—	280
0.55	340	300
0.50	360	320
≤0.45	360	340

5.1.4 矿物掺合料掺量和外加剂掺量应经混凝土试配确定，并应满足纤维混凝土强度和耐久性能的设计要求以及施工要求；钢纤维混凝土矿物掺合料掺量不宜大于胶凝材料用量的 20%。

5.1.5 用于公路路面的钢纤维混凝土的配合比设计应符合现行行业标准《公路水泥混凝土路面施工技术规范》JTG F 30 的规定。

5.2　配制强度的确定

5.2.1 纤维混凝土的配制强度应符合下列规定：

1 当设计强度等级小于 C60 时，配制强度应符合下列规定：

$$f_{cu,0} \geqslant f_{cu,k} + 1.645\sigma \qquad (5.2.1-1)$$

式中：$f_{cu,0}$——纤维混凝土的配制强度（MPa）；

$f_{cu,k}$——纤维混凝土立方体抗压强度标准值（MPa）；

σ——纤维混凝土的强度标准差（MPa）。

2 当设计强度等级大于或等于 C60 时，配制强度应符合下列规定：

$$f_{cu,0} \geqslant 1.15 f_{cu,k} \qquad (5.2.1-2)$$

5.2.2 纤维混凝土强度标准差的取值应符合表 5.2.2 的规定。

表 5.2.2　纤维混凝土强度标准差（MPa）

混凝土强度标准值	≤C20	C25～C45	C50～C55
σ	4.0	5.0	6.0

5.3　配合比计算

5.3.1 掺加纤维前的混凝土配合比计算应符合现行行业标准《普通混凝土配合比设计规程》JGJ 55 的规定。

5.3.2 配合比中的每立方米混凝土纤维用量应按质量计算；在设计参数选择时，可用纤维体积率表达。

5.3.3 普通钢纤维混凝土中的纤维体积率不宜小于 0.35%，当采用抗拉强度不低于 1000MPa 的高强异形钢纤维时，钢纤维体积率不宜小于 0.25%；钢纤维混凝土的纤维体积率范围宜符合表 5.3.3 的规定。

表 5.3.3　钢纤维混凝土的纤维体积率范围

工程类型	使用目的	体积率（%）
工业建筑地面	防裂、耐磨、提高整体性	0.35～1.00
薄型屋面板	防裂、提高整体性	0.75～1.50
局部增强预制桩	增强、抗冲击	≥0.50
桩基承台	增强、抗冲切	0.50～2.00
桥梁结构构件	增强	≥1.00
公路路面	防裂、耐磨、防重载	0.35～1.00
机场道面	防裂、耐磨、抗冲击	1.00～1.50
港区道路和堆场铺面	防裂、耐磨、防重载	0.50～1.20
水工混凝土结构	高应力区局部增强	≥1.00
	抗冲磨、防空蚀区增强	≥0.50
喷射混凝土	支护、砌衬、修复和补强	0.35～1.00

5.3.4 合成纤维混凝土的纤维体积率范围宜符合表 5.3.4 的规定。

表 5.3.4　合成纤维混凝土的纤维体积率范围

使用部位	使用目的	体积率（%）
楼面板、剪力墙、楼地面、建筑结构中的板壳结构、体育场看台	控制混凝土早期收缩裂缝	0.06～0.20
刚性防水屋面	控制混凝土早期收缩裂缝	0.10～0.30
机场跑道、公路路面、桥面板、工业地面	控制混凝土早期收缩裂缝	0.06～0.20
	改善混凝土抗冲击、抗疲劳性能	0.10～0.30
水坝面板、储水池、水渠	控制混凝土早期收缩裂缝	0.06～0.20
	改善抗冲磨和抗冲蚀等性能	0.10～0.30
喷射混凝土	控制混凝土早期收缩裂缝、改善整体性	0.06～0.25

注：增韧用粗纤维的体积率可大于 0.5%，并不宜超过 1.5%。

5.3.5 纤维最终掺量应经试验验证确定。

5.4 配合比试配、调整与确定

5.4.1 纤维混凝土配合比的试配、调整与确定应符合现行行业标准《普通混凝土配合比设计规程》JGJ 55 的规定。

5.4.2 纤维混凝土配合比应根据纤维掺量按下列规定进行试配：

1 对于钢纤维混凝土，应保持水胶比不降低，可适当提高砂率、用水量和外加剂用量；对于钢纤维长径比为 35～55 的钢纤维混凝土，钢纤维体积率增加 0.5% 时，砂率可增加 3%～5%，用水量可增加 4kg～7kg，胶凝材料用量应随用水量相应增加，外加剂用量应随胶凝材料用量相应增加，外加剂掺量也可适当提高；当钢纤维体积率较高或强度等级不低于 C50 时，其砂率和用水量等宜取给出范围的上限值。喷射钢纤维混凝土的砂率宜大于 50%。

2 对于纤维体积率为 0.04%--0.10% 的合成纤维混凝土，可按计算配合比进行试配和调整；当纤维体积率大于 0.10% 时，可适当提高外加剂用量或（和）胶凝材料用量，但水胶比不得降低。

3 对于掺加增韧合成纤维的混凝土，配合比调整可按本条第 1 款进行，砂率和用水量等宜取给出范围的下限值。

5.4.3 在配合比试配的基础上，纤维混凝土配合比应按现行行业标准《普通混凝土配合比设计规程》JGJ 55 的规定进行混凝土强度试验并进行配合比调整。

5.4.4 调整后的纤维混凝土配合比应按下列方法进行校正：

1 纤维混凝土配合比校正系数应按下式计算：

$$\delta = \frac{\rho_{c,t}}{\rho_{c,c}} \qquad (5.4.4)$$

式中：δ——纤维混凝土配合比校正系数；

$\rho_{c,t}$——纤维混凝土拌合物的表观密度实测值（kg/m³）；

$\rho_{c,c}$——纤维混凝土拌合物的表观密度计算值（kg/m³）。

2 调整后的配合比中每项原材料用量均应乘以校正系数（δ）。

5.4.5 校正后的纤维混凝土配合比，应在满足混凝土拌合物性能要求和混凝土试配强度的基础上，对设计提出的混凝土耐久性项目进行检验和评定，符合要求的，可确定为设计配合比。

5.4.6 纤维混凝土设计配合比确定后，应进行生产适应性验证。

6 施 工

6.1 纤维混凝土的制备

6.1.1 纤维混凝土宜采用预拌方式制备。原材料计量宜采用电子计量仪器，使用前应确认其工作正常。每盘混凝土原材料计量的允许偏差应符合表 6.1.1 的规定。

表 6.1.1 原材料计量的允许偏差

原材料种类	计量允许偏差（按质量计）
纤维	±1%
水泥和矿物掺合料	±2%
外加剂	±1%
粗、细骨料	±3%
拌合用水	±1%

6.1.2 纤维混凝土应采用强制式搅拌机搅拌，并应配备纤维专用计量和投料设备；宜先将纤维和粗、细骨料投入搅拌机干拌 30s～60s，然后再加水泥、矿物掺合料、水和外加剂搅拌 90s～120s，纤维体积率较高或强度等级不低于 C50 时，宜取搅拌时间范围的上限。当混凝土中钢纤维体积率超过 1.5% 或合成纤维体积率超过 0.20% 时，宜延长搅拌时间。

6.2 纤维混凝土的运输、浇筑和养护

6.2.1 纤维混凝土在运输过程中不应离析和分层。

6.2.2 当纤维混凝土拌合物因运输或等待浇筑的时间较长而造成坍落度损失较大时，可在卸料前掺入适量减水剂进行搅拌，但不得加水。

6.2.3 用于泵送钢纤维混凝土的泵的功率，应比泵送普通混凝土的泵大 20%。喷射钢纤维混凝土时，宜采用湿喷工艺。

6.2.4 纤维混凝土拌合物浇筑倾落的自由高度不应超过 1.5m。当倾落高度大于 1.5m 时，应加串筒、斜槽、溜管等辅助工具。

6.2.5 纤维混凝土浇筑应保证纤维分布的均匀性和结构的连续性，在浇筑过程中不得加水。

6.2.6 纤维混凝土应采用机械振捣，在保证其振捣密实的同时，应避免离析和分层。

6.2.7 钢纤维混凝土的浇筑应避免钢纤维露出混凝土表面。对于竖向结构，宜将模板角修成圆角，可采用模板附着式振动器进行振动；对于上表面积较大的平面结构，宜采用平板式振动器进行振动，再用表面带凸棱的金属圆辊将竖起的钢纤维压下，然后用金属圆辊将表面滚压平整，待钢纤维混凝土表面无泌水时，可用金属抹刀抹平，经修整的表面不得裸露钢

纤维。

6.2.8 当采用三棍轴机组铺筑钢纤维混凝土路面时，应在三棍轴机前方使用表面带凸棱的金属圆辊将钢纤维压下，再用三棍轴机整平施工。当采用滑模摊铺机铺筑钢纤维混凝土路面时，应在挤压底板前方配备机械夯实杆装置，将钢纤维和大颗粒骨料压下。

6.2.9 纤维混凝土浇筑成型后，应及时用塑料薄膜等覆盖和养护。

6.2.10 当采用自然养护时，用普通硅酸盐水泥或硅酸盐水泥配制的纤维混凝土的湿养护时间不应少于7d；用矿渣水泥、粉煤灰水泥或复合水泥配制的纤维混凝土的湿养护时间不应少于14d。

6.2.11 在采用蒸汽养护前，纤维混凝土构件静停时间不宜少于2h，养护升温速度不宜大于25℃/h，恒温温度不宜大于65℃，降温速度不宜大于20℃/h。

7 质量检验和验收

7.1 原材料质量检验

7.1.1 纤维混凝土原材料进场时，供方应按规定批次向需方提供质量证明文件，质量证明文件应包括型式检验报告、出厂检验报告与合格证等，纤维和外加剂产品还应提供使用说明书。

7.1.2 纤维混凝土原材料进场后，应进行进场检验；在施工过程中，还应对纤维混凝土原材料进行抽检。

7.1.3 纤维混凝土原材料进场检验和工程中抽检的项目应符合下列规定：

　　1 钢纤维抽检项目应包括抗拉强度、弯折性能、尺寸偏差和杂质含量。

　　2 合成纤维抽检项目应包括纤维抗拉强度、初始模量、断裂伸长率、耐碱性能、分散性相对误差、混凝土抗压强度比，增韧纤维还应抽检韧性指数和抗冲击次数比。

　　3 其他原材料应按相关标准执行。

7.1.4 纤维混凝土原材料的检验规则应符合下列规定：

　　1 用于同一工程的同品种和同规格的钢纤维，应按每20t为一个检验批；用于同一工程的同品种和同规格的合成纤维，应按每50t为一个检验批。

　　2 散装水泥应按每500t为一个检验批，袋装水泥应按每200t为一个检验批；矿物掺合料应按每200t为一个检验批；砂、石骨料应按每400m³或600t为一个检验批；外加剂应按每50t为一个检验批。

　　3 不同批次或非连续供应的纤维混凝土原材料，在不足一个检验批量情况下，应按同品种和同规格（或等级）材料每批次检验一次。

7.1.5 纤维及其他原材料的质量应符合本规程第3章的规定。

7.2 混凝土拌合物性能检验

7.2.1 纤维混凝土制备系统各种计量仪器设备在投入使用前应经标定合格后方可使用。原材料计量偏差应每班检查2次，混凝土搅拌时间应每班检查2次，检验结果应符合本规程第6.1节的规定。

7.2.2 纤维混凝土拌合物抽样检验项目应包括坍落度、坍落度经时损失、凝结时间、离析、泌水、黏稠性、保水性；对于钢纤维混凝土拌合物，还应按本规程附录F的规定测试钢纤维体积率。坍落度、离析、泌水、黏稠性和保水性应在搅拌地点和浇筑地点分别取样检验；钢纤维体积率应在浇筑地点取样检验。

7.2.3 纤维混凝土的坍落度、离析、泌水、黏稠性、保水性，每工作班应至少检验2次，凝结时间和坍落度经时损失应24h检验一次。

7.2.4 纤维混凝土拌合物性能应符合本规程第4.1节的规定。

7.3 硬化纤维混凝土性能检验

7.3.1 硬化纤维混凝土性能检验应符合下列规定：

　　1 强度等级检验应符合现行国家标准《混凝土强度检验评定标准》GB/T 50107的规定；弯拉强度检验应符合现行行业标准《公路水泥混凝土路面施工技术规范》JTG F 30的规定；其他力学性能检验应符合有关标准和工程要求的规定。

　　2 耐久性能检验评定应符合现行行业标准《混凝土耐久性检验评定标准》JGJ/T 193的规定。

7.3.2 纤维混凝土力学性能和耐久性能应符合设计规定。

7.4 混凝土工程验收

7.4.1 纤维混凝土工程验收应符合国家现行标准《混凝土结构工程施工质量验收规范》GB 50204、《屋面工程质量验收规范》GB 50207、《建筑地面工程施工质量验收规范》GB 50209、《地下工程防水技术规范》GB 50108和《公路水泥混凝土路面施工技术规范》JTG F 30的规定。

7.4.2 纤维混凝土工程的耐久性能应符合设计要求。当有不合格的项目，应组织专家进行专项评审并提出处理意见，作为验收文件的一部分备案。

附录A 混凝土用钢纤维性能检验方法

A.1 钢纤维抗拉强度

A.1.1 每个验收批应随机抽取10根钢纤维。

A.1.2 抗拉强度试验应符合现行国家标准《金属材

料 室温拉伸试验方法》GB/T 228 的规定。当钢纤维在夹持处断裂时，该次试验应为无效，并应在该验收批中另取 10 根钢纤维进行试验。

A.1.3 当采用钢丝、钢板为原料制作钢纤维时，可用母材做抗拉强度试验，所取母材应为切断成型最后一道工序前的母材，每个验收批应随机抽取 5 个样品。拉伸试验应符合现行国家标准《金属材料 室温拉伸试验方法》GB/T 228 的规定。

A.2 钢纤维弯折性能

A.2.1 每批产品应随机抽取 10 根钢纤维。

A.2.2 应将每根钢纤维围绕直径 3mm 的圆钢棒用手向最易弯折的方向弯折 90°，钢纤维应能承受一次 90°弯折不断裂。

A.2.3 计算钢纤维弯折性能的合格率（%）。

A.3 尺寸偏差

A.3.1 对于圆形截面钢纤维，每个验收批应随机抽取 10 根钢纤维；对于非圆形不规则截面钢纤维的检验，每个验收批应随机取样 100 根钢纤维。

A.3.2 测量直径和长度的卡尺分度值不应低于 0.02mm。

A.3.3 对于矩形截面的钢纤维，应按与矩形截面面积相等的圆形截面面积计算当量直径。

A.3.4 对于非圆形不规则截面的钢纤维，应采用感量为 0.01g 的天平称量，采用符合本规程第 A.3.2 条要求的卡尺测量钢纤维的实际曲线长度的平均值作为其平均长度 l_{fa}，精确至 0.01mm，并应按式（A.3.4）计算钢纤维的平均直径 d_{fa}，精确至 0.01mm，平均直径与标称直径误差应为±10%。

$$d_{fa} = 1.13 \sqrt{W_o / (l_{fa} \gamma)} \quad (A.3.4)$$

式中：d_{fa}——钢纤维的平均直径（mm）；

W_o——100 根钢纤维的实测质量（g）；

l_{fa}——钢纤维的平均长度（mm）；

γ——钢材的质量密度，取 7.85×10^{-3} g/mm³。

A.3.5 测量后，应确定尺寸偏差不超过 10%的钢纤维的根数，计算合格率（%）。

A.4 异形钢纤维形状

A.4.1 每个验收批应随机抽取 100 根钢纤维。

A.4.2 通过人工逐根检查钢纤维的形状，并应确定断钩、单边成型和不符合出厂形状规定的纤维根数。

A.4.3 计算合格率（%）。

A.5 钢纤维根数

A.5.1 每个验收批应随机取样 50 组，每组钢纤维应为 100g。

A.5.2 应采用精度为 0.01g 的天平对每组钢纤维分

别进行称重，并应检验每组钢纤维的根数。

A.5.3 计算每千克钢纤维根数的平均值，应精确至 0.1 根/kg。

A.6 钢纤维杂质含量

A.6.1 每个验收批应随机抽取 5kg 钢纤维。

A.6.2 应通过人工挑选出粘结连片、锈蚀纤维、铁锈粉等杂质，并应称量钢纤维杂质的质量。

A.6.3 计算钢纤维杂质含量（%），应精确至 0.1%。

附录 B 纤维混凝土抗弯韧性（等效抗弯强度）试验方法

B.0.1 本试验方法适用于掺加钢纤维或增韧合成纤维的混凝土抗弯韧性（等效抗弯强度）的测定。

B.0.2 试验设备应符合下列规定：

1 试验设备应采用闭环液压伺服系统，应具有足够的刚度，并应具有等速位移控制装置。

2 挠度测量位移传感器（LVDT）应准确测量试件跨中挠度，测量精度不应低于 0.01mm。

3 荷载测量传感器应准确测量施加于试件上的荷载，测量精度不应低于 0.1kN。

4 数据采集系统应定时采集荷载与挠度的数据，采集频率可根据具体的试验要求确定，并应按要求绘制荷载-挠度全曲线。

5 夹式引伸仪的测量精度应与位移传感器相同。

B.0.3 成型试件应符合下列规定：

1 应沿试模的长度方向分两层均匀、连续浇筑混凝土，装填量宜在试件振实后与试模上沿平齐。

2 试件宜采用振动台振实，振动时间应以试件表面开始泛浆为止。

3 振实后应及时抹平混凝土表面，纤维不得露出混凝土表面。

B.0.4 试件应符合下列规定：

1 试件尺寸应为 150mm×150mm×550mm。

2 每组试验至少应制备 4 个试件。

3 试件养护应按现行国家标准《普通混凝土力学性能试验方法标准》GB/T50081 规定的标准养护条件养护至 28d。

4 试件从养护环境中取出后，应将表面水分擦干，并使用湿锯在试件垂直于非浇筑面的某个侧面跨中位置进行预开口，开口宽度不应大于 5mm，开口深度应为 25mm±1mm。然后进行加荷试验。

B.0.5 试验测试应按下列步骤进行：

1 试件应无偏心地放置于试验支座上，开口向下，浇筑面应垂直于支撑面（图 B.0.5）。

2 加载点应对准试件下部开口，试件跨距应为

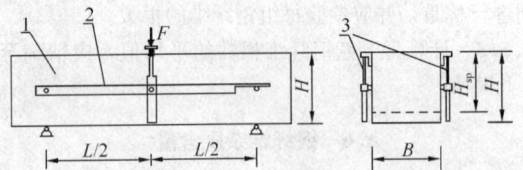

图 B.0.5 试验装置示意

1—试件；2—铝板（钢板）；3—位移传感器

500mm。两个支撑和加载压头均为直径 30mm 的钢制滚轴，并应调节使其与试件纵轴垂直。

3 位移传感器应分别安装在试件跨中位置的两侧面；挠度测量装置宜安装在试件两边支座处。

4 启动试验机，加荷速度应以挠度 0.2mm/min 的速率进行等速加载。试验应进行至试件跨中挠度不小于 3mm 或者试件破坏。

5 若试件未在预开口处断裂，应舍弃该试验结果。

6 在试件断裂面的附近，对试件每一面的高度和宽度应各测量一次，并应精确到 1.0mm，然后应计算试件高度和宽度的平均值。

B.0.6 试验结果计算及处理应符合下列规定：

1 试验结束后应绘制荷载-挠度曲线（图 B.0.6）。

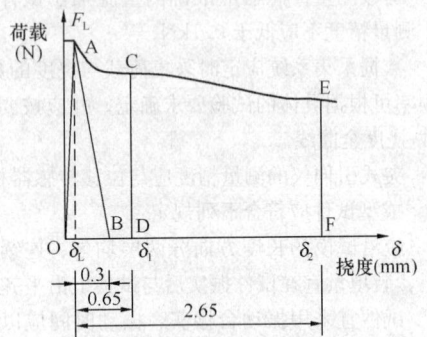

图 B.0.6 荷载-挠度简图

2 确定比例极限荷载（F_L），即挠度间隔为 0.05mm 的荷载最大值。比例极限（f）应按下式计算，并应精确至 0.1MPa：

$$f = \frac{3F_L L}{2BH_{sp}^2} \qquad (B.0.6-1)$$

式中：f——比例极限（MPa）；

F_L——图 B.0.6 中比例极限荷载（N）；

L——试件的跨度（mm）；

B——试件的截面宽度（mm）；

H_{sp}——试件开槽处的净截面高度（mm）。

3 能量吸收值的计算应符合下列规定：

1）跨中挠度 δ_1 和 δ_2（图 B.0.6）应按下式计算：

$$\delta_1 = \delta_L + 0.65 \qquad (B.0.6-2)$$

$$\delta_2 = \delta_L + 2.65 \qquad (B.0.6-3)$$

式中：δ_L——比例极限荷载对应的挠度值（mm）。

2）D_1^f 为跨中挠度为 δ_1 时纤维对混凝土所贡献的能量吸收值，在数值上应等于荷载曲线 AC、直线 AB、BD 和 CD 围成的图形面积；D_2^f 为跨中挠度为 δ_2 时纤维对混凝土所贡献的能量吸收值，在数值上应等于荷载曲线 AE、直线 AB、BF 和 EF 围成的图形面积。

D_n 为纤维混凝土的能量吸收值（N·mm），$D_n = D_c + D_n^f$，$n = 1, 2, \cdots\cdots$

4 跨中挠度为 δ_1 时的等效荷载和等效抗弯强度应按下列公式计算：

$$F_{eq,1} = D_1^f / 0.5 \qquad (B.0.6-4)$$

$$f_{eq,1} = \frac{3F_{eq,1} L}{2BH_{sp}^2} \qquad (B.0.6-5)$$

式中：$F_{eq,1}$——跨中挠度为 δ_1 时的等效荷载（N）；

$f_{eq,1}$——跨中挠度为 δ_1 时的等效抗弯强度（MPa），精确至 0.1MPa。

5 跨中挠度为 δ_2 时的等效荷载和等效抗弯强度应按下列公式计算：

$$F_{eq,2} = D_2^f / 2.5 \qquad (B.0.6-6)$$

$$f_{eq,2} = \frac{3F_{eq,2} L}{2BH_{sp}^2} \qquad (B.0.6-7)$$

式中：$F_{eq,2}$——跨中挠度为 δ_2 时的等效荷载（N）；

$f_{eq,2}$——跨中挠度为 δ_2 时的等效抗弯强度（MPa），精确至 0.1MPa。

附录 C 纤维混凝土弯曲韧性和初裂强度试验方法

C.0.1 本试验方法适用于掺加钢纤维或增韧合成纤维的混凝土的弯曲韧性和初裂强度的测定。

C.0.2 试验设备应符合本规程第 B.0.2 条的规定。

C.0.3 成型试件应符合本规程第 B.0.3 条的规定。

C.0.4 试件应符合下列规定：

1 当纤维长度不大于 40mm 时，应采用 100mm×100mm×400mm 的试件；当纤维长度大于 40mm 时，应采用 150mm×150mm×550mm 的试件；试件跨距应为截面高度的 3 倍。每组试验至少应制备 4 个试件。

2 试件养护应按现行国家标准《普通混凝土力学性能试验方法标准》GB/T50081 中规定的标准养护条件养护至 28d。

3 试件从养护环境中取出后，应将表面水分擦干后进行试验。

C.0.5 试验测试应按下列步骤进行：

1 试件应无偏心地放置于试验支座上，浇筑面应垂直于支撑面，两个加载点之间和距支座的距离应

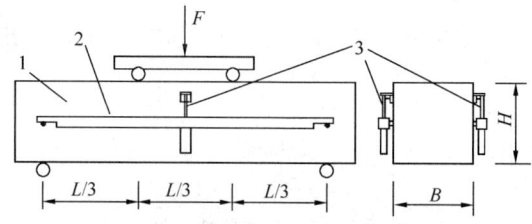

图 C.0.5　试验装置示意

1—试件；2—铝板（钢板）；

3—位移传感器

分别为 1/3 跨度（图 C.0.5）。

2　位移传感器应分别安装在试件跨中位置的两侧面；挠度测量装置宜安装在试件两边支座处。

3　启动试验机，加荷速度应以 0.1mm/min 的速率进行等速加载。试验应进行至跨中挠度不小于试件跨度的 1/200。

4　在试件断裂面的附近，对试件每一面的高度和宽度应各测量一次，并应精确到 1.0mm，然后应计算试件高度和宽度的平均值。

5　应测量断裂面至试件最近端部的距离。当断裂面的位置位于试件加载点以外，且与加载点的距离超过试件跨度的 5% 时，应舍弃该测试结果。

C.0.6　试验结果计算及处理应符合下列规定：

1　试验结束后应绘制荷载-挠度曲线（图 C.0.6），将直尺与荷载-挠度曲线的线性部分重叠放置，确定曲线由线性转为非线性的点为初裂点 A；A 点对应的纵坐标为初裂荷载 F_{cra}，横坐标为初裂挠度 δ。

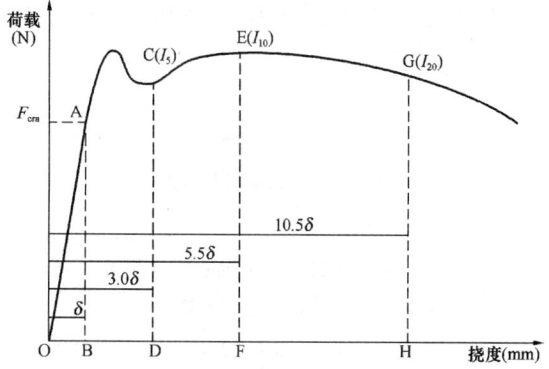

图 C.0.6　弯曲韧性指数定义示意

2　弯曲韧性指数的计算应符合下列规定：

1）以 O 为原点，在横轴上分别按初裂挠度的 3.0、5.5 和 10.5 的倍数确定 D、F 和 H 点。

2）跨中挠度为 3.0δ 时的弯曲韧性指数应按下列公式计算：

$$I_5 = \frac{S_{OACD}}{S_{OAB}}\qquad (C.0.6\text{-}1)$$

式中：I_5——跨中挠度为 3.0δ 时的弯曲韧性指数，精确至 0.01；

S_{OAB}——初裂挠度 δ 的韧度实测值（N·mm）；

S_{OACD}——跨中挠度为 3.0δ 时的韧度实测值（N·mm）。

3）跨中挠度为 5.5δ 时的弯曲韧性指数应按下式计算：

$$I_{10} = \frac{S_{OAEF}}{S_{OAB}}\qquad (C.0.6\text{-}2)$$

式中：I_{10}——跨中挠度为 5.5δ 时的弯曲韧性指数，精确至 0.01；

S_{OAEF}——跨中挠度为 5.5δ 时的韧度实测值（N·mm）。

4）跨中挠度为 10.5δ 时的弯曲韧性指数应按下式计算：

$$I_{20} = \frac{S_{OAGH}}{S_{OAB}}\qquad (C.0.6\text{-}3)$$

式中：I_{20}——跨中挠度为 10.5δ 时的弯曲韧性指数，精确至 0.01；

S_{OAGH}——跨中挠度为 10.5δ 时的韧度实测值（N·mm）。

5）应取 4 个试件计算值的算术平均值作为该组试件的弯曲韧性指数，精确至 0.01；若计算值中的最大值或最小值与两个中间值的平均值之差大于 15%，则应取两个中间值的平均值作为该组试件的弯曲韧性指数；若计算值中的最大值和最小值与两个中间值的平均值之差均大于 15% 时，该组试件的试验结果应无效。

3　初裂强度应按下式计算：

$$f_{fc,cra} = F_{cra}L/BH^2\qquad (C.0.6\text{-}4)$$

式中：$f_{fc,cra}$——纤维混凝土的初裂强度（MPa），精确至 0.1MPa；

F_{cra}——纤维混凝土的初裂荷载（N）；

L——支座间距（mm）；

B——试件截面宽度（mm）；

H——试件截面高度（mm）。

应以 4 个试件初裂强度的算术平均值作为该组试件的试验结果，精确至 0.1MPa。

附录 D　纤维混凝土抗剪强度试验方法

D.0.1　本方法适用于采用双面直接剪切法测定纤维混凝土的抗剪强度。

D.0.2　试件截面应为 100mm×100mm，长度应为截面高度的 2 倍～4 倍。每组应为 4 个试件。试件的制作及养护应符合现行国家标准《普通混凝土力学性能试验方法标准》GB/T 50081 中的相关规定。

D.0.3　试验设备应符合下列规定：

1　压力试验机应符合现行国家标准《普通混凝土力学性能试验方法标准》GB/T 50081 中的相关规定。

2 试验机上下压板中应有一块带有球形铰座。

3 双面剪切试验装置的上下刀口应垂直相对运动。刀口宽度应为试件公称高度 H 的 1/10，上刀口外缘间距应等于 H，上下刀口错位 a 应小于 1mm（图 D.0.3）。

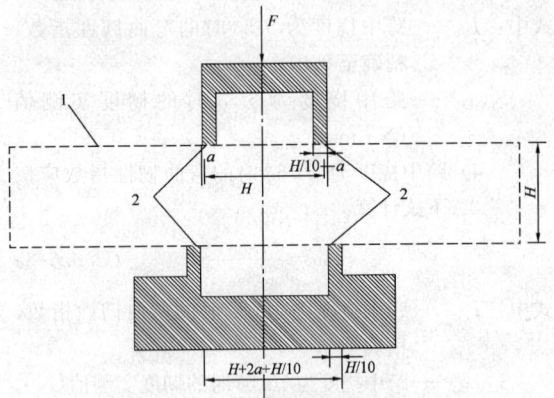

图 D.0.3　双面剪切试验装置简图
1—试件；2—刀口

D.0.4 抗剪强度试验应按照下列步骤进行：

1 从养护地点取出的试件应先擦净并检查外观；然后应测量试件两个预定破坏面的高度和宽度，测量精度及尺寸取值应符合现行国家标准《普通混凝土力学性能试验方法标准》GB/T 50081 中的相关规定。

2 将试件放入试验装置，应使成型时的两个侧面与剪切装置刀口接触。剪切装置的中轴线应与试验机压力作用线重合，调整球铰座，使接触均衡。

3 试件应以 0.06MPa/s～0.10MPa/s 的速率连续、均匀加荷。当试件临近破坏、变形速度增快时，停止调整试验机油门，直至试件破坏，应记录最大荷载，精确至 0.01MPa。

4 当试件的破坏面不在预定破坏面时（图 D.0.4），该试件的试验结果应无效。

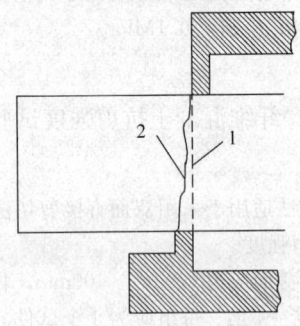

图 D.0.4　剪切破坏示意
1—预定破坏面；2—破坏面

D.0.5 该组试件的抗剪强度应按下列公式计算：

$$f_{\text{fc,v}} = \frac{F_{\max}}{2BH} \tag{D.0.5-1}$$

$$B = \frac{1}{4}(B_1 + B_2 + B_3 + B_4) \tag{D.0.5-2}$$

$$H = \frac{1}{4}(H_1 + H_2 + H_3 + H_4) \tag{D.0.5-3}$$

式中：　$f_{\text{fc,v}}$ ——抗剪强度（MPa），精确至 0.1MPa；

$F_{\max}$ ——最大荷载（N）；

B ——试件平均宽度（mm）；

H ——试件平均高度（mm）；

B_1、B_2、B_3、B_4 ——由本规程第 D.0.4 条测得的预定破坏截面的宽度（mm）；

H_1、H_2、H_3、H_4 ——由本规程第 D.0.4 条测得的预定破坏截面的高度（mm）。

4 个试件均在预定面破坏情况下，应取 4 个试件计算值的算术平均值作为该组试件的抗剪强度；若计算值中的最大值或最小值与两个中间值的平均值之差大于 15%，则应取两个中间值的平均值作为该组试件的抗剪强度；若计算值中的最大值和最小值与两个中间值的平均值之差均大于 15% 时，该组试件的试验结果应无效。

4 个试件中有一个不在预定面破坏情况下，应取另外 3 个试件计算值的算术平均值作为该组试件的抗剪强度；若计算值中的最大值或最小值与中间值之差大于中间值的 15%，则应取中间值作为该组试件的抗剪强度；若计算值中的最大值和最小值与中间值之差均大于中间值的 15% 时，该组试件的试验结果应无效。

当 4 个试件中有 2 个不在预定破坏面破坏时，该组试验结果应无效。

附录 E　钢纤维对混凝土轴心抗拉强度、弯拉强度的影响系数

表 E　钢纤维对混凝土轴心抗拉强度、弯拉强度的影响系数

钢纤维品种	纤维外形	混凝土强度等级	α_{t}	α_{tm}
高强钢丝切断型	端钩形	CF20～CF45	0.76	1.13
		CF50～CF80	1.03	1.25
钢板剪切型	平直形	CF20～CF45	0.42	0.68
		CF50～CF80	0.46	0.75
	异形	CF20～CF45	0.55	0.79
		CF50～CF80	0.63	0.93
钢锭铣削型	端钩形	CF20～CF45	0.70	0.92
		CF50～CF80	0.84	1.10
低合金钢熔抽型	大头形	CF20～CF45	0.52	0.73
		CF50～CF80	0.62	0.91

附录 F 钢纤维混凝土拌合物中钢纤维体积率检验方法

F.0.1 本试验方法适用于测定钢纤维混凝土拌合物中钢纤维体积率。

F.0.2 试验设备应符合下列规定：

1 容量筒：钢制，容积 5L，直径和筒高均为（186±2）mm，壁厚 3mm。

2 托盘天平：最大称量 2kg，感量 2g。

3 台秤：最大称量 100kg，感量 50g。

4 振动台：频率 50Hz±2Hz，空载振幅 0.5mm±0.02mm。

5 木槌：质量 1kg。

F.0.3 试验步骤应符合下列规定：

1 将钢纤维混凝土拌合物装入容量筒中，当拌合物坍落度小于 50mm 时，用振动台振实；拌合物坍落度不小于 50mm 时，分两层装料，每层应沿侧壁四周用木槌均匀敲振 30 次，敲毕，底部垫直径 16mm 钢棒，在混凝土或石材地面上应左右交错颠击 15 次。振实后应将容量筒上口抹平。

2 在倒出钢纤维拌合物的过程中，应边水洗边用磁铁搜集钢纤维。

3 应将搜集的钢纤维在 105℃±5℃ 的温度下烘干到恒重，冷却至室温后确定其质量，精确至 2g。

4 试验应进行两次。

F.0.4 钢纤维体积率应按下式计算：

$$V_{sf} = \frac{m_{sf}}{\rho_{sf} V} \times 100\% \qquad (F.0.4)$$

式中：V_{sf}——钢纤维体积率（%），精确至 0.01；

m_{sf}——容量筒中钢纤维质量（g）；

V——容量筒容积（L）；

ρ_{sf}——钢纤维质量密度（kg/m³）。

F.0.5 应取两次试验测得的钢纤维体积率的平均值作为试验结果，并应符合下式要求，否则试验结果无效。

$$| V_{sf1} - V_{sf2} | \leqslant 0.05 V_{sf,m} \qquad (F.0.5)$$

式中：$V_{sf,m}$——两次试验测得钢纤维体积率的平均值（%）；

V_{sf1}，V_{sf2}——两次试验分别测得的钢纤维体积率（%）。

本规程用词说明

1 为便于在执行本规程条文时区别对待，对要求严格程度不同的用词说明如下：

1）表示很严格，非这样做不可的：

正面词采用"必须"，反面词采用"严禁"；

2）表示严格，在正常情况下均应这样做的：

正面词采用"应"，反面词采用"不应"或"不得"；

3）表示允许稍有选择，在条件许可时，首先应这样做的：

正面词采用"宜"，反面词采用"不宜"；

4）表示有选择，在一定条件下可以这样做的，采用"可"。

2 条文中指明应按其他有关标准执行的写法为："应符合……的规定"或"应按……执行"。

引用标准名录

1 《混凝土结构设计规范》GB 50010

2 《普通混凝土拌合物性能试验方法标准》GB/T 50080

3 《普通混凝土力学性能试验方法标准》GB/T 50081

4 《普通混凝土长期性能和耐久性能试验方法标准》GB/T 50082

5 《混凝土强度检验评定标准》GB/T 50107

6 《地下工程防水技术规范》GB 50108

7 《混凝土外加剂应用技术规范》GB 50119

8 《混凝土结构工程施工质量验收规范》GB 50204

9 《屋面工程质量验收规范》GB 50207

10 《建筑地面工程施工质量验收规范》GB 50209

11 《混凝土结构耐久性设计规范》GB/T 50476

12 《通用硅酸盐水泥》GB 175

13 《金属材料 室温拉伸试验方法》GB/T 228

14 《用于水泥和混凝土中的粉煤灰》GB/T 1596

15 《混凝土外加剂》GB 8076

16 《道路硅酸盐水泥》GB 13693

17 《用于水泥和混凝土中的粒化高炉矿渣粉》GB/T 18046

18 《水泥混凝土和砂浆用合成纤维》GB/T 21120

19 《混凝土泵送施工技术规程》JGJ/T 10

20 《普通混凝土用砂、石质量及检验方法标准》JGJ 52

21 《普通混凝土配合比设计规程》JGJ 55

22 《混凝土用水标准》JGJ 63

23 《混凝土耐久性检验评定标准》JGJ/T 193

24 《水运工程混凝土试验规程》JTJ 270

25 《喷射混凝土用速凝剂》JC 477

26 《公路工程水泥及水泥混凝土试验规程》JTG E 30

27 《公路水泥混凝土路面施工技术规范》JTG F 30

28 《公路水泥混凝土路面设计规范》JTG D 40

29 《公路钢筋混凝土及预应力混凝土桥涵设计规范》JTG D 62

中华人民共和国行业标准

纤维混凝土应用技术规程

JGJ/T 221—2010

条 文 说 明

制 订 说 明

《纤维混凝土应用技术规程》JGJ/T 221－2010，经住房和城乡建设部 2010 年 7 月 23 日以第 706 号公告批准、发布。

本规程制定过程中，编制组进行了广泛而深入的调查研究，总结了我国工程建设中纤维混凝土应用的实践经验，同时参考了国外先进技术法规、技术标准，通过试验取得了纤维混凝土应用的重要技术参数。

为便于广大设计、施工、科研、学校等单位有关人员在使用本规程时能正确理解和执行条文规定，《纤维混凝土应用技术规程》编制组按章、节、条顺序编制了本规程的条文说明，供使用者参考。但是，本条文说明不具备与规程正文同等的法律效力，仅供使用者作为理解和把握规程规定的参考。

目 次

1 总 则

1.0.1 纤维混凝土技术在我国已得到广泛应用。本规程的制定旨在规范纤维混凝土技术的应用，确保纤维混凝土工程质量。本规程主要根据我国现有的标准规范、科研成果和实践经验，并参考国外先进标准制定而成。

1.0.2 钢纤维与合成纤维的材料性能不同，对混凝土性能的贡献也不相同，需合理地发挥各自的优越性。钢纤维混凝土适用于对弯拉（抗折）强度、弯曲韧性、抗裂、抗冲击、抗疲劳等性能要求较高的混凝土工程、结构或构件；合成纤维混凝土适用于要求改善早期抗裂、抗冲击、抗疲劳等性能的混凝土工程、结构或构件。

1.0.3 纤维混凝土涉及不同工程类别及国家标准或行业标准，在使用中除应执行本规程外，还应按所属工程类别符合现行有关国家和行业标准规范的规定。

2 术 语

2.0.1 本条给出钢纤维的材料和主要制作工艺。本规程中的钢纤维为可在混凝土中乱向均匀分散的短纤维。

2.0.2 本规程中的纤维混凝土仅包括钢纤维混凝土和合成纤维混凝土两类，不包括玻璃纤维混凝土、注浆纤维混凝土和活性粉末混凝土等类型。

2.0.3 钢纤维混凝土为钢纤维和混凝土复合材料。

2.0.4 本规程中钢纤维与合成纤维都采用当量直径，其他文献中钢纤维的等效直径的内涵与本规程中的当量直径相同。

2.0.5 合成纤维的长径比决定了纤维在混凝土中的破坏机制，在大于临界长径比时，合成纤维在混凝土破坏时被拉断，而小于临界长径比时，合成纤维在混凝土破坏时被拉出混凝土基体；钢纤维在混凝土中的作用也与长径比有关。

2.0.6 本条给出合成纤维的材料和主要制作工艺。本规程中的合成纤维为可在混凝土中乱向均匀分散的短纤维。

2.0.7 膜裂纤维经过挤出裂膜，成品呈互相牵连的网状短纤维束。

2.0.8 合成纤维混凝土为合成纤维和混凝土复合材料。

2.0.9 纤维用量常用于纤维混凝土配合比设计。

2.0.10 纤维体积率是纤维混凝土中纤维含量的表示方法之一，常用于分析计算。在设计参数选择时，可采用纤维体积率。

3 原 材 料

3.1 钢 纤 维

3.1.1 钢纤维原材料主要为碳钢、低合金钢，用于特殊腐蚀环境中，可采用不锈钢。目前国内外广泛使用的钢纤维主要有四大类：高强钢丝切断型、薄板剪切型、钢锭铣削型和熔抽型。钢丝切断型钢纤维是用切断机将冷拔钢丝按需要的长度切断制造的钢纤维；薄板剪切型钢纤维是由冷延薄钢带剪切而成的；熔抽型钢纤维是将外缘头部做成螺旋角状的圆盘与熔融的钢水表面接触，旋转时圆盘与钢水接触的瞬间即将钢水带了出来，由于旋转时的离心力，同时对圆盘进行冷却，被圆盘带出来的钢水迅速凝固成纤维；钢锭铣削型钢纤维是用专用铣刀对钢锭进行铣削制成的纤维。

由于钢纤维混凝土基体破坏时，钢纤维基本上是从基体中拔出而不是拉断，因此，钢纤维的增强作用主要取决于与基体的粘结性能，异形、表面粗糙的钢纤维品种粘结性能较好。

纤维的形状也影响它在拌合物中的分散性和混凝土拌合物的流动性，异形、表面粗糙和长径比大的钢纤维混凝土的流动性有所降低。

3.1.2 钢纤维的增强、增韧效果与钢纤维的长度、直径（或当量直径）、长径比、纤维形状和表面特性等因素有关。钢纤维的增强作用随长径比增大而提高，钢纤维长度太短增强作用不明显，太长则影响拌合物性能；太细在拌合过程中易被弯折甚至结团，太粗则在等体积含量时增强效果差。大量试验研究和工程经验表明：长度在 20mm～60mm，直径在 0.3mm～0.9mm，长径比在 30～80 范围内的钢纤维，增强效果和拌合物性能较佳。超出上述范围的钢纤维，试验验证增强效果和施工性能均能满足要求时，也可以采用。对于层布式钢纤维混凝土，因纤维无需与混凝土拌合物一起搅拌，因此，钢纤维的长度限制可以放宽。

一般而言，纤维的抗拉强度比水泥基体高两个数量级，延伸率比混凝土高一个数量级。纤维与基体的弹性模量的比值对复合材料的力学性能影响很大，比值越大，纤维在承担拉伸或弯曲荷载时承担的应力份额也越大。

3.1.3 根据目前广泛使用的钢纤维的抗拉强度，可归纳为表 3.1.3 中的三个等级。随着钢纤维高强度混凝土的研究和应用，发现采用高强度混凝土和低强度钢纤维配制的纤维混凝土，断裂时较多钢纤维被拉断，增强增韧效果差，而异形钢纤维的增强增韧效果也与钢纤维本身的强度有关，所以有必要区分钢纤维的强度等级。不小于 1000 级的钢纤维可称为高强度钢纤维。

3.1.4 钢纤维的弯折要求是为了保证钢纤维的材质质量，及其在拌合过程中不发生脆断。

3.1.5 钢纤维的尺寸偏差要求是为了检验钢纤维的生产控制质量，减少同一产品的差异。

3.1.6 异形钢纤维形状要求是为了检验钢纤维的生产控制质量，减少同一产品的差异，并保证与混凝土的粘结效果。

3.1.7 钢纤维的平均根数要求是为了检验钢纤维的生产控制质量，减少同一产品的差异。

3.1.8 钢纤维表面粘有油污等不利于与水泥粘结的物质，会影响与混凝土的粘结强度；钢纤维中含有杂质会影响钢纤维混凝土性能。

3.1.9 附录 A 规定了第 3.1.3～3.1.8 条中钢纤维检验的方法。

3.2 合成纤维

3.2.1 目前通常从纤维的材料品种和外观形式等方面进行区分。本条给出了适用于混凝土中的合成纤维和常用的产品形状。因粗纤维与单丝之间存有差异，故单独列出。

3.2.2 表 3.2.2 给出了通常使用的合成纤维的产品规格范围，亦可生产工程所需规格以外的产品。目前国内外生产的粗合成纤维绝大多数是聚烯烃类的，主要为聚丙烯粗纤维；另有一种聚乙烯醇粗纤维，国内开始同类产品生产，在混凝土中应用尚不广泛。

3.2.3 抗拉强度是合成纤维主要技术指标之一，直接影响合成纤维的增强和增韧效果；初始模量属弹性模量范畴，合成纤维弹性模量与混凝土弹性模量相差较大，承受荷载时，合成纤维分担的应力较小，对硬化混凝土强度影响不大，但能改善混凝土早期抗裂性；混凝土中为碱环境，合成纤维的耐碱性能非常重要。

3.2.4 掺入混凝土中的合成纤维应易于分散均匀，并不应对混凝土强度产生负面影响，增韧纤维还应有比较明显的增韧效果。

合成纤维混凝土的抗裂、增韧、抗冲击和耐久性等性能宜根据工程设计要求，通过混凝土试配对比试验确定。

3.2.5 合成纤维的材料品种和规格繁多，外形也各不相同，当无试验资料时，用户选用时易产生困惑，通过表 3.2.5，可以指导用户根据使用条件选择合成纤维。

聚丙烯纤维在碱液和升温条件下，pH＝14，80℃，6h 后，强度保持率大于 95％，具有非常高的耐碱性能，是目前用于混凝土最主要的合成纤维品种；聚酰胺纤维的耐碱性能十分优秀；聚乙烯醇纤维耐酸、碱的性能甚好，对碱的稳定性还优于对酸的稳定性。

资料显示，聚丙烯腈纤维在碱液和升温条件下，当 pH＝14，80℃，6h 后，其强度保持率仅为 76％，当 pH＝13，80℃，24h 后，其强度保持率也仅为 85％；但是在环境 pH 值较低时的强度保持率还是可以的，在此种条件下可以用于混凝土。

聚酯纤维耐碱性差，不适用于水泥混凝土，故未在表中列出。

3.2.6 本条给出表 3.2.3 和表 3.2.4 中试验项目的试验方法。

3.3 其他原材料

3.3.1 钢纤维混凝土宜采用普通硅酸盐水泥和硅酸盐水泥，有利于防止钢纤维锈蚀。

3.3.2 纤维增强混凝土中粗骨料粒径不宜过大，否则影响纤维的分散，并削弱纤维的作用效果。采用细砂会增加用水量和水泥用量；采用过粗的砂容易导致混凝土产生离析和泌水，不宜使用中砂。由于考虑到钢纤维的锈蚀问题，故钢纤维混凝土严禁使用海砂。

3.3.3 含氯盐的外加剂会导致混凝土中钢纤维的锈蚀；高碱速凝剂也对混凝土的耐久性不利。

3.3.4 现行国家标准《用于水泥和混凝土中的粉煤灰》GB/T 1596 和《用于水泥和混凝土中的粒化高炉矿渣粉》GB/T 18046 等标准基本涵盖了当前主要应用的矿物掺合料的质量要求。

3.3.5 未经淡化的海水会引起严重的混凝土耐久性问题。

4 纤维混凝土性能

4.1 拌合物性能

4.1.1 钢纤维和增韧纤维配制的混凝土应注意调配拌合物的和易性，并使之不离析；合成纤维混凝土拌合物性能一般较好，仅坍落度比普通混凝土稍微低一点。

4.1.2 在满足施工要求的情况下，采用较小的坍落度有利于提高混凝土的耐久性能。

4.1.3 应从严控制钢纤维混凝土中氯离子含量，以减少氯离子对钢纤维锈蚀的影响；合成纤维混凝土中氯离子含量可按普通混凝土要求控制。

4.2 力 学 性 能

4.2.1 本条规定了纤维混凝土强度等级的划分。合成纤维混凝土的最小强度等级为 C20，钢纤维混凝土的最小强度等级为 CF25，喷射钢纤维混凝土的最小强度等级为 CF30，都比普通混凝土略高。纤维混凝土最高强度等级定为 C80 和 CF80，与普通混凝土现行标准的相关规定相同。用现行国家标准《混凝土强度检验评定标准》GB/T 50107 评定纤维混凝土抗压强度是安全的。

4.2.2 纤维混凝土的轴心抗压强度、受压和受拉弹性模量、剪变模量、泊松比、线膨胀系数以及合成纤维轴心抗拉强度标准值和设计值采用现行国家标准《混凝土结构设计规范》GB 50010 的规定是安全的。纤维体积率大于 0.15% 的合成纤维混凝土因合成纤维用量较多，有可能出现搅拌不匀的情况，所以上述混凝土性能应经试验确定。

4.2.3 纤维混凝土工程设计会用到弯曲韧性、抗剪强度、抗疲劳性能和抗冲击等性能指标，本条给出了测定这些性能的试验方法。

4.2.4 钢纤维混凝土的轴心抗拉强度标准值与普通混凝土有所不同，本条给出了计算方法。检验钢纤维混凝土的轴心抗拉强度时，采用劈裂法试验测得强度换算成轴心抗拉强度。

4.2.5 本条给出了钢纤维混凝土的弯拉强度标准值的计算方法，主要用于公路水泥混凝土路面设计。检验钢纤维混凝土的弯拉强度时，采用现行行业标准《公路工程水泥及水泥混凝土试验规程》JTG E 30 规定的试验方法。

4.3 长期性能和耐久性能

4.3.1 纤维混凝土的收缩和徐变属于长期性能，应按普通混凝土的试验方法测试。

4.3.2 纤维混凝土的主要耐久性能项目与普通混凝土相同，应按普通混凝土的试验方法测试，也应按普通混凝土的检验评定方法进行检验评定。

5 配合比设计

5.1 一般规定

5.1.1 混凝土配合比设计不仅应满足试配强度要求，同时也应满足施工要求和耐久性能要求。

5.1.2 现行国家标准《混凝土结构耐久性设计规范》GB/T 50476 详细规定了不同使用条件和不同结构构件的混凝土的最大水胶比。

5.1.3 根据现行国家标准《混凝土结构耐久性设计规范》GB/T 50476 选定的混凝土最大水胶比，可按表 5.1.3 确定纤维混凝土的最小胶凝材料用量。实际胶凝材料用量应以保证混凝土拌合物性能、力学性能和耐久性能为目的。喷射钢纤维混凝土的胶凝材料用量不宜太少，否则施工性能不易保证，进而影响硬化混凝土性能。

5.1.4 掺加矿物掺合料和外加剂有利于改善纤维混凝土性能，但应以满足纤维混凝土设计和施工要求为原则，掺量应经试验确定。钢纤维混凝土矿物掺合料掺量不宜超过 20%，以减少混凝土碳化对钢纤维锈蚀的影响。

5.1.5 公路路面钢纤维混凝土的配合比设计规定与普通混凝土不同，公路行业专有规定。

5.2 配制强度的确定

5.2.1 实验室配制强度不仅应达到设计强度等级值，尚应满足 95% 的保证率，因此公式（5.2.1-1）中采用大于等于号。对于高强混凝土，强度标准差已不宜用于配制强度计算，公式（5.2.1-2）已经长期采用，应用效果良好。

5.2.2 纤维混凝土工程一般比较特殊，往往没有系统的强度统计资料，按表 5.2.2 中的混凝土强度标准差取值是偏于安全的。

5.3 配合比计算

5.3.1 先按现行行业标准《普通混凝土配合比设计规程》JGJ 55 的规定计算未掺加纤维的普通混凝土配合比。

5.3.2 纤维用量常用于纤维混凝土配合比，便于计量。纤维体积率是纤维混凝土中纤维含量的表示方法之一，常用于分析计算。在设计参数选择时，可采用纤维体积率。

5.3.3 不同工程钢纤维混凝土情况差异较大，设计人员可根据不同工程钢纤维混凝土的具体要求从表 5.3.3 中选用纤维体积率，最终确定采用的纤维体积率值应经试验验证。

5.3.4 设计人员可根据不同工程采用的合成纤维混凝土要求从表 5.3.4 中选用纤维体积率，目前工程中，用于合成纤维混凝土的纤维体积率绝大多数为 0.06%～0.12%，主要用于控制混凝土早期收缩裂缝。最终确定采用的纤维体积率值应经试验验证。

5.3.5 第 5.3.3 条和第 5.3.4 条仅推荐了不同工程纤维混凝土的纤维体积率范围，由于纤维混凝土的使用和性能要求比较特殊，因此纤维体积率最终确定取值，应经试验验证确定。

5.4 配合比试配、调整与确定

5.4.1 现行行业标准《普通混凝土配合比设计规程》JGJ 55 关于混凝土配合比试配、调整与确定的规定也适用于纤维混凝土。

5.4.2 按现行行业标准《普通混凝土配合比设计规程》JGJ 55 计算未掺加纤维的普通混凝土配合比，在此基础上掺入纤维进行试拌，使混凝土拌合物满足和易性和坍落度等性能要求。

试拌的主要原则是在水胶比不变条件下调整配合比，满足混凝土施工的和易性和坍落度要求。

5.4.3 配合比试配中的混凝土强度试验主要是为调整水胶比，获得合理的强度提供依据；配合比调整是在强度试验的基础上，确定合理的水胶比，进而调整每立方米纤维混凝土的各原材料用量。

5.4.4 在配合比试配过程中，由于在计算配合比基础上外掺了纤维，尤其是钢纤维的掺入，使每立方米混凝土的方量发生了变化，应经过调整使每立方米混凝土的方量准确。

5.4.5 对设计提出的纤维混凝土耐久性能进行试验验证，也应成为纤维混凝土配合比设计的重要内容。

5.4.6 采用设计配合比进行试生产并对配合比进行相应调整是确定施工配合比的重要环节。

6 施 工

6.1 纤维混凝土的制备

6.1.1 纤维计量允许偏差为1%可以满足纤维混凝土质量要求；外加剂和拌合用水计量允许偏差较过去有所收紧。

6.1.2 为了保证纤维均匀分散在混凝土中，最好先将纤维和粗、细骨料干拌，将纤维打散，然后再加入其他材料共同湿拌。纤维混凝土的搅拌时间应比普通混凝土长。

6.2 纤维混凝土的运输、浇筑和养护

6.2.1 合成纤维混凝土拌合物的稳定性较好，相对而言，由于钢纤维材质密度大，钢纤维混凝土易于离析和分层，应予以注意。

6.2.2 采用加水方法解决坍落度不足问题会严重影响混凝土的性能，造成很大危害，必须禁止。

6.2.3 由于钢纤维混凝土密度略大，并且泵送时与输送管壁的摩擦阻力较大，所以采用的泵的功率应比泵送普通混凝土略大。

6.2.4 由于钢纤维材质密度大，所以钢纤维混凝土拌合物浇筑倾落的自由高度过高易于导致离析，应予以注意。

6.2.5 浇筑时在混凝土中加水会严重影响混凝土的性能，造成很大危害，必须禁止。

6.2.6 机械振捣易使纤维混凝土均匀和密实；混凝土（尤其是钢纤维混凝土）振动时间过长易产生离析和分层。

6.2.7 钢纤维露出混凝土表面不利于安全，也不利于质量，应该避免。

6.2.8 我国混凝土路面的主导施工方式为：高等级公路使用滑模摊铺机；二级以下的一般公路大多使用三辊轴机组。此条规定了滑模摊铺与三辊轴机组的纤维混凝土路面施工要求。

6.2.9 纤维混凝土表面失水太快同样会产生细微裂缝，影响纤维混凝土的用途。

6.2.10 矿渣水泥、粉煤灰水泥或复合水泥混凝土的湿养护时间应长于普通硅酸盐水泥或硅酸盐水泥混凝土的湿养护时间，以保证胶凝材料水化和混凝土强度

增长。

6.2.11 本条规定蒸汽养护制度的基本原则，有利于避免混凝土内部由于温度变化过快或温度过高产生细微缺陷。

7 质量检验和验收

7.1 原材料质量检验

7.1.1 原材料质量文件齐全方可进场。

7.1.2 原材料进场后和施工过程中，由监理进行抽检，可有效控制工程使用的原材料质量。

7.1.3 本条规定了钢纤维、合成纤维和其他原材料的抽检项目。

7.1.4 本条规定了钢纤维、合成纤维和其他原材料的检验批量。

7.1.5 本条规定了钢纤维、合成纤维和其他原材料评定依据。

7.2 混凝土拌合物性能检验

7.2.1 精准计量是纤维混凝土质量控制的重要保证。本条规定了计量仪器的标定及检查频率，以确保计量的精准性。

7.2.2 纤维混凝土拌合物质量控制是施工质量控制的关键环节之一。本条规定了纤维混凝土拌合物检验项目及其检验地点。

7.2.3 本条规定了纤维混凝土拌合物有关性能检验的频率。

7.2.4 本条规定了纤维混凝土拌合物性能的评定依据。

7.3 硬化纤维混凝土性能检验

7.3.1 本条规定了对硬化纤维混凝土性能进行检验的依据，具体内容可见条文中给出的相关标准。

7.3.2 本条规定了纤维混凝土力学性能和耐久性能的设计要求。

7.4 混凝土工程验收

7.4.1 纤维混凝土可用于建工、公路、水工和其他各建设行业，工程验收应执行相关国家和行业的标准。

7.4.2 纤维混凝土的耐久性能应列为工程验收的主要内容之一。

附录 A 混凝土用钢纤维
性能检验方法

A.1 本节对应正文3.1.3条内容的试验方法。

附录 B　纤维混凝土抗弯韧性
（等效抗弯强度）试验方法

本试验方法源于 RILEM TC 162 - TDF，用等效荷载和等效抗弯强度来描述纤维混凝土复合材料开裂后的韧性比较合理，在欧洲纤维混凝土构件设计中已被广泛采用。

试验试件剪跨比为 1.7，力学性能及破坏形态均较为合理，较适合于评价混凝土复合材料的抗弯韧性。

本试验方法不但可以确定荷载与挠度之间的关系，而且可以通过预留开口，可准确判定裂缝出现的位置，减小随机因素对开裂位置的影响，更好地分析纤维对结构裂缝的抵抗性能。

附录 C　纤维混凝土弯曲韧性和
初裂强度试验方法

本试验方法与现行国家标准《水泥混凝土和砂浆用合成纤维》GB/T 21120 和协会标准《钢纤维混凝土试验方法》CECS 13相协调，基本上源于《纤维混凝土弯曲韧性和初裂强度标准实验方法（三点负荷梁法）》ASTM C1018 - 97，目前国际上对纤维混凝土试验方法的研究较多，相关试验方法也在发展。为了与目前国家和行业已有标准相协调，以及保持标准规程的连续性，本标准仍保留了本试验方法。

在采用本试验方法时，宜根据工程设计要求，通过混凝土试配进行对比试验。

计算弯曲韧性指数 I_5、I_{10} 和 I_{20} 时，韧度实测值 S_{OAB}、S_{OACD}、S_{OAEF} 和 S_{OAGH} 在数值上等于图 C.0.6 中不同的图形面积：

S_{OAB} 在数值上应等于荷载曲线 OA、直线 AB 和 OB 围成的图形面积；

S_{OACD} 在数值上应等于荷载曲线 OAC、直线 CD 和 OD 围成的图形面积；

S_{OAEF} 在数值上应等于荷载曲线 OAE、直线 EF 和 OF 围成的图形面积；

S_{OAGH} 在数值上应等于荷载曲线 OAG、直线 GH 和 OH 围成的图形面积。

附录 D　纤维混凝土抗剪强度试验方法

本试验方法源于 JCI 钢纤维混凝土试验方法标准，为双面剪切，虽然不是纯剪状态，但与纯剪状态相对比较接近，试验中试件的破坏绝大多数在预定的剪切面上。规定的梁试件截面尺寸为 100mm × 100mm，与 JCI 标准相同。

附录 E　钢纤维对混凝土轴心抗拉强度、
弯拉强度的影响系数

钢纤维对钢纤维混凝土轴心抗拉强度的影响系数 α_t 和对钢纤维混凝土弯拉强度的影响系数 α_{tm} 宜通过试验确定，因此，将在没有试验依据情况下的推荐取值放在附录中。

附录 F　钢纤维混凝土拌合物中
钢纤维体积率检验方法

本试验方法源于 JCI 钢纤维混凝土中纤维体积率的测定方法，为水洗法。水洗法不需要专用仪器，测量精度也较高，可以满足使用要求。JCI 同时规定了磁测法，可以测量新拌混凝土和硬化混凝土内钢纤维体积率，但其测量精度低于水洗法。

中华人民共和国行业标准

人工砂混凝土应用技术规程

Technical specification for application of
manufactured sand concrete

JGJ/T 241—2011

批准部门：中华人民共和国住房和城乡建设部
施行日期：２０１１年１２月１日

中华人民共和国住房和城乡建设部
公 告

第 995 号

关于发布行业标准
《人工砂混凝土应用技术规程》的公告

现批准《人工砂混凝土应用技术规程》为行业标准，编号为 JGJ/T 241-2011，自 2011 年 12 月 1 日起实施。

本规程由我部标准定额研究所组织中国建筑工业

出版社出版发行。

中华人民共和国住房和城乡建设部

2011 年 4 月 22 日

前 言

根据住房和城乡建设部《关于印发〈2009 年工程建设标准规范制订、修订计划（第一批）〉的通知》（建标〔2009〕88 号）的要求，规程编制组经广泛调查研究，认真总结实践经验，参考有关国际标准和国外先进标准，并在广泛征求意见的基础上，制定本规程。

本规程的主要技术内容是：1. 总则；2. 术语；3. 基本规定；4. 原材料；5. 人工砂混凝土性能；6. 配合比设计；7. 施工；8. 质量检验及验收。

本规程由住房和城乡建设部负责管理，由重庆大学负责具体技术内容的解释。本规程执行过程中如有意见或建议，请寄送至重庆大学材料科学与工程学院（地址：重庆市沙坪坝区沙北街 83 号，邮编：400045）。

本规程主编单位：重庆大学
　　　　　　　　　中建五局第三建设有限公司

本规程参编单位：中冶建工集团有限公司
　　　　　　　　　重庆市正源水务工程质量检测技术有限公司
　　　　　　　　　厦门市建筑科学研究院集团股份有限公司
　　　　　　　　　重庆市公路工程质量检测中心
　　　　　　　　　重庆市建筑科学研究院

四川建筑职业技术学院
招商局重庆交通科研设计院有限公司
江苏博特新材料有限公司
江苏铸本混凝土工程有限公司
上海嘉华混凝土有限公司
重庆建工住宅建设有限公司
重庆凯威混凝土有限公司
上海金路创展工程机械有限公司
张家界鼎立建材有限公司

本规程主要起草人员：杨长辉　粟元甲　张智强
　　　　　　　　　　　何昌杰　叶建雄　王 冲
　　　　　　　　　　　王于益　杨琼辉　陈 越
　　　　　　　　　　　刘加平　张东长　彭军芝
　　　　　　　　　　　黄洪胜　李江华　龙 宇
　　　　　　　　　　　霍 涛　王进勇　刘建忠
　　　　　　　　　　　张 意　桂苗苗　张学智
　　　　　　　　　　　张顺华　陈希才　高 彬
　　　　　　　　　　　陈 科　王有负　丁祖仁

本规程主要审查人员：丁 威　郝挺宇　王自强
　　　　　　　　　　　陈友治　秦鸿根　陈火炎
　　　　　　　　　　　陈普法　胡红梅　陈昌礼

目　次

Contents

1 总　则

1.0.1 为规范人工砂混凝土的工程应用，做到技术先进、经济合理、安全适用，保证工程质量，制定本规程。

1.0.2 本规程适用于人工砂混凝土的原材料质量控制、配合比设计、施工、质量检验与验收。

1.0.3 人工砂混凝土的应用除应符合本规程外，尚应符合国家现行有关标准的规定。

2 术　语

2.0.1 人工砂　artificial sand

岩石或卵石经除土开采、机械破碎、筛分而成的，公称粒径小于 5mm 的岩石或卵石（不包括软质岩和风化岩）颗粒。

2.0.2 石粉含量　crushed dust content

人工砂中公称粒径小于 80μm，且其矿物组成和化学成分与被加工母岩相同的颗粒含量。

2.0.3 亚甲蓝（MB）值　methylene blue value

用于判定人工砂石粉中泥土含量的指标。

2.0.4 吸水率　water absorption

骨料表面干燥而内部孔隙含水达到饱和时的含水率。

2.0.5 压碎值指标　crushing value index

人工砂抵抗压碎的能力。

2.0.6 人工砂混凝土　manufactured sand concrete

以人工砂为主要细骨料配制而成的水泥混凝土。

3 基 本 规 定

3.0.1 人工砂混凝土应采用强制式搅拌机搅拌。

3.0.2 人工砂混凝土的力学性能和耐久性能应符合现行国家标准《混凝土结构设计规范》GB 50010 和《混凝土结构耐久性设计规范》GB/T 50476 的规定。

3.0.3 用于建筑工程的人工砂混凝土放射性应符合现行国家标准《建筑材料放射性核素限量》GB 6566 的规定。

3.0.4 石灰岩质人工砂混凝土用于低温硫酸盐侵蚀环境时，混凝土应进行耐久性试验论证，并应满足设计要求。

4 原 材 料

4.1 细　骨　料

4.1.1 人工砂应符合下列规定：

1 人工砂的粗细程度可按其细度模数（μ_f）分为粗、中、细三级，并应符合下列规定：

粗砂的 μ_f 应为 3.7～3.1；

中砂的 μ_f 应为 3.0～2.3；

细砂的 μ_f 应为 2.2～1.6。

2 人工砂的颗粒级配宜符合表 4.1.1-1 的规定。

表 4.1.1-1　人工砂的颗粒级配

筛孔尺寸		4.75 mm	2.36 mm	1.18 mm	600 μm	300 μm	150 μm
累计筛余（%）	Ⅰ区	10～0	35～5	65～35	85～71	95～80	100～90
	Ⅱ区	10～0	25～0	50～10	70～41	92～70	100～90
	Ⅲ区	10～0	15～0	25～0	40～16	85～55	100～90

人工砂的实际颗粒级配与表 4.1.1-1 中累计筛余相比，除筛孔为 4.75mm 和 600μm 的累计筛余外，其余筛孔的累计筛余可超出表中限定范围，但超出量不应大于 5%。

当人工砂的实际颗粒级配不符合表 4.1.1-1 的规定时，宜采取相应的技术措施，并应经试验证明能确保混凝土质量后再使用。

3 人工砂中的石粉含量应符合表 4.1.1-2 的规定。

表 4.1.1-2　人工砂的石粉含量

项目		指　标		
		≥C60	C55～C30	≤C25
石粉含量（%）	MB<1.4（合格）	≤5.0	≤7.0	≤10.0
	MB≥1.4（不合格）	≤2.0	≤3.0	≤5.0

4 用于生产人工砂母岩的强度应符合表 4.1.1-3 的规定。

表 4.1.1-3　人工砂母岩的强度

项目	指　标		
	火成岩	变质岩	沉积岩
母岩强度（MPa）	≥100	≥80	≥60

5 人工砂的吸水率不宜大于 3%。

6 人工砂的总压碎值指标应小于 30%。

7 人工砂的氯离子含量、碱活性、坚固性、泥块含量和有害物质含量应符合现行行业标准《普通混凝土用砂、石质量及检验方法标准》JGJ 52 的规定。

4.1.2 人工砂性能的试验方法应按现行行业标准《普通混凝土用砂、石质量及检验方法标准》JGJ 52

的规定执行。

4.1.3 人工砂堆放应搭建雨篷、硬化场地、采取排水措施、符合环保要求，并应防止颗粒离析、混入杂质。

4.1.4 当人工砂与天然砂混合使用时，天然砂的品质应符合现行行业标准《普通混凝土用砂、石质量及检验方法标准》JGJ 52 的规定。

4.2 水 泥

4.2.1 人工砂混凝土宜选用通用硅酸盐水泥，且其性能应符合现行国家标准《通用硅酸盐水泥》GB 175 的规定；当采用其他品种水泥时，其性能应符合国家现行有关标准的规定。

4.2.2 水泥的入机温度不宜超过 60℃。

4.2.3 水泥性能的试验方法符合国家现行有关标准的规定。

4.3 粗 骨 料

4.3.1 粗骨料应符合现行行业标准《普通混凝土用砂、石质量及检验方法标准》JGJ 52 的规定。

4.3.2 粗骨料宜采用连续级配的碎石或卵石。当颗粒级配不符合要求时，可采取多级配组合的方式进行调整。

4.3.3 粗骨料最大粒径应符合现行国家标准《混凝土结构工程施工质量验收规范》GB 50204 和《混凝土质量控制标准》GB 50164 的规定。

4.3.4 粗骨料性能的试验方法应符合现行行业标准《普通混凝土用砂、石质量及检验方法标准》JGJ 52 的规定。

4.4 矿物掺合料

4.4.1 矿物掺合料宜采用粉煤灰、粒化高炉矿渣粉、钢渣粉、硅灰和磷渣粉等，其性能应分别符合国家现行标准《用于水泥和混凝土中的粉煤灰》GB/T 1596、《用于水泥和混凝土中的粒化高炉矿渣粉》GB/T 18046、《高强高性能混凝土用矿物外加剂》GB/T 18736、《用于水泥和混凝土中的钢渣粉》GB/T 20491 和《水工混凝土掺用磷渣粉技术规范》DL/T 5387 的规定。

4.4.2 矿物掺合料可单独使用，亦可混合使用，并应符合国家现行有关标准的规定。

4.4.3 矿物掺合料的试验方法应符合国家现行标准《用于水泥和混凝土中的粉煤灰》GB/T 1596、《用于水泥和混凝土中的粒化高炉矿渣粉》GB/T 18046、《高强高性能混凝土用矿物外加剂》GB/T 18736、《用于水泥和混凝土中的钢渣粉》GB/T 20491 和《水工混凝土掺用磷渣粉技术规范》DL/T 5387 的规定。

4.4.4 矿物掺合料储存时，不得与其他材料混杂，且应防止受潮。

4.5 外 加 剂

4.5.1 人工砂混凝土用外加剂应符合国家现行标准《混凝土外加剂应用技术规范》GB 50119、《混凝土外加剂》GB 8076、《混凝土膨胀剂》GB 23439 和《混凝土防冻剂》JC 475 等的规定。

4.5.2 外加剂性能的试验方法应符合国家现行有关标准的规定。

4.6 拌合用水

4.6.1 人工砂混凝土拌合用水应符合现行行业标准《混凝土用水标准》JGJ 63 的规定。

4.6.2 人工砂混凝土拌合用水性能的试验方法应符合现行行业标准《混凝土用水标准》JGJ 63 的规定。

5 人工砂混凝土性能

5.1 拌合物技术要求

5.1.1 人工砂混凝土拌合物应具有良好的黏聚性、保水性和流动性，不得离析或泌水。

5.1.2 人工砂混凝土坍落度应满足工程设计和施工要求；用于泵送的人工砂混凝土坍落度经时损失不宜大于 30mm/h。人工砂混凝土坍落度的试验方法应符合现行国家标准《普通混凝土拌合物性能试验方法标准》GB/T 50080 的规定。

5.1.3 人工砂混凝土拌合物的凝结时间应满足施工要求和混凝土性能要求。

5.1.4 人工砂混凝土拌合物宜具备良好的早期抗裂性能。人工砂混凝土抗裂性能的试验方法应符合现行国家标准《普通混凝土长期性能和耐久性能试验方法标准》GB/T 50082 的规定。

5.1.5 人工砂混凝土拌合物的水溶性氯离子最大含量应符合表 5.1.5 的规定。人工砂混凝土拌合物的水溶性氯离子含量宜按现行行业标准《水运工程混凝土试验规程》JTJ 270 中的快速测定方法进行测定。

表 5.1.5 人工砂混凝土拌合物水溶性氯离子最大含量

环境条件	水溶性氯离子最大含量（胶凝材料用量的质量百分比，%）		
	钢筋混凝土	预应力混凝土	素混凝土
干燥环境	0.30		
潮湿但不含氯离子的环境	0.20	0.06	1.00
潮湿且含有氯离子的环境	0.10		
腐蚀环境	0.06		

5.1.6 人工砂混凝土拌合物的总碱含量应符合现行国家标准《混凝土结构设计规范》GB 50010 的规定。碱含量宜按现行行业标准《普通混凝土配合比设计规程》JGJ 55 的规定进行测定和计算。

5.2 力学性能

5.2.1 人工砂混凝土强度等级应按立方体抗压强度标准值确定，并应按现行国家标准《混凝土强度检验评定标准》GB/T 50107 进行评定。

5.2.2 人工砂混凝土的强度标准值、强度设计值、弹性模量、轴心抗压强度与轴心抗拉疲劳强度设计值、疲劳变形模量等应符合现行国家标准《混凝土结构设计规范》GB 50010 的规定。人工砂混凝土力学性能应按照现行国家标准《普通混凝土力学性能试验方法标准》GB/T 50081 的规定进行试验测定，并应满足设计要求。

5.3 长期性能和耐久性能

5.3.1 人工砂混凝土的收缩和徐变性能应符合设计要求。人工砂混凝土的收缩和徐变性能试验方法应符合现行国家标准《普通混凝土长期性能和耐久性能试验方法标准》GB/T 50082 的规定。

5.3.2 人工砂混凝土的抗冻、抗渗、抗氯离子渗透、抗碳化和抗硫酸盐侵蚀等耐久性能应符合设计要求；当设计无要求时，人工砂混凝土耐久性应符合现行国家标准《混凝土质量控制标准》GB 50164 的规定。人工砂混凝土耐久性能试验方法应符合现行国家标准《普通混凝土长期性能和耐久性能试验方法标准》GB/T 50082的规定。

6 配合比设计

6.1 一般规定

6.1.1 人工砂混凝土配合比设计应根据混凝土强度等级、施工性能、长期性能和耐久性能等要求，在满足工程设计和施工要求的条件下，遵循低水泥用量、低用水量和低收缩性能的原则，按现行行业标准《普通混凝土配合比设计规程》JGJ 55 的规定进行。

6.1.2 对有抗裂性能要求的人工砂混凝土，应通过混凝土早期抗裂试验和收缩试验确定配合比。

6.1.3 配制混凝土时，宜采用细度模数为 2.3～3.2 的人工砂。

6.1.4 对于有抗冻、抗渗、抗碳化、抗氯离子侵蚀和抗化学腐蚀等耐久性要求的人工砂混凝土，应符合现行国家标准《混凝土结构耐久性设计规范》GB/T 50476 和《混凝土结构设计规范》GB 50010 的规定。

6.1.5 采用外加剂配制人工砂混凝土，除应进行拌合物坍落度和凝结时间试验外，还应进行坍落度经时损失试验，并应确认满足施工要求后才可使用。

6.1.6 用于泵送施工的人工砂混凝土的配合比设计，应根据混凝土原材料、混凝土运输距离、混凝土泵与混凝土输送管径、泵送距离、环境气温等具体施工条件进行试配，并应符合国家现行标准《混凝土质量控制标准》GB 50164、《混凝土泵送施工技术规程》JGJ/T 10 的规定。

6.1.7 当人工砂混凝土的原材料品种或质量有显著变化，或对混凝土性能指标有特殊要求，或混凝土生产间断半年以上时，应重新进行混凝土配合比设计。

6.2 配合比计算与确定

6.2.1 人工砂混凝土配合比计算、试配、调整与确定应按现行行业标准《普通混凝土配合比设计规程》JGJ 55 的有关规定进行。

6.2.2 在配制相同强度等级的混凝土时，人工砂混凝土的胶凝材料总量宜在天然砂混凝土胶凝材料总量的基础上适当提高；对于配制高强度人工砂混凝土，水泥和胶凝材料用量分别不宜大于 500kg/m³ 和 600kg/m³。

6.2.3 当采用相同细度模数的砂配制混凝土时，人工砂混凝土的砂率宜在天然砂混凝土砂率的基础上适当提高。

6.2.4 当对混凝土耐久性有设计要求时，应采用 MB 值小于 1.4 的人工砂，且应进行相关耐久性试验验证。

6.2.5 当采用人工砂与天然砂混合配制混凝土时，人工砂与天然砂的质量比应根据其颗粒级配进行合理调整。

6.2.6 对于掺加矿物掺合料的人工砂混凝土，掺合料的品种和用量应通过试验确定。

6.2.7 掺加外加剂的人工砂混凝土，外加剂的品种与掺量应根据人工砂混凝土的强度等级、施工要求、运输距离、混凝土所处环境条件等因素经试验后确定，并应符合现行国家标准《混凝土外加剂应用技术规范》GB 50119 的规定。

6.2.8 人工砂混凝土的氯离子含量和总碱量应分别符合本规程第 5.1.5 条和第 5.1.6 条的规定。

7 施 工

7.1 一般规定

7.1.1 施工前，施工单位应根据设计要求、工程性质、结构特点和环境条件等，制定人工砂混凝土施工技术方案。

7.1.2 施工过程中，应对混凝土原材料计量、混凝土搅拌、拌合物运输、混凝土浇筑、拆模及养护进行全过程控制。

7.1.3 人工砂、粗骨料含水率的检验每工作班不应少于1次；当雨雪天气等外界影响导致混凝土骨料含水率变化时，应及时检验，并应根据检验结果及时调整施工配合比。

7.1.4 人工砂混凝土运输、输送、浇筑过程中严禁加水。

7.2 原材料计量

7.2.1 原材料计量应符合现行国家标准《混凝土质量控制标准》GB 50164 和《混凝土结构工程施工规范》GB 50666 的规定。

7.2.2 原材料称量宜采用自动计量，并应严格按照施工配合比进行计量。每盘原材料计量的允许偏差应符合表7.2.2的规定。

表7.2.2 每盘原材料计量的允许偏差

原材料种类	允许偏差（按质量计）
胶凝材料	±2%
外加剂	±1%
粗、细骨料	±3%
拌合用水	±1%

7.3 混凝土搅拌

7.3.1 人工砂混凝土的搅拌应符合现行国家标准《混凝土质量控制标准》GB 50164 和《混凝土结构工程施工规范》GB 50666 的有关规定。

7.3.2 混凝土搅拌机应符合现行国家标准《混凝土搅拌机》GB/T 9142 的有关规定。

7.3.3 人工砂混凝土的搅拌时间应在天然砂混凝土搅拌时间的基础上适当延长，且应每班检查2次。

7.3.4 人工砂混凝土的坍落度允许偏差应符合表7.3.4的规定。

表7.3.4 坍落度允许偏差

坍落度（mm）	允许偏差（mm）
≤40	±10
50～90	±20
≥100	±30

7.4 拌合物运输

7.4.1 人工砂混凝土的运输应符合现行国家标准《混凝土质量控制标准》GB 50164、《混凝土结构工程施工规范》GB 50666 和《预拌混凝土》GB/T 14902 的相关规定。

7.4.2 采用泵送施工的人工砂混凝土，其运输应能保证混凝土的连续泵送，并应符合现行行业标准《混凝土泵送施工技术规程》JGJ/T 10 的有关规定。

7.4.3 混凝土运输至浇筑现场时，不得出现离析或分层现象。

7.4.4 对于采用搅拌运输车运输的混凝土，当坍落度损失较大不能满足施工要求时，可在运输车罐内加入适量的与原配合比相同成分的减水剂，并快速旋转搅拌均匀，并应在达到要求的工作性能后再泵送或浇筑。减水剂加入量应事先由试验确定，并应进行记录。

7.5 混凝土浇筑

7.5.1 人工砂混凝土的浇筑应符合现行国家标准《混凝土质量控制标准》GB 50164 和《混凝土结构工程施工规范》GB 50666 的有关规定。

7.5.2 混凝土浇筑时的自由倾落高度不宜大于3m，当大于3m时，应采用滑槽、漏斗、串筒等器具辅助输送混凝土。

7.5.3 振捣应保证混凝土密实、均匀，并应避免欠振、过振和漏振。

7.5.4 夏期施工时，混凝土拌合物入模温度不应超过35℃，并宜选择夜间浇筑混凝土。当现场温度高于35℃时，宜对金属模板进行浇水降温，并不得留有积水，并可采用遮挡措施避免阳光照射金属模板。

7.5.5 冬期施工时，混凝土拌合物入模温度不应低于5℃，并应采取相应保温措施。

7.5.6 当风速大于5m/s时，人工砂混凝土浇筑宜采取挡风措施。

7.5.7 浇筑大体积混凝土时，应采取必要的温控措施，保证混凝土温差控制在设计要求的范围以内。当混凝土温差设计无要求时，应符合现行国家标准《大体积混凝土施工规范》GB 50496 的规定。

7.5.8 浇筑竖向尺寸较大的结构物时，应分层浇筑，每层浇筑厚度宜控制在300mm～350mm。

7.5.9 混凝土浇筑时，应在平面内均匀布料，不得用振捣棒赶料。

7.5.10 人工砂混凝土振捣时，应避免碰撞模板、钢筋及预埋件。

7.5.11 人工砂混凝土在浇筑过程中，应观察模板支撑的稳定性和接缝的密合状态，不得出现漏浆现象。

7.5.12 人工砂混凝土振捣密实后，在终凝以前应采用抹面机械或人工多次抹压，并应在抹压后进行保湿养护。保湿养护可采用洒水、覆盖、喷涂养护剂等方式。

7.5.13 人工砂混凝土构件成型后，在抗压强度达到1.2MPa以前，不得在混凝土上面踩踏行走。

7.6 拆 模

7.6.1 人工砂混凝土侧模拆除时，其强度应能保证结构表面、棱角以及内部不受损伤。

7.6.2 人工砂混凝土底模拆除时，其强度应符合设计要求；当设计无要求时，强度应符合表 7.6.2 的规定。

表 7.6.2　底模拆除时混凝土强度

结构类型	结构尺度 (m)	达到混凝土设计强度的百分比（%）
板	≤2	≥50
	>2，≤8	≥75
	>8	≥100
梁、拱、壳	≤8	≥75
	>8	≥100
悬臂构件	—	≥100

7.6.3　人工砂混凝土拆模后，其强度未达到设计强度的75%时，应避免与流动水接触。

7.6.4　当遇大风或气温急剧变化时，不宜拆模。

7.7　混凝土养护

7.7.1　人工砂混凝土的养护应按现行国家标准《混凝土质量控制标准》GB 50164 和《混凝土结构工程施工规范》GB 50666 的相关规定执行。

7.7.2　人工砂混凝土养护时间应符合下列规定：

　　1　对于采用硅酸盐水泥、普通硅酸盐水泥或矿渣硅酸盐水泥配制的混凝土，采取洒水和潮湿覆盖的养护时间不得少于7d；

　　2　对于采用粉煤灰硅酸盐水泥、火山灰质硅酸盐水泥和复合硅酸盐水泥配制的混凝土，或掺加缓凝剂的混凝土，以及大掺量矿物掺合料混凝土，采取浇水和潮湿覆盖的养护时间不得少于14d；

　　3　对于竖向混凝土结构，养护时间宜适当延长。

7.7.3　人工砂混凝土构件或制品养护应符合下列规定：

　　1　采用蒸汽养护或湿热养护时，养护时间和养护制度应满足混凝土及其制品性能的要求。

　　2　采用蒸汽养护时，应分为静停、升温、恒温和降温四个阶段。混凝土成型后的静停时间不宜少于2h，升温速度不宜超过 25℃/h，降温速度不宜超过20℃/h，最高温度和恒温温度均不宜超过 65℃；混凝土构件或制品在出池或撤除养护措施前，应进行温度测量，且构件出池或撤除养护措施时，表面与外界温差不得大于 20℃。

　　3　采用潮湿自然养护时，应符合本规程第7.7.2条的规定。

7.7.4　大体积混凝土养护过程中应进行温度控制，混凝土内部和表面的温差不宜超过 25℃，表面与外界温差不宜大于 20℃；保温层拆除时，混凝土表面与环境最大温差不宜大于 20℃。

7.7.5　冬期施工的人工砂混凝土，日均气温低于

5℃时，不得采取浇水自然养护方法。撤除养护措施时，混凝土强度应至少达到设计强度等级的50%。

7.7.6　掺用膨胀剂的人工砂混凝土，应采取保湿养护，养护龄期不应小于 14d。冬期施工时，对于墙体，带模养护不应小于 7d。

7.7.7　人工砂混凝土养护用水应符合现行行业标准《混凝土用水标准》JGJ 63 的规定。

8　质量检验及验收

8.1　原材料质量检验

8.1.1　人工砂混凝土原材料进场时，应按规定批次验收型式检验报告、出厂检验报告或合格证等质量证明文件，外加剂产品还应具有使用说明书。

8.1.2　原材料进场后，应进行进场检验，且在混凝土生产过程中，宜对混凝土原材料进行随机抽检。

8.1.3　原材料进场检验和生产中抽检的项目应符合下列规定：

　　1　人工砂应对颗粒级配、细度模数、压碎指标、泥块含量、石粉含量、亚甲蓝试验和吸水率进行检验；对于有抗渗、抗冻要求的混凝土，还应检验其坚固性；对于有预防混凝土碱骨料反应要求的混凝土，还应进行碱活性试验。

　　2　水泥应对胶砂强度、凝结时间、安定性、氧化镁、氯离子含量和烧失量进行检验；对于有预防混凝土碱骨料反应要求的混凝土，还应检验其碱含量；当用于大体积混凝土时，还应检验其水化热。

　　3　粗骨料应对颗粒级配、含泥量、泥块含量、针片状颗粒含量、压碎值指标和坚固性进行检验；当用于高强度混凝土，还应检验其母岩抗压强度；对于有预防混凝土碱骨料反应要求的混凝土，还应进行碱活性试验。

　　4　矿物掺合料应检验下列项目：

　　　1）粉煤灰应检验细度、需水量比、烧失量和三氧化硫含量，C 类粉煤灰还应包括游离氧化钙含量和安定性；

　　　2）粒化高炉矿渣粉应检验比表面积、三氧化硫含量、活性指数和流动度比；

　　　3）钢渣粉应检验比表面积、活性指数、流动度比、游离氧化钙含量、三氧化硫含量、氧化镁含量和安定性；

　　　4）磷渣粉应检验比表面积、活性指数、流动度比、三氧化硫含量、五氧化二磷含量和安定性；

　　　5）硅灰应检验比表面积、二氧化硅含量和活性指数；

　　　6）矿物掺合料均应进行放射性检验。

　　5　外加剂应对 pH、氯离子含量、碱含量、减水

率、凝结时间差和抗压强度比进行检验；引气剂和引气减水剂还应检验其含气量；防冻剂还应检验其含气量和50次冻融强度损失率比；膨胀剂还应检验其凝结时间、限制膨胀率和抗压强度。

6　拌合用水应对pH、不溶物含量、可溶物含量、硫酸根离子含量、氯离子含量、凝结时间差和抗压强度比进行检验；对于有预防混凝土碱骨料反应要求的混凝土，还应检验其碱含量。

7　当工程设计有其他要求时，原材料还应增加相应检验项目。

8.1.4　原材料的检验规则应符合下列规定：

1　人工砂应以400m³或600t为一个检验批；不足一个检验批时，应按一检验批计；

2　对于同一生产厂家、同一强度等级、同一品种、同一批号且连续进场的水泥，袋装水泥应以200t为一个检验批，散装水泥应以500t为一个检验批；不足一个检验批时，也应按一检验批计；

3　粗骨料应以400m³或600t为一个检验批；不足一个检验批时，也应按一检验批计；

4　粉煤灰、粒化高炉矿渣粉、钢渣粉和磷渣粉等矿物掺合料应按200t为一个检验批，硅灰应按每30t为一检验批；不足一个检验批时，也应按一检验批计；

5　外加剂应按每50t为一个检验批；不足一个检验批时，也应按一检验批计；

6　拌合用水应按同一水源不少于一个检验批；

7　当原材料来源稳定且连续三次检验合格时，可将检验批量扩大一倍。

8.1.5　原材料的取样应符合下列规定：

1　人工砂的取样应按现行行业标准《普通混凝土用砂、石质量及检验方法标准》JGJ 52的规定执行；

2　其他原材料的取样应按国家现行有关标准执行。

8.1.6　人工砂及其他原材料的质量应符合本规程第4章的规定。

8.2　混凝土拌合物性能检验

8.2.1　人工砂混凝土原材料计量系统应经检定合格后才可使用，且混凝土生产单位每月应自检一次。原材料计量偏差应每班检查1次，原材料计量偏差应符合本规程第7.2.2条的规定。

8.2.2　在生产和施工过程中，应对人工砂混凝土拌合物进行抽样检验，流动性、黏聚性和保水性应在搅拌地点和浇筑地点分别取样检验。

8.2.3　对于人工砂混凝土拌合物的流动性、黏聚性和保水性项目，每工作班应至少检验2次。

8.2.4　人工砂混凝土拌合物性能应符合本规程第5.1节的规定。

8.3　硬化混凝土性能检验

8.3.1　人工砂混凝土强度的检验评定应符合现行国家标准《混凝土强度检验评定标准》GB/T 50107的规定。

8.3.2　人工砂混凝土长期性能和耐久性能的检验评定应符合现行行业标准《混凝土耐久性检验评定标准》JGJ/T 193的规定。

8.3.3　人工砂混凝土的力学性能、长期性能和耐久性能应分别符合本规程第5.2节和第5.3节的规定。

8.4　混凝土工程验收

8.4.1　人工砂混凝土工程施工质量验收应符合现行国家标准《混凝土结构工程施工质量验收规范》GB 50204的规定。

8.4.2　人工砂混凝土工程验收时，应符合本规程对混凝土长期性能和耐久性能的规定。

本规程用词说明

1　为便于在执行本规程条文时区别对待，对要求严格程度不同的用词说明如下：

1）表示很严格，非这样做不可的：
正面词采用"必须"，反面词采用"严禁"；

2）表示严格，在正常情况下均应这样做的：
正面词采用"应"，反面词采用"不应"或"不得"；

3）表示允许稍有选择，在条件许可时首先应这样做的：
正面词采用"宜"，反面词采用"不宜"；

4）表示有选择，在一定条件下可以这样做的，采用"可"。

2　条文中指明应按其他有关标准执行的写法为："应符合……的规定"或"应按……执行"。

引用标准名录

1　《混凝土结构设计规范》GB 50010

2　《普通混凝土拌合物性能试验方法标准》GB/T 50080

3　《普通混凝土力学性能试验方法标准》GB/T 50081

4　《普通混凝土长期性能和耐久性能试验方法标准》GB/T 50082

5　《混凝土强度检验评定标准》GB/T 50107

6　《混凝土外加剂应用技术规范》GB 50119

7　《混凝土质量控制标准》GB 50164

8　《混凝土结构工程施工质量验收规范》GB 50204

9　《混凝土结构耐久性设计规范》GB/T 50476

10　《大体积混凝土施工规范》GB 50496

11　《混凝土结构工程施工规范》GB 50666

12　《通用硅酸盐水泥》GB 175

13　《用于水泥和混凝土中的粉煤灰》GB/T 1596

14　《建筑材料放射性核素限量》GB 6566

15　《混凝土外加剂》GB 8076

16　《混凝土搅拌机》GB/T 9142

17　《预拌混凝土》GB/T 14902

18　《用于水泥和混凝土中的粒化高炉矿渣粉》GB/T 18046

19　《高强高性能混凝土用矿物外加剂》GB/T 18736

20　《用于水泥和混凝土中的钢渣粉》GB/T 20491

21　《混凝土膨胀剂》GB 23439

22　《混凝土泵送施工技术规程》JGJ/T 10

23　《普通混凝土用砂、石质量及检验方法标准》JGJ 52

24　《普通混凝土配合比设计规程》JGJ 55

25　《混凝土用水标准》JGJ 63

26　《混凝土耐久性检验评定标准》JGJ/T 193

27　《水运工程混凝土试验规程》JTJ 270

28　《水工混凝土掺用磷渣粉技术规范》DL/T 5387

29　《混凝土防冻剂》JC 475

中华人民共和国行业标准

人工砂混凝土应用技术规程

JGJ/T 241—2011

条 文 说 明

制 定 说 明

《人工砂混凝土应用技术规程》JGJ/T 241-2011，经住房和城乡建设部 2011 年 4 月 22 日以第 995 号公告批准、发布。

本规程制定过程中，编制组进行了人工砂混凝土应用情况的调查研究，总结了人工砂生产和应用经验，同时参考了国内外技术法规、技术标准，并经过试验研究，取得了制定本规程所必要的重要技术参数。

为便于广大设计、施工、科研、学校等单位有关人员在使用本规程时能正确理解和执行条文规定，《人工砂混凝土应用技术规程》编制组按章、节、条顺序编制了本规程的条文说明，对条文规定的目的、依据以及执行中需注意的有关事项进行了说明。但是，本条文说明不具备与规程正文同等的法律效力，仅供使用者作为理解和把握规程规定的参考。

目　次

1 总 则

1.0.1 近年来人工砂在混凝土工程中的应用越来越普遍，但尚无专门的人工砂混凝土应用技术的国家或行业标准，鉴于人工砂的技术性能与天然砂有较大差异，若沿用现有的相关技术标准来指导人工砂混凝土应用则欠准确。制定本规程的目的是规范人工砂混凝土在建设工程中的应用，保证工程质量。

1.0.2 本条主要是明确人工砂混凝土应用中进行质量控制的主要环节。

1.0.3 本条规定了本规程与其他标准、规范的关系。本规程难以对所有人工砂混凝土的应用情况作出规定，在实际应用中，本规程作出规定的，按本规程执行，未作出规定的，按现行相关标准执行。

2 术 语

2.0.1~2.0.3 本条列出的术语与国家现行标准《建筑用砂》GB/T 14684 和《普通混凝土用砂、石质量及检验方法标准》JGJ 52 一致。

2.0.4 本条主要参考美国材料与试验协会标准《细骨料的密度、表观密度和吸水率标准试验方法》ASTM C128-01 中对吸水率的定义，即指以烘干质量为基准的饱和面干吸水率。该参数可用于人工砂的配合比计算。

2.0.5 本条列出的术语与现行行业标准《普通混凝土用砂、石质量及检验方法标准》JGJ 52-2006 一致。

2.0.6 编制组根据对重庆、四川、贵州、云南、江苏、北京、湖南和福建等省市人工砂级配的调查统计，满足《普通混凝土用砂、石质量及检验方法标准》JGJ 52-2006 中Ⅰ区级配要求的占样本的13.9%，满足Ⅱ区级配要求的仅占 1.5%，其中，公称粒径 2.5mm 的累计筛余基本上不符合现行行业标准规定的级配要求。因此，可掺用部分天然砂进行调配，以保证人工砂混凝土质量；无论天然砂掺加比例多少，都视为人工砂混凝土。

3 基本规定

3.0.1 为提高人工砂混凝土拌合物的匀质性，保证混凝土质量，生产人工砂混凝土时应采用机械式强制搅拌措施。

3.0.2 本条规定了人工砂混凝土的力学性能和耐久性能的设计依据。

3.0.3 人体放射医学研究表明，人体遭受过量辐射会损伤人的身体健康，导致癌症。为保障建筑环境辐射安全，应对用于建筑工程的人工砂混凝土放射性作

出规定，并按现行国家标准《建筑材料放射性核素限量》GB 6566 的规定严格控制。

3.0.4 碳硫硅钙石型硫酸盐腐蚀（TSA）是一种危害极大的新型硫酸盐腐蚀类型。国内外研究成果表明，石灰岩质人工砂混凝土在 15℃ 以下的低温硫酸盐侵蚀环境中，会发生碳硫硅钙石型硫酸盐腐蚀。本条参考英国混凝土标准《第 1 部分：混凝土分类指南》、《第 2 部分：混凝土拌合料的方法》、《第 3 部分：混凝土生产和运输中所用方法标准》、《第 4 部分：混凝土取样、试验和合格评定所用方法规范》BS5328；Concrete 和英国标准《混凝土（规范、性能、产生及符合性）》BSEN206-1 Concrete 的相关技术要求，规定了石灰岩质人工砂混凝土用于可能发生 TSA 环境时，应进行专项试验论证，并采取必要的技术措施，以保证混凝土工程的耐久性。

4 原 材 料

4.1 细 骨 料

4.1.1 人工砂技术要求如下：

1 人工砂细度模数 μ_f 分级与现行行业标准《普通混凝土用砂、石质量及检验方法标准》JGJ 52 基本一致；考虑生产效率和生产能耗，人工砂不宜包括特细砂。

2、3 人工砂颗粒级配和石粉含量的技术要求与现行行业标准《普通混凝土用砂、石质量及检验方法标准》JGJ 52 一致。本条的筛孔尺寸即是方孔筛筛孔边长尺寸。

4 鉴于母岩的强度和质量直接影响骨料的性能，进而影响混凝土的物理力学性能、长期性能和耐久性能，本规程规定了生产人工砂的母岩种类和强度，技术要求主要参考了现行行业标准《普通混凝土用砂、石质量及检验方法标准》JGJ 52 和武汉理工大学编写的《机制砂在混凝土中应用技术指南》的规定和分类。

5 控制人工砂吸水率，是控制混凝土水胶比和拌合物工作性能的主要措施之一，同时也是拌合预冷混凝土时确定加冰量的要求。其指标是根据《水工混凝土施工规范》DL/T 5144 中的相关规定和编制组验证试验结果确定，部分验证试验结果见表 1。

表 1 试模法人工砂吸水率试验结果

机制砂石粉含量（%）		3	7	15	20
饱和面干吸水率（%）	石灰石质	1.60	1.58	2.06	2.16
	卵石质	1.54	1.55	1.87	2.01

6、7 人工砂的其他性能要求与现行行业标准

《普通混凝土用砂、石质量及检验方法标准》JGJ 52
一致。

4.1.3 为保证人工砂的质量稳定和保护环境,应采取相应措施,避免人工砂吸入大量水分、混入杂物、产生扬尘。

4.1.4 本条规定了当人工砂与天然砂混合使用时,天然砂质量的控制标准。

4.2 水 泥

4.2.2 水泥的使用温度直接影响混凝土拌合物的温度,并影响混凝土的工作性能和体积稳定性。《水工混凝土施工规范》DL/T 5144中规定,散装水泥入罐温度限定为不宜高于60℃。当工程进度需要而水泥供不应求时,水泥的入罐温度允许放宽到70℃。

4.3 粗 骨 料

4.3.2 由于直接破碎的碎石和卵石一般均不能完全满足连续级配的要求,为保证粗骨料为连续级配,应采用两级配或多级配组合的方式进行调整。

4.3.3 本条按《混凝土结构工程施工质量验收规范》GB 50204、《混凝土质量控制标准》GB 50164和《混凝土泵送施工技术规程》JGJ/T 10的规定执行。

4.4 矿物掺合料

4.4.1~4.4.3 各种矿物掺合料的特性和在混凝土中的功效不同,其控制指标在已有国家现行标准中的相关规定不统一,因此,在使用矿物掺合料时,必须按照国家现行标准的规定和设计要求并经检验合格后方可使用。目前,《矿物掺合料应用技术规范》正在编制,当该规范正式发布实施后,矿物掺合料的使用可以按照该规范执行。

4.4.4 各种矿物掺合料的特性和在混凝土中的功效不同,使之在混凝土中的掺用方法和掺量不同,因此不允许混杂储存。

4.5 外 加 剂

4.5.1、4.5.2 混凝土外加剂包括减水剂、膨胀剂、防冻剂、速凝剂和防水剂等,其品质除应符合《混凝土外加剂》GB 8076、《混凝土膨胀剂》GB 23439、《混凝土防冻剂》JC 475外,还需满足《混凝土外加剂应用技术规范》GB 50119的规定,并应按相应标准检验合格后方可使用。

4.6 拌合用水

4.6.1、4.6.2 人工砂混凝土拌合用水的技术要求和试验方法应符合现行行业标准《混凝土用水标准》JGJ 63的规定。当工程设计有其他要求时,应按国家现行相关标准执行。

5 人工砂混凝土性能

5.1 拌合物技术要求

5.1.1 人工砂混凝土拌合物工作性能的好坏是决定混凝土质量的重要因素之一,因此,在配制人工砂混凝土时应主要调整拌合物的黏聚性、保水性和流动性,使之不离析、不泌水。

5.1.2 当采用人工砂配制泵送混凝土时,人工砂中泥粉含量的多少对混凝土的坍落度损失有较大影响,此外,用于制备人工砂的母岩种类也对混凝土流动性能的变化影响较大,因此,加强对混凝土坍落度经时损失的控制十分重要。实践表明,一般情况下应将坍落度经时损失控制在30mm/h内。

5.1.4 由于人工砂混凝土早期失水速率较快、收缩变形大而易产生微裂缝,因此,为保证人工砂混凝土的质量,提高混凝土耐久性,控制人工砂混凝土拌合物早期抗裂性能是较为重要的。

5.1.5 本条主要按照现行国家标准《混凝土结构设计规范》GB 50010、《预拌混凝土》GB/T 14902和《混凝土结构耐久性设计规范》GB/T 50476对不同环境下混凝土中氯离子最大含量作出相关规定;同时,也明确了人工砂混凝土中水溶性氯离子最大含量的测定方法可按《水运工程混凝土试验规程》JTJ 270的规定进行,也可以根据试验条件采取化学滴定法测试以及其他精度更高的快速测定方法。我国台湾地区的标准《新拌混凝土中水溶性氯离子含量试验法》CNS 13465可以作为参考,但应将其测定结果(kg/m³)换算为胶凝材料的质量百分比。

5.2 力 学 性 能

5.2.1 近年来,随着混凝土结构工程特点的变化,工程中使用的混凝土强度等级不断提高,且使用量逐年增加,因此,参考了《混凝土质量控制标准》GB 50164的规定,人工砂混凝土强度等级的可划分为C10~C100,并应按现行国家标准《混凝土强度检验评定标准》GB/T 50107进行评定。

5.2.2 明确了现行国家标准《混凝土结构设计规范》GB 50010、《混凝土强度检验评定标准》GB/T 50107和《普通混凝土力学性能试验方法标准》GB/T 50081等规范有关混凝土力学性能的规定同样适用于人工砂混凝土。

5.3 长期性能和耐久性能

5.3.1 本条明确了人工砂混凝土长期性能的参数,同时也强调现行国家标准《普通混凝土长期性能和耐久性能试验方法标准》GB/T 50082等规范同样适用于人工砂混凝土。

5.3.2 本条明确了人工砂混凝土耐久性能的参数，同时也强调现行国家标准《混凝土质量控制标准》GB 50164、《普通混凝土长期性能和耐久性能试验方法标准》GB/T 50082 等规范有关混凝土耐久性能的规定同样适用于人工砂混凝土。

6 配合比设计

6.1 一般规定

6.1.1、6.1.2 遵循低水泥用量、低用水量的混凝土配合比设计原则，是保证混凝土质量和经济适用的重要技术措施，这也是现行国家标准《混凝土结构耐久性设计规范》GB/T 50476 中对混凝土的要求。编制组对人工砂混凝土早期抗裂和收缩性能的试验证明，人工砂混凝土早期失水速率较快、收缩变形大而易产生微裂缝，因此，其配合比设计应优选早期抗裂性能好且收缩小的人工砂混凝土配合比。

6.1.3 配制人工砂混凝土时宜优先选用颗粒级配在Ⅱ区范围的人工砂，以便在保证人工砂混凝土质量的前提下，尽可能减少人工砂的生产能耗。

6.1.5 通常，外加剂与水泥混凝土体系存在适应性问题，其中外加剂与胶凝材料、人工砂中石粉和粉泥含量的适应性问题最为突出，因此，在配制掺外加剂的人工砂混凝土时，应进行混凝土拌合物坍落度经时损失试验，确认满足施工要求后方可使用。

6.1.6 用于泵送施工的混凝土配合比设计，在《普通混凝土配合比设计规程》JGJ 55 和《混凝土泵送施工技术规程》JGJ/T 10 中均作了相应规定，鉴于人工砂具有表面粗糙、棱角多、石粉含量大等技术特点，因此，用于泵送施工的人工砂混凝土配合比确定，应根据混凝土原材料、混凝土运输距离、混凝土泵与输送管径、泵送距离、环境气温、混凝土浇筑部位结构特点等具体施工条件进行设计和试配，必要时，应通过试泵确定配合比。

6.2 配合比计算与确定

6.2.2 在配制相同强度等级的人工砂混凝土时，胶凝材料的最大用量限值与现行行业标准《普通混凝土配合比设计规程》JGJ 55 的规定一致；但与天然砂相比，人工砂比表面积较大，在混凝土达到相同工作性能时，人工砂混凝土的胶凝材料用量应较多，因此，建议人工砂混凝土的胶凝材料最低用量比《普通混凝土配合比设计规程》JGJ 55 中规定的胶凝材料最低限量提高 20kg/m³ 左右。

6.2.3 与天然砂相比，人工砂的表面粗糙、比表面积大，在砂率和其他条件相同的情况下，人工砂混凝土的流动性较小。因此，为保证人工砂混凝土的工作性，应适当提高其砂率，并经试验后确定配合比。

6.2.4 已有研究结果及编制组的试验结果均表明当 MB 值在 1.4 以上（不合格）时，泥在石粉中的比例约在 30% 以上，由于混凝土中泥含量的大小是影响混凝土性能尤其是混凝土耐久性的重要因素之一，因此，为了保证人工砂混凝土的耐久性，延长人工砂混凝土工程的寿命，应控制人工砂中泥的含量。

6.2.5 编制组根据对重庆、四川、贵州、云南、江苏、北京、湖南和福建等省市人工砂级配的调研表明，目前国内的人工砂颗粒级配较差，因此，为保证人工砂混凝土质量，可采用天然砂与人工砂混合使用，其质量比例应根据砂颗粒级配的要求合理调整。实践表明：当天然砂为特细砂和细砂时，人工砂与天然砂的质量比宜在 1:1～4:1 之间。

6.2.6 掺加粉煤灰的人工砂混凝土配合比设计，应按照《普通混凝土配合比设计规程》JGJ 55 和《粉煤灰在混凝土和砂浆中应用技术规程》JGJ 28 的规定执行，掺加其他矿物掺合料的人工砂混凝土配合比设计，可按照《普通混凝土配合比设计规程》JGJ 55 的规定执行。

目前我国使用的矿物掺合料种类较多，但对其掺用限量均无明确的标准规定，鉴于掺合料在人工砂混凝土中的应用已较为普遍，且实践证明，使用矿物掺合料可提高混凝土的综合技术经济性能。为促进掺合料在人工砂混凝土中的应用，保证人工砂混凝土的质量，在参考有关技术标准、国内外文献报道和试验研究的基础上，将几种常用矿物掺合料在人工砂混凝土中掺量限值列入表 2 中，供使用者参考。

表 2 矿物掺合料的设计参数

矿物掺合料种类	水胶比或强度等级	取代水泥率（%）	超量系数	占胶凝材料的百分率（%）
粉煤灰	≤0.40	≤20	1.0～2.0	≤50
	>0.40			≤30
粒化高炉矿渣粉	≤0.40	≤50	1.0～1.5	≤60
	>0.40			≤55
钢渣粉	≤0.40	≤20	1.0～2.0	≤50
	>0.40			≤30
硅灰	C50 以上	≤10	1.0	≤10
磷渣粉	≤0.40	≤20	1.0～2.0	≤50
	>0.40			≤30

注：表中水泥指普通硅酸盐水泥；当采用 P·Ⅰ 和 P·Ⅱ 硅酸盐水泥配制人工砂混凝土时，掺合料的掺量和限量可适当增加，并经试验确定。

6.2.7 在确认外加剂与人工砂混凝土体系适应性良好的基础上，外加剂的品种和掺量应根据工程设计和施工要求，按《混凝土外加剂应用技术规范》GB 50119 的规定，经试验及技术经济比较后确定。

7 施 工

7.1 一般规定

7.1.1 本条强调了人工砂混凝土施工前应制定详细、周密的施工技术方案，以保证混凝土施工质量。

7.2 原材料计量

7.2.1 本条规定了人工砂混凝土原材料计量的质量控制依据。

7.2.2 电子计量系统能更精确称量原材料，是控制混凝土质量的基本前提。每盘原材料计量的允许偏差依据《混凝土质量控制标准》GB 50164 的相关规定。

7.3 混凝土搅拌

7.3.1 本条规定了人工砂混凝土拌合物搅拌质量的控制依据。

7.3.2 本规程规定了人工砂混凝土应采用强制式搅拌机生产，所以搅拌机应符合相关国家现行标准的规定。

7.3.3 鉴于人工砂颗粒表面粗糙、多棱角，颗粒级配波动较大，其混凝土的黏稠度较大，在天然砂混凝土搅拌时间基础上适当延长搅拌时间可以提高人工砂混凝土拌合物的均匀性。

7.4 拌合物运输

7.4.1 本条规定了人工砂混凝土拌合物运输过程中的质量控制依据。

7.4.2 本条规定了人工砂混凝土泵送施工过程质量控制依据。

7.4.3 人工砂的颗粒级配波动较大，运输过程中的颠簸等容易加剧人工砂混凝土拌合物的离析与分层，所以本条规定应采取措施，确保混凝土运输至浇筑现场时不得出现离析或分层现象。

7.4.4 本规定与现行国家标准《混凝土结构工程施工规范》GB 50666 一致，强调坍落度损失过大时的正确处理方法。

7.5 混凝土浇筑

7.5.1 本条规定了人工砂混凝土施工过程中，拌合物浇筑成型过程应遵循的技术依据。

7.5.3 机械振捣更容易使混凝土密实，从而保证混凝土硬化后质量。应根据混凝土拌合物性能、浇筑高度、钢筋密度等确定适宜的振捣时间。振捣时间不足混凝土难以充分密实，过振容易导致混凝土分层离析。

7.5.4、7.5.5 本条依据《混凝土质量控制标准》GB 50164 的相关规定。

7.5.6 试验证明，人工砂混凝土拌合物的水分蒸发速率比天然砂的大，人工砂混凝土拌合物在大风环境下的水分蒸发更快，不利于水泥水化和强度发展，同时可能导致混凝土干缩大，引起混凝土开裂。故人工砂混凝土拌合物在大风条件下浇筑时，宜采取适当挡风措施。本条对风速的限定主要参考《普通混凝土长期性能和耐久性能试验方法标准》GB/T 50082 中早期抗裂试验的要求。

7.5.12 鉴于人工砂混凝土的早期塑性收缩较大，在终凝以前采用抹面机械或人工多次抹压可保证混凝土质量。抹压后应及时采取保湿措施，避免出现早期干缩裂缝。

7.6 拆 模

7.6.1 侧模拆除时，混凝土结构表面、棱角以及内部结构应不被损伤。

7.6.2 本条按《混凝土结构工程施工质量验收规范》GB 50204 的相关规定执行。底模拆除时的混凝土强度应参照同条件养护试件的强度。

7.6.4 本条规定主要是为避免因风速和温度变化较大造成的混凝土温度应力过大而危害混凝土结构。

7.7 混凝土养护

7.7.1 本条规定了人工砂混凝土养护过程中的质量控制依据。

8 质量检验及验收

8.1 原材料质量检验

8.1.2 本条规定了人工砂混凝土原材料的进场要求。

8.1.3 本条规定了人工砂混凝土原材料的检验项目。

8.1.4 本条规定了人工砂混凝土原材料的检验规则。

8.1.5 本条规定了人工砂混凝土原材料的取样方法。

8.1.6 本条规定了人工砂及其他原材料应符合的质量要求。

8.2 混凝土拌合物性能检验

8.2.1 本条规定了人工砂混凝土原材料的计量仪器的检查频次和计量偏差，以确保计量的精准性。

8.2.2 本条规定了人工砂混凝土拌合物的检验项目及其检验地点。

8.2.3 本条规定了人工砂混凝土拌合物的检验频次。

8.2.4 本条规定了人工砂混凝土拌合物性能应符合的质量要求。

8.3 硬化混凝土性能检验

8.3.1 本条规定了人工砂混凝土强度检验评定依据。

8.3.2 本条规定了人工砂混凝土长期性能和耐久性能的检验评定依据。

8.3.3 本条规定了人工砂混凝土的力学性能、长期性能和耐久性能应符合的质量要求。

8.4 混凝土工程验收

8.4.1、8.4.2 本条规定了人工砂混凝土的工程质量验收依据。

中华人民共和国行业标准

轻型钢丝网架聚苯板混凝土构件应用技术规程

Technical specification for the application of concrete elements reinforced
with light steel mesh framed expanded polystyrene panel

JGJ/T 269—2012

批准部门：中华人民共和国住房和城乡建设部
施行日期：２０１２年７月１日

中华人民共和国住房和城乡建设部
公　告

第 1222 号

关于发布行业标准《轻型钢丝网架
聚苯板混凝土构件应用技术规程》的公告

现批准《轻型钢丝网架聚苯板混凝土构件应用技术规程》为行业标准，编号为 JGJ/T 269-2012，自 2012 年 7 月 1 日起实施。

本规程由我部标准定额研究所组织中国建筑工业出版社出版发行。

中华人民共和国住房和城乡建设部
2011 年 12 月 19 日

前　言

根据原建设部《关于印发〈2005 年工程建设标准规范制订、修订计划（第一批）〉的通知》（建标函 [2005] 84 号）的要求，规程编制组经广泛调查研究、认真总结实践经验，参考有关国际标准和国外先进标准，并在广泛征求意见的基础上，编制了本规程。

本规程的主要技术内容是：1　总则；2　术语和符号；3　材料；4　建筑设计；5　结构构造；6　结构设计；7　施工；8　质量验收。

本规程由住房和城乡建设部负责管理。由上海沪标工程建设咨询有限公司负责具体技术内容的解释。执行过程中如有意见或建议，请寄送上海沪标工程建设咨询有限公司（地址：上海市斜土路 1175 号 1008 室，邮编：200032）。

本 规 程 主 编 单 位：上海沪标工程建设咨询有限公司
　　　　　　　　　　　新八建设集团有限公司
本 规 程 参 编 单 位：上海申标建筑设计有限公司
　　　　　　　　　　　上海建筑科学研究院有限公司
　　　　　　　　　　　上海胜柏新型建材有限公司
　　　　　　　　　　　浙江舜杰建筑集团股份有限公司
　　　　　　　　　　　山东新国屋建筑材料有限公司
　　　　　　　　　　　浙江丰惠建设集团有限公司

本规程主要起草人员：高清华　赖松林　徐佩琳
　　　　　　　　　　　陶为农　夏春红　沈志勇
　　　　　　　　　　　李以炘　杨星虎　张鲁山
　　　　　　　　　　　蒲梦江　毕子锦　陈德平
　　　　　　　　　　　周长兴　颜宜彪　赵俊青
　　　　　　　　　　　吴云芝　彭圣钦

本规程主要审查人员：程懋堃　沈　恭　李晓明
　　　　　　　　　　　艾永祥　陈企奋　王惠章
　　　　　　　　　　　周建龙　彭少民　王爱勋
　　　　　　　　　　　戴自强

目　次

Contents

1 总　则

1.0.1 为规范轻型钢丝网架聚苯板混凝土构件的设计和施工，做到安全适用、技术先进、经济合理，确保工程质量，制定本规程。

1.0.2 本规程适用于抗震设防烈度 8 度及以下、建筑高度 10m 及以下、层数 3 层及以下的房屋承重墙体构件和楼板（屋面板）构件的设计和施工，也适用于一般工业和民用建筑的非承重墙体构件应用。本规程不适用于长期处于潮湿或有腐蚀介质环境的构件应用。

1.0.3 轻型钢丝网架聚苯板混凝土构件的设计、施工及验收，除应符合本规程外，尚应符合国家现行有关标准的规定。

2　术语和符号

2.1　术　语

2.1.1 轻型钢丝网架聚苯板　light steel mesh framed expanded polystyrene panel

以模塑聚苯乙烯泡沫塑料（EPS）板为芯材，两侧外覆高强钢丝网片，网片用镀锌钢丝斜插穿过聚苯板、点焊连接而成的三维空间组合板材。简称 3D 板。

2.1.2 3D 板混凝土构件　concrete element reinforced with 3D panel

3D 板与混凝土复合形成的构件，包括 3D 墙板和 3D 楼板（屋面板）。

2.1.3 3D 墙板　concrete wall reinforced with 3D panel

3D 板在施工现场竖向安装就位后，两侧喷射细石混凝土层形成的墙板。

2.1.4 3D 楼板（屋面板）　concrete floor/roof slab reinforced with 3D panel

3D 板在施工现场水平安装就位后，顶面浇筑细石混凝土层，底面喷射细石混凝土层形成的楼板（屋面板）。

2.1.5 L 形连接件　L-shape connecter

由镀锌钢板制作而成的、用于 3D 板与梁柱及楼地面之间连接和固定的 L 形配件。

2.1.6 角网　splice mesh in the corner

3D 墙板转角处加强用的钢丝网片，分为阴角网、阳角网。

2.1.7 U 形网　U-shape mesh

用于加强 3D 墙板与梁、柱、门窗洞口等处的 U 形钢丝网片。

2.2　符　号

2.2.1 材料性能

E_c——混凝土弹性模量；

E_s——钢筋（丝）弹性模量；

f_c——混凝土轴心抗压强度设计值；

f_{stk}——根据极限强度确定的钢丝抗拉（压）强度标准值；

f_{tk}——混凝土轴心抗拉强度标准值；

f_y——钢筋或钢丝抗拉（压）强度设计值；

f_{yk}——根据屈服强度确定的钢筋抗拉（压）强度标准值；

f_{y1}——板内加配普通钢筋的抗拉（压）强度设计值；

f_{y2}——小梁内加配普通钢筋的抗拉（压）强度设计值。

2.2.2 作用、作用效应及承载力

F_{Ek}——结构总水平地震作用标准值；

F_i——质点 i 的水平地震作用标准值；

G_{eq}——结构等效总重力荷载；

G_i、G_j——分别为集中于质点 i、j 的重力荷载代表值；

M——弯矩设计值；

M_1——小梁受压翼缘宽度范围内的弯矩；

M_q——按荷载准永久组合计算的弯矩值；

V——支座内边处的剪力设计值；

σ_c——混凝土压应变为 ε_c 时的混凝土压应力；

σ_{sq}——按荷载准永久组合计算的纵向受拉钢筋（丝）的应力；

ε_c——混凝土压应变；

ε_{cmax}——混凝土离中和轴最远处的（即最大）压应变；

ε_s、ε'_s——分别为钢筋（丝）的拉、压应变；

ε_0——混凝土压应力刚达到 f_c 时的混凝土压应变，取 0.002；

w_{max}——按荷载准永久组合并考虑长期作用影响的最大裂缝宽度。

2.2.3 几何参数

A——混凝土截面面积；

A_s、A'_s——分别为受拉、压的纵向面网的截面面积；

A_{s1}、A'_{s1}——分别为板内受拉、压区纵向加配普通钢筋的截面面积；

A_{s2}、A'_{s2}——分别为板间增加小梁内受拉、压的纵向加配普通钢筋的截面面积；

A_{s3}——组合过梁底部 $0.2h_1$ 范围内的水平钢筋截面面积；

A_{sa}——在聚苯板缝间另加小梁的受压翼缘宽度 b_1 范围外的板内受拉纵向面网的截面面积；

A_{ss}——斜插丝截面面积；

A_{sv}、A_{sh}——分别为竖向、横向钢筋（丝）全部截面面积；

B——荷载准永久组合作用下并考虑长期作用影响的刚度；

B_s——荷载准永久组合作用下受弯构件的短期刚度；

H——墙体高度；

H_A——建筑物外墙总高度；

H_i、H_j——分别为质点 i、j 的计算高度；

I——对截面重心轴的截面惯性矩；

a——集中荷载到过梁支座的水平距离；

a_1——最外层纵向受拉钢筋（丝）外边缘到受拉区底边的距离；

a_2——斜插丝斜率；

a_3——斜插丝节距；

a_4——斜插丝组成的钢骨架的间距；

a_5——最内层钢丝边缘到聚苯板边的净距离；

b——3D 板截面长（宽）度；

b_1——小梁受压翼缘宽度；

c——混凝土截面重心轴到墙体的内侧或楼板的上侧外边的尺寸；

d_{eq}——受拉区纵向钢筋（丝）的等效直径；

d_i——受拉区第 i 种纵向钢筋（丝）的公称直径；

e——轴向压力作用点至纵向受拉钢筋（丝）合力点的距离；

e_0——轴向压力对截面重心的偏心距；

e_a——附加偏心距；

e_i——初始偏心距；

h——3D 板的总厚度；

h_B——建筑物高度方向混凝土圈梁的累计高度；

h_0——截面有效高度；

h_1——墙洞以上的墙体与圈梁的总高度；

h_{10}——过梁截面有效高度；

i——对截面重心轴的截面回转半径；

l——楼板、屋面板的计算跨度；

l_0——墙体计算高度；

l_1——过梁计算跨度；

l_w——验算墙段的长度；

r——建筑物的平均窗墙面积比；

s_v、s_h——分别为竖向、横向钢筋（丝）的间距；

t_0——聚苯板厚度；

t_1、t_2——分别为 3D 板墙体的外、内侧或楼板的下、上侧的混凝土层厚度；

x——混凝土的简化等效矩形应力图的受压区高度；

x_n——按截面应变保持平面的假定所确定的中和轴高度；

z——纵向受拉网片 A_s 合力至混凝土受压区合力点之间的距离；

z_1——纵向受拉钢筋 A_{s1} 合力至混凝土受压区合力点之间的距离；

z_2——纵向受拉钢筋 A_{s2} 合力至混凝土受压区合力点之间的距离；

α——斜插丝与垂直线（即 V 的作用方向）的夹角。

2.2.4 计算系数及其他

D——外墙板主墙体的热惰性指标；

K——内墙体的传热系数；

K_B——混凝土圈梁部位传热系数；

K_m——外墙板的平均传热系数；

K_p——外墙板主墙体的传热系数；

S_c——材料的蓄热系数计算值；

n_i——受拉区第 i 种纵向钢筋（丝）的根数；

α_1——受压混凝土矩形应力图的应力值与混凝土轴心抗压强度设计值的比值；

α_E——相应于结构基本自振周期的水平地震影响系数值；

β_1——混凝土矩形应力图受压区高度与中和轴高度（中和轴到受压区边缘的距离）的比值；

η——偏心距综合增大系数；

ζ_c——偏心受压构件的截面曲率修正系数；

λ——计算剪跨比；

λ_c——材料的导热系数计算值；

μ——计算长度系数；

ν_i——受拉区第 i 种纵向钢筋（丝）的相对粘结特性系数；

ξ_b——纵向受拉钢筋屈服与受压区混凝土破坏同时发生时的相对界限受压区高度；

ρ_{te}——按有效受拉混凝土截面面积（bt_1）计算的纵向受拉钢筋（丝）配筋率；

υ——抗剪强度折减系数；

φ——墙体稳定系数；

ψ——裂缝间纵向受拉钢筋（丝）应变不均匀系数。

3 材　料

3.1 聚　苯　板

3.1.1 3D 板的芯材应采用阻燃型模塑聚苯乙烯泡沫塑料（EPS）板（以下简称聚苯板），其主要性能指标应符合表 3.1.1 的规定。

表 3.1.1 聚苯板主要性能指标

项 目	性能指标	试验方法
表观密度(kg/m³)	18～22	GB/T 6343
导热系数[W/(m·K)]	≤0.039	GB/T 10294 或 GB/T 10295
压缩强度(MPa)	≥0.10	GB/T 8813
垂直于板面方向的抗拉强度(MPa)	≥0.10	JG 149
尺寸稳定性(%)	≤0.50	GB/T 8811
吸水率(%)	≤4	GB/T 8810
燃烧性能等级	不低于 C 级	GB 8624

3.1.2 聚苯板厚度宜为 50mm、70mm、100mm、120mm 等,宽度宜为 1200mm,长度宜小于或等于 6000mm。

3.1.3 聚苯板外观尺寸和允许偏差应符合表 3.1.3 的规定。

表 3.1.3 聚苯板外观尺寸和允许偏差

外观尺寸 (mm)		允许偏差 (mm)
长度、宽度	1000～2000	±6.0
	2001～4000	±8.0
	>4000	正偏差不作规定,—10
厚度	50～75	±2.0
	76～100	±3.0
	>100	±4.0
对角线差	1000～2000	5.0
	2001～4000	10.0
	>4000	13.0

3.1.4 聚苯板在工程应用前,应在自然条件下至少陈化 42d 或在(60±5)℃环境中至少陈化 5d。

3.2 钢 丝 网 架

3.2.1 3D 板的钢丝网片和斜插丝应采用冷拔低碳钢丝,且抗拉强度标准值(f_{stk})不应小于 550N/mm²,抗拉强度的设计值(f_y)应取 320N/mm²,弹性模量(E_s)应取 2.0×10⁵N/mm²。

3.2.2 3D 板钢丝网片的钢丝直径不应小于 2.2mm,网孔宜为 50mm×50mm。斜插丝直径不应小于 3.0mm,并应有镀锌层。钢丝的主要技术指标应符合表 3.2.2 的规定,其他性能应符合国家标准《一般用途低碳钢丝》GB/T 343 的规定。用于 3D 承重墙板、3D 楼板(屋面板)的斜插丝,每平方米用量不应少于 117 根;用于 3D 非承重墙板的斜插丝,每平方米用量不应少于 58 根,并应符合本规程附录 A 表 A.1.1 的规定。

表 3.2.2 钢丝的主要技术指标

直径(mm)		抗拉强度(N/mm²)	反复弯曲试验(次)	镀锌层质量(g/m²)	用 途
公称	实际				
2.2	2.23+0.05	≥550	≥6	—	网片的经、纬钢丝
3.0	3.03+0.05				
3.0	3.03+0.05		≥4	≥122	斜插丝
3.8	3.83+0.06				

注:反复弯曲试验为反复弯曲 180°的次数。

3.2.3 3D 板钢丝网片的钢丝表面应光滑整洁,不应有油污、裂纹、翘皮、纵向拉痕等缺陷;纬丝与经丝排列应互相垂直,不得有漏剪、翘伸的钢丝挑头;焊点区外不得有钢丝锈点;斜插丝不得有漏丝现象。

3.2.4 3D 板钢丝网片的允许尺寸偏差应符合表 3.2.4 的规定。钢丝网片每平方米的实际质量与公称质量的允许偏差应为±4.5%。

表 3.2.4 3D 板钢丝网片的允许尺寸偏差

项 目	允许偏差 (mm/10m)
长度	±10.0
宽度	±10.0
两对角线差	±10.0

3.2.5 对于 3D 板钢丝网片与斜插丝构成的钢丝网架,其焊接应可靠,焊点应无过烧现象;网片漏焊、脱焊点数不得大于总焊点的 2%;斜插丝不得漏焊、脱焊;焊点抗拉力的最小值应符合表 3.2.5 的规定。

表 3.2.5 焊点抗拉力的最小值

项 目	网片钢丝之间		斜插丝与网片钢丝	
钢丝直径(mm)	2.2	3.0	3.0 与 2.2	3.8 与 3.0
焊点抗拉力最小值(N)	400	500	2140	3430

3.2.6 3D 板钢丝网片的强度、伸长率和冷弯的试验方法应符合现行行业标准《冷拔低碳钢丝应用技术规程》JGJ 19 的规定。

3.3 配 件

3.3.1 L 形连接件应采用厚度为 1.2mm 的建筑用热镀锌钢板制作,规格宜为 L100mm×100mm。

3.3.2 平网应由钢丝网片剪裁成,宽度应大于或等于 300mm。

3.3.3 角网应由钢丝网片剪裁成,阳角网应采用 L150mm×300mm,阴角网应采用 L150mm×150mm。角网长度不宜大于 4.0m。

3.3.4 U 形网应由钢丝网片加工而成,双肢长度均不应小于 150mm,双肢间宽度应根据 3D 板的厚度确定。

3.4 混 凝 土

3.4.1 3D墙板或楼板（屋面板）的面层材料应采用强度等级不低于C20的细石混凝土。

3.4.2 细石混凝土应采用强度等级为42.5的普通硅酸盐水泥，并应符合现行国家标准《通用硅酸盐水泥》GB 175的规定。

3.4.3 细石混凝土骨料的粒径应按混凝土的施工工艺确定。采用活塞泵喷射工艺时，粗骨料的最大粒径不应大于8mm；采用涡轮泵喷射工艺时，粗骨料的最大粒径不应大于5mm。粒径不大于0.125mm的细骨料应占骨料总量的4%～9%。采用现浇工艺时，粗骨料的粒径不应大于16mm。

3.4.4 当工程需要采用掺合料时，掺量应通过试验确定，且加掺合料后的混凝土性能应符合设计要求。

4 建 筑 设 计

4.1 3D板混凝土构件基本构造

4.1.1 3D板混凝土构件的基本构造层应依次为饰面层、混凝土钢丝网片层、聚苯板（含斜插丝）、混凝土钢丝网片层、饰面层组成（图4.1.1）。

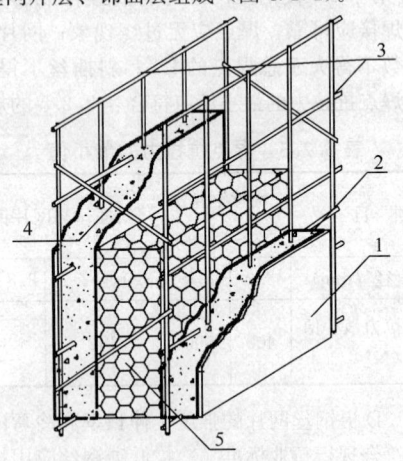

图 4.1.1 3D板混凝土构件基本构造
1—饰面层；2—混凝土；3—钢丝网片；
4—斜插丝；5—聚苯板

4.1.2 3D板混凝土构件斜插丝的设置应符合下列规定（图4.1.2）：

1 钢丝网架中网片和斜插丝所组成的钢骨架间距应分为Ⅰ型和Ⅱ型两种。对于Ⅰ型钢骨架，1200mm宽范围内应设12道斜插丝，且斜插丝间距（a_4）应为100mm；对于Ⅱ型钢骨架，1200mm宽范围内应设7道斜插丝，且两端斜插丝间距（a_4）应为150mm，其余斜插丝间距（a_4）应为200mm；

2 斜插丝的节距（a_3）应分为A型和B型两种。A型节距应为200mm，B型节距应为100mm。

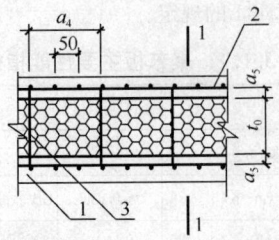

(a) 3D板混凝土构件平面图

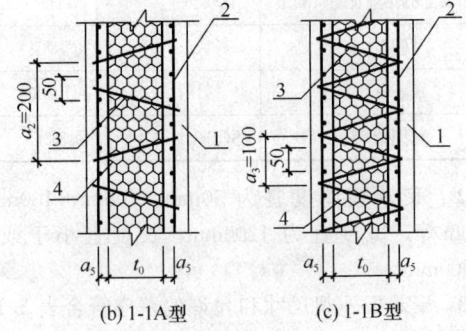

(b) 1-1A型　　　(c) 1-1B型

图 4.1.2　3D板混凝土构件斜插丝设置
1—饰面层及混凝土；2—钢丝网片；
3—斜插丝；4—聚苯板；
a_3—斜插丝节距；a_4—斜插丝间距；a_5—最内层钢丝边缘到聚苯板边的净距离

4.1.3 3D板中聚苯板厚度应根据建筑构造、结构和建筑热工的要求确定，并应符合下列规定：

1 外墙板聚苯板厚度不应小于100mm，且不应大于120mm；

2 承重内墙板聚苯板厚度不应小于70mm，非承重内墙板中聚苯板厚度不应小于50mm；

3 楼板、屋面板中聚苯板厚度不应小于70mm。

4.1.4 3D板两侧的细石混凝土层厚度应符合下列规定：

1 对于外墙板外侧，不应小于50mm；对于外墙板内侧，承重墙不应小于50mm，非承重墙不应小于35mm。

2 承重内墙两侧不应小于45mm；非承重内墙两侧不应小于35mm。

3 楼板（屋面板）顶面不应小于50mm；楼板（屋面板）底面不应小于45mm，并应符合本规程第5.2.1条的规定。

4.2 平立面设计

4.2.1 3D板混凝土构件用于承重墙和楼板（屋面板）时，房屋层高不应大于4.8m，抗震横墙间距不应大于7.5m，楼板（屋面板）跨度不应大于4.8m。

4.2.2 建筑平面及立面设计应符合抗震概念设计的要求，且不应采用严重不规则的设计方案。

4.2.3 平面设计时应采用300mm为基本模数，立面设计时应采用100mm为基本模数。

4.2.4 相邻开间楼面标高宜相同，不宜作错层设计。用于卫生间、厨房等潮湿房间时，应有防水措施。

4.2.5 3D 板混凝土构件可用作承重内外墙板、非承重内外墙板、楼板及屋面板等。抗震设防烈度为 8 度时，房屋高宽比不应大于 2.0，抗震设防烈度为 8 度以下时，房屋高宽比不应大于 2.5。3D 墙板和 3D 楼板（屋面板）常用规格应符合本规程附录 A 的规定。

4.2.6 建筑设计应根据功能需要，合理设置各类竖井、管道、表箱位置。

4.2.7 墙板排板设计时宜采用整板，当出现非整板时，其宽度应符合下列规定：

　　1 窗间承重墙宽度不应小于 500mm；窗间非承重墙宽度不应小于 300mm；

　　2 墙的尽端（墙垛）、阴角至门窗洞边的距离，承重墙不应小于 500mm；非承重墙不应小于 300mm；

　　3 门窗洞口顶部至楼板（屋面板）底部的距离不应小于 300mm。

4.2.8 3D 墙板上的孔洞应在混凝土施工前预留，当孔洞单边长度小于 300mm 时，也可在墙板安装完成后切割开孔。

4.2.9 3D 墙板表面可根据工程要求选用不同的饰面层。

4.2.10 当楼板、楼梯、雨篷、阳台等设计为非 3D 板混凝土构件时，其与 3D 板混凝土构件的连接，应采用钢筋混凝土构件作过渡连接。

4.2.11 3D 板混凝土构件每侧细石混凝土厚度大于或等于 35mm 时，构件耐火极限可按 2.5h 取值。

4.2.12 常用 3D 墙板的空气计权隔声量可按表 4.2.12 采用。

表 4.2.12　常用 3D 墙板的空气计权隔声量

应用部位	主墙体构造层厚度（mm）				空气计权隔声量（dB）
	聚苯板	混凝土层		内外侧粉刷层	
		外侧	内侧		
外墙	100	50	50	20	47
	100	50	50	—	46
	120	50	50	20	48
内墙	70	40	40	—	45
	70	35	35	20	45
	100	35	35	20	46

4.3　3D 板混凝土构件建筑构造

4.3.1 3D 板混凝土构件拼接时，附加的平网、阳角网、阴角网以及 U 形网等的长度和宽度应符合本规程第 3.3 节的规定。

4.3.2 3D 板混凝土构件的拼接应符合下列规定：

　　1 3D 墙板或 3D 楼板（屋面板）横向拼接时，其拼缝处双侧应各附加平网一层，且平网应与钢丝网片绑扎连接（图 4.3.2-1）；

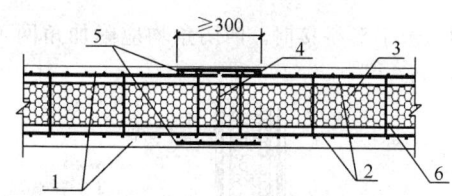

图 4.3.2-1　3D 墙板或 3D 楼板（屋面板）横向拼接
1—混凝土；2—钢丝网片；3—聚苯板；4—3D 板横向拼缝；5—平网；6—斜插丝（间距方向）

　　2 3D 墙板竖向拼接时，拼缝处双侧除各附加平网一层外，尚应在墙板一侧钢丝网片内侧附加 1 根校平钢筋，钢筋直径宜为 10mm，间距宜为 500mm，长度宜为 600mm（图 4.3.2-2）。

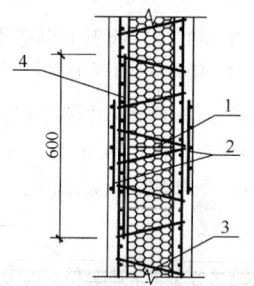

图 4.3.2-2　3D 墙板竖向拼接
1—3D 板竖向拼缝；2—平网；3—斜插丝（节距方向）；4—校平钢筋

4.3.3 3D 墙板的转角处增强应符合下列规定：

　　1 L 形拼接时，阴阳角均应附加角网（图 4.3.3-1）；

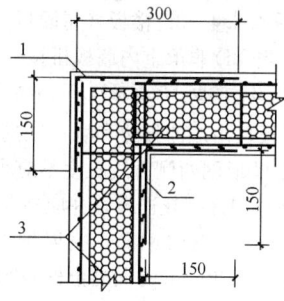

图 4.3.3-1　3D 墙板 L 形拼接
1—阳角网；2—阴角网；3—3D 墙板

　　2 T 形拼接时，阴角处应附加角网（图 4.3.3-2）；

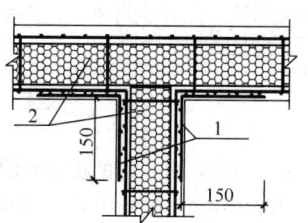

图 4.3.3-2　3D 墙板 T 形拼接
1—阴角网；2—3D 墙板

3 十字形拼接时，四阴角均应附加角网（图4.3.3-3）；

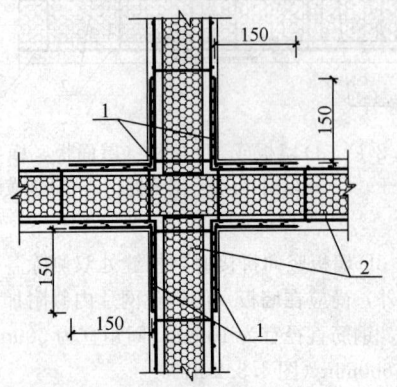

图 4.3.3-3 3D墙板十字形拼接
1—阴角网；2—3D墙板

4 附加角网应与钢丝网片绑扎连接。

4.3.4 3D楼板（屋面板）和3D非承重内墙板拼接的阴角处，钢丝网片外侧均应加设阴角网（图4.3.4）。

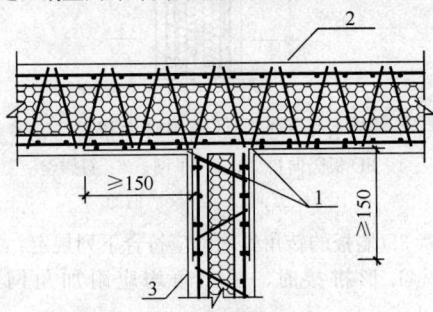

图 4.3.4 3D楼板（屋面板）
与3D非承重内墙板拼接
1—阴角网；2—楼板（屋面板）；3—非承重内墙板

4.3.5 3D墙板自由端的板边和洞口四周均应采用U形网包覆，且U形网两侧直线长度不应小于150mm。U形网应与钢丝网片绑扎连接，并应在角部内侧加设2根直径为8mm的纵向钢筋，喷射细石混凝土后，应形成厚度不小于40mm的混凝土框（图4.3.5）。

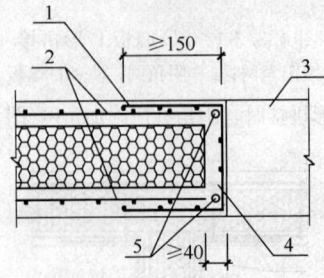

图 4.3.5 3D墙板自由端的板边和洞口四周
1—U形网；2—钢丝网片；3—洞口；
4—细石混凝土；5—纵向钢筋

4.3.6 3D墙板门窗洞口角部内外两侧应按45°方向加贴300mm×500mm的平网增强（图4.3.6）。

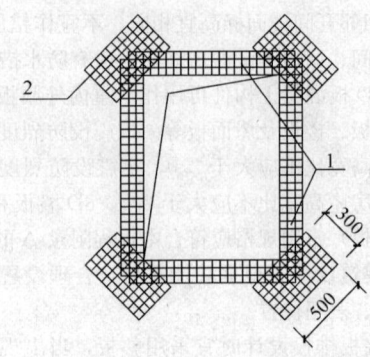

图 4.3.6 洞口角部内外侧平网增强
1—U形网；2—平网

4.4 围护结构热工设计

4.4.1 3D板混凝土构件用于民用建筑时，围护结构的热工性能应符合国家现行有关建筑节能设计标准的规定。聚苯板的厚度应通过对围护结构热工性能的计算确定。当不能符合国家现行有关建筑节能设计标准的规定时，应另行采取保温措施。

4.4.2 进行3D板建筑围护结构热工性能计算时，其主要组成材料的导热系数计算值（λ_c）和蓄热系数计算值（S_c）应按表4.4.2取值。

表 4.4.2 3D板建筑围护结构主要组成材料的导热系数和蓄热系数的计算值

组成材料	密度 (kg/m³)	导热系数计算值 λ_c[W/(m·K)]	蓄热系数计算值 S_c[W/(m²·K)]
聚苯板（有斜插丝）	18~22	0.059	0.54
面层细石混凝土	2300	1.51	15.36
圈梁钢筋混凝土	2500	1.74	17.20
抹灰砂浆	1800	0.87	10.75

4.4.3 不同厚度3D外墙板主墙体的传热系数（K_p）和热惰性指标（D）的计算值可按表4.4.3取值。

表 4.4.3 不同厚度3D外墙板主墙体传热系数和热惰性指标的计算值

主墙体构造层厚度（mm）				传热系数计算值 K_p[W/(m²·K)]	热惰性计算值 D
聚苯板	混凝土面层		抹灰层	总厚度	
	外侧	内侧				

主墙体构造层厚度（mm）					传热系数计算值 K_p[W/(m²·K)]	热惰性计算值 D
聚苯板	混凝土面层 外侧	混凝土面层 内侧	抹灰层	总厚度		
100	50	35~50	两侧各20	225~240	0.51	2.27~2.43
	50	35~50	—	185~200	0.53~0.52	1.78~1.93
120	50	35~50	两侧各20	245~260	0.44	2.46~2.61
	50	35~50	—	205~220	0.45~0.44	1.96~2.12

4.4.4 3D板混凝土构件用于房屋建筑外墙时，应考虑结构性热桥的影响，并应取平均传热系数（K_m），其计算方法应符合国家现行有关建筑节能设计标准的规定。

4.4.5 3D内墙板的传热系数（K）计算值可按表4.4.5取值。

表 4.4.5　3D内墙板的传热系数的计算值

墙体构造层厚度（mm）				传热系数计算值 $K[W/(m^2 \cdot K)]$	备　注
聚苯板	混凝土面层	抹灰层	总厚度		
70	两侧各45	两侧各20	200	0.66	用于承重内墙
	两侧各45	—	160	0.68	
100	两侧各45	两侧各20	230	0.50	
	两侧各45	—	190	0.51	
50	两侧各35	两侧各20	160	0.86	用于非承重内墙
	两侧各35	—	120	0.90	

4.4.6 3D楼板（屋面板）的传热系数（K）和热惰性指标（D）的计算值可按表4.4.6取值。

表 4.4.6　3D楼板（屋面板）的传热系数和热惰性指标的计算值

楼板（屋面板）构造层厚度（mm）				传热系数计算值 $K [W/(m^2 \cdot K)]$		热惰性指标计算值 D（用于屋面板）
聚苯板	混凝土面层		总厚度	用于楼板	用于屋面板	
	上侧	下侧				
70	50	45	165	0.68	0.72	1.61
100	50	45	195	0.51	0.52	1.88
120	50	45	215	0.43	0.45	2.07

4.4.7 3D板外墙与屋面热桥部位在冬季的内表面温度不应低于室内空气露点温度。当低于室内空气露点温度时，应对热桥部位采取附加保温措施。

5　结构构造

5.1　连接节点构造

5.1.1 3D外墙板、3D承重内墙板与基础的连接应采用双面预留插筋的方法，钢筋直径不应小于10mm，间距不应大于500mm，长度不应小于850mm，其埋入基础的深度不得小于250mm。

插筋应设在钢丝网片内侧，并应与钢丝网片绑扎连接。墙板底部与基础之间应有厚度不小于40mm的细石混凝土垫层（图5.1.1）。

5.1.2 3D非承重内墙板与钢筋混凝土地面及上部钢筋混凝土楼板或梁底的连接，可采用单排插筋，且插筋的直径、间距、长度、埋入深度等应符合本规程第5.1.1条的规定，也可采用L形连接件连接。L形连接件设置的间距不宜大于500mm，并应用M8×70膨胀螺栓或射钉固定在连接部位的混凝土中。L形连接件与墙板侧边贴合的部位可采用现场打孔的方法，用镀锌铁丝与钢丝网片绑扎连接（图5.1.2）。

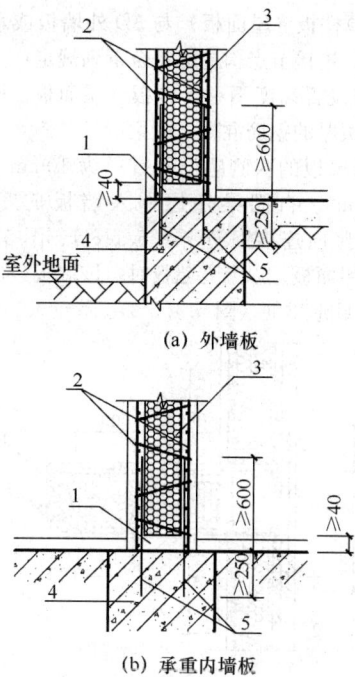

（a）外墙板

（b）承重内墙板

图 5.1.1　3D墙板与基础的连接
1—细石混凝土垫层；2—钢丝网片；
3—聚苯板；4—基础；5—插筋

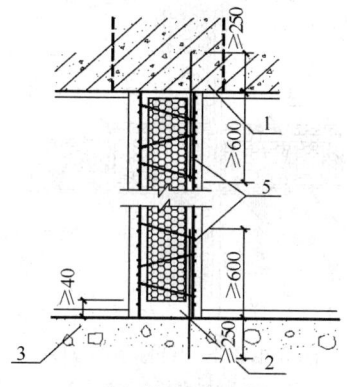

（a）单排插筋连接

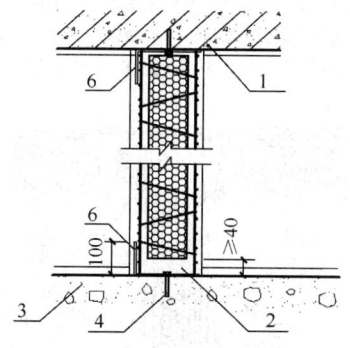

（b）L型连接件连接

图 5.1.2　3D非承重内墙板与混凝土地面及上部楼板或梁底的连接
1—楼板或梁；2—细石混凝土垫层；3—混凝土地面；4—膨胀螺栓或射钉；5—插筋；6—L形连接件

5.1.3 3D楼板（屋面板）与3D外墙板或承重内墙板相连时，连接节点构造应符合下列规定：

1 应设置高度不小于楼板（屋面板）厚度、宽度等于墙板厚的钢筋混凝土圈梁。

2 在墙板的双侧应设置直径为10mm、间距不大于500mm、自圈梁外边伸入墙板长度不小于400mm的竖向连接钢筋（图5.1.3-1、图5.1.3-2）。当楼板（屋面板）以上无墙板时，该墙板竖向连接钢筋应改为U形钢筋（图5.1.3-3）。

3 在楼板顶面和底面应设置直径为10mm、间距不大于200mm、自圈梁外边伸入楼板长度不小于600mm的水平连接钢筋（图5.1.3-2、图5.1.3-3）；当仅墙板一侧有楼（屋面板）时，该楼（屋面板）水平连接钢筋应改为U形钢筋（图5.1.3-1）。

4 当3D楼板（屋面板）底部加设受力钢筋时，受力钢筋应伸入混凝土圈梁(图5.1.3-1、图5.1.3-2、图5.1.3-3)。

5.1.4 3D非承重墙板洞口宽度小于或等于1800mm时，洞顶可采用横放3D板作过梁，两侧上下应各附加不小于2φ8钢筋，钢筋间距应大于或等于300mm，两侧搁置长度应大于或等于250mm（图5.1.4）。

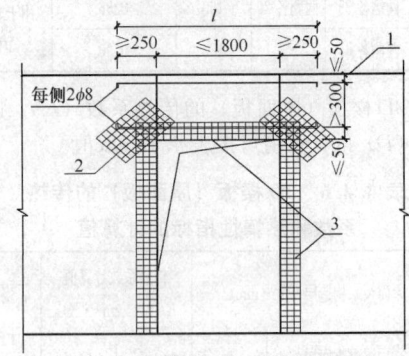

图5.1.4　3D墙板洞口过梁
1—结构底；2—平网；3—U形网

3D承重墙板洞口和宽度大于1800mm的3D非承重墙板洞口的钢筋混凝土过梁，其设计应符合本规程附录B的规定。

5.2　3D楼板（屋面板）的加强措施

5.2.1 当3D楼板（屋面板）采用加设受力钢筋作加强措施时，受力钢筋应与钢丝网片绑扎牢固。板底的细石混凝土厚度应符合下列规定：

1 当钢筋放置在聚苯板板底预留的槽孔时，板底的细石混凝土厚度不应小于45mm（图5.2.1a）；

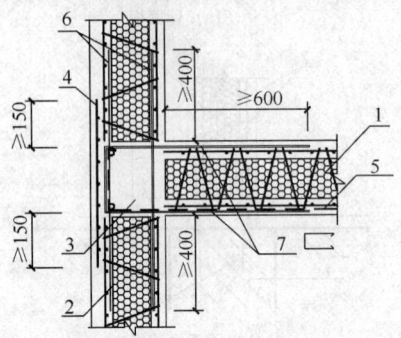

图5.1.3-1　3D楼板（屋面板）
与3D外墙板连接
1—楼板（屋面板）；2—墙板；3—圈梁；4—平网；5—楼板内加设的受力钢筋；6—墙板内连接钢筋；7—楼板内U形钢筋

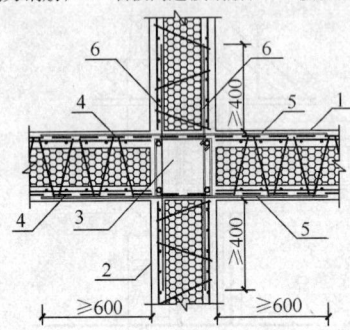

图5.1.3-2　3D楼板与3D
承重内墙板连接
1—楼板；2—承重墙；3—圈梁；4—平网；5—楼板（屋面板）内连接钢筋；6—墙板内连接钢筋；虚线—楼板（屋面板）内板底及板顶加设的受力钢筋

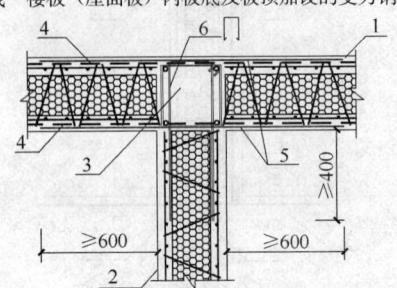

图5.1.3-3　3D楼板（屋面板）与
3D承重内墙板连接（上部无承重墙）
1—楼板（屋面板）；2—承重墙；3—圈梁；4—楼板（屋面板）内板底及板顶加设的受力钢筋；5—楼板（屋面板）连接钢筋；6—墙板内U形连接钢筋

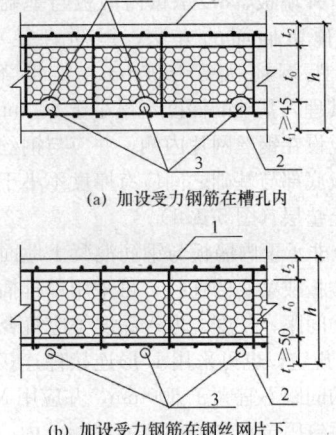

(a) 加设受力钢筋在槽孔内

(b) 加设受力钢筋在钢丝网片下

图5.2.1　3D楼板（屋面板）加设受力钢筋的设置
1—楼板（屋面板）面；2—楼板（屋面板）底；3—加设的受力钢筋；4—聚苯板预留钢筋槽孔

2 当钢筋放置在板底钢丝网片下侧时，板底的细石混凝土厚度不应小于50mm（图5.2.1b）。

5.2.2 当3D楼板（屋面板）采用在板间增加钢筋混凝土小梁或肋的加强措施时，小梁或肋的宽度不应小于100mm，且应在加小梁或肋处板的上下两侧附加平网，平网宽度应为肋宽加两侧各150mm，并应在上下钢丝网片内侧附加连接钢筋，钢筋的直径不应小于8mm，间距不应大于200mm，长度应为1000mm（图5.2.2）。

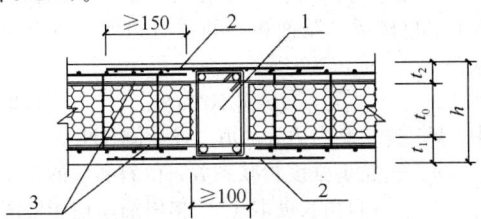

图5.2.2　3D楼板（屋面板）间增加钢筋
混凝土小梁或肋的构造
1—钢筋混凝土小梁或肋；2—平网；3—附加连接钢筋

6 结 构 设 计

6.1 一 般 规 定

6.1.1 采用3D板混凝土构件时，应采用以概率理论为基础的极限状态设计方法，以可靠指标度量结构构件的可靠度，采用分项系数的设计表达式，针对构件的特点进行结构计算。

6.1.2 3D板混凝土构件的安全等级应为二级。

6.1.3 采用3D墙板时，其静力计算应符合下列规定：

1 在竖向荷载作用下，构件在每层高度范围内，可近似地视作两端铰支的竖向受压构件；在水平荷载作用下，可视作竖向受弯构件；

2 对本层的竖向荷载，应考虑对墙板的实际偏心影响，可取圈梁宽度（墙宽）的10%作为其偏心距。由上一楼层传来的竖向荷载，可视作作用于上一楼层的墙板截面重心处。本层墙板内的偏心距应按直线变化考虑。

6.1.4 3D板混凝土构件的正截面承载能力极限状态计算和正常使用极限状态验算中，其截面应按翼缘宽度为 b、腹板（以斜插丝与网片组成的桁架）宽度取为 0 的连体 I 形截面钢筋混凝土构件考虑（图6.1.4）。

3D板混凝土构件的截面常数可根据其规格，按下列公式计算：

$$A = b(t_1 + t_2) \quad (6.1.4\text{-}1)$$

$$c = [t_2^2/2 + t_1(h - t_1/2)]/(t_1 + t_2) \quad (6.1.4\text{-}2)$$

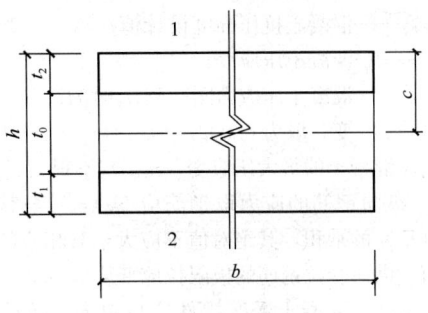

图6.1.4　3D板混凝土构件计算截面
1—内侧（内墙）或顶面（楼板、屋面板）；
2—外侧（外墙）或底面（楼板、屋面板）

$$I = b\big[(t_1^3 + t_2^3)/12 + t_1(h - c - t_1/2)^2 + t_2(c - t_2/2)^2\big] \quad (6.1.4\text{-}3)$$

$$i = \sqrt{(I/A)} \quad (6.1.4\text{-}4)$$

$$h = t_1 + t_0 + t_2 \quad (6.1.4\text{-}5)$$

式中：A——混凝土截面面积（mm²）；

b——板截面长（宽）度（mm）；

t_1、t_2——墙体的外、内侧和楼板的顶板、底板的混凝土层厚度（mm）；

c——混凝土截面重心轴到墙体的内侧或楼板的顶板外边的尺寸（mm）；

I——对重心轴的截面惯性矩（mm⁴）；

i——对重心轴的截面回转半径（mm）；

t_0——聚苯板厚度（mm）；

h——板的总厚度（mm）。

6.1.5 3D板混凝土构件的正截面承载能力极限状态计算和正常使用极限状态验算应符合下列基本假定（图6.1.5）：

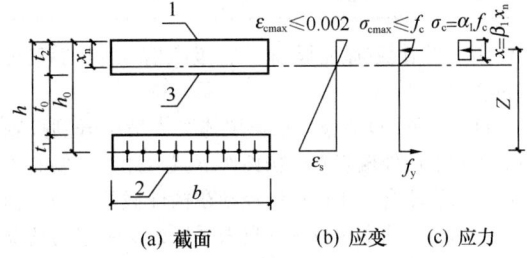

（a）截面　　（b）应变　　（c）应力

图6.1.5　3D板混凝土构件正截面的混凝土
和钢筋的应变与应力
1—楼板（屋面板）顶面；2—楼板
（屋面板）底面；3—中和轴

1 截面应变保持平面。

2 不考虑混凝土的抗拉强度。

3 混凝土受压时，应力与应变关系应符合下列公式规定：

当 $\varepsilon_c \leq \varepsilon_0$ 时，

$$\sigma_c = f_c(\varepsilon_c/\varepsilon_0)[2 - (\varepsilon_c/\varepsilon_0)] \quad (6.1.5)$$

式中：σ_c——混凝土压应变为 ε_c 时的混凝土压应力；

f_c——混凝土抗压强度设计值；

ε_c——混凝土压应变；

ε_0——混凝土压应力刚达到 f_c 时的混凝土压应变，取为 0.002。

受压混凝土的最大压应变（ε_{cmax}）不得大于 ε_0。

4 纵向钢筋的应力取钢筋应变（ε_s）与其弹性模量（E_s）的乘积，其绝对值不应大于其相应的强度设计值。纵向受拉钢筋的极限拉应变应取 0.01。

6.1.6 3D 板混凝土受弯构件应按单向、单筋截面设计。

6.1.7 3D 板混凝土受弯构件正截面受压区混凝土的应力图形可简化为等效的矩形应力图，且其高度（x）应取按截面应变保持平面的假定的中和轴高度 x_n 乘以系数 β_1，其应力值应取混凝土轴心抗压强度设计值 f_c 乘以系数 α_1。系数 α_1 和 β_1 应根据实际的 ε_{cmax} 按本规程附录 C 表 C.0.1 确定。

6.1.8 3D 楼板（屋面板）计算的剪力应以支座内边为准。其受剪承载力应分别按构件内斜插丝和圈梁交界处两个截面验算，并应使伸入圈梁的钢筋能单独承载剪力。圈梁交界处应取 t_1、t_2 两者中较薄的钢筋混凝土板。

6.1.9 3D 楼板（屋面板）最大裂缝宽度的限值应符合表 6.1.9 的规定。

表 6.1.9 3D 楼板（屋面板）最大裂缝宽度的限值（mm）

情　况	板	小梁或突出板底的肋
一般情况	0.2	0.3
对处于年平均相对湿度小于 60% 地区	0.3	0.4

6.1.10 3D 楼板（屋面板）最大挠度限值应为计算跨度（l）的 1/200。

6.1.11 承重 3D 墙板应根据墙体受力情况分别按轴心受压和平面外偏心受压构件作承载力计算。偏心受压构件的受压合力作用点应控制在构件截面之内。构件应按两翼缘均受压或仅一翼缘受压的实际应力情况计算。

6.1.12 在水平荷载作用下的非承重 3D 墙板宜按受弯构件和支座处受剪节点作承载力计算。

6.1.13 3D 板混凝土构件间所有连接应通过圈梁。圈梁的截面高度不应小于楼板（屋面板）厚度且不应小于 150mm，截面宽度不应小于墙板厚度。最小纵筋应为 4φ12，最小箍筋应为 φ6@200。

6.1.14 3D 墙板的房屋的抗震计算可按本规程附录 D，采用底部剪力法进行计算。

6.2 3D 楼板（屋面板）计算

6.2.1 3D 楼板（屋面板）应按单向、单筋截面的简支板或连续板计算。

当不能满足抗剪承载力时，可按本规程附录 A 表 A.2.1 的方法，在聚苯板间另加现浇钢筋混凝土小梁或肋，其高度应大于或等于 3D 楼板（屋面板）厚度。

当不能满足抗弯承载力时，可按本规程附录 A 表 A.2.2 的方法在聚苯板预留槽中或网片外加配普通钢筋，也可在聚苯板缝间另加钢筋混凝土小梁或肋，其高度应大于或等于 3D 楼板（屋面板）厚度。

6.2.2 3D 楼板（屋面板）的抗剪强度应符合下列公式：

$$V \leqslant \upsilon f_y A_{ss} b \cos\alpha / a_4 \qquad (6.2.2)$$

式中：V——支座内边处的剪力设计值（N）；

υ——抗剪强度折减系数：由斜插丝的长细比（自由长度取 1.05 倍斜插丝位于混凝土间的净空长度、计算长度系数 μ 取 0.70）按本规程附录 C 的表 C.0.2 查稳定系数 φ；当 $\varphi > 0.55$ 时 υ 取 0.55，否则取 $\upsilon = \varphi$；常用规格的 υ 值及 $\upsilon f_y A_{ss} \cos\alpha$ 值可按本规程附录 C 的表 C.0.3 取值；

f_y——斜插丝抗拉及抗压强度设计值（取 320N/mm²）；

A_{ss}——斜插丝截面积（mm²）；

b——板截面宽度（mm）；

α——斜插丝与垂直线（即 V 的作用方向）的夹角（图 6.2.2）；

a_4——斜插丝组成的钢骨架的间距（mm）。

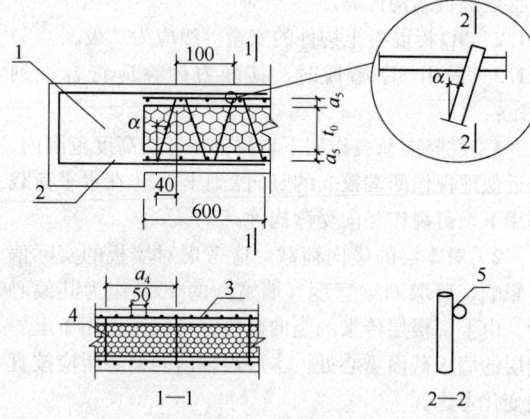

图 6.2.2 斜插丝钢骨架

1—圈梁；2—附加钢筋 φ8@200；3—钢丝网片；
4—斜插丝；5—焊接点

6.2.3 3D 楼板（屋面板）正截面受弯承载力计算应按下列公式确定：

$$M \leqslant A_s f_y z \qquad (6.2.3-1)$$

$$x_n = A_s f_y / (b \beta_1 \alpha_1 f_c) \qquad (6.2.3-2)$$

$$z = h_0 - x/2 = h_0 - \beta_1 x_n / 2 \qquad (6.2.3-3)$$

式中：M——弯矩设计值（N·mm）；

A_s——受拉区纵向网片的截面面积（mm^2）；

f_y——网片的抗拉强度设计值（N/mm^2）；

h_0——截面有效高度（mm），取 $h_0 = t_2 + t_0 + 20$（mm）；

x_n——按截面应变保持平面的假定所确定的中和轴高度（mm）；

z——纵向受拉网片 A_s 合力至混凝土受压区合力点之间的距离（mm）；

α_1、β_1——根据 $(A_s f_y)/(b f_c h_0)$ 按本规程附录 C 表 C.0.1 查得；

f_c——混凝土轴心抗压强度设计值（N/mm^2）；

b——板截面宽度（mm）；

t_2——受压侧混凝土的厚度（mm）；

t_0——聚苯板的厚度（mm）。

6.2.4 当采取加配普通钢筋的加强措施时，3D 楼板（屋面板）正截面受弯承载力应按下列公式确定：

$$M \leqslant A_s f_y z + A_{s1} f_{y1} z_1 \quad (6.2.4\text{-}1)$$

$$x_n = (A_s f_y + A_{s1} f_{y1})/(b\beta_1\alpha_1 f_c) \quad (6.2.4\text{-}2)$$

$$z = h_0 - x/2 = h_0 - \beta_1 x_n/2 \quad (6.2.4\text{-}3)$$

式中：A_{s1}——受拉区纵向加配普通钢筋的截面面积（mm^2）；

f_{y1}——加配普通钢筋的抗拉强度设计值（N/mm^2）；

z_1——受拉区纵向加配钢筋 A_{s1} 至混凝土受压区合力点之间的距离（mm），当在网片外加配普通钢筋时 $z_1 = z$，当在聚苯板预留槽中加配普通钢筋时 $z_1 = z - 30$。

中和轴高度尚应符合下列条件：

$$x_n \leqslant 0.333 h_0 \quad (6.2.4\text{-}4)$$

$$x_n \leqslant t_2 \quad (6.2.4\text{-}5)$$

6.2.5 当采取在聚苯板缝间另加钢筋混凝土小梁或肋的加强措施时，小梁或肋的受压翼缘宽度 b_1 可取 $10t_2$，但不得大于 $l/3$。钢筋混凝土小梁或肋的正截面受弯承载力应按下列公式确定：

$$M_1 \leqslant (A_s - A_{sa}) f_y z + A_{s2} f_{y2} z_2 \quad (6.2.5\text{-}1)$$

$$x_n = [(A_s - A_{sa}) f_y + A_{s2} f_{y2}]/(b\beta_1\alpha_1 f_c)$$
$$(6.2.5\text{-}2)$$

式中：M_1——钢筋混凝土小梁或肋受压翼缘宽度范围内的弯矩设计值（N·mm）；

A_{s2}——钢筋混凝土小梁或肋纵向受拉普通钢筋的截面面积（mm^2）；

f_{y2}——钢筋混凝土小梁或肋纵向受拉钢筋的抗拉强度设计值（N/mm^2）；

z_2——纵向受拉钢筋 A_{s2} 合力至混凝土受压区合力点之间的距离（mm）；

A_{sa}——钢筋混凝土小梁或肋受压翼缘宽度 b_1 范围外的网片的截面面积（mm^2）。

中和轴高度尚应符合本规程公式（6.2.4-4）和式

（6.2.4-5）的条件。

6.2.6 3D 楼板（屋面板）的最大裂缝宽度（w_{max}）可按荷载准永久组合并考虑长期作用影响的效应，并应按下列公式计算：

$$w_{max} = 2.1\psi\sigma_{sq}(1.9a_1 + 0.08d_{eq}/\rho_{te})/E_s$$
$$(6.2.6\text{-}1)$$

$$\sigma_{sq} = M_q/[0.9h_0(A_s + A_{s1})] \quad (6.2.6\text{-}2)$$

$$\psi = 1.1 - 0.65f_{tk}/(\rho_{te}\sigma_{sq}) \quad (6.2.6\text{-}3)$$

$$d_{eq} = \sum n_i d_i^2/(\sum n_i \nu_i d_i) \quad (6.2.6\text{-}4)$$

$$\rho_{te} = (A_s + A_{s1})/(bt_1) \quad (6.2.6\text{-}5)$$

式中：σ_{sq}——按荷载准永久组合计算的纵向受拉钢筋（丝）的应力（N/mm^2）；

M_q——按荷载准永久组合计算的弯矩值（N·mm），取计算区段内的最大弯矩值；

ψ——裂缝间纵向受拉钢筋（丝）应变不均匀系数；当 $\psi < 0.2$ 时，取 $\psi = 0.2$；当 $\psi > 1.0$ 时，取 $\psi = 1.0$；

E_s——钢筋（丝）弹性模量（2.0×10^5 N/mm^2）；

a_1——最外层纵向受拉钢筋（丝）外边缘到受拉区底边的距离（mm），取 $a_1 = t_1 - 25$；当 $a_1 < 20$ 时，取 $a_1 = 20$；当 $a_1 > 65$ 时，取 $a_1 = 65$；

d_{eq}——受拉区纵向钢筋（丝）的等效直径（mm）；

d_i——受拉区第 i 种纵向钢筋（丝）的公称直径（mm）；

n_i——受拉区第 i 种纵向钢筋（丝）的根数；

ν_i——受拉区第 i 种纵向钢筋（丝）的相对粘结特性系数；光面钢筋为 0.7，带肋钢筋为 1.0；

ρ_{te}——按有效受拉混凝土截面面积（bt_1）计算的纵向受拉钢筋（丝）配筋率；在最大裂缝宽度计算中，当 $\rho_{te} < 0.01$ 时，取 $\rho_{te} = 0.01$。

所求得的最大裂缝宽度不应超过本规程第 6.1.9 条规定的限值。

常用 3D 楼板（屋面板）的最大裂缝宽度验算时，可按本规程附录 C 的表 C.0.4 取值。

6.2.7 3D 楼板（屋面板）在正常使用极限状态下的挠度应按荷载准永久组合并考虑长期作用影响的刚度（B）用结构力学方法计算。所求得的挠度计算值不应超过本规程第 6.1.10 条规定的限值。刚度（B）可按下列公式计算：

$$B = B_s/2 \quad (6.2.7\text{-}1)$$

$$B_s = (E_s A_s h_0^2)/[1.15\psi + 0.2 + 6E_s A_s/(3.5E_c bt_2)]$$
$$(6.2.7\text{-}2)$$

式中：B_s——荷载准永久组合作用下受弯构件的短期刚度（N/mm^2）；

E_c——混凝土弹性模量（N/mm²）。

6.3 3D墙板计算

6.3.1 3D墙板的墙体计算高度（l_0）应取墙体高（H），并应符合下列规定：

1 在房屋底层，应为底层楼板顶面到墙基顶面处的距离；

2 在房屋其他层次，应为楼板顶面或其他水平支点间的距离；

3 对于山墙，可取层高加山墙尖高度的1/2。

6.3.2 3D承重墙板的长细比（l_0/i）应小于等于70。3D非承重墙板的长细比（l_0/i）应小于等于100。

当长细比（l_0/i）超过限值时，应采取加大墙厚（或增设圈梁）等措施。

注：i为对重心轴的截面回转半径，按本规程第6.1.4条的公式计算。

6.3.3 3D承重墙板的受压正截面承载力计算中平面外初始偏心距（e_i）应按下式计算：

$$e_i = e_0 + e_a \qquad (6.3.3)$$

式中：e_0——验算截面处总的轴向压力对截面重心的偏心距（mm）；计算时，上层墙传来的荷载可视作作用于上层墙截面重心处，而本层传来的荷载可视作作用于偏离支座中心线 $0.1h$ 处；

e_a——附加偏心距（mm），取 $h/8$，但不应小于 20mm。

轴心受压（$e_0 = 0$）的 e_i 不应小于 20mm。偏心受压的 e_i 不应小于 30mm。

6.3.4 3D承重墙板的偏心受压正截面承载力计算中轴向压力平面外偏心距综合增大系数（η）可按下列公式计算：

$$\eta = 0.7[1 + \zeta_c (l_0/i)^2 / (8400 e_i / h_0)]$$
$$(6.3.4\text{-}1)$$

$$\zeta_c = f_c b t_2 / N \qquad (6.3.4\text{-}2)$$

式中：h_0——截面有效厚度（mm），即受拉钢丝网（离聚苯板边 20）至截面受压边缘的距离；

ζ_c——偏心受压构件的截面曲率修正系数，当 $\zeta_c > 1.0$ 时取 $\zeta_c = 1.0$。

6.3.5 3D承重墙板的平面外偏心受压正截面承载力应根据截面两翼缘全部受压和一翼缘受压、一翼缘受拉两种情况（图6.3.5），分别按下列公式验算翼缘 t_1 和 t_2 的承载力：

$$N_{t1} = N(h_0 - t_2/2 - e)/(h_0 - t_2/2)$$
$$(6.3.5\text{-}1)$$

$$N_{t2} = Ne/(h_0 - t_2/2) \qquad (6.3.5\text{-}2)$$

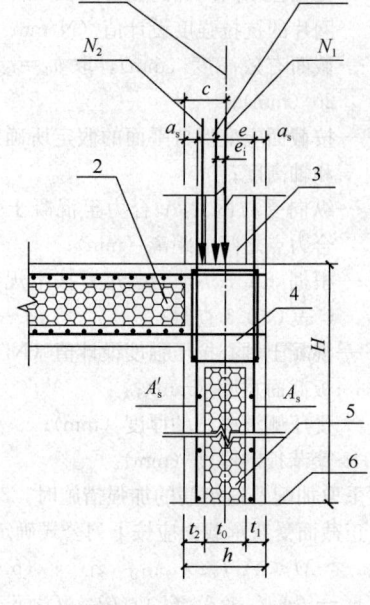

图 6.3.5 3D墙体荷载
1—墙体截面重心线；2—楼板；3—上层墙体；
4—圈梁；5—下层墙体；6—下层楼板或基础面
N_1—上层墙体传来的轴向力；
N_2—本层墙体传来的轴向力

$$e = \eta e_i + h_0 - c \qquad (6.3.5\text{-}3)$$

式中：N_{t1}、N_{t2}——分别为翼缘 t_1 和 t_2 承受的压力（负值为拉力）；

e——轴向压力作用点至纵向受拉钢筋（丝）合力点的距离。

当两侧均受压时（$e < h_0 - t_2/2$），翼缘 t_2 承受的压力应符合下式规定：

$$N_{t2} \leqslant (0.95 f_c b t_2 + A_s' f_y') \quad (6.3.5\text{-}4)$$

当 t_2 受压、t_1 受拉时（$h_0 - t_2/2 < e \leqslant h_0$），翼缘 t_1 承受的拉力和翼缘 t_2 承受的压力应符合下列公式规定：

$$N_{t1} \leqslant 0.8 A_s f_y \qquad (6.3.5\text{-}5)$$

$$N_{t2} \leqslant (0.85 f_c b t_2 + 0.9 A_s' f_y') \quad (6.3.5\text{-}6)$$

式中：A_s、A_s'——受拉侧（t_1）、受压侧（t_2）内的纵向网片截面积（mm²）。

当不符合 $e \leqslant h_0$ 时，应加大墙厚（增加混凝土层厚度或改用较大厚度聚苯板）。

当不符合公式（6.3.5-4）～（6.3.5-6）的规定时，可采取加配普通钢筋、加大墙厚（增加混凝土层厚度或改用较大厚度聚苯板）或提高混凝土强度等级等措施。

6.3.6 受水平力作用下的 3D 非承重墙板的承载力，可按本规程第6.2.2条和第6.2.3条的规定进行验算（图6.3.6）。

6.3.7 3D墙板的抗剪强度验算应符合下列规定：

1 出平面方向的抗剪强度验算应符合本规程第

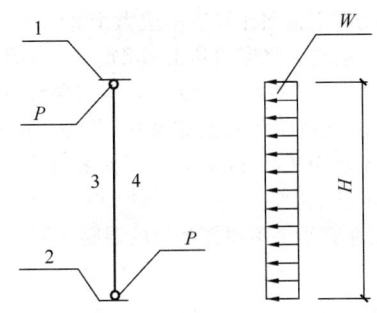

图 6.3.6　3D非承重墙荷载

1—上层楼面或屋面；2—下层楼面或基础面；
3—户内；4—户外

6.2.2条的规定。

2 平面内方向的抗剪强度应按下式验算：

$$V \leqslant 0.15 f_c (t_1 + t_2) l_w \qquad (6.3.7)$$

式中：V——验算墙段的剪力设计值（N）；

l_w——验算墙段的长度（mm）。

6.3.8 3D墙板上洞口的过梁和组合过梁设计应符合本规程附录B的规定。

7 施 工

7.1 一般规定

7.1.1 3D板混凝土构件工程施工现场应建立质量管理体系、施工质量检查验收制度。施工组织设计和施工方案，应经审查批准。施工人员应经专门培训。

7.1.2 每立方米细石混凝土的水泥用量不应超过350kg，水灰比应在0.5～0.6之间。细石混凝土骨料的级配和混凝土配合比应满足混凝土设计强度的要求。喷射混凝土还应满足可泵性、和易性的要求，坍落度应为75mm±10mm。

7.1.3 平网与3D板钢丝网片应采用绑扎方式作可靠连接，网孔宜错开。洞口四周根据设计要求，可加设钢筋。

7.1.4 在面层施工前，应检查附加钢丝网片和钢筋以及预埋管线、预埋件的位置、数量，并应符合设计要求。

7.1.5 面层喷射混凝土及其厚度应符合国家现行有关标准的规定和设计要求。面层施工时，混凝土应密实、与聚苯板粘结牢固，无脱层、空鼓现象。

7.1.6 施工期间应防止板面受碰撞振动。

7.1.7 常温下面层混凝土完成后，养护不得少于7d，前3d喷水时间间隔不应大于3h，后4d每天喷水不应少于2次。平均气温低于5℃时，宜采用塑料布覆盖或其他保温保湿养护措施。

7.1.8 冬期和雨期施工时，应根据当地气候条件编制季节性施工方案。冬期施工应符合现行行业标准《建筑工程冬期施工规程》JGJ/T 104 的有关规定。

7.1.9 混凝土施工时应按有关规定留置标养及同条件养护试块。

7.1.10 3D板混凝土构件工程的施工宜按下列程序进行（图7.1.10）。

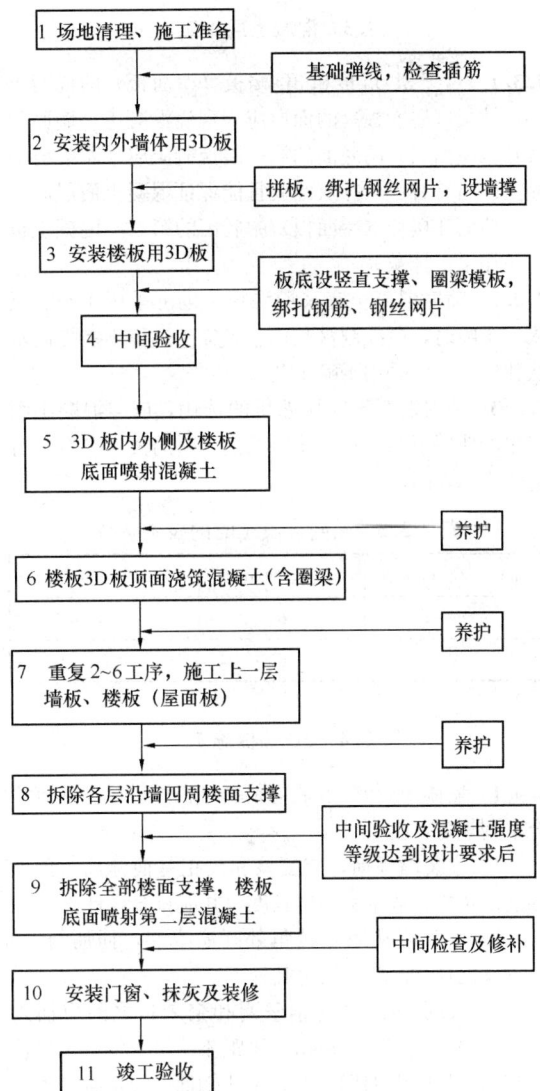

图 7.1.10　3D板混凝土构件工程施工程序

注：当仅用3D墙板或楼板的一种构件时，相关程序可简化。

7.2 施 工 准 备

7.2.1 施工前应根据设计要求和现场情况编制施工方案，并应向施工人员交底。

7.2.2 3D板进场后应水平堆放在坚实、平整、干燥的场地上。顶部应加防雨遮盖。

7.2.3 3D板的堆放和施工现场应符合现行国家标准《建设工程施工现场消防安全技术规范》GB 50720 的规定。

7.2.4 施工前应绘制建筑施工排板图，对不同尺寸、形状的板材进行编号。排板应减少拼缝和规格。

7.2.5 对 3D 板的裁剪和加工，应根据排板图要求进行，并应根据编号和就位顺序分别堆放。

7.2.6 施工机具设备应在施工前进行调试。

7.3 混凝土层施工

7.3.1 对于 3D 墙板和 3D 楼板（屋面板）的混凝土层，楼板（屋面板）的面层应为现浇混凝土，墙面和楼板（屋面板）的底面的第一层混凝土应采用喷射混凝土。当具有手工抹灰经验且能保证混凝土面层质量时，墙面和楼板（屋面板）的底面的第二层混凝土也可采用手工抹灰。

7.3.2 喷射混凝土宜采用湿喷，也可采用干喷。当采用干喷时，应控制水灰比。当施工过程不能控制水灰比时，不应采用干喷工艺。

7.3.3 喷射混凝土时压缩机的选用，应与混凝土喷浆泵的使用说明一致。喷射混凝土时的技术参数宜符合表 7.3.3 的规定。

表 7.3.3 喷射混凝土时的技术参数

喷嘴直径（mm）	气压（bar）	效率（m³/min）
40	6	3
50	6	5

7.4 3D 墙板施工

7.4.1 墙体 3D 板的安装应根据排板图进行，并应符合下列规定：

1 安装墙板前，应复核和校正基面标高、预埋插筋的位置、数量、伸出长度，并应符合设计要求；

2 墙板应从墙身转角处开始安装，插筋与 3D 板钢丝网片之间应采用绑扎连接；

3 3D 板拼缝处的钢丝网和聚苯板之间应插入 $\phi 10$、长度不小于 600mm、间距不大于 500mm 的校平钢筋，且应为 HRB335 级带肋钢筋。应检查、校正墙板垂直度。

7.4.2 3D 墙板之间连接或拼缝处应附加增强网，门窗开口处应增设 U 形网和 45 度斜向平网。增强网应与 3D 板钢丝网片绑扎连接。

7.4.3 管线应布置在 3D 板的钢丝网和聚苯板之间。对直径超过 15mm 的管线，应根据管线走向，在聚苯板上预先开管线槽。当管线安装需剪断局部钢丝网时，断口处应用平网加固。

7.4.4 安装墙体 3D 板时，应加墙撑，墙撑高度应大于或等于 3D 板高度的 2/3。墙板喷射混凝土前，3D 板的另一侧应加支撑。墙撑的拆除应在 3D 板两侧第一层喷射混凝土养护强度达到本规程第 7.4.5 条规定后才能进行。

7.4.5 细石混凝土面层采用喷射混凝土工艺时，每次

分层完成的喷射混凝土厚度不应大于 20mm，并应待第一层施工混凝土强度达到 1.2MPa 后再喷墙板另一侧细石混凝土，依次再喷射另一侧第二层混凝土，直至设计厚度，然后用刮尺校准刮平、打毛、养护。

7.4.6 当采用人工抹灰时，每次抹灰厚度宜为 15mm～25mm。

7.4.7 预埋管线、预埋件部位的混凝土或砂浆，应密实。

7.5 3D 楼板（屋面板）施工

7.5.1 沿 3D 楼板（屋面板）跨度方向布置支撑立柱时，其间距应经计算确定且不应大于 1.5m；支撑横梁应与板底处于同一标高，边立柱离墙距离不宜大于 0.5m。支撑系统应安全可靠。上下层楼板支撑应在同一直线上。

7.5.2 3D 楼板（屋面板）在 3D 板安装就位后，在板的拼缝处应加平网，支座处应按设计要求加连接钢筋及受力钢筋。

7.5.3 3D 楼板（屋面板）面层混凝土浇筑前，应根据设计要求预埋管线与预埋件。

7.5.4 3D 楼板（屋面板）施工过程中应随时观察支撑的牢固情况。

7.5.5 当混凝土强度达到设计强度后，可拆除其楼面支撑。

7.5.6 支撑拆除后，应及时将混凝土施工时留下的孔洞填筑密实。

8 质量验收

8.1 一般规定

8.1.1 3D 板混凝土构件工程施工质量验收应符合现行国家标准《建筑工程施工质量验收统一标准》GB 50300 的规定。

8.1.2 3D 板混凝土构件工程可划分为钢筋、混凝土、3D 板混凝土构件、现浇结构等分项工程。

8.1.3 钢筋、混凝土、现浇结构等分项工程的验收应符合现行国家标准《混凝土结构工程施工质量验收规范》GB 50204 的规定。

8.1.4 3D 板混凝土构件工程中各分项工程可根据与施工方式相一致且便于控制施工质量的原则，按楼层、结构缝或施工段划分为若干检验批。

8.1.5 3D 板混凝土构件工程施工质量验收应包括施工过程隐蔽验收和建筑工程竣工验收。

8.1.6 3D 板混凝土构件分项工程验收时，应检查下列文件和记录：

1 材料的产品合格证书、性能检测报告、复试报告；

2 细石混凝土的配合比通知单；

3 细石混凝土的性能试验报告;

4 施工记录(包括墙体排板安装设计图、施工方案、技术交底);

5 施工质量控制资料(包括隐蔽工程验收单、检测记录等);

6 各检验批的主控项目、一般项目的验收记录;

7 重大技术问题的处理及设计变更文件。

8.1.7 3D板混凝土构件分项工程隐蔽工程验收应包括下列内容:

1 3D墙板的轴线位置、垂直平整度及拼缝;

2 3D板接头和拼缝处的构造加强钢筋连接网片:平网、角网;

3 校平钢筋、插筋;

4 预埋件;

5 预埋管道。

8.1.8 3D板混凝土构件分项工程验收时,其主控项目应全部符合本规程的规定;一般项目应有80%及以上的抽检处符合本规程的规定,或偏差值在允许偏差范围内。

8.1.9 检验批的质量验收可按本规程附录E记录。

8.2 3D板混凝土构件分项工程

主 控 项 目

8.2.1 3D板应有产品的出厂合格证书、产品性能检测报告。进入施工现场的3D板应有材料主要性能的进场复试报告。

检查数量:按进场批次检查。

检验方法:检查相关资料。

8.2.2 3D板的表面应清洁,无明显油污,焊点区外不应有钢丝锈点,纬丝和经丝排列应垂直,不得有翘伸的钢丝挑头,斜插丝不允许有漏丝现象。焊点不得有过烧现象,漏焊点应少于2%的总焊点,靠网片板边200mm区域内的焊点不应漏焊、脱焊。

检查数量:全数检查。

检验方法:观察。

8.2.3 每块3D板的芯板侧面应有出厂专用标志,并应包括厂名、产品规格、生产日期和检验合格章。

检查数量:全数检查。

检验方法:观察。

8.2.4 3D板表面喷射混凝土强度等级应符合设计要求,且不应低于C20。

用于检查的混凝土试件,应在喷射混凝土地点随机抽取。取样和试件留置应符合下列规定:

1 每一工作班不超过100m³的同一配合比的混凝土,取样不得少于一次;

2 每一楼层、同一配合比的混凝土,取样不得少于一次。

检验方法:检查施工日记及混凝土试块强度试

验报告。

8.2.5 平网、U形网、角网、L形连接件的品种、规格、性能应符合设计要求。

抽检数量:全数检查。

检验方法:平网、U形网、角网、L形连接件的合格证书、性能试验报告。

8.2.6 平网、U形网、角网、L形连接件的设置应符合设计要求。

抽检数量:每一楼层抽20%的部位,且不少于3处。

检验方法:喷射混凝土前观察与尺量检查。

8.2.7 3D板混凝土构件之间或与其他结构构件之间的连接固定应符合设计要求,插筋、校平钢筋、附加受力钢筋等应位置正确、安装牢固。

抽检数量:每一楼层抽20%的连接部位,且不少于3处。

检验方法:喷射混凝土前观察与尺量检查。

一 般 项 目

8.2.8 用于墙体的3D板安装就位后,应立即根据水准点和轴线校正位置,板与板之间的拼缝缝隙不得大于1.5mm。

检查数量:全数检查。

检验方法:观察,尺量。

8.2.9 3D板安装轴线位置及垂直平整度的允许偏差值应符合表8.2.9的规定。

表8.2.9 3D板的轴线位置及垂直平整度允许偏差(mm)

项次	项　目	允许偏差	抽检方法
1	轴线位置	5	经纬仪和尺检查,或用其他测量仪器检查
2	垂直度	5	用经纬仪或2m托线板检查
3	表面平整度	5	用2m靠尺检查

抽检数量:外墙,每20m抽查一处,每处3延长米,但不应少于三处,且所有墙角必查;内墙,按有代表性的自然间抽查10%,但不应少于3间,每间不应少于两处,且所有墙角必查。

8.2.10 3D墙板表面喷射混凝土允许偏差应符合表8.2.10的规定。

表8.2.10 3D墙板表面喷射混凝土允许偏差(mm)

项　目		允许偏差	抽检方法
喷射细石混凝土厚度	每一层	±2	针插和尺量检查
	总厚度	+5 0	针插和尺量检查

抽检数量:每一面墙面不少于5处,且不超过

4m² 测一处。

检查方法：用钢针插入和尺量检查。

8.2.11 3D 墙板的尺寸允许偏差应符合表 8.2.11 的规定。

表 8.2.11 3D 墙板的尺寸允许偏差（mm）

项次	项　目		允许偏差	抽检方法
1	轴线位置		8	用经纬仪和尺检查，或用其他测量仪器检查
2	垂直度	每层	8	用经纬仪或吊线、钢尺检查
		全高	$H/1000$ 且小于 30	用经纬仪、钢尺检查
3	表面平整度		8	用 2m 靠尺检查
4	预埋件中心线位置		10	用经纬仪和尺检查，或用其他测量仪器检查
5	门窗洞口（宽、高）		±5	钢尺检查
6	窗口位移		20	用经纬仪和尺检查，或用其他测量仪器检查

抽检数量：对于轴线位置、垂直度、表面平整度，外墙，每 20m 抽查一处，每处 3 延长米，且不应少于三处，且所有墙角必查；内墙，按有代表性的自然间抽查 10%，且不应少于 3 间，每间不应少于两处且所有墙角必查。

楼板（屋面板）表面平整度按有代表性的自然间抽查 10%，且不应少于 3 间。对于预埋件中心线位置、门窗洞口（宽、高）、窗口位移，检验批中抽检 10%，且不应少于 5 处。

附录 A　3D 板混凝土构件常用规格和增加构件承载力的方法

A.1　3D 板混凝土构件常用规格

A.1.1 3D 板混凝土构件常用规格可按表 A.1.1 采用。

表 A.1.1　3D 板混凝土构件常用规格（mm）

3D板混凝土构件		3D板			细石混凝土	
		聚苯板厚度 t_0	斜插丝型号	网片	外(下)侧混凝土厚度 t_1	内(上)侧混凝土厚度 t_2
承重外墙		100、120	B-Ⅰ、B-Ⅱ	φ3@50	50~60	50~60
承重内墙		70、100	B-Ⅰ、B-Ⅱ	φ3@50	45~60	45~60
非承重外墙	强	100、120	B-Ⅰ、B-Ⅱ	φ3@50	50~60	45~60
	弱	100、120	A-Ⅰ、A-Ⅱ	φ2.2@50	35~50	35~50
非承重内墙		50、70	A-Ⅰ、A-Ⅱ	φ2.2@50	35~40	35~40

续表 A.1.1

3D板混凝土构件	3D板			细石混凝土	
	聚苯板厚度 t_0	斜插丝型号	网片	外(下)侧混凝土厚度 t_1	内(上)侧混凝土厚度 t_2
楼板或屋面板	70、100、120	B-Ⅰ、B-Ⅱ	φ3@50	45~50 连续板 50~80	50~80

注：1　聚苯板常用的厚度为 50、70、100、120（mm）。如设计需要在聚苯板的槽内放置加配普通钢筋时，应在订货时对有加工条件的 3D 板加工厂提出聚苯板开槽要求；宜在厚度不小于 100mm 的聚苯板上，按设计规定的间距开不小于 20mm×20mm 的槽。

2　斜插丝型号由字母和数字组成；字母 A、B 表示材料尺寸等，罗马数字 Ⅰ、Ⅱ 表示根据不同的机器生产的斜插丝骨架的间距；

A-Ⅰ、A-Ⅱ 型用 φ3，节距 a_3=200mm，斜率 a_2=60，网片离聚苯板净距 a_5=13mm；

B-Ⅰ、B-Ⅱ 型用 φ3.8，节距 a_3=100mm，斜率 a_2=40，网片离聚苯板净距 a_5=19mm；

A-Ⅰ 型、B-Ⅰ 型的间距 a_4=100mm，即 1200mm 宽范围内设 12 道；

A-Ⅱ 型、B-Ⅱ 型的间距 a_4 平均=171.4mm，即 1200mm 宽范围内设 7 道，除两端间距 a_4=150mm 外，其余间距 a_4 均为 200mm；

3　常用的细石混凝土为 C20，除斜插丝型号为 A-Ⅰ、A-Ⅱ 的墙板最小厚度可为 35mm 外，其他构件的最小厚度为 45mm，但设计需要在网片外侧放置加配普通钢筋时，混凝土厚度最小为 50mm；最大厚度应根据结构及热工等设计要求，不宜超过 80mm。

4　非承重外墙分强、弱两类，强的用于高度大、受水平力大的外墙，以受力为主。

A.1.2 常用承重 3D 墙板规格可按表 A.1.2 采用。

表 A.1.2　常用承重 3D 墙板规格

序　号	W1	W2	W3	W4	W5	W6
外 t_1（mm）	50	60	50	60	45	45
t_0（mm）	100			120	70	100
内 t_2（mm）	50	60	50	60	45	45
h（mm）	200	220	220	240	160	190
A/b（mm）	100	120	100	120	90	90
c（mm）	100	110	110	120	80	95
I/b（mm³）	583333	804000	743333	1008000	312750	488250
i（mm）	76.38	81.85	86.22	91.65	58.95	73.65
自重（kN/m²）	2.6	3.1	2.6	3.1	2.3	2.4

A.1.3 常用非承重 3D 墙板规格可按表 A.1.3 采用。

表 A.1.3　常用非承重 3D 墙板规格

类　型	外墙				内墙			
序　号	W11	W12	W13	W14	W15	W16	W17	W18
外 t_1（mm）	50	50	50	50	35	40	35	40
t_0（mm）	100		120		50		70	
内 t_2（mm）	40	40	50	50	35	40	35	40
h（mm）	190	210	220	230	120	130	140	150
A/b（mm）	90	90	100	110	70	80	70	80
c（mm）	100.56	111.67	110	120.45	60	65	70	75
I/b（mm³）	482972	620750	743333	863644	133583	172667	200083	252667
i（mm）	73.26	83.05	86.22	88.61	43.68	46.46	53.46	56.20
自重（kN/m²）	2.3	2.3	2.6	2.8	1.8	2.0	1.8	2.0

A.1.4 常用 3D 楼板（屋面板）的规格和强度可按表 A.1.4 采用。

表 A.1.4 常用 3D 楼板（屋面板）的规格和强度

序号		S1	S2	S3	S4	S5	S6	S7	S8	S9
上 t_2 (mm)		50	50	60	50	60	60	60	70	80
t_0 (mm)		70			100			120		
下 t_1 (mm)		40	50	60	50	50	60	50	60	60
h (mm)		160	170	190	200	210	220	240	250	260
h_0 (mm)		140	140	150	170	180	180	200	210	220
自重 (kN/m²)		2.3	2.5	3.0	2.6	2.8	3.1	3.1	3.3	3.6
x_n (mm)	$\phi3@50$	25.3	25.3	25.3	28.6	28.6	28.6	28.6	28.6	33.1
	加 $\phi6@200$ 后	32.2	32.2	38.0	38.0	38.0	38.0	41.8	41.8	41.8
	加 $\phi8@200$ 后	38.1	38.1	40.7	43.7	43.7	43.7	47.2	47.2	47.2
	加 $\phi10@200$ 后	40.8	40.8	46.6	46.6	51.8	51.8	55.0	55.0	58.6
	加 $\phi8@100$ 后	39.3	39.3	39.3	45.3	51.7	51.7	57.5	57.5	61.0
	加 $\phi10@100$ 后	43.9	43.9	43.9	43.9	52.0	52.0	52.0	60.9	60.9
容许最大 x_n (mm)		46.7	46.7	50.0	50.0	60.0	60.0	60.0	70.0	73.3
[M] (kN·m/m)	$\phi3@50$	5.95	5.95	6.40	7.26	7.71	7.71	8.62	9.06	9.45
	加 $\phi6@200$ 后	10.77	10.77	11.53	13.12	13.95	13.95	15.51	16.35	17.18
	加 $\phi8@200$ 后	14.36	14.36	15.39	17.54	18.68	18.68	20.81	21.95	23.08
	加 $\phi10@200$ 后	20.49	20.49	22.12	25.73	26.43	26.43	29.52	31.16	32.59
	加 $\phi8@100$ 后	22.84	22.84	24.65	27.92	29.35	29.35	32.61	34.43	36.04
	加 $\phi10@100$ 后	34.68	34.68	37.48	43.10	45.26	45.26	50.88	52.90	55.71
[V] (kN/m)	B-I 型	18.76			16.54			12.46		
	B-II 型	10.94			9.65			7.27		

注：1 加筋 $\phi6$ 和 $\phi8$ 为 HPB300，$\phi10$ 为 HRB335；
2 加筋在网片外，仅具有代表性的 @200 和 @100 两种，实际设计中根据需要可用其他间距。

A.2 增加构件承载力的方法

A.2.1 增加构件承载力可按表 A.2.1 采用。

表 A.2.1 增加构件承载力可采取的措施

措施 / 承载力	增加聚苯板厚度	增加受压区混凝土厚度	纵向加配普通钢筋	聚苯板间设置钢筋混凝土小梁（肋）
受弯	有效	单面	单面	有效
受压	有效	双面	双面	有效但一般不用
受剪	无效	无效	无效	有效

A.2.2 提高受弯构件承载力的方法可按表 A.2.2 选择。

表 A.2.2 提高受弯构件承载力的方法

加配普通钢筋的位置	在聚苯板的槽内	在网片外侧
混凝土最小厚度 t_1 (mm)	40 与不加配普通钢筋一致	50 以保证足够的混凝土保护层
h_0	t_2+t_0-10	t_2+t_0+20
钢筋间距	限制于聚苯板开槽的间距	根据设计要求，不受限制
技术经济比较 — 聚苯板开槽	需找有加工条件的工厂、增加聚苯板开槽的工作	没有聚苯板开槽的工作
技术经济比较 — 混凝土用量和自重	基本不增加	增加
技术经济比较 — 钢筋用量	因 h_0 减小而钢筋用量有所增加	虽 h_0 未减小但因自重增加而钢筋用量与左项相差不大
结论（适用范围）	1 用于加配普通钢筋的板的数量较少时； 2 此时板底和临时支撑可与不加配普通钢筋者一致	1 用于加配普通钢筋的板的数量较多时； 2 此时板底和临时支撑与不加配普通钢筋的不一致

附录 B 过梁和组合过梁

B.0.1 集中荷载 P 和墙洞的处理应符合下列规定（图 B.0.1）：

1 集中荷载应按 45° 扩散；

2 通过过梁将荷载传递到墙洞的两侧时，可在墙洞的两侧增加钢筋。

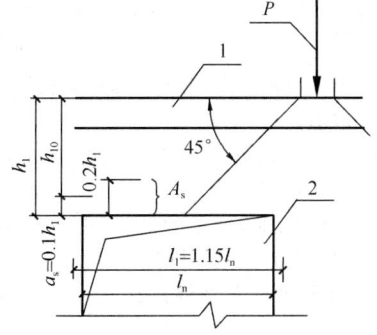

图 B.0.1 墙洞口集中荷载的处理
1—墙洞以上的墙体或圈梁的顶部；2—洞口

B.0.2 过梁的计算应符合下列规定：

1 当过梁的 l_1/h_1 大于或等于 5.0 时，可将圈梁兼作过梁，并应按现行国家标准《混凝土结构设计规范》GB 50010 计算；

2 当过梁 l_1/h_1 小于 5.0 时，可将墙洞以上的墙体与圈梁组合为过梁，并应按本规程第 B.0.3 和 B.0.4 条计算。

注：1 l_1 为过梁计算跨度（mm），取 $1.15 \times l_n$（l_n 为

过梁净跨度）；

2 h_1 为墙洞以上的墙体与圈梁的总高（mm）。

B.0.3 组合过梁正截面受弯承载力应按下列公式确定（图 B.0.3）：

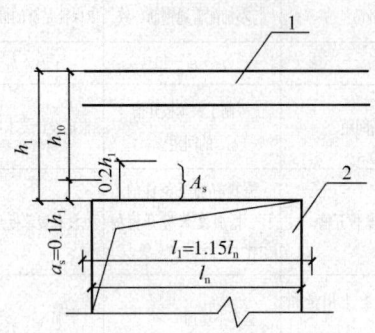

图 B.0.3 组合过梁正截面受弯承载力
1—墙洞口以上墙体或圈梁顶部；2—洞口

$$M \leqslant f_y A_{s3} z \qquad (B.0.3\text{-}1)$$
$$z = 0.648h_1 + 0.032l_1 \qquad (B.0.3\text{-}2)$$

式中：M——弯矩设计值；

A_{s3}——底部 $0.2h_1$ 范围内的水平钢筋截面面积（mm^2）。

当 $l_1 < h_1$ 时，取 $z = 0.6l_1$

当组合过梁正截面受弯承载力（M）不满足要求时，应增配底部受拉钢筋。

B.0.4 组合过梁的受剪承载力应符合下列规定：

1 受剪截面应符合下列条件：

1）当 h_{10}/h 小于或等于 4 时

$$V \leqslant (10 + l_1/h_1)f_c(t_1 + t_2)h_{10}/60 \qquad (B.0.4\text{-}1)$$

2）当 h_{10}/h 大于或等于 6 时

$$V \leqslant (7 + l_1/h_1)f_c(t_1 + t_2)h_{10}/60 \qquad (B.0.4\text{-}2)$$

3）当 h_{10}/h 大于 4 且小于 6 时，按线性内插法取值。

式中：V——构件斜截面上的最大剪力设计值（N）。

4）当构件斜截面上的最大剪力设计值不满足要求时，应增加构件截面。

2 要求不出现斜裂缝的组合梁，应符合下列条件：

$$V_k \leqslant 0.5f_{tk}(t_1 + t_2)h_{10} \qquad (B.0.4\text{-}3)$$

式中：V_k——按荷载效应的标准组合计算的剪力值（N）；

f_{tk}——混凝土轴心抗拉强度标准值（N/mm^2）。

此时可不再进行斜截面受剪承载力计算。

3 斜截面的受剪承载力应符合下列规定：

1）在均布荷载作用下，应按下式确定：

$$V \leqslant h_{10}[0.7f_t(8 - l_1/h_1)(t_1 + t_2) + 1.25f_y (l_1/h_1 - 2)(A_{sv}/s_h) +$$

$(2.5 - 0.5l_1/h_1)f_y(A_{sh}/s_v)]/3 \qquad (B.0.4\text{-}4)$

2）在集中荷载作用下，应按下式确定：

$$V \leqslant h_{10}\{[5.25/(\lambda+1)]f_t(t_1 + t_2) + (l_1/h_1 - 2)f_y(A_{sv}/s_h) + (2.5 - 0.5l_1/h_1) f_y(A_{sh}/s_v)\}/3 \qquad (B.0.4\text{-}5)$$

式中：l_1/h_1——跨高比，当 $l_1/h_1 < 2.0$ 时，取 $l_1/h_1 = 2.0$。

A_{sv}、A_{sh}——分别为竖向、横向钢筋（丝）全部截面面积（mm^2）；

s_v、s_h——分别为竖向、横向钢筋（丝）的间距（mm）；

λ——计算剪跨比，当 $l_1/h_1 \leqslant 2.0$ 时，取 $\lambda = 0.25$；当 $2.0 < l_1/h_1 < 5.0$ 时，取 $\lambda = a/h_{10}$，其中，a 为集中荷载到过梁支座的水平距离；λ 的上限值为 $(0.92l_1/h_1 - 1.58)$，下限值为 $(0.42l_1/h_1 - 0.58)$。

附录 C 结构设计计算用表

C.0.1 受压混凝土矩形应力图的应力值与混凝土轴心抗压强度设计值的比值（α_1）和混凝土矩形应力图受压区高度与中和轴高度（中和轴到受压区边缘的距离）的比值（β_1）应按表 C.0.1 取值。

表 C.0.1　α_1 和 β_1

序号	1	2	3	4	5	6	7	8
ε_{cmax}	0.002	0.0015	0.0012	0.0010	0.00085	0.00075	0.0007	0.00065
$\sum(A_s f_y)/(b f_c h_0)$	$\geqslant 0.1961$	0.1654	0.1405	0.1225	0.1069	0.0965	0.0883	0.0785
β_1	0.7500	0.7222	0.7083	0.7000	0.6941	0.6904	0.6887	0.6870
α_1	0.8889	0.7788	0.6776	0.5952	0.5256	0.4752	0.4489	0.4218
序号	9	10	11	12	13	14	15	—
ε_{cmax}	0.0006	0.00055	0.0005	0.00045	0.0004	0.00035	0.0003	—
$\sum(A_s f_y)/(b f_c h_0)$	0.0692	0.0605	0.0521	0.0440	0.0363	0.0290	0.0223	—
β_1	0.6852	0.6836	0.6818	0.6800	0.6786	0.6772	0.6754	—
α_1	0.3941	0.3654	0.3361	0.3060	0.2751	0.2434	0.2110	—

注：1 算出 $\sum(A_s f_y)/(b f_c h_0)$；

2 在 $\sum(A_s f_y)/(b f_c h_0)$ 行中找到大于等于该值的最接近的一列；

3 在该列的 β_1 行中查得 β_1；

4 在该列的 α_1 行中查得 α_1。

C.0.2 稳定系数（φ）应按表 C.0.2 取值。

表 C.0.2　稳定系数 φ

$\frac{\lambda}{K}$	0	1	2	3	4	5	6	7	8	9
110	>0.550	0.550	0.548	0.541	0.534	0.527	0.520	0.514	0.507	0.500
120	0.494	0.488	0.481	0.475	0.469	0.463	0.457	0.451	0.445	0.440

λ_K	0	1	2	3	4	5	6	7	8	9
130	0.434	0.429	0.423	0.418	0.412	0.407	0.402	0.397	0.392	0.387
140	0.383	0.378	0.373	0.369	0.364	0.360	0.356	0.351	0.347	0.343
150	0.339	0.335	0.331	0.327	0.323	0.320	0.316	0.312	0.309	0.305
160	0.302	0.298	0.295	0.292	0.289	0.285	0.282	0.279	0.276	0.273
170	0.270	0.267	0.264	0.262	0.259	0.256	0.253	0.251	0.248	0.246
180	0.243	0.241	0.238	0.236	0.233	0.231	0.229	0.226	0.224	0.222
190	0.220	0.218	0.215	0.213	0.211	0.209	0.207	0.205	0.203	0.201
200	0.199	—	—	—	—	—	—	—	—	—

注：表中 $\lambda_K=\lambda\sqrt{(f_{stk}/235)}$

C.0.3 υ 和 $\upsilon f_y A_{ss}\cos\alpha$ 应按表 C.0.3 取值。

表 C.0.3 υ 和 $\upsilon f_y A_{ss}\cos\alpha$

t_0 (mm)	50		70		100		120	
	υ	$\upsilon f_y A_{ss}\cos\alpha$ (kN)	υ	$\upsilon f_y A_{ss}\cos\alpha$ (kN)	υ	$\upsilon f_y A_{ss}\cos\alpha$ (kN)	υ	$\upsilon f_y A_{ss}\cos\alpha$ (kN)
A型斜插丝	0.550	0.991	0.476	0.921	0.284	0.582	0.211	0.443
B型斜插丝	0.550	1.824	0.550	1.876	0.474	1.654	0.354	1.246

C.0.4 常用 3D 楼板（屋面板）的最大裂缝宽度验算时，可按表 C.0.4 取值。

表 C.0.4 常用 3D 楼板（屋面板）最大裂缝宽度验算取值

纵向受拉钢丝 A_s (mm²/m)	φ3@50 141.5	φ3@50 141.5	φ3@50 141.5	φ3@50 141.5	φ3@50 141.5	φ3@50 141.5
加纵向受拉钢筋 A_{s1} (mm²/m)		φ6@200 141.5	φ8@200 251.5	φ10@200 392.5	φ8@100 503	φ10@100 785
A_s+A_{s1} (mm²/m)	141.5	283	393	534	644.5	926.5
d_{eq} (mm)	3/0.7=4.2857	4/0.7=5.7143	5/0.7=7.1429	136/(0.7×22)=8.8312	82/(0.7×14)=8.3673	118/(0.7×16)=10.5357
$0.08d_{eq}$ (mm)	0.3429	0.4571	0.5714	0.7065	0.6694	0.8429

t_1 (mm)	a_1 (mm)	$1.9a_1$ (mm)	$1/\rho_{te}$	$1/\rho_{te}$	$1/\rho_{te}$	$1/\rho_{te}$	$1/\rho_{te}$	$1/\rho_{te}$
40	20	38	100	100*	100*	74.91*	—	—
50	25	47.5	100	100	100	93.63	77.58	53.97
60	35	66.5	100	100	100	93.10	64.76	
70	45	85.5	100	100	100	100	75.55	
80	55	104.5	100	100	100	100	86.35	

注：1 当需验算裂缝宽度时，可根据纵向受拉钢筋（丝）和 t_1 查表列各数据代入本规程（6.2.4-1）～（6.2.4-5）式求出结果；
2 *指仅用于加筋放在聚苯板的槽内者。

附录 D 抗震计算要点

D.0.1 3D 板混凝土构件房屋的抗震计算可采用底部剪力法进行计算，各楼层可仅取一个自由度，结构的水平地震作用标准值，应按下列公式计算（图 D.0.1）：

$$F_{Ek} = \alpha_E G_{eq} \qquad (D.0.1\text{-}1)$$

$$F_i = G_i H_i F_{Ek} / \left(\sum_{j=1}^{n} G_j H_j\right) \qquad (D.0.1\text{-}2)$$

式中：F_{Ek}——结构总水平地震作用标准值；
α_E——相应于结构基本自振周期的水平地震影响系数值，按表 D.0.1 采用。

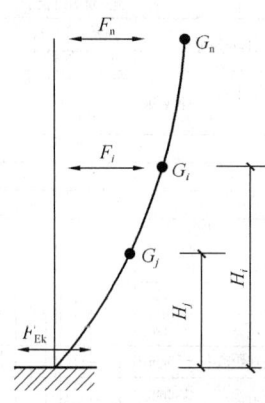

图 D.0.1 结构水平地震作用计算简图

表 D.0.1 水平地震影响系数

地震影响	6度	7度	8度
多遇地震	0.04	0.08（0.12）	0.16（0.24）
罕遇地震	0.28	0.50（0.72）	0.90（1.20）

注：括号外、内数值分别用于设计基本地震加速度为 0.15g 和 0.30g 的地区。

G_{eq}——结构等效总重力荷载，单质点取总重力荷载代表值，多质点可取总重力荷载代表值的 85%；
F_i——质点 i 的水平地震作用标准值；
G_i、G_j——分别为集中于质点 i、j 的重力荷载代表值，应取结构和构配件自重标准值和 $0.5\times$（雪荷载＋楼面活荷载）之和；
H_i、H_j——分别为质点 i、j 的计算高度。
注：$i=1$，2，n，$n\leqslant3$。

D.0.2 对 3D 板混凝土构件房屋，可只选从属面积较大或竖向应力较小的墙段进行截面抗震承载力验算。

D.0.3 地震按刚度作剪力分配时，墙段宜按门窗洞口划分。高宽比大于 4 的，可不参与剪力分配。截面验算可仅按本规程公式（6.3.7）验算平面内方向的抗剪强度。
注：墙段的高宽比指层高与墙长之比，对门窗洞边的小墙段指洞净高与洞侧墙宽之比。

附录 E　3D 板混凝土构件工程的检验批质量验收记录表

表 E　3D 板混凝土构件工程的检验批质量验收记录表

工程名称			验收部位		
施工单位			项目经理		
施工执行标准名称及编号			专业工长		
分包单位			施工班组长		
质量验收项目及规定			施工单位检查评定记录	监理（建设）单位验收记录	
主控项目	1　喷射细石混凝土强度等级	设计要求			
	2　加强钢丝网（平网、角网U形网）	品种、规格、数量	设计要求		
		长	±10mm		
		宽	±10mm		
		中心线距离	±10mm		
	3　喷射混凝土厚度	总厚度	±5mm 0		
	4　插筋、校平钢筋	品种、规格、数量			
一般项目	1　聚苯板与聚苯板间拼缝	≤1.5mm			
	2　轴线位移	8mm			
	3　垂直度	8mm			
	4　表面平整度	≤8mm			
	预埋件中心线位置	10			
	6　门窗洞口（宽、高）	±5			
	7　窗口位移	20			

注：1　本表由施工项目专业质量检查员填写，监理工程师（建设单位项目技术负责人）组织项目专业质量（技术）负责人等进行验收。
　　2　预埋设施（管、件、螺栓）、预留洞、竖向插筋、水平拉结筋等允许偏差及验收应符合《混凝土结构工程施工质量验收规范》GB 50204 的相关规定。

本规程用词说明

1　为便于在执行本规程条文时区别对待，对要求严格程度不同的用词说明如下：

1）表示很严格，非这样做不可的：

正面词采用"必须"，反面词采用"严禁"；

2）表示严格，在正常情况下均应这样做的：

正面词采用"应"，反面词采用"不应"或"不得"；

3）表示允许稍有选择，在条件许可时首先这样做的：

正面词采用"宜"，反面词采用"不宜"；

4）表示有选择，在一定条件下可以这样做的，采用"可"。

2　条文中指定应按其他有关标准执行的写法为："应符合……的规定"或"应按……执行"。

引用标准名录

1　《混凝土结构设计规范》GB 50010

2　《混凝土结构工程施工质量验收规范》GB 50204

3　《建筑工程施工质量验收统一标准》GB 50300

4　《建设工程施工现场消防安全技术规范》GB 50720

5　《通用硅酸盐水泥》GB 175

6　《一般用途低碳钢丝》GB/T 343

7　《泡沫塑料及橡胶表观密度的测定》GB/T 6343

8　《建筑材料及制品燃烧性能分级》GB 8624

9　《硬质泡沫塑料吸水率的测定》GB/T 8810

10　《硬质泡沫塑料尺寸稳定性试验方法》GB/T 8811

11　《硬质泡沫塑料压缩性能的测定》GB/T 8813

12　《绝热材料稳态热阻及有关特性的测定　防护热板法》GB/T 10294

13　《绝热材料稳态热阻及有关特性的测定　热流计法》GB/T 10295

14　《冷拔低碳钢丝应用技术规程》JGJ 19

15　《建筑工程冬期施工规程》JGJ/T 104

16　《膨胀聚苯板薄抹灰外墙外保温系统》JG 149

中华人民共和国行业标准

轻型钢丝网架聚苯板混凝土
构件应用技术规程

JGJ/T 269—2012

条 文 说 明

制 订 说 明

《轻型钢丝网架聚苯板混凝土构件应用技术规程》JGJ/T 269-2012，经住房和城乡建设部 2011 年 12 月 19 日以第 1222 号公告批准、发布。

规程制定过程中，编制组进行了广泛的调查研究，总结了我国工程建设钢丝网架聚苯板混凝土构件应用的实践经验，同时参考了奥地利 EVG3D 板系统结构工作手册等规范性文件，通过对 3D 板混凝土构件的验证试验，取得了重要技术参数。

为便于广大设计、施工、科研、学校等单位有关人员在使用本规程时能正确理解和执行条文的规定，《轻型钢丝网架聚苯板混凝土构件应用技术规程》编制组按章、节、条顺序编制了本规程的条文说明，对条文说明规定的目的、依据以及执行中需注意的有关事项进行了说明。但是，本条文说明不具备与规程正文同等的法律效力，仅供使用者作为理解和把握规程规定的参考。

目　次

1 总　则

1.0.1 轻型钢丝网架聚苯板混凝土构件是由工厂生产的 3D 板和现场浇筑混凝土两部分组成。工厂生产的 3D 板是以阻燃型模塑聚苯乙烯泡沫塑料板（EPS）为芯材，两侧外覆高强钢丝网片，网片间用穿过聚苯板的斜插镀锌钢丝点焊连接成三维空间组合板材。3D 板运到施工现场后，两侧覆盖规定厚度的细石混凝土，即形成 3D 墙板或 3D 楼板（屋面板）。这类构件混凝土厚度小，钢丝配筋率低。建成的房屋具有构造简单、施工方便、保温、隔热、隔声性能好等特点。在国外已有成熟的工程实践经验，国内在山东潍坊、江苏苏州、上海等地也有不少工程实例。为使该类构件在工程中正确使用，制定本规程。

1.0.2 本条提出了规程的适用范围，包括抗震设防等级、房屋高度、层数等，其中关于非承重墙体构件的应用，不受抗震、房屋高度和层数的限制。本规程还规定了 3D 板混凝土构件不适合使用的范围，主要考虑 3D 板混凝土构件中钢丝较细，混凝土保护层也较薄，易受潮锈蚀，故不应在长期潮湿或有腐蚀介质环境中使用，也包括不能应用于室外地坪以下与土壤直接接触的部位。

1.0.3 3D 板混凝土结构的设计、施工过程中需要在执行本规程的同时，符合国家现行标准的规定。

2　术语和符号

2.2　符　号

2.2.1 材料性能

f_{yk}、f_{stk}——钢筋、面网与斜插丝抗拉（压）强度标准值同《混凝土结构设计规范》GB 50010-2010 和《冷拔低碳钢丝应用技术规程》JGJ 19；《钢结构设计规范》GB 50017-2003 中用 f_y。

f_y——面网或斜插丝抗拉（压）强度设计值同《混凝土结构设计规范》GB 50010-2010；《钢结构设计规范》GB 50017-2003 中用 f。

2.2.3 几何参数

a_1——最外层纵向受拉钢筋（丝）外边缘到受拉区底边的距离；《混凝土结构设计规范》GB 50010-2010 中用 c；

b——3D 板截面长（宽）度；《混凝土结构设计规范》GB 50010-2010 中用 b_f、b_f'。

h_1——墙洞以上的墙体与圈梁的总高度；《混凝土结构设计规范》GB 50010-2010 中用 h。

l_1——过梁计算跨度；《混凝土结构设计规范》GB 50010-2010 中用 l_0。

2.2.4 计算系数及其他

α_E——相应于结构基本自振周期的水平地震影响系数值；《建筑抗震设计规范》GB 50011-2010 中用 α_1。

3　材　料

3.1　聚　苯　板

3.1.1 聚苯板（EPS）是 3D 板混凝土构件的芯材，该材料的密度和导热系数小，是一种具有一定强度的性价比优良的绝热制品，可使 3D 板具有自重轻而热阻大的特性。为确保其应用质量，本条文规定了对聚苯板（EPS）基本的技术性能要求和试验方法。

表 3.1.1 中的指标根据聚苯板的使用条件，主要按照国家标准《绝热用模塑聚苯乙烯泡沫塑料》GB/T 10801.1-2002 以及行业标准《膨胀聚苯板薄抹灰外墙外保温系统》JG 149-2003 的要求确定。其中尺寸稳定性考虑到用于芯材时，聚苯板的表面积与体积之比，在较多情况会小于用于外墙外保温的情况，故在行业标准《膨胀聚苯板薄抹灰外墙外保温系统》JG 149-2003 的基础上作了适当调整。在燃烧性能方面，因防火需要，聚苯板应为难燃型，其燃烧性能不应低于国家标准《建筑材料及制品燃烧性能分级》GB 8624-2006 中的 C 级。

3.1.2 明确用于 3D 板中聚苯板的规格尺寸。3D 板可用于墙板、楼板和屋面板，墙板又有外墙板与内墙板之分，加上建筑物围护结构有不同的保温隔热要求，故聚苯板在厚度上根据应用需要可有多种规格。

3.1.3 聚苯板外观尺寸的允许偏差按国家标准《绝热用模塑聚苯乙烯泡沫塑料》GB/T 10801.1-2002 规定基础上适当作了从严要求。

3.1.4 聚苯板在工程应用前经过一定条件、一定时间的陈化，是为了防止制品因后收缩而造成板与板之间过大的间隙。后收缩是指制品中残留发泡剂向外扩散导致的收缩，是一种不可逆的尺寸变化。EPS 板材的后收缩过程可能需要几天或几周，取决于残留发泡剂的含量，并与加工条件以及制品表面积与体积之比等因素有关。聚苯板陈化，可使制品的尺寸基本稳定，满足尺寸稳定性的要求。本条对聚苯板的陈化要求系参照美国标准 ASTM 2430—2005《外墙外保温及饰面孔应用膨胀聚苯乙烯泡沫（EPS）》的相关规定。该标准适用于建筑用聚苯乙烯泡沫保温板。

3.2　钢　丝　网　架

3.2.1 3D 板的钢丝网架由聚苯板芯材两侧的钢丝网片与穿过芯材连接钢丝网片的斜插丝经点焊而成。本条规定网片钢丝和斜插丝的用料、抗拉强度与弹性模量要求。其相关指标均按行业标准《冷拔低碳钢丝应用技术规程》JGJ 19-2010 对冷拔低碳钢丝的要求取值。

3.2.2 根据结构计算以及国内外的应用实践，规定网片钢丝与斜插丝的最小直径与最少用量，以及反复弯曲试验和斜插丝镀锌层质量的要求。反复弯曲试验的次数按国家标准《一般用途低碳钢丝》GB/T 343-94 对冷拉普通用钢丝的要求确定。另外，斜插丝穿过聚苯板芯材部分是可能受潮的，故斜插丝应予镀锌，其锌层质量根据轻工行业标准《镀锌电焊网》QB/T 3897-1999 以及建筑工业行业标准《胶粉聚苯颗粒外墙外保温系统》JG 158-2004 对热镀锌电焊网的要求取不小于 122g/m²。

3.2.3 规定了网片钢丝的表面质量以及网片的外观质量要求。斜插丝是构成钢丝网架的重要受力构件，故不得漏丝。

3.2.4 规定了钢丝网片的允许尺寸偏差和单位面积质量的允许偏差要求。表 3.2.4 的允许尺寸偏差系根据行业标准《钢筋焊接网混凝土结构技术规程》JGJ 114-2003 对焊接网几何尺寸的允许偏差确定；网片的实际质量与公称质量的允许偏差按照国家标准《钢筋混凝土用第 3 部分：钢筋焊接网》GB/T 1499.3-2002 对钢筋焊接网的要求采用。

3.2.5 对钢丝网架焊接质量的要求。其中网片钢丝之间焊点抗拉力的要求根据轻工业行业标准《镀锌电焊网》QB/T 3897 采用；斜插丝与网片钢丝的焊点抗拉力根据斜插丝的抗拉强度标准值（$f_{stk} = 550N/mm^2$）乘以系数 0.55 确定（见本规程第 6.2.2 条条文说明）。

3.2.6 对钢丝网强度、伸长率和冷弯性能试验方法的规定。

3.3 配 件

3.3.1 L 形连接件用于 3D 非承重内墙板与混凝土地面及上部楼板或梁底的连接。

3.3.2 平网用于 3D 墙板横向和竖向拼接，3D 楼板（屋面板）的横向拼接以及上下层 3D 墙板圈梁的连接等。规定平网的宽度不应小于 300mm，则每个 3D 板混凝土构件的搭接宽度可达到 150mm。确保可靠连接。

3.3.3 阴角网和阳角网常用于墙体的 L 形拼接、T 形拼接和十字形拼接中。阳角网的长边是指 3D 墙板在 L 形阳角拼接中，除了覆盖墙体规定宽度外，还应覆盖与之相拼接墙体的厚度。

3.4 混 凝 土

3.4.1、3.4.2 3D 墙板和楼板（屋面板）两侧的面层材料均为细石混凝土，为确保构件性能，条文规定

了对细石混凝土采用水泥强度等级以及水泥的其他质量要求。

3.4.3 3D 墙板和楼板（屋面板）两侧的细石混凝土面层厚度均较薄（50mm～35mm），且除楼板（屋面板）上表面可采取现浇工艺外，面层混凝土的施工主要采用喷射工艺，故其骨料粒径不能太粗，并应保证一定的小粒径细骨料含量。条文对采用喷射工艺（包括喷浆设备为活塞泵和涡轮泵时）施工规定的粗细骨料粒径要求是国外多年来的工程实践经验值。当采用现浇抹灰工艺施工时（如楼板和屋面板面层），其粗骨料的粒径可相对较大。

3.4.4 规定了需要在混凝土中掺加掺合料的要求。

4 建 筑 设 计

4.1 3D 板混凝土构件基本构造

4.1.1 3D 板是由工厂预制，将其间两层钢丝网片用斜插丝相连，中间填充聚苯板的网架在施工现场包覆混凝土后，形成中间为聚苯板两侧为钢丝网混凝土层的复合构件，称之为 3D 板混凝土构件。此构件可用于建筑上不同功能的构件，如 3D 墙板或 3D 楼板（屋面板）等。聚苯板作为芯材，主要起保温的功能，双侧钢丝网片混凝土层主要起受力功能，同时有墙体的保护、防火、防水、隔声等功能。作为外围护时，还起到加大围护体热惰性的作用。

4.1.2 3D 板混凝土构件中，连接钢丝网片的镀锌斜插丝的直径，以及与钢丝网片中径向钢丝形成的径向钢骨架的间距，斜插丝平行钢丝间距（节距）等均因受设备工艺和构件的受力不同而有所不同，桁架间距分为 I 型、II 型两种；斜插丝节距分为 A 型、B 型两种。

4.1.3 聚苯板的厚度应根据不同气候地区和不同应用部位而不同。作为外围护结构时，应根据不同气候地区不同节能保温隔热要求经计算后决定，但目前受网架制作设备的制约，采用的聚苯板最薄厚度为50mm，最大厚度为 120mm。

4.1.4 3D 板混凝土构件的双面混凝土面层厚度是从力学角度计算确定，同时也考虑到不同的使用部位不同防水防火要求而有所增减。

4.2 平立面设计

4.2.1 3D 板混凝土构件的适用范围已在本规程第1.0.2 条中明确。在具体平立面设计中，当用于承重构件时，还应控制其层高、横墙间距和跨度。

4.2.2 3D 板在工厂制作，可产业化大批量生产，构件质量高但规格尺寸较单一。设计者应按现有 3D 板的规格尺寸及模数进行精心设计。3D 板的结构受力体系类似砌体式承重结构，而且板面尺寸较大，因此

应尽可能减少构件的拼接及现场的裁割。建筑设计时不应采用"严重不规则"的平立面设计方案。对"严重不规则"平立面设计的定义在《建筑抗震设计规范》GB 50011 中有明确的规定。总之应使平面简洁，上下承重墙及门窗洞口对齐，避免采用转角窗及悬臂式构件等。砌体建筑抗震设计的原则也适合 3D 板构件体系中。

4.2.3 以 300mm 为平面设计基本模数，以 100mm 为立面设计基本模数，符合国家模数制的基本规定，也符合 3D 板尺寸要求，有利于与建筑门窗等配件的尺寸协调，有利于房屋对不同高度的需求。

4.2.4 错层造成楼板结构的高低、不连续、整体性差，受力复杂，影响结构的安全性。规定厨房、卫生间等潮湿房间采取防水措施，主要考虑 3D 板混凝土构件混凝土层较薄，配筋率低等因素。

4.2.5 本条列出了 3D 板混凝土构件在工程中使用的构件种类。

3D 板的规格、尺寸及构成，除受建筑功能、结构安全、节能需要进行计算确定外，也受到目前生产设备及工艺的限制，例如目前聚苯板厚度最大只能做到 120mm，钢丝网片的规格、斜插丝的设置也不能随意更改。因此建筑及结构设计应遵循现有条件按本规程附录 A 进行选用。

4.2.6 3D 板设计时对竖井、管道、表箱等位置应统一安排。预埋件及留孔，应在喷射混凝土层施工前即要留好，不得在 3D 板混凝土构件已完成后再开孔、打洞，防止损伤构件的完整性及造成裂缝。

4.2.7 3D 板是工厂生产的产品，所以在应用时宜采用整板。在排板设计时，要使其整板用量为最少，且非整板的宽度不能太小，以保证施工质量。尤其其作承重墙用时，窗间墙或转角门垛等处墙板宽度不能太小，以免受轴力后失稳。因此规定了承重墙板、非承重墙板宽的最小尺寸。

4.2.8 3D 墙板的开孔，应在排板时预留，但孔洞小于 300mm×300mm 时，可以在墙体安装完成（强度达到 80%）后再用电切割器等工具切割开挖，而锤击、钻、凿等野蛮施工，会造成墙体开裂等质量事故。

4.2.9、4.2.10 3D 板混凝土构件的表面可以采用不同的外饰面，3D 板混凝土构件也可根据设计需要和混凝土或钢结构等其他结构件组合使用，但由于有聚苯板内芯，所以不能采用电焊的方式直接相互连接，以免电焊热量熔化聚苯板或造成隐患。所以需采用钢筋混凝土构件作过渡连接的方法，并能保证其整体性。

4.2.11 3D 板混凝土构件的耐火时间不取决于板中的聚苯板，聚苯板仅作为保温及构件的内模使用，因为当聚苯板温度达到 180℃ 还未到着火点时聚苯板已熔化及气化。实际耐火极限时间是靠两层 35mm 或以

上的混凝土板。经国家认可的检测机构检测，耐火时间大于 2.5h。

4.2.12 3D 墙板空气计权隔声量计算值供设计选用。从该表可以看出一般用 3D 墙板作分户墙的空气计权隔声量都在 45dB 以上，满足一般住宅的隔声要求。

4.3 3D 板混凝土构件建筑构造

4.3.1 3D 板混凝土构件的拼接常采用平网、阴角网、阳角网、U 形网等增强。除条文中注明者外，其长度或宽度均应符合本规程第 3.3 节的规定。

4.3.2 3D 混凝土构件横向拼接时，接缝处附加平网可保持混凝土层的整体性和钢丝网片的连续性。在 3D 墙板竖向拼接时，除了钢丝网片外加平网外，在钢丝网片内侧（双面）增设校平钢筋，有利于轴力的传递及接缝的补强，同时有利于墙身的平整度。

4.3.3 3D 墙板转角处，均为应力集中和易开裂的部位，故均应加设阳角网、阴角网补强，并保持钢丝网片的连续性及混凝土层的整体性。

4.3.4 3D 楼板（屋面板）和 3D 墙板连接处在阴角部分为防止混凝土开裂，均应加设阴角网。

4.3.5 3D 墙板边缘处或洞口处应用钢筋混凝土收头，所以采用 U 形网片及纵向 $\phi8$ 钢筋形成混凝土边框，作为开口部位的加固，也可作为门窗构件的固定部位。

4.3.6 在门窗及洞口角部等阴角处为应力集中的部位，易造成墙面开裂，故应在洞口内外两侧用平网按 45° 方向加强。

4.4 围护结构热工设计

4.4.1 3D 板混凝土构件的芯材因采用聚苯板（EPS），其热阻较大，在一定范围内，是一种具有自保温功能的围护结构。为确保设计建筑物墙体、屋面和楼板的节能保温符合规定，聚苯板（EPS）的厚度应根据国家现行建筑节能设计标准的要求，通过对围护结构的热工计算确定。但聚苯板（EPS）的厚度与钢丝网架的宽度有关，目前国内引进设备所生产的钢丝网架，聚苯板（EPS）芯材的最大厚度只能达到 120mm，且聚苯板越厚则斜插丝承受剪力的能力越低，故不能达到节能设计标准时，应另外采取保温措施。

4.4.2 提供 3D 板围护结构主要组成材料的导热系数和蓄热系数设计计算值（λ_c、S_c）。在 3D 板混凝土构件中，聚苯板（EPS）并不是完全干燥的，且有为数不少的斜插丝从中穿过而形成热桥，故在热工计算时对聚苯板（EPS）的导热系数和蓄热系数作出修正。混凝土和抹灰砂浆的导热系数和蓄热系数计算值取自国家标准《民用建筑热工设计规范》GB 50176。

4.4.3 提供两种聚苯板厚度的内外两侧有抹灰层和无抹灰层 3D 外墙板的主墙体传热系数（K_p）和热惰

性指标（D）计算值，其中 K_p 可用于外墙平均传热系数（K_m）的计算。在 3D 板外墙中，结构性热桥相对于常规外墙，其面积不大，故有利于外墙保温性能的提高。

4.4.4 在建筑节能设计标准中，外墙的传热系数均为包括主墙体（主体部位）及其周边结构性热桥在内的外墙平均传热系数（K_m），其计算要求和方法已有相关的节能设计标准和《民用建筑热工设计规范》GB 50176 作出规定。

4.4.5 提供三种厚度聚苯板两侧有抹灰层和无抹灰层 3D 内墙板的传热系数（K）的计算值。房屋中的内墙属于内围护结构，在计算传热系数（K）时，其两侧的换热阻之和按 $0.22m^2 \cdot K/W$ 取值。

4.4.6 提供三种厚度聚苯板的 3D 楼板（屋面板）的传热系数（K）和热惰性指标（用于屋面板）计算值，其中楼板按内围护结构计算；屋面板按外围护结构计算，内、外两侧换热阻之和按 $0.15m^2 \cdot K/W$ 取值。

4.4.7 3D 板外墙和屋面中的热桥（如钢筋混凝土梁、柱等）是热流密集部位，在冬季，其内表面温度往往较低。如内表面温度低于室内空气露点温度，易产生结露，既恶化室内环境，又增加传热损失。因此，在建筑热工设计时，应验算热桥部位在冬季的内表面温度。如内表面温度低于室内空气露点温度，应对热桥部位采取附加保温措施。

5 结 构 构 造

5.1 连接节点构造

5.1.1 底层安装 3D 墙板时，在其基础上应先双面预埋插筋的主要目的是定位，同时起抗剪和连接作用，因此其埋入混凝土的深度不需像"计算中充分利用钢筋的抗拉强度时"的 382mm（《混凝土结构设计规范》GB 50010 - 2010（8.3.1-2）式）或"计算中充分利用钢筋的抗压强度时"的 267mm（《混凝土结构设计规范》GB 50010 - 2010 第 8.3.4 条）。根据国外多年实践和国内外试验证明，用 180mm 已有足够的安全保证；但为进一步确保安全计采用了 250mm。插筋位置应在 3D 板钢丝网片和聚苯板之间，以确保钢筋外保护层厚度以及和钢丝网片连接的可靠度。

5.1.2 3D 非承重内墙板安装时，可单排插筋，也可用 L 形连接件作为 3D 墙板与混凝土地面及上部楼板或梁底的连接件。

5.1.3 3D 楼板和 3D 外墙板或承重内墙板的连接均通过钢筋混凝土圈梁，在构造上水平向通过 U 形钢筋，竖向通过连接钢筋加强 3D 墙板与 3D 楼板（屋面板）的整体性。同时规定了 3D 楼板和 3D 墙板不同连接方式的构造措施；如钢筋伸入的长度等。

5.1.4 3D 墙板门窗洞口的加强，除应符合本规程第 4.3.5、4.3.6 条规定外，还应按承重墙、非承重墙以及洞口的不同宽度设置过梁。3D 墙板横放是指将 3D 墙板按 90° 转向，设置在门窗洞口，作为过梁。

5.2 3D 楼板（屋面板）的加强措施

5.2.1 3D 楼板（屋面板）加强的受力钢筋放置的位置有两种：

1 在 3D 楼板（屋面板）底的面网下侧，此时底部混凝土层厚度应加大，以保证钢筋有足够的保护层。

2 在 3D 楼板（屋面板）底的面网上侧，此时聚苯板底部应在工厂生产时预留钢筋槽。

5.2.2 在室内空间跨度较大或楼面荷载较重时，结构设计中可采取在板间增设钢筋混凝土小梁或肋的措施。

6 结 构 设 计

6.1 一 般 规 定

6.1.1、6.1.2 根据我国现行标准统一规定。

6.1.3 墙板与基础、楼板、上下层墙的节点构造和受力情况等不同于钢筋混凝土墙，而与砌体相似，且房屋构成"箱形结构"，故 3D 板混凝土构件的房屋的静力计算取与砌体相似。像不同材料的框架、排架、拱、屋架等结构的静力计算相似而截面设计则需按各自的规范进行一样，3D 墙板的截面设计应按本规程第 6.3 节进行。

6.1.4 3D 板混凝土构件在纵向（横截面，即主截面）是以钢筋混凝土作为翼缘与每隔一定距离由一片镀锌的斜插丝和网片焊接而成的钢筋骨架为腹板连成的钢筋混凝土与钢组合的翼缘宽度为全部 b（根据腹板的间距 $<6t_2$，$t_2/h_0 \geqslant 0.28$，查《混凝土结构设计规范》GB 50010 - 2010 表 5.2.4 和《钢结构设计规范》GB 50017 - 2003 的第 11.1.2 条得出）、腹板宽度为 0 的 I 形构件。此点已为国内外试验、国外评估和鉴定以及已建工程所确认。

3D 板混凝土构件常用截面的截面常数见附录 A 表 A.1.2～表 A.1.4，其中 I 不计钢丝的存在。

6.1.5 第 1 款、第 2 款同《混凝土结构设计规范》GB 50010 - 2010 第 6.2.1 条之第 1 款、第 2 款规定。

第 3 款：《混凝土结构设计规范》GB 50010 - 2010（6.2.1-2）式规定 $\varepsilon_0 < \varepsilon_c \leqslant \varepsilon_{cu}$ 时应力仍为 f_c，但试验证明：对 3D 板混凝土构件这样较薄的混凝土翼缘、$\varepsilon_c > \varepsilon_0$ 时应力小于 f_c。为安全计，取 $\varepsilon_{cmax} \leqslant \varepsilon_0$。

由于低配筋率的 3D 板混凝土构件属拉力控制；即钢筋拉应力 σ_s 达到 f_y 时（$\varepsilon_s = f_y/E_s$），ε_{cmax} 还远未达到 ε_0，故不能将 ε_{cmax} 固定为 ε_0。

第 4 款同《混凝土结构设计规范》GB 50010-2010 第 6.2.1 条第 4 款规定。

6.1.6 横向的纵截面为上下两片钢筋混凝土板,仅起将荷载传到单向设置的腹板(斜插丝组成的抗剪钢筋骨架)或另加于聚苯板缝间的小梁的作用,故 3D 板混凝土的楼板(屋面板)应能按单向板考虑。

由于受压侧的网片位于中和轴附近,其应力甚小,故按单筋截面计算。

6.1.7 简化的等效矩形应力图的面积($\alpha_1 f_c x$,即合力)和合力作用点($x/2$)需与受压区混凝土的应力图形的面积和合力点(均可由积分得出)一致。系数 β_1、α_1 取决于 ε_{cmax} 的大小和应力图形内全部受压区混凝土,故 β_1、α_1 不是固定的,应根据实际 ε_{cmax} 确定。

6.1.8 由于作为腹板的钢筋骨架(镀锌的斜插丝)不进入圈梁,其抗剪作用转移到斜插丝终点处由"代替"网片的钢筋和混凝土翼缘组成的钢筋混凝土板,故需分别按下列两截面验算:

作为腹板的镀锌的斜插丝——由于斜插丝穿过聚苯板部分不是埋在混凝土中(这就是需镀锌防锈的原因),不能按钢筋混凝土中的弯起钢筋计算受剪承载力,故应该按钢杆用《钢结构设计规范》GB 50017-2003 验算。

斜插丝终点相接由"代替"网片的钢筋和混凝土翼缘组成的钢筋混凝土板和"代替"网片的钢筋——按《混凝土结构设计规范》GB 50010-2010 第 6.3.3 条钢筋混凝土板的最大 $V = 0.7 \times 1.1 \times b \times 20 = 15.4$ kN/m。如用本规程第 4.2 节"代替钢筋"为 $\phi8@200$($A_s = 252$ mm²/m),根据《钢结构设计规范》GB 50017-2003,HPB235 钢的剪应力设计值为 125 N/mm²(我们用 HPB300 更高),得出的受剪承载力为 $125 \times 252 = 31.5$ kN/m,较由钢筋骨架算者为大,故可仅验算情况 1。

6.1.9 根据 3D 板混凝土的环境类别为"一类环境"按《混凝土结构设计规范》GB 50010-2010 第 3.5.2 条、裂缝控制等级为"三级"按《混凝土结构设计规范》GB 50010-2010 第 3.4.4 条;按《混凝土结构设计规范》GB 50010-2010 第 3.4.5 条规定最大裂缝宽度限值一般取 0.3mm,而对处于年平均相对湿度小于 60% 地区按《混凝土结构设计规范》GB 50010-2010 表 3.4.5 注 1 最大裂缝宽度限值可取 0.4mm。小梁或突出板底的肋与普通钢筋混凝土同;3D 楼板(屋面板)由于钢筋细、保护层薄,故采取较严要求。

6.1.10 最大挠度限值根据《混凝土结构设计规范》GB 50010-2010 第 3.4.3 条,但计算跨度"l_0"改用"l"表示,以免与墙体计算高度"l_0"混淆,由于本规程涉及的 l 范围均<7m 故仅取 $l/200$ 一项。

6.1.11 由于偏心受压构件的配筋甚少、节点构造和静力计算均与砌体结构的节点构造和静力计算相似,故将其合力作用点控制在构件截面之内。翼缘仅占混

凝土受压区的一部分,故不能用简化的等效矩形应力图系数 β_1、α_1 的方法,需根据翼缘受压混凝土所处的实际应变值范围所确定的应力进行计算。

6.1.12 由于 3D 板混凝土墙板一般为双面对称配筋且自重较轻,在水平力(如风力)作用下的非承重墙按受弯构件计算较按平面外大偏心受压构件计算安全。

6.1.13 按照本构件的特性并结合《建筑抗震设计规范》GB 50011-2010 第 7.3.3 条和第 7.3.4 条定出。

6.1.14 由于 3D 板混凝土构件的房屋的构造与砌体结构的构造相似,抗震设计亦与砌体结构相似,按《建筑抗震设计规范》GB 50011-2010 进行。但砌体结构在抗震构造上要求的"圈梁"已经存在,而"钢筋混凝土构造柱",因 3D 墙板本身已是钢筋混凝土而不需再加。

6.2 3D 楼板(屋面板)计算

6.2.2 3D 楼板(屋面板)受剪承载力计算的规定是根据下列原则确定的:

1 3D 楼板(屋面板)计算的剪力取支座内边为准。

2 根据本规程第 6.1.8 条,仅需考虑 I 形截面内的一侧。按《混凝土结构设计规范》GB 50010-2010 第 6.3 节的规定,仅考虑腹板作为受剪截面。其受剪承载力应符合本规程(6.2.2)式。

3 上下两片钢筋混凝土翼缘仅起将荷载横向传递到钢筋骨架或另加在聚苯板缝间的小梁的作用。以 50mm 厚钢筋混凝土上翼缘为例,根据《混凝土结构设计规范》GB 50010-2010 第 6.3.3 条横向的受剪承载力为 25.4kN/m,完全可以承担上述传递作用。

4 考虑到网片与斜插丝焊接节点强度的削弱(网片较斜插丝细)及杆件中心线交点偏离等因素,根据表 1 分析,将斜插丝的强度设计值乘以折减系数 0.55。

表 1 折减系数分析

网片/斜插丝	网片截面积/斜插丝截面积	焊接节点破坏试验的最大拉力/f_{stk}		结论
		国外 $f_{stk}=500$ N/mm²	国内 $f_{stk}=550$ N/mm²	
$\phi3.0/\phi3.8$	0.623	0.541~0.713	0.749~0.811	取折减系数为 0.55,即 $f_y = 176$ N/mm²
$\phi2.2/\phi3.0$	0.538	—	0.718~0.767	

5 受压腹杆按两端部分固定(即约束)于混凝土的情况考虑稳定系数 φ:

1)确定其计算长度:"自由(无支撑)长度"(即混凝土起部分固定作用的合力作用点间的距离)取 $1.05 \times$"斜插丝位于混凝土间的净空长度",计算长度系数 μ 按两端部分固定(即约束)取 0.7,由此确定的计算

长度为 0.735×"斜插丝位于混凝土间的净空长度"。

2）根据长细比按本规程附录 C 表 C.0.2（摘自《钢结构设计规范》GB 50017－2003 附录表 C-1）确定稳定系数 φ。

6 综合以上几个方面，钢筋骨架用单一的折减系数 υ 建立抗剪强度公式（6.2.2）。式中 υ 取值规定：当稳定系数 $\varphi > 0.55$ 时，υ 取 0.55（即此时为受拉腹杆和焊接节点控制），否则取 $\upsilon = \varphi$（即此时为受压腹杆控制）。

6.2.3～6.2.5 正截面受弯承载力计算

1 β_1、α_1 的确定

由于配筋率较低的 3D 板混凝土受弯构件计算中规定 $\varepsilon_{cmax} \leq \varepsilon_0$（见本规程第 6.1.5 条）而非固定为 $\varepsilon_{cmax} = \varepsilon_0$（$= 0.002$），故不能用固定的 β_1、α_1（见本规程第 6.1.7 条）。当钢筋拉应力 σ_s 达到 f_y 时（即 $\varepsilon_s = f_y/E_s$），ε_{cmax} 远未达到 ε_0。本规程根据不同配筋率用 ε_{cmax}（由 0.0003～0.002）与 ε_s（由 0.00162～0.0048）同步增加算出的 $\Sigma(A_s f_s)/(b f_c h_0)$ 和其相应的 β_1、α_1，编成附录 C 的表 C.0.1，以便直接查用。

2 对 x_n 有较严的要求

由于低配筋率的 3D 板混凝土构件属拉力控制，一般情况下 ε_{cmax} 达不到 ε_0。当纵向加配普通钢筋或聚苯板间设置钢筋混凝土小梁时，为限制过高配筋率并保证构件属"韧性破坏"，破坏前有较大变形和裂缝等预兆，规定 ε_{cmax} 达到 ε_0 时 ε_s 不得小于 0.004（国外规范规定 ε_{cmax} 达到 ε_{cu} 时，ε_s 不得小于 0.005）；得 x_n/h_0 上限为 $\varepsilon_0/(\varepsilon_0 + \varepsilon_s) = 0.002/(0.002 + 0.004) = 0.333$。

使用"简化的等效矩形应力图"（见本规程第 6.1.7 条）需保证受压区全部在混凝土翼缘内即中和轴位于混凝土翼缘内，故同时规定 $x_n \leq t_2$。

不同的 ε_{cmax} 有其相应 x_n/h_0 的下限（表 2），此时 ε_s 为《混凝土结构设计规范》GB 50010－2010 第 6.2.1 条规定的最大值 0.01。

x_n/h_0 的下限可由下式求得：

$$x_n/(h_0 - x_n) = \varepsilon_c/\varepsilon_s \tag{1}$$

$$x_n/h_0 = \varepsilon_c/(\varepsilon_c + \varepsilon_s) \tag{2}$$

$$x_n/h_0 = \varepsilon_c/(\varepsilon_c + 0.01) \tag{3}$$

表 2 x_n/h_0 下限时的 β_1 和 α_1

	ε_{cmax}	x_n/h_0 下限（此时 $\varepsilon_s = 0.01$）	x_n/h_0 下限时 $A_s f_y/(b f_c h_0)$	β_1	α_1
普通钢筋混凝土	0.0033	0.24812	0.19800	0.8236*	0.9689*
3D 钢筋混凝土	0.0020	0.16667	0.11111	0.7500	0.8889

注：*《混凝土结构设计规范》GB 50010－2010 第 6.2.6 条的条文说明中规定"为简化计算，取 $\alpha_1 = 1.0$，$\beta_1 = 0.8$"。

以 3D 板混凝土的受弯构件为例（表 3）来说明本规程的重要规定，即在低配筋率的情况下不能按固定的 β_1、α_1 计算：

混凝土：C20；截面 $t_2 + t_0 + t_1 = 50 + 100 + 40$，$b = 100$

钢筋：$f_y = 320 \text{N/mm}^2$、$\phi 3@50$、$A_s = 141.5 \text{mm}^2$

表 3 不同 β_1 和 α_1 计算结果的对比

计算方法	按 $\varepsilon_{cmax} = 0.0020$ 固定 β_1 和 α_1 计算	按实际的 ε_{cmax} 的 β_1 和 α_1 计算
$A_s f_y/(b f_c h_0)$	$141.5 \times 320/(1000 \times 9.6 \times 170)$ $= 0.02775$ < 0.11111（见表 2）很多	$141.5 \times 320/(1000 \times 9.6 \times 170)$ $= 0.02775$ 查附录 C 表 C.0.1 得 ε_c $= 0.00035$
β_1、α_1	$141.5 \times 320/(1000 \times 9.6 \times 0.88889)$ $= 5.3$	$\beta_1 = 0.6772$，$\alpha_1 = 0.2434$ $141.5 \times 320/(1000 \times 9.6 \times 0.2434)$
x(mm)	$5.3/0.75 = 7.1 < $下限 28.3 $(= 0.16667 \times 170)$ 很多	$= 19.38$
x_n(mm)		$19.38/0.6772 = 28.6$
ε_s	$0.002 \times (170 - 7.1)/7.1$ $= 0.0459 > 0.01$	$0.00035 \times 141.4/28.6 = 0.00173$
M(kN·m)	$141.5 \times 0.32 \times (0.17 - 0.0053/2)$ $= 7.58$	$141.5 \times 0.32 \times (0.17 -$ $0.01938/2) = 7.26$

由表 3：可见在低配筋率的情况下，按固定的 β_1、α_1 算出的结果对 M 影响不大（略偏于不安全，最大误差为 4%～5%）；而对 x_n/h_0 影响较大，由 x/β_1 h_0 得出的 x_n/h_0（小于下限）将低于实际很多（可不足实际的 20%），使 ε_s 大于 0.01 而不符合《混凝土结构设计规范》GB 50010－2010 第 6.2.1 条第 4 款的规定，尤其对 T 形截面，可能会掩盖中和轴已处于 T 形截面的受压翼缘外的实际情况。

6.2.6 按荷载准永久组合并考虑长期作用影响的效应验算最大裂缝宽度是按《混凝土结构设计规范》GB 50010－2010 第 7.1 节的有关规定执行，但对公式作了以下变动：

1（6.2.6-1）式按《混凝土结构设计规范》GB 50010－2010（7.1.2-1）式，"c_s"改为"a_1"以免混淆；根据验证试验的结果，系数 α_{cr} 按《混凝土结构设计规范》GB 50010－2002 取 2.1 较为合适，故不按《混凝土结构设计规范》GB 50010－2010 的 1.9；

2（6.2.6-2）式按《混凝土结构设计规范》GB 50010－2010（7.1.4-3）式，根据 x 小的特点"0.87"改为"0.9"；

3（6.2.6-5）式按《混凝土结构设计规范》GB 50010－2010（7.1.2-4）式，用"$b t_1$"直接代"A_{te}"。

为简化计算，在聚苯板缝间另加小梁时，A_{te} 仍用"$b t_1$"；用不同 E_s 的钢筋时统一用较低的 E_s 值，偏于安全。

由于 3D 楼板（屋面板）所用钢筋（丝）较细（在网片外加配普通钢筋时亦以用较细钢筋为宜），一般情况下均能满足最大裂缝宽度限值的要求。

6.2.7 按荷载准永久组合并考虑长期作用影响效应的挠度验算是按《混凝土结构设计规范》GB 50010－

2010 第 7.2 节的有关规定执行，但对公式作了下列精简：

1 (6.2.7-1) 式按《混凝土结构设计规范》GB 50010 - 2010 (7.2.2-2) 式；因是单筋截面按《混凝土结构设计规范》GB 50010 - 2010 第 7.2.5 条之 1 得 $\theta=2$，以"2"直接代式中的"θ"；

2 (6.2.7-2) 式按《混凝土结构设计规范》GB 50010 - 2010 (7.2.3-1) 式：将分母末项化简如下：

$6\alpha_E\rho/(1+3.5\gamma_f') = (6E_sA_s/E_c)/[bh_0+3.5(b_f'-b)h_f']$

因《混凝土结构设计规范》GB 50010 - 2010 的 b、b_f'、h_f' 分别为本规程中的 0、b、t_2，故得分母末项为 $6E_sA_s/(3.5E_cbt_2)$。

为简化计算，在聚苯板缝间另加小梁时，"$bh_0+3.5(b_f'-b)h_f'$" 仍用 "$3.5bt_2$"，用不同 E_s 的钢筋时统一用较低的 E_s 值，偏于安全。

6.3 3D 墙板计算

6.3.1 计算高度 H 的取值系按照《砌体结构设计规范》GB 50003 - 2001 第 5.1.3 条和《混凝土结构设计规范》GB 50010 - 2010 表 6.2.20-2 注。

l_0 的取值在本规程统一规定 $l_0=H$，为《混凝土结构设计规范》GB 50010 - 2010 表 6.2.20-2 底层柱和《砌体结构设计规范》GB 50003 - 2001 表 5.1.3 刚性方案的表中最小值。

6.3.2 长细比的取值：《混凝土结构设计规范》GB 50010 - 2010 和《砌体结构设计规范》GB 50003 - 2001 用 l_0/h（按实心截面，$i=0.2887h$），而本规程统一用 l_0/i（按实际截面，$i=0.353h\sim0.392h$），参考国外资料本规程规定控制 $l_0/i\leq70$，相当于 $l_0/h\leq24.7\sim27.7$。与《混凝土结构设计规范》GB 50010 - 2010 第 9.4.1 条的 25 和《砌体结构设计规范》GB 50003 - 2001 表 6.1.1 砂浆强度等级为 M7.5 的 26 相当。

《砌体结构设计规范》GB 50003 - 2001 第 6.1.3 条规定非承重墙长细比限值可乘以 $1.2(h=240)\sim1.5(h=90)$，本规程统一规定非承重墙长细比控制 $l_0/i\leq100$（相当于 70 乘以 1.43）；有水平荷载作用者，并用承载力计算控制。

6.3.3 承重墙真正的轴心受压在实际情况中是不存在的，这是因为工程中实际存在着荷载作用位置的不定性、混凝土质量的不均匀性及施工偏差等因素都可能产生附加偏心距 e_a。因此在轴心受压和偏心受压承载力计算中均应考虑附加偏心距 e_a 的存在。《混凝土结构设计规范》GB 50010 - 2010 第 6.2.5 规定的 "$h/30$" 对于墙体总是小于 20，故按改用 "$h/8$"，与国外经验同。

e_0 取自《砌体结构设计规范》GB 50003 - 2001 第 4.2.5 条之 3。偏心受压的 e_i 最小可为约 25，用 e_i 不应小于 30，同国外经验。

6.3.4 根据《混凝土结构设计规范》GB 50010 - 2010 第 6.2.4 条作下列处理：

1 偏心距综合增大系数 η 是 $C_m\eta_{ns}$ 的合成。因 $M_1=0$，$C_m=0.7$，可直接放入公式。

2 为便于使用，统一用 l_0/i，l_0 为《混凝土结构设计规范》GB 50010 - 2010 中的 l_c：i/h 范围为 $0.353\sim0.392$，取用 $i/h=0.392$，则 $(l_0/i)^2/1300=(l_0/h)^2/8460$，取整数 8400，偏安全。

6.3.5 平面外偏心受压正截面承载力计算

3D 墙板在偏心受压正截面承载力验算中中和轴的受压区侧不是全部有混凝土，翼缘内混凝土应力情况见表 4、表 5。

表 4 t_2 翼缘内混凝土应力情况

情况	中和轴高度 x_n 与 t_2 的关系	t_2 翼缘内混凝土应力情况
1	$x_n\leq t_2$	中和轴受压区侧全部有混凝土，故应力情况同矩形截面
2	$x_n>t_2$	中和轴到 t_2 翼缘边间无混凝土，混凝土应力应视其截取的应变范围确定

表 5 t_1 翼缘内混凝土应力情况

情况	中和轴高度 x_n 与 $(h-t_1)$ 的关系	t_1 翼缘内混凝土应力情况
1	$x_n\leq(h-t_1)$	处于中和轴受拉区侧，混凝土拉应力不计
2	$x_n>(h-t_1)$	受压部分的混凝土应力应视其截取的应变范围确定

根据截面两翼缘全部受压和仅一翼缘受压两种不同的情况，算出不同 x_n 时的 σ_c、σ_s 和 σ_s'，按表 6 的结论建立公式。限制 $e\leq h_0$。

表 6 计算公式的分析

截面受压情况	t_1、t_2 全部受压		仅 t_2 受压	
e 变化范围	$(t_0/2+20)\rightarrow(h_0-t_2/2)$		$(h_0-t_2/2)\rightarrow h_0$	
x_n 变化范围	$\infty\rightarrow h_0$		$h_0\rightarrow0.555h_0$	
位置	t_1	t_2	t_1	t_2
垂直荷载（受压为正）[变化范围]	$N(h_0-t_2/2-e)/(h_0-t_2/2)$ $[N/2\rightarrow0]$	$Ne/(h_0-t_2/2)$ $[N/2\rightarrow N]$	$-N(e-h_0+t_2/2)/(h_0-t_2/2)$ $[0\rightarrow -Nt_2/(2h_0-t_2)]$	$Ne/(h_0-t_2/2)$ $[N\rightarrow Nh_0/(h_0-t_2/2)]$
平均 σ_c 变化范围	$f_c\rightarrow0$	$f_c\rightarrow0.96f_c$（最不利）	0 （拉应力不计）	$0.92f\rightarrow0.867f_c$（最不利）
σ_s、σ_s'	f_y	f_y	$0\rightarrow f_y$	$f_y'\rightarrow0.928f_y$（最不利）
随着 e 增加和 x_n 减少，各参数间的变化情况	垂直荷载减少 σ_c 减少 σ_s' 减少	垂直荷载增加 σ_c 减少 σ_s' 不变	垂直荷载（拉力）增加 σ_c（拉应力不计）σ_s 增加（$\leq f_y$）	垂直荷载增加 σ_c 减少 σ_s' 减少
结论	只需按 (6.3.5-3) 式验算 t_2 内强度。t_2 合力点取在 A_s' 中心，偏于安全		按 (6.3.5-4) 式验算 t_1 内 A_s 的 σ_s。按 (6.3.5-5) 式验算 t_2 内 σ_c 和 σ_s'。t_2 合力点取 A_s' 中心处，应力折减系数取最小值，中间值用直线插入，偏于安全	

6.3.6 因自重轻,受水平力(风力)作用下的非承重墙的承载力按受弯构件验算较按大偏心受压验算安全。

6.3.7 根据《建筑抗震设计规范》GB 50011-2010 (6.2.9-2)式和(F.2.3-2)式结合本构件的特性简化得出本规程(6.3.7)公式。

7 施 工

7.1 一 般 规 定

7.1.1 3D板混凝土构件工程,专业性较强,与传统施工工艺有较大差异,尤其是3D板的排列、拼装、细石混凝土的喷射等,因此提出了加强施工现场管理的规定。

7.1.2 为保证3D板混凝土构件质量,防止混凝土开裂,水灰比和水泥用量是关键。水泥用量大不仅浪费、增加造价,而且使混凝土收缩加大,因此规定了每立方米混凝土的水泥用量。

7.1.3 为了保证3D板的整体性,加强薄弱部位,故在3D板拼接处和关键部位增设了钢丝网片或钢筋,要求与3D板钢丝网片有可靠的连接。

7.1.4 在3D板构件安装后,喷射混凝土面层前应仔细检查各种设备管线、开关插座以及各种预埋件是否均已到位,确认无误后再进行下道工序,以免事后开凿,影响构件质量。

7.1.5 面层喷射混凝土施工应符合设计要求和有关施工规范规程要求,喷浆前清除聚苯板表面及钢丝网污物,以使混凝土与聚苯板有较好的结合。面层混凝土厚度是结构受力的关键尺寸,应采用有效的方法进行控制,如在聚苯板上钉钉,钉露出的长度即为混凝土面层的厚度等。

7.1.7 混凝土面层易开裂,故面层应有足够的养护时间,在夏天高温或干燥季节更应加强养护,必要时应加铺塑料膜保水养护。平均气温低于5℃时,浇水会降低混凝土表面温度,不利于强度增长,而且随着气温进一步下降,还会使混凝土产生冻害,故在此气温下时应采用塑料布覆盖,或蒸汽养护等保温保湿措施。

7.1.8 由于我国幅员辽阔,气候条件差异很大,因此对于冬期和雨期施工,应结合各地的实际情况和施工经验制定季节性施工方案。

7.1.9 同条件试块用于确定混凝土的实际强度,由于聚苯板钢丝网架两侧包裹的混凝土层为50mm左右,钻芯取样及回弹这两种混凝土实体强度检测方法都不适用,故同条件试块是确定现场实体混凝土强度的较好办法,同时也符合《混凝土结构工程施工质量验收规范》GB 50204 的规定。

7.1.10 基本施工工序

在3D板安装之前,基础部分包括插筋已施工完成,安装墙板之前,找平基面后进行放线,放线位置可以墙板外墙面或内墙面为控制线,视施工方便而定;

竖墙板应按本规程第7.4.1条的规定,从墙体转角处开始,使墙板形成一定的空间刚度,减少临时支撑;

墙板安装完成,应检查墙面的平整度和垂直度及校平钢筋;

楼板支撑系统的安全可靠包括支撑基础的坚固,不会发生下沉,支撑自身的稳固等;

楼板准备主要是指根据设计要求,加板底受力钢筋,受力钢筋与3D板网片的固定等。

7.2 施 工 准 备

7.2.1 3D板是一种工厂预制构件,在现场进行装配整体施工,需要必备的施工设备,如混凝土喷射泵等。基础工程和传统的基础工程一样在上部结构施工前就应完成,因此在正式安装施工前,对基础的工程质量如基础轴线位置偏差、基础强度、表面平整度、基础中预留插筋等给予确认和修正;同时现场要留出足够场地堆放3D板,并应有一定符合堆放要求的防护设施。因此,根据现场情况做好施工组织和进度计划是必要的,以使工程有条不紊地进行。

7.2.2、7.2.3 本条提出了3D板堆放场地的要求。3D板受潮后易改变性能,影响质量,因此提出了加做防雨遮盖的规定。3D板又是耐火等级较低的材料,有些火灾往往在施工现场发生,因此提出了应符合现行国家标准《建设工程施工现场消防安全技术规范》GB 50720 的要求,包括远离火源、设置灭火器材以及不得在现场电焊等防火措施。

7.2.4 排板是施工准备的重要工作。3D板有其基本规格,而实际工程的高度、长度和转角形式以及门窗、管线位置等要求都是不尽相同的。通过排板可使板的生产规格和现场要求尽可能统一起来。减少拼接缝和非常用规格板,减少损耗浪费。

7.2.5 根据排板图对3D板进行切割成型,各构件进行编号,分别堆放,以便安装时对号入座。

7.2.6 对施工机具进行调试和检查,便于施工顺利进行。

7.3 混 凝 土 层 施 工

7.3.1 混凝土面层的施工质量,是3D板结构安全的可靠保证。喷射混凝土施工,混凝土较密实,可以大大减少起鼓脱壳现象。鉴于国内混凝土喷射应用经验不多,故提出在保证质量情况下允许采用手工抹灰,但为保证混凝土密实度及与聚苯板的良好粘结,故强调墙板与楼板(屋面板)的底面的第一层混凝土施工采用喷射混凝土工艺,第二层可采用手工抹灰工艺,以确保其质量。

7.3.2 干喷是干物料用压缩空气通过软管喷出,并在喷嘴处与水混合,其优点是管道不易堵塞,其缺点是物料在喷射过程中回弹量较大,约 15%～40%,而且不能回收再利用;操作时粉尘较大;面层粗糙,后处理工作量较大;水灰比不易控制;干物料保存要求高;压缩泵价格较高,故施工措施若不能有效控制水灰比则不得采用干喷法施工。

湿喷是比较成熟的施工工艺,其优点是回弹量少,约 10%左右,可以回收重新拌合后再用;面层后处理工作量小;水灰比容易控制;压缩机价格较低,其缺点是对混凝土的可泵性要求较高。

7.4 3D 墙板施工

7.4.1 墙板安装从墙角处开始,可使安装一开始就处在有刚度状态;复核墙板与基础联系的预留插筋其规格、位置数量等是否符合要求,主要是确保墙体与基础的可靠连接。

拼接处采用校平钢筋可提高拼接缝钢丝网片两侧的平整度。

7.4.2 3D 板拼接处、门窗开口处等都是节点薄弱环节,采用不同附加网可加强整体性。

7.4.3 凡安装管线或其他原因剪断钢丝网片处,用附加平网进行加固,是保证墙体质量的措施。

7.4.4 高度大于 3.0m 的 3D 板墙,为防止喷射混凝土时墙面刚度不足,影响混凝土质量,故在喷射混凝土施工时,对墙体加设临时支撑。

7.4.5、7.4.6 为保证混凝土面层质量,面层厚度应分层分次到位。当墙面一侧喷浆完成后,应养护一段时间,使混凝土达到一定强度,然后再喷另一侧的混凝土,这样,可避免后道喷射产生的压力对已喷射一侧混凝土面层的影响。

7.5 3D 楼板(屋面板)施工

7.5.1～7.5.6 本节对楼板(屋面板)施工中影响质量的几个环节进行了规定:一是楼板的支撑系统应通过设计计算确定,例如采取措施避免支撑立柱基底不均匀下沉,侧向失稳等,因为没有混凝土面层的 3D 板是不能承受荷重的;二是 3D 板钢丝网片与受力钢筋、支座钢筋等绑扎牢固,通过混凝土的浇筑形成整体;三是楼板(屋面板)支撑的拆除方法主要根据混凝土达到的强度逐渐拆除。

8 质量验收

8.1 一般规定

8.1.1 本条明确了 3D 板混凝土构件分项工程的质量

验收,包括工程验收的划分、要求、程序和组织等均应符合现行国家标准《建筑工程施工质量验收统一标准》GB 50300 的规定。

8.1.2 因 3D 板混凝土构件为主体结构中的一种新型构件,《建筑工程施工质量验收统一标准》GB 50300 附录 B.0.1 中未包括,故将 3D 板混凝土构件也列为分项工程。

8.1.3 3D 板结构工程中钢筋、混凝土、现浇结构等分项工程的施工质量验收在现行国家标准《混凝土结构工程施工质量验收规范》GB 50204 中已有相关的规定,因此,钢筋混凝土现浇结构等分项工程的施工质量验收应按该规范执行。

8.1.4 分项工程可由一个或多个检验批组成。当单位工程体量较小时,如每层建筑面积小于 200m² 可按楼层划分为若干检验批;单位工程体量大时,可按结构缝或施工段划分为若干检验批。

8.1.6 本条明确了 3D 板混凝土构件各分项工程验收时应检查的文件和记录,是根据现行国家标准《建筑工程施工质量验收统一标准》GB 50300 的相关规定提出的。这些文件、资料和记录,反映了工程施工全过程的质量控制,是评价工程质量的重要依据。

8.1.7 本条明确了 3D 板混凝土构件分项工程隐蔽工程的验收内容,这些内容直接关系到工程质量。

8.1.8 按国家标准有关规定,提出了验收合格的标准要求。

8.1.9 为规范检验批质量验收工作,统一了 3D 板混凝土构件工程的检验批质量验收记录表的内容和格式。

8.2 3D 板混凝土构件分项工程

主 控 项 目

8.2.1 3D 板是 3D 板混凝土构件的主要产品,除了提供出厂的规定资料外,对进入现场的 3D 板还应包括聚苯板、钢丝网片、斜插丝等材料的进场复试报告。

8.2.2 钢丝网片经丝、纬丝的焊接以及经丝与斜插丝的焊接是组成钢丝网架的重要工艺,直接影响构件的承载力,因此应按规定全数检查其漏丝、漏焊、脱焊以及过烧等现象。

8.2.3 规定了聚苯板出厂时板侧应有的标志。

8.2.4 规定了 3D 板表面喷射混凝土的强度等级、检查方法和数量。混凝土强度等级应检查其在施工过程中留置标养和同条件养护试块的试验报告。

8.2.5、8.2.6 对 3D 板混凝土构件常用连接件:平网、U 形网、角网、L 形连接件验收的规定。

8.2.7 对 3D 墙板与 3D 楼板(屋面板)之间或与其他构件之间的连接用插筋、校平钢筋、连接钢筋、受力钢筋等验收的规定。

8.2.8、8.2.9 3D墙板安装轴线位置及垂直平整度的允许偏差将影响3D墙板的位置正确和垂直平整度，是一项重要的检查项目。本条规定了检查内容、要求和方法、数量。

8.2.10 本条提出了3D墙板表面喷射的混凝土允许偏差。由于构件表面混凝土厚度较小，因此混凝土的总厚度为+5（mm），实际上不允许有负偏差。

8.2.11 3D墙板尺寸允许偏差会影响房屋的安全和美观，因此检查内容包括轴线位置、垂直度（每层及全高）、表面平整度、预埋件位置、门窗洞口位置和宽高等，都应逐项按规定数量检查。

附录A 3D板混凝土构件常用规格和增加构件承载力的方法

A.1 3D板混凝土构件常用规格

A.1.1 将3D板截面和钢丝数据以及构件常用规格列表便于设计时使用。

A.1.2～A.1.4 中仅选择若干常用的3D板混凝土构件列出截面常数和强度，备设计和校对时参考之用。

A.2 增加构件承载力的方法

A.2.1 列出增加构件承载力可采取的措施和有效的范围。

A.2.2 对在聚苯板的槽内和在网片外侧两种不同位置加配普通钢筋的方法进行比较并给出结论（适用范围）。

附录B 过梁和组合过梁

B.0.1、B.0.2 按国家标准《混凝土结构设计规范》GB 50010-2010附录G和国外经验将过梁分成普通受弯构件和深受弯构件。为避免同一符号代表不同内容，将 l_0、h 和 h_0 分别改为 l_1、h_1 和 h_{10}。

B.0.3 正截面受弯承载力计算

按国家标准《混凝土结构设计规范》GB 50010-2010附录G.0.2条并参考国外经验，根据3D板混凝土构件具体情况作了下列简化：

1 因圈梁内有受压钢筋，$x < 0.2h_{10}$，故取 $x = 0.2h_{10}$。

2 取底部 $0.2h_1$ 范围内的水平钢筋作为 A_s，故 $a_s = 0.1h_1$。

B.0.4 斜截面受剪承载力计算

1 按国家标准《混凝土结构设计规范》GB 50010-2010附录G.0.3条。

2 按国家标准《混凝土结构设计规范》GB 50010-2010附录G.0.5条。符合本条的条件时可不再进行国家标准《混凝土结构设计规范》GB 50010-2010附录G.0.4条的斜截面受剪承载力计算。钢筋配置已符合国家标准《混凝土结构设计规范》GB 50010-2010附录G.0.10条和G.0.12条的规定。

3 按国家标准《混凝土结构设计规范》GB 50010-2010附录G.0.4条，作了简化。

附录C 结构设计计算用表

C.0.1 表C.0.1专为由 $\Sigma(A_s f_y)/(b f_c h_0)$ 直接查出 β_1、α_1 而编制。有15列4行：15列分别由 $\varepsilon_c = 0.002 \sim 0.001$（其相应的 $\varepsilon_s = 0.0048 \sim 0.0024$）和 $\varepsilon_c = 0.00085 \sim 0.0003$（其相应的 $\varepsilon_s = 0.00205 \sim 0.00162$）组成，钢筋拉应力 σ_s 均达到 f_y；4行由 ε_c、$\Sigma A_s f_y/(b f_c h_0)$、$\beta_1$、$\alpha_1$ 组成。

C.0.2 表C.0.2稳定系数 φ 是取自国家标准《钢结构设计规范》GB 50017-2003附录C表C-1中的一部分，并用统一后的 f_{stk}，以免混淆并便于设计时使用。

C.0.3 表C.0.3和表C.0.4分别对常用3D楼板、屋面板截面验算抗剪强度所需的数据和验算裂缝所需数据列表，便于设计时使用。

附录D 抗震计算要点

D.0.1 按国家标准《建筑抗震设计规范》GB 50011-2010的第7.2.1条、第5.2.1条、第5.1.4条、第5.1.3条，但根据3D板混凝土构件的特点作了简化，并将"α_1"改为"α_E"以免混淆。

D.0.2 按国家标准《建筑抗震设计规范》GB 50011-2010的第7.2.2条。

D.0.3 按国家标准《建筑抗震设计规范》GB 50011-2010的第7.2.3条，根据3D板混凝土构件的特点作了简化。

中华人民共和国行业标准

高强混凝土应用技术规程

Technical specification for application of high strength concrete

JGJ/T 281—2012

批准部门：中华人民共和国住房和城乡建设部
施行日期：２０１２ 年 １１ 月 １ 日

中华人民共和国住房和城乡建设部
公　告

第 1366 号

关于发布行业标准《高强混凝土应用技术规程》的公告

现批准《高强混凝土应用技术规程》为行业标准，编号为 JGJ/T 281-2012，自 2012 年 11 月 1 日起实施。

本规程由我部标准定额研究所组织中国建筑工业出版社出版发行。

中华人民共和国住房和城乡建设部

2012 年 5 月 3 日

前　言

根据住房和城乡建设部《关于印发〈2010 年工程建设标准规范制订、修订计划〉的通知》（建标[2010] 43 号）的要求，编制组经广泛调查研究，认真总结实践经验，参考有关国际标准和国外先进标准，并在广泛征求意见的基础上，编制本规程。

本规程的主要技术内容是：1. 总则；2. 术语和符号；3. 基本规定；4. 原材料；5. 混凝土性能；6. 配合比；7. 施工；8. 质量检验。

本规程由住房和城乡建设部负责管理，由中国建筑科学研究院负责具体技术内容的解释。执行过程中如有意见或建议，请寄送至中国建筑科学研究院（地址：北京市北三环东路 30 号；邮政编码：100013）。

本 规 程 主 编 单 位：中国建筑科学研究院
　　　　　　　　　　　浙江大东吴集团建设有限公司

本 规 程 参 编 单 位：四川华蓥建工集团有限公司
　　　　　　　　　　　上海建工（集团）总公司
　　　　　　　　　　　甘肃三远硅材料有限公司
　　　　　　　　　　　东莞市万科建筑技术研究有限公司
　　　　　　　　　　　江苏博特新材料有限公司
　　　　　　　　　　　深圳市安托山混凝土有限公司
　　　　　　　　　　　合肥天柱包河特种混凝土有限公司
　　　　　　　　　　　上海市建筑科学研究院（集团）有限公司
　　　　　　　　　　　中建商品混凝土有限公司
　　　　　　　　　　　辽宁省建设科学研究院
　　　　　　　　　　　北京东方建宇混凝土科学技术研究院有限公司
　　　　　　　　　　　上海建工材料工程有限公司
　　　　　　　　　　　广东三和管桩有限公司
　　　　　　　　　　　青岛一建集团有限公司
　　　　　　　　　　　云南建工混凝土有限公司
　　　　　　　　　　　中国建筑第八工程局有限公司
　　　　　　　　　　　贵州中建建筑科研设计院有限公司
　　　　　　　　　　　陕西建工集团第三建筑工程有限公司
　　　　　　　　　　　浙江中联建设集团有限公司
　　　　　　　　　　　山西省建筑科学研究院
　　　　　　　　　　　青岛理工大学

本规程主要起草人员：冷发光　丁　威　韦庆东
　　　　　　　　　　　周永祥　姚新良　郭朝友
　　　　　　　　　　　龚　剑　王洪涛　谭宇昂
　　　　　　　　　　　刘建忠　高芳胜　沈　骥
　　　　　　　　　　　俞海勇　王　军　王　元
　　　　　　　　　　　路来军　吴德龙　魏宜龄
　　　　　　　　　　　孙从磊　李章建　曹建华
　　　　　　　　　　　王玉岭　冉志伟　刘军选
　　　　　　　　　　　王芳芳　赵铁军　王　晶
　　　　　　　　　　　张　俐　孙　俊　纪宪坤
　　　　　　　　　　　王永海

本规程主要审查人员：石云兴　郝挺宇　张仁瑜
　　　　　　　　　　　杜　雷　杨再富　陈文耀
　　　　　　　　　　　闻德荣　罗保恒　封孝信
　　　　　　　　　　　李帼英　刘数华

目　次

Contents

1 总　则

1.0.1 为规范高强混凝土应用技术，保证工程质量，做到技术先进、安全可靠、经济合理，制定本规程。

1.0.2 本规程适用于高强混凝土的原材料控制、性能要求、配合比设计、施工和质量检验。

1.0.3 高强混凝土的应用除应符合本规程外，尚应符合国家现行有关标准的规定。

2　术语和符号

2.1　术　语

2.1.1 高强混凝土　high strength concrete

强度等级不低于 C60 的混凝土。

2.1.2 硅灰　silica fume

在冶炼硅铁合金或工业硅时，通过烟道收集的以无定形二氧化硅为主要成分的粉体材料。

2.2　符　号

$f_{cu,0}$——混凝土配制强度；

$f_{cu,k}$——混凝土立方体抗压强度标准值；

$t_{sf,m}$——两次试验测得的倒置坍落度筒中混凝土拌合物排空时间的平均值；

t_{sf1}，t_{sf2}——两次试验分别测得的倒置坍落度筒中混凝土拌合物排空时间。

3　基 本 规 定

3.0.1 高强混凝土的拌合物性能、力学性能、耐久性能和长期性能应满足设计和施工的要求。

3.0.2 高强混凝土应采用预拌混凝土，其标记应符合现行国家标准《预拌混凝土》GB/T 14902 的规定。

3.0.3 强度等级不小于 C60 的纤维混凝土、补偿收缩混凝土、清水混凝土和大体积混凝土除应符合本规程的规定外，还应分别符合国家现行标准《纤维混凝土应用技术规程》JGJ/T 221、《补偿收缩混凝土应用技术规程》JGJ/T 178、《清水混凝土应用技术规程》JGJ 169 和《大体积混凝土施工规范》GB 50496 的规定。

3.0.4 当施工难度大的重要工程结构采用高强混凝土时，生产和施工前宜进行实体模拟试验。

3.0.5 对有预防混凝土碱骨料反应设计要求的高强混凝土工程结构，尚应符合现行国家标准《预防混凝土碱骨料反应技术规范》GB/T 50733 的规定。

4　原 材 料

4.1　水　泥

4.1.1 配制高强混凝土宜选用硅酸盐水泥或普通硅酸盐水泥。水泥应符合现行国家标准《通用硅酸盐水泥》GB 175 的规定。

4.1.2 配制 C80 及以上强度等级的混凝土时，水泥 28d 胶砂强度不宜低于 50MPa。

4.1.3 对于有预防混凝土碱骨料反应设计要求的高强混凝土工程，宜采用碱含量低于 0.6% 的水泥。

4.1.4 水泥中氯离子含量不应大于 0.03%。

4.1.5 配制高强混凝土不得采用结块的水泥，也不宜采用出厂超过 3 个月的水泥。

4.1.6 生产高强混凝土时，水泥温度不宜高于 60℃。

4.2　矿物掺合料

4.2.1 用于高强混凝土的矿物掺合料可包括粉煤灰、粒化高炉矿渣粉、硅灰、钢渣粉和磷渣粉。粉煤灰应符合现行国家标准《用于水泥和混凝土中的粉煤灰》GB/T 1596 的规定，粒化高炉矿渣粉应符合现行国家标准《用于水泥和混凝土中的粒化高炉矿渣粉》GB/T 18046 的规定，钢渣粉应符合现行国家标准《用于水泥和混凝土中的钢渣粉》GB/T 20491 的规定，磷渣粉应符合现行行业标准《混凝土用粒化电炉磷渣粉》JG/T 317 的规定，硅灰应符合现行国家标准《高强高性能混凝土用矿物外加剂》GB/T 18736 的规定。

4.2.2 配制高强混凝土宜采用 Ⅰ 级或 Ⅱ 级的 F 类粉煤灰。

4.2.3 配制 C80 及以上强度等级的高强混凝土掺用粒化高炉矿渣粉时，粒化高炉矿渣粉不宜低于 S95 级。

4.2.4 当配制 C80 及以上强度等级的高强混凝土掺用硅灰时，硅灰的 SiO_2 含量宜大于 90%，比表面积不宜小于 $15×10^3 m^2/kg$。

4.2.5 钢渣粉和粒化电炉磷渣粉宜用于强度等级不大于 C80 的高强混凝土，并应经过试验验证。

4.2.6 矿物掺合料的放射性应符合现行国家标准《建筑材料放射性核素限量》GB 6566 的有关规定。

4.3　细骨料

4.3.1 细骨料应符合现行行业标准《普通混凝土用砂、石质量及检验方法标准》JGJ 52 和《人工砂混凝土应用技术规程》JGJ/T 241 的规定；混凝土用海砂应符合现行行业标准《海砂混凝土应用技术规范》JGJ 206 的规定。

4.3.2 配制高强混凝土宜采用细度模数为 2.6～3.0 的 Ⅱ 区中砂。

4.3.3 砂的含泥量和泥块含量应分别不大于 2.0% 和 0.5%。

4.3.4 当采用人工砂时，石粉亚甲蓝（MB）值应小于 1.4，石粉含量不应大于 5%，压碎指标值应小于 25%。

4.3.5 当采用海砂时，氯离子含量不应大于 0.03%，贝壳最大尺寸不应大于 4.75mm，贝壳含量不应大于 3%。

4.3.6 高强混凝土用砂宜为非碱活性。

4.3.7 高强混凝土不宜采用再生细骨料。

4.4 粗 骨 料

4.4.1 粗骨料应符合现行行业标准《普通混凝土用砂、石质量及检验方法标准》JGJ 52 的规定。

4.4.2 岩石抗压强度应比混凝土强度等级标准值高 30%。

4.4.3 粗骨料应采用连续级配，最大公称粒径不宜大于 25mm。

4.4.4 粗骨料的含泥量不应大于 0.5%，泥块含量不应大于 0.2%。

4.4.5 粗骨料的针片状颗粒含量不宜大于 5%，且不应大于 8%。

4.4.6 高强混凝土用粗骨料宜为非碱活性。

4.4.7 高强混凝土不宜采用再生粗骨料。

4.5 外 加 剂

4.5.1 外加剂应符合现行国家标准《混凝土外加剂》GB 8076 和《混凝土外加剂应用技术规范》GB 50119 的规定。

4.5.2 配制高强混凝土宜采用高性能减水剂；配制 C80 及以上等级混凝土时，高性能减水剂的减水率不宜小于 28%。

4.5.3 外加剂应与水泥和矿物掺合料有良好的适应性，并应经试验验证。

4.5.4 补偿收缩高强混凝土宜采用膨胀剂，膨胀剂及其应用应符合国家现行标准《混凝土膨胀剂》GB 23439 和《补偿收缩混凝土应用技术规程》JGJ/T 178 的规定。

4.5.5 高强混凝土冬期施工可采用防冻剂，防冻剂应符合现行行业标准《混凝土防冻剂》JC 475 的规定。

4.5.6 高强混凝土不应采用受潮结块的粉状外加剂，液态外加剂应储存在密闭容器内，并应防晒和防冻，当有沉淀等异常现象时，应经检验合格后再使用。

4.6 水

4.6.1 高强混凝土拌合用水和养护用水应符合现行行业标准《混凝土用水标准》JGJ 63 的规定。

4.6.2 混凝土搅拌与运输设备洗刷水不宜用于高强混凝土。

4.6.3 未经淡化处理的海水不得用于高强混凝土。

5 混凝土性能

5.1 拌合物性能

5.1.1 泵送高强混凝土拌合物的坍落度、扩展度、倒置坍落度筒排空时间和坍落度经时损失宜符合表 5.1.1 的规定。

表 5.1.1 泵送高强混凝土拌合物的坍落度、扩展度、倒置坍落度筒排空时间和坍落度经时损失

项　　目	技 术 要 求
坍落度（mm）	≥220
扩展度（mm）	≥500
倒置坍落度筒排空时间（s）	>5 且<20
坍落度经时损失（mm/h）	≤10

5.1.2 非泵送高强混凝土拌合物的坍落度宜符合表 5.1.2 的规定。

表 5.1.2 非泵送高强混凝土拌合物的坍落度

项　　目	技 术 要 求	
	搅拌罐车运送	翻斗车运送
坍落度（mm）	100～160	50～90

5.1.3 高强混凝土拌合物不应离析和泌水，凝结时间应满足施工要求。

5.1.4 高强混凝土拌合物的坍落度、扩展度和凝结时间的试验方法应符合现行国家标准《普通混凝土拌合物性能试验方法标准》GB/T 50080 的规定；坍落度经时损失试验方法应符合现行国家标准《混凝土质量控制标准》GB 50164 的规定；倒置坍落度筒排空试验方法应符合本规程附录 A 的规定。

5.2 力 学 性 能

5.2.1 高强混凝土的强度等级应按立方体抗压强度标准值划分为 C60、C65、C70、C75、C80、C85、C90、C95 和 C100。

5.2.2 高强混凝土力学性能试验方法应符合现行国家标准《普通混凝土力学性能试验方法标准》GB/T 50081 的规定。

5.3 长期性能和耐久性能

5.3.1 高强混凝土的抗冻、抗硫酸盐侵蚀、抗氯离子渗透、抗碳化和抗裂等耐久性能等级划分应符合国家现行标准《混凝土质量控制标准》GB 50164 和《混凝土耐久性检验评定标准》JGJ/T 193 的规定。

5.3.2 高强混凝土早期抗裂试验的单位面积的总开裂面积不宜大于 $700mm^2/m^2$。

5.3.3 用于受氯离子侵蚀环境条件的高强混凝土的抗氯离子渗透性能宜满足电通量不大于 1000C 或氯离子迁移系数（D_{RCM}）不大于 $1.5 \times 10^{-12} m^2/s$ 的要求；用于盐冻环境条件的高强混凝土的抗冻等级不宜小于 F350；用于滨海盐渍土或内陆盐渍土环境条件的高强混凝土的抗硫酸盐等级不宜小于 KS150。

5.3.4 高强混凝土长期性能与耐久性能的试验方法应符合现行国家标准《普通混凝土长期性能和耐久性能试验方法标准》GB/T 50082 的规定。

6 配 合 比

6.0.1 高强混凝土配合比设计应符合现行行业标准《普通混凝土配合比设计规程》JGJ 55 的规定，并应满足设计和施工要求。

6.0.2 高强混凝土配制强度应按下式确定：

$$f_{cu,0} \geq 1.15 f_{cu,k} \qquad (6.0.2)$$

式中：$f_{cu,0}$——混凝土配制强度（MPa）；
$f_{cu,k}$——混凝土立方体抗压强度标准值（MPa）。

6.0.3 高强混凝土配合比应经试验确定，在缺乏试验依据的情况下宜符合下列规定：

1 水胶比、胶凝材料用量和砂率可按表 6.0.3 选取，并应经试配确定；

表 6.0.3 水胶比、胶凝材料用量和砂率

强度等级	水胶比	胶凝材料用量（kg/m³）	砂率（%）
≥C60，<C80	0.28～0.34	480～560	35～42
≥C80，<C100	0.26～0.28	520～580	
C100	0.24～0.26	550～600	

2 外加剂和矿物掺合料的品种、掺量，应通过试配确定；矿物掺合料掺量宜为 25%～40%；硅灰掺量不宜大于 10%。

6.0.4 对于有预防混凝土碱骨料反应设计要求的工程，高强混凝土中最大碱含量不应大于 3.0kg/m³；粉煤灰的碱含量可取实测值的 1/6，粒化高炉矿渣粉和硅灰的碱含量可分别取实测值的 1/2。

6.0.5 配合比试配应采用工程实际使用的原材料，进行混凝土拌合物性能、力学性能和耐久性能试验，试验结果应满足设计和施工的要求。

6.0.6 大体积高强混凝土配合比试配和调整时，宜控制混凝土绝热温升不大于 50℃。

6.0.7 高强混凝土设计配合比应在生产和施工前进行适应性调整，应以调整后的配合比作为施工配合比。

6.0.8 高强混凝土生产过程中，应及时测定粗、细骨料的含水率，并应根据其变化情况及时调整称量。

7 施 工

7.1 一 般 规 定

7.1.1 高强混凝土的施工应符合现行国家标准《混凝土结构工程施工规范》GB 50666 和《混凝土质量控制标准》GB 50164 的有关规定。

7.1.2 生产高强混凝土的搅拌站（楼）应符合现行国家标准《混凝土搅拌站（楼）》GB/T 10171 的规定。

7.1.3 在施工之前，应制订高强混凝土施工技术方案，并应做好各项准备工作。

7.1.4 在高强混凝土拌合物的运输和浇筑过程中，严禁往拌合物中加水。

7.2 原材料贮存

7.2.1 各种原材料贮存应符合下列规定：

1 水泥应按品种、强度等级和生产厂家分别贮存，不得与矿物掺合料等其他粉状料相混，并应防止受潮；

2 骨料应按品种、规格分别堆放，堆场应采用能排水的硬质地面，并应有遮雨防尘措施；

3 矿物掺合料应按品种、质量等级和产地分别贮存，不得与水泥等其他粉状料相混，并应防雨和防潮；

4 外加剂应按品种和生产厂家分别贮存。粉状外加剂应防止受潮结块；液态外加剂应贮存在密闭容器内，并应防晒和防冻，使用前应搅拌均匀。

7.2.2 各种原材料贮存处应有明显标识。

7.3 计 量

7.3.1 原材料计量应采用电子计量设备，其精度应符合现行国家标准《混凝土搅拌站（楼）》GB/T 10171 的规定。每一工作班开始前，应对计量设备进行零点校准。

7.3.2 原材料的计量允许偏差应符合表 7.3.2 的规定，并应每班检查 1 次。

表 7.3.2 原材料的计量允许偏差（按质量计，%）

原材料品种	水泥	骨料	水	外加剂	掺合料
每盘计量允许偏差	±2	±3	±1	±1	±2
累计计量允许偏差	±1	±2	±1	±1	±1

注：累计计量允许偏差是指每一运输车中各盘混凝土的每种材料计量和的偏差。

7.3.3 在原材料计量过程中，应根据粗、细骨料的含水率的变化及时调整水和粗、细骨料的称量。

7.4 搅 拌

7.4.1 高强混凝土采用的搅拌机应符合现行国家标准《混凝土搅拌站（楼）》GB/T 10171 的规定，宜采用双卧轴强制式搅拌机，搅拌时间宜符合表 7.4.1 的规定。

表 7.4.1 高强混凝土搅拌时间（s）

混凝土强度等级	施工工艺	搅拌时间
C60 ~ C80	泵送	60~80
	非泵送	90~120
>C80	泵送	90~120
	非泵送	≥120

7.4.2 当高强混凝土掺用纤维、粉状外加剂时，搅拌时间宜在表 7.4.1 的基础上适当延长，延长时间不宜少于 30s；也可先将纤维、粉状外加剂和其他干料投入搅拌机干拌不少于 30s，然后再加水按表 7.4.1 的搅拌时间进行搅拌。

7.4.3 清洁过的搅拌机搅拌第一盘高强混凝土时，宜分别增加 10%水泥用量、10%砂子用量和适量外加剂，相应调整用水量，保持水胶比不变，补偿搅拌机容器挂浆造成的混凝土拌合物中的砂浆损失；未清理过的搅拌高水胶比混凝土的搅拌机用来搅拌高强混凝土时，该盘混凝土宜增加适量水泥和外加剂，且水胶比不应增大。

7.4.4 搅拌应保证高强混凝土拌合物质量均匀，同一盘混凝土的搅拌匀质性应符合现行国家标准《混凝土质量控制标准》GB 50164 的有关规定。

7.5 运 输

7.5.1 运输高强混凝土的搅拌运输车应符合现行行业标准《混凝土搅拌运输车》JG/T 5094 的规定；翻斗车应仅限用于现场运送坍落度小于 90mm 的混凝土拌合物。

7.5.2 搅拌运输车装料前，搅拌罐内应无积水或积浆。

7.5.3 高强混凝土从搅拌机装入搅拌运输车至卸料时的时间不宜大于 90min；当采用翻斗车时，运输时间不宜大于 45min；运输应保证浇筑连续性。

7.5.4 搅拌运输车到达浇筑现场时，应使搅拌罐高速旋转 20s~30s 后再将混凝土拌合物卸出。当混凝土拌合物因稠度原因出罐困难而掺加减水剂时，应符合下列规定：

　　1 应采用同品种减水剂；

　　2 减水剂掺量应有经试验确定的预案；

　　3 减水剂掺入混凝土拌合物后，应使搅拌罐高速旋转不少于 90s。

7.6 浇 筑

7.6.1 高强混凝土浇筑前，应检查模板支撑的稳定性以及接缝的密合情况，并应保证模板在混凝土浇筑过程中不失稳、不跑模和不漏浆；天气炎热时，宜采取遮挡措施避免阳光照射金属模板，或从金属模板外侧进行浇水降温。

7.6.2 当暑期施工时，高强混凝土拌合物入模温度不应高于 35℃，宜选择温度较低时段浇筑混凝土；当冬期施工时，拌合物入模温度不应低于 5℃，并应有保温措施。

7.6.3 泵送设备和管道的选择、布置及其泵送操作可按现行行业标准《混凝土泵送施工技术规程》JGJ/T 10 的有关规定执行。

7.6.4 当缺乏高强混凝土泵送经验时，施工前宜进行试泵。

7.6.5 当泵送高度超过 100m 时，宜采用高压泵进行泵送。

7.6.6 对于泵送高度超过 100m 的、强度等级不低于 C80 的高强混凝土，宜采用 150mm 管径的输送管。

7.6.7 当向下泵送高强混凝土时，输送管与垂线的夹角不宜小于 12°。

7.6.8 在向上泵送高强混凝土过程中，当泵送间歇时间超过 15min 时，应每隔 4min~5min 进行四个行程的正、反泵，且最大间歇时间不宜超过 45min；当向下泵送高强混凝土时，最大间歇时间不宜超过 15min。

7.6.9 当改泵较高强度等级混凝土时，应清空输送管道中原有的较低强度等级混凝土。

7.6.10 当高强混凝土自由倾落高度大于 3m 时，宜采用导管等辅助设备。

7.6.11 高强混凝土浇筑的分层厚度不宜大于 500mm，上下层同一位置浇筑的间隔时间不宜超过 120min。

7.6.12 不同强度等级混凝土现浇对接处应设在低强度等级混凝土构件中，与高强度等级构件间距不宜小于 500mm；现浇对接处可设置密孔钢丝网拦截混凝土拌合物，浇筑时应先浇高强度等级混凝土，后浇低强度等级混凝土；低强度等级混凝土不得流入高强度等级混凝土构件中。

7.6.13 高强混凝土可采用振捣棒捣实，插入点间距不应大于振捣棒振动作用半径，泵送高强混凝土每点振捣时间不宜超过 20s，当混凝土拌合物表面出现泛浆，基本无气泡逸出，可视为捣实；连续多层浇筑时，振捣棒应插入下层拌合物 50mm 进行振捣。

7.6.14 浇筑大体积高强混凝土时，应采取温控措施，温控应符合现行国家标准《大体积混凝土施工规范》GB 50496 的规定。

7.6.15 混凝土拌合物从搅拌机卸出后到浇筑完毕的延续时间不宜超过表 7.6.15 的规定。

表 7.6.15 混凝土拌合物从搅拌机卸出后到浇筑完毕的延续时间（min）

混凝土施工情况		气温	
		≤25℃	>25℃
泵送高强混凝土		150	120
非泵送高强混凝土	施工现场	120	90
	制品厂	60	45

7.7 养 护

7.7.1 高强混凝土浇筑成型后，应及时对混凝土暴露面进行覆盖。混凝土终凝前，应用抹子搓压表面至少两遍，平整后再次覆盖。

7.7.2 高强混凝土可采取潮湿养护，并可采取蓄水、浇水、喷淋洒水或覆盖保湿等方式，养护水温与混凝土表面温度之间的温差不宜大于 20℃；潮湿养护时间不宜少于 10d。

7.7.3 当采用混凝土养护剂进行养护时，养护剂的有效保水率不应小于 90%，7d 和 28d 抗压强度比均不应小于 95%。养护剂有效保水率和抗压强度比的试验方法应符合现行行业标准《公路工程混凝土养护剂》JT/T 522 的规定。

7.7.4 在风速较大的环境下养护时，应采取适当的防风措施。

7.7.5 当高强混凝土构件或制品进行蒸汽养护时，应包括静停、升温、恒温和降温四个阶段。静停时间不宜小于 2h，升温速度不宜大于 25℃/h，恒温温度不应超过 80℃，恒温时间应通过试验确定，降温速度不宜大于 20℃/h。构件或制品出池或撤除养护措施时的表面与外界温差不宜大于 20℃。

7.7.6 对于大体积高强混凝土，宜采取保温养护等温控措施；混凝土内部和表面的温差不宜超过 25℃，表面与外界温差不宜大于 20℃。

7.7.7 当冬期施工时，高强混凝土养护应符合下列规定：

　　1 宜采用带模养护；

　　2 混凝土受冻前的强度不得低于 10MPa；

　　3 模板和保温层应在混凝土冷却到 5℃ 以下再拆除，或在混凝土表面温度与外界温度相差不大于 20℃ 时再拆除，拆模后的混凝土应及时覆盖；

　　4 混凝土强度达到设计强度等级标准值的 70% 时，可撤除养护措施。

8 质 量 检 验

8.0.1 高强混凝土的原材料质量检验、拌合物性能检验和硬化混凝土性能检验应符合现行国家标准《混凝土质量控制标准》GB 50164 的规定。

8.0.2 高强混凝土的原材料质量应符合本规程第 4 章的规定；拌合物性能、力学性能、长期性能和耐久性能应符合本规程第 5 章的规定。

附录 A 倒置坍落度筒排空试验方法

A.0.1 本方法适用于倒置坍落度筒中混凝土拌合物排空时间的测定。

A.0.2 倒置坍落度筒排空试验应采用下列设备：

　　1 倒置坍落度筒：材料、形状和尺寸应符合现行行业标准《混凝土坍落度仪》JG/T 248 的规定，小口端应设置可快速开启的封盖；

　　2 台架：当倒置坍落度筒支撑在台架上时，其小口端距地面不宜小于 500mm，且坍落度筒中轴线应垂直于地面；台架应能承受装填混凝土和插捣；

　　3 捣棒：应符合现行行业标准《混凝土坍落度仪》JG/T 248 的规定；

　　4 秒表：精度 0.01s；

　　5 小铲和抹刀。

A.0.3 混凝土拌合物取样与试样的制备应符合现行国家标准《普通混凝土拌合物性能试验方法标准》GB/T 50080 的有关规定。

A.0.4 倒置坍落度筒排空试验测试应按下列步骤进行：

　　1 将倒置坍落度筒支撑在台架上，筒内壁应湿润且无明水，关闭封盖。

　　2 用小铲把混凝土拌合物分两层装入筒内，每层捣实后高度宜为筒高的 1/2。每层用捣棒沿螺旋方向由外向中心插捣 15 次，插捣应在横截面上均匀分布，插捣筒边混凝土时，捣棒可以稍稍倾斜。插捣第一层时，捣棒应贯穿混凝土拌合物整个深度；插捣第二层时，捣棒应插透到第一层表面下 50mm。插捣完刮去多余的混凝土拌合物，用抹刀抹平。

　　3 打开封盖，用秒表测量自开盖至坍落度筒内混凝土拌合物全部排空的时间（t_{sf}），精确至 0.01s。从开始装料到打开封盖的整个过程应在 150s 内完成。

A.0.5 试验应进行两次，并应取两次试验测得排空时间的平均值作为试验结果，计算应精确至 0.1s。

A.0.6 倒置坍落度筒排空试验结果应符合下式规定：

$$|t_{sf1} - t_{sf2}| \leqslant 0.05 t_{sf,m} \quad (A.0.6)$$

式中：$t_{sf,m}$——两次试验测得的倒置坍落度筒中混凝土拌合物排空时间的平均值（s）；

　　t_{sf1}，t_{sf2}——两次试验分别测得的倒置坍落度筒中混凝土拌合物排空时间（s）。

本规程用词说明

1 为便于在执行本规程条文时区别对待,对要求严格程度不同的用词说明如下:

　1)表示很严格,非这样做不可的:
　　正面词采用"必须",反面词采用"严禁";
　2)表示严格,在正常情况下均应这样做的:
　　正面词采用"应",反面词采用"不应"或"不得";
　3)表示允许稍有选择,在条件许可时,首先应这样做的:
　　正面词采用"宜",反面词采用"不宜";
　4)表示有选择,在一定条件下可以这样做的,采用"可"。

2 条文中指明应按其他有关标准执行的写法为:"应符合……的规定"或"应按……执行"。

引用标准名录

1 《普通混凝土拌合物性能试验方法标准》GB/T 50080

2 《普通混凝土力学性能试验方法标准》GB/T 50081

3 《普通混凝土长期性能和耐久性能试验方法标准》GB/T 50082

4 《混凝土外加剂应用技术规范》GB 50119

5 《混凝土质量控制标准》GB 50164

6 《大体积混凝土施工规范》GB 50496

7 《混凝土结构工程施工规范》GB 50666

8 《预防混凝土碱骨料反应技术规范》GB/T 50733

9 《通用硅酸盐水泥》GB 175

10 《用于水泥和混凝土中的粉煤灰》GB/T 1596

11 《建筑材料放射性核素限量》GB 6566

12 《混凝土外加剂》GB 8076

13 《混凝土搅拌站(楼)》GB/T 10171

14 《预拌混凝土》GB/T 14902

15 《用于水泥和混凝土中的粒化高炉矿渣粉》GB/T 18046

16 《高强高性能混凝土用矿物外加剂》GB/T 18736

17 《用于水泥和混凝土中的钢渣粉》GB/T 20491

18 《混凝土膨胀剂》GB 23439

19 《混凝土泵送施工技术规程》JGJ/T 10

20 《普通混凝土用砂、石质量及检验方法标准》JGJ 52

21 《普通混凝土配合比设计规程》JGJ 55

22 《混凝土用水标准》JGJ 63

23 《清水混凝土应用技术规程》JGJ 169

24 《补偿收缩混凝土应用技术规程》JGJ/T 178

25 《混凝土耐久性检验评定标准》JGJ/T 193

26 《海砂混凝土应用技术规范》JGJ 206

27 《纤维混凝土应用技术规程》JGJ/T 221

28 《人工砂混凝土应用技术规程》JGJ/T 241

29 《混凝土防冻剂》JC 475

30 《混凝土坍落度仪》JG/T 248

31 《混凝土用粒化电炉磷渣粉》JG/T 317

32 《混凝土搅拌运输车》JG/T 5094

33 《公路工程混凝土养护剂》JT/T 522

中华人民共和国行业标准

高强混凝土应用技术规程

JGJ/T 281—2012

条 文 说 明

制 订 说 明

《高强混凝土应用技术规程》JGJ/T 281-2012，经住房和城乡建设部 2012 年 5 月 3 日以第 1366 号公告批准、发布。

本规程编制过程中，编制组进行了广泛而深入的调查研究，总结了我国工程建设中高强混凝土应用技术的实践经验，同时参考了国外先进技术法规、技术标准，通过试验取得了高强混凝土应用技术的相关重要技术参数。

为便于广大设计、施工、科研、学校等单位有关人员在使用本规程时能正确理解和执行条文规定，《高强混凝土应用技术规程》编制组按章、节、条顺序编制了本规程的条文说明，供使用者参考。但是，本条文说明不具备与规程正文同等的法律效力，仅供使用者作为理解和把握规程规定的参考。

目　次

1 总 则

1.0.1 近年来，高强混凝土及其应用技术迅速发展并逐步成熟，在我国得到广泛应用，总结和归纳高强混凝土技术成果和应用经验，制订高强混凝土技术标准，有利于进一步促进高强混凝土的健康发展。

1.0.2 由于高强混凝土强度等级高，因此其特性和有关技术要求与常规的普通混凝土有所不同，原材料、混凝土性能、配合比和施工的控制要求也比常规的普通混凝土严格。本规程是针对高强混凝土的原材料、配合比、性能要求、施工和质量检验的专用标准，可以指导我国高强混凝土的应用。

1.0.3 与本规程有关的、难以详尽的技术要求，应符合国家现行标准的有关规定。

2 术语和符号

2.1 术 语

2.1.1 高强混凝土属于普通混凝土范畴，由于强度等级高带来的技术特殊性，现行国家标准《预拌混凝土》GB/T 14902 将高强混凝土列为特制品。

2.1.2 硅灰主要用于强度等级不低于 C80 的混凝土。国家标准《砂浆、混凝土用硅灰》正在编制过程中，在其发布并实施之前，可采用现行国家标准《高强高性能混凝土用矿物外加剂》GB/T 18736 中有关硅灰的规定。

3 基 本 规 定

3.0.1 本条规定了控制高强混凝土拌合物性能、力学性能、长期性能与耐久性能的基本原则。高强混凝土拌合物性能包括坍落度、扩展度、倒置坍落度筒排空时间、坍落度经时损失、凝结时间、不离析和不泌水等；力学性能包括抗压强度、轴压强度、弹性模量、抗折强度和劈拉强度等；长期性能与耐久性能主要包括收缩、徐变、抗冻、抗硫酸盐侵蚀、抗氯离子渗透、抗碳化和抗裂等性能。

3.0.2 高强混凝土技术要求高，预拌混凝土有利于质量控制。现行国家标准《预拌混凝土》GB/T 14902 规定高强混凝土为特制品，特制品代号 B，高强混凝土代号 H。高强混凝土标记示例：C80 强度等级、240mm 坍落度、F350 抗冻等级的高强混凝土，其标记为 B-H-C80-240(S5)-F350-GB/T 14902。

3.0.3 强度等级不小于 C60 的纤维混凝土、补偿收缩混凝土、清水混凝土和大体积混凝土可属于高强混凝土范畴。由于纤维混凝土、补偿收缩混凝土、清水混凝土和大体积混凝土都有较大的特殊性，所以有各

自的专业技术标准。本标准与纤维混凝土、补偿收缩混凝土、清水混凝土和大体积混凝土的相关标准是协调的。高强混凝土用于压蒸养护工艺生产的离心混凝土桩可按相关专业标准的技术要求操作。

3.0.4 高强混凝土经常用于重要的或特殊的工程，这些结构往往比较复杂，对生产施工要求较高，并且情况差异较大，因此，对于这类工程结构，进行生产和施工的实体模拟试验是保证工程质量的比较通行的做法。

3.0.5 预防混凝土碱骨料反应对于高强混凝土工程结构非常重要，尤其是在不得不采用碱活性骨料的情况下。现行国家标准《预防混凝土碱骨料反应技术规范》GB/T 50733 中包括了抑制骨料碱活性有效性的检验和预防混凝土碱骨料反应技术措施等重要内容。

4 原 材 料

4.1 水 泥

4.1.1 配制高强混凝土宜选用新型干法窑或旋窑生产的硅酸盐水泥或普通硅酸盐水泥。立窑水泥的质量稳定性不如新型干法窑和旋窑生产的水泥。硅酸盐水泥或普通硅酸盐水泥之外的通用硅酸盐水泥内掺混合材比例高，混合材品质也较低，胶砂强度较低，与之比较，采用硅酸盐水泥或普通硅酸盐水泥并掺加较高质量的矿物掺合料配制高强混凝土更具有技术和经济的合理性。

4.1.2 采用胶砂强度低于 50MPa 的水泥配制 C80 及其以上强度等级混凝土的技术经济合理性较差，甚至难以实现强度等级上限水平的配制目的。

4.1.3 混凝土碱骨料反应的重要条件之一就是混凝土中有较高的碱含量，引起混凝土碱骨料反应的有效碱主要是水泥带来的，因此，采用低碱水泥是预防混凝土碱骨料反应的重要技术措施。

4.1.4 烧成后的水泥熟料中残留的氯离子含量很低，但在粉磨工艺中采用的助磨剂却良莠不齐，严格控制水泥中氯离子含量有利于避免熟料烧成后粉磨时掺入不良材料。再者高强混凝土水泥用量较高，控制水泥中氯离子含量有利于控制混凝土中总的氯离子含量。

4.1.5 配制高强混凝土对水泥要求相对较严，结块的水泥和过期水泥的质量会有变化。

4.1.6 在水泥供应紧张时，散装水泥运到搅拌站输入储罐时，经常会温度过高，如立即采用，会对混凝土性能带来不利影响，应引起充分注意。

4.2 矿物掺合料

4.2.1 高强混凝土中可掺入较大掺量的矿物掺合料，有利于改善高强混凝土技术性能（比如改善泵送性能，减少水化热，减少收缩等）和经济性。粉煤灰、

粒化高炉矿渣粉和硅灰是高强混凝土最常用的矿物掺合料，磷渣粉和钢渣粉经过试验验证也是可以适量掺用的。

4.2.2 配备粉煤灰分选设备的年发电能力较大的电厂产出的粉煤灰，一般可达到Ⅱ级灰或Ⅰ级灰质量水平。实践表明，Ⅱ级粉煤灰也能够满足高强混凝土的配制要求，目前许多高强混凝土工程采用的是Ⅱ级灰。C类粉煤灰为高钙灰，由于潜在的游离氧化钙问题，技术安全性不及F类粉煤灰。

4.2.3 S95级和S105级的粒化高炉矿渣粉，活性较好，易于配制C80及以上强度等级的高强混凝土。

4.2.4 配制C80及以上强度等级的高强混凝土时，对硅灰质量要求较高。

4.2.5 钢渣粉和粒化电炉磷渣粉活性一般低于粒化高炉矿渣粉，并且质量稳定性也比粒化高炉矿渣粉差，在采用普通硅酸盐水泥的情况下，在混凝土中掺用限量为20%，比粒化高炉矿渣粉低得多。

4.2.6 矿物掺合料属于工业废渣，可能出现放射性问题，比如粒化电炉磷渣粉等，应避免使用放射性不符合现行国家标准《建筑材料放射性核素限量》GB 6566规定的矿物掺合料。

4.3 细 骨 料

4.3.1 天然砂包括河砂、山砂和海砂等，人工砂是采用除软质岩和风化岩之外的岩石经机械破碎和筛分制成的砂。现行行业标准《普通混凝土用砂、石质量及检验方法标准》JGJ 52和《人工砂混凝土应用技术规程》JGJ/T 241包括了对天然砂和人工砂的规定，但对于海砂，现行行业标准《海砂混凝土应用技术规范》JGJ 206的规定更为合理，主要表现在氯离子含量和贝壳含量的规定方面。

4.3.2 采用细度模数为2.6～3.0的Ⅱ区中砂配制高强混凝土有利于混凝土性能和经济性的优化。

4.3.3 砂的含泥量和泥块含量会影响混凝土强度和耐久性，高强混凝土的强度对此尤为敏感。

4.3.4 高强混凝土胶凝材料用量多，控制人工砂的石粉含量，有利于减少混凝土中粉体总量，从而有利于控制混凝土收缩等不利影响。规定人工砂的压碎指标值便于人工砂颗粒强度控制，对实现高强混凝土的强度要求是比较重要的。

4.3.5 现行行业标准《海砂混凝土应用技术规范》JGJ 206借鉴了日本和我国台湾地区的标准，并同时考虑到我国大陆地区的实际情况，将钢筋混凝土用海砂的氯离子含量限值规定为0.03%，低于现行行业标准《普通混凝土用砂、石质量及检验方法标准》JGJ 52规定的0.06%。现行行业标准《海砂混凝土应用技术规范》JGJ 206规定的海砂氯离子含量低于现行行业标准《普通混凝土用砂、石质量及检验方法标准》JGJ 52的另一个原因是，现行行业标准《普通

混凝土用砂、石质量及检验方法标准》JGJ 52测定氯离子含量的制样存在烘干过程，而海砂净化后实际应用是湿砂状态，研究表明，这种差异会低估实际应用时海砂中氯离子的含量。因此，在不改变现行行业标准《普通混凝土用砂、石质量及检验方法标准》JGJ 52干砂制样方法的前提下，可以通过降低氯离子含量的限值来解决这一问题。

规定贝壳最大尺寸的原因是，大贝壳会影响高强混凝土的性能，尤其是强度。目前宁波、舟山地区经过净化的海砂，其贝壳含量的常见范围是5%～8%。试验研究发现，采用贝壳含量在7%～8%的海砂可以配制C60混凝土，且试验室的耐久性指标良好。从目前取得的贝壳含量对普通混凝土抗压强度和自然碳化深度影响的10年数据来看，贝壳含量从2.4%增加到22.0%，抗压强度和自然碳化深度无明显变化。2003年发布的《宁波市建筑工程使用海砂管理规定》（试行）对贝壳含量有如下规定：混凝土强度等级大于C60，净化海砂的贝壳含量小于4.0%；强度等级为C30～C60，净化海砂的贝壳含量小于（4.0%～8.0%）；强度等级小于C30，净化海砂的贝壳含量小于（8.0%～10.0%）。《普通混凝土用砂、石质量及检验方法标准》JGJ 52规定：用于不小于C60强度等级的混凝土，海砂的贝壳含量不应大于3.0%。

4.3.6 通常高强混凝土用于重要结构，且水泥用量略高，出于安全性考虑，尽量不要采用碱活性骨料。由于高强混凝土结构的混凝土用量一般有限，尚可接受调运骨料的情况。

4.3.7 现行行业标准《再生骨料应用技术规程》JGJ/T 240规定再生细骨料最高可配制C40及以下强度等级混凝土。在国内实际工程中应用，目前仅北京和青岛等地区应用了C40等级再生骨料混凝土。

4.4 粗 骨 料

4.4.1 现行行业标准《普通混凝土用砂、石质量及检验方法标准》JGJ 52对高强混凝土用粗骨料是适用的。

4.4.2 岩石抗压强度高的粗骨料有利于配制高强混凝土，尤其混凝土强度等级值越高就越明显。试验研究和工程实践表明，用于高强混凝土的岩石的抗压强度比混凝土设计强度等级值高30%是比较合理的。

4.4.3 连续级配粗骨料堆积相对比较紧密，空隙率比较小，有利于混凝土性能，也有利于节约其他更重要资源的原材料。试验研究和工程实践表明，高强混凝土粗骨料的最大公称粒径为25mm比较合理，既有利于强度、控制收缩，也有利于施工性能，经济上也比较合理。

4.4.4 粗骨料含泥（包括泥块）较多将明显影响混凝土强度，高强混凝土的强度对此比较敏感。

4.4.5 如果粗骨料针片状颗粒含量较多，则级配较

差，空隙率比较大，针片状颗粒易于断裂，这些对混凝土性能会有影响，强度等级值越高影响越明显，同时对混凝土泵送性能影响也较明显。

4.4.6 与4.3.6条文说明相同。

4.4.7 由于高强混凝土多数用于重要或特殊工程，目前尚缺乏再生粗骨料用于高强混凝土工程的实例。

4.5 外 加 剂

4.5.1 现行国家标准《混凝土外加剂》GB 8076 规定的外加剂品种包括高性能减水剂、高效减水剂、普通减水剂、引气减水剂、泵送剂、早强剂、缓凝剂和引气剂等；现行国家标准《混凝土外加剂应用技术规范》GB 50119 规定了不同剂种外加剂的应用技术要求。

4.5.2 现行国家标准《混凝土外加剂》GB 8076 规定的高性能减水剂包括不同品种，但规定减水率不小于25%。工程实践表明，采用减水率不小于28%的聚羧酸系高性能减水剂配制 C80 及以上等级混凝土具有良好的表现，也是目前主要的做法。

4.5.3 外加剂品种多，差异大，掺量范围也不同，在实际工程应用时，不同产地、品种或品牌的水泥对外加剂和矿物掺合料的适应情况有差异，可能与水泥和矿物掺合料产生适应性问题，只有经过试验验证，才能证明是否适用。

4.5.4 膨胀剂是与水泥、水拌合后经水化反应生成钙矾石、氢氧化钙或钙矾石和氢氧化钙，使混凝土产生体积膨胀的外加剂。补偿收缩混凝土是由膨胀剂或膨胀水泥配制的自应力为0.2MPa～1.0MPa的混凝土。对于高强混凝土结构，减少高强混凝土早期收缩是非常重要的，采用适量膨胀剂可以在一定程度上改善高强混凝土早期收缩。

4.5.5 采用防冻剂是混凝土冬期施工常用的低成本方法，高强混凝土也可采用。

4.5.6 配制高强混凝土对外加剂要求严格，结块的粉状外加剂，即便重新粉磨处理后质量也会有变化；液态外加剂出现沉淀等异常现象后质量会有变化。

4.6 水

4.6.1 高强混凝土用水技术要求与其他普通混凝土用水并无差异。现行行业标准《混凝土用水标准》JGJ 63 包括了对各种水用于混凝土的规定。

4.6.2 混凝土企业设备洗刷水碱含量高，且水中粉体颗粒含量高，质量却不高，不适宜配制高强混凝土。

4.6.3 未经淡化处理的海水含有大量氯盐和其他盐类，会引起严重的混凝土钢筋锈蚀问题和其他混凝土性能问题，危及混凝土结构的安全性。

5 混凝土性能

5.1 拌合物性能

5.1.1 试验研究和工程实践表明，泵送高强混凝土拌合物性能在表5.1.1给出的技术范围内，即能较好地满足泵送施工要求和硬化混凝土的各方面性能，并在一般情况下，泵送高强混凝土坍落度220mm～250mm，扩展度500mm～600mm，坍落度经时损失值0mm～10mm，对工程有比较强的适应性。泵送高强混凝土拌合物黏度较大，倒置坍落度筒流出时间指标的设置，有利于将拌合物黏度控制在可顺利泵送施工的水平，并且使大高程泵送的泵压不至于过高。

5.1.2 采用搅拌罐车运输，出罐的最低坍落度约为90mm，否则出罐困难。另外，由于调度、运输、泵送前压车等情况的影响，坍落度需有一定的富余。对于非泵送高强混凝土，坍落度50mm～90mm混凝土的各方面性能较好，翻斗车运送时坍落度大了混凝土拌合物易于分层和离析。

5.1.3 高强混凝土控制拌合物不泌水、不离析很重要；对于不同的现场条件，可以通过采用外加剂调节凝结时间满足施工要求。

5.1.4 高强混凝土拌合物性能试验方法与常规的普通混凝土拌合物性能试验方法基本相同。

5.2 力 学 性 能

5.2.1 立方体抗压强度标准值系指按标准方法制作和养护的边长为150mm的立方体试体，在28d龄期用标准试验方法测得的具有不小于95%保证率的抗压强度值。目前我国混凝土相关企业配制的混凝土强度可以超过130MPa，相当于超过C110，本规程最大强度等级为C100是可行的。

5.2.2 现行国家标准《普通混凝土力学性能试验方法标准》GB/T 50081 规定了抗压强度、轴压强度、弹性模量、抗折强度和劈拉强度等试验方法。

5.3 长期性能和耐久性能

5.3.1 国家现行标准《混凝土质量控制标准》GB 50164 和《混凝土耐久性检验评定标准》JGJ/T 193 对混凝土抗冻、抗硫酸盐侵蚀、抗氯离子渗透、抗碳化和抗裂等耐久性能划分了等级。现行国家标准《混凝土质量控制标准》GB 50164 关于耐久性能等级的划分同样适用高强混凝土，只是高强混凝土的耐久性能等级不会落入比较低的等级范围。一般来说，高强混凝土的耐久性能可以达到表1的指标范围。

5.3.2 早期抗裂试验的单位面积上的总开裂面积不大于700mm²/m²是采用萘系外加剂的一般强度等级混凝土的较好的水平，而采用聚羧酸系外加剂的一般

表 1　高强混凝土可达到的耐久性能指标范围

耐久性项目	技术要求	
	≥C60	≥C80
抗冻等级	≥F250	≥F350
抗渗等级	>P12	>P12
抗硫酸盐等级	≥KS150	≥KS150
28d 氯离子渗透（库仑电量，C）	≤1500	≤1000
84d 氯离子迁移系数 D_{RCM}（RCM 法）（×10^{-12} m²/s）	≤2.5	≤1.5
碳化深度（mm）	≤1.0	≤0.1

强度等级混凝土的较好水平是不大于 400mm²/m²。

5.3.3　滨海或海洋等氯离子侵蚀环境条件，以及盐冻和盐渍土环境条件是典型的不利于混凝土耐久性能的严酷环境条件，本条文关于高强混凝土耐久性能指标的有关规定，有利于提高高强混凝土在上述典型严酷环境条件下应用的耐久性水平。试验研究和工程实践表明，高强混凝土达到本条文规定的高强混凝土耐久性能指标范围是可行的。

5.3.4　现行国家标准《普通混凝土长期性能和耐久性能试验方法标准》GB/T 50082 规定了收缩、徐变、抗冻、抗水渗透、抗硫酸盐侵蚀、抗氯离子渗透、碳化和抗裂等与本规程高强混凝土长期性能与耐久性能有关的试验方法。

6　配　合　比

6.0.1　现行行业标准《普通混凝土配合比设计规程》JGJ 55 包括了高强混凝土配合比设计的技术内容，因此对高强混凝土配合比设计也是适用的。本标准未涉及的配合比设计的通用技术内容可执行现行行业标准《普通混凝土配合比设计规程》JGJ 55 的规定。

6.0.2　对于高强混凝土配制强度计算公式，现行行业标准《普通混凝土配合比设计规程》JGJ 55 和《公路桥涵施工技术规范》JTG/T F50 都已经采用了本条文给出的计算公式［即式（6.0.2）］，实际上，这一公式早已经在公路桥涵和建筑工程等混凝土工程中得到应用和检验。

6.0.3　高强混凝土配合比参数变化范围相对比较小，适合于根据经验直接选择参数然后通过试验确定配合比。试验研究和工程应用表明，本条给出的配合比参数范围对高强混凝土配合比设计具有实际应用的指导意义。对于泵送高强混凝土，为保证泵送施工顺利，推荐控制每立方米高强混凝土拌合物中粉料浆体的体积为 340L～360L（水泥、粉煤灰、粒化高炉矿渣粉、硅灰和水等密度可知大致，容易估算粉料浆体的体积），这也有利于配合比参数的优选。对于高强混凝土，较高强度等级水胶比较低，在满足拌合物施工性

能要求前提下宜采用较少的胶凝材料用量和较小的砂率，矿物掺合料掺量应满足混凝土性能要求并兼顾经济性，这些规律与常规的普通混凝土配合比设计规律没有太大差别。

6.0.4　对于高强混凝土，要将混凝土中碱含量控制在 3.0kg/m³ 以内，需要采用低碱水泥，并采用较大掺量的碱含量较低的粉煤灰和粒化高炉矿渣粉等矿物掺合料。混凝土中碱含量是测定的混凝土各原材料碱含量计算之和，而实测的粉煤灰和粒化高炉矿渣粉等矿物掺合料碱含量并不是参与碱骨料反应的有效碱含量，对于矿物掺合料中有效碱含量，粉煤灰碱含量取实测值的 1/6，粒化高炉矿渣粉和硅灰的碱含量分别取实测值的 1/2，已经被混凝土工程界采纳。

6.0.5　配合比试配采用的工程实际原材料，以基本干燥为准，即细骨料含水率小于 0.5%，粗骨料含水率小于 0.2%。高强混凝土配合比设计不仅仅应满足强度要求，还应满足施工性能、其他力学性能和耐久性能的要求。

6.0.6　混凝土绝热温升可以在试验室通过测试绝热容器中混凝土的温度升高过程测得，也可在现场通过实测足尺寸混凝土模拟试件内的温度升高过程测得。

6.0.7　现行行业标准《普通混凝土配合比设计规程》JGJ 55 中配合比设计过程中经历计算配合比、试拌配合比，然后形成设计配合比。生产和施工现场会出现各种情况，需要对设计配合比进行适应性调整后才能用于生产和施工。

6.0.8　在高强混凝土生产过程中，堆场上的粗、细骨料的含水率会变化，从而影响高强混凝土的水胶比和用水量等，因此，在生产过程中，应根据粗、细骨料的含水率变化情况及时调整配合比。

7　施　　工

7.1　一　般　规　定

7.1.1　高强混凝土的施工要求严于常规的普通混凝土，因此，在符合现行国家标准《混凝土结构工程施工规范》GB 50666 和《混凝土质量控制标准》GB 50164 的基础上，还应符合本规程的规定。

7.1.2　现行国家标准《混凝土搅拌站（楼）》GB/T 10171 对主要参数系列、搅拌设备、供料系统、贮料仓、配料装置、混凝土贮斗、安全环保和其他方面作出了全面细致的规定，对保证高强混凝土生产质量十分重要。

7.1.3　高强混凝土施工技术方案可分为两个方面：一方面是搅拌站的生产技术方案（涉及原材料、混凝土制备和运输等），进行生产质量控制；另一方面是工程现场的施工技术方案（涉及浇筑、成型、养护及其相关的工艺和技术等），进行现场施工质量控制。

当然，这两个方面可以合为一体。

7.1.4 高强混凝土水胶比低，强度对用水量的变化极其敏感，因此，在运输和浇筑成型过程中往混凝土拌合物中加水会明显影响混凝土强度，同时也会对高强混凝土的耐久性能和其他力学性能产生影响，对工程质量具有很大危害。

7.2 原材料贮存

7.2.1 高强混凝土所用的粉料种类多，避免相混和防潮是共同的要求。骨料堆场采用遮雨设施已逐步在预拌混凝土搅拌站得到实施，高强混凝土水胶比低，强度对用水量的变化极其敏感，采用遮雨措施防止骨料含水量波动，对保证施工配合比的准确性非常重要。高强混凝土常用的液态外加剂（比如聚羧酸系高性能减水剂）受冻后性能会降低。

7.2.2 原材料分别标识清楚有利于避免混乱和用料错误。

7.3 计 量

7.3.1 高强混凝土生产对原材料计量要求较高，尤其是对水和外加剂的计量要求高。采用电子计量设备有利于保证计量精度，保证高强混凝土生产质量。

7.3.2 符合现行国家标准《混凝土搅拌站（楼）》GB/T 10171 规定称量装置可以满足表 7.3.2 的要求。

7.3.3 如果堆场上的粗、细骨料的含水率变化而称量不变，对水胶比和用水量会有影响，从而影响高强混凝土性能；相对而言，粗、细骨料用量对高强混凝土性能影响较小。

7.4 搅 拌

7.4.1 采用双卧轴强制式搅拌机有利于高强混凝土的搅拌。对于高强混凝土，强度等级高比强度等级低的搅拌时间长；非泵送施工比泵送施工搅拌时间长。

7.4.2 高强混凝土拌合物黏度较大，适当延长搅拌时间或采取合适的投料措施，有利于纤维和粉状外加剂在高强混凝土中分散均匀。

7.4.3 本条文的规定仅针对清洁过的或未清理过的搅拌机搅拌的第一盘混凝土。

7.4.4 现行国家标准《混凝土质量控制标准》GB 50164 关于同一盘混凝土的搅拌匀质性的规定有两点：①混凝土中砂浆密度两次测值的相对误差不应大于 0.8%；②混凝土稠度两次测值的差值不应大于混凝土拌合物稠度允许偏差的绝对值。

7.5 运 输

7.5.1 搅拌运输车难以将坍落度小于 90mm 的高强混凝土拌合物卸出。

7.5.2 罐内积水或积浆会使混凝土配合比欠准确。

7.5.3 采用外加剂调整混凝土拌合物的可操作时间并控制混凝土出机至现场接收不超过 90min 是易行的。运输保证浇筑的连续性有利于避免高强混凝土结构出现因浇筑间断产生的"冷缝"或薄弱层。

7.5.4 在现场施工组织不畅而导致压车或因交通阻塞延长运输时间等场合下，多发生混凝土拌合物坍落度损失过大导致搅拌运输车卸料困难的问题，向搅拌罐内掺加适量减水剂并搅拌均匀可改善拌合物稠度将混凝土拌合物卸出。

7.6 浇 筑

7.6.1 高强混凝土拌合物中浆体多，流动性大，浇筑时对模板的压力大，浇筑时易于漏浆和胀模，因此，支模是高强混凝土施工的关键环节之一；天气炎热时金属模板会被晒得发烫，对高强混凝土性能不利。

7.6.2 在不得已的情况下，降低高强混凝土拌合物温度的常用方法是采用加冰的拌合水；提高拌合物温度的常用方法是采用加热的拌合水，拌合用水可加热到 60℃以上，应先投入骨料和热水搅拌，然后再投入胶凝材料等共同搅拌。

7.6.3 现行行业标准《混凝土泵送施工技术规程》JGJ/T 10 规定了普通混凝土和高强混凝土的泵送设备和管道的选择、布置及其泵送操作的有关规定。

7.6.4 高强混凝土泵送是施工的关键环节之一。一般认为：高强混凝土拌合物用水量小，黏度大，尤其在大高程泵送情况下，有一定的控制难度，解决了高强混凝土的泵送问题，基本就解决了高强混凝土施工的主要问题。施工前进行高强混凝土试泵能够为提高泵送的可靠性做准备。

7.6.5 由于高强混凝土黏度大，间歇后开始泵送瞬间黏滞作用大，进行较大高程的高强混凝土泵送，对泵压要求高。

7.6.6 强度等级不低于 C80 的高强混凝土黏度很大，采用较大管径的输送管有利于减小黏度对泵送的影响。

7.6.7 向下泵送高强混凝土时，控制输送管与垂线的夹角大一些有利于防止形成空气栓塞引起堵泵。

7.6.8 在泵送过程中，为了防止混凝土在输送管中形成栓塞导致堵泵，应尽量避免混凝土在输送管中长时间停滞不动。当向下泵送高强混凝土时，反泵无益。

7.6.9 输送管道中的原有较低强度等级混凝土混入后来浇筑的较高强度等级混凝土中会引发工程事故。

7.6.10 高强混凝土自由倾落不易离析，但结构配筋较密时，高强混凝土会被结构配筋筛打成离析状态。

7.6.11 高强混凝土结构通常是分层浇筑的，分层厚度不宜过大和层间浇筑间隔时间不宜过长，有利于保证每层混凝土浇筑质量和整体结构的匀质性。自密实高强混凝土浇筑不受此条规定的限制。

7.6.12 例如，在整体现浇柱和梁时，柱可能是高强混凝土，而梁不是高强混凝土，那么现浇对接处应设在梁中；由于高强混凝土流动性大，所以需要设置密孔钢丝网拦截；填补柱头混凝土时应注意不要采用梁的混凝土。

7.6.13 泵送高强混凝土振捣时间不宜过长，以避免石子和浆体分层。非泵送的高强混凝土也可以采用其他密实方法，比如预制桩采用的离心法等。

7.6.14 高强混凝土结构尺寸较大的情况不少，并且由于高强混凝土温升较高，温控就尤为重要。采取措施后，高强混凝土可以满足现行国家标准《大体积混凝土施工规范》GB 50496 的温控要求。

7.6.15 混凝土制品厂采用的高强混凝土可以是塑性混凝土或低流动性混凝土，操作时间相对减少。

7.7 养 护

7.7.1 高强混凝土早期收缩比较大，如果再发生表面水分损失，会加大混凝土开裂倾向，因此，应采取措施防止混凝土浇筑成型后的表面水分损失。

7.7.2 一方面，高强混凝土强度发展比较快，另一方面，由于施工性能要求和经济原因，矿物掺合料掺量比较大，因此，潮湿养护时间不宜少于 10d。

7.7.3 对于竖向结构的混凝土立面，采用混凝土养护剂比较有利。

7.7.4 风速较大对高强混凝土养护十分不利，一方面，如果混凝土不好，混凝土表面会迅速失水，导致表面裂缝，另一方面，大风会破坏养护的覆盖条件。

7.7.5 混凝土成型后蒸汽养护前的静停时间长一些有利于减少混凝土在蒸养过程中的内部损伤；控制升温速度和降温速度慢一些，可减小温度应力对混凝土内部结构的不利影响；如果生产效率和时间允许，控制最高和恒温温度不超过 65℃ 比较合适。

7.7.6 对于大体积高强混凝土，通常采用保温措施控制混凝土内部、表面和外界的温差。

7.7.7 冬期施工时，高强混凝土结构带模养护比较有利，易于采取保温措施（比如保温模板等），保湿效果也可以；采用高强混凝土的结构往往比较重要，提高受冻前的强度要求是有益的；对通常用于重要结构的高强混凝土，撤除养护措施时混凝土强度达到设计强度等级的 70% 比常规普通混凝土的 50% 高一些有利于结构安全，主要是考虑到高强混凝土强度后期发展潜力比较小。

8 质 量 检 验

8.0.1 高强混凝土的检验规则与常规的普通混凝土一致，现行国家标准《混凝土质量控制标准》GB 50164 第 7 章混凝土质量检验完全适用于高强混凝土的检验。

8.0.2 高强混凝土性能以满足设计和施工要求为合格；设计和施工未提出要求的性能可不评价。

附录 A 倒置坍落度筒排空试验方法

高强混凝土拌合物黏性较大，流动速度也较慢，对泵送施工有影响。本试验方法可用于检验评价混凝土拌合物的流动速度和与输送管壁的黏滞性。对于高强混凝土，排空时间越短，拌合物与输送管壁的黏滞性就越小，流动速度也越大，有利于高强混凝土的泵送施工。

中华人民共和国行业标准

自密实混凝土应用技术规程

Technical specification for application
of self-compacting concrete

JGJ/T 283—2012

批准部门：中华人民共和国住房和城乡建设部
施行日期：２０１２年８月１日

中华人民共和国住房和城乡建设部
公　告

第 1330 号

关于发布行业标准《自密实混凝土应用技术规程》的公告

现批准《自密实混凝土应用技术规程》为行业标准，编号为 JGJ/T 283 - 2012，自 2012 年 8 月 1 日起实施。

本规程由我部标准定额研究所组织中国建筑工业

出版社出版发行。

中华人民共和国住房和城乡建设部
2012 年 3 月 15 日

前　言

根据住房和城乡建设部《关于印发〈2010 年工程建设标准规范制订、修订计划（第一批）〉的通知》（建标〔2010〕43 号）的要求，规程编制组经广泛调查研究，认真总结实践经验，参考有关国际标准和国外先进标准，并在广泛征求意见的基础上，编制本规程。

本规程的主要技术内容是：1. 总则；2. 术语和符号；3. 材料；4. 混凝土性能；5. 混凝土配合比设计；6. 混凝土制备与运输；7. 施工；8. 质量检验与验收。

本规程由住房和城乡建设部负责管理，由厦门市建筑科学研究院集团股份有限公司负责具体技术内容的解释。本规程执行过程中如有意见或建议，请寄送厦门市建筑科学研究院集团股份有限公司（地址：厦门市湖滨南路 62 号，邮编：361004）。

本 规 程 主 编 单 位：厦门市建筑科学研究院集团股份有限公司
福建六建集团有限公司

本 规 程 参 编 单 位：四川华西绿舍建材有限公司
中冶建工集团有限公司
厦门源昌城建集团有限公司
中国建筑第四工程局有限公司
辽宁省建设科学研究院
中南大学
重庆大学
湖南大学
同济大学
重庆建工住宅建设有限公司
云南省建筑科学研究院
厦门天润锦龙建材有限公司
福建科之杰新材料有限公司
厦门市工程检测中心有限公司
江苏山水建设集团有限公司

本规程主要起草人员：李晓斌　桂苗苗　王世杰
程志潮　曾冲盛　余志武
钱觉时　彭军芝　王德辉
龙广成　孙振平　王　元
杨善顺　张　明　王于益
邓　岗　周尚永　马　林
杨克红　林添兴　麻秀星
陈怡宏　陈　维　刘登贤
蒋亚清　吴方华　徐仁崇
钟怀武

本规范主要审查人员：阎培渝　路来军　马保国
樊粤明　李美利　王自强
文恒武　颜万军　刘忠群
李镇华　严捍东　蔡森林

目　　次

Contents

1 总 则

1.0.1 为规范自密实混凝土的生产与应用，做到技术先进、经济合理、安全适用，确保工程质量，制定本规程。

1.0.2 本规程适用于自密实混凝土的材料选择、配合比设计、制备与运输、施工及验收。

1.0.3 自密实混凝土的材料选择、配合比设计、制备与运输、施工及验收除应符合本规程外，尚应符合国家现行有关标准的规定。

2 术语和符号

2.1 术 语

2.1.1 自密实混凝土 self-compacting concrete

具有高流动性、均匀性和稳定性，浇筑时无需外力振捣，能够在自重作用下流动并充满模板空间的混凝土。

2.1.2 填充性 filling ability

自密实混凝土拌合物在无需振捣的情况下，能均匀密实成型的性能。

2.1.3 间隙通过性 passing ability

自密实混凝土拌合物均匀通过狭窄间隙的性能。

2.1.4 抗离析性 segregation resistance

自密实混凝土拌合物中各种组分保持均匀分散的性能。

2.1.5 坍落扩展度 slump-flow

自坍落度筒提起至混凝土拌合物停止流动后，测量坍落扩展面最大直径和与最大直径呈垂直方向的直径的平均值。

2.1.6 扩展时间（T_{500}） slump-flow time

用坍落度筒测量混凝土坍落扩展度时，自坍落度筒提起开始计时，至拌合物坍落扩展面直径达到500mm的时间。

2.1.7 J环扩展度 J-Ring flow

J环扩展度试验中，拌合物停止流动后，扩展面的最大直径和与最大直径呈垂直方向的直径的平均值。

2.1.8 离析率 segregation percent

标准法筛析试验中，拌合物静置规定时间后，流过公称直径为5mm的方孔筛的浆体质量与混凝土质量的比例。

2.2 符 号

2.2.1 自密实性能等级

f_m——粗骨料振动离析率；

PA——坍落扩展度与J环扩展度之差；

SF——坍落扩展度；

SR——离析率；

VS——扩展时间（T_{500}）。

2.2.2 体积

V_a——每立方米混凝土中引入的空气体积；

V_g——每立方米混凝土中粗骨料的体积；

V_s——每立方米混凝土中细骨料的体积；

V_m——每立方米混凝土中砂浆的体积；

V_p——每立方米混凝土中去除粗、细骨料后剩下的浆体体积；

V_w——每立方米混凝土中水的体积。

2.2.3 质量

m_b——每立方米混凝土中胶凝材料的质量；

m_{ca}——每立方混凝土中外加剂的质量；

m_g——每立方米混凝土中粗骨料的质量；

m_s——每立方米混凝土中细骨料的质量；

m_m——每立方米混凝土中矿物掺合料的质量；

m_w——每立方米混凝土中用水的质量。

2.2.4 密度

ρ_b——胶凝材料的表观密度；

ρ_c——水泥表观密度；

ρ_g——粗骨料的表观密度；

ρ_m——矿物掺合料表观密度；

ρ_s——细骨料的表观密度；

ρ_w——拌合水的表观密度。

2.2.5 强度

$f_{cu,0}$——混凝土配制强度值；

f_{ce}——水泥的28d实测抗压强度。

2.2.6 其他

α——每立方米混凝土中外加剂占胶凝材料总量的质量百分数；

β——每立方米混凝土中矿物掺合料占胶凝材料的质量分数；

H——混凝土侧压力计算位置处至新浇筑混凝土顶面的总高度；

γ——矿物掺合料胶凝系数；

γ_c——混凝土的重力密度；

Φ_s——单位体积砂浆中砂所占的体积分数。

3 材 料

3.1 胶 凝 材 料

3.1.1 配制自密实混凝土宜采用硅酸盐水泥或普通硅酸盐水泥，并应符合现行国家标准《通用硅酸盐水泥》GB 175 的规定。当采用其他品种水泥时，其性能指标应符合国家现行相关标准的规定。

3.1.2 配制自密实混凝土可采用粉煤灰、粒化高炉矿渣粉、硅灰等矿物掺合料，且粉煤灰应符合国家现行标准《用于水泥和混凝土中的粉煤灰》GB/T 1596 的规定,粒化高炉矿渣粉应符合现行国家标准《用于水泥和混凝土中的粒化高炉矿渣粉》GB/T 18046 的规定,硅灰应符合现行国家标准《高强高性能混凝土用矿物外加剂》GB/T 18736 的规定。当采用其他矿物掺合料时,应通过充分试验进行验证,确定混凝土性能满足工程应用要求后再使用。

3.2 骨 料

3.2.1 粗骨料宜采用连续级配或 2 个及以上单粒径级配搭配使用,最大公称粒径不宜大于 20mm;对于结构紧密的竖向构件、复杂形状的结构以及有特殊要求的工程,粗骨料的最大公称粒径不宜大于 16mm。粗骨料的针片状颗粒含量、含泥量及泥块含量,应符合表 3.2.1 的规定,其他性能及试验方法应符合现行行业标准《普通混凝土用砂、石质量及检验方法标准》JGJ 52 的规定。

表 3.2.1 粗骨料的针片状颗粒含量、含泥量及泥块含量

项 目	针片状颗粒含量	含泥量	泥块含量
指标（%）	≤8	≤1.0	≤0.5

3.2.2 轻粗骨料宜采用连续级配,性能指标应符合表 3.2.2 的规定,其他性能及试验方法应符合国家现行标准《轻集料及其试验方法 第 1 部分:轻集料》GB/T 17431.1 和《轻骨料混凝土技术规程》JGJ 51 的规定。

表 3.2.2 轻粗骨料的性能指标

项目	密度等级	最大粒径	粒型系数	24h 吸水率
指标	≥700	≤16mm	≤2.0	≤10%

3.2.3 细骨料宜采用级配Ⅱ区的中砂。天然砂的含泥量、泥块含量应符合表 3.2.3-1 的规定;人工砂的石粉含量应符合表 3.2.3-2 的规定。细骨料的其他性能及试验方法应符合现行行业标准《普通混凝土用砂、石质量及检验方法标准》JGJ 52 的规定。

表 3.2.3-1 天然砂的含泥量和泥块含量

项 目	含泥量	泥块含量
指标（%）	≤3.0	≤1.0

表 3.2.3-2 人工砂的石粉含量

项 目		指 标		
		≥C60	C55～C30	≤C25
石粉含量（%）	MB<1.4	≤5.0	≤7.0	≤10.0
	MB≥1.4	≤2.0	≤3.0	≤5.0

3.3 外 加 剂

3.3.1 外加剂应符合现行国家标准《混凝土外加剂》GB 8076 和《混凝土外加剂应用技术规范》GB 50119 的有关规定。

3.3.2 掺用增稠剂、絮凝剂等其他外加剂时,应通过充分试验进行验证,其性能应符合国家现行有关标准的规定。

3.4 混凝土用水

3.4.1 自密实混凝土的拌合用水和养护用水应符合现行行业标准《混凝土用水标准》JGJ 63 的规定。

3.5 其 他

3.5.1 自密实混凝土加入钢纤维、合成纤维时,其性能应符合现行行业标准《纤维混凝土应用技术规程》JGJ/T 221 的规定。

4 混凝土性能

4.1 混凝土拌合物性能

4.1.1 自密实混凝土拌合物除应满足普通混凝土拌合物对凝结时间、黏聚性和保水性等的要求外,还应满足自密实性能的要求。

4.1.2 自密实混凝土拌合物的自密实性能及要求可按表 4.1.2 确定,试验方法应按本规程附录 A 执行。

表 4.1.2 自密实混凝土拌合物的自密实性能及要求

自密实性能	性能指标	性能等级	技术要求
填充性	坍落扩展度（mm）	SF1	550～655
		SF2	660～755
		SF3	760～850
	扩展时间 T_{500}（s）	VS1	≥2
		VS2	<2
间隙通过性	坍落扩展度与 J 环扩展度差值（mm）	PA1	25<PA1≤50
		PA2	0≤PA2≤25
抗离析性	离析率（%）	SR1	≤20
		SR2	≤15
	粗骨料振动离析率（%）	f_m	≤10

注：当抗离析性试验结果有争议时,以离析率筛析法试验结果为准。

4.1.3 不同性能等级自密实混凝土的应用范围应按表 4.1.3 确定。

表 4.1.3 不同性能等级自密实混凝土的应用范围

自密实性能	性能等级	应用范围	重要性
填充性	SF1	1 从顶部浇筑的无配筋或配筋较少的混凝土结构物; 2 泵送浇筑施工的工程; 3 截面较小,无需水平长距离流动的竖向结构物	控制指标
	SF2	适合一般的普通钢筋混凝土结构	
	SF3	适用于结构紧密的竖向构件、形状复杂的结构等(粗骨料最大公称粒径宜小于 16mm)	
	VS1	适用于一般的普通钢筋混凝土结构	
	VS2	适用于配筋较多的结构或有较高混凝土外观性能要求的结构,应严格控制	
间隙通过性[1]	PA1	适用于钢筋净距 80mm～100mm	可选指标
	PA2	适用于钢筋净距 60mm～80mm	
抗离析性[2]	SR1	适用于流动距离小于 5m、钢筋净距大于 80mm 的薄板结构和竖向结构	可选指标
	SR2	适用于流动距离超过 5m、钢筋净距大于 80mm 的竖向结构。也适用于流动距离小于 5m、钢筋净距小于 80mm 的竖向结构,当流动距离超过 5m,SR 值宜小于 10%	

注：1 钢筋净距小于 60mm 时宜进行浇筑模拟试验;对于钢筋净距大于 80mm 的薄板结构或钢筋净距大于 100mm 的其他结构可不作间隙通过性指标要求。
2 高填充性(坍落扩展度指标为 SF2 或 SF3)的自密实混凝土,应有抗离析性要求。

4.2 硬化混凝土的性能

4.2.1 硬化混凝土力学性能、长期性能和耐久性能应满足设计要求和国家现行相关标准的规定。

5 混凝土配合比设计

5.1 一般规定

5.1.1 自密实混凝土应根据工程结构形式、施工工艺以及环境因素进行配合比设计,并应在综合考虑混凝土自密实性能、强度、耐久性以及其他性能要求的基础上,计算初始配合比,经试验室试配、调整得出满足自密实性能要求的基准配合比,经强度、耐久性复核得到设计配合比。

5.1.2 自密实混凝土配合比设计宜采用绝对体积法。自密实混凝土水胶比宜小于 0.45,胶凝材料用量宜控制在 400kg/m³～550kg/m³。

5.1.3 自密实混凝土宜采用通过增加粉体材料的方法适当增加浆体体积,也可通过添加外加剂的方法来改善浆体的黏聚性和流动性。

5.1.4 钢管自密实混凝土配合比设计时,应采取减少收缩的措施。

5.2 混凝土配合比设计

5.2.1 自密实混凝土初始配合比设计宜符合下列规定:

1 配合比设计应确定拌合物中粗骨料体积、砂浆中砂的体积分数、水胶比、胶凝材料用量、矿物掺合料的比例等参数。

2 粗骨料体积及质量的计算宜符合下列规定:

1) 每立方米混凝土中粗骨料的体积(V_g)可按表 5.2.1 选用;

表 5.2.1 每立方米混凝土中粗骨料的体积

填充性指标	SF1	SF2	SF3
每立方米混凝土中粗骨料的体积(m³)	0.32～0.35	0.30～0.33	0.28～0.30

2) 每立方米混凝土中粗骨料的质量(m_g)可按下式计算:

$$m_g = V_g \cdot \rho_g \qquad (5.2.1-1)$$

式中：ρ_g——粗骨料的表观密度(kg/m^3)。

3 砂浆体积(V_m)可按下式计算:

$$V_m = 1 - V_g \qquad (5.2.1-2)$$

4 砂浆中砂的体积分数(Φ_s)可取 0.42～0.45。

5 每立方米混凝土中砂的体积(V_s)和质量(m_s)可按下列公式计算:

$$V_s = V_m \cdot \Phi_s \qquad (5.2.1-3)$$

$$m_s = V_s \cdot \rho_s \qquad (5.2.1-4)$$

式中：ρ_s——砂的表观密度(kg/m^3)。

6 浆体体积(V_p)可按下式计算:

$$V_p = V_m - V_s \qquad (5.2.1-5)$$

7 胶凝材料表观密度（ρ_b）可根据矿物掺合料和水泥的相对含量及各自的表观密度确定，并可按下式计算：

$$\rho_b = \frac{1}{\dfrac{\beta}{\rho_m} + \dfrac{(1-\beta)}{\rho_c}} \qquad (5.2.1-6)$$

式中：ρ_m——矿物掺合料的表观密度（kg/m³）；

ρ_c——水泥的表观密度（kg/m³）；

β——每立方米混凝土中矿物掺合料占胶凝材料的质量分数（%）；当采用两种或两种以上矿物掺合料时，可以 β_1、β_2、β_3 表示，并进行相应计算；根据自密实混凝土工作性、耐久性、温升控制等要求，合理选择胶凝材料中水泥、矿物掺合料类型，矿物掺合料占胶凝材料用量的质量分数 β 不宜小于 0.2。

8 自密实混凝土配制强度（$f_{cu,0}$）应按现行行业标准《普通混凝土配合比设计规程》JGJ 55 的规定进行计算。

9 水胶比（m_w/m_b）应符合下列规定：

1) 当具备试验统计资料时，可根据工程所使用的原材料，通过建立的水胶比与自密实混凝土抗压强度关系式来计算得到水胶比；

2) 当不具备上述试验统计资料时，水胶比可按下式计算：

$$m_w/m_b = \frac{0.42 f_{ce}(1 - \beta + \beta \cdot \gamma)}{f_{cu,0} + 1.2} \qquad (5.2.1-7)$$

式中：m_b——每立方米混凝土中胶凝材料的质量（kg）；

m_w——每立方米混凝土中用水的质量（kg）；

f_{ce}——水泥的 28d 实测抗压强度（MPa）；当水泥 28d 抗压强度未能进行实测时，可采用水泥强度等级对应值乘以 1.1 得到的数值作为水泥抗压强度值；

γ——矿物掺合料的胶凝系数；粉煤灰（$\beta \leqslant$ 0.3）可取 0.4、矿渣粉（$\beta \leqslant$ 0.4）可取 0.9。

10 每立方米自密实混凝土中胶凝材料的质量（m_b）可根据自密实混凝土中的浆体体积（V_p）、胶凝材料的表观密度（ρ_b）、水胶比（m_w/m_b）等参数确定，并可按下式计算：

$$m_b = \frac{(V_p - V_a)}{\left(\dfrac{1}{\rho_b} + \dfrac{m_w/m_b}{\rho_w}\right)} \qquad (5.2.1-8)$$

式中：V_a——每立方米混凝土中引入空气的体积（L），对于非引气型的自密实混凝土，V_a 可取 10L～20L；

ρ_w——每立方米混凝土中拌合水的表观密度（kg/m³），取 1000kg/m³。

11 每立方米混凝土中用水的质量（m_w）应根据每立方米混凝土中胶凝材料质量（m_b）以及水胶比（m_w/m_b）确定，并可按下式计算：

$$m_w = m_b \cdot (m_w/m_b) \qquad (5.2.1-9)$$

12 每立方米混凝土中水泥的质量（m_c）和矿物掺合料的质量（m_m）应根据每立方米混凝土中胶凝材料的质量（m_b）和胶凝材料中矿物掺合料的质量分数（β）确定，并可按下列公式计算：

$$m_m = m_b \cdot \beta \qquad (5.2.1-10)$$
$$m_c = m_b - m_m \qquad (5.2.1-11)$$

13 外加剂的品种和用量应根据试验确定，外加剂用量可按下式计算：

$$m_{ca} = m_b \cdot \alpha \qquad (5.2.1-12)$$

式中：m_{ca}——每立方米混凝土中外加剂的质量（kg）；

α——每立方米混凝土中外加剂占胶凝材料总量的质量百分数（%）。

5.2.2 自密实混凝土配合比的试配、调整与确定应符合下列规定：

1 混凝土试配时应采用工程实际使用的原材料，每盘混凝土的最小搅拌量不宜小于 25L。

2 试配时，首先应进行试拌，先检查拌合物自密实性能必控指标，再检查拌合物自密实性能可选指标。当试拌得出的拌合物自密实性能不能满足要求时，应在水胶比不变、胶凝材料用量和外加剂用量合理的原则下调整胶凝材料用量、外加剂用量或砂的体积分数等，直到符合要求为止。应根据试拌结果提出混凝土强度试验用的基准配合比。

3 混凝土强度试验时至少应采用三个不同的配合比。当采用不同的配合比时，其中一个应为本规程第 5.2.2 条中第 2 款确定的基准配合比，另外两个配合比的水胶比宜较基准配合比分别增加和减少 0.02；用水量与基准配合比相同，砂的体积分数可分别增加或减少 1%。

4 制作混凝土强度试验试件时，应验证拌合物自密实性能是否达到设计要求，并以该结果代表相应配合比的混凝土拌合物性能指标。

5 混凝土强度试验时每种配合比至少应制作一组试件，标准养护到 28d 或设计要求的龄期时试压，也可同时多制作几组试件，按《早期推定混凝土强度试验方法标准》JGJ/T 15 早期推定混凝土强度，用于配合比调整，但最终应满足标准养护 28d 或设计规定龄期的强度要求。如有耐久性要求时，还应检测相应的耐久性指标。

6 应根据试配结果对基准配合比进行调整，调整与确定应按《普通混凝土配合比设计规程》JGJ 55 的规定执行，确定的配合比即为设计配合比。

7 对于应用条件特殊的工程，宜采用确定的配合比进行模拟试验，以检验所设计的配合比是否满足工程应用条件。

6 混凝土制备与运输

6.1 原材料检验与贮存

6.1.1 自密实混凝土原材料进场时,供方应按批次向需方提供质量证明文件。

6.1.2 原材料进场后,应进行质量检验,并应符合下列规定:

    1 胶凝材料、外加剂的检验项目与批次应符合现行国家标准《预拌混凝土》GB/T 14902 的规定;

    2 粗、细骨料的检验项目与批次应符合现行行业标准《普通混凝土用砂、石质量及检验方法标准》JGJ 52 的规定,其中人工砂检验项目还应包括亚甲蓝(*MB*)值;

    3 其他原材料的检验项目和批次应按国家现行有关标准执行。

6.1.3 原材料贮存应符合下列规定:

    1 水泥应按品种、强度等级及生产厂家分别贮存,并应防止受潮和污染;

    2 掺合料应按品种、质量等级和产地分别贮存,并应防雨和防潮;

    3 骨料宜采用仓储或带棚堆场贮存,不同品种、规格的骨料应分别贮存,堆料仓应设有分隔区域;

    4 外加剂应按品种和生产厂家分别贮存,采取遮阳、防水等措施。粉状外加剂应防止受潮结块;液态外加剂应贮存在密闭容器内,并应防晒和防冻,使用前应搅拌均匀。

6.2 计量与搅拌

6.2.1 原材料的计量应按质量计,且计量允许偏差应符合表 6.2.1 的规定。

表 6.2.1 原材料计量允许偏差（%）

序号	原材料品种	胶凝材料	骨料	水	外加剂	掺合料
1	每盘计量允许偏差	±2	±3	±1	±1	±2
2	累计计量允许偏差	±1	±2	±1	±1	±1

注：1 现场搅拌时原材料计量允许偏差应满足每盘计量允许偏差要求;

    2 累计计量允许偏差是指每一运输车中各盘混凝土的每种材料计量和的偏差,该项指标仅适用于采用计算机控制计量的搅拌站。

6.2.2 自密实混凝土宜采用集中搅拌方式生产,生产过程应符合现行国家标准《预拌混凝土》GB/T 14902 的规定。

6.2.3 自密实混凝土在搅拌机中的搅拌时间不应少于 60s,并应比非自密实混凝土适当延长。

6.2.4 生产过程中,每台班应至少检测一次骨料含水率。当骨料含水率有显著变化时,应增加测定次数,并应依据检测结果及时调整材料用量。

6.2.5 高温施工时,生产自密实混凝土原材料最高入机温度应符合表 6.2.5 的规定,必要时应对原材料采取温度控制措施。

表 6.2.5 原材料最高入机温度

原材料	最高入机温度（℃）
水泥	60
骨料	30
水	25
粉煤灰等掺合料	60

6.2.6 冬期施工时,宜对拌合水、骨料进行加热,但拌合水温度不宜超过 60℃、骨料不宜超过 40℃;水泥、外加剂、掺合料不得直接加热。

6.2.7 泵送自密实轻骨料混凝土所用的轻粗骨料在使用前,宜采用浸水、洒水或加压预湿等措施进行预湿处理。

6.3 运 输

6.3.1 自密实混凝土运输应采用混凝土搅拌运输车,并宜采取防晒、防寒等措施。

6.3.2 运输车在接料前应将车内残留的混凝土清洗干净,并应将车内积水排尽。

6.3.3 自密实混凝土运输过程中,搅拌运输车的滚筒应保持匀速转动,速度应控制在 3r/min～5r/min,并严禁向车内加水。

6.3.4 运输车从开始接料至卸料的时间不宜大于 120min。

6.3.5 卸料前,搅拌运输车罐体宜高速旋转 20s 以上。

6.3.6 自密实混凝土的供应速度应保证施工的连续性。

7 施 工

7.1 一 般 规 定

7.1.1 自密实混凝土施工前应根据工程结构类型和特点、工程量、材料供应情况、施工条件和进度计划等确定施工方案,并对施工作业人员进行技术交底。

7.1.2 自密实混凝土施工应进行过程监控,并应根据监控结果调整施工措施。

7.1.3 自密实混凝土施工应符合现行国家标准《混凝土结构工程施工规范》GB 50666 的规定。

7.2 模板施工

7.2.1 模板及其支架设计应符合现行国家标准《混凝土结构工程施工规范》GB 50666 的相关规定。新浇筑混凝土对模板的最大侧压力应按下式计算：

$$F = \gamma_c H \qquad (7.2.1)$$

式中：F——新浇筑混凝土对模板的最大侧压力（kN/m²）；

γ_c——混凝土的重力密度（kN/m³）；

H——混凝土侧压力计算位置处至新浇筑混凝土顶面的总高度（m）。

7.2.2 成型的模板应拼装紧密，不得漏浆，应保证构件尺寸、形状，并应符合下列规定：

1 斜坡面混凝土的外斜坡表面应支设模板；

2 混凝土上表面模板应有抗自密实混凝土浮力的措施；

3 浇筑形状复杂或封闭模板空间内混凝土时，应在模板上适当部位设置排气口和浇筑观察口。

7.2.3 模板及其支架拆除应符合现行国家标准《混凝土结构工程施工规范》GB 50666 的规定，对薄壁、异形等构件宜延长拆模时间。

7.3 浇 筑

7.3.1 高温施工时，自密实混凝土入模温度不宜超过 35℃；冬期施工时，自密实混凝土入模温度不宜低于 5℃。在降雨、降雪期间，不宜在露天浇筑混凝土。

7.3.2 大体积自密实混凝土入模温度宜控制在 30℃以下；混凝土在入模温度基础上的绝热温升值不宜大于 50℃，混凝土的降温速率不宜大于 2.0℃/d。

7.3.3 浇筑自密实混凝土时，应根据浇筑部位的结构特点及混凝土自密实性能选择机具与浇筑方法。

7.3.4 浇筑自密实混凝土时，现场应有专人进行监控，当混凝土自密实性能不能满足要求时，可加入适量的与原配合比相同成分的外加剂，外加剂掺入后搅拌运输车滚筒应快速旋转，外加剂掺量和旋转搅拌时间应通过试验验证。

7.3.5 自密实混凝土泵送施工应符合现行行业标准《混凝土泵送施工技术规程》JGJ/T 10 的规定。

7.3.6 自密实混凝土泵送和浇筑过程应保持连续性。

7.3.7 大体积自密实混凝土采用整体分层连续浇筑或推移式连续浇筑时，应缩短间歇时间，并应在前层混凝土初凝之前浇筑次层混凝土，同时应减少分层浇筑的次数。

7.3.8 自密实混凝土浇筑最大水平流动距离应根据施工部位具体要求确定，且不宜超过 7m。布料点应根据混凝土自密实性能确定，并通过试验确定混凝土布料点的间距。

7.3.9 柱、墙模板内的混凝土浇筑倾落高度不宜大于 5m，当不能满足规定时，应加设串筒、溜管、溜槽等装置。

7.3.10 浇筑结构复杂、配筋密集的混凝土构件时，可在模板外侧进行辅助敲击。

7.3.11 型钢混凝土结构应均匀对称浇筑。

7.3.12 钢管自密实混凝土结构浇筑应符合下列规定：

1 应按设计要求在钢管适当位置设置排气孔，排气孔孔径宜为 20mm。

2 混凝土最大倾落高度不宜大于 9m，倾落高度大于 9m 时，应采用串筒、溜槽、溜管等辅助装置进行浇筑。

3 混凝土从管底顶升浇筑时应符合下列规定：

1) 应在钢管底部设置进料管，进料管应设止流阀门，止流阀门可在顶升浇筑的混凝土达到终凝后拆除；

2) 应合理选择顶升浇筑设备，控制混凝土顶升速度，钢管直径不宜小于泵管直径的 2 倍；

3) 浇筑完毕 30min 后，应观察管顶混凝土的回落下沉情况，出现下沉时，应人工补浇管顶混凝土。

7.3.13 自密实混凝土宜避开高温时段浇筑。当水分蒸发速率过快时，应在施工作业面采取挡风、遮阳等措施。

7.4 养 护

7.4.1 制定养护方案时，应综合考虑自密实混凝土性能、现场条件、环境温湿度、构件特点、技术要求、施工操作等因素。

7.4.2 自密实混凝土浇筑完毕，应及时采用覆盖、蓄水、薄膜保湿、喷涂或涂刷养护剂等养护措施，养护时间不得少于 14d。

7.4.3 大体积自密实混凝土养护措施应符合设计要求，当设计无具体要求时，应符合现行国家标准《大体积混凝土施工规范》GB 50496 的有关规定。对裂缝有严格要求的部位应适当延长养护时间。

7.4.4 对于平面结构构件，混凝土初凝后，应及时采用塑料薄膜覆盖，并应保持塑料薄膜内有凝结水。混凝土强度达到 1.2N/mm² 后，应覆盖保湿养护，条件许可时宜蓄水养护。

7.4.5 垂直结构构件拆模后，表面宜覆盖保湿养护，也可涂刷养护剂。

7.4.6 冬期施工时，不得向裸露部位的自密实混凝土直接浇水养护，应用保温材料和塑料薄膜进行保温、保湿养护，保温材料的厚度应经热工计算确定。

7.4.7 采用蒸汽养护的预制构件，养护制度应通过试验确定。

8 质量检验与验收

8.1 质量检验

8.1.1 自密实混凝土拌合物检验项目除应符合现行国家标准《混凝土结构工程施工质量验收规范》GB 50204 的规定外，还应检验自密实性能，并应符合下列规定：

1 混凝土自密实性能指标检验应包括坍落扩展度和扩展时间；

2 出厂检验时，坍落扩展度和扩展时间应每100m³ 相同配合比的混凝土至少检验 1 次；当一个台班相同配合比的混凝土不足 100m³ 时，检验不得少于1 次；

3 交货时坍落扩展度和扩展时间检验批次应与强度检验批次一致；

4 实测坍落扩展度应符合设计要求，混凝土拌合物不得出现外沿泌浆和中心骨料堆积现象。

8.1.2 对掺引气型外加剂的自密实混凝土拌合物应检验其含气量，含气量应符合国家现行相关标准的规定。

8.1.3 自密实混凝土强度应满足设计要求，检验的试件应符合下列规定：

1 出厂检验试件留置方法和数量应符合现行国家标准《预拌混凝土》GB/T 14902 的规定；

2 交货检验试件留置方法和数量应符合现行国家标准《混凝土结构工程施工质量验收规范》GB 50204 的规定。

8.1.4 对有耐久性设计要求的自密实混凝土，还应检验耐久性项目，其试件留置方法和数量应符合现行行业标准《混凝土耐久性检验评定标准》JGJ/T 193 的规定。

8.1.5 混凝土拌合物自密实性能的试验方法应按本规程附录 A 执行，混凝土试件成型方法应按本规程附录 B 执行。混凝土拌合物的其他性能试验方法应按现行国家标准《普通混凝土拌合物性能试验方法标准》GB/T 50080 的规定执行。自密实混凝土的力学性能、长期性能和耐久性能试验方法应分别按现行国家标准《普通混凝土力学性能试验方法标准》GB/T 50081 和《普通混凝土长期性能和耐久性能试验方法标准》GB/T 50082 的规定执行。

8.2 检验评定

8.2.1 自密实混凝土强度应按现行国家标准《混凝土强度检验评定标准》GB/T 50107 的规定进行检验评定。

8.2.2 自密实混凝土耐久性能应按现行行业标准《混凝土耐久性检验评定标准》JGJ/T 193 的规定进行检验评定。

8.3 工程质量验收

8.3.1 自密实混凝土工程质量验收应按现行国家标准《混凝土结构工程施工质量验收规范》GB 50204 的规定执行。

附录 A 混凝土拌合物自密实性能试验方法

A.1 坍落扩展度和扩展时间试验方法

A.1.1 本方法用于测试自密实混凝土拌合物的填充性。

A.1.2 自密实混凝土的坍落扩展度和扩展时间试验应采用下列仪器设备：

1 混凝土坍落度筒，应符合现行行业标准《混凝土坍落度仪》JG/T 248 的规定；

2 底板应为硬质不吸水的光滑正方形平板，边长应为 1000mm，最大挠度不得超过 3mm，并应在平板表面标出坍落度筒的中心位置和直径分别为200mm、300mm、500mm、600mm、700mm、800mm 及 900mm 的同心圆（图 A.1.2）。

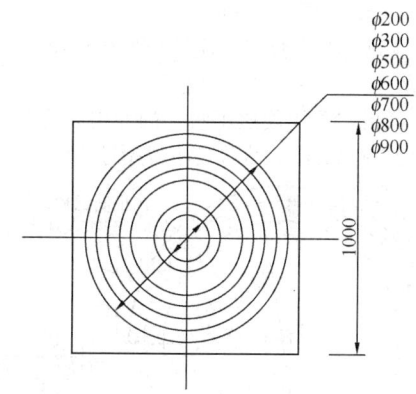

图 A.1.2 底板

A.1.3 混凝土拌合物的填充性能试验应按下列步骤进行：

1 应先润湿底板和坍落度筒，坍落度筒内壁和底板上应无明水；底板应放置在坚实的水平面上，并把筒放在底板中心，然后用脚踩住两边的脚踏板，坍落度筒在装料时应保持在固定的位置。

2 应在混凝土拌合物不产生离析的状态下，利用盛料容器一次性使混凝土拌合物均匀填满坍落度筒，且不得捣实或振动。

3 应采用刮刀刮除坍落度筒顶部及周边混凝土余料，使混凝土与坍落度筒的上缘齐平后，随即将坍落度筒沿铅直方向匀速地向上快速提起 300mm 左右的高度，提起时间宜控制在 2s。待混凝土停止流动后，应测量展开圆形的最大直径，以及与最大直径呈垂直方向的直径。自开始入料至填充结束应在1.5min内完成，坍落度筒提起至测量拌合物扩展直径结束应控制在40s之内完成。

4 测定扩展度达500mm的时间（T_{500}）时，应自坍落度筒提起离开地面时开始，至扩展开的混凝土外缘初触平板上所绘直径500mm的圆周为止，应采用秒表测定时间，精确至0.1s。

A.1.4 混凝土的扩展度应为混凝土拌合物坍落扩展终止后扩展面相互垂直的两个直径的平均值，测量精确应至1mm，结果修约至5mm。

A.1.5 应观察最终坍落后的混凝土状况，当粗骨料在中央堆积或最终扩展后的混凝土边缘有水泥浆析出时，可判定混凝土拌合物抗离析性不合格，应予记录。

A.2 J环扩展度试验方法

A.2.1 本方法适用于测试自密实混凝土拌合物的间隙通过性。

A.2.2 自密实混凝土J环扩展度试验应采用下列仪器设备：

1 J环，应采用钢或不锈钢，圆环中心直径和厚度应分别为300mm、25mm，并用螺母和垫圈将16根 $\phi16mm\times100mm$ 圆钢锁在圆环上，圆钢中心间距应为58.9mm（图A.2.2）。

2 混凝土坍落度筒，应符合现行行业标准《混凝土坍落度仪》JG/T 248的规定。

3 底板应采用硬质不吸水的光滑正方形平板，边长应为1000mm，最大挠度不得超过3mm。

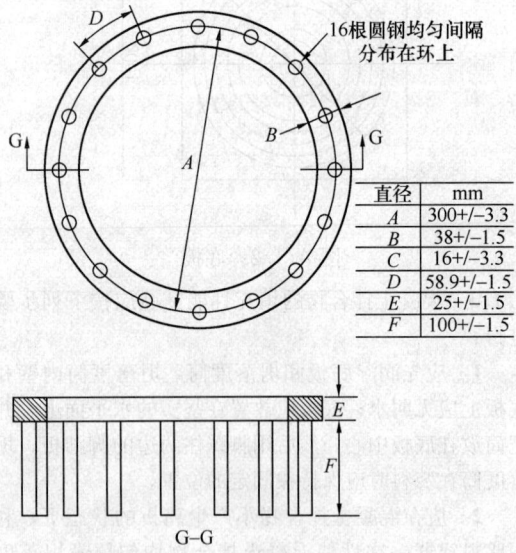

直径	mm
A	300+/-3.3
B	38+/-1.5
C	16+/-3.3
D	58.9+/-1.5
E	25+/-1.5
F	100+/-1.5

16根圆钢均匀间隔分布在环上

图 A.2.2 J环的形状和尺寸

A.2.3 自密实混凝土拌合物的间隙通过性试验应按下列步骤进行：

1 应先润湿底板、J环和坍落度筒，坍落度筒内壁和底板上应无明水。底板应放置在坚实的水平面

上，J环应放在底板中心。

2 应将坍落度筒倒置在底板中心，并应与J环同心。然后将混凝土一次性填充至满。

3 应采用刮刀刮除坍落度筒顶部及周边混凝土余料，随即将坍落度筒沿垂直方向连续地向上提起300mm，提起时间宜为2s。待混凝土停止流动后，测量展开扩展面的最大直径以及与最大直径呈垂直方向的直径。自开始入料至提起坍落度筒应在1.5min内完成。

4 J环扩展度应为混凝土拌合物坍落扩展终止后扩展面相互垂直的两个直径的平均值，测量应精确至1mm，结果修约至5mm。

5 自密实混凝土间隙通过性性能指标（PA）结果应为测得混凝土坍落扩展度与J环扩展度的差值。

6 应目视检查J环圆钢附近是否有骨料堵塞，当粗骨料在J环圆钢附近出现堵塞时，可判定混凝土拌合物间隙通过性不合格，应予记录。

A.3 离析率筛析试验方法

A.3.1 本方法适用于测试自密实混凝土拌合物的抗离析性。

A.3.2 自密实混凝土离析率筛析试验应采用下列仪器设备和工具：

1 天平，应选用称量10kg、感量5g的电子天平。

2 试验筛，应选用公称直径为5mm的方孔筛，且应符合现行国家标准《金属穿孔板试验筛》GB/T 6003.2的规定。

3 盛料器，应采用钢或不锈钢，内径为208mm，上节高度为60mm，下节带底净高为234mm，在上、下层连接处需加宽3mm～5mm，并设有橡胶垫圈（图A.3.2）。

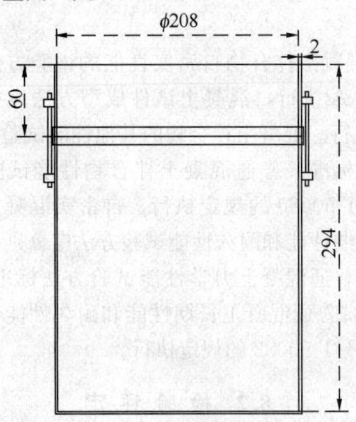

图 A.3.2 盛料器形状和尺寸

A.3.3 自密实混凝土拌合物的抗离析性筛析试验应按下列步骤进行：

1 应先取10L±0.5L混凝土置于盛料器中，放置在水平位置上，静置15min±0.5min。

2 将方孔筛固定在托盘上，然后将盛料器上节混凝土移出，倒入方孔筛；用天平称量其 m_0，精确到 1g。

3 倒入方孔筛，静置 120s±5s 后，先把筛及筛上的混凝土移走，用天平称量筛孔流到托盘上的浆体质量 m_1，精确到 1g。

A.3.4 混凝土拌合物离析率（SR）应按下式计算：

$$SR = \frac{m_1}{m_0} \times 100\% \qquad (A.3.4)$$

式中：SR——混凝土拌合物离析率（%），精确到 0.1%；

m_1——通过标准筛的砂浆质量（g）；

m_0——倒入标准筛混凝土的质量（g）。

A.4 粗骨料振动离析率跳桌试验方法

A.4.1 本方法适用于测试自密实混凝土拌合物的抗离析性能。

A.4.2 粗骨料振动离析率跳桌试验应采用下列仪器设备和工具：

1 检测筒应采用硬质、光滑、平整的金属板制成，检测筒内径应为 115mm，外径应为 135mm，分三节，每节高度均应为 100mm，并应用活动扣件固定（图 A.4.2）。

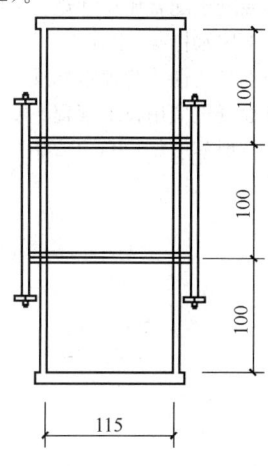

图 A.4.2 检测筒尺寸

2 跳桌振幅应为 25mm±2mm。

3 天平，应选用称量 10kg、感量 5g 的电子天平。

4 试验筛，应选用公称直径为 5mm 的方孔筛，其性能指标应符合现行国家标准《金属穿孔板试验筛》GB/T 6003.2 的规定。

A.4.3 自密实混凝土拌合物的抗离析性跳桌试验应按下列步骤进行：

1 应将自密实混凝土拌合物用料斗装入稳定性检测筒内，平至料斗口，垂直移走料斗，静置 1min，用抹刀将多余的拌合物除去并抹平，且不得压抹。

2 应将检测筒放置在跳桌上，每秒转动一次摇柄，使跳桌跳动 25 次；

3 应分节拆除检测筒，并将每节筒内拌合物装入孔径为 5mm 的圆孔筛子中，用清水冲洗拌合物，筛除浆体和细骨料，将剩余的粗骨料用海绵拭干表面的水分，用天平称其质量，精确到 1g，分别得到上、中、下三段拌合物中粗骨料的湿重 m_1、m_2 和 m_3。

A.4.4 粗骨料振动离析率应按下式计算：

$$f_m = \frac{m_3 - m_1}{\overline{m}} \times 100\% \qquad (A.4.4)$$

式中：f_m——粗骨料振动离析率（%），精确到 0.1%；

$\overline{m}$——三段混凝土拌合物中湿骨料质量的平均值（g）；

m_1——上段混凝土拌合物中湿骨料的质量（g）；

m_3——下段混凝土拌合物中湿骨料的质量（g）。

附录 B 自密实混凝土试件成型方法

B.0.1 本方法适用于自密实混凝土试件的成型。

B.0.2 自密实混凝土试件成型应采用下列设备和工具：

1 试模，应符合国家现行有关标准的规定。

2 盛料容器。

3 铲子、抹刀、橡胶手套等。

B.0.3 混凝土试件的制作应符合下列规定：

1 成型前，应检查试模尺寸，并对试模表面涂一薄层矿物油或其他不与混凝土发生反应的隔离剂。

2 在试验室拌制混凝土时，其材料用量应以质量计，且计量允许偏差应符合表 B.0.3 的规定。

表 B.0.3 原材料计量允许偏差（%）

原材料品种	水泥	骨料	水	外加剂	掺合料
计量允许偏差	±0.5	±1	±0.5	±0.5	±0.5

B.0.4 取样应按现行国家标准《普通混凝土拌合物性能试验方法标准》GB/T 50080 中的规定执行。

B.0.5 试样成型应符合下列规定：

1 取样或试验室拌制的自密实混凝土在拌制后，应尽快成型，不宜超过 15min。

2 取样或拌制好的混凝土拌合物应至少拌三次，再装入盛料器。

3 应分两次将混凝土拌合物装入试模，每层的装料厚度宜相等，中间间隔 10s，混凝土拌合物应高出试模口，不应使用振动台或插捣方法成型。

4 试模上口多余的混凝土应刮除，并用抹刀抹平。

本规程用词说明

1 为便于在执行本规程条文时区别对待，对要求严格程度不同的用词说明如下：

  1）表示很严格，非这样做不可的：

    正面词采用"必须"，反面词采用"严禁"；

  2）表示严格，在正常情况下均应这样做的：

    正面词采用"应"，反面词采用"不应"或"不得"；

  3）表示允许稍有选择，在条件许可时首先应这样做的：

    正面词采用"宜"，反面词采用"不宜"；

  4）表示有选择，在一定条件下可以这样做的采用"可"。

2 条文中指明应按其他有关标准执行的写法为："应符合……的规定"或"应按……执行"。

引用标准名录

1 《普通混凝土拌合物性能试验方法标准》GB/T 50080

2 《普通混凝土力学性能试验方法标准》GB/T 50081

3 《普通混凝土长期性能和耐久性能试验方法标准》GB/T 50082

4 《混凝土强度检验评定标准》GB/T 50107

5 《混凝土外加剂应用技术规范》GB 50119

6 《混凝土结构工程施工质量验收规范》GB 50204

7 《大体积混凝土施工规范》GB 50496

8 《混凝土结构工程施工规范》GB 50666

9 《通用硅酸盐水泥》GB 175

10 《用于水泥和混凝土中的粉煤灰》GB/T 1596

11 《金属穿孔板试验筛》GB/T 6003.2

12 《混凝土外加剂》GB 8076

13 《预拌混凝土》GB/T 14902

14 《轻集料及其试验方法 第1部分：轻集料》GB/T 17431.1

15 《用于水泥和混凝土中的粒化高炉矿渣粉》GB/T 18046

16 《高强高性能混凝土用矿物外加剂》GB/T 18736

17 《混凝土泵送施工技术规程》JGJ/T 10

18 《早期推定混凝土强度试验方法标准》JGJ/T 15

19 《轻骨料混凝土技术规程》JGJ 51

20 《普通混凝土用砂、石质量及检验方法标准》JGJ 52

21 《普通混凝土配合比设计规程》JGJ 55

22 《混凝土用水标准》JGJ 63

23 《混凝土耐久性检验评定标准》JGJ/T 193

24 《纤维混凝土应用技术规程》JGJ/T 221

25 《混凝土坍落度仪》JG/T 248

中华人民共和国行业标准

自密实混凝土应用技术规程

JGJ/T 283—2012

条 文 说 明

制 订 说 明

《自密实混凝土应用技术规程》JGJ/T 283 -
2012，经住房和城乡建设部 2012 年 3 月 15 日以第
1330 号公告批准、发布。

本规程制订过程中，编制组进行了广泛而深入的
调查研究，总结了我国工程建设中自密实混凝土工程
应用的实践经验，同时参考了国外技术标准，通过试
验取得了自密实混凝土应用的重要技术参数。

为便于广大设计、施工、科研、学校等单位有关
人员在使用本规程时能正确理解和执行条文规定，
《自密实混凝土应用技术规程》编制组按章、节、条
顺序编制了本规程的条文说明，对条文规定的目的、
依据以及执行中需注意的有关事项进行了说明。但
是，本条文说明不具备与规程正文同等的法律效力，
仅供使用者作为理解和把握规程规定的参考。

目　次

1 总　则

1.0.1 近年来自密实混凝土在工程中的应用越来越多，但尚无专门的自密实混凝土应用技术的行业标准或者国家标准指导自密实混凝土的生产和应用，无法为自密实混凝土在建筑工程中的广泛应用提供技术依据。因此，有必要制定本规程。

1.0.2 本条明确了规程的适用范围。自密实混凝土适用于现场浇筑的自密实混凝土工程和生产预制自密实混凝土构件，尤其适用于浇筑量大、振捣困难的结构以及对施工进度、噪声有特殊要求的工程。本规程对自密实混凝土生产与应用所涉及的各环节作出规定。

1.0.3 本条规定了本规程与其他标准、规范的关系。

2 术语和符号

2.1 术　语

2.1.1~2.1.4 强调自密实混凝土的特点。

2.1.5 本条对坍落扩展度进行定义，以区别《普通混凝土拌合物性能试验方法标准》GB/T 50080-2002 第 3.1.3 条所定义的普通混凝土坍落扩展度。

2.1.6 本条对扩展时间（T_{500}）进行定义。

2.1.7 本条根据美国 ASTM 标准《Standard Test Method for Passing Ability of Self-Consolidating Concrete by J-Ring》C1621/C1621M-09b 对 J 环扩展度进行定义。

2.1.8 本条根据欧洲自密实混凝土指南《The European Guidelines for Self-Compacting Concrete—Specification，Production and Use》对离析率进行定义。

3 材　料

3.1 胶凝材料

3.1.1 本条规定了自密实混凝土所用的水泥品种。当有特殊要求时，可根据设计、施工要求以及工程所处环境确定。自密实混凝土宜选用通用硅酸盐水泥，不宜采用铝酸盐水泥、硫铝酸盐水泥等凝结时间短、流动性经时损失大的水泥。

3.1.2 自密实混凝土可掺入粉煤灰、磨细矿渣粉、硅粉等矿物掺合料，并应符合相关矿物掺合料应用技术规范以及相关标准的要求。不同的矿物掺合料对混凝土工作性和物理力学性能、耐久性所产生的作用既有共性，又不完全相同。因此，应依据混凝土所处环境、设计要求、施工工艺要求等因素，经试验确定矿物掺合料种类及用量。当使用磨细矿化碳酸钙、石英

粉等其他掺合料时，应考虑掺合料的粒径分布、形状和需水量，减少对混凝土拌合物需水量或敏感度的影响，并通过试验验证，方可使用。

3.2 骨　料

3.2.1 在满足自密实混凝土性能的前提下，可根据优质、经济、就地取材的原则选择天然骨料、人工骨料或两者混合使用来制备自密实混凝土。粗骨料最大粒径对自密实混凝土工作性能影响较大，根据国内外标准相关规定和工程实际经验，粗骨料最大粒径不宜超过 20mm。欧洲自密实混凝土指南《The European Guidelines for Self-Compacting Concrete—Specification，Production and Use》中对配筋密集、形状复杂的结构或有特殊要求的工程，要求自密实混凝土坍落扩展度在 760mm~850mm 或 850mm 以上，粗骨料的最大粒径不宜大于 16mm。

粗骨料中针片状颗粒含量对自密实混凝土间隙通过性影响较大，将增加拌合物的流动阻力，同时，对混凝土强度等性能也存在不利影响。《自密实混凝土应用技术规程》CECS203：2006 规定粗骨料中针、片状含量不宜超过 8%；而《自密实混凝土设计与施工指南》CCES 02-2004 规定粗骨料中针、片状含量不宜超过 10%。因此，编制组开展了关于针片状颗粒对自密实混凝土自密实性能相关性的试验，主要试验研究结果见表 1 和表 2。从表 1 可看出，本次验证试验混凝土配合比中矿物掺合料掺量超过总胶凝材料用量 40%，因此，设计采用混凝土 60d 龄期强度。

表 1　验证试验混凝土基准配合比

系列	强度等级	每立方米混凝土材料用量（kg/m³）						
		水	水泥	矿粉	粉煤灰	砂子	石子	外加剂
BZA	C60	163	316	132	79	805	880	1.24%
BZB	C60	164	318	106	106	817	853	1.22%
BZC	C30	166	207	46	207	805	880	0.9%

表 2　验证试验自密实混凝土测试结果

编号	石子针片状含量（%）	坍落扩展度（mm）	J环扩展度（mm）	坍落扩展度与J环扩展度差值（mm）	扩展时间 T_{500}（s）	离析率（%）	7d抗压强度（MPa）	28d抗压强度（MPa）	60d抗压强度（MPa）	拌合物中粗骨料堆积现象
BZA-1	6	760	760	0	1.8	17.9	36.3	50.8	67.5	轻微
BZA-2	7	755	745	10	2.1	12.7	40.3	56.0	72.3	
BZA-3	8	755	750	5	1.8	18.1	38.5	52.3	70.6	
BZA-4	9	760	750	10	2.3	16.4	42.6	57.5	74.1	
BZA-5	10	770	735	35	1.9	20.1	45.8	55.8	72.8	轻微
BZB-1	6	670	665	5	3.6	6.6	43.7	54.0	71.2	
BZB-2	7	660	655	5	2.8	5.2	46.4	60.5	76.5	

编号	石子针片状含量(%)	坍落扩展度(mm)	J环扩展度(mm)	坍落扩展度与J环扩展度差值(mm)	扩展时间T_{500}(s)	离析率(%)	7d抗压强度(MPa)	28d抗压强度(MPa)	60d抗压强度(MPa)	拌合物中粗骨料堆积现象
BZB-3	8	650	640	10	4.4	4.8	40.1	53.7	72.9	
BZB-4	9	700	625	65	2.1	13.6	41.3	55.6	75.8	严重
BZB-5	10	665	630	35	3.9	2.1	39.0	51.9	70.1	轻微
BZC-1	5	655	650	5	3.4	3.4	21.6	31.7	42.4	
BZC-2	6	650	640	10	2.9	4.4	22.9	32.5	45.5	
BZC-3	7	680	670	10	3.9	4.3	26.6	37.5	48.9	
BZC-4	8	725	690	35	2.5	15.6	20.2	30.1	41.7	轻微
BZC-5	9	660	645	25	3.5		29.4	44.0	46.6	

由表1和表2可看出，当胶凝材料用量较多时，粗骨料的针、片状颗粒含量控制在8%以下，混凝土拌合物性能易满足相关要求；当胶凝材料用量较低时，粗骨料的针、片状颗粒含量过高，易造成拌合物粗骨料堆积，混凝土拌合物间隙通过性下降。结合试验验证结果，本规程确定粗骨料针、片状颗粒含量上限值为8%。

粗骨料含泥量、泥块含量等性能指标对自密实混凝土性能也有较大影响，本规程按《普通混凝土用砂、石质量及检验方法标准》JGJ 52-2006相关要求严格取值，规定含泥量、泥块含量应分别小于1.0%、0.5%。

3.2.2 轻粗骨料吸水率的大小，不仅影响轻骨料混凝土的性能，还将影响正常泵送施工。根据国内相关研究情况，编制组开展了关于轻骨料吸水率对自密实混凝土自密实性能相关性试验，研究结果见表3、表4和表5。

表3　试验采用轻粗骨料性能指标

种类	密度等级	最大粒径(mm)	筒压强度(MPa)	24h吸水率(%)
圆形海泥陶粒	1000	≤16	6.733	11.31
椭圆形陶粒	900	≤20	6.421	12.22
圆形淤泥陶粒	1100	≤16	7.653	18.90
碎石形页岩陶粒	900	≤20	9.460	7.38

表4　试验混凝土基准配合比

种类	编号	水	水泥	粉煤灰	矿粉	砂子	陶粒	外加剂	陶粒预湿时间(h)
圆形淤泥陶粒	LSCC-1	241	338	145	0	793	560	6.88	0
圆形淤泥陶粒	LSCC-2	174	338	145	0	793	560	5.55	0.5

每立方米混凝土材料用量（kg/m³）

种类	编号	水	水泥	粉煤灰	矿粉	砂子	陶粒	外加剂	陶粒预湿时间(h)
圆形淤泥陶粒	LSCC-3	174	338	145	0	793	560	5.55	1
圆形淤泥陶粒	LSCC-4	175	360	103	51	805	543	6.20	2
椭圆形陶粒	LSCC-5	189	330	167	0	796	593	7.72	
椭圆形陶粒	LSCC-6	175	330	167	0	796	593	6.45	0.5
椭圆形陶粒	LSCC-7	186	510		0	796	593	6.12	
椭圆形陶粒	LSCC-8	179	410		0	796	593	5.90	
圆形海泥陶粒	LSCC-9	175	360	103	0	805	504	9.71	
圆形海泥陶粒	LSCC-10	175	360	103	51	805	504	5.45	1
圆形海泥陶粒	LSCC-11	170	349	100	50	781	592	6.00	0.5
圆形海泥陶粒	LSCC-12	158	296	182	0	769	551	6.20	2
碎石形页岩陶粒	LSCC-13	175	360	103	51	805	557	5.45	0.5

每立方米混凝土材料用量（kg/m³）

表5　试验测试结果

编号	坍落扩展度(mm)	J环扩展度(mm)	扩展时间T_{500}(s)	离析率(%)	1h扩展度(mm)	1h扩展度损失百分比(%)
LSCC-1	690	660	2.1	3.9	455	34.1
LSCC-2	630	640	2.9	15.0	485	31.8
LSCC-3	670	660	2.3	16.4	465	30.6
LSCC-4	680	680	3.2	13.3	505	26.5
LSCC-5	690	685	3.1	1.1	545	21.9
LSCC-6	635	605	3.9	1.2	535	20.5
LSCC-7	675	685	4.9	4.4	565	15.0
LSCC-8	660	650	4.1	2.20	590	10.6
LSCC-9	620	615	7.0	2.9	565	15.7
LSCC-10	640	635	2.3	7.6	605	10.9
LSCC-11	600	605	4.3	2.9	550	8.3
LSCC-12	630	630	5.1	2.9	630	4.8
LSCC-13	590	570	3.8	0.2	565	4.3

由表4和表5试验结果可看出，陶粒的吸水率过大，导致拌合物坍落扩展度损失过快，影响到自密实混凝土自密实性能。结合《轻骨料混凝土技术规程》JGJ 51-2002相关规定以及国内相关研究文献，因此，本规程规定轻粗骨料24h吸水率宜不大于10%。当24h吸水率大于10%时，应通过试验验证，确保满足可泵送施工要求。

当采用密度等级过低的轻骨料配制自密实混凝土时，混凝土拌合物易产生离析，因此，本规程规定轻粗骨料密度等级不宜低于700级。轻骨料最大粒径、粒型系数按行业标准《轻骨料混凝土技术规程》JGJ 51-2002 相关要求严格取值，规定最大粒径不大于 16mm、粒型系数不大于 2.0。

3.2.3 本条规定自密实混凝土所用细骨料宜选用中砂。砂的含泥量、泥块含量对自密实混凝土自密实性能影响较大，故本规程规定天然砂的含泥量、泥块含量分别不大于 3.0%、1.0%。

人工砂中含有适量石粉能改善混凝土的工作性，但过量的石粉会因吸附更多的水分，导致混凝土工作性变差，编制组以胶凝材料用量、石粉含量、人工砂 MB 值为主要影响因素，开展人工砂石粉、MB 值对自密实混凝土自密实性能影响试验，试验方案见表 6、表 7 和表 8。

表 6　人工砂的 MB 测试结果

编　号	人工砂	石粉（%）	亚甲基蓝（mL）	MB 值
1	未洗	2	20	1
2	未洗	3	20	1
3	未洗	5	25	1.25
4	洗过	7	10	0.5
5	洗过	12	15	0.75
6	洗过	15	15	0.75

从表 6 人工砂 MB 值测试结果可看出，当采用未洗过的人工砂，石粉含量≥2% 时，人工砂 MB 值均 ≥1；当采用洗过的人工砂，石粉含量≤15% 时，人工砂 MB 值均≤1。因此，编制组通过清洗人工砂、人工添加石粉含量来控制人工砂 MB 值。

表 7　人工砂自密实混凝土验证试验基准配合比

强度	每立方米混凝土材料用量（kg/m³）						
等级	水	水泥	矿粉	粉煤灰	人工砂	石子	外加剂
C60	166	305	107	123	798	853	1.25%
C55	168	280	50	170	818	854	1.23%
C25	179	192	48	240	830	880	0.92%

验证试验混凝土配合比中矿物掺合料掺量超过总胶凝材料用量 40%，因此，设计采用混凝土 60d 龄期强度。

表 8　人工砂自密实混凝土验证试验方案

编号	强度等级	人工砂石粉含量（%）	人工砂 MB 值
BZYA-1	C25	10	<1
BZYA-2	C25	12	<1

续表 8

编号	强度等级	人工砂石粉含量（%）	人工砂 MB 值
BZYA-3	C25	15	<1
BZYA-4	C55	8	<1
BZYA-5	C55	10	<1
BZYA-6	C55	12	<1
BZYA-7	C60	6	<1
BZYA-8	C60	7	<1
BZYA-9	C60	8	<1
BZYB-1	C25	4	≥1
BZYB-2	C25	5	≥1
BZYB-3	C25	6	≥1
BZYB-4	C55	2	≥1
BZYB-5	C55	3	≥1
BZYB-6	C55	4	≥1
BZYB-7	C60	2	≥1
BZYB-8	C60	2	≥1
BZYB-9	C60	3	≥1

表 9　洗过人工砂的自密实混凝土验证试验结果

编号	石粉含量（%）	坍落扩展度（mm）	J环扩展度（mm）	坍落扩展度与J环扩展度差值（mm）	扩展时间 T_{500}（s）	7d抗压强度（MPa）	28d抗压强度（MPa）	60d抗压强度（MPa）	和易性
BZYA-1	10	675	670	5	2.9	22.9	32.2	43.3	良好
BZYA-2	12	660	650	10	2.7	25.0	37.8	42.8	良好
BZYA-3	15	675	665	10	2.9	19.3	30.9	41.9	良好
BZYA-4	8	605	605	0	2.0	35.4	50.9	65.5	良好
BZYA-5	10	645	635	10	3.6	39.4	49.6	66.7	稍黏
BZYA-6	12	645	635	10	8.8	39.9	51.3	68.0	较黏
BZYA-7	6	705	705	0	2.4	40.2	57.1	75.2	良好
BZYA-8	7	680	670	10	4.6	42.6	52.2	74.3	良好
BZYA-9	8	660	650	10	6.7	50.2	57.8	76.4	稍黏

由表 8 和表 9 可知，当人工砂 MB<1，配制 C60、C55、C25 人工砂自密实混凝土时，人工砂中石粉含量可分别控制在 7%、10%、15% 以内，混凝土具有良好的和易性。

表 10　未洗过人工砂的自密实混凝土验证试验结果

编号	石粉含量(%)	坍落扩展度(mm)	J环扩展度(mm)	坍落扩展度与J环扩展度差值(mm)	扩展时间T_{500}(s)	7d抗压强度(MPa)	28d抗压强度(MPa)	60d抗压强度(MPa)	和易性
BZYB-1	4	660	650	10	3.1	25.8	34.9	41.5	良好
BZYB-2	5	650	640	10	2.7	22.7	31.2	39.2	良好
BZYB-3	6	620	620	0	4.9	24.6	33.8	42.9	稍黏
BZYB-4	2	605	605	0	3.3	33.3	47.8	63.3	良好
BZYB-5	3	645	635	10	3.2	38.2	49.7	65.9	良好
BZYB-6	4	640	635	5	4.5	38.3	48.6	65.8	稍黏
BZYB-7	1	685	685	0	3.6	45.4	57.7	73.7	良好
BZYB-8	2	690	680	10	4.2	42.4	55.1	71.5	良好
BZYB-9	3	690	680	10	5.8	49.7	56.0	72.3	稍黏

由表 8 和表 10 可知，在人工砂 MB 值 ≥ 1.0 时，石粉含量对自密实混凝土拌合物黏聚性影响较明显，石粉用量过大将会使混凝土拌合物过黏，混凝土流动性降低，影响到自密实混凝土自密实性能。

结合试验结果及现行行业标准《普通混凝土用砂、石质量及检验方法标准》JGJ 52-2006 的相关规定，本规程规定配制 C25 及以下、C30～C55、C60 以上的人工砂自密实混凝土，当 MB 值 <1.4 时，人工砂中石粉含量宜分别控制在 5%、7%、10% 以内；当 MB 值 ≥ 1.4 时，人工砂中石粉含量宜控制在 2%、3%、5% 以内。根据人工砂 MB 值和石粉含量的相关性试验以及相关研究表明：若将 MB 值降低至 1.0 时，石粉中以粉为主，含泥量低，即使石粉含量达到 15%，人工砂的含泥量仍控制在现行行业标准规定的限额内。当人工砂 $MB \leq 1.0$ 时，配制 C25 及以下混凝土时，经试验验证能确保混凝土质量后，其石粉含量可放宽到 15%。

3.3　外　加　剂

3.3.1　本条规定制备自密实混凝土所用外加剂的种类。为获得外加剂最佳的性能，需考虑胶凝材料的物理与化学特性，如细度、碳含量、碱含量和 C_3A 等因素对外加剂产生的影响。聚羧酸系高性能减水剂具有掺量低、减水率高、混凝土强度增长快、混凝土拌合物坍落度损失小、拌合物黏滞阻力小等优点，而且相比于其他类型的高效减水剂，聚羧酸系高性能减水剂还具有引气功能，可以明显改善混凝土的收缩性能，并在一定程度上弥补自密实混凝土收缩较大的缺陷。所以，聚羧酸系高性能减水剂适用于配制自密实混凝土，尤其是在配制高强自密实混凝土方面表现出更加明显的性能优势。

3.3.2　为了使拌合物在高流动性条件下获得良好的

黏聚性而不离析，配制低强度等级自密实混凝土及水下自密实混凝土时，可用增稠剂、絮凝剂等其他外加剂，改善混凝土拌合物的和易性，但需通过试验进行验证。

3.4　混凝土用水

3.4.1　本条规定自密实混凝土的拌合用水和养护用水与普通混凝土一样，应按现行行业标准《混凝土用水标准》JGJ 63 的规定执行。

3.5　其　他

3.5.1　纤维在自密实混凝土和普通混凝土中的作用相同，其性能指标应符合行业标准《纤维混凝土应用技术规程》JGJ/T 221 中的相关规定。加入纤维一般会降低拌合物的流动性，具体掺量需要通过试验确定。

4　混凝土性能

4.1　混凝土拌合物性能

4.1.1　与普通混凝土相比，自密实混凝土特有的性能要求为自密实性能，其他性能参照普通混凝土的相关标准要求。

4.1.2　编制组收集了日本、英国、欧洲、美国等国家制定的标准规范，各标准自密实性能指标及相应的测试方法见表 11～表 13。

表 11　国内外自密实混凝土标准汇编

标　准　名　称	编制时间	编制机构
JSCE-D101 高流动化コンクリート施工指針	1997	日本土木学会
JASS 5T-402 流動化コンクリート指針	2004	日本建筑学会
高流動(自己充填)コンクリート製造マニュアル	1997	日本预拌混凝土行业协会
Specification and Guidelines For Self-Compacting Concrete 欧洲自密实混凝土规程	2002	EFNARC
European Self-Compacting Concrete Guidelines 欧洲自密实混凝土应用指南	2005	EFNARC、BI-BM、ER-MCO、EFCA、CEM-BUREAU
ASTM C 1610/C1610Ma-2006 Standard Test Method for Static Segregation of Self-Consolidating Concrete Using Column Technique	2006	美国试验与材料协会

标 准 名 称	编制时间	编制机构
ASTM C1621/C1621M-09b Standard Test Method for Passing Ability of Self-Consolidating Concrete by J-Ring	2009	美国试验与材料协会
ASTM C 1611/C 1611M-05 Standard Test Method for Slump Flow of Self-Consolidating Concrete	2005	美国试验与材料协会
BS EN206-9-2010 Additional Rules for Self-Compacting Concrete（SCC）	2010	英国标准学会
CCES 02-2004 自密实混凝土设计与施工指南	2004	中国土木学会
CECS203-2006 自密实混凝土应用技术规程	2006	中国工程建设标准化协会
DBJ13-55-2004 自密实高性能混凝土技术规程	2004	福建省建设厅
DB29-197-2010 自密实混凝土应用技术规程	2008	天津市建设厅
DBJ04-254-2007 高流态自密实混凝土应用技术规程	2007	山西省建设厅
CNS 14840 A3398 自充填混凝土障碍通过性试验法（U形或箱形法）	1993	中国台湾标准
CNS 14841 A3399 自充填混凝土流下性试验法（漏斗法）	1993	中国台湾标准
CNS 14842 A3400 高流动性混凝土坍流度试验法	1993	中国台湾标准

表 12　不同标准自密实性能指标

英国标准	日本标准	欧洲指南	欧洲规程	中国标准化协会标准	中国土木学会指南	中国台湾标准
坍落扩展度	U形槽填充高度	流动性/填充性	填充性	填充性	填充性	U形槽填充高度
黏聚性	流动性	黏聚性	间隙通过性	流动性	间隙通过性	流动性
间隙通过性	抗离析性	间隙通过性	抗离析性	抗离析性	抗离析性	抗离析性
抗离析性		抗离析性				

表 13　不同标准自密实混凝土自密实性能测试方法

标　准	测 试 方 法
英国标准	坍落扩展度、T_{50}、V形漏斗、L形仪、J环、筛析法
日本标准	坍落扩展度、U形仪、V形漏斗、T_{500}
欧洲规程	坍落扩展度、T_{50}、V形漏斗、J环、Orimet漏斗、L形仪、U形仪、填充箱、GMT法
欧洲指南	坍落扩展度、方筒箱、T_{500}、V形漏斗、O形漏斗、Orimet漏斗、L形仪、U形仪、J环、筛析法、针入度、静态沉降柱等
美国标准	坍落扩展度、T_{500}、J环、静态沉降柱
中国标准化协会标准	坍落扩展度、U形仪、V形漏斗、T_{50}
中国土木学会指南	坍落扩展度、T_{500}、L形仪、U形仪、拌合物跳桌试验
中国台湾标准	坍落扩展度、U形仪、V形漏斗、T_{50}

由表 12 可看出，混凝土自密实性能主要可通过流动性、填充性、间隙通过性、抗离析性来表征。自密实性能指标相应测试方法也主要以坍落扩展度、T_{500}、J环、L形仪、U形仪、筛析法和拌合物跳桌试验为主。

根据国内相关研究情况，编制组选择坍落扩展度、T_{500}、J环、U形仪、V形漏斗、筛析法、静态沉降柱等测试方法对自密实混凝土自密实性能进行验证试验，试验基准配合比及结果见表 14、表 15 和表 16。

表 14　自密实混凝土验证试验基准配合比

编号	设计强度	单方混凝土材料用量(kg/m³)							胶凝材料用量(kg/m³)
		水	水泥	矿粉	粉煤灰	砂	石子	外加剂	
BZP-TR-2	60	175	310	137	110	784	798	4.38	548
BZP-TR-3	60	163	316	132	79	805	880	4.22	527
BZP-TR-4	60	159	308	128	77	752	908	5.39	513
BZP-TR-5	30	176	203	101	201	833	770	4.08	503
BZP-TR-6	30	171	203	45	203	786	880	3.83	451
BZP-TR-7	30	166	196	44	196	764	935	3.71	436
BZP-TR-8	60	163	316	132	79	880	880	5.66	529
BZP-TR-9	60	164	307	127	77	793	908	5.12	512
BZP-TR-10	60	167	313	130	78	775	908	5.47	521

表 15　不同测试方法的测试结果

编号	强度	坍落扩展度(mm)	J环扩展度(mm)	坍落扩展度与J环扩展度差值(mm)	U形槽填充高度(mm)	V形漏斗时间(s)	T_{500}时间(s)	静态沉降柱(%)	自密实性能
BZP-TR-1	C60	750	750	0	330	16	2.6	14.9	合格
BZP-TR-2	C60	720	705	15	335	12	2.1	12.7	合格
BZP-TR-3	C60	650	645	5	320	47	7.0	27.0	不合格
BZP-TR-4	C30	720	710	10	335	11	3.9	14.4	合格
BZP-TR-5	C30	695	635	60	315	18	4.5	4.7	不合格
BZP-TR-6	C30	605	565	40	310	32	7.7	1.6	不合格

由表 15 可看出，与我国协会标准《自密实混凝土应用技术规程》CECS203：2006 相比较，采用美国标准规定坍落扩展度、T_{500}、J 环扩展度、静态沉降柱法均可准确表征自密实混凝土自密实性能。但从实验可操作性来看，静态沉降柱体积较大，操作起来极为不便。因此，为进一步优化测试方案，引入英国标准《Additional Rules for Self-Compacting Concrete》BS EN206-9：2010 规定的自密实混凝土拌合物抗离析性测试方法，即筛析法。

表 16　不同测试方法的测试结果

编号	强度	坍落扩展度(mm)	J环扩展度(mm)	坍落扩展度与J环扩展度之差(mm)	U形槽填充高度(mm)	V形漏斗时间(s)	T_{500}时间(s)	筛析法(%)	自密实性能
BZP-TR-7	60	710	655	55	305	43	2.8	20.6	不合格
BZP-TR-8	60	620	620	0	325	56	8.3	8.8	不合格
BZP-TR-9	60	580	570	10	330	20	3.9	4.3	合格

由表 16 可看出，采用坍落扩展度、J 环、T_{500}、筛析法这四种组合测试方法可准确表征自密实混凝土拌合物性能，同时更具有可操作性和实用性，容易在自密实混凝土工程实践中应用。

在参考国内外文献、相关标准及试验验证的基础上，结合考虑测试方法可操作性和准确性，本规程规定自密实混凝土自密实性能包括填充性、间隙通过性和抗离析。混凝土填充性通过坍落扩展度试验和 T_{500} 试验共同测试，间隙通过性通过 J 环扩展试验进行测试，抗离析性通过筛析试验或跳桌试验测试。

4.1.3 自密实混凝土应根据工程应用特点着重对其中一项或者几项指标作为主要要求，一般不需要每个指标都达到最高要求。填充性是自密实混凝土的必控指标，间隙通过性和抗离析性可根据建（构）筑物的结构特点和施工要求进行选择。参考欧洲标准《Eu-

ropean Self-Compacting Concrete Guidelines》对各自实性能指标适用范围的规定，本规程规定了自密实混凝土自密实性能的性能等级及适用范围。

坍落扩展度值描述非限制状态下新拌混凝土的流动性，是检验新拌混凝土自密实性能的主要指标之一。T_{500} 时间是自密实混凝土的抗离析性和填充性综合指标，同时，可以用来评估流动速率。VS1 的流动时间较长，表现出良好的触变性能，有利于减轻模板压力或提高抗离析性，但容易使混凝土表面形成孔洞，堵塞，阻碍连续泵送，建议控制在 2s～8s 范围内使用；VS2 具有良好的填充性能和自流平的性能，使混凝土能获得良好的表观性能，一般适合于配筋密集的结构或要求流动性有良好表观的混凝土，但是该等级自密实混凝土拌合物易泌水和离析。

间隙通过性用来描述新拌混凝土流过具有狭口的有限空间（比如密集的加筋区），而不会出现分离、失去黏性或者堵塞的情况。因此，在定义间隙通过性的时候，应考虑加筋的几何形状、密度、混凝土填充性、骨料最大粒径。自密实混凝土可以连续填满模板的最小间隔为限定尺寸，这个间隔常和加筋间隔有关。除非配筋非常紧密，否则，通常不会把配筋和模板之间的空间考虑在内。

抗离析性是保证自密实混凝土均匀性和质量的基本性能。对于高层或者薄板结构来说，浇筑后产生的离析有很大的危害性，它可导致表面开裂等质量问题。

4.2　硬化混凝土的性能

4.2.1 自密实混凝土硬化后的其他性能和普通混凝土的要求一样，可以参照普通混凝土的检验方法进行。

5　混凝土配合比设计

5.1　一　般　规　定

5.1.1 本条规定了自密实混凝土配合比设计的基本要求。

5.1.2 混凝土的配合比一般可采用假定表观密度法和绝对体积法进行设计。目前，国内外自密实混凝土相关标准主要采用绝对体积法进行设计，同时，采用绝对体积法可避免因胶凝组分密度不同引起的计算误差，因此，本规程规定自密实混凝土配合比设计宜采用绝对体积法。大量工程实践表明，为使自密实混凝土具有良好的施工性能和优异的硬化后的性能，自密实混凝土的水胶比选择不宜过大，一般不宜大于 0.45；胶凝材料用量宜控制在 400 kg/m³ ～ 550kg/m³。

5.1.3 增加粉体材料用量和选用高性能减水剂有利

于浆体充分包裹粗细骨料颗粒，使骨料悬浮于浆体中，达到自密实性能。对于低强度等级的混凝土，由于其水胶比较大，浆体黏度较小，仅靠增加单位体积浆体体量不能满足工作性要求，特别是难以满足抗离析性能要求，可通过掺加增黏剂予以改善，但增黏剂的使用应通过试验确定。

5.1.4 钢管自密实混凝土结构要求浇筑硬化后的自密实混凝土与钢管壁之间结合紧密，以便共同工作，因此，要求必须采取降低自密实混凝土收缩变形的措施。例如，可通过以下几方面减少钢管自密实混凝土收缩：掺入优质矿物掺合料取代部分水泥，减少水泥化学收缩；掺入膨胀剂来补偿混凝土收缩，但膨胀剂掺量需通过试验确定；混凝土浇筑完后，采用蓄水养护，减少混凝土早期塑性收缩。

5.2 混凝土配合比设计

5.2.1 初始配合比设计应符合下列要求：

1 确定了拌合物中的粗骨料体积、砂浆中砂的体积、水胶比、胶凝材料中矿物掺合料用量，也就确定了混凝土中各种原材料的用量。鉴于骨料对自密实混凝土自密实性的重要影响，因此在配合比设计中特别给出粗细骨料参数；尽管国外在自密实混凝土配合比设计中给出了水粉比参数，但考虑我国传统混凝土配合比设计常采用水胶比参数；同时，已有标准中给出的水粉比范围较窄（如欧洲自密实规程为水粉体积比 0.85～1.10），而且还需根据不同胶凝材料的表观密度进行换算。故此考虑实用性和有效性，本规程沿用水胶比的概念，并给出了水胶比的上限值 0.45。

2 在其他条件一定的情况下，粗骨料的体积是影响拌合物和易性的重要因素。大量研究结果表明，$1m^3$ 混凝土中粗骨料体积宜控制在 $0.28m^3$～$0.35m^3$。过小则混凝土弹性模量等力学性能显著降低，过大则拌合物的工作性显著降低，不能满足自密实性能的要求。

3 粗骨料和砂浆共同组成了自密实混凝土，因此确定了粗骨料体积就可得到单方自密实混凝土中的砂浆体积。

4 砂浆中砂的体积分数显著影响砂浆的稠度，从而影响自密实混凝土拌合物的和易性。大量试验研究表明，自密实混凝土的砂浆中砂的体积分数在 0.42～0.45 之间较为适宜，过大则混凝土的工作性和强度降低，过小则混凝土收缩较大，体积稳定性不良。使用其他类型的砂，其最佳砂率应由试验确定。

7 为改善混凝土自密实性能、水化温升特性、强度及收缩等性能，须掺入适当比例的矿物掺合料，实践表明其总质量掺量不宜少于 20% 的总胶凝材料用量。

8 自密实混凝土与普通混凝土相同，其配制强度对生产施工的混凝土强度应具有充分的保证率。自

密实混凝土的强度确定仍采用与普通混凝土相似的方法。

9 为使混凝土水胶比计算公式更符合普遍掺加矿物掺合料的技术应用情况，结合大量的国内外实践经验和试验验证，采用矿物掺合料胶凝系数和相应的混凝土强度进行统计分析，充分考虑矿物掺合料对体系的强度贡献，从而计算出水胶比。实践表明，该公式适用于水胶比在 0.25～0.45 之间。由于本规程水胶比计算公式与《普通混凝土配合比设计规程》JGJ 55 有所不同，因此，粉煤灰、矿渣粉等矿物掺合料的胶凝系数，应按表 17 进行取值。

表 17　矿物掺合料胶凝系数

种　类	掺量（%）	掺合料胶凝系数
Ⅰ级或Ⅱ级粉煤灰	≤30	0.4
矿渣粉	≤40	0.9

11 根据单方自密实混凝土中胶凝材料用量以及确定的水胶比，即可计算得到单方用水量，一般而言自密实混凝土的用水量不宜超过 $190kg/m^3$。

5.2.2 试配、调整与确定。

1 在试配过程中，为减少试配与实际生产配合比误差，进行试配时应采用实际使用的原材料。如果搅拌量太小，由于混凝土拌合物浆体粘锅的因素影响和体量不足等原因，拌合物的代表性不足。

2、3 初始配合比进行试配时，首先应测试拌合物自密实性能的控制指标，再检查拌合物自密实性能可选指标。当混凝土拌合物自密实性能满足要求后，即开始混凝土强度试验。混凝土强度试验的目的是通过三个不同水胶比的配合比的比较，取得能够满足配制强度要求、胶凝材料用量经济合理的配合比。由于混凝土强度试验是在混凝土拌合物性能调整合格后进行的，所以强度试验采用三个不同水胶比的配合比的混凝土拌合物性能应维持不变，同时维持用水量不变，增加和减少胶凝材料用量，并相应减少和增加砂的体积分数，外加剂掺量也作微调。在没有特殊规定的情况下，混凝土强度试件在 28d 龄期进行抗压试验；当设计规定采用 60d 或 90d 等其他龄期强度时，混凝土强度试件在相应的龄期进行抗压试验。

5 高耐久性是高性能混凝土的一个重要特征，如果实际工程对混凝土耐久性有具体要求，则需要对自密实混凝土相应的耐久性指标进行检测，并据此调整混凝土配合比直至满足耐久性要求。

7 有些工程的施工条件特殊，采用试验室的测试方法并不能准确评价混凝土拌合物的施工性能是否满足实际要求，可根据需要进行足尺试验，以便直观准确地判断拌合物的工作性能是否适宜。

自密实混凝土的工作性对原材料的波动较为敏感，工程施工时，其原材料应与试配时采用的原材料

一致。当原材料发生显著变化时，应对配合比重新进行试配调整。

当混凝土配合比需要调整时，可按表 18 进行调整。

表 18　各因素措施对自密实混凝土拌合物性能的影响

采取措施	影响性能					
	填充性	间隙通过性	抗离析性	强度	收缩	徐变
1　黏性太高						
1.1　增大用水量	+	+	−	−	−	−
1.2　增大浆体体积	+	+	−	+	+	−
1.3　增加外加剂用量	+	+	−	+	0	0
2　黏性太低						
2.1　减少用水量	−	−	+	+	+	+
2.2　减少浆体体积	−	−	+	+	+	+
2.3　减少外加剂用量	−	−	+	+	0	0
2.4　添加增稠剂	−	−	+	0	0	0
2.5　采用细粉	+	+	+	0	−	−
2.6　采用细砂	+	+	+	0	−	−
3　屈服值太高						
3.1　增大外加剂用量	+	+	−	+	0	0
3.2　增大浆体体积	+	+	−	+	+	−
3.3　增大灰体积	+	+	−	+	+	−
4　离析						
4.1　增大浆体体积	+	+	+	+	+	−
4.2　增大灰体积	+	+	+	+	+	−
4.3　减少用水量	−	−	+	+	+	+
4.4　采用细粉	+	+	+	+	0	−
5　工作性损失过快						
5.1　采用慢反应型水泥	0	0	−	−	0	0
5.2　增大惰性物掺量	0	0	−	−	0	0
5.3　用不同类型外加剂	※	※	※	※	※	※
5.4　采用矿物掺合料	※	※	※	※	※	※
6　堵塞						
6.1　降低最大粒径	+	+	+			
6.2　增大浆体体积	+	+	+		+	
6.3　增大灰体积	+	+	+		+	
说　明	+			具有好的效果		
	−			具有较差的效果		
	0			没有显著效果		
	※			结果发展趋势不确定		

自密实混凝土配合比表示方法可按表 19 进行表示。

表 19　自密实混凝土配合比表示方法

自密实等级		
设计强度等级		
使用环境条件/耐久性要求		
拌合物性能目标值	坍落扩展度（mm）	
	T_{500}（s）	
	…	
	…	
1m³ 自密实混凝土材料用量	体积用量(L)	质量用量(kg)
粗骨料		
砂		
水		
水泥		
矿物掺合料 A		
矿物掺合料 B		
高效减水剂		
其他外加剂		

6　混凝土制备与运输

6.1　原材料检验与贮存

6.1.1、6.1.2　本条规定了原材料进场检验项目和复检的规则。原材料性能除应符合国家现行相关标准，还应根据本规程对原材料特殊要求，按本规程相关规定对原材料进行进场检验。

6.1.3　规定本条第 3 款是因为混凝土自密实性能对用水量比较敏感，为减少骨料含水率变化导致混凝土质量波动，建议对骨料采取仓储和加屋顶遮盖处置。在春、夏多雨季节，应严格控制砂、石的含水率，稳定混凝土质量；在夏季高温季节，挡雨棚能够避免太阳直射骨料，降低骨料温度，进而降低混凝土拌合物温度。

本条第 4 款规定外加剂贮存要求。不同类型的外加剂间的相容性较差，如聚羧酸系减水剂与萘系减水剂不相容，相混时容易出现混凝土流动性变差、用水量急增、坍落度损失严重等现象，因此，使用不同类型的化学外加剂时，必须严格分类贮存避免相混。

6.2　计量与搅拌

6.2.2　采用集中搅拌方式生产有利于控制自密实混凝土质量的稳定性，其生产过程与预拌混凝土相同。

6.2.3　自密实混凝土所用胶凝材料较多，混凝土拌合物要求具有较高的流变性能。为确保新拌自密实混凝土的匀质性，自密实混凝土在搅拌机中的搅拌时间（从全部材料投完算起）不应少于60s，并应比非自密实混凝土适当延长搅拌时间，具体时间应根据现场试验确定。

6.2.4 自密实混凝土性能对用水量较为敏感，必须严格根据骨料含水率调整拌合用水量。

6.2.5 根据工程调研结果和国内相关标准规定，高温施工时，混凝土搅拌首先宜对机具设备采取遮阳措施；当对混凝土搅拌温度进行估算，达不到规定要求温度时，对原材料采取直接降温措施；采取对原材料进行直接降温时，对水、骨料进行降温最方便和有效；混凝土加冰屑拌合时，冰屑的重量不宜超过剩余水的50%，以便于冰的融化。

6.2.6 当采用热水拌制混凝土，特别是60℃以上的热水，若水泥直接与热水接触，易造成急凝、速凝或假凝现象；同时，也会对混凝土的工作性造成影响，坍落度损失加大，因此，当采用60℃以上的热水时，应先投入骨料和水或者是2/3的水进行预拌，待水温降低后，再投入胶凝材料与外加剂进行搅拌，搅拌时间应较常温条件下延长30s～60s。

6.2.7 泵送轻骨料自密实混凝土时，轻骨料孔隙率和吸水率比普通骨料大，在泵送压力下，轻骨料会急剧吸收拌合物中的水分，使泵送管道内的拌合物坍落度明显下降，和易性变差，影响泵送，甚至发生堵泵现象。当压力消失后，轻骨料内部吸收的水分又会释放出来，影响轻骨料混凝土的凝结和硬化后的性能。《轻骨料混凝土技术规程》JGJ 51-2002 附录B中的第 B.1.2 条规定：泵送轻骨料混凝土采用的轻粗骨料在使用前，宜浸水或洒水进行预湿处理，预湿后的吸水率不应少于24h吸水率。因此，泵送轻骨料自密实混凝土所用的轻骨料，宜采用浸水、洒水或加压预湿等措施进行预湿处理，以保证轻骨料自密实混凝土性能。

6.3 运 输

6.3.3 在运输过程中，搅拌车的滚筒保持匀速转动有利于减少自密实混凝土拌合物流动性损失。搅拌车内加水将严重影响自密实混凝土的自密实性能，必须严格控制。

6.3.5 卸料前快速旋转的目的是提高混凝土的均匀性。

7 施 工

7.1 一般规定

7.1.1 自密实混凝土的施工质量对各种因素变化比较敏感，因此应由具有一定经验的技术人员编制专项

施工方案（必要时可请配合比设计人员参与编制）并应对参与施工人员事先进行适当的培训和技术交底。

7.1.2 由于自密实混凝土流动性大、侧压力大等特点，在施工过程中应加强对结构复杂、施工环境条件特殊的混凝土结构模板的施工过程监控，并根据检测情况及时调整施工措施。

7.1.3 自密实混凝土自密实性能直接影响到工程施工质量，因此，自密实混凝土施工时，除应符合《混凝土结构工程施工规范》GB 50666 相关规定，尚应充分考虑其流动性大、侧压力大等特点，符合本章的相关规定。

7.2 模板施工

7.2.1 由于自密实混凝土流动性大，模板的侧压力标准值应按 $F = \gamma_c \cdot H$（液体压力）计算。与普通混凝土相比，自密实混凝土屈服值较低，几乎没有支撑自重的能力，浇筑的过程中下部模板所承受的侧向压力会随浇筑高度增长而线性增加，这样就要求模板具有更高的刚度和坚固程度。然而由于自密实混凝土具有触变性，在浇筑流动到位静置较短时间后，其屈服值就会快速增长，支撑自重的能力同步增大，对模板作用的侧向压力则会相应减少。因此，设计时应以混凝土自重传递的液压力大小为作用压力，同时考虑分隔板、配筋状况、浇筑速度、温度影响，提高安全系数。

7.2.2 自密实混凝土流动性大，模板间的微小缝隙会造成跑浆、漏浆等现象，影响自密实混凝土均匀性和强度发展。《混凝土结构工程施工质量验收规范》GB 50204-2002 第4.2.4条要求为"模板的接缝不应漏浆"，《建筑施工模板安全技术规范》JGJ 162-2008 第6.1.3条要求"防止漏浆"，考虑自密实混凝土流动性大，按 GB 50204-2002 要求，不得漏浆。对上部封闭的空间部位的浇筑，应在上部留有排气孔，否则会造成混凝土的空洞。

7.2.3 模板及其支架拆除的顺序及相应的施工安全措施对避免重大工程事故非常重要，在制定施工技术方案时应考虑周全。模板及其支架拆除时，混凝土结构可能尚未形成设计要求的受力体系，必要时应加设临时支撑。后浇带模板的拆除及支顶易被忽视而造成结构缺陷，应特别注意。

7.3 浇 筑

7.3.1 本条规定了高温施工、冬期施工混凝土入模温度的上下限值要求。降雨、雪或模板内积水均会对自密实混凝土自密实性能产生较大影响，甚至导致混凝土离析，因此，在降雨、雪时，不宜直接在露天浇筑混凝土。在采取相应挡雨、雪措施后方可使用。

7.3.4 根据工程实践经验，当减水剂的加入量受控时，对混凝土的其他性能无明显影响。本条对此作出

明确规定，要求采取该种做法时，应事先批准、作出记录，外加剂掺量和搅拌时间应经试验确定。因此，当运抵现场的混凝土坍落扩展度低于设计要求下限值时，可采取调整外加剂用量等方法来改善自密实混凝土拌合物性能。

7.3.6 自密实混凝土的浇筑效果主要取决于混凝土的工作性能。因此，保持混凝土浇筑的连续性是其关键，如停泵时间过长，自密实混凝土自密实性能变差，必须对泵管内的混凝土进行处理。

7.3.8 在浇筑过程中为了保证混凝土质量，控制混凝土流淌距离，应选择适宜的布料点并控制间距。

7.3.9 混凝土浇筑离析现象的产生，主要与混凝土下料方式、最大粗骨料粒径以及混凝土倾落高度有关。《混凝土结构工程施工规范》GB 50666-2011 中规定当骨料粒径小于或等于 25mm，倾落高度宜在 6m 以内。而自密实混凝土所用粗骨料最大粒径小于 20mm，骨料是悬浮在浆体中，为避免因混凝土下落产生的冲击力过大造成自密实混凝土中骨料下沉产生离析，本规程从严考虑，规定混凝土浇筑倾落高度应在 5m 以下。

7.3.11 混凝土均衡上升可以避免混凝土流动不均匀造成的缺陷，有利于排除混凝土内部气孔。同时均匀、对称浇筑，可防止高差过大造成模板变形或其他质量、安全隐患。

7.3.12 本条第 3 款是指在具备相应浇筑设备的条件下，从管底顶升浇筑混凝土也是可以采取的施工方法。在钢管底部设置的进料管应能与混凝土输送管道进行可靠的连接，止流阀门是为了在混凝土浇筑后及时关闭，以便拆除混凝土输送管。

7.4 养 护

7.4.3 自密实混凝土每立方米胶凝材料用量一般都在 $400kg/m^3$ 以上，水化温升较大。因此，采用大体积自密实混凝土的结构部位应采取有效的温控和养护措施。

7.4.4 由于楼板和底板等平面结构构件，相对面积较大，又较薄，容易失水，所以应采用塑料薄膜覆盖，防止表面水分蒸发，但在夏季施工时应注意避免阳光直射塑料薄膜以防混凝土温升过高。当脚踩上去混凝土板表面没有脚印时，混凝土强度接近 $1.2N/mm^2$，应及时进行覆盖保温养护或蓄水养护。

附录 B 自密实混凝土试件成型方法

本附录对自密实混凝土拌合物性能、力学性能、长期性能和耐久性能试件的成型方法进行规定。

中华人民共和国行业标准

高抛免振捣混凝土应用技术规程

Technical specification for application of high
dropping non vibration concrete

JGJ/T 296—2013

批准部门：中华人民共和国住房和城乡建设部
施行日期：2 0 1 3 年 1 2 月 1 日

中华人民共和国住房和城乡建设部
公　告

第 27 号

住房城乡建设部关于发布行业标准
《高抛免振捣混凝土应用技术规程》的公告

现批准《高抛免振捣混凝土应用技术规程》为行业标准，编号为 JGJ/T 296-2013，自 2013 年 12 月 1 日起实施。

本规程由我部标准定额研究所组织中国建筑工业出版社出版发行。

中华人民共和国住房和城乡建设部

2013 年 5 月 9 日

前　言

根据住房和城乡建设部《关于印发〈2010 年工程建设标准规范制订、修订计划〉的通知》（建标 [2010] 43 号）的要求，规程编制组经广泛调查研究，认真总结实践经验，参考有关国际标准和国外先进标准，并在广泛征求意见的基础上，制定本规程。

本规程的主要技术内容是：1. 总则；2. 术语和符号；3. 基本规定；4. 原材料；5. 混凝土性能；6. 配合比设计；7. 制备、运输与泵送；8. 施工；9. 检验与验收。

本规程由住房和城乡建设部负责管理，由重庆建工集团股份有限公司、重庆建工住宅建设有限公司负责具体技术内容的解释。执行过程中如有意见或建议，请寄送重庆建工住宅建设有限公司（地址：重庆市渝中区桂花园 43 号，邮政编码：400015）。

本 规 程 主 编 单 位：重庆建工集团股份有限公司
　　　　　　　　　　重庆建工住宅建设有限公司

本 规 程 参 编 单 位：重庆大学
　　　　　　　　　　山东省建筑科学研究院
　　　　　　　　　　中铁四局集团建筑工程有限公司
　　　　　　　　　　厦门市建筑科学研究院集团股份有限公司
　　　　　　　　　　云南省建筑科学研究院
　　　　　　　　　　重庆建工新型建材有限公司
　　　　　　　　　　重庆建工第二建设有限公司
　　　　　　　　　　重庆建工第三建设有限责任公司
　　　　　　　　　　武汉理工大学
　　　　　　　　　　安徽建筑工业学院
　　　　　　　　　　上海城建集团建设机场道路工程有限公司
　　　　　　　　　　四川建筑职业技术学院
　　　　　　　　　　中交二航局第二工程有限公司
　　　　　　　　　　重庆市建筑科学研究院
　　　　　　　　　　重庆交通大学
　　　　　　　　　　重庆建工设计研究院有限公司
　　　　　　　　　　重庆富皇混凝土有限公司

本规程主要起草人员：杨镜璞　陈　晓　唐建华
　　　　　　　　　　龚文璞　郑建武　周尚永
　　　　　　　　　　陈怡宏　陈世权　曹兴松
　　　　　　　　　　刘宗建　蒋红庆　邓　斌
　　　　　　　　　　张兴礼　张　意　张庆明
　　　　　　　　　　黄　杰　罗庆志　杨长辉
　　　　　　　　　　吴建华　叶建雄　王守宪
　　　　　　　　　　沈文忠　伍　军　董燕囡
　　　　　　　　　　林燕妮　黄小文　陈家全
　　　　　　　　　　邓　岗　陈　维　许国伟
　　　　　　　　　　陈国福　向中富　刘大超
　　　　　　　　　　陈友治　何夕平　曹亚东
　　　　　　　　　　刘　剑　明　亮　于海祥
　　　　　　　　　　王俊如　魏河广　邓朝飞
　　　　　　　　　　李文科　李浩武

本规程主要审查人员：冷发光　黄政宇　路来军
　　　　　　　　　　陈昌礼　何昌杰　黄啓政
　　　　　　　　　　王自强　刘晓亮　周忠明

目　　次

Contents

1 总　则

1.0.1 为规范高抛免振捣混凝土应用，做到技术先进、经济合理、安全适用，保证工程质量，制定本规程。

1.0.2 本规程适用于高抛免振捣混凝土的原材料质量控制、配合比设计、制备、运输、施工和验收。

1.0.3 高抛免振捣混凝土的应用除应符合本规程外，尚应符合国家现行有关标准的规定。

2　术语和符号

2.1　术　语

2.1.1 高抛免振捣混凝土　high dropping non vibration concrete

具有高流动性、稳定性、抗离析性，浇筑时从高处卜抛就能实现流动自密实的混凝土。

2.1.2 胶凝材料　binder

混凝土中水泥和活性矿物掺合料的总称。

2.1.3 增稠材料　plastic material

用于改善混凝土拌合物黏性，提高混凝土拌合物抗离析性能的材料。

2.1.4 水胶比　water-binder ratio

混凝土中用水量与胶凝材料用量的质量比。

2.1.5 浆体体积　volume of slurry

每立方米混凝土拌合物中浆体的体积。

2.1.6 坍落扩展度　slump-flow

自坍落度筒提起至混凝土拌合物停止流动后，坍落扩展面最大直径和与最大直径呈垂直方向的直径的平均值。

2.1.7 U 形箱高差　height difference of U-box

混凝土拌合物通过设有钢筋栅的 U 形箱后的高差。

2.1.8 离析率　segregation percent

标准法筛析试验中，拌合物静置规定的时间后，流过公称直径为 5mm 的方孔筛的浆体质量与混凝土质量的比例。

2.1.9 扩展时间　slump-flow time

用坍落度筒测量混凝土扩展度时，自坍落度筒提起开始计时，至拌合物坍落扩展面直径达到 500mm 的时间。

2.2　符　号

f_c——混凝土轴心抗压强度设计值；

f_{ck}——混凝土轴心抗压强度标准值；

$f_{cu,i}$——第 i 组的试件强度平均值；

$f_{cu,k}$——高抛免振捣混凝土立方体抗压强度标

准值；

$f_{cu,0}$——高抛免振捣混凝土的配制强度；

f_m——离析率；

H——浇注高度，浇注时混凝土的出管与浇筑点的落差；

m_a——每立方米混凝土中外加剂的用量；

m_b——每立方米混凝土中胶凝材料的用量；

m_c——每立方米混凝土中水泥的用量；

m_{fcu}——n 组试件的强度平均值；

m_g——每立方米混凝土中粗骨料的用量；

m_s——每立方米混凝土中细骨料的用量；

m_w——每立方米混凝土中的用水量；

S_p——砂率；

T——混凝土的龄期；

T_{500}——扩展时间；

V_b——浆体体积；

W/B——水胶比；

α——每立方米混凝土中的含气量；

σ——高抛免振捣混凝土的强度标准差；

Δh——U 形箱试验前后槽混凝土拌合物的高差；

ρ_b——胶凝材料的表观密度；

ρ_c——水泥的表观密度；

$\rho_{c,c}$——混凝土拌合物表观密度计算值，即每立方米混凝土所用原材料质量之和；

$\rho_{c,t}$——混凝土拌合物表观密度实测值；

ρ_g——粗骨料的表观密度；

ρ_s——细骨料的表观密度。

3　基 本 规 定

3.0.1 采用高抛免振捣混凝土工艺前，应根据工程特点、施工条件，制定专项技术方案，并进行技术交底。

3.0.2 高抛免振捣混凝土宜用于抛落高度为 3m～12m、混凝土强度等级为 C25 及以上的工程。当结构形状复杂、有特殊要求、混凝土强度等级低于 C25 或抛落高度大于 12m 时，应进行混凝土高抛模拟试验确定混凝土配合比。

3.0.3 高抛免振捣混凝土生产和使用过程中，应采取措施，保证混凝土生产、运输、泵送、施工的连续性。

4　原 材 料

4.0.1 水泥应符合现行国家标准《通用硅酸盐水泥》GB 175 的规定，并宜采用硅酸盐水泥或普通硅酸盐水泥。

4.0.2 粗骨料的性能指标应符合现行行业标准《普通混凝土用砂、石质量及检验方法标准》JGJ 52 的规

定，并宜采用连续级配，且最大公称粒径不宜大于20mm，针片状含量不应大于8%。当粗骨料颗粒级配不满足要求时，可采用多个粒级级配粗骨料组合的方式进行调整。

4.0.3 细骨料的性能指标应符合现行行业标准《普通混凝土用砂、石质量及检验方法标准》JGJ 52 和《人工砂混凝土应用技术规程》JGJ/T 241 的规定，并宜采用级配Ⅱ区的中砂，且天然砂的含泥量和泥块含量应符合表 4.0.3 的规定。

表 4.0.3　天然砂的含泥量和泥块含量

项　　目	含泥量（%）	泥块含量（%）
指标	≤2.0	≤0.5

4.0.4 掺合料可采用粉煤灰、粒化高炉矿渣粉、硅灰或复合掺合料，且粉煤灰等级不应低于Ⅱ级，粒化高炉矿渣粉等级不应低于 S95 级。粉煤灰和粒化高炉矿渣粉应分别符合现行国家标准《用于水泥和混凝土中的粉煤灰》GB/T 1596 和《用于水泥和混凝土中的粒化高炉矿渣粉》GB/T 18046 的规定。硅灰的技术要求应符合表 4.0.4 的规定。

表 4.0.4　硅灰的技术要求

项目	SiO₂(%)	比表面积(m²/kg)	需水量比(%)	活性指数 28d(%)
指标	≥85	≥15000	≤125	≥85

4.0.5 外加剂应符合现行国家标准《混凝土外加剂》GB 8076、《混凝土膨胀剂》GB 23439 和《混凝土外加剂应用技术规范》GB 50119 的规定。

4.0.6 高抛免振捣混凝土的拌合用水和养护用水应符合现行行业标准《混凝土用水标准》JGJ 63 的规定。

5　混凝土性能

5.1　混凝土拌合物性能

5.1.1 高抛免振捣混凝土拌合物性能应满足设计和施工要求。

5.1.2 高抛免振捣混凝土拌合物性能指标应符合表 5.1.2 的规定，并应根据结构形式、截面尺寸、配筋的密集程度等进行确定。坍落扩展度试验应按现行国家标准《普通混凝土拌合物性能试验方法标准》GB/T 50080 执行，离析率、U 形箱高差和扩展时间（T_{500}）试验应按本规程附录 A、附录 B 和附录 C 执行。

表 5.1.2　高抛免振捣混凝土拌合物性能指标

性能指标	技术要求
扩展时间（T_{500}）（s）	3≤T_{500}≤5

续表 5.1.2

性能指标		技术要求
坍落扩展度（mm）	Ⅰ级	600＜Ⅰ≤650
	Ⅱ级	550＜Ⅱ≤600
	Ⅲ级	500＜Ⅲ≤550
离析率 f_m（%）		≤10
U 形箱高差（Δh）（mm）		≤40

注：表中将坍落扩展度分为 3 个级别，各级别适用范围如下：

Ⅰ级：适用于结构形式复杂、构件截面尺寸小的钢筋混凝土结构及构件的浇筑，钢筋的最小净间距为 35mm～60mm；钢筋最小净距在 35 mm 以下时，骨料公称粒径需要适当减小；

Ⅱ级：适用于钢筋最小净间距为 60mm～200mm 的钢筋混凝土结构及构件的浇筑；

Ⅲ级：适用于钢筋最小净间距为 200mm 以上、构件截面尺寸大、配筋量少以及无配筋的钢筋混凝土结构及构件的浇筑。

5.2　硬化混凝土性能

5.2.1 高抛免振捣混凝土力学性能应满足设计要求和国家现行有关标准的规定。高抛免振捣混凝土力学性能试验方法应符合现行国家标准《普通混凝土力学性能试验方法标准》GB/T 50081 的规定；试件成型方法应按自密实混凝土试件的成型方法进行，并应符合现行行业标准《自密实混凝土应用技术规程》JGJ/T 283 的规定。

5.2.2 高抛免振捣混凝土的长期性能和耐久性能应满足现行国家标准《混凝土结构设计规范》GB 50010 的规定和设计要求。高抛免振捣混凝土的长期性能和耐久性能的试验方法应符合现行国家标准《普通混凝土长期性能和耐久性能试验方法标准》GB/T 50082 的规定。

6　配合比设计

6.1　一般规定

6.1.1 高抛免振捣混凝土配合比应根据工程结构形式、施工条件以及环境条件进行设计，并应在满足拌合物性能、力学性能、耐久性能要求的基础上确定设计配合比。

6.1.2 高抛免振捣混凝土的最大水胶比应符合现行国家标准《混凝土结构设计规范》GB 50010 的规定。

6.1.3 高抛免振捣混凝土的胶凝材料用量不宜低于 380kg/m³，并不宜超过 600kg/m³。

6.1.4 高抛免振捣混凝土的含气量宜控制在 2.0%～4.0%。

6.1.5 强度等级为 C25 及以下的高抛免振捣混凝土宜采用复合掺合料或增稠材料，且掺量应经过混凝土试配确定。

6.1.6 遇有下列情况时，应重新进行高抛免振捣混凝土配合比设计：

1 当混凝土性能指标有变化或对混凝土性能有特殊要求时；

2 当原材料品质发生明显改变时；

3 同一配合比的混凝土生产间断三个月以上时。

6.2 试配强度的确定

6.2.1 高抛免振捣混凝土的配制强度应符合下列规定：

1 当设计强度等级小于 C60 时，配制强度应按下式确定：

$$f_{cu,0} \geqslant f_{cu,k} + 1.645\sigma \qquad (6.2.1\text{-}1)$$

式中：$f_{cu,0}$——高抛免振捣混凝土的配制强度（MPa）；

$f_{cu,k}$——混凝土立方体抗压强度标准值（MPa）；

σ——高抛免振捣混凝土的强度标准差（MPa）。

2 当设计强度等级不小于 C60 时，配制强度应按下式确定：

$$f_{cu,0} \geqslant 1.15 f_{cu,k} \qquad (6.2.1\text{-}2)$$

6.2.2 高抛免振捣混凝土的强度标准差可按表 6.2.2 取值。

表 6.2.2 高抛免振捣混凝土的强度标准差（MPa）

混凝土立方体抗压强度标准值	C25 及以下	C30～C45	≥C50
σ	4.0	5.0	6.0

6.3 配合比设计、试配、调整与确定

6.3.1 高抛免振捣混凝土初步配合比设计应按下列步骤进行：

1 先确定矿物掺合料及其掺量，再按现行行业标准《普通混凝土配合比设计规程》JGJ 55 的规定计算水胶比（W/B）；

2 确定不同强度等级混凝土浆体体积（V_b），并宜按表 6.3.1 取值；

表 6.3.1 不同强度等级混凝土浆体体积（m³）

混凝土强度等级	浆体体积（V_b）
C25～C45	0.30～0.33
C45～C55	0.33～0.36
≥C60	0.36～0.39

注：本表用水量是采用中砂和 5mm～20mm 碎石时的取值，当采用其他种类和规格的骨料时，用水量需要在本表基础上，通过试验进行调整。

3 按下列公式计算每立方米混凝土中胶凝材料的用量（m_b）、用水量（m_w）：

$$\frac{m_b}{\rho_b} + \frac{m_w}{\rho_w} + \alpha = V_b \qquad (6.3.1\text{-}1)$$

$$\frac{m_w}{m_b} = W/B \qquad (6.3.1\text{-}2)$$

$$\rho_b = \frac{1}{\dfrac{\alpha_c}{\rho_c} + \dfrac{\alpha_f}{\rho_f} + \dfrac{\alpha_{sl}}{\rho_{sl}}} \qquad (6.3.1\text{-}3)$$

式中：ρ_b——胶凝材料的表观密度（kg/m³）；

ρ_w——水的密度（kg/m³），可取 1000kg/m³；

α——每立方米混凝土中含气量百分数，根据外加剂引气量确定，宜取 2%～4%。

V_b——混凝土浆体体积（m³）；

W/B——混凝土的水胶比；

α_c——水泥占胶凝材料的质量比；

α_f——粉煤灰占胶凝材料的质量比；

α_{sl}——矿渣粉占胶凝材料的质量比；

ρ_c——水泥的表观密度（kg/m³）；

ρ_f——粉煤灰的表观密度（kg/m³）；

ρ_{sl}——矿渣粉的表观密度（kg/m³）。

4 按下列公式计算每立方米混凝土中细骨料（m_s）、粗骨料（m_g）的用量：

$$S_p = \frac{m_s}{m_s + m_g} \times 100\% \qquad (6.3.1\text{-}4)$$

$$\frac{m_s}{\rho_s} + \frac{m_g}{\rho_g} = 1 - V_b \qquad (6.3.1\text{-}5)$$

式中：S_p——砂率（%），并宜为 40%～50%；

ρ_s——细骨料的表观密度（kg/m³）；

ρ_g——粗骨料的表观密度（kg/m³）。

5 按下式计算每立方米混凝土中外加剂的用量：

$$m_a = m_b \cdot \beta_a \qquad (6.3.1\text{-}6)$$

式中：m_a——每立方米混凝土中外加剂的用量（kg/m³）；

β_a——外加剂的掺量（%），应经混凝土试验确定。

6.3.2 高抛免振捣混凝土试配应采用强制式搅拌机搅拌。

6.3.3 高抛免振捣混凝土试拌时，宜在水胶比不变、胶凝材料用量与外加剂用量合理的原则下调整浆体体积、砂率等参数，并应在拌合物性能符合本规程表 5.1.2 的规定后确定试拌配合比。每盘混凝土的最小搅拌量不宜小于 50L。

6.3.4 高抛免振捣混凝土在进行强度试验时，应至少采用三个不同的配合比。当采用三个不同的配合比时，其中一个应为本规程第 6.3.3 条确定的试拌配合比，另外两个配合比的水胶比与试拌配合比相比，宜分别增加和减少 0.05。

6.3.5 高抛免振捣混凝土配合比的调整应符合现行行业标准《普通混凝土配合比设计规程》JGJ 55 的

规定。

6.3.6 在确定设计配合比前，应测定混凝土拌合物表观密度，并应按下式计算配合比校正系数（δ）：

$$\delta = \frac{\rho_{c,t}}{\rho_{c,c}} \qquad (6.3.6)$$

式中：$\rho_{c,t}$——混凝土拌合物表观密度实测值（kg/m³）；

$\rho_{c,c}$——混凝土拌合物表观密度计算值，即每立方米混凝土所用原材料质量之和（kg/m³）。

6.3.7 当混凝土拌合物表观密度实测值与计算值之差的绝对值超过计算值的 2% 时，应将配合比中每项材料用量均乘以配合比校正系数（δ）。

6.3.8 配合比调整后，应测定拌合物水溶性氯离子含量，并应对设计要求的混凝土耐久性能进行试验，符合设计要求和国家现行有关标准规定的氯离子含量和耐久性能要求的配合比，可确定为设计配合比。

7 制备、运输与泵送

7.1 一般规定

7.1.1 高抛免振捣混凝土的制备、运输与泵送应按专项技术方案组织实施。

7.1.2 高抛免振捣混凝土应采用预拌混凝土。

7.2 原材料贮存、计量和混凝土搅拌

7.2.1 高抛免振捣原材料贮存应符合下列规定：

1 水泥应按品种、强度等级和生产厂家分别贮存，并应防止受潮和污染；

2 掺合料应按品种、质量等级和产地分别贮存，并应防雨和防潮；

3 骨料宜采用仓储或带棚堆场贮存，不同品种、规格的骨料应分仓贮存；

4 粉状外加剂贮存应采取防晒、防雨、防潮措施；液态外加剂贮存在密闭容器内，并应防晒和防冻。

7.2.2 高抛免振捣混凝土计量应符合下列规定：

1 计量设备的精度应符合现行国家标准《混凝土搅拌站（楼）》GB/T 10171 的有关规定，并应定期校准，使用前设备应归零；

2 水泥、骨料、掺合料等的计量应按重量计，水和外加剂溶液可按体积计，允许偏差应符合现行国家标准《预拌混凝土》GB/T 14902 的有关规定。

7.2.3 高抛免振捣混凝土的搅拌应采用强制式搅拌机。混凝土的生产设备应符合现行国家标准《混凝土搅拌站（楼）》GB/T 10171 和《混凝土搅拌机》GB/T 9142 的规定。

7.2.4 高抛免振捣混凝土搅拌的最短时间应在现行

国家标准《混凝土质量控制标准》GB 50164 规定的基础上适当延长，且延长时间应经试验确定。

7.3 运输与泵送

7.3.1 高抛免振捣混凝土拌合物的运输宜采用混凝土搅拌运输车；运输车性能应符合现行行业标准《混凝土搅拌运输车》JG/T 5094 的规定。

7.3.2 运输车在装料前应将筒内积水排尽。

7.3.3 运输和等待泵送过程中，搅拌运输车滚筒应保持3r/min～5r/min的慢速转动，卸料前应至少高速旋转滚筒 20s。

7.3.4 采用搅拌运输车运输混凝土，当混凝土的坍落度损失较大，不能满足施工要求时，可在运输车滚筒内加入适量的与原配合比相同成分的高效减水剂。高效减水剂加入量应事先由试验确定，并应做记录。加入高效减水剂后，搅拌运输车滚筒应快速旋转，并应使混凝土的工作性能满足施工要求后再泵送或浇筑。

7.3.5 高抛免振捣混凝土拌合物在运输、输送、浇筑过程中严禁加水。

7.3.6 高抛免振捣混凝土从搅拌完毕、运送至施工作业面到泵入模内的时间应符合现行国家标准《预拌混凝土》GB/T 14902 的规定。

7.3.7 运输车在运送过程中应采取避免遗撒的措施。

7.3.8 混凝土输送管的铺设应符合国家现行标准《混凝土结构工程施工规范》GB 50666 和《混凝土泵送施工技术规程》JGJ/T 10 的规定。

7.3.9 当施工环境温度达到 30℃ 及以上时，应采取混凝土暑天施工措施。冬期施工应符合现行行业标准《建筑工程冬期施工规程》JGJ/T 104的规定。

8 施 工

8.1 模板与钢筋工程

8.1.1 模板和支架系统应根据结构形式、荷载大小、基础承载力、施工顺序、施工机具等条件进行确定，模板及支架系统应符合现行国家标准《混凝土结构工程施工规范》GB 50666 的规定，并应能抵抗混凝土的高抛冲击力，宜对模板和支架进行抗冲击性能模拟试验。

8.1.2 高抛免振捣混凝土的钢筋宜采用机械连接，并应定位牢固。钢筋定位件应能抵抗混凝土的高抛冲击力。

8.2 浇 筑

8.2.1 浇筑高抛免振捣混凝土前，应根据工程的浇筑区域、构件类别、钢筋配置状况、高抛高度等选择机具与浇筑方法。

8.2.2 混凝土泵的种类、台数、输送管径、配管距离等应根据施工的实际条件进行确定。

8.2.3 浇筑时，高抛免振捣混凝土拌合物性能应符合本规程第5.1.2条的规定。

8.2.4 高抛免振捣混凝土浇筑布料点的间距应根据拌合物性能和工程特点选择，且不宜大于4m；相邻布料点应均匀卸料；当构件钢筋最小净距小于35mm时，宜缩小布料点的间距，且布料点间距宜通过试验确定。

8.2.5 浇筑高抛免振捣混凝土的过程中，应保持泵送和浇筑的连续性。

8.2.6 钢管混凝土柱采用高抛免振捣混凝土施工时，混凝土施工缝位置宜错开钢管连接位置。

8.3 养 护

8.3.1 高抛免振捣混凝土浇筑完毕后，应及时养护，且养护时间不得少于14d。

8.3.2 浇筑后的高抛免振捣混凝土可采用覆盖、洒水、喷雾、喷养护剂或用薄膜保湿等养护措施。

8.3.3 高抛免振捣混凝土冬期施工的养护应符合现行行业标准《建筑工程冬期施工规程》JGJ/T 104的规定。

9 检验与验收

9.1 原材料质量检验

9.1.1 原材料的质量检验应符合现行国家标准《混凝土质量控制标准》GB 50164的规定。

9.1.2 骨料的质量应符合现行行业标准《普通混凝土用砂、石质量及检验方法标准》JGJ 52的规定，粗骨料的最大粒径应符合本规程第4.0.2条的规定。

9.2 混凝土拌合物性能检验

9.2.1 在制备和施工过程中，应分别对混凝土拌合物性能进行出厂检验和交货检验。取样应符合现行国家标准《预拌混凝土》GB/T 14902的规定。

9.2.2 混凝土拌合物性能出厂检验项目应包括扩展时间（T_{500}）、坍落扩展度、含气量、U形箱高差（Δh）、离析率（f_m）。每100m³相同配合比的混凝土取样检验不得少于1次，当一个工作班相同配合比的混凝土不足100m³时，其取样检验也不得少于1次。

9.2.3 混凝土拌合物性能交货检验项目应包括扩展时间（T_{500}）、坍落扩展度。每100m³同配合比的混凝土检验不得少于1次；当一个工作班相同配合比的混凝土不足100m³时，其取样检验也不得少于1次。

9.2.4 混凝土强度试件的制作取样频率应符合下列规定：

1 对于出厂检验，混凝土强度应每100m³同配合比的混凝土检验不少于1次；每个工作班相同配合比的混凝土不足100m³时，检验不得少于1次。

2 对于交货检验，当一次连续浇筑不足1000m³时，混凝土强度每100m³的同配合比的混凝土检验不得少于1次，每工作班相同配合比的混凝土不足100m³时，其取样检验不得少于1次；当一次连续浇筑超过1000m³时，相同配合比的混凝土每200m³取样检验不得少于1次。

3 每次取样检验不得少于1组。

9.3 硬化混凝土性能检验

9.3.1 混凝土强度检验应符合现行国家标准《混凝土强度检验评定标准》GB/T 50107的规定，其他力学性能检验应符合设计要求和国家现行有关标准的规定。

9.3.2 混凝土耐久性能检验评定应符合现行行业标准《混凝土耐久性检验评定标准》JGJ/T 193的规定。

9.3.3 混凝土长期性能检验规则可按现行行业标准《混凝土耐久性检验评定标准》JGJ/T 193的有关规定执行。

附录A 混凝土拌合物离析率试验方法

A.0.1 本方法用于测定高抛免振捣混凝土拌合物的离析率（f_m）。

A.0.2 高抛免振捣混凝土拌合物的离析率试验应采用下列仪器设备：

1 拌合物离析率检测筒：应由硬质、光滑、平整的金属板制成，检测筒内径应为115mm，外径宜为135mm，且应分三节，每节高度均应为100mm，并应用活动扣件固定（图A.0.2）。

2 跳桌：振幅应为25mm±2mm。

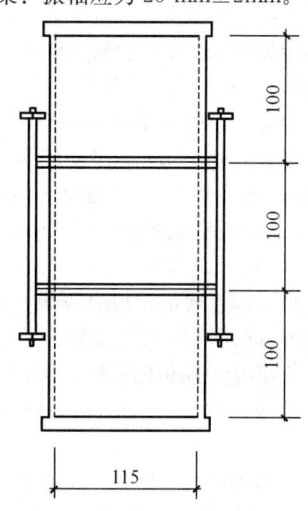

图A.0.2 拌合物离析率检测筒

3 天平：应选用称量 10kg、感量 5g 的电子天平。

4 试验筛：应选用公称直径为 5mm 的方孔筛，其性能指标应符合现行国家标准《金属穿孔板试验筛》GB/T 6003.2 的规定。

A.0.3 高抛免振捣混凝土拌合物的离析率试验应按下列试验步骤进行：

1 将高抛免振捣混凝土拌合物用料斗装入拌合物离析率检测筒内，平至料斗口，垂直移走料斗静置 1min，用抹刀将多余的拌合物除去并抹平，且应轻抹，不得压抹；

2 将拌合物离析率检测筒放置在跳桌上，每秒转动一次摇柄，使跳桌跳动 25 次；

3 分节拆除拌合物离析率检测筒，并将每节筒内拌合物装入孔径为 5mm 的方孔筛中，用清水冲洗拌合物，筛除浆体，将剩余的骨料用海绵拭干表面水分，用天平称其质量，精确到 1g，分别得到上、中、下三段拌合物中骨料的湿重 m_1、m_2、m_3。

A.0.4 高抛免振捣混凝土拌合物的离析率应按下列公式计算：

$$f_m = \frac{m_3 - m_1}{\overline{m}} \times 100\% \quad (A.0.4-1)$$

$$\overline{m} = \frac{m_1 + m_2 + m_3}{3} \quad (A.0.4-2)$$

式中：f_m——拌合物离析率（%）；

$\overline{m}$——三段混凝土拌合物中湿骨料质量的平均值（g）；

m_1——上段混凝土拌合物中湿骨料质量（g）；

m_2——中段混凝土拌合物中湿骨料质量（g）；

m_3——下段混凝土拌合物中湿骨料质量（g）。

附录 B 混凝土拌合物间隙通过性试验方法（U 形箱高差法）

B.0.1 高抛免振捣混凝土拌合物间隙通过性的 U 形箱高差试验应采用 U 形箱，并应符合下列规定：

1 U 形箱应采用硬质不吸水材料制成，高度应为 680mm，宽度应为 200mm，厚度应为 280mm，并应分为前后槽，前后槽应在底部连通，连通部分高度应为 190mm，分隔部分高度应为 490mm，后槽高度可比前槽低 200mm（图 B.0.1）；

2 槽中央底部连通部位应有隔板，隔板下应留有高度为 190mm 的间隙，且隔板处应设有闸板；

3 在 U 形箱中央隔板的后槽一侧设置的垂直钢筋栅应由直径 Φ12 光圆钢筋组成，钢筋净间距应为 40mm。

B.0.2 高抛免振捣混凝土拌合物间隙通过性的 U 形箱高差试验应按下列步骤进行，且整个试验应在

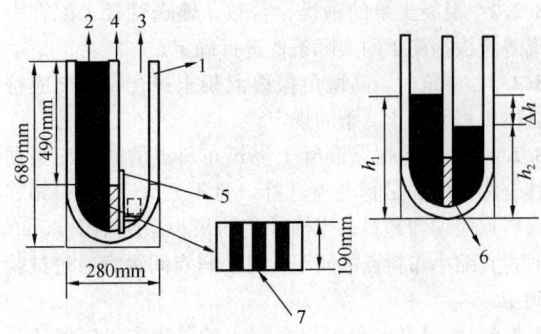

图 B.0.1 U 形箱

1—U 形箱；2—前槽；3—后槽；4—隔板；
5—闸板；6—混凝土拌合物；7—钢筋栅

5min 内完成：

1 将 U 形箱水平放在地面上，并保证活动门可以自由开关；

2 润湿箱内表面，清除多余的水；

3 用混凝土拌合物将 U 形箱前槽填满，并抹平；

4 静置 1min 后，提起闸板使混凝土拌合物流进后槽；

5 当混凝土拌合物停止流动后，分别测量前后槽混凝土高度 h_1、h_2；

6 计算得 U 形箱高差（$\triangle h$）。

B.0.3 试验报告应包含下列内容：

1 试验日期（年，月，日）；

2 混凝土编号；

3 混凝土拌合物在 U 形箱前后槽混凝土的高度，精确至 1mm；

4 混凝土拌合物的间隙通过性，并应用高度差（$\triangle h$）表示。

附录 C 扩展时间（T_{500}）的试验方法

C.0.1 本方法用于测量新拌高抛免振捣混凝土的扩展时间（T_{500}）。

C.0.2 高抛免振捣混凝土的扩展时间（T_{500}）试验应采用下列仪器设备：

1 混凝土坍落度筒：应符合现行行业标准《混凝土坍落度仪》JG/T 248 的相关规定；

2 底板：应为硬质不吸水的光滑正方形平板，边长应为 1000mm，最大挠度不应超过 3mm，应在板的表面标出坍落度筒的中心位置和直径，并应分别为 500mm、600mm、700mm、800mm 及 900mm 的同心圆（图 C.0.2）。

C.0.3 高抛免振捣混凝土的扩展时间（T_{500}）试验应按下列试验步骤进行：

1 润湿底板和坍落度筒，且坍落度筒内壁和底

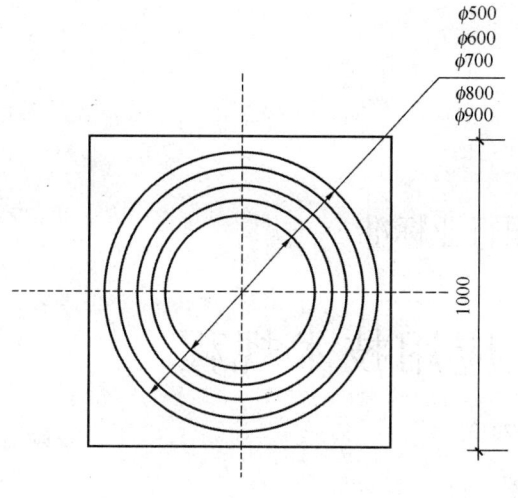

图 C.0.2 底板

板上应无明水；底板应放置在坚实的水平面上，并把筒放在底板中心，然后用脚踩住两边的脚踏板，坍落度筒在装料时应保持在固定的位置；

2 在混凝土拌合物试样不产生离析、不分层的状态下，一次性均匀地填满坍落度筒，自开始入料至填充结束应在 1.5min 内完成，且不得施以任何捣实或振动；

3 用抹刀刮除坍落度筒顶部多余的混凝土，然后抹平，随即将坍落度筒沿铅直方向匀速地向上提起 30cm 的高度，自坍落度筒提起时开始，至混凝土拌合物扩展开的混凝土外缘初触平板上所绘直径 500mm 的圆周为止，以秒表测定时间，精确至 0.1s，该时间记为 T_{500}。

本规程用词说明

1 为便于在执行本规程条文时区别对待，对要求严格程度不同的用词说明如下：

 1) 表示很严格，非这样做不可的用词：
  正面词采用"必须"，反面词采用"严禁"；

 2) 表示严格，在正常情况下均应这样做的用词：
  正面词采用"应"，反面词采用"不应"或"不得"；

 3) 表示允许稍有选择，在条件许可时首先应这样做的用词：
  正面词采用"宜"，反面词采用"不宜"；

 4) 表示有选择，在一定条件下可以这样做的用词，采用"可"。

2 条文中指明应按其他有关标准执行的写法为："应符合……的规定"或"应按……执行"。

引用标准名录

1 《混凝土结构设计规范》GB 50010

2 《普通混凝土拌合物性能试验方法标准》GB/T 50080

3 《普通混凝土力学性能试验方法标准》GB/T 50081

4 《普通混凝土长期性能和耐久性能试验方法标准》GB/T 50082

5 《混凝土强度检验评定标准》GB/T 50107

6 《混凝土外加剂应用技术规范》GB 50119

7 《混凝土质量控制标准》GB 50164

8 《混凝土结构工程施工规范》GB 50666

9 《通用硅酸盐水泥》GB 175

10 《金属穿孔板试验筛》GB/T 6003.2

11 《混凝土外加剂》GB 8076

12 《混凝土搅拌机》GB/T 9142

13 《混凝土搅拌站（楼）》GB/T 10171

14 《预拌混凝土》GB/T 14902

15 《用于水泥和混凝土中的粉煤灰》GB/T 1596

16 《用于水泥和混凝土中的粒化高炉矿渣粉》GB/T 18046

17 《混凝土膨胀剂》GB 23439

18 《混凝土泵送施工技术规程》JGJ/T 10

19 《普通混凝土用砂、石质量及检验方法标准》JGJ 52

20 《普通混凝土配合比设计规程》JGJ 55

21 《混凝土用水标准》JGJ 63

22 《建筑工程冬期施工规程》JGJ/T 104

23 《混凝土耐久性检验评定标准》JGJ/T 193

24 《人工砂混凝土应用技术规程》JGJ/T 241

25 《自密实混凝土应用技术规程》JGJ/T 283

26 《混凝土坍落度仪》JG/T 248

27 《混凝土搅拌运输车》JG/T 5094

中华人民共和国行业标准

高抛免振捣混凝土应用技术规程

JGJ/T 296—2013

条 文 说 明

制 订 说 明

《高抛免振捣混凝土应用技术规程》JGJ/T 296-2013 经住房和城乡建设部 2013 年 5 月 9 日以第 27 号公告批准、发布。

本规程编制过程中，编制组进行了高抛免振捣混凝土应用情况的调查研究，总结了高抛免振捣混凝土生产和应用经验，同时参考了国内外技术标准，并经过试验研究，取得了制订本规程所必要的重要技术参数。

为便于广大设计、施工、科研、学校等单位有关人员在使用本规程时能正确理解和执行条文规定，《高抛免振捣混凝土应用技术规程》编制组按章、节、条顺序编制了本规程的条文说明，对条文规定的目的、依据以及执行中需注意的有关事项进行了说明。但是，本条文说明不具备与规程正文同等的法律效力，仅供使用者作为理解和把握规程规定的参考。

目　次

1 总 则

1.0.1 随着我国建筑技术的不断进步，高抛免振捣混凝土在工程上的应用逐渐增多。为加强高抛免振捣混凝土工程质量的控制，保证工程质量，制定本规程。本规程不包括高抛免振捣混凝土结构设计等方面的内容。

1.0.2 本规程的适用范围为工业与民用建筑混凝土结构工程，尤其适用于振捣困难的结构以及对施工进度、噪声有特殊要求的工程。对于港工、水工、道路等工程，除按照各行业标准执行外，也可参照本规程执行。

1.0.3 高抛免振捣混凝土的生产和应用除应符合本规程外，尚应符合现行国家标准《混凝土质量控制标准》GB 50164、《混凝土结构工程施工质量验收规范》GB 50204、《混凝土结构工程施工规范》GB 50666 和施工项目设计文件提出的各项要求。

2 术语和符号

2.1 术 语

2.1.1 高抛免振捣混凝土的重要特征是必须从高处抛落，使混凝土利用其自身重量由高处抛落时产生的动能来实现免振捣流动并充满模板，即要求拌合物具有很高的流动性、间隙通过性且不离析、不泌水。

2.1.2 胶凝材料的术语定义在混凝土工程技术领域已被普遍接受。

2.1.3 高抛免振捣混凝土拌合物性能要求较高，特别是抗离析性能，混凝土增稠剂的研究和应用已有多年，并能很好的提高混凝土拌合物的黏性、抗离析性能。

2.1.4、2.1.5 随着混凝土矿物掺合料的广泛应用，国内外已经普遍采用水胶比、浆体体积。

2.1.6~2.1.8 为高抛免振捣混凝土拌合物性能要求指标。

3 基本规定

3.0.1 高抛免振捣混凝土具有特殊的应用范围，工程施工时，除应满足普通混凝土施工所需要的混凝土力学性能及施工性能外，对混凝土配合比、原材料、模板、钢筋等有严格的要求，应根据结构形式、荷载大小、施工顺序等制定有针对性的技术方案；技术要求应对相关人员进行交底，切实贯彻执行。

3.0.2 当高抛免振捣混凝土用于形状复杂、有特殊要求的结构时，混凝土的填充性能否满足要求；当混凝土强度等级低于C25时，混凝土的水胶比大、浆

体少，混凝土拌合物的性能是否能够满足要求，充满模板达到密实；以及当混凝土的抛落高度大于12m时，将对混凝土拌合物性能产生较大影响；这些情况下，宜进行混凝土高抛模拟试验，对试验室混凝土配合比进行验证后，确定混凝土设计配合比。

通过多次试验（表1），确定混凝土的抛落高度宜选择在3m~12m，超过12m则需要进行验证模板以及混凝土相关性能；混凝土浇筑布点间距不宜大于4m。

表 1 混凝土抛落高度试验

模板、试模尺寸	浇筑方法	拌合物性能	抛落高度	拆模后混凝土外观质量
钢模（直径1.5m、高度3.0m）无配筋	泵送	满足要求	3m	有少量气孔、无蜂窝麻面，混凝土表面平整致密、超声检测测试区域内部混凝土密实、较均匀，浇筑的混凝土结构质量良好
	吊斗吊装			
钢管高度12m，无配筋	泵送	满足要求	12m	无明显气孔、无蜂窝麻面，混凝土表面平整致密
	吊斗吊装			
木模（长6m×宽1m×高2m，距底部1m以下配有钢筋，净间距分别为40mm、35mm和20mm，各2m长	泵送	满足要求	8m，部分12m	在浇筑点2m内，无论有无配筋，混凝土表面质量良好；离浇筑点2m远处开始出现明显气孔、蜂窝、麻面，在不连续浇筑的部位出现明显的施工缝
木模（长0.8m×宽0.8m×高3m），无配筋	泵送		12m，部分15m	混凝土表面质量良好；当浇筑高度超过12m时，混凝土下落的冲击力使模板不稳

3.0.3 混凝土生产、运输、泵送、施工等每个环节应保证连续性，各种资源的配置（如搅拌、运输和泵送设备等）应充足，并有应急措施。

4 原 材 料

4.0.2 粗骨料的粒形对混凝土拌合物性能影响较大，所以要求骨料针片状含量不应大于8%。由于直接破碎的粗骨料一般均不能满足连续级配的要求，为了保证粗骨料为连续级配，应采用多个粒级级配粗骨料组合的方式进行调整。粗骨料粒径过大，则混凝土拌合物性能难以满足高抛免振捣的要求，所以粗骨料最大粒径不宜大于20mm。

4.0.3 高抛免振捣混凝土中粉体的含量相对较大，所以对细骨料含泥量和泥块含量均按高限要求执行。

4.0.4 矿物掺合料的使用直接影响到混凝土拌合物性能，而高抛免振捣混凝土对拌合物的性能要求较高，所以在采用矿物掺合料时不宜选择等级过低的。

对于低强度等级高抛免振捣混凝土，在要求足够数量的粉体时，不必使用活性矿物掺合料，可采用复合矿物掺合料，在复合掺合料中掺加有一定量的石灰石粉、白云石粉等惰性掺合料。惰性掺合料的技术性能指标只要不含有对混凝土力学性能、长期耐久性不良影响的成分，并满足一定的细度即可。其技术指标参考标准《用于水泥和混凝土中的粒化高炉矿渣粉》GB/T 18046、《混凝土结构耐久性设计规范》GB/T 50476，并满足表 2 的要求。

表 2　惰性掺合料的技术要求

项目	Cl⁻（%）	SO₃（%）	比表面积（m²/kg）
指标	≤0.02	≤4.0	≥350

4.0.5 高抛免振捣混凝土拌合物性能要求较高，可选用高效减水剂。

5　混凝土性能

5.1　混凝土拌合物性能

5.1.2 高抛免振捣混凝土拌合物性能是进行高抛免振捣施工的关键，所以要求混凝土的坍落扩展度不宜过大，否则容易离析。

在拌合物性能的要求上，混凝土的抗离析性能高于普通混凝土，通过试验研究，如果采用普通混凝土拌合物的性能指标，由于高抛施工时，混凝土从高处抛落产生的势能转变为动能而易造成离析，所以指标要求取本规程表 5.1.2。

5.2　硬化混凝土性能

5.2.1、5.2.2 硬化高抛免振捣混凝土性能包括力学性能、长期和耐久性能，均按现行国家标准、规范执行。但混凝土试件成型如果按普通混凝土的成型方式，则与实体的高抛施工混凝土相差较大。高抛免振捣混凝土试件制作如何能体现高抛免振捣要求，国内还无明确要求，经过大量模拟高抛免振捣混凝土成型的试件与自密实混凝土成型方法的试件强度对比，证明两种方法成型的混凝土试件强度基本相当，故试件的制作采取《自密实混凝土应用技术规程》JGJ/T 283 中试件的成型方法。

6　配合比设计

6.1　一般规定

6.1.1 不同的工程结构条件、施工条件要求高抛免振捣混凝土有不同的流动性、稳定性、抗离析性以及填充性，而不同的环境条件则影响到混凝土的耐久性和其他的性能要求。高抛免振捣混凝土的配合比设计必须保证配制或生产的混凝土拌合物以及硬化后的混凝土的性能满足工程要求。

工程结构条件主要包括断面尺寸与形状、钢筋间距、配筋量；施工条件主要包括模板材质、模板形状、施工区间、泵送距离、抛落高度、混凝土水平流动距离；环境条件包括环境温度、侵蚀介质等。

6.1.4 有抗冻要求的混凝土其含气量按《混凝土结构耐久性设计规范》GB/T 50476 选择。

6.1.5 从满足设计强度要求的角度，C25 及以下强度等级的高抛免振捣混凝土胶凝材料用量较少，难以满足高抛免振捣混凝土工作性能。复合掺合料或增稠材料的使用有助于提高高抛免振捣混凝土拌合物的黏聚性，因此，采用复合掺合料或增稠材料对保证混凝土拌合物性能，满足高抛免振捣混凝土密实要求十分必要。

6.2　试配强度的确定

6.2.1 高抛免振捣混凝土的配制强度对生产施工的混凝土强度应具有充分的保证率。对于强度等级小于 C60 的混凝土，实践证明传统公式是合理的，因此仍然沿用传统的计算公式；对于强度等级不小于 C60 的混凝土，传统的计算公式已经不能满足要求，修订后采用公式（6.2.1-2）。

6.2.2 根据实际生产技术水平和大量的调研，适当调高了强度标准差值，并给出表 6.2.2 的强度标准差取值，这些取值与目前实际控制水平的标准差比较，是偏于安全的，也与国际上提高安全性的总体趋势是一致的。

6.3　配合比设计、试配、调整与确定

6.3.1 水胶比的确认与新修订的《普通混凝土配合比设计规程》JGJ 55 中相同，主要是通过水泥品种、矿物掺合料的品种和掺量以及强度等级等因素决定。水胶比、浆体体积、砂率是配制良好高抛免振捣混凝土工作性能的重要参数，选择合理的浆体体积、用水量和砂率是保证高抛免振捣混凝土性能的先决条件。

本条款中推荐的浆体体积、砂率的值均采用天然中砂时的配制参数，当采用其他种类和细度模数的砂时，应做适当的调整，并通过试验最终确认。

计算过程分为：

1　用浆体体积和水胶比、含气量算出胶凝材料、用水量（用水量宜小于185kg/m³）；

2　用砂率、骨料的体积计算出粗细骨料的用量。

6.3.3 在试配过程中，首先是试拌，调整混凝土拌合物性能。在试拌调整的基础上，尽量保持水胶比不变，采用适当的胶凝材料用量，通过调整外加剂和砂

率，使高抛免振捣混凝土拌合物性能满足施工要求，提出试拌配合比。

试拌时如果搅拌量太小，由于混凝土拌合物浆体黏性等因素影响或体量不足等原因，拌合物则不具有代表性。

6.3.4 调整好高抛免振捣混凝土拌合物性能并形成试拌配合比后，即开始混凝土强度试验。无论是计算配合比还是试拌配合比，都不一定能保证混凝土配制强度满足要求，混凝土强度试验的目的是通过三个不同水胶比的配合比性能测试取得能够满足配制强度要求的、胶凝材料用量经济合理的配合比。由于混凝土强度是在混凝土拌合物调整适宜后进行，所以强度试验采用三个不同水胶比的试验配合比，混凝土拌合物性能应保持不变，即维持用水量不变，增加或减少胶凝材料用量，并相应减少或增加砂率，外加剂掺量也作减少或增加的微调。

6.3.6、6.3.7 混凝土配合比是指每立方米混凝土中各种材料的比例。在配合比计算、混凝土试拌和配合比调整过程中，每立方米混凝土各种材料混合而成的混凝土可能不足或超过 $1m^3$，即通常所说的亏方或盈方，通过配合比校正，可使依据配合比计算的混凝土生产方量更为准确。

6.3.8 在确定设计配合比前，对高抛免振捣混凝土氯离子含量和耐久性能的试验验证是非常必要的。

7 制备、运输与泵送

7.1 一般规定

7.1.1 高抛免振捣混凝土生产单位应建立质量管理体系，除此之外，考虑到高抛免振捣混凝土配合比设计及施工工艺的特殊性，应有完善的生产、运输、泵送专项技术方案。

7.1.2 高抛免振捣混凝土施工属于预拌混凝土的一种特殊施工工艺，两者的生产方法本质上是一致的。

7.2 原材料贮存、计量和混凝土搅拌

7.2.1 用水量对高抛免振捣混凝土拌合物性能影响较大，为减少骨料含水率变化导致混凝土质量波动，建议对骨料采取仓储和加屋顶遮盖处置。在多雨季节，应严格控制砂、石的含水率，稳定混凝土质量；在高温季节，挡雨棚能够避免太阳直射骨料，降低骨料温度，进而降低混凝土拌合物温度。

不同类型的外加剂间的相容性较差，如聚羧酸系减水剂与萘系减水剂不相容，相混时容易出现混凝土流动性变差、用水量急增、坍落度损失严重等现象，因此，使用不同类型的化学外加剂时，必须严格分类储存避免相混。

7.2.2 高抛免振捣混凝土采用原材料与预拌混凝土

基本一致，配合比设计方面更偏重预拌混凝土的高流动性和抗离析性，因此，直接引用《预拌混凝土》GB/T 14902 的计量规定。

7.2.3 目前，预拌混凝土搅拌站、预制混凝土构件厂和施工现场搅拌站基本采用双卧轴强制式搅拌机，但一些条件落后的地方还在使用自落式搅拌机。

混凝土拌制投料法宜采用二次投料法，此法可明显改善混凝土拌合物和易性，保证混凝土质量，并且增稠材料应最后添加。

7.2.4 目前，预拌混凝土搅拌站、预制混凝土构件厂和施工现场搅拌站的混凝土搅拌时间一般都不足60s。高抛免振捣混凝土拌合物的性能要求相对普通混凝土要高，所以为保证混凝土拌合物的性能，应适当延长搅拌时间。

7.3 运输与泵送

7.3.2 工程案例中，由于管理不善，类似问题导致的混凝土报废和结构质量问题比较普遍，因此将此条单独列出。

7.3.4 在遇暑期作业等情况时，由于各种原因导致混凝土拌合物工作性能损失的现象非常普遍。常规的处理方法即为二次添加外加剂，经快速搅拌后改善其性能。

7.3.5 在生产施工过程中向混凝土拌合物中加水会严重影响混凝土力学性能、长期性能和耐久性能，对混凝土工程质量危害极大，必须严格禁止。

7.3.6 《预拌混凝土》GB/T 14902 中规定：混凝土的运送时间指混凝土从搅拌机卸入运输车开始至该运输车开始卸料为止。运送时间应满足合同规定，当合同未作规定，采用搅拌运输车运送的混凝土，宜在1.5h 内卸料；当最高气温低于 25℃时，运送时间可延长 0.5h。如需延长运送时间，则应采取相应的技术措施，并应通过试验验证。

7.3.9 混凝土炎热气温施工的定义温度，美国是24℃，日本和澳大利亚是 30℃，《铁路混凝土工程施工技术指南》中规定，当昼夜平均气温高于 30℃时，按照暑期规定施工。针对高抛免振捣混凝土高流动性的要求，考虑到高温对混凝土拌合物的流动性影响非常显著，因此单独列出此条。

暑天施工通常需要采取一定措施，如砂石原材料避免阳光直射，必要时喷水降温；拌合用水输送管线及设施可埋入地下或用隔热材料覆盖；控制原材料水泥等的入机温度；掺入缓凝剂，延长混凝土凝结时间等措施。

8 施 工

8.1 模板与钢筋工程

8.1.1 高抛免振捣混凝土施工时，模板及支架系统

除了要承受混凝土自重、侧压力及施工荷载外，还要承受混凝土的高抛冲击力。模板及支架系统设计要重点考虑混凝土高抛冲击力影响；必要时，应对拟采用的模板、支架进行模拟冲击试验。

8.1.2 高抛免振捣混凝土施工的特点决定了高抛冲击力对钢筋接头影响大，钢筋连接采用搭接和焊接时，冲击易导致接头破坏，且接头处钢筋断面增大，高抛影响大；因此不宜采用搭接和焊接，宜采用机械连接。混凝土高抛时，钢筋易发生移位现象，应采用有效的定位装置固定。

混凝土垫块等钢筋保护层控制措施在混凝土的高抛冲击力下易发生变形或移位，为保证工程质量，应采取有效措施。

8.2 浇 筑

8.2.1、8.2.2 规定了结合高抛混凝土的特殊性和施工现场的实际情况，确定浇筑方法、施工机具、混凝土泵的种类、台数、输送管径、配管距离等。

8.2.4 高抛免振捣混凝土浇筑布料点应结合拌合物特性和工程特点选择适宜的间距，不宜大于 4m。特殊情况下混凝土布料点下料间距应通过试验确定。

8.2.5 高抛免振捣混凝土施工部位一般具有特殊性，如形成了施工缝难以按施工缝相关要求进行施工。因此，混凝土的泵送和浇筑应保持其连续性。

8.2.6 钢管混凝土柱钢管焊接时，温度高，对混凝土质量有影响。所以，每段钢管混凝土柱的浇筑位置应适当考虑焊接高温对混凝土质量的影响。

8.3 养 护

8.3.1 为保证工程质量，从严控制，规定适当延长养护时间，养护时间不得少于 14d。

8.3.2 为保证混凝土的养护质量，应根据浇筑部位、季节等具体情况，制定养护方案，采取覆盖、洒水、喷雾、喷养护剂或薄膜保湿等有效的养护措施。

9 检验与验收

9.1 原材料质量检验

9.1.1 混凝土原材料质量检验应包括型式检验报告、出厂检验报告或合格证等质量证明文件的查验和收存。应在混凝土原材料交货时检验把关，不合格的原材料不能进场。混凝土原材料每个检验批的量不能多于《混凝土质量控制标准》GB 50164 规定的量。

9.1.2 粗骨料复检时增加对粗骨料最大粒径检验，检验结果符合本规程要求时为合格。

9.2 混凝土拌合物性能检验

9.2.1 混凝土拌合物性能检验在搅拌地点和浇筑地点都要进行，搅拌地点的出厂检验为控制性自检，浇筑地点的交货检验为验收检验。

9.2.2 出厂检验包括扩展时间 T_{500}、坍落扩展度、含气量、U 形箱高差（Δh）、离析率（f_m），检验合格后方可出厂使用。

9.2.3 鉴于现场检验的条件限制，交货不检验含气量、U 形箱高差（Δh）、离析率（f_m）。

9.3 硬化混凝土性能检验

9.3.1～9.3.3 现行国家标准《混凝土强度检验评定标准》GB/T 50107 和现行行业标准《混凝土耐久性检验评定标准》JGJ/T 193 中包括了相应混凝土强度和混凝土耐久性的检验规则。

中华人民共和国行业标准

磷渣混凝土应用技术规程

Technical specification for application of phosphorous slag
powder concrete

JGJ/T 308—2013

批准部门：中华人民共和国住房和城乡建设部
施行日期：２０１４年２月１日

中华人民共和国住房和城乡建设部
公 告

第 88 号

住房城乡建设部关于发布行业标准
《磷渣混凝土应用技术规程》的公告

现批准《磷渣混凝土应用技术规程》为行业标准，编号为 JGJ/T 308 - 2013，自 2014 年 2 月 1 日起实施。

本规程由我部标准定额研究所组织中国建筑工业出版社出版发行。

中华人民共和国住房和城乡建设部

2013 年 7 月 26 日

前 言

根据住房和城乡建设部《关于印发〈2010 年工程建设标准规范制订、修订计划〉的通知》（建标[2010] 43 号）的要求，规程编制组经广泛调查研究，认真总结实践经验，参考有关国际标准和国外先进标准，并在广泛征求意见的基础上，编制本规程。

本规程的主要技术内容有：1. 总则；2. 术语和符号；3. 原材料；4. 磷渣混凝土性能；5. 磷渣混凝土配合比设计；6. 磷渣混凝土的生产与施工；7. 质量检验与验收。

本规程由住房和城乡建设部负责管理，由云南省建筑科学研究院负责具体技术内容的解释。执行过程中如有意见或建议，请寄送至云南省建筑科学研究院（地址：昆明市学府路 150 号，邮编：650223）。

本 规 程 主 编 单 位：云南省建筑科学研究院
云南建工第五建设有限公司

本 规 程 参 编 单 位：云南建工集团有限公司
昆明理工大学
云南省建筑工程质量监督检验站
重庆大学
云南建工混凝土有限公司
云南省建筑材料科学研究设计院
厦门市建筑科学研究院集团股份有限公司
上海市建筑科学研究院（集团）有限公司
陕西建工集团第三建筑工程有限公司
北京建工集团
重庆建工住宅建设有限公司
中铁二局集团有限公司
云南建工水利水电建设有限公司
云南建工集团第四建设有限公司

本规程主要起草人员：陈文山　甘永辉　邓　岗
孙　群　杜庆檐　许国伟
陈　维　李继荣　方菊明
焦伦杰　罗卓英　刘　芳
李章建　徐　清　黎　杰
王剑非　黄小文　林添兴
李彦钊　刘军选　汪亚冬
周尚永　陈怡宏　张　意
刘学力　沈家文　王天锋
李家祥

本规程主要审查人员：谭洪光　冷发光　徐天平
杨再富　王国维　唐祥正
陈玉福　袁　梅　祝海雁

目 次

Contents

1 总　则

1.0.1 为规范磷渣混凝土的应用，充分利用工业废料，节约资源、保护环境，做到技术先进、经济合理，保证工程质量，制定本规程。

1.0.2 本规程适用于磷渣混凝土的配合比设计、施工、质量检验和验收。

1.0.3 磷渣混凝土的应用除应符合本规程外，尚应符合国家现行有关标准的规定。

2 术语和符号

2.1 术　语

2.1.1 粒化电炉磷渣粉 granulated electric furnace phosphorous slag powder

以电炉法生产黄磷时所得到的以硅酸钙为主要成分的熔融物，经淬冷成粒、磨细加工制成的粉末，简称磷渣粉。

2.1.2 磷渣混凝土 phosphorous slag powder concrete

以磷渣粉作为主要掺合料的混凝土。

2.1.3 胶凝材料 cementitious material

混凝土中水泥和矿物掺合料的总称。

2.1.4 磷渣粉掺量 percentage of phosphorous slag powder

磷渣粉质量占胶凝材料总质量的百分比。

2.2 符　号

m_b——每立方米混凝土中胶凝材料总量；

m_c——每立方米矿物掺合料混凝土中的水泥用量；

m_{fp}——每立方米混凝土磷渣粉用量；

β_t——磷渣粉取代水泥量的百分比。

3 原　材　料

3.0.1 水泥宜采用硅酸盐水泥、普通硅酸盐水泥，也可采用矿渣硅酸盐水泥、火山灰质硅酸盐水泥、粉煤灰硅酸盐水泥、复合硅酸盐水泥。水泥应符合现行国家标准《通用硅酸盐水泥》GB 175的规定，当采用其他品种水泥时应符合相应标准的要求。

3.0.2 粗骨料、细骨料应符合现行行业标准《普通混凝土用砂、石质量及检验方法标准》JGJ 52的规定。

3.0.3 磷渣粉应符合现行行业标准《混凝土用粒化电炉磷渣粉》JG/T 317的规定。

3.0.4 粒化高炉矿渣粉性能指标应符合现行国家标准《用于水泥和混凝土中的粒化高炉矿渣粉》GB/T 18046的规定，粉煤灰性能指标应符合现行国家标准《用于水泥和混凝土中的粉煤灰》GB/T 1596的规定，硅灰性能指标应符合现行国家标准《砂浆和混凝土用硅灰》GB/T 27690的规定。当采用其他掺合料时，性能指标也应符合国家现行相关标准的规定，并应通过试验验证。

3.0.5 外加剂应符合现行国家标准《混凝土外加剂》GB 8076和《混凝土外加剂应用技术规范》GB 50119的规定。掺用其他外加剂时，应通过试验验证，性能应满足现行有关标准的规定。

3.0.6 混凝土拌合用水应符合现行行业标准《混凝土用水标准》JGJ 63的规定。

4 磷渣混凝土性能

4.1 拌合物技术要求

4.1.1 磷渣混凝土拌合物应具有良好的流动性、黏聚性和保水性，不得离析或泌水。

4.1.2 磷渣混凝土拌合物性能应满足工程设计与施工要求。混凝土拌合物的稠度等级划分及允许偏差应符合现行国家标准《混凝土质量控制标准》GB 50164的规定；混凝土拌合物性能的试验方法应符合现行国家标准《普通混凝土拌合物性能试验方法标准》GB/T 50080的规定。

4.1.3 混凝土拌合物的坍落度经时损失不应影响混凝土的正常施工。泵送磷渣混凝土的坍落度经时损失不宜大于30mm/h。

4.1.4 磷渣混凝土拌合物的凝结时间应满足工程施工要求和混凝土性能要求。

4.1.5 磷渣混凝土拌合物的总碱含量应符合现行国家标准《预防混凝土碱骨料反应技术规范》GB/T 50733的规定。碱含量宜按现行行业标准《普通混凝土配合比设计规程》JGJ 55的规定进行测定和计算，对于磷渣粉碱含量可取实测值的1/2。

4.1.6 磷渣混凝土拌合物的水溶性氯离子最大含量应符合表4.1.6的要求。磷渣混凝土拌合物的水溶性氯离子含量宜按现行行业标准《水运工程混凝土试验规程》JTJ 270中混凝土拌合物氯离子含量的快速测定方法进行测定。

表4.1.6 磷渣混凝土拌合物的水溶性氯离子最大含量

环境条件	水溶性氯离子最大含量（胶凝材料用量的质量百分比，%）		
	钢筋混凝土	预应力混凝土	素混凝土
干燥环境	0.30	0.06	1.00
潮湿但不含氯离子的环境	0.20		

续表 4.1.6

环境条件	水溶性氯离子最大含量（胶凝材料用量的质量百分比,%）		
	钢筋混凝土	预应力混凝土	素混凝土
潮湿且含有氯离子的环境	0.10	0.06	1.00
腐蚀环境	0.06		

4.2 力 学 性 能

4.2.1 磷渣混凝土力学性能应符合现行国家标准《混凝土结构设计规范》GB 50010 的规定，应按现行国家标准《普通混凝土力学性能试验方法标准》GB/T 50081 的规定进行试验测定，并应满足设计要求。

4.2.2 磷渣混凝土的强度应按现行国家标准《混凝土强度检验评定标准》GB/T 50107 进行评定，并应满足设计要求。

4.3 长期性能与耐久性能

4.3.1 磷渣混凝土的收缩率和徐变系数应满足设计要求。磷渣混凝土的收缩和徐变性能试验方法应符合现行国家标准《普通混凝土长期性能和耐久性能试验方法标准》GB/T 50082 的规定。

4.3.2 磷渣混凝土的抗冻、抗渗、抗氯离子渗透、抗碳化和抗硫酸盐侵蚀等耐久性能应符合设计要求，并符合现行国家标准《混凝土质量控制标准》GB 50164 的规定。

4.3.3 磷渣混凝土长期性能与耐久性能的试验方法应符合现行国家标准《普通混凝土长期性能和耐久性能试验方法标准》GB/T 50082的规定。

5 磷渣混凝土配合比设计

5.1 一 般 规 定

5.1.1 磷渣混凝土配合比设计，应按现行行业标准《普通混凝土配合比设计规程》JGJ 55 的有关规定执行，并应满足设计和施工要求。

5.1.2 磷渣粉可单独使用，也可将磷渣粉和矿渣粉、粉煤灰及其他活性掺合料通过试验验证后复合使用。

5.1.3 磷渣粉掺量和外加剂的品种、掺量及材料间的相容性应经混凝土试配试验确定，并应满足强度和耐久性设计以及施工要求。

5.1.4 磷渣混凝土的配合比应根据工程使用的水泥、粗细骨料、外加剂、磷渣的质量指标，对混凝土的凝结时间、早期强度等技术要求经计算、试配和调整后确定。

5.1.5 当磷渣粉的质量或其他原材料的品种与质量有显著变化时，或对混凝土性能有特殊要求时，应重新进行混凝土配合比设计。

5.2 配合比计算和确定

5.2.1 磷渣粉可用于素混凝土、钢筋混凝土和预应力混凝土，最大掺量可按表 5.2.1 并经试验确定。

表 5.2.1 磷渣粉的最大掺量（%）

混凝土种类 水泥品种	素混凝土	钢筋混凝土	预应力混凝土
硅酸盐水泥	35	30	20
普通水泥	25	20	10

注：采用其他通用硅酸盐水泥时，宜将水泥混合材掺量20%以上的混合材量计入矿物掺合料。

5.2.2 每立方米混凝土的水泥用量 m_c，可按下式计算：

$$m_c = m_b(1 - \beta_f) \quad (5.2.2)$$

式中：m_c——每立方米矿物掺合料混凝土中的水泥用量（kg/m³）；

m_b——每立方米混凝土中胶凝材料总量（kg/m³）；

β_f——磷渣粉取代水泥量的百分比（%）。

5.2.3 每立方米混凝土磷渣粉用量 m_{fp}，可按下式计算：

$$m_{fp} = m_b \cdot \beta_f \quad (5.2.3)$$

式中：m_{fp}——每立方米混凝土磷渣粉用量（kg/m³）；

m_b——每立方米混凝土中胶凝材料总量（kg/m³）；

β_f——磷渣粉取代水泥量的百分比（%）。

5.2.4 最小胶凝材料用量、最大水胶比应符合现行行业标准《普通混凝土配合比设计规程》JGJ 55 的规定。

5.2.5 外加剂掺量，按胶凝材料总用量的百分比计。

5.2.6 磷渣混凝土施工配合比应按现行行业标准《普通混凝土配合比设计规程》JGJ 55 的规定进行试配调整，经验证合格后使用。

6 磷渣混凝土的生产与施工

6.1 一 般 规 定

6.1.1 施工前，施工单位应根据设计要求、工程性质、结构特点和环境条件等，编制磷渣混凝土施工技术方案。

6.1.2 粗、细骨料的含水率检验每工作班不应少于1次；当雨雪天气等外界影响导致混凝土骨料含水率变化时，应及时检验，并根据检验结果及时调整施工配合比。

6.1.3 磷渣混凝土在运输、输送、浇筑过程中严禁加水。

6.2 原材料计量

6.2.1 原材料计量应符合现行国家标准《混凝土质量控制标准》GB 50164 和《混凝土结构工程施工规范》GB 50666 的规定。

6.2.2 原材料计量宜采用电子计量仪器，计量仪器在使用前应进行检查。每盘原材料计量允许偏差和累计计量允许偏差应符合表 6.2.2 的规定。

表 6.2.2 每盘原材料计量允许偏差和累计计量允许偏差

原材料种类	按质量计（%）	
	计量允许偏差	累计计量允许偏差
胶凝材料、外加剂、拌合用水	±2.0	±1.0
粗、细骨料	±3.0	±1.5

6.3 混凝土搅拌

6.3.1 磷渣混凝土的搅拌应符合现行国家标准《混凝土质量控制标准》GB 50164 和《混凝土结构工程施工规范》GB 50666 的有关规定。

6.3.2 磷渣混凝土宜采用强制式混凝土搅拌机搅拌，混凝土搅拌机应符合现行国家标准《混凝土搅拌机》GB/T 9142 的有关规定。

6.3.3 磷渣混凝土的搅拌时间应在普通混凝土搅拌时间的基础上适当延长，确保搅拌均匀。磷渣混凝土最短搅拌时间应符合现行国家标准《混凝土结构工程施工规范》GB 50666 的有关规定。

6.4 混凝土运输

6.4.1 磷渣混凝土的运输应符合现行国家标准《混凝土质量控制标准》GB 50164、《混凝土结构工程施工规范》GB 50666 和《预拌混凝土》GB/T 14902 的相关规定。

6.4.2 采用泵送施工的磷渣混凝土，运输应能保证混凝土的连续泵送，并应符合现行行业标准《混凝土泵送施工技术规程》JGJ/T 10 的有关规定。

6.4.3 磷渣混凝土运输至浇筑现场时，不得出现离析或分层现象。

6.4.4 对于采用搅拌运输车运输的混凝土，当坍落度损失较大不能满足施工要求时，可在运输车罐内加入适当的与原配合比相同成分的减水剂。减水剂加入量应事先由试验确认，并应进行记录。减水剂加入后，混凝土罐车应快速旋转搅拌均匀，并应在达到要求的工作性能后再泵送或浇筑。

6.5 混凝土浇筑

6.5.1 磷渣混凝土的浇筑应符合现行国家标准《混凝土质量控制标准》GB 50164 和《混凝土结构工程施工规范》GB 50666 的有关规定。

6.5.2 振捣应保证混凝土密实、均匀，并应避免欠振、过振和漏振。

6.5.3 夏季施工时，磷渣混凝土拌合物入模温度不应超过 35℃，并宜选择夜间浇筑混凝土。现场温度高于 35℃时，宜对金属模板进行浇水降温，不得留有积水，并可采取遮挡措施避免阳光照射金属模板。

6.5.4 冬期施工时，磷渣混凝土拌合物入模温度不应低于 5℃，并应采取相应保温措施。

6.5.5 当风速大于 5.0m/s 时，磷渣混凝土浇筑宜采取挡风措施。

6.5.6 浇筑竖向尺寸较大的结构物时，应分层浇筑，每层浇筑厚度宜控制在 300mm～350mm。

6.5.7 磷渣混凝土浇筑时，应在平面内均匀布料，不得用振捣棒赶料。

6.5.8 磷渣混凝土振捣时，应避免碰撞模板、钢筋及预埋件。

6.5.9 磷渣混凝土在浇筑过程中，应观察模板支撑的稳定性和接缝的密实状态，不得出现漏浆现象。

6.5.10 磷渣混凝土振捣密实后，在终凝以前应采用抹面机械或人工多次抹压，并应抹压后进行保湿养护。保湿养护可采用洒水、覆盖、喷涂养护剂等方式。

6.5.11 磷渣混凝土构件成型后，在抗压强度达到 1.2MPa 以前，不得在混凝土上面踩踏行走。

6.6 混凝土养护

6.6.1 磷渣混凝土的养护应按现行国家标准《混凝土质量控制标准》GB 50164 和《混凝土结构工程施工规范》GB 50666 的相关规定执行。

6.6.2 磷渣混凝土构件或制品养护应符合下列规定：

　　1 采用蒸汽养护或湿热养护时，养护时间和养护制度应满足混凝土及制品性能的要求；

　　2 采用蒸汽养护时，应分为静置、升温、恒温和降温四个阶段；混凝土成型后的静置时间不宜少于 1h，升温速度不宜超过 25℃/h，降温速度不宜超过 20℃/h，最高温度和恒温温度应小于或等于 75℃；混凝土构件或制品在出池或撤除养护措施前，应进行温度测量，且构件出池或撤除养护措施时，表面与外界温差不得大于 20℃；

　　3 采用潮湿自然养护时，应符合本规程第 6.6.1 条的规定。

6.6.3 磷渣混凝土的冬期施工，应符合现行行业标准《建筑工程冬期施工规程》JGJ/T 104 的有关规定；养护应符合下列规定：

　　1 日均气温低于 5℃时，不得采取浇水自然养护方法；

　　2 混凝土受冻前的强度不得低于 5MPa；

　　3 模板和保温层应在混凝土冷却到 5℃方可拆

除，或在混凝土表面温度与外界温度相差不大于20℃时拆模，拆模后的混凝土亦应及时覆盖，使其缓慢冷却；

　　4　混凝土强度达到设计强度等级的50%时，方可撤除养护措施。

6.6.4　掺用膨胀剂的磷渣混凝土，应采取保湿养护，养护龄期不应小于14d。冬期施工时，对于墙体，带模养护不应小于7d。

6.6.5　磷渣混凝土养护用水应符合现行行业标准《混凝土用水标准》JGJ 63 的规定。

7　质量检验与验收

7.1　混凝土原材料质量检验

7.1.1　磷渣混凝土原材料进场时，应按规定批次验收型式检验报告、出厂检验报告或合格证等质量证明文件，外加剂产品还应具有使用说明书。

7.1.2　原材料进场时，应进行进场检验，且在混凝土生产过程中，宜对混凝土原材料进行随机抽检。

7.1.3　原材料进场检验和生产中抽检的项目应符合下列规定：

　　1　磷渣粉的检验项目包括比表面积、流动度、含水量、五氧化二磷含量、三氧化硫含量、烧失量、氯离子含量和安定性；

　　2　其他原材料的检验项目应按国家现行有关标准执行。

7.1.4　原材料的检验规则应符合下列规定：

　　1　磷渣粉不超过200t为一个检验批；散装水泥不超过500t为一个检验批，袋装水泥不超过200t为一个检验批；粉煤灰及矿渣粉等矿物掺合料不超过200t为一个检验批；骨料不超过400m³或600t为一个检验批；外加剂不超过50t为一个检验批；

　　2　当磷渣粉来源稳定且连续三次检验合格时，可将检验批量扩大一倍。

7.1.5　原材料的取样应符合下列规定：

　　1　磷渣粉的取样应按现行行业标准《混凝土用粒化电炉磷渣粉》JG/T 317 的规定执行；

　　2　其他原材料的取样应按国家现行有关标准执行。

7.1.6　磷渣粉及其他原材料的质量应符合本规程第3章的规定。

7.2　混凝土拌合物性能检验

7.2.1　磷渣混凝土原材料计量系统应经检定合格后方可使用，且混凝土生产单位每月应自检一次。原材料计量偏差应每班检查1次，原材料计量偏差应符合本规程第6.2.2条的规定。

7.2.2　在生产和施工过程中，应对磷渣混凝土拌合物进行抽样检验；磷渣混凝土拌合物工作性能应在搅拌地点和浇筑地点分别取样检验；水溶性氯离子含量应在浇筑地点取样检验。

7.2.3　对于磷渣混凝土拌合物的工作性能检查每100m³不应少于1次，且每一工作班不应少于2次，必要时可增加检查次数；同一工程、同一配合比的磷渣混凝土，水溶性氯离子含量应至少检验1次。

7.2.4　磷渣混凝土拌合物性能应符合本规程第4.1节的规定。

7.2.5　磷渣混凝土拌合物性能出现异常时，应查找原因，并应根据实际情况，对配合比进行调整。

7.3　硬化混凝土性能检验

7.3.1　磷渣混凝土强度检验应符合本规程第4.2.2条规定，其他力学性能检验应符合工程要求和国家现行有关标准的规定。

7.3.2　磷渣混凝土长期性能和耐久性的检验评定应符合现行行业标准《混凝土耐久性检验评定标准》JGJ/T 193 的规定。

7.3.3　磷渣混凝土的力学性能、长期性能和耐久性能应分别符合本规程第4.2节和第4.3节的规定。

7.4　混凝土工程验收

7.4.1　磷渣混凝土工程施工质量验收应符合现行国家标准《混凝土结构工程施工质量验收规范》GB 50204 的规定。

7.4.2　磷渣混凝土工程验收时，应符合本规程对混凝土长期性能和耐久性能的规定。

本规程用词说明

　　1　为便于在执行本规程条文时区别对待，对要求严格程度不同的用词说明如下：

　　1）表示很严格，非这样做不可的：

　　　　正面词采用"必须"，反面词采用"严禁"；

　　2）表示严格，在正常情况下均应这样做的：

　　　　正面词采用"应"，反面词采用"不应"或"不得"；

　　3）表示允许稍有选择，在条件许可时首先应这样做的：

　　　　正面词采用"宜"，反面词采用"不宜"；

　　4）表示有选择，在一定条件下可以这样做的采用"可"。

　　2　条文中指明应按其他有关标准执行的写法为："应符合……的规定"或"应按……执行"。

引用标准名录

　　1　《混凝土结构设计规范》GB 50010

2　《普通混凝土拌合物性能试验方法标准》GB/T 50080

3　《普通混凝土力学性能试验方法标准》GB/T 50081

4　《普通混凝土长期性能和耐久性能试验方法标准》GB/T 50082

5　《混凝土强度检验评定标准》GB/T 50107

6　《混凝土外加剂应用技术规范》GB 50119

7　《混凝土质量控制标准》GB 50164

8　《混凝土结构工程施工质量验收规范》GB 50204

9　《混凝土结构工程施工规范》GB 50666

10　《预防混凝土碱骨料反应技术规范》GB/T 50733

11　《通用硅酸盐水泥》GB 175

12　《用于水泥和混凝土中的粉煤灰》GB/T 1596

13　《混凝土外加剂》GB 8076

14　《混凝土搅拌机》GB/T 9142

15　《预拌混凝土》GB/T 14902

16　《用于水泥和混凝土中的粒化高炉矿渣粉》GB/T 18046

17　《砂浆和混凝土用硅灰》GB/T 27690

18　《混凝土泵送施工技术规程》JGJ/T 10

19　《普通混凝土用砂、石质量及检验方法标准》JGJ 52

20　《普通混凝土配合比设计规程》JGJ 55

21　《混凝土用水标准》JGJ 63

22　《建筑工程冬期施工规程》JGJ/T 104

23　《混凝土耐久性检验评定标准》JGJ/T 193

24　《混凝土用粒化电炉磷渣粉》JG/T 317

25　《水运工程混凝土试验规程》JTJ 270

中华人民共和国行业标准

磷渣混凝土应用技术规程

JGJ/T 308—2013

条 文 说 明

制 订 说 明

《磷渣混凝土应用技术规程》JGJ/T 308 - 2013，经住房和城乡建设部 2013 年 7 月 26 日以第 88 号公告批准、发布。

本规程在编制过程中，编制组进行了广泛而深入的调查研究，总结了我国工程建设中磷渣混凝土应用的实践经验，同时参考了国外先进技术法规、技术标准，通过试验取得了磷渣混凝土应用的重要技术参数。

为便于广大设计、施工、科研、学校等单位有关人员在使用本规程时能正确理解和执行条文规定，《磷渣混凝土应用技术规程》按章、节、条顺序编制了本规程的条文说明，对条文规定的目的、依据以及执行中需要注意的有关事项进行了说明。但是，本条文说明不具备与规程正文同等的法律效力，仅供使用者作为理解和把握规程规定的参考。

目　次

1 总　则

1.0.1 近年来，磷渣粉作为混凝土掺合料在水利水电工程及一些民用建筑工程中得到了成功应用，积累了较多的工程经验。在混凝土中掺磷渣粉，不仅能够提高混凝土的抗拉强度和抗裂性能，改善混凝土的耐久性，也有利于节能减排、保护环境、节约水泥，降低混凝土的水化热温升，简化混凝土的温控措施，实现快速施工，获得较大的技术经济效益和社会效益。为了规范磷渣混凝土在建设工程中的应用、保证工程质量，根据我国现有的标准规范、科研成果和实践经验制定本规程。

1.0.2 本条主要是明确磷渣混凝土在工业与民用建筑和一般构筑物、市政基础设施工程应用中进行质量控制的主要环节。

1.0.3 本条规定了本规程与其他标准、规范的关系。本规程难以对所有磷渣混凝土的应用情况作出规定，在实际应用中，本规程作出规定的，按本规程执行，未作出规定的，按现行相关标准执行。

2　术语和符号

2.1　术　语

2.1.1 粒化电炉磷渣是以电炉法生产黄磷时所得到的以硅酸钙为主要成分的熔融物，化学成分为：CaO47%～52%、SiO_2 40%～43%、$P_2O_5$0.8%～2.5%、$Al_2O_3$2%～5%、Fe_2O_3 0.8%～3.0%、F2.5%～3.0%，潜在矿物相为假硅灰石、枪晶石及少量的磷灰石，结构90%左右为玻璃体。

用作混凝土掺合料的磷渣粉是以粒化电炉磷渣经磨细加工制成的比表面积≥350m^2/kg的粉末。在本规程制定前，由粒化电炉磷渣磨细加工而成的粉末有"磷矿粉"、"磷渣粉"、"磷渣微粉"等各种称谓，本标准统称为"磷渣粉"。

2.1.2 在混凝土拌合物中，磷渣粉占混凝土总掺合料质量百分比最大的混凝土，视为磷渣混凝土；否则按普通混凝土处理。

2.1.3 胶凝材料的术语和定义在混凝土工程技术领域已被普遍接受。

2.1.4 本规程中，掺量含义是相对质量百分比，用量含义是绝对质量。

3　原　材　料

3.0.1 本条规定磷渣混凝土所用水泥应符合现行国家标准《通用硅酸盐水泥》GB 175 的规定，当采用其他品种水泥时应符合相应标准的要求。

3.0.2 磷渣混凝土用粗骨料、细骨料应符合现行行业标准《普通混凝土用砂、石质量及检验方法标准》JGJ 52 的规定。当工程设计有其他要求时，应按国家现行相关标准执行。

3.0.3 磷渣粉的性能指标包括质量系数 K、比表面积、流动度、含水量、五氧化二磷含量、三氧化硫含量、烧失量、氯离子含量、安定性、氟含量和放射性，性能指标和试验方法应符合现行行业标准《混凝土用粒化电炉磷渣粉》JG/T 317 的有关规定。

3.0.4 混凝土各种矿物掺合料的特性和在混凝土中的功效不同，控制指标在国家现行标准中的相关规定不统一，因此，在使用矿物掺合料时，必须按国家现行标准的规定和设计要求并经检验合格后方可使用。目前，《矿物掺合料应用技术规范》正在编制，当该规范正式发布实施后，矿物掺合料的使用可以按该规范执行。

本条中粒化高炉矿渣是指在高炉冶炼生铁时，所得以硅酸盐为主要成分的熔融物，经淬冷成粒、具有潜在水硬性的材料；现行国家标准《用于水泥和混凝土中的粒化高炉矿渣粉》GB/T 18046 规定粒化高炉矿渣粉是以粒化高炉矿渣为主要原材料，可掺少量石膏磨制成一定细度的粉体，可用于水泥和混凝土中。而粒化电炉磷渣是以电炉法生产黄磷时所得到的以硅酸钙为主要成分的熔融物，现行行业标准《混凝土用粒化电炉磷渣粉》JG/T 317 规定磷渣粉为用电炉法制黄磷时所得到的以硅酸钙为主要成分的熔融物经淬冷成粒、磨细加工制成的粉末，作为混凝土掺合料。因此，粒化电炉磷渣粉与粒化高炉矿渣粉在生产工艺、化学组分、质量控制指标、检测方法等都存在差异，作为掺合料在混凝土中的应用应符合本规程的有关规定。

3.0.5 混凝土外加剂包括减水剂、膨胀剂、防冻剂、速凝剂和防水剂等，品质除应符合现行国家标准《混凝土外加剂》GB 8076、《混凝土膨胀剂》GB 23439、现行行业标准《混凝土防冻剂》JC 475 外，还需满足现行国家标准《混凝土外加剂应用技术规范》GB 50119 的规定，并应按相应标准检验合格后方可使用。

3.0.6 磷渣混凝土拌合用水的技术要求和试验方法应符合现行行业标准《混凝土用水标准》JGJ 63 的规定。当工程设计有其他要求时，应按国家现行相关标准执行。

4　磷渣混凝土性能

4.1　拌合物技术要求

4.1.1 磷渣混凝土拌合物工作性能的好坏是决定混凝土质量的重要因素之一，因此，在配制磷渣混凝土时应主要调整拌合物的黏聚性、保水性和流动性，使之不离析、不泌水。

4.1.2 混凝土拌合物的稠度可采用坍落度、维勃稠度或扩展度表示。坍落度检验适用于坍落度不小于 10mm 的混凝土拌合物，维勃稠度检验适用于维勃稠度 5s~30s 的混凝土拌合物，扩展度适用于泵送高强混凝土和自密实混凝土。混凝土拌合物性能的试验方法应按现行国家标准《普通混凝土拌合物性能试验方法标准》GB/T 50080 的规定执行。

4.1.3 混凝土坍落度经时损失为混凝土初始坍落度与混凝土拌合物静置至 1h（从加水搅拌时开始计算）后的坍落度保留值的差值。当采用磷渣粉配制泵送磷渣混凝土时，磷渣粉的质量对混凝土的坍落度损失有影响，因此，加强对混凝土坍落度经时损失的控制十分重要。实践表明，一般情况下应将坍落度经时损失控制在 30mm/h 内。

4.1.4 掺磷渣粉后会延长混凝土的凝结时间，因此应对混凝土的凝结时间进行试验确认，以满足工程施工和混凝土性能要求。

4.1.5 为了预防混凝土碱骨料反应，将磷渣混凝土中碱含量控制在 3.0kg/m³ 以内；混凝土中碱含量是测定混凝土各原材料碱含量计算之和，而实测的磷渣粉、粉煤灰和粒化高炉矿渣等矿物掺合料碱含量并不是参与碱-骨料反应的有效碱含量，对于矿物掺合料中的有效碱含量，粉煤灰碱含量取实测值的 1/6，粒化高炉矿渣碱含量取实测值的 1/2，已经被混凝土工程界采纳，本条同时规定磷渣粉碱含量取实测值的 1/2。

4.1.6 现行国家标准《混凝土结构设计规范》GB 50010、《预拌混凝土》GB 14902 和《混凝土结构耐久性设计规范》GB/T 50476 均对不同环境中混凝土的氯离子最大含量进行了规定。参照以上标准规范的规定，本规程将环境类别简单清楚地分为四类。本着从严控制的原则，对处于存在氯离子的潮湿环境的钢筋混凝土，水溶性氯离子最大含量一律规定为不超过水泥用量的 0.06%，对于其他环境的钢筋混凝土或素混凝土结构，本规程的限值也明显比其他标准规范严格。

现行行业标准《水运工程混凝土试验规程》JTJ 270 中提供了混凝土拌合物中氯离子含量的快速测定方法，磷渣混凝土拌合物水溶性氯离子含量可以采用该方法进行测定，也可以根据试验条件采取化学滴定法等方法，以及其他精度更高的快速测定方法。我国台湾地区的标准《新拌混凝土中水溶性氯离子含量试验方法》CNS 13465 可以作为参考，但要将测试结果（kg/m³）换算为水泥用量的质量百分比。

4.2 力 学 性 能

4.2.1、4.2.2 明确了现行国家标准《混凝土结构设

计规范》GB 50010、《普通混凝土力学性能试验方法标准》GB/T 50081、《混凝土强度检验评定标准》GB/T 50107 等规范有关混凝土力学性能的规定也同样适用于磷渣混凝土。

4.3 长期性能与耐久性能

4.3.1 明确了磷渣混凝土长期性能的参数，同时也强调现行国家标准《普通混凝土长期性能和耐久性试验方法标准》GB/T 50082 等规范同样适用于磷渣混凝土。

4.3.2、4.3.3 强调现行国家标准《混凝土质量控制标准》GB 50164、《普通混凝土长期性能和耐久性试验方法标准》GB/T 50082 等规范有关混凝土耐久性能的规定同样适用于磷渣混凝土。

5 磷渣混凝土配合比设计

5.1 一 般 规 定

5.1.1 明确磷渣混凝土配合比设计方法，与现行国家标准相协调。

5.1.2 本规程规定在混凝土拌合物中，磷渣粉占混凝土总掺合料质量百分比最大的混凝土为磷渣混凝土；否则按普通混凝土处理。因此，磷渣粉可单独使用，也可将磷渣粉和矿渣粉、粉煤灰及其他活性掺合料复合使用；磷渣粉与其他矿物掺合料复合使用时必须进行试验验证相容性，以保证磷渣混凝土满足工程施工和混凝土性能要求。

5.1.3 磷渣粉与其他矿物掺合料、外加剂的适应性对混凝土的性能有重要影响。由于磷渣粉含有氟、磷等化合物，可能与其他矿物掺合料、外加剂不相适应，可能导致混凝土拌合物出现凝结时间异常等现象，为保证磷渣混凝土满足工程施工和混凝土性能要求，对磷渣粉掺量和外加剂的品种、掺量及材料间的相容性必须经过混凝土试配试验确定。

5.1.4 本条规定磷渣混凝土配合比设计必须根据原材料质量情况、混凝土技术要求经过计算、试配和调整后确定。

5.1.5 工程结构使用的水泥、粗细骨料、外加剂、磷渣粉的品种或质量有显著变化，磷渣混凝土的配合比需要通过试配确定，以满足工程施工和混凝土性能的要求。原材料质量显著变化是指诸如水泥胶砂强度、外加剂减水率和矿物掺合料细度等发生明显变化；对混凝土性能有特殊要求是磷渣混凝土工程结构对混凝土性能有另行规定的，如抗硫酸盐性能、抗碳化性能等。

5.2 配合比计算和确定

5.2.1 本条规定磷渣粉可适用混凝土的种类。磷渣

粉最大掺量与现行行业标准《普通混凝土配合比设计规程》JGJ 55 相协调；规定磷渣粉最大掺量主要是为了保证混凝土耐久性能，磷渣粉在混凝土中的实际掺量是通过试验确定的。当采用超出表 5.2.2 给出的磷渣粉最大掺量时，全盘否定不妥，通过对混凝土性能进行全面试验论证，证明结构混凝土安全性和耐久性可满足设计要求后，还是能够采用的。

5.2.2、5.2.3 规定了磷渣混凝土配合比设计应遵照的基本步骤。

5.2.4 与现行国家标准相协调。

5.2.5 明确外加剂掺量是按胶凝材料总用量相对质量百分比计。

5.2.6 磷渣混凝土的配合比试配、调整与确定，在操作上与普通混凝土无异。

6 磷渣混凝土的生产与施工

6.1 一般规定

6.1.1 本条强调了磷渣混凝土施工前应制定详细、周密的施工技术方案和施工过程中应进行全过程控制。完整的生产施工技术方案和施工全过程控制能够充分研究确定各个环节及相互联系的控制技术，有利于做好充分准备，保证磷渣混凝土工程的顺利实施，进而保证混凝土工程质量。

6.1.2 混凝土骨料含水情况变化是长期以来影响混凝土质量的重要因素。为了保证能在混凝土生产过程中对骨料含水情况变化做及时、相应的准确调控，本条规定了骨料含水率的检验频率和外界因素影响导致混凝土骨料含水率变化时应进行及时检验。

6.1.3 在生产施工过程中向混凝土拌合物中加水会严重影响混凝土力学性能、长期性能和耐久性能，对混凝土工程质量危害极大，必须严格禁止。

6.2 原材料计量

6.2.1 本条规定了磷渣混凝土原材料计量的质量控制依据。

6.2.2 采用电子计量设备进行原材料计量对混凝土生产质量控制意义重大，无论是规模生产可控性还是控制精度，都是现代混凝土生产所要求的；混凝土生产企业应重视计量设备的自检和零点校准，保证计量设备运行质量。本条同时规定了每盘原材料计量的允许偏差。

6.3 混凝土搅拌

6.3.1 本条规定了磷渣混凝土拌合物搅拌质量的控制依据。

6.3.2 本规程规定了磷渣混凝土应采用强制式搅拌机生产，所用搅拌机应符合相关国家标准的规定。

6.3.3 本条规定了磷渣混凝土拌合物最短搅拌时间。采用的搅拌时间一般不少于现行国家标准《混凝土结构工程施工规范》GB 50666 规定的最短时间，但只要能保证磷渣混凝土拌合物搅拌均匀，都是允许的。

6.4 混凝土运输

6.4.1 本条规定了磷渣混凝土拌合物运输过程中的质量控制依据。

6.4.2 本条规定了磷渣混凝土泵送施工过程质量控制依据。

6.4.3 在运输过程中的颠簸等容易导致磷渣混凝土拌合物的离析与分层，所以本条规定应采取措施，确保混凝土运输至浇筑现场时不得出现离析或分层现象。

6.4.4 本规定与现行国家标准《混凝土结构工程施工规范》GB 50666 一致，强调混凝土拌合物坍落度损失过大时的正确处理方法。

6.5 混凝土浇筑

6.5.1 本条规定了磷渣混凝土施工过程中，拌合物浇筑成型过程应遵循的技术依据。

6.5.2 机械振捣更容易使混凝土密实，从而保证混凝土硬化后质量。应根据混凝土拌合物性能、浇筑高度、钢筋密度等确定适宜的振捣时间。振捣时间不足混凝土难以充分密实，过振容易导致混凝土分层离析。

6.5.3、6.5.4 依据现行国家标准《混凝土质量控制标准》GB 50164 的相关规定。

6.5.5 试验证明，混凝土拌合物在大风环境下的水分蒸发快，不利于水泥水化和强度发展，同时可能导致混凝土干缩大，引起混凝土开裂。故磷渣混凝土拌合物在大风条件下浇筑时，宜采取适当挡风措施。本条款对风速的限定主要参考现行国家标准《普通混凝土长期性能和耐久性能试验方法标准》GB/T 50082 中早期抗裂试验的要求。

6.5.6 混凝土分层浇筑厚度过大不利于混凝土振捣，影响混凝土的成型质量。

6.5.7 在平面内均匀布料可避免混凝土流动距离过远，不得用振捣棒赶料可避免混凝土拌合物不均匀分布，从而影响混凝土的成型质量。

6.5.8 混凝土振捣时碰撞模板、钢筋及预埋件会直接影响混凝土的施工质量。

6.5.9 支模质量直接影响混凝土的施工质量，如模板失稳或跑模会打乱混凝土浇筑节奏，影响混凝土质量；支模质量也对混凝土外观质量有直接影响。

6.5.10 磷渣混凝土在终凝以前采用抹面机械或人工多次压实可保证混凝土质量。抹压后应及时采取保湿措施，避免出现早期干缩裂缝。

6.5.11 混凝土硬化不足时人为踩踏会给混凝土造

伤害。磷渣混凝土自然保湿养护下强度达到 1.2MPa 的时间按现行国家标准《混凝土质量控制标准》GB 50164 有关规定适当增加时间执行。混凝土强度的发展还受混凝土强度等级、配合比设计、结构尺寸、施工工艺等因素影响。

6.6 混凝土养护

6.6.1 本条规定了磷渣混凝土养护过程中的质量控制依据。

6.6.2 采用蒸汽养护时，在可接受生产效率范围内，混凝土成型后的静停时间长一些有利于减少混凝土在蒸养过程中的内部损伤；控制升温速度和降温速度慢一些，可减小温度应力对混凝土内部结构的不利影响；控制最高和恒温温度不宜超过 65℃ 比较合适，最高不应超过 80℃。

6.6.3 对于冬期施工的磷渣混凝土，同样应注意避免混凝土内外温差过大，有效控制混凝土温度应力的不利影响。混凝土强度不低于 5MPa 即具有了一定的非冻融循环大气条件下的抗冻能力，这个强度也称为抗冻临界强度。

6.6.4 本条规定了掺用膨胀剂的磷渣混凝土保湿养护的质量控制依据。

6.6.5 本条规定了磷渣混凝土养护用水的质量控制依据。

7 质量检验与验收

7.1 混凝土原材料质量检验

7.1.1 磷渣混凝土原材料质量检验应包括型式检验报告、出厂检验报告或合格证等质量证明文件的查验和收存。

7.1.2 本条规定了磷渣混凝土原材料的进场要求，应在磷渣混凝土原材料进场时检验把关，不合格的原材料不能进场。

7.1.3 本条规定了磷渣混凝土原材料的检验项目，磷渣混凝土原材料进场检验和生产中抽检的项目不能少于规定的项目。

7.1.4 本条规定了磷渣混凝土原材料的检验规则，磷渣混凝土原材料每个检验批的量不能多于规定的量。

7.1.5 本条规定了磷渣混凝土原材料的取样方法。

7.1.6 本条规定了磷渣及其他原材料应符合的质量要求，符合本规程第 3 章规定的原材料为质量合格，可以验收。

7.2 混凝土拌合物性能检验

7.2.1 计量仪器和系统的正常是混凝土质量控制的基本前提，因计量仪器故障出现的工程事故并不少见。因此，本条规定了磷渣混凝土原材料的计量仪器的检查频次和计量偏差，以确保计量的精准性。

7.2.2 磷渣混凝土拌合物质量控制是关键环节之一；本条规定了磷渣混凝土拌合物的检验项目及检验地点。磷渣混凝土拌合物的工作性能包括流动性、黏聚性和保水性；坍落度与和易性检验在搅拌地点和浇筑地点都要进行，浇筑地点检验为验收检验。

7.2.3 本条规定了磷渣混凝土拌合物有关性能的检验频次。

7.2.4 本条规定了磷渣混凝土拌合物性能应符合的质量要求。符合本规程第 4.1 节的规定的磷渣混凝土拌合物为质量合格，可以验收。

7.2.5 磷渣混凝土拌合物性能出现异常，可能是使用磷渣粉的原因，也可能是其他方面的原因，需要及时分析，然后作出针对性处理。

7.3 硬化混凝土性能检验

7.3.1 本条规定了磷渣混凝土强度检验评定依据。根据磷渣粉、粉煤灰等矿物掺合料在水泥及混凝土中大量应用，以及磷渣混凝土工程发展的实际情况，磷渣混凝土的检验龄期在条件允许时根据设计要求而定。

7.3.2 本条规定了磷渣混凝土长期性能和耐久性的检验评定依据。

7.3.3 本条规定了磷渣混凝土的力学性能、长期性能和耐久性能应符合的质量要求。符合本规程第 4.2 节和第 4.3 节规定的磷渣混凝土的力学性能、长期性能和耐久性能为质量合格，可以验收。

7.4 混凝土工程验收

7.4.1 磷渣混凝土工程验收的一般要求与非磷渣混凝土工程无异。

7.4.2 本条强调将磷渣混凝土的长期性能和耐久性能作为验收的主要内容之一。

中华人民共和国行业标准

混凝土结构用钢筋间隔件应用技术规程

Technical specification for application of reinforcement
spacings used in concrete structures

JGJ/T 219—2010

批准部门：中华人民共和国住房和城乡建设部
施行日期：2 0 1 1 年 8 月 1 日

中华人民共和国住房和城乡建设部
公　告

第 848 号

关于发布行业标准《混凝土结构用钢筋间隔件应用技术规程》的公告

现批准《混凝土结构用钢筋间隔件应用技术规程》为行业标准，编号为 JGJ/T 219-2010，自 2011 年 8 月 1 日起实施。

本规程由我部标准定额研究所组织中国建筑工业出版社出版发行。

中华人民共和国住房和城乡建设部

2010 年 12 月 20 日

前　言

根据住房和城乡建设部《关于印发〈2008 年工程建设标准规范制订、修订计划（第一批）〉的通知》（建标〔2008〕102 号）的要求，规程编制组经广泛调查研究，认真总结实践经验，参考有关国际标准和国外先进标准，并在广泛征求意见的基础上，制定本规程。

本规程的主要内容是：1. 总则；2. 术语；3. 基本规定；4. 钢筋间隔件的制作；5. 钢筋间隔件的运输和储存；6. 钢筋间隔件的安放。

本规程由住房和城乡建设部负责管理，由江苏南通六建建设集团有限公司负责具体技术内容的解释。执行过程中，如有意见或建议，请寄送江苏南通六建建设集团有限公司（地址：江苏省如皋市福寿路 389 号，邮编：226500）。

本规程主编单位： 江苏南通六建建设集团有限公司
同济大学

本规程参编单位： 上海市第四建筑有限公司
南通市建筑设计研究院有限公司
铭伸建筑材料制造（上海）有限公司
大连伸宏建筑材料有限公司
上海华琳塑胶建材有限公司

本规程主要起草人员： 石光明　应惠清　邹科华
顾浩声　王　巍　褚国栋
金少军　杨红玉　金成文
张跃东　谢　晖　王振辉
冒小玲

本规程主要审查人员： 叶可明　钱力航　沈保汉
郭正兴　王士川　刘俊岩
夏长春　刘亚非　陈　贵
干兆和　陈春雷

目　次

Contents

1 总　　则

1.0.1 为在混凝土结构工程中正确选择和合理使用钢筋间隔件，保证混凝土构件的质量和耐久性，统一技术要求，制定本规程。

1.0.2 本规程适用于建筑工程与市政工程混凝土结构中使用的钢筋间隔件的制作、运输、储存和安放。

1.0.3 混凝土结构用钢筋间隔件的制作、运输、储存和安放，除应符合本规程外，尚应符合国家现行有关标准的规定。

2 术　　语

2.0.1 钢筋间隔件　reinforcement spacing

混凝土结构中用于控制钢筋保护层厚度或钢筋间距的物件。按材料分为水泥基类钢筋间隔件、塑料类钢筋间隔件、金属类钢筋间隔件；按安放部位分为表层间隔件和内部间隔件；按安放方向分为水平间隔件和竖向间隔件。

2.0.2 钢筋混凝土保护层厚度　thickness of concrete reinforcement protective coating

钢筋混凝土构件中被保护钢筋外缘到混凝土构件表面的距离。

2.0.3 间隔尺寸　spacing distance

被间隔的钢筋保护层厚度或两钢筋之间的净距。

2.0.4 表层间隔件　coating spacing

在钢筋与模板之间用于控制保护层厚度的物件。

2.0.5 内部间隔件　interior spacing

在钢筋与钢筋之间用于控制钢筋间距或兼有控制保护层厚度的物件。

2.0.6 水平间隔件　horizontal spacing

用于控制钢筋和模板或者钢筋相互之间水平间距的物件。

2.0.7 竖向间隔件　vertical spacing

用于控制钢筋和模板或者钢筋相互之间竖向间距的物件，它承受钢筋自重荷载。

2.0.8 阵列式放置　array arrangement

间隔件在相邻行和列呈直线的安放方式。

2.0.9 梅花式放置　staggered arrangement

间隔件在相邻行和列中间的安放方式。

3 基 本 规 定

3.0.1 混凝土结构及构件施工前均应编制钢筋间隔件的施工方案，施工方案应包括钢筋间隔件的选型、规格、间距及固定方式等内容。

3.0.2 钢筋安装应设置固定钢筋位置的间隔件，并宜采用专用间隔件，不得用石子、砖块、木块等作为间隔件。

3.0.3 钢筋间隔件应具有足够的承载力、刚度。在有抗渗、抗冻、防腐等耐久性要求的混凝土结构中，钢筋间隔件应符合混凝土结构的耐久性要求。

3.0.4 钢筋间隔件所用原材料应有产品合格证，使用制作前应复验，合格后方可使用。

3.0.5 工厂生产的成品间隔件进场时应提供产品合格证和说明书。有承载力要求的间隔件应提供承载力试验报告，承载力试验方法应符合本规程附录 A 的规定；有抗渗要求的塑料类钢筋间隔件应提供抗渗性能试验报告，抗渗性能试验方法应符合本规程附录 B 的规定。

3.0.6 在混凝土结构施工中，应根据不同结构类型、环境类别及使用部位、保护层厚度或间隔尺寸等选择钢筋间隔件。混凝土结构用钢筋间隔件可按表 3.0.6 选用。

表 3.0.6　混凝土结构用钢筋间隔件选用表

序号	混凝土结构的环境类别	使用部位	钢筋间隔件			
			类　型			
			水泥基类		塑料类	金属类
			砂浆	混凝土		
1	一	表层	○	○	○	○
		内部	×	△	△	○
2	二	表层	○	○	△	×
		内部	×	△	△	○
3	三	表层	○	○	△	×
		内部	×	△	△	○
4	四	表层	○	○	×	×
		内部	×	△	△	○

序号	混凝土结构的环境类别	使用部位	钢筋间隔件			
			类 型			
			水泥基类		塑料类	金属类
			砂浆	混凝土		
5	五	表层	○	○	×	×
		内部	×	△	△	○

注：1 混凝土结构的环境类别的划分应符合现行国家标准《混凝土结构设计规范》GB 50010 的有关规定；

2 表中○表示宜选用；△表示可以选用；×表示不应选用。

3.0.7 钢筋间隔件的形状、尺寸应符合保护层厚度或钢筋间距的要求，应有利于混凝土浇筑密实，并不致在混凝土内形成孔洞。

3.0.8 钢筋间隔件上与被间隔钢筋连接的连接件或卡扣、槽口应与其相适配并可牢固定位。

3.0.9 电焊机、混凝土泵、管架等设备荷载不得直接作用在钢筋间隔件上。

3.0.10 清水混凝土的表层间隔件应根据功能要求进行专项设计。与模板的接触面积对水泥基类钢筋间隔件不宜大于 300mm²；对塑料类钢筋间隔件和金属类钢筋间隔件不宜大于 100mm²。

4 钢筋间隔件的制作

4.1 水泥基类钢筋间隔件

4.1.1 水泥基类钢筋间隔件可采用水泥砂浆和混凝土制作。水泥砂浆间隔件的制作应符合现行国家标准《砌体工程施工质量验收规范》GB 50203 的有关规定。混凝土间隔件的制作应符合现行国家标准《混凝土结构工程施工质量验收规范》GB 50204 中"混凝土分项工程"的有关规定。

4.1.2 水泥基类钢筋间隔件的规格应符合下列规定：

1 可根据混凝土构件和被间隔钢筋的特点选择立方体或圆柱体等实心的钢筋间隔件。

2 普通混凝土中的间隔件与钢筋接触面的宽度不应小于 20mm，且不宜小于被间隔钢筋的直径。

3 应设置与被间隔钢筋定位的绑扎铁丝、卡扣或槽口，绑扎铁丝、卡扣应与砂浆或混凝土基体可靠固定。

4 水泥砂浆间隔件的厚度不宜大于 40mm。

4.1.3 水泥基类钢筋间隔件的材料和配合比应符合下列规定：

1 水泥砂浆间隔件不得采用水泥混合砂浆制作，水泥砂浆强度不应低于 20MPa。

2 混凝土间隔件的混凝土强度应比构件的混凝土强度等级提高一级，且不应低于 C30。

3 水泥基类钢筋间隔件中绑扎钢筋的铁丝宜采用退火铁丝。

4.1.4 不应使用已断裂或破碎的水泥基类钢筋间隔件，发生断裂和破碎应予以更换。

4.1.5 水泥基类钢筋间隔件应采用模具成型。

4.1.6 水泥基类钢筋间隔件的养护时间不应小于 7d。

4.2 塑料类钢筋间隔件

4.2.1 塑料类钢筋间隔件必须采用工厂生产的产品，其原材料不得采用聚氯乙烯类塑料，且不得使用二级以下的再生塑料。

4.2.2 塑料类钢筋间隔件可作为表层间隔件，但环形的塑料类钢筋间隔件不宜用于梁、板的底部。作为内部间隔件时不得影响混凝土结构的抗渗性能和受力性能。

4.2.3 塑料类钢筋间隔件的规格应符合下列规定：

1 可根据混凝土构件和被间隔钢筋的特点选择环形或鼎形等钢筋间隔件。

2 塑料类钢筋间隔件应设置与被间隔钢筋定位的卡扣或槽口。

3 塑料类钢筋间隔件宜按保护层厚度设置颜色标识，并应在产品说明书中予以说明。

4.2.4 不得使用老化断裂或缺损的塑料类钢筋间隔件，发生断裂或破碎应予以更换。

4.2.5 塑料类钢筋间隔件的抗渗性能应按本规程附录 B 的方法进行试验。

4.3 金属类钢筋间隔件

4.3.1 金属类钢筋间隔件宜采用工厂生产的产品，金属类钢筋间隔件可用作内部间隔件，除一类环境外，不应用作表层间隔件。

4.3.2 金属类钢筋间隔件的规格应符合下列规定：

1 可根据混凝土构件和被间隔钢筋的特点选择弓形、鼎形、立柱形、门形等钢筋间隔件。

2 与钢筋采用非焊接或非绑扎固定的金属类钢筋间隔件应设置与被间隔钢筋定位的卡扣或槽口。

4.3.3 金属类钢筋间隔件所用的钢材宜采用 HPB235 热轧光圆钢筋及 Q235 级钢。

4.3.4 金属类钢筋间隔件不得有裂纹或断裂，钢材不得有片状老锈。

4.3.5 金属类钢筋间隔件与被间隔钢筋采用焊接定位时，应满足现行行业标准《钢筋焊接及验收规程》JGJ 18 的有关要求，并不得损伤被间隔钢筋。

4.3.6 金属类钢筋间隔件在混凝土表面有外露的部分均应设置防腐、防锈涂层。涂层应符合现行国家标准《涂层自然气候曝露试验方法》GB/T 9276 的要求。用于清水混凝土的表层间隔件宜套上与混凝土颜色接近的塑料套。涂层或塑料套的高度不宜小于 20mm。

4.3.7 工地现场制作金属类钢筋间隔件时，应符合下列规定：

1 同类金属类钢筋间隔件宜采用同品种、同规格的材料。

2 现场制作应按经审批的加工图纸并设置模具进行加工。

4.4 成品检查

4.4.1 主控项目的检查应符合下列规定：

1 工厂及现场制作的钢筋间隔件在使用前应对其承载力进行抽样检查，钢筋间隔件承载力应符合要求。

检查数量：同一类型的钢筋间隔件，工厂生产的每批检查数量宜为 0.1%，且不应少于 5 件；现场制作的每批检查数量宜为 0.2%，且不应少于 10 件。

检查方法：检查现场检验报告。工厂生产的还应检查产品合格证和出厂检验报告。

2 水泥基类钢筋间隔件应按现行国家标准《砌体工程施工质量验收规范》GB 50203 及《混凝土结构工程施工质量验收规范》GB 50204 检查砂浆或混凝土试块强度。每一工作班的同一配合比的砂浆或混凝土取样不应少于一次。

4.4.2 一般项目的检查应符合下列规定：

1 工厂及现场制作的钢筋间隔件在使用前均应对其外观、形状、尺寸进行检查。

2 水泥基类钢筋间隔件的外观、形状、尺寸应符合设计要求，其允许偏差应符合表 4.4.2-1 的规定。

3 塑料类钢筋间隔件外观、形状、尺寸及标识等应符合设计要求，其允许偏差应符合表 4.4.2-2 的规定。

4 金属类钢筋间隔件的外观、形状、尺寸应符合设计要求，其允许偏差应符合表 4.4.2-3 的规定。

表 4.4.2-1 水泥基类钢筋间隔件的允许偏差

序号	项 目			允许偏差	检查数量	检查方法
1	外观			不应有断裂或大于边长 1/4 的破碎	全数检查	目测、用尺量测
				不应有直径大于 8mm 或深度大于 5mm 的孔洞		
				不应有大于 20% 的蜂窝		
2	连接铁丝或卡铁			无缺损、完好、无松动		目测
3	外形（mm）	间隔尺寸	工厂生产	基础 +4，−3	同一类型的间隔件，工厂生产的每批检查数量宜为 0.1%，且不应少于 5 件；现场制作的每批检查数量宜为 0.2%，且不应少于 10 件	用卡尺量测
				梁、柱 +3，−2		
				板、墙、壳 +2，−1		
			现场制作	基础 +5，−4		
				梁、柱 +4，−3		
				板、墙、壳 +3，−2		
		其他尺寸	工厂生产	±5		
			现场制作	±10		

表 4.4.2-2 塑料类钢筋间隔件的允许偏差

序号	检查项目	允许偏差	检查数量	检查方法
1	外 观	不得有裂纹	全数检查	目测
2	颜色标识	齐全、与所标识规格一致		

序号	检查项目		允许偏差	检查数量	检查方法
3	外形尺寸 (mm)	间隔尺寸	±1	同一类型的间隔件， 每批检查数量宜为 0.1%，且不少于5件	用卡尺 量测
		其他尺寸	±1		

表 4.4.2-3 金属类钢筋间隔件的允许偏差

序号	检查项目			允许偏差	检查数量	检查方法
1	外观			焊缝完整； 不得有片状老锈、油污、裂纹及过大的变形	全数检查	目测、 用尺量测
2	外形 尺寸 (mm)	间隔 尺寸	工厂生产			用卡尺 量测
			基础	+2，-1	同一类型的间隔件， 工厂生产的每批检查数 量宜为0.1%，且不少于 5件；现场制作的每批 检查数量宜为0.2%，且 不少于10件	
			梁、柱	+1，-1		
			板、墙、壳	+1，-1		
			现场制作			
			基础	+4，-2		
			梁、柱	+3，-2		
			板、墙、壳	+2，-1		
		其他 尺寸	工厂生产	±2		
			现场制作	±5		

5 钢筋间隔件质量检查可按本规程附录 C 记录，质量检查程序和组织应符合现行国家标准《建筑工程施工质量验收统一标准》GB 50300 的规定。

5 钢筋间隔件的运输和储存

5.0.1 水泥基类钢筋间隔件宜码齐装运，运输中应避免振动和颠簸，防止发生断裂和破碎，不得与腐蚀性化学物品混运、混储。

5.0.2 塑料类钢筋间隔件不得与腐蚀性化学物品混运、混储。运输宜采用包装箱运输方式，并宜整箱保管、随用随拆箱。开箱后应放置在阴凉处，不宜露天存放，不应暴露在紫外线或阳光直射环境中。散放的塑料类钢筋间隔件上方不得重压。对承载力有怀疑或室外存放期超过6个月的产品应按本规程附录 A 进行承载力复验。

5.0.3 金属类钢筋间隔件不得与腐蚀性化学物品混运、混储，并有防潮措施。工厂生产的金属类钢筋间隔件运输宜采用包装箱运输方式，并宜整箱保管。散装散放的金属类钢筋间隔件上方不应重压。

6 钢筋间隔件的安放

6.1 一般规定

6.1.1 表层间隔件宜直接安放在被间隔的受力钢筋处，当安放在箍筋或非受力钢筋时，其间隔尺寸应按受力钢筋位置作相应的调整。

6.1.2 竖向间隔件的安放间距应根据间隔件的承载

力和刚度确定，并应符合被间隔钢筋的变形要求。

6.1.3 钢筋间隔件安放后应进行保护，不应使之受损或错位。作业时应避免物件对钢筋间隔件的撞击。

6.2 表层间隔件的安放

6.2.1 板类构件表层间隔件的安放应满足钢筋不发生塑性变形，并保证钢筋间隔件不破损。

6.2.2 混凝土板类的表层间隔件宜按阵列式放置在纵横钢筋的交叉点的位置，两个方向的间距均不宜大于表 6.2.2 的规定。

表 6.2.2 板类的表层钢筋间隔件安放间距（m）

钢筋间距（mm）		受力钢筋直径（mm）		
		6~10	12~18	>20
单向板 配筋	<50	1.0	1.5	2.0
	60~100	0.8	1.5	2.0
	110~150	0.6	1.5	2.0
	160~200	0.5	1.0	2.0
	>200	0.5	1.0	2.0
双向板 配筋	<50	1.2	2.0	2.5
	60~100	1.0	2.0	2.5
	110~150	0.8	1.5	2.5
	160~200	0.8	1.5	2.5
	>200	0.6	1.0	2.5

注：1 双向板以短边方向钢筋确定；

2 直径大于 32mm 钢筋的间距应保证被间隔钢筋竖向变形，基础不大于 10mm，板不大于 3mm。

6.2.3 梁类构件表层间隔件的安放应符合下列规定：

　　1 混凝土梁类的竖向表层间隔件应放置在最下层受力钢筋下面，当安放在箍筋下面时，其间隔尺寸应作相应的调整。安放间距不应大于表6.2.3-1的规定。纵横梁钢筋相处应增设钢筋间隔件。

表6.2.3-1　梁类的竖向表层间隔件的安放间距（m）

跨中上层钢筋直径（mm）	≤10	12～18	20～25	≥25
安放间距	0.6	1.0	1.5	2.0

　　2 梁类构件的水平表层间隔件应放置在受力钢筋侧面，当安放在箍筋侧面时，其间隔尺寸应作相应的调整。对侧面配有腰筋的梁，在腰筋部位应放置同样数量的水平间隔件。安放间距不应大于表6.2.3-2的规定。

表6.2.3-2　梁类的水平表层间隔件的安放间距（m）

钢筋直径（mm）	≤10	12～18	20～25	≥25
安放间距	0.8	1.2	1.8	2.2

6.2.4 混凝土墙类的表层间隔件应采用阵列式放置在最外层受力钢筋处。水平与竖向安放间距不应大于表6.2.4的规定。

表6.2.4　混凝土墙类的表层间隔件的安放间距（m）

外层受力钢筋直径（mm）	≤8	10～16	18～22	≥25
安放间距	0.5	0.8	1.0	1.2

6.2.5 混凝土柱类的表层间隔件应放置在纵向钢筋的外侧面，其水平间距不应大于0.4m；竖向间距不宜大于0.8m；水平与竖向表层间隔件每侧均不应少于2个，并对称放置。

6.2.6 灌注桩的表层间隔件，当采用混凝土圆柱状钢筋间隔件时，应安放在同一环向箍筋上；当采用金属弓形钢筋间隔件时，应与纵向钢筋焊接。安放间距应符合表6.2.6的规定，且每节钢筋笼不应少于2组，长度大于12m的中间应增设1组。

表6.2.6　灌注桩的表层间隔件的安放间距（m）

纵向钢筋直径（mm）		≤8	10～16	18～22	≥25
竖向间距		3.0	4.0	5.0	6.0
水平间距（弧长）	桩径≤800（mm）	0.8，且不少于3个			
	桩径>800（mm）	1.0			

6.2.7 斜向构件钢筋间隔件的安放应符合下列规定：

　　1 与水平面的夹角不大于45°的斜向构件，其表层间隔件安放的斜向间距可根据构件类型按本规程第6.2.2条或第6.2.3条取值。

　　2 与水平面夹角大于45°的斜向构件，其表层间隔件安放的斜向间距可根据构件类型按本规程第6.2.4条或第6.2.5条取值。

6.3　内部间隔件的安放

6.3.1 竖向内部间隔件的安放应符合下列规定：

　　1 厚（高）度大于或等于1000mm混凝土板、梁及其他大型构件的竖向内部间隔件及其间距应根据计算确定。

　　2 梁类竖向内部间隔件可采用独立式或组合式。竖向内部间隔件应直接支承于模板或垫层。安放间距不应大于本规程表6.2.3-1的规定。

　　3 预应力曲线型布筋时，竖向内部间隔件可安放在底模或定位于已安装好的非预应力筋。钢筋间隔件间距应专门设计，其安放曲率应符合设计要求。

6.3.2 水平内部间隔件的安放应符合下列规定：

　　1 墙类水平内部间隔件宜采用阵列式布置，间距应符合表6.2.4的规定。兼作墙体双排分布钢筋网连系拉筋的水平间隔件还应符合现行国家标准《混凝土结构设计规范》GB 50010的规定。

　　2 梁类水平内部间隔件应安放在已固定好的外侧钢筋上，其安放间距应符合本规程表6.2.3-2的规定。

6.4　质　量　检　查

6.4.1 主控项目的检查应符合下列规定：

　　1 混凝土浇筑前应对钢筋间隔件的安放质量进行检查，其形式、规格、数量及固定方式应符合施工方案的要求。

　　检查数量：全数检查。

　　检查方法：目测、用尺量。

　　2 钢筋间隔件安放的保护层厚度允许偏差应符合表6.4.1的规定。

　　检查数量：抽取构件数量的3%，且不应少于6个构件；对抽取的梁（柱）类构件，应检查全部纵向受力钢筋的保护层；对抽取的板（墙）类构件，应检查不少于10处纵向受力钢筋的保护层。

　　检查方法：用尺量。

表6.4.1　钢筋间隔件安放的保护层厚度允许偏差

构件类型	允许偏差（mm）
梁（柱）类	+8，−5
板（墙）类	+5，−3

6.4.2 一般项目的检查应符合下列规定：

1 钢筋间隔件的安放位置应符合施工方案，其允许偏差应符合表 6.4.2 的规定。

检查数量：按钢筋安装工程检验批随机抽检钢筋间隔件总数的 10%。

检查方法：目测，用尺量。

表 6.4.2 钢筋间隔件的安放位置允许偏差

检查项目		允许偏差
位置	平行于钢筋方向	50mm
	垂直于钢筋方向	0.5d

注：表中 d 为被间隔钢筋直径。

2 钢筋间隔件的安放方向应与被间隔钢筋的排放方式一致。

检查数量：全数检查。

检查方法：目测。

附录 A 钢筋间隔件承载力试验方法

A.0.1 钢筋间隔件承载力试验的试件应随机抽取。

A.0.2 应采用抗压强度试验机进行加载，试验加载时应在压力板与钢筋间隔件试件间设置钢制加载垫条（图 A.0.2-1）。

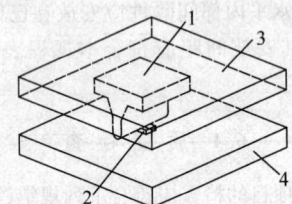

图 A.0.2-1 加载装置示意

1—钢制加载垫条；2—钢筋间隔
件试件；3—上压板；4—下压板

加载垫条与钢筋间隔件接触的端部应采用不同规格的半圆弧（图 A.0.2-2），不同直径钢筋下，加载垫条可按表 A.0.2 选用。

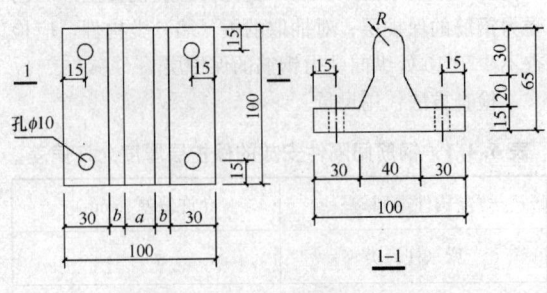

图 A.0.2-2 加载垫条示意

表 A.0.2 加载垫条选用表

间隔钢筋直径（mm）	加载垫条型号	R（mm）	a（mm）	b（mm）
10～18	DT10	5	10	15
20～28	DT20	10	20	10
≥30	DT30	15	30	5

A.0.3 试验步骤应符合下列规定：

1 应将加载垫条用螺栓固定在上压板。

2 应将试件擦拭干净，在试件中部画线定出中心位置。应将加载垫条与试件中心线对齐。

3 加载速度应符合表 A.0.3-1 的规定。

表 A.0.3-1 钢筋间隔件承载力试验加载速度

试件类型		加载速度（N/s）
砂浆类钢筋间隔件		300
混凝土类钢筋间隔件	混凝土强度等级≤C30	300
	混凝土强度等级＞C30	500
塑料类钢筋间隔件		300
金属类钢筋间隔件		300

4 加载至设计荷载，试件未破坏，则应停止加载；若未达到设计荷载，试块破坏，则应记录破坏荷载。试验数据应精确至 0.1kN。数据可按表 A.0.3-2 记录。

表 A.0.3-2 钢筋间隔件承载力试验记录表

试件规格	试件编号	间隔钢筋规格（mm）	设计荷载（kN）	破坏荷载（kN）	是否合格	
					单件	检验批
S1	1					
	2					
	3					
	……					
S2	1					
	2					
	3					
	……					
…	1					
	2					
	3					
	……					

A. 0. 4 应按设计承载力要求判断钢筋间隔件是否合格。检验批试验钢筋间隔件单件合格率为100%时，该检验批定为合格；检验批试验钢筋间隔件单件合格率不足100%，但大于或等于80%时，可再抽取2倍数量的试件重做试验，如重做部分全部合格，则该检验批可定为合格，否则为不合格；检验批试验钢筋间隔件单件合格率小于80%时，则该检验批为不合格。承载力不合格的钢筋间隔件可在不大于试验最小承载力的条件下使用。

A. 0. 5 钢筋间隔件试验尚应符合下列规定：

1 对双层式钢筋间隔件试验取上层钢筋位置进行试验。

2 试验机压板应由洛氏硬度不低于HRC55硬质钢制成，其厚度不应小于10mm，长度和宽度均不应小于150mm。下压板表面应与该机的竖向轴线垂直并在加荷过程中保持不变。试验机活塞竖向轴应与压力机的竖向轴重合，加荷时活塞作用的合力应通过试件中心。

附录 B 塑料类钢筋间隔件
界面抗渗性能试验方法

B. 0. 1 塑料类钢筋间隔件每次抗渗试验的试件数量应取3件。试件（图B.0.1）应采用所在结构构件同批混凝土浇筑，其埋设位置应在构件中央，板块中央直径300mm的区域为水压作用范围。

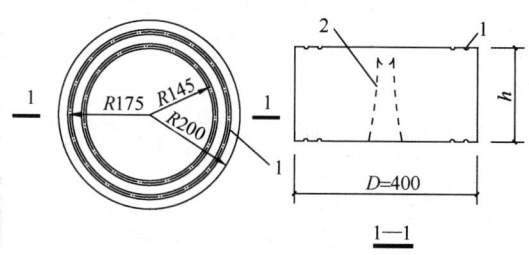

图 B.0.1 钢筋间隔件抗渗试件
1—密封槽；2—钢筋间隔件

注：1 *D* 为塑料类钢筋间隔件抗渗试件尺寸；

2 *h* 为塑料类钢筋间隔件抗渗试件厚度（同实际结构厚度）。

B. 0. 2 塑料类钢筋间隔件抗渗性能试验应采用上、下密封钢罩组成的试验装置（图B.0.2），在其四个密封槽中应嵌入橡胶圈。

B. 0. 3 试验方法应符合下列规定：

1 应将钢筋间隔件抗渗试件置于上、下密封钢罩间，密封槽内安放橡胶密封圈，用M28螺栓固定

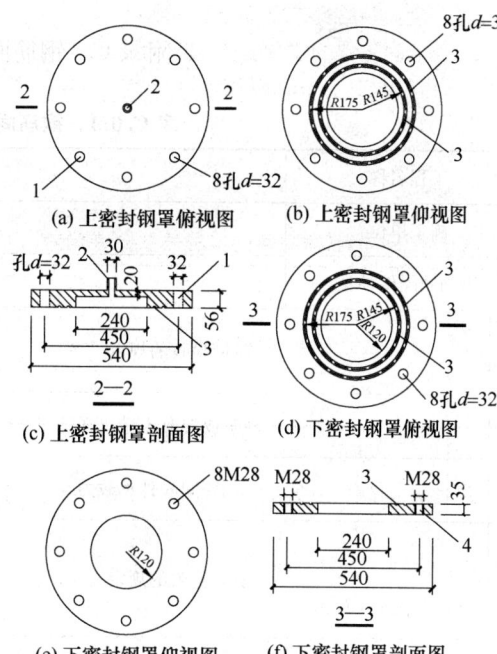

图 B.0.2 密封钢罩
1—螺栓孔；2—水管接口；3—密封槽；
4—螺栓 M28

紧密，顶部接口应与压力水管连接（图B.0.3）。

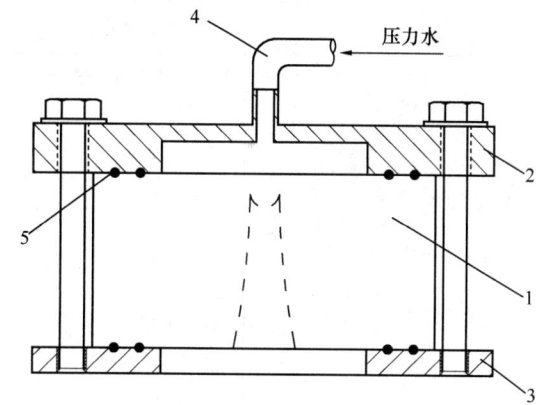

图 B.0.3 抗渗加压装置的安装
1—试件；2—上密封钢罩；3—下密封钢罩；
4—水管接口；5—橡胶密封圈

2 初始加压时，应取设计压力并保持1h，检验钢罩密封状况。

3 测试加压时，应确认钢罩密封性良好后进行测试加压，应按设计抗渗等级对应水压加压，并维持24h。

B. 0. 4 3个抗渗试件应按设计水压加压并维持24h，均无渗水可判定为合格。

附录 C 钢筋间隔件检查记录表格

表 C.0.1 钢筋间隔件成品检查验收记录

工程名称			验收单位	
施工单位			项目经理	
钢筋间隔件种类			制作单位	

主控项目		质量验收的规定	施工单位检查结果	监理（建设）单位验收记录
	1	砂浆或混凝土试块强度		
	2	钢筋间隔件承载力		

一般项目		质量验收的规定	施工单位检查结果			监理（建设）单位验收记录
			抽检数	合格数	不合格数	
	1	外观				
	2	颜色标识				
	3	连接铁丝或卡铁				
	4	外形尺寸 间隔尺寸				
		其他尺寸				

施工单位检查评定结果	项目专业质量检查员 年 月 日

监理（建设）单位验收结论	监理工程师（建设单位项目专业技术负责人） 年 月 日

注：本表由施工单位项目专业质量检查员填写，监理工程师（建设单位项目专业技术负责人）组织项目专业质量检查员等进行验收。

表 C.0.2　钢筋间隔件安放检查记录

工程名称			验收单位	
施工单位			结构部位	
项目经理			施工班组长	

主控项目	质量验收的规定			施工单位检查结果	监理（建设）单位验收记录
	钢筋间隔件安放数量				

一般项目		质量验收的规定	施工单位检查结果			监理（建设）单位验收记录
			抽检数	合格数	不合格数	
	1	钢筋间隔件安放方位				
	2	平行于钢筋方向位置偏差≤50mm				
	3	垂直于钢筋方向位置偏差≤0.5d				

施工单位检查评定结果	项目专业质量检查员 　　　　　　　　　　年　月　日
监理（建设）单位验收结论	监理工程师（建设单位项目专业技术负责人） 　　　　　　　　　　年　月　日

注：本表由施工单位项目专业质量检查员填写，监理工程师（建设单位项目专业技术负责人）组织项目专业质量检查员等进行验收。

本规程用词说明

1 为便于在执行本规程条文时区别对待，对要求严格程度不同的用词说明如下：

　1）表示很严格，非这样做不可的：
　　正面词采用"必须"，反面词采用"严禁"；

　2）表示严格，在正常情况下均应这样做的：
　　正面词采用"应"，反面词采用"不应"或"不得"；

　3）表示允许稍有选择，在条件许可时首先应这样做的：
　　正面词采用"宜"，反面词采用"不宜"；

　4）表示有选择，在一定条件下可以这样做的，采用"可"。

2 条文中指明应按其他有关标准执行的写法为："应符合……的规定"或"应按……执行"。

引用标准名录

1　《混凝土结构设计规范》GB 50010

2　《砌体工程施工质量验收规范》GB 50203

3　《混凝土结构工程施工质量验收规范》GB 50204

4　《建筑工程施工质量验收统一标准》GB 50300

5　《涂层自然气候曝露试验方法》GB/T 9276

6　《钢筋焊接及验收规程》JGJ 18

中华人民共和国行业标准

混凝土结构用钢筋间隔件应用
技术规程

JGJ/T 219—2010

条 文 说 明

制 定 说 明

《混凝土结构用钢筋间隔件应用技术规程》JGJ/T 219-2010 经住房和城乡建设部 2010 年 12 月 20 日以第 848 号公告批准、发布。

本规程制定过程中，编制组对国内混凝土结构用钢筋间隔件应用技术进行了调查研究，参考有关国际标准和国外先进标准，认真总结了已有的工程经验，并进行了一系列模型试验。

为便于广大施工、设计、监理和其他相关单位人员在使用本规程时能正确理解和执行条文规定，《混凝土结构用钢筋间隔件应用技术规程》编制组按章、节、条的顺序编制了本规程的条文说明，对条文规定的目的、依据以及执行中需注意的有关事项进行了说明。但是本条文说明不具备与规程正文同等的法律效力，仅供使用者作为理解和把握规程规定的参考。

目　次

1 总　则

1.0.1 近几年来钢筋混凝土耐久性的研究一直是全球工程界关注的热点，大量研究、调查和试验结果表明，钢筋保护层的质量是影响结构耐久性的重要因素之一。研究资料表明，保护层厚度减小 1/4，构件的抗碳化年限可减少 1/2；而如果保护层厚度超过设计值，又将影响到结构的受力，引起承载力下降、混凝土开裂等严重后果。同时，钢筋保护层对混凝土的粘结锚固性能、防火减灾也有很大影响。

以往我国钢筋保护层施工控制的主要手段是运用砂浆（混凝土）钢筋间隔件（即垫块），近年来也开始采用塑料类钢筋间隔件、金属类钢筋间隔件等。

砂浆（混凝土）钢筋间隔件，一般都在工地现场制作，质量不易控制，在放置过程中又容易破碎、移位。欧美一些国家则以工厂化生产的塑料类钢筋间隔件为主，其规格统一、定位可靠。金属类钢筋间隔件如钢筋马凳、焊接短钢筋等，我国也多由工地现场制作。在日本应用工厂化生产的金属类钢筋间隔件已有多年历史，它具有加工方便、能耗小、系列化、施工方便等优点。钢筋间隔件的放置方法、间距、数量、与钢筋的连接等在施工中也多以经验为主，缺乏规范和技术指导，因此，工程中发生钢筋位置错动、变形过大甚至钢筋坍塌等都屡见不鲜，已成为质量通病之一。

现行国家标准《混凝土结构工程施工质量验收规范》GB 50204 提出了"验评分离、强化验收、过程控制"的指导思想，确定了两项检查内容：结构实体混凝土强度和保护层厚度，其中将混凝土保护层厚度的控制作为一项重要的检验内容。

虽然在上述规范中对钢筋保护层质量有明确的要求，但是目前在施工中仍普遍存在一些问题，如：为了防止露筋的现象，钢筋垫得过高，明显减小了构件截面的有效高度；又如：对钢筋间隔件作用不重视，用石子、木块等代替，混凝土浇筑时发生滑移，失去钢筋间隔件作用；或砂浆钢筋间隔件制作不规范，强度低，受到挤压后破碎。

混凝土结构用钢筋间隔件在工程中应用面广、使用量大，工程中存在的诸多问题必须给予解决。因此，本规程规定了在施工中对钢筋间隔件的制作及安放等条款，以保证工程质量，克服施工通病，对提高混凝土结构工程耐久性和可靠性，防火防灾等都具有长远的意义。

3　基本规定

3.0.1 不同的混凝土构件其钢筋间隔件形式、规格、数量有很大区别，在施工前，应根据工程实际对象进行方案设计。应注意当竖向间隔件承受的荷载较大且钢筋间隔件较高时（如支承基础的上皮钢筋），钢筋间隔件容易发生失稳，必须对此进行计算。

3.0.2 工程中常用石子、砖块、木块、竹片等代替钢筋间隔件，而这些替代物严重影响混凝土的耐久性，故本条强调钢筋间隔件不得采用这类替代物。

3.0.3 钢筋间隔件承受的荷载主要有钢筋自重、浇筑混凝土的冲击力以及人员或设备的荷载，为防止其在施工阶段引起断裂或变形，钢筋间隔件应具有足够的承载力和刚度。

大型底板、深梁等的承压型内部间隔件往往高度大，搁置的钢筋粗，受力较大，除应满足承载力和变形要求外，还应防止长细杆的失稳。

钢筋间隔件应满足混凝土结构本身的耐久性要求，如水泥基类钢筋间隔件的抗渗、抗冻、防腐等应与结构的混凝土具有相同的性能；又如内部采用塑料类钢筋间隔件应保证其与混凝土接合面的抗渗性能；金属类钢筋间隔件则应有防腐措施。

3.0.4 材料的合格证、检验报告以及产品的合格证是工程的质量保证资料，因此，本条特提出了这方面的要求。所依据的技术标准包括国家现行标准《混凝土用钢》GB 1499，《钢筋焊接及验收规程》JGJ 18，《通用硅酸盐水泥》GB 175，《混凝土质量控制标准》GB 50164，《普通混凝土力学性能试验方法标准》GB/T 50081，《普通混凝土拌合物性能试验方法标准》GB/T 50080，《普通混凝土用砂、石质量及检验方法标准》JGJ 52，《塑料　拉伸性能的测定》GB/T 1040 和《塑料　压缩性能的测定》GB/T 1041 等。

3.0.5 本条提出了工厂生产的产品应由工厂进行承载力试验和抗渗性能试验。建议厂家可根据自己的产品提供不同荷载、不同强度级别、不同水压的产品系列表。

3.0.6 在编制钢筋间隔件的方案时，应结合混凝土结构的环境类别按现行国家标准《混凝土结构设计规范》GB 50010 考虑。

砂浆类钢筋间隔件因其强度较低，厚度受到一定限制，因此不宜作为内部间隔件。混凝土类钢筋间隔件的适用性较强，但在作为内部间隔件而间隔尺寸又较大时，应注意其自身的几何尺寸，防止截面过大而影响混凝土浇灌和构件的性能。

塑料类内部间隔件应考虑构件的抗渗性，而塑料类表层间隔件则应考虑塑料的低温脆性。

3.0.7 钢筋间隔件保证保护层厚度或钢筋间距是其设计中最基本的要素。塑料类钢筋间隔件、金属类钢筋间隔件由于其形式多样且体积较小，如形状不妥，往往会造成混凝土不易密实。因此，在确定钢筋间隔件形状时要考虑混凝土粗骨料的粒径、混凝土的坍落度等，以防止在钢筋间隔件处产生混凝土孔洞。

3.0.8 工厂化生产的塑料、金属类钢筋间隔件，一般都有钢筋定位构造。现场制作的水泥基类钢筋间隔件应埋置铁丝或采用其他方式进行钢筋定位，现场制作的金属类钢筋间隔件则应在制作时考虑钢筋定位的构造。

3.0.9 这条是考虑避免附加荷载对钢筋间隔件的影响。

3.0.10 清水混凝土的表面十分重要，因此选择钢筋间隔件（包括钢筋端头的涂刷防锈漆或塑料套）应在颜色、外露的大小、材质、安放位置等方面予以考虑，防止清水混凝土的表面质量受损，与模板的接触面积不宜过大，且符合目前常用的钢筋间隔件规格。

4 钢筋间隔件的制作

4.1 水泥基类钢筋间隔件

4.1.1 水泥基类钢筋间隔件主要由水泥和混凝土制成，其制作质量应符合国家现行有关规范的要求。

4.1.2 立方体和圆柱体是目前工程中最常用的形式，其使用方便。当然也有其他一些形式（图1）。为保证钢筋安放的可靠性，本条对有关截面尺寸作了必要的规定。水泥基类钢筋间隔件与钢筋的连接件方式可采用铁丝、金属卡片、预留孔等。

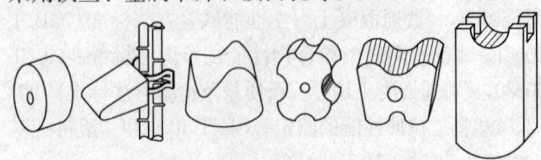

图 1 水泥基类钢筋间隔件

4.1.3 砂浆和混凝土的强度是水泥基类钢筋间隔件承载力的基本保证，因此，此条规定了该类钢筋间隔件的强度不应小于结构混凝土内砂浆或混凝土的强度，还规定了它们的最低强度。绑扎钢筋的铁丝选用20号的退火铁丝。退火铁丝又称为火烧丝，由优质铁丝制成，采用低碳钢线材经酸洗除锈、拉拔成型、高温退火等工艺精制而成。柔韧性强、可塑性好，适合用做钢筋捆绑丝。

4.1.4 水泥基类钢筋间隔件易断裂，在运输和使用时应予以注意，如发生断裂和破碎，则不能再用于工程。

4.1.5、4.1.6 目前，水泥基类钢筋间隔件的工地加工随意性较大，质量难以保证。这两条是为确保水泥基类钢筋间隔件质量而作的规定。采用模板、靠尺切割等措施可保证钢筋间隔件形状尺寸的正确性，砂浆类钢筋间隔件切割时间的控制及养护要求则对水泥基类钢筋间隔件的强度有直接影响。

4.2 塑料类钢筋间隔件

4.2.1 塑料类钢筋间隔件一般均为工厂生产的产品，

本条是考虑在推广使用塑料类钢筋间隔件时，应防止工程中随意将废塑料块用作钢筋间隔件而作出的规定。二级以下的再生塑料其性能低劣，不能用于混凝土结构工程。

4.2.2 塑料类钢筋间隔件与混凝土的粘结力比水泥基类钢筋间隔件和金属类钢筋间隔件小很多，它们两者的界面易发生渗水现象，因此，当用塑料类钢筋间隔件作为内部间隔件时，特别是作为贯穿型内部间隔件时，应考虑它对混凝土结构的影响，必要时可选用其他材料的钢筋间隔件。

4.2.3 塑料类钢筋间隔件的类型有很多（图2），选用时可按钢筋的种类、直径、间隔尺寸和方式等选用。塑料类钢筋间隔件的钢筋卡扣应预先设计、注塑成型。塑料类钢筋间隔件可做成不同的颜色，故宜按保护层厚度设置颜色标识，以防止错用、便于检查。

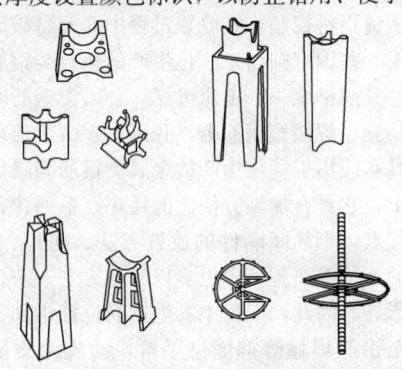

图 2 塑料类钢筋间隔件

4.2.4 塑料具有大气老化特性，放置过久或遇到高温、烘烤的塑料类钢筋间隔件如已老化断裂，则不能再使用。塑料类钢筋间隔件还易断裂，特别是环形的钢筋间隔件，圆环部分截面很小，易于折断，在运输、使用中应注意保护，一旦发生断裂和破碎，则应报废，不得再用于工程。

4.3 金属类钢筋间隔件

4.3.1 目前在工程应用的金属类钢筋间隔件主要是钢材做的，工厂多用模具机械成型，质量好；而现场一般用手工制作，加工不规范。故本条建议在可能的条件下，优选工厂生产的产品，一方面可提高工程质量，另一方面也有利于钢筋间隔件的标准化和系列化的推进。

4.3.2 金属类钢筋间隔件的类型也有很多（图3）。工厂生产的一般都考虑有固定钢筋的卡扣或槽口，但在现场制作的难以做到。如没有卡扣或槽口，则应有其他的固定钢筋的方法，如焊接或绑扎。

4.3.3 钢筋间隔件的钢材需要经过弯折成型，宜采用HPB235级低碳钢热轧圆盘条及Q235级钢。

4.3.4 本条规定了金属类钢筋间隔件外表的质量要求。出现裂纹、断裂、过大变形或钢材的片状老锈，都会影响混凝土结构的质量。金属类钢筋间隔件在运

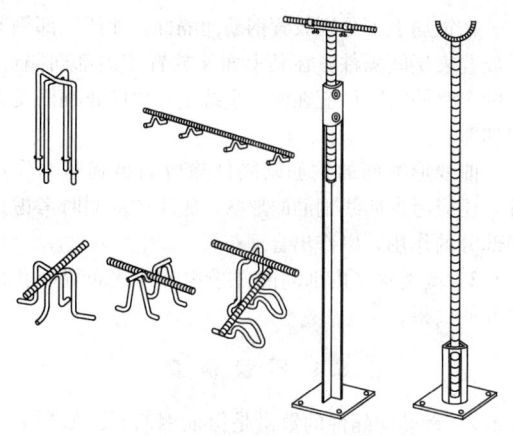

图 3 金属类钢筋间隔件

输、安装等施工过程中可能会产生变形，主要应控制该变形引起的间隔尺寸的偏差。而对于其他方向上的非间隔尺寸，可放宽要求。

4.3.6 金属类钢筋间隔件外露的部分直接接触空气，易发生腐蚀，在其端部应作防腐处理，这是保证混凝土耐久性的重要措施。日前一般涂刷防腐涂料，可起到很好的作用。如是清水混凝土，还应考虑涂料的颜色与混凝土一致。但灌注桩的表层间隔件不需在表面设置防腐涂层，因为它埋于土中，不直接接触空气，并不存在外观问题。

4.3.7 本条提出了现场加工金属类钢筋间隔件的技术要求，目的是规范作业行为，改变以往现场无图纸、无标准的随意加工的状况。

4.4 成 品 检 查

4.4.1 钢筋间隔件承载力是钢筋间隔件的基本要求，故作此规定。砂浆或混凝土强度是保证水泥基类钢筋间隔件质量的基本条件，因此把它作为主控项目。本条列出了砂浆或混凝土试块的取样要求，具体制作方法和试验方法应参考有关规范执行。

4.4.2 根据钢筋间隔件的作用，其外观、形状、尺寸列为一般项目验收。因工厂产品属于工业化生产，一般实现机械化生产，质量较为稳定，而现场制作的质量离散性较大，在抽样检查中考虑前者数量可少一些，而后者应多一些。

5 钢筋间隔件的运输和储存

5.0.1～5.0.3 钢筋间隔件在运输、储存时，应根据其特点，采取保护措施，防止破坏、腐蚀或混杂。

6 钢筋间隔件的安放

6.1 一 般 规 定

6.1.1 本条规定了表层间隔件的安放位置，以保证

保护层的厚度。

6.1.2 竖向间隔件直接承受钢筋自重和其他竖向荷载。如安放间距较小，则单个竖向间隔件承受的荷载较小，且不易引起被间隔钢筋的变形，但数量较多；反之，如果安放间距较大，虽数量较少，但承受的荷载较大，且易引起被间隔钢筋的变形。究竟采用什么布置方式，应根据工程实际情况确定，钢筋间隔件本身和被间隔钢筋两方面均应满足，即：钢筋间隔件的承载力和刚度满足要求，被间隔钢筋的变形满足要求。

6.2 表层间隔件的安放

6.2.1 板类构件包括板、壳或 T 形梁的翼缘、箱形梁的顶板和底板等。板类表层间隔件为钢筋下面的竖向间隔件，间距应满足被间隔钢筋变形控制的要求，同时应保证钢筋间隔件正常工作。

6.2.2 表 6.2.2 所示的安放间距是根据施工阶段荷载确定的。在对比浇筑混凝土的冲击力和人员或设备的荷载后，取钢筋自重加一个人的重量（75kg），以被间隔钢筋变形不大于 15mm 计算的结果，可供施工时选用。

工程中板类钢筋间隔件有阵列式放置和梅花式放置，按阵列式放置对减小被间隔钢筋的变形更为有利，故建议用此放置方法。

6.2.3 梁类构件包括梁、预制方桩、屋架弦杆等。

梁类构件表层间隔件分为竖向的和水平向的。与板类构件不同，其钢筋一般形成骨架，受力后变形大大减小，因此，其竖向表层间隔件的间距可放大。钢筋骨架的变形与梁的高度有关，但本条没有按梁的高度确定，这是基于梁钢筋的直径与梁的高度有一定关联，为与板类和墙类的表达方法一致，在此也按梁钢筋的直径来确定。

梁的水平表层间隔件只受浇筑混凝土的冲击力影响，钢筋又比较细，承受的力比竖向表层间隔件的荷载小很多，因此，其安放间距可适当放大。

6.2.4 墙类构件包括剪力墙、竖向的板等。

6.2.5 柱类构件包括柱、桥墩等。

当柱类构件的截面较小时，其水平与竖向间距每侧均不应少于 2 个，以使钢筋骨架放置平稳。

6.2.6 灌注桩表层间隔件的形式也很多，固定方式也有不一样（图 4）。钢板弓形钢筋间隔件焊接固定时应防止钢筋受焊弧损伤。

6.2.7 斜向构件钢筋间隔件与水平面的夹角小于或等于 45°接近水平构件，故按板或梁类构件处理；与水平面的夹角大于或等于 45°接近垂直构件，故按墙或柱类构件处理。

6.3 内部间隔件的安放

6.3.1 本条规定了竖向内部间隔件的安放要求。

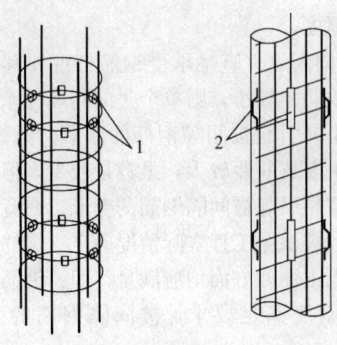

图 4　灌注桩表层间隔件
1—混凝土环；2—钢板弓形钢筋间隔件

大型板、梁的竖向内部间隔件的高度高、承受荷载大，易发生破坏，故一定要进行计算。计算内容包括钢筋间隔件的承载力、刚度、稳定性以及被间隔钢筋的变形。

在钢筋上下分别放置钢筋间隔件，如梁底部钢筋下放置表层间隔件，在其上面又放置了内部间隔件，这两个钢筋间隔件应在同一垂线上，以防止钢筋受到附加弯矩。

曲线形配筋的钢筋间隔件除应满足其基本作用外，还应考虑曲线钢筋的形状，施工中应同时考虑这两部分的作用，以作出合理布置。

6.3.2　墙类水平内部间隔件采用阵列式布置能获得更好的效果。

6.4　质　量　检　查

6.4.1　钢筋间隔件的数量是保证钢筋间隔质量的主要指标，故将它列为主控项目，并全数检查。

6.4.2　为保证钢筋间隔件安放位置的正确性，本条规定了钢筋间隔件安放位置的允许偏差。如被间隔的钢筋直径不同，则 d 指较小的钢筋直径。

中华人民共和国行业标准

抹灰砂浆技术规程

Technical specification for plasting mortar

JGJ/T 220—2010

批准部门：中华人民共和国住房和城乡建设部
施行日期：２０１１年３月１日

中华人民共和国住房和城乡建设部
公　告

第 705 号

关于发布行业标准
《抹灰砂浆技术规程》的公告

现批准《抹灰砂浆技术规程》为行业标准，编号为 JGJ/T 220-2010，自 2011 年 3 月 1 日起实施。

本规程由我部标准定额研究所组织中国建筑工业出版社出版发行。

中华人民共和国住房和城乡建设部

2010 年 7 月 23 日

前　言

根据住房和城乡建设部《关于印发〈2008 年工程建设标准规范制订、修订计划（第一批）〉的通知》（建标〔2008〕102 号）的要求，规程编制组经广泛调查研究，认真总结实践经验，参考有关国际标准和国外先进标准，并在广泛征求意见的基础上，制定了本规程。

本规程的主要技术内容是：1. 总则；2. 术语；3. 基本规定；4. 材料要求；5. 配合比设计；6. 施工；7. 质量验收。

本规程由住房和城乡建设部负责管理，由陕西省建筑科学研究院负责具体技术内容的解释。执行过程中如有意见或建议，请寄送陕西省建筑科学研究院（地址：陕西省西安市环城西路北段 272 号，邮政编码：710082）。

本规程主编单位： 陕西省建筑科学研究院
　　　　　　　　　正太集团有限公司

本规程参编单位： 上海市建筑科学研究院（集团）有限公司
　　　　　　　　　中国建筑科学研究院
　　　　　　　　　山东省建筑科学研究院
　　　　　　　　　福建省建筑科学研究院
　　　　　　　　　上海市曹杨建筑黏合剂厂
　　　　　　　　　浙江省嘉兴市春秋建筑工程检测中心有限责任公司
　　　　　　　　　浙江嘉善建设工程质量监督站
　　　　　　　　　浙江中技建设工程检测有限公司
　　　　　　　　　浙江中元建设股份有限公司
　　　　　　　　　西安天洋建材企业集团
　　　　　　　　　浙江求精建设工程有限公司
　　　　　　　　　西安市建设工程质量安全监督站

本规程主要起草人员： 李　荣　何益民　赵立群
　　　　　　　　　　　张秀芳　王文奎　张建峰
　　　　　　　　　　　金万春　金爱华　李上莹
　　　　　　　　　　　何忠华　李友翔　沈建明
　　　　　　　　　　　薛天牢　黄春文　金裕民
　　　　　　　　　　　杨利民　孟向惠　宋　敏
　　　　　　　　　　　叶蓓红　陈　华　胥生海
　　　　　　　　　　　杨宇峰

本规程主要审查人员： 张昌叙　施钟毅　王福川
　　　　　　　　　　　张德思　黄可明　杨瑞丰
　　　　　　　　　　　李海波　张玉忠　王巧莉

目 次

Contents

1 总　则

1.0.1 为保证抹灰工程质量，规范抹灰工程用砂浆的配合比设计、施工及质量验收，做到技术先进、适用可靠、经济合理，制定本规程。

1.0.2 本规程适用于新建、改建、扩建和既有建筑的一般抹灰工程用砂浆的配合比设计、施工及质量验收。

1.0.3 抹灰砂浆的配合比设计、施工及质量验收，除应符合本规程外，尚应符合国家现行有关标准的规定。

2 术　语

2.0.1 一般抹灰工程用砂浆　commonly plasting mortar

大面积涂抹于建筑物墙、顶棚、柱等表面的砂浆，包括水泥抹灰砂浆、水泥粉煤灰抹灰砂浆、水泥石灰抹灰砂浆、掺塑化剂水泥抹灰砂浆、聚合物水泥抹灰砂浆及石膏抹灰砂浆等，也称抹灰砂浆。

2.0.2 水泥抹灰砂浆　cement plasting mortar

以水泥为胶凝材料，加入细骨料和水按一定比例配制而成的抹灰砂浆。

2.0.3 水泥粉煤灰抹灰砂浆　cement-fly ash plasting mortar

以水泥、粉煤灰为胶凝材料，加入细骨料和水按一定比例配制而成的抹灰砂浆。

2.0.4 水泥石灰抹灰砂浆　cement-lime plasting mortar

以水泥为胶凝材料，加入石灰膏、细骨料和水按一定比例配制而成的抹灰砂浆，简称混合砂浆。

2.0.5 掺塑化剂水泥抹灰砂浆　cement plasting mortar adding plasticizer

以水泥（或添加粉煤灰）为胶凝材料，加入细骨料、水和适量塑化剂按一定比例配制而成的抹灰砂浆。

2.0.6 聚合物水泥抹灰砂浆　cement-polymerplasting mortar

以水泥为胶凝材料，加入细骨料、水和适量聚合物按一定比例配制而成的抹灰砂浆。包括普通聚合物水泥抹灰砂浆（无压折比要求）、柔性聚合物水泥抹灰砂浆（压折比≤3）及防水聚合物水泥抹灰砂浆。

2.0.7 石膏抹灰砂浆　gypsum plasting mortar

以半水石膏或Ⅱ型无水石膏单独或两者混合后为胶凝材料，加入细骨料、水和多种外加剂按一定比例配制而成的抹灰砂浆。

2.0.8 预拌抹灰砂浆　ready-mixed plasting mortar

专业生产厂生产的用于抹灰工程的砂浆。

2.0.9 界面砂浆　interface treating mortar

提高抹灰砂浆层与基层粘结强度的砂浆。

2.0.10 条板　slat

条形板，用于建筑物的非承重隔墙，有空心条板及实心条板。

2.0.11 添加剂　additive

改善抹灰砂浆性能的材料的总称。

3 基本规定

3.0.1 一般抹灰工程用砂浆宜选用预拌抹灰砂浆。抹灰砂浆应采用机械搅拌。

3.0.2 预拌抹灰砂浆性能应符合现行行业标准《预拌砂浆》JG/T 230 的规定，预拌抹灰砂浆的施工与质量验收应符合现行行业标准《预拌砂浆应用技术规程》JGJ/T 223 的规定。

3.0.3 抹灰砂浆的品种及强度等级应满足设计要求。除特别说明外，抹灰砂浆性能的试验方法应按现行行业标准《建筑砂浆基本性能试验方法标准》JGJ/T 70 执行。

3.0.4 抹灰砂浆强度不宜比基体材料强度高出两个及以上强度等级，并应符合下列规定：

1 对于无粘贴饰面砖的外墙，底层抹灰砂浆宜比基体材料高一个强度等级或等于基体材料强度。

2 对于无粘贴饰面砖的内墙，底层抹灰砂浆宜比基体材料低一个强度等级。

3 对于有粘贴饰面砖的内墙和外墙，中层抹灰砂浆宜比基体材料高一个强度等级且不宜低于 M15，并宜选用水泥抹灰砂浆。

4 孔洞填补和窗台、阳台抹面等宜采用 M15 或 M20 水泥抹灰砂浆。

3.0.5 配制强度等级不大于 M20 的抹灰砂浆，宜用 32.5 级通用硅酸盐水泥或砌筑水泥；配制强度等级大于 M20 的抹灰砂浆，宜用强度等级不低于 42.5 级的通用硅酸盐水泥。通用硅酸盐水泥宜采用散装的。

3.0.6 用通用硅酸盐水泥拌制抹灰砂浆时，可掺入适量的石灰膏、粉煤灰、粒化高炉矿渣粉、沸石粉等，不应掺入消石灰粉。用砌筑水泥拌制抹灰砂浆时，不得再掺加粉煤灰等矿物掺合料。

3.0.7 拌制抹灰砂浆，可根据需要掺入改善砂浆性能的添加剂。

3.0.8 抹灰砂浆的品种宜根据使用部位或基体种类按表 3.0.8 选用。

3.0.9 抹灰砂浆的施工稠度宜按表 3.0.9 选取。聚合物水泥抹灰砂浆的施工稠度宜为 50mm～60mm，石膏抹灰砂浆的施工稠度宜为 50mm～70mm。

表 3.0.8 抹灰砂浆的品种选用

使用部位或基体种类	抹灰砂浆品种
内墙	水泥抹灰砂浆、水泥石灰抹灰砂浆、水泥粉煤灰抹灰砂浆、掺塑化剂水泥抹灰砂浆、聚合物水泥抹灰砂浆、石膏抹灰砂浆
外墙、门窗洞口外侧壁	水泥抹灰砂浆、水泥粉煤灰抹灰砂浆
温（湿）度较高的车间和房屋、地下室、屋檐、勒脚等	水泥抹灰砂浆、水泥粉煤灰抹灰砂浆
混凝土板和墙	水泥抹灰砂浆、水泥石灰抹灰砂浆、聚合物水泥抹灰砂浆、石膏抹灰砂浆
混凝土顶棚、条板	聚合物水泥抹灰砂浆、石膏抹灰砂浆
加气混凝土砌块（板）	水泥石灰抹灰砂浆、水泥粉煤灰抹灰砂浆、掺塑化剂水泥抹灰砂浆、聚合物水泥抹灰砂浆、石膏抹灰砂浆

表 3.0.9 抹灰砂浆的施工稠度

抹灰层	施工稠度（mm）
底层	90～110
中层	70～90
面层	70～80

3.0.10 抹灰砂浆的搅拌时间应自加水开始计算，并应符合下列规定：

1 水泥抹灰砂浆和混合砂浆，搅拌时间不得小于 120s。

2 预拌砂浆和掺有粉煤灰、添加剂等的抹灰砂浆，搅拌时间不得小于 180s。

3.0.11 抹灰砂浆施工应在主体结构质量验收合格后进行。

3.0.12 抹灰砂浆施工配合比确定后，在进行外墙及顶棚抹灰施工前，宜在实地制作样板，并应在规定龄期进行拉伸粘结强度试验。检验外墙及顶棚抹灰工程质量的砂浆拉伸粘结强度，应在工程实体上取样检测。抹灰砂浆拉伸粘结强度试验方法应按本规程附录 A 进行。

3.0.13 抹灰前的准备工作应符合下列规定：

1 应检查栏杆、预埋件等位置的准确性和连接的牢固性。

2 应将基层的孔洞、沟槽填补密实、整平，且修补找平用的砂浆应与抹灰砂浆一致。

3 应清除基层表面的浮灰，并宜洒水润湿。

3.0.14 抹灰层的平均厚度宜符合下列规定：

1 内墙：普通抹灰的平均厚度不宜大于 20mm，高级抹灰的平均厚度不宜大于 25mm。

2 外墙：墙面抹灰的平均厚度不宜大于 20mm，勒脚抹灰的平均厚度不宜大于 25mm。

3 顶棚：现浇混凝土抹灰的平均厚度不宜大于 5mm，条板、预制混凝土抹灰的平均厚度不宜大于 10mm。

4 蒸压加气混凝土砌块基层抹灰平均厚度宜控制在 15mm 以内，当采用聚合物水泥砂浆抹灰时，平均厚度宜控制在 5mm 以内，采用石膏砂浆抹灰时，平均厚度宜控制在 10mm 以内。

3.0.15 抹灰应分层进行，水泥抹灰砂浆每层厚度宜为 5mm～7mm，水泥石灰抹灰砂浆每层宜为 7mm～9mm，并应待前一层达到六七成干后再涂抹后一层。

3.0.16 强度高的水泥抹灰砂浆不应涂抹在强度低的水泥抹灰砂浆基层上。

3.0.17 当抹灰层厚度大于 35mm 时，应采取与基体粘结的加强措施。不同材料的基体交接处应设加强网，加强网与各基体的搭接宽度不应小于 100mm。

3.0.18 各层抹灰砂浆在凝结硬化前，应防止暴晒、淋雨、水冲、撞击、振动。水泥抹灰砂浆、水泥粉煤灰抹灰砂浆和掺塑化剂水泥抹灰砂浆宜在润湿的条件下养护。

4 材 料 要 求

4.0.1 抹灰砂浆所用原材料不应对人体、生物与环境造成有害的影响，并应符合现行国家标准《建筑材料放射性核素限量》GB 6566 的规定。

4.0.2 通用硅酸盐水泥和砌筑水泥除应分别符合现行国家标准《通用硅酸盐水泥》GB 175 和《砌筑水泥》GB/T 3183 的规定外，尚应符合下列规定：

1 应分批复验水泥的强度和安定性，并应以同一生产厂家、同一编号的水泥为一批。

2 当对水泥质量有怀疑或水泥出厂超过三个月时，应重新复验，复验合格的，可继续使用。

3 不同品种、不同等级、不同厂家的水泥，不得混合使用。

4.0.3 抹灰砂浆宜用中砂。不得含有有害杂质，砂的含泥量不应超过 5%，且不应含有 4.75mm 以上粒径的颗粒，并应符合现行行业标准《普通混凝土用砂、石质量及检验方法标准》JGJ 52 的规定。人工砂、山砂及细砂应经试配试验证明能满足抹灰砂浆要求后再使用。

4.0.4 石灰膏应符合下列规定：

1 石灰膏应在储灰池中熟化，熟化时间不应少于 15d，且用于罩面抹灰砂浆时不应少于 30d，并应用孔径不大于 3mm×3mm 的网过滤。

2 磨细生石灰粉熟化时间不应少于 3d，并应用孔径不大于 3mm×3mm 的网过滤。

3 沉淀池中储存的石灰膏，应采取防止干燥、冻结和污染的措施。

4 脱水硬化的石灰膏不得使用；未熟化的生石灰粉及消石灰粉不得直接使用。

4.0.5 抹灰砂浆的拌合用水应符合现行行业标准《混凝土用水标准》JGJ 63 的规定。

4.0.6 粉煤灰应符合现行国家标准《用于水泥和混凝土中的粉煤灰》GB/T 1596 的规定。

4.0.7 磨细生石灰粉应符合现行行业标准《建筑生石灰粉》JC/T 480 的规定。

4.0.8 建筑石膏宜采用半水石膏，并应符合现行国家标准《建筑石膏》GB/T 9776 规定。

4.0.9 界面砂浆应符合现行行业标准《混凝土界面处理剂》JC/T 907 的规定。

4.0.10 纤维、聚合物、缓凝剂等应具有产品合格证书、产品性能检测报告。

5 配合比设计

5.1 一般规定

5.1.1 抹灰砂浆在施工前应进行配合比设计，砂浆的试配抗压强度应按下式计算：

$$f_{m,0} = kf_2 \qquad (5.1.1)$$

式中：$f_{m,0}$——砂浆的试配抗压强度（MPa），精确至 0.1MPa；

f_2——砂浆抗压强度等级值（MPa），精确至 0.1MPa；

k——砂浆生产（拌制）质量水平系数，取 1.15～1.25。

注：砂浆生产（拌制）质量水平为优良、一般、较差时，k 值分别取为 1.15、1.20、1.25。

5.1.2 抹灰砂浆配合比应采取质量计量。

5.1.3 抹灰砂浆的分层度宜为 10mm～20mm。

5.1.4 抹灰砂浆中可加入纤维，掺量应经试验确定。

5.1.5 用于外墙的抹灰砂浆的抗冻性应满足设计要求。

5.2 水泥抹灰砂浆

5.2.1 水泥抹灰砂浆应符合下列规定：

1 强度等级应为 M15、M20、M25、M30。

2 拌合物的表观密度不宜小于 1900kg/m³。

3 保水率不宜小于 82%，拉伸粘结强度不应小于 0.20MPa。

5.2.2 水泥抹灰砂浆配合比的材料用量可按表 5.2.2 选用。

表 5.2.2 水泥抹灰砂浆配合比的材料用量（kg/m³）

强度等级	水泥	砂	水
M15	330～380		
M20	380～450	1m³砂的堆积密度值	250～300
M25	400～450		
M30	460～530		

5.3 水泥粉煤灰抹灰砂浆

5.3.1 水泥粉煤灰抹灰砂浆应符合下列规定：

1 强度等级应为 M5、M10、M15。

2 配制水泥粉煤灰抹灰砂浆不应使用砌筑水泥。

3 拌合物的表观密度不宜小于 1900kg/m³。

4 保水率不宜小于 82%，拉伸粘结强度不应小于 0.15MPa。

5.3.2 水泥粉煤灰抹灰砂浆的配合比设计应符合下列规定：

1 粉煤灰取代水泥的用量不宜超过 30%。

2 用于外墙时，水泥用量不宜少于 250kg/m³。

3 配合比的材料用量可按表 5.3.2 选用。

表 5.3.2 水泥粉煤灰抹灰砂浆配合比的材料用量（kg/m³）

强度等级	水泥	粉煤灰	砂	水
M5	250～290	内掺，等量取代水泥量的 10%～30%	1m³砂的堆积密度值	270～320
M10	320～350			
M15	350～400			

5.4 水泥石灰抹灰砂浆

5.4.1 水泥石灰抹灰砂浆应符合下列规定：

1 强度等级应为 M2.5、M5、M7.5、M10。

2 拌合物的表观密度不宜小于 1800kg/m³。

3 保水率不宜小于 88%，拉伸粘结强度不应小于 0.15MPa。

5.4.2 水泥石灰抹灰砂浆配合比的材料用量可按表 5.4.2 选用。

表 5.4.2 水泥石灰抹灰砂浆配合比的材料用量（kg/m³）

强度等级	水泥	石灰膏	砂	水
M2.5	200～230			
M5	230～280	（350～400）-C	1m³砂的堆积密度值	180～280
M7.5	280～330			
M10	330～380			

注：表中 C 为水泥用量。

5.5 掺塑化剂水泥抹灰砂浆

5.5.1 掺塑化剂水泥抹灰砂浆应符合下列规定：

1 强度等级应为 M5、M10、M15。

2 拌合物的表观密度不宜小于 1800kg/m³。

3 保水率不宜小于 88%，拉伸粘结强度不应小于 0.15MPa。

4 使用时间不应大于 2.0h。

5.5.2 掺塑化剂水泥抹灰砂浆配合比的材料用量可按表 5.5.2 选用。

表 5.5.2 掺塑化剂水泥抹灰砂浆配合比的材料用量（kg/m³）

强度等级	水 泥	砂	水
M5	260～300	1m³砂的堆积密度值	250～280
M10	330～360		
M15	360～410		

5.6 聚合物水泥抹灰砂浆

5.6.1 聚合物水泥抹灰砂浆应符合下列规定：

1 抗压强度等级不应小于 M5.0。

2 宜为专业工厂生产的干混砂浆，且用于面层时，宜采用不含砂的水泥基腻子。

3 砂浆种类应与使用条件相匹配。

4 宜采用 42.5 级通用硅酸盐水泥。

5 宜选用粒径不大于 1.18mm 的细砂。

6 应搅拌均匀，静停时间不宜少于 6min，拌合物不应有生粉团。

7 可操作时间宜为 1.5h～4.0h。

8 保水率不宜小于 99%，拉伸粘结强度不应小于 0.30MPa。

9 具有防水性能要求的，抗渗性能不应小于 P6 级。

10 抗压强度试验方法应符合现行国家标准《水泥胶砂强度检验方法》GB/T 17671 的规定。

5.7 石膏抹灰砂浆

5.7.1 石膏抹灰砂浆应符合下列规定：

1 抗压强度不应小于 4.0MPa。

2 宜为专业工厂生产的干混砂浆。

3 应搅拌均匀，拌合物不应有生粉团，且应随拌随用。

4 初凝时间不应小于 1.0h，终凝时间不应大于 8.0h，且凝结时间的检验方法应符合现行行业标准《粉刷石膏》JC/T 517 的规定。

5 拉伸粘结强度不应小于 0.40MPa。

6 宜掺加缓凝剂。

7 抗压强度试验方法应符合现行行业标准《粉刷石膏》JC/T 517 的规定。

5.7.2 抗压强度为 4.0MPa 石膏抹灰砂浆配合比的材料用量可按表 5.7.2 选用。

表 5.7.2 抗压强度为 4.0MPa 石膏抹灰砂浆配合比的材料用量（kg/m³）

石膏	砂	水
450～650	1m³砂的堆积密度值	260～400

5.8 配合比试配、调整与确定

5.8.1 抹灰砂浆试配时，应考虑工程实际需求，搅拌应符合现行行业标准《砌筑砂浆配合比设计规程》JGJ 98 的规定，试配强度应按本规程第 5.1.1 条确定。

5.8.2 查表选取抹灰砂浆配合比的材料用量后，应先进行试拌，测定拌合物的稠度和分层度（或保水率），当不能满足要求时，应调整材料用量，直到满足要求为止。

5.8.3 抹灰砂浆试配时，至少应采用 3 个不同的配合比，其中一个配合比应为按本规程查表得出的基准配合比，其余两个配合比的水泥用量应按基准配合比分别增加和减少 10%。在保证稠度、分层度（或保水率）满足要求的条件下，可将用水量或石灰膏、粉煤灰等矿物掺合料用量作相应调整。

5.8.4 抹灰砂浆的试配稠度应满足施工要求，并应按现行行业标准《建筑砂浆基本性能试验方法标准》JGJ/T 70 分别测定不同配合比砂浆的抗压强度、分层度（或保水率）及拉伸粘结强度。符合要求的且水泥用量最低的配合比，作为抹灰砂浆配合比。

5.8.5 抹灰砂浆的配合比还应按下列步骤进行校正：

1 应按下式计算抹灰砂浆的理论表观密度值：

$$\rho_t = \Sigma Q_t \qquad (5.8.5-1)$$

式中：ρ_t——砂浆的理论表观密度值（kg/m³）；

Q_t——每立方米砂浆中各种材料用量（kg）。

2 应按下式计算砂浆配合比校正系数（δ）：

$$\delta = \rho_c / \rho_t \qquad (5.8.5-2)$$

式中：ρ_c——砂浆的实测表观密度值（kg/m³）。

3 当砂浆实测表观密度值与理论表观密度值之差的绝对值不超过理论表观密度值的 2% 时，按本规程第 5.8.4 条选定的配合比，可确定为抹灰砂浆的配合比；当超过 2% 时，应将配合比中每项材料用量乘以校正系数（δ）后，可确定为抹灰砂浆的配合比。

5.8.6 预拌砂浆生产前，应按本规程第 5.8.1 条～第 5.8.5 条的步骤进行试配、调整与确定。

5.8.7 聚合物水泥抹灰砂浆、石膏抹灰砂浆试配时的稠度、抗压强度及拉伸粘结强度应符合本规程第 3.0.9 条、第 5.6 节和第 5.7 节的规定。

6 施 工

6.1 内墙抹灰

6.1.1 内墙抹灰基层宜进行处理，并应符合下列规定：

1 对于烧结砖砌体的基层，应清除表面杂物、残留灰浆、舌头灰、尘土等，并应在抹灰前一天浇水润湿，水应渗入墙面内 10mm～20mm。抹灰时，墙面不得有明水。

2 对于蒸压灰砂砖、蒸压粉煤灰砖、轻骨料混凝土、轻骨料混凝土空心砌块的基层，应清除表面杂物、残留灰浆、舌头灰、尘土等，并可在抹灰前浇水润湿墙面。

3 对于混凝土基层，应先将基层表面的尘土、污垢、油渍等清除干净，再采用下列方法之一进行处理：

1）可将混凝土基层凿成麻面；抹灰前一天，应浇水润湿，抹灰时，基层表面不得有明水；

2）可在混凝土基层表面涂抹界面砂浆，界面砂浆应先加水搅拌均匀，无生粉团后再进行满批刮，并应覆盖全部基层表面，厚度不宜大于 2mm。在界面砂浆表面稍收浆后再进行抹灰。

4 对于加气混凝土砌块基层，应先将基层清扫干净，再采用下列方法之一进行处理：

1）可浇水润湿，水应渗入墙面内 10mm～20mm，且墙面不得有明水；

2）可涂抹界面砂浆，界面砂浆应先加水搅拌均匀，无生粉团后再进行满批刮，并应覆盖全部基层墙体，厚度不宜大于 2mm。在界面砂浆表面稍收浆后再进行抹灰。

5 对于混凝土小型空心砌块砌体和混凝土多孔砖砌体的基层，应将基层表面的尘土、污垢、油渍等清扫干净，并不得浇水润湿。

6 采用聚合物水泥抹灰砂浆时，基层应清理干净，可不浇水润湿。

7 采用石膏抹灰砂浆时，基层可不进行界面增强处理，应浇水润湿。

6.1.2 内墙抹灰时，应先吊垂直、套方、找规矩、做灰饼，并应符合下列规定：

1 应根据设计要求和基层表面平整垂直情况，用一面墙做基准，进行吊垂直、套方、找规矩，并经检查后再确定抹灰厚度，抹灰厚度不宜小于 5mm。

2 当墙面凹度较大时，应分层衬平，每层厚度不应大于 7mm～9mm。

3 抹灰饼时，应根据室内抹灰要求确定灰饼的正确位置，并应先抹上部灰饼，再抹下部灰饼，然后

用靠尺板检查垂直与平整。灰饼宜用 M15 水泥砂浆抹成 50mm 方形。

6.1.3 墙面冲筋（标筋）应符合下列规定：

1 当灰饼砂浆硬化后，可用与抹灰层相同的砂浆冲筋。

2 冲筋根数应根据房间的宽度和高度确定。当墙面高度小于 3.5m 时，宜做立筋，两筋间距不宜大于 1.5m；墙面高度大于 3.5m 时，宜做横筋，两筋间距不宜大于 2m。

6.1.4 内墙抹灰应符合下列规定：

1 冲筋 2h 后，可抹底灰。

2 应先抹一层薄灰，并应压实、覆盖整个基层，待前一层六七成干时，再分层抹灰、找平。

6.1.5 细部抹灰应符合下列规定：

1 墙、柱间的阳角应在墙、柱抹灰前，用 M20 以上的水泥砂浆做护角。自地面开始，护角高度不宜小于 1.8m，每侧宽度宜为 50mm。

2 窗台抹灰时，应先将窗台基层清理干净，并应将松动的砖或砌块重新补砌好，再将砖或砌块灰缝划深 10mm，并浇水润湿，然后用 C15 细石混凝土铺实，且厚度应大于 25mm。24h 后，应先采用界面砂浆抹一遍，厚度应为 2mm，然后再抹 M20 水泥砂浆面层。

3 抹灰前应对预留孔洞和配电箱、槽、盒的位置、安装进行检查，箱、槽、盒外口应与抹灰面齐平或略低于抹灰面。应先抹底灰，抹平后，应把洞、箱、槽、盒周边杂物清除干净，用水将周边润湿，并用砂浆把洞口、箱、槽、盒周边压抹平整、光滑。再分层抹灰，抹灰后，应把洞、箱、槽、盒周边杂物清除干净，再用砂浆抹压平整、光滑。

4 水泥踢脚（墙裙）、梁、柱等应用 M20 以上的水泥砂浆分层抹灰。当抹灰层需具有防水、防潮功能时，应采用防水砂浆。

6.1.6 不同材质的基体交接处，应采取防止开裂的加强措施；当采用加强网时，每侧铺设宽度不应小于 100mm。

6.1.7 水泥基抹灰砂浆凝结硬化后，应及时进行保湿养护，养护时间不应少于 7d。

6.2 外墙抹灰

6.2.1 外墙抹灰的基层处理应按本规程第 6.1.1 条执行。

6.2.2 门窗框周边缝隙和墙面其他孔洞的封堵应符合下列规定：

1 封堵缝隙和孔洞应在抹灰前进行。

2 门窗框周边缝隙的封堵应符合设计要求，设计未明确时，可用 M20 以上砂浆封堵严实。

3 封堵时，应先将缝隙和孔洞内的杂物、灰尘等清理干净，再浇水湿润，然后用 C20 以上混凝土

堵严。

6.2.3 外墙抹灰前，应先吊垂直、套方、找规矩、做灰饼、冲筋，并应符合下列规定：

    1 外墙找规矩时，应先根据建筑物高度确定放线方法，然后按抹灰操作层抹灰饼。

    2 每层抹灰时应以灰饼做基准冲筋。

6.2.4 外墙抹灰应在冲筋 2h 后再抹底灰，并应先抹一层薄灰，且应压实并覆盖整个基层，待前一层六七成干时，再分层抹灰、找平。每层每次抹灰厚度宜为 5mm～7mm，如找平有困难需增加厚度，应分层分次逐步加厚。抹灰总厚度大于或等于 35mm 时，应采取加强措施，并应经现场技术负责人认定。

6.2.5 弹线分格、粘分格条、抹面层灰时，应根据图纸和构造要求，先弹线分格、粘分格条，待底层七八成干后再抹面层灰。

6.2.6 细部抹灰应符合下列规定：

    1 在抹檐口、窗台、窗眉、阳台、雨篷、压顶和突出墙面的腰线以及装饰凸线时，应有流水坡度，下面应做滴水线（槽）不得出现倒坡。窗洞口的抹灰层应深入窗框周边的缝隙内，并应堵塞密实。做滴水线（槽）时，应先抹立面，再抹顶面，后抹底面，并应保证其流水坡度方向正确。

    2 阳台、窗台、压顶等部位应用 M20 以上水泥砂浆分层抹灰。

6.2.7 水泥基抹灰砂浆凝结硬化后，应及时进行保湿养护，养护时间不应少于 7d。

6.2.8 用于外墙的抹灰砂浆宜掺加纤维等抗裂材料。

6.2.9 当抹灰层需具有防水、防潮功能时，应采用防水砂浆。

6.3 混凝土顶棚抹灰

6.3.1 混凝土顶棚抹灰前，应先将楼板表面附着的杂物清除干净，并应将基面的油污或脱模剂清除干净，凹凸处应用聚合物水泥抹灰砂浆修补平整或剔平。

6.3.2 抹灰前，应在四周墙上弹出水平线作为控制线，先抹顶棚四周，再圈边找平。

6.3.3 预制混凝土顶棚抹灰厚度不宜大于 10mm；现浇混凝土顶棚抹灰厚度不宜大于 5mm。

6.3.4 混凝土顶棚找平、抹灰，抹灰砂浆应与基体粘接牢固，表面平顺。

6.4 季节性施工要求

6.4.1 冬期抹灰施工应符合现行行业标准《建筑工程冬期施工规程》JGJ 104 的有关规定，并应采取保温措施。抹灰时环境温度不宜低于 5℃。

6.4.2 冬期室内抹灰施工时，室内应通风换气，并应监测室内温度。冬期施工时，不宜浇水养护。

6.4.3 冬期施工，抹灰层可采用热空气或带烟囱的火炉加速干燥。当采用热空气时，应设通风排湿。

6.4.4 湿拌抹灰砂浆冬期施工时，应适当缩短砂浆凝结时间，但应经试配确定。湿拌砂浆的储存容器应采取保温措施。

6.4.5 寒冷地区不宜进行冬期施工。

6.4.6 雨天不宜进行外墙抹灰，施工时，应采取防雨措施，且抹灰砂浆凝结前不应受雨淋。

6.4.7 在高温、多风、空气干燥的季节进行室内抹灰时，宜对门窗进行封闭。

6.4.8 夏季施工时，抹灰砂浆应随伴随用，抹灰时应控制好各层抹灰的间隔时间。当前一层过于干燥时，应先洒水润湿，再抹第二层灰。

6.4.9 夏季气温高于 30℃时，外墙抹灰应采取遮阳措施，并应加强养护。

7 质 量 验 收

7.0.1 抹灰工程验收时应按本规程附录 B 填写质量验收记录表。

7.0.2 抹灰工程验收时应检查下列文件和记录：

    1 工程施工图、设计说明或其他设计文件。

    2 原材料的产品合格证书和性能检测报告、进场验收记录和复验报告。

    3 隐蔽工程验收记录。

    4 砂浆配合比报告及试块抗压强度检验报告。

    5 外墙及顶棚抹灰层拉伸粘结强度检测报告。

    6 抹灰工程施工记录。

7.0.3 抹灰工程验收前，各检验批应按下列规定划分：

    1 相同砂浆品种、强度等级、施工工艺的室外抹灰工程，每 1000m² 应划分为一个检验批，不足 1000m² 的，也应划分为一个检验批。

    2 相同砂浆品种、强度等级、施工工艺的室内抹灰工程，每 50 个自然间（大面积房间和走廊按抹灰面积 30m² 为一间）应划分为一个检验批，不足 50 间的也应划分为一个检验批。

7.0.4 每个检验批的检查数量应符合下列规定：

    1 室外每 100m² 应至少抽查一处，每处不得少于 10m²。

    2 室内应至少抽查 10%，并不得少于 3 间；不足 3 间时，应全数检查。

7.0.5 砂浆抗压强度试块应符合下列规定：

    1 砂浆抗压强度验收时，同一验收批砂浆试块不应少于 3 组。

    2 砂浆试块应在使用地点或出料口随机取样，砂浆稠度应与实验室的稠度一致。

    3 砂浆试块的养护条件应与实验室的养护条件相同。

7.0.6 抹灰层拉伸粘结强度检测时，相同砂浆品种、强度等级、施工工艺的外墙、顶棚抹灰工程每5000m²应为一个检验批，每个检验批应取一组试件进行检测，不足5000m²的也应取一组。

主控项目

7.0.7 抹灰砂浆的品种、配合比应符合设计和本规程的规定。

检查方法：检查工程设计文件、施工记录。

7.0.8 抹灰所用原材料的品种和性能应符合设计和本规程的规定。水泥的强度和安定性复验应合格，界面剂的粘结性能复验应合格。

检查方法：检查产品合格证书、进场（厂）验收记录、复验报告。

7.0.9 抹灰层与基层之间及各抹灰层之间应粘结牢固，抹灰层应无脱层，空鼓面积不应大于400cm²，面层应无爆灰和裂缝。

检查方法：观察；用小锤轻击。

7.0.10 同一验收批的抹灰层拉伸粘结强度平均值应大于或等于表7.0.10中的规定值，且最小值应大于或等于表7.0.10中规定值的75%。当同一验收批抹灰层拉伸粘结强度试验少于3组时，每组试件拉伸粘结强度均应大于或等于本规程表7.0.10中的规定值。

检查方法：检查抹灰层拉伸粘结强度实体检测记录。

表7.0.10 抹灰层拉伸粘结强度的规定值

抹灰砂浆品种	拉伸粘结强度（MPa）
水泥抹灰砂浆	0.20
水泥粉煤灰抹灰砂浆、水泥石灰抹灰砂浆、掺塑化剂水泥抹灰砂浆	0.15
聚合物水泥抹灰砂浆	0.30
预拌抹灰砂浆	0.25

7.0.11 同一验收批的砂浆试块抗压强度平均值大于或等于设计强度等级值，且抗压强度最小值应大于或等于设计强度等级值的75%。当同一验收批试块少于3组时，每组试块抗压强度均应大于或等于设计强度等级值。

检查方法：检查砂浆试块强度试验报告。

7.0.12 当内墙抹灰工程中抗压强度检验不合格时，应在现场对内墙抹灰层进行拉伸粘结强度检测，并应以其检测结果为准。当外墙或顶棚抹灰施工中抗压强度检验不合格时，应对外墙或顶棚抹灰砂浆加倍取样进行抹灰层拉伸粘结强度检测，并应以其检测结果为准。

一般项目

7.0.13 抹灰工程的表面质量应符合下列规定：

1 普通抹灰表面应光滑、洁净、接槎平整、阴阳角顺直，设分格缝时，分格缝应清晰。

2 高级抹灰表面应光滑、洁净、无接槎痕、阴阳角挺直，颜色均匀，设分格缝时，分格缝的边界线应清晰美观。

检查方法：观察，手摸检查。

7.0.14 护角、孔洞、槽盒周围及与各构件交接处的墙面抹灰表面应整齐、光滑，管道后面的抹灰表面应平整。

检查方法：观察。

7.0.15 有排水要求的部位应做滴水线（槽），屋面女儿墙压顶应做水流向内的排水坡。滴水线（槽）应整齐顺直、内高外低，滴水槽的宽度和深度均不应小于10mm。

检查方法：观察，尺量检查。

7.0.16 分格缝的设置应符合设计规定，宽度和深度应均匀一致，表面应光滑密实，棱角应完整。

检查方法：观察，尺量检查。

7.0.17 不同材料的基体交接处加强网与各基体的搭接宽度不应小于100mm。

检查方法：检查隐蔽工程验收记录。

7.0.18 抹灰工程质量的允许偏差和检验方法应符合表7.0.18的规定。

表7.0.18 抹灰工程质量的允许偏差和检验方法

序号	项目	允许偏差（mm） 普通抹灰	允许偏差（mm） 高级抹灰	检验方法
1	立面垂直度	+4 0	+3 0	用2m垂直检测尺检查
2	表面平整度	+4 0	+3 0	用2m靠尺和塞尺检查
3	阴阳角方正	+4 0	+3 0	用直角检测尺检查
4	分格条（缝）直线度	+4 0	+3 0	拉5m线，不足5m拉通线，用钢直尺检查
5	墙裙、勒脚上口直线度	+4 0	+3 0	拉5m线，不足5m拉通线，用钢直尺检查

注：1 普通抹灰，上表第三项阴阳角方正可不检查。

2 顶棚抹灰，上表第二项表面平整度可不检查，但应平顺。

附录 A　抹灰砂浆现场拉伸粘结强度试验方法

A.0.1 抹灰砂浆拉伸粘结强度试验应在抹灰层施工完成 28d 后进行。

A.0.2 抹灰砂浆拉伸粘结强度试验应采用下列试验仪器：

1　拉伸粘结强度检测仪：应符合现行行业标准《数显式粘接强度检测仪》JG 3056 的规定。

2　钢直尺：分度值应为 1mm。

3　手持切割锯。

4　胶粘剂：粘结强度宜大于 3.0MPa。

5　顶部拉拔板：用 45 号钢或铬钢材料制作，长×宽＝100mm×100mm，厚度 6mm～8mm 的方形板，或直径为 50mm 的圆形板。拉拔板中心位置应有与粘接强度检测仪连接的接头。

A.0.3 抹灰砂浆拉伸粘结强度试验应按下列步骤进行：

1　在抹灰层达到规定龄期时进行拉伸粘结强度试验取样，且取样面积不应小于 2m²，取样数量应为 7 个。

2　按顶部拉拔板的尺寸切割试样，试样尺寸应与拉拔板的尺寸相同。切割应深入基层，且切入基层的深度不应大于 2mm。损坏的试样应废弃。

3　粘贴顶部拉拔板，并应符合下列规定：

　1）在粘贴前，应清除顶部拉拔板及抹灰层表面污渍并保持干燥，当现场温度低于 5℃时，顶部拉拔板宜先预热；

　2）胶粘剂应按使用说明书规定的配比使用，应搅拌均匀、随配随用、涂布均匀，硬化前不得受水浸；

　3）顶部拉拔板粘贴后应及时用胶带等进行固定。

4　在顶部拉拔板上安装带有万向接头的拉力杆。

5　安装专用穿心式千斤顶，拉力杆应通过穿心千斤顶中心，并应与顶部拉拔板垂直。

6　调整千斤顶活塞，使活塞升出 2mm，并将数字式显示器调零，再拧紧拉力杆螺母。

7　匀速摇转手柄升压，直至抹灰层断开，并按表 A.0.3 记录粘结强度检测仪的数字显示器峰值（粘结力检测值）。

8　检测后降压至千斤顶复位，取下拉力杆螺母及拉力杆。

9　测量断面边长，在各边分别距外侧 10mm 处测量两个数值或相互垂直测量两个直径，取其平均值作为边长值或直径（精确到 1mm），并按表 A.0.3 记录。

10　将顶部拉拔板表面胶粘剂清理干净，用 50 号砂布擦拭拉拔板表面直至出现光泽。

11　将拉拔板放置在干燥处，再次使用前应将拉拔板表面污渍清除干净。

表 A.0.3　抹灰层与基体粘结强度检测记录表

委托单位					检测日期	
工程名称					环境温度	
仪器及编号					胶粘剂	
基体材料		部位（外墙、顶棚）		界面处理	抹灰砂浆品种	
各层抹灰砂浆强度等级			各层抹灰厚度（mm）			
试样编号	龄期（d）	断面面积（mm²）	粘结力（kN）	粘结强度（MPa）	断开形式	取样部位	备注

A.0.4 抹灰层与基体拉伸粘结强度检测结果的有效性判定应符合下列规定：

1　当破坏发生在抹灰砂浆与基层连接界面时，检测结果可认定为有效（图 A.0.4-1）。

2　当破坏发生在抹灰砂浆层内时，检测结果可认定为有效（图 A.0.4-2）。

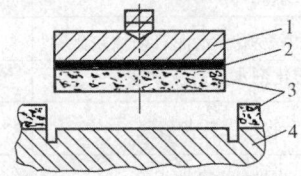

图 A.0.4-1

1—顶部拉拔板；2—粘结层；
3—抹灰砂浆；4—基层

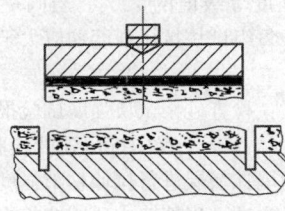

图 A.0.4-2

3　当破坏发生在基层内，检测数据大于或等于粘结强度规定值时，检测结果可认定为有效；试验数据小于粘结强度规定值时，检测结果应认定为无效（图 A.0.4-3）。

4　当破坏发生在粘结层时，检测数据大于或等于粘结强度规定值时，检测结果可认定为有效；检测数据小于粘结强度规定值时，检测结果应认定为无效（图 A.0.4-4）。

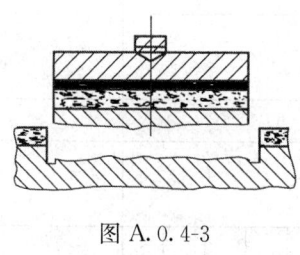

图 A.0.4-3

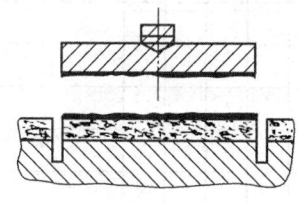

图 A.0.4-4

A.0.5 试验结果的确定应符合下列规定：

 1 试样拉伸粘结强度应按下式计算：

$$R_i = X_i/S_i \qquad (A.0.5)$$

式中：R_i——第 i 个试样的粘结强度（MPa），精确到 0.1MPa；

  X_i——第 i 个试样的粘结力（N），精确到 1N；

  S_i——第 i 个试样的断面面积（mm^2），精确到 $1mm^2$。

 2 应取 7 个试样拉伸粘结强度的平均值作为试验结果。当 7 个测定值中有一个超出平均值的 20%，应去掉最大值和最小值，并取剩余 5 个试样粘结强度的平均值作为试验结果。当剩余 5 个测定值中有一个超出平均值的 20%，应再次去掉其中的最大值和最小值，取剩余三个试样粘结强度的平均值作为试验结果。当 5 个测定值中有两个超出平均值的 20%，该组试验结果应判定为无效。

A.0.6 对现场拉伸粘接强度试验结果有争议时，应以采用方形顶部拉拔板测定的测试结果为准。

附录 B 一般抹灰工程质量验收记录表

B.0.1 一般抹灰工程检验批质量验收记录应按表 B.0.1 填写。

表 B.0.1 一般抹灰工程检验批质量验收记录表

编号：□□□□□□□□

		工程名称					
		分项工程名称			验收部位		
		施工单位			项目经理		专业工长（施工员）
		分包单位			分包项目经理		施工班组长
		施工执行标准名称及编号					
		抹灰砂浆的质量验收规定			施工单位自检记录		监理（建设）单位验收记录
主控项目	1	配合比		7.0.7			
	2	原材料质量		7.0.8			
	3	层粘结及面层质量		7.0.9			
	4	抹灰层拉伸粘结强度实体检测结果		7.0.10			
	5	试块抗压强度		7.0.11			
一般项目	1	表面质量	普通抹灰	7.0.13（1）			
			高级抹灰	7.0.13（2）			
	2	护角、孔洞、槽、盒周围的表面质量		7.0.14			

抹灰砂浆的质量验收规定					施工单位自检记录								监理（建设）单位 验收记录
一般项目	3	滴水线（槽）设置	7.0.15										
	4	分格缝设置	7.0.16										
	5	加强网搭接宽度	7.0.17										
	6	允许偏差mm	立面垂直度	高级抹灰	3								
				普通抹灰	4								
			表面平整度	高级抹灰	3								
				普通抹灰	4								
			阴阳角方正	高级抹灰	3								
				普通抹灰	4								
			分格条(缝)直线度	高级抹灰	3								
				普通抹灰	4								
			墙裙、勒脚上口直线度	高级抹灰	3								
				普通抹灰	4								
质 量 检 查 记 录													

施工单位检查 结 果 评 定	项目专业 质量检查员：　　　　　　　　项目专业 技术负责人： 　　　　　　　　　　　　　　　　　　年　月　日
监理（建设） 单位验收结论	专业监理工程师： （建设单位项目专业技术负责人） 　　　　　　　　　　　　　　　　　　年　月　日

B.0.2 一般抹灰工程分项工程质量验收记录应按表 B.0.2填写。

表 B.0.2 一般抹灰工程分项工程质量验收记录表

编号：☐☐☐☐☐☐☐☐

工程名称			结构类型		检验批数	
施工单位			项目经理		项目技术负责人	
分包单位			分包单位负责人		分包项目经理	
序号	检验批部位、区段		施工单位检查评定结果		监理（建设）单位验收结论	
1						
2						
3						
4						
5						
6						
7						
8						
9						
10						
11						
12						
13						
14						
15						
16						
抹灰层拉伸粘结强度实体检测结果（按本规程 7.0.6，7.0.10条）：		共检测　　组 合　格　　组 检测结论：				
检验批质量检查记录						
备　注						
施工单位检查结论			监理（建设）验收结论			
	项目专业 技术负责人：　　　　年　月　日			专业监理工程师： （建设单位项目专业技术负责人）　　　　　年　月　日		

本规程用词说明

1 为便于在执行本规程条文时区别对待，对于要求严格程度不同的用词说明如下：

    1）表示很严格，非这样做不可的：

        正面词采用"必须"；反面词采用"严禁"。

    2）表示严格，在正常情况下均应这样做的：

        正面词采用"应"；反面词采用"不应"或"不得"。

    3）表示允许稍有选择，在条件许可时，首先应这样做的：

        正面词采用"宜"；反面词采用"不宜"。

    4）表示有选择，在一定条件下可以这样做的，采用"可"。

2 条文中指明应按其他有关标准执行的写法为："应按……执行"或"应符合……的规定"。

引用标准名录

1 《建筑装饰装修工程质量验收规范》GB 50210

2 《通用硅酸盐水泥》GB 175

3 《用于水泥和混凝土中的粉煤灰》GB/T 1596

4 《水泥胶砂强度检验方法》GB/T 17671

5 《砌筑水泥》GB/T 3183

6 《建筑材料放射性核素限量》GB 6566

7 《建筑石膏》GB/T 9776

8 《普通混凝土用砂、石质量及检验方法标准》JGJ 52

9 《混凝土用水标准》JGJ 63

10 《建筑砂浆基本性能试验方法标准》JGJ/T 70

11 《砌筑砂浆配合比设计规程》JGJ 98

12 《建筑工程冬期施工规程》JGJ 104

13 《预拌砂浆应用技术规程》JGJ/T 223

14 《预拌砂浆》JG/T 230

15 《数显式粘接强度检测仪》JG 3056

16 《建筑生石灰粉》JC/T 480

17 《粉刷石膏》JC/T 517

18 《混凝土界面处理剂》JC/T 907

中华人民共和国行业标准

抹灰砂浆技术规程

JGJ/T 220—2010

条 文 说 明

制 订 说 明

《抹灰砂浆技术规程》JGJ/T 220-2010，经住房和城乡建设部 2010 年 7 月 23 日以第 705 号公告批准发布。

本规程制订过程中，编制组进行了抹灰砂浆生产和应用现状的调查研究，总结了我国抹灰工程的实践经验，同时参考了国外先进技术法规、技术标准，通过试验取得了抹灰砂浆配合比和施工的重要技术参数。

为便于广大设计、施工、科研、学校等单位有关人员在使用本标准时能正确理解和执行条文规定，《抹灰砂浆技术规程》编制组按章、节、条顺序编制了本标准的条文说明，对条文规定的目的、依据以及执行中需注意的有关事项进行了说明。但是，本条文说明不具备与标准正文同等的法律效力，仅供使用者作为理解和把握标准规定的参考。

目 次

1 总　则

1.0.1 抹灰工程是建筑装饰工程中的一个重要组成部分。它具有工程量大、工期长、用工多、占用建筑物总造价的比例高等特点。但由于其对结构的安全性的影响不大，多年来没有引起人们的重视，因此，我国一直没有专门针对抹灰工程设计、施工及质量验收要求的标准，抹灰时仍采用传统的体积比。由于各种材料在不同状态时的密度不同、水泥强度也不同，这就使得用同一个配合比（体积比）配置出的砂浆性能相差很大，且抹灰用砂浆品种、强度等级的选择与基体砌块不相匹配，从而导致抹灰工程空鼓、裂缝、脱落现象日益严重。随着人们生活水平的提高，对建筑物外观质量的要求越来越高，要求加强抹灰工程质量管理，提高工程质量。编制本规程的目的是确保抹灰砂浆质量，为抹灰砂浆的设计、施工及验收提供一个统一的标准。达到合理利用材料，降低资源和能源消耗，减少污染，可操作性强，保证工程质量的目的。

1.0.2 本规程属抹灰砂浆质量控制的专业标准，适用于新建、改建、扩建和既有建筑的一般抹灰工程用砂浆的质量控制，主要用于内、外墙及顶棚抹灰的砂浆。在建筑物的墙、顶、地、柱等表面上，直接抹灰做成饰面层的装饰工程，称为一般抹灰工程。根据建筑工程对装饰工程质量的不同要求，按照《建筑装饰装修工程质量验收规范》GB 50210 的规定，一般抹灰分高级抹灰和普通抹灰。高级抹灰：要求一层底层、数层中层和一层面层，多遍成活。普通抹灰：要求一层底层、一层中层和一层面层，三遍成活。

1.0.3 在按本规程进行一般抹灰工程设计、施工及验收时，会涉及其他相关的标准，也需要执行。

2 术　语

2.0.1 一般抹灰工程用砂浆

也称抹灰砂浆，是指将水泥、细骨料和水以及根据性能确定的其他组分按规定比例拌合在一起，配制成砂浆后，大面积涂抹于建筑物的表面，它具有保护和找平基体、满足使用要求和增加美观的作用。传统的用于一般抹灰工程的抹灰砂浆品种有：石灰砂浆、水泥混合砂浆、水泥砂浆、聚合物水泥砂浆、膨胀珍珠岩砂浆和麻刀石灰、纸筋石灰砂浆。编制组根据广泛的调研，石灰砂浆、膨胀珍珠岩砂浆和麻刀石灰、纸筋石灰砂浆在实际工程中已基本不再使用，因此本规程包含的用于一般抹灰工程的砂浆为：水泥抹灰砂浆、水泥粉煤灰抹灰砂浆、水泥石灰抹灰砂浆、掺塑化剂水泥抹灰砂浆、聚合物水泥抹灰砂浆、石膏抹灰砂浆及预拌抹灰砂浆。

2.0.2～2.0.7 按材料组成分别给出了水泥抹灰砂浆、水泥粉煤灰抹灰砂浆、水泥石灰抹灰砂浆、掺塑化剂水泥抹灰砂浆、聚合物水泥抹灰砂浆和石膏抹灰砂浆的定义。其中 2.0.3 条考虑到现行的一些标准将粉煤灰定义为矿物掺合料，同时考虑到粉煤灰本身具有活性，可取代水泥，因此，本规程将粉煤灰定义为胶凝材料。

2.0.8 预拌抹灰砂浆

根据现行行业标准《预拌砂浆》JG/T 230 给出了预拌抹灰砂浆的定义。

2.0.9 界面砂浆

按界面砂浆的实际用途给出了它的定义。

2.0.10 条板

目前使用条形板作为建筑物非承重墙隔板的越来越多，需要对其进行抹灰处理，因此这里按相关产品标准给出了条板的定义。

2.0.11 添加剂

为改善抹灰砂浆的和易性、稠度、抗裂等性能，在抹灰砂浆中可加入适量的外加剂、增稠剂、纤维等，将此类物质统称为添加剂。

3 基 本 规 定

3.0.1 随着建筑技术的发展，预拌砂浆以其高品质、节能、节材、环保等优势在我国逐步得到推广和应用，预拌砂浆的品种也日益增多，特别是根据《关于在部分城市限期禁止现场搅拌砂浆工作的通知》（商改发〔2007〕205 号）精神，2009 年 7 月 1 日后，全国大部分大中城市将不准在现场拌制砂浆，预拌抹灰砌筑砂浆使用也会愈来愈多。预拌砂浆不但性能优良而且符合国家产业政策，因此，本规程规定优先选用预拌砂浆。

3.0.3 行业标准《建筑砂浆基本性能试验方法标准》JGJ/T 70 - 2009 已于 2009 年 3 月 4 日得到住房和城乡建设部的批准，并于 2009 年 6 月 1 日起执行。检验砂浆性能指标时，在没有特殊要求的情况下，需按本标准进行。

3.0.4 过去采用体积比配制的抹灰砂浆强度均比基体材料强度高一倍甚至几倍以上，不仅浪费材料，而且由于强度相差太大，变形不协调，会导致抹灰层空鼓等质量通病。根据实体工程抹灰情况调查，抹灰层砂浆强度与基体材料强度相差在两个强度等级内较恰当。选择抹灰砂浆强度时，分下列几种情况进行考虑：

1 当外墙无粘贴饰面砖要求时，考虑到节材及收缩问题，规定底层抹灰砂浆强度大于基体材料一个强度等级或等于基体材料强度。

2 对不粘贴饰面砖的内墙，抹灰砂浆强度宜低于基体材料强度一个强度等级。

3 当需粘贴饰面砖时，考虑到安全性能，规定中层抹灰砂浆强度不宜低于 M15 且大于基体材料强度一个强度等级，优先选用水泥砂浆。

4 对于填补孔洞和窗台、阳台抹面等局部使用的砂浆，由于面积小，收缩问题可不考虑，主要考虑强度，规定采用 M15 或 M20 水泥砂浆。

3.0.5 既考虑到节约材料又兼顾质量，规定配制低强度等级抹灰砂浆，用 32.5 级通用硅酸盐水泥或砌筑水泥；配制高强度等级抹灰砂浆，用 42.5 级以上的通用硅酸盐水泥。

3.0.6 对抹灰砂浆来说，良好的施工性能很重要，故在配制时可采取改善和易性的措施，可以掺入适量的石灰膏、粉煤灰、粒化高炉矿渣粉、沸石粉等。由于消石灰粉是未充分熟化的石灰，颗粒太粗，起不到改善和易性的作用，还会降低砂浆强度，所以不能掺加。因砌筑水泥中掺合料含量高，为保证抹灰砂浆的耐久性能，规定当用其作为胶凝材料拌制砂浆时，不能再掺加粉煤灰等矿物掺合料。

3.0.7 随着建筑技术的发展，为改善抹灰砂浆的和易性、施工性及抗裂性等性能，外加剂、增稠剂以及纤维等在抹灰砂浆中的应用越来越广，只要这些物质的掺入不影响抹灰砂浆的规定性能，就可使用。目前抹灰砂浆中常用的外加剂包括减水剂、防水剂、缓凝剂、塑化剂、砂浆防冻剂等。

3.0.8 根据目前使用的抹灰砂浆的品种，给出了适用于不同基层材料及工程使用部位抹灰砂浆的可选品种。由于预拌砂浆性能稳定、节能环保等优点，提倡应优先使用预拌砂浆。本规程所称的内墙、外墙抹灰分别是指室内、室外抹灰。

经调研发现在混凝土（包括预制混凝土）顶棚、轻质隔墙条板等基层上抹灰，由于各种因素的影响，抹灰层脱落的质量事故时有发生，严重时会危及人身安全。目前上海、西安等地为解决混凝土顶棚基体表面抹灰层脱落的质量问题，向北京学习在混凝土顶棚、条板基体表面上抹灰，采用聚合物抹灰砂浆或石膏抹灰砂浆，取得了良好的效果。由于聚合物抹灰砂浆、石膏抹灰砂浆良好的粘结性能，也适用于混凝土板和墙及加气混凝土砌块和板表面的抹灰。

3.0.9 根据施工经验和实际需要，给出了抹灰砂浆施工时的稠度范围。

3.0.10 根据施工经验和实际需要，给出了不同品种抹灰砂浆搅拌时间的要求。

3.0.11 一般砌体砌筑结束 28d 后，其结构基本稳定，根据施工验收规范的要求，主体结构验收合格后才可以进行抹灰砂浆施工。

3.0.12 为保证抹灰砂浆施工质量，施工前要求按本规程进行配合比设计。本规程首次提出了抹灰砂浆拉伸粘结强度的要求，规定大面积施工前可在实地制作样板，在规定龄期进行试验，当抹灰砂浆拉伸粘结强度值满足要求后，方可进行抹灰施工。抹灰工程完工后，需要在现场进行抹灰砂浆拉伸粘结强度检测，龄期一般为抹灰层施工完后 28d 进行，也可按合同约定的时间进行检测，但检测结果必须满足本规程的要求。

3.0.13 为保证抹灰工程施工质量，要求抹灰前栏杆、预埋件等安装完成，位置正确、与墙体连接牢固，并对基层进行处理。

3.0.14 根据抹灰工程中抹灰砂浆实际厚度情况，规定了内墙、外墙、顶棚和蒸压加气混凝土砌块基层的抹灰层厚度。顶棚抹灰厚度指的是聚合物抹灰砂浆或石膏抹灰砂浆的抹灰厚度。

3.0.15 实践证明一遍抹灰过厚是导致抹灰层空鼓、脱落的主要原因之一，因此规定抹灰要分层进行，并规定了不同品种抹灰砂浆每层适宜的抹灰厚度。两层抹灰砂浆之间的时间间隔，也对抹灰层质量有很大的影响，间隔时间过短，涂抹后一层砂浆时会扰动前一层砂浆，影响其与基层材料的粘结强度；间隔时间过长，前一层砂浆已硬化，两层砂浆之间宜产生分层现象，因此，宜在前一层砂浆达到六七成干后再涂抹后一层砂浆，即用手指按压砂浆层，有轻微印痕但不沾手。

3.0.16 实践证明抹灰砂浆底层强度低面层强度高是产生裂缝的又一主要原因，特别是对于水泥抹灰砂浆，这种情况更为严重，因此规定强度高的水泥基砂浆不能涂抹在强度低的水泥基砂浆上。

3.0.17 抹灰厚度过大时容易产生起鼓、脱落等质量问题，不同材料基体交接处由于吸水和收缩性不一致，接缝处表面的抹灰层容易开裂，上述情况需要采取涂抹界面砂浆、铺设网格布等加强措施以切实保证抹灰工程的质量。铺设加强网时，需要铺设在底层砂浆与面层砂浆之间，钢网要用锚钉锚固。加强网铺设后要检查合格方可抹灰。

3.0.18 抹灰砂浆凝结前受到暴晒、淋雨、水冲、撞击、振动，会影响砂浆正常凝结，降低砂浆质量。大量试验证明以水泥为主要胶凝材料的砂浆在润湿条件下养护性能最佳。因此规定，水泥抹灰砂浆、水泥粉煤灰抹灰砂浆和掺塑化剂水泥抹灰砂浆宜在润湿的条件下养护。

4 材料要求

4.0.1 考虑到配制抹灰砂浆的原材料水泥、粉煤灰等可能含有放射性物质，会对人体产生伤害，提出所用原材料不应对人体、生物与环境造成有害的影响，并要符合现行国家标准《建筑材料放射性核素限量》GB 6566 的规定。

4.0.2 为响应国家节能减排的号召，节约资源，提倡采用散装水泥或砌筑水泥。考虑到水泥的质量直接影响抹灰砂浆的性能，因此对水泥的组批、复验、储存等提出了要求。

4.0.3 砂子太粗会影响到砂浆的抹面效果，太细容易产生裂缝，故选用中砂。砂子含泥量过大不但会降低砂浆强度，浪费水泥，还会加大砂浆的收缩，引起抹灰层裂缝，因此提出砂的含泥量不应超过 5% 的要求。为合理利用资源，其他种类的砂如：人工砂、山砂及细砂经试验证明能满足本规程对抹灰砂浆的要求后，也可使用。

4.0.4 为了保证石灰膏的质量，对石灰膏的制备等提出了要求，规定石灰膏应进行熟化，并应保证最小熟化时间。熟化时间短易产生爆灰等现象。干燥、冻结、污染、脱水硬化的石灰膏不但起不到塑化作用，还会影响砂浆质量，故不得使用。

4.0.5~4.0.9 规定了配制抹灰砂浆使用的粉煤灰、石膏等材料应符合相应的现行国家或行业标准的要求。

4.0.10 为改善抹灰砂浆的施工性，减少裂缝、空鼓的出现，纤维、聚合物、缓凝剂等改性材料越来越多地被应用于抹灰砂浆中，特别是预拌抹灰砂浆中，为保证抹灰砂浆质量，规定纤维、聚合物、缓凝剂等需要有产品合格证书、产品性能检测报告。

5 配合比设计

经过调研，多年来工程上已很少使用传统的石灰砂浆、纸筋灰砂浆、麻刀灰砂浆，考虑到其强度低、污染大，不符合节能减排的政策，因此本规程中未包含石灰砂浆、纸筋灰砂浆、麻刀灰砂浆的内容。本章给出了目前常用的水泥抹灰砂浆、水泥粉煤灰抹灰砂浆、水泥石灰抹灰砂浆、掺塑化剂抹灰砂浆、聚合物抹灰砂浆、石膏抹灰砂浆及预拌抹灰砂浆的配合比设计原则及性能要求。根据原材料、拌制工艺等条件对不同的抹灰砂浆提出了不同的要求，特别是提出了砂浆拉伸粘结强度的要求（本章提出的拉伸粘结强度是按现行行业标准《建筑砂浆基本性能试验方法标准》JGJ/T 70 在实验室测得的），可以根据工程实际及产业政策要求选择不同品种、性能的抹灰砂浆。

5.1 一般规定

5.1.1 为加强抹灰工程质量管理，提高工程质量，抹灰砂浆在施工前需进行配合比设计。本条提出了试配强度的要求，并根据砂浆生产（拌制）质量水平，给出了抹灰砂浆试配强度的质量水平系数。

5.1.2 由于各种材料在不同状态时密度不同，使用传统的体积配合比会造成抹灰工程使用的抹灰砂浆材料计量不准确，为克服抹灰砂浆使用体积比的缺点，本条规定抹灰砂浆配合比设计应采用质量计量。

5.1.3 为了提高抹灰砂浆的粘结力，且易于操作，其和易性要优于砌筑砂浆，因此要求分层度小于

20mm，但也不能过小，分层度太小，砂浆涂抹后易于开裂，因此要求大于 10mm。对于预拌抹灰砂浆，可以按其行业标准要求控制保水率。

5.1.4 抹灰砂浆中加入纤维是改善砂浆抗裂性能的有效措施，纤维的加入能改善砂浆的密实度，从而使其具有防水性能和优异的抗冲击、抗开裂性能，长度为 3mm~19mm 的纤维材料最佳。用于砂浆的纤维主要有：抗碱玻璃纤维、聚丙烯纤维（丙纶纤维）、高强高模聚乙烯醇纤维（维纶纤维）、木质纤维等。应用较多的为高强高模聚乙烯醇纤维、聚丙烯纤维。纤维在水泥基体中无规则均匀分布，并与水泥紧密结合，从而阻止微裂缝的形成和发展。纤维的掺入会增加抹灰砂浆的成本，掺量过大还会降低抹灰砂浆的抗压强度，因此为保证经济合理，规定掺量应经试验确定。

5.1.5 外墙抹灰砂浆会经受严寒气候的考验，为保证耐久性要求，抹灰砂浆需要满足设计对抗冻性的要求。

5.2 水泥抹灰砂浆

水泥抹灰砂浆强度高，耐水性好，适用于墙面、墙裙、防潮要求的房间、屋檐、压檐墙、门窗洞口等部位。

5.2.1 水泥抹灰砂浆的要求：

1 为保证水泥抹灰砂浆的和易性及施工性的要求，需加入较多的水泥，因此，规定其最低强度等级为 M15。

2 有些工地为方便施工会在水泥抹灰砂浆中掺入塑化剂或微沫剂，虽改善了和易性，满足了施工要求，但有些塑化剂或微末剂的掺入会大幅度降低砂浆密度，从而影响砂浆质量，特别是耐久性，另经统计水泥抹灰砂浆的表观密度大于 1900kg/m³ 占到 90% 以上，因此，作出了本款的规定。

3 砂浆保水性不好，不但影响砂浆的可操作性，还会降低砂浆与基体的粘结性能，而粘结强度低砂浆易空鼓、起壳和开裂。若一味提高保水性和粘结强度又会增加砂浆成本，根据大量的验证试验，既考虑到抹灰砂浆质量，又不过多增加施工成本，作出了本款的规定。

5.2.2 根据大量验证试验给出了水泥抹灰砂浆配合比材料用量表。表中的水泥用量是参考值，各地需要根据实际原材料特性进行试配，在满足砂浆可操作性和强度条件下，选择水泥用量少的砂浆配合比。与砌筑砂浆相比，抹灰砂浆对和易性的要求更高，且首次提出了抹灰砂浆抗压强度的要求，因此，抹灰砂浆单方水泥用量比砌筑砂浆高。

表中 1m³ 砂的堆积密度值是指干砂的松散堆积密度。

5.3 水泥粉煤灰抹灰砂浆

5.3.1 水泥粉煤灰抹灰砂浆的要求：

1 粉煤灰的掺入会改善砂浆和易性，但会使强度有一定幅度降低，特别是早期强度，因此规定其最低强度等级为 M5。当强度等级大于 M15，粉煤灰掺加量很少，意义不大。因此规定最高强度等级为 M15。

2 水泥粉煤灰抹灰砂浆强度等级不高，为节约资源宜采用 32.5 级水泥。因砌筑水泥中会掺入大量粉煤灰等掺合料，而粉煤灰要与水泥水化产物之一的氢氧化钙反应，再掺入粉煤灰因不能提供足够的氢氧化钙，会影响粉煤灰的水化反应从而影响砂浆的耐久性，因此规定配制水泥粉煤灰抹灰砂浆不能使用砌筑水泥。

3 有些工地为方便施工会在水泥粉煤灰抹灰砂浆中掺入塑化剂或微末剂，虽改善了和易性，满足了施工要求，但大幅度降低了砂浆密度，从而影响了砂浆质量，特别是耐久性，另经统计水泥粉煤灰抹灰砂浆的表观密度大于 1900kg/m³ 占到 90％ 以上，因此作出了本款的规定。

4 砂浆保水性不好，不但影响砂浆的可操作性，还会降低砂浆与基体的粘结性能，而粘结强度低砂浆易空鼓、起壳和开裂。若一味提高保水性和粘结强度又会增加砂浆成本，根据大量的验证试验，既考虑到抹灰砂浆质量，又不过多增加施工成本，作出了本款的规定。

5.3.2 配合比设计要求：

1 因 32.5 级水泥中掺合料掺量大，再掺入过多的粉煤灰会影响其耐久性，并且粉煤灰取代水泥量太高，可能导致抹灰砂浆找平时，粉煤灰颗粒集中到表面，造成砂浆表层裂缝。因此规定粉煤灰取代水泥的用量不宜超过 30％。

2 外墙使用环境相对恶劣，为保证外墙砂浆抹灰层耐久性，提出了最小水泥用量为 250kg/m³ 的要求。

3 根据大量验证试验给出了水泥粉煤灰抹灰砂浆配合比材料用量表。表中的水泥用量是参考值，各地需要根据实际原材料特性进行试配，在满足砂浆可操作性和强度条件下，选择水泥用量少的砂浆配合比。

5.4 水泥石灰抹灰砂浆

5.4.1 水泥石灰抹灰砂浆的要求：

1 石灰膏的掺入会提高砂浆和易性，但会较大幅度的降低砂浆强度，因此规定其最低强度等级为 M2.5。

2 经统计水泥石灰抹灰砂浆的表观密度大于 1800kg/m³ 占到 90％ 以上，因此作出了本款的规定。

3 砂浆保水性不好，不但影响砂浆的可操作性，还会降低砂浆与基体的粘结性能，而粘结强度低砂浆易空鼓、起壳和开裂。若一味提高保水性和粘结强度又会增加砂浆成本，根据大量的验证试验，既考虑到抹灰砂浆质量，又不过多增加施工成本，作出了本款的规定。

5.4.2 根据大量验证试验给出了水泥石灰抹灰砂浆配合比的材料用量表。表中的水泥用量是参考值，各地需要根据实际原材料特性进行试配，在满足砂浆可操作性和强度条件下，选择水泥用量少的砂浆配合比。

5.5 掺塑化剂水泥抹灰砂浆

5.5.1 掺塑化剂水泥抹灰砂浆的要求：

1 塑化剂的掺入会降低水泥抹灰砂浆的强度，因此规定其强度等级分为 M5、M10、M15。

2 塑化剂的掺入会降低水泥抹灰砂浆的密度，密度降低太多会影响抹灰砂浆质量，特别是耐久性，因此，要求其拌合物的表观密度不宜小于 1800kg/m³。

3 塑化剂的掺入会提高水泥抹灰砂浆的保水性，但会降低水泥抹灰砂浆的强度，因此，规定其保水性不宜小于 88％，拉伸粘结强度不应小于 0.15MPa。

4 塑化剂的掺入会将气泡引入抹灰砂浆中，使用时间过长，抹灰砂浆中气泡消完后，和易性变差，难以施工，影响抹灰质量，因此，要求使用时间不应超过 2.0h。

5.5.2 根据大量验证试验给出了掺塑化剂水泥抹灰砂浆配合比的材料用量表。表中的水泥用量是参考值，各地需要根据实际原材料特性进行试配，在满足砂浆可操作性和强度条件下，选择水泥用量少的砂浆配合比。

5.6 聚合物水泥抹灰砂浆

5.6.1 聚合物水泥抹灰砂浆的要求：

1 聚合物的掺入会大幅度降低砂浆强度，强度太低表层易起灰、易脱落，因此规定聚合物水泥抹灰砂浆的抗压强度不应小于 5.0MPa。

2 聚合物水泥抹灰砂浆所用的聚合物掺量少、品种多，计量精度要求高，现场配制难度大，计量精度也不易满足使用要求。而工厂化生产的干混聚合物抹灰砂浆性能稳定，质量有保证。面层砂浆对表层质感和光洁度要求高，要求采用不含砂的腻子。

3 应根据不同基体材料及使用条件选择不同的聚合物水泥抹灰砂浆：普通聚合物水泥砂浆（压折比无要求）、柔性聚合物水泥砂浆（压折比≤3），有防水要求时应选择具有防水性能的聚合物水泥砂浆。聚合物水泥抹灰砂浆的柔性要求与基体的变形大小有关：基体变形大，砂浆本身刚性就不能太高，应有一定的柔性；基体变形小，砂浆抗压强度要求高，柔性要求低。而压折比最能反映水泥基材料柔性指标，故用压折比来衡量。

4 聚合物的加入，不但会大大降低水泥砂浆的强度，而且砂浆凝结时间也会延长，故水泥强度等级不宜小于 42.5 级。同时由于聚合物水泥抹灰砂浆抗压强度要求不高，因此宜采用 42.5 级通用硅酸盐水泥。有些生产厂家也采用具有早强的硫铝酸盐水泥等特种水泥。

5 聚合物水泥抹灰砂浆一般使用厚度在 3mm～5mm，有的中间还有一道网格布，砂粒径太粗，将影响砂浆的粘结和表面平整度，因此，规定砂的粒径不宜大于 1.18mm。

6 对聚合物水泥抹灰砂浆的搅拌提出了要求，静停是为了熟化。聚合物水泥抹灰砂浆应根据产品说明书加水，机械搅拌至合适的稠度，不得有生粉团，并经 6min 以上静置，再次拌合后，方可使用。

7 抹灰砂浆的涂抹、大面找平都需要时间，抹灰砂浆凝结时间过短，来不及找平；砂浆凝结时间太长，可能导致当班操作人员到了下班时间还不能找平。因此规定了聚合物水泥抹灰砂浆的可操作时间。

8 聚合物水泥抹灰砂浆的使用厚度为 3mm～5mm，保水性不好，砂浆快速失水会变成干粉，失去强度。故对保水性提出了较高的要求。聚合物水泥抹灰砂浆主要用于与混凝土、加气混凝土砌块、EPS 板等基体粘结，粘结牢固难度大，故对拉伸粘结强度提出了比其他水泥基抹灰砂浆高的要求。

9 P6 是混凝土的最低防水要求，抹灰砂浆作为混凝土表面的覆盖材料，如果对其防水性有要求，其抗渗等级应满足 P6，即要求聚合物水泥抹灰砂浆的抗渗压力值不应小于 0.6MPa。

10 根据聚合物水泥抹灰砂浆的技术性能给出了其试块抗压强度的试验方法。

5.7 石膏抹灰砂浆

5.7.1 石膏抹灰砂浆的要求：

1 根据现行标准对抹灰石膏强度的要求，规定石膏抹灰砂浆抗压强度不应小于 4.0MPa。

2 石膏抹灰砂浆凝结时间难调整，现场配制难度大，计量精度也不能满足使用要求。而工厂化生产的干混石膏抹灰砂浆性能稳定，质量有保证，因此，规定宜采用预拌干混石膏抹灰砂浆。

3 对石膏抹灰砂浆的搅拌提出了要求。石膏抹灰砂浆应根据产品说明书加水，机械搅拌至合适的稠度，且不含有生粉团时，方可使用。同时由于石膏凝结时间短，应随拌随用，防止浪费。

4 抹灰砂浆的涂抹、大面找平都需要时间，抹灰砂浆凝结时间过短，来不及找平；砂浆凝结时间太长，砂浆没完全硬化，可能导致当班操作人员到了下班时间还不能找平。因此，为满足石膏抹灰砂浆现场施工要求，规定了石膏抹灰砂浆的初凝和终凝时间。

5 石膏抹灰砂浆主要用于与混凝土、加气混凝土砌块、顶棚等的粘结，粘结难度大，牢固性要求高，故对拉伸粘结强度提出了比水泥基抹灰砂浆高的要求。

6 由于石膏凝结较快，可操作时间短，不能满足施工要求，因此在配制石膏抹灰砂浆时应考虑掺入缓凝剂。

7 规定石膏抹灰砂浆的抗压强度试验方法应按现行行业标准《粉刷石膏》JC/T 517 标准进行。

5.7.2 配合比设计要求：

根据大量验证试验给出了抗压强度为 4.0MPa 的石膏抹灰砂浆配合比的材料用量表。表中材料用量是参考值，各地需要根据实际原材料特性，进行试配后确定。

5.8 配合比试配、调整与确定

5.8.1 对抹灰砂浆的搅拌及试配强度提出了要求。

5.8.2 提出了基准配合比的要求。基准配合比是经计算和查表选用的配合比，并经试拌后，稠度、分层度（保水率）已合格的配合比。

5.8.3 为了满足抹灰砂浆试配强度的要求，提出采用 3 个配合比进行试配，除基准配合比外，另外两个配合比的水泥用量分别比基准配合比增、减 10%，并对用水量或石灰膏、粉煤灰等矿物掺合料用量进行相应调整后进行试拌，测定稠度、分层度（或保水率）满足要求后，制作试块，测定其强度。

5.8.4 规定了抹灰砂浆试配时稠度的要求，在满足施工稠度要求的情况下，试配时稠度尽量用下限值，在符合强度要求的情况下，应选择水泥用量最低的砂浆配合比。这里的拉伸粘结强度是指按现行行业标准《建筑砂浆基本性能试验方法标准》JGJ/T 70 在实验室进行的测定。

5.8.5 提出了应根据砂浆的表观密度值对砂浆配合比进行校正的要求。

5.8.6 强调了预拌砂浆生产前也应该经过配合比试配、调整与确定。

5.8.7 聚合物水泥抹灰砂浆和石膏抹灰砂浆是目前应用较多的新型抹灰砂浆，本规程规定了它们各自的强度和性能要求，试配时需满足相应章节的规定。

6 施　　工

6.1 内 墙 抹 灰

6.1.1 内墙抹灰前需对基层进行处理。基层使用的材料不同，抹灰施工前要求的基层处理方法不同，正确的基层处理对提高抹灰质量至关重要，本条给出了不同基层常用的处理方法。

1 本款给出了烧结砖砌体的基层处理方法，洁净、潮湿而无明水的基层有利于增加基层与抹灰层的粘结，保证抹灰质量。由于烧结砖吸水率较大，每天宜浇两次水。

2 本款给出了蒸压灰砂砖、蒸压粉煤灰砖、轻骨料混凝土（含轻骨料混凝土空心砌块）基层的处理方法，因这几种块体材料的吸水率较小，为避免抹灰时墙面过湿或有明水，抹灰前浇水即可。

3 对于混凝土基层，首先应将其基层表面上的尘土、污垢、油渍等清除干净后，再按下面给出的两种方法之一对基层进行处理。

 1）可采用先将混凝土基层凿成麻面，然后浇水润湿的方法。基层凿成麻面能增加粘结面积，提高抹灰层与基层的粘结强度，但此方法工作量大，费工费时，现已不常使用。

 2）也可采用在混凝土基层表面涂抹界面砂浆的方法。界面砂浆中含有高分子物质，涂抹后能起到增加基层与抹灰砂浆之间粘结力的作用，但需注意加水搅拌均匀，不能有生粉团，并应满批刮，以全部覆盖基层墙体为准，不宜超过2mm。同时还应注意进行第一遍抹灰的时间，界面砂浆太干，抹灰层涂抹后失水快，影响强度增长，易收缩而产生裂缝；界面砂浆太湿，抹灰层涂抹后水分难挥发，不但影响下一工序的施工，还可能在砂浆层中留下空隙，影响抹灰层质量。

4 对于加气混凝土砌块基层，首先应将其基层表面清扫干净后，再按下面给出的方法之一对基层进行处理。

 1）可采用浇水润湿的方法，但要注意润湿的程度，太湿或润湿不够都会影响抹灰层与基层的粘结。

 2）也可采用在加气混凝土砌块的基层表面涂抹界面砂浆的方法。

5 对于混凝土小型空心砌块砌体和混凝土多孔砖砌体的基层，将基层表面的尘土、污垢、油渍等清扫干净即可，不需要浇水润湿。

6 对于采用聚合物水泥抹灰砂浆抹灰的基层，由于聚合物抹灰砂浆保水性好，粘结强度高，将基层清理干净即可，不需要浇水润湿。

7 对于采用石膏抹灰砂浆抹灰的基层，由于抹灰层厚度薄，与基层粘结牢固，不需要采用涂抹界面砂浆等特殊处理方法，只需对基层表面清理干净，浇水润湿即可。

6.1.2 吊垂直、套方、找规矩、做灰饼是大面积抹灰前的基本步骤，应按下列要求进行：

1 先确定基准墙面，并据此进行吊垂直、套方、找规矩，根据墙面的平整度确定抹灰厚度，为保证墙面能被抹灰层完全覆盖，提出了抹灰厚度不宜小于5mm的要求。

2 对于凹度较大、平整度较差的墙面，一遍抹平会造成局部抹灰厚度太厚，易引起空鼓、裂缝等质量问题，需要分层抹平，且每层厚度不应大于7mm～9mm。

3 为保证抹灰后墙面的垂直与平整度，抹灰前应先抹灰饼，抹灰饼时需根据室内抹灰要求，确定灰饼的正确位置，再用靠尺板找好垂直与平整。

6.1.3 根据墙面尺寸进行冲筋，将墙面划分成较小的抹灰区域，既能减少由于抹灰面积过大易产生收缩裂缝的缺陷，抹灰厚度也宜控制，表面平整度也宜保证。墙面冲筋（标筋）应按下列要求进行：

1 冲筋应在灰饼砂浆硬化后进行，冲筋用砂浆可与抹灰用砂浆相同。

2 规定了冲筋的方式及两筋之间的距离。

6.1.4 内墙抹灰的要求：

1 抹底层砂浆应在冲筋2h后进行。

2 抹第一层（底层）砂浆时，抹灰层不宜太厚，但需覆盖整个基层并要压实，保证砂浆与基层粘结牢固。两层抹灰砂浆之间的时间间隔是保证抹灰层粘结牢固的关键因素：时间间隔太长，前一层砂浆已硬化，后层抹灰层涂抹后失水快，不但影响砂浆强度增长，抹灰层易收缩产生裂缝，而且前后两层砂浆易分层；时间间隔太短，前层砂浆还在塑性阶段，涂抹后一层砂浆时会扰动前一层砂浆，影响其与基层材料的粘结强度，而且前层砂浆的水分难挥发，不但影响下一工序的施工，还可能在砂浆层中留下空隙，影响抹灰层质量，因此规定应待前一层六七成干时最佳。根据施工经验，六七成干时，即用手指按压砂浆层，有轻微压痕但不粘手。

6.1.5 规定了细部抹灰的要求：

1 墙、柱的阳角是容易被碰撞、破坏的部位，在大面积抹灰前应用M20以上强度等级的水泥砂浆进行抹灰，护角高度离地面需1.8m以上，每侧宽度宜为50mm。

2 规定了窗台细部抹灰的要点，清理基层、浇水润湿，是抹灰前需做的基本工作。窗台抹灰层需有足够的强度，要求进行界面处理并用M20水泥砂浆抹面。

3 规定了对预留孔洞和配电箱、槽、盒等周边进行细部抹灰的步骤。

4 规定了水泥踢脚（墙裙）、梁、柱、楼梯等小面积细部抹灰的步骤，这些部位容易被碰撞、破坏，应用M20以上强度等级的水泥砂浆进行抹灰。

6.1.6 不同材料基体交接处由于吸水和收缩性不一致接缝处表面的抹灰层容易开裂，因此应铺设网格布等进行加强，每侧宽度不应小于100mm，加强网应铺设在靠近基层的抹灰层中下部。

6.1.7 加强对水泥基抹灰砂浆的保湿养护，是保证抹灰层质量的关键步骤，经大量试验验证，经养护后的水泥基抹灰层粘结强度是未经养护的抹灰层强度的2倍以上，因此规定水泥基抹灰砂浆应保湿养护，养护时间不应少于7d。

6.2 外墙抹灰

6.2.1 外墙抹灰的基层处理方法与内墙抹灰基层处理方法一致，按本规程第6.1.1条执行即可。

6.2.2 门窗框周边缝隙和墙面其他孔洞的封堵要求：

　　1 在进行外墙大面积抹灰前需对门窗框周边缝隙和墙面其他孔洞进行封堵。

　　2 封堵门窗框周边缝隙时有设计要求的应按设计执行，无设计要求时，需采用M20以上砂浆封堵严实。

　　3 为保证将缝隙和孔洞堵严，应先将缝隙和孔洞内的杂物、灰尘等清理干净，再浇水湿润，然后用C20以上混凝土堵严。

6.2.3 吊垂直、套方、找规矩、做灰饼是大面积抹灰前的基本步骤，应按下列要求进行：

　　1 外墙找规矩时，应先根据建筑物高度确定放线方法，然后按抹灰操作层抹灰饼。

　　2 每层抹灰前为保证抹灰层厚度及平整度需以灰饼为基准进行冲筋。

6.2.4 规定了大面积外墙抹灰的步骤。与本规程6.1.4条基本相同。

6.2.5 对弹线分格、粘分格条的做法提出了要求。涂抹面层砂浆前应先弹线分格、粘分格条，待底层砂浆七八成干即接近完全硬化后，再抹面层。分格条宜采用红松制作，粘前应用水充分浸透，充分浸透可防止使用时吸水变形，并便于粘贴，起出时因水分蒸发分格条收缩也容易起出，且起出后分格条两侧的灰口整齐。现在工地现场多使用塑料条嵌入不再起出。粘分格条时应在条两侧用素水泥浆抹成八字形斜角，如当天抹面的分格条两侧八字形斜角宜抹成45°，如当天不抹面的"隔夜条"两侧八字形斜角宜抹成60°。水平分格条宜粘在水平线的下口，垂直分格条宜粘在垂线的左侧，这样易于观察，操作比较方便。

6.2.6 外墙细部抹灰的要求：

　　1 排水畅通是防止外墙渗漏的有效措施，对滴水线的涂抹方法提出了要求。

　　2 阳台、窗台、压顶等部位容易受损破坏，应用M20以上水泥砂浆分层抹灰。

6.2.7 应加强对水泥基抹灰砂浆的保湿养护，原因同6.1.7条。

6.2.8 外墙抹灰面积大，易开裂，纤维的掺入能提高抹灰砂浆抗裂性。

6.2.9 外墙抹灰层有时会要求具有防水、防潮功能，应加入防水剂等添加剂配制砂浆，满足抹灰层防水性能的要求。

6.3 混凝土顶棚抹灰

经调研发现在混凝土（包括预制混凝土）顶棚板基层上抹灰，由于各种因素的影响抹灰层脱落的质量事故时有发生，严重时会危及人身安全。根据北京的经验，为解决混凝土顶棚板基层表面上抹灰层易脱落的质量问题，抹灰层可采用聚合物抹灰砂浆或石膏抹灰砂浆，实践证明这种方法效果良好。由于聚合物抹灰砂浆、石膏抹灰砂浆具有良好的粘结性能，也适用于混凝土板和墙及加气混凝土砌块和板表面的抹灰。

6.3.1 抹灰层出现开裂、空鼓和脱落等质量问题的主要原因之一是基层表面不干净，如：基层表面附着的灰尘和疏松物、脱模剂和油渍等，这些杂物不彻底清除干净会影响抹灰层与基层的粘结。因此，顶棚抹灰前应将楼板表面清除干净，凡凹凸度较大处，应用聚合物水泥抹灰砂浆修补平整或剔平。

6.3.2 顶棚抹灰通常不做灰饼和冲筋，但应先在四周墙上弹出水平线控制线，再抹顶棚四周，然后圈边找平。

6.3.3 顶棚抹灰层不宜太厚，太厚易出现开裂、空鼓和脱落等现象，预制混凝土板顶棚基体平整度较差规定抹灰厚度不宜大于10mm；现浇混凝土顶棚基体平整度较好规定抹灰厚度不宜大于5mm。

6.3.4 在混凝土顶棚上找平、抹灰，抹灰砂浆与基体粘结牢固，不发生开裂、空鼓和脱落等现象尤为重要，因此，强调粘结牢固，对平整度不提出过高要求，表面平顺即可。

6.4 季节性施工要求

6.4.1 砂浆抹灰层硬化初期不得受冻，否则会影响抹灰层质量。气温低于5℃时，室外抹灰所用的砂浆可掺入能降低冻结温度的防冻剂，其掺量应由试验确定。做涂料墙面的抹灰砂浆，不得掺入含氯盐的防冻剂。规定抹灰施工时环境温度不宜低于5℃。

6.4.2 冬期室内抹灰施工时，为保证水泥能正常凝结，应观测室内温度，保证不低于0℃。冬季环境温度低，水分挥发慢，抹灰层施工完后，一般不需要浇水养护。

6.4.3 冬期室内抹灰工程结束后，为防止抹灰砂浆在硬化初期受冻，在7d以内应保持室内温度不低于5℃。抹灰层可采取加温措施加速干燥，当采用热空气加温时，应注意通风，排除湿气。

6.4.4 冬期施工时，因砂浆凝结较慢，故应适当减少湿拌砂浆中缓凝剂的掺量。湿拌砂浆的储存容器采取保温措施主要是防止砂浆受冻。砂浆中适当加入防冻剂，可降低砂浆凝固点温度，确保冬季能够正常使用。抹灰时环境温度的规定和防冻措施的采取都是为了确保砂浆层在受冻前有一定的初始强度。

6.4.5 温度太低砂浆中水泥不能正常凝结,寒冷地区冬季温度一般都低于0℃,因此不宜进行抹灰施工。

6.4.6 雨天进行外墙抹灰施工,抹灰砂浆受到雨水冲刷特别是在凝结前,会严重影响抹灰工程质量,因此,规定雨天不宜进行外墙抹灰施工,当确需施工时,应采取防雨措施,防止抹灰砂浆凝结前受到雨淋。

6.4.7~6.4.9 抹灰砂浆在高温、干燥季节水分蒸发快,影响砂浆强度,应采取关闭门窗、洒水润湿及遮阳等措施降低水分蒸发速度,保持一定湿度,使抹灰砂浆能正常凝结。

7 质 量 验 收

7.0.1 规定并给出了抹灰工程质量验收记录表。

7.0.2 规定了抹灰工程验收时应检查的资料,与《建筑装饰装修工程质量验收规范》GB 50210相比较,增加了检查砂浆试块抗压强度检验报告、外墙及顶棚抹灰层拉伸粘结强度实体检测报告和抹灰工程施工记录等三项内容。

7.0.3 规定了抹灰工程现场检查项目检验批的划分原则。聚合物水泥抹灰砂浆和石膏抹灰砂浆没有强度等级要求,其检验批应根据砂浆品种、强度及施工工艺来划分。

7.0.4 规定了抹灰工程检验批现场检查项目的检查数量。

7.0.5 规定了抹灰砂浆抗压强度试块的取样方法及数量。

7.0.6 规定了抹灰工程实体拉伸粘结强度的取样数量。因为是首次提出现场检测拉伸粘结强度的要求,

考虑到既控制质量又不过分增加检测工作量的原则,其检验批的划分是按本节7.0.3条的5倍来确定的。

主控项目

7.0.7 正确选择砂浆品种,按符合设计要求的配合比配制抹灰砂浆,是保证抹灰砂浆质量的重要条件。

7.0.8 合格的原材料是保证抹灰砂浆质量的先决条件,特别是水泥的强度、凝结时间和安定性及界面砂浆的粘结性,因此,规定这些性能应进行复验,合格后才能使用。

7.0.9 经调研发现,抹灰层主要质量问题是裂缝、空鼓和脱层,抹灰时由于各种因素的影响造成基层与抹灰层之间及各抹灰层之间粘结不牢,导致抹灰层脱落的质量事故时有发生,严重危及人身安全,本条规定了抹灰层之间粘结牢固的检查方法。

7.0.10 规定了检验批抹灰砂浆拉伸粘结强度的规定值和合格评判标准。

7.0.11 规定了检验批抹灰砂浆试块抗压强度的合格评判标准。

7.0.12 规定了当抹灰工程中抗压强度检验不合格时,应在现场对抹灰层进行拉伸粘结强度检测,并应以其检测结果来评判抹灰砂浆质量。

一般项目

7.0.13 分别对普通抹灰、高级抹灰抹灰工程的表面质量提出了要求并规定了检查方法。

7.0.14~7.0.16 提出了护角、滴水线、分格缝等细部抹灰质量的要求及检查方法。

7.0.17 提出了不同材料的基体交接处加强网的搭接宽度的要求及检查方法。

7.0.18 提出了抹灰工程质量的允许偏差和检验方法。

中华人民共和国行业标准

预拌砂浆应用技术规程

Technical specification for application of ready-mixed mortar

JGJ/T 223—2010

批准部门：中华人民共和国住房和城乡建设部
施行日期：2 0 1 1 年 1 月 1 日

中华人民共和国住房和城乡建设部

公　告

第 727 号

关于发布行业标准
《预拌砂浆应用技术规程》的公告

现批准《预拌砂浆应用技术规程》为行业标准，编号为 JGJ/T 223 - 2010，自 2011 年 1 月 1 日起实施。

本规程由我部标准定额研究所组织中国建筑工业出版社出版发行。

中华人民共和国住房和城乡建设部
2010 年 8 月 3 日

前　言

根据住房和城乡建设部《关于印发〈2008 年工程建设标准规范制订、修订计划（第一批）〉的通知》（建标〔2008〕102 号）的要求，规程编制组经广泛调查研究，认真总结实践经验，参考有关国内外先进标准，并在广泛征求意见的基础上，制订本规程。

本规程的主要技术内容是：1. 总则；2. 术语和符号；3. 基本规定；4. 预拌砂浆进场检验、储存与拌合；5. 砌筑砂浆施工与质量验收；6. 抹灰砂浆施工与质量验收；7. 地面砂浆施工与质量验收；8. 防水砂浆施工与质量验收；9. 界面砂浆施工与质量验收；10. 陶瓷砖粘结砂浆施工与质量验收。

本规程由住房和城乡建设部负责管理，由中国建筑科学研究院负责具体技术内容的解释。执行过程中如有意见或建议，请寄送中国建筑科学研究院（地址：北京市北三环东路 30 号，邮编：100013）。

本 规 程 主 编 单 位： 中国建筑科学研究院
广州市建筑集团有限公司

本 规 程 参 编 单 位： 广州市建筑科学研究院有限公司
中国散装水泥推广发展协会干混砂浆专业委员会
陕西省建筑科学研究院
上海市建筑科学研究院（集团）有限公司
深圳市亿东阳建材公司
厦门兴华岳新型建材有限公司
无锡江加建设机械有限公司
上海曹杨建筑粘合剂厂
秦皇岛市第三建筑工程公司开发分公司
上海浩赛干粉建材制品有限公司
江西时代高科节能环保建材有限公司
中国工程建设标准化协会建筑防水专业委员会
重庆市建筑科学研究院
杭州益生宜居建材科技有限公司
福建沙县华鸿化工有限公司
常州市伟凝建材有限公司
北京能高共建新型建材有限公司

本 规 程 参 加 单 位： 北京建筑材料科学研究总院有限公司
中国建筑第八工程局有限公司

本规程主要起草人员：

张秀芳	赵霄龙	高俊岳
任 俊	王新民	李 荣
赵立群	宿 东	陈义青
薛国龙	杨宇峰	尚文广
徐海军	刘承英	舒文锋
高延继	宋开伟	俞锡贤
陈虹生	茆阿林	袁泽辉
梁天宇		

本规程主要审查人员：

马保国	张增寿	陈家珑
兰明章	杨秉钧	张俊生
李清海	牛贯仲	刘洪波

目　次

Contents

1 总 则

1.0.1 为规范预拌砂浆在建筑工程中的应用，并做到技术先进，经济合理，安全适用，确保质量，制定本规程。

1.0.2 本规程适用于水泥基砌筑砂浆、抹灰砂浆、地面砂浆、防水砂浆、界面砂浆和陶瓷砖粘结砂浆等预拌砂浆的施工与质量验收。

1.0.3 预拌砂浆的施工与质量验收除应符合本规程外，尚应符合国家现行有关标准的规定。

2 术语和符号

2.1 术 语

2.1.1 预拌砂浆 ready-mixed mortar

专业生产厂生产的湿拌砂浆或干混砂浆。

2.1.2 湿拌砂浆 wet-mixed mortar

水泥、细骨料、矿物掺合料、外加剂、添加剂和水，按一定比例，在搅拌站经计量、拌制后，运至使用地点，并在规定时间内使用的拌合物。

2.1.3 干混砂浆 dry-mixed mortar

水泥、干燥骨料或粉料、添加剂以及根据性能确定的其他组分，按一定比例，在专业生产厂经计量、混合而成的混合物，在使用地点按规定比例加水或配套组分拌合使用。

2.1.4 验收批 acceptance batch

由同种材料、相同施工工艺、同类基体或基层的若干个检验批构成，用于合格性判定的总体。

2.1.5 可操作时间 operation time

干混砂浆拌制后，放置在标准试验条件下，砂浆稠度损失率不大于30%或砂浆拉伸粘结强度不降低的一段时间。

2.1.6 薄层砂浆施工法 thin-bed mortar construction method

采用专用砂浆施工，砂浆厚度不大于5mm的施工方法。

2.2 符 号

C_v ——砂浆细度离散系数；

C_v' ——砂浆抗压强度离散系数；

T ——砂浆细度均匀度；

T' ——砂浆抗压强度均匀度；

W_i ——75μm筛的筛余量；

X ——75μm筛的通过率；

$\overline{X}$ ——各样品的75μm筛通过率的平均值；

$\overline{X}'$ ——各样品的砂浆试块抗压强度的平均值；

σ ——各样品的75μm筛通过率的标准差；

σ' ——各样品的砂浆试块抗压强度的标准差。

3 基 本 规 定

3.0.1 预拌砂浆的品种选用应根据设计、施工等的要求确定。

3.0.2 不同品种、规格的预拌砂浆不应混合使用。

3.0.3 预拌砂浆施工前，施工单位应根据设计和工程要求及预拌砂浆产品说明书等编制施工方案，并应按施工方案进行施工。

3.0.4 预拌砂浆施工时，施工环境温度宜为5℃～35℃。当温度低于5℃或高于35℃施工时，应采取保证工程质量的措施。五级风及以上、雨天和雪天的露天环境条件下，不应进行预拌砂浆施工。

3.0.5 施工单位应建立各道工序的自检、互检和专职人员检验制度，并应有完整的施工检查记录。

3.0.6 预拌砂浆抗压强度、实体拉伸粘结强度应按验收批进行评定。

4 预拌砂浆进场检验、储存与拌合

4.1 进 场 检 验

4.1.1 预拌砂浆进场时，供方应按规定批次向需方提供质量证明文件。质量证明文件应包括产品型式检验报告和出厂检验报告等。

4.1.2 预拌砂浆进场时应进行外观检验，并应符合下列规定：

1 湿拌砂浆应外观均匀，无离析、泌水现象。

2 散装干混砂浆应外观均匀，无结块、受潮现象。

3 袋装干混砂浆应包装完整，无受潮现象。

4.1.3 湿拌砂浆应进行稠度检验，且稠度允许偏差应符合表4.1.3的规定。

表 4.1.3 湿拌砂浆稠度偏差

规定稠度（mm）	允许偏差（mm）
50、70、90	±10
110	+5 -10

4.1.4 预拌砂浆外观、稠度检验合格后，应按本规程附录A的规定进行复验。

4.2 湿 拌 砂 浆 储 存

4.2.1 施工现场宜配备湿拌砂浆储存容器，并应符合下列规定：

1 储存容器应密闭、不吸水；

2 储存容器的数量、容量应满足砂浆品种、供货量的要求；

   3 储存容器使用时，内部应无杂物、无明水；

   4 储存容器应便于储运、清洗和砂浆存取；

   5 砂浆存取时，应有防雨措施；

   6 储存容器宜采取遮阳、保温等措施。

4.2.2 不同品种、强度等级的湿拌砂浆应分别存放在不同的储存容器中，并应对储存容器进行标识，标识内容应包括砂浆的品种、强度等级和使用时限等。砂浆应先存先用。

4.2.3 湿拌砂浆在储存及使用过程中不应加水。砂浆存放过程中，当出现少量泌水时，应拌合均匀后使用。砂浆用完后，应立即清理其储存容器。

4.2.4 湿拌砂浆储存地点的环境温度宜为5℃～35℃。

4.3 干混砂浆储存

4.3.1 不同品种的散装干混砂浆应分别储存在散装移动筒仓中，不得混存混用，并应对筒仓进行标识。筒仓数量应满足砂浆品种及施工要求。更换砂浆品种时，筒仓应清空。

4.3.2 筒仓应符合现行行业标准《干混砂浆散装移动筒仓》SB/T 10461的规定，并应在现场安装牢固。

4.3.3 袋装干混砂浆应储存在干燥、通风、防潮、不受雨淋的场所，并应按品种、批号分别堆放，不得混堆混用，且应先存先用。配套组分中的有机类材料应储存在阴凉、干燥、通风、远离火和热源的场所，不应露天存放和曝晒，储存环境温度应为5℃～35℃。

4.3.4 散装干混砂浆在储存及使用过程中，当对砂浆质量的均匀性有疑问或争议时，应按本规程附录B的规定检验其均匀性。

4.4 干混砂浆拌合

4.4.1 干混砂浆应按产品说明书的要求加水或其他配套组分拌合，不得添加其他成分。

4.4.2 干混砂浆拌合水应符合现行行业标准《混凝土用水标准》JGJ 63中对混凝土拌合用水的规定。

4.4.3 干混砂浆应采用机械搅拌，搅拌时间除应符合产品说明书的要求外，尚应符合下列规定：

   1 采用连续式搅拌器搅拌时，应搅拌均匀，并应使砂浆拌合物均匀稳定。

   2 采用手持式电动搅拌器搅拌时，应先在容器中加入规定量的水或配套液体，再加入干混砂浆搅拌，搅拌时间宜为3min～5min，且应搅拌均匀。应按产品说明书的要求静停后再拌合均匀。

   3 搅拌结束后，应及时清洗搅拌设备。

4.4.4 砂浆拌合物应在砂浆可操作时间内用完，且应满足工程施工的要求。

4.4.5 当砂浆拌合物出现少量泌水时，应拌合均匀

后使用。

5 砌筑砂浆施工与质量验收

5.1 一般规定

5.1.1 本章适用于砖、石、砌块等块材砌筑时所用预拌砌筑砂浆的施工与质量验收。

5.1.2 砌筑砂浆的稠度可按表5.1.2选用。

表 5.1.2　砌筑砂浆的稠度

砌体种类	砂浆稠度(mm)
烧结普通砖砌体 粉煤灰砖砌体	70～90
混凝土多孔砖、实心砖砌体 普通混凝土小型空心砌块砌体 蒸压灰砂砖砌体 蒸压粉煤灰砖砌体	50～70
烧结多孔砖、空心砖砌体 轻骨料混凝土小型空心砌块砌体 蒸压加气混凝土砌块砌体	60～80
石砌体	30～50

注：1 砌筑其他块材时，砌筑砂浆的稠度可根据块材吸水特性及气候条件确定。
    2 采用薄层砂浆施工法砌筑蒸压加气混凝土砌块等砌体时，砌筑砂浆稠度可根据产品说明书确定。

5.1.3 砌体砌筑时，块材应表面清洁，外观质量合格，产品龄期应符合国家现行有关标准的规定。

5.2 块材处理

5.2.1 砌筑非烧结砖或砌块砌体时，块材的含水率应符合国家现行有关标准的规定。

5.2.2 砌筑烧结普通砖、烧结多孔砖、蒸压灰砂砖、蒸压粉煤灰砖砌体时，砖应提前浇水湿润，并宜符合国家现行有关标准的规定。不应采用干砖或处于吸水饱和状态的砖。

5.2.3 砌筑普通混凝土小型空心砌块、混凝土多孔砖及混凝土实心砖砌体时，不宜对其浇水湿润；当天气干燥炎热时，宜在砌筑前对其喷水湿润。

5.2.4 砌筑轻骨料混凝土小型空心砌块砌体时，应提前浇水湿润。砌筑时，砌块表面不应有明水。

5.2.5 采用薄层砂浆施工法砌筑蒸压加气混凝土砌块砌体时，砌块不宜湿润。

5.3 施 工

5.3.1 砌筑砂浆的水平灰缝厚度宜为10mm，允许误差宜为±2mm。采用薄层砂浆施工法时，水平灰缝

厚度不应大于 5mm。

5.3.2 采用铺浆法砌筑砖砌体时，一次铺浆长度不得超过 750mm；当施工期间环境温度超过 30℃时，一次铺浆长度不得超过 500mm。

5.3.3 对砖砌体、小砌块砌体，每日砌筑高度宜控制在 1.5m 以下或一步脚手架高度内；对石砌体，每日砌筑高度不应超过 1.2m。

5.3.4 砌体的灰缝应横平竖直、厚薄均匀、密实饱满。砖砌体的水平灰缝砂浆饱满度不得小于 80%；砖柱水平灰缝和竖向灰缝的砂浆饱满度不得小于 90%；小砌块砌体灰缝的砂浆饱满度，按净面积计算不低于 90%，填充墙砌体灰缝的砂浆饱满度，按净面积计算不得低于 80%。竖向灰缝不应出现瞎缝和假缝。

5.3.5 竖向灰缝应采用加浆法或挤浆法使其饱满，不应先干砌后灌缝。

5.3.6 当砌体上的砖或砌块被撞动或需移动时，应将原有砂浆清除再铺浆砌筑。

5.4 质量验收

5.4.1 对同品种、同强度等级的砌筑砂浆，湿拌砌筑砂浆应以 50m³ 为一个检验批，干混砌筑砂浆以 100t 为一个检验批；不足一个检验批的数量时，应按一个检验批计。

5.4.2 每检验批应至少留置 1 组抗压强度试块。

5.4.3 砌筑砂浆取样时，干混砌筑砂浆宜从搅拌机出料口、湿拌砌筑砂浆宜从运输车出料口或储存容器随机取样。砌筑砂浆抗压强度试块的制作、养护、试压等应符合现行行业标准《建筑砂浆基本性能试验方法标准》JGJ/T 70 的规定，龄期为 28d。

5.4.4 砌筑砂浆抗压强度应按验收批进行评定，其合格条件应符合下列规定：

　　1 同一验收批砌筑砂浆试块抗压强度平均值应大于或等于设计强度等级所对应的立方体抗压强度的 1.10 倍，且最小值应大于或等于设计强度等级所对应的立方体抗压强度的 0.85 倍。

　　2 当同一验收批砌筑砂浆抗压强度试块少于 3 组时，每组试块抗压强度值应大于或等于设计强度等级所对应的立方体抗压强度的 1.10 倍。

　　检验方法：检查砂浆试块抗压强度检验报告单。

6 抹灰砂浆施工与质量验收

6.1 一般规定

6.1.1 本章适用于墙面、柱面和顶棚一般抹灰所用预拌抹灰砂浆的施工与质量验收。

6.1.2 抹灰砂浆的稠度应根据施工要求和产品说明书确定。

6.1.3 砂浆抹灰层的总厚度应符合设计要求。

6.1.4 外墙大面积抹灰时，应设置水平和垂直分格缝。水平分格缝的间距不宜大于 6m，垂直分格缝宜按墙面面积设置，且不宜大于 30m²。

6.1.5 施工前，施工单位宜和砂浆生产企业、监理单位共同模拟现场条件制作样板，在规定龄期进行实体拉伸粘结强度检验，并应在检验合格后封存留样。

6.1.6 天气炎热时，应避免基层受日光直接照射。施工前，基层表面宜洒水湿润。

6.1.7 采用机械喷涂抹灰时，应符合现行行业标准《机械喷涂抹灰施工规程》JGJ/T 105 的规定。

6.2 基层处理

6.2.1 基层应平整、坚固，表面应洁净。上道工序留下的沟槽、孔洞等应进行填实修整。

6.2.2 不同材质的基体交接处，应采取防止开裂的加强措施。当采用在抹灰前铺设加强网时，加强网与各基体的搭接宽度不应小于 100mm。门窗口、墙阳角处的加强护角应提前抹好。

6.2.3 在混凝土、蒸压加气混凝土砌块、蒸压灰砂砖、蒸压粉煤灰砖等基体上抹灰时，应采用相配套的界面砂浆对基层进行处理。

6.2.4 在混凝土小型空心砌块、混凝土多孔砖等基体上抹灰时，宜采用界面砂浆对基层进行处理。

6.2.5 在烧结砖等吸水速度快的基体上抹灰时，应提前对基层浇水湿润。施工时，基层表面不得有明水。

6.2.6 采用薄层砂浆施工法抹灰时，基层可不做界面处理。

6.3 施　工

6.3.1 抹灰施工应在主体结构完工并验收合格后进行。

6.3.2 抹灰工艺应根据设计要求、抹灰砂浆产品说明书、基层情况等确定。

6.3.3 采用普通抹灰砂浆抹灰时，每遍涂抹厚度不宜大于 10mm；采用薄层砂浆施工法抹灰时，宜一次成活，厚度不应大于 5mm。

6.3.4 当抹灰砂浆厚度大于 10mm 时，应分层抹灰，且应在前一层砂浆凝结硬化后再进行后一层抹灰。每层砂浆应分别压实、抹平，且抹平应在砂浆凝结前完成。抹面层砂浆时，表面应平整。

6.3.5 当抹灰砂浆总厚度大于或等于 35mm 时，应采取加强措施。

6.3.6 室内墙面、柱面和门洞口的阳角做法应符合设计要求。

6.3.7 顶棚宜采用薄层抹灰砂浆找平，不应反复赶压。

6.3.8 抹灰砂浆层在凝结前应防止快干、水冲、撞击、振动和受冻。抹灰砂浆施工完成后，应采取措施防止玷污和损坏。

6.3.9 除薄层抹灰砂浆外，抹灰砂浆层凝结后应及时保湿养护，养护时间不得少于7d。

6.4 质量验收

6.4.1 抹灰工程检验批的划分应符合下列规定：

　　1 相同材料、工艺和施工条件的室外抹灰工程，每1000m²应划分为一个检验批；不足1000m²时，应按一个检验批计。

　　2 相同材料、工艺和施工条件的室内抹灰工程，每50个自然间（大面积房间和走廊按抹灰面积30m²为一间）应划分为一个检验批；不足50间时，应按一个检验批计。

6.4.2 抹灰工程检查数量应符合下列规定：

　　1 室外抹灰工程，每检验批每100m²应至少抽查一处，每处不得小于10m²。

　　2 室内抹灰工程，每检验批应至少抽查10%，并不得少于3间；不足3间时，应全数检查。

6.4.3 抹灰层应密实，应无脱层、空鼓，面层应无起砂、爆灰和裂缝。

　　检验方法：观察和用小锤轻击检查。

6.4.4 抹灰表面应光滑、平整、洁净、接槎平整、颜色均匀，分格缝应清晰。

　　检验方法：观察检查。

6.4.5 护角、孔洞、槽、盒周围的抹灰表面应整齐、光滑；管道后面的抹灰表面应平整。

　　检验方法：观察检查。

6.4.6 室外抹灰砂浆层应在28d龄期时，按现行行业标准《抹灰砂浆技术规程》JGJ/T 220的规定进行实体拉伸粘结强度检验，并应符合下列规定：

　　1 相同材料、工艺和施工条件的室外抹灰工程，每5000m²应至少取一组试件；不足5000m²时，也应取一组。

　　2 实体拉伸粘结强度应按验收批进行评定。当同一验收批实体拉伸粘结强度的平均值不小于0.25MPa时，可判定为合格；否则，应判定为不合格。

　　检验方法：检查实体拉伸粘结强度检验报告单。

6.4.7 当抹灰砂浆外表面粘贴饰面砖时，应按现行行业标准《外墙饰面砖工程施工及验收规程》JGJ 126、《建筑工程饰面砖粘结强度检验标准》JGJ 110的规定进行验收。

7 地面砂浆施工与质量验收

7.1 一般规定

7.1.1 本章适用于建筑地面工程的找平层和面层所用预拌地面砂浆的施工与质量验收。

7.1.2 地面砂浆的强度等级不应小于M15，面层砂浆的稠度宜为50mm±10mm。

7.1.3 地面找平层和面层砂浆的厚度应符合设计要求，且不应小于20mm。

7.2 基层处理

7.2.1 基层应平整、坚固，表面应洁净。上道工序留下的沟槽、孔洞等应进行填实修整。

7.2.2 基层表面宜提前洒水湿润，施工时表面不得有明水。

7.2.3 光滑基面宜采用相匹配的界面砂浆进行界面处理。

7.2.4 有防水要求的地面，施工前应对立管、套管和地漏与楼板节点之间进行密封处理。

7.3 施工

7.3.1 面层砂浆的铺设宜在室内装饰工程基本完工后进行。

7.3.2 地面砂浆铺设时，应随铺随压实。抹平、压实工作应在砂浆凝结前完成。

7.3.3 做踢脚线前，应弹好水平控制线，并应采取措施控制出墙厚度一致。踢脚线突出墙面厚度不应大于8mm。

7.3.4 踏步面层施工时，应采取保证每级踏步尺寸均匀的措施，且误差不应大于10mm。

7.3.5 地面砂浆铺设时宜设置分格缝，分格缝间距不宜大于6m。

7.3.6 地面面层砂浆凝结后，应及时保湿养护，养护时间不应少于7d。

7.3.7 地面砂浆施工完成后，应采取措施防止玷污和损坏。面层砂浆的抗压强度未达到设计要求前，应采取保护措施。

7.4 质量验收

7.4.1 地面砂浆检验批的划分应符合下列规定：

　　1 每一层次或每层施工段（或变形缝）应作为一个检验批。

　　2 高层及多层建筑的标准层可按每3层作为一个检验批，不足3层时，应按一个检验批计。

7.4.2 地面砂浆的检查数量应符合下列规定：

　　1 每检验批应按自然间或标准间随机检验，抽查数量不应少于3间，不足3间时，应全数检查。走廊（过道）应以10延长米为1间，工业厂房（按单跨计）、礼堂、门厅以两个轴线为1间计算。

　　2 对有防水要求的建筑地面，每检验批应按自然间（或标准间）总数随机检验，抽查数量不应少于4间，不足4间时，应全数检查。

7.4.3 砂浆层应平整、密实，上一层与下一层应结合牢固，应无空鼓、裂缝。当空鼓面积不大于400mm²，且每自然间（标准间）不多于2处时，可不计。

检验方法：观察和用小锤轻击检查。

7.4.4 砂浆层表面应洁净，并应无起砂、脱皮、麻面等缺陷。

检验方法：观察检查。

7.4.5 踢脚线应与墙面结合牢固、高度一致、出墙厚度均匀。

检验方法：观察和用钢尺、小锤轻击检查。

7.4.6 砂浆面层的允许偏差和检验方法应符合表7.4.6的规定。

表 7.4.6　砂浆面层的允许偏差和检验方法

项　　目	允许偏差（mm）	检验方法
表面平整度	4	用2m靠尺和楔形塞尺检查
踢脚线上口平直	4	拉5m线和用钢尺检查
缝格平直	3	拉5m线和用钢尺检查

7.4.7 对同一品种、同一强度等级的地面砂浆，每检验批且不超过1000m²应至少留置一组抗压强度试块。抗压强度试块的制作、养护、试压等应符合现行行业标准《建筑砂浆基本性能试验方法标准》JGJ/T 70的规定，龄期应为28d。

7.4.8 地面砂浆抗压强度应按验收批进行评定。当同一验收批地面砂浆试块抗压强度平均值大于或等于设计强度等级所对应的立方体抗压强度值时，可判定该批地面砂浆的抗压强度为合格；否则，应判定为不合格。

检验方法：检查砂浆试块抗压强度检验报告单。

8　防水砂浆施工与质量验收

8.1　一般规定

8.1.1 本章适用于在混凝土或砌体结构基层上铺设预拌普通防水砂浆、聚合物水泥防水砂浆作刚性防水层的施工与质量验收。

8.1.2 防水砂浆的施工应在基体及主体结构验收合格后进行。

8.1.3 防水砂浆施工前，相关的设备预埋件和管线应安装固定好。

8.1.4 防水砂浆施工完成后，严禁在防水层上凿孔打洞。

8.2　基层处理

8.2.1 基层应平整、坚固，表面应洁净。当基层平整度超出允许偏差时，宜采用适宜材料补平或剔平。

8.2.2 防水砂浆施工时，基层混凝土或砌筑砂浆抗压强度应不低于设计值的80%。

8.2.3 基层宜采用界面砂浆进行处理；当采用聚合物水泥防水砂浆时，界面可不做处理。

8.2.4 当管道、地漏等穿越楼板、墙体时，应在管道、地漏根部做出一定坡度的环形凹槽，并嵌填适宜的防水密封材料。

8.3　施　　工

8.3.1 防水砂浆可采用抹压法、涂刮法施工，且宜分层涂抹。砂浆应压实、抹平。

8.3.2 普通防水砂浆应采用多层抹压法施工，并应在前一层砂浆凝结后再涂抹后一层砂浆。砂浆总厚度宜为18mm～20mm。

8.3.3 聚合物水泥防水砂浆的厚度，对墙面、室内防水层，厚度宜为3mm～6mm；对地下防水层，砂浆层单层厚度宜为6mm～8mm，双层厚度宜为10mm～12mm。

8.3.4 砂浆防水层各层应紧密结合，每层宜连续施工，当需留施工缝时，应采用阶梯坡形槎，且离阴阳角处不得小于200mm，上下层接槎应至少错开100mm。防水层的阴阳角处宜做成圆弧形。

8.3.5 屋面做砂浆防水层时，应设置分格缝，分格缝间距不宜大于6m，缝宽宜为20mm，分格缝应嵌填密封材料，且应符合现行国家标准《屋面工程技术规范》GB 50345的规定。

8.3.6 砂浆凝结硬化后，应保湿养护，养护时间不应少于14d。

8.3.7 防水砂浆凝结硬化前，不得直接受水冲刷。储水结构应待砂浆强度达到设计要求后再注水。

8.4　质量验收

8.4.1 对同一类型、同一品种、同施工条件的砂浆防水层，每100m²应划分为一个检验批，不足100m²时，应按一个检验批计。

8.4.2 每检验批应至少抽查一处，每处应为10m²。同一验收批抽查数量不得少于3处。

8.4.3 砂浆防水层各层之间应结合牢固、无空鼓。

检验方法：观察和用小锤轻击检查。

8.4.4 砂浆防水层表面应平整、密实，不得有裂纹、起砂、麻面等缺陷。

检验方法：观察检查。

8.4.5 砂浆防水层的平均厚度应符合设计要求，最小厚度不得小于设计值的85%。

检验方法：观察和尺量检查。

9 界面砂浆施工与质量验收

9.1 一般规定

9.1.1 本章适用于对混凝土、蒸压加气混凝土、模塑聚苯板和挤塑聚苯板等表面采用界面砂浆进行界面处理的施工与质量验收。

9.1.2 界面处理时，应根据基层的材质、设计和施工要求、施工工艺等选择相匹配的界面砂浆。

9.1.3 界面砂浆的施工应在基层验收合格后进行。

9.2 施 工

9.2.1 基层应平整、坚固，表面应洁净、无杂物。上道工序留下的沟槽、孔洞等应进行填实修整。

9.2.2 界面砂浆的施工方法应根据基层的材性、平整度及施工要求等确定，并可采用涂抹法、滚刷法及喷涂法。

9.2.3 在混凝土、蒸压加气混凝土基层涂抹界面砂浆时，应涂抹均匀，厚度宜为 2mm，并应待表干时再进行下道工序施工。

9.2.4 在模塑聚苯板、挤塑聚苯板表面滚刷或喷涂界面砂浆时，应刷涂均匀，厚度宜为 1mm～2mm，并应待表干时再进行下道工序施工。当预先在工厂滚刷或喷涂界面砂浆时，应待涂层固化后再进行下道工序施工。

9.3 质量验收

9.3.1 界面砂浆层应涂刷（抹）均匀，不得漏涂（抹）。

检验方法：全数观察检查。

9.3.2 除模塑聚苯板和挤塑聚苯板表面涂抹界面砂浆外，涂抹界面砂浆的工程应在 28d 龄期进行实体拉伸粘结强度检验，检验方法可按现行行业标准《抹灰砂浆技术规程》JGJ/T 220 的规定进行，也可根据对涂抹在界面砂浆外表面的抹灰砂浆层实体拉伸粘结强度的检验结果进行判定，并应符合下列规定：

1 相同材料、相同施工工艺的涂抹界面砂浆的工程，每 5000m² 应至少取一组试件；不足 5000m² 时，也应取一组。

2 当实体拉伸粘结强度检验时的破坏面发生在非界面砂浆层时，可判定为合格；否则，应判定为不合格。

检验方法：检查实体拉伸粘结强度检验报告单。

10 陶瓷砖粘结砂浆施工与质量验收

10.1 一般规定

10.1.1 本章适用于在水泥基砂浆、混凝土等基层采用陶瓷砖粘结砂浆粘贴陶瓷墙地砖的施工与质量验收。

10.1.2 陶瓷砖粘结砂浆的品种应根据设计要求、施工部位、基层及所用陶瓷砖性能确定。

10.1.3 陶瓷砖的粘贴方法及涂层厚度应根据施工要求、陶瓷砖规格和性能、基层等情况确定。陶瓷砖粘结砂浆涂层平均厚度不宜大于 5mm。

10.1.4 粘贴外墙饰面砖时应设置伸缩缝。伸缩缝应采用柔性防水材料嵌填。

10.1.5 天气炎热时，贴砖后应在 24h 内对已贴砖部位采取遮阳措施。

10.1.6 施工前，施工单位应和砂浆生产单位、监理单位等共同制作样板，并应经拉伸粘结强度检验合格后再施工。

10.2 基层要求

10.2.1 基层应平整、坚固，表面应洁净。当基层平整度超出允许偏差时，宜采用适宜材料补平或剔平。

10.2.2 基体或基层的拉伸粘结强度不应小于 0.4MPa。

10.2.3 天气干燥、炎热时，施工前可向基层浇水湿润，但基层表面不得有明水。

10.3 施 工

10.3.1 陶瓷砖的粘贴应在基层或基体验收合格后进行。

10.3.2 对有防水要求的厨卫间内墙，应在墙地面防水层及保护层施工完成并验收合格后再粘贴陶瓷砖。

10.3.3 陶瓷砖应清洁，粘结面应无浮灰、杂物和油渍等。

10.3.4 粘贴陶瓷砖前，应按设计要求，在基层表面弹出分格控制线或挂外控制线。

10.3.5 陶瓷砖粘贴的施工工艺应根据陶瓷砖的吸水率、密度及规格等确定。

10.3.6 采用单面粘贴法粘贴陶瓷砖时，应按下列程序进行：

1 用齿形抹刀的直边，将配制好的陶瓷砖粘结砂浆均匀地涂抹在基层上。

2 用齿形抹刀的疏齿边，以与基面成 60°的角度，对基面上的砂浆进行梳理，形成带肋的条纹状砂浆。

3 将陶瓷砖稍用力扭压在砂浆上。

4 用橡皮锤轻轻敲击陶瓷砖，使其密实、平整。

10.3.7 采用双面粘贴法粘贴陶瓷砖时，应按下列程序进行：

1 根据本规程第 10.3.6 条规定的程序，在基层上制成带肋的条纹状砂浆。

2 将陶瓷砖粘结砂浆均匀涂抹在陶瓷砖的背面，再将陶瓷砖稍用力扭压在砂浆上。

3 用橡皮锤轻轻敲击陶瓷砖，使其密实、平整。

10.3.8 陶瓷砖位置的调整应在陶瓷砖粘结砂浆晾置时间内完成。

10.3.9 陶瓷砖粘贴完成后，应擦除陶瓷砖表面的污垢、残留物等，并应清理砖缝中多余的砂浆。72h后应检查陶瓷砖有无空鼓，合格后宜采用填缝剂处理陶瓷砖之间的缝隙。

10.3.10 施工完成后，应自然养护7d以上，并应做好成品的保护。

10.4 质量验收

10.4.1 饰面砖工程检验批的划分应符合下列规定：

1 同类墙体、相同材料和施工工艺的外墙饰面砖工程，每 1000m² 应划分为一个检验批；不足1000m² 时，应按一个检验批计。

2 同类墙体、相同材料和施工工艺的内墙饰面砖工程，每 50 个自然间（大面积房间和走廊按施工面积30m² 为一间）应划分为一个检验批；不足 50 间时，应按一个检验批计。

3 同类地面、相同材料和施工工艺的地面饰面砖工程，每 1000m² 应划分为一个检验批；不足1000m² 时，应按一个检验批计。

10.4.2 饰面砖工程检查数量应符合下列规定：

1 外墙饰面砖工程，每检验批每 100m² 应至少抽查一处，每处应为 10m²。

2 内墙饰面砖工程，每检验批应至少抽查10%，并不得少于 3 间；不足 3 间时，应全数检查。

3 地面饰面砖工程，每检验批每 100m² 应至少抽查一处，每处应为 10m²。

10.4.3 陶瓷砖应粘贴牢固，不得有空鼓。

检验方法：观察和用小锤轻击检查。

10.4.4 饰面砖墙面或地面应平整、洁净、色泽均匀，不得有歪斜、缺棱掉角和裂缝现象。

检验方法：观察检查。

10.4.5 饰面砖砖缝应连续、平直、光滑，嵌填密实，宽度和深度一致，并应符合设计要求。

检验方法：观察和尺量检查。

10.4.6 陶瓷砖粘贴的尺寸允许偏差和检验方法应符合表 10.4.6 的要求。

表 10.4.6 陶瓷砖粘贴的尺寸允许偏差和检验方法

检验项目	允许偏差（mm）	检验方法
立面垂直度	3	用2m托线板检查
表面平整度	2	用2m靠尺、楔形塞尺检查
阴阳角方正	2	用方尺、楔形塞尺检查
接缝平直度	3	拉5m线，用尺检查
接缝深度	1	用尺量
接缝宽度	1	用尺量

10.4.7 对外墙饰面砖工程，每检验批应至少检验一组实体拉伸粘结强度。试样应随机抽取，一组试样应由 3 个试样组成，取样间距不得小于 500mm，每相邻的三个楼层应至少取一组试样。

10.4.8 拉伸粘结强度的检验评定应符合现行行业标准《建筑工程饰面砖粘结强度检验标准》JGJ 110 的规定。

附录 A 预拌砂浆进场检验

A.0.1 预拌砂浆进场时，应按表 A.0.1 的规定进行进场检验。

表 A.0.1 预拌砂浆进场检验项目和检验批量

砂浆品种		检验项目	检验批量
湿拌砌筑砂浆		保水率、抗压强度	同一生产厂家、同一品种、同一等级、同一批号且连续进场的湿拌砂浆，每 250m³ 为一个检验批，不足 250m³ 时，应按一个检验批计
湿拌抹灰砂浆		保水率、抗压强度、拉伸粘结强度	
湿拌地面砂浆		保水率、抗压强度	
湿拌防水砂浆		保水率、抗压强度、抗渗压力、拉伸粘结强度	
干混砌筑砂浆	普通砌筑砂浆	保水率、抗压强度	同一生产厂家、同一品种、同一等级、同一批号且连续进场的干混砂浆，每 500t 为一个检验批，不足 500t 时，应按一个检验批计
	薄层砌筑砂浆	保水率、抗压强度	
干混抹灰砂浆	普通抹灰砂浆	保水率、抗压强度、拉伸粘结强度	
	薄层抹灰砂浆	保水率、抗压强度、拉伸粘结强度	
干混地面砂浆		保水率、抗压强度	
干混普通防水砂浆		保水率、抗压强度、抗渗压力、拉伸粘结强度	
聚合物水泥防水砂浆		凝结时间、耐碱性、耐热性	同一生产厂家、同一品种、同一批号且连续进场的砂浆，每 50t 为一个检验批，不足 50t 时，应按一个检验批计

续表 A.0.1

砂浆品种	检验项目	检验批量
界面砂浆	14d 常温常态拉伸粘结强度	同一生产厂家、同一品种、同一批号且连续进场的砂浆，每30t为一个检验批，不足30t时，应按一个检验批计
陶瓷砖粘结砂浆	常温常态拉伸粘结强度、晾置时间	同一生产厂家、同一品种、同一批号且连续进场的砂浆，每50t为一个检验批，不足50t时，应按一个检验批计

A.0.2 当预拌砂浆进场检验项目全部符合现行行业标准《预拌砂浆》GB/T 25181 的规定时，该批产品可判定为合格；当有一项不符合要求时，该批产品应判定为不合格。

附录 B 散装干混砂浆均匀性试验

B.0.1 本方法适用于测定散装干混砂浆运送到施工现场后的均匀性。

B.0.2 砂浆均匀性试验应采用下列仪器：

1 试验筛：筛孔边长分别为 4.75mm、2.36mm、1.18mm、600μm、300μm、150μm、75μm 的方孔筛各一支，筛的底盘和盖各一支；筛筐直径为 300mm 或 200mm，其质量应符合现行国家标准《建筑用砂》GB/T 14684 的规定。

2 天平：称量1000g，感量1g；秤：称量10kg，感量10g。

3 砂浆稠度仪：应符合现行行业标准《建筑砂浆基本性能试验方法标准》JGJ/T 70 的规定。

4 试模：尺寸为 70.7mm×70.7mm×70.7mm 的带底试模，其质量应符合现行行业标准《建筑砂浆基本性能试验方法标准》JGJ/T 70 的规定。

B.0.3 取样应符合下列规定：

1 散装干混砂浆移动筒仓中砂浆总量应均匀分为 10 个部分，并应分别对应每个部分，从筒仓底部下料口随机取样，每份样品的取样数量不应少于 8kg。

2 当移动筒仓中砂浆为非连续性使用时，可将每次连续使用砂浆总量均匀分为 10 个部分，然后按照第 1 款的方法取样。

B.0.4 砂浆细度均匀度试验应按下列步骤进行：

1 取一份样品，充分拌合均匀，称取筛分试样 500g；

2 将称好的试样倒入附有筛底的砂试验套筛中，按现行国家标准《建筑用砂》GB/T 14684 规定的方法进行筛分试验，称量 75μm 筛的筛余量；

3 75μm 筛的通过率应按下式计算：

$$X = \frac{500 - W_i}{500} \times 100\% \qquad (B.0.4)$$

式中：X ——75μm 筛的通过率（%），精确至 0.1%；

W_i ——75μm 筛的筛余量（g），精确至 0.1g；

500——样品质量，g。

应以两次试验结果的算术平均值作为测定值，并应精确至 0.1%。

4 按照本条第 1 款～第 3 款的步骤分别对其他 9 个样品进行筛分试验，求出各样品的 75μm 筛的通过率。

B.0.5 砂浆细度均匀度试验结果应按下列步骤计算：

1 计算 10 个样品的 75μm 筛通过率的平均值（$\overline{X}$），精确至 0.1%；

2 计算 10 个样品的 75μm 筛通过率的标准差（σ），精确至 0.1%；

3 砂浆细度离散系数应按下式计算：

$$C_v = \frac{\sigma}{\overline{X}} \times 100\% \qquad (B.0.5-1)$$

式中：C_v ——砂浆细度离散系数（%），精确至 0.1%；

σ ——各样品的 75μm 筛通过率的标准差（%）；

$\overline{X}$ ——各样品的 75μm 筛通过率的平均值（%）。

4 砂浆细度均匀度应按下式计算：

$$T = 100\% - C_v \qquad (B.0.5-2)$$

式中：T ——砂浆细度均匀度（%），精确至 1%。

5 当砂浆细度均匀度不小于 90% 时，该筒仓中的砂浆均匀性可判定为合格；当砂浆细度均匀度小于 90% 时，尚应进行砂浆抗压强度均匀度试验。

B.0.6 砂浆抗压强度均匀度试验应按下列步骤进行：

1 在已取得的 10 份样品中，分别称取 4000g 试样，加水拌合。加水量按砂浆稠度控制，干混砌筑砂浆稠度为 70mm～80mm，干混抹灰砂浆稠度为 90mm～100mm，干混地面砂浆稠度为 45mm～55mm，干混普通防水砂浆稠度为 70mm～80mm。砂浆稠度试验应按现行行业标准《建筑砂浆基本性能试验方法标准》JGJ/T 70 规定的方法进行。

2 每个样品成型一组抗压强度试块，测试其 28d 抗压强度。试块的成型、养护及试压应符合现行行业标准《建筑砂浆基本性能试验方法标准》JGJ/T 70 的规定。

B.0.7 砂浆抗压强度均匀度试验结果应按下列步骤

计算：

    1 计算 10 组砂浆试块的 28d 抗压强度的平均值，精确至 0.1MPa；

    2 计算 10 组砂浆试块的 28d 抗压强度的标准差，精确至 0.01MPa；

    3 砂浆抗压强度离散系数应按下式计算：

$$C'_v = \frac{\sigma'}{\overline{X}'} \times 100\% \qquad (B.0.7\text{-}1)$$

式中：C'_v——砂浆抗压强度离散系数（%），精确至 0.1%；

      σ'——各样品的砂浆试块抗压强度的标准差（MPa）；

      $\overline{X}'$——各样品的砂浆试块抗压强度的平均值（MPa）。

    4 砂浆抗压强度均匀度应按下式计算：

$$T' = 100\% - C'_v \qquad (B.0.7\text{-}2)$$

式中：T'——砂浆抗压强度均匀度（%），精确至 1%。

    5 当砂浆抗压强度均匀度不小于 85% 时，该筒仓中的砂浆均匀性可判定为合格。

本规程用词说明

    1 为便于在执行本规程条文时区别对待，对要求严格程度不同的用词说明如下：

    1）表示很严格，非这样做不可的：

      正面词采用"必须"，反面词采用"严禁"；

    2）表示严格，在正常情况下均应这样做的：

      正面词采用"应"，反面词采用"不应"或"不得"；

    3）表示允许稍有选择，在条件许可时首先应这样做的：

      正面词采用"宜"，反面词采用"不宜"；

    4）表示有选择，在一定条件下可以这样做的，采用"可"。

    2 条文中指明应按其他有关标准执行的写法为："应符合……的规定"或"应按……执行"。

引用标准名录

1《屋面工程技术规范》GB 50345

2《建筑用砂》GB/T 14684

3《混凝土用水标准》JGJ 63

4《建筑砂浆基本性能试验方法标准》JGJ/T 70

5《机械喷涂抹灰施工规程》JGJ/T 105

6《建筑工程饰面砖粘结强度检验标准》JGJ 110

7《外墙饰面砖工程施工及验收规程》JGJ 126

8《抹灰砂浆技术规程》JGJ/T 220

9《预拌砂浆》GB/T 25181

10《干混砂浆散装移动筒仓》SB/T 10461

中华人民共和国行业标准

预拌砂浆应用技术规程

JGJ/T 223—2010

条 文 说 明

制 订 说 明

《预拌砂浆应用技术规程》JGJ/T 223 - 2010，经住房和城乡建设部 2010 年 8 月 3 日以第 727 号公告批准、发布。

本规程制订过程中，编制组进行了广泛的调查研究，总结了我国预拌砂浆工程应用实践经验，同时参考了国外先进技术法规、技术标准（欧洲标准《硬化粉刷和抹灰砂浆与基底层粘结强度的测定》(Determination of adhesive strength of hardened rendering and plastering mortars on stubstrates) BS EN 1015-12：2000 等），并通过大量的调研及验证试验，提出了各品种预拌砂浆施工及质量验收的要点。

为便于广大设计、施工、科研、学校等单位有关人员在使用本规程时能正确理解和执行条文规定，《预拌砂浆应用技术规程》编制组按章、节、条顺序编制了本规程的条文说明，对条文规定的目的、依据以及执行中需注意的有关事项进行了说明。但是，本条文说明不具备与规程正文同等的法律效力，仅供使用者作为理解和把握规程规定的参考。在使用过程中如果发现本条文说明有不妥之处，请将意见函寄中国建筑科学研究院。

目　次

1 总 则

1.0.1 预拌砂浆是近年来随着建筑业科技进步和文明施工要求发展起来的一种新型建筑材料,它具有产品质量高、品种全、生产效率高、使用方便、对环境污染小、便于文明施工等优点,它可大量利用粉煤灰等工业废渣,并可促进推广应用散装水泥。推广使用预拌砂浆是提高散装水泥使用量的一项重要措施,也是保证建筑工程质量、提高建筑施工现代化水平、实现资源综合利用、促进文明施工的一项重要技术手段。

由于预拌砂浆在我国的发展历史并不长,为了规范预拌砂浆在工程中的应用,使设计、施工及监理各方掌握预拌砂浆的特性,正确使用预拌砂浆,从而保证预拌砂浆的工程质量,制定本规程。

1.0.2 用于建筑工程中量大面广的砂浆主要有砌筑砂浆、抹灰砂浆及地面砂浆,此外还有防水砂浆、陶瓷砖粘结砂浆、界面砂浆等,而且绝大部分砂浆为水泥基的,因此对这六类水泥基预拌砂浆作了规定。

1.0.3 不同品种的预拌砂浆应用于不同的工程中,还应满足相应工程的验收规范,如砌筑砂浆还应符合《砌体工程施工质量验收规范》GB 50203 的要求,抹灰砂浆还应符合《建筑装饰装修工程质量验收规范》GB 50210 的要求,地面砂浆还应符合《建筑地面工程施工质量验收规范》GB 50209 的要求等等。

3 基 本 规 定

3.0.1 预拌砂浆的品种、规格、型号很多,不同的基体、基材、环境条件、施工工艺等对砂浆有着不同的要求,因此,应根据设计、施工等要求选择与之配套的产品。

传统建筑砂浆往往是按照材料的比例进行设计的,如1:3(水泥:砂)水泥砂浆、1:1:4(水泥:石灰膏:砂)混合砂浆等,而普通预拌砂浆则是按照抗压强度等级划分的。为了使设计及施工人员了解两者之间的关系,给出表1,供选择预拌砂浆时参考。

表 1 预拌砂浆与传统砂浆的对应关系

品 种	预拌砂浆	传统砂浆
砌筑砂浆	WM M5、DM M5 WM M7.5、DM M7.5 WM M10、DM M10 WM M15、DM M15 WM M20、DM M20	M5 混合砂浆、M5 水泥砂浆 M7.5 混合砂浆、M7.5 水泥砂浆 M10 混合砂浆、M10 水泥砂浆 M15 水泥砂浆 M20 水泥砂浆

续表1

品 种	预拌砂浆	传统砂浆
抹灰砂浆	WP M5、DP M5 WP M10、DP M10 WP M15、DP M15 WP M20、DP M20	1:1:6 混合砂浆 1:1:4 混合砂浆 1:3 水泥砂浆· 1:2 水泥砂浆、1:2.5 水泥砂浆、1:1:2 混合砂浆
地面砂浆	WS M15、DS M15 WS M20、DS M20	1:3 水泥砂浆 1:2 水泥砂浆

3.0.2 不同品种的砂浆其性能也不同,混用将会影响砂浆质量及工程质量,因此,作此规定。

3.0.3 预拌砂浆施工时,对不同的基体、基层或块材等所采取的处理措施、施工工艺等也不同,因此,需根据预拌砂浆的性能、基体或基层情况、块材的材性等并参考预拌砂浆产品说明书,制定有针对性的施工方案,并按施工方案组织施工。

3.0.4 在低温环境中,砂浆会因水泥水化迟缓或停止而影响强度的发展,导致砂浆达不到预期的性能;另外,砂浆通常是以薄层使用,极易受冻害,因此,应避免在低温环境中施工。当必须在5℃以下施工时,应采取冬期施工措施,如砂浆中掺入防冻剂、缩短砂浆凝结时间、适当降低砂浆稠度等;对施工完的砂浆层及时采取保温防冻措施,确保砂浆在凝结硬化前不受冻;施工时尽量避开早晚低温。

高温天气下,砂浆失水较快,尤其是抹灰砂浆,因其涂抹面积较大且厚度较薄,水分蒸发更快,砂浆会因缺水而影响强度的发展,导致砂浆达不到预期的性能,因此,应避免在高温环境中施工。当必须在35℃以上施工时,应采取遮阳措施,如搭设遮阳棚、避开正午高温时施工、及时给硬化的砂浆喷水养护、增加喷水养护的次数等。

雨天露天施工时,雨水会混进砂浆中,使砂浆水灰比发生变化,从而改变砂浆性能,难以保证砂浆质量及工程质量,故应避免雨天露天施工。大风天气施工,砂浆会因失水太快,容易引起干燥收缩,导致砂浆开裂,尤其对抹灰层质量影响极大,而且对施工人员也不安全,故应避免大风天气室外施工。

3.0.5 施工质量对保证砂浆的最终质量起着很关键的作用,因此要加强施工现场的质量管理水平。

3.0.6 抗压强度试块、实体拉伸粘结强度检验是按照检验批进行留置或检测的,在评定其质量是否合格时,按由同种材料、相同施工工艺、同类基体或基层的若干个检验批构成的验收批进行评定。

4 预拌砂浆进场检验、储存与拌合

4.1 进场检验

4.1.1 预拌砂浆进场时，生产厂家应提供产品质量证明文件，它们是验收资料的一部分。质量证明文件包括产品型式检验报告和出厂检验报告等，进场时提交的出厂检验报告可先提供砂浆拌合物性能检验结果，如稠度、保水率等，其他力学性能出厂检验结果应在试验结束后的 7d 内提供给需方。

同时，生产厂家还需提供产品使用说明书等，使用说明书是施工时参考的主要依据，必要的内容信息一定要完善齐全。

4.1.2 预拌砂浆在储存与运输过程中，容易造成物料分离，从而影响砂浆的质量，因此，预拌砂浆进场时，首先应进行外观检验，初步判断砂浆的匀质性与质量变化。

湿拌砂浆在运输过程中，会因颠簸造成颗粒分离、泌水现象等，因此湿拌砂浆进场后，应先进行外观的目测检查。

干混砂浆如储存不当，会发生受潮、结块现象，从而影响砂浆的品质，因此干混砂浆进场后，应先进行外观检查。

干混砂浆中掺有较多的胶凝材料，如水泥等，如果包装袋破损，容易使水泥受潮，而水泥受潮后就会结块，影响砂浆的品质，也会缩短干混砂浆的储存期，因此要求包装袋要完整，不能破损。

4.1.3 随着时间的延长，湿拌砂浆稠度会逐步损失，当稠度损失过大时，就会影响砂浆的可施工性，因此，湿拌砂浆稠度偏差应控制在表 4.1.3 允许的范围内。

4.1.4 预拌砂浆经外观、稠度检验合格后，还应检验其他性能指标。不同品种预拌砂浆的进厂检验项目详见附录 A，复验结果应符合《预拌砂浆》GB/T 25181 的要求。

4.2 湿拌砂浆储存

4.2.1 湿拌砂浆是在专业生产厂经计量、加水拌制后，用搅拌运输车运至使用地点。目前，湿拌砂浆大多由混凝土搅拌站供应，与混凝土相比，砂浆用量要少得多，搅拌站通常集中在某段时间拌制砂浆，然后运到工地，因此一次运输量往往较大。而目前我国建筑砂浆施工大部分为手工操作，施工速度较慢，运到工地的砂浆不能很快使用完，需放置较长时间，甚至一昼夜，因此，砂浆除了直接使用外，其余砂浆应储存在储存容器中，随用随取。储存容器要求密闭、不吸水，容器大小不作要求，可根据工程实际情况决定，但应遵循经济、实用原则，且便于储运和清洗。

湿拌砂浆在现场储存时间较长，可通过掺用缓凝剂来延缓砂浆的凝结，并通过调整缓凝剂掺量，来调整砂浆的凝结时间，使砂浆在不失水的情况下能长时间保持不凝结，一旦使用则能正常凝结硬化。

拌制好的砂浆应防止水分的蒸发，夏季应采取遮阳、防雨措施，冬季应采取保温防冻措施。

4.2.2 目前，湿拌砂浆的品种主要有四种：砌筑砂浆、抹灰砂浆、地面砂浆和防水砂浆，其基本性能为抗压强度，因此采用抗压强度对普通预拌砂浆进行标识。由于湿拌砂浆已加水搅拌好，其使用时间受到一定的限制，当超过其凝结时间后，砂浆会逐渐硬化，失去可操作性，因此，要在其规定的时间内使用。

4.2.3 随意加水会改变砂浆的性能，降低砂浆的强度，因此规定砂浆储存时不应加水。由于普通砂浆的保水率不是很高，湿拌砂浆在存放期间往往会出现少量泌水现象，使用前可再次拌合。储存容器中的砂浆用完后，如不立即清理，砂浆硬化后会粘附在底板和容器壁上，造成清理的难度。

4.2.4 湿拌砂浆在高温下，水分蒸发较快，稠度损失也较大，从而影响其可操作性能；在低温下，湿拌砂浆中的水泥会因水化速度缓慢，影响其强度等性能的发展，因此对湿拌砂浆储存地点的温度作出规定。

4.3 干混砂浆储存

4.3.1 施工现场应配备散装干混砂浆移动筒仓。在筒仓外壁明显位置做好砂浆标记，内容有砂浆品种、类型、批号等。散装干混砂浆在输送和储存过程中，应避免颗粒与粉状材料的分离。

存放在现场的砂浆品种有时很多，而不同品种的砂浆其性能也不同，混用将会影响砂浆的性能及工程质量，因此，砂浆不得混存混用。更换砂浆品种时，筒仓要清理干净。

4.3.2 干混砂浆散装移动筒仓一般较高，盛载砂浆时重量较重，可达 30t～40t。如果基础沉降不均匀，可能造成安全隐患，因此，筒仓应按照筒仓供应商的要求安装牢固、安全。

4.3.3 袋装干混砂浆的保存、防潮是关键。干混砂浆中含有较多的水泥组分，水泥遇水会发生化学反应，使水泥结块，从而影响砂浆性能，降低砂浆强度，并缩短砂浆的储存期，因此，干混砂浆储存时不得受潮和遭受雨淋。由于干混砂浆的储存期较短，先进场的砂浆先用，以免超过储存期。有机类材料主要指聚合物乳液等，有机材料易燃，且燃烧时可能会挥发出有毒有害气体，因此要远离火源、热源。聚合物乳液在低温下，会因受冻而失效，因此，规定储存温度应为 5℃～35℃。

4.3.4 干混砂浆在运输、装卸及储存过程中，容易造成颗粒与粉状材料分离，进而影响砂浆性能的均质性。可采用不同抽样点的各样品的筛分结果及抗压强度，用砂浆细度均匀度或抗压强度均匀度对材料的均匀性进行合格判定。

4.4 干混砂浆拌合

4.4.1 干混砂浆是在施工现场加水（或配套组分）搅拌而成，而用水量对砂浆性能有着较大的影响，因此规定应按照产品说明书的要求进行配制。干混砂浆产品说明书中规定了加水量或加水范围，这是生产厂家经反复试验、验证后给定的，超过这个范围，将会影响砂浆的性能及可操作性。

4.4.3 干混砂浆中常常掺有少量的外加剂、添加剂等组分，为使各组分在砂浆中均匀分布，只有通过一定时间的机械搅拌，才能保证砂浆的均匀性，从而保证砂浆的质量。因干混砂浆有散装和袋装之分，其搅拌方式也不一样。散装干混砂浆通常储存在干混砂浆散装移动筒仓中，在筒仓的下部设有连续搅拌器，接上水后，即可连续搅拌，搅拌时间应符合设备的要求。袋装普通干混砂浆一般采用强制式搅拌机进行搅拌，因砂浆中掺有矿物掺合料、添加剂等组分，搅拌时间一般不少于 3min。而使用量较少的特种干混砂浆，有时采用手持式搅拌器进行搅拌，搅拌时间一般为 3min～5min，当砂浆中掺有粉状聚合物（如可再分散乳胶粉）时，搅拌完后需静置 5min 左右，让砂浆熟化，然后再搅拌 3min。因搅拌时间与砂浆的储存方式、砂浆品种、搅拌设备等有关，不宜作统一规定，应根据具体情况及产品说明书的要求确定，以砂浆搅拌均匀为准。

砂浆搅拌结束后要及时清理搅拌设备，否则，砂浆硬化后会粘附在搅拌叶片及容器上，造成清理的难度。

4.4.4 随着时间的推移，砂浆拌合物中的水分会逐渐蒸发，稠度逐渐减小，当稠度损失到一定程度时，砂浆就失去了可操作性，不能正常使用，因此要控制一次搅拌的数量。当天气干燥炎热时，水泥水化较快，水分蒸发也快，砂浆稠度损失较大，宜适当减少一次搅拌的数量。

4.4.5 普通干混砂浆保水率较低，在存放过程中会出现少量泌水。为了保证砂浆材料均匀，易于施工，搅拌好的砂浆当出现少量泌水现象时，使用前应再拌合均匀。

5 砌筑砂浆施工与质量验收

5.1 一般规定

5.1.3 混凝土多孔砖、混凝土普通砖、灰砂砖、粉煤灰砖等块材早期收缩较大，如果过早用于墙体上，会容易出现明显的收缩裂缝，因而要求砌筑时块材的生产龄期应符合相关标准的要求，这样使其早期收缩

值在此期间内完成大部分，这是预防墙体早期开裂的一个重要技术措施。大多数块材的生产龄期为 28d，如混凝土多孔砖、混凝土实心砖、蒸压灰砂砖、蒸压粉煤灰砖、普通混凝土小型空心砌块等。

5.2 块材处理

5.2.1 非烧结制品含水率过大时，会导致砌体后期收缩偏大，因此应控制其上墙时的含水率。由于各类块材的吸水特性，如吸水率、初始吸水速度和失水速度不同，以及环境湿度的差异，块材砌筑时适宜的含水率也各异。

5.2.2 烧结砖砌筑前，应提前 1d～2d 浇水湿润，做到表干内湿，表面不得有明水。砖的湿润程度对砌体的施工质量影响较大。试验证明，适宜的含水率不仅可以提高砖与砂浆之间的粘结力，提高砌体的抗剪强度，还可以使砂浆强度保持正常增长，提高砌体的抗压强度。同时，适宜的含水率还可以使砂浆在操作面上保持一定的摊铺流动性能，便于施工操作，有利于保证砂浆的饱满度，因而对确保砖砌体的力学性能和施工质量是十分有利的。

试验表明，干砖砌筑会大大降低砌体的抗剪和抗压强度，还会造成砌筑困难并影响砂浆强度正常增长；吸水饱和的砖砌筑时，不仅使刚砌的砌体稳定性差，还会影响砂浆与砖的粘结力。

5.2.3 普通混凝土小砌块具有吸水率低和吸水速度迟缓的特点，一般情况下砌筑时可不浇水。

5.2.4 轻骨料混凝土小砌块的吸水率较大，砌筑时应提前浇水湿润。

5.2.5 蒸压加气混凝土砌块具有吸水速率慢、总吸水量大的特点，不适宜采用提前洒水湿润的方法。由于蒸压加气混凝土砌块尺寸偏差较小，可采用薄层砌筑砂浆进行干法施工。

5.3 施 工

5.3.1 灰缝增厚会降低砌体抗压强度，过薄将不能很好垫平块材，产生局部挤压现象。由于薄层砌筑砂浆中常掺有少量添加剂，砂浆的保水性及粘结性能均较好，可以实现薄层砌筑。目前薄层砌筑施工法多用于块材尺寸精确度高的块材砌筑，如蒸压加气混凝土砌块。

5.3.2 砖砌体砌筑宜随铺砂浆随砌筑。采用铺浆法砌筑时，铺浆长度对砌体的抗剪强度有明显影响，因而对铺浆长度作了规定。当空气干燥炎热时，提前湿润的砖及砂浆中的水分蒸发较快，影响工人操作和砌筑质量，因而应缩短铺浆长度。

5.3.3 对墙体砌筑时每日砌筑高度进行控制，目的是保证砌体的砌筑质量和安全生产。

5.3.4 灰缝横平竖直，厚薄均匀，不仅使砌体表面美观，还能保证砌体的变形及传力均匀。此外，对各

种块材墙体砌筑时的砂浆饱满度作了规定，以保证砌体的砌筑质量和使用安全。由于砖柱为独立受力的重要构件，为保证其安全性，对灰缝砂浆饱满度的要求有所提高。

小砌块砌体的砂浆饱满度严于砖砌体的要求。究其原因：一是由于小砌块壁较薄、肋较窄，小砌块与砂浆的粘结面不大；二是砂浆饱满度对砌体强度及墙体整体性影响比砖砌体大，其中，抗剪强度较低又是小砌块的一个弱点；三是考虑了建筑物使用功能（如防渗漏）的需要。另外，竖向灰缝饱满度对防止墙体裂缝和渗水至关重要。

5.3.5 竖向灰缝砂浆的饱满度一般对砌体的抗压强度影响不大，但对砌体的抗剪强度影响明显。此外，透明缝、瞎缝和假缝对房屋的使用功能也会产生不良影响。因此，对砌体施工时的竖向灰缝的质量要求作出了相应的规定，以保证竖向灰缝饱满，避免出现假缝、瞎缝、透明缝等。

5.3.6 块材位置变动，会影响与砂浆的粘结性能，降低砌体的安全性。

5.4 质量验收

5.4.1 砌筑砂浆的使用量较大，且预拌砌筑砂浆的质量比较稳定，验收批量比现场拌制砂浆可适当放宽。根据现场实际使用情况及施工进度，分别规定了湿拌砌筑砂浆和干混砌筑砂浆的验收批量。

5.4.2 预拌砂浆是在专业生产厂生产的，材料稳定，计量准确，砂浆质量较好，强度值离散性较小，可适当减少现场砂浆抗压强度试块的制作量，但每验收批各类型、各强度等级的预拌砌筑砂浆留置的试块组数不宜少于3组。

5.4.4 明确抗压强度是按验收批进行评定，其合格标准参考了相关的标准规范。当同一验收批砂浆试块抗压强度平均值和最小值或单组值均满足规定要求时，判该验收批砂浆试块抗压强度合格。

6 抹灰砂浆施工与质量验收

6.1 一般规定

6.1.2 抹灰砂浆稠度应满足施工的要求，施工单位可根据抹灰部位、基层情况、气候条件以及产品说明书等确定抹灰砂浆的稠度。表2是不同抹灰部位砂浆稠度的参考表。

表2 抹灰砂浆稠度参考表

抹灰层部位	稠度(mm)
底层	100～120
中层	70～90
面层	70～80

6.1.4 设置分格缝的目的是释放收缩应力，避免外墙大面积抹灰时引起的砂浆开裂。

6.1.5 抹灰层空鼓、起壳和开裂既有材料因素，也有施工操作因素，制作样板和留样是为了明确界面、分清职责，方便日后出现问题时查找原因和划分责任。

6.1.6 天气干燥炎热时，水分蒸发较快，砂浆会因失水而影响强度的发展，可根据现场条件采取相应的遮阳措施。施工前，对基层表面洒水湿润，可避免基层从砂浆中吸取较多的水分。

6.1.7 机械喷涂抹灰可加快施工进度，提高施工质量，提倡使用。

6.2 基层处理

6.2.1 抹灰前对基层进行认真处理，是保证抹灰质量，防止抹灰层裂缝、起鼓、脱落极为关键的工序，抹灰工程应对此给予高度重视。孔洞、缝隙等处的堵塞、填平，若与抹灰同时进行，这些部位的抹灰厚度会过厚，导致与其他部位的抹灰层有不同收缩，易产生裂缝。明显凸凹处如不处理，会使抹灰层过薄或过厚，影响抹灰层的质量。

6.2.2 不同材质基体相接处，由于材质的吸水和收缩不一致，容易导致交接处表面的抹灰层开裂，故应采取加强措施。可采在同一表面钉金属网或钢板等措施，可避免因基体收缩、变形不同引起的砂浆裂缝。

6.2.3 混凝土墙体表面比较光滑，不容易吸附砂浆；蒸压加气混凝土砌块具有吸水速度慢，但吸水量大的特点，在这些材料基层上抹灰比较困难。采用与之配套的界面砂浆在基层上先进行界面增强处理，然后再抹灰，这样可增加抹灰层与基底之间的粘结，也可降低高吸水性蒸压加气混凝土砌块吸收砂浆中水分的能力。

可采用涂抹、喷涂、滚涂等方法在基层上先均匀涂抹一层1mm～2mm厚的界面砂浆，表面稍收浆后，进行第一遍抹灰。

6.2.4 这些块材也有与之配套的界面砂浆，优先采用界面砂浆对基层进行界面增强处理，也可参照烧结黏土砖砌体抹灰的施工方法，即提前洒水湿润。

6.2.5 基底湿润是保证抹灰砂浆质量的重要环节，为了避免砂浆中的水分过快损失，影响施工操作和砂浆的固化质量，在吸水性较强的基底上抹灰时应提前洒水湿润基层。洒水量及洒水时间应根据材料、基底、气候等条件进行控制，不可过多或过少。洒水过少易使砂浆中的水分被基底吸走，使水泥缺水不能正常硬化；过多会造成抹灰时产生流淌，挂不住砂浆，也会因超量的水产生相对运动，降低抹灰层与基底层的粘结。一般，天气干燥有风时多洒，天气寒冷、蒸发小时少洒。我国幅员辽阔，各地气候不同，各种基底的吸水能力又有很大差异，应根据具体情况，掌握洒水的频次与洒水量。

6.2.6 对平整度较好的基底，如蒸压加气混凝土砌块砌体，可通过采用薄层抹灰砂浆实现薄层抹灰。由于薄层抹灰砂浆中掺有少量的添加剂，砂浆的保水性及粘结性能较好，可直接抹灰，不需做界面处理。

6.3 施　工

6.3.1 主体结构一般在 28d 后进行验收，这时砌体上的砌筑砂浆或混凝土结构达到了一定的强度且趋于稳定，而且墙体收缩变形也减小，此时抹灰可减少对抹灰砂浆体积变形的影响。

6.3.2 抹灰工艺因砂浆品种、基层的不同而有所差异，通常，抹灰砂浆的产品说明书中会对施工方法有详细的描述。

6.3.3 砂浆一次涂抹厚度过厚，容易引起砂浆开裂，因此应控制一次抹灰厚度。薄层抹灰砂浆中常掺有少量添加剂，砂浆的保水性及粘结性能均较好，当基底平整度较好时，涂层厚度可控制在 5mm 以内，而且涂抹一遍即可。

6.3.4 为防止砂浆内外收水不均匀，引起裂缝、起鼓，也为了易于找平，一次抹的不宜太厚，应分层涂抹。每层施工的间隔时间视不同品种砂浆的特性以及气候条件而定，并参考生产厂家的建议，要求后一层砂浆施工应待前一层砂浆凝结硬化后进行。为了增加抹灰层与底基层间的粘结，底层要用力压实；为了提高与上一层砂浆的粘结力，底层砂浆与中间层砂浆表面要搓毛。在抹中间层和面层砂浆时，需注意表面平整，使之能符合设定的规、距。抹面层时要注意压光，用木抹抹平，铁抹压光。压光时间过早，表面易出现泌水，影响砂浆强度；压光时间过迟，会影响砂浆强度的增长。

6.3.5 为了防止抹灰总厚度太厚引起砂浆层裂缝、脱落，当总厚度超过 35mm 时，需采取增设金属网等加强措施。

6.3.7 顶棚基本为混凝土或混凝土构件，其表面平整度较好，且光滑，可采用薄层抹灰砂浆进行找平，也可采用腻子进行找平。

6.3.8 砂浆过快失水，会引起砂浆开裂，影响砂浆力学性能的发展，从而影响砂浆抹灰层的质量；由于抹灰层很薄，极易受冻害，故应避免早期受冻。目前高层建筑窗墙比大，靠近高层窗洞口墙体往往受穿堂风影响很大，应采取措施，不然，抹灰层失水较快，造成空鼓、起壳和开裂。对完工后的抹灰砂浆层进行保护，以保证砂浆的外观质量。

6.3.9 养护是保证抹灰工程质量的关键。砂浆中的水泥有了充足的水，才能正常水化、凝结硬化。由于抹灰层厚度较薄，基底层的吸水和砂浆表层水分的蒸发，都会使抹灰砂浆中的水分散失。如砂浆失水过多，将不能保证水泥的正常水化硬化，砂浆的抗压强度和粘结强度将不能满足设计要求。因此，抹灰砂浆

凝结后应及时保湿养护，使抹灰层在养护期内经常保持湿润。

保湿养护的方式有：喷水、洒水、涂养护剂或养护膜、覆盖湿草帘等。

采用洒水养护时，当气温在 15℃ 以上时，每天宜洒 2 次以上养护水。当砂浆保水性较差、基底吸水性强或天气干燥、蒸发量大时，应增加洒水次数。洒水次数以抹灰层在养护期内经常保持湿润、不影响砂浆正常硬化为原则。目前国内许多抹灰工程没有进行养护，这样既浪费了材料，又不能保证工程质量，有的还发生抹灰层起鼓、脱落等质量事故，应引起足够的重视。为了节约用水，避免多洒的水流淌，可改用喷嘴雾化水养护。

因薄层抹灰砂浆中掺有少量的保水增稠材料、砂浆的保水性和粘结强度较高，砂浆中的水分不易蒸发，可采用自然养护。

6.4 质量验收

6.4.1、6.4.2 检验批的划分和检查数量是参考现行国家标准《建筑装饰装修工程质量验收规范》GB 50210 的相关规定确定的。

6.4.3～6.4.5 这几项要求是保证抹灰工程质量的最基本要求。

6.4.6 抹灰砂浆质量的好坏关键在于抹灰层与基底层之间及各抹灰层之间必须粘结牢固，判别方法是在实体抹灰层上进行拉拔试验。

为了给出抹灰砂浆实体拉伸粘结强度的验收指标，规程编制组做了大量验证试验，在不同品种的砌块、烧结砖及非烧结砖墙体上进行抹灰，采用不同的基层处理方法（不处理、提前 24h 洒水、涂界面砂浆、刷水泥净浆等）和养护方法（洒水养护、自然养护），在不同龄期进行实体拉伸粘结强度检测。试验结果表明，对拉伸粘结强度影响最大的因素是养护的方式，不管抹灰前采取何种基层处理方法，包括涂刷界面砂浆，但抹灰后未采取任何措施进行养护的，其拉伸粘结强度基本在 0.2MPa 以下，而同样经过 7d 洒水养护的，其拉伸粘结强度大部分在 0.3MPa～0.6MPa，可见，抹灰后进行适当保湿养护，拉伸粘结强度达到 0.25MPa 是容易通过的。

6.4.7 若抹灰层外表面设计粘贴饰面砖时，还应符合相应的标准。

7 地面砂浆施工与质量验收

7.1 一般规定

7.1.1 建筑地面工程是指无特殊要求的地面，包括屋面、楼（地）面。

7.1.2 地面砂浆层需承受一定的荷载，且要求具有

一定的耐磨性，因而要求地面砂浆应具有较高的抗压强度。砂浆稠度过大，容易造成砂浆失水收缩而引起的开裂，因此，控制砂浆用水量，是保证地面面层砂浆不起砂、不起灰的有效措施。

7.1.3 地面砂浆层需承受一定的荷载，故对其厚度作了规定。

7.2 基 层 处 理

7.2.1 基层表面的处理效果直接影响到地面砂浆的施工质量，因而要对基层进行认真处理，使基层表面达到平整、坚固、清洁。

7.2.2 地面比较容易洒水，对粗糙地面可以采取提前洒水湿润的处理方法。

7.2.3 对光滑基层，如混凝土地面，可采取涂抹界面砂浆等界面处理措施，以提高砂浆与基层的粘结强度。

7.3 施 工

7.3.2 地面面层砂浆施工时应刮抹平整；表面需要压光时，应做到收水压光均匀，不得泛砂。压光时间要恰当，若压光时间过早，表面易出现泌水，影响表层砂浆强度；压光时间过迟，易损伤水泥胶凝体的凝结结构，影响砂浆强度的增长，容易导致面层砂浆起砂。

7.3.3 目的是保证踢脚线与墙面紧密结合，高度一致，厚度均匀。

7.3.4 踏步面层施工时，可根据平台和楼面的建筑标高，先在侧面墙上弹一道踏级标准斜线，然后根据踏级步数将斜线等分，等分各点即为踏级的阳角位置。每级踏步的高（宽）度与上一级踏步和下一级踏步的高（宽）度误差不应大于 10mm。楼梯踏步齿角要整齐，防滑条顺直。

7.3.5 客厅、会议室、集体活动室、仓库等房间的面积较大，设置变形缝是为了避免地面砂浆由于收缩变形导致的较多裂缝的发生。

7.3.6 养护工作的好坏对地面砂浆质量影响极大，潮湿环境有利于砂浆强度的增长；养护不够，且水分蒸发过快，水泥水化减缓甚至停止水化，从而影响砂浆的后期强度。另外，地面砂浆一般面积大，面层厚度薄，又是湿作业，故应特别防止早期受冻，为此要确保施工环境温度在 5℃ 以上。

7.3.7 地面砂浆受到污染或损坏，会影响到其美观及使用。当面层砂浆强度较低时就过早使用，面层易遭受损伤。

7.4 质 量 验 收

7.4.1、7.4.2 检验批的划分和检查数量是参考国家标准《建筑地面工程施工质量验收规范》GB 50209 的相关规定确定的。

7.4.7 预拌砂浆是专业工厂生产的，质量比较稳定，每检验批可留取一组抗压强度试块。

7.4.8 砂浆抗压强度按验收批进行评定，给出了砂浆试块抗压强度合格的判别标准。

8 防水砂浆施工与质量验收

8.1 一 般 规 定

8.1.1 本章所指防水砂浆包括预拌普通防水砂浆和聚合物水泥防水砂浆。普通防水砂浆主要指掺外加剂的防水砂浆，为刚性防水材料，适应变形能力较差，需与基层粘结牢固并连成一体，共同承受外力及压力水的作用，适用于防水要求较低的工程。聚合物水泥防水砂浆具有一定的柔性，可适应较小的变形要求。

　　刚性防水砂浆主要用于混凝土浇筑体（包括现浇混凝土和预制混凝土构件）、砌体结构（包括框架混凝土结构的填充砌块和独立的砌块砌体）。根据工程类型、防水要求，可以做成独立防水层，可以与结构自防水进行复合，也可以与其他类型的防水材料构成复合防水。

8.1.3 防水砂浆施工前，应将节点部位、相关的设备预埋件和管线安装固定好，验收合格后方可进行防水砂浆的施工。

8.1.4 凿孔打洞会破坏防水砂浆层，引起渗漏，因此，应作好砂浆防水层的保护工作，避免对防水砂浆层造成破坏。

8.2 基 层 处 理

8.2.1 基层的平整、坚固、清洁，对保证砂浆防水层的施工质量具有很重要的作用，因此，需要作好此环节的工作。

8.2.2 本条是依据现行国家标准《地下防水工程质量验收规范》GB 50208 作出的规定。

8.2.3 使用界面砂浆进行界面处理，可提高防水砂浆与基层的粘结强度。聚合物水泥防水砂浆具有较好的黏性和保水性，界面可不用处理，直接施工。

8.2.4 嵌填防水密封材料是为了强化管道、地漏根部的防水。有一定的坡度是保证排水效果，坡度一般为 5%。

8.3 施 工

8.3.1 用于混凝土或砌体结构基层上的水泥砂浆防水层，应采用多层抹压的施工工艺，以提高砂浆层的防水能力。多层抹压可防止砂浆防水层的空鼓、裂缝，有利于提高防水效果。

8.3.2 普通防水砂浆为刚性防水材料，抗裂性能相对较差，只有达到一定的厚度才能满足防水的要求。为了防止一次涂抹太厚，引起砂浆层空鼓、裂缝和脱落，砂浆防水层应分层施工，分层还有利于毛细孔阻断，提高防水效果。抹灰时要压实，以保证防水层各层之间结合牢固、无空鼓现象，但注意不要反复压的次数过多，以免产生空鼓、裂缝。

砂浆铺抹时，通常在砂浆收水后二次压光，使表面坚固密实、平整。

8.3.3 由于聚合物水泥防水砂浆中的聚合物为合成高分子材料，具有堵塞毛细孔的作用，可以提高防水的效能，同时又具有一定的柔性，因此，砂浆厚度可薄些。

8.3.4 施工缝是砂浆防水层的薄弱部位，由于施工缝接槎不严密及位置留设不当等原因，导致防水层渗漏。因此，各层应紧密结合，每层宜连续施工，如必须留槎时，应采用阶梯坡形槎，并符合本条要求。接槎应依层次顺序操作，层层搭接紧密。

8.3.5 屋面分格缝的设置是防止砂浆防水层变形产生的裂缝，具体做法、间隔距离、处理方法等应符合现行国家标准《屋面工程技术规范》GB 50345 的规定。

8.3.6 保湿养护是保证砂浆防水层质量的关键。砂浆中的水泥有充足的水才能正常水化硬化，如砂浆失水过多，砂浆的抗压强度和粘结强度都无法达到设计要求，砂浆的防水性能将得不到保证。因此需从砂浆凝结后立即开始保湿养护，以防止砂浆层早期脱水而产生裂缝，导致渗水。保湿养护可采用浇水、喷雾、覆盖浇水、喷养护剂、涂刷冷底子油等方式。采用淋水方式时，每天不宜少于两次。当基底吸水性强或天气干燥、蒸发量大时，应增加淋水次数。墙面防水层可采用喷雾器洒水养护，地面防水层可采用湿草袋覆盖养护。

聚合物水泥砂浆防水层可采用干湿交替的养护方法，早期(硬化后 7d 内)采用潮湿养护，后期采用自然养护。在潮湿环境中，可在自然条件下养护。

8.3.7 砂浆未凝结硬化前受到水的冲刷，会使砂浆表层受到损害。储水结构如过早使用，面层砂浆宜遭受损伤，不能起到防水的作用，因此，应等到砂浆强度达到设计要求后方可使用。

8.4 质 量 验 收

8.4.1 根据不同的砂浆防水层工程做法确定的检验批。

8.4.3、8.4.4 此两条是参考现行国家标准《地下防水工程质量验收规范》GB 50208 确定的。

8.4.5 砂浆防水层须达到必要的厚度，以保证砂浆防水层的防水效果。

9 界面砂浆施工与质量验收

9.1 一 般 规 定

9.1.1 界面砂浆主要用于基层表面比较光滑、吸水慢但总吸水量较大的基层处理，如混凝土、加气混凝土基层，解决由于这些表面光滑或吸水特性引起的界面不易粘结，抹灰层空鼓、开裂、剥落等问题，可大大提高砂浆与基层之间的粘结力，从而提高施工质量，加快施工进度。在很多不易被砂浆粘结的致密材料上，界面砂浆作为必不可少的辅助材料，得到广泛的应用。

界面砂浆在轻质砌块、加气混凝土砌块等易产生干缩变形的砌体结构上，具有一定的防止墙体吸水，降低开裂，使基材稳定的作用。

9.1.2 界面砂浆的种类很多，有混凝土、加气混凝土专用界面砂浆，有模塑聚苯板、挤塑聚苯板专用界面砂浆，还有自流平砂浆专用界面砂浆，随着预拌砂浆的发展，还会开发出更多、性能更全的品种。由于各种界面砂浆的性能要求不同，适应性也不同，因此，应根据基层、施工要求等情况选择相匹配的界面砂浆。

9.2 施 工

9.2.1 基层良好的处理是保证界面砂浆与基层结合牢固，不空鼓、不开裂的关键工序，应认真处理好基层，使其平整、坚固、洁净。

9.2.2 当基层表面比较光滑、平整时，可采用滚刷法施工。

9.2.3 界面砂浆涂抹好后，待其表面稍收浆(用手指触摸，不粘手)后即可进行下道抹灰施工。夏季气温高时，界面砂浆干燥较快，一般间隔时间在 10min～20min；气温低时，界面砂浆干燥较慢，一般间隔时间约 1h～2h。

9.2.4 在工厂预先对保温板进行界面处理时，应待界面砂浆固化(大约 24h)后才可进行下道工序。

9.3 质 量 验 收

9.3.1 涂刷不均匀会影响下道工序的施工质量。

9.3.2 界面砂浆施工完成后，即被下道施工工序所覆盖，可通过对涂抹在界面砂浆外表面的抹灰砂浆实体拉伸粘结强度的检验结果判定界面砂浆的材料及施工质量。

10 陶瓷砖粘结砂浆施工与质量验收

10.1 一 般 规 定

10.1.1 陶瓷砖粘结砂浆适用范围为普通的工业(不含耐酸碱腐蚀等特殊要求)和民用建筑，规定了陶瓷砖粘结砂浆的适用基层及其粘结对象。

10.1.2 施工部位分为内墙、外墙、地面及外保温系统等，它们对粘结砂浆的要求也不一样，内墙上粘贴的陶瓷砖，所处环境的温湿度变化幅度不是很大，对粘结砂浆的要求相对低些；而外墙上粘贴的陶瓷砖，所处的环境条件比较恶劣，要能经得住严寒酷暑及雨水的侵袭，因此对粘结砂浆的要求高于内墙用的粘结砂浆；而在外保温系统上粘贴陶瓷砖，除了能经受得住严寒酷暑及雨水的侵袭，还要求粘结砂浆具有较好的柔韧性，能适应基底的变形。

陶瓷砖的质量差异也很大，有吸水率高的陶质砖，吸水率低的瓷质砖，还有几乎不吸水的玻化砖，所以应针对具体情况选择相匹配的粘结砂浆。

10.1.3 陶瓷砖的粘贴方法有单面粘贴法和双面粘贴法，根据施工要求、陶瓷砖种类、基层等情况选择适宜的粘贴方法。表3给出不同种类陶瓷砖常采用的粘贴方法及涂层厚度，其中涂层厚度为基层质量符合验收标准的情况下粘结砂浆的最佳厚度，供参考。

表3 陶瓷墙地砖的粘贴方法及涂层厚度

陶瓷墙地砖种类	粘贴方法	涂层厚度（mm）
纸面小面砖	双面粘贴	2～3
纸面马赛克	双面粘贴	2～3
釉面面砖	单面粘贴	2～3
陶瓷面砖（嵌缝）	单面粘贴	2～3
陶瓷地砖	单面粘贴	3～4
大理石、花岗石	双面粘贴	5～7
陶瓦土片（正打）	单面粘贴	3～5
陶瓦土片（反打）	单面粘贴	2～3

10.1.5 刚贴完砖的部位如过早受阳光照射，会影响陶瓷砖的粘贴质量，降低陶瓷砖与砂浆的粘结强度，所以应在早期采取防护措施。

10.1.6 为避免大面积粘贴陶瓷砖后出现拉伸粘结强度不合格造成的损失，施工前应制作样板，经检验拉伸粘结强度合格后方可按所用材料及施工工艺进行施工。

10.2 基层要求

10.2.1 基层表面附着物处理干净与否直接影响粘结砂浆的粘结质量。应将基层表面的尘土、污垢、油渍、墙面的混凝土残渣和隔离剂、养护剂等清理干净。基层表面平整度应符合施工要求，对墙面平整度超差部分应剔凿或修补，表面疏松处必须剔除，以保证陶瓷砖的粘贴质量。

10.2.2 外墙饰面砖验收标准是其平均拉伸粘结强度不小于0.4MPa，因此，要求贴砖的基体或基层也应达到0.4MPa，方能满足饰面砖的验收要求。

10.2.3 天气干燥、炎热时，基层吸附水的能力比较强，水分蒸发也比较快，施工前可向基层适量浇水湿润。

10.3 施 工

10.3.1 基层或基体属于隐蔽工程，应待其验收合格后方可贴砖。

10.3.3 陶瓷砖一定要清理干净，尤其是砖背面的隔离粉等必须擦净，否则会影响粘贴质量。

10.3.5 由于陶瓷砖的品种、规格较多，其性能也千差万别，应根据陶瓷砖的特点如吸水率、密度、规格尺寸等选择相适应的施工工艺。一般，对吸水率较大的陶质类面砖，可先浸湿阴干，然后再粘贴；而对吸水率较小的瓷质砖、玻化砖，不需浸湿，直接粘贴。对轻质、尺寸小的砖，可从上向下粘贴，而对重质、尺寸较大的砖，应自下而上双面粘贴。

10.3.6 单面粘贴法也称为镘抹法，适用于密度较轻、尺寸较小的陶瓷砖粘贴。

10.3.7 双面粘贴法也称为组合法。优先选择双面粘贴法，虽然该方法多用掉一些砂浆，但粘贴较牢固、安全。

通常情况下，可先在基面上按压批刮一层较薄的胶浆，以达到胶浆嵌固润湿基面的增强效果。

10.3.8 超过陶瓷砖粘结砂浆晾置时间后再调整陶瓷砖的位置，会影响砖的粘贴质量，导致陶瓷砖粘贴不牢固。

10.3.10 养护期间应做好防止陶瓷砖污染、碰撞及损坏等保护工作。

10.4 质量验收

10.4.1、10.4.2 检验批的划分及检查数量是参考相关标准确定的。

10.4.7 外墙饰面砖若粘贴不牢固，饰面砖容易脱落，伤人毁物，威胁到人民生命财产的安全，因此，对外墙饰面砖要进行拉伸粘结强度的检验。

中华人民共和国行业标准

无机轻集料砂浆保温系统技术规程

Technical specification for thermal insulating systems of inorganic
lightweight aggregate mortar

JGJ 253—2011

批准部门：中华人民共和国住房和城乡建设部
施行日期：２０１２ 年 ６ 月 １ 日

中华人民共和国住房和城乡建设部
公　告

第 1179 号

关于发布行业标准《无机轻集料砂浆
保温系统技术规程》的公告

现批准《无机轻集料砂浆保温系统技术规程》为行业标准，编号为 JGJ 253 - 2011，自 2012 年 6 月 1 日起实施。其中，第 4.1.1、6.1.1、6.1.2 条为强制性条文，必须严格执行。

本规程由我部标准定额研究所组织中国建筑工业出版社出版发行。

中华人民共和国住房和城乡建设部

2011 年 11 月 22 日

前　言

根据住房和城乡建设部《关于印发〈2009 年工程建设标准规范制订、修订计划〉的通知》（建标 [2009] 88 号）的要求，规程编制组经广泛调查研究，认真总结实践经验，参考有关国际标准和国外先进标准，并在广泛征求意见的基础上，编制本规程。

本规程的主要技术内容是：1. 总则；2. 术语；3. 基本规定；4. 性能要求与进场检验；5. 设计；6. 施工；7. 质量验收。

本规程中以黑体字标志的条文为强制性条文，必须严格执行。

本规程由住房和城乡建设部负责管理和对强制性条文的解释，由广厦建设集团有限责任公司负责具体技术内容的解释。执行过程中如有意见或建议，请寄送广厦建设集团有限责任公司（地址：浙江省杭州市玉古路 166 号，邮编：310013）。

本 规 程 主 编 单 位：广厦建设集团有限责任公司

　　　　　　　　　　　宁波荣山新型材料有限公司

本 规 程 参 编 单 位：浙江大学

　　　　　　　　　　　中国建筑科学研究院

　　　　　　　　　　　中国建筑材料科学研究总院

　　　　　　　　　　　上海市建设工程安全质量监督总站

　　　　　　　　　　　上海市建筑科学研究院

　　　　　　　　　　　浙江省建筑科学设计研究院

河南省建筑科学研究院

南京臣功节能材料有限公司

乐意涂料（上海）有限公司

浙江大森建筑节能科技有限公司

浙江东宸建设控股集团有限公司

浙江鸿翔保温科技有限公司

浙江新世纪工程检测有限公司

杭州泰富龙新型建筑材料有限公司

杭州元创新型材料科技有限公司

杭州安阳建材科技有限公司

太原思科达科技发展有限公司

江西扬泰建筑干粉有限公司

深圳市思科达科技有限公司

深圳贝特尔建筑材料有限公司

安徽芜湖中川节能建材有

限公司

武汉奥捷高新技术有限
公司

南阳天意保温耐火材料有
限公司

昆山长绿环保建材有限
公司

余姚市飞天玻纤有限公司

本规程主要起草人员：阮 华 钱晓倩 林炎飞
李陆宝 楼 明 王小山
方明晖 潘延平 宋 波
王智宇 刘 勇 周 东

刘明明 王新民 苑 麒
栾景阳 韩玉春 朱国亮
周 强 张继文 邓 威
水贤明 张定干 李 珠
王博儒 林 德 赵享鸿
张 迁 张建中 王海宾
刘德亮 周 瑜 陈伟前
朱仟忠 顾剑英 庄继昌

本规程主要审查人员：钱选青 薛滔菁 赵霄龙
高旭东 王洪涛 马成良
任 俊 伊 立 陈金伟

目　次

Contents

1 总 则

1.0.1 为规范无机轻集料砂浆保温系统墙体保温工程技术要求，保证工程质量，做到技术先进、安全可靠、经济合理，制定本规程。

1.0.2 本规程适用于以混凝土和砌体为基层墙体的民用建筑工程中，采用无机轻集料砂浆保温系统的墙体保温工程的设计、施工及验收。

1.0.3 无机轻集料砂浆保温系统的设计、施工及验收除应符合本规程外，尚应符合国家现行有关标准的规定。

2 术 语

2.0.1 墙体保温工程 thermal insulation on walls

将保温系统通过组合、组装、施工或安装固定在墙体表面上所形成的建筑物实体。

2.0.2 无机轻集料砂浆保温系统 thermal insulating systems of inorganic lightweight mortar

由界面层、无机轻集料保温砂浆保温层、抗裂面层及饰面层组成的保温系统。包括外墙外保温、内保温两种保温构造。

2.0.3 基层 substrate

保温系统所依附的墙体。

2.0.4 界面砂浆 interface treating agent

用于改善基层与保温层表面粘结性能的聚合物干混砂浆。

2.0.5 无机轻集料保温砂浆 the mortar with mineral binder and using lightweight inorganic granule as aggregate

以憎水型膨胀珍珠岩、膨胀玻化微珠、闭孔珍珠岩、陶砂等无机轻集料为保温材料，以水泥或其他无机胶凝材料为主要胶结料，并掺加高分子聚合物及其他功能性添加剂而制成的建筑保温干混砂浆。

2.0.6 抗裂砂浆 anti-crack mortar

由水泥或其他无机胶凝材料、高分子聚合物和填料等材料配制而成，能满足一定变形而具有一定的抗裂性能的干混砂浆。

2.0.7 玻纤网 glassfiber-mesh

经表面涂覆处理的网格状玻璃纤维织物，具有一定的耐碱性和硬挺度，作为增强材料埋入抗裂砂浆中，与抗裂砂浆共同形成抗裂面层，用以提高抗裂面层的抗裂性。

2.0.8 塑料锚栓 plastic fastener

由螺钉和带圆盘的塑料膨胀套管两部分组成，固定于基层墙体的专用连接件。

3 基 本 规 定

3.0.1 无机轻集料砂浆保温系统应能适应基层的正常变形而不产生裂缝或空鼓，同时系统内的各个面层之间应具有变形协调的能力。

3.0.2 当无机轻集料砂浆保温系统用于外墙外保温时，应符合现行行业标准《外墙外保温工程技术规程》JGJ 144 的有关规定。

3.0.3 墙体的保温、隔热和防潮性能应符合现行国家标准《民用建筑热工设计规范》GB 50176 和国家现行有关建筑节能设计标准的规定。

3.0.4 保温系统各组成部分应具有物理-化学稳定性。所有组成材料应彼此相容并具有防腐性。在可能受到生物侵害时，墙体保温工程尚应具有防生物侵害性能。

3.0.5 保温系统采用的砂浆均应为单组分砂浆，现场不得添加除水以外的其他材料。

3.0.6 检测数据的判定应按现行国家标准《数值修约规则与极限数值的表示和判定》GB/T 8170 的规定进行。

4 性能要求与进场检验

4.1 系统的性能

4.1.1 当无机轻集料砂浆保温系统用于外墙外保温时，必须进行耐候性检验，耐候性性能必须符合下列规定：

1 涂料饰面经 80 次高温（70℃）、淋水（15℃）和 5 次加热（50℃）、冷冻（-20℃）循环后不得出现开裂、空鼓或脱落。

2 面砖饰面经 80 次高温（70℃）、淋水（15℃）和 30 次加热（50℃）、冷冻（-20℃）循环后不得出现开裂、空鼓或脱落。

3 抗裂面层与保温层拉伸粘结强度：Ⅰ型保温砂浆不应小于 0.10MPa，Ⅱ型保温砂浆不应小于 0.15MPa，Ⅲ型保温砂浆不应小于 0.25MPa；且破坏部位应位于保温层内。

4 经耐候性试验后，面砖饰面系统的拉伸粘结强度不应小于 0.4MPa。

4.1.2 无机轻集料砂浆保温系统的性能尚应符合表 4.1.2 的要求。

表 4.1.2 无机轻集料砂浆保温系统的性能指标

项 目	性 能 指 标
抗冲击性	普通型（单层玻纤网）：3J，且无宽度大于 0.10mm 的裂纹； 加强型（双层玻纤网）：10J，且无宽度大于 0.10mm 的裂纹

续表 4.1.2

项 目	性 能 指 标
抗裂面层不透水性	2h 不透水
吸水量（在水中浸泡 1h）	≤1000g/m²
抗裂面层复合饰面层水蒸气湿流密度	≥0.85g/（m²·h）
耐冻融性能	30 次冻融循环后，系统无空鼓、脱落，无渗水裂缝；抗裂面层与保温层的拉伸粘结强度Ⅰ型保温砂浆：≥0.10MPaⅡ型保温砂浆：≥0.15MPaⅢ型保温砂浆：≥0.25MPa（破坏部位应位于保温层内）
热 阻	符合设计要求

注：1 外墙内保温系统的耐候性、耐冻融性能不作要求。
 2 当需要检验外墙外保温系统抗风荷载性能时，性能指标和试验方法由供需双方协商确定。

4.2 组成材料的性能

4.2.1 无机轻集料保温砂浆按干密度可分为Ⅰ型、Ⅱ型和Ⅲ型，其性能应符合表 4.2.1 的要求。其中燃烧性能指标应符合现行国家标准《建筑材料及制品燃烧性能分级》GB 8624 中 A2 级的检验判断要求。

表 4.2.1 无机轻集料保温砂浆的性能指标

项 目		性能要求		
		Ⅰ型	Ⅱ型	Ⅲ型
干密度	（kg/m³）	≤350	≤450	≤550
抗压强度	（MPa）	≥0.50	≥1.00	≥2.50
拉伸粘结强度	（MPa）	≥0.10	≥0.15	≥0.25
导热系数（平均温度25℃）	[W/(m·K)]	≤0.070	≤0.085	≤0.100
稠度保留率(1h)	（%）	≥60		
线性收缩率	（%）	≤0.25		
软化系数		≥0.60		
抗冻性能	抗压强度损失率 （%）	≤20		
	质量损失率 （%）	≤5		
石棉含量		不含石棉纤维		
放射性		同时满足 I_{Ra}≤1.0 和 I_{γ}≤1.0		
燃烧性能		A2 级		

4.2.2 界面砂浆的性能应符合表 4.2.2 的要求。

表 4.2.2 界面砂浆的性能指标

项 目		指 标
拉伸粘结强度	原强度（MPa）	≥0.90
	浸水（MPa）	≥0.70
可操作时间（h）		1.5~4.0

4.2.3 抗裂砂浆的性能应符合表 4.2.3 的要求。

表 4.2.3 抗裂砂浆的性能指标

项 目		指标
可使用时间	可操作时间（h）	≥1.5
	在可操作时间内拉伸粘结强度（MPa）	≥0.70
原拉伸粘结强度（常温 28d）（MPa）		≥0.70
浸水拉伸粘结强度（常温 28d，浸水 7d）（MPa）		≥0.50
透水性（24h）（mL）		≤2.5
压折比		≤3.0

4.2.4 玻纤网的性能应符合表 4.2.4 的要求。

表 4.2.4 玻纤网的性能指标

项 目	指 标
网孔中心距（mm）	5~8
单位面积质量（g/m²）	≥130
耐碱拉伸断裂强力（经、纬向）（N/50mm）	≥750
断裂伸长率（经、纬向）（%）	≤5.0
耐碱断裂强力保留率（经、纬向）（%）	≥50

4.2.5 塑料锚栓的金属螺钉应采用不锈钢或经过表面防腐蚀处理的金属制成，塑料钉和带圆盘的塑料膨胀管应采用聚酰胺、聚乙烯或聚丙烯制成，不得使用回收的再生材料。有效锚固深度不应小于 25mm，塑料圆盘直径不应小于 50mm，套管外径宜为 7mm~10mm，单个塑料锚栓抗拉承载力标准值在 C25 混凝土基层中不应小于 0.60kN，在其他砌体中不应小于 0.30kN。

4.2.6 涂料饰面时应采用柔性耐水腻子，其性能应符合现行行业标准《外墙外保温柔性耐水腻子》JG/T 229 的规定。

4.2.7 饰面涂料应与无机轻集料砂浆保温系统的材料具有相容性，且其性能除应符合国家现行相关标准外，尚应满足表 4.2.7 的抗裂性能要求。

表 4.2.7 饰面涂料的抗裂性能指标

项 目		指 标
抗裂性	平涂用涂料	断裂伸长率≥150%
	连续性复层建筑涂料	主涂层的断裂伸长率≥100%
	浮雕类非连续性复层建筑涂料	主涂层初期干燥抗裂性满足要求

4.2.8 外保温饰面砖应采用粘贴面带有燕尾槽的产品，且不得残留脱模剂。其性能除应符合国家现行相关标准的规定外，尚应满足表 4.2.8 的要求。

表 4.2.8　饰面砖的性能指标

项　目		指　标
单块尺寸规格	表面面积（m²）	≤0.02
	厚度（mm）	≤7.5
单位面积质量（kg/m²）		≤20

4.2.9　陶瓷墙地砖胶粘剂的性能应符合现行行业标准《陶瓷墙地砖胶粘剂》JC/T 547 的规定。

4.2.10　陶瓷墙地砖填缝剂的性能应符合现行行业标准《陶瓷墙地砖填缝剂》JC/T 1004 的规定。

4.3　材料进场检验

4.3.1　保温工程所用材料的品种、性能应符合国家现行有关标准的规定和设计的要求。外观和包装应完整、无破损。

4.3.2　材料进场时，应按现行国家标准《建筑节能工程施工质量验收规范》GB 50411 的规定进行质量检查和验收，并应符合下列规定：

　　1　应对产品合格证、出厂检验报告和有效期内的型式检验报告进行检查。出厂检验报告应包含表 4.3.2-1 规定的检验项目。

表 4.3.2-1　保温系统主要组成材料出厂检验项目

材料名称	出厂检验项目
界面砂浆	原拉伸粘结强度、可操作时间
无机轻集料保温砂浆	干密度、稠度保留率、抗压强度
抗裂砂浆	原拉伸粘结强度、可操作时间
玻纤网	网孔中心距、单位面积质量、碱拉伸断裂强力、断裂伸长率
塑料锚栓	塑料圆盘直径、单个塑料锚栓抗拉承载力标准值
柔性耐水腻子	容器中的状态、施工性、表干时间
陶瓷墙地砖胶粘剂	原拉伸粘结强度、凉置时间
陶瓷墙地砖填缝剂	标准试验条件下抗折强度及抗压强度、吸水量

　　2　无机轻集料保温砂浆、抗裂砂浆、界面砂浆、玻纤网、塑料锚栓、柔性耐水腻子、陶瓷墙地砖胶粘剂、陶瓷墙地砖填缝剂应按表 4.3.2-2 规定的项目进行现场抽样复验，抽样复验应符合下列规定：

　　检查方法：随机抽样送检，核查复验报告。

　　检查数量：墙体节能工程中，同一厂家同一品种的产品，当单位工程保温墙体面积在 5000m² 以下时，各抽查不应少于 1 次；当单位工程保温墙体面积在 5000m²～10000m² 时，各抽查不应少于 2 次；当单位工程保温墙体面积在 10000m²～20000m² 时，各

抽查不应少于 3 次；当单位工程保温墙体面积在 20000m² 以上时，各抽查不应少于 6 次。

表 4.3.2-2　保温系统主要组成材料进场复验项目

材料名称	复验项目
界面砂浆	原拉伸粘结强度、浸水拉伸粘结强度
无机轻集料保温砂浆	干密度、抗压强度、导热系数
抗裂砂浆	原拉伸粘结强度、浸水拉伸粘结强度、压折比
玻纤网	耐碱拉伸断裂强力、耐碱强力保留率、断裂伸长率
塑料锚栓	塑料圆盘直径、单个塑料锚栓抗拉承载力标准值
柔性耐水腻子	柔性、耐水性
陶瓷墙地砖胶粘剂	原拉伸粘结强度、浸水拉伸粘结强度
陶瓷墙地砖填缝剂	标准试验条件下抗折强度、抗压强度、吸水量、横向变形

4.4　检验方法

4.4.1　无机轻集料砂浆保温系统应按本规程附录 B 第 B.1 节的规定进行试样制备。

4.4.2　系统性能应按本规程附录 B 第 B.2 节规定的试验方法进行检验。系统耐候性试验后，进行面砖饰面时，应按现行行业标准《建筑工程饰面砖粘结强度检验标准》JGJ 110 的规定进行饰面砖粘结强度试验。断缝应从饰面砖表面切割至抗裂面层外表面（不应露出玻纤网），深度应一致。

4.4.3　界面砂浆性能应按本规程附录 B 第 B.3 节规定的试验方法进行检验。

4.4.4　无机轻集料保温砂浆性能应按本规程附录 B 第 B.4 节规定的试验方法进行检验。

4.4.5　抗裂砂浆性能应按本规程附录 B 第 B.5 节规定的试验方法进行检验。

4.4.6　玻纤网性能应按本规程附录 B 第 B.6 节规定的试验方法进行检验。

4.4.7　单个塑料锚栓抗拉承载力应按现行行业标准《膨胀聚苯板薄抹灰外墙外保温系统》JG 149 规定的试验方法进行检验。

4.4.8　饰面涂料性能应按本规程附录 B 第 B.7 节规定的试验方法进行检验。

4.4.9　饰面砖性能应按本规程附录 B 第 B.8 节规定的试验方法进行检验。

4.4.10　柔性耐水腻子性能应按现行行业标准《外墙外保温柔性耐水腻子》JG/T 229 规定的试验方法进行检验。

4.4.11 陶瓷墙地砖胶粘剂性能应按现行行业标准《陶瓷墙地砖胶粘剂》JC/T 547 规定的试验方法进行检验。

4.4.12 陶瓷墙地砖填缝剂性能应按现行行业标准《陶瓷墙地砖填缝剂》JC/T 1004 规定的试验方法进行检验。

5 设 计

5.1 一般规定

5.1.1 无机轻集料砂浆保温系统宜用于外保温系统，且外墙外保温厚度不宜大于50mm。

5.1.2 外墙外保温工程设计不得更改系统构造和组成材料。

5.1.3 外墙宜使用涂料饰面。当外保温系统的饰面层采用粘贴饰面砖时，系统供应商应提供包括饰面砖拉伸粘结强度的耐候性检验报告，并应符合下列规定：

　　1 粘贴饰面砖工程应进行专项设计，编制施工方案，并应符合现行行业标准《外墙饰面砖工程施工及验收规程》JGJ 126 的规定。

　　2 工程施工前应做样板墙，进行面砖拉拔试验，经建设、设计和监理等单位确认后方可施工。

　　3 粘贴面砖时，应使用符合国家现行相关标准要求的陶瓷墙地砖胶粘剂和填缝剂。

5.1.4 当采用无机轻集料砂浆保温系统进行外墙外保温设计时，无机轻集料保温砂浆的导热系数、蓄热系数应按表5.1.4选取。

表 5.1.4　无机轻集料保温砂浆热工参数

保温砂浆类型	蓄热系数 S [W/(m²·K)]	导热系数 λ [W/(m·K)]	修正系数
Ⅰ型	1.20	0.070	1.25
Ⅱ型	1.50	0.085	1.25
Ⅲ型	1.80	0.100	1.25

5.1.5 无机轻集料砂浆外墙外保温系统应进行密封和防水构造设计，应确保水不会渗入保温层及基层，重要部位应有详图。水平或倾斜的出挑部位及延伸至楼地面以下的部位应做好防水处理。在墙体上安装的设备或管道应固定于基层墙体上，并应做好密封和防水处理。无机轻集料砂浆外墙内保温系统的厨卫部分应进行防水设计。

5.2 建筑构造

5.2.1 外墙外保温系统构造应符合本规程附录A第A.0.1条和第A.0.2条的规定。

5.2.2 外墙内保温系统构造应符合本规程附录A第

A.0.3条的规定。

5.2.3 当外墙保温层厚度无法满足本规程第5.1.1条要求时，可选用内外复合保温，系统构造应符合本规程第5.2.1条和第5.2.2条的要求。

5.2.4 无机轻集料保温砂浆层厚度应符合墙体热工性能设计要求。

5.2.5 抗裂面层中应设置玻纤网，应严格控制抗裂面层厚度。涂料饰面时复合玻纤网的抗裂面层厚度不应小于3mm；面砖饰面时复合玻纤网的抗裂面层厚度不应小于5mm。

5.2.6 面砖饰面时，抗裂面层的玻纤网外侧应采用塑料锚栓锚固，且塑料锚栓的数量每平方米不应少于5个。

5.2.7 在外墙外保温涂料饰面系统的抗裂面层中，必要时应设置抗裂分格缝，并应做好分格缝的防水设计。

6 施 工

6.1 一般规定

6.1.1 外墙外保温工程施工期间以及完工后24h内，在夏季，应避免阳光暴晒。在5级以上大风天气和雨天不得施工。

6.1.2 无机轻集料砂浆保温系统外墙保温工程的施工，应符合下列规定：

　　1 保温砂浆层厚度应符合设计要求。

　　2 保温砂浆层应分层施工。保温砂浆层与基层之间及各层之间应粘结牢固。

　　3 采用塑料锚栓时，塑料锚栓的数量、位置、锚固深度和拉拔力符合设计要求，塑料锚栓应进行现场拉拔试验。

6.1.3 保温工程实施前应编制专项施工方案并应经监理（建设）单位认可后方可实施。施工前应进行技术交底，施工人员应经过必要的实际操作培训并经考核合格。

6.1.4 保温工程的施工应在基层施工质量验收合格后进行。应避免在潮湿的墙体上进行保温层施工。

6.1.5 现场配制砂浆时，砂浆水灰比应由无机轻集料砂浆保温系统供应商确定。

6.2 施工准备

6.2.1 基层墙面不得有灰尘、污垢、油渍及残留块等现象。基层表面高凸处应剔平并找平，对蜂窝、麻面、露筋、疏松部分等应符合现行国家标准《建筑装饰装修工程质量验收规范》GB 50210 的有关规定。门窗口与墙体交接处应填补密实。

6.2.2 保温工程施工前，外门窗洞口应通过验收，洞口尺寸、位置应符合国家现行有关标准的规定和设计要求，门窗框或辅框应安装完毕。伸出墙面的预埋件、连接件应安装完毕，并应按保温层厚度留出间隙。

6.2.3 脚手架或操作平台施工应符合国家现行相关标准的规定，脚手架或操作平台应验收合格。

6.3 施 工 流 程

6.3.1 涂料饰面外墙外保温工程和外墙内保温工程的工艺流程宜按下列工序进行：

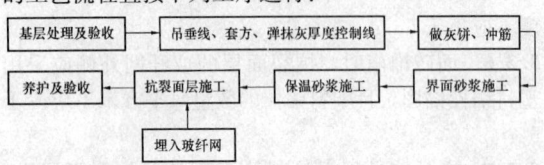

6.3.2 面砖饰面外墙外保温工程的工艺流程宜按下列工序进行：

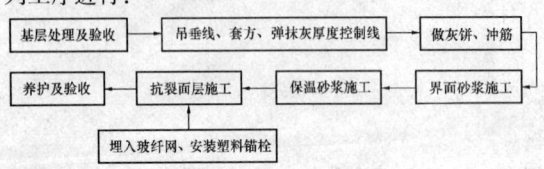

6.4 施 工 要 点

6.4.1 应按设计和施工方案要求进行基层处理。

6.4.2 保温工程施工时应吊垂线、套方。在建筑外墙大角及其他必要处应挂垂直基准线，控制保温砂浆表面垂直度。

6.4.3 保温砂浆施工前应弹抹灰厚度控制线，并应根据建筑内部和墙体保温技术要求，在墙面弹出外门窗水平控制线、垂直控制线、分格缝线。

6.4.4 应采用保温砂浆做标准饼，然后冲筋，其厚度应以墙面最高处抹灰厚度不小于设计厚度为准，并应进行垂直度检查，门窗口处及墙体阳角部分宜做护角。

6.4.5 界面砂浆应均匀涂刷于基层表面。

6.4.6 保温砂浆应按设计或产品使用说明书的要求配制。采用机械搅拌，机械搅拌时间不宜少于3min，且不宜大于6min。搅拌好的砂浆宜在120min内用完。

6.4.7 保温砂浆施工应在界面砂浆形成强度前分层·施工，每层保温砂浆厚度不宜大于20mm；保温砂浆层与基层之间及各层之间粘结应牢固，不应脱层、空鼓和开裂。

6.4.8 施工后应及时做好保温砂浆层的养护，严禁水冲、撞击、振动。保温层应垂直、平整、阴阳角方正、顺直，平整度偏差应符合现行国家标准《建筑装饰装修工程质量验收规范》GB 50210的规定；当不符合要求时，应进行修补。

6.4.9 抗裂面层施工时，应预先将抗裂砂浆均匀施工在保温层上，玻纤网应埋入抗裂砂浆面层中，严禁

玻纤网直接铺在保温层面上用砂浆涂布粘结。抗裂砂浆面层的厚度应符合本规程第5.2.5条的规定。

6.4.10 玻纤网施工应符合下列规定：

1 大面积施工玻纤网前，应先做好门、窗洞口玻纤网翻包边。应在门、窗的四个角各做一块200mm×300mm的玻纤网，45°斜贴后，再将大面上的网布继续粘贴埋入。

2 在抗裂砂浆可操作时间内，应将裁剪好的玻纤网铺展在第一层抗裂砂浆上，并应将弯曲的一面朝里，沿水平方向绷直绷平，用抹刀边缘线抹压铺展固定，将玻纤网压入底层抗裂砂浆中。然后由中间向上下、左右方向将面层抗裂砂浆抹平整，确保抗裂砂浆紧贴玻纤网，粘结应牢固、表面平整，抗裂砂浆应涂抹均匀。玻纤网搭接宽度不应小于50mm，转角处玻纤网搭接宽度不应小于100mm，上下搭接宽度不应小于80mm，不得使玻纤网皱褶、空鼓、翘边。

3 在保温系统与非保温系统部分的接口部分，大面上的玻纤网应延伸搭接到非保温系统部分，搭接宽度不应小于100mm。

4 分格缝应沿凹槽将玻纤网埋入抗裂砂浆内。

6.4.11 塑料锚栓的安装应在玻纤网压入抗裂砂浆后进行。塑料锚栓应在基层内钻孔锚固，有效锚固深度应大于25mm。当基层墙体为蒸压加气混凝土制品时，有效锚固深度应大于50mm，当基层墙体为空心小砌块时，应采用有回拧功能的塑料锚栓。钻孔深度应根据保温层厚度采用相应长度的钻头，钻孔深度宜比塑料锚栓长10mm～15mm。

6.4.12 抗裂面层施工后应及时做好养护，严禁水冲、撞击和振动。

6.4.13 面砖的填缝应在面砖固定至少24h，且面砖已经稳定粘结并具一定强度后进行。

6.5 成 品 保 护

6.5.1 保温施工应采取防晒、防风、防雨、防冻措施。保温工程完成后严禁在墙体处近距离高温作业。

6.5.2 保温施工应采取防止施工污染的措施。

6.5.3 保温施工时不得有重物或尖物撞击墙面和门窗框。对碰撞坏的墙面及门窗框应及时修复。

6.6 安全文明施工

6.6.1 保温施工中各专业工种应紧密配合，合理安排工序，不得颠倒工序作业。

6.6.2 电器机具应由专人负责。电动机接地应安全可靠，非机电人员不得动用机电设备。

6.6.3 高空作业应系好安全带，并应正确使用个人劳动防护用品。

6.6.4 施工操作前，应按国家现行标准及有关操作规程检查脚手架，经检查合格后方能进入岗位操作，施工过程中应加强检查和维护。

6.6.5 废弃的材料应在指定地点堆放。

6.6.6 施工现场材料应堆放整齐，并应作好标识。

6.6.7 切割面砖等板材时应有防止粉尘产生的措施。

6.6.8 施工过程中应及时清理建筑垃圾，不得随意抛撒，施工垃圾应及时清运，并应适量洒水减少扬尘。

6.6.9 施工过程中宜使用低噪声的施工机具。

7 质量验收

7.1 一般规定

7.1.1 墙体保温工程应按现行国家标准《建筑工程施工质量验收统一标准》GB 50300 和《建筑节能工程施工质量验收规范》GB 50411 有关规定进行施工质量验收。

7.1.2 主体结构完成后进行施工的保温工程，应在主体或基层质量验收合格后施工，施工过程中应及时进行质量检查、隐蔽工程验收和检验批验收，施工完成后应进行墙体节能分项工程验收。

7.1.3 材料进场验收应符合下列规定：

1 应对材料的品种、规格、包装、外观和尺寸进行检查验收，并应经监理（建设）单位确认，形成相应的验收记录。

2 应对材料的质量证明文件进行核查，并应经监理（建设）单位确认，纳入工程技术档案。进入施工现场的无机轻集料砂浆保温系统组成材料应具备出厂合格证、说明书及相关性能型式检测报告。

3 无机轻集料砂浆保温系统组成材料的燃烧性能应符合设计要求和现行国家标准《高层民用建筑设计防火规范》GB 50045、《建筑内部装修设计防火规范》GB 50222 和《建筑设计防火规范》GB 50016 等的规定。

4 无机轻集料砂浆保温系统组成材料应符合国家现行有关标准对材料有害物质限量的规定，不得对室内外环境造成污染。

7.1.4 墙体保温工程应对下列部位或内容进行隐蔽工程验收，并应有详细的文字记录和必要的图像资料：

1 保温砂浆层附着的基层及其表面处理；

2 塑料锚栓；

3 玻纤网铺设；

4 墙体热桥部位处理；

5 被封闭的保温砂浆层厚度。

7.1.5 墙体保温工程的组成材料在施工过程中应采取防潮、防水等保护措施。

7.1.6 墙体保温工程验收的检验批划分应符合下列规定：

1 采用相同材料、工艺和施工做法的墙面，每 $500m^2 \sim 1000m^2$ 墙体保温施工面积应划分为一个检验批，不足 $500m^2$ 也应为一个检验批。

2 检验批的划分也可根据保温施工与施工流程相一致且方便施工与验收的原则，由施工单位与监理（建设）单位共同商定。

7.2 主控项目

7.2.1 无机轻集料砂浆保温系统及主要组成材料性能应符合本规程第 4 章的规定。

检查方法：检查型式检验报告和进场复验报告。

7.2.2 用于墙体保温工程的无机轻集料砂浆保温系统及组成材料，其品种、规格和保温构造应符合设计要求和国家现行相关标准的规定。

检验方法：观察、尺量检查；核查质量证明文件。

检查数量：按进场批次，每批应随机抽取 3 个试样进行检查；质量证明文件按进场批次全数检查。

7.2.3 墙体保温工程采用的界面砂浆、无机轻集料保温砂浆、抗裂砂浆、玻纤网及塑料锚栓，其复验项目、检验方法及检查数量应按本规程第 4.3.2 条第 2 款执行。

7.2.4 墙体保温工程施工前应按设计和施工方案的要求对基层进行处理，处理后的基层应符合保温层施工方案的要求。

检验方法：对照设计和施工方案观察检查；核查隐蔽工程验收记录。

检查数量：每 $100m^2$ 应抽查 1 处，每处不得少于 $10m^2$。

7.2.5 墙体保温工程各层构造做法应符合设计要求，并应按施工方案施工。

检验方法：对照设计和施工方案观察检查；核查隐蔽工程验收记录。

检查数量：墙体保温工程中，每检验批不同构造做法应各抽查 3 处。

7.2.6 无机轻集料砂浆保温系统外墙保温工程的施工应符合本规程第 6.1.2 条的规定。

检验方法：观察；手扳检查；保温材料厚度采用钢针插入或剖开尺量检查；粘结强度和锚固力核查试验报告；核查隐蔽工程验收记录。

检查数量：墙体保温工程中，每个检验批抽查不得少于 3 处。

7.2.7 无机轻集料保温砂浆应在施工中制作同条件养护试件，并应检测其导热系数、干密度和抗压强度。无机轻集料保温砂浆的同条件养护试件应见证取样送检。

检验方法：核查试验报告。

检查数量：每个检验批应抽样制作同条件养护试块 3 组。

7.2.8 墙体保温工程各类饰面层的基层及面层施工，应符合设计和现行国家标准《建筑装饰装修工程质量验收规范》GB 50210 的规定要求，并应符合下列

规定：

1 饰面层施工的基层应无脱层、空鼓和裂缝，基层应平整、洁净，含水率应符合饰面层施工的要求。

2 采用粘贴饰面砖作饰面层时，其安全性与耐久性应符合设计和国家现行有关标准的规定。饰面砖应做粘结强度拉拔试验，试验结果应符合设计和有关标准的规定。

3 外墙外保温工程的饰面层不得渗漏。

4 外墙外保温层及饰面层与其他部位交接的收口处，应采取密封措施。

检验方法：观察检查；核查试验报告和隐蔽工程验收记录。

检查数量：

1）每检验批每 100m² 应抽查一处，每处不得小于 10m²。

2）饰面砖现场粘结强度拉拔试验同一厂家同一品种的产品，当单位工程保温墙体面积在 20000m² 以下时，各抽查不得少于 3 处；当单位工程保温墙体面积在 20000m² 以上时，各抽查不得少于 6 处。现场拉伸粘结强度检验应符合现行行业标准《建筑工程饰面砖粘结强度检验标准》JGJ 110 的相关规定。

3）饰面层渗漏检查和表面防水功能、防水措施检查每检验批每 100m² 应抽查一处，每处不得小于 10m²。

4）外墙外保温层及饰面层与其他部位交接的收口处密封措施检查。每检验批应抽查 10%，并不得少于 5 处。

7.2.9 当设计要求在墙体内设置隔汽层时，隔汽层的位置、使用的材料及构造做法应符合设计要求和国家现行相关标准的规定。隔汽层应完整、严密，穿透隔汽层处应采取密封措施。隔汽层冷凝水排水构造应符合设计要求。

检验方法：对照设计观察检查；核查质量证明文件和隐蔽工程验收记录。

检查数量：每个检验批应抽查 5%，并不得少于 3 处。

7.2.10 外墙或毗邻不采暖空间墙体上的门窗洞口四周的侧面以及墙体上凸窗四周侧面，应按设计要求采取节能保温措施。

检验方法：对照设计观察检查，必要时抽样剖开检查；核查隐蔽工程验收记录。

检查数量：每个检验批应抽查 5%，并不得少于 5 个洞口。

7.2.11 外墙热桥部位应按设计要求采取隔断热桥措施。

检验方法：对照设计和施工方案观察检查；核查

隐蔽工程验收记录。

检查数量：按不同热桥种类，每种应抽查 10%，并不得少于 5 处。

7.3 一 般 项 目

7.3.1 进场保温材料与构件的包装应完整无破损，符合设计要求和国家现行产品标准的规定。

检验方法：观察检查。

检查数量：全数检查。

7.3.2 当采用玻纤网作为防止开裂的措施时，玻纤网的铺贴和搭接应符合设计和施工方案的要求。砂浆抹压应密实，不得空鼓，玻纤网不得皱褶、外露。

检验方法：观察检查；核查隐蔽工程验收记录。

检查数量：每个检验批抽查不得少于 5 处，每处不得少于 2m²。

7.3.3 穿墙套管、脚手眼、孔洞等施工产生的墙体缺陷，应按施工方案采取隔断热桥措施，不得影响墙体热工性能。

检验方法：对照施工方案观察检查。

检查数量：全数检查。

7.3.4 无机轻集料保温砂浆厚度应均匀，接茬应平顺密实。

检验方法：观察、尺量检查。

检查数量：每个检验批应抽查 10%，并不得少于 10 处。

7.3.5 墙体上容易碰撞的阳角、门窗洞口及不同材料基体的交接处等特殊部位，其保温层应采取防止开裂和破损的加强措施。

检验方法：观察检查；核查隐蔽工程验收记录。

检查数量：按不同部位，每类应抽查 10%，并不得少于 5 处。

附录 A 无机轻集料砂浆保温系统基本构造

A.0.1 涂料饰面无机轻集料砂浆外墙外保温系统基本构造应符合表 A.0.1 的规定。

表 A.0.1 涂料饰面无机轻集料砂浆外墙外保温系统基本构造

基本构造					构造示意图
基层①	界面层②	保温层③	抗裂面层④	饰面层⑤	
混凝土墙及各种砌体墙	界面砂浆	无机轻集料保温砂浆	抗裂砂浆+玻纤网（有加强要求的增设一道玻纤网）	柔性腻子+涂料饰面	①②③④⑤

A.0.2 面砖饰面无机轻集料砂浆外墙外保温系统基本构造应符合表 A.0.2 的规定。

表 A.0.2 面砖饰面无机轻集料砂浆外墙外保温系统基本构造

基本构造					构造示意图
基层①	界面层②	保温层③	抗裂面层④	饰面层⑤	
混凝土墙及各种砌体墙	界面砂浆	无机轻集料保温砂浆	抗裂砂浆＋玻纤网（锚固件与基层锚固）	胶粘剂＋面砖＋填缝剂	①②③④⑤

A.0.3 无机轻集料砂浆内保温系统基本构造应符合表 A.0.3 的规定。

表 A.0.3 无机轻集料砂浆内保温系统基本构造

基本构造					构造示意图
基层①	界面层②	保温层③	抗裂面层④	饰面层⑤	
混凝土墙及各种砌体墙	界面砂浆	无机轻集料保温砂浆	抗裂砂浆＋玻纤网	涂料饰面	①②③④⑤

附录 B 系统及其组成材料性能试验方法

B.1 试样制备、养护和状态调节

B.1.1 无机轻集料砂浆保温系统试样，应按系统供应商说明书中规定的保温系统各组成砂浆的水灰比、构造要求和施工方法进行制备。试样养护时间应为 28d。

B.1.2 试样养护和状态调节环境应为：温度 23℃±2℃，相对湿度 55%～85%。

B.2 系统性能指标试验方法

B.2.1 系统耐候性应按现行行业标准《外墙外保温工程技术规程》JGJ 144 的规定进行试验。系统耐候性试验后，面砖饰面时应按现行行业标准《建筑工程饰面砖粘结强度检验标准》JGJ 110 的规定进行饰面砖粘结强度试验。断缝应从饰面砖表面切割至抗裂面层外表面，深度应一致，不应露出玻纤网。

B.2.2 系统抗冲击性能应按现行行业标准《外墙外保温工程技术规程》JGJ 144 的规定进行试验，试件与基层粘结紧密，其中保温层厚度应取 50mm；对 10J 级抗冲击构件，应涂刷一层聚丙烯酸类乳液。

B.2.3 系统抗裂面层不透水性、吸水量、耐冻融性能应按现行行业标准《外墙外保温工程技术规程》JGJ 144 的规定进行试验。

B.2.4 系统水蒸气湿流密度应按现行国家标准《建筑材料水蒸气透过性能试验方法》GB/T 17146 中水法的规定进行试验。试样制备如下：试样由保温砂浆层和抗裂面层组成，试样尺寸为 55mm×200mm×200mm，试样数量 2 个。50mm 厚无机轻集料保温砂浆（7d）＋5mm 厚抗裂砂浆（5d）＋弹性底涂，养护 28d。试验时，弹性底涂表面朝向湿度小的一侧。

B.2.5 系统热阻应按国家现行标准《建筑构件稳态热传递性质的测定 标定和防护热箱法》GB/T 13475、《绝热材料稳态热阻及有关特性的测定 热流计法》GB/T 10295 和《居住建筑节能检测标准》JGJ/T 132 的规定进行试验。

B.3 界面砂浆性能指标试验方法

B.3.1 界面砂浆原拉伸粘结强度、浸水拉伸粘结强度应按现行行业标准《建筑砂浆基本性能试验方法标准》JGJ/T 70 的规定进行试验。浸水拉伸粘结强度试验时，养护至 14d 的试样，应放入 20℃±3℃的水中浸泡 7d，取出擦干表面水分，放置 30min 后进行测定。

B.3.2 可操作时间的测定：界面砂浆配制好后，应按系统供应商提供的可操作时间（没有规定时应按 4h）放置，此时材料应具有良好的操作性。

B.4 无机轻集料保温砂浆性能指标试验方法

B.4.1 无机轻集料保温砂浆的试验时，试件制备应符合下列规定：

1 应将无机轻集料保温砂浆提前 24h 放入实验室，实验室温度应为 23℃±2℃，相对湿度应为 55%～85%，且应根据系统供应商提供的水灰比混合搅拌制备拌合物。

2 应采用卧式搅拌机，且搅拌机主轴转速宜为 45 r/min±5r/min。搅拌砂浆时，砂浆的用量不宜少于搅拌机容量的 20%，且不宜多于 60%；搅拌时，应先加入粉料，边搅拌边加水搅拌 2min，暂停搅拌 3min 后，清理搅拌机内壁及搅拌叶片上的砂浆，再继续搅拌 2min。砂浆稠度应控制在 80mm±10mm。

3 应将制备的拌合物一次注满 70.7mm×70.7mm×70.7mm 钢质有底试模，并略高于其上表面，用捣棒均匀由外向内按螺旋方向轻轻插捣 25 次，插捣时用力不应过大，且不得破坏其保温骨料，再采用油灰刀沿模壁插捣数次或用橡皮锤轻轻敲击试模四周，直至插捣棒留下的空洞消失，最后将高出部分的拌合物沿试模顶面削去抹平。试样数量不得少于 24 块。导热系数试样尺寸应为 300mm×300mm×30mm，并在同一组料中取样制作。

4 试样的养护按下列程序进行：试样制作后，应用聚乙烯薄膜覆盖，养护 48h±8h 后脱模，继续用聚乙烯薄膜包裹养护至 14d 后，去掉聚乙烯薄膜养护至 28d。

5 应取 6 块试样进行干密度的测定，其中烘干温度应为 80℃±3℃，应取试样检测值的 4 个中间值的计算算术平均值作为干密度值；检验干密度后的 6 个试样应进行抗压强度试验，另取 6 个试样进行软化系数的试验，应另取 12 个试样进行抗冻性能的试验。

B.4.2 干密度应按现行国家标准《无机硬质绝热制品试验方法》GB/T 5486 的规定进行试验。

B.4.3 抗压强度按现行国家标准《无机硬质绝热制品试验方法》GB/T 5486 的规定进行试验，取试样检测值的 4 个中间值计算算术平均值，作为抗压强度值。

B.4.4 拉伸粘结强度、线性收缩率应按现行行业标准《建筑砂浆基本性能试验方法标准》JGJ/T 70 的规定进行试验。拉伸粘结强度试样应采用聚乙烯薄膜覆盖，养护至 14d，去掉薄膜继续养护至 28d；线性收缩率应取 56d 的收缩率值。

B.4.5 导热系数宜按现行国家标准《绝热材料稳态热阻及有关特性的测定 防护热板法》GB/T 10294 的规定进行试验。

B.4.6 抗冻性能的试验应符合下列规定：

1 试件在 28d 龄期时应进行冻融试验。试验前 2d 应对冻融试件和对比试件进行外观检查并记录其原始状况，并应将冻融试件和对比试件放入温度为 80℃±3℃ 环境下烘干 24h，然后编号、称量；再将冻融试件和对比试件放入 15℃～20℃ 的水中浸泡，浸泡的水面应至少高出试件顶面 20mm，两组试件浸泡 48h 后取出，并用拧干的湿毛巾轻轻擦去表面水分。应对冻融试件进行冻融试验，并应将对比试件放入标准养护室中进行包裹养护。

2 冷冻箱（室）内的温度均应以其中心温度为标准。试件冻结温度应控制在 -20℃～-15℃。当冷冻箱（室）内温度低于 -15℃ 时，试件方可放入。当试件放入之后，温度高于 -15℃ 时，则应以温度重新降至 -15℃ 时计算试件的冻结时间。从装完试件至温度重新降至 -15℃ 的时间不应超过 2h。

3 每次冻结时间应为 4h，冻结完成后应立即取出试件，并应立即放入能使水温保持在 15℃～20℃ 的水槽中进行融化。槽中水面应至少高出试件表面 20mm，试件在水中融化的时间不应小于 4h。融化完毕即为一次冻融循环。取出试件，并应用拧干的湿毛巾轻轻擦去表面水分，送入冷冻箱（室）进行下一次循环试验，连续进行 15 次循环。

4 每 5 次循环，应进行一次外观检查，并应记录试件的破坏情况；试验期间如需中断试验，试样应置于 -15℃～-20℃ 环境下存放。

5 冻融试件结束后，冻融试件与对比试件应同时放入 80℃±3℃ 的条件下烘干 24h，然后进行称量、试压。

6 保温砂浆抗冻性能的结果计算评定应符合下列规定：

1）砂浆试件冻融后的抗压强度损失率应按下式计算：

$$\Delta f_m = [(f_{m1} - f_{m2})/f_{m1}] \times 100$$
$$(B.4.6\text{-}1)$$

式中：Δf_m——15 次冻融循环后的砂浆强度损失率（%）；

f_{m1}——冻融循环试验前的试件抗压强度（MPa），以 6 块试件中 4 个中间值的平均值计算；

f_{m2}——15 次冻融循环后的试件抗压强度（MPa），以 6 块试件中 4 个中间值的平均值计算。

2）砂浆试件冻融后的质量损失率应按下式计算：

$$\Delta m_m = [(m_0 - m_n)/m_0] \times 100 \quad (B.4.6\text{-}2)$$

式中：Δm_m——15 次冻融循环后砂浆的质量损失率（%）；

m_0——冻融循环试验前试件质量（kg），以 6 块试件中 4 个中间值的平均值计算；

m_n——15 次冻融循环后试件质量（kg），以 6 块试件中 4 个中间值的平均值计算。

B.4.7 软化系数应按现行国家标准《建筑保温砂浆》GB/T 20473 的规定进行试验。

B.4.8 稠度应按现行行业标准《建筑砂浆基本性能试验方法标准》JGJ/T 70 的规定进行试验，稠度保留率应按下式计算：

$$W = C_1/C_0 \times 100\% \quad (B.4.8)$$

式中：W——稠度保留率（%）；

C_0——初始稠度（mm）；

C_1——静止 1h 稠度（mm）。

B.4.9 石棉含量应按现行行业标准《环境标志产品认证技术要求 轻质墙体板材》HBC 19 的规定进行试验。

B.4.10 放射性应按现行国家标准《建筑材料放射性

核素限量》GB 6566 的规定进行试验。

B.4.11 燃烧性能应按现行国家标准《建筑材料不燃性试验方法》GB/T 5464 和《建筑材料及制品的燃烧性能　燃烧热值的测定》GB/T 14402 的规定进行试验。

B.5　抗裂砂浆性能指标试验方法

B.5.1 抗裂砂浆配制好后，应按系统供应商提供的可操作时间放置。

B.5.2 抗裂砂浆原拉伸粘结强度、在可操作时间内拉伸粘结强度、浸水拉伸粘结强度应按现行行业标准《建筑砂浆基本性能试验方法标准》JGJ/T 70 的规定进行试验，拉伸粘结强度试样应采用聚乙烯薄膜覆盖，养护至 14d，去掉薄膜继续养护至 28d；浸水拉伸粘结强度的浸水时间为 7d。

B.5.3 透水性应按本规程附录 B 第 B.9 节进行试验。

B.5.4 压折比的测定应符合下列规定：

　　1 抗压强度、抗折强度应按现行国家标准《水泥胶砂强度检验方法（ISO 法）》GB/T 17671 的规定进行试验。抗裂砂浆成型后，应采用聚乙烯薄膜覆盖，养护 48h±8h 后脱模，继续用聚乙烯薄膜包裹养护 14d，去掉薄膜养护至 28d。

　　2 压折比应按下式计算：

$$T = R_c / R_f \quad (B.5.4)$$

式中：T——压折比；

　　　R_c——抗压强度（N/mm²）；

　　　R_f——抗折强度（N/mm²）。

B.6　玻纤网性能指标试验方法

B.6.1 应采用直尺测量连续 10 个孔的平均值作为网孔中心距值。

B.6.2 单位面积质量应按现行国家标准《增强制品试验方法　第 3 部分：单位面积质量的测定》GB/T 9914.3 的规定进行试验。

B.6.3 耐碱拉伸断裂强力及断裂伸长率应按现行国家标准《增强材料　机织物试验方法　第 5 部分：玻璃纤维拉伸断裂强力和断裂伸长的测定》GB/T 7689.5 的规定进行试验。

B.6.4 断裂强力保留率应按现行行业标准《增强用玻璃纤维网布　第 2 部分：聚合物基外墙外保温用玻璃纤维网布》JC 561.2 的规定进行试验。

B.7　饰面涂料性能指标试验方法

B.7.1 断裂伸长率应按现行国家标准《建筑防水涂料试验方法》GB/T 16777 的规定进行试验。

B.7.2 初期干燥抗裂性应按现行国家标准《复层建筑涂料》GB/T 9779 的规定进行试验。

B.7.3 其他性能指标应按建筑涂料相关标准的规定进行试验。

B.8　饰面砖性能指标试验方法

B.8.1 单块尺寸应按现行国家标准《陶瓷砖试验方法　第 1 部分：抽样和接收条件》GB/T 3810.1 的规定抽取 10 块整砖为试件，并应按现行国家标准《陶瓷砖试验方法　第 2 部分：尺寸和表面质量的检验》GB/T 3810.2 的规定进行试验。

B.8.2 单位面积质量的测定应符合下列规定：

　　1 应将本规定附录 B 第 B.8.1 条所测的 10 块整砖，放在 110℃±5℃ 的烘箱中干燥至恒重，放在有硅胶或其他干燥剂的干燥器内冷却至室温。应采用能称量精确到试件质量 0.01% 的天平称量。以 10 块整砖的平均值作为干砖的质量 W。

　　2 应测量 10 块整砖的平均长和宽，作为饰面砖长 L 和宽 B。

　　3 单位面积质量应按下式计算：

$$M = 1000W / (L \times B) \quad (B.8.2)$$

式中：M——单位面积质量（kg/m²）；

　　　W——干砖的质量（g）；

　　　L——饰面砖长度（mm）；

　　　B——饰面砖宽度（mm）。

B.9　透水性试验方法

B.9.1 试样应由 30mm 厚无机轻集料保温砂浆和 5mm 厚抗裂砂浆组成，尺寸为 200mm×200mm。试样成型后，应采用聚乙烯薄膜覆盖，养护至 14d，去掉薄膜养护至 28d。

B.9.2 试验装置应由带刻度的玻璃试管（卡斯通管 Carsten-Rohrchen）组成，容积应为 10mL，试管刻度应为 0.05mL。

B.9.3 应将试样置于水平状态（图 B.9.3），将卡斯通管放于试样的中心位置，应采用密封材料密封试样和玻璃试管间的缝隙，往玻璃试管内注水，直至玻璃试管的 0 刻度，在试验条件下放置 24h，再读取试管的刻度。

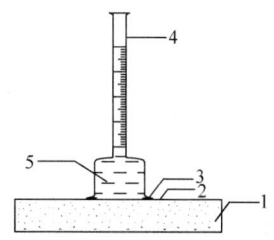

图 B.9.3　透水性试验示意图

1—无机轻集料保温砂浆；2—抗裂砂浆；
3—密封材料；4—卡斯通管；5—水

B.9.4 透水量应取试验前后试管的刻度之差，取 2 个试样的平均值，精确至 0.1mL。

本规程用词说明

1 为了便于在执行本规程条文时区别对待，对要求严格程度不同的用词说明如下：

　　1) 表示很严格，非这样做不可的：
　　　　正面词采用"必须"，反面词采用"严禁"。

　　2) 表示严格，在正常情况下均应这样做的：
　　　　正面词采用"应"，反面词采用"不应"或"不得"。

　　3) 表示允许稍有选择，在条件许可时首先应这样做的：
　　　　正面词采用"宜"，反面词采用"不宜"。

　　4) 表示有选择，在一定条件下可以这样做的，采用"可"。

2 条文中指明应按其他有关标准执行的写法为"应符合……的规定"或"应按……执行"。

引用标准名录

1 《建筑设计防火规范》GB 50016

2 《高层民用建筑设计防火规范》GB 50045

3 《民用建筑热工设计规范》GB 50176

4 《建筑装饰装修工程质量验收规范》GB 50210

5 《建筑内部装修设计防火规范》GB 50222

6 《建筑工程施工质量验收统一标准》GB 50300

7 《建筑节能工程施工质量验收规范》GB 50411

8 《陶瓷砖试验方法》GB/T 3810

9 《建筑材料不燃性试验方法》GB/T 5464

10 《无机硬质绝热制品试验方法》GB/T 5486

11 《建筑材料放射性核素限量》GB 6566

12 《增强材料 机织物试验方法》GB/T 7689

13 《数值修约规则与极限数值的表示和判定》GB/T 8170

14 《建筑材料及制品燃烧性能分级》GB 8624

15 《复层建筑涂料》GB/T 9779

16 《增强制品试验方法》GB/T 9914

17 《绝热材料稳态热阻及有关特性的测定 防护热板法》GB/T 10294

18 《绝热材料稳态热阻及有关特性的测定 热流计法》GB/T 10295

19 《建筑构件稳态热传递性质的测定 标定和防护热箱法》GB/T 13475

20 《建筑材料及制品的燃烧性能 燃烧热值的测定》GB/T 14402

21 《建筑防水涂料试验方法》GB/T 16777

22 《建筑材料水蒸气透过性能试验方法》GB/T 17146

23 《水泥胶砂强度检验方法（ISO 法）》GB/T 17671

24 《建筑保温砂浆》GB/T 20473

25 《建筑砂浆基本性能试验方法标准》JGJ/T 70

26 《建筑工程饰面砖粘结强度检验标准》JGJ 110

27 《外墙饰面砖工程施工及验收规程》JGJ 126

28 《居住建筑节能检测标准》JGJ/T 132

29 《外墙外保温工程技术规程》JGJ 144

30 《膨胀聚苯板薄抹灰外墙外保温系统》JG 149

31 《陶瓷墙地砖胶粘剂》JC/T 547

32 《增强用玻璃纤维网布 第 2 部分：聚合物基外墙外保温用玻璃纤维网布》JC 561.2

33 《陶瓷墙地砖填缝剂》JC/T 1004

34 《外墙外保温柔性耐水腻子》JG/T 229

35 《环境标志产品认证技术要求 轻质墙体板材》HBC 19

中华人民共和国行业标准

无机轻集料砂浆保温系统技术规程

JGJ 253—2011

条 文 说 明

制 定 说 明

《无机轻集料砂浆保温系统技术规程》JGJ 253-2011，经住房和城乡建设部 2011 年 11 月 22 日以第 1179 号公告批准、发布。

本规程制定过程中，编制组进行了系统广泛的调查研究，总结了我国无机轻集料砂浆保温系统外墙保温工程施工中的实践经验，同时参考了国外先进技术法规、技术标准。

为了便于广大设计、施工、科研、学校、生产企业等单位有关人员在使用本标准时能正确理解和执行条文规定，《无机轻集料砂浆保温系统技术规程》编制组按照章、节、条顺序编制了本规程的条文说明，对条文规定的目的、依据以及执行中需注意的有关事项进行了说明。但是，本条文说明不具备和规程正文同等的法律效应，仅供使用者作为理解和把握规程规定的参考。

目　次

1 总　则

1.0.1 随着我国建筑节能技术的发展，无机轻集料砂浆保温系统在建筑保温工程上的应用迅速增长。该保温系统由界面层、保温层、抗裂面层和饰面层组成。保温层宜采用憎水型膨胀珍珠岩、膨胀玻化微珠、闭孔珍珠岩、陶砂等无机轻集料，替代传统的普通膨胀珍珠岩和聚苯颗粒作为骨料，弥补了用普通膨胀珍珠岩和聚苯颗粒作为轻集料的传统保温砂浆中诸多缺陷和不足。与传统的聚苯颗粒、普通膨胀珍珠岩作为轻集料保温砂浆相比，无机轻集料保温砂浆既克服了普通膨胀珍珠岩吸水性大、易粉化，搅拌中体积收缩率大，易造成产品后期强度低和空鼓开裂等缺点；同时又弥补了聚苯颗粒有机材料易燃、防火性能差、和易性差、施工中反弹性大、易受虫蚁噬蚀以及老化等问题；无机轻集料保温砂浆自身具有抗老化、耐候性、防火性、无毒性、强度高、砂浆亲和性能好等特点，且施工工艺简单。理论和工程实践已证明，在节能建筑墙体保温工程中采用无机轻集料砂浆保温系统是一种良好的技术措施。

制定本规程的目的是为了控制无机轻集料砂浆保温系统在建筑墙体保温工程的质量，规范施工技术要求，促进建筑保温行业健康发展。

本规程规范了无机轻集料砂浆保温系统的基本构造、保温系统及组成材料的性能要求，用于检查各项性能的检验方法以及对于设计、施工及验收的相应规定。

1.0.2 本条规定适用于混凝土或砌体结构基层的民用建筑墙体保温工程，包括新建、改建、扩建以及既有建筑的节能改造工程，工业建筑可参照执行。既有建筑的节能改造工程要注意墙体基层的技术处理。

1.0.3 国家和行业现行强制性标准包括建筑防火、建筑工程抗震等方面的标准和规范。

2 术　语

2.0.1 墙体保温工程是建筑物围护结构的保温，它不仅包括外墙外保温，还包括外墙内保温、分户墙保温以及外墙内外复合保温。

2.0.2 无机轻集料砂浆保温系统是一个由界面层、保温层、抗裂面层及饰面层组成的整体，可根据建筑节能的要求进行使用。抗裂面层由抗裂砂浆和玻纤网两部分组成，没有设置玻纤网的无网外墙外保温构造不适用于本规程。

2.0.3 基层墙体可为现浇混凝土、预制混凝土或混凝土空心砌块、蒸压加气混凝土砌块、烧结多孔砖、灰砂砖、炉渣砖和页岩模数砖等墙体材料构造的砌体结构。

2.0.5 无机轻集料保温砂浆是一种以无机非金属矿物轻集料为骨料的保温砂浆，根据保温砂浆的干密度、抗压强度、导热系数及功能的不同，分为Ⅰ型、Ⅱ型和Ⅲ型三种型号。本规程的编制主要参考膨胀玻化微珠保温砂浆的技术参数，对于其他无机轻集料的保温砂浆，在满足本规程提供的技术参数的前提下，亦适用于墙体的保温系统。

3 基 本 规 定

3.0.2 涉及无机轻集料砂浆保温系统的工程使用安全性、耐久性要求，编制时除了考虑保温系统应具有的功能外，必须符合现行行业标准《外墙外保温工程技术规程》JGJ 144 第 3 章的规定。无机轻集料保温砂浆本身具有优良的防火性能（A 级不燃），故不再对保温工程另外作防火构造要求。

3.0.5 为规范施工，保证保温工程的质量，特规定此条。保温系统的各组成砂浆指界面砂浆、无机轻集料保温砂浆、抗裂砂浆。采用多组分配比的砂浆不能称为单组分砂浆。

多组分配制砂浆由于现场施工条件的限制，其质量较难保证。本条规定主要是为了防止现场各种砂浆配制的随意性，保证产品的质量。

3.0.6 在判定测定值是否符合标准要求时，按现行国家标准《数值修约规则与极限数值的表示和判定》GB/T 8170 中规定的修约值比较法进行。

4 性能要求与进场检验

4.1 系统的性能

4.1.1 外墙外保温工程在实际使用中会受到相当大的热应力作用，这种热应力主要表现在抗裂防护层上。由于无机轻集料保温砂浆具有一定的隔热性能，其抗裂防护层温度在夏季可高达 80℃。夏季持续晴天后突然暴雨所引起的表面温度变化可达 50℃。夏季的高温还会加速保护层的老化。抗裂防护层中的有机高分子聚合物材料会由于紫外线辐射、空气中的氧化和水分作用而遭到破坏。

外墙外保温工程要求能够经受住周期性热湿和热冷气候条件的长期作用。耐候性试验模拟夏季墙面经高温日晒后突降暴雨和冬季昼夜温度的反复作用，对大尺寸的外保温墙体进行加速气候老化试验，是检验和评价外保温系统质量的最重要的试验项目。耐候性试验与实际工程有着很好的相关性，能很好地反映实际外保温工程的耐候性能。

耐候性试验条件的组合是十分严格的。通过该试验，不仅可检验外保温系统的长期耐候性能，而且还可对设计、施工和材料性能进行综合检验。如果材料质量不符合要求，设计不合理或施工质量不好，都不可能经受住这样的考验。

对比现行行业标准《外墙外保温工程技术规程》JGJ 144，本标准特别是为提高面砖饰面系统的安全性，在耐候性能指标中增加了 30 次加热（50℃）、冷冻（－20℃）循环的要求。

同时针对不同型号的无机轻集料砂浆的外保温系统，提出了耐候性试验后，抗裂面层与保温层的拉伸粘结强度的不同数值，而且破坏部位应位于保温层内的技术要求。耐候性试验后，面砖饰面系统的拉伸粘结强度≥0.40MPa，目的就是确保外保温系统的安全性。

4.1.2 根据无机轻集料砂浆保温系统的整体要求，对系统的抗冲击性、吸水量、抗裂面层不透水性、耐冻融性、抗裂面层复合饰面层水蒸气湿流密度、热阻作了规定。

外保温系统抗冲击性、吸水量、抗裂面层不透水性和抗裂面层复合饰面层水蒸气渗透阻几项性能都与抗裂面层有关。厚的抗裂面层抗冲击性和不透水性好，薄的抗裂面层水蒸气渗透阻小，但抗裂面层过薄又会导致不透水性差。

无机轻集料砂浆保温系统在墙体内保温时，由于保温系统设置在墙体内侧，不受室外气候条件（温差、雨雪等的直接作用），耐候性、耐冻融性能不作要求。

4.2 组成材料的性能

4.2.1 无机轻集料保温砂浆是整个保温系统中最主要的功能材料，根据干密度、抗压强度、导热系数及功能的不同，分为Ⅰ型、Ⅱ型和Ⅲ型三种型号，其中Ⅲ型不宜单独用于外墙外保温，主要用于辅助保温。

本规程对现行国家标准《建筑保温砂浆》GB/T 20473 规定的砂浆干密度范围作了适当的扩大，体现了本规程的先进性。由于以前的建筑保温砂浆大都采用普通膨胀珍珠岩作为骨料，而普通膨胀珍珠岩的力学性能、保温性能、颗粒的稳定性能都远不如经过处理的闭孔珍珠岩或玻化微珠，特别是无机轻集料保温砂浆配方中普遍引入了聚合物改性剂，Ⅰ型保温砂浆在较高的干密度范围内导热系数≤0.070W/(m·K)；同时保温砂浆的抗压强度大幅度提高，Ⅱ型和Ⅲ型保温砂浆情况类似。因此干密度范围的扩大不是对保温砂浆性能要求的降低，相反，这个改变能够促使保温砂浆配方的不断改进，以求能够制出强度高、导热系数低但综合性能高的保温砂浆。各系统供应商在实际生产时，可根据所采用的原材料和配方，制定相应的企业标准细化本规程。

本规程对无机轻集料保温砂浆的抗压强度技术指标有较大的提高，这不仅是因为通过无机轻集料保温砂浆配方的改进使其性能得到了改善；还由于保温试

样养护时间改为 14d 覆膜养护，而后去掉薄膜养护至 28d，其试样抗压强度要比 7d 覆膜养护大。

在对几组覆膜养护 7d 的无机轻集料保温砂浆进行测试，抗压强度值分别为：1.24MPa、1.44MPa、0.90MPa、0.90MPa、0.86MPa，而相同配比的砂浆 14d 覆膜养护后的抗压强度为：1.34MPa、1.58MPa、0.99MPa、1.07MPa、0.92MPa，强度增长分别为：8.4%、9.4%、9.8%、19.0%、7.1%。可以看出强度平均均有 10% 左右的增长。而由于保温系统的实际施工工序问题，保温砂浆层在表面硬化后，即进行抗裂砂浆面层的施工，相当于对保温砂浆起到一个覆膜养护的作用，我们认为采用覆膜 14d 养护制度所测定的抗压强度更贴近实际工程情况。因此，这一强度指标在技术上是可以实现的，经济上也是合理的，特别是在工程实际中尤其显得必要，有利于提高保温系统的安全性。

现行国家标准《建筑保温砂浆》GB/T 20473 中的压剪粘结强度测试，其测试数据的离散性大，不稳定，对试验设备有一定限制，操作起来有一定难度。采用拉伸粘结强度的试验方法，试样制作简便，测试的数据相对较稳定，能充分反映砂浆的性能指标。

本规程中对软化系数指标作了适当的提高，这对于南方潮湿多雨的气候特点是非常必要的，也有利于提高系统的安全性。

本规程设置稠度保留率的技术参数指标，是为了确保加水搅拌的无机轻集料保温砂浆具备一定的施工操作时间。

本规程无机轻集料保温砂浆燃烧性能指标要求为 A2 级不燃材料，满足现行国家标准《建筑材料及制品燃烧性能分级》GB 8624 检验判断的要求。

4.2.2 界面砂浆指标中，拉伸粘结强度替代了压剪粘结强度指标。通过大量的试验资料和相关调查分析，并根据实际试验对比，拉伸粘结强度更容易检测，可靠性更强，也更能反映材料的这一特性。

4.2.3 抗裂面层对保温砂浆层起着良好的防护作用，整个无机轻集料砂浆保温系统的防水功能主要是通过控制抗裂砂浆的性能来进行的。本规程增加了采用卡斯通管进行测试的透水性指标。

另用压折比来控制抗裂砂浆的柔韧性时，由于未规定最小抗压强度，压折比并不能很客观地反映抗裂砂浆的柔韧性。当工程有要求时，可按照现行行业标准《陶瓷墙地砖胶粘剂》JC/T 547 中的横向变形指标进行检测。

4.2.4 玻纤网按照现行行业标准《耐碱玻璃纤维网布》JC/T 841 的规定，其中根据工程实际情况规定网孔中心距为 5mm～8mm，单位面积质量≥130g/m²。在工程实际选用中，应特别关注网孔净面积大小，尽可能采用网孔净面积大的玻纤网，以提高复合了玻纤网的抗裂面层的粘结强度，必要时可以采用提

高粘结强度的技术措施。

4.2.5 塑料锚栓由螺钉和带圆盘的塑料膨胀套管两部分组成。锚栓关系到系统的安全性，质量应得到保证。

4.2.6 涂料饰面时，应采用柔性耐水腻子，柔性耐水腻子应与保温系统的材料具有相容性，其性能应符合现行行业标准《外墙外保温柔性耐水腻子》JG/T 229 的规定要求。不得使用没有柔性的普通找平腻子，进场时涂料供应商提供的柔性耐水腻子型式检验报告中检测项目必须齐全。

4.2.7 进场时，生产厂家应提供饰面涂料抗裂性能的检验报告和相关技术资料。

4.2.8 饰面砖的吸水率应符合现行行业标准《外墙饰面砖工程施工及验收规程》JGJ 126 的规定要求。根据建筑物所在的气候区要求不同，其中Ⅰ、Ⅵ、Ⅶ气候区吸水率≤3%；Ⅱ、Ⅲ、Ⅳ、Ⅴ气候区吸水率≤6%。饰面砖的抗冻性应符合现行行业标准《外墙饰面砖工程施工及验收规程》JGJ 126 的规定要求。

4.2.9 陶瓷墙地砖胶粘剂横向变形应大于或等于 2.0mm。

4.2.10 陶瓷墙地砖填缝剂横向变形应大于或等于 2.0mm。

4.3 材料进场检验

4.3.1 对保温工程选用的无机轻集料保温砂浆的型号与品种必须与节能设计说明的要求相符合，导热系数的计算值必须与采用的保温砂浆型号一致，同时技术指标必须满足本规程对应型号的要求。

4.3.2 对保温系统的出厂检验项目、进场复验项目及方法作了规定。不同型号的无机轻集料保温砂浆其对应的系统的型式检验报告必须一致。

4.4 检 验 方 法

4.4.1~4.4.12 无机轻集料砂浆保温系统组成的界面砂浆、无机轻集料保温砂浆、抗裂砂浆，不同系统供应商的配方设计所要求的水灰比不同。进行砂浆性能检测时，应该按照系统供应商所提供的、与施工现场一致的水灰比进行试样的成型。砂浆若有特殊的施工方法，在试样成型时应加以相应的技术说明。

5 设 计

5.1 一 般 规 定

5.1.1 本规程中将无机轻集料砂浆保温系统作为一个整体来考虑，规定外墙外保温层的最大厚度，目的是为了保证保温系统的安全性。

5.1.2 外墙外保温工程设计中，不得更改本规程规定的系统构造和组成材料。特殊工程发生更改，与本规程规定的保温系统构造或组成材料不一致时，应由建设单位组织专项的技术论证。

5.1.3 外墙外保温系统饰面层为饰面砖时，应有相应的技术保障措施。规定了饰面砖构造无机轻集料砂浆保温系统应具备的要求和程序。

施工前应编制专项的施工技术方案，提前进行样板墙施工，进行饰面砖拉伸粘结强度试验，采取有效的施工技术保障措施，必要时可以由建设单位组织专项的技术论证。

5.1.4 规定了不同型号的无机轻集料保温砂浆的导热系数、蓄热系数和修正系数的设计参数。虽然不同原材料和配合比、不同干密度和导热系数之间略有差异，但分别就三种型号的保温砂浆而言，其值差异不大。

不同型号的无机轻集料保温砂浆的导热系数、蓄热系数在节能计算时，按本条规定数值选取进行计算。

系统供应商所提供的无机轻集料砂浆保温系统型式检验报告导热系数的测试值，不能作为建筑节能计算的导热系数计算选取值。

对墙体传热系数热惰性指标的计算及热工性能参数的取值，主要参考现行国家标准《民用建筑热工设计规范》GB 50176 的参数取值，但其中抗裂砂浆的热工性能的参数由试验测试结果及经验公式取得。

无机轻集料保温砂浆的导热系数的修正系数取 1.25，是通过大量的试验研究，并参考了现行国家标准《民用建筑热工设计规范》GB 50176 确定的。

图 1 是几组不同配方保温砂浆在不同质量含水率时的导热系数测试结果。

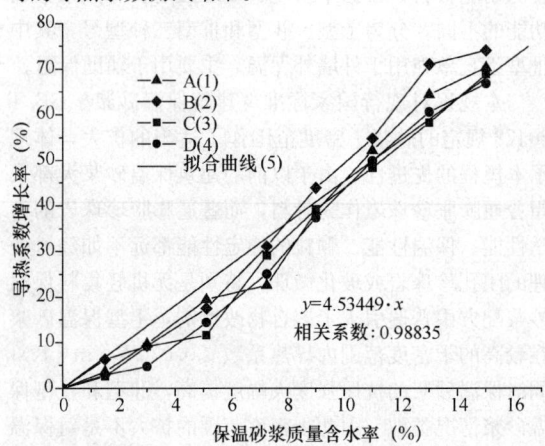

图 1 导热系数随质量含水率变化曲线图

图 2 是保温砂浆在不同相对湿度条件下的质量平衡含水率测试结果。

由中国建筑工业出版社出版的《夏热冬冷地区建筑节能技术》可知，夏热冬冷地区的相对湿度常年在 80% 左右，通过图 1、图 2 中拟合曲线的计算，该湿度情况下，导热系数增长 24.9%，故修正系数

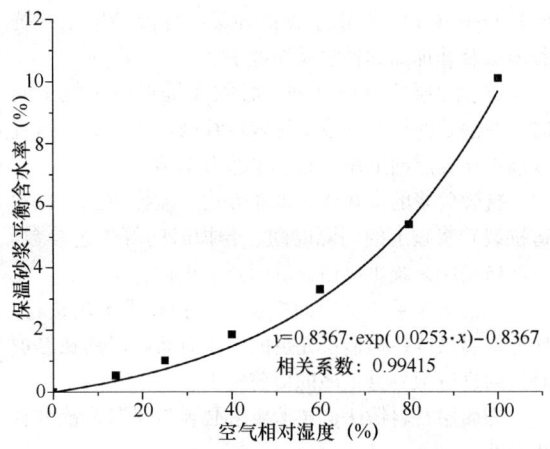

图 2　保温砂浆质量平衡含水率随
空气相对湿度变化图

取 1.25。

5.1.5 密封和防水构造设计包括变形缝的设置、变形缝的构造设计以及系统的起端和终端的包边等。

  1 需设变形缝的部位有：

    1）基层墙体结构设有伸缩缝、沉降缝和防震缝处；

    2）预制墙板相接处；

    3）保温系统与不同材料相接处；

    4）结构可能产生较大位移的部位，例如建筑体形突变或结构体系变化处；

    5）经计算需设置变形缝处；

    6）基层材料改变处。

  2 系统的起端和终端包括以下部位：

    1）门窗周边；

    2）穿墙管线洞口；

    3）檐口、女儿墙、勒脚、阳台、雨篷等尽端；

    4）变形缝及基层不同构造、不同材料结合处。

  对于水平或倾斜的出挑部位，表面应增设防水层。水平或倾斜的出挑部位包括窗台、女儿墙、阳台、雨篷等，这些部位有可能出现积水、积雪情况。

5.2　建　筑　构　造

5.2.1～5.2.3　规定了无机轻集料砂浆保温系统的各种基本构造及做法。应优先选用外保温系统，由于本规程第 5.1.1 条规定外墙外保温厚度不宜大于 50mm，当墙体平均传热系数无法满足要求时，宜选用内外复合保温。内外复合保温由外墙外保温、外墙内保温两个子系统组成。内侧保温层厚度不宜大于 30mm。

5.2.5　在考虑施工条件和保证系统质量与安全的前提下，本条对抗裂面层的厚度作了规定。

  抗裂面层过厚，则会因横向拉应力超过玻纤网抗拉强度而导致抗裂层开裂。

  根据施工现场一般采用在抗裂砂浆湿状态下埋入玻纤网的施工工艺，涂料饰面时抗裂面层厚度上限厚度不宜超过 5mm；面砖饰面时抗裂面层厚度上限厚度不宜超过 8mm。

  面砖饰面时，抗裂面层则是由两道抗裂砂浆面层组成，即在第一道抗裂砂浆层中埋入玻纤网，安装塑料锚栓后，再进行第二道抗裂砂浆层的施工。

5.2.6　规定了塑料锚栓的用量。

5.2.7　为防止水浸入而造成面层局部空鼓、脱落，鼓励选用研发新材料，合理设置分格缝，故设此条。同样原因在施工工艺和施工要点中，对分格缝要求应按相关规定进行处理。

  涂料饰面工程的施工，严格按照编制的外墙外保温工程施工组织设计要求进行施工，不得随意变更保温系统的分格缝的设置，不得破坏已经设置的保温系统的分格缝构造。

6　施　　工

6.1　一　般　规　定

6.1.1　无机轻集料砂浆保温系统中的界面砂浆、无机轻集料保温砂浆、抗裂砂浆都是需要在现场搅拌后进行施工的干粉砂浆，由于无机轻集料保温砂浆的强度相对较低，特别是早期强度发展较慢，因此湿度过低会影响保温层强度的发展。

  在高湿度和低温天气下，抗裂面层与保温砂浆层干燥过程可能需要几天的时间。新抹砂浆层表面看似硬化和干燥，但往往仍需要采取保护措施使其在整个厚度内充分养护，特别是在冻结温度、雨、雪或其他有害气候条件很可能出现的情况下。

  另一方面，尚未凝结硬化的界面砂浆、无机轻集料保温砂浆、抗裂砂浆在雨天会影响表面质量，严重时会被冲刷。在情况允许时，可采取遮阳、防雨和防风措施。

  外墙内保温工程施工，受阳光暴晒、在 5 级以上大风天气和雨天施工的因素影响相对较小，可以根据工程实际情况决定。

6.1.2　无机轻集料保温砂浆层施工厚度，直接影响到墙体传热系数是否满足节能设计的要求，是重要的控制指标。

  无机轻集料保温砂浆需要进行分层施工，轻质的保温砂浆一次性粉刷过厚，容易导致湿的保温砂浆坠裂、空鼓、渗水等现象，影响保温砂浆层与基层之间的粘结。分层施工也是保证保温砂浆施工质量的控制手段。

  对于墙体保温工程施工提出 3 款基本要求，这些要求主要关系到安全和节能效果，十分重要。

6.1.3　现行国家标准《建筑工程施工质量验收统一标准》GB 50300 规定，施工现场质量管理应有相应的施工技术标准；各工序应按施工技术标准进行质量控制，每道工序完成后，应进行检查。无机轻集料砂浆保温工程能否满足建筑物墙体保温节能要求，应从原材料、施工过程全方位进行控制，更为重要的是目前对保温系统的施工经验尚不足，通过施工组织设计或专项施工方案的编制实施，有利于提高工程质量。

从事节能施工作业人员的操作技能对于节能施工效果影响较大，且无机轻集料保温砂浆和施工工艺对于某些施工人员可能并不熟悉，所以应在施工前对相关人员进行技术交底和必要的实际操作培训，技术交底和培训均应留有记录。

6.1.4 本条是对围护结构保温工程基层墙体质量的具体要求和保温工程正式施工前的准备工作要求。

6.1.5 界面砂浆、无机轻集料保温砂浆、抗裂砂浆的水灰比与产品配制质量有关，应在专项施工方案中加以说明。施工方案中应包括施工工序、施工间隔时间、施工机具、基层处理、环境温度和养护条件要求、施工方法、材料用量和砂浆配制水灰比、各工序施工质量要求、施工要点、成品保护等。

6.2 施工准备

6.2.1 为保证保温工程质量和保温工程正式施工打好基础，基层的处理应符合现行国家标准《建筑装饰装修工程质量验收规范》GB 50210 中一般抹灰工程质量要求。

6.2.2 规定了施工作业技术条件，以避免工序颠倒，影响施工质量，并有利于成品保护。

6.2.3 该条不仅是为了考虑外墙保温施工安全可靠，而且也是为了方便施工，保证施工质量而作出的规定。由于保温系统是多道工序施工成活，所以施工作业架以整体爬架或固定式脚手架为宜。

6.3 施工流程

6.3.1、6.3.2 施工过程中应按工艺流程规定，合理安排各工序，保证各工序间的衔接和间隔时间，不应随意改变施工流程中的顺序，以保证施工质量。

6.4 施工要点

6.4.1～6.4.5 基层处理应满足保温工程施工的要求，根据基层墙体的类型，分别用相应的方法进行基层的处理。

界面砂浆的水灰比、配制方式等工艺参数，应严格按照系统供应商提供的要求进行。

6.4.6～6.4.8 保温层的施工是整个保温工程的重要环节，为了保证工程质量，避免热桥等不利因素的产生，保温层施工应严格按相关规程执行。

保温砂浆的水灰比、搅拌方式、搅拌时间、每一道保温砂浆施工的间隔时间、养护时间等工艺参数，应严格按照系统供应商提供的要求进行。

6.4.9～6.4.12 提出了无机轻集料保温砂浆系统抗裂面层及外饰面的做法及注意事项。

抗裂面层复合玻纤网，必须在抗裂砂浆施工同时，在湿状的抗裂砂浆中压入玻纤网，严禁玻纤网直接铺在保温层面上用抗裂砂浆涂布粘结。

抗裂砂浆的水灰比、搅拌方式、搅拌时间、每一道抗裂砂浆施工的间隔时间、养护时间等工艺参数，应严格按照系统供应商提供的要求进行。

严格按照系统供应商提供的养护技术要求进行，保证保温系统各构造层充足的养护时间，严禁在养护时间内进行下一道工序的提前施工。

饰面层材料做法、技术要求必须与保温系统具有相容性。

6.5 成品保护

6.5.1～6.5.3 为保证保温层的功能特性，特规定此条。

6.6 安全文明施工

6.6.1～6.6.9 这几条的规定是为了保证工程质量以及生产的安全。

7 质量验收

7.1 一般规定

7.1.2 本条规定了墙体节能验收的程序性要求。无机轻集料砂浆保温系统都是在主体结构内侧或外侧表面做保温层，一般是在主体结构完成后施工，对此，在施工过程中应及时进行质量检查、隐蔽工程验收、相关检验批和分项工程验收，施工完成后应进行墙体节能子分部工程验收。

7.1.3 墙体节能工程主要依靠系统供应商提供的型式检验报告加以证实，型式检验报告应包括符合本规程技术要求的耐久性试验。不同型号的无机轻集料保温砂浆，系统供应商必须提供其对应型号的保温系统耐久性能的型式检验报告。

7.1.4 本条列出墙体节能工程通常应该进行隐蔽工程验收的具体部位和内容，以规范隐蔽工程的验收。当施工中出现本条未列出的内容时，应在施工方案中对隐蔽工程验收内容加以补充。

7.1.6 墙体节能工程检验批的划分并非是唯一或绝对的。当遇到较为特殊的情况时，检验批的划分也可根据方便施工与验收的原则，由施工单位与监理（建设）单位共同商定。

7.2 主控项目

7.2.1 检查无机轻集料砂浆保温系统和组成材料的型式检验报告、进场复检报告是否符合本规程规定的技术要求。

7.2.2 本条是验证工程所用的无机轻集料砂浆保温系统的品种、规格等是否符合设计要求，不能随意改变和替代。在材料进场时通过目视和尺量、称重等方法检查，并对其质量证明文件进行核查确认。

7.2.3 在现行国家标准《建筑节能工程施工质量验收规范》GB 50411 中，此条列为强制性条文。无机轻集料保温砂浆的导热系数、干密度、抗压强度是需要进行进场复检的技术指标。

墙体保温工程的热工性能是否满足本条规定，主要依靠对各种质量证明文件的核查和进场材料的复检。导热系数是标准技术指标中，唯一反映材料热工性能的技术参数，也是需要控制的热工参数，从而验证墙体的传热系数是否符合节能设计计算的重要指标。必须严格核查无机轻集料保温砂浆设计与使用型号是否一致。

无机轻集料保温砂浆燃烧性能达到 A 级，属于不燃无机材料，这是其最主要的材料特性。根据现行国家标准《建筑节能工程施工质量验收规范》GB 50411 规定，燃烧性能通过检查其质量证明文件，即无机轻集料保温砂浆型式检验报告燃烧性能是否达到 A 级，不需要进行材料的复检。

核查质量证明文件包括核查材料的出厂合格证书、性能检测报告、外保温系统的型式检验报告等。当上述质量证明文件和各种检测报告为复印件时，应盖证明其真实性的相关单位印章和经手人员签字，并注明原件存放处。必要时，尚应核对原件。

本条列出了无机轻集料砂浆保温系统进场复检的项目和数量要求，复检的试验方法应遵守本规程的试验方法要求。复检应为见证取样送检，由具备见证资质的检测机构进行试验。根据住房和城乡建设部 141 号令第 12 条规定，见证取样试验应由建设单位委托。

7.2.4 为了保证墙体节能工程质量，需要对墙体基层表面进行处理，然后进行保温系统施工。基层表面处理对于保证安全和节能效果很重要，由于基层表面处理属于隐蔽工程，施工中容易被忽略，事后无法检查。本条强调对基层表面进行的处理按照设计和施工方案的要求进行，以满足保温系统施工工艺的需要。并规定施工中应全数检查，验收时则应核查所有隐蔽工程验收记录。

7.2.5 除面层外，墙体节能工程各层构造做法均为隐蔽工程，完工后难以检查。本条给出施工实体检查和验收时，资料核查两种方法和数量。在施工过程中对于隐蔽工程应该随做随查，并做好记录。检查的内容主要是墙体节能工程各层构造做法是否符合设计要求，以及施工工艺是否符合施工方案要求。检验批验收时则应该核查这些隐蔽工程验收记录。

7.2.6 无机轻集料保温砂浆层施工厚度，直接影响到墙体传热系数。无机轻集料保温砂浆需要进行分层施工，轻质的保温砂浆一次性粉刷过厚，容易导致湿的保温砂浆坠裂、空鼓、渗水等现象，影响保温砂浆层与基层之间的粘结。

7.2.7 为了检验无机轻集料保温砂浆保温层的实际保温效果，本条规定应在施工中制作同条件养护试件，以检测其导热系数、干密度和抗压强度等参数。保温砂浆同条件养护试块试验应实行见证取样送检，由建设单位委托具备见证资质的检测机构进行试验。

7.2.8 饰面砖构造的无机轻集料砂浆外墙外保温系统，应按现行行业标准《建筑工程饰面砖粘结强度检验标准》JGJ 110 进行现场拉拔强度检验。

7.2.9 墙体内隔汽层的作用，主要为防止空气中的水分进入保温层造成保温效果下降，进而形成结露等问题。本条针对隔汽层容易出现破损、透汽等问题，规定隔汽层设置的位置、使用的材料及构造做法，应符合设计要求和相关标准的规定。要求隔汽层应完整、严密，穿透隔汽层处应采取密封措施。

7.2.10 本条所指的门窗洞口四周墙侧面，是指窗洞口的侧面，即与外墙面垂直的 4 个小面。非严寒、寒冷地区凸窗外凸部分的四周墙侧面和地面，均应按设计要求采取割断热桥或节能保温措施。

7.2.11 严寒、寒冷地区外墙热桥部位对于墙体总体保温效果影响较大。非严寒、寒冷地区的要求在严格程度上有区别。

7.3 一 般 项 目

7.3.1 在出厂运输和装卸过程中，界面砂浆、无机轻集料保温砂浆、抗裂砂浆、玻纤网、塑料锚栓的包装容易破损，包装破损后材料受潮等可能进一步影响材料的性能。本条针对这种情况作出规定：要求进入施工现场的节能材料包装应完整无损，并符合设计要求和材料产品标准的规定。

7.3.2 本条是对于玻纤网的施工要求。玻纤网属于隐蔽工程，其质量缺陷完工后难以发现，故施工中应加强管理。

7.3.4 墙体采用无机轻集料砂浆保温系统时，保温砂浆层宜连续施工；保温砂浆厚度应均匀，接茬应平顺密实。

7.3.5 本条主要针对容易碰撞、破损的保温层特殊部位要求采取加强措施，防止被损坏。具体的防止开裂和破损的加强措施通常由设计或施工技术方案确定。

附录 A 无机轻集料砂浆保温系统基本构造

A.0.1 本条规定了涂料饰面无机轻集料砂浆外墙外保温系统的基本构造。

界面层由界面砂浆构成，可增加无机轻集料保温砂浆与基层墙体间的粘结力。蒸压加气混凝土制品表面应采用专用界面砂浆材料。

保温层由无机轻集料保温砂浆构成。施工时加水搅拌均匀，抹压在已经界面砂浆处理过的基层墙面上，形成保温层。

抗裂面层由抗裂砂浆和玻纤网构成，用于提高保护层的机械强度、抗裂性能和防水性能。当墙面建筑物首层或门窗等易受碰撞部位时，应在抗裂面层中增设一道玻纤网。

A.0.2 本条规定了面砖饰面无机轻集料砂浆外墙外保温系统的基本构造。

为了保证面砖饰面系统的安全性，在系统的抗裂面层构成中增设了需锚固入基层的塑料锚栓。塑料锚栓的主要作用在于不可预见情况下，对确保系统的安全性起一定的辅助作用。塑料锚栓数量和布置应根据建筑物高度和结构部位不同设置，不能因使用锚栓就放宽对保温系统组成材料间的粘结固定性能的要求。

玻纤网必须满足本规程的技术要求，抗裂面层复合玻纤网的厚度必须大于5mm，按照现行行业标准《建筑工程饰面砖粘结强度检验标准》JGJ 110 的规定进行饰面砖粘结强度试验必须合格。

A.0.3 本条规定了无机轻集料砂浆外墙内保温系统的基本构造。

附录 B 系统及其组成材料性能试验方法

B.1 试样制备、养护和状态调节

B.1.2 为满足外墙外保温系统的基本规定，需要对保温系统的组成材料进行检验。现行行业标准《外墙外保温工程技术规程》JGJ 144 规定的试样养护和状态调节环境条件为：温度 10℃～25℃，相对湿度不应低于50%；现行行业标准《胶粉聚苯颗粒外墙外保温系统》JG 158 中规定的标准实验室环境为：空气温度 23℃±2℃，相对湿度 50%±10%；现行行业标准《膨胀聚苯板薄抹灰外墙外保温系统》JG 149 中规定的标准实验室环境为：空气温度 23℃±2℃，相对湿度 50%±10%，而耐候性试验时的环境温度为 10～25℃，相对湿度不应小于50%；现行国家标准《建筑保温砂浆》GB/T 20473 中规定的养护条件为：温度环境 20℃±3℃，相对湿度 60%～80%。现行行业标准《陶瓷墙地砖胶粘剂》JC/T 547 中规定的标准试验条件为：环境温度 23℃±2℃，相对湿度 50%±5%。对于同一实验室要开展这类产品试验，是很难满足不同养护要求的，因此，本规程统一了养护和状态调节环境条件。

B.2 系统性能指标试验方法

B.2.1 规定了面砖拉拔试验时的切割深度；断缝应从饰面砖表面切割至抗裂面层外表面（不应露出玻纤网），深度应一致。

B.2.3 根据无机轻集料保温砂浆的特点，对抗冲击性试验，除了应按现行行业标准《外墙外保温工程技术规程》JGJ 144 中附录 A.5 有关规定外，还规定试件与基层粘结紧密，保温层厚度取 50mm；对 10J 级抗冲击构件，应在表面涂刷一层丙烯酸类乳液以提高试验稳定性。

B.4 无机轻集料保温砂浆性能指标试验方法

B.4.1 由于无机轻集料保温砂浆性能受搅拌方式影响较大，特规定对搅拌设备的要求及对搅拌时间的要求。在对无机轻集料保温砂浆用行星式搅拌机进行 3min、6min 及 9min 的搅拌后发现，同配方的保温砂浆稠度分别为 66mm、67mm、78mm，干密度为 $373kg/m^3$、$380kg/m^3$、$424kg/m^3$，抗压强度为 1.70MPa、1.71MPa、2.11MPa，搅拌时间过长，会使无机轻集料破损，从而导致干密度和抗压强度均上升，影响砂浆的导热系数。

另砂浆稠度对性能影响较大，所以本规程在保证施工性能的前提下，对新拌砂浆的稠度作了规定。若系统供应商对自身产品的稠度有特殊要求，可在检测报告中指明。

B.4.4 在进行拉伸粘结强度试验时，由于无机轻集料保温砂浆基层为水泥砂浆试块，吸水性较大。当保温砂浆层较薄时，由于保温砂浆层失水较多，导致保温砂浆水灰比减小，强度增大；当保温砂浆层过厚时，保温砂浆成型有难度，所以选择保温砂浆的成型厚度为 6mm。

B.4.6 在参照现行行业标准《建筑砂浆基本性能试验方法标准》JGJ/T 70 基础上修订。

由于针对干密度小于 $550kg/m^3$、抗压强度小于 2.5MPa 的无机轻集料保温砂浆，按现行行业标准《建筑砂浆基本性能试验方法标准》JGJ/T 70 测定时，往往会出现冻融循环试验后试件饱水质量不仅不损失反而增加。表1列举了分别按现行行业标准《建筑砂浆基本性能试验方法标准》JGJ/T 70 及本规程测定的冻融循环试验后的试件质量损失率数据。

表 1 保温砂浆性能测定值

样品编号		1	2	3
干密度（kg/m³）		460	344	388
抗压强度（MPa）		1.73	0.71	0.56
导热系数（平均温度25℃）[W/(m·K)]		0.088	0.068	0.083
抗冻性能（15次循环）	按照 JGJ 70 测定的质量损失率（%）	质量增加 4.6	质量增加 10.5	质量增加 1.8
	本规程测定的质量损失率（%）		2.4	4.9

由表 1 可见，三个试样按现行行业标准《建筑砂浆基本性能试验方法标准》JGJ/T 70 测定，冻融循环试验后的试件质量损失率均提高。分析原因，可能与无机轻集料保温砂浆的特殊结构有关。由于保温砂浆强度较低，且内部存在较多未连通的孔隙，在冻融循环过程中易遭到破坏，使部分原来不连通的封闭孔隙在冻融过程中损伤，从而导致吸水率提高，出现冻融后试件饱水质量增加的现象。由此可见，完全采用现行行业标准《建筑砂浆基本性能试验方法标准》JGJ/T 70 的方法测定无机轻集料保温砂浆抗冻性能的质量损失率，存在着一定的不合理性。

因此，本条文要求抗冻试验前后均先将试件烘干 24h 后再称量，以便较客观地反映材料冻融后的实际质量损失率情况。

B.6 玻纤网性能指标试验方法

B.6.4 欧洲《UEAtc 聚苯板复合外墙外保温认定指南》中以 5%的 NaOH 水溶液作为碱溶液，《有抹面复合外保温系统欧洲技术认定指南》（EOTA ETAG 004）中改用混合碱作为碱溶液。美国外保温相关标准中也以 5%的 NaOH 水溶液作为碱溶液。国内以 5%的 NaOH 水溶液作为碱溶液做了大量试验验证，并积累了大量试验数据。因此，本规程规定耐碱断裂强力保留率应按现行行业标准《增强用玻璃纤维网布第 2 部分：聚合物基外墙外保温用玻璃纤维网布》JC 561.2 的规定进行试验，以 5%的 NaOH 水溶液作为碱溶液。

中华人民共和国行业标准

建筑玻璃应用技术规程

Technical specification for application of architectural glass

JGJ 113—2009

批准部门：中华人民共和国住房和城乡建设部
施行日期：２００９年１２月１日

中华人民共和国住房和城乡建设部
公　　告

第347号

关于发布行业标准《建筑玻璃应用技术规程》的公告

现批准《建筑玻璃应用技术规程》为行业标准，编号为JGJ 113－2009，自2009年12月1日起实施。其中，第8.2.2、9.1.2条为强制性条文，必须严格执行。原《建筑玻璃应用技术规程》JGJ 113－2003同时废止。

本规程由我部标准定额研究所组织中国建筑工业出版社出版发行。

中华人民共和国住房和城乡建设部

2009年7月9日

前　　言

根据原建设部《关于印发〈2006年工程建设标准规范制订、修订计划（第一批）〉的通知》（建标[2006]77号）的要求，规程编制组经广泛调查研究，认真总结实践经验，参考有关国际标准和国外先进标准，并在广泛征求意见基础上，修订了本规程。

本规程主要技术内容：1. 总则；2. 术语；3. 基本规定；4. 材料；5. 建筑玻璃抗风压设计；6. 建筑玻璃防热炸裂设计与措施；7. 建筑玻璃防人体冲击规定；8. 百叶窗玻璃和屋面玻璃设计；9. 地板玻璃设计；10. 水下用玻璃设计；11. 安装。

本规程修订主要技术内容是：1. 增加了基本规定和地板玻璃设计；2. 删除了室内空心玻璃砖隔断一章；3. 修订了术语、材料、建筑玻璃抗风压设计、建筑玻璃防人体冲击规定、百叶窗玻璃和屋面玻璃设计及安装。

本规程中以黑体字标志的条文为强制性条文，必须严格执行。

本规程由住房和城乡建设部负责管理和对强制性条文的解释，由中国建筑材料科学研究总院负责具体技术内容的解释。执行过程中如有意见或建议，请寄送中国建筑材料科学研究总院（地址：北京市朝阳区管庄东里一号；邮政编码：100024）。

本规程主编单位：中国建筑材料科学研究总院

本规程参编单位：北京市建筑设计研究院
上海耀华皮尔金顿玻璃股份有限公司
珠海市晶艺特种玻璃工程公司
北京金易格幕墙装饰工程公司
北京江河幕墙股份有限公司
中国南玻集团
中国建筑科学研究院
东莞市坚朗五金制品有限公司
郑州中原应用技术研究开发有限公司
杭州之江有机硅化工有限公司
广州市白云化工实业有限公司
渤海铝幕墙装饰工程有限公司
北京新立基真空玻璃技术有限公司
秦皇岛耀华玻璃股份有限公司
创奇公司北京代表处
格兰特工程玻璃（中山）有限公司
阳光壹佰置业集团有限公司

本规程主要起草人员：刘忠伟　马眷荣　徐　游
孙大海　王德勤　班广生
黄张智　许武毅　姜　仁
厉　敏　张德恒　刘　明
曾　容　葛砚刚　田延中
蒋　毅　曹　阳　刘　军
周永文　罗铁生　王敬敏

本规程主要审查人员：顾泰昌　黄小坤　黄　圻
宋协昌　张佰恒　王洪涛
石民祥　郑金峰　李少甫
施伯年　崔庆辉　莫英光
杨红波　臧曙光

目　次

Contents

1 总　则

1.0.1 为使建筑玻璃在建筑工程中的应用做到安全可靠、经济合理、实用和美观，制定本规程。

1.0.2 本规程适用于建筑玻璃的设计及安装。

1.0.3 建筑玻璃的应用，除应符合本规程的规定外，尚应符合国家现行有关标准的规定。

2 术　语

2.0.1 建筑玻璃　architectural glass

应用于建筑物上玻璃的统称。

2.0.2 玻璃中部强度　strength on center area of glass

荷载垂直玻璃板面，玻璃中部的断裂强度。

2.0.3 玻璃边缘强度　strength on border area of glass

荷载垂直玻璃板面，玻璃边缘的断裂强度。

2.0.4 玻璃端面强度　strength on edge of glass

荷载垂直玻璃断面，玻璃端面的抗拉强度。

2.0.5 单片玻璃　single glass

平板玻璃、镀膜玻璃、着色玻璃、半钢化玻璃和钢化玻璃等的统称。

2.0.6 有框玻璃　framed glazing

被具有足够刚度的支承部件连续地包住所有边的玻璃。

2.0.7 屋面玻璃　roof glass

安装在建筑物屋顶，并且与水平面夹角小于75°的玻璃。

2.0.8 地板玻璃　floor and stairway glazing

作为地面使用的玻璃，包括玻璃地板、玻璃通道和玻璃楼梯踏板用玻璃。

2.0.9 前部余隙　front clearance

玻璃外侧表面与压条或凹槽前端竖直面之间的距离。

2.0.10 后部余隙　back clearance

玻璃内侧表面与凹槽后端竖直面之间的距离。

2.0.11 边缘间隙　edge clearance

玻璃边缘与凹槽底面之间的距离。

2.0.12 嵌入深度　edge cover

玻璃边缘到可见线之间的距离。

3 基本规定

3.1 荷载及其效应

3.1.1 作用在建筑玻璃上的风荷载、雪荷载和活载应按现行国家标准《建筑结构荷载规范》GB 50009 的有关规定计算。

3.1.2 建筑玻璃承载能力极限状态，应根据荷载效应的基本组合进行荷载（效应）组合，按下式进行设计：

$$\gamma_0 S \leqslant R \qquad (3.1.2)$$

式中　γ_0——结构重要性系数，取值不应小于1.0；

S——荷载效应基本组合设计值；

R——玻璃抗力设计值。

3.1.3 玻璃板在荷载按标准组合作用下产生的最大挠度值应符合下式规定：

$$d_f \leqslant [d] \qquad (3.1.3)$$

式中　d_f——玻璃板在荷载按标准组合作用下产生的最大挠度值；

$[d]$——玻璃板挠度限值。

3.2 设计准则

3.2.1 建筑玻璃强度设计值应根据荷载方向、荷载类型、最大应力点位置、玻璃种类和玻璃厚度选择。

3.2.2 用于建筑外围护结构上的建筑玻璃应进行玻璃热工性能计算。玻璃传热系数的计算方法可按本规程附录 A 执行，玻璃遮阳系数可按现行国家标准《建筑玻璃　可见光透射比、太阳光直接透射比、太阳能总透射比、紫外线透射比及有关窗玻璃参数的测定》GB/T 2680 执行。

3.2.3 设计使用中空玻璃时，宜进行玻璃结露点计算，计算方法可按本规程附录 B 执行。

3.2.4 当考虑地震作用时，风荷载和地震作用应按荷载效应基本组合进行荷载（效应）组合，且建筑玻璃的最大许用跨度可按照本规程第5.2节的方法进行计算。

4 材　料

4.1 玻　璃

4.1.1 建筑物可根据功能要求选用平板玻璃、中空玻璃、真空玻璃、钢化玻璃、夹层玻璃、夹丝玻璃、着色玻璃、镀膜玻璃、压花玻璃等。

4.1.2 建筑玻璃外观、质量和性能应符合下列国家现行标准的规定：

　　1　《平板玻璃》GB 11614

　　2　《建筑用安全玻璃　第2部分：钢化玻璃》GB 15763.2

　　3　《建筑用安全玻璃　第3部分：夹层玻璃》GB 15763.3

　　4　《建筑用安全玻璃　第4部分：均质钢化玻璃》GB 15763.4

5 《半钢化玻璃》GB/T 17841

6 《中空玻璃》GB/T 11944

7 《镀膜玻璃 第1部分：阳光控制镀膜玻璃》GB/T 18915.1

8 《镀膜玻璃 第2部分：低辐射镀膜玻璃》GB/T 18915.2

9 《着色玻璃》GB/T 18701

10 《真空玻璃》JC/T 1079

11 《夹丝玻璃》JC 433

12 《压花玻璃》JC/T 511

4.1.3 玻璃强度设计值可按下式计算：

$$f_g = c_1 c_2 c_3 c_4 f_0 \quad (4.1.3)$$

式中 f_g ——玻璃强度设计值；

c_1 ——玻璃种类系数；

c_2 ——玻璃强度位置系数；

c_3 ——荷载类型系数；

c_4 ——玻璃厚度系数；

f_0 ——短期荷载作用下，平板玻璃中部强度设计值，取 28MPa。

4.1.4 玻璃种类系数应按表 4.1.4 取值。

表 4.1.4 玻璃种类系数 c_1

玻璃种类	平板玻璃	半钢化玻璃	钢化玻璃	夹丝玻璃	压花玻璃
c_1	1.0	1.6～2.0	2.5～3.0	0.5	0.6

4.1.5 玻璃强度位置系数应按表 4.1.5 取值。

表 4.1.5 玻璃强度位置系数 c_2

强度位置	中部强度	边缘强度	端面强度
c_2	1.0	0.8	0.7

4.1.6 荷载类型系数应按表 4.1.6 取值。

表 4.1.6 荷载类型系数 c_3

荷载类型	平板玻璃	半钢化玻璃	钢化玻璃
短期荷载 c_3	1.0	1.0	1.0
长期荷载 c_3	0.31	0.50	0.50

4.1.7 玻璃厚度系数应按表 4.1.7 取值。

表 4.1.7 玻璃厚度系数 c_4

玻璃厚度	5mm～12mm	15mm～19mm	≥20mm
c_4	1.00	0.85	0.70

4.1.8 在短期荷载下，平板玻璃、半钢化玻璃和钢化玻璃强度设计值可按表 4.1.8 取值。

表 4.1.8 短期荷载下玻璃强度设计值 f_g（N/mm²）

种类	厚度(mm)	中部强度	边缘强度	端面强度
平板玻璃	5～12	28	22	20
	15～19	24	19	17
	≥20	20	16	14
半钢化玻璃	5～12	56	44	40
	15～19	48	38	34
	≥20	40	32	28
钢化玻璃	5～12	84	67	59
	15～19	72	58	51
	≥20	59	47	42

4.1.9 在长期荷载作用下，平板玻璃、半钢化玻璃和钢化玻璃强度设计值可按表 4.1.9 取值。

表 4.1.9 长期荷载作用下玻璃强度设计值 f_g（N/mm²）

种类	厚度(mm)	中部强度	边缘强度	端面强度
平板玻璃	5～12	9	7	6
	15～19	7	6	5
	≥20	6	5	4
半钢化玻璃	5～12	28	22	20
	15～19	24	19	17
	≥20	20	16	14
钢化玻璃	5～12	42	34	30
	15～19	36	29	26
	≥20	30	24	21

注：1 钢化玻璃强度设计值可达平板玻璃强度设计值的 2.5～3.0 倍，表中数值是按 3 倍的；如达不到 3 倍，可按 2.5 倍取值，也可根据实测结果予以调整。

2 半钢化玻璃强度设计值可达平板玻璃强度设计值的 1.6～2.0 倍，表中数值是按 2 倍取的；如达不到 2 倍，可按 1.6 倍取值，也可根据实测结果予以调整。

4.1.10 夹层玻璃和中空玻璃强度设计值应按所采用玻璃的类型确定。

4.2 玻璃安装材料

4.2.1 玻璃安装材料应符合下列国家现行标准的规定：

1 《聚氨酯建筑密封胶》JC/T 482

2 《聚硫建筑密封胶》JC/T 483

3 《丙烯酸酯建筑密封胶》JC/T 484

4 《建筑窗用弹性密封胶》JC/T 485

5 《硅酮建筑密封胶》GB/T 14683

6 《塑料门窗用密封条》GB 12002

7 《建筑橡胶密封垫——预成型实心硫化的结构密封垫用材料规范》HG/T 3099

8 《建筑用硅酮结构密封胶》GB 16776

9 《幕墙玻璃接缝用密封胶》JC/T 882

10 《中空玻璃用弹性密封胶》JC/T 486

11 《中空玻璃用复合密封胶条》JC/T 1022

12 《建筑物隔热用硬质聚氯酯泡沫塑料》QB/T 3806

4.2.2 支承块宜采用挤压成形的未增塑 PVC、增塑 PVC 或邵氏 A 硬度为 80～90 的氯丁橡胶等材料制成。

4.2.3 定位块和弹性止动片宜采用有弹性的非吸附性材料制成。

5 建筑玻璃抗风压设计

5.1 风荷载计算

5.1.1 作用在建筑玻璃上的风荷载设计值应按下式计算：

$$w = \gamma_w w_k \qquad (5.1.1)$$

式中　w——风荷载设计值，kPa；

　　　w_k——风荷载标准值，kPa；

　　　γ_w——风荷载分项系数，取 1.4。

5.1.2 当风荷载标准值的计算结果小于 1.0kPa 时，应按 1.0kPa 取值。

5.2 抗风压设计

5.2.1 用于室外的建筑玻璃应进行抗风压设计，并应同时满足承载力极限状态和正常使用极限状态的要求。幕墙玻璃抗风压设计应按现行行业标准《玻璃幕墙工程技术规范》JGJ 102 执行。

5.2.2 除中空玻璃以外的建筑玻璃承载力极限状态设计，可采用考虑几何非线性的有限元法进行计算，且最大应力设计值不应超过短期荷载作用下玻璃强度设计值。矩形建筑玻璃的最大许用跨度也可按下列方法计算：

1 最大许用跨度可按下式计算：

$$L = k_1 (w + k_2)^{k_3} + k_4 \qquad (5.2.2)$$

式中　w——风荷载设计值，kPa；

　　　L——玻璃最大许用跨度，mm；

k_1、k_2、k_3、k_4——常数，根据玻璃的长宽比进行取值。

2 k_1、k_2、k_3、k_4 的取值应符合下列规定：

1） 对于四边支承和两对边支承的单片矩形平板玻璃、单片矩形半钢化玻璃、单片矩形钢化玻璃和普通矩形夹层玻璃，其 k_1、k_2、k_3、k_4 可按本规程附录 C 取值。

夹层玻璃的厚度应为去除胶片后玻璃净厚度和。三边支承可按两对边支撑取值。

2） 对于夹丝玻璃和压花玻璃，其 k_1、k_2、k_3、k_4 可按本规程附录 C 中平板玻璃的 k_1、k_2、k_3、k_4 取值。按本规程式（5.2.2）计算玻璃最大许用跨度时，风荷载设计值应按本规程式（5.1.1）的计算值除以玻璃种类系数取值。

3） 对于真空玻璃，其 k_1、k_2、k_3、k_4 可按本规程附录 C 中普通夹层玻璃的 k_1、k_2、k_3、k_4 取值。

4） 对于半钢化夹层玻璃和钢化夹层玻璃，其 k_1、k_2、k_3、k_4 可按本规程附录 C 中普通夹层玻璃的 k_1、k_2、k_3、k_4 取值。按本规程式（5.2.2）计算玻璃最大许用跨度时，风荷载设计值应按本规程式（5.1.1）的计算值除以玻璃种类系数取值。

5） 当玻璃的长宽比超过 5 时，玻璃的 k_1、k_2、k_3、k_4 应按长宽比等于 5 进行取值。

6） 当玻璃的长宽比不包含在本规程附录 C 中时，可先分别计算玻璃相邻两长宽比条件下的最大许用跨度，再采用线性插值法计算其最大许用跨度。

5.2.3 除中空玻璃以外的建筑玻璃正常使用极限状态设计，可采用考虑几何非线性的有限元法计算，且挠度最大值应小于跨度 a 的 1/60。四边支承和两对边支承矩形玻璃正常使用极限状态也可按下列规定设计：

1 四边支承和两对边支承矩形玻璃单位厚度跨度限值应按下式计算：

$$\left[\frac{L}{t}\right] = k_5 (w_k + k_6)^{k_7} + k_8 \qquad (5.2.3)$$

式中　$\left[\dfrac{L}{t}\right]$——玻璃单位厚度跨度限值；

　　　w_k——风荷载标准值，kPa；

k_5、k_6、k_7、k_8——常数，可按本规程附录 C 取值。

2 设计玻璃跨度 a 除以玻璃厚度 t，不应大于玻璃单位厚度跨度限值 $\left[\dfrac{L}{t}\right]$。如果大于 $\left[\dfrac{L}{t}\right]$，就增加玻璃厚度，直至小于 $\left[\dfrac{L}{t}\right]$。

5.2.4 作用在中空玻璃上的风荷载可按荷载分配系数分配到每片玻璃上，荷载分配系数可按下列公式计算：

1 直接承受风荷载作用的单片玻璃：

$$\xi_1 = 1.1 \times \frac{t_1^3}{t_1^3 + t_2^3} \qquad (5.2.4\text{-}1)$$

式中　ξ_1——荷载分配系数；

　　　t_1——外片玻璃厚度，mm；

t_2——内片玻璃厚度，mm。

2 不直接承受风荷载作用的单片玻璃：

$$\xi_2 = \frac{t_2^3}{t_1^3 + t_2^3} \qquad (5.2.4\text{-}2)$$

式中 ξ_2——荷载分配系数；

t_1——外片玻璃厚度，mm；

t_2——内片玻璃厚度，mm。

5.2.5 中空玻璃的承载力极限状态设计和正常使用极限状态设计，可根据分配到每片玻璃上的风荷载，采用本规程第 5.2.2 条和第 5.2.3 条的方法进行计算。

6 建筑玻璃防热炸裂设计与措施

6.1 防热炸裂设计

6.1.1 当平板玻璃、着色玻璃、镀膜玻璃、压花玻璃和夹丝玻璃明框安装且位于向阳面时，应进行热应力计算，且玻璃边部承受的最大应力值不应超过玻璃端面强度设计值。半钢化玻璃和钢化玻璃可不进行热应力计算。

6.1.2 玻璃端面强度设计值可按本规程式（4.1.3）计算，也可按表 6.1.2 取值。

表 6.1.2 玻璃端面强度设计值

品　　种	厚度（mm）	端面设计值（N/mm²）
平板玻璃 着色玻璃 镀膜玻璃	3～12	20
	15～19	17
压花玻璃	6，8，10	12
夹丝玻璃	6，8，10	10

注：夹层玻璃、真空玻璃和中空玻璃端面强度设计值与单片玻璃相同。

6.1.3 在日光照射下，建筑玻璃端面应力应按下式计算：

$$\sigma_h = 0.74 E \alpha \mu_1 \mu_2 \mu_3 \mu_4 (T_c - T_s) \qquad (6.1.3)$$

式中 σ_h——玻璃端面应力，N/mm²；

E——玻璃弹性模量，可按 0.72×10^5 N/mm² 取值；

α——玻璃线膨胀系数，可按 10^{-5}/℃取值；

μ_1——阴影系数，按 6.1.3-1 取值；

μ_2——窗帘系数，按表 6.1.3-2 取值；

μ_3——玻璃面积系数，按表 6.1.3-3 取值；

μ_4——边缘温度系数，按表 6.1.3-4 取值；

T_c——玻璃中部温度，其计算方法应符合本规程附录 D 的规定；

T_s——窗框温度，其计算方法应符合本规程附录 D 的规定。

表 6.1.3-1 阴影系数

阴影形状						
系数	1.3		1.6	1.7		1.7
	适用于阴影宽度大于 100mm 情况，如门边立柱、门窗横挡或其他					树木、广告牌等在玻璃上形成三角阴影

表 6.1.3-2 窗帘系数

窗帘形式	薄丝织品		厚丝织品	百叶窗
窗帘与玻璃的距离（mm）	＜100	≥100	＜100	≥100
系　数	1.3	1.1	1.5	1.3

表 6.1.3-3 玻璃面积系数

面积（m²）	0.5	1.0	1.5	2.0	2.5	3.0	4.0	5.0	6.0
系数	0.95	1.00	1.04	1.07	1.09	1.10	1.12	1.14	1.16

表 6.1.3-4 边缘温度系数

安装形式	固定窗	开启扇
油灰、非结构密封垫	0.95	0.75
实心条＋弹性密封胶	0.80	0.65
泡沫条＋弹性密封胶	0.65	0.50
结构密封垫	0.55	0.48

6.2 防热炸裂措施

6.2.1 玻璃安装时，不得在玻璃周边造成缺陷。对于易发生热炸裂的玻璃，应对玻璃边部进行精加工。

6.2.2 玻璃内侧窗帘、百叶窗及其他遮蔽物与玻璃之间距离不应小于 50mm。

7 建筑玻璃防人体冲击规定

7.1 一般规定

7.1.1 安全玻璃最大许用面积应符合表 7.1.1-1 的规定；有框平板玻璃、真空玻璃和夹丝玻璃的最大许用面积应符合表 7.1.1-2 的规定。

表 7.1.1-1 安全玻璃最大许用面积

玻璃种类	公称厚度（mm）	最大许用面积（m²）
钢化玻璃	4	2.0
	5	2.0
	6	4.0
	8	6.0
	10	8.0
	12	9.0

续表 7.1.1-1

玻璃种类	公称厚度（mm）			最大许用面积（m²）
夹层玻璃	6.38 6.76 7.52			3.0
	8.38 8.76 9.52			5.0
	10.38 10.76 11.52			7.0
	12.38 12.76 13.52			8.0

表 7.1.1-2　有框平板玻璃、真空玻璃和夹丝玻璃的最大许用面积

玻璃种类	公称厚度（mm）	最大许用面积（m²）
有框平板玻璃 真空玻璃	3	0.1
	4	0.3
	5	0.5
	6	0.9
	8	1.8
	10	2.7
	12	4.5
夹丝玻璃	6	0.9
	7	1.8
	10	2.4

7.1.2　安全玻璃暴露边不得存在锋利的边缘和尖锐的角部。

7.2　玻璃的选择

7.2.1　活动门玻璃、固定门玻璃和落地窗玻璃的选用应符合下列规定：

　　1　有框玻璃应使用符合本规程表 7.1.1-1 的规定的安全玻璃。

　　2　无框玻璃应使用公称厚度不小于 12mm 的钢化玻璃。

7.2.2　室内隔断应使用安全玻璃，且最大使用面积应符合本规程表 7.1.1-1 的规定。

7.2.3　人群集中的公共场所和运动场所中装配的室内隔断玻璃应符合下列规定：

　　1　有框玻璃应使用符合本规程表 7.1.1-1 的规定、且公称厚度不小于 5mm 的钢化玻璃或公称厚度不小于 6.38mm 的夹层玻璃。

　　2　无框玻璃应使用符合本规程表 7.1.1-1 的规定、且公称厚度不小于 10mm 的钢化玻璃。

7.2.4　浴室用玻璃应符合下列规定：

　　1　淋浴隔断、浴缸隔断玻璃应使用符合本规程表 7.1.1-1 规定的安全玻璃。

　　2　浴室内无框玻璃应使用符合本规程表 7.1.1-1 的规定、且公称厚度不小于 5mm 的钢化玻璃。

7.2.5　室内栏板用玻璃应符合下列规定：

　　1　不承受水平荷载的栏板玻璃应使用符合本规程表 7.1.1-1 的规定、且公称厚度不小于 5mm 的钢化玻璃，或公称厚度不小于 6.38mm 的夹层玻璃。

　　2　承受水平荷载的栏板玻璃应使用符合本规程

表 7.1.1-1 的规定、且公称厚度不小于 12mm 的钢化玻璃或公称厚度不小于 16.76mm 钢化夹层玻璃。当栏板玻璃最低点离一侧楼地面高度在 3m 或 3m 以上、5m 或 5m 以下时，应使用公称厚度不小于 16.76mm 钢化夹层玻璃。当栏板玻璃最低点离一侧楼地面高度大于 5m 时，不得使用承受水平荷载的栏板玻璃。

7.2.6　室外栏板玻璃除应符合本规程第 7.2.5 条规定外，尚应进行玻璃抗风压设计。对有抗震设计要求的地区，尚应考虑地震作用的组合效应。

7.3　保护措施

7.3.1　安装在易于受到人体或物体碰撞部位的建筑玻璃，应采取保护措施。

7.3.2　根据易发生碰撞的建筑玻璃所处的具体部位，可采取在视线高度设醒目标志或设置护栏等防碰撞措施。碰撞后可能发生高处人体或玻璃坠落的，应采用可靠护栏。

8　百叶窗玻璃和屋面玻璃设计

8.1　百叶窗玻璃

8.1.1　当风荷载标准值不大于 1.0kPa 时，百叶窗使用的平板玻璃最大许用跨度应符合表 8.1.1 的规定。

表 8.1.1　百叶窗使用的平板玻璃最大许用跨度（mm）

公称厚度（mm）	玻璃宽度 d		
	$d \leqslant 100$	$100 < d \leqslant 150$	$150 < d \leqslant 225$
4	500	600	不允许使用
5	600	750	750
6	750	900	900

8.1.2　当风荷载标准值大于 1.0kPa 时，百叶窗玻璃最大许用跨度应按本规程第 5 章进行验算。

8.1.3　安装在易受人体冲击位置时，百叶窗玻璃除应符合本规程第 8.1.1 条或第 8.1.2 条的规定外，还应符合本规程第 7 章的规定。

8.2　屋面玻璃

8.2.1　两边支承的屋面玻璃，应支撑在玻璃的长边。

8.2.2　屋面玻璃必须使用安全玻璃。当屋面玻璃最高点离地面的高度大于 3m 时，必须使用夹层玻璃。用于屋面的夹层玻璃，其胶片厚度不应小于 0.76mm。

8.2.3　当屋面玻璃使用钢化玻璃时，钢化玻璃应进行均质处理。

8.2.4　上人屋面玻璃应按地板玻璃进行设计。

8.2.5　不上人屋面的活荷载除应符合现行国家标准《建筑结构荷载规范》GB 50009 的规定外，尚应符合下列规定：

1 与水平面夹角小于 30°的屋面玻璃，在玻璃板中心点直径为 150mm 的区域内，应能承受垂直于玻璃为 1.1kN 的活荷载标准值；

2 与水平面夹角大于或等于 30°的屋面玻璃，在玻璃板中心直径为 150mm 的区域内，应能承受垂直玻璃为 0.5kN 的活荷载标准值。

8.2.6 当屋面玻璃采用中空玻璃时，集中活荷载应只作用中空玻璃上片玻璃。

8.2.7 屋面玻璃的最大应力设计值应按弹性力学计算，且最大应力不得超过长期荷载作用下的强度设计值。

8.2.8 屋面玻璃的强度设计值可按本规程式 (4.1.3) 计算，也可按本规程表 4.1.9 取值。

9 地板玻璃设计

9.1 一 般 规 定

9.1.1 地板玻璃宜采用隐框支承或点支承。点支承地板玻璃连接件宜采用沉头式或背栓式连接件。

9.1.2 地板玻璃必须采用夹层玻璃，点支承地板玻璃必须采用钢化夹层玻璃。钢化玻璃应进行均质处理。

9.1.3 楼梯踏板玻璃表面应作防滑处理。

9.1.4 地板玻璃的孔、板边缘均应进行机械磨边和倒棱，磨边宜细磨，倒棱宽度不宜小于 1mm。

9.1.5 地板夹层玻璃的单片厚度相差不宜大于 3mm，且夹层胶片厚度不应小于 0.76mm。

9.1.6 框支承地板玻璃单片厚度不宜小于 8mm，点支承地板玻璃单片厚度不宜小于 10mm。

9.1.7 地板玻璃之间的接缝不应小于 6mm，采用的密封胶位移能力应大于玻璃板缝位移量计算值。

9.1.8 地板玻璃及其连接应能够适应主体结构的变形。

9.1.9 地板玻璃承受的风荷载和活荷载应符合现行国家标准《建筑结构荷载规范》GB 50009 的规定。地板玻璃不应承受冲击荷载。

9.1.10 地板玻璃板面挠度最大值应小于其跨度的 1/200。

9.1.11 地板玻璃最大应力不得超过长期荷载作用下的强度设计值，玻璃在长期荷载作用下的强度设计值可按本规程式（4.1.3）计算，也可按本规程表 4.1.9 采用。

9.2 框支承地板玻璃设计计算

9.2.1 框支承地板玻璃强度计算时，应取夹层玻璃的单片玻璃计算。

9.2.2 作用在夹层玻璃单片上的荷载可按下式计算：

$$q_i = \frac{t_i^3}{t_e^3} q \qquad (9.2.2)$$

式中 q_i ——分配到第 i 片玻璃上的荷载基本组合设计值；

t_i ——第 i 片玻璃的厚度；

t_e ——夹层玻璃的等效厚度；

q ——作用在地板玻璃上荷载基本组合设计值。

9.2.3 夹层玻璃的等效厚度 t_e 可按下式计算：

$$t_e = \sqrt[3]{t_1^3 + t_2^3 + \cdots + t_n^3} \qquad (9.2.3)$$

式中 t_e ——夹层玻璃的等效厚度；

t_1、t_2……t_n ——分别为各单片玻璃的厚度；

n ——夹层玻璃的层数。

9.2.4 夹层玻璃中的单片玻璃的最大应力可用有限元方法计算，也可按下式计算：

$$\sigma_i = \frac{6mq_ia^2}{t_i^2} \qquad (9.2.4)$$

式中 σ_i ——第 i 片玻璃的最大应力，N/mm²；

q_i ——作用于第 i 片地板玻璃的荷载基本组合设计值，N/mm²；

a ——矩形玻璃板短边边长，mm；

t_i ——玻璃的厚度，mm；

m ——弯矩系数，可根据玻璃板短边与长边的长度之比按表 9.2.4 取值。

表 9.2.4 四边支承玻璃板的弯矩系数 m

$\frac{a}{b}$	0.00	0.25	0.33	0.40	0.50	0.55	0.60	0.65
m	0.1250	0.1230	0.1180	0.1115	0.1000	0.0934	0.0868	0.0804
$\frac{a}{b}$	0.70	0.75	0.80	0.85	0.90	0.95	1.00	—
m	0.0742	0.0683	0.0628	0.0576	0.0528	0.0483	0.0442	—

注：$\frac{a}{b}$ 是玻璃板短边与长边的长度之比。

9.2.5 计算框支承地板夹层玻璃的最大挠度可按等效单片玻璃计算。计算框支承地板夹层玻璃的刚度时，应采用夹层玻璃的等效厚度。

9.2.6 在垂直于玻璃平面的荷载作用下，框支承地板玻璃的单片玻璃的最大挠度，可用有限元方法计算，也可按下列公式计算：

$$d_f = \frac{\mu q a^4}{D} \qquad (9.2.6\text{-}1)$$

$$D = \frac{E t_e^3}{12(1 - \nu^2)} \qquad (9.2.6\text{-}2)$$

式中 d_f ——在垂直于地板玻璃的荷载标准组合值作用下最大挠度，mm；

q ——垂直于该片地板玻璃的荷载标准组合值，N/mm²；

μ ——挠度系数，可根据玻璃短边与长边的

长度之比按表 9.2.6 选用;

D ——玻璃的刚度,N·mm;

E ——玻璃的弹性模量,可按 $0.72×10^5$ N/mm² 取值;

ν ——泊松比,可按 0.2 取值。

表 9.2.6 四边支承板的挠度系数 μ

$\dfrac{a}{b}$	0.00	0.20	0.25	0.33	0.50	0.55	0.60	0.65
μ	0.01302	0.01297	0.01282	0.01223	0.01013	0.00940	0.00867	0.00796
$\dfrac{a}{b}$	0.70	0.75	0.80	0.85	0.90	0.95	1.00	—
μ	0.00727	0.00663	0.00603	0.00547	0.00496	0.00449	0.00406	—

注:$\dfrac{a}{b}$ 是玻璃板短边与长边的长度之比。

9.3 四点支承地板玻璃设计计算

9.3.1 四点支承地板玻璃的单片玻璃最大应力可用有限元方法计算,也可按下式计算:

$$\sigma_i = \frac{6mq_i b^2}{t_i^2} \qquad (9.3.1)$$

式中 σ_i ——第 i 片玻璃的最大应力,N/mm²;

q_i ——作用于第 i 片地板玻璃的荷载基本组合设计值,N/mm²;

b ——支承点间玻璃面板长边边长,mm;

t_i ——玻璃的厚度,mm;

m ——弯矩系数,可根据支承点间玻璃板短边与长边的长度之比按表 9.3.1 取值。

表 9.3.1 四点支承玻璃板的弯矩系数 m

$\dfrac{a}{b}$	0.00	0.20	0.30	0.40	0.50	0.55	0.60	0.65
m	0.125	0.126	0.127	0.129	0.130	0.132	0.134	0.136
$\dfrac{a}{b}$	0.70	0.75	0.80	0.85	0.90	0.95	1.0	—
m	0.138	0.140	0.142	0.145	0.148	0.151	0.154	—

注:$\dfrac{a}{b}$ 是玻璃板短边与长边的长度之比。

9.3.2 夹层玻璃的挠度可按单片玻璃计算,但在计算玻璃刚度 D 时,应采用等效厚度 t_e。

9.3.3 在垂直于玻璃平面的荷载作用下,单片玻璃跨中挠度可用有限元方法计算,也可按下列公式计算:

$$d_f = \frac{\mu q b^4}{D} \qquad (9.3.3\text{-}1)$$

$$D = \frac{E t_e^3}{12(1-\nu^2)} \qquad (9.3.3\text{-}2)$$

式中 d_f ——在垂直于该片地板玻璃的荷载标准值作用下的挠度最大值,mm;

q ——垂直于该片地板玻璃的荷载标准组合值,N/mm²;

μ ——挠度系数,可根据玻璃支承点间短边与长边的长度之比按表 9.3.3 选用;

D ——玻璃的刚度,N·mm;

E ——玻璃的弹性模量,可按 $0.72×10^5$ N/mm² 取值;

ν ——泊松比。

表 9.3.3 四点支承板的挠度系数 μ

$\dfrac{a}{b}$	0.00	0.20	0.30	0.40	0.50	0.55	0.60	0.65
μ	0.01302	0.01317	0.01335	0.01367	0.01417	0.01451	0.01496	0.01555
$\dfrac{a}{b}$	0.70	0.75	0.80	0.85	0.90	0.95	1.0	—
μ	0.01630	0.01725	0.01842	0.01984	0.02157	0.02363	0.02603	—

注:$\dfrac{a}{b}$ 是玻璃板短边与长边的长度之比。

10 水下用玻璃设计

10.1 水下用玻璃性能要求

10.1.1 水下用玻璃应选用夹层玻璃。

10.1.2 水下用玻璃的设计应满足下式的要求:

$$\sigma \leqslant f_g \qquad (10.1.2)$$

式中 σ ——水压作用产生的玻璃截面最大弯曲应力设计值,N/mm²;

f_g ——长期荷载作用下玻璃的强度设计值,可按本规程式(4.1.3)计算,也可按本规程表 4.1.9 采用。

10.1.3 承受水压时,水下用玻璃板的挠度最大值不得大于其跨度的 1/200;安装框架的挠度最大值不得超过其跨度的 1/500。

10.2 水下用玻璃设计计算

10.2.1 水下用侧面玻璃的设计计算应符合下列规定:

1 四边支承矩形玻璃的最大弯曲应力设计值及最大挠度应按下列公式计算(图 10.2.1-1)。

$$\sigma = \beta_1 \frac{\rho H L^2}{n t^2} \qquad (10.2.1\text{-}1)$$

$$u = \alpha_1 \frac{\rho H L^4}{n t^3} \qquad (10.2.1\text{-}2)$$

式中 σ ——玻璃中部最大弯曲应力设计值,N/mm²;

u ——玻璃中部最大挠度,mm;

ρ——水密度，淡水按 1.00×10^3 取值，海水按 $1.01\times10^3\sim1.05\times10^3$ 取值，kg/m^3；

H——水深，m；

L——跨度，m；

t——单片玻璃厚度，mm；

n——构成夹层玻璃的单片玻璃数；

β_1、α_1——玻璃边比相关系数，应按表 10.2.1-1 及表 10.2.1-2 取值。

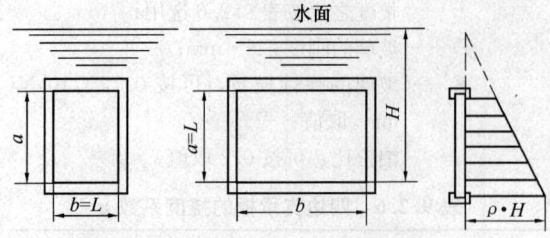

图 10.2.1-1 四边支承矩形侧面玻璃

表 10.2.1-1 系数 β_1 值

k \ H/a	1.0	1.2	1.4	1.6	1.8	2.0	2.5	3.0	4.0	6.0	10.0	∞
1.0	1.57	1.70	1.87	1.97	2.05	2.11	2.24	2.32	2.43	2.54	263	2.76
1.2	2.00	2.24	2.43	2.57	2.68	2.78	2.95	3.07	3.20	3.35	3.48	3.66
1.4	2.37	2.69	2.92	3.10	3.25	3.37	3.57	3.71	3.89	4.07	4.22	4.44
1.6	2.69	3.06	3.34	3.55	3.71	3.85	4.09	4.25	4.46	4.67	4.84	5.10
1.8	2.95	3.36	3.67	3.91	4.10	4.24	4.51	4.69	4.93	5.16	5.35	5.63
2.0	3.15	3.60	3.94	4.20	4.40	4.56	4.84	5.05	5.30	5.55	5.75	6.05
2.5	3.49	4.00	4.39	4.67	4.90	5.08	5.40	5.62	5.90	6.19	6.41	6.74
3.0	3.66	4.22	4.62	4.93	5.16	5.35	5.69	5.93	6.23	6.52	6.76	7.11
4.0	3.80	4.38	4.80	5.12	5.36	5.56	5.93	6.17	6.48	6.79	7.03	7.40
5.0	3.83	4.42	4.85	5.17	5.42	5.62	5.98	6.23	6.54	6.85	7.10	7.48

注：k 为长边与短边之比。

表 10.2.1-2 系数 α_1 值

k \ H/a	1.0	1.2	1.4	1.6	1.8	2.0	2.5	3.0	4.0	6.0	10.0	∞
1.0	3.09	3.59	3.93	4.20	4.41	4.58	4.88	5.09	5.34	5.60	5.79	6.09
1.2	4.28	4.96	5.46	5.84	6.14	6.36	6.78	7.07	7.34	7.77	8.06	8.48
1.4	5.34	6.41	6.84	7.32	7.68	7.98	8.51	8.87	9.33	9.75	10.11	10.64
1.6	6.26	7.26	8.03	8.58	9.00	9.36	9.98	10.40	10.91	11.43	11.85	12.47
1.8	7.01	8.16	8.99	9.62	10.10	10.49	11.19	11.66	12.24	12.81	13.28	13.98
2.0	7.61	8.87	9.78	10.46	10.98	11.40	12.17	12.68	13.31	13.94	14.45	15.20
2.5	8.63	10.07	11.09	11.87	12.47	12.95	13.80	14.37	15.09	15.81	16.38	17.25
3.0	9.18	10.71	11.81	12.62	13.26	13.77	14.69	15.29	16.05	16.82	17.43	18.35
4.0	9.62	11.22	12.38	13.23	13.89	14.43	15.38	16.02	16.83	17.63	18.27	19.23
5.0	9.74	11.36	12.51	13.38	14.06	14.60	15.57	16.22	17.03	17.84	18.48	19.46

注：k 为长边与短边之比。

2 三边支承矩形玻璃的最大弯曲应力设计值及最大挠度应按下列公式计算（图10.2.1-2）。

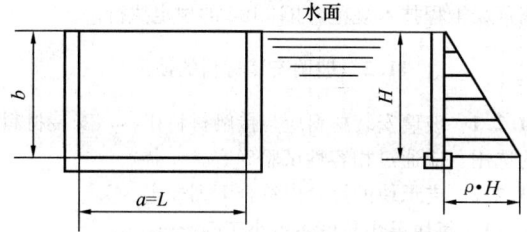

图10.2.1-2 三边支承矩形侧面玻璃

玻璃中部：

$$\sigma = \beta_2 \frac{\rho H L^2}{n t^2} \qquad (10.2.1\text{-}3)$$

玻璃边部：

$$\sigma_{边} = \beta_3 \frac{\rho H L^2}{n t^2} \qquad (10.2.1\text{-}4)$$

玻璃中部：

$$u = \alpha_2 \frac{\rho H L^4}{n t^3} \qquad (10.2.1\text{-}5)$$

玻璃边部：

$$u_{边} = \alpha_3 \frac{\rho H L^4}{n t^3} \qquad (10.2.1\text{-}6)$$

式中 $\sigma_{边}$——玻璃边缘中心处最大弯曲应力设计值，N/mm^2；

$u_{边}$——玻璃边缘中心处最大挠度，mm；

β_2、β_3、α_2、α_3——与玻璃边长比有关的系数，应按表10.2.1-3取值。

表10.2.1-3 系数 β_2、β_3、α_2、α_3 值

部位	系数	b/a 0.5	0.67	1.0	1.5	2.0
中部	β_2	0.87	1.32	1.99	2.72	3.17
	α_2	2.03	3.11	4.70	6.68	8.00
边部	β_3	1.18	1.59	1.95	1.85	1.55
	α_3	3.45	4.56	5.52	5.21	4.37

3 周边连续支承圆形玻璃板的最大弯曲应力设计值及最大挠度应按下列公式计算（图10.2.1-3）。

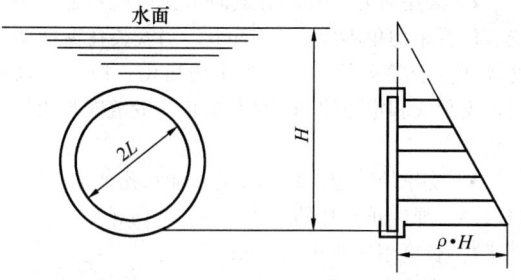

图10.2.1-3 周边连续支承圆形侧面玻璃

$$\sigma = \beta_4 \frac{\rho H L^2}{n t^2} \qquad (10.2.1\text{-}7)$$

$$u = \alpha_4 \frac{\rho H L^4}{n t^3} \qquad (10.2.1\text{-}8)$$

式中 L——圆形水槽玻璃的半径，m；

β_4、α_4——与玻璃半径有关的系数，应按表10.2.1-4取值。

表10.2.1-4 β_4、α_4 系数值

H/L	1.0	1.2	1.4	1.6	1.8	2.0
β_4	6.48	7.38	7.98	8.52	8.88	9.24
α_4	49.50	57.60	63.45	67.80	71.10	73.80
H/L	2.5	3.0	4.0	6.0	∞	
β_4	9.78	10.20	10.68	11.16	12.20	
α_4	78.75	82.05	86.10	90.30	98.40	

10.2.2 水底用玻璃的设计计算应符合下列规定：

1 四边支承矩形玻璃的最大弯曲应力设计值及最大挠度应按下列公式计算（图10.2.2-1）。

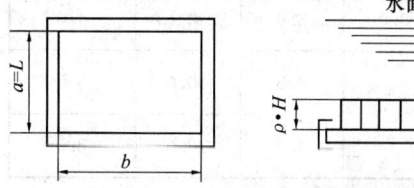

图10.2.2-1 四边支承水底矩形玻璃

$$\sigma = \beta_5 \frac{\rho H L^2}{n t^2} \qquad (10.2.2\text{-}1)$$

$$u = \alpha_5 \frac{\rho H L^4}{n t^3} \qquad (10.2.2\text{-}2)$$

式中 β_5、α_5——与玻璃边长比有关的系数，应按表10.2.2-1取值。

表10.2.2-1 β_5、α_5 系数值

b/a	1.0	1.2	1.4	1.6	1.8
β_5	2.72	3.62	4.41	5.07	5.60
α_5	6.30	8.76	11.10	12.87	14.52
b/a	2.0	3.0	4.0	6.0	∞
β_5	6.03	7.11	7.40	7.48	7.50
α_5	15.75	19.04	20.00	20.13	20.27

2 周边连续支承圆形玻璃的最大弯曲应力设计值及最大挠度应按下列公式计算（图10.2.2-2）。

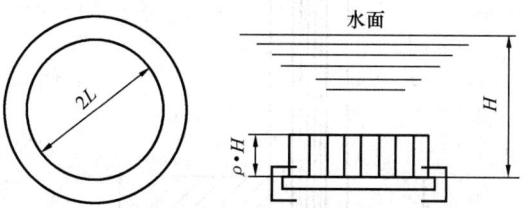

图10.2.2-2 周边连续支承圆形水底玻璃

$$\sigma = 12.2 \frac{\rho H L^2}{n t^2} \qquad (10.2.2\text{-}3)$$

$$u = 98.4 \frac{\rho H L^4}{n t^3} \qquad (10.2.2\text{-}4)$$

11 安　装

11.1 装配尺寸要求

11.1.1 单片玻璃、夹层玻璃和真空玻璃的最小装配尺寸应符合表 11.1.1-1 的规定。中空玻璃的最小安装尺寸应符合表11.1.1-2的规定（图 11.1.1）。

表 11.1.1-1　单片玻璃、夹层玻璃和真空玻璃的最小装配尺寸（mm）

玻璃公称厚度	前部余隙和后部余隙 a		嵌入深度 b	边缘间隙 c
	密封胶	胶条		
3～6	3.0	3.0	8.0	4.0
8～10	5.0	3.5	10.0	5.0
12～19		4.0	12.0	8.0

表 11.1.1-2　中空玻璃的最小安装尺寸（mm）

玻璃公称厚度	前部余隙和后部余隙 a		嵌入深度 b	边缘间隙 c
	密封胶	胶条		
4+A+4	5.0	3.5	15.0	5.0
5+A+5				
6+A+6				
8+A+8	7.0	5.0	17.0	7.0
10+A+10				
12+A+12				

注：A 为气体层的厚度，其数值可取 6mm、9mm、12mm、15mm、16mm。

11.1.2 凹槽宽度应等于前部余隙、玻璃公称厚度和后部余隙之和。

11.1.3 凹槽的深度应等于边缘间隙和嵌入深度

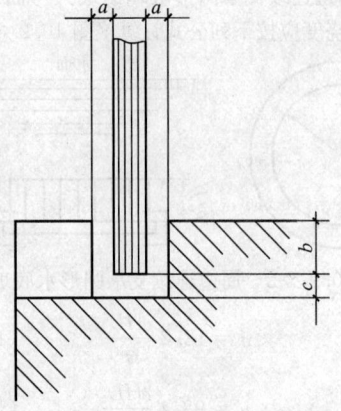

图 11.1.1　玻璃安装尺寸

之和。

11.1.4 幕墙玻璃的安装尺寸应按现行行业标准《玻璃幕墙工程技术规范》JGJ 102 的规定执行。

11.2 玻璃安装材料的使用

11.2.1 玻璃安装材料应与接触材料相容，安装材料的选用，应通过相容性试验确定。

11.2.2 支承块的尺寸应符合下列规定：

　　1 每块最小长度不得小于 50mm；

　　2 宽度应等于玻璃的公称厚度加上前部余隙和后部余隙；

　　3 厚度应等于边缘间隙。

11.2.3 定位块的尺寸应符合下列规定：

　　1 长度不应小于 25mm；

　　2 宽度应等于玻璃的厚度加上前部余隙和后部余隙；

　　3 厚度应等于边缘间隙。

11.2.4 支承块与定位块的位置应符合下列规定（图 11.2.4）：

　　1 采用固定安装方式时，支承块和定位块的安装位置应距离槽角为 1/10～1/4 边长位置之间；

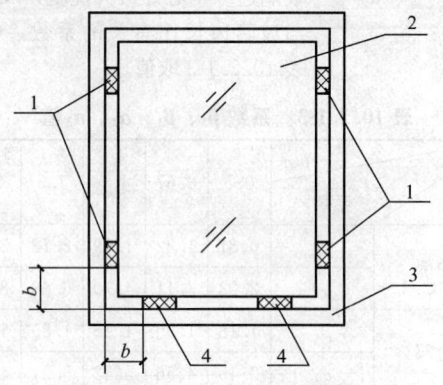

图 11.2.4　支承块和定位块安装位置
1—定位块；2—玻璃；3—框架；4—支承块

　　2 采用可开启安装方式时，支承块和定位块的安装位置距槽角不应小于 30mm。当安装在窗框架上的铰链位于槽角部 30mm 和距槽角 1/4 边长点之间时，支承块和定位块的安装位置应与铰链安装的位置一致；

　　3 支承块、定位块不得堵塞泄水孔。

11.2.5 弹性止动片的尺寸应符合下列规定：

　　1 长度不应小于 25mm；

　　2 高度应比凹槽深度小 3mm；

　　3 厚度应等于前部余隙或后部余隙。

11.2.6 弹性止动片位置应符合下列规定：

　　1 弹性止动片应安装在玻璃相对的两侧，弹性止动片之间的间距不应大于 300mm；

　　2 弹性止动片安装的位置不应与支承块和定位块的位置相同。

11.2.7 密封胶的应用应符合下列规定：

1 对于多孔表面的框材，框材表面应涂底漆。当密封胶用于塑料门窗安装时，应确定其适用性和相容性；

2 用密封胶安装时，应使用支承块、定位块、弹性止动片；

3 密封胶上表面不应低于槽口，并应做成斜面；下表面应低于槽口 3mm。

11.2.8 胶条材料的应用应符合下列规定：

1 对于多孔表面的框材，框材表面应涂底漆。胶条材料用于塑料门窗时，应确定其适用性和相容性；

2 胶条材料用于玻璃两侧与槽口内壁之间时，应使用支承块和定位块。

11.3 玻璃抗侧移的安装要求

11.3.1 玻璃的四边应留有间隙，框架允许水平变形量应大于因楼层变形引起的框架变形量。

11.3.2 框架允许水平变形量应按下式计算：

$$\Delta u = 2c\left(1 + \frac{H}{W}\frac{d}{c}\right) + S \quad (11.3.2)$$

式中 Δu ——框架允许水平变形量，mm；

d ——玻璃与框架纵向间隙，mm；

c ——玻璃与框架横向间隙，mm；

H ——框架槽内高度，mm；

W ——框架槽内宽度，mm；

S ——误差，可取 $2\sim3$mm。

11.3.3 玻璃安装采用的密封胶的位移能力级别不应小于 20HM。

附录 A 玻璃传热系数计算方法

A.0.1 单片玻璃和夹层玻璃传热系数应按下列方法计算：

1 玻璃热导应按下式计算：

$$h_t = \frac{\lambda}{d} \quad (A.0.1-1)$$

式中 h_t ——玻璃热导，W/(m² · K)；

λ ——玻璃导热系数，W/(m · K)；

d ——玻璃厚度，夹层玻璃为除去胶片后玻璃的净厚度，m。

2 单片玻璃和夹层玻璃传热系数应按下式计算：

$$\frac{1}{U} = \frac{1}{h_e} + \frac{1}{h_t} + \frac{1}{h_i} \quad (A.0.1-2)$$

式中 U ——单片玻璃和夹层玻璃传热系数，W/(m² · K)；

h_e ——室外表面换热系数，W/(m² · K)；

h_t ——玻璃热导，W/(m² · K)；

h_i ——室内表面换热系数，W/(m² · K)。

A.0.2 中空玻璃和真空玻璃传热系数应按下列方法计算：

1 玻璃系统热导应按下式计算：

$$\frac{1}{h_t} = \sum_{n=1}^{N}\frac{1}{h_s} + \frac{d}{\lambda} \quad (A.0.2-1)$$

式中 h_t ——玻璃系统热导，W/(m² · K)；

h_s ——中空玻璃气体间隙层或真空玻璃间隙层热导，W/(m² · K)；

N ——中空玻璃气体层数量；

λ ——玻璃导热系数，W/(m · K)；

d ——组成玻璃系统各单片玻璃厚度之和，m。

2 中空玻璃气体间隙层热导应按下式计算：

$$h_s = h_g + h_r \quad (A.0.2-2)$$

式中 h_g ——中空玻璃气体间隙层气体热导（包括导热和对流）；

h_r ——中空玻璃气体间隙层内两片玻璃之间辐射热导。

3 中空玻璃气体间隙层气体热导应按下式计算：

$$h_g = N_u\frac{\lambda}{s} \quad (A.0.2-3)$$

式中 s ——气体层的厚度，m；

λ ——气体导热系数，W/(m · K)；

N_u ——努塞尔准数。

4 努塞尔准数应按下式计算：

$$N_u = A(G_r \cdot P_r)^n \quad (A.0.2-4)$$

式中 G_r ——格拉晓夫准数；

P_r ——普朗特准数；

A、n ——常数和幂指数；当玻璃垂直时，$A=0.035$，$n=0.38$，当玻璃水平时，$A=0.16$，$n=0.28$，当玻璃倾斜 45°时，$A=0.10$，$n=0.31$。

如果 $N_u < 1$，则将 N_u 取为 1。

5 格拉晓夫准数应按下式计算：

$$G_r = \frac{9.81s^3\Delta T\rho^2}{T_m\mu^2} \quad (A.0.2-5)$$

6 普朗特准数应按下式计算：

$$P_r = \frac{\mu c}{\lambda} \quad (A.0.2-6)$$

式中 ΔT ——中空玻璃气体间隙层两玻璃内表面的温度差，K；

ρ ——气体密度，kg/m³；

μ ——气体动态黏度，kg/(m · s)；

c ——气体比热容，J/(kg · K)；

T_m ——玻璃平均温度，K。

7 真空玻璃间隙层热导应按下式计算：

$$h_s = h_c + h_z + h_r \quad (A.0.2-7)$$

式中 h_s ——真空玻璃间隙层热导；

h_c ——真空玻璃残余气体热导；

h_z ——真空玻璃中支撑物热导；

h_r ——真空玻璃间隙层内两片玻璃之间辐射热导。

8 真空玻璃残余气体热导应按下式计算：

$$h_c = 0.6P \qquad (A.0.2-8)$$

式中 P ——真空玻璃中残余气体压强，Pa。

9 真空玻璃中支撑物热导应按下式计算：

$$h_z = \frac{2\lambda a}{b^2} \qquad (A.0.2-9)$$

式中 λ ——玻璃导热系数，W/(m·K)；

a ——支撑物半径，m；

b ——支撑物方阵间距，m。

10 中空玻璃气体间隙层内两片玻璃之间辐射热导和真空玻璃间隙层两片玻璃之间辐射热导应按下式计算：

$$h_r = 4\sigma \left(\frac{1}{\varepsilon_1} + \frac{1}{\varepsilon_2} - 1 \right)^{-1} \times T_m^3$$

$$(A.0.2-10)$$

式中 ε_1、ε_2 ——中空玻璃气体间隙层或真空玻璃间隙层两片玻璃内表面在平均绝对温度 T_m 下的校正发射率。

11 中空玻璃和真空玻璃传热系数应按下式计算：

$$\frac{1}{U} = \frac{1}{h_e} + \frac{1}{h_t} + \frac{1}{h_i} \qquad (A.0.2-11)$$

式中 U ——中空玻璃和真空玻璃传热系数，W/(m²·K)；

h_e ——室外表面换热系数，W/(m²·K)；

h_t ——玻璃系统热导，W/(m²·K)；

h_i ——室内表面换热系数，W/(m²·K)。

A.0.3 计算玻璃传热系数有关参数取值应符合下列规定：

1 玻璃导热系数 λ 应按 1 W/(m·K) 取值。

2 未镀低辐射膜玻璃表面校正发射率应按 0.837 取值。

3 中空玻璃气体间隙层两玻璃内表面的温度差 ΔT 可按 15K 取值。

4 中空玻璃和真空玻璃平均温度（T_m）可按 283K 取值。

5 斯蒂芬-波尔兹曼常数 σ 应按 5.67×10^{-8} W/(m²·K) 取值。

6 室外表面换热系数应按下式计算：

$$h_e = 10.0 + 4.1v \qquad (A.0.3-1)$$

式中 h_e ——室外表面换热系数，W/(m²·K)；

v ——玻璃表面附近风速，m/s。

一般情况下，h_e 可按 23 W/(m²·K) 取值。

7 室内表面换热系数应按下式计算：

$$h_i = 3.6 + 4.4\varepsilon/0.837 \qquad (A.0.3-2)$$

式中 h_i ——室内表面换热系数，W/(m²·K)；

ε ——玻璃室内表面校正发射率。

如果玻璃室内表面未镀低辐射膜，h_i 可按 8 W/(m²·K) 取值。

8 气体特性应按表 A.0.3-1 取值。

表 A.0.3-1 气 体 特 性

气体	温度 θ（℃）	密度 ρ（kg/m³）	动态黏度 μ [10^{-5}kg/(m·s)]	导热系数 λ [10^{-2}W/(m·K)]	比热容 c [10^3J/(kg·K)]
空气	-10	1.326	1.661	2.336	1.008
	0	1.277	1.711	2.416	
	+10	1.232	1.761	2.496	
	+20	1.189	1.811	2.576	
氩气	-10	1.829	2.038	1.584	0.519
	0	1.762	2.101	1.634	
	+10	1.699	2.164	1.684	
	+20	1.640	2.228	1.734	
氟化硫	-10	6.844	1.383	1.119	0.614
	0	6.602	1.421	1.197	
	+10	6.360	1.459	1.275	
	+20	6.118	1.497	1.354	
氪气	-10	3.832	2.260	0.842	0.245
	0	3.690	2.330	0.870	
	+10	3.560	2.400	0.900	
	+20	3.430	2.470	0.926	

9 镀膜玻璃标准发射率（ε_n）取值应符合下列规定：

1）应在接近正常入射状况下，采用红外光谱仪测试玻璃反射曲线；

2）在反射曲线上，可按照表 A.0.3-2 给出的 30 个波长值，测定相应的反射率 $R_n(\lambda_i)$；

3）283K 温度下的标准反射率应按下式计算：

$$R_n = \frac{1}{30} \sum_{i=1}^{30} R_n(\lambda_i) \qquad (A.0.3-3)$$

4）283K 温度下的标准发射率应按下式计算：

$$\varepsilon_n = 1 - R_n \qquad (A.0.3-4)$$

表 A.0.3-2 用于测定 283K 下标准反射率 R_n 的波长（单位：μm）

序 号	波 长	序 号	波 长
1	5.5	11	11.8
2	6.7	12	12.4
3	7.4	13	12.9
4	8.1	14	13.5
5	8.6	15	14.2
6	9.2	16	14.8
7	9.7	17	15.6
8	10.2	18	16.3
9	10.7	19	17.2
10	11.3	20	18.1

序　号	波　长	序　号	波　长
21	19.2	26	27.7
22	20.3	27	30.9
23	21.7	28	35.7
24	23.3	29	43.9
25	25.2	30	50.0

10 校正发射率 ε 应采用表 A.0.3-3 给出的系数乘以标准发射率 ε_n。

表 A.0.3-3　校正发射率与标准发射率之间的关系

标准发射率 ε_n	系数 $\varepsilon/\varepsilon_n$	标准发射率 ε_n	系数 $\varepsilon/\varepsilon_n$
0.03	1.22	0.5	1.00
0.05	1.18	0.6	0.98
0.1	1.14	0.7	0.96
0.2	1.10	0.8	0.95
0.3	1.06	0.89	0.94
0.4	1.03		

注：其他值可以通过线性插值或外推获得。

附录 B　建筑玻璃结露点计算方法

B.0.1 室内结露温度应按下列方法确定：

　　1 室内设计温度条件下的饱和水蒸气压 p_s 可在表 B.0.1 中查找。

　　2 室内设计温度条件下的水蒸气分压 p 应按室内湿度与该温度下饱和水蒸气压 p_s 的乘积取值。

　　3 室内结露温度可按表 B.0.1 中饱和水蒸气压等于水蒸气分压 p 的温度取值。

表 B.0.1　不同温度下的饱和水蒸气压 p_s（mmhg）

t（℃）	p_s	t（℃）	p_s	t（℃）	p_s
−20	0.772	0	4.579	20	17.53
−19	0.850	1	4.926	21	18.65
−18	0.935	2	5.294	22	19.82
−17	1.027	3	5.685	23	21.06
−16	1.128	4	6.101	24	22.37
−15	1.238	5	6.543	25	23.75
−14	1.357	6	7.013	26	25.21
−13	1.627	7	7.513	27	26.74
−12	1.780	8	8.045	28	28.35
−11	1.946	9	8.609	29	30.04
−10	2.194	10	9.209	30	31.82
−9	2.326	11	9.844	31	33.70
−8	2.514	12	10.51	32	35.66
−7	2.715	13	11.23	33	37.73
−6	2.931	14	11.98	34	39.90
−5	3.163	15	12.78	35	42.18
−4	3.410	16	13.63	36	44.56
−3	3.673	17	14.53	37	47.07
−2	3.956	18	15.47	38	49.69
−1	4.258	19	16.47	39	52.44

t（℃）	p_s	t（℃）	p_s	t（℃）	p_s
40	55.32	61	156.4	82	384.9
41	58.34	62	163.8	83	400.6
42	61.50	63	171.4	84	416.8
43	64.80	64	179.3	85	433.6
44	68.26	65	187.5	86	450.9
45	71.88	66	196.1	87	468.7
46	75.65	67	205.0	88	487.1
47	79.60	68	214.2	89	506.1
48	83.71	69	223.7	90	525.8
49	92.51	70	233.7	91	546.1
50	97.20	71	243.9	92	567.0
51	102.1	72	254.6	93	588.6
52	107.2	73	265.7	94	610.9
53	109.7	74	277.2	95	633.9
54	112.5	75	289.1	96	657.6
55	118.0	76	301.4	97	682.1
56	123.8	77	314.1	98	707.3
57	129.8	78	327.1	99	733.2
58	136.1	79	341.0	100	760.0
59	142.6	80	350.7		
60	149.4	81	369.7		

B.0.2 玻璃室内侧表面温度应按下式计算：

$$T = T_i - \frac{U}{h_i}(T_i - T_e) \qquad (B.0.2)$$

式中　T——玻璃室内侧表面温度，K；

　　　T_i——建筑物室内温度，K；

　　　T_e——建筑物室外温度，K；

　　　h_i——室内对流换热系数，W/(m²·K)；

　　　U——玻璃传热系数，W/(m²·K)。

B.0.3 可按下列方法进行玻璃结露判定：

　　1 当玻璃室内侧表面温度计算值大于室内结露温度时，可判定为玻璃不会产生结露；

　　2 当玻璃室内侧表面温度计算值小于等于室内结露温度时，可判定为玻璃会产生结露。

附录 C　玻璃抗风压设计计算参数

C.0.1 单片矩形平板玻璃的 k_1、k_2、k_3 和 k_4 应按表 C.0.1 取值。

C.0.2 单片矩形钢化玻璃的 k_1、k_2、k_3 和 k_4 应按表 C.0.2 采用。

C.0.3 单片矩形半钢化玻璃的 k_1、k_2、k_3 和 k_4 应按表 C.0.3 采用。

C.0.4 普通矩形夹层玻璃的 k_1、k_2、k_3 和 k_4 应按表 C.0.4 采用。

C.0.5 建筑玻璃的 k_5、k_6、k_7 和 k_8 应按表 C.0.5 采用。

表 C.0.1　单片矩形平板玻璃的抗风压设计计算参数

t (mm)	常数	四边支撑：b/a								两边支撑
		1.00	1.25	1.50	1.75	2.00	2.25	3.00	5.00	
3	k_1	1558.4	1373.2	1313.4	1343.4	1381.9	1184.5	667.6	655.7	585.6
	k_2	0.25	0.20	0.200	0.30	0.40	0.30	−0.30	0	0
	k_3	−0.6124	−0.6071	−0.6423	−0.7112	−0.7642	−0.7255	−0.4881	−0.5000	−0.5
	k_4	4.20	−1.40	−22.68	−12.60	−11.20	2.80	−8.40	0	0
4	k_1	2050.7	1807.5	1725.7	1758.9	1804.6	1549.8	884.0	867.8	774.9
	k_2	0.237712	0.190170	0.190170	0.285254	0.380339	0.285254	−0.285250	0	0
	k_3	−0.6124	−0.6071	−0.6423	−0.7112	−0.7642	−0.7255	−0.4881	−0.5000	−0.5
	k_4	5.70	−1.90	−30.78	−17.10	−15.20	3.80	−11.40	0	0
5	k_1	2527.1	2227.9	2124.1	2159.0	2210.3	1901.2	1094.8	1074.2	959.3
	k_2	0.228312	0.182649	0.182649	0.273974	0.365299	0.273974	−0.273970	0	0
	k_3	−0.6124	−0.6071	−0.6423	−0.7112	−0.7642	−0.7255	−0.4881	−0.5000	−0.5
	k_4	7.20	−2.40	−38.88	−21.60	−19.20	4.80	−14.40	0	0
6	k_1	2990.8	2637.2	2511.3	2546.6	2602.4	2241.4	1301.2	1276.2	1139.7
	k_2	0.220697	0.176558	0.176558	0.264836	0.353115	0.264836	−0.264840	0	0
	k_3	−0.6124	−0.6071	−0.6423	−0.7112	−0.7642	−0.7255	−0.4881	−0.5000	−0.5
	k_4	8.70	−2.90	−46.98	−26.10	−23.20	5.80	−17.40	0	0
8	k_1	3843.7	3390.2	3222.3	3255.6	3317.7	2863.4	1683.3	1649.9	1473.4
	k_2	0.209295	0.167436	0.167436	0.251154	0.334872	0.251154	−0.251150	0	0
	k_3	−0.6124	−0.6071	−0.6423	−0.7112	−0.7642	−0.7255	−0.4881	−0.5000	−0.5
	k_4	11.55	−3.85	−62.37	−34.65	−30.8	7.7	−23.1	0	0
10	k_1	4709.2	4154.6	3942.6	3970.9	4036.8	3490.2	2074.0	2031.8	1814.4
	k_2	0.200004	0.160003	0.160003	0.240005	0.320006	0.240005	−0.240000	0	0
	k_3	−0.6124	−0.6071	−0.6423	−0.7112	−0.7642	−0.7255	−0.4881	−0.5000	−0.5
	k_4	14.55	−4.85	−78.57	−43.65	−38.8	9.7	−29.1	0	0
12	k_1	5548.0	4895.6	4639.5	4660.5	4728.2	4094.0	2455.2	2404.1	2146.9
	k_2	0.192461	0.153969	0.153969	0.230953	0.307937	0.230953	−0.230950	0	0
	k_3	−0.6124	−0.6071	−0.6423	−0.7112	−0.7642	−0.7255	−0.4881	−0.5000	−0.5
	k_4	17.55	−5.85	−94.77	−52.65	−46.80	11.70	−35.10	0	0
15	k_1	6685.2	5900.5	5582.8	5590.3	5657.8	4907.6	2975.3	2911.9	2600.3
	k_2	0.183827	0.147062	0.147062	0.220593	0.294124	0.220593	−0.220590	0	0
	k_3	−0.6124	−0.6071	−0.6423	−0.7112	−0.7642	−0.7255	−0.4881	−0.5000	−0.5
	k_4	21.75	−7.25	−117.45	−65.25	−58.00	14.50	−43.50	0	0
19	k_1	8056.1	7112.3	6717.8	6704.5	6768.0	5881.7	3607.1	3528.2	3150.6
	k_2	0.175127	0.140102	0.140102	0.210152	0.280203	0.210152	−0.210150	0	0
	k_3	−0.6124	−0.6071	−0.6423	−0.7112	−0.7642	−0.7255	−0.4881	−0.500	−0.5
	k_4	27.0	−9.0	−145.8	−81.0	−72.0	18.0	−54.0	0	0
25	k_1	10118.2	8935.8	8421.5	8368.2	8419.2	7334.6	4566.2	4462.9	3985.3
	k_2	0.164398	0.131519	0.131519	0.197278	0.263037	0.197278	−0.197280	0	0
	k_3	−0.6124	−0.6071	−0.6423	−0.7112	−0.7642	−0.7255	−0.4881	−0.5000	−0.5
	k_4	35.25	−11.75	−190.35	−105.75	−94.00	23.50	−70.50	0	0

表 C.0.2 单片矩形钢化玻璃的抗风压设计计算参数

t (mm)	常数	四边支撑：b/a								两边支撑
		1.00	1.25	1.50	1.75	2.00	2.25	3.00	5.00	
4	k_1	3594.2	3152.6	3108.6	3374.9	3634.8	3012.9	1382.5	1372.1	1225.3
	k_2	0.594280	0.475424	0.475424	0.713136	0.950848	0.713136	−0.100000	0	0
	k_3	−0.6124	−0.6071	−0.6423	−0.7112	−0.7642	−0.7255	−0.4881	−0.5000	−0.5
	k_4	5.70	−1.90	−30.78	−17.10	−15.20	3.80	−11.40	0	0
5	k_1	4429.2	3885.9	3826.2	4142.5	4452.0	3696.0	1712.3	1698.5	1516.8
	k_2	0.570780	0.456624	0.456624	0.684935	0.913247	0.684935	−0.100000	0	0
	k_3	−0.6124	−0.6071	−0.6423	−0.7112	−0.7642	−0.7255	−0.4881	−0.5000	−0.5
	k_4	7.20	−2.40	−38.88	−21.60	−19.20	4.80	−14.40	0	0
6	k_1	5241.9	4599.7	4523.7	4886.2	5241.8	4357.5	2035.1	2017.9	1801.9
	k_2	0.551743	0.441394	0.441394	0.662091	0.882788	0.662091	−0.100000	0	0
	k_3	−0.6124	−0.6071	−0.6423	−0.7112	−0.7642	−0.7255	−0.4881	−0.5000	−0.5
	k_4	8.70	−2.90	−46.98	−26.10	−23.20	5.80	−17.40	0	0
8	k_1	6736.6	5913.0	5804.5	6246.7	6682.5	5566.5	2632.7	2608.8	2329.6
	k_2	0.523238	0.418590	0.418590	0.627885	0.837180	0.627885	−0.100000	0	0
	k_3	−0.6124	−0.6071	−0.6423	−0.7112	−0.7642	−0.7255	−0.4881	−0.5000	−0.5
	k_4	11.55	−3.85	−62.37	−34.65	−30.80	7.70	−23.10	0	0
10	k_1	8253.7	7246.3	7101.9	7619.1	8131.1	6785.1	3243.8	3212.6	2868.8
	k_2	0.500010	0.400008	0.400008	0.600012	0.800016	0.600012	−0.100000	0	0
	k_3	−0.6124	−0.6071	−0.6423	−0.7112	−0.7642	−0.7255	−0.4881	−0.5000	−0.5
	k_4	14.55	−4.85	−78.57	−43.65	−38.80	9.70	−29.10	0	0
12	k_1	9723.8	8538.8	8357.3	8942.2	9523.6	7959.0	3839.9	3801.2	3394.5
	k_2	0.481152	0.384922	0.384922	0.577382	0.769843	0.577382	−0.100000	0	0
	k_3	−0.6124	−0.6071	−0.6423	−0.7112	−0.7642	−0.7255	−0.4881	−0.5000	−0.5
	k_4	17.55	−5.85	−94.77	−52.65	−46.80	11.70	−35.10	0	0
15	k_1	11716.9	10291.5	10056.5	10726.3	11396.0	9540.7	4653.4	4604.1	4111.4
	k_2	0.459568	0.367655	0.367655	0.551482	0.735309	0.551482	−0.100000	0	0
	k_3	−0.6124	−0.6071	−0.6423	−0.7112	−0.7642	−0.7255	−0.4881	−0.5000	−0.5
	k_4	21.75	−7.25	−117.45	−65.25	−58.00	14.50	−43.50	0	0
19	k_1	14119.6	12405.0	12101.1	12864.1	13632.2	11434.2	5641.5	5578.5	4981.6
	k_2	0.437817	0.350254	0.350254	0.525381	0.700508	0.525381	−0.100000	0	0
	k_3	−0.6124	−0.6071	−0.6423	−0.7112	−0.7642	−0.7255	−0.4881	−0.5000	−0.5
	k_4	27.0	−9.0	−145.8	−81.0	−72.0	18.0	−54.0	0	0
25	k_1	17733.9	15585.7	15170.0	16056.4	16958.2	14258.8	7141.5	7056.4	6301.3
	k_2	0.410996	0.328797	0.328797	0.493195	0.657593	0.493195	−0.100000	0	0
	k_3	−0.6124	−0.6071	−0.6423	−0.7112	−0.7642	−0.7255	−0.4881	−0.5000	−0.5
	k_4	35.25	−11.75	−190.35	−105.75	−94.00	23.50	−70.50	0	0

表C.0.3 单片矩形半钢化玻璃的抗风压设计计算参数

t (mm)	常数	四边支撑：b/a								两边支撑
		1.00	1.25	1.50	1.75	2.00	2.25	3.00	5.00	
3	k_1	2078.2	1826.7	1776.3	1876.6	1979.1	1665.8	839.7	829.4	740.7
	k_2	0.40	0.32	0.32	0.48	0.64	0.48	−0.10	0	0
	k_3	−0.6124	−0.6071	−0.6423	−0.7112	−0.7642	−0.7255	−0.4881	−0.5000	−0.5
	k_4	4.2	−1.4	−22.68	−12.6	−11.2	2.8	−8.4	0	0
4	k_1	2734.6	2404.4	2333.9	2457.1	2584.4	2179.6	1111.9	1097.7	980.2
	k_2	0.380339	0.304271	0.304271	0.456407	0.608543	0.456407	−0.100000	0	0
	k_3	−0.6124	−0.6071	−0.6423	−0.7112	−0.7642	−0.7255	−0.4881	−0.5000	−0.5
	k_4	5.70	−1.90	−30.78	−17.10	−15.20	3.80	−11.40	0	0
5	k_1	3370.0	2963.6	2872.6	3015.9	3165.4	2673.7	1377.1	1358.8	1213.4
	k_2	0.365299	0.292239	0.292239	0.438359	0.584478	0.438359	−0.100000	0	0
	k_3	−0.6124	−0.6071	−0.6423	−0.7112	−0.7642	−0.7255	−0.4881	−0.5000	−0.5
	k_4	7.20	−2.40	−38.88	−21.60	−19.20	4.80	−14.40	0	0
6	k_1	3988.4	3508.0	3396.3	3557.3	3727.0	3152.2	1636.7	1614.3	1441.6
	k_2	0.353115	0.282492	0.282492	0.423738	0.564985	0.423738	−0.100000	0	0
	k_3	−0.6124	−0.6071	−0.6423	−0.7112	−0.7642	−0.7255	−0.4881	−0.5000	−0.5
	k_4	8.70	−2.90	−46.98	−26.10	−23.20	5.80	−17.40	0	0
8	k_1	5125.6	4509.6	4357.8	4547.8	4751.4	4026.9	2117.3	2087.0	1863.7
	k_2	0.334872	0.267898	0.267898	0.401847	0.535796	0.401847	−0.100000	0	0
	k_3	−0.6124	−0.6071	−0.6423	−0.7112	−0.7642	−0.7255	−0.4881	−0.5000	−0.5
	k_4	11.55	−3.85	−62.37	−34.65	−30.80	7.70	−23.10	0	0
10	k_1	6279.9	5526.5	5331.9	5547.0	5781.4	4908.4	2608.8	2570.1	2295.1
	k_2	0.320006	0.256005	0.256005	0.384008	0.51201	0.384008	−0.100000	0	0
	k_3	−0.6124	−0.6071	−0.6423	−0.7112	−0.7642	−0.7255	−0.4881	−0.5000	−0.5
	k_4	14.55	−4.85	−78.57	−43.65	−38.80	9.70	−29.10	0	0
12	k_1	7398.5	6512.2	6274.4	6510.3	6771.5	5757.6	3088.2	3041.0	2715.6
	k_2	0.307937	0.24635	0.24635	0.369525	0.4927	0.369525	−0.100000	0	0
	k_3	−0.6124	−0.6071	−0.6423	−0.7112	−0.7642	−0.7255	−0.4881	−0.5000	−0.5
	k_4	17.55	−5.85	−94.77	−52.65	−46.80	11.70	−35.10	0	0

表C.0.4 普通矩形夹层玻璃的抗风压设计计算参数

t (mm)	常数	四边支撑：b/a								两边支撑
		1.00	1.25	1.50	1.75	2.00	2.25	3.00	5.00	
6	k_1	2899.0	2556.1	2434.7	2469.9	2524.9	2174.2	1260.2	1236.1	1103.9
	k_2	0.222109	0.177687	0.177687	0.266531	0.355375	0.266531	−0.266530	0	0
	k_3	−0.6124	−0.6071	−0.6423	−0.7112	−0.7642	−0.7255	−0.4881	−0.5000	−0.5
	k_4	8.40	−2.80	−45.36	−25.20	−22.40	5.60	−16.80	0	0
8	k_1	3799.6	3351.2	3185.6	3219.1	3280.9	2831.3	1663.5	1630.6	1456.1
	k_2	0.209821	0.167857	0.167857	0.251785	0.335714	0.251785	−0.251790	0	0
	k_3	−0.6124	−0.6071	−0.6423	−0.7112	−0.7642	−0.7255	−0.4881	−0.5000	−0.5
	k_4	11.40	−3.80	−61.56	−34.20	−30.40	7.60	−22.80	0	0

t (mm)	常数	四边支撑：b/a								两边支撑
		1.00	1.25	1.50	1.75	2.00	2.25	3.00	5.00	
10	k_1	4666.6	4117.0	3907.1	3935.8	4001.6	3459.4	2054.7	2013.0	1797.6
	k_2	0.200421	0.160337	0.160337	0.240505	0.320673	0.240505	−0.240510	0	0
	k_3	−0.6124	−0.6071	−0.6423	−0.7112	−0.7642	−0.7255	−0.4881	−0.5000	−0.5
	k_4	14.40	−4.80	−77.76	−43.20	−38.40	9.60	−28.80	0	0
12	k_1	5506.6	4859.1	4605.1	4626.5	4694.2	4064.3	2436.3	2385.7	2130.4
	k_2	0.192806	0.154245	0.154245	0.231367	0.30849	0.231367	−0.231370	0	0
	k_3	−0.6124	−0.6071	−0.6423	−0.7112	−0.7642	−0.7255	−0.4881	−0.5000	−0.5
	k_4	17.40	−5.80	−93.96	−52.20	−46.40	11.60	−34.80	0	0
16	k_1	7042.7	6216.4	5879.0	5881.5	5948.3	5162.3	3139.6	3072.2	2743.4
	k_2	0.181404	0.145123	0.145123	0.217685	0.290247	0.217685	−0.217690	0	0
	k_3	−0.6124	−0.6071	−0.6423	−0.7112	−0.7642	−0.7255	−0.4881	−0.5000	−0.5
	k_4	23.10	−7.70	−124.74	−69.30	−61.60	15.40	−46.20	0	0
20	k_1	8590.8	7585.1	7160.0	7137.2	7198.3	6259.8	3854.9	3769.7	3366.3
	k_2	0.172113	0.13769	0.13769	0.206536	0.275381	0.206536	−0.206540	0	0
	k_3	−0.6124	−0.6071	−0.6423	−0.7112	−0.7642	−0.7255	−0.4881	−0.5000	−0.5
	k_4	29.10	−9.70	−157.14	−87.30	−77.60	19.40	−58.20	0	0
24	k_1	10081.6	8903.5	8391.3	8338.8	8390.1	7308.9	4549.1	4446.2	3970.4
	k_2	0.16457	0.131656	0.131656	0.197484	0.263312	0.197484	−0.197480	0	0
	k_3	−0.6124	−0.6071	−0.6423	−0.7112	−0.7642	−0.7255	−0.4881	−0.5000	−0.5
	k_4	35.10	−11.70	−189.54	−105.30	−93.60	23.40	−70.20	0	0

表C.0.5　建筑玻璃的抗风压设计计算参数

常数	四边支撑：b/a								两边支撑
	1.00	1.25	1.50	1.75	2.00	2.25	3.00	5.00	
k_5	603.79	459.45	350.14	291.45	261.60	222.19	204.68	197.89	195.45
k_6	−0.10	−0.10	−0.15	−0.15	−0.10	−0.10	−0.10	0	0
k_7	−0.5247	−0.5022	−0.4503	−0.4149	−0.3970	−0.3556	−0.3335	−0.3320	−0.3333
k_8	1.64	2.06	1.29	0.95	1.10	0.29	−0.05	0.03	0

附录D　玻璃板中心温度和边框温度的计算方法

D.0.1 单片玻璃板中心温度 T_c 应按下式计算：

$$T_c = 0.012 I_0 \cdot a + 0.65 t_o + 0.35 t_i \quad (D.0.1)$$

式中　I_0——日照量，W/m²；

t_o——室外温度，℃；

t_i——室内温度，℃；

a——玻璃的吸收率。

D.0.2 夹层玻璃中心温度 T_c 应按下列公式计算：

1 当中间膜厚为0.38mm时

$$T_{co} = I_0 (3.32 A_o + 3.28 A_i) \times 10^{-3} + 0.654 t_o + 0.346 t_i$$
$$(D.0.2-1)$$

$$T_{ci} = I_0 (3.28 A_o + 3.39 A_i) \times 10^{-3} + 0.642 t_o + 0.357 t_i \quad (D.0.2-2)$$

2 当中间膜厚为0.76mm时

$$T_{co} = I_0 (3.36 A_o + 3.25 A_i) \times 10^{-3} + 0.658 t_o + 0.342 t_i \quad (D.0.2-3)$$

$$T_{ci} = I_0 (3.25 A_o + 3.44 A_i) \times 10^{-3} + 0.636 t_o + 0.3645 t_i \quad (D.0.2-4)$$

3 当中间膜厚为1.52mm时

$$T_{ci} = I_0 (3.39 A_o + 3.17 A_i) \times 10^{-3} + 0.665 t_o + 0.335 t_i \quad (D.0.2-5)$$

$$T_{ci} = I_0 (3.17 A_o + 3.58 A_i) \times 10^{-3} + 0.622 t_o + 0.378 t_i \quad (D.0.2-6)$$

4 A_o、A_i 应分别按下式计算：

$$A_o = a_o \quad (D.0.2-7)$$

$$A_i = \tau_o \cdot a_i \qquad \text{(D. 0. 2-8)}$$

式中 T_{co}——室外侧玻璃中部温度,℃;

T_{ci}——室内侧玻璃中部温度,℃;

A_o——室外侧玻璃总吸收率;

A_i——室内侧玻璃总吸收率;

a_o——室外侧玻璃的吸收率;

a_i——室内侧玻璃的吸收率;

τ_o——室外侧玻璃的透过率。

D. 0. 3 中空玻璃中心温度 T_0 应按下列公式计算:

1 当空气层厚为 6mm 时

$$T_{co} = I_0(4.11A_o + 2.01A_i) \times 10^{-3}$$
$$+ 0.788t_o + 0.212t_i \qquad \text{(D. 0. 3-1)}$$

$$T_{ci} = I_0(2.01A_o + 5.75A_i) \times 10^{-3}$$
$$+ 0.394t_o + 0.606t_i \qquad \text{(D. 0. 3-2)}$$

2 当空气层厚为 9mm 时

$$T_{co} = I_0(4.08A_o + 1.89A_i) \times 10^{-3} + 0.801t_o$$
$$+ 0.199t_i \qquad \text{(D. 0. 3-3)}$$

$$T_{ci} = I_0(1.89A_o + 5.97A_i) \times 10^{-3}$$
$$+ 0.370t_o + 0.630t_i \qquad \text{(D. 0. 3-4)}$$

3 当空气层厚为 12mm 时

$$T_{co} = I_0(4.17A_o + 1.74A_i) \times 10^{-3}$$
$$+ 0.817t_o + 0.183t_i \qquad \text{(D. 0. 3-5)}$$

$$T_{ci} = I_0(1.74A_o + 6.25A_i) \times 10^{-3}$$
$$+ 0.340t_o + 0.660t_i \qquad \text{(D. 0. 3-6)}$$

4 以上公式中 A_o、A_i 应分别按下式计算:

$$A_o = a_o[1 + \tau_o \cdot r_i/(1 - r_o \cdot r_i)] \quad \text{(D. 0. 3-7)}$$

$$A_i = a_i \cdot \tau_o/(1 - r_o \cdot r_i) \qquad \text{(D. 0. 3-8)}$$

式中 r_o——室外侧玻璃反射率;

r_i——室内测玻璃反射率。

D. 0. 4 装配玻璃板边框温度 T_s 应按下式计算:

$$T_s = 0.65t_o + 0.35t_i \qquad \text{(D. 0. 4)}$$

式中 t_o——室外温度,℃;

t_i——室内温度,℃。

D. 0. 5 计算玻璃中部温度 T_c 和边框温度 T_s 时,应选用所需的气象参数和玻璃参数。

D. 0. 6 室外温度,夏季时应取 10 年内最低温度值,室内温度 t_i 应取室内设定的温度值,可取冬季为 20℃,夏季为 25℃。

D. 0. 7 玻璃的光学性能应根据其产品说明确定。

本规程用词说明

1 为便于在执行本规程条文时区别对待,对要求严格程度不同的用词说明如下:

　　1）表示很严格,非这样做不可的:

　　正面词采用"必须",反面词采用"严禁";

　　2）表示严格,在正常情况下均应这样做的:

　　正面词采用"应",反面词采用"不应"或"不得";

　　3）表示允许稍有选择,在条件许可时首先应这样做的:

　　正面词采用"宜",反面词采用"不宜";

　　表示有选择,在一定条件下可以这样做的,采用"可"。

2 条文中指明应按其他有关标准执行的写法为:"应符合……的规定"或"应按……执行"。

引用标准名录

1 《建筑结构荷载规范》GB 50009

2 《建筑玻璃 可见光透射比、太阳光直接透射比、太阳能总透射比、紫外线透射比及有关窗玻璃参数的测定》GB/T 2680

3 《平板玻璃》GB 11614

4 《中空玻璃》GB/T 11944

5 《塑料门窗用密封条》GB 12002

6 《硅酮建筑密封胶》GB/T 14683

7 《建筑用安全玻璃 第 2 部分:钢化玻璃》GB 15763.2

8 《建筑用安全玻璃 第 3 部分:夹层玻璃》GB 15763.3

9 《建筑用安全玻璃 第 4 部分:均质钢化玻璃》GB 15763.4

10 《建筑用硅酮结构密封胶》GB 16776

11 《半钢化玻璃》GB/T 17841

12 《着色玻璃》GB/T 18701

13 《镀膜玻璃 第 1 部分:阳光控制镀膜玻璃》GB/T 18915.1

14 《镀膜玻璃 第 2 部分:低辐射镀膜玻璃》GB/T 18915.2

15 《玻璃幕墙工程技术规范》JGJ 102

16 《夹丝玻璃》JC 433

17 《聚氨酯建筑密封胶》JC/T 482

18 《聚硫建筑密封胶》JC/T 483

19 《丙烯酸酯建筑密封胶》JC/T 484

20 《建筑窗用弹性密封胶》JC/T 485

21 《中空玻璃用弹性密封胶》JC/T 486

22 《压花玻璃》JC/T 511

23 《幕墙玻璃接缝用密封胶》JC/T 882

24 《中空玻璃用复合密封胶条》JC/T 1022

25 《真空玻璃》JC/T 1079

26 《建筑橡胶密封垫——预成型实心硫化的结构密封垫用材料规范》HG/T 3099

27 《建筑物隔热用硬质聚氯酯泡沫塑料》QB/T 3806

中华人民共和国行业标准

建筑玻璃应用技术规程

JGJ 113—2009

条 文 说 明

修 订 说 明

《建筑玻璃应用技术规程》JGJ 113—2009 经住房和城乡建设部 2009 年 7 月 9 日以第 347 公告批准发布。

本规程是在《建筑玻璃应用技术规程》JGJ 113—2003 的基础上修订而成的，上一版的主编单位是中国建筑材料科学研究院，参编单位是北京市建筑设计研究院、北京嘉寓装饰工程有限公司、威卢克斯（中国）有限公司、广东金刚玻璃科技股份有限公司、上海耀华皮尔金顿玻璃股份有限公司和中国南玻科技控股股份有限公司，主要起草人员是刘忠伟、马眷荣、徐游、葛砚刚、田家玉、郭成林、文森叟、夏卫文、詹锴、谢丽美、熊伟、许武毅。本次修订的主要技术内容是：1. 增加了基本规定和地板玻璃设计；2. 删除了室内空心玻璃砖隔断一章；3. 修订了术语、材料、建筑玻璃抗风压设计、建筑玻璃防人体冲击规定、百叶窗玻璃和屋面玻璃设计及安装。

本规程修订过程中，编制组进行了国内外建筑玻璃应用情况的调查研究，总结了我国工程建设中应用建筑玻璃的实践经验，同时参考了澳大利亚国家标准《建筑玻璃选择与安装》AS 1288。

为便于广大设计、施工、科研、学校等单位有关人员在使用本规程时能正确理解和执行条文规定，《建筑玻璃应用技术规程》编制组按章、节、条顺序编制了本规程的条文说明，对条文规定的目的、依据以及执行中需要注意的有关事项进行说明，还着重对强制性条文的强制性理由作了解释。但是，本条文说明不具备与标准正文同等的法律效力，仅供使用者作为理解和把握标准规定的参考。

目　次

1 总　　则

1.0.1　应用于建筑物上的一切玻璃统称为建筑玻璃。为了使建筑玻璃设计、材料选用、性能要求和安装等有章可循，使建筑玻璃应用做到安全可靠、经济合理和实用美观，制定了本规程。

本规程主要参照英国、澳大利亚和日本等国家的相关标准，并在抗风压方面做了大量实验。编制组就建筑玻璃的应用对有关建筑设计部门及施工单位进行了调研，查阅了大量相关国家及行业标准，在此基础之上，制定适合我国国情的建筑玻璃应用规程。

本次修订是以原《建筑玻璃应用技术规程》JGJ 113—2003 为基础，考虑了现行有关国家标准和行业标准的有关规定，调研、总结了我国近年来建筑玻璃应用科研成果和经验而完成。

1.0.2　本条规定了本规程的适用范围，本规程适用于建筑物内外部玻璃的设计及安装。

1.0.3　由于建筑玻璃的应用要满足抗风压、防热炸裂、活荷载及有关人体冲击安全性等要求，因而对材料的性能、设计及安装都有严格的要求，除应执行本规范外，尚应符合现行国家和行业有关标准和规范的要求。

建筑玻璃装配所用的大多数材料均有国家和行业标准，必须选用符合国家和行业标准的合格产品。

在建筑玻璃设计和安装中，密切相关的规范还有下列国家和行业标准：《木结构设计规范》GB 50005、《钢结构设计规范》GB 50017、《混凝土结构设计规范》GB 50010、《建筑设计防火规范》GB 50016、《高层民用建筑设计防火规范》GB 50045、《木结构工程施工质量验收规范》GB 50206 和《建筑装饰装修工程质量验收规范》GB 50210 等。

2 术　　语

2.0.1　建筑玻璃

建筑玻璃一般分为用于建筑外围护结构玻璃和内部玻璃，例如玻璃幕墙、玻璃屋面、玻璃门窗、玻璃雨篷、玻璃栏板、玻璃楼梯、玻璃地板、游泳馆水下观察窗等。建筑物采用的玻璃通常有平板玻璃以及由平板玻璃作为原片制作的深加工玻璃，如钢化玻璃、半钢化玻璃、夹层玻璃、镀膜玻璃和中空玻璃等。

2.0.2　玻璃中部强度

荷载垂直玻璃板面，玻璃中部的断裂强度。例如在风荷载等均布荷载作用下，四边支撑矩形玻璃板最大弯曲应力位于中部，玻璃所表现出的强度称为中部强度，是玻璃强度最大的位置。

2.0.3　玻璃边缘强度

荷载垂直玻璃板面，玻璃边缘的断裂强度。例如在风荷载等均布荷载作用下，三边支撑或两对边支撑矩形玻璃板自由边位置，或单边支撑矩形玻璃支撑边位置，玻璃所表现出的强度称为边缘强度。

2.0.4　玻璃端面强度

端面指玻璃切割后的横断面，荷载垂直玻璃端面，玻璃端面的抗拉强度。例如在风荷载等均布荷载作用下，全玻璃幕墙的玻璃肋两边位置；温差应力作用下，玻璃板边部位置，玻璃所表现出的强度称为端面强度。

3 基 本 规 定

3.1　荷载及其效应

3.1.1、3.1.2　当建筑玻璃用于建筑物立面时，作用玻璃上的荷载主要是风荷载。地板玻璃和屋面玻璃除风荷载外，还可能有永久荷载、雪荷载和活荷载，这些荷载应按现行国家标准《建筑结构荷载规范》GB 50009 的有关规定计算，其组合需按基本组合进行。玻璃抗力设计值 R，需要按不同玻璃种类、荷载类型和荷载作用部位进行选择。

3.1.3　计算挠度时，荷载按标准组合。不同使用条件下，玻璃板挠度限值是不一样的，在风荷载作用下，玻璃板挠度限值一般取玻璃板跨度的 $\frac{1}{60}$，但水下玻璃和地板玻璃除外。

3.2　设计准则

3.2.1　根据荷载方向和最大应力位置将玻璃强度分为中部强度、边缘强度和端面强度。这三种强度数值不同，因此应用时应注意正确选用。同时玻璃在长期荷载和短期荷载作用下强度值也不同，玻璃种类和厚度都影响玻璃强度值，使用时应注意区分。

3.2.2　用于建筑外围护结构上的玻璃与建筑节能性能密切相关，因此建筑玻璃热工性能非常重要，国家和行业相关节能设计标准和规范对玻璃热工性能都提出了规范和要求。玻璃是透明材料，其热工性能用传热系数和遮阳系数表征，为此规定用于建筑外围护结构玻璃应进行玻璃传热系数和遮阳系数的计算。

3.2.3　如果使用单片玻璃，冬季一般都会发生结露，因此不必进行玻璃结露计算，设计使用中空玻璃，对计算玻璃结露才有意义，设计使用正确可以实现不结露。

3.2.4　地震作用等短期均布荷载作用与风荷载相近，可以按照风荷载进行设计计算。

4 材 料

4.1 玻 璃

4.1.1 为便于设计人员的选用，本条列出了市场上现有的大多数建筑玻璃品种。其中镀膜玻璃包括阳光控制镀膜玻璃和低辐射玻璃，阳光控制镀膜玻璃能将60%左右的太阳热能挡住，可见光透过率一般在20%～60%范围内，遮阳系数一般为0.23～0.56。低辐射玻璃有在线和离线两种生产方式，辐射率一般在0.1～0.25。

4.1.2 常用建筑玻璃大都有相应的国家或行业标准，其质量和性能需符合现行相关标准的规定。

4.1.3 玻璃强度与玻璃种类、玻璃厚度、受荷载部位、荷载类型等因素有关，本条文采用相应的调整系数计算。

4.1.4 玻璃强度与玻璃种类有关，目前世界各国均采用玻璃种类调整系数的处理方式，本条采用的调整系数与原《建筑玻璃应用技术规程》JGJ 113—2003相同。

4.1.5 玻璃是脆性材料，在其表面存在大量微裂纹，玻璃强度与微裂纹尺寸、形状和密度有关，通常玻璃边部裂纹尺寸大、密度大，所以玻璃边缘强度低。在澳大利亚国家标准《建筑玻璃选择与安装》AS 1288中规定，玻璃边缘强度取中部强度的80%，在《玻璃幕墙工程技术规范》JGJ 102中取玻璃端面强度为中部的70%，本条参考这两项规定取值。

4.1.6 作用在玻璃上的荷载分短期荷载和长期荷载，风荷载和地震作用为短期荷载，而重力荷载和水荷载等为长期荷载。短期荷载对玻璃强度没有影响，而长期荷载将使玻璃强度下降，原因是长期荷载将加速玻璃表面微裂纹扩展，因而其强度下降。钢化玻璃表面存在压应力层，将起到抑制表面微裂纹扩张的作用，因此在长期荷载作用下，平板玻璃和钢化玻璃、半钢化玻璃强度下降值是不同的。通常钢化玻璃和半钢化玻璃在长期荷载作用下，其强度下降到原值的50%左右，而平板玻璃将下降至原值的30%左右，本条参考澳大利亚国家标准《建筑玻璃选择与安装》AS 1288制定。

4.1.7 实验结果表明，玻璃越厚，其强度越低，本条参考《玻璃幕墙工程技术规范》JGJ 102制定。

4.1.8 在短期荷载和地震作用下，常用玻璃的强度设计值（本规程表4.1.8）是按公式（4.1.3）计算得来的，便于使用。

4.1.9 在长期荷载作用下，常用玻璃的强度设计值（本规程表4.1.9）是按公式（4.1.3）计算得来的，便于使用。

4.1.10 构成夹层玻璃和中空玻璃的玻璃板通常称其为原片，夹层玻璃和中空玻璃的强度设计值按构成其原片玻璃强度设计值取值。

4.2 玻璃安装材料

4.2.1 常用玻璃安装材料大都有相应的国家或行业标准，故应按国家现行标准的规定执行。

4.2.3、4.2.4 支承块起支承玻璃的作用；定位块用于玻璃边缘，避免玻璃周边与框直接接触，并使玻璃在门窗框中正确定位；弹性止动片通常与不凝固混合物或硫化型混合物一同使用，防止其受载时移动。所以，支承块、定位块和弹性止动片的性能对玻璃的安装和密封材料的耐久性有一定的影响，故对其性能应有要求。

5 建筑玻璃抗风压设计

5.1 风荷载计算

5.1.1 风荷载的分项系数按《建筑结构荷载规范》GB 50009执行。

5.1.2 关于建筑玻璃最小风荷载标准值各国取值不同，澳大利亚国家标准《建筑玻璃选择与安装》AS 1288规定为0.5kPa；英国标准《建筑玻璃装配》BS 6262中规定为0.6kPa；日本标准《建筑玻璃工程应用》JASS 17中规定为1.0kPa。考虑我国具体实情，确定最小风荷载标准值1.0kPa。它表明，当建筑玻璃受到小于1.0kPa的风荷载标准值作用时，为了安全起见，应按1.0kPa进行设计。

5.2 抗风压设计

5.2.1 目前国外建筑玻璃抗风压设计多采用一种半经验公式，如澳大利亚标准和日本标准中均有相应公式，现将它们叙述如下：

日本公式：

$$w_k \cdot A = \frac{K}{F}\left(t + \frac{t^2}{4}\right) \tag{1}$$

式中 w_k ——风荷载标准值；

$\quad A$ ——玻璃面积；

$\quad t$ ——玻璃的厚度；

$\quad K$ ——玻璃的品种系数（与抗风压调整系数有关）；

$\quad F$ ——安全因子，一般取2.50，此时对应的失效概率为1‰。

此公式的具体形式为：

$$w_k \cdot A = 0.3\alpha\left(t + \frac{t^2}{4}\right) \tag{2}$$

式中 α ——抗风压调整系数。

澳大利亚国家标准《建筑玻璃选择与安装》AS 1288—1989版中的公式：

玻璃厚度　$t \leqslant 6mm$，$w_k \cdot A = 0.2\alpha \times t^{1.8}$　（3）

玻璃厚度　$t > 6mm$，$w_k \cdot A = 0.2\alpha \times t^{1.6} + 1.9\alpha$

（4）

上述风压公式都满足 $w_k \cdot A = f(t)$ 的形式，其中 $f(t)$ 是玻璃厚度 t 的函数，确定风压公式的关键在于 $f(t)$ 的函数形式及其参数系数。

在制订《建筑玻璃应用技术规程》JGJ 113—1997 版时，编制组做了大量抗风压实验验证，通过分析比较，确定采用澳大利亚的风压公式。在修订《建筑玻璃应用技术规程》JGJ 113 - 2003 版时继续使用。

在公式（3）和（4）中，对于任何长宽比的矩形玻璃，都采用同一面积，这里存在着误差，因为同等面积条件下，不同长宽比的矩形玻璃，其承载力是不同的。对于平板玻璃、半钢化玻璃和钢化玻璃，仅采用抗风压调整系数处理也存在着误差，因为这三种玻璃沿玻璃断面的内应力分布是不同的，因此其承载力也不同。由于玻璃在风荷载作用下的力学性能研究试验量巨大，耗时长，因此各国在当时基本上都是采用类似的计算方法，基本能满足设计要求。

澳大利亚国家标准《建筑玻璃选择与安装》AS 1288 - 2006 版中采用了新的方法，考虑了矩形玻璃长宽比的影响，将原来计算玻璃板面积，改为计算不同长宽比条件下的最大跨度。考虑了不同种类玻璃的各自特性，对平板玻璃、半钢化玻璃和钢化玻璃分别采用不同的计算参数。中空玻璃由原来两片玻璃同时考虑，改为按荷载分配系数各自独立计算。同时增加了玻璃板挠度限值计算方法，其精确度比 1989 版的更高、更合理、更全面，因此，本标准在本次修订中参考采用。

5.2.2 建筑玻璃在风荷载作用下的边形非常大，已远远超出弹性力学范围，应考虑几何非线性。风荷载是短期荷载，所以玻璃强度值应按短期荷载强度值采用。工程上采用非矩形玻璃的情况很多，如菱形、梯形、三角形，不规则多边形等等，对于任何形状建筑玻璃都可采用考虑几何非线性的有限元法进行计算。

矩形建筑玻璃是工程上用量最大的，由于形状规则，除可采用有限元方法外，也可采用本规程给出的设计计算方法。对于任意尺寸的矩形玻璃，其边长分别为 b 和 a，其长宽比为 b/a，根据选择的品种，如平板、半钢化、钢化或夹层玻璃，试选其厚度，采用附录 C 中相应的 k_1、k_2、k_3、k_4 参数，可计算出最大许用跨度 L，如果所设计玻璃的跨度小于最大许用跨度 L，则计算通过，满足玻璃承载力极限设计条件。如果所设计玻璃的跨度大于最大许用跨度 L，则需增加玻璃厚度，直至所设计玻璃的跨度小于最大许用跨度 L。

由于夹层玻璃厚度按玻璃净厚度计算，中间层胶片不计算在内，真空玻璃在构造和传力方面与夹层玻璃相似，因此真空玻璃的 k_1、k_2、k_3、k_4 参数可采用普通夹层玻璃的 k_1、k_2、k_3、k_4 取值。

三边支撑比两对边支撑有利，因此对于三边支撑的情况可采用两对边支撑的情况设计和取值。

由于夹丝玻璃、压花玻璃和平板玻璃同属退火玻璃，其沿玻璃厚度断面方向内应力相似，k_1、k_2、k_3、k_4 参数相同，可采用风荷载设计值除以抗风压调整系数的方法，但风荷载设计值增加了。

同样道理，计算半钢化夹层玻璃和钢化夹层玻璃最大许用跨度时，可按附录 C 中普通夹层玻璃采用相应系数，风荷载设计值应除以抗风压调整系数，风荷载设计值降低了。

5.2.3 对于建筑玻璃正常使用极限状态的设计，目前世界各国大多采用最大挠度限值为跨度的 1/60，本规程也采用这一限值。对于任何形状的建筑玻璃，都可采用考虑几何非线性的有限元法计算。

矩形建筑玻璃是工程上用量最大的，由于形状规则，除可采用有限元方法外，也可采用本规程给出的设计计算方法。玻璃正常使用极限状态设计时的挠度限值与玻璃种类无关，单位厚度玻璃的挠度限值与厚度无关，因此 k_5、k_6、k_7、k_8 参数对于所有矩形玻璃都是一样的。

例如，风荷载标准值：$w_k = 1.2kPa$，风荷载设计值：$w = 1.68kPa$，玻璃尺寸：$b = 1800mm$，$a = 1200mm$，$b/a = 1.5$，四边支撑，选择钢化玻璃。选择 4mm 厚度的钢化玻璃进行试算。

在附录 C 表 C.0.2 中 4mm 玻璃厚度一栏查得：$k_1 = 3108.6$，$k_2 = 0.475424$，$k_3 = -0.6423$，$k_4 = -30.78$。按照本规程式（5.2.2）计算得：$L = 1867mm$。由于 a 小于 L，因此 4mm 厚钢化玻璃满足承载力极限状态设计要求。

根据 $b/a = 1.5$，在附录 C 表 C.0.5 中查得：$k_5 = 350.14$，$k_6 = -0.15$，$k_7 = -0.4503$，$k_4 = 1.29$。按照本规程式（5.2.3）计算得：$\left[\dfrac{L}{t}\right] = 258$，由于 $a/t = 300$，大于 $\left[\dfrac{L}{t}\right]$，因此 4mm 厚钢化玻璃不满足正常使用极限状态设计要求，玻璃应增加厚度。对于 5mm 厚玻璃，$a/t = 240$，小于 $\left[\dfrac{L}{t}\right]$，因此 5mm 厚钢化玻璃满足正常使用极限状态设计要求。

结论：5mm 厚钢化玻璃既满足承载力极限状态设计要求，又满足正常使用极限状态设计要求，设计通过。

5.2.4 中空玻璃两片玻璃之间的传力是靠间隙层中的气体，对于风荷载这种瞬时荷载，气体也会在一定程度上被压缩，因此外片玻璃风荷载分配系数适当加大是合理的。

6 建筑玻璃防热炸裂设计与措施

6.1 防热炸裂设计

6.1.1 只有明框安装的建筑玻璃才存在阳光辐照下玻璃中部与边部的温差，才需要进行玻璃热应力的计算与设计。玻璃热炸裂是由于玻璃的热应力引起，玻璃热应力最大值位于玻璃板的边部，且热应力属平面内应力，因此玻璃强度设计值取端面强度设计值。由于半钢化玻璃和钢化玻璃抗热冲击能力强，一般情况下没有发生热炸裂的可能，因此不必进行热应力计算。

6.1.2 一般说来，玻璃的内部热应力的大小，不仅与玻璃的吸热系数、弹性模量、线膨胀系数有关，而且还与玻璃的安装情况及使用情况有关，本条的公式就是综合考虑各种条件而定出的实用公式。

玻璃表面的阴影使玻璃板温度分布发生变化，与无阴影的玻璃相比，热应力增加，两者之间的比值用阴影系数 μ_1 表示。

在相同的日照量的情况下，玻璃内侧装窗帘或百叶与未装的场合相比，玻璃的热应力增加，其比值用窗帘系数 μ_2 表示。

在相同的温度下，不同板面玻璃的热应力值与 $1m^2$ 面积的玻璃的热应力的比值用面积系数 μ_3 表示。

边缘温度系数由下式定义：

$$\mu_4 = \frac{T_c - T_e}{T_c - T_s} \tag{5}$$

式中 μ_4 ——边缘温度系数；

T_c ——玻璃中部温度，℃；

T_e ——玻璃边缘温度，℃；

T_s ——窗框温度，℃。

表 6.1.3-4 所对应的一些参考图见图 1。

6.2 防热炸裂措施

6.2.1 玻璃在裁切、运输、搬运过程中都容易在边部造成裂纹，这将极大地影响玻璃的端面设计强度，所以在安装时应注意玻璃周边无伤痕。

6.2.2 玻璃的使用和维护情况也直接影响到玻璃内部的热应力，本条是为了防止玻璃的温度升高得太高或局部温差过大。窗帘等遮蔽物如果紧挨在玻璃上，将影响玻璃热量的散发，从而使玻璃温度升高，热应力加大。

7 建筑玻璃防人体冲击规定

7.1 一 般 规 定

7.1.1 符合现行国家标准规定的钢化玻璃和夹层玻璃以及由它们构成的复合产品，都统称为安全玻璃。玻璃是典型的脆性材料，作用在玻璃上的外力超过允许限度，玻璃就会破碎。这些外力包括风压、地震力、人体的冲击或飞来的物体等。本章仅考虑玻璃受人体冲击的情况，所以进行玻璃选择不能仅根据本章的内容。在考虑其他外力的作用时，对玻璃的要求可能会更严格，这种情况下，应遵循更为严格的规定。为将玻璃给人体伤害降低到最小，定义钢化玻璃和夹层玻璃以及由它们构成的复合产品为安全玻璃，这是因为相比较而言，钢化玻璃和夹层玻璃一般不会给人体带来切割伤害。钢化玻璃和夹层玻璃的性能和破碎特性如下。

（1）钢化玻璃

钢化玻璃的强度一般可达平板玻璃强度的 3 倍以上，且其韧性较平板玻璃有极大的增加，抗冲击强度一般可达平板玻璃的 4～5 倍，因此钢化玻璃在正常使用过程中不易发生破裂，这是定义钢化玻璃为安全玻璃的原因之一。其二，钢化玻璃破碎时，整块玻璃

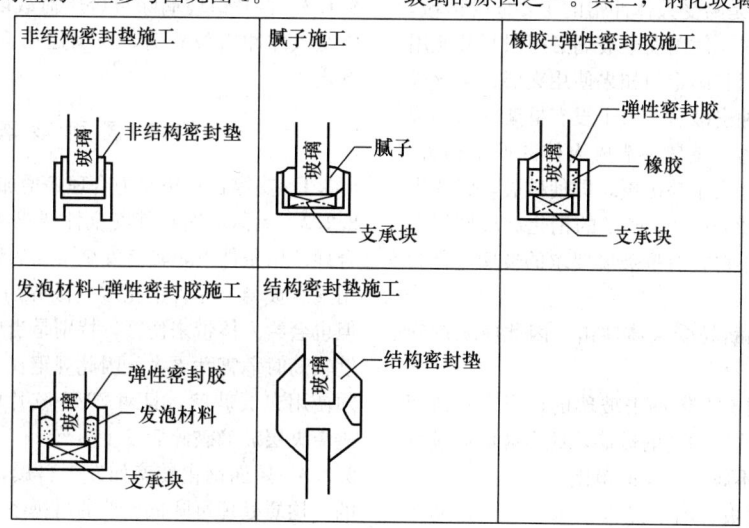

图 1 表 6.1.3-4 所对应的参考图

全部破碎成钝角小颗粒，一般不会给人体带来切割伤害。

（2）夹层玻璃

在碎裂的情况下，夹层玻璃碎片将牢固地粘附在透明的 PVB 胶片上而不飞溅或落下，这是定义夹层玻璃为安全玻璃的原因之一。其二，如果冲击力不是特别强，碎片整体会短时留在框架内不外落，一般不会伤人。

减小人体冲击在玻璃上可能造成的伤害有多种方法，其中最有效的方法是避免人体撞在玻璃上，但许多情况下，从设计角度无法实现，因此，要提高玻璃的强度，适当选择玻璃。采用撞上去不至于破裂的玻璃（如 10mm 以上的钢化玻璃）可以从根本上消除玻璃碎片对人体的割伤和刺伤，但这并不意味着人体不会受到其他伤害。玻璃虽然不破裂，但是人体吸收了冲击的绝大部分能量，可能会受到挫伤、撞伤等伤害。因此，应允许使用受冲击后破碎，但不严重伤人的玻璃，如夹层玻璃和钢化玻璃。

如果按表 7.1.1-2 那样限制平板玻璃的最大许用面积，那么它破碎时对人体的伤害就会大大减小。因此，在建筑物某些特定的位置，可以使用平板玻璃和夹丝玻璃。

本规程表 7.1.1-1 和表 7.1.1-2 的数据引自澳大利亚国家标准 AS 1288《建筑玻璃选择与安装》和国家现行标准《建筑用安全玻璃　第 2 部分：钢化玻璃》GB 15763.2 以及《夹丝玻璃》JC 433。

7.1.3 未经处理的玻璃边缘非常锋利，一般情况下，玻璃边缘均被包裹在框架槽中，人体接触不到。而暴露边是人体容易接触和划碰的，锋利的边缘会造成割伤，因此，暴露边应进行如倒角、磨边等边部加工，以消除人体割伤的危险。

7.2 玻璃的选择

7.2.1 门和固定门是易受人体冲击的主要危险区域，因此对有框架支承时，使用安全玻璃必须限制其使用板面。无框架玻璃门和固定门如果使用夹层、夹丝或平板玻璃，一旦受冲击破裂，由于没有框架支承大块的碎片，碎片会脱落，飞散，造成人体的严重伤害。所以应采用一种撞上去不易破裂，即使破裂，碎片也不易伤人的玻璃，12mm 以上厚度的钢化玻璃恰好合乎要求。支承部件不符合有框玻璃要求的玻璃，称为无框玻璃。

7.2.2 室内玻璃隔断易受人体冲击，因此应采用安全玻璃。

7.2.3 本条仅适用于人体冲击玻璃的情况，不适用于抵抗球类（如壁球）冲击的玻璃，此类玻璃应进行专门的强度核算，不属于本章的范围。

7.2.4 浴室内的地板、墙壁经常沾水，当人走动或用手扶墙时，易出现打滑现象。当人不慎滑倒后，可

能会撞击与浴室有关系的玻璃窗或淋浴屏。这种危险在整个淋浴过程中均存在，因此应使用符合表 7.1.1-1 的安全玻璃，以防冲撞玻璃后，人体受到严重伤害。

7.2.5 本条中指出的水平荷载，是人体的背靠、俯靠和手的推、拉等，承受水平荷载栏板玻璃的安全性非常重要，因此对使用的玻璃品种、厚度和使用高度都有严格的限制，这里高度基本上是按一个楼层高度考虑的。有些宾馆大堂楼层比较高，因此限制的高度取 5m。

7.2.6 用于室外的栏板玻璃同时承受风荷载，因此用于室外的栏板玻璃除考虑人体冲击安全外，还需进行抗风压设计和地震作用。

7.3 保护措施

7.3.1 保护设施能够使人警觉有玻璃存在，又能阻挡人体对玻璃猛烈的冲击，同时又起到了装饰作用。

7.3.2 防止由于人体冲击玻璃而造成的伤害，最根本最有效的方法就是避免人体对玻璃的冲击。在玻璃上作出醒目的标志以表明它的存在，或者使人不易靠近玻璃，如护栏等，就可以从一定程度上达到这种目的。

8 百叶窗玻璃和屋面玻璃设计

8.1 百叶窗玻璃

8.1.1 百叶窗是两对边支撑，且支撑边为短边，承受的主要荷载为风荷载，为确保安全，平板玻璃可以使用，但对其应用尺寸进行严格限制。为便于应用，表 8.1.1 可用来直接选择玻璃。

8.1.2 本条给出选择百叶窗玻璃的一般原则，即应考虑风荷载。

8.1.3 百叶窗玻璃除符合风荷载以外，安装在可能遭受人体冲击位置时，应满足第 5 章人体冲击安全规定。

8.2 屋 面 玻 璃

8.2.1 支撑在长边受力合理，增加屋面玻璃安全性。

8.2.2 屋面玻璃对其安全性要求极高，安全玻璃在合理使用条件下，具有安全可靠的性能，因此必须使用安全玻璃。尽管钢化玻璃破碎后形成细小的颗粒，但也会给人体带来伤害，特别是当玻璃位于人头顶高度较高时危害性更大，因此规定在一定高度条件下必须使用夹层玻璃，且对 PVB 胶片的厚度作出规定，避免夹层玻璃破碎后发生坠落。

8.2.3 屋面钢化玻璃如发生自爆，危险性是比较大的，均质处理可降低玻璃的自爆率。

8.2.4 地板玻璃要求的安全性比屋面玻璃高，因此

上人屋面玻璃应按地板玻璃设计。

8.2.5 玻璃屋面与传统屋面相比较，玻璃容易破碎，也容易出现漏雨等现象，因此对屋面玻璃除要求均布活荷载符合现行国家标准《建筑结构荷载规范》GB 50009外，对维修活荷载（集中活荷载）也作出相应规定。

8.2.6 维修荷载是准静荷载，中空玻璃空气腔能传递的荷载很少，原则上不予考虑，所以集中活荷载只作用于中空玻璃上片玻璃。

8.2.8 屋面玻璃由于承受永久荷载，因此其设计许用强度采用长期荷载作用下玻璃强度设计值。

9 地板玻璃设计

9.1 一般规定

9.1.1 地板玻璃为供人行走及放置家具等的地面，故不适合有凸出地面的连接件等妨碍人行的物体。

9.1.2 玻璃为脆性材料，易破裂，钢化玻璃有自爆现象，而且有局部破坏时整体立即爆裂的破坏特点，因此，应当考虑当有一层玻璃破坏时，地板玻璃仍然有足够的承载力，所以地板玻璃必须采用夹层玻璃。点支承地板玻璃在支撑点会产生应力集中，钢化玻璃强度较高，可减少玻璃破坏，所以点支撑地板玻璃必须采用钢化夹层玻璃。

9.1.3 楼梯踏板玻璃应当作防滑处理，避免行人滑倒发生意外。

9.1.4 细磨边可消除玻璃加工过程中产生的玻璃边缘微裂缝，提高玻璃强度。

9.1.6 由于对地板玻璃变形要求极严格，因此应尽量采用厚玻璃。

9.1.7 硅酮建筑密封胶填塞的缝隙可以释放温度应力和消除装配误差。胶缝小于6mm时很难保证施工质量。胶条在人行或外力作用下有脱落的可能，因此不提倡使用普通的胶条密封。

9.1.9 玻璃属于脆性材料，而且还存在整体破坏的危险。因此不应承受冲击荷载。冲击荷载是指动态作用使地板玻璃产生的加速度不可忽略不计的作用。例如较大的设备振动等。人行及人的冲击荷载对地板玻璃产生的加速度一般均可忽略不计，属于静荷载。

9.1.10 对框支承地板玻璃，跨度是指短边边长；对点支承地板玻璃，跨度是指支承点间长边边长。玻璃地板也是地板的一种，走在上面应给人以安全感，特别是玻璃地板更是如此，所以对地板玻璃挠度变形应严格限制，本条参考现行国家标准《混凝土结构设计规范》GB 50010中对屋盖、楼板及楼梯的挠度限值。

9.1.11 地板玻璃由于承受永久荷载，因此其设计许用强度采用长期荷载作用下玻璃强度设计值。

9.2 框支承地板玻璃设计计算

9.2.1 夹层玻璃是由两层以上单片玻璃组合而成，因此夹层玻璃的强度取单片玻璃计算。

9.2.2 夹层玻璃每片玻璃的变形是完全相同的，因此荷载分配系数服从玻璃厚度三次方关系。

9.2.3 夹层玻璃可等效成一片单片玻璃，其厚度称为等效厚度。

9.2.4 由于地板玻璃变形限制很严，一般允许变形不超过玻璃板厚。此时其几何非线性效应不明显，可以按照线性方法计算，计算精度满足工程需要。

9.3 四点支承地板玻璃设计计算

9.3.1~9.3.3 第9.3.1条至第9.3.3条的计算方法和要求与本规程第9.2.1条至第9.2.3条的相同。

10 水下用玻璃设计

10.1 水下用玻璃性能要求

10.1.1 水下玻璃如果发生破裂后果将非常严重，因此单片玻璃不能使用，夹层玻璃即使其中一片玻璃破裂，也不会造成灾难性事故，给人们及时更换玻璃留有时间。

10.1.2 水下玻璃由于承受水荷载荷载，因此其设计许用强度采用长期荷载作用下玻璃强度设计值。

10.1.3 由于变形过大不仅会对玻璃周边约束产生一系列问题，如造成密封胶失效、漏水等，而且会产生观视图像变形，不能满足观看者的视觉要求，同时玻璃变形过大也给观察者以不安全感，因此对水下用玻璃挠曲变形要求比较严格。

10.2 水下用玻璃设计计算

由于水下玻璃对挠度变形要求极为严格，玻璃变形很小，完全符合弹性力学计算理论，本节给出的计算公式是依据弹性力学理论给出的。对三边支撑的水下玻璃不仅要计算玻璃中部的应力和变形，自由边的应力和变形也要计算。

11 安　装

11.1 装配尺寸要求

11.1.1 玻璃是脆性材料，不能与边框直接接触，玻璃安装尺寸的要求是保证玻璃在荷载作用下，在框架内不与边框直接接触，并保证玻璃能够适当的变形。玻璃公称厚度越大，最小安装尺寸越大，这是因为玻璃公称厚度越大，玻璃板面可能越大，因此其变形量就越大，玻璃在框架内需要的变形环境就越大。其中前部余隙和后部余隙 a 是为了保证玻璃在水平荷载作用下玻璃不与边框直接接触；嵌入深度 b 为了保证玻璃在水平荷载作用下玻璃不脱框；边缘间隙 c 为了保证玻璃在环境温差作用下不与边框接触，同时也保证玻璃在一定量建筑主体结构变形条件下玻璃不被挤碎。

11.1.2、11.1.3 凹槽的宽度和深度与玻璃装配尺寸密切相关，这里给出了它们之间的关系。

11.2 玻璃安装材料的使用

11.2.1 玻璃安装材料如果与相关材料彼此不相容，可能造成材料的变性，使安装材料失效。

11.2.2 支承块不承受风荷载，只承受玻璃的重量，支承块的最小宽度应等于玻璃的公称厚度加上前部余隙和后部余隙，保证玻璃下部支撑完整。为了取得良好支承情况，支承块的长度可根据玻璃板面的大小和厚度适当增加长度，增加长度可减小玻璃边部支承点的边部应力，增加支承块的承载能力。

11.2.3 定位块用于玻璃的边缘与框架之间，防止玻璃在框架内的滑动，定位块一般不承受其他外力的荷载，所以其长度要求没有支承块大，但其厚度和宽度要求均与支承块相同。

11.2.4 支承块不一定只位于玻璃的一边缘，应根据具体情况，确定使用支承块的位置（见本规程图11.2.4），例如，水平旋转窗，可开启角度在 90° 至 180° 之间的情况，玻璃的上、下两边均应布置支承块。

11.2.5 弹性止动片的使用是为了保证玻璃在水平荷载作用下玻璃不与边框直接接触。

11.2.7、11.2.8 使用密封胶安装时应使用弹性止动片，使用胶条安装时可不使用弹性止动片，因为胶条已起到弹性止动片的作用。

11.3 玻璃抗侧移的安装要求

11.3.1 玻璃的抗剪切变形性能较差，在玻璃破坏之前，其本身的平面内变形是非常小的。由于楼层之间的变形而使框架变形时，框架和玻璃在间隙内的活动可以"吸收"变形，如果一点间隙都没有，即使楼层变形很小，也会使玻璃破坏。

11.3.2 图 2 表明了本规程式（11.3.2）的意义。当楼层产生层间位移时，框架变形为平行四边形，当平行四边形对角线中短的一方长度和玻璃的对角线长度相等时，玻璃会被框架挤压，可能造成玻璃破裂。因此，边缘间隙越大，框架的允许变形量就越大，在抗震上就越有效。

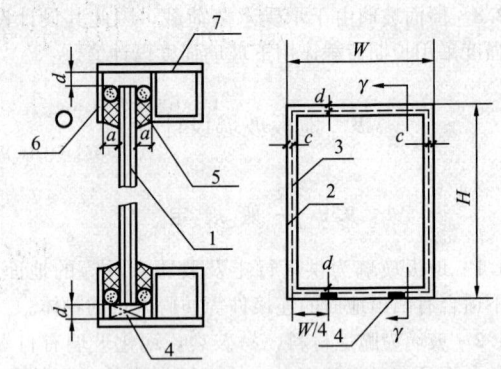

图 2　玻璃抗侧移配合尺寸示意
1—玻璃；2—框架槽底；3—玻璃边缘；4—支承块；
5—弹性密封材料；6—衬垫材料；7—框架

11.3.3 地震引起的楼层变形所造成的框架变形，会将外力传递到玻璃上，所以应选用弹性密封材料以吸收这种外力。

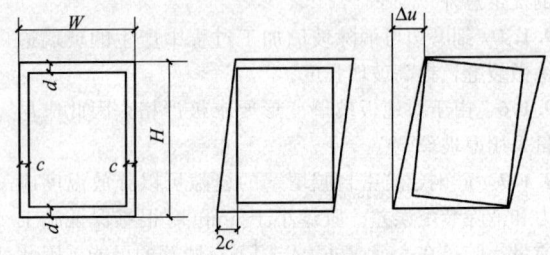

图 3　窗框的变形与玻璃的关系

中华人民共和国行业标准

建筑轻质条板隔墙技术规程

Technical specification of light longish panel
partition walls in buildings

JGJ/T 157—2008
J 786—2008

批准部门：中华人民共和国建设部
施行日期：2008年8月1日

中华人民共和国建设部
公 告

第 821 号

建设部关于发布行业标准
《建筑轻质条板隔墙技术规程》的公告

现批准《建筑轻质条板隔墙技术规程》为行业标准，编号为 JGJ/T 157—2008，自 2008 年 8 月 1 日起实施。

本规程由建设部标准定额研究所组织中国建筑工业出版社出版发行。

中华人民共和国建设部
2008 年 2 月 29 日

前 言

根据建设部建标〔1999〕309 号文要求，标准编制组经广泛调查研究、认真总结工程实践经验，参考有关国家标准，并在广泛充份征求意见的基础上制定了本规程。

本规程的主要技术内容是：1. 总则；2. 术语；3. 原材料及条板；4. 条板隔墙设计；5. 条板隔墙施工；6. 条板隔墙工程验收。

本规程由建设部负责管理，由主编单位负责具体技术内容的解释。

本规程主编单位、参编单位和主要起草人：

本规程主编单位：国家住宅与居住环境工程技术研究中心
（地址：北京市西城区车公庄大街 19 号邮政编码：100044）

本规程参编单位：北京市建筑节能与墙体材料革新办公室
天津市墙体材料革新和建筑节能管理中心
广东东莞市墙体材料革新和建筑节能办公室
广州大学工程材料研究所
北京华丽联合高科技（集团）公司
廊坊市建宁墙业科技开发有限公司
岳阳（湖南）华强新型建材研究所
北京大森林明辰新型建材有限公司
合肥市恒远置业发展有限公司三力新型建材厂
西安万凯工贸有限公司咸阳绿得新型建材厂
开平松本绿色板业有限公司
广州市壁神新型建材有限公司
河南玛纳建筑模板有限公司
安徽省万达墙板机械有限公司

本规程主要起草人：高宝林　赵国强　张传镁
李卫国　宋广春　王俊清
朱恒杰　仇国辉　陈炳军
李　轩　张明辰　孙峰军
王　智　陈汉平　刘　毅
姚　刚　鲍　威

目　次

1 总　则

1.0.1 为提高建筑轻质条板隔墙设计、施工及验收的技术水平，贯彻执行国家相关的技术经济政策，做到技术先进、安全适用、经济合理、确保质量，制定本规程。

1.0.2 本规程适用于抗震设防烈度为8度和8度以下的地区及非抗震设防地区，以轻质条板隔墙（以下简称条板隔墙）作为居住建筑、公共建筑和一般工业建筑工程的非承重板材隔墙的设计、施工及验收。

1.0.3 条板隔墙工程的设计、施工及质量验收，除应执行本规程外，尚应符合国家现行有关标准的规定。

2 术　语

2.0.1 轻质条板　lightweight panel

面密度不大于 $110kg/m^2$，长宽比不小于 2.5，采用轻质材料或大孔洞轻型构造制作成的，用于非承重内隔墙的预制条板。

2.0.2 空心条板　hollow cores panel

沿板材长度方向布置有若干贯通孔洞的轻质条板。

2.0.3 实心条板　solid panel

用同类材料制作的无孔洞轻质条板。

2.0.4 复合夹芯条板　composite sandwich panel

由两种及两种以上不同功能材料复合或由面板（包括浇注面层）与夹芯层材料复合制成的轻质条板。

2.0.5 企口　out heed and inter orifice

设置于条板两侧面的榫头、榫槽及接缝槽的总称。

2.0.6 轻质条板隔墙　lightweight panel partition

用轻质条板组装的非承重内隔墙。

3 原材料及条板

3.1 一般规定

3.1.1 条板应采用节地、节能、利废、性能稳定、无放射性，以及对环境无污染的原材料。严禁使用国家明令淘汰、限制使用的材料。

3.1.2 条板生产企业应具备稳定的生产条件和完善、有效的质量保证体系。条板生产企业应对进厂主要原材料进行复检。

3.1.3 当对条板的质量发生争议或合同约定对产品进行见证取样检测时，应进行见证取样检测，承担检测的单位应是具备相应资质的检测单位。

3.2 原材料和施工配套材料

3.2.1 条板隔墙安装中采用的配套材料应符合国家现行标准的有关规定。

3.2.2 条板接缝的密封、嵌缝、粘结及防裂增强材料的性能应与条板材料性能相适应。

3.2.3 木楔宜采用三角形硬木楔，预埋木砖应做防腐处理。

3.2.4 配合安装隔墙使用的镀锌钢卡和普通钢卡、销钉、拉结钢筋、钢板预埋件等应符合国家现行有关标准的规定。钢卡厚度不应小于 1.5mm，普通钢卡应做防锈处理。

3.3 条　板

3.3.1 条板的各项性能指标应符合国家现行标准《建筑隔墙用轻质条板》JG/T 169 的规定。

3.3.2 条板按构件用途的不同可分为普通条板、门、窗框板和与之配套的异形板等辅助板材。

3.3.3 条板主要规格尺寸应符合下列规定：

　　1 条板的长度标志尺寸（L）应为楼层高减去梁高或楼板厚度及安装预留空间。宜为2200～3500mm。

　　2 条板的宽度标志尺寸（B）宜按 100mm 递增。

　　3 条板的厚度标志尺寸（T）宜按 10mm 递增。

　　4 两侧为凹凸榫槽的条板，其凹凸榫槽不得有缺损，对接应吻合。

3.3.4 门、窗框板靠门、窗框一侧为平口，距板边 120～150mm 处为实心。门、窗框板靠门、窗框一侧可加设预埋件与门、窗固定。

3.3.5 复合夹芯条板的面板与芯层应粘结密实、牢固，不得出现空鼓和剥落。

4 条板隔墙设计

4.1 一般规定

4.1.1 条板隔墙安装前，工程设计单位应完成隔墙的设计技术文件。设计技术文件应符合下列要求：

　　1 应确定条板隔墙的种类和轴线分布、隔墙的厚度、门窗位置和洞口尺寸以及配电箱、控制柜和插座、开关盒、水电管线分布位置及开槽和留洞尺寸。

　　2 应规定条板隔墙的防火、隔声、防水、保温等技术性能要求和相应的防火、隔声、防水防渗、保温及防裂等措施。

　　3 应规定条板隔墙的吊挂重物要求和采取相应的加固措施。

　　4 应明确条板隔墙的抗震性能要求和相应抗震、加固措施。

4.1.2 施工单位应根据设计单位提交的设计技术文件、资料，编制条板隔墙分项工程施工技术文件。分项工程施工技术文件应由施工单位技术负责人批准，经监理单位审核后实施。

4.2 隔墙设计与构造要求

4.2.1 条板隔墙按使用功能要求可分为普通隔墙、防火隔墙、隔声隔墙；按使用部位的不同可分为分户隔墙、分室隔墙。应根据隔墙使用功能和使用部位的不同分别设计单层条板隔墙、双层条板隔墙、接板拼装条板隔墙。60mm 及以下厚度的条板不得单独用作隔墙使用。

4.2.2 条板隔墙厚度应满足建筑物抗震、防火、隔声、保温等功能要求。单层条板隔墙用作分户墙时，其厚度不应小于 120mm；用作户内分室隔墙时，不宜小于 90mm。双层条板隔墙选用条板的厚度不宜小于 60mm。

4.2.3 双层条板隔墙的两板间距宜为 10～50mm，可作为空气层或填入吸声、保温材料等功能材料。

4.2.4 接板安装的条板隔墙，其安装高度应符合下列要求：

　1 90mm 厚条板隔墙接板安装高度不应大于 3.6m。

　2 120mm 厚条板隔墙接板安装高度不应大于 4.2m。

　3 其他厚度的条板隔墙接板安装高度，可由设计单位与安装单位协商确定。

4.2.5 在限高以内安装条板隔墙时，竖向接板不宜超过一次，相邻条板接头位置应错开 300mm 以上，错缝范围可为 300～500mm。条板对接部位应加连接件、定位钢卡，做好定位、加固、防裂处理。

　超过本条文规定的高度接板安装隔墙，应由工程设计单位另行设计。

4.2.6 条板隔墙安装长度超过 6m，应采取加强防裂措施。

4.2.7 安装条板隔墙时，条板应按隔墙长度方向竖向排列，排板应采用标准板。当隔墙端部尺寸不足一块标准板宽时，可按尺寸要求切割补板，补板宽度不应小于 200mm。

4.2.8 条板隔墙下端与楼地面结合处宜留出安装空间，预留空隙在 40mm 及以下的宜填入 1:3 水泥砂浆，40mm 以上的宜填入干硬性细石混凝土，撤除木楔的预留空隙应采用相同强度等级的砂浆或细石混凝土填塞、捣实。

4.2.9 对有安静要求的房间，应设计隔声隔墙，宜选用隔声性能好的复合夹芯条板或双层条板隔墙，双板间宜留出空气隔声层或填充吸声功能材料。条板隔墙应满足下列隔声指标要求：

　1 分室隔墙空气声计权隔声量：实验室测量值不应小于 35dB；

　2 分户隔墙空气声计权隔声量：实验室测量值不应小于 45dB；

　3 隔声隔墙空气声计权隔声量：实验室测量值不应小于 50dB。

4.2.10 在抗震设防地区，条板隔墙与顶板、结构梁、主体墙和柱的连接应采用镀锌钢板卡件，并使用胀管螺钉、射钉固定。钢板卡件固定应符合下列要求：

　1 条板隔墙与顶板、结构梁的接缝处，钢卡间距不应大于 600mm。

　2 条板隔墙与主体墙、柱的接缝处，钢卡可间断布置，间距不应大于 1m。

　3 接板安装的条板隔墙，条板上端与顶板、结构梁的接缝处应加设钢卡，每块条板不应少于 2 个。

4.2.11 在抗震设防地区，条板隔墙安装长度超过 6m 时，应设置构造柱，并应采取加固、防裂处理措施。

4.2.12 当在条板隔墙上横向开槽、开洞敷设电气暗线、暗管、开关盒时，所选用隔墙的厚度应大于 90mm。墙面开槽深度不应大于墙厚的 2/5，开槽长度不得大于隔墙长度的 1/2。

　严禁在隔墙两侧同一部位开槽、开洞，其间距应错开 150mm 以上。开槽、开洞的时间应在隔墙安装 7d 后进行。

4.2.13 单层条板隔墙内不宜设计暗埋配电箱、控制柜，可采用明装方式或局部设计双层条板，严禁穿透隔墙安装。配电箱、控制柜宜选用薄型箱体。

4.2.14 单层条板隔墙内不宜横向暗埋水管，可采用明装方式或采用双层板墙设计。当低温环境下，管线可能产生冰冻或结露时，应进行防冻或防结露设计。

4.2.15 在住宅建筑中，当需暗埋布置水管时，设计单位应选用厚度大于 120mm 的隔墙，开槽深度不应大于墙厚的 2/5，长度不应大于墙长的 1/2；必须做好防渗漏措施，应尽快完成管线铺设和回填、补强、加固，并做好防裂处理。

4.2.16 条板隔墙上需要吊挂重物和设备时，不得单点固定，应在设计时考虑加固措施，两点的间距应大于 300mm。预埋件和锚固件均应做防腐或防锈处理，并避免预埋铁件外露。

4.2.17 条板隔墙用于厨房、卫生间及有防潮、防水要求的环境时，应设计防潮、防水的构造措施：凡附设水池、水箱、洗手盆等设施的墙体，墙面应做防水处理，高度不宜低于 1.8m。

4.2.18 石膏条板（防水型）隔墙及其他有防水要求的条板隔墙用于潮湿环境时，下端应做 C20 细石混凝土条形墙垫，墙垫高度不应小于 100mm，并应做泛水处理。防潮墙垫可用细石混凝土现浇，不宜采用预制墙垫。

4.2.19 普通型石膏条板和防水性能较差的轻质条板不宜应用于潮湿环境及有防潮、防水要求的环境。普通型石膏条板隔墙用于无地下室的首层时，宜在隔墙下部采取防潮措施。

4.2.20 分户隔墙、走廊隔墙和楼梯间隔墙应有防火要求，条板隔墙的燃烧性能和耐火极限指标应符合现行国家标准《建筑设计防火规范》GB 50016 和《高层民用建筑设计防火规范》GB 50045 的相关规定，并应满足工程设计要求。

4.2.21 对有保温要求的分户隔墙、走廊隔墙和楼梯间隔墙，应采取相应保温措施，可设计复合夹芯条板隔墙或双层条板隔墙。

4.2.22 顶端为自由端的条板隔墙，应做压顶，埋设通长角钢圈梁，用水泥砂浆覆盖抹平；空心条板顶端孔洞均应局部灌实，每块板应埋设不少于一根钢筋与上部水平角钢圈梁连接；也可设计混凝土圈梁，混凝土圈梁应与板内预埋钢筋连接。同时，隔墙上端应间断设置拉杆与主体结构固定；所有外露铁件均应做防锈处理。

4.2.23 条板隔墙板与板之间可采用榫接、平接、双凹槽对接方式。并应根据其不同材质、不同构造、不同部位按下列规定采用相应的防裂措施：

　1　应在板与板之间对接缝隙内填满、灌实粘结材料。企口接缝处应粘贴耐碱玻璃纤维网格布条或无纺布条防裂。

　2　可采用全墙面粘贴纤维网格布、无纺布或挂钢丝网抹灰处理墙面。

　3　沿隔墙长度方向，可在板与板之间间断设置伸缩缝，接缝处使用柔性粘结材料处理。

　4　可采用加设拉结筋加固及其他防裂措施。

　5　条板隔墙阴阳角处以及条板与建筑主体结构结合处应做专门防裂处理。如加设塑胶护角或局部粘贴防裂网布、挂钢丝网抹灰处理等。

4.2.24 确定条板隔墙上预留门、窗洞口位置及尺寸时，应选用与隔墙厚度相适应的门、窗框。采用空心条板作门、窗框板时，距板边 120～150mm 不得有空心孔洞，可将空心条板的第一孔用细石混凝土灌实。

4.2.25 工厂预制的门、窗框板靠门、窗框一侧应设置预埋件，以便与门、窗框固定。在施工现场切割制作的门、窗框板可采用胀管螺钉与门窗框固定。应根据门窗洞口大小确定固定位置和数量，每侧的固定点不应少于 3 处。

4.2.26 门、窗框板上部墙体高度大于 600mm 或门窗洞口宽度超过 1.5m 时，应采用配有钢筋的过梁板或采取其他加固措施。门框板、窗框板与门、窗框的接缝处应采取专门密封、隔声、防裂等措施。

5 条板隔墙施工

5.1 一般规定

5.1.1 条板隔墙安装前，施工单位应编制完成条板隔墙分项工程施工技术文件。施工技术文件应符合下列规定：

　1　编制隔墙排板图（立面、平面图），图中应标明条板种类、规格尺寸；门、窗洞口的位置、尺寸；管线、配电箱、插座及开关盒的位置、尺寸、数量；预埋件及钢板卡件位置、数量、规格种类等。

　2　编制条板隔墙安装构造图及相关技术资料，应包括条板与条板间的连接构造，条板隔墙与梁板、顶板、地面、防潮垫层的连接做法，条板隔墙与主体墙柱的连接做法，条板隔墙门、窗洞口处的构造做法，钢板卡件、预埋件做法，条板隔墙内暗埋管线及吊挂重物的加固构造和修补措施等。

　3　编制条板隔墙具体施工方案，应包括施工安装人员、机械机具的组织调配、条板产品的运输、贮存，辅助材料的制备；墙体的安装工艺要求、安装顺序、工期进度要求、安装质量、安全措施要求；墙体安装各工序的检查、验收及整改。

5.1.2 条板隔墙安装工程应在做地面找平层之前进行。承接安装大型条板隔墙工程，宜先做样板间，经有关方确认选用后，方可进场施工。

5.1.3 条板隔墙安装前，施工单位应对墙板安装人员进行培训，安装人员应熟悉施工图及其相关的技术文件；项目经理应对安装班组操作人员进行技术交底。

5.1.4 施工单位应遵守国家有关环境保护的法规和标准，采取有效措施控制施工现场的各种粉尘、废弃物、噪声等对周围环境造成的污染和危害。

5.1.5 施工现场环境温度不应低于 5℃。如需在低于 5℃环境下施工时，应采取冬期施工措施。

5.1.6 安装企业应建立墙板安装质量保证体系，设专人对各工序进行验收和保存验收记录，并应按施工程序组织隐蔽工程的验收和保存施工及验收记录。

5.1.7 施工现场质量管理检查应先由施工单位自检后，按本规程附录 A 表 A.0.1 填写相关内容，监理工程师（建设单位项目专业负责人）应进行检查并作出检查结论。

5.1.8 施工单位应制定安全施工技术措施，施工中的劳动保护应执行国家相关标准的规定。工人搬运条板应采用侧立方式，重量较大的条板应使用轻型机具辅助施工安装。

5.2 施 工 准 备

5.2.1 安装隔墙施工作业前，施工现场条板隔墙安装部位的结构应已验收完毕，现场杂物应已清理，场地应平整。

5.2.2 安装前准备工作应符合下列规定：

1 条板和配套材料进场时，应由专人验收，生产企业应提供产品合格证和有效检验报告。材料和条板的进场验收记录和试验报告应归入工程档案。不合格的条板和配套材料不得进入施工现场。

2 条板、配套材料应分别堆放在相应的安装区域，按不同种类、规格堆放，条板下面应放置垫木；条板宜侧立堆放，高度不应超过两层。现场存放的条板不得被水冲淋和浸湿，不应被其他物料污染。条板露天堆放时，应做好防雨淋措施。

3 现场配制的嵌缝材料、粘结材料，以及开洞后填实补强的专用砂浆应有使用说明书，并提供检测报告。上述粘结材料应按设计要求和说明书配置和使用。

4 钢卡、铆钉等安装辅助材料进场应提供产品合格证，安装工具、机具应保证能正常使用。安装使用的材料、工具应分类管理并根据现场需要数量备好。

5.2.3 隔墙安装前，应先清理基层，对需要处理的光滑地面应进行凿毛处理；然后按安装排板图弹墨线，标出每块条板安装位置，标出门窗洞口位置，弹线应清晰，位置应准确。放线后，经检查无误，方可进行下道工序。

5.2.4 有防潮、防水要求的条板隔墙应做好条形墙垫或防潮、防水等构造措施。

5.2.5 条板隔墙安装前，宜对预埋件、吊挂件、连接件工序施工的数量、位置、固定方法，以及双层条板隔墙墙间芯层材料的铺装进行核查，并应符合条板隔墙设计技术文件的相关要求。

5.3 条板隔墙安装

5.3.1 条板隔墙安装应符合下列要求：

1 首先应按排板图在地面及顶棚板面上弹上安装位置墨线，条板应从主体墙、柱的一端向另一端顺序安装；有门洞口时，宜从门洞口向两侧安装。

2 应先安装定位板。可在条板的企口处、板的顶面均匀满刮粘结材料，空心条板的上端宜局部封孔，上下对准墨线立板；条板下端距地面的预留安装间隙宜保持在 30～60mm，根据需要调整；在条板隔墙与楼地面空隙处，可采用干硬性细石混凝土填实。

3 可在条板下部打入木楔，并楔紧，打入木楔的位置应选择在条板的实心肋位置。

4 应利用木楔调整位置，两个木楔为一组，使条板就位，可将条板垂直向上挤压，顶紧梁、板底部，调整好条板的垂直度并固定好。

5 应按拼装顺序安装第二块条板，将板榫槽对准榫头拼接，保持条板与条板之间紧密连接，之后调整好垂直度和相邻板面的平整度。待条板的垂直度、平整度等检验合格后，重复进行本道工序。

6 应在条板与条板之间对接缝隙内填满、灌实粘结材料，板缝间隙应揉挤严密，把挤出的粘结材料刮平。条板企口接缝处采取防裂措施。

7 在条板与顶、结构梁和主体墙、柱的连接处应按排板图要求设置定位钢卡、抗震钢卡。

8 木楔可在立板养护 3d 后取出并填实楔孔。

5.3.2 双层条板隔墙的安装可按照本规程第 5.3.1 条的要求进行。应先安装好一侧条板，确认墙体外表面平整，墙面板与板之间接缝处粘结处理完毕，再按设计要求安装另一侧条板隔墙。双层条板隔墙两侧条板的竖向接缝应错开 1/2 宽。

5.3.3 双层条板隔墙设计为隔声隔墙或保温隔墙时，安装好一侧条板后，可根据设计要求安装固定好墙内管线，留出空气层，铺设吸声或保温功能材料，验收合格后再安装另一侧条板隔墙。

5.3.4 条板隔墙接板安装工程应按本规程第 4.2.5 条相关要求做加固设计；安装时，卡件、连接件应定位准确、固定牢固。条板与条板对接部位应做好定位、加固、防裂处理。

5.3.5 当合同约定或设计要求对接板隔墙工程进行见证检测时，应进行隔墙抗冲击性能检测。承接接板安装隔墙的施工单位应做样板墙，由具备相应资质的检测单位检测。

5.4 门、窗框板安装

5.4.1 应按排板图标出的门、窗洞口位置，先安装门窗框板定位，然后从门窗洞口向两侧安装隔墙。门、窗框板安装应牢固，与条板或主体结构连接应采用专用粘结材料粘结，并应采取加网防裂措施，连接部位应密实、无裂缝。

5.4.2 预制门、窗框板中预埋有木砖或钢连接件，可与木制、钢制或塑钢门、窗框连接固定。门、窗框板也可在施工现场切割制作，使用金属膨胀螺栓与门、窗框现场固定。具体连接固定要求应按本规程第 4.2.25 条规定执行。

5.4.3 门、窗框有特殊要求时，可采用钢板加固等措施，但应与门、窗框板的预埋件连接牢固。

5.4.4 安装门头横板时，应在门角的接缝处采取加网防裂措施。门、窗框与洞口周边的连接缝应采用聚合物砂浆或弹性密封材料填实，并应采取加网增强、防裂措施。

5.4.5 门、窗框的安装应在条板隔墙安装完成 7d 后进行。

5.5 管、线安装

5.5.1 水电管、线安装、敷设应与条板隔墙安装配合进行，应在条板隔墙安装完成 7d 后进行。

5.5.2 根据施工技术文件的相关要求，应先在隔墙上弹墨线定位。应按弹出的墨线位置切割横向、纵向线槽和开关盒洞口。应使用专用切割工具按设计规定的尺寸单面开槽切割。不得在条板隔墙上任意开槽、开洞。具体开槽要求应执行本规程第 4 章相关规定。

5.5.3 切割完线槽、开关盒洞口后，应按设计要求敷设管线、插座、开关盒，应先做好定位，可用螺钉、卡件将管线、开关盒固定在条板的实心部位上。宜用与条板相适应的材料补强修复。开关盒、插座四周应用粘结材料填实、粘牢，其表面与隔墙面齐平。空心条板隔墙纵向布线可沿条板的孔洞穿行。

5.5.4 应尽快敷设管线、开关，及时回填、补强。水泥条板隔墙上开的槽孔宜采用聚合物水泥砂浆或专用填充材料填充密实；开槽墙面可采用聚合物水泥浆粘贴耐碱玻璃纤维网格布、无纺布或采取局部挂钢丝网等补强、防裂措施。

空心条板隔墙可在局部堵塞横槽下部孔洞后，再做补强、修复。石膏条板宜采用同类材料补强。

5.5.5 水管的安装可按工程设计要求进行。

5.5.6 设备控制柜、配电箱的安装可按工程设计要求进行。

5.6 接缝及墙面处理

5.6.1 条板的接缝处理应在门、窗框及管线安装完毕 7d 后进行。应检查所有的板缝，清理接缝部位，补满破损孔隙，清洁墙面。

5.6.2 条板墙体接缝处应采用粘结砂浆填实，表层应采用与隔墙板材相适应的材料抹平并刮平压光，颜色应与板面相近。在条板的企口接缝部位应先用粘结材料打底，再粘贴盖缝材料。墙面接缝防裂处理可按照本规程第 4 章相关规定执行。

5.6.3 对有防潮、防渗漏要求的隔墙，应采用防水密封胶嵌缝，并应按没计要求进行墙面防水处理。

5.7 成品保护

5.7.1 条板隔墙施工中各专业工种应加强配合，不得颠倒工序。交叉作业时，有关人员应做好工序交接，合理安排工序，不得对已完成工序的成品、半成品造成破坏。

5.7.2 对刮完腻子的条板隔墙不得再进行任何剔凿。

5.7.3 在安装施工过程中及工程验收前，条板隔墙应采取防护措施，严禁受到施工机具碰撞。安装后的条板隔墙 7d 内不得承受任何侧向作用力，施工梯架、工程用的物料等不得支撑、顶压或斜靠在墙体上。

5.7.4 在进行混凝土地面等施工时，应防止物料污染、损坏成品隔墙墙面。

6 条板隔墙工程验收

6.1 一 般 规 定

6.1.1 条板隔墙工程质量验收应检查下列文件和记录：

 1 条板隔墙施工图、设计说明及其他设计文件；

 2 条板制品和主要配套材料出厂合格证、性能检验报告及现场验收记录和实验报告；

 3 隔墙分项工序施工记录、隐蔽工程验收记录；

 4 施工过程中重大技术问题的处理文件、工作记录和工程变更记录。

6.1.2 条板隔墙工程应对下列隐蔽工程项目进行验收：

 1 隔墙中预埋件、吊挂件、拉结筋等的安装验收记录；

 2 配电箱、开关盒及管线开槽、敷设、安装现场验收记录；

 3 双层复合隔墙中隔声、防火、保温等填充材料的设置验收记录。

6.1.3 条板隔墙的检验批应以同一品种的轻质隔墙工程每 50 间（大面积房间和走廊按轻质隔墙的墙面 30m² 为一间）划分为一个检验批，不足 50 间也应划分为一个检验批。

6.1.4 条板隔墙工程质量验收应按本规程附录 B、附录 C 的要求填写验收记录。

6.1.5 条板隔墙工程质量验收应符合现行国家标准《建筑装饰装修工程质量验收规范》GB 50210 的有关规定。

6.1.6 民用建筑轻质条板隔墙工程的隔声性能应符合现行国家标准《民用建筑隔声设计规范》GBJ 118 及相关产品标准的规定。

6.2 工 程 验 收

6.2.1 检验批质量合格应符合下列规定：

 1 主控项目和一般项目的质量经抽样检验合格；

 2 具有完整的施工操作依据、质量检查记录。

6.2.2 检查数量：每个检验批应至少抽查 10%，但不得少于 3 间，不足 3 间时应全数检查。

主控项目

6.2.3 隔墙条板的品种、规格、性能、外观应符合设计要求。有隔声、保温、防火、防潮等特殊要求的工程，板材应有满足相应性能等级的检测报告。

 检验方法：观察；检查产品合格证书、进场验收记录和性能检测报告。

6.2.4 条板隔墙安装所需预埋件、连接件的位置、规格、数量和连接方法应符合设计要求。

检验方法：观察；尺量检查；检查隐蔽工程验收纪录。

6.2.5 条板之间、条板与建筑结构间结合应牢固、稳定，连接方法应符合设计要求。

检验方法：观察；手扳检查。

6.2.6 条板隔墙安装所用接缝材料的品种及接缝方法应符合设计要求。

检验方法：观察；检查产品合格证书和施工记录。

一般项目

6.2.7 条板安装应垂直、平整、位置正确，转角应规正，板材不得有缺边、掉角，开裂等缺陷。

检验方法：观察；尺量检查。

6.2.8 条板隔墙表面应平整、接缝应顺直、均匀，不应有裂纹、裂缝。

检验方法：观察；手摸检查。

6.2.9 隔墙上开的孔洞、槽、盒应位置准确、套割方正、边缘整齐。

检验方法：观察。

6.2.10 条板隔墙安装的允许偏差和检验方法应符合表6.2.10的规定。

表6.2.10 条板隔墙安装的允许偏差和检验方法

项　目	允许偏差（mm）	检　验　方　法
墙体轴线位移	5	用经纬仪或拉线和尺检查
表面平整度	3	用2m靠尺和楔形塞尺检查
立面垂直度	3	用2m垂直检测尺检查
接缝高低	2	用直尺和楔形塞尺检查
阴阳角方正	3	用方尺及楔形塞尺检查

6.2.11 当条板隔墙安装质量不符合要求时，应按下列规定进行处理：

1 经返工重做的检验批，应重新进行验收。

2 经部分返修后，能满足使用要求的工程，可按技术方案和协商文件进行验收。

3 经返工重做，重新验收仍不满足要求的工程，不得进行验收。

附录A 条板隔墙施工现场质量管理检查记录

A.0.1 施工现场质量管理检查记录应先由施工单位进行自检，按表A.0.1填写相关内容，监理工程师

（建设单位项目专业负责人）进行检查，并作出检查结论。

表A.0.1 施工现场质量管理检查记录

开工日期：

工程名称		开工证	
建设单位		项目负责人	
设计单位		项目负责人	
监理单位		监理工程师	
施工单位		项目负责人	
序号	项　目		内　容
1	施工现场质量管理制度		
2	安装工人操作上岗培训记录		
3	条板隔墙分项工程施工组织技术文件及审核		
4	施工技术标准		
5	工程质量检查制度		
6	现场材料、制品、设备进场验收与管理		
7	其他		
检查结论			

施工单位项目负责人　　　　　监理工程师
　　　　　　　　　　　　　　（建设单位项目专业负责人）
年　月　日　　　　　　　　　年　月　日

附录B 检验批质量验收记录

B.0.1 检验批质量验收记录应由施工单位项目专业质量检查员按表B.0.1填写，监理工程师（建设单位项目专业负责人）组织施工单位项目专业质量检查员进行验收。

表 B.0.1　检验批质量验收记录

工程名称		开工时间	
分项工程名称		验收部位	
施工单位		项目经理	
分包单位		项目经理	
施工执行标准		标准编号	

		质量验收规程的规定	施工单位检查评定记录	监理（建设）单位验收记录
主控项目	1			
	2			
	3			
	4			
一般项目	1			
	2			
	3			
	4			

施工单位检查评定结果	项目专业质量检查员 年　月　日
监理（建设）单位检查评定结果	监理工程师 （建设单位专业技术负责人） 年　月　日

表 C.0.1　分项工程验收记录

工程名称		结构类型		检验批数	
施工单位		项目负责人		项目技术负责人	
分包单位		分包单位负责人		分包项目经理	
序号	检验批部位、区段		施工单位检查评定结果	监理（建设）单位验收结论	
1					
2					
3					
4					
5					
6					
7					
8					
9					
检查结论	项目专业技术负责人 年　月　日		验收结论	监理工程师 （建设单位项目专业负责人） 年　月　日	

附录 C　条板隔墙施工分项工程验收记录

C.0.1　分项工程验收记录核查应由监理工程师（建设单位项目专业负责人）组织施工单位项目经理和有关设计人员进行验收，并按表 C.0.1 记录。

本规程用词说明

1　为了便于在执行本规程条文时区别对待，对要求严格程度不同的用词说明如下：

1）表示很严格，非这样做不可的：
正面词采用"必须"，反面词采用"严禁"。

2）表示严格，在正常情况下均应这样做的：
正面词采用"应"，反面词采用"不应"或"不得"。

3）表示允许稍有选择，在条件许可时首先应这样做的：
正面词采用"宜"，反面词采用"不宜"。
表示有选择，在一定条件下可以这样做的词，正面词采用"可"。

2　条文中指明应按其他有关标准执行的写法为"应符合……的规定"或"应按……执行"。

中华人民共和国行业标准

建筑轻质条板隔墙技术规程

JGJ/T 157—2008

条 文 说 明

前　言

《建筑轻质条板隔墙技术规程》JGJ/T 157—2008，经建设部 2008 年 2 月 29 日以第 821 号公告发布。

为便于广大勘察、设计、施工、管理和科研院校等单位的有关人员在使用本规程时能正确理解和执行条文规定，《建筑轻质条板隔墙技术规程》编制组按章、节、条顺序编制了本规程的条文说明，供使用者参考。在使用中如发现有不妥之处，请将意见函寄国家住宅与居住环境工程技术研究中心（北京市西城区车公庄大街 19 号，邮编：100044）。

目　次

1 总 则

1.0.1 近些年我国新型墙体材料发展迅速，其中建筑轻质条板的生产与应用规模逐年扩大。轻质条板隔墙主要用于居住建筑、公共建筑和一般工业建筑工程中的非承重分室隔墙和分户隔墙。为了提高条板隔墙设计、施工与验收的技术水平，规范轻质条板的生产与应用，在总结国内多年工程实践经验的基础上制定了本规程。《建筑轻质条板隔墙技术规程》的制定从设计、施工安装、工程验收各方面为控制条板隔墙工程质量提供依据。本条为轻质条板隔墙施工及验收时应遵守的总原则。

1.0.2 本条规定了本规程的适用范围。经调查表明，非承重轻质条板隔墙广泛应用于非抗震设防地区及抗震设防 8 度以下地区各种类型的居住建筑、公共建筑和一般工业建筑工程施工中。抗震设防 8 度以上的地区及抗震标准高的建筑如采用条板隔墙，应由工程设计单位提出加强措施及构造图，施工单位按图施工、验收。

在建筑工程中应用量较大的轻质条板产品包括混凝土轻质条板、玻璃纤维增强水泥条板、玻璃纤维增强石膏空心条板、钢丝（钢丝网）增强水泥条板、硅镁加气混凝土空心轻质隔墙板、复合夹芯轻质条板等。

设计单位、建设单位应选用已通过当地省（市）级以上建设主管部门组织专家进行了技术评估或投产验收，并准许推广应用的产品。

1.0.3 轻质条板隔墙应满足建筑使用功能要求。轻质条板隔墙安装工程在建筑施工中属分项工程，应与国家标准《建筑工程施工质量验收统一标准》GB 50300-2001 和《建筑装饰装修工程质量验收规范》GB 50210 配套使用。工程验收时，除满足本规程各项规定外，亦应符合相关的国家现行标准规范的规定。

3 原材料及条板

3.1 一般规定

3.1.1 要求生产条板使用的原材料应符合国家节约土地、节能、节材、环保的产业政策，原材料不仅应性能稳定，对人体无害，而且对环境不造成污染、可实现资源综合利用。生产企业、设计单位不得采用国家限制和禁止使用的材料和制品，如黏土制品、石棉及其制品、未经改性的菱苦土及其制品以及含有辐射超标的各类工业废渣等。

3.1.2 部分条板生产企业不具备稳定的生产条件，没有配套的生产设备，生产的条板产品质量很差。这些低质产品进入建设市场后造成了很坏的影响，阻碍了新型墙材制品的推广和应用。设计单位和建设方选用条板产品时，应对生产企业及产品进行调研。

3.1.3 本条对用户方在必要的情况下对条板进行见证取样检测予以支持。并明确要求应由具备相应资质的检测单位承担检测任务，这将对限制劣质产品进入工地起到保证作用。

3.2 原材料和施工配套材料

3.2.1 为保证条板的质量满足工程设计要求，选用原材料的技术性能必须符合现行相关国家标准、行业标准的要求。目前条板原材料常用的国家标准、行业标准如下：

1 普通硅酸盐水泥的主要技术指标应符合国家标准《通用硅酸盐水泥》GB 175 的要求。

2 材料放射性核素限量技术指标应符合国家标准《建筑材料放射性核素限量》GB 6566 要求。

3 石膏的技术指标应符合国家标准《建筑石膏》GB 9776 的要求。

4 硫铝酸盐水泥的主要技术指标应符合国家标准《硫铝酸盐水泥》GB 20472 的要求。

5 低碳钢热轧圆盘条的技术指标应符合国家标准《低碳钢热轧圆盘条》GB/T 701 要求。

6 粉煤灰的主要技术指标应符合国家标准《用于水泥和混凝土中的粉煤灰》GB/T 1596 的要求。

7 条板耐火极限技术指标应符合国家标准《建筑构件耐火试验方法》GB/T 9978 要求。

8 砂的技术指标应符合国家标准《建筑用砂》GB/T 14684 要求。

9 混凝土拌合用水的技术指标应符合行业标准《混凝土用水标准》JGJ 63 标准要求。

10 膨胀珍珠岩的主要技术指标应符合《膨胀珍珠岩》JC 209—1992 中大于或等于 100 号要求。

11 低碱度硫铝酸盐水泥的技术指标应符合行业标准《低碱度硫铝酸盐水泥》JC/T 659 的要求。

12 玻纤涂塑网格布的技术指标应符合行业标准《耐碱玻璃纤维网布》JC/T 841 要求。

条板隔墙施工配套材料的选用是保证隔墙质量的重要因素。鉴于各地在配套材料的选用和做法上不尽相同，本条规定所用配套材料必须符合国家现行相关标准要求，并满足设计要求。

1 填充用的水泥砂浆或细石混凝土、条板接缝的密封、嵌缝、粘结材料及条板的防裂盖缝材料的技术要求均应符合现行国家标准的规定。

2 现场配制的用于条板与条板嵌缝、条板与主体结构的粘结，以及条板隔墙吊挂件、预埋件开洞后填实补强的粘结材料、专用砂浆等，应满足工程设计要求并符合相关国家现行标准的规定。

3.2.2 条板接缝部位使用的密封、嵌缝、粘结材料及条板的防裂盖缝材料，以及墙面抹灰材料必须与条板材料相适应，以减少和避免出现墙面开裂、空鼓、脱落等质量问题。

3.2.4 隔墙施工过程中所用配套卡件、预埋件的材质应符合国家现行相关标准要求。要求对普通钢卡做防锈处理，避免出现锈蚀。条文对钢卡厚度作出规定，使用卡件厚度过薄，会因钢卡刚度差，造成隔墙与顶板、主体结构固定不牢。

3.3 条 板

3.3.1 目前存在多个轻质条板的行业标准，同一检测项目，规定的技术指标不同，检测方法不同。为便于设计、施工单位了解和选用产品，本规程规定轻质条板的各项性能指标应符合《建筑隔墙用轻质条板》JG/T 169—2005 的要求。

3.3.2 为方便设计人员选用，本条对隔墙工程中采用的条板品种作了简要介绍。普通板即工厂大批量生产的标准板。门、窗框板和异形板可在工厂预制生产，也可在施工现场切割标准板制作。

3.3.3 规定了轻质条板长度、宽度、厚度的主规格尺寸。目前条板隔墙多采用榫接方式拼接的，条板两侧的凹凸面应保证对接吻合，不得缺损。

3.3.4 为保证门窗的使用功能，对门窗框板和与之配套的预埋件、固定件提出了要求。

4 条板隔墙设计

4.1 一般规定

4.1.1 要求工程设计单位针对条板隔墙主要建筑功能、使用功能，提出主要指标要求及构造要求，使隔墙性能满足工程设计要求。

目前不同材质的条板产品种类较多，设计单位应根据建筑物的使用性质，确定条板隔墙的种类和构造形式，选择与之适应的条板，避免出现质量问题或达不到设计要求。

4.1.2 隔墙施工单位应根据设计单位提交的隔墙工程设计技术文件和现场条件编制条板隔墙分项工程施工技术文件。编制好分项工程施工技术文件是隔墙施工准备工作中的重要环节。

4.2 隔墙设计与构造要求

4.2.1 目前常用的条板隔墙的构造形式主要有单层、双层隔墙和竖向接板隔墙三种形式，设计单位可根据工程具体情况选用，应用于各类建筑分室、分户隔墙。

4.2.2～4.2.3 确定条板隔墙的厚度是满足工程设计要求的重要因素，条文分别规定了常用分户隔墙、户内隔墙及双层隔墙的最小厚度。目前在各类建筑中应

用的还有 75mm、100mm、150mm 等厚度的条板隔墙，设计单位可根据工程设计需要与建设方、施工方协商选用。

4.2.4～4.2.5 近几年在部分公共建筑和工业建筑中，设计接板安装条板隔墙的工程逐渐增多。为保证接板隔墙的安全性能，条文规定了目前常用的 90mm 厚隔墙和 120mm 厚隔墙接板条板墙体的限高，并提出了安装方法和加固要求。建设市场中还存在有 75mm、100mm、150mm 厚条板隔墙接板安装工程，设计单位可与施工单位协商确定以上规格隔墙的加固方法和安装高度，并根据工程需要设计选用。

4.2.6 本条要求对超长墙体采取加强处理措施，以保证条板隔墙的安全性能，同时减少板间裂缝的产生。条板隔墙安装长度超长，墙面易产生微细裂缝，也将影响墙体的安全性能。宜加设构造柱和对板间接缝部位采取加强防裂措施，如：安装隔墙时可间断预留伸缩缝，后期用弹性腻子填实，也可粘贴防裂网带、防裂胶带等加强处理。

4.2.7 标准条板即在工厂大批量预制生产的规格相同的条板。为保证隔墙的使用功能，要求尽量采用标准条板拼装隔墙，避免过多切割标准板，同时对隔墙补板的宽度提出要求，因为补板宽度过窄，将因板的刚度差造成损坏。

4.2.9 随着人民生活水平的提高，对居住环境及居住质量的要求随之提高，不同建筑、不同位置的隔墙应有不同的隔声标准。本条文对建筑物的分户隔墙、分室隔墙空气声隔声量指标提出不同的标准，并规定了隔声隔墙的设计、施工做法。

4.2.10～4.2.11 在非抗震设防地区，条板隔墙与建筑结构连接可采用刚性连接。对有抗震设防要求的地区，条板隔墙与建筑结构连接应采用有一定延性的柔性连接措施。本条文对在抗震设防烈度为 8 度和 8 度以下地区条板隔墙的安装方法、抗震钢卡的设置和固定作了明确规定。对超长隔墙的抗震做法也提出了具体要求。

抗震设防烈度 8 度以上地区，安装条板隔墙应由工程设计单位另做加固、抗震设计，安装单位应按图施工、验收。

4.2.12～4.2.13 目前，多数工程选用的轻质条板墙体自身厚度较薄，在条板隔墙上横向开槽后，条板的抗折强度明显下降，即使进行修补、加强处理，强度损失仍较严重。特别是在空心条板隔墙上水平方向开槽，将削弱墙体的刚度和整体性能。

经对各地的工程实践调查表明，安装条板隔墙时，通常要求开槽深度不大于墙厚的 2/5，开槽宽度则按所敷设管线的管径加 30mm 控制。敷设管线、开关盒后，要求尽快做好定位和固定，用聚合物砂浆、纤维网布补强修复。

为减轻电气管线施工对隔墙性能造成的负面影

响，本条文规定，条板隔墙墙厚应大于 90mm。同时对条板隔墙开槽、固定管线、补强加固都作了明确规定，避免影响其隔声、抗冲击、抗振动等使用性能。

控制柜、配电箱安装完成后，与墙体接缝处应重点补强修复。特别强调配电箱、设备控制柜不得穿透隔墙安装。

4.2.14～4.2.15 条文提出轻质条板隔墙内不宜横向布置水管，避免铺设管线对墙体造成损害，并规定了应采取的安装措施和要求。根据部分设计、施工、建设单位的反映，目前在一些住宅建筑中，用户为了墙壁美观和使用方便强烈要求暗装水管。考虑到住宅厨房、厕浴间墙面面积较小，开槽面积小，为推动和规范轻质条板的应用，条文对需要暗装水管的住宅隔墙工程提出具体规定和要求。

4.2.16 由于条板承受吊挂的能力不仅与其自身力学性能有关，而且与吊挂点的位置有关，在工程中经常出现吊点位置不好或吊挂物较重，造成质量问题。因此必须对吊点位置作出规定并采取必要的加固措施。

4.2.17～4.2.19 某些材质的条板墙体在潮湿环境下，会引起强度降低。部分轻质墙还会出现烂根、起鼓、脱皮等问题。本条文对防水性能差的条板墙体提出相关的处理措施和规定。

4.2.20 应满足建筑对不同隔墙的防火功能要求。条板隔墙的燃烧性能及耐火极限应符合现行国家相关标准的要求。

4.2.21 本条对分户隔墙、走廊隔墙、楼梯间隔墙提出保温、隔热要求，可采用保温性能好的复合夹芯条板隔墙或双层条板隔墙。具体做法和指标参照各省、区的建筑节能实施细则。

4.2.22 在部分公共建筑和工业建筑中设计有安装不到顶，顶端为自由端的条板隔墙。本条文对此类隔墙的构造及加固方法作了规定，以提高隔墙的安全性能。

4.2.23 为解决条板隔墙的墙面开裂问题，本条鼓励采用多种拼接形式，并指出应对条板隔墙易开裂部位做重点防裂处理。

根据各地的工程实践，可采用多种方法对轻质条板墙体接缝部位进行防裂处理，如采用预留伸缩缝用柔性粘结材料填实密封，全墙面粘贴挂胶玻璃纤维网格布或粘贴防裂网带、防裂胶带处理条板接缝部位等措施。

在安装条板墙体时，宜根据所用条板的材质，选用适宜的板与板拼装方式和嵌缝材料。根据隔墙材料、构造、部位的不同选择不同的粘结材料和防裂处理措施是提高条板隔墙安装质量的重要因素。

4.2.24～4.2.26 各地工程实践证明，门窗洞口的尺寸及位置对条板的受力破坏产生重要影响。门框板、窗框板、过梁板长期处于铰接状态，反复承受疲劳性剪拉力，其受破坏因素在设计时必须给予考虑。因

此本条文作了相应的规定。规定了安装条板隔墙时，选用门、窗框板的要求，以及门、窗过梁板的安装、固定和防开裂的要求。

5 条板隔墙施工

5.1 一般规定

5.1.1 要求施工企业按本规程 4.1.2 条要求编制条板隔墙分项工程施工技术文件，提交隔墙排板图设计、施工组织技术方案。编制好条板隔墙施工技术文件是保证条板隔墙安装质量的有效措施。

5.1.3 目前条板隔墙施工企业工人流动较快，施工企业应对安装人员进行专业知识及安装技能培训。条文要求项目经理应对安装班组操作人员进行技术交底。

5.1.4 要求安装企业实行文明施工、安全施工，并对条板隔墙安装过程中产生的环保问题，提出了相关要求。

5.1.5 因为冬期施工考虑因素较多，本条文无法过多阐述，仅强调施工企业应在规定温度下施工，如在低温条件下施工，应采取冬期施工措施。

5.1.6 施工企业应建立完善、有效的条板隔墙安装质量保证体系，能够全过程控制隔墙安装的各工序工程质量。要求在安装过程中各工序均设专人验收并保存记录，特别是对隐蔽项目（管、线施工等）、防水层、防潮层的验收记录提出了相关要求。

5.1.8 条文对施工企业现场安全施工和劳动保护提出要求。目前条板隔墙现场安装多采用人工作业，工人劳动强度较大，必须加强安全施工教育，制定相关防护措施。

5.2 施工准备

5.2.1 安装条板隔墙前，施工企业应确认施工现场已具备安装条板隔墙的作业条件。

5.2.2 条文对条板和配套材料进场验收提出要求，规定了存放条件。对现场配制的嵌缝材料、粘结材料提出了质量要求。做好以上施工准备工作对条板隔墙的安装质量将起到保证作用。

5.2.4 石膏条板隔墙等耐水性能差的墙体如用于潮湿环境下必须先做好防潮、防水等构造措施。

5.2.5 在条板隔墙安装过程中，隐蔽工程施工质量直接影响墙体的性能，条文为此提出核查要求。

5.3 条板隔墙安装

5.3.1 目前在建筑隔墙工程中，单层条板隔墙的应用量最多，已积累了丰富的安装经验。要严格按照排板图，按施工程序安装条板隔墙，才能保证条板隔墙质量。条文简单介绍了常用的下楔顶板安装条板隔墙

的方法。

现在有部分施工企业采用上楔法安装条板隔墙。先按排板图要求弹墨线，在楼地面依据安装控制线铺上粘结材料，将条板下端对准安装控制线直接放置在楼地面上，然后调整隔墙的平整度、垂直度。之后在隔墙上部用木楔临时固定，再按设计要求安装钢卡，用专用粘结材料将条板隔墙上口与梁或顶板缝隙填实。木楔应在立板养护 3d 后取出并用粘结材料填实楔孔。

5.3.2～5.3.3 双层条板隔墙通常作为隔声隔墙、保温隔墙、防火隔墙等特殊功能隔墙选用，可参照单层条板墙体安装工法，同时补充规定了双层条板墙体的安装方法和质量要求，例如：安装隔声隔墙、保温隔墙、防火隔墙应按设计要求铺装吸声、保温材料等功能材料，以保证隔墙的隔声或保温、隔热性能满足工程设计要求。

5.3.4～5.3.5 近年来，在公共建筑和工业建筑中条板隔墙应用量不断扩大，接板安装隔墙的工程也越来越多。有的接板隔墙高达 10m。接板安装隔墙的安全性能引起各方关注，本条文对接板安装隔墙提出设计、施工要求和加固措施。

由于涉及安全问题，如设计方提出或合同约定，应对接板轻质条板隔墙工程进行见证检测抗冲击性能试验，本条文予以支持。并要求由具备相应资质的检测单位做出墙体抗冲击性能测试。具体试验方法参照《建筑隔墙用轻质条板》JG/T 169—2005 第 6 章第 6.4.1 条。检测仅适用于本规程规定限高尺寸以内的接板安装条板隔墙。检测报告应附竖向接板隔墙安装示意图。

5.4 门、窗框板安装

5.4.1～5.4.5 在轻质条板隔墙安装中，门窗框板必须安装牢固、可靠。门窗框条板与门窗框的连接、固定是隔墙安装的重要工序。本条对门窗框板与不同材料门窗安装、固定、接缝处理方法及对在隔墙上安装门窗的时间都作了规定。

5.5 管、线安装

5.5.1～5.5.4 管线的敷设应与条板隔墙安装配合进行。本条文对轻质条板隔墙管线安装、固定、开槽、板面修补、加固均作出明确规定。

在条板隔墙上开槽、留洞，必须采用专用切割工具，不得随意敲砸。为保证隔墙使用性能，开槽、留洞后宜尽快敷设管线，同时对回填、补强作了规定。

5.5.5～5.5.6 水管、配电箱的安装应根据工程设计要求处理。

5.6 接缝及墙面处理

5.6.1～5.6.3 条板隔墙墙面易产生裂缝是隔墙安装普遍存在的问题，应在条板生产、施工安装过程中都严格控制质量才能解决这个问题。条文对施工过程中条板接缝部位的做法及选用材料提出具体要求。并对有防水要求的条板隔墙接缝部位处理作出专门规定。

5.7 成品保护

5.7.1～5.7.4 条板隔墙的成品保护是隔墙安装过程中的重要环节，要求在施工全过程中对隔墙进行保护。本条文对在施工安装过程中及工程验收前，条板墙体的成品保护提出相关规定和具体防范措施。

6 条板隔墙工程验收

6.1 一般规定

6.1.1 条板隔墙工程质量验收时应对提交的技术文件和资料进行认真核查。

6.1.2 条板隔墙工程的隐蔽工程施工质量验收是此分项工程质量验收的重要部分。本条规定了隐蔽工程验收内容。

在墙板安装工程中，有时由水电专业安装单位承担条板隔墙配电箱、控制柜、水电管线开槽、敷设、安装等工作。这种情况下，更应加强验收和归档验收记录。

6.1.3 条文依据国家标准《建筑装饰装修工程质量验收规范》GB 50210 中的相关内容规定了条板隔墙检验批划分方法。

6.1.6 目前的条板隔墙隔声验收，应要求提供实验室检测报告，但在有争议或合同约定的情况下可做现场隔声检测，并提交检测报告和相关技术资料。现场隔声检测依据国家标准《民用建筑隔声设计规范》GBJ 118 的相关规定。

6.2 工程验收

6.2.1～6.2.10 条板隔墙工程属建筑装饰装修工程的分项工程，本节规定的验收内容主要依据国家标准《建筑装饰装修工程质量验收规范》GB 50210 中板材隔墙工程的相关要求。

6.2.11 针对不同的条板隔墙安装质量验收不合格工程，分别提出了工程验收的处理方法。

中华人民共和国行业标准

建筑陶瓷薄板应用技术规程

Technical specification for application of
building ceramic sheet board

JGJ/T 172—2012

批准部门：中华人民共和国住房和城乡建设部
施行日期：２０１２年８月１日

中华人民共和国住房和城乡建设部
公　告

第 1331 号

关于发布行业标准
《建筑陶瓷薄板应用技术规程》的公告

现批准《建筑陶瓷薄板应用技术规程》为行业标准，编号为 JGJ/T 172 - 2012，自 2012 年 8 月 1 日起实施。原《建筑陶瓷薄板应用技术规程》JGJ/T 172 - 2009 同时废止。

本规程由我部标准定额研究所组织中国建筑工业出版社出版发行。

中华人民共和国住房和城乡建设部

2012 年 3 月 15 日

前　言

根据住房和城乡建设部《关于印发〈2011 年工程建设标准规范制订、修订计划〉的通知》（建标〔2011〕17 号）的要求，规程编制组经广泛调查研究，认真总结实践经验，参考有关国际标准和国外先进标准，并在广泛征求意见的基础上，修订了《建筑陶瓷薄板应用技术规程》JGJ/T 172 - 2009。

本规程主要技术内容是：1. 总则；2. 术语和符号；3. 材料；4. 粘贴设计；5. 陶瓷薄板幕墙设计；6. 加工制作；7. 安装施工；8. 工程验收；9. 保养和维护。

本次修订的主要技术内容是：

1　适用范围增加了非抗震设计和抗震设防烈度为 6、7、8 度抗震设计的民用建筑的陶瓷薄板幕墙工程的材料、设计、加工制作、安装施工、工程验收以及保养和维护；

2　增加了陶瓷薄板幕墙设计、加工制作及保养和维护三章，材料、安装施工和工程验收三章中也增加了陶瓷薄板幕墙的有关内容。

本规程由住房和城乡建设部负责管理，由北京新型材料建筑设计研究院有限公司负责具体技术内容的解释。执行过程中如有意见或建议，请寄送北京新型材料建筑设计研究院有限公司（地址：北京市西直门外大街甲 143 号凯旋大厦 C 座，邮编：100044）。

本 规 程 主 编 单 位：北京新型材料建筑设计研究院有限公司

广东蒙娜丽莎新型材料集团有限公司（原广东蒙娜丽莎陶瓷有限公司）

本 规 程 参 编 单 位：北京港源建筑装饰工程有限公司

北京中新方建筑科技研究中心

广西建工集团第一建筑工程有限责任公司

本规程主要起草人员：薛孔宽　耿　直　杨文春
　　　　　　　　　　李云涛　韩海涛　田菀华
　　　　　　　　　　刘一军　张旗康　潘利敏
　　　　　　　　　　陈　峰　闻万梁　刘忠伟
　　　　　　　　　　任润德　苏洪波　王新会
　　　　　　　　　　肖玉明　肖　峰　李　力

本规程主要审查人员：叶耀先　马眷荣　刘万奇
　　　　　　　　　　刘元新　戎　安　杨洪儒
　　　　　　　　　　郭一鸣　袁　镔　夏海山
　　　　　　　　　　高长明　薛　峰

目   次

Contents

1 总 则

1.0.1 为规范建筑陶瓷薄板在建筑工程应用上的技术要求，保证工程质量，做到经济合理、安全适用，制定本规程。

1.0.2 本规程适用于建筑陶瓷薄板在民用建筑下列工程中的应用：

    1 室内地面、室内墙面；

    2 非抗震设计、粘贴高度不大于 24m 的室外墙面；

    3 抗震设防烈度为 6、7、8 度、粘贴高度不大于 24m 的室外墙面；

    4 非抗震设计和抗震设防烈度为 6、7、8 度的陶瓷薄板幕墙工程。

1.0.3 建筑陶瓷薄板的应用除应符合本规程外，尚应符合国家现行有关标准的规定。

2 术语和符号

2.1 术 语

2.1.1 建筑陶瓷薄板 building ceramic sheet board

由黏土和其他无机非金属材料经成型、高温烧成等生产工艺制成的厚度不大于 6mm、面积不小于 $1.62m^2$、最小单边长度不小于 900mm 的板状陶瓷制品。

2.1.2 薄法施工 thin set method

先用齿型镘刀把胶粘剂均匀地刮抹在施工基层上，再把建筑陶瓷薄板以揉压的方式压在胶粘剂上并形成厚度为 3mm～6mm 的粘结层的一种铺砌建筑陶瓷薄板的施工方法。

2.1.3 双组分水泥基胶粘剂 two-component cement based adhesive

把由水泥、细骨料和有机外加剂制成的粉剂在使用时与乳液现场拌合而成的、用于粘砌建筑陶瓷薄板的一种具有胶粘性能的材料。

2.1.4 填缝剂 grout

把由水泥、细骨料和外加剂制成的粉剂在使用时与液态外加剂或水现场拌制而成的、用于填充建筑陶瓷薄板间接缝的一种具有密封性能的材料。

2.1.5 齿形镘刀 notch trowel

薄法施工中采用的具有不同规格尺寸的 U 形或 V 形齿的施工工具。

2.1.6 基层 base

直接承受建筑陶瓷薄板饰面工程施工的表面层。

2.1.7 陶瓷薄板幕墙 ceramic sheet board curtain wall

面板材料为陶瓷薄板的建筑幕墙。

2.1.8 框支承陶瓷薄板幕墙 frame supported ceramic sheet board curtain wall

陶瓷薄板面板周边由金属框架支承的陶瓷薄板幕墙。

2.2 符 号

2.2.1 材料力学性能

    C20——表示立方体强度标准值为 $20N/mm^2$ 的混凝土强度等级；

    E——材料弹性模量；

    f_{cb}——陶瓷薄板强度设计值。

2.2.2 作用和作用效应

    d_f——作用标准值引起的陶瓷薄板幕墙构件挠度值；

    q_{Ek}——地震作用标准值；

    w_k——风荷载标准值；

    σ_{Ek}——地震作用下幕墙陶瓷薄板最大应力标准值；

    σ_{wk}——风荷载作用下幕墙陶瓷薄板最大应力标准值。

2.2.3 几何参数

    l——矩形建筑陶瓷薄板板材边长；

    t——陶瓷薄板面板厚度；型材截面厚度。

2.2.4 系数

    m——弯矩系数；

    α——材料线膨胀系数；

    η——折减系数；

    μ——挠度系数；

    ν——材料泊松比。

2.2.5 其他

    $d_{f,lim}$——构件挠度限值；

    D_{cb}——陶瓷薄板的刚度。

3 材 料

3.1 一般规定

3.1.1 工程用材料除应符合本节的规定外，尚应符合现行国家标准《铝合金建筑型材》GB 5237.1～5237.6、《碳素结构钢》GB/T 700、《陶瓷板》GB/T 23266 的规定，并应满足设计要求。材料出厂时，应有出厂合格证书。

3.1.2 工程用材料应选用耐气候性的材料，其物理和化学性能应适应工程所在地的气候、环境，并应满足设计要求。

3.2 建筑陶瓷薄板

3.2.1 建筑陶瓷薄板的性能指标应符合表 3.2.1 的规定。

表 3.2.1　建筑陶瓷薄板的性能指标

序号	项　目		指标	试　验　方　法
1	吸水率（%）		≤0.5	按现行国家标准《陶瓷板》GB/T 23266 的有关规定进行
2	破坏强度（N）	厚度≥4.0mm	≥800	按现行国家标准《陶瓷板》GB/T 23266 的有关规定进行
		厚度<4.0mm	≥400	
3	断裂模数（MPa）		≥45	
4	耐磨性（mm³）		≤150	按现行国家标准《陶瓷板》GB/T 23266 的有关规定进行
5	内照射指数		≤1.0	按现行国家标准《建筑材料放射性核素限量》GB 6566 的有关规定进行
	外照射指数		≤1.3	
6	耐污染性		不低于 3 级	按现行国家标准《陶瓷砖试验方法　第 14 部分：耐污染性的测定》GB/T 3810.14 的有关规定进行
7	抗冲击性		恢复系数不低于 0.7	按现行国家标准《陶瓷砖试验方法　第 5 部分：用恢复系数确定砖的抗冲击性》GB/T 3810.5 的有关规定进行
8	耐低浓度酸和碱		不低于 ULB 级	按现行国家标准《陶瓷板》GB/T 23266 的有关规定进行
9	密度（g/cm³）		2.38	按现行国家标准《陶瓷砖试验方法　第 3 部分：吸水率、显气孔率、表观相对密度和容重的测定》GB/T 3810.3 的有关规定进行
10	弹性模量（GPa）		65	按现行行业标准《玻璃材料弹性模量、剪切模量和泊松比试验方法》JC/T 678-1997 的有关规定进行
11	泊松比		0.17	
12	线膨胀系数（1/℃）		4.93×10⁻⁴	按现行行业标准《玻璃平均线性热膨胀系数试验方法》JC/T 679 的有关规定进行
13	导热系数（W/(m·K)）	抛光面	0.68	按现行国家标准《绝热材料稳态热阻及有关特性的测定　防护热板法》GB/T 10294 的有关规定进行
		亚光面	0.66	
		釉面	0.86	

3.2.2　建筑陶瓷薄板的外观质量和尺寸偏差应符合表 3.2.2 的规定。

表 3.2.2　建筑陶瓷薄板的外观质量和尺寸偏差

序号	项　目		指　标	检查方法
1	尺寸及偏差（mm）	长度和宽度	±1.0	按现行国家标准《陶瓷板》GB/T 23266 的有关规定进行
		厚度	±0.3	
		对边长度差	≤1.0	
		对角线长度差	≤1.5	
2	表面质量		至少 95% 的板材其主要区域无明显缺陷	

3.3　粘贴用材料

3.3.1　聚合物水泥砂浆的性能指标应符合表 3.3.1 的规定。

表 3.3.1　聚合物水泥砂浆的性能指标

序号	项　目	指标	试　验　方　法
1	抗压强度（MPa）	≥17.5	按国家现行标准《建筑砂浆基本性能试验方法标准》JGJ/T 70 的有关规定进行
2	抗拉强度（MPa）	≥1.0	按国家现行标准《建筑砂浆基本性能试验方法标准》JGJ/T 70 的有关规定进行
3	抗剪强度（MPa）	≥2.0	按现行国家标准《建筑胶粘剂试验方法　第 1 部分：陶瓷砖胶粘剂试验方法》GB/T 12954.1 的有关规定进行 *
4	吸水率（%）	≤5	按国家现行标准《建筑砂浆基本性能试验方法标准》JGJ/T 70 的有关规定进行
5	游离甲醛（g/kg）	≤1	按现行国家标准《室内装饰装修材料　胶粘剂中有害物质限量》GB 18583 的有关规定进行
6	苯（g/kg）	≤0.2	按现行国家标准《室内装饰装修材料　胶粘剂中有害物质限量》GB 18583 的有关规定进行
7	甲苯＋二甲苯（g/kg）	≤10	按现行国家标准《室内装饰装修材料　胶粘剂中有害物质限量》GB 18583 的有关规定进行
8	总挥发性有机化合物 TVOC（g/L）	≤50	按现行国家标准《室内装饰装修材料　胶粘剂中有害物质限量》GB 18583 的有关规定进行

注：1. 对于外墙粘贴工程，表中 5、6、7、8 项不作要求。
　　2. * 指在按照现行国家标准《建筑胶粘剂试验方法　第 1 部分：陶瓷砖胶粘剂试验方法》GB/T 12954.1 的有关规定进行样品制备时，应参照该标准第 5.3 节 D 类胶粘剂的试验方法，并将模板厚度改为 10mm，金属垫条厚度改为 5mm，养护时间改为 28d。

3.3.2 水泥基胶粘剂的性能指标应符合表 3.3.2 的规定。

表 3.3.2 水泥基胶粘剂的性能指标

序号	项 目	指标	试 验 方 法
1	拉伸胶粘原强度（MPa）	≥1.0	按国家现行标准《陶瓷墙地砖胶粘剂》JC/T 547 的有关规定进行
2	浸水后的拉伸胶粘强度（MPa）	≥1.0	按国家现行标准《陶瓷墙地砖胶粘剂》JC/T 547 的有关规定进行
3	热老化后的拉伸胶粘强度（MPa）	≥1.0	按国家现行标准《陶瓷墙地砖胶粘剂》JC/T 547 的有关规定进行
4	冻融循环后的拉伸胶粘强度（MPa）	≥0.5	按国家现行标准《陶瓷墙地砖胶粘剂》JC/T 547 的有关规定进行
5	20min 晾置时间后的拉伸胶粘强度（MPa）	≥1.0	按国家现行标准《陶瓷墙地砖胶粘剂》JC/T 547 的有关规定进行
6	28d 抗剪切强度（MPa）	≥2.0	按现行国家标准《建筑胶粘剂试验方法 第 1 部分：陶瓷砖胶粘剂试验方法》GB/T 12954.1 的有关规定进行*
7	抗压强度（MPa）	≥17.5	按国家现行标准《建筑砂浆基本性能试验方法标准》JGJ/T 70 的有关规定进行
8	吸水率（%）	≤4	按国家现行标准《建筑砂浆基本性能试验方法标准》JGJ/T 70 的有关规定进行
9	游离甲醛（g/kg）	≤1	按现行国家标准《室内装饰装修材料 胶粘剂中有害物质限量》GB 18583 的有关规定进行
10	苯（g/kg）	≤0.2	按现行国家标准《室内装饰装修材料 胶粘剂中有害物质限量》GB 18583 的有关规定进行
11	甲苯＋二甲苯（g/kg）	≤10	按现行国家标准《室内装饰装修材料 胶粘剂中有害物质限量》GB 18583 的有关规定进行
12	总挥发性有机化合物 TVOC（g/L）	≤50	按现行国家标准《室内装饰装修材料 胶粘剂中有害物质限量》GB 18583 的有关规定进行
13	初凝时间（h）	0.75≤t≤6	按国家现行标准《建筑砂浆基本性能试验方法标准》JGJ/T 70 的有关规定进行

续表 3.3.3

序号	项 目	指标	试 验 方 法
14	终凝时间（h）	≤12	按国家现行标准《建筑砂浆基本性能试验方法标准》JGJ/T 70 的有关规定进行

注：1. 对于外墙粘贴工程，表中 9、10、11、12 项不作要求。

2. ＊指在按照现行国家标准《建筑胶粘剂试验方法第 1 部分：陶瓷砖胶粘剂试验方法》GB/T 12954.1 的有关规定进行样板制备时，应参照该标准第 5.3 节 D 类胶粘剂的试验方法，并将模板厚度改为 10mm，金属垫条厚度改为 5mm，养护时间改为 28d。

3.3.3 水泥基填缝剂的性能指标应符合表 3.3.3 的规定。

表 3.3.3 水泥基填缝剂的性能指标

序号	项 目		指标	试 验 方 法
1	抗压强度（MPa）	标准试验条件	≥15.0	按国家现行标准《陶瓷墙地砖填缝剂》JC/T 1004 的有关规定进行
2		冻融循环后	≥15.0	按国家现行标准《陶瓷墙地砖填缝剂》JC/T 1004 的有关规定进行
3	抗折强度（MPa）	标准试验条件	≥2.5	按国家现行标准《陶瓷墙地砖填缝剂》JC/T 1004 的有关规定进行
4		冻融循环后	≥2.5	按国家现行标准《陶瓷墙地砖填缝剂》JC/T 1004 的有关规定进行
5	吸水量（g）	30min	≤5.0	按国家现行标准《陶瓷墙地砖填缝剂》JC/T 1004 的有关规定进行
		240min	≤10.0	按国家现行标准《陶瓷墙地砖填缝剂》JC/T 1004 的有关规定进行
6	收缩值（mm/m）		≤3.0	按国家现行标准《陶瓷墙地砖填缝剂》JC/T 1004 的有关规定进行
7	耐磨损性（mm³）		≤2,000	按国家现行标准《陶瓷墙地砖填缝剂》JC/T 1004 的有关规定进行
8	游离甲醛（g/kg）		≤1	按现行国家标准《室内装饰装修材料胶粘剂中有害物质限量》GB 18583 的有关规定进行

序号	项目	指标	试验方法
9	苯（g/kg）	≤0.2	按现行国家标准《室内装饰装修材料胶粘剂中有害物质限量》GB 18583 的有关规定进行
10	甲苯＋二甲苯（g/kg）	≤10	按现行国家标准《室内装饰装修材料胶粘剂中有害物质限量》GB 18583 的有关规定进行
11	总挥发性有机化合物TVOC（g/L）	≤50	按现行国家标准《室内装饰装修材料胶粘剂中有害物质限量》GB 18583 的有关规定进行

注：对于外墙粘贴工程，表中 9、10、11、12 项不作要求。

3.3.4 环氧基填缝剂的性能指标应符合表 3.3.4 的规定。

表 3.3.4 环氧基填缝剂的性能指标

序号	项目	指标	试验方法
1	抗拉强度（MPa）	≥7.0	按现行国家标准《建筑胶粘剂试验方法 第 1 部分：陶瓷砖胶粘剂试验方法》GB/T 12954.1 中 C 类胶粘剂的有关规定进行
2	抗压强度（MPa）	≥24	按国家现行标准《陶瓷墙地砖填缝剂》JC/T 1004 的有关规定进行
3	240min 吸水量（g）	≤0.1	按国家现行标准《陶瓷墙地砖填缝剂》JC/T 1004 的有关规定进行
4	耐磨损性（mm³）	≤250	按国家现行标准《陶瓷墙地砖填缝剂》JC/T 1004 的有关规定进行
5	收缩值（mm/m）	≤1.5	按国家现行标准《陶瓷墙地砖填缝剂》JC/T 1004 的有关规定进行

3.4 陶瓷薄板幕墙用材料

3.4.1 陶瓷薄板幕墙用材料应符合现行行业标准《玻璃幕墙工程技术规范》JGJ 102 的有关规定，具有抗腐蚀能力，并符合国家节约能源和环境保护的有关规定。

3.4.2 陶瓷薄板幕墙用材料的燃烧性能等级应符合下列规定：

1 陶瓷薄板幕墙保温用材料的燃烧性能等级应

符合国家现行有关标准的规定；

2 陶瓷薄板幕墙用防火封堵材料应符合现行国家标准《防火封堵材料》GB 23864 和《建筑用阻燃密封胶》GB/T 24267 的有关规定。

3.4.3 密封胶的粘结性和耐久性应满足设计要求，并应具有适用于陶瓷薄板幕墙面板基材、接缝尺寸以及变位量的类型和位移能力级别以及与所接触材料的无污染性。

3.4.4 陶瓷薄板幕墙面板的放射性核素限量，应符合现行国家标准《建筑材料放射性核素限量》GB 6566 的有关规定。

3.4.5 陶瓷薄板幕墙用铝合金型材、钢材应符合现行行业标准《玻璃幕墙工程技术规范》JGJ 102 的有关规定，其中铝合金型材的尺寸允许偏差不作高精级要求。

3.4.6 陶瓷薄板幕墙常用紧固件应符合现行行业标准《玻璃幕墙工程技术规范》JGJ 102 的有关规定。

3.4.7 陶瓷薄板幕墙与建筑主体结构之间或支承结构之间，宜采用钢连接件或铝合金连接件。钢连接件的材质和表面防腐处理应符合现行行业标准《玻璃幕墙工程技术规范》JGJ 102 的有关规定。铝合金型材连接件表面宜进行阳极氧化处理，其材质和表面处理质量应符合现行国家标准《铝合金建筑型材 第 1 部分：基材》GB 5237.1 和《铝合金建筑型材 第 2 部分：阳极氧化型材》GB 5237.2 的有关规定。连接件的厚度应经过计算确定，且钢板或钢型材的厚度不应小于 5mm，铝型材的厚度不应小于 6mm。

3.4.8 陶瓷薄板幕墙防雷连接件的材质、截面尺寸和防腐处理，应符合国家现行标准《建筑物防雷设计规范》GB 50057 和《民用建筑电气设计规范》JGJ 16 的有关规定。

3.4.9 陶瓷薄板幕墙用中性硅酮结构密封胶应符合现行行业标准《玻璃幕墙工程技术规范》JGJ 102 的有关规定。

3.4.10 陶瓷薄板幕墙的耐候密封应采用中性硅酮耐候密封胶，其性能应符合现行国家标准《建筑密封胶分级和要求》GB/T 22083 的有关规定。

3.4.11 陶瓷薄板幕墙用橡胶制品、密封胶条应符合现行行业标准《玻璃幕墙工程技术规范》JGJ 102 的有关规定。

3.4.12 与单组分硅酮结构密封胶配合使用的低发泡间隔双面胶带和作填充材料的聚乙烯泡沫棒应符合现行行业标准《玻璃幕墙工程技术规范》JGJ 102 的有关规定。

3.4.13 陶瓷薄板幕墙宜采用聚乙烯泡沫棒作填充材料，其密度不应大于 37kg/m³。

4 粘 贴 设 计

4.0.1 建筑陶瓷薄板饰面工程设计应从下列方面满

足安全要求：

　　1　基层要求；

　　2　薄法施工各构造层及各层所用材料的品种、成分和相应的技术性能指标；

　　3　伸缩缝位置、接缝和特殊部位的构造处理；

　　4　墙面凹凸部位的防水、排水构造。

4.0.2　基层应符合下列规定：

　　1　室内地面饰面工程，基层抗拉强度不应小于0.3MPa，抗剪切强度不应小于0.5MPa；室内、室外墙面饰面工程，基层抗拉强度不应小于1.0MPa，抗剪切强度不应小于1.0MPa；

　　2　基层平整度每2延米不应大于3mm。

4.0.3　当基层不符合本规程第4.0.2条的规定时，应进行处理。当对墙面进行处理时，宜采用聚合物水泥砂浆。

4.0.4　室外墙面饰面工程的粘结层，应采用双组分水泥基胶粘剂。

4.0.5　室外墙面填缝剂宜选用环氧基填缝剂。

4.0.6　饰面工程构造层的各层材料及其配套材料应具有相容性。

4.0.7　对于有外观及色彩要求的工程，宜对建筑陶瓷薄板与填缝剂进行色彩选配。

4.0.8　对于室内和室外墙面饰面工程，建筑陶瓷薄板面层应设置伸缩缝。伸缩缝应选用弹性材料嵌缝。

4.0.9　结构墙体变形缝两侧粘贴的外墙陶瓷薄板之间的缝宽不应小于变形缝的宽度。

4.0.10　对窗台、檐口、装饰线、雨篷、阳台和落水口等墙面凹凸部位，应采用防水和排水构造。

4.0.11　外墙水平阳角处的顶面排水坡度不应小于3%，并应设置滴水构造。

5　陶瓷薄板幕墙设计

5.1　陶瓷薄板幕墙的建筑设计

5.1.1　陶瓷薄板幕墙设计应根据建筑物的使用功能、立面设计，经综合技术经济分析，选择其形式、构造和材料。

5.1.2　陶瓷薄板幕墙应与建筑物整体及周围环境协调。

5.1.3　陶瓷薄板幕墙设计应采取防脱落措施；在人员流动密度大、青少年或幼儿活动的公共场所以及使用中容易受到撞击的部位，应采取防撞击措施。

5.1.4　陶瓷薄板幕墙的下列性能指标应符合现行国家标准《建筑幕墙》GB/T 21086的有关规定：

　　1　抗风压性能；

　　2　水密性能；

　　3　气密性能；

　　4　平面内变形性能；

　　5　热工性能；

　　6　空气声隔声性能；

　　7　耐撞击性能；

　　8　承重力性能。

5.1.5　陶瓷薄板幕墙的性能设计应根据建筑物的类别、高度、体型以及建筑物所在地的物理、气候、环境等条件进行。

5.1.6　陶瓷薄板幕墙的性能检测应符合现行国家标准《建筑幕墙》GB/T 21086的有关规定。

5.1.7　陶瓷薄板幕墙的构造设计应符合现行行业标准《玻璃幕墙工程技术规范》JGJ 102的有关规定。

5.1.8　陶瓷薄板幕墙的钢框架支承结构应考虑温度变化的影响，设计时可进行温度应力分析或采取减少温度影响的构造措施。

5.1.9　主体结构的抗震缝、伸缩缝、沉降缝等部位的陶瓷薄板幕墙设计宜保证外墙面的完整性。一块陶瓷板不宜跨越抗震缝和伸缩缝两边。

5.1.10　陶瓷薄板幕墙的防火、防雷设计应符合现行行业标准《玻璃幕墙工程技术规范》JGJ 102的有关规定。

5.2　陶瓷薄板幕墙的结构设计

5.2.1　陶瓷薄板幕墙应按外围护结构设计，设计使用年限不应小于25年。

5.2.2　陶瓷薄板幕墙的风荷载标准值应按现行国家标准《建筑结构荷载规范》GB 50009计算，也可按风洞实验结果确定。

5.2.3　抗震设防烈度为6、7、8度的陶瓷薄板幕墙工程，应进行抗震设计。

5.2.4　陶瓷薄板幕墙的荷载、地震作用以及作用效应组合应符合现行行业标准《玻璃幕墙工程技术规范》JGJ 102的有关规定。

5.2.5　陶瓷薄板幕墙结构构件应按现行行业标准《玻璃幕墙工程技术规范》JGJ 102的有关规定验算承载力和挠度。

5.2.6　结构构件的受拉承载力应按净截面计算；受压承载力应按有效净截面计算；稳定性应按有效截面计算。构件的变形和各种稳定系数可按毛截面计算。

5.2.7　陶瓷薄板的强度设计值，可按表5.2.7的规定采用。

表5.2.7　面板材料强度设计值（N/mm²）

材料种类	带釉陶瓷薄板	无釉陶瓷薄板
弯曲强度设计值 f_{cb}	18	23

5.2.8　常用的铝合金型材、热轧钢材、耐候钢和不锈钢螺栓强度设计值应符合现行行业标准《玻璃幕墙工程技术规范》JGJ 102的有关规定。

5.2.9　陶瓷薄板幕墙除面板外其他材料的弹性模量、泊松比、线膨胀系数应符合现行《玻璃幕墙工程技术规范》JGJ 102 的有关规定。

5.2.10 钢铸件、常用不锈钢型材和棒材、常用不锈钢板材和带材、冷弯薄壁型钢的强度设计值应按本规程附录 A 采用。

5.2.11 铝合金结构连接强度设计值可按本规程附录 B 采用。

5.2.12 陶瓷薄板幕墙的连接设计应符合现行行业标准《玻璃幕墙工程技术规范》JGJ 102 的有关规定。

5.2.13 陶瓷薄板幕墙的硅酮结构密封胶应符合现行行业标准《玻璃幕墙工程技术规范》JGJ 102 的有关规定。

5.2.14 四边简支陶瓷薄板在垂直于幕墙平面的风荷载和地震作用下,陶瓷薄板截面最大应力应符合下列规定:

1 最大应力标准值可按几何非线性的有限元方法计算,也可按下列公式计算:

$$\sigma_{wk} = \frac{6mw_k a^2}{t^2}\eta \qquad (5.2.14\text{-}1)$$

$$\sigma_{Ek} = \frac{6mq_{Ek}a^2}{t^2}\eta \qquad (5.2.14\text{-}2)$$

$$\theta = \frac{w_k a^4}{Et^4} \text{ 或 } \theta = \frac{(w_k + 0.5q_{Ek})a^4}{Et^4}$$

$$(5.2.14\text{-}3)$$

式中:θ ——参数;

σ_{wk}、σ_{Ek} ——分别为风荷载、地震作用下陶瓷薄板截面的最大应力标准值(N/mm²);

w_k、q_{Ek} ——分别为垂直于幕墙平面的风荷载、地震作用标准值(N/mm²);

t ——陶瓷薄板的厚度(mm);

E ——陶瓷薄板的弹性模量(N/mm²);

m ——弯矩系数,可由陶瓷薄板短边与长边边长之比 l_x/l_y 按表 5.2.14-1 采用;

η ——折减系数,可由参数 θ 按表 5.2.14-2 采用。

表 5.2.14-1　四边支承陶瓷薄板的弯矩系数 *m*

l_x/l_y	0.50	0.55	0.60	0.65	0.70	0.75	0.80	0.85	0.90	0.95	1.00
四边简支	0.0995	0.0928	0.0861	0.0796	0.0733	0.0674	0.0618	0.0565	0.0517	0.0472	0.0431

注:1　计算时 *t* 值取 l_x、l_y 值中的较小值;
　　2　此表适用于泊松比为 0.17。

表 5.2.14-2　折减系数 *η*

θ	≤5.0	10.0	20.0	40.0	60.0	80.0	100.0
η	1.00	0.96	0.92	0.84	0.78	0.73	0.68
θ	120.0	150.0	200.0	250.0	300.0	350.0	≥400.0
η	0.65	0.61	0.57	0.54	0.52	0.51	0.50

2 最大应力设计值应按现行行业标准《玻璃幕墙工程技术规范》JGJ 102 的有关规定进行组合。

3 最大应力设计值不应超过陶瓷薄板强度设计值 f_{cb}。

5.2.15 陶瓷薄板在风荷载作用下的跨中挠度,应符合下列规定:

1 陶瓷薄板的刚度 D_{cb} 可按下式计算:

$$D_{cb} = \frac{Et^3}{12(1-\nu^2)} \qquad (5.2.15\text{-}1)$$

式中:D_{cb} ——陶瓷薄板的刚度(N·m);

ν ——泊松比,可按本规程第 3.2.1 条采用。

2 陶瓷薄板跨中挠度可按几何非线性的有限元方法计算,也可按下式计算:

$$d_f = \frac{\mu w_k a^4}{D_{cb}}\eta \qquad (5.2.15\text{-}2)$$

式中:d_f ——在风荷载标准值作用下挠度最大值(mm);

μ ——挠度系数,可由陶瓷薄板短边与长边边长之比 l_x/l_y 按表 5.2.15 采用。

表 5.2.15　四边支承板的挠度系数 *μ*

l_x/l_y	0.00	0.20	0.25	0.33	0.50
μ	0.01302	0.01297	0.01282	0.01223	0.01013
l_x/l_y	0.55	0.60	0.65	0.70	0.75
μ	0.00940	0.00867	0.00796	0.00727	0.00663
l_x/l_y	0.80	0.85	0.90	0.95	1.00
μ	0.00603	0.00547	0.00496	0.00449	0.00406

3 在风荷载标准值作用下,四边支承陶瓷薄板的挠度限值 $d_{f,lim}$ 宜按其短边边长的 1/60 采用。

5.2.16 陶瓷薄板应按需要设置中肋等加劲肋。加劲肋可采用金属方管、槽形或角形型材。加劲肋应与面板可靠联结,并应有防腐措施。加劲肋的端部与幕墙框架之间应进行有效连接。

5.2.17 加劲肋陶瓷薄板应按多跨连续板计算。

5.2.18 陶瓷薄板的单跨中肋应按简支梁设计,中肋应有足够的刚度,其挠度不应大于中肋跨度的 1/180。

5.2.19 斜陶瓷薄板幕墙计算承载力时,应计入永久荷载、风荷载、雪荷载、施工荷载及地震作用在垂直于陶瓷薄板平面方向所产生的弯曲应力。施工荷载应根据施工情况决定,但不应小于 2.0kN 的集中荷载作用,施工荷载作用点应按最不利位置考虑。

5.2.20 横梁和立柱的设计应符合现行行业标准《玻璃幕墙工程技术规范》JGJ 102 的有关规定。

6 加工制作

6.1 一般规定

6.1.1 陶瓷薄板幕墙在加工制作前应与建筑、结构施工图进行核对，对已建主体结构进行复测，并应按实测结果对陶瓷薄板幕墙设计进行调整。

6.1.2 加工陶瓷薄板幕墙构件所采用的设备、机具应满足陶瓷薄板幕墙构件加工精度的要求，其检测量具应定期进行计量检定。

6.1.3 单元式陶瓷薄板幕墙的单元组件、隐框陶瓷薄板幕墙的装配组件均应在工厂加工制作。

6.1.4 采用硅酮结构密封胶粘结固定隐框陶瓷薄板幕墙构件时，应在洁净、通风的室内进行注胶，且环境温度、湿度条件应符合结构胶产品的有关规定；注胶宽度和厚度应满足设计要求。

6.2 铝型材和钢构件

6.2.1 陶瓷薄板幕墙的铝合金型材构件和钢构件的加工应按现行行业标准《玻璃幕墙工程技术规范》JGJ 102 的有关规定执行。

6.3 陶瓷薄板

6.3.1 陶瓷薄板加工前应进行检验并应符合本规程 3.2 节及下列规定：

1 陶瓷薄板不得有明显的色差；

2 陶瓷薄板的色泽和花纹图案应符合供需双方确定的样板。

6.3.2 陶瓷薄板切割、开孔过程中，应采用清水润滑和冷却。切割、开孔后，应用清水对孔壁进行清洁处理，并置于通风处自然干燥。

6.3.3 加工完成的陶瓷薄板应竖立存放于通风良好的仓库内，其与水平面夹角不应小于 85°，下边缘宜采用弹性材料衬垫，离地面高度宜大于 50mm。

6.4 构件加工后的表面防护处理

6.4.1 碳钢构件加工后的表面防护处理应按现行行业标准《玻璃幕墙工程技术规范》JGJ 102 的有关规定执行。

6.5 单元式陶瓷薄板幕墙组件

6.5.1 单元式陶瓷薄板幕墙在加工前应对各板块进行编号，并应注明加工、运输、安装方向和顺序。

6.5.2 单元板块构件之间的连接应牢固、可靠。构件之间连接处的缝隙应采用硅酮建筑密封胶密封。注胶前应将注胶表面清理干净，并采取防止三面粘结的措施。

6.5.3 单元板块与主体结构的连接件、吊挂件、支撑件应具备可调整范围，并应采用不锈钢螺栓将吊挂件与陶瓷薄板幕墙构件固定牢固。螺栓的规格和数量应满足设计要求，但螺栓数量不得少于 2 个，且连接件与单元板块之间固定螺栓的直径不应小于 10mm。

6.5.4 运输单元板块时，应采取措施防止板块在搬动、运输、吊装过程中变形。

6.5.5 单元式陶瓷薄板幕墙的加工组装应符合下列规定：

1 有防火要求的陶瓷薄板幕墙单元，应将面板、防火板、防火材料按设计要求组装在金属框架上；

2 有可视部分的混合幕墙单元，应将玻璃、陶瓷薄板面板、防火板及防火材料按设计要求组装在金属框架上；

3 陶瓷薄板幕墙单元内，面板与金属框架的连接应采用便于面板更换的构造措施。

6.5.6 单元板块组装完成后，与室内连通或贯通前、后腔的工艺孔应进行封堵；通气孔宜采用防水透气材料封堵，并保持通气；排水孔应保持畅通。

6.5.7 采用自攻螺钉直接连接单元板块水平构件和竖向构件时，应符合下列规定：

1 每个连接点的螺钉不应少于 3 个，规格不应小于 ST4.2，拧入深度不宜小于 35mm；

2 预制孔的最大内径、最小内径和螺钉拧入扭矩应符合表 6.5.7 的规定；

3 宜采用气动工具拧紧螺钉，气动工具的气压不应小于 0.6MPa，并应通过抽查螺钉的拧入扭矩对压缩空气的气压进行调节和修正；

4 螺钉连接部位应做好密封处理。

表 6.5.7 预制螺钉孔内径要求

自攻螺钉螺纹规格	孔径（mm）		扭矩（N·m）
	最小	最大	
ST4.2	3.430	3.480	4.4
ST4.8	4.015	4.065	6.3
ST5.5	4.735	4.785	10.0
ST6.3	5.475	5.525	13.6

6.5.8 单元组件框加工制作和组装允许偏差应按现行行业标准《玻璃幕墙工程技术规范》JGJ 102 的有关规定执行。

6.6 构件、组件检验

6.6.1 陶瓷薄板幕墙构件或组件应按构件或组件的 5% 进行随机抽样检查，且每种构件或组件不得少于 5 件。当有一个构件或组件不符合规定时，应加倍进行复验，检验合格后方可出厂。复验时，若发现有一件不合格，则应对该批构件或组件进行 100% 检验，合格件允许出厂。

7 安 装 施 工

7.1 粘 贴 工 程

I 一 般 规 定

7.1.1 本节适用于陶瓷薄板在室内地面、室内外墙面粘贴工程的安装施工。

7.1.2 陶瓷薄板用于外墙饰面工程时应符合国家现行标准《建筑装饰装修工程质量验收规范》GB 50210 和《外墙饰面砖工程施工及验收规程》JGJ 126 的有关规定。用于地面工程时，应符合现行国家标准《建筑地面工程施工质量验收规范》GB 50209 的有关规定。

7.1.3 施工材料进场后，应对水泥基胶粘剂的拉伸胶粘原强度、浸水后的拉伸胶粘强度、冻融循环后的拉伸胶粘强度、总挥发性有机化合物 TVOC 以及填缝剂的总挥发性有机化合物 TVOC 进行抽样复检，其材料性能指标应符合本规程第 3.3 节的有关规定。

7.1.4 陶瓷薄板饰面工程施工前，应对粘结和填缝所用的材料进行试配，经检验合格后方可使用。

7.1.5 室内外墙面饰面工程施工前应做出样板。室外墙面样板的检验应按现行行业标准《建筑工程饰面砖粘结强度检验标准》JGJ 110 的有关规定执行。

7.1.6 陶瓷薄板饰面工程施工前应明确陶瓷薄板的排列方案并预先编号。

Ⅱ 施 工 准 备

7.1.7 建筑陶瓷薄板的包装箱应牢固并有可靠的减振措施，在运输过程中应避免雨淋、水泡和长期日晒，搬运时应稳拿轻放，严禁摔扔。

7.1.8 在进行散装建筑陶瓷薄板的运输时必须侧立搬运，不得平抬。

7.1.9 建筑陶瓷薄板应存放在坚实、平整和干燥的仓库中，堆放高度应根据包装箱的强度确定。

7.1.10 饰面工程施工前，有防水要求的工序应施工完毕，抹灰、水电设备管线、门窗洞、脚手眼、阳台等应处理完毕。

7.1.11 基层应平整、坚实、洁净，不得有裂缝、明水、空鼓、起砂、麻面及油渍、污物等缺陷。

7.1.12 填缝剂施工前应清除缝隙间杂物，并应用清水润湿缝隙。

7.1.13 粘贴施工的环境温度宜为 5℃～35℃。

7.1.14 室外饰面工程不得在雨、雪天气和发生五级及五级以上大风时施工。

Ⅲ 施 工

7.1.15 室内地面粘贴施工应按下列流程进行：

1 基层检查和处理；

2 粘贴陶瓷薄板；

3 填缝；

4 表面清理。

7.1.16 当采用水泥基胶粘剂粘贴陶瓷薄板时，应符合下列规定：

1 胶粘剂应按生产企业的产品使用说明配制；

2 基层和陶瓷薄板的粘贴面应干净无尘，无明水；

3 基层上应涂抹胶粘剂，并应采用齿形镘刀均匀梳理，使之均匀分布成清晰、饱满的连续条纹；

4 陶瓷薄板粘贴面上应涂抹胶粘剂，并采用齿形镘刀均匀梳理，条纹走向宜与基层胶粘剂的条纹走向垂直，厚度宜为基层胶粘剂厚度的一半；

5 铺设陶瓷薄板宜借助玻璃吸盘、木杠，并用橡皮锤轻敲并摁压密实，应做到胶粘剂饱满、板面平整；

6 陶瓷薄板表面及缝隙处的多余胶粘剂应及时清除；

7 胶粘剂初凝后，严禁移动陶瓷薄板面层。

7.1.17 填缝剂施工应符合下列规定：

1 胶粘剂终凝前，不得进行填缝施工；

2 填缝剂应按生产企业的产品使用说明配制；

3 缝隙间的杂物应清除，缝隙应润湿，且不得有滞水；

4 填缝应密实饱满、无空穴或孔隙；

5 多余的填缝剂应清理干净。

7.1.18 室内外墙面粘贴施工时，除应符合本规程第 7.1.15 条～第 7.1.17 条的规定外，尚应满足下列要求：

1 施工应按自下而上的顺序进行；

2 胶粘剂终凝前，必须采取有效可靠的侧向支护；

3 板缝应采用定位器固定。

Ⅳ 安 全 规 定

7.1.19 切割陶瓷薄板时宜采取降噪措施。

7.1.20 施工中建筑废料和粉尘宜随时清理。

7.1.21 配制胶粘剂和填缝剂时，操作人员应佩戴防护手套。

7.1.22 施工过程中脚手架的搭设和使用必须符合现行行业标准《建筑施工扣件式钢管脚手架安全技术规范》JGJ 130 和《建筑施工高处作业安全技术规范》JGJ 80 的有关规定。

7.1.23 一切用电设备的操作必须符合现行行业标准《施工现场临时用电安全技术规范》JGJ 46 的有关规定。

7.2 陶瓷薄板幕墙工程

7.2.1 进场的陶瓷薄板幕墙构件和附件的材料品种、规格、色泽和性能，应满足设计要求。陶瓷薄板幕墙构件安装前应进行检验与校正。不合格的构件不得安装使用。

7.2.2 陶瓷薄板幕墙的安装施工应单独编制施工组织设计，并应包括下列内容：

1 工程进度计划；

2 搬运、吊装方法；

3 测量方法；

4 安装方法；

5 安装顺序；

6 构件、组件和成品的现场保护方法；

7 检查验收；

8 安全措施。

7.2.3 单元式陶瓷薄板幕墙的安装施工组织设计除应符合本规程第 7.2.2 条的规定外，尚应包括下列内容：

1 单元件的运输及装卸方案；

2 吊具的类型和吊具的移动方法，单元组件起吊地点、垂直运输与楼层水平运输方法和机具；

3 收口单元位置、收口闭口工艺和操作方法；

4 单元组件吊装顺序及吊装、调整、定位固定等方法和措施；

5 幕墙施工组织设计应与主体工程施工组织设计相互衔接，单元幕墙收口部位应与总施工平面图中施工机具的布置协调一致。

7.2.4 陶瓷薄板幕墙工程的施工测量应符合下列规定：

1 幕墙分格轴线的测量应与主体结构测量相配合，并及时调整、分配、消化主体结构偏差，不得积累；

2 单元式幕墙施工时，应对主体结构施工过程中的垂直度和楼层外廊进行测量、监控；

3 应定期对幕墙的安装定位基准进行校核；

4 对高层建筑幕墙的测量，应在风力不大于 4 级时进行。

7.2.5 陶瓷薄板幕墙安装过程中，应及时对半成品、成品进行保护；在构件存放、搬动、吊装时应轻拿轻放，不得碰撞、损坏和污染构件；对型材、面板的表面应采取保护措施。

7.2.6 钢结构焊接施工应符合现行行业标准《建筑钢结构焊接技术规程》JGJ 81 的有关规定。焊接作业时，应采取保护措施防止烧伤型材和面板表面。施焊后，应对钢材表面及时进行处理。

7.2.7 安装施工准备工作应按现行行业标准《玻璃幕墙工程技术规范》JGJ 102 的有关规定执行。

7.2.8 构件式、单元式陶瓷薄板幕墙施工工艺和安全规定应按现行行业标准《玻璃幕墙工程技术规范》JGJ 102 的有关规定执行。

8 工 程 验 收

8.1 粘 贴 工 程

Ⅰ 一 般 规 定

8.1.1 基层的施工质量检验数量，每 200m² 施工面

积应抽查一处，且不得少于三处。

8.1.2 室内地面饰面工程应按每一层次或每一施工段作为检验批。每一检验批应按自然间或标准间检验，抽查数量不应少于三间，不足三间时应全部检查。走廊过道应以 10m 长度为一间，礼堂、门厅应以两个轴线之间的面积为一间。

8.1.3 相同材料、工艺和施工条件的室内墙面饰面工程应按每 50 间划分为一个检验批，不足 50 间也应划分为一个检验批。大面积房间和走廊，宜按施工面积 30m² 为一间。室内每个检验批应抽查 10% 以上，并不得少于三间，不足三间时应全部检查。

8.1.4 室外墙面饰面工程宜按建筑物层高或 4m 高度为一个检查层，每 20m 长度应抽查一处，每处宜为 3m 长。每一检查层应检查三处以上。

Ⅱ 主 控 项 目

8.1.5 用于基层处理的材料、双组分水泥基胶粘剂、水泥基填缝剂、环氧基填缝剂、陶瓷薄板等材料的品种、质量必须满足设计要求。

检验方法：检查出厂合格证、质量检验报告、现场抽样试验报告。

8.1.6 室外墙面饰面工程粘结强度检验应符合现行行业标准《建筑工程饰面砖粘结强度检验标准》JGJ 110 的有关规定。

8.1.7 建筑陶瓷薄板饰面工程应无空鼓、无裂缝。

检验方法：观察；用小锤轻击检查。

Ⅲ 一 般 项 目

8.1.8 基层应洁净、平整，不得有松动、起砂、蜂窝和脱皮等缺陷。

检验方法：观察和检查隐蔽工程验收记录。

8.1.9 基层的平整度每 2 延米不应大于 3mm。

检验方法：用 2m 靠尺和楔形塞尺检查。

8.1.10 陶瓷薄板接缝应平直、光滑，填缝应连续、密实；宽度和深度应满足设计要求。

检验方法：观察检查；尺量检查。

8.1.11 室内、室外墙面饰面工程陶瓷薄板粘贴的允许偏差应符合现行国家标准《建筑装饰装修工程质量验收规范》GB 50210 的有关规定。

8.1.12 室内地面饰面工程陶瓷薄板粘贴的允许偏差应符合现行国家标准《建筑地面工程施工质量验收规范》GB 50209 的有关规定。

8.2 陶瓷薄板幕墙工程

Ⅰ 一 般 规 定

8.2.1 陶瓷薄板幕墙工程验收前应将其表面清洗、擦拭干净。

8.2.2 陶瓷薄板幕墙工程验收时，宜根据工程实际情况提交下列资料的部分或全部。

1 幕墙工程的竣工图或施工图、结构计算书、热工性能计算书、设计变更文件及其他设计文件；

2 幕墙工程所用各种材料、构件、组件、紧固件和其他附件的产品合格证书、性能检测报告、进场验收记录和复验报告；

3 进口硅酮结构胶的商检证和海关报验单、国家指定检测机构出具的硅酮结构胶相容性和剥离粘结性试验报告；

4 后置埋件的现场拉拔检测报告；

5 幕墙的气密性能、水密性能、抗风压性能、平面内变形性能及其他设计要求的性能检测报告；

6 注胶、养护环境的温度、湿度记录；双组分硅酮结构胶的成品切胶剥离试验记录；

7 幕墙与主体结构防雷接地点之间的电阻检测记录；

8 隐蔽工程验收文件；

9 幕墙安装施工记录；

10 现场淋水试验记录；

11 其他有关的质量保证资料。

8.2.3 陶瓷薄板幕墙工程验收前，应在安装施工过程中完成下列隐蔽项目的现场验收。

1 预埋件或后置锚栓连接件；

2 构件与主体结构的连接节点；

3 幕墙四周、幕墙内表面与主体结构之间的封堵；

4 幕墙伸缩缝、沉降缝、抗震缝及墙面转角节点；

5 幕墙防雷连接节点；

6 幕墙防火、隔烟节点；

7 单元式幕墙的封口节点。

8.2.4 陶瓷薄板幕墙工程应进行观感检验和抽样检验，每幅陶瓷薄板幕墙均应检验。检验批的划分应符合下列规定：

1 设计、材料、工艺和施工条件相同的幕墙工程，每 $500m^2 \sim 1000m^2$ 为一个检验批，不足 $500m^2$ 应划分为一个独立检验批。每个检验批每 $100m^2$ 应至少抽查一处，每处不得少于 $10m^2$。

2 同一单位工程中不连续的幕墙工程应单独划分检验批。

3 对于异形或有特殊要求的幕墙，检验批的划分应根据幕墙的结构、工艺特点及幕墙工程的规模，宜由监理单位、建设单位和施工单位协商确定。

Ⅱ 主控项目

8.2.5 陶瓷薄板幕墙面板表面质量应符合下列规定：

表 8.2.5 陶瓷薄板幕墙面板的表面质量

序号	项目	质量要求 建筑陶瓷薄板	检查方法
1	缺棱：长×宽不大于 10mm×1mm（长度小于 5mm 不计）周边允许（个）	1	钢直尺
2	缺角：面积不大于 5mm ×2mm（面积小于 2mm× 2mm 不计）（处）	1	钢直尺
3	裂纹（包括隐裂、釉面龟裂）	不允许	目测观察
4	窝坑（毛面除外）	不明显	目测观察
5	明显擦伤、划伤	不允许	目测观察
6	单条长度不大于 100mm 的轻微划伤	不多于 2 条	钢直尺
7	轻微擦伤总面积	≤300mm² （面积小于 100mm² 不计）	钢直尺

注：表中规定的质量指标是指对单块面板的质量要求；目测检查，是指距板面 3m 处肉眼观察。

8.2.6 陶瓷薄板幕墙的安装质量测量检查应在风力小于 4 级时进行，并应符合表 8.2.6-1、表 8.2.6-2 的规定。

表 8.2.6-1 构件式陶瓷薄板幕墙安装质量

序号	项目	尺寸范围	允许偏差 (mm)	检查方法
1	相邻立柱间距尺寸（固定端）	—	±2.0	钢直尺
2	相邻两横梁间距尺寸	不大于 2m	±1.5	钢直尺
		大于 2m	±2.0	钢直尺
3	单个分格对角线长度差	长边边长不大于 2m	≤3.0	钢直尺或伸缩尺
		长边边长大于 2m	≤3.5	钢直尺或伸缩尺
4	立柱、竖缝及墙面的垂直度	幕墙总高度不大于 30m	≤10.0	激光仪或经纬仪
		幕墙总高度不大于 60m	≤15.0	
		幕墙总高度不大于 90m	≤20.0	
		幕墙总高度不大于 150m	≤25.0	
		幕墙总高度大于 150m	≤30.0	

序号	项目	尺寸范围	允许偏差（mm）	检查方法
5	立柱、竖缝直线度	—	≤2.0	2.0m靠尺、塞尺
6	立柱、墙面的平面度	相邻两墙面	≤2.0	激光仪或经纬仪
		一幅幕墙总宽度不大于20m	≤5.0	
		一幅幕墙总宽度不大于40m	≤7.0	
		一幅幕墙总宽度不大于60m	≤9.0	
		一幅幕墙总宽度大于80m	≤10.0	
7	横梁水平度	横梁长度不大于2m	≤1.0	水平仪或水平尺
		横梁长度大于2m	≤2.0	
8	同一标高横梁、横缝的高度差	相邻两横梁、面板	≤1.0	钢直尺、塞尺或水平仪
		一幅幕墙幅宽不大于35m	≤5.0	
		一幅幕墙幅宽大于35m	≤7.0	
9	缝宽度（与设计值比较）	—	±2.0	游标卡尺

注：一幅幕墙是指立面位置或平面位置不在一条直线或连续弧线上的幕墙。

表 8.2.6-2　单元式陶瓷薄板幕墙安装质量

序号	项目	尺寸范围	允许偏差（mm）	检查方法
1	竖缝及墙面的垂直度	幕墙高度 H 不大于30m	≤10	激光经纬仪或经纬仪
		幕墙高度 H 不大于60m	≤15	
		幕墙高度 H 不大于90m	≤20	
		幕墙高度 H 不大于150m	≤25	
		幕墙高度 H 大于150m	≤30	
2	幕墙平面度		≤2.5	2m靠尺、钢直尺
3	竖缝直线度		≤2.5	2m靠尺、钢直尺
4	横缝直线度		≤2.5	2m靠尺、钢直尺
5	缝宽度（与设计值比较）		±2.0	游标卡尺

序号	项目	尺寸范围	允许偏差（mm）	检查方法
6	单元间接缝宽度（与设计值比较）		±2.0	钢直尺
7	相邻两组件面板表面高低差		≤1.0	深度尺
8	同层单元组件标高	宽度不大于35m	≤3.0	激光经纬仪或经纬仪
		宽度大于35m	≤5.0	
9	两组件对插件接缝搭接长度（与设计值比较）		±2.0	游标卡尺
10	两组件对插件距离槽底距离（与设计值比较）		±2.0	游标卡尺

Ⅲ　一般项目

8.2.7 陶瓷薄板幕墙观感检验应符合下列规定：

1 幕墙的框料和接缝应横平竖直，缝宽均匀，并应满足设计要求；

2 面板应表面平整、颜色均匀，品种、规格与色彩应与设计文件相符；表面应洁净、无污染，不得有凹坑、缺角、裂缝、斑痕，施釉表面不得有裂纹和龟裂；

3 转角部位的面板压向应满足设计要求，边缘整齐，合缝顺直；

4 滴水线、流水坡向应满足设计要求，宽窄均匀、光滑顺直。

8.2.8 陶瓷薄板幕墙隐蔽节点的遮封装修应整齐美观。陶瓷薄板幕墙边角部位、变形缝的构造应满足设计要求。

9　保养和维护

9.1　一般规定

9.1.1 陶瓷薄板工程铺贴完成后，应采取临时保护措施，不得污染和损伤陶瓷薄板。

9.1.2 陶瓷薄板幕墙工程竣工验收时，承包商应向业主提供现行《幕墙使用维护说明书》。《幕墙使用维护说明书》应包括下列内容：

1 幕墙的设计依据、主要特点和性能参数及幕墙结构的设计使用年限；

2 使用过程中的注意事项；

3 非普通开启窗的使用与维护要求；

4 环境条件变化可能对幕墙使用产生的影响；

5 日常与定期的维护、保养及清洁要求；

6 幕墙的主要结构特点及易损零部件的更换

方法；

　　7 备品、备料清单及主要易损件的名称、规格；

　　8 承包商的保修责任、保修年限。

9.1.3 陶瓷薄板幕墙工程承包商在陶瓷薄板幕墙交付使用前应为业主培训保养和维护人员。

9.1.4 陶瓷薄板幕墙交付使用后，业主应制定陶瓷薄板幕墙的检查、维护、保养计划与制度。

9.1.5 陶瓷薄板幕墙的保养和维护除应符合现行行业标准《建筑外墙清洗维护技术规程》JGJ 168 的有关规定外，尚应满足下列要求：

　　1 清洗材料及清洗方法应与幕墙面板材料相适应，不得污染、腐蚀和损伤面板、幕墙构件、密封材料或嵌缝材料，且不得污染环境；

　　2 清洗开缝式幕墙时，应制定适宜的施工作业方案并对水流量进行控制，防止清洗用水大量渗入幕墙背面；

　　3 幕墙的维护应由经培训合格的人员或具有相关资质的单位进行；

　　4 幕墙检查、清洗、保养与维护作业中，凡属高空作业者，应符合现行行业标准《建筑施工高处作业安全技术规范》JGJ 80 的有关规定；

　　5 进行幕墙清洗、维护和保养时，应做好周边环境的安全保护措施。

9.2　检查和维护

9.2.1 陶瓷薄板幕墙的日常维护和保养应符合下列规定：

　　1 保持幕墙表面整洁，避免锐器及腐蚀性气体和液体与幕墙表面接触；

　　2 保持幕墙排水系统的畅通，发现堵塞应疏通；

　　3 保持开缝式幕墙防水系统和排水系统的有效性和完好性，发现堵塞应疏通；

　　4 发现门、窗启闭不灵或附件损坏等现象时，应修理或更换；

　　5 发现密封胶或密封胶条脱落或损坏时，应进行修补与更换；

　　6 发现幕墙构件或附件的螺栓、螺钉松动或锈蚀时，应拧紧或更换；

　　7 发现幕墙面板挂件、背栓等连接部件松动或脱落时，应拧紧或更换；

　　8 发现幕墙构件锈蚀时，应除锈补漆或采取其他防锈措施；

　　9 对破损的板材应进行更换。

9.2.2 陶瓷薄板幕墙的定期检查和维护应符合下列规定：

　　1 在幕墙工程竣工验收后一年期满时，应对幕墙工程进行一次全面的检查，此后每五年应检查一次。

　　2 幕墙的定期检查和维护应包括下列项目：

　　　　1）幕墙整体有无变形、错位、松动，一旦发现上述情况，应对该部位对应的隐蔽结构进行进一步检查；

　　　　2）幕墙的主要承力件、连接件和连接螺栓等有无锈蚀、损坏，连接是否可靠；

　　　　3）幕墙面板有无松动和损坏；

　　　　4）密封胶有无脱胶、开裂、起泡，密封胶条有无脱落、老化等损坏现象；

　　　　5）幕墙排水系统是否通畅，开缝式幕墙的防水系统是否损坏或失效。

　　3 幕墙工程使用十年后，应对该工程不同部位的结构硅酮密封胶进行粘结性能的抽样检查；此后每三年宜检查一次。

9.2.3 陶瓷薄板幕墙的灾后检查和维修应符合下列规定：

　　1 当幕墙遭遇强风袭击后，应对幕墙进行全面检查，修复或更换损坏的构件；发现损坏情况较严重时，应通知有关单位，制定切实可行的维修方案进行维修。

　　2 当幕墙遭遇地震、火灾等灾害后，应由专业技术人员对幕墙进行全面的检查，并根据损坏程度制定处理方案和维修方案进行维修。

9.3　清　　洗

9.3.1 严禁使用酸性清洗剂清洗水泥基填缝剂。

9.3.2 业主应根据陶瓷薄板幕墙表面的积灰污染程度，确定其清洗次数，但每年不应少于一次。

9.3.3 清洗陶瓷薄板幕墙时，应按现行行业标准《建筑外墙清洗维护技术规程》JGJ 168 的有关规定进行，不得撞击和损伤幕墙。

附录 A　几种非常用材料强度设计值

A.0.1 钢铸件强度设计值可按表 A.0.1 采用。

表 A.0.1　钢铸件的强度设计值（N/mm²）

钢材牌号	抗拉、抗压和抗弯 f	抗剪 f_v	端面承压（刨平顶紧）f_{ce}
ZG200-400	155	90	260
ZG230-450	180	105	290
ZG270-500	210	120	325
ZG310-570	240	140	370
ZG03Cr18Ni10 （σ_b＝440N/mm²）	140	80	285
ZG07Cr19Ni9 （σ_b＝440N/mm²）	140	80	330
ZG03Cr18Ni10N （σ_b＝510N/mm²）	180	100	285
ZG03Cr19Ni11Mo2 （σ_b＝440N/mm²）	140	80	285
ZG03Cr19Ni11Mo2N （σ_b＝510N/mm²）	180	100	330

A.0.2 常用不锈钢型材和棒材强度设计值可按表 A.0.2 采用。

表 A.0.2 不锈钢型材和棒材的强度设计值（N/mm²）

统一数字代号	牌号	规定非比例延伸强度 RP0.2b	抗拉强度 f_{slt}	抗剪强度 f_{slv}	端面承压强度 f_{slc}
S30408	06Cr19Ni10	205	180	105	245
S30403	022Cr19Ni10	175	150	90	220
S30458	06Cr19Ni10N	275	240	140	315
S30453	022Cr19Ni10	245	215	125	280
S31608	06Cr17Ni12Mo2	205	180	105	245
S31603	022Cr17Ni12Mo2	175	155	90	220
S31658	06Cr17Ni12Mo2N	275	240	140	315
S31653	022Cr17Ni12Mo2N	245	215	125	280

A.0.3 常用不锈钢板材和带材的强度设计值可按表 A.0.3 采用。

表 A.0.3 不锈钢板材和带材的强度设计值（N/mm²）

统一数字代号	牌号	规定非比例延伸强度 RP0.2b	抗拉强度 f_{slt}	抗剪强度 f_{slv}	局部承压强度 f_{slc}
S30408	06Cr19Ni10	205	180	105	245
S30403	022Cr19Ni10	170	145	85	215
S30458	06Cr19Ni10N	240	210	120	275
S30453	022Cr19Ni10N	205	180	105	245
S31608	06Cr17Ni12Mo2	205	180	105	245
S31603	022Cr17Ni12Mo2	170	145	85	215
S31658	06Cr17Ni12Mo2N	240	210	120	275
S31653	022Cr17Ni12Mo2N	205	180	105	245

注：钢材的统一数字代号可参见现行国家标准《不锈钢和耐热钢　牌号及化学成分》GB/T 20878。

A.0.4 冷弯薄壁型钢的强度设计值应按表 A.0.4 采用。

表 A.0.4 冷弯薄壁型钢的强度设计值（N/mm²）

钢材牌号	抗拉、抗压和抗弯 f	抗剪 f_v	端面承压（磨平顶紧）f_{ce}
Q235	205	120	310
Q345	300	175	400

附录 B　铝合金结构连接强度设计值

B.0.1 铝合金结构普通螺栓和铆钉连接的强度设计值应按表 B.0.1-1 和表 B.0.1-2 采用。

表 B.0.1-1 普通螺栓连接的强度设计值（N/mm²）

螺栓的材料、性能等级和构件铝合金牌号		普通螺栓								
		铝合金			不锈钢			钢		
		抗拉 f_t^b	抗剪 f_v^b	承压 f_c^b	抗拉 f_t^b	抗剪 f_v^b	承压 f_c^b	抗拉 f_t^b	抗剪 f_v^b	承压 f_c^b
普通螺栓	铝合金 2B11	170	160	—						
	铝合金 2A90	150	145	—						
	不锈钢 A2-50、A4-70				200	190				
	不锈钢 A2-70、A4-70				280	265				
	钢 4.6、4.8级							170	140	
构件	6061-T4			210			210			210
	6061-T6			305			305			305
	6063-T5			185			185			185
	6063-T6			240			240			240
	6063A-T5			220			220			220
	6063A-T6			255			255			255

表 B.0.1-2 铆钉连接的强度设计值（N/mm²）

铝合金铆钉牌号及构件铝合金牌号		铝合金铆钉	
		抗剪 f_v^r	承压 f_c^r
铆钉	5B05-HX8	90	—
	2A01-T4	110	—
	2A10-T4	135	—
构件	6061-T4		210
	6061-T6		305
	6063-T5		185
	6063-T6		240
	6063A-T5		220
	6063A-T6		255

B.0.2 铝合金结构焊缝的强度设计值应按表 B.0.2 采用。

表 B.0.2　铝合金结构焊缝的强度设计值（N/mm²）

铝合金母材牌号及状态	焊丝型号	对接焊缝			角焊缝
		抗拉 f_t^w	抗压 f_c^w	抗剪 f_v^w	抗拉、抗压和抗剪 f_f^w
6061-T4 6061-T6	SAlMG-3(Eur5356)	145	145	85	85
	SAlSi-1(Eur4043)	135	135	80	80
6063-T5 6063-T6 6063A-T5 6063A-T6	SAlMG-3(Eur5356)	115	115	65	65
	SAlSi-1(Eur4043)	115	115	65	65

本规程用词说明

1　为便于在执行本规程条文时区别对待，对要求严格程度不同的用词说明如下：

1)　表示很严格，非这样做不可的：

正面词采用"必须"，反面词采用"严禁"；

2)　表示严格，在正常情况均应这样做：

正面词采用"应"，反面词采用"不应"或"不得"；

3)　表示允许稍有选择，在条件许可时首先应这样做的：

正面词采用"宜"，反面词采用"不宜"；

4)　表示有选择，在一定条件下可以这样做的，采用"可"。

2　条文中指明应按其他有关标准执行的写法为："应符合……的规定"或"应按……执行"。

引用标准名录

1　《建筑结构荷载规范》GB 50009

2　《建筑物防雷设计规范》GB 50057

3　《建筑地面工程施工质量验收规范》GB 50209

4　《建筑装饰装修工程质量验收规范》GB 50210

5　《碳素结构钢》GB/T 700

6　《陶瓷砖试验方法　第 3 部分：吸水率、显气孔率、表观相对密度和容重的测定》GB/T 3810.3

7　《陶瓷砖试验方法　第 5 部分：用恢复系数确定砖的抗冲击性》GB/T 3810.5

8　《陶瓷砖试验方法　第 14 部分：耐污染性的测定》GB/T 3810.14

9　《铝合金建筑型材　第 1 部分：基材》GB 5237.1

10　《铝合金建筑型材　第 2 部分：阳极氧化型材》GB 5237.2

11　《铝合金建筑型材　第 3 部分：电泳涂漆型材》GB 5237.3

12　《铝合金建筑型材　第 4 部分：粉末喷涂型材》GB 5237.4

13　《铝合金建筑型材　第 5 部分：氟碳漆喷涂型材》GB 5237.5

14　《铝合金建筑型材　第 6 部分：隔热型材》GB 5237.6

15　《建筑材料放射性核素限量》GB 6566

16　《绝热材料稳态热阻及有关特性的测定　防护热板法》GB/T 10294

17　《建筑胶粘剂试验方法　第 1 部分：陶瓷砖胶粘剂试验方法》GB/T 12954.1

18　《室内装饰装修材料　胶粘剂中有害物质限量》GB 18583

19　《不锈钢和耐热钢　牌号及化学成分》GB/T 20878

20　《建筑幕墙》GB/T 21086

21　《建筑密封胶分级和要求》GB/T 22083

22　《陶瓷板》GB/T 23266

23　《防火封堵材料》GB 23864

24　《建筑用阻燃密封胶》GB/T 24267

25　《民用建筑电气设计规范》JGJ 16

26　《施工现场临时用电安全技术规范》JGJ 46

27　《建筑砂浆基本性能试验方法标准》JGJ/T 70

28　《建筑施工高处作业安全技术规范》JGJ 80

29　《建筑钢结构焊接技术规程》JGJ 81

30　《玻璃幕墙工程技术规范》JGJ 102

31　《建筑工程饰面砖粘结强度检验标准》JGJ 110

32　《外墙饰面砖工程施工及验收规程》JGJ 126

33　《建筑施工扣件式钢管脚手架安全技术规范》JGJ 130

34　《建筑外墙清洗维护技术规程》JGJ 168

35　《陶瓷墙地砖胶粘剂》JC/T 547

36　《玻璃平均线性热膨胀系数试验方法》JC/T 679

37　《陶瓷墙地砖填缝剂》JC/T 1004

38　《玻璃材料弹性模量、剪切模量和泊松比试验方法》JC/T 678－1997

中华人民共和国行业标准

建筑陶瓷薄板应用技术规程

JGJ/T 172—2012

条 文 说 明

修　订　说　明

《建筑陶瓷薄板应用技术规程》JGJ/T 172-2012 经住房和城乡建设部 2012 年 3 月 15 日以第 1331 号公告批准、发布。

本规程是在《建筑陶瓷薄板应用技术规程》JGJ/T 172-2009 的基础上修订而成，上一版的主编单位是北京新型材料建筑设计研究院有限公司和广东蒙娜丽莎新型材料集团有限公司（原广东蒙娜丽莎陶瓷有限公司），参编单位是上海雷帝建筑材料有限公司、北京城建集团有限责任公司、北京贝盟国际建筑装饰工程有限公司和咸阳陶瓷研究设计院，主要起草人员是薛孔宽、韩海涛、耿直、杨文春、田菀华、刘一军、张旗康、潘利敏、陈峰、闻万梁、刘幼红、温斌、唐国权、苏新禄、韩亚军、李志远和田美玲。

本次修订的主要技术内容是：增加了建筑陶瓷薄板在民用建筑的陶瓷薄板幕墙工程上的应用，分为非抗震设计和抗震设防烈度为 6、7、8 度两类，内容涉及材料、设计、加工制作、安装施工、工程验收以及保养和维护，相应的各章均增加了有关内容。

本规程修订过程中，编制组进行了广泛的调查研究，总结了我国建筑陶瓷薄板粘贴和非粘贴工程建设上的实践经验，通过弯曲强度性能检测试验取得了陶瓷薄板弯曲强度设计值等重要技术参数。

为便于广大设计、施工、科研、学校等单位有关人员在使用本规程时能正确理解和执行条文规定，《建筑陶瓷薄板应用技术规程》编制组按章、节、条顺序编制了本规程的条文说明，对条文规定的目的、依据以及执行中需注意的有关事项进行了说明。但是，本条文说明不具备与规程正文同等的法律效力，仅供使用者作为理解和把握规程规定的参考。

目 次

1 总　则

1.0.1 据统计，我国城乡每年新增建筑面积约 20 亿 m²，瓷砖产品的需求量正在持续稳定地增长。随着中国建筑陶瓷产能的快速增长，对矿产资源的消耗日益增大，结果导致建筑陶瓷企业的原料供应日趋紧张，优质原料日益枯竭，这点已经成为行业发展的瓶颈。因此优质原料减量化、低能耗、再利用的循环经济就成为陶瓷产业可持续发展的必由之路。作为国家"十五"科技攻关计划项目，建筑陶瓷薄板具有吸水率低、尺寸大、厚度小以及节能降耗、清洁环保、轻质高强等特点，它的出现使传统的建筑陶瓷观念发生了革命性的变化。制定本规程的目的，就是为建筑陶瓷薄板饰面工程的设计、加工制作、安装施工、工程验收以及保养和维护提供一套科学实用的依据，以规范工程实践，保证工程质量。

1.0.2 本规程的适用范围从两个方面加以限定：一是建筑陶瓷薄板的适用工程部位；二是建筑陶瓷薄板饰面工程的设计、加工制作、安装施工、工程验收以及保养和维护。

本规程在参照现行国家标准《建筑装饰装修工程质量验收规范》GB 50210 中第 8.3.1 条："本节适用于内墙饰面砖粘贴工程和高度不大于 100m、抗震设防烈度不大于 8 度、采用满贴法施工的外墙饰面砖粘贴工程的质量验收"的基础上，结合建筑陶瓷薄板本身的材料性质和国内各大主要城市的抗震设防烈度的规定，规定了用于外墙粘贴工程时的限制高度和抗震设防烈度。

此外，本次修订增加了建筑陶瓷薄板在非抗震设计和抗震设防烈度为 6、7、8 度的陶瓷薄板幕墙工程上的应用。

本规程中幕墙均指陶瓷薄板幕墙。

2　术语和符号

2.1.1 建筑陶瓷薄板的术语定义引自现行国家标准《陶瓷板》GB/T 23266。

2.1.3 水泥基胶粘剂根据使用方法不同可分为单组分、双组分。单组分是指生产中聚合物以粉末的形式分散在砂浆之中，现场使用时直接加水拌匀即可用；而双组分是指聚合物以乳液形式，在现场直接与工厂预制的砂浆拌匀使用。

2.1.6 本规程中所指的基层是指符合本规程第 4.0.2 条规定的陶瓷薄板的安装面。当混凝土基体符合该规定时，混凝土基体便可作为基层；当不符合该规定时，需要进行处理。当采用增加找平层进行处理时，找平之后的面层即为基层。无论是否需要处理，只要符合本规程第 4.0.2 条规定的面层即视为基层。

3　材　料

3.1　一般规定

3.1.1 材料是保证工程可靠性的物质基础。不同厂家、同一厂家不同产地的产品，都存在质量差别。为了保证工程安全和性能，材料必须满足设计要求并符合现行有关国家标准和行业标准的有关规定。当工程所在地地方政府有特殊要求时，还应符合相应地方标准的有关规定。当采用国外先进国家同类产品标准或生产厂商的企业标准作为产品质量控制依据时，不应低于现行国家相关标准并应满足设计要求。产品出厂时，必须有出厂合格证。进口材料还必须具有商检报告和原产地证明。

3.1.2 建筑物处在一个复杂的环境中，在不同的自然环境下，会承受如日晒、雨淋、风沙、冷冻、腐蚀、温度激变等不利因素的作用。因此，根据设计要求，材料应具有足够的耐候性和耐久性，具备防日晒、防风雨、防风沙、防腐蚀、防盗、防撞、保温、隔热、隔声等功能。

由于工程用材料种类较多，各自承担的功能和工作条件也不一致，因此，部分材料或构件，如可开启部位的五金件、部分密封材料等，其使用寿命不能和幕墙设计使用年限等同，属于可更换的易损件，在进行幕墙设计时，应予以充分考虑。

3.2　建筑陶瓷薄板

3.2.1、3.2.2 表 3.2.1 和表 3.2.2 中建筑陶瓷薄板的性能指标、外观质量和尺寸偏差的数据部分引自现行国家标准《陶瓷板》GB/T 23266，部分来自实验报告。

表 3.2.1 是对陶瓷薄板的统一要求，对于具体的特殊使用部位，会增加性能要求，如用在地面时要考虑耐磨性，但用在其他部位时对该性能没有要求。

3.3　粘贴用材料

3.3.1 作为基层处理材料，聚合物水泥砂浆的各项性能直接决定其能否为建筑陶瓷薄板的安装提供一个安全可靠的基层。本规程在参照《美国国家标准乳胶-水泥砂浆》（American National Standard Specifications for Latex-Portland Cement Mortar-2010）ANSI A118.4 中第 5.1.5 条 "28d 剪切强度应大于 300psi（20.9 kgf/cm²）"和第 6.1 节"平均抗压强度不得小于 2500psi（175.8 kgf/cm²）"的基础上，结合现行行业标准《建筑砂浆基本性能试验方法标准》JGJ/T 70 对材料的抗压强度、抗拉强度、抗剪强度以及吸水率等物理性能提出了具体要求。同时，根据现行国家标准《室内装饰装修材料　胶粘剂中有害物质限量》

GB 18583 对材料的环保性能提出了相应要求。

3.3.2 胶粘剂是保证建筑陶瓷薄板安全有效安装的关键。为此，本规程依据现有规范对胶粘剂的物理性能和环保性能提出了要求，以保证胶粘剂的各项性能指标有据可循。其中，胶粘剂的拉伸胶粘原强度、浸水后的拉伸胶粘强度、热老化后的拉伸胶粘强度、冻融循环后的拉伸强度以及 20min 晾置时间后的拉伸胶粘强度的指标均参照了现行行业标准《陶瓷墙地砖胶粘剂》JC/T 547；同时，本规程在参照《美国国家标准乳胶-水泥砂浆》（American National Standard Specifications for Latex-Portland Cement Mortar-2010）ANSI A118.4 中第 5.1.5 条"28 天剪切强度应大于 300psi（20.9kgf/cm²）"和第 6.1 节"平均抗压强度不得小于 2500psi（175.8kgf/cm²）"的基础上，结合现行行业标准《建筑砂浆基本性能试验方法标准》JGJ/T 70 中的有关实验方法对胶粘剂的 28d 抗剪切强度、抗压强度、吸水率以及初凝时间和终凝时间的指标提出了要求。最后，根据现行国家标准《室内装饰装修材料　胶粘剂中有害物质限量》GB 18583 对材料的环保性能提出了相应要求。

3.3.3 在工程实践中，常遇到填缝剂起粉、脱落、水斑、泛碱等严重影响装饰效果的弊病，可见填缝剂的好坏直接影响着最终的装饰效果。本规程中水泥基填缝剂的物理性能指标参照了现行行业标准《陶瓷墙地砖填缝剂》JC/T 1004 对各项性能指标作出了明确的规定。同时，依据现行国家标准《室内装饰装修材料　胶粘剂中有害物质限量》GB 18583 中的有关规定对有害挥发物质作出了限定。

3.3.4 由于环氧填缝剂本身的特殊性，为更好地保证建筑装饰效果以及成品的耐久性，本规程参照美国国家标准《关于耐化学制剂、可水洗的面砖粘结和面砖填缝用环氧树脂以及可水洗的面砖粘结用环氧树脂胶粘剂》（American National Standard Specifications for Chemical Resistant，Water Cleanable Tile-Setting and-Grouting Epoxy and Water Cleanable Tile-Setting Epoxy Adhesive-2009）ANSI A118.3 中第 5.5 节"7d 剪切强度应大于 1000psi（69.8kgf/cm²）"和第 5.6 节"7d 后的平均抗压强度不得低于 3500psi（244kgf/cm²）"的有关规定，同时结合现行国家标准《建筑胶粘剂试验方法　第 1 部分：陶瓷砖胶粘剂试验方法》GB/T 12954.1-2008 提出了关于对环氧填缝剂抗拉强度与抗压强度的要求。同时，参照现行行业标准《陶瓷墙地砖填缝剂》JC/T 1004 的要求对材料的吸水率、耐磨性以及收缩值作出了规定。

3.4 陶瓷薄板幕墙用材料

3.4.1 由于陶瓷薄板幕墙除面板设计外与玻璃幕墙相似，所以对其材料的具体要求应符合现行行业标准《玻璃幕墙工程技术规范》JGJ 102 的有关规定。

3.4.2 幕墙在使用过程中，应具有防止和阻止火灾扩大的功能，以尽可能地减少由火灾造成的财产损失和保护生命安全。而同时在幕墙工程的加工制作、安装施工过程中却存在着火灾隐患，因此，幕墙的材料选用就显得极其重要。本条对幕墙所用材料的燃烧性能作出了规定。尽管如此，在幕墙用材料中，国内外都还有少量材料是不防火的，如双面胶带、填充棒等，因此，在安装施工时，应高度重视防火问题并应采取有效的防火措施。

此外，在进行幕墙设计时，必须进行防火封堵构造设计，以防止火灾迅速蔓延，为抢救财产和人员逃生创造机会。防火封堵构造用材料，应采用符合现行国家标准《防火封堵材料》GB 23864 和《建筑用阻燃密封胶》GB/T 24267 有关规定的防火封堵材料和防火密封材料。

3.4.3 幕墙工程中所采用的硅酮类胶、环氧类胶、聚氨酯类胶等都应具有与接触材料相适应的粘结性能和耐久性，以确保幕墙设计性能。这些胶在建筑上已被广泛采用，而且已经有了比较成熟的经验。

由于陶瓷薄板是多孔材料，在与结构密封胶和建筑（耐候）密封胶接触的部位，密封胶中的小分子如增塑剂等非反应性物质就会从胶中渗出，继而渗入到陶瓷薄板的孔隙中，致使其表面油污和沾灰。因此，在使用前应进行耐污染试验，在证实无污染后才能使用。

建筑（耐候）密封胶是化学活性材料，经过长期存放，会出现粘结强度降低、耐候性能和伸缩性能下降等问题，因此必须在有效期内使用。

3.4.4 放射性核素会危害人体健康，因此，陶瓷薄板的放射性核素限量应符合现行国家标准《建筑材料放射性核素限量》GB 6566 的有关规定。

3.4.5 因为陶瓷薄板幕墙按有关规定一般使用在实体墙处，即不存在美观问题，所以铝合金型材尺寸允许偏差不需要达到高精级。

3.4.6 幕墙设计应尽量选用标准件。采用非标准紧固件时，产品质量应满足设计要求，并应有出厂合格证。

3.4.7 幕墙与建筑主体结构之间的连接件，传统上采用碳素结构钢、合金结构钢、低合金高强度结构钢或不锈钢制作。铝合金支承构件之间的连接件，一般采用铝合金型材制作。由于铝合金型材尺寸精度高，近年来，采用铝合金型材作为幕墙与建筑主体结构之间的连接件的做法，在单元式幕墙中得到了广泛使用。在进行幕墙与建筑主体结构或支承结构之间的连接件设计时，要综合考虑连接件的最小承载能力、截面局部稳定、耐久性（耐腐蚀性能）要求，选用适宜的材质、厚度和表面处理方法。

采用其他材质连接件（如铸钢件）时，材质和表面处理应符合国家现行有关标准的规定。

3.4.9 硅酮结构密封胶是影响陶瓷薄板幕墙安全的重要因素,因此应符合国家现行有关标准的规定。

3.4.11 幕墙用胶条,应当具有耐紫外线、耐老化、耐污染、弹性好、永久变形小等特性,并应符合现行国家标准《建筑门窗、幕墙用密封胶条》GB/T 24498 的有关规定。如果不对胶条的材质进行控制,就会出现老化开裂甚至脱落等严重问题,从而影响幕墙的气密性能和水密性能。

采用三元乙丙橡胶和硅橡胶制品时,要采取适当措施,保证胶条的连续性,以免因接头位置脱开而降低幕墙的气密性能和水密性能。

4 粘 贴 设 计

4.0.2 基层的质量是保证工程质量的重要基础。对不符合规定的基层进行处理是保证陶瓷薄板粘贴工程质量的重要工序。基层强度低易造成粘结层与基层界面被破坏,故应针对不同的基层采取相应的处理措施。对于加气混凝土、轻质砌块和轻质墙板等基体,不仅应符合本规程第 4.0.2 条的有关规定,而且要特别注意使用过程中因温度变化而引起的收缩变形。基层平整度也必须符合此规定,否则会造成材料的浪费及陶瓷薄板断裂。当基层平整度不符合此规定时,可以采用适当的找平砂浆或垫层砂浆来进行基层找平。

4.0.4 双组分水泥基胶粘剂具有质量稳定、强度高、各项性能指标均优于单组分的胶粘剂的特点。为规范外墙陶瓷薄板的施工过程和施工质量,特明确本条。

4.0.5 水泥基填缝剂含有较多的碱活性成分,容易造成砖缝间的泛碱、"白花"、"流泪"和"镜框"等现象,极大地影响了使用效果。外墙气候环境条件恶劣复杂,容易受各种腐蚀性介质侵蚀,如酸雨、碱、污渍等都会破坏填缝材料,甚至通过破坏后的缝隙腐蚀板后的基材。因此,为了保证外墙填缝的施工质量,推荐采用环氧基填缝剂。

4.0.6 规程中强调这一条,是为了确保找平材料、胶粘剂材料、防水材料等各不同功能层间彼此结合紧密、传力牢固、兼容性强。

4.0.8 当陶瓷薄板在外墙应用时,设置伸缩缝,可以防止墙体结构变形及饰面板本身发生温度变形而导致的开裂和脱落。弹性嵌缝材料可选用弹性腻子密封胶、高弹性嵌缝膏等。

5 陶瓷薄板幕墙设计

5.1 陶瓷薄板幕墙的建筑设计

5.1.3 陶瓷薄板的脱落对人民的生命安全和财产安全会造成威胁,所以应采取防脱落措施。可以考虑在陶瓷薄板背面粘结无碱玻璃纤维布、不锈钢丝网复合层或有同等作用的材料以增强其安全性。

对于容易受到撞击的部位,可以采取设置明显的警示标志,或者在陶瓷薄板背面粘结玻璃纤维布、不锈钢丝网复合层或有同等作用的材料等具体措施来避免撞击的发生和减轻撞击所带来的危害。

5.1.8 幕墙钢框架支承系统,对付温度影响有两条途径:自由位移而无温度应力;限制位移承受温度应力。可以采用前者,留温度缝;也可以采用后者,不留温度缝。

5.1.9 陶瓷薄板幕墙进行设计时,一块陶瓷薄板不宜跨越抗震缝和伸缩缝两边。如果确实无法避免时,应在同一块板的左右两侧设置伸缩构造。

5.1.10 防雷金属连接件应具有防腐蚀功能,以避免因表面被腐蚀而导致其截面减小,进而影响导电性能的问题出现。各种连接件的截面尺寸要求,应与现行国家标准《建筑物防雷设计规范》GB 50057 一致。对应于导电通路立柱的预埋件或固定件应采用截面不小于 $50mm^2$ 的热浸镀锌圆钢或扁钢连接件,圆钢直径不应小于 8mm,扁钢厚度不应小于 2.5mm。幕墙金属构件之间的连接宜采用铜质或铝质柔性导线,铜质导线的截面积不应小于 $16mm^2$,铝质导线的截面积不应小于 $25mm^2$。

5.2 陶瓷薄板幕墙的结构设计

5.2.1 建筑幕墙是由面板和支承结构组成的建筑物外围护结构体系,主要承受自重以及直接作用于其上的风荷载、地震作用、温度作用等,不分担主体结构承受的荷载和(或)地震作用。新修订的现行国家标准《工程结构可靠性设计统一标准》GB 50153 中规定,工程结构设计时,应规定结构的设计使用年限。现行国家标准《建筑结构可靠度统一设计标准》GB 50068 规定,易于替换的结构构件(此处是指承重结构构件)的设计使用年限为 25 年。建筑幕墙是非承重且易于替换的非结构构件,因此规定其设计使用年限应不小于 25 年。

5.2.3 我国是多地震国家,幕墙设计应区分为抗震设计和非抗震设计两类。对非抗震设防地区,进行幕墙设计时,只需考虑风荷载、重力荷载以及温度作用;对抗震设防地区,必须考虑地震作用,进行抗震设计。幕墙属于非结构构件,根据现行国家标准《建筑抗震设计规范》GB 50011 的有关规定,抗震设防烈度为 6 度及以上地区,要采用等效侧力法,对幕墙自身及其与主体结构的连接进行抗震设计计算。

幕墙与主体结构必须可靠连接、锚固。进行幕墙设计时,应对幕墙与主体结构的连接件及其锚固系统进行专门设计,并将有关设计和幕墙传递给主体结构的荷载和作用提供给主体结构设计师,对主体结构进行验算,以加强幕墙的抗震安全性和对生命的保护,避免因不合理设置而导致主体结构被破坏。

由于建筑幕墙自重较轻，幕墙承受的荷载和作用中，以风荷载为主，地震作用远小于风荷载作用，因此，无论是否进行抗震设计，均应以抗风设计为主。但是，由于地震作用是动力作用，并且直接作用于连接节点，易造成连接损坏、失效，甚至使建筑幕墙脱落、倒塌。因此，抗震设计的幕墙，不仅要以抗震设计和抗风设计中最不利的荷载和作用效应组合进行结构设计，还必须加强构造设计。

5.2.7 陶瓷薄板幕墙构造与隐框玻璃幕墙相同，因此承受水平荷载的陶瓷薄板是典型的薄板弯曲问题，设计时须进行陶瓷薄板的抗弯性能计算。表 5.2.7 中陶瓷薄板弯曲强度设计值是通过试验的方法获得的，具体试验结果如下：

采用《建筑玻璃-玻璃弯曲强度的测定，有小试验表面的平试样的同轴双环试验》（Glass in building-Determination of the bending strength of glass-Coaxial double ring test on flat specimens with small test surface areas）BS EN 1288-5-2000，对带釉陶瓷薄板和无釉陶瓷薄板分别进行了三组和两组试验。陶瓷薄板厚度为 5.5mm，每组 20 片，结果见表 1。

表 1　试验结果（MPa）

试验结果		平均值	方差	变异系数
带釉陶瓷薄板	第一组	42.67	4.67	0.11
	第二组	49.52	4.68	0.09
	第三组	43.23	6.09	0.14
无釉陶瓷薄板	第一组	55.78	5.78	0.10
	第二组	59.41	7.46	0.13

陶瓷薄板与玻璃板同属脆性材料，其弯曲强度服从正态分布。玻璃板弯曲强度的变异系数位于 0.15～0.25 之间；表 1 试验结果表明，陶瓷薄板的变异系数位于 0.09～0.14 之间，说明陶瓷薄板弯曲强度的离散性比玻璃板的弯曲强度离散性要小。玻璃板的强度安全系数取 2.5，满足工程设计要求，陶瓷薄板安全系数取 2.5 也应满足设计要求。将带釉陶瓷薄板三组试验平均值再取平均，除以安全系数 2.5，得到带釉陶瓷薄板弯曲强度设计值 18MPa。将无釉陶瓷薄板两组试验平均值再取平均，除以安全系数 2.5，得到带釉陶瓷薄板弯曲强度设计值 23MPa。

5.2.10 钢铸件的强度设计值来源于现行国家标准《钢结构设计规范》GB 50017 的有关规定。其中，ZG03Cr18Ni10、ZG07Cr19Ni9、ZG03Cr18Ni10N 三种不锈钢铸件材料相当于统一数字代号为 S304XX 系列的奥氏体型不锈钢，ZG03Cr19Ni11Mo2、ZG03Cr19Ni11Mo2N 两种不锈钢铸件材料相当于统一数字代号为 S316XX 系列的奥氏体型不锈钢。

不锈钢材料（带材、板材、棒材和型材）主要用于幕墙的连接件和支承结构，材料分项系数取 1.6，略高于普通钢结构。采用本附录 A 中未列出的不锈钢材料时，其抗拉强度标准值可取相应规定的非比例延伸强度 RP0.2b；抗拉强度设计值可按其抗拉强度标准值除以系数 1.15；抗剪强度设计值可按其抗拉强度标准值除以系数 1.99 取 5 的倍数采用。表 A.0.2 中规定的非比例延伸强度 RP0.2b 按现行国家标准《不锈钢棒》GB/T 1220 确定；表 A.0.3 中规定的非比例延伸强度 RP0.2 按现行国家标准《不锈钢冷轧钢板和钢带》GB/T 3280 和《不锈钢热轧钢板和钢带》GB/T 4237 确定。

5.2.14、5.2.15 幕墙采用的陶瓷薄板计算公式是在小挠度情况下推导出来的，它假定陶瓷薄板只受到弯曲作用，只有弯曲应力而平面内薄膜应力则忽略不计，因此它适用于挠度 $d_f \leqslant t$（t 为板厚）的情况。表 5.2.15 中列出了在四边支承条件下陶瓷薄板的挠度系数 μ 的数值，其他边界条件下的挠度系数可参照现行《建筑结构静力计算手册》选用。

陶瓷薄板的挠度限值为边长的 1/60，如边长为 900mm 的陶瓷薄板，其挠度允许值可达 15mm，是其厚度 5.5mm 的 2.7 倍，此时应力、挠度的计算值会比实际值大很多，所以考虑一个系数 η 予以修正。

5.2.16～5.2.18 陶瓷薄板与加劲肋之间可以通过结构胶或其他材料牢固粘结，胶与其相接触的材料应有很好的相容性。胶的宽度应经过计算，保证在正负风压作用下，加劲肋都能起到加强作用。为了使幕墙框架成为加劲肋的支座，加劲肋的端部应与之有效连接，目的是将面板所受荷载作用直接有效地传递到主框架上。

进行肋的计算时，板面作用的荷载应按三角形或梯形分布传递到肋上，按等效弯矩原则化为均布荷载，见图 1。对中肋刚度的要求，是为了使肋能够起到支承作用，从而使得陶瓷薄板可以按多跨连续板来计算。

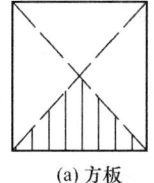

| (a) 方板 | (b) 矩形板 |

图 1　板面荷载向肋的传递

6　加　工　制　作

6.1　一　般　规　定

6.1.1 陶瓷薄板幕墙结构属于围护结构，在施工前应对主体结构进行复测，当其误差超过陶瓷薄板幕墙设计图纸中的允许值时，一般应调整幕墙设计图纸，原则上不允许对原主体结构进行破坏性修整。

对陶瓷薄板幕墙设计进行调整时，要注意维持建筑立面的整体效果，不得破坏已建主体结构。

6.1.2 构件的加工质量和尺寸精度与构件加工用设备、工装、夹具、模具有直接关系，因此应经常对其进行检查、维修并做好定期保养，使加工设备始终保持良好的工作状态。质量检验用量具的测量精度应满足构件设计精度的要求并定期进行检测，以确保测量结果的准确性。

6.1.3 单元式陶瓷薄板幕墙和隐框陶瓷薄板幕墙的组件均应在车间加工组装，尤其是由硅酮结构胶固定的板块。

6.1.4 隐框陶瓷薄板幕墙构件应在室内进行加工，并要求室内清洁、干燥、通风良好，温度也应满足加工的需要，如北方的冬季应有采暖，南方的夏季应有降温措施等。对于硅酮结构密封胶的施工场所要求较严格，除要求清洁、无尘外，室内温度不宜低于15℃，也不宜高于27℃，相对湿度不低于50%。硅酮结构胶的注胶厚度及宽度应满足设计要求，且宽度不得小于7mm，厚度不得小于6mm。

6.3 陶瓷薄板

6.3.1 一般情况下，陶瓷薄板幕墙的立面分格尺寸应按陶瓷薄板的产品规格与板缝宽度确定，陶瓷薄板加工的主要工作内容是二次切割。因此，陶瓷薄板加工前的检验非常重要，它是保证陶瓷薄板幕墙工程质量符合有关规定的关键。因此，应加强加工前的检验，尤其是陶瓷薄板的表面质量、色泽、花纹图案、宜进行100%检验。

6.3.2 加工过程中，刀具和陶瓷薄板摩擦产生热量会造成刀具磨损，影响加工精度和加工表面质量，应采用清水进行润滑和冷却。加工后应立即对加工部位残留的瓷粉和其他物质进行清洗，并置于通风处自然干燥。

6.3.3 已加工完成的陶瓷薄板应直立存放在通风良好的仓库内，其角度不应小于85°。存放角度是保证陶瓷薄板存放过程安全的重要措施，可防止陶瓷薄板被挤压破碎和变形。

6.5 单元式陶瓷薄板幕墙组件

6.5.1 由于单元式幕墙板块在主体结构上的安装方式特殊，通常都采用插接方式，安装后不容易更换，所以必须在加工前对各板块编号。

运输方向是指板块装车时的摆放方向，目的在于防止板块变形和便于卸车。

6.5.4 单元板块安装就位之前，要经过多次搬动、运输，容易产生板块变形、连接松动等质量问题，造成安装困难，影响施工质量。运输时，单元板块应摆放在专用托架上，托架应与板块的外形基本吻合，使其具有防止板块移位的功能。板块与托架、托架与车体应绑扎牢固，并作好防雨等天气突变的准备。

6.5.6 一般情况下，由于单元式陶瓷薄板幕墙的特殊构造，单元板块上通常有工艺孔、通气孔和排水孔，分别用来紧固横向和竖向构件的连接螺钉和形成等压腔以及将少量渗水排出陶瓷薄板幕墙之外。设计通气孔和排水孔的目的是为了提高陶瓷薄板幕墙的水密性能，应采用防水透气材料封堵，保持通畅和通气，做到"防水不防气"；而工艺孔的存在可能会改变构件内腔的压力分布，带来反作用。所以，应予以封堵。

7 安装施工

7.1 粘贴工程

Ⅱ 施 工 准 备

7.1.13 环境温度对施工质量有比较大的影响。温度过低，会导致胶粘剂固化的大幅延迟和胶粘剂强度提高的放缓，并造成终凝强度发生较大幅度的降低。温度过高，基层处理材料、胶粘剂和填缝剂中的水分会被快速蒸发流失，造成开裂，同样也会大大降低材料的粘结强度。故规定施工的高、低温度限制。

Ⅲ 施 工

7.1.16 本条对薄法施工工艺作了详细的说明。其中"应采用齿形镘刀均匀梳理，使之均匀分布成清晰、饱满的连续条纹"可保证胶粘剂与基层充分粘结，厚度均匀，从而达到对饰面安装平整度的要求。

建筑陶瓷薄板尺寸较大，为了防止在施工中出现空鼓，要求施工时在建筑陶瓷薄板粘贴面满涂胶粘剂。

7.1.18 在墙面安装建筑陶瓷薄板时，因自重会产生竖向滑移。施工时应自下而上，并采用有效可靠的防护措施，待胶粘剂材料终凝后，方可拆除。

Ⅳ 安 全 规 定

7.1.19 建筑陶瓷薄板切割会带来粉尘污染，切割过程中应用清水淋湿切口降温，以免造成建筑陶瓷薄板爆边，同时避免扬尘。

7.1.21 胶粘剂和填缝剂添加剂为高分子材料，对人体无害，但长期浸泡会对皮肤造成损害，应避免误入口眼。如有发生，可用大量清水及时冲洗。

7.2 陶瓷薄板幕墙工程

7.2.1 陶瓷薄板幕墙施工图中应明确规定陶瓷薄板

幕墙构件和附件的材料品种、规格、色泽和性能。构件的尺寸、形状不满足设计要求时，会严重影响陶瓷薄板幕墙的安装质量，因此不合格的构件和附件不得使用。

7.2.2 陶瓷薄板幕墙的安装施工质量，是直接影响陶瓷薄板幕墙能否满足其建筑物理及其他性能要求的关键之一，同时陶瓷薄板幕墙安装施工又是多工种的联合施工，和其他分项工程施工难免有交叉和衔接的工序。因此，为了保证陶瓷薄板幕墙的安装施工质量，要求安装施工承包单位单独编制陶瓷薄板幕墙施工组织设计。

7.2.3 单元式幕墙的安装施工组织设计与构件式的有明显区别。本条主要是针对单元式陶瓷薄板幕墙的自身特点而重点强调的。

7.2.4 本条强调在进行测量放线时，应注意下列事项：

　　1 陶瓷薄板幕墙分格轴线、控制线的测量应与主体结构测量相配合，主体结构出现偏差时，陶瓷薄板幕墙分格线应根据主体结构偏差及时进行调整，不得积累。

　　2 通常单元式陶瓷薄板幕墙施工是在主体结构尚未完全完成时就已开始进行。因此，陶瓷薄板幕墙的施工单位应对单元式陶瓷薄板幕墙施工开始后进行的主体结构的垂直度和结构楼层的外轮廓位置进行监控，发现误差超过陶瓷薄板幕墙安装允许的范围时，应及时反映给总承包单位，以便于主体结构施工单位进行修改、调整。

　　3 定期对陶瓷薄板幕墙安装定位基准进行校核，以保证安装基准的正确性，避免因此产生的安装误差。

　　4 对高层建筑，风力大于 4 级时容易产生不安全或测量不准确问题。

7.2.5 安装过程的半成品容易被损坏和污染，应引起重视，并采取保护措施。

8 工 程 验 收

8.1 粘 贴 工 程

Ⅱ 主 控 项 目

8.1.6 在建筑外墙粘贴陶瓷薄板，因其厚度薄、自重轻，对提高安全性有利，但是吸水率低却对提高安全性不利。为确保工程质量和安全，在外墙陶瓷薄板施工完成后，必须按现行行业标准《建筑工程饰面砖粘结强度检验标准》JGJ 110 的有关规定进行检查，其取样数量、检验方法、检验结果判定均应符合国家现行有关标准的规定。

Ⅲ 一 般 项 目

8.1.9 基层是否平整与最终面板的粘贴质量及材料

用量紧密相关，必须在施工过程中严格控制。

8.2 陶瓷薄板幕墙工程

Ⅰ 一 般 规 定

8.2.2 工程验收分为资料验收和工程现场验收。陶瓷薄板幕墙工程验收资料应符合现行有关国家标准、行业标准和工程所在地的地方标准的相关规定。现行国家标准《建筑装饰装修工程质量验收规范》GB 50210 对幕墙工程的验收规定中，有关安全和功能的检测项目有幕墙的抗风压性能、气密性能、水密性能和平面内变形性能。近年来新制定的现行国家标准《建筑幕墙》GB/T 21086 对幕墙的热工性能提出要求，现行国家标准《建筑节能工程施工质量验收规范》GB 50411 中对幕墙节能工程上使用的保温隔热材料的热工性能进行了专门规定，有的省份还制定了地方的建筑节能施工质量验收规范或实施细则，这都要求幕墙工程设计、验收时贯彻执行。

　　本条列出了陶瓷薄板幕墙工程验收时，应提交的基本验收资料范围。对于具体的工程而言，除了设计文件和隐蔽工程验收记录必须提交之外，其他资料应根据工程实际涉及的部分，提交相应部分的验收资料。

8.2.3 陶瓷薄板幕墙施工完毕后，不少部位或节点已被装饰材料遮封隐蔽，在工程验收时无法观察和检测，但这些部位或节点的施工质量至关重要，必须在安装施工过程中完成隐蔽验收。工程验收时，应对隐蔽工程验收文件进行认真的审核与验收。

8.2.4 陶瓷薄板幕墙本身就具有装饰功能。凡是设置陶瓷薄板幕墙的建筑物，对于建筑外观质量都有比较高的要求。因此，陶瓷薄板幕墙外观质量检查应分为观感和抽样两部分。这样，既可观察陶瓷薄板幕墙的总体效果是否满足建筑设计要求，又可对施工质量进行具体评价。

　　检验批的划分应按现行国家标准《建筑装饰装修工程质量验收规范》GB 50210 的有关规定并结合工程实际情况进行划分。

Ⅱ 主 控 项 目

8.2.5 表 8.2.5 是按现行国家标准《建筑幕墙》GB/T 21086 中人造板正面外观无缺陷允许值和人造板材幕墙每平方米外露表面质量的有关规定汇总制定的。

8.2.6 表 8.2.6-1、表 8.2.6-2 在现行国家标准《建筑幕墙》GB/T 21086 有关规定的基础上，根据工程经验，进行了补充。

Ⅲ 一 般 项 目

8.2.7、8.2.8 本节提出了进行陶瓷薄板幕墙观感检验的一般要求。进行颜色均匀性检查时，与陶瓷薄板幕墙表面的距离不宜小于 1m。

9 保养和维护

9.1 一般规定

9.1.2 随着我国幕墙行业的发展，各类幕墙新产品越来越多，结构形式越来越复杂，技术含量也越来越高。为使幕墙达到其设计寿命，合理使用和正确维护就必不可少。因此，幕墙承包单位应将《幕墙使用维护说明书》作为验收资料的组成部分向业主提供。对于有特殊功能要求的电动开启窗，应在开启窗附近的明显位置制作标贴指导使用。

9.1.5 在进行陶瓷薄板幕墙的清洗、保养和维护时，操作人员应按有关规定进行操作，维护保养设备应处于完好状态，防止出现人身和设备事故。

9.2 检查和维护

9.2.1~9.2.3 本节说明了陶瓷薄板幕墙日常维护和保养、定期检查和维护以及灾后检查和维修的工作内容及注意事项。

9.3 清 洗

9.3.1 采用酸性洗液，将会对水泥基的填缝剂造成腐蚀破坏。

9.3.3 业主或物业管理部门，应对陶瓷薄板幕墙表面定期清洗，清洗液不得对面板和陶瓷薄板幕墙构件产生腐蚀。清洗过程中要注意安全，并不得撞击和损伤幕墙。

8

检 测 技 术

中华人民共和国国家标准

混凝土结构试验方法标准

GB 50152—92

主编部门：中华人民共和国原城乡建设环境保护部
批准部门：中 华 人 民 共 和 国 建 设 部
施行日期：１ ９ ９ ２ 年 ７ 月 １ 日

关于发布国家标准《混凝土结构
试验方法标准》的通知

建标〔1992〕29号

根据原国家计委计综〔1986〕2630号文的要求，由中国建筑科学研究院会同有关单位共同编制的《混凝土结构试验方法标准》，已经有关部门会审。现批准《混凝土结构试验方法标准》GB 50152—92为国家标准，自1992年7月1日起施行。

本标准由建设部负责管理，由中国建筑科学研究院负责解释。出版发行由建设部标准定额研究所负责组织。

中华人民共和国建设部
1992年1月7日

编 制 说 明

本标准是根据原国家计委计综〔1986〕2630号文的要求，由中国建筑科学研究院会同有关单位共同编制而成。

在本标准的编制过程中，标准编制组进行了广泛的调查研究，认真总结我国建国以来的科研成果和试验工作的实践经验，参考了有关国际标准和国外先进标准，针对主要试验技术问题开展了科学研究与试验验证工作，并广泛征求了全国有关单位的意见，最后，由我部会同有关部门审查定稿。

鉴于本标准系初次编制，在执行过程中，希望各单位结合混凝土结构试验工作实践和科学研究，认真总结经验，注意积累资料，如发现需要修改和补充之处，请将意见和有关资料寄交我部中国建筑科学研究院结构所（北京安外小黄庄），以供今后修订时参考。

中华人民共和国建设部
1991年10月

目　次

第一章 总 则

第 1.0.1 条 为确保混凝土结构试验的质量，正确 评价混凝土结构的基本性能，统一混凝土结构的试验方法，特制定本标准。

第 1.0.2 条 本标准适用于工业与民用建筑和一般构筑物的钢筋混凝土结构、预应力混凝土结构的荷载试验。不适用于有特殊要求的研究性试验，以及处于高温、负温、侵蚀性介质等环境条件下的结构试验。

第 1.0.3 条 在执行本标准时，还应符合现行国家标准《混凝土结构设计规范》GBJ10—89、《建筑结构荷载规范》GBJ9—87以及其它有关标准、规范的规定。

第二章 试验结构构件的制作及材料基本力学性能

第 2.0.1 条 试验结构构件的材料、截面几何尺寸和施工质量应符合现行国家标准《混凝土结构工程施工及验收规范》、《预制混凝土构件质量检验评定标准》及有关标准、规范的要求。

制作研究性试验结构构件时，应保证量测仪表用预埋件和预留孔洞的正确位置和减少截面的削弱，并应采取措施防止施工中损坏预埋传感元件。在构件承受较大集中荷载的部位应采用钢筋网片或钢板等局部加强。

第 2.0.2 条 试验结构构件的钢筋应取试件作屈服强度、抗拉强度、伸长率和冷弯等力学性能试验。钢筋试件的拉力试验应符合现行国家标准《金属拉力试验法》的要求。

当需要确定构件的钢筋应力时，应测定钢筋的弹性模量，并绘制应力—应变曲线。

第 2.0.3 条 对研究性试验，在制作试验结构构件时应采用同批拌合物制作混凝土立方体试件，并与试验结构构件同条件养护。

当需要测定混凝土的应力、弹性模量或轴心抗压强度时，应制作棱柱体试件，并宜绘制混凝土的应力—应变曲线。

当进行抗裂性试验研究时，应同时制作来测定抗拉强度的混凝土立方体试件。

立方体试件和棱柱体试件的制作、养护和试验应符合现行国家标准《普通混凝土力学性能试验方法》的要求。

第 2.0.4 条 当采用新品种的钢筋或水泥制作试验结构构件时，材料的质量应符合国家现行有关标准、规范的要求。

第 2.0.5 条 对成批生产的预制构件的抽样检验，其试验构件的钢筋和混凝土的力学性能指标，试验前应由送检单位提供。

第 2.0.6 条 当需要进一步确定试验结构构件的材料实际强度时，可在构件试验完成后，从构件受力较小部位截取试件进行材料力学性能试验。

第三章 量测仪表、加载设备及试验装置

第一节 量 测 仪 表

第 3.1.1 条 混凝土结构试验用的量测仪表，应符合本节精度等级的规定，并应有主管计量部门定期检验的合格证书。

第 3.1.2 条 各种位移量测仪表的精度、误差等应符合下列规定：

一、钢直尺、千分表、百分表和大量程百分表的误差允许值应符合表3.1.2的规定；

钢直尺、百分表、千分表、大量程百分表误差允许值 表 3.1.2

名 称		任意段示值误差（μm） 分 段（mm）				示值总误差值（μm） 量 程（mm）				回程误差（μm） 量 程（mm）			示 值 变 动 性（μm）
		0.1	0.2	1.0	10.0	1.5×10^n	3×10^n	5×10^n	10×10^n	3×10^n	5×10^n	10×10^n	
钢直尺				± 50	± 80	± 100	± 100	± 150	± 200				
千分表	新制的	3						5		2			0.3
	已使用的	4						6		2.5			0.5
百分表	新制的	9	12			15	18	22		5			5
	已使用的	—	18			20	25			5			5
大量程百分表		15				30	43		5	10			5

注：①表中n系指数，千分表$n=-1$，百分表$n=0$，大量程百分表$n=1$，钢直尺$n=2$；
②表中所列百分表的误差允许值是百分表的准确度等级为1级时的误差允许值。

二、水准仪和经纬仪的精度分别不应低于3级精度（DS3）和2级精度（DS2）；

三、位移传感器的准确度不应低于1.0级；位移传感器的指示仪表的最小分度值不宜大于所测总位移的1.0%，示值误差应为$\pm 1.0\%$ F.S.；

四、倾角仪的最小分度值不宜大于5″；电子倾角计的示值误差应为$\pm 1.0\%$ F.S.。

注：F.S.表示量测仪表的满量程。

第 3.1.3 条 各种应变量测仪表的精度、误差等应分别满足下列规定：

一、由符合本标准第3.1.2条规定的千分表、百分表和位移传感器等构成的应变量测装置，其标距误差应为$\pm 1.0\%$，最小分度值不宜大于被测总应变的1.0%；

二、双杠杆应变计的示值误差和标距误差均应为$\pm 1.0\%$，最小分度值不宜大于被测总应变的2.0%；

三、静态电阻应变仪的精度不应低于B级，最小分度值不宜大于10×10^{-6}；

动态电阻应变仪的精度不应低于B级，基准量程不宜小于200×10^{-6}，输出灵敏度不宜低于$0.1mA/10^{-6}$或$0.1mV/10^{-6}$，载波频率不宜低于10倍被测应变的频率；

电阻应变计的精度不应低于C级；对于疲劳试验精度不应低于B级。

第 3.1.4 条 观测裂缝宽度的仪表，其最小分度值不宜大于0.05mm。

第 3.1.5 条 各种力值量测仪表的精度、误差等应分别满足下列规定：

一、弹簧式拉力、压力测力计的最小分度值不应大于2.0% F.S.，示值误差应为$\pm 1.5\%$；

二、负荷传感器的精度不应低于C级，对于长期试验，精度不应低于B级，负荷传感器的指示仪表的最小分度值不宜大于被测力值总量的1.0%，示值误差应为$\pm 1.0\%$ F.S.。

第 3.1.6 条 各种记录仪表精度、误差等应分别满足下列规定：

一、X-Y函数记录仪的准确度不应低于1.0级；

二、光线示波器应符合现行标准《光线示波器》的规定；

三、笔式记录器的准确度不应低于1.0级；

四、磁带记录器的信噪比不应小于35dB，带速误差应为$\pm 0.7\%$，线性误差不大于0.5%。

第二节 加载设备

第 3.2.1 条 混凝土结构试验用的各种试验机应满足 本标准第 3.2.7 条规定的精度等级要求,并应有主管计量部门定期检验的合格证书。经修理的试验机应重新检验,领取新的合格证书。当使用其它加载设备对试验结构构件施加荷载时,加载量误差应为±3.0%,对于现场试验的误差应为±5.0%。

第 3.2.2 条 采用各种重物产生的重力作试验荷载时,称量重物的衡器示值误差应为±1.0%,重物应满足下列规定:

一、对于吸水性重物,使用过程中应有防止这些重物含水量变化的措施,并应在试验结束后立即抽样复查加载量的准确性;

二、铁块、混凝土块等块状重物应逐块或逐级分堆称量,最大块重应满足加载分级的需要,并不宜大于25kg;

三、红砖等小型块状材料,宜逐级分堆称量;对于块体大小均匀,含水量一致又经抽样核实块重确系均匀的小型块材,可按平均块重计算加载量;

四、散粒状材料应装入袋或装入放在试验构件表面上的无底箱中,并逐级称量。

第 3.2.3 条 采用静水压力作均布试验荷载时,水中不应含有泥砂等杂物,可采用水柱高度或精度不低于1.0级水表计算加载量。

第 3.2.4 条 采用气压作均布试验荷载时,充气胶囊不宜伸出试验结构构件的外边缘。确定加载量时,应考虑充气囊与结构表面接触的实际作用面积,按气囊中的气压值计算确定。

第 3.2.5 条 采用千斤顶加载,宜按本标准第3.1.5条规定的力值量测仪表直接测定它的加载量。

当条件受到限制而需用油压表测定油压千斤顶的加载量时,油压表精度不应低于1.5级,并应对配套的千斤顶进行标定,绘出标定曲线,曲线的重复性误差应为±5%。

当采用相互并联的数个同规格液压加载器施加静荷载时,可只在一个加载器上测定作用力,并计算总的加载量。此时,各加载器的实测摩阻系数与平均值的偏差应为±2.0%,各加载器间的高差不应大于5m。

第 3.2.6 条 采用卷扬机、倒链等机具加载时,应采用串联在绳索中的力值量测仪表直接测定加载量,当绳索需通过导向轮或滑轮组对结构加载时,力值量测仪表宜串联在靠近试验结构一端的绳索中。

第 3.2.7 条 加载用的各种试验机精度、误差等应分别满足下列规定:

一、万能试验机、拉力试验机、压力试验机的精度不应低于2级;

二、结构疲劳试验机静态测力误差应为±2%。

三、电液伺服结构试验系统的荷载、位移量测误差应为±1.5% F.S.。

第三节 试验装置

第 3.3.1 条 试验装置的设计和配置应满足下列要求:

一、试验结构构件的跨度、支承方式、支撑等条件和受力状态应符合设计计算简图,且在整个试验过程中保持不变;

二、试验装置不应分担试验结构构件承受的试验荷载,且不应阻碍结构构件的变形自由发展;

三、试验装置应有足够刚度,最大试验荷载作用下应有足够承载力(包括疲劳强度)和稳定性。

第 3.3.2 条 试验结构构件的支座应分别按下列规定设置:

一、单跨简支结构构件和连续梁的支座除一端支座应为固定铰支座外,其它支座应为滚动铰支座;安装时,各支座轴线应彼此平行并垂直于试验结构构件的纵轴线,各支座轴线间的距离取

为结构构件的试验跨度;

滚动铰支座和固定铰支座的构造分别如图3.3.2-1和图3.3.2-2所示;铰支座的长度不应小于试验结构构件在支承处的宽度,上垫板宽度 c 宜与试验结构构件的设计支承长度一致,厚度不小于 $c/6$。钢滚轴直径宜按表3.3.2取用;

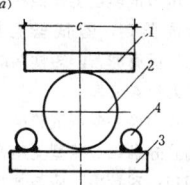 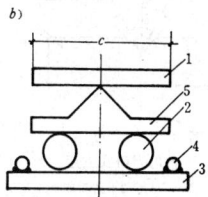

图 3.3.2-1 滚动铰支座
a)滚轴式 b)刀口式
1—上垫板;2—钢滚轴;3—下垫板;4—限位钢筋;5—刀口式垫板

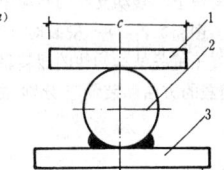 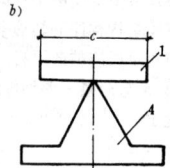

图 3.3.2-2 固定铰支座
a)滚轴式 b)刀口式
1—上垫板;2—钢滚轴;3—下垫板;4—刀口式垫板

钢滚轴直径表 表 3.3.2

滚轴荷载(kN/mm)	钢滚轴直径(mm)
<2.0	50
2.0~4.0	60~80
4.0~6.0	80~100

二、悬臂梁的嵌固端支座宜按图3.3.2-3设置。上支座中心线和下支座中心线至梁端的距离应分别为设计嵌固长度 c 的1/6和6/5,拉杆应有足够强度和刚度;

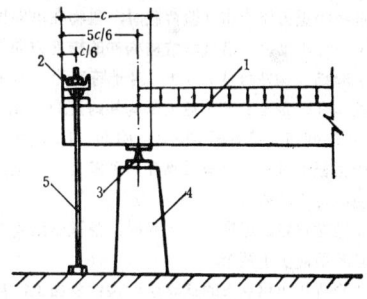

图 3.3.2-3 嵌固端支座设置
1—试验构件;2—上支座刀口;3—下支座刀口;4—支墩;5—拉杆

三、四角支座和四边简支支承双向板的支座应分别按图3.3.2-4和图3.3.2-5的形式设置。四边支承板的滚珠间距宜取板在支承处厚度 h 的3~5倍;

四、轴心受压和偏心受压试验结构构件两端应分别设置刀口式支座(图3.3.2-6),刀口的长度不应小于试验结构构件截面

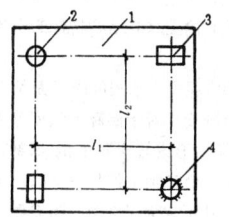 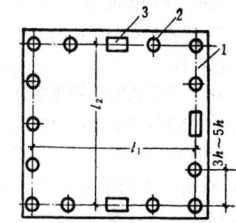

图 3.3.2-4 四角支承板支座设置　　图 3.3.2-5 四边支承板支座设置
1—试验板;2—滚珠;3—滚轴;4—固定滚珠　　1—试验板;2—滚珠;3—滚轴

宽度；安装时上下刀口应在同一平面内，刀口的中心线应垂直于试验结构构件发生纵向弯曲的所在平面，并应与试验机或荷载架

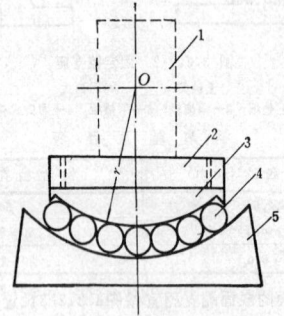

的中心线重合；刀口中心线与试验结构构件截面形心间的距离应取为加载偏心距 e_0；

当在压力试验机上作短柱轴心受压强度试验时，若试验机上、下压板之一已有球铰，短柱两端可不再设置刀口式支座；

对于双向偏心受压试验结构构件，两端应分别设置球型支座或双层正交刀口；球铰中心应与加载点

图 3.3.2-6 受压构件的刀口式支座
1—刀口；2—刀口座

重合，双层刀口的交点应落在加载点上；

五、当采用偏心距加载方法进行受扭结构构件试验时，试验结构构件应架设在两个自由转动的支座上，转动支座的转动中心应与试验结构构件的转动中心重合（图3.3.2-7）；安装时，两支座的转动平面应彼此平行，并应垂直于试验结构构件的扭转轴。

第 3.3.3 条 各种传递试验荷载的方法和装置应分别遵守下列规定：

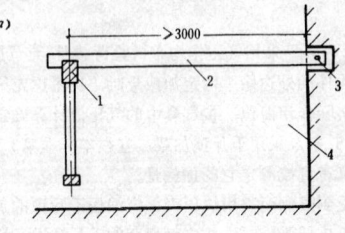

图 3.3.2-7 受扭试验转动支座
1—受扭试验构件；2—垫板；3—转动支座盖板；4—滚轴；5—转动支座

一、采用重物的重力作均布试验荷载时，重物在单向试验结构构件受荷面上应分堆堆放，沿试验结构构件的跨度方向的每堆长度不应大于试验结构构件跨度的 1/6；对于跨度为 4 m 和 4 m 以下的试验结构构件，每堆长度不应大于构件跨度的 1/4；堆间宜留50～150mm的间隙（见本标准附录—附图1.1）；

对于双向受力板的试验，堆放重物在两个跨度方向上的每堆长度和间隙均应满足上述要求；

当采用装有散粒材料的无底箱子加载时，沿试验结构构件跨度方向放置的箱数不应少于两个；

二、集中试验荷载作用点下的试验结构构件表面上，应设置足够厚度的钢垫板，钢垫板的面积应由混凝土局部受压承载力验算决定；对于柱等试验结构构件，必要时还可增设钢柱帽，防止柱端局部压坏；

三、对于梁、桁架等简支试验结构构件，当采用千斤顶施加集中荷载时，加载设备不应影响试验结构构件跨度方向的自由变形（见本标准附录—附图1.4）；

四、采用分配梁传递试验荷载时，分配比例不宜大于 4:1；分配梁应为单跨简支，其支座构造应和简支试验结构构件的支座构造相同；

五、当采用卧梁将集中力分散为沿混凝土墙板的端截面长度方向的均布线荷载时，卧梁应有足够刚度。对于混凝土强度等级为C20或C20以下的试验结构构件，工字形或箱形截面的钢制卧梁，截面高度不应小于1.2a；当在同一个卧梁上作用一个以上相同的集中力时，集中力间距宜取为3a，且不宜大于 2 m；当需要几种不同的线荷载时，卧梁应分段设置；

六、采用杠杆施加试验荷载时，杠杆的三支点应明确，并应

在一直线上，杠杆的放大比不宜大于 5。

注：a 为最外边一个集中力作用点距试件端部的距离。
（见本标准附录—附图1.9）。

第 3.3.4 条 当试验V形折板等开口薄壁构件时，应设置专门的卡具。

第 3.3.5 条 在试验平面外稳定性较差的屋架、桁架、薄腹梁等结构时，应按结构的实际工作条件设置平面外支撑（图3.3.5）。平面外支撑应有足够的刚度和承载力，且应可靠地锚固，并不应阻碍试验结构构件在平面内的变形发展。

第 3.3.6 条 试验结构构件支座下的支墩和地基应分别符合下列规定：

一、支墩和地基应有足够刚度，在试验荷载作用下的总压缩变形不宜超过试验结构构件挠度的1/10；对于连续梁、四角支承和四边支承双向板等结构试验需要两个以上支墩时，各支墩的刚度应相同；

二、单向简支试验结构构件的两个铰支座的高差应符合结构构件支座设计高差的要求，其偏差不宜大于试验结构构件跨度的1/200；双向板支墩在两个跨度方向的高差和偏差均应满足上述要求；连续梁各中间支墩应采用可调式支墩，并宜安装力值量测仪表，按支座反力的大小调节支墩高度。

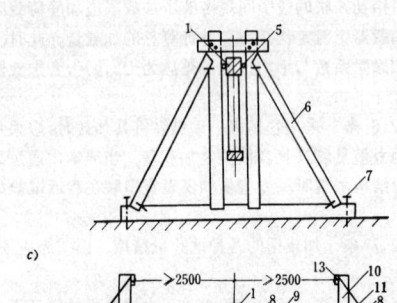

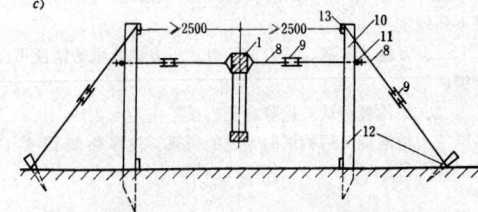

图 3.3.5 平面外支撑的设置
a)利用已建结构物作支撑；b)利用支撑作支撑；c)利用地锚作支撑
1—试验结构；2—横杆；3—销铰结；4—已建结构物；5—滚轴；6—支撑架；7—与地锚固件；8—钢铰线或钢筋；9—花兰螺丝；10—立柱；11—可调高度的柱节点；12—地锚；13—立柱间的纵向支撑

第四章 试验荷载和加载方法

第一节 加载图式和加载方案

第 4.1.1 条 试验结构构件宜采用与其实际工作状态相一致的正位试验。

当需要采用异位（卧位、反位）试验时，应防止试验结构构

件在就位过程中产生裂缝，不可恢复的挠曲或其它附加变形，并应考虑构件自重的作用方向与实际作用方向不一致的影响。

第4.1.2条 当屋架、桁架等结构仅作刚度、抗裂、裂缝宽度试验时，可采用两榀结构卧位对顶或平列正位并安放屋面板或檩条和垂直支撑后进行加载试验。

第4.1.3条 试验结构构件的加载图式应符合计算简图。当试验条件受限制时，可采用控制截面（或部位）上产生与某一相同作用效应的等效荷载进行加载，但应考虑等效荷载对结构构件试验结果的影响。

第4.1.4条 当一种加载图式不能反映试验要求的几种极限状态时，应采用几种不同的加载图式分别在几个试验结构构件上进行试验。

如果在一种试验结构构件上做过第一种加载图式试验后经采取措施能确保对第二种加载图式的试验结果不会带来影响时，可在同一试件上先后进行两种不同加载图式的试验。

第4.1.5条 对试验结构构件施加荷载的装置和方法应根据结构构件的类型、加载图式及设备条件进行选择。对于常见的各种结构构件，加载装置可按本标准附录一采用。

第二节 试验荷载的确定

第4.2.1条 在进行混凝土结构试验前，应根据试验要求分别确定下列试验荷载值：

一、对结构构件的挠度、裂缝宽度试验，应确定正常使用极限状态试验荷载值（简称为使用状态试验荷载值）；

二、对结构构件的抗裂试验，应确定开裂试验荷载值；

三、对结构构件的承载力试验，应确定承载能力极限状态试验荷载值，简称为承载力试验荷载值。

第4.2.2条 试验结构构件的使用状态短期试验荷载值应按下列方法确定：

一、检验性试验

结构构件使用状态短期试验荷载值应根据结构构件控制截面上的荷载短期效应组合的设计值 S_s 和试验加载图式经换算确定。

荷载短期效应组合的设计值 S_s 应按国家标准《建筑结构荷载规范》GBJ9—87计算确定，或由设计文件提供。

二、研究性试验

结构构件的使用状态短期试验荷载值应根据结构构件控制截面上的正常使用极限状态短期内力计算值 S_s^c 和试验加载图式经换算确定。

正常使用极限状态短期内力计算值可根据材料的实测强度和结构构件的几何参数实测值、结构构件的重要性系数、荷载分项系数、承载力检验系数允许值综合分析确定。

第4.2.3条 试验结构构件的开裂试验荷载计算值应根据结构构件的开裂内力计算值和试验加载图式经换算确定。

开裂内力计算值应按下列方法计算：

一、检验性试验

正截面抗裂检验的开裂内力计算值应按下式计算：

$$S_{cr}^c = [\nu_{cr}]S_s \qquad (4.2.3-1)$$

$$[\nu_{cr}] = 0.95\frac{\sigma_{pc} + \gamma f_{tk}}{\sigma_{sc}} \qquad (4.2.3-2)$$

式中 S_{cr}^c——正截面抗裂检验的开裂内力计算值；

$[\nu_{cr}]$——构件抗裂检验系数允许值；

σ_{sc}——荷载的短期效应组合下抗裂验算边缘的混凝土法向应力（N/mm²）；

γ——受拉区混凝土塑性影响系数，应按现行国家标准《混凝土结构设计规范》的有关规定取用；

f_{tk}——试验时的混凝土抗拉强度标准值（N/mm²），应根据设计的混凝土立方体抗压强度值，按现行国家标准《混凝土结构设计规范》规定的指

标取用；

σ_{pc}——试验时在抗裂验算边缘的混凝土预压应力计算值（N/mm²），应按现行国家标准《混凝土结构设计规范》的有关规定确定；计算预压应力值时，混凝土的收缩、徐变引起的预应力损失值应考虑时间因素的影响；

S_s——荷载短期效应组合的设计值。

二、研究性试验

正截面抗裂试验的开裂内力计算值应按下列公式计算：

（一）轴心受拉构件

$$N_{cr}^c = (f_t^0 + \sigma_{pc})A_0^0 \qquad (4.2.3-3)$$

（二）受弯构件

$$M_{cr}^c = (\nu f_t^0 + \sigma_{pc})W_0^0 \qquad (4.2.3-4)$$

（三）偏心受拉和偏心受压构件

$$N_{cr}^c = \frac{\nu f_t^0 + \sigma_{pc}}{\dfrac{e_0}{W_0^0} \pm \dfrac{1}{A_0^0}} \qquad (4.2.3-5)$$

式中 N_{cr}^c——轴心受拉、偏心受拉和偏心受压构件正截面开裂轴向力计算值；

M_{cr}^c——受弯构件正截面开裂弯矩计算值；

A_0^0——由实际几何尺寸计算的构件换算截面面积；

W_0^0——由实际几何尺寸计算的换算截面受拉边缘的弹性抵抗矩；

e_0——轴向力对截面重心的偏心矩；

f_t^0——混凝土的抗拉强度实测值。

注：公式(4.2.3-5)右端项中，当轴向力为拉力时取正号；为压力时取负号。

第4.2.4条 试验结构构件的承载力试验荷载计算值应根据构件达到承载能力极限状态时的内力计算值和试验加载图式经换算确定。

结构构件达到承载能力极限状态时的内力计算值应按下列方法计算：

一、检验性试验

（一）当按设计规范规定进行检验时，应按下式计算：

$$S_{u1}^c = \gamma_0[\nu_u]S \qquad (4.2.4-1)$$

式中 S_{u1}^c——当按设计规范规定进行检验时，结构构件达到承载力极限状态时的内力计算值，也可称为承载力检验值（包括自重产生的内力）；

γ_0——结构构件的重要性系数；

$[\nu_u]$——结构构件承载力检验系数允许值，按现行国家标准《预制混凝土构件质量检验评定标准》GBJ321—90取用；

S——荷载效应组合的设计值（内力组合设计值）

（二）当设计要求按实配钢筋的构件承载力进行检验时应按下式计算：

$$S_{u2}^c = \gamma_0\eta[\nu_u]S \qquad (4.2.4-2)$$

$$\eta = \frac{R(f_c, f_s, A_s^a \cdots)}{\gamma_0 S} \qquad (4.2.4-3)$$

式中 S_{u2}^c——当设计要求按实配钢筋的构件承载力进行检验时，结构构件达到承载力极限状态时的内力计算值，也可称为承载力检验值（包括自重产生的内力）；

$R(\cdot)$——按实配钢筋面积 A_s^a 确定的构件承载力计算值；

η——构件承载力检验的修正系数。

二、研究性试验

结构构件达到承载能力极限状态时的内力计算值应根据材料的实测强度、构件的实测几何参数按下式进行计算：

$$S_{u3}^c = R(f_s^0, f_c^0, a^0 \cdots) \qquad (4.2.4-4)$$

第4.2.5条 试验结构构件的自重应按实际尺寸与材料的自重确定或直接测定。常用材料的自重应按现行国家标准《建筑

结构荷载规范》GBJ9—87的规定取用。

第三节 加载程序

第4.3.1条 结构试验宜进行预加载,预加载值不宜超过结构构件开裂试验荷载计算值的70%。

第4.3.2条 试验荷载应按下列规定分级加载和卸载:

一、在达到使用状态短期试验荷载值以前,每级加载值不宜大于使用状态短期试验荷载值的20%;超过使用状态短期试验荷载值后,每级加载值不宜大于使用状态短期试验荷载值的10%;

二、对于研究性试验,加载到达开裂试验荷载计算值的90%后,每级加载值不宜大于使用状态短期试验荷载值的5%;

对于检验性试验,荷载接近抗裂检验荷载时,每级荷载不宜大于该荷载值的5%;

当试件开裂以后,每级加载值应恢复本条第一款正常加载的有关规定;

三、对于研究性试验,加载到达承载力试验荷载计算值的90%以后,每级加载值不宜大于使用状态短期试验荷载值的5%;

对于检验性试验,加载接近承载力检验荷载时,每级荷载不宜大于承载力检验荷载设计值的5%;

当采用液压加载时,可连续慢速加载直至构件破坏;

四、每级卸载值可取为使用状态短期试验荷载值的20%~50%;每级卸载后在构件上的试验荷载剩余值宜与加载时的某一荷载值相对应。

第4.3.3条 每级加载或卸载后的荷载持续时间应符合下列规定:

一、每级荷载加载或卸载后的持续时间不应少于10min,且宜相等;

二、对变形和裂缝宽度的结构构件试验,在使用状态短期试验荷载作用下的持续时间不应少于30min;

三、对使用阶段不允许出现裂缝的结构构件的抗裂研究性试验,在开裂试验荷载计算值作用下的持续时间应为30min;对检验性试验,在抗裂检验荷载作用下宜持续10min~15min;

如荷载达到开裂试验荷载计算值时试验结构构件已经出现裂缝,可不按上述规定持续作用;

四、对新结构构件、跨度较大的屋架、桁架及薄腹梁等试验,在使用状态短期试验荷载作用下的持续时间不宜少于12h。

第4.3.4条 残余变形的量测应在经过下列加载或卸载程序和变形恢复持续时间后进行:

一、按本标准第4.3.2条第一款和第4.3.3条第一款逐级加载至使用状态短期试验荷载值,并按第4.3.3条第二款或第四款的规定持续一定时间,然后根据第4.3.2条第四款和第4.3.3条第一款的规定卸载,全部卸载后还应经过变形恢复持续时间;

二、变形恢复持续时间,对于一般结构构件为45min,对于新结构构件和跨度较大的结构构件为18h。

第4.3.5条 当试验要求获得结构构件的承载力实测值和破坏特征时,应加载至试验结构构件破坏。

第4.3.6条 试验结构构件的自重和作用在其上的加载设备的重力,应作为试验荷载的一部分。加载设备产生的重力应经实测,且不宜大于使用状态试验荷载的20%。

第4.3.7条 施加于试验结构构件各个加载部位上的每级荷载,应按同一个比例加载和卸载。

第4.3.8条 当试验要求在结构构件上按规定比例施加竖向和水平荷载时,试验开始施加水平荷载应考虑自重的影响,以保持要求的比例。

第五章 试验前的准备工作

第5.0.1条 结构构件试验前应制订试验计划。试验计划宜包括下列内容:

一、概述;

二、试验目的和要求;

三、试验结构构件的设计和制作;检验构件的抽样;

四、试验对象的考察和检查;

五、试验结构构件的安装就位和试验装置;

六、试验荷载、加载方法和加载设备;

七、试验量测的内容、方法和测点仪表布置图;

八、辅助试验的内容;

九、安全与防护措施;

十、试验进度计划;

十一、试验的组织;

十二、试验资料整理和数据分析的要求。

第5.0.2条 结构构件应在气温较稳定的环境下进行试验,不宜在0℃以下气温进行试验。对于在0℃以下气温存放的结构构件,试验前应先移入具有0℃以上气温的室内,直至与室温相同为止。

第5.0.3条 对研究性试验的结构构件,其混凝土立方体抗压强度值与设计要求值的允许偏差宜为±10%。

第5.0.4条 试验对象的考察与检查宜包括下列内容:

一、收集试验对象的原始设计资料、设计图纸和计算书;施工与试件制作记录;原材料的物理力学性能试验报告等文件资料。对预应力混凝土构件,应有施工阶段预应力张拉的全部详细数据与资料;

二、对已经生产或使用中的结构构件,应调查收集生产和使用条件下试验对象的实际工作情况;

三、对结构构件的跨度、截面、钢筋的位置、保护层厚度等实际尺寸及初始挠曲、变形、原始裂缝、包括预应力混凝土结构在预应力传递区段或预拉区的裂缝和缺陷等应作详细量测,作出书面记录,绘制详图。需要时宜摄影及录像记录。对钢筋的位置、实际规格、尺寸和保护层厚度也可在试验结束后进行量测。

第5.0.5条 试验前宜将试件表面刷白,并分格画线,分格大小可按构件尺寸确定。

第5.0.6条 结构试验用的各类量测仪表的量程应满足结构构件最大测值的要求,最大测值不宜大于选用仪表最大量程的80%。

第5.0.7条 试验结构构件、设备及量测仪表均应有防风、防雨、防晒和防摔等保护设施。

第六章 变形的量测

第一节 试验结构构件的整体变形

第6.1.1条 需要控制变形的结构构件,应量测其整体变形。

第6.1.2条 量测结构构件整体变形时,测点布置应符合下列要求:

一、对受弯或偏心受压构件的挠度测点应布置在构件跨中或挠度最大的部位截面的中轴线上(图6.1.2-1);

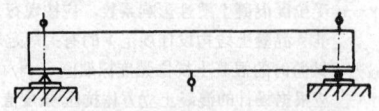

图 6.1.2-1 受弯构件挠度量测测点布置

二、对宽度大于600mm的受弯或偏心受压构件，挠度测点应沿构件两侧对称布置；对具有边肋的单向板，除应测构件边肋挠度外，还宜量测板宽中央的最大挠度（图6.1.2-2）；

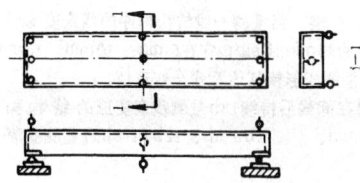

图 6.1.2-2　宽度大于600mm受弯构件挠度量测测点布置

三、对双向板、空间薄壳结构等双向受力结构，挠度测点应沿两个跨度方向或主曲率方向的跨中或挠度最大的部位布置（图6.1.2-3）；

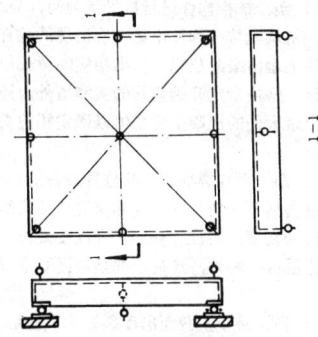

图 6.1.2-3　双向板挠度量测测点布置

四、对屋架、桁架挠度测点应布置在下弦杆跨中或最大挠度的节点位置上，需要时亦宜在上弦杆节点处布置测点（图6.1.2-4）；

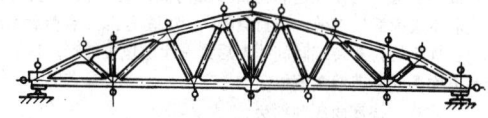

图 6.1.2-4　屋架挠度量测测点布置

五、在量测结构构件挠度时，还应在结构构件支座处布置测点；

六、对于屋架、桁架和具有侧向推力的结构构件，还应在跨度方向的支座两端布置水平测点，量测结构在荷载作用下沿跨度方向的水平位移（图6.1.2-4，图6.1.2-5）；

七、对具有固端联结的悬臂式结构构件，应量测结构构件自

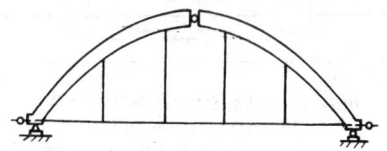

图 6.1.2-5　量测有侧向推力结构水平位移的测点布置

由端的位移和支座沉降及支座处截面转动所产生的角变位；量测支座沉降及转动的测点宜布置在支座截面的位置（图6.1.2-6）。

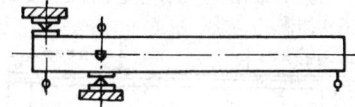

图 6.1.2-6　具有固端联结的悬臂式结构整体变形量测的测点布置
◇—挠度计；▯—倾角仪

第6.1.3条　量测结构构件挠度曲线的测点布置应符合下列要求：

一、受弯及偏心受压构件量测挠度曲线的测点应沿构件跨度方向布置，包括量测支座沉降和变形的测点在内，测点不应少于五点；对于跨度大于6m的构件，测点数量还应适当增多（图6.1.3-1）；

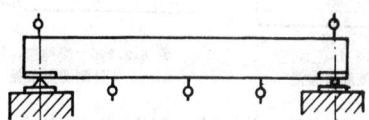

图 6.1.3-1　受弯构件挠度曲线量测测点布置

二、对双向板、空间薄壳结构量测挠度曲线的测点应沿二个跨度或主曲率方向布置，且任一方向的测点数包括量测支座沉降和变形的测点在内不应少于五点；

三、屋架、桁架量测挠度曲线的测点应沿跨度方向各下弦节点处布置（图6.1.2-4）。

第6.1.4条　量测变形的仪表应安装在独立不动的仪表架上，现场试验应考虑地基变形对仪表支架的影响，当采用张线式安装时，应有消除张线温度影响的措施。

第6.1.5条　对预应力混凝土结构构件，应量测结构构件在预应力作用下的反拱值，测点可按整体变形量测要求进行布置。

第6.1.6条　当需要量测结构构件的极限变形时，宜采用位移传感器和自动记录仪器进行量测。

第二节　试验结构构件的局部变形

第6.2.1条　需要进行应力应变分析的结构构件，应量测其控制截面的应变。

第6.2.2条　量测结构构件应变时，测点布置应符合下列要求：

一、对受弯构件应首先在弯矩最大的截面上沿截面高度布置测点，每个截面不宜少于二个（图6.2.2-1a）；当需要量测沿截面高度的应变分布规律时，布置测点数不宜少于五个；在同一截面的受拉区主筋上应布置应变测点（图6.2.2-1b）；

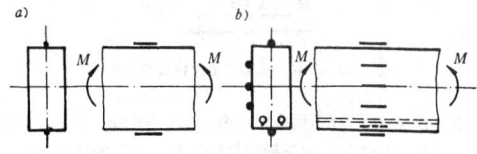

图 6.2.2-1　受弯构件截面应变量测测点布置

二、对轴心受力构件，应在构件量测截面两侧或四侧沿轴线方向相对布置测点，每个截面不应少于二个（图6.2.2-2）；

三、对偏心受力构件，量测截面上测点不应少于二个（图6.2.2-2）。如需量测截面应变分布规律时，测点布置与受弯构件相同（图6.2.2-1）；

四、对于双向受弯构件，在构件截面边缘布置的测点不应少于四个（图6.2.2-3）；

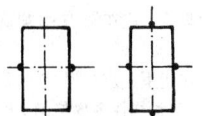

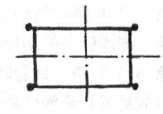

图 6.2.2-2　轴心受力构件应变量测测点布置　　图 6.2.2-3　双向受弯构件应变量测测点布置

五、对同时受剪力和弯矩作用的构件，当需要量测主应力大小和方向及剪应力时，应布置45°或60°的平面三向应变测点（图

6.2.2-4）；

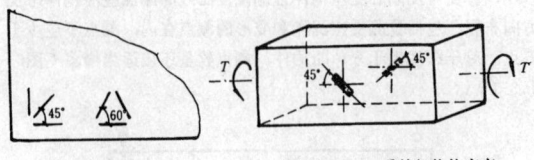

图 6.2.2-4 三向应　　图 6.2.2-5 受纯扭构件应变
变量测测点布置　　量测测点布置

六、对受扭构件，应在构件量测截面的两长边方向的侧面对应部位上布置与扭转轴线成45°方向的测点（图6.2.2-5）；测点数量应根据研究目的确定。

第6.2.3条 量测结构构件局部变形可采用千分表、杠杆应变仪、手持式应变仪或电阻应变计等各种量测应变的仪表或传感元件；

量测混凝土应变时，应变计的标距应大于混凝土粗骨料最大粒径的3倍。

第6.2.4条 当采用电阻应变计量测构件内部钢筋应变时，宜事先进行贴片，并作可靠的防护处理。

对于采用机械式应变仪量测构件内部钢筋应变时，则应在测点位置处的混凝土保护层部位预留孔洞或预埋测点，也可在预留孔洞的钢筋上粘贴电阻应变计进行量测。

第6.2.5条 当采用电阻应变计量测构件应变时，应有可靠的温度补偿措施。在温度变化较大的地方采用机械式应变仪量测应变时，应考虑温度影响进行修正。

第6.2.6条 当量测结构构件中钢筋相对于混凝土的滑移时，应在试验结构构件端部安装最小分度值为0.001mm的位移量测仪表进行量测（图6.2.6）。

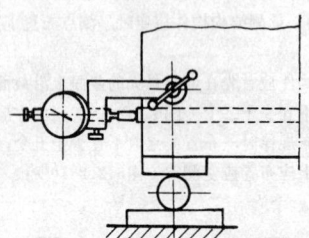

图 6.2.6 构件端部钢筋滑移量测方法

第6.2.7条 对于预应力混凝土结构构件，当要求结构构件的有效预应力值时，应量测钢筋张拉和放张时的应力和结构构件控制截面上的混凝土实际预压应变值，在存放阶段，还应继续跟踪量测混凝土收缩和徐变变形；量测钢筋张拉应力值宜采用电阻应变计，对于结构构件控制截面上的混凝土预压应变值，宜采用机械式应变仪进行量测；对于混凝土收缩和徐变值应采用适于长期量测的机械式仪表量测，测点应布置在受拉预应力钢筋重心的水平位置上；对于松弛引起的预应力损失值应用力值量测仪表量测。

第三节　试验结构构件变形的量测时间

第6.3.1条 结构构件在试验加载前，应在没有外加荷载的条件下读取仪表的初始读数。

第6.3.2条 试验时在每级荷载作用下，应在规定的荷载持续时间结束时量测结构构件的变形。结构构件各部位测点的测读程序在整个试验过程中宜保持一致，各测点间读数时间间隔不宜过长。

第6.3.3条 对于结构构件的刚度试验，在使用状态试验荷载作用下30min的持续时间内，宜在5min、10min、15min、30min时量测结构构件的变形。

对在使用状态试验荷载作用下需要持续时间不少于12h的结构构件，在整个荷载持续时间内，宜在10min、30min、60min、2h、6h和12h时分六次测读，并宜绘制结构构件的变形—时间关系曲线。

第6.3.4条 当量测一般结构构件的残余变形时，在全部荷载卸载后的45min时间内，宜在5min、10min、15min、30min、45min时，量测变形恢复值及残余变形值。

对需要在卸载后持续18h量测残余变形的结构构件，宜在10min、30min、1h、2h、6h、12h和18h时量测变形。

第七章　抗裂试验与裂缝量测

第一节　试验结构构件的抗裂试验

第7.1.1条 结构构件进行抗裂试验时，应在加载过程中仔细观察和判别试验结构构件中第一次出现的垂直裂缝或斜裂缝，并在构件上绘出裂缝位置，标出相应的荷载值。

当需要时，除应确定开裂荷载的实测值外，还应量测试验结构构件拉应力最大处的混凝土应变值以确定相应荷载下混凝土的应力状态。

第7.1.2条 垂直裂缝的观测位置应在结构构件的拉应力最大区段及薄弱环节，斜裂缝的观测位置应在弯矩和剪力均较大的区段及截面的宽度、高度等外形尺寸改变处。

对预应力混凝土构件，还应观测预拉区和端部锚固区的裂缝出现和开展。

第7.1.3条 对于正截面出现裂缝的试验结构构件，可采用下列方法确定开裂荷载实测值：

一、放大镜观察法

用放大倍率不低于四倍的放大镜观察裂缝的出现；

当在加载过程中第一次出现裂缝时，应取前一级荷载作为开裂荷载实测值；当在规定的荷载持续时间内第一次出现裂缝时，应取本级荷载值与前一级荷载的平均值作为开裂荷载实测值；当在规定的荷载持续时间结束后第一次出现裂缝时，应取本级荷载值作为开裂荷载实测值。

二、荷载-挠度曲线判别法

测定试验结构构件的最大挠度，取其荷载-挠度曲线上斜率首次发生突变时的荷载作为开裂荷载实测值；

三、连续布置应变计法

在截面受拉区最外层表面，沿受力主筋方向在拉应力最大区段的全长范围内连续搭接布置应变计（图7.1.3）监测应变值的发展，取任一应变计的应变增量有突变时的荷载值作为开裂荷载实测值。

图 7.1.3 监测垂直裂缝出现的应变计布置
1—应变计；2—试件的受拉面

第7.1.4条 对斜截面出现裂缝的构件，可采用放大倍率不低于四倍的放大镜观察裂缝的出现；开裂荷载实测值的取值方法与第7.1.3条相同。

也可在垂直于主要斜裂缝的方向布置数个应变计监测斜裂缝的出现（图7.1.4），取任一应变计应变增量有突变时的荷载值作为开裂荷载实测值。

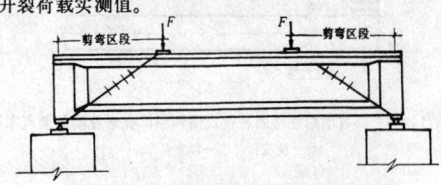

图 7.1.4 监测斜裂缝出现的应变计布置示意

第 7.1.5 条 应记录结构构件抗裂试验的实际日期和混凝土的实际强度，以确定混凝土的预压应力值。

混凝土的预压应力值可用消压试验法确定。

第二节　试验结构构件裂缝的量测

第 7.2.1 条 试验结构构件开裂后应立即对裂缝的发生发展情况进行详细观测，并应量测使用状态试验荷载值作用下的最大裂缝宽度及各级荷载作用下的主要裂缝宽度、长度及裂缝间距，并应在试件上标出，绘制裂缝展开图。

第 7.2.2 条 垂直裂缝的宽度应在结构构件的侧面相应于受拉主筋高度处量测，斜裂缝的宽度应在斜裂缝与箍筋交汇处或斜裂缝与弯起钢筋交汇处量测。

对无腹筋的结构构件应在裂缝最宽处量测斜裂缝宽度。

第 7.2.3 条 在各级荷载持续时间结束时，应选三条或三条以上较大裂缝宽度进行量测，取其中的最大值为最大裂缝宽度。

第 7.2.4 条 最大裂缝宽度应在使用状态短期试验荷载值持续作用30min结束时进行量测。

第八章　承载力的确定

第 8.0.1 条 对试验结构构件进行承载力试验时，在加载或持载过程中出现下列标志之一即认为该结构构件已达到或超过承载能力极限状态：

一、结构构件受力情况为轴心受拉、偏心受拉、受弯、大偏心受压时，其标志如下：

1.对有明显物理流限的热轧钢筋，其受拉主钢筋应力达到屈服强度，受拉应变达到0.01；

对无明显物理流限的钢筋，其受拉主钢筋的受拉应变达到0.01；

2.受拉主钢筋拉断；

3.受拉主钢筋处最大垂直裂缝宽度达到1.5mm；

4.挠度达到跨度的1/50，对悬臂结构，挠度达到悬臂长的1/25；

5.受压区混凝土压坏。

二、结构构件受力情况为轴心受压或小偏心受压时，其标志是混凝土受压破坏。

三、结构构件受力情况为剪切时，其标志如下：

1.斜裂缝端部受压区混凝土剪压破坏；

2.沿斜截面混凝土斜向受压破坏；

3.沿斜截面撕裂形成斜拉破坏；

4.箍筋或弯起钢筋与斜裂缝交会处的斜裂缝宽度达到1.5mm。

四、结构构件受力情况为第一、三款情况时，对于钢筋和混凝土粘结锚固，其标志如下：钢筋末端相对于混凝土的滑移值达到0.2mm。

注：进行加载试验时，在试验荷载值不变的条件下，钢筋应变或挠度不停的增加表示钢筋已经屈服。

第 8.0.2 条 进行承载力试验时，应取首先达到本标准第8.0.1条所列的标志之一时的荷载值，包括自重和加载设备重力来确定结构构件的承载力实测值。

第 8.0.3 条 当在规定的荷载持续时间结束后出现本标准第8.0.1条所列的标志之一时，应以此时的荷载值作为试验结构构件极限荷载的实测值；当在加载过程中出现上述标志之一时，应取前一级荷载值作为结构构件的极限荷载实测值；当在规定的荷载持续时间内出现上述标志之一时，应取本级荷载值与前一级荷载的平均值作为极限荷载实测值。

注：当采用试验机或配有液压千斤顶的设备对受压构件加荷载时，应取整个破坏试验过程中所达到的最大荷载值作为极限荷载实测值。

第一节　试验原始资料整理

第 9.1.1 条 试验原始资料应包括下列内容：

一、试验对象的考察与检查；

二、材料的力学性能试验结果；

三、试验计划与方案及实施过程中的一切变动情况记录；

四、测读数据记录及裂缝图；

五、描述试验异常情况的记录；

六、破坏形态的说明及图例照片。

注：常用试验记录表格可按本标准附录二采用。

第 9.1.2 条 对测读数据应进行必要的运算、换算，统一计量单位，并应严格核对。

试验结构构件控制部位上安装的关键性仪表的测读数据，在试验进行过程中应及时整理、校核。

第二节　变形量测的试验结果整理

第 9.2.1 条 确定简支梁、板、屋架、桁架等在各级荷载作用下的短期挠度实测值，支座沉降、自重、加载设备重力加和载图式改变的影响按下列公式计算：

$$a_{s,i}^{o} = (a_{q,i}^{o} + a_{g}^{o})\psi \qquad (9.2.1-1)$$

$$a_{q,i}^{o} = v_{m,i}^{o} - \frac{1}{2}(v_{l,i}^{o} + v_{r,i}^{o}) \qquad (9.2.1-2)$$

$$a_{g}^{o} = \frac{M_g}{M_b} \cdot a_b^{o} \qquad (9.2.1-3)$$

式中　$a_{s,i}^{o}$——经修正后的第i级试验荷载作用下的构件跨中短期挠度实测值（mm）；

　　$a_{q,i}^{o}$——消除支座沉降后在第i级外加试验荷载作用下的构件跨中短期挠度实测值（mm）；

　　a_{g}^{o}——梁、板等构件自重和加载设备重力产生的跨中挠度值（mm）；

　　ψ——用等效集中荷载代替实际的均布荷载进行试验时的加载图式修正系数，按表9.2.1取用；

　　$v_{m,i}^{o}$——第i级外加试验荷载作用下构件跨中位移实测值（包括支座沉降）（mm）；

　　$v_{l,i}^{o}、v_{r,i}^{o}$——第i级外加试验荷载作用下构件左、右端支座沉降位移实测值（mm）；

加载图式修正系数ψ　　　　表 9.2.1

名　称	加　载　图　式	修正系数ψ
均布荷载		1.0
二集中力四分点等效荷载		0.91
二集中力三分点等效荷载		0.98
四集中力八分点等效荷载		0.97
八集中力十六分点等效荷载		1.0

M_g——构件自重和加载设备重力产生的跨中弯矩值（kN·m）；

M_b——从外加试验荷载开始至构件出现裂缝的前一级荷载为止的加载值产生的跨中弯矩值（kN·m）；

a_b^o——从外加试验荷载开始至构件出现裂缝的前一级荷载为止的加载值产生的跨中挠度实测值（mm）。

注：①当量测的构件挠度试验值不是跨中挠度值时，支座沉降的影响应按距离的比例或图解法修正；

②屋架、桁架自重产生的挠度可按荷载—挠度曲线用图法求解。

第 9.2.2 条　确定悬臂构件自由端在各级试验荷载作用下的短期挠度实测值，应考虑支座转角、支座沉降、自重、加载设备重力的影响，按下列公式计算（图9.2.2）：

$$a_{s,ca,i}^o = (a_{q,ca,i}^o + a_{g,ca}^o)\psi_{ca} \qquad (9.2.2-1)$$

$$a_{q,ca,i}^o = v_{1,i}^o - v_{2,i}^o - l \cdot tg\alpha \qquad (9.2.2-2)$$

$$a_{g,ca}^o = \frac{M_{g,ca}}{M_{b,ca}} a_{b,ca}^o \qquad (9.2.2-3)$$

式中　$a_{s,ca,i}^o$——经修正后的第i级试验荷载作用下悬臂构件自由端的短期挠度实测值（mm）；

$a_{q,ca,i}^o$——消除支座转角和支座沉降影响后在第i级外加试验荷载作用下悬臂构件自由端短期挠度实测值（mm）；

$v_{1,i}^o$——外加试验荷载作用下悬臂构件自由端位移实测值（包括转角产生的位移和支座沉降）（mm）；

$v_{2,i}^o$——外加试验荷载作用下悬臂构件固定端支座沉降实测值（mm）；

α——悬臂构件固定端的截面转角；

l——悬臂构件的外伸长度（mm）；

$a_{g,ca}^o$——悬臂构件自重和加载设备重力产生的挠度值（mm）；

$M_{g,ca}$——悬臂构件自重和加载设备重力产生的固端弯矩（kN·m）；

$M_{b,ca}$——从外加试验荷载开始至悬臂构件出现裂缝前一级荷载为止的加载值产生的固定端弯矩值（kN·m）；

$a_{b,ca}^o$——从外加试验荷载开始至悬臂构件出现裂缝前一级荷载为止的加载值产生的自由端挠度实测值（mm）；

ψ_{ca}——悬臂构件的加载图式修正系数；对于承受均布荷载的悬臂构件，当在自由端用一个集中力作为等效荷载时，可取为0.75。

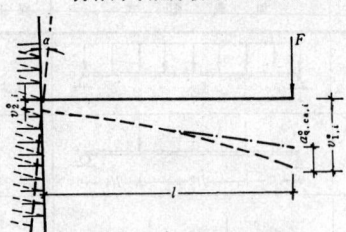

图 9.2.2　悬臂构件的挠度、位移和转角

第 9.2.3 条　构件长期挠度值可按下式计算：

$$a_l^o = \frac{M_l(\theta-1) + M_s}{M_s} a_s^o \qquad (9.2.3)$$

式中　a_l^o——构件长期挠度值（mm）；

a_s^o——在正常使用试验荷载下构件短期挠度实测值（mm）；

M_l——按荷载长期效应组合计算的弯矩值（kN·m）；

M_s——按荷载短期效应组合计算的弯矩值（kN·m）；

θ——考虑荷载长期效应组合对挠度增大的影响系数，按

《混凝土结构设计规范》（GBJ10—89）的规定采用。

第 9.2.4 条　对于研究性试验，当要求将理论计算结果与试验结果进行比较时，应计算出在各级试验荷载下的结构构件短期挠度计算值与在该级试验荷载下构件短期挠度实测值的比值，及这些比值的平均值、标准差或变异系数。

第 9.2.5 条　下列各种变形曲线可根据试验目的绘制，并作必要说明：

一、荷载—挠度曲线；

二、各级试验荷载作用下结构构件的挠度曲线；

三、使用状态试验荷载作用下的挠度—时间关系曲线；

四、截面或支座的荷载—转角曲线；

五、其他。

第三节　抗裂试验与裂缝量测的试验结果整理

第 9.3.1 条　对检验性试验，抗裂检验系数实测值应按下列公式计算：

一、在荷载短期效应组合下结构构件的抗裂检验系数实测值

$$\gamma_{cr,s}^o = \frac{S_{cr}^o}{S_s} \qquad (9.3.1-1)$$

式中　$\gamma_{cr,s}^o$——在荷载的短期效应组合下构件的抗裂检验系数实测值；

S_{cr}^o——构件的开裂内力实测值，根据构件开裂荷载实测值（包括自重）确定；

S_s——按荷载的短期效应组合的设计值（包括自重）。

二、对裂缝控制等级为二级的结构构件，在荷载长期效应组合下的抗裂检验系数实测值

$$\gamma_{cr,l}^o = \frac{S_{cr}^o}{S_l} \qquad (9.3.1-2)$$

式中　$\gamma_{cr,l}^o$——荷载的长期效应组合下，结构构件的抗裂检验系数实测值；

S_l——按荷载的长期效应组合的设计值（包括自重）。

第 9.3.2 条　对研究性试验，当要求将理论计算结果与试验结果进行比较时，应计算出结构构件开裂内力计算值与开裂内力实测值的比值，及这些比值的平均值、标准差或变异系数。

第 9.3.3 条　对需要作裂缝宽度检验的结构构件，应给出使用状态短期试验荷载下的最大裂缝宽度w_{max}和最大裂缝所在位置及裂缝展开图。

第 9.3.4 条　裂缝试验资料可根据试验目的按下列要求整理：

一、各级试验荷载下的最大裂缝宽度和最大裂缝所在位置，并说明裂缝的种类；

二、绘制各级试验荷载作用下的裂缝发生、发展的展开图；

三、统计出各级试验荷载作用下的裂缝宽度平均值、裂缝间距平均值。

第 9.3.5 条　对预应力混凝土结构构件，在确定预应力钢筋的有效预应力实测值时应从预应力钢筋张拉控制应力实测值中扣除各项预应力损失实测值。在先张法构件中还应扣除混凝土弹性回缩引起的预应力损失实测值。

在确定由预加应力产生的混凝土法向应力实测值时，应从放松或张拉预应力钢筋时产生的混凝土法向应力实测值中扣除第二批预应力损失引起的混凝土法向应力降低值。

第四节　承载力试验结果整理

第 9.4.1 条　对检验性试验，结构构件的承载力检验系数实测值应按下式计算：

$$\gamma_u^o = \frac{S_u^o}{S} \qquad (9.4.1)$$

式中　γ_u^o——结构构件的承载力检验系数实测值；

S_u^0——结构构件达到本标准第8.0.1条所列标志之一时的内力实测值（包括自重）；

S——荷载效应组合的设计值。

第9.4.2条 对研究性试验，当要求将理论计算结果与试验结果进行比较时，应计算出按材料强度实测值和结构构件几何参数实测值确定的构件承载力计算值与结构构件达到本标准第8.0.1条所列标志之一时的内力实测值的比值，及这些比值的平均值、标准差或变异系数。

第9.4.3条 结构构件的应力、应变可根据下列要求分析整理：

一、各级试验荷载作用下结构构件控制截面上的应力、应变分布；

二、结构构件控制截面上最大应力（应变）-荷载关系曲线；

三、结构构件的混凝土极限应变、钢筋的极限应变；

四、结构构件复杂应力区的剪应力、主应力和主应力方向。

第9.4.4条 对结构构件的破坏过程及其特征，应根据本标准第8.0.1条对结构构件标志的规定进行分析和描述，并辅以图示或照片。

第五节 试验结果的误差及统计分析

第9.5.1条 对试验结果应进行误差分析。试验数据的末位数字所代表的计量单位应与所用仪表的最小分度值相一致。

第9.5.2条 对单次量测的直接量测结果的误差，可取所用量测仪表的精度作为基本的试验误差，对于间接量测结果的误差，应按误差传递法则进行间接量测值的误差分析。

第9.5.3条 对有一定数量的同一类结构构件的直接量测试验结果，其统计特征值应按下列公式计算：

平均值

$$m_x = \frac{1}{n} \sum_{i=1}^{n} x_i \qquad (9.5.3-1)$$

标准差

$$s = \sqrt{\frac{\sum_{i=1}^{n} (x_i - m_x)^2}{n-1}} \qquad (9.5.3-2)$$

变异系数（以百分率计）

$$\delta = \frac{s}{m_x} 100\% \qquad (9.5.3-3)$$

式中 x_i——各个试验结构构件的实测值；

n——试验结构构件的数量。

第9.5.4条 对试验结果作回归分析时，宜采用最小二乘法拟合试验曲线，求出经验公式，并应进行相关分析和方差分析，确定经验公式的误差范围。

第十章 专门试验

第一节 低周反复荷载作用下混凝土结构构件力学性能试验

第10.1.1条 本节适用于混凝土结构构件在低周反复荷载作用下的力学性能试验。

第10.1.2条 加载设备和试验装置应符合下列要求：

一、加载设备和试验装置应根据构件的最大荷载和要求的变形来配置；

二、抗侧力装置（如反力墙）应有足够的抗弯、抗剪刚度；

三、推拉千斤顶应有足够的冲程，两端应设铰座；

四、对以剪切变形为主的试验构件，当构件顶端截面不允许产生转角时，可采用图10.1.2-1的试验装置；千斤顶宜安装在试件的1/2高度上，平行联杆机构的杆件和L型杠杆均应有足够的刚度，连接铰应作精密加工，且应减小间隙；

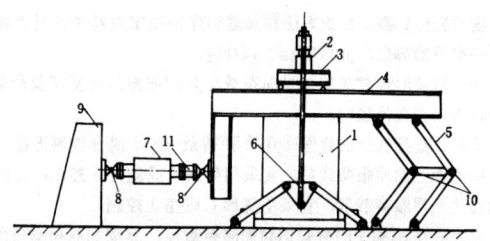

图 10.1.2-1 以剪切变形为主的结构构件的低周反复试验装置

1—试件；2—竖向荷载千斤顶；3—分配梁；4—L型杠杆；5—平行联杆机构；6—仿重力荷载架；7—推拉千斤顶；8—铰；9—反力墙；10—连结铰；11—测力计

五、对以弯剪受力为主的试验构件，可采用图10.1.2-2的试验装置，其中，垂直荷载的施加宜采用仿重力荷载架装置，尽可能减小滚动摩擦力对推力的抵消作用；

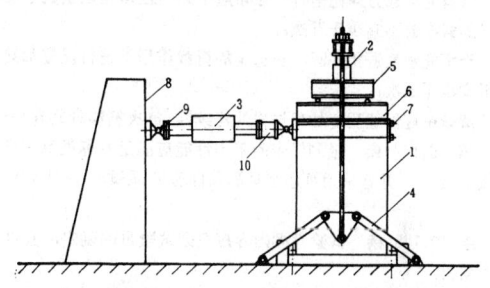

图 10.1.2-2 以剪弯受力为主的结构构件的低周反复试验装置

1—试件；2—竖向荷载千斤顶；3—推拉千斤顶；4—仿重力荷载架；5—分配梁；6—卧架；7—螺栓；8—反力架；9—铰；10—测力计

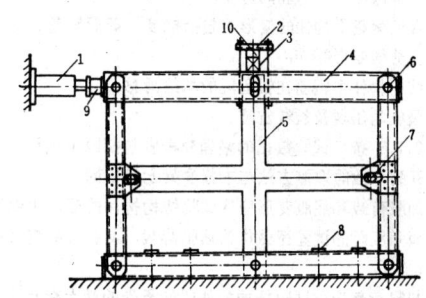

图 10.1.2-3 柱端设置加载器的梁-柱节点试验装置

1—推拉千斤顶；2—柱子的轴力加力架；3—千斤顶；4—刚性构架；5—梁、柱节点试件；6—铰；7—铰；8—锚固螺栓；9—拉压测力计；10—压力测力计

六、对于梁-柱节点试验，当需要考虑柱本身的荷载-变形（$F-u$）效应时，可采用图10.1.2-3所示的试验装置；试验装置各杆应有足够的抗弯刚度，并应减小各铰联结的摩阻力；梁-柱节点试验也可采用图10.1.2-4所示的试验装置。

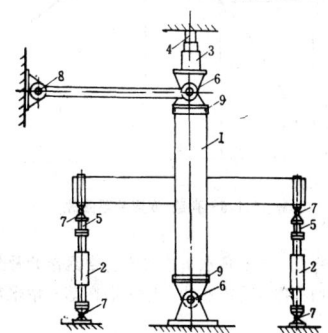

图 10.1.2-4 梁端设置千斤顶的梁-柱节点试验装置

1—试件；2—推拉千斤顶；3—千斤顶；4—测力计；5—测力计；6—柱端铰；7—铰；8—拉压杆的铰；9—柱帽

第 10.1.3 条 加载方法和加载程序应根据结构构件特点和试验研究目的确定，并应符合下列规定：

一、试验时应首先施加轴向荷载，并应在施加反复试验荷载时保持轴向荷载值稳定；

反复试验荷载的加载程序宜采用 荷载-变形 混合控制方法；在结构构件达到屈服荷载前，宜采用荷载（或应力）控制；在结构构件达到屈服荷载后，宜采用变形（应变）控制；

二、在结构构件的荷载达到屈服荷载前，宜取屈服荷载值的0.5倍、0.75倍和1.0倍作为回载控制点；在结构构件的荷载达到屈服荷载后，宜取屈服变形的倍数点作为回载控制点；

三、反复加载次数应根据试验目的确定。一般情况下每一级控制荷载或控制变形下的反复加载次数宜取为三次。若在某一级控制荷载下结构构件的残余变形很小，则可在该级控制荷载下进行一次反复加载；

当研究承载力退化率时，在相应于某一位移延性系数下进行反复加载次数不宜少于五次；

当研究刚度退化率时，在选定的荷载作用下进行反复加载次数不宜少于五次；

试验中应保证反复加载过程的连续性，每次循环时间宜一致。

第 10.1.4 条 量测仪表的基本性能应满足本标准第三章有关规定要求，并宜采用可连续量测和自动记录试验全过程的仪表；

第 10.1.5 条 试验量测内容应根据试验目的确定，宜包括以下项目：

一、荷载值及支座反力值；

二、结构构件受拉和受压主钢筋的应变；

三、结构构件受力箍筋的应变；

四、各级荷载下构件的变形（包括挠度、截面转角、支座转动、曲率、剪切变形等）；

五、结构构件主钢筋在锚固区的粘结滑移；

六、裂缝的出现及裂缝宽度。

第 10.1.6 条 试验数据的整理分析宜包括以下项目：

一、开裂荷载的取值方法与本标准第七章相同；

二、屈服荷载和屈服变形应取试验结构构件的受拉主钢筋应力达到屈服强度时的试验荷载作为屈服荷载，其相应的变形作为屈服变形；

三、极限荷载应取试验结构构件所能承受的最大荷载作为极限荷载（图10.1.6）；

四、破损荷载和极限变形宜取极限荷载下降15%时所对应的荷载作为破损荷载，其相应的变形为极限变形（图10.1.6）·

五、在低周反复荷载试验中，应取 荷载-变形 关系曲线各级

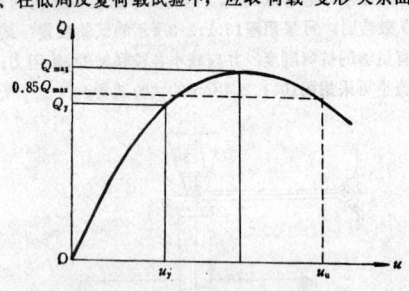

图 10.1.6 荷载-变形关系曲线

的第一循环的峰点（回载顶点）连接的包络线作为骨架曲线；对非对称配筋结构构件的骨架曲线，应分别在第一象限和第三象限表示；

六、试验结构构件的延性系数应按下式计算：

$$\mu = \frac{u_{\mathrm{u}}}{u_{\mathrm{y}}} \qquad (10.1.6\text{-}1)$$

式中 μ——试验结构构件的延性系数；

u_{u}——在荷载下降段相应于破损荷载的变形；

u_{y}——相应于屈服荷载的变形。

七、试验结构构件的承载力退化可用承载力降低系数表示，承载力降低系数应按下式计算：

$$\lambda_i = \frac{Q^i_{j,\min}}{Q^i_{j,\max}} \qquad (10.1.6\text{-}2)$$

式中 $Q^i_{j,\min}$——位移延性系数为 j 时，第 i 次加载循环的峰点荷载值；

$Q^i_{j,\max}$——位移延性系数为 j 时，第一次加载循环的峰点荷载值。

八、试验结构构件的刚度退化可用环线刚度表示，环线刚度应按下式计算：

$$K_{\mathrm{r}} = \frac{\sum\limits_{i=1}^{n} Q^i_j}{\sum\limits_{i=1}^{n} u^i_j} \qquad (10.1.6\text{-}3)$$

式中 K_{l}——环线刚度；

Q^i_j——位移延性系数为 j 时，第 i 次循环的峰点荷载值；

u^i_j——位移延性系数为 j 时，第 i 次循环的峰点变形值；

n——循环次数。

九、应画出滞回环的形状并求出面积，再根据此形状和面积对试验结构构件的破坏机制作出判断。

第二节 混凝土受弯构件等幅疲劳试验

第 10.2.1 条 本节适用于混凝土受弯构件在等幅稳定的多次重复荷载作用下正截面和斜截面的疲劳性能试验。

混凝土的疲劳性能试验应符合现行国家标准《普通混凝土长期性能和耐久性能试验方法》的有关规定。钢筋的疲劳性能试验应参照现行国家标准《金属轴向疲劳试验方法》的有关规定。

第 10.2.2 条 混凝土受弯构件疲劳试验应包括如下内容

对于研究性试验，应测定试验结构构件的疲劳强度、变形和裂缝；

对于检验性试验，应包括下列内容：

一、检验在吊车荷载标准值作用下，能否通过规定的重复次数（中级工作制吊车梁为 2×10^6 次，重级工作制吊车梁为 4×10^6 次）；

二、量测构件的挠度、抗裂和裂缝宽度等。

第 10.2.3 条 疲劳试验的加载设备及量测仪表应符合下列要求：

一、疲劳试验宜采用结构疲劳试验机脉动千斤顶等设备，并应符合以下要求：

1. 荷载精度应满足本标准第三章的要求；

2. 荷载量程 应同时满足最大荷载及最小荷载值的要求；

3. 脉冲量 应大于脉动千斤顶活塞面积与振幅的乘积。

二、荷载架在荷载平面内及侧向均应有足够的刚度和疲劳强度。疲劳试验台座必须满足强度的要求。

三、疲劳试验支座，除满足计算简图及本标准第三章试验支座的要求外，还应具有防止疲劳试验过程中试件滑移、脱落的功能（图10.2.3）；

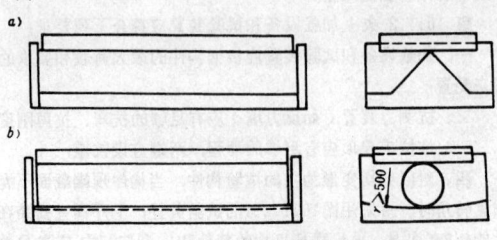

图 10.2.3 混凝土受弯构件疲劳试验支座
a)固定铰支座; b)滚动铰支座

四、为防止疲劳试验过程中和破坏时试验结构构件侧向移动或倾覆，应设置侧向支撑。

五、试验中用的量测仪表，符合本标准第三章的要求，并在疲劳试验过程中应与试验结构构件脱离接触。在疲劳试验过程中的动态量测，应采用动态量测仪器。

第 10.2.4 条 制定试验方案应包括下列内容：

一、对于检验性的正截面、斜截面疲劳试验，应分别根据设计文件中吊车荷载最不利作用位置时的吊车荷载标准值产生的效应值，分别确定试验时的加载位置、最大荷载值和最小荷载值。选择规格合适的脉动千斤顶；

二、确定重复加载的次数、加载程序和加载频率。加载频率不应大于试验结构构件或荷载架自振频率的80%，同时不应小于其自振频率的130%；

三、根据试验目的，拟定仪表布置方案（见本标准第三章和第六章的有关条款）；

四、制定疲劳试验过程中的安全防护措施，除按本标准第十章的要求外，应设置可靠的自动停车装置。

第 10.2.5 条 疲劳试验应按下述程序进行：

一、疲劳试验前，应对钢筋、混凝土进行所需的材料力学性能试验；

二、先作 2 次或 3 次加载卸载循环的静载试验。荷载分级可采取最大荷载值 Q_{max} 的20%为一级。加载时宜分五级加到最大荷载，但在经过荷载最小值时应增加一级；卸载时宜分五级卸载到零，但在经过最小荷载值时应增加一级；对于允许出现裂缝的试验结构构件，在第一循环加载过程中，裂缝出现前，应适当加密荷载等级；

在每级加载或卸载时，读取仪表读数，观测裂缝等；

三、疲劳试验宜按下列次序加载：

调节计数器 → 开动试验机（待机器达到正常状态）→ 加最小荷载 → 调节加载频率 → 加最大荷载 → 反复调节最大、最小荷载至规定值；

疲劳试验过程中应保持荷载的稳定性，其误差不应超过最大荷载的 ± 3%；

四、根据试验要求宜在重复加载到 10×10^3、100×10^3、500×10^3、1×10^6、2×10^6 及 4×10^6 次时，停机进行一个循环的静载试验，读仪表读数和观测裂缝等，加卸载方法与前述同；

宜在加载到 10×10^3、20×10^3、50×10^3、100×10^3、200×10^3、500×10^3、1×10^6、1.5×10^6、2×10^6、3×10^6 及 4×10^6 次时，读取动变和动挠度；

五、当疲劳破坏发生时，应记下疲劳破坏的次数、破坏特征、荷载值等。钢筋发生疲劳断裂时，应打开混凝土，观察钢筋断裂的情况。

第 10.2.6 条 混凝土受弯构件疲劳破坏标志可根据下列情况判别：

一、正截面疲劳破坏的标志是某一根纵向受拉钢筋疲劳断裂，或受压区混凝土疲劳破坏；

二、斜截面疲劳破坏的标志是某一根与临界斜裂缝相交的腹筋（箍筋或弯筋）疲劳断裂，或混凝土剪压疲劳破坏，或与临界斜裂缝相交的纵向钢筋疲劳断裂；

三、在锚固区钢筋与混凝土的粘结锚固疲劳破坏；

四、在停机进行一个循环的静载试验时，出现本标准第8.0.1条规定的标志之一。

第三节 钢筋和混凝土粘结强度对比试验

第 10.3.1 条 本节适用于直径大于10mm的各类非预应力钢筋的粘结强度对比试验，并根据对比试验结果评价钢筋和混凝土粘结性能。

第 10.3.2 条 钢筋和混凝土的粘结强度应采用无横向钢筋的立方体中心拔出试件（简称拔出试件）确定。拔出试件应符合下列要求：

一、拔出试件应采用边长为10倍钢筋直径的混凝土立方体试件（图10.3.2）。钢筋放置在立方体的中轴线上，埋入部分长度和无粘结部分长度各为5d。钢筋伸出混凝土试件表面的长度：自由端为20mm，加载端应根据垫板厚度、穿孔球铰高度及加载装置的夹具长度确定，但不宜小于300mm；

二、钢筋表面不应有锈蚀、油污及不正常的横肋轧制标记，安装百分表的钢筋端面应加工成垂直于钢筋轴的平滑表面；

在混凝土中无粘结部分的钢筋应套上硬质的光滑塑料套管，套管末端与钢筋之间空隙应封闭；

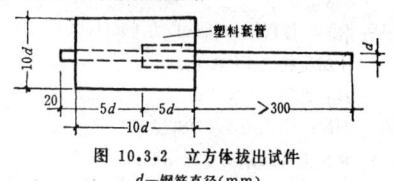

图 10.3.2 立方体拔出试件
d—钢筋直径（mm）

三、试件的混凝土应采用普通骨料，粗骨料最大颗粒粒径不得大于1.25倍钢筋直径；

试件的混凝土强度等级为C30，混凝土立方体抗压强度允许偏差应为±3MPa；

四、拔出试件数量每组应制作六个。应同时制作混凝土立方体试件，每组三个，其振捣方法与养护条件应与拔出试件一致；

五、试件应在钢模或不变形的试模中成型。模板上应预留钢筋位置孔。宜用振动台振捣；

试件的浇注面应与钢筋纵轴平行。钢筋应与混凝土承压面垂直，并水平设置在模板内。钢筋的两纵肋平面应放置在水平面上；

六、试件应在标准养护室内进行养护。在试件龄期为28d时进行试验。

第 10.3.3 条 试验装置承压垫板的边长不应小于拔出试件的边长，其厚度不应小于15mm。垫板中心孔径应为2倍钢筋直径（图10.3.3）。

第 10.3.4 条 加载速度应根据各种钢筋的直径确定，每种钢筋施加荷载的速度应按下式计算：

$$V_F = 0.03d^2 \qquad (10.3.4)$$

式中 V_F ——加载速度（kN/min）；

d ——钢筋直径（mm）。

加载速度应均匀，不应施加冲击荷载。

第 10.3.5 条 粘结强度试验的试验机精度不应低于2级，最小分度值不应大于粘结破坏时的最大荷载值的2%。

试验机的最大荷载值不应小于钢筋试件的破坏荷载值。

第 10.3.6 条 拔出试验量测的项目应包括下列内容：

一、钢筋自由端开始滑移时的荷载值 F_{so}；

二、与各级荷载值相应的钢筋自由端的滑移值 S；

三、钢筋粘结破坏时的最大荷载值 F_u；

四、粘结破坏时钢筋自由端的最大滑移值 S_u。

第 10.3.7 条 凡出现以下情况之一的试件，其试验结果不能作为确定钢筋粘结强度的依据：

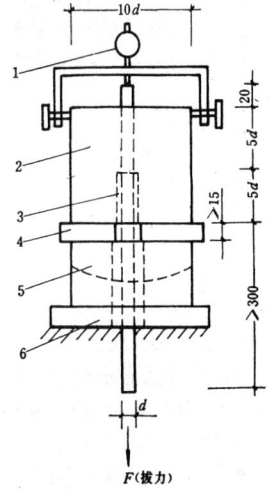

图 10.3.3 立方体拔出试验装置
1—百分表或位移传感器；2—试件；3—塑料套管；4—承压垫板；5—穿孔球铰；6—试验机垫板

一、试件的混凝土强度不符合本标准要求；

二、钢筋与混凝土承压面不垂直，偏斜较大，致使试件提前劈裂破坏。

第 10.3.8 条　各级荷载作用下的粘结应力可按下列公式计算：

$$\tau_F = \frac{F}{\pi d l_a} \cdot \alpha \tag{10.3.8-1}$$

$$\alpha = \frac{30}{f_{cu}^\circ} \tag{10.3.8-2}$$

$$l_a = 5d \tag{10.3.8-3}$$

式中　τ_F——钢筋和混凝土的粘结应力（kN/mm^2）；

　　　F——外加荷载值（kN）；

　　　d——钢筋直径（mm）；

　　　l_a——钢筋的埋入长度（mm）；

　　　α——混凝土抗压强度修正系数；

　　　f_{cu}°——试件龄期为28d时混凝土立方体抗压强度实测值（kN/mm^2）。

第 10.3.9 条　钢筋粘结强度实测值可按下式计算：

$$\tau_u^\circ = \frac{F_u^\circ}{\pi d l_a} \cdot \alpha \tag{10.3.9}$$

式中　τ_u°——钢筋粘结强度实测值（kN/mm^2）；

　　　F_u°——钢筋粘结破坏的最大荷载实测值（kN）。

第十一章　安全与防护措施

第 11.0.1 条　在制定试验方案时应对试验的准备阶段、试验进行阶段和试验后拆除构件阶段提出安全与防护技术措施。

试验前应对工作人员进行安全交底。

结构试验应设安全员负责检查安全工作，安全员应由熟悉试验工作的人员担任。

第 11.0.2 条　在试验准备工作中有关试验结构构件、加载设备、荷载架等的吊装，电气设备、电气线路等的安装以及试验后拆除构件和试验装置的操作均应符合有关建筑安装工程的安全技术规程的规定。

第 11.0.3 条　试验使用的设备应有操作规程，并应严格遵守。

第 11.0.4 条　试验用的加载设备、荷载架、支座、支墩等应有足够的安全储备，现场试验的地基应有足够的承载力和刚度。

第 11.0.5 条　试验屋架、桁架等大型结构构件时，必须根据安全要求设置侧向安全架，侧向安全架不应妨碍试验结构构件的正常工作。

在试验中，工作人员测读仪表、观察裂缝和进行加载等操作均应有安全可靠的工作台或脚手架。工作台和脚手架不应妨碍试验结构构件的正常工作。

第 11.0.6 条　在试验过程中应注意人身和仪表的安全。试验地区宜设置明显标志。

当荷载达到承载力试验荷载计算值的85%时，宜拆除可能损坏的仪表。对于需要保留下来量测结构破坏阶段的结构反应的仪表，应采取有效的保护措施。

第 11.0.7 条　试验时应防止试验结构构件和设备的倒塌，并应设置安全托架或支墩。安全托架或支墩和试验结构构件宜保持尽可能小的距离，但不应妨碍试验结构构件的变形。试验用的千斤顶、分配梁和仪表等应吊在支架上（图11.0.7）。

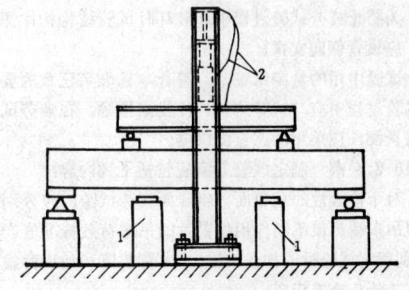

图 11.0.7　安全措施示意
1—安全支墩；2—保护索

对可能发生突然破坏的试验结构构件进行试验时应采取特别防护措施以防止物体飞出危及人身、仪表和设备的安全。

附录一　加 载 装 置

常见的结构构件加载装置示意图如下：

（一）简支板用重物加载装置（附图1.1）

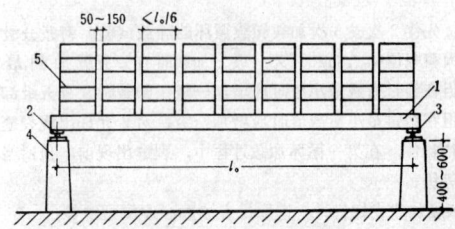

附图 1.1　简支板用重物加载装置
1—试验板；2—滚动铰支座；3—固定铰支座；4—支墩；5—重物

（二）杠杆加载装置（附图1.2）

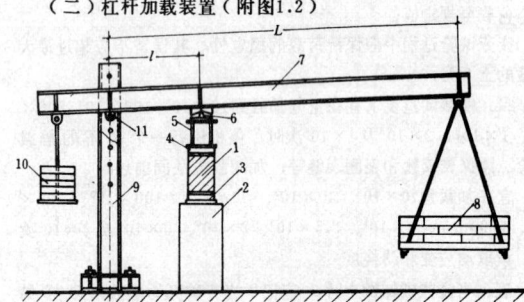

附图 1.2　杠杆加载装置
1—试件；2—支墩；3—试件铰支座；4—分配梁铰支座；5—分配梁；6—刀口支点；7—杠杆；8—加载重物；9—杠杆拉杆；10—平衡杠杆自重的平衡重；11—钢梢（支点）

（三）简支梁用千斤顶分配梁加载装置（附图1.3）

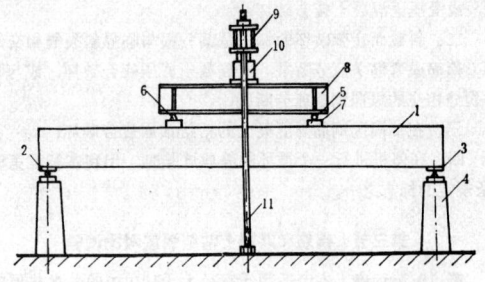

附图 1.3　简支梁用千斤顶分配梁加载装置
1—试验梁；2—滚动铰支座；3—固定铰支座；4—支墩；5—分配梁滚动铰支座；6—分配梁固定铰支座；7—集中力下的垫板；8—分配梁；9—横梁；10—千斤顶；11—拉杆

（四）简支梁用千斤顶加载装置（附图1.4）

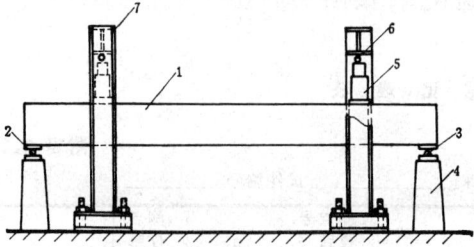

附图 1.4 简支梁用千斤顶加载装置

1—试验梁；2—滚动铰支座；3—固定铰支座；4—支墩；5—千斤顶；6—滚轴；7—荷载架

（五）桁架用千斤顶加载装置（附图1.5）；
（六）柱用试验机加载装置（附图1.6）；
（七）柱用荷载架加载装置（附图1.7）；
（八）柱卧位试验加载装置（附图1.8）；

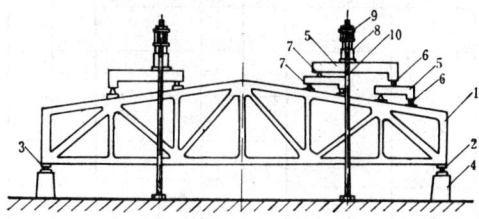

附图 1.5 桁架用千斤顶加载装置

1—试验桁架；2—固定铰支座；3—滚动铰支座；4—支墩；5—分配梁；6—分配梁滚动铰支座；7—分配梁固定铰支座；8—千斤顶；9—横梁；10—拉杆

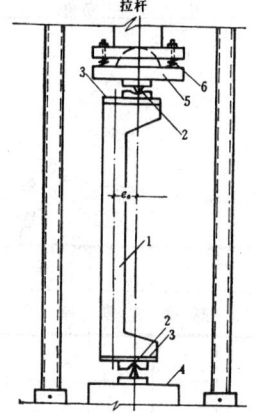

附图 1.6 柱用试验机加载装置

1—试验柱；2—刀口；3—垫板；4—试验机下压板；5—试验机上压板；6—调节试验机压板的弹簧

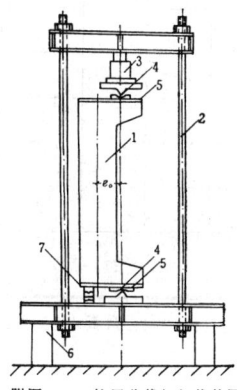

附图 1.7 柱用荷载架加载装置

1—试验柱；2—荷载架；3—千斤顶；4—刀口；5—垫板；6—支墩；7—临时垫木

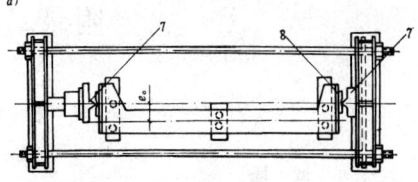

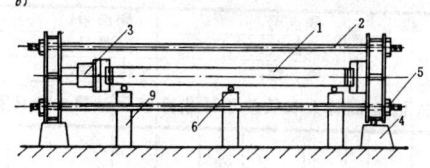

附图 1.8 柱卧位试验加载装置
a)俯视图；b)侧视图

1—试验柱；2—荷载架；3—千斤顶；4—荷载架支墩；5—滚轴；6—滚珠；7—刀口；8—垫板；9—试件支墩

（九）墙板轴向加载装置（附图1.9）；
（十）受扭构件加载装置（附图1.10）。

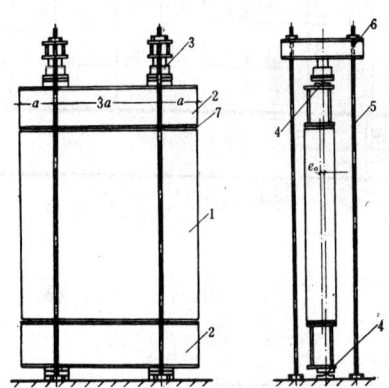

附图 1.9 墙板轴向加载装置

1—试验墙板；2—卧架；3—千斤顶；4—刀口；5—拉杆；6—横梁；7—砂浆垫层

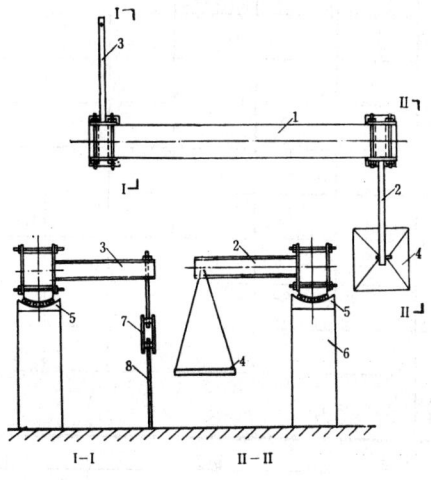

附图 1.10 受扭构件加载装置

1—受扭构件；2—加载臂；3—平衡臂；4—吊盘；5—自由转动支座；6—支墩；7—花兰螺丝；8—拉杆

附录二　常用试验记录表格

仪 表 测 读 数 据 记 录 表

试　验

试验日期_____ 气候_____ 温度_____ 试件名称_____ 试件编号_____

荷载级数	加载时间	加载值	累计值	温度	测读时间	测点号：仪器号：特 性				测点号：仪器号：特 性				测点号：仪器号：特 性				测点号：仪器号：特 性				测点号：仪器号：特 性				备注
						读数	读数差	累计	换算	读数	读数差	累计	换算	读数	读数差	累计	换算	读数	读数差	累计	换算	读数	读数差	累计	换算	

加载示意图及仪表布置图

测读_____ 记录_____ 整理_____ 校核_____ 负责_____

裂 缝 记 录 表

试件名称_____

试件编号_____

年　月　日

第　页 共　页

裂 缝 编 号			高度	宽度	高度	宽度	高度	宽度	高度	宽度	高度	宽度	间 距		备注
时 间	分 级	累 计											编号	距离	

裂缝草图

测读_____ 记录_____ 整理_____ 校核_____ 负责人_____

附录三 本标准用词说明

一、为便于在执行本标准条文时区别对待，对要求严格程度不同的用词说明如下：

1.表示很严格，非这样作不可的：

正面词采用"必须"，

反面词采用"严禁"。

2.表示严格，在正常情况均应这样作的：

正面词采用"应"，

反面词采用"不应"或"不得"。

3.表示允许稍有选择，在条件许可时首先应这样作的：

正面词采用"宜"或"可"，

反面词采用"不宜"。

二、条文中指定应按其它有关标准、规范执行时，写法为"应符合……的规定"或"应按……执行"。

附加说明：

本标准主编单位、参加单位和主要起草人名单

主编单位：中国建筑科学研究院。

参加单位：哈尔滨建筑工程学院、同济大学、清华大学、湖南大学、太原工业大学。

主要起草人：沈在康、潘景龙

（以下按姓氏笔划为序）

王娴明、王济川、王晋生、金英俊、姚振纲、洪婉儿、姚剑平。

中华人民共和国国家标准

砌体工程现场检测技术标准

Technical standard for site testing of masonry engineering

GB/T 50315—2011

主编部门：四川省住房和城乡建设厅
批准部门：中华人民共和国住房和城乡建设部
施行日期：２０１２年３月１日

中华人民共和国住房和城乡建设部
公　告

第 1108 号

关于发布国家标准
《砌体工程现场检测技术标准》的公告

现批准《砌体工程现场检测技术标准》为国家标准，编号为 GB/T 50315-2011，自 2012 年 3 月 1 日起实施。原《砌体工程现场检测技术标准》GB/T 50315-2000 同时废止。

本标准由我部标准定额研究所组织中国建筑工业出版社出版发行。

中华人民共和国住房和城乡建设部
2011 年 7 月 29 日

前　　言

本标准是根据住房和城乡建设部《关于印发〈2009 年工程建设标准规范制订、修订计划〉的通知》（建标〔2009〕88 号）的要求，由四川省建筑科学研究院和成都建筑工程集团总公司会同有关单位共同对原国家标准《砌体工程现场检测技术标准》GB/T 50315-2000 进行修订而成的。

本标准在修订过程中，修订组经广泛调查研究，认真总结实践经验，采纳了砌体工程现场检测技术的最新成果；开展了砌体工程现场检测方法的专题研究；对各项检测方法进行了推广至烧结多孔砖砌体的验证性试验；参考有关国际标准和国外先进标准，并在征求意见的基础上，修订本标准，最后经审查定稿。

本标准共分 15 章，主要内容包括：总则、术语和符号、基本规定、原位轴压法、扁顶法、切制抗压试件法、原位单剪法、原位双剪法、推出法、筒压法、砂浆片剪切法、砂浆回弹法、点荷法、烧结砖回弹法、强度推定。

本次修订的主要技术内容是：

1. 将标准的适用范围从主要适用于烧结普通砖砌体扩大至烧结多孔砖砌体；

2. 新增了切制抗压试件法、原位双砖双剪法、砂浆片局压法、烧结砖回弹法、特细砂砂浆筒压法等检测方法；

3. 取消了未能广泛推广的砂浆射钉法；

4. 统一了原位轴压法和扁顶法的砌体抗压强度计算公式；

5. 为适应《砌体结构工程施工质量验收规范》GB 50203 关于砌筑砂浆强度等级评定标准的变化，对检测的砂浆强度推定方法作了调整；

6. 进一步明确了各检测方法的特点、用途和限制条件。

本标准由住房和城乡建设部负责管理，由四川省建筑科学研究院负责具体技术内容的解释。在执行过程中，请各单位结合砌体工程现场检测工作的实施，注意总结经验，积累检测数据、资料、检测方法的创新做法，如有意见和建议，请寄送四川省建筑科学研究院（成都市一环路北三段 55 号；邮编：610081；网址：www.scjky.com.cn），以供今后修订时参考。

本 标 准 主 编 单 位：四川省建筑科学研究院
　　　　　　　　　　　成都建筑工程集团总公司

本 标 准 参 编 单 位：西安建筑科技大学
　　　　　　　　　　　湖南大学
　　　　　　　　　　　重庆市建筑科学研究院
　　　　　　　　　　　陕西省建筑科学研究院
　　　　　　　　　　　河南省建筑科学研究院有限公司
　　　　　　　　　　　江苏省建筑科学研究院有限公司
　　　　　　　　　　　山西四建集团有限公司科研所
　　　　　　　　　　　南充市建设工程质量检测中心
　　　　　　　　　　　山东省建筑科学研究院
　　　　　　　　　　　上海市建筑科学研究院（集团）有限公司

目　　次

Contents

1 总 则

1.0.1 为在砌体工程现场检测中，贯彻执行国家技术政策，做到技术先进、数据准确、安全可靠，制定本标准。

1.0.2 本标准适用于砌体工程中砖砌体、砌筑砂浆和砌块块体的现场检测和强度推定。

1.0.3 砌体工程的现场检测，除应符合本标准外，尚应符合国家现行有关标准的规定。

2 术语和符号

2.1 术 语

2.1.1 检测单元　test unit

每一楼层且总量不大于 $250m^3$ 的材料品种和设计强度等级均相同的砌体。

2.1.2 测区　test zone

在一个检测单元内，随机布置的一个或若干个检测区域。

2.1.3 测点　test point

在一个测区内，按检测方法的要求，随机布置的一个或若干个检测点。

2.1.4 原位轴压法　the method of axial compression in situ

采用原位压力机在墙体上进行抗压测试，检测砌体抗压强度的方法。

2.1.5 扁式液压顶法　the method of flat jack in situ

采用扁式液压千斤顶在墙体上进行抗压测试，检测砌体的受压应力、弹性模量、抗压强度的方法，简称扁顶法。

2.1.6 切制抗压试件法　the method of test on specimen cut from wall

从墙体上切割、取出外形几何尺寸为标准抗压砌体试件，运至试验室进行抗压测试的方法。

2.1.7 原位砌体通缝单剪法　the method of shear along one horizontal mortar joint in situ

在墙体上沿单个水平灰缝进行抗剪测试，检测砌体抗剪强度的方法，简称原位单剪法。

2.1.8 原位双剪法　the method of shear along two horizontal mortar joint in situ

采用原位剪切仪在墙体上对单块或双块顺砖进行双面抗剪测试，检测砌体抗剪强度的方法。

2.1.9 推出法　the method of push out

采用推出仪从墙体上水平推出单块丁砖，测得水平推力及推出砖下的砂浆饱满度，以此推定砌筑砂浆抗压强度的方法。

2.1.10 筒压法　the method of compression in cylinder

将取样砂浆破碎、烘干并筛分成符合一定级配要求的颗粒，装入承压筒并施加筒压荷载，检测其破损程度（筒压比），根据筒压比推定砌筑砂浆抗压强度的方法。

2.1.11 砂浆片剪切法　the method of shear on mortar flake

采用砂浆测强仪检测砂浆片的抗剪强度，以此推定砌筑砂浆抗压强度的方法。

2.1.12 砂浆回弹法　the method of mortar rebound

采用砂浆回弹仪检测墙体、柱中砂浆表面的硬度，根据回弹值和碳化深度推定其强度的方法。

2.1.13 点荷法　the method of point load

在砂浆片的大面上施加点荷载，推定砌筑砂浆抗压强度的方法。

2.1.14 砂浆片局压法　the method of local compression on mortar flake

采用局压仪对砂浆片试件进行局部抗压测试，根据局部抗压荷载值推定砌筑砂浆抗压强度的方法。

2.1.15 烧结砖回弹法　the method of fired brick rebound

采用专用回弹仪检测烧结普通砖或烧结多孔砖表面的硬度，根据回弹值推定其抗压强度的方法。

2.1.16 槽间砌体　masonry between two channels

采用原位轴压法和扁顶法在砖墙上检测砌体的抗压强度时，开凿的两个水平槽之间的砌体。

2.1.17 筒压比　cylindrical compressive ratio

采用筒压法检测砂浆强度时，砂浆试样经筒压测试并筛分后，留在孔径 5mm 筛以上的累计筛余量与该试样总量的比值，简称筒压比。

2.2 符 号

2.2.1 几何参数

A——构件或试件的截面面积；

b——宽度；试件截面边长；

h——高度；试件截面高度；测点间的距离；

l——长度；

d——砂浆碳化深度；

r——半径；点荷法的作用半径；

t——厚度；试件厚度；

H——砌体抗压试件的高度。

2.2.2 作用、效应与抗力、计算指标

N——实测破坏荷载值；

f_m——砌体抗压强度平均值；

$f_{v,m}$——砌体抗剪强度平均值；

τ——砂浆片的抗剪强度；

f_1——砖的抗压强度值；

f_2——砌筑砂浆抗压强度值；

f_2'——砌筑砂浆抗压强度推定值；

σ_0——测点上部墙体的平均压应力。

2.2.3 系数

ξ_1——原位轴压法、扁顶法测定砌体抗压强度的换算系数;

ξ_2——推出法的砖品种修正系数;

ξ_3——推出法的砂浆饱满度修正系数;

ξ_4——点荷法的荷载作用半径修正系数;

ξ_5——点荷法的试件厚度修正系数。

2.2.4 其他

B——水平灰缝的砂浆饱满度;

η——筒压法中的筒压比;

R——砖或砂浆的回弹值;

n_1——同一测区的测点(测位)数;

n_2——同一检测单元的测区数。

3 基本规定

3.1 适用条件

3.1.1 对新建砌体工程,检验和评定砌筑砂浆或砖、砖砌体的强度,应按现行国家标准《砌体结构设计规范》GB 50003、《砌体结构工程施工质量验收规范》GB 50203、《建筑工程施工质量验收统一标准》GB 50300、《砌体基本力学性能试验方法标准》GB/T 50129 等的有关规定执行;当遇到下列情况之一时,应按本标准检测和推定砌筑砂浆或砖、砖砌体的强度:

 1 砂浆试块缺乏代表性或试块数量不足。

 2 对砖强度或砂浆试块的检验结果有怀疑或争议,需要确定实际的砌体抗压、抗剪强度。

 3 发生工程事故或对施工质量有怀疑和争议,需要进一步分析砖、砂浆和砌体的强度。

3.1.2 对既有砌体工程,在进行下列鉴定时,应按本标准检测和推定砂浆强度、砖的强度或砌体的工作应力、弹性模量和强度:

 1 安全鉴定、危房鉴定及其他应急鉴定。

 2 抗震鉴定。

 3 大修前的可靠性鉴定。

 4 房屋改变用途、改建、加层或扩建前的专门鉴定。

3.1.3 各种检测方法的选用应按本标准第 3.4 节的规定执行。

3.2 检测程序及工作内容

3.2.1 现场检测工作应按规定的程序进行(图3.2.1)。

3.2.2 调查阶段应包括下列工作内容:

 1 收集被检测工程的图纸、施工验收资料、砖与砂浆的品种及有关原材料的测试资料。

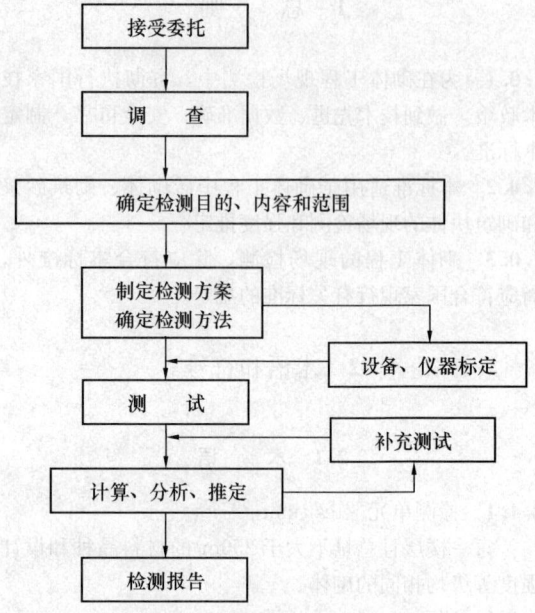

图 3.2.1 现场检测程序

 2 现场调查工程的结构形式、环境条件、砌体质量及其存在问题,对既有砌体工程,尚应调查使用期间的变更情况。

 3 工程建设时间。

 4 进一步明确检测原因和委托方的具体要求。

 5 以往工程质量检测情况。

3.2.3 检测方案应根据调查结果和检测目的、内容和范围制定,应选择一种或数种检测方法,必要时征求委托方意见并认可。对被检测工程应划分检测单元,并应确定测区和测点数。

3.2.4 测试设备、仪器应按相应标准和产品说明书规定进行保养和校准,必要时尚应按使用频率、检测对象的重要性适当增加校准次数。

3.2.5 计算、分析和强度推定过程中,出现异常情况或测试数据不足时,应及时补充测试。

3.2.6 检测工作完毕,应及时出具符合检测目的的检测报告。

3.2.7 现场测试结束时,砌体如因检测造成局部损伤,应及时修补砌体局部损伤部位。修补后的砌体,应满足原构件承载能力和正常使用的要求。

3.2.8 从事测试和强度推定的人员,应经专门培训合格后,再参加测试和撰写报告。

3.2.9 现场检测工作,应采取确保人身安全和防止仪器损坏的安全措施,并应采取避免或减小污染环境的措施。

3.2.10 现场检测和抽样检测,环境温度和试件(试样)温度均应高于 0℃。

3.3 检测单元、测区和测点

3.3.1 当检测对象为整栋建筑物或建筑物的一部分时，应将其划分为一个或若干个可以独立进行分析的结构单元，每一结构单元应划分为若干个检测单元。

3.3.2 每一检测单元内，不宜少于6个测区，应将单个构件（单片墙体、柱）作为一个测区。当一个检测单元不足6个构件时，应将每个构件作为一个测区。

采用原位轴压法、扁顶法、切制抗压试件法检测，当选择6个测区确有困难时，可选取不少于3个测区测试，但宜结合其他非破损检测方法综合进行强度推定。

3.3.3 每一测区应随机布置若干测点。各种检测方法的测点数，应符合下列要求：

1 原位轴压法、扁顶法、切制抗压试件法、原位单剪法、筒压法，测点数不应少于1个。

2 原位双剪法、推出法，测点数不应少于3个。

3 砂浆片剪切法、砂浆回弹法、点荷法、砂浆片局压法、烧结砖回弹法，测点数不应少于5个。

注：回弹法的测位，相当于其他检测方法的测点。

3.3.4 对既有建筑物或应委托方要求仅对建筑物的部分或个别部位检测时，测区和测点数可减少，但一个检测单元的测区数不宜少于3个。

3.3.5 测点布置应能使测试结果全面、合理反映检测单元的施工质量或其受力性能。

3.4 检测方法分类及其选用原则

3.4.1 砌体工程的现场检测方法，可按对砌体结构的损伤程度，分为下列几类：

1 非破损检测方法，在检测过程中，对砌体结构的既有力学性能没有影响。

2 局部破损检测方法，在检测过程中，对砌体结构的既有力学性能有局部的、暂时的影响，但可修复。

3.4.2 砌体工程的现场检测方法，可按测试内容分为下列几类：

1 检测砌体抗压强度可采用原位轴压法、扁顶法、切制抗压试件法。

2 检测砌体工作应力、弹性模量可采用扁顶法。

3 检测砌体抗剪强度可采用原位单剪法、原位双剪法。

4 检测砌筑砂浆强度可采用推出法、筒压法、砂浆片剪切法、砂浆回弹法、点荷法、砂浆片局压法。

5 检测砌筑块体抗压强度可采用烧结砖回弹法、取样法。

3.4.3 检测方法可按表3.4.3选择。

表3.4.3 检测方法

序号	检测方法	特点	用途	限制条件
1	原位轴压法	1. 属原位检测，直接在墙体上测试，检测结果综合反映了材料质量和施工质量； 2. 直观性、可比性较强； 3. 设备较重； 4. 检测部位有较大局部破损	1. 检测普通砖和多孔砖砌体的抗压强度； 2. 火灾、环境侵蚀后的砌体剩余抗压强度	1. 槽间砌体每侧的墙体宽度不应小于1.5m；测点宜选在墙体长度方向的中部； 2. 限用于240mm厚砖墙
2	扁顶法	1. 属原位检测，直接在墙体上测试，检测结果综合反映了材料质量和施工质量； 2. 直观性、可比性较强； 3. 扁顶重复使用率较低； 4. 砌体强度较高或轴向变形较大时，难以测出抗压强度； 5. 设备较轻； 6. 检测部位有较大局部破损	1. 检测普通砖和多孔砖砌体的抗压强度； 2. 检测古建筑和重要建筑的受压工作应力； 3. 检测砌体弹性模量； 4. 火灾、环境侵蚀后的砌体剩余抗压强度	1. 槽间砌体每侧的墙体宽度不应小于1.5m；测点宜选在墙体长度方向的中部； 2. 不适用于测试墙体破坏荷载大于400kN的墙体
3	切制抗压试件法	1. 属取样检测，检测结果综合反映了材料质量和施工质量； 2. 试件尺寸与标准抗压试件相同，直观性、可比性较强； 3. 设备较重，现场取样时有水污染； 4. 取样部位有较大局部破损；需切割、搬运试件； 5. 检测结果不需换算	1. 检测普通砖和多孔砖砌体的抗压强度； 2. 火灾、环境侵蚀后的砌体剩余抗压强度	取样部位每侧的墙体宽度不应小于1.5m，且应为墙体长度方向的中部或受力较小处
4	原位单剪法	1. 属原位检测，直接在墙体上测试，检测结果综合反映了材料质量和施工质量； 2. 直观性强； 3. 检测部位有较大局部破损	检测各种砖砌体的抗剪强度	测点选在窗下墙部位，且承受反作用力的墙体应有足够长度

序号	检测方法	特 点	用 途	限制条件
5	原位双剪法	1. 属原位检测，直接在墙体上测试，检测结果综合反映了材料质量和施工质量； 2. 直观性较强； 3. 设备较轻便； 4. 检测部位局部破损	检测烧结普通砖和烧结多孔砖砌体的抗剪强度	—
6	推出法	1. 属原位检测，直接在墙体上测试，检测结果综合反映了材料质量和施工质量； 2. 设备较轻便； 3. 检测部位局部破损	检测烧结普通砖、烧结多孔砖、蒸压灰砂砖或蒸压粉煤灰砖墙体的砂浆强度	当水平灰缝的砂浆饱满度低于65%时，不宜选用
7	筒压法	1. 属取样检测； 2. 仅需利用一般混凝土试验室的常用设备； 3. 取样部位局部损伤	检测烧结普通砖和烧结多孔砖墙体中的砂浆强度	—
8	砂浆片剪切法	1. 属取样检测； 2. 专用的砂浆测强仪及其标定仪，较为轻便； 3. 测试工作较简便； 4. 取样部位局部损伤	检测烧结普通砖和烧结多孔砖墙体中的砂浆强度	—
9	砂浆回弹法	1. 属原位无损检测，测区选择不受限制； 2. 回弹仪有定型产品，性能较稳定，操作简便； 3. 检测部位的装修面层仅局部损伤	1. 检测烧结普通砖和烧结多孔砖墙体中的砂浆强度； 2. 主要用于砂浆强度均质性检查	1. 不适用于砂浆强度小于2MPa的墙体； 2. 水平灰缝表面粗糙且难以磨平时，不得采用
10	点荷法	1. 属取样检测； 2. 测试工作较简便； 3. 取样部位局部损伤	检测烧结普通砖和烧结多孔砖墙体中的砂浆强度	不适用于砂浆强度小于2MPa的墙体

序号	检测方法	特 点	用 途	限制条件
11	砂浆片局压法	1. 属取样检测； 2. 局压仪有定型产品，性能较稳定，操作简便； 3. 取样部位局部损伤	检测烧结普通砖和烧结多孔砖墙体中的砂浆强度	适用范围限于： 1. 水泥石灰砂浆强度：1MPa~10MPa； 2. 水泥砂浆强度：1MPa~20MPa
12	烧结砖回弹法	1. 属原位无损检测，测区选择不受限制； 2. 回弹仪有定型产品，性能较稳定，操作简便； 3. 检测部位的装修面层仅局部损伤	检测烧结普通砖和烧结多孔砖墙体中的砖强度	适用范围限于：6MPa~30MPa

3.4.4 选用检测方法和在墙体上选定测点，尚应符合下列要求：

1 除原位单剪法外，测点不应位于门窗洞口处。

2 所有方法的测点不应位于补砌的临时施工洞口附近。

3 应力集中部位的墙体以及墙梁的墙体计算高度范围内，不应选用有较大局部破损的检测方法。

4 砖柱和宽度小于 3.6m 的承重墙，不应选用有较大局部破损的检测方法。

3.4.5 现场检测或取样检测时，砌筑砂浆的龄期不应低于 28d。

3.4.6 检测砌筑砂浆强度时，取样砂浆试件或原位检测的水平灰缝应处于干燥状态。

3.4.7 各类砖的取样检测，每一检测单元不应少于一组；应按相应的产品标准，进行砖的抗压强度试验和强度等级评定。

3.4.8 采用砂浆片局压法取样检测砌筑砂浆强度时，检测单元、测区的确定，以及强度推定，应按本标准的有关规定执行；测试设备、测试步骤、数据分析应按现行行业标准《择压法检测砌筑砂浆抗压强度技术规程》JGJ/T 234 的有关规定执行。

4 原位轴压法

4.1 一般规定

4.1.1 原位轴压法（图 4.1.1）适用于推定 240mm 厚普通砖砌体或多孔砖砌体的抗压强度。

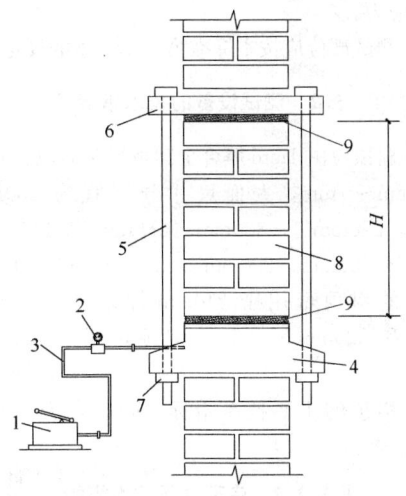

图 4.1.1 原位轴压法测试装置

1—手动油泵；2—压力表；3—高压油管；4—扁式
千斤顶；5—钢拉杆（共 4 根）；6—反力板；7—螺母；
8—槽间砌体；9 —砂垫层；H—槽间砌休高度

4.1.2 测试部位应具有代表性，并应符合下列要求：

1 测试部位宜选在墙体中部距楼、地面 1m 左右的高度处；槽间砌体每侧的墙体宽度不应小于 1.5m。

2 同一墙体上，测点不宜多于 1 个，且宜选在沿墙体长度的中间部位；多于 1 个时，其水平净距不得小于 2.0m。

3 测试部位不得选在挑梁下、应力集中部位以及墙梁的墙体计算高度范围内。

4.2 测试设备的技术指标

4.2.1 原位压力机主要技术指标，应符合表 4.2.1 的要求。

表 4.2.1 原位压力机主要技术指标

项 目	指 标		
	450 型	600 型	800 型
额定压力（kN）	400	550	750
极限压力（kN）	450	600	800
额定行程（mm）	15	15	15
极限行程（mm）	20	20	20
示值相对误差（%）	±3	±3	±3

4.2.2 原位压力机的力值，应每半年校验一次。

4.3 测试步骤

4.3.1 在测点上开凿水平槽孔时，应符合下列要求：

1 上、下水平槽的尺寸应符合表 4.3.1 的要求。

表 4.3.1 水平槽尺寸

名 称	长度(mm)	厚度(mm)	高度(mm)
上水平槽	250	240	70
下水平槽	250	240	≥110

2 上、下水平槽孔应对齐。普通砖砌体，槽间砌体高度应为 7 皮砖；多孔砖砌体，槽间砌体高度应为 5 皮砖。

3 开槽时，应避免扰动四周的砌体；槽间砌体的承压面应修平整。

4.3.2 在槽孔间安放原位压力机（图 4.1.1）时，应符合下列要求：

1 在上槽内的下表面和扁式千斤顶的顶面，应分别均匀铺设湿细砂或石膏等材料的垫层，垫层厚度可取 10mm。

2 应将反力板置于上槽孔，扁式千斤顶置于下槽孔，应安放四根钢拉杆，并应使两个承压板上下对齐后，应沿对角两两均匀拧紧螺母并调整其平行度；四根钢拉杆的上下螺母间的净距误差不应大于 2mm。

3 正式测试前，应进行试加荷载测试，试加荷载值可取预估破坏荷载的 10%。应检查测试系统的灵活性和可靠性，以及上下压板和砌体受压面接触是否均匀密实。经试加荷载，测试系统正常后应卸荷，并应开始正式测试。

4.3.3 正式测试时，应分级加荷。每级荷载可取预估破坏荷载的 10%，并应在 1min～1.5min 内均匀加完，然后恒载 2min。加荷至预估破坏荷载的 80%后，应按原定加荷速度连续加荷，直至槽间砌体破坏。当槽间砌体裂缝急剧扩展和增多，油压表的指针明显回退时，槽间砌体达到极限状态。

4.3.4 测试过程中，发现上下压板与砌体承压面因接触不良，致使槽间砌体呈局部受压或偏心受压状态时，应停止测试，并应调整测试装置，重新测试，无法调整时应更换测点。

4.3.5 测试过程中，应仔细观察槽间砌体初裂裂缝与裂缝开展情况，并应记录逐级荷载下的油压表读数、测点位置、裂缝随荷载变化情况简图等。

4.4 数 据 分 析

4.4.1 根据槽间砌体初裂和破坏时的油压表读数，应分别减去油压表的初始读数，并应按原位压力机的校验结果，计算槽间砌体的初裂荷载值和破坏荷载值。

4.4.2 槽间砌体的抗压强度，应按下式计算：

$$f_{uij} = \frac{N_{uij}}{A_{ij}} \qquad (4.4.2)$$

式中：f_{uij}——第 i 个测区第 j 个测点槽间砌体的抗压强度（MPa）；

N_{uij}——第 i 个测区第 j 个测点槽间砌体的受压破坏荷载值（N）；

A_{ij}——第 i 个测区第 j 个测点槽间砌体的受压面积（mm²）。

4.4.3 槽间砌体抗压强度换算为标准砌体的抗压强度，应按下列公式计算：

$$f_{mij} = \frac{f_{uij}}{\xi_{1ij}} \tag{4.4.3-1}$$

$$\xi_{1ij} = 1.25 + 0.60\sigma_{0ij} \tag{4.4.3-2}$$

式中：f_{mij}——第 i 个测区第 j 个测点的标准砌体抗压强度换算值（MPa）；

ξ_{1ij}——原位轴压法的无量纲的强度换算系数；

σ_{0ij}——该测点上部墙体的压应力（MPa），其值可按墙体实际所承受的荷载标准值计算。

4.4.4 测区的砌体抗压强度平均值，应按下式计算：

$$f_{mi} = \frac{1}{n_1} \sum_{j=1}^{n_1} f_{mij} \tag{4.4.4}$$

式中：f_{mi}——第 i 个测区的砌体抗压强度平均值（MPa）；

n_1——第 i 个测区的测点数。

5 扁 顶 法

5.1 一 般 规 定

5.1.1 扁顶法（图 5.1.1）适用于推定普通砖砌体或多孔砖砌体的受压弹性模量、抗压强度或墙体的受压工作应力。

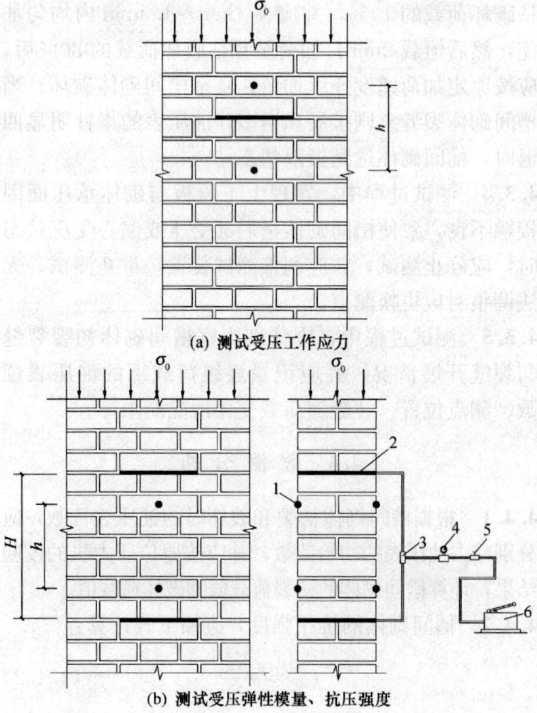

(a) 测试受压工作应力

(b) 测试受压弹性模量、抗压强度

图 5.1.1 扁顶法测试装置与变形测点布置
1—变形测量脚标（两对）；2—扁式液压千斤顶；3—三通接头；4—压力表；5—溢流阀；6—手动油泵；H—槽间砌体高度；h—脚标之间的距离

5.1.2 测试部位应按本标准第 4.1.2 条的规定执行。

5.2 测试设备的技术指标

5.2.1 扁顶应由 1mm 厚合金钢板焊接而成，总厚度宜为 5mm～7mm，大面尺寸分别宜为 250mm×250mm、250mm×380mm、380mm×380mm 和 380mm×500mm。250mm×250mm 和 250mm×380mm 的扁顶可用于 240mm 厚墙体，380mm×380mm 和 380mm×500mm 扁顶可用于 370mm 厚墙体。

5.2.2 扁顶的主要技术指标，应符合表 5.2.2 的要求。

表 5.2.2 扁顶主要技术指标

项　目	指　标
额定压力（kN）	400
极限压力（kN）	480
额定行程（mm）	10
极限行程（mm）	15
示值相对误差（%）	±3

5.2.3 每次使用前，应校验扁顶的力值。

5.2.4 手持式应变仪和千分表的主要技术指标，应符合表 5.2.4 的要求。

表 5.2.4 手持式应变仪和千分表的主要技术指标

项　目	指　标
行程（mm）	1～3
分辨率（mm）	0.001

5.3 测 试 步 骤

5.3.1 测试墙体的受压工作应力时，应符合下列要求：

1 在选定的墙体上，应标出水平槽的位置，并应牢固粘贴两对变形测量的脚标［图 5.1.1(a)］。脚标应位于水平槽正中并跨越该槽；普通砖砌体脚标之间的距离应相隔 4 条水平灰缝，宜取 250mm；多孔砖砌体脚标之间的距离应相隔 3 条水平灰缝，宜取 270mm～300mm。

2 使用手持应变仪或千分表在脚标上测量砌体变形的初读数时，应测量 3 次，并应取其平均值。

3 在标出水平槽位置处，应剔除水平灰缝内的砂浆。水平槽的尺寸应略大于扁顶尺寸。开凿时不应损伤测点部位的墙体及变形测量脚标。槽的四周应清理平整，并应除去灰渣。

4 使用手持式应变仪或千分表在脚标上测量开槽后的砌体变形值时，应待读数稳定后再进行下一步测试工作。

5 在槽内安装扁顶，扁顶上下两面宜垫尺寸相同的钢垫板，并应连接测试设备的油路（图5.1.1）。

6 正式测试前的试加荷载测试，应符合本标准第4.3.2条第3款的规定。

7 正式测试时，应分级加荷。每级荷载应为预估破坏荷载值的5%，并应在1.5min～2min内均匀加完，恒载2min后应测读变形值。当变形值接近开槽前的读数时，应适当减小加荷级差，并应直至实测变形值达到开槽前的读数，然后卸荷。

5.3.2 实测墙体的砌体抗压强度或受压弹性模量时，应符合下列要求：

1 在完成墙体的受压工作应力测试后，应开凿第二条水平槽，上下槽应互相平行、对齐。当选用250mm×250mm扁顶时，普通砖砌体两槽之间的距离应相隔7皮砖；多孔砖砌体两槽之间的距离应相隔5皮砖。当选用250mm×380mm扁顶时，普通砖砌体两槽之间的距离应相隔8皮砖；多孔砖砌体两槽之间的距离应相隔6皮砖。遇有灰缝不规则或砂浆强度较高而难以凿槽时，可在槽孔处取出1皮砖，安装扁顶时应采用钢制楔形垫块调整其间隙。

2 应按本标准第5.3.1条第5款的规定在上下槽内安装扁顶。

3 试加荷载，应符合本标准第4.3.2条第3款的规定。

4 正式测试时，加荷方法应符合本标准第4.3.3条的规定。

5 当槽间砌体上部压应力小于0.2MPa时，应加设反力平衡架后再进行测试。当槽间砌体上部压应力不小于0.2MPa时，也宜加设反力平衡架后再进行测试。反力平衡架可由两块反力板和四根钢拉杆组成。

5.3.3 当测试砌体受压弹性模量时，尚应符合下列要求：

1 应在槽间砌体两侧各粘贴一对变形测量脚标［图5.1.1(b)］，脚标应位于槽间砌体的中部。普通砖砌体脚标之间的距离应相隔4条水平灰缝，宜取250mm；多孔砖砌体脚标之间的距离应相隔3条水平灰缝，宜取270mm～300mm。测试前应记录标距值，并应精确至0.1mm。

2 正式测试前，应反复施加10%的预估破坏荷载，其次数不宜少于3次。

3 测试时，加荷方法应符合本标准第4.3.3条的要求，并应测记逐级荷载下的变形值。

4 累计加荷的应力上限不宜大于槽间砌体极限抗压强度的50%。

5.3.4 当仅测定砌体抗压强度时，应同时开凿两条水平槽，并应按本标准第5.3.2条的要求进行测试。

5.3.5 测试记录内容应包括描绘测点布置图、墙体砌筑方式、扁顶位置、脚标位置、轴向变形值、逐级荷载下的油压表读数、裂缝随荷载变化情况简图等。

5.4 数据分析

5.4.1 数据分析时，应根据扁顶力值的校验结果，将油压表读数换算为测试荷载值。

5.4.2 墙体的受压工作应力，应等于按本标准第5.3.1条规定实测变形值达到开凿前的读数时所对应的应力值。

5.4.3 砌体在有侧向约束情况下的受压弹性模量，应按现行国家标准《砌体基本力学性能试验方法标准》GB/T 50129的有关规定计算；当换算为标准砌体的受压弹性模量时，计算结果应乘以换算系数0.85。

5.4.4 槽间砌体的抗压强度，应按本标准式(4.4.2)计算。

5.4.5 槽间砌体抗压强度换算为标准砌体的抗压强度，应按本标准式(4.4.3-1)和式(4.4.3-2)计算。

5.4.6 测区的砌体抗压强度平均值，应按本标准式(4.4.4)计算。

6 切制抗压试件法

6.1 一般规定

6.1.1 切制抗压试件法适用于推定普通砖砌体和多孔砖砌体的抗压强度。检测时，应使用电动切割机，在砖墙上切割两条竖缝，竖缝间距可取370mm或490mm，应人工取出与标准砌体抗压试件尺寸相同的试件，并应运至试验室，砌体抗压测试应按现行国家标准《砌体基本力学性能试验方法标准》GB/T 50129的有关规定执行。

6.1.2 在砖墙上选择切制试件的部位，应符合本标准第4.1.2条的要求。

6.1.3 当宏观检查墙体的砌筑质量差或砌筑砂浆强度等级低于M2.5（含M2.5）时，不宜选用切制抗压试件法。

6.2 测试设备的技术指标

6.2.1 切割墙体竖向通缝的切割机，应符合下列要求：

1 机架应有足够的强度、刚度、稳定性。

2 切割机应操作灵活，并应固定和移动方便。

3 切割机的锯切深度不应小于240mm。

4 切割机上的电动机、导线及其连接的接点应具有良好的防潮性能。

5 切割机宜配备水冷却系统。

6.2.2 测试设备应选择适宜吨位的长柱压力试验机，其精度（示值的相对误差）不应大于2%。预估抗压试件的破坏荷载值,应为压力试验机额定压力的20%~80%。

6.3 测试步骤

6.3.1 选取切制试件的部位后,应按现行国家标准《砌体基本力学性能试验方法标准》GB/T 50129 的有关规定,确定试件高度 H 和试件宽度 b(图 6.3.1),并应标出切割线。在选择切割线时,宜选取竖向灰缝上、下对齐的部位。

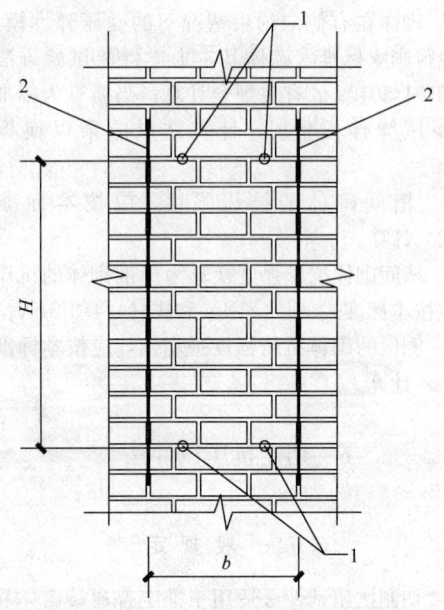

图 6.3.1 切制普通砖砌体抗压试件
1—钻孔;2—切割线;H—试件高度;b—试件宽度

6.3.2 应在拟切制试件上、下两端各钻 2 个孔,并应将拟切制试件捆绑牢固,也可采用其他适宜的临时固定方法。

6.3.3 应将切割机的锯片(锯条)对准切割线,并垂直于墙面,然后应启动切割机,并应在砖墙上切出两条竖缝。切割过程中,切割机不得偏转和移位,并应使锯片(锯条)处于连续水冷却状态。

6.3.4 应凿掉切制试件顶部一皮砖;应适当凿取试件底部砂浆,并应伸进撬棍,应将水平灰缝撬松动,然后应小心抬出试件。

6.3.5 试件搬运过程中,应防止碰撞,并应采取减小振动的措施。需要长距离运输试件时,宜用草绳等材料紧密捆绑试件。

6.3.6 试件运至试验室后,应将试件上下表面大致修理平整;应在预先找平的钢垫板上坐浆,然后应将试件放在钢垫板上;试件顶面应用 1:3 水泥砂浆找平。试件上、下表面的砂浆应在自然养护 3d 后,再进行抗压测试。测量试件受压变形值时,应在宽侧面上粘贴安装百分表的表座。

6.3.7 量测试件截面尺寸时,除应符合现行国家标

准《砌体基本力学性能试验方法标准》GB/T 50129的有关规定外,在量测长边尺寸时,尚应除去长边两端残留的竖缝砂浆。

6.3.8 切制试件的抗压试验步骤,应包括试件在试验机底板上的对中方法、试件顶面找平方法、加荷制度、裂缝观察、初裂荷载及破坏荷载等检测及测试事项,均应符合现行国家标准《砌体基本力学性能试验方法标准》GB/T 50129 的有关规定。

6.4 数据分析

6.4.1 单个切制试件的抗压强度,应按本标准式(4.4.2)计算。

6.4.2 测区的砌体抗压强度平均值,应按本标准式(4.4.4)计算。

6.4.3 计算结果表示被测墙体的实际抗压强度值,不应乘以强度调整系数。

7 原位单剪法

7.1 一般规定

7.1.1 原位单剪法适用于推定砖砌体沿通缝截面的抗剪强度。检测时,测试部位宜选在窗洞口或其他洞口下三皮砖范围内,试件具体尺寸应符合图 7.1.1 的规定。

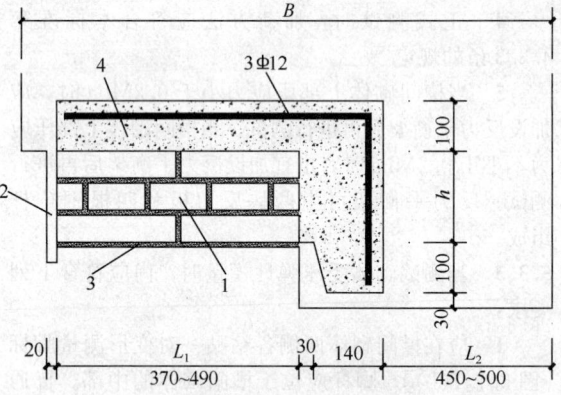

图 7.1.1 原位单剪试件大样
1—被测砌体;2—切口;3—受剪灰缝;
4—现浇混凝土传力件;
h—三皮砖的高度;B—洞口宽度;L_1—剪切面长度;L_2—设备长度预留空间

7.1.2 试件的加工过程中,应避免扰动被测灰缝。

7.1.3 测试部位不应选在后砌窗下墙处,且其施工质量应具有代表性。

7.2 测试设备的技术指标

7.2.1 测试设备应包括螺旋千斤顶或卧式液压千斤顶、荷载传感器及数字荷载表等。试件的预估破坏荷

载值应为千斤顶、传感器最大测量值的 $20\% \sim 80\%$。

7.2.2 检测前，应标定荷载传感器及数字荷载表，其示值相对误差不应大于 2%。

7.3 测试步骤

7.3.1 在选定的墙体上，应采用振动较小的工具加工切口，现浇钢筋混凝土传力件（图7.3.1）的混凝土强度等级不应低于 C15。

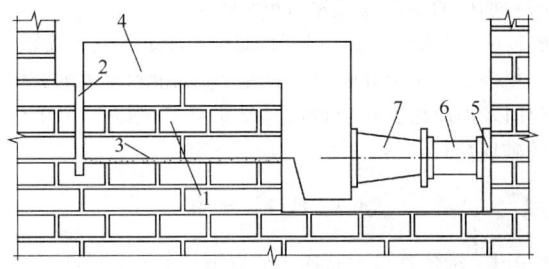

图 7.3.1 原位单剪法测试装置

1—被测砌体；2—切口；3—受剪灰缝；4—现浇混凝土传力件；5—垫板；6—传感器；7—千斤顶

7.3.2 测量被测灰缝的受剪面尺寸，应精确至 1mm。

7.3.3 安装千斤顶及测试仪表，千斤顶的加力轴线与被测灰缝顶面应对齐（图7.3.1）。

7.3.4 加荷时应匀速施加水平荷载，并应控制试件在 2min～5min 内破坏。当试件沿受剪面滑动、千斤顶开始卸荷时，应判定试件达到破坏状态；应记录破坏荷载值，并应结束测试；应在预定剪切面（灰缝）破坏，测试有效。

7.3.5 加荷测试结束后，应翻转已破坏的试件，检查剪切面破坏特征及砌体砌筑质量，并应详细记录。

7.4 数据分析

7.4.1 数据分析时，应根据测试仪表的校验结果，进行荷载换算，并应精确至 10N。

7.4.2 砌体的沿通缝截面抗剪强度应按下式计算：

$$f_{vij} = \frac{N_{vij}}{A_{vij}} \qquad (7.4.2)$$

式中：f_{vij}——第 i 个测区第 j 个测点的砌体沿通缝截面抗剪强度（MPa）；

N_{vij}——第 i 个测区第 j 个测点的抗剪破坏荷载（N）；

A_{vij}——第 i 个测区第 j 个测点的受剪面积（mm^2）。

7.4.3 测区的砌体沿通缝截面抗剪强度平均值，应按下式计算：

$$f_{vi} = \frac{1}{n_1} \sum_{j=1}^{n_1} f_{vij} \qquad (7.4.3)$$

式中：f_{vi}——第 i 个测区的砌体沿通缝截面抗剪强度平均值（MPa）。

8 原位双剪法

8.1 一般规定

8.1.1 原位双剪法（图8.1.1）应包括原位单砖双剪法和原位双砖双剪法。原位单砖双剪法适用于推定各类墙厚的烧结普通砖或烧结多孔砖砌体的抗剪强度，原位双砖双剪法仅适用于推定 240mm 厚墙的烧结普通砖或烧结多孔砖砌体的抗剪强度。检测时，应将原位剪切仪的主机安放在墙体的槽孔内，并应以一块或两块并列完整的顺砖及其上下两条水平灰缝作为一个测点（试件）。

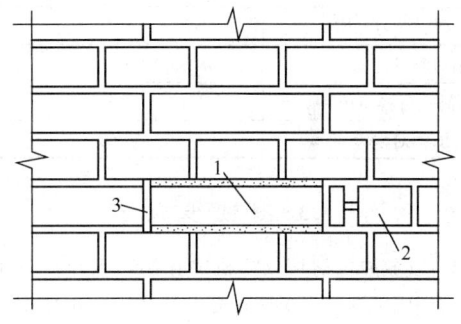

图 8.1.1 原位双剪法测试示意

1—剪切试件；2—剪切仪主机；3—掏空的竖缝

8.1.2 原位双剪法宜选用释放或可忽略受剪面上部压应力 σ_0 作用的测试方案；当上部压应力 σ_0 较大且可较准确计算时，也可选用在上部压应力 σ_0 作用下的测试方案。

8.1.3 在测区内选择测点，应符合下列要求：

1 测区应随机布置 n_1 个测点，对原位单砖双剪法，在墙体两面的测点数量宜接近或相等。

2 试件两个受剪面的水平灰缝厚度应为 8mm ～12mm。

3 下列部位不应布设测点：

1）门、窗洞口侧边 120mm 范围内；

2）后补的施工洞口和经修补的砌体；

3）独立砖柱。

4 同一墙体的各测点之间，水平方向净距不应小于 1.5m，垂直方向净距不应小于 0.5m，且不应在同一水平位置或纵向位置。

8.2 测试设备的技术指标

8.2.1 原位剪切仪的主机应为一个附有活动承压钢板的小型千斤顶。其成套设备如图8.2.1所示。

8.2.2 原位剪切仪的主要技术指标应符合表8.2.2的规定。

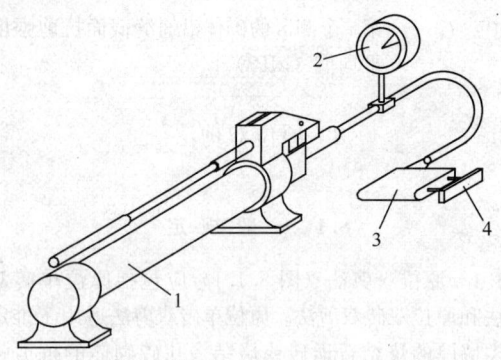

图 8.2.1 成套原位剪切仪示意

1—油泵；2—压力表；3—剪切仪主机；4—承压钢板

表 8.2.2 原位剪切仪主要技术指标

项 目	指 标	
	75 型	150 型
额定推力（kN）	75	150
相对测量范围（%）	20～80	
额定行程（mm）	＞20	
示值相对误差（%）	±3	

8.3 测 试 步 骤

8.3.1 安放原位剪切仪主机的孔洞，应开在墙体边缘的远端或中部。当采用带有上部压应力 σ_0 作用的测试方案时，应按图 8.1.1 所示制备出安放主机的孔洞，并应清除四周的灰缝。原位单砖双剪试件的孔洞截面尺寸，普通砖砌体不得小于 115mm×65mm；多孔砖砌体不得小于 115mm×110mm。原位双砖双剪试件的孔洞截面尺寸，普通砖砌体不得小于 240mm×65mm；多孔砖砌体不得小于 240mm×110mm；应掏空、清除剪切试件另一端的竖缝。

8.3.2 当采用释放试件上部压应力 σ_0 的测试方案时，尚应按图 8.3.2 所示，掏空试件顶部两皮砖之上的一条水平灰缝，掏空范围，应由剪切试件的两端向上按 45°角扩散至灰缝 4，掏空长度应大于 620mm，深度应大于 240mm。

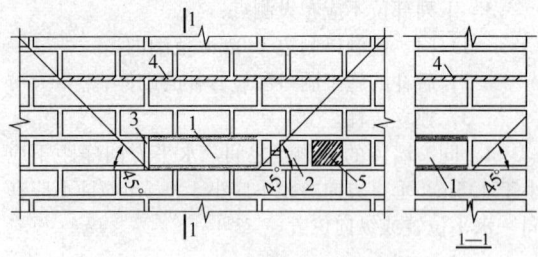

图 8.3.2 释放 σ_0 方案示意

1—试样；2—剪切仪主机；3—掏空竖缝；
4—掏空水平缝；5—垫块

8.3.3 试件两端的灰缝应清理干净。开凿清理过程中，严禁扰动试件；发现被推块有明显缺棱掉角或

上、下灰缝有松动现象时，应舍去该试件。被推砖的承压面应平整，不平时应用扁砂轮等工具磨平。

8.3.4 测试时，应将剪切仪主机放入开凿好的孔洞中（图 8.3.2），并应使仪器的承压板与试件的砖块顶面重合，仪器轴线与砖块轴线应吻合。开凿孔洞过长时，在仪器尾部应另加垫块。

8.3.5 操作剪切仪，应匀速施加水平荷载，并应直至试件和砌体之间产生相对位移，试件达到破坏状态。加荷的全过程宜为 1min～3min。

8.3.6 记录试件破坏时剪切仪测力计的最大读数，应精确至 0.1 个分度值。采用无量纲指示仪表的剪切仪时，尚应按剪切仪的校验结果换算成以 N 为单位的破坏荷载。

8.4 数 据 分 析

8.4.1 烧结普通砖砌体单砖双剪法和双砖双剪法试件沿通缝截面的抗剪强度，应按下式计算：

$$f_{vij} = \frac{0.32 N_{vij}}{A_{vij}} - 0.70\sigma_{0ij} \quad (8.4.1)$$

式中：A_{vij}——第 i 个测区第 j 个测点单个灰缝受剪截面的面积（mm²）；

σ_{0ij}——该测点上部墙体的压应力（MPa），当忽略上部压应力作用或释放上部压应力时，取为 0。

8.4.2 烧结多孔砖砌体单砖双剪法和双砖双剪法试件沿通缝截面的抗剪强度，应按下式计算：

$$f_{vij} = \frac{0.29 N_{vij}}{A_{vij}} - 0.70\sigma_{0ij} \quad (8.4.2)$$

式中：A_{vij}——第 i 个测区第 j 个测点单个灰缝受剪截面的面积（mm²）；

σ_{0ij}——该测点上部墙体的压应力（MPa），当忽略上部压应力作用或释放上部压应力时，取为 0。

8.4.3 测区的砌体沿通缝截面抗剪强度平均值，应按本标准式（7.4.3）计算。

9 推 出 法

9.1 一 般 规 定

9.1.1 推出法（图 9.1.1）适用于推定 240mm 厚烧结普通砖、烧结多孔砖、蒸压灰砂砖或蒸压粉煤灰砖墙体中的砌筑砂浆强度，所测砂浆的强度宜为 1MPa ～15MPa。检测时，应将推出仪安放在墙体的孔洞内。推出仪应由钢制部件、传感器、推出力峰值测定仪等组成。

9.1.2 选择测点应符合下列要求：

1 测点宜均匀布置在墙上，并应避开施工中的预留洞口。

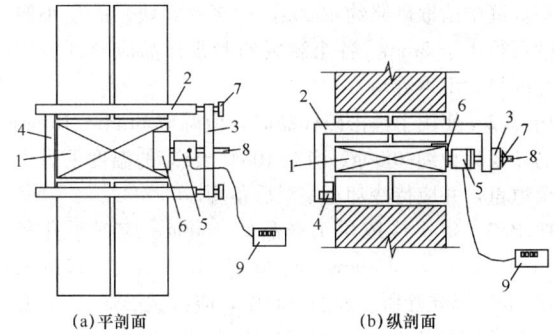

(a)平剖面　　　　　　(b)纵剖面

图 9.1.1　推出仪及测试安装示意

1—被推出丁砖；2—支架；3—前梁；4—后梁；5—传感器；6—垫片；7—调平螺钉；8—加荷螺杆；9—推出力峰值测定仪

2　被推丁砖的承压面可采用砂轮磨平，并应清理干净。

3　被推丁砖下的水平灰缝厚度应为 8mm ～12mm。

4　测试前，被推丁砖应编号，并应详细记录墙体的外观情况。

9.2　测试设备的技术指标

9.2.1　推出仪的主要技术指标应符合表 9.2.1 的要求。

表 9.2.1　推出仪的主要技术指标

项　目	指　标
额定推力（kN）	30
相对测量范围（%）	20～80
额定行程（mm）	80
示值相对误差（%）	±3

9.2.2　力值显示仪器或仪表应符合下列要求：

1　最小分辨值应为 0.05kN，力值范围应为 0kN ～30kN。

2　应具有测力峰值保持功能。

3　仪器读数显示应稳定，在 4h 内的读数漂移应小于 0.05kN。

9.3　测试步骤

9.3.1　取出被推丁砖上部的两块顺砖（图 9.3.1），应符合下列要求：

1　应使用冲击钻在图 9.3.1 所示 A 点打出约 40mm 的孔洞。

2　应使用锯条自 A 至 B 点锯开灰缝。

3　应将扁铲打入上一层灰缝，并应取出两块顺砖。

4　应使用锯条锯切被推丁砖两侧的竖向灰缝，并应直至下皮砖顶面。

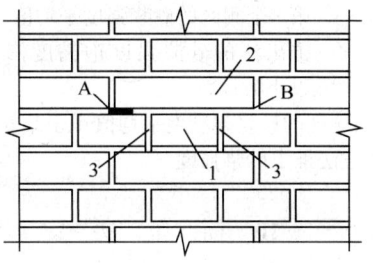

图 9.3.1　试件加工步骤示意

1—被推丁砖；2—被取出的两块顺砖；3—掏空的竖缝

5　开洞及清缝时，不得扰动被推丁砖。

9.3.2　安装推出仪（图 9.1.1），应使用钢尺测量前梁两端与墙面距离，误差应小于 3mm。传感器的作用点，在水平方向应位于被推丁砖中间；铅垂方向距被推丁砖下表面之上的距离，普通砖应为 15mm，多孔砖应为 40mm。

9.3.3　旋转加荷螺杆对试件施加荷载时，加荷速度宜控制在 5kN/min。当被推丁砖和砌体之间发生相对位移时，应认定试件达到破坏状态，并应记录推出力 N_{ij}。

9.3.4　取下被推丁砖时，应使用百格网测试砂浆饱满度 B_{ij}。

9.4　数据分析

9.4.1　单个测区的推出力平均值，应按下式计算：

$$N_i = \xi_{2i} \frac{1}{n_1} \sum_{j=1}^{n_1} N_{ij} \qquad (9.4.1)$$

式中：N_i——第 i 个测区的推出力平均值（kN），精确至 0.01kN；

N_{ij}——第 i 个测区第 j 块测试砖的推出力峰值（kN）；

ξ_{2i}——砖品种的修正系数，对烧结普通砖和烧结多孔砖，取 1.00，对蒸压灰砂砖或蒸压粉煤灰砖，取 1.14。

9.4.2　测区的砂浆饱满度平均值，应按下式计算：

$$B_i = \frac{1}{n_1} \sum_{j=1}^{n_1} B_{ij} \qquad (9.4.2)$$

式中：B_i——第 i 个测区的砂浆饱满度平均值，以小数计；

B_{ij}——第 i 个测区第 j 块测试砖下的砂浆饱满度实测值，以小数计。

9.4.3　当测区的砂浆饱满度平均值不小于 0.65 时，测区的砂浆强度平均值，应按下列公式计算：

$$f_{2i} = 0.30 \left(\frac{N_i}{\xi_{3i}}\right)^{1.19} \qquad (9.4.3-1)$$

$$\xi_{3i} = 0.45 B_i^2 + 0.90 B_i \qquad (9.4.3-2)$$

式中：f_{2i}——第 i 个测区的砂浆强度平均值（MPa）；

ξ_{3i}——推出法的砂浆强度饱满度修正系数，以小数计。

9.4.4 当测区的砂浆饱满度平均值小于 0.65 时，宜选用其他方法推定砂浆强度。

10 筒 压 法

10.1 一 般 规 定

10.1.1 筒压法适用于推定烧结普通砖或烧结多孔砖砌体中砌筑砂浆的强度，不适用于推定高温、长期浸水、遭受火灾、环境侵蚀等砌筑砂浆的强度。检测时，应从砖墙中抽取砂浆试样，并应在试验室内进行筒压荷载测试，应测试筒压比，然后换算为砂浆强度。

10.1.2 筒压法所测试的砂浆品种及其强度范围，应符合下列要求：

 1 砂浆品种应包括中砂、细砂配制的水泥砂浆，特细砂配制的水泥砂浆，中砂、细砂配制的水泥石灰混合砂浆，中砂、细砂配制的水泥粉煤灰砂浆，石灰石质石粉砂与中砂、细砂混合配制的水泥石灰混合砂浆和水泥砂浆。

 2 砂浆强度范围应为 2.5MPa～20MPa。

10.2 测试设备的技术指标

10.2.1 承压筒（图 10.2.1）可用普通碳素钢或合金钢制作，也可用测定轻骨料筒压强度的承压筒代替。

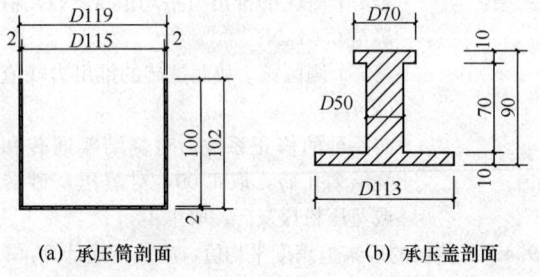

(a) 承压筒剖面　　　　(b) 承压盖剖面

图 10.2.1 承压筒构造

10.2.2 水泥跳桌技术指标，应符合现行国家标准《水泥胶砂流动度测定方法》GB/T 2419 的有关规定。

10.2.3 其他设备和仪器应包括 50kN～100kN 压力试验机或万能试验机；砂摇筛机；干燥箱；孔径为 5mm、10mm、15mm（或边长为 4.75mm、9.5mm、16mm）的标准砂石筛（包括筛盖和底盘）；称量为1000g、感量为 0.1g 的托盘天平。

10.3 测 试 步 骤

10.3.1 在每一测区，应从距墙表面 20mm 以里的水平灰缝中凿取砂浆约 4000g，砂浆片（块）的最小厚度不得小于 5mm。各个测区的砂浆样品应分别放置并编号，不得混淆。

10.3.2 使用手锤击碎样品时，应筛取 5mm～15mm的砂浆颗粒约 3000g，应在105℃±5℃的温度下烘干至恒重，并应待冷却至室温后备用。

10.3.3 每次应取烘干样品约 1000g，应置于孔径5mm、10mm、15mm（或边长 4.75mm、9.5mm、16mm）标准筛所组成的套筛中，应机械摇筛 2min 或手工摇筛 1.5min；应称取粒级 5mm～10mm（4.75mm～9.5mm）和 10mm～15mm（9.5mm～16mm）的砂浆颗粒各 250g，混合均匀后作为一个试样；应制备三个试样。

10.3.4 每个试样应分两次装入承压筒。每次宜装1/2，应在水泥跳桌上跳振 5 次。第二次装料并跳振后，应整平表面。

无水泥跳桌时，可按砂、石紧密体积密度的测试方法颠击密实。

10.3.5 将装试样的承压筒置于试验机上时，应再次检查承压筒内的砂浆试样表面是否平整，稍有不平时，应整平；应盖上承压盖，并应按 0.5kN/s～1.0kN/s 加荷速度或 20s～40s 内均匀加荷至规定的筒压荷载值后，立即卸荷。不同品种砂浆的筒压荷载值，应符合下列要求：

 1 水泥砂浆、石粉砂浆应为 20kN。

 2 特细砂水泥砂浆应为 10kN。

 3 水泥石灰混合砂浆、粉煤灰砂浆应为 10kN。

10.3.6 施加荷载过程中，出现承压盖倾斜状况时，应立即停止测试，并应检查承压盖是否受损（变形），以及承压筒内砂浆试样表面是否平整。出现承压盖受损（变形）情况时，应更换承压盖，并应重新制备试样。

10.3.7 将施压后的试样倒入由孔径 5（4.75）mm和 10（9.5）mm 标准筛组成的套筛中时，应装入摇筛机摇筛 2min 或人工摇筛 1.5min，并应筛至每隔 5s的筛出量基本相符。

10.3.8 应称量各筛筛余试样的重量，并应精确至0.1g，各筛的分计筛余量和底盘剩余量的总和，与筛分前的试样重量相比，相对差值不得超过试样重量的0.5%；当超过时，应重新进行测试。

10.4 数 据 分 析

10.4.1 标准试样的筒压比，应按下式计算：

$$\eta_{ij} = \frac{t_1 + t_2}{t_1 + t_2 + t_3} \qquad (10.4.1)$$

式中：η_{ij}——第 i 个测区中第 j 个试样的筒压比，以小数计；

t_1、t_2、t_3——分别为孔径 5（4.75）mm、10（9.5）mm筛的分计筛余量和底盘中剩余量(g)。

10.4.2 测区的砂浆筒压比，应按下式计算：

$$\eta_i = \frac{1}{3}(\eta_{i1} + \eta_{i2} + \eta_{i3}) \quad (10.4.2)$$

式中：η_i——第 i 个测区的砂浆筒压比平均值，以小数计，精确至 0.01；

η_{i1}、η_{i2}、η_{i3}——分别为第 i 个测区三个标准砂浆试样的筒压比。

10.4.3 测区的砂浆强度平均值应按下列公式计算：

水泥砂浆：

$$f_{2i} = 34.58(\eta_i)^{2.06} \quad (10.4.3\text{-}1)$$

特细砂水泥砂浆：

$$f_{2i} = 21.36(\eta_i)^{3.07} \quad (10.4.3\text{-}2)$$

水泥石灰混合砂浆：

$$f_{2i} = 6.10(\eta_i) + 11.0(\eta_i)^{2.0} \quad (10.4.3\text{-}3)$$

粉煤灰砂浆：

$$f_{2i} = 2.52 - 9.40(\eta_i) + 32.80(\eta_i)^{2.0}$$
$$(10.4.3\text{-}4)$$

石粉砂浆：

$$f_{2i} = 2.70 - 13.90(\eta_i) + 44.90(\eta_i)^{2.0}$$
$$(10.4.3\text{-}5)$$

11 砂浆片剪切法

11.1 一般规定

11.1.1 砂浆片剪切法（图 11.1.1）适用于推定烧结普通砖或烧结多孔砖砌体中的砌筑砂浆强度。检测时，应从砖墙中抽取砂浆片试样，并应采用砂浆测强仪测试其抗剪强度，然后换算为砂浆强度。

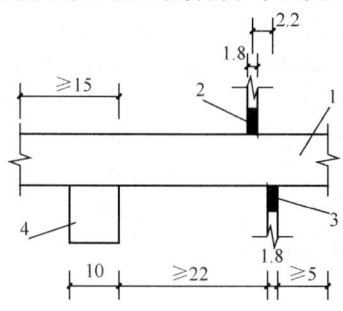

图 11.1.1　砂浆测强仪工作原理
1—砂浆片；2—上刀片；
3—下刀片；4—条钢块

11.1.2 从每个测点处，宜取出两个砂浆片，应一片用于检测、一片备用。

11.2 测试设备的技术指标

11.2.1 砂浆测强仪的主要技术指标应符合表11.2.1的要求。

表 11.2.1　砂浆测强仪主要技术指标

项　　目		指　　标
上下刀片刃口厚度(mm)		1.8 ± 0.02
上下刀片中心间距(mm)		2.2 ± 0.05
测试荷载 N_v 范围(N)		$40 \sim 1400$
示值相对误差(%)		± 3
刀片行程	上刀片(mm)	>30
	下刀片(mm)	>3
刀片刃口面平面度(mm)		0.02
刀片刃口棱角线直线度(mm)		0.02
刀片刃口棱角垂直度(mm)		0.02
刀片刃口硬度(HRC)		$55 \sim 58$

11.2.2 砂浆测强标定仪的主要技术指标应符合表11.2.2的要求。

表 11.2.2　砂浆测强标定仪主要技术指标

项　　目	指　　标
标定荷载 N_b 范围（N）	$40 \sim 1400$
示值相对误差（%）	± 1
N_b 作用点偏离下刀片中心线距离（mm）	± 0.2

11.3 测 试 步 骤

11.3.1 制备砂浆片试件，应符合下列要求：

1 从测点处的单块砖大面上取下的原状砂浆大片，应编号，并应分别放入密封袋内。

2 一个测区的墙面尺寸宜为 0.5m×0.5m。同一个测区的砂浆片，应加工成尺寸接近的片状体，大面、条面应均匀平整，单个试件的各向尺寸，厚度应为 7mm～15mm，宽度应为 15mm～50mm，长度应按净跨度不小于 22mm 确定（图 11.1.1）。

3 试件加工完毕，应放入密封袋内。

11.3.2 砂浆试件含水率，应与砌体正常工作时的含水率基本一致。试件呈冻结状态时，应缓慢升温解冻。

11.3.3 砂浆片试件的剪切测试，应符合下列程序：

1 应调平砂浆测强仪，并应使水准泡居中；

2 应将砂浆片试件置于砂浆测强仪内（图11.1.1），并应用上刀片压紧；

3 应开动砂浆测强仪，并应对试件匀速连续施加荷载，加荷速度不宜大于 10N/s，直至试件破坏。

11.3.4 试件未沿刀片刃口破坏时，此次测试应作废，应取备用试件补测。

11.3.5 试件破坏后，应记读压力表指针读数，并应换算成剪切荷载值。

11.3.6 用游标卡尺或最小刻度为 0.5mm 的钢板尺量测试件破坏截面尺寸时，应每个方向量测两次，并应分别取平均值。

11.4 数据分析

11.4.1 砂浆片试件的抗剪强度，应按下式计算：

$$\tau_{ij} = 0.95 \frac{V_{ij}}{A_{ij}} \qquad (11.4.1)$$

式中：τ_{ij}——第 i 个测区第 j 个砂浆片试件的抗剪强度（MPa）；

V_{ij}——试件的抗剪荷载值（N）；

A_{ij}——试件破坏截面面积（mm²）。

11.4.2 测区的砂浆片抗剪强度平均值，应按下式计算：

$$\tau_i = \frac{1}{n_1} \sum_{j=1}^{n_1} \tau_{ij} \qquad (11.4.2)$$

式中：τ_i——第 i 个测区的砂浆片抗剪强度平均值（MPa）。

11.4.3 测区的砂浆抗压强度平均值，应按下式计算：

$$f_{2i} = 7.17\tau_i \qquad (11.4.3)$$

11.4.4 当测区的砂浆抗剪强度低于 0.3MPa 时，应对本标准式（11.4.3）的计算结果乘以表 11.4.4 的修正系数。

表 11.4.4 低强砂浆的修正系数

τ_i（MPa）	>0.30	0.25	0.20	<0.15
修正系数	1.00	0.86	0.75	0.35

12 砂浆回弹法

12.1 一般规定

12.1.1 砂浆回弹法适用于推定烧结普通砖或烧结多孔砖砌体中砌筑砂浆的强度，不适用于推定高温、长期浸水、遭受火灾、环境侵蚀等砌筑砂浆的强度。检测时，应用回弹仪测试砂浆表面硬度，并应用浓度为 1%～2% 的酚酞酒精溶液测试砂浆碳化深度，应以回弹值和碳化深度两项指标换算为砂浆强度。

12.1.2 检测前，应宏观检查砌筑砂浆质量，水平灰缝内部的砂浆与其表面的砂浆质量应基本一致。

12.1.3 测位宜选在承重墙的可测面上，并应避开门窗洞口及预埋件等附近的墙体。墙面上每个测位的面积宜大于 0.3m²。

12.1.4 墙体水平灰缝砌筑不饱满或表面粗糙且无法磨平时，不得采用砂浆回弹法检测砂浆强度。

12.2 测试设备的技术指标

12.2.1 砂浆回弹仪的主要技术性能指标应符合表 12.2.1 的要求，其示值系统宜为指针直读式。

表 12.2.1 砂浆回弹仪主要技术性能指标

项 目	指 标
标称动能（J）	0.196
指针摩擦力（N）	0.5±0.1
弹击杆端部球面半径（mm）	25±1.0
钢砧率定值（R）	74±2

12.2.2 砂浆回弹仪的检定和保养，应按国家现行有关回弹仪的检定标准执行。

12.2.3 砂浆回弹仪在工程检测前后，均应在钢砧上进行率定测试。

12.3 测试步骤

12.3.1 测位处应按下列要求进行处理：

1 粉刷层、勾缝砂浆、污物等应清除干净。

2 弹击点处的砂浆表面，应仔细打磨平整，并应除去浮灰。

3 磨掉表面砂浆的深度应为 5mm～10mm，且不应小于 5mm。

12.3.2 每个测位内应均匀布置 12 个弹击点。选定弹击点应避开砖的边缘、灰缝中的气孔或松动的砂浆。相邻两弹击点的间距不应小于 20mm。

12.3.3 在每个弹击点上，应使用回弹仪连续弹击 3 次，第 1、2 次不应读数，应仅记读第 3 次回弹值，回弹值读数应估读至 1。测试过程中，回弹仪应始终处于水平状态，其轴线应垂直于砂浆表面，且不得移位。

12.3.4 在每一测位内，应选择 3 处灰缝，并应采用工具在测区表面打凿出直径约 10mm 的孔洞，其深度应大于砌筑砂浆的碳化深度，应清除孔洞中的粉末和碎屑，且不得用水擦洗，然后采用浓度为 1%～2% 的酚酞酒精溶液滴在孔洞内壁边缘处，当已碳化与未碳化界限清晰时，应采用碳化深度测定仪或游标卡尺测量已碳化与未碳化砂浆交界面到灰缝表面的垂直距离。

12.4 数据分析

12.4.1 从每个测位的 12 个回弹值中，应分别剔除最大值、最小值，将余下的 10 个回弹值计算算术平均值，应以 R 表示，并应精确至 0.1。

12.4.2 每个测位的平均碳化深度，应取该测位各次测量值的算术平均值，应以 d 表示，并应精确至 0.5mm。

12.4.3 第 i 个测区第 j 个测位的砂浆强度换算值，

应根据该测位的平均回弹值和平均碳化深度值，分别按下列公式计算：

$d \leqslant 1.0$mm时：

$$f_{2ij} = 13.97 \times 10^{-5} R^{3.57} \quad (12.4.3-1)$$

1.0mm$< d < 3.0$mm时：

$$f_{2ij} = 4.85 \times 10^{-4} R^{3.04} \quad (12.4.3-2)$$

$d \geqslant 3.0$mm时：

$$f_{2ij} = 6.34 \times 10^{-5} R^{3.60} \quad (12.4.3-3)$$

式中：f_{2ij}——第 i 个测区第 j 个测位的砂浆强度值（MPa）；

d——第 i 个测区第 j 个测位的平均碳化深度（mm）；

R——第 i 个测区第 j 个测位的平均回弹值。

12.4.4 测区的砂浆抗压强度平均值，应按下式计算：

$$f_{2i} = \frac{1}{n_1} \sum_{j=1}^{n_1} f_{2ij} \quad (12.4.4)$$

13 点 荷 法

13.1 一 般 规 定

13.1.1 点荷法适用于推定烧结普通砖或烧结多孔砖砌体中的砌筑砂浆强度。检测时，应从砖墙中抽取砂浆片试样，并应采用试验机或专用仪器测试其点荷载值，然后换算为砂浆强度。

13.1.2 从每个测点处，宜取出两个砂浆大片，应一片用于检测、一片备用。

13.2 测试设备的技术指标

13.2.1 测试设备应采用额定压力较小的压力试验机，最小读数盘宜为 50kN 以内。

13.2.2 压力试验机的加荷附件，应符合下列要求：

1 钢质加荷头应为内角为 60°的圆锥体，锥底直径应为 40mm，锥体高度应为 30mm；锥体的头部应为半径为 5mm 的截球体，锥球高度应为 3mm（图 13.2.2）；其他尺寸可自定。加荷头应为 2 个。

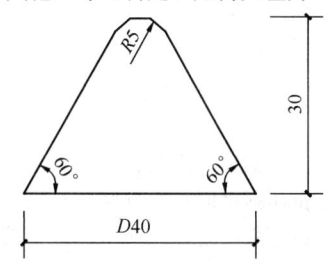

图 13.2.2 加荷头端部尺寸示意

2 加荷头与试验机的连接方法，可根据试验机的具体情况确定，宜将连接件与加荷头设计为一个整体附件。

13.2.3 在符合本标准第 13.2.2 条要求的前提下，也可采用其他专用加荷附件或专用仪器。

13.3 测 试 步 骤

13.3.1 制备试件，应符合下列要求：

1 从每个测点处剥离出砂浆大片。

2 加工或选取的砂浆试件应符合下列要求：

1） 厚度为 5mm～12mm；

2） 预估荷载作用半径为 15mm～25mm；

3） 大面应平整，但其边缘可不要求非常规则。

3 在砂浆试件上应画出作用点，并应量测其厚度，应精确至 0.1mm。

13.3.2 在小吨位压力试验机上、下压板上应分别安装上、下加荷头，两个加荷头应对齐。

13.3.3 将砂浆试件水平放置在下加荷头上时，上、下加荷头应对准预先画好的作用点，并应使上加荷头轻轻压紧试件，然后应缓慢匀速施加荷载至试件破坏。加荷速度宜控制试件在 1min 左右破坏，应记录荷载值，并应精确至 0.1kN。

13.3.4 应将破坏后的试件拼接成原样，测量荷载实际作用点中心到试件破坏线边缘的最短距离，即荷载作用半径，应精确至 0.1mm。

13.4 数 据 分 析

13.4.1 砂浆试件的抗压强度换算值，应按下列公式计算：

$$f_{2ij} = (33.30 \xi_{4ij} \xi_{5ij} N_{ij} - 1.10)^{1.09} \quad (13.4.1-1)$$

$$\xi_{4ij} = \frac{1}{0.05 r_{ij} + 1} \quad (13.4.1-2)$$

$$\xi_{5ij} = \frac{1}{0.03 t_{ij}(0.10 t_{ij} + 1) + 0.40} \quad (13.4.1-3)$$

式中：N_{ij}——点荷载值（kN）；

ξ_{4ij}——荷载作用半径修正系数；

ξ_{5ij}——试件厚度修正系数；

r_{ij}——荷载作用半径（mm）；

t_{ij}——试件厚度（mm）。

13.4.2 测区的砂浆抗压强度平均值，应按本标准式（12.4.4）计算。

14 烧结砖回弹法

14.1 一 般 规 定

14.1.1 烧结砖回弹法适用于推定烧结普通砖砌体或烧结多孔砖砌体中砖的抗压强度，不适用于推定表面已风化或遭受冻害、环境侵蚀的烧结普通砖砌体或烧结多孔砖砌体中砖的抗压强度。检测时，应用回弹仪测试砖表面硬度，并应将砖回弹值换算成砖抗压强度。

14.1.2 每个检测单元中应随机选择 10 个测区。每个测区的面积不宜小于 1.0m²，应在其中随机选择 10 块条面向外的砖作为 10 个测位供回弹测试。选择的砖与砖墙边缘的距离应大于 250mm。

14.2 测试设备的技术指标

14.2.1 烧结砖回弹法的测试设备，宜采用示值系统为指针直读式的砖回弹仪。

14.2.2 砖回弹仪的主要技术性能指标，应符合表 14.2.2 的要求。

表 14.2.2 砖回弹仪主要技术性能指标

项　目	指　标
标称动能（J）	0.735
指针摩擦力（N）	0.5±0.1
弹击杆端部球面半径（mm）	25±1.0
钢砧率定值（R）	74±2

14.2.3 砖回弹仪的检定和保养，应按国家现行有关回弹仪的检定标准执行。

14.2.4 砖回弹仪在工程检测前后，均应在钢砧上进行率定测试。

14.3 测试步骤

14.3.1 被检测砖应为外观质量合格的完整砖。砖的条面应干燥、清洁、平整，不应有饰面层、粉刷层，必要时可用砂轮清除表面的杂物，并应磨平测面，同时应用毛刷刷去粉尘。

14.3.2 在每块砖的测面上应均匀布置 5 个弹击点。选定弹击点时应避开砖表面的缺陷。相邻两弹击点的间距不应小于 20mm，弹击点离砖边缘不应小于 20mm，每一弹击点应只能弹击一次，回弹值读数应估读至 1。测试时，回弹仪应处于水平状态，其轴线应垂直于砖的测面。

14.4 数据分析

14.4.1 单个测位的回弹值，应取 5 个弹击点回弹值的平均值。

14.4.2 第 i 测区第 j 个测位的抗压强度换算值，应按下列公式计算：

　1　烧结普通砖：

$$f_{1ij} = 2 \times 10^{-2} R^2 - 0.45R + 1.25$$
$$(14.4.2\text{-}1)$$

　2　烧结多孔砖：

$$f_{1ij} = 1.70 \times 10^{-3} R^{2.48} \qquad (14.4.2\text{-}2)$$

式中：f_{1ij}——第 i 测区第 j 个测位的抗压强度换算值（MPa）；

　　　R——第 i 测区第 j 个测位的平均回弹值。

14.4.3 测区的砖抗压强度平均值，应按下式计算：

$$f_{1i} = \frac{1}{10} \sum_{j=1}^{n_1} f_{1ij} \qquad (14.4.3)$$

14.4.4 本标准所给出的全国统一测强曲线可用于强度为6MPa～30MPa的烧结普通砖和烧结多孔砖的检测。当超出本标准全国统一测强曲线的测强范围时，应进行验证后使用，或制定专用曲线。

15 强 度 推 定

15.0.1 检测数据中的歧离值和统计离群值，应按现行国家标准《数据的统计处理和解释 正态样本离群值的判断和处理》GB/T 4883 中有关格拉布斯检验法或狄克逊检验法检出和剔除。检出水平 α 应取 0.05，剔除水平 α 应取 0.01；不得随意舍去歧离值，从技术或物理上找到产生离群原因时，应予剔除；未找到技术或物理上的原因时，则不应剔除。

15.0.2 本标准的各种检测方法，应给出每个测点的检测强度值 f_{ij}，以及每一测区的强度平均值 f_i，并应以测区强度平均值 f_i 作为代表值。

15.0.3 每一检测单元的强度平均值、标准差和变异系数，应按下列公式计算：

$$\bar{x} = \frac{1}{n_2} \sum_{i=1}^{n_2} f_i \qquad (15.0.3\text{-}1)$$

$$s = \sqrt{\frac{\sum\limits_{i=1}^{n_2} (\bar{x} - f_i)^2}{n_2 - 1}} \qquad (15.0.3\text{-}2)$$

$$\delta = \frac{s}{\bar{x}} \qquad (15.0.3\text{-}3)$$

式中：$\bar{x}$——同一检测单元的强度平均值（MPa）。当检测砂浆抗压强度时，$\bar{x}$ 即为 $f_{2,m}$；当检测烧结砖抗压强度时，$\bar{x}$ 即为 $f_{1,m}$；当检测砌体抗压强度时，$\bar{x}$ 即为 f_m；当检测砌体抗剪强度时，$\bar{x}$ 即为 $f_{v,m}$；

　　　n_2——同一检测单元的测区数；

　　　f_i——测区的强度代表值（MPa）。当检测砂浆抗压强度时，f_i 即为 f_{2i}；当检测烧结砖抗压强度时，f_i 即为 f_{1i}；当检测砌体抗压强度时，f_i 即为 f_{mi}；当检测砌体抗剪强度时，f_i 即为 f_{vi}；

　　　s——同一检测单元，按 n_2 个测区计算的强度标准差（MPa）；

　　　δ——同一检测单元的强度变异系数。

15.0.4 对在建或新建砌体工程，当需推定砌筑砂浆抗压强度值时，可按下列公式计算：

1 当测区数 n_2 不小于 6 时，应取下列公式中的较小值：

$$f'_2 = 0.91 f_{2,m} \quad (15.0.4-1)$$

$$f'_2 = 1.18 f_{2,min} \quad (15.0.4-2)$$

式中：f'_2——砌筑砂浆抗压强度推定值（MPa）；

$f_{2,min}$——同一检测单元，测区砂浆抗压强度的最小值（MPa）。

2 当测区数 n_2 小于 6 时，可按下式计算：

$$f'_2 = f_{2,min} \quad (15.0.4-3)$$

15.0.5 对既有砌体工程，当需推定砌筑砂浆抗压强度值时，应符合下列要求：

1 按国家标准《砌体工程施工质量验收规范》GB 50203-2002 及之前实施的砌体工程施工质量验收规范的有关规定修建时，应按下列公式计算：

1）当测区数 n_2 不小于 6 时，应取下列公式中的较小值：

$$f'_2 = f_{2,m} \quad (15.0.5-1)$$

$$f'_2 = 1.33 f_{2,min} \quad (15.0.5-2)$$

2）当测区数 n_2 小于 6 时，可按下式计算：

$$f'_2 = f_{2,min} \quad (15.0.5-3)$$

2 按《砌体结构工程施工质量验收规范》GB 50203-2011 的有关规定修建时，可按本标准第 15.0.4 条的规定推定砌筑砂浆强度值。

15.0.6 当砌筑砂浆强度检测结果小于 2.0MPa 或大于 15MPa 时，不宜给出具体检测值，可仅给出检测值范围 $f_2 < 2.0\text{MPa}$ 或 $f_2 > 15\text{MPa}$。

15.0.7 砌筑砂浆强度的推定值，宜相当于被测墙体所用块体作底模的同龄期、同条件养护的砂浆试块强度。

15.0.8 当需要推定每一检测单元的砌体抗压强度标准值或砌体沿通缝截面的抗剪强度标准值时，应分别按下列要求进行推定：

1 当测区数 n_2 不小于 6 时，可按下列公式推定：

$$f_k = f_m - k \cdot s \quad (15.0.8-1)$$

$$f_{v,k} = f_{v,m} - k \cdot s \quad (15.0.8-2)$$

式中：f_k——砌体抗压强度标准值（MPa）；

f_m——同一检测单元的砌体抗压强度平均值（MPa）；

$f_{v,k}$——砌体抗剪强度标准值（MPa）；

$f_{v,m}$——同一检测单元的砌体沿通缝截面的抗剪强度平均值（MPa）；

k——与 α、C、n_2 有关的强度标准值计算系数，应按表 15.0.8 取值；

α——确定强度标准值所取的概率分布下分位数，取 0.05；

C——置信水平，取 0.60。

表 15.0.8 计算系数

n_2	6	7	8	9	10	12	15	18
k	1.947	1.908	1.880	1.858	1.841	1.816	1.790	1.773
n_2	20	25	30	35	40	45	50	
k	1.764	1.748	1.736	1.728	1.721	1.716	1.712	

2 当测区数 n_2 小于 6 时，可按下列公式推定：

$$f_k = f_{mi,min} \quad (15.0.8-3)$$

$$f_{v,k} = f_{vi,min} \quad (15.0.8-4)$$

式中：$f_{mi,min}$——同一检测单元中，测区砌体抗压强度的最小值（MPa）；

$f_{vi,min}$——同一检测单元中，测区砌体抗剪强度的最小值（MPa）。

3 每一检测单元的砌体抗压强度或抗剪强度，当检测结果的变异系数 δ 分别大于 0.2 或 0.25 时，不宜直接按式（15.0.8-1）或式（15.0.8-2）计算，应检查检测结果离散性较大的原因，若查明系混入不同母体所致，宜分别进行统计，并应分别按式（15.0.8-1）～式（15.0.8-4）确定本标准值。如确系变异系数过大，则应按式（15.0.8-3）和式（15.0.8-4）确定本标准值。

15.0.9 既有砌体工程，当采用回弹法检测烧结砖抗压强度时，每一检测单元的砖抗压强度等级，应符合下列要求：

1 当变异系数 $\delta \leq 0.21$ 时，应按表 15.0.9-1、表 15.0.9-2 中抗压强度平均值 $f_{1,m}$、抗压强度标准值 f_{1k} 推定每一检测单元的砖抗压强度等级。每一检测单元的砖抗压强度标准值，应按下式计算：

$$f_{1k} = f_{1,m} - 1.8s \quad (15.0.9)$$

式中：f_{1k}——同一检测单元的砖抗压强度标准值（MPa）。

表 15.0.9-1 烧结普通砖抗压强度等级的推定

抗压强度推定等级	抗压强度平均值 $f_{1,m} \geq$	变异系数 $\delta \leq 0.21$ 抗压强度标准值 $f_{1k} \geq$	变异系数 $\delta > 0.21$ 抗压强度的最小值 $f_{1,min} \geq$
MU25	25.0	18.0	22.0
MU20	20.0	14.0	16.0
MU15	15.0	10.0	12.0
MU10	10.0	6.5	7.5
MU7.5	7.5	5.0	5.5

表 15.0.9-2　烧结多孔砖抗压强度等级的推定

抗压强度推定等级	抗压强度平均值 $f_{1,m} \geqslant$	变异系数 $\delta \leqslant 0.21$ 抗压强度标准值 $f_{1k} \geqslant$	变异系数 $\delta > 0.21$ 抗压强度的最小值 $f_{1,min} \geqslant$
MU30	30.0	22.0	25.0
MU25	25.0	18.0	22.0
MU20	20.0	14.0	16.0
MU15	15.0	10.0	12.0
MU10	10.0	6.5	7.5

2 当变异系数 $\delta > 0.21$ 时，应按表 15.0.9-1、表 15.0.9-2 中抗压强度平均值 $f_{1,m}$、以测区为单位统计的抗压强度最小值 $f_{1i,min}$ 推定每一测区的砖抗压强度等级。

15.0.10 各种检测强度的最终计算或推定结果，砌体的抗压强度和抗剪强度均应精确至 0.01MPa，砌筑砂浆强度应精确至 0.1MPa。

本标准用词说明

1 为了便于在执行本标准条文时区别对待，对要求严格程度不同的用词说明如下：

　1）表示很严格，非这样做不可的用词：

　　正面词采用"必须"，反面词采用"严禁"；

　2）表示严格，在正常情况下均应这样做的用词：

　3）表示允许稍有选择，在条件许可时首先这样做的用词：

　　正面词采用"宜"，反面词采用"不宜"；

　4）表示有选择，在一定条件下可以这样做的用词，采用"可"。

2 条文中指明应按其他有关标准、规范执行时，写法为："应符合……的规定"或"应按……执行"。

引用标准名录

1 《砌体结构设计规范》GB 50003

2 《砌体基本力学性能试验方法标准》GB/T 50129

3 《砌体工程施工质量验收规范》GB 50203—2002

4 《砌体结构工程施工质量验收规范》GB 50203—2011

5 《建筑工程施工质量验收统一标准》GB 50300

6 《水泥胶砂流动度测定方法》GB/T 2419

7 《数据的统计处理和解释 正态样本离群值的判断和处理》GB/T 4883

8 《择压法检测砌筑砂浆抗压强度技术规程》JGJ/T 234

中华人民共和国国家标准

砌体工程现场检测技术标准

GB/T 50315—2011

条 文 说 明

修 订 说 明

《砌体工程现场检测技术标准》GB/T 50315 - 2011，经住房和城乡建设部 2011 年 7 月 29 日以第 1108 号公告批准、发布。

本标准是在《砌体工程现场检测技术标准》GB/T 50315 - 2000 的基础上修订而成，上一版的主编单位是四川省建筑科学研究院，参编单位是西安建筑科技大学、陕西省建筑科学研究院、河南省建筑科学研究院、宁夏回族自治区建筑工程研究所、湖南大学，主要起草人员是王永维、侯汝欣、王秀逸、雷波、李双珠、周国民、施楚贤、王庆霖、梁爽、杨亚青、郭起坤。

本次修订的主要技术内容是：1. 将标准的适用范围从主要适用于烧结普通砖砌体扩大至烧结多孔砖砌体；2. 新增了切制抗压试件法、原位双砖双剪法、砂浆片局压法、烧结砖回弹法、特细砂砂浆筒压法等检测方法；3. 取消了未能广泛推广的砂浆射钉法；4. 统一了原位轴压法和扁顶法的砌体抗压强度计算公式；5. 为适应新的《砌体结构工程施工质量验收规范》GB 50203 关于砌筑砂浆强度等级评定标准的变化，对检测的砂浆强度推定方法作了调整；6. 进一步明确了各检测方法的特点、用途和限制条件。

本标准在修订过程中，编制组进行了深入广泛的调查研究，总结了我国在砌体工程现场检测领域自上一版标准颁布实施以来在研究、施工、检测等方面工作的实践经验，同时参考了国内外先进技术法规、技术标准，并对切制抗压试件法、原位双砖双剪法、筒压法检测特细砂砂浆、烧结砖回弹法等进行了试验研究，同时也对部分检测方法用于多孔砖砌体的现场检测进行了研究或验证性试验。

为便于广大设计、施工、科研、检测、学校等单位有关人员在使用本标准时能正确理解和执行条文规定，《砌体工程现场检测技术标准》编制组按章、节、条顺序编制了本标准的条文说明，对条文规定的目的、依据以及执行中需注意的有关事项进行了说明。但是，本条文说明不具备与标准正文同等的法律效力，仅供使用者作为理解和把握标准规定的参考。

目　次

1 总 则

1.0.1 砌体工程的现场检测是进行可靠性鉴定的基础。我国从 20 世纪 60 年代开始不断地进行广泛研究，积累了丰硕的成果，为了筛选出其中技术先进、数据可靠、经济合理的检测方法来满足量大面广的建筑物鉴定加固的需要，原国家计委和建设部在 20 世纪 90 年代初下达了制定《砌体工程现场检测技术标准》的任务，上一版的《砌体工程现场检测技术标准》GB/T 50315－2000（以下简称原标准）于 2000 年发布实施。本次修订对上一版标准颁布实施以来各科研、施工、检测等单位使用本标准的经验进行总结，并结合检测技术的最新进展，调整部分检测方法的适用范围，增加了部分检测方法。

1.0.2 本标准所列方法主要是为已有建筑物和一般构筑物进行可靠性鉴定时，采集现场砌体强度参数而制定的方法，在某些具体情况下亦可用于建筑物施工验收阶段。

3 基本规定

3.1 适用条件

3.1.1、3.1.2 本条文是对原标准第 1.0.2 条的适用范围进一步明确，特别强调对新建工程、改建和扩建工程中的新建部分，不能替代现行国家标准《砌体结构设计规范》GB 50003、《砌体结构工程施工质量验收规范》GB 50203、《建筑工程施工质量验收统一标准》GB 50300、《砌体基本力学性能试验方法标准》GB/T 50129 的规定。仅是在出现本节所述情况时，可用本标准所列方法进行现场检测，综合考虑砂浆、砖和砌筑质量对砌体各项强度的影响，作为工程是否验收还是应作处理的依据。还应特别指出的是，本标准检测和推定的砂浆强度是以同类块材为砂浆试块底模、自然养护、同龄期的砂浆强度。

3.2 检测程序及工作内容

3.2.1 本条给出一般检测程序的框图，当有特殊需要时，亦可按鉴定需要进行检测。有些方法的复合使用，本标准未作详细规定（如有的先用一种非破损方法大面积普查，根据普查结果再用其他方法在重点部位和发现问题处重点检测），由检测人员综合各方法特点调整检测程序。本次修订增加了制定检测方案、确定检测方法的内容，应在检测工作开始前，根据委托要求、检测目的、检测内容和范围等制定检测方案（包括抽样方案、部位等），确定检测方法。

3.2.2 调查阶段是重要的阶段，应尽可能了解和搜集有关资料，不少情况下，委托方提不出足够的原始资料，还需要检测人员到现场收集；对重要的检测，可先行初检，根据初检结果进行分析，进一步收集资料。

关于砌筑质量，因为砌体工程系操作工人手工操作，即使同一栋工程也可能存在较大差异；材料质量如块材、砌筑砂浆强度，也可能存在较大差异。在编制检测方案和确定测区、测点时，均应考虑这些重要因素。

3.2.4 设备仪器的校验非常重要，有的方法还有特殊的规定。每次试验时，试验人员应对设备的可用性作出判定并记录在案。对一些重要或特殊工程（如重大事故检测鉴定），宜在检测工作开始前和检测工作结束后对检测设备进行检定，以对设备性能进行确认。

3.2.10 规定环境温度和试件（试样）温度均应高于 0℃，是避免试件（试样）中的水结冰，引起检测结果失真。

3.3 检测单元、测区和测点

3.3.1 明确提出了检测单元的概念及确定方法，检测单元是根据下列几项因素规定的：（1）检测是为鉴定采集基础数据，对建筑物鉴定时，首先应根据被鉴定建筑物的结构特点和承重体系的种类，将该建筑物划分为一个或若干个可以独立进行分析（鉴定）的结构单元，故检测时应根据鉴定要求，将建筑物划分成同样的结构单元；（2）在每一个结构单元，采用对新施工建筑同样的规定，将同一材料品种、同一等级 250m³ 砌体作为一个母体，进行测区和测点的布置，我们将此母体称作为"检测单元"；故一个结构单元可以划分为一个或数个检测单元；（3）当仅仅对单个构件（墙片、柱）或不超过 250m³ 的同一材料、同一等级的砌体进行检测时，亦将此作为一个检测单元。

3.3.2、3.3.3 测区和测点的数量，主要依据砌体工程质量的检测需要，检测成本（工作量），与现有检验与验收标准的衔接，以及各检测方法的科研工作基础，运用数理统计理论，作出的统一规定。原标准规定，每一检测单元为 6 个测区，此次修订改为不宜少于 6 个测区。被测工程情况复杂时，宜增加测区数。

3.3.4 本条为新增加条文。总结近年来检测工作实践经验，增加此条文。有时委托方仅要求检测建筑物的某一部分或个别部位时，可根据具体情况减少测区数。但为了便于统计分析，准确反映工程质量状况，规定不宜少于 3 个测区。

3.3.5 本条为新增加条文。砌体工程的施工质量差异往往较大，块体、砂浆的离散性也较大，布置测点时应考虑这些因素。

3.4 检测方法分类及其选用原则

3.4.1 现场检测一般都是在建筑物建成后，根据

第3.1.1条和第3.1.2条所述原因进行检测，大量的检测是在建筑物使用过程中的检测，砌体均进入了工作状态。一个好的现场检测方法是既能取得所需的信息，又在检测过程中和检测后对砌体既有性能不造成负影响。但这两者有一定矛盾，有时一些局部破损方法能提供更多更准确的信息，提高检测精度。鉴于砌体结构的特点，一般情况下局部的破损易于修复，修复后对砌体的既有性能无影响或影响甚微。故本标准除纳入非破损检测方法外，还纳入了局部破损检测法，供使用者根据构件允许的破损程度进行选择。

3.4.2、3.4.3 现在的现场检测，主要是根据不同目的获得砌体抗压强度、砌体抗剪强度、砌筑砂浆强度、砌筑块材强度，本标准分别推荐了几种方法。对同一目的，本标准推荐了多种检测方法，这里存在一个选择的问题。首先，这些方法均通过标准编制组的统一考核评估，误差均在可接受的范围，方法之间的误差亦在可接受范围。方法的选择除充分考虑各种方法的特点、用途和限制条件外，使用者应优先选择本地区常用方法，尤其是本地区检测人员熟悉的方法。因为方法之间的误差与检测人员对其熟悉掌握的程度密切相关。同时，本标准为推荐性国家标准，方法的选择还宜与委托方共同确定，并在合同中加以确认，以避免不同检测方法由于诸多影响因素造成结果差异可能引起的争议。

本标准的检测方法均进行过专门的研究，研究成果通过鉴定并取得试用经验，有的还制订了地方标准。在本标准编制过程中，专门进行了较大规模的验证性考核试验，编制组全体成员参加和监督了考核全过程，通过这些材料和实践的认真分析，编制组讨论了各种方法的特点，适用范围和应用的局限性，并汇总于表3.4.3中。

本标准此次修订过程中，为扩大应用范围和纳入新的检测方法，再次进行较大规模考核性试验，并吸取了各参编单位和国内近十年来的砌体现场检测科研成果，决定将各种检测方法的应用范围扩充至烧结多孔砖砌体及其块体、砂浆的强度检测，增加了切制抗压试件法、原位双砖双剪法、特细砂砂浆筒压法、砂浆片局压法、烧结砖回弹法。

根据本标准近十年来的应用经验和科研成果，对检测方法的特点、用途、限制条件作了适当调整，如：

（1）对原位轴压法、扁顶法、切制抗压试件法、原位单剪法，明确适用于普通砖砌体和多孔砖砌体；

（2）原位轴压法、扁顶法、切制抗压试件法可用于"火灾、环境侵蚀后的砌体剩余抗压强度"，这为火灾、环境侵蚀后的砌体工程检测工作，提供了重要技术依据；

（3）对原位轴压法、扁顶法的限制条件，增加了"测点宜选在墙体长度方向的中部"；

（4）原位单砖双剪法改为原位双剪法；

（5）各种砂浆检测方法，明确可用于烧结多孔砖砌体；

（6）对砂浆回弹法，明确"主要用于砂浆强度均质性检查"。

3.4.4 同原标准相比，本条新增加了第1、2、3三款。其中第1、2款主要是考虑检测部位应有代表性；第3款是从安全考虑，对局部破损方法的一个限制，这些墙体最好用非破损方法检测，或宏观检查和经验判断基础上，在相邻部位具体检测，综合推定其强度。

原标准规定"小于2.5m的墙体，不宜选用有局部破损的检测方法"。本次修订修改为"小于3.6m的承重墙体，不应选用有较大局部破损的检测方法"。主要是考虑原位轴压法、扁顶法、切制抗压试件法试件两侧墙体宽度不应小于1.5m，测点宽度为0.24m或0.37m，综合考虑后要求墙体的宽度不应小于3.6m。此外，承重墙的局部破损对其承载力的影响大于自承重墙体，故此次修订特别强调的是对承重墙体的限制条件，对自承重墙体长度，检测人员可根据墙体在砌体结构中的重要性，适当予以放宽。

3.4.5、3.4.6 此两款均为新增加条文。对砌筑砂浆强度的检测，提出两项限制条件。

3.4.7 本条为新增加条文。从砖墙中凿取完整砖块，进行强度检测，属于砖的取样检测方法。一栋房屋或一个结构单元可能划分成数个检测单元，每一检测单元抽取砖块组数不应少于1组，其抽检组数多于现行国家标准《砌体结构工程施工质量验收规范》GB 50203的规定，为真实、全面反应一栋工程或一个结构单元的用砖质量，适当增加抽样组数是必要的。四川省建筑科学研究院和重庆市建筑科学研究院曾分别做过多次检测，对一批烧结普通砖，数次抽样检测，其强度等级可能相差1级～2级。

3.4.8 砂浆片局压法即现行推荐性行业标准《择压法检测砌筑砂浆抗压强度技术规程》JGJ/T 234中的择压法。该规程是一本新编检测规程，配套检测设备已批量生产。江苏省建筑科学研究院等单位进行了系统试验研究，以及验证性试验和较长时间的试点应用。在此基础上，编制了行业标准。为利于推广该方法，将该方法纳入本标准。考虑到检测的砂浆片是承受局部抗压荷载，故将该方法的名称改为"砂浆片局压法"。此外，为避免重复，本标准未列砂浆片局压法条文。

4 原位轴压法

4.1 一般规定

4.1.1 原位轴压法是西安建筑科技大学在扁顶法基

础上提出的，具有设备使用时间长、变形适应能力强、操作简便的优点。对砂浆强度低、砌体压缩变形较大或砌体强度较高的墙体均可应用。其缺点是原位压力机较重，其中油缸式液压扁顶重约 25kg，搬运比较费力。重庆市建筑科学研究院也对原位轴压法进行了较多的试验和试点应用工作，试验用砖有页岩砖、蒸压灰砂砖、煤渣砖，证明砖的品种对试验结果无影响。重庆市建筑科学研究院主编了四川省地方标准《原位轴压法测定砌体抗压强度技术规程》DB 51/5007-94。在上述工作基础上，本标准编制组又组织了两次验证性考核，决定将原位轴压法纳入本标准。

原位轴压法属原位测试砌体抗压强度的方法，与测试砖及砂浆的强度间接推算砌体抗压强度相比，更为直观和可靠。测试结果除能反映砖和砂浆的强度外，还反映了砌筑质量对砌体抗压强度的影响，一些工程事故分析和科研单位对比砌体抗压试验资料表明，砌体的原材料强度指标相同，由于砌筑质量不同，砌体抗压强度可相差一倍以上。因而这是原位轴压法的优点。

本标准 2000 年颁布时仅适用于 240mm 厚的普通砖砌体，近年来西安建筑科技大学、重庆市建筑科学研究院、上海市建筑科学研究院等单位进行了一系列多孔砖砌体的对比试验，表明原位轴压法亦可应用于多孔砖砌体的原位砌体抗压强度测试，因此本标准修订时扩大了原位轴压法的应用范围。

4.1.2 本条对测试部位作了规定。本条是在试验和使用经验的基础上，为满足测试数据可靠、操作简便、保证房屋安全等要求而规定的。

测试部位要求离楼、地面 1m 高度，是考虑压力机和手动油泵之间连接的高压油管一般约长 2m，这样在试验过程中，手动泵、油压表放在楼、地面上即可。同时此高度对人工搬运压力机也较为省力。两侧约束墙体的宽度不小于 1.5m；同一墙体上多于 1 个测点时，水平净距不得小于 2.0m，这两项规定都是为了保证槽间砌体有足够的约束墙体，防止因约束不足出现的约束墙体剪切破坏，从而准确地测定砌体抗压强度。在横墙上试验时，一般使两侧约束墙肢宽度相近，测点取在横墙中间。

规定"测试部位不得选在挑梁下，应力集中部位以及墙梁的墙体计算高度范围内"，一是为了确保结构安全，这些部位承受的荷载较大，测试时墙体的较大局部破损对其正常受力不利；二是这些墙体上的应力分布较为复杂，计算分析时不宜准确计算测点上的压应力。

4.2 测试设备的技术指标

4.2.1 原位压力机是 1987 年由西安建筑科技大学研制的，在研制过程中，必须解决两个关键问题：一个是在扁顶高度尺寸受限制的条件下，当扁顶工作压力

高达 20MPa 以上时，保证严格的密封和防尘；另一个是当油缸遇到偏心荷载作用时，防止油缸内腔和柱塞的同心受到破坏而造成油缸泄漏和缩短寿命。对此采用了内腔特殊油路、柱塞上加设球铰调整偏心等方法，以合理解决两者之间相互制约的矛盾。各单位研制更大吨位或其他新型的原位压力机，亦应遵守本标准的规定。

同原标准相比，增加了近年研制的 800 型原位压力机的技术指标。该机可满足较高砌体强度检测工作的需要。

4.3 测试步骤

4.3.1 试验时，上水平槽内放置反力板，下水平槽内放置液压扁顶。

试验表明，对 240mm 厚的墙体，两槽之间的净距为 450mm～500mm（普通砖两槽之间 7 皮砖，90mm 高的多孔砖 5 皮砖）是最佳距离。两槽相隔较大时，槽间砌体强度将趋向砌体的局部受压强度；两槽间距过小时，水平灰缝过少，砌体强度将接近块体强度。一般情况下，两槽相隔 450mm ～500mm 时，可获得槽间砌体的最低强度。

4.3.2 考虑到目前国内砌体砌筑水平和块体上下大面的平整度，为保证槽间砌体均匀受压，在扁式千斤顶及反力板与块体的接触面上需加设垫层，如铺设快硬石膏浆或均匀铺设湿细砂。

放置反力板和扁式千斤顶时，应使上、下两个承压板对齐，并用四根钢拉杆的螺母调整其平整度，使两个承压板间四根钢拉杆的长度误差不超过 2mm，再由扁式千斤顶的球铰进一步调整，以保证槽间砌体均匀受压。

4.3.3～4.3.5 参照现行国家标准《砌体基本力学性能试验方法标准》GB/T 50129 作出这三条的规定。

由于试验人员对原位压力机操作熟练程度存在差异等原因，试验过程中，槽间砌体可能出现局部受压或偏心受压的情况，使试验结果偏低，此时应中止试验。并视槽间砌体状况，调整试验装置、垫平承压板与砌体的接触面，重新试验或更换测点。

4.4 数据分析

4.4.1～4.4.4 槽间砌体抗压强度值，是在有侧向约束条件下测得的，其强度值高于现行国家标准《砌体基本力学性能试验方法标准》GB/T 50129 规定的在无侧向约束条件下测得的标准试件的抗压强度。为了便于与现行国家标准《砌体结构设计规范》GB 50003 对比和使用，应将槽间砌体抗压强度换算为相应标准试件的抗压强度，即将槽间砌体抗压强度除以强度换算系数 ξ_{1ij}，该系数是通过墙体中槽间砌体抗压强度和同条件下标准试件抗压强度对比试验确定的。

有限元分析和试验均表明，槽间砌体两侧的约束

墙肢宽度和约束墙肢上的压应力 σ_{0ij} 是影响其大小的主要因素，当约束墙肢宽度达到 1.0m 以上时，即可提供足够的约束而可不考虑约束墙肢宽度的影响，因此本标准第 4.1.2 条规定，测点两侧均应有 1.5m 宽的墙体。在确定强度换算系数 ξ_{1ij} 时可仅考虑 σ_{0ij} 影响，σ_{0ij} 越大，槽间砌体强度越高，ξ_{1ij} 也越大。

西安建筑科技大学、重庆市建筑科学研究院、上海市建筑科学研究院共同完成实心砖砌体原位轴压法试验 37 组（每组 2 个～3 个测点），标准试件砌体抗压强度为 (1.88～10.36)MPa，σ_0 为 (0～1.19)MPa。采用线性回归，回归方程为 $\xi=1.34+0.555\sigma_0$。西安建筑科技大学、重庆市建筑科学研究院、上海市建筑科学研究院进行的 59 个多孔砖砌体对比试验，标准试件砌体抗压强度为 (2.0～5.26)MPa，σ_0 为 (0～0.69)MPa，回归方程为 $\xi=1.25+0.77\sigma_0$。两类砌体分别按各自回归公式计算 ξ 值，比较结果见表 1：

表 1 实心砖砌体与多孔砖砌体 ξ 计算值比较

σ_0(MPa)	0	0.1	0.2	0.3	0.4	0.5	0.6	0.7
实心砖砌体	1.34	1.396	1.451	1.507	1.562	1.618	1.673	1.729
多孔砖砌体	1.25	1.327	1.404	1.481	1.558	1.635	1.712	1.789
差值	0.09	0.069	0.047	0.023	0.004	-0.017	-0.039	-0.06
相对差值(%)	6.7	4.9	3.2	1.52	0.25	-1	-2.3	-3.5

由表 1 可见，以 σ_0 为参数两种砌体的 ξ 计算值相差很小，仅 σ_0 为零时，两者相差 6.7%，多数情况相差均在 4% 以内。表明两类砌体约束性能没有显著差异，可以采用统一的强度换算系数表达式。不分砌体类别，按全部试验数据进行回归统计，回归方程为：

$$\xi_{1ij} = 1.275 + 0.625\sigma_{0ij} \tag{1}$$

回归方程相关系数 0.683，为公式简化，并与扁顶法协调，本次修订采用式 (2)

$$\xi_{1ij} = 1.25 + 0.6\sigma_{0ij} \tag{2}$$

试验值与式 (2) 计算值平均比值 $\mu=1.033$，变异系数 $\delta=0.143$。

试验表明，当 $\sigma_{0ij}/f_m>0.4$ 时（f_m 为砌体抗压强度），ξ_{1ij} 将不再随 σ_{0ij} 线性增长，考虑到在实际工程中 σ_{0ij} 一般均在 $0.4 f_m$ 以下，故采用了运算简便的线性表达式。

可按两种方法取出 σ_{0ij}：第一，一般情况下，用理论方法计算，即计算传至该槽间砌体以上的所有墙体及楼屋盖荷载标准值，楼层上的可变荷载标准值可根据实际情况确定，然后换算为压应力值。在此需要特别指出的是，可变荷载应按实际调查情况确定，而

不是选用现行国家标准《建筑结构荷载规范》GB 50009 的规定值；计算时是取荷载标准值，而不是荷载设计值，即不考虑永久荷载和可变荷载的分项系数。第二，对于重要的鉴定性试验，宜采用实测压应力值。

5 扁 顶 法

5.1 一 般 规 定

5.1.1 扁顶法是湖南大学研究的检测原位砌体承载力和砌体受压性能的一项检测技术。在砖墙内开凿水平灰缝槽，此时应力释放，在槽内装入扁式液压千斤顶（简称扁顶）后进行应力恢复，从而直接测得墙体的受压工作应力，并通过测定槽间砌体的抗压强度和轴向变形值确定其标准砌体抗压强度和弹性模量。

本方法设备较轻便、易于操作、直观可靠，并可使测定墙体受压工作应力、砌体弹性模量和砌体抗压强度一次完成。

扁顶法是在试验墙体上部所承受的均匀压应力为 (0～1.37)MPa，标准砌体抗压强度最大为 3.04MPa 的情况下，为试验结果和理论分析所证实。对于 8 层及 8 层以下的民用房屋，采用本方法确定砖墙中砌体抗压强度有足够的准确性。

因墙体所承受的主应力方向已定，且垂直方向的主压应力是主要控制应力，当沿水平灰缝开凿一条应力解除槽 [图 5.1.1 (a)]，槽周围的墙体应力得到部分解除，应力重新分布。在槽的上下设置变形测量点，可直接观测到因槽而带来的相对变形变化，即因应力解除而产生的变形释放。将扁顶装入恢复槽内，向其供油压，当扁顶内压力平衡了预先存在的垂直于灰缝槽口面的静态应力时，即应力状态完全恢复，所求墙体受压工作应力即由扁顶内的压力表显示。分析表明，当扁顶施压面积与开槽面积之比等于或大于 0.8 时，用变形恢复来控制应力恢复相当准确。

在墙体内开凿两条水平灰缝槽 [图 5.1.1 (b)] 并装入扁顶，则扁顶间所限定的砌体（槽间砌体），相当于试验一个原位标准砌体试件。对上下两个扁顶供油压，便可测得砌体的变形特征（如砌体弹性模量）和砌体的极限抗压强度。

湖南大学补充研究了扁顶法在烧结多孔砖砌体中的应用。经过本标准编制组统一组织的验证性考核试验，证明该方法用于烧结普通砖砌体和烧结多孔砖砌体，具有较高的精度。对于其他各种砖砌体，其受力性能与上述两种砖砌体没有明显差异，扁顶的工作原理也相同。因此，扁顶法可用于检测各种砖砌体的弹性模量和抗压强度。

5.1.2 本条为对测试部位的规定。

5.2 测试设备的技术指标

5.2.1～5.2.3 在扁顶法中,扁式液压千斤顶既是出力元件又是测力元件,要求扁顶的厚度小于水平灰缝厚度,且具有较大的垂直变形能力,一般需采用1Cr18Ni9Ti等优质合金薄板制成。当扁顶的顶升变形小于10mm,或取出一皮砖安设扁顶试验时,应增设钢制可调楔形垫块,以确保扁顶可靠的工作。扁顶的定型尺寸有250mm×250mm×5mm和250mm×380mm×5mm等,可视被测墙体的厚度加以选用。

5.3 测试步骤

5.3.1～5.3.3 应用扁顶法,须根据测试目的采用不同的试验步骤,主要应注意下列四点:

1 仅测定墙体的受压工作应力,在测点只开凿一条水平灰缝槽,使用1个扁顶。

2 测定墙体受压工作应力和砌体抗压强度:在测点先开凿一条水平槽,使用一个扁顶测定墙体受压工作应力;然后开凿第二条水平槽,使用两个扁顶测定砌体弹性模量和砌体抗压强度。

3 仅测定墙内砌体抗压强度,同时开凿两条水平槽,使用两个扁顶。

4 测试砌体抗压强度和弹性模量时,不论 σ_0 大小,均宜加设反力平衡架。

5.4 数据分析

5.4.1～5.4.5 扁顶法、原位轴压法中,槽间砌体的受力状态与标准砌体的受力状态有较大的差异,为了研究槽间砌体的上部垂直压应力 (σ_{0ij}) 和两侧墙肢约束的影响,运用4节点平面矩形单元,对墙体应力进行了有限元分析。在此基础上,考虑到砌体的塑性变形性能,建立了两槽间砌体的计算受力图形。根据Alexander垂直于扁顶的岩石应力公式,推导得到槽间砌体的极限状态方程为

$$(a + k\sigma_{0ij})f_{uij} = (b + m\sigma_{0ij})f_{m,ij} \qquad (3)$$

式(3)表明,σ_{0ij} 是强度换算系数的重要因素:上部垂直压应力 σ_{0ij} 一方面使槽间砌体所承受的垂直荷载增大即产生不利影响;另一方面 σ_{0ij} 又对该砌体起侧向约束作用,使槽间砌体抗压强度提高,即产生有利影响。

湖南大学的试验研究表明:扁顶法用于多孔砖砌体时,多孔砖砌体槽间砌体的破坏形态及两侧墙体的约束性能,与普通砖砌体没有明显的差异。对于普通砖砌体和多孔砖砌体,可以采用统一的强度换算系数。

试验结果分析表明,当 $\sigma_{0ij}/f_m < 0.4$ 时,ξ_{ij} 与 σ_{0ij} 基本符合线性增长关系,而在实际工程中,σ_{0ij} 一般在 $0.4f_m$ 以下。因此,扁顶法和原位轴压法中的强度换算系数 ξ_{ij},可以统一采用以 σ_{0ij} 为参数的线性表达式。

对湖南大学的14组扁顶法试验数据和西安建筑科技大学、重庆市建筑科学研究院、上海市建筑科学研究院的97组原位轴压法试验数据,按照最小二乘法进行回归分析,得到 ξ_{ij} 的线性表达式,为

$$\xi_{ij} = 1.27 + 0.61\sigma_{0ij} \qquad (4)$$

为应用简便,本方法建议按式(5)计算:

$$\xi_{ij} = 1.25 + 0.60\sigma_{0ij} \qquad (5)$$

其相关系数为0.73。对本标准编制组统一组织的扁顶法验证性考核试验数据,按照上式计算得到理论强度换算系数 ξ'_{ij},与实测强度换算系数 ξ_{ij} 相比,其平均相对误差为21.8%。

自1985年至今,仅湖南大学土木系采用扁顶法已在百余幢房屋的测定中应用,其中新建房屋墙体承载力测定占80%,工程事故原因分析试验占8%,旧房加层或改造对旧房的可靠性测定占12%。

6 切制抗压试件法

6.1 一般规定

6.1.1 本方法属取样测试砌体抗压强度的方法。以往一些科研或检测单位采用人工打凿制取试件的方法,进行过该项测试工作,本标准吸取了这些单位取样试验的经验。江苏省建筑科学研究院研制了金刚砂轮切割机,使用该机器从砖墙上锯切出的抗压试件,几何尺寸较为规整,切割过程中对试件扰动相对较小,优于人工打凿制取的试件。江苏省建筑科学研究院和四川省建筑科学研究院对切制抗压试件和人工砌筑的标准砌体抗压试件进行了对比试验,总结出一套较成熟的取样试验方法。本次修订将这一方法纳入本标准。

6.1.2 对在砖墙上选取试件部位提出限制条件。从砖墙上切割、取出砌体抗压试件,对墙体正常受力性能产生一定的不利影响,因此对取样部位必须予以限制。具体限制部位与原位轴压法相同。

6.1.3 针对被测工程的具体情况,对本方法的适用性提出限制条件。如:施工质量较差或砌筑砂浆强度较低的工程,装修较豪华的工程,均不宜采用本方法。切割墙体过程中,难以避免的振动可能会对低强度砂浆的砌体试件产生不利影响;搬运过程中,亦可能扰动试件;冷却用水对取样现场造成较大的临时污染。选用本方法应综合考虑以上诸多不利因素。

6.2 测试设备的技术指标

6.2.1 考虑到切制试件时,一方面要尽量减小对试件和原墙体的扰动和影响,另一方面切制的试件尺寸要满足要求,同时要便于操作,结合江苏省建筑科学研究院研制的电动切割机及其使用情况,提出切割机

的技术指标和原则要求。满足本条要求的其他切割机具亦可使用。

6.3 测试步骤

6.3.1 竖向切割线选在竖向灰缝上、下对齐的部位,可增加试件中整块砖的数量,使之尽量接近人工砌筑的标准抗压试件。

6.3.2~6.3.5 一般情况下,可采用 8 号钢丝事先捆绑试件,是预防切割过程中或从墙中取出试件时,试件松动或断成两截。当砌筑砂浆强度较高时,如大于 M7.5,也可省略此步骤。

以往切割试件时,曾发生下述情况:由于切割机的锯片没有始终垂直于墙面,切制试件的两个窄侧面与两个宽侧面不垂直,分别大于或小于 90°角;或留有错动的切割线,窄侧面不是一个光滑平面。这给准确量测受压截面尺寸带来困难,影响测试结果。因此,要求切割过程中,锯片应始终垂直于墙面,且不得移位。

6.4 数据分析

6.4.1~6.4.3 对比试验结果表明,从砖墙上切制出的砌体抗压试件,其抗压强度低于人工砌筑的标准砌体抗压试件,造成这一差异的主要原因是:标准试件每皮为 3 块整砖(240mm×370mm),且水平灰缝厚度、砂浆饱满度、砖块横平竖直的程度等施工因素均优于大墙墙体;切制试件多了一条竖向灰缝(见本标准图 6.3.1),每皮均有半块砖或少半块砖。但同现行国家标准《砌体结构设计规范》GB 50003 的砌体抗压强度平均值公式的计算值相比,两者基本相当。从偏于安全方面考虑,对测试结果不再乘以大于 1.0 的修正系数。

7 原位单剪法

7.1 一般规定

7.1.1 原位砌体通缝单剪法主要是依据国内以往砖砌体单剪试验方法并参照原苏联的砌体抗剪试验方法编制的。现行国家标准《砌体基本力学性能试验方法标准》GB/T 50129 已将砌体单剪试验方法改为双剪试验方法,但单剪、双剪两种方法的对比试验结果通过 t 检验,没有显著性差异,只是前者的变异系数略大,作为一种长期使用过的经验方法,仍有其实用性。

测点选在窗洞口下部,对墙体损伤较小,便于安放检测设备,且没有上部压应力等因素的影响,测试结果直接、准确。

7.1.3 加工、制备试件过程中,被测灰缝如发生明显的扰动,应舍去此试件。

7.2 测试设备的技术指标

7.2.1 试件的预估破坏荷载值,可按试探性试验确定,也可按现行国家标准《砌体结构设计规范》GB 50003 的公式计算。

7.2.2 本方法所用检测仪表,使用频率往往较低,经常是放置一段较长时间后再次使用,故要求每次进行工程检测前,应进行标定。

7.3 测试步骤

7.3.1 使用手提切片砂轮或木工锯在墙体上开凿切口,对墙体扰动很小,可不考虑其不利影响。

7.3.2、7.3.3 谨慎地作好施加荷载前的各项工作,尤其是正确地安装加荷系统及测试仪表,是获得准确测试结果的必要保证。千斤顶加力轴线严格对准被测灰缝的上表面,可减小附加弯矩和撕拉应力,或避免灰缝处于压应力状态。

7.3.4 编写本条系参照现行国家标准《砌体基本力学性能试验方法标准》GB/T 50129 的规定。

7.3.5 检查剪切面破坏特征及砌体砌筑质量,有利于对试验结果进行分析。

7.4 数据分析

7.4.1~7.4.3 根据试验结果所进行的抗剪强度计算属常规计算。

8 原位双剪法

8.1 一般规定

8.1.1 原位单砖双剪法是陕西省建筑科学研究院研究的砌体抗剪强度检测方法,原位双砖双剪法是西安建筑科技大学、陕西省建筑科学研究院、上海市建筑科学研究院共同研究的砌体抗剪强度检测方法。

本标准 2000 年颁布时仅适用于烧结普通砖砌体,标准颁布以来在烧结普通砖砌体上已经取得较好的效果。近年来西安建筑科技大学、重庆市建筑科学研究院、上海市建筑科学研究院等单位进行了一系列多孔砖砌体的对比试验,表明原位双剪法亦可应用于多孔砖砌体的原位抗剪强度测试,因此本标准修订时扩大了原位双剪法的应用范围。对于其他各种块材的同尺寸规格的普通砖和多孔砖砌体,有待补充一些基本试验数据,才可应用。但就其原理而言,它也是适用的。

与测试砂浆的强度间接推算砌体抗剪强度相比,测试结果除能反映砂浆强度对砌体抗剪强度的影响外,还反映了砌筑质量对砌体抗剪强度的影响,这是原位双剪法的优点。

8.1.2 应用原位双剪法时,如条件允许,宜优先采

用释放上部压应力 σ_0 或布点时受剪试件上部砖皮数较少、σ_0 可忽略的试验方案，该试验方案可避免由于 σ_0 引起的附加误差，但释放应力时，对砌体损伤稍大。当采用有上部压应力 σ_0 作用下的试验方案时，可按理论计算 σ_0 值。

8.1.3 墙体的正、反手砌筑面，施工质量多有差异，故规定正反手砌筑面的测点数量宜相近或相等。

为保证墙体能够提供足够的反力和约束，对洞口边试件的布设作了限制。为确保结构安全，严禁在独立砖柱和窗间墙上设置测点。后补的施工洞口和经修补的砌体无代表性，故规定不应在其上设置测点。

同原标准相比，同一墙体的各测点水平方向的净距由 0.62m 改为 1.5m，且各测点不应在同一水平位置或轴向位置。这些规定主要是为原位剪切仪提供足够的支座反力，避免支座处的砌体先于试件破坏，以及测点太密对墙体造成较大损伤。

8.2 测试设备的技术指标

8.2.1 原位剪切仪的主机是一个便携式千斤顶，其他（如油泵、压力表、油管）则为商品部件，易于拆卸和组装，便于运输、保管和使用。

8.2.2 对于现场检测仪器，示值相对误差为 ±3% 是一个比较实用的指标。砌体结构工程的抗剪强度变异系数一般较大，在这种情况下，仪器的测量能力指数有时可达 10:1，富余量偏大，但考虑到测量过程中的其他因素（如块材尺寸、上部垂直压力等）这个富余也是必要的。

原位剪切仪已由陕西省建筑科学研究院研制成功并可批量生产，但其应有的计量校准周期尚无确切资料。参考一般同类仪器，可暂定半年为其检验周期。

8.3 测试步骤

8.3.1 本条要求放置主机的孔洞应开在离砌体边缘远端，其目的是要保证墙体提供足够的反力和约束。孔洞尺寸以能安放原位剪切仪主机及其附件为准。

8.3.2 掏空的灰缝 4（图 8.3.2），必须满足完全释放上部压应力的需要，以确保测试精度。

8.3.3 试件块材的完整性及上、下灰缝质量是影响测试结果的主要因素，为了减小测试附加误差，必须严加控制这两个因素。

8.3.4 原位剪切仪主机轴线与被推砖轴线的吻合程度，对试验结果将产生较大影响，故要求两者轴线重合。

8.3.5 原位双剪法的加荷速度，是引自现行国家标准《砌体基本力学性能试验方法标准》GB/T 50129 中的砌体通缝抗剪强度试验方法。

8.4 数据分析

8.4.1～8.4.3 按照原位单砖双剪法的试验模式，当

进行试验的墙体厚度大于砖宽时，参加工作的剪切面除试件的上、下水平灰缝外，尚有：沿砌体厚度方向相邻竖向灰缝作为第三个剪切面参加工作；在不释放试件上部垂直压应力时，上部垂直压应力对测试结果的影响；原位单砖双剪法试件尺寸为《砌体基本力学性能试验方法标准》GB/T 50129 试件的 1/3，因此其结果含有尺寸效应的影响，且其受力模式与标准试件也有所不同。为此，开展了一系列的对比试验，以确定它们各自的修正系数。

根据陕西省建筑科学研究院的研究成果，当有上部压应力作用时，按剪摩擦破坏模式考虑正应力对抗剪强度的影响，由此得到正文烧结普通砖砌体的推定公式（8.4.1）。式（8.4.1）中，上部压应力作用下的摩擦系数 0.70 是按现行《砌体结构设计规范》GB 50003 及相关砌体抗剪试验资料取用的。

采用原位双砖双剪法的试验时，参加工作的剪切面除试件的上、下水平灰缝外，尚有：在不释放试件上部垂直压应力时，上部垂直压应力对测试结果的影响；原位双砖双剪法试件尺寸为《砌体基本力学性能试验方法标准》GB/T 50129 试件的 2/3，因此其结果含有尺寸效应的影响，且其受力模式与标准试件也有所不同。采用双砖双剪测试可以排除两个顺砖间竖向灰缝砂浆的作用，但由于竖向灰缝砂浆多不饱满且因砂浆的收缩，其对抗剪强度的影响有限，根据陕西省建筑科学研究院的研究成果，试件顺砖竖缝的影响在 5% 之内，该误差在砌体抗剪强度的离散范围之内，因此，根据西安建筑科技大学、上海市建筑科学研究院和陕西省建筑科学研究院的试验研究成果，并偏于安全，确定对烧结普通砖砌体仍可采用正文中式（8.4.1）计算。

对烧结多孔砖砌体，依据陕西省建科院近年进行的烧结多孔砖砌体单砖双剪法对比试验，没有上部压应力时，抗剪强度推定公式为：$f_{vij} = \dfrac{0.313 N_{vij}}{A_{vij}}$，双砖双剪为：$f_{vij} = \dfrac{0.33 N_{vij}}{A_{vij}}$。鉴于修正系数系与多孔砖砌体标准试件的通缝抗剪强度比较得到，其修正系数与普通砖砌体十分接近，说明尺寸效应与受力模式对抗剪强度的影响，两种砌体没有显著差异。但对多孔砖砌体，推定的抗剪强度包含孔洞中砂浆的销键作用，考虑到我国规范对普通砖砌体和多孔砖砌体采用相同抗剪强度计算公式，根据试验结果，多孔砖砌体的通缝抗剪强度大约是普通砖砌体的（1.1～1.2）倍，为与我国规范一致，也偏于安全，并与普通砖砌体一样，不区分单砖双剪和双砖双剪法，试验数据统一分析，修正系数为 0.326，将修正系数除以 1.12，以使推定的抗剪强度与普通砖砌体大致相当，由此得到正文烧结多孔砖砌体的推定公式（8.4.2）。

9 推 出 法

9.1 一般规定

9.1.1 本条所定义的推出法，主要测定推出力和砂浆饱满度两项参数，据此推定砌筑砂浆抗压强度，它综合反映了砌筑砂浆的质量状况和施工质量水平，与我国现行的施工规范及工程质量评定标准相结合，较为适合我国国情。该方法是河南省建筑科学研究院研究的，并编制了河南省地方标准，在此基础上，经过验证性考核试验，纳入了本标准。

建立推出法测强曲线时，选用了烧结普通砖和灰砂砖，故对其他砖尚需通过试验验证。本条规定砂浆测强范围为 1.0MPa～15MPa，超过此范围时，绝对误差较大。

9.1.2 在建立测强曲线时，灰缝厚度按现行国家标准《砌体结构工程施工质量验收规范》GB 50203 的规定，控制在 8mm～12mm 之间进行对比试验。据有关资料介绍，不同灰缝厚度对推出力有影响。因此本条规定，现场测试时，所选推出砖下的灰缝厚度应在 8mm～12mm 之间。

9.2 测试设备的技术指标

9.2.1 砂浆强度在 15MPa 以下时，最大推出力一般均小于 30kN，研制该套测试设备时，按极限推力为 35kN 进行设计；为安全起见，规定加荷螺杆施加的额定推力为 30kN。

推出被测丁砖时，位移是很小的，规定加荷螺杆行程不小于 80mm，主要是考虑测试时，现场安装方便。

9.2.2 仪器的峰值保持功能，可使抗剪破坏时的最大推力保持下来，从而提高测试精度，减少人为读数误差。

仪器性能稳定性是准确测量数据的基础，一般要求能连续工作 4h 以上。校验推出力峰值测定仪时，在 4h 内读数漂移小于 0.05kN，即可认为仪器的稳定性能良好。

9.3 测试步骤

9.3.1 推出法推定砌筑砂浆抗压强度是一种在墙上直接测试的原位检测技术，本条对加力测试前的准备工作步骤作了较详细而明确的规定。

9.3.2 传感器作用点的位置直接影响被推出砖下灰缝的受力状况，本方法在试验研究时，均是使传感器的作用点水平方向位于被推出砖中间，铅垂方向位于被推出砖下表面之上 15mm 处进行推出试验，故在现场测试时应与此要求保持一致，横梁两端和墙之间的距离可通过挂钩上的调整螺钉进行调整。

9.3.3 试验表明，加荷速度过快会使试验数据偏高，因此规定加荷速度控制在 5kN/min 左右，以提高测试数据的准确性。

9.3.4 本条规定的推出砖下砂浆饱满度的测试方法及所用的工具，按现行国家标准《砌体结构工程施工质量验收规范》GB 50203 的有关规定执行。

9.4 数据分析

9.4.1、9.4.2 在建立推出法测强曲线时，是以测区的推出力均值 N_i 及砂浆饱满度均值 B_i 进行统计分析的，这两条的规定主要是为了和建立曲线时的试验协调一致。

目前我国建筑工程所用的普通砖主要为烧结砖和蒸压砖两大类，常见的烧结砖为机制黏土砖，蒸压砖为蒸压灰砂砖和蒸压粉煤灰砖。对比试验结果表明，蒸压砖的"$f_2 - N$"曲线和黏土砖"$f_2 - N$"曲线存在显著差异，本标准第 9.4.3 条中的计算公式是以黏土砖为基准建立起来的，对蒸压砖 N_i 值尚应乘以修正系数后，方可代入式（9.4.3-1）进行计算。

9.4.3 在测试技术和数据处理方法基本一致的条件下，通过试验室对比试验及现场对比试验，共计 198 组试验数据，经统计分析而得出曲线，最后归纳为式（9.4.3-1），该式的相对标准差 $s_r = 20.9\%$，平均相对误差 $s_r = 16.7\%$。

采用推出法测试普通砖砌体和多孔砖砌体时，系采用同一种推出仪，因多孔砖块体较厚，推出仪的荷载作用线上移，增加了被测砖块的上翘分力，导致推出力值降低。对比试验表明，多孔砖砌体的砂浆销键作用不明显。因此，推出法测试烧结普通砖砌体和烧结多孔砖砌体，采用同一计算公式。

10 筒 压 法

10.1 一般规定

10.1.1 筒压法是由山西四建集团有限公司等十个单位试验研究成功的测试砂浆强度方法，并编制了山西省地方标准。在此基础上，经过验证性考核试验，纳入了本标准。

山西省建四公司和重庆市建筑科学研究院对筒压法是否适用于烧结多孔砖砌体中的砌筑砂浆检测问题，分别进行了对比试验，结果证明，筒压法现有计算公式同样适用。为此，将筒压法的适用范围扩大至烧结多孔砖砌体。

本方法对遭受火灾、环境侵蚀的砌筑砂浆未进行试验研究，故规定不得在这些条件下应用。

10.1.2 本条明确规定了筒压法的适用范围，应用本方法时，使用范围不得外延。当超过此范围时，筒压法的测试误差较大。

10.2 测试设备的技术指标

10.2.1～10.2.3 本方法所用的设备、仪器、工具，一般建材试验室均已具备。其中的承压筒，可参照正文中的图10.2.1，自行加工。以往测试时，曾出现过承压盖受力变形的问题，此次修订，适当增大了承压盖的截面尺寸，提高了其刚度和整体牢固性。

10.3 测试步骤

10.3.1 为保证所取砂浆试样的质量较为稳定，避免外部环境及碳化等因素的影响，提高制备粒径大于5mm试样的成品率，规定只取距墙面20mm以里的水平灰缝的砂浆，且砂浆片厚度不得小于5mm。取样的具体数量，可视砂浆强度而定，高者可少取，低者宜多取，以足够制备3个标准试样并略有富余为准。

10.3.2 对样品进行烘干，是为消除砂浆湿度对强度的影响，亦利于筛分。

10.3.3 为便于筛分，每次取烘干试样1kg。筛分分为：本条中筒压试验前的分级筛分和本标准第10.3.6条筒压试验后的分级筛分。每次筛分的时间对测定筒压比值均有影响。筛分时间应取不同品种、不同强度的砂浆筛分时，均能较快稳定下来的时间。经测定，用YS-2型摇摆式筛分机需120s，人工摇筛需90s。为简化操作，增强可比性，将上述两类筛分时间予以统一，取同一值，但人工筛分，人为影响因素较大，尤其对低强砂浆，应注意摇筛强度保持一致。具备摇筛机的试验室，应选用机械摇筛。

　　承压筒内装入的试样数量，对测试筒压比值有一定影响，经对比试验分析，确定每个标准试样数量500g。

　　每个测区取3个有效标准试样，可避免测试值的单向偏移，并减小抽样总体的变异系数。

　　山西四建集团有限公司使用圆孔筛和方孔筛对筒压试验进行了对比试验，结果证明无显著区别。此次修订增加了可使用方孔标准筛的规定。

10.3.4 为减小装料和施压前的搬运对装料密实程度的影响，制定了两次装料，两次振动的程序，使承压前的筒内试样的紧密程度基本一致。

10.3.5 筒压荷载较低时，砂浆强度越高则筒压比值越拉不开档次；筒压荷载较高时，砂浆强度越低，则筒压比值越拉不开档次。经过试验值的统计分析，对不同品种砂浆分别选用了不同的筒压荷载值。本条所定的筒压荷载值，在常用砂浆强度范围内，是合适的。

　　关于加荷速度，经检测，在20s～70s内加荷至规定的筒压荷载时，对筒压比值的影响并不显著；恒荷时间，在0s～60s范围内，对筒压比值亦无显著性影响。本条关于加荷制度的规定，是基于这两方面的

试验结果。

10.3.7 人工摇筛的人为影响因素较大，亦如前述，对低强砂浆，在筛分过程中，由于颗粒之间及颗粒与筛具之间的摩擦碰撞，不断产生粒径小于5mm的颗粒，不能像砂石筛分那样精确定量。

10.3.8 筛分前后，试样量的相对差值若超过0.5%，则试验工作可能有误，对检测结果（筒压比）有影响。

10.4 数据分析

10.4.1、10.4.2 筒压比以5mm筛的累计筛余比值表示，可较为准确地反映砂浆颗粒的破损程度，据此推定砂浆强度。破损程度大，砂浆强度低；破损程度小，砂浆强度高。

10.4.3 本条原所列式（10.4.3-1）、式（10.4.3-3）、式（10.4.3-4）、式（10.4.3-5）四个公式，系根据试验结果，经1861个不同条件组合的回归优选确定的，相关指数均在0.85以上。

　　依据南充市建设工程质量检测中心和重庆市建筑科学研究院分别进行的试验研究，共同进行归纳分析，得出筒压法检测特细砂水泥砂浆强度的计算式（10.4.3-2），本次修订纳入了该公式。

11 砂浆片剪切法

11.1 一般规定

11.1.1、11.1.2 砂浆片剪切法是宁夏回族自治区建筑科学研究院研究的一种取样测试方法，通过测试砂浆片的抗剪强度，换算为相当于标准砂浆试块的抗压强度。

　　试验研究表明，砂浆品种、砂子粒径、龄期等因素对本方法的测试无显著影响。据此规定了本方法的适用范围。

11.2 测试设备的技术指标

11.2.1、11.2.2 砂浆片属小试件，破坏荷载较小，对力值精度、刀片定位精度要求较高，为此宁夏回族自治区建筑科学研究院研制了定型仪器。

　　砌筑砂浆测强仪采用液压系统施加试验荷载，示值系统为量程0MPa～0.16MPa、0MPa～1MPa的带有被动针的0.4级压力表，该仪器重量轻、体积小、测强范围广，测试方便，可携带至现场检测，使砂浆片剪切法具有现场检测与取样检测两方面的优点。

　　砌筑砂浆测强标定仪系砌筑砂浆测强仪出厂标定、使用中定期校验的专用仪器；其计量标准器系三等标准测力计（压力环），需经计量部门定期检验。

11.3 测试步骤

11.3.1、11.3.2 将砂浆片的大面、条面加工成规则

形状，有利于试件正常受力，且便于在条形钢块与下刀片刃口面上平稳放置，以及试件与上下刀片刃口面良好的接触。

建筑物基础与上部结构两部分比较，砌体内砂浆的含水率往往有较大差异。中、低强度的砂浆，软化系数较大且非定值。为了准确测试砂浆在结构部位受力时的实际强度，应考虑含水率这一影响因素。砂浆试件存于密封袋内，避免水分散失，使其含水率接近工程实际情况。对于±0.000以上主体结构的砌筑砂浆片试件，一般可不考虑含水率这一影响因素。

砂浆片试件尺寸在本条规定的范围内，其宽度和厚度（即受剪面积）对试验结果没有不良的影响。

11.3.3 加荷速度过快，可能造成试件被冲击破坏，测试结果失真。低强砂浆可选用较小的加荷速度，高强砂浆的加荷速度亦不宜大于10N/s。

11.4 数据分析

11.4.1 一次连续砌墙高度对灰缝中的砂浆紧密程度有一定影响，即初始压应力对砂浆片强度有影响。但在工程的检测工作中，多数情况无法准确判定压砖皮数。这时，施工时砌体的初始压力修正系数可取0.95。该值大体对应砂浆试件在砌体中承受6皮砖的初始压力。工程中的多数灰缝如此。

11.4.2～11.4.4 按照本方法所限定的试验条件，对比试验表明，砂浆试块强度与砂浆片抗剪值之间具有较好的线性相关关系，经回归分析并简化后，即为式（11.4.3）。

12 砂浆回弹法

12.1 一般规定

12.1.1 砂浆回弹法是四川省建筑科学研究院研究的砂浆强度无损检测方法，并编制了四川省地方标准。通过试验研究和验证性考核试验，证明砂浆回弹值同砂浆强度及碳化深度有较好的相关性，故将此方法纳入本标准。

原标准颁布施行后，重庆市建筑科学研究院、山东省建筑科学研究院均开展了回弹法检测多孔砖砌体中的砂浆强度的研究，山东省建筑科学研究院、四川省建筑科学研究院还分别在四川省建筑科学研究院进行了验证性试验。根据以上试验资料综合分析，回弹法检测烧结多孔砖砌体中的砂浆强度，同检测烧结普通砖砌体中的砂浆强度，无显著性区别，故将该法的应用范围扩大至烧结多孔砖砌体。

本方法对经受高温、长期浸水、冰冻、化学侵蚀、火灾等情况的砖砌体，以及其他块材的砌体，未进行专门研究，故不适用。

12.1.3 测位是回弹测强中的最小测量单位，相当于

其他检测方法中的测点，类似于现行行业标准《回弹法检测混凝土抗压强度技术规程》JGJ/T 23的测区。

墙面上的部分灰缝，由于灰缝较薄或不够饱满等原因，不适宜于布置弹点，因此一个测位的墙面面积宜大于0.3m²。

12.2 测试设备的技术指标

12.2.1～12.2.3 四川省建筑科学研究院与有关建筑仪器生产厂合作，研制出适宜于砂浆测强用的专用回弹仪，其结构合理，性能稳定可靠，符合现行国家标准《回弹仪》GB/T 9138的规定，已经批量生产，投放市场。

回弹仪的技术性能是否稳定可靠，是影响砂浆回弹测强准确性的关键因素之一，因此，回弹仪必须符合产品质量要求，并获得专业质检机构检验合格后方可使用；使用过程中，应定期检验、维修与保养。

12.3 测试步骤

12.3.1 砌体灰缝被测处平整与否，对回弹值有较大的影响，故要求用扁砂轮或其他工具进行仔细打磨至平整。此外，墙体表面的砂浆往往失水较快，强度低，磨掉表面约5mm～10mm后，能够检测出接近墙体核心区的砂浆强度，也减小了碳化因素对砂浆强度的影响。

12.3.2 经对比试验，每个测位分别使用回弹仪弹击10点、12点、16点，回弹均值的波动性小，变异系数均小于0.15。为便于计算和排除测试中视觉、听觉等人为误差，经异常数据分析后，决定每一测位弹击12点，计算时采用稳健统计，去掉一个最大值，一个最小值，以10个弹击点的算术平均值作为该测位的有效回弹测试值。

12.3.3 在常用砂浆的强度范围内，每个弹击点的回弹值随着连续弹击次数的增加而逐步提高，经第三次弹击后，其提高幅度趋于稳定。如果仅弹击一次，读数不稳，且对低强砂浆，回弹仪往往不起跳；弹击3次与5次相比，回弹值约低5%。由此选定：每个弹击点连续弹击3次，仅读记第3次的回弹值。测强回归公式亦按此确定。

正确地操作回弹仪，可获得准确而稳定的回弹值，故要求操作回弹仪时，使之始终处于水平状态，其轴线垂直于砂浆表面，且不得移位。

12.3.4 同混凝土相比，砂浆的强度低，密实度差，又因掺加了混合材料，所以碳化速度较快。碳化增加了砂浆表面硬度，从而使回弹值增大。砂浆的碳化深度和速度，同龄期、密实性、强度等级、品种、砌体所处环境条件均有关系，因而碳化值的离散性较大。为保证推定砂浆强度值的准确性，一定要求对每一测位都要准确地测量碳化深度值。

12.4 数据分析

12.4.3、12.4.4 本方法研究过程中，曾根据原材料、砂浆品种、碳化深度、干湿程度等建立了16条测强曲线，经化简合并，剔除次要因素，按碳化深度整理而成本条中的三个计算公式。公式的相关系数均在0.85以上，满足精度要求。由于现场情况的复杂性和人为操作误差，回弹强度与标准立方体砂浆试块抗压强度比较，有时相对误差略大，故本标准表3.4.3关于砂浆回弹法"用途"一栏中指出是"主要用于砂浆强度均质性检查"，请使用者注意这一规定。

13 点 荷 法

13.1 一般规定

13.1.1、13.1.2 点荷法属取样测试方法，由中国建筑科学研究院研究成功并提供给本标准。经本标准编制组对烧结普通砖砌体和烧结多孔砖砌体中的砌筑砂浆统一组织的两次验证性考核试验，其测试结果与标准砂浆试块强度吻合性较好。

对于其他块材砌体中的砂浆强度，本方法未进行专门试验，所以仅限于推定烧结砖砌体中的砌筑砂浆强度。

13.2 测试设备的技术指标

13.2.1 试样的点荷值较低，为保证测试精度，规定选用读数精度较高的小吨位压力试验机。

13.2.2 制作加荷头的关键是确保其端部截球体的尺寸。截球体尺寸与一般试验机上的布式硬度测头一致。

13.3 测试步骤

13.3.1 从砖砌体中取出砂浆薄片的方法，可采用手工方法，也可采用机械取样方法，如可用混凝土取芯机钻取带灰缝的芯样，用小锤敲击芯样，剥离出砂浆片。后者适用于砂浆强度较高的砖砌体，且备有钻机的单位。

砂浆薄片过厚或过薄，将增大测试值的离散性，最大厚度波动范围不应超过5mm～20mm，宜为10mm～15mm。现行国家标准《砌体结构工程施工质量验收规范》GB 50203规定灰缝厚度为(10±2)mm，所以选取适宜厚度的砂浆薄片并不困难。作用半径即荷载作用点至试样破坏线边缘的最小距离，其波动范围宜为15mm～25mm。

13.3.2～13.3.4 试验过程中，应使上、下加荷头对准，两轴线重合并处于铅垂线方向；砂浆试样保持水平。否则，将增大测试误差。

一个试样破坏后，可能分成几个小块。应将试样拼合成原样，以荷载作用点的中心为起点，量测最小破坏线直线的长度即作用半径，以及实际厚度。

13.4 数据分析

13.4.1、13.4.2 式（13.4.1-1）～式（13.4.1-3）是中国建筑科学研究院在经验回归公式的基础上略作简化处理而得到的。经在实际工程中应用的效果检验，和本标准编制组统一组织的验证试验，准确性较好。

14 烧结砖回弹法

14.1 一般规定

14.1.1 湖南大学对回弹法检测砌体中烧结普通砖和烧结多孔砖的抗压强度进行了较系统的研究，回弹法具有非破损性、检测面广和测试简便迅速的优点，在实际工程的检测中应用较广。

目前，我国已有多家单位对砌体中烧结普通砖的回弹法进行了研究，并制定了相应的国家标准和地方标准。这些标准的测强公式存在一定的差异。另外，烧结多孔砖的应用日趋广泛，但对砌体中多孔砖的回弹法没有相应的检测标准。基于上述原因，有必要在全国范围内对烧结普通砖和烧结多孔砖的回弹法作出统一规定。湖南大学依据试验研究、与现有标准的对比和回归分析，建立了砌体中烧结普通砖和烧结多孔砖的统一回弹测强曲线，并经本标准编制组统一组织的验证性考核试验，证明统一回弹测强曲线具有较好的检测精度，成为新纳入本标准的方法。

本方法对表面已风化或遭受冻害、化学侵蚀的砖，未进行专门研究，故不适用。

14.1.2 《烧结普通砖》GB 5101和《烧结多孔砖和多孔砌块》GB 13544规定进行砖的强度试验时，试样的数量为10块砖，由10块砖的抗压强度平均值、强度标准值、变异系数或单块砖最小抗压强度值来评定砖的抗压强度等级。因此，规定每一检测单元中回弹测区数应为10个，且每个测区中测位数应为10个。

14.2 测试设备的技术指标

14.2.1 指针直读式砖回弹仪性能稳定，示值准确，应用方便、可靠。

14.2.2 回弹仪的技术性能是影响回弹法测试精度的重要因素。符合表14.2.2的回弹仪，可消除或减小因仪器因素导致的误差，提高检测精度。

14.2.3、14.2.4 回弹仪在使用过程中，因检修、零件松动、拉簧疲劳、遭受撞击等都可能改变其标准状态，因而应按本条要求由专业检定单位对仪器进行检定。

14.3 测试步骤

14.3.1 对受潮或被雨淋湿后的砖进行回弹，回弹值会降低，因此被检测砖表面应为自然干燥状态。被检测砖平整、清洁与否，对回弹值亦有较大的影响，故要求用砂轮将被检测砖表面打磨至平整，并用毛刷刷去粉尘。

14.3.2 参考行业标准《回弹仪评定烧结普通砖强度等级的方法》JC/T 796、国家标准《建筑结构检测技术标准》GB/T 50344及其他相关地方标准的规定，每块砖在测面上均匀布置5个弹击点，取其平均值。为保证操作规范，避免检测过程中的异常误差，规定检测时回弹仪应始终处于水平状态，其轴线应始终垂直于砖的测面。

14.4 数据分析

14.4.1 根据湖南大学在实际工程中的检测结果，选取回弹值在30～48之间的37组数据，并按照四川省、安徽省和福建省的三部地方标准中给出的回弹测强公式，经计算得到相应的换算抗压强度值，共计111组数据。最后，采用抛物线函数式按照最小二乘法进行回归分析，建立了适用于烧结普通砖的回弹测强公式：

$$f_{1ij} = 0.02R^2 - 0.45R + 1.25 \qquad (6)$$

其相关系数为0.97，与本标准编制组统一组织的验证性考核试验结果相比较，其相对误差为17.0%，满足精度要求。

对于烧结多孔砖的回弹测强关系，湖南大学制作了施加一定竖向压力的多孔砖砌体，对砌体中的砖进行回弹测试，并作了砖的抗压强度试验，得到209组实测回弹值-抗压强度数据，将209组数据分别以回弹值相近（回弹值极差不大于0.5）的为一组，得到23组多孔砖试件回弹平均值与抗压强度平均值，并与河南省建筑科学研究院通过试验得到的10组数据共33组回弹值-抗压强度数据按最小二乘法进行回归分析，建立了适用于烧结多孔砖的回弹测强公式，为

$$f_{1ij} = 0.0017R^{2.48} \qquad (7)$$

其相关系数为0.70，与本标准编制组统一组织的验证性考核试验结果相比较，其相对误差为20.5%。

15 强度推定

15.0.1 异常值的检出和剔除，宜以测区为单位，对其中的 n_1 个测点的检测值进行统计分析。一般情况下，n_1 值较小，也可以检测单元为单位，以单元的所有测点为对象，合并进行统计分析。

当检出歧离值后（特别是对砌体抗压或抗剪强度进行分析时），需首先检查产生歧离值的技术上的或物理上的原因，如砌体所用材料和施工质量可能与其他测点的墙片不同，检测人员读数和记录是否有错等。当这些物理因素一一排除后，方可进行是否剔除的计算，即判断是否为统计离群值。

对于一项具体工程，其某项强度值的总体标准差是未知的，格拉布斯检验法和狄克逊检验法适用于这种情况；这两种检验法也是土木工程技术人员常用的方法。所以，本标准决定采用这两种方法。

15.0.2、15.0.3 各种方法每个测点的检验强度值，是根据检测结果按相应公式计算后得出的。其中，推出法、筒压法仅需给出测区的检测强度值。

15.0.4、15.0.5 为了与新颁布的《砌体结构工程施工质量验收规范》GB 50203－2011保持协调，本标准对按照不同施工验收规范施工的砌体工程采用不同的砂浆强度推定方法。其中式（15.0.4-1）、式（15.0.4-2）和式（15.0.5-1）、式（15.0.5-2），分别与国家标准《砌体结构工程施工质量验收规范》GB 50203－2011和原国家标准《砌体工程施工质量验收规范》GB 50203－2002一致。在推定砌筑砂浆抗压强度时，对按照《砌体结构工程施工质量验收规范》GB 50203－2011施工的砌体工程，采用式（15.0.4-1）、式（15.0.4-2）和式（15.0.4-3）；对按照《砌体工程施工质量验收规范》GB 50203－2002及之前颁布实施的砌体施工质量验收规范施工的砌体工程，采用式（15.0.5-1）、式（15.0.5-2）和式（15.0.5-3）。当测区数少于6个时，本标准从严控制，规定以测区的最小检测值作为砂浆强度推定值，即式（15.0.4-3）、式（15.0.5-3）。

15.0.8 本条提出了根据砌体抗压强度或抗剪强度的检测平均值分别计算强度标准值的4个公式。它们不同于现行国家标准《砌体结构设计规范》GB 50003确定标准值的方法。砌体结构设计规范是依据全国范围内众多试验资料确定标准值；本标准的检测对象是具体的单项工程，两者是有区别的。本标准采用了现行国家标准《民用建筑可靠性鉴定标准》GB 50292确定强度标准值的方法，即式（15.0.8-1）～式（15.0.8-4）。

15.0.9 参照产品标准《烧结普通砖》GB 5101、《烧结多孔砖和多孔砌块》GB 13544推定回弹法检测烧结砖的强度等级。本条所列公式和表格，与上述产品标准一致。

中华人民共和国国家标准

木结构试验方法标准

Standard for methods testing of timber structures

GB/T 50329—2002

主编部门：中华人民共和国建设部
批准部门：中华人民共和国建设部
施行日期：2002年7月1日

关于发布国家标准
《木结构试验方法标准》的通知

建标〔2002〕106 号

根据国家计委《一九九二年工程建设标准制定修订计划》（计综合〔1992〕490 号附件二）的要求，重庆大学会同有关单位共同制订了《木结构试验方法标准》。我部组织有关部门对该标准共同进行了审查，现批准为国家标准，编号为 GB/T 50329—2002，自 2002 年 7 月 1 日起施行。

本标准由建设部负责管理，重庆大学土木工程学院负责具体技术内容的解释，建设部标准定额研究所组织中国建筑工业出版社出版发行。

中华人民共和国建设部

2002 年 4 月 25 日

前　　言

国家标准《木结构试验方法标准》是根据国家计委计综合〔1992〕490 号文的要求，由重庆大学土木工程学院会同有关单位共同编制而成。

本标准在编制过程中，编制组进行了广泛、深入的调查研究，认真总结了我国木结构工程试验的实践经验和理论研究成果，并借鉴了国际标准化组织和国外木材应用检测试验方面的标准，广泛征求了全国有关单位、专家和实际工作者的意见，经专家审定定稿。

本标准由建设部负责管理，具体解释工作由重庆大学土木工程学院负责。在木结构工程试验检测领域中，制定这类标准在国内外尚属首次，必定会有许多

不足之处。为了进一步提高本标准水平，请各单位在执行过程中，注意总结经验，积累资料，并随时将问题和意见寄交重庆大学土木工程学院（重庆市沙坪坝重庆大学 B 区，邮码 400045），以供修订时参考。

本标准主编单位、参加单位和主要起草人名单

主编单位：重庆大学土木工程学院

参加单位：四川省建筑科学研究院

　　　　　哈尔滨工业大学土木工程学院

主要起草人：黄绍胤、周仕祯、王永维、

　　　　　　梁　坦、倪仕珠、樊承谋、

　　　　　　王振家

目　次

1 总 则

1.0.1 为了在木结构的试验中，能正确地反映木结构实际受力情况，对不同试验机构的试验数据能进行比较和相互引用，提供试验者共同遵循的统一试验方法，特制定本标准。

1.0.2 本标准适用于房屋和一般构筑物中承重的木结构和构件及其连接在短期荷载作用下的静力试验。

对于木结构中经防护剂处理的木材，当需测定化学药剂的透入度和保持量时，应遵循附录 E 的规定。

1.0.3 木结构的试验方法除应符合本标准外，尚应符合现行有关国家标准、规范的规定。

2 基本规定

2.1 试验的目的和设计

2.1.1 进行木结构试验时，应先进行试验设计。试验设计可根据该试验的目的和要求，对有关试材选择、试件设计及制作、试件数量、试验设备、试验程序以及预期试验结果等问题进行综合分析，制定详细计划和做好试验准备。必要时还应进行预试验。

2.1.2 本标准对木结构试验可分为验证性和检验性两类试验。对专门问题的研究性试验，可根据其研究目的，参照本标准进行设计。

2.1.3 当需验证某种计算方法的正确性时，应根据该方法的适用范围和要求验证的项目，按本标准进行试验设计和试验。

2.1.4 当需对成批构件进行检验验收、或对某些结构和构件的质量有怀疑、或对已有木结构需通过试验手段进行可靠性鉴定时，按检验的要求进行抽样，应按本标准规定的方法进行试验。

2.2 试材及试件

2.2.1 验证性试验所用试材的选择和存放应遵守下列规定：

1 同批试验用木材必须采用同一树种，并有确切的树种名称和产地。有条件时宜从林区采样。

2 试验用木材从林区采样时，所有生材的末端都要涂上可以延缓末端干燥和防止末端开裂的油漆、沥青或其他涂料，并应及时运回。当临时堆放试材的环境湿度较高时，应在样品上涂刷防腐剂。

3 当条件受限制时，试验用木材可采用商品材，但每根试材应有确切的树种名称。

4 试验用木材必须在不受日晒、雨淋、雪漂和地面潮湿的室内存放。试材应离地疏隔堆放，每根试材的上下左右应留有供空气流通的空隙。

2.2.2 对检验性试验所用试材、试件的选择和存放应遵守下列规定：

1 当按送来的原件进行检验时，在存放期间应妥为保存，不致损伤和改变原件的形状、性质及其木材含水率。

2 当需在已有建筑物或某一结构中取样进行检验时，应遵守先进行结构加固后取样的原则。

2.2.3 试验前必须控制木材的含水率。除特定研究内容外，试验用木材必须在室内自然风干。

试材在风干存储期间，可采用电测法检查试材表面的含水率，但在制作试件前，必须事先抽取 3～5 根试材，各在距端部 400mm 处，锯一块 15mm 厚的试片用烘干法测定含水率，证实已达到当地平衡含水率，才允许制作试件和进行试验。木材平衡含水率应符合本标准附录 A 的规定。

2.2.4 试验用木材的材质等级应在试验设计中事先明确，在执行中不得任意改变材质等级。木材材质等级的确定方法应按现行的国家标准《木结构设计规范》GBJ 5—88附录二及第二章第一节中有关要求来确定。

2.2.5 试件的制作和检查应符合下列要求：

1 对验证性试验目的所用的试件，其制作质量和偏差应符合现行的国家标准《木结构工程施工质量验收规范》GB 50206—2002 中有关规定；对检验性试验目的所用的试件应按原样进行测定，并按现行的《木结构工程施工质量验收规范》评定其制作质量。

2 测量试件的关键部位的设计尺寸不应少于三次，并取其平均值。

2.2.6 在进行试验前，应取得该批试验所用木材基本材性的有关数据，在制作试件的同时，应从靠近试件两端的试材上切取所需的标准小试件（包括密度）。各种标准小试件的制作要求、含水率测定及试验方法均应遵守《木材物理力学试验方法》（GB 1927～1943）有关规定。各种标准小试件的数量，除应符合本标准中该项试验方法的要求外，尚应符合本标准第 3 章有关试验数据的统计规定。

2.2.7 在完成试验之后应立即在破坏部位的附近切取含水率试件，用烘干法进行含水率测定，试样的尺寸以 20mm×20mm×20mm 为宜。试样不应少于 3 个，并取其平均值。若以 15mm 厚的整截面试片测定含水率，可仅取一个试样。

2.3 试验设备和条件

2.3.1 试验设备应符合下列要求：

1 试验机或其他加荷设备，试验前必须事先经过检验校正方可使用。试验机的精确度应符合现行标准《拉力、压力和万能试验机》JJG 139—91 中准确度级别为 1 级的规定。其他加荷设备的示值误差应在 ±3% 以内。测变形的仪表在使用前应经过校正。

2 加荷装置、支承装置、侧向支承装置以及安设观测仪表的装置均应牢固，且应彼此分开独立、互不干扰。上述装置不应与上人的脚手架相联系。

　　3　加荷装置中直接安放在试件上的传力装置，其自重力不宜大于施加最大荷载的10%。

2.3.2　木结构应在正常的温度和湿度的试验室内进行试验。当条件许可时，木结构试验宜在室内温度为20±2℃、相对湿度为65±5%的环境中进行。不得在露天情况下进行木结构试验。在现场进行木结构检验性试验时也应搭设遮挡风雨的临时设施。

2.4　试验记录和报告

2.4.1　木结构的试验记录应遵守下列规定：

　　1　任何试验都应作好详细记录（包括试验日期、地点、试验者的姓名等），不得涂改。并按测定内容、使用仪表的不同情况，可以分别采用各种形式的专用的记录表格。

　　2　试件的缺陷（木节、斜纹、裂缝等）在试验之前就应预先标绘在记录纸上，并应标明它们的位置和大小尺寸（图2.4.1）。

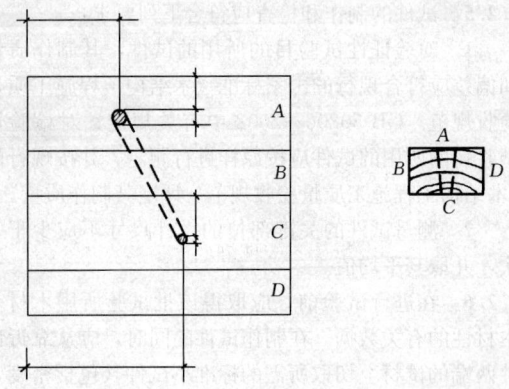

图 2.4.1　木节记录

　　3　试件的破坏情况应作详细描述。对破坏类型（剪、拉、压、弯坏或斜纹撕裂等）、破坏位置等均应用符号标述在草图上（包括木材缺陷等情况）。破坏过程中的各种迹象，均应作出描述。每根梁、柱等构件或每个连接试件的破坏截面附近的一段木材均应保留备查。

2.4.2　试验结果的整理应包括下列主要内容：

　　1　该批木材标准小试件的统计资料，包括其平均值、变异系数、准确指数等。

　　2　每根构件或每个连接试件的标准小试件试验的平均值，当需分析其组内变异时尚应列出其变异系数。

　　3　每根构件或每个连接试件的荷载与变形的关系曲线、破坏荷载、比例极限及对应于这些荷载的变形值、破坏时的强度及其与标准小试件强度的比值、破坏荷载与设计荷载的比值。

2.4.3　试验报告应包括下列内容：

　　1　试材的树种名称、来源或产地、木材等级、

木材含水率、试件制作等情况以及有关木材标准小试件的力学性质。

　　2　试验设备的情况，包括加荷设备、支承装置、测量荷载及变形的装置。当采用侧向支撑时，应描绘其简图。

　　3　试验程序的情况，包括加荷方式、加荷速度、荷载读数分级以及进行步骤等。

　　4　试验所得的主要资料，包括经过计算所得的各种破坏强度、破坏特征、荷载-变形曲线和其他资料。

　　5　在试验过程中若有更改或变动本标准规定的细节及其依据或理由。

　　6　试验人员、时间、地点和环境的情况。

3　试验数据的统计方法

3.1　一　般　规　定

3.1.1　在进行木结构构件和连接试验数据的统计处理时，除应遵守有关数据统计处理的国家标准外，尚应遵守本章的规定。

3.1.2　各项木材物理力学性质试验数据的统计分析，应按现行的国家标准《木材物理力学试验方法总则》GB 1928—91 有关规定进行。

3.1.3　在符合本标准各章的试验条件下，可采用该样本来自正态总体或近似正态总体的假设，而可不进行正态性检验。如有充分理由怀疑时，可按现行的国家标准《数据的统计处理和解释，正态性检验》GB 4882—85 进行检验。

3.1.4　试验设计应根据本标准各章有关规定和试验研究目的进行。样本应从符合研究目的的总体中抽取，并保证抽样的代表性。

3.1.5　验证性试验的试件数目，当不分组时不宜少于10个；当分组时每组试件数目不应少于5个。

3.1.6　检验性试验，宜根据检验目的，对检验批量、抽样方法和数量、验收函数和验收界限等，可按已有的国家标准执行；对尚无国家标准的，宜在统计分析的基础上，由有关各方协商确定。

3.1.7　对专门问题的研究试验，试件的分组及每组试件数目，应根据研究目的、试验所需费用和时间综合分析确定。当分组时，每组试件数目不宜少于5个，也不宜超过10个；当用成对试件确定换算系数时，其试件数目不宜少于10对；当需检验分布时，试件总数不宜少于30个；当进行回归分析时，自变量（控制变量）的取值不宜少于7个，且试验设计时应合理确定自变量的起点和终点。

3.1.8　试验结果的数字修约应符合现行的国家标准《数字修约规则》GB 8170 的规定。

3.2　异常值的判断和处理

3.2.1　在进行正态样本的统计分析中，不应随意剔

除观测值或修正观测值。若发现有异常值时应按本节的规定进行判断和处理。

3.2.2 异常值是指样本中的个别值，其数值明显偏离它所属样本的其余观测值。异常值可能是总体固有的随机变异性的极端表现，也可能是由于试验条件和试验方法的偶然偏差所产生的后果，或产生于观测、计算、记录中的失误。

3.2.3 异常值应按下述的统计检验规定确定：

1 允许检出异常值的个数大于1或等于1；

2 异常值检验方法应按现行国家标准《数据的统计处理和解释正态样本异常值的判断和处理》GB 4883—85 的规定选用；

3 指定为检出异常值的统计检验的显著性水平（检出水平）α取5%。

3.2.4 检出的异常值按下列情况处理：

1 对检出的异常值，应寻找产生异常值的技术上、物理上的原因，作为处理异常值的依据，有充分理由时，允许剔除或修正；

2 检出的异常值表现为统计上高度异常时，允许剔除或进行修正；指定为判断异常值是否高度异常的统计检验的显著性水平（剔除水平）$α^*$取1%。

3 被检出的异常值、被剔除或修正的观测值及其理由，应予记录备查。

3.2.5 剔除异常值后，宜追加适宜的观测值计入样本。

3.3 参 数 估 计

3.3.1 根据研究目的，参数估计分别采用点估计和区间估计。

3.3.2 均值点估计 在剔除异常值后，这批包含 n 个观测值 x_i（$i=1,2\cdots\cdots n$）的数据，用 n 个数据的算术平均值 $\bar{x}$ 估计正态分布的均值 $μ$，并应按下式确定：

$$\bar{x}=\frac{1}{n}\sum_{i=1}^{n}x_i \qquad (3.3.2)$$

3.3.3 标准差点估计 用 n 个数据的标准差 s 估计正态分布总体的标准差 $σ$，应按下式确定：

$$s=\sqrt{\frac{1}{n-1}\sum_{i=1}^{n}(x_i-\bar{x})^2} \qquad (3.3.3)$$

3.3.4 根据公式（3.3.2）和公式（3.3.3）计算的结果，可按下式计算变异系数：

$$C_v=s/|\bar{x}| \qquad (3.3.4)$$

3.3.5 均值的区间估计，置信水平取95%，根据研究目的确定双侧或单侧的置信区间。

3.3.6 总体均值的双侧置信区间可由下列双重不等式确定：

$$\bar{x}-\frac{t_{0.95}}{\sqrt{n}}s<μ<\bar{x}+\frac{t_{0.975}}{\sqrt{n}}s \qquad (3.3.6)$$

式中，$t_{0.975}$ 见表3.3.7。

3.3.7 总体均值的单侧置信区间由下列不等式中的一个来确定：

$$μ<\bar{x}+\frac{t_{0.95}}{\sqrt{n}}s \qquad (3.3.7-1)$$

或者

$$μ>\bar{x}-\frac{t_{0.95}}{\sqrt{n}}s \qquad (3.3.7-2)$$

式中，$t_{0.95}$ 见表3.3.7。

3.3.8 当有特殊研究需要时，才确定总体方差的置信区间，在 $n\geq25$ 时由下面的双重不等式确定：

$$\frac{s^2}{1+u_{0.975}\sqrt{2/(n-1)}}<σ^2<\frac{s^2}{1-u_{0.975}\sqrt{2/(n-1)}} \qquad (3.3.8-1)$$

式中，$u_{0.975}$ 取1.96。

或用下式确定单侧上置信区间：

$$σ^2<\frac{(n-1)s^2}{c_{0.05,n-1}} \qquad (3.3.8-2)$$

式中，$c_{0.05,n-1}$ 见表3.3.8。

表 3.3.7 $t_{0.975}$ 和 $t_{0.95}$ 的值

n	2	3	4	5	6	7	8	9	10
$t_{0.975}$	12.71	4.303	3.182	2.776	2.571	2.447	2.365	2.306	2.262
$t_{0.95}$	6.314	2.920	2.353	2.132	2.051	1.943	1.895	1.860	1.833
n	11	12	13	14	15	16	17	18	19
$t_{0.975}$	2.228	2.201	2.179	2.160	2.145	2.131	2.120	2.110	2.101
$t_{0.95}$	1.812	1.796	1.782	1.771	1.761	1.753	1.746	1.740	1.734
n	20	21	22	23	24	25	26	27	28
$t_{0.975}$	2.093	2.086	2.080	2.074	2.069	2.064	2.060	2.056	2.052
$t_{0.95}$	1.729	1.725	1.721	1.717	1.714	1.711	1.708	1.706	1.703
n	29	30	40	50	60	120	∞		
$t_{0.975}$	2.048	2.045	2.024	2.008	2.000	1.980	1.960		
$t_{0.95}$	1.701	1.699	1.682	1.676	1.673	1.656	1.645		

表 3.3.8 $c_{0.05,n-1}$ 值

$n-1$	24	25	26	27	28	29	30	35	40	45	50	75
$c_{0.05,n-1}$	13.8	14.6	15.4	16.2	16.9	17.7	18.5	22.5	26.5	30.6	34.8	56.1

3.4 回 归 分 析

3.4.1 回归分析是确定变量之间所含有的某种相关关系的经验方法，其关系的表达式——经验回归公式应按最小二乘法确定。

3.4.2 在建立回归公式的同时，应计算剩余标准差和相关系数（或相关指数）。

3.4.3 回归公式仅适用于在已经观测到的自变量（控制变量）起点和终点之间的范围内，不得外推使用；当需外推时，应有充分的理论根据或有进一步试验数据验证。

3.4.4 对建立的回归公式能否满足实际使用要求，应视研究目的而定，但其相关系数的绝对值应大于0.85。

4 梁弯曲试验方法

4.1 一般规定

4.1.1 本方法适用于测定梁受弯时的弹性模量和强度。横梁包括整截面的锯材矩形截面受弯构件、由薄板叠层胶合的工字形、矩形截面受弯构件以及侧立腹板胶合梁。

注：在木结构工程施工质量验收中，当需检测结构板材抗弯质量时，可参考附录H和附录I的暂行规定。

4.1.2 梁的受弯试验应采用对称的四点受力和匀速加荷的方法，用以观测荷载和挠度之间的关系，获得所需的各种数据和信息。

4.1.3 测定梁的纯弯曲弹性模量，应采用在规定的标距内测定在纯弯矩作用下的挠度的方法，据此测定的最大挠度值来计算纯弯曲弹性模量；测定梁的表观弹性模量应采用全跨度内最大的挠度来计算。

4.1.4 测定梁的抗弯强度，应使梁的测定截面位于规定的标距内承受纯弯矩作用直至破坏时所测得的最终破坏荷载来确定。

4.2 试件及制作

4.2.1 制作梁的弯曲试验试件时，有关试材的来源、树种、干燥处理、加工制作、尺寸测量以及试件的记载等事项均应遵守本标准中第2章基本规定。

4.2.2 试件的最小长度应为试件截面高度的19倍。

4.2.3 梁的截面尺寸应在规定的标距内用游标卡尺测量，应读到1/10mm。

4.2.4 当需确定梁的抗弯强度与标准小试件的抗弯强度（或木材的其他基本材性）之间的比值时，在试验之前，在该根梁的两端试材中各切取受弯标准小试件不应少于5个，顺纹受压标准小试件不应少于3个。

4.2.5 当需确定梁的弯曲弹性模量与标准小试件的弯曲弹性模量（或木材的其他基本材性）之间的比值时，在试验之前，在该根梁的两端试材中切取弯曲弹性模量小试件共不应少于5个，顺纹受压标准小试件的共不应少于5个。

4.3 试验设备与装置

4.3.1 试验所用的试验机应符合下列要求：

1 有足够的净空能容纳试件及有关装置，且梁的挠曲变形不应受到限制。

2 测力系统应事先校正，应符合本标准第2.3.1-1条的要求，荷载读数盘的最小分格不大于200N。

3 当试验机的支承臂的长度小于梁试件的长度时，应在试验机的支承臂上安设钢梁（工字型或槽型）。对跨度特别大的梁也可在反力架上进行试验。

4.3.2 梁试件在支座处的支承装置应符合下列条件：

1 梁试件的下表面应采用钢垫板传递支座反力。钢垫板的宽度不得小于梁的宽度，其长度和厚度应根据木材横纹承压强度和钢材抗弯强度来确定。

2 梁两端的支座反力均应采用滚轴支承，此滚动轴应设置在支承钢垫板的下面并垂直于梁的长度方向，应保证梁端的自由转动或移动，而两端滚轴之间的距离即梁的跨度应保持不变。

3 当梁的截面高度和宽度的比值等于或大于3时，在反力支座与荷载点之间应安装侧向支撑，并不应少于一处。此侧向支撑应保证试验的梁仅产生上下移动而不产生侧向移动和摩擦作用。

4.3.3 梁试件的加载装置应符合下列条件：

1 梁试件上的荷载应通过安设在梁上表面的钢垫板来传递。加荷钢垫板的宽度应等于或大于梁的宽度，钢垫板的长度和厚度应按木材横纹承压和钢板抗弯条件的计算来确定；若试验仅测量梁在纯弯矩作用区段的挠度，钢垫板的长度尚不得大于截面高度的0.5倍。

2 在加荷钢垫板的上表面，应与加荷弧形钢垫块的弧面接触。弧形钢垫块的上表平面的刻槽应与荷载分配梁的刀口对正。弧形钢垫块的弧面曲率半径为梁高的2～4倍，弧面的弦长至少等于梁的高度。

3 在弧形钢垫块之上应设荷载分配梁。荷载分配梁可采用工字钢或槽钢制作，其刚度应按施加的最大荷载进行设计。分配梁的两端应分别带有刀口，刀口与梁上的弧形垫块上的刻槽应抵触良好。刀口和刻槽均应垂直于梁的跨度方向。

4 在荷载分配梁的中央应设置球座，与试验机上的上压头应对正。宜将分配梁连系在试验机的上压头上。

4.3.4 测量挠度的装置应符合下列条件：

1 测量梁在荷载作用下产生的挠度时，可采用U形挠度测量装置。此U形装置应满足自重轻而又具有足够的刚度的要求，可采用轻金属（例如铝）制作。在U形装置的两端应钉在梁的中性轴上，在此装置的中央安设百分表用来测量梁中央中性轴的挠度。

2 当梁的跨度很大时，亦可采用挠度计直接测量梁两端及跨度中央的位移值而求得梁的挠度。

4.4 试验步骤

4.4.1 试件宜采用三分点加荷并且对称装置；最内的两个加荷点之间的距离宜等于梁截面高度的6倍（图4.4.1-1及图4.4.1-2）。当测定纯弯区挠度时，尚要求最内的两个钢垫板之间的净距不应小于梁截面高度的 5 倍（图 4.4.1-1），且不应小于 400mm。如果受试验设备的限制，不能正好满足这些条件时，最内的两个加荷点之间允许增加的距离不应大于截面高度的 1.5 倍；或试件的两个支座反力之间允许增加的距离不应大于截面高度的 3 倍。

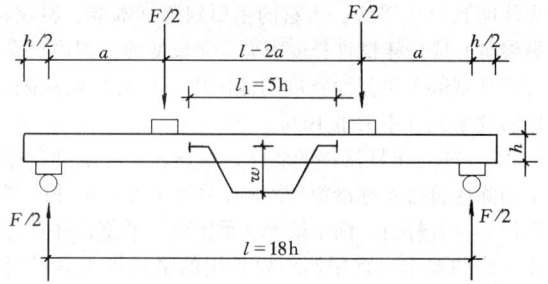

图 4.4.1-1　纯弯区挠度的测量装置

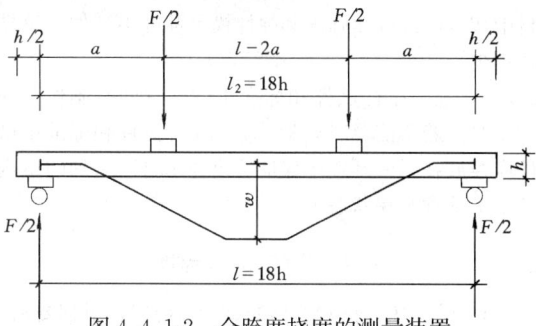

图 4.4.1-2　全跨度挠度的测量装置

4.4.2　梁的弯曲弹性模量应按下列试验程序进行测定：

1　加荷装置、支承装置和测量挠度的装置应安装牢固，在梁的跨度方向应保证对称受力，特别应防止出平面的扭曲。

2　安装在梁的上表面以上的各种装置的重量应计入加荷数值内，为此，应在这些装置未放在梁上时进行试验机读数盘调零。

3　应预先估计荷载 F_1 值（小于比例极限的力）和 F_0 值（大于为把试件和装置压密实的力——即不产生松弛变形的力）。荷载从 F_0 增加到 F_1 时记录相应的挠度值，再卸荷到 F_0，反复进行 5 次而无明显差异时，取相近三次的挠度差读数的平均值作为测定值 Δw，相应的荷载值为 $\Delta F = F_1 - F_0$。

4.4.3　梁的弯曲弹性模量试验可以采用连续加荷的方式加荷，也可采用无冲击影响的逐级加荷方式。

当采用连续加荷时，试验机压头的运行速度不得超过按下式计算的允许值：

$$v = 5 \times 10^{-5} \times \frac{a}{3h}(3l - 4a) \quad (4.4.3)$$

式中　v——试验机压头的运行速度（mm/s）；

　　　l——试件的跨度（mm）；

　　　a——加荷点至支承点之间的距离（mm）；

　　　h——试件截面的高度（mm）。

4.4.4　梁的抗弯强度试验可以采用无冲击影响的逐

级加荷方式，其加荷速度应使荷载从零开始约经 8min 即可达到最大荷载，但不得少于 6min，也不超过 14min。

4.4.5　当需测定梁的比例极限及绘制荷载与挠度的关系曲线时（图 4.4.5），试验机压头的运行速度按本标准第 4.4.3 条采用；试验机压头所运行的行程从加荷算起应不小于按下式计算的距离：

$$s = 45 \times 10^{-3}h \quad (4.4.5)$$

式中　s——试验机所运行的行程（mm）；

　　　h——试件截面的高度（mm）。

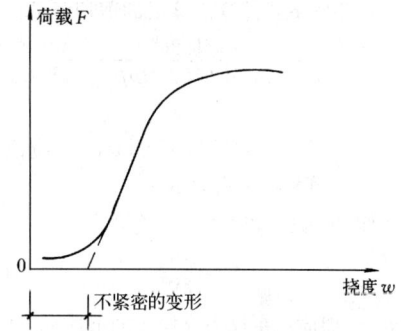

图 4.4.5　荷载-挠度关系图

当接近比例极限时、开始出现某一局部破坏时（例如裂缝响声、木纤维发生皱褶等）及最终破坏时，应记录相应的荷载及其挠度值。确定上述各种挠度值时，应将由于各种装置不紧密或其他原因所引起的松弛变形予以扣除。

4.5　试验结果

4.5.1　梁在纯弯矩区段内的纯弯弹性模量应按下式计算：

$$E_m = \frac{al_1^2 \Delta F}{16 I \Delta w} \quad (4.5.1)$$

式中　a——加荷点至反力支座之间的距离（mm）；

　　　l_1——测量挠度的 U 形装置的标距，此处等于 $5h$，（mm）；

　　　ΔF——荷载增量，在比例极限以下，此处等于 F_0 与 F_1 之差，（N）；

　　　I——实际截面的惯性矩（mm⁴）；

　　　Δw——在荷载增量 ΔF 作用下，在测量挠度的标距为 l_1 的范围内所产生的中点挠度（mm）；

　　　E_m——在纯弯矩区段内的纯弯弹性模量（N/mm²），应记录和计算到三位有效数。

4.5.2　梁在全跨度内的表观弯曲弹性模量应按下式计算：

$$E_{m,app} = \frac{a\Delta F}{48 I \Delta w}(3l^2 - 4a^2) \quad (4.5.2)$$

式中　a——加荷点至反力支座之间的距离（mm）；

　　　l——测量挠度的标距，此处取等于梁的跨度

（mm）；

ΔF——荷载增量，在比例极限以下，此处等于 F_1 与 F_0 之差，（N）；

I——实际截面的惯性矩（mm^4）；

Δw——在荷载增量 ΔF 作用下在全跨度内所产生的中点挠度（mm）；

$E_{m,app}$——在全跨度内梁的表观弯曲弹性模量（N/mm^2），应记录和计算到三位有效数。

4.5.3 当同一根梁试件同时测得全跨度内的及纯弯区段的两种挠度值时，可利用第4.5.1条及第4.5.2条的规定，并按下式计算出该梁的剪切模量：

$$G = \frac{1.2h^2}{(1.5l^2 - 2a^2)[1/E_{m},app) - (1/E_m)]}$$

(4.5.3)

式中 G——梁的剪切模量（N/mm^2），应记录和计算到三位有效数。

4.5.4 梁的抗弯强度应按下式计算：

$$f_m = \frac{aF_u}{2W}$$

(4.5.4)

式中 a——加荷点至反力支座之间的距离（mm）；

W——实际的截面抵抗矩（mm^3）；

F_u——最后破坏时的荷载（N）；

f_m——梁的抗弯强度（N/mm^2），应记录和计算到三位有效数。

5 轴心压杆试验方法

5.1 一般规定

5.1.1 本方法适用于测定整截面的锯材或胶合矩形截面构件轴心受压失稳破坏时的临界荷载。

注：当需测定无柱效应的短构件顺纹受压的应力应变曲线时，可按本标准附录B的方法进行。

5.1.2 本方法是在保证承重柱承受轴心压力的条件下匀速加荷直至破坏的过程中取得所需要的数据和信息。

5.1.3 轴心压杆试验试件轴线的对中方法，除有专门要求按物理轴线对中外，对验证性、检验性和一般的研究性目的的试验均可采用几何轴线对中。采用几何轴线对中的方法，应保证构件截面的几何中心、双向刀铰的中心和试验机压头的中心重合在一条纵向轴线上。采用物理轴线对中的方法，应在加荷数次后，视试件同一截面的四个侧面的应变值是否相等，若不相等，则调整试件位置，反复进行，直至测得的应变值与其平均值相差不超过5％为止。

5.2 试件及制作

5.2.1 轴心压杆试验的试件可采用正方形截面，试件的长度不应小于截面边宽的6倍，当最大长度受试

验机条件的限制时，其长细比宜达到150。试验柱的截面边宽不宜小于100mm。

5.2.2 轴心压杆试验的试件，其木材缺陷应符合现行的国家标准《木结构设计规范》GBJ 5—88 中材质标准Ⅱ等材或Ⅲ等材的规定，不得改变等级，并应事先注明其材质等级。木材的主要缺陷（木节、斜纹、裂缝等）应位于试件长度中央1/4长度的范围内；靠近杆件端部1倍截面宽度的范围内不得有任何缺陷，但斜纹率允许不大于10％。

5.2.3 轴心压杆试件的制作、检查、含水率测定等事项除应符合本标准第2章中有关规定外，试件的制作尚应符合杆直、两个端面（承压面）平整、并垂直于轴线的要求，宜用制作模具用的平板等工具进行检验。

5.2.4 在制作试件之前，应从靠近压杆两端面的试材中切取顺纹受压强度和弹性模量标准小试件，每端各不少于3个。

5.2.5 轴心压杆试件和标准小试件宜同时制作、同时试验。若不能及时试验，轴心压杆试件和标准小试件应存放在同一环境中保证不改变木材已达到的室内气干平衡含水率状态。

5.3 试验设备与装置

5.3.1 轴心压杆试验所用的试验机应符合下列要求：

1 有足够的净空能容纳试件的长度及有关装置；

2 可使压头均匀运行并能控制其速度；

3 精度除应符合本标准第2.3.1-1条的要求外，液压式万能试验机荷载读数盘的最小分格不宜大于200N；液压式长柱试验机荷载盘读数的最小分格不宜大于1000N。

5.3.2 轴心压杆试验的支承装置应满足下列条件：

1 具有各向自由转动的作用；

2 可准确地轴心传力；

3 能均匀地分布荷载。

可采用球铰（或称球座）或专门设计的双向刀铰。

5.3.3 当采用球铰作为轴心压杆试验的支承装置时，球的半径宜小，以利于转动灵活和准确对中。通常球面半径可为试件截面尺寸最大边（试件与球座之间的承压面）的1～2倍。球座的上下面应为正方形的平面并应具有可与试件的承压面准确对中的、对准球心的十字形刻划线。球座的正方形表面应略大于试件的承压面。

5.3.4 当采用双向刀铰作为轴心压杆试验的支承装置时，双向刀铰（图5.3.4）应保证可在试件截面的相互垂直的两个轴线上绕任何方向转动。刀口接触面宜小，保证转动灵敏。双向刀铰的上下表面也应为正方形，并具有对准中心的十字形刻划线或有其他保证对中的方法。双向刀铰应预先固定在试验机的上下压

头上。柱顶部和底部的双向刀铰的刀口放置方向应保证在任何方向柱的计算长度保持不变。

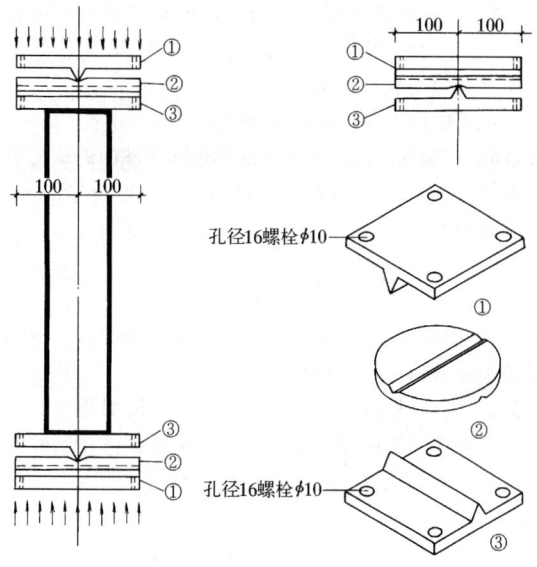

孔径16螺栓φ10

孔径16螺栓φ10

图 5.3.4 双向刀铰

5.3.5 木材顺纹受压的压缩变形可用电阻应变仪或千分表测定。轴心压杆的侧向挠度宜采用行程为 50mm 最小读数为 1/100mm 的位移计和 X-Y 函数记录仪测定。

5.4 试 验 步 骤

5.4.1 轴心压杆顺纹应变值的测定，应在柱的长度中央截面的 4 个侧面粘贴标距为 100mm 的电阻应变片各一片。初加荷载到 F_0 后，用静态电阻应变仪测应变值，再加荷载到 F_1 后测相应的应变值，卸荷到 F_0，反复进行 5 次，取其中相近的 3 次读数的平均值作为计算初始偏心和初始弹性模量的应变值。然后卸载到 F_0，随即以均匀的速度连续逐级加荷，每级荷载为 ΔF，并读出每级荷载下的应变值。F_0、F_1 和 ΔF 应根据压杆的长细比和估计的破坏荷载的不同情况来确定。在正式加荷之前，应对安装好的试验柱进行预加压，使它进入正常的工作状态，同时检查试验装置是否可靠和所用测量仪表的工作是否正常。F_0 就是为了满足这些要求所需的最小荷载值。ΔF 约取预估的破坏荷载的 1/15~1/20，F_1 值约取为 ΔF 的 1~2 倍。

5.4.2 轴心压杆侧向挠度的测定，不宜使位移计直接与柱的表面接触，而宜采用细绳、垂球和转向滑轮将位移传递到位移计上。当逐级加荷 ΔF 时，在柱截面的两个方向均应测出每级荷载作用下的挠度值。在长度的中央、在截面的两个方向应各安设一个位移传感器，用 X-Y 函数记录仪绘出荷载-挠度曲线。为此，预先应进行标定，以求得荷载和位移的放大倍数。

5.4.3 轴心压杆试验，宜采用连续均匀加荷方式，并在大约 6~10min 内荷载从零开始到达破坏。

5.5 试验结果及整理

5.5.1 轴心压杆试验测得的初始弹性模量和初始偏心率的计算可按下列规定确定：

1 构件的初始弹性模量可按下式计算：

$$E_0 = \frac{F_1 - F_0}{A(\varepsilon_1 - \varepsilon_0)} \qquad (5.5.1\text{-}1)$$

式中 ε_0 和 ε_1 ——分别为按 5.4.1 条规定方法测得的、在荷载 F_0 和 F_1 三次作用下、4 个侧面的应变值读数的平均值；

A ——构件截面的面积（mm²）；

E_0 ——构件的初始弹性模量（N/mm²）。

2 构件的初始相对偏心率可按下式计算：

对 BD 方向的初始相对偏心率为：

$$m_{BD} = \frac{\varepsilon_B - \varepsilon_D}{\varepsilon_B + \varepsilon_D} \qquad (5.5.1\text{-}2)$$

对 AC 方向的初始相对偏心率为：

$$m_{AC} = \frac{\varepsilon_A - \varepsilon_C}{\varepsilon_A + \varepsilon_C} \qquad (5.5.1\text{-}3)$$

式中 ε_A、ε_B、ε_C、ε_D 分别为构件的 A、B、C、D 四个侧面上的三次应变值读数的平均值。

5.5.2 轴心压杆失稳破坏时的临界应力及其与标准小试件顺纹抗压强度的比值，可分别按下列公式计算：

$$\sigma_{cri} = \frac{F_u}{A} \qquad (5.5.2\text{-}1)$$

$$\frac{\sigma_{cri}}{f_c} = \frac{F_u}{Af_c} \qquad (5.5.2\text{-}2)$$

式中 A ——杆件实际的截面面积（mm²）；

F_u ——杆件破坏时的荷载（N）；

f_c ——标准小试件顺纹抗压强度（N/mm²）；

σ_{cri} ——轴心压杆试验失稳破坏时的临界应力（N/mm²），记录和计算到三位有效数。

5.5.3 轴心压杆试验失稳破坏时的等效弹性模量及其与标准小试件顺纹受压弹性模量的比值可分别按下列公式计算：

$$E_{equ} = \frac{F_u l^2}{\pi^2 I} \qquad (5.5.3\text{-}1)$$

$$\frac{E_{equ}}{E} = \frac{F_u l^2}{\pi^2 IE} \qquad (5.5.3\text{-}2)$$

式中 l ——轴心压杆的计算长度（mm）；

I ——轴心压杆的截面惯性矩（mm⁴）；

E ——标准小试件顺纹受压弹性模量（N/mm²）；

F_u ——杆件破坏时的荷载（N）；

E_{equ} ——轴心压杆试验失稳破坏时的等效弹性模量（N/mm²），记录和计算到三位有效数。

5.5.4 轴心压杆试验数据可整理汇总并用表 5.5.4 列出有关资料。

表 5.5.4 轴心压杆试验主要结果

试件编号	截面尺寸 b×h (mm)	计算长度 l (mm)	含水率 w (%)	标准小试件		初始相对偏心率	初始弹性模量 (N/mm²)	破坏荷载 (N)	临界应力 (N/mm²)	等效弹性模量 (N/mm²)
				强度 (N/mm²)	弹性模量 (N/mm²)					

6 偏心压杆试验方法

6.1 一般规定

6.1.1 本方法适用于测定整截面的锯材或胶合木材矩形截面构件偏心受压时的破坏荷载。

6.1.2 本方法是采用偏心压力均匀地分布于试件的端部截面（图 6.1.2）、试件两端的偏心距 e 相等、匀速加荷、单向弯曲的方法，在加荷直至破坏的过程中取得所需要的数据和信息。

6.1.3 偏心压杆的试验设计中应采取措施保证垂直于弯曲平面的压屈破坏的估计荷载大于弯曲平面内破坏的偏心荷载的估计值。

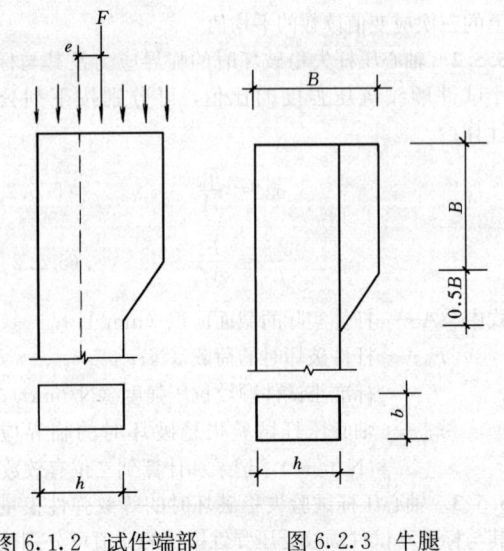

图 6.1.2 试件端部　　图 6.2.3 牛腿

6.2 试件及制作

6.2.1 试件截面的最小边宽不宜小于 60mm。在弯曲平面内，试件的最小长细比不宜小于 35；试件的最大长细比应根据试验设备的净空尺寸决定，但不宜超过 150。

6.2.2 试件压力的相对偏心率宜在 0.3～10 的范围内。

6.2.3 在弯矩平面内试件的两端应各胶粘一段木块，作为偏心压力的"牛腿"，木块的木纹方向应与试件轴线一致（图 6.2.3）。

6.2.4 偏压试件试材的材质标准应取Ⅱ等材，最大缺陷（木节等）应位于长度中央 1/2 长度范围内；对

试件的加工以及试件的原始资料、记录等事项，均应符合本标准第2章要求。

6.2.5 试件的两个端面应与试件的轴线垂直，且应加工光洁平整。制作时应借助刨光的钢板、角尺及其他工具对端面进行严格检查。

试件的四个侧面应相互垂直。

6.2.6 在制作试件之前，应从靠近两个端面的试材中切取标准小试件，每端各切取顺纹受压强度试件3个、顺纹受压弹性模量试件3个、静力弯曲试件3个。

6.3 试验仪表和设备

6.3.1 用于偏压试验的机械装置和仪表设备，均应满足本标准第2章基本要求。

6.3.2 试验设备的净空尺寸应取试件长度及其有关支承和加荷装置的总和尺寸，并应保证试件在试验的全过程中，仅沿指定方向挠曲，但对变形又不受约束。

设备的部件应不妨碍试件的对中校准。

6.3.3 偏压试验可根据实际条件选用长柱试验机或承力架进行试验。每批试验的所有试件，不分长细比大小，均应用同一设备进行试验。

6.3.4 当采用千斤顶施加荷载时，应注意下列各项：

1 千斤顶活塞在加荷的全过程中应具有足够的行程，千斤顶的吨位应与该批试件的最大承载能力相适应。

2 千斤顶应牢固固定在承力架底部的横梁上。千斤顶液压缸的外表面上应标出用于试件对中的、分别位于两轴互相垂直的纵剖面内的两对轴线。

3 千斤顶活塞的顶面应保持水平。安装每根试件时，均应用水准尺进行检验。

6.3.5 当采用压力传感器测定荷载大小时，应选择吨位约等于该批试件的最大荷载的 1.2 倍的压力传感器。对截面长边约 100mm 的试件，宜采用 150kN 的压力传感器。

6.3.6 测量偏压试件的挠度应采用量程不小于100mm 的挠度计或位移传感器。对大挠度试件，宜安装滑动标尺测量试验后期的挠度值。

偏压试件需在其长度中点和上、下支承处布置测量挠度的仪表。对有特定目的的试验，应将仪表布置在其所需测定变形的地点。

6.3.7 测量试件边缘纤维的应变宜采用电阻应变仪。电阻应变片宜分别布置在试件长度中点处的弯曲凹侧和凸侧。电阻应变片的标距宜为 100mm。

6.4 试验步骤

6.4.1 偏压试件两端应采用单向刀铰支承（图6.4.1）。在单向刀铰的刀槽与试件的端面之间，应设置厚度不小于 20mm 的刨光的钢压头板。刀槽与钢压

头板应有构造连接。刀槽的中心线与试件的轴线之间的距离应构成所需的偏心距（图6.4.1）。

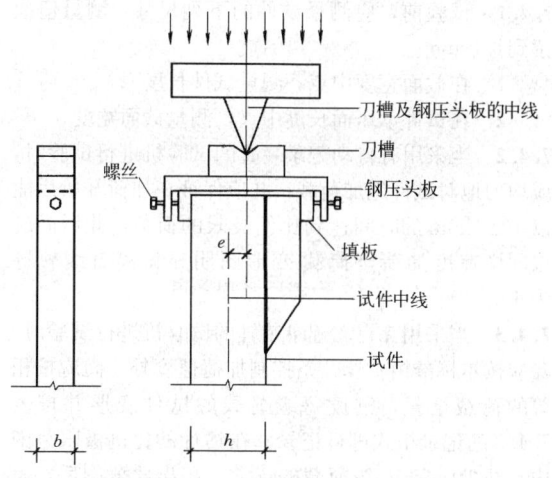

图 6.4.1 单向刀铰装置

6.4.2 当采用承力架进行偏压试验时，在试件上端单向刀铰的刀刃应固定在承力架的上部横梁上；而在下端单向刀铰的刀刃宜固定在压力传感器上。两个刀刃的中线应上下对直，并与千斤顶液压缸外表面上标出的一对轴线重合。每根试件安装就位完毕，均应检查上、下刀刃是否对准。

6.4.3 单向刀铰的刀槽及钢压头板应固定在试件的端部（图6.4.1），钢压头板两侧宜各附有一块用于试件就位微调的、带丝孔和螺丝的钢板（图6.4.1）。

6.4.4 偏心压杆试验当采用连续均匀加荷方式，加荷速度宜控制在从零开始连续加荷至试件破坏的全过程所经历时间为 6～10min；若采用分级加荷方式，宜控制试验全过程历时 15min。

6.5 试验资料整理

6.5.1 每根偏心压杆的主要试验数据可按表6.5.1逐一填入；典型的荷载-挠度曲线以及其他有关细节也应按本标准第2.4节的要求详细列出。

表 6.5.1 偏心压杆每根试件的主要试验资料汇总表

试件编号	截面尺寸(mm)	长细比	相对偏心率或偏心距	标准小试件顺纹抗压强度	抗弯强度	破坏荷载(N)	破坏挠度(mm)	含水率(%)	木节尺寸(mm)

6.5.2 偏心压杆试验结果的相对值分别按下列公式计算：

1 相对偏心率：

$$m = \frac{6e}{h} \quad (6.5.2-1)$$

2 构件破坏时压应力的相对值：

$$\frac{\sigma_c}{f_c} = \frac{F_u}{bhf_c} \quad (6.5.2-2)$$

3 构件破坏时杆端初始偏心弯矩产生的弯应力的相对值：

$$\frac{\sigma_m}{f_m} = \frac{6eF_u}{bh^2 f_m} \quad (6.5.2-3)$$

式中 e——初始偏心距，荷载与构件轴线之间的距离（mm）；

F_u——破坏荷载（N）；

h——构件实际截面的高度（mm）；

b——构件实际截面的宽度（mm）；

f_c——标准小试件的顺纹抗压强度（N/mm²）；

f_m——标准小试件的抗弯强度（N/mm²）；

σ_c——在初始偏心距为 e 的条件下构件破坏时的压应力（N/mm²）；

σ_m——在杆端初始偏心弯矩作用下构件破坏时的弯应力（N/mm²）。

6.5.3 根据表6.5.1所列资料，对不同长细比的构件，分别整理绘出压力-弯矩关系图：图的纵坐标表示压力或它的对应值；横坐标表示杆端初始偏心弯矩或它的对应值；对相同长细比的构件，将其组平均值的点子连成曲线。

7 横纹承压比例极限测定方法

7.1 一般规定

7.1.1 本方法适用于测定木构件横纹承压比例极限。

7.1.2 本方法是根据试验测定的荷载-变形曲线，按下述规则确定比例极限点的坐标位置：曲线上该点的切线与荷载轴夹角的正切值，应取该曲线直线部分与荷载轴夹角的正切值的1.5倍，以该点坐标对应的荷载值作为该试件横纹承压的比例极限。

7.1.3 木构件横纹承压按其受力方式可分为三种型式：

1 全表面横纹承压（图7.1.3-a）；

2 局部表面横纹承压（图7.1.3-b）；

3 尽端局部表面横纹承压（图7.1.3-c）。

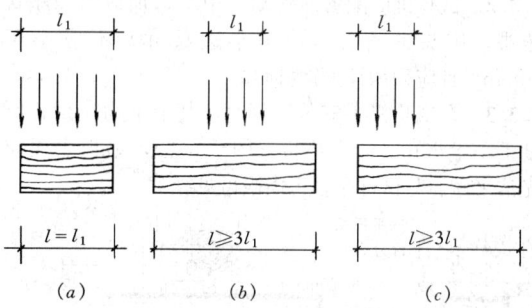

图 7.1.3 木构件横纹承压的三种受力型式

7.1.4 按本方法测定的木构件横纹承压比例极限，不要求进行含水率换算，但应保证试件的含水率调控至气干平衡含水率状态时，方可进行试验。

7.2 试材选取及试件制作

7.2.1 试件应从结构实际用材中选取，其材质除应符合本标准第 2 章规定外，尚应保证加工后的试件能符合下列要求：

    1 截面上无髓心和钝棱；

    2 在承压范围内无木节；

    3 无水平方向或斜向裂缝，竖向裂缝的深度不得大于试件截面高度的 1/5；

    4 木材年轮的弦线与试件截面底边的夹角不宜大于 15°。

7.2.2 试件尺寸应按其承压方式确定：对全表面横纹承压为 120mm×120mm×180mm；对局部表面横纹承压和尽端局部表面横纹承压为 120mm×120mm×360mm。若受条件限制，允许采用 80mm×80mm×120mm 和 80mm×80mm×240mm 的试件分别代替以上两种试件，但其试验结果应乘以尺寸影响系数 ψ_b 予以修正。对常用树种木材，可取 ψ_b 等于 0.9。

7.2.3 试件加工时，其截面尺寸的允许偏差为 ±3mm；长度的允许偏差为 ±6 mm；试件四角高度，在宽度方向彼此相差不应大于 0.5 mm，在长度方向彼此相差不应大于 1.0 mm。

    试件尺寸应使用最小读数为 1/10mm 的游标卡尺测量。

7.2.4 试件含水率的测片，应于试验完毕后立即从试件中部锯取，其大小与试件截面尺寸相同，长度为 10～15mm。

7.3 试验设备要求

7.3.1 当采用装备有自动记录荷载与变形图的试验机时，其荷载刻度间距不应大于 200N/mm，变形刻度间距不应大于 0.01mm/mm。若不具备自动记录条件，则要求试验机荷载读数盘的最小分格不应大于 200N；测量试件变形的仪表，其读数盘的最小分格应为 1/100mm。

7.3.2 试验机应配备能自动对中均匀加荷的球座式压头，压头的直径（或最小边尺寸）不应小于 60mm，且应采用淬火钢材制成。

7.3.3 在试验机中安装试件时，其上下均应设置厚度不小于 20mm 的钢垫板（图 7.3.3），垫板表面应光洁平整、与试件贴合无肉眼可见缝隙。

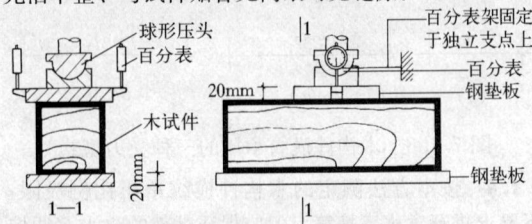

图 7.3.3 横纹承压用的附件

7.4 试 验 步 骤

7.4.1 试验前，应测量试件的下列尺寸，测量值应读到 1/10mm：

    1 在截面宽度中点，测量试件长度 l；

    2 在试件承压面长度中点，测量截面宽度 b。

7.4.2 当采用有自动记录装置的试验机进行试验时，应均匀地对试件施加荷载，并应保证在加荷开始后能以 10±2min 的时间达到比例极限的荷载，此后尚应以同样速度加荷至荷载-变形图明显偏离直线轨迹为止。

7.4.3 当采用无自动记录装置的试验机进行试验时，除应按本标准第 7.4.2 条控制加荷速度外，尚应按相等的荷载增量，测读每级荷载的试件变形并按表 7.4.3 的记录格式进行记录。在估计的比例极限范围内，至少应有 10 级荷载的读数，超出此范围后，尚应有 3～4 级荷载的读数，每级荷载增量的确定，可在正式试验前，用 3 个试件进行探索试验，每级荷载的增量，对针叶材可试用 4kN；对阔叶材，可试用 8kN。

表 7.4.3 木构件横纹承压比例极限测定记录表

试验内容		序号	时间		荷载			变形值	
			加卸荷	读数	每级 ( )	累计 ( )	为标载%	No. 1	No. 2
树 种									
实验室温度									
实验室湿度									
试件 尺寸	宽度								
	长度								
受压面积									
比例极限荷载									
比例极限应力									
备 注									

测读人：   记录人：   校核人：   日期：

7.5 试验结果的整理和计算

7.5.1 根据试验取得的每组荷载-变形值，以纵坐标表示荷载，以横坐标表示变形，绘制荷载-变形曲线图，按本标准第 7.1.2 条规定的方法从图上确定比例极限荷载 F_b。

7.5.2 当试验机未配备精度符合要求的自动记录装置时，应根据测读记录绘制荷载-变形图。绘制时，其荷载轴（纵坐标）刻度间距不应大于 400N/mm；

变形轴（横坐标）刻度间距不应大于 0.01mm/mm。

7.5.3 木构件横纹承压比例极限 $f_{c,90}$ 应按下列公式计算：

1 对全表面横纹承压：

$$f_{c,90} = \frac{F_b}{b \times l} \quad (7.5.3-1)$$

2 对局部表面和尽端局部表面横纹承压：

$$f_{c,90} = \frac{F_b}{b \times l_1} \quad (7.5.3-2)$$

式中 F_b——比例极限荷载（N）；

$f_{c,90}$——横纹承压比例极限（N/mm²），试验结果的记录和计算应精确至 0.1N/mm²；

b——试件截面宽度（mm）；

l——试件长度（mm）；

l_1——试件承压面长度（mm），见图 7.1.3。

8 齿连接试验方法

8.1 一般规定

8.1.1 本方法适用于测定木结构单齿连接或双齿连接中被试木材的抗剪强度。

8.1.2 本方法是利用专门设计的加荷装置，保证压力与被试木材的木纹成交角的条件下，采用匀速加荷、测定试件的破坏荷载的方法，计算出齿连接的抗剪强度。

8.1.3 齿连接试验，除符合本章的规定外，尚应遵守本标准第 2、3 章有关规定。

8.2 试件的设计及制作

8.2.1 齿连接试件的设计应遵守下列规定：

1 试件截面的宽度不应小于 40mm，高度不应小于 60mm，高度与宽度的比值不应大于 1.5；

2 试件的齿槽深度：单齿连接不应小于 20mm；双齿连接第一齿深度不宜小于 10mm，第二齿深度至少应比第一齿深度多 10mm。

试件齿槽的最大深度不得大于试件全截面高度的 1/3。

3 试件的剪面长度：单齿连接不宜小于齿槽深度的 4 倍；双齿连接不宜小于齿槽深度的 6 倍；

4 齿连接的承压面必须保证垂直于压力的方向，压力与剪面之间的夹角应为∠26°34′。

5 试件在剪面长度以外的长度上的净截面高度，应等于剪面长度内的全截面高度减去齿槽深度。

8.2.2 试件的材质应符合下列要求：

1 试件的剪面附近不得有木节和水平裂缝，在其他部位亦不得有较大的缺陷；

2 试件的年轮弦线宜与剪面垂直，所有试件的年轮弦线与试件截面底边的夹角不宜小于∠60°。

8.2.3 试件截面加工的允许偏差为：试件截面的宽度和高度 ±1mm；试件的长度 ± 2mm；齿槽深度 ±0.1mm；剪面长度±1mm。

8.2.4 在制作齿连接试件的同时，应在试件坯材受剪面一端预留 50mm 用以制作成 2～3 个顺纹受剪标准小试件。顺纹受剪标准小试件受剪面的年轮方向应与齿连接受剪面的年轮方向相同。

8.2.5 若试验目的为专门研究剪面长度 l_v 与齿槽深度 h_c 的比值对齿连接平均抗剪强度 τ_m 的影响，并建立这两个因素之间的关系曲线，试件和试材宜符合下列要求：

1 试材宜从林区采样，取胸高以上的原木段，长度不少于 4.8m；

2 沿原木段纵向锯成至少 7 根试条，每根试条应按需要锯成不同长度的坯材至少 7 段，每段制成至少 7 个试件；

3 同一组中的 7 个试件应分别从不同的 7 根试条中各切取 1 个试件，并应有规律地相互错开；

4 试件的截面宽度宜取 40mm 高度为 60mm，试件的长度应能保证安设足够的钢销，并经计算确定。

8.3 试验设备与装置

8.3.1 齿连接试验可采用万能试验机或其他加压设备，但应符合本标准第 2.3.1 条的有关要求。

8.3.2 齿连接试验的加荷装置，对试件截面宽度为 40mm 高度为 60mm 的齿连接试件宜采用专门设计的三角形支承架（图 8.3.2-1）；对试件截面宽度大于 40mm 和高度大于 60mm 的齿连接试件宜采用专门设计的三角形人字架（图8.3.2-2）。

8.3.3 齿连接试验用的三角形支承架（图 8.3.2-1）应满足下列要求：

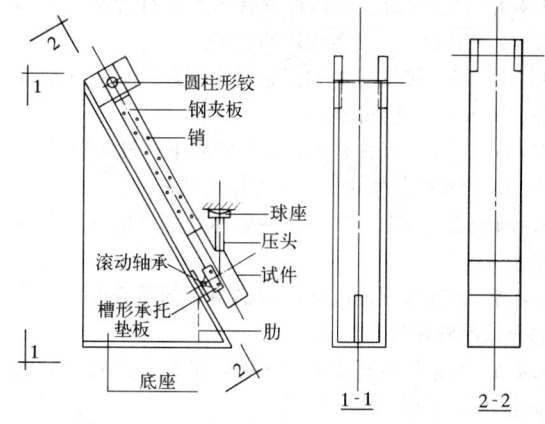

图 8.3.2-1 三角形支承架

1 支承架顶端与试件的连接应采用圆柱形铰，利用钢夹板和圆钢销与试件连接。要求圆钢销的孔位正确，保证试件受拉截面上轴心受力；

2 在试件的支座处应设槽形钢垫板和滚动轴承，

3 在试件的承压面上应设竖向压杆,压杆的上端与试验机的上压头连接处应形成活动铰,保证垂直方向传力。

8.3.4 齿连接试验用的三角形人字架(图 8.3.2-2)应满足下列要求:

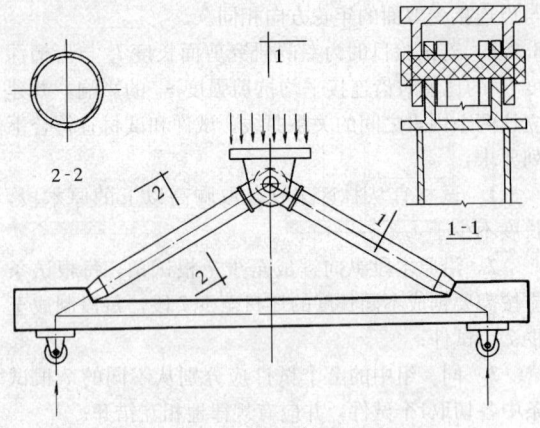

图 8.3.2-2 三角形人字架

1 三角形人字架中的人字杆应采用钢材制作,两根人字杆的上端应做成活动铰,连系于试验机的上压头;下端端面应与人字杆的轴线垂直,抵承在被试木材的齿槽上;

2 三角形人字架中下弦杆(即被试木材)的两端应放在钢垫板和滚轴上。

8.3.5 在安装试件时,应在试件上标出试件齿下净截面的轴线、承压面的中心线及支座的反力线;并要求确保此三条力线汇交于一点。

8.4 试 验 步 骤

8.4.1 试验室温度及试件的含水率应符合本标准第2.3.2条及第2.2.2条规定的要求。

8.4.2 齿连接试验的加荷速度应匀速进行,并保证在 3～5min 内达到破坏。

8.4.3 齿连接试件破坏后应在剪面下试材切取 2～3个测定含水率的木块,并立即称其重量。

8.4.4 顺纹受剪标准小试件破坏后应立即测定其含水率。

8.4.5 齿连接试件破坏后应描绘端部横截面年轮方向及试件破坏状况。

8.4.6 齿连接抗剪呈脆性破坏,应注意设备和人的安全。

8.5 试验结果的记录与整理

8.5.1 齿连接试验记录应按表 8.5.1 要求逐项填写。

8.5.2 齿连接沿剪面破坏的平均剪应力应按下式计算:

$$\tau_m = \frac{F_u \cos\alpha}{l_v b_v} \qquad (8.5.2)$$

式中 F_u——齿连接破坏时齿槽承压面上的压力(N);

α——破坏压力 F_u 和剪面之间的夹角;

l_v——试件实际的剪切面长度(mm);

b_v——试件实际的剪切面宽度(mm);

τ_m——沿剪面破坏的平均剪应力(N/mm²),记录和计算到三位有效数字。

表 8.5.1 齿连接试验记录

试件类别	齿连接	顺纹受剪标准小试件			$\psi_v = \tau_m / f_v$	
试件编号						
破坏压力	$F_u =$	$F=$	$F=$	F	室温	
剪面尺寸	$l_v =$	$l_b=$	$l_b=$	$l_b=$	空气相对湿度	
	$b_v =$	$b_b=$	$b_b=$	$b_b=$	连接	
剪应力	$\tau_m = \frac{F_u \cos\alpha}{l_v b_v}$	$f_v = \frac{F}{l_b b_b}$			加荷速度	标准小试件
		平均值				
					试验日期	
含水率					记录者	
年轮方向破坏状况描述						

8.5.3 齿连接沿剪面破坏时平均剪应力的相对值应按下式计算:

$$\psi_v = \frac{\tau_m}{f_v} \qquad (8.5.3)$$

式中 ψ_v——齿连接沿剪面破坏平均剪应力的相对值;

f_v——标准小试件顺纹抗剪强度(N/mm²)。

8.5.4 当齿连接试验符合本标准第 8.2.5 条规定时,齿连接试验结果的回归分析应符合本标准第 3.4 节的规定。

9 圆钢销连接试验方法

9.1 一般规定

9.1.1 本方法适用于测定被试木材圆钢销连接承弯破坏时的承载能力和变形。

9.1.2 本方法是在能保证圆钢销双剪连接顺木纹对称受力的条件下,匀速加荷直至破坏的过程中测得接合缝间的相对滑移变形值和其他有关资料和信息。

9.2 试件的设计及制作

9.2.1 对称双剪圆钢销连接试件(图 9.2.1)的设计尺寸应遵守下述规定:圆钢销直径 d 宜取 12～18mm;中部构件的厚度应大于 5d;边部构件的厚度

应大于 2.5d；中部构件及边部构件的宽度应大于 6d；中部构件及边部构件的长度应取等于 14d 减去 25mm。

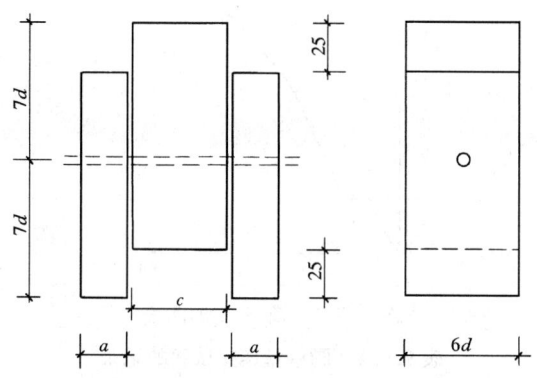

图 9.2.1 试件型式

9.2.2 制作试件的木材应为气干方木，组成每个试件的三个构件均应从同一段试材中相邻的部位下料。并应用此相邻部位的试材制作成 3～4 个顺纹受压标准小试件。

9.2.3 圆钢销连接试件的制作应满足下列要求：

1 试件中两个边部构件的年轮应对称放置；

2 每个构件应四面刨光平整，端部的承压面应与轴线垂直；

3 每个试件的三个构件应叠置后一次钻通，不得各构件分别钻孔；钻头直径与孔径一致；进钻速度不应大于 120mm/min，电钻的转速不宜过慢，可取 300r/min；

4 中间构件的两个侧面和边部构件的内侧面应刨光取直。并在连接试件的结合缝处应留有 1mm 的缝隙。

9.2.4 连接试件中的圆钢销应符合下列要求：

1 圆钢销可直接采用 Q235 圆钢，不宜再进行表面加工；

2 连接试件中的圆钢销应取自同一根圆钢条，宜每隔三个圆钢销应留出一段圆钢作为材性试件，并应测定钢材的屈服点和抗拉极限强度；

3 圆钢销的端部宜做成圆锥形，可用锤轻轻敲击插入连接试件；

4 圆钢销的两端宜伸出被连接木材的表面 20mm。

9.3 试验设备与装置

9.3.1 圆钢销连接试验的加荷设备宜采用 1000kN 万能试验机。试验机的精度应符合本标准第 3.1.1 条的要求。

9.3.2 测量圆钢销连接相对滑移宜采用量程不小于 20mm 的百分表。

9.3.3 设置百分表应采用用铁件制作成的专门夹具（图 9.3.3），此夹具应能保证牢固固定百分表，和可

用螺钉与试件的边部构件连接，并应能保证试件接合缝处的相对滑移变形不受阻碍。

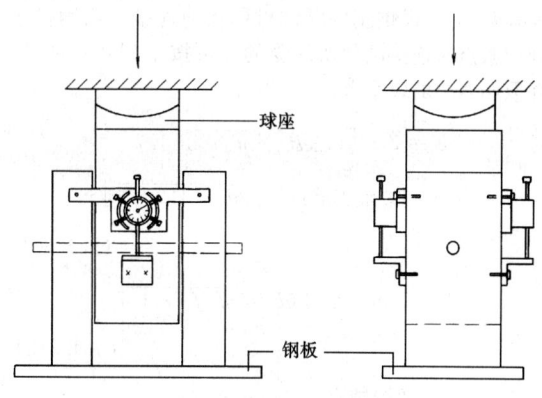

图 9.3.3 试件的装置

9.4 试验步骤

9.4.1 圆钢销连接的试件安装应符合下列要求：

1 量测试件接合缝上相对滑移的铁制夹具应安设在试件的两侧，宜靠近边部构件上端，百分表的触针应位于中部构件两侧的中心线上；

2 圆钢销连接试件应平稳地安放在试验机下压头的平板上，试件的轴心线应对准试验机上、下压头的中心。

9.4.2 圆钢销连接试验的加载程序（图 9.4.2）应遵守下述规定：首先加载到 0.3F，荷载持续 30s，然后卸载到 0.1F，再持续 30s，然后每 30s 增加一级荷载，每级荷载为 0.1F；当加载到 0.7F 以上时，逐渐减慢加荷速度，仍逐级加载直至破坏，终止试验。此处，F 为预先估计的当钢材达到屈服点时圆钢销连接试件所承受的力。

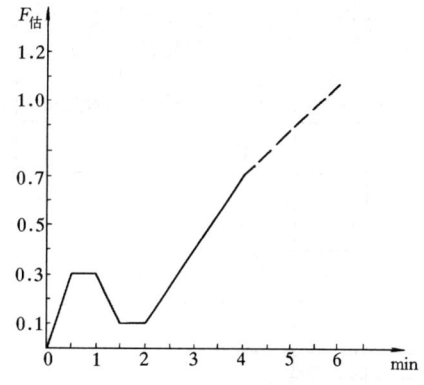

图 9.4.2 加载程序

9.4.3 圆钢销连接试验出现下列的破坏特征之一时方可终止试验：

1 圆钢销在试件的中部构件中发生弯曲且在边部构件表面出孔处销的末端上翘而表现出反向挤压现象，试件的相对变形达到 10mm 以上；

2 圆钢销在试件的中部及边部构件中均发生弯

曲，圆钢销的末端虽无明显上翘现象，但试件的相对变形达到15mm以上。

9.4.4 对一根钢销的顺纹对称双剪连接，当钢材达到屈服点时连接试件所承受的力可按下列两式估算，并取两者中的较小者：

$$F = 2 \times \left[0.3d^2 \sqrt{\eta f_c f_y \times 1.7} + 0.09a^2 \eta f_c \sqrt{\eta f_c / (1.7 f_y)} \right]$$

$$(9.4.3-1)$$

$$F = 2 \times \left[0.443 d^2 \sqrt{\eta f_c f_y \times 1.7} \right]$$

$$(9.4.3-2)$$

式中 d——圆钢销直径（mm）；

a——边部构件厚度（mm）；

f_c——标准小试件木材顺纹抗压强度（N/mm²）；

f_y——圆钢销的钢材屈服点（N/mm²）；

η——木材承压折减系数，当 $d \geqslant 14$mm 时取 0.8；当 $d < 14$mm 时取 0.85；

F——当钢材达到屈服点时估计连接试件所承受的力（N）。

9.5 试验结果及整理

9.5.1 圆钢销连接试验的记录可按表 9.5.1 的内容逐一填入，并可绘出荷载-变形曲线（图 9.5.1）。

9.5.2 圆钢销连接试验的数据可整理汇总并用表 9.5.2 列出。

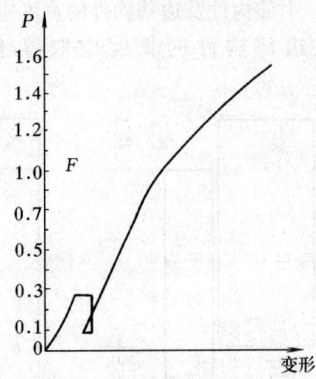

图 9.5.1 荷载-变形曲线

表 9.5.1 圆钢销连接试验的记录

试件编号	连接相对变形（mm）				标准小试件抗压强度（N/mm²）
荷载值	百分表 a 测读值	百分表 b 测读值	$(a+b)/2$	总变形	$f_c = \sum f_{c,i}/n$
0 0.1F 0.2F 0.3F 0.4F · · · 1.0F 1.1F · · ·					连接含水率 标准小试件含水率

室内温度　　空气相对温度　　试验日期　　记录

表 9.5.2 圆钢销连接试验结果汇总表

试件编号	试件尺寸			标准小试件顺纹抗压强度 f_c (N/mm²)	钢材屈服强度 f_y (N/mm²)	钢材抗拉强度 f_{tus} (N/mm²)	估计荷载 F (kN)	估计荷载作用下的变形 (mm)	设计荷载* F_d (kN)	设计荷载下的变形 (mm)	变形为10mm时的荷载 (kN)	变形为15mm时的荷载 (kN)	破坏类型
	a (mm)	c (mm)	d (mm)										
A-1													
A-2													
A-3													
·													
·													
·													
B-1													
B-2													
B-3													
·													
·													
·													
C-1													
C-2													
C-3													
·													
·													
·													

＊注　设计荷载按现行国家标准《木结构设计规范》第5.2.2条计算。

10 胶粘能力检验方法

10.1 一 般 规 定

10.1.1 本方法适用于检验承重木结构所用胶粘剂的胶粘能力。

> 注：在木结构工程施工质量验收中，当需检测构件胶缝质量时，可参考附录 G 的暂行规定。

10.1.2 本方法是根据木材用胶粘结后的胶缝顺木纹方向的抗剪强度进行判别。

10.1.3 当采用本方法检验胶粘剂的胶粘能力时，应遵守下列规定：

1 用于胶合的试条，应采用气干密度不小于 0.47g/cm³ 的红松或云杉或材性相近的其他软木松类木材或栎木、水曲柳制作。若需采用其他树种木材时，应得到技术主管部门的认可。

2 木材胶合时，在温度为 20±2℃、相对湿度为 50%--70% 的条件下，应控制木材的含水率在 8%～10%。

3 胶液的粘度及其工作活性应符合附录 D 检验要求。

4 检验每一批号的胶粘剂，应采用胶合成的两对试条来制作试件。每对试条应制成 4 个试件：两个试件作干态试验；两个试件作湿态试验。根据每种状态 4 个试件的试验结果，按本标准第 10.5 条的判定规则进行判别。

10.2 试条的胶合及试件制作

10.2.1 试条由两块已刨光的 25mm×60mm×320mm 木条组成（图 10.2.1-a），木纹应与木条的长度方向平行，年轮与胶合面成 40°～90° 角，不得采用有木节、斜（涡）纹、虫蛀、裂纹或有树脂溢出的木材。

10.2.2 试条胶合前，胶合面应重新细刨光而达到保证洁净和密合的要求，边角应完整。胶面应在刨光后 2h 内涂胶，涂胶前，应清除胶合面上的木屑和污垢。涂胶后应放置 15min 再叠合加压，压力可取 0.4～0.6N/mm²，在胶合过程中，室温宜为 20～25℃。试条在室温不低于 16℃ 的加压状态下应放置 24h，卸压后养护 24h，方可加工试件。

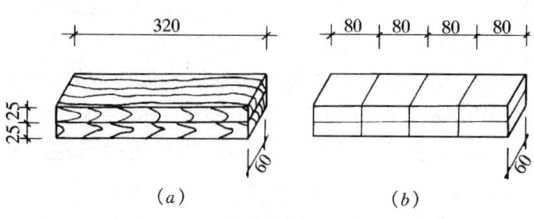

图10.2.1 试条的形式与尺寸

10.2.3 加工试件时，应将试条截成四块（图

10.2.1b）。按图 10.2.2 所示的形式和尺寸制成 4 个顺纹剪切的试件。

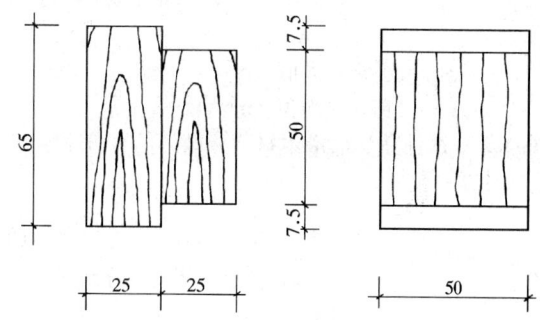

图 10.2.2 胶缝顺纹剪切试件

制成后的试件应用钢角尺和游标卡尺进行检查，试件端面应平整，并应与侧面相垂直，试件剪面尺寸的允许偏差为 ±0.5mm。

10.3 试 验 要 求

10.3.1 试件应置于专门的剪切装置（图 10.3.1）中，并在木材试验机上进行试验，试验机测力盘读数的最小分格不应大于 150N。

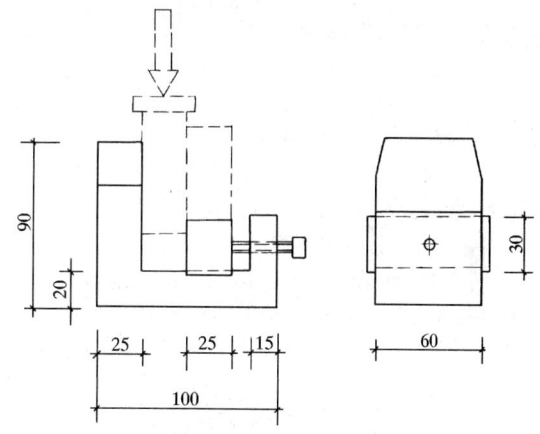

图 10.3.1 胶缝剪切试验装置

10.3.2 干态试验应在胶合后第三天进行，至迟不晚于第五天；湿态试验应在试件浸水 24h 后立即进行。

10.3.3 试验前，应用游标尺测量试件剪切面尺寸，准确读到 1/10mm。试件装入剪切装置时，应调整螺丝，使试件的胶缝处于正确的受剪位置。试验时，应使试验机球座式压头与试件顶端的钢垫块对中，采用匀速连续加荷方式，应控制从开始加荷到试件破坏的时间能在 3～5min 内。

试件破坏后，应记录荷载最大值，并应测量试件剪切面上沿木材剪坏的面积，精确至 3%。

10.4 试验结果的整理与计算

10.4.1 试件的剪切强度应按下式计算：

$$f_v = \frac{Q_u}{A_v} \qquad (10.4.1)$$

式中　f_v——剪切强度（N/mm²），计算准确到
0.1N/mm²；

Q_u——荷载最大值（N）；

A_v——剪切面面积（mm²）。

10.4.2 试件剪切面沿木材部分破坏的百分率应按
下式计算：

$$P_v = \frac{A_t}{A_v} \qquad (10.4.2)$$

式中　P_v——剪切面沿木材部分破坏的百分率（%），
计算准确到1%；

A_t——剪切面沿木材破坏的面积（mm²）。

10.4.3 试验记录应包括下列内容：

1　胶的名称及其批号和生产厂家；

2　试件的树种名称与材质情况；

3　试件尺寸的测量值；

4　加荷速度；

5　破坏荷载和破坏特征；

6　沿木材部分破坏的百分率。

10.5　检验结果的判定规则

10.5.1 一批胶抽样检验结果，应按下列规则进行
判定：

1　若干态和湿态的试验结果均符合表 10.5.1 的
要求，则判该批胶为合格品。

2　试验中，如有一个试件不合格，则须以加倍
数量的试件进行二次抽样试验，此时若仍有一个试件
不合格，则应判该批胶不能用于承重结构。

3　若试件强度低于表 10.5.1 的规定值，但其
沿木材部分破坏率不小于 75%，仍可认为该批胶为
合格品。

**表 10.5.1　承重胶合木结构用胶
胶粘能力的最低要求**

试件状态	胶缝顺纹剪切强度值（N/mm²）	
	红松等软木松类	栎木或水曲柳
干态	5.9	7.8
湿态	3.9	5.4

10.5.2 对常用的耐水性胶种，可仅作干态试验，但
仍应按本标准第 10.5.1 条的判定规则进行判别。

11　胶合指形连接试验方法

11.1　一般规定

11.1.1 本方法适用于测定承重的整体木构件的胶合
指形连接和胶合木构件中单层木板的胶合指形连接

（以下简称指接）的抗弯强度。

11.1.2 指接的抗弯强度试验，除遵守本章的规定
外，尚应遵守本标准第 2、3、4 章的有关规定。

11.1.3 指接必须是用专门的木工铣床加工成的、在
木材端头的指形接头。指形接头应是在一组相同的、
对称的尖形指榫上涂胶，并彼此相互插入而成。指榫
的几何关系应如图 11.1.3 所示。

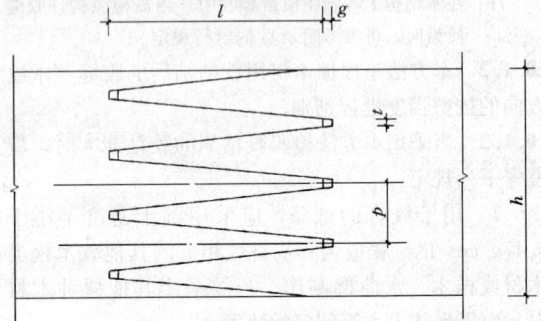

图 11.1.3　指榫的几何关系

l—指长，自指榫根部至指顶的长度；p—指距，两相邻
指榫中线之间的距离；t—指顶宽，指榫顶部的宽度；
g—指顶隙，两指榫对接胶合后，指顶与对应谷底之间
的空隙；s—指斜率，指榫侧面的斜率；v—宽距比，指
顶宽与指距之比；h—板厚

指接的指斜率 s 应按下式计算：

$$s = (p - 2t) / [2(l - g)]; \qquad (11.1.3-1)$$

指榫的宽距比 v 应按下式计算：

$$v = t/p; \qquad (11.1.3-2)$$

11.2　试件设计

11.2.1 制作试件所用的试材和胶合工艺，除应符合
本标准外，尚应符合现行的国家标准《木结构设计规
范》有关规定。

11.2.2 指接的指榫长度应大于或等于 20mm。指接
应位于试件长度的中央，并在中央 1/2 长度范围内不
得有任何木节和其他缺陷。在试件的两端部分不得有
较大的缺陷。

11.2.3 对承重的整截面指胶合木材，试件的高度不
应小于 75mm，在截面的最小边内不得少于 3 个指榫。

试验应取 30 个完全相同的试件，其中 15 个在截
面为立放条件下进行试验（图 11.3.2-1）；其余 15 个
试件在截面为平放条件下进行试验（图 11.3.2-2）。

11.2.4 对叠层胶合木构件中单层木板指接的试件，
当采用一般针叶材和软质阔叶材时，试件截面高度
（即木板厚度）不得大于 40mm；当采用硬木松或硬
质阔叶材时，试件截面高度不宜大于 30mm。

试件的宽度（木板的宽度）宜采用 100mm。

试验应取 15 个完全相同的试件，均在试件截面为
平放的条件下进行试验，（图 11.3.3）。

11.3 试验步骤

11.3.1 木材指接的抗弯强度的测定，应采用三分点加荷并按本标准第4.4.1条及第4.4.4条有关规定进行试验。

11.3.2 对承重的整截面构件的指接试验，试件的跨度应取等于所试验的截面高度的12倍，加荷点至支座反力之间的距离应等于所试验的截面高度的4倍（图11.3.2-1及图11.3.2-2）。

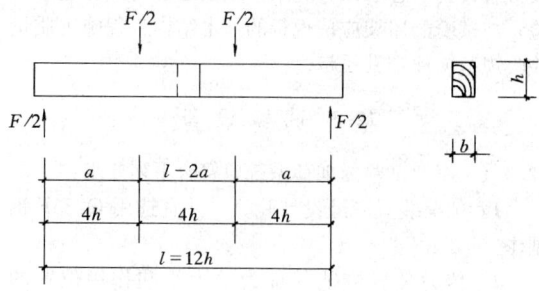

图 11.3.2-1　指接试件截面立放位置的试验

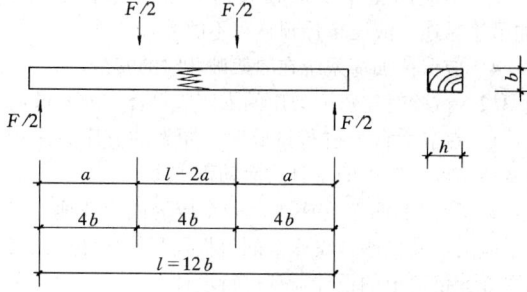

图 11.3.2-2　指接试件截面平放位置的试验

11.3.3 对叠层胶合木中单层木板的指接试验，试件的跨度应取等于所试验的截面高度的15倍，加荷点至支座反力之间的距离应取等于所试验的截面高度的5倍，（图11.3.3）。

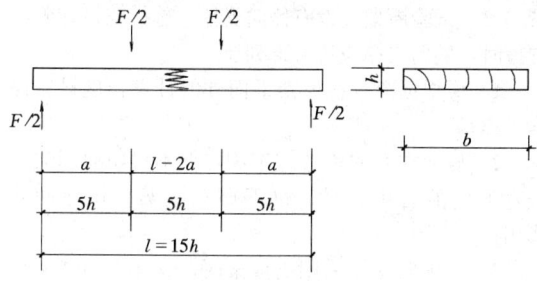

图 11.3.3　单层木板指接试验

11.3.4 每个试件的荷载最大值、破坏形式、达到破坏所经历的时间、木材的含水率及气干密度应作记录。测定含水率和气干密度的试件应从接头的两侧各取3个，并应能代表整个截面。

11.4　试验结果的计算和判定

11.4.1 对指长等于或大于20mm的木材指接抗弯强度试验，试件的破坏型式为下列情况之一者属于正常破坏：

（1）木材在指榫根部破坏；

（2）沿指榫的胶合缝破坏，但沿木材部分破坏的百分率不小于75%。

11.4.2 承重的整截面指接木材的指接抗弯强度应按下式计算：

　　1　当试件截面为立放位置时（图11.3.2-1）：

$$f_m = \frac{3aF_u}{bh^2} \qquad (11.4.2-1)$$

　　2　当试件截面为平放位置时（图11.3.2-2）：

$$f_m = \frac{3aF_u}{hb^2} \qquad (11.4.2-2)$$

式中　a——加荷点至支座反力之间的距离（mm）；

　　　b、h——试件截面的宽度和高度（mm）；

　　　F_u——最后破坏时的荷载（N）；

　　　f_m——胶合指形连接的抗弯强度（N/mm²），应记录和计算到三位有效数。

11.4.3 叠层胶合木构件中单层木板的指接抗弯强度应按下式计算：

$$f_m = \frac{3aF_u}{bh^2} \qquad (11.4.3)$$

式中　a——加荷点至支座反力之间的距离（mm）；

　　　b——所试验的截面宽度（mm）；

　　　h——所试验的截面高度，等于单层木板的厚度（mm）；

　　　F_u——最终破坏时的荷载（N）；

　　　f_m——单层木板胶合指形连接的抗弯强度（N/mm²），应记录和计算到三位有效数。

11.4.4 指接抗弯强度的标准值应按下式计算：

$$f_{m,k} = \bar{x} - 1.991s \qquad (11.4.4)$$

式中　$\bar{x}$——15个胶合指形连接抗弯强度试验值的平均值，其值可按本标准中的公式（3.3.2）计算；

　　　s——15个胶合指形连接抗弯强度试验值的标准差，其值可按本标准中的公式（3.3.3）计算；

11.4.5 试件指榫的几何尺寸、胶合条件及抗弯强度等应分别按表11.4.5-1、表11.4.5-2和表11.4.5-3逐项填写。

表 11.4.5-1　指榫的几何尺寸

指长 l (mm)	指距 p (mm)	指端宽 t (mm)	指端隙 g (mm)	指斜率 $s=(p-2t)/[2(1-g)]$	宽距比 $v=t/p$

表 11.4.5-2 指接的胶合条件

胶粘剂品种	纵向压力 （N/mm²）	侧压力 （N/mm²）	车间温度 （℃）	固化和养 护制度

表 11.4.5-3 指接试件抗弯试验结果

试件 类型	试件 编号	荷载 最大 值 F_u （N）	达到 破坏 时间 （s）	试件 高度 h (mm)	试件 宽度 b (mm)	试件 净跨 l (mm)	加荷点 到支座 距离 a (mm)	弯曲强度 f_m （N/mm²）	含水 率 %	气干 密度	破坏 形式

12 屋架试验方法

12.1 一 般 规 定

12.1.1 本方法适用于普通木屋架、胶合木屋架及钢木屋架的短期静力试验。

12.1.2 屋架的静力试验按其试验目的可分为两类：

　　1 验证性试验：包括新型屋架的试验、采用新的连接方法的屋架试验、新利用树种的屋架试验和为制定通用标准图而进行的试验以及为验证专门问题而进行的试验等。

　　2 检验性试验：包括成批屋架的抽样检验和旧屋架的检验等。

　　对验证性试验，应作破坏试验；对检验性试验可根据检验的目的和要求可作破坏试验或非破损试验。

12.1.3 试验的屋架应按下列要求进行验算或补充设计，并核定其设计荷载：

　　1 对木构件及其连接，应按现行的国家标准《木结构设计规范》进行验算；

　　2 除木屋架的保险螺栓和系紧螺栓外，屋架中的其他钢材部分（钢拉杆、焊接、拉力螺栓和垫板等）应按现行的国家标准《钢结构设计规范》进行验算。

12.1.4 当专门检验屋架中木构件及其连接的破坏强度时，屋架中的钢拉杆及其连接应进行补充的加强设计以保证能承受 3 倍以上设计荷载；补充设计的钢拉杆及其连接，尚应要求其构造便于安装，并对节点部位的木材不应造成损伤。

12.2 试验屋架的选料及制作

12.2.1 验证性试验的屋架的选料应符合下列要求：

　　1 屋架中各类木构件的材质等级应符合现行的国家标准《木结构设计规范》的规定，不得采用其他等级的木材代替。

　　木材的强度应按现行的国家标准《木结构设计规范》附录七的规定进行强度等级的检验。

　　2 所用钢材，除应有出厂检验合格证明外，尚应在使用前抽样测定其抗拉强度、屈服点、伸长率，对圆钢尚应进行冷弯试验。

12.2.2 验证性试验的屋架的制作质量应符合现行的国家标准《木结构设计规范》和《木结构工程施工质量验收规范》GB 50206—2002 的要求。

12.2.3 检验性试验的屋架应从一批被检验的屋架中按检验目的，选取试验屋架；或按送来的原样进行试验。被试验的屋架应按现行的《木结构工程施工质量验收规范》评定其质量。

12.3 试 验 设 备

12.3.1 屋架试验的加荷系统应符合下列要求：

　　1 加荷装置应经设计验算，并宜选用 Q235F 钢制作；

　　2 传力装置应能保证力的大小和作用位置的准确；

　　3 不应因屋架变形较大而导致加荷系统失效（如吊篮触地、液压千斤顶行程不够等）；

　　4 应保证加荷系统在屋架破坏时的安全。

12.3.2 试验时支承屋架用的支座应符合下列要求：

　　1 在静力台上进行试验时，屋架的支座宜采用可调整高度和对中的工具式活动钢支座。

　　2 屋架的两个支座中，一个应为固定铰座；另一个应为活动铰座，支座上的垫板及其他配件应按能承受 3.5 倍以上的设计荷载进行设计。

　　3 若无静力台或在现场进行试验，支墩及其基础应经验算，不得有过大的不均匀沉降或侧倾，砌筑的两个支墩之间的距离应等于屋架的跨度，它的允许偏差为 ± 10mm；两支墩高度的相对偏差不得大于 5mm。

12.3.3 试验屋架应设有侧向支撑。选择或设计侧向支撑时，侧向支撑应符合下列要求：

　　1 应根据上弦在屋架平面外的计算长度设置侧向支撑；

　　2 侧向支撑的构造应牢固，但不得妨碍屋架在竖直方向的自由移动，也不得对屋架工作起卸载作用；

　　3 当侧向支撑采用支撑架时，支撑架与屋架构件的接触点应设置可以减少屋架下挠时的摩擦影响的滚轴。

12.4 试 验 准 备 工 作

12.4.1 屋架试验宜在实验室内进行；若为现场检验性试验，应搭设能防雨的试验棚，若遇大风天气，试验尚应延期。

12.4.2 试验屋架安装前，应对各构件的木材天然缺陷进行测量，并作出记录或绘制木材缺陷分布图。

12.4.3 被试验的屋架，其安装应符合下列要求：

1 屋架正位后的安装偏差不应超出现行的国家标准《木结构设计规范》规定的允许偏差。

2 应对被试验的屋架进行一次全面大检查，安装质量不符合要求的应予返工。若检查中发现构件或连接有破损，应及时予以处理。

12.4.4 试验仪表的安装应符合下列要求：

1 仪表在安装前应检查校正；

2 仪表的安装位置应符合试验设计的要求，并保证测读的方便和安全；

3 试验仪表均应有防止意外触动和损坏的保护措施。

12.5 屋架试验

12.5.1 试验屋架的加荷点应符合屋架实际工作情况，当无专门要求时，可仅在上弦加荷。对破坏性试验的屋架，其加荷点处的木材局部承压应力应按能承受 3 倍以上设计荷载进行验算。

12.5.2 屋架试验的程序应符合下述规定：

试加荷→卸荷→全跨标准荷载→卸荷→半跨标准荷载（必要时）→卸荷→全跨加荷直至破坏。

12.5.3 试验屋架正式加荷前，应进行一次试加荷，每级荷载取 $0.25P_k$（P_k——标准荷载），每级加荷的间隔时间宜为 30min。当加至标准荷载后，荷载保持不变，持续 12～24h。然后分两级卸完，每级卸荷的间隔时间仍为 30min。空载 24h 后测读残余变形。

通过试加荷检查以下各项准备工作的质量是否符合要求：

1 屋架受力是否正常；

2 仪表运行及读数是否符合要求；

3 加荷装置是否灵活、可靠；

4 对仪表、设备和试验人员采取的安全保护措施是否有效。

凡不符合要求者，应经调整校正后方可进行试验。

12.5.4 全跨标准荷载或半跨标准荷载试验，应按每级荷载 $0.25P_k$、每级加荷的间隔时间宜为 2h，加至标准荷载，然后荷载持续不变，并每隔 2h 测读一次仪表，荷载持续时间的长短视变形收敛情况确定。对变形收敛快者，可仅持续 24h；对变形收敛慢者，应适当延长持续时间。标准荷载持续试验结束后，可按每级荷载 $0.25P_k$ 卸荷，每级卸荷的间隔时间仍为 2h。空载 24h 测读残余变形。

12.5.5 全跨破坏荷载试验，应按每级荷载 $0.25P_k$、每级加荷的间隔时间宜为 2h，加至标准荷载。然后再分别按下列两种情况继续加荷：

1 对于屋架中钢拉杆及其连接未按本标准第 12.1.4 条规定进行加强设计的屋架，应按每级荷载 $0.1P_k$、每级加荷的间隔时间 30min，直至屋架破坏。

2 对于屋架中钢拉杆及其连接已按本标准第 12.1.4 条规定进行加强设计的屋架，按每级荷载 $0.2P_k$、每级加荷的间隔时间 30min 加至 2 倍标准荷载，然后，按每级荷载 $0.1P_k$、每级加荷的间隔时间 30min，直至屋架破坏。

12.5.6 当以自动记录仪表为主进行测读时，应按下列要求控制试验过程：

1 试验应在室温为 20 ± 2℃；相对湿度为 $65\pm3\%$ 的室内进行；

2 供电应有保证，电压应保持稳定，且有断电保护器；

3 应采取措施保证不同测读系统能同步工作；

4 宜与计算机联机，对试验全过程进行实时控制；

5 若试验需在持续荷载条件下进行较长时间观测，应采取措施消除各种干扰因素对液压施荷系统和自动记录仪表工作的影响。

12.5.7 当采用人工操作的仪表进行测读时，测读数据应按下列要求：

1 各种仪表应有专人负责测读和记录；

2 每次测读的顺序应一致，且全部数据应在 1.5min 内测读完毕；

3 试验数据应记录正确，并不得涂改原始数据；当发现记录错误时，应将更正数字记在原数字上方；

4 在不影响试验的前提下，试验负责人应对某些关键数据作现场估计分析工作。

对下弦最大挠度处的节点位移，尚宜边测读边绘制荷载-变形曲线草图，及时观察变形的突变点，从而作出下一步计划的决策。

12.5.8 对破坏性试验的屋架，凡屋架出现下列破坏情况之一时，方可终止试验：

1 屋架中任一杆件或连接失去其承载能力；

2 屋架的挠度突然急剧增大，在图 12.5.8 中其挠度差 Δw 出现转折点；

3 屋架中的任一节点连接处的木材发生劈裂或连接的变形超过下列数值：

节点连接的承压变形   8mm

螺栓连接的下弦拉力接头的相对滑移   20mm。

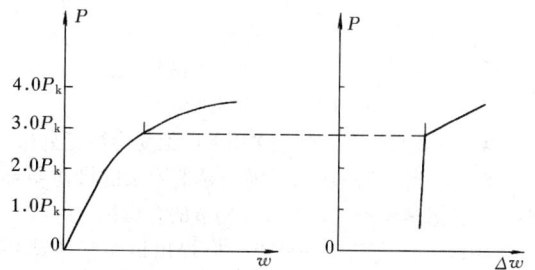

图 12.5.8 破坏试验时 $P\text{-}w$ 图

12.5.9 当屋架濒临破坏时，应不断观察，并以文字描述和绘图或拍照等手段记录其破坏全过程的实况。应从荷载 $P \geqslant 2.0P_k$ 时起，严禁非指定观察人员接近现场。

12.5.10 屋架破坏后，应立即在破坏处附近锯取下列试件：

1 木材含水率试件：沿构件截面取厚度为10mm的一个整片，并应立即进行第一次称量；

2 标准小试件：根据屋架破坏情况应按下列要求切取：

（1）若屋架为上弦压弯破坏，应取顺纹受压及抗弯强度试件各5个；

（2）若屋架为端部剪切破坏，应取顺纹受压和顺纹受剪试件各5个；

（3）凡在测定杆件应变的地方，应在其测定杆件应变附近部位取5个抗弯弹性模量试件，并应立即测定该部位的木材含水率。

12.6 试验结果的整理和分析

12.6.1 试验结束后，应按下列要求对试验记录进行整理：

1 绘制在各级荷载下，上、下弦节点的位移图；

2 绘制主要节点连接的荷载与变形的关系曲线（结合缝的相对滑移）；

3 绘制主要杆件的荷载与应变的关系曲线；

4 绘制屋架在破坏试验过程中的荷载-位移曲线；

5 绘制在标准荷载作用下，屋架上弦节点或下弦节点的挠度曲线；

6 其他需要描叙的项目。

12.6.2 在试验数据整理的基础上，应重点作好下列分析工作：

1 利用在标准荷载作用下所测得杆件应力或其他各种测读值，检验屋架的工作是否与计算相符。

2 通过试加荷后所测得的残余变形对屋架的制作质量作出评估。

3 分析屋架在全跨荷载下的受力性能，并应按下式确定最大破坏荷载与该屋架标准荷载的比值：

$$k = \frac{P_u}{P_k} \qquad (12.6.2)$$

式中 P_u——屋架节点荷载的最大破坏值；

P_k——屋架节点荷载的标准值。

4 在半跨标准活荷载作用下屋架受力性能分析。

5 分析屋架破坏的原因，寻求屋架的最薄弱环节，评价屋架的型式、连接和构造的合理性。

在以上分析工作基础上，应提出试验报告或鉴定书。

12.6.3 屋架可靠性评定的合格指标规定如下：

1 屋架在标准荷载作用下的相对挠度 w/l，不应大于1/500。此处：w 为在标准荷载作用下测得的屋架最大挠度（图 12.6.3-1）；l 为屋架的计算跨度。

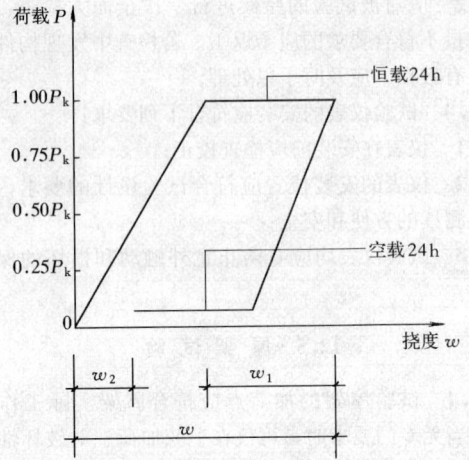

图 12.6.3-1　全跨荷载试验时屋架 P-w 图

w—全跨标准荷载作用下的最大挠度；w_1—全跨标准荷载作用下荷载持续期间的挠度增量；w_2—全跨标准荷载试验时的残余挠度（第二次残余挠度）

2 屋架在标准荷载下主要节点连接的变形（连接缝的相对滑移），不应大于下列数值：

（1）直接抵承连接　　0.5mm；

（2）齿连接　　1mm；

（3）螺栓连接　　2mm。

3 屋架在试加荷时的初始挠度（图 12.6.3-2）或松弛变形，对屋架的正常工作和外观应无不良影响。

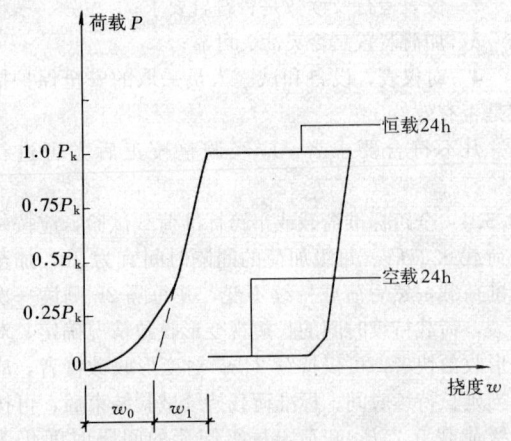

图 12.6.3-2　试加荷的 P-w 图

w_0—初始挠度；w_1—试加荷的残余挠度（即第一次残余挠度）

4 屋架实际破坏荷载与标准荷载之比值 k：对于一般木屋架，且由于木构件部分破坏时，不应小于2.5；对新结构，不应小于3。

附录 A 我国部分城市木材平衡含水率估计值（％）

城市	一	二	三	四	五	六	七	八	九	十	十一	十二	年平均
克 山	18.0	16.4	13.5	10.5	9.9	13.3	15.5	15.1	14.9	13.7	14.6	16.1	14.3
齐齐哈尔	16.0	14.6	11.9	9.8	9.4	12.5	13.6	13.1	13.8	12.9	13.5	14.5	12.9
佳木斯	16.0	14.8	13.2	11.0	10.3	13.2	15.1	15.0	14.5	13.0	13.9	14.9	13.7
哈尔滨	17.2	15.1	12.4	10.8	10.1	13.2	15.0	14.5	14.6	14.0	12.3	15.2	13.6
牡丹江	15.8	14.2	12.9	11.1	10.8	13.9	14.5	15.1	14.9	13.7	14.5	16.0	13.9
长 春	14.3	13.8	11.7	10.0	10.1	13.8	15.3	15.7	14.0	13.5	13.8	14.6	13.3
四 平	15.2	13.7	11.9	10.0	10.4	13.5	15.0	15.3	14.0	13.5	14.2	14.8	13.2
沈 阳	14.1	13.1	12.0	10.9	11.4	13.8	15.5	15.6	13.9	14.3	14.2	14.5	13.4
旅 大	12.6	12.8	12.3	10.6	12.2	14.3	18.3	16.9	14.6	12.5	12.5	12.3	13.0
乌兰浩特	12.5	11.3	9.9	9.1	8.6	11.0	13.0	12.1	11.9	11.1	12.1	12.8	11.2
包 头	12.2	11.3	9.6	8.5	8.1	9.4	10.8	12.8	10.8	10.8	11.9	13.4	10.7
乌鲁木齐	16.0	18.8	15.5	14.6	8.5	8.8	8.4	8.0	8.7	11.2	15.9	18.7	12.1
银 川	13.6	11.9	10.6	9.2	8.8	9.6	11.1	13.5	12.5	12.5	13.8	14.1	11.8
兰 州	13.5	11.3	10.1	9.4	8.9	9.3	10.0	11.4	12.1	12.9	12.2	14.3	11.3
西 宁	12.0	10.3	9.7	9.8	10.2	11.1	12.2	13.0	13.0	12.7	11.8	12.8	11.5
西 安	13.7	14.2	13.4	13.1	13.0	9.8	13.7	15.0	16.0	15.5	15.5	15.2	14.3
北 京	10.3	10.7	10.6	8.5	9.8	11.1	14.7	15.6	12.8	12.2	12.2	10.8	11.4
天 津	11.6	12.1	11.6	9.7	10.5	11.9	14.4	15.2	13.2	12.7	13.3	12.1	12.1
太 原	12.3	11.6	10.9	9.1	9.3	10.6	12.6	14.5	13.8	12.7	12.8	12.6	11.7
济 南	12.3	12.8	11.1	9.0	9.6	9.8	13.4	15.2	12.2	11.0	12.2	12.8	11.7
青 岛	13.2	14.0	13.9	13.0	14.9	17.1	20.0	18.3	14.3	12.8	13.1	13.5	14.4
徐 州	15.7	14.7	13.3	11.8	12.4	11.6	16.2	16.7	14.0	13.0	13.4	14.4	13.9
南 京	14.9	15.7	14.7	13.9	14.3	15.0	17.1	15.4	15.0	14.8	14.5	14.5	14.9
上 海	15.8	16.8	16.5	15.5	16.3	17.9	17.5	16.6	15.8	14.7	15.2	15.9	16.0
芜 湖	16.9	17.1	17.0	15.1	15.5	16.0	16.5	15.7	15.3	14.8	15.9	16.3	15.8
杭 州	16.3	18.0	16.9	16.0	16.0	16.4	15.4	15.7	16.3	16.3	16.7	17.0	16.5
温 州	15.9	18.1	19.0	18.4	19.7	19.9	18.0	17.0	17.1	14.9	14.9	15.1	17.3
崇 安	14.7	16.5	17.6	16.0	16.7	15.9	14.8	14.3	14.5	13.2	13.9	14.1	15.0
南 平	15.8	17.1	16.6	16.3	17.0	16.7	14.8	14.9	15.6	14.9	15.8	16.4	16.1
福 州	15.1	16.8	17.5	16.5	18.0	17.1	15.5	14.8	15.1	13.5	13.4	14.2	15.6
永 安	16.5	17.7	17.0	16.9	17.3	15.1	14.5	14.9	15.9	15.2	16.0	17.7	16.3
厦 门	14.5	15.5	16.6	16.4	17.9	18.0	16.5	15.0	14.6	12.6	13.1	13.8	15.2
郑 州	13.2	14.0	14.1	11.2	10.6	10.2	14.0	14.6	13.2	12.4	13.4	13.0	12.4
洛 阳	12.9	13.5	13.0	11.9	10.6	10.2	13.7	15.0	11.1	12.4	13.2	12.8	12.7
武 汉	16.4	16.7	16.0	16.0	15.5	15.0	15.3	14.5	14.5	14.8	15.3	15.4	15.4
宜 昌	15.5	14.7	15.7	15.0	15.8	15.0	11.7	11.1	11.2	14.8	14.4	15.6	15.1
长 沙	18.0	19.5	19.2	18.1	16.6	15.5	14.2	14.3	14.7	15.3	15.5	16.1	16.5
衡 阳	19.0	20.6	19.7	18.9	16.7	15.1	14.1	13.6	15.0	16.7	19.0	17.0	16.9
南 昌	16.4	19.3	18.2	17.4	17.0	16.3	14.7	14.1	15.0	14.4	14.7	15.2	16.0
九 江	16.0	17.1	16.4	15.7	15.8	16.3	15.3	15.0	15.2	14.7	15.0	15.3	15.8
桂 林	13.7	15.4	16.8	15.9	16.0	15.1	14.8	14.8	12.7	12.3	12.6	12.8	14.4
南 宁	14.7	16.1	17.4	16.6	15.9	16.2	16.1	16.5	14.8	13.6	13.5	13.6	15.4
广 州	13.3	16.0	17.3	17.6	17.6	17.5	16.6	16.1	14.7	13.0	12.4	12.9	15.1
海 口	19.2	19.1	17.9	17.6	17.6	16.1	15.7	17.5	18.0	16.9	16.1	17.2	17.3
成 都	15.9	16.1	14.4	15.0	14.2	15.2	16.8	16.8	17.3	18.3	17.6	17.4	16.0
雅 安	15.2	15.8	15.3	14.7	13.8	14.1	15.6	16.0	17.0	18.3	17.6	17.0	15.7
重 庆	17.4	15.4	14.9	14.7	14.8	14.7	15.4	14.8	15.7	18.1	18.0	18.2	15.9
康 定	12.8	11.5	12.2	13.2	14.2	16.2	16.1	15.7	16.6	16.6	13.9	12.6	13.9
宜 宾	17.0	16.4	15.5	14.9	14.2	16.2	16.2	15.9	17.3	18.7	17.7	17.7	16.3
昌 都	9.4	8.8	9.1	9.5	9.9	12.2	12.7	13.3	13.4	11.9	9.8	9.8	10.3
昆 明	12.7	11.0	10.7	9.8	12.4	15.2	16.2	16.3	15.7	16.6	15.3	14.9	13.5
贵 阳	17.7	16.1	15.3	14.6	15.1	15.0	14.7	15.3	14.9	16.0	15.9	16.1	15.4
拉 萨	7.2	7.2	7.6	7.7	7.6	10.2	12.2	12.7	11.9	9.0	7.2	7.8	8.6

附录 B 木材顺纹受压应力
应变曲线测定法

B.1 一般规定

B.1.1 本方法适用于测定结构用木材的顺纹受压弹性模量和应力应变曲线。结构用木材是指按目测分级的材质标准具有明确的材质等级的木材。

B.1.2 本方法是对无柱效应的短构件进行顺纹受压试验，应保证木材轴心受力、匀速加荷直至破坏。在规定的标距内测量变形值，用以确定弹性模量或应力应变曲线。

B.2 试件及制作

B.2.1 测定木材顺纹受压弹性模量或应力应变曲线的试件，应采用正方形截面，试件的高度不应大于截面宽度的 6 倍，截面边宽不宜小于 60mm。两个端面必须平整、相互平行并垂直于纵轴线。

B.2.2 木材的主要缺陷（例如木节）应位于试件截面宽度和试件顺纹长度的中央。靠近试件端面处在等于 1 倍截面宽度的长度范围内不得有任何木节、裂缝等缺陷，且木纹倾斜率不得超过 10%。

B.2.3 在进行短构件顺纹受压试验之前，在每一个试件两端试材中应各切取顺纹受压强度和弹性模量标准小试件各 3 个。

B.2.4 试件的含水率和制作尺寸偏差应符合本标准第 2 章的有关规定。

B.3 试验设备与装置

B.3.1 所使用的加荷设备应保证测读荷载准确读到所施加荷载的 1%，对于所施加的荷载低于最大荷载的 10% 时，也应保证准确读到最大荷载的 0.1%。

B.3.2 安装试件，应采用一个球座放置在试件的上部端面上，试件的几何轴线对准球座和试验机的中心线，并应从两个方向对正。

B.3.3 测量应变值时，规定的标距不应小于 100mm，也不应大于试件截面宽度的 4 倍。试件的 4 个面上都应在该面的中心线上安设测量木材压缩变形的计量器。计量器可采用千分表，成对的标点可采用 10mm 宽的小方木条胶粘在试件表面的方法，也可采用胶粘在试件表面上的金属标距脚架的方法。四个面的变形计量器的读数均应同步进行。

B.4 试验步骤

B.4.1 测定顺纹受压弹性模量，要预先估计荷载 F_1 值（小于比例极限的力）和 F_0 值（试件无松弛变形的力），然后荷载从 F_0 增加到 F_1，读压缩应变值，再卸载到 F_0，反复进行 5 次，无异常发现时取相近 3

次的读数的平均值作为测定值，顺纹受压弹性模量测定后，逐级匀速加荷，并读每级荷载下的压缩应变值，直至破坏。

B.4.2 测定木材的应变值试验，应采用连续匀速加荷，试验机压头运行速度不得大于按下式的计算值：

$$v = 5 \times 10^{-5} l \qquad (B.4.2)$$

式中 l——试件顺木纹方向的长度（mm）；

v——试验机压头运行速度（mm/s）。

B.5 试验结果

B.5.1 无柱效应的构件顺纹受压弹性模量应按下式计算：

$$E_c = \frac{l_0 \Delta F}{A \Delta l_0} \qquad (B.5.1)$$

式中 A——试件截面的实际面积（mm²）；

ΔF——荷载增量，在比例极限以下，其值为 $\Delta F = F_1 - F_0$，（N）；

Δl_0——在荷载增量 ΔF 作用下的压缩变形，取四个面的平均值（mm）；

l_0——测量变形的标距（mm）；

E_c——木材顺纹受压弹性模量（N/mm²），应记录和计算到三位有效数字。

B.5.2 无柱效应的短构件顺纹抗压强度应按下式计算：

$$f_c = \frac{F_u}{A} \qquad (B.5.2)$$

式中 A——试件截面的实际面积（mm²）；

F_u——试件最终破坏时的荷载（N）；

f_c——木材顺纹抗压强度（N/mm²），应记录和计算到三位有效数字。

B.5.3 绘制短构件顺纹受压应力-应变曲线时，宜以应力 σ 或它的相对值 σ/f_c 为纵坐标；以应变值 ε 或它的相对值 ε/E_c 为横坐标。此处 σ 为应力，ε 为该应力作用下的应变值，f_c 和 E_c 分别为该试件的木材顺纹抗压强度和弹性模量。

附录 C 胶粘耐久性快速测定法

C.0.1 本方法适用于评估新研制的耐水性胶粘剂的胶粘耐久性。

注：在木结构工程施工质量验收中，当需检测构件胶缝脱胶率时，可参考附录 F 的暂行规定。

C.0.2 本方法是根据提高环境强度以加速胶粘剂老化的原理，以试验破坏模式与室外暴露自然老化作用结果相似为条件，对胶粘的耐久性进行定性评估。

C.0.3 用于耐久性测定的胶液，其质量应经本标准第 10 章规定的方法检验通过。

C.0.4 用于耐久性测定的试条，应以软木松类木材制作，试条应全部取自同一段木材，且不得有木节、斜（涡）纹、虫蛀、裂纹、髓心和有树脂溢出等缺陷，试条截面上的年轮方向应与胶合面成60°~90°角。

C.0.5 一次耐久性测定，需以8对试条进行胶合，加工成32个胶缝顺纹剪切试件（图10.2.2），其加工质量应符合本标准第10章的要求。

C.0.6 胶粘耐久性测定的方法如下：

1 试件应按下列步骤进行处理：

（1）在20℃水中，浸泡试件48h；

（2）在-20℃的冰箱中，存放试件9h；

（3）在室温为20±2℃、相对湿度为65±3%的条件下，存放15h；

（4）在+70℃烘箱中，存放10h。

完成以上四个步骤为一个循环，应连续进行8个循环的处理。

2 对完成8个循环的试件，应立即按本标准第10章规定的干湿方法进行试验至破坏。若试件破坏后，其剪切面有75%以上的面积系沿木材部分破坏，则认为该胶粘剂的胶粘耐久性满足使用要求。

3 若处理因故中断，应将试件冰冻保存，否则该批试件不得继续用于试验。

附录D 胶液工作活性测定法

D.0.1 本方法适用于胶液工作活性的测定。

D.0.2 胶液工作活性可根据其粘度的测定结果确定，承重结构用胶的胶液粘度应符合该胶种的产品标准规定的要求。

D.0.3 胶液粘度可使用经过计量认证的粘度计测定，但应连续测定3次，并以其平均值表示测定结果。在测定过程中，胶液的温度应始终保持在20±2℃。

D.0.4 胶液粘度测定完毕，应立即用适当的清洗剂清洗粘度计及盛胶容器。

附录E 木材防护剂透入度和 保持量的测定方法

E.1 一 般 规 定

E.1.1 本方法适用于测定木材防护剂中含铜、锌、铬、砷、五氯酚等化学药剂的透入度和保持量。

E.1.2 当需测定木材防护剂的透入度作定性分析时，应采用化学药剂显色并测量木材样品被浸润部分显色长度的方法。

E.1.3 当需测定木材防护剂的保持量作定量分析时，可采用化学分析滴定方法或X射线荧光分析仪的方法。

E.2 被测样品的选择和制备

E.2.1 测定木材防护剂透入度和保持量的样品选择应具有代表性，取样部位应避开裂纹、木节、刻痕孔和避免"端部浸透"的影响。用空心钻钻取木芯样品的数量和长度应符合现行的国家标准《木结构工程施工质量验收规范》的规定。

E.2.2 当测定木材防护剂的保持量时，尚需将干状木芯样品用打击器或锤磨机粉碎成可通过36号试验筛的木芯粉末。

E.3 木材防护剂透入度的测定

E.3.1 仪器设备

测定木材防护剂透入度可采用下列设备：

空心钻	孔径	$\phi5mm$ 或 $\phi10mm$
平板直尺		150mm
指示剂瓶	棕色带滴管	100mL
	白色带滴管	100mL
表面皿	直径	$\phi70mm$ 或 $\phi90mm$

E.3.2 指示剂配制

1 对含铜防护剂应采用0.5g铬天青和5g醋酸钠先后溶于80mL蒸馏水中混匀成浓缩液，然后再稀释至500mL蒸馏水溶液作为显色剂储存备用。

2 对含砷防护剂应采用三种显色剂联合使用：

（1）1号显色剂：取3.5g钼酸铵溶于90mL蒸馏水，再加入9mL浓盐酸，限当天使用；

（2）2号显色剂：取1g茴香胺（邻氨基苯甲醚）溶于99g的浓度为1.7%的稀盐酸中贮存在棕色瓶备用，有效期7天；

（3）3号显色剂：取30g氯化亚锡溶于100mL的1:1的盐酸溶液中（1份浓盐酸加1份水），贮存在棕色瓶备用，有效期7天。

3 对含铬防护剂应采用0.5g羟基萘磺酸溶于100mL的浓度为1%的硫酸溶液中作为试液备用。

4 对含五氯酚防护剂应采用4.0g醋酸铜溶于100g的水中，再溶入0.5g乳化剂备用；取0.4g醋酸银溶于100g的水中备用。临试验时，将以上两种溶液再加异丙醇和蒸馏水等量合并，混合均匀，注入滴瓶作为试液备用。

5 对含锌防护剂应采用铁氰酸钾、碘化钾和淀粉（可溶）各1g，分别溶入100mL蒸馏水中备用，其中可溶淀粉须先用少许水浸湿，然后加水至100mL，并在烧杯中加热，不断搅拌直到全部溶化。试验时，将三种溶液各取10mL混匀作为显色剂使用，有效期3天。

E.3.3 试验步骤

1 测定含铜防护剂的透入度，应将它的显色剂分装于50mL滴管玻瓶中并顺滴在木芯上，凡含铜的木芯部分应立即显示深蓝色。

2 测定含砷防护剂的透入度，应将三种显色剂分装于滴管玻瓶中，并按1、2、3号显色剂的顺序先后点滴在木芯上，每种显示剂浸入木芯后应干燥

1min，当三种显色剂试验完毕时，含砷的木芯部分应呈蓝绿色，无砷部分呈橙红色。

3 测定含铬防护剂的透入度，应将木芯放置白色滤纸上并用试液不断滴在木芯上，经过 10min 后予以冲洗，然后检测滤纸，若呈现紫红色的部分，则证明该部分的铬未起固定作用，CCA（铜、铬、砷）防护剂有流失的可能性。

4 测定含五氯酚石油防护剂的透入度，应在测试的木芯上滴浸它的显色剂，则含五氯酚的木芯部分立即显示红色；无五氯酚的木芯部分，若木芯木材为松木类时呈绿色，木材为花旗松类时呈黄色或橄榄色。

5 测定含锌防护剂的透入度，应将它的三种显示剂各取 10mL，直接点滴在木芯上，含锌的木芯部分应立即呈深蓝色，无锌的木芯部分应保持原色。

6 测定有色的木材防腐油、环烷酸铜石油等防护剂的透入度，可直接在木芯上测量，对浅色的环烷酸铜、五氯酚石油，允许采用含有 5% 的红染料（碳酸钙）干粉喷刷显色。

E.3.4 试验结果及判别：

每个试件试验完毕后应按下列规定进行记录和判别：

1 木材防护剂的透入度应以测定木芯显色部分的长度（mm）来表示；

2 测量木芯显色部分的长度宜将试样放置在距离眼睛适当的位置用平板直尺测量，每一试件应测量三次，取其平均值，并记录和计算到三位有效数字；

3 当无双方协议时，该批试样的木材防护剂透入度的平均值，若符合现行的国家标准《木结构工程施工质量验收规范》GB 50206—2002 的有关规定值时，则应判定为质量合格。

E.4 用 X 射线荧光分析法测定含铜、铬、砷防护剂的保持量

E.4.1 仪器及设备

采用 X 射线荧光分析应具备下列仪器和设备，并经检验合格：

X 射线荧光分析仪	200 系列	1 台
高速强剪切混合乳化机	实验用	1 台
精密微量天平	分度值 0.001mg	1 台
托盘天平		1 台
电热恒温干燥箱	具有自动定温装置	1 台
容量瓶	250mL	5 个

E.4.2 标样制作

1 制作标样应按 CCA（铜铬砷）防护剂标准配方分别称取共 70g（准确至 0.001g），加蒸馏水 30g 按工艺要求在实验用高强剪切混合乳化机内配制成有效浓度为 70% 的 CCA 木材防护剂。

2 应从有效浓度为 70% 的 CCA 木材防护剂中

称取 0.45g、0.75g、1.04g、1.34g、1.64g 及 1.94g 分别装入 6 个容量瓶内并分别稀释为 0.3%、0.5%、0.7%、0.9%、1.1% 及 1.3% 不同元素含量的该防护剂标样。

E.4.3 测试步骤

1 将防护剂不同元素含量的标样分别装入样品杯加到 3/4 满，逐次放到 X 射线荧光分析仪的输入分析仪中，设置该防护剂标样的分析配制表。

2 应准确称量 40g 被测样品木芯粉末，倒入样品杯并宜压实到样品杯的 3/4 满。

3 将盛有被测试的木芯粉末的样品杯放到 X 射线荧光分析仪的样品孔里，使分析仪为"CCA 分析状态"并按"分析"键进行分析。

4 将 X 射线荧光分析仪分析结果分别显示出的铜（Cu）铬（Cr）砷（As）元素量分别换算成相应的氧化物量（CuO，CrO_3，As_2O_5）或干盐量（$CuSO \cdot 5H_2O$，$Na_2Cr_2O_7 \cdot 2H_2O$，$As_2O_5 \cdot 2H_2O$）。

E.4.4 结果计算

1 经防护剂处理的木材中含 CCA 的有效成分重量百分率（%）应按下式计算：

$$T = \frac{C}{W} \times 100$$

式中 C——被测试的样品中含各种氧化物量或干盐量的总和（g）；

W——被测试的木芯粉状物的重量（g）。

2 经防护剂处理的干燥木材中含 CCA 的保持量应按下式计算：

$$D = \frac{T \times G}{100}$$

式中 D——CCA 的保持量（有效成分氧化物或干盐）（kg/m³）；

T——有效成分重量百分率（%）；

G——木材烘干后的密度（kg/m³）。

3 当需测定干燥木材的密度时，应在被测试木材中取 75mm×50mm×25mm 的木块在 105℃ 的恒温干燥箱中烘至恒重以计算其密度。

E.5 用化学滴定法测定含铜、铬、砷防护剂的保持量

E.5.1 样品制备

1 应准确称量 25g 被测试的干状木芯粉末，并转移到一个烧瓶中，加入 25mL 已冷却的 2:1 的过氧化氢和浓缩硫酸混合物。

2 徐徐加热使之进行强烈的液态燃烧，当开始炭化时，再加入 2~3 滴或更多的过氧化氢直至溶液出现白色烟雾，停止加热并待冷却。

3 应将烧瓶内的溶液冲洗到有刻度的 500mL 容量瓶中，加入 100mL 2N 的硫酸溶液，并用蒸馏水准

确稀释至 500mL 的刻度，制成被测样品溶液。

E.5.2 含氧化铜防护剂的保持量测定

1 试剂

测定含铜量采用的试剂应包括：浓氨水、浓盐酸、浓硫酸、浓硝酸、无水乙醇、淀粉指示剂、冰醋酸、铜片或铜粒、5%尿素溶液、20%KI溶液、20%NaSCN溶液、0.1N 的 $Na_2S_2O_3$ 溶液和 0.05N 的 $Na_2S_2O_3$ 溶液、氢氧化铵（浓）、氯化钾硝酸混合液。

2 测定硫代硫酸钠溶液的当量浓度

（1）准确称量纯铜粉 0.25g 置于 250mL 的锥形瓶中，用10mL 浓硝酸溶解，加热蒸发至3~4mL，冷却至室温。

（2）用蒸馏水冲洗瓶壁并加 10mL 的 5%尿素溶液，煮沸 3min，冷却至室温。

（3）徐徐加入浓氨水直至溶液颜色正好呈深蓝色。

（4）加 5mL 冰醋酸，振荡，用蒸馏水冲洗瓶壁稀释至 50mL，冷却至室温。

（5）加 10mL 的 20%KI 溶液，然后加 5mL 的 20%硫氰酸钠（NaSCN）溶液。

（6）用 0.1N 的 $Na_2S_2O_3$ 标准溶液进行滴定，并摇荡，当溶液颜色由棕黑色变成淡褐色时，加 5mL 淀粉指示剂溶液并继续滴定，直至溶液颜色恰好从蓝色变成奶油色才终止滴定，并记录标准溶液的滴定用量。

（7）硫代硫酸钠（$Na_2S_2O_3$）溶液的当量浓度按下式确定：

$$N = 15.74 Cr/V_0$$

式中　N——硫代硫酸钠溶液（$Na_2S_2O_3$）的当量浓度；

　　　Cr——铜粉的重量（g）；

　　　V_0——$Na_2S_2O_3$ 标准溶液滴定用量（mL）。

3 测试步骤

（1）将被测样品木芯粉末约 4g 置入一个 300mL 的锥形瓶中，加入 10mL 水再加 10mL 浓盐酸和数颗玻璃。

（2）小心加入 15mL 乙醇，加热至黄绿色消失后呈澄清蓝绿色，用水冲洗瓶壁，煮沸 1min 后冷却至室温。

（3）用浓氨水中和至溶液中产生沉淀。用试纸调剂使溶液微呈碱性，徐徐滴入浓硫酸，直至沉淀全部消失及微呈酸性。再煮沸，使溶液浓缩至体积为 30mL，冷却至 20℃ 以下，再用蒸馏水稀释至 125mL。

（4）加入 10mL 的 20%KI 和 5mL 的 20%NaSCN 溶液，摇荡混匀。

（5）用 10mL 玻璃滴定管通过 0.05N 的 $Na_2S_2O_3$ 标准溶液进行滴定，当碘的棕色正好消失时，加 2mL 淀粉溶液，直到颜色由暗蓝色变成浅绿色溶液时终止，若为"CCA"则由暗蓝色变成奶油色时终止。并记录标准溶液的滴定用量。

4 结果计算

防护剂中的氧化铜含率应按下式确定：

$$CuO = 7.96NV/W$$

式中　CuO——防护剂中氧化铜的含率（%）；

　　　N——按 E.5.2.2 条确定的 $Na_2S_2O_3$ 标准溶液的当量浓度；

　　　V——按 E.5.2.3 中测定的 $Na_2S_2O_3$ 标准溶液的滴定用量（mL）；

　　　W——被测样品木芯粉末的重量（g）。

E.5.3 含氧化砷防护剂的保持量测定

1 试剂

测定含砷量采用的试剂应包括：浓盐酸、浓硫酸、次磷酸（50%H_3PO_3）、甲基橙（0.1%水溶液）、0.1000N 的溴酸钾（$KBrO_3$）。

2 测试步骤

（1）将被测样品木芯粉末 4~5g 置入一个 250mL 的锥形瓶中，加入 50mL 水后再加 50mL 浓盐酸和 20mL 的次磷酸（H_3PO_3），混匀后在蒸气浴中加热直至溶液产生沉淀，再缓缓小心煮沸混合物 15min。

（2）立即用一个含有瓦特曼 934AH 玻璃微纤维的 10mL 古氏坩埚趁热过滤，并用水将锥形瓶内壁清洗干净，弃去滤液，将坩埚沉淀物全部洗入同一锥形瓶中。

（3）将 10mL 硫酸加入锥形瓶中并由明火加热直至大量烟雾放出再冷却至室温。

（4）小心缓慢加入 100mL 水，再加 5mL 盐酸和 2 滴甲基橙溶液。

（5）用 10mL 玻璃滴定管、0.1000N 的 $KBrO_3$（溴酸钾）标准溶液进行滴定，直至溶液颜色变成无色时才终止，并记录标准溶液的滴定用量。

3 结果计算

防护剂中的氧化砷含率应按下式确定：

$$As_2O_5 = 0.5746VN/W$$

式中　As_2O_5——防护剂中氧化砷的含率（%）；

　　　V——按 E.5.3.2 条测定的 $KBrO_3$ 标准溶液的滴定用量（mL）；

　　　N——$KBrO_3$ 标准溶液的当量浓度；

　　　W——被测样品木芯粉末的重量（g）。

E.5.4 含六价铬防护剂的保持量测定

1 试剂

测定含六价铬量采用的试剂应包括：85%磷酸、二苯胺磺酸钡溶液、硫酸亚铁胺-硫酸溶液、1:1硫酸溶液、0.200N 重铬酸钾标准溶液。

2 测试步骤

（1）准确吸取 100mL 被测样品溶液置入一个 500mL 的锥形瓶中。

（2）加入 100mL 水和 3mL 磷酸和 6mL 的 1:1 硫酸溶液，摇荡混匀。

（3）立即加入 10mL 硫酸亚铁胺-硫酸溶液，然后加入 10 滴二苯胺磺酸钡溶液。

（4）迅速用一个 10mLA 级滴定管通过 0.2000N 重铬酸钾标准溶液进行滴定，当溶液颜色呈淡紫色或深绿色时终止滴定，记录标准溶液的滴定用量，表示为 V_1。

（5）在另一个盛有 100mL 水的 500mL 锥形瓶中，执行"测试步骤"的第（2）、（3）、（4）条，并记录标准溶液的滴定用量，表示为 V_2。

3 结果计算

防护剂中的六价铬含率应按下式确定：

$$CrO_3 = 0.6668(V_2 - V_1)/W$$

式中 CrO_3——防护剂中六价铬的含率，（%）；

V_1——在有被测样品溶液的锥形瓶中测定的标准溶液滴定用量（mL）；

V_2——在无被测样品溶液的另一锥形瓶中测定的标准溶液滴定用量（mL）；

W——被测样品木芯粉末的溶液重量（g）。

E.6 石灰煅烧银量滴定法测定五氯酚防护剂的保持量

E.6.1 适用范围及方法要点

本方法是将五氯酚燃烧，使其中的氯原子转化为氯离子（释出原子与氢氧化钙），然后用银定量法测定氯，并换算成五氯酚含量。本方法适用于任何含氯的有机物。

E.6.2 仪器

使用的仪器应包括：马弗炉（能恒温在 800～900℃之间）、瓷坩埚（带盖 100mL）、酸滴定管、碱滴定管、烧杯、抽滤器。

E.6.3 试剂及试剂制备

氢氧化钙：分析纯、粉末状。

硝酸钾：分析纯、粉末状。

浆硝酸：分析纯。

0.1N 的 $AgNO_3$ 溶液：取 16.9g 分析纯硝酸银溶解于 1000mL 的容量瓶，并稀释到刻度。然后以萤光黄做指示剂，以三个锥形瓶分别称量 0.14～0.15g 分析纯氯化钠，用 100mL 水稀释，滴入 2～3 滴萤光黄指示剂，以该硝酸银溶液进行滴定，得出其准确当量浓度。

0.1N 的 NH_4CNS 溶液：称量 7.6g 分析纯硫氰酸铵，在 1000mL 容量瓶中稀释到刻度，然后以硫酸铁铵硝酸溶液（铁铵矾）作指示剂，用标准 0.1N 硝酸银溶液进行滴定，得出其准确当量浓度。

铁铵矾指示剂：10g 硫酸铁铵溶于 10mL 浓硝酸稀释到 100mL。

E.6.4 测试步骤

1 在 100mL 瓷坩埚中放入 10g1：9 硝酸钾、氢氧化钙混合物，称重，用骨勺在混合物上做一小窝，将被测样品木芯粉末 5g 倒入后再覆上 20g 该混合物，

称重。

2 上述坩埚盖好放入调温在 800～900℃ 的马氏炉中，燃烧半小时。

3 取出冷却，转移燃烧后的混合物于 400mL 烧杯中，用少量硝酸洗涤坩埚，再用蒸馏水洗两次，一并倒入烧杯。

4 在置于冷水浴的烧杯中慢慢加入硝酸进行中和，直到溶液对刚果红试纸呈蓝色为止。

5 在中和后的溶液中滴进 15mL 标准的 0.1N 硝酸银溶液，以玻璃棒搅拌到生成的白色氯化银胶状沉淀被絮凝。

6 抽吸过滤，用蒸馏水洗两次沉淀，滤液应澄清。转移入锥形瓶中，滴入 3～4 滴指示剂，以 0.1N 的 NH_4CNS 溶液滴定到溶液呈红色为止。记录 NH_4CNS 标准溶液的滴定用量。

E.6.5 结果计算

防护木材中五氯酚的含率应按下式确定：

$$PCP = \frac{266.5 N_2 \left(15 - \dfrac{N_1 V}{N_2}\right)}{5W}$$

式中 PCP——防护剂中五氯酚的含率（%）；

N_1——NH_4CNS 溶液的准确当量浓度；

N_2——$AgNO_3$ 溶液的准确当量浓度；

V——NH_4CNS 标准溶液的滴定用量（mL）；

W——被测样品木芯粉末的重量（g）。

附录F 构件胶缝脱胶试验

F.1 一般规定

F.1.1 本附录提供确定层板胶合木控制胶缝完整性的 3 种脱胶试验方法。

F.2 基本原理

F.2.1 构成内力是由于木材内部的含水率梯度，其结果是产生对胶缝的垂直拉应力。因而当胶结质量不高时，就要出现胶缝脱胶。

F.3 仪器设备

F.3.1 压力容器：压力容器应能在至少 600kPa（绝对压力 700kPa）压力下和构成至少 85kPa（绝对压力 15kPa）的真空下安全运转，并应配备抽气泵或其他与其功能相同的设备，用以形成至少 600kPa（绝对压力 700kPa）的压力，并能抽至少 85kPa（绝对压力 15kPa）压力的真空。

F.3.2 干燥箱：在干燥箱中空气循环的速度为 2m/s 至 3m/s，箱中的温度和空气的相对湿度按不同试验方法控制如表 F.3.2 所示。

表 F.3.2　干燥箱按不同试验方法控制人工气候

试验方法	温　度　℃	相对湿度%
A	60～70	<15
B	65～75	8～10
C	27～30	25～35

F.3.3　天平：准确度为 5g 的天平。

F.4　试件的准备

F.4.1　试件按能代表生产正常运转的原则来选择。试件应取自需进行试验的层板胶合木构件的全截面，即沿垂直木纹方向切割。试件顺木纹方向长度（75±5）mm。试件的端面应用锐利的锯或其他切割工具，以取得光滑的平面，若截面宽度 b 大于 300mm，可将试件切割为两个或更多一些的试件。每个试件的高度至少 130mm，若截面高度 h 大于 600mm，则可将其切割成两个或更多个试件，其高度至少 300mm。

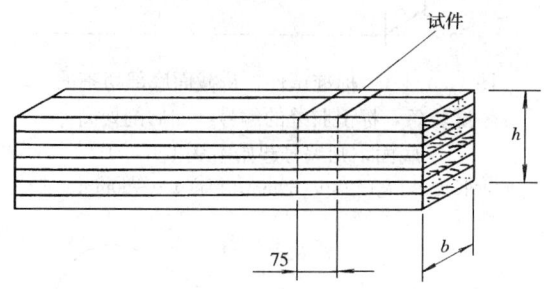

图 F.4.1　从层板胶合木构件切割出的试件

F.5　试验步骤

F.5.1　一般规定：胶缝的总长度从试件端面起始按毫米量度。将试件按所选定的试验方法进行不同的周期试验（如 F.5.2，F.5.3 或 F.5.4 中的规定），每种试验方法所要求的周期数目列于表 F.5.1。只有当按 F.6.2 求得的总脱胶百分比大于预定的最大值，才有必要进行一次额外周期试验。

在干性循环的末尾，从试件端面量度胶缝开胶的长度（mm）。在木节处开胶应忽略不计，木材因开裂或其他原因引起破坏不应包括在脱胶之内。孤立的短于 3mm 的脱胶及与最近的脱胶相距大于 5mm 的脱胶皆应忽略不计。

注：1　若是木材发生分离，即使非常贴近胶缝，亦应明确称为木材破坏或木材开裂。利用放大镜来判别究竟是胶或是木材发生破坏甚有必要。探测缝隙宜采用厚度为 0.08mm 到 0.10mm 的塞尺。

2　由于木节处或节群区的胶缝在严峻的暴露环境下是不耐久的，因而木节处发生的脱胶不必注意，并不计入脱胶面积。

表 F.5.1　不同试验方法所需的周期数目

试验方法	初始周期	额外周期
A	2	1
B	1	1
C	1	0

F.5.2　方法 A 的试验周期：将试件置于压力容器中，并将其压下去，注入数量足够的 10℃到 20℃的水，使试件没入水中。用钢丝网等器具将试件分隔开，使全部端面自由地暴露在水中。抽真空达到 70kPa 到 85kPa（即相当于海平面 15kPa 到 30kPa 绝对压力），并保持 5min。然后释放真空，加压到 500kPa 到 600kPa（绝对压力 600kPa 到 700kPa）1h。试件仍然完全没于水中。重复真空施压循环，达到两个循环浸水周期，总共需要 130min。

在空气温度 60℃到 70℃和相对湿度不超过 15%的环境中干燥试件约 21h 到 22h，空气循环速度为 2m/s 到 3m/s。在干燥期间，试件应相互隔开至少 50mm，试件的端面应与气流方向平行。

F.5.3　方法 B 的试验周期：对每个试件称重准确到 5g 的误差范围内，并记录其结果。将试件置于压力容器中，并将其压下去，注入数量足够的 10℃到 20℃的水，使试件没入水中。用钢丝网等器具将试件分隔开，使全部端面自由地暴露在水中。抽真空达到 70kPa 到 85kPa（相当于海平面 15kPa 到 30kPa 的绝对压力），保持 30min，然后释放真空，加压到 500kPa 到 600kPa（绝对压力 600kPa 到 700kPa）2h。

在空气温度 65℃到 75℃和相对湿度 8%到 10%的环境中干燥试件约 10h 到 15h，空气循环速度为 2m/s 到 3m/s。在干燥期间，试件应相互隔开至 50mm，试件的端面应与气流方向平行。

在干燥箱中的时间应由试件的容积控制，只有当试件的容积控制在干燥箱容积的 15%以内时，才可观测并记录试件的脱胶。

F.5.4　方法 C 的试验周期：将试件置于压力容器中，并将其压下去，注入数量足够的 10℃到 20℃的水，使试件没入水中。用钢丝网等器具将试件分隔开，使全部端面自由地暴露在水中。抽真空达到 70kPa 到 85kPa（相当于海平面 15kPa 到 30kPa 的绝对压力），并保持 30min。然后释放真空，加压到 500kPa 到 600kPa（绝对压力 600kPa 到 700kPa）2h。试件仍然没在水中，重复真空施压循环，达到两个循环浸水周期，总共需 5h。

在空气温度 25℃到 30℃和相对湿度 25%到 35%的范围内干燥试件约 90h，空气循环速度为 2m/s 到 3m/s。在干燥期间，试件应相互隔开至少 50mm，试件的端面应与气流方向平行。

F.6 试验结果

F.6.1 一般规定：应计算每个试件的脱胶百分率。如果有额外周期，应计算额外周期前后的结果。

F.6.2 总脱胶率：每一试件的总脱胶百分率，可按下式计算求得：

$$100 \times \frac{l_{\text{tot,delam}}}{l_{\text{tot,glueline}}}$$

式中　$l_{\text{tot,delam}}$——总脱胶长度（mm）；

　　　$l_{\text{tot,glueline}}$——总胶缝长度（mm）。

F.6.3 最大脱胶率：一个试件的一条胶缝的最大脱胶率按下式计算：

$$100 \times \frac{l_{\text{max,delam}}}{2l_{\text{glueline}}}$$

式中　$l_{\text{max,delam}}$——最大脱胶长度（mm）；

　　　l_{glueline}——胶缝长度（mm）。

F.6.4 试验报告：报告应包括下列内容：

1　试验日期。

2　试件的说明及从那些构件中切割。其他有关的情况，例如关于预处理的情况。

3　木材的树种。

4　胶的类型。

5　试验方法。

6　经过规定的周期以及必需的附加周期后的总脱胶率和最大脱胶率。

7　试验期间或试验后观察到的某些特征。

8　试验负责人签字。

附录 G　构件胶缝抗剪试验

G.1　一般规定

G.1.1 本附录提供测试构件胶缝顺纹抗剪强度的方法。

G.2　基本原理

G.2.1 剪应力作用于胶缝直到发生破坏，记录破坏荷载和评定木材破坏的百分率。

G.3　仪器设备

G.3.1 试验机：一台已经校准的试验机能按 G.3.2 的要求将压力施加到剪切装置。测量最大荷载的准确度应高于±3%。

G.3.2 剪切装置：剪切装置示于图 G.3.2。柱面支承能自动调整，因而试件端部承载，宽度方向应力均匀分布。

G.4　试件的制备

G.4.1 试件：制备试件时应特别小心，保证承压面平整并且相互平行，并垂直木纹。

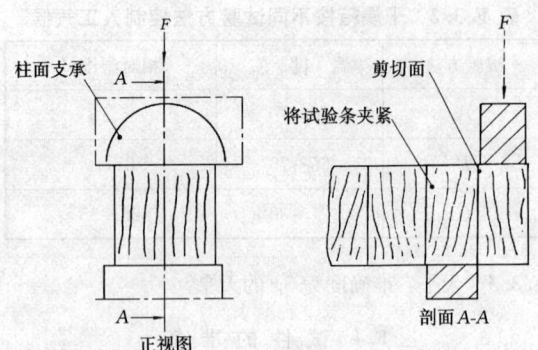

图 G.3.2　夹持试件的剪切装置

试件的形状示于图 G.4.1-1 或图 G.4.1-2，其中图 G.4.1-1 所示者为标准试件。

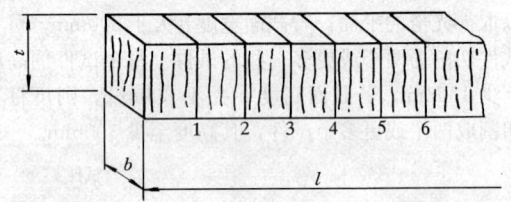

图 G.4.1-1　标准试件，从截面底部切割的试验条，标上胶缝的编号（如切割处高于底面，则编号起始不从 1 开始）

长度 l，宽度 b 40～50mm；厚度 t 40～50mm

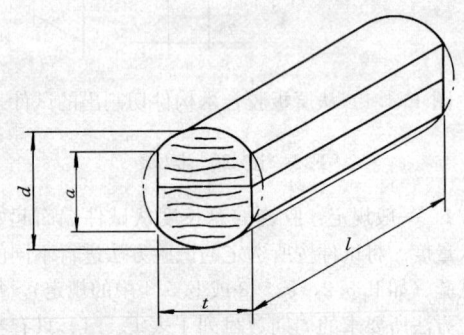

图 G.4.1-2　钻取的木心，并加工出两个相互平行的表面

长度 l 约 70～80mm，直径 d 约 35mm，侧面宽度 a 约 23mm，厚度 t 约 26mm

G.4.2 采样方法：

1　试验条应从全截面中截取。至少从全截面高度的上、中、下三区各截取 3 条胶缝。若截面少于 10 层，则全部胶缝均应测试。

　　注：全截面试件宜在层板胶合木构件有足够的压力区段截取。实际上往往是在层板胶合木构件达不到所要求的压力。如果在这种情况下确定的抗剪强度，那么构件胶缝的质量应被认可。

2　剪切试验应尽可能包括层板胶合木构件总的截面宽度，需要测试的试验条数目列于表 G.4.2。

表 G.4.2 试验条的数量

全截面的宽度（图 G.4.2，mm）	试验条数目
≤100	1
>100≤160	2
>160	3

注：为了准确钻取木心，建议采用一个适用的钻架。
如图 G.4.1-2 所示，木心应沿长度方向切出两个垂直于胶缝的平面，使试件具有一个矩形的剪切面。

3　如果两个或更多的构件在一个装置上夹紧时，从图 G.4.3-2 中可见，试验条必须按照本条第 2 款所要求的数量，从每个构件中截取。

4　当需要测试的胶缝位于层板胶合木构件的中部时，应进行钻孔取样。

应垂直层板胶合木构件的表面钻孔，使需测试的胶缝恰好位于木心的中心线上。

G.4.3　标志：每个试验条都应加永久性标志，这将标明这个试验条是从层板胶合木构件截面的那个位置切出。

注：1　标志与位置的关系示于图 G.4.3-1。
若层板胶合木构件为垂直层叠胶合木，则构件的前侧标 U，背侧标 L。
层板胶合木构件的胶缝编号，应从构件底部开始（图 G.4.1-1）。

2　如果两根层板胶合木构件是在同一装置中加压，则在底部的构件的试验条应添加一个下标 1，从上部构件中截取的试验条应加一个下标 2，图 G.4.3-2 示出标号的例子。

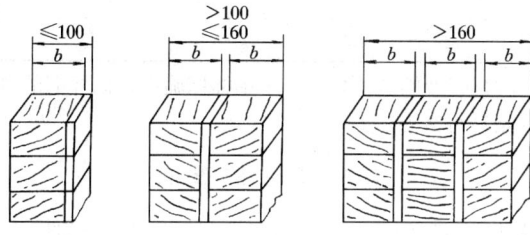

图 G.4.2　从全截面试件中切出的试验条

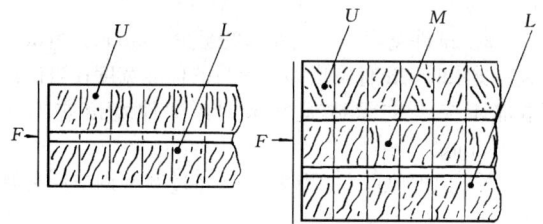

图 G.4.3-1　从水平层叠胶合构件中切出的试验条各部位标志

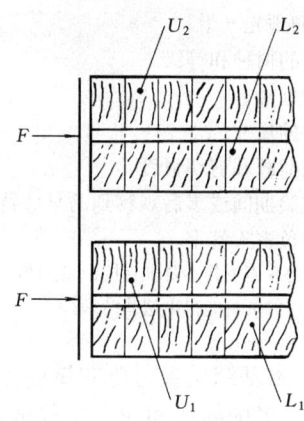

图 G.4.3-2　在同一装置中加压的层板胶合木构件，在部位标志中加下标以资区别

G.5　试验步骤

G.5.1　全部试件应控制在空气温度为 $20\pm2℃$ 和相对湿度为 $65\pm5\%$ 的标准人工气候条件下面达到平衡含水率。对于内部质量检验，试件木材的含水率应均匀地控制在 8% 到 13% 的范围内。

G.5.2　采用游标卡尺量测试件的尺寸，剪切面积的量度，准确到 0.5mm。

G.5.3　将试件置于剪切试验装置中，沿木纹方向施加荷载，应将胶缝准确定位，使胶缝与剪切面的距离缩小到不论在那里都不超过 1mm。

G.5.4　加载的速率保持常数，因而至少在 20s 后发生破坏。

G.5.5　估计木材破坏的总百分率，将其四舍五入后接近一个被 5 能除尽的数字。

G.5.6　从每个试验过的试验条，留下至少 5 条剩下的胶缝，用以标志有次序的数目，构件数量，胶合日期及按 G.4.3 规定的试件出处，按检验单位的要求，储存一个时期。

G.6　试验结果

G.6.1　按下式求得剪切强度 f_v，要求两位有效数字：

$$f_v = k\frac{F_u}{A}$$

式中　F_u——最大荷载（N）；
　　　A——剪切面积（对试验条取 $A=bt$，对钻取木心取 $A=lt$）；
　　　k——修正系数 $k=0.78+0.0044t$；
　　　l——厚度（mm）。

注：试件剪切强度的修正系数 k 是当顺木纹方向的厚度小于 50mm 时成立。

G.6.2　试验报告应包括下列内容：

1　试验日期。

2　试件的标志及从那个构件中切出的，其他有关情况，例如预先气干。

3 木材的树种和等级。

4 胶的型号。

5 试件的尺寸。

6 极限荷载和剪切强度。

7 在试验期间或事后观察到的某些特征。

8 试验负责人签字。

注：由 5 到 8 诸项并不要求直接记录和填写，如果其他已填写的资料能得出这些结果。

附录 H 木基结构板材弯曲试验方法之一 ——集中静载和冲击荷载试验

H.1 一般规定

H.1.1 本附录规定木基结构板材在集中静载和冲击荷载作用下弯曲试验的方法。

H.1.2 试验模拟木基结构板材用作楼面板或屋面板的使用条件。

1 屋面板：应进行在干态和湿态两种条件下的试验。

2 楼面板：应进行在干态和湿态重新干燥两种条件下的试验。

注：根据房屋使用情况，也可只进行一种条件下的试验或按房屋实际使用条件进行试验。

H.2 基本原理

H.2.1 模拟屋面板或楼面板实际受力情况，将板材试件平置在 3 根等距的支承构件上，形成双跨连续板，根据板材两端边缘的支承情况分为 3 种受力状态，在最不利位置加载。

H.3 仪器设备

H.3.1 集中静载：

1 加载装置——可采用不同方式加压至极限荷载，准确度应在 ±1% 以内，应通过球座平稳加载。

2 加载盘——需用两个钢盘，厚度至少 13mm，直径 76mm 的钢盘除用于测定刚度外也用于测定集中荷载下的强度，直径 25mm 的钢盘只用于测定强度（表 H.3.1）。

表 H.3.1　测定强度时钢盘直径的选用（mm）

使用条件	应 用 情 况		
	屋面板	底层承重楼面板	屋面板
湿　态	76	76	76
干　态	76	76	25
湿后重新干燥	—	76	25

加载盘与试件接触的边缘应制成半径不超过

1.5mm 的圆形。

3 挠度计安装在固定于支承构件的三脚架上（图 H.3.1），每格读数为 0.02mm，准确度为 ±%。

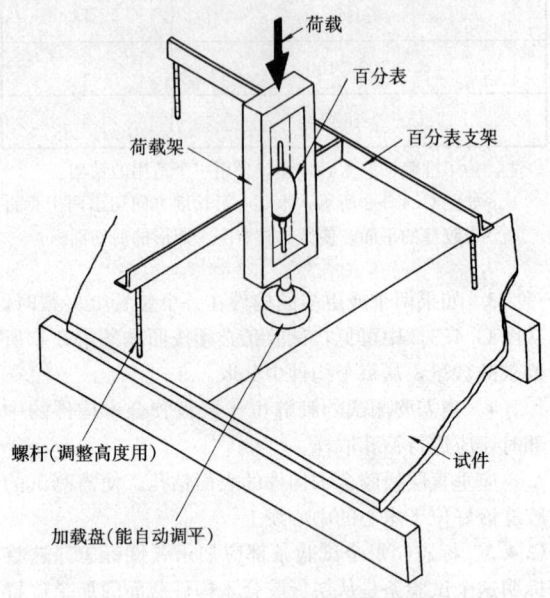

图 H.3.1　集中静载试验装置

H.3.2 冲击荷载：用专门皮袋（底部直径 230～265mm 高 710mm）装入直径为 2.4mm 的钢珠，从不同高度降落形成冲击。皮袋及钢珠的总重按板材的试验跨度确定（表 H.3.2）。

表 H.3.2　冲击荷载试验用落体（皮袋及钢珠）重量

板材的试验跨度 S（mm）	皮袋和钢珠总重（kg）
$S \leqslant 610$	13.6
$610 < S \leqslant 1200$	27.3
$S > 1200$	待　定

皮袋及钢珠的降落高度用标杆确定，标杆上的滑动指针每格为 152mm。

H.4 试件的准备

H.4.1 试件数量：每种试验条件至少 10 个试件。

H.4.2 试件尺寸：

1 试件长度——垂直于支承构件跨越两个跨间的试件长度 $l = 2S$（S—实际制品的跨度，图 H.5.1）。

2 试件宽度——试件宽度至少 595mm。当试件四边支承时，试件宽度即为板材的标准宽度；当试件端部不完全支承或无支承时，试件宽度应不小于 595mm。

3 试件厚度——板材试件经过湿度调节后量测的厚度。

4 应在湿度调节之前按所要求的尺寸切割板材试件。

H.4.3 板材的湿度调节：在试验前应模拟板材可能发生的实际使用条件调节板材的含水率。用于屋盖的板材调节到干态和湿态两种条件（见本条第1和第2款）；用于底层楼面板或单层楼面板应调节到干态和湿后重新干燥两种条件（见本条第1和第3款）这种板材也可按本条第2款试验。

1 干态试验——在20±3℃和65±5%的相对湿度的条件下将板材调节至少2周使其达到恒重和不变的含水率。

2 湿态试验——将板材用水喷淋其上表面连续3天处于湿态，要避免板材表面局部积水或任一部分没入水中。

3 重新干燥试验——将板材处于湿态3天后重新调节到干态。

H.4.4 试件的安装——将调节好的板材按图H.5.1和图H.5.5所示安置在支承构件上，并用连接件固定达到正常使用状态。

II.5 试验步骤

H.5.1 集中静载：集中静载应施加在板材上表面支承构件间的中线上（图H.5.1）。当板材四边支承时，集中静载施加在宽度的中点；当板材边未支承或不完全支承时（例如用企口连接），施加在距板边65mm处。

当加载点相距不小于455mm，并处于不同的跨度时（图H.5.1）且其他试验无导致破坏的迹象，则试件可多次使用。

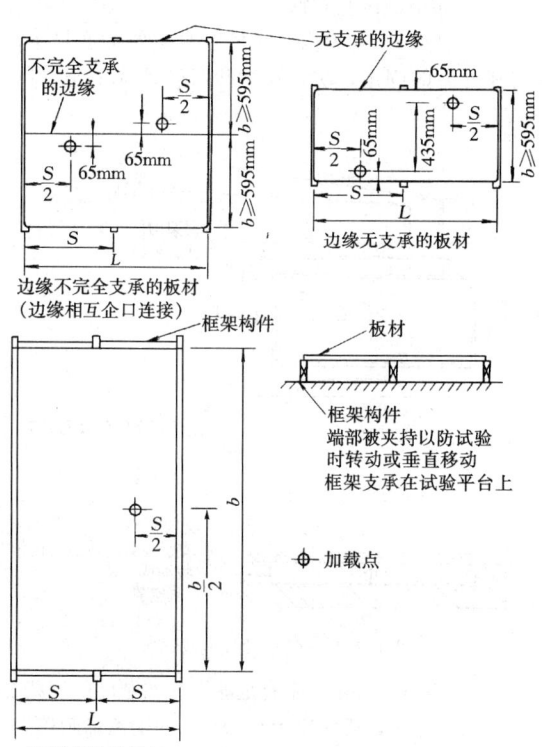

图 H.5.1 集中静载试验试件

H.5.2 测定刚度：用直径为76mm的加载盘在加载点下面量测相对于支座的板材挠度。

用2.5mm/min的加荷速度连续加载至890N并记录挠度计的读数，然后卸荷。

H.5.3 测定屋面板和底层楼面板的强度：按表H.3.1的规定采用直径为76mm的加载盘，测定屋面板干态和湿态的强度，测定底层楼面板干态和重新干燥（如果需要则包括湿态）的强度。

用5mm/min的加荷速度从零逐渐加载直至达到最大荷载。

H.5.4 测定单层楼面板的强度：按表H.3.1的规定采用直径为25mm的加载盘测定单层楼面板干态和重新干燥的强度。

1 用5mm/min的加荷速度加载至最大荷载。

2 如果需要测定单层楼面板湿态的强度（见H.4.3），则应采用直径为76mm的加载盘。用5mm/min的加荷速度从零加载至最大荷载。

H.5.5 冲击荷载：冲击荷载应施加在板材上表面支承构件间的中线上（图H.5.5）。当板材四边支承时，冲击荷载施加在宽度的中点；当板材边未支承或不完全支承时（例如用企口连接），施加在距板边152mm处。

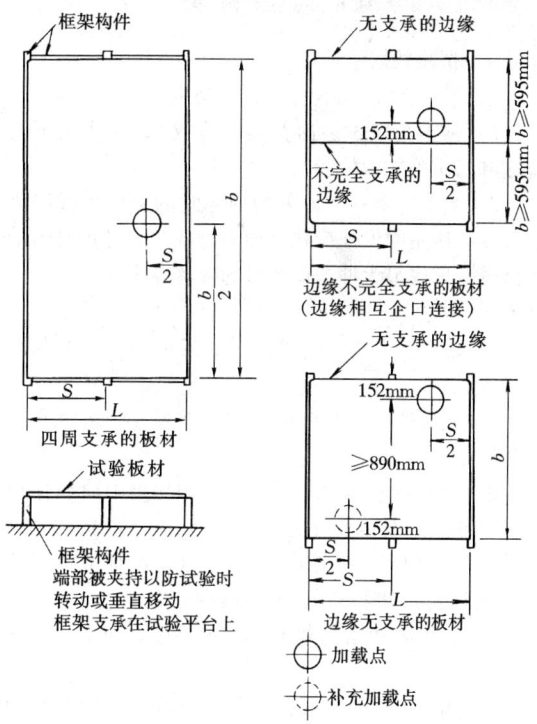

图 H.5.5 冲击荷载试验试件

当加载点相距不小于890mm，并处于不同的跨间时（图H.5.5），且其他试验无导致破坏的迹象，则试件可多次使用。

H.5.6 在冲击荷载试验前，用直径为76mm的加载盘在冲击荷载加载点（图H.5.5）施加集中静载890N，并量测相对于支座的板材挠度。

H.5.7 卸去集中静载试验装置，降落皮袋施加冲击荷载。

1 皮袋应落在板材上表面的加载点，起始的降落高度为152mm，每次按152mm递增，应在邻近的支承构件上面的板材上表面到皮袋的底面量测降落高度。

2 在每次落袋之后，应用直径为76mm的加载盘施加890N的集中荷载在冲击荷载试验的加载点上，并量测挠度。

3 在测得板材在890N集中荷载作用下的挠度后，在冲击荷载试验的加载点上按5mm/min的加荷速度增加集中荷载，直至达到规定的保证荷载。作为保证荷载而施加的集中荷载应按板材预期的用途经有关方面同意确定。当板材确能承受保证荷载，即可卸荷。

4 仍按上述程序（从第1款到第3款）继续冲击荷载试验直至达到下列任一种情况：

1）达到规定的降落高度；

2）达到板材已不能再承受规定的保证荷载，即确定极限冲击荷载时的降落高度。

H.6 试 验 结 果

H.6.1 试验数据记录

1 集中静载890N作用下的挠度。

2 冲击荷载试验前在集中荷载890N作用下的挠度和每次落袋后的挠度。

3 当发生第一个显著的损坏时的集中荷载和落袋高度，所用的保证荷载，冲击荷载试验终止时的最大降落高度或最大冲击荷载时的降落高度。

H.6.2 试验数据分析

1 在890N集中荷载作用下的最小、最大和平均挠度。

2 底层楼面板和单层楼面板的最小、最大和平均极限集中荷载。

3 每次冲击荷载增量后在890N集中荷载作用下的最小、最大和平均挠度。

4 在冲击荷载作用后，承受规定的保证荷载的试验达到规定的降落高度所占的百分率。

5 在极限冲击荷载下，最小、最大和平均落袋高度。

6 出现第一个显著的损坏时最小、最大和平均集中静载。

7 出现第一个显著的损坏时的最小、最大和平均冲击荷载。

H.6.3 试验报告

1 试验日期。

2 板材的特征：制造商、来源、尺寸、试件厚度以及其他有关的性能。

3 试验装置的详情，包括支承系统和连接措施

以及其他有关的构造细部。

4 试验技术：湿度调节、仪器设备的配置，加载盘尺寸，加载点的定位，落袋重量的确定，保证荷载的采用，降落高度上限的规定以及本试验方法尚存在的问题。

附录I 木基结构板材弯曲试验方法之二 ——均布荷载试验

I.1 一 般 规 定

I.1.1 本附录规定木基结构板材在均布荷载作用下弯曲试验方法。

I.1.2 试验模拟木基结构板材作用楼面板或屋面板的使用条件：

1 屋面板：应进行在干态条件下的试验；

2 楼面板：应进行在干态和湿态重新干燥两种条件下的试验。

I.2 基 本 原 理

I.2.1 模拟屋面板或楼面板实际受力情况，将板材试件平置在3根等距的支承构件上形成双跨连续板，用真空舱内的负压使板材均布荷载，测定板材的挠度。

I.3 仪 器 设 备

I.3.1 均布荷载试验装置

1 支座——支承构件平置在真空舱的底槽上，并与其可靠的固定，防止在试验时转动或下挠（图I.3.1）。

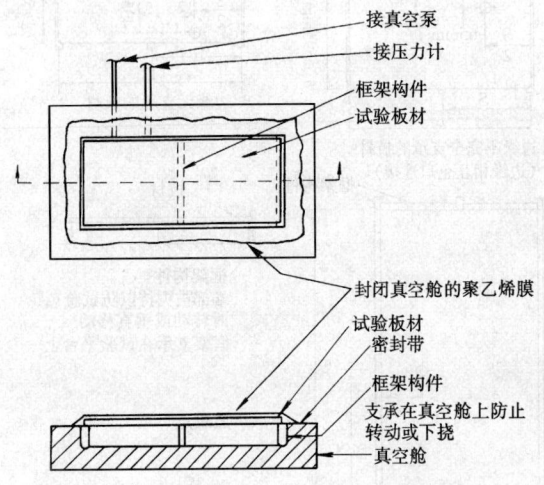

图 I.3.1 真空舱试验装置

2 真空舱——由一个有足够强度和刚度的底槽，以板材试件作盖，用厚度为0.15mm的聚乙烯膜覆盖后，周边用胶带封闭牢固、形成的密封舱。

3 真空泵用来在试件下面形成负压。

4 压力计用来测定试件的荷载。

5 挠度计安装在刚性的三脚架上，三脚架固定在支承构件上（参照附录G图G.5.1）。

I.4 试件的准备

I.4.1 试件数量：每种试验条件至少10个试件。

I.4.2 试件尺寸：

1 试件长度——垂直支承构件跨越两个试验跨度；

2 试件宽度——试件宽度至少595mm，当跨度大于610mm，试件宽度至少1200mm。

I.4.3 板材试件的湿度调节：按附录H第H.4.3条规定的方法调节湿度。

1 用于屋面板的板材仅进行干态试验；

2 用于楼面板的板材应进行干态和重新干燥两种条件下的试验。

I.5 试验步骤

I.5.1 启动真空泵施加均匀荷载，以2.4kPa/min的加荷速度加载。

I.5.2 将挠度计安置在均布荷载双跨连续板最大挠度的位置，即从侧边支承构件的中心线至跨中0.4215S与板材试件宽度中心线的交点处（图I.5.2）。挠度计的量测精度应达到0.025mm。

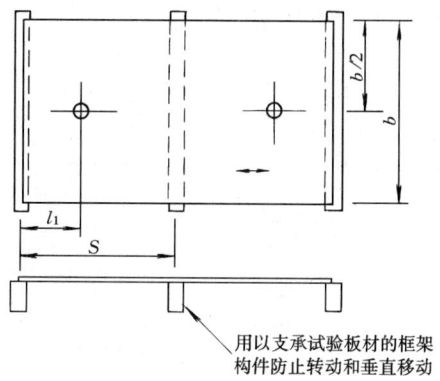

图 I.5.2 均布荷载试验的试件

S—支承构件的中心线距离；l_1—对于双跨连续板为0.4215S；b—板材宽度，≥595mm；⊕—挠度测量点

按1.2kPa的增量记录挠度值直至极限荷载或所需要的保证荷载。

I.6 试验结果

I.6.1 应有足够数量的挠度测量数据来确定荷载-挠度曲线的直线段，绝不可少于6个数据。

I.6.2 为确定指定荷载下的挠度，应先将荷载-挠度曲线的斜线平移至通过原点，然后校正各组曲线。

I.6.3 对用于屋面板的板材试件，在1.68kPa荷载作用下的校正后挠度和用于楼面板的板材试件在4.79kPa荷载作用下的校正后挠度，应计算到接近0.1mm的精度。每个试件的挠度值和检验批的平均值均应列入。

附录J 本标准用词说明

J.1 为便于在执行本规范条文时区别对待，对要求严格程度不同的用词，说明如下：

1) 表示很严格，非这样做不可的用词：
正面词采用"必须"，反面词采用"严禁"。

2) 表示严格，在正常情况下均应这样做的用词：
正面词采用"应"，反面词采用"不应"或"不得"。

3) 表示允许稍有选择，在条件许可时，首先应这样做的用词：
正面词采用"宜"或"可"；反面词采用"不宜"。

表示有选择，在一定条件下可以这样做的用词，采用"可"。

J.2 本规范中指明应按其他有关标准、规范执行的写法为"应符合……要求或规定"或"应按……执行"。

中华人民共和国国家标准

木结构试验方法标准

GB/T 50329—2002

条 文 说 明

目　次

1 总 则

1.0.1 众所周知，试验结果与其所采用的试验方法有密切关系，试验方法各异，试验数据悬殊，若试验方法不当，有时甚至得出相反的或不合实际的结论。

为适应市场经济的发展，消除贸易障碍，技术标准的统一和通用是商业活动中的重要协约依据。欧洲共同体为实现其目标，早在十年前就着手技术标准的统一化工作，其中包括木结构设计规范和试验方法标准。

我国在工程建设标准主管部门的领导下，制订了《建筑结构可靠度设计统一标准》GB 50068—2001，采用了以概率论为基础的极限状态设计方法，为建立这种设计方法需要大量的、系统的调查、实测和试验数据，这些试验统计数据的得来，自然需要一个统一的可靠的试验方法。

为了建立一个统一的、标准的试验方法，能使试验结果科学的、正确的反映木结构受力情况，试验数据能相互比较和引用，以及力求与国际标准相协调，进一步促进对外交流，原国家计委下达了制订本标准的任务。这就是本条所规定的本标准的服务宗旨。

1.0.2 本标准的适用范围主要是工业与民用房屋和一般构筑物中的木结构。即包括普通方木或原木结构、胶合木结构和钢木组合结构。主要说明两点：

1 木构筑物系指一般工业上应用的栈桥、平台、塔架等承重结构。

2 本标准中的主要内容是木结构的构件和连接，它们是木结构的基本组成部分，它们的试验方法亦可适用于临时性建筑设施以及施工过程中的工具式木结构。

1.0.3 本条主要是明确规范、标准应配套使用。但在写法上，国外标准在总则中对引用标准名称——列出，同时在后面有关条文中又要说明直接有关的引用标准名称；我国标准、规范为了避免重复，遵照建设部"工程建设技术标准编写暂行办法"统一规定的标准写法。

2 基 本 规 定

2.1 试验的目的和设计

2.1.1 为强调遵守本标准和试验设计（试验计划）的重要性，列入本条。当需要时尚宜在正式试验前进行预备试验或试探性试验。

2.1.2 由于试验的目的性不同，试验所用的试材、试件制作和数量，以及试验条件等要求都有所差别。征求意见稿按试验的目的性不同，划分为研究性试验、验证性试验和检验性试验。经征求专家意见，认为：

1 研究性试验一般只能在有较高水平的研究单位进行，且为数不多；

2 研究性试验不能规定过于具体，例如研究含水率、木材缺陷等对承载能力的影响，研究试验就需要设置一些变化因素；

3 研究性试验的范围很广，有时也接近于验证性试验。

考虑到我国木结构设计规范编制过程中，有的试验也属于研究性试验，又不宜不予纳入，因此改为本条写法。即本标准按试验的目的性不同，适用于验证性试验和检验性试验，而对研究性试验在写法上采用淡化处理，不与前两者并列、退居配合地位，当涉及时，用"对于专门问题的研究试验，应……"的写法分述于有关条文中。

此外，有建议按试件不同，划分为标准试件试验（全属于破坏试验）、模型构件试验（多数属破坏试验）和足尺构件试验（破坏性或非破坏性试验）；或按建筑的新旧分为破损试验和非破损试验（旧建筑物）。由于这本木结构试验方法是在我国实践和工作经验的基础上编制的，故采用本条规定。

2.2 试材及试件

2.2.1 除了检验性试验按送来的原样妥为保存外，对于验证性试验和专门问题的研究试验，制作试件用的木材应合理地选择和存放。本条的这些规定是根据木材树种多，易腐、易蛀、易裂等特殊性质和我国多年的使用和试验的经验，为保证试验质量和试验数据的正确性而制订的。

2.2.3 含水率对杆件、连接以及屋架等结构用木材受力性质的影响，明显地不同于标准小试件的木材，把用于标准小试件力学性质考虑含水率影响的换算公式应用于结构用木材，实践证明是不适合的。因为影响结构用木材力学性质的，还有更多的复杂因素。

为了消除含水率的影响，据国内外经验，采取控制木材含水率的办法。在制作试件之前，试材必须在室内自然风干达到平衡含水率，这样基本上可以反映木结构房屋使用中的木材含水率状态。在满足这一条件下，木构件、连接以及屋架等大试件静力试验所得的数据可以不进行含水率换算。

本条是为保持含水率的一致性，要求试材达到室内气干平衡水率，这是本标准对木材含水率的起码要求，对于某些试验还可能有附加规定，在本标准的有关条文中还会提出或予以强调。

本标准的附录 A，我国部分城市木材平衡含水率估计值，采用的是北京光华木材厂《木材蒸汽干燥法实践》附表。

此外，为了确实保证试验质量，试验者自觉认真执行本标准中关于对试件含水率、加荷速度和试验室温度的规定，有必要从木材构造的根本机理上加以认识，深刻了解上述三个因素对木材力学性质的影响，为此在本标准的条文说明中列入附录A——木材材性的特点——纤维素结构与木材力学性能。此附录由哈尔滨建筑大学提供。

2.2.4 鉴于木材材质等级不同，对结构用木材受力性质的影响复杂、导致试验数据分散过大，故做此条规定。

2.2.5 本条是关于试件的制作和检查的某些共性要求，对于不同的试验项目还有某些具体要求，分别列于本标准的有关章节。

2.2.6 为了取得大试件（杆件、连接）受力性质和标准小试件的对比资料和该批试材的基本材性的信息，故做此条规定。对于不同试验项目的具体要求，分别列于本标准的有关章节。

2.2.7 虽然大试件的试验数据可不进行含水率换算，但为了掌握试验情况和做好试验监督，仍需进行含水率测定。

2.3 试验设备和条件

2.3.1 本条是根据ISO标准和我国一般的设备条件而定，在写法上本条系各种试验的共同要求，某些试验的特殊要求还分别列于本标准有关章节。

2.3.2 本条对木结构试验的条件提出要求，理由见本标准条文说明的附录A。

本条文中"正常温度和温度的……"，是指正常的自然气候条件，在此条件下木材的含水率达到平衡含水率。

本条文中建议的适宜温度和湿度（20±2℃和65±5%）是根据ISO标准提出的。

2.4 试验记录和报告

2.4.1~2.4.3 是参考国外标准和我国实践经验而制订的。为避免重复，将各章的共同部分订为本条文，未能概括的内容列入有关各章。

3 试验数据的统计方法

3.1 一般规定

3.1 本章首先说明两点：

1 本章内容是针对木结构试验的特点和它的试验数据统计的需要，主要列出试件数量、异常值的判断和处理、参数估计和回归分析等问题的有关规定。由于这些问题在木结构试验中的重要性和应用的广泛性不同，有关条文规定的具体化程度也不相同，有的较为详细具体，有的仅给原则上的指示。

2 按统计学理论，每种试验方法应给出重复性r和再现性R的水平，但由于试验工作量和费用的巨大，一般工程试验的试验方法标准都难以办到。本标准的制定是在不同单位多次试验、多次改进的经验总结的基础上制定的，虽未明确给出重复性r和再现性R的水平，但在实际应用中是可以满足工程试验的要求的。

3.1.1~3.1.2 有关统计学名词及符号、数据的统计处理和解释、抽样程序及抽样表……等统计学内容已有不少国家规范，但不完全。根据木结构构件及连接试验的特点，应做一些必要补充规定，同时，上述国家规范已有规定的一些内容，可以根据实际情况选择。为方便使用，同时避免用户选择时可能造成的混乱，本章已集中进行统一选择。然而统计学内容非常丰富，本章不可能亦不必要全部包括。凡本章没有列入的内容，应根据"统计学"进行。

3.1.3 对于样本来自正态总体或近似正态总体的判断，可以根据物理上的、技术上的知识，也可通过与考查对象有同样性质的以往数据进行正态性检验。木结构安全度研究组在1978~1980年对建筑常用木材强度分布进行了研究，尽管木材各种性质不同可能各自有其更好的分布类型，但总的结论是"不论大小试件，其强度的概率分布均可通过正态性检验"。同时，根据中心极限定理，木结构构件和连接的抗力系由多个随机变量相乘而得，所以一般确认为结构构件抗力服从对数正态分布。

3.1.4~3.1.7 试验设计是搞好研究和最终得出期望的试验结果的重要一环，应根据具体研究目的而定，但从历史经验看，至关重要的是确定好试件数量。构件和连接试验不同于小试件，大试件的选材、制作、及试验所需费用较大，且试验时间较长，过多的试件数显然不合适；但若试件数量过少，试验误差必将过大。因此本章规定了一些试件数量的下限值。分组试验时，每组的试验值的平均值是最重要的特征值，而平均值的误差与试件数量n的开方值成反比，n增大时，其平均值的误差减少，当n从1增加至5时，其误差减小很快，当$n=5$或6时开始变慢，当$n>10$时，误差随n的变化已不显著，通常$n=10$或12已经够了；对做试验困难的情况，试件数量最少应不少于5。不分组时试验仍规定不少于10。

回归分析时，为更好地找出变量间的关系，自变量数不宜太少，不然难以找出较为准确的回归公式。经研究商定，不宜少于7个。由于回归公式已确定，不得外推延长使用，所以应研究好自变量的起点和终点。若无把握可将起点和终点之间的距离根据具体对象适当放大一些。

对检验性试验，本标准的任务是给出试验方法，而对抽样方法应另按有关标准的规定，本标准中只给出如3.1.6条文所述的原则指示。

3.2 异常值的判断和处理

3.2.1 异常值将给研究的问题带来不利影响，应认真对待。异常值产生的原因多种多样：有的是人为差错；有的是试验条件发生未被人发觉的改变；有的是不慎混入其他母体的试验数据；有的反映了本身的变异；有的表示新的规律；所以不能不查明原因，就贸然舍弃其中任一个观测值。

3.2.2～3.2.5 当原因判断不明或试验者经验甚为不足时，应利用数理统计准则加以判别。考虑到构件试验的难度，以及由于剔除异常数据往往有一种心理上的吸引力，会产生一定主观希望剔除的愿望（因为剔除后，似乎可以得出比较有规律的情况，或主观希望达到的结论）。因此，为慎重起见，剔除水平 α^* 取 1% 而不是通常的 5%。

在我们的研究中，往往是在未知标准差情况下进行，异常值检验常用方法有格拉布斯检验法、狄克逊检验法和偏度、峰度检验法，可按现行的国家标准《数据的统计处理和解释，正态样本异常值的判断和处理》的有关规定选用。

3.2.4-3 应重视异常值给出的信息，在一段时间后，考查检出的异常值的全体，往往能明显地发现其物理原因和系统倾向，又若各个样本中出现异常值较为经常，又常不能明确其物理原因，则应怀疑分布的正态性假定，因此，应对异常情况予以详细记录，并作定期分析。

3.3 参 数 估 计

3.3.1 本标准适用于对抽自正态总体的随机样本的一系列试验的基础上，估计该总体的参数，或者利用试验所得的数据计算出一个区间，使得这个区间以给定的概率包含总体的参数。

3.3.5 置信水平是置信区间包含总体均值的概率，通常用百分数表示，一般考虑为 95% 和 99% 两个水平。本标准根据过去经验，仅只考虑 95% 一个水平。

3.3.8 方差区间估计不常用，仅只在特殊研究时才需要，估计 S^2 的良好程度如何。使用一种类似确定母体均值置信区间的方法，也可把母体方差 σ^2 的置信区间推导出来，但当 n 较小时，则结果很不精确，当 $n \geqslant 25$ 时，可以近似认为样本量足够大，可以应用本标准中公式（3.3.8-1），但一般讲（3.3.8-2）单侧上置信界限更为有用。

3.4 回 归 分 析

3.4.1 当问题涉及两个或更多变量时，常常会对变量之间的函数关系感兴趣。但是，如一个或两个变量（在有两个变量的情况时）都是随机的，则在这两个变量的值之间就没有特殊的关系——给定一个变量（控制变量）的一个值，则另有一变量就有一系列的可能值——这样就要求一个概率的描述，如果利用一个随机变量的均值和方差作为另一变量的值的函数来描述两个变量之间的概率关系，这就是所谓回归分

析。在工程学中，回归分析已被广泛用来确定两个（或更多）变量之间的经验关系。

3.4.4 相关系数绝对值越大，方差的减小也愈大，按回归方程得出的预计值也愈精确，一般工程研究其相关系数绝对值不应小于 0.85。

4 梁弯曲试验方法

4.1 一 般 规 定

4.1.1 本方法适用于锯材矩形整截面梁和胶合梁，包括由薄板叠层胶合的工字形或矩形截面梁、侧立木板胶合梁。对于原木以及其他不规则截面的梁也可参考使用。

测定这些横梁的抗弯强度、纯弯曲弹性模量、表现弹性模量以及剪切模量。

4.1.2 在我国国家标准《木材物理力学试验方法》中，按照 GB 1936—91，测定木材标准小试件的弯曲弹性模量采用的全跨度内的挠度，然而国际标准无论是标准小试件（ISO 3349）或梁试验（ISO 8375）均采用纯弯矩区段内的挠度，两者有一定的差别。

在制定本方法时经过反复认真的讨论，认为两种方法各有优缺点：

对标准小试件来说，采用全跨度（240mm）内的挠度比纯弯区（仅长 80mm）内的挠度易于获得变化较小的数据，但混入了由于剪切变形产生的挠度；采用纯弯区内的挠度可以排除剪切变形影响，但要准确测定有一定困难，为此，国际标准 ISO 3349 中列出了两种加荷点，即三分点加荷和四分点加荷，且跨度为 240～320mm，也就是说，纯弯区允许由 80mm 增加到 160mm。估计国际标准讨论过程中也曾有过不同意见，遂作出此变通办法。对于大截面的梁来说、无论测定纯弯区内的挠度或全跨度内的挠度都是不难办到的，本方法同时列入了两种挠度的测量方法。这样处理是基于三点考虑：

1 采用全跨度内的挠度以符合我国实用习惯，并和我国木材标准小试件试验的国家标准 GB 1936—91 相协调；

2 同时列出纯弯区内挠度的测定方法以便与国际标准 ISO 8375 相一致，便于促进对外交流；

3 如果同一试件同时测定两种挠度，还可利用本标准中公式（4.5.3）附带算得梁的剪切模量 G，此剪切模量有时在连接或构件的局部强度的计算和设计中要用到，同时也说明了纯弯曲弹性模量 E_m 和表观弹性模量 $E_{m,app}$ 的关系，也说明了两者的区别而不致混淆。

此外，尚须说明，按标准小试件测定方法（GB 1936—91）测得的弯曲弹性模量并非纯弯曲弹性模量 E_m，实质上是表观弹性模量 $E_{m,app}$。在长期的工程应

用中已习惯用该方法测得弯曲弹性模量的数值代表木材的弹性模量，并记为 E。

4.1.3 被试验的截面，例如测定木材缺陷最大的一个截面的抗弯强度，应该注意使该截面位于梁的纯弯区段内。

4.1.4 本条说明两点：

1 对称四点受力是梁弯曲试验的基本原则，对于不同的试验项目可以有不同的具体规定，但都必须遵守这一基本原则。

2 相对来说，梁试验的用途较广，所得的数据和信息可以用于各个方面。例如：

1）用于制订构件分级规则和标准规格的数据；

2）用于制订构件强度的设计值或验算其可靠度方面的数据；

3）木材的各种缺陷影响构件力学性质的数据；

4）为研究不同树种、不同等级和不同尺寸的构件强度性质；

5）树龄或生长环境等不同条件影响力学性质的数据；

6）确定产品价格所需的各种力学性质的数据；

7）制造胶合构件的各种因子如截面高度、斜度、切口、板的接头形式如指接接头等以及其他胶合工艺的影响的数据；

8）在非破损试验中寻找力学性质同它的物理性质相关的数据；

9）防腐药剂或其他化学因素影响构件力学性质的数据。

4.2 试件及制作

4.2.1～4.2.5 系根据我国实践经验而制订。试件长度至少应为试件截面高度的 19 倍，或 18 倍另加 150mm，以保证梁的跨度为 $18h$，两端支点外伸长度不少于 $0.5h$。此处 h 为梁的截面高度。其中 $18h$ 系根据 ISO 标准提出。

4.3 试验设备与装置

4.3.1～4.3.4 根据我国设备情况和实践经验而制订并与国际标准 ISO 8375 保持一致。荷载分配梁刀口下面的弧形钢垫块能使得试验时保证荷载传递的着力点位置正确，又能保证梁的变形不受约束。

4.4 试验步骤

4.4.1 参考 ISO 8375 而制订。

4.4.2～4.4.5 根据我国实践经验并参考国际标准 ISO 8375 而制订的。其中说明三点：

1 第 4.4.2-3 条要求预先估计荷载 F_1 和 F_0 值，可采用下列方法：

1）根据拟订试验设计的负责人的经验；

2）或者做一根梁的探索性试验；

3）或者试取 F_1 值等于按现行的《木结构设计规范》计算的设计值的 0.9～1.0 倍；试取 F_0 为 F_1 的 1%～5%。

2 公式（4.4.3）是用来计算加荷速度的允许值，此公式是遵照国际标准 ISO 8375 的规定：梁的边缘纤维的应变值的增长速度为每秒 $5×10^{-5}$，并运用材料力学的一般方法而导出的。

当恰好符合 $l=18h$ 且 $a=6h$ 时，（4.4.3）式变为：

$$v=3h×10^{-3} \quad mm/s$$

该条给出的普通公式，是为了提高本标准对不同情况的适应性。

3 第 4.4.5 条中，公式（4.4.5）来自 ISO 8375，其目的是为了取得至少的挠度值，从而使得从荷载挠度曲线图中可以明显看出直线部分的情况。

4.5 试验结果

4.5.1～4.5.4 条文中，公式（4.5.1）、公式（4.5.2）、公式（4.5.3）及公式（4.5.4）是根据定义和运用材料力学的一般方法而导出的，其中公式（4.5.3）是考虑了剪切变形和弯曲变形共同产生的挠度，式中 1.2 为矩形截面的形状系数。

这些公式和 ISO 8375 中相应的公式都是一致的。

5 轴心压杆试验方法

5.1 一般规定

5.1.1～5.1.2 本方法是根据我国有关单位：四川省建筑科学研究院、广东省建筑科学研究院、新疆建筑科学研究院和重庆建筑大学等单位的实践经验和参考国际标准 ISO 8375 和美国标准 ASTM 而制订的。

本方法主要适用于整截面的踞材或由薄板叠层胶合矩形截面的承重柱试验。原木或由薄板叠层胶合的工字型柱也可参考使用。

本方法是采取措施使能保证被试验的承重柱轴心受力、匀速加荷直至破坏，从而根据不同的试验研究目的，取得所需的各种试验数据和信息。例如，可测得和使用有关下列数据：

1 为制订压杆的强度设计值或验算其可靠度所需的有关数据；

2 为求得木材某种缺陷对轴心压杆受力的影响；

3 用于校正柱的现行设计公式或进行柱的某种理论分析；

4 新利用树种为选择适合的轴心压杆稳定系数 φ 值曲线所需的数据。

5.1.3 本方法主要采用几何轴线对中的方法，这样可以与工程实际以及设计、施工规范相一致。对于原木、非矩形截面或特殊要求的研究试验才采用按物理轴线对中的方法。

5.2 试件及制作

5.2.1 原来我国试验的试件长度最短为截面边宽的5倍，为了与ISO标准一致，现取为6倍。

5.2.2～5.2.3 实践表明，木材缺陷、含水率及试件尺寸的偏差对轴心压杆试验结果的影响是很大的，常导致试验数据异常分散，故本方法中根据我国经验做了严格规定。

5.2.4 为了使柱子试验的结果能与其基本材性做对比，故做此规定。每种标准小试件的数目每端不少于3个，即总数不少于6个，才符合本标准第3章的规定。

5.2.5 由于气候原因会使制作好的长柱变得不直，故本条要求同时制作立即同时进行试验。

5.3 试验设备与装置

5.3.1～5.3.5 关于球座的规定是参考美国标准ASTM，其余规定是根据我国的试验设备的情况而制订的。本方法推荐的双向刀铰，使用效果好，在条文中做了具体规定和详图。

5.4 试验步骤

5.4.1 本方法的试验程序分两步：首先测初始偏心率和初始弹性模量；其次匀速加荷直至破坏，测定相应的挠度及破坏荷载。其中初加荷载 F_0 及最终破坏荷载都要在未正式试验之前进行估计。一般采用下列方法：

    1 根据制定试验设计负责人的经验；

    2 或者做一根试探试验；

    3 或者试取破坏荷载估计值等于按现行的《木结构设计规范》计算的设计值的2倍。

5.4.2 测定轴心受压柱的侧向挠度所用的位移计（例如百分表或电子位移计）的触针尖端都不宜与柱的表面直接接触，以防位移受阻或触针滑脱。

5.4.3 根据我国实践经验而制订。

5.5 试验结果及整理

5.5.1～5.5.4 本条列出的试验结果是起码的要求，还应根据试验研究的目的，列出木材缺陷、初始挠度、应力-挠度曲线等结果。

6 偏心压杆试验方法

6.1 一般规定

6.1.1 本试验方法主要根据重庆建筑大学、四川省建筑科学研究院等单位所做大量木构件偏压试验的实践经验编写而成。

本方法提供的试验数据可满足下列项目的需要：

    1 研究木构件在偏心压力短期作用下的极限承载能力和变形性能；

    2 验证偏压或压弯构件的现行设计计算公式或理论假设；

    3 研究木材缺陷及其他因素对偏压或压弯构件的承载能力的影响；

    4 研究偏压或压弯构件的可靠度及其有关统计参数；

    5 确定新树种利用所需的调整系数；

    6 确定树龄及其他自然因素对构件性能的影响；

    7 确定防腐及其他化学处理对构件性能的影响。

6.1.2 偏压试验通常设计成等端弯矩单向弯曲试验。偏心荷载的合力要位于试件截面的长轴上，并保证偏心弯矩平面，在试验中能与试件的通过其截面长轴的纵向对称平面相一致。

偏心压力应均匀地作用于试件整个端面上。其目的不仅可使偏心压力的偏心距在试验的全过程中始终保持不变；同时又可避免试件端面在试验中出现开裂。

为了做到试件端面全表面均匀承压，不论偏心压力的相对偏心率的大小，均须在试件两端各胶粘一块"牛腿"。"牛腿"的厚度按试件截面尺寸及其偏心压力的相对偏心率计算确定。"牛腿"的其他尺寸要求见图6.2.3。

6.1.3 主要是对试件的上、下两部分，试件的支承装置以及设有固定的仪表等，要用绳索适当系住，以防止它们在试件折断时飞溅。

6.1.4 为了防止杆件在垂直于弯矩作用平面的方向发生压屈破坏故做此条规定。破坏荷载的估计，一般可采用下列方法：

    1 根据拟订试验设计的负责人的经验，或预做试探性试验。

    2 或者按现行的《木结构设计规范》计算的设计值进行估计：对垂直于弯矩作用平面可按轴心受压构件进行计算，破坏荷载的估计值取设计值的2.0～2.5倍；对弯矩作用平面内可按压弯构件进行计算，破坏荷载的估计值取设计值的2.5～3.0倍。

此外，对冷杉树种某些专门问题的研究性试验，偏压木构件的破坏荷载 F 值，也可试用条文说明附录B中的公式进行估算，该公式由重庆建筑大学提出，其计算值与该试验数据吻合甚佳。

6.2 试件及制作

6.2.1 试件分组时，试件的最小长细比不宜取得太小。这主要考虑到两个问题：其一是，当"牛腿"较长时，若试件太短，则会出现"牛腿"伸展至试件长度中央附近，从而用"牛腿"加强了试件的工作区段，人为提高其承载能力。其二是，试验实践表明，试件太短时，试件可能因纵向剪裂而破坏。所以分组时，可按试件压力的最大相对偏心率（或偏心距）及试件截面尺寸算出"牛腿"长度，进而大致求得试件长细比的一个相应的下限值。

6.2.2 试件压力的相对偏心率 $m=6e/h$，其中 h 为试件在偏心弯矩平面内的截面尺寸，e 为偏心压力的偏心距。相对偏心率的取值要有利于偏心距为一整数（以毫米为单位）。$m=0.3\sim10$ 是常用范围。

6.2.3 牛腿尺寸是根据实践经验而制定的，当受条件限制，"牛腿"的长度无法满足图 6.2.3 的要求时，亦可经过一定试验检验后，适当缩短"牛腿"的长度。

6.2.5 本条目的在于保证偏心压力平行于试件轴线，并垂直作用于试件端面（包括"牛腿"在内）的全表面。

为保证试件轴向平直，减小试件的初弯度，试件制作宜以机械加工为主。试件制成后，在试验前要采取措施防止试件弯曲。制作完毕到试验之间，时间不宜太长。

6.3 试验仪表和设备

6.3.2 当用承力架做试验时，试件按长细比分组，其每组长细比的取值，都应使试件长度及其支承装置和加荷设备的总和，均与调整后的承力架上、下横梁间的净空相适应。

6.3.4 本条根据实践经验而制定。为将千斤顶固定在承力架的下部横梁上，可把千斤顶的底座点焊在一块预先钻有螺栓孔的钢板上。该钢板放在下部横梁上，对准螺栓孔，经找平后，再用螺栓将钢板与横梁连牢。

6.3.7 偏压试件在试验的初始阶段挠曲很小，其跨中最大挠度一般以 0.1mm 计；但在试件破坏前的阶段，有些试件（长细比较大者）则挠曲很厉害，跨中最大挠度达 100mm 以上。因此，试验时采用的测量挠度的仪表，应既能测定 0.1mm 的小变形，又能度量 100mm 的大挠度。

6.4 试 验 步 骤

6.4.1 偏压试验过程中出现下列情况之一，即认为试件达到破坏：试件发生折断；试件发生纵向剪裂；挠度迅速增大而荷载加不上去。

6.4.2 计算试件的长细比时，试件长度应包含其两端的刀槽（或刀刃）在内。

试验实践表明，单向刀铰能保证试件在偏心弯矩平面内自由挠曲，而在弯矩平面外无挠曲。

6.4.4 刀槽、刀刃和钢压头板没有定型的标准规格，其尺寸应由试验者根据试件的具体情况设计确定，并自行加工制造。

为将刀槽或刀刃与钢压头板在构造上加以连接，

可在两者接触面的中心处各攻丝深约 10mm，再用螺杆（长约 20mm）将两者拧在一起。考虑到刀槽（或刀刃）要有相当高的硬度，因此，它们应先攻丝而后淬火。

6.5 试验资料整理

6.5.1～6.5.3 条文清楚，不用说明。

7 横纹承压比例极限测定方法

7.1 一 般 规 定

7.1.1～7.1.2 木材横纹承压，随着压力荷载的增大，在外观上只是产生压缩，而无明显的破坏特征出现，因此，作为强度指标的极限值难以确定。针对这一特点，一般多采用专门定义的比例极限应力来表示其横纹承压的能力。木材横纹承压的比例极限之所以需要专门定义，是因为它属于弹粘体材料，比例极限不象钢材那样明确，不同的测定方法将得到不一致的结果。本标准采用的定义是参照国际标准 ISO 3132 拟定的。其优点是方法简便，而其效果与逐段回归得到的数值十分相近。

7.1.3 木构件横纹承压之所以需要按其受力方式分为三种型式，是因为局部表面横纹承压时，其受力将得到承压面以外两边木材纤维的支持，从而使其强度显著高于全表面横纹承压；至于尽端局部表面横纹承压，其受力虽不如局部表面横纹承压，但仍优于全表面横纹承压。因此，有必要加以区别对待。另外，还需指出的是，"局部表面横纹承压"仅指沿构件长度（即顺纹方向）的局部表面横纹承压，而不包括沿截面宽度方向的局部表面横纹承压，因为木材纤维横向联系很弱，在局部宽度承压的条件下，其两侧纤维不能起到应有的支持作用。

7.1.4 一般的含水率换算公式仅适用于截面尺寸很小的标准小试件，如果引用于换算截面尺寸较大的木构件，不仅误差很大，而且得不到有规律的结果。但这并不等于说，木构件的强度试验不考虑含水率的影响，只是改而将试件的含水率严格调控至气干状态再进行试验。这时，各试件之间的含水率差异很小，而又很接近实际工作条件下的构件含水率状态，因此能保证试验结果的实用性。

7.2 试材选取及试件制作

7.2.1 木构件的试验结果，不可避免地存在着波动，在一般情况下，造成这种波动的主要原因有三：一是由试验的偶然误差所引起；二是由材料的固有变异性所产生；三是由各种干扰因素所致。前两种原因造成的波动无法避免。但干扰因素的影响，则必须尽可能采用有效的措施予以消除。当按本条的规定选材时，可望将主要干扰因素的影响减小到较低的程度。

7.2.2　木构件横向承压试件的尺寸，是根据不同尺寸试件的试验结果确定的。试验表明，当全表面承压试件的承压面尺寸大于或等于 120mm×180mm，局部表面承压试件的承压面尺寸大于或等于 120mm×120mm 时，其比例极限的测定值趋于稳定，因此，选这两组尺寸作为标准尺寸。若试件尺寸改为 80mm×80mm，则应乘以尺寸系数 ϕ_a，本条文取 ϕ_a 值等于0.9，是根据试验确定的。

7.2.3　本标准编制组对试件加工质量与试件受力状态的对比观测结果表明，要保证试件在试验中受力不受加工偏差的影响，只控制试件每一标定尺寸的偏差不超过允许值是不够的，还必须进一步把有关尺寸之间的相对偏差控制在允许的范围内，才能使试件处于正常的受力状态。这一点在加工中容易被忽视，因此，本条做了明确而具体的规定，以保证测试结果的有效性。

7.3　试验设备要求

7.3.1　本条是根据有关国际标准的规定，在考察了不同型号国产设备的技术条件后拟定的，因而能在使用国产设备的前提下，保证试验结果的精度符合国际标准的要求。

7.3.2~7.3.4　这三条要求都是为保证试件均匀受力、均匀压缩而提出的。在试验中，必须全面加以执行，才能取得可供确定比例极限使用的数据。

7.4　试　验　步　骤

7.4.1　根据国际标准 ISO 3132 的规定，承压面的尺寸应在统一指定的位置上量取。这样做的好处是可以复检量测的结果，从而也使实测数据的有效性得到更好的保证。

7.4.2~7.4.3　本标准采用的加荷方式是参照目前国际上常用的控制加荷总时间，并均匀移动试验机压头的施荷方式拟定的。其优点在于可以不必处理加荷后期所遇到的无法控制匀速变形或匀速施荷等问题。

7.5　试验结果的整理和计算

7.5.1~7.5.3　在整理试验结果时，若遇到荷载-变形图中直线部分的各试验点不在一直线上时，宜用回归方法确定该直线。至于回归直线的上界点，应取哪一个试验点，可先凭目测选择一点，然后再加入该点和去掉该点对相关系数的影响来确定。

8　齿连接试验方法

8.1　一　般　规　定

8.1.1、8.1.2　本方法是对在编制木结构设计规范

期间使用过的两种试验方案进行总结分析而后拟订的。

一种方案为三角形支承架（图 8.3.2-1），即本方法所采用的第一方案。

另一种方案为人字架，相当于一个简单的没有腹杆的三角形桁架。桁架的上弦即人字杆，采用钢材制作。两根人字杆的上端为活动铰，连系于试验机的上压头；人字杆的下端抵承在下弦（即被试木材）的齿槽上。下弦的两端为滚动支座，如图 8.3.2-2。

第一种方案被试木材的一端为受剪端；第二种方案被试木材的两端均为受剪端。

在木结构规范组进行过大量齿连接试验之后，长沙铁道学院专门进行过两种方案的对比试验。试材为湘西靖县产马尾松，在同一段试材上，使两种方案的木材受剪面成为相邻部位。试件分为 4 组：剪面长度与齿槽深度的比值为 4、6、8、10；试件共 34 对。

根据现行的国家标准《数据的统计处理和解释，在成对观测值情况下两个均值的比较》GB 3361—88，将上述试验结果进行整理和统计分析，两种方案的均值确有显著差异，第一方案比第二方案平均高出 9%。

经讨论研究，认为第二方案的破坏剪面是被试木材的两端之一，时而左端，时而右端，不如第一方案是唯一的剪面破坏。但是第一方案的加荷装置仅适用于小截面的试件，当试件截面较大时仍必须采用第二方案。经审查会议决定：两种方案同时列入，并在第8.3.2条中规定了两种方案各自的适用范围。

8.2　试件的设计及制作

8.2.1　本条是根据现行的《木结构设计规范》结合试件要求而制订的。压力与剪面之间的夹角是按常用的取为 26°34′，若为其他角度时，可自行设计加荷装置和试件的角度。

8.2.2~8.2.5　执行条文时，需要注意几点：

1　应严格遵守试材必须达到气干材的规定。为此常需将锯解后的试条坯材放置在室内空气相对湿度约为 65%，温度 20℃ 的环境中持续一年以上，切不可急于求成用人工烘干法干燥试条。

2　除 8.2.5 条外，都可采用商品材锯解试条，但应符合本标准的 2.2.1-3 条的规定。

3　试条坯材截面尺寸较试件增大 3~5mm，考虑翘曲变形后的取直刨平；如果备料时直接将试条锯成短段，则坯材余量可减至 1~2mm。

8.3　试验设备与装置

8.3.1　万能试验机上的测力盘要符合两个要求：

1　试件破坏时测力盘指针至少应超过测力盘圆周的 1/3；

2　测力盘每格读数值应小于破坏荷载的 1%。

8.3.3 制作齿连接试验专用三角形支承架时应注意以下几点：

1 三角形底座由钢板焊成，要求有足够的刚度和强度，对滚动轴承下的钢板尚要求有足够的硬度，为此，此块钢板宜采用硬质合金钢或采用淬火钢材，并须刨平；

2 试件用钢夹板和圆钢销与底座上端"耳状"夹板（厚度20mm）通过圆柱形转轴（直径30mm）相连，与木材连接的钢夹板厚度不小于10mm，圆钢销的直径取为10mm，圆钢销的个数由计算确定并取偶数。圆钢销的设计承载力应大于试件抗剪破坏的1.5倍。若被试木材为硬质阔叶材，必要时圆钢销及钢夹板可用16Mn钢或其他合金钢制成；

3 槽形承托垫板用以均匀分布试件支座反力，承托垫板的尺寸大小应按木材横纹承压强度来计算确定；

4 在槽形承托垫板的下面应焊接滚动轴承。保证试验机压头的压力、试件齿下净截面轴线的拉力与通过滚动轴承传递的支座反力三力交汇于一点。

8.3.4 三角形人字架强调人字杆必须用钢材制作，并保证人字杆的上端为活动铰。

8.4 试验步骤

8.4.1～8.4.5 说明和强调以下几点：

1 为什么要求控制木材含水率和试验室温度？有两方面的原因：一方面木材在纤维饱和点以下，含水率对木材强度的影响颇为敏感，含水率高则强度低，通常呈指数函数关系。只有在相同含水率条件下木材强度才具有可比性；另一方面木材纤维素是天然的高聚物，温度高时大分子键运动活泼，分子间力减弱，导致木材强度低，只有当介质温度相同的条件下试验结果才具有可比性。要统一这两方面的要求，最可行的办法就是试件必须风干至平衡含水率后，方可进行试验。

2 三力线汇交于一点至为重要，必须严格遵守规定，谨慎仔细对中。理论和试验表明：若支座反力力线向内偏移，将恶化齿连接抗剪工作，抗剪强度急剧降低；若向外偏移则抗剪强度也会产生很大的影响；两者均不能得出正确结果。

3 试验表明，加荷速度愈快则强度愈高，其原因可参见条文说明的附录A。

8.5 试验结果的记录与整理

8.5.1～8.5.4 根据我国实践经验而订。

9 圆钢销连接试验方法

9.1 一般规定

9.1.1、9.1.2 本方法是参照ISO标准结合我国实践经验而订。说明三点：

1 除专门问题的研究试验外，一般都以顺木纹对称双剪连接作为典型的型式，当需进行横木纹或斜木纹受力的销连接时，可另行设计试件和装置，并按本方法进行试验。

2 圆钢销连接要求做全过程破坏试验，从而获得更多的数据和信息，例如比例极限、变形为1mm、2mm、10mm以及其他各种数据。

3 若遇螺栓连接检验性试验，应将螺栓松开，不宜考虑夹紧作用的有利影响。

9.2 试件的设计及制作

9.2.1～9.2.4 说明三点：

1 对称双剪圆钢销连接试件的设计尺寸是根据现行的《木结构设计规范》而规定的。

2 圆钢销可直接采用Q235圆钢，除特殊研究外，不得在车床加工，以保证和工程实际所用圆钢销一致。

3 圆钢销不得采用其他钢种代替，因Q235钢具有足够的塑性，理论分析和规范中的计算公式都已考虑了这种塑性性质。

9.3 试验设备与装置

9.3.1～9.3.3 万能试验机的吨位采用1000kN，理由同条文说明8.3.1。

9.4 试验步骤

9.4.1～9.4.3 说明以下三点：

1 先预加荷0.3F并且持续30s的目的在于使连接紧密，以消除由于连接松弛引起的非弹性变形，这一过程不可忽视。

2 圆钢销连接破坏时具有很大的塑性变形，当荷载达到一定程度后，变形继续增加而荷载增加得很少，为了获得更多的数据和信息，要求直到圆钢销被压弯、变形至少达到第9.4.3条规定数值方可终止试验。

3 预先估计圆钢销连接当钢材屈服时试件所受到的力F，它仅是为了在加载程序中使用，它总是小于终止试验时的荷载。

9.5 试验结果及整理

9.5.1、9.5.2 条文清楚，不用说明。

10 胶粘能力检验方法

10.1 一般规定

10.1.1 由于决定一种胶能否用于承重结构，需要根据若干试验得到的指标进行综合评价，才能作出最后的结论。因而本标准明确了本方法仅供检验使用，也就是说，作为检验的对象必须是批量生产的商品胶，而不是正在研制的新胶种，这一点必须在使用时予以注意。

10.1.2、10.1.3　用胶粘接木材，通常以两项指标来衡量其粘接能力，一是沿木材顺纹方向的胶缝抗剪强度；另一是垂直于木纹方向的胶缝抗拉强度。但后者的试验结果不如前者稳定，因此，作为检验的用途，一般可仅用胶缝的抗剪强度进行判别。但需要指出的是，在本方法中并非任何树种的木材都可以用来检验胶的粘接能力。因为有些树种结构疏松，抗剪强度很低，用以做试件容易误判胶的粘结能力合格；有些树种胶着力差，用以做试件容易误判胶的粘结能力不合格。因此，本条对试件的树种及其气干密度做了具体规定。

10.2　试条的胶合及试件制作

10.2.2　执行本条应注意的是：经过重新细刨光的试件，宜成对合拢，以保护其胶合面的洁净。倘若在涂胶前受到沾污，可用丙酮沾在脱脂棉花上予以清洗。

10.2.3　加工剪切试件时，主要应保证的是试件受荷端面与支承端面之间的相互平行。因为这是使试件在专门剪切装置中保持正确受力状态的关键。

10.3　试验要求

10.3.2　执行本条应注意的是，湿态试验的试件在浸水过程中不能浮在水面，宜采用铁栅等将其浸没水中。另外，湿态试验尚应按时进行，不能随意延长浸水时间，以免使试件数据失效。

10.3.3　为了使试验结果能够随时得到复查，宜将破坏的试件保留到试验报告完成的时候。这一点对于沿木材部分破坏率低的试件尤为重要。因为可能需要重新检查其破坏原因。

10.4　试验结果的整理与计算

10.4.1、10.4.2　在执行中应注意的是：有些试件可能在浸水过程中已脱开。对这些试件的湿态剪切强度极限 f_v 应取为 0，但应记载它的剪切面是否仍粘有一层薄薄的木纤维，以供分析使用。

10.5　检验结果的判定规则

10.5.1　本条的规则是参照原苏联国家标准制定的，经我国多年使用未发现有什么问题，因而又继续予以引用。

10.5.2　本条中的常用耐水胶种，一般可理解为苯酚-甲醛树脂胶、间苯二酚树脂胶以及用间苯二酚改性的酚醛树脂胶等。

11　胶合指形连接试验方法

11.1　一　般　规　定

11.1.1　制定本方法时考虑以下几点：

　　1　本方法的服务对象包括整截面的结构指接材和胶合木构件中的单层木板的指接；

　　2　本方法的任务是提供指接接头抗弯强度的数据，而不包括由指接构成的承重用的指接木材和叠层胶合木材的分级方法，因为它们的分级方法不只是依赖于指接抗弯强度一项，而应另按有关标准进行；

　　3　有的国家采用指接的抗拉强度试验，本方法是参照欧共体推荐性标准《指接针叶锯材》和其他有关标准而制订的，考虑到指接的抗弯强度试验方法简易，并且试验数据的离散性小于抗拉强度试验，所以采用抗弯强度作为测定指接强度的指标。

11.1.3　关于指接的符号，我国林业部门编制的国家标准《指接材》GB 11954—89与欧共体标准和国际标准 ISO 10983 略有不同。

　　考虑到欧共体标准已为国际标准 ISO 所接受，为了与国际标准靠拢，促进国外交流；且其符号简单并含英文字义，易于记忆和使用；因此采用本条所订符号。

11.2　试　件　设　计

11.2.1～11.2.4　根据我国现行的《木结构设计规范》、欧共体标准《木结构设计统一规则》和《指接针叶锯材》等标准而制订的。

11.3　试　验　步　骤

11.3.1～11.3.4　本方法对试件的跨度做了规定，试验步骤同本标准梁抗弯强度的测定方法。

11.4　试验结果的计算和判定

11.4.1　本条根据中国林业科学研究院的试验和建议而制订。

11.4.2、11.4.3　指接试件的抗弯强度按材料力学的公式计算。

11.4.4　为了测定指定的强度，凡是在木材缺陷处破坏的试件，均不能代表指接的强度，必须排除，并至少补足 15 个试件。

　　由于只有 15 个有效数据，指接抗弯强度的标准值是根据 ISO 标准取置信水平为 0.75，并按现行的国家标准《正态分布完全样本可靠度单侧置信下限》GB 4885—85 而确定的。

12 屋架试验方法

12.1 一般规定

12.1.1 本方法适用范围中所指的屋架，应理解为用作屋盖结构的平面桁架，包括普通方木或原木屋架、钢木屋架和胶合木做成的木屋架或钢木屋架；不包括空间网架，也不包括中国穿逗式木结构。

12.1.2 屋架试验之所以需按验证性和检验性分为两类，是因为它的全套测定项目工作量很大而又不是每类试验都需要全做。因此，宜根据不同的试验目的和要求，选择必需测定的项目以节约人力、物力和时间。

12.1.3、12.1.4 执行本条文应注意的是：当钢木屋架需要做破坏试验时，宜准备两套钢构件，一套按设计荷载设计，用于测定屋架工作性能；另一套按3倍设计荷载设计，用于做破坏试验，以保证屋架能沿木构件部分破坏。试验屋架首先用第一套钢构件组装，直至破坏试验开始前才换上第二套钢构件。由于增加了更换构件的工序，因而要求第二套钢构件的设计，不仅要考虑便于安装，而且还不能改变屋架节点原来的传力方式。这一点一定要在试验设计中加以注意。

12.2 试验屋架的选料及制作

12.2.1、12.2.2 屋架试验不可能做得很多，即使是验证性试验，也需要先充分掌握其构件和连接的基本性能后，才能进而考虑以少量的屋架进行综合的观测与评估其系统功能。在这一前提下，一般都要求在做好试验设计的同时，还要注意做好选料与加工工作，这里需要说明的是，本条之所以只要求按现行规范严格选料与加工制作，而不要求选用上好材料，由高级工人进行制作，主要是因为只有在最接近规范要求的情况下，才最能说明问题，最能取得对工程实践有指导作用的试验结果。

12.2.3 屋架检验的目的性很明确。一般总是在委托方对它的安全性或施工质量有怀疑时才提出来的。因此，选择外观质量相对最差的屋架进行测定，最易弄清疑点，查出隐患。这样，也就是更有利于对要求检验的问题作出正确的判断。

12.3 试验设备

12.3.1～12.3.3 对屋架试验设备提出这三条基本要求，其内容从表面上看，较多属于细节问题。然而，长期经验表明，屋架试验所出的问题，有不少是由于加荷系统行程不够、传力偏心、支座条件与设计不符以及侧向支撑失效等所造成的。特别是侧向支撑失效，往往是试验屋架在荷载不大的情况下，就很快

失稳破坏的主要原因之一。因此，有必要引起试验人员的重视。

12.4 试验准备工作

12.4.1 屋架试验需要较大的荷载和较多的仪器设备，且试验的要求也较高，最好能在正规的结构实验室内进行。至于现场试验，一般是不推荐的，只有对检验性试验，且无法解决屋架运输时，才考虑就地检验，即使这样，也应搭设能防雨的试验棚，并在大风天停止试验。由此可知，现场试验很麻烦而且费用高，不宜提倡。

12.4.3 执行本条文需要注意的是，当试验的是使用过的旧屋架时，其安装偏差可能不满足本条的要求。在这种情况下，不宜强行校正，而只需逐项记录其实际偏差，提供分析试验结果时使用。

12.4.4 本条需要说明的是，当仪表较多，安装有交叉而影响测读时，不能随便改变其安装位置，而应由试验的负责人重新修改试验设计，作出统一的调整考虑。

12.5 屋架试验

12.5.1 当屋架试验沿木构件部分破坏时，其破坏荷载一般为设计荷载的2.5～3.0倍。在这种情况下，倘若忽略了对加荷点钢垫板的受力和上弦杆木材承压的验算，便有可能因承压应力过大而使垫板陷入木材，切断纤维，并造成不应有的应力集中。如果情况严重，还可能引起上弦杆在加荷点处发生不正常的破坏。因此，本条规定了该部位木材的局部承压应按能承受3倍以上的设计荷载进行验算。

12.5.4 在木屋架试验中，每级加荷的时间间隔之所以需要2h，是因为木结构的变形收敛很慢，如果每级加荷不给予足够的间歇时间，结构变形就不能得到充分发展，致使测读的变形值偏小，在屋架破坏试验时，还会得到偏高的极限荷载值，以致影响试验的准确性。因此，有必要对加荷的间歇时间作出统一的规定。

另外，在标准荷载作用下，之所以需要有足够的持续荷载时间，是因为这时的屋架挠度值反映的是结构刚度。根据以往的经验，对木屋架荷载持续的时间至少要24h，甚至更长，因此，做了相应的规定。执行时应注意的是，倘若在持续荷载期间，木屋架的变形无收敛趋势，则应及时检查其变形异常的原因，以便作出必要的处理。

12.5.5 屋架破坏试验的分级加载，到了后期之所以需要缩小级差，是为了能取得较准确的破坏荷载值。

12.5.10 过去从试验破坏的屋架上锯取小试件时，对取样的部位和数量没有统一的规定，全凭个人的经验决定。因此，不仅试件数量居多偏少（1～3个），

而且取样的部位也带有很大的随意性。所有这些混乱情况，都对试验结果的整理带来很多问题。为此，本条对锯取小试件的部位、种类和数量做了统一的规定。在执行中应特别注意的是，不要随意减少试件的数量，因为本条对试件数量的规定是根据统计的最低要求确定的。

12.6 试验结果的整理和分析

12.6.1 在全跨荷载作用下，屋架上下弦节点的位移图，其左右各对应节点的位移量，在正常情况下应基本上呈对称形状。倘若根据试验数据绘出的图形严重不对称，则表明：或是节点工作不正常，或是测读有差错，必须立即予以查明。这一工作到了整理数据时才发现，一般嫌晚了一些，很可能无法纠正。因此，本标准第 12.5.7 条第 4 款规定：试验负责人应对某些关键数据随时作现场估计分析工作，以便及时发现问题，并加以解决。

12.6.3 本条第 4 款，关于破坏荷载与标准荷载的比值 K 的取值规定是根据我国设计经验并参照原苏联有关标准确定的。经不少单位多年使用均认为较为合理、可靠。

附录 A　木材材性的特点
——纤维素结构与木材力学性能

本标准第 2.2.2 条，2.3.2 条和有关章节，分别对木材试件的含水率，试验加荷速度以及试验室温度提出了相应的要求，这是基于木材材性的特点提出来的。含水率、加荷速度和温度对木材的力学性能影响均较敏感，因此为使试验数据科学，可资比较和利用需对上述三个影响因素加以规定。

为了确实保证试验质量，试验者自觉认真执行本标准关于对试件含水率、加荷速度和试验室温的规定有必要将从木材构造的根本机理上加以认识，深刻了解上述三因素对木材力学性能的影响。这也就是本附录的宗旨。

木材的力学性能主要依赖于构成细胞壁主体的纤维素，而纤维素是由碳、氢、氧三种元素组成的长链大分子结构的高分子聚合物。这个链的基本单位是脱水 D——六环葡萄糖基，藉助于氧桥顺链长相连，横向大分子链间有分子间力（范德华力）相互连接。此外脱水 D——六环葡萄糖基中有三个羟基，当大分子链间距较近时，这些羟基将和旁邻的氧原子形成较坚固的完全饱和的氢键。氧桥主价键能和分子间力以及氢键能的集合，构成纤维素的机械强度。

大分子链的聚合度（或者说链长）极不相同。有的链长些，有的短些，一般链长与直径之比达数千或更多。如此细长的大分子链呈蜷曲态存在。

纤维素长链的每个基本链节的三个极性羟基极易

吸湿，吸湿后使纤维膨润，结果使大分子链间距增大，从而降低了分子间力。这是因为分子间力与分子间距成反比，大致上是分子间距 n 次方的倒数，此外羟基吸留水分时部分氢键能将被消耗转变为热能，以上两种现象就是木材含水率增加则强度降低的根源所在。木材含水率与强度之相关，可用指数方程回归表达，即：

$$R_w = R_{15} e^{bw}$$

式中　R_w——含水率为 w 时的木材强度；

　　　R_{15}——含水率为 15% 时的木材强度；

　　　b——回归系数，它与材种及受力情况有关；

　　　w——木材的含水率。

显然这种因含水率增加引起木材强度降低、变形增大的现象只当木材含水率 w 小于或等于纤维饱和点时才会出现。

含水率对木材的弹性模量也有影响，含水率越大弹性模量越小，这是因为水使纤维素膨润，大分子链间分子力减少，致使链段分子柔顺性增大，从而降低了弹性模量。

塑性变形主要是大分子链间相互滑动所致，而水分变化恰恰引起分子间力的改变，因此含水率对木材塑性变形的影响较弹性变形为大。

作用外力值不变，木材的变形将随作用外力时间的增长逐渐加大，这种现象称作蠕变。作用外力越小这种蠕变历程（从开始变形到变形终止的时间）越长。

蠕变现象和大分子链的运动有关。在外力作用下，大分子链将由原平衡态过渡到新平衡态，由于大分子链的蜷曲以及链间有相互作用的分子间力和氢键的阻碍，这种过渡不可能与加荷过程同步，在加荷结束后尚需经历一段时间后才能完成，这个过程称蠕变历程。显然作用外力越大这种历程就越短，总变形亦小。此外它还与加荷速度以及纤维素结构，含水率和温度等因素都有关。

若加荷速度很快（例如试验机上几分钟内试件破坏），此时链段间还来不及蠕动，变形将主要由瞬间弹性变形（指加荷过程中的弹性变形它是分子链角和链长的改变）和塑性变形（大分子链间的滑动）组成；如果加荷速度甚慢（例如几天、几月甚至几年后结构破坏），则除上述两类变形外，还有随荷载作用时间延长而变形速度逐渐递减的弹粘变形。加荷速度趋于零，即作用力延续时间 t 趋于无限大时，弹粘变形得到充分发展，弹粘变形速度趋于零，此时的木材强度为长期强度。因此，在分析试验结果（变形、强度、弹性模量）时，只有在相同的加荷速度下才有意义。

分子间力与温度成反比，因此温度升高，大分子链段的分子运动活泼柔顺大，从而蠕变历程缩短，强度也低。温度低时，大分子链刚劲，蠕变历程加长，强度也高。

含水率增大，大分子链间分子力减小，从而大分子链柔顺，蠕变历程缩短。

综上所述，在进行木质试件构件和结构试验时，必须对含水率、加荷速度和室温予以规定，只有在这些条件相对稳定的条件下，方可相互比较分析。

附录 B　冷杉树种偏压构件试验破坏荷载估算公式

对冷杉树种某些专门问题的研究性试验，偏压木构件的破坏荷载 F 也可试用下述公式进行估算：

$$F = \frac{R_c A}{1 + \dfrac{6\,(e + f_F)\,R_c}{h R_b}}$$

式中　R_c——试件的顺纹抗压强度，它等于该组试件的标准小试件顺纹抗压极限强度平均值，乘以疵病及尺寸影响系数 0.754；

R_b——试件的横向弯曲强度，它等于该组试件的标准小试件横向弯曲极限强度平均值，乘以疵病及尺寸影响系数 0.558；

A——试件的截面面积；

h——试件的弯矩平面内的截面高度；

e——试件的偏心距；

f_F——预计的试件跨中最大破坏挠度，可按下式估算：

$$f_F = \frac{\lambda^2 h R_c}{24 E_c \left(3 - \dfrac{R_b}{R_c}\right)}$$

其中　λ——试件的长细比；

E_c——试件的顺纹抗压弹性模量，它等于该组试件的标准小试件顺纹抗压弹性模量平均值，乘以疵病及尺寸影响系数 0.792；其余符号意义同前。

中华人民共和国国家标准

建筑结构检测技术标准

Technical standard for inspection of building structure

GB/T 50344—2004

主编部门：中华人民共和国建设部
批准部门：中华人民共和国建设部
施行日期：２００４年１２月１日

中华人民共和国建设部
公　告

第 265 号

建设部关于发布国家标准
《建筑结构检测技术标准》的公告

现批准《建筑结构检测技术标准》为国家标准，编号为GB/T 50344—2004，自 2004 年 12 月 1 日起实施。

本标准由建设部标准定额研究所组织中国建筑工业出版社出版发行。

中华人民共和国建设部

2004 年 9 月 2 日

前　　言

根据建设部建标〔2002〕第 59 号文的要求，由中国建筑科学研究院会同有关研究、检测单位共同编制了《建筑结构检测技术标准》GB/T 50344。

在编制的过程中，编制组开展了专题研究、试验研究和广泛的调查研究，总结了我国建筑结构检测工作中的经验和教训，参考采纳了国际建筑结构检测的先进经验，并在全国范围内广泛征求了有关设计、科研、教学、施工等单位的意见，经反复讨论、修改、充实，最后经审查定稿。本标准在建筑结构工程质量检测方面，与新修订的《建筑工程施工质量验收统一标准》GB 50300 和相关的结构工程施工质量验收规范相协调；在已有建筑结构检测方面，与相关的可靠性鉴定标准相协调。

本标准共有 8 章和 9 个附录，规定了应该进行建筑结构工程质量检测和建筑结构性能检测所对应的情况，建筑结构检测的基本程序和要求，建筑结构的检测项目和所采用的方法，提出了适合于建筑结构检测项目的抽样方案和抽样检测结果的评定准则。同时，本标准提出了既有建筑正常检查和常规检测的要求。

本标准将来可能需要进行局部修订，有关局部修订的信息和条文内容将刊登在《工程建设标准化》杂志上。

本标准由建设部负责管理，由中国建筑科学研究院负责具体内容解释。为了提高《建筑结构检测技术标准》的编制质量和水平，请在执行本标准的过程中，注意总结经验，积累资料，并将意见和建议寄至：北京市北三环东路 30 号，中国建筑科学研究院国家建筑工程质量监督检验中心国家标准《建筑结构检测技术标准》管理组（邮编：100013；E-mail：zjc@cabr.com.cn）。

本标准的主编单位：中国建筑科学研究院

参加单位：四川省建筑科学研究院
冶金部建筑研究总院
河北省建筑科学研究院
上海建筑科学研究院
北京市建设工程质量检测中心
陕西省建筑科学研究院
山东省建筑科学研究院
黑龙江省寒地建筑科学研究院
江苏省建筑科学研究院
西安交通大学
国家建筑工程质量监督检验中心

主要起草人：何星华　邸小坛　高小旺（以下按姓氏笔画排列）
王永维　马建勋　朱　宾　关淑君
李乃平　杨建平　周　燕　张元发
张元勃　张国堂　侯汝欣　袁海军
夏　赟　顾瑞南　崔士起　路彦兴
鲍德力

目　　次

1 总　　则

1.0.1 为了统一建筑结构检测和检测结果的评价方法，使其技术先进，数据可靠，提高检测结果的可比性，保证检测结果的可靠性，制订本标准。

1.0.2 本标准适用于建筑工程中各类结构工程质量的检测和既有建筑结构性能的检测。

1.0.3 古建筑和受到特殊腐蚀影响的结构或构件，可参照本标准的基本原则进行检测。

1.0.4 建筑结构的检测，除应符合本标准的规定外，尚应符合国家现行有关强制性标准的规定。

1.0.5 对于不符合基本建设程序的建筑，应得到建设行政主管部门的批准后方可进行检测。

2 术语和符号

2.1 术　　语

2.1.1 建筑结构检测

1 建筑结构检测　inspection of building structure

为评定建筑结构工程的质量或鉴定既有建筑结构的性能等所实施的检测工作。

2 检测批　inspection lot

检测项目相同、质量要求和生产工艺等基本相同，由一定数量构件等构成的检测对象。

3 抽样检测　sampling inspection

从检测批中抽取样本，通过对样本的测试确定检测批质量的检测方法。

4 测区　testing zone

按检测方法要求布置的，有一个或若干个测点的区域。

5 测点　testing point

在测区内，取得检测数据的检测点

2.1.2 结构构件材料强度与缺陷检测方法

1 非破损检测方法　method of non-destructive test

在检测过程中，对结构的既有性能没有影响的检测方法。

2 局部破损检测方法　method of part-destructive test

在检测过程中，对结构既有性能有局部和暂时的影响，但可修复的检测方法。

3 回弹法　rebound method

通过测定回弹值及有关参数检测材料抗压强度和强度匀质性的方法。

4 超声回弹综合法　ultrasonic-rebound combined method

通过测定混凝土的超声波声速值和回弹值检测混凝土抗压强度的方法。

5 钻芯法　drilled core method

通过从结构或构件中钻取圆柱状试件检测材料强度的方法。

6 超声法　ultrasonic method

通过测定超声脉冲波的有关声学参数检测非金属材料缺陷和抗压强度的方法。

7 后装拔出法　post-install pull-out method

在已硬化的混凝土表层安装拔出仪进行拔出力的测试，检测混凝土抗压强度的方法。

8 贯入法　penetration method

通过测定钢钉贯入深度值检测构件材料抗压强度的方法。

9 原位轴压法　the method of axial compression in situ on brick wall

用原位压力机在烧结普通砖墙体上进行抗压测试，检测砌体抗压强度的方法。

10 扁式液压顶法　the method of flat jack

用扁式液压千斤顶在烧结普通砖墙体上进行抗压测试，检测砌体的压应力、弹性模量、抗压强度的方法。

11 原位单剪法　the method of single shear

在烧结普通砖墙体上沿单个水平灰缝进行抗剪测试，检测砌体抗剪强度的方法。

12 双剪法　the method of double shear

在烧结普通砖墙体上对单块顺砖进行双面抗剪测试，检测砌体抗剪强度的方法。

13 砂浆片剪切法　the method of mortar flake

用砂浆测强仪测定砂浆片的抗剪承载力，检测砌筑砂浆抗压强度的方法。

14 推出法　the method of push out

用推出仪从烧结普通砖墙体上水平推出单块丁砖，根据测得的水平推力及推出砖下的砂浆饱满度来检测砌筑砂浆抗压强度的方法。

15 点荷法　the method of point load

对试样施加点荷载检测砌筑砂浆抗压强度的方法。

16 筒压法　the method of column

将取样砂浆破碎、烘干并筛分成一定级配要求的颗粒，装入承压筒并施加筒压荷载后，测定其破碎程度，用筒压比来检测砌筑砂浆抗压强度的方法。

17 射钉法　the method of powder actuated shot

用射钉枪将射钉射入墙体的水平灰缝中，依据射钉的射入量检测砌筑砂浆抗压强度的方法。

18 超声波探伤　ultrasonic inspection

采用超声波探伤仪检测金属材料或焊缝缺陷的方法。

19 射线探伤　radiographic inspection

用X射线或γ射线透照钢工件，从荧光屏或所得底片上检测钢材或焊缝缺陷的方法。

20 磁粉探伤 magnetic partide inspection

根据磁粉在试件表面所形成的磁痕检测钢材表面和近表面裂纹等缺陷的方法。

21 渗透探伤 penetrant inspection

用渗透剂检测材料表面裂纹的方法。

2.1.3 结构、构件几何尺寸

1 标高 normal height

建筑物某一确定位置相对于 ± 0.000 的垂直高度。

2 轴线位移 displacement of axies

结构或构件轴线实际位置与设计要求的偏差。

3 垂直度 degree of gravity vertical

在规定高度范围内,构件表面偏离重力线的程度。

4 平整度 degree of plainness

结构构件表面凹凸的程度。

5 尺寸偏差 dimensional errors

实际几何尺寸与设计几何尺寸之间的差值。

6 挠度 deflection

在荷载等作用下,结构构件轴线或中性面上某点由挠曲引起垂直于原轴线或中性面方向上的线位移。

7 变形 deformation

作用引起的结构或构件中两点间的相对位移。

2.1.4 结构构件缺陷与损伤

1 蜂窝 honey comb

构件的混凝土表面因缺浆而形成的石子外露酥松等缺陷。

2 麻面 pockmark

混凝土表面因缺浆而呈现麻点、凹坑和气泡等缺陷。

3 孔洞 cavitation

混凝土中超过钢筋保护层厚度的孔穴。

4 露筋 reveal of reinforcement

构件内的钢筋未被混凝土包裹而外露的缺陷。

5 龟裂 map cracking

构件表面呈现的网状裂缝。

6 裂缝 crack

从建筑结构构件表面伸入构件内的缝隙。

7 疏松 loose

混凝土中局部不密实的缺陷。

8 混凝土夹渣 concrete slag inclusion

混凝土中夹有杂物且深度超过保护层厚度的缺陷。

9 焊缝夹渣 weld slag inclusion

焊接后残留在焊缝中的熔渣。

10 焊缝缺陷 weld defects

焊缝中的裂纹、夹渣、气孔等。

11 腐蚀 corrosion

建筑构件直接与环境介质接触而产生物理和化学的变化,导致材料的劣化。

12 锈蚀 rust

金属材料由于水分和氧气等的电化学作用而产生的腐蚀现象。

13 损伤 damage

由于荷载、环境侵蚀、灾害和人为因素等造成的构件非正常的位移、变形、开裂以及材料的破损和劣化等。

2.1.5 检测数据统计

1 均值 mean

随机变量取值的平均水平,本标准中也称之为 0.5 分位值。

2 方差 variance

随机变量取值与其均值之差的二次方的平均值。

3 标准差 standard deviation

随机变量方差的正平方根。

4 样本均值 sample mean

样本 X_1,……X_N 的算术平均值。

5 样本方差 sample variance

样本分量与样本均值之差的平方和为分了,分母为样本容量减1。

6 样本标准差 sample standard deviation

样本方差的正平方根。

7 样本 sample

按一定程序从总体(检测批)中抽取的一组(一个或多个)个体。

8 个体 item, individaul

可以单独取得一个检验或检测数据代表值的区域或构件。

9 样本容量 sample size

样本中所包含的个体的数目。

10 标准值 characteristic value

与随机变量分布函数 0.05 概率(具有 95% 保证率)相应的值,本标准也称之为 0.05 分位值。

2.2 符　号

2.2.1 材料强度

f_1——砌筑块材强度

$f_{1,m}$——砌筑块材抗压强度样本均值

f_{cu}^c——混凝土抗压强度的换算值

$f_{cu,e}$——混凝土强度的推定值

f_{cor}——芯样试件换算抗压强度

2.2.2 统计参数

s——样本标准差

m——样本均值

σ——检测批标准差

μ——均值或检测批均值

2.2.3 计算参数

Δ——修正量

η——修正系数

3 基 本 规 定

3.1 建筑结构检测范围和分类

3.1.1 建筑结构的检测可分为建筑结构工程质量的检测和既有建筑结构性能的检测。

3.1.2 当遇到下列情况之一时，应进行建筑结构工程质量的检测：

1 涉及结构安全的试块、试件以及有关材料检验数量不足；

2 对施工质量的抽样检测结果达不到设计要求；

3 对施工质量有怀疑或争议，需要通过检测进一步分析结构的可靠性；

4 发生工程事故，需要通过检测分析事故的原因及对结构可靠性的影响。

3.1.3 当遇到下列情况之一时，应对既有建筑结构现状缺陷和损伤、结构构件承载力、结构变形等涉及结构性能的项目进行检测：

1 建筑结构安全鉴定；

2 建筑结构抗震鉴定；

3 建筑大修前的可靠性鉴定；

4 建筑改变用途、改造、加层或扩建前的鉴定；

5 建筑结构达到设计使用年限要继续使用的鉴定；

6 受到灾害、环境侵蚀等影响建筑的鉴定；

7 对既有建筑结构的工程质量有怀疑或争议。

3.1.4 建筑结构的检测应为建筑结构工程质量的评定或建筑结构性能的鉴定提供真实、可靠、有效的检测数据和检测结论。

3.1.5 建筑结构的检测应根据本标准的要求和建筑结构工程质量评定或既有建筑结构性能鉴定的需要合理确定检测项目和检测方案。

3.1.6 对于重要和大型公共建筑宜进行结构动力测试和结构安全性监测。

3.2 检测工作程序与基本要求

3.2.1 建筑结构检测工作程序，宜按图 3.2.1 的框图进行。

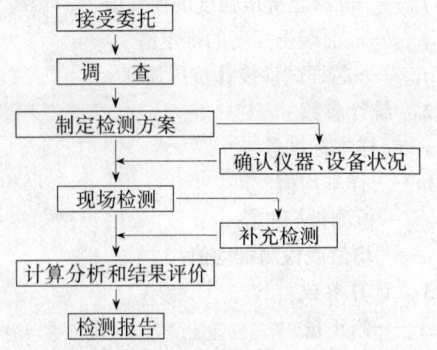

图 3.2.1 建筑结构检测工作程序框图

3.2.2 现场和有关资料的调查，应包括下列工作内容：

1 收集被检测建筑结构的设计图纸、设计变更、施工记录、施工验收和工程地质勘察等资料；

2 调查被检测建筑结构现状缺陷，环境条件，使用期间的加固与维修情况和用途与荷载等变更情况；

3 向有关人员进行调查；

4 进一步明确委托方的检测目的和具体要求，并了解是否已进行过检测。

3.2.3 建筑结构的检测应有完备的检测方案，检测方案应征求委托方的意见，并应经过审定。

3.2.4 建筑结构的检测方案宜包括下列主要内容：

1 概况，主要包括结构类型、建筑面积、总层数、设计、施工及监理单位，建造年代等；

2 检测目的或委托方的检测要求；

3 检测依据，主要包括检测所依据的标准及有关的技术资料等；

4 检测项目和选用的检测方法以及检测的数量；

5 检测人员和仪器设备情况；

6 检测工作进度计划；

7 所需要的配合工作；

8 检测中的安全措施；

9 检测中的环保措施。

3.2.5 检测时应确保所使用的仪器设备在检定或校准周期内，并处于正常状态。仪器设备的精度应满足检测项目的要求。

3.2.6 检测的原始记录，应记录在专用记录纸上，数据准确、字迹清晰、信息完整，不得追记、涂改，如有笔误，应进行杠改。当采用自动记录时，应符合有关要求。原始记录必须由检测及记录人员签字。

3.2.7 现场取样的试件或试样应予以标识并妥善保存。

3.2.8 当发现检测数据数量不足或检测数据出现异常情况时，应补充检测。

3.2.9 建筑结构现场检测工作结束后，应及时修补因检测造成的结构或构件局部的损伤。修补后的结构构件，应满足承载力的要求。

3.2.10 建筑结构的检测数据计算分析工作完成后，应及时提出相应的检测报告。

3.3 检测方法和抽样方案

3.3.1 建筑结构的检测，应根据检测项目、检测目的、建筑结构状况和现场条件选择适宜的检测方法。

3.3.2 建筑结构的检测，可选用下列检测方法：

1 有相应标准的检测方法；

2 有关规范、标准规定或建议的检测方法；

3 参照本条第 1 款的检测标准，扩大其适用范围的检测方法；

4 检测单位自行开发或引进的检测方法。

3.3.3 选用有相应标准的检测方法时，应遵守下列规定：

1 对于通用的检测项目，应选用国家标准或行业标准；

2 对于有地区特点的检测项目，可选用地方标准；

3 对同一种方法，地方标准与国家标准或行业标准不一致时，有地区特点的部分宜按地方标准执行，检测的基本原则和基本操作要求应按国家标准或行业标准执行；

4 当国家标准、行业标准或地方标准的规定与实际情况确有差异或存在明显不适用问题时，可对相应规定做适当调整或修正，但调整与修正应有充分的依据；调整与修正的内容应在检测方案中予以说明，必要时应向委托方提供调整与修正的检测细则。

3.3.4 采用有关规范、标准规定或建议的检测方法时，应遵守下列规定：

1 当检测方法有相应的检测标准时，应按本章第3.3.3条的规定执行；

2 当检测方法没有相应的检测标准时，检测单位应有相应的检测细则；检测细则应对检测用仪器设备、操作要求、数据处理等作出规定。

3.3.5 采用扩大相应检测标准适用范围的检测方法时，应遵守下列规定：

1 所检测项目的目的与相应检测标准相同；

2 检测对象的性质与相应检测标准检测对象的性质相近；

3 应采取有效的措施，消除因检测对象性质差异而存在的检测误差；

4 检测单位应有相应的检测细则，在检测方案中应予以说明，必要时应向委托方提供检测细则。

3.3.6 采用检测单位自行开发或引进的检测仪器及检测方法时，应遵守下列规定：

1 该仪器或方法必须通过技术鉴定，并具有一定的工程检测实践经验；

2 该方法应事先与已有成熟方法进行比对试验；

3 检测单位应有相应的检测细则；

4 在检测方案中应予以说明，必要时应向委托方提供检测细则。

3.3.7 现场检测宜选用对结构或构件无损伤的检测方法。当选用局部破损的取样检测方法或原位检测方法时，宜选择结构构件受力较小的部位，并不得损害结构的安全性。

3.3.8 当对古建筑和有纪念性的既有建筑结构进行检测时，应避免对建筑结构造成损伤。

3.3.9 重要和大型公共建筑的结构动力测试，应根据结构的特点和检测的目的，分别采用环境振动和激振等方法。

3.3.10 重要大型工程和新型结构体系的安全性监测，应根据结构的受力特点制定监测方案，并应对监测方案进行论证。

3.3.11 建筑结构检测的抽样方案，可根据检测项目的特点按下列原则选择：

1 外部缺陷的检测，宜选用全数检测方案。

2 几何尺寸与尺寸偏差的检测，宜选用一次或二次计数抽样方案。

3 结构连接构造的检测，应选择对结构安全影响大的部位进行抽样。

4 构件结构性能的实荷检验，应选择同类构件中荷载效应相对较大和施工质量相对较差构件或受到灾害影响、环境侵蚀影响构件中有代表性的构件。

5 按检测批检测的项目，应进行随机抽样，且最小样本容量宜符合本标准第3.3.13条的规定。

6 《建筑工程施工质量验收统一标准》GB 50300或相应专业工程施工质量验收规范规定的抽样方案。

3.3.12 当为下列情况时，检测对象可以是单个构件或部分构件；但检测结论不得扩大到未检测的构件或范围。

1 委托方指定检测对象或范围；

2 因环境侵蚀或火灾、爆炸、高温以及人为因素等造成部分构件损伤时。

3.3.13 建筑结构检测中，检测批的最小样本容量不宜小于表3.3.13的限定值。

表3.3.13 建筑结构抽样检测的最小样本容量

检测批的容量	检测类别和样本最小容量		
	A	B	C
2～8	2	2	3
9～15	2	3	5
16～25	3	5	8
26～50	5	8	13
51～90	5	13	20
91～150	8	20	32
151～280	13	32	50
281～500	20	50	80
501～1200	32	80	125
1201～3200	50	125	200
3201～10000	80	200	315
10001～35000	125	315	500
35001～150000	200	500	800
150001～500000	315	800	1250
>500000	500	1250	2000

注：检测类别 A 适用于一般施工质量的检测，检测类别 B 适用于结构质量或性能的检测，检测类别 C 适用于结构质量或性能的严格检测或复检。

3.3.14 计数抽样检测时，检测批的合格判定，应符合下列规定：

1 计数抽样检测的对象为主控项目时，正常一次抽样应按表 3.3.14-1 判定，正常二次抽样应按表 3.3.14-2 判定；

2 计数抽样检测的对象为一般项目时，正常一次抽样应按表 3.3.14-3 判定，正常二次抽样应按表 3.3.14-4 判定。

表 3.3.14-1　主控项目正常一次性抽样的判定

样本容量	合格判定数	不合格判定数	样本容量	合格判定数	不合格判定数
2~5	0	1	80	7	8
8~13	1	2	125	10	11
20	2	3	200	14	15
32	3	4	>315	21	22
50	5	6			

表 3.3.14-2　主控项目正常二次性抽样的判定

抽样次数与样本容量	合格判定数	不合格判定数
(1) 2—6	0	1
(1) —5 (2) —10	0 1	2 2
(1) —8 (2) —16	0 1	2 2
(1) —13 (2) —26	0 3	2 4
(1) —20 (2) —40	1 3	3 4
(1) —32 (2) —64	2 6	5 7
(1) —50 (2) —100	3 9	6 10
(1) —80 (2) —160	5 12	9 13
(1) —125 (2) —250	7 18	11 19
(1) —200 (2) —400	11 26	16 27
(1) —315 (2) —630	11 26	16 27
—	—	—

注：(1) 和 (2) 表示抽样批次，(2) 对应的样本容量为二次抽样的累计数量。

表 3.3.14-3　一般项目正常一次性抽样的判定

样本容量	合格判定数	不合格判定数	样本容量	合格判定数	不合格判定数
2~5	1	2	32	7	9
8	2	3	50	10	11
13	3	4	80	14	15
20	5	6	≥125	21	22

表 3.3.14-4　一般项目正常二次性抽样的判定

抽样次数与样本容量	合格判定数	不合格判定数
(1) —2 (2) —4	0 1	2 2
(1) —3 (2) —6	0 1	2 2
(1) —5 (2) —10	0 1	2 2
(1) —8 (2) —16	0 3	3 4
(1) —13 (2) —26	1 4	3 5
(1) —20 (2) —40	2 6	5 7
(1) —32 (2) —64	4 10	7 11
(1) —50 (2) —100	6 15	10 16
(1) —80 (2) —160	9 23	14 24
(1) —125 (2) —250	9 23	14 24
(1) —200 (2) —400	9 23	14 24
(1) —315 (2) —630	9 23	14 24
(1) —500 (2) —1000	9 23	14 24
(1) —800 (2) —1600	9 23	14 24
(1) —1250 (2) —2500	9 23	14 24
(1) —2000 (2) —4000	9 23	14 24

注：(1) 和 (2) 表示抽样次数，(2) 对应的样本容量为二次抽样的累计数量。

3.3.15 计量抽样检测批的检测结果，宜提供推定区间。推定区间的置信度宜为 0.90，并使错判概率和漏判概率均为 0.05。特殊情况下，推定区间的置信度可为 0.85，使漏判概率为 0.10，错判概率仍为 0.05。

3.3.16 结构材料强度计量抽样的检测结果，推定区间的上限值与下限值之差值应予以限制，不宜大于材料相邻强度等级的差值和推定区间上限值与下限值算术平均值的10%两者中的较大值。

3.3.17 当检测批的检测结果不能满足第3.3.15条和第3.3.16条的要求时，可提供单个构件的检测结果，单个构件的检测结果的推定应符合相应检测标准的规定。

3.3.18 检测批中的异常数据，可予以舍弃；异常数据的舍弃应符合《正态样本异常值的判断和处理》GB 4883或其他标准的规定。

3.3.19 检测批的标准差 σ 为未知时，计量抽样检测批均值 μ（0.5分位值）的推定区间上限值和下限值可按式（3.3.19）计算：

$$\mu_1 = m + ks$$
$$\mu_2 = m - ks \qquad (3.3.19)$$

式中 μ_1——均值（0.5分位值）μ 推定区间的上限值；

μ_2——均值（0.5分位值）μ 推定区间的下限值；

m——样本均值；

s——样本标准差；

k——推定系数，取值见表3.3.19。

表 3.3.19 标准差未知时推定区间上限值与下限值系数

样本容量	标准差未知时推定区间上限值与下限值系数					
	0.5分位值		0.05分位值			
	$k(0.05)$	$k(0.1)$	$k_1(0.05)$	$k_2(0.05)$	$k_1(0.1)$	$k_2(0.1)$
5	0.95339	0.68567	0.81778	4.20268	0.98218	3.39983
6	0.82264	0.60253	0.87477	3.70768	1.02822	3.09188
7	0.73445	0.54418	0.92037	3.39947	1.06516	2.89380
8	0.66983	0.50025	0.95803	3.18729	1.09570	2.75428
9	0.61985	0.46561	0.98987	3.03124	1.12153	2.64990
10	0.57968	0.43735	1.01730	2.91096	1.14378	2.56837
11	0.54648	0.41373	1.04127	2.81499	1.16322	2.50262
12	0.51843	0.39359	1.06247	2.73634	1.18041	2.44825
13	0.49432	0.37615	1.08141	2.67050	1.19576	2.40240
14	0.47330	0.36085	1.09848	2.61443	1.20958	2.36311
15	0.45477	0.34729	1.11397	2.56600	1.22213	2.32898
16	0.43826	0.33515	1.12812	2.52366	1.23358	2.29900
17	0.42344	0.32421	1.14112	2.48626	1.24409	2.27240
18	0.41003	0.31428	1.15311	2.45295	1.25379	2.24862
19	0.39782	0.30521	1.16423	2.42304	1.26277	2.22720
20	0.38665	0.29689	1.17458	2.39600	1.27113	2.20778
21	0.37636	0.28921	1.18425	2.37142	1.27893	2.19007
22	0.36686	0.28210	1.19330	2.34896	1.28624	2.17385
23	0.35805	0.27550	1.20181	2.32832	1.29310	2.15891
24	0.34984	0.26933	1.20982	2.30929	1.29956	2.14510
25	0.34218	0.26357	1.21739	2.29167	1.30566	2.13229
26	0.33499	0.25816	1.22455	2.27530	1.31143	2.12037
27	0.32825	0.25307	1.23135	2.26005	1.31690	2.10924
28	0.32189	0.24827	1.23780	2.24578	1.32209	2.09881
29	0.31589	0.24373	1.24395	2.23241	1.32704	2.08903

样本容量	标准差未知时推定区间上限值与下限值系数					
	0.5分位值		0.05分位值			
	$k(0.05)$	$k(0.1)$	$k_1(0.05)$	$k_2(0.05)$	$k_1(0.1)$	$k_2(0.1)$
30	0.31022	0.23943	1.24981	2.21984	1.33175	2.07982
31	0.30484	0.23536	1.25540	2.20800	1.33625	2.07113
32	0.29973	0.23148	1.26075	2.19682	1.34055	2.06292
33	0.29487	0.22779	1.26588	2.18625	1.34467	2.05514
34	0.29024	0.22428	1.27079	2.17623	1.34862	2.04776
35	0.28582	0.22092	1.27551	2.16672	1.35241	2.04075
36	0.28160	0.21770	1.28004	2.15768	1.35605	2.03407
37	0.27755	0.21463	1.28441	2.14906	1.35955	2.02771
38	0.27368	0.21168	1.28861	2.14085	1.36292	2.02164
39	0.26997	0.20884	1.29266	2.13300	1.36617	2.01583
40	0.26640	0.20612	1.29657	2.12549	1.36931	2.01027
41	0.26297	0.20351	1.30035	2.11831	1.37233	2.00494
42	0.25967	0.20099	1.30399	2.11142	1.37526	1.99983
43	0.25650	0.19856	1.30752	2.10481	1.37809	1.99493
44	0.25343	0.19622	1.31094	2.09846	1.38083	1.99021
45	0.25047	0.19396	1.31425	2.09235	1.38348	1.98567
46	0.24762	0.19177	1.31746	2.08648	1.38605	1.98130
47	0.24486	0.18966	1.32058	2.08081	1.38854	1.97708
48	0.24219	0.18761	1.32360	2.07535	1.39096	1.97302
49	0.23960	0.18563	1.32653	2.07008	1.39331	1.96909
50	0.23710	0.18372	1.32939	2.06499	1.39559	1.96529
60	0.21574	0.16732	1.35412	2.02216	1.41536	1.93327
70	0.19927	0.15466	1.37364	1.98987	1.43095	1.90903
80	0.18608	0.14449	1.38959	1.96444	1.44368	1.88988
90	0.17521	0.13610	1.40294	1.94376	1.45429	1.87428
100	0.16604	0.12902	1.41433	1.92654	1.46335	1.86125
110	0.15818	0.12294	1.42421	1.91191	1.47121	1.85017
120	0.15133	0.11764	1.43289	1.89929	1.47810	1.84059

3.3.20 检测批的标准差 σ 为未知时，计量抽样检测批具有95%保证率的标准值（0.05分位值）x_k 的推定区间上限值和下限值可按式（3.3.20）计算：

$$x_{k,1} = m - k_1 s$$
$$x_{k,2} = m - k_2 s \qquad (3.3.20)$$

式中 $x_{k,1}$——标准值（0.05分位值）推定区间的上限值；

$x_{k,2}$——标准值（0.05分位值）推定区间的下限值；

m——样本均值；

s——样本标准差；

k_1 和 k_2——推定系数，取值见表3.3.19。

3.3.21 计量抽样检测批的判定，当设计要求相应数值小于或等于推定上限值时，可判定为符合设计要求；当设计要求相应数值大于推定上限值时，可判定为低于设计要求。

3.4 既有建筑的检测

3.4.1 既有建筑除了在遇到本标准第3.1.3条规定

的情况下应进行建筑结构的检测外,宜有正常的检查制度和在设计使用年限内建筑结构的常规检测。

3.4.2 既有建筑正常检查的对象可为建筑构件表面的裂缝、损伤、过大的位移或变形,建筑物内外装饰层是否出现脱落空鼓,栏杆扶手是否松动失效等;既有工业建筑的正常检查工作可结合生产设备的年检进行。

3.4.3 当年检发现存在影响既有建筑正常使用的问题时,应及时维修;当发现影响结构安全的问题时,应委托有资质的检测单位进行建筑结构的检测。

3.4.4 建筑结构在其设计使用年限内的常规检测,应委托具有资质的检测单位进行检测,检测时间应根据建筑结构的具体情况确定。

3.4.5 建筑结构的常规检测应根据既有建筑结构的设计质量、施工质量、使用环境类别等确定检测重点、检测项目和检测方法。

3.4.6 建筑结构的常规检测宜以下列部位为检测重点:

 1 出现渗水漏水部位的构件;

 2 受到较大反复荷载或动力荷载作用的构件;

 3 暴露在室外的构件;

 4 受到腐蚀性介质侵蚀的构件;

 5 受到污染影响的构件;

 6 与侵蚀性土壤直接接触的构件;

 7 受到冻融影响的构件;

 8 委托方年检怀疑有安全隐患的构件;

 9 容易受到磨损、冲撞损伤的构件。

3.4.7 实施建筑结构常规检测的单位应向委托方提供有关结构安全性、使用安全性及结构耐久性等方面的有效检测数据和检测结论。

3.5 检 测 报 告

3.5.1 建筑结构工程质量的检测报告应做出所检测项目是否符合设计文件要求或相应验收规范规定的评定。既有建筑结构性能的检测报告应给出所检测项目的评定结论,并能为建筑结构的鉴定提供可靠的依据。

3.5.2 检测报告应结论准确、用词规范、文字简练,对于当事方容易混淆的术语和概念可书面予以解释。

3.5.3 检测报告至少应包括以下内容:

 1 委托单位名称;

 2 建筑工程概况,包括工程名称、结构类型、规模、施工日期及现状等;

 3 设计单位、施工单位及监理单位名称;

 4 检测原因、检测目的,以往检测情况概述;

 5 检测项目、检测方法及依据的标准;

 6 抽样方案及数量;

 7 检测日期,报告完成日期;

 8 检测项目的主要分类检测数据和汇总结果;

 9 主检、审核和批准人员的签名。

3.6 检测单位和检测人员

3.6.1 承接建筑结构检测工作的检测机构,应符合国家规定的有关资质条件要求。

3.6.2 检测单位应有固定的工作场所、健全的质量管理体系和相应的技术能力。

3.6.3 建筑结构检测所用的仪器和设备应有产品合格证、计量检定机构的有效检定(校准)证书或自校证书。

3.6.4 检测人员必须经过培训取得上岗资格,对特殊的检测项目,检测人员应有相应的检测资格证书。

3.6.5 现场检测工作应由两名或两名以上检测人员承担。

4 混 凝 土 结 构

4.1 一 般 规 定

4.1.1 本章适用于现浇混凝土及预制混凝土结构与构件质量或性能的检测。

4.1.2 混凝土结构的检测可分为原材料性能、混凝土强度、混凝土构件外观质量与缺陷、尺寸与偏差、变形与损伤和钢筋配置等项工作,必要时,可进行结构构件性能的实荷检验或结构的动力测试。

4.2 原 材 料 性 能

4.2.1 混凝土原材料的质量或性能,可按下列方法检测:

 1 当工程尚有与结构中同批、同等级的剩余材料时,可按有关产品标准和相应检测标准的规定对与结构工程质量问题有关联的原材料进行检验;

 2 当工程没有与结构中同批、同等级的剩余原材料时,可从结构中取样,检测混凝土的相关质量或性能。

4.2.2 钢筋的质量或性能,可按下列方法检测:

 1 当工程尚有与结构中同批的钢筋时,可按有关产品标准的规定进行钢筋力学性能检验或化学成分分析;

 2 需要检测结构中的钢筋时,可在构件中截取钢筋进行力学性能检验或化学成分分析;进行钢筋力学性能的检验时,同一规格钢筋的抽检数量应不少于一组;

 3 钢筋力学性能和化学成分的评定指标,应按有关钢筋产品标准确定。

4.2.3 既有结构钢筋抗拉强度的检测,可采用钢筋表面硬度等非破损检测与取样检验相结合的方法。

4.2.4 需要检测锈蚀钢筋、受火灾影响等钢筋的性能时，可在构件中截取钢筋进行力学性能检测。在检测报告中应对测试方法与标准方法的不符合程度和检测结果的适用范围等予以说明。

4.3 混凝土强度

4.3.1 结构或构件混凝土抗压强度的检测，可采用回弹法、超声回弹综合法、后装拔出法或钻芯法等方法，检测操作应分别遵守相应技术规程的规定。

4.3.2 除了有特殊的检测目的之外，混凝土抗压强度的检测应符合下列规定：

1 采用回弹法时，被检测混凝土的表层质量应具有代表性，且混凝土的抗压强度和龄期不应超过相应技术规程限定的范围；

2 采用超声回弹综合法时，被检测混凝土的内外质量应无明显差异，且混凝土的抗压强度不应超过相应技术规程限定的范围；

3 采用后装拔出法时，被检测混凝土的表层质量应具有代表性，且混凝土的抗压强度和混凝土粗骨料的最大粒径不应超过相应技术规程限定的范围；

4 当被检测混凝土的表层质量不具有代表性时，应采用钻芯法；当被检测混凝土的龄期或抗压强度超过回弹法、超声回弹综合法或后装拔出法等相应技术规程限定的范围时，可采用钻芯法或钻芯修正法；

5 在回弹法、超声回弹综合法或后装拔出法适用的条件下，宜进行钻芯修正或利用同条件养护立方体试块的抗压强度进行修正。

4.3.3 采用钻芯修正法时，宜选用总体修正量的方法。总体修正量方法中的芯样试件换算抗压强度样本的均值 $f_{cor,m}$，应按本标准第 3.3.19 条的规定确定推定区间，推定区间应满足本标准第 3.3.15 条和第 3.3.16 条的要求；总体修正量 Δ_{tot} 和相应的修正可按式（4.3.3）计算：

$$\Delta_{tot} = f_{cor,m} - f^c_{cu,m0}$$

$$f^c_{cu,i} = f^c_{cu,i0} + \Delta_{tot} \qquad (4.3.3)$$

式中 $f_{cor,m}$——芯样试件换算抗压强度样本的均值；

$f^c_{cu,m0}$——被修正方法检测得到的换算抗压强度样本的均值；

$f^c_{cu,i}$——修正后测区混凝土换算抗压强度；

$f^c_{cu,i0}$——修正前测区混凝土换算抗压强度。

4.3.4 当钻芯修正法不能满足第 4.3.3 条的要求时，可采用对应样本修正量、对应样本修正系数或一一对应修正系数的修正方法；此时直径 100mm 混凝土芯样试件的数量不应少于 6 个；现场钻取直径 100mm 的混凝土芯样确有困难时，也可采用直径不小于 70mm 的混凝土芯样，但芯样试件的数量不应少于 9 个。一一对应的修正系数，可按相关技术规程的规定计算。对应样本的修正量 Δ_{loc} 和修正系数 η_{loc}，可

按式（4.3.4-1）计算：

$$\Delta_{loc} = f_{cor,m} - f^c_{cu,m0,loc} \qquad (4.3.4-1a)$$

$$\eta_{loc} = f_{cor,m} / f^c_{cu,m0,loc} \qquad (4.3.4-1b)$$

式中 $f_{cor,m}$——芯样试件换算抗压强度样本的均值；

$f_{cu,m0,loc}$——被修正方法检测得到的与芯样试件对应测区的换算抗压强度样本的均值。

相应的修正可按式（4.3.4-2）计算：

$$f^c_{cu,i} = f^c_{cu,i0} + \Delta_{loc} \qquad (4.3.4-2a)$$

$$f^c_{cu,i} = \eta_{loc} f^c_{cu,i0} \qquad (4.3.4-2b)$$

式中 $f^c_{cu,i}$——修正后测区混凝土换算抗压强度；

$f^c_{cu,i0}$——修正前测区混凝土换算抗压强度。

4.3.5 检测批混凝土抗压强度的推定，宜按本标准第 3.3.20 条的规定确定推定区间，推定区间应满足本标准第 3.3.15 条和第 3.3.16 条的要求，可按本标准第 3.3.21 条的规定进行评定。单个构件混凝土抗压强度的推定，可按相应技术规程的规定执行。

4.3.6 混凝土的抗拉强度，可采用对直径 100mm 的芯样试件施加劈裂荷载或直拉荷载的方法检测；劈裂荷载的施加方法可参照《普通混凝土力学性能试验方法标准》GB/T 50081 的规定执行，直拉荷载的施加方法可按《钻芯法检测混凝土强度技术规程》CECS 03 的规定执行。

4.3.7 受到环境侵蚀或遭受火灾、高温等影响，构件中未受到影响部分混凝土的强度，可采用下列方法检测：

1 采用钻芯法检测，在加工芯样试件时，应将芯样上混凝土受影响层切除；混凝土受影响层的厚度可依据具体情况分别按最大碳化深度、混凝土颜色产生变化的最大厚度、明显损伤层的最大厚度确定，也可按芯样侧表面硬度测试情况确定；

2 混凝土受影响层能剔除时，可采用回弹法或回弹加钻芯修正的方法检测，但回弹测区的质量应符合相应技术规程的要求。

4.4 混凝土构件外观质量与缺陷

4.4.1 混凝土构件外观质量与缺陷的检测可分为蜂窝、麻面、孔洞、夹渣、露筋、裂缝、疏松区和不同时间浇筑的混凝土结合面质量等项目。

4.4.2 混凝土构件外观缺陷，可采用目测与尺量的方法检测；检测数量，对于建筑结构工程质量检测时宜为全部构件。混凝土构件外观缺陷的评定方法，可按《混凝土结构工程施工质量验收规范》GB 50204 确定。

4.4.3 结构或构件裂缝的检测，应遵守下列规定：

1 检测项目，应包括裂缝的位置、长度、宽度、深度、形态和数量；裂缝的记录可采用表格或图形的形式；

2 裂缝深度，可采用超声法检测，必要时可钻取芯样予以验证；

3 对于仍在发展的裂缝应进行定期观测，提供裂缝发展速度的数据；

4 裂缝的观测，应按《建筑变形测量规程》JGJ/T 8 的有关规定进行。

4.4.4 混凝土内部缺陷的检测，可采用超声法、冲击反射法等非破损方法；必要时可采用局部破损方法对非破损的检测结果进行验证。采用超声法检测混凝土内部缺陷时，可参照《超声法检测混凝土缺陷技术规程》CECS 21 的规定执行。

4.5 尺 寸 与 偏 差

4.5.1 混凝土结构构件的尺寸与偏差的检测可分为下列项目：

1 构件截面尺寸；

2 标高；

3 轴线尺寸；

4 预埋件位置；

5 构件垂直度；

6 表面平整度。

4.5.2 现浇混凝土结构及预制构件的尺寸，应以设计图纸规定的尺寸为基准确定尺寸的偏差，尺寸的检测方法和尺寸偏差的允许值应按《混凝土结构工程施工质量验收规范》GB 50204 确定。

4.5.3 对于受到环境侵蚀和灾害影响的构件，其截面尺寸应在损伤最严重部位量测，在检测报告中应提供量测的位置和必要的说明。

4.6 变 形 与 损 伤

4.6.1 混凝土结构或构件变形的检测可分为构件的挠度、结构的倾斜和基础不均匀沉降等项目；混凝土结构损伤的检测可分为环境侵蚀损伤、灾害损伤、人为损伤、混凝土有害元素造成的损伤以及预应力锚夹具的损伤等项目。

4.6.2 混凝土构件的挠度，可采用激光测距仪、水准仪或拉线等方法检测。

4.6.3 混凝土构件或结构的倾斜，可采用经纬仪、激光定位仪、三轴定位仪或吊锤的方法检测，宜区分倾斜中施工偏差造成的倾斜、变形造成的倾斜、灾害造成的倾斜等。

4.6.4 混凝土结构的基础不均匀沉降，可用水准仪检测；当需要确定基础沉降发展的情况时，应在混凝土结构上布置测点进行观测，观测操作应遵守《建筑变形测量规程》JGJ/T 8 的规定；混凝土结构的基础累计沉降差，可参照首层的基准线推算。

4.6.5 混凝土结构受到的损伤时，可按下列规定进行检测：

1 对环境侵蚀，应确定侵蚀源、侵蚀程度和侵蚀速度；

2 对混凝土的冻伤，可按本标准附录 A 的规定进行检测，并测定冻融损伤深度、面积；

3 对火灾等造成的损伤，应确定灾害影响区域和受灾害影响的构件，确定影响程度；

4 对于人为的损伤，应确定损伤程度；

5 宜确定损伤对混凝土结构的安全性及耐久性影响的程度。

4.6.6 当怀疑水泥中游离氧化钙（f-CaO）对混凝土质量构成影响时，可按本标准附录 B 进行检测。

4.6.7 混凝土存在碱骨料反应隐患时，可从混凝土中取样，按《普通混凝土用碎石或卵石质量标准及检验方法》JGJ 53 检测骨料的碱活性，按相关标准的规定检测混凝土中的碱含量。

4.6.8 混凝土中性化（碳化或酸性物质的影响）的深度，可用浓度为 1%的酚酞酒精溶液（含 20%的蒸馏水）测定，将酚酞酒精溶液滴在新暴露的混凝土面上，以混凝土变色与未变色的交接处作为混凝土中性化的界面。

4.6.9 混凝土中氯离子的含量，可按本标准附录 C 进行检测。

4.6.10 对于未封闭在混凝土内的预应力锚夹具的损伤，可用卡尺、钢尺直接量测。

4.7 钢筋的配置与锈蚀

4.7.1 钢筋配置的检测可分为钢筋位置、保护层厚度、直径、数量等项目。

4.7.2 钢筋位置、保护层厚度和钢筋数量，宜采用非破损的雷达法或电磁感应法进行检测，必要时可凿开混凝土进行钢筋直径或保护层厚度的验证。

4.7.3 有相应检测要求时，可对钢筋的锚固与搭接、框架节点及柱加密区箍筋和框架柱与墙体的拉结筋进行检测。

4.7.4 钢筋的锈蚀情况，可按本标准附录 D 进行检测。

4.8 构件性能实荷检验与结构动测

4.8.1 需要确定混凝土构件的承载力、刚度或抗裂等性能时，可进行构件性能的实荷检验。

4.8.2 构件性能检验的加载与测试方法，应根据设计要求以及构件的实际情况确定。

4.8.3 构件性能的实荷检验应符合下列规定：

1 独立构件的实荷检验，按《混凝土结构工程施工质量验收规范》GB 50204 的规定进行；

2 构件性能实荷检验的荷载布置、检验方法和量测方法，按照《混凝土结构试验方法标准》GB 50152 的要求确定；

3 实荷检验应确保安全。

4.8.4 当仅对结构的一部分做实荷检验时，应使有问题部分或可能的薄弱部位得到充分的检验。

4.8.5 重要和大型公共建筑中混凝土结构的动力测试方法，可按本标准附录 E 确定。

5 砌 体 结 构

5.1 一 般 规 定

5.1.1 本章适用于砖砌体、砌块砌体和石砌体结构与构件的质量或性能的检测。

5.1.2 砌体结构的检测可分为砌筑块材、砌筑砂浆、砌体强度、砌筑质量与构造以及损伤与变形等项工作。具体实施的检测工作和检测项目应根据施工质量验收或鉴定工作的需要和现场的检测条件等具体情况确定。

5.2 砌 筑 块 材

5.2.1 砌筑块材的检测可分为砌筑块材的强度及强度等级、尺寸偏差、外观质量、抗冻性能、块材品种等检测项目。

5.2.2 砌筑块材的强度，可采用取样法、回弹法、取样结合回弹的方法或钻芯的方法检测。

5.2.3 砌筑块材强度的检测，应将块材品种相同、强度等级相同、质量相近、环境相似的砌筑构件划为一个检测批，每个检测批砌体的体积不宜超过 250m³。

5.2.4 鉴定工作需要依据砌筑块材强度和砌筑砂浆强度确定砌体强度时，砌筑块材强度的检测位置宜与砌筑砂浆强度的检测位置对应。

5.2.5 除了有特殊的检测目的之外，砌筑块材强度的检测应遵守下列规定：

1 取样检测的块材试样和块材的回弹测区，外观质量应符合相应产品标准的合格要求，不应选择受到灾害影响或环境侵蚀作用的块材作为试样或回弹测区；

2 块材的芯样试件，不得有明显的缺陷。

5.2.6 砌筑块材强度等级的评定指标可按相应产品标准确定。

5.2.7 砖和砌块的取样检测，检测批试样的数量应符合相应产品标准的规定，当对检测批进行推定时，块材试样的数量尚应满足本标准第 3.3.15 条和第 3.3.16 条对推定区间的要求；块材试样强度的测试方法应符合相应产品标准的规定。当符合本章第 5.2.3 条和第 5.2.5 条的要求时，建筑工程剩余的砌筑块材可作为块材试样使用。

5.2.8 采用回弹法检测烧结普通砖的抗压强度时，检测操作可按本标准附录 F 的规定执行。烧结普通砖的回弹值与换算抗压强度之间换算关系应通过专门的试验确定，当采用附录 F 的换算关系时，应进行

验证。

5.2.9 采用取样结合回弹的方法检测烧结普通砖的抗压强度时，检测操作应符合下列规定：

1 按本标准附录 F 布置回弹测区、确定检测的砖样、进行回弹测试并计算换算抗压强度值 $f_{1,i}$；

2 在进行了回弹测试的砖样中选择 10 块砖取样作为块材试样，按本章第 5.2.7 条进行块材试样抗压强度的测试，并计算抗压强度平均值 $f_{1,m}$；

3 参照本标准式（4.3.4-1）确定对应样本的修正量 Δ_{loc} 或对应样本的修正系数 η_{loc}；

4 参照本标准式（4.3.4-2）进行修正计算，得到修正后的回弹换算抗压强度值，按本标准第 3.3.19 条或第 3.3.20 条确定推定区间。

5.2.10 当条件具备时，其他块材的抗压强度也可采用取样结合回弹的方法检测，检测操作可参照本章第 5.2.9 条的规定进行。

5.2.11 石材强度，可采用钻芯法或切割成立方体试块的方法检测；其中钻芯法检测操作宜符合下列规定：

1 芯样试件的直径可为 70mm，高径比为 1.0±0.05；

2 芯样的端面应磨平，加工质量宜符合《钻芯法检测混凝土强度技术规程》CECS 03 的要求；

3 按相关规定测试芯样试件的抗压强度；可将直径 70mm 芯样试件抗压强度乘以 1.15 的系数，换算成 70mm 立方体试块抗压强度；

4 石材强度的推定，可按本标准第 3.3.19 条确定石材强度的推定区间。

5.2.12 鉴定工作需要确定环境侵蚀、火灾或高温等对砌筑块材强度的影响时，可采取取样的检测方法，块材试样强度的测试方法和评定方法可按相应产品标准确定。在检测报告中应明确说明检测结果的适用范围。

5.2.13 砖和砌块尺寸及外观质量检测可采用取样检测或现场检测的方法，检测操作宜符合下列规定：

1 砖和砌块尺寸的检测，每个检测批可随机抽检 20 块块材，现场检测可仅抽检外露面。单个块材尺寸的评定指标可按现行相应产品标准确定。检测批的判定，应按本标准表3.3.14-3或表3.3.14-4 的规定进行检测批的合格判定。

2 砖和砌块外观质量的检查可分为缺棱掉角、裂纹、弯曲等。现场检查，可检查砖或块材的外露面。检查方法和评定指标应按现行相应产品标准确定。检测批的判定，应按本标准表 3.3.14-3 或表3.3.14-4 进行检测批的合格判定。第一次的抽样数可为 50 块砖或砌块。

5.2.14 砌筑块材外观质量不符合要求时，可根据不符合要求的程度降低砌筑块材的抗压强度；砌筑块

材的尺寸为负偏差时，应以实测构件的截面尺寸作为构件安全性验算和构造评定的参数。

5.2.15 工程质量评定或鉴定工作有要求时，应核查结构特殊部位块材的品种及其质量指标。

5.2.16 砌筑块材其他性能的检测，可参照有关产品标准的规定进行。

5.3 砌 筑 砂 浆

5.3.1 砌筑砂浆的检测可分为砂浆强度及砂浆强度等级、品种、抗冻性和有害元素含量等项目。

5.3.2 砌筑砂浆强度的检测应遵守下列规定：

1 砌筑砂浆的强度，宜采用取样的方法检测，如推出法、筒压法、砂浆片剪切法、点荷法等；

2 砌筑砂浆强度的匀质性，可采用非破损的方法检测，如回弹法、射钉法、贯入法、超声法、超声回弹综合法等。当这些方法用于检测既有建筑砌筑砂浆强度时，宜配合有取样的检测方法。

3 推出法、筒压法、砂浆片剪切法、点荷法、回弹法和射钉法的检测操作应遵守《砌体工程现场检测技术标准》GB/T 50315的规定；采用其他方法时，应遵守《砌体工程现场检测技术标准》GB/T 50315的原则，检测操作应遵守相应检测方法标准的规定。

5.3.3 当遇到下列情况之一时，采用取样法中的点荷法、剪切法、冲击法检测砌筑砂浆强度时，除提供砌筑砂浆强度必要的测试参数外，还应提供受影响层的深度：

1 砌筑砂浆表层受到侵蚀、风化、剔凿、冻害影响的构件；

2 遭受火灾影响的构件；

3 使用年数较长的结构。

5.3.4 工程质量评定或鉴定工作有要求时，应核查结构特殊部位砌筑砂浆的品种及其质量指标。

5.3.5 砌筑砂浆的抗冻性能，当具备砂浆立方体试块时，应按《建筑砂浆基本性能试验方法》JGJ 70的规定进行测定，当不具备立方体试块或既有结构需要测定砌筑砂浆的抗冻性能时，可按下列方法进行检测：

1 采用取样检测方法；

2 将砂浆试件分为两组，一组做抗冻试件，一组做比对试件；

3 抗冻组试件按《建筑砂浆基本性能试验方法》JGJ 70的规定进行抗冻试验，测定试验后砂浆的强度；

4 比对组试件砂浆强度与抗冻组试件同时测定；

5 取两组砂浆试件强度值的比值评定砂浆的抗冻性能。

5.3.6 砌筑砂浆中氯离子的含量，可参照本标准第4.6.9条提出的方法测定。

5.4 砌 体 强 度

5.4.1 砌体的强度，可采用取样的方法或现场原位的方法检测。

5.4.2 砌体强度的取样检测应遵守下列规定：

1 取样检测不得构成结构或构件的安全问题；

2 试件的尺寸和强度测试方法应符合《砌体基本力学性能试验方法标准》GBJ 129的规定；

3 取样操作宜采用无振动的切割方法，试件数量应根据检测目的确定；

4 测试前应对试件局部的损伤予以修复，严重损伤的样品不得作为试件；

5 砌体强度的推定，可按本标准第3.3.19条确定砌体强度均值的推定区间或按本标准第3.3.20条确定砌体强度标准值的推定区间；推定区间应符合本标准第3.3.15条和第3.3.16条的要求；

6 当砌体强度标准值的推定区间不满足本条第5款的要求时，也可按试件测试强度的最小值确定砌体强度的标准值，此时试件的数量不得少于3件，也不宜大于6件，且不应进行数据的舍弃。

5.4.3 烧结普通砖砌体的抗压强度，可采用扁式液压顶法或原位轴压法检测；烧结普通砖砌体的抗剪强度，可采用双剪法或原位单剪法检测；检测操作应遵守《砌体工程现场检测技术标准》GB/T 50315的规定。砌体强度的推定，宜按本标准第3.3.20条确定砌体强度标准值的推定区间，推定区间应符合本标准第3.3.15条和第3.3.16条的要求；当该要求不能满足时，也可按《砌体工程现场检测技术标准》GB/T 50315进行评定。

5.4.4 遭受环境侵蚀和火灾等灾害影响砌体的强度，可根据具体情况分别按第5.4.2条和第5.4.3条规定的方法进行检测，在检测报告中应明确说明试件状态与相应检测标准要求的不符合程度和检测结果的适用范围。

5.5 砌筑质量与构造

5.5.1 砌筑构件的砌筑质量检测可分为砌筑方法、灰缝质量、砌体偏差和留槎及洞口等项目。砌体结构的构造检测可分为砌筑构件的高厚比、梁垫、壁柱、预制构件的搁置长度、大型构件端部的锚固措施、圈梁、构造柱或芯柱、砌体局部尺寸及钢筋网片和拉结筋等项目。

5.5.2 既有砌筑构件砌筑方法、留槎、砌筑偏差和灰缝质量等，可采用剔凿表面抹灰的方法检测。当构件砌筑质量存在问题时，可降低该构件的砌体强度。

5.5.3 砌筑方法的检测，应检测上、下错缝，内外搭砌等是否符合要求。

5.5.4 灰缝质量检测可分为灰缝厚度、灰缝饱满程度和平直程度等项目。其中灰缝厚度的代表值应按

10 皮砖砌体高度折算。灰缝的饱满程度和平直程度，可按《砌体工程施工质量验收规范》GB 50203 规定的方法进行检测。

5.5.5 砌体偏差的检测可分为砌筑偏差和放线偏差。砌筑偏差中的构件轴线位移和构件垂直度的检测方法和评定标准，可按《砌体工程施工质量验收规范》GB 50203 的规定执行。对于无法准确测定构件轴线绝对位移和放线偏差的既有结构，可测定构件轴线的相对位移或相对放线偏差。

5.5.6 砌体中的钢筋，可按本标准第 4 章提出的方法检测。砌体中拉结筋的间距，应取 2～3 个连续间距的平均间距作为代表值。

5.5.7 砌筑构件的高厚比，其厚度值应取构件厚度的实测值。

5.5.8 跨度较大的屋架和梁支承面下的垫块和锚固措施，可采取剔除表面抹灰的方法检测。

5.5.9 预制钢筋混凝土板的支承长度，可采用剔凿楼面面层及垫层的方法检测。

5.5.10 跨度较大门窗洞口的混凝土过梁的设置状况，可通过测定过梁钢筋状况判定，也可采取剔凿表面抹灰的方法检测。

5.5.11 砌体墙梁的构造，可采取剔凿表面抹灰和用尺量测的方法检测。

5.5.12 圈梁、构造柱或芯柱的设置，可通过测定钢筋状况判定；圈梁、构造柱或芯柱的混凝土施工质量，可按本标准第 4 章的相关规定进行检测。

5.6 变形与损伤

5.6.1 砌体结构的变形与损伤的检测可分为裂缝、倾斜、基础不均匀沉降、环境侵蚀损伤、灾害损伤及人为损伤等项目。

5.6.2 砌体结构裂缝的检测应遵守下列规定：

1 对于结构或构件上的裂缝，应测定裂缝的位置、裂缝长度、裂缝宽度和裂缝的数量；

2 必要时应剔除构件抹灰确定砌筑方法、留槎、洞口、线管及预制构件对裂缝的影响；

3 对于仍在发展的裂缝应进行定期的观测，提供裂缝发展速度的数据。

5.6.3 砌筑构件或砌体结构的倾斜，可按本标准第 4.6.3 条提供的方法检测，宜区分倾斜中砌筑偏差造成的倾斜、变形造成的倾斜、灾害造成的倾斜等。

5.6.4 基础的不均匀沉降，可按本标准第 4.6.4 条提供的方法检测。

5.6.5 对砌体结构受到的损伤进行检测时，应确定损伤对砌体结构安全性的影响。对于不同原因造成的损伤可按下列规定进行检测：

1 对环境侵蚀，应确定侵蚀源、侵蚀程度和侵蚀速度；

2 对冻融损伤，应测定冻融损伤深度、面积，

检测部位宜为檐口、房屋的勒脚、散水附近和出现渗漏的部位；

3 对火灾等造成的损伤，应确定灾害影响区域和受灾害影响的构件，确定影响程度；

4 对于人为的损伤，应确定损伤程度。

6 钢 结 构

6.1 一 般 规 定

6.1.1 本章适用于钢结构与钢构件质量或性能的检测。

6.1.2 钢结构的检测可分为钢结构材料性能、连接、构件的尺寸与偏差、变形与损伤、构造以及涂装等项工作，必要时，可进行结构或构件性能的实荷检验或结构的动力测试。

6.2 材 料

6.2.1 对结构构件钢材的力学性能检验可分为屈服点、抗拉强度、伸长率、冷弯和冲击功等项目。

6.2.2 当工程尚有与结构同批的钢材时，可以将其加工成试件，进行钢材力学性能检验；当工程没有与结构同批的钢材时，可在构件上截取试样，但应确保结构构件的安全。钢材力学性能检验试件的取样数量、取样方法、试验方法和评定标准应符合表 6.2.2 的规定。

表 6.2.2 材料力学性能检验项目和方法

检验项目	取样数量（个/批）	取样方法	试验方法	评定标准
屈服点、抗拉强度、伸长率	1	《钢力学及工艺性能试验取样规定》GB 2975	《金属拉伸试验试样》GB 6397；《金属拉伸试验方法》GB 228	《碳素结构钢》GB 700；《低合金高强度结构钢》GB/T 1591；其他钢材产品标准
冷弯	1		《金属弯曲试验方法》GB 232	
冲击功	3		《金属夏比缺口冲击试验方法》GB/T 229	

6.2.3 当被检验钢材的屈服点或抗拉强度不满足要求时，应补充取样进行拉伸试验。补充试验应将同类构件同一规格的钢材划为一批，每批抽样 3 个。

6.2.4 钢材化学成分的分析，可根据需要进行全成分分析或主要成分分析。钢材化学成分的分析每批钢材可取一个试样，取样和试验应分别按《钢的化学分析用试样取样法及成品化学成分允许偏差》GB 222

和《钢铁及合金化学分析方法》GB 223执行，并应按相应产品标准进行评定。

6.2.5 既有钢结构钢材的抗拉强度，可采用表面硬度的方法检测，检测操作可按本标准附录G的规定进行。应用表面硬度法检测钢结构钢材抗拉强度时，应有取样检验钢材抗拉强度的验证。

6.2.6 锈蚀钢材或受到火灾等影响钢材的力学性能，可采用取样的方法检测；对试样的测试操作和评定，可按相应钢材产品标准的规定进行，在检测报告中应明确说明检测结果的适用范围。

6.3 连 接

6.3.1 钢结构的连接质量与性能的检测可分为焊接连接、焊钉（栓钉）连接、螺栓连接、高强螺栓连接等项目。

6.3.2 对设计上要求全焊透的一、二级焊缝和设计上没有要求的钢材等强对焊拼接焊缝的质量，可采用超声波探伤的方法检测，检测应符合下列规定：

　1 对钢结构工程质量，应按《钢结构工程施工质量验收规范》GB 50205的规定进行检测；

　2 对既有钢结构性能，可采取抽样超声波探伤检测；抽样数量不应少于本标准表3.3.13的样本最小容量；

　3 焊缝缺陷分级，应按《钢焊缝手工超声波探伤方法及质量分级法》GB 11345确定。

6.3.3 对钢结构工程的所有焊缝都应进行外观检查；对既有钢结构检测时，可采取抽样检测焊缝外观质量的方法，也可采取按委托方指定范围抽查的方法。焊缝的外形尺寸和外观缺陷检测方法和评定标准，应按《钢结构工程施工质量验收规范》GB 50205确定。

6.3.4 焊接接头的力学性能，可采取截取试样的方法检验，但应采取措施确保安全。焊接接头力学性能的检验分为拉伸、面弯和背弯等项目，每个检验项目可各取两个试样。焊接接头的取样和检验方法应按《焊接接头机械性能试验取样方法》GB 2649、《焊接接头拉伸试验方法》GB 2651和《焊接接头弯曲及压扁试验方法》GB 2653等确定。

　焊接接头焊缝的强度不应低于母材强度的最低保证值。

6.3.5 当对钢结构工程质量进行检测时，可抽样进行焊钉焊接后的弯曲检测，抽样数量不应少于本标准表3.3.13中A类检测的要求；检测方法与评定标准，锤击焊钉头使其弯曲至30°，焊缝和热影响区没有肉眼可见的裂纹可判为合格；应按本标准表3.3.14-3进行检测批的合格判定。

6.3.6 高强度大六角头螺栓连接副的材料性能和扭矩系数，检验方法和检验规则应按《钢结构用高强度大六角头螺栓、大六角螺母、垫圈技术条件》GB/T 1231、《钢结构工程施工质量验收规范》GB 50205和《钢结构高强度螺栓连接的设计、施工及验收规范》JGJ 82确定。

6.3.7 扭剪型高强度螺栓连接副的材料性能和预拉力的检验，检验方法和检验规则应按《钢结构用扭剪型高强度螺栓连接副技术条件》GB/T 3633和《钢结构工程施工质量验收规范》GB 50205确定。

6.3.8 对扭剪型高强度螺栓连接质量，可检查螺栓端部的梅花头是否已拧掉，除因构造原因无法使用专用扳手拧掉梅花头者外，未在终拧中拧掉梅花头的螺栓数不应大于该节点螺栓数的5%。抽样检验时，应按本标准表3.3.14-1或表3.3.14-2进行检测批的合格判定。

6.3.9 对高强度螺栓连接质量的检测，可检查外露丝扣，丝扣外露应为2至3扣。允许有10%的螺栓丝扣外露1扣或4扣。抽样检验时，应按本标准表3.3.14-3或表3.3.14-4进行检测批的合格判定。

6.4 尺寸与偏差

6.4.1 钢构件尺寸的检测应符合下列规定：

　1 抽样检测构件的数量，可根据具体情况确定，但不应少于本标准表3.3.13规定的相应检测类别的最小样本容量；

　2 尺寸检测的范围，应检测所抽样构件的全部尺寸，每个尺寸在构件的3个部位量测，取3处测试值的平均值作为该尺寸的代表值；

　3 尺寸量测的方法，可按相关产品标准的规定量测，其中钢材的厚度可用超声测厚仪测定；

　4 构件尺寸偏差的评定指标，应按相应的产品标准确定；

　5 对检测批构件的重要尺寸，应按本标准表3.3.14-1或表3.3.14-2进行检测批的合格判定；对检测批构件一般尺寸的判定，应按本标准表3.3.14-3或表3.3.14-4进行检测批的合格判定；

　6 特殊部位或特殊情况下，应选择对构件安全性影响较大的部位或损伤有代表性的部位进行检测。

6.4.2 钢构件的尺寸偏差，应以设计图纸规定的尺寸为基准计算尺寸偏差；偏差的允许值，应按《钢结构工程施工质量验收规范》GB 50205确定。

6.4.3 钢构件安装偏差的检测项目和检测方法，应按《钢结构工程施工质量验收规范》GB 50205确定。

6.5 缺陷、损伤与变形

6.5.1 钢材外观质量的检测可分为均匀性，是否夹层、裂纹、非金属夹杂和明显的偏析等项目。当对钢材的质量有怀疑时，应对钢材原材料进行力学性能检验或化学成分分析。

6.5.2 对钢结构损伤的检测可分为裂纹、局部变形、锈蚀等项目。

6.5.3 钢材裂纹，可采用观察的方法和渗透法检测。采用渗透法检测时，应用砂轮和砂纸将检测部位的表面及其周围 20mm 范围内打磨光滑，不得有氧化皮、焊渣、飞溅、污垢等；用清洗剂将打磨表面清洗干净，干燥后喷涂渗透剂，渗透时间不应少于 10min；然后再用清洗剂将表面多余的渗透剂清除；最后喷涂显示剂，停留 10～30min 后，观察是否有裂纹显示。

6.5.4 杆件的弯曲变形和板件凹凸等变形情况，可用观察和尺量的方法检测，量测出变形的程度；变形评定，应按现行《钢结构工程施工质量验收规范》GB 50205 的规定执行。

6.5.5 螺栓和铆钉的松动或断裂，可采用观察或锤击的方法检测。

6.5.6 结构构件的锈蚀，可按《涂装前钢材表面锈蚀等级和除锈等级》GB 8923 确定锈蚀等级，对 D 级锈蚀，还应量测钢板厚度的削弱程度。

6.5.7 钢结构构件的挠度、倾斜等变形与位移和基础沉降等，可分别参照本标准第 4.6.2 条、第 4.6.3 条和第 4.6.4 条的提出方法和相应标准规定的方法进行检测。

6.6 构 造

6.6.1 钢结构杆件长细比的检测与核算，可按本章第 6.4 节的规定测定杆件尺寸，应以实际尺寸等核算杆件的长细比。

6.6.2 钢结构支撑体系的连接，可按本章第 6.3 节的规定检测；支撑体系构件的尺寸，可按本章第 6.4 节的规定进行测定；应按设计图纸或相应设计规范进行核实或评定。

6.6.3 钢结构构件截面的宽厚比，可按本章第 6.4 节的规定测定构件截面相关尺寸，并进行核算，应按设计图纸和相关规范进行评定。

6.7 涂 装

6.7.1 钢结构防护涂料的质量，应按国家现行相关产品标准对涂料质量的规定进行检测。

6.7.2 钢材表面的除锈等级，可用现行国家标准《涂装前钢材表面锈蚀等级和除锈等级》GB 8923 规定的图片对照观察来确定。

6.7.3 不同类型涂料的涂层厚度，应分别采用下列方法检测：

1 漆膜厚度，可用漆膜测厚仪检测，抽检构件的数量不应少于本标准表 3.3.13 中 A 类检测样本的最小容量，也不应少于 3 件；每件测 5 处，每处的数值为 3 个相距 50mm 的测点干漆膜厚度的平均值。

2 对薄型防火涂料涂层厚度，可采用涂层厚度测定仪检测，量测方法应符合《钢结构防火涂料应用技术规程》CECS 24 的规定。

3 对厚型防火涂料涂层厚度，应采用测针和钢尺检测，量测方法应符合《钢结构防火涂料应用技术规程》CECS 24 的规定。

涂层的厚度值和偏差值应按《钢结构工程施工质量验收规范》GB 50205 的规定进行评定。

6.7.4 涂装的外观质量，可根据不同材料按《钢结构工程施工质量验收规范》GB 50205 的规定进行检测和评定。

6.8 钢 网 架

6.8.1 钢网架的检测可分为节点的承载力、焊缝、尺寸与偏差、杆件的不平直度和钢网架的挠度等项目。

6.8.2 钢网架焊接球节点和螺栓球节点的承载力的检验，应按《网架结构工程质量检验评定标准》JGJ 78 的要求进行。对既有的螺栓球节点网架，可从结构中取出节点来进行节点的极限承载力检验。在截取螺栓球节点时，应采取措施确保结构安全。

6.8.3 钢网架中焊缝，可采用超声波探伤的方法检测，检测操作与评定应按《焊接球节点钢网架焊缝超声波探伤及质量分级法》JG/T 3034.1 或《螺栓球节点钢网架焊缝超声波探伤及质量分级法》JG/T 3034.2 的要求进行。

6.8.4 钢网架中焊缝的外观质量，应按《钢结构工程施工质量验收规范》GB 50205 的要求进行检测。

6.8.5 焊接球、螺栓球、高强度螺栓和杆件偏差的检测，检测方法和偏差允许值应按《网架结构工程质量检验评定标准》JGJ 78 的规定执行。

6.8.6 钢网架钢管杆件的壁厚，可采用超声测厚仪检测，检测前应清除饰面层。

6.8.7 钢网架中杆件轴线的不平直度，可用拉线的方法检测，其不平直度不得超过杆件长度的千分之一。

6.8.8 钢网架的挠度，可采用激光测距仪或水准仪检测，每半跨范围内测点数不宜小于 3 个，且跨中应有 1 个测点，端部测点距端支座不应大于 1m。

6.9 结构性能实荷检验与动测

6.9.1 对于大型复杂钢结构体系可进行原位非破坏性实荷检验，直接检验结构性能。结构性能的实荷检验可按本标准附录 H 的规定进行。加荷系数和判定原则可按附录 H.2 的规定确定，也可根据具体情况进行适当调整。

6.9.2 对结构或构件的承载力有疑义时，可进行原型或足尺模型荷载试验。试验应委托具有足够设备能力的专门机构进行。试验前应制定详细的试验方案，包括试验目的、试件的选取或制作、加载装置、测点布置和测试仪器、加载步骤以及试验结果的评定方法等。试验方案可按附录 H 制定，并应在试验前经过有关各方的同意。

6.9.3 对于大型重要和新型钢结构体系，宜进行实际结构动力测试，确定结构自振周期等动力参数，结构动力测试宜符合本标准附录 E 的规定。

6.9.4 钢结构杆件的应力，可根据实际条件选用电阻应变仪或其他有效的方法进行检测。

7 钢管混凝土结构

7.1 一 般 规 定

7.1.1 本章适用于钢管混凝土结构与构件质量或性能的检测。

7.1.2 钢管混凝土结构的检测可分为原材料、钢管焊接质量与构件的连接、钢管中混凝土的强度与缺陷以及尺寸与偏差等项工作。具体实施的检测工作或检测项目应根据钢管混凝土结构的实际情况确定。

7.2 原 材 料

7.2.1 钢管钢材力学性能的检验和化学成分分析，可按本标准第 6.2 节的规定执行。

7.2.2 钢管中混凝土原材料的质量与性能的检验，可按本标准第 4.2.1 条的规定执行。

7.3 钢管焊接质量与构件连接

7.3.1 钢管焊缝外观缺陷，检测方法和质量评定指标应按现行《钢结构工程施工质量验收规范》GB 50205确定。

7.3.2 钢管混凝土结构的焊接质量与性能，可根据情况分别按本标准第 6.3.2 条、第 6.3.3 条和第 6.3.4 条进行检测。

7.3.3 当钢管为施工单位自行卷制时，焊缝坡口质量评定指标应按《钢管混凝土结构设计与施工规程》CECS 28确定。

7.3.4 钢管混凝土构件之间的连接等，应根据连接的形式和连接构件的材料特性分别按本标准第 4 章和第 6 章的相关规定进行检测。

7.4 钢管中混凝土强度与缺陷

7.4.1 钢管中混凝土抗压强度，可采用超声法结合同条件立方体试块或钻取混凝土芯样的方法进行检测。

7.4.2 超声法检测钢管中混凝土抗压强度的操作可参见本标准附录I。

7.4.3 抗压强度修正试件采用边长 150mm 同条件混凝土立方体试块或从结构构件测区钻取的直径 100mm（高径比 1∶1）混凝土芯样试件，试块或试件的数量不得少于 6 个；可取得对应样本的修正量或修正系数，也可采用——对应修正系数。对应样本的

修正量和修正系数可按本标准第 4.3.4 条的方法确定，——对应的修正系数可按相应技术规程的方法确定。

7.4.4 构件或结构的混凝土强度的推定，宜按本标准第 3.3.15 条、第 3.3.16 条和第 3.3.20 条的规定给出推定区间；可按本标准第3.3.21条的规定进行评定。单个构件混凝土抗压强度的推定，当构件的测区数量少于 10 个时，以修正后换算强度的最小值作为构件混凝土抗压强度的推定值，当构件测区数为 10 个时，可按式(7.4.4)计算混凝土强度的推定值：

$$f_{cu,e} = f_{cu,m}^{*} - 1.645s \qquad (7.4.4)$$

式中 $f_{cu,m}^{*}$——10 个测区修正后换算强度的平均值；

s——样本标准差。

7.4.5 钢管中混凝土的缺陷，可采用超声法检测，检测操作可按《超声法检测混凝土缺陷技术规程》CECS 21 的规定执行。

7.5 尺 寸 与 偏 差

7.5.1 钢管混凝土构件尺寸的检测可分为钢管、缀条、加强环、牛腿和连接腹板尺寸等项目，偏差的检测可分为钢管柱的安装偏差和拼接组装偏差等项目。

7.5.2 构件钢管和缀材钢管尺寸的检测可分为钢管的外径、壁厚和长度等项目。钢管的外径，可用专用卡具或尺量测；钢管的壁厚，可用超声测厚仪测定；钢管的长度，可用尺量或激光测距仪测定。

7.5.3 钢管混凝土构件最小尺寸的评定、外径与壁厚比值的限制和构件容许长细比应按《钢管混凝土结构设计与施工规程》CECS 28 的规定评定。

7.5.4 格构柱缀条尺寸的检测可分为缀条的长度、宽度、厚度及缀条与柱肢轴线的偏心等项目；缀条的尺寸，可用尺量的方法检测。

7.5.5 梁柱节点的牛腿、连接腹板和加强环的尺寸，可用钢尺检测，其中加强环的设置与尺寸应按《钢管混凝土结构设计与施工规程》CECS 28 的规定评定。

7.5.6 钢管拼接组装的偏差的检测可分为纵向弯曲、椭圆度、管端不平整度、管肢组合误差和缀件组合误差等项目。其检测方法和评定指标可按《钢管混凝土结构设计与施工规程》CECS 28 的规定执行。

7.5.7 钢管柱的安装偏差检测分为立柱轴线与基础轴线偏差、柱的垂直度等项目，其检测方法和评定指标按《钢管混凝土结构设计与施工规程》CECS 28确定。

8 木 结 构

8.1 一 般 规 定

8.1.1 本章适用于木结构与木构件质量或性能的

检测。

8.1.2 木结构的检测可分为木材性能、木材缺陷、尺寸与偏差、连接与构造、变形与损伤和防护措施等项工作。

8.2 木 材 性 能

8.2.1 木材性能的检测可分为木材的力学性能、含水率、密度和干缩率等项目。

8.2.2 当木材的材质或外观与同类木材有显著差异时或树种和产地判别不清时，可取样检测木材的力学性能，确定木材的强度等级。

8.2.3 木结构工程质量检测涉及到的木材力学性能可分为抗弯强度、抗弯弹性模量、顺纹抗剪强度、顺纹抗压强度等检测项目。

8.2.4 木材的强度等级，应按木材的弦向抗弯强度试验情况确定；木材弦向抗弯强度取样检测及木材强度等级的评定，应遵守下列规定：

　　1 抽取 3 根木材，在每根木材上截取 3 个试样；

　　2 除了有特殊检测目的之外，木材试样应没有缺陷或损伤；

　　3 木材试样应取自木材髓心以外的部分；取样方式和试样的尺寸应符合《木材抗弯强度试验方法》GB 1936.1的要求；

　　4 抗弯强度的测试，应按《木材抗弯强度试验方法》GB 1936.1的规定进行，并应将测试结果折算成含水率为12%的数值；木材含水率的检测方法，可参见本节第 8.2.5 条～第 8.2.7 条；

　　5 以同一构件 3 个试样换算抗弯强度的平均值作为代表值，取 3 个代表值中的最小代表值按表 8.2.4 评定木材的强度等级；

表 8.2.4　木材强度检验标准

木材种类	针叶材			
强度等级	TC11	TC13	TC15	TC17
检验结果的最低强度值（N/mm²）不得低于	44	51	58	72
木材种类	阔叶材				
强度等级	TB11	TB13	TB15	TB17	TB20
检验结果的最低强度值（N/mm²）不得低于	58	68	78	88	98

　　6 当评定的强度等级高于现行国家标准《木结构设计规范》GB 50005 所规定的同种木材的强度等级时，取《木结构设计规范》GB 50005 所规定的同种木材的强度等级为最终评定等级；

　　7 对于树种不详的木材，可按检测结果确定等级，但应采用该等级 B 组的设计指标；

　　8 木材强度的设计指标，可依据评定的强度等级按《木结构设计规范》GB 50005 的规定确定。

8.2.5 木材的含水率，可采用取样的重量法测定，规格材可用电测法测定。

8.2.6 木材含水率的重量法测定，应从成批木材中或结构构件的木材的检测批中随机抽取 5 根，在端头 200mm 处截取 20mm 厚的片材，再加工成 20mm×20mm×20mm 的 5 个试件；应按《木材含水率测定方法》GB 1931 的规定进行测定。以每根构件 5 个试件含水率的平均值作为这根木材含水率的代表值。5 根木材的含水率测定值的最大值应符合下列要求：

　　1 原木或方木结构不应大于 25%；

　　2 板材和规格材不应大于 20%；

　　3 胶合木不应大于 15%。

8.2.7 木材含水率的电测法使用电测仪测定，可随机抽取 5 根构件，每根构件取 3 个截面，在每个截面的 4 个周边进行测定。每根构件 3 个截面 4 个周边的所测含水率的平均值，作为这根木材含水率的测定值，5 根构件的含水率代表值中的最大值应符合规格材含水率不应大于 20%的要求。

8.3 木 材 缺 陷

8.3.1 木材缺陷，对于圆木和方木结构可分为木节、斜纹、扭纹、裂缝和髓心等项目；对胶合木结构，尚有翘曲、顺弯、扭曲和脱胶等检测项目；对于轻型木结构尚有扭曲、横弯和顺弯等检测项目。

8.3.2 对承重用的木材或结构构件的缺陷应逐根进行检测。

8.3.3 木材木节的尺寸，可用精度为 1mm 的卷尺量测，对于不同木材木节尺寸的量测应符合下列规定：

　　1 方木、板材、规格材的木节尺寸，按垂直于构件长度方向量测。木节表现为条状时，可量测较长方向的尺寸，直径小于 10mm 的活节可不量测。

　　2 原木的木节尺寸，按垂直于构件长度方向量测，直径小于 10mm 的活节可不量测。

8.3.4 木节的评定，应按《木结构工程施工质量验收规范》GB 50206 的规定执行。

8.3.5 斜纹的检测，在方木和板材两端各选 1m 材长量测 3 次，计算其平均倾斜高度，以最大的平均倾斜高度作为其木材的斜纹的检测值。

8.3.6 对原木扭纹的检测，在原木小头 1m 材上量测 3 次，以其平均倾斜高度作为扭纹检测值。

8.3.7 胶合木结构和轻型木结构的翘曲、扭曲、横弯和顺弯，可采用拉线与尺量的方法或用靠尺与尺量的方法检测；检测结果的评定可按《木结构工程施工质量验收规范》GB 50206 的相关规定进行。

8.3.8 木结构的裂缝和胶合木结构的脱胶，可用探针检测裂缝的深度，用裂缝塞尺检测裂缝的宽度，用钢尺量测裂缝的长度。

8.4 尺寸与偏差

8.4.1 木结构的尺寸与偏差可分为构件制作尺寸与偏差和构件的安装偏差等。

8.4.2 木结构构件尺寸与偏差的检测数量，当为木结构工程质量检测时，应按《木结构工程施工质量验收规范》GB 50206 的规定执行；当为既有木结构性能检测时，应根据实际情况确定，抽样检测时，抽样数量可按本标准表 3.3.13 确定。

8.4.3 木结构构件尺寸与偏差，包括桁架、梁（含檩条）及柱的制作尺寸，屋面木基层的尺寸，桁架、梁、柱等的安装的偏差等，可按《木结构工程施工质量验收规范》GB 50206 建议的方法进行检测。

8.4.4 木构件的尺寸应以设计图纸要求为准，偏差应为实际尺寸与设计尺寸的偏差，尺寸偏差的评定标准，可按《木结构工程施工质量验收规范》GB 50206 的规定执行。

8.5 连 接

8.5.1 木结构的连接可分为胶合、齿连接、螺栓连接和钉连接等检测项目。

8.5.2 当对胶合木结构的胶合能力有疑义时，应对胶合能力进行检测；胶合能力可通过对试样木材胶缝顺纹抗剪强度确定。

8.5.3 当工程尚有与结构中同批的胶时，可检测胶的胶合能力，其检测应符合下列要求：

　　1 被检验的胶在保质期之内；

　　2 用与结构中相同的木材制备胶合试样，制备工艺应符合《木结构设计规范》GB 50005 胶合工艺的要求；

　　3 检验一批胶至少用 2 个试条，制成 8 个试件，每一试条各取 2 个试件做干态试验，2 个做湿态试验；

　　4 试验方法，应按现行《木结构设计规范》GB 50005 的规定进行；

　　5 承重结构用胶的胶缝抗剪强度不应低于表 8.5.3 的数值；

**表 8.5.3 对承重结构用胶的胶合
能力最低要求**

试件状态	胶缝顺纹抗剪强度值（N/mm²）	
	红松等软木松	栎木或水曲柳
干 态	5.9	7.8
湿 态	3.9	5.4

　　6 若试验结果符合表 8.5.3 的要求，即认为该试件合格，若试件强度低于表 8.5.3 所列数值，但其中木材部分剪坏的面积不少于试件剪面的 75%，则仍可认为该试件合格。若有一个试件不合格，须以加倍数量的试件重新试验，若仍有试件不合格，则该批胶被判为不能用于承重结构。

8.5.4 当需要对胶合构件的胶合质量进行检测时，可采取取样的方法，也可采取替换构件的方法；但取样要保证结构或构件的安全，替换构件的胶合质量应具有代表性。胶合质量的取样检测宜符合下列规定：

　　1 当可加工成符合第 8.5.3 条要求的试样时，试样数量、试验方法和胶合质量评定，可按第 8.5.3 条的规定执行；

　　2 当不能加工成符合第 8.5.3 条要求的试样时，可结合构件胶合面在构件中的受力形式按相应的木材性能试验方法进行胶合质量检测，试样数量和试样加工形式宜符合相应木材性能试验方法标准的规定。当测试得到的破坏形式是木材破坏时，可判定胶合质量符合要求，当测试得到的破坏形态为胶合面破坏时，宜取胶合面破坏的平均值作为胶合能力的检测结果。但在检测报告中，应对测试方法、测试结果的适用范围予以说明；

　　3 必要时，可核查胶合构件木材的品种和是否存在树脂溢出的现象。

8.5.5 齿连接的检测项目和检测方法，可按下列规定执行：

　　1 压杆端面和齿槽承压面加工平整程度，用直尺检测；压杆轴线与齿槽承压面垂直度，用直角尺量测；

　　2 齿槽深度，用尺量测，允许偏差±2mm；偏差为实测深度与设计图纸要求深度的差值；

　　3 支座节点齿的受剪面长度和受剪面裂缝，对照设计图纸用尺量，长度负偏差不应超过 10mm；当受剪面存在裂缝时，应对其承载力进行核算；

　　4 抵承面缝隙，用尺量或裂缝塞尺量测，抵承面局部缝隙的宽度不应大于 1mm 且不应有穿透构件截面宽度的缝隙；当局部缝隙不满自要求时，应核查齿槽承压面和压杆端部是否存在局部破损现象；当齿槽承压面与压杆端部完全脱开（全截面存在缝隙），应进行结构杆件受力状态的检测与分析；

　　5 保险螺栓或其他措施的设置，螺栓孔等附近是否存在裂缝；

　　6 压杆轴线与承压构件轴线的偏差，用尺量。

8.5.6 螺栓连接或钉连接的检测项目和检测方法，可按下列规定执行：

　　1 螺栓和钉的数量与直径；直径可用游标卡尺量测；

2 被连接构件的厚度，用尺量测；

3 螺栓或钉的间距，用尺量测；

4 螺栓孔处木材的裂缝、虫蛀和腐朽情况，裂缝用塞尺、裂缝探针和尺量测；

5 螺栓、变形、松动、锈蚀情况，观察或用卡尺量测。

8.6 变形损伤与防护措施

8.6.1 木结构构件损伤的检测可分为木材腐朽、虫蛀、裂缝、灾害影响和金属件的锈蚀等项目；木结构的变形可分为节点位移、连接松弛变形、构件挠度、侧向弯曲矢高、屋架出平面变形、屋架支撑系统的稳定状态和木楼面系统的振动等。

8.6.2 木结构构件虫蛀的检测，可根据构件附近是否有木屑等进行初步判定，可通过锤击的方法确定虫蛀的范围，可用电钻打孔用内窥镜或探针测定虫蛀的深度。

8.6.3 当发现木结构构件出现虫蛀现象时，宜对构件的防虫措施进行检测。

8.6.4 木材腐朽的检测，可用尺量测腐朽的范围，腐朽深度可用除去腐朽层的方法量测。

8.6.5 当发现木材有腐朽现象时，宜对木材的含水率、结构的通风设施、排水构造和防腐措施进行核查或检测。

8.6.6 火灾或侵蚀性物质影响范围和影响层厚度的检测，可参照本章第8.6.2条的方法测定。

8.6.7 当需要确定受腐朽、灾害影响木材强度时，可按本章第2节的相关规定取样测定，木材强度降低的幅度，可通过与未受影响区域试样强度的比较确定。在检测报告中应对试验方法及适用范围予以必要的说明。

8.6.8 木结构和构件变形及基础沉降等项目，可分别用本标准第4.6.2条、第4.6.3条和第4.6.4条提供的方法进行检测。

8.6.9 木楼面系统的振动，可按本标准附录E中提出的相应方法检测振动幅度。

8.6.10 必要时，可按《木结构工程施工质量验收规范》GB 50206、《木结构设计规范》GB 50005和《建筑设计防火规范》GBJ 16等标准的要求和设计图纸的要求检测木结构的防虫、防腐和防火措施。

附录 A 结构混凝土冻伤的检测方法

A.0.1 结构混凝土冻伤情况的分类、各类冻伤的定义、特点、检验项目和检测方法见表A.0.1。

A.0.2 结构混凝土冻伤类型的判别可根据其定义并结合施工现场情况进行判别。必要时，也可从结构上

取样，通过分析冻伤和未冻伤混凝土的吸水量、湿度变化等试验来判别。

A.0.3 混凝土冻伤检测的操作，应分别参照钻芯法、超声回弹综合法和超声法检测混凝土强度方法标准进行。

表 A.0.1 结构混凝土冻伤类型及检测项目与检测方法

混凝土冻伤类型		定　义	特　点	检验项目	采用方法
混凝土早期冻伤	立即冻伤	新拌制的混凝土，若入模温度较低且接近于混凝土冻结温度时则导致立即冻伤	内外混凝土冻伤基本一致	受冻混凝土强度	取芯法或超声回弹综合法
	预养冻伤	新拌制的混凝土，若入模温度较高，而混凝土预养时间不足，当环境温度降到混凝土冻结温度时则导致预养冻伤	内外混凝土冻伤不一致，内部轻微，外部较严重	1. 外部损伤较重的混凝土厚度及强度；2. 内部损伤轻微的混凝土强度	外部损伤较重的混凝土厚度可通过钻出芯样的湿度变化来检测，也可采用超声法
混凝土冻融损伤		成熟龄期后的混凝土，在含水的情况下，由于环境正负温度的交替变化导致混凝土损伤			

附录 B f-CaO 对混凝土质量影响的检测

B.0.1 本检测方法适用于判定f-CaO对混凝土质量的影响。

B.0.2 f-CaO对混凝土质量影响的检测可分为现场检查、薄片沸煮检测和芯样试件检测等。

B.0.3 现场检查：可通过调查和检查混凝土外观质量（有无开裂、疏松、崩溃等严重破坏症状）初步确定f-CaO对混凝土质量有影响的部位和范围。

B.0.4 在初步确定有f-CaO对混凝土质量有影响的部位上钻取混凝土芯样，芯样的直径可为70~100mm，在同一部位钻取的芯样数量不应少于2个，同一批受检混凝土至少应取得上述混凝土芯样3组。

B.0.5 在每个芯样上截取1个无外观缺陷的10mm厚的薄片试件，同时将芯样加工成高径比为1.0的芯

样试件，芯样试件的加工质量应符合《钻芯法检测混凝土强度技术规程》CECS 03 的要求。

B.0.6 试件的检测应遵守下列规定：

1 薄片沸煮检测：将薄片试件放入沸煮箱的试架上进行沸煮，沸煮制度应符合 B.0.7 条的规定。对沸煮过的薄片试件进行外观检查；

2 芯样试件检测：将同一部位钻取的 2 个芯样试件中的 1 个放入沸煮箱的试架上进行沸煮，沸煮制度应符合 B.0.7 条的规定。对沸煮过的芯样试件进行外观检查。将沸煮过的芯样试件晾置 3d，并与未沸煮的芯样试件同时进行抗压强度测试。芯样试件抗压强度测试应符合《钻芯法检测混凝土强度技术规程》CECS 03 的规定。按式（B.0.6）计算每组芯样试件强度变化的百分率 ξ_{cor}，并计算全部芯样试件抗压强度变换百分率的平均值 $\xi_{cor,m}$。

$$\xi_{cor} = [(f_{cor} - f_{cor}^*)/f_{cor}] \times 100 \quad (B.0.6)$$

式中 ξ_{cor}——芯样试件强度变化的百分率；

f_{cor}——未沸煮芯样试件抗压强度；

f_{cor}^*——同组沸煮芯样试件抗压强度。

B.0.7 当出现下列情况之一时，可判定 f-CaO 对混凝土质量有影响：

1 有 2 个或 2 个以上沸煮试件（包括薄片试件和芯样试件）出现开裂、疏松或崩溃等现象；

2 芯样试件强度变化百分率平均值 $\xi_{cor,m}$ >30%；

3 仅有一个薄片试件出现开裂、疏松或崩溃等现象，并有一个 ξ_{cor} >30%。

B.0.8 沸煮制度，调整好沸煮箱内的水位，使能保证在整个沸煮过程中都超过试件，不需中途添补试验用水，同时又能保证在（30±5）min 内升至沸腾。将试样放在沸煮箱的试架上，在（30±5）min 内加热至沸，恒沸 6h，关闭沸煮箱自然降至室温。

附录 C 混凝土中氯离子含量测定

C.0.1 本方法适用于混凝土中氯离子含量的测定。

C.0.2 试样制备应符合下列要求：

1 将混凝土试样（芯样）破碎，剔除石子；

2 将试样缩分至 30g，研磨至全部通过 0.08mm 的筛；

3 用磁铁吸出试样中的金属铁屑；

4 试样置烘箱中于 105～110℃烘至恒重，取出后放入干燥器中冷却至室温。

C.0.3 混凝土中氯离子含量测定所需仪器如下：

1 酸度计或电位计：应具有 0.1pH 单位或 10mV 的精确度；精确的实验应采用具有 0.02pH 单位或 2mV 精确度；

2 216 型银电极；

3 217 型双盐桥饱和甘汞电极；

4 电磁搅拌器；

5 电震荡器；

6 滴定管（25mL）；

7 移液管（10mL）。

C.0.4 混凝土中氯离子含量测定所需试剂如下：

1 硝酸溶液（1+3）；

2 酚酞指示剂（10g/L）；

3 硝酸银标准溶液；

4 淀粉溶液。

C.0.5 硝酸银标准溶液的配制：称取 1.7g 硝酸银（称准至 0.0001g），用不含 Cl⁻ 的水溶解后稀释至 1L，混匀，贮于棕色瓶中。

C.0.6 硝酸银标准溶液按下述方法标定：

1 称取于 500～600℃烧至恒重的氯化钠基准试剂 0.6g（称准至 0.0001g），置于烧杯中，用不含 Cl⁻ 的水溶解，移入 1000mL 容量瓶中，稀释至刻度，摇匀；

2 用移液管吸取 25mL 氯化钠溶液于烧杯中，加水稀释至 50mL，加 10mL 淀粉溶液（10g/L），以 216 型银电极作指示电极，217 型双盐桥饱和甘汞电极作参比电极，用配制好的硝酸银溶液滴定，按 GB/T 9725—1988 中 6.2.2 条的规定，以二极微商法确定硝酸银溶液所用体积；

3 同时进行空白试验；

4 硝酸银溶液的浓度按下式计算：

$$C_{(AgNO_3)} = \frac{m_{(NaCl)} \times 25.00/1000.00}{(V_1 - V_2)0.05844} \quad (C.0.6)$$

式中 $C_{(AgNO_3)}$——硝酸银标准溶液之物质的量浓度，mol/L

$m_{(NaCl)}$——氯化钠的质量，g；

V_1——硝酸银标准溶液之用量，mL；

V_2——空白试验硝酸银标准溶液之用量，mL；

0.05844——氯化钠的毫摩尔质量，g/mmoL。

C.0.7 混凝土中氯离子含量按下述方法测定：

1 称取 5g 试样（称准至 0.0001g），置于具塞磨口锥形瓶中，加入 250.0mL 水，密塞后剧烈振摇 3～4min，置于电震荡器上震荡浸泡 6h，以快速定量滤纸过滤；

2 用移液管吸取 50mL 滤液于烧杯中，滴加酚酞指示剂 2 滴，以硝酸溶液（1+3）滴至红色刚好褪去，再加 10mL 淀粉溶液（10g/L），以 216 型银电极作指示电极，217 型双盐桥饱和甘汞电极作参比电极，用标准硝酸溶液滴定，并按 GB/T 9725—1988 中 6.2.2 条的规定，以二级微商法确定硝酸银溶液所用体积；

3 同时进行空白试验；

4 氯离子含量按下式计算：

$$W_{Cl^-} = \frac{C_{(AgNO_3)}(V_1 - V_2) \times 0.03545}{m_s \times 50.00/250.0} \times 100$$

$$(C.0.7)$$

式中 $W_{(Cl^-)}$——混凝土中氯离子之质量百分数；

$C_{(AgNO_3)}$——硝酸银标准溶液之物质的量浓度，mol/L；

V_1——硝酸银标准溶液之用量，mL；

V_2——空白试验硝酸银标准溶液之用量，mL；

0.03545——氯离子的毫摩尔质量，g/mmoL；

m_s——混凝土试样的质量，g。

附录 D 混凝土中钢筋锈蚀状况的检测

D.0.1 钢筋锈蚀状况的检测可根据测试条件和测试要求选择剔凿检测方法、电化学测定方法或综合分析判定方法。

D.0.2 钢筋锈蚀状况的剔凿检测方法，剔凿出钢筋直接测定钢筋的剩余直径。

D.0.3 钢筋锈蚀状况的电化学测定方法和综合分析判定方法宜配合剔凿检测方法的验证。

D.0.4 钢筋锈蚀状况的电化学测定可采用极化电极原理的检测方法，测定钢筋锈蚀电流和测定混凝土的电阻率，也可采用半电池原理的检测方法，测定钢筋的电位。

D.0.5 电化学测定方法的测区及测点布置应符合下列要求：

1 应根据构件的环境差异及外观检查的结果来确定测区，测区应能代表不同环境条件和不同的锈蚀外观表征，每种条件的测区数量不宜少于 3 个；

2 在测区上布置测试网格，网格节点为测点，网格间距可为 200mm×200mm、300mm×300mm 或 200mm×100mm 等，根据构件尺寸和仪器功能而定。测区中的测点数不宜少于 20 个。测点与构件边缘的距离应大于50mm；

3 测区应统一编号，注明位置，并描述其外观情况。

D.0.6 电化学检测操作应遵守所使用检测仪器的操作规定，并应注意：

1 电极铜棒应清洁、无明显缺陷；

2 混凝土表面应清洁，无涂料、浮浆、污物或尘土等，测点处混凝土应湿润；

3 保证仪器连接点钢筋与测点钢筋连通；

4 测点读数应稳定，电位读数变动不超过2mV；同一测点同一枝参考电极重复读数差异不得超过 10mV，同一测点不同参考电极重复读数差异不得超过 20mV；

5 应避免各种电磁场的干扰；

6 应注意环境温度对测试结果的影响，必要时应进行修正。

D.0.7 电化学测试结果的表达应符合下列要求：

1 按一定的比例绘出测区平面图，标出相应测点位置的钢筋锈蚀电位，得到数据阵列；

2 绘出电位等值线图，通过数值相等各点或内插各等值点绘出等值线，等值线差值宜为 100mV。

D.0.8 电化学测试结果的判定可参考下列建议。

1 钢筋电位与钢筋锈蚀状况的判别见表 D.0.8-1。

表 D.0.8-1 钢筋电位与钢筋锈蚀状况判别

序号	钢筋电位状况（mV）	钢筋锈蚀状况判别
1	−350～−500	钢筋发生锈蚀的概率为95%
2	−200～−350	钢筋发生锈蚀的概率为50%，可能存在坑蚀现象
3	−200 或高于−200	无锈蚀活动性或锈蚀活动性不确定，锈蚀概率5%

2 钢筋锈蚀电流与钢筋锈蚀速率及构件损伤年限的判别见表 D.0.8-2。

表 D.0.8-2 钢筋锈蚀电流与钢筋锈蚀速率和构件损伤年限判别

序号	锈蚀电流 I_{corr}（$\mu A/cm^2$）	锈蚀速率	保护层出现损伤年限
1	<0.2	钝化状态	—
2	0.2～0.5	低锈蚀速率	>15 年
3	0.5～1.0	中等锈蚀速率	10～15 年
4	1.0～10	高锈蚀速率	2～10 年
5	>10	极高锈蚀速率	不足 2 年

3 混凝土电阻率与钢筋锈蚀状况判别见表 D.0.8-3。

表 D.0.8-3 混凝土电阻率与钢筋锈蚀状态判别

序号	混凝土电阻率（kΩ·cm）	钢筋锈蚀状态判别
1	>100	钢筋不会锈蚀
2	50～100	低锈蚀速率
3	10～50	钢筋活化时，可出现中高锈蚀速率
4	<10	电阻率不是锈蚀的控制因素

D.0.9 综合分析判定方法，检测的参数可包括裂缝宽度、混凝土保护层厚度、混凝土强度、混凝土碳化深度、混凝土中有害物质含量以及混凝土含水率等，根据综合情况判定钢筋的锈蚀状况。

附录 E 结构动力测试方法和要求

E.0.1 建筑结构的动力测试，可根据测试的目的选择下列方法：

1 测试结构的基本振型时，宜选用环境振动法，在满足测试要求的前提下也可选用初位移等其他方法；

2 测试结构平面内多个振型时，宜选用稳态正弦波激振法；

3 测试结构空间振型或扭转振型时，宜选用多振源相位控制同步的稳态正弦波激振法或初速度法；

4 评估结构的抗震性能时，可选用随机激振法或人工爆破模拟地震法。

E.0.2 结构动力测试设备和测试仪器应符合下列要求：

1 当采用稳态正弦激振的方法进行测试时，宜采用旋转惯性机械起振机，也可采用液压伺服激振器，使用频率范围宜在 $0.5\sim30\mathrm{Hz}$，频率分辨率应高于 $0.01\mathrm{Hz}$；

2 可根据需要测试的动参数和振型阶数等具体情况，选择加速度仪、速度仪或位移仪，必要时尚可选择相应的配套仪表；

3 应根据需要测试的最低和最高阶频率选择仪器的频率范围；

4 测试仪器的最大可测范围应根据被测试结构振动的强烈程度来选定；

5 测试仪器的分辨率应根据被测试结构的最小振动幅值来选定；

6 传感器的横向灵敏度应小于 0.05；

7 进行瞬态过程测试时，测试仪器的可使用频率范围应比稳态测试时大一个数量级；

8 传感器应具备机械强度高，安装调节方便，体积重量小而便于携带，防水，防电磁干扰等性能；

9 记录仪器或数据采集分析系统、电平输入及频率范围，应与测试仪器的输出相匹配。

E.0.3 结构动力测试，应满足下列要求：

1 脉动测试应满足下列要求：避免环境及系统干扰；测试记录时间，在测量振型和频率时不应少于 5min，在测试阻尼时不应小于 30min；当因测试仪器数量不足而做多次测试时，每次测试中应至少保留一个共同的参考点；

2 机械激振振动测试应满足下列要求：应正确选择激振器的位置，合理选择激振力，防止引起被测试结构的振型畸变；当激振器安装在楼板上时，应避免楼板的竖向自振频率和刚度的影响，激振力应具有传递途径；激振测试中宜采用扫频方式寻找共振频率，在共振频率附近进行测试时，应保证半功率带宽

内有不少于 5 个频率的测点；

3 施加初位移的自由振动测试应符合下列要求：应根据测试的目的布置拉线点；拉线与被测试结构的连结部分应具有能够整体传力到被测试结构受力构件上；每次测试时应记录拉力数值和拉力与结构轴线间的夹角；量取波值时，不得取用突断衰减的最初 2 个波；测试时不应使被测试结构出现裂缝。

E.0.4 结构动力测试的数据处理，应符合下列规定：

1 时域数据处理：对记录的测试数据应进行零点漂移、记录波形和记录长度的检验；被测试结构的自振周期，可在记录曲线上比较规则的波形段内取有限个周期的平均值；被测试结构的阻尼比，可按自由衰减曲线求取，在采用稳态正弦波激振时，可根据实测的共振曲线采用半功率点法求取；被测试结构各测点的幅值，应用记录信号幅值除以测试系统的增益，并按此求得振型；

2 频域数据处理：采样间隔应符合采样定理的要求；对频域中的数据应采用滤波、零均值化方法进行处理；被测试结构的自振频率，可采用自谱分析或傅里叶谱分析方法求取；被测试结构的阻尼比，宜采用自相关函数分析、曲线拟合法或半功率点法确定；被测试结构的振型，宜采用自谱分析、互谱分析或传递函数分析方法确定；对于复杂结构的测试数据，宜采用谱分析、相关分析或传递函数分析等方法进行分析；

3 测试数据处理后应根据需要提供被测试结构的自振频率、阻尼比和振型，以及动力反应最大幅值、时程曲线、频谱曲线等分析结果。

附录 F 回弹检测烧结普通砖抗压强度

F.0.1 本方法适用于用回弹法检测烧结普通砖的抗压强度。按本方法检测时，应使用 HT75 型回弹仪。

F.0.2 对检测批的检测，每个检验批中可布置 $5\sim10$ 个检测单元，共抽取 $50\sim100$ 块砖进行检测，检测块材的数量尚应满足本标准第 3.3.13 条 A 类检测样本容量的要求和本标准第 3.3.15 条与第 3.3.16 条对推定区间的要求。

F.0.3 回弹测点布置在外观质量合格砖的条面上，每块砖的条面布置 5 个回弹测点，测点应避开气孔等且测点之间应留有一定的间距。

F.0.4 以每块砖的回弹测试平均值 R_m 为计算参数，按相应的测强曲线计算单块砖的抗压强度换算值；当没有相应的换算强度曲线时，经过试验验证后，可按式（F.0.4）计算单块砖的抗压强度换算值：

黏土砖： $f_{1,i} = 1.08R_{\mathrm{m},i} - 32.5$；

页岩砖： $f_{1,i} = 1.06R_{\mathrm{m},i} - 31.4$；（精确至小数点后 1 位）

煤矸石砖： $f_{1,i} = 1.05R_{\mathrm{m},i} - 27.0$；　　（F.0.4）

式中 $R_{m,i}$——第 i 块砖回弹测试平均值；

$f_{1,i}$——第 i 块砖抗压强度换算值。

F.0.5 抗压强度的推定，以每块砖的抗压强度换算值为代表值，按本标准第 3.3.19 条或第 3.3.20 条的规定确定推定区间。

F.0.6 回弹法检测烧结普通砖的抗压强度宜配合取样检验的验证。

附录 G 表面硬度法推断钢材强度

G.0.1 本检测方法适用于估算结构中钢材抗拉强度的范围，不能准确推定钢材的强度。

G.0.2 构件测试部位的处理，可用钢锉打磨构件表面，除去表面锈斑、油漆，然后应分别用粗、细砂纸打磨构件表面，直至露出金属光泽。

G.0.3 按所用仪器的操作要求测定钢材表面的硬度。

G.0.4 在测试时，构件及测试面不得有明显的颤动。

G.0.5 按所建立的专用测强曲线换算钢材的强度。

G.0.6 可参考《黑色金属硬度及相关强度换算值》GB/T 1172 等标准的规定确定钢材的换算抗拉强度，但测试仪器和检测操作应符合相应标准的规定，并应对标准提供的换算关系进行验证。

附录 H 钢结构性能的静力荷载检验

H.1 一般规定

H.1.1 本附录适用于普通钢结构性能的静力荷载检验，不适用用冷弯型钢和压型钢板以及钢-混组合结构性能和普通钢结构疲劳性能的检验。

H.1.2 钢结构性能的静力荷载检验可分为使用性能检验、承载力检验和破坏性检验；使用性能检验和承载力检验的对象可以是实际的结构或构件，也可以是足尺寸的模型；破坏性检验的对象可以是不再使用的结构或构件，也可以是足尺寸的模型。

H.1.3 检验装置和设置，应能模拟结构实际荷载的大小和分布，应能反映结构或构件实际工作状态，加荷点和支座处不得出现不正常的偏心，同时应保证构件的变形和破坏不影响测试数据的准确性和不造成检验设备的损坏和人身伤亡事故。

H.1.4 检验的荷载，应分级加载，每级荷载不宜超过最大荷载的 20%，在每级加载后应保持足够的静止时间，并检查构件是否存在断裂、屈服、屈曲的迹象。

H.1.5 变形的测试，应考虑支座的沉降变形的影响，正式检验前应施加一定的初试荷载，然后卸荷，使构件贴紧检验装置。加载过程中应记录荷载变形曲线，当这条曲线表现出明显非线性时，应减小荷载增量。

H.1.6 达到使用性能或承载力检验的最大荷载后，应持荷至少 1h，每隔 15min 测取一次荷载和变形值，直到变形值在 15min 内不再明显增加为止。然后应分级卸载，在每一级荷载和卸载全部完成后测取变形值。

H.1.7 当检验用模型的材料与所模拟结构或构件的材料性能有差别时，应进行材料性能的检验。

H.2 使用性能检验

H.2.1 使用性能检验以证实结构或构件在规定荷载的作用下不出现过大的变形和损伤，经过检验且满足要求的结构或构件应能正常使用。

H.2.2 在规定荷载作用下，某些结构或构件可能会出现局部永久性变形，但这些变形的出现应是事先确定的且不表明结构或构件受到损伤。

H.2.3 检验的荷载，应取下列荷载之和：

实际自重×1.0；

其他恒载×1.15；

可变荷载×1.25。

H.2.4 经检验的结构或构件应满足下列要求：

1 荷载-变形曲线宜基本为线性关系；

2 卸载后残余变形不应超过所记录到最大变形值的 20%。

H.2.5 当第 H.2.4 条的要求不满足时，可重新进行检验。第二次检验中的荷载-变形应基本上呈现线性关系，新的残余变形不得超过第二次检验中所记录到最大变形的 10%。

H.3 承载力检验

H.3.1 承载力检验用于证实结构或构件的设计承载力。

H.3.2 在进行承载力检验前，宜先进行 H.2 节所述使用性能检验且检验结果满足相应的要求。

H.3.3 承载力检验的荷载，应采用永久和可变荷载适当组合的承载力极限状态的设计荷载。

H.3.4 承载力检验结果的评定，检验荷载作用下，结构或构件的任何部分不应出现屈曲破坏或断裂破坏；卸载后结构或构件的变形应至少减少 20%。

H.4 破坏性检验

H.4.1 破坏性检验用于确定结构或模型的实际承载力。

H.4.2 进行破坏性检验前，宜先进行设计承载力的检验，并根据检验情况估算被检验结构的实际承载力。

H.4.3 破坏性检验的加载，应先分级加到设计承载力的检验荷载，根据荷载变形曲线确定随后的加载增量，然后加载到不能继续加载为止，此时的承载力即为结构的实际承载力。

附录 J 超声法检测钢管中混凝土抗压强度

J.0.1 本附录适用于超声法检测钢管中混凝土的强度，按本附得到的混凝土强度换算值应进行同条件立方体试块或芯样试件抗压强度的修正。

J.0.2 超声法检测钢管中混凝土的强度，圆钢管的外径不宜小于 300mm，方钢管的最小边长不宜小于 275mm。

J.0.3 超声法的测区布置和抽样数量应符合下列要求：

　1 按检测批检测时，抽样检测构件的数量不应少于本标准表 3.3.13 中样本最小容量的规定，测区数量尚应满足本标准对计量抽样推定区间的要求；

　2 每个构件上应布置 10 个测区（每个测区应有 2 个相对的测面）；小构件可布置 5 个测区；

　3 每个测面的尺寸不宜小于 200mm×200mm。

J.0.4 超声法的测区，钢管的外表面应光洁，无严重锈蚀，并应能保证换能器与钢管表面耦合良好。

J.0.5 在每个测区内的相对测试面上，应各布置 3 个测点，发射和接收换能器的轴线应在同一轴线上，对于圆钢管该轴线应通过钢管的圆心。如图 J.0.5 所示。

J.0.6 测区的声速应按下列公式计算：

$$V = d/t_m \tag{J.0.6-1}$$

$$t_m = (t_1 + t_2 + t_3)/2 \tag{J.0.6-2}$$

式中　V——测区声速值，（精确到 0.01km/s）；
　　　d——超声测距，即钢管外径，精确到毫米；

t_m——测区平均声时值，精确到 0.1μs；
t_1、t_2、t_3——分别为测区中 3 个测点的声时值，精确到 0.1μs。

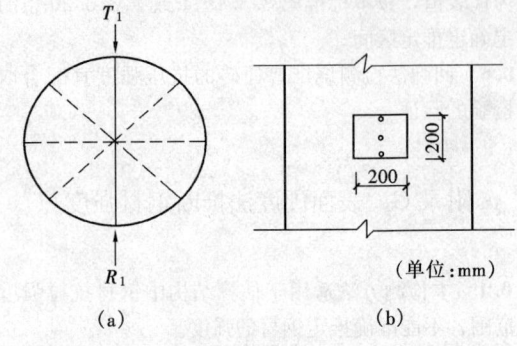

图 J.0.5　钢管中混凝土强度检测示意图
（a）平面图；（b）立面图

J.0.7 构件第 i 个测区的混凝土强度换算值 $f^c_{cu,i}$，应依据测区声速值 V 按专用测强曲线或地区测强曲线确定。

本标准用词用语说明

　1 为了便于在执行本标准条文时区别对待，对要求严格程度不同的用词说明如下：

　　1）表示很严格，非这样做不可的用词：

　　正面词采用"必须"；反面词采用"严禁"。

　　2）表示严格，在正常情况下均应这样做的用词：

　　正面词采用"应"；反面词采用"不应"或"不得"。

　　3）表示允许稍有选择，在条件许可时首先这样做的用词：

　　正面词采用"宜"；反面词采用"不宜"；

　　表示有选择，在一定条件下可以这样做的，采用"可"。

　2 标准中指定应按其他有关标准、规范执行时，写法为："应符合……的规定"或"应按……执行"。

中华人民共和国国家标准

建筑结构检测技术标准

GB/T 50344—2004

条 文 说 明

目 次

1 总　则

1.0.1 本条是编制本标准的宗旨。建筑结构检测得到的数据与结论是评定有争议建筑结构工程质量的依据，也是鉴定已有建筑结构性能等的依据。

近年来，建筑结构的检测技术取得了很大的发展，目前已经制订了一些结构材料强度及构件质量的检测标准。但是，建筑结构的检测不仅仅是材料强度的检测，特别是目前这些规范的检测内容尚未与各类结构工程的施工质量验收规范或已有建筑结构的鉴定标准相衔接，已有结构材料强度现场检测的抽样方案和检测结果的评定也存在不一致的问题。因此需要制定一本建筑结构检测技术标准，为建筑结构工程质量的评定和已有建筑结构性能的鉴定提供可靠的检测数据和检测结论。

1.0.2 本条规定了本标准的适用范围。建筑结构工程质量检测的对象一般是对工程质量有怀疑、有争议或出现工程质量问题的结构工程，参见本标准第3.1.2条的规定和相应的条文说明。已有建筑结构检测的对象一般为正在使用的建筑结构，参见本标准第3.1.3条的规定和相应的条文说明。

1.0.3 古建筑的检测有其特殊的要求，古建筑的结构材料与现代建筑结构的材料有差异，本标准规定的一些取样检测方法在一些古建筑的检测中无法使用；受到特殊腐蚀性物质影响的结构构件也有一些特殊的检测项目。因此在对古建筑和受到特殊腐蚀性物质影响的结构构件进行检测时，可参考本标准的基本原则，根据具体情况选择合适的检测方法。

1.0.4 本条表明在建筑结构的检测工作中，除执行本标准的规定外，尚应执行国家现行的有关标准、规范的规定。这些国家现行的有关标准、规范主要是《建筑工程施工质量验收统一标准》GB 50300，混凝土结构、钢结构、木结构工程与砌体工程施工质量验收规范和工业厂房、民用建筑可靠性鉴定标准、建筑抗震鉴定标准以及相应的结构材料强度现场检测标准等。

1.0.5 本条强调建筑结构的检测工作不能对建筑市场的管理起负面的作用。

2　术语和符号

2.1　术　语

本章所给出的术语可分为两类；一类为建筑结构方面，这类术语与有关标准一致；另一类为本标准检测用的专用术语，除了与有关结构材料强度现场检测标准协调外，多数仅从本标准的角度赋予其涵义，但涵义不一定是术语的定义。同时还分别给出了相应的推荐性英文术语，该英文术语不一定是国际上的标准术语，仅供参考。

2.2　符　号

本节的符号符合《建筑结构设计术语和符号标准》GB/T 50083—1997的规定。

3　基本规定

3.1　建筑结构检测范围和分类

3.1.1 本条明确规定了建筑结构的检测分为建筑结构工程质量的检测和已有建筑结构性能的检测两种类型。建筑结构工程质量的检测与已有建筑结构性能的检测项目、检测方法和抽样数量等大致相同，只是已有建筑结构性能的检测可能面对的结构损伤与材料老化等问题要多一些，现场检测遇到问题的难度要大一些。本标准虽然有关于"建筑结构工程"和"已有建筑结构"的术语，但两者之间没有绝对准确的界限。

3.1.2 本条给出了建筑结构工程的质量应进行检测的情况。一般情况下，建筑结构工程的质量应按《建筑工程施工质量验收统一标准》GB 50300和相应的工程施工质量验收规范进行验收。建筑工程施工质量验收与建筑结构工程质量检测有共同之处也有明显的区别。两项工作最大的区别在于实施主体，建筑结构工程质量检测工作的实施主体是有检测资质的独立的第三方；建筑结构工程质量的检测结果和评定结论可作为建筑结构工程施工质量验收的依据之一。两项工作的共同之处在于建筑工程施工质量验收所采取的一些具体检测方法可为建筑结构工程质量检测所采用，建筑结构工程质量检测所采用的检测方法和抽样方案等可供建筑结构施工质量验收参考，特别是为建筑结构工程施工质量验收所实施的工程质量实体检验工作可以参考本标准的规定。

3.1.3 本条规定了已有建筑结构应进行检测的情况。已有建筑结构在使用过程中，不仅需要经常性的管理与维护，而且还需要进行必要的检测、检查与维修，才能全面完成设计所预期的功能。此外，有一定数量的已有建筑结构或因设计、施工、使用不当而需要加固，或因用途变更而需要改造，或因当地抗震设防烈度改变而需要抗震鉴定或因受到灾害、环境侵蚀影响需要鉴定等等；有的建筑结构已经达到设计使用年限还需继续使用，还有些建筑结构，虽然使用多年，但影响其可靠性的根本问题还是施工质量问题。对于这些已有建筑结构应进行结构性能的鉴定。要做好这些鉴定工作，首先必须对涉及结构性能的现状缺陷和损伤、结构构件材料强度及结构变形等进行检测，以便了解已有建筑结构的可靠性等方面的实际情况，为鉴定提供事实、可靠和有效的依据。

3.1.4 本条是对建筑结构检测工作的基本要求。

3.1.5 本条为确定建筑结构检测项目和检测方案的基本原则。

3.1.6 大型公共建筑为人员较为集中的场所，重要建筑对于政治、国民经济影响比较大。这两类建筑的面积相对比较大，结构体型又往往比较复杂。对于这两类建筑在使用过程中应定期检查和进行必要的检测，以保证使用安全。由于结构构件开裂等损伤能使结构动力测试的基本周期增大，在振型反应中也能反映出来，这种动力测试结果有助于确定是否进行下一步的仔细检测。同时结构动力测试也不会对结构造成损伤。所以，对于大型公共建筑和重要建筑宜在建筑工程竣工验收完成后，使用前和使用后，分别进行一次动力测试。并宜在每隔 10 年左右再进行一次动力测试，对使用 30 年以上的建筑物宜 7 年左右进行一次动力测试。这些测试应与工程竣工验收完成使用后的动力测试相比较，以确定建筑结构是否存在损伤及其损伤的范围，为是否需要进行详细检测提供依据。

随着光纤和激光等检测技术的应用，能够较准确地量测结构构件施工阶段和使用阶段的内力、变形状况，这种安全性监测有助于保证施工安全和使用阶段的安全。

3.2 检测工作程序与基本要求

3.2.1 建筑结构检测工作程序是对检测工作全过程和几个主要阶段的阐述。程序框图中描述了一般建筑结构检测从接受委托到检测报告的各个阶段都是必不可少的。对于特殊情况的检测，则应根据建筑结构检测的目的确定其检测程序框图和相应的内容。

3.2.2 建筑结构检测工作中的现场调查和有关资料的调查是非常重要的。了解建筑结构的状况和收集有关资料，不仅有利于较好地制定检测方案，而且有助于确定检测的内容和重点。现场调查主要是了解被检测建筑结构的现状缺陷或使用期间的加固维修及用途和荷载等变更情况，同时应与委托方探讨确定检测的目的、内容和重点。

有关的资料主要是指建筑结构的设计图、设计变更、施工记录和验收资料、加固图和维修记录等。当缺乏有关资料时，应向有关人员进行调查。当建筑结构受到灾害或邻近工程施工的影响时，尚应调查建筑结构受到损伤前的情况。

3.2.3～3.2.4 建筑结构的检测方案应根据检测的目的、建筑结构现状的调查结果来制定，宜包括概况、检测的目的、检测依据、检测项目、选用的检测方法和检测数量等以及所需要的配合、安全和环保措施等。

3.2.5 对建筑结构检测中所使用的仪器、设备提出了要求。

3.2.6 本条对建筑结构现场检测的原始记录提出要求，这些要求是根据原始记录的重要性和为了规范检测人员的行为而提出的。

3.2.7 对建筑结构现场检测取样运回到试验室测试的样品，应满足样品标识、传递、安全储存等规定。

3.2.9 在建筑结构检测中，当采用局部破损方法检测时，在检测工作完成后应进行结构构件受损部位的修补工作，在修补中宜采用高于构件原设计强度等级的材料。

3.2.10 本条规定了检测工作完成后应及时进行计算分析和提出相应检测报告，以便使建筑结构所存在的问题能得到及时的处理。

3.3 检测方法和抽样方案

3.3.1 本条规定了选取检测方法的基本原则，主要强调检测方法的适用性问题。

3.3.2 规定可用于建筑结构检测的四类检测方法，其目的是鼓励采用先进的检测方法、开发新的检测技术和使检测方法标准化。

3.3.3 有相应标准的检测方法，如回弹法检测混凝土抗压强度有相应的行业标准和地方标准。当采用这类方法时应注意标准的适用性问题。

3.3.4 规范标准规定的检测方法，如工程施工质量验收规范等对一些检测项目规定或建议了检测方法。在这些方法中，有些是有相应的标准的，有些是没有相应的标准的，对于没有相应标准的检测方法，检测单位应有相应的检测细则。制定检测细则的目的是规范检测的操作和其他行为，保证检测的公正、公平和公开性。

3.3.5 目前有检测标准的检测方法较少，因此鼓励开发和引进新的检测方法。在已有的检测方法基础之上扩大该方法的适用范围是开发新的检测方法的一种途径。但是扩大了适用范围必然会带来检测结果的系统偏差，因此必须对可能产生的系统偏差予以修正。

3.3.6 本条的目的是鼓励检测单位开发和引进新的检测方法。新开发和引进的检测方法和仪器应通过技术鉴定，并应与已有的检测方法和仪器进行比对试验和验证。此外，新开发和引进的检测方法应有相应的检测细则。

3.3.7 采用局部破损的取样方法和原位检测方法时，应注意不应构成结构或构件的安全问题。

3.3.8 古建筑和保护性建筑一旦受到损伤很难按原样修复，因此应避免造成损伤。

3.3.9 建筑结构的动力检测，可分为环境振动和激振等方法。对了解结构的动力特性和结构是否存在抗侧力构件开裂等，可采用环境振动的方法；对于了解结构抗震性能，则应采用激振等方法。

3.3.10 我国重大工程事故，一般多发生在施工阶段和建成后的一段时间内，然后才是超载和维护跟不上造成的损伤。在正常设计情况下，由于施工偏差以及新型结构体系施工方案不一定完全符合这种结构的受力特点等，可能造成少量构件截面应力和变形过大。近些年国内外光纤和激光等应变传感器已进入实用阶段，为重大工程和新型结构体系进行施工阶段构件应力的监测提供了条件。在进行施工监测中应优化监测方案，即选择可能受力较大的构件（部位）或较薄弱的构件（部位）。

3.3.11 本条提出了建筑结构检测抽样方案选择的原则要求。对于比较简单易行，又以数量多少评判的检测项目，如外部缺陷等宜选用全数检测方案；对于结构、构件尺寸偏差的检测，宜选用一次或两次计数抽样方案，但应遵守计数抽样检测的规则；结构连接构造影响结构的变形性能，因此对连接构造的检测应选择对结构安全影响大的部位；结构构件实荷检验的目的是检验构件的结构性能，因此，应选择同类构件中承受荷载相对较大和构件施工质量相对较差的构件；对按检测批评定的结构构件材料强度，应进行随机抽样。

对于建筑结构工程质量的检测，也可选择《建筑工程施工质量验收统一标准》和相应专业验收规范规定的抽样方案等。

3.3.12 检测数量与检测对象的确定可以有两类，一类指定检测对象和范围，另一类是抽样的方法。对于建筑结构的检测两类情况都可能遇到。当指定检测对象和范围时，其检测结果不能反映其他构件的情况，因此检测结果的适用范围不能随意扩大。

3.3.13 本条规定了建筑结构按检测批检测时抽样的最小样本容量，其目的是要保证抽样检测结果具有代表性。最小样本容量不是最佳的样本容量，实际检测时可根据具体情况和相应技术规程的规定确定样本容量，但样本容量不应少于表 3.3.13 的限定量。

对于计量抽样检测的检测批来说，表 3.3.13 的限制值可以是构件也可以是取得测试数据代表值的测区。例如对于混凝土构件强度检测来说，可以以构件总数作为检测批的容量，抽检构件的数量满足表 3.3.13 中最小样本容量的要求；在每个构件上布置若干个测区，取得测区测试数据的代表值。用所有测区测试数据代表值构成数据样本，按本标准第 3.3.15 条和第 3.3.16 条的规定确定推定区间。例如，砌筑块材强度的检测，可以以墙体的数量作为检测批的容量，抽样墙体数量满足表 3.3.13 中样本最小容量的要求，在每道抽检墙体上进行若干块砌筑块材强度的检测，取每个块材的测试数据作为代表值，形成数据样本，确定推定区间；也可以以砌筑块材总数作为检测批的容量，使抽样检测块材的总数满足表 3.3.13 样本最要容量的要求。

3.3.14 依据《逐批检查计数抽样程序及抽样表》GB 2828 给出了建筑结构检测的计数抽样的样本容量和正常一次抽样、正常二次抽样结果的判定方法。

以表 3.3.14-3 和表 3.3.14-4 为例说明使用方法。当为一般项目正常一次性抽样时，样本容量为 13，在 13 个试样中有 3 个或 3 个以下的试样被判为不合格时，检测批可判为合格；当 13 个试样中有 4 个或 4 个以上的试样被判为不合格时则该检测批可判为不合格。对于一般项目正常二次抽样，样本容量为 13，当 13 个试样中有 1 个被判为不合格时，该检测批可判为合格；当有 3 个或 3 个以上的试样被判为不合格时，该检测批可判为不合格；当 2 个试样被判为不合格时进行第二次抽样，样本容量也为 13 个，两次抽样的样本容量为 26，当第一次的不合格试样与第二次的不合格试样之和为 4 或小于 4 时，该检测批可判为合格，当第一次的不合格试样与第二次的不合格试样之和为 5 或大于 5 时，该检测批可判为不合格。一般项目的允许不合格率为 10%，主控项目的允许不合格率为 5%。主控项目和一般项目应按相应工程施工质量验收规范确定。当其他检测项目按计数方法进行评定时，可参照上述方法实施。

3.3.15 根据计量抽样检测的理论，随机抽样不能得到被推定参数的准确数值，只能得到被推定参数的估计值，因此推定结果应该是一个区间。以图 1 和图 2 关于检测批均值 μ 的推定来说明这个问题。

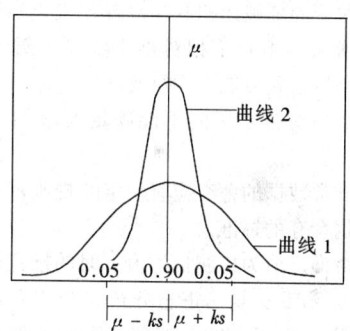

图 1　置信区间示意图

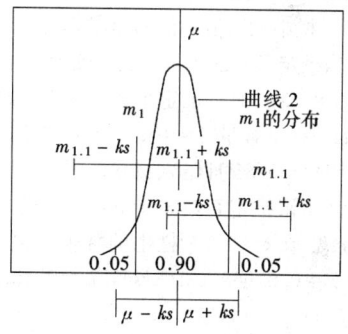

图 2　推定区间示意图

曲线 1 为检测批的随机变量分布，μ 为其均值，曲线 2 为样本容量为 n_1 时样本均值 m_1 的分布，图中所示的 m_1 的分布表明，m_1 是随机变量，用 m_1 估计

检测批均值 μ 时,虽然可以得到样本均值 $m_{1,i}$ 的确定的数值,但是不能确定样本均值 $m_{1,1}$ 落在 m_1 分布曲线的确定的位置,存在着检测结果的不确定性的问题。根据统计学的原理,可以知道随机变量 m_1 落在某一区间的概率,并可以使随机变量落在某个区间的概率为 0.90,如图示的区间 $\mu-ks$,$\mu+ks$ 示。

对于一次性的检测,可以得到随机变量 m_1 的一个确定的值 $m_{1,1}$。由于 $m_{1,1}$ 落在区间 $\mu-ks$,$\mu+ks$ 之内的概率为 0.90,所以区间 $m_{1,1}-ks$,$m_{1,1}+ks$ 包含检测批均值 μ 的概率为 0.90。0.90 为推定区间的置信度。推定区间的置信度表明被推定参数落在推定区间内的概率。错判概率表示被推定值大于推定区间上限的概率(生产方风险),漏判概率为被推定值小于推定区间下限的概率(使用方风险)。本条的规定与《建筑工程施工质量验收统一标准》GB 50300 的规定是一致的。推定区间实际上是被推定参数的接收区间。

3.3.16 本条对计量抽样检测批检测结果的推定区间进行了限制,在置信度相同的前提下,推定区间越小,推定结果的不确定性越小。样本的标准差 s 和样本容量 n 决定了推定区间的大小。因此减小样本的标准差 s 或增加样本的容量是减小检测结果不确定性的措施。对于无损检测方法来说,增加样本容量相对容易实现,对于局部破损的取样检测方法和原位检测方法来说,增加样本容量相对难于实现。对于后者来说,减小测试误差可能更为重要。

3.3.17 本条对推定区间不能满足要求的情况作出规定。

3.3.18 异常数据的舍弃应有一定的规则,本条提供了异常数据舍弃的标准。

3.3.19 被推定值为检测批均值 μ 时的推定区间计算方法。表 3.3.19 选自《正态分布完全样本可靠度单侧置信下限》GB/T 4885—1985。表中均值栏是对应于检测批均值 μ 的系数。当推定区间的置信度为 0.90 且错判概率和漏判概率均为 0.05 时,推定系数取 k(0.05)栏中的数值;例如样本容量 $n=10$,$k=0.57968$。当推定区间的置信度为 0.80 且错判概率和漏判概率均为 0.10 时,推定系数取 k(0.1)栏中的数值。例如,样本容量 $n=10$,$k=0.43735$。当推定区间的置信度为 0.85 且错判概率为 0.05,漏判概率为 0.10 时,上限推定系数取 k(0.05)栏中的数值,下限推定系数取 k(0.1)栏中的数值。例如样本容量 $n=10$,$k=0.57968$($m+ks$),$k=0.43735$($m-ks$)。

3.3.20 被推定值为具有 95% 保证率的标准值(特征值)x_k 时的推定区间计算方法。表 3.3.19 中标准值栏是对应于检测批标准值 x_k。当推定区间的置信度为 0.90 且错判概率和漏判概率均为 0.05 时,推定系数取标准值(0.05)栏中的数值,例如样本容量 n

$=30$,$k_1=1.24981$,$k_2=2.21984$。当推定区间的置信度为 0.80 且错判概率和漏判概率均为 0.10 时,推定系数取标准值(0.1)栏中的相应数值。例如样本容量 $n=30$,$k_1=1.33175$,$k_2=2.07982$。当推定区间的置信度为 0.85 且错判概率为 0.05 而漏判概率为 0.10 时,上限推定系数 k_1 取标准值(0.05)栏中的相应数值,下限推定系数 k_2 取标准值(0.1)栏中相应的数值。例如样本容量 $n=30$,$k_1=1.24981$,$k_2=2.07982$。

3.3.21 判定的方法。例,混凝土立方体抗压强度推定区间为 17.8~22.5MPa,当设计要求的 $f_{cu,k}$ 为 20MPa 混凝土时,可判为立方体抗压强度满足设计要求,当设计要求的 $f_{cu,k}$ 为 25MPa 时,可判为低于设计要求。

3.4 既有建筑的检测

3.4.1 本条提出了对既有建筑进行正常检查与建筑结构的常规检测要求。没有正常检查制度和常规检测制度是我国建筑管理方面的一大缺憾。正常检查制度和常规检测制度是避免发生恶性事故的必要措施,是及时采取防范和维修措施、避免重大经济损失的先决条件。

3.4.2~3.4.3 既有建筑正常检查的重点,正常检查可侧重于使用的安全。本条所指出的检查重点都是近年来出现事故造成人员伤亡和相应经济损失的部位。既有建筑是否存在使用安全问题的检查不是一项专业技术要求很高的工作。当正常检查中发现难于解决的问题时,可委托有资质的检测单位进行检测。

3.4.4 一般工业与民用的建筑结构设计使用年限内进行常规检测。有腐蚀性介质侵蚀的工业建筑、受到污染影响的建筑或构筑物、处于严重冻融影响环境的建筑物或构筑物、土质较差地基上的建筑物或构筑物等的结构,常规检测的时间可适当缩短。

建筑结构的常规检测不能只是构件外观质量及损伤的检查,需要相应的科学的检测方法、检测仪器和定量的检测数据,属结构检测范围。因此需要由有资质的检测单位进行检测。常规检测的目的是确定建筑结构是否存在隐患。一般工业与民用建筑在使用 10~15 年,结构耐久性问题、结构设计失误问题、隐藏的结构施工质量问题以及由于不正当的使用造成的问题都会有所显露。此时进行常规检测可以及早发现事故的隐患,采取积极的处理措施,减少经济损失。对于存在严重隐患的建筑结构,可避免出现坍塌等恶性事故。对于恶劣环境中的建筑结构,缩短正常检测的年限是合理的。

3.4.5 建筑结构常规检测有其特殊的问题,要尽量发现问题又不能对建筑物的正常使用构成影响。因此,应选择适当的检测方法。

3.4.6 本条提示了常规检测的重点部位,这些部位容易出现损伤。

3.4.7 第一次常规检测后，依据检测数据和鉴定结果可判定下次常规检测的时间。

3.5 检测报告

3.5.1 本标准对建筑结构检测结果及评定提出了具体的要求，此外，其他标准也有相应的要求。

由于建筑结构工程质量的检测是为了确定所检测的建筑结构的质量是否满足设计文件和验收的要求，因此，检测报告中应做出检测项目是否满足这些要求的结论。对已有建筑结构的检测应能满足相应鉴定的要求。

3.5.2 为了使检测报告表达清楚和规范，本条强调了检测报告结论的准确性。

本条规定了检测报告应包括的主要内容。

3.6 检测单位和检测人员

3.6.1 对承担建筑结构检测工作的检测单位提出了资质要求，实施建筑结构的检测单位应经过国家或省级建设行政主管部门批准，并通过国家或省级技术监督部门的计量认证。

3.6.2～3.6.3 提出检测单位应有健全的质量管理体系要求以及仪器设备定期检定的要求。

3.6.4～3.6.5 对实施建筑结构检测的人员提出了资格方面的要求。如实施钢结构构件焊接质量检测的人员应具有相应的检测资格证书等。同时，提出了现场检测工作至少应由两名或两名以上检测人员承担的要求。

4 混凝土结构

4.1 一般规定

4.1.1 规定了本章的适用范围。其他结构中混凝土构件的检测应按本章的规定进行。

4.1.2 本条提出了混凝土结构的主要检测工作项目。具体实施的检测工作和检测项目应根据委托方的要求、混凝土结构的实际情况等确定。

4.2 原材料性能

4.2.1 混凝土的原材料是指砂子、水泥、粗骨料、掺合料和外加剂等。由于检验硬化混凝土中原材料的质量或性能难度较大，因此允许对建筑工程中剩余的同批材料进行检验。本标准根据研究成果和实践经验，在第4.6节中给出了硬化混凝土材料性能的部分检测方法。

4.2.2 现场取样检验钢筋的力学性能应注意结构或构件的安全，一般应在受力较小的构件上截取钢筋试样。钢筋化学成分分析试样可为进行过力学性能检验的试件。

4.2.3 目前已经有一些钢筋抗拉强度的无损检测方法，如测试钢筋的表面硬度换算钢筋抗拉强度，分析钢筋中主要化学成分含量推断钢筋抗拉强度等方法。但是这些非破损的检测方法都不能准确推定钢筋的抗拉强度，应与取样检验方法配合使用。关于钢材表面硬度与抗拉强度之间的换算关系，可参见本标准的附录G和本标准第6.2.5条的条文说明。

4.2.4 锈蚀钢筋和火灾后钢筋的力学性能的检测没有统一的标准，钢材试样与标准试验方法要求的试样有差别，因此在检测报告中应该予以说明，以便委托方做出正确的判断。

4.3 混凝土强度

4.3.1 采用非破损或局部破损的方法进行结构或构件混凝土抗压强度的检测，是为了避免或减少给结构带来不利的影响。

4.3.2 特殊的检测目的，如检测受侵蚀层混凝土强度、火灾影响层混凝土强度等。目前非破损的检测方法不适用于这些情况的检测。

选用回弹法、综合法、拔出法及钻芯法等，应注意各种方法的适用条件：

1 混凝土的龄期：回弹法一般应在相应规程规定的混凝土龄期内使用，超声回弹综合法也宜在一定的龄期内使用。当采用回弹法或回弹超声综合法检测龄期较长混凝土抗压强度时，应配合使用钻芯法。钻芯法受混凝土龄期影响相对较小。

2 表层质量具有代表性：采用回弹法、综合法和拔出法时，构件表层和内部混凝土质量差异较大时（如表层混凝土受到火灾、腐蚀性物质侵蚀等影响）会带来较大的测试误差。对于超声回弹综合法，如内外混凝土质量差异不明显也可以采用，钻芯法则受表层混凝土质量的影响较小。

3 混凝土强度：被测混凝土强度不得超过相应规程规定的范围，否则也会带来较大的误差。

4 特殊情况下，可以采取钻芯法或钻芯修正法检测结构混凝土的抗压强度，但应注意骨料的粒径问题。

5 实践证明，回弹法、超声回弹综合法和拔出法与钻芯法相结合，可提高混凝土抗压强度检测结果的可靠性。

4.3.3 钻芯修正时可采取修正量的方法也可采取修正系数的方法。修正量的方法是在非破损检测方法推定值的基础上加修正量，修正系数的方法是在非破损检测方法推定值的基础上乘以修正系数。两者的差别在于，修正量法对被修正样本的标准差 s 没有影响，修正系数法不仅对被修正样本的均值予以修正，也对样本的标准差 s 予以了修正。

总体修正量的方法是用被修正样本全部推定数值

的均值与修正用样本（芯样试件换算抗压强度）均值与进行比较确定修正量。当采取总体修正量法时，对芯样试件换算立方体抗压强度的样本均值提出相应的要求，这一规定与《钻芯法检测混凝土强度技术规程》CECS 03 的要求是一致的。其他材料强度的检测也可采用总体修正量的方法。

4.3.4 对应样本修正量用两个对应样本均值之差值作为修正量，两个样本的容量相同，测试位置对应。对应样本修正系数是用两个样本均值的比值作为修正系数，对于样本的要求与对应样本修正量的要求相同。——对应修正系数的方法可参见《回弹法检测混凝土抗压强度技术规程》的相关规定。

当采用小直径芯样试件时，由于其抗压强度样本的标准差增大，芯样试件的数量宜相应增加。

4.3.5 对结构混凝土抗压强度的推定提出了要求，对于检测批来说，其根本在于对推定区间的限制（见本标准第 3 章条文说明）。本标准要求的推定区间为低限要求，对于回弹法、超声回弹综合法来说，由于其检测样本容量较大，容易满足要求。对于钻芯法等取样方法来说，由于样本容量的问题，一般不容易满足要求。因此取样的方法最好配合有非破损的检测方法。

本条所指的技术规程包括《钻芯法检测混凝土强度技术规程》、《回弹法检测混凝土抗压强度技术规程》、《超声回弹综合法检测混凝土强度技术规程》等。

4.3.6 本条提出了混凝土抗拉强度的检测方法。《混凝土结构设计规范》GB 50010 中给出的混凝土抗压强度与抗拉强度的关系是宏观的统计关系，对于具体结构的混凝土来说，该关系不一定适用，在特定情况下应该检测结构混凝土的抗拉强度。

4.3.7 提出受到侵蚀和火灾等影响构件混凝土强度的检测方法。

4.4 混凝土构件外观质量与缺陷

4.4.1 本条列举了常见的混凝土构件外观质量与缺陷的检测项目。

4.4.3 本条规定了混凝土结构及构件裂缝检查所包括的内容及记录形式。混凝土结构或构件上的裂缝按其活动性质可分为稳定裂缝、准稳定裂缝和不稳定裂缝。为判定结构可靠性或制定修补方案，需全面考虑与之相关的各种因素。其中包括裂缝成因、裂缝的稳定状态等，必要时应对裂缝进行观测。

裂缝也可归为结构构件的损伤，如钢筋锈蚀造成的裂缝、火灾造成的裂缝、基础不均匀沉降造成的裂缝等。对于建筑结构的检测来说，无论是施工过程中造成的裂缝（缺陷）还是使用过程中造成的裂缝（损伤），检测方法基本上是一致的。

4.5 尺寸与偏差

4.5.1 本条提出了构件尺寸与偏差的检测项目。

4.5.2 混凝土结构及构件的尺寸偏差的检测方法与《混凝土结构工程施工质量验收规范》GB 50204 保持一致性。检测时，应注意以下几点：

1 对结构性能影响较大的尺寸偏差，应去除装饰层（抹灰砂浆），直接测量混凝土结构本身的尺寸偏差。

2 对于横截面为圆形或环形的结构或构件，其截面尺寸应在测量处相互垂直的方向上各测量一次，取两次测量的平均值。

3 对于现浇混凝土结构，应注意梁柱连接处断面尺寸的测量，该位置是容易出现尺寸偏差过大的地方。

4 需用吊线检查尺寸偏差时，应根据构件的品种、所在部位和高度选择线坠的大小、种类，使线坠易于旋转和摆动为宜；线坠用线宜采用 0.6～1.2mm 不锈钢丝。稳定线坠的容器中应装有黏性小、不结冻的液体（绑线、线坠与容器任何部位不能接触）。

5 检测混凝土柱轴线位移时，若采用钢卷尺按其长度拉通尺，必须拉紧；当距离较长时，应采用拉力计或弹簧秤，其拉力不小于 30N，并将尺拉直。

4.6 变形与损伤

4.6.1 本条提出了变形与损伤的检测项目。造成建筑结构的变形与损伤不限于重力荷载还有环境侵蚀、火灾、邻近工程的施工、地震的影响等。

4.6.2 本条规定了混凝土结构或构件变形的检测方法。变形包括混凝土梁、板等的挠度及混凝土建筑物主体或墙、柱位移等。对于墙、柱、梁、板等正在形成的变形，可采用挠度计、位移计、位移传感器等设备直接测定。

4.6.3 通常一次性的检测是不易区分倾斜中的砌筑偏差、变形倾斜与灾害造成的倾斜等。但这项工作对于鉴定分析工作是有益的。

4.6.4 准确的基础不均匀沉降数值应该从结构施工阶段开始测定。通常在发现问题后再提出基础沉降问题时，已经无法得到基础沉降的准确数值。当有必要进行基础沉降观测时，应在结构上布置观测点，进行后期基础沉降观测。评估临近工程施工对已有结构的影响时也可照此办理。利用首层的基准线的高差可以估计结构完工后基础的沉降差。砌体结构的基础沉降观测与混凝土结构基础沉降观测相同。

4.6.5 本条列举了混凝土损伤的种类与相应的检测方法。

4.6.6～4.6.8 这几条推荐了 f-CaO 对混凝土质量影响的检测方法、骨料碱活性的测定方法和混凝土中性化（碳化）深度的测定方法。

4.6.9 混凝土中氯离子总含量的测定方法在本标准附录C中给出。一般认为水泥的水化物有结合氯离子的能力，一些标准都是限制氯离子占水泥质量的百分率。由于混凝土中氯离子含量测定时不易准确确定试样中水泥的质量，因此可根据鉴定工作的需要提供氯离子占试样质量的百分率、氯离子占水泥质量的百分率或氯离子占混凝土质量的百分率。

4.7 钢筋的配置与锈蚀

4.7.1 本条提出了钢筋配置情况的检测项目。

4.7.2 本条提出钢筋位置、保护层厚度、直径和数量的检测方法。

4.7.4 本条提出了钢筋锈蚀情况的检测方法。

4.8 构件性能实荷检验与结构动测

4.8.1～4.8.4 对构件结构性能实荷检验提出相应要求。

4.8.5 本条提出了对重大公共钢筋混凝土建筑宜进行动力测试建议。

5 砌 体 结 构

5.1 一 般 规 定

5.1.1 本条规定了本章的适用范围。其他结构中的砌筑构件的质量和性能，应按本章的规定进行检测。

5.1.2 将砌体结构的检测分成五个方面的工作项目；对砌体工程施工质量的检测主要为：砌筑块材、砌筑砂浆和砌筑质量与构造；对已有砌体结构的检测，还应根据情况检测砌体强度和损伤与变形等。

5.2 砌 筑 块 材

5.2.1 本条提出了砌筑块材质量与性能的主要检测项目。

5.2.2 目前关于砌筑块材强度的检测主要有取样法、回弹法和钻芯法。取样法和钻芯法的检测结果直观，但会给构件带来损伤，检测数量受到限制。回弹法可基本反映块材的强度，测试限制少，测试数量相对较多，但有时会有系统的偏差。回弹结合取样的检测方法可提高检测结果的准确性和代表性。

5.2.3 对砌筑块材强度的检测批提出要求。当对结构中个别构件砌筑块材强度检测时，可将这些构件视为独立的检测单元。

5.2.4 由于砌体的强度与砌筑块材强度和砌筑砂浆强度有密切关系，当鉴定有这类要求时，砌筑块材强度的检测位置宜与砌筑砂浆强度的检测位置对应。

5.2.5 有特殊的检测目的时可考虑砌筑块材缺陷或损伤对其强度的影响。特殊情况包括：外观质量、内部缺陷、灾害及环境侵蚀作用等对块材强度的影响等。

5.2.6 砌筑块材的产品标准有：《烧结普通砖》、《烧结多孔砖》、《蒸压灰砂砖》、《粉煤灰砖》和《混凝土小型空心砌块》等。

5.2.7 对每个检测单元块材试样的数量和块材试样的强度试验方法作出规定。

5.2.8 回弹法检测烧结普通砖抗压强度的检测方法在附录F中给出。回弹值与砖抗压强度的换算关系可能会有地区差异，因此应建立专用测强曲线或对附录F提供的换算关系进行验证。

5.2.9 对烧结普通砖强度的取样结合回弹法作出了规定。本方法是为了增大检测结果的代表性和消除系统偏差。本条提出的对应样本修正量和对应样本修正系数方法也可作为混凝土强度检测中的钻芯修正法使用。

5.2.10 当其他块材强度的回弹检测有相应标准时，也可采用取样结合回弹检测的方法。

5.2.11 对石材强度的钻芯法检测做出规定，基本按《钻芯法检测混凝土强度技术规程》的规定执行。经过试验验证，直径70mm花岗岩芯样试件的抗压强度约为70mm立方体试样的抗压强度的85%。当采用立方体试块测定石材强度时，其测试结果应乘以换算系数，换算系数见表1。

表 1 石材强度的换算系数

立方体边长（mm）	200	150	100	70	50
换算系数	1.43	1.28	1.14	1.00	0.86

5.2.12 对受到损伤的块材强度的检测，块材的状态已经不符合相关产品标准的要求，因此应该予以说明。有缺陷块材强度的检测情况与之类似。

5.2.13 对砌筑块材尺寸和外观质量检测作出了规定。由于条件所限，现场检测可检查块材的外露面。单个砌筑块材尺寸和外观质量的合格评定按相应产品标准的规定进行。检测批的合格判定应按本标准表3.3.14-3或表3.3.14-4确定。

5.2.14 砌筑块材尺寸负偏差使构件截面尺寸减小，此时应测定构件的实际尺寸，并以实际尺寸作为验算的参数。外观质量不符合要求时，砌筑块材的强度可能偏低或砌体结构的耐久性能受到影响。

5.2.15 对特殊部位的砌筑块材品种的规定有：

1 5层及5层以上砌体结构的外露构件、潮湿部位的构件，受振动或层高大于6m的墙、柱所用材料的最低强度等级（砖MU10，砌块采用MU7.5）；

2 地面以下或防潮层以下的砌体；

3 基础工程和水池、水箱等不应为多孔砖砌筑；

4 灰砂砖不宜与黏土砖或其他品种的砖同层混砌；

5 蒸压灰砂砖和粉煤灰砖，不得用于温度长期在200℃以上、急冷及热或酸性介质侵蚀环境；

6 烧结空心砖和空心砌块，限于非承重墙。

5.2.16 砌筑块材其他项目（如石灰爆裂、吸水率等）的检测可参见相关产品标准。

5.3 砌 筑 砂 浆

5.3.1 提出了砌筑砂浆的检测项目。

5.3.2 砌筑砂浆强度的检测基本按《砌体工程现场检测技术标准》的规定进行。考虑到已有建筑砌筑砂浆强度的回弹法、射钉法、贯入法、超声法、超声回弹综合法等方法的检测结果会受到面层剔凿的影响，当这些方法用于测定砂浆强度时，宜配合有取样检测的方法。

由砌体抗压强度推定砌筑砂浆强度有时会有较大的系统误差，不宜作为砂浆强度的检测方法。

5.3.3 当表层的砌筑砂浆受到影响时的检测规定。

5.3.4 结构中特殊部位及相应的要求有：基础墙的防潮层、含水饱和情况基础、蒸压（养）砖防潮层以上的砌体（应采用水泥混合砂浆砌筑或高粘结性能的专用砂浆）、烧结黏土砖空斗墙（应采用水泥混合砂浆）和有内衬的烟囱（其内衬应为黏土砂浆或耐火泥砌筑）等。

5.3.5 提供了砌筑砂浆抗冻性检测的方法。

5.3.6 砌筑砂浆中氯离子含量的测定结果可折合成水泥用量的百分率或砂浆质量的百分率，具体测定方法参见本标准附录C。

5.4 砌 体 强 度

5.4.1 本节对砌体强度的检测方法作出了规定，目前对于砌体强度的检测方法有两类：其一为取样法，其二为现场原位检测方法。取样法是从砌体中截取试件，在试验室测定试件的强度。原位法在现场测试砌体的强度。

5.4.2 本条对砌体强度的取样检测作出了规定：首先要保证安全，其次试件要符合《砌体基本力学性能试验方法标准》的要求，第三避免损伤试件和保证取样数量。本处所说的损伤是指取样过程中造成的损伤。有损伤试件的强度明显降低，因此要对损伤进行修复。由于砌体强度取样检测的试件数量一般较少，因此可以按最小值推定砌体强度的标准值，但推定结果的不确定度问题不易控制。

5.4.3 《砌体工程现场检测技术标准》对烧结普通砖砌体的抗压强度的扁式液压顶法和原位轴压法作出规定，同时也对烧结普通砖砌体的抗剪强度的双剪法或原位单剪法作出规定。由于这几种砌体强度的检测方法的测试数据量一般较小，因此可以按《砌体工程现场检测技术标准》规定的方法进行砌体强度的推定。

5.4.4 对于遭受环境侵蚀和灾害影响的砌体强度的检测提出了要求，由于这种损伤使得砌体的状况与相关标准规定的试件状况不同，因此应予以说明。

5.5 砌筑质量与构造

5.5.1 本条提出了砌筑质量与构造的检测项目。

5.5.2 对于已有建筑一般要剔除构件面层检查砌筑方法、灰缝质量、砌筑偏差和留槎等问题；当砌筑质量存在问题时，砌体的承载能力会受到影响。

5.5.3 上、下错缝，内外搭砌是砌筑的基本要求，此外，各类砌体还有相应砌筑要求。

5.5.4 灰缝质量包括灰缝厚度、灰缝饱满程度和平直程度等。灰缝厚度过大砌体强度明显降低，灰缝饱满程度差砌体强度也要降低。

5.5.5 砌体偏差有放线偏差和砌筑偏差，砌筑偏差包括构件轴线位移和构件垂直度。《砌体工程施工质量验收规范》规定了测试方法和评定指标。对于已有结构轴线位移无法测定时，可测定轴线相对位移。轴线相对位移是指相邻构件设计轴线距离与实际轴线距离之差。

5.5.6 砌体中的钢筋指墙体间的拉结筋、构造柱与墙体的间的拉结筋、骨架房屋的填充墙与骨架的柱和横梁拉结筋以及配筋砌体的钢筋。

5.5.8 《砌体结构设计规范》对于跨度较大的屋架和梁的支承有专门的规定，当鉴定有要求时，应进行核查。

5.5.9 预制钢筋混凝土板的支承长度要剔凿楼面面层检测。

5.5.10 《砌体结构设计规范》和《建筑抗震设计规范》对于砖砌过梁和钢筋砖过梁的使用和跨度有限制，钢筋砖过梁跨度为不大于 2（1.5）m；砖砌平拱为 1.8（1.2）m。对有较大振动荷载或可能产生不均匀沉降的房屋，门窗洞口应设钢筋混凝土过梁。

5.5.11 构造和尺寸是确定构件能否按墙梁计算的重要参数，当有必要时，应核查墙梁的构造和尺寸是否符合《砌体结构设计规范》的要求。

5.5.12 圈梁、构造柱或芯柱是多层砌体结构抵抗抗震作用重要的构造措施。对其的检测可分为是否设置和质量两种。对于判定是否设置圈梁、构造柱或芯柱的检测，可采取测定钢筋的方法，也可采用剔除抹灰层的核查方法。圈梁和构造柱混凝土强度和钢筋配置的检测等应遵守本标准第4章的规定。

5.6 变 形 与 损 伤

5.6.1 本条提出了变形与损伤的检测项目。

5.6.2 裂缝是砌体结构最常见的损伤，是鉴定工作重要的依据。裂缝可反映出砌筑方法、留槎、洞口处理、预制构件的安装等的质量，也可反映基础不均匀沉降、屋面保温层质量问题以及灾害程度和范围。裂缝的位置、长度、宽度、深度和数量是判定裂缝原因的重要依据。在裂缝处剔凿抹灰检查，可排除一些影响因素。裂缝处于发展期则结构的安全性处于不确定期，确定发展速度和新产生裂缝的部位，对于鉴定裂缝产生的原因、采取处理措施是非常重要的。

5.6.3 参见本标准第4.6.3条的条文说明。

5.6.4 参见本标准第4.6.4条的条文说明。

5.6.5 环境侵蚀、冻融、灾害都可造成结构或构件的损伤。损伤的程度和侵蚀速度是结构的安全评定和剩余使用年数评估的重要参数。人为的损伤，除了包括车辆、重物碰撞外，还应包括不恰当的改造、临近工程施工的影响等。

6 钢 结 构

6.1 一 般 规 定

6.1.1 本条规定了本章的适用范围。

6.1.2 本条提出了钢结构检测的工作项目。对某一具体钢结构的检测可根据实际情况确定工作内容和检测项目。

6.2 材 料

6.2.1~6.2.4 钢材力学性能主要有屈服点、抗拉强度、伸长率、冷弯和冲击功这几个项目，化学成分主要有碳、锰、硅、磷、硫这几个项目。钢材的取样方法、试验方法都有相应的国家标准，具体操作应按这些标准执行。我国现在的结构钢材主要是《碳素结构钢》GB 700—88 中的 Q235 钢和《低合金高强度结构钢》GB/T 1591 中的 Q345 钢，以前的结构钢材主要是 3 号钢和 16 锰钢，虽然 Q235 钢与 3 号钢、Q345 钢与 16 锰钢的强度级别相同，但保证项目却有较大差别。因此应根据设计要求确定检测项目并按当时的产品标准进行评定。对有特殊要求的其他钢材，应按其产品标准的规定进行取样、试验和评定。

6.2.5 本标准附录 G 提供了表面硬度法推断钢材强度的钢材抗拉强度非破损检测方法，并提供了换算钢材抗拉强度的相应标准，《黑色金属硬度及相关强度换算值》GB/T 1172，此外，目前尚有国际标准 Steel-Conversion of Hardness Values to Tensile Strength Values ISO/TR 10108 等标准可以参考。根据本标准编制组进行的试验研究，钢材的抗拉强度与其表面硬度之间的换算关系与构件的测试条件、钢材的轧制工艺等多种因素有关，因此，在参考上述标准的换算关系时，应事先进行试验验证。在使用表面硬度法对具体结构钢材强度进行检测时，应有取样实测钢材抗拉强度的验证。

6.2.6 锈蚀钢材和受到灾害影响构件钢材的状况与产品标准规定的钢材状态已经存在差异，参照相应产品标准规定的方法进行这些钢材力学性能的检测时应说明试验方法和试验结果的适用范围。

6.3 连 接

6.3.1 本条提出了钢结构连接的检测项目。

6.3.4 影响焊缝力学性能的因素有很多，除了内部缺陷和外观质量外，还有母材和焊接材料的力学性能和化学成分、坡口形状和尺寸偏差、焊接工艺等。即使焊缝质量检验合格，也有可能出现诸如母材和焊接材料不匹配、不同钢种母材的焊接以及对坡口形状有怀疑等问题。另一方面，由于焊缝金属特有的优良性能，即使有一些焊接缺陷，焊接接头的力学性能仍有可能满足要求。在这种情况下，可以在结构上抽取试样进行焊接接头的力学性能试验来解决这些问题。焊接接头的力学性能试验以拉伸和冷弯（面弯和背弯）为主，每种焊接接头的拉伸、面弯和背弯试验各取 2 个试样，取样和试验方法按《焊接接头机械性能试验取样方法》GB 2649、《焊接接头拉伸试验方法》GB 2651 和《焊接接头弯曲及压扁试验方法》GB 2653 执行。需要进行冲击试验和焊缝及熔敷金属拉伸试验时，应分别按《焊接接头冲击试验方法》GB 2650 和《焊缝及熔敷金属拉伸试验方法》GB 2652 进行。

6.3.6~6.3.8 高强度螺栓有两类，分别是大六角头螺栓和扭剪型螺栓。大六角头螺栓通过扭矩系数和外加扭矩、扭剪型螺栓通过专用扳手将螺栓端部的梅花头拧掉来控制螺栓预拉力，从而保证连接的摩擦力。按《钢结构工程施工质量验收规范》的规定，高强度螺栓进场验收应检验大六角头螺栓的扭矩系数和扭剪型螺栓拧掉梅花头时的预拉力，如缺少检验报告或对检验报告有怀疑，且有剩余螺栓时，可按现行《钢结构用高强度大六角头螺栓、大六角螺母、垫圈技术条件》GB/T 1231、《钢结构用扭剪型高强度螺栓连接副技术条件》GB/T 3633 和现行《钢结构工程施工质量验收规范》的规定进行复验。扭剪型螺栓也可作为大六角头螺栓使用，在这种情况下，应检验其扭矩系数，梅花头可以保留。

6.4 尺 寸 与 偏 差

6.4.1~6.4.3 构件尺寸和外形尺寸偏差按相应产品标准进行检测评定，制作、安装偏差限值应符合《钢结构工程施工及验收规范》的要求。

6.5 缺陷、损伤与变形

6.5.1 结构在使用过程中往往会出现损伤，如母材和焊缝的裂缝、螺栓和铆钉的松动或断裂、构件永久性变形、锈蚀等，此外还会有人为的损伤，不合理的加固改造、结构上随意焊接、随意拆除一些零构件等，直接影响到结构安全。在现场检查中应根据不同结构的特点，重点检查容易出现损伤的部位，一般来说节点连接处最容易出现损伤，裂缝一般发生在焊缝附近。根据钢结构的特点，主要以观测检查为主，宜粗不宜细，不放过影响较大的隐患。钢材有缺陷的部位容易出现损伤。

6.5.5 采用锤击的方法检查螺栓或铆钉是否松动时，用手指紧按住螺母或铆钉头的一侧，尽量靠近垫圈或母材，用 0.3～0.5kg 重的小锤敲击螺母或铆钉头的相对的另一侧，如手指感到颤动较大时，说明是松动的。

6.6 构　造

6.6.1 钢结构构件由于材料强度高，截面尺寸相对较小，容易产生失稳破坏，因此，在钢结构中应保证各类杆件的长细比满足要求。

6.6.2 在钢结构中，支撑体系是保证结构整体刚度的重要组成部分，它不仅抵抗水平荷载，而且会直接影响结构的正常使用。譬如有吊车梁的工业厂房，当整体刚度较弱时，在吊车运行过程中会产生振动和摇晃。

6.7 涂　装

6.7.1 当工程中有剩余的与结构同批的涂料时，可对剩余涂料的质量进行检验。

6.7.2 本条根据现行国家标准《钢结构工程施工及验收规范》和《钢结构工程质量检验评定标准》编写。

6.7.3～6.7.4 这两条根据现行国家标准《钢结构工程质量检验评定标准》编写。

6.8 钢 网 架

6.8.2 对已有的螺栓球网架，在从结构取出节点来进行节点的极限承载力试验时，应采取支顶和加强措施，保证其结构的安全和变形在允许范围之内。

6.8.3 目前，国家有相应标准的无损检测方法有射线检测、超声检测、磁粉检测、渗透检测、涡流检测 5 种。

6.8.6 已建钢架钢管杆件的壁厚不能用游标卡尺对其进行检测，只能用金属测厚仪检测，测厚仪在检测前需将测试材料设定为钢材。

6.8.7 钢网架杆件轴线的不平直度是一项很重要的指标。杆件在安装时，因其尺寸偏差或安装误差而引起其杆件不直。另外也会因结构计算有误，由原设计的拉杆变成压杆而引起杆件压曲，因此，必须重视对钢网架中杆件轴线不平直度的检测。

6.8.8 采用激光测距仪对钢网架的挠度检测时，应考虑杆件和节点的尺寸，使其能以相对可比较的高度来计算钢架的挠度。

6.9 结构性能实荷检验与动测

6.9.1 大型复杂钢结构体系可进行原位非破坏性荷载试验，目的主要是检验结构的性能。荷载值控制在正常使用状态下，结构处于弹性阶段。具体做法可参见附录 H 和第 6.9.2 条的条文说明。

6.9.2 结构检测的根本目的在于保证结构有足够的承载能力，当进行其他项目的检测不足以确定结构承载能力时，可以通过实荷检验解决这个问题。此外，对于一些已经发现问题的结构，通过实荷检验确认其承载能力，只进行少量加固甚至不加固处理，就可以保证有足够的承载能力，使其得以继续使用，从而避免浪费、保证工期。因此规定，对结构或构件承载能力有疑义时，可进行原型或足尺模型的实荷检验，从根本上解决问题。

荷载试验是一项专业性很强的工作，检验单位需要有足够的相关知识、检验技术人员和设备能力的，一般应由专门机构进行。检验对象、测试内容、要解决的问题都会有很大的不同，因此，试验前应制定详细的试验方案，包括试验目的、试件的选取或制作、加载装置、测点布置和测试仪器、加载步骤以及检验结果的评定方法等，并应在试验前经过有关各方的同意，防止事后出现意见分歧，有些试验本来就是要解决争议的，事前经过有关各方的同意是很必要的。附录 H 的主要内容来源于 Eurocode 3：Design of steel structures，ENV 1993-1-1：1992，制定试验方案可以参考。

6.9.3 本条参照行业标准《建筑抗震试验方法规程》编写。

6.9.4 钢结构杆件应力是钢结构反应的一个重要内容，温度应力、特别是装配应力在钢结构中有时占有一定的比例，而且只能通过检测来确定。本条提出了进行钢结构应力测试的建议。

7　钢管混凝土结构

7.1 一 般 规 定

7.1.1～7.1.2 规定了本章的适用范围和钢管混凝土结构的检测工作和检测项目。对某一具体结构的检测项目可根据实际情况确定。

7.2 原 材 料

7.2.1 本标准第 6.2 节中对钢材强度检验和化学成分的分析有相应规定。

7.2.2 本标准第 4.2.1 条对混凝土原材料性能与质量的检验有相应规定。

7.3 钢管焊接质量与构件连接

7.3.1 规定了钢管焊缝外观缺陷的检验方法和质量标准。

7.3.2 除了钢管管材的焊缝外，钢管混凝土结构的焊缝还有缀条焊缝、连接腹板焊缝、钢管对接焊缝、加强环焊缝等。对于钢管混凝土结构工程质量的检测，应对全焊透的一、二级焊缝和设计上没有要求的钢材等强度对焊拼接焊缝进行全数超声波探伤。对于钢管混凝土结构性能的检测，由于检测条件所限，可采取抽样探伤的方法。抽样方法应根据结构的情况确定。钢管焊缝和其他焊缝的超声波探伤可参照现行国家标准《钢焊缝手工超声波探伤方法及质量分级法》执行，检验等级和对内部缺陷等级可参照现行国家标准《钢结构工程施工质量验收规范》GB 50205 的规定执行。

7.3.3 《钢管混凝土结构设计与施工规程》CECS 28 对施工单位自行卷制的钢管有特殊的规定，焊缝坡口的质量标准尚应遵守该规程的规定。

7.3.4 钢管混凝土构件之间的连接，当被连接构件为钢构件时，检测项目及检测方法按本标准第 6 章相应的规定执行；当被连接构件为混凝土构件时，检测项目及检测方法按本标准第 4 章相应的规定执行。

7.4 钢管中混凝土强度与缺陷

7.4.1 当对钢管中的混凝土强度有怀疑时或需要确定钢管中混凝土抗压强度时，可按本节规定的方法进行检测。

从国内外的资料来看，用单一的超声法检测混凝土抗压强度，检测结果不仅受粗骨料品种、粒径和用量的影响，还受水灰比及水泥用量的影响，其测试精度较低。在国内，尚无用超声法检测混凝土强度的建筑行业技术标准。因此规定，用超声法检测钢管中的混凝土强度必须用同条件立方体试块或混凝土芯样试件抗压强度进行修正，以减小用单一的超声法测试的误差。

7.4.2 本标准附录 J 提供了超声检测钢管中混凝土强度检测操作的方法。

7.4.3 对立方体试块修正方法和芯样试件修正方法作出规定。当用同条件养护立方体试块抗压强度修正时，超声波声速与混凝土立方体抗压强度之间的关系可以在立方体试块上同时得到。也就是在立方体试块上测定声速，得到换算抗压强度，将该值与试块实际的抗压强度比较得到修正系数。

当用芯样试件抗压强度修正时，用芯样试件的抗压强度与测区混凝土换算强度进行比较获得修正系数或修正量。需要指出的是，在用芯样修正时，不可以将较长芯样沿长度方向截取为几个芯样。芯样的钻取、加工、计算可参照现行标准《钻芯法检测混凝土强度技术规程》执行，芯样试件的直径宜为 100mm，高径比为 1 : 1。

关于修正量和修正系数，两种修正方法对样本均值的修正效果是一致的。两种方法各有利弊，可根据实际情况选用。

7.4.4 规定了钢管中混凝土抗压强度的推定方法。

7.4.5 钢管中混凝土缺陷的检测方法。

7.5 尺寸与偏差

7.5.1 本条提出了主要构件及构造的尺寸的检测项目和钢管混凝土柱偏差的检测项目。

7.5.2 本条给出了管材尺寸的检查方法。

7.5.3 《钢管混凝土结构设计与施工规程》CECS 28 的规定，钢管的外径不宜小于 100mm，壁厚不宜小于 4mm，并对钢管外径 d 与壁厚 t 的比值有限制，此外还对主要构件的长细比有相应的规定。

7.5.4 本条给出了格构柱缀条尺寸的检查方法。

7.5.5 本条给出了对梁柱节点的牛腿、连接腹板和加强环的尺寸的检查要求。

7.5.6 钢管拼接组装的偏差和钢管柱的安装偏差都是钢管混凝土结构特殊的要求，其评定指标按《钢管混凝土结构设计与施工规程》CECS 28 的规定确定。

8 木 结 构

8.1 一 般 规 定

8.1.1 本条规定了本章的适用范围。

8.1.2 本条将木结构的检测分成若干项工作。

8.2 木 材 性 能

8.2.1 本条提出了木材性能的检测项目，除了力学性能、含水率、密度和干缩性外，木材还有吸水性、湿胀性等性能。

8.2.2 根据《木结构设计规范》GB 50005 的规定，只要弄清木材树种名称和产地，就可按该规范的规定确定其强度等级和弹性模量，该规范还在附录中列出我国主要建筑用材归类情况以及常用木材的主要特性。

当发现木材的材质或外观与同类木材有显著差异，如容重过小、年轮过宽、灰色、缺陷严重时，由于运输堆放原因，无法判别树种名称时或已有木结构木材树种名称和产地不清楚时，可测定木材的力学性能，确定其强度等级。

8.2.3 本条列举了木材的力学性能的检测项目。

8.2.4 本条给出了木材强度等级的判定规则，与《木结构设计规范》的规定一致。木材抗弯强度比较稳定，并最能全面反映木材力学性能，所以木材强度主要以受弯强度进行分等。故检验时，亦以木材抗弯强度进行检验。其试验是用清材小试样进行，故采用《木材抗弯强度试验方法》GB 1936.1。

木材其他力学性能指标的检测，可参见《木材物理力学试验方法总则》GB 1928、《木材顺纹抗拉强度试验方法》GB 1938 等标准。

8.2.5 木材的含水率与木材的强度、防腐、防虫蛀等都有关系，本条提出了木材含水率的检测方法。规格材是必须经过干燥的木材，故含水率可用电测法测定。

8.2.6 本条规定要在各端头 200mm 处截取试件，是为了避免端头效应，以保证所测含水率的准确。

8.2.7 本条给出了木材含水率电测法的要求，这里还要指出的是电测仪在使用前应经过校准。

8.3 木材缺陷

8.3.1 本条列举了木材的主要缺陷。承重结构用木材，其材质分为三级，每一级对木材疵病均有严格要求。属于需要现场检测有：木节、斜纹、扭纹、裂缝。

8.3.2 已有木结构的木材一般是经过缺陷检测的，所以可以采取抽样检测的方法，当抽样检测发现木材存在较多的缺陷，超出相应规范的限制值时，可逐根进行检测。

8.3.4 木节的检测方法，也是国际上通用的检测方法。

8.3.5～8.3.7 这3条给出了木材斜纹等的检测方法。

8.3.8 本条给出了木结构裂缝的检测方法。木结构的裂缝分成杆件上的裂缝，支座剪切面上的裂缝、螺栓连接处和钉连接处的裂缝等。支座与连接处的裂缝对结构的安全影响相对较大。

8.4 尺寸与偏差

8.4.1 本条提出了木结构的尺寸与偏差的检测项目。

8.4.3 本条给出了构件制作尺寸的检测项目和检测方法。

8.4.4 本条给出了尺寸偏差的评定方法。

8.5 连 接

8.5.1 本条提出了木结构连接的检测项目。

8.5.2 本条给出了木结构的胶合能力有专门的试验方法——木材胶缝顺纹抗剪强度试验。

8.5.3 本条给出了胶的检验方法。

8.5.4 对已有结构胶合能力进行检测的方法。当胶合能力大于木材的强度时，破坏发生在木材上。

8.5.5 《木结构设计规范》GB 50005 对胶合木材的种类有限制，因此可核查胶合构件木材的品种。当木材有油脂溢出时胶合质量不易保证。

8.5.6 本条提出对于齿连接的检测项目与检测方法。承压面加工平整程；压杆轴线与齿槽承压面垂直度，是保证压力均匀传递的关键。支座节点齿的受剪面裂缝，使抗剪承载力降低，应该采取措施处理；抵承面缝隙，局部缝隙使得压杆端部和齿槽承压面局部受力过大，当存在承压全截面缝隙时，表明该压杆根本没有承受压力，因此应该通知鉴定单位或设计单位进行结构构件受力状态的计算复核或进行应力状态的测试。

8.5.7 本条给出了螺栓连接或钉连接的检测项目和检测方法。

8.6 变形损伤与防护措施

8.6.1 本条给出了木结构构件变形、损伤的检测项目。

8.6.2～8.6.3 这2条给出了虫蛀的检测方法，提出了防虫措施的检测要求。

8.6.4～8.6.5 这2条给出了腐朽的检测方法，提出了防腐措施的检测要求。

8.6.6～8.6.7 这2条给出了其他损伤的检测方法。

8.6.8 本条给出了变形的检测方法。

8.6.9 木结构的防虫、防腐、防火措施检测。

中华人民共和国国家标准

钢结构现场检测技术标准

Technical standard for in-site testing of steel structure

GB/T 50621—2010

主编部门：中华人民共和国住房和城乡建设部
批准部门：中华人民共和国住房和城乡建设部
施行日期：2 0 1 1 年 6 月 1 日

中华人民共和国住房和城乡建设部
公 告

第 738 号

关于发布国家标准
《钢结构现场检测技术标准》的公告

现批准《钢结构现场检测技术标准》为国家标准，编号为 GB/T 50621-2010，自 2011 年 6 月 1 日起实施。

本标准由我部标准定额研究所组织中国建筑工业出版社出版发行。

中华人民共和国住房和城乡建设部

2010 年 8 月 18 日

前 言

根据原建设部《关于印发〈二〇〇四年工程建设国家标准制订、修订计划〉的通知》（建标［2004］第 67 号）的要求，由中国建筑科学研究院会同有关单位共同编制完成的。

本标准在编制过程中，编制组经广泛调查研究，认真总结实践经验，参考有关国际标准和国外先进标准，并在广泛征求意见的基础上，最后经审查定稿。

本标准共分 14 章和 4 个附录，主要技术内容包括：总则、术语和符号、基本规定、外观质量检测、表面质量的磁粉检测、表面质量的渗透检测、内部缺陷的超声波检测、高强度螺栓终拧扭矩检测、变形检测、钢材厚度检测、钢材品种检测、防腐涂层厚度检测、防火涂层厚度检测、钢结构动力特性检测。

本标准由住房和城乡建设部负责管理，由中国建筑科学研究院负责具体技术内容的解释。执行过程中如有意见或建议，请寄送中国建筑科学研究院（地址：北京市北三环东路 30 号，邮编：100013；E-mail：standards@cabr.com.cn）。

本 标 准 主 编 单 位：中国建筑科学研究院

本 标 准 参 编 单 位：上海市建筑科学研究院

（集团）有限公司
深圳市太科检验有限公司
中冶建筑研究总院有限公司
安徽省建筑科学研究设计院
上海材料研究所
广东省建筑科学研究院
北京市机械施工有限公司
国家建筑工程质量监督检验中心

本标准主要起草人员：袁海军　尹　荣　冷小克
　　　　　　　　　　段　斌　项炳泉　陶　里
　　　　　　　　　　段向胜　施天敏　任胜谦
　　　　　　　　　　徐教宇　邓　浩　王久明
　　　　　　　　　　许　君

本标准主要审查人员：贺明玄　周明华　柴　昶
　　　　　　　　　　高小旺　郁银泉　朱　丹
　　　　　　　　　　张宣关　林松涛　王明贵
　　　　　　　　　　陈友泉　周　安

目　次

Contents

1 总 则

1.0.1 为了在钢结构现场检测中,做到安全适用、数据准确、确保质量、便于操作,制定本标准。

1.0.2 本标准适用于钢结构中有关连接、变形、钢材厚度、钢材品种、涂装厚度、动力特性等的现场检测及检测结果的评价。

1.0.3 钢结构现场检测除应符合本标准的规定外,尚应符合国家现行有关标准的规定。

2 术语和符号

2.1 术 语

2.1.1 现场检测 in-site testing

对钢结构实体实施的原位检查、测量和检验等工作。

2.1.2 目视检测 visual testing

用人的肉眼或借助低倍放大镜,对材料表面进行直接观察的检测方法。

2.1.3 无损检测 nondestructive testing

对材料或工件实施的一种不损害其使用性能或用途的检测方法。

2.1.4 磁粉检测 magnetic particle testing

利用缺陷处漏磁场与磁粉的相互作用,显示铁磁性材料表面和近表面缺陷的无损检测方法。

2.1.5 渗透检测 penetrant testing

利用毛细管作用原理检测材料表面开口性缺陷的无损检测方法。

2.1.6 超声波检测 ultrasonic testing

利用超声波在介质中遇到界面产生反射的性质及其传播时产生衰减的规律,来检测缺陷的无损检测方法。

2.1.7 射线检测 radiographic testing

利用被检工件对透入射线的不同吸收来检测缺陷的无损检测方法。

2.1.8 线型缺陷 linear defects

缺陷的长度与宽度之比大于3。

2.1.9 圆型缺陷 circular defects

缺陷的长度与宽度之比小于或等于3。

2.1.10 焊缝缺陷 weld defects

焊缝中的裂纹、未焊透、未熔合、夹渣、气孔等。

2.1.11 焊缝裂纹 weld crack

焊缝中原子结合遭到破坏,而导致在新界面上产生缝隙。

2.1.12 未焊透 lack of penetration

母材金属未熔化,焊接金属未进入母材金属内而

导致接头根部的缺陷。

2.1.13 未熔合 lack of fusion

焊接金属与母材金属之间或焊接金属之间未熔化结合在一起的缺陷。

2.1.14 焊缝夹渣 weld slag inclusion

焊接后残留在焊缝中的熔渣、金属氧化物夹杂等。

2.1.15 平面型缺陷 planar defects

两维尺寸的缺陷,例如,裂纹、未熔合以及钢板的分层、层状撕裂等。

2.1.16 体积型缺陷 volume defects

三维尺寸的缺陷,例如,气孔、夹渣、夹杂等。

2.2 符 号

2.2.1 几何参数

β——斜探头的折射角;

K——斜探头的斜率(即 $\tan\beta$);

L——线型缺陷的显示长度;

d——圆型缺陷的主轴长度;

b——试块或焊缝宽度;

D_e——声源有效直径;

ΔL——缺陷指示长度;

S——声程;

δ——母材或被测物的厚度;

W——探头接触面宽度;

λ——波长。

2.2.2 力学参数

T_c——施工终拧扭矩值。

3 基 本 规 定

3.1 钢结构检测的分类

3.1.1 钢结构的检测可分为在建钢结构的检测和既有钢结构的检测。

3.1.2 当遇到下列情况之一时,应按在建钢结构进行检测:

1 在钢结构材料检查或施工验收过程中需了解质量状况;

2 对施工质量或材料质量有怀疑或争议;

3 对工程事故,需要通过检测,分析事故的原因以及对结构可靠性的影响。

3.1.3 当遇到下列情况之一时,应按既有钢结构进行检测:

1 钢结构安全鉴定;

2 钢结构抗震鉴定;

3 钢结构大修前的可靠性鉴定;

4 建筑改变用途、改造、加层或扩建前的鉴定;

5 受到灾害、环境侵蚀等影响的鉴定;

6 对既有钢结构的可靠性有怀疑或争议。

3.1.4 钢结构的现场检测应为钢结构质量的评定或钢结构性能的鉴定提供真实、可靠、有效的检测数据和检测结论。

3.2 检测工作程序与基本要求

3.2.1 钢结构检测工作的程序，宜按图3.2.1的框图进行。

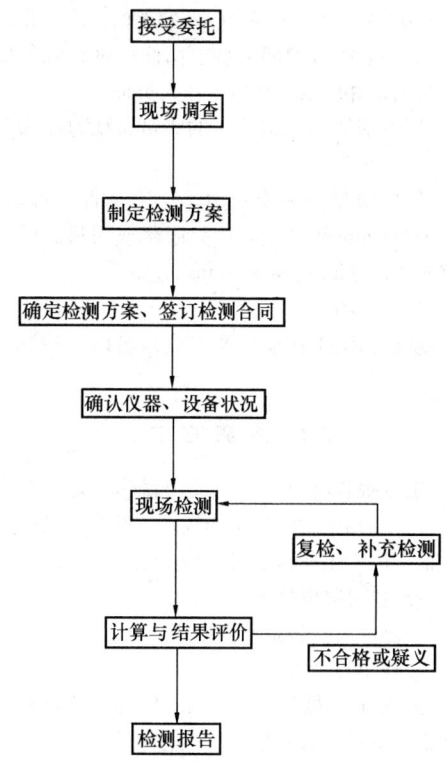

图 3.2.1 检测工作程序框图

3.2.2 现场调查宜包括下列工作内容：

1 收集被检测钢结构的设计图纸、设计文件、设计变更、施工记录、施工验收和工程地质勘察报告等资料；

2 调查被检测钢结构现状，环境条件，使用期间是否已进行过检测或维修加固情况以及用途与荷载等变更情况；

3 向有关人员进行调查；

4 进一步明确委托方的检测目的和具体要求。

3.2.3 检测项目应根据现场调查情况确定，并应制定相应的检测方案。检测方案宜包括下列主要内容：

1 概况，主要包括设计依据、结构形式、建筑面积、总层数，设计、施工及监理单位，建造年代等；

2 检测目的或委托方的检测要求；

3 检测依据，主要包括检测所依据的标准及有关的技术资料等；

4 检测项目和选用的检测方法以及检测的数量；

5 检测人员和仪器设备情况；

6 检测工作进度计划；

7 所需要委托方与检测单位的配合工作；

8 检测中的安全措施；

9 检测中的环保措施。

3.2.4 检测的原始记录，应记录在专用记录纸上；记录数据应准确、字迹清晰、信息完整，不得追记、涂改，如有笔误，应进行杠改，并应由修改人签署姓名及日期。当采用自动记录时，应符合有关要求。原始记录应由检验及审核人员签字。

3.2.5 当发现检测数据数量不足或检测数据出现异常情况时，应进行补充检测。

3.3 无损检测方法的选用

3.3.1 钢结构焊缝常用的无损检测可采用磁粉检测、渗透检测、超声波检测和射线检测。

3.3.2 钢结构的无损检测宜根据无损检测方法的适用范围以及建筑结构状况和现场条件按表3.3.2选择。

表 3.3.2 无损检测方法的选用

序号	检测方法	适用范围
1	磁粉检测	铁磁性材料表面和近表面缺陷的检测
2	渗透检测	表面开口性缺陷的检测
3	超声波检测	内部缺陷的检测，主要用于平面型缺陷的检测
4	射线检测	内部缺陷的检测，主要用于体积型缺陷的检测

3.3.3 当钢结构中焊缝采用磁粉检测、渗透检测、超声波检测和射线检测时，应经目视检测合格且焊缝冷却到环境温度后进行。对于低合金结构钢等有延迟裂纹倾向的焊缝应在24h后进行检测。

3.3.4 当采用射线检测钢结构内部缺陷时，在检测现场周边区域应采取相应的防护措施。射线检测可按现行国家标准《金属熔化焊焊接接头射线照相》GB/T 3323 的有关规定执行。

3.4 抽样比例及合格判定

3.4.1 钢结构现场检测可采用全数检测或抽样检测。当抽样检测时，宜采用随机抽样或约定抽样方法。

3.4.2 当遇到下列情况之一时，宜采用全数检测：

1 外观缺陷或表面损伤的检查；

2 受检范围较小或构件数量较少；

3 构件质量状况差异较大；

4 灾害发生后对结构受损情况的识别；

5 委托方要求进行全数检测。

3.4.3 在建钢结构按检验批检测时，其抽样检测的比例及合格判定应符合现行国家标准《钢结构工程施工质量验收规范》GB 50205的规定。

3.4.4 既有钢结构计数抽样检测时，其每批抽样检测的最小样本容量不应小于表3.4.4的限定值。

表3.4.4　既有钢结构抽样检测的最小样本容量

检验批的容量	最小样本容量			检验批的容量	最小样本容量		
	A	B	C		A	B	C
3～8	2	2	3	151～280	13	32	50
9～15	2	3	5	281～500	20	50	80
16～25	3	5	8	501～1200	32	80	125
26～50	5	8	13	1201～3200	50	125	200
51～90	5	13	20	3201～10000	80	200	315
91～150	8	20	32				

注：1　表中A、B、C为检测类别，检测类别A适用于一般施工质量的检测，检测类别B适用于结构质量或性能的检测，检测类别C适用于结构质量或性能的严格检测或复检；

2　无特别说明时，样本为构件。

3.4.5 既有钢结构计数抽样检测时，根据检验批中的不合格数，判断检验批是否合格。检验批的合格判定，应符合下列规定：

1　计数抽样检测的对象为主控项目时，应按表3.4.5-1判定；

2　计数抽样检测的对象为一般项目时，应按表3.4.5-2判定。

表3.4.5-1　主控项目的判定

样本容量	合格判定数	不合格判定数	样本容量	合格判定数	不合格判定数
2～5	0	1	80	7	9
8～13	1	2	125	10	11
20	2	3	200	14	15
32	3	4	＞315	21	22
50	5	6			

表3.4.5-2　一般项目的判定

样本容量	合格判定数	不合格判定数	样本容量	合格判定数	不合格判定数
2～5	1	2	32	7	9
8	2	3	50	10	11
13	3	4	80	14	15
20	5	6	≥125	21	22

3.5　检测设备和检测人员

3.5.1 钢结构检测所用的仪器、设备和量具应有产品合格证、计量检定机构出具的有效期内的检定（校准）证书，仪器设备的精度应满足检测项目的要求。检测所用检测试剂应标明生产日期和有效期，并应具有产品合格证和使用说明书。

3.5.2 检测人员应经过培训取得上岗资格；从事钢结构无损检测的人员应按现行国家标准《无损检测人员资格鉴定与认证》GB/T 9445进行相应级别的培训、考核，并持有相应考核机构颁发的资格证书。

3.5.3 取得不同无损检测方法的各技术等级人员不得从事与该方法和技术等级以外的无损检测工作。

3.5.4 从事射线检测的人员上岗前应进行辐射安全知识的培训，并应取得放射工作人员证。

3.5.5 从事钢结构无损检测的人员，视力应满足下列要求：

1　每年应检查一次视力，无论是否经过矫正，在不小于300mm距离处，一只眼睛或两只眼睛的近视力应能读出 Times New Roman4.5；

2　从事磁粉、渗透检测的人员，不得有色盲。

3.5.6 现场检测工作应由两名或两名以上检测人员承担。

3.6　检测报告

3.6.1 检测报告应对所检测的项目作出是否符合设计文件要求或相应验收规范的规定。既有钢结构性能的检测报告应给出所检项目的检测结论，并应为钢结构的鉴定提供可靠的依据。

3.6.2 检测报告应包括下列内容：

1　委托单位名称；

2　建筑工程概况，包括工程名称、结构类型、规模、施工日期及现状等；

3　建设单位、设计单位、施工单位及监理单位名称；

4　检测原因、检测目的，以往检测情况概述；

5　检测项目、检测方法及依据的标准；

6　抽样方案及数量；

7　检测日期，报告完成日期；

8　检测项目中的主要分类检测数据和汇总结果，检测结论；

9　主检、审核和批准人员的签名。

4　外观质量检测

4.1　一般规定

4.1.1 本章适用于钢结构现场外观质量的检测。

4.1.2 直接目视检测时，眼睛与被检工件表面的距离不得大于600mm，视线与被检工件表面所成的夹角不得小于30°，并宜从多个角度对工件进行观察。

4.1.3 被测工件表面的照明亮度不宜低于160lx；当对细小缺陷进行鉴别时，照明亮度不得低于540lx。

4.2 辅助工具

4.2.1 对细小缺陷进行鉴别时，可使用 2 倍～6 倍的放大镜。

4.2.2 对焊缝的外形尺寸可用焊缝检验尺进行测量。

4.3 外观质量

4.3.1 钢材表面不应有裂纹、折叠、夹层，钢材端边或断口处不应有分层、夹渣等缺陷。

4.3.2 当钢材的表面有锈蚀、麻点或划伤等缺陷时，其深度不得大于该钢材厚度负偏差值的 1/2。

4.3.3 焊缝外观质量的目视检测应在焊缝清理完毕后进行，焊缝及焊缝附近区域不得有焊渣及飞溅物。焊缝焊后目视检测的内容应包括焊缝外观质量、焊缝尺寸，其外观质量及尺寸允许偏差应符合现行国家标准《钢结构工程施工质量验收规范》GB 50205 的有关规定。

4.3.4 高强度螺栓连接副终拧后，螺栓丝扣外露应为 2 扣～3 扣，其中允许有 10% 的螺栓丝扣外露 1 扣或 4 扣；扭剪型高强度螺栓连接副终拧后，未拧掉梅花头的螺栓数不宜多于该节点总螺栓数的 5%。

4.3.5 涂层不应有漏涂，表面不应存在脱皮、泛锈、龟裂和起壳等缺陷，不应出现裂缝，涂层应均匀、无明显皱皮、流坠、乳突、针眼和气泡等，涂层与钢基材之间和各涂层之间应粘结牢固，无空鼓、脱层、明显凹陷、粉化松散和浮浆等缺陷。

5 表面质量的磁粉检测

5.1 一般规定

5.1.1 本章适用于铁磁性材料熔化焊焊缝表面或近表面缺陷的检测。

5.1.2 钢结构铁磁性原材料的表面或近表面缺陷，可按照本章的规定进行检测。

5.2 设备与器材

5.2.1 磁粉探伤装置应根据被测工件的形状、尺寸和表面状态选择，并应满足检测灵敏度的要求。

5.2.2 对于磁轭法检测装置，当极间距离为 150mm、磁极与试件表面间隙为 0.5mm 时，其交流电磁轭提升力应大于 45N，直流电磁轭提升力应大于 177N。

5.2.3 对接管子和其他特殊试件焊缝的检测可采用线圈法、平行电缆法等。对于铸钢件可采用通过支杆直接通电的触头法，触头间距宜为 75mm～200mm。

5.2.4 磁悬液施加装置应能均匀地喷洒磁悬液到试件上。磁粉探伤仪的其他装置应符合现行国家标准《无损检测 磁粉检测 第 3 部分：设备》GB/T

15822.3 的有关规定。

5.2.5 磁粉检测中的磁悬液可选用油剂或水剂作为载液。常用的油剂可选用无味煤油、变压器油、煤油与变压器油的混合液；常用的水剂可选用含有润滑剂、防锈剂、消泡剂等的水溶液。

5.2.6 在配制磁悬液时，应先将磁粉或磁膏用少量载液调成均匀状，再在连续搅拌中缓慢加入所需载液，应使磁粉均匀弥散在载液中，直至磁粉和载液达到规定比例。磁悬液的检验应按现行国家标准《无损检测 磁粉检测 第 2 部分：检测介质》GB/T 15822.2 规定的方法进行。

5.2.7 对用非荧光磁粉配置的磁悬液，磁粉配制浓度宜为 10g/L～25g/L；对用荧光磁粉配置的磁悬液，磁粉配制浓度宜为 1g/L～2g/L。

5.2.8 用荧光磁悬液检测时，应采用黑光灯照射装置。当照射距离为试件表面为 380mm 时，测定紫外线辐射强度不应小于 $10W/m^2$。

5.2.9 检查磁粉探伤装置、磁悬液的综合性能及检定被检区域内磁场的分布规律等可用灵敏度试片进行测试。

5.2.10 A 型灵敏度试片应采用 $100\mu m$ 厚的软磁材料制成；型号有 1 号，2 号，3 号三种，其人工槽深度应分别为 $15\mu m$、$30\mu m$ 和 $60\mu m$，A 型灵敏度试片的几何尺寸应符合图 5.2.10 的规定。

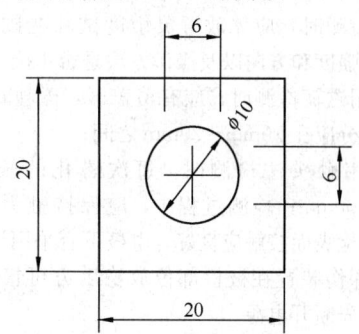

图 5.2.10 A 型灵敏度
试片的尺寸（mm）

5.2.11 当磁粉检测中使用 A 型灵敏度试片有困难时，可用与 A 型材质和灵敏度相同的 C 型灵敏度试片代替。C 型灵敏度试片厚度应为 $50\mu m$，人工槽深度应为 $15\mu m$，其几何尺寸应符合图 5.2.11 的规定。

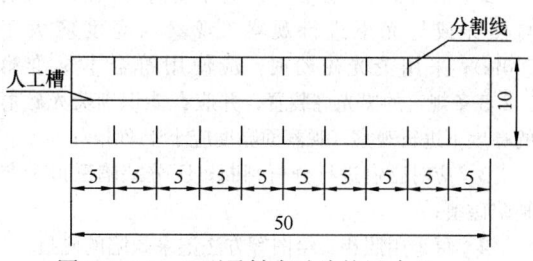

图 5.2.11 C 型灵敏度试片的尺寸（mm）

5.2.12 在连续磁化法中使用的灵敏度试片，应将刻有人工槽的一侧与被检试件表面紧贴。可在灵敏度试片边缘用胶带粘贴，但胶带不得覆盖试片上的人工槽。

5.3 检测步骤

5.3.1 磁粉检测应按照预处理、磁化、施加磁悬液、磁痕观察与记录、后处理等步骤进行。

5.3.2 预处理应符合下列要求：

    1 应对试件探伤面进行清理，清除检测区域内试件上的附着物（油漆、油脂、涂料、焊接飞浅、氧化皮等）；在对焊缝进行磁粉检测时，清理区域应由焊缝向两侧母材方向各延伸 20mm 的范围；

    2 根据工件表面的状况、试件使用要求，选用油剂载液或水剂载液；

    3 根据现场条件、灵敏度要求，确定用非荧光磁粉或荧光磁粉；

    4 根据被测试件的形状、尺寸选定磁化方法。

5.3.3 磁化应符合下列规定：

    1 磁化时，磁场方向宜与探测的缺陷方向垂直，与探伤面平行；

    2 当无法确定缺陷方向或有多个方向的缺陷时，应采用旋转磁场或采用两次不同方向的磁化方法。采用两次不同方向的磁化时，两次磁化方向间应垂直；

    3 检测时，应先放置灵敏度试片在试件表面，检验磁场强度和方向以及操作方法是否正确；

    4 用磁轭检测时，应有覆盖区，磁轭每次移动的覆盖部分应在 10mm～20mm 之间；

    5 用触头法检测时，每次磁化的长度宜为 75mm～200mm；检测过程中，应保持触头端干净，触头与被检表面接触应良好，电极下宜采用衬垫；

    6 探伤装置在被检部位放稳后方可接通电源，移去时应先断开电源。

5.3.4 在施加磁悬液时，可先喷洒一遍磁悬液使被测部位表面湿润，在磁化时再次喷洒磁悬液。磁悬液宜喷洒在行进方向的前方，磁化应一直持续到磁粉施加完成为止，形成的磁痕不应被流动的液体所破坏。

5.3.5 磁痕观察与记录应按下列要求进行：

    1 磁痕的观察应在磁悬液施加形成磁痕后立即进行；

    2 采用非荧光磁粉时，应在能清楚识别磁痕的自然光或灯光下进行观察（观察面亮度应大于500lx）；采用荧光磁粉时，应使用符合本标准第5.2.8条规定的黑光灯装置，并应在能识别荧光磁痕的亮度下进行观察（观察面亮度应小于20lx）；

    3 应对磁痕进行分析判断，区分缺陷磁痕和非缺陷磁痕；

    4 可采用照相、绘图等方法记录缺陷的磁痕。

5.3.6 检测完成后，应按下列要求进行后处理：

    1 被测试件因剩磁而影响使用时，应及时进行退磁；

    2 对被测部位表面应清除磁粉，并清洗干净，必要时应进行防锈处理。

5.4 检测结果的评价

5.4.1 磁粉检测可允许有线型缺陷和圆型缺陷存在。当缺陷磁痕为裂纹缺陷时，应直接评定为不合格。

5.4.2 评定为不合格时，应对其进行返修，返修后应进行复检。返修复检部位应在检测报告的检测结果中标明。

5.4.3 检测后应填写检测记录。所填写内容宜符合本标准附录 A 的规定。

6 表面质量的渗透检测

6.1 一般规定

6.1.1 本章适用于钢结构焊缝表面开口性缺陷的检测。

6.1.2 钢结构原材料表面开口性缺陷的检测可按本章的规定进行。

6.1.3 渗透检测的环境及被检测部位的温度宜在10℃～50℃范围内。当温度低于10℃或高于50℃时，应按现行行业标准《承压设备无损检测 第5部分：渗透检测》JB/T 4730.5 的规定进行灵敏度的对比试验。

6.2 试剂与器材

6.2.1 渗透剂、清洗剂、显像剂等渗透检测剂的质量应符合现行行业标准《无损检测 渗透检测用材料》JB/T 7523 的有关规定。并宜采用成品套装喷罐式渗透检测剂。采用喷罐式渗透检测剂时，其喷罐表面不得有锈蚀，喷罐不得出现泄漏。应使用同一厂家生产的同一系列配套渗透检测剂，不得将不同种类的检测剂混合使用。

6.2.2 现场检测宜采用非荧光着色渗透检测，渗透剂可采用喷罐式的水洗型或溶剂去除型，显像剂可采用快干式的湿显像剂。

6.2.3 渗透检测应配备铝合金试块（A型对比试块）和不锈钢镀铬试块（B型灵敏度试块），其技术要求应符合现行行业标准《无损检测 渗透检测用试块》JB/T 6064 的有关规定。

6.2.4 试块的选用应符合下列规定：

    1 当进行不同渗透检测剂的灵敏度对比试验、同种渗透检测剂在不同环境温度条件下的灵敏度对比试验时，应选用铝合金试块（A型对比试块）；

    2 当检验渗透检测剂系统灵敏度是否满足要求及操作工艺正确性时，应选用不锈钢镀铬试块（B型

6.2.5 试块灵敏度的分级应符合下列规定：

1 当采用不同灵敏度的渗透检测剂系统进行渗透检测时，不锈钢镀铬试块（B型灵敏度试块）上可显示的裂纹区号应符合表6.2.5-1的规定；

表6.2.5-1 不同灵敏度等级下显示的裂纹区号

检测系统的灵敏度	显示的裂纹区号	检测系统的灵敏度	显示的裂纹区号
低	2～3	高	4～5
中	3～4		

2 不锈钢镀铬试块（B型灵敏度试块）裂纹区的长径显示尺寸应符合表6.2.5-2的规定。

表6.2.5-2 不锈钢镀铬试块裂纹区的长径显示尺寸

裂纹区号	1	2	3	4	5
裂纹长径(mm)	5.5～6.5	3.7～4.5	2.7～3.5	1.6～2.4	0.8～1.6

6.2.6 检测灵敏度等级的选择应符合下列规定：

1 焊缝及热影响区应采用"中灵敏度"检测，使其在不锈钢镀铬试块（B型灵敏度试块）中可清晰显示"3～4"号裂纹；

2 焊缝母材机加工坡口、不锈钢工件应采用"高灵敏度"检测，使其在不锈钢镀铬试块（B型灵敏度试块）中可清晰显示"4～5"号裂纹。

6.3 检测步骤

6.3.1 渗透检测应按照预处理、施加渗透剂、去除多余渗透剂、干燥、施加显像剂、观察与记录、后处理等步骤进行。

6.3.2 预处理应符合下列规定：

1 对检测面上的铁锈、氧化皮、焊接飞溅物、油污以及涂料应进行清理。应清理从检测部位边缘向外扩展30mm的范围；机加工检测面的表面粗糙度（R_a）不宜大于12.5μm，非机械加工面的粗糙度不得影响检测结果；

2 对清理完毕的检测面应进行清洗；检测面应充分干燥后，方可施加渗透剂。

6.3.3 施加渗透剂时，可采用喷涂、刷涂等方法，使被检测部位完全被渗透剂所覆盖。在环境及工件温度为10℃～50℃的条件下，保持湿润状态不应少于10min。

6.3.4 去除多余渗透剂时，可先用无绒洁净布进行擦拭。在擦除检测面上大部分多余的渗透剂后，再用蘸有清洗剂的纸巾或布在检测面上朝一个方向擦洗，直至将检测面上残留渗透剂全部擦净。

6.3.5 清洗处理后的检测面，经自然干燥或用布、纸擦干或用压缩空气吹干。干燥时间宜控制在5min～

10min之间。

6.3.6 宜使用喷罐型的快干湿式显像剂进行显像。使用前应充分摇动，喷嘴宜控制在距检测面300mm～400mm处进行喷涂，喷涂方向宜与被检测面成30°～40°的夹角，喷涂应薄而均匀，不应在同一处多次喷涂，不得将湿式显像剂倾倒至被检面上。

6.3.7 迹痕观察与记录应按下列要求进行：

1 施加显像剂后宜停留7min～30min后，方可在光线充足的条件下观察迹痕显示情况；

2 当检测面较大时，可分区域检测；

3 对细小迹痕，可用5倍～10倍放大镜进行观察；

4 缺陷的迹痕可采用照相、绘图、粘贴等方法记录。

6.3.8 检测完成后，应将检测面清理干净。

6.4 检测结果的评价

6.4.1 渗透检测可允许有线型缺陷和圆型缺陷存在。当缺陷迹痕为裂纹缺陷时，应直接评定为不合格。

6.4.2 评定为不合格时，应对其进行返修。返修后应进行复检。返修复检部位应在检测报告的检测结果中标明。

6.4.3 检测后应填写检测记录。所填写内容宜符合本标准附录B的规定。

7 内部缺陷的超声波检测

7.1 一般规定

7.1.1 本章适用于母材厚度不小于8mm、曲率半径不小于160mm的碳素结构钢和低合金高强度结构钢对接全熔透焊缝，使用A型脉冲反射法手工超声波的质量检测。对于母材壁厚为4mm～8mm、曲率半径为60mm～160mm的钢管对接焊缝与相贯节点焊缝应按照现行行业标准《钢结构超声波探伤及质量分级法》JG/T 203的有关规定执行。

7.1.2 探伤人员应了解工件的材质、结构、曲率、厚度、焊接方法、焊缝种类、坡口形式、焊缝余高及背面衬垫、沟槽等实际情况。

7.1.3 根据质量要求，检验等级可按下列规定划分为A、B、C三级：

1 A级检验：采用一种角度探头在焊缝的单面单侧进行检验，只对允许扫查到的焊缝截面进行探测。一般可不要求作横向缺陷的检验。母材厚度大于50mm时，不得采用A级检验。

2 B级检验：宜采用一种角度探头在焊缝的单面双侧进行检验，对整个焊缝截面进行探测。母材厚度大于100mm时，应采用双面双侧检验；当受构件的几何条件限制时，可在焊缝的双面单侧采用两种角度的探头进行探伤；条件允许时要求作横向缺陷的检验。

3 C级检验：至少应采用两种角度探头在焊缝的单面双侧进行检验，且应同时作两个扫查方向和两种探头角度的横向缺陷检验。母材厚度大于100mm时，宜采用双面双侧检验。

7.1.4 钢结构焊缝质量的超声波探伤检验等级应根据工件的材质、结构、焊接方法、受力状态选择，当结构设计和施工上无特别规定时，钢结构焊缝质量的超声波探伤检验等级宜选用B级。

7.1.5 钢结构中T形接头、角接接头的超声波检测，除用平板焊缝中提供的各种方法外，尚应考虑到各种缺陷的可能性，在选择探伤面和探头时，宜使声束垂直于该焊缝中的主要缺陷。在对T形接头、角接接头进行超声波检测时，探伤面和探头的选择应符合本标准附录D的规定。

7.2 设备与器材

7.2.1 模拟式和数字式的A型脉冲反射式超声仪的主要技术指标应符合表7.2.1的规定。

表7.2.1 A型脉冲反射式超声仪的主要技术指标

仪器部件	项 目	技术指标
超声仪主机	工作频率	2MHz～5MHz
	水平线性	≤1%
	垂直线性	≤5%
	衰减器或增益器总调节量	≥80dB
	衰减器或增益器每档步进量	≤2dB
	衰减器或增益器任意12dB内误差	≤±1dB
探头	声束轴线水平偏离角	≤2°
	折射角偏差	≤2°
	前沿偏差	≤1mm
超声仪主机与探头的系统	在达到所需最大检测声程时，其有效灵敏度余量	≥10dB
	远场分辨率	直探头≥30dB 斜探头≥6dB

7.2.2 超声仪、探头及系统性能的检查应按现行行业标准《无损检测 A型脉冲反射式超声检测系统工作性能测试方法》JB/T 9214规定的方法测试，其周期检查项目及时间应符合表7.2.2的规定。

表7.2.2 超声仪、探头及系统性能的周期检查项目及时间

检查项目	检查时间
前沿距离 折射角或K值 偏离角	开始使用及每隔5个工作日

续表7.2.2

检查项目	检查时间
灵敏度余量 分辨率	开始使用、修理后及每隔1个月
超声仪的水平线性 超声仪的垂直线性	开始使用、修理后及每隔3个月

7.2.3 探头的选择应符合下列规定：

1 纵波直探头的晶片直径宜在10mm～20mm范围内，频率宜为1.0MHz～5.0MHz。

2 横波斜探头应选用在钢中的折射角为45°、60°、70°或K值为1.0、1.5、2.0、2.5、3.0的横波斜探头，其频率宜为2.0MHz～5.0MHz。

3 纵波双晶探头两晶片之间的声绝缘应良好，且晶片的面积不应小于150mm²。

4 探伤面与斜探头的折射角β（或K值）应根据材料厚度、焊缝坡口形式等因素选择，检测不同板厚所用探头角度宜按表7.2.3采用。

表7.2.3 不同板厚所用探头角度

板厚δ (mm)	检验等级			探伤法	推荐的折射角β（K值）
	A级	B级	C级		
8～25	单面单侧			直射法及一次反射法	70°（K2.5）
25～50		单面双侧 或双面单侧			70°或60°（K2.5或K2.0）
50～100	—			直射法	45°和60°并用或45°和70°并用（K1.0和K2.0并用或K1.0和K2.5并用）
>100		双面双侧			45°和60°并用（K1.0和K2.0并用）

7.2.4 标准试块的形状和尺寸应与图7.2.4相符。标准试块的制作技术要求应符合现行行业标准《无损

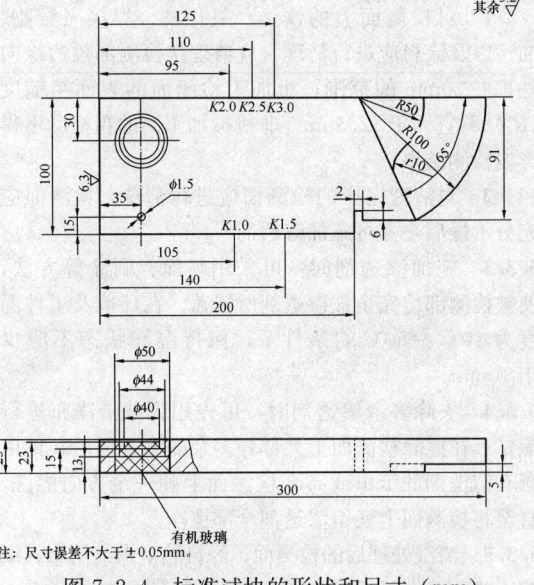

注：尺寸误差不大于±0.05mm。

图7.2.4 标准试块的形状和尺寸（mm）

检测 超声检测用试块》JB/T 8428 的有关规定。

7.2.5 对比试块的形状和尺寸应与图 7.2.5 相符。对比试块应采用与被检测材料相同或声学特性相近的钢材制成。

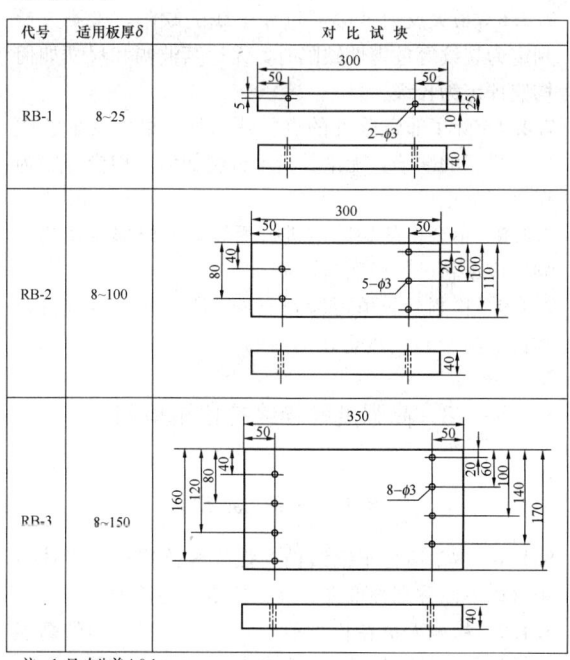

代号	适用板厚δ	对比试块
RB-1	8～25	
RB-2	8～100	
RB-3	8～150	

注：1 尺寸公差±0.1mm；
 2 各边粗直度不大于0.1；
 3 表面粗糙度不大于6.3μm；
 4 标准孔与加工面的平行度不大于0.05。

图 7.2.5 对比试块的形状和尺寸（mm）

7.3 检测步骤

7.3.1 检测前，应对超声仪的主要技术指标（如斜探头入射点、斜率 K 值或角度）进行检查确认；应根据所测工件的尺寸调整仪器时基线，并应绘制距离-波幅（DAC）曲线。

7.3.2 距离-波幅（DAC）曲线应由选用的仪器、探头系统在对比试块上的实测数据绘制而成。当探伤面曲率半径 R 小于等于 $W^2/4$ 时，距离-波幅（DAC）曲线的绘制应在曲面对比试块上进行。距离-波幅（DAC）曲线的绘制应符合下列要求：

　1 绘制成的距离-波幅曲线（图 7.3.2）应由评定

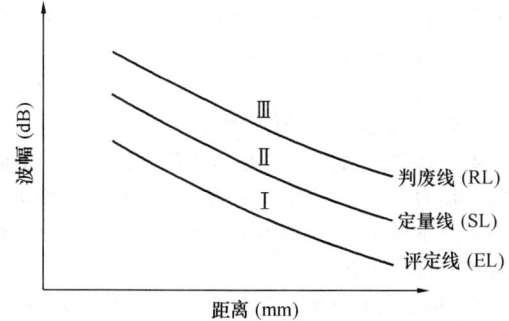

图 7.3.2 距离-波幅曲线示意图

线 EL、定量线 SL 和判废线 RL 组成。评定线与定量线之间（包括评定线）的区域规定为Ⅰ区，定量线与判废线之间（包括定量线）的区域规定为Ⅱ区，判废线及其以上区域规定为Ⅲ区。

　2 不同检验等级所对应的灵敏度要求应符合表 7.3.2 的规定。表中的 DAC 应以 $\phi3$ 横通孔作为标准反射体绘制距离-波幅曲线（即 DAC 曲线）。在满足被检工件最大测试厚度的整个范围内绘制的距离-波幅曲线在探伤仪荧光屏上的高度不得低于满刻度的20％。

表 7.3.2　距离-波幅曲线的灵敏度

检验等级 板厚(mm) 距离-波幅曲线	A 级	B 级	C 级
	8～50	8～300	8～300
判废线	DAC	DAC-4dB	DAC-2dB
定量线	DAC-10dB	DAC-10dB	DAC-8dB
评定线	DAC-16dB	DAC-16dB	DAC-14dB

7.3.3 超声波检测应包括探测面的修整、涂抹耦合剂、探伤作业、缺陷的评定等步骤。

7.3.4 检测前应对探测面进行修整或打磨，清除焊接飞溅、油垢及其他杂质，表面粗糙度不应超过 $6.3\mu m$。当采用一次反射或串列式扫查检测时，一侧修整或打磨区域宽度应大于 $2.5K\delta$；当采用直射检测时，一侧修整或打磨区域宽度应大于 $1.5K\delta$。

7.3.5 应根据工件的不同厚度选择仪器时基线水平、深度或声程的调节。当探伤面为平面或曲率半径 R 大于 $W^2/4$ 时，可在对比试块上进行时基线的调节；当探伤面曲率半径 R 小于等于 $W^2/4$ 时，探头楔块应磨成与工件曲面相吻合的形状，反射体的布置可参照对比试块确定，试块宽度应按下式进行计算：

$$b \geqslant 2\lambda S/D_e \qquad (7.3.5)$$

式中：b——试块宽度（mm）；

　　　λ——波长（mm）；

　　　S——声程（mm）；

　　　D_e——声源有效直径（mm）。

7.3.6 当受检工件的表面耦合损失及材质衰减与试块不同时，宜考虑表面补偿或材质补偿。

7.3.7 耦合剂应具有良好透声性和适宜流动性，不应对材料和人体有损伤作用，同时应便于检测后清理。当工件处于水平面上检测时，宜选用液体类耦合剂；当工件处于竖立面检测时，宜选用糊状类耦合剂。

7.3.8 探伤灵敏度不应低于评定线灵敏度。扫查速度不应大于150mm/s，相邻两次探头移动区域应保持有探头宽度10％的重叠。在查找缺陷时，扫查方式可选用锯齿形扫查、斜平行扫查和平行扫查。为确定缺陷的位置、方向、形状、观察缺陷动态波形，可采用前后、左右、转角、环绕等四种探头扫查方式。

7.3.9 对所有反射波幅超过定量线的缺陷，均应确定其位置、最大反射波幅所在区域和缺陷指示长度。缺陷指示长度的测定可采用以下两种方法：

　　1 当缺陷反射波只有一个高点时，宜用降低6dB相对灵敏度法测定其长度；

　　2 当缺陷反射波有多个高点时，则宜以缺陷两端反射波极大值之处的波高降低6dB之间探头的移动距离，作为缺陷的指示长度（图7.3.9）。

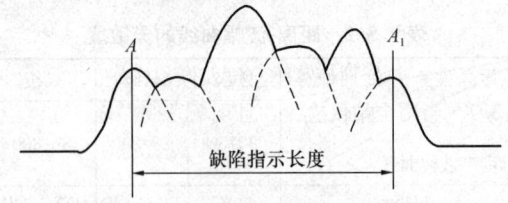

图 7.3.9　端点峰值测长法

　　3 当缺陷反射波在Ⅰ区未达到定量线时，如探伤者认为有必要记录时，可将探头左右移动，使缺陷反射波幅降低到评定线，以此测定缺陷的指示长度。

7.3.10 在确定缺陷类型时，可将探头对准缺陷作平动和转动扫查，观察波形的相应变化，并可结合操作者的工程经验作出判断。

7.4 检测结果的评价

7.4.1 最大反射波幅位于 DAC 曲线Ⅱ区的非危险性缺陷，其指示长度小于 10mm 时，可按 5mm 计。

7.4.2 在检测范围内，相邻两个缺陷间距不大于8mm 时，两个缺陷指示长度之和作为单个缺陷的指示长度；相邻两个缺陷间距大于 8mm 时，两个缺陷分别计算各自指示长度。

7.4.3 最大反射波幅位于Ⅱ区的非危险性缺陷，可根据缺陷指示长度 ΔL 进行评级。不同检验等级，不同焊缝质量评定等级的缺陷指示长度限值应符合表 7.4.3 的规定。

表 7.4.3　焊缝质量评定等级的缺陷指示长度限值（mm）

检验等级 板厚(mm) 评定等级	A 级 8～50	B 级 8～300	C 级 8～300
Ⅰ	$2\delta/3$, 最小 12	$\delta/3$,最小 10, 最大 30	$\delta/3$,最小 10, 最大 20
Ⅱ	$3\delta/4$, 最小 12	$2\delta/3$,最小 12, 最大 50	$\delta/2$,最小 10, 最大 30
Ⅲ	δ, 最小 20	$3\delta/4$,最小 16, 最大 75	$2\delta/3$,最小 12, 最大 50
Ⅳ	超过Ⅲ级者		

注：焊缝两侧母材厚度 δ 不同时，取较薄侧母材厚度。

7.4.4 最大反射波幅不超过评定线（未达到Ⅰ区）的缺陷应评为Ⅰ级。

7.4.5 最大反射波幅超过评定线，但低于定量线的非裂纹类缺陷应评为Ⅰ级。

7.4.6 最大反射波幅超过评定线的缺陷，检测人员判定为裂纹等危害性缺陷时，无论其波幅和尺寸如何均应评定为Ⅳ级。

7.4.7 除了非危险性的点状缺陷外，最大反射波幅位于Ⅲ区的缺陷，无论其指示长度如何，均应评定为Ⅳ级。

7.4.8 不合格的缺陷应进行返修，返修部位及热影响区应重新进行检测与评定。

7.4.9 检测后应填写检测记录。所填写内容宜符合本标准附录 D 的规定。

8　高强度螺栓终拧扭矩检测

8.1　一　般　规　定

8.1.1 本章适合于钢结构高强度螺栓连接副终拧扭矩（以下简称高强度螺栓终拧扭矩）的检测。

8.1.2 检测人员在检测前，应了解工程使用的高强度螺栓的型号、规格、扭矩施加方式。

8.1.3 对高强度螺栓终拧扭矩的施工质量检测，应在终拧 1h 之后、48h 之内完成。

8.2　检　测　设　备

8.2.1 扭矩扳手示值相对误差的绝对值不得大于测试扭矩值的 3%。扭矩扳手宜具有峰值保持功能。

8.2.2 扭矩扳手的最大量程应根据高强度螺栓的型号、规格进行选择。工作值宜控制在被选用扳手的量限值 20%～80%范围内。

8.3　检　测　技　术

8.3.1 在对高强度螺栓的终拧扭矩进行检测前，应清除螺栓及周边涂层。螺栓表面有锈蚀时，应进行除锈处理。

8.3.2 对高强度螺栓终拧扭矩的检测，应经外观检查或小锤敲击检查合格后进行。

8.3.3 高强度螺栓终拧扭矩检测时，先在螺尾端头和螺母相对位置画线，然后将螺母拧松 60°，再用扭矩扳手重新拧紧 60°～62°，此时的扭矩值应作为高强度螺栓终拧扭矩的实测值。

8.3.4 检测时，施加的作用力应位于扭矩扳手手柄尾端，用力应均匀、缓慢。除有专用配套的加长柄或套管外，不得在尾部加长柄或套管的情况下，测定高强度螺栓终拧扭矩。

8.3.5 扭矩扳手经使用后，应擦拭干净放入盒内。

8.3.6 长期不用的扭矩扳手，在使用前应先预加载

3 次，使内部工作机构被润滑油均匀润滑。

8.4 检测结果的评价

8.4.1 高强度螺栓终拧扭矩的实测值宜在 $0.9T_c$～$1.1T_c$ 范围内。

8.4.2 小锤敲击检查发现有松动的高强度螺栓，应直接判定其终拧扭矩不合格。

9 变形检测

9.1 一般规定

9.1.1 本章适用于钢结构或构件变形检测。

9.1.2 变形检测可分为结构整体垂直度、整体平面弯曲以及构件垂直度、弯曲变形、跨中挠度等项目。

9.1.3 在对钢结构或构件变形进行检测前，宜先清除饰面层；当构件各测试点饰面层厚度接近，且不明显影响评定结果，可不清除饰面层。

9.2 检测设备

9.2.1 钢结构或构件变形的测量可采用水准仪、经纬仪、激光垂准仪或全站仪等仪器。

9.2.2 用于钢结构或构件变形的测量仪器及其精度宜符合现行行业标准《建筑变形测量规范》JGJ 8 的有关规定，变形测量级别可按三级考虑。

9.3 检测技术

9.3.1 应以设置辅助基准线的方法，测量结构或构件的变形；对变截面构件和有预起拱的结构或构件，尚应考虑其初始位置的影响。

9.3.2 测量尺寸不大于 6m 的钢构件变形，可用拉线、吊线锤的方法，并应符合下列规定：

　　1 测量构件弯曲变形时，从构件两端拉紧一根细钢丝或细线，然后测量跨中位置构件与拉线之间的距离，该数值即是构件的变形。

　　2 测量构件的垂直度时，从构件上端吊一线锤直至构件下端，当线锤处于静止状态后，测量吊锤中心与构件下端的距离，该数值即是构件的顶端侧向水平位移。

9.3.3 测量跨度大于 6m 的钢构件挠度，宜采用全站仪或水准仪，并按下列方法进行检测：

　　1 钢构件挠度观测点应沿构件的轴线或边线布设，每一构件不得少于 3 点；

　　2 将全站仪或水准仪测得的两端和跨中的读数相比较，可求得构件的跨中挠度；

　　3 钢网架结构总拼完成及屋面工程完成后的挠度值检测，对跨度 24m 及以下钢网架结构测量下弦中央一点；对跨度 24m 以上钢网架结构测量下弦中央一点及各向下弦跨度的四等分点。

9.3.4 尺寸大于 6m 的钢构件垂直度、侧向弯曲矢高以及钢结构整体垂直度与整体平面弯曲宜采用全站仪或经纬仪检测。可用计算测点间的相对位置差的方法来计算垂直度或弯曲度，也可采用通过仪器引出基准线，放置量尺直接读取数值的方法。

9.3.5 当测量结构或构件垂直度时，仪器应架设在与倾斜方向成正交的方向线上，且宜距被测目标（1～2）倍目标高度的位置。

9.3.6 钢构件、钢结构安装主体垂直度检测，应测量钢构件、钢结构安装主体顶部相对于底部的水平位移与高差，并分别计算垂直度及倾斜方向。

9.3.7 当用全站仪检测，且现场光线不佳、起灰尘、有振动时，应用其他仪器对全站仪的测量结果进行对比判断。

9.4 检测结果的评价

9.4.1 在建钢结构或构件变形应符合设计要求和现行国家标准《钢结构工程施工质量验收规范》GB 50205 及《钢结构设计规范》GB 50017 等的有关规定。

9.4.2 既有钢结构或构件变形应符合现行国家标准《民用建筑可靠性鉴定标准》GB 50292、《工业建筑可靠性鉴定标准》GB 50144等的有关规定。

10 钢材厚度检测

10.1 一般规定

10.1.1 本章适用于超声波原理测量钢结构构件的厚度。

10.1.2 钢材的厚度应在构件的 3 个不同部位进行测量，取 3 处测试值的平均值作为钢材厚度的代表值。

10.1.3 对于受腐蚀后的构件厚度，应将腐蚀层除净、露出金属光泽后再进行测量。

10.2 检测设备

10.2.1 超声测厚仪的主要技术指标应符合表 10.2.1 的规定。

表 10.2.1 超声测厚仪的主要技术指标

项　目	技　术　指　标
显示最小单位	0.1mm
工作频率	5MHz
测量范围	板材：1.2mm～200mm　管材下限：$\phi20\times3$
测量误差	±（δ/100＋0.1）mm，δ 为被测构件的厚度
灵敏度	能检出距探测面 80mm，直径 2mm 的平底孔

10.2.2 超声测厚仪应随机配有校准用的标准块。

10.3 检测步骤

10.3.1 在对钢结构钢材厚度进行检测前，应清除表面油漆层、氧化皮、锈蚀等，并打磨至露出金属光泽。

10.3.2 检测前应预设声速，并应用随机标准块对仪器进行校准，经校准后方可进行测试。

10.3.3 将耦合剂涂于被测处，耦合剂可用机油、化学浆糊等。在测量小直径管壁厚度或工件表面较粗糙时，可选用粘度较大的甘油。

10.3.4 将探头与被测构件耦合即可测量，接触耦合时间宜保持1s～2s。在同一位置宜将探头转过90°后作二次测量，取二次的平均值作为该部位的代表值。在测量管材壁厚时，宜使探头中间的隔声层与管子轴线平行。

10.3.5 测厚仪使用完毕后，应擦去探头及仪器上的耦合剂和污垢，保持仪器的清洁。

10.4 检测结果的评价

10.4.1 钢材的厚度偏差应以设计图纸规定的尺寸为基准进行计算；并应符合相应产品标准的规定。

11 钢材品种检测

11.1 一般规定

11.1.1 本章适用于采用化学成分分析方法判断国产结构钢钢材的品种。

11.2 钢材取样与分析

11.2.1 取样所用工具、机械、容器等应预先进行清洗。

11.2.2 钢材取样时，应避开钢结构在制作、安装过程中有可能受切割火焰、焊接等热影响的部位。

11.2.3 在取样部位可用钢锉打磨构件表面，除去表面油漆、锈斑，直至露出金属光泽。

11.2.4 屑状试样宜采用电钻钻取。同一构件钢材宜选取3个不同部位进行取样，每个部位的试样重量不宜少于5g。取样过程中应避免过热而引起屑状试样发蓝、发黑的现象，也不得使用水、油或其他滑油剂。取样时，宜去掉钢材表面1mm以内的浅层试样。

11.2.5 宜采用化学分析法测定试样中 C、Mn、Si、S、P 五元素的含量。对于低合金高强度结构钢，必要时，可进一步测定试样中 V、Nb、Ti 三元素的含量。

11.2.6 采用化学分析法测定钢材中 C、Mn、Si、S、P、V、Nb、Ti 等元素的含量时，其操作与测定应符合现行国家标准《钢铁 总碳硫含量的测定 高频感应炉燃烧后红外吸收法（常规方法）》GB/T 20123 和《钢铁及合金化学分析方法》GB/T 223 中相应元素化学分析方法的有关规定。

11.3 钢材品种的判别

11.3.1 钢材的品种应根据钢材中 C、Mn、Si、S、P 五元素或 C、Mn、Si、S、P、V、Nb、Ti 八元素的含量，对照现行国家标准《碳素结构钢》GB/T 700、《低合金高强度结构钢》GB/T 1591中的化学成分含量进行判别。

12 防腐涂层厚度检测

12.1 一般规定

12.1.1 本章适用于钢结构防腐涂层厚度的检测。

12.1.2 防腐涂层厚度的检测应在涂层干燥后进行。检测时构件的表面不应有结露。

12.1.3 同一构件应检测5处，每处应检测3个相距50mm的测点。测点部位的涂层应与钢材附着良好。

12.1.4 使用涂层测厚仪检测时，应避免电磁干扰。

12.1.5 防腐涂层厚度检测，应经外观检查合格后进行。

12.2 检测设备

12.2.1 涂层测厚仪的最大量程不应小于$1200\mu m$，最小分辨率不应大于$2\mu m$，示值相对误差不应大于3%。

12.2.2 测试构件的曲率半径应符合仪器的使用要求。在弯曲试件的表面上测量时，应考虑其对测试准确度的影响。

12.3 检测步骤

12.3.1 确定的检测位置应有代表性，在检测区域内分布宜均匀。检测前应清除测试点表面的防火涂层、灰尘、油污等。

12.3.2 检测前对仪器应进行校准。校准宜采用二点校准，经校准后方可测试。

12.3.3 应使用与被测构件基体金属具有相同性质的标准片对仪器进行校准，也可用待涂覆构件进行校准。检测期间关机再开机后，应对仪器重新校准。

12.3.4 测试时，测点距构件边缘或内转角处的距离不宜小于20mm。探头与测点表面应垂直接触，接触时间宜保持1s～2s，读取仪器显示的测量值，对测量值应进行打印或记录。

12.4 检测结果的评价

12.4.1 每处3个测点的涂层厚度平均值不应小于设计厚度的85%，同一构件上15个测点的涂层厚度平均值不应小于设计厚度。

12.4.2 当设计对涂层厚度无要求时，涂层干漆膜总厚度：室外应为$150\mu m$，室内应为$125\mu m$，其允许偏差应为$-25\mu\mathrm{m}$。

13 防火涂层厚度检测

13.1 一 般 规 定

13.1.1 本章适用于钢结构厚型防火涂层厚度检测。

13.1.2 防火涂层厚度的检测应在涂层干燥后进行。

13.1.3 楼板和墙体的防火涂层厚度检测,可选两相邻纵、横轴线相交的面积为一个构件,在其对角线上,按每米长度选1个测点,每个构件不应少于5个测点。

13.1.4 梁、柱构件的防火涂层厚度检测,在构件长度内每隔3m取一个截面,且每个构件不应少于2个截面。对梁、柱构件的检测截面宜按图13.1.4所示布置测点。

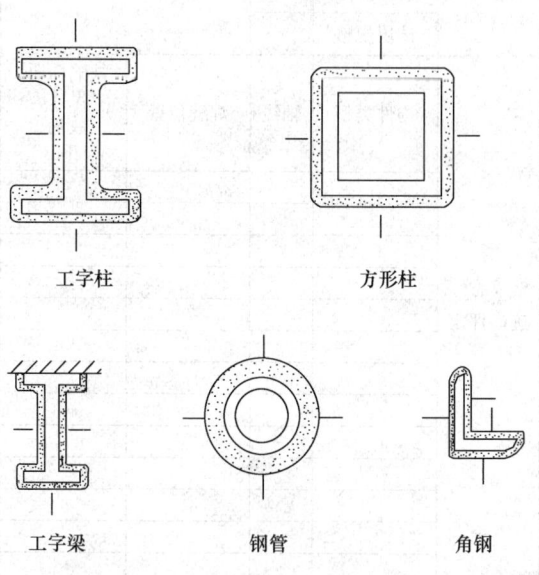

工字柱　　　　　　　方形柱

工字梁　　　　　钢管　　　　　角钢

图13.1.4　测点示意图

13.1.5 防火涂层厚度检测,应经外观检查合格后进行。

13.2 检 测 量 具

13.2.1 对防火涂层的厚度可采用探针和卡尺进行检测,用于检测的卡尺尾部应有可外伸的窄片。测量设备的量程应大于被测的防火涂层厚度。

13.2.2 检测设备的分辨率不应低于0.5mm。

13.3 检 测 步 骤

13.3.1 检测前应清除测试点表面的灰尘、附着物等,并应避开构件的连接部位。

13.3.2 在测点处,应将仪器的探针或窄片垂直插入防火涂层直至钢材防腐涂层表面,并记录标尺读数,测试值应精确到0.5mm。

13.3.3 当探针不易插入防火涂层内部时,可采取防火涂层局部剥除的方法进行检测。剥除面积不宜大于15mm×15mm。

13.4 检测结果的评价

13.4.1 同一截面上各测点厚度的平均值不应小于设计厚度的85%,构件上所有测点厚度的平均值不应小于设计厚度。

14 钢结构动力特性检测

14.1 一 般 规 定

14.1.1 本章适用于钢结构动力特性的检测。通过测试结构动力输入处和响应处的应变、位移、速度或加速度等时程信号,可获取结构的自振频率、模态振型、阻尼等结构动力性能参数。

14.1.2 符合下列情况之一的钢结构,宜对结构动力特性进行检测:
　　1 需要进行抗震、抗风、工作环境或其他激励下的动力响应计算的结构;
　　2 需要通过动力参数进行结构损伤识别和故障诊断的结构;
　　3 在某种动力作用下,局部动力响应过大的结构。

14.2 检 测 设 备

14.2.1 应根据被测参数选择合适的位移计、速度计、加速度计和应变计,被测频率应落在传感器的频率响应范围内。

14.2.2 检测前应根据预估被测参数的最大幅值,选择合适的传感器和动态信号测试仪的量程范围,并应提高输出信号的信噪比。

14.2.3 动态信号测试仪应具备低通滤波,低通滤波截止频率应小于采样频率的0.4倍,并应防止信号发生频率混淆。

14.2.4 动态信号测试系统的精度、分辨率、线性度、时漂等参数应符合国家现行有关标准的要求。

14.3 检 测 技 术

14.3.1 检测前应根据检测目的制定检测方案,必要时应进行计算。根据方案准备适合的信号测试系统。

14.3.2 结构动力特性检测可采用环境随机振动激励法。对于仅需获得结构基本模态的,可采用初始位移法、重物撞击法等方法,如结构模态密集或结构特别重要且条件许可时,可采用稳态正弦激振方法或频率扫描法。对于大型复杂结构宜采用多点激励法。对于单点激励法测试结果,必要时可采用多点激励法进行校核。

14.3.3 根据振动频率,确定动态信号测试仪采样间隔和采样时长；采样频率应满足采样定理的基本要求。

14.3.4 确定传感器的安装方式，安装谐振频率要远高于测试频率。

14.3.5 传感器安装位置宜避开振型节点和反节点处。

14.3.6 结构动力特性测试作业时，应保证不产生对结构性能有明显影响的损伤，也应避免环境对测试系统的干扰。

14.4 检测数据分析

14.4.1 数据处理前，应对记录的信号进行零点漂移、波形和信号起始相位的检验。

14.4.2 对记录的信号可进行截断、去直流、积分、微分和数字滤波等信号预处理。

14.4.3 根据激励方式和结构特点，可选择时域、频域方法或小波分析等信号处理方法。

14.4.4 采用频域方法进行数据处理时，宜根据信号类型选择不同的窗函数处理。

14.4.5 检测数据处理后，应根据需要提供所测结构的自振频率、阻尼比和振型以及动力反应最大幅值、时程曲线、频谱曲线等分析结果。

附录 A 磁粉检测记录

表 A 钢结构磁粉检测记录

工程名称			委托单位	
检测设备			设备型号	
设备编号			检定日期	
熔焊方法			规格/材质	
设计等级			检测数量	
检测依据			检测日期	
磁粉检测条件	磁粉种类		磁粉记录（草图或照片）	
	磁化方法			
	磁化时间			
	磁场方向			
	磁场电流			
	磁极间距			
	磁悬液施加方法			
	磁悬液浓度			
	退磁情况			
	试片规格			
	灵敏度			
磁痕评定	构件类型	轴线	焊缝位置	缺陷性质、尺寸、数量、部位
返修情况				
检验员	MT ___ 级		审核人	MT ___ 级

附录 B 渗透检测记录

表 B 钢结构渗透检测记录

工程名称			委托单位	
渗透温度			规格/材质	
熔焊方法			表面状态	
设计等级			检测数量	
检测依据			检测日期	
渗透检测条件	渗透剂型号		渗透记录（草图或照片）	
	清洗剂型号			
	显像剂型号			
	渗透时间			
	显像时间			
	观察时间			
	试块规格			
迹痕评定	构件类型	轴线	焊缝位置	缺陷性质、尺寸、数量、部位
返修情况				
检验员	PT ___ 级		审核人	PT ___ 级

附录 C T形接头、角接接头的超声波检测

C.0.1 T形接头的超声波检测，探伤面和探头的选择应符合下列要求：

1 采用 $K1$ 探头在腹板一侧作直射法和一次反射法探测焊缝及腹板侧热影响区的裂纹，如图 C.0.1-1 所示。

2 为探测腹板及翼板间未焊透或翼板侧焊缝下层状撕裂等缺陷，可采用直探头或斜探头在翼板外侧探测，也可在翼板内侧用 $K1$ 探头作一次反射法探测，如图 C.0.1-2 所示。

3 T形接头检测应根据腹板厚度选择探头角度，

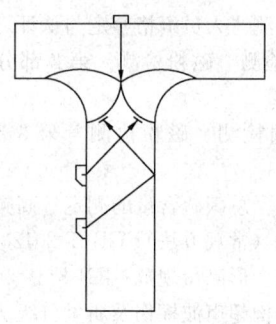

图 C.0.1-1　探测焊缝与腹板侧热
影响区的裂纹

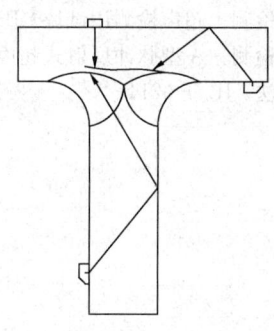

图 C.0.1-2　探测腹板与翼板间
未焊透或翼板侧焊缝下层状撕裂

探头选择应符合表 C.0.1 的规定。

表 C.0.1　不同腹板厚度选用的探头角度

腹板厚度（mm）	探头折射角（K 值）
<25	70°（$K2.5$）
25～50	60°（$K2.5$ 或 $K2.0$）
>50	45°（$K1$ 或 $K1.5$）

C.0.2　角接接头的超声波检测，探伤面和探头的选择应符合图 C.0.2 和表 C.0.1 的要求。

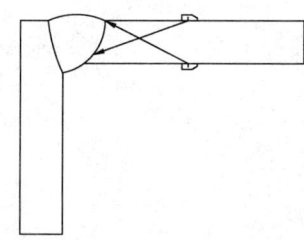

图 C.0.2　角接接头的超声波检测

附录 D　超声波检测记录

表 D　钢结构超声波检测记录

工程名称		委托单位		
检测设备		设备型号		
设备编号		检定日期		
材　质		厚　度		
焊缝种类	对接平缝○　对接环缝○　角接纵缝○　T 形焊缝○　管接口缝○			
焊接方法		探伤面状态	修整○　轧制○ 机加○	
探伤时机	焊后○　热处理后○	耦合剂	机油○　甘油○ 浆糊○	
探伤方式	垂直○　斜角○　单探头○　双探头○　串列探头○			
扫描调节	深度○　水平○　声程○	比例	试块	
探头尺寸		探头 K 值	探头频率	
探伤灵敏度		表面补偿		
设计等级		检测数量		
评定等级		检测日期		
检测依据				
探伤部位示意图				

	构件类型	轴线	焊缝位置	探伤长度	显示情况	备注
探伤结果及返修情况						

检验员		UT___级	审核人		UT___级

本标准用词说明

1　为了便于在执行本标准条文时区别对待，对要求严格程度不同的用词说明如下：

　　1）表示很严格，非这样做不可的用词：
　　　正面词采用"必须"；反面词采用"严禁"。

　　2）表示严格，在正常情况下均应这样做的用词：
　　　正面词采用"应"；反面词采用"不应"或"不得"。

　　3）表示允许稍有选择，在条件许可时首先这样做的用词：

正面词采用"宜";反面词采用"不宜"。

　　4）表示有选择，在一定条件下可以这样做的，采用"可"。

　　2　条文中指明应按其他有关标准、规范执行时，写法为："应符合……的规定"或"应按……执行"。

引用标准名录

1　《钢结构设计规范》GB 50017
2　《工业建筑可靠性鉴定标准》GB 50144
3　《钢结构工程施工质量验收规范》GB 50205
4　《民用建筑可靠性鉴定标准》GB 50292
5　《钢铁及合金化学分析方法》GB/T 223
6　《碳素结构钢》GB/T 700
7　《低合金高强度结构钢》GB/T 1591
8　《金属熔化焊焊接接头射线照相》GB/T 3323

9　《无损检测　人员资格鉴定与认证》GB/T 9445
10　《无损检测　磁粉检测　第 2 部分:检测介质》GB/T 15822.2
11　《无损检测　磁粉检测　第 3 部分：设备》GB/T 15822.3
12　《钢铁　总碳硫含量的测定　高频感应炉燃烧后红外吸收法（常规方法)》GB/T 20123
13　《建筑变形测量规范》JGJ 8
14　《钢结构超声波探伤及质量分级法》JG/T 203
15　《承压设备无损检测　第 5 部分：渗透检测》JB/T 4730.5
16　《无损检测　渗透检测用试块》JB/T 6064
17　《无损检测　渗透检测用材料》JB/T 7523
18　《无损检测　超声检测用试块》JB/T 8428
19　《无损检测　A 型脉冲反射式超声检测系统工作性能测试方法》JB/T 9214

中华人民共和国国家标准

钢结构现场检测技术标准

GB/T 50621—2010

条 文 说 明

制　定　说　明

《钢结构现场检测技术标准》GB/T 50621－2010
经住房和城乡建设部 2010 年 8 月 18 日以第 738 号公
告批准、发布。

为便于广大建设、监理、设计、施工、房屋业主
和市政基础设计管理部门有关人员在使用本标准时，
能正确理解和执行条文规定。《钢结构现场检测技术

标准》编制组按章、节、条顺序编制了本标准的条文
说明，对条文规定的目的、依据以及执行中需注意的
有关事项进行了说明。但是，本条文说明不具备与标
准正文同等的法律效力，仅供使用者作为理解和把握
标准参考。

目 次

1 总 则

1.0.1 近些年来，钢结构工程发展较快，钢结构占建筑工程中的份额越来越大，目前已经制订了一些钢结构材料强度及构件质量的检测标准，但是，尚无一本，既适用于工程现场检测，又有具体可操作性的钢结构技术标准。因此，需要制定一本钢结构现场检测技术标准，为钢结构工程质量的评定和既有钢结构性能的鉴定提供技术保障。

另外，虽然金属无损检测方面，有现行行业标准《承压设备无损检测》JB/T 4730.1～4730.6、《无损检测 焊缝磁粉检测》JB/T 6061 等，但基本上是针对机械、船舶、承压设备等行业。而建筑钢结构相对于这些行业而言，其质量等级要求较低，也无密闭性的要求，显然不能依据现行其他行业的标准对建筑钢结构进行检测。

1.0.2 钢结构检测内容很多，具体检测内容可按现行国家标准《建筑结构检测技术标准》GB/T 50344 的相关要求执行，考虑到现行国家标准《建筑结构检测技术标准》GB/T 50344 中缺少相应检测方法和操作过程，本标准从钢结构的特点出发，解决钢结构检测中常用的、重要的有关检测方法和操作过程（表1）。

表 1 钢结构中的主要问题与本标准各章节的对应关系

钢结构的特点	与钢结构特点相对应的现实	拟解决的问题	各章节的对应关系
工业化程度高	工厂制造、工地安装	连接质量	第4～8章
钢材强度高	构件尺寸较小	弯曲失稳钢材品种整体动力特性	第9章第11章第14章
容易锈蚀	锈蚀后截面减小喷涂防腐材料	锈蚀后的厚度防腐涂层厚度	第10章第12章
耐火性较差	喷涂防火材料	防火涂层厚度	第13章

因此，本标准适用于钢结构中有关连接、变形、钢材厚度、钢材品种、涂装厚度、动力特性等方面质量的现场检测及相应检测结果的评价。鉴于钢网架一般采用无缝钢管制作而成，其钢管焊接缺陷的超声波检测有其自身的特点，本标准第 7 章"一般规定"中强调，对于母材壁厚为 4mm～8mm、曲率半径为60mm～160mm 的钢管对接焊缝与相贯节点焊缝应按照现行行业标准《钢结构超声波探伤及质量分级法》JG/T 203 执行。

本标准中所列方法是在工程现场可完成的，且检测时或检测后不会对钢结构的安全产生不利影响。本标准中所涉及的检测项目，并非指现场检测需对各项目均做检测。对一个具体工程而言，应根据具体情况而定。

1.0.3 本条规定在钢结构的检测工作中，除执行本标准的规定外，尚应执行国家现行的有关标准、规范的规定。这些现行的国家有关标准、规范主要是《建筑工程施工质量验收统一标准》GB 50300、《钢结构工程施工质量验收规范》GB 50205、《建筑结构检测技术标准》GB/T 50344、《民用建筑可靠性鉴定标准》GB 50292、《工业建筑可靠性鉴定标准》GB 50144、《建筑抗震鉴定标准》GB 50023 以及相应的钢结构材料强度检测标准等。

2 术语和符号

2.1 术 语

本标准给出了有关钢结构检测方面的专用术语，这些术语仅从本标准的角度赋予其涵义，但涵义不一定是术语的定义。同时还分别给出了相应的推荐性英文术语，该英文术语不一定是国际上的标准术语，仅供参考。

对工程建设而言，通常所说的无损检测是指在检测过程中，对结构的既有性能没有影响的检测。但在其他行业（如机械、特种设备、船泊等）中，无损检测这一术语有其特定的含义，一般来说，是指磁粉检测、渗透检测、超声波检测、射线检测等方法。为保证与其他行业在术语上的一致性，因此，本标准中所说的无损检测专指磁粉检测、渗透检测、超声波检测、射线检测等方法，而非工程建设中所说的广义上的无损检测。

2.2 符 号

本标准给出的符号都是本标准各章节中所引用的。

3 基 本 规 定

3.1 钢结构检测的分类

3.1.2 一般情况下，钢结构工程的施工质量验收应按现行国家标准《建筑工程施工质量验收统一标准》GB 50300 和《钢结构工程施工质量验收规范》GB 50205 进行验收。

3.1.3 本条规定了既有钢结构应按本标准进行检测的情况。既有钢结构在使用过程中，不仅需要经常性的管理与维护，而且还需要进行必要的检测、检查与维修，才能全面完成设计所预期的功能。有的既有钢结构或因设计、施工、使用不当而需要加固，因用途变更而需要改造，因当地抗震设防烈度改变而需要抗震鉴定或因受到灾害、环境侵蚀影响需要鉴定等等；还有些钢结构，虽然使用多年，但影响其可靠性的根本问题还是施工质量问题。对于这些既有钢结构应进行结构性能的鉴定。要做好这些鉴定工作，经常需要对有关连接、变形、钢材厚度、涂装厚度、钢材强度、结构动力特性等进行检测，以便了解既有钢结构的可靠性等方面的实际情况，为鉴定提供真实、可靠和有效的依据。

3.2 检测工作程序与基本要求

3.2.1 本条阐述了钢结构检测的流程和几个主要阶段。程序框图中所描述的一般钢结构检测从接受委托到出具检测报告的各个阶段。对于特殊情况的检测，则应根据钢结构检测的目的确定其检测程序框图和相应的内容。

3.2.2 检测工作中的现场调查和有关资料的调查是非常重要的。了解结构的状况和收集有关资料，不仅有利于较好地制定检测方案，而且有助于确定检测的内容和重点。现场调查主要是了解被检测钢结构的现状缺陷或使用期间的加固维修，以及用途和荷载等变更情况，同时应与委托方探讨确定检测的目的、内容和重点。

有关的资料主要是指钢结构的设计图、设计变更、施工记录和验收资料、加固图和维修记录等。当缺乏有关资料时，应向有关人员进行调查。当建筑结构受到灾害或邻近工程施工的影响时，尚应调查钢结构受到损伤前的情况。

3.2.3 钢结构的检测方案应根据检测的目的、钢结构现状的调查结果来制定，宜包括概况、检测的目的、检测依据、检测项目、选用的检测方法和检测数量等以及所需要的配合、安全和环保措施等。

3.2.4 本条规定了现场检测原始记录的要求，这些要求是根据原始记录的重要性和为了规范检测人员的行为而提出的。

3.3 无损检测方法的选用

3.3.3 本条规定主要为防止不做目视检测，直接对钢结构焊缝进行无损检测。有些焊缝有可能存在严重的错边、弧坑，但无损检测未发现焊缝超标的缺陷，实际上由于错边过大、弧坑过深已严重影响构件的承载力，仅做无损检测也就失去了意义。

在焊接过程中、焊缝冷却过程及以后的相当长的一段时间可能产生裂纹。普通碳素钢产生延迟裂纹的可能性很小，在焊缝冷却到环境温度后即可进行外观检查。对于低合金结构钢等有延迟裂纹倾向的焊缝，尚应满足焊接 24h 后这一时限的要求。

3.3.4 本标准中之所以未将射线检测单列一章，详细阐述射线检测的内容，主要原因有：1）大多结构形式不适合贴 X 光片，无法透照；2）设备笨重，高

空作业难度大、不安全；3）设安全区影响太大，在施工现场难以保证。

另外，编制组制作了对接焊试件，进一步验证超声检测与射线检测对缺陷的敏感程度。用 2 块 300mm×110mm×11mm 的 Q235 钢板制作成对接焊试件，在焊缝处人为制作深 2mm、直径 1.5mm 的圆孔和长 30mm 的未熔合缺陷。超声检测对未熔合缺陷较敏感，对圆孔反射不明显；而射线检测能清晰显示圆孔，而对未熔合缺陷不敏感。因此，射线检测主要适合于体积型缺陷的检测，而对平面型缺陷（如裂纹、未熔合等）不敏感。在钢结构中确有必要进行射线检测时，可按照现行国家标准《金属熔化焊焊接接头射线照相》GB/T 3323 的要求进行检测。

3.4 抽样比例及合格判定

3.4.2 本条提出了采用全数检测方式的适用情况。全数检测并不意味对整个工程的全部构件（区域）进行检测，也可以是对应于检验批内的全部构件（区域）。

3.4.4 本条引自现行国家标准《建筑结构检测技术标准》GB/T 50344 中的第 3.3.13 条，规定了钢结构按检验批检测时抽样的最小样本容量，其目的是要保证抽样检测结果具有代表性。最小样本容量不是最佳的样本容量，实际检测时可根据具体情况和相应技术规程的规定确定样本容量，但样本容量不应少于表 3.4.4 的限定量。

3.4.5 本条引自现行国家标准《建筑结构检测技术标准》GB/T 50344-2004 中的第 3.3.14 条。以表 3.4.5-2 为例说明使用方法。当为一般项目抽样时，样本容量为 20，在 20 个试样中有 5 个或 5 个以下的试样被判为不合格时，检测批可判为合格；当 20 个试样中有 6 个或 6 个以上的试样被判为不合格时则该检测批可判为不合格。

一般项目的允许不合格率为 10%，主控项目的允许不合格率为 5%。主控项目和一般项目应按相应工程施工质量验收规范确定。对于本标准而言，磁粉检测、渗透检测、超声波检测、高强度螺栓终拧扭矩检测、防腐涂层厚度检测、防火涂层厚度检测、钢材强度检测等属于主控项目的内容，外观质量的目视检测、钢材厚度检测属于一般项目的内容。

3.5 检测设备和检测人员

3.5.2、3.5.3 对实施钢结构检测的人员提出了资格方面的要求。

常用的钢结构的无损检测方法有超声波检测（UT）、射线检测（RT）、磁粉检测（MT）、渗透检测（PT）。在各种方法中，对检测人员分为三个等级：Ⅰ级（初级）、Ⅱ级（中级）、Ⅲ级（高级）。

以机械工程学会超声波检测培训为例，各等级的差别如下：

1 Ⅰ级（初级）——报考人需接受40小时的培训，通过理论考试、实际操作考试；Ⅰ级持证人员能进行检测，但不能编写检测报告，不能对检测结果作评定。

2 Ⅱ级（中级）——报考人需接受120小时的培训，通过理论考试、实际操作考试；Ⅱ级持证人员既能进行检测，又能编写检测报告。

3 Ⅲ级（高级）——要求报考人已取得Ⅱ级证，再接受40小时的培训，通过理论（含专门技术、通用技术）考试、编制工艺考试；Ⅲ级持证人员能检测、编写检测报告，可对技术问题作解释。

3.5.5 从事钢结构无损检测的人员，由于无损检测的方法不同，其人员的视力要求是不一样的。

4 外观质量检测

4.1 一 般 规 定

4.1.2、4.1.3 在对钢结构进行目视检测时，除了检测人员应具备正常的视力外，保证适当的视角及足够的照明是必不可少的。必要时，可使用辅助灯光照明。

4.2 辅 助 工 具

4.2.1 放大镜的放大倍数愈大，其焦距愈小，在现场目视检测时，过小焦距不宜于观察，因此，放大镜的放大倍数不宜过大。

4.2.2 焊缝检验尺由主尺、多用尺和高度标尺构成，可用于测量焊接母材的坡口角度、间隙、错位及焊缝高度、焊缝宽度和角焊缝高度。

5 表面质量的磁粉检测

5.1 一 般 规 定

5.1.1 本条规定的铁磁性材料是指碳素结构钢、低合金结构钢、沉淀硬化钢和电工钢等，而铝、镁、铜、钛及其合金和奥氏体不锈钢，以及用奥氏体钢焊条焊接的焊缝都不能用磁粉检测。熔焊焊缝的内部缺陷不能用磁粉检测。

磁粉检测又分干法和湿法两种，通常干法检测所用的磁粉颗粒较大，所以检测灵敏度较低。湿法流动性好，可采用比干法更加细的磁粉，使磁粉更易于被微小的漏磁场所吸附，因此湿法比干法的检测灵敏度高。因此，钢结构中磁粉检测采用湿法。

5.1.2 原材料的表面和近表面缺陷检测可以按照本章规定的一些基本原则来实施。

5.2 设备与器材

5.2.1 根据探伤构件的形状、尺寸、焊缝形式，选择方便、快捷、有利于缺陷检出的磁化方式，磁化方法有磁轭法、线圈法、平行电缆法或触头法等。

5.2.2 磁轭探伤设备需进行计量检定，提升力的检定结果必须达到规定要求以上方可使用。磁轭的磁极间距不能太大，太大不能有效磁化构件，影响探伤结果。

5.2.3 小的管子、轴类等对接焊缝可用通电线圈进行磁化，但应注意构件的长度与直径之比值，该比值越小越难磁化。大的管类构件可用缠绕电缆的方法，用表面绝缘的通电电缆紧贴构件绕成线圈，被检区域应在线圈范围内。检测较长的角焊缝可用单根绝缘通电电缆沿焊缝平行放置，返回电缆应尽量远离检测区域。用两支杆触头按一定间距直接通电进行磁化的方法，既方便又灵活，但应注意触头间距离。间距过小，电极附近磁化电流密度过大，易产生非相关磁痕；间距过大，磁场变弱，需加大磁化电流，易烧灼探测构件表面，所以，一般此方法常用于铸钢件探伤。

5.2.4 目前在钢结构磁粉检测中，磁化设备种类较多，但其磁化性能必须符合现行国家标准《无损检测 磁粉检测 第3部分：设备》GB/T 15822.3的规定。

5.2.5 钢结构工程中较多采用水做载液，可降低成本，又无火险隐患，检测后焊缝表面易于作防腐、防锈处理。

5.2.6 磁悬液喷洒装置其喷嘴喷出的液体要均匀，喷洒时需控制液流大小，避免高速液流冲刷掉已形成的缺陷显示。

5.2.7 磁悬液的浓度直接影响其检验的灵敏度。浓度过低，易引起小缺陷漏检，浓度过高会干扰缺陷的显示，所以应控制磁悬液的配置浓度。

5.2.8 用荧光磁粉或荧光磁悬液时，检测应在暗区进行，暗区的白光照度应小于20lx。

5.2.10、5.2.11 灵敏度试片是磁粉探伤时必备的工具，用来检查探伤设备、磁粉、磁悬液的综合使用性能，以及人员操作方式是否适当。常用的有A型、C型灵敏度试片和磁场指示器等。不同型号的三种A型灵敏度试片，其分数值越小的试片，所需要的有效磁场强度越大，其检测灵敏度就越高。

A型灵敏度试片上的圆形和十字形人工槽可以确定有效磁场的方向。在狭窄部位探伤，当放置A型灵敏度试片有困难时，可用尺寸较小的C型灵敏度试片。C型灵敏度试片使用时可沿分割线切成5mm×10mm的小片。

在试片上看到与人工刻槽相对应的磁痕显示，但并不代表实际能检测缺陷的大小。灵敏度试片的磁痕显示只代表在某磁场作用下，试片中人工缺陷处的漏磁场达到了探伤灵敏度要求。

5.2.12 在使用 A 型灵敏度试片时，人工槽一侧应向内，向外一侧应是没有开口槽的，正确磁化和喷洒磁粉后，试片上会出现十字和圆形磁痕显示。

5.3 检测步骤

5.3.1 焊缝磁粉探伤应等焊缝冷却到环境温度后进行，低合金结构钢焊缝必须在焊后 24h 后才可以探伤。磁粉检测的步骤应按先后工序。

5.3.2 焊缝磁粉探伤的检测面宽度应包括焊缝及热影响区域，焊缝及向母材两侧各延伸 20mm。应除去焊缝及热影响区表面的杂物、油漆层，不然会影响探伤结果。

5.3.3 磁化及磁粉施加要求：

1 磁场方向应垂直于探测的缺陷方向，这样有利于缺陷的检出。

2 旋转磁场可用交叉磁轭仪，它可产生椭圆形旋转磁场，检测各方向上的缺陷，只需一次磁化探伤；而用磁轭检测时，就必须在焊缝走向上要呈 +45°和−45°的方向分别进行磁化。

3 在探测前，应将灵敏度试片粘贴在焊缝边上先进行试片检验，试片磁痕显示正确后，方可进行探伤检测。

4 用磁轭检测时，磁轭每次移动应有重叠区域，以防缺陷漏检。在检测中，应避免交叉磁轭的四个磁极与探测构件表面间产生空隙，空隙会降低磁化效果。

5 用触头法检测时，应尽量减少触点的过热，以防烧伤检测面。在电接触部位可加垫铅板或铜丝编织带作成的圆盘，不可用锌作为衬垫。衬垫和编织物厚度应均匀。

5.3.4 焊缝表面较粗糙时，不利于小缺陷的检出，可用砂纸或局部打磨来改善表面状况。

5.3.5 可借助 2 倍～10 倍的放大镜对磁痕进行观察，在观察中应区分缺陷磁痕和伪缺陷磁痕，有疑义的磁痕显示应采用其他有效方法进行验证。

5.3.6 一般而言，建筑钢结构焊缝上的剩磁很低，无需退磁。如有特殊要求必须退磁的，可用交变磁场进行退磁。

5.4 检测结果的评价

5.4.1 缺陷的磁痕显示可有多种形态，按长宽比分为线型磁痕和圆型磁痕。裂纹是危险性缺陷，在焊缝中不允许存在。

5.4.2 对不合格缺陷进行打磨去除，对返修后的区域进行复检时，应采用相同的磁粉检验方法和质量评定标准。返修复检的部位应在检测报告中标明，以便对其进行核查。

5.4.3 检测记录是整个探伤过程的重要环节，应在记录中填写主要的信息。

6 表面质量的渗透检测

6.1 一般规定

6.1.1 本条规定该检测方法用于金属材料表面开口性缺陷的检测。检测灵敏度随工件表面光洁度的提高而增高。该方法不仅用于钢铁材料也用于各种不锈钢材料和有色金属材料。在钢结构工程中主要用于角焊缝、磁粉探伤有困难或效果不佳的焊缝，例如对接双面焊焊缝清根检测、焊缝坡口母材分层检测等。

6.2 试剂与器材

6.2.1 渗透剂、清洗剂、显像剂等应对被检焊缝及母材无腐蚀作用，而且应便于携带和现场的使用。当检测含镍合金材料时，检测剂中的硫含量不应超过残留物重量的 1%；当检测奥氏体不锈钢或钛合金材料时，检测剂中的氯和氟含量之和不应超过残留物重量的 1%。

6.2.2 对于建筑钢结构的焊缝而言，一般情况下不选择荧光渗透剂，通常选择溶剂去除型非荧光渗透剂，采用喷涂方式。当采用喷罐套装检测剂时一定要注意有效期，超过有效期的检测剂不可继续使用。

6.2.3 A 型铝合金试块主要用于检测剂的性能测试；B 型不锈钢镀铬试块则用于根据被检工件和设计要求，确定检测灵敏度的级别时使用。A 型铝合金试块在其表面上，应分别具有宽度不大于 $3\mu m$、$3\mu m$～$5\mu m$ 和大于 $5\mu m$ 等三类尺寸的非规则分布的开口裂纹，且每块试块上有不大于 $3\mu m$ 的裂纹不得少于两条。

6.2.5 各种试块使用后必须彻底清洗，清洗干净后将其放入丙酮或乙醇溶液中浸泡 30min，晾干或吹干后，将试块放置在干燥处保存。

6.3 检测步骤

6.3.1、6.3.2 渗透检测过程中工件表面的处理很重要，工件表面光洁度越高，检测灵敏度也越高。通常采用机械打磨或钢丝刷清理工件表面，再用清洗溶剂将清理面擦洗干净。不允许用喷砂、喷丸等可能堵塞表面开口性缺陷的清理方法。当焊接的焊道或其他表面不规则形状影响检测时，应将其打磨平整。清洗时，可用溶剂、洗涤剂或喷罐套装的清洗剂。清洗后的工件表面，经自然挥发或用适当的强风使其充分干燥。

6.3.4 多余渗透剂清洗是渗透检测中的重要环节，清洗不足会使本底反差减小，无法辨别缺陷迹痕，过度清洗又会将缺陷中的渗透剂清洗掉，使缺陷迹痕难以显现，达不到检测目的。通常采用擦洗的方式清除多余渗透剂，不可用冲洗或泡洗的方式进行清除。

6.4 检测结果的评价

6.4.1 缺陷的迹痕显示可有多种形态，按长宽比分为线型迹痕和圆型迹痕。裂纹是危险性缺陷，在焊缝中不允许存在。

6.4.2 对不合格缺陷进行打磨去除，对返修后的区域进行复检时，应采用相同的渗透检验方法和灵敏度等级。返修复检的部位应在检测报告中标明，以便对其进行核查。

7 内部缺陷的超声波检测

7.1 一般规定

7.1.1 用超声波检测缺陷时，对于板厚小于8mm的焊缝，难以对缺陷进行精确定位，因此，本章提出了对不同板厚、不同曲率半径的构件进行检测，应满足不同的要求。对壁厚为4mm～8mm管、球节点焊缝等曲率半径较小的构件焊缝进行超声波检测，应按现行行业标准《钢结构超声波探伤及质量分级法》JG/T 203执行，这本标准中对探头、标准试块、T形焊接接头距离一波幅曲线的灵敏度及缺陷定量等均有专门的要求。

7.1.3 检验工作的难度系数按A、B、C顺序逐渐增高。

7.1.5 T形焊接接头是钢结构中的常见焊接形式，直探头从端面对焊缝进行探伤易发现焊接质量缺陷，因此，除按一般要求进行检测外，宜用直探头从端面对焊缝质量进行超声波探伤。

7.3 检测步骤

7.3.8 探伤灵敏度确定时，在扫查横向缺陷时应在本标准表7.3.2的基础上提高6dB。

7.3.10 判断缺陷的性质，是对钢结构质量评估的重要一环。常见缺陷类型的反射波特性见表2。

表2 常见缺陷类型的反射波特性

缺陷类型	反射波特性	备 注
裂缝	一般呈线状或面状，反射明显。探头平行移动时，反射波不会很快消失；探头转动时，多峰波的最大值交替错动	危险性缺陷
未焊透	表面较规则，反射明显。沿焊缝方向移动探头时，反射波较稳定；在焊缝两侧扫查时，得到的反射波大致相同	危险性缺陷

续表2

缺陷类型	反射波特性	备 注
未熔合	从不同方向绕缺陷探测时，反射波高度变化显著。垂直于焊缝方向探动时，反射波较高	危险性缺陷
夹渣	属于体积型缺陷，反射不明显。从不同方向绕缺陷探测时，反射波高度变化不明显，反射波较低	非危险性缺陷
气孔	属于体积型缺陷。从不同方向绕缺陷探测时，反射波高度变化不明显	非危险性缺陷

7.4 检测结果的评价

7.4.3 对最大反射波幅位于Ⅱ区的非危险性缺陷，应根据缺陷指示长度 ΔL 来评定缺陷等级。在工程检测中，经常出现理解不准确或误判的情况，以下举例说明缺陷指示长度限值的计算。如某焊缝评定采用B级检验、板厚10mm、Ⅱ评定等级，计算出 $2\delta/3$ 为7mm，但此值小于最小值（12mm），因此，其缺陷指示长度限值为12mm；如某焊缝评定采用B级检验、板厚为90mm、Ⅱ评定等级，计算出 $2\delta/3$ 为60mm，但此值大于最大值（50mm），因此，其缺陷指示长度限值为50mm。在质量评级时，应先根据板厚计算限值，然后比较大小，最后确定评定用的缺陷长度限值。也就是说，对于薄板是以最小值控制，对于厚板是以最大值控制。为便于检测人员查阅，根据表7.4.3的要求，计算出部分不同板厚时的缺陷长度值（表3）。

表3 缺陷指示长度限值（mm）

板厚 \ 检验等级 评定等级	A级 Ⅰ	A级 Ⅱ	A级 Ⅲ	B级 Ⅰ	B级 Ⅱ	B级 Ⅲ	C级 Ⅰ	C级 Ⅱ	C级 Ⅲ
8～15	12	12	20	10	12	16	10	10	12
20	13	15	20	10	13	16	10	10	13
25	17	19	25	10	17	19	10	12	17
30	20	22	30	10	20	22	10	15	20
35	23	26	35	12	23	26	12	18	23
40	27	30	40	13	27	30	13	20	27
45	30	34	45	15	30	34	15	23	30
50	33	38	50	17	33	38	17	25	33
55	—	—	—	18	37	41	18	28	37
60	—	—	—	20	40	45	20	30	40
65	—	—	—	22	43	49	20	30	43

续表3

检验等级 评定等级 板厚	A级 I	A级 II	A级 III	B级 I	B级 II	B级 III	C级 I	C级 II	C级 III
70	—	—	—	23	47	52	20	30	47
75	—	—	—	25	50	56	20	30	50
80	—	—	—	27	50	60	20	30	50
85	—	—	—	28	50	64	20	30	50
90	—	—	—	30	50	67	20	30	50
95	—	—	—	30	50	71	20	30	50
100~300	—	—	—	30	50	75	20	30	50

8 高强度螺栓终拧扭矩检测

8.1 一 般 规 定

8.1.1 高强度螺栓连接副分大六角头高强度螺栓连接副和扭剪型高强度螺栓连接副。大六角头高强度螺栓连接副形式包括一个螺栓、一个螺母和两个垫圈（图1），扭剪型高强度螺栓连接副形式包括一个螺栓、一个螺母和一个垫圈（图2）。

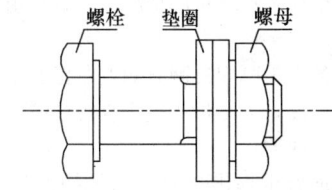

图1 大六角头高强度螺栓连接副

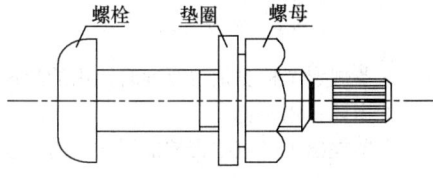

图2 扭剪型高强度螺栓连接副

由于扭剪型高强度螺栓尾部带有梅花头，尾部梅花头被拧掉者视同其终拧扭矩达到质量要求，一般不需对其终拧扭矩进行检测，所以，本章所述的高强度螺栓终拧扭矩是针对高强度大六角头螺栓而言的。当扭剪型高强度螺栓尾部梅花头未被拧掉时，应按本章要求对其进行检测。

8.1.3 现行国家标准《钢结构工程施工质量验收规范》GB 50205规定高强螺栓终拧1h后，48h内应进行终拧扭拒检查。

为了解高强度螺栓轴力、扭矩随时间而变化的规律，本标准参编单位上海市建筑科学研究院制作了大六角头高强度螺栓试件进行试验。螺栓规格为M20，初始扭矩值为388N·m，经历不同的时间段后，测

量其轴力、扭矩，高强度螺栓轴力、扭矩随时间而变化见表4。

表4 高强度螺栓轴力、扭矩随时间而变化

经历的时间 (h)	轴力值 (kN)	扭矩值 (N·m)	变化率
0	160.2	388.0	—
1	157.2	380.7	1.87%
2	157.0	380.3	2.00%
3	156.8	379.8	2.12%
24	156.0	377.8	2.62%
48	155.6	376.9	2.87%
120	155.6	376.9	2.87%
144	155.6	376.9	2.87%

从表4可知，高强度螺栓扭矩在1h内变化最大，在48h内已趋于稳定。本试验进一步验证了现行国家标准《钢结构工程施工质量验收规范》GB 50205中规定的"扭矩检验应在终拧1h之后、48h之内完成"，是比较合理的。

8.2 检 测 设 备

8.2.1 为防止扭矩扳手出现过大的误差，在使用前，可采用挂配重的方法，对扭矩扳手进行使用前的自校。

8.3 检 测 技 术

8.3.2 可用小锤（0.3kg）敲击的方法对高强度大六角头螺栓进行普查。敲击检查时，一手扶螺栓（或螺母），另一手敲击，要求螺母（或螺栓头）不偏移、不松动，锤声清脆。

8.3.3 为了解高强度螺栓扭矩与拧紧角度的关系，编制组制作了M20、M24两种规格的大六角头高强度螺栓试件各3个进行试验。将各高强度螺栓拧到终拧扭矩值后，在螺尾端头和螺母相对位置画线。为便于控制转角大小，在连接板上沿螺母的6个平面向外划出延长线。然后将螺母拧松60°，再用扭矩扳手重新拧紧至60°、63°、66°时，测定高强度螺栓的扭矩值，同一规格螺栓的扭矩平均值的变化趋势见图3。

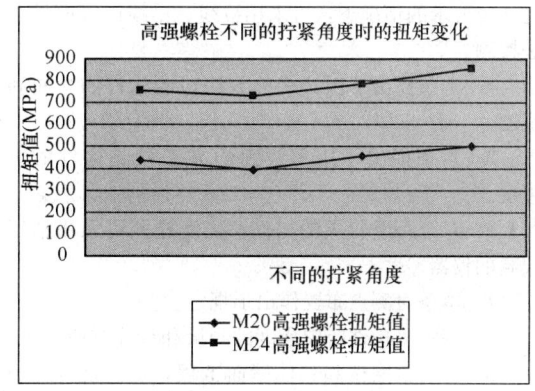

图3 拧紧角度与扭矩平均值的关系
（后3个点拧紧角度分别为60°、63°、66°）

从图中可知，如果采用"将螺母拧松 60°，再用扭矩扳手将螺母拧回原位（重新拧紧 60°）"的方法，检测高强度螺栓扭矩值，其结果将降低 4% ～ 10%。如果"将螺母拧松 60°，再用扭矩扳手重新拧紧 63°"后，再检测高强度螺栓扭矩值，其结果将偏高 4% 左右，因此，在检测高强度螺栓终拧扭矩时，"将螺母拧松 60°，再用扭矩扳手重新拧紧 60°～62°"比较合理。

螺尾端头和螺母上的线重合时为 60°转角，为较准确地定出 2°旋转角，可先划出扭矩扳手手柄一侧在连接板的投影线，再距螺栓中心 600mm 处，在连接板上顺时针方向向前 21mm 定出一点，由该点与螺栓中心相连而成的线，即为旋转 2°后手柄指定一侧在连接板的投影线。

8.3.4 检测时，应根据检测人员的具体情况调整操作姿势，防止操作失效时人员跌倒。扳手手柄上宜施加拉力而不是推力。

9 变 形 检 测

9.1 一 般 规 定

9.1.1 本条提出了钢结构变形大致包括结构整体变形和构件变形。

9.1.2 本条提出了钢结构变形的检测项目。造成钢结构变形的原因有重力荷载、地基沉降、火灾、地震影响、外因损伤、构件加工和安装偏差等，根据变形的原因和检测目的，确定变形检测项目。

9.2 检 测 设 备

9.2.1 本条规定了变形检测所用的仪器。
9.2.2 本条规定了变形检测的仪器要求。

9.3 检 测 技 术

9.3.1 本条阐述变形检测的基本原理。
9.3.2 在构件尺寸不大于 6m 时，检测精度能够满足评定要求的情况下，可采用拉线、吊线锤等简易方法检测。

  1 本条提出了用拉线的方法检测构件的弯曲和挠度。

  2 本条提出了用吊线锤的方法检测构件的垂直度。

9.3.3 对于跨度较大的构件，挠度检测可采用精度较高的仪器。

  1 本条对测点布置作出了规定。

  2 规定了构件跨中挠度的测量和计算方法。

  3 针对钢网架和整体屋面工程，提出挠度检测的具体方法和要求。

9.3.4 规定了大尺寸构件的垂直度和竖向弯曲的检测方法。

9.3.5 为保证测量精度和准确性，结构或构件的倾斜方向应与检测仪器的视线垂直。

9.3.7 全站仪受现场环境条件的影响较大，现场光线不佳、起灰尘、有振动时，均影响全站仪的测量结果。

9.4 检测结果的评价

9.4.2 对既有建筑的整体垂直度进行检测时，如发现个别测点超过规范要求，宜进一步查明其是否由外饰面不平或结构施工时超标引起的。避免因外饰面不一致而引起对结果的误判。

10 钢材厚度检测

10.1 一 般 规 定

10.1.1 当在构件横截面或外侧无法用游标卡尺直接测量厚度时，可采用超声波原理测量钢结构构件的厚度。由于耦合不良、探头磨损等因素，超声测厚仪的测量误差往往比直接用游标卡尺的大，在构件横截面或外侧可用游标卡尺测量的情况下，宜采用游标卡尺测量。

10.1.2 本条规定厚度检测时测点布置要求。对于钢网架、桁架杆件，为尽量避免小直径管壁厚度检测的误差，宜增加测点。

10.1.3 本条着重提出了对受腐蚀构件的表面处理要求。

10.2 检 测 设 备

10.2.1 本条规定了检测钢材厚度时使用的超声测厚仪应符合的主要技术指标。

10.2.2 本条提出了随机附带校准用试块的要求。

10.3 检 测 步 骤

10.3.1 本条提出了在对钢材厚度进行测量前的表面处理要求，以减小测量误差。打磨宜采用砂纸或钢丝刷或抛光片等方法，不宜采用手提砂轮打磨，砂轮打磨易损伤钢材本体。

10.3.2 本条提出了测量前仪器的准备工作。

10.3.3 本条提出了不同测量对象时耦合剂的选用。对于小直径管壁或工件表面较粗糙时，由于探头与工件表面间空隙较大，为保证有良好的耦合效果，宜选用粘度较大的甘油作耦合剂。

10.3.4 在同一位置将探头转过 90°后作二次测量，是为了减小测量误差。

11 钢材品种检测

11.1 一般规定

11.1.1 在既有钢结构中，经常由于原始资料丢失，需要了解钢材的强度。通常情况下，钢材的强度宜选用现场截取钢材试样的方法进行检测，但从钢结构中取样后，会影响结构承载力，因此，本章针对这种情况，提出用化学成分分析方法判断钢材的品种，确定钢材品种后，由鉴定人员再依据钢材的品种来定出相应的钢材设计强度。考虑到进口钢材与国产钢材的化学成分有一定差异，因此，本方法适用于对国产钢材的品种进行判定。

11.2 钢材取样与分析

11.2.1 对取样所用工具、机械、容器等进行清洗是为了防止取样用具不清洁而影响钢材中化学元素含量测定的准确度。

11.2.2 当钢材受切割火焰、焊接等的热影响，有可能会引起钢材中元素含量的变化。

11.2.3 在取样部位上的表面油漆、锈斑，会影响钢材化学成分的测定结果，在取样前可用钢锉打磨构件表面，直至露出金属光泽。

11.2.4 同一构件宜选取 3 个不同部位进行取样，是为了防止钢材材质不均匀而影响检测结果。在对钢材进行化学成分的测定时，屑状试样不宜过少。取样过程中屑状试样会因温度过高而引起发蓝、发黑的现象，而过高的温度同样有可能引起钢材中元素含量的变化。在取样时，使用水、油或其他滑油剂，会影响化学成分的含量。去掉钢材表面 1mm 以内的浅层试样，是为了避免试样受表层脱碳层、渗碳层的影响。

11.2.5 钢材中 C、Mn、Si、S、P 是一般常规化学分析中需测定的五元素。对于低合金高强度结构钢，有时需要测定试样中 V、Nb、Ti 三元素的含量。

11.3 钢材品种的判别

11.3.1 从现行国家标准《碳素结构钢》GB/T 700、《低合金高强度结构钢》GB/T 1591 中所规定的 Mn 元素含量来看，碳素结构钢与低合金高强度结构钢两者的 Mn 元素含量有较大差别，因此，可根据 Mn 元素含量较容易区分是碳素结构钢，还是低合金高强度结构钢。当 Mn 元素含量为 0.30%~0.80% 时，可判断该钢材属于碳素结构钢；当 Mn 元素含量为 1.00%~1.70% 时，可判断该钢材属于低合金高强度结构钢。

根据现行国家标准《钢结构设计规范》GB 50017，碳素结构钢主要是指 Q235 钢，低合金高强度结构钢主要有 Q345 钢、Q390 钢和 Q420 钢。当然，仅从钢材中 C、Mn、Si、S、P 五元素含量的大

小，难以准确判断属于低合金高强度结构钢中的何种钢，对于既有钢结构中使用的早期钢材，根据国内、外相关资料，钢材的抗拉强度与钢材的化学元素含量间存在一定的相关性（$\sigma_b = 285 + 7C + 2Si + 0.06Mn + 7.5P$，以 0.01% 计），可从该式进一步大致了解钢材的强度范围。

12 防腐涂层厚度检测

12.1 一般规定

12.1.1 目前钢结构防腐涂层以油漆类材料为主，一些特殊的工程或部位采用橡胶、塑料等材料。对防腐效果的判定以涂层厚度为指标。

防腐涂层的设计厚度与涂层种类、环境条件、构件重要性等因素有关，目前常用的油漆种类及涂层厚度见表 5。

表 5　油漆种类及涂层厚度

序　号	涂层（油漆）种类	涂层厚度（μm）
1	油性酚醛、醇酸漆	70~200
2	无机富锌漆	80~150
3	有机硅漆	100~150
4	聚氨酯漆	100~200
5	氯化橡胶漆	150~300
6	环氧树脂漆	150~250
7	氟碳漆	100~200

12.1.5 在防腐涂层厚度检测前，应对涂层的外观质量进行检查。如存在外观质量问题，应进行修补，并在修补后检测涂层厚度。

12.2 检测设备

12.2.1 检测防腐涂层厚度的仪器较多，根据测试原理，可分为磁性测厚仪、超声测厚仪、涡流测厚仪等。对检测使用何种仪器不做规定，仪器的量程、分辨率及误差符合要求即可用于检测。目前的涂层测厚仪最大量程一般在 1000μm~1500μm 左右，最小分辨率为 1μm~2μm，示值相对误差小于 3%，可以满足一般检测需要。如涂层厚度较厚，可局部取样直接测量厚度。

12.2.2 大部分仪器探头面积较小，但构件曲率半径过小，会导致一些型号的仪器探头无法与测点有效贴合，增大测试误差。

12.3 检测步骤

12.3.1 清除测试点表面的防火涂层等时，应注意避

免损伤防腐涂层。

12.3.2 零点校准和二点校准是测厚仪校准的常用方法。为减少仪器的测试误差，宜采用二点校准。二点校准是在零点校准的基础上，在厚度大致等于预计的待测涂层厚度的标准片上进行一次测量，调节仪器上的按钮，使其达到标准片的标称值。

12.3.3 可用于铜、铝、锌、锡等材料防腐涂层厚度的检测，为减少测试误差，校准时垫片材质应与基体金属基本相同。校准时所选用的标准片厚度应与待测涂层厚度接近。

12.3.4 测试时，仪器探头与涂层接触力度应适中，避免用力过大导致测点涂层变薄。试件边缘、阴角、水平圆管下表面等部位的涂层一般较厚，检测数据不具代表性。

13 防火涂层厚度检测

13.1 一 般 规 定

13.1.1 钢结构防火涂料分膨胀型和非膨胀型，主要有超薄型、薄型、厚型 3 种。对于超薄型防火涂层厚度，可参照本标准第 12 章的方法进行检测。

13.1.4 受施工工艺、涂层材料等影响，构件不同位置的防火涂层厚度可能不同，对水平向构件，测点应布置在构件顶面、侧面、底面；对竖向构件，测点应布置在不同高度处。对于桁架或网架结构而言，应将其杆件作为构件，按梁、柱构件的测量方法进行检测。

13.2 检 测 量 具

13.2.1 常用防火涂层类型及相应厚度见表 6。

表 6 常用防火涂层类型及相对应的厚度

序号	涂层类型	涂层厚度（mm）
1	超薄型	≤3
2	薄型	3～7
3	厚型	7～45

厚型防火涂层通常超出涂层测厚仪的最大量程，一般情况下，用卡尺、探针检测较为适宜。

13.2.2 防火涂层可抹涂、喷涂施工，其涂层厚度值较离散，过高的检测精度在实际工程中意义不大，同时为方便检测操作，对超薄型、薄型、厚型涂层的检测精度统一规定为不低于 0.5mm。

13.3 检 测 步 骤

13.3.1 构件的连接部位的涂层厚度可能偏大，检测数据不具代表性。

13.3.2 对于厚型防火涂层表面凹凸不平的情况，为便于检测，可用砂纸将涂层表面适当打磨平整。

13.3.3 检测后，宜修复局部剥除的防火涂层。

14 钢结构动力特性检测

14.1 一 般 规 定

14.1.2 本条规定了适用于动力特性检测的对象，通过动力特性检测能为结构的理论分析、结构损伤识别和采取减振措施提供依据。

14.2 检 测 设 备

14.2.1、14.2.2 传感器按测试参数分类可分为位移计、速度计、加速度计和应变计，按工作原理分可分为电阻式、电容式、电动势式和电量式等类型，每种类型的传感器都有一定的使用特性，同一种类型的传感器有不同的测量范围，在选择传感器时应考虑被测参数的频率、幅值的要求，综合确定适合的传感器。在满足被测结构动态响应的同时，尽可能地提高输出信号的信噪比。

14.2.3 根据测试的需求，保留有用的频段信号，对无用的频段信号、噪声进行抑制，从而提高信噪比。为防止部分频谱的相互重叠，一般选择采样频率为处理信号中最高频率的 2.5 倍或更高，对 0.4 倍采样频率以上频段进行低通滤波，防止离散的信号频谱与原信号频谱不一致。

14.2.4 动态信号测试系统由传感器、动态信号测试仪组成，动态信号测试系统应满足相关规范的要求。

14.3 检 测 技 术

14.3.1 检测前应了解被测结构的结构形式、材料特性、结构或构件截面尺寸等，选择检测采用的激励方式，估计被测参数的幅度变化和频率响应范围。对于复杂的结构，宜通过计算分析来确定其范围。检测前制定完整详细的检测方案，准备好检测设备。

14.3.2 环境随机振动激励法无需测量荷载，直接从响应信号中识别模态参数，可以对结构实现在线模态分析，能够比较真实的反应结构的工作状态，而且测试系统相对简单，但由于精度不高，应特别注意避免产生虚假模态；对于复杂的结构，单点激励能量一般较小，很难使整个结构获得足够能量振动起来，结构上的响应信号较小，信噪比过低，不宜单独使用，在条件允许的情况下宜采用多点激励方法。对于相对简单结构，可采用初始位移法、重物撞击法等方法进行激励，对于复杂重要结构，在条件许可的情况下，采用稳态正弦激振方法。

14.3.3 信号的时间分辨率和采样间隔有关，采样间隔越小，时域中取值点之间越细密。信号的频域分辨率和采样时长有关，信号长度越长，频域分辨率越高。根据测试需要，选择适合的采样间隔和采样时长，同时必须满足采样定理的基本要求。

14.3.4 传感器的安装谐振频率是控制测试系统频率的关键，传感器与被测物的连接刚度和传感的质量本身构成了一个弹簧和质量二阶单自由度系统，安装谐振频率越高，测试的响应信号越能反应结构实际响应状态。一般而言，以下几种安装方式的安装谐振频率由高到低依次为：

    1 传感器与被测物采用螺栓直接连接（一般称为刚性连接）；

    2 传感器与被测物体用薄层胶、石蜡等直接粘贴；

    3 用螺栓将传感器安装在垫座上；

    4 传感器吸附在磁性垫座上；

    5 传感器吸附在厚磁性垫座上，垫座与被测物体采用钉子连接固定，且垫座与被测物体间悬空；

    6 传感器通过触针与被测物体接触。

14.3.5 节点处某些模态无法被激发出来，传感器安装位置应远离节点，尽可能选择能量输出较大的位置，提高传感器信号输出信噪比。

14.4 检测数据分析

14.4.1 对原始信号进行分析前，应仔细核对，避免产生差错。

14.4.2 对记录的原始信号进行转换、滤波、放大等处理，提高信号的信噪比，为信号的计算分析做好准备。

14.4.3 根据检测中采用的激励方式，选择合适的信号处理方法，减少信号因截断、转换等造成的分析误差，提供所测结构的相关模态参数。

中华人民共和国国家标准

混凝土结构现场检测技术标准

Technical standard for in-situ inspection of concrete structure

GB/T 50784—2013

批准部门：中华人民共和国住房和城乡建设部
施行日期：2 0 1 3 年 9 月 1 日

中华人民共和国住房和城乡建设部
公　告

第 1634 号

住房城乡建设部关于发布国家标准
《混凝土结构现场检测技术标准》的公告

现批准《混凝土结构现场检测技术标准》为国家标准，编号为 GB/T 50784-2013，自 2013 年 9 月 1 日起实施。

本标准由我部标准定额研究所组织中国建筑工业出版社出版发行。

中华人民共和国住房和城乡建设部

2013 年 2 月 7 日

前　言

本标准是根据原建设部《关于印发〈二〇〇四年工程建设国家标准制定、修订计划〉的通知》（建标〔2004〕67 号）的要求，由中国建筑科学研究院和中国新兴建设开发总公司会同有关单位共同编制完成。

本标准在编制过程中，编制组经广泛调查研究，认真总结实践经验，参考有关国际标准和国外先进标准，并在广泛征求意见的基础上，经反复讨论、修改，最后经审查定稿。

本标准共分 12 章 7 个附录，主要技术内容包括：总则、术语和符号、基本规定、混凝土力学性能检测、混凝土长期性能和耐久性能检测、有害物质含量及其作用效应检验、混凝土构件缺陷检测、构件尺寸偏差与变形检测、混凝土中的钢筋检测、混凝土构件损伤检测、环境作用下剩余使用年限推定、结构构件性能检验等。

本标准由住房和城乡建设部负责管理，由中国建筑科学研究院负责具体技术内容的解释。本标准在执行过程中，请各单位认真总结经验，注意积累资料，如发现需要修改或补充之处，请将意见或建议寄至中国建筑科学研究院（地址：北京市北三环东路 30 号，邮编：100013，E-mail：standards@cabr.com.cn）。

本 标 准 主 编 单 位：中国建筑科学研究院
　　　　　　　　　　　中国新兴建设开发总公司

本 标 准 参 编 单 位：北京市政工程研究院
　　　　　　　　　　　北京市建设监理协会
　　　　　　　　　　　北京智博联科技有限公司
　　　　　　　　　　　全军工程与环境质量监督总站
　　　　　　　　　　　重庆市建筑科学研究院
　　　　　　　　　　　广东省建筑科学研究院
　　　　　　　　　　　江苏省建筑科学研究院
　　　　　　　　　　　辽宁省建设科学研究院
　　　　　　　　　　　山东省建筑科学研究院
　　　　　　　　　　　山西省建筑科学研究院

本标准主要起草人员：邸小坛　彭立新　汪道金
　　　　　　　　　　　由世岐　崔士起　成　勃
　　　　　　　　　　　徐天平　濮存亭　王自强
　　　　　　　　　　　彭尚银　张元勃　盛国赛
　　　　　　　　　　　魏利国　王宇新　翟传明
　　　　　　　　　　　管　钧　李　栋　汤东婴
　　　　　　　　　　　王景贤　黄选明　徐　骋

本标准主要审查人员：陈肇元　高小旺　张国堂
　　　　　　　　　　　冯力强　张　鑫　吴晓广
　　　　　　　　　　　胡孔国　刘新生　吴月华
　　　　　　　　　　　杨健康　吕　岩　袁庆华

目　次

Contents

1 总　　则

1.0.1 为规范混凝土结构现场检测工作程序，合理选择检测方法，正确评价混凝土结构性能，保证检测工作质量，制定本标准。

1.0.2 本标准适用于房屋建筑、市政工程和一般构筑物中混凝土结构的现场检测，不适用于轻骨料混凝土结构的现场检测。

1.0.3 混凝土结构现场检测除应符合本标准外，尚应符合国家现行有关标准的规定。

2　术语和符号

2.1　术　　语

2.1.1 混凝土结构现场检测　in-situ inspection of concrete structure

对混凝土结构实体实施的原位检查、检验和测试以及对从结构实体中取得的样品进行的检验和测试分析。

2.1.2 工程质量检测　inspection of structural quality

为评定混凝土结构工程质量与设计要求或与施工质量验收规范规定的符合性所实施的检测。

2.1.3 结构性能检测　inspection of structural performance

为评估混凝土结构安全性、适用性、耐久性或抗灾害能力所实施的检测。

2.1.4 荷载检验　load test

通过施加作用力以检验构件的承载力、刚度、抗裂性或裂缝宽度等参数为目的的检测。

2.1.5 复检　recheck

为验证检测数据的有效性，对已受检的对象所实施的现场检测。

2.1.6 补充检测　additional test

为补充已获得的数据所实施的现场检测。

2.1.7 重新检测　renewal test

不计入已有的检测数据和结果，以新的检测数据和结果为准的现场检测。

2.1.8 直接测试方法　method of direct measurement

直接获得待判定参数数值的检测方法。

2.1.9 间接测试方法　method of indirect measurement

利用间接的参数并经换算关系获得待判定参数数值的检测方法。

2.1.10 检验批　inspection lot

由检测项目相同、质量要求和生产工艺等基本相同、环境条件或损伤程度相近的一定数量构件或区域构成的检测对象。

2.1.11 个体　individual

可以单独取得一个检验或检测数据的区域或构件。

2.1.12 换算值　conversion value

在按认可的试验方法建立间接参数与判定参数之间或者非标准状态与标准状态待测参数之间的换算关系基础上获得的待测参数值。

2.1.13 推定值　reference value

对样本中每个个体的检测值进行统计分析并应用一定的规则得到的代表检验批总体性能的统计值。

2.1.14 随机抽样　random sampling

使检验批中每个个体具有相同被抽检概率的抽样方法。

2.1.15 约定抽样　agreed sampling

由委托方指定且不满足随机抽样原则的样本抽取方法。

2.1.16 计数抽样　method of attributes

以样本中个体不合格数或不合格点的数量对检验批总体的符合性作出判定的抽样方法。

2.1.17 计量抽样　method of variables

以样本中各个体数据的统计量对检验批总体的符合性作出判定或对检验批总体参数进行推定的抽样方法。

2.1.18 分层计量抽样　stratified sampling

首先在检验批中抽取区域或构件，然后在抽取的区域或构件上按规定的要求布置测区的抽样方法。

2.1.19 分位数　quantile

与随机变量分布函数的某一概率相对应的值，常用的分位数有 0.5 分位数和 0.05 分位数。

2.1.20 特征值　characteristic value

总体中具有 95% 保证率的值。

2.2　符　　号

$f_{cu,e}$ ——混凝土抗压强度推定值；

$f^c_{cu,i}$ ——检验批或构件第 i 个测区混凝土抗压强度换算值；

$f^c_{cu,ai}$ ——检验批或构件第 i 个测区修正后混凝土抗压强度换算值；

$m_{f^c_{cu}}$ ——检验批测区混凝土抗压强度换算值的平均值；

$s_{f^c_{cu}}$ ——检验批测区混凝土抗压强度换算值的标准差；

$f^c_{cor,i}$ ——第 i 个芯样试件混凝土抗压强度换算值；

$f^c_{cor,m}$ ——样本中芯样试件混凝土抗压强度换算值的平均值；

$f^c_{cu,j,i}$ ——检验批第 j 个构件上第 i 个测区混凝土抗压强度换算值；

$m_{f^c_{cu,j}}$ ——检验批第 j 个构件测区混凝土抗压强度换算值的平均值；

$\Delta_{f_{cu,e}}$——检验批混凝土抗压强度推定区间上限与下限差值；

$m_{\Delta f}$——检验批混凝土抗压强度推定区间上限与下限均值；

$f_{t,cor,i}$——第 i 个芯样试件劈裂抗拉强度；

$f_{t,e}$——混凝土抗拉强度推定值；

N——检验批容量；

n——样本容量；

n_j——检验批第 j 个构件上布置的测区数；

s——样本标准差；

m——样本均值；

μ_u——均值推定区间的上限值；

μ_l——均值推定区间的下限值；

$k_{0.5}$——0.5 分位数推定区间限值系数；

$k_{0.05,l}$——0.05 分位数推定区间下限值系数；

$k_{0.05,u}$——0.05 分位数推定区间上限值系数；

Δ_{tot}——总体修正量；

Δ_{loc}——对应样本修正量；

η_{loc}——对应样本修正系数；

η——对应修正系数。

3 基 本 规 定

3.1 检测范围和分类

3.1.1 混凝土结构现场检测应分为工程质量检测和结构性能检测。

3.1.2 当遇到下列情况之一时，应进行工程质量的检测：

1 涉及结构工程质量的试块、试件以及有关材料检验数量不足；

2 对结构实体质量的抽测结果达不到设计要求或施工验收规范要求；

3 对结构实体质量有争议；

4 发生工程质量事故，需要分析事故原因；

5 相关标准规定进行的工程质量第三方检测；

6 相关行政主管部门要求进行的工程质量第三方检测。

3.1.3 当遇到下列情况之一时，宜进行结构性能检测：

1 混凝土结构改变用途、改造、加层或扩建；

2 混凝土结构达到设计使用年限要继续使用；

3 混凝土结构使用环境改变或受到环境侵蚀；

4 混凝土结构受偶然事件或其他灾害的影响；

5 相关法规、标准规定的结构使用期间的鉴定。

3.2 检测工作的基本程序与要求

3.2.1 混凝土结构现场检测工作宜按图 3.2.1 的程序进行。

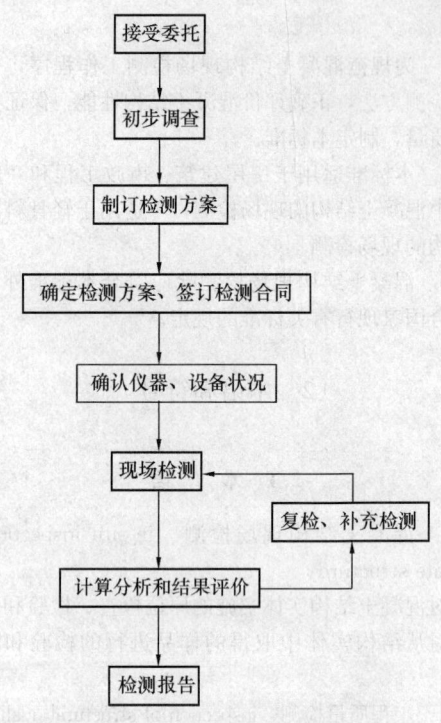

图 3.2.1 混凝土结构现场检测
工作程序框图

3.2.2 混凝土结构现场检测工作可接受单方委托，存在质量争议时宜由当事各方共同委托。

3.2.3 初步调查应以确认委托方的检测要求和制定有针对性的检测方案为目的。初步调查可采取踏勘现场、搜集和分析资料及询问有关人员等方法。

3.2.4 检测方案应征询委托方意见。

3.2.5 混凝土结构现场检测方案宜包括下列主要内容：

1 工程或结构概况，包括结构类型、设计、施工及监理单位，建造年代或检测时工程的进度情况等；

2 委托方的检测目的或检测要求；

3 检测的依据，包括检测所依据的标准及有关的技术资料等；

4 检测范围、检测项目和选用的检测方法；

5 检测的方式、检验批的划分、抽样方法和检测数量；

6 检测人员和仪器设备情况；

7 检测工作进度计划；

8 需要委托方配合的工作；

9 检测中的安全与环保措施。

3.2.6 现场检测所用仪器、设备的适用范围和检测精度应满足检测项目的要求。检测时，所用仪器、设备应在检定或校准周期内，并应处于正常状态。

3.2.7 现场检测工作应由本机构不少于两名检测人

员承担，所有进入现场的检测人员应经过培训。

3.2.8 现场检测的测区和测点应有明晰标注和编号，必要时标注和编号宜保留一定时间。

3.2.9 现场检测获取的数据或信息应符合下列要求：

1 人工记录时，宜用专用表格，并应做到数据准确、字迹清晰、信息完整，不应追记、涂改，当有笔误时，应进行杠改并签字确认；

2 仪器自动记录的数据应妥善保存，必要时宜打印输出后经现场检测人员校对确认；

3 图像信息应标明获取信息的时间和位置。

3.2.10 现场取得的试样应及时标识并妥善保存。

3.2.11 当发现检测数据数量不足或检测数据出现异常情况时，应进行补充检测或复检，补充检测或复检应有必要的说明。

3.2.12 混凝土结构现场检测工作结束后，应及时提出针对由于检测造成结构或构件局部损伤的修补建议。

3.3 检测项目和检测方法

3.3.1 混凝土结构现场检测应依据委托方提出的检测目的合理确定检测项目。

3.3.2 混凝土结构现场检测可在下列项目中选取必要的项目进行检测：

1 混凝土力学性能检测；

2 混凝土长期性能和耐久性能检测；

3 混凝土有害物质含量及其效应检测；

4 混凝土构件尺寸偏差与变形检测；

5 混凝土构件缺陷检测；

6 混凝土中钢筋的检测；

7 混凝土构件损伤的识别与检测；

8 结构或构件剩余使用年限检测；

9 荷载检验；

10 其他特种参数的专项检测。

3.3.3 混凝土结构现场检测，应根据检测类别、检测目的、检测项目、结构实际状况和现场具体条件选择适用的检测方法。

3.3.4 工程质量检测时，应选用直接法或间接法与直接法相结合的综合检测方法。

3.3.5 当将试验室对标准试件的试验技术用于现场取样检测时，应符合下列规定：

1 取样试件的尺寸应符合相应试验方法标准对试件的要求；

2 取样试件的数量不应少于标准试验方法要求的试件数量；

3 取样试件检验步骤应与试验方法标准的规定一致。

3.3.6 当采用检测单位自行开发或引进的检测方法时，应符合下列规定：

1 该方法应通过技术鉴定；

2 该方法应已与成熟的方法进行比对试验；

3 检测单位应有相应的检测细则，并应提供测试误差或测试结果的不确定度；

4 在检测方案中应予以说明并经委托方同意。

3.4 检测方式与抽样方法

3.4.1 混凝土结构现场检测可采取全数检测或抽样检测两种检测方式。抽样检测时，宜随机抽取样本。当不具备随机抽样条件时，可按约定方法抽取样本。

3.4.2 遇到下列情况时宜采用全数检测方式：

1 外观缺陷或表面损伤的检查；

2 受检范围较小或构件数量较少；

3 检验指标或参数变异性大或构件状况差异较大；

4 灾害发生后对结构受损情况的外观检查；

5 需减少结构的处理费用或处理范围；

6 委托方要求进行全数检测。

3.4.3 批量检测可根据检测项目的实际情况采取计数抽样方法、计量抽样方法或分层计量抽样方法进行检测；当产品质量标准或施工质量验收规范的规定适用于现场检测时，也可按相应的规定进行抽样。

3.4.4 计数抽样时检验批最小样本容量宜按表3.4.4的规定确定，分层计量抽样时检验批中受检构件的最少数量可按表3.4.4的规定确定。

表3.4.4 检验批最小样本容量

检验批的容量	检测类别和样本最小容量			检验批的容量	检测类别和样本最小容量		
	A	B	C		A	B	C
2~8	2	2	3	91~150	8	20	32
9~15	2	3	5	151~280	13	32	50
16~25	3	5	8	281~500	20	50	80
26~50	5	8	13	501~1200	32	80	125
51~90	5	13	20	—	—	—	—

注：1 检测类别A适用于施工质量的检测，检测类别B适用于结构质量或性能的检测，检测类别C适用于结构质量或性能的严格检测或复检；

2 无特别说明时，样本单位为构件。

3.4.5 计数抽样检验批的符合性判定应符合下列规定：

1 检测的对象为主控项目时按表3.4.5-1的规定确定；

2 检测的对象为一般项目时按表3.4.5-2的规定确定。

表3.4.5-1 主控项目的判定

样本容量	合格判定数	不合格判定数	样本容量	合格判定数	不合格判定数
2~5	0	1	50	5	6
8~13	1	2	80	7	8
20	2	3	125	10	11
32	3	4	—	—	—

表 3.4.5-2　一般项目的判定

样本容量	合格判定数	不合格判定数	样本容量	合格判定数	不合格判定数
2~5	1	2	32	7	8
8	2	3	50	10	11
13	3	4	80	14	15
20	5	6	125	21	22

3.4.6　对符合正态分布的性能参数可对该参数总体特征值或总体均值进行推定，推定时应提供被推定值的推定区间，标准差未知时计量抽样和分层计量抽样的推定区间限值系数可按表 3.4.6 的规定确定。

表 3.4.6　标准差未知时计量抽样和分层计量抽样的推定区间限值系数

样本容量 n	标准差未知时推定区间上限值与下限值系数					
	0.5 分位值		0.05 分位值			
	$k_{0.5}$ (0.05)	$k_{0.5}$ (0.1)	$k_{0.05,u}$ (0.05)	$k_{0.05,l}$ (0.05)	$k_{0.05,u}$ (0.1)	$k_{0.05,l}$ (0.1)
5	0.95339	0.68567	0.81778	4.20268	0.98218	3.39983
6	0.82264	0.60253	0.87477	3.70768	1.02822	3.09188
7	0.73445	0.54418	0.92037	3.39947	1.06516	2.89380
8	0.66983	0.50025	0.95803	3.18729	1.09570	2.75428
9	0.61985	0.46561	0.98987	3.03124	1.12153	2.64990
10	0.57968	0.43735	1.01730	2.91096	1.14378	2.56837
11	0.54648	0.41373	1.04127	2.81499	1.16322	2.50262
12	0.51843	0.39359	1.06247	2.73634	1.18041	2.44825
13	0.49432	0.37615	1.08141	2.67050	1.19576	2.40240
14	0.47330	0.36085	1.09848	2.61443	1.20958	2.36311
15	0.45477	0.34729	1.11397	2.56600	1.22213	2.32898
16	0.43826	0.33515	1.12812	2.52366	1.23358	2.29900
17	0.42344	0.32421	1.14112	2.48626	1.24409	2.27240
18	0.41003	0.31428	1.15311	2.45295	1.25379	2.24862
19	0.39782	0.30521	1.16423	2.42304	1.26277	2.22720
20	0.38665	0.29689	1.17458	2.39600	1.27113	2.20778
21	0.37636	0.28921	1.18425	2.37142	1.27893	2.19007
22	0.36686	0.28210	1.19330	2.34896	1.28624	2.17385
23	0.35805	0.27550	1.20181	2.32832	1.29310	2.15891
24	0.34984	0.26933	1.20982	2.30929	1.29956	2.14510
25	0.34218	0.26357	1.21739	2.29167	1.30566	2.13229
26	0.33499	0.25816	1.22455	2.27530	1.31143	2.12037
27	0.32825	0.25307	1.23135	2.26005	1.31690	2.10924
28	0.32189	0.24827	1.23780	2.24578	1.32209	2.09881
29	0.31589	0.24373	1.24395	2.23241	1.32704	2.08903
30	0.31022	0.23943	1.24981	2.21984	1.33175	2.07982

续表 3.4.6

样本容量 n	标准差未知时推定区间上限值与下限值系数					
	0.5 分位值		0.05 分位值			
	$k_{0.5}$ (0.05)	$k_{0.5}$ (0.1)	$k_{0.05,u}$ (0.05)	$k_{0.05,l}$ (0.05)	$k_{0.05,u}$ (0.1)	$k_{0.05,l}$ (0.1)
31	0.30484	0.23536	1.25540	2.20800	1.33625	2.07113
32	0.29973	0.23148	1.26075	2.19682	1.34055	2.06292
33	0.29487	0.22779	1.26588	2.18625	1.34467	2.05514
34	0.29024	0.22428	1.27079	2.17623	1.34862	2.04776
35	0.28582	0.22092	1.27551	2.16672	1.35241	2.04075
36	0.28160	0.21770	1.28004	2.15768	1.35605	2.03407
37	0.27755	0.21463	1.28441	2.14906	1.35955	2.02771
38	0.27368	0.21168	1.28861	2.14085	1.36292	2.02164
39	0.26997	0.20884	1.29266	2.13300	1.36617	2.01583
40	0.26640	0.20612	1.29657	2.12549	1.36931	2.01027
41	0.26297	0.20351	1.30035	2.11831	1.37233	2.00494
42	0.25967	0.20099	1.30399	2.11142	1.37526	1.99983
43	0.25650	0.19856	1.30752	2.10481	1.37809	1.99493
44	0.25343	0.19622	1.31094	2.09846	1.38083	1.99021
45	0.25047	0.19396	1.31425	2.09235	1.38348	1.98567
46	0.24762	0.19177	1.31746	2.08648	1.38605	1.98130
47	0.24486	0.18966	1.32058	2.08081	1.38854	1.97708
48	0.24219	0.18761	1.32360	2.07535	1.39096	1.97302
49	0.23960	0.18563	1.32653	2.07008	1.39331	1.96909
50	0.23710	0.18372	1.32939	2.06499	1.39559	1.96529
60	0.21574	0.16732	1.35412	2.02216	1.41536	1.93327
70	0.19927	0.15466	1.37364	1.98987	1.43095	1.90903
80	0.18608	0.14449	1.38959	1.96444	1.44366	1.88988
90	0.17521	0.13610	1.40294	1.94376	1.45429	1.87428
100	0.16604	0.12902	1.41433	1.92654	1.46335	1.86125
110	0.15818	0.12294	1.42421	1.91191	1.47121	1.85017
120	0.15133	0.11764	1.43289	1.89929	1.47810	1.84059
130	0.14531	0.11298	1.44060	1.88827	1.48421	1.83222
140	0.13995	0.10883	1.44750	1.87852	1.48969	1.82481
150	0.13514	0.10510	1.45372	1.86984	1.49462	1.81820
160	0.13080	0.10174	1.45938	1.86203	1.49911	1.81225
170	0.12685	0.09868	1.46456	1.85497	1.50321	1.80686
180	0.12324	0.09588	1.46931	1.84854	1.50697	1.80196
190	0.11992	0.09330	1.47370	1.84265	1.51044	1.79746
200	0.11685	0.09092	1.47777	1.83724	1.51366	1.79332
250	0.10442	0.08127	1.49443	1.81547	1.52683	1.77667
300	0.09526	0.07415	1.50687	1.79964	1.53665	1.76454
400	0.08243	0.06418	1.52453	1.77776	1.55057	1.74773
500	0.07370	0.05739	1.53671	1.76305	1.56017	1.73641

3.4.7　推定区间的置信度宜为 0.90，并使错判概率和漏判概率均为 0.05。特殊情况下，推定区间的置信度可为 0.85，使漏判概率为 0.10，错判概率仍为 0.05。推定区间可按下列公式计算：

1　检验批标准差未知时，总体均值的推定区间应按下列公式计算：

$$\mu_u = m + k_{0.5}s \qquad (3.4.7-1)$$
$$\mu_l = m - k_{0.5}s \qquad (3.4.7-2)$$

式中：μ_u——均值推定区间的上限值；

μ_l——均值推定区间的下限值；

m——样本均值；

s——样本标准差。

2 检验批标准差为未知时，计量抽样检验批具有95%保证率特征值的推定区间上限值和下限值可按下列公式计算：

$$x_{0.05,u} = m - k_{0.05,u}s \qquad (3.4.7-3)$$
$$x_{0.05,l} = m - k_{0.05,l}s \qquad (3.4.7-4)$$

式中：$x_{0.05,u}$——特征值推定区间的上限值；

$x_{0.05,l}$——特征值推定区间的下限值。

3.4.8 对计量抽样检测结果推定区间上限值与下限值之差值宜进行控制。

3.5 检测报告

3.5.1 检测报告应结论明确、用词规范、文字简练，对于容易混淆的术语和概念应以文字解释或图例、图像说明。

3.5.2 检测报告应包括下列内容：

1 委托方名称；

2 建筑工程概况，包括工程名称、地址、结构类型、规模、施工日期及现状等；

3 设计单位、施工单位及监理单位名称；

4 检测原因、检测目的及以往相关检测情况概述；

5 检测项目、检测方法及依据的标准；

6 检验方式、抽样方法、检测数量与检测的位置；

7 检测项目的主要分类检测数据和汇总结果、检测结果、检测结论；

8 检测日期，报告完成日期；

9 主检、审核和批准人员的签名；

10 检测机构的有效印章。

3.5.3 检测机构应就委托方对报告提出的异议作出解释或说明。

4 混凝土力学性能检测

4.1 一般规定

4.1.1 混凝土力学性能检测可分为混凝土抗压强度、劈裂抗拉强度、抗折强度和静力受压弹性模量等检测项目。

4.1.2 混凝土力学性能检测的测区或取样位置应布置在无缺陷、无损伤且具有代表性的部位；当发现构件存在缺陷、损伤或性能劣化现象时，应在检测报告

中予以描述。

4.1.3 当委托方有特定要求时，可对存在缺陷、损伤或性能劣化现象的部位进行混凝土力学性能的专项检测。

4.2 混凝土抗压强度检测

4.2.1 混凝土抗压强度的现场检测应提供结构混凝土在检测龄期相当于边长为150mm立方体试件抗压强度特征值的推定值。

4.2.2 混凝土抗压强度可采用回弹法、超声-回弹综合法、后装拔出法、后锚固法等间接法进行现场检测。当具备钻芯法检测条件时，宜采用钻芯法对间接法检测结果进行修正或验证。

4.2.3 混凝土抗压强度现场检测的操作和单个构件混凝土抗压强度特征值的推定应按本标准附录A执行。

4.2.4 当采取钻芯法对间接法检测结果进行修正时，芯样样本宜按本标准附录B的规定进行异常值判别和处理。

4.2.5 采用钻芯法对间接法检测结果进行修止应按本标准附录C执行。

4.2.6 批量检测混凝土抗压强度时，宜采取分层计量抽样方法。检验批受检构件数量可按下列方法确定：

1 按相应的检测技术规程的规定确定；

2 按委托方的要求确定；

3 按本标准表3.4.4的规定确定。

4.2.7 检验批测区总数或芯样总数应满足推定区间限值要求，确定检验批测区数量时宜考虑受检混凝土抗压强度的变异性。当不能确定混凝土抗压强度变异性时，可取混凝土抗压强度变异系数为0.15来确定检验批测区数量。

4.2.8 当不需要提供每个受检构件混凝土强度推定值且总测区数满足推定区间限值要求时，每个构件布置的测区数量可适当减少，但不宜少于3个。

4.2.9 混凝土抗压强度的批量检测应符合下列规定：

1 将混凝土抗压强度和质量状况相近的同类构件划分为一个检验批。

2 按本标准第4.2.6条确定受检构件数量。

3 在检验批中随机选取受检构件，按预先确定的测区数或芯样总数在每个构件上均匀布置测区或取样点，按选定的方法进行测试，得到每个测区或每个芯样的混凝土换算强度。

4.2.10 批量检测混凝土抗压强度时，样本换算强度平均值和样本换算强度标准差应按下列公式计算：

$$m_{f_{cu}^c} = \frac{1}{n}\sum_{i=1}^{n} f_{cu,i}^c \qquad (4.2.10-1)$$

$$s_{f_{cu}^c} = \sqrt{\frac{\sum_{i=1}^{n}(f_{cu,i}^c - m_{f_{cu}^c})^2}{n-1}} \qquad (4.2.10-2)$$

式中：$m_{f_{cu}}^c$ —— 样本换算强度平均值，精确
至 0.1MPa；

n —— 样本容量，取获得换算强度的测区
总数或芯样总数；

$f_{cu,i}^c$ —— 测区或芯样换算强度值，精确
至 0.1MPa；

$s_{f_{cu}^c}$ —— 样本换算强度标准差，精确
至 0.01MPa。

4.2.11 批量检测混凝土抗压强度时，检验批混凝土
抗压强度推定区间上限值、下限值、上限与下限差值
及其均值应按下列公式计算：

$$f_{cu,u} = m_{f_{cu}^c} - k_{0.05,u}s_{f_{cu}^c} \quad (4.2.11\text{-}1)$$

$$f_{cu,l} = m_{f_{cu}^c} - k_{0.05,l}s_{f_{cu}^c} \quad (4.2.11\text{-}2)$$

$$\Delta_{f_{cu,e}} = f_{c,u} - f_{c,l} \quad (4.2.11\text{-}3)$$

$$m_{\Delta f} = \frac{f_{cu,u} + f_{cu,l}}{2} \quad (4.2.11\text{-}4)$$

式中：$f_{cu,u}$ —— 推定区间上限值，精确至 0.1MPa；

$f_{cu,l}$ —— 推定区间下限值，精确至 0.1MPa；

$\Delta_{f_{cu,e}}$ —— 推定区间上限与下限的差值，精确
至 0.1MPa；

$m_{\Delta f}$ —— 推定区间上限与下限的均值，精确
至 0.1MPa。

4.2.12 检验批混凝土抗压强度的推定应符合下列
规定：

1 当推定区间上限与下限差值不大于 5.0MPa
和 $0.1m_{\Delta f}$ 两者之间的较大值时，检验批混凝土抗压
强度推定值可根据实际情况在推定区间内取值。

2 当推定区间上限与下限差值大于 5.0MPa 和
$0.1m_{\Delta f}$ 两者之间的较大值时，宜采取下列措施之一进
行处理，直至满足本条第 1 款的规定：

1） 增加样本容量，进行补充检测；

2） 细分检验批，进行补充检测或重新检测。

3 当推定区间上限与下限差值大于 5.0MPa 和
$0.1m_{\Delta f}$ 两者之间的较大值且不具备本条第 2 款条件
时，不宜进行批量推定。

4 工程质量检测时，当检验批混凝土抗压强度
推定值不小于设计要求的混凝土抗压强度等级时，可
判定检验批混凝土抗压强度符合设计要求。

5 结构性能检测时，可采用检验批混凝土抗压
强度推定值作为结构复核的依据。

4.3 混凝土劈裂抗拉强度检测

4.3.1 混凝土劈裂抗拉强度应采用取样法进行检测，
检测结果可作为结构性能评定的依据。

4.3.2 混凝土劈裂抗拉强度的试件和测试应符合下
列规定：

1 混凝土芯样直径为 100mm 或 150mm 且宜大
于骨料最大粒径 3 倍，芯样长度宜大于直径的 2 倍；

2 将芯样切割、磨平，制成高径比为 2.0±0.1

的芯样试件；

3 在芯样试件上标出两条承压线，两条承压线
彼此相对并应位于同一轴向平面，两线的末端在芯样
试件的端面相连；

4 按现行国家标准《普通混凝土力学性能试验
方法标准》GB/T 50081 的相关规定进行劈裂试验，
确定试件的破坏荷载；

5 单个试件的劈裂抗拉强度应按下式计算：

$$f_{t,cor,i} = \frac{2F_i}{\pi \times d \times l} = 0.637F_i/A_i \quad (4.3.2)$$

式中：$f_{t,cor,i}$ —— 试件劈裂抗拉强度，精确
至 0.1MPa；

F_i —— 试件破坏荷载（N）；

A_i —— 试件劈裂面积（mm²）；

l —— 试件高度（mm）；

d —— 劈裂面试件直径（mm）。

4.3.3 单个构件混凝土劈裂抗拉强度应按下列规定
进行检测和推定：

1 从构件上钻取芯样，芯样位置应均匀分布；

2 应将取得的芯样加工成 3 个试件；

3 应按本标准第 4.3.2 条的规定检测每个芯样
试件的劈裂抗拉强度；

4 该构件混凝土劈裂抗拉强度的推定值可按芯
样试件劈裂抗拉强度的最小值确定。

4.3.4 批量检测混凝土劈裂抗拉强度应符合下列
规定：

1 应将混凝土强度等级和质量状况相近的同类
构件划分为一个检验批；

2 受检构件数量应按本标准表 3.4.4 确定；

3 每个受检构件上的取样数量不宜超过 2 个，
总取样数量不应少于 10 个；

4 应按本标准第 4.3.2 条的规定检测每个芯样
试件的劈裂抗拉强度。

4.3.5 批量检测混凝土劈裂抗拉强度时，样本劈裂
抗拉强度平均值和样本劈裂抗拉强度标准差应按下列
公式计算：

$$m_{f_t} = \frac{1}{n}\sum_{i=1}^{n} f_{t,cor,i} \quad (4.3.5\text{-}1)$$

$$s_{f_t} = \sqrt{\frac{\sum_{i=1}^{n}(f_{t,cor,i} - m_{f_t})^2}{n-1}} \quad (4.3.5\text{-}2)$$

式中：m_{f_t} —— 样本劈裂抗拉强度平均值，精确
至 0.1MPa；

n —— 样本容量，取试件数量；

s_{f_t} —— 试件劈裂抗拉强度标准差，精确
至 0.01MPa。

4.3.6 批量检测混凝土劈裂抗拉强度时，检验批混
凝土劈裂抗拉强度推定区间上限与下限差值及其均值
应按下列公式计算：

$$\Delta_{f_{t,e}} = (k_{0.05,l} - k_{0.05,u})s_{f_t} \quad (4.3.6\text{-}1)$$

$$m_{\Delta f} = \frac{(k_{0.05,u} + k_{0.05,l})s_{f_t}}{2} \quad (4.3.6\text{-}2)$$

式中：$\Delta_{f_{t,e}}$ ——推定区间上限与下限的差值，精确至 0.1MPa；

$m_{\Delta f}$ ——推定区间上限与下限的均值，精确至 0.1MPa。

4.3.7 检验批混凝土劈裂抗拉强度可按下列规定进行推定：

1 当推定区间上限与下限差值不大于 $0.1m_{\Delta f}$ 时，检验批混凝土劈裂抗拉强度推定值应按下式进行计算：

$$f_{t,e} = m_{f_t} - k_{0.05,u}s_{f_t} \quad (4.3.7\text{-}1)$$

式中：$f_{t,e}$ ——检验批混凝土劈裂抗拉强度推定值。

2 当推定区间上限与下限差值大于 $0.1m_{\Delta f}$ 时，该检验批混凝土劈裂抗拉强度推定值可按下式计算：

$$f_{t,e} = f_{t,min} \quad (4.3.7\text{-}2)$$

式中：$f_{t,min}$ ——试件劈裂抗拉强度最小值。

4.4 混凝土抗折强度检测

4.4.1 混凝土抗折强度宜采用取样法检测。当无法取得抗折强度试件时，可按本标准第 4.3 节检测混凝土劈裂抗拉强度，再按进行验证的劈裂抗拉强度与抗折强度关系曲线得到抗折强度换算值。

4.4.2 混凝土抗折强度的取样和试件的测试应符合下列规定：

1 从混凝土实体中切割混凝土试样，选择无缺陷的试样加工成截面为 100mm×100mm、长度为 400mm 的试件，试件中不应含有纵向钢筋。

2 应按现行国家标准《普通混凝土力学性能试验方法标准》GB/T 50081 的有关规定进行抗折试验，检测试件抗折破坏荷载。

3 当试件的下边缘断裂位置处于两个集中荷载作用线之间时，试件的抗折强度应按下式计算：

$$f_{f,i} = \frac{0.85 \times F_i \times l}{bh^2} \quad (4.4.2)$$

式中：F_i ——试件破坏荷载（N）；

$f_{f,i}$ ——试件抗折强度，精确至 0.1MPa；

l ——支座间跨度（mm）；

b ——试件截面宽度（mm）；

h ——试件截面高度（mm）。

4.4.3 单个构件混凝土抗折强度应按下列规定进行检测和推定：

1 应在构件上切割试样，加工成 3 个试件；

2 应按本标准第 4.4.2 条的规定检测每个试件的抗折强度；

3 该构件混凝土抗折强度的推定值可按试件抗折强度最小值确定。

4.4.4 检验批混凝土抗折强度可按本标准第 4.3.4

条和第 4.3.5 条的有关规定进行检测和推定。

4.5 混凝土静力受压弹性模量检测

4.5.1 混凝土静力受压弹性模量应采用取样法检测。

4.5.2 检测混凝土静力受压弹性模量应符合下列规定：

1 应将混凝土强度等级相同、质量状况相近的构件划为一个检验批；

2 在结构实体中随机钻取芯样，芯样直径为 100mm 且宜大于骨料最大粒径 3 倍，芯样的高度与直径之比大于 2；

3 应对芯样进行处理，形成高度满足 $2d\pm0.05d$，端面的平面度公差不应大于 0.1mm 且端面与侧面垂直度为 $90°\pm1°$ 的试件；

4 当混凝土轴心抗压强度已知时，应采用 6 个试件，用于测试混凝土静力受压弹性模量；当混凝土轴心抗压强度未知时，尚应在对应部位增加 6 个试件，用于确定混凝土轴心抗压强度；

5 应按现行国家标准《普通混凝土力学性能试验方法标准》GB/T 50081 的相关规定检测每个试件的静力受压弹性模量和轴心抗压强度。

4.5.3 当混凝土轴心抗压强度未知时，控制荷载的轴心抗压强度值应按下式计算：

$$f_p = \frac{1}{6}\sum_{i=1}^{6} f_{c,i} \quad (4.5.3)$$

式中：f_p ——控制荷载的轴心抗压强度值，精确至 0.1MPa；

$f_{c,i}$ ——试件轴心抗压强度值，精确至 0.1MPa。

4.5.4 结构混凝土在检测龄期静力受压弹性模量推定值的确定应符合下列规定：

1 当试件的轴心抗压强度值与用以确定检验控制荷载的轴心抗压强度值相差超过后者的 20% 时，剔除该试件的静力受压弹性模量；

2 计算余下全部试件静力受压弹性模量的平均值；

3 以此平均值作为结构混凝土在检测龄期静力受压弹性模量的推定值。

4.6 缺陷与性能劣化区混凝土力学性能参数检测

4.6.1 缺陷与性能劣化区混凝土力学性能参数应采用取样法进行测试。

4.6.2 缺陷与劣化区混凝土力学性能参数的检测可提供单一测区的测试值，也可提供若干测区测试值的平均值。

4.6.3 当需要确定缺陷与性能劣化区混凝土力学性能参数下降量时，可采取在正常区域取样比对的方法。

5 混凝土长期性能和耐久性能检测

5.1 一 般 规 定

5.1.1 结构混凝土抗渗性能、抗冻性能、抗氯离子渗透性能和抗硫酸盐侵蚀性能等长期耐久性能应采用取样法进行检测。

5.1.2 取样检测结构混凝土长期性能和耐久性能时，芯样最小直径应符合表5.1.2的规定：

表 5.1.2 芯样最小直径（mm）

骨料最大粒径	31.5	40.0	63.0
最小直径	100	150	200

5.1.3 取样位置应在受检区域内随机选取，取样点应布置在无缺陷的部位。当受检区域存在明显劣化迹象时，取样深度应考虑劣化层的厚度。

5.1.4 当委托方有要求时，可对特定部位的混凝土长期性能和耐久性能进行专项检测。

5.2 取样法检测混凝土抗渗性能

5.2.1 取样法检测混凝土抗渗性能的操作与试件处理宜符合下列规定：

1 每个受检区域取样不宜少于1组，每组宜由不少于6个直径为150mm的芯样构成；

2 芯样的钻取方向宜与构件承受水压的方向一致；

3 宜将内部无明显缺陷的芯样加工成符合现行国家标准《普通混凝土长期性能和耐久性能试验方法标准》GB/T 50082有关规定的抗渗试件，每组抗渗试件为6个。

5.2.2 逐级加压法检测混凝土抗渗性能应符合下列规定：

1 应将同组的6个抗渗试件置于抗渗仪上进行封闭；

2 应按现行国家标准《普通混凝土长期性能和耐久性能试验方法标准》GB/T 50082的逐级加压法对同组试件进行抗渗性能的检测；

3 当6个试件中的3个试件表面出现渗水或检测的水压高于规定数值或设计指标，在8h内出现表面渗水的试样少于3个时可停止试验，并应记录此时的水压力 H（精确至0.1MPa）。

5.2.3 混凝土在检测龄期实际抗渗等级的推定值可按下列规定确定：

1 当停止试验时，6个试件中有2个试件表面出现渗水，该组混凝土抗渗等级的推定值可按下式计算：

$$P_e = 10H \qquad (5.2.3-1)$$

2 当停止试验时，6个试件中有3个试件表面出现渗水，该组混凝土抗渗等级的推定值可按下式计算：

$$P_e = 10H - 1 \qquad (5.2.3-2)$$

3 当停止试验时，6个试件中少于2个试件表面出现渗水，该组混凝土抗渗等级的推定值可按下式计算：

$$P_e > 10H \qquad (5.2.3-3)$$

式中：P_e——结构混凝土在检测龄期实际抗渗等级的推定值；

H——停止试验时的水压力（MPa）。

5.2.4 渗水高度法检测混凝土抗渗性能应符合下列规定：

1 应将同组的6个抗渗试件分别压入试模并进行可靠密封；

2 应按现行国家标准《普通混凝土长期性能和耐久性能试验方法标准》GB/T 50082的渗水高度法对同组试件进行抗渗性能的检测；

3 稳压过程中应随时注意观察试件端面的渗水情况；

4 当某一个试件端面出现渗水时，应停止该试件试验并记录时间，此时该试件的渗水高度应为试件高度；

5 当端面未出现渗水时，24h后应停止试验，取出试件；将试件沿纵断面对中劈裂为两半，用防水笔描出渗水轮廓线；并应在芯样劈裂面中线两侧各60mm的范围内，用钢尺沿渗水轮廓线等间距量测10点渗水高度，读数精确至1mm；

6 单个试件渗水高度和相对渗透系数应按下式计算：

$$\bar{h}_i = \frac{\sum_{j=1}^{10} h_j}{10} \qquad (5.2.4-1)$$

式中：h_j——第 i 个试件第 j 个测点处的渗水高度（mm）；

$\bar{h}_i$——第 i 个试件平均渗水高度（mm）；当某一个试件端面出现渗水时，该试件的平均渗水高度为试件高度。

7 一组试件渗水高度应按下式计算：

$$\bar{h} = \frac{\sum_{j=1}^{6} h_i}{6} \qquad (5.2.4-2)$$

5.2.5 当委托方有要求时，可按上述方法对缺陷、疏松处混凝土的实际抗渗性能进行测试，每组抗渗试件可少于6个，但不应少于3个，并应提供每个试件的检测结果。

5.3 取样慢冻法检测混凝土抗冻性能

5.3.1 取样慢冻法检测混凝土抗冻性能时，取样和试样的处理应符合下列规定：

1 在受检区域随机布置取样点，每个受检区域取样不应少于 1 组，每组应由不少于 6 个直径不小于 100mm 且长度不小于直径的芯样组成；

2 将无明显缺陷的芯样加工成高径比为 1.0 的抗冻试件，每组应由 6 个抗冻试件组成；

3 将 6 个试件同时放在 20℃±2℃水中，浸泡 4d 后取出 3 个试件开始慢冻试验，余下 3 个试件用于强度比对，继续在水中养护。

5.3.2 慢冻试验应符合下列规定：

1 应将浸泡好的试样用湿布擦除表面水分，编号并分别称取其质量；

2 应按现行国家标准《普通混凝土长期性能和耐久性能试验方法标准》GB/T 50082 慢冻法的有关规定进行冻融循环试验；

3 在每次循环时应注意观察试样的表面损伤情况，当发现损伤时应称量试样的质量；

4 当 3 个试件的质量损失率的算术平均值为 5%±0.2%或冻融循环超过预期的次数时应停止试验，并应记录停止试验时的循环次数；

5 试件平均质量损失率应按下式计算：

$$\Delta w = \frac{1}{3}\sum_{i=1}^{3}\frac{W_{0i}-W_{ni}}{W_{0i}}\times 100 \quad (5.3.2)$$

式中：Δw ——N 次冻融循环后的平均质量损失率，精确至 0.1%；

W_{ni} ——N 次冻融循环后第 i 个芯样的质量（g）；

W_{0i} ——冻融循环试验前第 i 个芯样的质量（g）。

5.3.3 抗压强度损失率应按下列规定检测：

1 应将 3 个冻融试件与 3 个比对试件晾干，同时进行端面修整，并应使 6 个试件承压面的平整度、端面平行度及端面垂直度符合现行国家标准《普通混凝土力学性能试验方法标准》GB/T 50081 的有关规定；

2 检测试件的抗压强度，应分别计算 3 个冻融试件与 3 个比对试件的平均抗压强度；

3 冻融循环试件的抗压强度损失率应按下式计算：

$$\lambda_f = (f_{cor,d,m0} - f_{cor,d,m})/f_{cor,d,m0} \quad (5.3.3)$$

式中：λ_f ——N_f 次冻融循环后的混凝土抗压强度损失率，精确至 0.1%；

$f_{cor,d,m0}$ ——3 个比对试件的平均抗压强度，精确至 0.1MPa；

$f_{cor,d,m}$ ——N_f 次冻融循环后 3 个冻融试件的平均抗压强度，精确至 0.1MPa。

5.3.4 取样慢冻法混凝土抗冻性能可按下列规定进行评价：

1 当 λ_f 不大于 0.25 时，可以停止冻融循环时的冻融循环次数 N_d 作为结构混凝土在检测龄期实际抗冻性能的检测值 $N_{d,e}$；

2 当 λ_f 大于 0.25 时，$N_{d,e}$ 可按下式计算：

$$N_{d,e} = 0.25N_d/\lambda_f \quad (5.3.4)$$

5.4 取样快冻法检测混凝土的抗冻性能

5.4.1 取样快冻法检测混凝土抗冻性能时，取样和试样的处理应符合下列规定：

1 在受检区域随机布置取样点，每个受检区域应钻取芯样数量不应少于 3 个，芯样直径不宜小于 100mm，芯样高径比不应小于 4；

2 将无明显缺陷的芯样加工成高径比为 4.0 的抗冻试件，每组应由 3 个抗冻试件组成；

3 成型同样形状尺寸，中心埋有热电偶的测温试件，其所用混凝土的抗冻性能应高于抗冻试件；

4 应将 3 个抗冻试件浸泡 4d 后开始进行快冻试验。

5.4.2 快冻试验应符合下列规定：

1 将浸泡好的试件用湿布擦除表面水分，编号并分别称取其质量和检测动弹性模量；

2 按现行国家标准《普通混凝土长期性能和耐久性能试验方法标准》GB/T 50082 快冻法的有关规定进行冻融循环试验和中间的动弹性模量和质量损失率的检测；

3 当出现下列 3 种情况之一时停止试验：

1）冻融循环次数超过预期次数；

2）试件相对动弹性模量小于 60%；

3）试件质量损失率达到 5%。

5.4.3 试件相对动弹性模量应按下式计算：

$$P = \frac{1}{3}\sum_{i=1}^{3}\frac{f_{ni}^2}{f_{0i}^2}\times 100 \quad (5.4.3)$$

式中：P ——经 N 次冻融循环后一组试件的相对动弹性模量（%），精确至 0.1；

f_{ni} ——N 次冻融循环后第 i 个芯样试件横向基频（Hz）；

f_{0i} ——冻融循环试验前测得的第 i 个试件横向基频初始值（Hz）。

5.4.4 试件质量损失率应按下式计算：

$$\Delta w = \frac{1}{3}\sum_{i=1}^{3}\frac{W_{0i}-W_{ni}}{W_{0i}}\times 100 \quad (5.4.4)$$

式中：Δw ——N 次冻融循环后一组试件的平均质量损失率（%），精确至 0.1；

W_{ni} ——N 次冻融循环后第 i 个试件质量（g）；

W_{0i} ——冻融循环试验前测得的第 i 个试件质量（g）。

5.4.5 混凝土在检测龄期实际抗冻性能的检测值可采取下列方法表示：

1 用符号 F_e 后加停止冻融循环时对应的冻融循

环次数表示；

2 用抗冻耐久性系数表示，抗冻耐久性系数推定值可按下式计算：

$$DF_e = P \times N_d / 300 \qquad (5.4.5)$$

式中：DF_e——混凝土抗冻耐久性系数推定值；

N_d——停止试验时冻融循环的次数。

5.5 氯离子渗透性能检测

5.5.1 结构混凝土抗氯离子渗透性能可采用快速氯离子迁移系数法和电通量法检测。

5.5.2 采用快速检测氯离子迁移系数法时，取样与测试应符合下列规定：

1 在受检区域随机布置取样点，每个受检区域取样不应少于1组；每组应由不少于3个直径100mm且长度不小于120mm的芯样组成；

2 将无明显缺陷的芯样从中间切成两半，加工成2个高度为50mm±2mm的试件，分别标记为内部试件和外部试件；将3个外部试件作为一组，对应的3个外部试件作为另一组；

3 按现行国家标准《普通混凝土长期性能和耐久性能试验方法标准》GB/T 50082的有关规定分别对两组试件进行试验，试验面为中间切割面；

4 按规定进行数据取舍后，分别确定两组氯离子迁移系数测定值；

5 当两组氯离子迁移系数测定值相差不超过15%时，应以两组平均值作为结构混凝土在检测龄期氯离子迁移系数推定值；

6 当两组氯离子迁移系数测定值相差超过15%时，应以分别给出两组氯离子迁移系数测定值，作为结构混凝土内部和外部在检测龄期氯离子迁移系数推定值。

5.5.3 采用电通量法时，取样与测试应符合下列规定：

1 在受检区域随机布置取样点，每个受检区域取样不应少于1组；每组应由不少于3个直径100mm且长度不小于120mm的芯样组成；

2 应将无明显缺陷且无钢筋、无钢纤维的芯样从中间切成两半，加工成2个高度为50mm±2mm的试件，分别标记为内部试件和外部试件；将3个外部试件作为一组，对应的3个外部试件作为另一组；

3 应按现行国家标准《普通混凝土长期性能和耐久性能试验方法标准》GB/T 50082的有关规定分别对两组试件进行试验，试验面为中间切割面；

4 按规定进行数据取舍后，应分别确定两组电通量测定值；

5 当两组电通量测定值相差不超过15%时，应以两组平均值作为结构混凝土在检测龄期电通量推定值；

6 当两组氯离子迁移系数测定值相差超过15%时，应以分别给出两组电通量测定值，作为结构混凝土内部和外部在检测龄期电通量推定值。

5.6 抗硫酸盐侵蚀性能检测

5.6.1 取样检测抗硫酸盐侵蚀性能时，取样与测试应符合下列规定：

1 在受检区域随机布置取样点，每个受检区域取样不应少于1组；每组应由不少于6个直径不小于100mm且长度不小于直径的芯样组成；

2 应将无明显缺陷的芯样加工成6个高度为100mm±2mm的试件，取3个做抗硫酸盐侵蚀试验，另外3个作为抗压强度对比试件；

3 应按现行国家标准《普通混凝土长期性能和耐久性能试验方法标准》GB/T 50082有关规定进行硫酸盐溶液干湿交替的试验；

4 当试件出现明显损伤或干湿交替次数超过预期的次数时，应停止试验，进行抗压强度检测，并应计算混凝土强度耐腐蚀系数。

5.6.2 抗压强度及强度耐蚀系数应按下列规定检测：

1 将3个硫酸盐侵蚀试件与3个比对试件晾干，同时进行端面修整，使6个试件承压面的平整度、端面平行度及端面垂直度应符合国家现行标准《普通混凝土力学性能试验方法标准》GB/T 50081的有关规定；

2 测试试件的抗压强度，应分别计算3个硫酸盐侵蚀试件和3个比对试件的抗压强度平均值；

3 强度耐蚀系数应按下式计算：

$$K_f = \frac{f_{cor,s,m}}{f_{cor,s,m0}} \times 100 \qquad (5.6.2)$$

式中：K_f——强度耐蚀系数，精确至0.1%；

$f_{cor,s,m0}$——3个对比试件的抗压强度平均值，精确至0.1MPa；

$f_{cor,s,m}$——3个硫酸盐侵蚀试件抗压强度平均值，精确至0.1MPa。

5.6.3 混凝土抗硫酸盐等级可按下列规定进行推定：

1 当强度耐蚀系数在75%±5%范围内时，混凝土抗硫酸盐等级可用停止试验时的干湿循环次数表示；

2 当强度耐蚀系数超过75%±5%范围时，混凝土抗硫酸盐等级可按下式计算：

$$N_{SR} = N_S \times K_f / 0.75 \qquad (5.6.3)$$

式中：N_{SR}——推定的混凝土抗硫酸盐等级；

N_S——停止试验时的干湿循环次数。

6 有害物质含量及其作用效应检验

6.1 一般规定

6.1.1 结构混凝土中的有害物质含量宜通过化学分

析方法测定，有害物质或其反应产物的分布情况也可通过岩相分析方法测定。

6.1.2 测定有害物质含量时，应将有害物质区分为混入和渗入两种类型。

6.1.3 受检区域应在现场查勘的基础上确定或由委托方指定。

6.1.4 对受检区域混凝土中的有害物质含量进行总体评价时，取样位置应在该区域混凝土中随机确定；每个区域混凝土钻取芯样不应少于 3 个，芯样直径不应小于最大骨料粒径的两倍，且不应小于 100mm，芯样长度宜贯穿整个构件，或不应小于 100mm。

6.1.5 当需要确定受检区域不同深度混凝土中有害物质含量时，可将钻取的芯样从外到里分层切割，同一受检区域中的所有芯样分层切割规则应保持一致。

6.1.6 对已确认存在的有害物质宜通过取样试验检验其对混凝土的作用效应，当确认存在的有害物质含量超过相关标准要求时，应通过取样试验确定其对混凝土的可能影响。

6.1.7 通过取样试验检验有害物质对混凝土的作用效应时，宜在不怀疑存在有害物质的部位钻取芯样进行比对。

6.1.8 对某一特定部位进行评价时，宜在出现明显质量缺陷或损伤的位置取样，其检测结果不宜用于评价该部位以外的混凝土。

6.2 氯离子含量检测

6.2.1 混凝土中氯离子含量的检测结果宜用混凝土中氯离子与硅酸盐水泥用量之比表示，当不能确定混凝土中硅酸盐水泥用量时，可用混凝土中氯离子与胶凝材料用量之比表示。

6.2.2 混凝土氯离子含量测定所用试样的制备应符合下列规定：

　　1 将混凝土试件破碎，剔除石子；

　　2 将试样缩分至 100g，研磨至全部通过 0.08mm 的筛；

　　3 用磁铁吸出试样中的金属铁屑；

　　4 将试样置于 105℃～110℃烘箱中烘干 2h，取出后放入干燥器中冷却至室温备用。

6.2.3 试样中氯离子含量的化学分析应符合现行国家标准《建筑结构检测技术标准》GB/T 50344 的有关规定。

6.2.4 混凝土中氯离子与硅酸盐水泥用量的百分数应按下式计算：

$$P_{\mathrm{Cl,p}} = P_{\mathrm{Cl,m}}/P_{\mathrm{p,m}} \times 100\% \qquad (6.2.4)$$

式中：$P_{\mathrm{Cl,p}}$——混凝土中氯离子与硅酸盐水泥用量的质量百分数；

　　　　$P_{\mathrm{Cl,m}}$——按本标准第 6.2.3 条测定的试样中氯离子的质量百分数；

　　　　$P_{\mathrm{p,m}}$——试样中硅酸盐水泥的质量百分数。

6.2.5 当不能确定试样中硅酸盐水泥的质量百分数时，混凝土中氯离子与胶凝材料的质量百分数可按下式计算：

$$P_{\mathrm{Cl,t}} = P_{\mathrm{Cl,m}}/\lambda_{\mathrm{c}} \qquad (6.2.5)$$

式中：$P_{\mathrm{Cl,t}}$——氯离子与胶凝材料的质量百分数；

　　　　λ_{c}——根据混凝土配合比确定的混凝土中胶凝材料与砂浆的质量比。

6.3 混凝土中碱含量检测

6.3.1 混凝土中碱含量应以单位体积混凝土中碱含量表示。

6.3.2 混凝土碱含量测定所用试样的制备应符合本标准第 6.2.2 条的规定。

6.3.3 混凝土总碱含量的检测应按符合下列规定：

　　1 混凝土总碱含量的检测操作应符合现行国家标准《水泥化学分析方法》GB/T 176 的有关规定；

　　2 样品中氧化钾质量分数、氧化钠质量分数和氧化钠当量质量分数应按下列公式计算：

$$w_{\mathrm{K_2O}} = \frac{m_{\mathrm{K_2O}}}{m_{\mathrm{s}} \times 1000} \times 100 \qquad (6.3.3\text{-}1)$$

$$w_{\mathrm{Na_2O}} = \frac{m_{\mathrm{Na_2O}}}{m_{\mathrm{s}} \times 1000} \times 100 \qquad (6.3.3\text{-}2)$$

$$w_{\mathrm{Na_2O,eq}} = w_{\mathrm{Na_2O}} + 0.658 w_{\mathrm{K_2O}} \qquad (6.3.3\text{-}3)$$

式中：$w_{\mathrm{K_2O}}$——样品中氧化钾的质量分数（%）；

　　　　$w_{\mathrm{Na_2O}}$——样品中氧化钠的质量分数（%）；

　　　　$w_{\mathrm{Na_2O,eq}}$——样品中氧化钠当量的质量分数，即样品的碱含量（%）；

　　　　$m_{\mathrm{K_2O}}$——100mL 被检测溶液中氧化钾的含量（mg）；

　　　　$m_{\mathrm{Na_2O}}$——100mL 被检测溶液中氧化钠的含量（mg）；

　　　　m_{s}——样品的质量（g）。

　　3 样品中氧化钠当量质量分数的检测值应以 3 次测试结果的平均值表示；

　　4 单位体积混凝土中总碱含量应按下式计算：

$$m_{\mathrm{a,t}} = \frac{\rho(m_{\mathrm{cor}} - m_{\mathrm{c}})}{m_{\mathrm{cor}}} \times \overline{w}_{\mathrm{Na_2O,eq}} \qquad (6.3.3\text{-}4)$$

式中：$m_{\mathrm{a,t}}$——单位体积混凝土中总碱含量（kg）；

　　　　ρ——芯样的密度（kg/m³），按实测值；无实测值时取 2500kg/m³；

　　　　m_{cor}——芯样的质量（g）；

　　　　m_{c}——芯样中骨料的质量（g）；

　　　　$\overline{w}_{\mathrm{Na_2O,eq}}$——样品中氧化钠当量的质量分数的检测值（%）。

6.3.4 混凝土可溶性碱含量的检测应按符合下列规定：

　　1 准确称取 25.0g（精确至 0.01g）样品放入

500mL 锥形瓶中，加入 300mL 蒸馏水，用振荡器振荡 3h 或 80℃水浴锅中用磁力搅拌器搅拌 2h，然后在弱真空条件下用布氏漏斗过滤。将滤液转移到一个 500mL 的容量瓶中，加水至刻度。

2 混凝土可溶性碱含量的检测操作应符合现行国家标准《水泥化学分析方法》GB/T 176 的有关规定。

3 样品中氧化钾质量分数、氧化钠质量分数和氧化钠当量质量分数应按下列公式计算：

$$w_{K_2O}^S = \frac{m_{K_2O}}{m_s \times 1000} \times 100 \quad (6.3.4\text{-}1)$$

$$w_{Na_2O}^S = \frac{m_{Na_2O}}{m_s \times 1000} \times 100 \quad (6.3.4\text{-}2)$$

$$w_{Na_2O_{eq}}^S = w_{Na_2O}^S + 0.658 w_{K_2O}^S \quad (6.3.4\text{-}3)$$

式中：$w_{K_2O}^S$ ——样品中可溶性氧化钾的质量分数（%）；

$w_{Na_2O}^S$ ——样品中可溶性氧化钠的质量分数（%）；

$w_{Na_2O_{eq}}^S$ ——样品中可溶性氧化钠当量的质量分数，即样品的可溶性碱含量（%）。

4 样品中氧化钠当量质量分数的检测值应以 3 次测试结果的平均值表示。

5 单位体积中混凝土中可溶性碱含量应按下式计算：

$$m_{a,s} = \frac{\rho(m_{cor} - m_c)}{m_{cor}} \times \bar{w}_{Na_2Oeq}^S \quad (6.3.4\text{-}4)$$

式中：$m_{a,s}$ ——单位体积混凝土中的可溶性碱含量（kg）。

6.4 取样检验碱骨料反应的危害性

6.4.1 当混凝土碱含量检测值超过相应规范要求时，应采用检验骨料碱活性或检验试件膨胀率的方法检验是否存在碱骨料反应引起的潜在危害。

6.4.2 混凝土中骨料碱活性可按下列步骤进行检验：

1 将钻取的芯样破碎后，挑出石子；

2 将 3 个芯样的石子充分混合后破碎，用筛筛取 0.15mm～0.63mm 的部分作试验用料；

3 按现行行业标准《普通混凝土用砂、石质量及检验方法标准》JGJ 52 的有关规定检验骨料的膨胀率；

4 当骨料膨胀值小于 0.1% 时，可判定受检混凝土中骨料的膨胀率符合检验标准的要求；

5 当骨料膨胀值不小于 0.1% 时，可取样检验试件膨胀率。

6.4.3 试件膨胀率检验法的取样及试样的加工应符合下列规定：

1 从受检区域随机钻取直径不小于 75mm 的芯样，芯样的长度不应小于 275mm，芯样数量不应少于 3 个；

2 将无明显缺陷的芯样加工成长度为 275mm± 3mm 的试样，并应在端面安装直径为 5mm～7mm、长度为 25mm 的不锈钢测头。

6.4.4 试件膨胀率应按下列规定检验：

1 应按现行国家标准《普通混凝土长期性能和耐久性能试验方法标准》GB/T 50082 的有关规定进行检验；

2 单个试件的膨胀率可按下式计算：

$$\varepsilon_t = (L_t - L_0)/(L_0 - 2\Delta) \times 100 \quad (6.4.4)$$

式中：ε_t ——试件在 t 天的膨胀率，精确至 0.001%；

L_t ——试件在 t 天的长度（mm）；

L_0 ——试件的基准长度（mm）；

Δ ——测头长度（mm）。

3 可以 3 个试件膨胀率的算术平均值作为该测试期的膨胀率检测值。

4 每次检测时应观察试件开裂、变形、渗出物和反应生成物及变化情况。

6.4.5 当检验周期超过 52 周且膨胀率小于 0.04% 时，可停止检验并判定受检混凝土未见碱骨料反应的潜在危害。

6.4.6 当出现下列情况之一且检验周期不超过 52 周时，可停止检验并判定受检混凝土存在碱骨料反应所引起的潜在危害。

1 混凝土试件膨胀率超过 0.04%；

2 混凝土试件开裂或反应生成物大量增加。

6.5 取样检验游离氧化钙的危害性

6.5.1 当安定性存在疑问的水泥用于混凝土结构后或混凝土外观质量检查发现可能存在游离氧化钙不良影响时，可采取取样检验的方法检验是否存在游离氧化钙引起的潜在危害。

6.5.2 检验所用试件的制备应符合下列规定：

1 按约定抽样方法在怀疑区域钻取混凝土芯样，芯样的直径为 70mm～100mm，同一部位同时钻取两个芯样，同一受检区域应取得上述混凝土芯样三组；

2 在每个芯样上截取一个无外观缺陷、厚度为 10mm 的薄片试件，同时将芯样加工成高径比为 1.0 的抗压试件，抗压试件不应存在钢筋或明显的外观缺陷。

6.5.3 试件的检测应符合下列规定：

1 将所有薄片和取自同一部位的 2 个抗压试件中的 1 个放入沸煮箱的试架上进行沸煮，调整好沸煮箱内的水位，使能保证在整个沸煮过程中都超过试件，不需中途添补试验用水，同时又能保证在 30min ±5min 内升至沸腾。将试样放在沸煮箱的试架上，在 30min±5min 内加热至沸，恒沸 6h，关闭沸煮箱自然降至室温；

2 对沸煮过的试件进行外观检查；

3 将沸煮过的抗压试件晾置 3d，并与对应的未沸煮的抗压试件同时进行抗压强度测试；

4 每组试件抗压强度变化率和所有试件抗压强度变化率的平均值应按下列公式计算：

$$\xi_{\text{cor},i} = (f_{\text{cor},i}^* - f_{\text{cor},i})/f_{\text{cor},i}^* \times 100$$

$$(6.5.3-1)$$

$$\xi_{\text{cor,m}} = \frac{1}{3} \sum_{i=1}^{3} \xi_{\text{cor},i} \qquad (6.5.3-2)$$

式中：$\xi_{\text{cor},i}$——第 i 组试件抗压强度变化率（%）；

$f_{\text{cor},i}$——第 i 组沸煮试件抗压强度（MPa）；

$f_{\text{cor},i}^*$——第 i 组未沸煮芯样试件抗压强度（MPa）；

$\xi_{\text{cor,m}}$——试件抗压强度变化率的平均值（%）。

6.5.4 当出现下列情况之一时，可判定游离氧化钙对混凝土质量有潜在危害：

1 有两个或两个以上沸煮试件（包括薄片试件和芯样试件）出现开裂、疏松或崩溃等现象；

2 试件抗压强度变化率的平均值大于 30%；

3 仅有一个薄片试件出现开裂、疏松或崩溃等现象，并有一组试件抗压强度变化率大于 30%。

7 混凝土构件缺陷检测

7.1 一 般 规 定

7.1.1 混凝土构件缺陷检测宜分为外观缺陷检测和内部缺陷检测。

7.1.2 混凝土构件外观缺陷应按现行国家标准《混凝土结构工程施工质量验收规范》GB 50204 的有关规定进行分类并判定其严重程度。

7.2 外观缺陷检测

7.2.1 现场检测时，宜对受检范围内构件外观缺陷进行全数检查；当不具备全数检查条件时，应注明未检查的构件或区域。

7.2.2 混凝土构件外观缺陷的相关参数可根据缺陷的情况按下列方法检测：

1 露筋长度可用钢尺或卷尺量测；

2 孔洞直径可用钢尺量测，孔洞深度可用游标卡尺量测；

3 蜂窝和疏松的位置和范围可用钢尺或卷尺量测，委托方有要求时，可通过剔凿、成孔等方法量测蜂窝深度；

4 麻面、掉皮、起砂的位置和范围可用钢尺或卷尺测量；

5 表面裂缝的最大宽度可用裂缝专用测量仪器量测，表面裂缝长度可用钢尺或卷尺量测。

7.2.3 混凝土构件外观缺陷应按缺陷类别进行分类汇总，汇总结果可用列表或图示的方式表述并宜反映外观缺陷在受检范围内的分布特征。

7.3 内部缺陷检测

7.3.1 对怀疑存在内部缺陷的构件或区域宜进行全数检测，当不具备全数检测条件时，可根据约定抽样原则选择下列构件或部位进行检测：

1 重要的构件或部位；

2 外观缺陷严重的构件或部位。

7.3.2 混凝土构件内部缺陷宜采用超声法进行双面对测，当仅有一个可测面时，可采用冲击回波法和电磁波反射法进行检测，对于判别困难的区域应进行钻芯验证或剔凿验证。

7.3.3 超声法检测混凝土构件内部缺陷时声学参数的测量应符合下列规定：

1 应根据检测要求和现场操作条件，确定缺陷测试部位（简称测位）；

2 测位混凝土表面应清洁、平整，必要时可用砂轮磨平或用高强度快凝砂浆抹平；抹平砂浆应与待测混凝土良好粘结；

3 在满足首波幅度测读精度的条件下，应选择较高频率的换能器；

4 换能器应通过耦合剂与混凝土测试表面保持紧密结合，耦合层内不应夹杂泥沙或空气；

5 检测时应避免超声传播路径与内部钢筋轴线平行，当无法避免时，应使测线与该钢筋的最小距离不小于超声测距的 1/6；

6 应根据测距大小和混凝土外观质量，设置仪器发射电压、采样频率等参数，检测同一测位时，仪器参数宜保持不变；

7 应读取并记录声时、波幅和主频值，必要时存取波形；

8 检测中出现可疑数据时应及时查找原因，必要时应进行复测校核或加密测点补测。

7.3.4 超声法检测混凝土构件内部不密实区可按本标准附录 D 的有关规定进行。

7.3.5 超声法检测混凝土构件裂缝深度可按本标准附录 E 的有关规定进行。

7.3.6 混凝土构件内部缺陷检测应提供有关测位的选择方式、位置、外观质量描述以及缺陷的性质和分布特征等信息。

8 构件尺寸偏差与变形检测

8.1 一 般 规 定

8.1.1 构件尺寸偏差与变形检测可分为截面尺寸及偏差、倾斜、挠度、裂缝和地基沉降等检测项目。

8.1.2 检测构件尺寸偏差与变形时，应采取措施消除构件表面抹灰层、装修层等造成的影响。

8.1.3 工程质量检测时，检验批的划分、抽样方法及判别规则应符合现行国家标准《混凝土结构工程施工质量验收规范》GB 50204 的有关规定。

8.1.4 地基沉降的检测应符合现行行业标准《建筑变形测量规范》JGJ 8 的有关规定。

8.2 构件截面尺寸及其偏差检测

8.2.1 单个构件截面尺寸及其偏差的检测应符合下列规定：

　　1 对于等截面构件和截面尺寸均匀变化的变截面构件，应分别在构件的中部和两端量取截面尺寸；对于其他变截面构件，应选取构件端部、截面突变的位置量取截面尺寸；

　　2 应将每个测点的尺寸实测值与设计图纸规定的尺寸进行比较，计算每个测点的尺寸偏差值；

　　3 应将构件尺寸实测值作为该构件截面尺寸的代表值。

8.2.2 批量构件截面尺寸及其偏差的检测应符合下列规定：

　　1 将同一楼层、结构缝或施工段中设计截面尺寸相同的同类型构件划为同一检验批；

　　2 在检验批中随机选取构件，按本标准第 3.4.4 条的有关规定确定受检构件数量；

　　3 按本标准第 8.2.1 条对每个受检构件进行检测。

8.2.3 结构性能检测时，检验批构件截面尺寸的推定应符合下列规定：

　　1 应按本标准第 3.4.5 条进行符合性判定；

　　2 当检验批判定为符合且受检构件的尺寸偏差最大值不大于偏差允许值 1.5 倍时，可设计的截面尺寸作为该批构件截面尺寸的推定值；

　　3 当检验批判定为不符合或检验批判定为符合但受检构件的尺寸偏差最大值大于偏差允许值 1.5 倍时，宜全数检测或重新划分检验批进行检测；

　　4 当不具备全数检测或重新划分检验批检测条件时，宜以最不利检测值作为该批构件尺寸的推定值。

8.3 构件倾斜检测

8.3.1 构件倾斜检测时宜对受检范围内存在倾斜变形的构件进行全数检测，当不具备全数检测条件时，可根据约定抽样原则选择下列构件进行检测：

　　1 重要的构件；

　　2 轴压比较大的构件；

　　3 偏心受压构件；

　　4 倾斜较大的构件。

8.3.2 构件倾斜检测应符合下列规定：

　　1 构件倾斜可采用经纬仪、激光准直仪或吊锤的方法检测，当构件高度小于 10m 时，可使用经纬仪或吊锤测量；当构件高度大于或等于 10m 时，应使用经纬仪或激光准直仪测量；

　　2 检测时应消除施工偏差或截面尺寸变化造成的影响；

　　3 检测时宜分别检测构件在所有相交轴线方向的倾斜，并提供各个方向的倾斜值。

8.3.3 倾斜检测应提供构件上端对于下端的偏离尺寸及其与构件高度的比值。

8.4 构件挠度检测

8.4.1 构件挠度检测时宜对受检范围内存在挠度变形的构件进行全数检测，当不具备全数检测条件时，可根据约定抽样原则选择下列构件进行检测：

　　1 重要的构件；

　　2 跨度较大的构件；

　　3 外观质量差或损伤严重的构件；

　　4 变形较大的构件。

8.4.2 构件挠度检测应符合下列规定：

　　1 构件挠度可采用水准仪或拉线的方法进行检测；

　　2 检测时宜消除施工偏差或截面尺寸变化造成的影响；

　　3 检测时应提供跨中最大挠度值和受检构件的计算跨度值。当需要得到受检构件挠度曲线时，应沿跨度方向等间距布置不少于 5 个测点。

8.4.3 当需要确定受检构件荷载-挠度变化曲线时，宜采用百分表、挠度计、位移传感器等设备直接测量挠度值。

8.5 构件裂缝检测

8.5.1 裂缝检测时宜对受检范围内存在裂缝的构件进行全数检测，当不具备全数检测条件时，可根据约定抽样原则选择下列构件进行检测：

　　1 重要的构件；

　　2 裂缝较多或裂缝宽度较大的构件；

　　3 存在变形的构件。

8.5.2 裂缝检测时宜区分受力裂缝和非受力裂缝。

8.5.3 裂缝检测宜符合下列规定：

　　1 对构件上存在的裂缝宜进行全数检查，并记录每条裂缝的长度、走向和位置；当构件存在的裂缝较多时，可用示意图表示裂缝的分布特征；

　　2 对于构件上较宽的裂缝，宜检测裂缝宽度；

　　3 必要时可选择较宽的裂缝，检测裂缝深度；

　　4 对于处于变化中或快速发展中的裂缝宜进行监测。

9 混凝土中的钢筋检测

9.1 一般规定

9.1.1 混凝土中的钢筋检测可分为钢筋数量和间距、混凝土保护层厚度、钢筋直径、钢筋力学性能及钢筋锈蚀状况等检测项目。

9.1.2 混凝土中的钢筋宜采用原位实测法检测；采用间接法检测时，宜通过原位实测法或取样实测法进行验证并可根据验证结果进行适当的修正。

9.2 钢筋数量和间距检测

9.2.1 混凝土中钢筋数量和间距可采用钢筋探测仪或雷达仪进行检测，仪器性能和操作要求应符合现行行业标准《混凝土中钢筋检测技术规程》JGJ/T 152 的有关规定。

9.2.2 当遇到下列情况之一时，应采取剔凿验证的措施：

　　1 相邻钢筋过密，钢筋间最小净距小于钢筋保护层厚度；

　　2 混凝土（包括饰面层）含有或存在可能造成误判的金属组分或金属件；

　　3 钢筋数量或间距的测试结果与设计要求有较大偏差；

　　4 缺少相关验收资料。

9.2.3 检测梁、柱类构件主筋数量和间距时应符合下列规定：

　　1 测试部位应避开其他金属材料和较强的铁磁性材料，表面应清洁、平整；

　　2 应将构件测试面一侧所有主筋逐一检出，并在构件表面标注出每个检出钢筋的相应位置；

　　3 应测量和记录每个检出钢筋的相对位置。

9.2.4 检测墙、板类构件钢筋数量和间距时应符合下列规定：

　　1 在构件上随机选择测试部位，测试部位应避开其他金属材料和较强的铁磁性材料，表面应清洁、平整；

　　2 在每个测试部位连续检出 7 根钢筋，少于 7 根钢筋时应全部检出，并宜在构件表面标注出每个检出钢筋的相应位置；

　　3 应测量和记录每个检出钢筋的相对位置；

　　4 可根据第一根钢筋和最后一根钢筋的位置，确定这两个钢筋的距离，计算出钢筋的平均间距；

　　5 必要时应计算钢筋的数量。

9.2.5 梁、柱类构件的箍筋可按本标准第 9.2.4 条检测，当存在箍筋加密区时，宜将加密区内箍筋全部测出。

9.2.6 单个构件的符合性判定应符合下列规定：

　　1 梁、柱类构件主筋实测根数少于设计根数时，该构件配筋应判定为不符合设计要求；

　　2 梁、柱类构件主筋的平均间距与设计要求的偏差大于相关标准规定的允许偏差时，该构件配筋应判定为不符合设计要求；

　　3 墙、板类构件钢筋的平均间距与设计要求的偏差大于相关标准规定的允许偏差时，该构件配筋应判定为不符合设计要求；

　　4 梁、柱类构件的箍筋可按墙、板类构件钢筋进行判定。

9.2.7 批量检测钢筋数量和间距时应符合下列规定：

　　1 将设计文件中钢筋配置要求相同的构件作为一个检验批；

　　2 按本标准表 3.4.4 的规定确定抽检构件的数量；

　　3 随机选取受检构件；

　　4 按本标准第 9.2.3 条或第 9.2.4 条的方法对单个构件进行检测；

　　5 按本标准第 9.2.6 条对受检构件逐一进行符合性判定。

9.2.8 对检验批符合性判定应符合下列规定：

　　1 根据检验批中受检构件的数量和其中不符合构件的数量应按本标准表 3.4.5-1 进行检验批符合性判定；

　　2 对于梁、柱类构件，检验批中一个构件的主筋实测根数少于设计根数，该批应直接判为不符合设计要求；

　　3 对于墙、板类构件，当出现受检构件的钢筋间距偏差大于偏差允许值 1.5 倍时，该批应直接判为不符合设计要求；

　　4 对于判定为符合设计要求的检验批，可建议采用设计的钢筋数量和间距进行结构性能评定；对于判定为不符合设计要求的检验批，宜细分检验批后重新检测或进行全数检测。当不能进行重新检测或全数检测时，可建议采用最不利检测值进行结构性能评定。

9.3 混凝土保护层厚度检测

9.3.1 混凝土保护层厚度宜采用钢筋探测仪进行检测并应通过剔凿原位检测法进行验证。

9.3.2 剔凿原位检测混凝土保护层厚度应符合下列规定：

　　1 采用钢筋探测仪确定钢筋的位置；

　　2 在钢筋位置上垂直于混凝土表面成孔；

　　3 以钢筋表面至构件混凝土表面的垂直距离作为该测点的保护层厚度测试值。

9.3.3 采用剔凿原位检测法进行验证时，应符合下列规定：

　　1 应采用钢筋探测仪检测混凝土保护层厚度；

2 在已测定保护层厚度的钢筋上进行剔凿验证，验证点数不应少于本标准表 3.4.4 中 B 类且不应少于 3 点；构件上能直接量测混凝土保护层厚度的点可计为验证点；

3 应将剔凿原位检测结果与对应位置钢筋探测仪检测结果进行比较，当两者的差异不超过±2mm时，判定两个测试结果无明显差异；

4 当检验批有明显差异校准点数在本标准表 3.4.5-2 控制的范围之内时，可直接采用钢筋探测仪检测结果；

5 当检验批有明显差异校准点数超过本标准表 3.4.5-2 控制的范围时，应对钢筋探测仪量测的保护层厚度进行修正；当不能修正时应采取剔凿原位检测的措施。

9.3.4 工程质量检测时，混凝土保护层厚度的抽检数量及合格判定规则，宜按现行国家标准《混凝土结构工程施工质量验收规范》GB 50204 的有关规定执行。

9.3.5 结构性能检测时，检验批混凝土保护层厚度检测应符合下列规定：

1 应将设计要求的混凝土保护层厚度相同的同类构件作为一个检验批，按本标准表 3.4.4 中 A 类确定受检构件的数量；

2 随机抽取构件，对于梁、柱类应对全部纵向受力钢筋混凝土保护层厚度进行检测；对于墙、板类应抽取不少于 6 根钢筋（少于 6 根钢筋时应全检），进行混凝土保护层厚度检测；

3 将各受检钢筋混凝土保护层厚度检测值按本标准第 3.4.7 条计算均值推定区间；

4 当均值推定区间上限值与下限值的差值不大于其均值的 10% 时，该批钢筋混凝土保护层厚度检测值可按推定区间上限值或下限值确定；

5 当均值推定区间上限值与下限值的差值大于其均值的 10% 时，宜补充检测或重新划分检验批进行检测。当不具备补充检测或重新检测条件时，应以最不利检测值作为该检验批混凝土保护层厚度检测值。

9.4 混凝土中钢筋直径检测

9.4.1 混凝土中钢筋直径宜采用原位实测法检测；当需要取得钢筋截面积精确值时，应采取取样称量法进行检测或采取取样称量法对原位实测法进行验证。当验证表明检测精度满足要求时，可采用钢筋探测仪检测钢筋公称直径。

9.4.2 原位实测法检测混凝土中钢筋直径应符合下列规定：

1 采用钢筋探测仪确定待检钢筋位置，剔除混凝土保护层，露出钢筋；

2 用游标卡尺测量钢筋直径，测量精确

到 0.1mm；

3 同一部位应重复测量 3 次，将 3 次测量结果的平均值作为该测点钢筋直径检测值。

9.4.3 取样称量法检测钢筋直径应符合下列规定：

1 确定待检测的钢筋位置，沿钢筋走向凿开混凝土保护层，截除长度不小于 300mm 的钢筋试件；

2 清理钢筋表面的混凝土，用 12% 盐酸溶液进行酸洗，经清水漂净后，用石灰水中和，再以清水冲洗干净；擦干后在干燥器中至少存放 4h，用天平称重；

3 钢筋实际直径按下式计算：

$$d = 12.74 \sqrt{w/l} \qquad (9.4.3)$$

式中：d——钢筋实际直径，精确至 0.01mm；

w——钢筋试件重量，精确至 0.01g；

l——钢筋试件长度，精确至 0.1mm。

9.4.4 采用钢筋探测仪检测钢筋公称直径应符合现行行业标准《混凝土中钢筋检测技术规程》JGJ/T 152 的有关规定。

9.4.5 检验批钢筋直径检测应符合下列规定：

1 检验批应按钢筋进场批次划分；当不能确定钢筋进场批次时，宜将同一楼层或同一施工段中相同规格的钢筋作为一个检验批；

2 应随机抽取 5 个构件，每个构件抽检 1 根；

3 应采用原位实测法进行检测；

4 应将各受检钢筋直径检测值与相应钢筋产品标准进行比较，确定该受检钢筋直径是否符合要求；

5 当检验批受检钢筋直径均符合要求时，应判定该检验批钢筋直径符合要求；当检验批存在 1 根或 1 根以上受检钢筋直径不符合要求时，应判定该检验批钢筋直径不符合要求；

6 对于判定为符合要求的检验批，可建议采用设计的钢筋直径参数进行结构性能评定；对于判定为不符合要求的检验批，宜补充检测或重新划分检验批进行检测。当不具备补充检测或重新检测条件时，应以最小检测值作为该批钢筋直径检测值。

9.5 构件中钢筋锈蚀状况检测

9.5.1 混凝土中钢筋锈蚀状况应在对使用环境和结构现状进行调查并分类的基础上，按约定抽样原则进行检测。

9.5.2 混凝土中钢筋锈蚀状况宜采用原位检测、取样检测等直接法进行检测，当采用混凝土电阻率、混凝土中钢筋电位、锈蚀电流、裂缝宽度等参数间接推定混凝土中钢筋锈蚀状况时，应采用直接检测法进行验证。

9.5.3 原位检测可采用游标卡尺直接量测钢筋的剩余直径、蚀坑深度、长度及锈蚀物的厚度，推算钢筋的截面损失率。取样检测可通过截取钢筋，按本标准第 9.4.3 条检测剩余直径并计算钢筋的截面损失率。

9.5.4 钢筋的截面损失率应按下式进行计算，当钢筋的截面损失率大于5%，应按本标准第9.6节进行锈蚀钢筋的力学性能检测。

$$l_{s,a} = (d/d_s)^2 \times 100\% \qquad (9.5.4)$$

式中：d——钢筋直径实测值，精确至0.1mm；

d_s——钢筋公称直径；

$l_{s,a}$——钢筋的截面损失率，精确至0.1%。

9.5.5 混凝土中钢筋电位的检测应符合现行行业标准《混凝土中钢筋检测技术规程》JGJ/T 152的有关规定。

9.5.6 混凝土的电阻率宜采用四电极混凝土电阻率检测仪进行检测；混凝土中钢筋锈蚀电流宜采用基于线形极化原理的检测仪器进行检测。检测时，应按相关仪器说明进行操作。

9.5.7 采用综合分析判定方法检测裂缝宽度、钢筋保护层厚度、混凝土强度、混凝土碳化深度、混凝土中有害物质含量等参数时应符合本标准的相关规定。

9.6 钢筋力学性能检测

9.6.1 混凝土中钢筋的力学性能应采用取样法进行检测，截取钢筋试件应符合下列规定：

　　1 截取钢筋时应采取必要措施，确保受检构件和结构的安全；

　　2 钢筋截取位置宜选在在应力较小的部位；

　　3 钢筋试件的长度应满足钢筋力学性能试验方法的要求。

9.6.2 需要进行批量检测时，检验批应根据进场批次进行划分；当无法确定进场批次或无法确定进场批次与结构中位置的对应关系时，检验批宜以同一楼层或同一施工段中的同类构件划分。

9.6.3 工程质量检测时，钢筋抽检数量和合格判定规则应按相关产品标准的要求执行。对于判定为符合要求的检验批，可采用设计规范规定的钢筋力学性能参数进行结构性能评定；对于判定为不符合要求的检验批，应提供每个受检钢筋的检测数据。必要时，建议进行结构性能检测。

9.6.4 结构性能检测时，检验批钢筋力学性能检测应符合下列规定：

　　1 将配置有同一规格钢筋的构件作为一个检验批，并应按本标准表3.4.4确定受检构件的数量；

　　2 随机抽取构件，每个构件截取1根钢筋，截取钢筋总数不应少于6根；当检测结果仅用于验证时，可随机截取2根钢筋进行力学性能检验；

　　3 应将各受检钢筋力学性能检测值按本标准第3.4.7条计算特征值推定区间；

　　4 当特征值推定区间上限值与下限值的差值不大于其均值的10%时，该批钢筋力学性能检测值可按推定区间下限值确定；当特征值推定区间上限值与下限值的差值大于其均值的10%时，宜补充检测或重新

划分检验批进行检测。当不具备补充检测或重新检测条件时，应以最小检测值作为该批钢筋力学性能检测值。

9.6.5 受损钢筋的力学性能宜在损伤状况调查基础上分类进行检测，同一损伤类别中的钢筋应根据约定抽样原则选取，并宜取力学参数的最低检测值作为该类别受损钢筋力学性能的检测值。

10 混凝土构件损伤检测

10.1 一般规定

10.1.1 混凝土构件的损伤可分为火灾损伤、环境作用损伤和偶然作用损伤等。

10.1.2 混凝土构件的损伤检测应在损伤原因识别的基础上，根据损伤程度选择检测项目和相应的检测方法。

10.1.3 对损伤结构进行全面检测前，应检查可能出现的结构坍塌、构件或配件脱落等安全隐患，并应对检测现场可能存在的有毒、有害物质等进行调查。

10.1.4 对于碰撞等偶然作用造成的局部损伤，可记录损伤的位置与损伤的程度。

10.1.5 混凝土构件的受损伤影响层厚度可按本标准附录F、附录G的有关规定进行检测。

10.2 火灾损伤检测

10.2.1 混凝土结构的火灾损伤检测，应通过全面的外观检查将损伤识别为下列五种状态：

　　1 未受火灾影响；

　　2 表面或表层性能劣化；

　　3 构件损伤；

　　4 构件破坏；

　　5 局部坍塌。

10.2.2 未受火灾影响状态的识别特征应为装饰层完好或仅出现被熏黑现象。对该状态的区域可选取少量构件进行混凝土强度、构件尺寸和构件钢筋配置情况的抽查。

10.2.3 表面或表层性能劣化状态的识别特征应为装饰层脱落、构件混凝土被熏黑或混凝土表面颜色改变。

10.2.4 对表面或表层性能劣化状态的区域，除应按本标准第10.2.2条进行检测外，宜进行下列专项的检测：

　　1 受影响层厚度；

　　2 可能存在的空鼓区域；

　　3 受影响层的混凝土力学性能。

10.2.5 对构件损伤状态的识别特征应为混凝土出现龟裂、剥落、钢筋外露等，但构件不应有超过有关规范限值的位移与变形。

10.2.6 对构件损伤状态的区域除进行适量的常规检测外，宜进行下列项目的专项检测：

1 逐个记录损伤的位置或面积；

2 逐个检测损伤的程度，检测裂缝的宽度或深度，检测混凝土损伤层的厚度；

3 检测损伤层混凝土力学性能；

4 取样检测钢筋力学性能；

5 梁板类构件可能存在的挠度和墙柱类构件可能存在的倾斜。

10.2.7 构件破坏状态的识别特征应为梁板类构件产生明显不可恢复性变形、严重开裂，墙柱类构件产生明显的倾斜和梁柱节点出现位移或破坏。

10.2.8 对构件破坏状态的区域应对构件逐个予以说明并取得现场的影像资料，检测构件的位移或变形。

10.2.9 对于已坍塌部分，可进行范围的描述并取得现场情况的影像资料。

10.2.10 对于难以现场检测的性能参数时，评估火场温度对其的影响，可采取模拟试验的方法。

10.3 环境作用损伤检测

10.3.1 遇到下列情况之一时，可对环境作用造成的构件损伤进行检测：

1 硬化混凝土遭受冻融影响；

2 新拌混凝土遭受冻害影响；

3 硫酸盐侵蚀的环境；

4 高温、高湿环境；

5 造成钢筋锈蚀的一般环境和氯盐侵蚀环境；

6 化学物质影响环境；

7 生物侵蚀环境；

8 气蚀和磨损条件。

10.3.2 环境作用损伤的检测，应通过外观检查将其识别成下列四种状态：

1 未见材料性能劣化；

2 存在材料性能劣化；

3 出现构件损伤；

4 构件结构性能受到严重影响。

10.3.3 现场检查时宜以下列现象或状况作为未见构件材料性能劣化状态的识别依据：

1 建筑装饰层完好无损；

2 构件抹灰层完好无损；

3 构件混凝土暴露但不存在遭受环境作用的条件。

10.3.4 现场检查时宜以下列现象或状况作为存在材料性能劣化状态的识别依据：

1 构件混凝土暴露在室外环境中且使用年数较长；

2 构件混凝土暴露在室外环境中且有附着的生物；

3 构件浸泡在水中；

4 出现渗水的构件；

5 直接与土壤接触的部分；

6 直接暴露在水流或高速气流的部分；

7 直接暴露在侵蚀性气体或液体中的构件；

8 受到摩擦影响的表面；

9 冬期施工且未采取蓄热养护措施构件的表层。

10.3.5 对存在材料性能劣化状态区域的检测应包括下列项目：

1 外观状态检查；

2 性能受影响层厚度检测；

3 影响层混凝土力学性能检测。

10.3.6 当需要推定碳化等造成的材料性能劣化区域剩余使用年限时，可按本标准第11章进行检验。

10.3.7 现场检查时宜以下列现象或状况作为出现损伤构件状态的识别依据，出现损伤的构件应评定为达耐久性极限状态的构件。

1 构件出现裂缝，包括顺筋裂缝、贯通断面裂缝和表面裂纹和龟裂；

2 混凝土保护层脱落；

3 构件混凝土出现起砂现象；

4 构件混凝土水泥石脱落；

5 裸露的钢筋出现锈蚀现象。

10.3.8 出现损伤构件的检测项目宜包括损伤的面积、深度和位置，必要时应提出进行构件承载力评定的建议。

10.3.9 现场检查时宜以下列现象或状况作为构件结构性能受到严重影响状态的识别依据；对于受到严重影响的构件应建议进行构件承载力评定。

1 混凝土大面积剥落；

2 钢筋明显锈蚀；

3 构件出现明显的不可恢复性变形。

10.3.10 对于受到严重影响的构件宜进行下列项目的检测：

1 钢筋锈蚀量及锈蚀钢筋的力学性能；

2 混凝土损伤深度、面积与位置；

3 构件变形的检测。

11 环境作用下剩余使用年限推定

11.1 一般规定

11.1.1 环境作用下剩余使用年限推定宜提供自检测时刻起至出现构件损伤标志时的剩余使用年限的估计值。

11.1.2 环境作用下剩余使用年限推定可分为碳化剩余使用年限和冻融损伤剩余使用年限等项目。

11.1.3 环境作用下剩余使用年限推定宜对结构中混凝土品种相同、所处的环境情况和防护措施基本相近的构件进行归并、分类，从每个类别中选择典型构件或区域进行检测。

11.2 碳化剩余使用年限推定

11.2.1 碳化剩余使用年限推定可用于推定自检测时刻起至钢筋开始锈蚀的剩余年限或检测时刻起至钢筋具备锈蚀条件的剩余年限。

11.2.2 碳化剩余使用年限可采用已有碳化模型、校准碳化模型或实测碳化模型的方法进行推定。

11.2.3 利用已有碳化模型和校准碳化模型的方法时，均应检测构件混凝土实际碳化深度并确定构件混凝土实际碳化时间。

11.2.4 已有碳化模型的验证应符合下列规定：

   1 应将混凝土实际碳化时间、混凝土参数及环境实际参数带入选定的碳化模型，计算碳化深度。

   2 实测碳化深度与计算碳化深度之差的绝对值应按下式计算：

$$\Delta_D = | D_0 - D_{cal} | \quad (11.2.4)$$

式中：Δ_D——实测碳化深度与计算碳化深度之差的绝对值，精确至 0.1mm；

   D_0——实测碳化深度，精确至 0.1mm；

   D_{cal}——实测碳化深度，精确至 0.1mm。

   3 当满足 Δ_D 不大于 2mm 或 Δ_D 不大于 $0.1D_0$ 时，可利用该模型推定碳化剩余使用年限；当两个条件均不能满足时，应采取校准碳化模型的方法。

11.2.5 利用已有碳化模型推定碳化剩余使用年限可按下列步骤进行：

   1 将钢筋的实际保护层厚度带入选定的碳化模型，计算碳化达到钢筋表面所需的时间。

   2 碳化达到钢筋表面的剩余时间按下式计算：

$$t_e = t_c - t_0 \quad (11.2.5)$$

式中：t_e——碳化达到钢筋表面的剩余时间（年）；

   t_c——碳化达到钢筋表面的时间（年）；

   t_0——已经碳化的时间（年）。

   3 对于干湿交替环境或室外环境，以 t_e 作为钢筋开始锈蚀的剩余年限；对于干燥环境，以 t_e 作为钢筋具备锈蚀条件的剩余年限。

11.2.6 选定碳化模型校准应符合下列规定：

   1 将碳化模型的所有参数实测值或经验值代入选定碳化模型计算碳化深度；

   2 将计算碳化深度与实测碳化深度进行比较，确定应调整的参数、参数的系数或参数在碳化模型的函数关系；

   3 采用调整后的模型计算 D_{cal}，直至满足本标准第 11.2.4 条第 3 款的要求。

11.2.7 利用校准碳化模型的碳化剩余年限应使用校正后的碳化模型按本标准第 11.2.5 条的有关规定进行推定。

11.2.8 实测碳化模型的确定应符合下列规定：

   1 实测不应少于 20 个碳化深度数据；

   2 应计算碳化深度均值推定区间；

   3 当均值推定区间上限值与下限值的差值不大于其均值的 10% 时，应以均值作为该批混凝土碳化深度的代表值；

   4 碳化系数可按下式计算：

$$k_c = D_m / \sqrt{t_0} \quad (11.2.8-1)$$

式中：k_c——碳化系数；

   D_m——该批混凝土碳化深度的代表值；

   t_0——已经碳化的时间（年）。

   5 实测碳化模型可用下式表示：

$$D = k_c \sqrt{t} \quad (11.2.8-2)$$

11.2.9 利用实测碳化模型碳化剩余年限的推定应符合本标准第 11.2.5 条的有关规定。

11.3 冻融损伤剩余使用年限推定

11.3.1 冻融损伤剩余使用年限可用于推定自检测时刻起至混凝土出现表面损伤的剩余年限。

11.3.2 冻融损伤剩余使用年限可采用取样比对冻融试验的方法推定。

11.3.3 取样比对冻融试验方法应从结构中取得遭受冻融影响和未遭受冻融影响试样，进行冻融试验，通过比较推定冻融损伤剩余年限。

11.3.4 取样及试样的加工应符合下列规定：

   1 在受到相同冻融影响的构件上钻取混凝土芯样，芯样数量不应少于 6 个，芯样直径不应小于 100mm，长度不应小于 200mm，所有芯样均应带有受冻影响层；

   2 将同组的 6 个芯样编号，并将每个芯样锯切成两个试件，试件的高度不应小于 100mm，其中带有受影响表面的芯样应作为测试试件，未受冻融影响的芯样应作为比对试件；

   3 应对同组的 6 个测试试件和 6 个比对试件同时进行冻融试验。

11.3.5 冻融试验和相关参数的确定可按下列步骤进行：

   1 混凝土经历冻融环境的实际年数用 t_0 表示；

   2 将 12 个试件浸泡 4h～5h，晾至表干，检测试件表面的里氏硬度值，测试试件检测面为遭受冻融影响的表面，测试结果用 $LH_{c,i}$ 表示；比对试件的检测面为与测试试件最接近的表面，测试结果用 $LH_{bo,i}$ 表示；

   3 称量所有试件的质量并分别予以记录；

   4 按现行国家标准《普通混凝土长期性能和耐久性能试验方法标准》GB/T 50082 的有关规定对 12 个试件进行冻融循环试验；

   5 对于测试试件，每次冻融循环观察试样的损伤情况，并称取试件的质量。当试样的质量损失率达到 5% 或冻融循环超过 300 次时可停止试验，记录试件经受的冻融循环次数 $N_{D,i}$；

6 对于比对试件，每次冻融循环后将试件取出，晾至表干，检测受冻融检验面的里氏硬度 $LH_{b,i}$，当 $LH_{b,i}$ 小于 $LH_{c,i}$ 时，继续试验至比对试件满足 $LH_{b,i}$ = $LH_{c,i}$，然后停止试验，记录该试件经历的冻融循环次数 $N_{d,i0}$。

11.3.6 取样比对冻融检验方法的检验结果可按下列方法计算：

1 试件年当量冻融循环次数可按下式计算：

$$N_{cal,i} = N_{d,i0}/t_0 \qquad (11.3.6\text{-}1)$$

式中：$N_{cal,i}$ ——试件年当量冻融循环次数计算值；

$N_{d,i0}$ ——比对试件表面硬度降至与测试试件表面硬度值相当时所经历的标准冻融循环次数；

t_0 ——已经冻融的时间（年）。

2 测试试件出现表面损伤时的换算年数可按下式计算：

$$t_{cal,i} = N_{D,i}/N_{cal,i} \qquad (11.3.6\text{-}2)$$

式中：$t_{cal,i}$ ——测试试件出现表面损伤时的换算年数；

$N_{D,i}$ ——测试试样停止试验时所经历的冻融循环次数。

11.3.7 结构混凝土冻融损伤剩余年限 t_e 可按下列方法推定：

1 当 6 个测试试件均为超过规定的冻融循环次数而停止冻融试验时，可取换算年数中的最小值作为 t_e；

2 当 6 个测试试件部分为超过规定的冻融循环次数而停止冻融试验时，可将这部分数据舍弃，取剩余换算年数中的最大值作为 t_e；

3 当 6 个测试试件均为质量损失达到限值而停止试验时，可计算换算年数的算术平均值 $t_{cal,m}$ 和换算年数的最小值 $t_{cal,min}$，以 $t_{cal,min} \sim t_{cal,m}$ 作为 t_e 的推定区间。

12 结构构件性能检验

12.1 一般规定

12.1.1 结构构件性能检验可分为静载检验和动力测试。

12.1.2 结构构件性能检验时，应根据现场调查、检测和计算分析的结果，预测检验过程中结构的性能，并应考虑相邻的结构构件、组件或整个结构之间的影响。

12.1.3 现场批量生产的预制构件结构性能检验应符合现行国家标准《混凝土结构工程施工质量验收规范》GB 50204 的有关规定。

12.2 静载检验

12.2.1 静载检验可分为结构构件的适用性检验、安全性检验和承载力检验。

12.2.2 静载检验构件应按约定抽样原则从结构实体中选取，选取时应综合考虑下列因素：

1 该构件计算受力最不利；

2 该构件施工质量较差、缺陷较多或病害及损伤较严重；

3 便于搭设脚手架，设置测点或实施加载。

12.2.3 静载检验所用仪器仪表的精度要求、安装调试以及数据的测读和记录应符合现行国家标准《混凝土结构试验方法标准》GB/T 50152 的有关规定。

12.2.4 静载检验所用荷载和加载图式应符合计算简图，当采用等效荷载时，应对等效荷载产生的差别作适当修正。

12.2.5 确定检验荷载应符合下列规定：

1 结构构件适用性检验荷载应根据结构构件正常使用极限状态荷载短期效应组合的设计值和加载图式经换算确定。荷载短期效应组合的设计值应按现行国家标准《建筑结构荷载规范》GB 50009 的有关规定计算确定，或由设计文件提供。

2 结构构件安全性检验荷载应根据结构构件承载能力极限状态荷载效应组合的设计值和加载图式经换算确定。荷载效应组合的设计值应按现行国家标准《建筑结构荷载规范》GB 50009 的有关规定计算确定，或由设计文件提供。

3 结构构件承载力检验荷载应根据结构构件承载能力极限状态荷载效应组合的设计值、加载图式和承载力检验标志经换算确定。

4 当设计有专门要求时，宜采用设计要求的检验荷载值。

12.2.6 静载检验应选择下列基本观测项目进行观测：

1 构件的最大挠度；

2 支座处的位移；

3 控制截面应变；

4 裂缝的出现与扩展情况。

12.2.7 进行结构构件适用性检验时，尚应根据委托方的要求选择下列参数进行观测：

1 装饰装修层的应变；

2 管线位移和变形；

3 设备的相对位移及运行情况。

12.2.8 检验荷载应分级施加，每级荷载、累积荷载及其作用下观测数据的数值应通过计算分析确定。

12.2.9 静载检验时，可选择下列指标作为停止加载工作的标志：

1 控制测点变形达到或超过规范允许值；

2 控制测点应变达到或超过计算理论值；

3 出现裂缝或裂缝宽度超过规范允许值；

4 出现检验标志；

5 检验荷载超过计算值。

12.2.10 每级荷载施加后应稳定测读相应的测试数据并及时与计算值进行比较，观察构件、支承的表面情况，必要时应观察相邻构件、附属设备与设施等的状态变化，当出现本标准第12.2.9条的现象时可停止加载。

12.2.11 全部荷载加完后或停止加载工作后应进行下列工作：

1 应分级卸载，测读数据，观察并记录构件表面情况；

2 卸除全部荷载并达到变形恢复持续时间后，应再次测读数据，观察并记录表面情况。

12.2.12 当按现行国家标准《混凝土结构设计规范》GB 50010 规定的挠度允许值进行检验时，挠度数据整理应符合下列规定：

1 消除支座沉降影响后实测的跨中最大挠度应按下式计算：

$$a_q^0 = u_m^0 - \frac{u_l^0 + u_r^0}{2}$$ (12.2.12-1)

式中：a_q^0——消除支座沉降影响后实测的跨中最大挠度；

u_l^0——左端支座的沉降位移实测值；

u_r^0——右端支座的沉降位移实测值；

u_m^0——包括支座沉降在内的跨中挠度实测值。

2 考虑自重等修正后的跨中最大挠度可按下式计算：

$$a_s^0 = (a_q^0 + a_g^c)\psi$$ (12.2.12-2)

式中：a_s^0——考虑自重等修正后的跨中最大挠度；

a_g^c——构件自重和加载设备重产生的跨中挠度值；

ψ——用等效集中荷载代替均布荷载时的修正系数。

3 考虑自重等修正后的跨中最大挠度可按下式计算：

$$a_g^c = \frac{M_g}{M_b}a_b^0$$ (12.2.12-3)

式中：M_g——构件自重和加载设备重产生的跨中弯矩值；

M_b、a_b^0——从外加荷载开始至弯矩—挠度曲线出现拐点的前一级荷载产生的跨中弯矩值和跨中挠度实测值。

4 构件长期挠度可按下式计算：

$$a_l^0 = \frac{M_l(\theta-1) + M_s a_s^0}{M_s}$$ (12.2.12-4)

式中：a_l^0——构件长期挠度值；

M_l——按荷载长期效应组合计算的弯矩值；

M_s——按荷载短期效应组合计算的弯矩值；

θ——考虑荷载长期效应组合对挠度增大的影响系数。

5 确定受弯构件的弹性挠度曲线，可采用有限

差分法，此时测点数目不应少于5个。

12.2.13 静载检验检测报告除应满足本标准第3.5.3条要求外，还应提供下列内容：

1 检验过程描述；

2 测点布置、荷载简图；

3 主要测点相对残余变形；

4 主要测点实测变形与荷载的关系曲线；

5 主要测点实测变形与相应的理论计算值的对照表及关系曲线。

12.2.14 静载检验结果可按下列规定进行评定：

1 在构件适用性检验荷载作用下，经修正后的实测挠度值和裂缝宽度不应大于现行国家标准《混凝土结构设计规范》GB 50010 等相关设计规范要求的限值、附属设备、设施未出现影响正常使用的状态，此时，受检构件适用性可评定为满足要求。

2 在构件安全性检验荷载作用下，当受检构件无明显破坏迹象，实测挠度值满足下列条件之一时，可评定受检构件安全性满足要求。

1）实测挠度值小于相应的理论计算值；

2）实测挠度与荷载基本保持线性关系；

3）构件残余挠度不大于最大挠度的20%。

12.2.15 结构构件承载力的荷载检验应按下列规定进行：

1 宜将受检构件从结构中移出，在场地附近按现行国家标准《混凝土结构工程施工质量验收规范》GB 50204 的有关规定进行检验。

2 确有把握时，构件承载力的检验可在原位进行，完成检验目标后应迅速卸载。

3 构件极限状态承载能力荷载检验停止加载或合格性判定指标，应按现行国家标准《混凝土结构试验方法标准》GB/T 50152 中相应承载力极限状态的标志确定。

12.3 动 力 测 试

12.3.1 动力测试可适用于结构动力特性测试和结构动力反应的检测。

12.3.2 结构动力特性测试宜选用脉动试验法，在满足测试要求的前提下也可选用初位移等其他激振方法。

12.3.3 混凝土结构动力反应宜选用可稳定再现的动荷载作为检验荷载。当需确定基桩施工、设备运行等非标准动荷载作用下的动力反应时，应对该荷载的再现性进行约定。

12.3.4 动力测试的测试系统，可采用电磁式测试系统、压电式测试系统、电阻应变式测试系统或光电式测试系统。在选择测试系统时，应注意选择测振仪器的技术指标，使传感器、放大器、记录装置组成的测试系统的灵敏度、动态范围、幅频特性和幅值范围等技术指标满足被测结构动力特性范围的要求。

12.3.5 动力测试前，应对测试系统的灵敏度、幅频特性、相频特性线性度等进行标定，标定宜采用系统标定。

12.3.6 结构动力特性测试时，测点布置应结合混凝土结构形式综合确定，并宜避开振型的节点。

12.3.7 检测结构振型时，可选用下列方法：

1 在所要检测混凝土结构振型的峰、谷点上布设测振传感器，用放大特性相同的多路放大器和记录特性相同的多路记录仪，同时测记各测点的振动响应信号。

2 将结构分成若干段，选择某一分界点作为参考点，在参考点和各分界点分别布设测振传感器（拾振器），用放大特性相同的多路放大器和记录特性相同的多路记录仪，同时测记各测点的振动响应信号。

12.3.8 结构动力特性测试的数据处理，应符合下列规定：

1 时域数据处理：对记录的测试数据应进行零点漂移、记录波形和记录长度的检验；被测试结构的自振周期，可在记录曲线上比较规则的波形段内取有限个周期的平均值；被测试结构的阻尼比，可按自由衰减曲线求取，在采用稳态正弦波激振时，可根据实测的共振曲线采用半功率点法求取；被测试结构各测点的幅值，应采用记录信号幅值除以测试系统的增益，并应按此求得振型。

2 频域数据处理：对频域中的数据应采用滤波、零均值化方法进行处理；被测试结构的自振频率，可采用自谱分析或傅里叶谱分析方法求取；被测试结构的阻尼比，宜采用自相关函数分析、曲线拟合法或半功率点法确定；被测试结构的振型，宜采用自谱分析、互谱分析或传递函数分析方法确定；对于复杂结构的测试数据，宜采用谱分析、相关分析或传递函数分析等方法进行分析。

附录 A 混凝土抗压强度现场检测方法

A.1 一般规定

A.1.1 本方法适用于结构或构件混凝土抗压强度的检测。

A.1.2 混凝土抗压强度可采用回弹法、超声—回弹综合法、后装拔出法、后锚固法等间接法进行检测，也可采用直接检测抗压强度的钻芯法进行检测。

A.1.3 检测混凝土抗压强度所用仪器应通过技术鉴定，并应具有产品合格证书和检定证书。

A.1.4 除了有特殊的检测目的之外，混凝土抗压强度检测方法的选择应符合下列规定：

1 采用回弹法时，被检测混凝土的表层质量应具有代表性，且混凝土的抗压强度和龄期不应超过相应技术标准限定的范围；

2 采用超声回弹综合法时，被检测混凝土的内外质量应无明显差异，并宜具有超声对测面；

3 采用后装拔出法和后锚固法时，被检测混凝土的表层质量应具有代表性；

4 当被检测混凝土的表层质量不具有代表性时，应采用钻芯法；

5 回弹法、超声回弹综合法或后装拔出法的检测结果，宜进行钻芯修正或利用同条件养护立方体试块的抗压强度进行修正。

A.1.5 采用钻芯法对回弹法、超声回弹综合法、后装拔出法或后锚固法进行修正时，应符合本标准附录C的规定。

A.2 回弹法检测混凝土抗压强度

A.2.1 回弹法所采用的回弹仪应符合现行行业标准《混凝土回弹仪》JJG 817的有关规定，并应符合下列标准状态的要求：

1 水平弹击时，在弹击锤脱钩的瞬间，回弹仪弹击锤的冲击能量应为2.207J；

2 弹击锤与弹击杆碰撞的瞬间，弹击弹簧应处于自由状态；

3 在洛氏硬度HRC为60±2的钢砧上，回弹仪的率定值为80±2。

A.2.2 回弹法测区应符合下列规定：

1 当需要进行单个构件推定时，每个构件布置的测区数不宜少于10个；当不需要进行单个构件推定时，每个构件布置的测区数可适当减少，但不应少于3个；

2 测区离构件端部或施工缝边缘的距离不宜小于0.2m；

3 测区应选在使回弹仪处于水平方向检测混凝土浇筑侧面。当不能满足这一要求时，可使回弹仪处于非水平方向检测混凝土浇筑侧面、表面或底面；

4 测区宜选在构件的两个对称可测面上，也可选在一个可测面上，且应均匀分布。在构件的重要部位和薄弱部位应布置测区；

5 测区面积不宜大于0.04m²；

6 检测面应为混凝土面，并应清洁、平整，不应有疏松、浮浆及蜂窝、麻面；

7 测区应有清晰的编号。

A.2.3 测区回弹值测量应符合下列规定：

1 检测时，回弹仪的轴线应始终垂直于检测面，缓慢施压，准确读数，快速复位。

2 测点应在测区范围内均匀分布，相邻两测点的净距不宜小于20mm；测点距外露钢筋、预埋件的距离不宜小于30mm。弹击时应避开气孔和外露石子，同一测点只应弹击一次，读数估读至1。每一个测区应记取16个回弹值。

3 同一测区 16 个回弹值中的 3 个最大值和 3 个最小值应直接剔除，计算余下的 10 个回弹值的平均值。

4 应根据现行行业标准《回弹法检测混凝土抗压强度技术规程》JGJ/T 23 的有关规定对回弹平均值进行修正，以修正后的平均值作为该测区回弹的代表值。

A.2.4 碳化深度值测量应符合下列规定：

1 回弹值测量完毕后，应在有代表性的位置测量碳化深度值；测量数不应少于构件测区数的 30%，取其平均值作为该构件所有测区的碳化深度值；

2 碳化深度值测量可按本标准附录 F 中方法进行。

A.2.5 测区混凝土抗压强度换算值应根据现行行业标准《回弹法检测混凝土抗压强度技术规程》JGJ/T 23 的有关规定进行计算。

A.2.6 单个构件混凝土抗压强度推定应符合下列规定：

1 当构件测区数量不少于 10 个时，该构件混凝土抗压强度推定值可按下式计算：

$$f_{cu,e} = m_{f_{cu}^c} - 1.645 s_{f_{cu}^c} \quad (A.2.6\text{-}1)$$

式中 $f_{cu,e}$——构件混凝土抗压强度推定值，精确至 0.1MPa；

$m_{f_{cu}^c}$——测区换算强度平均值，精确至 0.1MPa；

$s_{f_{cu}^c}$——测区换算强度标准差，精确至 0.01MPa。

2 当构件测区数量少于 10 个时，该构件混凝土抗压强度推定值应按下式计算：

$$f_{cu,e} = f_{cu,min}^c \quad (A.2.6\text{-}2)$$

式中 $f_{cu,min}^c$——测区换算强度最小值，精确至 0.1MPa。

A.3 超声回弹综合法检测混凝土抗压强度

A.3.1 超声回弹综合法所采用的回弹仪应符合本标准第 A.2.1 条的要求。

A.3.2 超声回弹综合法所采用的超声仪应符合现行行业标准《混凝土超声波检测仪》JG/T 5004 的有关规定；换能器的工作频率宜在 50kHz～100kHz 范围内，其实测主频与标称主频相差不应超过 ±10%。

A.3.3 超声回弹综合法测区除应符合本标准第 A.2.2 条的要求外，尚应符合下列规定：

1 测区应选在构件的两个对称可测面上，并宜避开钢筋密集区；

2 同一个构件上的超声测距宜基本一致；

3 超声测线距与其平行的钢筋距离不宜小于 30mm。

A.3.4 测区回弹值测量应符合本标准第 A.2.3 条的要求。

A.3.5 测区声速测量应符合下列规定：

1 超声测点应布置在回弹测试的对应测区内，每一个测区布置 3 个测点；

2 超声测试时，换能器应通过耦合剂与混凝土测试面良好耦合；

3 声时测量应精确至 0.1μs，测距测量应精确至 1mm，声速计算精确至 0.01km/s；

4 以同一测区 3 个测点声速的平均值作为该测区声速的代表值。

A.3.6 测区混凝土抗压强度换算值计算应符合下列规定：

1 当不进行芯样修正时，测区混凝土抗压强度宜采用专用测强曲线或地区测强曲线换算；

2 当进行芯样修正时，测区混凝土抗压强度可按下列公式进行计算：

当粗骨料为卵石时：

$$f_{cu,i}^c = 0.0056 v_{ai}^{1.439} R_{ai}^{1.769} + \Delta_{cu,z} \quad (A.3.6\text{-}1)$$

当粗骨料为碎石时：

$$f_{cu,i}^c = 0.0162 v_{ai}^{1.656} R_{ai}^{1.410} + \Delta_{cu,z} \quad (A.3.6\text{-}2)$$

式中：$f_{cu,i}^c$——测区混凝土抗压强度换算值，精确至 0.1MPa；

v_{ai}——测区声速代表值，精确至 0.01km/s；

R_{ai}——测区回弹代表值，精确至 0.1；

$\Delta_{cu,z}$——修正量，按本标准附录 C 计算，当无修正时，$\Delta_{cu,z}$ 等于 0。

A.3.7 单个构件混凝土抗压强度推定应符合本标准第 A.2.6 条的要求。

A.4 后装拔出法检测混凝土抗压强度

A.4.1 后装拔出法所采用的拔出仪应满足下列要求：

1 额定拔出力应大于测试范围内的最大拔出力；

2 工作行程对于圆环式拔出试验装置不应小于 4mm；对于三点式拔出试验装置不应小于 6mm；

3 测力装置应具有峰值保持功能；

4 允许示值偏差应为 ±2%。

A.4.2 后装拔出法测区除应符合本标准第 A.2.2 条的要求外，尚应符合下列规定：

1 每个构件布置 3 个测区；当需要进行单个构件推定且出现最大拔出力或最小拔出力与中间值之差大于中间值的 15% 时，应在最小拔出力测区附近加测 2 个测区；

2 测区宜布置在混凝土浇筑侧面；当不能满足时，可布置在混凝土浇筑表面或底面；

3 在构件的重要部位和薄弱部位应布置测区；

4 测区离构件端部或施工缝边缘的距离不宜小于 4 倍锚固深度；相邻测区距离不宜小于 10 倍锚固深度。

A.4.3 拔出试验应符合下列规定：

1 在钻孔过程中，钻头应始终与混凝土表面保持垂直，垂直度偏差不应大于 $3°$。钻孔直径应不应小于仪器规定值 $0.1mm$，且不应大于 $1.0mm$，钻孔深度应比锚固深度深 $20mm\sim30mm$，锚固深度允许偏差应为 $\pm0.8mm$。

2 在混凝土孔壁磨环形槽时，磨槽机的定位圆盘应始终紧靠混凝土表面回转，磨出的环形槽应规整；环形槽深度应为 $3.6mm\sim4.5mm$。

3 应将胀簧插入成型孔内，通过胀杆使胀簧锚固台阶完全嵌入环形槽内。

4 拔出仪应与锚固拉杆对中连接，并与混凝土检测面垂直。

5 连续均匀施加拔出力，速度应控制在 $0.5kN/s\sim1.0kN/s$。

6 应继续施加拔出力至混凝土开裂破坏、测力显示器读数不再增加为止，记录极限拔出力，精确至 $0.1kN$。

A.4.4 测区混凝土抗压强度换算值计算应符合下列规定：

1 当不进行芯样修正时，测区混凝土抗压强度宜采用专用测强曲线或地区测强曲线换算；

2 当进行芯样修正时，测区混凝土抗压强度可按下式进行计算：

$$f^c_{cu,i} = 1.5F_i - 5.8 + \Delta_{cu,z} \qquad (A.4.4)$$

式中：$f^c_{cu,i}$——测区混凝土抗压强度换算值，精确至 $0.1MPa$；

F_i——极限拔出力，精确至 $0.1kN$；

$\Delta_{cu,z}$——修正量，按本标准附录 C 计算，当无修正时，$\Delta_{cu,z}$ 等于 0。

A.4.5 单个构件混凝土抗压强度推定应符合下列规定：

1 当最大拔出力和最小拔出力与中间值之差均小于中间值的 15% 时，应以测区换算强度最小值作为该构件混凝土抗压强度推定值；

2 当最大拔出力或最小拔出力与中间值之差大于中间值的 15% 时，应计算换算强度最小值和其附近加测的 2 个测区换算强度的平均值，以该平均值与前一次的中间值的较小值作为该构件混凝土抗压强度推定值。

附录 B 芯样混凝土抗压强度异常数据判别和处理

B.1 一般规定

B.1.1 本方法适用于芯样混凝土抗压强度异常数据的判别和处理。

B.1.2 在采用钻芯法修正或验证其他无损检测方法时，宜对芯样混凝土抗压强度异常值进行判别或处理。

B.1.3 本方法可在双侧情形判断样本中的异常值，即异常值是在两端都可能出现的极端值。

B.1.4 本方法规定在样本中检出异常值的个数的上限不应超过 2 个，当超过了 2 个时，对此样本的代表性，应作慎重的研究和处理。

B.2 异常值检验

B.2.1 统计量应按下式计算：

$$t = \left| \frac{m_x - x_k}{s_x} \sqrt{\frac{n-1}{n}} \right| \qquad (B.2.1)$$

式中：t——统计量；

x_k——样本中芯样强度最大值或最小值；

m_x——余下的 $n-1$ 个芯样强度平均值；

s_x——余下的 $n-1$ 个芯样强度标准差；

n——芯样样本数量。

B.2.2 当计算统计量 t 大于临界值 t_α 时，可认为 x_k 系粗大误差构成的异常值。

B.2.3 临界值 t_α 可按表 B.2.3 取值。

表 B.2.3 临界值 t_α

芯样数量（个）	4	5	6	7	8	9
t_α	2.92	2.35	2.13	2.02	1.94	1.89
芯样数量（个）	10	11	12	13	14	15
t_α	1.86	1.83	1.81	1.80	1.78	1.77

B.3 异常值处理

B.3.1 对检出的异常值，应寻找产生异常值的原因，作为处理异常值的依据。

B.3.2 剔除异常值应符合下列规定：

1 高端异常值可直接剔除；

2 在有充分理由说明其异常原因时，可剔除低端异常值；

3 当无充分理由说明其异常原因时，在低端异常值芯样邻近位置重新取样复测，根据复测结果，判断是否剔除。

B.3.3 芯样剔除应由主检签字认可，并应记录剔除的理由和必要的说明。

附录 C 混凝土换算抗压强度钻芯修正方法

C.0.1 本方法适用于混凝土换算抗压强度的钻芯修正。

C.0.2 钻芯修正可采用总体修正量、对应样本修正量、对应样本修正系数或——对应修正系数等修正方法，并宜优先采用总体修正量方法。

C. 0.3 钻芯修正时，芯样试件的数量和取芯位置应符合下列要求：

1 芯样数量可按下式预估：

$$n_{cor,r} = 400\delta^2 \qquad (C.0.3)$$

式中：$n_{cor,r}$——芯样数量；

δ——混凝土抗压强度变异系数。

对于直径 100mm 的芯样，芯样数量尚不应少于 6 个；对于小直径芯样，芯样数量尚不应少于 9 个。

2 芯样应从间接法受检构件中随机抽取，取芯位置应符合本标准第 A.5.3 条的规定。

3 当采用的间接法为无损检测方法时，取芯位置应与间接法相应的测区重合。

4 当采用的间接法对结构有损伤时，取芯位置应布置在间接法相应的测区附近。

C. 0.4 当采用总体修正量法时，芯样抗压强度应按本标准第 3.4.7 条的规定确定推定区间，推定区间上限与下限差值不应大于其均值的 10%。总体修正量和相应的修正可按下列公式计算：

$$\Delta_{tot} = f_{cor,m} - f^c_{cu,m} \qquad (C.0.4-1)$$

$$f^c_{cu,ai} = f^c_{cu,i} + \Delta_{tot} \qquad (C.0.4-2)$$

式中：Δ_{tot}——总体修正量（MPa）；

$f_{cor,m}$——芯样抗压强度的平均值（MPa）；

$f^c_{cu,m}$——测区混凝土换算强度的平均值（MPa）；

$f^c_{cu,ai}$——修正后测区混凝土换算强度；

$f^c_{cu,i}$——修正前测区混凝土换算强度。

C. 0.5 当采用对应样本修正量法时，修正量和相应的修正可按下列公式计算：

$$\Delta_{loc} = f_{cor,m} - f^c_{cu,r,m} \qquad (C.0.5-1)$$

$$f^c_{cu,ai} = f^c_{cu,i} + \Delta_{loc} \qquad (C.0.5-2)$$

式中：Δ_{loc}——对应样本修正量（MPa）；

$f^c_{cu,r,m}$——与芯样对应的测区换算强度均值（MPa）。

C. 0.6 当采用对应样本修正系数方法时，修正系数和相应的修正可按下列公式计算：

$$\eta_{loc} = f_{cor,m} / f^c_{cu,r,m} \qquad (C.0.6-1)$$

$$f^c_{cu,ai} = \eta_{loc} \times f^c_{cu,i} \qquad (C.0.6-2)$$

式中：η_{loc}——对应样本修正系数。

C. 0.7 当采用一一对应修正系数方法时，修正系数和相应的修正可按下列公式计算：

$$\eta = \frac{1}{n_{cor,r}} \sum_{i=1}^{n_{cor,r}} f_{cor,i} / f_{cu,r,i}^c \qquad (C.0.7-1)$$

$$f^c_{cu,ai} = \eta \times f^c_{cu,i} \qquad (C.0.7-2)$$

式中：η——一一对应修正系数；

$f_{cor,i}$——第 i 个芯样试件混凝土立方体抗压强度换算值（MPa）；

$f^c_{cu,r,i}$——与芯样对应的第 i 个测区被修正方法的换算抗压强度（MPa）。

C. 0.8 对单个构件或检验批混凝土抗压强度进行推定时，应以修正后测区混凝土换算强度进行计算。

附录 D 混凝土内部不密实区超声检测方法

D. 0.1 超声法检测混凝土内部缺陷时被测部位应满足下列要求：

1 被测部位应具有可进行检测的测试面，并保证测线能穿过被检测区域；

2 测试范围应大于有怀疑的区域，使测试范围内具有同条件的正常混凝土；

3 总测点数不应少于 30 个，且其中同条件的正常混凝土的对比用测点数不应少于总测点数的 60%，且不少于 20 个。

D. 0.2 检测结合面质量时应根据结合面位置确定测试部位，被测部位应具有使声波垂直或斜穿过结合面的测试条件。

D. 0.3 超声法检测混凝土内部缺陷时测点布置应符合下列规定：

1 当构件具有两对相互平行的测试面时，宜采用对测法，应在测试部位两对相互平行的测试面上分别画出等间距的网格，网格间距可为 100mm～300mm，大型构件可适当放宽，编号确定对应的测点位置（图 D.0.3-1）。

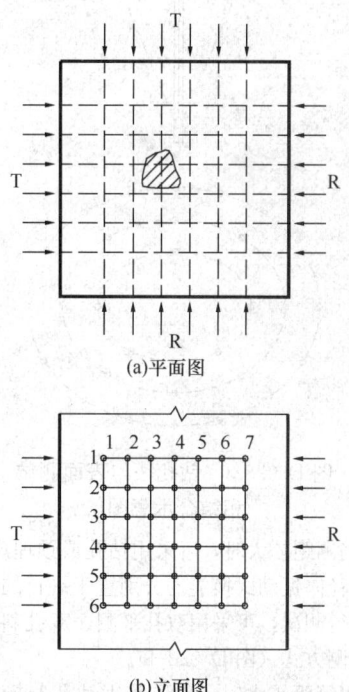

(a)平面图

(b)立面图

图 D.0.3-1 两对平行测试面对测法示意图

2 当构件具有一对相互平行的测试面时，宜采用对测和斜测相结合的方法，应在测试部位相互平行的测试面上分别画出等间距的网格，网格间距可为 100mm～300mm，大型构件可适当放宽，在对测的基础上进行交叉斜测（图 D.0.3-2）。

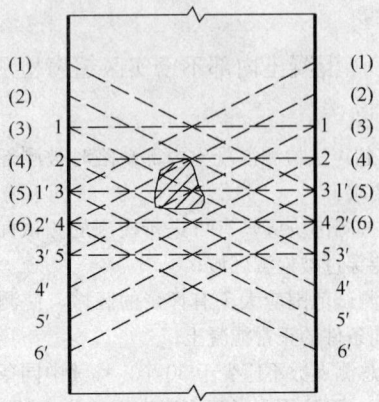

图 D.0.3-2 一对平行测试面斜测法示意图

3 当构件只具有一个测试面时，宜采用钻孔和表面测试相结合的方法，应在测试面中心钻孔，孔中放置径向振动式换能器作为发射点，以钻孔为中心不同半径的圆周上布置平面换能器的接收测点，同一圆周上测点间距一般为 100mm～300mm，不同圆周的半径相差 100mm～300mm，大型构件可适当放宽，同一圆周上的测点作为同一个构件数据进行分析（图 D.0.3-3）。

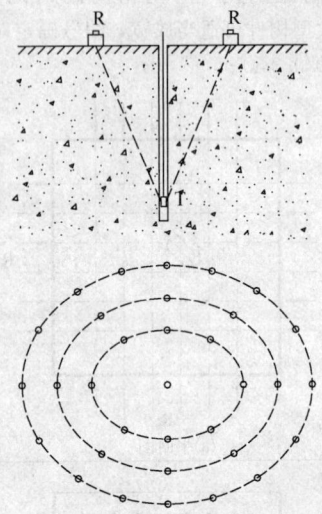

图 D.0.3-3 钻孔法与表面测试
相结合示意图

4 当测距较大时，可采用钻孔或预埋声测管法，应用两个径向振动式换能器分别置于平行的测孔或声测管中进行测试，可采用双孔平测、双孔斜测、扇形扫测的检测方式（图 D.0.3-4）。

5 当测距较大时，也可采用钻孔与构件表面对测相结合的方法，钻孔中径向振动式换能器发射，构件表面的平面换能器接收。可采用对测、斜测、扇形扫描的检测方式（图 D.0.3-5）。

6 当构件测试面不平行而是具有一对相互垂直或有一定夹角的测试面时，应在一对测试面上分别画

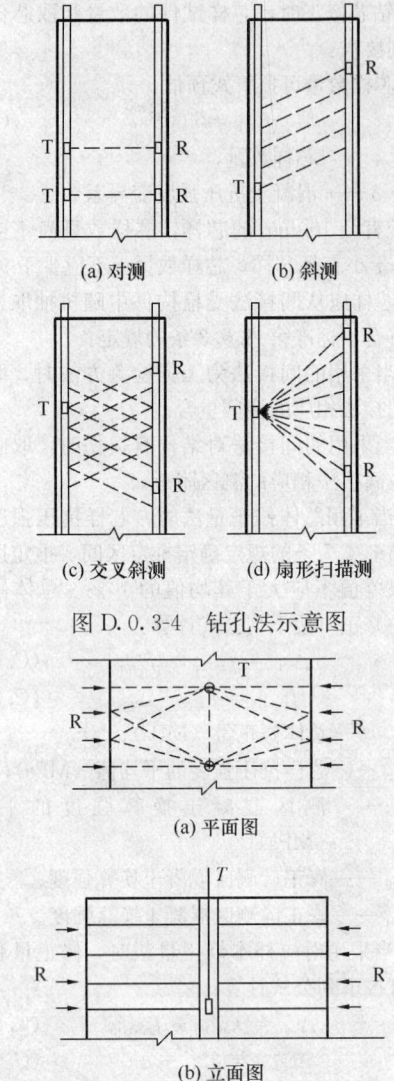

(a) 对测   (b) 斜测

(c) 交叉斜测   (d) 扇形扫描测

图 D.0.3-4 钻孔法示意图

(a) 平面图

(b) 立面图

图 D.0.3-5 钻孔法与表面对测结合法示意图

上等间距的网格，网格间距一般为 100mm～300mm，测线应尽可能与测试面垂直且尽可能均匀分布地穿过被测部位（图 D.0.3-6）。

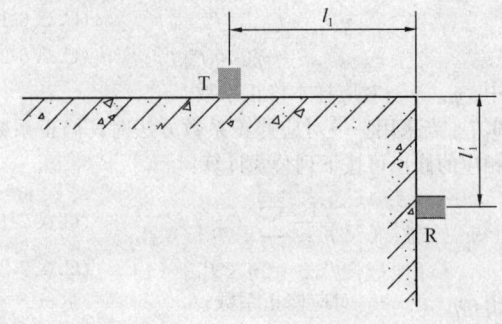

图 D.0.3-6 一对不平行测试面斜测法示意图

7 混凝土结合面质量检测时换能器连线应垂直或斜穿过结合面测量每个测点的声时、波幅、主频和测距，对发生畸变的波形应存储或记录（图 D.0.3-7）。

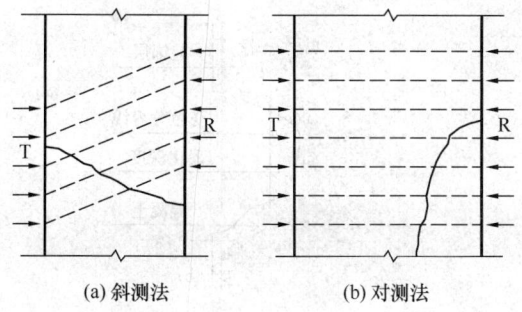

(a) 斜测法   (b) 对测法

图 D.0.3-7　结合面质量对测或斜测法示意图

8　对同一测试区域在测试时应保证测试系统以及工作参数的一致性，并尽可能保证测距和测线倾斜角度的一致性。

D.0.4　声学参数异常点的判定应符合下列规定：

1　将测区内各测点的声速、波幅由大到小顺序排列，并按下式计算异常情况的判断值，当被测构件声速异常偏大时，可根据实际情况直接剔除。

$$x_0 = m_x - \lambda_1 s_x \qquad (D.0.4\text{-}1)$$

式中：x_0——声学参数异常情况的判断值；

m_x——各测点的声学参数平均值；

s_x——各测点的声学参数标准差；

λ_1——系数，$\lambda_1 = \Phi^{-1}(1/n)$。

2　当测区内某测点声学参数被判为异常时，可按下列公式进一步判别其相邻测点是否异常：

$$x_0 = m_x - \lambda_2 s_x \qquad (D.0.4\text{-}2)$$
$$x_0 = m_x - \lambda_3 s_x \qquad (D.0.4\text{-}3)$$

式中：λ_2——当测点网格状布置时所取的系数，$\lambda_2 = \Phi^{-1}(\sqrt{1/4n})$；

λ_3——当测点单排布置时所取的系数，$\lambda_3 = \Phi^{-1}(\sqrt{1/2n})$。

3　当被测构件上有怀疑的区域范围较大，在同一构件中不能满足本标准第 D.0.1 条的要求时，可选择同条件的正常构件进行检测，按正常构件声学参数的均值和标准差以及被测构件的测点数，计算异常数据的判断值，以此判断值对被测构件声学参数进行判断，确定声学参数异常点。

4　当被测构件缺陷的匀质性较好或缺陷区域的厚度较薄（结合面），导致计算出的异常数据判断值与经验值相比有明显偏低时，可采用声学参数的经验判断值进行判断，确定声学参数异常点。

5　当被测构件测点数不满足本标准第 D.0.1 条的要求、无法进行统计法判断时，或当测线的测距或倾斜角度不一致、幅度值不具有可比性时，可将有怀疑测点的声参数与同条件的正常混凝土区域测点的声参数进行比较，当有怀疑测点的声参数明显低于正常混凝土测点声参数，该点可判为声学参数异常点。

D.0.5　混凝土内部缺陷的位置和范围应结合声参数异常点的分布及波形状况进行综合判定。

附录 E　混凝土裂缝深度超声单面平测方法

E.0.1　当结构的裂缝部位只有一个可测面，裂缝的估计深度不大于 500mm 且比被测构件厚度至少小100mm 以上时，可采用单面平测法检测混凝土裂缝深度。

E.0.2　单面平测法检测混凝土裂缝深度时，受检裂缝两侧均应具有清洁、平整且无裂缝的检测面，检测面宽度均不宜小于估计的缝深；被测裂缝中不应有积水或泥浆等。

E.0.3　单面平测法检测裂缝深度应按下列步骤进行：

1　应将 T 和 R 换能器置于裂缝附近同一侧，以两个换能器内边缘间距（l_i'）等于 100mm、150mm、200mm……分别读取 4 个以上的声时值（t_i），求出声时与测距之间的回归直线方程：

$$l = a + bt \qquad (E.0.3\text{-}1)$$

式中：l——测距（mm）；

t——与测距 l 对应的声时值（μs）；

a——回归直线方程的常数项（mm）；

b——回归系数即平测法声速 v（km/s）。

2　各测点超声实际传播的距离 l_i 应按下式计算

$$l_i = l_i' + |a| \qquad (E.0.3\text{-}2)$$

3　应将 T、R 换能器分别置于以裂缝为对称的两侧（图 E.0.3），对应不同的 l_i' 值分别测读声时值 t_i^0。

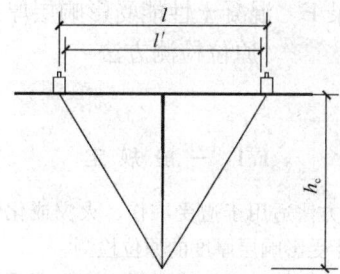

图 E.0.3　跨缝测试示意图

E.0.4　对应于不同测距的裂缝深度及裂缝深度的极差和裂缝深度的平均值应按下列公式计算：

$$h_{ci} = \frac{l_i}{2}\sqrt{\left(\frac{t_i^0 v}{l_i}\right)^2 - 1} \qquad (E.0.4\text{-}1)$$

$$m_{h,c} = \frac{1}{n}\sum_{i=1}^{n} h_{ci} \qquad (E.0.4\text{-}2)$$

$$\Delta_h = h_{max} - h_{min} \qquad (E.0.4\text{-}3)$$

$$\delta_{\Delta h} = \frac{\Delta_h}{m_{h,c}} \times \% \qquad (E.0.4\text{-}4)$$

式中：h_{ci}——第 i 点裂缝深度计算值（mm）；

l_i——不跨缝平测时第 i 点的超声波实际传播距离（mm）；

t_i^0 ——第 i 点跨缝平测的声时值（μs）;

v ——裂缝区域的混凝土声速，可取用平测法
声速（km/s）;

$m_{h,c}$ ——各测点裂缝深度计算值的平均值
（mm）;

h_{max} ——最大裂缝深度计算值;

h_{min} ——最小裂缝深度计算值;

n ——跨缝测点数。

E.0.5 各测点的裂缝计算深度的极差应满足下列
规定:

　　1 当 $m_{h,c} \leqslant 30mm$ 时，绝对极差不应大于
10mm;

　　2 当 $30mm < m_{h,c} < 300mm$ 时，相对极差不应
大于 30%;

　　3 当 $m_{h,c} \geqslant 300mm$ 时，绝对极差不应大于
90mm。

E.0.6 受检裂缝深度应按下列规定确定:

　　1 当各测点的裂缝计算深度的极差满足本标准
第 E.0.5 条要求时，应取裂缝深度计算值的平均值作
为受检裂缝的深度。

　　2 当各测点的裂缝计算深度的极差不满足第
E.0.5 条要求时，应将各测点的测距 l_i' 与裂缝深度
计算值的平均值 $m_{h,c}$ 进行比较，将 $l_i' < m_{hc}$ 和 $l_i' > 3m_{hc}$ 的数据直接剔除后，重新计算极差。

　　3 当重新计算仍不能满足本标准第 E.0.5 条要
求时，应补充检测或重新检测。

附录 F　混凝土性能受影响层厚度
原位检测方法

F.1　一　般　规　定

F.1.1 本方法适用于遭受冻伤、火灾或化学腐蚀后
混凝土性能受影响层厚度的原位检测。

F.1.2 混凝土性能受影响层厚度应根据受影响层混
凝土物理性质或化学性质的可能变化选择碳化深度测
试方法或超声法进行检测。

F.1.3 原位检测宜进行取样验证，混凝土性能受影
响层厚度的取样检测可按本标准附录 G 进行。

F.2　碳化深度测试方法

F.2.1 单个测区碳化深度的测试可按下列步骤操作:

　　1 在混凝土表面布置测孔，根据预估的碳化深
度选择测孔直径;

　　2 清扫孔内碎屑和粉末;

　　3 向孔内喷洒浓度为 1% 的酚酞试液，喷洒量
以表面均匀湿润但不流淌;

　　4 当已碳化和未碳化界限清楚时，测量已碳化

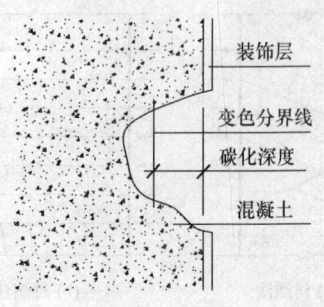

图 F.2.1　碳化深度测孔示意图

和未碳化交界面至混凝土表面的垂直距离即为碳化深
度，测量不应少于 3 次，取其平均值，精确至
0.5mm。

F.2.2 当碳化深度用于损伤程度评定时，测区和测
孔的布置应符合下列规定:

　　1 根据表面损伤状况进行分类，将表面损伤状
况相近的构件作为一个损伤类别;

　　2 对每个损伤类别按约定抽样方法选择受检构
件或受检区域;

　　3 每个损伤类别布置不应少于 6 个测区，测区
宜布置在有代表性的部位;

　　4 每个测区应布置 3 个测孔，取 3 个测孔碳化
深度的平均值作为该测区碳化深度的代表值;

　　5 提供每个测区的碳化深度检测值;

　　6 以每个类别中最大的碳化深度作为该类别混
凝土性能受影响层的厚度。

F.3　表面损伤层厚度超声检测方法

F.3.1 超声检测表面损伤层厚度时，测区的布置应
符合下列规定:

　　1 根据表面损伤状况进行分类，将表面损伤状
况相近的构件作为一个损伤类别;

　　2 对每个损伤类别按约定抽样方法选择受检构
件或受检区域;

　　3 每个损伤类别布置不应少于 3 个测区，测区
宜布置在有代表性的部位;

　　4 测区表面应平整并处于干燥状态，且无接缝
和饰面层;

　　5 以每个类别中最大的损伤深度作为该类别混
凝土性能受影响层的厚度。

F.3.2 单个测区表面损伤层厚度的检测应符合下列
规定:

　　1 表面损伤层厚度检测宜选用频率较低的厚度
振动式换能器;

　　2 测试时，T 换能器应耦合好，并保持不动;
将 R 换能器依次耦合在间距为 30mm 的 1、2、3、
……测点位置上，读取相应的声时值 t_1、t_2、t_3、
……，并测量每次 T、R 换能器内边缘之间的距离
l_1、l_2、l_3、……（图 F.3.2-1）;

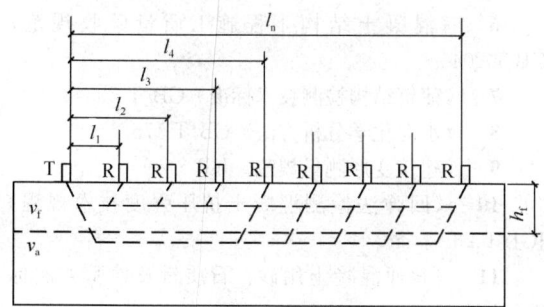

图 F.3.2-1 超声检测损伤层厚度示意图

3 每个测区布置的测点数不应少于 6 个,损伤层较厚或不均匀时,应适当增加测点数;

4 用各测点的声时值 t_i 和对应的距离 l_i 绘制"时-距"图(图 F.3.2-2)。分别用图中转折点前、后数据求出损伤和未损伤混凝土的"l-t"回归直线方程:

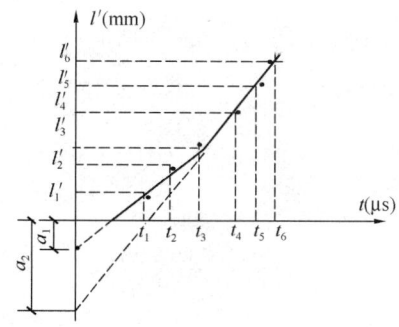

图 F.3.2-2 超声检测损伤层"时-距"图

损伤混凝土:

$$l_f = a_1 + b_1 t_f \tag{F.3.2-1}$$

未损伤混凝土:

$$l_a = a_2 + b_2 t_a \tag{F.3.2-2}$$

5 测区损伤层厚度应按下列公式计算:

$$l_0 = \frac{a_1 b_2 - a_2 b_1}{b_2 - b_1} \tag{F.3.2-3}$$

$$h_f = \frac{l_0}{2} \sqrt{\frac{b_2 - b_1}{b_2 + b_1}} \tag{F.3.2-4}$$

附录 G 混凝土性能受影响层厚度取样检测方法

G.0.1 本方法适用于混凝土性能受影响层厚度的取样检测。

G.0.2 混凝土性能受影响层厚度可根据造成影响因素的特点,通过湿润深度、里氏硬度和碳化深度的测试结果进行判定。

G.0.3 湿润深度法测试应符合下列规定:

1 将混凝土芯样进行冲洗后,放入干净水中浸泡 2h;

2 将芯样从水中取出,表面朝上直立放置在通风阴凉处;

3 定时观察芯样侧面湿润程度的情况变化,当芯样侧面出现明显的湿润分界线时,测量两个相互垂直直径对应的 4 个测点湿润分界线至芯样上表面的垂直距离,读数精确至 0.1mm;

4 取 4 个测点测值的平均值作为该芯样湿润深度的代表值;

5 湿润深度的代表值可作为该芯样所在部位混凝土性能受影响层厚度的判定值。

G.0.4 里氏硬度法测试应符合下列规定:

1 将混凝土芯样冲洗后、擦干并晾置面干。

2 沿两个相互垂直直径对应的 4 个测点在芯样侧面画出 4 条平行于芯样轴线的测试线。

3 沿每条测试线分别从芯样上表面开始以 5mm 的间距,连续测试里氏硬度;当连续 3 个测试数据相差不超过 5 时,停止测试。

4 将测点离上表面的距离与对应的里氏硬度值进行数据分析,得到里氏硬度值突变时的测点位置参数。

5 4 个测线位置参数测值的算术平均值可作为该芯样所在部位混凝土性能受影响层厚度的判定值。

G.0.5 碳化深度法测试应符合下列规定:

1 将混凝土芯样冲洗后晾干;

2 将芯样对中劈开,在两个新劈开面的中间部位喷洒浓度为 1% 的酚酞试液,喷洒量以表面均匀湿润但不流淌;

3 测量每个劈开面的中间及两侧各 1/4 半径对应部位的碳化深度读数精确至 0.1mm;

4 取两个新劈开面共 6 个测点的碳化深度平均值作为该芯样碳化深度的代表值;

5 碳化深度的代表值可作为该芯样所在部位混凝土性能受影响层厚度的判定值。

本标准用词说明

1 为了便于在执行本标准条文时区别对待,对要求严格程度不同的用词说明如下:

   1)表示很严格,非这样做不可的:

     正面词采用"必须";反面词采用"严禁";

   2)表示严格,在正常情况下均应这样做的:

     正面词采用"应";反面词采用"不应"或"不应";

   3)表示允许稍有选择,在条件许可时首先这样做的:

     正面词采用"宜";反面词采用"不宜";

   4)表示有选择,在一定条件下可以这样做的,采用"可"。

2 标准中指明应按其他有关标准执行的写法为："应符合……的规定"或"应按……执行"。

引用标准名录

1 《建筑结构荷载规范》GB 50009
2 《混凝土结构设计规范》GB 50010
3 《普通混凝土力学性能试验方法标准》GB/T 50081
4 《普通混凝土长期性能和耐久性能试验方法标准》GB/T 50082
5 《混凝土结构试验方法标准》GB/T 50152
6 《混凝土结构工程施工质量验收规范》GB 50204
7 《建筑结构检测技术标准》GB/T 50344
8 《水泥化学分析方法》GB/T 176
9 《建筑变形测量规范》JGJ 8
10 《回弹法检测混凝土抗压强度技术规程》JGJ/T 23
11 《普通混凝土用砂、石质量及检验方法标准》JGJ 52
12 《混凝土中钢筋检测技术规程》JGJ/T 152
13 《混凝土回弹仪》JJG 817
14 《混凝土超声波检测仪》JG/T 5004

中华人民共和国国家标准

混凝土结构现场检测技术标准

GB/T 50784—2013

条 文 说 明

制 订 说 明

《混凝土结构现场检测技术标准》GB/T 50784-2013，经住房和城乡建设部 2013 年 2 月 7 日以第 1634 号公告批准、发布。

本标准制订过程中，编制组进行了广泛、深入的调查研究，总结了我国混凝土结构现场检测的实践经验，同时参考了国外先进技术法规、技术标准，通过试验比对，取得了适合混凝土结构现场检测的重要技术参数。

为便于广大检测、鉴定、设计、施工、科研、学校等单位有关人员在使用本标准时能正确理解和执行条文规定，《混凝土结构现场检测技术标准》编制组按章、节、条顺序编制了本标准的条文说明，对条文规定的目的、依据以及执行中需注意的有关事项进行了说明。但是，本条文说明不具备与标准正文同等的法律效力，仅供使用者作为理解和把握标准规定的参考。

目　　次

1 总　则

1.0.1 本条提出了编制本标准的宗旨。

1.0.2 本条规定了本标准的适用范围，适用范围与《混凝土结构设计规范》GB 50010 一致。

1.0.3 混凝土结构现场检测综合性强、涉及面广，与设计、施工、鉴定、评估密切相关。本标准未涉及的内容，应执行国家现行的有关标准、规范的规定。特种混凝土结构尚应执行相关行业标准的规定。

2　术语和符号

2.1　术　语

本章所给出的术语为本标准的专用术语，除了与有关标准协调外，多数仅从本标准的角度赋予其涵义，但涵义不一定是术语的定义。同时还分别给出了相应的推荐性英文术语，该英文术语不一定是国际上的标准术语，仅供参考。

2.1.1 现场检测包括两个方面的内容，一是通过对混凝土结构实体实施原位检查、检验、和测试直接获得检测数据；二是在试验室通过对结构实体中取得的样品进行检验、测试获得检测数据。

2.1.2 工程质量检测有严格的抽样方法、检测方法、评价指标和判定规则，检测应给出明确的符合性结论。为区别于质量验收时的合格评定，本标准中工程质量检测结果只提供符合性结论。

2.1.3 结构性能检测的目的是为结构性能评定提供数据。

2.1.4 现场静载检验主要针对受弯构件，可检验构件的承载力、刚度、抗裂性或裂缝宽度等指标，本标准未包括基桩的抗压、抗拔试验。

2.1.5 本术语专指验证检测数据有效性的复检，检测方法的有效性应通过其他方式确认。对于破坏性试验应对留存的或重新取得的同类样品按照同一种试验方法进行检测。

2.1.6 检测前受检参数的实际情况是未知的，在数据分析和处理中可能出现需要补充数据的情况，如受检参数的变异性大导致推定区间长度不能满足检测精度要求、异常数据处理后导致样本数量不能满足标准要求等。

补充检测得到的数据可与原检测数据合并处理。

2.1.7 由于检测中的失误导致检测数据失效或其他原因导致检测结果不被接受时，需要重新检测。重新检测一般由另一家检测单位实施，无异议时，也可由原检测单位实施。重新检测得到的数据不应与原检测数据合并处理。

2.1.9 不能直接测量的性能参数，通过一定的换算关系利用间接的物理量得到的该性能参数值；或者非标准状态下直接测量的性能参数，通过一定的换算关系得到的该性能参数相当于标准状态下的值。

2.1.10 现场检测常遇到的是批量检测，即通过样本数据确定或评估检验批总体质量状况和性能指标。实现批量检测的前提之一是正确划分检验批，同一检验批中受检参数的实际值应是相近的。不能正确划分检验批将导致推定结果没有代表性或推定结果明显偏低。

2.1.11 可以单独取得一个检验或检测数据的区域或构件。现场检测时个体一般指测点或测区，当可用一个数值表示构件受检参数检测值时，个体可以为构件。如以构件上各测点混凝土保护层厚度的平均值作为该构件混凝土保护层厚度检测值时，可以把该构件作为一个个体。

2.1.12 间接测试方法的原理是在间接物理量与待测参数之间的换算关系基础上获得待测参数值。如回弹法检测混凝土强度是根据测区回弹值通过换算曲线得到测区混凝土抗压强度换算值。

2.1.13 一般而言，推定值是与置信水平相关的，因此，推定值是一个区间。由于样本数量的限制和习惯做法，为与相关标准协调，本标准中也存在以样本均值或样本最小值作为总体推定值的规定。

2.1.14 通过样本数据确定或评估检验批总体质量状况和性能指标时，应采用随机抽样。

2.1.15 由于条件限制或出于特定的检测目的，由委托方确定或由委托方与检测方协商确定的样本抽取方法。约定抽样检测时，应注明抽样方法的形成过程并提供每个受检个体的检测数据，不宜根据样本数据推定总体性能参数值。有时，约定抽样隐含着对总体进行评价，如选择损伤最严重的构件进行静载检验。

2.1.16 分层抽样是随机抽样的一种类型，可以更好地保证样本的代表性。分层抽样先抽取一级样本（构件），再抽取次级样本（测区），此时总的样本量为次级样本量之和。

2.1.17 计数抽样方法不要求待测参数服从正态分布，且概念明确、易于理解，但不能提供待测参数的具体指标，如均值、变异系数。

2.1.18 本标准中的计量抽样方法严格意义上属于统计估值，即以检验批样本数据的统计量对检验批总体性能指标进行推定，要求待测参数服从正态分布。

2.1.19 对于正态分布，0.5 分位数对应的数值在概念上与均值相同，0.05 分位数对应的数值在概念上与具有 95% 保证率的特征值相同。

2.2　符　号

本节的符号符合现行国家标准《建筑结构设计术语和符号标准》GB/T 50083 的有关规定。

3 基 本 规 定

3.1 检测范围和分类

3.1.1 本条对混凝土结构现场检测进行了分类。

工程质量检测是对工程质量的状况与设计要求的指标或规范限定的指标比较并判定其符合性的工作，这项工作注重的是有关当事方的合法权益，在抽样方法、检测方法、评价指标和判定规则上不允许偏离，检测应给出明确的符合性结论。

结构性能检测是确定结构性能参数的实际状况，一般应给出受检参数的推定值或代表值，为结构性能评定提供数据与信息，便于评定机构采取适当处理措施。

工程质量检测和结构性能检测之间存在相互转化的过程，工程质量检测为不符合的工程，往往需要进一步做结构性能检测，以便采取适当的加固处理措施或进行让步验收；即使工程质量检测为符合的工程，当改变用途时，为利用实际结构的某些性能参数，也需要进一步做结构性能检测。同样，结构性能检测的数据，必要时也可作为工程质量评定的依据。

3.1.2 本条规定了进行混凝土结构工程质量检测的几种情况，在这些情况下一般要求检测必须给出明确的符合性结论。

3.1.3 本条规定了进行混凝土结构性能检测的几种情况，在这些情况下仅进行工程质量检测有时不能提供足够、必要的数据和信息。

3.2 检测工作的基本程序与要求

3.2.1 本条规定了混凝土结构现场检测工作的基本程序。

检测工作自身的质量应有一套程序来保证，对于一般混凝土结构现场检测工作，程序框图中描述的从接受委托到检测报告的各个阶段都是必不可少的。

对于特殊情况的检测，则应根据检测的目的确定其检测程序和相应的内容。

3.2.2 存在质量争议的工程质量检测宜由当事各方共同委托，一方面可以保证检测工作的公正、公平性，保护当事各方利益，另一方面有利于检测结论的接受和采信，避免重复检测及由此产生的费用和时间损失。司法鉴定涉及的检测工作应满足相应程序要求。

3.2.3 了解结构的状况和收集有关资料，不仅有利于较好地制定检测方案，而且有助于确定检测的内容和重点。现场调查主要是了解被检测结构的现状缺陷或使用期间的加固维修及用途和荷载等变更情况，同时应与委托方商定检测的目的、范围、内容和重点。

有关的资料主要是指结构的设计图、设计变更、施工记录和验收资料、加固图和维修记录等。当缺乏有关资料时，应向有关人员进行调查。当结构受到灾害或邻近工程施工的影响时，尚应确认结构受到损伤前的情况。

3.2.4 检测方案常常作为检测合同的附件，征询委托方意见，是为了进一步明确检测目的、范围、项目以及采用的检测方法，避免可能产生的纠纷。检测方案经过检测机构内部的审定，是为了保证检测工作的准确性和有效性。

3.2.5 本条规定了检测方案的主要内容。混凝土结构现场检测中的安全问题包括检测人员、检测仪器设备、受检结构及相邻构件的安全问题。

3.2.6 本条对现场检测所用仪器、设备提出要求。在检定或校准周期内的仪器设备并不都处于正常状态，实施检测时，应进行必要的校验。

3.2.7 本条对从事混凝土结构现场检测工作的人员提出要求。

3.2.8 现场检测的测区和测点应有明晰标注和编号，不仅方便检测机构内部的检查，也有利于相关方对检测工作的监督，同时，便于对异常数据进行追踪和复检。保留时间可根据工程具体情况确定。

3.2.9 本条对现场检测获取的数据或信息提出要求。

仪器自动记录时，将自动记录的数据转换成专用记录格式打印输出，是为了便于对原始记录长期保存；图像信息应标明获取信息的位置和时间是为了保证原始记录的可追溯性。

3.2.10 现场取得的试样应与结构实体上取样位置形成对应关系，才能根据试样的检测分析结果评价结构实体对应区域的性能。混淆现场取得的试样可能造成错误的判断；丢失现场取得的试样甚至引起异议导致全部检测无效。

3.2.11 为了避免人为随意舍弃数据，同时考虑到复检或补充检测要重新进入现场，容易造成误解，因此进行复测或补充检测时应有必要的说明。

3.2.12 混凝土结构现场检测工作不应对受检结构或构件造成安全隐患，因此混凝土结构现场检测工作结束后，应及时提出针对因检测造成的结构或构件局部损伤的修补建议。

3.3 检测项目和检测方法

3.3.1 检测机构不应进行与委托方检测目的无关的检测或过度检测。

3.3.2 本条提出了混凝土结构现场检测的检测项目，这些检测项目是根据相关设计规范、验收规范和鉴定标准确定的。

3.3.3 当同一个检测参数存在多种检测方法时，应尽量选择直观、明了、无损、经济的检测方法。

3.3.4 本条强调优先使用直接法，直接法的系统不确定性（偏差）小，概念明确，争议相对较小。当不具备采用直接法对较多构件进行检测的条件时，允许使用间接法与直接法相结合的综合检测方法。

3.3.5 把成熟的试验方法用于现场的取样检测是行业内的共识，条件是取样试件与标准试件基本一致。

3.3.6 为了促进检测技术的发展，鼓励检测单位开发或引进检测仪器及检测方法。本条对采用检测单位自行开发或引进的检测仪器及检测方法时应遵守的规定提出要求。

3.4 检测方式与抽样方法

3.4.1 现场检测一般有全数检测和抽样检测两种方式。

3.4.2 本条提出了采用全数检测方式的适用情况。所谓全数检测并不意味对整个工程的全部构件（区域）进行检测，全数对应于检验批内的全部构件（区域），当检验批缩小至单个构件时，全数对应于该构件可布置的测区。

对按计数抽样方法判定为不合格的检验批进行全数检测，不仅可以更准确地确定该检验批的结构性能状况，而且可以缩小处理范围、减少相应的结构处理费用。

3.4.3 抽样检验的目的是通过样本质量特征来推定总体质量状况，抽样方法分成计数抽样方法、计量抽样方法两种情况。计数抽样方法有明确的抽检量和验收概率的计算方法，对检测量的总体分布类型无特殊要求，但检测结果不能充分反映检测量的质量状况信息。计量抽样方法要求检测量的总体分布服从正态分布，抽检量和验收概率依赖于检验批总体的变异性，但检测结果能更多地反映检测量的质量状况信息。混凝土结构现场检测中会涉及一些个体如何划分的问题，例如，混凝土强度检测的个体为测区时，检验批的总量就是一个不确定量或者称为无限大量，给抽样检测带来困难。根据目前检测单位的习惯，本标准采取分层抽样方法，先随机抽取构件，在每个受检构件上均匀布置测区，这种方法也是抽样规则允许的。

有些产品质量标准对抽样有专门的规定，如钢筋、预制构件等应按规定的抽样方法进行抽样。

3.4.4 根据国家现行标准《验收抽样检验导则》GB/T 13393 和实际工作经验，总体分布服从正态分布时，计量抽样检查方案比计数抽样检查方案所需的样本小。考虑到混凝土结构现场检测时采用计量抽样检查方案的检测项目都是关键项目（如混凝土强度），将计量抽样检查方案和计数抽样检查方案所需最小样本统一进行规定。

3.4.5 依据国家现行标准《计数抽样检验程序 第1部分：按接收质量限（AQL）检索的逐批检验抽样计划》GB/T 2828.1 给出了混凝土结构检测的计数抽样的样本容量和正常一次抽样的判定方法。一般项目的允许不合格率为 10%，主控项目的允许不合格率

为 5%。主控项目和一般项目应按《混凝土结构工程施工质量验收规范》GB 50204 确定。当其他检测项目按计数方法进行评定时，可按上述方法实施。

3.4.6 国家现行标准《建筑结构可靠度设计统一标准》GB 50068 对材料性能和几何参数提出如下要求：材料强度的标准值可按其概率分布的 0.05 分位值确定。材料弹性模量、泊松比等物理性能的标准值可按其概率分布的 0.5 分位值确定。结构构件的几何参数的标准值可采用设计规定的公称值，或根据几何参数概率分布的某个分位值确定。

当总体均值和标准差未知时，根据样本数据确定分位数时，需要用到非中心参数为 δ 的 t 分布。

国家现行标准《正态分布分位数与变异系数的置信限》GB/T 10094 提供了根据样本容量及给定置信水平，确定分位数 x_p 置信区间的方法，该标准提供的最大样本容量为 120 个。考虑采用回弹法等无损检测方法现场检测混凝土强度时，样本容量往往大于 120 个，将最大样本容量增加到 500 个。

本条依据国家现行标准《正态分布完全样本可靠度置信下限》GB/T 4885 并补充了部分数据，给出了样本容量与推定区间限值系数的对应关系表。

3.4.7 根据抽样检测的理论，随机抽样不能得到被推定参数的准确数值，只能得到被推定参数的估计值，因此推定结果应该是一个区间。

由于只定义了合格质量水平，未定义极限质量水平，本条中的错判概率和漏判概率不能完全等同于生产方风险和用户方风险。

3.4.8 本条对计量抽样检验批检测结果的推定区间进行了限制，在置信度相同的前提下，推定区间越小，推定结果的不确定性越小。样本的标准差 s 和样本容量 n 决定了推定区间的大小，因此减小样本的标准差 s 或增加样本的容量 n 是减小检测结果不确定性的措施。对于无损检测方法来说，增加样本容量相对容易实现，对于局部破损的取样检测方法和原位检测方法来说，增加样本容量相对难于实现。对于后者来说，减小测试误差更为重要。

3.5 检测报告

3.5.1 检测报告是工程质量评定和结构性能评估的依据。

当报告中出现容易混淆的术语和概念时，应以文字解释或图例、图像说明。

3.5.2 本条提出检测报告应包括的内容，保证信息的完整性。

3.5.3 检测机构对检测数据和检测结论的真实有效性负责，对检测机构提出的检测结论委托方未必完全接受。当委托方对报告提出的异议时，应进行内部审查。当审查表明检测结论正确时应予以解释或说明，当审查表明检测结论错误时应予以纠正。

4 混凝土力学性能检测

4.1 一般规定

4.1.1 混凝土结构设计是以混凝土抗压强度（混凝土强度等级）为依据，其他的力学性能指标如劈裂抗拉强度、抗折强度、静力受压弹性模量等是根据混凝土抗压强度按照一定的换算关系得到的，就具体工程而言，有时需要这些参数的实测值。

4.1.2 混凝土强度非破损检测方法的测强曲线都是基于表面无损伤和无缺陷的试件建立的，当用于表面有缺陷和损伤部位测试时，测试结果会有系统不确定性或偏差。

构件存在缺陷、损伤或性能劣化现象，应按照缺陷和损伤项目进行检测。

4.1.3 近年来，确定缺陷或损伤等部位混凝土力学性能要求逐渐增多，特别是确定性能劣化与损伤部位混凝土的力学性能是结构性能评定作出处理决策的重要依据，增加性能劣化部位混凝土力学性能的测试很有必要。

4.2 混凝土抗压强度检测

4.2.1 混凝土结构设计参数是依据混凝土强度等级取值的，结构中混凝土不具备标准养护的条件，检测时的龄期又不能正好是28d，现场抽样检测应提供检测龄期结构混凝土相当于150mm立方体试件抗压强度具有95%的特征值的推定值。

4.2.2 钻芯法检测结果直观、明确、可信度高、争议小，但对结构有局部损伤。

4.2.3 回弹法、超声-回弹综合法、后装拔出法、后锚固法和钻芯法检测混凝土抗压强度已有成熟的应用经验，本标准附录A对回弹法、超声-回弹综合法、后装拔出法和钻芯法检测混凝土抗压强度提出了一些基本要求。

4.2.4 本条提出的钻芯法修正是减小系统不确定性的有效措施。

间接法检测结果的不确定性（偏差）有三个因素，检测操作的不确定性、检测方法的不确定性（系统偏差）和样本不完备性造成的不确定性。

修正指的是根据芯样抗压强度和对应部位无损测试数据的关系对所有测试数据进行必要的调整，验证指的是根据芯样抗压强度对无损测试数据的准确性进行评估。

鉴于芯样样本数据直接影响检测结果的准确性，应对芯样样本中的异常数据进行识别和处理。本标准附录B规定了异常值判别和处理方法。

4.2.5 混凝土抗压强度检测时，钻芯法检测和间接法检测是两个独立的随机事件，采用两个独立随机事件的个体进行比较，缺乏必要的理论依据且离散性大。

采用钻芯法对无损检测结果进行修正本质上属于均值修正，即保证无损法检测结果和钻芯法检测结果在均值意义上一致，因此，应优先采用总体修正法进行修正。

为了与已有的相关检测技术标准协调，本标准附录C规定了几种修正方法。

4.2.6 批量检测混凝土抗压强度时，首先需要划分检验批和确定检验批容量。考虑混凝土结构的实际情况并适应检测中的习惯做法，采取分层抽样方法，先抽取构件，再布置测区。

在检测方法有效的前提下，检测结果的准确性仅与标准差和样本容量有关。尽管如此，为了避免过大划分检验批，导致抽样比例过小的情况，增加了最小样本容量要求。

现场检测大多数都是委托检测，委托方提出更高要求时，可根据委托方要求的数量抽取构件。

4.2.7 计量抽样检测结果的准确性可以通过控制推定区间的大小来保证，推定区间的大小仅与样本标准差和样本容量相关，为了保证检测结果的准确性，应根据样本标准差的变化调整样本容量。

根据经验，超声-回弹综合法和回弹法检测结果的变异系数在0.05~0.08之间，拔出法和钻芯法变异系数明显增大，在0.08~0.15之间。变异系数的估计需要靠检测机构的工程经验，一般情况下取0.15时，可以满足本标准第4.2.10条对推定区间的限制。

4.2.8 当无需推定检验批中单个构件混凝土抗压强度特征值时应把测区尽量布置在较多的构件上，使检测结果更具有代表性，此时每个构件上的测区数量可不受相关检测技术标准的限制。当需要推定检验批中单个构件混凝土抗压强度时，每个构件上的测区数量应满足附录A和相关检测技术标准的要求。

4.2.9 正确划分检验批是保证根据样本数据进行总体推定的基础。

将混凝土设计强度等级相同，原材料、配合比、成型工艺、养护条件基本一致且龄期和质量状况相近的同类构件划分为一个检验批。

由于混凝土强度增长具有早期快、后期慢的特点，当检验批中混凝土龄期相差不超过检测时最短龄期的10%时，可视为龄期相近。

不易判别混凝土质量状况时（如不同损伤状况），应尽量缩小检验批范围。

4.2.12 本条提出混凝土抗压强度推定原则。

对于符合设计要求的检验批中的个别强度明显偏低的构件，宜建议进行专项处理。

4.3 混凝土劈裂抗拉强度检测

4.3.1 现行国家标准《混凝土结构设计规范》GB

50010 提供的混凝土抗拉强度设计值是从混凝土立方体抗压强度换算得到的，而不同品种混凝土的抗拉强度与抗压强度的换算关系有较大的差异。

采用轴心受拉（正拉）检测混凝土的抗拉强度，受偏心和应力分布的影响较大，采用劈裂试验可以更加稳定的检测结果。

4.3.2 取样检测混凝土抗拉强度的试验方法与现行国家标准《普通混凝土力学性能试验方法标准》GB/T 50081 规定的圆柱体试件劈裂抗拉强度试验方法基本相同，主要差异在于龄期与养护方法。当芯样长度 l 无法满足 $2d$ 的要求时，可采用长度为 $1d$ 的试件。此时，应在检测报告中特别注明。

4.3.3 虽然用最小值作为特征值的推定值错判概率一般大于 5%，且随着取样数量的增加，最小值出现的概率增大。但考虑检测结果的可靠性和实际可操作性，取测试数据的最小值作为推定值是检测评定中经常使用的方法。

4.3.4 本条规定了批量检测混凝土劈裂抗拉强度时的最小抽样数量。

4.3.7 本条规定了批量检测混凝土劈裂抗拉强度时推定原则。

1 当推定区间满足要求时，采用推定区间上限值作为强度推定值；

2 当推定区间不满足要求且出现较低值时，采用最小值作为强度推定值。

4.4 混凝土抗折强度检测

4.4.1 公路工程中需要测定混凝土抗折强度。

劈裂抗拉强度与抗折强度关系曲线可按相关行业标准确定。

劈裂抗拉强度与抗折强度关系曲线可采用切割试件进行验证，当无切割试件时，可采用相同配合比混凝土分别成型 6 块标准抗折试件和 6 块圆柱体劈裂试件，同条件养护 28d，当抗折强度均值与劈裂试块的换算抗折强度均值的比值在 0.9～1.1 之间时，可直接采用换算抗折强度。当抗折强度均值与劈裂试块的换算抗折强度均值的比值不在 0.9～1.1 之间时，应按修正量法进行修正。

4.4.2 本条对混凝土抗折强度的试件及其强度测试作出规定，有效抗折数据是指下边缘断裂位置处于两个集中荷载作用线之间试件的抗折强度测试值。

4.4.4 一般情况下不易采用取样法批量检测混凝土抗折强度，可通过劈裂抗拉强度与抗折强度关系曲线得到抗折强度的换算值。

4.5 混凝土静力受压弹性模量检测

4.5.1 对损伤结构进行性能评估时，需要了解结构混凝土静力受压弹性模量实际情况。静力受压弹性模量宜根据损伤检测结果针对不同的混凝土类别采用取

样法进行检测。

4.5.2 现行国家标准《普通混凝土力学性能试验方法标准》GB/T 50081 中规定的试件数量为 6 个，其中 3 个做抗压强度检验，3 个做静力受压弹性模量试验，有数据舍弃的规定。

与标准试块相比，芯样混凝土强度和弹性模量的变异性大，因此，相应增加了试件数量。

4.5.3 本条规定了控制荷载的轴心抗压强度值的确定方法。

如果已有混凝土立方体抗压强度检测值，也可通过换算关系确定轴心抗压强度值。

4.5.4 现行国家标准《工程结构可靠性设计统一标准》GB 50153 规定：材料弹性模量、泊松比等物理性能的标准值可按其概率分布的 0.5 分位值确定。

按此方法得到静力受压弹性模量值 $E_{cor,m}$ 与依据 $f_{cu,e}$ 计算的弹性模量和依据 $f_{cu,k}$ 计算的弹性模量之间必然存在差异，但是 $E_{cor,m}$ 更接近结构混凝土实际的情况。

4.6 缺陷与性能劣化区混凝土力学性能参数检测

本节提出缺陷与性能劣化区混凝土力学性能参数的测试方法，主要目的是为了定量评价缺陷与性能劣化对混凝土结构性能的影响，为混凝土结构性能鉴定提供数据。

5 混凝土长期性能和耐久性能检测

5.1 一般规定

5.1.1 现行国家标准《普通混凝土长期性能和耐久性能试验方法标准》GB/T 50082 是针对混凝土材料性能的检测，要求使用标准状态下的试件。现场检测是对结构实体中混凝土性能进行检测，本质上属于结构性能检测。现场检测所用试件不具备标准养护条件，有些试件的尺寸与试验方法标准规定的尺寸不完全一致，检测时混凝土龄期一般也不是 28d，取样只能测定结构混凝土在检测龄期时的实际性能参数。

由于相关设计规范和质量验收标准尚未对结构混凝土性能的合格指标有相应的规定，按照本章得到的检测结果不宜用于工程质量检测，只用于结构性能评估时参考。

5.1.2 试件尺寸与骨料最大粒径的关系对试验结果影响较大。

5.1.3 取样检测结构混凝土长期性能和耐久性能，不宜进行批量检测。现场查勘时，应根据混凝土的质量状况进行归并分类，根据约定抽样原则在不同质量类别的混凝土布置受检区域，检测结果的代表性应预先确认。

5.2 取样法检测混凝土抗渗性能

5.2.1 按现行国家标准《普通混凝土长期性能和耐久性能试验方法标准》GB/T 50082 的有关规定对抗渗试件侧面进行处理，使得芯样试件的尺寸基本符合该标准的要求，该标准规定的标准试件为截锥体，锥体上面直径 175mm，下面直径 185mm，高度 150mm。

5.2.2~5.2.4 与现行国家标准《普通混凝土长期性能和耐久性能试验方法标准》GB/T 50082 的有关规定基本一致。

5.3 取样慢冻法检测混凝土抗冻性能

5.3.1 本条对取样慢冻法检测结构混凝土抗冻性能时的取样操作与试件处理提出规定。现行国家标准《普通混凝土长期性能和耐久性能试验方法标准》GB/T 50082 的规定标准试件为立方体，最小棱长为 100mm，现场检测取得立方体试件比较困难，鉴于圆柱体试件的比表面积最大，采用圆柱体试件的受冻情况可能更加严重。

5.3.2 现行国家标准《普通混凝土长期性能和耐久性能试验方法标准》GB/T 50082 要求的试件组数较多，主要用于分阶段比对抗压强度，以便判断强度损失率达到 25％ 时冻融循环次数。结构混凝土抗冻性检测不可能取得这样多的芯样，同时芯样混凝土抗压强度自身的离散性大。建议仅取两组，一组冻融，另一组比对，判定停止冻融循环试验主要靠冻融试件的质量损失率。计算质量损失率时应按现行国家标准《普通混凝土长期性能和耐久性能试验方法标准》GB/T 50082 的有关规定进行数值处理。

5.3.3 本条对取样慢冻法检测结构混凝土抗冻性能时抗压强度损失率的测定进行规定。考虑芯样混凝土抗压强度自身的离散性大，计算中不进行数据的舍弃。

5.3.4 本条提出取样慢冻法检测结构混凝土抗冻性能测定结果的评价原则。

5.4 取样快冻法检测混凝土的抗冻性能

5.4.1 本条对取样快冻法检测结构混凝土抗冻性能时的取样操作与试件处理提出规定。《普通混凝土长期性能和耐久性能试验方法标准》GB/T 50082 规定标准试件为棱柱体，试件数量 3 个，试件长度为 400mm，主要是为了准确测得基振频率。

5.4.2~5.4.5 本条提出的试验方法与现行国家标准《普通混凝土长期性能和耐久性能试验方法标准》GB/T 50082 的有关规定基本一致。

5.5 氯离子渗透性能检测

本节提出的试验方法与《普通混凝土长期性能和耐久性能试验方法标准》GB/T 50082 的有关规定基本一致。

5.6 抗硫酸盐侵蚀性能检测

5.6.1 本条对取样检测结构混凝土抗硫酸盐侵蚀性能的取样操作与试件处理提出规定。

5.6.2 本条提出的试验方法与《普通混凝土长期性能和耐久性能试验方法标准》GB/T 50082 的有关规定基本一致。

5.6.3 本条提出取样法检测结构混凝土抗硫酸盐侵蚀性能测定结果的评价原则。结构混凝土抗硫酸盐侵蚀性能检测值应根据混凝土强度耐腐蚀系数进行修正。

6 有害物质含量及其作用效应检验

6.1 一般规定

6.1.1 对混凝土造成不利影响的有害物质很多，如硫酸盐、氯盐、游离氧化钙、低品质骨料等，其中有些可采用化学分析方法测定其含量，有些也可通过岩相分析方法确认其是否存在。鉴于有害物质的品种很多，进行化学分析前，应根据既有信息判断可能存在的有害物质并选择合理的分析方法。本章仅对常见的氯离子和碱含量提出分析方法，其他有害物质可按现行国家标准《水泥化学分析方法》GB/T 176 等进行化学分析。

6.1.2 混凝土的有害物质有"混入"和"渗入"两种进入方式。"混入"大多与原材料品质和施工管理有关，"渗入"与使用环境有关。一般而言，"混入"的有害物质在同一批混凝土中的分布是均匀的，而"渗入"的有害物质在同一批混凝土中的分布是不均匀的和有梯度的。

6.1.4 为了保证检测结果的客观公正性，对某一区域混凝土的有害物质含量进行评价时，取样位置应在该区域混凝土中随机确定，取样应有一定的数量。

6.1.5 针对"渗入"的有害物质，分层检测有害物质含量，可以得到有害物质的分布梯度和渗入规律，便于进行混凝土耐久性评估。

6.1.6 有害物质的存在并不必然对混凝土产生不利影响，有害物质的作用效应一般需通过一定的条件才能体现，通过取样试验检验已确认存在的有害物质对混凝土的作用效应，为进一步的处理提供参考。

6.1.7 导致混凝土性能劣化、出现损伤的原因很多，有时混凝土性能劣化并不是有害物质造成的，而是由其他原因引起的。通过取样试验检验对混凝土的作用效应时，在不怀疑存在有害物质的部位钻取芯样进行比对，有利于更准确判定混凝土性能劣化的原因，以便更有效地进行处理。

6.1.8 检测结果不能以偏概全。

6.2 氯离子含量检测

6.2.1 现行国家标准《混凝土结构设计规范》GB 50010 的限值为氯离子与胶凝材料的比值，有些国家的限值为是氯离子与混凝土质量的比值或氯离子与硅酸盐水泥的比值。硬化混凝土中，硅酸盐水泥的水化物具有结合或平衡氯离子的能力，掺和料对于提高硅酸盐水泥水化物结合或平衡氯离子的作用不明显，混凝土中的骨料不能结合氯离子。用氯离子与硅酸盐水泥用量之比值作为限值可能较好。

6.2.2 本条对结构混凝土中氯离子含量测定所用样品的制备进行规定。

混凝土中氯离子含量一般较少，采用砂浆制取试样，既可提高分析结果的稳定性和准确性，也可排除骨料中相应成分的干扰。

6.2.3 本条提出水溶性氯离子含量的化学分析方法。

混凝土中氯离子可以分为水溶性氯离子和酸溶性氯离子（总氯含量），造成钢筋锈蚀的主要是水溶性氯离子。

当需要测定混凝土中总氯离子含量时，可参照相关试验方法标准进行检测。

6.2.4 本条提出了混凝土中氯离子与硅酸盐水泥用量的百分比的确定方法。

砂浆试样中硅酸盐水泥用量可按混凝土配合比换算。一些国际标准提供了混凝土中硅酸盐水泥用量的测定方法，对这些方法进行验证后，可用于混凝土中硅酸盐水泥用量的直接测定。

6.2.5 本条提出混凝土中氯离子与胶凝材料用量的百分比的计算方法。计算时宜确认原始配合比的有效性。

6.3 混凝土中碱含量检测

6.3.1 本条提出了混凝土中碱含量检测结果的表示方法，目的是与相关标准的限值要求保持一致。

6.3.2 本条对结构混凝土中碱含量测定所用样品的制备进行规定。

6.3.3 本条对结构混凝土中总碱含量的测定进行规定。

6.3.4 本条对结构混凝土中水溶性碱含量的测定进行规定。

6.4 取样检验碱骨料反应的危害性

6.4.1 碱骨料反应是碱活性骨料与碱之间的反应，碱骨料反应的发生还与环境条件有关。混凝土中碱含量超过相应规范要求时，并不必然存在碱骨料反应所引起的潜在危害。为了避免不必要的处理，可进一步检测骨料的碱活性或测试试件的碱骨料反应。

6.4.2 本条规定了骨料碱活性快速试验方法。当受

检混凝土中骨料为非碱活性时，碱含量没有限制。

6.4.3～6.4.6 除试件龄期和尺寸以外，其他与现行国家标准《普通混凝土长期性能和耐久性能试验方法标准》GB/T 50082 的有关规定基本一致。

6.5 取样检验游离氧化钙的危害性

6.5.1 本条规定了取样检验混凝土中游离氧化钙影响的条件。

由于水泥安定性检验结果与水泥熟化程度有关，存在安定性问题的水泥在一定的条件下才能引起混凝土体积不稳定。

6.5.2 本条规定了检验混凝土中游离氧化钙影响的试件制作方法。

6.5.3、6.5.4 规定了混凝土中游离氧化钙影响的取样检验方法。

7 混凝土构件缺陷检测

7.1 一般规定

7.1.1 本条规定了混凝土构件缺陷检测的内容。

7.1.2 现行国家标准《混凝土结构工程施工质量验收规范》GB 50204 确定的外观缺陷包括露筋、蜂窝、孔洞、夹渣、疏松、裂缝、连接部位缺陷、缺棱掉角、棱角不直、翘曲不平、飞边、凸肋等外形缺陷和表面麻面、掉皮、起砂等外表缺陷。

7.2 外观缺陷检测

7.2.1 混凝土结构的质量问题常常通过外观缺陷表现出来，外观缺陷检查是进一步检测的基础，现场检测时，应对受检范围内构件外观缺陷进行全数检查，特别是对存在修补痕迹的部位应重点检查。当不具备全数检查条件时，为了避免以偏概全，对未检查的构件或区域应进行说明。

7.2.2 本条提出了混凝土构件外观缺陷的相关参数的测定方法。

7.2.3 本条对混凝土构件外观缺陷检测结果的表述方式提出要求，用列表或图示的方式表述便于检测报告的理解和使用，从而有利于正确评价外观缺陷对结构性能、使用功能或耐久性的影响。

7.3 内部缺陷检测

7.3.1 混凝土构件内部缺陷一般都是独立的事件，不具备批量检测的条件，宜对怀疑存在缺陷的构件或区域进行全数检测。当怀疑存在缺陷的构件数量较多、区域范围较大时或受检测条件限制不能进行全数检测时，可根据约定抽样原则进行检测。

7.3.2 超声对测法检测混凝土构件内部缺陷是目前公认的成熟的检测方法，已有大量成功应用经验，当

仅有一个可测面时，采用超声法检测存在困难，此时可采用冲击回波法和电磁波反射法（雷达仪）进行检测。非破损方法检测混凝土构件内部缺陷，基本上都是通过波（超声波、应力波和电磁波）的传播特性、透射、反射规律来间接得到内部缺陷的相关信息，受检混凝土性能、含水量及缺陷特性等因素影响检测的准确性，因此，对于判别困难的区域宜通过钻取混凝土芯样或剔凿进行验证。

7.3.3 超声在介质中传播会出现衰减现象，衰减不仅与测距有关，也与频率有关；超声传播路径中的缺陷会导致声波产生反射、散射、绕射等现象，从而改变接收波的声时、波幅、主频，引起波形变化。本条对声学参数的测量提出要求，目的是为了排除干扰，保证检测的精度。

8 构件尺寸偏差与变形检测

8.1 一般规定

8.1.1 本条提出了构件尺寸偏差与变形的主要检测项目，这些检测项目源于相关验收规范和鉴定标准的要求。

8.1.2 构件表面的抹灰层、装修层会对检测结果的准确性造成不利影响。

8.2 构件截面尺寸及其偏差检测

8.2.1 本条对单个构件截面尺寸及其偏差的检测提出要求，本条的符合性指与设计要求的符合性，在检测报告中宜表述为"符合设计要求"或"不符合设计要求"。

8.2.2 本条与《混凝土结构工程施工质量验收规范》GB 50204 的相关要求有一定的差别，原因是本标准适用于第三方检测，着重于结构性能参数的确认。

8.2.3 本条规定了构件截面尺寸推定值的确定方法。

构件尺寸按其概率分布的 0.5 分位值确定，采用计量抽样方法检测时应满足本标准的相关规定。

8.3 构件倾斜检测

8.3.1 本条对检测构件倾斜时的抽样方法作出规定。

构件倾斜一般不具备批量检测条件。检测时，应使重要的构件和最不利状况得到充分的检验。

8.3.2 本条规定了构件倾斜的检测方法。

8.4 构件挠度检测

8.4.1 本条对检测构件挠度的抽样方法作出规定。

构件挠度一般不具备批量检测条件。检测时，应使重要的构件和最不利状况得到充分的检验。

8.4.2 本条规定了构件挠度的检测方法。

8.5 构件裂缝检测

8.5.1 本条对检测构件裂缝的抽样方法作出规定。

构件裂缝一般不具备批量检测条件。检测时，应使重要的构件和最不利状况得到充分的检验。

8.5.2 本条规定了构件裂缝的检测分类。

8.5.3 本条规定了构件挠度的检测方法。

9 混凝土中的钢筋检测

9.1 一般规定

9.1.1 本条提出了混凝土中钢筋的主要检测项目，这些检测项目源于相关验收规范和鉴定标准的要求。

9.1.2 原位实测法指剔除混凝土保护层后在原位对钢筋进行的直接检测方法。间接检测方法具有方便、快捷、对结构无损伤等特点，但其准确性依赖于特定的条件。实际结构千变万化，施工质量参差不齐，为保证检测结果的可靠性，宜进行验证并可根据验证结果进行适当的修正。

9.2 钢筋数量和间距检测

9.2.1 采用钢筋探测仪和雷达仪检测钢筋数量和间距，其精度可以满足要求。由于电磁屏蔽作用，当多层配筋时，钢筋探测仪和雷达仪难以测定内层钢筋；当钢筋间距较小时，还可能会出现漏检的情况。

9.2.2 本条规定了应进行剔凿验证的情况。

9.2.3 本条规定了梁、柱类构件主筋数量和间距的检测方法。

9.2.4 本条规定了墙、板类构件钢筋数量和间距的检测方法。

9.2.5 本条规定了梁、柱类构件箍筋数量和间距的检测方法。

9.2.6 本条提出了单个构件钢筋数量和间距符合性判定规则。

现行国家标准《混凝土结构工程施工质量验收规范》GB 50204规定的检测方法和判定规则针对的是未浇筑混凝土时的钢筋安装质量，本标准提出的检测方法和判定规则针对的是已浇筑混凝土后的钢筋位置实际状况。由于混凝土浇筑过程中的扰动，以现行国家标准《混凝土结构工程施工质量验收规范》GB 50204 规定的检测方法和判定规则来检测和评定实际结构混凝土中的钢筋是偏严的，本标准提出均值验收是符合实际情况的。

9.2.7 本条提出了构件钢筋数量和间距批量检测时的检测方法。

9.2.8 本条提出了工程质量检测时检验批符合性判定规则和相应的措施。

钢筋的间距按计数检验法进行检验，根据检验批中受检构件的数量和其中不合格构件的数量进行检验批合格判定。

对于梁、柱类构件，钢筋间距符合不能保证钢筋数量符合，从保证结构安全考虑，检验批中一个构件的主筋实测根数少于设计根数，该批直接判为不符合。

对于判定为不符合的批宜进行全数检测。如果不具备全数检测条件，可细分检验批后重新检测，以缩小处理的范围。

9.3 混凝土保护层厚度检测

9.3.1 由于混凝土介电常数受含水率影响大，混凝土保护层厚度不宜采用基于电磁波反射法的雷达仪进行检测。基于电磁感应法的钢筋探测仪也不能确保相应的精度要求，需要采用剔凿原位法对这些方法的检测结果进行验证。

9.3.2 本条提出了混凝土保护层厚度的剔凿原位检测方法。

9.3.3 本条提出了采用钢筋探测仪检测混凝土保护层厚度时的验证方法。

9.3.4 工程质量检测时，《混凝土结构工程施工质量验收规范》GB 50204 已有规定。

9.3.5 结构性能检测时，混凝土保护层厚度用于计算构件有效截面高度和评估耐久年限，检测时宜与构件截面尺寸、碳化深度同时检测。

9.4 混凝土中钢筋直径检测

9.4.1 钢筋直径是关系到混凝土结构安全的重要参数，目前尚无准确检测混凝土中钢筋直径的间接测试方法。考虑到常用的钢筋公称直径最小的级差也有 2mm，实践证明采用钢筋探测仪区分不同公称直径的钢筋具有可行性，尽管如此，此方法仍应慎用。

既有混凝土结构中钢筋可能出现不均匀锈蚀，甚至出现非标准尺寸钢筋，原位实测法的检测结果也会出现偏差，此时应采用取样称量法进行检测或进行验证。

9.4.2 混凝土保护层剔除的长度和深度应满足准确测量的要求。测量的项目和方法应满足相关钢筋产品标准如现行国家标准《钢筋混凝土用钢 第 2 部分：热轧带肋钢筋》GB 1499.2 的有关规定。对于带肋钢筋应同时测量内径和外径，以便计算肋高。

9.4.3 应尽可能截取外露的钢筋。公式（9.4.3）是根据钢材密度 7.85g/cm³ 计算钢筋直径，严格意义上来说是不同截面形式钢筋的当量直径。

9.4.4 现行行业标准《混凝土中钢筋检测技术规程》JGJ/T 152 已有具体的规定。

9.4.5 本条规定了检验批符合性判定规则。

结构性能检测时，对于带肋钢筋宜以内径为检测参数，将内径检测值乘以 1.03 的系数作为钢筋直径的检测值。当钢筋锈蚀严重时，应采取取样称量法进行验证。

9.5 构件中钢筋锈蚀状况检测

9.5.1 钢筋锈蚀状况不具备批量检测的条件，宜在对使用环境和结构现状进行调查并分类的基础上，选取使用环境恶劣、外观损伤严重的区域或关键构件进行检测。

9.5.2 间接方法受混凝土状态（如含水率等）的影响较大，存在较大的不确定性。

9.5.6 测试结果的判定可参考下列建议：

1 钢筋锈蚀电流与钢筋锈蚀速率及构件损伤年限判别见表 1。

表 1　钢筋锈蚀电流与钢筋锈蚀速率及构件损伤年限判别

序号	锈蚀电流 I_{corr}（$\mu A/cm^2$）	锈蚀速率	保护层出现损伤年限
1	<0.2	钝化状态	—
2	0.2~0.5	低锈蚀速率	>15 年
3	0.5~1.0	中等锈蚀速率	10~15 年
4	1.0~10	高锈蚀速率	2~10 年
5	>10	极高锈蚀速率	不足 2 年

2 混凝土电阻率与钢筋锈蚀状况判别见表 2。

表 2　混凝土电阻率与钢筋锈蚀状态判别

序号	混凝土电阻率（$k\Omega cm$）	钢筋锈蚀状态判别
1	>100	钢筋不会锈蚀
2	50~100	低锈蚀速率
3	10~50	钢筋活化时，可出现中高锈蚀速率
4	<10	电阻率不是锈蚀的控制因素

9.5.7 有关研究提出了钢筋锈蚀深度与裂缝宽度、混凝土保护层厚度的关系。

9.6 钢筋力学性能检测

9.6.1 虽然有研究资料表明，可采用硬度或化学成分分析得到钢材的极限抗拉强度换算值，并通过屈强比得到钢材的屈服强度值，但在钢筋上的应用尚存在较大的不确定性；为了保证检测结果的准确性，混凝土中的钢筋力学性能宜采用取样检测。

本条提出了钢筋试件的截取原则，工程事故原因分析时，可不受本条限制。

9.6.2 当无法确定进场批次或无法确定进场批次与结构上位置的对应关系时，检验批应以同一楼层或同一施工段中的同类构件划分，缩小检验批范围，可减少处理费用。

9.6.3 工程质量检测时，检验批的划分应有明确的依据，在此前提下，钢筋抽检数量和合格判定规则按相关产品标准的要求执行。

9.6.4 结构性能检测无须作出符合性判定，但要提供钢筋力学性能的特征值供评定单位参考。在结构中不可能找到力学性能最差的钢筋，但在检验批划分正确的情况下，由于钢筋力学性能的变异性不大（变异系数 0.06），通过抽样检测可以得到一定置信水平下的推定值。当特征值推定区间上限值与下限值的差值大于其均值的 10% 时，又不具备补充检测或重新检测条件时，应以最小检测值作为该批钢筋直径检测值。

9.6.5 损伤钢筋无法形成严格意义上的检验批，现场取样也不易抽到损伤最严重的钢筋，现行结构设计规范使用钢筋材料强度具有不小于 95% 的特征值作为标准值，为保证结构安全，使用最小值。

10　混凝土构件损伤检测

10.1　一般规定

10.1.1 本条根据损伤原因对混凝土构件的损伤进行分类，这种分类不具备完整性。本章规定了针对常见损伤的检测。

10.1.2 进行损伤程度的识别，便于分类处理。

10.1.3 损伤结构不同于一般的结构，存在较多的安全隐患，检测现场存在的有毒有害物质对检测人员可能造成潜在的危害。

10.1.4 储运仓库中的柱、交通设施中的桥墩宜受车辆的碰撞，由此造成的局部损伤，可记录损伤的位置与损伤的程度。

10.2　火灾损伤检测

10.2.1 本条提出了火灾损伤的 5 种状况，大面积坍塌的混凝土结构一般已没必要性进行构件损伤检测。

10.2.2 对未受火灾影响状态的区域进行少量构件的抽查，可以为评估火灾对混凝土性能影响程度提供基准数据。同时，在对火灾后混凝土结构安全性能评估时，评定机构也需要了解结构工程施工质量的情况。

10.2.3 本条提出了表面或表层材料性能劣化状态的识别特征。

10.2.4 本条规定了表面或表层性能劣化状态的检测项目。

10.2.5 本条提出了构件损伤状态的识别特征。

10.2.6 本条规定了构件损伤状态的检测项目。

10.2.7 本条提出了构件破坏状态的识别特征。

10.2.8 本条规定了构件破坏状态的检测项目和检测方法。

10.2.9 对于已坍塌部分，已没必要性再进行构件损伤检测。当需要分析坍塌原因时，应根据实际需要选择检测项目，此时宜优先采用直接法进行检测。

10.2.10 对于难以现场检测的性能参数，如火灾对已封锚的预应力钢筋的影响等，当需要评估火场温度对其影响时，可采取模拟试验的方法。

10.3　环境作用损伤检测

本节针对混凝土构件环境作用损伤的检测提出规定，通过外观检查将其识别成 4 种状态的目的是为了有针对性地进行检测。

11　环境作用下剩余使用年限推定

11.1　一般规定

11.1.1 环境作用下剩余使用年限与结构所处的环境情况和构件的防护措施密切相关，剩余使用年限内结构所处的环境情况和构件的防护措施均应没有明显改变。

11.1.2 环境作用下混凝土结构性能退化或损伤机理有多种，包括大气环境和氯盐环境下钢筋锈蚀、严寒环境中混凝土冻融损伤、碱骨料反应、硫酸盐等化学侵蚀以及物理磨损等。基于认识水平、技术成熟度、工程实际需要和应用可行性考虑，本标准提出碳化剩余使用年限和冻融损伤剩余使用年限的推定方法。

11.1.3 环境作用下剩余使用年限推定时有关参数的取值可以采用下列方式：

　　1 对结构中的构件进行归并、分类，从每个类别中选择典型构件或最不利构件进行检测，获得参数值；

　　2 对结构中的构件进行归并、分类，从每个类别中随机选取构件进行检测，获得参数的平均值；

　　3 对结构中的构件进行归并、分类，从每个类别中随机选取构件进行检测，获得参数的随机分布模型。

　　环境作用下剩余使用年限推定一般不具有批量检测的可能性，本标准从实用的角度出发，采用约定抽样方法进行，获得典型或最不利参数值。

11.2　碳化剩余使用年限推定

11.2.1 混凝土中钢筋锈蚀不仅与碳化有关，还如环境中的相对湿度、氧气的输送机制、混凝土保护层厚度等条件有关。根据环境条件，碳化剩余使用年限可分为钢筋开始锈蚀的剩余年限和钢筋具备锈蚀条件的剩余年限。碳化剩余使用年限不能等同于结构剩余使用寿命。

11.2.2 国内外相关研究中描叙混凝土碳化发展规律的一般公式形式为 $D = k_c \sqrt{t}$，其中碳化系数 k_c 是与混凝土组成和混凝土所处环境有关的参数。《混凝土结构耐久性评定标准》CECS 220 提出了碳化系数估算公式，可作为已有碳化模型。当已有碳化模型的精度不能满足要求时，可采用校准已有碳化模型和利用实测数据回归模型的方法。

11.2.3 混凝土实际碳化深度 D_c 可按本标准附录 F 或附录 G 中规定的方法检测；混凝土实际碳化时间 t_0 为自混凝土浇筑时刻起至检测时刻止历经的年限。

11.2.4 根据碳化模型计算的碳化深度不可能与实测碳化深度完全一致，本条规定了利用已有碳化模型推断碳化剩余使用年限的应用条件。

11.2.5 本条规定了利用已有碳化模型推断碳化剩余使用年限 t_e 的工作步骤。

11.2.6 本条规定了对选定碳化模型的校准方法。

11.2.7 本条规定了利用校准已有碳化模型的方法推断碳化剩余年限的工作步骤。

11.2.8 本条规定了实测模型的确定方法。$D = k_c\sqrt{t}$ 是公认的碳化发展规律，实测的碳化深度是个随机变量，严格意义上来说，碳化系数 k_c 也是一个随机变量，存在一个可靠度的问题。考虑与其他标准协调和便于应用，本标准采用均值，即具有 50%保证率。

11.2.9 本条规定了利用实测推断碳化剩余年限的工作步骤。

11.3 冻融损伤剩余使用年限推定

11.3.1 现行国家标准《混凝土结构设计规范》GB 50010、《混凝土结构耐久性设计规范》GB/T 50476、《普通混凝土长期性能和耐久性能试验方法标准》GB/T 50082 规定的混凝土抗冻融性能力与实际的环境作用没有直接关联关系。

11.3.2 取样比对检验方法关键要解决标准冻融循环试验与实际环境冻融作用之间联系问题。

11.3.3 取样比对冻融检验方法的基本原理。

11.3.4 将每个芯样锯切成两个试件时，应保证比对试件未受冻融影响。

11.3.5 冻融损伤最终表现为混凝土强度降低，由于混凝土强度与硬度存在一定的关系，可用硬度变化来反映强度变化。选用里氏硬度值的目的是避免测定硬度时对试件的损伤。

11.3.6 通过年当量冻融循环次数把标准冻融试验条件与实际的环境作用联系起来。混凝土冻融损伤是一个累计效应，实际环境下的冻融作用与标准冻融循环制度相差很多，年当量冻融循环次数是平均效应。

11.3.7 推断冻融损伤剩余使用年限时以质量损失率达到 5%作为结构混凝土冻融损伤的极限状态。

12 结构构件性能检验

12.1 一般规定

12.1.1 荷载作用下结构的实际工作状况（挠度、应变）和结构自身的模态特征（自振频率、振型等）可根据结构参数通过计算确定。由于计算都是在一定的计算模型和本构关系基础上进行的，实际结构往往与计算模型不完全相符，损伤等对结构计算参数的影响也难以定量表述，当对计算确定的结构性能有异议或难以通过计算确定结构性能时，可通过荷载试验进行检验。

一般考虑进行荷载试验的情况有：

    1 采用新结构体系、新材料、新工艺建造的混凝土结构，需验证或评估结构的设计和施工质量的可靠程度；

    2 外观质量较差的结构，需鉴定外观缺陷对其结构性能的实际影响程度；

    3 既有混凝土结构出现损伤后，需鉴定损伤对其结构性能的实际影响程度；

    4 缺少设计图纸、施工资料或结构体系复杂、受力不明确，难以通过计算确定结构性能；

    5 现行设计规范和施工验收规范要求的验证检测。

12.1.2 动力测试可检验结构的模态特征（自振频率、振型及阻尼比）和动力反应特性。

12.1.3 结构构件性能检验在结构实体上进行的，由于受检结构和构件性能的不确定性，结构构件性能检验存在一定的风险，结构构件性能检验不仅可能造成受检构件的破坏，而且也可能造成相邻构件甚至整个结构的坍塌。因此，要求由具备实际经验的结构工程师负责制定试验方案和指导现场试验。

12.2 静载检验

12.2.1 现行国家标准《混凝土结构设计规范》GB 50010 要求的正常使用极限状态指标只包括受弯构件的挠度限值和构件的裂缝及裂缝宽度限值，不能涵盖构件适用性的所有方面。满足上述限值的构件，也会出现其他适用性的问题，如装修层开裂、防水层破坏等。当这类检验进行施工质量的评定时，可能会出现正常使用极限状态指标评定为合格的构件又存在明显的适用性问题。

现行国家标准《混凝土结构试验方法标准》GB/T 50152 和《混凝土结构工程施工质量验收规范》GB 50204 针对不同的极限状态标志确定的承载力试验荷载，本质上属于极限状态承载能力和安全裕度的检验。结构实体中构件静载试验，针对的是具体的构件，考虑到结构安全，一般不进行承载能力极限状态的检验，而实际工作中又需要通过荷载试验验证受检构件承载能力能否满足要求。

12.2.2 结构性能静载试验一般不能实现批量检测，只对单个构件进行检测，有时单个构件的试验结果又作为该类构件进行处理的依据，因此，试验构件的选取宜在结构现状检查的基础上，按照约定抽样原则选取并应使最不利构件得到检验。

12.2.3 现行国家标准《混凝土结构试验方法标准》GB/T 50152 有具体要求。

12.2.4 荷载试验应尽量采用与标准荷载相同的荷载，但由于客观条件的限制，试验荷载与标准荷载会有所不同，此时，应根据效应等效的原则计算试验荷载。本条仅提出原则性要求，试验荷载的具体计算，应按各专业相关标准、规范的要求进行。

12.2.5 由于各专业（公路、铁道等）工程结构可靠度设计统一标准和设计规范在极限状态承载能力和荷载组合的特点，本条仅提出原则性要求，试验荷载的具体计算，应按各专业相关标准、规范的要求进行。

就建筑结构而言：

1 构件适用性检验荷载的效应不应小于可变作用标准值的效应与永久作用标准值的效应之和，即：

$$Q_s = G_k + Q_k$$

式中：Q_s——构件适用性短期结构构件性能检验值；

G_k——永久荷载标准值；

Q_k——可变荷载标准值。

2 构件安全性检验荷载的效应不应小于可变作用设计值的效应与永久作用设计值的效应之和，即：

$$Q_d = \gamma_G G_k + \gamma_Q Q_k$$

式中：Q_d——构件安全性结构构件性能检验值；

γ_G——永久荷载分项系数，一般取 1.2；

γ_Q——可变荷载分项系数，一般取 1.4。

3 构件极限状态承载能力检验荷载的效应不应小于可变和永久作用设计值的效应之和与承载力检验系数允许值之乘积，即：

$$Q_u = [\gamma_u](\gamma_G G_k + \gamma_Q Q_k)$$

式中：Q_u——对应不同检验指标的结构构件性能检验值；

$[\gamma_u]$——对应不同检验指标的承载力检验系数，按《混凝土结构试验方法标准》GB/T 50152 取值。

12.2.6 在进行静载检验时，观测项目主要包括三个方面：整体变形观测（挠度、扭转、支座沉降、转动等）、局部变形观测（应变）和现象观测（裂缝出现及裂缝宽度变化情况、混凝土压溃等）。

一般根据计算分析结果，选择变形较大或受力最不利截面作为控制截面，对于受弯构件一般选择跨中。

12.2.7 构件适用性的范围很广，由于混凝土构件变形可能造成附属设施破损和附属设备运行不正常，因此，尚应根据委托方的具体要求选择观测项目。

12.2.8 在进行静载检验时，试验荷载应分级施加，一般情况下分为（4～5）级。分级施加试验荷载的目

的为了保证受检结构安全，更好地控制试验的进行。具体的分级要求按现行国家标准《混凝土结构试验方法标准》GB/T 50152 的有关规定执行。

12.2.9 本条规定了静载检验停止加载工作的标志。上述判定指标只有第 1 款、第 2 款为有关规范提出的限制，其他各款的限值应根据实际情况确定，此外本条仅提出部分可能出现问题。

构件承载力的检验可不受本条限制。

12.2.10 对试验数据的实时处理便于试验人员及时了解和判断结构的工作状态，避免出现安全事故。

12.2.11 荷载作用下持续时间和变形恢复持续时间按现行国家标准《混凝土结构试验方法标准》GB/T 50152 的有关规定执行。相对残余变形（残余变形与弹性变形的比值）的大小反映结构是否处于弹性状态，由于混凝土材料并不是完全弹性材料，对于构件承载力检验，荷载作用下持续时间和变形恢复持续时间不应少于 24h，在此条件下可根据最大变形值、相对残余变形和变形值与相应的理论计算值的关系综合判断构件承载能力。一般情况下，相对残余变形小于 20% 作为判断构件承载能力的关键指标。

12.2.12 构件的挠度控制指标是考虑长期变形的，因此应对短期荷载作用下的变形进行换算。本条的换算方法与现行国家标准《混凝土结构设计规范》GB 50010 和《混凝土结构试验方法标准》GB/T 50152 的有关规定一致。

12.2.13 本条对荷载试验应提供的信息提出要求，便于检测报告使用者对荷载试验过程和结果有更详细的了解。

12.2.14 关于安全的结论，仅对受检结构构件有效。

12.2.15 结构构件承载力原位检验存在较大的风险。

12.3 动 力 测 试

12.3.1 结构动力特性测试包括自振频率、振型和阻尼系数，这些参数是结构自身的模态参数，结构损伤可以通过这些模态参数进行识别，构件加固前、后状况也可通过模态参数的变化进行评估。结构动力反应不仅与结构自身状况有关，也与外加动力荷载有关。

12.3.2 混凝土结构的脉动是一种很微小的振动，脉动源来自地壳内部微小的振动、车辆交通和设备运行引起的微小振动以及风引起的振动。利用结构的脉动响应来确定其动力特性，称为脉动试验。脉动试验不需要任何激振设备，对结构不会造成损伤且不影响结构的使用，是一种有效简便的方法。在桥梁检测中，也可利用跳车试验进行激振。

12.3.3 混凝土结构动力反应随动荷载的变化而变化，因此，宜选用可稳定再现的动荷载作为试验荷载。实际检测中常常涉及基桩施工、设备运行等非标准动荷载作用下的结构动力反应，为了避免纠纷，应对该动荷载的再现性进行约定。

12.3.4 由于被测结构动力特性的变化和动力荷载的变化，不宜对测试系统作出统一的规定。

12.3.5 分部标定中间环节多，操作麻烦，且精度不高。

12.3.6 结构动力特性测试时，测点布置应结合混凝土结构形式和计算分析的结果综合确定，振型节点处信号弱，尽可能避开。

12.3.7 当传感器的数量不足时，可进行分段测试。

12.3.8 现代测振仪器已实现数字化和集成化，可以对数据进行快速、实时分析。

中华人民共和国行业标准

房屋建筑与市政基础设施工程检测分类标准

Classification standard of test for building and
municipal engineering

JGJ/T 181—2009

批准部门：中华人民共和国住房和城乡建设部
施行日期：２０１０年８月１日

中华人民共和国住房和城乡建设部
公 告

第 445 号

关于发布行业标准《房屋建筑与
市政基础设施工程检测分类标准》的公告

现批准《房屋建筑与市政基础设施工程检测分类标准》为行业标准，编号为 JGJ/T 181 - 2009，自 2010 年 8 月 1 日起实施。

本标准由我部标准定额研究所组织中国建筑工业出版社出版发行。

中华人民共和国住房和城乡建设部

2009 年 11 月 24 日

前 言

根据原建设部《关于印发〈2005 年工程建设标准规范制订、修订计划（第一批）〉的通知》（建标函 [2005] 84 号）的要求，标准编制组经广泛调查研究，认真总结实践经验，参考有关国际标准和国外先进标准，并在广泛征求意见的基础上，制定本标准。

本标准的主要技术内容是：总则、基本规定、工程材料检测、工程实体检测、工程环境检测等。

本标准由住房和城乡建设部负责管理，由广州市建筑科学研究院有限公司负责具体技术内容的解释。执行过程中如有意见或建议，请寄送广州市建筑科学研究院有限公司（地址：广州市白云大道北 833 号；邮政编码：510440）。

本标准主编单位：广州市建筑科学研究院有限公司
国家建筑工程质量监督检验中心

本标准参编单位：上海市建筑科学研究院（集团）有限公司
同济大学
北京市市政工程研究院
辽宁省建设科学研究院
中国建筑材料科学研究总院
山东省建筑科学研究院
江苏省建筑科学研究院有限公司
广东省建设工程质量安全监督检测总站
国家空调设备质量监督检验中心
甘肃省建筑科学研究院
广州建设工程质量安全检测中心有限公司
广州市华软科技发展有限公司
无锡建仪仪器机械有限公司
沈阳紫微机电设备有限公司

本标准主要起草人：任 俊　姜 红　朱基千
萧 岩　张元发　吴裕锦
关淑君　孟小平　王春波
倪竹君　曹 阳　袁庆华
汪志功　田华强　杨 波
潘奇俊　范 伟　冯力强
吴 冰

本标准主要审查人：何星华　徐天平　吴战鹰
牛兴荣　潘延平　陈凤旺
张元勃　宋 波　冯 雅
朱立建

目　　次

Contents

1 总　则

1.0.1 为了统一房屋建筑和市政基础设施工程检测的分类方法，使检测的分类更加合理化、规范化，提高检测的质量与水平，使检测结果科学、合理、适用、可比，制定本标准。

1.0.2 本标准适用于房屋建筑和市政基础设施工程检测的分类。

1.0.3 本标准依据房屋建筑和市政基础设施工程在建设阶段及使用阶段的技术要求确定检测领域、类别、项目及参数。

1.0.4 本标准规定了房屋建筑和市政基础设施工程检测分类的基本技术要求。当本标准与国家法律、行政法规的规定相抵触时，应按国家法律、行政法规的规定执行。

1.0.5 房屋建筑和市政基础设施工程检测的分类除应符合本标准的规定外，尚应符合国家现行有关标准的规定。

2 基 本 规 定

2.1 一 般 规 定

2.1.1 本标准所指房屋建筑工程包括与房屋建筑物和附属构筑物设施相关的地基与基础、主体结构、建筑给水排水、采暖通风、建筑电气、智能建筑及装饰装修工程。

2.1.2 本标准所指市政基础设施工程包括城市道路、桥梁、供水、排水、污水处理、燃气、热力、垃圾处理、防洪等设施的土建和管道安装工程。

2.1.3 房屋建筑和市政基础设施工程检测应分为检测领域、类别、项目及参数4个层次。

2.1.4 在工程建设领域中涉及的建筑材料和原材料检测代码及参数，应选用国家现行有关标准确定的检测代码及参数。

2.1.5 名称不同而检测技术方法基本相同或相近的检测代码及参数，在参数表中可并列，未列出的相近参数也可采用本标准给出的检测代码。

2.1.6 同一检测代码及参数存在多种检测方法时，涉及不同检测能力的方法应在参数后括号内分别列出。

2.2 检 测 领 域

2.2.1 房屋建筑和市政基础设施工程的检测领域应符合表2.2.1的规定。

表2.2.1　房屋建筑和市政基础设施工程检测领域

序号	代码	领　域	Domain
1	Q	工程材料	Construction materials

续表2.2.1

序号	代码	领　域	Domain
2	P	工程实体	Construction entity
3	Z	工程环境	Construction environment

2.3 检 测 类 别

2.3.1 工程材料领域的检测应按使用功能进行分类。当一种材料有多种使用功能时，应划入在工程中的主要功能类别中。工程材料领域检测类别划分应符合表2.3.1的规定。

表2.3.1　工程材料领域检测类别

序号	代码	类　别	Sort
1	Q03	混凝土结构材料	Concrete structure materials
2	Q04	墙体材料	Masonry structure materials
3	Q05	金属结构材料	Metal structure materials
4	Q06	木结构材料	Timber structure materials
5	Q07	膜结构材料	Membrane structure materials
6	Q08	预制混凝土构配件	Component of precast concrete
7	Q09	砂浆材料	Mortar materials
8	Q10	装饰装修材料	Decorating and refurbishing materials
9	Q11	门窗幕墙	Door window and curtain wall
10	Q12	防水材料	Waterproof materials
11	Q13	嵌缝密封材料	Joint sealing materials
12	Q14	胶粘剂	Adhesive
13	Q15	管道材料及配件	Pipeline materials and pipe-fittings
14	Q16	电气材料	Electrical materials
15	Q17	保温吸声材料	Thermal insulation and acoustic materials
16	Q18	道桥材料	Materials for road and bridge
17	Q19	道桥构配件	Component for road and bridge
18	Q20	防腐绝缘材料	Anti-corrosion insulation materials

2.3.2 工程实体领域的检测应按照工程部位进行分类，并应包括工程监测、施工机具、安全防护用品等类别。工程实体领域检测类别划分应符合表 2.3.2 的规定。

表 2.3.2　工程实体领域检测类别

序号	代码	类　别	Sort
1	P21	地基与基础工程	Subgrade and foundation engineering
2	P22	主体结构工程	Structure engineering
3	P23	装饰装修工程	Decorating and refurbishing engineering
4	P24	防水工程	Waterproof engineering
5	P25	建筑给水、排水及采暖工程	Water supply, drainage and heating engineering
6	P26	通风与空调工程	Ventilation and air-conditioning engineering
7	P27	建筑电气工程	Building electrical engineering
8	P28	智能建筑工程	Intelligent building engineering
9	P29	建筑节能工程	Energy efficient of building construction
10	P30	道路工程	Road engineering
11	P31	桥梁工程	Bridge engineering
12	P32	隧道工程与城市地下工程	Tunnel engineering and urban underground engineering
13	P33	市政给水排水、热力与燃气工程	Municipal water supply and drainage, thermodynamic and gas engineering
14	P34	工程监测	Engineering monitoring
15	P35	施工机具	Construction equipment
16	P36	安全防护用品	Safety facilities

2.3.3 工程环境领域检测应按照环境特点进行分类。工程环境领域检测类别划分应符合表 2.3.3 的规定。

表 2.3.3　工程环境领域检测类别

序号	代码	类　别	Sort
1	Z37	热环境	Thermal environment
2	Z38	光环境	Light environment

续表 2.3.3

序号	代码	类　别	Sort
3	Z39	声环境	Acoustic environment
4	Z40	空气质量	Air quality

2.4　检 测 代 码

2.4.1 房屋建筑和市政基础设施工程检测代码的分级与排列应符合下列规定：

1 检测代码分为如下 4 级：
 1）第 1 级 1 位，领域代码；
 2）第 2 级 2 位，类别代码；
 3）第 3 级 2 位，项目代码；
 4）第 4 级 2 位，参数代码。

2 检测代码应按图 2.4.1 所示顺序排列。

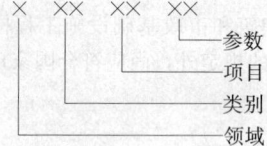

图 2.4.1　检测代码排列示意

2.4.2 本标准未列入的检测类别、检测项目、检测参数可用"补×"依次排列。

2.4.3 检测代码及项目的标准变更造成参数的名称变更时，检测代码不应改变。

3　混凝土结构材料

3.1　一 般 规 定

3.1.1 混凝土结构材料的检测代码及项目应符合表 3.1.1 的规定。

表 3.1.1　混凝土结构材料检测代码及项目

序号	代码	项　目	Item
1	Q0302	水泥	Cement
2	Q0303	砂	Sand
3	Q0304	石	Stone
4	Q0305	轻骨料	Lightweight aggregate
5	Q0306	混凝土用水	Concrete water consumption
6	Q0307	外加剂	Additives
7	Q0308	掺合料	Admixtures
8	Q0309	钢筋	Steel bar
9	Q0310	钢筋焊接	Steel bar joint
10	Q0311	钢筋机械连接	Mechanical connection of steel bar

序号	代码	项 目	Item
11	Q0312	普通混凝土	Ordinary concrete
12	Q0313	轻骨料混凝土	Lightweight aggregate concrete
13	Q0314	钢纤维	Steel fiber
14	Q0315	钢绞线、钢丝	Steel wire and strand
15	Q0316	预应力筋用锚具、夹具和连接器	Anchorage, grip and coupler for prestressing tendons
16	Q0317	预应力混凝土用波纹管	Corrugated-pipe for prestressed concrete
17	Q0318	灌浆材料	Grouting materials
18	Q0319	混凝土结构加固用纤维	Fiber for concrete structure streng- thening
19	Q0320	混凝土结构加固用纤维复合材	Fiber composites for concrete structure strengthening

3.2 水 泥

3.2.1 水泥的检测代码及参数应符合表 3.2.1 的规定。

表 3.2.1 水泥的检测代码及参数

序号	代码	参 数	Parameter
1	Q030201	密度	Density
2	Q030202	细度	Fineness
3	Q030203	比表面积	Specific surface area
4	Q030204	水泥标准稠度用水量	Water requirement for normal consistency for cement paste
5	Q030205	凝结时间	Setting time
6	Q030206	安定性	Soundness
7	Q030207	胶砂强度（ISO 法、快速法）	Mortar strength (ISO method, rapid method)
8	Q030208	胶砂流动度	Mortar fluidity
9	Q030209	胶砂干缩	Drying shrinkage of mortar
10	Q030210	自应力	Self-stressing
11	Q030211	保水率	Water retentively
12	Q030212	不透水性	Water impermeability

序号	代码	参 数	Parameter
13	Q030213	白度	Whiteness
14	Q030214	色差	Color difference
15	Q030215	颜色耐久性	Color durability
16	Q030216	耐磨性	Abrasion resistance
17	Q030217	膨胀率	Percentage of expansion
18	Q030218	水化热	Heat of hydration
19	Q030219	烧失量	Loss on ignition
20	Q030220	不溶物	Insoluble residue
21	Q030221	二氧化硅	Silica
22	Q030222	三氧化二铁	Ferrictri oxide
23	Q030223	三氧化二铝	Alumina
24	Q030224	氧化钙	Calcium oxide
25	Q030225	氧化镁	Magnesium oxide
26	Q030226	硫酸盐和三氧化硫	Sulphate and sulfur trioxide
27	Q030227	二氧化钛	Titanium dioxide
28	Q030228	一氧化锰	Manganese oxide
29	Q030229	氧化钾和氧化钠	Potassium oxide and sodium oxide
30	Q030230	硫化物	Sulfide
31	Q030231	氟	Fluorine
32	Q030232	游离氧化钙	Free calcium oxide
33	Q030233	氯离子含量	Chloride ion content

3.3 砂

3.3.1 砂的检测代码及参数应符合表 3.3.1 的规定。

表 3.3.1 砂的检测代码及参数

序号	代码	参 数	Parameter
1	Q030301	筛分析/颗粒级配	Sieve analysis/Particle size grading
2	Q030302	表观密度（标准法、简易法）	Apparent density (standard method, simple method)
3	Q030303	吸水率	Water absorption
4	Q030304	堆积密度	Stacking density
5	Q030305	紧密密度	Compact density
6	Q030306	含水率（标准法、快速法）	Water content (standard method, rapid method)

続表 3.3.1

序号	代码	参数	Parameter
7	Q030307	含泥量（标准法、虹吸管法）	Soil content (standard method, siphon method)
8	Q030308	泥块含量	Soil block content
9	Q030309	石粉含量	Stone powder content
10	Q030310	人工砂压碎指标	Crush index of artifioial sand
11	Q030311	有机物含量	Organism content
12	Q030312	云母含量	Mica content
13	Q030313	轻物质含量	Content of light substance
14	Q030314	坚固性	Soundness
15	Q030315	硫酸盐及硫化物含量	Sulphide and sulphate content
16	Q030316	氯离子含量	Chloride ion content
17	Q030317	海砂贝壳含量	Content of shell for sea sand
18	Q030318	碱活性（快速法、砂浆长度法）	Alkali-aggregate reaction (rapid method, mortar length method)

3.4 石

3.4.1 石的检测代码及参数应符合表 3.4.1 的规定。

表 3.4.1 石的检测代码及参数

序号	代码	参数	Parameter
1	Q030401	筛分析/颗粒级配	Sieve analysis/Particle size grading
2	Q030402	表观密度（标准法、简易法）	Apparent density (standard method, simple method)
3	Q030403	含水率	Water content
4	Q030404	吸水率	Water absorption
5	Q030405	堆积密度	Stacking density
6	Q030406	紧密密度	Compact density
7	Q030407	含泥量	Soil content
8	Q030408	泥块含量	Soil block content
9	Q030409	针片状颗粒的总含量	Content of spiculate and flaky grain
10	Q030410	有机物含量	Organism content
11	Q030411	坚固性	Soundness

続表 3.4.1

序号	代码	参数	Parameter
12	Q030412	岩石抗压强度	Compressive strength of rock
13	Q030413	压碎指标	Crushing index
14	Q030414	硫酸盐及硫化物含量	Sulphide and sulphate content
15	Q030415	碱活性（岩相法、快速法、砂浆长度法、岩石柱法）	Alkali-aggregate reaction (Lithofacies method, rapid method, mortar length method, rock column method)

3.5 轻骨料

3.5.1 轻骨料的检测代码及参数应符合表 3.5.1 的规定。

表 3.5.1 轻骨料的检测代码及参数

序号	代码	参数	Parameter
1	Q030501	筛分析/颗粒级配	Sieve analysis/Particle size grading
2	Q030502	堆积密度	Stacking density
3	Q030503	紧密堆积密度	Compact density
4	Q030504	表观密度	Apparent density
5	Q030505	吸水率	Water absorption
6	Q030506	软化系数	Soften coefficient
7	Q030507	粒型系数	Coefficient of grain shape
8	Q030508	含泥量及黏土块含量	Soil and soil block content
9	Q030509	匀质性指标	Homogeneity index
10	Q030510	煮沸质量损失	Boiling weight loss
11	Q030511	筒压强度	Cylinder compressive strength
12	Q030512	烧失量	Loss on ignition
13	Q030513	硫化物及硫酸盐含量	Sulphide and sulphate content
14	Q030514	有机物含量	Organism content
15	Q030515	有害物质含量	Harmful substance content

3.6 混凝土用水

3.6.1 混凝土用水的检测代码及参数应符合表3.6.1的规定。

表 3.6.1 混凝土用水的检测代码及参数

序号	代码	参数	Parameter
1	Q030601	pH	pH
2	Q030602	不溶物	Insoluble matter
3	Q030603	可溶物	Soluble matter
4	Q030604	氯离子含量	Chloride ion content
5	Q030605	硫酸盐	Sulphate content
6	Q030606	碱含量	Alkali content

3.7 外 加 剂

3.7.1 外加剂的检测代码及参数应符合表3.7.1的规定。

表 3.7.1 外加剂的检测代码及参数

序号	代码	参数	Parameter
1	Q030701	细度	Fineness
2	Q030702	密度	Density
3	Q030703	含固量	Solid content
4	Q030704	含水率	Water content
5	Q030705	水泥净浆流动度	Fluidity for cement paste
6	Q030706	pH	pH
7	Q030707	表面张力	Surface tension
8	Q030708	水泥砂浆工作性/砂浆减水率	Work-ability of cement mortar
9	Q030709	比表面积	Specific surface area
10	Q030710	减水率	Water reducing ratio
11	Q030711	坍落度增加值/坍落度保留值	Slump increase/Slump retaining value
12	Q030712	凝结时间/凝结时间差	Setting time/Setting time difference
13	Q030713	48h 吸水量比	Water sorption ratio in 48h
14	Q030714	含气量	Air content

续表3.7.1

序号	代码	参数	Parameter
15	Q030715	常压泌水率比	Ratio of water-segregation rate at normal atmospheric pressure
16	Q030716	压力泌水率比	Ratio of water-segregation rate at a certain atmospheric pressure
17	Q030717	净浆安定性	Soundness of cement paste
18	Q030718	抗压强度/抗压强度比	Compressive strength/Compressive strength ratio
19	Q030719	抗折强度	Bending strength
20	Q030720	限制膨胀率	Percentage of restrained expansion
21	Q030721	收缩率比	Shrinkage ratio
22	Q030722	透水压力比	Leaking pressure ratio
23	Q030723	渗透高度比	Leaking height ratio
24	Q030724	需水量比	Water requirement ratio
25	Q030725	冻融强度损失率比	Ratio of compressive strength loss after freeze-thaw circle
26	Q030726	相对耐久性指标	Relative endurance index
27	Q030727	泡沫性能	Foam performance
28	Q030728	氯离子含量	Chloride ion content
29	Q030729	还原糖	Reducing sugar
30	Q030730	总碱量（$Na_2O + 0.658K_2O$）	Total alkali content ($Na_2O+0.658K_2O$)
31	Q030731	硫酸钠	Sodium sulphate
32	Q030732	钢筋锈蚀	Steel corrosion
33	Q030733	氧化镁	Magnesium oxide

序号	代码	参　数	Parameter
34	Q030734	三氧化硫	Sulfur trioxide
35	Q030735	烧失量	Loss on ignition
36	Q030736	硅灰中二氧化硅	Silica content in silicon fume
37	Q030737	吸铵值	Ammonium absorption value
38	Q030738	活性指数	Activity index

3.8 掺合料

3.8.1 掺合料的检测代码及参数应符合表 3.8.1 的规定。

表 3.8.1 掺合料的检测代码及参数

序号	代码	参　数	Parameter
1	Q030801	细度	Fineness
2	Q030802	比表面积	Specific surface area
3	Q030803	松散密度	Loose density
4	Q030804	白度	Whiteness
5	Q030805	需水量	Water requirement
6	Q030806	含水量	Water content
7	Q030807	流动度比	Fluidity ratio
8	Q030808	抗压强度比	Compressive strength ratio
9	Q030809	安定性	Soundness
10	Q030810	均匀性	Uniformity
11	Q030811	活性指数	Activity index
12	Q030812	碱含量	Alkali content
13	Q030813	吸铵值	Ammonium absorption value
14	Q030814	105℃挥发物含量/含水量	Volatile substances content at 105℃/Water content
15	Q030815	质量系数	Quality coefficient
16	Q030816	二氧化钛	Titanium dioxide
17	Q030817	氧化亚锰	Manganese oxide
18	Q030818	氟化物	Fluoride content
19	Q030819	硫化物	Sulphide content
20	Q030820	硅灰石含量	Wollastonite content
21	Q030821	烧失量	Loss on ignition
22	Q030822	三氧化硫	Sulphur trioxide

序号	代码	参　数	Parameter
23	Q030823	二氧化硅	Silica
24	Q030824	游离氧化钙	Free calcium oxide
25	Q030825	氯离子含量	Chloride ion content

3.9 钢　筋

3.9.1 钢筋的检测代码及参数应符合表 3.9.1 的规定。

表 3.9.1 钢筋的检测代码及参数

序号	代码	参　数	Parameter
1	Q030901	尺寸	Dimension
2	Q030902	外观	Appearance er
3	Q030903	重量	Weight
4	Q030904	伸长率	Elongation
5	Q030905	屈服强度	Yield strength
6	Q030906	抗拉强度	Tensile strength
7	Q030907	断面收缩率	Percentage reduction of area
8	Q030908	冷弯	Cold bending
9	Q030909	反向弯曲	Back bend
10	Q030910	冲击	Impacting
11	Q030911	疲劳试验	Fatigue test
12	Q030912	应力松弛率	Stress relaxation
13	Q030913	碳	Carbon
14	Q030914	硅	Silicon
15	Q030915	锰	Manganese
16	Q030916	硫	Sulfur
17	Q030917	磷	Phosphorus
18	Q030918	铬	Chromium
19	Q030919	镍	Nickel
20	Q030920	铜	Copper
21	Q030921	氮	Nitrogen
22	Q030922	砷	Arsenic
23	Q030923	碳当量	Carbon equivalent
24	Q030924	晶粒度	Grain size

3.10 钢筋焊接

3.10.1 钢筋焊接的检测代码及参数应符合表

3.10.1 的规定。

表 3.10.1　钢筋焊接的检测代码及参数

序号	代码	参 数	Parameter
1	Q031001	抗拉强度	Tensile strength
2	Q031002	剪切强度	Shear strength
3	Q031003	弯曲	Bending
4	Q031004	冲击	Impacting
5	Q031005	疲劳	Fatigue
6	Q031006	硬度	Hardness
7	Q031007	钢筋焊接网的抗剪力	Shear resistance of welded wire fabric
8	Q031008	应变时效敏感性	Strain ageing susceptibility

3.11　钢筋机械连接

3.11.1　钢筋机械连接的检测代码及参数应符合表 3.11.1 的规定。

表 3.11.1　钢筋机械连接的检测代码及参数

序号	代码	参 数	Parameter
1	Q031101	外观	Appearance
2	Q031102	尺寸	Dimension
3	Q031103	抗拉强度	Tensile strength
4	Q031104	屈服强度	Yield strength
5	Q031105	单向拉伸	Unidirectional tension
6	Q031106	接头拧紧力矩	Twisting moment tight on coupling
7	Q031107	高应力反复抗压	Reverse compression in high stress
8	Q031108	大变形反复拉压	Repeated pressure and tension under large strain
9	Q031109	总伸长率	Total extension percentage
10	Q031110	非弹性变形	Inelastic deformation
11	Q031111	残余变形	Residual deformation

3.12　普通混凝土

3.12.1　普通混凝土的检测代码及参数应符合表 3.12.1 的规定。

表 3.12.1　普通混凝土的检测代码及参数

序号	代码	参 数	Parameter
1	Q031201	坍落度与坍落扩展度	Slump and slump flow

续表 3.12.1

序号	代码	参 数	Parameter
2	Q031202	拌合物稠度	Consistence of concrete mixed
3	Q031203	拌合物凝结时间	Setting time of concrete mixed
4	Q031204	拌合物泌水	Bleeding of concrete mixed
5	Q031205	拌合物压力泌水	Stressing bleeding of concrete mixed
6	Q031206	拌合物表观密度	Apparent density of concrete mixed
7	Q031207	拌合物含气量	Air content of concrete mixed
8	Q031208	拌合物配合比分析	Mixture ratio analysis of concrete mixed
9	Q031209	抗压强度	Compressive strength
10	Q031210	抗拉强度	Tensile strength
11	Q031211	抗折强度	Bending strength
12	Q031212	抗渗性能	Permeability resistance
13	Q031213	收缩率	Shrinkage
14	Q031214	抗冻性能	Frost resistance
15	Q031215	耐磨性能	Abrasion resistance
16	Q031216	抗压疲劳强度	Compressive fatigue strength
17	Q031217	弯拉强度	Tensile strength in bending
18	Q031218	静力受压弹性模量	Modulus of elasticity in static compression
19	Q031219	动弹性模量	Modulus of elasticity in dynamic compression
20	Q031220	受压徐变	Creep of concrete
21	Q031221	碳化	Carbonation of concrete
22	Q031222	钢筋锈蚀	Steel corrosion
23	Q031223	氯离子含量	Chloride ion content

3.13　轻骨料混凝土

3.13.1　轻骨料混凝土的检测代码及参数除应包括本标准表 3.12.1 的内容外，其他检测代码及参数尚应符合表 3.13.1 的规定。

表 3.13.1　轻骨料混凝土的其他检测代码及参数

序号	代码	参数	Parameter
1	Q031301	干表观密度	Dry apparent density
2	Q031302	吸水率	Water absorption
3	Q031303	线膨胀系数	Linear expansion coefficient
4	Q031304	软化系数	Soften coefficient

3.14　钢　纤　维

3.14.1　钢纤维的检测代码及参数应符合表3.14.1的规定。

表 3.14.1　钢纤维的检测代码及参数

序号	代码	参　数	Parameter
1	Q031401	尺寸	Dimension
2	Q031402	外观	Appearance
3	Q031403	抗拉强度	Tensile strength
4	Q031404	弯折性能	Bending property
5	Q031405	杂质	Impurity

3.15　钢绞线、钢丝

3.15.1　钢绞线、钢丝的检测代码及参数应符合表3.15.1的规定。

表 3.15.1　钢绞线、钢丝的检测代码及参数

序号	代码	参　数	Parameter
1	Q031501	外观	Appearance
2	Q031502	尺寸	Dimension
3	Q031503	伸直性	Unbend properties
4	Q031504	质量	Mass
5	Q031505	屈服力	Yield force
6	Q031506	条件屈服荷载	Yield load in some condition
7	Q031507	规定非比例延伸力	Proof strength, non-proportional extension
8	Q031508	破断拉力	Breaking loading
9	Q031509	抗拉强度	Tensile strength
10	Q031510	最大力	Maximum force
11	Q031511	断后伸长率	Percentage elongation after fracture
12	Q031512	最大力总伸长率	Percentage total elongation at maximum force
13	Q031513	断裂收缩率	Percentage reduction of area

续表 3.15.1

序号	代码	参　数	Parameter
14	Q031514	应力松弛性能	Stress relaxation properties
15	Q031515	弹性模量	Elastic modulus
16	Q031516	疲劳性能	Fatigue properties
17	Q031517	偏斜拉伸性能	Skew tension properties
18	Q031518	延性（反复弯曲、断面减缩）	Ductility (reverse bend, constriction)
19	Q031519	应力腐蚀	Stress corrosion
20	Q031520	弯曲试验	Bending test
21	Q031521	扭转试验	Twisting test
22	Q031522	镀层重量	Coating weight
23	Q031523	钢丝缠绕试验	Winding wire test
24	Q031524	镦头强度	Strength of upsetting end

3.16　预应力筋用锚具、夹具和连接器

3.16.1　预应力筋用锚具、夹具和连接器检测代码及参数应符合表3.16.1的规定。

表 3.16.1　预应力筋用锚具、夹具和连接器的检测代码及参数

序号	代码	参　数	Parameter
1	Q031601	硬度	Hardness
2	Q031602	锚具效率系数	Activity factor of anchorage device
3	Q031603	夹具效率系数	Activity factor of jig
4	Q031604	总应变	Total strain
5	Q031605	相对位移	Relative displacement
6	Q031606	实测极限拉力	Measured limit rally
7	Q031607	疲劳荷载性能	Fatigue load property
8	Q031608	周期荷载性能	Periodic load property
9	Q031609	锚固的内缩量	Amount of anchoring shrinkage
10	Q031610	锚固摩阻损失	Friction loss of anchoring
11	Q031611	张拉锚固工艺性能	Processing properties of stretching anchor

3.17 预应力混凝土用波纹管

3.17.1 预应力混凝土用波纹管的检测代码及参数应符合表 3.17.1 的规定。

表 3.17.1 预应力混凝土用波纹管的检测代码及参数

序号	代码	参　数	Parameter
1	Q031701	尺寸	Dimension
2	Q031702	外观	Appearance
3	Q031703	集中荷载下径向刚度	Stiffness of neck direction on concentrated load
4	Q031704	均布荷载下径向刚度	Stiffness of neck direction on even load
5	Q031705	荷载作用后抗渗漏	Leaking resistance after loading
6	Q031706	抗弯曲渗漏	Bending leakage resistance
7	Q031707	环刚度	Ring stiffness
8	Q031708	局部横向荷载	Local lateral loading
9	Q031709	柔韧性	Flexible property
10	Q031710	耐冲击性	Impacting resistance

3.18 灌　浆　材　料

3.18.1 水泥基灌浆材料的检测代码及参数应符合表 3.18.1 的规定。

表 3.18.1 水泥基灌浆材料的检测代码及参数

序号	代码	参　数	Parameter
1	Q031801	粒径	Grain size
2	Q031802	凝结时间	Setting time
3	Q031803	泌水率	Bleeding rate
4	Q031804	流动度	Fluidity
5	Q031805	抗压强度	Compressive strength
6	Q031806	竖向膨胀率	Vertical expansion ratio
7	Q031807	钢筋握裹强度	Wrapping strength of rod
8	Q031808	对钢筋锈蚀作用	Corrosion on steel

3.19 混凝土结构加固用纤维

3.19.1 混凝土结构加固用纤维的检测代码及参数应符合表 3.19.1 的规定。

表 3.19.1 混凝土结构加固用纤维的检测代码及参数

序号	代码	参　数	Parameter
1	Q031901	抗拉强度	Tensile strength
2	Q031902	弹性模量	Elastic modulus
3	Q031903	伸长率	Elongation percentage

3.20 混凝土结构加固用纤维复合材

3.20.1 混凝土结构加固用纤维复合材的检测代码及参数应符合表 3.20.1 的规定。

表 3.20.1 混凝土结构加固用纤维复合材的检测代码及参数

序号	代码	参　数	Parameter
1	Q032001	单位面积质量	Quality in unit area
2	Q032002	尺寸	Dimension
3	Q032003	纤维体积含量	Fiber volume content
4	Q032004	抗拉强度	Tensile strength
5	Q032005	弹性模量	Elastic modulus
6	Q032006	伸长率	Elongation percentage

4 墙 体 材 料

4.1 一 般 规 定

4.1.1 墙体材料检测代码及项目应符合表 4.1.1 的规定。

表 4.1.1 墙体材料检测代码及项目

序号	代码	项　目	Item
1	Q0402	砖	Brick
2	Q0403	砌块	Block
3	Q0404	墙板	Board

4.2 砖

4.2.1 砖的检测代码及参数应符合表 4.2.1 的规定。

表 4.2.1 砖的检测代码及参数

序号	代码	参　数	Parameter
1	Q040201	尺寸	Dimension
2	Q040202	外观	Appearance
3	Q040203	体积密度	Bulk density

序号	代码	参　　数	Parameter
4	Q040204	吸水率	Water absorption
5	Q040205	饱和系数	Saturation coefficient
6	Q040206	含水率	Water content
7	Q040207	孔洞率	Core ratio
8	Q040208	孔洞结构	Core structure
9	Q040209	抗折强度	Bending strength
10	Q040210	抗压强度	Compressive strength
11	Q040211	石灰爆裂	Lime bloating
12	Q040212	泛霜	Efflorescence
13	Q040213	保水性	Water retentively
14	Q040214	透水系数	Coefficient of percolating water
15	Q040215	冻融/抗冻性	Freeze-thaw recycle/Frost resistance
16	Q040216	干燥收缩	Dry shrinkage
17	Q040217	碳化	Carbonization
18	Q040218	耐磨	Wear ability
19	Q040219	软化系数	Soften coefficient
20	Q040220	抗风化性能	Antiweatherability

4.3　砌　　块

4.3.1　砌块的检测代码及参数应符合表 4.3.1 的规定。

表 4.3.1　砌块的检测代码及参数

序号	代码	参　　数	Parameter
1	Q040301	尺寸	Dimension
2	Q040302	外观	Appearance
3	Q040303	块体密度/干体积密度	Bulk density /Drying bulk density
4	Q040304	空心率	Void content
5	Q040305	含水率	Water content
6	Q040306	吸水率	Water absorption
7	Q040307	相对含水率	Relative water content
8	Q040308	抗压强度	Compressive strength
9	Q040309	抗折强度	Bending strength
10	Q040310	劈裂抗拉强度	Tensile strength
11	Q040311	轴心抗压强度	Axial compressive strength

序号	代码	参　　数	Parameter
12	Q040312	静力受压弹性模量	Modulus of elasticity in static compression
13	Q040313	软化系数	Soften coefficient
14	Q040314	干燥收缩	Drying shrinkage
15	Q040315	碳化系数	Carbonation index
16	Q040316	抗冻性	Frost resistance
17	Q040317	抗渗性	Permeability resistance
18	Q040318	干湿循环	Drying-moisture cycle
19	Q040319	抗风化性能	Antiweatherability

4.4　墙　　板

4.4.1　墙板的检测代码及参数应符合表 4.4.1 的规定。

表 4.4.1　墙板的检测代码及参数

序号	代码	参　　数	Parameter
1	Q040401	尺寸	Dimension
2	Q040402	外观	Appearance
3	Q040403	面密度	Surface density
4	Q040404	含水率	Water content
5	Q040405	抗冲击	Impact resistance
6	Q040406	抗弯破坏荷载	Utmost load at bending
7	Q040407	抗压强度	Compressive strength
8	Q040408	吊挂力	Hanging force resistance
9	Q040409	粘结强度	Cohesive strength
10	Q040410	剥离性能	Peel properties
11	Q040411	干燥收缩值	Drying shrinkage value
12	Q040412	面板干缩率	Dry shrinkage ratio of slab
13	Q040413	抗折强度保留率（耐久性）	Retaining rate of bending strength (durability)
14	Q040414	浸水 24h 厚度膨胀	Thickness expansion in water for 24h
15	Q040415	抗冻性	Frost resistance
16	Q040416	自然含湿状态下抗折强度	Bending strength in nature moisture state
17	Q040417	浸水 24h 抗折强度	Bending strength in water for 24h

序号	代码	参 数	Parameter
18	Q040418	垂直平面抗拉强度	Tensile strength in plumb plane
19	Q040419	抗折弹性模量	Elastic module in bending
20	Q040420	握螺钉力	Nail-holding power
21	Q040421	防火性能	Fireproofing performance

5 金属结构材料

5.1 一 般 规 定

5.1.1 金属结构材料检测代码及项目应符合表5.1.1的规定。

表 5.1.1 金属结构材料检测代码及项目

序号	代码	项 目	Item
1	Q0502	钢材	Steel
2	Q0503	紧固件	Fastener
3	Q0504	螺栓球	Bolted-ball
4	Q0505	焊接球	Welded-ball
5	Q0506	焊接材料	Welding Material
6	Q0507	焊接接头	Welding joints

5.2 钢 材

5.2.1 钢材的原材料检测代码及参数除应包括本标准表3.9.1的内容外，其他检测代码及参数尚应符合表5.2.1的规定。

表 5.2.1 钢材原材料的其他检测代码及参数

序号	代码	参 数	Parameter
1	Q050201	硬度（布氏、洛氏、维氏）	Hardness (Brinell, Rockwell, Vickers)
2	Q050202	冲击（U型缺口、V型缺口、常温、低温）	Impact (U notch, V notch, normal temperature, low temperature)
3	Q050203	低倍组织	Macroscopic structure
4	Q050204	内部缺陷	Inside imperfection
5	Q050205	晶粒度	Grain size

序号	代码	参 数	Parameter
6	Q050206	显微组织	Microstructure
7	Q050207	抗压强度	Compressive strength
8	Q050208	抗剪强度	Shearing strength
9	Q050209	端面承压	End surface pressurization
10	Q050210	弹性模量	Elastic modulus
11	Q050211	剪变模量	Shear modulus
12	Q050212	线膨胀系数	Coefficient of linear expansion
13	Q050213	残余延伸强度	Extension of the residual strength
14	Q050214	非比例延伸强度	Non-ratio of the residual strength
15	Q050215	缺口偏斜拉伸	Tensile skewed gap
16	Q050216	扭转	Torsion
17	Q050217	反复弯曲	Repeatedly bending
18	Q050218	镍	Nickel
19	Q050219	铬	Chromium
20	Q050220	钼	Molybdenum
21	Q050221	钒	Vanadium
22	Q050222	钛	Titanium
23	Q050223	锆	Zirconium
24	Q050224	铝	Aluminum
25	Q050225	铜	Copper
26	Q050226	硼	Boron
27	Q050227	碳当量	Carbon equivalent
28	Q050228	裂纹敏感性指数	Crack sensitivity

5.3 紧 固 件

5.3.1 紧固件检测代码及参数应符合表5.3.1的规定。

表 5.3.1 紧固件检测代码及参数

序号	代码	参 数	Parameter
1	Q050301	尺寸	Dimension
2	Q050302	外观	Appearance
3	Q050303	拉力荷载	Pulling force load
4	Q050304	冲击吸收功	Impact

续表 5.3.1

序号	代码	参 数	Parameter
5	Q050305	硬度	Hardness
6	Q050306	脱碳层	Decarburized layer
7	Q050307	保证荷载	Proof load
8	Q050308	紧固轴力	Firm shaft strength
9	Q050309	扭矩系数	Twisting moment modulus
10	Q050310	抗滑移系数	Slip coefficient of faying surface

5.4 螺 栓 球

5.4.1 螺栓球检测代码及参数应符合表 5.4.1 的规定。

表 5.4.1 螺栓球检测代码及参数

序号	代码	参 数	Parameter
1	Q050401	尺寸	Dimension
2	Q050402	外观	Appearance
3	Q050403	抗拉强度	Tensile strength
4	Q050404	伸长率	Percentage elongation
5	Q050405	冲击	Impact
6	Q050406	硬度	Hardness
7	Q050407	拉力荷载	Pulling force load

5.5 焊 接 球

5.5.1 焊接球检测代码及参数应符合表 5.5.1 的规定。

表 5.5.1 焊接球检测代码及参数

序号	代码	参 数	Parameter
1	Q050501	尺寸	Dimension
2	Q050502	外观	Appearance
3	Q050503	抗拉强度	Tensile strength
4	Q050504	伸长率	Percentage elongation
5	Q050505	抗压承载力	Bearing capacity
6	Q050506	壁厚减薄量	Reduction in wall thickness
7	Q050507	拉力荷载	Pulling force load
8	Q050508	压力荷载	Pressure load

5.6 焊 接 材 料

5.6.1 焊接材料检测代码及参数除化学成分应符合

本标准表 5.2.1 的规定外，其他检测代码及参数尚应符合表 5.6.1 的规定。

表 5.6.1 焊接材料的其他检测代码及参数

序号	代码	参 数	Parameter
1	Q050601	尺寸	Dimension
2	Q050602	外观	Appearance
3	Q050603	抗拉强度	Tensile strength
4	Q050604	熔敷金属拉伸	Deposited metal tension
5	Q050605	V 型缺口冲击	V notches impact

5.7 焊 接 接 头

5.7.1 焊接接头检测代码及参数除化学成分应符合本标准表 5.2.1 的规定外，其他检测代码及参数尚应符合表 5.7.1 的规定。

表 5.7.1 焊接接头的其他检测代码及参数

序号	代码	参 数	Parameter
1	Q050701	接头拉伸	Joint tensile
2	Q050702	接头弯曲	Joint bend
3	Q050703	V 型缺口冲击	V notches impact
4	Q050704	接头压扁	Joint squash
5	Q050705	硬度	Hardness
6	Q050706	焊缝外观质量	Appearance
7	Q050707	宏观金相	Macro metallographic

6 木结构材料

6.1 一 般 规 定

6.1.1 木结构材料检测代码及项目应符合表 6.1.1 的规定。

表 6.1.1 木结构材料检测代码及项目

序号	代码	项 目	Item
1	Q0602	原木	Log
2	Q0603	锯木	Sawn lumber
3	Q0604	胶合材	Glued lumber
4	Q0605	连接件	Connector screw

6.2 原　木

6.2.1 原木的检测代码及参数应符合表 6.2.1 的规定。

表 6.2.1　原木的检测代码及参数

序号	代码	参　数	Parameter
1	Q060201	尺寸	Size
2	Q060202	缺陷	Defect
3	Q060203	材质评定	Log quality appraising
4	Q060204	材积	Volume

6.3 锯　木

6.3.1 锯木（包括方木、板材及规格材）的检测代码及参数应符合表 6.3.1 的规定。

表 6.3.1　锯木的检测代码及参数

序号	代码	参　数	Parameter
1	Q060301	外观	Appearance
2	Q060302	尺寸	Dimension
3	Q060303	木材缺陷	Defect in timber
4	Q060304	含水率	Water content
5	Q060305	干缩性	Drying shrinkage
6	Q060306	密度	Density
7	Q060307	硬度	Hardness
8	Q060308	吸水性	Water absorption
9	Q060309	透水性	Water permeability of wood
10	Q060310	湿胀性	Swelling of wood
11	Q060311	抗劈力	Cleaving resistance
12	Q060312	握钉力	Nail-holding power
13	Q060313	抗弯强度	Bending strength
14	Q060314	抗弯弹性模量	Modulus of elasticity in bending
15	Q060315	冲击韧性	Impact toughness
16	Q060316	顺纹/横纹抗压强度	Compressive strength parallel/ perpendicular to grain
17	Q060317	顺纹/横纹抗拉强度	Tensile strength parallel/perpendicular to grain
18	Q060318	顺纹抗剪强度	Shearing strength parallel to grain

续表 6.3.1

序号	代码	参　数	Parameter
19	Q060319	横纹抗压弹性模量	Modulus of elasticity in compression perpendicular to grain
20	Q060320	pH	pH
21	Q060321	天然耐腐性	Natural decay resistance to corrosion
22	Q060322	天然耐久性	Natural durability
23	Q060323	耐火性能	Fire resistance

6.4 胶 合 材

6.4.1 胶合材的检测代码及参数应符合表 6.4.1 的规定。

表 6.4.1　胶合材的检测代码及参数

序号	代码	参　数	Parameter
1	Q060401	尺寸	Dimension
2	Q060402	密度	Density
3	Q060403	含水率	Water content
4	Q060404	极限体积膨胀率	Limitation volume expansion rate
5	Q060405	吸水厚度膨胀率	Expansion rate of water-absorption thickness
6	Q060406	24h吸水率	Water-absorption of 24h
7	Q060407	极限吸水率	Limitation water-absorption
8	Q060408	硬度	Hardness
9	Q060409	含砂量	Sand content
10	Q060410	表面吸收性能	Absorption property of surface
11	Q060411	内结合强度	Tensile strength perpendicular to the plane of the board
12	Q060412	静曲强度和弹性模量	Bending strength and elastic module
13	Q060413	握螺钉力	Nail-holding power
14	Q060414	表面结合强度	Surface bonding strength
15	Q060415	表面胶合强度	Surface adhesive strength
16	Q060416	胶合强度	Adhesive strength

序号	代码	参 数	Parameter
17	Q060417	胶层剪切强度	Shear strength
18	Q060418	抗拉强度	Tensile strength
19	Q060419	浸渍剥离性能	Glue bond strength
20	Q060420	冲击韧性	Impact toughness
21	Q060421	低温冲击韧性	Impact toughness at low temperature
22	Q060422	耐高温性能	High temperature resistance
23	Q060423	表面耐水蒸气性能	Steam resistance of surface
24	Q060424	顺纹抗压强度	Compressive strength parallel to grain
25	Q060425	湿循环性	Wet cycling
26	Q060426	处理后静曲强度	Bending strength after treatment
27	Q060427	表面耐划痕性能	Anti-scratch of surface
28	Q060428	表面耐龟裂性能	Map-cracking resistance of surface
29	Q060429	表面耐冷热循环性能	Thermal-cold cycling resistance of surface
30	Q060430	色泽稳定性	Color stability
31	Q060431	尺寸稳定性	Dimension stability
32	Q060432	表面耐污染性	Anti-fouling of surface
33	Q060433	表面耐磨性	Abrasion resistance of surface
34	Q060434	表面耐香烟灼烧性能	Cigarette burning resistance of surface
35	Q060435	表面耐干热性	Dry heat resistance
36	Q060436	滞燃性能	Anti-burning property
37	Q060437	耐沸水性能	Boiling water resistance
38	Q060438	抗冲击性能	Impact property
39	Q060439	耐老化性能	Aging resistance
40	Q060440	室外型人造板加速老化性能	Accelerated aging performance of outdoor wood-based panels

序号	代码	参 数	Parameter
41	Q060441	耐开裂性能	Cracking resistance
42	Q060442	后成型性能	After-molding performance
43	Q060443	防静电性能	Static electricity resistance

6.5 连 接 件

6.5.1 连接件的检测代码及参数应符合表 6.5.1 的规定。

表 6.5.1　连接件的检测代码及参数

序号	代码	参 数	Parameter
1	Q060501	外观	Appearance
2	Q060502	尺寸	Dimension
3	Q060503	重量	Weight
4	Q060504	抗拉强度	Tensile strength
5	Q060505	屈服强度	Yield strength
6	Q060506	伸长率	Elongation rate
7	Q060507	冷弯试验	Cold bending test
8	Q060508	冲击性能	Impact property
9	Q060509	最小拉力荷载	Minimum pulling force load
10	Q060510	最小破坏力矩	Minimum breaking torque
11	Q060511	螺母保证荷载	Proof load of nut

7 膜结构材料

7.1 一 般 规 定

7.1.1 膜结构材料检测代码及项目应符合表 7.1.1 的规定。

表 7.1.1　膜结构材料检测代码及项目

序号	代码	项 目	Item
1	Q0702	膜材	Membrane material
2	Q0703	索材	Cable material
3	Q0704	连接件	Connector screw

7.2 膜 材

7.2.1 膜材的检测代码及参数应符合表 7.2.1 的规定。

表 7.2.1　膜材的检测代码及参数

序号	代码	参 数	Parameter
1	Q070201	外观	Appearance
2	Q070202	厚度	Thickness
3	Q070203	面密度	Surface density
4	Q070204	抗拉强度	Tensile strength
5	Q070205	撕裂强度	Tear strength
6	Q070206	伸长率	Elongation rate
7	Q070207	涂层粘附强度	Adhesive strength of coating
8	Q070208	膜面连接强度	Connection strength on surface of membrane
9	Q070209	弹性模量及泊松比	Elastic module and Poisson's ratio
10	Q070210	剪切模量	Shear modulus
11	Q070211	耐徐变性能	Creep resistance property
12	Q070212	膜面水密性	Water tightness performance on surface of membrane
13	Q070213	膜面气密性	Air permeability performance on surface of membrane
14	Q070214	阻燃性能	Flame retardant property
15	Q070215	耐候性能	Weather resistance
16	Q070216	耐磨性能	Abrasion resistance

7.3　索　材

7.3.1　索材的检测代码及参数应符合表 7.3.1 的规定。

表 7.3.1　索材的检测代码及参数

序号	代码	参 数	Parameter
1	Q070301	外观	Appearance
2	Q070302	尺寸	Dimension
3	Q070303	重量	Weight
4	Q070304	镀锌层重量	Zn-coat weight
5	Q070305	抗拉强度	Tensile strength
6	Q070306	屈服强度	Yield strength
7	Q070307	伸长率	Elongation rate
8	Q070308	松弛试验	Relaxation test
9	Q070309	反复弯折性能	Reverse bending property
10	Q070310	扭转次数	Twisting times

7.4　连　接　件

7.4.1　连接件的检测代码及参数应符合表 7.4.1 的规定。

表 7.4.1　连接件的检测代码及参数

序号	代码	参 数	Parameter
1	Q070401	外观	Appearance
2	Q070402	尺寸	Dimension
3	Q070403	重量	Weight
4	Q070404	硬度	Hardness
5	Q070405	抗拉强度	Tensile strength
6	Q070406	伸长率	Elongation rate
7	Q070407	断面收缩率	Percentage reduction of area
8	Q070408	冲击性能	Impact property

8　预制混凝土构配件

8.1　一　般　规　定

8.1.1　预制混凝土构配件检测代码及项目应符合表 8.1.1 的规定。

表 8.1.1　预制混凝土构配件检测代码及项目

序号	代码	项 目	Item
1	Q0802	混凝土块材	Concrete bulk
2	Q0803	预制混凝土梁板	Precast concrete floor
3	Q0804	预制混凝土桩	Precast concrete pile
4	Q0805	盾构管片	Shield segment

8.2　混凝土块材

8.2.1　混凝土块材检测代码及参数应符合表 8.2.1 的规定。

表 8.2.1　混凝土块材检测代码及参数

序号	代码	参 数	Parameter
1	Q080201	外观	Appearance
2	Q080202	尺寸	Dimension
3	Q080203	抗折强度	Flexural strength of concrete block
4	Q080204	抗压强度	Compressive strength
5	Q080205	吸水率	Water absorption ratio

续表 8.2.1

序号	代码	参数	Parameter
6	Q080206	耐磨性	Abrasion resistance
7	Q080207	渗透性能	Penetrating capacity
8	Q080208	防滑性能	Anti-skid property
9	Q080209	抗冻及抗盐冻性	Anti-frozen and anti-salty frozen
10	Q080210	颜色耐久性	Color durability

8.3 预制混凝土梁板

8.3.1 预制混凝土梁板的检测代码及参数应符合表 8.3.1 的规定。

表 8.3.1 预制混凝土梁板的检测代码及参数

序号	代码	参数	Parameter
1	Q080301	外观	Appearance
2	Q080302	尺寸	Dimension
3	Q080303	混凝土强度	Concrete strength
4	Q080304	钢筋保护层厚度	The cover thickness on steel
5	Q080305	承载力试验	Loading test
6	Q080306	挠度	Bending deflection
7	Q080307	抗裂/裂缝宽度	Anti-cracking/Crack breadth
8	Q080308	抗折试验	Flexural strength test
9	Q080309	冻融试验	Freeze and thaw test
10	Q080310	预应力张拉应力	The pre-stressed tensile stress
11	Q080311	预应力孔道摩阻系数	Pre-stressed passage-way frictional coefficient

8.4 预制混凝土桩

8.4.1 预制混凝土桩的检测代码及参数应符合表 8.4.1 的规定。

表 8.4.1 预制混凝土桩的检测代码及参数

序号	代码	参数	Parameter
1	Q080401	外观	Appearance
2	Q080402	尺寸	Dimension
3	Q080403	混凝土抗压强度	Compressive strength of concrete
4	Q080404	抗弯性能	Bending property

8.5 盾 构 管 片

8.5.1 盾构管片的检测代码及参数应符合表 8.5.1 的规定。

表 8.5.1 盾构管片的检测代码及参数

序号	代码	参数	Parameter
1	Q080401	外观	Appearance
2	Q080402	尺寸	Dimension
3	Q080403	混凝土抗压强度	Compressive strength of concrete
4	Q080404	抗渗性能	Permeability resistance
5	Q080405	抗弯性能	Bending property
6	Q080406	抗拔性能	Uplift property

9 砂 浆 材 料

9.1 一 般 规 定

9.1.1 砂浆材料检测代码及项目应符合表 9.1.1 的规定。

表 9.1.1 砂浆材料检测代码及项目

序号	代码	项目	Item
1	Q0902	石灰	Lime
2	Q0903	石膏	Gypsum
3	Q0904	砂浆外加剂	Additives of mortar
4	Q0905	普通砂浆	Ordinary mortar
5	Q0906	特种砂浆	Special mortar

9.2 石 灰

9.2.1 石灰的检测代码及参数应符合表 9.2.1 的规定。

表 9.2.1 石灰的检测代码及参数

序号	代码	参数	Parameter
1	Q090201	细度	Fineness
2	Q090202	生石灰消化速度	Slaking rate of lime
3	Q090203	产浆量	Yield of lime
4	Q090204	未消化残渣含量	Unhydrated grain content
5	Q090205	体积安定性	Soundness
6	Q090206	游离水	Free water

序号	代码	参 数	Parameter
7	Q090207	石灰结合水	Hydration water of lime
8	Q090208	二氧化碳	Carbon dioxide
9	Q090209	酸不溶物	Acid insoluble substance
10	Q090210	烧失量	Loss on ignition
11	Q090211	二氧化硅	Silica
12	Q090212	三氧化二铁	Ferric trioxide
13	Q090213	三氧化二铝	Alumina
14	Q090214	氧化钙	Calcium oxide
15	Q090215	氧化镁	Magnesium oxide
16	Q090216	氧化钾和氧化钠	Potassium oxide and sodium oxide
17	Q090217	二氧化钛	Titanium dioxide
18	Q090218	五氧化二磷	Phosphoric anhydride
19	Q090219	游离二氧化硅	Free silica

9.3 石 膏

9.3.1 石膏的检测代码及参数应符合表 9.3.1 的规定。

表 9.3.1 石膏的检测代码及参数

序号	代码	参 数	Parameter
1	Q090301	标准稠度用水量	Water requirement for normal consistency
2	Q090302	凝结时间	Setting time
3	Q090303	抗折强度	Bending strength
4	Q090304	抗压强度	Compressive strength
5	Q090305	硬度	Hardness
6	Q090306	结晶水含量	Content of crystallization water
7	Q090307	硫酸根含量	Content of SO_4^{2-}

9.4 砂浆外加剂

9.4.1 砂浆外加剂的检测代码及参数应符合表 9.4.1 的规定。

表 9.4.1 砂浆外加剂的检测代码及参数

序号	代码	参 数	Parameter
1	Q090401	固体含量	Solid content
2	Q090402	含水量	Water content

序号	代码	参 数	Parameter
3	Q090403	密度	Density
4	Q090404	细度	Fineness
5	Q090405	分层度	Delamination degree
6	Q090406	含气量	Air content
7	Q090407	凝结时间差	Setting time/Setting time difference
8	Q090408	总碱量	Total alkali content
9	Q090409	氯离子含量	Chloride ion content
10	Q090410	透水压力比	Leaking pressure ratio
11	Q090411	渗透高度比	Leaking height ratio
12	Q090412	48h 吸水量	Water sorption ratio in 48h
13	Q090113	泌水率比	Ratio of water-segregation rate
14	Q090414	净浆安定性	Soundness of cement paste
15	Q090415	抗压强度比	Compressive strength ratio
16	Q090416	抗冻性	Frost resistance
17	Q090417	砌体抗压强度比	Compressive strength ratio of brickwork
18	Q090418	砌体抗剪强度比	Shear strength ratio of brickwork
19	Q090419	28d 收缩率比	Shrinkage ratio of 28d

9.5 普 通 砂 浆

9.5.1 普通砂浆的检测代码及参数应符合表 9.5.1 的规定。

表 9.5.1 普通砂浆的检测代码及参数

序号	代码	参 数	Parameter
1	Q090501	强度	Strength
2	Q090502	稠度	Consistency
3	Q090503	分层度	Delamination degree
4	Q090504	凝结时间	Setting time
5	Q090505	保水性	Water retention property
6	Q090506	14d 拉伸粘结强度	Tensile bond strength at 14d
7	Q090507	抗渗等级	Impermeability grade

9.6 特 种 砂 浆

9.6.1 特种砂浆的检测代码及参数除应包括本标准表 9.5.1 的内容外，其他检测代码及参数尚应符合表 9.6.1 的规定。

表 9.6.1 特种砂浆其他检测代码及参数

序号	代码	参　数	Parameter
1	Q090601	流动度	Fluidity
2	Q090602	拉伸粘结强度	Tensile bond strength
3	Q090603	剪切粘结强度	Shear bond strength
4	Q090604	堆积密度	Packing density
5	Q090605	干密度	Dry density
6	Q090606	湿表观密度	Wet apparent density
7	Q090607	干表观密度	Dry apparent density
8	Q090608	含气量	Air content
9	Q090609	滑移	Sliding
10	Q090610	耐磨度比	Wear resistance ratio
11	Q090611	表面强度（压痕直径）	Surface strength (indentation diameter)
12	Q090612	颜色（与标准样比）	Colour (comparing to standard sample)
13	Q090613	耐碱性	Alkali resistance
14	Q090614	耐热性	Heat resistance
15	Q090615	抗冻性	Frost resistance
16	Q090616	28d 收缩率	Shrinkage ratio at 28d
17	Q090617	耐磨性	Abrasion resistance
18	Q090618	抗冲击性	Impact resistance
19	Q090619	尺寸变化率	Dimensional change
20	Q090620	竖向膨胀率	Vertical expansion
21	Q090621	钢筋握裹强度（圆钢）	Bonding strength of steel
22	Q090622	高强聚合物砂浆抗折强度	Flexural strength of high strength polymer mortar
23	Q090623	软化系数	Soften coefficient
24	Q090624	难燃性	Nonflammable property

10 装饰装修材料

10.1 一 般 规 定

10.1.1 装饰装修材料检测代码及项目应符合表 10.1.1 的规定。

表 10.1.1 装饰装修材料检测代码及项目

序号	代码	项　目	Item
1	Q1002	建筑涂料	Building coating
2	Q1003	陶瓷砖	Ceramic tile
3	Q1004	瓦	Tile
4	Q1005	壁纸（布）	Wallpaper
5	Q1006	普通装饰板材	Ordinary decorative plate
6	Q1007	天然饰面石材	Natural decorative stone
7	Q1008	人工装饰石材	Artificial decorative stone
8	Q1009	竹木地板	Bamboo and wood floor

10.1.2 装饰装修材料有害物质含量检测应符合本标准第 40 章的规定。

10.2 建 筑 涂 料

10.2.1 建筑涂料的检测代码及参数应符合表 10.2.1 的规定。

表 10.2.1 建筑涂料的检测代码及参数

序号	代码	参　数	Parameter
1	Q100201	容器中状态	State in container
2	Q100202	涂膜外观	Paint film appearance
3	Q100203	干燥时间	Drying time
4	Q100204	施工性/刷涂性	Workability/Brushability
5	Q100205	固体含量/不挥发物含量	Solid content/Involatile content
6	Q100206	储存稳定性（常温、低温、高温）	Storage stability (normal temperature, low temperature, high temperature)
7	Q100207	附着力（划圈法、划格法）	Adhesion (roll method, square method)
8	Q100208	粘结强度（标准状态、浸水后、冻融循环后）	Cohesive strength (standard state, after soaking, after freezing and thawing)
9	Q100209	抗压强度	Compressive strength
10	Q100210	干密度	Dry density
11	Q100211	拉伸强度	Tensile strength
12	Q100212	断裂伸长率	Percentage elongation at fracture
13	Q100213	硬度（摆杆、铅笔）	Hardness (swing-rod, pencil)

序号	代码	参　数	Parameter
14	Q100214	细度	Fineness
15	Q100215	透水性	Water permeability
16	Q100216	吸水量	Water absorption
17	Q100217	柔韧性	Flexibility
18	Q100218	黏度（旋转法、流出时间）	Viscosity（revolving、flowing time)
19	Q100219	固化速度	Curing rate
20	Q100220	遮盖力	Capacity of coverage for coating
21	Q100221	白度	Whiteness
22	Q100222	对比率	Contraction rate
23	Q100223	闪点	Flash point
24	Q100224	动态抗开裂性	Dynamic cracking resistance
25	Q100225	结皮性	Soil crust
26	Q100226	光泽	Glossiness
27	Q100227	重涂适应性	Recoating adaptability
28	Q100228	回黏性	Viscosity
29	Q100229	溶剂可溶物的硝基	Nitro of solvent soluble matter
30	Q100230	苯酐含量	Phthalic anhydride content
31	Q100231	防锈性	Rust prevention
32	Q100232	耐弯曲性	Bending resistance
33	Q100233	耐冲击性	Impact resistance
34	Q100234	耐干擦性	Dry-cleaning resistance
35	Q100235	耐水性	Water resistance
36	Q100236	耐碱性	Alkali resistance
37	Q100237	耐酸性	Acid resistance
38	Q100238	耐醇性	Alcohol resistance
39	Q100239	耐候性（暴晒）	Weather resistance (outdoor exposure)
40	Q100240	耐人工老化性	Artificial aging resistance
41	Q100241	耐曝热性	Resistance to heat and dry
42	Q100242	耐干热性	Dry heat resistance
43	Q100243	耐湿热性	Wet heat resistance

序号	代码	参　数	Parameter
44	Q100244	耐热性	Heat resistance
45	Q100245	耐温变性/耐冻融循环性	Temperature change resistance /Freeze-thaw resistance
46	Q100246	耐盐雾性	Salt spray resistance
47	Q100247	耐盐水性	Salt water resistance
48	Q100248	耐磨性	Abrasion resistance
49	Q100249	耐洗刷性	Scrub resistance
50	Q100250	耐沾污性	Stain resistance
51	Q100251	耐溶剂油性	Solvent oil resistance
52	Q100252	耐挥发性溶剂	Volatile solvent resistance
53	Q100253	耐燃时间	Time of burning resistance
54	Q100254	火焰传播比值	Blaze spread ratio
55	Q100255	阻火性	Flame retardant property
56	Q100256	防火性能/耐火性能	Fireproofing/Fire resistance

10.3　陶　瓷　砖

10.3.1　陶瓷砖的检测代码及参数应符合表 10.3.1 的规定。

表 10.3.1　陶瓷砖的检测代码及参数

序号	代码	参　数	Parameter
1	Q100301	尺寸	Dimension
2	Q100302	外观	Appearance
3	Q100303	吸水率	Water absorption
4	Q100304	光泽度	Gloss index
5	Q100305	线性热膨胀系数	Linear thermal expansion
6	Q100306	湿膨胀	Moisture expansion
7	Q100307	小色差	Chromatic aberration
8	Q100308	摩擦系数	Friction coefficient
9	Q100309	显气孔率	Apparent porosity
10	Q100310	断裂模数和破坏强度	Rupture modulus and breaking strength
11	Q100311	抗冲击性	Shock resistance
12	Q100312	有釉砖耐磨性	Abrasive resistance of glazed brick

续表 10.3.1

序号	代码	参　　数	Parameter
13	Q100313	无釉砖耐磨深度	Wear-resistant depth of unglazed brick
14	Q100314	抗热震性	Heat shock resistance
15	Q100315	抗釉裂性	Crazing resistance
16	Q100316	抗冻性	Frost resistance
17	Q100317	耐化学腐蚀性	Chemical corrosion resistance
18	Q100318	耐污染性	Stain resistance
19	Q100319	铅和镉溶出量	Lead and cadmium release

10.4　瓦

10.4.1　瓦的检测代码及参数应符合表 10.4.1 的规定。

表 10.4.1　瓦的检测代码及参数

序号	代码	参　　数	Parameter
1	Q100401	尺寸	Dimension
2	Q100402	外观	Appearance
3	Q100403	含水率	Water content
4	Q100404	吸水率	Water absorption
5	Q100405	表观密度	Apparent density
6	Q100406	孔隙率	Porosity
7	Q100407	不透水性/抗渗性能	Water impermeability
8	Q100408	抗折/抗弯曲	Bending resistance
9	Q100409	抗冲击性	Impact resistance
10	Q100410	承载力	Load
11	Q100411	干缩率	Drying shrinkage ratio
12	Q100412	湿胀率	Moisture expansion ratio
13	Q100413	抗冻性	Frost resistance
14	Q100414	耐急冷急热	Thermal shock resistance

10.5　壁　纸

10.5.1　壁纸的检测代码及参数应符合表 10.5.1 的规定。

表 10.5.1　壁纸的检测代码及参数

序号	代码	参　　数	Parameter
1	Q100501	尺寸	Dimension
2	Q100502	外观	Appearance
3	Q100503	质量	Mass
4	Q100504	纵、横向强度	Longitudinal and transverse strength
5	Q100505	粘贴牢度/粘接性/剥离强度	Cohesive fastness/Adhesiveness/Peel strength
6	Q100506	退色性/耐光色牢度/耐光等级	Colour fastness/Colour fastness to light/Grade of light resistance
7	Q100507	耐摩擦色牢度试验/耐摩擦色牢度/耐摩擦等级	Test for colour fastness to rubbing/Colour fastness to rubbing/Grade of rubbing resistance
8	Q100508	遮蔽性	Defilade quality
9	Q100509	湿润拉伸负荷	Wetness tensile charge
10	Q100510	胶粘剂可试性	Triable capability of bond
11	Q100511	可洗性/耐擦洗性	Washable/Scrub resistance

10.6　普通装饰板材

10.6.1　普通装饰板材的检测代码及参数应符合表 10.6.1 的规定。

表 10.6.1　普通装饰板材的检测代码及参数

序号	代码	参　　数	Parameter
1	Q100601	尺寸	Dimension
2	Q100602	外观	Appearance quality
3	Q100603	涂层厚度	Thickness of coating
4	Q100604	面密度	Surface density
5	Q100605	铅笔硬度	lead pencil rigidity
6	Q100606	涂层柔韧性	Flexibility of coating
7	Q100607	粘结强度	Adhesive strength
8	Q100608	附着力	Adhesion
9	Q100609	弯曲强度/断裂荷载/抗折强度/抗弯承载力	Bending strength/Breaking load/Bending strength /Bending load

序号	代码	参数	Parameter
10	Q100610	弯曲弹性模量	Elastic module in bending
11	Q100611	抗拉强度	Tensile strength
12	Q100612	光泽度偏差	Gloss deviation
13	Q100613	握螺钉力	Screw holding capability
14	Q100614	贯穿阻力	Transfixion resistance
15	Q100615	含水率	Water content
16	Q100616	不透水性	Water impermeability
17	Q100617	干缩率	Drying shrinkage ratio
18	Q100618	湿胀率	Wet expansion ratio
19	Q100619	受潮挠度	Moisture deflection
20	Q100620	表面吸水量	Surface water absorption
21	Q100621	护面纸与石膏芯的粘结	Adhesion between surface paper and gypsum core
22	Q100622	双面镀锌量	Zinc content on both side
23	Q100623	镀锌层厚度	Zn-coat thickness
24	Q100624	氯离子含量	Chloride ion content
25	Q100625	抗返卤性	Impermeabi Lity resistance
26	Q100626	抗冻性	Frost resistance
27	Q100627	褪色性	Depigment capability
28	Q100628	热翘曲量	Thermal warpage
29	Q100629	热膨胀系数	Coefficient of thermal expansion
30	Q100630	热变形温度	Thermal deformation temperature
31	Q100631	耐冲击性/抗冲击强度	Impact resistance
32	Q100632	耐磨耗性	Wear resistance
33	Q100633	耐沸水性	Boiling water resistance
34	Q100634	耐温差性	Thermal gradient resistance
35	Q100635	耐沾污性	Stain resistance
36	Q100636	耐洗刷性	Scrubbing resistance
37	Q100637	耐油性	Oil resistance
38	Q100638	耐溶剂性	Solvent resistance
39	Q100639	耐酸性	Acid resistance

序号	代码	参数	Parameter
40	Q100640	耐碱性	Alkali resistance
41	Q100641	耐盐雾性	Salt spray resistance
42	Q100642	老化性能（人工气候、紫外线、热）	Ageing capability (Accelerated weathering ageing, ultraviolet-ray, heat)
43	Q100643	燃烧性能/耐火极限/遇火稳定性/最高使用温度/防火性能	Burning behaviour/Fire-resistant limit /Fire stability/Maximum service temperature/Fire safety

10.7 天然饰面石材

10.7.1 天然饰面石材的检测代码及参数应符合表 10.7.1 的规定。

表 10.7.1 天然饰面石材的检测代码及参数

序号	代码	参数	Parameter
1	Q100701	尺寸	Dimension
2	Q100702	外观	Appearance
3	Q100703	角度	Angle
4	Q100704	平面度	Flatness
5	Q100705	体积密度	Volume density
6	Q100706	吸水率	Water absorption
7	Q100707	压缩强度（干燥、水饱和、冻融循环）	Compressive strength (dry, wet and after freezing)
8	Q100708	弯曲强度（干燥、水饱和）	Flexural strength (dry, wet)
9	Q100709	肖氏硬度	Shore hardness
10	Q100710	真密度	True density
11	Q100711	真气孔率	True porosity
12	Q100712	耐磨性	Abrasion resistance
13	Q100713	抗冻性	Frost resistance
14	Q100714	镜面光泽度	Mirror luster
15	Q100715	耐酸性	Acid resistance

10.8 人工装饰石材

10.8.1 人工装饰石材的检测代码及参数应符合表 10.8.1 的规定。

表 10.8.1 人工装饰石材的检测代码及参数

序号	代码	参 数	Parameter
1	Q100801	尺寸	Dimension
2	Q100802	密度	Density
3	Q100803	吸水率	Water absorption
4	Q100804	弯曲强度	Bending strength
5	Q100805	抗压强度	Compressive strength
6	Q100806	表面光泽度	Surface glossiness
7	Q100807	表面巴氏硬度	Surface hardness
8	Q100808	线膨胀系数	Coefficient of linear expansion
9	Q100809	耐磨性	Abrasion resistance
10	Q100810	耐酸碱性	Acid and alkali resistance

10.9 竹 木 地 板

10.9.1 竹木地板的检测代码及参数应符合表 10.9.1 的规定。

表 10.9.1 竹木地板的检测代码及参数

序号	代码	参 数	Parameter
1	Q100901	尺寸	Dimension
2	Q100902	加工精度	Machining precision
3	Q100903	外观	Presentation quality
4	Q100904	密度	Density
5	Q100905	含水率	Water content
6	Q100906	吸水厚度膨胀率	Thickness expansion rate after absorbing water
7	Q100907	静曲强度	Strength in static bending
8	Q100908	内结合强度	Internal bond strength
9	Q100909	表面胶合强度	Surface adhesive strength
10	Q100910	弹性模量	Elastic modulus
11	Q100911	尺寸稳定性	Stability of dimension
12	Q100912	浸渍剥离试验	Dipping and pelling test
13	Q100913	表面硬度	Surface hardness
14	Q100914	漆膜附着力	Adhesion of paint film
15	Q100915	漆膜的硬度	Hardness of paint film
16	Q100916	集中载荷	Concentrated load
17	Q100917	支撑承载能力	Supporting and bearing capacity

续表 10.9.1

序号	代码	参 数	Parameter
18	Q100918	表面抗冲击	Surface shock resistance
19	Q100919	表面耐磨	Surface abrasion resistance
20	Q100920	表面漆膜光泽度	Surface glossiness of paint film
21	Q100921	表面耐干热	Surface dry heat resistance
22	Q100922	表面耐冷热循环性能	Surface cold and heat circulate inheritance
23	Q100923	表面耐污染	Surface pollution tolerance
24	Q100924	表面耐水蒸气	Surface water vapor resistance
25	Q100925	表面耐龟裂	Surface crack resistance
26	Q100926	表面耐划痕	Surface scratch resistance
27	Q100927	表面耐香烟灼烧	Surface cigarette burning resistance
28	Q100928	防火性能	Fire resistance

11 门 窗 幕 墙

11.1 一 般 规 定

11.1.1 门窗幕墙检测代码及项目应符合表 11.1.1 的规定。

表 11.1.1 门窗幕墙检测代码及项目

序号	代码	项 目	Item
1	Q1102	建筑玻璃	Building glass
2	Q1103	铝型材	Aluminum
3	Q1104	门窗	Door and window
4	Q1105	幕墙	Curtain wall
5	Q1106	密封条	Seal strip
6	Q1107	执手	Window lock
7	Q1108	合页、铰链	Hinge
8	Q1109	传动锁闭器	Transmission fitting lock
9	Q1110	滑撑	Slip support
10	Q1111	撑挡	Support
11	Q1112	滑轮	Pulley

序号	代码	项 目	Item
12	Q1113	半圆锁	Semi-circle lock
13	Q1114	限位器	Displacement restrictor
14	Q1115	幕墙支承装置	Supporting device of curtain wall

11.2 建 筑 玻 璃

11.2.1 建筑玻璃的热工性能检测代码及参数应符合本标准表 37.4.1 的规定,光学性能检测代码及参数应符合本标准表 38.4.1 的规定,其他检测代码及参数应符合表 11.2.1 的规定。

表 11.2.1 建筑玻璃的其他检测代码及参数

序号	代码	参 数	Parameter
1	Q110201	尺寸	Dimension
2	Q110202	外观	Appearance
3	Q110203	平整度	Level
4	Q110204	弹性模量	Elastic modulus
5	Q110205	剪切模量	Shear modulus
6	Q110206	泊松比	Poisson's ratio
7	Q110207	平均线性热膨胀系数	Factor of average linear thermal expansion
8	Q110208	弯曲强度	Bending strength
9	Q110209	弯曲度	Circumflexion
10	Q110210	碎片状态	Fragment state
11	Q110211	表面应力	Surface stress
12	Q110212	落球冲击性能	Impact property
13	Q110213	散弹袋冲击性能	Shot bag impact properties
14	Q110214	抗风压性能	Wind load resistance
15	Q110215	耐寒性能	Cold resistance
16	Q110216	耐磨性	Abrasion resistance
17	Q110217	耐酸性	Acid resistance
18	Q110218	耐碱性	Alkali resistance
19	Q110219	耐温度变化性	Temperature's change resistance
20	Q110220	耐紫外线辐照性能	Ultraviolet irradiation-resistance
21	Q110221	耐热性能	Heat resistance
22	Q110222	气候循环耐久性能	Climate circulating durability

序号	代码	参 数	Parameter
23	Q110223	耐热冲击性能	Heat shock impact properties
24	Q110224	表面耐冷热循环性能	Surface cold and heat cycling durability
25	Q110225	耐湿性	Damp resistance
26	Q110226	耐燃烧性	Flaming resistance
27	Q110227	耐火性能	Time of flaming resistance

11.3 铝 型 材

11.3.1 铝型材的检测代码及参数应符合表 11.3.1 的规定。

表 11.3.1 铝型材的检测代码及参数

序号	代码	参 数	Parameter
1	Q110301	尺寸	Dimension
2	Q110302	规定非比例伸长应力	Proof strength, non-proportional extension
3	Q110303	伸长率	Percentage extension
4	Q110304	抗拉强度	Tensile strength
5	Q110305	维氏硬度	Vickers hardness
6	Q110306	韦氏硬度	Webster hardness
7	Q110307	膜厚/涂层厚度	Coating thickness/ Thickness of coating
8	Q110308	漆膜附着力/附着力	Adhesion of paint film/ Adhesion
9	Q110309	氧化膜封孔质量	Quality of sealed anodic oxide coating
10	Q110310	抗弯曲性	Bending resistance
11	Q110311	纵向剪切试验	Shear test of lengthways
12	Q110312	横向拉伸试验	Tensile test of transverse
13	Q110313	颜色和色差	Colour and colour difference
14	Q110314	压痕硬度	Printing hardness
15	Q110315	抗扭试验	Twisting resistance test
16	Q110316	光泽	Glossiness
17	Q110317	应力开裂试验	Stress cracking test
18	Q110318	耐盐雾腐蚀性	Salt spray resistance

序号	代码	参　数	Parameter
19	Q110319	耐湿热性	Resistance to heat and humidity
20	Q110320	耐冲击性	Impact resistance
21	Q110321	耐蚀性	Corrosion resistance
22	Q110322	水中浸泡试验、湿热试验	Marinate in water, wetness and heat test
23	Q110323	脆性试验	Brittleness test
24	Q110324	耐磨性	Abrasion resistance
25	Q110325	高温持久负荷试验	Permanence of high temperature charge test
26	Q110326	热循环试验	Thermal cycling test
27	Q110327	耐化学稳定性	Chemical resistance
28	Q110328	耐沸水性	Boiling water resistance

11.4 门　窗

11.4.1 门窗热工性能检测代码及参数应符合本标准表 37.5.1 的规定，光学性能检测代码及参数应符合本标准表 38.5.1 的规定，声学性能检测代码及参数应符合本标准表 39.7.1 的规定，其他检测代码及参数应符合表 11.4.1 的规定。

表 11.4.1　门窗的其他检测代码及参数

序号	代码	参　数	Parameter
1	Q110401	尺寸	Dimension
2	Q110402	整体强度	Integral strength
3	Q110403	抗风压性能	Wind load resistance performance
4	Q110404	水密性能	Water tightness performance
5	Q110405	气密性能	Air permeability performance
6	Q110406	垂直荷载强度	Vertical load strength
7	Q110407	启闭力（开关力）	Opening and closing force
8	Q110408	悬端吊重	Suspension load
9	Q110409	翘曲	Warping
10	Q110410	角强度	Angle strength
11	Q110411	冲击（软物、硬物）	Impact (software, hardware)

序号	代码	参　数	Parameter
12	Q110412	扭曲性能	Torsion performance
13	Q110413	对角线变形	Diagonal deformation
14	Q110414	耐候性	Weather resistance
15	Q110415	耐火性能	Fire performance

11.5 幕　墙

11.5.1 幕墙热工性能检测代码及参数应符合本标准表 37.5.1 的规定，其他检测代码及参数应符合表 11.5.1 的规定。

表 11.5.1　幕墙的其他检测代码及参数

序号	代码	参　数	Parameter
1	Q110501	气密性能	Air permeability performance
2	Q110502	水密性能	Water tightness performance
3	Q110503	抗风压性能	Wind load resistance performance
4	Q110504	平面内变形性能	Deformation performance in plane of curtain wall
5	Q110505	热循环性能	Thermal cycling performance
6	Q110506	承载力性能（结构性能）	Load-carrying performance (structural performance)
7	Q110507	抗震性能	Earthquake resistant performance
8	Q110508	抗冲击性能	Impact property
9	Q110509	防爆炸冲击波性能	Explosion resistance performance
10	Q110510	防火性能	Fire prevention performance
11	Q110511	防雷性能	Lightning protection performance
12	Q110512	防电磁（红外、声波）干扰性能	Electromagnetic interference resistance performance (Infra-red, acoustic wave)

11.6 密　封　条

11.6.1 密封条的检测代码及参数应符合表 11.6.1 的规定。

表 11.6.1　密封条的检测代码及参数

序号	代码	参　数	Parameter
1	Q110601	加热收缩率	Shrinkage after heat
2	Q110602	尺寸	Dimension
3	Q110603	邵尔 A 硬度	Shore A hardness
4	Q110604	100% 定伸强度	Strength at 100% maintained extension
5	Q110605	拉伸断裂强度	Tensile strength at break
6	Q110606	拉伸断裂伸长率	Tensile elongation at break
7	Q110607	热空气老化性能	Thermal ageing property
8	Q110608	压缩永久变形（压缩率为30%）	Compressions set (compression rate 30%)
9	Q110609	脆性温度	Brittleness temperature
10	Q110610	耐臭氧性	Ozone-resistance
11	Q110611	空气渗透性能	Air permeability performance
12	Q110612	机械性能	Mechanical property

11.7　执　手

11.7.1　执手的检测代码及参数应符合表 11.7.1 的规定。

表 11.7.1　执手的检测代码及参数

序号	代码	参　数	Parameter
1	Q110701	耐蚀性	Corrosion resistance
2	Q110702	膜厚度	Coating thickness
3	Q110703	涂层附着力	Adhesion of coating
4	Q110704	配合功能	Assorted function
5	Q110705	转动力	Rotational strength
6	Q110706	拉力	Pulling force
7	Q110707	反复启闭	Repeated opening and closing

11.8　合页、铰链

11.8.1　合页、铰链的检测代码及参数应符合表 11.8.1 的规定。

表 11.8.1　合页、铰链的检测代码及参数

序号	代码	参　数	Parameter
1	Q110801	耐蚀性	Corrosion resistance
2	Q110802	膜厚度	Coating thickness

续表 11.8.1

序号	代码	参　数	Parameter
3	Q110803	涂层附着力	Adhesion of coating
4	Q110804	径向间隙	Radial clearance
5	Q110805	铆钉扭矩	Pin torque
6	Q110806	角部合页调整范围	Adjusting scope of corner hinge
7	Q110807	承载级	Bear the weight of progression
8	Q110808	反复启闭	Repeated opening and closing

11.9　传动锁闭器

11.9.1　传动锁闭器的检测代码及参数应符合表 11.9.1 的规定。

表 11.9.1　传动锁闭器的检测代码及参数

序号	代码	参　数	Parameter
1	Q110901	锁柱、锁块静拉力	Static tensile strength of lock rod
2	Q110902	偏心调整性能	Properties of eccentricity adjustment
3	Q110903	齿轮、齿条间隙量	Blank holder gap of gear-rack
4	Q110904	空载转动力矩	No-load moment of gyration
5	Q110905	牢固度	Fastness
6	Q110906	耐蚀性	Corrosion resistance
7	Q110907	反复启闭	Repeated opening and closing

11.10　滑　撑

11.10.1　滑撑的检测代码及参数应符合表 11.10.1 的规定。

表 11.10.1　滑撑的检测代码及参数

序号	代码	参　数	Parameter
1	Q111001	启闭力	Opening and closing force
2	Q111002	悬端吊重	Suspension load
3	Q111003	反复启闭	Repeated opening and closing

11.11　撑　挡

11.11.1　撑挡的检测代码及参数应符合表 11.11.1

的规定。

表 11.11.1　撑挡的检测代码及参数

序号	代码	参　数	Parameter
1	Q111101	直线度	Linearity
2	Q111102	耐蚀性	Corrosion resistance
3	Q111103	锁紧力	Locking force
4	Q111104	摩擦力	Friction
5	Q111105	开启力	Opening force
6	Q111106	锁定式撑挡手柄开启力矩	Opening force moment of locking support's handle
7	Q111107	摩擦力差值	Friction difference
8	Q111108	抗拉性能	Tensile property
9	Q111109	抗弯性能	Flexural property
10	Q111110	反复启闭	Repeated opening and closing

11.12　滑　轮

11.12.1　滑轮的检测代码及参数应符合表 11.12.1 的规定。

表 11.12.1　滑轮的检测代码及参数

序号	代码	参　数	Parameter
1	Q111201	耐蚀性	Corrosion resistance
2	Q111202	最大承载能力	Maximum load-carrying capacity
3	Q111203	轮轴与轴承配合性能	Cooperation properties of wheel shaft and bearing
4	Q111204	轮体径向跳动量	Radial run-out of pulley
5	Q111205	轮体轴向窜动量	Axial movement of pulley
6	Q111206	轮轴与轮架配合性能	Complexation property of wheel axle and frame
7	Q111207	轮体表面压痕深度	Indentation depth of surface
8	Q111208	表面粗糙度	Surface roughness
9	Q111209	反复启闭	Repeated opening and closing

11.13　半　圆　锁

11.13.1　半圆锁的检测代码及参数应符合表 11.13.1 的规定。

表 11.13.1　半圆锁的检测代码及参数

序号	代码	参　数	Parameter
1	Q111301	转动力矩	Moment of gyration
2	Q111302	拉压性能	Extension and compression property
3	Q111303	耐蚀性	Corrosion resistance
4	Q111304	反复启闭	Repeated opening and closing

11.14　限　位　器

11.14.1　限位器的检测代码及参数应符合表 11.14.1 的规定。

表 11.14.1　限位器的检测代码及参数

序号	代码	参　数	Parameter
1	Q111401	开启限位器性能	Restricted opening device performance

11.15　幕墙支承装置

11.15.1　幕墙支承装置的检测代码及参数应符合表 11.15.1 的规定。

表 11.15.1　幕墙支承装置的检测代码及参数

序号	代码	参　数	Parameter
1	Q111501	连接件螺杆的径向承载力	Radial bearing capacity of connector screw
2	Q111502	连接件螺杆的轴向承载力	Axial bearing capacity of connector screw
3	Q111503	单爪的承载力	Bearing capacity of single claw
4	Q111504	吊夹承载力	Bearing capacity of clamp

12　防 水 材 料

12.1　一　般　规　定

12.1.1　防水材料检测代码及项目应符合表 12.1.1 的规定。

表 12.1.1　防水材料的检测代码及项目

序号	代码	项　目	Item
1	Q1202	防水卷材	Waterproof rolls
2	Q1203	防水涂料	Waterproof coating

续表 12.1.1

序号	代码	项 目	Item
3	Q1204	道桥防水材料	Waterproof material for road and bridge

12.2 防水卷材

12.2.1 防水卷材的检测代码及参数应符合表 12.2.1 的规定。

表 12.2.1 防水卷材的检测代码及参数

序号	代码	参 数	Parameter
1	Q120201	外观	Appearance
2	Q120202	尺寸	Dimension
3	Q120203	卷重	Weight of per roll
4	Q120204	可溶物含量	Soluble matter content
5	Q120205	不透水性	Water impermeability
6	Q120206	尺寸稳定性/热处理尺寸变化率	Dimensional stability / Change in dimensions on heating
7	Q120207	拉伸强度/拉力	Tensile strength
8	Q120208	延伸率/断裂伸长率	Elongation at break
9	Q120209	柔度/低温弯折性	Flexibility
10	Q120210	剪切性能	Shear property
11	Q120211	剥离性能	Peel property
12	Q120212	抗穿孔性	Anti-perforation property
13	Q120213	撕裂强度	Tear strength
14	Q120214	剪切状态下的粘合性	Adhesive property on shear force
15	Q120215	邵尔 A 硬度	Shore A hardness
16	Q120216	粘合性能	Adhesive property
17	Q120217	热老化处理	Heat ageing
18	Q120218	人工气候加速老化	Accelerated weathering ageing
19	Q120219	加热伸缩量	Flex after heating
20	Q120220	耐化学侵蚀	Chemical resistantance
21	Q120221	耐碱性	Alkali resistance
22	Q120222	臭氧老化	Ozone ageing
23	Q120223	耐热度/耐热性	Heat resistance
24	Q120224	水蒸气透湿率	Vapor penetration capacity

12.3 防水涂料

12.3.1 防水涂料的检测代码及参数应符合表 12.3.1 的规定。

表 12.3.1 防水涂料的检测代码及参数

序号	代码	参 数	Parameter
1	Q120301	外观	Appearance
2	Q120302	干燥时间/表干时间/实干时间	Tack-free time
3	Q120303	固体含量	Solid content
4	Q120304	密度	Density
5	Q120305	适用时间	Application time
6	Q120306	拉伸强度	Tensile strength
7	Q120307	延伸性/断裂伸长率	Elongation at break
8	Q120308	撕裂强度	Tearing strength
9	Q120309	不透水性	Water impermeability
10	Q120310	柔度/低温弯折性	Flexibility
11	Q120311	潮湿基面粘结强度	Adhesion strength on wet surface
12	Q120312	粘结强度	Adhesion strength
13	Q120313	抗折强度	Bending strength
14	Q120314	抗渗性	Permeability resistance
15	Q120315	加热伸缩率	Flex after heating
16	Q120316	定伸时老化	Aging at stretching
17	Q120317	恢复率	Recovery
18	Q120318	抗冻性	Frost resistance
19	Q120319	耐热性	Heat resistance
20	Q120320	抗裂性	Cracking resistance
21	Q120321	人工气候加速老化（紫外线处理）	Accelerated weathering ageing（ultraviolet radiation treatment）
22	Q120322	热老化处理	Heat aging
23	Q120323	耐化学侵蚀（盐处理、酸处理、碱处理）	Chemical resistance（salt，acid，alkali）
24	Q120324	耐碱性	Alkali resistance
25	Q120325	臭氧老化	Ozone aging

12.4 道桥防水材料

12.4.1 道桥防水材料的检测代码及参数除应包括本

标准表 12.2.1、表 12.3.1 的内容外，其他检测代码及参数尚应符合表 12.4.1 的规定。

表 12.4.1　道桥防水材料的其他检测代码及参数

序号	代码	参　数	Parameter
1	Q120401	沥青涂盖层厚度	Thickness of pitchy
2	Q120402	干燥性	Drying property
3	Q120403	渗油性	Qil penetration
4	Q120404	50℃剪切强度	Shearing strength at 50℃
5	Q120405	50℃粘结强度	Bonding strength at 50℃
6	Q120406	热碾压后抗渗性	Permeability resistance after heat rolling
7	Q120407	接缝变形能力	Deformation capacity of joint
8	Q120408	抗硌破	Anti- pierce
9	Q120409	渗水系数	Permeability coefficient
10	Q120410	高温抗剪	High temperature shearing
11	Q120411	低温抗裂	Cracking resistance at low temperature
12	Q120412	低温延伸率	Elongation at low temperature
13	Q120413	涂料与水泥混凝土粘结强度	Sticking together strength of dope to cement concrete
14	Q120414	抗冻性	Frost resistance
15	Q120415	盐处理性能/耐盐水	Aridized capability / Brine resistance

13　嵌缝密封材料

13.1　一般规定

13.1.1　嵌缝密封材料检测代码及项目应符合表 13.1.1 的规定。

表 13.1.1　嵌缝密封材料检测代码及项目

序号	代码	项　目	Item
1	Q1302	定型嵌缝密封材料	Preformed joint sealing material
2	Q1303	无定型嵌缝密封材料	Amorphous joint sealing material

13.2　定型嵌缝密封材料

13.2.1　定型嵌缝密封材料的检测代码及参数应符合表 13.2.1 的规定。

表 13.2.1　定型嵌缝密封材料的检测代码及参数

序号	代码	参　数	Parameter
1	Q130201	尺寸	Dimension
2	Q130202	外观	Appearance
3	Q130203	拉伸强度	Tensile strength
4	Q130204	断裂伸长率	Elongation at break
5	Q130205	压缩永久变形	Compression set
6	Q130206	压缩强度	Compression strength
7	Q130207	压缩力	Compression force
8	Q130208	拉伸-压缩循环性能	Extension-compression cycle
9	Q130209	水蒸气渗透率	Vapor permeability rate
10	Q130210	剥离粘结性	Peel properties
11	Q130211	恢复率	Elastic recovery
12	Q130212	硬度	Hardness
13	Q130213	体积收缩率	Volume shrinkage
14	Q130214	撕裂强度	Crack strength
15	Q130215	脆性温度	Brittleness temperature
16	Q130216	热老化	Thermal aging
17	Q130217	紫外线处理	Ultraviolet radiation treatment

13.3　无定型嵌缝密封材料

13.3.1　无定型嵌缝密封材料的检测代码及参数应符合表 13.3.1 的规定。

表 13.3.1　无定型嵌缝密封材料的检测代码及参数

序号	代码	参　数	Parameter
1	Q130301	外观	Appearance
2	Q130302	密度	Density
3	Q130303	挤出性	Extrudability
4	Q130304	适用期	Application life
5	Q130305	施工度	Workability consistency
6	Q130306	表干时间	Tack-free time
7	Q130307	挥发性	Volatility
8	Q130308	渗出性	Bleeding

续表 13.3.1

序号	代码	参数	Parameter
9	Q130309	固体含量	Solid content
10	Q130310	渗出指数	Bleeding index
11	Q130311	低温储存稳定性	Storage stability at low temperature
12	Q130312	初期耐水性	Initial water-resistance
13	Q130313	下垂度	Slump
14	Q130314	低温柔性	Low-temperature flexibility
15	Q130315	储存期	Storage life
16	Q130316	使用寿命	Service life
17	Q130317	拉伸粘结性	Tensile properties
18	Q130318	拉伸强度	Tensile strength
19	Q130319	断裂伸长率	Elongation at break
20	Q130320	定伸粘结性	Tensile properties at maintained extension
21	Q130321	剥离粘结性	Peel properties
22	Q130322	恢复率	Elastic recovery
23	Q130323	拉伸-压缩循环性	Extension-compression cycle
24	Q130324	油灰附着力	Putty adhesion
25	Q130325	油灰结膜时间	Putty film-forming time
26	Q130326	油灰龟裂试验	Putty map cracking test
27	Q130327	油灰操作性	Putty finishability
28	Q130328	与混凝土粘结强度	Adhesion strength with concrete
29	Q130329	相容性	Compatibility
30	Q130330	耐候性	Weather resistance
31	Q130331	防霉性能	Mildew resistance
32	Q130332	热老化	Thermal aging
33	Q130333	紫外线处理	Ultraviolet radiation treatment
34	Q130334	污染性	Staining

14 胶粘剂

14.1 一般规定

14.1.1 胶粘剂检测代码及项目应符合表 14.1.1 的规定。

表 14.1.1 胶粘剂检测代码及项目

序号	代码	项目	Item
1	Q1402	结构用胶粘剂	Structural adhesive
2	Q1403	非结构用胶粘剂	Decorating adhesive

14.2 结构用胶粘剂

14.2.1 结构用胶粘剂的检测代码及参数应符合表 14.2.1 的规定。

表 14.2.1 结构用胶粘剂的检测代码及参数

序号	代码	参数	Parameter
1	Q140201	外观	Appearance
2	Q140202	pH	pH
3	Q140203	黏度	Viscosity
4	Q140204	固体含量/不挥发物含量	Solid content
5	Q140205	储存稳定性	Stability for storage
6	Q140206	适用期	Pot life
7	Q140207	涂胶量	Spread
8	Q140208	密度	Density
9	Q140209	可操作时间	Working time
10	Q140210	晾置时间	Open assembly time
11	Q140211	凝胶时间	Gel time
12	Q140212	弹性模量（弯曲、拉伸）	Elastic module (in bending, tension)
13	Q140213	压缩强度	Compressive strength
14	Q140214	拉伸强度	Tensile strength
15	Q140215	抗剪强度	Shearing strength
16	Q140216	受拉极限变形	Ultimate deformation in tension
17	Q140217	正拉粘结强度	Adhesion strength under tensile stress
18	Q140218	拉伸剪切强度	Tensile shear strength
19	Q140219	层间剪切强度	Interlaminar shear strength
20	Q140220	弯曲强度	Bending strength
21	Q140221	拉剪强度	Tension-shearing strength
22	Q140222	压剪强度（标准条件、浸水、热处理、冻融循环）	Compression-shearing strength

序号	代码	参　数	Parameter
23	Q140223	T 剥离强度	T peel strength
24	Q140224	180°剥离强度	Peel strength at 180°
25	Q140225	剪切状态下的粘合性	Adhesion properties under shearing strength
26	Q140226	粘结强度	Cohesive strength
27	Q140227	滑移	Sliding
28	Q140228	伸长率	Percentage elongation
29	Q140229	触变指数	Thixotropic exponential
30	Q140230	不均匀扯离强度	Uneven tear strength
31	Q140231	冲击强度	Impact strength
32	Q140232	拉伸胶粘原始强度	Original strength of tensile adhesion
33	Q140233	拉伸胶粘强度（浸水后、热老化后）	Tensile adhesion strength (after soaking, heat aging)
34	Q140234	冻融循环后的拉伸胶粘强度	Tensile adhesion strength after freezing-thawing cycles
35	Q140235	压缩剪切胶粘原强度	Original strength in compression-shearing
36	Q140236	压缩剪切胶粘强度（浸水后、热老化后、高低温交变循环后）	Original strength in compression-shearing (after soaking, heat aging)
37	Q140237	剪切胶粘强度（浸水后、高温下）	Shearing adhesion strength (after soaking in water, under high temperature)
38	Q140238	透水性	Water permeability
39	Q140239	柔韧性（压折比、开裂应变）	Flexibility
40	Q140240	24h 吸水量	Water absorption for 24h
41	Q140241	水蒸气透过湿流密度	Moisture density of water vapor penetration
42	Q140242	抗裂性	Breaking resistance
43	Q140243	对接接头拉伸强度	Butt joint tensile strength
44	Q140244	疲劳性能	Fatigue
45	Q140245	热变形温度	Thermal deformation temperature
46	Q140246	耐温性能	Thermal resistance
47	Q140247	冻融性能	Temperature variation properties
48	Q140248	耐老化性能	Resistance to deterioration on weathering
49	Q140249	耐久性	Durability
50	Q140250	防霉性	Scrub resistance

14.3　非结构用胶粘剂

14.3.1　非结构用胶粘剂的检测代码及参数应符合表 14.3.1 的规定。

表 14.3.1　非结构用胶粘剂的检测代码及参数

序号	代码	参　数	Parameter
1	Q140301	外观	Appearance
2	Q140302	pH	pH
3	Q140303	黏度	Viscosity
4	Q140304	固体含量/不挥发物含量	Solid content
5	Q140305	储存稳定性	Stability for storage
6	Q140306	适用期	Pot life
7	Q140307	涂胶量	Spread
8	Q140308	粘结强度	Cohesive strength
9	Q140309	密度	Density
10	Q140310	晾置时间	Open assembly time
11	Q140311	滑移	Sliding
12	Q140312	凝胶时间	Gel time
13	Q140313	防霉性	Scrub resistance
14	Q140314	拉伸强度	Tensile strength
15	Q140315	拉伸剪切强度	Lap-joint strength
16	Q140316	耐水性	Water resistance
17	Q140317	耐久性	Permanence resistance
18	Q140318	胶接强度	Bonding strength
19	Q140319	耐候性	Weather resistance
20	Q140320	水压爆破强度	Bursting strength
21	Q140321	胶膜特性	Membrane characteristic
22	Q140322	卫生指标	Sanitary performance

15 管网材料

15.1 一般规定

15.1.1 管网材料检测代码及项目应符合表 15.1.1 的规定。

表 15.1.1 管网材料检测代码及项目

序号	代码	项目	Item
1	Q1502	金属管材管件	Metal pipe and pipe-fitting
2	Q1503	塑料管材管件	Plastic pipe and pipe-fitting
3	Q1504	复合管材	Composite pipe
4	Q1505	混凝土管	Concrete pipe
5	Q1506	陶土管、瓷管	Clay tube
6	Q1507	检查井盖和雨水箅	Inspection manhole lid
7	Q1508	阀门	Valve

15.2 金属管材管件

15.2.1 金属管材管件化学性能除应包括本标准表 3.9.1 的内容外，其他检测代码及参数应符合表 15.2.1 的规定。

表 15.2.1 金属管材管件的其他检测代码及参数

序号	代码	参数	Parameter
1	Q150201	外观	Appearance
2	Q150202	尺寸	Dimension
3	Q150203	管件表面的防锈处理	Antirust treatment of fitting surface
4	Q150204	涂覆/热镀锌层	Coating/Hot-dip galvanizing
5	Q150205	管环抗弯强度	Flexural strength
6	Q150206	管材的扩口试验	Expanding test of pipe
7	Q150207	管材的压扁试验	Flattening test of pipe
8	Q150208	水压试验/工作压力/管材的液压试验/耐压试验/公称压力/过载压力	Hydraulic pressure test

序号	代码	参数	Parameter
9	Q150209	气密性试验/密封性	Air tightness test
10	Q150210	爆破试验	Bursting test
11	Q150211	表面硬度	Surface hardness
12	Q150212	布氏硬度	Brinell hardness
13	Q150213	含氧量	Oxygen content
14	Q150214	弯曲性能	Bending property
15	Q150215	负压试验	Negative pressure test
16	Q150216	拉拔试验	Pull-out test
17	Q150217	抗拉强度	Tensile strength
18	Q150218	交变弯曲试验	Alternate bending test
19	Q150219	振动试验	Vibration test
20	Q150220	延伸率	Extending rate
21	Q150221	负压密封性和漏气速率检查	Examination of negative pressure sealing and air leakage rate
22	Q150222	挠性接头转角检查	Angular examination of flexible hinge
23	Q150223	挠性接头管端间隙检查	Pipe gap examination of flexible hinge
24	Q150224	橡胶密封圈的试验	Test of rubber sealing ring
25	Q150225	温度变化试验	Temperature change test
26	Q150226	涡流探伤	Eddy current detection
27	Q150227	卫生试验	Sanitation test

15.3 塑料管材管件

15.3.1 塑料管材管件的检测代码及参数应符合表 15.3.1 的规定。

表 15.3.1 塑料管材管件的检测代码及参数

序号	代码	参数	Parameter
1	Q150301	外观	Appearance
2	Q150302	尺寸	Dimension
3	Q150303	密度	Density
4	Q150304	维卡软化温度	Vicat softening temperature
5	Q150305	拉伸强度	Tensile strength
6	Q150306	涂层厚度	Coating thickness

序号	代码	参 数	Parameter
7	Q150307	断裂伸长率	Elongation at break
8	Q150308	纵向回缩率/纵向尺寸收缩率	Longitudinal reversion
9	Q150309	环刚度/环柔度	Ring stiffness
10	Q1503010	静液压强度/耐液压性能/静液压试验/系统静液压试验/静内压强度/液压试验	Hydrostatic strength
11	Q150311	坠落试验	Falling test
12	Q150312	简支梁冲击试验	Simply-supported beam impact test
13	Q150313	冲击强度/落锤冲击试验	Blowing strength/Drop hammer blowing test
14	Q150314	循环压力冲击试验/水锤试验	Impact test under cyclical pressure/ Water hammer test
15	Q150315	扁平试验/压扁性能	Flattening test
16	Q150316	耐拉拔试验	Test of resistance to pull out
17	Q150317	耐弯曲试验	Test of resistance to bending
18	Q150318	冷弯曲率半径	Cold bending radius
19	Q150319	附着力试验	Adhesion test
20	Q150320	压缩复原	Compress reversion
21	Q150321	耐环境应力开裂	Resistance to cracking under environmental stress
22	Q150322	撕裂试验	Tear test
23	Q150323	鞍形旁通的冲击强度	Impacting strength of tapping bypass
24	Q150324	熔接强度	Fusion strength
25	Q150325	耐裂纹扩展	Resistance to crack growth
26	Q150326	耐慢速裂纹增长锥体试验	Cone test of resistance to slow crack growth
27	Q150327	蠕变比率	Creep ratio

序号	代码	参 数	Parameter
28	Q150328	交联度	Degree of crosslinking
29	Q150329	不透光性	Opacity
30	Q150330	氯离子含量	Chloride ion content
31	Q150331	挥发分含量	Volatiles content
32	Q150332	水分含量	Water content
33	Q150333	炭黑含量	Carbon black content
34	Q150334	炭黑分散与颜料分散	Carbon black dispersion and pigment dispersion
35	Q150335	粗糙度	Roughness
36	Q150336	腐蚀度	Corrosion degree
37	Q150337	熔体质量流动速率	Melt mass-flow rate
38	Q150338	真空试验/真空性能	Vacuum test
39	Q150339	螺纹试验	Thread test
40	Q150340	耐气体组分	Resistance to gas composition
41	Q150341	二氯甲烷浸渍试验	Dichloromethane test
42	Q150342	氧化诱导时间	Oxidation induction time
43	Q150343	透氧率	Oxygen permeability
44	Q150344	丙酮浸泡	Acetone immersion
45	Q150345	针孔试验	Pin-hole test
46	Q150346	耐候性	Weather resistance
47	Q150347	热稳定性（常态、静液压状态下）	Thermal stability (under the condition of static water pressure)
48	Q150348	热循环试验	Thermal cycle test
49	Q150349	烘箱试验	Film oven test
50	Q150350	密封性能/系统通用性	Sealing performance/ System applicability
51	Q150351	耐弯曲密封性试验	Bend-resistant seal test
52	Q150352	卫生性能	Sanitary performance

15.4 复 合 管 材

15.4.1 复合管材的检测代码及参数应符合表 15.4.1 的规定。

表 15.4.1　复合管材的检测代码及参数

序号	代码	参　数	Parameter
1	Q150401	外观	Appearance
2	Q150402	尺寸	Dimension
3	Q150403	密度	Density
4	Q150404	拉伸强度/轴向拉伸强度	Tensile strength/Axial tensile strength
5	Q150405	断裂伸长率	Elongation at break
6	Q150406	延伸率	Extending ratio
7	Q150407	纵向尺寸收缩率/纵向回缩率	Longitudinal reversion
8	Q150408	管刚度/环刚度	Pipe stiffness/Ring stiffness
9	Q150409	管环径向拉伸力	Radial tension of pipe circle
10	Q150410	静液压试验	Hydrostatic pressure test
11	Q150411	爆破试验/爆破强度试验	Bursting test/Bursting strength test
12	Q150412	压扁试验/扁平试验	Flattening test
13	Q150413	弯曲模量	Modulus of bending
14	Q150414	挠曲度	Deflection degree
15	Q150415	管环最小平均剥离力	The minimum average peel force of pipe circle
16	Q150416	剥离试验/撕裂试验	Peel test/Tearing test
17	Q150417	T 剥离强度	T peel strength
18	Q150418	慢速裂纹增长性能	Slow crack growth
19	Q150419	层间粘合强度	Bonding strength of inter layer
20	Q150420	耐应力开裂/耐环境应力开裂	Resistance to stress-cracking/Resistance to cracking under environmental stress
21	Q150421	平行板外载刚度	Parallel-plate load stiffness
22	Q150422	受压开裂稳定性	Cracking stability under condition of compression
23	Q150423	扩径试验	Expanding test
24	Q150424	水锤试验	Water hammer test

续表 15.4.1

序号	代码	参　数	Parameter
25	Q150425	气密试验	Air tightness test
26	Q150426	通气试验	Ventilation test
27	Q150427	熔体质量流动速率	Melt flow rate
28	Q150428	树脂不可溶分含量	Insoluble matter content of resin
29	Q150429	热稳定性	Thermal stability
30	Q150430	热循环试验	Thermo-cycling test
31	Q150431	氧化诱导时间	Oxidation induction time
32	Q150432	交联度	Degree of crosslinking
33	Q150433	巴氏硬度	Barkhausen hardness
34	Q150434	脆化温度	Brittle temperature
35	Q150435	炭黑含量	Carbon black content
36	Q150436	熔融指数	Melting index
37	Q150437	真空减压试验	Vacuum decompression test
38	Q150438	挥发分含量	Volatiles content
39	Q150439	熔合线检验	Welded joint test
40	Q150440	熔体流动速率	Melt flow rate
41	Q150441	密封性能试验/系统适用性	Sealing performance test/System applicability
42	Q150442	耐化学性能	Chemical environmental resistance
43	Q150443	耐气体组分性能	Resistance to gas composition
44	Q150444	耐候性	Weather resistance
45	Q150445	耐腐蚀试验	Corrosion resistance
46	Q150446	卫生性能	Sanitary performance

15.5　混　凝　土　管

15.5.1　混凝土管的检测代码及参数应符合表 15.5.1 的规定。

表 15.5.1　混凝土管的检测代码及参数

序号	代码	参　数	Parameter
1	Q150501	外观	Appearance
2	Q150502	尺寸	Dimension

序号	代码	参　数	Parameter
3	Q150503	管体混凝土强度	Strength of concrete tube
4	Q150504	内水压力	Internal water pressure
5	Q150505	渗漏试验	Leakage test
6	Q150506	保护层厚度	Protection layer thickness
7	Q150507	外压试验	External pressure test

15.6　陶土管、瓷管

15.6.1　陶土管、瓷管的检测代码及参数应符合表15.6.1的规定。

表 15.6.1　陶土管、瓷管的检测代码及参数

序号	代码	参　数	Parameter
1	Q150601	尺寸	Dimension
2	Q150602	抗外压强度	Outer compression strength resistance
3	Q150603	弯曲强度	Bending strength
4	Q150604	吸水率	Water absorption
5	Q150605	水压	Hydraulic pressure
6	Q150606	耐酸性	Acid resistance

15.7　检查井盖和雨水箅

15.7.1　检查井盖和雨水箅的检测代码及参数应符合表15.7.1的规定。

表 15.7.1　检查井盖和雨水箅检测代码及参数

序号	代码	参　数	Parameter
1	Q150701	外观	Appearance
2	Q150702	尺寸	Dimension
3	Q150703	吸水率	Rate of water absorption
4	Q150704	抗压强度	Compressive strength
5	Q150705	抗折强度	Flexural strength
6	Q150706	抗冲击韧性	Impact resistance toughness
7	Q150707	弯曲强度	Bending strength
8	Q150708	冲击强度	Impact strength
9	Q150709	压缩强度	Compression strength
10	Q150710	拉伸强度	Tensile strength
11	Q150711	弹性模量	Elasticity module

序号	代码	参　数	Parameter
12	Q150712	残余变形	Residual deformation
13	Q150713	双层井盖环链拉力强度	Tensile strength of loop chain
14	Q150714	耐酸性	Acid resistance
15	Q150715	耐碱性	Alkali resistance
16	Q150716	耐热性/热老化	Heat resistance/Thermal aging
17	Q150717	耐候性	Weather resistance
18	Q150718	抗疲劳性能	Fatigue resistance
19	Q150719	抗冻性能/抗冻融性	Frost resistance/Freeze-thaw resistance
20	Q150720	热老化抗折强度	Flexural strength after heat aging
21	Q150721	人工老化抗折强度	Flexural strength after artificial aging
22	Q150722	雨水箅泄水能力	Dispatch ability

15.8　阀　门

15.8.1　阀门的检测代码及参数应符合表15.8.1的规定。

表 15.8.1　阀门检测代码及参数

序号	代码	参　数	Parameter
1	Q150801	外观	Appearance
2	Q150802	标志	Mark
3	Q150803	尺寸	Dimension
4	Q150804	泄漏率	Leakage
5	Q150805	排放压力	Emission pressure
6	Q150806	开启高度	Opening height
7	Q150807	背压力	Backpressure
8	Q150808	回座压力	Return pressure
9	Q150809	机械特性	Mechanical characteristics
10	Q150810	整定压力	Adjusting pressure deviation
11	Q150811	超过压力	Exceeding pressure
12	Q150812	启闭压	Startup and close compressive stress difference
13	Q150813	排量	Discharge
14	Q150814	壳体强度	Shell strength

序号	代码	参数	Parameter
15	Q150815	密封性能	Sealing property
16	Q150816	压力特性	Pressure characteristics deviation
17	Q150817	流量特性	Flow characteristics deviation
18	Q150818	最大流量	The maximum flow
19	Q150819	调压性能	Voltage-adjusting property
20	Q150820	最低工作压力	The minimum work pressure
21	Q150821	最高工作压力	The maximum work pressure
22	Q150822	排空气能力	Air discharge capacity
23	Q150823	排水温度	Water discharge temperature
24	Q150824	漏气量	Gas leakage
25	Q150825	热凝结水排量试验	Test of heat condensation exhausting
26	Q150826	上密封试验	Up-sealing test

16 电 气 材 料

16.1 一 般 规 定

16.1.1 电气材料检测代码及项目应符合表 16.1.1 的规定。

表 16.1.1 电气材料检测代码及项目

序号	代码	项目	Item
1	Q1602	电线电缆	Electric wire and cable
2	Q1603	通信电缆	Communication cable
3	Q1604	通信光缆	Communication fiber optic cable
4	Q1605	电线槽	Wire slots
5	Q1606	塑料绝缘电工套管	Plastic electrical installation conduits
6	Q1607	埋地式电缆导管	Buried pipes for power cable
7	Q1608	低压熔断器	Low voltage fuse
8	Q1609	低压断路器	Low voltage circuit breaker
9	Q1610	灯具	Luminaries
10	Q1611	开关、插头、插座	Switches, plugs, socket-outlets

16.2 电 线 电 缆

16.2.1 电缆绝缘和护套材料非电性能检测代码及参数应符合表 16.2.1 的规定。

表 16.2.1 电缆绝缘和护套材料非电性能检测代码及参数

序号	代码	参数	Parameter
1	Q160201	尺寸	Dimension
2	Q160202	标记	Mark
3	Q160203	密度	Density
4	Q160204	吸水量	Water absorption
5	Q160205	收缩率	Shrinkage ratio
6	Q160206	抗张强度	Tensile strength
7	Q160207	断裂伸长率	Percentage elongation at break
8	Q160208	低温弯曲性能	Flexural property at low temperature
9	Q160209	低温卷绕性能	Winding property at low temperature
10	Q160210	低温拉伸性能	Tensile property at low temperature
11	Q160211	低温冲击性能	Low-temperature impact properties
12	Q160212	耐臭氧性能	Ozone resistance
13	Q160213	热延伸率	Thermal elongation
14	Q160214	护套浸矿物油后抗张强度	Tensile strength of sheath disposed by mineral oil
15	Q160215	高温压力试验	Pressure test at high temperature
16	Q160216	抗开裂性能	Cracking resistance
17	Q160217	失重	Weight loss
18	Q160218	热稳定性	Thermal stability
19	Q160219	耐环境应力开裂	Resistance to environmental stress cracking
20	Q160220	抗氧化性能（空气热老化后的卷绕试验）	Oxidation resistance (wrapping test after thermal aging in air)
21	Q160221	熔体指数	Melt flow index
22	Q160222	聚乙烯中炭黑及矿物质填料含量	Carbon black and mineral filler content in PE
23	Q160223	热老化	Thermal aging

16.2.2 电线电缆电气性能检测代码及参数应符合表16.2.2的规定。

表 16.2.2 电线电缆电气性能检测代码及参数

序号	代码	参　数	Parameter
24	Q160224	导体直流电阻	Measurement of DC resistance of conductors
25	Q160225	绝缘电阻	Determining insulation resistance
26	Q160226	耐交流电压	AC voltage resistance
27	Q160227	耐电痕	Tracking resistance
28	Q160228	体积电阻率	Volume resistively
29	Q160229	绝缘线芯工频火花试验	AC spark test of insulated cores
30	Q160230	挤出防蚀护套火花试验	Spark of extruded anti-corrosion protective sheaths
31	Q160231	介质损失角正切值	Measurement of dielectric dissipation factor
32	Q160232	局部放电量	Partial discharge
33	Q160233	表面电阻	Surface resistance

16.2.3 成品电缆物理机械性能检测代码及参数应符合表16.2.3的规定。

表 16.2.3 成品电缆物理机械性能检测代码及参数

序号	代码	参　数	Parameter
34	Q160234	曲挠	Flexure test
35	Q160235	弯曲性能	Bending test
36	Q160236	荷重断芯试验	Breaking of wire core under weight
37	Q160237	绝缘线芯撕离试验	Tearing test of insulated conductors
38	Q160238	不延燃性能	No extension combustion
39	Q160239	外护层环烷酸铜含量	Copper naphthenate content of protective coverings
40	Q160240	外护层耐厌氧性细菌腐蚀	Test for anaerobe-corrosion of protective coverings
41	Q160241	盐浴槽试验	Saline bath test
42	Q160242	腐蚀扩展试验	Corrosion spread test
43	Q160243	挤出外套刮磨试验	Test for abrasion of extruded oversheaths

续表 16.2.3

序号	代码	参　数	Parameter
44	Q160244	抗撕性能	Tearing resistance
45	Q160245	氧化诱导期试验	Test for oxidative inductive time
46	Q160246	耐磨性能	Abrasion resistance
47	Q160247	耐热	Heat tolerance
48	Q160248	锡焊试验	Tin welding test

16.2.4 电线电缆燃烧检测代码及参数应符合表16.2.4的规定。

表 16.2.4 电线电缆燃烧检测代码及参数

序号	代码	参　数	Parameter
49	Q160249	燃烧试验	Burning test
50	Q160250	耐火特性试验	Test on fire-resisting characteristics
51	Q160251	燃烧烟浓度测定	Measurement of smoke density

16.3 通 信 电 缆

16.3.1 通信电缆的物理性能检测代码及参数应符合表16.3.1的规定。

表 16.3.1 通信电缆的物理性能检测代码及参数

序号	代码	参　数	Parameter
1	Q160301	外观	Appearance
2	Q160302	尺寸	Dimension
3	Q160303	标记	Mark
4	Q160304	护套密度	Density
5	Q160305	介质损伤因数	Dissipation Factor
6	Q160306	低温脆化温度	Brittle temperature at low temperature
7	Q160307	可剥离性	Strippability
8	Q160308	老化前断裂伸长率	Percentage elongation at fracture before thermal aging
9	Q160309	延伸性	Dilatability
10	Q160310	抗张强度	Tensile strength
11	Q160311	压扁试验	Flattening test
12	Q160312	冲击试验	Blowing test
13	Q160313	扭转试验	torsion testing
14	Q160314	反复弯曲	Reverse bend test
15	Q160315	绝缘收缩	Insulation shrinkage

序号	代码	参 数	Parameter
16	Q160316	低温卷绕试验	Winding test on low temperature
17	Q160317	冷弯曲	Cold bending
18	Q160318	热老化后的卷绕试验	Winding test after thermal aging
19	Q160319	热老化后的断裂伸长率	Percentage elongation at fracture after thermal aging
20	Q160320	热老化后的抗张强度	Tensile strength after thermal aging
21	Q160321	高温压力试验	Compression test on high temperature
22	Q160322	热冲击试验	Thermal shock test
23	Q160323	电缆火焰传播性能	Characteristics of flame-spreading
24	Q160324	收缩率	Shrinkage ratio
25	Q160325	含卤气体释放	Halogen gas release
26	Q160326	烟雾发生	Smoke generator
27	Q160327	绝缘的气密性	Air impermeability of insulation
28	Q160328	绝缘的完整性	Integrity of insulation
29	Q160329	绝缘收缩	Shrinkage of insulation
30	Q160330	氧化诱导期	Oxidation induction period
31	Q160331	耐环境应力开裂	Improvement of environmental stress cracking
32	Q160332	浸水稳定性	Water logged stabilization
33	Q160333	混炼稳定性	Mixing stabilization
34	Q160334	炭黑含量	Content of carbon black
35	Q160335	纵包复合屏蔽带的搭盖率	Overlay rate of shielded layer
36	Q160336	编织密度	Density of basketwork
37	Q160337	吸收系数	Absorb coefficient
38	Q160338	吊线的最小拉断力	The minimum snaping force of cable
39	Q160339	分离吊线所需的撕裂力	Tearing force needed for separate cable

序号	代码	参 数	Parameter
40	Q160340	纵包钢塑复合带的搭盖宽度	Width of steel/PE laminated tape
41	Q160341	附着力	Adhesion
42	Q160342	导体过热后绝缘收缩率	Insulation shrinkage after conductor overheat
43	Q160343	抗压缩性	Anti-compression
44	Q160344	抗磨性	Wear resistance
45	Q160345	耐燃烧性	Burning resistance
46	Q160346	抗腐蚀性	Corrosion protective properties
47	Q160347	渗水试验	Water permeability test
48	Q160348	滴流试验	Trickle test
49	Q160349	导体的混线和断线	Mixed and broken circuit of conductor
50	Q160350	熔体流动速率	Melt flow rate
51	Q160351	绝缘的冷弯曲	Cold bending of insulation
52	Q160352	密度	Density
53	Q160353	成束电缆延燃性能	Characteristic of flame spread

16.3.2 通信电缆的电气性能检测代码及参数应符合表 16.3.2 的规定。

表 16.3.2 通信电缆的电气性能检测代码及参数

序号	代码	参 数	Parameter
54	Q160354	体积电阻率	Volume electric resistively
55	Q160355	特性阻抗	Property impedance
56	Q160356	介电强度	Dielectric strength
57	Q160357	相对介电常数	Dielectric constant
58	Q160358	绝缘电阻	Insulation resistance
59	Q160359	漏电流试验	Leakage current test
60	Q160360	导体直流电阻	DC resistance of conductor
61	Q160361	线对直流电阻不平衡	DC resistance unbalance between cable pairs
62	Q160362	工作电容	Mutual capacitance
63	Q160363	电容不平衡	Capacitance unbalance

序号	代码	参 数	Parameter
64	Q160364	转移阻抗	Surface transfer impedance
65	Q160365	群传播速度/传播时延	Propagation speed
66	Q160366	屏蔽衰减	Shield attenuation
67	Q160367	衰减	Attenuation
68	Q160368	衰减串扰比	Attenuation to near end crosstalk rate（ACR）
69	Q160369	综合衰减串扰比	Power sum attenuation to near end crosstalk rate（ACR）
70	Q160370	近端串音	Near-end crosstalk (NEXT) loss
71	Q160371	综合近端串音	Power sum near-end crosstalk (PSNEXT) loss
72	Q160372	等效远端串音	Equal level far-end crosstalk（ELFEXT）
73	Q160373	综合远端串音	Power sum equal level far-end crosstalk（PSELFEXT）
74	Q160374	延迟偏离	Delay deviation
75	Q160375	回波损耗	Return loss

16.4 通信光缆

16.4.1 综合布线用室内光缆的检测代码及参数应符合表 16.4.1 的规定。

表 16.4.1 综合布线用室内光缆的检测代码及参数

序号	代码	参 数	Parameter
1	Q160401	标记	Mark
2	Q160402	识别色谱	Chromatogram
3	Q160403	光纤涂覆层剥除力	Peeling force of coating film
4	Q160404	光纤强度筛选水平	Screening level of optical fibers strength
5	Q160405	光纤强度动态疲劳系数	Dynamic fatigue factor of optical fibers strength
6	Q160406	尺寸	Dimension
7	Q160407	衰减	Attenuation
8	Q160408	模式带宽	Model band width
9	Q160409	拉伸性能	Tensile property
10	Q160410	压扁性能	Flattening test
11	Q160411	允许弯曲半径	Allowed bending radius

序号	代码	参 数	Parameter
12	Q160412	衰减温度特性	Temperature property of attenuation
13	Q160413	阻燃性	Flame retardant
14	Q160414	不延燃性	No extension combustion
15	Q160415	发烟浓度	Smoke concentration
16	Q160416	腐蚀性	Corrosive action
17	Q160417	火花试验时塑料套的完整性	Integrity of plastic sheath in spark testing
18	Q160418	对地绝缘电阻	Insulation esistance
19	Q160419	耐电压强度	Dielectric strength
20	Q160420	渗水性	Permeability

16.5 电线槽

16.5.1 电线槽的检测代码及参数应符合表 16.5.1 的规定。

表 16.5.1 电线槽的检测代码及参数

序号	代码	参 数	Parameter
1	Q160501	外观	Appearance
2	Q160502	尺寸	Dimension
3	Q160503	冲击性能	Impact property
4	Q160504	氧指数	Oxygen exponent
5	Q160505	耐电压	Voltage withstanding
6	Q160506	绝缘电阻	Insulation resistance
7	Q160507	耐热性能	Heat resistance
8	Q160508	负载变形性能	Load metamorphose characteristic
9	Q160509	外负载性能	External load characteristic
10	Q160510	水平燃烧性能	Horizontal burning characteristic
11	Q160511	垂直燃烧性能	Vertical burning characteristic
12	Q160512	烟密度等级	Smoke density rank

16.6 塑料绝缘电工套管

16.6.1 塑料绝缘电工套管的检测代码及参数应符合表 16.6.1 的规定。

表 16.6.1　塑料绝缘电工套管的检测代码及参数　　　　　　　续表 16.7.1

表 16.6.1　塑料绝缘电工套管的检测代码及参数

序号	代码	参　数	Parameter
1	Q160601	外观	Appearance
2	Q160602	尺寸	Dimension
3	Q160603	冲击性能	Impact property
4	Q160604	氧指数	Oxygen exponent
5	Q160605	耐电压	Voltage withstanding
6	Q160606	绝缘电阻	Insulation resistance
7	Q160607	耐热性能	Heat resistance
8	Q160608	抗压性能	Compression strength
9	Q160609	弯曲性能	Bending property
10	Q160610	弯扁性能	Flattening property
11	Q160611	跌落性能	Dropping property
12	Q160612	自熄时间	Self-quench time
13	Q160613	电气连续性试验	Electrical continuity test
14	Q160614	防护能力	Protection capacity
15	Q160615	直流电阻	DC resistance
16	Q160616	连续电阻	Continuous resistance

16.7　埋地式电缆导管

16.7.1　地下通信管道用塑料管的检测代码及参数应符合表 16.7.1 的规定。

表 16.7.1　地下通信管道用塑料管的检测代码及参数

序号	代码	参　数	Parameter
1	Q160701	外观	Appearance
2	Q160702	尺寸	Dimension
3	Q160703	弯曲度	Curvature
4	Q160704	落锤冲击试验	Drop hammer blowing test
5	Q160705	环刚度	Ring stiffness
6	Q160706	扁平试验	Flattening test
7	Q160707	连接密封试验	Joint sealing test
8	Q160708	冷弯曲试验	Bending test after air-cooled
9	Q160709	拉伸屈服强度	Tensile strength
10	Q160710	断裂伸长率	Percentage elongation at fracture

续表 16.7.1

序号	代码	参　数	Parameter
11	Q160711	纵向回缩率	Longitudinal reversion
12	Q160712	维卡软化温度	Vicat softening temperature
13	Q160713	耐外负荷性能	External load resistance
14	Q160714	静摩擦因数	Friction coefficient
15	Q160715	环片热压缩力	Heat compression of ring piece
16	Q160716	体积电阻率	Volume resistivity
17	Q160717	树脂不可熔分含量	Content of resin indissolution
18	Q160718	撞击性能	Impacting property
19	Q160719	弯曲负载热变形温度	Thermal deformation temperature after bending load
20	Q160720	浸水后弯曲强度保留率	Bending strength reservation after water soaking
21	Q160721	巴氏硬度	Barkhausen hardness
22	Q160722	氧指数	Oxygen index
23	Q160723	滑动摩擦系数	Sliding friction coefficient
24	Q160724	热阻系数	Heat-resistance coefficient

16.8　低压熔断器

16.8.1　低压熔断器的检测代码及参数应符合表 16.8.1 的规定。

表 16.8.1　低压熔断器的检测代码及参数

序号	代码	参　数	Parameter
1	Q160801	绝缘电阻	Insulation resistance
2	Q160802	电气强度	Electric strength
3	Q160803	温升与耗散功率	Temperature uptrend and power dissipation
4	Q160804	动作验证	Operate test
5	Q160805	分断能力	Breaking capacity
6	Q160806	截断电流特性	Cut-off current characteristic
7	Q160807	过电流选择性和 I^2t 特性	Over-current discrimination and I^2t characteristic

序号	代码	参　数	Parameter
8	Q160808	外壳防护等级	Protective casing class
9	Q160809	耐热特性	Heat-proof characteristic
10	Q160810	触头不变坏	Contact invariability
11	Q160811	机械试验	Mechanical test

16.9　低压断路器

16.9.1　低压断路器的检测代码及参数应符合表 16.9.1 的规定。

表 16.9.1　低压断路器的检测代码及参数

序号	代码	参　数	Parameter
1	Q160901	标志的耐久性	Durability of mark
2	Q160902	爬电距离和电气间隙	Creepage distance and clearance
3	Q160903	螺钉、载流部件和连接的可靠性	Reliability of screw, current carrier and connector
4	Q160904	连接外部导体的接线端子的可靠性	Reliability of connection terminal
5	Q160905	电击保护	Eletroshock protection
6	Q160906	介电强度	Dielectric strength
7	Q160907	绝缘电阻	Insulation resistance
8	Q160908	温升	Temperature rise
9	Q160909	剩余电流条件下的动作特性	Action character at surplus current
10	Q160910	时间-（过）电流特性	Time-current characteristic
11	Q160911	瞬时脱扣特性	Instantaneous tripping characteristic
12	Q160912	28d 试验	28d testing
13	Q160913	自由脱扣机构	Trip-free framework
14	Q160914	周围温度对脱扣特性的影响	The effect of temperature around on tripping characteristic
15	Q160915	机械和电气寿命	Mechanical and electrical lifetime

序号	代码	参　数	Parameter
16	Q160916	短路电流下的性能	Property under condition of short-circuit
17	Q160917	耐机械振动和撞击性能	Mechanical vibration and impact resistance
18	Q160918	耐热性	Heat resistance
19	Q160919	耐异常发热和耐燃性	Anomalistic heat-proof and bruning-proof characteristic
20	Q160920	防锈性能	Anti-rust property
21	Q160921	在额定电压极限下，操作试验装置	Operating test device at rated voltage limitation
22	Q160922	电源电压故障时，断路器的工作状况	Working status under condition of voltage fault
23	Q161223	在过电流时，不动作电流的极限值	Limitation of non-action current at over-current
24	Q160924	在浪涌电流作用下，防止误脱扣的性能	Property of enduring wrong release under condition of surge current
25	Q160925	绝缘耐冲击电压的性能	Voltage withstanding property of insulation
26	Q160926	接地故障电流含有直流分量时，断路器的工作状况	Working status of circuit when grounding fault current contain DC component
27	Q160927	可靠性	Reliability
28	Q160928	电子元件抗老化性能	Aging of electronic components
29	Q160929	电磁兼容试验	Electromagnetic compatibility test

16.10　灯　具

16.10.1　灯具的检测代码及参数应符合表 16.10.1 的规定。

表 16.10.1　灯具的检测代码及参数

序号	代码	参　数	Parameter
1	Q161001	标记	Mark
2	Q161002	结构	Structure
3	Q161003	外部接线和内部接线	External wiring and internal wiring

序号	代码	参数	Parameter
4	Q161004	接地规定	Earth connection define
5	Q161005	防触电保护	Protection against electric shock
6	Q161006	防尘、防固体异物和防水	Dust-proof, solid foreign matter-proof and water-proof
7	Q161007	绝缘电阻	Insulation resistance
8	Q161008	电气强度	electric strength
9	Q161009	爬电距离和电气间隙	Creepage distance and clearance
10	Q161010	耐久性试验和热试验	Durability test and heat test
11	Q161011	耐热、耐火和耐电痕	Heat, fire resistance and tracking resistance
12	Q161012	螺纹接线端子	Thread terminal
13	Q161013	无螺纹接线端子和电气连接件	Screwless terminal and electric connection part
14	Q161014	插入损耗	Inversion loss
15	Q161015	骚扰电压	Disturbance voltage
16	Q161016	辐射电磁骚扰	Radiant electromagnetic disturbance
17	Q161017	谐波电流	Harmonic current

16.11 开关、插头、插座

16.11.1 开关、插头、插座的检测代码及参数应符合表 16.11.1 的规定。

表 16.11.1 开关、插头、插座的检测代码及参数

序号	代码	参数	Parameter
1	Q161101	标志	Mark
2	Q161102	尺寸	Dimension
3	Q161103	防触电保护	Protection against electric shock
4	Q161104	接地措施	Grounding Measurement
5	Q161105	端子	Connector
6	Q161106	固定式插座的结构	Structure of fixed socket
7	Q161107	插头和移动式插座的结构	Structure of moving socket and plug

序号	代码	参数	Parameter
8	Q161108	耐老化、防有害进水和防潮	Aging resistance, prevention against water and moisture
9	Q161109	绝缘电阻	Insulation resistance
10	Q161110	电气强度	Electrie strength
11	Q161111	接地触头的工作	Working of grounding contact
12	Q161112	温升	Temperature rise
13	Q161113	分断容量	Breaking capacity
14	Q161114	正常操作	Operator naturally
15	Q161115	拔出插头所需的力	Mechanics of main plug
16	Q161116	软缆及其连接	Flexible cable and connection
17	Q161117	机械强度	Mechanical strength
18	Q161118	耐热	Heat tolerance
19	Q161119	螺钉、载流部件及其连接	Screw, current carrier and connector
20	Q161120	爬电距离和电气间隙	Creepage distance and clearance
21	Q161121	耐非正常热、耐燃和耐漏电起痕	Resistance to flame and surface tracking wheel
22	Q161122	防锈性能	Anti-rust property
23	Q161123	带绝缘套的插销的附加试验	Annexation test of plug with insulation layer
24	Q161124	开关机构	Mechanism of switch
25	Q161125	开关外壳提供的防护和防潮	Protecting and anti-wet of switch
26	Q161126	通断能力	Breaking capacity

17 保温吸声材料

17.1 一般规定

17.1.1 保温吸声材料检测代码及项目应符合表 17.1.1 的规定。

表 17.1.1 保温吸声材料检测代码及项目

序号	代码	项目	Item
1	Q1702	无机颗粒材料	Inorganic granular materials

序号	代码	项 目	Item
2	Q1703	发泡材料	Organic foam materials
3	Q1704	纤维材料	Fiber Materials
4	Q1705	涂料	Coatings
5	Q1706	复合板	Composite board

17.1.2 保温吸声材料的热工性能参数检测应符合表 37.4.1 的规定。

17.1.3 保温吸声材料的声学性能参数检测应符合表 39.6.1 的规定。

17.2 无机颗粒材料

17.2.1 无机颗粒保温吸声材料的检测代码及参数应符合表 17.2.1 的规定。

表 17.2.1 无机颗粒保温吸声材料的检测代码及参数

序号	代码	参 数	Parameter
1	Q170201	外观	Appearance
2	Q170202	尺寸	Dimension
3	Q170203	密度	Density
4	Q170204	体积密度	Bulk density
5	Q170205	含水率/质量含水率	Water content
6	Q170206	吸水率	Water absorption
7	Q170207	吸湿率	Moisture absorption
8	Q170208	憎水率	Water repellent property
9	Q170209	抗压强度	Compressive strength
10	Q170210	抗折强度	Antiflex strength
11	Q170211	抗拉强度/高温后抗拉强度	Tensile strength/ Tensile strength after heating
12	Q170212	断裂载荷/纵向断裂载荷	Breaking load/ Longitudinal breaking load
13	Q170213	粘结强度	Adhesive strength
14	Q170214	氯离子含量	Chloride ion content
15	Q170215	燃烧性能	Combustion performance
16	Q170216	pH	pH
17	Q170217	产品正面色度	Front chrominance
18	Q170218	堆积密度	Packing density
19	Q170219	堆积密度均匀性	Uniformity of packing density

序号	代码	参 数	Parameter
20	Q170220	粒径	Grain size
21	Q170221	颗粒级配	Grain composition
22	Q170222	筛余量	Screen residue
23	Q170223	表面吸水量	Surface soakage
24	Q170224	悬浮体性能	Suspension performance
25	Q170225	脱色力	Discolouring power
26	Q170226	活性度	Activity degree
27	Q170227	匀温灼热线收缩率	Shrinkage against uniform temperature
28	Q170228	最高使用温度	Maximum service temperature
29	Q170229	氟离子	Fluorinion
30	Q170230	硅酸根离子	Silicon acid ion
31	Q170231	钠离子	Sodium ion
32	Q170232	游离酸	Free acid

17.3 发泡材料

17.3.1 发泡保温吸声材料的检测代码及参数应符合表 17.3.1 的规定。

表 17.3.1 发泡保温吸声材料的检测代码及参数

序号	代码	参 数	Parameter
1	Q170301	外观	Appearance
2	Q170302	尺寸	Dimension
3	Q170303	密度	Density
4	Q170304	体积密度	Bulk density
5	Q170305	含水率/质量含水率	Water content
6	Q170306	吸水率	Water absorption
7	Q170307	吸湿率	Moisture absorption
8	Q170308	憎水率	Water repellent property
9	Q170309	抗压强度	Compressive strength
10	Q170310	抗折强度	Antiflex strength
11	Q170311	抗拉强度/高温后抗拉强度	Tensile strength/ Tensile strength after heating
12	Q170312	断裂载荷/纵向断裂载荷	Breaking load/ Longitudinal breaking load
13	Q170313	粘结强度	Adhesive strength
14	Q170314	氯离子含量	Chloride ion content
15	Q170315	燃烧性能	Combustion performance
16	Q170316	pH	pH

序号	代码	参 数	Parameter
17	Q170317	表观密度	Apparent density
18	Q170318	尺寸稳定性	Dimensional stability
19	Q170319	熔结性	Sintering performance
20	Q170320	氧指数	Oxygen index
21	Q170321	透湿系数	Moisture permeability
22	Q170322	阻湿因子	Moisture resistance factor
23	Q170323	断裂伸长	Extension at break
24	Q170324	压缩永久变形/压缩回弹率	Permanent compressive deformation/Compression resilience ratio
25	Q170325	回弹性	Resilience
26	Q170326	撕裂强度	Tearing strength
27	Q170327	压缩性能	Compressive properties
28	Q170328	压陷性能	Impression property
29	Q170329	真空吸水率	Vacuum water absorption
30	Q170330	抗老化性	Aging resistance
31	Q170331	抗臭氧性	Ozone resistance
32	Q170332	低温耐久性	Endurance in low temperature

17.4 纤 维 材 料

17.4.1 纤维保温吸声材料的检测代码及参数应符合表 17.4.1 的规定。

表 17.4.1 纤维保温吸声材料的检测代码及参数

序号	代码	参 数	Parameter
1	Q170401	外观	Appearance
2	Q170402	尺寸	Dimension
3	Q170403	密度	Density
4	Q170404	体积密度	Bulk density
5	Q170405	含水率/质量含水率	Water content
6	Q170406	吸水率	Water absorption
7	Q170407	吸湿率	Moisture absorption
8	Q170408	憎水率	Water repellent property
9	Q170409	抗压强度	Compressive strength
10	Q170410	抗折强度	Antiflex strength
11	Q170411	抗拉强度/高温后抗拉强度	Tensile strength/ Tensile strength after heating

序号	代码	参 数	Parameter
12	Q170412	断裂载荷/纵向断裂载荷	Breaking load/ Longitudinal breaking load
13	Q170413	粘结强度	Adhesive strength
14	Q170414	氯离子含量	Chloride ion content
15	Q170415	燃烧性能	Combustion performance
16	Q170416	pH	pH
17	Q170417	渣球含量	Shot content
18	Q170418	粒度分布	Grain fineness distribution
19	Q170419	纤维强度	Fiber strength
20	Q170420	纤维平均直径	Average diameter of fiber
21	Q170421	管壳偏心度	Pipe section eccentricity
22	Q170422	加热线收缩/加热永久线变化	Temperature linear contraction/ Permanent linear change after heating
23	Q170423	热荷重收缩温度	Temperature for shrinkage under hot load
24	Q170424	外覆层透湿阻	Cladding moisture penetrating resistance
25	Q170425	二氧化硅	Silica
26	Q170426	三氧化铁	Ferric trioxide
27	Q170427	三氧化铝	Alumina
28	Q170428	二氧化锆	Zirconia
29	Q170429	浸出液离子含量	Ion content in lixivium
30	Q170430	有机物含量	Organic matter content
31	Q170431	硫酸盐	sulphate
32	Q170432	酸度系数	Coefficient of acidity
33	Q170433	缝毡缝合质量	Felt sewing quality
34	Q170434	包重	Package weight

17.5 涂 料

17.5.1 涂料保温吸声材料的检测代码及参数应符合表 17.5.1 的规定。

表 17.5.1 涂料保温吸声材料的检测代码及参数

序号	代码	参 数	Parameter
1	Q170501	外观	Appearance
2	Q170502	尺寸	Dimension

序号	代码	参　数	Parameter
3	Q170503	密度	Density
4	Q170504	体积密度	Bulk density
5	Q170505	含水率/质量含水率	Water content
6	Q170506	吸水率	Water absorption
7	Q170507	吸湿率	Moisture absorption
8	Q170508	憎水率	Water repellent property
9	Q170509	抗压强度	Compressive strength
10	Q170510	抗折强度	Antiflex strength
11	Q170511	抗拉强度/高温后抗拉强度	Tensile strength/Tensile strength after heating
12	Q170512	断裂载荷/纵向断裂载荷	Breaking load/ Longitudinal breaking load
13	Q170513	粘结强度	Adhesive strength
14	Q170514	氯离子含量	Chloride ion content
15	Q170515	燃烧性能	Combustion performance
16	Q170516	pH	pH
17	Q170517	浆体密度	Slurry density
18	Q170518	干密度	Dry density
19	Q170519	体积收缩率	Volume shrinkage ratio
20	Q170520	放射性	Radioactivity

17.6　复　合　板

17.6.1 复合板保温吸声材料的检测代码及参数应符合表 17.6.1 的规定。

表 17.6.1　复合板保温吸声材料的检测代码及参数

序号	代码	参　数	Parameter
1	Q170601	外观	Appearance
2	Q170602	尺寸	Dimension
3	Q170603	密度	Density
4	Q170604	体积密度	Bulk density
5	Q170605	含水率/质量含水率	Water content
6	Q170606	吸水率	Water absorption
7	Q170607	吸湿率	Moisture absorption
8	Q170608	憎水率	Water repellent property
9	Q170609	抗压强度	Compressive strength
10	Q170610	抗折强度	Antiflex strength

序号	代码	参　数	Parameter
11	Q170611	抗拉强度/高温后抗拉强度	Tensile strength/Tensile strength after heating
12	Q170612	断裂载荷/纵向断裂载荷	Breaking load/ Longitudinal breaking load
13	Q170613	粘结强度	Adhesive strength
14	Q170614	氯离子含量	Chloride ion content
15	Q170615	燃烧性能	Combustion performance
16	Q170616	pH	pH
17	Q170617	直角偏离度	Right angle deflection
18	Q170618	面密度	Planar density
19	Q170619	剥离性能	Peeling performance
20	Q170620	抗弯承载力	Bending resistance
21	Q170621	气干面密度	Air drying density
22	Q170622	面板干缩率	Panel shrinkage coefficient
23	Q170623	轴向载荷	Axial load
24	Q170624	横向载荷	Transverse load
25	Q170625	弯曲破坏载荷	Load of rupture in bending
26	Q170626	抗折载荷	Antiflex load
27	Q170627	抗冲击性能	Impact property
28	Q170628	抗冻性	Frost resistance
29	Q170629	耐火极限	Fire resistance limit
30	Q170630	受潮挠度	Wetted deflection

18　道　桥　材　料

18.1　一　般　规　定

18.1.1 道桥材料检测代码及项目应符合表 18.1.1 的规定。

表 18.1.1　道桥材料检测代码及项目

序号	代码	项　目	Item
1	Q1802	石料	Rock fill
2	Q1803	粗集料	Coarse aggregate
3	Q1804	细集料	Fine aggregate
4	Q1805	矿粉	Mineral Filler
5	Q1806	沥青	Asphalt
6	Q1807	沥青混合料	Asphalt Mixtures
7	Q1808	无机结合料稳定材料	Stabilized materials of inorganic binder
8	Q1809	土工合成材料	Geosynthetics

18.2 石　料

18.2.1 石料检测代码及参数应符合表 18.2.1 的规定。

表 18.2.1　石料检测代码及参数

序号	代码	参　数	Parameter
1	Q180201	含水率	Water content
2	Q180202	密度	Density
3	Q180203	毛体积密度	Gross volume density
4	Q180204	孔隙率	Porosity ratio
5	Q180205	吸水率	Water absorption ratio
6	Q180206	饱水率	Water saturation ratio
7	Q180207	抗冻性	Frost resistance
8	Q180208	坚固性	Solidity
9	Q180209	抗压强度	Compressive strength
10	Q180210	抗剪强度	Shearing strength
11	Q180211	抗折强度	Bending strength
12	Q180212	磨耗	Wearing
13	Q180213	间接抗拉强度	Indirect tensile strength
14	Q180214	抗压静弹性模量	Compression steady elastic modulus
15	Q180215	点荷载	Spot loading
16	Q180216	耐污染	Pollution tolerance

18.3 粗 集 料

18.3.1 粗集料检测代码及参数应符合表 18.3.1 的规定。

表 18.3.1　粗集料检测代码及参数

序号	代码	参　数	Parameter
1	Q180301	筛分	Screening
2	Q180302	密度及吸水率（网篮法、容量瓶法）	Density and water absorption ratio (net method, cubage bottle method)
3	Q180303	含水率	Water content
4	Q180304	吸水率	Water absorption ratio
5	Q180305	堆积密度及空隙率	The piled density and percentage of voids
6	Q180306	含泥量及泥块含量	Soil content and soil block content
7	Q180307	针片状颗粒含量（标准仪法、游标卡尺法）	Content of chipped grain (standard meter method, vernier caliper method)

续表 18.3.1

序号	代码	参　数	Parameter
8	Q180308	有机物含量	The organic content
9	Q180309	坚固性	Robustness
10	Q180310	压碎值	Compressed crush value
11	Q180311	磨耗（洛杉矶法、道瑞试验）	Wearing (Los Angeles method, Daldry test)
12	Q180312	软弱颗粒试验	Soft grain test
13	Q180313	磨光值	Polish value
14	Q180314	冲击值	Impact value
15	Q180315	碱活性（岩相法、砂浆长度法）	Alkali-aggregate reaction (lithofacies method, mortar length method)
16	Q180316	抑制集料碱活性效能试验	Restraining aggregate alkali activated effect test
17	Q180317	破碎砾石含量	Broken stone content
18	Q180318	集料碱值	Aggregate alkali value
19	Q180319	钢渣活性及膨胀性	Steel scoria activated and expansion properties

18.4 细 集 料

18.4.1 细集料检测代码及参数应符合表 18.4.1 的规定。

表 18.4.1　细集料检测代码及参数

序号	代码	参　数	Parameter
1	Q180401	筛分	Screening
2	Q180402	表观密度	Apparent density
3	Q180403	密度及吸水率	Density and water absorption ratio
4	Q180404	堆积密度及紧装密度	The piled density and the tight attire density
5	Q180405	含水率	Water content
6	Q180406	含泥量	The content of soil
7	Q180407	砂当量	Granulated substance equivalent
8	Q180408	泥块含量	mud content
9	Q180409	有机质含量	Organic content
10	Q180410	云母含量	Mica content
11	Q180411	轻物质含量	Light material content

序号	代码	参　数	Parameter
12	Q180412	膨胀率	Expansion
13	Q180413	坚固性	Ruggedness
14	Q180414	三氧化硫	Sulfur trioxide
15	Q180415	棱角性（间隙率法、流动时间法）	Angularity (clearance rate method, flowing time method)
16	Q180416	亚甲蓝	Methylene blue
17	Q180417	压碎指标	Compressed crush index

18.5　矿　粉

18.5.1　矿粉检测代码及参数应符合表 18.5.1 的规定。

表 18.5.1　矿粉检测代码及参数

序号	代码	参　数	Parameter
1	Q180501	筛分析	Sieve analyzing
2	Q180502	密度	Density
3	Q180503	亲水系数	Water affinity coefficient
4	Q180504	塑性指数	Plasticity index
5	Q180505	加热安定性	Stability against heating up

18.6　沥　青

18.6.1　沥青检测代码及参数应符合表 18.6.1 的规定。

表 18.6.1　沥青检测代码及参数

序号	代码	参　数	Parameter
1	Q180601	沥青密度与相对密度	Asphalt density and relative density
2	Q180602	沥青针入度	Asphalt penetration
3	Q180603	沥青延度	Asphalt ductility
4	Q180604	沥青软化点	Asphalt soft point
5	Q180605	沥青溶解度	Asphalt solubility
6	Q180606	沥青蒸发损失	Asphalt evaporating loss
7	Q180607	沥青薄膜加热/旋转薄膜加热	Asphalt film heating/rotating film heating
8	Q180608	沥青闪点与燃点（克利夫兰开口杯法）	Flash point and burning point of asphalt (Cleveland's snap ring method)
9	Q180609	沥青含水量	Asphalt water content
10	Q180610	沥青脆点	Asphalt crisp point
11	Q180611	沥青灰分含量	Asphalt ash content
12	Q180612	沥青蜡含量	Asphalt sacrificial content
13	Q180613	沥青与粗集料的粘附性	Adhesive ability of asphalt and rough aggregate
14	Q180614	沥青化学组分	Asphalt chemical composition
15	Q180615	沥青黏度（毛细管法、真空减压毛细管法、道路沥青标准黏度计法、恩格拉黏度计法、赛波特重质油黏度计法、布氏旋转黏度计法）	Asphalt viscosity (capillary method, vacuum decompression capillary method, asphalt standard viscosity meter method, Engelhard viscosity meter method, Saybolt heavy oil viscosity meter method, Brielle rotating viscosity meter method)
16	Q180616	沥青黏韧性	Viscosity and toughness of asphalt
17	Q180617	沥青酸值	Asphalt acid value
18	Q180618	沥青浮标度	The asphalt floating the scale
19	Q180619	液体石油沥青蒸馏试验	Distillation test of liquid petroleum asphalt
20	Q180620	液体石油沥青闪点（泰格开口杯法）	Flash point of liquid petroleum asphalt
21	Q180621	煤沥青蒸馏试验	Distillation test of coal asphalt
22	Q180622	煤沥青焦油酸含量	Tar acid content of coal asphalt
23	Q180623	煤沥青酚含量	Hydroxybenzene content of coal asphalt
24	Q180624	煤沥青萘含量（色谱柱法、抽滤法）	Naphthalene content of coal asphalt (chromatographic column method, extract percolation method)
25	Q180625	煤沥青甲苯不溶物含量	Content of toluene non-solute of coal asphalt

序号	代码	参　数	Parameter
26	Q180626	乳化沥青蒸发残留物含量	Content of remained substances after evaporation of emulsified bitumen
27	Q180627	乳化沥青筛上剩余量含量	Remained content on screen of emulsified bitumen
28	Q180628	乳化沥青微粒离子电荷	Ionic charge of emulsified bitumen mote
29	Q180629	乳化沥青与矿料黏附性	Adhesive ability of emulsified bitumen and mineral material
30	Q180630	乳化沥青储存稳定性	Storage stability of emulsified bitumen
31	Q180631	乳化沥青低温储存稳定性	Storage stability at low temperature of emulsified bitumen
32	Q180632	乳化沥青水泥拌和	Blend of emulsified bitumen and cement
33	Q180633	乳化沥青破乳速度	Emulsified bitumen breaking speed test
34	Q180634	乳化沥青与矿料的拌和	Blend of emulsified bitumen and mineral material
35	Q180635	沥青与石料的低温粘结性	Low temperature viscosity of asphalt and stone material
36	Q180636	聚合物改性沥青离析	Polymer modified asphalt segregation
37	Q180637	沥青弹性恢复	Asphalt elasticity restoration
38	Q180638	沥青抗剥落剂性能	Properties of asphalt peeling resistance additive
39	Q180639	改性沥青用合成橡胶乳液	Modified asphalt using composed rubber latex

18.7　沥青混合料

18.7.1　沥青混合料检测代码及参数应符合表18.7.1的规定。

表 18.7.1　沥青混合料检测代码及参数

序号	代码	参　数	Parameter
1	Q180701	压实沥青混合料密度（表干法、水中重法、蜡封法、体积法）	Compaction bituminous mixture density (surface dry method, weight in water method, wax sealing method, cubage method)
2	Q180702	马歇尔稳定度	Marshall stability
3	Q180703	理论最大相对密度（真空法、溶剂法）	Theory most greatly relative density (vacuum method, solvent method)
4	Q180704	单轴压缩（圆柱体法、棱柱体法）	Single axle compression (cylinder method, prism method)
5	Q180705	弯曲	Bending
6	Q180706	劈裂	Cleavage
7	Q180707	饱水率	Water saturation ratio
8	Q180708	三轴压缩	Triple-shaft compression
9	Q180709	车辙	Rut
10	Q180710	线收缩系数	Linear shrinkage coefficient
11	Q180711	沥青含量（射线法、离心分离法、回流式抽提仪法、脂肪抽提器法）	Asphalt content (radiation method, centrifugal separating method, circumfluence extractor method, fat extractor method)
12	Q180712	矿料级配	Mineral materials grading
13	Q180713	从沥青混合料中回收沥青（阿布森法、旋转蒸发器法）	Distilling asphalt from asphalt mixture (Abson method, evaporator rotating method)
14	Q180714	弯曲蠕变	Bending creep
15	Q180715	冻融劈裂	Frost thawing cleavage
16	Q180716	渗水试验	Seep experiment
17	Q180717	表面构造深度	Superficial structure depth
18	Q180718	谢伦堡沥青析漏	Kallen Fort asphalt analysis of leakage
19	Q180719	肯塔堡飞散	Abrasion by use of Cantabria method
20	Q180720	加速老化	Accelerated aging
21	Q180721	乳化沥青稀浆封层混合料稠度	Consistency of sealing course of diluted emulsified bitumen mixture

序号	代码	参　数	Parameter
22	Q180722	乳化沥青稀浆封层混合料湿轮磨耗	Wheel moisture wear of sealing course of diluted emulsified bitumen mixture
23	Q180723	乳化沥青稀浆封层混合料初凝时间	Initial solidification time of sealing course of diluted emulsified bitumen mixture
24	Q180724	乳化沥青稀浆封层混合料固化时间	Solidifying period of sealing course of diluted emulsified bitumen mixture
25	Q180725	乳化沥青稀浆封层混合料碾压	Compaction of sealing course of diluted emulsified bitumen mixture

18.8　无机结合料稳定材料

18.8.1　除水泥、石灰外，其他无机结合料稳定材料的检测代码及参数应符合表 18.8.1 的规定。

表 18.8.1　无机结合料的检测代码及参数

序号	代码	参　数	Parameter
1	Q180801	含水量	Water content
2	Q180802	最大干密度、最佳含水量	Max dry density and optimal water content
3	Q180803	无侧限抗压强度	Unconfined compressive strength
4	Q180804	间接抗拉强度	Indirect tensile strength
5	Q180805	室内抗压回弹模量	Indoor compression resilience modulus
6	Q180806	水泥或石灰稳定土中水泥或石灰剂量	The amount of cement or lime in stabilized soil

18.9　土工合成材料

18.9.1　土工合成材料检测代码及参数应符合表 18.9.1 的规定。

表 18.9.1　土工合成材料的检测代码及参数

序号	代码	参　数	Parameter
1	Q180901	单位面积质量	Quality of unit area
2	Q180902	厚度（厚度试验仪法、无侧限抗压强度试验仪法）	Thickness (thickness detector method, free-from-lateral-restrain detector for compressive strength)
3	Q180903	土工格栅网孔尺寸	The net size of geotechnique grid
4	Q180904	土工网网孔尺寸	The size of geotechnical grid lattice
5	Q180905	格栅温度收缩	Grid shrinkage by temperature
6	Q180906	条带拉伸	Strip tensile
7	Q180907	握持拉伸	Holding tensile
8	Q180908	撕裂试验	Tearing test
9	Q180909	顶破强度（圆球顶破试验、CBR顶破试验）	Jacking damage intensity (ball penetration test, CBR penetration test)
10	Q180910	刺破试验	Piercing test
11	Q180911	落锥穿透试验	Dropping awl penetration test
12	Q180912	直剪摩擦试验	Direct shearing friction test
13	Q180913	拉拔摩擦试验	Pulling friction test
14	Q180914	蠕变试验	Creeping test
15	Q180915	孔径试验（筛分法、显微镜测读法）	Hole diameter test (screen method, microscope observation method)
16	Q180916	垂直渗透系数	Vertical penetration coefficient
17	Q180917	水平渗透系数	Level penetration coefficient
18	Q180918	淤堵试验	Choking test
19	Q180919	拼接强度	Splicing intensity
20	Q180920	平面内水流量	Flowing quantity within plane
21	Q180921	湿筛孔径	Wet screen aperture
22	Q180922	摩擦系数	Friction coefficient
23	Q180923	抗紫外线性能	Anti-ultraviolet ray performance

续表 18.9.1

序号	代码	参　数	Parameter
24	Q180924	抗酸碱性能	Anti-acid and anti-alkali performance
25	Q180925	抗氧化性能	Anti- oxidation capacity
26	Q180926	抗磨损性能	Anti- abrasion
27	Q180927	蠕变性能	Creeping properties
28	Q180928	外观	Appearance
29	Q180929	钠基颗粒状膨润土单位面积含量	Content of clay particle of bentonite of natrium per unit area
30	Q180930	抗拉强度	Tensile strength
31	Q180931	膨润土膨胀指数	Bentonite expansion index
32	Q180932	导水系数/渗透率	Transmissibility coefficient/Penetration rate
33	Q180933	穿刺强度	Pierce strength
34	Q180934	延伸率	Elongation
35	Q180935	抗静水压	Anti-hydrostatic pressure
36	Q180936	低温柔韧性	Flexibility
37	Q180937	剥离强度	Peel strength

19 道桥构配件

19.1 一般规定

19.1.1 道桥构配件检测代码及项目应符合表 19.1.1 的规定。

表 19.1.1 道桥构配件检测代码及项目

序号	代码	项　目	Item
1	Q1902	桥梁支座	Bridge support
2	Q1903	桥梁伸缩装置	Bridge expansion and contraction installment

19.2 桥梁支座

19.2.1 桥梁支座检测代码及参数应符合表 19.2.1 的规定。

表 19.2.1 桥梁支座检测代码及参数

序号	代码	参　数	Parameter
1	Q190201	外观	Appearance
2	Q190202	尺寸	Dimension

续表 19.2.1

序号	代码	参　数	Parameter
3	Q190203	内在质量	Inner quality
4	Q190204	抗压弹性模量	Modulus of elasticity in compression perpendicular
5	Q190205	抗剪弹性模量	Shear modulus
6	Q190206	极限抗压强度	Compressive ultimate strength
7	Q190207	抗剪粘结性能	Anti- shearing of bonding properties
8	Q190208	抗剪老化	Anti- cuts the aging
9	Q190209	摩擦系数	Friction coefficient
10	Q190210	转角试验	Corner experiment
11	Q190211	承载力（竖向、水平）	Bearing capacity（vertical, horizontal）
12	Q190212	摩阻系数	Frictional coefficient
13	Q190213	转动力矩	Torque
14	Q190214	中心受压条件下竖向压缩变形	Deformation of vertical compression under center compression
15	Q190215	荷载条件下盆环径向变形	Radial deformation of basin ring under loading
16	Q190216	支座相对滑动面摩擦系数	Friction coefficient of relative faces of bearing
17	Q190217	平面滑动摩擦系数	Plane skidding friction coefficient
18	Q190218	转动力矩和转动摩擦	Torque and rotation friction

19.3 桥梁伸缩装置

19.3.1 桥梁伸缩装置检测代码及参数应符合表 19.3.1 的规定。

表 19.3.1 桥梁伸缩装置检测代码及参数

序号	代码	参　数	Parameter
1	Q190301	外观	Appearance
2	Q190302	内在质量（剖切检查）	Inner quality (dissection examination)
3	Q190303	拉伸、压缩时最大水平摩阻力	Maximum horizontal friction when stretch, compression
4	Q190304	拉伸、压缩时变位均匀性	Dislodges the uniformity when stretch, compression

序号	代码	参　数	Parameter
5	Q190305	拉伸、压缩时最大竖向变形	Maximum vertical deviation or distortion when stretch, compression
6	Q190306	相对错位后拉伸、压缩试验	The stretch and compressive test after the relative dislocation
7	Q190307	最大荷载时中梁应力、横梁应力、应变、水平力	Mid beam stress and crossbeam stress、strain、level strength at the largest load
8	Q190308	防水性能	Waterproof performance
9	Q190309	拉伸装置水平摩阻力	Tensile facility horizontal friction
10	Q190310	拉伸装置变位均匀性	Tensile facility dislodges the uniformity
11	Q190311	拉伸装置竖向高度变形	Deformation of vertical height of tensile facility
12	Q190312	加载疲劳试验	Loading endurance test
13	Q190313	密封防水试验	Seal waterproofing experiment
14	Q190314	防砂石嵌入试验	The test of guarding against the sand and crushed stone to insert

20　防腐绝缘材料

20.1　一　般　规　定

20.1.1　防腐绝缘材料检测代码及项目应符合表20.1.1的规定。

表 20.1.1　防腐绝缘材料检测代码及项目

序号	代码	项　目	Item
1	Q2002	石油沥青	Petroleum asphalt
2	Q2003	环氧煤沥青	Epoxy coal tar asphalt
3	Q2004	煤焦油磁漆底漆	Coal tar enamel primer
4	Q2005	煤焦油磁漆	Coal tar enamel
5	Q2006	煤焦油磁漆和底漆组合	Compages of coal tar enamel and primer
6	Q2007	缠带及基毡	Enlace belt and fundus felt
7	Q2008	聚乙烯防腐胶带	Polyethylene anti-corrosion belt
8	Q2009	聚乙烯防腐胶带底漆	Polyethylene anti-corrosion belt primer
9	Q2010	聚乙烯热塑涂层底漆	Polyethylene thermoplastic coating primer
10	Q2011	聚乙烯	Polyethylene
11	Q2012	中碱玻璃布	Medium alkali glass fabric
12	Q2013	聚氯乙烯工业薄膜	Polyethylene industrial thin film

20.2　石油沥青

20.2.1　石油沥青防腐绝缘材料检测代码及参数应符合表20.2.1的规定。

表 20.2.1　石油沥青防腐绝缘材料检测代码及参数

序号	代码	参　数	Parameter
1	Q200201	含水量	Water content
2	Q200202	黏度	Viscosity
3	Q200203	蒸馏体积	Distill volume
4	Q200204	蒸馏后残留物	Leftover after distill
5	Q200205	闪点	Flash point

20.3　环氧煤沥青

20.3.1　环氧煤沥青检测代码及参数应符合表20.3.1的规定。

表 20.3.1　环氧煤沥青检测代码及参数

序号	代码	参　数	Parameter
1	Q200301	厚度	Thickness
2	Q200302	尺寸	Dimension
3	Q200303	拉伸强度（纵向，横向）	Tensile strength (longitudinal, cross)
4	Q200304	断裂伸长率	Percentage elongation at fracture
5	Q200305	耐寒性	Cold resistance
6	Q200306	耐热性	Heat resistance

20.4 煤焦油磁漆底漆

20.4.1 煤焦油磁漆底漆检测代码及参数应符合表 20.4.1 的规定。

表 20.4.1 煤焦油磁漆底漆检测代码及参数

序号	代码	参 数	Parameter
1	Q200401	流出时间	Outflow hour
2	Q200402	闪点	Flash point
3	Q200403	干燥时间-表干（25℃）	Drying hour- surface dry
4	Q200404	干燥时间-实干（25℃）	Drying hour-actual dry
5	Q200405	挥发物	Volatile substances
6	Q200406	干提取物灰分	Dry extract of ash

20.5 煤焦油磁漆

20.5.1 煤焦油磁漆检测代码及参数应符合表 20.5.1 的规定。

表 20.5.1 煤焦油磁漆检测代码及参数

序号	代码	参 数	Parameter
1	Q200501	软化点	Intenerate point
2	Q200502	针入度	Penetration
3	Q200503	加热后软化点变化	Change of intenerate point at heating
4	Q200504	加热后针入度变化	Change of penetration at heating
5	Q200505	压痕	Indentation
6	Q200506	灰分（质量）	Ash (quality)
7	Q200507	吸水率	Water absorption ratio

20.6 煤焦油磁漆和底漆组合

20.6.1 煤焦油磁漆和底漆组合检测代码及参数应符合表 20.6.1 的规定。

表 20.6.1 煤焦油磁漆和底漆组合检测代码及参数

序号	代码	参 数	Parameter
1	Q200601	流淌	Flow
2	Q200602	冷弯	Cold bending
3	Q200603	粘结相容性	Adhesion compatibility
4	Q200604	低温脆裂和剥离	Embrittlement and peel at low temperature

续表 20.6.1

序号	代码	参 数	Parameter
5	Q200605	冲击最大剥离面积	Impact maximum peel area
6	Q200606	阴极剥离	Cathode peel

20.7 缠带及基毡

20.7.1 缠带及基毡检测代码及参数应符合表 20.7.1 的规定。

表 20.7.1 缠带及基毡检测代码及参数

序号	代码	参 数	Parameter
1	Q200701	尺寸	Dimension
2	Q200702	单位面积质量	Weight per unit area
3	Q200703	拉伸强度（纵向、横向）	Tensile strength (longitudinal, cross)
4	Q200704	耐水性	Water resistance
5	Q200705	涂装温度下的稳定性	Stability under daub temperature
6	Q200706	柔韧性	Flexility

20.8 聚乙烯防腐胶带

20.8.1 聚乙烯防腐胶带检测代码及参数应符合表 20.8.1 的规定。

表 20.8.1 聚乙烯防腐胶带检测代码及参数

序号	代码	参 数	Parameter
1	Q200801	尺寸	Dimension
2	Q200802	基膜拉伸强度	Tensile strength of film
3	Q200803	基膜断裂伸长率	Rupture elongation ratio of film
4	Q200804	剥离强度	Peel strength
5	Q200805	体积电阻率	Volume resistance ratio
6	Q200806	电器强度	Wiring intension
7	Q200807	耐热老化试验	Heat aging resistant experiment
8	Q200808	吸水率	Absorption of water
9	Q200809	水蒸气渗透率	Vapour infiltrate ratio

20.9 聚乙烯防腐胶带底漆

20.9.1 聚乙烯防腐胶带底漆检测代码及参数应符合

表 20.9.1 的规定。

表 20.9.1 聚乙烯防腐胶带底漆检测代码及参数

序号	代码	参 数	Parameter
1	Q200901	固体含量	Solid content
2	Q200902	表干时间	Tack-free time
3	Q200903	黏度	Viscosity

20.10 聚乙烯热塑涂层底漆

20.10.1 聚乙烯热塑涂层底漆检测代码及参数应符合表 20.10.1 的规定。

表 20.10.1 聚乙烯热塑涂层底漆检测代码及参数

序号	代码	参 数	Parameter
1	Q201001	软化点	Intenerate point
2	Q201002	加热损失	Heating loss
3	Q201003	热分解温度	Heat decompound temperature
4	Q201004	剪切强度	Shearing strength
5	Q201005	剥离强度	Peeling strength

20.11 聚 乙 烯

20.11.1 聚乙烯检测代码及参数应符合表 20.11.1 的规定。

表 20.11.1 聚乙烯检测代码及参数

序号	代码	参 数	Parameter
1	Q201101	密度	Density
2	Q201102	熔体指数	Melt index
3	Q201103	拉伸强度	Tensile strength
4	Q201104	断裂伸长率	Rupture elongation ratio
5	Q201105	维卡软化点	Vicat intenerate point
6	Q201106	脆化温度	Brittle temperature
7	Q201107	耐环境应力开裂时间	Cracking time resist environmental stress
8	Q201108	耐击穿电压	Resistance voltage
9	Q201109	体积电阻率	Volume resistance ratio

20.12 中碱玻璃布

20.12.1 中碱玻璃布检测代码及参数应符合表 20.12.1 的规定。

表 20.12.1 中碱玻璃布检测代码及参数

序号	代码	参 数	Parameter
1	Q201201	尺寸	Dimension
2	Q201202	密度	Density
3	Q201203	含碱量	Alkali content

20.13 聚乙烯工业薄膜

20.13.1 聚乙烯工业薄膜检测代码及参数应符合表 20.13.1 的规定。

表 20.13.1 聚乙烯工业薄膜检测代码及参数

序号	代码	参 数	Parameter
1	Q201301	尺寸	Dimension
2	Q201302	拉伸强度	Tensile strength
3	Q201303	断裂伸长率	Elongation percentage after fracture
4	Q201304	耐寒性	Cold resistant
5	Q201305	耐热性	Heat resistance

21 地基与基础工程

21.1 一 般 规 定

21.1.1 建筑与市政工程的地基与基础工程检测代码及项目应符合表 21.1.1 的规定。

表 21.1.1 地基与基础工程检测代码及项目

序号	代码	项 目	Item
1	P2102	土工试验	Soil test
2	P2103	地基	Subgrade
3	P2104	基础	Foundation
4	P2105	支护结构	Retaining structure

21.2 土 工 试 验

21.2.1 土工试验参数应符合表 21.2.1 的规定。

表 21.2.1 土工试验参数

序号	代码	参 数	Parameter
1	P210201	含水率（烘箱干燥法、酒精燃烧法、比重法、碳化钙气压法）	Water content (oven drying method, alcohol combustion method, specific gravity method, calcium carbide pneumatic sealing method)
2	P210202	密度（环刀法、蜡封法、灌水法、灌砂法、电动取土器法）	Density (core cutter method, sealing wax method, water replacement method, sand replacement method, dynamoelectric sampler method)
3	P210203	土粒比重（比重瓶法、浮称法、虹吸筒法）	Soil particle specific gravity (pycnometer method, hydrometer method, siphon method)

序号	代码	参 数	Parameter
4	P210204	颗 粒 分 析（密度计法、移液管法、筛析法、比重计法）	Particle size analysis (density meter method, pipette method, sieving method, hydrometer method)
5	P210205	界限含水率（液限塑限联合测定法、碟式仪液限、滚搓法塑限、收缩皿法塑限）	Limit water content (liquid-plastic limit combined method, liquid limit test by disc apparatus, plastic limit test by rolling, shrinkage limit)
6	P210206	砂的相对密度	Relative density of sand
7	P210207	土最大干密度与最优含水率（击实试验）	The maximum dry density and optimum water content of soil (compaction test)
8	P210208	承载比	Bearing capacity ratio
9	P210209	回弹模量（杠杆压力仪法、强度仪法）	Rebound modulus (lever pressure apparatus method, strength apparatus method)
10	P210210	渗透系数	Coefficient of permeability
11	P210211	压缩系数和固结系数（固结试验）	Compression coefficient and consolidation coefficient (consolidation test)
12	P210212	湿陷系数和溶滤变形系数（湿陷试验）	Coefficient of collapsibility and deformation coefficient of lixiviation (collapsibility test)
13	P210213	抗 剪 强 度（三轴压缩试验、直接剪切试验、大三轴剪切试验）	Shear strength (triaxial compression test, direct shear test, large triaxial shear test)
14	P210214	无侧限抗压强度	Unconfined compressive strength
15	P210215	膨胀率	Expansion rate
16	P210216	膨胀力	Expansion force
17	P210217	收缩系数	Shrinkage factor

序号	代码	参 数	Parameter
18	P210218	冻土密度（浮称法、联合测定法、环刀法、充砂法）	Frozen soil density (hydrometer method, combined testing method, core cutter method, sand-filled method)
19	P210219	冻结温度	Freezing temperature
20	P210220	未冻含水率	Unfrozen water content
21	P210221	冻土导热系数	Frozen soil thermal conductivity coefficient
22	P210222	冻胀量	Frost-heave capacity
23	P210223	冻土融化压缩系数	Frozen soil thaw compressibility
24	P210224	酸碱度	Acidity and alkalinity
25	P210225	易溶盐总量	Gross content of soluble salts
26	P210226	碳酸根和重碳酸根含量	Determination of carbonate and bicarbonate
27	P210227	氯根含量	Determination of chloride
28	P210228	硫酸根含量（EDTA 络合容量法，比浊法）	Determination of sulphate (EDTA complexometric volumetric method, turbidimetric method)
29	P210229	钙离子含量	Determination of calcium ion
30	P210230	镁离子含量	Determination of magnesium ion
31	P210231	钠离子含量	Determination of sodium ion
32	P210232	钾离子含量	Determination of potassium ion
33	P210233	中溶盐（石膏）含量	Medium soluble salts (gypsum)
34	P210234	难溶盐（碳酸钙）含量	Slightly soluble salts (carbonate)
35	P210235	有机质含量	Organic matter content
36	P210236	土的离心含水当量	Centrifugal equivalent water content
37	P210237	天然稠度	Natural consistency

続表 21.2.1

序号	代码	参数	Parameter
38	P210238	毛细管水上升高度	Capillary rise
39	P210239	粗粒土和巨粒土最大干密度	Maximum dry density of coarse-grained soil and extra coarse-grained
40	P210240	烧失量	Loss on ignition
41	P210241	阳离子交换量（EDTA-氨盐快速法、草酸氨-氯化氨法）	Cation exchange capacity (CEC) (CEC by EDTA-ammonium quick method, CEC by ammonium oxalate and ammonium chloride)
42	P210242	硅含量	Determination of silicon
43	P210243	倍半氧化物总量	Gross content of R_2O_3

21.3 地　基

21.3.1 地基检测代码及参数应符合表 21.3.1 的规定。

表 21.3.1 地基检测代码及参数

序号	代码	参数	Parameter
1	P210301	地基土承载力（标准贯入试验、轻型圆锥动力触探试验、重型圆锥动力触探试验、超重型圆锥动力触探试验、静力触探试验、平板荷载试验、旁压试验、十字板剪切试验）	Bearing capacity of foundation soil (standard penetration test, light dynamic penetration test, heavy dynamic penetration test, extra heavy dynamic penetration test, single cone penetration test, shallow plate loading test, pressuremeter test, vane shear test)
2	P210302	地基动力特性（强迫振动法、自由振动法、振动衰减测试、地脉动测试、单孔法波速测试、跨孔法波速测试、面波法波速测试、循环荷载板测试、振动三轴和共振柱测试）	Dynamic properties of subsoil (forced vibration method, free vibration method, vibration attenuation test, micro-tremor test, single hole wave velocity measurement, cross hole wave velocity measurement, surface wave velocity measurement, cyclic plate loading test, dynamic triaxial and resonant column test)

続表 21.3.1

序号	代码	参数	Parameter
3	P210303	复合地基桩身完整性（动力触探、钻芯法、低应变法、高应变法）	Pile quality of composite subgrade (dynamic penetration test, core drilling method, low strain integrity testing, high strain dynamic testing)
4	P210304	复合地基单桩承载力（静载法、高应变法）	Composite subgrade bearing capacity of single pile (static loading test, high strain dynamic testing)
5	P210305	复合地基承载力	Bearing capacity of composite subgrade
6	P210306	岩基承载力	Bearing capacity of rock foundation

21.4 基　础

21.4.1 基础包括浅基础、桩基础。浅基础的基础持力层性质检测代码及参数应符合表 21.3.1 的规定。

21.4.2 桩基础检测代码及参数应符合表 21.4.2 的规定。

表 21.4.2 桩基础检测代码及参数

序号	代码	参数	Parameter
1	P210401	单桩竖向抗压承载力（静载法、高应变法）	Vertical bearing capacity of single pile [static loading test, high strain integrity testing (CAPWAP method)]
2	P210402	单桩竖向抗拔承载力	Vertical uplift resistance of single pile
3	P210403	单桩水平承载力	Lateral resistance of single pile
4	P210404	桩身完整性（低应变法、声波透射法、钻芯法、高应变法）	Pile integrity (low strain integrity testing, Acoustic transmission method, core drilling method, high strain dynamic testing)
5	P210405	桩身混凝土强度（钻芯法）	Pile shaft concrete compressive strength (core drilling method)

序号	代码	参 数	Parameter
6	P210406	桩侧摩阻力（桩身内力法、基岩内桩侧摩阻力法）	Side friction resistance (pile internal force testing, side friction resistance testing in rock foundation)
7	P210407	桩端阻力	Pile tip resistance

21.5 支 护 结 构

21.5.1 基坑支护结构中混凝土灌注桩、地下连续墙、水泥土桩的检测代码及参数应符合本标准表21.4.2的规定，其他类型支护结构的检测代码及参数应符合表21.5.1的规定。

表 21.5.1 基坑支护结构其他检测代码及参数

序号	代码	参 数	Parameter
1	P210501	喷射混凝土厚度	Shotcrete thickness
2	P210502	喷射混凝土强度（回弹法、切割法、钻芯法）	Shotcrete strength (rebound method, cutting method, core drilling method)
3	P210503	土钉承载力	Bearing capacity of soil nailing
4	P210504	土层锚杆承载力	Bearing capacity of soil anchor
5	P210505	岩层锚杆承载力	Bearing capacity of rock anchor
6	P210506	预应力锚索承载力	Bearing capacity of pre-strssed anchor

22 主体结构工程

22.1 一 般 规 定

22.1.1 建筑与市政工程的主体结构工程检测代码及项目应符合表22.1.1的规定。

表 22.1.1 主体结构工程检测代码及项目

序号	代码	项 目	Item
1	P2202	混凝土结构	Concrete structure
2	P2203	砌体结构	Masonry structure
3	P2204	钢结构	Steel structure
4	P2205	钢管混凝土结构	Steel tube concrete structure

序号	代码	项 目	Item
5	P2206	木结构	Timber structure
6	P2207	膜结构	Membrane structure

22.1.2 构件的热工性能参数检测参数应符合表37.5.1的规定。

22.1.3 构件的声学性能参数检测参数应符合表39.7.1的规定。

22.2 混 凝 土 结 构

22.2.1 混凝土结构的检测代码及参数应符合表22.2.1的规定。

表 22.2.1 混凝土结构检测代码及参数

序号	代码	参 数	Parameter
1	P220201	外观	Appearance
2	P220202	裂缝	Crack
3	P220203	缺陷（超声法、冲击反射法）	Internal defect (UT, impact method)
4	P220204	尺寸与偏差	Dimension and deviation
5	P220205	结构构件承载力	Load-carrying capacity
6	P220206	结构构件挠度	Deflection of structure member
7	P220207	结构构件倾斜	Inclination of structure member
8	P220208	损伤	Damage
9	P220209	动态特性（正波法、初速度法、随机激振法、人工爆破模拟地震法）	Dynamic characteristics (Harmonic wave method, initial velocity method, vibration mode, damping ratio)
10	P220210	混凝土强度（回弹法、超声回弹综合法、钻芯法、后装拔出法）	Concrete strength (rebound method, ultrasonic-rebound combined method, drilled core method, post-install pull-out method)
11	P220211	f-CaO 对混凝土质量影响	Effect of f-CaO on concrete quality
12	P220212	混凝土中氯离子含量	Chloride ion content in concrete
13	P220213	钢筋连接	Connections of steel bars

续表 22.2.1

序号	代码	参 数	Parameter
14	P220214	钢筋配置	Location of reinforcement
15	P220215	保护层厚度	Thickness of concrete cover
16	P220216	钢筋锈蚀	Steel corrosion

22.3 砌 体 结 构

22.3.1 砌体结构的检测代码及参数应符合表 22.3.1 的规定。

表 22.3.1 砌体结构检测代码及参数

序号	代码	参 数	Parameter
1	P220301	外观	Appearance
2	P220302	裂缝	Crack
3	P220303	尺寸	Dimension
4	P220304	构件承载力	Load-carrying capacity
5	P220305	构件倾斜	Inclination of structure member
6	P220306	损伤	Damage
7	P220307	动态特性（正波法、初速度法、随机激振法、人工爆破模拟地震法）	Dynamic characteristics (Harmonic wave method, initial velocity method, vibration mode, damping ratio)
8	P220308	砌体抗压强度（轴压法、扁顶法）	Compressive strength of masonry (axial compression method, flat jack method)
9	P220309	砌体抗剪强度（双剪法、原位单剪法）	Shearing strength of masonry (double shear method, single shear method)
10	P220310	砌筑砂浆强度（推出法、筒压法、砂浆片剪法、点荷法）	Strength of masonry mortar (push out method, column method, mortar flake method, point load method)
11	P220311	砂浆强度的匀质性（回弹法、射钉法、贯入法）	Uniformity of mortar strength (rebound method, power actuated method, penetration method)

22.4 钢 结 构

22.4.1 钢结构的检测代码及参数应符合表 22.4.1 的规定。

表 22.4.1 钢结构检测代码及参数

序号	代码	参 数	Parameter
1	P220401	外观	Appearance
2	P220402	裂缝	Crack
3	P220403	缺陷（超声法、冲击反射法）	Internal defect (UT, impact method)
4	P220404	尺寸与偏差	Dimension and deviation
5	P220405	构件承载力	Load-carrying capacity
6	P220406	构件挠度	Deflection of structure member
7	P220407	构件垂直度	Inclination of structure member
8	P220408	损伤	Damage
9	P220409	动态特性（正波法、初速度法、随机激振法、人工爆破模拟地震法）	Dynamic characteristics (Harmonic wave method, initial velocity method, vibration mode, damping ratio)
10	P220410	焊缝外观	Quality of welding connection appearance
11	P220411	焊缝内在质量（UT、MT、RT、PT）	Weld inner defect (Ultrasonic testing, magnetic particle testing, radiographic testing, penetration testing)
12	P220412	铆钉、铆孔尺寸	Size of rivet and rivet hole
13	P220413	构件尺寸与安装偏差	Dimension of member and deviation for installation
14	P220414	裂纹	Crack
15	P220415	锈蚀	Corrosion
16	P220416	局部变形	Partial distortion
17	P220417	终拧扭矩	Torque
18	P220418	涂装外观	Painting appearance
19	P220419	涂层厚度	Thickness of coating
20	P220420	涂层附着力	Adhesion of coating
21	P220421	涂层耐冲击力	Impact resistance

22.5 钢管混凝土结构

22.5.1 钢管混凝土结构的检测代码及参数应符合表 22.5.1 的规定。

表 22.5.1　钢管混凝土结构检测代码及参数

序号	代码	参　数	Parameter
1	P220501	钢管焊缝外观缺陷	Weld imperfection of steel pipe
2	P220502	钢管焊缝质量（UT）	Weld quality of steel pipe（UT）
3	P220503	焊接接头拉伸	Tensile of welding joints
4	P220504	焊接接头面弯	Face bending of welding joints
5	P220505	焊接接头背弯	Back bending of welding joints
6	P220506	混凝土强度	Concrete strength
7	P220507	混凝土缺陷	Concrete defect
8	P220508	构件尺寸与偏差	Dimension and deviation

22.6　木　结　构

22.6.1 木结构的检测代码及参数应符合表 22.6.1 的规定。

表 22.6.1　木结构检测代码及参数

序号	代码	参　数	Parameter
1	P220601	外观	Appearance
2	P220602	裂缝	Crack
3	P220603	缺陷（超声法、冲击反射法）	Defection（ultrasonic method, impact-echo method）
4	P220604	尺寸与偏差	Dimension and deviation
5	P220605	构件承载力	Load-carrying capacity
6	P220606	构件挠度	Deflection of structure member
7	P220607	构件倾斜	Inclination of structure member
8	P220608	损伤	Damage
9	P220609	动态特性（正波法、初速度法、随机激振法、人工爆破模拟地震法）	Dynamic characteristics（Harmonic wave method, initial velocity method, vibration mode, damping ratio）
10	P220610	连接形式	Connection

续表 22.6.1

序号	代码	参　数	Parameter
11	P220611	节点位移	Displacement of node
12	P220612	连接松弛变形	Deformation for bound relaxation
13	P220613	屋架支撑系统的稳定状态	Stable state of roof jacks
14	P220614	木楼面系统的振动	Vibration of timber floor
15	P220615	防护剂的透入度和保持量	Penetration and retention of protective agent

22.7　膜　结　构

22.7.1 膜结构除混凝土构件、钢构件的检测代码及参数应符合表 22.2.1、表 22.4.1 的规定外，其他检测代码及参数应符合表 22.7.1 的规定。

表 22.7.1　膜结构其他检测代码及参数

序号	代码	参　数	Parameter
1	P220701	金属构件尺寸与偏差	Dimension and deviation
2	P220702	拼缝质量	Gap quality
3	P220703	膜面受力及偏差	Force on surface of membrane and displacement
4	P220704	膜材裂纹	Crack of film
5	P220705	涂层擦伤	Scratch of coating
6	P220706	支承体系预张力	Pre-tensioned bearing system

23　装饰装修工程

23.1　一　般　规　定

23.1.1 装饰装修工程检测代码及项目应符合表 23.1.1 的规定。

表 23.1.1　装饰装修工程检测代码及项目

序号	代码	项　目	Item
1	P2302	抹灰	Plastering
2	P2303	门窗	Windows and doors
3	P2304	粘接与锚固	Felting and anchor

23.2　抹　灰

23.2.1 抹灰工程检测代码及参数应符合表 23.2.1

的规定。

表 23.2.1　抹灰工程检测代码及参数

序号	代码	参 数	Parameter
1	P230201	尺寸	Dimension
2	P230202	平整度	Surface evenness
3	P230203	空鼓（红外成像）	Hollowing Infrared imagery test
4	P230204	基层含水率	Water content of decoration
5	P230205	基层 pH	pH of decoration
6	P230206	粘结强度	Adhesive strength

23.3　门　窗

23.3.1　门窗现场检测代码及参数应符合表 23.3.1 的规定。

表 23.3.1　门窗现场检测代码及参数表

序号	代码	参 数	Parameter
1	P230301	尺寸	Dimension
2	P230302	平整度	Surface evenness
3	P230303	抗风压性能	Wind resistance performance
4	P230304	水密性能	Water tightness performance
5	P230305	气密性能	Air permeability performance

23.4　粘结与锚固

23.4.1　粘结与锚固现场检测代码及参数应符合表 23.4.1 的规定。

表 23.4.1　粘结与锚固现场检测代码及参数

序号	代码	参 数	Parameter
1	P230401	后锚固件抗拉强度	Tensile strength of post-installed fastenings
2	P230402	后锚固件拉剪强度	Tension-shear strength of post-installed fastenings
3	P230403	饰面砖粘结强度	Adhesive strength of tapestry brick

24　防水工程

24.1　一般规定

24.1.1　防水工程包括建筑与市政工程的地下防水和

屋面防水工程，检测代码及项目应符合表 24.1.1 的规定。

表 24.1.1　防水工程检测代码及项目

序号	代码	项　目	Item
1	P2402	地下防水工程	Underground waterproof
2	P2403	屋面防水工程	Roofing waterproof

24.2　地下防水工程

24.2.1　地下防水工程检测代码及参数应符合表 24.2.1 的规定。

表 24.2.1　地下防水工程的检测代码及参数

序号	代码	参 数	Parameter
1	P240201	湿渍	Wet mark
2	P240202	渗水	Seep water
3	P240203	积水量	Catchment well seeper quantity
4	P240204	防水层厚度	Waterproof layer thickness
5	P240205	防水层搭接缝缺陷	Lap slot disfigurement in waterproof layer
6	P240206	金属板防水层焊缝缺陷	Welding line disfigurement of plate waterproof layer
7	P240207	注浆效果（钻孔取芯、压水或空气、渗透水量测）	Infuse serosity impact (drill to get core, press water or air, infiltrated water quantity measurement)

24.3　屋面防水工程

24.3.1　屋面防水工程检测代码及参数应符合表 24.3.1 的规定。

表 24.3.1　屋面防水工程的检测代码及参数

序号	代码	参 数	Parameter
1	P240301	防水层表面缺陷	Surface disfigurement waterproof layer
2	P240302	卷材搭接宽度	Lap width of sheets
3	P240303	找平层的排水坡度	Drain grade of leveling layer

续表24.3.1

序号	代码	参数	Parameter
4	P240304	找平层表面平整度	Surface evenness of leveling layer
5	P240305	保温层的含水率	Water content of heat preservation layer
6	P240306	保温层厚度	Thickness of heat preservation
7	P240307	细石混凝土钢筋位置	Reinforcing steel bar position in little aggregate concrete

25 建筑给水、排水及采暖工程

25.1 一般规定

25.1.1 建筑给水、排水及采暖安装工程检测代码及项目应符合表25.1.1的规定。

表25.1.1 建筑给水、排水及采暖安装工程检测代码及项目

序号	代码	项目	Item
1	P2502	建筑给水、排水工程	Water supply and drainage of building
2	P2503	采暖供热系统	Heating supply system

25.1.2 建筑给水、排水及采暖安装工程的电气检测应符合本标准第27章的规定。

25.2 建筑给水、排水工程

25.2.1 建筑给水、排水工程检测代码及参数应符合表25.2.1的规定。

表25.2.1 建筑给水、排水工程检测代码及参数

序号	代码	参数	Parameter
1	P250201	尺寸	Dimension
2	P250202	弯曲半径	Bending radius
3	P250203	水压试验	Hydraulic pressure test
4	P250204	管道坡度	Slope of pipeline
5	P250205	水泵/水泵轴承温升	Temperature rise of pump bearing
6	P250206	灌水试验	Irrigation test
7	P250207	通球试验	Pigging test

25.3 采暖供热系统

25.3.1 采暖供热系统检测代码及参数应符合表

25.3.1的规定。

表25.3.1 采暖供热系统检测代码及参数

序号	代码	参数	Parameter
1	P250301	尺寸	Dimension
2	P250302	管道坡度	Slope of pipeline
3	P250303	室外管网水力平衡度	Heat transfer efficiency of outdoor heating network
4	P250304	供热系统补水率	Rate supply water of providing heat system
5	P250305	室外管网输送效率	Heat transfer efficiency of outdoor heating network
6	P250306	采暖锅炉运行效率	Operating efficiency of fired boiler
7	P250307	水压试验	Hydraulic pressure test
8	P250308	风机轴承径向单振幅	Radial swing of draft fan bearing
9	P250309	风机轴承温度	Fan bearing temperature
10	P250310	炉墙砌筑砂浆含水率	Water content of aquiferous mortar
11	P250311	管道及设备保温层厚度及平整度	Thickness of insulating layer and level of heating pipe and equipment
12	P250312	室外管网热损失率	Heat loss rate of outdoor pipe network
13	P250313	耗电输热比	The ratio of consume the electricity to transmit heat

26 通风与空调工程

26.1 一般规定

26.1.1 通风与空调工程检测代码及项目应符合表26.1.1的规定。

表26.1.1 通风与空调工程检测代码及项目

序号	代码	项目	Item
1	P2602	系统安装	System installation
2	P2603	系统测定与调整	Measurement and adjustment of system synthetic effectiveness

26.1.2 通风与空调工程检测中电气检测应符合本标准第 27 章的规定。

26.2 系 统 安 装

26.2.1 系统安装检测代码及参数应符合表 26.2.1 的规定。

表 26.2.1 系统安装检测代码及参数

序号	代码	参 数	Parameter
1	P260201	尺寸	Dimension
2	P260202	管道强度	Pipeline strength
3	P260203	漏风量/漏风率	Air leakage
4	P260204	系统风量	System wind volume
5	P260205	系统风压	System air-pressure
6	P260206	制冷机组真空度/真空压力	Vacuum of assemble refrigerating machine
7	P260207	燃气系统管道压力试验	Compression rate of isolator
8	P260208	燃气系统管道无损检测	Lossless harm of gas system pipe
9	P260209	吸/排气压力	Suction and discharge pressure
10	P260210	制冷机组/管道/阀门气密性	Air-tightness of assemble refrigerating machine/pipeline/valve
11	P260211	系统水流量	System water flow
12	P260212	水泵泄漏量	Leakage of water pump
13	P260213	水压试验	Hydrostatic pressure test
14	P260214	排气温度	Discharge temperature
15	P260215	设备轴承外壳温度	Bearing temperature
16	P260216	制冷剂管道坡度	Slope deflection of refrigerant pipeline
17	P260217	洁净度	Cleaning degree
18	P260218	生物安全实验室围护结构严密性	Airtight of building envelope
19	P260219	油压	Oil pressure
20	P260220	高效空气过滤器检漏	HEPA scan leakage test
21	P260221	制冷机组充注制冷剂检漏	Refrigerant leakage of assemble refrigerating machine
22	P260222	高效空气过滤器垫料压缩率	Compression rate of HEPA

26.3 系统测定与调整

26.3.1 系统测定与调整检测代码及参数应符合表 26.3.1 的规定。

表 26.3.1 系统测定与调整检测代码及参数

序号	代码	参 数	Parameter
1	P260301	室内空气含尘浓度	Dust concentration
2	P260302	空气有害气体浓度	Harmful gas concentration
3	P260303	室内空气洁净度	Indoor air cleanliness
4	P260304	室内浮游菌和尘降菌	Airborne viable particles and colony forming unit
5	P260305	室内自净时间	Cleanliness recovery characteristic
6	P260306	区域内气流速度、气流组织	Velocity and air distribution at zone
7	P260307	空气温度场和湿度场	Indoor air temperature and humidity field
8	P260308	室内温度（或湿度）波动范围和区域温差	Indoor fluctuation of air temperature (humidity) and conditioned zone temperature difference
9	P260309	除尘器阻力和效率	Resistance and efficiency of dust collector
10	P260310	域间静压差	Static pressure difference between air conditioned zone
11	P260311	单向气流流线平行度	Parallelity of unidirectional flow line
12	P260312	单向流洁净室室内截面平均风速	Section average velocity in unidirectional flow clean room system
13	P260313	空气油烟、酸雾净化效率	Clean efficiency
14	P260314	吸气罩罩口气流特性	Airflow speciality of capturing hood
15	P260315	设备泄漏量	Leakage rate
16	P260316	表面导静电性能	Static electricity performance
17	P260317	设备冷量	Cooling capacity of equipment

续表26.3.1

序号	代码	参　数	Parameter
18	P260318	设备热量	Quantity of heat of equipment
19	P260319	设备风量	Air rate of equipment
20	P260320	设备风压	Wind pressure of equipment
21	P260321	设备功率	Capacity of equipment
22	P260322	额定热回收效率	Heat recovery efficiency
23	P260323	单位风量耗功率	Air rate capacity per unit

27　建筑电气工程

27.1　一　般　规　定

27.1.1　建筑电气工程检测代码及项目应符合表27.1.1的规定。

表27.1.1　建筑电气工程检测代码及项目

序号	代码	项　目	Item
1	P2702	电气设备交接试验	Hand-over test of electrical equipment
2	P2703	照明系统	Lighting system
3	P2704	建筑防雷	Protection of structures against lightning
4	P2705	建筑物等电位连接	Equipotential arrangement on the buildings

27.2　电气设备交接试验

27.2.1　电气设备交接试验检测代码及参数应符合表27.2.1的规定。

表27.2.1　电气设备交接试验检测代码及参数

序号	代码	参　数	Parameter
1	P270201	电压	Voltage
2	P270202	直流耐压	DC voltage-resistant
3	P270203	交流耐压	AC voltage-resistant
4	P270204	工频放电电压	AC discharge voltage
5	P270205	直流参考电压	DC reference voltage
6	P270206	电缆线路的相位	Phase of cable
7	P270207	持续电流	Continuous current

表27.2.1

序号	代码	参　数	Parameter
8	P270208	泄漏电流	Leakage current
9	P270209	绝缘电阻	Insulation resistance
10	P270210	直流电阻	DC resistance
11	P270211	介质损耗角正切值 tgδ 及电容值	Dielectric dissipation factor tgδ and capacitance
12	P270212	耦合电容器的局部放电	Local discharge of coupling condenser
13	P270213	低压电器采用的脱扣器的整定	Trip setting of low-voltage equipment

27.3　照　明　系　统

27.3.1　照明系统的检测代码及参数应符合表27.3.1的规定。

表27.3.1　照明系统检测代码及参数

序号	代码	参　数	Parameter
1	P270301	绝缘电阻	Insulationg resistance
2	P270302	空载自动投切试验	Automatic switch-over test

27.4　建　筑　防　雷

27.4.1　建筑防雷的检测代码及参数应符合表27.4.1的规定。

表27.4.1　建筑防雷检测代码及参数

序号	代码	参　数	Parameter
1	P270401	规格	Specification
2	P270402	尺寸	Dimension
3	P270403	保护范围	Protective area
4	P270404	防腐	Anticorrosion
5	P270405	焊接质量	Welding quality
6	P270406	接地电阻值	Ground resistance

27.5　建筑物等电位连接

27.5.1　建筑物等电位连接检测代码及参数应符合表27.5.1的规定。

表27.5.1　建筑物等电位连接检测代码及参数

序号	代码	参　数	Parameter
1	P270501	等电位接地端子板规格	Specification of terminal plate bounding ground terminal

序号	代码	参　数	Parameter
2	P270502	接地线规格	Specification of earth conductor
3	P270503	浪涌保护器（SPD）尺寸	Specification of SPD

28　智能建筑工程

28.1　一般规定

28.1.1　智能建筑工程检测代码及项目应符合表 28.1.1 的规定。

表 28.1.1　智能建筑工程检测代码及项目

序号	代码	项　目	Item
1	P2802	通信网络系统	Telecommunication network cabling system
2	P2803	综合布线系统	Genetic cabling system

28.2　通信网络系统

28.2.1　通信网络系统的检测代码及参数应符合表 28.2.1 的规定。

表 28.2.1　通信网络系统检测代码及参数

序号	代码	参　数	Parameter
1	P280201	直流电压	DC voltage
2	P280202	模拟呼叫接通率	Call completion ratio
3	P280203	线路衰减	Connection attenuation
4	P280204	缆线输出电平	Cable output voltage level
5	P280205	系统输出电平	System output voltage level
6	P280206	系统载噪比	System carrier-to-noise ratio
7	P280207	载波互调比	Carrier to inter-modulation ratio
8	P280208	交扰调制比	Cross modulation ratio
9	P280209	回波值	Echo value
10	P280210	色/亮度时延差	Chromaticity/brightness time delay

序号	代码	参　数	Parameter
11	P280211	载波交流声	Carrier hum
12	P280212	伴音和调频广播的声音	Audio and FM radio sound
13	P280213	输出信噪比	Output signal to noise ratio
14	P280214	声压级	Sound pressure level
15	P280215	频宽	Frequency bandwidth
16	P280216	不平衡度	Unbalance degree
17	P280217	阻抗匹配	Impedance matching
18	P280218	放声系统分布	Public address system distributing
19	P280219	数据采样速度	Critical data sampling rate
20	P280220	系统响应时间	System response time

28.3　综合布线系统

28.3.1　综合布线系统铜缆链路电气性能检测代码及参数应符合表 28.3.1 的规定。

表 28.3.1　综合布线系统铜缆链路电气性能检测代码及参数

序号	代码	参　数	Parameter
1	P280301	连接图	Wire map
2	P280302	布线长度	Length
3	P280303	衰减	Attenuation
4	P280304	近端串音（两端）	Near end cross talk (NEXT)
5	P280305	回波损耗	Return loss
6	P280306	衰减对近端串扰比值	Attenuation to near end cross talk rate (ACR)
7	P280307	等效远端串扰	Equal level far end cross talk (ELFEXT)
8	P280308	综合功率近端串扰	Power sum near end cross talk (PSNEXT)
9	P280309	综合功率衰减对近端串扰比值	Power sum attenuation to near end cross talk rate (PSACR)
10	P280310	综合功率等效远端串扰	Power sum equal level far end cross talk (PS ELFEXT)
11	P280311	插入损耗	Insertion loss

续表 28.3.1

序号	代码	参　　数	Parameter
12	P280312	屏蔽层导通	Shielded layer conduction
13	P280313	传输延时	Transfer delay
14	P280314	连通性检测	Connectivity test
15	P280315	链路长度	Reflection test on fiber link
16	P280316	电阻（接地、绝缘）	Ground wire and ground resistance

29　建筑节能工程

29.1　一般规定

29.1.1　建筑节能工程检测代码及项目应符合表 29.1.1 的规定。

表 29.1.1　建筑节能工程检测代码及项目

序号	代码	项　　目	Item
1	P2902	墙体	Wall
2	P2903	幕墙	Panel wall
3	P2904	门窗	Windows and doors
4	P2905	屋面	Roof
5	P2906	地面	Floor
6	P2907	采暖	Heating
7	P2908	通风与空调	Ventilation and air-conditioning
8	P2909	空调与采暖系统冷热源及管网	Cold and heat source and pipe network of air-conditioning and heating system
9	P2910	配电与照明	Electrical distribution and lighting
10	P2911	监测与控制	Monitor and control
11	P2912	围护结构实体	Building enclosure entity

29.2　墙　体

29.2.1　墙体节能检测中，保温材料检测代码及参数应符合本标准第 17 章的规定，材料热工性能检测代码及参数应符合本标准表 37.4.1 的规定，构件热工性能检测代码及参数应符合表 37.5.1 的规定，其他检测代码及参数应符合表 29.2.1 的规定。

表 29.2.1　墙体节能其他检测代码及参数

序号	代码	参　　数	Parameter
1	P290201	增强网焊点抗拉力	Welding spot tensile strength of reinforced mesh cloth
2	P290202	增强网抗腐蚀性能	Anti-corrosion of strengthen net
3	P290203	外保温耐候性	Weather resistance performance of heat insulation
4	P290204	保温板材与基层的粘结强度现场拉拔试验	Field pull-off test of bond strength between insulation plank and skin coat
5	P290205	后置锚固件锚固力现场拉拔试验	Field pull-off test of anchored force for the rear anchorage

29.3　幕　墙

29.3.1　幕墙节能检测中保温材料检测代码及参数应符合本标准第 17 章的规定，玻璃检测代码及参数应符合本标准第 37 章、第 38 章的规定，幕墙气密性能检测应符合本标准表 11.5.1 的规定。

29.4　门　窗

29.4.1　门窗检测中玻璃及外遮阳设施热工检测代码及参数应符合本标准第 37 章的规定，光学检测代码及参数应符合本标准第 38 章的规定，密封条性能检测代码及参数应符合表 11.6.1 的规定，门窗气密性能检测代码及参数应符合表 11.4.1 的规定，外遮阳设施其他检测代码及参数应符合表 29.4.1 的规定。

表 29.4.1　外遮阳设施其他检测代码及参数

序号	代码	参　　数	Parameter
1	P290401	结构尺寸	Structure size
2	P290402	安装位置	Install position
3	P290403	安装角度	Install angle
4	P290404	转动或活动范围	Sphere of rotation or action

29.5　屋　面

29.5.1　屋面节能检测中保温材料检测代码及参数应符合本标准第 17 章的规定，热工性能检测代码及参数应符合本标准第 37 章的规定，玻璃热工与光学检测代码及参数应符合本标准第 37 章、第 38 章的规定，采光屋面的气密性检测代码及参数应符合表

11.4.1 的规定。

29.6 地　面

29.6.1 地面检测中保温材料检测代码及参数应符合本标准第 17 章的规定，热工性能检测代码及参数应符合本标准第 37 章的规定。

29.7 采　暖

29.7.1 采暖节能检测中保温材料检测代码及参数应符合本标准第 17 章的规定，散热器检测代码及参数应符合表 29.7.1 的规定。

表 29.7.1　散热器检测代码及参数

序号	代码	参　数	Parameter
1	P290701	散热器单位散热量	Heat dissipation amounts per unit of radiator
2	P290702	散热器金属热强度	Metal heat intensity of radiator

29.7.2 风机盘管检测代码及参数应符合表 29.7.2 的规定。

表 29.7.2　风机盘管检测代码及参数

序号	代码	参　数	Parameter
3	P290703	供冷量	Cooling capacity
4	P290704	供热量	Heating capacity
5	P290705	风量	Air volume
6	P290706	出口静压	Outlet air static pressure
7	P290707	噪声	Noise
8	P290708	功率	Power

29.8 通风与空调

29.8.1 通风与空调检测中保温材料检测代码及参数应符合本标准第 17 章的规定，热工性能检测代码及参数应符合本标准第 37 章的规定，系统检测代码及参数应符合本标准第 26 章的规定。

29.9 空调与采暖系统冷热源及管网

29.9.1 空调与采暖系统冷热源及管网检测中保温材料检测代码及参数应符合本标准第 17 章的规定，热环境及材料热工性能检测应符合本标准第 37 章的规定，采暖供热系统检测代码及参数应符合本标准第 25 章的规定。

29.10 配电与照明

29.10.1 配电与照明节能工程的检测代码及参数除应包括本标准第 16 章、第 27 章和第 38 章的内容外，

其他检测代码及参数尚应符合表 29.10.1 的规定。

表 29.10.1　配电与照明节能工程的其他检测代码及参数

序号	代码	参　数	Parameter
1	P291001	灯具效率	Lamp efficiency
2	P291002	镇流器能效	Ballast efficiency
3	P291003	照明设备谐波含量	Illumination harmonic content
4	P291004	功率密度	Capacity density

29.11 监测与控制

29.11.1 监测与控制节能的检测代码及参数除应包括本标准第 28 章的内容外，其他检测代码及参数尚应符合表 29.11.1 的规定。

表 29.11.1　监测与控制节能的检测代码及参数

序号	代码	参　数	Parameter
1	P291101	采样速度	Sampling velocity
2	P291102	响应时间	Respond time

29.12 围护结构实体

29.12.1 围护结构节能实体现场检测代码及参数除应包括本标准表 37.5.1 的内容外，其他检测代码及参数应符合表 29.12.1 的规定。

表 29.12.1　围护结构节能实体现场其他检测代码及参数

序号	代码	参　数	Parameter
1	P291201	保温层构造（钻芯法）	Insulation drilled core method

30　道路工程

30.1 一般规定

30.1.1 道路工程检测代码及项目应符合表 30.1.1 的规定。

表 30.1.1　道路工程检测代码及项目

序号	代码	项　目	Item
1	P3002	路基土石方工程	Roadbed earthwork project
2	P3003	道路排水设施	Drainage facilities in road

续表 30.1.1

序号	代码	项 目	Item
3	P3004	挡土墙等防护工程	Protective engineering as retaining wall
4	P3005	路面工程	Pavement engineering

30.1.2 道路工程检测中路基土、桩基应符合本标准第 21 章的规定。

30.2 路基土石方工程

30.2.1 路基土石方工程检测代码及参数应符合表 30.2.1 的规定。

表 30.2.1 路基土石方工程检测代码及参数

序号	代码	参 数	Parameter
1	P300201	路基平整度（直尺法、平整度仪法）	Roughness of pavement (straightedge measurement, test using traffic loading accumulation gauge)
2	P300202	路基弯沉值（贝克曼梁法、自动弯沉仪法、落锤式弯沉仪法、激光弯沉仪法）	Bending gauge of roadbed (Beckman beam test, automatic bending gauge, dropping hammer bending gauge, laser bending gauge)
3	P300203	路基回弹模量（承载板法、贝克曼梁法、CBR 法）	Resilient modulus of road base (loading plank method, Beckman beam test, CBR method)

30.3 道路排水设施

30.3.1 道路排水设施（管线、涵洞）的检测代码及参数应符合表 30.3.1 的规定。

表 30.3.1 道路排水设施（管线、涵洞）的检测代码及参数

序号	代码	参 数	Parameter
1	P300301	轴线及高程偏差	Axial line and elevation deviation
2	P300302	断面形状（尺量法、断面扫描仪法）	Form of section (ruler measurement, profile scanning method)
3	P300303	接口密闭性试验、满水或闭水试验（气压法、水压法）	Joint tightness test, full water and waterproof texts (air pressure methods, water pressure methods)

30.4 挡土墙等防护工程

30.4.1 挡土墙等防护工程检测代码及参数应符合表 30.4.1 的规定。

表 30.4.1 挡土墙等防护工程检测代码及参数

序号	代码	参 数	Parameter
1	P300401	挡土墙与墙后土体空隙（雷达扫描探查）	Inspection of gap between retaining wall and back filling (radar scanning test)
2	P300402	锚杆抗拔力（拉拔仪法、应力测量法）	Anchor rod pulling test (pulling instrument, stress detecting method)
3	P300403	预应力锚索张力（锚下压力测量法、应力测量法）	Tension of prestress anchor cable (press of anchor detecting method, stress detecting method)

30.5 路 面 工 程

30.5.1 路面工程的检测代码及参数应符合表 30.5.1 的规定。

表 30.5.1 路面工程的检测代码及参数

序号	代码	参 数	Parameter
1	P300501	道路面层厚度（钻孔法、雷达扫描法）	Thickness of pavement (drilling method, radar scanning)
2	P300502	水泥混凝土路面弯拉强度（钻芯劈裂法）	Bending intensity of cement concrete pavement (coring tearing test)
3	P300503	路面平整度（平整度仪法、直尺法、车载颠簸累积仪法、激光路面平整度仪法）	Roughness of pavement (roughness teste, straightedge measurement test, using traffic loading accumulation gauge)
4	P300504	沥青路面压实度（钻芯法、核子密度法）	Asphalt pavement compactness (coring method, nuclear density method)
5	P300505	路面构造深度（手工铺砂法、电动铺砂仪法、激光构造深度仪法）	Depth of paving structure (manual sand paving, electrical gauge for sand paving, laser detector of structure depth)

序号	代码	参　数	Parameter
6	P300506	路面弯沉值（贝克曼梁法、自动弯沉仪法、落锤式弯沉仪法、激光弯沉仪法）	Bending value（Beckman beam test, automatic bending gauge, dropping hammer bending detector, laser bending gauge）
7	P300507	路面抗滑性能（摆式仪法、横向摩擦系数法、摩擦系数测定车法）	Slip resistance of pavement（pendulum meter test, crosswise friction coefficient test, friction coefficient vehicle test）
8	P300508	路面渗水系数（渗水仪法）	Leakage ratio（leakage detector）

31　桥梁工程

31.1　一般规定

31.1.1　桥梁检测代码及项目应符合表 31.1.1 的规定。

表 31.1.1　桥梁检测代码及项目

序号	代码	项　目	Item
1	P3102	桥梁上部结构	Bridge upper structure
2	P3103	成桥	Cable-stayed bridge

31.1.2　桥梁下部包括桥墩、承台、桩基、支座等检测代码及参数应符合本标准第 21 章、第 22 章的规定。

31.2　桥梁上部结构

31.2.1　桥梁上部结构检测参数除应符合本标准第 22 章的规定外，其他检测代码及参数应符合表 31.2.1 的规定。

表 31.2.1　桥梁上部结构其他检测代码及参数

序号	代码	参　数	Parameter
1	P310201	梁体尺寸及安装位置（光学测量法、GPS 法）	Dimension of steel beam and position installed（optical measurement, GPS system method）

序号	代码	参　数	Parameter
2	P310202	防水层粘结强度/防水层剥离强度（拉拔仪法、剥离仪法）	Cohesive strength of waterproof coating/ Peeling strength of waterproof coating（pulling gauge method, test using peeler）
3	P310203	吊索、拉索索位及预应力索索位置偏差	Deviations of anchorages of hanging cable, drawing cable and pre-stressed cable
4	P310204	吊索、拉索张力（应力测量法、频率法）	Tension of hanging cable and drawing cable（stress detecting method, frequency method）
5	P310205	预应力索张力及孔道摩阻系数测试（锚下压力测试法、应力测量法）	Tension of pre-stressed cable and friction resistance coefficient of shielding duct（press of anchor detecting method, stress detecting method）
6	P310206	组合梁桥剪力钉焊接强度	Welding intensity of shearing rivet for composite beam bridge
7	P310207	扶手、栏杆水平抗推力	Horizontal thrust resistance of passenger railing

31.3　成　桥

31.3.1　成桥的主体结构检测代码及参数除应符合本标准第 22 章的规定外，其他检测代码及参数应符合表 31.3.1 的规定。

表 31.3.1　成桥其他检测代码及参数

序号	代码	参　数	Parameter
1	P310301	桥梁坐标和几何线型（光学测量法、GPS 法）	Coordinate and geometrical outline of bridge（optical measurement, GPS system test）
2	P310302	桥梁控制截面变形和应力测试（桥梁荷载试验）	Controlling the cross-section deformation and testing stress of bridge（bridge loading test）
3	P310303	桥梁自振频率、阻尼系数、振型、冲击系数测定（桥梁动力试验）	Self vibration, damping coefficient, vibration type and impact coefficient of bridge（bridge dynamic test）

32 隧道工程与城市地下工程

32.1 一般规定

32.1.1 隧道工程与城市地下工程检测代码及项目应符合表 32.1.1 的规定。

表 32.1.1　隧道工程与城市地下工程检测代码及项目

序号	代码	项目	Item
1	P3202	主体结构	Main structure

32.1.2 隧道工程与城市地下工程基础检测代码及参数应符合本标准第 21 章的规定。

32.2 主体结构

32.2.1 隧道工程及地下工程主体结构检测代码及参数除应符合本标准第 22 章的规定外，其他检测代码及参数应符合表 32.2.1 的规定。

表 32.2.1　主体结构其他检测代码及参数

序号	代码	参数	Parameter
1	P320201	轴线和几何形状（光学测量法、断面扫描仪法、GPS 法）	Axial line and geometrical outline of tunnel (optical measurement, profile scanning meter, GPS system test)
2	P320202	盾构法施工管片拼装误差	Assemblance error of pipe members construction using shieldmethod
3	P320203	衬砌厚度（光学测量法、雷达扫描法）	Masonry liner thickness (optical measurement, laser scanning test)
4	P320204	衬砌或管片背后注浆密实度	Compactness of mortar for masonry or pipe members back
5	P320205	相邻轨道交通运营线路轨距和轨道平面横、纵倾斜变化	Incline variation horizontally and vertically of tracks plane, space between adjacent tracks of transportation running lines
6	P320206	围护结构（护壁桩、地下连续墙、预应力锚索、锚杆）完好性检测	Quality test for protection structure (piles protecting wall, continuous wall, double-support prestressed anchor and anchorage rod)

33 市政给水排水、热力与燃气工程

33.1 一般规定

33.1.1 市政给水排水、热力与燃气工程检测代码及项目应符合表 33.1.1 的规定。

表 33.1.1　市政给水排水、热力与燃气工程检测代码及项目

序号	代码	项目	Item
1	P3302	构筑物	Building
2	P3303	工程管网	Engineering network

33.2 构筑物

33.2.1 构筑物工程的地基和基础应符合本标准第 21 章的规定，主体结构的检测代码及参数应符合本标准第 22 章的规定，其他检测代码及参数应符合表 33.2.1 的规定。

表 33.2.1　构筑物工程其他检测代码及参数

序号	代码	参数	Parameter
1	P330201	固定钢支架水平推力	Horizontal thrust of fixed steel false-work
2	P330202	土壤腐蚀性评价（电阻率法、电位法、线性极化法）	Soil corrosiveness appraisal (resistance method, potentiometer method, linearity polarization method)

33.3 工程管网

33.3.1 工程管网的地基和基础检测代码及参数应符合本标准第 21 章的规定，其他检测代码及参数应符合表 33.3.1 的规定。

表 33.3.1　工程管网其他检测代码及参数

序号	代码	参数	Parameter
1	P330301	管道坐标和轴线偏差	Coordinate and axial deviation of pipeline
2	P330302	钢管焊缝几何偏差	Geometrical deviation of steel pipe welding seam
3	P330303	钢管表面保护涂层厚度	Thickness of anti-corrosion film coated on the surface of steel pipe
4	P330304	柔性管道施工变形（光学测量法、尺量法、变形检测仪法）	Deformation of flexible pipeline construction (optical measurement, ruler measurement, electromechanical test)

序号	代码	参数	Parameter
5	P330305	阀门、凝水器、波形补偿器强度和严密性	Valve, water condenser, strength and tightness of bellow expansion joint
6	P330306	防腐层完整性（直流密度法、交流法、保护电位法）	Quality test of anticorrosive course (direct current density test, alternating current density test, current potential protection test)
7	P330307	防腐层厚度（直接度量法、测厚仪法）	Thickness of anti-corrosion coating (direct measure method, thickness gauge)
8	P330308	防腐层粘结力	Intensity of anti corrosive coating
9	P330309	防腐层绝缘性	Insulation of anti corro-sive coating
10	P330310	管道保护电位	Protective electric potential for pipeline
11	P330311	保护层粘结力	Viscosity of protection film
12	P330312	管壁厚度	Thickness of pipe wall
13	P330313	保温层厚度（直接度量法、测厚仪法）	Heat insulation thickness (direct measure method, thickness gauge)
14	P330314	管线强度试验	Intensity test for pipeline
15	P330315	管道严密性试验（压力试验）	Air-tight test for pipeline (pressure test)
16	P330316	管道吹扫	The pipeline blows and sweeps
17	P330317	排水管道闭水试验	Drainage pipeline tight test
18	P330018	给水管道水压试验	Water pressure test of supply pipeline
19	P330019	阴极保护系统检测	Negative pole protecting system test

34 工程监测

34.1 一般规定

34.1.1 建筑与市政工程监测代码及项目应符合表

34.1.1的规定。

表 34.1.1　工程监测项目

序号	代码	项目	Item
1	P3402	基坑及支护结构	Foundation pit and un-dergroundengineering
2	P3403	建（构）筑物	Building/Structure
3	P3404	道桥工程	Municipal infrastructure
4	P3405	隧道及地下工程	Tunnel and underground en-gineering
5	P3406	高支模	High-supported form-work

34.2 基坑及支护结构

34.2.1 基坑及支护结构监测代码及参数应符合表
34.2.1的规定。

表 34.2.1　基坑及支护结构监测代码及参数

序号	代码	参数	Parameter
1	P340201	支护结构位移	Supporting structure displacement
2	P340202	支撑轴力	Supporting axis force
3	P340203	支撑变形	Bracing system distor-tion
4	P340204	土钉变形	Soil nailing deformation
5	P340205	土层锚杆变形	Soil anchor deformation
6	P340206	岩层锚杆变形	Rock anchor deforma-tion
7	P340207	预应力锚索变形	Prestrssed anchor de-formation
8	P340208	立轴（柱）变形	Column deformation
9	P340209	桩墙内力	Pile wall internal force
10	P340210	土侧向变形	Sidewise deformation of soil
11	P340211	土压力	Earth pressure
12	P340212	基坑底隆起	Ground heave of the bot-tom
13	P340213	孔隙水压力	Pore water pressure
14	P340214	基坑渗漏水量	Groundwater leakage of foundation
15	P340215	地下水位	Groundwater level

34.3 建（构）筑物

34.3.1 建（构）筑物监测代码及参数应符合表 34.3.1 的规定。

表 34.3.1 建（构）筑物监测代码及参数

序号	代码	参　数	Parameter
1	P340301	沉降	Sedimentation
2	P340302	水平位移	Horizontal displacement
3	P340303	倾斜	Incline
4	P340304	裂缝	Crack
5	P340305	挠度	Deflection ratio

34.4 道桥工程

34.4.1 道桥工程监测代码及参数应符合表 34.4.1 的规定。

表 34.4.1 道桥工程监测代码及参数

序号	代码	参　数	Parameter
1	P340401	桥梁施工过程变形监测（光学测量法、传感器法、GPS 法、连通管或电水平尺法）	Monitoring of deformation during the construction of bridge（optical measurement、electromechanical test、GPS measurment、communicating pipe or leveling rod method）
2	P340402	桥梁施工过程内力监测	Monitoring of inner force during the construction of bridge
3	P340403	桥梁沉降观测	Observation of bridge settlement

34.5 隧道及地下工程

34.5.1 隧道及地下工程监测代码及参数应符合表 34.5.1 的规定。

表 34.5.1 隧道及地下工程监测代码及参数

序号	代码	参　数	Parameter
1	P340501	主体结构变形和内力观测	Observation of inner force and deviation of soil body
2	P340502	拱顶沉降	Arch top settlement
3	P340503	洞壁收敛	Tunnel wall convergence
4	P340504	衬砌或结构内力观测	Observation of inner force of masonry liner or structure

续表 34.5.1

序号	代码	参　数	Parameter
5	P340505	现况地面和地下构筑物内力	Inner force of existing ground and underground structures
6	P340506	篷盖、中桩或永久结构位移变形和内力观测	Observation of the inner force of overlay, king pile and permanent structure
7	P340507	地下工程周边环境和地下管线安全监测（光学测量法、应力测量法）	Inspection of surrounding environment and underground pipeline security（optical observation, stress detecting method）
8	P340508	现况地面和地下构筑物或重要地下管线变形	Deformation of existing ground, underground structures or important underground pipelines

34.6 高支模

34.6.1 高支模监测代码及参数应符合表 34.6.1 的规定。

表 34.6.1 高支模监测代码及参数

序号	代码	参　数	Parameter
1	P340601	基础沉降	Foundation sedimentation
2	P340602	支架沉降	Scaffolding sedimentation
3	P340603	支架位移	Scaffolding displacement

35 施工机具

35.1 一般规定

35.1.1 施工机具检测代码及项目应符合表 35.1.1 的规定。

表 35.1.1 施工机具检测代码及项目

序号	代码	项　目	Item
1	P3502	金属脚手架扣件	Metal scaffold connector
2	P3503	金属组合钢模板	Combined steel formwork
3	P3504	高处作业吊篮	Temporarily installed suspended access equipment

续表 35.1.1

序号	代码	项目	Item
4	P3505	高空作业平台	Aerial work platform
5	P3506	塔式起重机	Tower cranes
6	P3507	建筑卷扬机	Construction winch
7	P3508	施工升降机	Building hoist
8	P3509	物料提升机	Material hoist

35.1.2 施工机具环境检测代码及参数应符合本标准第 37 章的规定。

35.2 金属脚手架扣件

35.2.1 金属脚手架扣件检测代码及参数应符合表 35.2.1 的规定。

表 35.2.1 金属脚手架扣件检测代码及参数

序号	代码	参数	Parameter
1	P350201	尺寸	Dimension
2	P350202	形状	Shape
3	P350203	位置	Position
4	P350204	外观	Appearance
5	P350205	重量	Weight
6	P350206	安装偏差	Installation deviation
7	P350207	涂层质量	Coating quality
8	P350208	铆接质量	Binding rivet quality
9	P350209	螺栓、螺母、垫圈	Bolt, nut and washer
10	P350210	抗滑性能	Anti-sliding performance
11	P350211	抗破坏性	Anti-destroy property
12	P350212	扭转刚度	Torsion rigidity
13	P350213	抗拉性能	Tensile performance
14	P350214	抗压性能	Compression performance
15	P350215	铸造缺陷	Casting flaw
16	P350216	架体基础	Frame base
17	P350217	构造稳定	Construct stability
18	P350218	架体防护	Frame safeguard
19	P350219	防坠装置	Prevent falling equipment

35.3 金属组合钢模板

35.3.1 金属组合钢模板检测代码及参数应符合表 35.3.1 的规定。

表 35.3.1 金属组合钢模板检测代码及参数

序号	代码	参数	Parameter
1	P350301	尺寸	Dimension
2	P350302	形状	Shape
3	P350303	位置	Position
4	P350304	外观	Appearance
5	P350305	重量	Weight
6	P350306	安装偏差	Installation deviation
7	P350307	焊缝质量	Weld quality
8	P350308	涂层质量	Coating quality
9	P350309	角膜偏差	Film deviation
10	P350310	刚度试验	Rigidity test
11	P350311	强度试验	Strength test

35.4 高处作业吊篮

35.4.1 高处作业吊篮检测代码及参数应符合表 35.4.1 的规定。

表 35.4.1 高处作业吊篮检测代码及参数

序号	代码	参数	Parameter
1	P350401	尺寸	Dimension
2	P350402	形状	Shape
3	P350403	位置	Position
4	P350404	外观	Appearance
5	P350405	重量	Weight
6	P350406	安装偏差	Installation deviation
7	P350407	绝缘试验	Insulation test
8	P350408	安全锁锁绳速度试验	The locking rope speed test of safety lock
9	P350409	安全锁锁绳角度试验	The locking rope angle test of safety lock
10	P350410	安全锁静置滑移量	Long standing slide distance of safe lock
11	P350411	自由坠落锁绳距离试验	The locking rope distance test of free fall
12	P350412	空载运行试验	No-load operation test
13	P350413	额定运行试验	Rated-load operation test
14	P350414	超载运行试验	Over-load operation test
15	P350415	滑移距离	Slide distance
16	P350416	制动距离	Brake distance

序号	代码	参 数	Parameter
17	P350417	手动滑降速度试验	Manual falling speed test
18	P350418	悬吊平台强度和刚度试验	Strength and rigidity test for suspension platform
19	P350419	悬挂机构抗倾覆性及应力试验	Overturn performance and stress test of suspension mechanism
20	P350420	手动提升操作力测定	Manual hoist force test
21	P350421	电气控制系统检查	Electrical controlled system inspecting
22	P350422	可靠性试验	Reliability test

35.5 高空作业平台

35.5.1 高空作业平台检测代码及参数应符合表 35.5.1 的规定。

表 35.5.1 高空作业平台检测代码及参数

序号	代码	参 数	Parameter
1	P350501	尺寸	Dimension
2	P350502	形状	Shape
3	P350503	位置	Position
4	P350504	外观	Appearance
5	P350505	重量	Weight
6	P350506	安装偏差	Installation deviation
7	P350507	排放	Expand measure
8	P350508	平台下沉量	Platform lowering
9	P350509	平台滑转角度	Rotate angle of platform
10	P350510	护栏承载力	Platform dimension and loading capability measure of fence
11	P350511	手操纵力及行程	Manual force and running distance test
12	P350512	偏摆量	Offset distance
13	P350513	空载试验	No-load test
14	P350514	额定载荷试验	Rated-load test
15	P350515	承载能力	Load bearing capability
16	P350516	液压系统试验	Hydraulic system test

序号	代码	参 数	Parameter
17	P350517	安全保护装置	Safeguard equipment
18	P350518	稳定性试验	Stability test
19	P350519	可靠性试验	Reliability test
20	P350520	结构应力测量	Structure stress test
21	P350521	电气绝缘试验	Insulation test of electrical system
22	P350522	密封性能试验	Airproof performance test
23	P350523	调平机构试验	Leveling mechanism test
24	P350524	行走试验	Traveling test
25	P350525	结构安全系数	Structure safety factor
26	P350526	钢丝绳安全系数	Steel rope safety factor

35.6 塔式起重机

35.6.1 塔式起重机检测代码及参数应符合表 35.6.1 的规定。

表 35.6.1 塔式起重机检测代码及参数

序号	代码	参 数	Parameter
1	P350601	尺寸	Dimension
2	P350602	形状	Shape
3	P350603	位置	Position
4	P350604	外观	Appearance
5	P350605	重量	Weight
6	P350606	安装偏差	Installation deviation
7	P350607	空载试验	No-load test
8	P350608	速度参数	Speed parameter
9	P350609	载荷试验	Load test
10	P350610	超载 25% 静载试验	25% over load static test
11	P350611	超载 10% 动载试验	10% over load dynamic test
12	P350612	连续作业试验	Sequence working test
13	P350613	安全装置检验	Safeguard equipment test
14	P350614	钢结构试验	Steel structure test
15	P350615	可靠性试验	Reliability test

35.7 建筑卷扬机

35.7.1 建筑卷扬机检测代码及参数应符合表35.7.1的规定。

表 35.7.1 建筑卷扬机检测代码及参数

序号	代码	参数	Parameter
1	P350701	尺寸	Dimension
2	P350702	形状	Shape
3	P350703	位置	Position
4	P350704	外观	Appearance
5	P350705	重量	Weight
6	P350706	安装偏差	Installation deviation
7	P350707	空载试验	No-load test
8	P350708	速度参数	Speed parameter
9	P350709	载荷下滑量	Load downslide distance
10	P350710	降电压启动	Lower voltage start
11	P350711	静载试验	Static load test
12	P350712	动载试验	Dynamic load test
13	P350713	温升	Temperature rise
14	P350714	渗漏	Leakage state
15	P350715	自重系统	Self-weight system
16	P350716	电气绝缘	Insulation of electrical system
17	P350717	操纵力及行程	Manual force and running distance
18	P350718	制动轮、离合器径跳	Radial jump of brake wheel and clutch
19	P350719	制动器、离合器接合面状况	Interface state of brake and clutch
20	P350720	可靠性试验	Reliability test

35.8 施工升降机

35.8.1 施工升降机检测代码及参数应符合表35.8.1的规定。

表 35.8.1 施工升降机检测代码及参数

序号	代码	参数	Parameter
1	P350801	尺寸	Dimension
2	P350802	形状	Shape
3	P350803	位置	Position
4	P350804	外观	Appearance
5	P350805	重量	Weight

续表 35.8.1

序号	代码	参数	Parameter
6	P350806	安装偏差	Installation deviation
7	P350807	速度参数	Speed parameter
8	P350808	绝缘电阻	Insulation resistance
9	P350809	空载试验	No-load test
10	P350810	额载试验	Rated-load test
11	P350811	超载试验	Over-load test
12	P350812	安全装置	Safeguard device
13	P350813	电机功率	Power of electromotor
14	P350814	吊笼坠落试验	Suspension platform falling test
15	P350815	结构应力试验	Structure stress test
16	P350816	可靠性试验	Reliability test

35.9 物料提升机

35.9.1 物料提升机检测代码及参数应符合表35.9.1的规定。

表 35.9.1 物料提升机检测代码及参数

序号	代码	参数	Parameter
1	P350901	尺寸	Dimension
2	P350902	形状	Shape
3	P350903	位置	Position
4	P350904	外观	Appearance
5	P350905	重量	Weight
6	P350906	安装偏差	Installation deviation
7	P350907	导靴及导轨的安装间隙	Install clearance between guide shoe and lead rail
8	P350908	空载、额载试验	No-load and rated-load test
9	P350909	125%额载试验	125% rated-load test
10	P350910	自动平层精度	Automatic landing precision
11	P350911	油池温升	Oil pool temperature rise
12	P350912	提升速度	Hoist velocity
13	P350913	安全装置	Safeguard equipment
14	P350914	电阻（绝缘、接地）	Insulation resistance
15	P350915	断绳保护装置	Rope-break safeguard

36 安全防护用品

36.1 一般规定

36.1.1 安全防护用品检测代码及项目应符合表 36.1.1 的规定。

表 36.1.1 安全防护用品检测代码及项目

序号	代码	项目	Item
1	P3602	安全网	Safety nets
2	P3603	安全帽及安全带	Safety helmet and belt

36.2 安全网

36.2.1 安全网检测代码及参数应符合表 36.2.1 的规定。

表 36.2.1 安全网检测代码及参数

序号	代码	参数	Parameter
1	P360201	规格	Specification
2	P360202	重量	Weight
3	P360203	耐冲击性	Impact property
4	P360204	耐贯穿性	Perforation property
5	P360205	阻燃性能	Flame-retardant property
6	P360206	冲击性能	Impact property
7	P360207	断裂强力、断裂伸长	Breaking stress and extension at break
8	P360208	接缝部位抗拉强力	Stretching resistance at unwelded joint
9	P360209	梯形法撕裂强力	Trapezoidal method tearing stress
10	P360210	开眼环扣强力	Strength of round button with hole
11	P360211	老化后断裂强力保留率	Breaking strength reserve rate after aging test

36.3 安全帽及安全带

36.3.1 安全帽及安全带检测代码及参数应符合表 36.3.1 的规定。

表 36.3.1 安全帽及安全带检测代码及参数

序号	代码	参数	Parameter
1	P360301	冲击吸收性能	Impact absorbability

续表 36.3.1

序号	代码	参数	Parameter
2	P360302	耐穿刺性能	Puncture property
3	P360303	电阻绝缘性能	Resistance insulation property
4	P360304	阻燃性能	Flame-retardant property
5	P360305	抗静电性能	Antistatic property
6	P360306	侧向刚性	Side direction rigidity
7	P360307	静载荷试验	Static load test
8	P360308	冲击试验	Impact test

37 热环境

37.1 一般规定

37.1.1 热环境检测代码及项目应符合表 37.1.1 的规定。

表 37.1.1 热环境检测代码及项目

序号	代码	项目	Item
1	Z3702	气象	Meteorologic phenomena
2	Z3703	室内热环境	Indoort hermal environment
3	Z3704	材料热工性能	Thermal performance of materials
4	Z3705	构件热工性能	Thermal performance of component

37.2 气象

37.2.1 气象检测代码及参数应符合表 37.2.1 的规定。

表 37.2.1 气象检测代码及参数

序号	代码	参数	Parameter
1	Z370201	风向	Wind direction
2	Z370202	风速	Wind speed
3	Z370203	空气温度	Air temperature outdoor
4	Z370204	黑球温度	Black globe temperature
5	Z370205	湿球温度	Wet globe temperature
6	Z370206	空气湿度	Humidity
7	Z370207	空气压力	Air pressure
8	Z370208	降水量	Amount of precipitation
9	Z370209	日照/日照时数	Incoming solar radiation/Sunshine hours

续表37.2.1

序号	代码	参　数	Parameter
10	Z370210	太阳总辐射照度	Solar radiation intensity
11	Z370211	太阳散射辐射照度	Solar dispersion radiation intensity

37.3 室内热环境

37.3.1 室内热环境检测代码及参数应符合表 37.3.1 的规定。

表 37.3.1 室内热环境检测代码及参数

序号	代码	参　数	Parameter
1	Z370201	空气温度	Air temperature indoor
2	Z370202	辐射温度	Radiation temperature indoor
3	Z370203	风速	Wind speed
4	Z370204	空气湿度	Humidity
5	Z370205	热舒适指标 PMV-PPD	Hot comfortable guide line
6	Z370206	湿球黑球温度 WBGT	Wet bulb globe temperature
7	Z370207	标准有效温度 SET	Standard effective temperature

37.4 材料热工性能

37.4.1 材料的热工性能检测代码及参数应符合表 37.4.1 的规定。

表 37.4.1 材料热工性能检测代码及参数

序号	代码	参　数	Parameter
1	Z370401	导热系数（防护热板法、热流计法、圆桶法）	Heat conductivity (heat-flow meter method, cylinder method)
2	Z370402	蒸汽渗透系数	Vapor permeability
3	Z370403	比热容	Specific heat
4	Z370404	密度	Density
5	Z370405	太阳辐射吸收系数	Absorb coefficient of solar radiation
6	Z370406	中空玻璃露点温度	Dew-point temperature of hollow glass
7	Z370407	半球辐射率	Hemispherical emissivity

37.5 构件热工性能

37.5.1 构件热工性能检测代码及参数应符合表 37.5.1 的规定。

表 37.5.1 建筑构件热工性能检测代码及参数

序号	代码	参　数	Parameter
1	Z370501	墙体传热系数（防护热箱法、热流计法）	Heat transfer coefficient of wall (the method of protection hot-box, heat flow meter apparatus)
2	Z370502	门窗传热系数（标定热箱法）	Heat transfer coefficient of window (the method of calibration hot-box)
3	Z370503	屋面传热系数（热流计法）	Heat transfer coefficient of roof (heat flow meter apparatus)
4	Z370504	构件表面温度	Surface temperature of component
5	Z370505	热流密度	Heat density
6	Z370506	热桥部位表面温度	Surface temperature thermal bridge
7	Z370507	热工缺陷	Thermal irregularities
8	Z370508	隔热性能	Thermal insolation

38 光 环 境

38.1 一 般 规 定

38.1.1 光环境检测代码及项目应符合表 38.1.1 的规定。

表 38.1.1 光环境检测代码及项目

序号	代码	项　目	Item
1	Z3802	采光	Daylighting
2	Z3803	建筑照明	Lighting
3	Z3804	材料光学性能	Architectural lighting performance of materials
4	Z3805	外窗光学性能	Architectural lighting performance of windows

38.2 采 光

38.2.1 采光检测代码及参数应符合表 38.2.1 的规定。

表38.2.1　采光检测代码及参数

序号	代码	参数	Parameter
1	Z380201	采光系数	Daylighting coefficient
2	Z380202	照度	Illumination
3	Z380203	亮度	Brightness
4	Z380204	反射系数	Reflectance coefficient
5	Z380205	采光均匀度	Uniformity of lighting

38.3　建筑照明

38.3.1 建筑照明检测代码及参数应符合表38.3.1的规定。

表38.3.1　建筑照明检测代码及参数

序号	代码	参数	Parameter
1	Z380301	照度	Illumination
2	Z380302	亮度	Brightness
3	Z380303	显色指数/光源显色性	Color rendering index/Colorimetric
4	Z380304	色温	Color temperature
5	Z380305	眩光	Glare
6	Z380306	建筑色彩	Classical architecture
7	Z380307	照明光源	Color of light sources
8	Z380308	光源颜色	Color rendering properties
9	Z380309	彩色建筑材料色度	Classical architecture

38.4　材料光学性能

38.4.1 材料光学性能检测代码及参数应符合表38.4.1的规定。

表38.4.1　材料光学性能检测代码及参数

序号	代码	参数	Parameter
1	Z380401	可见光透射比	Luminous transmittance of visible light
2	Z380402	可见光反射比	Luminous reflectance of visible light
3	Z380403	太阳光直接透射比	Solar direct transmittance
4	Z380404	太阳光直接反射比	Solar direct reflectance
5	Z380405	太阳光直接吸收比	Solar direct absorptance
6	Z380406	太阳能总透射比	Solar total transmittance

续表38.4.1

序号	代码	参数	Parameter
7	Z380407	遮蔽系数	Shade coefficient
8	Z380408	紫外线透射比	Ultraviolet-ray transmittance
9	Z380409	紫外线反射比	Ultraviolet-ray luminous reflectance
10	Z380410	光学变形	Optics deflection

38.5　外窗光学性能

38.5.1 外窗光学性能检测代码及参数应符合表38.5.1的规定。

表38.5.1　外窗光学性能检测代码及参数

序号	代码	参数	Parameter
1	Z380501	透光折减系数	Transmitting rebate factor

39　声　环　境

39.1　一　般　规　定

39.1.1 声环境检测代码及项目应符合表39.1.1的规定。

表39.1.1　声环境检测代码及项目

序号	代码	项目	Item
1	Z3902	声源	Sound source
2	Z3903	室内音质	Indoors acoustics
3	Z3904	噪声	Noise
4	Z3905	振动	Vibration
5	Z3906	材料声学性能	Acoustic performance of materials
6	Z3907	构件声学性能	Acoustic performance of component

39.2　声　源

39.2.1 声源检测代码及参数应符合表39.2.1的规定。

表39.2.1　声源检测代码及参数

序号	代码	参数	Parameter
1	Z390201	声功率	Sound power
2	Z390202	声强	Sound intensity

续表 39.2.1

序号	代码	参 数	Parameter
3	Z390203	响度级	Sound level
4	Z390204	室内声能密度	Indoor sound energy density
5	Z390205	混响时间	Reverberation time
6	Z390206	室内声压级	Indoor sound press level
7	Z390207	共振频率	Sympathetic vibration frequency

39.3 室内音质

39.3.1 室内音质检测代码及参数应符合表 39.3.1 的规定。

表 39.3.1 室内音质检测代码及参数

序号	代码	参 数	Parameter
1	Z390301	等效声级	Equivalent (continuous A-weighted) sound pressure level
2	Z390302	扩声特性	Acoustic amplifier character
3	Z390303	最高可用增益	Most useableness plus
4	Z390304	传输（幅度）频率特性	Transmission (scope) frequency character
5	Z390305	传输增益	Transmission plus
6	Z390306	最大声压级	Most sound press level
7	Z390307	声场均匀度	Uniformity of sound field
8	Z390308	背景噪声	Background yawp
9	Z390309	总噪声	Total yawp
10	Z390310	系统失真	System distortion
11	Z390311	反馈系数	Feedback coefficient
12	Z390312	音节清晰度	Syllable definition
13	Z390313	混响时间	Reverberation time

39.4 噪 声

39.4.1 噪声检测代码及参数应符合表 39.4.1 的规定。

表 39.4.1 噪声检测代码及参数

序号	代码	参 数	Parameter
1	Z390401	噪声级（A声级）	Yawp level (A-weighted)

39.5 振 动

39.5.1 振动检测代码及参数应符合表 39.5.1 的规定。

表 39.5.1 振动检测代码及参数

序号	代码	参 数	Parameter
1	Z390501	室内振动	Indoor vibration
2	Z390502	城市区域环境 Z 振级	Z vibrational level

39.6 材料声学性能

39.6.1 材料声学性能检测代码及参数应符合表 39.6.1 的规定。

表 39.6.1 材料声学性能检测代码及参数

序号	代码	参 数	Parameter
1	Z390601	吸声系数（驻波法、混响室法）	Sound absorption coefficient (standing wave method, reverberation chamber method)
2	Z390602	降噪系数	Denoise coefficient

39.7 构件声学性能

39.7.1 构件声学性能检测代码及参数应符合表 39.7.1 的规定。

表 39.7.1 构件声学性能检测代码及参数

序号	代码	参 数	Parameter
1	Z390701	墙体、门窗空气计权隔声量	Wall, window and door air average amount of sound insulation
2	Z390702	楼板空气计权隔声量	Building floor, air average amount of sound insulation
3	Z390703	楼板计权标准化撞击隔声指数	Standard sound insulation index of floor under impact loading

40 空气质量

40.1 一般规定

40.1.1 空气质量检测代码及项目应符合表 40.1.1 的规定。

表 40.1.1　空气质量检测代码及项目

序号	代码	项　目	Item
1	Z4002	室内空气质量	Indoor air quality
2	Z4003	土壤放射性	Soil radon^{222}Rn
3	Z4004	材料有害物质含量	Harmful substance content of building material

40.2　室内空气质量

40.2.1　室内空气质量检测代码及参数应符合表 40.2.1 的规定。

表 40.2.1　室内空气质量检测代码及参数

序号	代码	参　数	Parameter
1	Z400201	氡（空气中氡浓度闪烁瓶测量方法、径迹蚀刻法、双滤膜法、活性炭法）	Radon（Detect^{222}Rn with flicker bottle method, track etching method, double-filter method, active carbon method）
2	Z400202	甲醛（AHMT 分光光度法、酚试剂分光光度法、气相色谱法、乙酰丙酮分光光度法）	Formaldehyde（AHMT spectrophotometric method, MBTH spectrophotometric method, gas chromatography, acetylacetone spectrophotometric method）
3	Z400203	氨 NH$_3$（靛酚蓝分光光度法、纳氏试剂分光光度法、离子选择电极法、次氯酸钠—水杨酸分光光度法）	Ammonia（Indophenolblue spectrophotometric method, spectrophotometric method, ion selective electrode, NaOCl—$C_7H_6O_2$ spectrophotometry）
4	Z400204	苯	Benzene
5	Z400205	总挥发性有机化合物 TVOC（气相色谱法）	Total volatile organic compound TVOC（gas chromatography）
6	Z400206	二氧化硫 SO$_2$（甲醛溶液吸收-盐酸副玫瑰苯胺分光光度法）	Sulfur dioxide
7	Z400207	二氧化氮 NO$_2$（改进的 Saltzman 法）	Nitrogen dioxide（advanced Saltzaman）

续表 40.2.1

序号	代码	参　数	Parameter
8	Z400208	一氧化碳 CO（非分散红外法、不分光红外线气体分析法、气相色谱法、汞置换法）	Carbon oxide（non-dispersive infrared spectrometry, non-dispersive infrared gas analysis, gas chromatography, hydrargyrum replacement method）
9	Z400209	二氧化碳 CO$_2$（不分光红外线气体分析法、气相色谱法、容量滴定法）	Carbon dioxide（non-dispersive in frared gas analysis gas chromatography, volumetric titrimetry）
10	Z400210	臭氧 O$_3$（紫外光度法、靛蓝二磺酸钠分光光度法）	Ozone（ultraviolet photometric method, indigo disulphonate spectrophotometry）
11	Z400211	甲苯	Toluene
12	Z400212	二甲苯	Xylene
13	Z400213	苯并（α）芘	B（α）P
14	Z400214	可吸入颗粒物 PM10（撞击式—称重法）	Inhalable particles 10μm or less, PM10（impacting method）
15	Z400215	菌落总数（撞击法）	Total count of bacterial colonies（impacting method）
16	Z400216	新风量（示踪气体法）	Air change flow（tracer air method）

40.3　土壤放射性

40.3.1　土壤放射性检测代码及参数应符合表 40.3.1 的规定。

表 40.3.1　土壤放射性检测代码及参数

序号	代码	参　数	Parameter
1	Z400301	土壤氡浓度	Soil radon^{222}Rn
2	Z400302	土壤表面氡析出率	Soil radon potential

40.4　材料有害物质含量

40.4.1　材料有害物质含量检测代码及参数应符合表 40.4.1 的规定。

表 40.4.1　材料有害物质含量的检测代码及参数

序号	代码	参　数	Parameter
1	Z400401	内照射指数	Internal exposure index

续表 40.4.1

序号	代码	参　数	Parameter
2	Z400402	外照射指数	External exposure index
3	Z400403	氨	Ammonia
4	Z400404	总挥发性有机化合物	Total volatile organic compounds
5	Z400405	苯	Benzene
6	Z400406	甲苯和二甲苯总和	Total of toluene and xylene
7	Z400407	游离甲苯二异氰酸酯	TDI (tolylene diisocyanate)
8	Z400408	可溶性铅	Soluble lead
9	Z400409	可溶性镉	Soluble cadmium
10	Z400410	可溶性铬	Soluble chromium
11	Z400411	可溶性汞	Soluble mercury
12	Z400412	游离甲醛	Formaldehyde
13	Z400413	钡	Barium
14	Z400414	砷	Arsenic
15	Z400415	硒	Selenium
16	Z400416	锑	Stibium
17	Z400417	氯乙烯单体	Chloroethylene
18	Z400418	挥发物	Volatile substances
19	Z400419	苯乙烯	Styrene
20	Z400420	4-苯基环己烯	4-phenylcyclohexane
21	Z400421	丁基羟基甲苯	BHT-butylated hydroxytoluene
22	Z400422	2-乙基己醇	2-ethyl-1-hexanol

本标准用词说明

1 为便于在执行本标准条文时区别对待，对要求严格程度不同的用词说明如下：

1）表示很严格，非这样做不可的：

正面词采用"必须"，反面词采用"严禁"；

2）表示严格，在正常情况下均应这样做的：

正面词采用"应"，反面词采用"不应"或"不得"；

3）表示允许稍有选择，在条件许可时首先应这样做的：

正面词采用"宜"，反面词采用"不宜"；

4）表示有选择，在一定条件下可以这样做的，采用"可"。

2 条文中指明应按其他有关标准执行的写法为："应符合……的规定"或"应按……执行"。

中华人民共和国行业标准

房屋建筑与市政基础设施工程检测分类标准

JGJ/T 181—2009

条 文 说 明

制 订 说 明

《房屋建筑与市政基础设施工程检测分类标准》JGJ/T181－2009，经住房和城乡建设部2009年11月24日以第445号公告批准、发布。

本标准制订过程中，编制组深入调研了房屋建筑与市政基础设施工程检测行业的检测特点，结合我国工程建设相关标准，参照了发达国家相关研究的成果。

为便于广大设计、施工、科研、学校等单位有关人员在使用本标准时能正确理解和执行条文规定，《房屋建筑与市政基础设施工程检测分类标准》编制组按章、节、条顺序编制了本标准的条文说明，对条文规定的目的、依据以及执行中需注意的有关事项进行了说明。但是，本条文说明不具备与标准正文同等的法律效力，仅供使用者作为理解和把握标准规定的参考。

目　次

1 总　则

1.0.1 本标准为规范房屋建筑和市政基础设施工程的检测分类而制定，是建设行业检测的基础标准。

目前存在问题如下：

1 实验室花费很大精力进行检测项目申报，但往往逻辑性差，分类不科学，不合理；

2 实验室对检测项目申报方式的不同，不能反映和比较实验室的能力；

3 评审专家花费大量的精力去指导申报实验室正确填报检测代码及项目，但因理解不同造成的差异很大；

4 行业管理部门对检测分类的不统一，影响对行业的规范管理。

编制本标准的意义如下：

1 方便实验室检测代码及项目管理，是检测实验室的必备技术文件；

2 规范检测分类，便于实验室之间比较能力；

3 方便了实验室计量认证和认可以及资质认定的评审工作；

4 统一相关材料的不同试验方法。

本标准的特点如下：

1 涉及专业多，包括材料、地基、结构、环境等；

2 涉及数千参数和标准；

3 分类科学，逻辑性强，具有权威性；

4 检测分类有我国行业分块的特色，也未涵盖所有的建设领域。

1.0.2 本标准参照《建筑工程施工质量验收统一标准》GB 50300 等现行国家、行业标准，同时考虑目前行业内大部分检测实验室的业务范围。

2 基本规定

2.1 一般规定

2.1.1 本标准的检测领域划分根据《中国标准文献分类法》，将所有的国家标准、行业标准与检测领域、检测对象对应起来，检测机构及其客户可以很方便地查阅上述标准。

检测的分类有许多方法，以往习惯用产品进行分类，根据房屋建筑与市政基础设施工程的特点，本标准依据检测能力进行分类。

本标准所列检测并不代表房屋建筑与市政基础设施工程建设及使用阶段检测的应检或全部领域、类别、项目及参数，建设及使用阶段具体检测要求应参照相关材料产品标准及工程质量规范、规程。

2.1.4 工程实体领域检测中涉及的工程材料检测，其参数已列在工程材料领域检测相关章节，在工程实体领域中不再重复。

2.1.5 物理意义相近表述不同的参数，可采用本标准相近参数的代码。

2.1.6 对相同参数，如涉及检测能力不同或资质要求有差异的则要求分别列出（如桩基础荷载的高应变法和静载法），否则不必（如化学参数的有关方法）。

2.3 检测类别

2.3.1 工程材料按其使用功能分入各类，当某一材料有多种功能时，将该材料归入主要功能所在的类别。本标准只列材料品种的检测代码及参数，不列具体产品的检测代码及参数。

在工程材料领域，以往习惯将水泥等称为产品，本标准将水泥定义为一类产品的总称，即项目。

2.3.2 工程实体领域的检测活动与材料检测不同，大都属于检查范围，所以本标准不列入工程实体领域以检查活动为主的项目。

建筑节能工程是新增加的单位工程分部工程，为强调和配合建筑节能工作，将其作为工程实体领域的一个检测类别。

工程监测、施工机具、安全防护用品本不属于工程实体领域，但目前工程质量检测大多涉及此类项目，且建设行业大多检测机构具有此类检测能力，为方便检测管理，本标准将工程监测、施工机具、安全防护用品列入工程实体领域的检测类别。

2.3.3 工程环境领域的热环境、光环境、声环境、室内空气质量具有明显的专业特殊要求，所以将材料热工性能、光学性能、声学性能、放射性污染等项目纳入环境检测领域，便于能力识别和管理。

2.4 检测代码

2.4.1 检测代码及参数代码分 4 级，以 7 位字符表示。对检测代码的规定便于计算机管理系统对检测的管理。

代码示例：

P220201——表示工程实体领域，主体结构工程类别，混凝土结构工程项目，检测参数为外观。

3 混凝土结构材料

3.1 一般规定

3.1.1 混凝土结构材料包括水泥等 19 个项目。

3.2 水　泥

3.2.1 水泥包括硅酸盐水泥、普通硅酸盐水泥、砌筑水泥、矿渣硅酸盐水泥、火山灰质硅酸盐水泥及粉煤灰硅酸盐水泥等，表 3.2.1 中检测代码及参数主要依据以下相关标准：

《通用硅酸盐水泥》GB 175

《抗硫酸盐硅酸盐水泥》GB 748

《砌筑水泥》GB/T 3183

《白色硅酸盐水泥》GB/T 2015

《道路硅酸盐水泥》GB 13693

《低热微膨胀水泥》GB 2938

《铝酸盐水泥》GB 201

《快凝快硬硅酸盐水泥》JC 134

《明矾石膨胀水泥》JC/T 311

《中热硅酸盐水泥、低热硅酸盐水泥、低热矿渣硅酸盐水泥》GB 200

《I 型低碱度硫铝酸盐水泥》JC/T 737

《水泥密度测定方法》GB/T 208

《水泥细度检验方法 筛析法》GB/T 1345

《水泥比表面积测定方法 勃氏法》GB/T 8074

《水泥标准稠度用水量、凝结时间、安定性试验方法》GB/T 1346

《水泥压蒸安定性试验方法》GB/T 750

《水泥胶砂流动度测定方法》GB/T 2419

《水泥胶砂强度检验方法（ISO 法）》GB/T 17671

《水泥胶砂干缩试验方法》JC/T 603

《水泥强度快速检验方法》JC/T 738

《自应力水泥物理检验方法》JC/T 453

《水泥水化热测定方法》GB/T 12959

《水泥胶砂耐磨性试验方法》JC/T 421

《水泥化学分析方法》GB/T 176

《水泥原料中氯的化学分析方法》JC/T 420

《水泥组分的定量测定》GB/T 12960

《明矾石膨胀水泥及化学分析方法》JC/T 312

《铝酸盐水泥化学分析方法》GB/T 205

《彩色建筑材料色度测量方法》GB/T 11942

《色漆和清漆 人工气候老化和人工辐射曝露 滤过的氙弧辐射》GB/T 1865

3.3 砂

3.3.1 表 3.3.1 中检测代码及参数主要依据以下相关标准：

《建筑用砂》GB/T 14684

《普通混凝土用砂、石质量及检验方法标准》JGJ 52

3.4 石

3.4.1 表 3.4.1 中检测代码及参数主要依据以下相关标准：

《建筑用卵石、碎石》GB/T 14685

《普通混凝土用砂、石质量及检验方法标准》JGJ 52

3.5 轻 骨 料

3.5.1 轻骨料包括粉煤灰陶粒和陶砂、黏土陶粒和陶砂、页岩陶粒和陶砂、超轻陶粒和陶砂、自燃煤矸石、膨胀珍珠岩等，表 3.5.1 中检测代码及参数主要依据以下相关标准：

《轻集料及其试验方法 第 1 部分：轻集料》GB/T 17431.1

《膨胀珍珠岩》JC 209

《轻骨料混凝土技术规程》JGJ 51

《轻集料及其试验方法》GB17431.1 ～ GB 17431.2

3.6 混凝土用水

3.6.1 混凝土用水包括混凝土拌合用水、养护用水等，表 3.6.1 中检测代码及参数依据以下相关标准：

《混凝土用水标准》JGJ 63

3.7 外 加 剂

3.7.1 外加剂包括混凝土减水剂、高强高性能混凝土用矿物外加剂、混凝土泵送剂、混凝土防水剂、混凝土防冻剂、混凝土膨胀剂、喷射混凝土用速凝剂等，表 3.7.1 中外加剂检测代码及参数主要依据以下相关标准：

《混凝土外加剂》GB 8076

《混凝土外加剂匀质性试验方法》GB/T 8077

《高强高性能混凝土用矿物外加剂》GB/T 18736

《混凝土泵送剂》JC 473

《砂浆、混凝土防水剂》JC 474

《混凝土防冻剂》JC 475

《混凝土膨胀剂》GB 23439

《喷射混凝土用速凝剂》JC 477

3.8 掺 合 料

3.8.1 掺合料包括粉煤灰、矿渣、硅灰、磨细矿粉等。表 3.8.1 中掺合料检测代码及参数主要依据以下相关标准：

《用于水泥和混凝土中的粉煤灰》GB/T 1596

《硅酸盐建筑制品用粉煤灰》JC/T 409

《混凝土和砂浆用天然沸石粉》JG/T 3048

《用于水泥和混凝土中的粒化高炉矿渣粉》GB/T 18046

《用于水泥中的粒化高炉矿渣》GB/T 203

《硅灰石》JC/T 535

《水泥化学分析方法》GB/T 176

3.9 钢 筋

3.9.1 钢筋包括热轧带肋钢筋、预应力钢筋、冷轧带肋钢筋、冷轧扭钢筋、盘条等，表 3.9.1 中检测代码及参数依据以下相关标准：

《钢筋混凝土用钢 第1部分：热轧光圆钢筋》GB 1499.1

《钢筋混凝土用钢 第2部分：热轧带肋钢筋》GB 1499.2

《冷轧带肋钢筋》GB 13788

《冷轧扭钢筋》JG 190

《低碳钢热轧圆盘条》GB/T 701

《焊接用不锈钢盘条》GB/T 4241

《预应力混凝土用钢棒》GB/T 5223.3

《金属材料夏比摆锤冲击试验方法》GB/T 229

《金属材料 室温拉伸试验方法》GB/T 228

《金属材料 弯曲试验方法》GB/T 232

《钢筋混凝土用钢筋弯曲和反向弯曲试验方法》YB/T 5126

《金属材料 线材 反复弯曲试验方法》GB/T 238

《金属线材扭转试验方法》GB/T 239

《金属应力松弛试验方法》GB/T 10120

《金属材料 洛氏硬度试验 第1部分：试验方法（A、B、C、D、E、F、G、H、K、N、T标尺）》GB/T 230.1

《金属材料 布氏硬度试验 第1部分：试验方法》GB/T 231.1

《钢铁及合金 碳含量测定 管式炉内燃烧后气体容量法》GB/T 223.69

《钢铁 酸溶硅和全硅含量的测定 还原型硅钼酸盐分光光度法》GB/T 223.5

《钢铁及合金化学分析方法 高碘酸钠（钾）光度法测定锰量》GB/T 223.63

《钢铁及合金化学分析方法 管式炉内燃烧后碘酸钾滴定法测定硫含量》GB/T 223.68

《钢铁及合金 磷含量测定 铋磷钼蓝分光光度法和锑磷钼蓝分光光度法》GB/T 223.59

3.10 钢筋焊接

3.10.1 表3.10.1中钢筋焊接接头检测代码及参数依据以下标准：

《焊接接头拉伸试验方法》GB/T 2651

《焊缝及熔敷金属拉伸试验方法》GB/T 2652

《焊接接头弯曲试验方法》GB/T 2653

《焊接接头硬度试验方法》GB/T 2654

《焊接接头冲击试验方法》GB/T 2650

《钢筋混凝土用钢筋焊接网》GB/T 1499.3

《钢筋焊接接头试验方法标准》JGJ/T 27

3.11 钢筋机械连接

3.11.1 钢筋机械连接接头包括套筒挤压接头、锥螺纹接头、滚轧直螺纹接头、镦粗直螺纹接头等。表

3.11.1中钢筋机械连接检测代码及参数依据以下标准：

《钢筋机械连接通用技术规程》JGJ 107

《带肋钢筋套筒挤压连接技术规程》JGJ 108

《钢筋锥螺纹接头技术规程》JGJ 109

《滚轧直螺纹钢筋连接接头》JG 163

《镦粗直螺纹钢筋接头》JG 171

3.12 普通混凝土

3.13 轻骨料混凝土

3.12、3.13 表3.12.1与表3.13.1中普通混凝土与轻集料混凝土检测代码及参数主要依据以下相关标准：

《普通混凝土拌合物性能试验方法标准》GB/T 50080

《普通混凝土力学性能试验方法标准》GB/T 50081

《早期推定混凝土强度试验方法标准》JGJ/T 15

《混凝土及其制品耐磨性试验方法（滚珠轴承法）》GB/T 16925

《普通混凝土长期性能和耐久性能试验方法标准》GB/T 50082

《预拌混凝土》GB/T 14902

《粉煤灰混凝土应用技术规范》GBJ 146

《轻骨料混凝土技术规程》JGJ 51

3.14 钢纤维

3.14.1 表3.14.1中钢纤维检测代码及参数主要依据以下相关标准：

《公路水泥混凝土纤维材料 钢纤维》JT/T 524

《混凝土用钢纤维》YB/T 151

3.15 钢绞线、钢丝

3.16 预应力筋用锚具、夹具和连接器

3.15、3.16 表3.15.1、表3.16.1中的检测代码及参数主要依据以下相关标准：

《预应力混凝土用钢丝》GB/T 5223

《预应力混凝土用钢绞线》GB/T 5224

《镀锌钢绞线》YB/T 5004

《金属材料 室温拉伸试验方法》GB/T 228

《金属应力松弛试验方法》GB/T 10120

《金属材料 线材 反复弯曲试验方法》GB/T 238

《金属线材扭转试验方法》GB/T 239

《金属材料 顶锻试验方法》YB/T 5293

《预应力筋用锚具、夹具和连接器》GB/T 14370

《预应力筋用锚具、夹具和连接器应用技术规程》JGJ 85

3.17 预应力混凝土用波纹管

3.17.1 预应力混凝土用波纹管分为金属螺旋管和塑料波纹管。表3.17.1中预应力混凝土波纹管的检测代码及参数主要依据以下相关标准：

《预应力混凝土桥梁用塑料波纹管》JT/T 529

《预应力混凝土用金属波纹管》JG 225

3.18 灌 浆 材 料

3.18.1 表3.18.1水泥基灌浆材料的检测代码及参数主要依据以下相关标准：

《水泥基灌浆材料》JC/T 986

《混凝土裂缝用环氧树脂灌浆材料》JC/T 1041

《水泥基灌浆材料应用技术规范》GB/T 50448

3.19 混凝土结构加固用纤维

3.20 混凝土结构加固用纤维复合材

3.19、3.20 混凝土结构加固用纤维及纤维复合材的检测代码及参数主要依据以下相关标准：

《混凝土结构加固设计规范》GB 50367

《桥梁结构用碳纤维片材》JT/T 532

4 墙 体 材 料

4.1 一 般 规 定

4.1.1 墙体材料包括砖、砌块、墙板3个项目。

4.2 砖

4.2.1 砖包括烧结普通砖、烧结多孔砖、烧结空心砖和空心砌块、蒸压灰砂砖、蒸压灰砂空心砖等，表4.2.1中的检测代码及参数主要依据以下相关标准：

《烧结普通砖》GB 5101

《蒸压灰砂砖》GB 11945

《蒸压灰砂空心砖》JC/T 637

《混凝土多孔砖》JC 943

《烧结多孔砖》GB 13544

《烧结空心砖和空心砌块》GB 13545

《粉煤灰砖》JC 239

《砌墙砖试验方法》GB/T 2542

《混凝土实心砖》GB/T 21144

4.3 砌 块

4.3.1 砌块包括混凝土小型空心砌块、蒸压加气混凝土砌块和轻骨料混凝土砌块。表4.3.1中的检测代码及参数主要依据以下相关标准：

《普通混凝土小型空心砌块》GB 8239

《混凝土小型空心砌块试验方法》GB/T 4111

《轻集料混凝土小型空心砌块》GB/T 15229

《蒸压加气混凝土砌块》GB/T 11968

《蒸压加气混凝土性能试验方法》GB/T 11969

4.4 墙 板

4.4.1 墙板包括工业灰渣混凝土空心隔墙条板、玻璃纤维增强水泥（GRC）外墙内保温板、玻璃纤维增强水泥轻质多孔隔墙条板、石膏空心条板、水泥木屑板等，表4.4.1中墙板的检测代码及参数主要依据以下相关标准：

《金属面聚苯乙烯夹芯板》JC 689

《工业灰渣混凝土空心隔墙条板》JG 3063

《玻璃纤维增强水泥（GRC）外墙内保温板》JC/T 893

《玻璃纤维增强水泥轻质多孔隔墙条板》GB/T 19631

《建筑材料不燃性试验方法》GB/T 5464

《纤维水泥制品试验方法》GB/T 7019

5 金属结构材料

5.1 一 般 规 定

5.1.1 金属结构材料包括钢材等6个项目。

5.2 钢 材

5.2.1 表5.2.1中检测代码及参数依据以下标准：

《合金结构钢》GB/T 3077

《碳素结构钢》GB/T 700

《优质碳素结构钢》GB/T 699

《低合金高强度结构钢》GB/T 1591

《钢结构设计规范》GB 50017

《钢结构工程施工质量验收规范》GB 50205

《一般工程用铸造碳钢件》GB/T 11352

《耐候结构钢》GB/T 4171

《非调质机械结构钢》GB/T 15712

《金属材料 布氏硬度试验 第1部分：试验方法》GB/T 231.1

《金属材料 夏比摆锤冲击试验方法》GB/T 229

《钢的低倍组织及缺陷酸蚀检验法》GB 226

《结构钢低倍组织缺陷评级图》GB/T 1979

《钢的脱碳层深度测定法》GB/T 224

《金属平均晶粒度测定法》GB/T 6394

《钢的显微组织评定法》GB/T 13299

《建筑用压型钢板》GB/T 12755

《彩色涂层钢板及钢带》GB/T 12754

《金属材料 线材 反复弯曲试验方法》GB/T 238

5.3 紧 固 件

5.3.1 钢结构紧固件主要包括钢结构用螺栓、螺母、垫圈、螺栓连接副等。表5.3.1中检测代码及参数依据以下标准：

《紧固件机械性能 螺栓、螺钉和螺柱》GB/T 3098.1

《钢结构用高强度大六角头螺栓、大六角螺母、垫圈技术条件》GB/T 1231

《钢结构用扭剪型高强度螺栓连接副》GB/T 3632

《金属材料 室温拉伸试验方法》GB/T 228

《金属材料 维氏硬度试验 第1部分：试验方法》GB/T 4340.1

《金属材料 布氏硬度试验 第1部分：试验方法》GB/T 231

《金属材料 洛氏硬度试验方法 第1部分：试验方法（A、B、C、D、E、F、G、H、K、N、T标尺）》GB/T 230.1

《金属材料 夏比摆锤冲击试验方法》GB/T 229

《钢结构工程施工质量验收规范》GB 50205

《碳素结构钢》GB/T 700

《优质碳素结构钢》GB/T 699

《低合金高强度结构钢》GB/T 1591

《钢结构设计规范》GB 50017

《钢结构工程施工质量验收规范》GB 50205

《一般工程用铸造碳钢件》GB/T 11352

《耐候结构钢》GB/T 4171

5.4 螺 栓 球

5.4.1 表5.4.1中螺栓球节点检测代码及参数依据以下标准：

《钢网架螺栓球节点》JG 10

《钢结构工程施工质量验收规范》GB 50205

《低中压锅炉用无缝钢管》GB 3087

《低压流体输送用焊接钢管》GB/T 3091

《直缝电焊钢管》GB/T 13793

《矿山流体输送用电焊钢管》GB/T 14291

《网架结构设计与施工规程》JGJ 7

《钢网架检验及验收标准》JG 12

《黑色金属硬度及强度换算值》GB/T 1172

《钢网架螺栓球节点用高强度螺栓》GB/T 16939

5.5 焊 接 球

5.5.1 表5.5.1中焊接球节点检测代码及参数依据以下标准：

《钢网架焊接球节点》JG 11

《钢结构工程施工质量验收规范》GB 50205

《低中压锅炉用无缝钢管》GB 3087

《低压流体输送用焊接钢管》GB/T 3091

《直缝电焊钢管》GB/T 13793

《矿山流体输送用电焊钢管》GB/T 14291

《网架结构设计与施工规程》JGJ 7

《钢网架检验及验收标准》JG 12

5.6 焊 接 材 料

5.6.1 表5.6.1中焊接材料检测代码及参数依据以下标准：

《碳钢焊条》GB/T 5117

《低合金钢焊条》GB/T 5118

《不锈钢焊条》GB/T 983

《堆焊焊条》GB/T 984

《铝及铝合金焊条》GB/T 3669

《铜及铜合金焊条》GB/T 3670

《铸铁焊条及焊丝》GB/T 10044

《碳钢药芯焊丝》GB/T 10045

《铜及铜合金焊丝》GB/T 9460

《铝及铝合金焊丝》GB/T 10858

《低合金钢药芯焊丝》GB/T 17493

《气体保护电弧焊用碳钢、低合金钢焊丝》GB/T 8110

《埋弧焊用碳钢焊丝和焊剂》GB/T 5293

《埋弧焊用低合金钢焊丝和焊剂》GB/T 12470

《焊缝及熔敷金属拉伸试验方法》GB/T 2652

《焊接接头硬度试验方法》GB 2654

《焊接接头冲击试验方法》GB 2650

5.7 焊 接 接 头

5.7.1 表5.7.1中焊接接头检测代码及参数依据以下标准：

《建筑钢结构焊接技术规程》JGJ 81

《焊接接头拉伸试验方法》GB/T 2651

《焊缝及熔敷金属拉伸试验方法》GB/T 2652

《焊接接头硬度试验方法》GB/T 2654

《焊接接头冲击试验方法》GB/T 2650

《金属材料 夏比摆锤冲击试验方法》GB/T 229

《钢的低倍组织及缺陷酸蚀检验法》GB 226

《结构钢低倍组织缺陷评级图》GB/T 1979

6 木结构材料

6.1 一 般 规 定

6.1.1 木结构材料包括原木等4个项目。

6.2 原木～6.5 连 接 件

6.2.1～6.5.1 表6.2.1、表6.3.1、表6.4.1、表6.5.1中检测代码及参数主要依据以下相关标准：

《木材物理力学试验方法总则》GB/T 1928

《木结构工程施工质量验收规范》GB 50206

《木材年轮宽度和晚材率测定方法》GB/T 1930

《木材含水率测定方法》GB/T 1931

《木材干缩性测定方法》GB/T 1932

《木材密度测定方法》GB/T 1933

《木材吸水性测定方法》GB/T 1934.1

《木材湿涨性测定方法》GB/T 1934.2

《木材顺纹抗压强度试验方法》GB/T 1935

《木材抗弯强度试验方法》GB/T 1936.1

《木材抗弯弹性模量测定方法》GB/T 1936.2

《木材顺纹抗剪强度试验方法》GB/T 1937

《木材顺纹抗拉强度试验方法》GB/T 1938

《木材横纹抗压试验方法》GB/T 1939

《木材冲击韧性试验方法》GB/T 1940

《木材硬度试验方法》GB/T 1941

《木材抗劈力试验方法》GB/T 1942

《木材横纹抗压弹性模量测定方法》GB/T 1943

《木材耐久性能　第 1 部分：天然耐腐性实验室试验方法》GB/T 13942.1

《木材耐久性能　第 2 部分：天然耐久性野外试验方法》GB/T 13942.2

《木材横纹抗拉强度试验方法》GB/T 14017

《木材握钉力试验方法》GB/T 14018

《木材 pH 值测定方法》GB/T 6043

《木材顺纹抗压弹性模量测定方法》GB/T 15777

《胶合板》GB/T 9846

7 膜结构材料

7.1 一般规·定

7.1.1 膜结构材料包括膜材、索材、连接件等项目。膜结构使用的金属连接件包括螺栓、夹板、夹具、索具和锚具等。

7.2 膜材～7.4 连接件

7.2.1～7.4.1 表 7.2.1、表 7.3.1、表 7.4.1 中检测代码及参数主要依据以下相关标准：

《膜结构技术规程》CECS 158

《增强材料　机织物试验方法　第 5 部分：玻璃纤维拉伸断裂强力和断裂伸长的测定》GB/T 7689.5

《800～2000 纳米光谱反射比副基准操作技术规范》JJF 1335

《建筑材料难燃性试验方法》GB/T 8625

《塑料实验室光源暴露试验方法　第 2 部分：氙弧灯》GB/T 16422.2

8 预制混凝土构配件

8.1 一般规定

8.1.1 预制混凝土构配件包括混凝土块材等 4 个项目。

8.2 混凝土块材

8.2.1 混凝土块材包括混凝土路面砖、路缘石、防撞墩、隔离墩、挂板、地袱等。表 8.2.1 混凝土块材检测代码及参数依据以下相关标准：

《混凝土路面砖》JC/T 446

《混凝土路缘石》JC 899

《透水砖》JC/T 945

8.3 预制混凝土梁板

8.3.1 预制混凝土梁板主要包括：钢筋混凝土和预应力钢筋混凝土梁、板类构件，表 8.3.1 混凝土预制构配件的检测代码及参数依据以下相关标准：

《预应力混凝土空心板》GB/T 14040

8.4 预制混凝土桩

8.4.1 预应力和预制混凝土桩包括先张法预应力混凝土管桩和先张法预应力混凝土薄壁管桩、预制钢筋混凝土实心方桩、预制钢筋混凝土空心方桩等。表 8.4.1 中所列检测代码及参数主要依据以下标准：

《先张法预应力混凝土管桩》GB 13476

《先张法预应力混凝土薄壁管桩》JC 888

《预制钢筋混凝土方桩》JC 934

8.5 盾构管片

8.5.1 盾构管片为地下工程盾构施工用预制混凝土构件，表 8.5.1 中所列检测代码及参数主要依据以下标准：

《混凝土结构工程施工质量验收规范》GB 50204

《地下铁道工程施工及验收规范》GB 50299

《盾构法隧道施工与验收规范》GB 50446

9 砂浆材料

9.1 一般规定

9.1.1 砂浆材料包括石灰、石膏、外加剂、普通砂浆、特种砂浆等项目。

9.2 石　灰

9.2.1 石灰包括石灰粉、生石灰、消石灰等，表 9.2.1 中检测代码及参数主要依据以下相关标准：

《建筑生石灰》JC/T 479

《建筑生石灰粉》JC/T 480

《建筑消石灰粉》JC/T 481

《建筑石灰试验方法 物理试验方法》JC/T 478.1

《建材用石灰石化学分析方法》GB/T 5762

9.3 石 膏

9.3.1 表9.3.1中检测代码及参数主要依据以下相关标准:

《建筑石膏》GB/T 9776

《粉刷石膏》JC/T 517

《建筑石膏 结晶水含量的测定》GB/T 17669.2

《建筑石膏 净浆物理性能的测定》GB/T 17669.4

《建筑石膏 力学性能的测定》GB/T 17669.3

9.4 砂浆外加剂

9.4.1 表9.4.1中检测代码及参数主要依据以下相关标准:

《砌筑砂浆增塑剂》JG/T 164

《砂浆、混凝土防水剂》JC 474

9.5 普通砂浆

9.5.1 普通砂浆包括砌筑砂浆、抹灰砂浆、地面砂浆、防水砂浆等。表9.5.1中检测代码及参数主要依据以下相关标准:

《建筑砂浆基本性能试验方法标准》JGJ/T 70

9.6 特种砂浆

9.6.1 特种砂浆包括瓷砖粘结砂浆、耐磨地坪砂浆、界面处理砂浆、特种防水砂浆、自流平砂浆、灌浆砂浆、外保温粘结砂浆、外保温抹面砂浆、无机集料保温砂浆等。表9.6.1中检测代码及参数主要依据以下相关标准:

《预拌砂浆》JG/T 230

《水泥砂浆抗裂性能试验方法》JC/T 951

《钢丝网水泥用砂浆力学性能试验方法》GB/T 7897

《建筑保温砂浆》GB/T 20473

《陶瓷墙地砖胶粘剂》JC/T 547

《混凝土地面用水泥基耐磨材料》JC/T 906

《聚合物水泥防水砂浆》JC/T 984

《地面用水泥基自流平砂浆》JC/T 985

《无机防水堵漏材料》JC 900

《水泥基灌浆材料》JC/T 986

《陶瓷墙地砖填缝剂》JC/T 1004

《墙体保温用膨胀聚苯乙烯板胶粘剂》JC/T 992

《外墙外保温用膨胀聚苯乙烯板抹面胶浆》JC/T 993

《混凝土界面处理剂》JC/T 907

10 装饰装修材料

10.1 一般规定

10.1.1 装饰装修材料包括建筑涂料、陶瓷砖等项目。

10.1.2 材料有害物质含量检测在能力方面与室内空气质量检测接近,列入第40章。

10.2 建筑涂料

10.2.1 建筑涂料包括钢结构防火涂料、水溶性内墙涂料、合成树脂乳液砂壁状建筑涂料、外墙无机建筑涂料、建筑外墙用腻子、建筑室内用腻子、合成树脂乳液外墙涂料、合成树脂乳液内墙涂料、溶剂型外墙涂料、复层建筑涂料、水溶性内墙涂料等。表10.2.1中建筑涂料的检测代码及参数主要依据以下相关标准:

《色漆和清漆 用旋转黏度计测定黏度 第1部分:以高速剪切速率操作的锥板黏度计》GB/T 9751.1

《涂料贮存稳定性试验方法》GB/T 6753.3

《涂料细度测定法》GB/T 1724

《漆膜附着力测定方法》GB 1720

《涂料遮盖力测定法》GB/T 1726

《色漆和清漆 摆杆阻尼试验》GB/T 1730

《漆膜柔韧性测定法》GB/T 1731

《漆膜耐冲击测定法》GB/T 1732

《漆膜耐水性测定法》GB/T 1733

《色漆和清漆 耐磨性的测定 旋转橡胶砂轮法》GB/T 1768

《色漆和清漆 铅笔法测定漆膜硬度》GB/T 6739

《色漆和清漆 人工气候老化和人工辐射曝露 滤过的氙弧辐射》GB/T 1865

《色漆和清漆 漆膜的划格试验》GB/T 9286

《色漆、清漆和塑料 不挥发物含量的测定》GB/T 1725

《色漆和清漆 用流出杯测定流出时间》GB/T 6753.4

《建筑涂料 涂层耐碱性的测定》GB/T 9265

《建筑涂料 涂层耐洗刷性的测定》GB/T 9266

《建筑涂料涂层耐沾污性试验方法》GB/T 9780

《建筑涂料涂层耐冻融循环性测定法》JG/T 25

《建筑涂料涂层试板的制备》JG/T 23

《饰面型防火涂料》GB 12441

《色漆和清漆 不含金属颜料的色漆漆膜的20°、60°和85°镜面光泽的测定》GB/T 9754

《涂料印花色浆 色光、着色力及颗粒细度的测

定》GB/T 10664

《涂料产品包装通则》GB/T 13491

《机械工业产品用塑料、涂料、橡胶材料人工气候老化试验方法　荧光紫外灯》GB/T 14522

《危险货物涂料包装检验安全规范》GB 19457

《合成树脂乳液外墙涂料》GB/T 9755

《合成树脂乳液内墙涂料》GB/T 9756

《溶剂型外墙涂料》GB/T 9757

《复层建筑涂料》GB/T 9779

《钢结构防火涂料》GB 14907

《水溶性内墙涂料》JC/T 423

《合成树脂乳液砂壁状建筑涂料》JG/T 24

《外墙无机建筑涂料》JG/T 26

《建筑外墙用腻子》JG/T 157

《建筑室内用腻子》JG/T 3049

10.3　陶　瓷　砖

10.3.1　陶瓷砖是指由黏土和其他无机非金属原料，经成型、烧结等工艺生产的，用于装饰和保护建筑物墙面及地面的板状或块状陶瓷制品。陶瓷砖按成型方式不同，分为干压陶瓷砖、挤压陶瓷砖。根据吸水率高低将陶瓷砖分为 5 类：瓷质砖（$E \leqslant 0.5\%$）、炻瓷砖（$0.5\% < E \leqslant 3\%$）、细炻砖（$3\% < E \leqslant 6\%$）、炻质砖（$6\% < E \leqslant 10\%$）、陶质砖（$E > 10\%$）。陶瓷砖根据其表面施釉与否分为有釉砖和无釉砖。按用途分为外墙砖、内墙砖、地砖等。表 10.3.1 中陶瓷砖的检测代码及参数主要依据以下相关标准：

《陶瓷砖试验方法　第 1 部分：抽样和接收条件》GB/T 3810.1

《陶瓷砖试验方法　第 2 部分：尺寸和表面质量的检验》GB/T 3810.2

《陶瓷砖试验方法　第 3 部分：吸水率、显气孔率、表观相对密度和容重的测定》GB/T 3810.3

《陶瓷砖试验方法　第 4 部分：断裂模数和破坏强度的测定》GB/T 3810.4

《陶瓷砖试验方法　第 5 部分：用恢复系数确定砖的抗冲击性》GB/T 3810.5

《陶瓷砖试验方法　第 6 部分：无釉砖耐磨深度的测定》GB/T 3810.6

《陶瓷砖试验方法　第 7 部分：有釉砖表面耐磨性的测定》GB/T 3810.7

《陶瓷砖试验方法　第 8 部分：线性热膨胀的测定》GB/T 3810.8

《陶瓷砖试验方法　第 9 部分：抗热震性的测定》GB/T 3810.9

《陶瓷砖试验方法　第 10 部分：湿膨胀的测定》GB/T 3810.10

《陶瓷砖试验方法　第 11 部分：有釉砖抗釉裂性的测定》GB/T 3810.11

《陶瓷砖试验方法　第 12 部分：抗冻性的测定》GB/T 3810.12

《陶瓷砖试验方法　第 13 部分：耐化学腐蚀性的测定》GB/T 3810.13

《陶瓷砖试验方法　第 14 部分：耐污染性的测定》GB/T 3810.14

《陶瓷砖试验方法　第 15 部分：有釉砖铅和镉溶出量的测定》GB/T 3810.15

《陶瓷砖试验方法　第 16 部分：小色差的测定》GB/T 3810.16

《建筑饰面材料镜向光泽度测定方法》GB/T 13891

《陶瓷砖》GB/T 4100

10.4　瓦

10.4.1　瓦包括烧结瓦、玻璃纤维增强水泥波瓦与脊瓦、混凝土瓦、玻纤镁质胶凝材料波瓦及脊瓦、钢丝网石棉水泥小波瓦、石棉水泥波瓦及其脊瓦、彩喷片状模塑料（SMC）瓦等。表 10.4.1 主要依据以下相关标准：

《烧结瓦》GB/T 21149

《玻璃纤维增强水泥波瓦及其脊瓦》JC/T 567

《混凝土瓦》JC/T 746

《玻纤镁质胶凝材料波瓦及脊瓦》JC/T 747

《纤维水泥波瓦及其脊瓦》GB/T 9772

《钢丝网石棉水泥小波瓦》JC/T 851

《彩喷片状模塑料（SMC）瓦》JC/T 944

10.5　壁　纸

10.5.1　壁纸按所用材料的不同可分为纸质壁纸、软木壁纸、蛭石壁纸、植绒壁纸、塑料壁纸、自然纤维壁纸、金属壁纸、玻璃纤维装饰布、无纺墙布、纺绸墙布等。表 10.5.1 中的壁纸检测代码及参数主要依据以下相关标准：

《聚氯乙烯壁纸》QB/T 3805

10.6　普通装饰板材

10.6.1　普通装饰板材包括金属面聚苯乙烯夹芯板、金属面硬质聚氨酯夹芯板、金属面岩棉、矿渣棉夹芯板、镁铝曲面装饰板、铝塑复合板、水泥木屑板、石膏空心条板、石膏装饰吸声板、塑料装饰吊顶板、玻璃装饰吊顶板、珍珠岩吸声装饰板、矿棉吸声装饰板、玻璃棉装饰吊顶板、铝合金装饰吊顶板、钙塑天花板、聚苯乙烯泡沫塑料吸声板、纤维装饰板、轻质硅酸钙吊顶板、水泥平板及玻镁平板等。表 10.6.1 中普通装饰板材的检测代码及参数主要依据以下相关标准：

《水泥木屑板》JC/T 411

《石膏空心条板》JC/T 829

《金属面岩棉、矿渣棉夹芯板》JC/T 869

《金属面硬质聚氨酯夹芯板》JC/T 868

《金属面聚苯乙烯夹芯板》JC 689

《钢丝网架水泥聚苯乙烯夹芯板》JC 623

《建筑幕墙用铝塑复合板》GB/T 17748

《美铝曲面装饰板》JC/T 489

《纸面石膏板》GB/T 9775

《嵌装式装饰石膏板》JC/T 800

《装饰石膏板》JC/T 799

《吸声用穿孔石膏板》JC/T 803

《装饰纸面石膏板》JC/T 997

《石膏刨花板》LY/T 1598

《维纶纤维增强水泥平板》JC/T 671

《纤维水泥平板　第1部分：无石棉纤维水泥平板》JC/T 412.1

《纤维水泥平板　第2部分：温石棉纤维水泥平板》JC/T 412.2

《石膏空心条板》JC/T 829

《玻镁平板》JC 688

《纤维增强低碱度水泥建筑平板》JC/T 626

《建筑用轻钢龙骨》GB/T 11981

《玻璃纤维增强水泥轻质多孔隔墙条板》GB/T 19631

《纤维增强硅酸钙板　第1部分：无石棉硅酸钙板》JC/T 564.1

《纤维增强硅酸钙板　第2部分：温石棉硅酸钙板》JC/T 564.2

10.7　天然饰面石材

10.7.1　天然饰面石材包括干挂饰面石材、异型装饰石材、天然花岗石建筑板材、天然大理石建筑板材等。表10.7.1所列参数依据以下标准：

《天然饰面石材试验方法　第1部分：干燥、水饱和、冻融循环后压缩强度试验方法》GB/T 9966.1

《天然饰面石材试验方法　第2部分：干燥、水饱和弯曲强度试验方法》GB/T 9966.2

《天然饰面石材试验方法　第3部分：体积密度、真密度、真气孔率、吸水率试验方法》GB/T 9966.3

《天然饰面石材试验方法　第4部分：耐磨性试验方法》GB/T 9966.4

《天然饰面石材试验方法　第5部分：肖氏硬度试验方法》GB/T 9966.5

《天然饰面石材试验方法　第6部分：耐酸性试验方法》GB/T 9966.6

《天然饰面石材试验方法　第7部分：检测板材挂件组合单元挂装强度试验方法》GB/T 9966.7

《天然饰面石材试验方法　第8部分：用均匀静态压差检测石材挂装系统结构强度试验方法》GB/T 9966.8

《建筑饰面材料镜向光泽度测定方法》GB/T 13891

《干挂饰面石材及其金属挂件　第一部分：干挂饰面石材》JC 830.1

《干挂饰面石材及其金属挂件　第二部分：金属挂件》JC 830.2

《异型装饰石材　第2部分：花线》JC/T 847.2

《异型装饰石材　第3部分：实心柱体》JC/T 847.3

《天然花岗石建筑板材》GB/T 18601

《天然大理石建筑板材》GB/T 19766

10.8　人工装饰石材

10.8.1　人工装饰石材可分为水泥型人造石、聚酯型人造石、复合型人造石和烧结型人造石。表10.8.1中检测代码及其参数依据以下相关标准：

《出口人造石检验方法》SN/T 0308

10.9　竹木地板

10.9.1　竹木地板包括竹、木及其复合材料地板。竹木地板包括浸渍纸层压木质地板、浸渍胶模纸饰面人造板、实木复合地板、抗静电木质活动地板、体育馆用木质地板、浸渍纸层压木质地板、实木地板、竹地板等，表10.9.1中检测代码及参数依据以下相关标准：

《人造板及饰面人造板理化性能试验方法》GB/T 17657

《家具表面漆膜附着力交叉切割测定法》GB/T 4893.4

《色漆和清漆　漆膜的划格试验》GB/T 9286

《色漆和清漆　铅笔法测定漆膜硬度》GB/T 6739

《木材硬度试验方法》GB/T 1941

《实木地板　第1部分：技术要求》GB/T 15036.1

《实木地板　第2部分：检验方法》GB/T 15036.2

《浸渍纸层压木质地板》GB/T 18102

《体育馆用木质地板》GB/T 20239

《竹地板》GB/T 20240

《抗静电木质活动地板》LY/T 1330

《实木集成地板》LY/T 1614

《实木复合地板》GB/T 18103

11　门窗幕墙

11.1　一般规定

11.1.1　门窗幕墙包括门窗、建筑玻璃、铝型材等项目。

11.2 建筑玻璃

11.2.1 建筑玻璃包括浮法玻璃、普通平板玻璃、钢化玻璃、中空玻璃、贴膜玻璃、夹层玻璃、镀膜玻璃、着色玻璃等。玻璃的热工性能和光学性能因专业原因分到热环境和光环境检测类别中。表 11.2.1 中检测代码及参数主要依据以下相关标准：

《钠钙硅玻璃化学分析方法》GB/T 1347

《纤维玻璃化学分析方法》GB/T 1549

《石英玻璃化学成分分析方法》GB/T 3284

《石英玻璃热变色性试验方法》GB/T 4121

《透明石英玻璃气泡、气线检验方法》GB/T 5949

《玻璃耐沸腾混合碱水溶液　浸蚀性的试验方法和分级》GB/T 6580

《玻璃在 98℃耐水性的颗粒试验方法和分级》GB/T 6582

《石英玻璃热稳定性检验方法》GB/T 10701

《玻璃密度测定　沉浮比较法》GB/T 14901

《玻璃耐沸腾盐酸浸蚀性的重量试验方法和分级》GB/T 15728

《玻璃　平均线热膨胀系数的测定》GB/T 16920

《玻璃　平均线性热膨胀系数试验方法》JC/T 679

《平板玻璃平整度试验方法》JC 292

《石英玻璃制品内应力检验方法》JC/T 655

《玻璃材料弯曲强度试验方法》JC/T 676

《建筑玻璃均布静载模拟风压试验方法》JC/T 677

《玻璃材料弹性模量、剪切模量和泊松比试验方法》JC/T 678

11.3 铝 型 材

11.3.1 铝型材包括基材、阳极氧化、着色型材、电泳涂漆型材、粉末喷涂型材、氟碳漆喷涂型材、隔热型材、铝及铝合金轧制板材。表 11.3.1 中检测代码及参数主要依据以下相关标准：

《铝合金建筑型材》GB 5237.1~5237.6

《金属材料　室温拉伸试验方法》GB/T 228

《铝合金韦氏硬度试验方法》YS/T 420

《金属维氏硬度试验》GB/T 4340.1~4340.4

《非磁性基体金属上非导电覆盖层　覆盖层厚度测量　涡流法》GB/T 4957

《色漆和清漆　漆膜的划格试验》GB/T 9286

《人造气氛腐蚀试验　盐雾试验》GB/T 10125

《色漆和清漆　不含金属颜料的色漆漆膜的20°、60°和85°镜面光泽的测定》GB/T 9754

《色漆和清漆　色漆的目视比色》GB/T 9761

《色漆和清漆　巴克霍尔兹压痕试验》GB/T 9275

《漆膜耐冲击性测定法》GB/T 1732

《色漆和清漆　弯曲试验（圆柱轴）》GB/T 6742

《漆膜耐湿热测定法》GB/T 1740

11.4 门　窗

11.4.1 门窗包括铝合金门窗、PVC 塑料门窗、木窗、钢门窗等。表 11.4.1 门窗的检测代码及参数表主要依据以下相关标准：

《未增塑聚氯乙烯（PVC-U）塑料门窗力学性能及耐候性试验方法》GB/T 11793

《钢门窗》GB/T 20909

《建筑外门窗气密、水密、抗风压性能分级及其检测方法》GB/T 7106

《铝合金门窗》GB/T 8478

《建筑用窗承受机械力的检测方法》GB/T 9158

《建筑木门、木窗》JG/T 122

《钢天窗　上悬钢天窗》JG/T 3004.1

《推拉钢窗》JG/T 3014.1

《未增塑聚氯乙烯　（PVC-U）塑料窗》JG/T 140

《平开、推拉彩色涂层钢板门窗》JG/T 3041

《推拉不锈钢窗》JG/T 41

《塑料门窗工程技术规程》JGJ 103

11.5 幕　墙

11.5.1 幕墙包括玻璃幕墙、金属幕墙、石材幕墙等。表 11.5.1 幕墙的检测代码及参数主要依据以下相关标准：

《建筑幕墙工程技术规程》（玻璃幕墙分册）DGJ 08-56

《半钢化玻璃》GB/T 17841

《建筑装饰装修工程质量验收规范》GB 50210

《建筑幕墙气密、水密、抗风压性能检测方法》GB/T 15227

《玻璃幕墙光学性能》GB/T 18091

《建筑幕墙平面内变形性能检测方法》GB/T 18250

《建筑幕墙抗震性能振动台试验方法》GB/T 18575

《点支式玻璃幕墙支承装置》JG 138

《吊挂式玻璃幕墙支承装置》JG 139

《玻璃幕墙工程技术规范》JGJ 102

《金属与石材幕墙工程技术规范》JGJ 133

《玻璃幕墙工程质量检验标准》JGJ/T 139

《建筑幕墙》GB/T 21086

11.6 密 封 条

11.6.1 表 11.6.1 密封条的检测代码及参数主要依据以

下相关标准：

《塑料门窗用密封条》GB/T 12002

《建筑门窗密封毛条技术条件》JC/T 635

11.7 执 手

11.7.1 表11.7.1中执手的检测代码及参数主要依据以下相关标准：

《建筑门窗五金件 传动机构用执手》JG/T 124

《建筑门窗五金件 旋压执手》JG/T 213

《平开铝合金窗执手》QB/T 3886

《铝合金门窗拉手》QB/T 3889

11.8 合页、铰链

11.8.1 表11.8.1中合页、铰链的检测代码及参数主要依据以下相关标准：

《建筑门窗五金件 合页（铰链）》JG/T 125

《塑料门窗合页（铰链）》QB/T 1235

11.9 传动锁闭器

11.9.1 表11.9.1传动锁闭器的检测代码及参数主要依据以下相关标准：

《建筑门窗五金件 传动锁闭器》JG/T 126

11.10 滑 撑

11.10.1 表11.10.1中滑撑的检测代码及参数主要依据以下相关标准：

《建筑门窗五金件 滑撑》JG/T 127

《铝合金窗不锈钢滑撑》QB/T 3888

11.11 撑 挡

11.11.1 表11.11.1中撑挡的检测代码及参数主要依据以下相关标准：

《建筑门窗五金件 撑挡》JG/T 128

《铝合金窗撑挡》QB/T 3887

11.12 滑 轮

11.12.1 表11.12.1滑轮的检测代码及参数主要依据以下相关标准：

《建筑门窗五金件 滑轮》JG/T 129

《推拉铝合金门窗用滑轮》QB/T 3892

11.13 半 圆 锁

11.13.1 表11.13.1中半圆锁的检测代码及参数主要依据以下相关标准：

《建筑五金件 单点锁闭器》JG/T 130

11.14 限 位 器

11.14.1 表11.14.1中限位器的检测代码及参数主要依据以下相关标准：

《聚氯乙烯（PVC）门窗固定片》JG/T 132

《铝合金门插销》QB/T 3885

《铝合金窗锁》QB/T 3890

11.15 幕墙支承装置

11.15.1 幕墙支承装置包括点支式玻璃幕墙支承装置和吊挂式玻璃幕墙支承装置。表11.15.1中幕墙支承装置的检测代码及参数主要依据以下相关标准：

《点支式玻璃幕墙支承装置》JG 138

《吊挂式玻璃幕墙支承装置》JG 139

12 防 水 材 料

12.1 一 般 规 定

12.1.1 防水材料有防水卷材、防水涂料、道桥防水材料等项目。

12.2 防 水 卷 材

12.2.1 防水卷材包括高分子防水片材、聚合物改性沥青防水卷材、沥青防水卷材、聚氯乙烯防水卷材、弹性体改性沥青防水卷材、高分子防水材料、改性沥青聚乙烯胎防水卷材、自粘橡胶沥青防水卷材、塑性体改性沥青防水卷材、改性沥青聚乙烯胎防水卷材、沥青复合胎柔性防水卷材、自粘聚合物改性沥青聚酯胎防水卷材、氯化聚乙烯防水卷材、三元丁橡胶防水卷材、氯化聚乙烯-橡胶共混防水卷材等。表12.2.1中检测代码及参数主要依据以下相关标准：

《建筑防水卷材试验方法 第1部分：沥青和高分子防水卷材 抽样规则》GB/T 328.1

《建筑防水卷材试验方法 第2部分：沥青防水卷材 外观》GB/T 328.2

《建筑防水卷材试验方法 第3部分：高分子防水卷材 外观》GB/T 328.3

《建筑防水卷材试验方法 第4部分：沥青防水卷材 厚度、单位面积质量》GB/T 328.4

《建筑防水卷材试验方法 第5部分：高分子防水卷材 厚度、单位面积质量》GB/T 328.5

《建筑防水卷材试验方法 第6部分：沥青防水卷材 长度、宽度和平直度》GB/T 328.6

《建筑防水卷材试验方法 第7部分：高分子防水卷材 长度、宽度、平直度和平整度》GB/T 328.7

《建筑防水卷材试验方法 第8部分：沥青防水卷材 拉伸性能》GB/T 328.8

《建筑防水卷材试验方法 第9部分：高分子防水卷材 拉伸性能》GB/T 328.9

《建筑防水卷材试验方法 第10部分：沥青和高分子防水卷材 不透水性》GB/T 328.10

《建筑防水卷材试验方法　第11部分：沥青防水卷材　耐热性》GB/T 328.11

《建筑防水卷材试验方法　第12部分：沥青防水卷材　尺寸稳定性》GB/T 328.12

《建筑防水卷材试验方法　第13部分：高分子防水卷材　尺寸稳定性》GB/T 328.13

《建筑防水卷材试验方法　第14部分：沥青防水卷材　低温柔性》GB/T 328.14

《建筑防水卷材试验方法　第15部分：高分子防水卷材　低温弯折性》GB/T 328.15

《建筑防水卷材试验方法　第16部分：高分子防水卷材　耐化学液体（包括水）》GB/T 328.16

《建筑防水卷材试验方法　第17部分：沥青防水卷材　矿物料粘附性》GB/T 328.17

《建筑防水卷材试验方法　第18部分：沥青防水卷材　撕裂性能（钉杆法）》GB/T 328.18

《建筑防水卷材试验方法　第19部分：高分子防水卷材　撕裂性能》GB/T 328.19

《建筑防水卷材试验方法　第20部分：沥青防水卷材　接缝剥离性能》GB/T 328.20

《建筑防水卷材试验方法　第21部分：高分子防水卷材　接缝剥离性能》GB/T 328.21

《建筑防水卷材试验方法　第22部分：沥青防水卷材　接缝剪切性能》GB/T 328.22

《建筑防水卷材试验方法　第23部分：高分子防水卷材　接缝剪切性能》GB/T 328.23

《建筑防水卷材试验方法　第24部分：沥青和高分子防水卷材　抗冲击性能》GB/T 328.24

《建筑防水卷材试验方法　第25部分：沥青和高分子防水卷材　抗静态荷载》GB/T 328.25

《建筑防水卷材试验方法　第26部分：沥青防水卷材　可溶物含量（浸涂材料含量）》GB/T 328.26

《建筑防水卷材试验方法　第27部分：沥青和高分子防水卷材　吸水性》GB/T 328.27

《硫化橡胶或热塑性橡胶　拉伸应力应变性能的测定》GB/T 528

《硫化橡胶或热塑性橡胶　撕裂强度的测定（裤形、直角形和新月形试样）》GB/T 529

《硫化橡胶低温脆性的测定　单试样法》GB/T 1682

《硫化橡胶或热塑性橡胶与织物粘合强度的测定》GB/T 532

《硫化橡胶或热塑性橡胶　热空气加速老化和耐热试验》GB/T 3512

《硫化橡胶或热塑性橡胶　耐臭氧龟裂静态拉伸试验》GB/T 7762

《建筑防水材料老化试验方法》GB/T 18244

《改性沥青聚乙烯胎防水卷材》GB 18967

《弹性体改性沥青防水卷材》GB 18242

《自粘橡胶沥青防水卷材》JC 840

《塑性体改性沥青防水卷材》GB 18243

《防水沥青与防水卷材术语》GB/T 18378

《沥青复合胎柔性防水卷材》JC/T 690

《自粘聚合物改性沥青防水卷材》GB 23441

《高分子防水材料　第1部分：片材》GB 18173.1

《聚氯乙烯防水卷材》GB 12952

《氯化聚乙烯防水卷材》GB 12953

《三元丁橡胶防水卷材》JC/T 645

《氯化聚乙烯-橡胶共混防水卷材》JC/T 684

《高分子防水卷材胶粘剂》JC 863

12.3　防水涂料

12.3.1　防水涂料包括聚氨酯防水涂料、聚合物乳液建筑防水涂料、溶剂型橡胶沥青防水涂料、聚合物水泥防水涂料、聚氯乙烯弹性防水涂料、水性聚氯乙烯焦油防水涂料、水乳型沥青防水涂料、溶剂型橡胶沥青防水涂料等。表12.3.1所列参数依据以下标准：

《建筑防水涂料试验方法》GB/T 16777

《建筑防水材料老化试验方法》GB/T 18244

《聚氨酯防水涂料》GB/T 19250

《聚合物乳液建筑防水涂料》JC/T 864

《聚合物水泥防水涂料》GB/T 23445

《水乳型沥青防水涂料》JC/T 408

《溶剂型橡胶沥青防水涂料》JC/T 852

12.4　道桥防水材料

12.4.1　道桥防水材料包括道（路）桥用改性沥青防水卷材、塑性体（APP）沥青防水卷材、（水性沥青基）防水涂料等。表12.4.1中检测代码及参数主要依据以下标准：

《道桥用防水涂料》JC/T 975

《道桥用改性沥青防水卷材》JC/T 974

13　嵌缝密封材料

13.1　一般规定

13.1.1　嵌缝密封材料包括定型嵌缝密封材料（密封条和压条等）和非定型嵌缝密封材料（密封膏或嵌缝膏等）等。嵌缝密封材料品种有聚氨酯建筑密封胶、聚硫建筑密封膏、丙烯酸酯建筑密封膏、建筑用弹性密封剂、中空玻璃用弹性密封胶、硅酮建筑密封胶、建筑用硅酮结构密封胶、混凝土建筑接缝用密封胶、幕墙玻璃接缝用密封胶、石材用建筑密封胶、彩色涂层钢板用建筑密封胶、建筑用防霉密封胶、中空玻璃用弹性密封胶、中空玻璃用丁基热熔密封胶、丁基橡胶防水密封胶粘带、道桥接缝用密封胶等。

13.2 定型嵌缝密封材料

13.3 无定型嵌缝密封材料

13.2.1～13.3.1 表 13.2.1、表 13.3.1 中检测代码及参数主要依据以下标准：

《建筑密封材料试验方法 第 1 部分：试验基材的规定》GB/T 13477.1

《建筑密封材料试验方法 第 2 部分：密度的测定》GB/T 13477.2

《建筑密封材料试验方法 第 3 部分：使用标准器具测定密封材料挤出性的方法》GB/T 13477.3

《建筑密封材料试验方法 第 4 部分：原包装单组分密封材料挤出性的测定》GB/T 13477.4

《建筑密封材料试验方法 第 5 部分：表干时间的测定》GB/T 13477.5

《建筑密封材料试验方法 第 6 部分：流动性的测定》GB/T 13477.6

《建筑密封材料试验方法 第 7 部分：低温柔性的测定》GB/T 13477.7

《建筑密封材料试验方法 第 8 部分：拉伸粘结性的测定》GB/T 13477.8

《建筑密封材料试验方法 第 9 部分：浸水后拉伸粘结性的测定》GB/T 13477.9

《建筑密封材料试验方法 第 10 部分：定伸粘结性的测定》GB/T 13477.10

《建筑密封材料试验方法 第 11 部分：浸水后定伸粘结性的测定》GB/T 13477.11

《建筑密封材料试验方法 第 12 部分：同一温度下拉伸-压缩循环后粘结性的测定》GB/T 13477.12

《建筑密封材料试验方法 第 13 部分：冷拉-热压后粘结性的测定》GB/T 13477.13

《建筑密封材料试验方法 第 14 部分：浸水及拉伸-压缩循环后粘结性的测定》GB/T 13477.14

《建筑密封材料试验方法 第 15 部分：经过热、透过玻璃的人工光源和水曝露后粘结性的测定》GB/T 13477.15

《建筑密封材料试验方法 第 16 部分：压缩特性的测定》GB/T 13477.16

《建筑密封材料试验方法 第 17 部分：弹性恢复率的测定》GB/T 13477.17

《建筑密封材料试验方法 第 18 部分：剥离粘结性的测定》GB/T 13477.18

《建筑密封材料试验方法 第 19 部分：质量与体积变化的测定》GB/T 13477.19

《建筑密封材料试验方法 第 20 部分：污染性的测定》GB/T 13477.20

《聚氨酯建筑密封胶》JC/T 482

《聚硫建筑密封胶》JC/T 483

《丙烯酸酯建筑密封胶》JC/T 484

《建筑窗用弹性密封胶》JC/T 485

《中空玻璃用弹性密封胶》JC/T 486

《硅酮建筑密封胶》GB/T 14683

《建筑用硅酮结构密封胶》GB 16776

《混凝土建筑接缝用密封胶》JC/T 881

《幕墙玻璃接缝用密封胶》JC/T 882

《石材用建筑密封胶》JC/T 883

《彩色涂层钢板用建筑密封胶》JC/T 884

《建筑用防霉密封胶》JC/T 885

《中空玻璃用丁基热熔密封胶》JC/T 914

《丁基橡胶防水密封胶粘带》JC/T 942

《道桥接缝用密封胶》JC/T 976

《水泥混凝土路面嵌缝密封材料》JT/T 589

《高分子防水材料 第 2 部分：止水带》GB 18173.2

《高分子防水材料 第 3 部分：遇水膨胀橡胶》GB 18173.3

《膨润土橡胶遇水膨胀止水条》JG/T 141

14 胶 粘 剂

14.1 一 般 规 定

14.1.1 胶粘剂按产品类型划分，包括有水性胶粘剂和溶剂型胶粘剂；按用途划分胶粘剂包括陶瓷墙地砖胶粘剂、幕墙用胶粘剂、结构加固用胶粘剂、高分子防水卷材粘结剂、结构用粘结剂等。胶粘剂包括聚乙酸乙烯酯乳液木材胶粘剂、溶剂型硬聚氯乙烯塑料胶粘剂、HY-919 环氧型硬聚氯乙烯塑料管胶粘剂、水溶性聚乙烯醇缩甲醛胶粘剂、酮醛聚氨酯胶粘剂、陶瓷墙地砖胶粘剂、壁纸胶粘剂、天花板胶粘剂、半硬质聚氯乙烯块状塑料地板胶粘剂、木地板胶粘剂、干挂石材幕墙用环氧胶粘剂、陶瓷墙地砖胶粘剂、高分子防水卷材胶粘剂等。

14.2 结构用胶粘剂

14.2.1 结构用胶粘剂包括幕墙用胶粘剂及结构加固用胶粘剂等，表 14.2.1 中检测代码及参数主要依据以下标准：

《胶粘剂 180°剥离强度试验方法 挠性材料对刚性材料》GB/T 2790

《胶粘剂 T 剥离强度试验方法 挠性材料对挠性材料》GB/T 2791

《高强度胶粘剂剥离强度的测定 浮辊法》GB/T 7122

《胶粘剂对接接头拉伸强度的测定》GB/T 6329

《胶粘剂拉伸剪切强度测定（刚性材料对刚性材料）》GB/T 7124

《胶粘剂剪切冲击强度试验方法》GB/T 6328

《树脂浇铸体性能试验方法》GB/T 2567

《混凝土结构加固设计规范》GB 50367

《胶粘剂劈裂强度试验方法（金属对金属）》GB/T 7749

《胶粘剂拉伸剪切蠕变性能试验方法（金属对金属）》GB/T 7750

《液态胶粘剂密度的测定方法　重量杯法》GB/T 13354

《胶粘剂的 pH 值测定》GB/T 14518

《胶粘剂粘度的测定》GB/T 2794

《胶粘剂不挥发物含量的测定》GB/T 2793

《胶粘剂适用期和贮存期的测定》GB/T 7123.2

《胶粘剂适用期的测定》GB/T 7123.1

《无机胶粘剂套接扭转剪切强度试验方法》GB/T 14903

《热熔胶粘剂热稳定性测定》GB/T 16998

《建筑胶粘剂试验方法　第 1 部分：陶瓷砖胶粘剂试验方法》GB/T 12954.1

《生活饮用水输配水设备及防护材料的安全性评价标准》GB/T 17219

《流体输送用热塑性塑料管材耐内压试验方法》GB/T 6111

14.3　非结构用胶粘剂

14.3.1　非结构用胶粘剂包括陶瓷墙地砖胶粘剂、壁纸胶粘剂、天花板胶粘剂、半硬质聚氯乙烯块状塑料地板胶粘剂、木地板胶粘剂、干挂石材幕墙用环氧胶粘剂、陶瓷墙地砖胶粘剂、高分子防水卷材胶粘剂等。表 14.3.1 中检测代码及参数主要依据以下标准：

《膨胀聚苯板薄抹灰外墙外保温系统》JG 149

《胶粘剂不挥发物含量的测定方法》GB/T 2793

《胶粘剂粘度的测定》GB/T 2794

《胶粘剂对接接头拉伸强度的测定》GB/T 6329

《胶粘剂拉伸剪切强度的测定　（刚性材料对刚性材料）》GB/T 7124

《无机胶粘剂套接压缩剪切强度试验方法》GB/T 11177

《聚乙酸乙烯酯乳液木材胶粘剂》HG 2727

《建筑胶粘剂试验方法　第 1 部分：陶瓷砖胶粘剂试验方法》GB/T 12954.1

《胶粘剂耐化学试剂性能的测定　金属与金属》GB/T 13353

《液态胶粘剂密度的测定方法　重量杯法》GB/T 13354

《木材胶粘剂及其树脂检验方法》GB/T 14074

《胶粘剂的 pH 值测定》GB/T 14518

《木材工业胶粘剂用脲醛、酚醛、三聚氰胺甲醛树脂》GB/T 14732

《无机胶粘剂套接扭转剪切强度试验方法》GB/T 14903

《热熔胶粘剂软化点的测定　环球法》GB/T 15332

《胶粘剂分类》GB/T 13553

《热熔胶粘剂热稳定性测定》GB/T 16998

《胶粘剂术语》GB/T 2943

《胶粘剂产品包装、标志、运输和贮存的规定》HG/T 3075

《胶粘剂　主要破坏类型的表示法》GB/T 16997

《胶粘剂压缩剪切强度试验方法　木材与木材》GB/T 17517

《厌氧胶粘剂扭矩强度的测定（螺纹紧固件）》GB/T 18747.1

《厌氧胶粘剂剪切强度的测定（轴和套环试验法）》GB/T 18747.2

《胶粘剂适用期的测定》GB/T 7123.1

《胶粘剂适用期和贮存期的测定》GB/T 7123.2

《胶粘剂剪切冲击强度试验方法》GB/T 6328

《陶瓷墙地砖胶粘剂》JC/T 547

《壁纸胶粘剂》JC/T 548

《天花板胶粘剂》JC/T 549

《聚氯乙烯块状塑料地板胶粘剂》JC/T 550

《木地板胶粘剂》JC/T 636

《干挂石材幕墙用环氧胶粘剂》JC 887

《高分子防水卷材胶粘剂》JC 863

《胶粘剂的 pH 值测定》GB/T 14518

《树脂浇铸体性能试验方法》GB/T 2567

《硬聚氯乙烯（PVC-U）塑料管道系统用溶剂型胶粘剂》QB/T 2568

15　管网材料

15.2　金属管材管件

15.2.1　金属管材管件包括铸铁管、连接件、法兰、铜管、铜管接头等。表 15.2.1 中检测代码及参数主要依据以下标准：

《金属材料　室温拉伸试验方法》GB/T 228

《金属管　液压试验方法》GB/T 241

《金属管　扩口试验方法》GB/T 242

《金属管　压扁试验方法》GB/T 246

《铜及铜合金加工材残余应力检验方法　氨薰试验法》GB/T 10567

《铜、镍及其合金管材和棒材断口检验法》YS/T 336

《电真空器件用无氧铜含氧量金相检验方法》YS/T 335

《铜及铜合金化学分析方法》GB/T 5121

《铜及铜合金拉制管》GB/T 1527

《铜及铜合金挤制管》YS/T 662

《铜管接头 第1部分：钎焊式管件》GB/T 11618.1

《铜管接头 第2部分：卡压式管件》GB/T 11618.2

《柔性机械接口灰口铸铁管》GB/T 6483

《柔性机械接口灰口铸铁管件》GB/T 6483

《梯唇型橡胶圈接口铸铁管件》YB/T 5226

《灰口铸铁管件》GB/T 3420

《连续铸铁管》GB/T 3422

《铸铁管法兰盖》GB/T 17241.2

《带颈螺纹铸铁管法兰》GB/T 17241.3

《带颈平焊和带颈承插焊铸铁管法兰》GB/T 17241.4

《管端翻边 带颈松套铸铁管法兰》GB/T 17241.5

《整体铸铁法兰》GB/T 17241.6

《铸铁管法兰 技术条件》GB/T 17241.7

《水及燃气管道用球墨铸铁管、管件和附件》GB/T 13295

《排水用柔性接口铸铁管、管件及附件》GB/T 12772

《可锻铸铁管路连接件》GB/T 3287

《喷灌用金属薄壁管及管件》JB/T 7870

《钢板制对焊管件》GB/T 13401

《锻制承插焊和螺纹管件》GB/T 14383

《可锻铸铁管路连接件》GB/T 3287

《钢制法兰管件》GB/T 17185

《钢制对焊无缝管件》GB/T 12459

《化工产品中水分含量的测定 卡尔·费休法（通用方法）》GB/T 6283

《不锈钢卡压式管件》GB/T 19228.1

《不锈钢卡压式管件连接用薄壁不锈钢管》GB/T 19228.2

《不锈钢卡压式管件用橡胶O型密封圈》GB/T 19228.3

《铜及铜合金无缝管材外形尺寸及允许偏差》GB/T 16866

《铝及铝合金管材压缩试验方法》GB/T 3251

《金属材料高温拉伸试验方法》GB/T 4338

《钛及钛合金管材超声波探伤方法》GB/T 12969.1

15.3 塑料管材管件

15.3.1 塑料管材管件包括聚氯乙烯、聚乙烯、聚丙烯、丙烯腈-丁二烯-苯乙烯（ABS）等塑料管材和管件。表15.3.1中检测代码及参数主要依据以下标准：

《建筑排水用硬聚氯乙烯（PVC-U）管材》GB/T 5836.1

《建筑排水用硬聚氯乙烯（PVC-U）管件》GB/T 5836.2

《给水用硬聚氯乙烯（PVC-U）管材》GB/T 10002.1

《给水用硬聚氯乙烯（PVC-U）管件》GB/T 10002.2

《无压埋地排污、排水用硬聚氯乙烯（PVC-U）管材》GB/T 20221

《低压输水灌溉用硬聚氯乙烯（PVC-U）管材》GB/T 13664

《排水用芯层发泡硬聚氯乙烯（PVC-U）管材》GB/T 16800

《埋地排水用硬聚氯乙烯（PVC-U）结构壁管道系统 第1部分：双壁波纹管材》GB/T 18477.1

《埋地排水用硬聚氯乙烯（PVC-U）结构壁管道系统 第3部分：双层轴向中空壁管材》GB/T 18477.3

《埋地用聚乙烯（PE）结构壁管道系统 第1部分：聚乙烯双壁波纹管材》GB/T 19472.1

《埋地用聚乙烯（PE）结构壁管道系统 第2部分：聚乙烯缠绕结构壁管材》GB/T 19472.2

《冷热水系统用热塑性塑料管材和管件》GB/T 18991

《冷热水用氯化聚氯乙烯（PVC-C）管道系统 第1部分：总则》GB/T 18993.1

《冷热水用氯化聚氯乙烯（PVC-C）管道系统 第2部分：管材》GB/T 18993.2

《冷热水用氯化聚氯乙烯（PVC-C）管道系统 第3部分：管件》GB/T 18993.3

《工业用氯化聚氯乙烯（PVC-C）管道系统 第1部分：总则》GB/T 18998.1

《工业用氯化聚氯乙烯（PVC-C）管道系统 第2部分：管材》GB/T 18998.2

《工业用氯化聚氯乙烯（PVC-C）管道系统 第3部分：管件》GB/T 18998.3

《冷热水用聚丙烯管道系统 第1部分：总则》GB/T 18742.1

《冷热水用聚丙烯管道系统 第2部分：管材》GB/T 18742.2

《冷热水用聚丙烯管道系统 第3部分：管件》GB/T 18742.3

《聚乙烯压力管材与管件连接的耐拉拔试验》GB/T 15820

《水及燃气管道用球墨铸铁管、管件和附件》GB/T 13295

《丙烯腈-丁二烯-苯乙烯（ABS）压力管道系统 第1部分：管材》GB/T 20207.1

《丙烯腈-丁二烯-苯乙烯（ABS）压力管道系统

第 2 部分：管件》GB/T 20207.2

《灌溉用聚乙烯（PE）管材 由插入式管件引起环境应力开裂敏感性的试验方法和技术要求》GB/T 15819

《聚乙烯管材与管件热稳定性试验方法》GB/T 17391

《聚乙烯管材 耐慢速裂纹增长锥体试验方法》GB/T 19279

《燃气用埋地聚乙烯（PE）管道系统 第 1 部分：管材》GB 15558.1

《冷热水用聚丁烯（PB）管道系统 第 1 部分：总则》GB/T 19473.1

《冷热水用聚丁烯（PB）管道系统 第 2 部分：管材》GB/T 19473.2

《冷热水用聚丁烯（PB）管道系统 第 3 部分：管件》GB/T 19473.3

《燃气用埋地聚乙烯（PE）管道系统 第 2 部分：管件》GB 15558.2

《建筑排水用高密度聚乙烯（HDPE）管材及管件》CJ/T 250

《流体输送用热塑性塑料管材 公称外径和公称压力》GB/T 4217

《流体输送用热塑性塑料管材耐内压试验方法》GB/T 6111

《热塑性塑料管材纵向回缩率的测定》GB/T 6671

《热塑性塑料管材 环刚度的测定》GB/T 9647

《热塑性塑料管材通用壁厚表》GB/T 10798

《硬聚氯乙烯（PVC-U）管材 二氯甲烷浸渍试验方法》GB/T 13526

《热塑性塑料管材耐外冲击性能试验方法 时针旋转法》GB/T 14152

《流体输送用塑料管材液压瞬时爆破和耐压试验方法》GB/T 15560

《热塑性塑料管材 拉伸性能测定 第 1 部分：试验方法总则》GB/T 8804.1

《热塑性塑料管材 拉伸性能测定 第 2 部分：硬聚氯乙烯（PVC-U）、氯化聚氯乙烯（PVC-C）和高抗冲聚氯乙烯（PVC-HI）管材》GB/T 8804.2

《热塑性塑料管材 拉伸性能测定 第 3 部分：聚烯烃管材》GB/T 8804.3

《热塑性塑料管材、管件及阀门通用术语及其定义》GB/T 19278

《流体输送用热塑性塑料管材 耐快速裂纹扩展（RCP）的测定 小尺寸稳态试验（S4 试验）》GB/T 19280

《塑料管道系统 硬聚氯乙烯（PVC-U）管材弹性密封圈式承口接头 偏角密封试验方法》GB/T 19471.1

《塑料管道系统 硬聚氯乙烯（PVC-U）管材弹性密封圈式承口接头 负压密封试验方法》GB/T 19471.2

《热塑性塑料管材蠕变比率的试验方法》GB/T 18042

《聚烯烃管材、管件和混配料中颜料或炭黑分散的测定方法》GB/T 18251

《塑料管道系统 用外推法确定热塑性塑料材料以管材形式的长期静液压强度》GB/T 18252

《交联聚乙烯（PE-X）管材与管件 交联度的试验方法》GB/T 18474

《热塑性塑料压力管材和管件用材料分级和命名 总体使用（设计）系数》GB/T 18475

《流体输送用聚烯烃管材 耐裂纹扩展的测定 切口管材裂纹慢速增长的试验方法（切口试验）》GB/T 18476

《流体输送用热塑性塑料管材 简支梁冲击试验方法》GB/T 18743

《技术制图 管路系统的图形符号 管件》GB/T 6567.3

《技术制图 管路系统的图形符号 管路、管件和阀门等图形符号的轴测图画法》GB/T 6567.5

《硬聚氯乙烯（PVC-U）管件坠落试验方法》GB/T 8801

《热塑性塑料管材、管件 维卡软化温度的测定》GB/T 8802

《注射成型硬质聚氯乙烯（PVC-U）、氯化聚氯乙烯（PVC-C）、丙烯腈-丁二烯-苯乙烯三元共聚物（ABS）和丙烯腈-苯乙烯-丙烯酸盐三元共聚物（ASA）管件热烘箱试验方法》GB/T 8803

《硬质塑料管材弯曲度测量方法》QB/T 2803

《塑料管道系统 塑料部件尺寸的测定》GB/T 8806

《离心浇铸玻璃纤维增强不饱和聚酯树脂夹砂管管件》JC/T 696

《塑料 聚乙烯环境应力开裂试验方法》GB/T 1842

《塑料管材和管件 聚乙烯（PE）鞍形旁通抗冲击试验方法》GB/T 19712

15.4 复合管材

15.4.1 复合管材包括铝塑复合管材和钢塑复合管材等，表 15.4.1 中检测代码及参数主要依据以下标准：

《塑料 非泡沫塑料密度的测定 第 1 部分：浸渍法、液体比重瓶法和滴定法》GB/T 1033.1

《生活饮用水输配水设备及防护材料的安全性评价标准》GB/T 17219

《铝及铝合金管材外形尺寸及允许偏差》GB/T 4436

《铝及铝合金冷拉薄壁管材涡流探伤方法》GB/T 5126

《无管芯重力热管铝管材》GB/T 9082.1

《聚乙烯管材和管件炭黑含量的测定（热失重法）》GB/T 13021

《结构用不锈钢复合管》GB/T 18704

《塑料管道系统 塑料部件尺寸的测定》GB/T 8806

《塑料试样状态调节和试验的标准环境》GB/T 2918

《交联聚乙烯（PE-X）管材与管件交联度的试验方法》GB/T 18474

《流体输送用塑料管材液压瞬时爆破和耐压试验方法》GB/T 15560

《铝塑复合压力管 第1部分：铝管搭接焊式铝塑管》GB/T 18997.1

《铝塑复合压力管 第2部分：铝管对接焊式铝塑管》GB/T 18997.2

《给水衬塑复合钢管》CJ/T 136

《内衬不锈钢复合钢管》CJ/T 192

《建筑排水用高密度聚乙烯（HDPE）管材及管件》CJ/T 250

《钢塑复合压力管用双热熔管件》CJ/T 237

15.5 混 凝 土 管

15.5.1 表15.5.1中检测代码及参数主要依据以下标准：

《混凝土和钢筋混凝土排水管》GB/T 11836

15.6 陶土管、瓷管

15.6.1 表15.6.1中陶土管、瓷管的检测代码及参数主要依据以下标准：

《陶管尺寸及偏差测量方法》GB/T 2837

《陶管抗外压强度试验方法》GB/T 2832

《陶管弯曲强度试验方法》GB/T 2833

《陶管吸水率试验方法》GB/T 2834

《陶管水压试验方法》GB/T 2836

《陶管耐酸性能试验方法》GB/T 2835

15.7 检查井盖和雨水算

15.7.1 检查井盖和雨水算包括铸铁检查井盖（雨水算）、钢纤维混凝土检查井盖（雨水算）、检查井双层井盖、聚合物基复合材料检查井盖（雨水算）、再生树脂复合材料检查井盖（雨水算）、预制装配式钢筋混凝土检查井、排水专用混凝土模块等。表15.7.1中检测代码及参数主要依据以下标准：

《铸铁检查井盖》CJ/T 3012

《钢纤维混凝土检查井盖》JC 889

《再生树脂复合材料检查井盖》CJ/T 121

《聚合物基复合材料检查井盖》CJ/T 211

15.8 阀 门

15.8.1 本标准指的阀门包括各种金属或塑料材料制成的安全阀、减压阀、闸阀、截止阀、止回阀、旋塞阀、球阀、蝶阀、隔膜阀、气瓶阀等。表15.8.1中检测代码及参数主要依据以下标准：

《金属阀门 结构长度》GB/T 12221

《多回转阀门驱动装置的连接》GB/T 12222

《部分回转阀门驱动装置的连接》GB/T 12223

《钢制阀门 一般要求》GB/T 12224

《通用阀门 法兰连接铁制闸阀》GB/T 12232

《通用阀门 铁制截止阀与升降式止回阀》GB/T 12233

《石油、天然气工业用螺柱连接阀盖的钢制闸阀》GB/T 12234

《石油、石化及相关工业用钢制截止阀和升降式止回阀》GB/T 12235

《石油、化工及相关工业用的钢制旋启式止回阀》GB/T 12236

《石油、石化及相关工业用的钢制球阀》GB/T 12237

《法兰和对夹连接弹性密封蝶阀》GB/T 12238

《工业阀门 金属隔膜阀》GB/T 12239

《铁制旋塞阀》GB/T 12240

《安全阀 一般要求》GB/T 12241

《弹簧直接载荷式安全阀》GB/T 12243

《减压阀 一般要求》GB/T 12244

《先导式减压阀》GB/T 12246

《通用阀门 铁制旋启式止回阀》GB/T 13932

《水利水电工程钢闸门制造、安装及验收规范》GB/T 14173

《铁制和铜制螺纹连接阀门》GB/T 8464

《管线用钢制平板闸阀》JB/T 5298

《液控止回蝶阀》JB/T 5299

《排污阀》JB/T 6900

《管线球阀 技术条件》GB/T 19672

《紧凑型钢制阀门》JB/T 7746

《针形截止阀》JB/T 7747

《金属密封蝶阀》JB/T 8527

《压力释放装置性能试验规范》GB/T 12242

《减压阀 性能试验方法》GB/T 12245

《蒸汽疏水阀 试验方法》GB/T 12251

《工业阀门 压力试验》GB/T 13927

《通用阀门 流量系数和流阻系数的试验方法》JB/T 5296

《阀门的检验与试验》JB/T 9092

16 电气材料

16.1 一般规定

16.1.1 电气材料主要包括电线电缆、通信光缆、线槽、各种电缆导管、断路器、灯具、开关、插头、插座等项目。

16.2 电线电缆

16.2.1～16.2.4 电线电缆的检测代码及参数分为：电缆绝缘和护套材料非电性能、电线电缆电性能、成品电缆物理机械性能、电线电缆燃烧的参数。表16.2.1、表16.2.2、表16.2.3、表16.2.4中检测代码及参数主要依据以下标准：

《额定电压 450/750V 及以下聚氯乙烯绝缘电缆 第1部分：一般要求》GB/T 5023.1

《额定电压 450/750V 及以下聚氯乙烯绝缘电缆 第2部分：试验方法》GB/T 5023.2

《额定电压 450/750V 及以下聚氯乙烯绝缘电缆 第3部分：固定布线用无护套电缆》GB/T 5023.3

《额定电压 450/750V 及以下聚氯乙烯绝缘电缆 第4部分：固套电缆》GB/T 5023.4

《额定电压 450/750V 及以下聚氯乙烯绝缘电缆 第5部分：软电缆（软线）》GB/T 5023.5

《额定电压 450/750V 及以下聚氯乙烯绝缘电缆 第6部分：电梯电缆和挠性连接用电缆》GB/T 5023.6

《额定电压 450/750V 及以下聚氯乙烯绝缘电缆 第7部分：2芯或多芯屏蔽和非屏蔽软电缆》GB/T 5023.7

《额定电压 450/750V 及以下聚氯乙烯绝缘电缆电线和软线 第1部分：一般规定》JB 8734.1

《额定电压 450/750V 及以下聚氯乙烯绝缘电缆电线和软线 第2部分：固定布线用电缆电线》JB 8734.2

《额定电压 450/750V 及以下聚氯乙烯绝缘电缆电线和软线 第3部分：连接用软电线》JB 8734.3

《额定电压 450/750V 及以下聚氯乙烯绝缘电缆电线和软线 第4部分：安装用电线》JB 8734.4

《额定电压 450/750V 及以下聚氯乙烯绝缘电缆电线和软线 第5部分：屏蔽电线》JB 8734.5

《额定电压 450/750V 及以下橡皮绝缘电缆 第1部分：一般要求》GB/T 5013.1

《额定电压 450/750V 及以下橡皮绝缘电缆 第2部分：试验方法》GB/T 5013.2

《额定电压 450/750V 及以下橡皮绝缘电缆 第3部分：耐热硅橡胶绝缘电缆》GB/T 5013.3

《额定电压 450/750V 及以下橡皮绝缘电缆 第4部分：软线和软电缆》GB/T 5013.4

《额定电压 450/750V 及以下橡皮绝缘电缆 第5部分：电梯电缆》GB/T 5013.5

《额定电压 450/750V 及以下橡皮绝缘电缆 第7部分：耐热乙烯－乙酸乙烯酯橡皮绝缘电缆》GB/T 5013.7

《额定电压 1kV（Um＝1.2kV）到 35kV（Um＝40.5kV）挤包绝缘电力电缆及附件 第1部分：额定电压 1kV（Um＝1.2kV）和 3kV（Um＝3.6kV）电缆》GB/T 12706.1

《额定电压 1kV（Um＝1.2kV）到 35kV（Um＝40.5kV）挤包绝缘电力电缆及附件 第2部分：额定电压 6kV（Um＝7.2kV）到 30kV（Um＝36kV）电缆》GB/T 12706.2

《额定电压 1kV（Um＝1.2kV）到 35kV（Um＝40.5kV）挤包绝缘电力电缆及附件 第3部分：额定电压 35kV（Um＝40.5kV）电缆》GB/T 12706.3

《额定电压 1kV（Um＝1.2kV）到 35kV（Um＝40.5kV）挤包绝缘电力电缆及附件 第4部分：额定电压 6kV（Um＝7.2kV）到 35kV（Um＝40.5kV）电力电缆附件试验要求》GB/T 12706.4

《阻燃和耐火电线电缆通则》GB/T 19666

《阻燃及耐火电缆：塑料绝缘阻燃及耐火电缆分级和要求 第1部分：阻燃电缆》GA 306.1

《阻燃及耐火电缆：塑料绝缘阻燃及耐火电缆分级和要求 第2部分：耐火电缆》GA 306.2

《电缆和光缆绝缘和护套材料通用试验方法 第11部分：通用试验方法 厚度和外形尺寸测量 机械性能试验》GB/T 2951.11

《电缆和光缆绝缘和护套材料通用试验方法 第12部分：通用试验方法 热老化试验方法》GB/T 2951.12

《电缆和光缆绝缘和护套材料通用试验方法 第13部分：通用试验方法 密度测定方法 吸水试验 收缩试验》GB/T 2951.13

《电缆和光缆绝缘和护套材料通用试验方法 第14部分：通用试验方法 低温试验》GB/T 2951.14

《电缆和光缆绝缘和护套材料通用试验方法 第21部分：弹性体混合料专用试验方法 耐臭氧试验 热延伸试验 浸矿物油试验》GB/T 2951.21

《电缆和光缆绝缘和护套材料通用试验方法 第31部分：聚氯乙烯混合料专用试验方法 高温压力试验 抗开裂试验》GB/T 2951.31

《电缆和光缆绝缘和护套材料通用试验方法 第32部分：聚氯乙烯混合料专用试验方法 失重试验 热稳定性试验》GB/T 2951.32

《电缆和光缆绝缘和护套材料通用试验方法 第41部分：聚乙烯和聚丙烯混合料专用试验方法 耐环境应力开裂试验 熔体指数测量方法 直接燃烧法

测量聚乙烯中炭黑和（或）矿物质填料含量 热重分析法（TGA）测量碳黑含量 显微镜法评估聚乙烯中碳黑分散度》GB/T 2951.41

《电缆和光缆绝缘和护套材料通用试验方法 第42部分：聚乙烯和聚丙烯混合料专用试验方法 高温处理后抗张强度和断裂伸长率试验 高温处理后卷绕试验 空气热老化后的卷绕试验 测定质量的增加 长期热稳定性试验 铜催化氧化降解试验方法》GB/T 2951.42

《电缆和光缆绝缘和护套材料通用试验方法 第51部分：填充膏专用试验方法 滴点 油分离 低温脆性 总酸值 腐蚀性 23℃时的介电常数 23℃和100℃时的直流电阻率》GB/T 2951.51

《电线电缆电性能试验方法 第1部分：总则》GB/T 3048.1

《电线电缆电性能试验方法 第2部分：金属材料电阻率试验》GB/T 3048.2

《电线电缆电性能试验方法 第3部分：半导电橡塑材料体积电阻率试验》GB/T 1048.3

《电线电缆电性能试验方法 第4部分：导体直流电阻试验》GB/T 3048.4

《电线电缆电性能试验方法 第5部分：绝缘电阻试验》GB/T 3048.5

《电线电缆电性能试验方法 第7部分：耐电痕试验》GB/T 3048.7

《电线电缆电性能试验方法 第8部分：交流电压试验》GB/T 3048.8

《电线电缆电性能试验方法 第9部分：绝缘线芯火花试验》GB/T 3048.9

《电线电缆电性能试验方法 第10部分：挤出护套火花试验》GB/T 3048.10

《电线电缆电性能试验方法 第11部分：介质损耗角正切试验》GB/T 3048.11

《电线电缆电性能试验方法 第12部分：局部放电试验》GB/T 3048.12

《电线电缆电性能试验方法 第13部分：冲击电压试验》GB/T 3048.13

《电线电缆电性能试验方法 第14部分：直流电压试验》GB/T 3048.14

《电线电缆电性能试验方法 第16部分：表面电阻试验》GB/T 3048.16

《电缆的导体》GB/T 3956

《电线电缆识别标志方法 第1部分：一般规定》GB/T 6995.1

《电线电缆识别标志方法 第2部分：标准颜色》GB/T 6995.2

《电线电缆识别标志方法 第3部分：电线电缆识别标志》GB/T 6995.3

《电线电缆识别标志方法 第4部分：电气装备

电线电缆绝缘线芯识别标志》GB/T 6995.4

《电线电缆识别标志方法 第5部分：电力电缆绝缘线芯识别标志》GB/T 6995.5

《电缆和光缆在火焰条件下的燃烧试验 第11部分：单根绝缘电线电缆火焰垂直蔓延试验 试验装置》GB/T 18380.11

《电缆和光缆在火焰条件下的燃烧试验 第12部分：单根绝缘电线电缆火焰垂直蔓延试验 1kW预混合型火焰试验方法》GB/T 18380.12

《电缆和光缆在火焰条件下的燃烧试验 第13部分：单根绝缘电线电缆火焰垂直蔓延试验 测定燃烧的滴落（物）/微粒的试验方法》GB/T 18308.13

《电缆和光缆在火焰条件下的燃烧试验 第21部分：单根绝缘细电线电缆火焰垂直蔓延试验 试验装置》GB/T 18380.21

《电缆和光缆在火焰条件下的燃烧试验 第22部分：单根绝缘细电线电缆火焰垂直蔓延试验 扩散型火焰试验方法》GB/T 18380.22

《电缆和光缆在火焰条件下的燃烧试验 第31部分：垂直安装的成束电线电缆火焰垂直蔓延试验 试验装置》GB/T 18380.31

《电缆和光缆在火焰条件下的燃烧试验 第32部分：垂直安装的成束电线电缆火焰垂直蔓延试验 A F/R类》GB/T 18380.32

《电缆和光缆在火焰条件下的燃烧试验 第33部分：垂直安装的成束电线电缆火焰垂直蔓延试验 A类》GB/T 18380.33

《电缆和光缆在火焰条件下的燃烧试验 第34部分：垂直安装的成束电线电缆火焰垂直蔓延试验 B类》GB/T 18380.34

《电缆和光缆在火焰条件下的燃烧试验 第35部分：垂直安装的成束电线电缆火焰垂直蔓延试验 C类》GB/T 18380.35

《电缆和光缆在火焰条件下的燃烧试验 第36部分：垂直安装的成束电线电缆火焰垂直蔓延试验 D类》GB/T 18380.36

《在火焰条件下电缆或光缆的线路完整性试验 第11部分：试验装置 火焰温度不低于750℃的单独供火》GB/T 19216.11

《在火焰条件下电缆或光缆的线路完整性试验 第21部分：试验步骤和要求 额定电压 0.6/1.0kV及以下电缆》GB/T19216.21

《电工电子产品着火危险试验 第1部分：着火试验术语》GB/T 5169.1

《电工电子产品着火危险试验 第5部分：试验火焰 针焰试验方法 装置、确认试验方法和导则》GB/T 5169.5

《电工电子产品着火危险试验 第10部分：灼热丝/热丝基本试验方法 灼热丝装置和通用试验方法》

GB/T 5169.10

《电工电子产品着火危险试验 第12部分：灼热丝/热丝基本试验方法 材料的灼热丝可燃性试验方法》GB/T 5169.12

《电工电子产品着火危险试验 第11部分：灼热丝/热丝基本试验方法 成品的灼热丝可燃性试验方法》GB/T 5169.11

16.3 通信电缆

16.3.1、16.3.2 通信电缆的检测代码及参数分为物理性能和电气性能，表16.3.1、表16.3.2中检测代码及参数主要依据以下标准：

《数字通信用对绞或星绞多芯对称电缆 第1部分：总规范》GB/T 18015.1

《数字通信用对绞或星绞多芯对称电缆 第2部分：水平层布线电缆 分规范》GB/T 18015.2

《数字通信用对绞或星绞多芯对称电缆 第21部分：水平层布线电缆 空白详细规范》GB/T 18015.21

《数字通信用对绞或星绞多芯对称电缆 第3部分：工作区布线电缆 分规范》GB/T 18015.3

《数字通信用对绞或星绞多芯对称电缆 第31部分：工作区布线电缆 空白详细规范》GB/T 18015.31

《数字通信用对绞或星绞多芯对称电缆 第4部分：垂直布线电缆 分规范》GB/T 18015.4

《数字通信用对绞或星绞多芯对称电缆 第6部分：具有600MHz及以下传输特性的对绞或星绞对称电缆工作区布线》GB/T 18015.6

《数字通信用对绞或星绞多芯对称电缆 第41部分：垂直布线电缆 空白详细规范》GB/T 18015.41

《电话网用户铜芯室内线》YD/T 840

《接入网用同轴电缆 第1部分：同轴用户电缆一般要求》YD/T 897.1

《数字通信用对绞/星绞对称电缆 第1部分：总则》YD/T 838.1

《数字通信用实心聚烯烃绝缘水平对绞电缆》YD/T 1019

《大楼通信综合布线系统 第2部分：电缆、光缆技术要求》YD/T 926.2

《大楼通信综合布线系统 第3部分：连接硬件和接插软线技术要求》YD/T 926.3

16.4 通信光缆

16.4.1 表16.4.1中检测代码及参数主要依据以下标准：

《大楼通信综合布线系统 第2部分：电缆、光缆技术要求》YD/T 926.2

《通信光缆系列 第3部分：综合布线用室内光

缆》GB/T 13993.3

16.5 电线槽

16.5.1 表16.5.1中检测代码及参数主要依据以下标准：

《难燃绝缘聚氯乙烯电线槽及配件》QB/T1614

《塑料 用氧指数法测定燃烧行为 第1部分：导则》GB/T 2406.1

《塑料 用氧指数法测定燃烧行为 第2部分：室温试验》GB/T 2406.2

16.6 塑料绝缘电工套管

16.6.1 表16.6.1中检测代码及参数主要依据以下标准：

《电气安装用导管配件的技术要求 第1部分：通用要求》GB/T 16316

《电气安装用导管 特殊要求——刚性绝缘材料平导管》GB/T 14823.2

《建筑用绝缘电工套管及配件》JG 3050

《电气安装用阻燃PVC塑料平导管通用技术条件》GA 305

《塑料 用氧指数法测定燃烧行为 第1部分：导则》GB/T 2406.1

《塑料 用氧指数法测定燃烧行为 第2部分：室温试验》GB/T 2406.2

《电气安装用导管的技术要求通用要求》GB/T 1338.1

《电气安装用导管 特殊要求——金属导管》GB/T 14823.1

16.7 埋地式电缆导管

16.7.1 表16.7.1中检测代码及参数主要依据以下标准：

《地下通信管道用塑料管 第1部分：总则》YD/T 841.1

《地下通信管道用塑料管 第2部分：实壁管》YD/T 841.2

《地下通信管道用塑料管 第3部分：双壁波纹管》YD/T 841.3

《地下通信管道用塑料管 第5部分：梅花管》YD/T 841.5

《埋地式高压电力电缆用氯化聚氯乙烯（PVC-C）套管》QB/T 2479

《电力电缆用导管技术条件 第1部分：总则》DL/T 802.1

《电力电缆用导管技术条件 第2部分：玻璃纤维增强塑料电缆导管》DL/T 802.2

《电力电缆用导管技术条件 第3部分：氯化聚氯乙烯及硬聚氯乙烯塑料电缆导管》DL/T 802.3

《电力电缆用导管技术条件 第4部分：氯化聚氯乙烯及硬聚氯乙烯塑料双壁波纹电缆导管》DL/T 802.4

《电力电缆用导管技术条件 第5部分：纤维水泥电缆导管》DL/T 802.5

《电力电缆用导管技术条件 第6部分：承插式混凝土预制电缆导管》DL/T 802.6

《塑料试样状态调节和试验的标准环境》GB/T 2918

《塑料管道系统 塑料部件尺寸的测定》GB/T 8806

《硬质塑料管材弯曲度测定方法》QB/T 2803

《塑料 非泡沫塑料密度的测定 第1部分：浸渍法、液体比重瓶法和滴定法》GB/T 1033.1

《热塑性塑料管材、管件 维卡软化温度的测定》GB/T 8802

《塑料滑动摩擦磨损试验方法》GB 3960

《固体绝缘材料体积电阻率和表面电阻率试验方法》GB/T 1410

《热塑性塑料管材耐外冲击性能试验方法 时针旋转法》GB/T 14152

《热塑性塑料管材 环刚度的测定》GB/T 9647

《热塑性塑料管材 拉伸性能测定 第2部分：硬聚氯乙烯（PVC-U）、氯化聚氯乙烯（PVC-C）和高抗冲聚氯乙烯（PVC-HI）管材》GB/T 8804.2

《热塑性塑料管材纵向回缩率的测定》GB/T 6671

《纤维增强塑料拉伸性能试验方法》GB/T 1447

《纤维增强塑料弯曲性能试验方法》GB/T 1449

《纤维增强塑料树脂不可溶分含量试验方法》GB 2576

《纤维增强热固性塑料管平行板外载性能试验方法》GB/T 5352

《塑料 负荷变形温度的测定 第1部分：通用试验方法》GB/T 1634.1

《塑料 负荷变形温度的测定 第2部分：塑料、硬橡胶和长纤维增强复合材料》GB/T 1634.2

《玻璃纤维增强塑料老化性能试验方法》GB/T 2573

《纤维增强塑料巴氏（巴柯尔）硬度试验方法》GB/T 3854

《纤维增强塑料燃烧性能试验方法 氧指数法》GB/T 8924

《纤维增强塑料导热系数试验方法》GB/T 3139

16.8 低压熔断器

16.8.1 表16.8.1中的检测代码及参数主要依据如下相关标准：

《低压熔断器 第1部分：基本要求》GB/T 13539.1

16.9 低压断路器

16.9.1 表16.9.1中的检测代码及参数主要依据如下相关标准：

《低压开关设备和控制设备 第2部分：断路器》GB 14048.2

《低压开关设备和控制 第1部分：总则》GB/T 14048.1

《家用和类似用途的不带过电流保护的剩余电流动作断路器（RCCB）第1部分：一般规则》GB 16916.1

《电气附件 家用及类似场所用过电流保护断路器 第1部分：用于交流的断路器》GB 10963.1

《家用及类似场所用过电流保护断路器 第2部分：用于交流和直流的断路器》GB/T 10963.2

《家用和类似用途的带过电流保护的剩余电流动作断路器（RCBO） 第1部分：一般规则》GB 16917.1

16.10 灯 具

16.10.1 灯具指能透光、分配和改变光源光分布的器具，包括除光源外所有用于固定和保护光源所需的全部零、部件，以及与电源连接所必需的线路附件。表16.10.1的检测代码及参数主要依据如下相关标准：

《灯具 第1部分：一般要求与试验》GB 7000.1

《灯具 第2-22部分：特殊要求 应急照明灯具》GB 7000.2

《庭园用的可移式灯具安全要求》GB 7000.3

《灯具 第2-10部分：特殊要求 儿童用可移式灯具》GB 7000.4

《道路与街路照明灯具安全要求》GB 7000.5

《灯具 第2-6部分：特殊要求 带内装式钨丝灯变压器或转换器的灯具》GB 7000.6

《投光灯具安全要求》GB 7000.7

《灯具 第2-18部分：特殊要求 游泳池和类似场所用灯具》GB 7000.8

《灯具 第2-20部分：特殊要求 灯串》GB 7000.9

《灯具 第2-1部分：特殊要求 固定式通用灯具》GB 7000.10

《灯具 第2-4部分：特殊要求 可移式通用灯具》GB 7000.11

《灯具 第2-2部分：特殊要求 嵌入式灯具》GB 7000.12

《灯具 第2-8部分：特殊要求 手提灯》GB 7000.13

《灯具 第2-19部分：特殊要求 通风式灯具》

GB 7000.14

《灯具 第2-17部分：特殊要求 舞台灯光、电视、电影及摄影场所（室内外）用灯具》GB 7000.15

《医院和康复大楼诊所用灯具安全要求》GB 7000.16

《电气照明和类似设备的无线电骚扰特性的限值和测量方法》GB 17743

《电磁兼容 限值 谐波电流发射限值（设备每相输入电流≤16A）》GB 17625.1

《消防应急灯具》GB 17945

《消防应急照明灯具通用技术条件》GA 54

《消防电子产品环境试验方法及严酷等级》GB 16838

16.11 开关、插头、插座

16.11.1 表16.11.1中开关、插头、插座的检测代码及参数主要依据如下相关标准：

《家用和类似用途插头插座 第一部分：通用要求》GB 2099.1

《家用和类似用途固定式电气装置的开关 第1部分：通用要求》GB 16915.1

17 保温吸声材料

17.1 一般规定

17.1.1 保温吸声材料包括无机颗粒材料、发泡材料、纤维材料、涂料、复合板等项目，保温吸声材料的热工性能、声学性能列入第37章、第39章。

17.2 无机颗粒材料

17.2.1 无机颗粒保温吸声材料包括膨胀珍珠岩、膨胀珍珠岩绝热制品、硅酸钙绝热制品、膨胀蛭石、膨胀蛭石制品、海泡石等。表17.2.1检测代码及参数主要依据如下相关标准：

《绝热材料及相关术语》GB/T 4132

《膨胀珍珠岩绝热制品》GB/T 10303

《硅酸钙绝热制品》GB/T 10699

《膨胀珍珠岩》JC 209

《膨胀蛭石》JC 441

《膨胀蛭石制品》JC 442

《海泡石》JC/T 574

17.3 发泡材料

17.3.1 有机泡沫保温吸声材料包括绝热用模塑聚苯乙烯泡沫塑料、绝热用挤塑聚苯乙烯泡沫塑料、软质聚氨酯泡沫塑料、柔性泡沫橡塑绝热制品、泡沫玻璃绝热制品、建筑物隔热用硬质聚氨酯泡沫塑料等。表17.3.1的检测代码及参数主要依据如下相关标准：

《绝热用模塑聚苯乙烯泡沫塑料》GB/T 10801.1

《绝热用挤塑聚苯乙烯泡沫塑料（XPS）》GB/T 10801.2

《通用软质聚醚型聚氨酯泡沫塑料》GB/T 10802

《柔性泡沫橡塑绝热制品》GB/T 17794

《泡沫玻璃绝热制品》JC/T 647

《建筑物隔热用硬质聚氨酯泡沫塑料》QB/T 3806

17.4 纤维材料

17.4.1 纤维保温吸声材料包括绝热用岩棉、矿渣棉、玻璃棉及其制品、绝热用玻璃棉及其制品、绝热用硅酸铝棉及其制品、建筑绝热用玻璃棉制品、吸声用玻璃棉制品、吸声板用粒状棉、矿物棉喷涂绝热层等。表17.4.1纤维类保温吸声材料的检测代码及参数主要依据如下相关标准：

《绝热用岩棉、矿渣棉及其制品》GB/T 11835

《绝热用玻璃棉及其制品》GB/T 13350

《绝热用硅酸铝棉及其制品》GB/T 16400

《建筑绝热用玻璃棉制品》GB/T 17795

《吸声用玻璃棉制品》JC/T 469

《吸声板用粒状棉》JC/T 903

《矿物面喷涂绝热层》JC/T 909

17.5 涂料

17.5.1 涂料保温吸声材料包括硅酸钙、硅藻土绝热制品等。表17.5.1涂料类保温吸声材料的检测代码及参数主要依据如下相关标准：

《硅酸盐复合绝热涂料》GB/T 17371

17.6 复合板

17.6.1 复合板类保温吸声材料包括钢丝网架水泥聚苯乙烯夹芯板、矿渣棉装饰吸声板、金属棉聚苯乙烯夹芯板、金属面硬质聚氨酯夹芯板、金属岩棉、矿渣棉夹芯板、玻璃纤维增强水泥（GRC）外墙内保温板、吸声用穿孔纤维水泥板等。表17.6.1的检测代码及参数主要依据如下相关标准：

《钢丝网架水泥聚苯乙烯夹芯板》JC 623

《金属面硬质聚氨酯夹芯板》JC/T 868

《金属面岩棉 矿渣棉夹芯板》JC/T 869

《玻璃纤维增强水泥（GRC）外墙内保温板》JC/T 893

《吸声用穿孔纤维水泥板》JC/T 566

18 道桥材料

18.1 一般规定

18.1.1 道桥材料包括石料、粗集料、细集料、矿粉、沥青等项目。

18.2 石 料

18.2.1 表 18.2.1 道路用石料检测代码及参数主要依据以下相关标准:

《城市道路路基工程施工及验收规范》CJJ 44

《公路路基施工技术规范》JTG F10

《公路工程岩石试验规程》JTG E41

《公路路基路面现场测试规程》JTG E60

《公路工程质量检验评定标准第一册 土建工程》JTG F80/1

18.3 粗 集 料

18.3.1 表 18.3.1 粗集料检测代码及参数主要依据以下相关标准:

《城市道路路基工程施工及验收规范》CJJ 44

《公路路基施工技术规范》JTG F10

《公路工程集料试验规程》JTG E42

《公路路基路面现场测试规程》JTG E60

《公路工程质量检验评定标准第一册 土建工程》JTG F80/1

18.4 细 集 料

18.4.1 表 18.4.1 细集料性能检测代码及参数主要依据:

《城市道路路基工程施工及验收规范》CJJ 44

《公路路基施工技术规范》JTG F10

《公路工程集料试验规程》JTG E42

《公路路基路面现场测试规程》JTG E60

《公路工程质量检验评定标准第一册 土建工程》JTG F80/1

18.5 矿 粉

18.5.1 表 18.5.1 矿粉性能检测代码及参数主要依据以下相关标准:

《城市道路路基工程施工及验收规范》CJJ 44

《公路路基施工技术规范》JTG F10

《公路工程集料试验规程》JTG E42

《公路路基路面现场测试规程》JTG E60

《公路工程质量检验评定标准第一册 土建工程》JTG F80/1

18.6 沥 青

18.6.1 表 18.6.1 沥青材料性能检测代码及参数主要依据以下相关标准:

《公路工程沥青及沥青混合料试验规程》JTJ 052

《城市道路路基工程施工及验收规范》CJJ 44

《公路工程质量检验评定标准第一册 土建工程》JTG F80/1

18.7 沥青混合料

18.7.1 沥青混合料包括沥青稳定碎石混合料（密级配、半开级配、开级配沥青碎石混合料）、SMA（沥青玛蹄脂碎石）混合料、OGFC（开级配沥青磨耗层）混合料等。表 18.7.1 沥青混合料检测代码及参数主要依据以下相关标准:

《公路工程沥青及沥青混合料试验规程》JTJ 052

《城市道路路基工程施工及验收规范》CJJ 44

《公路工程质量检验评定标准第一册 土建工程》JTG F80/1

18.8 无机结合料稳定材料

18.8.1 无机结合料稳定材料包括水泥稳定土、石灰稳定土、水泥石灰综合稳定土、石灰粉煤灰稳定土、水泥粉煤灰稳定土和水泥石灰粉煤灰稳定土等。表 18.8.1 无机结合料稳定材料的检测代码及参数主要依据以下相关标准:

《粉煤灰石灰类道路基层施工及验收规程》CJJ 4

《钢渣石灰类道路基层施工及验收规程》CJJ 35

《城市道路路基工程施工及验收规范》CJJ 44

《公路路基施工技术规范》JTG F10

《公路工程无机结合料稳定材料试验规程》JTG E51

《公路路基路面现场测试规程》JTG E60

《公路工程质量检验评定标准第一册 土建工程》JTG F80/1

18.9 土工合成材料

18.9.1 土工合成材料包括土工织物、土工膜、土工复合材料和土工特种材料、膨润土防水毯等。表 18.9.1 土工合成材料检测代码及参数主要依据以下相关标准:

《土工合成材料测试规程》SL/T 235

《城市道路路基工程施工及验收规范》CJJ 44

《公路工程质量检验评定标准第一册 土建工程》JTG F80/1

19 道桥构配件

19.1 一般规定

19.1.1 道桥构配件包括桥梁支座、桥梁伸缩装置等项目。

19.2 桥梁支座

19.2.1 桥梁支座主要包括:桥梁板式橡胶支座、桥梁四氟板式橡胶支座、盆式支座、球型支座等。表 19.2.1 桥梁支座检测代码及参数依据以下相关标准:

《公路桥梁板式橡胶支座》JT/T 4

《公路桥梁盆式支座》JT/T 391

19.3 桥梁伸缩装置

19.3.1 桥梁伸缩装置主要包括：桥梁模数式伸缩装置、梳齿板式伸缩装置、橡胶伸缩装置、异型板式伸缩装置、桥梁波形伸缩装置等。表 19.3.1 桥梁伸缩装置检测代码及参数依据以下相关标准：

《公路桥梁伸缩装置》JT/T 327

《公路桥梁波形伸缩装置》JT/T 502

20 防腐绝缘材料

20.1 一般规定～20.13 聚乙烯工业薄膜

20.1.1～20.13.1 表 20.2.1～表 20.13.1 中的检测代码及参数主要依据以下相关标准：

《埋地钢质管道石油沥青防腐层技术标准》SY/T 0420

《埋地钢质管道环氧煤沥青防腐层技术标准》SY/T 0447

《埋地钢质管道煤焦油瓷漆外防腐层技术标准》SY/T 0379

《埋地钢质管道聚乙烯防腐层技术标准》SY/T 0413

《钢质管道聚乙烯胶粘带防腐层技术标准》SY/T 0414

《辐射交联聚乙烯热收缩带（套）》SY/T 4054

《钢质管道单层熔结环氧粉末外涂层技术规范》SY/T 0315

《钢结构、管道涂装技术规程》YB/T 9256

21 地基与基础工程

21.1 一般规定

21.1.1 地基与基础工程包括建筑与市政工程的土工试验、地基、基础、支护结构等项目。

21.2 土工试验

21.2.1 表 21.2.1 中土工试验的检测代码及参数依据下列相关标准：

《土工试验方法标准》GB/T 50123

《公路土工试验规程》JTG E40

21.3 地 基

21.3.1 表 21.3.1 中地基检测代码及参数依据下列相关标准：

《岩土工程勘察规范》GB 50021

《地基动力特性测试规范》GB/T 50269

《建筑地基基础设计规范》GB 50007

《建筑地基处理技术规范》JGJ 79

《公路路基施工技术规范》JTG F10

21.4 基 础

21.4.2 基础包括浅基础、桩基础。浅基础的基础持力层性质检测代码及参数参照地基项目，表 21.4.2 中桩基础检测代码及参数主要依据下列相关标准：

《建筑基桩检测技术规范》JGJ 106

《建筑地基基础设计规范》GB 50007

《建筑桩基技术规范》JGJ 94

21.5 支 护 结 构

21.5.1 表 21.5.1 中基坑支护结构检测代码及参数主要依据下列相关标准：

《基坑土钉支护技术规程》CECS 96

《建筑基坑支护技术规程》JGJ 120

《建筑地基基础设计规范》GB 50007

《钻芯法检测混凝土强度技术规程》CECS 03

22 主体结构工程

22.1 一 般 规 定

22.1.1 主体结构工程包括房屋及市政工程的混凝土结构、砌体结构、钢结构等项目。

22.2 混凝土结构

22.2.1 表 22.2.1 混凝土结构检测代码及参数主要依据以下相关标准：

《回弹法检测混凝土抗压强度技术规程》JGJ/T 23

《超声回弹综合法检测混凝土强度技术规程》CECS 02

《钻芯法检测混凝土强度技术规程》CECS 03

《后装拔出法检测混凝土强度技术规程》CECS 69

《混凝土结构工程施工质量验收规范》GB 50204

《超声法检测法检测混凝土缺陷技术规程》CECS 21

《建筑结构检测技术标准》GB/T 50344

《混凝土结构试验方法标准》GB 50152

《预应力混凝土用钢绞线》GB/T 5224

《预应力混凝土用钢丝》GB/T 5223

《预应力筋用锚具、夹具和连接器》GB/T 14370

《预应力筋用锚具、夹具和连接器应用技术规程》JGJ 85

《预应力混凝土用金属波纹管》JG 225

22.3 砌体结构

22.3.1 砌体结构包括砖砌体、砌块砌体和石砌体结构等。表22.3.1中砌体结构检测代码及参数主要依据以下相关标准:

《砌体工程施工质量验收规范》GB 50203
《砌体工程现场检测技术标准》GB/T 50315
《建筑结构检测技术标准》GB/T 50344
《建筑砂浆基本性能试验方法标准》JGJ/T 70
《贯入法检测砌筑砂浆抗压强度技术规程》JGJ/T 136

22.4 钢 结 构

22.4.1 表22.4.1中钢结构检测代码及参数主要依据以下相关标准:

《建筑钢结构焊接技术规程》JGJ 81
《钢焊缝手工超声波探伤方法和探伤结果分级》GB/T 11345
《压力设备无损检测》JB/T 4730.1～4370.6
《钢结构高强螺栓连接的设计、施工及验收规程》JGJ 82
《钢结构工程施工质量验收规范》GB 50205
《涂装前钢材表面锈蚀等级和除锈等级》GB/T 8923
《建筑结构检测技术标准》GB/T 50344
《网架结构工程质量检验评定标准》JGJ 78
《钢结构超声波探伤及质量分级法》JG/T 203
《铝合金建筑型材》GB/T 5237.1～5237.6
《钢焊缝手工超声波探伤方法和探伤结果分级》GB/T 11345
《锻钢件超声波探伤方法》JB/T 8467
《无损检测 焊缝磁粉检测》JB/T 6061
《钢结构超声波探伤及质量分级法》JG/T 203
《无损检测 磁粉检测 第1部分:总则》GB/T 15822.1
《复合钢板超声波检验方法》GB/T 7734
《无损检测 符号表示法》GB/T 14693
《钢结构用高强度大六角头螺栓、大六角螺母、垫圈技术条件》GB/T 1231
《建筑安装工程金属熔化焊焊缝射线照相检测标准》CECS 70
《无缝钢管超声波探伤检验方法》GB/T 5777
《无损检测 金属管道熔化焊环向对接接头射线照相检测方法》GB/T 12605
《铸钢件渗透检测》GB/T 9443
《铸钢件磁粉检测》GB/T 9444
《无损检测 接触式超声斜射检测方法》GB/T 11343
《无损检测 术语 超声检测》GB/T 12604.1

《无损检测 术语 射线照相检测》GB/T 12604.2
《无损检测 术语 渗透检测》GB/T 12604.3
《无损检测 术语 磁粉检测》GB/T 12604.5
《无损检测 人员资格鉴定与认证》GB/T 9445

22.5 钢管混凝土结构

22.5.1 表22.5.1中钢管混凝土结构检测代码及参数依据以下标准:

《建筑结构检测技术标准》GB/T 50344
《钢结构工程施工质量验收规范》GB 50205
《超声法检测混凝土缺陷技术规程》CECS 21
《钢管混凝土结构设计与施工规程》CECS 28

22.6 木 结 构

22.6.1 木结构包括原木结构、方木结构、胶合木结构和胶合板结构。表22.6.1中木结构的其他检测代码及参数主要依据以下相关标准:

《木材抗弯强度试验方法》GB/T 1936.1
《木材物理力学试验方法总则》GB/T 1928
《木材顺纹抗拉强度试验方法》GB/T 1938
《木材含水率测定方法》GB/T 1931
《木结构工程施工质量验收规范》GB 50206
《木结构试验方法标准》GB/T 50329
《建筑结构检测技术标准》GB/T 50344

22.7 膜 结 构

22.7.1 膜结构包括张拉膜结构、骨架式膜结构、索系膜结构和充气式膜结构。表22.7.1膜结构检测代码及参数主要依据以下相关标准:

《膜结构技术规程》CECS 158
《增强材料 机织物试验方法 第5部分:玻璃纤维拉伸断裂强力和断裂伸长的测定》GB/T 7689.5
《800～2000 纳米光谱反射比副基准操作技术规范》JJF 1335
《建筑玻璃可见光透射比、太阳光直接透射比、太阳能总透射比、紫外线透射比及有关窗玻璃参数的测定》GB/T 2680
《建筑材料难燃性试验方法》GB/T 8625
《塑料实验室光源暴露试验方法 第2部分:氙弧灯》GB/T 16422.2

23 装饰装修工程

23.1 一 般 规 定

23.1.1 装饰装修工程检测包括抹灰工程、门窗工程、粘结与锚固等项目。

23.2 抹　灰

23.2.1 表 23.2.1 中装饰装修工程检测代码及参数主要依据以下标准：

《建筑装饰装修工程质量验收规范》GB 50210

《建筑涂饰工程施工及验收规程》JGJ/T 29

《民用建筑设计通则》GB 50352

《建筑地面工程施工质量验收规范》GB 50209

《木质地板铺装、验收和使用规范》GB/T 20238

《木地板铺设面层验收规范》WB/T 1016

《建筑内部装修设计防火规范》GB/T 50222

《金属与石材幕墙工程技术规范》JGJ 133

23.3 门　窗

23.3.1 表 23.3.1 门窗物理性能现场检测代码及参数主要依据以下标准：

《建筑外窗气密、水密、抗风压性能现场检测方法》JG/T 211

23.4 粘结与锚固

23.4.1 表 23.4.1 粘结与锚固检测代码及参数主要依据以下标准：

《外墙饰面砖工程施工及验收规程》JGJ 126

《建筑工程饰面砖粘结强度检验标准》JGJ 110

《混凝土结构后锚固技术规程》JGJ 145

24　防　水　工　程

24.1 一　般　规　定

24.1.1 防水工程包括建筑与市政工程的地下防水和屋面防水工程等项目。本章主要针对与防水性能有关的包括找平层、保温层、防水层等检测。

24.2 地下防水工程

24.2.1 表 24.2.1 地下防水工程检测代码及参数主要依据以下标准：

《增强氯化聚乙烯橡胶卷材防水工程技术规程》CECS 63

《地下工程防水技术规范》GB 50108

《地下防水工程质量验收规范》GB 50208

24.3 屋面防水工程

24.3.1 表 24.3.1 屋面防水工程检测代码及参数主要依据以下标准：

《柔毡屋面防水工程技术规程》CECS 29

《屋面工程技术规范》GB 50345

《屋面工程质量验收规范》GB 50207

25　建筑给水、排水及采暖工程

25.1 一　般　规　定

25.1.1、25.1.2 建筑给水、排水及采暖安装工程检测包括建筑给水、排水工程、采暖供热系统等项目。

25.2 建筑给水、排水工程

25.2.1 表 25.2.1 中给水、排水安装工程的检测代码及参数主要依据以下相关标准：

《建筑给水排水及采暖工程施工质量验收规范》GB 50242

《压缩机、风机、泵安装工程施工及验收规范》GB 50275

25.3 采暖供热系数

25.3.1 表 25.3.1 中采暖安装工程的检测代码及参数主要依据以下相关标准：

《建筑给水排水及采暖工程施工质量验收规范》GB 50242

《压缩机、风机、泵安装工程施工及验收规范》GB 50275

《地面辐射供暖技术规程》JGJ 142

26　通风与空调工程

26.1 一　般　规　定

26.1.1 通风与空调工程检测包括系统安装、系统测定与调整等项目。

26.2 系　统　安　装

26.2.1 系统安装包括风管、风管部件规格及材料，风管系统，通风与空调设备，空调制冷系统，空调水系统与设备。表 26.2.1 系统安装检测代码及参数主要依据以下标准：

《通风与空调工程施工质量验收规范》GB 50243

《医院洁净手术部建筑技术规范》GB 50333

《生物安全实验室建筑技术规范》GB 50346

《医院消毒卫生标准》GB 15982

《机械设备安装工程施工及验收通用规范》GB 50231

《制冷设备、空气分离设备安装工程施工及验收规范》GB 50274（涉及制冷设备的本体安装）

《锅炉安装工程施工及验收规范》GB 50273

《压缩机、风机、泵安装工程施工及验收规范》GB 50275

《声环境质量标准》GB 3096

《采暖通风与空气调节设备噪声声功率级的测定工程法》GB 9068

《工业锅炉水质》GB/T 1576

26.3 系统测定与调整

26.3.1 建筑系统综合效能测定与调整包括通风除尘系统、空调系统、恒温恒湿空调系统、净化空调系统的综合效能测定。表 26.3.1 通风除尘系统综合效能检测代码及参数主要依据以下标准:

《氨制冷系统安装工程施工及验收规范》SBJ 12

《机械设备安装工程施工及验收通用规范》GB 50231

《制冷设备、空气分离设备安装工程施工及验收规范》GB 50274（涉及制冷设备的本体安装）

《声环境质量标准》GB 3096

《采暖通风与空气调节设备噪声声功率级的测定工程法》GB 9068

27 建筑电气工程

27.1 一 般 规 定

27.1.1 建筑电气工程包括电气设备交接试验、照明系统、建筑防雷、建筑物等电位连接等项目。

27.2 电气设备交接试验～27.5 建筑物等电位连接

27.2.1～27.5.1 建筑防雷包括接闪器、引下线和接地装置。建筑物等电位连接包括等电位连接系统、共用接地系统、屏蔽系统、浪涌保护器等。表27.2.1、表 27.3.1、表 27.4.1、表 27.5.1 中检测代码及参数主要依据以下相关标准:

《电气装置安装工程 电气设备交接试验标准》GB 50150

《建筑电气工程施工质量验收规范》GB 50303

《民用建筑电气设计规范》JGJ 16

《建筑物防雷设计规范》GB 50057（2000 年版）

《建筑物电子信息系统防雷技术规范》GB 50343

《建筑物电气装置 第 7 部分: 特殊装置或场所的要求 第 706 节: 狭窄的可导电场所》GB 16895.8

28 智能建筑工程

28.1 一 般 规 定

28.1.1 智能建筑工程包括通信网络系统、综合布线系统等项目。

28.2 通信网络系统

28.2.1 通信网络系统包括电话交换系统、会议电视系统、接入网设备、卫星数字电视及有线电视系统、公共广播与紧急广播系统。表 28.2.1 中所列参数主要依据以下相关标准:

《智能建筑工程质量验收规范》GB 50339

《智能建筑工程检测规程》CECS 182

《综合布线系统工程验收规范》GB 50312

《建筑电气工程施工质量验收规范》GB 50303

《电气装置安装工程 电气设备交接试验标准》GB 50150

《综合布线系统电气特性通用测试方法》YD/T 1013

28.3 综合布线系统

28.3.1 综合布线系统包括系统安装质量、系统性能、系统管理。

《综合布线系统工程验收规范》GB 50312

《大楼通信综合布线系统 第 1 部分: 总规范》YD/T 926.1

29 建筑节能工程

29.1 一 般 规 定

29.1.1 建筑节能工程参照《建筑节能工程施工质量验收规范》GB 50411 分为墙体、幕墙、门窗、屋面、地面、采暖、通风与空调、通风与空调冷热源及管网、配电与照明、监测与控制、围护结构实体等项目。

29.2 墙 体

29.2.1 表 29.2.1 中墙体节能检测中材料检测代码及参数主要依据以下相关标准:

《建筑节能工程施工质量验收规范》GB 50411

《外墙外保温工程技术规程》JCJ 144

《墙体保温用膨胀聚苯乙烯板胶粘剂》JC/T 992

《外墙外保温用膨胀聚苯乙烯板抹面胶浆》JC/T 993

《胶粉聚苯颗粒外墙外保温系统》JG 158

《膨胀聚苯板薄抹灰外墙外保温系统》JG 149

《玻璃纤维网布耐碱性试验方法 氢氧化钠溶液浸泡法》GB/T 20102

《增强用玻璃纤维网布 第 2 部分: 聚合物基外墙外保温用玻璃纤维网布》JC 561.2

《居住建筑节能检测标准》JGJ/T 132

29.7 采 暖

29.7.1 表 29.7.1 中采暖检测中保温材料检测代码及参数主要依据以下相关标准:

《采暖散热器散热量测定方法》GB/T 13754

《风机盘管机组》GB/T 19232

29.9 空调与采暖系统冷热源及管网

29.9.1 表 29.9.1 中空调与采暖系统冷热源及管网检测代码及参数主要依据以下相关标准：
《建筑节能工程施工质量验收规范》GB 50411
《通风与空调工程施工质量验收规范》GB 50243
《通风与空调系统性能检测规程》DG/TJ 08—19802

29.10 配电与照明

29.10.1 表 29.10.1 中配电与照明节能工程检测代码及参数主要依据以下相关标准：
《建筑节能工程施工质量验收规范》GB 50411
《建筑电气工程施工质量验收规范》GB 50303

29.11 监测与控制

29.11.1 表 29.11.1 中监测与控制的检测代码及参数主要依据以下相关标准：
《智能建筑工程质量验收规范》GB 50339
《智能建筑工程检测规程》CECS 182

30 道 路 工 程

30.1 一 般 规 定

30.1.1 道路工程包括路基土石方工程、道路排水设施、道路防护工程、路面工程等项目。

30.2 路基土石方工程

30.2.1 表 30.2.1 路基土石方工程检测代码及参数依据以下相关标准：
《粉煤灰石灰类道路基层施工及验收规程》CJJ 4
《钢渣石灰类道路基层施工及验收规范》CJJ 35
《城市道路路基工程施工及验收规范》CJJ 44
《公路路基施工技术规范》JTG F10
《公路工程岩石试验规程》JTG E41
《公路工程无机结合料稳定材料试验规程》JTG E51
《公路工程集料试验规程》JTG E42
《公路路基路面现场测试规程》JTG E60
《公路勘测规范》JTG C10
《公路工程质量检验评定标准 第一册 土建工程》JTG F80/1

30.3 道路排水设施

30.3.1 表 30.3.1 道路排水设施（管线、涵洞）的检测代码及参数依据以下相关标准：
《混凝土排水管道工程闭气检验标准》CECS 19

《给水排水管道工程施工及验收规范》GB 50268

30.4 挡土墙等防护工程

30.4.1 表 30.4.1 挡土墙等防护工程检测代码及参数依据以下相关标准：
《建筑变形测量规范》JGJ 8
《岩土锚杆（索）技术规程》CECS 22

30.5 路 面 工 程

30.5.1 表 30.5.1 路面工程的检测代码及参数依据以下相关标准：
《乳化沥青路面施工及验收规程》CJJ 42
《公路水泥混凝土路面施工技术规范》JTG F30
《公路路面基层施工技术规范》JTJ 034
《公路沥青路面施工技术规范》JTG F40
《公路路基路面现场测试规程》JTG E60
《公路工程质量检验评定标准 第一册 土建工程》JTG F80/1

31 桥 梁 工 程

31.1 一 般 规 定

31.1.1 桥梁检测包括上部结构和成桥等项目。

31.2 桥梁上部结构

31.2.1 表 31.2.1 中桥梁上部结构检测代码及参数依据以下相关标准：
《建筑变形测量规范》JGJ 8
《钢结构高强度螺栓连接的设计、施工及验收规程》JGJ 82

31.3 成 桥

31.3.1 表 31.3.1 中成桥检测代码及参数依据以下相关标准：
《建筑结构检测技术标准》GB/T 50344
《建筑变形测量规范》JGJ 8
《钢结构高强度螺栓连接的设计、施工及验收规程》JGJ 82
《城市人行天桥与人行地道技术规范》CJJ 69
《全球定位系统城市测量技术规程》CJJ 73
《公路桥涵施工技术规范》JTJ 041

32 隧道工程与城市地下工程

32.1 一 般 规 定

32.1.1 隧道工程与城市地下工程检测包括主体结构等项目。

32.2 主 体 结 构

32.2.1 表 32.2.1主体结构工程检测代码及参数依据以下相关标准：

《地下铁道工程施工及验收规范》GB 50299

《建筑变形测量规范》JGJ 8

《全球定位系统城市测量技术规程》CJJ 73

《孔隙水压力测试规程》CECS 55

《砌体工程现场检测技术标准》GB/T 50315

《建筑结构检测技术标准》GB/T 50344

《锚杆喷射混凝土支护技术规范》GB 50086

《建筑基坑支护技术规程》JGJ 120

33 市政给水排水、热力与燃气工程

33.1 一 般 规 定

33.1.1 市政给水排水、热力与燃气工程包括构筑物、工程管网等项目。

33.2 构 筑 物

33.2.1 表 33.2.1构筑物工程的检测代码及参数主要依据以下相关标准：

《给水排水构筑物工程施工及验收规范》GB 50141

《砌体工程现场检测技术标准》GB/T 50315

《混凝土排水管道工程闭气检验标准》CECS 19

《给水排水管道工程施工及验收规范》GB 50268

《排水管（渠）工程施工质量检验标准》DBJ 01-13

33.3 工 程 管 网

33.3.1 表 33.3.1工程管网检测代码及参数主要依据以下相关标准：

《给水排水管道工程施工及验收规范》GB 50268

《建筑安装工程金属熔化焊焊缝射线照相检测标准》CECS 70

《城镇供热管网工程施工及验收规范》CJJ 28

《建筑变形测量规范》JGJ 8

《全球定位系统城市测量技术规程》CJJ 73

《工业金属管道工程施工及验收规范》GB 50235

《现场设备、工业管道焊接工程施工及验收规范》GB 50236

《城镇燃气埋地钢质管道腐蚀控制技术规程》CJJ 95

《聚乙烯燃气管道工程技术规程》CJJ 63

《汽车用燃气加气站技术规范》CJJ 84

《城镇直埋供热管道工程技术规程》CJJ/T 81

《城镇燃气输配工程施工及验收规范》CJJ 33

《城镇燃气埋地钢质管道腐蚀控制技术规程》

CJJ 95

34 工 程 监 测

34.1 一 般 规 定

34.1.1 建筑与市政工程监测包括基坑及支护结构等项目。

34.2 基坑及支护结构

34.2.1 表 34.2.1中基坑及支护结构监测参数主要依据以下相关标准：

《建筑地基基础设计规范》GB 50007

《建筑基坑支护技术规程》JGJ 120

《工程测量规范》GB 50026

《建筑变形测量规范》JGJ 8

《建筑基坑支护设计规程》JGJ 120

《建筑边坡工程技术规范》GB 50330

34.3 建 （构） 筑 物

34.3.1 表 34.3.1中建（构）筑物监测参数主要依据以下相关标准：

《建筑变形测量规范》JGJ 8

《工程测量规范》GB 50026

《建筑地基基础设计规范》GB 50007

34.4 道 桥 工 程

34.4.1 表 34.4.1中道桥工程监测参数依据以下相关标准：

《工程测量规范》GB 50026

《地下轨道交通工程测量规范》GB 50308

《全球定位系统（GPS）测量规范》GB/T 18314

《城市测量规范》CJJ 8

《地铁设计规范》GB 50157

《城市桥梁工程施工与质量验收规范》CJJ 2

《公路钢筋混凝土及预应力混凝土桥涵设计规范》JTG D62

《公路桥涵设计通用规范》JTG D60

《城市人行天桥与人行地道技术规范》CJJ 69

《全球定位系统城市测量技术规程》CJJ 73

《城市桥梁养护技术规范》CJJ 99

《排水管道维护安全技术规程》CJJ 6

《城镇燃气设施运行、维护和抢修安全技术规程》CJJ 51

《建筑变形测量规范》JGJ 8

34.5 隧道及地下工程

34.6 高 支 模

34.5.1、34.6.1 表 34.5.1与表 34.6.1中监测参数

依据以下相关标准：

《建筑变形测量规范》JGJ 8

《工程测量规范》GB 50026

35 施工机具

35.1 一般规定

35.1.1 施工机具检测包括金属脚手架扣件等项目。

35.2 金属脚手架扣件

35.2.1 表 35.2.1 金属脚手架扣件检测代码及参数主要依据以下相关标准：

《钢管脚手架扣件》GB 15831

《碳素结构钢》GB/T 700

《普通螺纹基本尺寸》GB/T 196

《半圆头铆钉》GB/T 867

《平垫圈 C 级》GB/T 95

《可锻铸铁件》GB/T 9440

《一般工程用铸造碳钢件》GB/T 11352

《低压流体输送用焊接钢管》GB/T 3091

35.3 金属组合钢模板

35.3.1 表 35.3.1 金属组合钢模板检测代码及参数主要依据以下相关标准：

《组合钢模板技术规范》GB 50214

《组合钢模板质量检验评定标准》YB/T 9251

35.4 高处作业吊篮

35.4.1 表 35.4.1 中高处作业吊篮检测代码及参数主要依据以下相关标准：

《高处作业吊篮》GB 19155

《塔式起重机安全规程》GB 5144

《起重机械用钢丝绳检验和报废实用规范》GB/T 5972

《一般用途钢丝绳》GB/T 20118

《擦窗机》GB 19154

35.5 高空作业平台

35.5.1 表 35.5.1 高空作业平台检测代码及参数主要依据以下相关标准：

《高空作业机械安全规则》JG 5099

《臂架式高空作业平台》JG/T 5101

《剪叉式高空作业平台》JG/T 5100

《套筒油缸式高空作业平台》JG/T 5102

《桅柱式高空作业平台》JG/T 5103

《桁架式高空作业平台》JG/T 5104

35.6 塔式起重机

35.6.1 表 35.6.1 塔式起重机检测代码及参数主要

依据以下相关标准：

《塔式起重机》GB/T 5031

《塔式起重机安全规程》GB 5144

35.7 建筑卷扬机

35.7.1 表 35.7.1 建筑卷扬机检测代码及参数主要依据以下相关标准：

《建筑卷扬机》GB/T 1955

《起重机械用钢丝绳检验和报废实用规范》GB 5972

《一般用途钢丝绳》GB/T 20118

《电气装置安装工程 电气设备交接试验标准》GB 50150

35.8 施工升降机

35.8.1 表 35.8.1 施工升降机检测代码及参数主要依据以下相关标准：

《施工升降机》GB/T 10054

《塔式起重机》GB/T 5031

《龙门架及井架物料提升机安全技术规范》JGJ 88

35.9 物料提升机

35.9.1 表 35.9.1 物料提升机检测代码及参数主要依据以下相关标准：

《起重机械用钢丝绳检验和报废实用规范》GB 5972

《龙门架及井架物料提升机安全技术规范》JGJ 88

《建筑施工安全检查标准》JGJ 59

《建筑施工高处作业安全技术规范》JGJ 80

36 安全防护用品

36.1 一般规定

36.1.1 安全防护用品检测包括安全网、安全帽及安全带等项目。

36.2 安全网

36.2.1 表 36.2.1 中安全网参数主要依据以下标准：

《安全网》GB 5725

《纺织品 燃烧性能试验 垂直法》GB/T 5455

《绳索 有关物理和机械性能的测定》GB/T 8834

36.3 安全帽及安全带

36.3.1 表 36.3.1 中安全帽及安全带检测代码及参数主要依据以下标准：

《安全帽》GB 2811

《安全帽测试方法》GB/T 2812

《安全带》GB 6095

《安全带测试方法》GB/T 6096

37 热 环 境

37.1 一 般 规 定

37.1.1 热环境检测包括气象等项目。

37.2 气 象

37.2.1 气象检测所依据标准规范如下：

《气象雷达参数测试方法》GB/T 12649

37.3 室内热环境

37.3.1 室内热环境检测所依据标准规范如下：

《热环境 根据 WBGT 指数（湿球黑球温度）对作业人员热负荷的评价》GB/T 17244

《中等热环境 PMV 和 PPD 指数的测定及热舒适条件的规定》GB/T 18049

37.4 材料热工性能

37.4.1 材料的热工性能检测所依据的规范如下：

《绝热材料稳态热阻及有关特性的测定 防护热板法》GB/T 10294

《绝热材料稳态热阻及有关特性的测定 热流计法》GB/T 10295

《建筑材料水蒸气透过性能试验方法》GB/T 17146

《玻璃导热系数试验方法》JC/T 675

37.5 构件热工性能

37.5.1 围护结构热工性能现场检测依据的相关标准如下：

《居住建筑节能检测标准》JGJ/T 132

《绝热 稳态传热性质的测定 标定和防护热箱法》GB/T 13475

《建筑节能工程施工验收规范》GB 50411

《建筑工程施工质量验收统一标准》GB 50300

《民用建筑节能设计标准》JGJ 26

《公共建筑节能设计标准》GB 50189

38 光 环 境

38.1 一 般 规 定

38.1.1 光环境检测包括采光、照明等项目。

38.2 采 光

38.2.1 采光检测所依据的相关标准如下：

《采光测量方法》GB/T 5699

《公共场所采光系数测定方法》GB/T 18204.20

《公共场所照度测定方法》GB/T 18204.21

38.3 建筑照明

38.3.1 建筑照明检测所依据的相关标准如下：

《照明测量方法》GB/T 5700

《照明光源颜色的测量方法》GB/T 7922

《光源显色性评价方法》GB/T 5702

《彩色建筑材料色度测量方法》GB/T 11942

《室内影院和鉴定放映室的银幕亮度》GB/T 4645

38.4 材料光学性能

38.4.1 玻璃光学性能检测所依据的相关标准如下：

《建筑玻璃可见光透射比、太阳光直接透射比、太阳能总透射比、紫外线透射比及有关窗玻璃参数的测定》GB/T 2680

38.5 外窗光学性能

38.5.1 外窗光学性能检测所依据的相关标准如下：

《建筑外窗采光性能分级及检测方法》GB/T 11976

39 声 环 境

39.1 一 般 规 定

39.1.1 声环境检测包括声源、室内音质、噪声、振动等项目。

39.2 声 源

39.2.1 声源检测所依据的相关标准如下：

《建筑隔声评价标准》GB/T 50121

《声环境质量标准》GB 3096

《建筑施工场界噪声测量方法》GB 12524

《工业企业噪声测量规范》GBJ 122

《建筑机械与设备 噪声测量方法》JG/T 5079.2

《采暖通风与空气调节设备噪声声功率级的测定 工程法》GB/T 9068

39.3 室内音质

39.3.1 室内音质检测所依据的相关标准如下：

《厅堂扩声特性测量方法》GB/T 4959

《厅堂混响时间测量规范》GBJ 76

《体育馆声学设计及测量规程》JGJ/T 131

39.4 噪　　声

39.4.1　噪声检测所依据的相关标准如下：

《工业企业噪声测量规范》GBJ 122

《声环境质量标准》GB 3096

《建筑施工场界噪声测量方法》GB 12524

《建筑机械与设备　噪声测量方法》JG/T5079.2

《采暖通风与空气调节设备噪声声功率级的测定工程法》GB/T 9068

39.5 振　　动

39.5.1　振动检测所依据的相关标准如下：

《驻波管法吸声系数与声阻抗率测量规范》GBJ 88

《体育馆声学设计及测量规程》JGJ/T 131

39.6 材料声学性能

39.6.1　材料声学性能检测所依据的规范如下：

《建筑吸声产品的吸声性能分级》GB/T 16731

《声学　阻抗管中吸声系数和声阻抗的测量　第1部分：驻波比法》GB/T 18696.1

《声学　阻抗管中吸声系数和声阻抗的测量　第2部分：传递函数法》GB/T 18696.2

《声学　隔声罩的隔声性能测定　第1部分：实验室条件下测量（标示用）》GB/T 18699.1

《声学　隔声罩的隔声性能测定　第2部分：现场测量（验收和验证用）》GB/T 18699.2

《声学　隔声间的隔声性能测定　实验室和现场测量》GB/T 19885

《建筑隔声评价标准》GB/T 50121

《建筑隔声测量规范》GBJ 75

39.7 构件声学性能

39.7.1　围护结构声学性能检测所依据的相关标准如下：

《声学　环境噪声的描述、测量与评价　第1部分：基本参量与评价方法》GB/T 3222.1

《绿色建筑评价标准》GB/T 50378

《建筑隔声测量规范》GBJ 75

《建筑门窗空气声隔声性能分级及检测方法》GB/T 8485

《声学　建筑和建筑构件隔声测量　第1部分：侧向传声受抑制的实验室测试设施要求》GB/T 19889.1

《声学　建筑和建筑构件隔声测量　第2部分：数据精密度的确定、验证和应用》GB/T 19889.2

《声学　建筑和建筑构件隔声测量　第3部分：建筑构件空气声隔声的实验室测量》GB/T 19889.3

《声学　建筑和建筑构件隔声测量　第4部分：

房间之间空气声隔声的现场测量》GB/T 19889.4

《声学　建筑和建筑构件隔声测量　第6部分：楼板撞击声隔声的实验室测量》GB/T 19889.6

《声学　建筑和建筑构件隔声测量　第7部分：楼板撞击声隔声的现场测量》GB/T 19889.7

《采暖通风与空气调节术语标准》GB 50155

40　空 气 质 量

40.1　一　般　规　定

40.1.1　空气质量检测包括室内空气等项目。

40.2　室内空气质量

40.2.1　表40.2.1室内空气质量检测代码及参数主要依据以下标准：

《民用建筑工程室内环境污染控制规范》GB 50325

《环境地表γ辐射剂量率测定规范》GB/T 14583

《公共场所空气中甲醛测定方法》GB/T 18204.26

《居住区大气中苯、甲苯和二甲卫生检验标准方法　气相色谱法》GB/T 11737

《公共场所空气中氨测定方法》GB/T 18204.25

《混凝土外加剂中释放氨的限量》GB 18588

《空气质量　甲醛的测定　乙酰丙酮分光光度法》GB/T 15516

《空气质量　甲苯、二甲苯、苯乙烯的测定　气相色谱法》GB/T 14677

《工作场所空气有毒物质测定锰及其化合物》GBZ/T 160.13

《空气质量　氨的测定　离子选择电极法》GB/T 14669

《环境空气中氡的标准测量方法》GB/T 14582

《室内空气质量标准》GB/T 18883

40.3　土壤放射性

40.3.1　表40.3.1中土壤放射性检测代码及参数主要依据以下标准：

《民用建筑工程室内环境污染控制规范》GB 50325

40.4　材料有害物质含量

40.4.1　材料有害物质含量包括人造板及其制品中甲醛释放限量、溶剂型木器涂料中有害物质限量、内墙涂料中有害物质限量、胶粘剂中有害物质限量、木家具中有害物质限量、壁纸中有害物质限量、聚氯乙烯卷材地板中有害物质限量、地毯、地毯衬垫及地毯胶粘剂有害物质限量、混凝土外加剂释放氨的限量、色漆和清漆"可溶性"金属含量等，表40.4.1中检测代码及参数主要依据以下相关标准：

《室内装饰装修材料　人造板及其制品中甲醛释放限量》GB 18580

《室内装饰装修材料　溶剂型木器涂料中有害物质限量》GB 18581

《室内装饰装修材料　内墙涂料中有害物质限量》GB 18582

《室内装饰装修材料　胶粘剂中有害物质限量》GB 18583

《室内装饰装修材料　木家具中有害物质限量》GB 18584

《室内装饰装修材料　壁纸中有害物质限量》GB 18585

《室内装饰装修材料　聚氯乙烯卷材地板中有害物质限量》GB 18586

《室内装饰装修材料　地毯、地毯衬垫及地毯胶粘剂有害物质释放限量》GB 18587

《混凝土外加剂中释放氨的限量》GB 18588

《色漆和清漆用漆基　异氰酸酯树脂中二异氰酸酯单体的测定》GB/T 18446

《色漆和清漆　可溶性　金属含量的测定　第1部分：铅含量的测定　火焰原子吸收光谱法和双硫腙分光光度法》GB/T 9758.1

《色漆和清漆　可溶性　金属含量的测定　第4部分：镉含量的测定　火焰原子吸收光谱法和极谱法》GB/T 9758.4

《色漆和清漆　可溶性　金属含量的测定　第6部分：色漆的液体部分中铬总含量的测定　火焰原子吸收光谱法》GB/T 9758.6

《色漆和清漆　可溶性　金属含量的测定　第7部分：色漆和颜料部分和水可稀释漆的液体部分的汞含量的测定　无焰原子吸收光谱法》GB/T 9758.7

中华人民共和国行业标准

建筑工程检测试验技术管理规范

Code for technical management of building engineering
inspection and testing

JGJ 190—2010

批准部门：中华人民共和国住房和城乡建设部
施行日期：２０１０年７月１日

中华人民共和国住房和城乡建设部
公　告

第 477 号

关于发布行业标准《建筑工程
检测试验技术管理规范》的公告

现批准《建筑工程检测试验技术管理规范》为行业标准，编号为 JGJ 190‑2010，自 2010 年 7 月 1 日起实施。其中，第 3.0.4、3.0.6、3.0.8、5.4.1、5.4.2、5.7.4 条为强制性条文，必须严格执行。

本规范由我部标准定额研究所组织中国建筑工业出版社出版发行。

中华人民共和国住房和城乡建设部
2010 年 1 月 8 日

前　言

根据住房和城乡建设部《关于印发〈2008 年工程建设标准规范制订、修订计划（第一批）〉的通知》（建标［2008］102 号）的要求，规范编制组经广泛调查研究，认真总结实践经验，参考有关国际标准和国外先进标准，并在广泛征求意见的基础上，制定本规范。

本规范的主要技术内容是：1. 总则；2. 术语；3. 基本规定；4. 检测试验项目；5. 管理要求。

本规范中以黑体字标志的条文为强制性条文，必须严格执行。

本规范由住房和城乡建设部负责管理和对强制性条文解释，由中国建筑一局（集团）有限公司负责具体技术内容的解释。执行过程中如有意见或建议，请寄送中国建筑一局（集团）有限公司（地址：北京市西四环南路 52 号中建一局大厦 1311 室，邮编：100161）。

本 规 范 主 编 单 位：中国建筑一局（集团）有限公司
　　　　　　　　　　　浙江勤业建工集团有限公司

本 规 范 参 编 单 位：昆山市建设工程质量检测中心
　　　　　　　　　　　宁波三江检测有限公司
　　　　　　　　　　　中建一局集团第二建筑有限公司
　　　　　　　　　　　中建一局集团第三建筑有限公司
　　　　　　　　　　　中建一局集团第五建筑有限公司
　　　　　　　　　　　中建一局华江建设有限公司
　　　　　　　　　　　上海中益建筑工程有限公司
　　　　　　　　　　　北京四环恒信建设工程检测有限公司
　　　　　　　　　　　中建钢构江苏有限公司

本规范主要起草人员：吴月华　邵东升　陈　红
　　　　　　　　　　　李　钟　张俊生　马洪晔
　　　　　　　　　　　刘　源　安红印　杨晓毅
　　　　　　　　　　　薛　刚　陈振明　熊爱华
　　　　　　　　　　　李松岷　张培建　陈　娣
　　　　　　　　　　　张月钢　蒋屹军　金　元
　　　　　　　　　　　冯定军　左旭平　杨焕宝
　　　　　　　　　　　张　军　曹安民

本规范主要审查人员：杨嗣信　高小旺　林松涛
　　　　　　　　　　　张元勃　林　寿　龚　剑
　　　　　　　　　　　黄伟江　胡耀林　张丙吉

目　　次

Contents

1 总 则

1.0.1 为规范建筑工程施工现场检测试验技术管理方法，提高建筑工程施工现场检测试验技术管理水平，制定本规范。

1.0.2 本规范适用于建筑工程施工现场检测试验的技术管理。

1.0.3 本规范规定了建筑工程施工现场检测试验技术管理的基本要求。当本规范与国家法律、行政法规的规定相抵触时，应按国家法律、行政法规的规定执行。

1.0.4 建筑工程施工现场检测试验技术管理除应执行本规范外，尚应符合国家现行有关标准的规定。

2 术 语

2.0.1 检测试验 inspection and testing

依据国家有关标准和设计文件对建筑工程的材料和设备性能、施工质量及使用功能等进行测试，并出具检测试验报告的过程。

2.0.2 检测机构 inspection and testing organ

为建筑工程提供检测服务并具备相应资质的社会中介机构，其出具的报告为检测报告。

2.0.3 企业试验室 in-house testing laboratory

施工企业内部设置的为控制施工质量而开展试验工作的部门，其出具的报告为试验报告。

2.0.4 现场试验站 testing station at construction site

施工单位根据工程需要在施工现场设置的主要从事试样制取、养护、送检以及对部分检测试验项目进行试验的部门。

3 基 本 规 定

3.0.1 建筑工程施工现场检测试验技术管理应按以下程序进行：

1 制订检测试验计划；

2 制取试样；

3 登记台账；

4 送检；

5 检测试验；

6 检测试验报告管理。

3.0.2 建筑工程施工现场应配备满足检测试验需要的试验人员、仪器设备、设施及相关标准。

3.0.3 建筑工程施工现场检测试验的组织管理和实施应由施工单位负责。当建筑工程实行施工总承包时，可由总承包单位负责整体组织管理和实施，分包单位按合同确定的施工范围各负其责。

3.0.4 施工单位及其取样、送检人员必须确保提供的检测试样具有真实性和代表性。

3.0.5 承担建筑工程施工检测试验任务的检测单位应符合下列规定：

1 当行政法规、国家现行标准或合同对检测单位的资质有要求时，应遵守其规定；当没有要求时，可由施工单位的企业试验室试验，也可委托具备相应资质的检测机构检测；

2 对检测试验结果有争议时，应委托共同认可的具备相应资质的检测机构重新检测；

3 检测单位的检测试验能力应与其所承接检测试验项目相适应。

3.0.6 见证人员必须对见证取样和送检的过程进行见证，且必须确保见证取样和送检过程的真实性。

3.0.7 检测方法应符合国家现行相关标准的规定。当国家现行标准未规定检测方法时，检测机构应制定相应的检测方案并经相关各方认可，必要时应进行论证或验证。

3.0.8 检测机构应确保检测数据和检测报告的真实性和准确性。

3.0.9 建筑工程施工检测试验中产生的废弃物、噪声、振动和有害物质等的处理、处置，应符合国家现行标准的相关规定。

4 检测试验项目

4.1 材料、设备进场检测

4.1.1 材料、设备的进场检测内容应包括材料性能复试和设备性能测试。

4.1.2 进场材料性能复试与设备性能测试的项目和主要检测参数，应依据国家现行相关标准、设计文件和合同要求确定。常用建筑材料进场复试项目、主要检测参数和取样依据可按本规范附录A的规定确定。

4.1.3 对不能在施工现场制取试样或不适于送检的大型构配件及设备等，可由监理单位与施工单位等协商在供货方提供的检测场所进行检测。

4.2 施工过程质量检测试验

4.2.1 施工过程质量检测试验项目和主要检测试验参数应依据国家现行相关标准、设计文件、合同要求和施工质量控制的需要确定。

4.2.2 施工过程质量检测试验的主要内容应包括：土方回填、地基与基础、基坑支护、结构工程、装饰装修等5类。施工过程质量检测试验项目、主要检测试验参数和取样依据可按表4.2.2的规定确定。

表 4.2.2 施工过程质量检测试验项目、主要检测试验参数和取样依据

序号	类别	检测试验项目	主要检测试验参数	取样依据	备注
1	土方回填	土工击实	最大干密度	《土工试验方法标准》GB/T 50123	
			最优含水率		
		压实程度	压实系数*	《建筑地基基础设计规范》GB 50007	
2	地基与基础	换填地基	压实系数*或承载力	《建筑地基处理技术规范》JGJ 79 《建筑地基基础工程施工质量验收规范》GB 50202	
		加固地基、复合地基	承载力		
		桩基	承载力	《建筑基桩检测技术规范》JGJ 106	
			桩身完整性		钢桩除外
3	基坑支护	土钉墙	土钉抗拔力	《建筑基坑支护技术规程》JGJ 120	
		水泥土墙	墙身完整性		设计有要求时
			墙体强度		
		锚杆、锚索	锁定力		
4	结构工程	钢筋连接 机械连接工艺检验*	抗拉强度	《钢筋机械连接通用技术规程》JGJ 107	
		机械连接现场检验			
		钢筋焊接工艺检验*	抗拉强度	《钢筋焊接及验收规程》JGJ 18	适用于闪光对焊、气压焊接头
			弯曲		
		闪光对焊	抗拉强度		
			弯曲		
		气压焊	抗拉强度		适用于水平连接筋
			弯曲		
		电弧焊、电渣压力焊、预埋件钢筋T形接头	抗拉强度		
		网片焊接	抗剪力		热轧带肋钢筋
			抗拉强度		冷扎带肋钢筋
			抗剪力		
		混凝土配合比设计	工作性	《普通混凝土配合比设计规程》JGJ 55	指工作度、坍落度和坍落扩展度等
			强度等级		
		混凝土 混凝土性能	标准养护试件强度	《混凝土结构工程施工质量验收规范》GB 50204 《混凝土外加剂应用技术规范》GB 50119 《建筑工程冬期施工规程》JGJ 104	同条件养护28d转标准养护28d试件强度和受冻临界强度试件按冬期施工相关要求增设,其他同条件试件根据施工需要留置
			同条件试件强度*(受冻临界、拆模、张拉、放张和临时负荷等)		
			同条件养护28d转标准养护28d试件强度		
			抗渗性能	《地下防水工程质量验收规范》GB 50208 《混凝土结构工程施工质量验收规范》GB 50204	有抗渗要求时

序号	类别	检测试验项目		主要检测试验参数	取样依据	备 注
4	结构工程	砌筑砂浆	砂浆配合比设计	强度等级	《砌筑砂浆配合比设计规程》JGJ 98	
				稠度		
			砂浆力学性能	标准养护试件强度	《砌体工程施工质量验收规范》GB 50203	冬期施工时增设
				同条件养护试件强度		
		钢结构	网架结构焊接球节点、螺栓球节点	承载力	《钢结构工程施工质量验收规范》GB 50205	安全等级一级、$L \geqslant 40$m 且设计有要求时
			焊缝质量	焊缝探伤		
			后锚固（植筋、锚栓）	抗拔承载力	《混凝土结构后锚固技术规程》JGJ 145	
5	装饰装修	饰面砖粘贴		粘结强度	《建筑工程饰面砖粘结强度检验标准》JGJ 110	

注：带有"＊"标志的检测试验项目或检测试验参数可由企业试验室试验，其他检测试验项目或检测试验参数的检测应符合相关规定。

4.2.3 施工工艺参数检测试验项目应由施工单位根据工艺特点及现场施工条件确定，检测试验任务可由企业试验室承担。

4.3 工程实体质量与使用功能检测

4.3.1 工程实体质量与使用功能检测项目应依据国家现行相关标准、设计文件及合同要求确定。

4.3.2 工程实体质量与使用功能检测的主要内容应包括实体质量及使用功能等 2 类。工程实体质量与使用功能检测项目、主要检测参数和取样依据可按表 4.3.2 的规定确定。

表 4.3.2 工程实体质量与使用功能检测项目、主要检测参数和取样依据

序号	类别	检测项目	主要检测参数	取样依据
1	实体质量	混凝土结构	钢筋保护层厚度	《混凝土结构工程施工质量验收规范》GB 50204
			结构实体检验用同条件养护试件强度	
		围护结构	外窗气密性能（适用于严寒、寒冷、夏热冬冷地区）	《建筑节能工程施工质量验收规范》GB 50411
			外墙节能构造	

序号	类别	检测项目	主要检测参数	取样依据
2	使用功能	室内环境污染物	氡	《民用建筑工程室内环境污染控制规范》GB 50325
			甲醛	
			苯	
			氨	
			TVOC	
		系统节能性能	室内温度	《建筑节能工程施工质量验收规范》GB 50411
			供热系统室外管网的水力平衡度	
			供热系统的补水率	
			室外管网的热输送效率	
			各风口的风量	
			通风与空调系统的总风量	
			空调机组的水流量	
			空调系统冷热水、冷却水总流量	
			平均照度与照明功率密度	

5 管 理 要 求

5.1 管 理 制 度

5.1.1 施工现场应建立健全检测试验管理制度,施工项目技术负责人应组织检查检测试验管理制度的执行情况。

5.1.2 检测试验管理制度应包括以下内容:
1 岗位职责;
2 现场试样制取及养护管理制度;
3 仪器设备管理制度;
4 现场检测试验安全管理制度;
5 检测试验报告管理制度。

5.2 人员、设备、环境及设施

5.2.1 现场试验人员应掌握相关标准,并经过技术培训、考核。

5.2.2 施工现场配置的仪器、设备应建立管理台账,按有关规定进行计量检定或校准,并保持状态完好。

5.2.3 施工现场试验环境及设施应满足检测试验工作的要求。

5.2.4 单位工程建筑面积超过 10000m² 或造价超过 1000 万元人民币时,可设立现场试验站。现场试验站的基本条件应符合表 5.2.4 的规定。

表 5.2.4 现场试验站基本条件

项 目	基 本 条 件
现场试验人员	根据工程规模和试验工作的需要配备,宜为 1 至 3 人
仪器设备	根据试验项目确定。一般应配备:天平、台(案)秤、温度计、湿度计、混凝土振动台、试模、坍落度筒、砂浆稠度仪、钢直(卷)尺、环刀、烘箱等
设施	工作间(操作间)面积不宜小于 15m²,温、湿度应满足有关规定
	对混凝土结构工程,宜设标准养护室,不具备条件时可采用养护箱或养护池。温、湿度应符合有关规定

5.3 施工检测试验计划

5.3.1 施工检测试验计划应在工程施工前由施工项目技术负责人组织有关人员编制,并应报送监理单位进行审查和监督实施。

5.3.2 根据施工检测试验计划,应制订相应的见证取样和送检计划。

5.3.3 施工检测试验计划应按检测试验项目分别编制,并应包括以下内容:

1 检测试验项目名称;
2 检测试验参数;
3 试样规格;
4 代表批量;
5 施工部位;
6 计划检测试验时间。

5.3.4 施工检测试验计划编制应依据国家有关标准的规定和施工质量控制的需要,并应符合以下规定:

1 材料和设备的检测试验应依据预算量、进场计划及相关标准规定的抽检率确定抽检频次;
2 施工过程质量检测试验应依据施工流水段划分、工程量、施工环境及质量控制的需要确定抽检频次;
3 工程实体质量与使用功能检测应按照相关标准的要求确定检测频次;
4 计划检测试验时间应根据工程施工进度计划确定。

5.3.5 发生下列情况之一并影响施工检测试验计划实施时,应及时调整施工检测试验计划:
1 设计变更;
2 施工工艺改变;
3 施工进度调整;
4 材料和设备的规格、型号或数量变化。

5.3.6 调整后的检测试验计划应按照本规范第 5.3.1 条的规定重新进行审查。

5.4 试样与标识

5.4.1 进场材料的检测试样,必须从施工现场随机抽取,严禁在现场外取制。

5.4.2 施工过程质量检测试样,除确定工艺参数可制作模拟试样外,必须从现场相应的施工部位取制。

5.4.3 工程实体质量与使用功能检测应依据相关标准抽取检测试样或确定检测部位。

5.4.4 试样应有唯一性标识,并应符合下列规定:
1 试样应按照取样时间顺序连续编号,不得空号、重号;
2 试样标识的内容应根据试样的特性确定,宜包括:名称、规格(或强度等级)、制取日期等信息;
3 试样标识应字迹清晰、附着牢固。

5.4.5 试样的存放、搬运应符合相关标准的规定。

5.4.6 试样交接时,应对试样的外观、数量等进行检查确认。

5.5 试 样 台 账

5.5.1 施工现场应按照单位工程分别建立下列试样台账:

1 钢筋试样台账;
2 钢筋连接接头试样台账;
3 混凝土试件台账;

4　砂浆试件台账；

　　5　需要建立的其他试样台账。

5.5.2　现场试验人员制取试样并做出标识后，应按试样编号顺序登记试样台账。

5.5.3　检测试验结果为不合格或不符合要求时，应在试样台账中注明处置情况。

5.5.4　试样台账应作为施工资料保存。

5.5.5　试样台账的格式可按本规范附录 B 执行。通用试样台账的格式可按本规范附录 B 中表 B-1 执行，钢筋试样台账的格式可按本规范附录 B 中表 B-2 执行，钢筋连接接头试样台账的格式可按本规范附录 B 中表 B-3 执行，混凝土试件台账的格式可按本规范附录 B 中表 B-4 执行，砂浆试件台账的格式可按本规范附录 B 中表 B-5 执行。

5.6　试样送检

5.6.1　现场试验人员应根据施工需要及有关标准的规定，将标识后的试样及时送至检测单位进行检测试验。

5.6.2　现场试验人员应正确填写委托单，有特殊要求时应注明。

5.6.3　办理委托后，现场试验人员应将检测单位给定的委托编号在试样台账上登记。

5.7　检测试验报告

5.7.1　现场试验人员应及时获取检测试验报告，核查报告内容。当检测试验结果为不合格或不符合要求时，应及时报告施工项目技术负责人、监理单位及有关单位的相关人员。

5.7.2　检测试验报告的编号和检测试验结果应在试样台账上登记。

5.7.3　现场试验人员应将登记后的检测试验报告移交有关人员。

5.7.4　对检测试验结果不合格的报告严禁抽撤、替换或修改。

5.7.5　检测试验报告中的送检信息需要修改时，应由现场试验人员提出申请，写明原因，并经施工项目技术负责人批准。涉及见证检测报告送检信息修改时，尚应经见证人员同意并签字。

5.7.6　对检测试验结果不合格的材料、设备和工程实体等质量问题，施工单位应依据相关标准的规定进行处理，监理单位应对质量问题的处理情况进行监督。

5.8　见　证　管　理

5.8.1　见证检测的检测项目应按国家有关行政法规及标准的要求确定。

5.8.2　见证人员应由具有建筑施工检测试验知识的专业技术人员担任。

5.8.3　见证人员发生变化时，监理单位应通知相关单位，办理书面变更手续。

5.8.4　需要见证检测的检测项目，施工单位应在取样及送检前通知见证人员。

5.8.5　见证人员应对见证取样和送检的全过程进行见证并填写见证记录。

5.8.6　检测机构接收试样时应核实见证人员及见证记录，见证人员与备案见证人员不符或见证记录无备案见证人员签字时不得接收试样。

5.8.7　见证人员应核查见证检测的检测项目、数量和比例是否满足有关规定。

附录 A　常用建筑材料进场复试项目、主要检测参数和取样依据

表 A　常用建筑材料进场复试项目、主要检测参数和取样依据

序号	类别	名　称 （复试项目）	主要检测参数	取样依据
1	混凝土组成材料	通用硅酸盐水泥	胶砂强度	《通用硅酸盐水泥》GB 175
			安定性	
			凝结时间	
		砌筑水泥	安定性	《砌筑水泥》GB/T 3183
			强度	
		天然砂	筛分析	《普通混凝土用砂、石质量及检验方法标准》JGJ 52 《建筑用砂》GB/T 14684
			含泥量	
			泥块含量	
		人工砂	筛分析	
			石粉含量（含亚甲蓝试验）	

序号	类别	名　称 （复试项目）	主要检测参数	取样依据
1	混凝土组成材料	石	筛分析	《普通混凝土用砂、石质量及检验方法标准》JGJ 52
			含泥量	
			泥块含量	
		轻集料	颗粒级配（筛分析）	《轻集料及其试验方法　第1部分：轻集料》GB/T 17431.1 《轻集料及其试验方法　第2部分：轻集料试验方法》GB/T 17431.2
			堆积密度	
			筒压强度（或强度标号）	
			吸水率	
		粉煤灰	细度	《粉煤灰混凝土应用技术规范》GBJ 146
			烧失量	
			需水量比（同一供灰单位，一次/月）	
			三氧化硫含量（同一供灰单位，一次/季）	
		普通减水剂 高效减水剂	pH 值	《混凝土外加剂》GB 8076
			密度（或细度）	
			减水率	
		早强减水剂	密度（或细度）	《混凝土外加剂》GB 8076
			钢筋锈蚀	
			减水率	
			1d 和 3d 抗压强度	
		缓凝减水剂 缓凝高效减水剂	pH 值	《混凝土外加剂》GB 8076
			密度（或细度）	
			混凝土凝结时间	
			减水率	
		引气减水剂	pH 值	《混凝土外加剂》GB 8076
			密度（或细度）	
			减水率	
			含气量	
		早强剂	钢筋锈蚀	《混凝土外加剂》GB 8076
			密度（或细度）	
			1d 和 3d 抗压强度比	
		缓凝剂	pH 值	《混凝土外加剂》GB 8076
			密度（或细度）	
			混凝土凝结时间	
		泵送剂	pH 值	《混凝土泵送剂》JC 473
			密度（或细度）	
			坍落度增加值	
			坍落度保留值	
		防冻剂	钢筋锈蚀	《混凝土防冻剂》JC 475
			密度（或细度）	
			R_{-7} 和 R_{+28} 抗压强度比	

序号	类别	名 称 （复试项目）	主要检测参数		取样依据
1	混凝土组成材料	膨胀剂	限制膨胀率		《混凝土膨胀剂》GB 23439
		引气剂	pH 值		《混凝土外加剂》GB 8076
			密度（或细度）		
			含气量		
		防水剂	pH 值		《砂浆、混凝土防水剂》JC 474
			钢筋锈蚀		
			密度（或细度）		
		速凝剂	密度（或细度）		《喷射混凝土用速凝剂》JC 477
			1d 抗压强度		
			凝结时间		
2	钢材	热轧光圆钢筋	拉伸（屈服强度、抗拉强度、断后伸长率）		《钢筋混凝土用钢 第1部分：热轧光圆钢筋》GB 1499.1
			弯曲性能		
		热轧带肋钢筋	拉伸（屈服强度、抗拉强度、断后伸长率）		《钢筋混凝土用钢 第2部分：热轧带肋钢筋》GB 1499.2
			弯曲性能		
		碳素结构钢低合金高强度结构钢	拉伸（屈服强度、抗拉强度、断后伸长率）	复试条件：《钢结构工程施工质量验收规范》GB 50205 相关规定	《钢及钢产品 力学性能试验取样位置及试样制备》GB/T 2975 《碳素结构钢》GB/T 700 《低合金高强度结构钢》GB/T 1591
			弯曲		
			冲击		
		钢筋混凝土用余热处理钢筋	拉伸（屈服强度、抗拉强度、伸长率）		《钢筋混凝土用余热处理钢筋》GB 13014
			冷弯		
		冷轧带肋钢筋	拉伸（抗拉强度、伸长率）		《冷轧带肋钢筋混凝土结构技术规程》JGJ 95
			弯曲或反复弯曲		
		冷轧扭钢筋	拉伸（抗拉强度、延伸率）		《冷轧扭钢筋混凝土构件技术规程》JGJ 115
			冷弯		
		预应力混凝土用钢绞线	最大力		《预应力混凝土用钢绞线》GB/T 5224
			规定非比例延伸力		
			最大力总伸长率		

序号	类别	名 称（复试项目）	主要检测参数	取样依据
3	钢结构连接件及防火涂料	扭剪型高强度螺栓连接副	预拉力	《钢结构工程施工质量验收规范》GB 50205《钢结构用扭剪型高强度螺栓连接副》GB/T 3632
		高强度大六角头螺栓连接副	扭矩系数	《钢结构工程施工质量验收规范》GB 50205《钢结构用高强度大六角头螺栓、大六角螺母、垫圈技术条件》GB/T 1231
		螺栓球节点钢网架高强度螺栓	拉力载荷	《钢结构工程施工质量验收规范》GB 50205
		高强度螺栓连接摩擦面	抗滑移系数	《钢结构工程施工质量验收规范》GB 50205
		防火涂料	粘结强度	《钢结构工程施工质量验收规范》GB 50205
			抗压强度	
4	防水材料	铝箔面石油沥青防水卷材	拉力	《铝箔面石油沥青防水卷材》JC/T 504
			柔度	
			耐热度	
		改性沥青聚乙烯胎防水卷材	拉力	《改性沥青聚乙烯胎防水卷材》GB 18967
			断裂延伸率	
			低温柔度	
			耐热度（地下工程除外）	
			不透水性	
		弹性体改性沥青防水卷材	拉力	《弹性体改性沥青防水卷材》GB 18242
			延伸率（G 类除外）	
			低温柔性	
			不透水性	
			耐热性（地下工程除外）	
		塑性体改性沥青防水卷材	拉力	《塑性体改性沥青防水卷材》GB 18243
			延伸率（G 类除外）	
			低温柔性	
			不透水性	
			耐热性（地下工程除外）	
		自粘聚合物改性沥青防水卷材	拉力	《自粘聚合物改性沥青防水卷材》GB 23441
			最大拉力时延伸率	
			沥青断裂延伸率（适用于 N 类）	
			低温柔性	
			耐热度（地下工程除外）	
			不透水性	
		高分子防水片材	断裂拉伸强度	《高分子防水材料 第 1 部分：片材》GB 18173.1
			扯断伸长率	
			不透水性	
			低温弯折	

序号	类别	名　称 （复试项目）	主要检测参数	取样依据
4	防水材料	聚氯乙烯防水卷材	拉力（适合于 L、W 类） 拉伸强度（适合于 N 类） 断裂伸长率 不透水性 低温弯折性	《聚氯乙烯防水卷材》GB 12952
		氯化聚乙烯防水卷材	拉力（适合于 L、W 类） 拉伸强度（适合于 N 类） 断裂伸长率 不透水性 低温弯折性	《氯化聚乙烯防水卷材》GB 12953
		氯化聚乙烯-橡胶共混防水卷材	拉伸强度 断裂伸长率 不透水性 脆性温度	《氯化聚乙烯-橡胶共混防水卷材》JC/T 684
		水乳型沥青防水涂料	固体含量 不透水性 低温柔度 耐热度 断裂伸长率	《水乳型沥青防水涂料》JC/T 408
		聚氨酯防水涂料	固体含量 断裂伸长率 拉伸强度 低温弯折性 不透水性	《聚氨酯防水涂料》GB/T 19250
		聚合物乳液建筑防水涂料	固体含量 断裂延伸率 拉伸强度 不透水性 低温柔性	《聚合物乳液建筑防水涂料》JC/T 864
		聚合物水泥防水涂料	固体含量 断裂伸长率（无处理） 拉伸强度（无处理） 低温柔性（适用于 I 型） 不透水性	《聚合物水泥防水涂料》GB/T 23445
		止水带	拉伸强度 扯断伸长率 撕裂强度	《高分子防水材料　第二部分　止水带》GB 18173.2
		制品型膨胀橡胶	拉伸强度 扯断伸长率 体积膨胀倍率	《高分子防水材料　第3部分　遇水膨胀橡胶》GB/T 18173.3
		腻子型膨胀橡胶	高温流淌性 低温试验 体积膨胀倍率	《高分子防水材料　第3部分　遇水膨胀橡胶》GB/T 18173.3
		聚硫建筑密封胶	拉伸粘结性 低温柔性 施工度 耐热度（地下工程除外）	《聚硫建筑密封胶》JC/T 483

续表 A

序号	类别	名 称 （复试项目）	主要检测参数	取样依据
4	防水材料	聚氨酯建筑密封胶	拉伸粘结性	《聚氨酯建筑密封胶》JC/T 482
			低温柔性	
			施工度	
			耐热度（地下工程除外）	
		丙烯酸酯建筑密封胶	拉伸粘结性	《丙烯酸酯建筑密封胶》JC/T 484
			低温柔性	
			施工度	
			耐热度（地下工程除外）	
		建筑用硅酮结构密封胶	拉伸粘结性	《建筑用硅酮结构密封胶》GB 16776
		水泥基渗透结晶型防水材料	抗折强度	《水泥基渗透结晶型防水材料》GB 18445
			湿基面粘结强度	
			抗渗压力	
5	砖及砌块	烧结普通砖	抗压强度	《烧结普通砖》GB 5101
		烧结多孔砖		《烧结多孔砖》GB 13544
		烧结空心砖和空心砌块	抗压强度	《烧结空心砖和空心砌块》GB 13545
		蒸压灰砂空心砖		《蒸压灰砂空心砖》JC/T 637
		粉煤灰砖	抗压强度 抗折强度	《粉煤灰砖》JC 239
		蒸压灰砂砖		《蒸压灰砂砖》GB 11945
		粉煤灰砌块		《粉煤灰砌块》JC 238
		普通混凝土小型空心砌块	抗压强度	《普通混凝土小型空心砌块》GB 8239
		轻集料混凝土小型空心砌块	强度等级	《轻集料混凝土小型空心砌块》GB/T 15229
			密度等级	
		蒸压加气混凝土砌块	立方体抗压强度	《蒸压加气混凝土砌块》GB 11968
			干密度	
6	装饰装修材料	人造木板、饰面人造木板	游离甲醛释放量或游离甲醛含量	《室内装饰装修材料 人造板及其制品中甲醛释放限量》GB 18580
		室内用花岗石	放射性	《天然花岗石建筑板材》GB/T 18601
		外墙陶瓷面砖	吸水率	《陶瓷砖》GB/T 4100
			抗冻性（适用于寒冷地区）	
7	幕墙材料	石材	弯曲强度	《建筑装饰装修工程质量验收规范》GB 50210
			冻融循环后压缩强度（适用于寒冷地区）	
		铝塑复合板	180°剥离强度	《建筑幕墙用铝塑复合板》GB/T 17748
		玻璃	传热系数	《建筑节能工程施工质量验收规范》GB 50411
			遮阳系数	
			可见光透射比	
			中空玻璃露点	

序号	类别	名 称 （复试项目）	主要检测参数		取样依据
7	幕墙材料	双组分硅酮结构胶	相容性		《建筑装饰装修工程质量验收规范》GB 50210
			拉伸粘结性（标准条件下）		
		幕墙样板	气密性能（当幕墙面积大于 3000m² 或建筑外墙面积的 50% 时，应制作幕墙样板）		《建筑节能工程施工质量验收规范》GB 50411
			水密性能		
			抗风压性能		
		隔热型材	抗拉强度		《建筑节能工程施工质量验收规范》GB 50411
			抗剪强度		
8	节能材料	建筑外门窗	气密性能		《建筑装饰装修工程质量验收规范》GB 50210 《建筑节能工程施工质量验收规范》GB 50411
			水密性能		
			抗风压性能		
			传热系数（适用于严寒、寒冷和夏热冬冷地区）		
			中空玻璃露点		
			玻璃遮阳系数	适用于夏热冬冷和夏热冬暖地区	
			可见光透射比		
		绝热用模塑聚苯乙烯泡沫塑料（适用墙体及屋面）	表观密度		《建筑节能工程施工质量验收规范》GB 50411
			压缩强度		
			导热系数		
		绝热用挤塑聚苯乙烯泡沫塑料（适用墙体及屋面）	压缩强度		《建筑节能工程施工质量验收规范》GB 50411
			导热系数		
		胶粉聚苯颗粒（适用墙体及屋面）	导热系数		《建筑节能工程施工质量验收规范》GB 50411
			干表观密度		
			抗压强度		
		胶粘材料（适用墙体）	拉伸粘结强度		《建筑节能工程施工质量验收规范》GB 50411 《外墙外保温工程技术规程》JGJ 144
		瓷砖胶粘剂（适用墙体）	拉伸胶粘强度		《建筑节能工程施工质量验收规范》GB 50411 《陶瓷墙地砖胶粘剂》JC/T 547
		耐碱型玻纤网格布（适用墙体）	断裂强力（经向、纬向）		《建筑节能工程施工质量验收规范》GB 50411 《外墙外保温工程技术规程》JGJ 144
			耐碱强力保留率（经向、纬向）		
		保温板钢丝网架（适用墙体）	焊点抗拉力		《建筑节能工程施工质量验收规范》GB 50411
			抗腐蚀性能（镀锌层质量或镀锌层均匀性）		
		保温砂浆（适用屋面、地面）	导热系数		《建筑节能工程施工质量验收规范》GB 50411 《建筑保温砂浆》GB/T 20473
			干密度		
			抗压强度		

续表 A

序号	类别	名称 （复试项目）	主要检测参数	取样依据
8	节能材料	抹面胶浆、抗裂砂浆（适用抹面）	拉伸粘结强度	《建筑节能工程施工质量验收规范》GB 50411 《外墙外保温工程技术规程》JGJ 144
		岩棉、矿渣棉、玻璃棉、橡塑材料（适用采暖）	导热系数	《建筑节能工程施工质量验收规范》GB 50411
			密度	
			吸水率	
		散热器	单位散热量	《建筑节能工程施工质量验收规范》GB 50411
			金属热强度	
		风机盘管机组	供冷量	《建筑节能工程施工质量验收规范》GB 50411
			供热量	
			风量	
			出口静压	
			噪声	
			功率	
		电线、电缆（适用低压配电系统）	截面	《建筑节能工程施工质量验收规范》GB 50411
			每芯导体电阻值	

附录 B 试样台账

表 B-1 通用试样台账

检测试验项目：

试样编号	品种/种类	规格/等级	产地/厂别	代表数量	其他参数		是否见证	取样人	取样日期	送检日期	委托编号	报告编号	检测试验结果	备注

表 B-2 钢筋试样台账

试样编号	种类	规格（mm）	牌号（级别）	厂别	代表数量（t）	炉罐号	是否见证	取样人	取样日期	送检日期	委托编号	报告编号	检测试验结果	备注

表 B-3 钢筋连接接头试样台账

试样编号	接头类型	接头等级	代表数量	原材试样编号	公称直径（mm）	是否见证	取样人	取样日期	送检日期	委托编号	报告编号	检测试验结果	备注

表 B-4　混凝土试件台账

试件编号	浇筑部位	强度、抗渗等级	配合比编号	成型日期	试件类型	养护方式	是否见证	制作人	送检日期	委托编号	报告编号	检测试验结果	备注

注：1　试件类型是指抗压强度试件和抗渗试件；2　养护方式包括：标准养护、同条件养护或同条件养护 28d 转标准养护 28d。

表 B-5　砂浆试件台账

试件编号	砌筑部位	强度等级	砂浆种类	配合比编号	成型时间	养护方式	是否见证	制作人	送检日期	委托编号	报告编号	检测试验结果	备注

注：1　砂浆种类是指水泥砂浆或混合砂浆；2　养护方式：标准养护或同条件养护。

本规范用词说明

1 为便于在执行本规范条文时区别对待，对要求严格程度不同的用词说明如下：

    1）表示很严格，非这样做不可的用词：

        正面词采用"必须"，反面词采用"严禁"；

    2）表示严格，在正常情况均应这样做的用词：

        正面词采用"应"，反面词采用"不应"或"不得"；

    3）表示允许稍有选择，在条件许可时首先应这样做的用词：

        正面词采用"宜"，反面词采用"不宜"；

    4）表示有选择，在一定条件下可以这样做的用词，采用"可"。

2 条文中指明应按其他有关标准、规范执行的写法为"应符合……的规定"或"应按……执行"。

引用标准名录

1 《建筑地基基础设计规范》GB 50007

2 《混凝土外加剂应用技术规范》GB 50119

3 《土工试验方法标准》GB/T 50123

4 《粉煤灰混凝土应用技术规范》GBJ 146

5 《建筑地基基础工程施工质量验收规范》GB 50202

6 《砌体工程施工质量验收规范》GB 50203

7 《混凝土结构工程施工质量验收规范》GB 50204

8 《钢结构工程施工质量验收规范》GB 50205

9 《地下防水工程质量验收规范》GB 50208

10 《建筑装饰装修工程质量验收规范》GB 50210

11 《民用建筑工程室内环境污染控制规范》GB 50325

12 《建筑节能工程施工质量验收规范》GB 50411

13 《通用硅酸盐水泥》GB 175

14 《碳素结构钢》GB/T 700

15 《钢结构用高强度大六角头螺栓、大六角螺母、垫圈技术条件》GB/T 1231

16 《钢筋混凝土用钢 第1部分：热轧光圆钢筋》GB 1499.1

17 《钢筋混凝土用钢 第2部分：热轧带肋钢筋》GB 1499.2

18 《低合金高强度结构钢》GB/T 1591

19 《钢及钢产品 力学性能试验取样位置及试样制备》GB/T 2975

20 《砌筑水泥》GB/T 3183

21 《钢结构用扭剪型高强度螺栓连接副》GB/T 3632

22 《陶瓷砖》GB/T 4100

23 《烧结普通砖》GB 5101

24 《预应力混凝土用钢绞线》GB/T 5224

25 《混凝土外加剂》GB 8076

26 《普通混凝土小型空心砌块》GB 8239

27 《蒸压灰砂砖》GB 11945

28 《蒸压加气混凝土砌块》GB 11968

29 《聚氯乙烯防水卷材》GB 12952

30 《氯化聚乙烯防水卷材》GB 12953

31 《钢筋混凝土用余热处理钢筋》GB 13014

32 《烧结多孔砖》GB 13544

33 《烧结空心砖和空心砌块》GB 13545

34 《建筑用砂》GB/T 14684

35 《轻集料混凝土小型空心砌块》GB/T 15229

36 《建筑用硅酮结构密封胶》GB 16776

37 《轻集料及其试验方法 第1部分：轻集料》GB/T 17431.1

38 《轻集料及其试验方法 第2部分：轻集料试验方法》GB/T 17431.2

39 《建筑幕墙用铝塑复合板》GB/T 17748

40 《高分子防水材料 第1部分：片材》GB 18173.1

41 《高分子防水材料 第二部分 止水带》GB 18173.2

42 《高分子防水材料 第3部分 遇水膨胀橡胶》GB/T 18173.3

43 《弹性体改性沥青防水卷材》GB 18242

44 《塑性体改性沥青防水卷材》GB 18243

45 《水泥基渗透结晶型防水材料》GB 18445

46 《室内装饰装修材料 人造板及其制品中甲醛释放限量》GB 18580

47 《天然花岗石建筑板材》GB/T 18601

48 《改性沥青聚乙烯胎防水卷材》GB 18967

49 《聚氨酯防水涂料》GB/T 19250

50 《建筑保温砂浆》GB/T 20473

51 《混凝土膨胀剂》GB 23439

52 《自粘聚合物改性沥青防水卷材》GB 23441

53 《聚合物水泥防水涂料》GB/T 23445

54 《钢筋焊接及验收规程》JGJ 18

55 《普通混凝土用砂、石质量及检验方法标准》JGJ 52

56 《普通混凝土配合比设计规程》JGJ 55

57 《建筑地基处理技术规范》JGJ 79

58 《冷轧带肋钢筋混凝土结构技术规程》JGJ 95

59 《砌筑砂浆配合比设计规程》JGJ 98

中华人民共和国行业标准

建筑工程检测试验技术管理规范

JGJ 190—2010

条 文 说 明

制 订 说 明

《建筑工程检测试验技术管理规范》JGJ 190 - 2010，经住房和城乡建设部2010年1月8日以第477号公告批准、发布。

本规范制订过程中，编制组进行了建筑工程施工现场检测管理工作的调查研究，总结了我国建筑工程施工现场检测试验技术管理的实践经验，并与国内相关标准进行了协调。

为便于广大设计、施工、科研、学校等单位有关人员在使用本规范时能正确理解和执行条文规定，编制组按章、节、条顺序编制了本规范的条文说明。对条文规定的目的、依据以及执行中需注意的有关事项进行了说明，还着重对强制性条文的强制性理由作了解释。但是，本条文说明不具备与标准正文同等的法律效力，仅供使用者作为理解和把握规范规定的参考。在使用过程中如果发现本条文说明有不妥之处，请将意见函寄中国建筑一局(集团)有限公司。

目　次

1 总　则

1.0.2 本规范的适用范围为"建筑工程施工现场检测试验"，其含义是指在施工现场制取试样、按有关规定送检并由检测机构或企业试验室出具检测试验报告的施工检测试验活动。施工过程中进行的其他各种检验、检查及测试等活动均不属于本规范"建筑工程检测试验技术管理"的范畴。

2 术　语

术语是在本规范中出现的，其含义需要加以界定、说明或解释的重要词汇。尽管在确定和解释术语时尽可能考虑了习惯性和通用性，但理论上术语只在本规范中有效，列出的目的主要是避免理解错误。当本规范列出的术语在本规范以外使用时，应注意其可能含有与本规范不同的含义。

3 基本规定

3.0.2 本条主要针对目前部分施工现场未能配备满足建筑工程施工现场检测试验工作需要的现场试验人员、仪器设备、设施或相关标准，将出现严重影响施工质量的情况而制订的。本条依据科学管理方法，从人、机、料、法、环五个方面提出了现场开展检测试验工作应具备的基本条件，这是保证建筑施工质量的重要前提，必须给予足够的重视。

3.0.4 检测试样的真实性和代表性对工程质量的判定至关重要，必须明确责任，因此本条列为强制性条文。

本条所指检测试样的"真实性"，是指该试样应当是按照有关规定真实制取，而非造假、替换或采用其他方式形成的假试样；而"代表性"则是指该试样的取样方法、取样数量（抽样率）、制取部位等符合有关标准的规定，能够代表受检对象的实际质量状况。

由于取样和送检人员均隶属于施工单位，故本条规定施工单位应对所提供的检测试样的真实性和代表性承担法律责任，而取样或试样送检工作是由取样或送检人员负责具体实施的，故相应人员也应对所提供试样的真实性、代表性承担相应的法律责任。

3.0.5 本规范中的检测单位指检测机构和企业试验室的统称。检测单位的确定，目前国家尚无统一规定，部分地区提出了地方性要求。本规范根据现行有关行政法规和各地实际情况提出了确定检测机构的基本原则，即：当行政法规和现行标准要求由具备资质的检测机构检测时，应遵守其规定；没有要求时，可由承担施工任务的施工企业内部试验室承担。

为确保检测试验工作质量，检测单位应具备与承接的检测试验项目相适应的检测试验能力。

3.0.6 本条系依据行政法规和住房和城乡建设部的相关规章作出的规定，其目的是通过"见证"来保证取样和送检"过程"的真实性。因此本条列为强制性条文。

本条明确规定监理单位及其见证人员应对"过程"的真实性承担法律责任，是对行政法规、规章作出的进一步阐释，使其责任更加明确，更具有可操作性。依据本条规定，监理单位及其派出的见证人员应通过到现场观察，对取样、送检过程的真实性予以证实，并应当对"过程"的真实性负责。对"过程"真实性的观察要素应包括：取样地点或部位、取样时间、取样方法、试样数量（抽样率）、试样标识、存放及送检等。

3.0.8 检测数据和检测报告是判定工程质量是否满足现行国家标准及设计要求的最重要的依据，为了真实反映工程质量状况，检测数据必须准确、可靠；检测报告必须真实、有效。检测机构是检测数据和检测报告的提供者，应当依法承担上述责任，故将本条列为强制性条文。

3.0.9 建筑工程施工检测试验过程中，可能会产生废弃物、噪声等污染，各种污染的处置方法不同，本规范未作出统一要求，本条仅给出了处理或处置原则，具体处理方法应符合安全、环保等相关规定。

4 检测试验项目

4.2 施工过程质量检测试验

4.2.3 正确确定施工工艺参数对于保证施工质量具有重要意义，但由于各项施工工艺参数的确定比较复杂，难以具体给出，故本条给出三项原则性规定：

1　施工工艺参数检测试验项目，应由施工单位根据工艺特点及现场施工条件确定；

2　检测方法及检测要求应执行相应的标准规定；

3　施工工艺参数检测试验由于其仅涉及施工工艺，并不反映工程的实际质量，故检测试验任务可由企业试验室承担。

4.3 工程实体质量与使用功能检测

4.3.1、4.3.2 工程实体质量检测项目仅列出《混凝土结构工程施工质量验收规范》GB 50204 和《建筑节能工程施工质量验收规范》GB 50411 中规定的实体检测项目。

使用功能检测项目仅指《建筑节能工程施工质量验收规范》GB 50411 中的系统节能性能检测和《民用建筑工程室内环境污染控制规范》GB 50325 中的室内环境污染物检测。

在施工过程中，当合同有约定或相关行政法规及标准有要求时，应遵循其规定。

5 管理要求

5.2 人员、设备、环境及设施

5.2.1~5.2.4 为了使施工现场检测试验管理工作具有较好的可操作性，在对全国各地施工现场检测试验管理情况调查研究的基础上，本节提出了现场试验资源配备的基本要求。

对现场试验站的要求，是依据大多数施工现场的试验需求，并考虑到实施成本等因素确定的。由于工程规模不同，各地管理要求也不尽相同，故本规范仅列出了应当设立现场试验站的最低条件（面积或造价）和试验站的基本配置要求。当单位工程建筑面积或造价未达到本规范规定时，也可根据具体情况设立现场试验站。现场试验站配备的试验人员、设备、环境及设施，可根据工程的具体情况、专业要求和当地管理部门的规定加以调整。在大型或特殊工程施工现场设置的检测机构（包括分支机构）或企业试验室不在本条规定范围内。

5.3 施工检测试验计划

5.3.1~5.3.4 编制检测试验计划是做好施工质量控制的重要环节，属于质量控制中的预控措施。有了计划，才能合理配置、利用检测试验资源，使施工检测试验工作做到有的放矢，规范有序，避免漏检错检。本节对检测试验计划的内容、编制依据、编制要求及调整作出了具体规定，可方便施工现场有关人员具体实施。由于检测试验计划是依据预算量、材料进场计划和流水段划分等确定的，故在施工过程中情况发生变化并影响检测试验计划实施时，应根据实际情况及时加以调整。

本条要求监理单位审查施工单位制定的施工检测试验计划，主要是通过审查这一控制手段，防止施工检测试验项目的漏做、少做，同时也避免盲目多做。因此监理单位应当了解检测试验计划的内容，并提出修改建议。

各省、市对见证取样的检测项目及比例规定有所不同，一些标准对某些检测项目也有见证的要求。为做好见证取样和送检工作，保证见证检测项目及其抽检比例符合规定，监理单位应根据施工检测试验计划制订相应的见证取样和送检计划。

监理单位对检测试验计划的实施进行监督是保证施工单位检测试验活动按计划进行的必要手段。

5.4 试样与标识

5.4.1、5.4.2 此两条均为强制性条文，是针对进场材料和施工过程质量检测试验试样制取作出的严格规定。只有在施工现场随机抽取或在相应施工部位制取的试样，才是对工程实体质量的真实反映。故这两条特别强调除确定工艺参数可制作模拟试样外，其他试样均应在现场内制取。

上述规定还可进一步理解为：检测试验试样既不得在现场以外的任何其他地点制作，也不得由生产厂家或供应商直接向检测单位提供。

5.4.4 试样的标识不仅能够方便检测试验工作中的试样管理，也是试样身份的证明。本条要求试样标识具有唯一性且试样应连续编号，既保证检测试验工作有序进行，还可以在一定程度上防止出现假试样或"备用"试样，避免出现补做或替换试样等违规现象。

5.5 试样台账

5.5.1 建筑工程的施工周期一般比较长，为确保检测试验工作按照检测试验计划和施工进度顺利实施，做到不漏检、不错检，并保证检测试验工作的可追溯性，对检测频次较高的检测试验项目应建立试样台账，以便管理。

5.5.3、5.5.4 检测试验结果是施工质量控制情况的真实反映，将不合格或不符合要求的检测试验结果及处置情况在台账中注明，并将台账作为资料保存，不仅能真实反映施工质量的控制过程，还能为检测试验工作的追溯提供依据。

5.7 检测试验报告

5.7.4 检测试验报告应真实反映工程质量，当出现检测试验结果不合格时，其检测试验报告的意义更为重要。但部分施工人员出于种种原因，特别担心工程质量不合格会受到处罚或影响工程验收等，采取了抽撤、替换或修改不合格检测试验报告的违规做法，掩盖了工程质量的真实情况，后果极其严重，必须加以制止，故本规范将本条列为强制性条文。

5.7.5 检测试验报告的数据和结论由检测单位给出，检测单位对其真实性和准确性承担法律责任，因此不得进行修改。但检测试验报告中的送检信息则是由现场试验人员提供，由于施工单位管理水平的差异和个人工作能力的不同，当检测试验报告中的送检信息填写不全或出现错误时，允许对其进行修改，但应当按照规定的程序经过审批后实施。本条是结合施工现场的实际情况，对检测试验报告中送检信息不全或出现错误时，对检测试验报告进行修改而提出的具体要求。

中华人民共和国国家标准

建筑工程建筑面积计算规范

Standard measurement for construction area of building

GB/T 50353—2005

主编部门：中华人民共和国建设部
批准部门：中华人民共和国建设部
施行日期：２００５年７月１日

中华人民共和国建设部
公　告

第 326 号

建设部关于发布国家标准
《建筑工程建筑面积计算规范》的公告

现批准《建筑工程建筑面积计算规范》为国家标准，编号为 GB/T 50353—2005，自 2005 年 7 月 1 日起实施。

本规范由建设部标准定额研究所组织中国计划出版社出版发行。

中华人民共和国建设部

二〇〇五年四月十五日

前　言

根据建设部《关于印发〈二〇〇四年工程建设国家标准制订、修订计划〉的通知》（建标〔2004〕67号）的要求，本规范是在 1995 年建设部发布的《全国统一建筑工程预算工程量计算规则》的基础上修订而成的。为满足工程造价计价工作的需要，本规范在修订过程中充分反映出新的建筑结构和新技术等对建筑面积计算的影响，考虑了建筑面积计算的习惯和国际上通用的做法，同时与《住宅设计规范》和《房产测量规范》的有关内容做了协调。本规范反复征求了有关地方及部门专家和工程技术人员的意见，先后召开多次讨论会，并经过专家审查定稿。

本规范主要内容有总则、术语、计算建筑面积的规定。为便于准确理解和应用本规范，对建筑面积计算规范的有关条文进行了说明。

本规范由建设部负责管理，建设部标准定额研究所负责具体技术内容的解释。

本规范在执行过程中，希望各单位结合工程实践注意总结经验，积累资料，如发现需要修改和补充之处，请将有关意见和建议反馈给建设部标准定额研究所（北京市三里河路 9 号，邮政编码 100835），以便今后修订时参考。

本规范主编单位和主要起草人：

主 编 单 位：建设部标准定额研究所

主要起草人：胡晓丽　王彭林　徐金泉

　　　　　　　王海宏　李艳海　白洁如

　　　　　　　徐佩清　李学范　朱　连

目 次

1 总 则

1.0.1 为规范工业与民用建筑工程的面积计算,统一计算方法,制定本规范。

1.0.2 本规范适用于新建、扩建、改建的工业与民用建筑工程的面积计算。

1.0.3 建筑面积计算应遵循科学、合理的原则。

1.0.4 建筑面积计算除应遵循本规范,尚应符合国家现行的有关标准规范的规定。

2 术 语

2.0.1 层高 story height
上下两层楼面或楼面与地面之间的垂直距离。

2.0.2 自然层 floor
按楼板、地板结构分层的楼层。

2.0.3 架空层 empty space
建筑物深基础或坡地建筑吊脚架空部位不回填土石方形成的建筑空间。

2.0.4 走廊 corridor gallery
建筑物的水平交通空间。

2.0.5 挑廊 overhanging corridor
挑出建筑物外墙的水平交通空间。

2.0.6 檐廊 eaves gallery
设置在建筑物底层出檐下的水平交通空间。

2.0.7 回廊 cloister
在建筑物门厅、大厅内设置在二层或二层以上的回形走廊。

2.0.8 门斗 foyer
在建筑物出入口设置的起分隔、挡风、御寒等作用的建筑过渡空间。

2.0.9 建筑物通道 passage
为道路穿过建筑物而设置的建筑空间。

2.0.10 架空走廊 bridge way
建筑物与建筑物之间,在二层或二层以上专门为水平交通设置的走廊。

2.0.11 勒脚 plinth
建筑物的外墙与室外地面或散水接触部位墙体的加厚部分。

2.0.12 围护结构 envelop enclosure
围合建筑空间四周的墙体、门、窗等。

2.0.13 围护性幕墙 enclosing curtain wall
直接作为外墙起围护作用的幕墙。

2.0.14 装饰性幕墙 decorative faced curtain wall
设置在建筑物墙体外起装饰作用的幕墙。

2.0.15 落地橱窗 french window
突出外墙面根基晒地的橱窗。

2.0.16 阳台 balcony
供使用者进行活动和晾晒衣物的建筑空间。

2.0.17 眺望间 view room
设置在建筑物顶层或挑出房间的供人们远眺或观察周围情况的建筑空间。

2.0.18 雨篷 canopy
设置在建筑物进出口上部的遮雨、遮阳篷。

2.0.19 地下室 basement
房间地平面低于室外地平面的高度超过该房间净高的1/2者为地下室。

2.0.20 半地下室 semi basement
房间地平面低于室外地平面的高度超过该房间净高的1/3,且不超过1/2者为半地下室。

2.0.21 变形缝 deformation joint
伸缩缝(温度缝)、沉降缝和抗震缝的总称。

2.0.22 永久性顶盖 permanent cap
经规划批准设计的永久使用的顶盖。

2.0.23 飘窗 bay window
为房间采光和美化造型而设置的突出外墙的窗。

2.0.24 骑楼 overhang
楼层部分跨在人行道上的临街楼房。

2.0.25 过街楼 arcade
有道路穿过建筑空间的楼房。

3 计算建筑面积的规定

3.0.1 单层建筑物的建筑面积,应按其外墙勒脚以上结构外围水平面积计算,并应符合下列规定:

　　1 单层建筑物高度在2.20m及以上者应计算全面积;高度不足2.20m应计算1/2面积。

　　2 利用坡屋顶内空间时净高超过2.10m的部位应计算全面积;净高在1.20m至2.10m的部位应计算1/2面积;净高不足1.20m的部位不应计算面积。

3.0.2 单层建筑物内设有局部楼层者,局部楼层的二层及以上楼层,有围护结构的应按其围护结构外围水平面积计算,无围护结构的应按其结构底板水平面积计算。层高在2.20m及以上者应计算全面积;层高不足2.20m者应计算1/2面积。

3.0.3 多层建筑物首层应按其外墙勒脚以上结构外围水平面积计算;二层及以上楼层应按其外墙结构外围水平面积计算。层高在2.20m及以上者应计算全面积;层高不足2.20m者应计算1/2面积。

3.0.4 多层建筑坡屋顶内和场馆看台下,当设计加以利用时净高超过2.10m的部位应计算全面积;净高在1.20m至2.10m的部位应计算1/2面积;当设计不利用或室内净高不足1.20m时不应计算面积。

3.0.5 地下室、半地下室(车间、商店、车站、车库、仓库等),包括相应的有永久性顶盖的出入口,应按其外墙上口(不包括采光井、外墙防潮层及其保护墙)外边线所围水平面积计算。层高在2.20m及以上者应计算全面积;层高不足2.20m者应计算1/2面积。

3.0.6 坡地的建筑物吊脚架空层、深基础架空层,设计加以利用并有围护结构的,层高在2.20m及以上的部位应计算全面积;层高不足2.20m的部位应计算1/2面积。设计加以利用、无围护结构的建筑吊脚架空层,应按其利用部位水平面积的1/2计算;设计不利用的深基础架空层、坡地吊脚架空层、多层建筑坡屋顶内、场馆看台下的空间不应计算面积。

3.0.7 建筑物的门厅、大厅按一层计算建筑面积。门厅、大厅内设有回廊时,应按其结构底板水平面积计算。层高在2.20m及以上者应计算全面积;层高不足2.20m者应计算1/2面积。

3.0.8 建筑物间有围护结构的架空走廊,应按其围护结构外围水平面积计算。层高在2.20m及以上者应计算全面积;层高不足2.20m者应计算1/2面积。有永久性顶盖无围护结构的应按其结构底板水平面积的1/2计算。

3.0.9 立体书库、立体仓库、立体车库,无结构层的应按一层计算,有结构层的应按其结构层面积分别计算。层高在2.20m及以上者应计算全面积;层高不足2.20m者计算1/2面积。

3.0.10 有围护结构的舞台灯光控制室,应按其围护结构外围水平面积计算。层高在2.20m及以上者应计算全面积;层高不足2.20m者计算1/2面积。

3.0.11 建筑物外有围护结构的落地橱窗、门斗、挑廊、走廊、檐廊,应按其围护结构外围水平面积计算。层高在2.20m及以上者应计算全面积;层高不足2.20m者应计算1/2面积。有永久性顶盖无围护结构的应按其结构底板水平面积的1/2计算。

3.0.12 有永久性顶盖无围护结构的场馆看台应按其顶盖水平投影面积的1/2计算。

3.0.13 建筑物顶部有围护结构的楼梯间、水箱间、电梯机房等,层高在2.20m及以上者应计算全面积;层高不足2.20m者应计算1/2面积。

3.0.14 设有围护结构不垂直于水平面而超出底板外沿的建筑物,应按其底板面的外围水平面积计算。层高在2.20m及以上者应计算全面积;层高不足2.20m者应计算1/2面积。

3.0.15 建筑物内的室内楼梯间、电梯井、观光电梯井、提物井、管道井、通风排气竖井、垃圾道、附墙烟囱应按建筑物的自然层计算。

3.0.16 雨篷结构的外边线至外墙结构外边线的宽度超过2.10m者,应按雨篷结构板的水平投影面积的1/2计算。

3.0.17 有永久性顶盖的室外楼梯,应按建筑物自然层的水平投影面积的1/2计算。

3.0.18 建筑物的阳台均应按其水平投影面积的1/2计算。

3.0.19 有永久性顶盖无围护结构的车棚、货棚、站台、加油站、收费站等,应按其顶盖水平投影面积的1/2计算。

3.0.20 高低联跨的建筑物,应以高跨结构外边线为界分别计算建筑面积;其高低跨内部连通时,其变形缝应计算在低跨面积内。

3.0.21 以幕墙作为围护结构的建筑物,应按幕墙外边线计算建筑面积。

3.0.22 建筑物外墙外侧有保温隔热层的,应按保温隔热层外边线计算建筑面积。

3.0.23 建筑物内的变形缝,应按其自然层合并在建筑物面积内计算。

3.0.24 下列项目不应计算面积:

1 建筑物通道(骑楼、过街楼的底层)。

2 建筑物内的设备管道夹层。

3 建筑物内分隔的单层房间,舞台及后台悬挂幕布、布景的天桥、挑台等。

4 屋顶水箱、花架、凉棚、露台、露天游泳池。

5 建筑物内的操作平台、上料平台、安装箱和罐体的平台。

6 勒脚、附墙柱、垛、台阶、墙面抹灰、装饰面、镶贴块料面层、装饰性幕墙、空调室外机搁板(箱)、飘窗、构件、配件、宽度在2.10m及以内的雨篷以及与建筑物内不相连通的装饰性阳台、挑廊。

7 无永久性顶盖的架空走廊、室外楼梯和用于检修、消防等的室外钢楼梯、爬梯。

8 自动扶梯、自动人行道。

9 独立烟囱、烟道、地沟、油(水)罐、气柜、水塔、贮油(水)池、贮仓、栈桥、地下人防通道、地铁隧道。

本规范用词说明

1 为便于在执行本规范条文时区别对待,对要求严格程度不同的用词说明如下:

　1)表示很严格,非这样做不可的用词:
　　正面词采用"必须",反面词采用"严禁"。

　2)表示严格,在正常情况下均应这样做的用词:
　　正面词采用"应",反面词采用"不应"或"不得"。

　3)表示允许稍有选择,在条件许可时首先应这样做的用词:
　　正面词采用"宜",反面词采用"不宜";

　　表示有选择,在一定条件下可以这样做的用词,采用"可"。

2 本规范中指明应按其他有关标准、规范执行的写法为"应符合……的规定"或"应按……执行"。

中华人民共和国国家标准

建筑工程建筑面积计算规范

GB/T 50353—2005

条 文 说 明

目　次

1 总 则

1.0.1 我国的《建筑面积计算规则》是在20世纪70年代依据前苏联的做法结合我国的情况制订的。1982年国家经委基本建设办公室(82)经基设字58号印发的《建筑面积计算规则》是对20世纪70年代制订的《建筑面积计算规则》的修订。1995年建设部发布《全国统一建筑工程预算工程量计算规则》(土建工程 GJD$_{GZ}$—101—95),其中含"建筑面积计算规则"(以下简称"原面积计算规则")。是对1982年的《建筑面积计算规则》的修订。

一直以来,《建筑面积计算规则》在建筑工程造价管理方面起着非常重要的作用,是建筑房屋计算工程量的主要指标,是计算单位工程每平方米预算造价的主要依据,是统计部门汇总发布房屋建筑面积完成情况的基础。目前,建设部和国家质量技术监督局颁发的《房产测量规范》的房产面积计算,以及《住宅设计规范》中有关面积的计算,均依据的是《建筑面积计算规则》。随着我国建筑市场的发展,建筑的新结构、新材料、新技术、新的施工方法层出不穷,为了解决建筑技术的发展产生的面积计算问题,使建筑面积的计算更加科学合理,完善和统一建筑面积的计算范围和计算方法,对建筑市场发挥更大的作用,因此,对原《建筑面积计算规则》予以修订。考虑到《建筑面积计算规则》的重要作用,此次将修订的《建筑面积计算规则》改为《建筑工程建筑面积计算规范》(以下简称"本规范")。

1.0.2 本规范的适用范围是新建、扩建、改建的工业与民用建筑工程的建筑面积的计算,包括工业厂房、仓库,公共建筑、居住建筑,农业生产使用的房屋、粮种仓库、地铁车站等的建筑面积的计算。

3 计算建筑面积的规定

3.0.1 本规范规定建筑面积的计算是以勒脚以上外墙结构外边线计算,勒脚是墙根部很矮的一部分墙体加厚,不能代表整个外墙结构,因此要扣除勒脚墙体加厚的部分。

3.0.2 单层建筑物应按不同的高度确定其面积的计算。其高度指室内地面标高至屋面板板面结构标高之间的垂直距离。遇有以屋面板找坡的平屋顶单层建筑物,其高度指室内地面标高至屋面板最低处屋面结构标高之间的垂直距离。

关于坡屋顶内空间如何计算建筑面积,我们参照了《住宅设计规范》的有关规定,将坡屋顶的建筑按不同净高确定其面积的计算。净高指楼面或地面至上部楼板底面或吊顶底面之间的垂直距离。

3.0.3 多层建筑物的建筑面积应按不同的层高分别计算。层高是指上下两层楼面结构标高之间的垂直距离。建筑物最底层的层高,有基础底板的指基础底板上表面结构标高至上层楼面的结构标高之间的垂直距离;没有基础底板的指地面标高至上层楼面结构标高之间的垂直距离。最上一层的层高是指楼面结构标高至屋面板板面结构标高之间的垂直距离,遇有以屋面板找坡的屋面,层高指楼面结构标高至屋面板最低处屋面结构标高之间的垂直距离。

3.0.4 多层建筑坡屋顶内和场馆看台下的空间应视为坡屋顶内的空间,设计加以利用时,应按其净高确定其面积的计算。设计不利用的空间,不应计算建筑面积。

3.0.5 地下室、半地下室应以其外墙上口外边线所围水平面积计算。原计算规则规定按地下室、半地下室上口外墙外围水平面积计算,文字上不甚严密,"上口外墙"容易理解为地下室、半地下室

的上一层建筑的外墙。由于上一层建筑外墙与地下室墙的中心线不一定完全重叠,多数情况是凸出或凹进地下室外墙中心线。

3.0.6 建于坡地的建筑物吊脚架空层(见图1)。

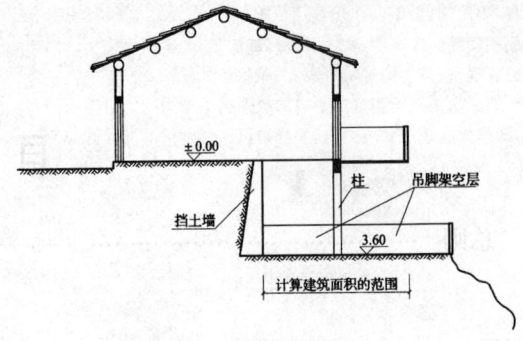

图1 坡地建筑吊脚架空层

3.0.9 本条对原规定进行了修订,并增加了立体车库的面积计算。立体车库、立体仓库、立体书库不规定是否有围护结构,均按是否有结构层,应区分不同的层高确定建筑面积计算的范围,改变按书架层和货架层计算面积的规定。

3.0.12 本条所称"场馆"实质上是指"场"(如:足球场、网球场等)看台上有永久性顶盖部分。"馆"应是有永久性顶盖和围护结构的,应按单层或多层建筑相关规定计算面积。

3.0.13 如遇建筑物屋顶的楼梯间是坡屋顶,应按坡屋顶的相关条文计算面积。

3.0.14 设有围护结构不垂直于水平面而超出底板外沿的建筑物是指向建筑物外倾斜的墙体,若遇有向建筑物内倾斜的墙体,应视为坡屋顶,应按坡屋顶有关条文计算面积。

3.0.15 室内楼梯间的面积计算,应按楼梯附设的建筑物的自然层数计算并在建筑物面积内。跃层建筑,其共用的室内楼梯应按自然层计算面积;上下两错层户室共用的室内楼梯,应选上一层的自然层计算面积(见图2)。

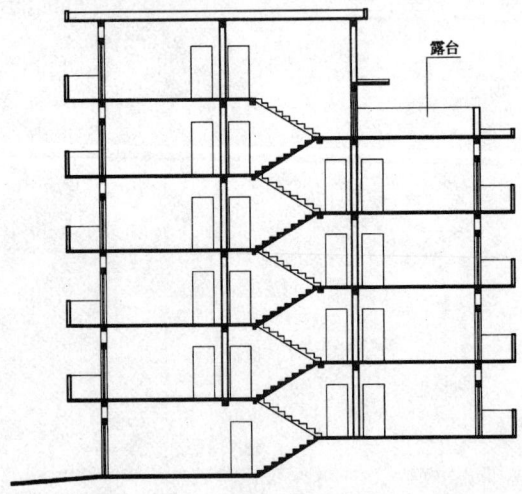

图2 户室错层剖面示意图

3.0.16 雨篷均以其宽度超过2.10m或不超过2.10m衡量,超过2.10m者应按雨篷的结构板水平投影面积的1/2计算。有柱雨篷和无柱雨篷计算应一致。

3.0.17 室外楼梯,最上层楼梯无永久性顶盖,或不能完全遮盖楼梯的雨篷,上层楼梯不计算面积,上层楼梯可视为下层楼梯的永久性顶盖,下层楼梯应计算面积。

3.0.18 建筑物的阳台,不论是凹阳台、挑阳台、封闭阳台、不封闭阳台均按其水平投影面积的一半计算。

3.0.19 车棚、货棚、站台、加油站、收费站等的面积计算。由于建筑技术的发展,出现许多新型结构,如柱不再是单纯的直立柱,而出现正V形柱、倒∧形柱等不同类型的柱,给面积计算带来许多争议,为此,我们不以柱来确定面积的计算,而依据顶盖的水平投影面积计算。在车棚、货棚、站台、加油站、收费站内设有有围护结构的管理室、休息室等,另按相关条款计算面积。

3.0.23 本规范所指建筑物内的变形缝是与建筑物相连通的变形缝,即暴露在建筑物内,在建筑物内可以看得见的变形缝。

3.0.24 其他不应计算建筑面积。

第6款突出墙外的勒脚、附墙柱垛、台阶、墙面抹灰、装饰面、镶贴块料面层、装饰性幕墙、空调室外机搁板(箱)、飘窗、构件、配件、宽度在2.10m及以内的雨篷以及与建筑物内不相连通的装饰性阳台、挑廊等均不属于建筑结构,不应计算建筑面积。

第8款自动扶梯(斜步道滚梯),除两端固定在楼层板或梁之外,扶梯本身属于设备,为此扶梯不宜计算建筑面积。水平步道(滚梯)属于安装在楼板上的设备,不应单独计算建筑面积。

中华人民共和国国家标准

建筑基坑工程监测技术规范

Technical code for monitoring of building
excavation engineering

GB 50497—2009

主编部门：山　东　省　建　设　厅
批准部门：中华人民共和国住房和城乡建设部
施行日期：２００９年９月１日

中华人民共和国住房和城乡建设部
公　告

第 289 号

关于发布国家标准
《建筑基坑工程监测技术规范》的公告

现批准《建筑基坑工程监测技术规范》为国家标准，编号为 GB 50497—2009，自 2009 年 9 月 1 日起实施。其中，第 3.0.1、7.0.4（1、2、3、4、5、6、7、8、9、10）、8.0.1、8.0.7 条（款）为强制性条文，必须严格执行。

本规范由我部标准定额研究所组织中国计划出版社出版发行。

中华人民共和国住房和城乡建设部
二〇〇九年三月三十一日

前　言

本规范是根据原建设部《关于印发"2006 年工程建设标准规范制订、修订计划（第一批）"的通知》（建标〔2006〕77 号文）的要求，由济南大学会同 10 个单位共同编制完成。

本规范是我国首次编制的建筑基坑工程监测技术规范。在编制过程中，编制组调查总结了近年来我国建筑基坑工程监测的实践经验，吸收了国内外相关科技成果，开展了多项专题研究并形成了专题研究报告。本规范的初稿、征求意见稿通过各种方式在全国范围内广泛征求了意见，并经多次编制工作会议讨论、反复修改后，形成送审稿并通过了审查。

本规范共有 9 章和 7 个附录，内容包括总则、术语、基本规定、监测项目、监测点布置、监测方法及精度要求、监测频率、监测报警、数据处理与信息反馈等。

本规范以黑体字标志的条文为强制性条文，必须严格执行。

本规范由住房和城乡建设部负责管理和对强制性条文的解释，山东省建设厅负责日常管理，济南大学负责具体技术内容的解释。

为了提高本规范的质量，请各单位在执行本标准的过程中，注意总结经验，积累资料，随时将有关意见和建议反馈给济南大学国家标准《建筑基坑工程监测技术规范》管理组（地址：山东省济南市济微路 106 号，邮政编码：250022），以便今后修订时参考。

本规范主编单位、参编单位、主要起草人和主要审查人：

主　编　单　位：济南大学
莱西市建筑总公司
山东省工程建设标准造价协会

参　编　单　位：同济大学
中国科学院武汉岩土力学研究所
上海市隧道工程轨道交通设计研究院
青岛建设集团公司
昆山市建设工程质量检测中心
济南鼎汇土木工程技术有限公司
济宁华园建筑设计研究院有限责任公司
上海地矿工程勘察有限公司

主要起草人：刘俊岩　应惠清　孔令伟
陈善雄　张　波　王松山
顾浩声　刘观仕　任　锋
张道远　王美林　张同波
王成荣　史春乐　张行良
丁洪斌　孙华明　陈培泰
高景云　蔡宽余

主要审查人：叶可明　赵志缙　袁内镇
桂业琨　郑　刚　高文生
张　勤　焦安亮　叶作楷
于志军　吴才德

目　　次

Contents

1 总　则

1.0.1 为规范建筑基坑工程监测工作,保证监测质量,为信息化施工和优化设计提供依据,做到成果可靠、技术先进、经济合理,确保建筑基坑安全和保护基坑周边环境,制定本规范。

1.0.2 本规范适用于一般土及软土建筑基坑工程监测,不适用于岩石建筑基坑工程以及冻土、膨胀土、湿陷性黄土等特殊土和侵蚀性环境的建筑基坑工程监测。

1.0.3 建筑基坑工程监测应综合考虑基坑工程设计方案、建设场地的岩土工程条件、周边环境条件、施工方案等因素,制订合理的监测方案,精心组织和实施监测。

1.0.4 建筑基坑工程监测除应符合本规范外,尚应符合国家现行有关标准的规定。

2 术　语

2.0.1 建筑基坑　building excavation

为进行建(构)筑物基础、地下建(构)筑物施工所开挖形成的地面以下空间。

2.0.2 基坑周边环境　surroundings around building excavation

在建筑基坑施工及使用阶段,基坑周围可能受基坑影响的或可能影响基坑的既有建(构)筑物、设施、管线、道路、岩土体及水系等的统称。

2.0.3 建筑基坑工程监测　monitoring of building excavation engineering

在建筑基坑施工及使用阶段,对建筑基坑及周边环境实施的检查、量测和监视工作。

2.0.4 支护结构　bracing and retaining structure

为保证基坑开挖和地下结构的施工安全以及保护基坑周边环境,对基坑侧壁进行临时支挡、加固的一种结构体系。包括围护墙和支撑(或拉锚)体系。

2.0.5 围护墙　retaining structure

基坑周边承受坑侧土、水压力及一定范围内地面荷载的壁状结构。

2.0.6 支撑　bracing

在基坑内用以承受围护墙传来荷载的构件或结构体系。

2.0.7 锚杆　anchor rod

一端与围护墙联结,另一端锚固在土层或岩层中的承受围护墙传来荷载的受拉杆件。

2.0.8 冠梁　top beam

设置在围护墙顶部并与围护墙连接的用于传力或增加围护墙整体刚度的梁式构件。

2.0.9 监测点　monitoring point

直接或间接设置在监测对象上并能反映其变化特征的观测点。

2.0.10 监测频率　frequency of monitoring

单位时间内的监测次数。

2.0.11 监测报警值　alarming value on monitoring

为保证建筑基坑及周边环境安全,对监测对象可能出现异常、危险所设定的警戒值。

3 基本规定

3.0.1 开挖深度大于等于5m或开挖深度小于5m但现场地质情况和周围环境较复杂的基坑工程以及其他需要监测的基坑工程应实施基坑工程监测。

3.0.2 基坑工程设计提出的对基坑工程监测的技术要求应包括监测项目、监测频率和监测报警值等。

3.0.3 基坑工程施工前,应由建设方委托具备相应资质的第三方对基坑工程实施现场监测。监测单位应编制监测方案,监测方案需经建设方、设计方、监理方等认可,必要时还需与基坑周边环境涉及的有关管理单位协商一致后方可实施。

3.0.4 监测工作宜按下列步骤进行:

1 接受委托。

2 现场踏勘,收集资料。

3 制订监测方案。

4 监测点设置与验收,设备、仪器校验和元器件标定。

5 现场监测。

6 监测数据的处理、分析及信息反馈。

7 提交阶段性监测结果和报告。

8 现场监测工作结束后,提交完整的监测资料。

3.0.5 监测单位在现场踏勘、资料收集阶段的主要工作应包括:

1 了解建设方和相关单位的具体要求。

2 收集和熟悉岩土工程勘察资料、气象资料、地下工程和基坑工程的设计资料以及施工组织设计(或项目管理规划)等。

3 按监测需要收集基坑周边环境各监测对象的原始资料和使用现状等资料。必要时可采用拍照、录像等方法保存有关资料或进行必要的现场测试取得有关资料。

4 通过现场踏勘,复核相关资料与现场状况的关系,确定拟监测项目现场实施的可行性。

5 了解相邻工程的设计和施工情况。

3.0.6 监测方案应包括下列内容:

1 工程概况。

2 建设场地岩土工程条件及基坑周边环境状况。

3 监测目的和依据。

4 监测内容及项目。

5 基准点、监测点的布设与保护。

6 监测方法及精度。

7 监测期和监测频率。

8 监测报警及异常情况下的监测措施。

9 监测数据处理与信息反馈。

10 监测人员的配备。

11 监测仪器设备及检定要求。

12 作业安全及其他管理制度。

3.0.7 下列基坑工程的监测方案应进行专门论证:

1 地质和环境条件复杂的基坑工程。

2 临近重要建筑和管线,以及历史文物、优秀近现代建筑、地铁、隧道等破坏后果很严重的基坑工程。

3 已发生严重事故,重新组织施工的基坑工程。

4 采用新技术、新工艺、新材料、新设备的一、二级基坑工程。

5 其他需要论证的基坑工程。

3.0.8 监测单位应严格实施监测方案。当基坑工程设计或施工有重大变更时,监测单位应与建设方及相关单位研究并及时调整监测方案。

3.0.9 监测单位应及时处理、分析监测数据,并将监测结果和评价及时向建设方及相关单位做信息反馈,当监测数据达到监测报警值时必须立即通报建设方及相关单位。

3.0.10 基坑工程监测期间建设方及施工方应协助监测单位保护监测设施。

3.0.11 监测结束阶段,监测单位应向建设方提供以下资料,并按档案管理规定,组卷归档。

1 基坑工程监测方案。
2 测点布设、验收记录。
3 阶段性监测报告。
4 监测总结报告。

4 监测项目

4.1 一般规定

4.1.1 基坑工程的现场监测应采用仪器监测与巡视检查相结合的方法。

4.1.2 基坑工程现场监测的对象应包括:

1 支护结构。
2 地下水状况。
3 基坑底部及周边土体。
4 周边建筑。
5 周边管线及设施。
6 周边重要的道路。
7 其他应监测的对象。

4.1.3 基坑工程的监测项目应与基坑工程设计、施工方案相匹配。应针对监测对象的关键部位,做到重点观测、项目配套并形成有效的、完整的监测系统。

4.2 仪器监测

4.2.1 基坑工程仪器监测项目应根据表4.2.1进行选择。

表4.2.1 建筑基坑工程仪器监测项目表

监测项目 \ 基坑类别	一级	二级	三级
围护墙(边坡)顶部水平位移	应测	应测	应测
围护墙(边坡)顶部竖向位移	应测	应测	应测
深层水平位移	应测	应测	宜测
立柱竖向位移	应测	宜测	宜测
围护墙内力	宜测	可测	可测
支撑内力	应测	宜测	可测
立柱内力	可测	可测	可测
锚杆内力	应测	宜测	可测
土钉内力	宜测	可测	可测
坑底隆起(回弹)	宜测	可测	可测
围护墙侧向土压力	宜测	可测	可测
孔隙水压力	宜测	可测	可测
地下水位	应测	应测	应测
土体分层竖向位移	宜测	可测	可测
周边地表竖向位移	应测	应测	宜测

续表4.2.1

监测项目 \ 基坑类别		一级	二级	三级
周边建筑	竖向位移	应测	应测	应测
	倾斜	应测	宜测	可测
	水平位移	应测	宜测	可测
周边建筑、地表裂缝		应测	应测	应测
周边管线变形		应测	应测	应测

注:基坑类别的划分按照现行国家标准《建筑地基基础工程施工质量验收规范》GB 50202—2002执行。

4.2.2 当基坑周边有地铁、隧道或其他对位移有特殊要求的建筑及设施时,监测项目应与有关管理部门或单位协商确定。

4.3 巡视检查

4.3.1 基坑工程施工和使用期内,每天均应由专人进行巡视检查。

4.3.2 基坑工程巡视检查宜包括以下内容:

1 支护结构:
1)支护结构成型质量;
2)冠梁、围檩、支撑有无裂缝出现;
3)支撑、立柱有无较大变形;
4)止水帷幕有无开裂、渗漏;
5)墙后土体有无裂缝、沉陷及滑移;
6)基坑有无涌土、流沙、管涌。

2 施工工况:
1)开挖后暴露的土质情况与岩土勘察报告有无差异;
2)基坑开挖分段长度、分层厚度及支锚设置是否与设计要求一致;
3)场地地表水,地下水排放状况是否正常,基坑降水、回灌设施是否运转正常;
4)基坑周边地面有无超载。

3 周边环境:
1)周边管道有无破损、泄漏情况;
2)周边建筑有无新增裂缝出现;
3)周边道路(地面)有无裂缝、沉陷;
4)邻近基坑及建筑的施工变化情况。

4 监测设施:
1)基准点、监测点完好状况;
2)监测元件的完好及保护情况;
3)有无影响观测工作的障碍物。

5 根据设计要求或当地经验确定的其他巡视检查内容。

4.3.3 巡视检查宜以目测为主,可辅以锤、钎、量尺、放大镜等工器具以及摄像、摄影等设备进行。

4.3.4 对自然条件、支护结构、施工工况、周边环境、监测设施等的巡视检查情况应做好记录。检查记录应及时整理,并与仪器监测数据进行综合分析。

4.3.5 巡视检查如发现异常和危险情况,应及时通知建设方及其他相关单位。

5 监测点布置

5.1 一般规定

5.1.1 基坑工程监测点的布置应能反映监测对象的实际状态及其变化趋势,监测点应布置在内力及变形关键特征点上,并应满足监控要求。

5.1.2 基坑工程监测点的布置应不妨碍监测对象的正常工作,并应减少对施工作业的不利影响。

5.1.3 监测标志应稳固、明显、结构合理,监测点的位置应避开障碍物,便于观测。

5.2 基坑及支护结构

5.2.1 围护墙或基坑边坡顶部的水平和竖向位移监测点应沿基坑周边布置,周边中部、阳角处应布置监测点。监测点水平间距不宜大于20m,每边监测点数目不宜少于3个。水平和竖向位移监测点宜为共用点,监测点宜设置在围护墙顶或基坑坡顶上。

5.2.2 围护墙或土体深层水平位移监测点宜布置在基坑周边的中部、阳角处及有代表性的部位。监测点水平间距宜为20m~50m,每边监测点数目不应少于1个。

用测斜仪观测深层水平位移时,当测斜管埋设在围护墙体内,测斜管长度不宜小于围护墙的深度;当测斜管埋设在土体中,测斜管长度不宜小于基坑开挖深度的1.5倍,并应大于围护墙的深度。以测斜管底为固定起算点时,管底应嵌入到稳定的土体中。

5.2.3 围护墙内力监测点应布置在受力、变形较大且有代表性的部位。监测点数量和水平间距视具体情况而定。竖直方向监测点应布置在弯矩极值处,竖向间距宜为2m~4m。

5.2.4 支撑内力监测点的布置应符合下列要求:

1 监测点宜设置在支撑内力较大或在整个支撑系统中起控制作用的杆件上。

2 每层支撑的内力监测点不应少于3个,各层支撑的监测点位置在竖向上宜保持一致。

3 钢支撑的监测截面宜选择在两支点间1/3部位或支撑的端头;混凝土支撑的监测截面宜选择在两支点间1/3部位,并避开节点位置。

4 每个监测点截面内传感器的设置数量及布置应满足不同传感器测试要求。

5.2.5 立柱的竖向位移监测点宜布置在基坑中部、多根支撑交汇处、地质条件复杂处的立柱上。监测点不应少于立柱总根数的5%,逆作法施工的基坑不应少于10%,且均不应少于3根。立柱的内力监测点宜布置在受力较大的立柱上,位置宜设在坑底以上各层立柱下部的1/3部位。

5.2.6 锚杆的内力监测点应选择在受力较大且有代表性的位置,基坑每边中部、阳角处和地质条件复杂的区段宜布置监测点。每层锚杆的内力监测点数量应为该层锚杆总数的1%~3%,并不应少于3根。各层监测点位置在竖向上宜保持一致。每根杆体上的测试点宜设置在锚头附近和受力有代表性的位置。

5.2.7 土钉的内力监测点应选择在受力较大且有代表性的位置,基坑每边中部、阳角处和地质条件复杂的区段宜布置监测点。监测点数量和间距视具体情况而定,各层监测点位置在竖向上宜保持一致。每根土钉杆体上的测试点应设置在有代表性的受力位置。

5.2.8 坑底隆起(回弹)监测点的布置应符合下列要求:

1 监测点宜按纵向或横向剖面布置,剖面宜选择在基坑的中央以及其他能反映变形特征的位置,剖面数量不应少于2个。

2 同一剖面上监测点横向间距宜为10m~30m,数量不应少于3个。

5.2.9 围护墙侧向土压力监测点的布置应符合下列要求:

1 监测点应布置在受力、土质条件变化较大或其他有代表性的部位。

2 平面布置上基坑每边不宜少于2个监测点。竖向布置上监测点间距宜为2m~5m,下部宜加密。

3 当按土层分布情况布设时,每层应至少布设1个测点,且宜布置在各层土的中部。

5.2.10 孔隙水压力监测点宜布置在基坑受力、变形较大或有代表性的部位。竖向布置上监测点宜在水压力变化影响深度范围内按土层分布情况布设,竖向间距宜为2m~5m,数量不宜少于3个。

5.2.11 地下水位监测点的布置应符合下列要求:

1 基坑内地下水位当采用深井降水时,水位监测点宜布置在基坑中央和两相邻降水井的中间部位;当采用轻型井点、喷射井点降水时,水位监测点宜布置在基坑中央和周边拐角处,监测点数量应视具体情况确定。

2 基坑外地下水位监测点应沿基坑、被保护对象的周边或在基坑与被保护对象之间布置,监测点间距宜为20m~50m。相邻建筑、重要的管线或管线密集处应布置水位监测点;当有止水帷幕时,宜布置在止水帷幕的外侧约2m处。

3 水位观测管的管底埋置深度应在最低设计水位或最低允许地下水位之下3m~5m。承压水水位监测管的滤管应埋置在所测的承压含水层中。

4 回灌井点观测井应设置在回灌井点与被保护对象之间。

5.3 基坑周边环境

5.3.1 从基坑边缘以外1~3倍基坑开挖深度范围内需要保护的周边环境应作为监测对象。必要时尚应扩大监测范围。

5.3.2 位于重要保护对象安全保护区范围内的监测点的布置,尚应满足相关部门的技术要求。

5.3.3 建筑竖向位移监测点的布置应符合下列要求:

1 建筑四角、沿外墙每10m~15m处或每隔2~3根柱基上,且每侧不少于3个监测点。

2 不同地基或基础的分界处。

3 不同结构的分界处。

4 变形缝、抗震缝或严重开裂处的两侧。

5 新、旧建筑或高、低建筑交接处的两侧。

6 高耸构筑物基础轴线的对称部位,每一构筑物不应少于4点。

5.3.4 建筑水平位移监测点应布置在建筑的外墙墙角、外墙中间部位的墙上或柱上、裂缝两侧以及其他有代表性的部位,监测点间距视具体情况而定,一侧墙体的监测点不宜少于3点。

5.3.5 建筑倾斜监测点的布置应符合下列要求:

1 监测点宜布置在建筑角点、变形缝两侧的承重柱或墙上。

2 监测点应沿主体顶部、底部上下对应布设,上、下监测点应布置在同一竖直线上。

3 当由基础的差异沉降推算建筑倾斜时,监测点的布置应符合本规范第5.3.3条的规定。

5.3.6 建筑裂缝、地表裂缝监测点应选择有代表性的裂缝进行布置,当原有裂缝增大或出现新裂缝时,应及时增设监测点。对需要观测的裂缝,每条裂缝的监测点至少应设2个,且宜设置在裂缝的最宽处及裂缝末端。

5.3.7 管线监测点的布置应符合下列要求:

1 应根据管线修建年份、类型、材料、尺寸及现状等情况,确定监测点设置。

2 监测点宜布置在管线的节点、转角点和变形曲率较大的部位,监测点平面间距宜为15m~25m,并宜延伸至基坑边缘以外1~3倍基坑开挖深度范围内的管线。

3 供水、煤气、暖气等压力管线宜设置直接监测点,在无法埋设直接监测点的部位,可设置间接监测点。

5.3.8 基坑周边地表竖向位移监测点宜按监测剖面设在坑边中部或其他有代表性的部位。监测剖面应与坑边垂直,数量视具体情况确定。每个监测剖面上的监测点数量不宜少于5个。

5.3.9 土体分层竖向位移监测孔应布置在靠近被保护对象且有代表性的部位,数量应视具体情况确定。在竖向布置上测点宜设置在各层土的界面上,也可等间距设置。测点深度、测点数量应视具体情况确定。

6 监测方法及精度要求

6.1 一般规定

6.1.1 监测方法的选择应根据基坑类别、设计要求、场地条件、当地经验和方法适用性等因素综合确定，监测方法应合理易行。

6.1.2 变形监测网的基准点、工作基点布设应符合下列要求：

1 每个基坑工程至少应有 3 个稳定、可靠的点作为基准点。

2 工作基点应选在相对稳定和方便使用的位置。在通视条件良好、距离较近、观测项目较少的情况下，可直接将基准点作为工作基点。

3 监测期间，应定期检查工作基点和基准点的稳定性。

6.1.3 监测仪器、设备和元件应符合下列规定：

1 满足观测精度和量程的要求，且应具有良好的稳定性和可靠性。

2 应经过校准或标定，且校核记录和标定资料齐全，并应在规定的校准有效期内使用。

3 监测过程中应定期进行监测仪器、设备的维护保养、检测以及监测元件的检查。

6.1.4 对同一监测项目，监测时宜符合下列要求：

1 采用相同的观测方法和观测路线。

2 使用同一监测仪器和设备。

3 固定观测人员。

4 在基本相同的环境和条件下工作。

6.1.5 监测项目初始值应在相关施工工序之前测定，并取至少连续观测 3 次的稳定值的平均值。

6.1.6 地铁、隧道等其他基坑周边环境的监测方法和监测精度应符合相关标准的规定以及主管部门的要求。

6.1.7 除使用本规范规定的监测方法外，亦可采用能达到本规范规定精度要求的其他方法。

6.2 水平位移监测

6.2.1 测定特定方向上的水平位移时，可采用视准线法、小角度法、投点法等；测定监测点任意方向的水平位移时，可视监测点的分布情况，采用前方交会法、后方交会法、极坐标法等；当测点与基准点无法通视或距离较远时，可采用 GPS 测量法或三角、三边、边角测量与基准线法相结合的综合测量方法。

6.2.2 水平位移监测基准点的埋设应符合国家现行标准《建筑变形测量规范》JGJ 8 的有关规定，宜设置有强制对中的观测墩，并宜采用精密的光学对中装置，对中误差不宜大于 0.5mm。

6.2.3 基坑围护墙(边坡)顶部、基坑周边管线、邻近建筑水平位移监测精度应根据其水平位移报警值按表 6.2.3 确定。

表 6.2.3 水平位移监测精度要求(mm)

水平位移报警值	累计值 D(mm)	D<20	20≤D<40	40≤D<60	D>60
	变化速率 v_D(mm/d)	v_D<2	2≤v_D<4	4≤v_D<6	v_D>6
监测点坐标中误差		≤0.3	≤1.0	≤1.5	≤3.0

注：1 监测点坐标中误差，是指监测点相对测站点(如工作基点等)的坐标中误差，为点位中误差的 $1/\sqrt{2}$；

2 当根据累计值和变化速率选择的精度要求不一致时，水平位移监测精度优先按变化速率报警值的要求确定。

3 本规范以中误差作为衡量精度的标准。

6.3 竖向位移监测

6.3.1 竖向位移监测可采用几何水准或液体静力水准等方法。

6.3.2 坑底隆起(回弹)宜通过设置回弹监测标，采用几何水准并配合传递高程的辅助设备进行监测，传递高程的金属杆或钢尺等应进行温度、尺长和拉力等修正。

6.3.3 围护墙(边坡)顶部、立柱、基坑周边地表、管线和邻近建筑的竖向位移监测精度应根据其竖向位移报警值按表 6.3.3 确定。

表 6.3.3 竖向位移监测精度要求(mm)

竖向位移报警值	累计值 S(mm)	S<20	20≤S<40	40≤S<60	S>60
	变化速率 v_S(mm/d)	v_S<2	2≤v_S<4	4≤v_S<6	v_S>6
监测点测站高差中误差		≤0.15	≤0.3	≤0.5	≤1.5

注：监测点测站高差中误差是指相应精度与视距的几何水准测量单程一测站的高差中误差。

6.3.4 坑底隆起(回弹)监测的精度应符合表 6.3.4 的要求。

表 6.3.4 坑底隆起(回弹)监测的精度要求(mm)

坑底回弹(隆起)报警值	≤40	40~60	60~80
监测点测站高差中误差	≤1.0	≤2.0	≤3.0

6.3.5 各监测点与水准基准点或工作基点应组成闭合环路或附合水准路线。

6.4 深层水平位移监测

6.4.1 围护墙或土体深层水平位移的监测宜采用在墙体或土体中预埋测斜管，通过测斜仪观测各深度处水平位移的方法。

6.4.2 测斜仪的系统精度不宜低于 0.25mm/m，分辨率不宜低于 0.02mm/500mm。

6.4.3 测斜管应在基坑开挖 1 周前埋设，埋设时应符合下列要求：

1 埋设前应检查测斜管质量，测斜管连接时应保证上、下管段的导槽相互对准、顺畅，各段接头及管底应保证密封。

2 测斜管埋设时应保持竖直，防止发生上浮、断裂、扭转；测斜管一对槽的方向应与所需测量的位移方向保持一致。

3 当采用钻孔法埋设时，测斜管与钻孔之间的孔隙应填充密实。

6.4.4 测斜仪探头置入测斜管底后，应待探头接近管内温度时再量测，每个监测点均应进行正、反两次量测。

6.4.5 当以上部管口作为深层水平位移的起算点时，每次监测均应测定管口坐标的变化并修正。

6.5 倾斜监测

6.5.1 建筑倾斜观测应根据现场观测条件和要求，选用投点法、前方交会法、激光铅直仪法、垂吊法、倾斜仪法和差异沉降法等方法。

6.5.2 建筑倾斜观测精度应符合国家现行标准《工程测量规范》GB 50026 及《建筑变形测量规范》JGJ 8 的有关规定。

6.6 裂缝监测

6.6.1 裂缝监测应监测裂缝的位置、走向、长度、宽度，必要时尚应监测裂缝深度。

6.6.2 基坑开挖前应记录监测对象已有裂缝的分布位置和数量，测定其走向、长度、宽度和深度等情况，监测标志应具有可供量测的明晰端面或中心。

6.6.3 裂缝监测可采用以下方法：

1 裂缝宽度监测宜在裂缝两侧贴埋标志，用千分尺或游标卡尺等直接量测，也可用裂缝计、粘贴安装千分表量测或摄影量测等。

2 裂缝长度监测宜采用直接量测法。

3 裂缝深度监测宜采用超声波法、凿出法等。

6.6.4 裂缝宽度量测精度不宜低于 0.1mm,裂缝长度和深度量测精度不宜低于 1mm。

6.7 支护结构内力监测

6.7.1 支护结构内力可采用安装在结构内部或表面的应变计或应力计进行量测。

6.7.2 混凝土构件可采用钢筋应力计或混凝土应变计等量测,钢构件可采用轴力计或应变计等量测。

6.7.3 内力监测宜考虑温度变化等因素的影响。

6.7.4 应力计或应变计的量程宜为设计值的 2 倍,精度不宜低于 0.5%F·S,分辨率不宜低于 0.2%F·S。

6.7.5 内力监测传感器埋设前应进行性能检验和编号。

6.7.6 内力监测传感器宜在基坑开挖前至少 1 周埋设,并取开挖前连续 2d 获得的稳定测试数据的平均值作为初始值。

6.8 土压力监测

6.8.1 土压力宜采用土压力计量测。

6.8.2 土压力计的量程应满足被测压力的要求,其上限可取设计压力的 2 倍,精度不宜低于 0.5%F·S,分辨率不宜低于 0.2%F·S。

6.8.3 土压力计埋设可采用埋入式或边界式。埋设时应符合下列要求:

1 受力面与所监测的压力方向垂直并紧贴被监测对象。

2 埋设过程中应有土压力膜保护措施。

3 采用钻孔法埋设时,回填应均匀密实,且回填材料宜与周围岩土体一致。

4 做好完整的埋设记录。

6.8.4 土压力计埋设以后应立即进行检查测试,基坑开挖前至少经过 1 周时间的监测并取得稳定初始值。

6.9 孔隙水压力监测

6.9.1 孔隙水压力宜通过埋设钢弦式或应变式等孔隙水压力计测试。

6.9.2 孔隙水压力计应满足以下要求:量程满足被测压力范围的要求,可取静水压力与超孔隙水压力之和的 2 倍;精度不宜低于 0.5%F·S,分辨率不宜低于 0.2%F·S。

6.9.3 孔隙水压力计埋设可采用压入法、钻孔法等。

6.9.4 孔隙水压力计应事前埋设,埋设前应符合下列要求:

1 孔隙水压力计应浸泡饱和,并排除透水石中的气泡。

2 核查标定数据,记录探头编号,读读初始读数。

6.9.5 采用钻孔法埋设孔隙水压力计时,钻孔直径宜为 110mm～130mm,不宜使用泥浆护壁成孔,钻孔应圆直、干净;封口材料宜采用直径 10mm～20mm 的干燥膨润土球。

6.9.6 孔隙水压力计埋设后应测量初始值,且宜逐日量测 1 周以上并取得稳定初始值。

6.9.7 应在孔隙水压力监测的同时测量孔隙水压力计埋设位置附近的地下水位。

6.10 地下水位监测

6.10.1 地下水位监测宜通过孔内设置水位管,采用水位计进行量测。

6.10.2 地下水位量测精度不宜低于 10mm。

6.10.3 潜水水位管应在基坑施工前埋设,滤管长度应满足量测要求;承压水位监测时被测含水层与其他含水层之间应采取有效的隔水措施。

6.10.4 水位管宜在基坑开始降水前至少 1 周埋设,且宜逐日连续观测水位并取得稳定初始值。

6.11 锚杆及土钉内力监测

6.11.1 锚杆和土钉的内力监测宜采用专用测力计、钢筋应力计或应变计,当使用钢筋束时宜监测每根钢筋的受力。

6.11.2 专用测力计、钢筋应力计和应变计的量程宜为对应设计值的 2 倍,量测精度不宜低于 0.5%F·S,分辨率不宜低于 0.2%F·S。

6.11.3 锚杆或土钉施工完成后应对专用测力计、应力计或应变计进行检查测试,并取下一层土方开挖前连续 2d 获得的稳定测试数据的平均值作为其初始值。

6.12 土体分层竖向位移监测

6.12.1 土体分层竖向位移可通过埋设磁环式分层沉降标,采用分层沉降仪进行量测;或者通过埋设深层沉降标,采用水准测量方法进行量测。

6.12.2 磁环式分层沉降标或深层沉降标应在基坑开挖前至少 1 周埋设。采用磁环式分层沉降标时,应保证沉降管安置到位后与土层紧贴牢固。

6.12.3 土体分层竖向位移的初始值应在磁环式分层沉降标或深层沉降标埋设后量测,稳定时间不应少于 1 周并获得稳定的初始值。

6.12.4 采用分层沉降仪量测时,每次测量应重复 2 次并取其平均值作为测量结果,2 次读数较差不大于 1.5mm,沉降仪的系统精度不宜低于 1.5mm;采用深层沉降标结合水准测量时,水准监测精度宜参照表 6.3.4 确定。

6.12.5 采用磁环式分层沉降标监测时,每次监测均应测定沉降管口高程的变化,然后换算出沉降管内各监测点的高程。

7 监测频率

7.0.1 基坑工程监测频率的确定应满足能系统反映监测对象所测项目的重要变化过程而又不遗漏其变化时刻的要求。

7.0.2 基坑工程监测工作应贯穿于基坑工程和地下工程施工全过程。监测期应从基坑工程施工前开始,直至地下工程完成为止。对有特殊要求的基坑周边环境的监测应根据需要延续至变形趋于稳定后结束。

7.0.3 监测项目的监测频率应综合考虑基坑类别、基坑及地下工程的不同施工阶段以及周边环境、自然条件的变化和当地经验而确定。当监测值相对稳定时,可适当降低监测频率。对于应测项目,在无数据异常和事故征兆的情况下,开挖后现场仪器监测频率可按表 7.0.3 确定。

表 7.0.3 现场仪器监测的监测频率

基坑类别	施工进程		基坑设计深度(m)			
			≤5	5～10	10～15	>15
一级	开挖深度(m)	≤5	1次/1d	1次/2d	1次/2d	1次/2d
		5～10	—	1次/1d	1次/1d	1次/1d
		>10	—	—	2次/1d	2次/1d
	底板浇筑后时间(d)	≤7	1次/1d	1次/1d	2次/1d	2次/1d
		7～14	1次/3d	1次/2d	1次/1d	1次/1d
		14～28	1次/5d	1次/3d	1次/2d	1次/1d
		>28	1次/7d	1次/5d	1次/3d	1次/3d
二级	开挖深度(m)	≤5	1次/2d	1次/2d	—	—
		5～10	—	1次/1d	—	—

基坑类别	施工进程	基坑设计深度(m)			
		≤5	5~10	10~15	>15
二级	底板浇筑后时间(d) ≤7	1次/2d	1次/2d	—	—
	7~14	1次/3d	1次/3d	—	—
	14~28	1次/7d	1次/5d	—	—
	>28	1次/10d	1次/10d	—	—

注：1 有支撑的支护结构各道支撑开始拆除到拆除完成后3d内监测频率应为1次/1d；

2 基坑工程施工至开挖前的监测频率视具体情况而定；

3 当基坑类别为三级时，监测频率可视具体情况适当降低；

4 宜测、可测项目的仪器监测频率可视具体情况适当降低。

7.0.4 当出现下列情况之一时，应提高监测频率：

1 监测数据达到报警值。

2 监测数据变化较大或者速率加快。

3 存在勘察未发现的不良地质。

4 超深、超长开挖或未及时加撑等违反设计工况施工。

5 基坑及周边大量积水、长时间连续降雨、市政管道出现泄漏。

6 基坑附近地面荷载突然增大或超过设计限值。

7 支护结构出现开裂。

8 周边地面突发较大沉降或出现严重开裂。

9 邻近建筑突发较大沉降、不均匀沉降或出现严重开裂。

10 基坑底部、侧壁出现管涌、渗漏或流沙等现象。

11 基坑工程发生事故后重新组织施工。

12 出现其他影响基坑及周边环境安全的异常情况。

7.0.5 当有危险事故征兆时，应实时跟踪监测。

8 监测报警

8.0.1 基坑工程监测必须确定监测报警值，监测报警值应满足基坑工程设计、地下结构设计以及周边环境中被保护对象的控制要求。监测报警值应由基坑工程设计方确定。

8.0.2 基坑内、外地层位移控制应符合下列要求：

1 不得导致基坑的失稳。

2 不得影响地下结构的尺寸、形状和地下工程的正常施工。

3 对周边已有建筑引起的变形不得超过相关技术规范的要求或影响其正常使用。

4 不得影响周边道路、管线、设施等正常使用。

5 满足特殊环境的技术要求。

8.0.3 基坑工程监测报警值应由监测项目的累计变化量和变化速率值共同控制。

8.0.4 基坑及支护结构监测报警值应根据土质特征、设计结果及当地经验等因素确定；当无当地经验时，可根据土质特征、设计结果以及表8.0.4确定。

表8.0.4 基坑及支护结构监测报警值

序号	监测项目	支护结构类型	一级 累计值 绝对值(mm)	一级 累计值 相对基坑深度(h)控制值	一级 变化速率(mm/d)	二级 累计值 绝对值(mm)	二级 累计值 相对基坑深度(h)控制值	二级 变化速率(mm/d)	三级 累计值 绝对值(mm)	三级 累计值 相对基坑深度(h)控制值	三级 变化速率(mm/d)
1	围护墙(边坡)顶部水平位移	放坡、土钉墙、喷锚支护、水泥土墙	30~35	0.3%~0.4%	5~10	50~60	0.6%~0.8%	10~15	70~80	0.8%~1.0%	15~20
		钢板桩、灌注桩、型钢水泥土墙、地下连续墙	25~30	0.2%~0.3%	2~3	40~50	0.5%~0.7%	4~6	60~70	0.6%~0.8%	8~10

8.0.5 基坑周边环境监测报警值应根据主管部门的要求确定，如主管部门无具体规定，可按表8.0.5采用。

表8.0.5 建筑基坑工程周边环境监测报警值

监测对象			累计值(mm)	变化速率(mm/d)	备注
1	地下水位变化		1000	500	—
2	管线位移	刚性管道 压力	10~30	1~3	直接观察点数据
		刚性管道 非压力	10~40	3~5	
		柔性管线	10~40	3~5	
3	邻近建筑位移		10~60	1~3	
4	裂缝宽度	建筑	1.5~3	持续发展	
		地表	10~15	持续发展	

注：建筑整体倾斜度累计值达到2/1000或倾斜速度连续3d大于0.0001H/d(H为建筑承重结构高度)时应报警。

8.0.6 基坑周边建筑、管线的报警值除考虑基坑开挖造成的变形外，尚应考虑其原有变形的影响。

8.0.7 当出现下列情况之一时，必须立即进行危险报警，并应对基坑支护结构和周边环境中的保护对象采取应急措施：

1 监测数据达到监测报警值的累计值。

2 基坑支护结构或周边土体的位移值突然明显增大或基坑出现流沙、管涌、隆起、陷落或较严重的渗漏等。

3 基坑支护结构的支撑或锚杆体系出现过大变形、压屈、断裂、松弛或拔出的迹象。

4 周边建筑的结构部分、周边地面出现较严重的突发裂缝或危害结构的变形裂缝。

5 周边管线变形突然明显增长或出现裂缝、泄漏等。

6 根据当地工程经验判断，出现其他必须进行危险报警的情况。

序号	监测项目	支护结构类型	一级 累计值 绝对值(mm)	一级 累计值 相对基坑深度(h)控制值	一级 变化速率(mm/d)	二级 累计值 绝对值(mm)	二级 累计值 相对基坑深度(h)控制值	二级 变化速率(mm/d)	三级 累计值 绝对值(mm)	三级 累计值 相对基坑深度(h)控制值	三级 变化速率(mm/d)
2	围护墙(边坡)顶部竖向位移	放坡、土钉墙、喷锚支护、水泥土墙	20~40	0.3%~0.4%	2~3	50~60	0.6%~0.8%	5~8	70~80	0.8%~1.0%	8~10
		钢板桩、灌注桩、型钢水泥土墙、地下连续墙	10~20	0.1%~0.2%	2~3	25~30	0.3%~0.5%	3~4	35~40	0.5%~0.6%	4~5
3	深层水平位移	水泥土墙	30~35	0.3%~0.4%	5~10	50~60	0.6%~0.8%	10~15	70~80	0.8%~1.0%	15~20
		钢板桩	50~60	0.6%~0.7%	2~3	80~85	0.7%~0.8%	4~6	90~100	0.9%~1.0%	8~10
		型钢水泥土墙	50~55	0.5%~0.6%		75~80	0.7%~0.8%		80~90	0.9%~1.0%	
		灌注桩	45~50	0.4%~0.5%		70~75	0.6%~0.7%		70~80	0.8%~0.9%	
		地下连续墙	40~50	0.4%~0.5%		70~75	0.7%~0.8%		80~90	0.9%~1.0%	
4	立柱竖向位移		25~35	—	2~3	35~45	—	2~3	55~65	—	8~10
5	基坑周边地表竖向位移		25~35	—	2~3	50~60	—	2~3	55~65	—	8~10
6	坑底隆起(回弹)		25~35	—	2~3	35~45	—	2~3	55~65	—	8~10
7	土压力		$(60\%\sim70\%)f_1$			$(70\%\sim80\%)f_1$			$(70\%\sim80\%)f_1$		
8	孔隙水压力										
9	支撑内力		$(60\%\sim70\%)f_2$			$(70\%\sim80\%)f_2$			$(70\%\sim80\%)f_2$		
10	围护墙内力										
11	立柱内力										
12	锚杆内力										

注：1 h为基坑设计开挖深度，f_1为荷载设计值，f_2为构件承载能力设计值；

2 累计值取绝对值和相对基坑深度(h)控制值两者的小值；

3 当监测项目的变化速率达到表中规定值或连续3d超过该值的70%，应报警；

4 嵌岩的灌注桩或地下连续墙位移报警值宜按表中数值的50%取用。

9 数据处理与信息反馈

9.0.1 监测分析人员应具有岩土工程、结构工程、工程测量的综合知识和工程实践经验,具有较强的综合分析能力,能及时提供可靠的综合分析报告。

9.0.2 现场量测人员应对监测数据的真实性负责,监测分析人员应对监测报告的可靠性负责,监测单位应对整个项目监测质量负责。监测记录和监测技术成果均应有责任人签字,监测技术成果应加盖成果章。

9.0.3 现场的监测资料应符合下列要求:
　　1 使用正式的监测记录表格。
　　2 监测记录应有相应的工况描述。
　　3 监测数据的整理应及时。
　　4 对监测数据的变化及发展情况的分析和评述应及时。

9.0.4 外业观测值和记事项目应在现场直接记录于观测记录表中。任何原始记录不得涂改、伪造和转抄。

9.0.5 观测数据出现异常时,应分析原因,必要时应进行重测。

9.0.6 监测项目数据分析应结合其他相关项目的监测数据和自然环境条件、施工工况等情况及以往数据进行,并对其发展趋势作出预测。

9.0.7 技术成果应包括当日报表、阶段性报告和总结报告。技术成果提供的内容应真实、准确、完整,并宜用文字阐述与绘制变化曲线或图形相结合的形式表达。技术成果应按时报送。

9.0.8 监测数据的处理与信息反馈宜采用专业软件,专业软件的功能和参数应符合本规范的有关规定,并宜具备数据采集、处理、分析、查询和管理一体化以及监测成果可视化的功能。

9.0.9 基坑工程监测的观测记录、计算资料和技术成果应进行组卷、归档。

9.0.10 当日报表应包括下列内容:
　　1 当日的天气情况和施工现场的工况。
　　2 仪器监测项目各监测点的本次测试值、单次变化值、变化速率以及累计值等,必要时绘制有关曲线图。
　　3 巡视检查的记录。
　　4 对监测项目应有正常或异常、危险的判断性结论。
　　5 对达到或超过监测报警值的监测点应有报警标示,并有分析和建议。
　　6 对巡视检查发现的异常情况应有详细描述,危险情况应有报警标示,并有分析和建议。
　　7 其他相关说明。
　　当日报表宜采用本规范附录A～附录G的样式。

9.0.11 阶段性报告应包括下列内容:
　　1 该监测阶段相应的工程、气象及周边环境概况。
　　2 该监测阶段的监测项目及测点的布置图。
　　3 各项监测数据的整理、统计及监测成果的过程曲线。
　　4 各监测项目监测值的变化分析、评价及发展预测。
　　5 相关的设计和施工建议。

9.0.12 总结报告应包括下列内容:
　　1 工程概况。
　　2 监测依据。
　　3 监测项目。
　　4 监测点布置。
　　5 监测设备和监测方法。
　　6 监测频率。

　　7 监测报警值。
　　8 各监测项目全过程的发展变化分析及整体评述。
　　9 监测工作结论与建议。

附录 A 水平位移和竖向位移监测日报表

表A 水平位移和竖向位移监测日报表(　　　)

第　页 共　页

第　次

工程名称:　　　报表编号:　　　天气:

观测者:　　　计算者:　　　校核者:　　　测试时间:　年 月 日 时

点号	水平位移				竖向位移				备注
	本次测试值(mm)	单次变化(mm)	累计变化量(mm)	变化速率(mm/d)	本次测试值(mm)	单次变化(mm)	累计变化量(mm)	变化速率(mm/d)	
工况				当日监测的简要分析及判断性结论:					

工程负责人:　　　　　　　　　监测单位:

附录 B 深层水平位移监测日报表

表B 深层水平位移监测日报表　　第 页 共 页

第　次

工程名称:　　　报表编号:　　　天气:

观测者:　　　计算者:　　　校核者:　　　测试时间:　年 月 日 时

孔号	深度(m)	本次位移增量(mm)	累计位移(mm)	变化速率(mm/d)	位移量(mm)
					深度(m)
工况:					
当日监测的简要分析及判断性结论:					

工程负责人:　　　　　　　　　监测单位:

附录 C 围护墙内力、立柱内力及土压力、孔隙水压力监测日报表

表 C 围护墙内力、立柱内力及土压力、孔隙水压力监测日报表(　　)　　　第 页 共 页
第　次

工程名称:　　　　　　　　报表编号:　　　　　　　　天气:
观测者:　　　　　　　　计算者:　　　　　　　　校核者:　　　　　测试时间: 年 月 日 时

组号	点号	深度(m)	本次应力(kPa)	上次应力(kPa)	本次变化(kPa)	累计变化(kPa)	备注	组号	点号	深度(m)	本次应力(kPa)	上次应力(kPa)	本次变化(kPa)	累计变化(kPa)	备注
工况		当日监测的简要分析及判断性结论:													

工程负责人:　　　　　　　　　　　　　监测单位:

附录 D 支撑轴力、锚杆及土钉拉力监测日报表

表 D 支撑轴力、锚杆及土钉拉力监测日报表(　　)　　　第 页 共 页
第　次

工程名称:　　　　　　　　报表编号:　　　　　　　　天气:
测试者:　　　　　　　　计算者:　　　　　　　　校核者:　　　　　测试时间: 年 月 日 时

点号	本次内力(kN)	单次变化(kN)	累计变化(kN)	备注	点号	本次内力(kN)	单次变化(kN)	累计变化(kN)	备注
工况		当日监测的简要分析及判断性结论:							

工程负责人:　　　　　　　　　　　　　监测单位:

附录 E 地下水位、周边地表竖向位移、坑底隆起监测日报表

表 E 地下水位、周边地表竖向位移、坑底隆起监测日报表(　　)　　　第 页 共 页
第　次

工程名称:　　　　　　　　报表编号:　　　　　　　　天气:
测试者:　　　　　　　　计算者:　　　　　　　　校核者:　　　　　测试时间: 年 月 日

组号	点号	初始高程(m)	本次高程(m)	上次高程(m)	本次变化量(mm)	累计变化量(mm)	变化速率(mm/d)	备注
工况		当日监测的简要分析及判断性结论:						

工程负责人:　　　　　　　　　　　　　监测单位:

附录 F 裂缝监测日报表

表 F 裂缝监测日报表　　　　第 页 共 页

第 次

工程名称：　　　　　　报表编号：　　　天气：

观测者：　　计算者：　　校核者：　　测试时间：　年月日时

点号	长度				宽度				形态
	本次测试值(mm)	单次变化(mm)	累计变化量(mm)	变化速率(mm/d)	本次测试值(mm)	单次变化(mm)	累计变化量(mm)	变化速率(mm/d)	
工况：									
当日监测的简要分析及判断性结论：									

工程负责人：　　　　　　　监测单位：

附录 G 巡视检查日报表

表 G 巡视检查日报表　　　　第 页 共 页

第 次

工程名称：　　　　　　报表编号：

观测者：　　计算者：　　观测日期：　年月日时

分类	巡视检查内容	巡视检查结果	备注
自然条件	气温		
	雨量		
	风级		
	水位		
支护结构	支护结构成型质量		
	冠梁、支撑、围檩裂缝		
	支撑、立柱变形		
	止水帷幕开裂、渗漏		
	墙后土体沉陷、裂缝及滑移		
	基坑涌土、流沙、管涌		
	其他		

续表 G

分类	巡视检查内容	巡视检查结果	备注
施工工况	土质情况		
	基坑开挖分段长度及分层厚度		
	地表水、地下水状况		
	基坑降水、回灌设施运转情况		
	基坑周边地面堆载情况		
	其他		
周边环境	管道破损、泄漏情况		
	周边建筑裂缝		
	周边道路(地面)裂缝、沉陷		
	邻近施工情况		
	其他		
监测设施	基准点、测点完好状况		
	监测元件完好情况		
	观测工作条件		

工程负责人：　　　　　　　监测单位：

本规范用词说明

1　为便于在执行本规范条文时区别对待，对要求严格程度不同的用词说明如下：

　1)表示很严格，非这样做不可的：

　　正面词采用"必须"，反面词采用"严禁"；

　2)表示严格，在正常情况下均应这样做的：

　　正面词采用"应"，反面词采用"不应"或"不得"；

　3)表示允许稍有选择，在条件许可时首先应这样做的：

　　正面词采用"宜"，反面词采用"不宜"；

　4)表示有选择，在一定条件下可以这样做的，采用"可"。

2　条文中指明应按其他有关标准执行的写法为："应符合……的规定"或"应按……执行"。

引用标准名录

《工程测量规范》GB 50026—2007

《建筑地基基础工程施工质量验收规范》GB 50202—2002

《建筑变形测量规范》JGJ 8—2007

中华人民共和国国家标准

建筑基坑工程监测技术规范

GB 50497—2009

条 文 说 明

制 订 说 明

20 世纪 80 年代以来我国高层建筑和地下工程得到了迅猛发展，基坑工程的重要性逐渐被人们所认识，基坑工程设计、施工技术水平也随着工程经验的积累不断提高。但是在基坑工程实践中，工程的实际工作状态与设计工况往往存在一定的差异，基坑工程设计还不能全面而准确地反映工程的各种变化，所以在理论分析指导下有计划地进行现场工程监测就显得十分必要。

基坑工程现场监测可以为基坑工程信息化施工、设计优化等提供依据；更重要的是通过监测和预警，可以及时发现安全隐患，保护基坑及周边环境的安全；同时监测工作还是发展基坑工程设计理论的重要手段。为此我们依据原建设部《2006 年工程建设标准规范制定、修订计划（第一批）》的要求，编制了本规范。现就编制工作情况说明如下：

一、标准编制遵循的主要原则

1. 科学性原则。标准的技术规定应以行之有效的实践经验和可靠的科学研究成果为依据。对需要进行专题研究或验证的项目，认真组织研究或验证并写出成果报告；对已经实践检验的技术上成熟、经济上合理的科研成果，应纳入规范。

2. 先进性原则。一是应积极采用基坑工程监测的新方法、新技术；二是标准规定的技术要求应在全国范围内达到平均先进水平。

3. 实用性原则。标准的规定应具有现实的可操作性，便于基坑工程监测工作的开展，便于工程技术人员的执行。

4. 协调性原则。标准的技术规定应与国家现行标准相协调，避免矛盾。

二、编制工作概况

（一）各阶段的主要工作

编制工作按准备、征求意见、审查和批准四个阶段进行。

1. 准备阶段。主编单位于 2006 年 4 月启动编制准备工作，筹建编制组；在山东省工程建设标准《建筑基坑工程监测技术规范》DBJ14—024—2004 和初步调研的基础上，草拟编制工作大纲，并召开专家座谈会听取对该编制工作大纲的意见，为第一次编制工作会议的召开打下了一个良好的基础。同年 8 月 25日编制组成立暨第一次工作会议在青岛召开。

2. 征求意见阶段。编写组依据编制大纲的要求于 2006 年 8 月～2007 年 2 月开展了各项专题研究，并形成了专题研究报告。编制组在专题研究的基础上编写完成了规范的初稿，于 2007 年 8 月在青岛召开

了第二次编制工作会议，会议对初稿进行了认真的组内讨论，并就若干技术问题达成统一意见。初稿后经编制组多次认真修改，于 2008 年 2 月初形成了征求意见稿初稿。2008 年 2 月下旬第三次编制工作会议在昆山召开，会议对征求意见稿初稿进行了充分的讨论，形成了征求意见稿。2008 年 3 月下旬，本规范的征求意见稿在网上公布，正式开始征求意见工作。

3. 送审阶段。2008 年 8 月下旬，第四次编制会议在同济大学召开。会议认真讨论了征求到的各方意见以及对意见的处理和答复；逐条讨论、修改了送审稿初稿，形成了送审稿。2008 年 10 月中旬，本规范送审稿审查会在青岛召开。审查会专家听取了编制组所作的送审报告，对本规范的编制工作和送审稿进行了认真的审查并通过了送审稿。

4. 报批阶段。编制组根据审查会的意见，对送审稿及条文说明进行了个别修改，于 2008 年 12 月形成了报批稿并完成了报批报告等报批文件。

（二）开展专题研究工作

为保证编制质量，编制组依据编制大纲开展了各项专题研究，专题研究项目为：

1. 国内外关于基坑工程监测的管理规定和技术标准的调研。

2. 不同条件下基坑工程监测项目和监测报警值的研究。

3. 不同条件下基坑工程监测频率的研究。

4. 现有基坑工程监测方法和监测仪器性能的调研。

编制组收集了美国及欧洲国家的相关研究成果，掌握了其研究动态。国内收集了相关的国家标准、行业标准、地方标准以及国内诸多城市有关基坑工程的规定，编制组对其进行了认真的整理和研究，以作为编写的依据或参考。

编制组相继对北京、天津、上海、广州、济南、杭州、武汉、福州、昆明、南宁、青岛、深圳等 17个城市的 100 多位基坑工程设计、施工、监测单位的专家、学者进行了广泛调研，发放和收集调研表近200 份，内容涉及基坑监测项目、监控报警值、巡视检查等关键技术难题。编制组采取了调查研究与资料查询相结合的方法，广泛收集全国关于基坑监测频率的工程实例。调研共收集基坑监测实例 86 项，实例工程分布于上海、广东、江苏、浙江、辽宁、北京、天津、山东、山西、河南、安徽、江西、湖北等地区，所收集的资料具有较广泛的代表性。

编制组在此期间完成了"国内外关于基坑工程的

管理规定和技术标准的调研报告"、"监测项目与报警控制值的研究报告"、"现有基坑工程监测方法和监测仪器及性能的调研报告"以及"不同条件下基坑工程监测频率的研究报告",为本规范的编写奠定了基础。

（三）征求意见的范围及主要意见

本规范的征求意见稿由主编部门网上公布，征求社会各方意见。另外，编制组在全国范围内确定了近20位专家作为走访或函询的对象，其中包括相关国家标准、行业标准的主编，高等院校相关研究方向的学者，基坑工程设计、施工、监测单位的专家等。

征求到的意见主要涉及：

1. 本规范技术内容对不同地质条件下基坑工程的适用性。

2. 基坑工程监测新技术的应用。

3. 基坑工程的管理规定等问题。

编制组对收集到的意见逐条进行了归纳并整理成册，在认真研究、吸收各方意见的基础之上，对征求意见稿进行了修改。

（四）审查情况及主要结论

参加送审稿审查会议的有住房和城乡建设部标准定额司的代表，地方建设行政管理部门的代表，相关国家标准编制组或管理组的代表，高等院校、科研单位、设计单位、施工单位等有经验的专家以及本规范编制组成员等。

会议听取了本规范编制组长所作的送审报告和征求意见稿征求意见的处理意见汇报；审查了送审资料；会议代表对标准送审稿进行了认真审查，对其中重要内容的编制依据和成熟度进行了充分讨论和协商，并取得了一致意见。

审查会议认为该规范（送审稿）体例适宜，内容全面系统。规范所确定的监测项目、测点布置、监测频率、监控报警依据较充分，科学合理，适合工程需要，为确保基坑工程监测质量提供了操作性强的技术依据，对保证基坑工程安全、保护周边环境具有重要意义。

三、重要技术问题说明

（一）基坑工程监测的管理规定

有关基坑工程监测的管理规定，本规范主要涉及两个重要内容：一是由建设方委托具备资质的监测单位实施第三方监测，二是基坑工程监测的实施范围。这两个重要内容的确定主要是依据编制组开展的"国内外关于基坑工程监测的管理规定和技术标准的调研"成果。

由建设单位委托、实施第三方监测和对监测单位提出资质要求是从保证监测的客观性和公正性、走专业化道路、保证监测质量等方面综合考虑的，我国开展基坑工程监测较早、较好的一些主要省市均提出了类似的管理规定。

建设部《建筑工程预防坍塌事故若干规定》（建质〔2003〕82号）中规定："深基坑是指开挖深度超过5m的基坑，或深度未超过5m但地质条件和周边环境较复杂的基坑"。并规定应对其相邻的建筑物、道路的沉降及位移情况进行观测。本规范的规定与国家建设主管部门的规定是一致的。

上海、山东以及深圳、南京等国内诸多省市关于深基坑工程的有关规定对深基坑都作出了相似的定义，并规定深基坑工程应实施基坑工程监测。从实施效果看，对保证基坑工程及周边环境的安全起到了较好的控制作用，同时也兼顾对建设项目建设成本的影响。从征求意见稿的意见看，此条文规定在全国范围内已基本达成共识。

（二）监测项目、监测报警值的确定

监测项目和监测报警值是本规范的重要内容，这些条文的确定依据主要是三个方面：一是专家调查及专题研究报告，二是相关的国家、行业和地方标准，三是工程实践经验的总结。

现行国家、行业标准中涉及基坑工程仪器监测项目的规范较多，如《建筑地基基础设计规范》GB 50007—2002、《建筑边坡工程技术规范》GB 50330—2002、《建筑基坑支护技术规程》JGJ 120—99、《建筑基坑工程技术规范》YB 9258—97等都有关于基坑仪器监测项目的条文；但规范之间有相互矛盾、要求不一致的地方。山东、上海、浙江、湖北、深圳、广州等一些地方标准中也提出了结合当地实际的监测项目。这些规范从不同的角度或地区特点对基坑工程仪器监测项目提出了不同的要求及标准。这次国家规范的编写将调研结果及现行有关规范中关于基坑工程监测的条文进行了比较与分析，综合考虑现行规范的规定，结合专家调查结果和工程实践经验得出了项目较为全面、选择性和适应性较广的仪器监测项目。

编制组针对全国103位基坑工程专家调查得到的数据，经过数据处理与分析，得到了基坑工程报警值的专家调研结果。编制组又综合考虑了国家现行标准的规定、参考了部分地方标准的报警指标以及工程实践经验，推荐了本规范确定的基坑工程监测报警值。考虑到基坑工程报警的复杂性、目前认知能力的局限性等因素，本规范该条文的用词程度为"可"。

（三）监测频率的确定

目前现行的国家标准、行业标准尚无对基坑工程监测频率的明确规定。基坑工程监测频率的确定是一项经验性很强的工作，总结以往的经验教训对合理地确定基坑监测频率具有重要指导意义。为此，编制组采取了调查研究与资料查询相结合的方法，广泛收集全国关于基坑工程监测频率的工程实例。本次调研共收集基坑监测实例86项，实例工程地区分布较广，所收集的资料具有较广泛的代表性。

编制组通过对收集资料的定性分析和定量统计分析，参考国家现行标准以及地方标准的有关规定，确定了应测项目在无数据异常和事故征兆情况下的仪器监测频率。该监测频率能系统地反映基坑及周边环境的受力与变形的重要变化过程，在目前工程实践中有广泛的应用基础，技术成熟度较高。

四、本标准尚需深入研究的有关问题

1. 开展对特殊土以及岩石基坑工程监测的研究。

由于受到各地建筑基坑工程监测开展程度的影响以及现有认知能力、技术装备、技术水平和技术成熟度的限制，本次规范编制过程中对冻土、膨胀土、湿陷性黄土等特殊土和岩石基坑工程实施监测的研究还不够。今后随着基坑工程监测工作的推广，编制组需要加强对东北地区、西部地区基坑工程监测的调研，开展对特殊土以及岩石基坑工程监测的研究，进一步扩大本规范的适用范围。

2. 进一步开展不同地质条件下监测报警值的研究。

基坑工程监测报警值是一个十分严肃和复杂的问题，不但与基坑类别、支护形式有关，还与所处的地质条件密切相关。规范本次提供的监测报警值是一个取值范围，今后尚需通过对不同地质条件下基坑支护主要形式的调研，选择有代表性的地区开展专题研究，搜集工程技术信息，进一步深入研究不同地质条件下各种支护形式的监测报警值。

3. 进一步研究、总结基坑工程监测的新技术。

随着新的监测设备和传感器的开发与应用，基坑工程监测技术得到不断发展，目前正向系统化、自动化、远程化方面发展，编制组今后将进一步跟踪研究、总结基坑工程监测的新技术，开展必要的专题研究，为本规范以后的修订工作打下基础。

结语

为了准确理解本规范的技术规定，按照《工程建设标准编写规定》的要求，编制组编写了《建筑基坑工程监测技术规范》条文说明。本条文说明的内容均为解释性内容，不应作为标准规定使用。

目　次

1 总 则

1.0.1 20世纪80年代以来我国城市建设发展很快,尤其是高层建筑和地下工程得到了迅猛发展,基坑工程的重要性逐渐被人们所认识,基坑工程设计、施工技术水平也随着工程经验的积累不断提高。但是在基坑工程实践中,工程的实际工作状态与设计工况往往存在一定的差异,设计值还不能全面、准确地反映工程的各种变化,所以在理论分析指导下有计划地进行现场工程监测就显得十分必要。

造成设计值与实际工作状态差异的主要原因是:

1 地质勘察所获得的数据还很难准确代表岩土层的全面情况。

2 基坑工程设计理论和依据还不够完善,对岩土层和支护结构本身所做的本构模型、计算假定以及参数选用等与实际状况相比存在着一定的近似性和相对误差。

3 基坑工程施工过程中,支护结构的受力经常发生动态变化,诸如地面堆载突变、超挖等偶然因素的发生,使得结构荷载作用时间和影响范围难以预料,出现施工工况与设计工况不一致的情况。

基于上述情况,基坑工程的设计计算虽能大致描述正常施工条件下支护结构以及相邻周边环境的变形规律和受力范围,但必须在基坑工程期间开展严密的现场监测,才能保证基坑及周边环境的安全,保证建设工程的顺利进行。归纳起来,开展基坑工程现场监测的目的主要为:

1 为信息化施工提供依据。通过监测随时掌握岩土层和支护结构内力、变形的变化情况以及周边环境中各种建筑、设施的变形情况,将监测数据与设计值进行对比、分析,以判断前步施工是否符合预期要求,确定和优化下一步施工工艺和参数,以此达到信息化施工的目的,使得监测成果成为现场施工工程技术人员作出正确判断的依据。

2 为基坑周边环境中的建筑、各种设施的保护提供依据。通过对基坑周边建筑、管线、道路等的现场监测,验证基坑工程环境保护方案的正确性,及时分析出现的问题并采取有效措施,以保证周边环境的安全。

3 为优化设计提供依据。基坑工程监测是验证基坑工程设计的重要方法,设计计算中未曾考虑或考虑不周的各种复杂因素,可以通过现场监测结果的分析、研究,加以局部的修改、补充和完善,因此基坑工程监测可以为动态设计和优化设计提供重要依据。

4 监测工作是发展基坑工程设计理论的重要手段。

基坑工程监测应做到可靠性、技术性和经济性的统一。监测方案应以保证基坑及周边环境安全为前提,以监测技术的先进性为保障,同时也要考虑监测方案的经济性。在保证监测质量的前提下,降低监测成本,达到技术先进性与经济合理性的统一。

基坑工程监测涉及建设单位、设计单位、施工单位和监理单位等,本规范不只是规范监测单位的监测行为,其他相关各方也应遵守和执行本规范的规定。

1.0.2 本条是对本规范适用范围的界定。本规范适用于建(构)筑物地下工程开挖形成的基坑以及基坑开挖影响范围内的建(构)筑物及各种设施、管线、道路等监测。

本规范适用于一般土及软土建筑基坑工程监测,但对岩石基坑工程以及冻土、膨胀土、湿陷性黄土等特殊土的基坑及周边环境监测,由于基坑设计、施工、监测积累的经验以及科研成果尚显不足,编写规范的条件还不成熟,因此尚不在本规范的适用范围之内。这些地区的基坑工程应依据相关规范的要求,充分考虑当

地的工程经验开展监测。在积极开展基坑工程监测的同时,总结和积累工程经验,为本规范的修订打下基础。

侵蚀性环境是指基坑所处的环境(土质、水、空气)中含有对基坑支护材料(如钢材等)产生较严重腐蚀的成分,直接影响材料的正常使用及安全性能。

1.0.3 影响基坑工程监测的因素很多,主要有:

1 基坑工程设计与施工方案。

2 建设基地的岩土工程条件。

3 邻近建(构)筑物、设施、管线、道路等的现状及使用状态。

4 施工工期。

5 作业条件。

建筑基坑工程监测要求综合考虑以上因素的影响,制订合理的监测方案,方案经审批后,由监测单位组织和实施监测。

1.0.4 建筑基坑工程需要遵守的标准有很多,本规范只是其中之一;另外,有关国家现行标准中对建筑基坑工程监测也有一些相关规定,因此本条规定除遵守本规范外,基坑工程监测尚应符合国家现行有关标准的规定。与本规范有关的国家现行规范、规程主要有:

1 《建筑地基基础设计规范》GB 50007。

2 《建筑地基基础工程施工质量验收规范》GB 50202。

3 《建筑边坡工程技术规范》GB 50330。

4 《民用建筑可靠性鉴定标准》GB 50292。

5 《工程测量规范》GB 50026。

6 《建筑变形测量规范》JGJ 8。

7 《建筑基坑支护技术规程》JGJ 120。

3 基 本 规 定

3.0.1 本条为强制性条文。本条是对建筑基坑工程监测实施范围的界定。基坑支护结构以及周边环境的变形和稳定与基坑的开挖深度有关,相同条件下基坑开挖深度越深,支护结构变形以及对周边环境的影响越大;基坑工程的安全性还与场地的岩土工程条件以及周边环境的复杂性密切相关。建设部《建筑工程预防坍塌事故若干规定》(建质〔2003〕82号)中规定:深基坑是指开挖深度超过5m的基坑或深度未超过5m但地质条件和周边环境较复杂的基坑。上海、山东以及深圳、南京等国内诸多省市关于深基坑工程的有关规定对深基坑都作出了相似的定义,并且规定深基坑工程应实施基坑工程监测。对深基坑及周边环境复杂的基坑工程实施监测是确保基坑及周边环境安全的重要措施。

考虑到基坑工程施工涉及市政、公用、供电、通讯、人防及文物等管理单位,各地方相关管理单位会出台一些地方性规定,因此本条还规定"其他需要监测的基坑工程应实施基坑工程监测"。

3.0.2 由于基坑工程设计理论还不够完善,施工场地也存在着各种复杂因素的影响,基坑工程设计方案能否真实地反映基坑工程实际状况,只有在方案实施过程中才能得到最终的验证,其中现场监测是获得上述验证的重要和可靠手段,因此在基坑工程设计阶段应该由设计方提出对基坑工程进行现场监测的要求。由设计方提出的监测要求,并非是一个很详尽的监测方案,但有些内容或指标应由设计方明确提出,例如:应该进行哪些监测项目的监测?监测频率和监测报警值是多少?只有这样,监测单位才能依据设计方的要求编制出合理的监测方案。

3.0.3 基坑工程监测既要保证基坑的安全,也要保证周边环境中市政、公用、供电、通讯及人防、文物等的安全与正常使用,涉及建设、设计、监理、施工以及周边有关单位等各方利益,建设单位是建设项目的第一责任主体,因此应由建设单位委托基坑工程监测。

基坑工程监测对技术人员的专业水平要求较高。要求监测数

据分析人员要有岩土工程、结构工程、工程测量等方面的综合知识和较为丰富的工程实践经验。为了保证监测质量，国内外在监测管理方面开始走专业化的道路，实践证明，专业化有力地促进了监测工作和监测技术的健康发展。此外，实施第三方监测有利于保证监测的客观性和公正性，一旦发生重大环境安全事故或社会纠纷时，监测结果是责任判定的重要依据。因此本条规定基坑工程施工前，由建设方委托具备相应资质的第三方对基坑工程实施现场监测。

第三方监测并不取代施工单位自己开展的必要的施工监测，施工单位在施工过程中仍应进行必要的施工监测。

依据《建设工程勘察设计资质管理规定》（建设部160令），考虑建筑基坑工程监测的专业特点，为保证基坑工程监测工作的质量，基坑工程监测单位应同时具备岩土工程和工程测量两方面的专业资质。监测单位应具备承担基坑工程监测任务的相应设备、仪器及其他测试条件，有经过专门培训的监测人员以及经验丰富的数据分析人员，有必要的监测程序和审核制度等工作制度及其他管理制度。

监测单位拟订出监测方案后，提交工程建设单位，建设单位应遵照建设主管部门的有关规定，组织设计、监理、施工、监测等单位讨论审定监测方案。当基坑工程影响范围内有重要的市政、公用、供电、通讯、人防工程以及文物等时，还应组织有关主管单位参加的协调会议，监测方案经协商一致后，监测工作才能正式开始。必要时，应根据有关部门的要求，编制专项监测方案。

3.0.4 本条提供了监测单位开展监测工作宜遵循的一般工作程序。

3.0.5 监测单位通过了解建设单位和设计方对监测工作的技术要求，进一步明确监测目的，并以此做好编制监测方案前的各项准备工作。现场踏勘、搜集已有合格资料是准备工作中的一项重要内容。由于这项工作涉及方方面面的单位和人员，有些单位和个人同建设项目的关系属于近外层、远外层的关系，这就增加了完成这项准备工作的难度，在现场踏勘、搜集资料不全面的情况下，编制出的监测方案往往容易出现纰漏。例如，基坑支护设计计算工况、计算结果资料收集不全，支护结构的内力观测点的布设位置就难以把握；基坑周边管线的使用年限和老化程度调查不清，就难以准确地确定报警值。因此，监测单位应当积极争取有关各方的配合，认真完成这项准备工作。

本条对现场踏勘、资料搜集阶段工作提出了具体要求。为了正确地对基坑工程进行监测和评价，提高基坑监测工作的质量，做到有的放矢，应尽可能详细地了解和搜集有关的技术资料。另外，有时委托方的介绍和提出的要求是笼统的、非技术性的，也需要通过调查来进一步明确委托方的具体要求和现场实施的可行性。

本条的第三款要求监测单位应搜集的周边环境原始资料和使用阶段资料包括：周边建筑、管线、道路、人防等周边环境各监测对象的原始资料和使用阶段资料。了解监测对象当前的工作性状非常重要，一方面，因为时间久远、保管不善，有些资料难以搜集；另一方面，如建筑物、管线等在使用中往往已改变了原始状态，或者出现了超出设计荷载使用的现象。如果监测单位不能掌握这些情况，一方面会影响监测数据的分析、判断；另一方面在出现纠纷的时候，责任难以分清，所以当有异常情况时，监测单位应当注意利用现代技术，保存现场影像资料。

本条的第四款要求监测单位通过现场踏勘掌握相关资料与现场状况是否属实。周边环境中各监测对象的布设和性状由于时间、工程变更等各种因素的影响有时会出现与原始资料不相符的情况，如果监测单位只是依照原始资料确定监测方案，可能会影响拟监测项目现场实施的可行性。

本条的第五款要求监测单位了解相邻工程的设计和施工情况，比如相邻工程的打桩、基坑支护与降水、土方开挖及运输情况和施工进度计划等，避免相互干扰与影响。

3.0.6 监测方案是监测单位实施监测的重要技术依据和文件。为了规范监测方案、保证质量，本条概括出了监测方案所包括的12个主要方面。

3.0.7 本条对基坑工程监测方案的专门论证作出了规定。

优秀近现代建筑是指自19世纪中期以来建造的，能够反映近现代城市发展历史，具有较高历史、艺术和科学价值的建筑物（群）、构筑物（群）和历史遗迹。优秀近现代建筑的确定依据各地有关部门的管理规定。

"新材料、新技术、新工艺、新设备"是指尚未被规范和有关文件认可的新的建筑材料、建筑技术和结构形式、施工工艺、施工设备等。

对工程中出现的超过规范应用范围的重大技术难题、新成果的合理推广应用以及严重事故的处理，采用专门技术论证的方式可达到安全适用、技术先进、经济合理的良好效果。上海等省市在主管部门的领导下，采用专家技术论证的方式在解决重大基坑工程技术难题和减少工程事故方面已取得良好的效果，值得借鉴。

3.0.8 监测单位应严格按照审定后的监测方案对基坑工程进行监测，不得任意减少监测项目、测点，降低监测频率。当在实施过程中，由于客观原因需要对监测方案调整时，应按照工程变更的程序和要求，向建设单位提出书面申请，新的监测方案经审定后方可实施。

3.0.9 监测单位应严格依据监测方案进行监测，为基坑工程实施动态设计和信息化施工提供可靠依据。实施动态设计和信息化施工的关键是监测成果的准确、及时反馈，监测单位应建立有效的信息处理和信息反馈系统，将监测成果准确、及时地反馈到建设、监理、施工等有关单位。当监测数据达到监测报警值时监测单位必须立即通报建设方及相关单位，以便建设单位和有关各方及时分析原因、采取措施。建设、施工等单位应认真对待监测单位的报警，以避免事故的发生。在这一方面，工程实践中的教训是很深刻的。

3.0.11 本条规定要求监测单位在监测结束阶段应向建设方提供监测竣工资料。监测方案应是审核批准后的实施方案；测点的验收记录应有建设方和监测方相关责任人的签字；阶段性监测报告可以根据合同的要求采用周报、旬报、月报或者按照基坑工程的形象进度而定；在结束阶段监测单位还应完成对整个监测工作的总结报告，建设方应按照有关档案管理规定将监测竣工资料组卷归档。另外，监测过程的原始记录和数据处理资料是唯一能反映当时真实状况的可追溯性文件，监测单位也应归档保存。

4 监测项目

4.1 一般规定

4.1.1 基坑工程的现场监测应采用仪器监测与巡视检查相结合的方法，多种观测方法互为补充、相互验证。仪器监测可以取得定量的数据，进行定量分析；以目测为主的巡视检查更加及时，可以起到定性、补充的作用，从而避免片面地分析和处理问题。例如观察周边建筑和地表的裂缝分布规律、判别裂缝的新旧区别等，对于我们分析基坑工程对临近建筑的影响程度有着重要作用。

4.1.2 本条将基坑工程现场监测的对象分为七大类。支护结构包括围护墙、支撑或锚杆、立柱、冠梁和围檩等；地下水状况包括基坑内外原有水位、承压水状况、降水或回灌后的水位；基坑底部及周边土体指的是基坑开挖影响范围内的坑内、坑外土体；周边建筑指的是在基坑开挖影响范围之内的建筑物、构筑物；周边管线及设施主要包括供水管道、排污管道、通讯、电缆、煤气管道、人防、地铁、隧道等，这些都是城市生命线工程；周边重要的道路是指基坑开挖影响范围之内的高速公路、国道、城市主要干道和桥梁等;此外,根据工程的具体情况,可能会有一些其他应监测的对象,由设计和有关单位共同确定。

4.1.3 基坑工程监测是一个系统,系统内的各项目监测有着必然的、内在的联系。基坑在开挖过程中,其力学效应是从各个侧面同时展现出来的,例如支护结构的挠曲、支撑轴力、地表位移之间存在着相互间的必然联系,它们共存于同一个集合体,即基坑工程内。限于测试手段、精度及现场条件,某一单项的监测结果往往不能揭示和反映基坑工程的整体情况,必须形成一个有效的、完整的、与设计、施工工况相适应的监测系统并跟踪监测,才能提供完整、系统的测试数据和资料,才能通过监测项目之间的内在联系作出准确地分析、判断,为优化设计和信息化施工提供可靠的依据。当然,选择监测项目还必须注意控制费用,在保证监测质量和基坑工程安全的前提下,通过周密地考虑,去除不必要的监测项目,因此本条要求抓住关键部位,做到重点观测、项目配套。

4.2 仪器监测

4.2.1 基坑工程现场监测项目的选择与基坑工程类别有关。本规范对基坑工程等级的划分方法根据现行国家标准《建筑地基基础工程施工质量验收规范》GB 50202—2002确定,见表1。

表1　基坑工程类别

类别	分类标准
一级	重要工程或支护结构作主体结构的一部分; 开挖深度大于10m; 与临近建筑物、重要设施的距离在开挖深度以内的基坑; 基坑范围内有历史文物、近代优秀建筑、重要管线等需严加保护的基坑
二级	除一级和三级外的基坑属二级基坑
三级	开挖深度小于7m,且周围环境无特别要求时的基坑

表4.2.1列出了基坑工程仪器监测的项目,这些项目是经过大量工程调研并征询全国近20个城市的百余名专家的意见,结合现行的有关规范,并考虑了我国目前基坑工程监测技术水平后提出的,是我国基坑工程发展近20年来的经验总结,有较强的可操作性。监测项目的选择既关系到基坑工程的安全,也关系到监测费用的大小。盲目减少监测项目很可能因小失大,造成严重的工程事故和更大的经济损失,得不偿失;随意增加监测项目也会造成不必要的浪费。对于一个具体工程必须始终把安全放在第一位,在此前提下可以根据基坑工程等级等目的、有针对性地选择监测项目。

本规范共列出了18项监测项目,主要反映的是监测对象的物理力学性能:受力和变形。对于同一个监测对象,这两个指标有着内在的必然联系,相辅相成,配套监测,可以帮助判断数据的真伪,做到去伪存真。

考虑到围护墙(边坡)顶部水平位移、深层水平位移的监测是分别进行的,而且它们的监测仪器、方法都不同,因此规范本条将水平位移分为围护墙(边坡)顶部水平位移、深层水平位移两个监测项目。围护墙(边坡)顶部水平位移监测较为重要,对于三种等级的基坑工程都定为"应测";深层水平位移监测可以描述出围护墙沿深度方向上不同点的水平位移曲线,并且可以及时地确定最大水平位移值及其位置,对于分析围护墙的稳定和变形发挥了重要的作用。因此,一、二级基坑工程均应监测。由于深层水平位移的观测工作量较大,需要埋设测斜管,而且实际工程中,三级观测深层水平位移的也不多,所以,三级基坑采用"宜测"较为合适。

许多专家提出,围护墙(边坡)顶部的竖向位移也是反映基坑安全的一个重要指标。我国现有的相关标准大多都明列出来。另外,考虑到围护墙(边坡)顶部竖向位移的监测简便易行,本条规定三个等级的基坑工程此监测项目都确定为"应测"。

开挖引起坑内土体的隆起或沉降是必然的,立柱竖向位移则可反映这一情况,立柱的竖向位移对支撑轴力的影响很大,对立柱

变形进行监测可以预防支撑失稳。因此本条规定一级基坑立柱竖向位移采用"应测",二、三级基坑立柱竖向位移采用"宜测"。

围护墙内力监测是防止支护结构发生强度破坏的一种较为可靠的监控措施,但由于内力分析较为清晰,调研过程中,许多专家认为一般围护墙体设计的安全储备较大,实际工程中发生强度破坏的现象很少,因此建议可适当降低监测要求。本条规定一级基坑围护墙内力监测采用"宜测",二、三级基坑采用"可测"。

支撑内力监测以轴力为主,一般二、三级基坑支撑设计的安全储备较大,发生强度破坏的现象很少,因此本条规定对于二、三级基坑此监测项目分别采用"宜测"、"可测"。

基坑开挖是一个卸荷的过程,随着坑内土的开挖,坑内外形成一个水土压力差,引起坑底土体隆起,进行底部隆起观测可以及时了解基坑整体的变形状况。

对围护墙界面上的土压力和孔隙水压力监测的目的是为了了解实际情况与设计值的差异,有利于进行反分析和施工控制。对于一级基坑来讲,水、土压力宜进行监测。

地下水是影响基坑安全的一个重要因素,且监测手段简单,本条规定对一、二、三级基坑地下水位监测均为"应测",当基坑开挖范围内有承压水的影响时,应进行承压水位的监测。

土体分层竖向位移的监测可以掌握土层中不同深度处土体的变形情况,同时可对坑外土体通过围护墙底部涌入坑内的不利情况提供预警信息,但其监测方法及仪器相对复杂,测点不宜保护,监测费用较高,因此,本条规定对于一级基坑该项目宜进行监测,其他等级的基坑在必要时可进行该项目的监测。

周边地表竖向位移的监测对于综合分析基坑的稳定以及地层位移对周边环境的影响有很大帮助。该项目监测简便易行,本条规定对一、二级基坑为"应测",三级基坑为"宜测"。

周边建筑的监测项目分别为竖向位移、倾斜和水平位移。基坑开挖后周边建筑竖向位移的反应最直接,监测也较简便,三个基坑等级该项目都定为"应测";建筑的竖向位移(差异沉降)可间接反映其倾斜状况,因此,对倾斜的监测要求适当放宽;周边建筑水平位移在实际工程中不常见,而且其发生量也较小,本条规定二级基坑该项目为"宜测"、三级基坑该项目为"可测"。

裂缝直接反映了周边建筑、地表的破坏程度,裂缝的监测比较简单,对于三个基坑等级该项目都定为"应测"。裂缝监测包括裂缝的宽度监测和深度监测,在基坑施工之前必须先进行现场踏勘,记录建筑已有裂缝的分布位置和数量,测定其走向、长度、宽度及深度,作为判断裂缝发展趋势的依据。

周边管线的变形破坏产生的后果很大,本条规定三个等级的基坑工程此监测项目都为"应测"。

4.3 巡视检查

4.3.1 本条强调在基坑工程的施工和使用期内,应由有经验的监测人员每天对基坑工程进行巡视检查。基坑工程施工期间的各种变化具有时效性和突发性,加强巡视检查是预防基坑工程事故非常简便、经济而又有效的方法。

4.3.2 本条分五个方面列出了巡视检查的主要内容,这些项目的确定都是根据百余名基坑工程专家意见,结合工程实践总结出来的,具有很好的参考价值。监测单位在具体工程中可根据工程对象进行相关项目的巡视监测,也可补充新的监测内容。

4.3.3 巡视检查主要以目测为主,配以简单的工器具,这样的检查方法速度快、周期短,可以及时弥补仪器监测的不足。

4.3.4 各巡视检查项目之间大多存在着内在的联系,对各项目的巡视检查结果都必须做好详细的记录,从而为基坑工程监测分析工作提供完整的资料。通过巡视检查和仪器监测,可以把定性、定量结合起来,更加全面地分析基坑的工作状态,作出正确的判断。

4.3.5 巡视检查的任何异常情况都可能是事故的预兆,必须引起足够重视,发现问题要及时汇报给建设方及相关单位,以便尽早作出判断和进行处理,避免引起严重后果。

5 监测点布置

5.1 一般规定

5.1.1、5.1.2 测点的位置应尽可能地反映监测对象的实际受力、变形状态,以保证对监测对象的状况作出准确的判断。在监测对象内力和变形变化大的代表性部位及周边环境重点监护部位,监测点应适当加密,以便更加准确地反映监测对象的受力和变形特征。

影响监测费用的主要方面是监测项目的多少、监测点的数量以及监测频率的大小。基坑工程监测点的布置首先要满足对监测对象监控的要求,这就要求必须保证一定数量的监测点。但不是测点越多越好,基坑工程监测一般工作量比较大,又受人员、光线、仪器数量的限制,测点过多、当天的工作量过大会影响监测的质量,同时也增加了监测费用。

测点标志不应妨碍结构的正常受力、降低结构的变形刚度和承载能力,这一点尤其是在布设围护结构、立柱、支撑、锚杆、土钉等的应力应变观测点时应注意。管线的观测点布设不能影响管线的正常使用和安全。

在满足监控要求的前提下,应尽量减少在材料运输、堆放和作业密集区埋设测点,以减少对施工作业产生的不利影响,同时也可以避免测点遭到破坏,提高测点的成活率。

5.1.3 本条规定是为了保证量测通视,以减小转站引点导致的误差。观测标志的形式和埋设依照国家现行标准《建筑变形测量规范》JGJ 8 执行。

5.2 基坑及支护结构

5.2.1 围护墙或基坑边坡顶部的水平和竖向位移监测点应沿基坑周边布置,监测点水平间距不宜大于 20m。一般基坑每边的中部、阳角处变形较大,所以中部、阳角处应设测点。为便于监测,水平位移观测点宜同时作为垂直位移的观测点。为了测量观测点与基线的距离变化,基坑每边的测点不宜少于 3 点。观测点设置在基坑边坡混凝土护顶或围护墙顶(冠梁)上,有利于观测点的保护和提高观测精度。

5.2.2 围护墙或土体深层水平位移的监测是观测基坑围护体系变形最直接的手段,监测孔应布置在基坑平面上挠曲计算值最大的位置。一般情况下基坑每侧中部、阳角处的变形较大,因此该处宜设监测孔;对于边长大于 50m 的基坑,每边可适当增设监测孔;基坑开挖次序以及局部挖深会使围护体系最大变形位置发生变化,布置监测孔时应予以考虑。

深层水平位移观测目前多用测斜仪观测。为了真实地反映围护墙的挠曲状况和地层位移情况,应保证测斜管的埋设深度。

因为测斜仪测出的是相对位移,若以测斜管管端为固定起算点(基准点),应保持管底端不动,否则就无法准确推算各点的水平位移,所以要求测斜管管底嵌入到稳定的土体中。

5.2.3 围护墙内力监测点应考虑围护墙内力计算图形,布置在围护墙出现弯矩极值的部位,监测点数量和横向间距视具体情况而定。平面上宜选择在围护墙相邻两支撑的跨中部位、开挖深度较大以及地面堆载较大的部位;竖直方向(监测断面)上监测点宜布置在支撑处和相邻两层支撑的中间部位,间距宜为 2m~4m。

5.2.4 支撑内力的监测多根据支撑杆件采用的不同材料,选择不同的监测方法和监测传感器。对于混凝土支撑杆件,目前主要采用钢筋应力计或混凝土应变计;对于钢支撑杆件,多采用轴力计(也称反力计)或表面应变计。

支撑内力监测点的位置应根据支护结构计算书确定,监测截面选择在轴力较大杆件上剪力影响小的部位,因此本条第 3 款要求当采用应力计和应变计测试时,监测截面宜选择在两相邻

立柱支点间支撑杆件的 1/3 部位;钢管支撑采用轴力计测试时,轴力计宜设置在支撑端头。

5.2.5 立柱的竖向位移(沉降或隆起)对支撑轴力的影响很大,有工程实践表明,立柱沉降 20mm~30mm,支撑轴力会增大约 1 倍,因此对支撑体系应加强立柱的位移监测。监测点应布置在立柱受力、变形较大和容易发生差异沉降的部位,例如基坑中部、多根支撑交汇处、地质条件复杂处。逆作法施工时,承担上部结构的立柱应加强监测。

5.2.6 为了分析不同工况下锚杆内力的变化情况,对监测到的锚杆内力值与设计计算值进行比较,各层监测点位置在竖向上宜保持一致。锚头附近位置锚杆拉力大,当用锚杆测力计时,测试点宜设置在锚头附近。

5.2.7 为了分析不同工况下土钉内力的变化情况,便于对监测到的土钉内力值与设计计算值进行比较,各层监测点位置在竖向上宜保持一致,土钉上测试点的位置应考虑设计计算情况,选择在受力有代表性的位置。例如软土地区复合土钉墙支护,随着基坑开挖深度的增加,土钉上的轴力最大处从靠近基坑围护墙面层向土钉中部变化,最后多是呈现中部大、两端小的状况。

5.2.8 基坑隆起(回弹)监测点的埋设和施工过程中的保护比较困难,监测点不宜设置过多,以能够测出必要的基坑隆起(回弹)数据为原则,本条规定监测剖面数量不应少于 2 个,同一剖面上监测点数量不应少于 3 个,基坑中央宜设监测点,依据这些监测点绘出的隆起(回弹)断面图可以基本反映坑底的变形变化规律。

5.2.9 围护墙侧向土压力监测点的布置应选择在受力、土质条件变化较大的部位,在平面上宜与深层水平位移监测点、围护墙内力监测点位置等匹配,这样监测数据之间可以相互验证,便于对监测项目的综合分析。在竖直方向(监测断面)上监测点应考虑土压力的计算图形、土层的分布以及与围护墙内力监测点位置的匹配。

5.2.10 孔隙水压力的变化是地层位移的前兆,对控制打桩、沉井、基坑开挖、隧道开挖等引起的地层位移起到十分重要的作用。孔隙水压力监测点宜靠近这些基坑受力、变形较大或有代表性的部位布置。

5.2.11 地下水位测量主要是通过水位观测孔(地下水位监测点)进行。地下水位监测点的作用一是检验降水井的降水效果,二是观测降水对周边环境的影响。

检验降水井降水效果的水位监测点布置在降水井点(群)降水区降水能力弱的部位,因此当采用深井降水时,水位监测点宜布置在基坑中央和两相邻降水井的中间部位;当采用轻型井点、喷射井点降水时,水位监测点宜布置在基坑中央和周边拐角处。

当用水位监测点观测降水对周边环境影响时,地下水位监测点应沿被保护对象的周边布置。如有止水帷幕,水位监测点宜布置在帷幕的施工搭接处、转角处等有代表性的部位,位置在止水帷幕的外侧约 2m 处,以便于观测止水帷幕的止水效果。

检验降水井降水效果的水位监测点,观测管的管底埋置深度应在最低设计水位之下 3m~5m。观测降水对周边环境影响的监测点,观测管的管底埋置深度应在最低允许地下水位之下 3m~5m。

承压水的观测孔埋设深度应保证能反映承压水位的变化。

5.3 基坑周边环境

5.3.1 基坑工程周边环境的监测范围既要考虑基坑开挖的影响范围,保证周边环境中各保护对象的安全使用,也要考虑监测成本的影响。现行行业标准《建筑基坑支护技术规程》JGJ 120—99 第 3.8.2 条规定"从基坑边缘以外 1~2 倍开挖深度范围内的需要保护物体均应作为监控对象"。我国部分地方标准的规定是:山东规定"从基坑边缘以外 1~3 倍基坑开挖深度范围内需要保护的建(构)筑物、地下管线等均应作为监测对象。必要时,尚应扩大监控范围";上海规定"监测范围宜达到基坑边线以外 2 倍以上的基坑

深度,并符合工程保护范围的规定,或按工程设计要求确定";深圳规定相邻物体是指"距离深基坑边2倍深度范围内的建筑物、构筑物、道路、地下设施、地下管线等"。综合基坑工程经验,结合我国各地的规定,本条规定了从基坑边缘以外1~3倍开挖深度范围内需要保护的建筑、管线、道路、人防工程等均作为监控对象。具体范围应根据土质条件、周边保护对象的重要性等确定。

5.3.2 重要保护对象是指地铁、隧道、重要管线、重要文物和设施、近现代优秀建筑等。

5.3.3 为了反映建筑竖向位移的特征和便于分析,监测点应布置在建筑竖向位移差异大的地方。

5.3.4 当能判断出建筑的水平位移方向时,可以仅观测其此方向上的位移,因此本条规定一侧墙体的监测点不宜少于3点。

5.3.5 建筑整体倾斜监测可根据不同的监测条件选择不同的监测方法,监测点的布置也有所不同。当建筑具有较大的结构刚度和基础刚度时,通常采用观测基础差异沉降推算建筑的倾斜,这时监测点的布置应考虑建筑的基础形式、体态特征、结构形式以及地质条件的变化等,要求同建筑的竖向位移观测基本一致。

5.3.6 裂缝监测应选择有代表性的裂缝进行观测。每条需要观测的裂缝应至少设2个监测点,每个监测点设一组观测标志,每组观测标志可使用两个对应的标志分别设在裂缝的两侧。对需要观测的裂缝及监测点应统一进行编号。

5.3.7 管线的观测分为直接法和间接法。

当采用直接法时,常用的测点设置方法有:

抱箍法:在特制的圆环(也称抱箍)上连接固定测杆,圆环固定在管线上,将测杆与管线连接成一个整体,测杆不超过地面,地面处设置相应的窨井,保证道路、交通和人员的正常通行。此法观测精度较高,其不足之处是必须凿开路面,开挖至管线的底面,这对城市主干道是很难实施的,但对于次干道和十分重要的地下管道,如高压煤气管道,按此方法设置测点并予以严格监测是可行和必要的。

对于埋深浅、管径较大的地下管线也可以取点直接挖至管线顶表面,露出管线接头或阀门,在凸出部位做上标示作为测点。

套管法:用一根硬塑料管或金属管打设或埋设于所测管线顶面和地表之间,量测时将测杆放入埋管内,再将标尺搁置在测杆顶端,只要测杆放置的位置固定不变,测试结果就能够反映出管线的沉降变化。此法的特点是简单易行,可避免道路开挖,但观测精度较低。

间接法就是不直接观测管线本身,而是通过观测管线周边的土体,分析管线的变形。此法观测精度较差。当采用间接法时,常用的测点设置方法有:

底面观测:将测点设在靠近管线底面的土体中,观测底面的土体位移。此法常用于分析管道纵向弯曲受力状态或跟踪注浆、调整管道差异沉降。

顶面观测:将测点设在管线轴线相对应的地表或管线的窨井盖上观测。由于测点与管线本身存在介质,因而观测精度较差,但可避免破土开挖,只有在设防标准较低的场合采用,一般情况下不宜采用。

5.3.9 土体分层竖向位移监测是为了量测不同深度处土的沉降与隆起。目前监测方法多采用磁环式分层沉降标监测(分层沉降仪监测)、磁锤式深层标或测杆式深层标监测。当采用磁环式分层沉降标监测时为一孔多标,采用磁锤式和测杆式分层标监测时为一孔一标。监测孔的位置应选择在靠近被保护对象且有代表性的部位。沉降标(测点)的埋设深度和数量应考虑基坑开挖、降水对土体垂直方向位移的影响范围以及土层的分布。上海市地方标准《基坑工程施工监测规程》DG/T 08—2001—2006规定"监测点布置深度宜大于2.5倍基坑开挖深度,且不应小于基坑围护结构以下5m~10m"。

6 监测方法及精度要求

6.1 一般规定

6.1.1 基坑监测方法的选择应综合考虑各种因素,监测方法简便易行、有利于适应施工现场条件的变化和施工进度的要求。

6.1.2 变形监测网的网点宜分为基准点、工作基点和变形监测点。

基准点不应受基坑开挖、降水、桩基施工以及周边环境变化的影响,应设置在位移和变形影响范围以外、位置稳定、易于保存的地方,并应定期复测,以保证基准点的可靠性。复测周期视基准点所在位置的稳定情况而定。

每期变形观测时应将工作基点与基准点进行联测。

6.1.3 本条规定是监测工作能否顺利开展的基本保证。根据监测仪器的自身特点、使用环境和使用频率等情况,在相对固定的周期内进行维护保养,有助于监测仪器在检定使用期内的正常工作。

6.1.4 本条规定是为了将监测中的系统误差减得最小,达到提高监测精度的目的。监测时尽量使仪器在基本相同的环境和条件(如环境温度、湿度、光线、工作时段等)下工作,但在异常情况下可不做强制要求。

6.1.5 实际上各监测项目都不可能取得绝对稳定的初始值,因此本条所说的稳定值实际上是指在较小范围内变化的初始观测值,且其变化幅度相对于该监测项目的报警值而言可以忽略不计。

6.1.7 目前基坑工程监测技术发展很快,如自动全站仪非接触监测、光纤监测、GPS定位、摄影测量等采用高新技术的监测方法已应用于基坑工程监测。为了促进新技术的应用,本条规定当这些新的监测方法能够满足本规范的精度要求时,亦可以采用。

6.2 水平位移监测

6.2.1 水平位移的监测方法较多,但各种方法的适用条件不一,在方法选择和施测时均应特别注意。

如采用小角度法时,监测前应对经纬仪的垂直轴倾斜误差进行检验,当垂直角超出±3°范围时,应进行垂直轴倾斜修正;采用视准线法时,其测点埋设偏离基线的距离不宜大于20mm,对活动觇牌的零位差进行测定;采用前方交会法时,交会角应在60°~120°之间,并宜采用三点交会法等。

6.2.3 水平位移监测精度确定时,考虑了以下几方面因素:一是应能满足监测报警的要求,包括变化速率及报警累计值两个监测报警值的控制要求;二是与现行测量规范规定的测量精度相协调;三是在控制监测成本的前提下适当提高精度要求。

表2是根据本规范表8.0.4列出的一、二、三级基坑的围护墙(边坡)顶部水平位移累计值和变化速率的报警值范围。对于水平位移累计值,依据现行国家标准《工程测量规范》GB 50026—2007,以允许变形量的1/20作为测量精度要求值。但这样的精度还不能满足部分变形速率要求严格的基坑工程,对于管线和邻近建筑的监测精度也存在类似的问题。因此,必须进一步结合变形速率报警值的要求提高监测精度。由于变形速率报警值是连续分布的,本规范以2~3倍中误差作为极限误差,同时考虑不同基坑类别的变形速率报警值分布特征,制定出本条监测精度,与国家现行标准《工程测量规范》GB 50026和《建筑变形测量规范》JGJ 8等的监测精度等级基本上相匹配。

表2 基坑围护墙(坡)顶水平位移报警范围

基坑类别	一级	二级	三级
累计值(mm)	25~35	40~60	60~80
变化速率(mm/d)	2~10	4~15	8~20

考虑到基坑施工的不确定性因素较多以及监测人员的水平差异,适当提高精度要求会促使监测单位尽量选用精度等级高的仪器,这样虽然会使成本有所增加,但有利于保证监测质量。

采用小角法或视准线法时,选用国内现在使用的不同精度级别的测绘仪器可以达到本规范规定的精度要求,必要时还可以适当降低仪器精度要求,通过增加测回数来提高监测精度。

6.3 竖向位移监测

6.3.1 当不便使用水准几何测量或需要进行自动监测时,可采用液体静力水准测量方法。

6.3.3 竖向位移监测精度确定方法与水平位移监测精度基本相同。

6.3.4 由于坑底隆起观测过程往往需要进行高程传递,精度较难保证,因此在参考本规范第6.3.3条规定的基础上适当调低了精度要求,这样既考虑了测量的困难又能满足监测报警值控制要求。

表3为根据表8.0.4分类列出的一、二、三类基坑的坑底隆起(回弹)累计值和变化速率的报警值范围。

表3 坑底隆起(回弹)报警范围

基坑类别	一级	二级	三级
累计值(mm)	25~35	50~60	60~80
变化速率(mm/d)	2~3	4~6	8~10

6.4 深层水平位移监测

6.4.1 测斜仪依据探头是否固定在被测物体上分为固定式和活动式两种。基坑工程监测中常用的是活动式测斜仪,即先埋设测斜管,每隔一定的时间将探头放入管内沿导向槽滑动,通过量测测斜管斜度变化推算水平位移。本规范中的深层水平位移监测均采用此监测方法。

6.4.2 本条规定能满足本规范第8.0.4中深层水平位移报警值的监测要求,同时考虑了国内外现有的大部分测斜仪都能达到此精度,而要在此基础上提高精度,目前则成本过高。

6.4.3 保证测斜管的埋设质量是获得可靠数据和保证精度的前提,因此本条对测斜管的埋设提出了具体要求。

6.4.4 进行正、反两次量测是必要的,目的是为了消除仪器误差,也是仪器测试原理的要求。

6.5 倾斜监测

6.5.1 根据不同的现场观测条件和要求,当被测建筑具有明显的外部特征点和宽敞的观测场地时,宜选用投点法、前方交会法等;当被测建筑内部有一定的竖向通视条件时,宜选用垂吊法、激光铅直仪观测法等;当被测建筑具有较大的结构刚度和基础刚度时,可选用倾斜仪法或差异沉降法。

6.5.2 国家现行标准《建筑变形测量规范》JGJ 8对建筑倾斜监测精度作了比较细致的规定。

6.6 裂缝监测

6.6.3 本条第1款贴埋标志方法主要针对精度要求不高的部位。可用石膏饼法在测量部位粘贴石膏饼,如开裂,石膏饼随之开裂,即可测量裂缝的宽度;或用划平行线法测量裂缝的上、下错位;或用金属片固定法把两块白铁片分别固定在裂缝两侧,并相互紧贴,再在铁片表面涂上油漆,裂缝发展时,两块铁片逐渐拉开,露出的未油漆部分铁片,即为新增的裂缝宽度和错位。

本条第3款,裂缝深度较小时宜采用单面接触超声波法量测;深度较大时裂缝宜采用超声波法量测。

6.7 支护结构内力监测

6.7.1 测试混凝土构件内力的钢筋应力计可在构件制作时焊接在主筋上。

6.8 土压力监测

6.8.3 由于土压力计的结构形式和埋设部位不同,埋设方法很多,例如挂布法、顶入法、弹入法、插入法、钻孔法等。土压力计埋设在围护墙筑期间或完成后均可进行。若在围护墙完成后进行,由于土压力计无法紧贴围护墙埋设,因而所测数据与围护墙上实际作用的土压力有一定差别。若土压力计埋设与围护墙构筑同期进行,则需解决好土压力计在围护墙迎土面上的安装问题。在水下浇筑混凝土过程中,要防止混凝土浆面向土层的土压力计表面钢膜包裹,使其无法感应土压力作用,造成埋设失败。另外,还要保持土压力计的承压面与土的应力方向垂直。

6.9 孔隙水压力监测

6.9.3 孔隙水压力探头埋设有两个关键,一是保证探头周围填沙渗水通畅和透水石不堵塞;二是防止上、下层水压力的贯通。

采用压入法时宜在无硬壳层的软土层中使用,或钻孔到软土层再采用压入的方法埋设;钻孔法若采用一钻孔多探头方法埋设则应保证封口质量,防止上、下层水压力形成贯通。

6.9.4 孔隙水压力计在埋设时有可能产生超孔隙水压力,要求孔隙水压力计在基坑施工前2~3周埋设,有利于超孔隙水压力的消散,得到的初始值更加合理。

6.9.5 泥浆护壁成孔后钻孔不容易清洗干净,会引起孔隙水压力计前端透水石的堵塞。

6.9.7 量测静水位的变化,以便在计算中消除水位变化影响,获得真实的超孔隙水压力值。

6.10 地下水位监测

6.10.1 有条件时也可考虑利用降水井进行地下水位监测。

6.10.3 潜水水位管滤管以上应用膨润土球封至孔口,防止地表水进入;承压水位管含水层以上部分应用膨润土球或注浆封孔。

6.11 锚杆及土钉内力监测

6.11.1 锚杆及土钉内力监测的目的是掌握锚杆或土钉内力的变化,确认其工作性能。由于钢筋束内每根钢筋的初始拉紧程度不一样,所受的拉力与初始拉紧程度关系很大。

6.11.3 专用测力计、应力计或应变计应在锚杆或土钉预应力施加前安装并取得初始值。根据质量要求,锚杆或土钉锚固体未达到足够强度不得进行下一层土方的开挖,为此一般应保证锚固体有3d的养护时间后才允许下一层土方开挖。本条规定取下一层土方开挖前连续2d获得的稳定测试数据的平均值作为其初始值。

6.12 土体分层竖向位移监测

6.12.2 沉降管埋设时应先钻孔,再放入沉降管,沉降管和孔壁之间宜采用黏土水泥浆而不宜用砂进行回填。

6.12.4 土体分层沉降仪的量测精度与沉降管上设置的钢环数量有关,钢环设置的密度越高,所得到的分层沉降规律就越连贯和清晰;量测精度还与沉降管同土层紧贴程度以及能否自由下沉或隆起有关,所以沉降管的安装和埋设好坏对测试精度至关重要。2次读数较差是指相同深度测点的2次竖向位移测量值的差值。

7 监测频率

7.0.1 这是确定基坑工程监测频率的总原则。基坑工程监测应能及时反映监测项目的重要发展变化情况,以便对设计与施工进行动态控制,纠正设计与施工中的偏差,保证基坑及周边环境的安全。基坑工程的监测频率还与投入的监测工作量和监测费用有关，既要注意不遗漏重要的变化时刻，也应当注意合理调整监测人员的工作量，控制监测费用。

7.0.2 基坑开挖到达设计深度以后，土体变形与应力、支护结构的变形与内力并非保持不变，而将继续发展，基坑并不一定是最安全状态，因此，监测工作应贯穿于基坑开挖和地下工程施工全过程。

总的来讲，基坑工程监测是从基坑开挖前的准备工作开始，直至地下工程完成为止。地下工程完成一般是指地下室结构完成、基坑回填完毕，而对逆作法则是指地下结构完成。对于一些监测项目如果不能在基坑开挖前进行，就会大大削弱监测的作用，甚至使整个监测工作失去意义。例如，用测斜仪观测围护墙或土体的深层水平位移，如果在基坑开挖后埋设测斜管开始监测，就不会测得稳定的初始值，也不会得到完整、准确的变形累计值，使得监控报警难以准确进行；土压力、孔隙水压力、围护墙内力、围护墙顶部位移、基坑坑顶位移、地面沉降、建筑及管线变形等都是同样道理。当然，也有个别监测项目是在基坑开挖过程中开始监测的，例如，支撑轴力、支撑及立柱变形、锚杆与土钉内力等。

一般情况下，地下工程完成就可以结束监测工作。对于一些临近基坑的重要建筑及管线的监测，由于基坑的回填或地下水停止抽水，建筑及管线会进一步调整，建筑及管线变形会继续发展，监测工作还需要延续至变形趋于稳定后才能结束。

7.0.3 基坑类别、基坑及地下工程的不同施工阶段以及周边环境、自然条件的变化等是确定监测频率应考虑的主要因素。

基坑工程的监测频率不是一成不变的，应根据基坑开挖及地下工程的施工进程、施工工况以及其他外部环境影响因素的变化及时作出调整。一般在基坑开挖期间，地基土处于卸荷阶段，支护体系处于逐渐加荷状态，应适当加密监测；当基坑开挖完后一段时间，监测值相对稳定时，可适当降低监测频率。当出现异常现象和数据，或临近报警状态时，应提高监测频率甚至连续监测。

表7.0.3的监测频率是从工程实践中总结出来的经验成果，在无数据异常和事故征兆的情况下，基本能够满足现场监控的要求，在确定现场监测频率时可选用。

表7.0.3的监测频率针对的是应测项目的仪器监测。对于宜测、可测项目的仪器监测频率可视具体情况适当降低，一般可取应测项目监测频率值的2～3倍。

另外，目前有的基坑工程对位移、支撑内力、土压力、孔隙水压力等监测项目实施了自动化监测。一般情况下自动化采集的频率可以设置很高，因此，这些监测项目的监测频率可以较表7.0.3值大大提高，以获得更连续的实时监测数据，但监测费用基本上不会增加。

7.0.4 本条为强制性条文。本条所描述的情况均属于施工违规操作、外部环境变化趋向恶劣、基坑工程临近或超过报警标准、有可能导致或出现基坑工程安全事故的征兆或现象，应引起各方的足够重视，因此应加强监测，提高监测频率。

8 监测报警

8.0.1 本条为强制性条文。监测报警是建筑基坑工程实施监测的目的之一，是预防基坑工程事故发生、确保基坑及周边环境安全的重要措施。监测报警值是监测工作的实施前提，是监测期间对基坑工程正常、异常和危险三种状态进行判断的重要依据，因此基坑工程监测必须确定监测报警值。监测报警值应由基坑工程设计方根据基坑工程的设计计算结果、周边环境中被保护对象的控制要求等确定，如基坑支护结构作为地下主体结构的一部分，地下结构设计要求也应予以考虑，为此本条明确规定了监测报警值应由

基坑工程设计方确定。

8.0.2 与结构受力分析相比，基坑变形的计算比较复杂，且计算理论还不够成熟，目前各地区积累起来的工程经验很重要。本条提出了变形控制的一般性原则，在确定变形控制的报警值时必须满足这些基本要求。

8.0.3 基坑工程监测报警不但要控制监测项目的累计变化量，还要注意控制其变化速率。基坑工程工作状态一般分为正常、异常和危险三种情况。异常是指监测对象受力或变形呈现出不符合一般规律的状态。危险是指监测对象的受力或变形呈现出低于结构安全储备、可能发生破坏的状态。累计变化量反映的是监测对象即时状态与危险状态的关系，而变化速率反映的是监测对象发展变化的快慢。过大的变化速率，往往是突发事故的先兆。例如，对围护墙变形的监测数据进行分析时，应把位移的大小和位移速率结合起来分析，考察其发展趋势，如果累计变化量不大，但发展很快，说明情况异常，基坑的安全正受到严重威胁。因此在确定监测报警值时应同时给出变化速率和累计变化量，当监测数据超过其中之一时即进入异常或危险状态，监测人员必须及时报警。

8.0.4 基坑工程设计方应根据土质特性和周边环境保护要求对支护结构的内力、变形进行必要的计算与分析，并结合当地的工程经验确定合适的监测报警值。

确定基坑工程监测项目的监测报警值是一个十分严肃、复杂的课题，建立一个定量化的报警指标体系对于基坑工程的安全监控意义重大。但是由于设计理论的不尽完善以及基坑工程的地质、环境差异性及复杂性，人们的认知能力和经验还十分不足，在确定监测报警值时还需要综合考虑各种影响因素。实际工作中主要依据三方面的数据和资料：

设计结果：

基坑工程设计人员对于围护墙、支撑或锚杆的受力和变形、坑内外土层位移、抗渗等均进行过详尽的设计计算或分析，其计算结果可以作为确定监测报警值的依据。

相关规范标准的规定值以及有关部门的规定：

例如，确定基坑工程相邻的民用建筑监测报警值时，可以参照现行国家标准《民用建筑可靠性鉴定标准》GB 50292—1999。随着基坑工程经验的积累，各地区可以用地方标准或规定的方式提出符合当地实际的基坑监控定量化指标。如上海的地方标准《基坑工程设计规程》DBJ 08—61—97就提出："对难以查清的煤气管、上水管及重要通讯电缆，可按相对转角1/100作为设计和监控标准"。

工程经验类比：

基坑工程的设计与施工中，工程经验起到十分重要的作用。参考已建类似工程项目的受力和变形规律，提出并确定本工程的基坑报警值，往往能取得较好的效果。

表8.0.4是经过大量工程调研及征询全国近20个城市的百余名多年从事基坑工程的研究、设计、勘察、施工、监测工作的专家意见，并结合现行的有关规范提出的报警值，具有较好的参考价值。

其中，位移报警值采用了累计变化量和变化速率两项指标共同控制。位移的累计变化量中又分为绝对值和相对基坑深度(h)控制值，其中相对基坑深度(h)控制值是指位移相对基坑深度(h)的变化量。对较浅的基坑一般总位移量不大，其安全性主要受相对基坑深度(h)控制值的控制，而较深的基坑往往变形虽未超过相对基坑深度(h)控制值，但其绝对值已超限，因此，本条规定了累计值取绝对值和相对基坑深度(h)控制值之间的小值。

土压力和孔隙水压力等的报警值采用了对应于荷载设计值的百分比确定。荷载设计值是具有一定安全保证率的荷载取值（荷载标准值乘以荷载分项系数）。对基坑工程，如监测到的荷载已达到设计值的60%～80%，说明实际荷载已经达到或接近理论计算的荷载标准值，虽然此时不会引起基坑安全问题，但应该报警引起

重视。因此，考虑基坑的安全等级，对土压力和孔隙水压力，一级基坑达到荷载设计值的 60%～70%，而二、三级基坑达到 70%～80%报警是适宜的。

支撑及围护墙等结构内力报警值则采用了对应于构件承载能力设计值的百分比确定。构件的承载能力设计值是由材料强度设计值和几何参数设计值所确定的结构构件所能承受最大外加荷载的设计值。为了满足结构规定的安全性，构件的承载力设计值应大于或等于荷载效应的设计值。在基坑工程中，当设计中构件的承载力设计值等于荷载效应的设计值，如监测到构件内力已达到承载能力设计值的 60%～80%时，结构仍能满足结构设计的安全性而不至于引起构件破坏，但此时构件的内力已相当于按荷载标准值计算所得的内力，所以应该及时报警以引起重视。而当设计中构件的承载力较为富裕，其设计值大于荷载效应的设计值，则构件的实际内力一般不会达到其承载能力设计值的 60%～80%。因此，考虑基坑的安全等级，对支撑内力等构件内力，一级基坑达到承载能力设计值的 60%～70%，而二、三级基坑达到 70%～80%报警是适宜的。

8.0.5 表 8.0.5 是根据调研结果并参考相关规范及有关地方经验确定的。表 8.0.5 对基坑周边环境中的管线、建筑的报警值给出了一个范围，工程中可根据需保护对象建造年代、结构类型和现状、离基坑的距离等确定，建造年代已久、结构较差、离基坑较近的可取下限，而对较新的、结构较好、离基坑较远的可取上限。

8.0.6 周边建筑的安全性与其沉降或变形总量有关，其中基坑开挖造成的沉降仅为其中的一部分。应保证周边建筑原有的沉降或变形与基坑开挖造成的附加沉降或变形叠加后，不能超过允许的最大沉降或变形值，因此，在监测前应收集周边建筑使用阶段监测的原有沉降与变形资料，结合建筑裂缝观测确定周边建筑的报警值。

8.0.7 本条为强制性条文。本条列出的都是在工程实践中总结出来的基坑及周边环境出现的危险情况，一旦出现这些情况，将可能严重威胁基坑以及周边环境中被保护对象的安全，必须立即发出危险报警，通知建设、设计、施工、监理及其他相关单位及时采取措施，保证基坑及周边环境的安全。工程实践中，由于疏忽大意未能及时报警或报警后未引起各方足够重视，贻误排险或抢险时机，从而造成工程事故的例子很多，应吸取这些深刻教训，为此本条列为强制性条文，必须严格执行。

9 数据处理与信息反馈

9.0.1 基坑工程监测分析工作事关基坑及周边环境的安全，是一项技术性非常强的工作，只有保证监测分析人员的素质，才能及时提供高质量的综合分析报告，为信息化施工和优化设计提供可靠依据，避免事故的发生。监测分析人员要熟悉基坑工程的设计和施工，能对房屋结构状态进行分析，因此不但要求具备工程测量的知识，还要具备岩土工程、结构工程的综合知识和工程实践经验。

9.0.2 为了确保监测工作质量，保证基坑及周边环境的安全和正常使用，防止监测工作中的弄虚作假，本条分别强调了基坑工程监测人员及单位的责任。为了明确责任，保证监测记录和监测成果的可追溯性，本条还规定有关责任人应签字，技术成果应加盖技术成果章。

9.0.6 基坑工程监测是一个系统，系统内的各项监测有着必然的、内在的联系。某一单项的监测结果往往不能揭示和反映整体情况，应结合相关项目的监测数据和自然环境、施工工况等情况以及以往数据进行分析，才能通过相互印证、去伪存真，正确地把握基坑及周边环境的真实状态，提供出高质量的综合分析报告。

9.0.7 对大量的测试数据进行综合整理后，应将结果制成表格。通常情况下，还要绘出各类变化曲线或图形，使监测成果"形象化"，让工程技术人员能够一目了然，以便及时发现问题和分析问题。

9.0.8 目前基坑工程监测技术发展很快，主要体现在监测方法的自动化、远程化以及数据处理和信息管理的软件化。建立基坑工程监测数据处理和信息管理系统，利用专业软件帮助实现数据的实时采集、分析、处理和查询，使监测成果反馈更具有时效性，并提高成果可视化程度，更好地为设计和施工服务。

9.0.10 当日报表是信息化施工的重要依据。每次测试完成后，监测人员应及时进行数据处理和分析，形成当日报表，提供给委托单位和有关方面。当日报表强调及时性和准确性，对监测项目应有正常、异常和危险的判断性结论。

9.0.11 阶段性报告是经过一段时间的监测后，监测单位通过对以往监测数据和相关资料、工况的综合分析，总结出的各监测项目以及整个监测系统的变化规律、发展趋势及其评价，用于总结经验、优化设计和指导下一步的施工。阶段性监测报告可以是周报、旬报、月报或根据工程的需要不定期地提交。报告的形式是文字叙述和图形曲线相结合，对于监测项目监测值的变化过程和发展趋势尤以过程曲线表示为好。阶段性监测报告强调分析和预测的科学性、准确性，报告的结论要有充分的依据。

9.0.12 总结报告是基坑工程监测工作全部完成后监测单位提交给委托单位的竣工报告。总结报告一是要提供完整的监测资料；二是要总结工程的经验与教训，为以后的基坑工程设计、施工和监测提供参考。

中华人民共和国国家标准

工程结构加固材料安全性鉴定技术规范

Technical code for safety appraisal of engineering structural strengthening materials

GB 50728—2011

主编部门：四 川 省 住 房 和 城 乡 建 设 厅
批准部门：中华人民共和国住房和城乡建设部
施行日期：２０１２ 年 ５ 月 １ 日

中华人民共和国住房和城乡建设部
公 告

第 1213 号

关于发布国家标准《工程结构
加固材料安全性鉴定技术规范》的公告

现批准《工程结构加固材料安全性鉴定技术规范》为国家标准，编号为 GB 50728－2011，自 2012 年 5 月 1 日起实施。其中，第 3.0.1、3.0.5、4.1.4、4.2.2、4.4.2、4.5.2、5.2.5、6.1.4、7.1.5、8.2.1、8.2.4、8.3.4、8.4.2、9.1.2、9.3.1、12.1.2、12.1.3 条为强制性条文，必须严格执行。

本规范由我部标准定额研究所组织中国建筑工业出版社出版发行。

中华人民共和国住房和城乡建设部

2011 年 12 月 5 日

前 言

本规范是根据原建设部《关于印发〈二○○○至二○○一年工程建设国家标准制订、修订计划〉的通知》（建标［2001］87 号）的要求，由四川省建筑科学研究院和中国华西企业股份有限公司会同有关单位编制完成的。

本规范在编制过程中，编制组开展了各种工程结构加固材料和制品安全性鉴定方法的专题研究；进行了广泛的调查分析和重点项目的验证性试验和检验试用；总结了二十多年来我国加固材料和制品的性能设计、质量控制和工程应用的经验，并与国外先进的标准、规范进行了比较分析和借鉴。在此基础上以多种方式广泛征求了有关单位和社会公众的意见并进行了检验和对检验效果的评估。据此，还对主要条文进行了反复修改，最后经审查定稿。

本规范共分 12 章和 19 个附录。主要技术内容包括：总则、术语、基本规定、结构胶粘剂、裂缝注浆料、结构加固用水泥基灌浆料、结构加固用聚合物改性水泥砂浆、纤维复合材、钢丝绳、合成纤维改性混凝土和砂浆、钢纤维混凝土、后锚固连接件。

本规范中以黑体字标志的条文为强制性条文，必须严格执行。

本规范由住房和城乡建设部负责管理和对强制性条文的解释，由四川省住房和城乡建设厅负责日常管理，由四川省建筑科学研究院负责具体技术内容的解释。为充分提高规范的质量，请各使用单位在执行本规范过程中，结合工程实践，注意总结经验，积累数据、资料，随时将意见和建议寄交成都市一环路北三

段 55 号住房和城乡建设部建筑物鉴定与加固规范管理委员会（四川省建筑科学研究院内，邮编：610081）。

本 规 范 主 编 单 位：	四川省建筑科学研究院
	中国华西企业股份有限公司
本 规 范 参 编 单 位：	同济大学
	湖南大学
	福州大学
	武汉大学
	中国科学院大连化学物理研究所
	重庆市建筑科学研究院
	南京玻璃纤维研究设计院
	上海加固行建筑技术工程公司
	亨斯迈先进化工材料（广东）有限公司
	大连凯华新技术工程有限公司
	厦门中连结构胶有限公司
	湖南固特邦土木技术发展有限公司
	吴江得力建筑结构胶厂
	慧鱼集团（太仓）有限公司
	喜利得（中国）商贸有限

公司　　　　　　　　　　　　　　王文军　张首文　贺曼罗

武汉长江加固技术有限　　　　　　卓尚木　林文修　卜良桃

公司　　　　　　　　　　　　　　包兆鼎　王立民　张成英

武汉武大巨成加固实业有　　　　　陈友明　彭　勃　孙永根

限公司　　　　　　　　　　　　　刘　兵　张　智　侯发亮

上海怡昌碳纤维材料有限　　　　　保英明　周海明　张坦贤

公司　　　　　　　　　　　　　　刘延年　黎红兵

上海同华特种土木工程有　　本规范审查人员：刘西拉　戴宝城　高小旺

限公司　　　　　　　　　　　　　赵世琦　蒋松岩　弓俊青

本规范主要起草人员：高永昭　梁　坦　陈跃熙　　　　邱洪兴　张天宇　石建光

　　　　　梁　爽　黄光洪　吴善能　　　　　高旭东　毕　琼　单远铭

目　次

Contents

1 总 则

1.0.1 为加强对工程结构加固中应用的有关材料及制品的质量控制和技术管理，确保工程结构加固工程的质量和安全，制定本规范。

1.0.2 本规范适用于结构加固工程中应用的材料及制品的安全性检验与鉴定。

1.0.3 工程结构加固材料及制品的应用安全性鉴定结论应为工程加固选用材料的依据；不得用以替代加固材料及制品进入施工现场的取样复验。

1.0.4 工程结构加固材料及制品的应用安全性鉴定，应由国家有关主管部门批准的具备相应资格的检验、鉴定机构受理。

1.0.5 本规范应与现行国家标准《混凝土结构加固设计规范》GB 50367、《砌体结构加固设计规范》GB 50702、《建筑结构加固工程施工质量验收规范》GB 50550 等配套使用。

1.0.6 工程结构加固材料及制品的应用安全性检验与鉴定，除应执行本规范外，尚应符合国家现行有关标准的规定。

2 术 语

2.0.1 鉴定 appraisal

实施一组工作活动，其目的在于证明一种加固材料或制品在参与工程结构承重构件受力过程中的可靠性（包括安全性、适用性和耐久性）。

2.0.2 验证性试验 verificity test

证明一种加固材料或制品的性能是否符合规定要求的试验。

2.0.3 抽样 sampling

随机抽取或按一定规则组成样本的过程。

2.0.4 样本 sample

按规定方式取自总体的一个或若干个的个体，用以提供关于总体的信息，并作为可能判定总体某一特征的基础。

2.0.5 材料性能标准值 characteristic value of a material property

材料性能的基本代表值。该值应根据符合规定质量的材料性能概率分布的某一分位数确定。在工程结构中，通常取该分位数为 0.05。

2.0.6 基材 substrate

胶接工程中的加固件与原构件同是被粘物，但两者性质不同，为便于区别，而将原构件或其被粘部分称为基材。

2.0.7 结构胶粘剂 structural adhesive

用于承重结构或构件胶接的、能长期承受设计应力和环境作用的胶粘剂，简称结构胶。

2.0.8 底胶 primer

用于被加固构件（基材）的表面处理，为防止表面污染和改善表层粘结性能而使用的胶粘剂。

2.0.9 修补胶 putty

用于被加固构件（基材）表面缺陷修补、找平的胶粘剂。为适应工程结构现场使用条件，一般要求修补胶能在室温条件下固化，且对胶粘表面无苛求。

2.0.10 结构用界面胶 interfacial adhesive for structure

在工程结构加固工程中，为改善新旧混凝土或旧混凝土与新增面层的粘结能力而使用的胶粘剂，也称结构用混凝土界面剂。

2.0.11 裂缝压注胶 pressure injection adhesive for cracks

采用低黏度改性环氧类胶液配制的、以压力注入结构或构件裂缝腔内、具有一定粘结能力的胶粘剂。当仅用于封闭、填充裂缝时，称为"裂缝封闭用压注胶"；当用于恢复开裂构件的整体性和抗拉强度时，称为"裂缝修复用压注胶"；两者不得混淆。

2.0.12 室温固化 room temperature curing

对未经改性的结构胶，指能在不低于 15℃ 的室温下进行正常化学反应的固化过程；对改性的结构胶，指能在不低于 5℃ 的室温下进行正常化学反应的固化过程。

2.0.13 低温固化 low temperature curing

能在低于 5℃ 的低温环境中进行正常化学反应的固化过程。对工程结构加固用的低温固化型胶粘剂，一般按其反应所要求的自然温度分为 −5℃、−10℃ 和 −20℃ 三档。

2.0.14 老化 ageing

胶接件的性能随时间降低的现象。在工程结构设计中，需要考虑的老化现象有湿热老化、热老化以及其他环境作用的老化等。

2.0.15 聚合物改性水泥砂浆 polymer modified cement mortar

以高分子聚合物为增强粘结性能的改性材料配制而成的水泥砂浆。

2.0.16 灌浆料 grouting material

一种高流态、可塑性良好的灌注材料。工程结构用的灌浆料，应具有不分层、不分化、固化收缩极小、体积稳定的物理特性，并具有符合规定要求的粘结性能和力学性能。一般分为改性环氧类灌浆料和改性水泥基类灌浆料。

2.0.17 裂缝注浆料 injection grouting for cracks

灌浆料的一个系列。主要用于压注宽度为 1.5mm～5.0mm 的混凝土裂缝和砌体裂缝。因不用粗骨料，而改称为"注浆料"以示与一般灌浆料的区别。

2.0.18 纤维复合材 fibre reinforced polymer

采用高强度或高模量连续纤维按一定规则排列并经专门处理而成的、具有纤维增强效应的复合材料。

2.0.19 纤维混凝土 fibre concrete

在水泥基混凝土中掺入方向无规则，但分布均匀的短纤维所形成的复合材料。当主要用于提高混凝土强度时，称为纤维增强混凝土；当主要用于改善混凝土抗裂性或韧性时，一般称为纤维改性混凝土。

2.0.20　不锈钢纤维 stainless steel fibre reinforced concrete

仅指适用于混凝土或砂浆面层加固的、以熔抽法生产的、掺有镍、铬组分的不锈钢短纤维。一般多用于对防腐蚀和耐热性有严格要求的重要结构。

2.0.21　不锈钢丝绳 stainless wire ropes

采用不锈钢细钢丝编制而成的金属股芯、内外不涂敷油脂的钢丝绳。在工程结构加固工程中，一般用于聚合物砂浆面层的配筋。当为单股钢丝绳时，也称为不锈钢绞线。

2.0.22　镀锌钢丝绳 zinc-coated steel wire ropes

采用锌层质量不低于 AB 级的镀锌钢丝编制而成的金属股芯、内外不涂敷油脂的钢丝绳。在有可靠阻锈措施的条件下，可替代不锈钢丝绳用于无化学介质腐蚀的室内环境中。当为单股钢丝绳时，也称为镀锌钢绞线。

2.0.23　植筋 bonded rebars

以锚固型结构胶，将带肋钢筋或全螺纹螺杆胶接固定于混凝土或砌体基材锚孔中的一种后锚固连接件。

3　基　本　规　定

3.0.1 凡涉及工程安全的工程结构加固材料及制品，必须按本规范的要求通过安全性鉴定。

3.0.2 申请安全性鉴定的加固材料或制品应符合下列条件：

1 已具备批量供应能力；

2 基本试验研究资料齐全，且已经过试点工程或工程试用；

3 材料或制品的毒性和燃烧性能，已分别通过卫生部门和消防部门的检验与鉴定。

3.0.3 加固材料或制品的安全性鉴定取样应符合下列规定：

1 安全性鉴定的样本，应由独立鉴定机构从检验批中按一定规则抽取的样品构成。在任何情况下，均不得使用特别制作的或专门挑选的样本，也不得使用委托单位自行抽样的样本。

2 每一性能项目所需的试样（或试件，以下同），应至少取自 3 个检验批次；每一批次应至少抽取一组试样；每组试样的数量应符合下列规定：

1）当检验结果以平均值表示时，其有效试样数不应少于 5 个；

2）当检验结果以标准值表示时，其有效试样数不应少于 15 个。

3.0.4 安全性鉴定的检验及检验结果的整理，应符合下列规定：

1 按本规范第 3.0.3 条规定抽取的试样，当需加工成试件时，应按所采用检验方法标准的要求进行加工，并进行检验前的状态调节；

2 安全性鉴定采用的试验方法应符合本规范附录 A 的规定；

3 检验应在规定的温湿度环境中进行；其程序与操作方法应严格按规定执行；

4 当个别数据的正常性受到怀疑时，应首先查找该数据异常的物理原因；若确实无法查明时，方允许按现行国家标准《正态样本离群值的判断与处理》GB/T 4883 进行判断和处理，不得随意取舍；

5 安全性鉴定的检验结果，应直接与本规范规定的合格指标进行比较，并据以作出合格与否的判定。在这过程中，不计其置信区间估计值对判定的有利影响。

3.0.5 根据安全性鉴定检验结果确定的材料性能标准值，应具有按规定置信水平确定的 95％的强度保证率。

3.0.6 工程结构加固材料性能标准值的计算方法应符合本规范附录 B 的规定。计算所取的置信水平（γ），应符合下列规定：

1 对置信水平取值有经验可依的加固材料：

1）结构胶粘剂：γ 应取为 0.90；

2）碳纤维复合材：γ 应取为 0.99；

3）芳纶纤维复合材：γ 应取为 0.95；

4）玻璃纤维复合材：γ 应取为 0.90；

5）不锈钢丝：γ 应取为 0.95；

6）镀锌钢丝：γ 应取为 0.90；

7）混凝土：γ 应取为 0.75；

8）砂浆：γ 应取为 0.60。

2 对置信水平取值无经验可依的加固材料，应按试验结果的变异系数 C_{vs} 的置信上限 C_{vu} 值，由表 3.0.6 查得 γ 值。

表 3.0.6　按变异系数置信上限确定的 γ 值

变异系数 C_{vs} 的置信上限 C_{vu} 值	≤0.07	≤0.11	≤0.15	≤0.25	≤0.30
计算材料性能标准值采用的 γ 值	0.99	0.95	0.90	0.75	0.60

3 变异系数置信上限 C_{vu} 值，应按现行国家标准《正态分布变差系数置信上限》GB/T 11791 规定的方法计算；计算时取 C_{vu} 的置信水平为 0.90。

3.0.7 经安全性检验合格的结构加固材料或制品，应提出安全性鉴定报告。鉴定报告所附的检验报告中，应具体说明检验所采用的取样规则、取样对象、取样方法和时间。检验报告中不得使用"本报告仅对来样负责"的措词，若存在此类措词，该报告无效。

3.0.8 工程加固材料或制品应用安全性鉴定合格的资格保留期为 4 年。

4 结构胶粘剂

4.1 一般规定

4.1.1 工程结构加固用的结构胶，应按胶接基材的不同，分为混凝土用胶、结构钢用胶、砌体用胶和木材用胶等，每种胶还应按其现场固化条件的不同，划分为室温固化型、低温固化型和高湿面（或水下）固化型等三种类型结构胶。必要时，尚应根据使用环境的不同，区分为普通结构胶、耐温结构胶和耐介质腐蚀结构胶等。安全性鉴定时，应分别进行取样、检验与评定。

4.1.2 室温固化型结构胶的使用说明书，应按下列规定标明其最高使用温度类别；其相应的合格评定标准由本章各节作出规定：

1 Ⅰ类适用的温度范围为－45℃～60℃；

2 Ⅱ类适用的温度范围为－45℃～95℃；

3 Ⅲ类适用的温度范围为－45℃～125℃。

4.1.3 工程结构用的结构胶粘剂，其设计使用年限应符合下列规定：

1 当用于既有建筑物加固时，宜为 30 年；

2 当用于新建工程（包括新建工程的加固改造）时应为 50 年；

3 当结构胶到达设计使用年限时，若其胶粘能力经鉴定未发现有明显退化者，允许适当延长其使用年限，但延长的年限须由鉴定机构通过检测，会同建筑产权人共同确定。

4.1.4 经安全性鉴定合格的结构胶，凡被发现有改变粒料、固化剂、改性剂、添加剂、颜料、填料、载体、配合比、制造工艺、固化条件等情况时，均应将该胶粘剂视为未经鉴定的胶粘剂。

4.1.5 申请安全性鉴定时，应随同研制报告提供有标题、编号和日期的使用说明书。说明书至少应包括下列内容：

1 结构胶的基本化学组成和载体类型；

2 配制说明，包括组分、配比、加料顺序、配胶时必需的环境控制及配好的结构胶适用期（可操作时间）；

3 推荐的基材表面处理方法及其详细说明；

4 胶粘剂施工环境控制；

5 涂布或压注工艺操作及要求的详细说明；

6 固化程序，包括典型的时间、温度、压力以及各参数极限值的说明；

7 储存要求及储存期。

4.2 以混凝土为基材的结构胶

4.2.1 本节规定适用于以混凝土结构构件为基材（基

层）粘结钢材、粘贴纤维复合材、种植锚固件等用的结构胶以及需配套使用的底胶和修补胶的安全性鉴定。

4.2.2 以混凝土为基材，室温固化型的结构胶，其安全性鉴定应包括基本性能鉴定、长期使用性能鉴定和耐介质侵蚀能力鉴定。鉴定时，应遵守下列规定：

1 结构胶的基本性能应分别符合表 4.2.2-1、表 4.2.2-2 或表 4.2.2-3 的要求。

2 结构胶的长期使用性能鉴定应符合表 4.2.2-4 中的下列要求：

1) 对设计使用年限为 30 年的结构胶，应通过耐湿热老化能力的检验；

2) 对设计使用年限为 50 年的结构胶，应通过耐湿热老化能力和耐长期应力作用能力的检验；

3) 对承受动荷载作用的结构胶，应通过抗疲劳能力检验；

4) 对寒冷地区使用的结构胶，应通过耐冻融能力检验。

3 结构胶的耐介质侵蚀能力应符合表 4.2.2-5 的要求。

表 4.2.2-1 以混凝土为基材，粘贴钢材用结构胶基本性能鉴定标准

检验项目		检验条件	鉴定合格指标			
			Ⅰ类胶		Ⅱ类胶	Ⅲ类胶
			A级	B级		
胶体性能	抗拉强度(MPa)	在(23±2)℃、(50±5)%RH 条件下，以 2mm/min 加荷速度进行测试	≥30	≥25	≥30	≥35
	受拉弹性模量(MPa) 涂布胶		≥3.2×10³		≥3.5×10³	
	受拉弹性模量(MPa) 压注胶		≥2.5×10³	≥2.0×10³	≥3.0×10³	
	伸长率(%)		≥1.2	≥1.0	≥1.5	
	抗弯强度(MPa)		≥45	≥35	≥45	≥50
			且不得呈碎裂状破坏			
	抗压强度(MPa)		≥65			
粘结能力	钢对钢拉伸抗剪强度(MPa) 标准值	(23±2)℃、(50±5)%RH	≥15	≥12	≥18	
	钢对钢拉伸抗剪强度(MPa) 平均值	(60±2)℃、10min	≥17	≥14	—	—
		(95±2)℃、10min	—	—	≥17	—
		(125±3)℃、10min	—	—	—	≥14
		(-45±2)℃、30min	≥17	≥14	≥20	
	钢对钢对接粘结抗拉强度(MPa)	在(23±2)℃、(50±5)%RH 条件下，按所执行试验方法标准规定的加荷速度测试	≥33	≥27	≥33	≥38
	钢对钢T冲击剥离长度(mm)		≤25	≤40	≤15	
	钢对 C45 混凝土正拉粘结强度(MPa)		≥2.5，且为混凝土内聚破坏			

续表 4.2.2-1

检验项目	检验条件	I类胶		II类胶	III类胶
		A级	B级		
热变形温度(℃)	固化、养护21d,到期使用0.45MPa弯曲应力的B法测定	≥65	≥60	≥100	≥130
不挥发物含量(%)	(105±2)℃、(180±5)min	≥99			

注:表中各项性能指标,除标有标准值外,均为平均值。

表 4.2.2-2 以混凝土为基材,粘贴纤维复合材用结构胶基本性能鉴定要求

检验项目		检验条件	I类胶		II类胶	III类胶
			A级	B级		
胶体性能	抗拉强度(MPa)	在(23±2)℃、(50±5)%RH条件下,以2mm/min加荷速度进行测试	≥38	≥30	≥38	≥40
	受拉弹性模量(MPa)		≥2.4×10³	≥1.5×10³	≥2.0×10³	
	伸长率(%)		≥1.5			
	抗弯强度(MPa)		≥50	≥40	≥45	≥50
			且不得呈碎裂状破坏			
	抗压强度(MPa)		≥70			
粘结能力	钢对钢拉伸抗剪强度(MPa) 标准值	(23±2)℃、(50±5)%RH	≥14	≥10	≥16	
	平均值 (60±2)℃、10min		≥16	≥12	—	—
	(95±2)℃、10min		—	—	≥15	
	(125±3)℃、10min		—	—	—	≥13
	(−45±2)℃、30min		≥16	≥12	≥18	
	钢对钢粘结抗拉强度(MPa)	在(23±2)℃、(50±5)%RH条件下,按所执行试验方法标准规定的加荷速度测试	≥40	≥32	≥40	≥43
	钢对钢T冲击剥离长度(mm)		≤20	≤35	≤20	
	钢对C45混凝土正拉粘结强度(MPa)		≥2.5,且为混凝土内聚破坏			
	热变形温度(℃)	使用0.45MPa弯曲应力的B法	≥65	≥60	≥100	≥130
	不挥发物含量(%)	(105±2)℃、(180±5)min	≥99			

注:表中各项指标,除标有标准值外,均为平均值。

表 4.2.2-3 以混凝土为基材,锚固用结构胶基本性能鉴定标准

检验项目		检验条件	I类胶		II类胶	III类胶
			A级	B级		
胶体性能	劈裂抗拉强度(MPa)	在(23±2)℃、(50±5)%RH条件下,以2mm/min加荷速度进行测试	≥8.5	≥7.0	≥10	≥12
	抗弯强度(MPa)		≥50	≥40	≥50	≥55
			且不得呈碎裂状破坏			
	抗压强度(MPa)		≥60			
粘结能力	钢对钢拉伸抗剪强度(MPa) 平均值 标准值	(23±2)℃、(50±5)%RH	≥10	≥8	≥12	
	(60±2)℃、10min		≥11	≥9	—	—
	(95±2)℃、10min		—	—	≥11	—
	(125±3)℃、10min		—	—	—	≥10
	(−45±2)℃、30min		≥12	≥10	≥13	
	约束拉拔条件下带肋钢筋(或全螺杆)与混凝土粘结强度 C30 φ25 l=150	(23±2)℃、(50±5)%RH	≥11	≥8.5	≥11	≥12
	C60 φ25 l=125		≥17	≥14	≥17	≥18
	钢对钢T冲击剥离长度(mm)	(23±2)℃、(50±5)%RH	≤25	≤40	≤20	
	热变形温度(℃)	使用0.45MPa弯曲应力的B法	≥65	≥60	≥100	≥130
	不挥发物含量(%)	(105±2)℃、(180±5)min	≥99			

注:表中各项指标,除标有标准值外,均为平均值。

表 4.2.2-4 以混凝土为基材，结构胶长期使用性能鉴定标准

检验项目		检验条件	鉴定合格指标			
			Ⅰ类胶		Ⅱ类胶	Ⅲ类胶
			A级	B级		
耐环境作用	耐湿热老化能力	在 50℃、95%RH 环境中老化90d（B 级胶为60d）后，冷却到室温进行钢对钢拉伸抗剪试验	与室温下短期试验结果相比，其抗剪强度降低率（%）：			
			≤12	≤18	≤10	≤12
	耐热老化能力	在下列温度环境中老化30d后，以同一温度进行钢对钢拉伸抗剪试验	与同温度10min 短期试验结果相比，其抗剪强度降低率：			
		(80±2)℃	≤5	不要求	—	—
		(95±2)℃	—	—	≤5	—
		(125±3)℃	—	—	—	≤5
	耐冻融能力	在−25℃⇄35℃冻融循环温度下，每次循环 8h，经50 次循环后，在室温下进行钢对钢拉伸抗剪试验	与室温下，短期试验结果相比，其抗剪强度降低率不大于5%			
耐应力作用能力	耐长期应力作用能力	在 (23±2)℃、(50±5)%RH 环境中承受 4.0MPa 剪应力持续作用210d	钢对钢拉伸抗剪试件不破坏，且蠕变的变形值小于0.4mm			
	耐疲劳应力作用能力	在室温下，以频率为5Hz、应力比为 5 : 1.5、最大应力为4.0MPa的疲劳载荷下进行钢对钢拉伸抗剪试验	经 2×10⁶ 次等幅正弦波疲劳荷载作用后，试件不破坏			

注：若在申请安全性鉴定前已委托有关科研机构完成该品牌结构胶耐长期应力作用能力的验证性试验与合格评定工作，且该评定报告已通过安全性鉴定机构的审查，则允许免作此项检验，而改作楔子快速测定（附录C）。

表 4.2.2-5 以混凝土为基材，结构胶耐介质侵蚀性能鉴定标准

应检验性能	介质环境及处理要求	鉴定合格指标	
		与对照组相比强度下降率（%）	处理后的外观质量要求
耐盐雾作用	5% NaCl 溶液；喷雾压力0.08MPa；试验温度（35±2）℃；每 0.5h 喷雾一次，每次 0.5h；盐雾应自由沉降在试件上；作用持续时间：A级胶及Ⅱ、Ⅲ类胶90d；B级胶60d；到期进行钢对钢拉伸抗剪强度试验	≤5	不得有裂纹或脱胶

续表 4.2.2-5

应检验性能	介质环境及处理要求	鉴定合格指标	
		与对照组相比强度下降率（%）	处理后的外观质量要求
耐海水浸泡作用（仅用于水下结构胶）	海水或人造海水；试验温度（35±2）℃；浸泡时间：A级胶90d；B级胶60d；到期进行钢对钢拉伸抗剪强度试验	≤7	不得有裂纹或脱胶
耐碱性介质作用	Ca(OH)₂饱和溶液；试验温度（35±2）℃；浸泡时间：A级胶及Ⅱ、Ⅲ类胶60d；B级胶45d；到期进行钢对混凝土正拉粘结强度试验	不下降，且为混凝土破坏	不得有裂纹、剥离或起泡
耐酸性介质作用	5%H₂SO₄溶液；试验温度（35±2）℃；浸泡时间：各类胶均为30d；到期进行钢对混凝土正拉粘结强度试验	混凝土破坏	不得有裂纹或脱胶

4.2.3 以混凝土为基材的结构胶，其性能检验的技术细节要求，应符合下列规定：

1 钢试片的粘合面应经喷砂处理合格。

2 钢试片周边应采取防腐蚀的保护措施。当采用防腐漆涂刷时，漆层不得沾染胶层。

3 锚固型结构胶的胶体抗弯强度试验，其试件厚度应为8mm。

4 检验用的人造海水配方，应符合表 4.2.3 的规定。

5 各检验项目适用的试验方法标准应符合本规范附录 A 的规定。

表 4.2.3 人造海水配方

成 分	含量（g/L）	成 分	含量（g/L）
NaCl	24.5	NaHCO₃	0.201
MgCl·6H₂O	11.1	KBr	0.101
Na₂SO₄	4.09	H₃BO₂	0.0270
CaCl₂	1.16	SrCl₂·6H₂O	0.0420
KCl	0.695	NaF	0.0030

4.2.4 以混凝土为基材，低温固化型结构胶的安全性鉴定，应遵守下列规定：

1 试件的制作与测试应符合以下要求：

1） 应在胶粘剂使用说明书中标示的最低温度下，静置胶样各组分 24h，使温度达到平衡状态。此时，胶样各组分应无结晶析出。

2） 应立即使用经过温度平衡的胶样配制胶液并粘合试件。

3） 应在该低温环境中，静置固化试件至规定的时间。

4） 应采用本规范附录 A 规定的测试方法标准，对试件进行测试。

2 低温固化型结构胶基本性能鉴定要求应符合表 4.2.4 的规定。

表 4.2.4 低温固化型结构胶基本性能鉴定要求

检验项目	检验条件	鉴定合格指标
钢对钢拉伸抗剪强度标准值（MPa）	低温固化、养护 7d，到期立即在（23±2）℃、（50±5）%RH 条件下测试	与室温固化型同品种、A 级结构胶合格指标相比，强度下降不大于 10%
	低温固化、养护 7d，再在（23±2）℃下养护 3d，到期立即在（23±2）℃、（50±5）%RH 条件下测试	与室温固化型同品种、A 级结构胶合格指标相比，强度不下降
钢对钢粘结抗拉强度（MPa）	低温固化、养护 7d，再在（23±2）℃下养护 3d，到期立即在（23±2）℃、（50±5）%RH 条件下测试	≥30
钢对 C45 混凝土正拉粘结强度（MPa）		≥2.5，且为混凝土内聚破坏
钢对钢 T 冲击剥离长度（mm）		≤35

3 低温固化型结构胶长期使用性能和耐介质侵蚀性能的鉴定，应以低温固化、养护 7d，再在（23±2）℃下养护 3d 的试件进行检验。其检验结果应达到同品种 A 级胶的合格指标要求。

4.2.5 以混凝土为基材，湿面施工、水下固化型结构胶的安全性鉴定，应符合下列规定：

1 试件的制作与测试要求：

　1）应在 5℃环境中进行配胶、拌胶并粘合具有湿面（无浮水）的试件。

　2）应在静水中固化、养护试件至规定时间。

　3）应采用本规范附录 A 规定的试验方法标准对试件进行测试。

2 湿面施工、水下固化型结构胶基本性能鉴定要求，应符合表 4.2.5 的规定。

表 4.2.5 湿面施工、水下固化型结构胶基本性能鉴定要求

检验项目	检验条件	鉴定合格指标
钢对钢拉伸抗剪强度标准值（MPa）	水下固化、养护 7d，到期立即在 5℃条件下测试	≥10
	水下固化、养护 7d 的试件，晾干 3d 后，再在水下浸泡 30d 到期立即测试	≥8
钢对钢拉伸抗剪强度平均值（MPa）	在室温下进行干态粘合的试件，经 7d 固化、养护后立即测试	应达到同品种 A 级胶合格指标的要求
钢对钢 T 冲击剥离长度平均值（mm）		
钢对 C45 混凝土正拉粘结强度平均值（MPa）		

3 湿面施工、水下固化型结构胶长期使用性能的鉴定，应以水下固化、养护 7d，再晾干 3d 的试件进行检验。其检验结果应达到同品种 A 级胶的合格

指标要求。

4 湿面施工、水下固化型结构胶耐介质腐蚀性能检验可仅作耐海水浸泡一项。经过 90d 浸泡的试件与浸泡前对照组相比，其钢对钢拉伸抗剪强度的下降百分率不应大于 10%。

4.3 以砌体为基材的结构胶

4.3.1 以钢筋混凝土为面层的组合砌体构件，其加固用结构胶的安全性鉴定应按以混凝土为基材的结构胶的规定进行。

4.3.2 以素砌体为基材，粘贴钢板、纤维复合材及种植带肋钢筋、全螺纹螺杆和化学锚栓用的结构胶，其基本性能的安全性鉴定应分别按以混凝土为基材相应用途的 B 级胶的规定进行。

4.4 以钢为基材的结构胶

4.4.1 本节规定适用于以钢结构构件为基材（基层）粘结加固材料用的结构胶及其配套底胶和修补胶的安全性鉴定。

4.4.2 以钢为基材粘合碳纤维复合材或钢加固件的室温固化型结构胶，其安全性鉴定应包括基本性能鉴定和耐久性能鉴定。鉴定时，应符合下列规定：

1 钢结构加固用胶的设计使用年限，均应按不少于 50 年确定。

2 结构胶的基本性能和耐久性能鉴定，应分别符合表 4.4.2-1、表 4.4.2-2 和表 4.4.2-3 的要求；其耐侵蚀介质性能的鉴定应符合本规范表 4.2.2-5 的要求。

表 4.4.2-1 以钢为基材，粘贴钢加固件的结构胶基本性能鉴定标准

	检验项目	检验条件	鉴定合格指标			
			Ⅰ类胶		Ⅱ类胶	Ⅲ类胶
			AAA 级	AA 级		
胶体性能	抗拉强度（MPa）	试件浇注毕养护至 7d，到期立即在：（23±2）℃、（50±5）%RH 条件下测试	≥45	≥35	≥45	≥50
	受拉弹性模量（MPa） 涂布胶		≥4.0×10³	≥3.5×10³	≥3.5×10³	
	压注胶		≥3.0×10³	≥2.7×10³	≥2.7×10³	
	伸长率（%）涂布胶		≥1.5		≥1.7	
	压注胶		≥1.8		≥2.0	
	抗弯强度（MPa）		≥50		≥60	
			且不得呈碎裂状破坏			
	抗压强度（MPa）		≥65		≥70	
粘结能力	钢对钢拉伸抗剪强度标准值（MPa）	试件粘合后养护 7d，到期立即在（23±2）℃、（50±5）%RH 条件下测试	≥18	≥15	≥18	
	钢对钢拉伸抗剪强度平均值（MPa）	（95±2）℃；10min	—	—	≥16	
		（125±2）℃；10min	—	—	≥14	
		（−45±2）℃；30min	≥20	≥17	≥20	

检验项目		检验条件	鉴定合格指标			
			I类胶		II类胶	III类胶
			AAA级	AA级		
粘结能力	钢对钢对接接头抗拉强度(MPa)	试件粘合后养护7d,到期立即在(23±2)℃、(50±5)%RH条件下测试	≥40	≥33	≥35	≥38
	钢对钢T冲击剥离长度(mm)		≤10	≤20		≤6
	钢对钢不均匀扯离强度(kN/m)		≥30	≥25		≥35
热变形温度(℃)		使用0.45MPa弯曲应力的B法	≥65	≥100		≥130

注：表中各项性能指标，除标有标准值外，均为平均值。

表 4.4.2-2 以钢为基材,粘贴碳纤维复合材的结构胶基本性能鉴定标准

检验项目			检验条件	鉴定合格指标			
				I类胶		II类胶	III类胶
				AAA级	AA级		
胶体性能	抗拉强度(MPa)		试件浇注毕养护7d,到期立即在:(23±2)℃、(50±5)%RH条件下测试	≥50	≥40	≥50	≥45
	受拉弹性模量(MPa)	涂布胶		≥3.3×10³	≥2.8×10³		≥3.0×10³
		压注胶		≥2.5×10³			≥2.5×10³
	伸长率(%)	涂布胶		≥1.7			≥2.0
		压注胶		≥2.0			≥2.3
	抗弯强度(MPa)			≥50 且不得呈碎裂状破坏			≥60
	抗压强度(MPa)			≥65			≥70
粘结能力	钢对钢拉伸抗剪强度(MPa)	标准值	试件粘合毕养护7d,到期立即在(23±2)℃、(50±5)%RH条件下测试	≥17	≥14		≥17
		平均值	(95±2)℃;10min			≥15	
			(125±3)℃;10min				≥12
			(-45±2)℃;30min	≥19	≥16		≥19
	钢对钢对接接头抗拉强度(MPa)		试件粘合后养护7d,到期立即在(23±2)℃、(50±5)%RH条件下测试	≥45	≥40	≥45	≥38
	钢对钢T冲击剥离长度(mm)			≤10	≤20		≤6
	钢对钢不均匀扯离强度(kN/m)			≥30	≥25		≥35
热变形温度(℃)			使用0.45MPa弯曲应力的B法	≥65	≥100		≥130

注：表中各项性能指标，除标有标准值外，均为平均值。

表 4.4.2-3 以钢为基材,结构胶耐久性能鉴定要求

检验项目		检验条件	鉴定合格指标			
			I类胶		II类胶	III类胶
			A级	B级		
耐环境作用	耐湿热老化能力	在50℃、95%RH环境中老化90d后,冷却至室温进行钢对钢拉伸抗剪强度试验	与室温下短期试验结果相比,其抗剪强度降低率(%): ≤12	≤18	≤10	≤15
	耐热老化能力	在下列温度环境中老化90d后,以同温度进行钢对钢拉伸抗剪试验	与同温度短期试验结果相比,其抗剪强度平均降低率(%):			
		(60±2)℃恒温	≤5	≤10	—	—
		(95±2)℃恒温	—	—	≤5	—
		(125±2)℃恒温	—	—	—	≤7
	耐冻融能力	在-25℃~35℃冻融循环温度下,每次循环8h,经50次循环后,在室温下进行钢对钢拉伸抗剪试验	与室温下短期试验结果相比,其抗剪强度平均降低率(%)不大于5%			
耐应力作用	耐长期剪应力作用能力	在各类胶最高使用温度下,承受5.0MPa剪应力,持续作用210d	钢对钢拉伸抗剪试件不破坏,且蠕变的变形值小于0.4mm			
	耐疲劳作用能力	在室温下,以频率为5Hz,应力比为5:1,最大应力为5.0MPa的疲劳荷载下进行钢对钢拉伸抗剪试验	经5×10⁶次等幅正弦波疲劳荷载作用后,试件未破坏			

3 胶的粘结能力检验,其破坏模式应为胶层内聚破坏,而不应为粘结界面的粘附破坏。当胶层内聚破坏的面积占粘合面积85%以上时,均可视为正常的内聚破坏。

4 用于安全性检验的钢材表面处理方法(包括脱脂、除锈、糙化、钝化等),应按结构胶使用说明书采用,检验人员应按说明书规定的程序和方法严格执行。

5 当有使用底胶的要求时,检验、鉴定对其性能的要求,不应低于配套结构胶的标准。对粘结钢材用的底胶,尚应使用耐蚀底胶。

4.4.3 以钢为基材结构胶检验项目适用的试验方法标准应符合本规范附录A的规定。

4.5 以木材为基材的结构胶

4.5.1 本节规定适用于以干燥木材为基材粘结木材的室温固化型结构胶的安全性鉴定。

注：干燥木材系指平均含水率不大于15%的方木和原木,或表面含水率为12%的板材。

4.5.2 木材与木材粘结室温固化型结构胶安全性鉴定标准应符合表4.5.2的规定。

表 4.5.2 木材与木材粘结室温固化型
结构胶安全性鉴定标准

检验的性能			鉴定合格指标	
			红松等软木松	栎木或水曲柳
粘结性能	胶缝顺木纹方向抗剪强度（MPa）	干试件	≥6.0	≥8.0
		湿试件	≥4.0	≥5.5
	木材对木材横纹正拉粘结强度 f_t^b（MPa）		$f_t^b > f_{t,90}$，且为木材横纹撕拉破坏	
耐环境作用性能	以20℃水浸泡48h→−20℃冷冻9h→室温置放15h→70℃热烘10h为一循环，经放8个循环后，测定胶缝顺纹抗剪破坏形式		沿木材剪切的面积不得少于剪面积的75%	

4.6 裂缝压注胶

4.6.1 本章规定适用于混凝土和砌体结构构件裂缝压注胶的安全性鉴定。

4.6.2 裂缝压注胶分为裂缝封闭胶和裂缝修复胶两类。封闭胶用于封闭和填充裂缝；修复胶用于恢复混凝土构件的整体性和部分强度。

4.6.3 混凝土裂缝封闭胶安全性鉴定的检验项目及合格指标，应符合以混凝土为基材粘结纤维复合材的B级胶的规定。

4.6.4 混凝土裂缝修复胶安全性鉴定标准应符合表4.6.4的规定。

表 4.6.4 混凝土裂缝修复胶安全性鉴定标准

检验项目		检验条件	鉴定合格指标
胶体性能	抗拉强度（MPa）	浇注毕养护7d，到期即在（23±2）℃、（50±5）%RH条件下测试	≥25
	受拉弹性模量（MPa）		≥1.5×10³
	伸长率（%）		≥1.7
	抗弯强度（MPa）		≥30且不得呈碎裂破坏
	抗压强度（MPa）		≥50
	无约束线性收缩率（%）	浇注毕养护7d，到期即在（23±2）℃条件下测试	≤0.3
粘结能力	钢对钢拉伸抗剪强度（MPa）	粘合毕养护7d，到期即在（23±2）℃、（50±5）%RH条件下测试	≥15
	钢对钢对接抗拉强度（MPa）		≥20
	钢对干态混凝土正拉粘结强度（MPa）		≥2.5，且为混凝土内聚破坏
	钢对湿态混凝土正拉粘结强度（MPa）		≥1.8，且为混凝土内聚破坏
	耐湿热老化性能	在50℃、（95±3）%RH环境中老化90d，冷却至室温进行钢对钢拉伸抗剪强度试验	与室温下，短期试验结果相比，其抗剪强度降低率不大于18%

注：1 表中各项性能指标均为平均值；

    2 干态混凝土指含水率不大于6%的硬化混凝土；湿态混凝土指饱和含水率状态下的硬化混凝土。

4.7 结构加固用界面胶、底胶和修补胶

4.7.1 承重结构新旧混凝土连接用界面胶的安全性鉴定应符合下列规定：

1 界面胶干态粘结的基本性能、长期使用性能和耐介质侵蚀性能应按配套结构胶的鉴定检验标准确定；

2 界面胶在混凝土对混凝土湿态粘结条件下的压缩抗剪强度，应符合本规范附录N的要求；

3 界面胶在钢对钢湿态粘结条件下的拉伸抗剪强度，应符合本规范第4.2.5条第2款的要求；

4 对重要结构，界面胶胶体的无约束线性收缩率 CS 应符合下列规定：

    1）当不加填料时，$CS \leqslant 0.4\%$；

    2）当加填料时，$CS \leqslant 0.2\%$。

4.7.2 当胶接的设计要求使用底胶时，应对结构胶配套的底胶进行安全性鉴定。底胶的安全性鉴定标准应符合表4.7.2的规定。

表 4.7.2 底胶安全性鉴定标准

检验项目	检验要求	鉴定合格指标
钢对钢拉伸抗剪强度（MPa）	1 试件的粘合面应经喷砂处理	≥20，且为结构胶的胶层内聚破坏
钢对混凝土正拉粘结强度（MPa）	2 试件应先涂刷底胶，待指干时再涂刷结构胶，粘后固化养护7d，到期立即测试	≥2.5，且为混凝土内聚破坏
钢对钢T冲击剥离长度（mm）	3 测试条件：（23±2）℃、（50±5）%RH	≤25
耐湿热老化能力	1 采用钢对钢拉伸抗剪试件，涂胶要求同本表上栏 2 试件固化后，置于（50±2）℃、（95~98）%RH环境中老化90d，到期在室温下测试其抗剪强度	与对照组相比，其强度降低率不大于12%

注：表中各项性能指标均为平均值。

4.7.3 结构加固用的修补胶，其安全性鉴定的检验项目及合格指标应按配套结构胶的要求确定。

4.8 结构胶涉及工程安全的工艺性能要求

4.8.1 结构胶涉及工程安全的工艺性能，也应作为安全性鉴定的一个组成部分进行检验和鉴定。Ⅰ类胶的检验项目及其合格指标应符合表4.8.1的规定，Ⅱ、Ⅲ类胶的检验项目及其合格指标应按Ⅰ类A级胶的标准采用。

4.8.2 结构胶工艺性能检验的技术细节要求，应符合下列规定：

1 测定结构胶初黏度和触变指数用的试样，其拌胶量应以250g为准。

2 当按黏度上升判定法检测受检胶的适用期时，

宜以胶的初黏度测值为基值，并按下列规定进行判定：

    1）对一般结构胶：以黏度上升至基值1.5倍的时间，定为该胶的适用期；

    2）对灌注型结构胶：以黏度上升至基值2.5倍的时间，定为该胶的适用期。

表4.8.1　Ⅰ类结构胶工艺性能鉴定标准

结构胶粘剂类别及其用途			工艺性能鉴定合格指标					
			混合后初黏度(mPa·s)	触变指数	25℃下垂流度(mm)	在各季节试验温度下测定的适用期(min)		
						春秋用(23℃)	夏用(30℃)	冬用(10℃)
适用于涂刷	底胶		≤600	—	—	≥60	≥30	60~180
	修补胶		—	≥3.0	≤2.0	≥50	≥35	50~180
	纤维复合材结构胶	织物 A级	—	≥3.0	≤2.0	≥90	≥60	90~240
		织物 B级	—	≥2.2	≤2.0	≥80	≥45	80~240
		板材 A级	—	≥3.0	≤2.0	≥50	≥40	50~180
	涂布型粘钢结构胶	A级	—	≥3.0	≤2.0	≥50	≥40	50~180
		B级	—	≥3.0	≤2.0	≥40	≥25	40~180
适用于压力灌注	压注型粘钢结构胶	A级	≤1000	—	—	≥40	≥40	40~210
	裂缝修复胶	0.05≤ω<0.2 A级	≤150	—	—	≥50	≥50	50~210
		0.2≤ω<0.5 A级	≤300	—	—	≥40	≥40	40~180
		0.5≤ω<1.5 A级	≤800	—	—	≥40	≥30	30~180
	锚固用快固型结构胶	A级	—	≥4.0	≤2.0	10~25	5~15	25~60
	锚固用非快固型结构胶	A级	—	≥4.0	≤2.0	≥40	≥40	40~120
		B级	—	≥4.0	≤2.0	≥40	≥25	40~120

注：1　表中的指标，除已注明外，均是在(23±0.5)℃试验温度条件下测得；
    2　表中符号ω为裂缝宽度，其单位为毫米。

  3　测定胶液垂流度（下垂度）的模具，其深度应为3mm，且干燥箱温度应调节到（25±2）℃。

  4　当表4.8.1中仅给出A级胶的指标时，表明该用途不允许使用B级胶。

  5　当裂缝宽度ω大于1.5mm时，宜改用裂缝注浆料修补裂缝。

  6　结构胶工艺性能各检验项目适用的试验方法标准应符合本规范附录A的规定。

5　裂缝注浆料

5.1　一般规定

5.1.1　封闭、填充混凝土和砌体裂缝用的注浆料，应按其所使用粘结材料的不同，分为改性环氧基注浆料和改性水泥基注浆料。改性环氧注浆料又分为室温固化型和低温固化型两种，水泥基注浆料又分为常温环境用和高温环境用两种。安全性鉴定时，应分别进行取样、检验与评定。

5.1.2　采用符合本规范安全性要求的裂缝注浆料的设计使用年限应符合下列规定：

  1　对改性环氧基裂缝注浆料，应按本规范第4.1.3条的规定执行；

  2　对常温环境使用的改性水泥基裂缝注浆料，应按设计使用年限不少于50年进行设计；高温环境使用的裂缝注浆料应按用户与设计单位共同商定的使用年限，且不大于30年进行设计。

5.1.3　经安全性鉴定合格的裂缝注浆料，凡被发现有改变用料、配合比或工艺的情况时，均应将其视为未经鉴定的注浆料。

5.2　裂缝注浆料的安全性鉴定

5.2.1　改性环氧基裂缝注浆料安全性鉴定的检验项目及合格指标应符合表5.2.1的规定。

表5.2.1　改性环氧基裂缝注浆料安全性鉴定标准

检验项目		检验条件	鉴定合格指标
浆体性能	劈裂抗拉强度(MPa)	浆体浇注毕养护7d，到期立即在：(23±2)℃、(50±5)%RH条件下以2mm/min的加荷速度进行测试	≥7.0
	抗弯强度(MPa)		≥25且不得呈碎裂状破坏
	抗压强度(MPa)		≥60
粘结能力	钢对钢拉伸剪切强度标准值(MPa)	试件粘合毕养护7d，到期立即在：(23±2)℃、(50±5)%RH条件下进行测试	≥7.0
	钢对钢粘结抗拉强度(mm)		≥15
	钢对混凝土正拉粘结强度(MPa)		≥2.5，且为混凝土内聚破坏
	耐湿热老化能力(MPa)	在50℃、98%RH环境中老化90d后，冷却至室温进行钢对钢拉伸抗剪强度试验	老化后的抗剪强度平均降低率应不大于20%

注：表中各项性能指标均为平均值。

5.2.2　改性水泥基裂缝注浆料安全性鉴定标准，应符合表5.2.2的规定。

表5.2.2　改性水泥基裂缝注浆料安全性鉴定标准

检验项目	龄期(d)	检验条件	合格指标
抗压强度(MPa)	3	采用40mm×40mm×160mm的试件，按GB/T 17671规定的方法在(23±2)℃、(50±5)%RH条件下检测	≥25.0
	7		≥35.0
	28		≥55.0
劈裂抗拉强度(MPa)	7	采用GB 50550规定的试件尺寸和测试方法进行检测	≥3.0
	28		≥4.0

续表5.2.2

检验项目	龄期(d)	检验条件	合格指标
抗折强度 (MPa)	7	采用 GB 50550 规定的试件尺 寸和测试方法进行检测	≥5.0
	28		≥8.0
与混凝土正拉 粘结强度(MPa)	28	采用 GB 50550 规定的注浆料 浇注成型方法和测试方法进行 检测	≥1.5
耐施工负温作用能力 (抗压强度比,%)	(-7+28)	采用 GB/T 50448 规定的养护 条件和测试方法进行检测	≥80
	(-7+56)		≥90

注:(-7+28)表示在规定的负温下养护7d再转标准养护28d,余类推。

5.2.3 用于高温环境的改性水泥基注浆料的性能,除应符合表5.2.2的安全性要求外,尚应符合表5.2.3的耐热性能要求。

**表5.2.3 用于高温环境的改性水泥基
注浆料耐热性能指标**

使用环境温度	抗压强度比 (%)	抗热震性(20次)
按注浆料使用说明 书规定的耐热性能指 标确定,但不高 于500℃	≥100	1 试件热震后表 面无脱落; 2 热震后试件浸 水端抗压强度与对照 组标准养护28d的抗 压强度比≥90%

5.2.4 裂缝注浆料涉及工程安全的工艺性能要求,应符合表5.2.4的规定。

表5.2.4 裂缝注浆料涉及工程安全的工艺性能标准

检验项目		注浆料性能指标	
		改性环氧类	改性水泥基类
初始黏度(mPa·s)		≤1500	—
流动度 (自流)	初始值(mm)	—	≥380
	30min 保留率(%)	—	≥90
竖向膨胀率	3h(%)	—	≥0.10
	24h与3h之差值(%)	—	≥0.020
23℃下7d无约束线性收缩率(%)		≤0.20	—
泌水率(%)		—	0
25℃测定的可操作时间(min)		≥60	≥90
适合注浆的裂缝宽度 ω(mm)		1.5<ω≤3.0	3.0≤ω≤5.0 且符合材料 说明书规定

5.2.5 改性环氧基裂缝注浆料中不得含有挥发性溶剂和非反应性稀释剂;改性水泥基裂缝注浆料中氯离子含量不得大于胶凝材料质量的**0.05%**。任何注浆料均不得对钢筋及金属锚固件和预埋件产生腐蚀作用。

6 结构加固用水泥基灌浆料

6.1 一般规定

6.1.1 本章规定适用于结构加固用水泥基灌浆料的安全性鉴定。

6.1.2 当不同标准给出的安全性鉴定的检验项目及合格指标有低于本规范要求时,对工程结构加固用的水泥基灌浆料,必须执行本规范的规定。

6.1.3 采用符合本规范安全性要求的水泥基灌浆料,其结构加固后的使用年限,应按本规范第5.1.2条第2款确定。

6.1.4 经安全性鉴定合格的灌浆料,凡被发现有改变用料成分、配合比或工艺的情况时,均应视为未经鉴定的灌浆料。

6.2 水泥基灌浆料的安全性鉴定

6.2.1 工程结构加固用水泥基灌浆料安全性鉴定的检验项目及合格指标,应符合表6.2.1-1和表6.2.1-2的规定。

**表6.2.1-1 结构加固用水泥基灌浆料
安全性鉴定标准**

检验项目	龄期(d)	检验条件	合格指标
抗压强度 (MPa)	1	采用边长为100mm立方体 试件,按GB/T 50081规定的 方法在(23±2)℃、(50± 5)%RH条件下进行检测	≥20.0
	3		≥40.0
	28		≥60.0
劈裂抗拉强度 (MPa)	7	采用直径为100mm的圆柱 形试件,按GB/T 50081规定 的方法进行检测	≥2.5
	28		≥3.5
抗折强度 (MPa)	7	采用100mm×100mm× 400mm的试件,按GB/T 50081规定的方法进行检测	≥6.0
	28		≥9.0
与钢筋握裹强度 (MPa)	28	采用φ20mm光面钢筋,埋 入浆体长度为200mm,按 DL/T 5150规定的方法进行 检测	≥5.0
对钢筋腐蚀作用	0(新拌 浆料)	采用GB 8076规定的试样和 方法进行检测	无
耐施工负温作用能力 (抗压强度比,%)	(-7+28)	采用GB/T 50448规定的养 护条件和测试方法进行检测	≥80
	(-7+56)		≥90

注:(-7+28)表示在规定的负温下养护7d再转标准养护28d,余类推。

**表 6.2.1-2　结构用灌浆料涉及工程安全的
工艺性能鉴定标准**

	检验项目		合格指标
重要工艺性能要求	一般用途的最大骨料粒径（mm）		≤4.75
	流动度	初始值（mm）	≥320
		30min 保留率（%）	≥90
	竖向膨胀率（%）	3h	≥0.10
		24h 与 3h 之差值	0.02～0.30
	泌水率（%）		0

注：1　表中各项目的性能检验，应以灌浆料使用说明书规定的最大用水量制作试样。
　　2　用于增大截面加固法的灌浆料，其最大骨料粒径应为 20mm。

6.2.2　当结构加固用灌浆料应用于高温环境时，灌浆料的安全性能鉴定，除应符合本规范第 6.2.1 条的要求外，尚应进行耐温性能检验，其检验结果应符合表 6.2.2 的规定。

表 6.2.2　用于高温环境的灌浆料耐热性能鉴定标准

使用环境温度	抗压强度比	热震性（20 次）
按灌浆料使用说明书中耐热性能指标确定，但不高于 500℃	加热至受检温度，并恒温 3h 的试件抗压强度与未加热试件的 28d 抗压强度之比≥95%	按 GB/T 50448 规定的方法测试结果应符合下列要求：1）试件表面应无崩裂、脱落 2）热震后的试件浸水端抗压强度与标准养护 28d 的抗压强度比≥90%

7　结构加固用聚合物改性水泥砂浆

7.1　一般规定

7.1.1　工程结构加固用的聚合物改性水泥砂浆，按聚合物材料的状态分为乳液类和干粉类。对重要结构加固，应选用乳液类。聚合物改性水泥砂浆中采用的聚合物材料，应为改性环氧类、改性丙烯酸酯类、改性丁苯类或改性氯丁类聚合物，不得使用聚乙烯醇类、苯丙类、氯偏类聚合物以及乙烯-醋酸乙烯共聚物。

7.1.2　使用聚合物改性水泥砂浆的工程结构加固工程，其设计使用年限宜按 30 年确定。当用户要求按 50 年设计时，应具有耐应力长期作用鉴定合格的证书。

7.1.3　承重结构加固使用的聚合物改性砂浆分为Ⅰ级和Ⅱ级，应分别按下列规定采用：

1　对混凝土结构：

　　1）当原构件混凝土强度等级不低于 C30 时，应采用Ⅰ级聚合物改性水泥砂浆；
　　2）当原构件混凝土强度等级低于 C30 时，应采用Ⅰ级或Ⅱ级聚合物改性水泥砂浆。

2　对砌体结构：若无特殊要求，可采用Ⅱ级聚合物改性水泥砂浆。

7.1.4　聚合物改性水泥砂浆长期使用的环境温度不应高于 60℃。

7.1.5　经安全性鉴定合格的聚合物改性水泥砂浆，凡被发现有改变用料成分配合比或工艺的情况时，均应视为未经鉴定的聚合物改性水泥砂浆。

7.2　聚合物改性水泥砂浆的安全性鉴定

7.2.1　以混凝土或砖砌体为基材的结构用聚合物改性水泥砂浆的安全性鉴定分为基本性能鉴定和长期使用性能鉴定。鉴定的检验项目及合格指标应分别符合表 7.2.1-1 及表 7.2.1-2 的要求。

**表 7.2.1-1　聚合物改性水泥砂浆基本性能
鉴定标准（MPa）**

检验项目			检验条件	鉴定合格指标	
				Ⅰ级	Ⅱ级
浆体性能	劈裂抗拉强度		浆体成型后，不拆模，湿养护 3d；然后拆侧模，仅留底模再湿养护 25d（个别为 4d），到期立即在（23±2）℃、（50±5）%RH 条件下进行测试	≥7	≥5.5
	抗折强度			≥12	≥10
	抗压强度	7d		≥40	≥30
		28d		≥55	≥45
粘结能力	与钢丝绳粘结剪切强度	标准值	粘结工序完成后，静置湿养护 28d，到期立即在（23±2）℃、（50±5）%RH 条件下进行测试	≥9	≥5
	与混凝土正拉粘结强度			≥2.5，且为混凝土内聚破坏	

注：表中指标，除注明为标准值外，均为平均值。

**表 7.2.1-2　聚合物改性水泥砂浆长期
使用性能鉴定标准**

检验项目		检验条件	鉴定合格指标	
			Ⅰ级	Ⅱ级
耐环境作用能力	耐湿热老化能力	在 50℃、RH 为 98% 环境中，老化 90d（Ⅱ级聚合物砂浆为 60d）后，其室温下钢丝绳与浆体粘结（钢套筒法）抗剪强度降低率（%）	≤10	≤15
	耐冻融性能	在 -25℃⇌35℃ 冻融交变流环境中，经受 50 次循环（每次循环 8h）后，其室温下钢丝绳与浆体粘结（钢套筒法）抗剪强度降低率（%）	≤5	≤10
	耐水性能	在自来水浸泡 30d 后，拭去浮水进行测试，其室温下钢丝绳标准块与基材的正拉粘结强度（MPa）	≥1.5，且为基材内聚破坏	

8 纤维复合材

8.1 一般规定

8.1.1 工程结构加固用的纤维复合材，包括碳纤维复合材、玻璃纤维复合材和芳纶纤维复合材。为增韧目的，允许以混编或增层方式使用部分玄武岩纤维，但不得单独使用玄武岩纤维复合材。

8.1.2 纤维复合材的纤维必须为连续纤维；其受力方式必须设计成仅承受拉应力作用。

8.1.3 纤维复合材抗拉强度标准值应根据本规范第 3.0.5 条规定的置信水平，按强度保证率为 95% 的要求确定。

8.1.4 纤维复合材的安全性鉴定必须与所选用的配套结构胶同时进行。若该品牌纤维拟与其他品牌结构胶配套使用，应分别按下列项目重作适配性检验：

  1 纤维复合材抗拉强度；

  2 纤维复合材与混凝土正拉粘结强度；

  3 纤维复合材层间剪切强度。

8.2 碳纤维复合材

8.2.1 承重结构加固用的碳纤维，其材料品种和规格必须符合下列规定：

  1 对重要结构，必须选用聚丙烯腈基（PAN 基）12k 或 12k 以下的小丝束纤维，严禁使用大丝束纤维；

  2 对一般结构，除使用聚丙烯腈基 12k 或 12k 以下的小丝束纤维外，若有适配的结构胶，尚允许使用不大于 15k 的聚丙烯腈基碳纤维。

8.2.2 碳纤维复合材按其性能分为 Ⅰ、Ⅱ、Ⅲ 三个等级。安全性鉴定时，应按委托方报的等级进行检验。鉴定结果仅予以确认，不得因该检验批试样性能较高而给予升级。

8.2.3 碳纤维复合材安全性鉴定，应先对申请鉴定的材料进行下列确认工作：

  1 应通过检查检验批的中文标志、批号和包装的完整性，以确认取样的有效性；

  2 应通过测定碳纤维的 k 数和导电性，以确认该批材料的真实性；

  3 应通过核查结构胶的安全性鉴定报告，以确认粘结材料的可靠性。

8.2.4 碳纤维复合材安全性鉴定的检验项目及合格指标，应符合表 8.2.4 的规定。

表 8.2.4 碳纤维复合材安全性鉴定标准

检验项目		鉴定合格指标				
		单向织物			条形板	
		高强Ⅰ级	高强Ⅱ级	高强Ⅲ级	高强Ⅰ级	高强Ⅱ级
抗拉强度（MPa）	标准值	≥3400	≥3000	—	≥2400	≥2000
	平均值			≥3000		

续表 8.2.4

检验项目		鉴定合格指标				
		单向织物			条形板	
		高强Ⅰ级	高强Ⅱ级	高强Ⅲ级	高强Ⅰ级	高强Ⅱ级
受拉弹性模量（MPa）		$\geq 2.3 \times 10^5$	$\geq 2.0 \times 10^5$	$\geq 2.0 \times 10^5$	$\geq 1.6 \times 10^5$	$\geq 1.4 \times 10^5$
伸长率（%）		≥1.6	≥1.5	≥1.3	≥1.6	≥1.4
弯曲强度（MPa）		≥700	≥600	≥500	—	—
层间剪切强度（MPa）		≥45	≥35	≥30	≥50	≥40
纤维复合材与基材正拉粘结强度（MPa）		对混凝土和砌体基材：≥2.5，且为基材内聚破坏；对钢基材：≥3.5，且不得为粘附破坏				
单位面积质量（g/m²）	人工粘贴	≤300				
	真空灌注	≤450				
纤维体积含量（%）		—			≥65	≥55

注：表中指标，除注明标准值外，均为平均值。

8.3 芳纶纤维复合材

8.3.1 承重结构用的芳纶纤维品种，应符合下列规定：

  1 弹性模量不得低于 8.0×10^4 MPa；

  2 饱和含水率不得大于 4.5%。

8.3.2 芳纶纤维复合材按其性能分为 Ⅰ 级和 Ⅱ 级。安全性鉴定时，应按委托方报的等级进行检验。鉴定结果仅予以确认，不得因该检验批试样性能较高而给予升级。

8.3.3 结构加固用芳纶纤维复合材的安全性鉴定前，应先对送检材料进行下列确认工作：

  1 应通过检查检验批的中文标志、批号和包装的完整性，以确认取样的有效性；

  2 应通过测定芳纶纤维的饱和含水率，以确认该材料型号的可信性；

  3 应通过核查结构胶的安全性鉴定报告，以确认粘结材料的可靠性。

8.3.4 芳纶纤维复合材安全性鉴定的检验项目及合格指标，应符合表 8.3.4 的规定。

表 8.3.4 芳纶纤维复合材安全性鉴定标准

检验项目		鉴定合格指标			
		单向织物		条形板	
		高强度Ⅰ级	高强度Ⅱ级	高强度Ⅰ级	高强度Ⅱ级
抗拉强度（MPa）	标准值	≥2100	≥1800	≥1200	≥800
	平均值	≥2300	≥2000	≥1700	≥1200
受拉弹性模量 E_f（MPa）		$\geq 1.1 \times 10^5$	8.0×10^4	$\geq 7.0 \times 10^4$	6.0×10^4
伸长率（%）		≥2.2	≥2.6	≥2.5	≥3.0
弯曲强度（MPa）		≥400	≥300	—	—
层间剪切强度（MPa）		≥40	≥30	≥45	≥35
与混凝土基材正拉粘结强度（MPa）		≥2.5，且为混凝土内聚破坏			
纤维体积含量（%）		—		≥60	≥50
单位面积质量（g/m²）	人工粘贴	≤450		—	
	真空灌注	≤650			

注：表中指标，除注明标准值外，均为平均值。

8.4 玻璃纤维复合材

8.4.1 工程结构加固用的玻璃纤维，应为连续纤维，且应采用高强 S 玻璃纤维或碱金属氧化物含量小于 0.8% 的 E 玻璃纤维；严禁使用中碱 C 玻璃纤维和高碱 A 玻璃纤维。

8.4.2 玻璃纤维复合材安全性鉴定的检验项目及合格指标，应符合表 8.4.2 的规定。

表 8.4.2 玻璃纤维复合材安全性鉴定标准

检 验 项 目		鉴 定 合 格 指 标	
		高强玻璃纤维	E 玻璃纤维
抗拉强度标准值（MPa）		≥2200	≥1500
受拉弹性模量（MPa）		≥1.0×10^5	≥7.2×10^4
伸长率（%）		≥2.5	≥1.8
弯曲强度（MPa）		≥600	≥500
层间剪切强度（MPa）		≥40	≥35
纤维复合材与混凝土正拉粘结强度（MPa）		≥2.5，且为混凝土内聚破坏	
单位面积质量（g/m²）	人工粘贴	≤450	≤600
	真空灌注	≤550	≤750

注：表中指标，除注明标准值外，均为平均值。

9 钢 丝 绳

9.1 一 般 规 定

9.1.1 本章规定适用于制作结构加固用钢丝绳的钢丝及钢丝绳的安全性鉴定。

9.1.2 工程结构加固用的钢丝绳分为高强度不锈钢丝绳和高强度镀锌钢丝绳两类。选用时，应符合下列规定：

　　1 重要结构，或结构处于腐蚀介质环境、潮湿环境和露天环境时，应采用高强度不锈钢丝绳；

　　2 处于正常温、湿度室内环境中的一般结构，当采用高强度镀锌钢丝绳时，应采取有效的阻锈措施；

　　3 结构加固用钢丝绳的内外均不得涂有油脂。

9.2 制绳用的钢丝

9.2.1 当采用高强度不锈钢丝制绳时，应采用碳含量不大于 0.15% 及硫、磷含量分别不大于 0.025% 和 0.035% 的优质不锈钢制丝。

9.2.2 当采用高强度镀锌钢丝制绳时，应采用硫、磷含量均不大于 0.30% 的优质碳素结构钢制丝；其锌层重量及镀锌质量应根据结构的重要性，分别符合现行国家标准《钢丝镀锌层》GB/T 15393 对 A 级或 AB

级的规定。

9.2.3 钢丝的安全性鉴定分为化学成分鉴定和力学性能鉴定，应以钢丝生产企业出具的质量保证书为依据。安全性鉴定机构仅负责审查证书的可信性和有效性。

9.3 钢丝绳的安全性鉴定

9.3.1 结构用钢丝绳安全性鉴定的检验项目及合格指标，应符合表 9.3.1 的规定。

表 9.3.1 高强钢丝绳安全性鉴定标准

种类	符号	高强不锈钢丝绳			高强镀锌钢丝绳		
		钢丝绳公称直径（mm）	抗拉强度标准值（MPa）	弹性模量平均值（MPa）	钢丝绳公称直径（mm）	抗拉强度标准值（MPa）	弹性模量平均值（MPa）
6×7＋IWS	Φ^r	2.4～4.0	1800	≥1.05×10^5	2.5～4.5	1650	≥1.30×10^5
			1700			1560	
1×19	Φ^s	2.5	1560		2.5	1560	

9.3.2 钢丝绳的抗拉强度及弹性模量，应按本规范附录 A 规定的试验方法标准进行测定。

9.3.3 对钢丝绳的基本性能进行安全性鉴定时，其计算用的截面面积应按表 9.3.3 的规定值采用。

表 9.3.3 钢丝绳计算用截面面积

种类	钢丝绳公称直径（mm）	钢丝直径（mm）	计算用截面面积（mm²）
6×7＋IWS	2.4	0.27	2.81
	2.5	0.28	3.02
	3.0	0.32	3.94
	3.05	0.34	4.45
	3.2	0.35	4.71
	3.6	0.40	6.16
	4.0	0.44	7.45
	4.2	0.45	7.79
	4.5	0.50	9.62
1×19	2.5	0.50	3.73

10 合成纤维改性混凝土和砂浆

10.1 一 般 规 定

10.1.1 本章规定适用于以聚丙烯腈纤维、改性聚酯纤维、聚酰胺纤维、聚乙烯醇纤维和聚丙烯纤维配制的合成纤维改性混凝土或砂浆的安全性鉴定。

10.1.2 当需采用其他品种合成纤维替代时，其安全性鉴定的指标不应低于被替代的纤维。

10.1.3 在工程结构加固工程中，合成纤维改性混凝土或砂浆主要用于下列场合：

1 防止新增混凝土或砂浆的早期塑性收缩开裂；

2 限制新增混凝土或砂浆在使用过程中的干缩裂缝和温度裂缝；

3 增强新增混凝土或砂浆的弯曲韧性、耐冲击性和耐疲劳能力；

4 提高混凝土或砂浆的抗渗性和抗冻性。

当用于结构增韧、增强目的时，应采用聚丙烯腈纤维、改性聚酯纤维、聚酰胺纤维和聚乙烯醇纤维；当仅用于限裂目的时，还可采用聚丙烯纤维。

10.2 合成纤维改性混凝土和砂浆的安全性鉴定

10.2.1 结构加固用的合成纤维，其细观形态和几何特征应符合表 10.2.1 的规定。

表 10.2.1 合成纤维的形态识别和几何尺寸的控制要求

检测项目	识别标志与控制指标				
	聚丙烯腈纤维（腈纶纤维）	改性聚酯纤维（涤纶纤维）	聚酰胺纤维（尼龙纤维）	聚乙烯醇纤维（PVA 纤维）	聚丙烯纤维（丙纶纤维）
纤维形态	束状，纵向有纹理	束状	束状，易分散成丝	集束	单丝或膜裂
截面形状	肾形或圆形	三角形	圆形	异形	圆形或异形
纤维直径（mm）	20～27	10～15	23～30	10～14	10～15
纤维长度（mm）	12～20	6～20	6～19	6～20	6～20

10.2.2 结构加固用的合成纤维，其安全性鉴定标准应符合表 10.2.2 的规定。

表 10.2.2 合成纤维安全性鉴定标准

检验项目	鉴定合格指标				
	聚丙烯腈纤维（腈纶纤维）	改性聚酯纤维（涤纶纤维）	聚酰胺纤维（尼龙纤维）	聚乙烯醇纤维（PVA 纤维）	聚丙烯纤维（丙纶纤维）
抗拉强度（MPa）	≥600	≥600	≥600	≥800	≥280
拉伸弹性模量（MPa）	≥1.7×10⁴	≥1.4×10⁴	≥5×10³	≥1.2×10⁴	≥3.7×10³
伸长率（%）	≥15	≥20	≥18	≥5	≥18
吸水率（%）	<2	<0.4	<4	<2	<0.1
熔点（℃）	240	250	220	210	175
再生链烯烃（再生塑料）含量	不允许	不允许	不允许	不允许	不允许
毒性	无	无	无	无	无

10.2.3 用于防止混凝土或砂浆早期塑性收缩开裂的合成纤维，其纤维体积率一般应控制在 0.1%～0.4% 范围内；若有特殊要求，应通过试配确定。用

于混凝土或砂浆增韧的合成纤维，其纤维体积率应控制在 0.5%～1.5% 范围内；在能达到设计要求的情况下，应采用较低的纤维体积率。

10.2.4 采用合成纤维增韧的硬化混凝土或砂浆，其安全性鉴定应符合下列规定：

1 混凝土强度等级和砂浆强度等级分别不应低于 C20 和 M10；

2 按本规范附录 N 确定的弯曲韧性指标——剩余强度指数 RSI 不应小于 40%；

3 硬化混凝土或砂浆的抗冻性应分别符合现行有关标准的要求；

4 合成纤维改性混凝土的强度等级，应按普通混凝土的强度等级确定。但当纤维掺率大于 0.5% 时，应按普通混凝土的强度等级降低一级采用。

11 钢纤维混凝土

11.1 一 般 规 定

11.1.1 本章规定适用于以碳钢纤维、合金钢纤维和不锈钢纤维配制的纤维增强混凝土的安全性鉴定。

11.1.2 在工程结构加固中，钢纤维主要用于对增强、增韧、抗震、抗冲击、抗疲劳和抗爆等有较高要求的结构构件或其局部部位，其中，不锈钢纤维还适用于对耐腐蚀和耐高温有严格要求的重要结构。

11.2 钢纤维混凝土的安全性鉴定

11.2.1 工程结构加固用钢纤维的几何特征应符合下列要求：

1 应采用异形纤维，但不应采用圆直钢丝切断型纤维、波浪形纤维及直角钩纤维。

2 熔抽型工艺仅允许用于不锈钢纤维；不允许用于碳钢纤维和合金钢纤维。

3 钢纤维的几何参数应符合表 11.2.1 的规定。

表 11.2.1 工程结构加固用钢纤维几何参数要求

检验项目	合格参数	检验项目	合格参数
纤维等效直径（mm）	0.40～0.90	纤维长径比	40～80
纤维长度（mm）	35～60	纤维几何形状合格率	≥85%

11.2.2 工程结构加固用的钢纤维，其抗拉强度等级应符合下列规定：

1 对普通混凝土，应采用 380 级或 600 级（490 级）；

2 对高强混凝土，应采用 600 级（490 级）或 1000 级（830 级）。

注：括号内的数值适用于不锈钢纤维。

11.2.3 当钢纤维用钢板制作时，允许用切断成型的母材作抗拉强度试验，并用以表示钢纤维的抗拉强度等级。

11.2.4 抗拉强度等级符合本章第 11.2.2 条及第 11.2.3 条规定的钢纤维，其质量应符合下列要求：

　　1 单根钢纤维在不低于 15℃ 室温条件下，应能经受绕 φ3 圆棒弯折 90° 不断裂的检验；

　　2 钢纤维表面不应有油污及影响粘结的杂质，且不得有锈蚀。

11.2.5 钢纤维混凝土采用的钢纤维体积率应符合下列规定：

　　1 当用于增强、增韧目的时，钢纤维体积率应控制在 1.2%～2.0% 范围内，并应符合设计的要求；

　　2 当仅用于防裂目的时，钢纤维体积率应控制在 0.5%～1.0% 范围内，并应符合设计的要求；

　　3 当用于有特殊要求的场合时，钢纤维体积率应由设计单位通过试配和检验确定。

11.2.6 工程结构加固用钢纤维混凝土的弯曲韧性检验确定的韧性指数 I_5 不应低于 5。

11.2.7 有抗疲劳、抗冲击要求的钢纤维混凝土，其安全性鉴定，除应符合本章规定外，尚应通过专家组设计的检验方案的鉴定。

11.2.8 符合本章各条规定的钢纤维混凝土，可评为对结构加固工程适用的钢纤维增强（或改性）混凝土。

12 后锚固连接件

12.1 一 般 规 定

12.1.1 本章的规定适用于以普通混凝土为基材的后锚固连接件的安全性鉴定。

12.1.2 工程结构用的后锚固连接件应采用胶接植筋、胶接全螺纹螺杆和有机械锁紧效应的自扩底锚栓、模扩底锚栓和特殊倒锥形化学锚栓。

12.1.3 在考虑地震作用的结构中，严禁使用膨胀型锚栓作为承重构件的连接件。

12.1.4 后锚固连接件的安全性鉴定，应包括基材和锚固件的材质鉴定以及连接的性能鉴定。

12.2 基材及锚固件材质鉴定

12.2.1 混凝土基材的安全性鉴定应符合下列规定：

　　1 当采用胶接植筋和胶接全螺纹螺杆时，其基材混凝土的强度等级应符合下列规定：

　　　　1）当新增构件为悬挑结构构件时，其基材混凝土强度等级不得低于 C25 级；

　　　　2）当新增构件为其他结构构件时，其基材混凝土强度等级不得低于 C20 级；

　　2 当采用锚栓时，其基材混凝土的强度等级：

对重要结构，不得低于 C30 级；对一般结构，不得低于 C25 级。

12.2.2 对碳素钢、合金钢和不锈钢锚栓的安全性鉴定，应分别符合表 12.2.2-1、表 12.2.2-2 的规定。

表 12.2.2-1 碳素钢及合金钢锚栓的安全性能指标

性 能 等 级	4.8	5.8	6.8	8.8
抗拉强度标准值 f_{stk}（MPa）	≥400	≥500	≥600	≥800
屈服强度标准值 f_{yk} 或 $f_{s0.2k}$（MPa）	≥320	≥400	≥480	≥640
伸长率 δ_s（%）	≥14	≥10	≥8	≥12
受拉弹性模量（MPa）	≥2.0×10⁵			

注：性能等级 4.8 表示：$f_{stk}=400$；$f_{yk}/f_{stk}=0.8$。

表 12.2.2-2 不锈钢（奥氏体 A_1、A_2、A_4）锚栓性能指标

性能等级	抗拉强度标准值 f_{stk}（MPa）	屈服强度标准值 f_{yk}（MPa）	伸长值 δ
50	≥500	≥210	≥0.6d
70	≥700	≥450	≥0.4d
80	≥800	≥600	≥0.3d

12.2.3 胶接植筋的钢筋应采用 HRB400 级及 HRB335 级的带肋钢筋。胶接全螺纹钢螺杆应采用 Q235 和 Q345 的钢螺杆。鉴定时，钢筋和螺杆的强度指标应分别按现行国家标准《混凝土结构设计规范》GB 50010 和《钢结构设计规范》GB 50017 的规定采用。

12.3 后锚固连接性能安全性鉴定

12.3.1 后锚固连接的承载力鉴定，应采用破坏性检验方法（附录 U），其检验结果的评定，应符合下列规定：

　　1 当检验结果符合下列要求时，其锚固承载力评为合格：

$$N_{u,m} \geqslant [\gamma_u]N_t \qquad (12.3.1-1)$$

且

$$N_{u,min} \geqslant 0.85N_{u,m} \qquad (12.3.1-2)$$

式中：$N_{u,m}$——受检验锚固件极限抗拔力实测平均值；

　　　　$N_{u,min}$——受检验锚固件极限抗拔力实测最小值；

　　　　N_t——受检验锚固件连接的轴向受拉承载力设计值，应按现行国家标准《混凝土结构加固设计规范》GB 50367 的规定计算确定；

　　　　$[\gamma_u]$——破坏性检验安全系数，按表 12.3.1

取用。

2 当 $N_{u,m} < [\gamma_u]N_t$, 或 $N_{u,min} < 0.85N_{u,m}$ 时, 应评为锚固承载力不合格。

表 12.3.1　检验用安全系数 [γ_u]

锚固件种类	破　坏　类　型	
	钢材破坏	非钢材破坏
植筋	≥1.45	不允许
锚栓	≥1.65	≥3.5

12.3.2 后锚固连接的专项性能检验与鉴定, 应按现行行业标准《混凝土用膨胀型、扩孔型建筑锚栓》JG160 附录 F 的规定执行。通过该专项检验的后锚固连接, 可作出其抗震或抗疲劳性能符合安全使用的鉴定。

附录 A　安全性鉴定适用的试验方法标准

A.0.1 结构胶粘剂胶体性能的测定, 应采用下列试验方法标准:

1 现行国家标准《塑料试样状态调节和试验的标准环境》GB/T 2918;

2 现行国家标准《树脂浇注体性能试验方法》GB/T 2567;

3 本规范附录 E《富填料胶粘剂胶体及聚合物改性水泥砂浆体劈裂抗拉强度测定方法》;

4 本规范附录 P《胶粘剂浇注体 (胶体) 收缩率测定方法》。

A.0.2 结构胶粘剂粘结能力的测定, 应采用下列试验方法标准:

1 现行国家标准《胶粘剂拉伸剪切强度的测定 (刚性材料对刚性材料)》GB/T 7124;

2 现行国家标准《胶粘剂对接接头拉伸强度的测定》GB/T 6329;

3 现行国家军用标准《胶粘剂高温拉伸剪切强度试验方法 (金属与金属)》GJB 444;

4 本规范附录 F《结构胶粘剂 T 冲击剥离长度测定方法及评定标准》;

5 本规范附录 G《粘结材料粘合加固材与基材的正拉粘结强度试验室测定方法及评定标准》;

6 本规范附录 K《约束拉拔条件下胶粘剂粘结钢筋与基材混凝土的粘结强度测定方法》;

7 本规范附录 N《混凝土对混凝土粘结的压缩抗剪强度测定方法及评定标准》。

A.0.3 结构胶粘剂耐环境和长期应力作用能力的测定, 应采用下列试验方法标准:

1 本规范附录 C《胶接耐久性楔子快速测定法》;

2 本规范附录 J《结构胶粘剂和聚合物改性水泥砂浆湿热老化性能测定方法》;

3 本规范附录 L《结构胶粘剂耐热老化性能测定方法》;

4 现行国家军用标准《胶接耐久性试验方法》GJB 3383 (方法 105);

5 本规范附录 M《胶接试件耐疲劳应力作用能力测定方法》;

6 现行国家标准《木结构试验方法标准》GB/T 50329。

A.0.4 结构胶粘剂物理化学性能的测定, 应采用下列试验方法标准:

1 现行国家标准《胶粘剂适用期的测定》GB/T 7123.1;

2 现行国家标准《塑料负荷变形温度的测定》GB/T 1634.2;

3 现行国家标准《建筑密封材料试验方法　流动性的测定》GB/T 13477.6;

4 本规范附录 H《结构胶粘剂不挥发物含量测定方法》;

5 本规范附录 Q《结构胶粘剂初黏度测定方法》;

6 本规范附录 R《结构胶粘剂触变指数测定方法》。

A.0.5 水泥基注浆料和灌浆料性能的测定, 应采用下列试验方法标准:

1 现行国家标准《水泥基灌浆材料应用技术规范》GB/T 50448 附录 A;

2 现行国家标准《混凝土外加剂应用技术规范》GB 50119 附录 C;

3 本规范附录 S《聚合物改性水泥砂浆体和灌浆料浆体抗折强度测定方法》;

4 现行行业标准《耐火浇注料抗热震性试验方法 (水急冷法)》YB/T 2206.2;

5 现行行业标准《水工混凝土试验规程》DL/T 5150。

A.0.6 纤维复合材性能的测定, 应采用下列试验方法标准:

1 现行国家标准《定向纤维增强塑料拉伸性能试验方法》GB/T 3354;

2 现行国家标准《单向纤维增强塑料弯曲性能试验方法》GB/T 3356;

3 现行国家标准《碳纤维增强塑料纤维体积含量试验方法》GB/T 3366;

4 现行国家标准《增强制品试验方法　第 3 部分: 单位面积质量的测定》GB/T 9914.3;

5 本规范附录 D《纤维复合材层间剪切强度测定方法》。

A.0.7 钢丝绳抗拉强度和弹性模量的测定, 应采用下列试验方法标准：

1 现行国家标准《金属材料 拉伸试验 第 1 部分：室温试验方法》GB/T 228.1；

2 现行行业标准《光缆用镀锌钢绞线》YB/T 098（附录 A）。

A.0.8 纤维改性混凝土或砂浆弯曲韧性的测定应采用本规范附录 T《合成纤维改性混凝土弯曲韧性测定方法》。

A.0.9 后锚固连接性能的测定，应采用下列试验方法标准：

1 现行国家标准《紧固件机械性能 螺栓、螺钉和螺柱》GB/T 3098.1；

2 现行国家标准《紧固件机械性能 不锈钢螺栓、螺钉和螺柱》GB/T 3098.6；

3 本规范附录 U《锚固承载力检验方法》；

4 现行行业标准《混凝土用膨胀型、扩孔型建筑锚栓》JG 160，附录 F《专项性能检验》。

附录 B 材料性能标准值计算方法

B.0.1 材料性能标准值（f_k），应根据抽样检验结果按下式确定：

$$f_k = m_f - ks \qquad (B.0.1)$$

式中：m_f——按 n 个试件算得的材料性能平均值；

s——按 $n-1$ 个试件算得的材料性能标准差，宜采用计算器的统计模式（MODE S）计算；

k——与 α、c 和 n 有关的材料性能标准值计算系数，由表 B.0.1 查得；

α——正态概率分布的分位值，根据材料性能标准值所要求的 95% 保证率，取 $\alpha = 0.05$；

γ——检测加固材料性能所取的置信水平（置信度），按本规范第 3 章第 3.0.6 条的规定进行确定。

表 B.0.1 材料性能标准值计算系数 k 值

n	$\alpha=0.05$ 时的 k 值				n	$\alpha=0.05$ 时的 k 值			
	$\gamma=0.99$	$\gamma=0.95$	$\gamma=0.90$	$\gamma=0.75$		$\gamma=0.99$	$\gamma=0.95$	$\gamma=0.90$	$\gamma=0.75$
3	—	—	5.310	3.804	15	3.102	2.566	2.329	1.991
4	—	5.145	3.957	2.680	20	2.807	2.396	2.208	1.933
5	—	4.202	3.400	2.463	25	2.632	2.292	2.132	1.895
6	5.409	3.707	3.092	2.336	30	2.516	2.220	2.080	1.869
7	4.730	3.399	2.894	2.250	45	2.313	2.092	1.986	1.821
10	3.739	2.911	2.568	2.103	50	2.296	2.065	1.965	1.811

附录 C 胶接耐久性楔子快速测定法

C.1 适用范围及应用条件

C.1.1 本方法适用于结构胶耐久性能的快速复验与评定。

C.1.2 采用本方法进行耐久性能检验的结构胶应符合下列条件：

1 该结构胶已通过胶体性能、粘结能力、耐老化作用及耐长期应力作用的检验；

2 被检验的样品来源于批量生产的结构胶的随机抽样。

C.2 仪器、设备及工具

C.2.1 适用的仪器、设备及工具应包括：

1 湿热老化试验箱；

2 工具显微镜或 5 倍～30 倍放大镜；

3 游标卡尺，精度为 0.002；

4 楔子推进装置，匀速要求应为 (30 ± 5) mm/min；

5 划针，应能在不锈钢表面划出显著的划痕；

6 铜槌；

7 台钳（必要时）。

C.2.2 湿热老化试验箱，其性能应符合现行国家标准《湿热试验箱技术条件》GB/T 10586 的要求。湿热箱内环境条件应为 (50 ± 2)℃、$(95\sim100)$%RH。

C.3 楔子制备

C.3.1 制作楔子的材料，不得与结构胶发生电解、锈蚀及其他化学反应作用。

C.3.2 本方法推荐采用 $2C_r13$ 不锈钢制作楔子，当有使用经验时，也允许采用 LY12CZ 铝合金制作。楔子试件形式及尺寸见图 C.3.2。不锈钢楔子经清理洁净后可以反复使用。

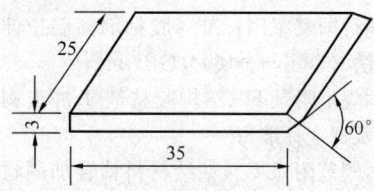

图 C.3.2 楔子试件形式及尺寸（mm）

C.4 试板及试件制作

C.4.1 试件由胶接试板加工而成，并应符合下列规定：

1 用 3mm 厚的不锈钢板材，加工成 160mm× 160mm 的试板两块，经粘合后可制作试件 5 个（图 C.4.1）。

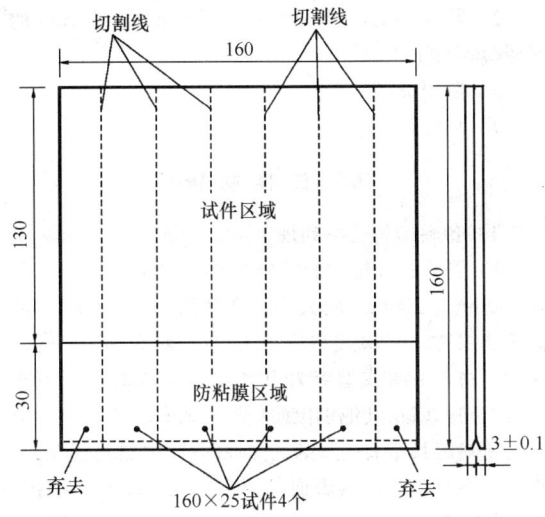

图 C.4.1　试板形式和尺寸（mm）

　　2　试板表面在涂胶前应经表面处理，处理方法应符合该胶粘剂使用说明书的规定。若使用说明书未作出规定，应采用喷砂法处理。

　　3　按所采用结构胶的胶接工艺胶接试板，但胶接前应注意先在非胶接区放置好防粘膜（图 C.4.1）。防粘膜可用厚度小于 0.1mm 的聚四氟乙烯薄膜制作。

　　4　粘合后的试板，应在(23±2)℃温度条件养护7d。到期时，将试板按图 C.4.1 的要求加工出 5 个试件。试件加工时不允许使用冷却液，以保证胶层不受油污侵蚀；应控制切削速度，使试件表面温度不超过 60℃。

　　C.4.2　若有使用经验，允许不用试板加工试件，而直接采用 3mm×25mm×160mm 的钢片制作试件。

　　C.4.3　试件胶层的厚度量测应符合下列要求：

　　1　每一试件至少需要在 3 个不同位置的测点来量测胶层厚度；

　　2　每个测点分别在其两侧各读数一次，并精确至 0.01mm；

　　3　取 3 个测点总平均值作为该试件胶层厚度标准值。

　　C.4.4　试件数量，应按每一型号结构胶的试件总数不少于 20 个确定。

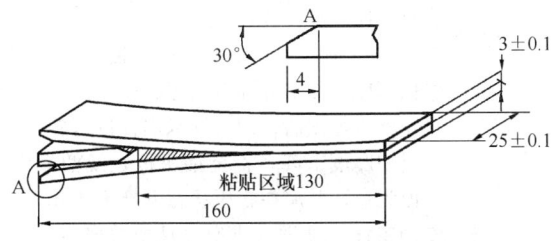

图 C.5.1　试件与楔块示意图（mm）

C.5　试　验　步　骤

　　C.5.1　在试件非胶接区端部，取出防粘膜，塞进楔

子，直至楔子顶端与试件平齐（图 C.5.1），用楔子推进装置顶入楔块时，不允许有大的冲力，也不允许造成塑性变形。

　　C.5.2　用工具显微镜或放大镜观察试件两侧胶体裂缝的位置，并以划针划出明显标记。

　　C.5.3　用游标卡尺测量楔子与试件两夹板接触点至划线标记处的距离，以"mm"计，并以两侧量值 l_0' 和 l_0'' 的平均值作为初始裂缝长度 l_0。l_0' 和 l_0'' 相差大于 5mm，则该试件作废。

　　C.5.4　将试件置放于温度为(50±2)℃、相对湿度为 95% 以上的湿热老化箱中保持 240h(10d)。每 24h(1d)取出试件观察其裂缝尖端位置一次，并做好划线的标记。同时，测量楔块与试件两夹板接触点至划线标记的距离，以"mm"计，并分别记为 l_{F1}、l_{F2}……l_{F9}；第 10 次记录的 l_{F10}，即最终裂缝长度，改记为 l_F。

　　C.5.5　将经过 240h（10d）湿热处理的试件剥开，观测裂缝的破坏形式，确定是内聚破坏、粘附破坏还是混合破坏，并做好详细记录。

C.6　试验结果整理

　　C.6.1　按下式计算平均裂缝伸长量 Δl，如图 C.6.1 所示。

$$\Delta l = l_F - l_0 \qquad (C.6.1)$$

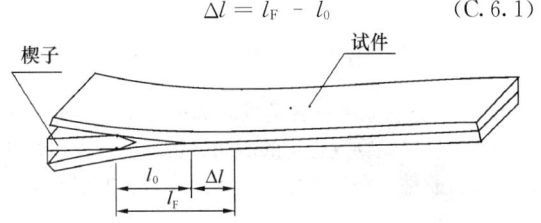

图 C.6.1　裂缝开展示意图

　　C.6.2　根据 10 次量测的裂缝 Δl_i 值，绘制 Δl_i-t 曲线图（t 为试验时间，按 h 或 d 计）。

C.7　试验结果的评定

　　C.7.1　试件破坏形式及其正常性判别应符合下列规定：

　　1　破坏形式的划分：

　　1）内聚破坏：沿胶粘剂内部破坏；

　　2）粘附破坏：沿胶粘剂与楔子界面破坏；

　　3）混合破坏：粘合区内出现两种破坏形式。

　　2　破坏形式的正常性判别：

　　1）当破坏形式为结构胶内聚破坏，或虽出现混合破坏，但内聚破坏形式的破坏面积占粘合面积的 75% 以上，均可判为正常破坏；

　　2）当破坏形式为粘附破坏，或粘附破坏面积大于 25% 时，均应判为粘结不良破坏。

　　C.7.2　当结构胶的试验过程表现及试验结果符合下

列要求时，应判为耐久性快速检验合格：

    1 Δl-t 曲线走势很快平稳，且渐近于水平线；

    2 经湿热老化后的裂缝伸长量 Δl 不大于 15mm。

C.8 试 验 报 告

C.8.1 楔子试验报告应包括下列内容：

    1 试验项目名称；

    2 试样来源：

        1）不锈钢板的牌号、规格及表面处理方法；

        2）结构胶的品种、型号和批号；

        3）抽样规则及抽样数量。

    3 试件制备方法及养护条件；

    4 试件编号及试件尺寸；

    5 试验环境和条件；

    6 试验设备的型号及检定日期；

    7 试件老化后的裂缝扩展状态描述及主要试验现象；

    8 试验结果整理和计算；

    9 合格评定结论；

    10 试验人员、校核人员及试验日期。

附录 D 纤维复合材层间剪切强度测定方法

D.1 适 用 范 围

D.1.1 本方法适用于测定以湿法铺层、常温固化成型的单向纤维织物复合材的层间剪切强度；也可用于测定叠合胶粘、常温固化的多层预成型板的层间剪切强度。

D.1.2 本方法测定的纤维复合材层间剪切强度可用于纤维材料与胶粘剂的适配性评定。

D.2 试样成型模具

D.2.1 试样成型模具的制备应符合下列规定：

    1 成型模具由一对尺寸为 400mm×300mm×25mm 光洁的钢板组成，其中一块作为压板，另一块作为织物铺层的模板。在模具的上下各有一对长 500mm 的 10 号或 12 号槽钢；在槽钢端部钻有 $D=18$mm 的螺孔，并配有 4 根用于拧紧施压的直径 $d=16$mm 的螺杆、螺帽及套在螺杆上的压力弹簧，作为纤维织物粘合成试样时的施压工具。

    2 成型模具的钢板，应经刨平后在铣床上铣平，其加工面的表面光洁度应为 $\overset{6.3}{\bigtriangledown}$ 级。

    3 成型模具尚应配有 2 块长 300mm、宽 20mm、厚 4mm 的钢垫板，用于控制织物铺层经加压后应达到的标准厚度。

D.2.2 辅助工具及材料应符合下列规定：

    1 可测力的活动扳手 4 把；

    2 厚 0.1mm、平面尺寸为 500mm×400mm 的聚酯薄膜若干张；

    3 专用滚筒一支；

    4 刮板若干个。

D.3 试 样 制 备

D.3.1 备料应符合下列规定：

    1 受检的纤维织物应按抽样规则取得，并应裁成 300mm×200mm 的大小。其片数：对 200g/m² 的碳纤维织物，一次成型应为 14 片；对 300g/m² 的碳纤维织物，一次成型应为 10 片；对玻璃纤维或芳纶纤维织物，以及其他单位面积质量的碳纤维织物，应经试制确定其所需的片数。受检的纤维织物，应展平放置，不得折叠；其表面不应有起毛、断丝、油污、粉尘和皱褶。

    2 受检的预成型板应按抽样规则取得，并应截成长 300mm 的片材 3 片，但不得使用板端 50mm 长度内的材料作试样。受检的板材，应平直，无划痕，纤维排列应均匀，无污染。

    3 受检的胶粘剂，应按抽样规则取得；并应按一次成型需用量由专业人员配制；用剩的胶液不得继续使用。配制及使用胶液的工艺要求应符合该胶粘剂使用说明书的规定。

D.3.2 试样制备应符合下列规定：

    1 纤维织物复合材试样的制备应符合下列要求：

        1）湿法铺层工序：应在室温条件下，安装好钢模板，经清理洁净后，将聚酯薄膜铺在其板面上，铺时应充分展平，不得有皱褶和破裂口。在薄膜上用刮板均匀涂布胶液，随即进行铺层（即敷上一层纤维织物）；铺层时，应用刮板和滚筒刮平、压实，使胶液充分浸渍织物，使纤维顺直、方向一致；然后再涂胶、再铺层，逐层重复上述操作，直至全部铺完，并在最上层纤维织物面上铺放一张聚酯薄膜；

        2）施压成型工序：应在顶层铺放聚酯薄膜后，即可安装钢压板，准备进入施压成型工序。施压成型全过程也应在室温条件下进行。此时，应先在钢模板长度方向两端置放本附录 D.2.1 第 3 款规定的钢垫板，以控制层积厚度。在安装好钢压板、槽钢和螺杆，并经检查无误后，即可拧紧螺杆进行施压，使层积厚度下降，直至钢压板触及两端钢垫板为止，并应在施压状态下静置 24h；

        3）养护工序：试样从成型模具中取出后，应继续养护 144h，养护温度应控制在（23±2）℃。严禁采用人工高温的养护方法。在养护期间不得扰动或进行任何机械加工，也不得受到日晒、雨淋或受潮。

2 预成型板试样的制备应符合下列要求：

  1) 应采用 3 块条形板胶粘叠合而成的试样；

  2) 制备时，可利用上述成型模具进行涂胶、粘贴、加压（不加垫板）和养护；

  3) 加压和养护时间应符合本条第 1 款第 3 项的规定。

D.4 试件制作

D.4.1 试件应从试样中部切取；最外一个试件距试样边缘不应小于 30mm，加工试件宜用金刚石车刀，且宜在用水润滑后进行锯、刨或磨光等作业。试件边缘应光滑、平整、相互平行。试件加工人员应穿戴防尘眼镜、防护衣帽及口罩，严防粉尘粘附皮肤。

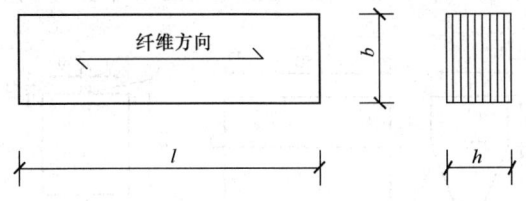

图 D.4.2　试件形状及尺寸符号

l—试件长度；h—试件高度；b—试件宽度

D.4.2 一般情况下，应取试件长度 $l = 30mm \pm 1mm$；宽度 $b = 6.0mm \pm 0.5mm$；对纤维织物制成的试件，其厚度按模压确定，即 $h = 4mm \pm 0.2mm$；对预成型板粘合成的试样，其厚度若大于 4mm，允许在机床上单面细加工到 4mm（图 D.4.2）。每组试件数量不应少于 5 个；若需确定试验结果的标准差，每组试件数量不应少于 15 个；仲裁试验的试件数量应加倍。

D.5 试验条件

D.5.1 试件状态调节、试验设备及试验的标准环境应符合现行国家标准《纤维增强塑料性能试验方法总则》GB/T 1446 的规定。

D.5.2 试验装置（图 D.5.2）的加载压头及支座与试件的抵承面应为圆柱曲面；加载压头及支座应采用 45 号钢制作，其表面应光滑，无凹陷及疤痕等缺陷。加载压头的半径 R 应为 $3mm \pm 0.1mm$；支座圆柱半径 r 应为 $(1.5mm \sim 2.0mm) \pm 0.1mm$，加荷压头和支座的长度宜比试件的宽度大 4mm。

D.6 试验步骤

D.6.1 试验前应对试件外观进行检查，其外观质量应符合现行国家标准《纤维增强塑料性能试验方法总则》GB/T 1446 的要求。

D.6.2 试件应位于试验装置的中心位置上。其跨度应调整为 $L = 20mm$，且误差不应大于 0.3mm；加载压头的轴线应位于两支座之间的中央；且应与支座轴线平行。

D.6.3 以 $(1 \sim 2)mm/min$ 的加荷速度连续加荷至试件破坏；记录最大荷载 P_b 及试件破坏形式。

D.6.4 当试验出现下列情形之一时，即可确认试件已破坏，并可立即停止试验：

  1 荷载读数已较峰值下降 30%；

  2 加荷压头移动的行程已超过试件的名义厚度（即 4mm）；

  3 试件分离成两片。

D.7 试验结果

D.7.1 试件层间剪切强度应按下式计算：

$$f_s = \frac{3P_b}{4bh} \qquad (D.7.1)$$

式中：f_s——层间剪切强度（MPa）；

  P_b——试件破坏时的最大荷载（N）；

  b——试件宽度（mm）；

  h——试件厚度（mm）。

D.7.2 试件破坏形式及正常性判别，应符合下列规定：

  1 试件的破坏典型形式（图 D.7.2）：

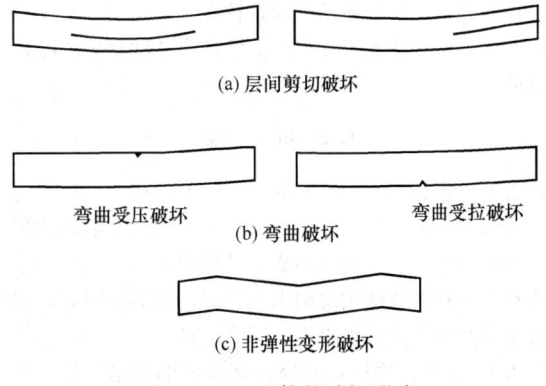

(a) 层间剪切破坏

弯曲受压破坏　　　　弯曲受拉破坏

(b) 弯曲破坏

(c) 非弹性变形破坏

图 D.7.2　试件的破坏形式

  1) 层间剪切破坏（图 D.7.2a）；

  2) 弯曲破坏：或呈上边缘纤维压皱，或呈下边缘纤维拉断（图 D.7.2b）；

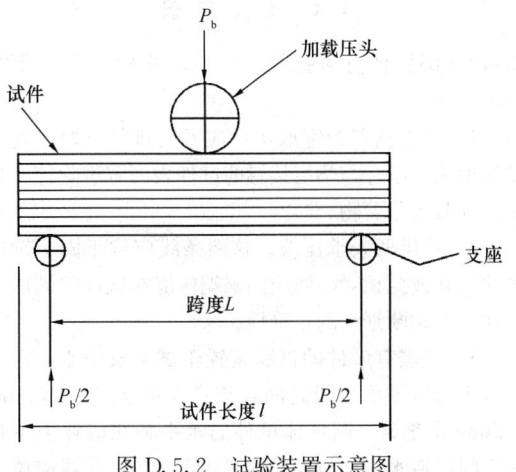

图 D.5.2　试验装置示意图

3）非弹性变形破坏（图 D. 7.2c）。

2 破坏正常性判别及处理：

1）当发生图 D.7.2（a）形式的破坏时，属层间剪切正常破坏；当发生图 D.7.2（b）或（c）的破坏时，属非层间剪切的不正常破坏；

2）当一组试件中仅有一根破坏不正常时，可重作试验，但试件数量应加倍。若重作试验全数破坏正常，仍可认为该组试验结果可以使用；若仍有试件破坏不正常，则应认为该种纤维与所配套的胶粘剂在适配性上不良，并应重新对胶粘剂进行改性，或改用其他型号胶粘剂配套。

D. 7.3 试验报告应包括下列内容：

1 受检纤维材料及其胶粘剂的来源、品种、型号和批号；

2 取样规则及抽样数量；

3 试件制备方法及养护条件；

4 试件的编号和尺寸；

5 试验环境的温度和相对湿度；

6 试验设备的型号、量程及检定日期；

7 加荷方式及加荷速度；

8 试样的破坏荷载及破坏形式；

9 试验结果的整理和计算；

10 取样、试验、校核人员及试验日期。

附录 E 富填料胶粘剂胶体及聚合物改性水泥砂浆体劈裂抗拉强度测定方法

E. 1 适用范围

E. 1. 1 本方法适用于测定富填料结构胶胶体以及聚合物改性水泥砂浆体的劈裂抗拉强度。

E. 1. 2 本方法也可用于裂缝注浆料的劈裂抗拉试验。

E. 2 试件

E. 2. 1 劈裂抗拉试件的直径为 20mm，长度为 40mm，允许偏差为±0.1mm，由受检的胶粘剂或聚合物改性水泥砂浆浇注而成。试件的养护方法及要求应符合受检材料使用说明书的规定，但养护时间，对胶粘剂和砂浆应分别以 7d 和 28d 为准。

E. 2. 2 试件拆模后，应检查其表面的缺陷。凡有裂纹、麻面、孔洞、缺陷的试件不得使用。

E. 2. 3 劈裂抗拉试验的试件数量，每组不应少于 5 个。

E. 3 试验设备及装置

E. 3. 1 劈裂抗拉试件的制作应在专门的模具中浇注而成。模具可自行设计，但应便于脱模，且不应伤及试件；模具的内壁应经抛光，其光洁度应达到 $\sqrt{\frac{6.3}{}}$。其他技术要求应符合现行行业标准《混凝土试模》JG 237 的规定。

E. 3. 2 劈裂抗拉试件的加载，应采用最大压力标定值不大于 4kN 的压力试验机；其力值的示值误差不应大于 1%；每年应检定一次。试件的破坏荷载应处于试验机标定满负荷的 20%～80%之间。

E. 3. 3 劈拉试验装置，应采用 45 号钢制作；由加载钢压头、带小压头钢底座及钢定位架等组成（图 E. 3.3）。

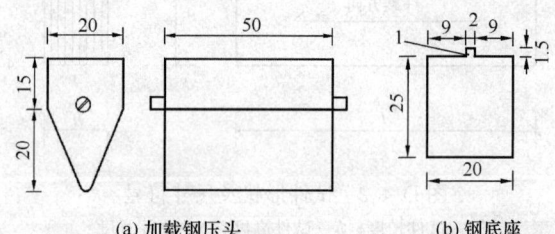

(a) 加载钢压头　　　　　　　(b) 钢底座

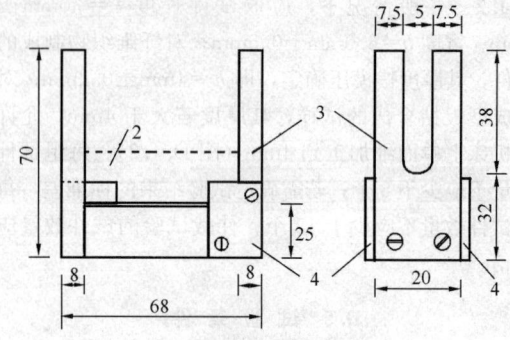

(c) 试验装置的组装

图 E. 3. 3 劈拉试验装置（mm）

1—小压头；2—试件安装位置；3—定位架；4—挡板

E. 4 试验步骤

E. 4. 1 圆柱体劈裂抗拉强度试验步骤应符合下列规定：

1 试件从养护室取出后应及时进行试验。先将试件擦拭干净，与垫层接触的试件表面应清除掉一切浮渣和其他附着物。

2 标出两条承压线。这两条线应位于同一轴向平面，并彼此相对，两线的末端应能在试件的端面上相连，以判断划线的正确性。

3 将嵌有试件的试验装置于试验机中心，在上下压头与试件承压线之间各垫一条截面尺寸为 2mm×2mm 木垫条，圆柱体试件的水平轴线应在上下垫条之间保持水平，与水平轴线相垂直的承压线应位于垫条的中心，其上下位置应对准（图 E.4.1）。

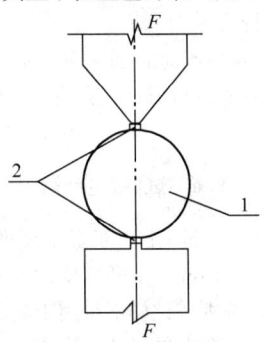

图 E.4.1　试件安装示意图
1—试件；2—木垫条

　　4　施加荷载应连续均匀地进行，并控制在 1min ～1.5min 内破坏。

　　5　试件破坏时，应记录其最大荷载值及破坏形式。

E.4.2　当按本附录第 E.4.1 条规定的试验步骤进行试验时，若试件的破坏形式不是劈裂破坏，应检查试件的上下对中情况是否符合要求；若对中没有问题，应检查试件的原材料是否固化不良，或不属于富填料的粘结材料。

E.5　试 验 结 果

E.5.1　圆柱体试件劈裂抗拉强度试验结果的整理应符合下列规定：

　　1　圆柱体劈裂抗拉强度应按下式计算，计算精确至 0.01MPa：

$$f_{ct} = \frac{2F}{\pi dl} = \frac{0.637F}{dl} \qquad (E.5.1)$$

式中：f_{ct}——圆柱体劈裂抗拉强度测试值（MPa）；

　　　　F——试件破坏荷载（N）；

　　　　d——劈裂面的试件直径（mm）；

　　　　l——试件的长度（mm）。

　　2　圆柱体劈裂抗拉强度有效值应按下列规定进行确定：

　　　　1）以 5 个测值的算术平均值作为该组试件的有效强度值；

　　　　2）若一组测值中，有一最大值或最小值，与中间值之差大于 15% 时，以中间值作为该组试件的有效强度值；

　　　　3）若最大值和最小值与中间值之差均大于 15%，则该组试验结果无效，应重做。

E.5.2　当需要计算劈裂抗拉试验结果的标准差及变异系数时，应至少有 15 个有效强度值。

E.5.3　试验报告应包括下列内容：

　　1　受检材料的来源、品种、型号和批号；

　　2　取样规则及抽样数量；

　　3　试件制备方法及养护条件；

　　4　试件的编号和尺寸；

　　5　试验环境的温度和相对湿度；

　　6　试验设备的型号、量程及检定日期；

　　7　加荷方式及加荷速度；

　　8　试样的破坏荷载及破坏形式；

　　9　试验结果的整理和计算；

　　10　取样、试验、校核人员及试验日期。

附录 F　结构胶粘剂 T 冲击剥离长度测定方法及评定标准

F.1　适 用 范 围

F.1.1　本标准适用于室温固化结构胶粘剂韧性重要标志——T 冲击剥离长度的测定。

F.1.2　抗震设防区建筑加固所使用结构胶粘剂的韧性要求，可按本标准进行测试与合格评定。

F.2　原　　理

F.2.1　以一对软钢薄片胶接成 T 冲击剥离试样，在规定的条件下，对试样未胶接端施加冲击力，使试样沿其胶接线产生剥离。韧性不同的结构胶粘剂，其剥离长度有显著差别，从中可判别出其韧性的优劣。

F.2.2　通过测量试样剥离长度以及对不同型号胶粘剂测试数据的比较分析，可制定出以剥离长度为指标的、简易、实用的结构胶粘剂韧性合格评定标准。

F.3　试 验 装 置

F.3.1　采用自由落体式冲击剥离试验装置，如图 F.3.1 所示。

F.3.2　冲击剥离试验装置采用 45 号钢制作，其表面应作防锈处理。

F.3.3　试验装置的零部件加工应符合下列要求：

　　1　作为自由落体的冲击块，应采用 45 号钢制作，其质量应为 900_{0}^{+5} g；

　　2　自由滑落导杆应笔直，其表面加工的光洁度应达到 $\nabla\frac{6.3}{}$ 级；其设计控制的自由落下高度 H 应为 305mm±1mm。

F.3.4　试验夹具的加工，应能使试样安装后的导杆轴线通过试样两孔中心。

F.4　试　　样

F.4.1　T 冲击剥离试样由一对 Q235 薄钢片胶接而成（图 F.4.1）。

F.4.2　试片加工的允许偏差应符合下列规定：

　　1　试片弯折后长度 l：±1mm；

　　2　试片宽度 b：仅允许有 0.2mm 负偏差；

　　3　试片厚度 t：+0.1mm，且不得有负偏差。

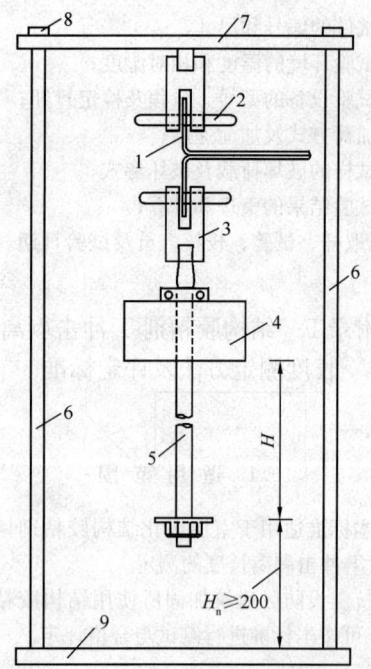

图 F.3.1　冲击剥离试验装置示意图（mm）

1—T形剥离试件；2—ϕ10销棒；3—夹持器；4—冲击块P；
5—ϕ20导杆；6—ϕ20圆钢杆；7—顶板（厚20）；
8—螺母；9—底板（厚16）

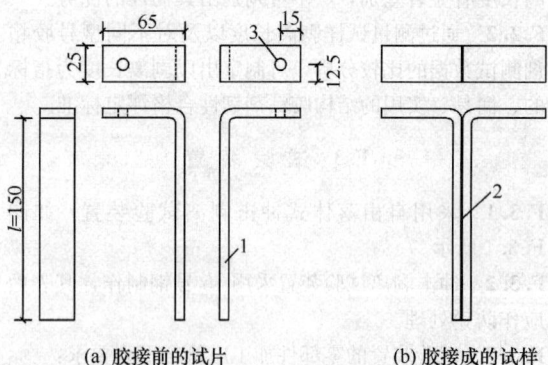

(a) 胶接前的试片　　　(b) 胶接成的试样

图 F.4.1　T冲击剥离试样尺寸（mm）

1—试片厚度 $t=1.0$；2—胶缝；3—ϕ12孔

F.4.3　试片胶接前应按结构胶粘剂对碳钢表面处理的要求，进行机械喷砂处理。

F.4.4　试样制备应按结构胶粘剂使用说明书规定的胶接工艺及设计要求的胶层厚度进行。胶接后的试样应在加压状态下，固化养护7d；若有关各方同意，允许采用快速固化养护法，即：胶粘、加压后立即置入烘箱，在（50±2）℃条件下连续烘24h，经自然冷却并静置16h后进行试验。

F.4.5　每组试样不应少于5个。

F.5　试验条件

F.5.1　试验环境温度应为（23±2）℃，相对湿度应

为55%～70%。仲裁试验必须按标准的湿度条件45%～55%执行。

F.5.2　若试样系在异地制备后送检，应在试验室环境下放置12h后才进行测试，且应于试验报告上作异地制备的记载。

F.6　试验步骤

F.6.1　试验前，应测量试片的胶缝厚度和胶缝长度，应分别精确到0.01mm。试样宽度的尺寸偏差应符合F.4.2的要求，否则该试样不得用于测试。

F.6.2　将试样挂在夹持器上，经检查对中无误后，用手将作为自由落体的冲击块提至设计高度 H；突然松手，让钢块自由落下，使试样产生剥离。

F.6.3　测量并记录试样的剥离长度，精确到0.1mm。

F.7　试验结果表示

F.7.1　试验结果以5个试样测得的剥离长度的平均值表示。

F.7.2　若5个试样中，有一个试样的剥离长度大于其余4个试样剥离长度平均值的25%，表明胶粘工艺有问题，应重新制作5个试样进行测试。原测试结果应全部作废，不得参与新测试结果的计算。

F.7.3　试件破坏后的残件应按原状妥为保存，在未经设计人员观察并确认前不得销毁。

F.8　试验结果评定

F.8.1　T形试样抗冲击剥离的试验结果，应按表F.8.1的冲击剥离韧性标准进行评定。

表 F.8.1　结构胶粘剂冲击剥离的韧性评定标准

使用对象	结构胶粘剂等级	平均剥离长度（mm）	评定结论
混凝土结构加固工程	A 级	≤20	韧性符合A级胶要求
	B 级	≤35	韧性符合B级胶要求
钢结构加固工程	AAA 级（3A级）	≤6	韧性符合3A级要求
	AA 级（2A级）	≤12	韧性符合2A级要求

F.9　试验报告

F.9.1　结构胶粘剂抗冲击剥离能力测试及其韧性评定的报告应包括下列内容：

1　受检结构胶粘剂来源、品种、型号和批号；

2　取样规则及抽样数量；

3　试样制备方法及固化养护条件；

4 试样编号、尺寸、外观质量、数量；

5 试验环境温度和相对湿度；

6 冲击装置的自由落体冲击块质量、自由落下高度；

7 试样剥离长度（应为经设计人员观察后确认的剥离长度）；

8 试验结果的整理、计算和评定；

9 取样、测试、校核人员及测试日期。

附录 G 粘结材料粘合加固材与基材的正拉粘结强度试验室测定方法及评定标准

G.1 适用范围

G.1.1 本方法适用于试验室条件下以结构胶粘剂、界面胶（剂）或聚合物改性水泥砂浆为粘结材料粘合（包括涂布、喷抹、浇注等）下列加固材料与基材，在均匀拉应力作用下发生内聚、粘附或混合破坏的正拉粘结强度测定：

1 纤维复合材与基材混凝土；

2 钢板与基材混凝土；

3 结构用聚合物改性水泥砂浆层与基材混凝土；

4 结构界面胶（剂）与基材混凝土。

G.2 试验设备

G.2.1 拉力试验机的力值量程选择，应使试样的破坏荷载发生在该机标定的满负荷的 20%～80% 之间，力值的示值误差不得大于 1%。

G.2.2 试验机夹持器的构造应能使试件垂直对中固定，不产生偏心和扭转的作用。

G.2.3 试件夹具应由带拉杆的钢夹套与带螺杆的钢标准块构成，且应以 45 号碳钢制作。其形状及主要尺寸如图 G.2.3 所示。

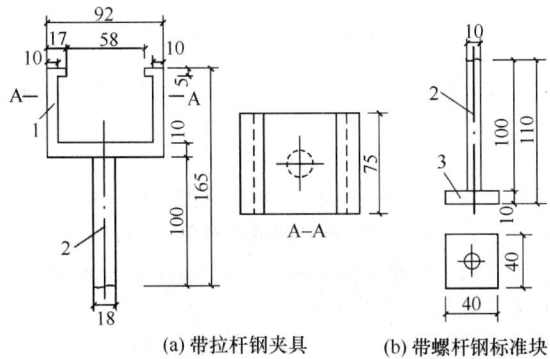

图 G.2.3 试件夹具及钢标准块尺寸（mm）
(a) 带拉杆钢夹具 (b) 带螺杆钢标准块
1—钢夹具；2—螺杆；3—标准块

G.3 试 件

G.3.1 试验室条件下测定正拉粘结强度应采用组合式试件，其构造应符合下列规定：

1 以胶粘剂为粘结材料的试件应由混凝土试块（图 G.3.1-1）、胶粘剂、加固材料（如纤维复合材或钢板等）及钢标准块相互粘合而成（图 G.3.1-2a）；

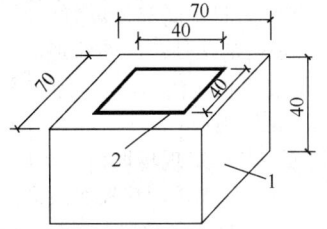

图 G.3.1-1 混凝土试块形式及尺寸（mm）
1—混凝土试块；2—预切缝

2 以结构用聚合物改性水泥砂浆为粘结材料的试件应由混凝土试块（图 G.3.1-1）、结构界面胶（剂）涂布层、现浇的聚合物改性水泥砂浆层及钢标准块相互粘合而成（图 G.3.1-2b）。

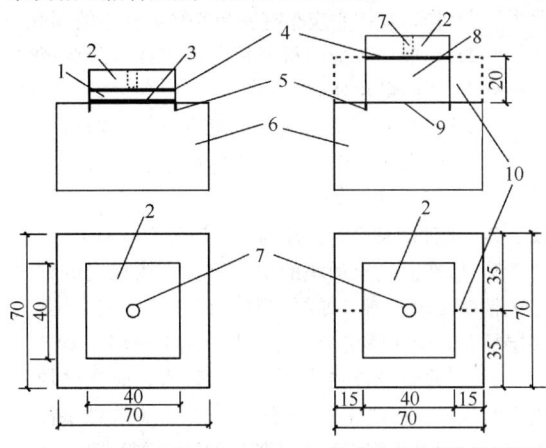

(a) 胶粘剂粘贴的试件 (b) 聚合物砂浆浇筑的试件
图 G.3.1-2 正拉粘结强度试验的试件及尺寸（mm）
1—加固材料；2—钢标准块；3—受检胶的胶缝；4—粘贴标准块的快固胶；5—预切缝；6—混凝土试块；7—φ10 螺孔；8—现浇聚合物砂浆层（或复合砂浆层）；9—结构界面胶（剂）；10—虚线部分表示浇筑砂浆用可拆卸模具的安装位置

G.3.2 试样组成部分的制备应符合下列规定：

1 受检粘结材料应按其使用说明书规定的工艺要求进行制备。

2 混凝土试块的尺寸应为 70mm×70mm×40mm，其混凝土强度等级，对 A 级和 B 级胶粘剂均应为 C40～C45；对 A 级和 B 级界面胶（剂），应分别为 C40 和 C25。对 Ⅰ 级和 Ⅱ 级聚合物砂浆，其试块强度等级与界面胶（剂）的要求相同。试块浇筑后应经 28d 标准养护；试块使用前，应以专用的机械切出深度约 5mm 的预切缝，缝宽约 2mm，如图 G.3.1-1

所示。预切缝围成的方形平面,其净尺寸应为 40mm ×40mm,并应位于试块的中心。混凝土试块的粘贴面(方形平面)应作打毛处理。打毛深度应达骨料新面,且手感粗糙,无尖锐突起。试块打毛后应清理洁净,不得有松动的骨料和粉尘。

3 受检加固材料的取样应符合下列要求:

1) 纤维复合材应按规定的抽样规则取样,从纤维复合材中间部位裁剪出尺寸为 40mm ×40mm 的试件;试件外观应无划痕和折痕,粘合面应洁净,无油脂、粉尘等影响胶粘的污染物;

2) 钢板应从施工现场取样,并切割成 40mm ×40mm 的试件,其板面及周边应加工平整,且应经除氧化膜、锈皮、油污和喷砂处理;粘合前,尚应用工业丙酮擦洗干净;

3) 聚合物砂浆和复合砂浆,应从一次性进场的批量中随机抽取其各组分,然后在试验室进行配制和浇注。

4 钢标准块的制作应符合下列要求:

1) 钢标准块(图 G.2.3b)宜用 45 号碳钢制作,其中心应车有安装 φ10 螺杆用的螺孔;

2) 标准块与加固材料粘合的表面应经喷砂方法的糙化处理;

3) 标准块可重复使用,但重复使用前应完全清除粘合面上的粘结材料层和污迹,并重新进行表面处理。

G.3.3 试件的粘合、浇注与养护应符合下列要求:

1 应在混凝土试块的中心位置,按规定的粘合工艺粘贴加固材料(如纤维复合材或薄钢板),若为多层粘贴,应在胶层指干时立即粘贴下一层;

2 当检验聚合物改性水泥砂浆时,应在试块上先安装模具,再浇注砂浆层;若该聚合物改性水泥砂浆使用说明书规定需涂刷结构界面胶(剂)时,还应在混凝土试块上先刷上专门的界面胶(剂),再浇注砂浆层;

3 试件粘贴或浇注时,应采取措施防止胶液或砂浆流入预切缝。粘贴或浇注完毕后,应按受检材料使用说明书规定的工艺要求进行加压、养护,分别经 7d 固化(胶粘剂)或 28d 硬化(砂浆)后,用快固化的高强胶粘剂将钢标准块粘贴在试件表面。每一道作业均应检查各层之间的对中情况。

G.3.4 对结构胶粘剂的加压、养护,若工期紧,且征得有关各方同意,允许采用以下快速固化、养护制度:

1 在 50℃ 条件下烘 24h;热烘过程中允许有 ±2℃ 的偏差;

2 自然冷却至 23℃ 后,再静置 16h,即可贴上标准块。

G.3.5 试件应安装在钢夹具(图 G.3.5)内并拧上

传力螺杆。安装完成后各组成部分的对中标志线应在同一轴线上。

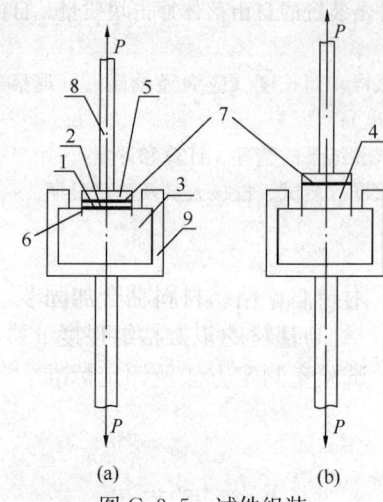

图 G.3.5 试件组装

1—受检胶粘剂;2—被粘合的纤维复合材或钢板;
3—混凝土试块;4—聚合物砂浆层;5—钢标准块;
6—混凝土试块预切缝;7—快固化高强胶粘剂的胶缝;8—传力螺杆;9—钢夹具

G.3.6 常规试验的试样数量每组不应少于 5 个,仲裁试验的试样数量应加倍。

G.4 试 验 环 境

G.4.1 试验环境应保持在温度(23±2)℃,相对湿度 45%～70%。对仲裁性试验,相对湿度应控制在 45%～55%。

G.4.2 若试样系在异地制备后送检,应在试验标准环境条件下放置 24h 后才进行试验,且应于检验报告上作异地制备的记载。

G.5 试 验 步 骤

G.5.1 将安装在夹具内的试件(图 G.3.5)置于试验机上下夹持器之间,并调整至对中状态后夹紧。

G.5.2 以 3mm/min 的均匀速率加荷直至破坏。记录试样破坏时的荷载值,并观测其破坏形式。

G.6 试 验 结 果

G.6.1 正拉粘结强度应按下式计算,计算精确至 0.1MPa:

$$f_{ti} = P_i/A_{ai} \qquad (G.6.1)$$

式中:f_{ti}——试样 i 的正拉粘结强度(MPa);

P_i——试样 i 破坏时的荷载值(N);

A_{ai}——金属标准块 i 的粘合面面积(mm²)。

G.6.2 试样破坏形式及其正常性判别:

1 试样破坏形式应按下列规定划分:

1) 内聚破坏:应分为基材混凝土内聚破坏和受检粘结材料的内聚破坏,后者可见于使用低性能、低质量的胶粘剂（或聚合物砂浆和复合砂浆）的场合；

2）粘附破坏（层间破坏）：应分为胶层或砂浆层与基材之间的界面破坏及胶层与纤维复合材或钢板之间的界面破坏；

3）混合破坏：粘合面出现两种或两种以上的破坏形式。

2 破坏形式正常性判别，应符合下列规定：

1）当破坏形式为基材混凝土内聚破坏，或虽出现两种或两种以上的混合破坏形式，但基材混凝土内聚破坏形式的破坏面积占粘合面积 85% 以上，均可判为正常破坏；

2）当破坏形式为粘附破坏、粘结材料内聚破坏或基材混凝土内聚破坏面积少于 85% 的混合破坏，均应判为不正常破坏。

注：钢标准块与检验用高强、快固化胶粘剂之间的界面破坏，属检验技术问题，应重新粘贴；不参与破坏形式正常性评定。

G.7 试验结果的合格评定

G.7.1 组试验结果的合格评定，应符合下列规定：

1 当一组内每一试件的破坏形式均属正常时，应舍去组内最大值和最小值，而以中间三个值的平均值作为该组试验结果的正拉粘结强度推定值。若该推定值不低于本规范规定的相应指标，则可评该组试件正拉粘结强度检验结果合格。

2 当一组内仅有一个试件的破坏形式不正常，允许以加倍试件重做一组试验。若试验结果全数达到上述要求，则仍可评该组为试验合格组。

G.7.2 检验批试验结果的合格评定应符合下列要求：

1 若一检验批的每一组均为试验合格组，则应评该批粘结材料的正拉粘结性能符合安全使用的要求；

2 若一检验批中有一组或一组以上为不合格组，则应评该批粘结材料的正拉粘结性能不符合安全使用要求；

3 若检验批由不少于 20 组试件组成，且仅有一组被评为试验不合格组，则仍可评该批粘结材料的正拉粘结性能符合使用要求。

G.7.3 试验报告应包括下列内容：

1 受检材料的品种、型号和批号；

2 抽样规则及抽样数量；

3 试件制备方法及养护条件；

4 试件的编号和尺寸；

5 试验环境的温度和相对湿度；

6 仪器设备的型号、量程和检定日期；

7 加荷方式及加荷速度；

8 试件的破坏荷载及破坏形式；

9 试验结果整理和计算；

10 取样、测试、校核人员及测试日期。

附录 H 结构胶粘剂不挥发物含量测定方法

H.1 适 用 范 围

H.1.1 本方法适用于室温固化的改性环氧类和改性乙烯基酯类结构胶粘剂不挥发物含量的测定。

H.1.2 本方法的测定结果，可用以判断被检测的胶粘剂中是否掺有影响结构胶粘剂性能和质量的挥发性成分。

H.2 仪 器 设 备

H.2.1 测定胶粘剂不挥发物含量用的仪器设备应符合下列要求：

1 电热鼓风干燥箱（烘箱），其温度波动不应大于 ±2℃；

2 温度计应备有两种，其测温范围分别为 0℃～150℃ 和 0℃～250℃；

3 称量容器应采用铝制称量盒或耐温称量瓶，其直径宜为 50mm，高度宜为 30mm；

4 称量天平应为分析天平，其感量应为 1mg，最大称量应为 200g；

5 干燥器应为有密封盖的玻璃干燥器，数量应不少于 4 个，且均应盛有蓝变色硅胶；

6 胶皿，其制皿材料与胶粘剂原材料之间应不发生化学反应。

H.3 测试前准备工作

H.3.1 仪器设备校正要求：对分析天平及烘箱温控系统，均应按国家计量部门的检定规程定期检定，不得使用已超过检定有效期的仪器设备。

H.3.2 烘干硅胶要求：将两个干燥器所需的硅胶量，置于 200℃ 烘箱中烘烤约 8h，至完全蓝变色后取出，分成两份放入干燥器待用。

H.3.3 称量盒（瓶）的烘干要求：应在约 105℃ 的烘箱中，置入所需数量的空称量盒（瓶），揭开盖子烘至恒重，恒重以最后两次称量之差不超过 0.002g 为准。达到恒重时，记录其质量后再放进干燥器待用。

H.4 取样与状态调节

H.4.1 取样要求：应在包装完好、未启封的结构胶粘剂检验批中，随机抽取一件。经检查中文标志无误后，拆开包装，从每一组分容器中各称取样品约 50g，分别盛于取胶皿，签封后送检测机构。

H.4.2 样品状态调节要求：应将所取的各组分样品

连同取胶皿放进干燥器内，在试验室正常温湿度条件下静置一夜，调节其状态。

H.5 测 试 步 骤

H.5.1 制作试样要求：

1 应根据该胶粘剂使用说明书规定的配合比，按配制 30g 胶粘剂分别计算并称取每一组分的用量；经核对无误后，倒入调胶器皿中混合均匀；

2 应用两个称量盒（瓶）从混合均匀的胶液中，各称取一份试样，每份约 1g，分别记其净质量为 m_{01} 和 m_{02}，称量应准确至 0.001g；

3 应将两份试样同时置于 $40_0^{+2}℃$ 的环境中固化 24h；

4 应将已固化的两份试样移入已调节好温度的烘箱中，在 105℃±2℃ 条件下，烘烤 180min±5min；

5 取出两份试样，放入干燥器中冷却至室温；

6 分别称量两份试样，记其净质量为 m_{11} 和 m_{12}，称量应精确至 0.001g。

H.6 结 果 表 示

H.6.1 一次平行试验取得的两个结果，可按式（H.6.1-1）和式（H.6.1-2）分别计算试样 1 和试样 2 的不挥发物含量测值，取三位有效数字：

$$x_1 = \frac{m_{11}}{m_{01}} \times 100\% \qquad (H.6.1-1)$$

$$x_2 = \frac{m_{12}}{m_{02}} \times 100\% \qquad (H.6.1-2)$$

式中：x_1 和 x_2 ——分别为试样 1 和试样 2 的不挥发物含量测值（%）；

m_{01} 和 m_{02} ——分别为试样 1 和试样 2 加热前的净质量（g）；

m_{11} 和 m_{12} ——分别为试样 1 和试样 2 加热后的净质量（g）。

H.6.2 在完成第一次平行试验后，尚应按同样的步骤完成第二次平行试验，并得到相应的不挥发物含量测值 x_3 和 x_4。测试结果以两次平行试验的平均值表示。

H.7 试 验 报 告

H.7.1 试验报告应包括下列内容：

1 受检结构胶粘剂的品种、型号和批号；

2 取样规则和取样数量；

3 试样制备方法；

4 试样编号；

5 测试环境温度和相对湿度；

6 分析天平型号、精确度和检定日期；

7 测试结果及计算确定的该胶粘剂不挥发物含量；

8 取样、测试、校核人员及测试日期。

附录 J 结构胶粘剂和聚合物改性水泥砂浆湿热老化性能测定方法

J.1 适用范围及应用条件

J.1.1 本方法适用于结构胶粘剂和聚合物改性水泥砂浆耐老化性能的验证性试验。

J.1.2 采用本方法进行老化试验的结构胶粘剂或聚合物改性水泥砂浆应已通过其他项目的安全性能检验。

J.2 试验设备及试验用水

J.2.1 试件的老化应在可程式恒温恒湿试验机中进行。该机老化箱内的温度和相对湿度应能自动控制、连续记录，并保持稳定；箱内的空气流速应能保持在 0.5m/s～1.0m/s；箱壁和箱顶的冷凝水应能自动除去，不得滴在试件上。

J.2.2 试验机用水应采用蒸馏水或去离子水；未经纯化的冷凝水不得再重复利用。仲裁性试验机用水，还应要求其电阻率不得小于 500Ω·m。湿球系统也应采用相同水质的水。每次试验前应更换湿球纱布及剩水，且纱布使用期不得超过 30d。

J.2.3 试验机电源应为双电源，并应能在工作电源断电时自动切换；任何原因引起的短时间断电，均应记录在案备查。

J.3 试 件

J.3.1 对结构胶粘剂老化性能的测定应采用钢对钢拉伸剪切试件，并应按现行国家标准《胶粘剂拉伸剪切强度的测定（刚性材料对刚性材料）》GB/T 7124 的规定和要求制备，粘结用的金属试片应为粘合面经过喷砂处理的 45 号钢。对聚合物改性水泥砂浆的老化性能测定应采用符合国家标准《建筑结构加固工程施工质量验收规范》GB 50550-2010 附录 R 规定的钢套筒式试件。

J.3.2 试件的数量不应少于 15 个，且应随机均分为 3 组；其中一组为对照组，另两组为老化试验组。

J.3.3 试件胶缝静置固化 7d 后，应对金属外露表面涂以防锈油漆进行密封，但应防止油漆沾染胶缝。

J.4 试 验 条 件

J.4.1 湿热条件应符合下列规定：

1 温度：应保持 50℃$_{-1}^{+1}$℃；

2 相对湿度：应保持 95%～100%；

3 恒温、恒湿时间：自箱内温、湿度达到规定值算起，应为 60d 或 90d。

J.4.2 升温、恒温及降温过程的控制：

1 升温制度：应在1.5h～2h内使老化箱内温度自25℃$^{+3}_{-1}$℃连续、均匀地升至50℃$^{+3}_{-1}$℃，相对湿度也应升至95%以上。此过程中试样表面应有凝结水出现。

2 恒温、恒湿制度：老化箱内有效工作区的温、湿度达到规定值后，应分布均匀，且无明显波动，并按传感器的示值进行实时监控。

3 降温制度：应在连续恒温达到90d时立即开始降温，且应在1.5h～2h内从50℃连续、均匀地降至25℃±2℃，但相对湿度仍应保持在95%以上。

J.5 试 验 步 骤

J.5.1 老化性能测定的步骤应符合下列规定：

1 试件经7d（对聚合物改性水泥砂浆为28d）固化后，应立即先测定对照组试件的初始抗剪强度。

2 将老化试验组的试件放入老化箱内，试件相互之间、试件与箱壁之间不得接触。对仲裁性试验，试样与箱壁、箱底和箱顶的距离均不应少于150mm。

3 老化试验的温度和湿度控制应按本附录第J.4节的规定和要求进行。

4 在试验过程中，若需取出或放入试样，开启箱门的时间应短暂，防止试样表面出现凝结水珠。

5 在恒温、恒湿达到30d时，应取出一组试件进行抗剪试验。若试件抗剪强度降低百分率大于15%，该老化试验便应中止，并直接判为不合格；不得继续进行试验。若抗剪强度降低百分率小于15%，应继续进行至规定时间。

6 试验达到90d（对B级胶为60d），并自然降温至35℃时，即可将试样取出置于密闭器皿中，待与室温平衡后，逐个进行抗剪破坏试验，且每组试验均应在30min内完成。

J.6 试 验 结 果

J.6.1 老化试验完成后，应按下式计算抗剪强度降低百分率，取两位有效数字：

$$\rho_{R,i} = \frac{R_{0,i} - R_i}{R_{0,i}} \times 100\% \qquad (J.6.1)$$

式中：$\rho_{R,i}$——第i组老化试验后抗剪强度降低百分率（%）；

$R_{0,i}$——对照组试样初始抗剪强度算术平均值；

R_i——经老化试验后第i组试样抗剪强度算术平均值。

J.7 试 验 报 告

J.7.1 湿热老化试验报告应包括下列各项内容：

1 受检材料来源、品种、型号及批号；

2 取样规则及取样数量；

3 试样制备及试样编号；

4 试验条件和试样状态调节过程；

5 仪器设备型号及检定日期；

6 试验开始和结束日期、实验室的温度及相对湿度；

7 试验过程老化箱内温湿度控制情况（若遇短时间停电，应作记录）；

8 试件的破坏荷载及破坏形式；

9 试验结果的整理和计算；

10 取样、测试、校核人员及测试日期。

附录 K 约束拉拔条件下胶粘剂粘结钢筋与基材混凝土的粘结强度测定方法

K.1 适 用 范 围

K.1.1 本方法适用于以锚固型胶粘剂粘结带肋钢筋与基材混凝土，在约束拉拔条件下测定其粘结强度。

K.1.2 本方法也可用于以锚固型胶粘剂粘合全螺纹螺杆与基材粘结强度的测定。

K.2 试验设备和装置

K.2.1 由油压穿心千斤顶、力值传感器、钢制夹具、约束用的钢垫板等组成的约束拉拔式粘结强度检测仪（图K.2.1）。宜配备300kN和60kN穿心千斤顶各一台，其力值传感器测量精度应达±1.0%，试件破坏荷载应处于拉拔装置标定满负荷的20%～80%之间。若需测定拉拔过程的位移，尚应配备位移传感器和力-位移数据同步采集仪及笔记本电脑和适用的绘图程序。拉拔仪应每年检定一次。

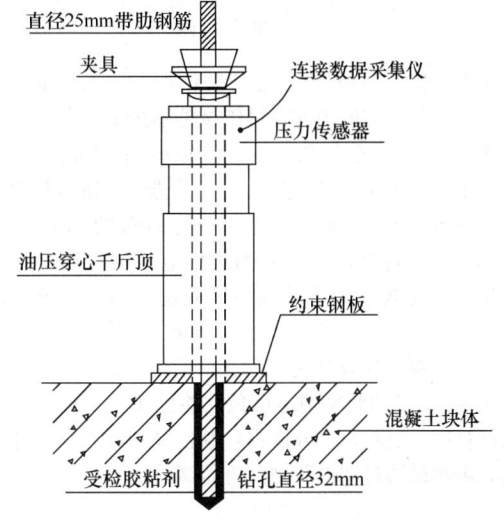

图 K.2.1 约束拉拔式粘结强度检测仪示意图

K.2.2 约束用的钢垫板应为中心开孔的圆形钢板，钢板直径不应小于180mm，板中心应开有直径为36mm的圆孔，板厚为15mm～20mm，上下板面应刨平。

K.2.3 植筋用的混凝土块体应按种植 15 根 φ25 带肋钢筋进行设计，并应符合下列规定：

1 块体尺寸：其长度、宽度和高度应分别不小于 1260mm、1060mm 和 250mm。

2 块体混凝土强度等级：一块应为 C30 级；另一块应为 C60 级。

3 块体配筋：仅配置架立钢筋和箍筋（图 K.2.3）。若需吊装，尚应设置吊环。必要时，还可在块体底部配少量纵向钢筋，钢筋保护层厚度为 30mm。吊环预埋位置及底部配筋位置可根据实际情况确定。

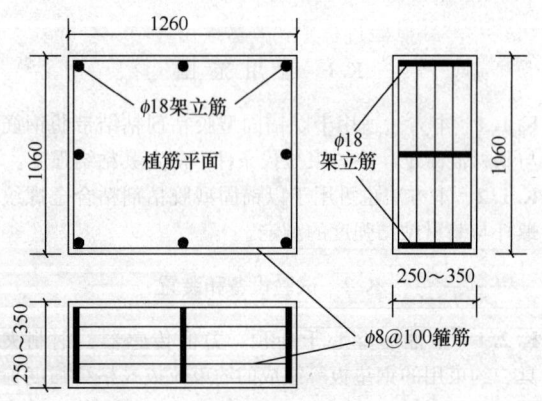

图 K.2.3 植筋用混凝土块体配筋图

4 外观要求：混凝土表面应抹平整。

K.2.4 植筋用的钻孔机械，可根据试验设计的要求进行选择。当采用水钻机械时，钻孔后，应对孔壁进行糙化处理。

K.3 试　件

K.3.1 本试验的试件由受检胶粘剂和植入混凝土块体的热轧带肋钢筋组成，每组试件不少于 5 个。

K.3.2 热轧带肋钢筋的公称直径应为 25mm；钢筋等级不宜低于 400 级；其表面应无锈迹、油污和尘土污染；外观应平直，无弯曲，其相对肋面积应在 0.055～0.065 之间。钢筋的长度应根据其埋深及夹具尺寸和检测仪的千斤顶高度确定。钢筋的植入深度，对 C30 混凝土块体为 150mm（6 倍钢筋直径）；对 C60 混凝土块体应为 125mm（5 倍钢筋直径）。

K.3.3 受检的胶粘剂应由独立检验单位从成批供应的材料中通过随机抽样取得，其包装及标志应完好无损，不得采用过期的胶粘剂进行试验。

K.4 植　筋

K.4.1 植筋前应检测混凝土块材钻孔部位的含水率，其检测结果应符合试验设计的要求。

K.4.2 钻孔的直径及其实测的偏差应符合该胶粘剂使用说明书的规定。

K.4.3 植筋前的清孔，应采用专门的清孔设备，但清孔的吹和刷的次数应比该胶粘剂使用说明书规定的次数减少一半。若使用说明书的规定为两吹一刷，则实际操作时只吹一次而不再刷；若使用说明书未规定清孔的方法和次数，则试验时不得进行清孔。

K.4.4 植筋胶液的调制和注胶方法应严格按胶粘剂使用说明书的规定执行。

K.4.5 在注入胶液的孔中，应立即插入钢筋，并按顺时针方向边转边插，直至达到规定的深度。

K.4.6 植筋完毕应静置养护 7d，养护的条件应按使用说明书的规定执行。养护到期的当天应立即进行拉拔试验，若因故推迟不得超过 1d。

K.5 拉 拔 试 验

K.5.1 试验环境的温度应为 23℃±2℃，相对湿度应不大于 70%。若受检的胶粘剂对湿度敏感，相对湿度应控制在 45%～55%。

K.5.2 试验步骤应符合下列规定：

1 将粘结强度检测仪的空心千斤顶穿过钢筋安装在混凝土块体表面的钢垫板上，并通过其上部的夹具夹持植筋试件，并仔细对中、夹持牢固；

2 启动可控油门，均匀、连续地施荷，并控制在 2min～3min 内破坏；

3 记录破坏时的荷载值及破坏形式。

K.6 试 验 结 果

K.6.1 约束拉拔条件下的粘结强度 $f_{b,c}$，应按下式计算：

$$f_{b,c} = N_u/\pi d_0 l_b \qquad (K.6.1)$$

式中：N_u——拉拔的破坏荷载（N）；

d_0——钢筋公称直径（mm）；

l_b——钢筋锚固深度（mm）。

K.6.2 破坏形式应符合下列情况，若遇到钢筋先屈服的情况，应检查其原因，并重新制作试件进行试验。

1 胶粘剂与混凝土粘合面粘附破坏；

2 胶粘剂与钢筋粘合面粘附破坏；

3 混合破坏。

K.6.3 试验报告应包括下列内容：

1 受检胶粘剂的品种、型号和批号；

2 抽样规则及抽样数量；

3 钻孔、清孔及植筋方法；

4 植筋实测的埋深及植筋编号；

5 试验环境的温度和相对湿度；

6 仪器设备的型号、量程和检定日期；

7 加荷方式及加荷速度；

8 试件破坏荷载及破坏形式；

9 试验结果的整理和计算；

10 试验人员、校核人员及试验日期。

附录 L 结构胶粘剂耐热老化性能测定方法

L.1 适用范围及应用条件

L.1.1 本方法适用于结构胶粘剂耐热老化性能的验证性试验。

L.1.2 采用本方法进行热老化试验的结构胶粘剂应已通过其他项目的安全性能检验。

L.2 试验设备及试验用水

L.2.1 试件的热老化应在可程式恒温试验箱中进行。该老化箱内的温度应能自动控制、连续记录，并保持稳定，箱内的空气流速应能保持在 0.5m/s～1.0m/s。

L.2.2 试验机电源应为双电源，并应能在工作电源断电时自动切换。任何原因引起的短时间断电，均应记录在案备查。

L.3 试 件

L.3.1 热老化性能的测定应采用钢对钢拉伸剪切试件，并应按现行国家标准《胶粘剂拉伸剪切强度的测定（刚性材料对刚性材料）》GB/T 7124 的规定和要求制备，粘结用的金属试片应为粘合面经过喷砂处理的 45 号钢。

对聚合物改性水泥砂浆的热老化性能测定应采用符合国家标准《建筑结构加固工程施工质量验收规范》GB 50550 - 2010 附录 R 规定的钢套筒式试件。

L.3.2 试件的数量不应少于 15 个，且应随机均分为 3 组。其中一组为对照组，另两组为老化试验组。

L.3.3 试件胶粘后应静置固化 7d。

L.4 试 验 条 件

L.4.1 温度条件应符合下列规定：

1 温度：对Ⅰ类胶应保持 $80℃_{-1}^{+2}$；对Ⅱ类胶应保持 $95℃_{-1}^{+2}$；对Ⅲ类胶应保持 $125℃_{-2}^{+3}$。

2 恒温时间：自箱内温达到规定值算起，应为 90d。

L.4.2 升温、恒温及降温过程的控制应符合下列要求：

1 升温制度要求：应在 1.5h～2h 内，使老化箱内温度自 $25℃_{-1}^{+3}$ 连续、均匀地升至规定的高温；

2 恒温制度要求：应使老化箱内有效工作区的温度保持均匀，不得有明显波动，且应按传感器的示值进行实时监控；

3 降温制度要求：应在连续恒温达到 90d 时立即开始降温，且应在 1.5h～2h 内连续、均匀地降至

（25±2）℃。

L.5 试 验 步 骤

L.5.1 热老化性能测定的步骤应符合下列规定：

1 试件经 7d（对聚合物改性水泥砂浆为 28d）固化后应立即先测定对照组试件同温度（见本附录 L.4.1 的规定）的初始抗剪强度。

2 将老化试验组的试件放入老化箱内，试件相互之间、试件与箱壁之间不得接触。对仲裁性试验，试样与箱壁、箱底和箱顶的距离均不应少于 150mm。

3 老化试验的温度和湿度控制应按本附录第 L.4 节的规定和要求进行。

4 在试验过程中，若需取出或放入试样，开启箱门的时间应短暂，防止试样表面出现凝结水珠。

5 在恒温达到 30d 时，应取出一组试件在带有高温炉的试验机中进行抗剪试验。若试件抗剪强度降低百分率平均大于 10%，该老化试验便应中止，并直接判为不合格，不得继续进行试验。若抗剪强度降低百分率小于 10%，尚应继续进行至规定时间。

6 试验达到 90d，立即将试样逐个取出在带有高温炉的试验机中进行同温度抗剪破坏试验，且每组试验均应在 30min 内完成。

L.6 试 验 结 果

L.6.1 老化试验完成后，应按下式计算抗剪强度降低百分率，取两位有效数字：

$$\rho_{R,i} = \frac{R_{0,i} - R_i}{R_{0,i}} \times 100\% \qquad (L.6.1)$$

式中：$\rho_{R,i}$——第 i 组老化试验后抗剪强度降低百分率（%）；

$R_{0,i}$——对照组试样初始抗剪强度算术平均值；

R_i——经老化试验后第 i 组试样抗剪强度算术平均值。

L.7 试 验 报 告

L.7.1 湿热老化试验报告应包括下列各项内容：

1 受检材料来源、品种、型号和批号；

2 取样规则及取样数量；

3 试样制备及试样编号；

4 试验条件和试样状态调节过程；

5 仪器设备型号及检定日期；

6 试验开始和结束日期、实验室的温度及相对湿度；

7 试验过程老化箱内温度控制情况（若遇短时间停电，应作记录）；

8 试件的破坏荷载及破坏形式；

9 试验结果的整理和计算；

10 取样、测试、校核人员及测试日期。

附录 M 胶接试件耐疲劳应力
作用能力测定方法

M.1 适 用 范 围

M.1.1 本方法适用于测定标准剪切试件在规定的试验条件下的胶粘剂拉伸剪切疲劳强度。

M.1.2 采用本方法测定胶粘剂拉伸剪切疲劳强度时，其频率可根据用户的要求确定。当频率未规定时，本方法推荐的频率为5Hz。

M.2 试 验 设 备

M.2.1 试验机应能施加正弦波形的循环荷载。试验机应配有适宜的夹具，能牢固地夹住试件，并便于试件与荷载轴线对中。荷载应精确至±2%。

M.3 试 件

M.3.1 试件形状和尺寸如图 M.3.1-1 和图 M.3.1-2所示，允许任选一种。

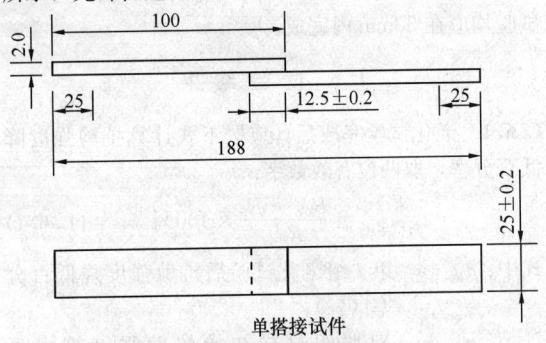

单搭接试件

图 M.3.1-1 试件形状和尺寸（一）（mm）

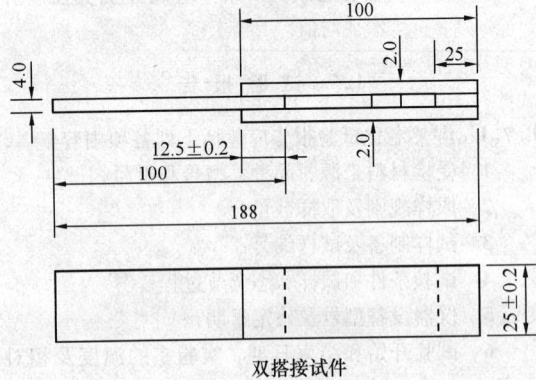

双搭接试件

图 M.3.1-2 试件形状和尺寸（二）（mm）

M.3.2 试件数目至少为 25 个。

M.4 试 验 步 骤

M.4.1 试件预处理

试件应在(23±2)℃和(50±5)%RH 的室内环境中，进行试验状态调节，且不少于16h。

M.4.2 试件安装

将试件置于试验机夹具中牢固地夹紧，试件轴线与夹头轴线应呈一直线，夹头棱边距搭接头棱边为 25mm。

M.4.3 施加荷载

按 M.1.2 的规定值，施加交变荷载并定时检查，试验应连续进行到试件破坏或直至所施加的循环应力次数达到最大要求。

M.4.4 记录破坏时的循环次数和相应荷载以及每个试件的破坏情况。

M.5 试 验 报 告

M.5.1 试验报告应包括下列内容：

1 胶的品牌、型号及批号；

2 试验设备型号；

3 试件数量及编号；

4 试验环境的温、湿度；

5 频率、最大应力及应力比；

6 破坏或停止试验时的循环次数和相应荷载；

7 每个试件的破坏情况；

8 试验人员、校核人员和试验日期与时间。

附录 N 混凝土对混凝土粘结的压缩抗剪
强度测定方法及评定标准

N.1 适 用 范 围

N.1.1 本方法适用于承重结构混凝土与混凝土粘结的下列项目测定：

1 界面胶（剂）粘结的压缩抗剪强度；

2 混凝土湿面胶接的压缩抗剪强度。

N.1.2 当需检验聚合物改性水泥砂浆或水泥复合砂浆面层与混凝土基材粘结的压缩抗剪强度时，也可采用本方法。

N.2 试验设备及装置

N.2.1 压力试验机的加荷能力，应使试件的破坏荷载处于试验机标定满负荷的 20%～80%之间，试验机的示值误差不应大于 1%。

N.2.2 剪切加荷装置的构造应为单剪受力方式（图 N.2.2），并应采用 45 号碳钢制作。其零部件的加工允许偏差应取为±0.1mm。

N.2.3 测定界面剂粘合面剪切强度的试件，应以混凝土凸形块为试坯经专门加工而成。混凝土凸形块应在特制的模具中浇注成型。该模具应为钢模，采用 45 号碳钢制作。其设计和加工应符合下列要求：

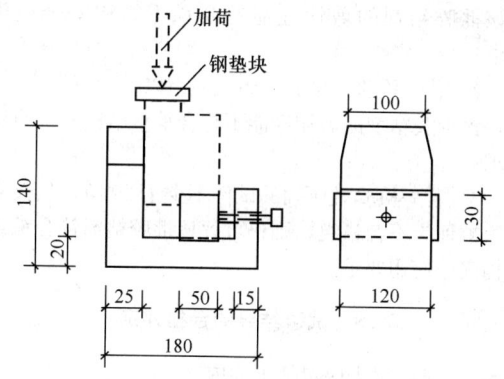

图 N.2.2　剪切加荷装置构造示意图（mm）

1　模具应可拆卸，且拆卸的构造不应在操作时伤及试坯；

2　模具内表面的光洁度应达$\sqrt[6.3]{}$级；

3　模具加工的允许偏差应符合下列规定：

　1）模内净截面各边尺寸允许偏差为±0.10mm，模内净长度尺寸允许偏差为±0.50mm；

　2）模具各相邻平面的夹角应为90°，其允许偏差为±6′；

　3）模具各边组成的上、下两表面，其平面度的允许偏差为短边长度的±1.0%。

N.3　试坯和试件的制备

N.3.1　制作凸形块（图 N.3.1）的混凝土应符合下列要求：

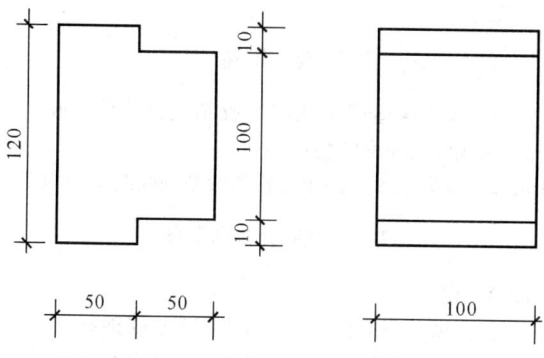

图 N.3.1　混凝土凸形块（mm）

1　水泥应为强度等级不低于42.5级的普通硅酸盐水泥，其质量应符合现行国家标准《通用硅酸盐水泥》GB 175 的规定；

2　细骨料应为中国 ISO 标准砂，其质量应符合现行国家标准《水泥胶砂强度检验方法（ISO 法）》GB/T 17671 的规定；

3　粗骨料应为最大颗粒直径不大于5mm的碎石或卵石，其质量应符合现行国家标准《普通混凝土用砂、石质量及检验方法标准》JGJ 52 的规定；

4　拌合用水应为饮用水；

5　混凝土的配合比应按 C40 强度等级确定；

6　每次配制混凝土，应制作一组标准尺寸的试块，供检验其强度等级使用。

N.3.2　试坯浇注成型后，应覆盖塑料薄膜进行养护，其养护制度及拆模时间应符合现行国家标准《普通混凝土力学性能试验方法标准》GB/T 50081 的规定。配制混凝土时制作的试块应随同试坯在同条件下进行养护。

N.3.3　试坯拆模后，应检查其外观质量。凡有裂纹、麻面、孔洞、缺损的试坯均应弃用。

N.3.4　测定界面胶（剂）压缩剪切粘结强度时，其试件的制备应符合下列规定：

1　试坯养护到期后，立即置入剪切加荷装置，在压力试验机中加荷至试坯凸出部分完全剪断；

2　弃去试坯的凸出部分，将留下的棱柱形部分作为涂刷界面胶（剂）的基材；

3　清除基材剪断面的松动骨料及粉尘；

4　按界面胶（剂）使用说明书的规定，在基材剪断面上涂刷界面胶（剂）并嵌入原钢模；

5　当涂刷的胶液晾置至指干时，将新配制的细石混凝土填补钢模内原凸出部分的空缺（对砂浆面层与混凝土基材粘结的试验，应改用聚合物改性水泥砂浆填补空缺），经捣实后重新形成的凸形试件，即为本试验方法所使用的试件；

6　新成型的试件，应按本附录 N.3.2 的要求进行养护。

N.3.5　测定结构胶水下或高湿态粘结的压缩抗剪强度时，其试件的制备应符合下列规定：

1　试坯养护到期后，立即置入剪切加荷装置，在压力试验机中加荷至试坯凸出部分完全剪断；

2　清除试件剪断面的松动骨料及粉尘后，将试件剪断的两部分均浸没于水中直至吸水饱和；

3　按结构胶使用说明书的规定，调配结构胶，并涂刷在拭去浮水的试件剪断面上；涂刷时应注意修补剪伤的局部细小缺陷，若修补有困难，应弃用该试件；

4　将涂好胶的试件重新拼好，并嵌入原钢模内，经 7d 固化、养护后，即成为本试验所使用的试件。

N.4　试　验　条　件

N.4.1　试验应在养护到期的当日进行，若因故需推迟试验日期，应征得有关方面一致同意，且不得超过 1d。

N.4.2　试验应在室温为23℃±2℃的环境中进行，仲裁性试验或对环境湿度敏感的胶粘，其试验环境的相对湿度应控制在(50±5)%之间。

N.5　试　验　步　骤

N.5.1　试验时应将试件置入剪切加荷装置，通过调整可移动的下支承块，使试件恰好触及加荷装置的侧壁，而又不产生挤压应力为度。

N.5.2 开动压力试验机，以连续、均匀的 3mm/min ~5mm/min 的速度施加压缩剪切荷载，直至试件破坏，记录最大荷载值，并记录粘合面破坏形式（如内聚破坏、粘附破坏、混合破坏等）。

N.6 试验结果

N.6.1 胶粘剂粘接面压缩抗剪强度 f_{vu} 应按下式计算，取三位有效数字：

$$f_{vu} = P_v/A_v \qquad (N.6.1)$$

式中：P_v——压缩剪切施加的最大荷载值（破坏荷载值）（N）；

A_v——剪切面面积（mm²）。

N.6.2 试件的破坏形式及其正常性判别应符合下列规定：

1 试件破坏形式应按下列规定划分：

1）混凝土内聚破坏——破坏发生在混凝土内部；

2）粘附破坏——破坏发生在涂刷胶粘剂的原剪断面上；

3）混合破坏。

2 破坏形式正常性判别准则，应符合下列规定：

1）混凝土内聚破坏，或混凝土内聚破坏面积占粘合面积85%以上的混合破坏，均可判为正常破坏；

2）粘附破坏，或混凝土内聚破坏面积少于85%的混合破坏，均应判为不正常破坏。

N.7 试验结果的合格评定

N.7.1 组试验结果的合格评定，应符合下列规定：

1 当一组内每一试件的破坏形式均属正常时，以组内最小值作为该组试验结果的粘结剪切强度推定值。若该推定值不低于表 N.7.1 规定的合格指标，则可评该组试件粘结剪切强度检验结果合格。

表 N.7.1 胶粘剂粘结剪切强度合格指标

检验项目	胶粘剂等级	合格指标	
混凝土对混凝土压缩抗剪强度（MPa）	A 级	≥4.0	且为混凝土内聚破坏
	B 级	≥3.0	

注：界面胶不分等级，均应按 A 级胶执行。

2 当一组内仅有一个试件的破坏形式不正常，允许以加倍试件重做一组试验。若试验结果全数达到上述要求，仍可评该组为试验合格组。

N.7.2 检验批试验结果的合格评定，应符合下列规定：

1 若一检验批中每一组均为试验合格组，则应评该批胶粘剂的剪切性能符合承重结构安全使用要求；

2 若一检验批中有一组或一组以上为不合格组，应评该批胶粘剂的剪切性能不符合承重结构安全使用要求；

3 若一检验批所抽的试件不少于20组，且仅有一组被评为不合格组，则仍可评该批胶粘剂符合承重结构安全使用要求。

N.8 试验结果的合格评定

N.8.1 试验报告应包括下列内容：

1 受检胶粘剂的品种、型号和批号；

2 抽样规则及抽样数量；

3 试坯及试件制备方法及养护条件；

4 试件的编号和尺寸；

5 试验环境温度和相对湿度；

6 仪器设备的型号、量程和检定日期；

7 加荷方式及加荷速度；

8 试件的破坏荷载及破坏形式；

9 试验结果整理和计算；

10 试验人员、校核人员及试验日期。

N.8.2 当委托方有要求时，试验报告应附有试验结果合格评定报告，且合格评定标准应符合本附录的规定。

附录 P 胶粘剂浇注体（胶体）收缩率测定方法

P.1 适用范围

P.1.1 本方法适用于热固性胶粘剂浇注体（胶体）无约束线性收缩率的测定。

P.1.2 本方法不适用于无机类胶粘剂收缩率的测定。

P.2 试验装置和量具

P.2.1 模具

浇注试件用的模具，应采用 45 号碳钢制作，模具形式、构造和尺寸如图 P.2.1 所示，模具内腔尺寸的允许偏差为 ±0.01mm；模具内腔的端面应垂直于模具长轴方向；模具内腔表面应平整、光滑，其光洁度应为 3.2 $\sqrt{}$。

P.2.2 浇注工具：可采用注射器或灌胶杯，并配有抹平浇注体（试件）表面用的刮刀。

P.2.3 胶液浇注过程中产生的气泡，宜使用真空脱泡装置或振动台清除；若胶液的气泡较少，也可采用针挑法清除。

P.2.4 测量模具内腔净长度及试件长度用的量具，其测量精度应为 0.01mm。量具应经计量部门检定，并应在有效检定周期内使用。

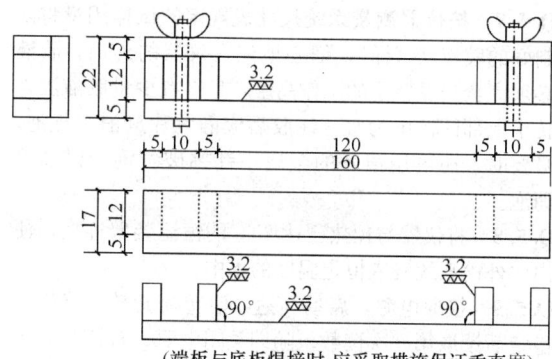

（端板与底板焊接时，应采取措施保证垂直度）

图 P.2.1 浇注试件用的模具形式及尺寸（mm）

P.3 试 件

P.3.1 测量无约束线性收缩率的试件，应为浇注成型的长方体；其尺寸为 12mm×12mm×120mm；试件尺寸的精确度由模具内腔的加工精确度保证，不另行规定。试件数量为每组不少于 5 个。

P.3.2 试件应采用浇注法制备，并应符合下列要求：

1 制备浇注体试件的模具，应事先置于(23±2)℃、(50±5)%RH 环境（即标准）环境中平衡 24h，到期立即在该温、湿度环境中，测量其内腔的净长度 L_0，精确到 0.01mm，经检查无误后，置于标准环境中待用。

2 模具外表面及内腔表面均应仔细涂刷优质隔离剂，涂刷的质量应经专人检查认可。

3 用于浇注试件的胶液应按其使用说明书配制，且拌胶的速度应受控制，以防止气泡的产生。

4 拌好的胶液应仔细注入模具。在整个浇注过程中应注意防止胶液产生气泡，若有气泡应采取措施消除。胶液浇注饱满后，应使用刮刀抹平浇注体的表面。若发现有麻面等缺陷，应及时填补密实。

5 试件浇注完毕后，应连同模具在标准环境中放置 2d 后脱模，然后敞开放在一个平面上，无约束地以同样温、湿度条件再养护 19d。

P.4 收缩率的测量

P.4.1 浇注体试件经 21d 养护后，应立即在标准环境中进行无约束线性收缩率测量。

P.4.2 为测定浇注体试件的无约束线性收缩率，应使用量具测量其长度，精确至 0.01mm，并取两个方向测值的算术平均值作为试件长度的测量值 L_s。

P.4.3 浇注体试件的无约束线性收缩率应按下式计算：

$$CS = \frac{L_0 - L_s}{L_0} \times 100 \qquad (P.4.3)$$

式中：L_0——模具内腔在标准环境中净长度测量值（mm）；

L_s——浇注体试件 21d 长度测量值（mm）。

P.5 试 验 报 告

P.5.1 试验报告应包括下列内容：

1 受检胶粘剂的品种、型号和批号；

2 取样规则及抽样数量；

3 试件制备方法及固化、养护条件；

4 试验环境的温度和相对湿度；

5 量具名称、型号、量程和检定日期；

6 试件尺寸及编号；

7 试件外观质量；

8 测量方法；

9 试验结果的整理和计算；

10 试验人员、校核人员及试验日期。

附录 Q 结构胶粘剂初黏度测定方法

Q.1 基 本 规 定

Q.1.1 为统一结构胶粘剂混合后初黏度的测试方法，使所测黏度的测量误差能控制在 0.5% 以内，并在各试验室之间具有可再现性，制定本规定。

Q.1.2 结构胶粘剂应按其流变特性分为两类：

1 近似牛顿流体特性的结构胶粘剂，其黏度一般低于 $8×10^4$ mPa·s；

2 非牛顿流体特性的结构胶，其黏度一般大于 $8×10^4$ mPa·s。

Q.1.3 当加固工程测定结构胶的初黏度时，其所使用的仪器应符合下列规定：

1 当黏度的估计值不大于 $8×10^4$ mPa·s 时，可使用游丝扭矩式旋转黏度计或具有规定剪切速率的同轴双圆筒旋转黏度计进行测试；

2 当黏度的估计值大于 $8×10^4$ mPa·s 时，应统一使用具有规定剪切速率的同轴双圆筒旋转黏度计进行测试。

Q.2 仪 器 设 备

Q.2.1 测量黏度仪器的选用，应符合下列规定：

1 对近似牛顿流体的结构胶粘剂，宜使用旋转黏度计。

2 对非牛顿流体的结构胶粘剂，宜使用双圆筒旋转黏度计。

Q.2.2 配套设备应符合下列要求：

1 恒温浴（槽）：应能保持 23℃±0.2℃，且在 20℃～100℃ 范围内可调。

2 温度计：分度应为 0.1℃。

3 容器：应按黏度计使用说明书的规定，选用合适的形状和尺寸。

Q.3 试验条件

Q.3.1 试验温度应统一定为 $23℃±0.2℃$。若用于个别工程项目的实时控制，也可按设计规定的试验温度进行测试，但应在仪器使用说明书允许范围内。

Q.3.2 测量系统选择应符合下列要求：

1 对旋转黏度计，应按该仪器提供的量程表，决定转子号及转速。

2 对双圆筒旋转黏度计，应统一采用 D 转子系统，取剪切速率为 $7.204s^{-1}$，即转速为 65r/min。

Q.4 试样制备

Q.4.1 结构胶初始黏度检测的抽样量应以 250g 为准。

Q.4.2 测试前，应将抽样取得的各组分，置于 $23℃\sim25℃$恒温试验室中调节其状态不少于 6h。

Q.4.3 在称量试样前，应将试样各组分（包括其容器）置于恒温水浴中 30min～60min，然后按配合比分别称量所需的质量。

Q.4.4 对易吸湿的或含有挥发性物质的试样，应密封于容器中。

Q.5 试验步骤

（A）估计黏度值小于 $8×10^4$mPa·s 的胶液

Q.5.1 试样各组分经搅拌混合成均匀胶液后，倒入直径为 70mm 的烧杯或直筒形容器内，并置于恒温浴中准确控制胶液温度。若试样含有气泡，应在注入前，完全去掉。

Q.5.2 将保护架安装在仪器上。安装前应先熟悉旋入方向。

Q.5.3 按仪器使用说明书给出的量程表（mPa·s），选择转子号及转速（r/min）。

Q.5.4 按仪器使用说明书规定的操作方法和步骤，先旋转升降组，让转子缓缓浸入胶液中，直至转子液面标志和液面齐平。然后启动电机，转动变速旋钮，使所选转速数对准转速指示点，使转子在胶液中旋转，待指针趋于稳定立即读数，然后关闭电源，又重新启动仪器，进行第二、第三次读数。

Q.5.5 若指针读数不处于 30 格～90 格之间，应更换转子号及转速；重新制备试样进行测试。原胶液试样应弃去，不得继续使用。若更换转子号及转速，仍测不出黏度，应改用同轴双圆筒旋转黏度计进行测试。

（B）估计黏度值大于 $8×10^4$mPa·s 的胶液

Q.5.6 按规定的剪切速率选择转筒、转速及固定筒，并按仪器使用说明书规定的步骤和方法安装好仪器。

Q.5.7 按仪器测量系统尺寸表规定的试样用量将配制好的胶液（试样），细心地注入仪器的外筒，胶液必须完全浸没转子的工作高度，且以有少量胶液溢入转子上部凹槽中为宜。注胶后应静置片刻消去气泡。必要时，还可用洁净的金属小针挑破气泡，以加速消泡。

Q.5.8 将仪器与预热已达 23℃ 的恒温装置连接，使内、外筒系统浸入恒定温度的水中。

Q.5.9 接通电源，启动马达，使转筒旋转。待指针稳定后读取第一次读数，随即关闭电源。若读数介于表盘满刻度的 20%～90% 之间，则认为读数有效。随即又重新启动电源两次，分别读取第二、三两次读数。

Q.5.10 测量结束后，应立即用丙酮或其他适用的洗液，彻底清洗黏度计转子系统及内外筒等零部件，不得因延误此项作业而损坏仪器。

Q.6 结果计算与表示

Q.6.1 结构胶粘剂混合后的初黏度 η（mPa·s）应按下式计算：

$$\eta = K \cdot a \qquad (Q.6.1)$$

式中：K——仪器常数（mPa·s），应按仪器使用说明书给出的仪器常数表取值；

a——3 次读数平均值。若其中一个读数与平均值之间相差较显著，应采用格拉布斯（Grubbs）检验法进行判定，不得随意舍弃。

Q.6.2 结果表示：测定的黏度值应取 3 位有效数，并应以括号形式注明下列参数值：

1 对旋转黏度计测定的黏度，应表示为 η（23℃）值；

2 对双圆筒旋转黏度计测定的黏度，应表示为 η（23℃，$7.204s^{-1}$）值；

3 对其他仪器测定的黏度，应表示为 η（23℃，选用的剪切速率）值。

Q.6.3 试验报告应包括下列内容：

1 受检材料品种、型号和批号；

2 抽样规则及抽样数量；

3 试样制备及调节方法；

4 试样编号；

5 试验环境温度和相对湿度；

6 仪器设备的型号、量程和检定日期；

7 采用的转子系统、转速、剪切速率；

8 恒温浴（槽）的水温及其偏差；

9 黏度测定值；

10 试验人员、校核人员及试验日期。

附录 R 结构胶粘剂触变指数测定方法

R. 1 适 用 范 围

R. 1. 1 本方法适用于以不同转速下动力黏度比值表征结构胶粘剂触变性能的触变指数（thixotropic index）测定。

R. 1. 2 对常温下施工的涂刷型结构胶粘剂，其工艺性能所要求的触变性，可通过测定其触变指数进行评估。

R. 2 仪器和设备

R. 2. 1 旋转黏度计：当采用牛顿流体黏度计时，其转子速度应有 6r/min 和 60r/min 两种；当采用非牛顿流体黏度计时，若其转子速度设置不同，允许用 5.6r/min 和 65r/min 替代。

　　注：对掺有填料的胶粘剂，应采用 NXS-11A 型黏度计。

R. 2. 2 恒温浴槽：应能在 20℃～100℃范围内可调，且恒定水温的误差不大于 0.2℃。

R. 2. 3 温度计的分度应为 0.1℃。

R. 2. 4 容器应按所使用旋转式黏度计的说明书确定容器形状和尺寸。

R. 3 试 　 样

R. 3. 1 结构胶粘剂各组分应从检验批中随机抽取，并在试验室放不少于 24h。测试前，应按该胶粘剂使用说明书规定的配合比，在 23℃±0.5℃的室温下进行拌合均匀后，作为测定胶液黏度的试样。

R. 3. 2 试样应均匀、色泽一致，无结块。

R. 3. 3 试样量应能满足旋转式黏度计测试需要。

R. 4 试 验 步 骤

R. 4. 1 将盛有试样的容器放入已升温至试验温度的恒温浴（槽）中，使试样温度与试验温度 23℃±0.5℃平衡，并保持试样温度均匀。

R. 4. 2 将 6r/min（或 5.6r/min）的转子垂直浸入试样中的部位，并使液面达到转子液位标线。

R. 4. 3 按黏度计说明书规定的操作方法启动黏度计，读取旋转的指针稳定后的第一次读数。关闭马达后再重新启动两次，分别读取指针第二次和第三次稳定后的读数。

R. 4. 4 将 6r/min（或 5.6r/min）的转子更换为 60r/min（或 65r/min）的转子，重复上述步骤，测量其指针稳定后的读数，共三次。

R. 5 结果计算与表示

R. 5. 1 按旋转黏度计使用说明书规定的方法，分别计算 6r/min（或 5.6r/min）和 60r/min（或 65r/min）的黏度 η_6（或 $\eta_{5.6}$）和 η_{60}（或 η_{65}）。计算时，指针读数值 α，取 3 次读数的平均值，且取有效数 3 位。黏度的单位以"mPa·s"表示。

R. 5. 2 触变指数 I_t 应按下式计算，取两位有效数，并应注明试验的温度：

对中、低黏度胶液：$I_t = \eta_6 / \eta_{60}$　　　(R. 5.2-1)

对高黏度胶液：$I_t = \eta_{5.6} / \eta_{65}$　　　(R. 5.2-2)

R. 5. 3 试验报告应包括下列内容：

1 受检材料来源、品种、型号和批号；
2 取样规则及抽样数量；
3 试样制备及试样编号；
4 试验条件及试样状态调节过程；
5 仪器设备型号及检定日期；
6 采用的转子号及转速；
7 恒温浴槽的水温及其偏差；
8 黏度测定值及触变指数的计算；
9 试验人员、校核人员及试验日期。

附录 S 聚合物改性水泥砂浆体和灌浆料浆体抗折强度测定方法

S. 1 适 用 范 围

S. 1. 1 本方法适用于结构加固用聚合物改性水泥砂浆体和灌浆料浆体抗折强度的测定。

S. 1. 2 本方法不适用于测定低强度普通水泥砂浆体的抗折强度。

S. 2 试验装置和设备

S. 2. 1 浇注试件用的模具应符合下列要求：

1 应为可拆卸的钢制模具，其钢材宜为 45 号碳钢，模具内表面的光洁度应达 $\sqrt[6.3]{}$。

2 模具内部净尺寸应为 30mm×30mm×120mm 及 40mm×40mm×160mm 两种；其允许偏差应符合下列规定：

　　1）模内净截面各边尺寸的偏差不得超过 0.20mm，模内净长度的偏差不得超过 1mm；

　　2）组装后模内各相邻面的夹角应为 90°，其不垂直度不应超过±0.5°；

　　3）模具各边组成的上表面，其平面度偏差不得超过短边长度的 1.5%。

3 模具的拆卸构造不应在操作时伤及试件。

S. 2. 2 当浇注试件需经振实成型时，振实台的技术性能和质量应符合现行行业标准《水泥胶砂试体成型振实台》JC/T 682 的规定。

S. 2. 3 抗折试验使用的压力试验机应为液压式压力

试验机，其测量精度应达±1.0%。试验机应能均匀、连续、速度可控地施加荷载。试件破坏荷载应处于压力机标定满负荷的 20%～80% 之间。

S.2.4 试件的支座和加载压头为直径 10mm～15mm、长度分别为 35mm 和 45mm 的 45 号碳钢圆柱体。分配荷载的钢板，应采用 45 号碳钢制成，其尺寸应根据试件的尺寸分别取为 10mm×35mm×50mm 和 10mm×45mm×60mm。

S.2.5 抗折试验装置，应为图 S.2.5 所示的三分点加荷装置。

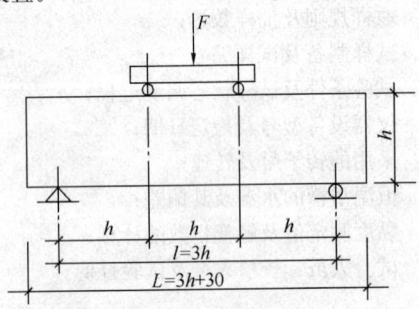

图 S.2.5 抗折试验装置（mm）

S.3 取样规则

S.3.1 验证性试验用的抗折试样，应在试验室按该受检材料使用说明书的要求专门配制，并按每盘拌合物取样制作一组试件，每组不少于 5 个试件的原则确定应拌合的盘数。拌合时试验室的温度应在 23℃±2℃。若需采用搅拌机拌合时，宜采用符合现行行业标准《行星式水泥胶砂搅拌机》JC/T 681 要求的搅拌机。

S.3.2 工程质量检验用的抗折试样，应在现场随机选取 3 盘拌合物，每盘取样制作一组试件，每组试件不应少于 4 个。

S.3.3 拌合物取样后，应在该受检材料使用说明书规定的适用期（按 min 计）内浇注成试件；不得使用逾期的拌合物浇注试件。

S.4 试件制备

S.4.1 试件形式及尺寸：当测定聚合物砂浆及复合砂浆抗折强度时，应采用 30mm×30mm×120mm 的棱柱形试件；当测定灌浆料抗折强度时，应采用 40mm×40mm×160mm 的棱柱形试件。

S.4.2 试件应在符合本附录第 S.2.1 条要求的模具中制作、浇注、捣实和养护。其养护制度和拆摸时间应按该受检材料使用说明书确定，但为结构加固提供设计、施工依据的试件，其养护时间应以 28d 为准。

S.4.3 若需评估浆体强度增长的正常性，可增加试件组数，在浇注后 1d、3d、7d 等时段拆模进行强度试验。

S.4.4 试件拆摸后，应检查试件表面的缺陷；凡有裂纹、麻点、孔洞、缺损的试件应弃用。

S.5 试验步骤

S.5.1 试件养护到期后应及时进行试验，若因故需推迟试验不得超过 1d。

S.5.2 在试验机中安装试件（图 S.2.5）时，应以试件成型时的侧面作为加荷的承压面，并应从试验机前后两面对试件进行对中，若发现试件与支座或施力点接触不严或不稳时，应予以垫平。

S.5.3 试件加荷应均匀、连续，并应控制在 1.5min～2.0min 内破坏，破坏时除应记录试验机荷载示值外，还应记录破坏点位置及破坏形式。当试件的破坏点位于两集中荷载作用线之间时为正常破坏；若破坏点位于集中荷载作用线与支座之间时为非正常破坏，应检查其发生原因，并经整改后重新制作试件进行试验。

S.6 试验结果

S.6.1 正常破坏的试件，其抗折强度值 f_b 应按下式计算，精确至 0.1MPa：

$$f_b = Pl_b/bh^2 \tag{S.6.1}$$

式中：P——试件破坏荷载（N）；

l_b——试件跨度（mm）；

b 和 h——试件截面的宽度和高度。

S.6.2 一组试件的抗折强度值的确定应符合下列规定：

    1 当一组试件的破坏均属正常破坏时，以全组测值的算术平均值表示；

    2 当一组试件中仅有 1 个测值为非正常破坏时，应弃去该测值，而以其余 3 个测值的算术平均值表示；

    3 当一组试件中非正常破坏值不止一个时，该组试验无效。

S.6.3 试验报告应包括下列内容：

    1 受检材料的来源、品种、型号和批号；

    2 取样规则及抽样数量；

    3 试件制备方法及养护条件；

    4 试件的编号和尺寸；

    5 试验环境的温度和相对湿度；

    6 仪器设备的型号、量程和检定日期；

    7 加荷方式及加荷速度；

    8 试件破坏荷载及破坏形式；

    9 试验结果的整理和计算；

    10 取样、试验、校核人员及试验日期。

附录 T 合成纤维改性混凝土弯曲韧性测定方法

T.1 适用范围

T.1.1 本方法适用于合成纤维改性混凝土弯曲韧性

的表征值——弯曲剩余强度指数的测定。

T.1.2 本方法也可用于合成纤维改性砂浆弯曲剩余强度指数的测定。

T.2 试 验 装 置

T.2.1 本试验采用的试验机宜为螺杆传动式或液压式试验机，其变形控制可采用开环控制系统。

T.2.2 试件的钢底板应采用不锈钢制作，其尺寸应为 $100mm \times 12mm \times 350mm$。

T.2.3 加荷装置应采用三分点加荷方式的试验架。

T.2.4 挠度测量装置应设计成直接测得纯挠度的测量系统（图 T.2.4）。若有条件，可将荷载与挠度的输出信号经放大器与 $x-y$ 记录仪相连接，直接绘制荷载-挠度曲线。

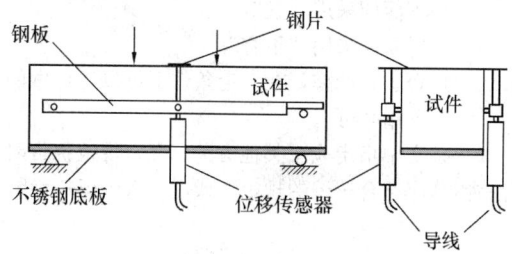

图 T.2.4 弯曲试验挠度测量示意图

T.3 试 件

T.3.1 试件形式、尺寸及数量应符合下列规定：

试件截面尺寸应为 $100mm \times 100mm$，试件长度应为 $350mm$，并应设计成梁式试件。梁的计算跨度应为 $300mm$。每组试件不应少于 10 个。其中 5 个作抗折强度试验；另 5 个作本试验。

T.3.2 试件的混凝土强度等级，应按试验设计确定，但不得低于 C25。

T.3.3 合成纤维的分布应通过采取正确的投料、浇注和振捣方法，使纤维在混凝土拌合过程中呈方向不规则的均匀分布。

T.3.4 混凝土试件应经 7d 的标准养护，然后按一般要求养护至第 28 天进行试验。

T.4 试 验 步 骤

T.4.1 在量测试件尺寸后，将 12mm 厚的不锈钢垫块垫放于梁式试件的底部。

T.4.2 在试验机中安装带垫板的梁式试件及加荷装置。然后以（0.5 ± 0.1）mm/min 的加荷速率施加荷载，直至挠度达到 0.20mm。此时，若试件已开裂，即可卸载，并取掉不锈钢垫板。若试件开裂不在三分点内，则该试件的试验结果无效。

T.4.3 对取掉钢垫板的梁式试件，以 0.1mm/min 的加荷速度继续进行加荷，测得剩余荷载－挠度全曲线。

T.4.4 在剩余荷载－挠度全曲线上，以量尺在图上找出对应于挠度为 0.5mm、0.75mm、1.0mm 及 1.25mm 的各荷载值（单位为"N"），并用公式（T.4.4）求取这 4 个荷载值的平均值：

$$P_r = (P_{0.5} + P_{0.75} + P_{1.0} + P_{1.25})/4 \quad (T.4.4)$$

T.4.5 按式（T.4.5）计算该梁式试件的剩余强度值 f_r，并精确至 0.01MPa：

$$f_r = P_r l/bh^2 \quad (T.4.5)$$

式中：l——梁式试件跨度；

b 和 h——分别为梁宽和梁高。

T.4.6 根据本试验结果及抗折强度试验结果，可按下式计算该组梁式试件的弯曲剩余强度指数 I_r 值：

$$I_r = \overline{f_r}/\overline{f_m} \times 100(\%) \quad (T.4.6)$$

式中：$\overline{f_r}$ 和 $\overline{f_m}$——分别为该组 5 个试件的剩余强度和抗折强度平均值，计算精确至 0.01MPa。

附录 U 锚固承载力检验方法

U.1 适 用 范 围

U.1.1 本方法适用于混凝土结构后锚固抗拔承载力的破坏性检验。

U.1.2 本方法适用的后锚固件为带肋钢筋、全螺纹螺杆、自扩底锚栓、模扩底锚栓和特殊倒锥形锚栓。

U.2 取 样 规 则

U.2.1 后锚固件抗拔承载力检验的取样，应以同品种、同规格、同强度等级、同批号的后锚固件为一检验批，并应从每一检验批所含的后锚固件中随机抽取。

U.2.2 破坏性检验的取样数量，应为每一检验批后锚固件总数的 0.1%，且不少于 5 个进行检验。

U.2.3 当不同行业标准的取样规则与本规范不一致时，对承重结构加固用的后锚固承载力检验，必须按本规范的规定执行。

U.3 种植后锚固件的基材

U.3.1 种植后锚固件的基材，应采用强度等级为 C30 的混凝土块体。块体的设计应符合下列规定：

1 块体尺寸：宜按一组 5 个后锚固件单行排列进行设计；也可取为 1800mm×600mm×300mm；

2 块体配筋：仅在块体周边配置架立钢筋和箍筋；若需吊装尚应设置吊环；

3 外观要求：混凝土表面应平整，且无裂缝。

U.3.2 混凝土块体的制作，应按所要求的强度等级进行配合比设计。块体浇注后应经 28d 标准养护。在养护期间应保持混凝土处于湿润状态，以防出现早期裂纹。

U.4 仪器设备要求

U.4.1 检测用的加荷设备，可采用专门的拉拔仪或自行组装的拉拔装置，但应符合下列要求：

1 设备的加荷能力应比预计的检验荷载值至少大 20%，且应能连续、平稳、速度可控地运行；

2 设备的测力系统，其整机误差不得超过全量程的 ±2%，且应具有峰值储存功能；

3 设备的液压加荷系统在短时（≤5min）保持荷载期间，其降荷值不得大于 5%；

4 设备的夹持器应能保持力线与锚固件轴线的对中；

5 设备的支承点与植筋的净间距不应小于 $6d$（d 为植筋或锚栓的直径），且不应小于 125mm；设备的支承点与锚栓的净间距不应小于 $2h_{ef}$（h_{ef} 为有效埋深）。

U.4.2 当委托方要求检测重要结构锚固件连接的荷载-位移曲线时，现场测量位移的装置，应符合下列要求：

1 仪表的量程不应小于 50mm，其测量的误差不应超过 ±0.02mm；

2 测量位移装置应能与测力系统同步工作和连续记录，测出锚固件相对于混凝土表面的垂直位移，并绘制荷载-位移的全程曲线。

U.4.3 若受条件限制，允许采用百分表，以手工操作进行分段记录。此时，在试样到达荷载峰值前，其位移记录点应在 12 点以上。

U.4.4 现场检验用的仪器设备应定期送检定机构检定。若遇到下列情况之一时，还应及时重新检定：

1 读数出现异常；

2 被拆卸检查或更换零部件后。

U.5 检验步骤与方法

U.5.1 非胶粘的后锚固件在混凝土块体上安装完毕，经检查合格后即可开始检验其承载力。胶粘的后锚固件，其检验应在胶粘剂固化 7d 时立即进行。若因故需推迟检验日期，除应征得鉴定机构同意外，尚不得超过 3d。

U.5.2 检验后锚固拉拔承载力的加荷宜采用连续加荷制度，且应符合下列规定：

1 对锚栓，应以均匀速率加荷，控制在 2min～3min 时间内发生破坏；

2 对植筋，应以均匀速率加荷，控制在 2min～7min 时间内发生破坏。

U.5.3 检验结果以后锚固连接抗拔力的实测平均值 $N_{u,m}$ 及实测最小值 $N_{u,min}$ 表示，并按本规范第 12.3.1 条的规定进行合格评定。

本规范用词说明

1 为便于在执行本规范条文时区别对待，对要求严格程度不同的用词说明如下：

1）表示很严格，非这样做不可的用词：
正面词采用"必须"；
反面词采用"严禁"。

2）表示严格，在正常情况下均应这样做的用词：
正面词采用"应"；
反面词采用"不应"或"不得"。

3）表示允许稍有选择，在条件许可时首先应这样做的用词：
正面词采用"宜"；
反面词采用"不宜"。

4）表示有选择，在一定条件下可以这样做的，采用"可"。

2 条文中指定应按其他有关标准、规范执行时，写法为："应符合……的规定"或"应按……执行"。

引用标准名录

国 家 标 准

1 《混凝土结构设计规范》GB 50010

2 《钢结构设计规范》GB 50017

3 《混凝土外加剂应用技术规范》GB 50119

4 《木结构试验方法标准》GB/T 50329

5 《混凝土结构加固设计规范》GB 50367

6 《水泥基灌浆料应用技术规范》GB/T 50448

7 《建筑结构加固工程施工质量验收规范》GB 50550

8 《砌体结构加固设计规范》GB 50702

9 《塑料负荷变形温度的测定》GB/T 1634.2

10 《树脂浇注体拉伸强度试验方法》GB/T 2568

11 《树脂浇注体压缩强度试验方法》GB/T 2569

12 《树脂浇注体弯曲强度试验方法》GB/T 2570

13 《紧固件机械性能 螺栓、螺钉和螺柱》GB/T 3098

14 《定向纤维增强塑料拉伸性能试验方法》GB/T 3354

15 《单向纤维增强塑料弯曲性能试验方法》GB/T 3356

16 《碳纤维增强塑料纤维体积含量试验方法》GB/T 3366

17　《正态样本离群值的判断与处理》GB/T 4883

18　《胶粘剂对接接头拉伸强度的测定》GB/T 6329

19　《胶粘剂适用期的测定》GB/T 7123.1

20　《胶粘剂拉伸剪切强度的测定（刚性材料对刚性材料）》GB/T 7124

21　《混凝土外加剂》GB 8076

22　《增强制品试验方法　第3部分：单位面积质量的测定》GB/T 9914.3

23　《正态分布变差系数置信上限》GB/T 11791

24　《液态胶粘剂密度测定方法　重量杯法》GB/T 13354

25　《建筑密封材料试验方法　流动性的测定》GB/T 13477.6

26　《钢丝镀锌层》GB/T 15393

国家军用标准

1　《胶粘剂——不均匀扯离强度试验方法（金属与金属）》GJB 94

2　《胶粘剂高温拉伸剪切强度试验方法（金属与金属）》GJB 444

3　《胶接耐久性试验方法》GJB 3383

行 业 标 准

1　《水工混凝土试验规程》DL/T 5150

2　《混凝土用膨胀型、扩孔型建筑锚栓》JG 160

3　《耐火浇注料抗热震性试验方法（水急冷法）》YB/T 2206.2

4　《混凝土试模》JG 237

中华人民共和国国家标准

工程结构加固材料安全性鉴定技术规范

GB 50728—2011

条 文 说 明

制 订 说 明

《工程结构加固材料安全性鉴定技术规范》GB 50728-2011 经住房和城乡建设部 2011 年 12 月 5 日以第 1213 号公告批准、发布。

本规范制订过程中，编制组进行了广泛的调查研究，总结了我国工程结构加固材料的研制和使用经验；参考了国外有关技术标准。同时，有不少单位和学者还进行了卓有成效的试验研究，为本规范制订提供了有参考价值的数据和资料。

为便于广大生产企业、监督检验、设计、施工、业主、管理等单位和部门的有关人员在使用本规范时能正确理解和执行条文规定，《工程结构加固材料安全性鉴定技术规范》编制组按章、节、条顺序编制了本规范的条文说明，对条文规定的目的、依据以及执行中应注意的有关事项进行了说明。但条文说明不具备与规范正文同等的效力，仅供使用者作为理解和把握规范规定的参考。

目　次

1 总　　则

1.0.1 本条规定了制定本规范的目的和要求。这里应说明的是，本规范作为工程结构加固材料应用安全性鉴定的国家标准，主要是针对为保障安全、质量、卫生、环保和维护公共利益所必须达到的最低指标和最低要求作出统一的规定。至于更高的要求和更优的性能指标，则应由其他层次的标准，如专业性很强的行业标准、以新技术应用为主的推荐性标准和企业标准等在国家标准基础上进行优化和提高。然而，在前一段时间里，这一最基本的标准化原则，却由于种种原因而没有得到遵循，出现了上述标准对安全、质量的要求反而低于国家标准的不正常情况。为此，在实施本规范过程中，若遇到这类情况，一定要从国家标准是保证工程结构加固材料安全性的最低标准这一基点出发，按照《中华人民共和国标准化法》和建设部第 25 号令的规定来实施本规范，只有这样，才能做好安全性鉴定工作，以避免结构加固材料在未使用前，就留有安全隐患。

1.0.2、1.0.3 这两条对本规范的适用范围和具体用途作了明确的规定，并着重指出，本规范主要作为建设单位和设计单位选料的依据，其所以不能用来替代加固材料进场的复验，是因为在批量材料进入施工现场前，其间还要经过几个流通环节；任一环节均可能由于某种原因而造成对加固材料质量的影响。因此，不能以持有安全性鉴定证书为理由而免去进场取样复验这一程序。

另外，还需要说明的是，上述鉴定不包括传统工艺生产的通用材料，如水泥、钢筋、型钢、普通混凝土和普通水泥砂浆等材料。这些材料的安全性已为广大技术人员所了解，无需重新鉴定，只需通过进场复验即可。

1.0.6 本条属原则性规定，未特指哪些具体标准规范。

2 术　　语

2.0.1～2.0.23 本规范采用的术语及其定义，是根据下列原则确定的：

1　凡现行工程建设国家标准已作出规定的，一律加以引用，不再另行给出命名和定义；

2　凡现行工程建设国家标准尚未规定的，由本规范参照国家标准和国外先进标准给出命名和定义；若国际标准和国外先进标准尚无这方面术语，则由本规范自行命名和定义；

3　当现行工程建设国家标准虽已有该术语，但若定义不准确或概括的内容不全时，由本规范完善其定义。

3 基本规定

3.0.1 工程结构加固的可靠性，虽然取决于设计、材料、施工、工艺、监理、检验等诸多因素的质量，但实际工程的统计数据表明，因加固材料性能不符合使用要求所造成的安全问题占有很大的比重，其后果甚至是极其严重的。因此，必须在加固材料进入加固现场前，便对它进行系统的安全性检验与鉴定，以确认其性能和质量是否能达到安全使用的要求。

3.0.2 处于研制阶段的加固材料或制品，由于其组分、配方、规格、工艺等尚未定型，且产量很少，是无法进行安全性鉴定的。为此，本规范给出了参与鉴定的条件。其中应指出的是，本规范规定的鉴定项目，不涉及毒性和耐火的检验内容。因此，在参与结构安全性鉴定前，还需先通过卫生部门和消防部门的检验与鉴定。

3.0.3 为了保证安全性检验取样的代表性和可靠性，本条对取样必须遵守的基本原则作出了两款规定。应指出的是：这两款规定是取样工作的最低要求，而不是最佳要求。因此，在具体执行时，还可根据检验项目的不定性，适当增加检验批次，以提高检验结果的精确性。

3.0.4 本条系对检验过程控制及检验结果提出的基本要求。这些要求对保证检验工作正常进行、检验结果正确整理至关重要，应严格执行。

3.0.5、3.0.6 这是根据现行国家标准《正态分布完全样本可靠度单侧置信下限》GB/T 4885、《正态分布变差系数置信上限》GB/T 11791、《混凝土结构加固设计规范》GB 50367 的有关规定，并参照国际标准、欧洲标准、美国 ACI 标准和乌克兰国家标准等所给出的置信水平进行制定。由于考虑了样本大小和置信水平的影响，更能实现鉴定所要求的 95% 保证率。

3.0.7 当前国内加固材料、制品的性能和质量，之所以每况愈下，其中的主要原因之一就是检测机构的责任心缺失。其具体表现就是发放不负责任的"仅对来样负责"的检测报告，以逃避责任。

4 结构胶粘剂

4.1 一般规定

4.1.1 为了使结构胶粘剂（以下简称结构胶）具有各类工程结构安全使用所要求的性能和质量，必须根据基材的种类、特性、胶的固化条件和使用环境等的不同分别进行设计和配制，才能使不同品种的结构胶均具有良好的使用性能、耐久性能和经济性。同时，安全性鉴定时，应分别进行取样、检验和评定。另外，应指出的是，本规范之所以不包括中、高温固化型的结构胶，主要是因为其所要求的粘结设备和工艺条件很复杂，在工程结构施工现场条件下一般很难做到。即使有少数施工单位做得到，也只能作为个案处理。因此，当工程有条件使用中、高温固化工艺时，其鉴定标准由本规范管理机构另行专门提供。

4.1.2 在胶粘工艺不受限制的情况下，胶粘剂一般按常温、中温、高温和特高温分成四类，适用温度的范围，分别为（－55～80）℃、（－55～120）℃、（－55～150）℃和（－55～210）℃。但这在工程结构施工现场的常温胶接的条件下，是很难达到的。为此，本规范根据调查和验证性试验的结果，分为（－45～60）℃、（－45～95）℃、（－45～125）℃和（－45～150）℃四类，但本规范仅列Ⅰ、Ⅱ、Ⅲ类，而对Ⅳ类胶则作为个案处理。因为前三类已有较成熟的工艺，而第Ⅳ类胶的常温固化工艺还不成熟，需要采取特殊的措施。

4.1.3 结构胶粘剂的使用年限，在一定范围内，是可以根据其所采用的主粘料、固化剂、改性材和其他添加剂进行设计的。目前加固常用的结构胶，一般是按30年使用年限设计的。因此，若要进一步提高其使用年限，则应进行专门设计，并应按本规范的要求通过专项的检验与鉴定。为了保证新建工程使用结构胶的安全，凡通过该专项鉴定的结构胶，在供应时均应出具"可安全工作50年"的质量保证书，并承担相应的法律责任。

4.1.4 这是因为粘料、固化剂、改性剂、添加剂、颜料、填料、载体、配合比、制造工艺、固化条件的任一改变，均有可能改变结构胶粘剂的性能和质量。因此，应将有上述任一变更的胶粘剂视为未经鉴定的胶粘剂。这是胶粘剂行业公认的规则，且涉及使用的安全问题，故必须作为强制性条文予以严格执行。

4.2 以混凝土为基材的结构胶

4.2.2 以混凝土为基材的结构胶，其安全性鉴定包括基本性能鉴定、长期使用性能鉴定和耐侵蚀性介质作用能力的鉴定。现分别说明如下：

1 基本性能鉴定

由胶体性能鉴定与粘结性能构成（见表4.2.2-1、表4.2.2-2及表4.2.2-3），对该表的构成需要指出两点：

1）在基本性能检验中，之所以纳入了胶体性能检验，是因为胶粘剂在承重结构中的应用，虽不以胶体的形式出现，但胶体的性能却与胶的粘结能力有着显著的相关性。例如：胶体拉伸强度高，其粘结强度也高；胶体的弯曲破坏呈韧性，则粘结的韧性也好。尤其是胶体的检验，由于不涉及被粘物的表面处理和粘结方式的影响问题，更

能反映胶的质量优劣。与此同时，还可借以判断受检结构胶在选料、配方、固化条件和胶的性能设计与控制上是否存在欠缺和不协调等问题。

2）本条表列的粘结性能指标和要求，是参照国外有关标准（包括著名品牌胶的企业标准），经本规范编制组所组织的验证性试验复核与调整后确定的。尤其是Ⅰ类胶，还经过了 GB 50367 近五年的实施，在大量工程实践中，验证了其可靠性。因此，专家论证认为：本条所制定的鉴定标准较为稳健、安全、可信。

2 长期使用性能

由耐环境作用能力的鉴定与耐长期应力作用能力的鉴定构成（见表4.2.2-4），其中需要指出的是：

1）对胶的热老化性能鉴定标准，是参照原航空工业部 HB 5398，经使用温度调整和试验验证后制定的。至于热老化时间，则是根据工程结构胶使用时间较长的特点，参照国外名牌耐温胶的检验时间作了较大幅度的延长，即从 200h 提升至 720h。但试验表明，胶的性能变化仍然较为规律，可以按 720h 的强度降低率重新制定合格指标。

2）对胶的耐长期应力作用能力的检验，虽由于利用了 Findley 理论和公式，可以在 5000h（210d）左右完成，但对安全性检验来说，还是嫌时间长了。为此，在表注中给出了可以改做楔子快速检验的条件。该检验方法是我国军用国家标准参照国外著名企业标准提出的。对耐长期应力作用能力较差的结构胶，具有较强的检出能力，已为我国军用标准采用多年。经本规范编制组验证表明该方法可以应用于工程结构。

3 耐介质侵蚀性能

在胶的耐介质侵蚀性能的检验中，之所以要做耐弱酸作用，是因为考虑到即使处于一般环境中的胶接构件，也会遇到酸雨、酸雾以及工业区大气污染的作用。另外，应注意的是本项检验结果不能用于有酸性蒸汽的工业建筑。因为它们需要通过耐酸结构胶的专门检验，其鉴定标准应由有关行业另行制定。

4.2.4 低温固化型结构胶之所以具有低温固化能力，是因为它在主粘料、固化剂和其他改性剂的选择和应用上有着针对性的考虑。以环氧类结构胶为例，其设计很好地解决了如何获得足够的环氧开环活性；如何提高固化剂和稀释剂的反应活性；如何筛选适用的胶粘工艺等关键技术问题。基于这些系统性的技术措施所配制的低温固化型结构胶，从使用要求来说，其性能应与室温固化型结构胶无显著差别，但它毕竟是在

低温下固化的，故在安全性鉴定中，既应考核它固化后在室温条件下的常规表现，又要考核它在低温条件下性能的稳定性。为此，提出了对低温固化型结构胶鉴定的专门要求。

4.2.5 湿面（或水下）固化型结构胶，是指能在潮湿面上或饱含水分的粘合面上正常固化的胶粘剂。对这类胶的要求，是它的涂布性必须具有能牢固地附着在水分子集结的被粘物表面上的能力。与此同时，还应要求其所使用的固化剂和促进剂能在湿面和水下进行反应。目前国内已有不少品牌结构胶，不仅具有上述能力，而且还能获得不低于 15MPa 拉伸粘结抗剪强度平均值。据此，要求这类胶粘剂应能通过本规范的各项检验与鉴定。

4.3 以砌体为基材的结构胶

4.3.1 以钢筋混凝土为面层的组合砌体构件，它的表面特性及其与结构胶的相容性，均与混凝土基材无显著差异。因此，其所用的结构胶的安全性鉴定应按以混凝土为基材的结构胶进行。

4.3.2 传统的概念认为，砌体加固用的结构胶，其性能和质量还可以比混凝土用的 B 级胶再低一个档次，以取得更好的经济效益。但自从弃用第一代未改性的结构胶以来，很多研制的数据表明，只要选用的改性材料和方法正确，其所配制的砌体用胶，在基本性能和耐久性能的合格指标制定上，很难做到与混凝土用的 B 级胶有显著差别，成本也不可能有大的下降。因此，本规范规定砌体用胶的安全性鉴定标准按混凝土用的 B 级胶确定，亦即可以直接采用 B 级胶，而无需另行配制砌体结构的专用胶。

4.4 以钢为基材的结构胶

4.4.2 钢结构用胶安全性鉴定的标准，系按以下 5 个原则制定的：

　　1 被粘物——钢材的表面处理应正确、到位，且符合该胶粘剂使用说明书的要求；

　　2 胶与被粘物表面应具有相容性，且不致腐蚀被粘物，也不致形成弱界面；

　　3 粘结的破坏形式，应为胶层内聚破坏，不得为粘附破坏；

　　4 检验指标应首先保证胶接的蠕变满足安全使用要求，在这一前提下，尽可能提高其剥离强度和断裂韧性；

　　5 钢结构构件的防护措施，应符合现行国家标准《钢结构设计规范》GB 50017 的规定。

4.5 以木材为基材的结构胶

4.5.1 木材为传统的建筑材料，其粘结所采用的胶粘剂品种很多，但从工程结构的承载能力要求来考虑，本规范的规定仅适用于安全性能良好的少数几种结构胶，如：改性间苯二酚-甲醛树脂胶和改性环氧树脂胶等。因为工程结构对胶接的耐水性、耐久性和韧性的要求十分严格，从而使得众多的木材常用胶难以入选，这一点在选择木材粘结用胶时必须予以高度关注。

4.5.2 粘结木材用的结构胶，其安全性鉴定标准的检验项目虽然较少，但它是以下列原则为前提制定的：

　　1 木材的树种应符合结构用材的要求，尤其是它的含脂率、扭斜纹的斜率应得到控制；

　　2 木材的含水率应符合现行木结构设计规范对胶合木结构用材的要求；

　　3 粘结用的木材，其表面应经过刨光，以及除油污处理；

　　4 粘结用的结构胶应能在室温的条件下正常固化；

　　5 木材的胶接工艺已定型，且已在胶粘剂使用说明书中予以规定。

4.6 裂缝压注胶

4.6.2 裂缝处理用的结构胶，虽分为裂缝封闭和裂缝修复两类，但当裂缝较大时，一般均只能起到封闭的作用。在《建筑结构加固工程施工质量验收规范》GB 50550 中，规定修复胶的适用范围为 0.05mm～1.5mm，这一规定与本规范是一致的。执行时，应予以注意。

4.6.3 裂缝封闭胶之所以规定要按纤维复合材 B 级结构胶的性能指标配制，是因为封闭裂缝一般使用 E 玻璃纤维布、碳纤维布或无纺布；因此，要求其所使用的胶粘剂应具有较好的湿润性、渗透性和耐久性，而价格又不能太昂贵。经筛选认为 B 级结构胶较为合适，故规定其安全性鉴定标准应按 B 级纤维复合材用胶执行。

4.6.4 对裂缝修复胶的胶体性能检验，除了常规项目外，还要求进行无约束线性收缩率检验。这是因为过大的收缩率将影响胶层的粘结能力，使构件的整体性恢复达不到要求。

4.7 结构加固用界面胶、底胶和修补胶

4.7.1 根据现行行业标准生产的界面处理剂，由于其性能要求很低，无法在承重结构加固中应用。因此，有必要另行制定结构加固用界面胶安全性鉴定的检验项目和合格指标。与此同时，为了区别起见，还必须将结构加固用的界面剂更名为界面胶，以防止混淆所导致的负面影响。

　　对结构加固用的界面胶，其安全性鉴定的性能要求主要有三个方面：一是其基本性能、长期使用性能和耐介质侵蚀性能应与配套的结构胶相当，并具有相容性。二是其粘结抗剪性能，应不受界面高含水率的

影响，在富含水分子的粘合面中能够正常固化，并具有所要求的抗剪强度。三是它的线性收缩率应受到控制，以保证其工作的可靠性。基于上述要求，制定了界面胶安全性鉴定的规定和要求。

4.7.2 对底胶的要求主要有 4 项：

一是其钢对钢拉伸抗剪强度应略高于配套的结构胶；

二是其拉伸抗剪的破坏模式，应是结构胶的胶层内聚破坏，而不是结构胶与底胶的粘附破坏，也不应是底胶与钢试件间的粘附破坏；

三是底胶与被粘物表面必须相容，不应腐蚀被粘的金属件；

四是底胶的耐老化性能应与结构胶相当。

基于以上要求，制定了底胶安全性鉴定标准。

4.7.3 结构加固用的修补胶，也称找平胶；主要用于修补被粘物表面的局部小缺陷。其安全性鉴定，除了要求其性能与配套结构胶相当外，还要求其使用能适应现场施工的条件，即：要求较低的固化温度和固化压力，且对胶接表面无苛求。

4.8 结构胶涉及工程安全的工艺性能要求

4.8.1 结构胶工艺性能的优劣，直接关系到其粘结性能的可靠性。因此，本条对结构胶涉及工程安全的重要工艺性能指标作出了具体规定。从表 4.8.1 所列的项目可知：大多数均为本专业人员所熟悉，无需再加以说明。其中只有"触变指数"一项略为生疏，需要作一些说明。为此，应先说明什么是胶粘剂的触变性。所谓的触变性，是指胶液在一定剪切速率作用下，其剪应力随时间延长而减小的特性。在胶粘工艺上具体表现为：搅动下，胶液黏度迅速下降，便于涂刷；停止时，胶液黏度立即增大，不会随意流淌。这一特性对粘钢、粘贴纤维复合材的预成型板和植筋都很重要，因为既可减轻劳动强度，又能保证涂刷的均匀性和胶缝厚度的可控性，故有必要检验涂刷型和锚固型结构胶粘剂的触变性。为此，必须引入触变性的表征量——触变指数 I_t。该指数的测定方法是在规定的温度（一般为 23℃）下，采用两个相差悬殊的剪切速率，分别测定一种胶粘剂的表观黏度 η_1 和 η_2，且令 $\eta_1 > \eta_2$，则 $I_t = \dfrac{\eta_1}{\eta_2}$。当以 I_t 的测值来描述该胶粘剂的触变性大小时，可以从不同配方胶液的表现情况中看出，I_t 值大的胶液，其触变性也大，反之亦然。这里应指出的是：胶液的触变指数并非越大越好。因为过大的触变指数，意味着该胶液的初始黏度很大。虽然在涂刷过程中，其黏度会很快下降，但涂刷一停止，其所下降的黏度会立即升高。从而使胶液没有时间让气泡逃逸，以致将因脱泡性变差而影响到胶粘剂的粘结强度。至于粘贴纤维织物的胶粘剂，虽也要求便于涂刷，但同时还要求胶液对纤维具有良好的浸

润、渗透性。这一性质显然与触变性相左。但试验表明：可以通过协调，使两项指标均处于可以接受的范围内。表 4.8.1 中的初黏度和触变指数的指标就是按协调结果，并考虑到现场条件和经济因素后所确定的可接受的标准。

4.8.2 对本条需要说明的是，结构胶适用期之所以选用黏度上升法测定，是因为此法较为直观而易行，并便于技术人员在检验时进行判断。

5 裂缝注浆料

5.1 一般规定

5.1.1 本规范对裂缝注浆料的分类之所以仅涉及结构加固用途的范畴，主要是因为普通注浆料，已有行业标准，如 JC/T 986 等控制其质量即可。

裂缝注浆料，对改性环氧类胶粘剂而言，仅划分为室温固化型和低温固化型两种。因为本规范要求，它们均应能够在干燥或潮湿（无浮水）环境中固化。这一点在选择胶粘剂时，必须予以注意。至于中、高温固化型的胶粘剂，其所以未予列入，主要是考虑到在现场条件下很难做到。

另外，在工业建筑中应用注浆料时，可能遇到高温环境问题。因此，规定了耐温型注浆料的使用环境温度，但考虑到注浆料在高温环境下的使用经验较少，故暂限在 500℃ 以下使用。若有可靠的工程实践经验，也可适当调高使用环境的温度，但应以更严格的抗热震性次数进行检验。

5.1.2 正常使用情况下，裂缝注浆料的设计使用年限与水泥砂浆和细石混凝土相应。高温环境使用的裂缝注浆料，由于其水化产物在长期高温下的稳定性尚不明确，因而其设计使用年限，应由业主与设计单位共同商定，且不宜大于 30 年。

5.2 裂缝注浆料的安全性鉴定

5.2.1 改性环氧基裂缝注浆料主要用于混凝土构件。由于注浆料中含有一定比例的细骨料，故在检测项目的设置与合格指标的取值要求上均低于裂缝修复胶。这种注浆料适合于压注宽度为 1.5mm～5.0mm 的裂缝。

5.2.2、5.2.3 改性水泥基裂缝注浆料可用于混凝土构件和砌体构件。其安全性鉴定标准，是参照国内外有关的企业标准，经验证和调整后制定的。这里需要指出的是，高温环境下使用的裂缝注浆料，需要满足的是它的耐温性能要求，而非耐火性能要求。尽管引用的是耐火浇注料的试验方法，但所规定的项目和指标是有差别的。

5.2.4 本条规定了裂缝注浆料涉及工程安全的工艺性能要求。其中需要指出的是环氧基注浆料的初始黏度

要求，给出的是最高允许值。若裂缝宽度不大或气温较低，最好能控制在 600mPa·s～1000mPa·s 之间较易压注，但严禁使用非活性的溶剂和稀释剂进行调节。

5.2.5 制定本条系基于以下两点考虑：

1 在改性环氧类裂缝注浆料中掺加挥发性溶剂和非反应性稀释剂，是目前制造劣质注浆料的主要手段之一。其后果是大大降低注浆料的性能和质量，影响其在工程结构中的安全使用。

2 在改性水泥基裂缝注浆料中，氯离子含量过高，将引起钢筋很快锈蚀，从而将严重影响结构构件受力性能和耐久性。

本条为强制性条文，必须严格执行。

6 结构加固用水泥基灌浆料

6.1 一 般 规 定

6.1.1、6.1.2 本规范规定的工程结构加固用的水泥基灌浆料，系针对承重结构的加固用途设计的，况且又是对安全、质量要求仅达可接受水平的国家标准，因而，当遇到其他层次标准的要求还低于国家标准时，必须执行本规范的规定。

这里需要指出的是，因灌浆料的粗骨料细而少，致使其弹性模量、徐变、收缩均显著大于混凝土，而更接近于水泥砂浆。故在混凝土增大截面加固工程中，宜优先采用粗骨料直径在 10mm～16mm 之间的减缩混凝土或自密实混凝土；只有在必要的情况下，才考虑采用灌浆料。这一点在设计人员的思想上必须明确，不应任意扩大其适用范围。

6.1.4 这是因为浆料组分、配合比和工艺的任一改变，均有可能改变灌浆料的性能和质量。因此，一经变动，便应视为未经鉴定的灌浆料。这是为保证结构加固用灌浆料安全使用的一个重要措施，必须严格执行。

6.2 水泥基灌浆料的安全性鉴定

6.2.1、6.2.2 水泥基灌浆料的安全性鉴定标准，系参照国外有关的标准，经验证和调整后制定的。其检验项目与裂缝注浆料基本相同，但在指标的确定上，考虑了灌浆料含有粗骨料的因素，因而有显著差别。另外，灌浆料的使用环境温度，也参照国外有关标准作了调整。

7 结构加固用聚合物改性水泥砂浆

7.1 一 般 规 定

7.1.1 国际上，一般将砂浆中掺加的聚合物分为三个类型，并赋予不同的名称：一是聚合物砂浆，由于其组分中不含水泥，也称为树脂砂浆；二是聚合物浸渍砂浆，其英文名称为：Polymer Impregnated Mortar，简称 PIM；三是聚合物改性水泥砂浆，即本章所要鉴定的材料。这里应提请注意的是，市售的普通聚合物改性水泥砂浆，其性能要求远低于结构加固用的聚合物改性水泥砂浆。因此，在使用上不允许等同对待，也不得随意混淆。

结构加固用的聚合物改性水泥砂浆，按聚合物材料的状态分为干粉类（powder）和乳液类（emulsion）。对重要结构构件的加固，应选用乳液类。因为与干粉类聚合物相比，乳液类虽运输、储存较为麻烦，但它对水泥基材料的改性效果较为显著而稳定。

聚合物改性水泥砂浆中采用的聚合物材料，应有成功的工程应用经验（如改性环氧、改性丙烯酸酯、丁苯、氯丁等），不得使用耐水性差的水溶性聚合物（如聚乙烯醇等），禁止采用可能加速钢筋锈蚀的氯偏乳液、显著影响耐久性能的苯丙乳液等以及对人体健康有危害的其他聚合物。

7.1.2 考虑到聚合物的老化问题，大多数国家均将其设计使用年限定为 30 年；如果到期复查表明其性能尚未明显劣化，仍可适当延长其使用年限。本规定与 GB 50367 的规定是一致的。

7.1.4 在聚合物改性水泥砂浆研制过程中，多做过 80℃ 条件下的砂浆粘结性能和耐久性能。尽管如此，但本规范还是将它们的长期使用环境温度定为 60℃。因为在这个温控条件下，聚合物不会出现热变形问题。

7.1.5 在聚合物改性水泥砂浆中，聚合物、水泥、其他化学添加剂等存在着适应性的问题，随意变更其中任何一种原材料的种类、品牌、配比，都极易导致不适应的现象，出现如破乳、缓凝、引气等问题。因此，对配方、配合比或工艺的任何改变，均应重新检验；另外，也不允许施工单位自行配制未经安全性鉴定的聚合物改性水泥砂浆。

7.2 聚合物改性水泥砂浆的安全性鉴定

7.2.1 聚合物改性水泥砂浆包括聚合物成膜和水泥水化两个同时进行的过程。因此，试件的标准养护方法与常用的水泥强度测试有一定的差异，采用先湿养、后干养的方法。与普通水泥砂浆相比，聚合物改性水泥砂浆具有韧性好（折压比大）、粘结强度高的显著特点。因此，对其性能首先要求有较高的抗折强度和良好的粘结性能（能使老混凝土基材破坏）。本条对浆体的折压比虽未提出要求，但在制定折、压指标时，已考虑了这个因素。另外，应指出的是：通过采用高效减水剂降低水灰比的手段，不含聚合物的普通高强砂浆虽然更容易达到所要求的浆体抗折及抗压强度，但普通高强砂浆的粘结能力仍难满足安全使用要求。因此，在聚合物改性水泥砂浆的性能检测中，不能仅注重其浆体的抗折、抗压强度，而更应注重其界面粘结强度和折压比，以保证能用到优质聚合物所配制的改性水泥砂浆。

8 纤维复合材

8.1 一般规定

8.1.1 对本条规定需要说明两点：

一是芳纶纤维（芳族聚酰胺纤维），虽然具有不少优越的特性，但它属于人工合成的有机材料，对它的使用，应有防护面层。

二是玄武岩纤维，由于它的弹性模量低，生产工艺尚未定型，因而，以混编方式与碳纤维共用，较能发挥它的增韧作用。

8.1.2 纤维复合材主要用于传递拉应力，故必须采用连续纤维才能设计成仅承受拉应力的作用。

8.1.4 考虑到不同品牌、型号的纤维束，其所用的偶联剂的不同，以及制作工艺的不同，因而与所使用的结构胶存在着适配性问题。故规定纤维复合材的安全性鉴定必须与所选用的结构胶配套进行。

8.2 碳纤维复合材

8.2.1 对本条的规定需要说明以下三点：

1 碳纤维按其主原料分为三类，即聚丙烯腈（PAN）基碳纤维、沥青（PITCH）基碳纤维和粘胶（RAYON）基碳纤维。从结构加固性能要求来考量，只有 PAN 基碳纤维最符合承重结构的安全性和耐久性要求；粘胶基碳纤维的性能和质量差，不能用于承重结构的加固；沥青基碳纤维只有中、高模量的长丝，可用于需要高刚性材料的加固场合，但在通常的建筑结构加固中很少遇到这类用途，况且在国内尚无实际使用经验，因此，本规范规定：对承重结构加固，必须选用聚丙烯腈基（PAN 基）碳纤维。另外，应指出的是最近新推出的玄武岩纤维，由于其强度和弹性模量很低，只能用于替代无碱玻璃纤维，而不能用以替代碳纤维。

2 当采用聚丙烯腈基碳纤维时，对重要结构，还必须采用 12k 或 12k 以下的小丝束；严禁使用大丝束纤维；其所以作出这样严格的规定，主要是因为小丝束的抗拉强度十分稳定，离散性很小，其变异系数均在 5% 以下，且胶液容易浸润、渗透，故在生产和使用过程中，均能对其性能和质量进行有效地控制；而大丝束则不然，其变异系数高达 15%～18%，甚至更大。在试验和试用中所表现出的可靠性较差，故不能作为承重结构加固材料使用。

3 应指出的是，k 数大于 12，但不大于 24 的碳纤维，虽仍属小丝束的范围，但由于我国工程结构使用碳纤维的时间还很短，所积累的成功经验均是从 12k 及 15k 碳纤维的试验和工程中取得的；对大于 15k 的小丝束碳纤维所积累的试验数据和工程使用经验均嫌不足。因此规定：对一般结构，仅允许使用 15k 及 15k 以下的碳纤维。这一点应提请加固设计单位注意。

8.2.2 碳纤维的性能和质量，是可以通过对原材料的选择以及对制作工艺的改良与控制进行设计的。因而在大量生产时，不同型号的碳纤维，其性能、质量和价格不仅有了显著差别，而且这种差别，对大量生产的碳纤维而言，还是很稳定的。这就为制定检验、鉴定标准提供了基本依据。在这种情况下，本规范按照可接受水平的概念，给每个等级材料所制定的性能和质量指标，均属于下限值。这对一次抽样结果来说，完全是有可能高于此限值的，但不会高于高一等级的平均水平。如果是多次抽样，其平均水平也只是越来越接近于本等级碳纤维的总体水平。因此，不能按一次好的抽样结果，便据以作出升级的决定，而只能对其所申报的等级予以确认。

8.2.3 本条规定了安全性鉴定前应对受检材料的真实性进行的确认工作，使安全性鉴定建立在可信的基础上。

8.2.4 表 8.2.4 给出的碳纤维复合材安全性鉴定标准，是在参照日、美、德、法等国有关标准的基础上，经验证和调整后制定的。试用表明较为稳健、可靠，对次品检出能力较强，能满足工程结构选材的要求。

其中，需要说明的是：Ⅲ级碳纤维织物之所以未给出其复合材抗拉强度的标准值，是因为该级材料的强度离散性较大，不宜用数理统计方法确定其标准值。在这种情况下，正在修订的 GB 50367 拟在制定其抗拉强度设计值时，采用抗拉强度平均值为基准，按安全系数法进行确定。据此，本表也相应给出了Ⅲ级碳纤维复合材的抗拉强度平均值，以供实际应用。

另外，应指出的是：纤维复合材与基材的正拉粘结强度检验一栏中，对钢基材的粘结破坏形式，之所以只规定："不得为粘附破坏"，是因为粘附破坏最不安全；至于胶层内聚破坏及内聚破坏占 85% 的混合破坏，在强度达到规定值的前提下，对钢材的粘结而言，都是可以接受的。

8.3 芳纶纤维复合材

8.3.1 芳纶纤维的品种和型号不少，只有符合本条规定的芳纶纤维，其性能和质量才能满足工程结构的使用要求。凡不符合本条规定的材料，不应接受其参与安全性鉴定。

8.3.2 参阅本规范第 8.2.2 条的条文说明。

8.3.3 参阅本规范第 8.2.3 条的条文说明。

8.3.4 由于芳纶纤维复合材在我国工程结构工程上

使用的时间较短，所积累的经验不多，对它的安全性鉴定，必须持积极慎重的态度。因而本条所给出的检验项目和指标均是参照国外公司的标准，经验证性试验和调整后制定的。但评估认为：通过本规范鉴定的芳纶复合材可以在混凝土结构加固中安全使用。

8.4 玻璃纤维复合材

8.4.1 工程结构加固用的玻璃纤维，之所以不能用含碱量高的品种，主要是因为这类玻璃纤维很容易被水泥中的碱性所腐蚀，且强度低，耐水、耐老化性能差，故在混凝土结构加固中应严禁使用这类玻璃纤维，以确保加固工程的安全。

8.4.2 迄今在工程结构中，对玻璃纤维复合材仅推荐用于混凝土和砌体结构的加固，故未给出以钢为基材的检验项目和指标。

表 8.4.2 的安全性鉴定标准，是以南京玻璃纤维研究院的数据为基础，参照国外标准的指标，经验证性试验和专家调整后制定的。该标准经 GB 50367 试行了近 6 年，其反馈信息表明：是安全、可行的。

9 钢 丝 绳

9.1 一 般 规 定

9.1.1 本条之所以加上一注，要求设计、施工单位不得错用术语，主要是因为同直径的钢丝绳与钢绞线，其截面特性及粘结能力有着显著差别。若因此而错用了材料，将导致工程出现安全问题。然而，迄今仍有少数设计人员为了避开现行国家标准《混凝土结构加固设计规范》GB 50367 较严格规定的约束，故意在施工图上将 6×7＋IWS 规格的钢丝绳也写成钢绞线。因此，应视为很严重的问题，必须责成设计单位纠正。

9.1.2 考虑到我国目前小直径钢丝绳，采用高强度不锈钢丝制作的价格昂贵，因此，根据国内试验、试用的结果，引入了高强度镀锌的钢丝绳；在区分环境介质和采取阻锈措施的条件下，将两类钢丝绳分别用于重要结构和一般结构，从而可以收到降低造价和合理利用材料的效果。

另外，之所以规定结构加固用的钢丝绳，其内外不得涂有油脂，是因为一般用途的钢丝绳，在制绳时普遍涂有油脂。如果用涂有油脂的钢丝绳作为加固材料，其粘结能力将大幅度下降。为了防止出现这个问题，应在订货时提出不允许涂油脂的条款，作为进场复验时拒收的依据。

9.2 制绳用的钢丝

9.2.1 本条给出的不锈钢丝牌号，只是作为可用材料的示例，不含非用这个品牌不可的意思。

9.2.2 本条给出的镀锌钢丝级别，只是作为可接受等级的举例，不含非用这个等级不可的意思。

9.2.3 优质钢丝的出厂检验，均较为严格，其质量分布情况也较为均匀，因此，在安全性鉴定时，可仅审查其合格证书的可信性和有效性，只有对材料外观质量有怀疑时，才取样进行检验。

9.3 钢丝绳的安全性鉴定

9.3.1、9.3.2 工程结构加固用的钢丝绳，其安全性鉴定标准，是参照我国航空用绳的相应标准，经验证和调整后制定的。至于安全性鉴定、检验所必需使用的钢丝绳计算截面面积，则是参照原国家标准《圆股钢丝绳》GB 1102－74 确定的。其所以采用原标准，除了其算法较稳健外，还因为现行标准删去了这部分内容，而其他行业标准的算法又很不一致。因此，决定仍按原标准的算法采用。

10 合成纤维改性混凝土和砂浆

10.1 一 般 规 定

10.1.1 根据国内外工程经验，结合纤维的几何参数、物理力学特征，经筛选后，确定了五种纤维可用作混凝土和砂浆的防裂、限裂的改性材料。从大连理工大学等单位所作的统计（见下表 1），可以对表列的四种纤维混凝土的主要性能参数有个概括的了解。

表 1 常用纤维混凝土主要性能参数与同强度等级素混凝土的比较

项 目	掺量及变化	聚丙烯腈纤维混凝土	聚丙烯纤维混凝土	聚酰胺纤维混凝土
收缩裂缝	降低比例(%)	58~73	55	57
	纤维掺量(kg/m³)	0.5~1.0	0.9	0.9
28d 收缩率	降低比例(%)	11~14	10	12
	纤维掺量(kg/m³)	0.5~1.0	0.9	0.9
相同水压下渗透高度降低	降低比例(%)	44~56	29~43	30~41
	纤维掺量(kg/m³)	0.5~1.0	0.9	0.9
50 次冻融循环强度损失	损失比例(%)	0.2~0.4	0.6	0.5~0.7
	纤维掺量(kg/m³)	0.5~1.0	0.9	0.9
冲击耗能	提高比例(%)	42~62	70	80
	纤维掺量(kg/m³)	1.0~2.0	1.0~2.0	1.0~2.0
弯曲疲劳强度	提高比例(%)	9~12	6~8	—
	纤维掺量(kg/m³)	1.0	1.0	—

注：1 表中收缩裂缝降低的试验基体采用砂浆，其余各项试验基体采用混凝土；

2 表中性能适用于中等强度等级(CF20~CF40)的混凝土。

10.1.2 为了使新开发的合成纤维品种也能用于工程

结构加固，作出了本条规定。

10.1.3 近十多年来，合成纤维混凝土（或砂浆）已在许多行业中得到广泛的应用。本条所列的只是在工程结构加固、修补中的应用场合，可供开发的用途还有不少。根据国内外经验，其应用已在下列领域中取得了较好效果。

1 混凝土、砂浆加固面层的防裂；

2 作为纤维复合材、粘钢的防护层；

3 路面、桥面的限裂；

4 屋面、地下室、储液池的防渗漏；

5 喷射混凝土、泵送混凝土的改性；

6 墙体的砂浆抹面；

7 板、壳混凝土置换；

8 水工建筑物、隧道衬砌的防渗、防裂；

9 寒冷地区新增构件的防冻害等。

10.2 合成纤维改性混凝土和
砂浆的安全性鉴定

10.2.1 为保证鉴定的可靠性，给出了各品种合成纤维的细观形态的识别标志和几何特征的控制要求，应指出的是：几何特征处于控制范围内的合成纤维，其应用效果较为显著。

10.2.2 表 10.2.2 所列的合成纤维安全性鉴定标准，是参照国内外有关规程和文献资料，经验证和调整后制定的。

这里需要指出的是，对于防止和减小混凝土（或砂浆）早期塑性收缩开裂而言，由于塑性阶段混凝土（或砂浆）基材的抗拉强度和弹性模量极低，故对纤维力学性能要求不高，只要保证纤维间距不超过阻裂要求的临界值，且纤维分散均匀，与基材粘结良好，就能起到阻裂作用。但对硬化后混凝土的增韧要求而言，则需要纤维抗拉强度和弹性模量高，才能在裂缝间起到配筋的阻裂作用，约束裂缝的开展。因此，要注意选用适宜的纤维品种。

10.2.3 考虑到纤维体积率太大时，可能影响所配制混凝土（或砂浆）的强度，故规定：只要能达到设计要求的阻裂、增韧作用，就应该采用较低的纤维体积率。

10.2.4 本条规定了采用合成纤维增韧的混凝土（或砂浆）的安全性鉴定要求。

对本条需要说明的是：合成纤维混凝土（或砂浆）的弯曲韧性之所以用剩余弯拉强度（ARS）与其名义弯拉强度（MOR）之比的无量纲韧性指标 RSI（%）表示，是因为有如下几点考虑：

1 利用 ASTM-C 1399 的方法，可以测出纤维混凝土（或砂浆）梁的荷载-挠度曲线的下降段；

2 对试验机的要求，由必须采用闭环控制系统变为可用开环控制系统；

3 评价体系不再关注很难测定的初裂点，而依

靠剩余强度又可较真实地反映纤维对混凝土（或砂浆）的阻裂增韧作用；

4 韧性指标采用剩余强度表示，与当前结构设计概念较易衔接；

5 在峰值荷载后，剩余承载力的提高是纤维增韧程度的体现；

6 试验方法简易，设备容易解决。

11 钢纤维混凝土

11.1 一 般 规 定

11.1.1、11.1.2 这两条规定了钢纤维混凝土的适用范围和选用的品种，其中，应指出的是，不锈钢纤维虽然价格较昂贵，但它具有耐腐蚀和耐高温的良好性能。因此，在有些工程结构加固工程中，还需要应用它。

11.2 钢纤维混凝土的安全性鉴定

11.2.1 碳钢熔抽型纤维，因制作过程中产生氧化皮，对粘结性能不利，故不允许使用；而不锈钢熔抽异形纤维，由于生产过程中加入了镍铬组分，不仅使之具有耐热性能，而且成本较低，所以在工程上使用很多。

另外，表 11.2.1 规定的几何参数要求，是参照国内外有关标准，经验证和调整后确定的。试用表明，能满足工程的需要。

这里需要指出的是，之所以采用等效直径，是因为本规范仅允许使用异形钢纤维，不允许使用圆直的钢纤维。

所谓的等效直径（equivalent diameter），是指当纤维截面为非圆形时，按截面面积相等概念换算成圆形截面的直径，也可按质量等效概念换算为圆柱体尺寸，推算出等效直径。

11.2.2 试验表明，钢纤维的抗拉强度不仅需要分级，而且还与混凝土的强度等级有关，但遗憾的是，迄今为止各行业用的钢纤维尚无统一的强度等级标准。本规范的钢纤维抗拉强度等级系参照行业标准《钢纤维混凝土》JG/T 3064 和《混凝土用钢纤维》YB/T 151 制定的，并根据工程结构加固工程使用经验，与混凝土强度等级挂钩。另外，应说明的是，抗拉强度等级括号内的数值，系供不锈钢纤维使用的。

11.2.3 考虑到钢纤维长度过短，夹持较难，故允许其抗拉强度试验可用母材替代，但应注意的是这一措施并不能解决问题。对熔抽和铣削工艺制作的钢纤维，仍然需要另行设计专门的夹具。

11.2.4 弯折90°不断裂的检验，主要是为了保证钢纤维不致在施工过程中发生脆断。这在国内外标准均有类似的规定。

11.2.5 本条仅给出适用于工程结构加固的钢纤维体积率，不涉及对其他行业是否适用的问题。

11.2.6、11.2.7 这两条是针对目前钢纤维混凝土的应用体系尚未建立的状况，给出了安全性鉴定的最低要求，实际执行时，尚可补充设计提出的要求。

12 后锚固连接件

12.1 一般规定

12.1.2 本条需要说明的是，胶接全螺纹螺杆属于胶接植筋的一种，不能擅自称为"定型化学锚栓"。自切底锚栓和模扩底锚栓的应用，不能使用普通的钻具，而须由厂家随供货配有专用钻具。凡不带钻具的锚栓均不得在工程中使用。另外，特殊倒锥形锚栓，旧称为"定型化学锚栓"，亦即所谓的"糖葫芦型锚栓"。由于"定型化学锚栓"这一名称，已被不诚信的厂商滥用，故改称为较易识别的"特殊倒锥形锚栓"，以便与全螺纹螺杆彻底区分。

12.1.3 膨胀型锚栓在承重结构中应用不断出现危及安全的问题，且在地震灾害中破坏尤为严重，故已被各省工程建设部门禁用很长时间。本条的规定只是重申这一禁令。

12.2 基材及锚固件材质鉴定

12.2.1 本条的规定系参照现行国家标准《混凝土加固设计规范》GB 50367 制定的，但根据汶川 5·12 大地震的震害经验，对一般结构的基材混凝土强度等级作了调整，以确保抗震设防区的工程安全。

12.2.2 本条中碳钢及合金钢锚栓用钢的性能等级及指标，系参照现行国家标准《紧固件机械性能 螺栓、螺钉和螺柱》GB/T 3098.1 制定的；不锈钢锚栓用钢的性能等级及指标，系参照现行国家标准《紧固件机械性能 不锈钢螺栓、螺钉和螺柱》GB/T 3098.6 制定的；但由于在后锚固工程中仅采用部分性能等级，故有必要转录这部分标准，以便于设计使用。

12.3 后锚固连接性能安全性鉴定

12.3.1 对本条规定，需说明以下两点：

1 后锚固连接的承载力检验，之所以应采用破坏性检验方法，是因为其检出劣质锚固件和不良锚固工艺的能力最强，且样本量可比非破损检验小得多。故在安全性鉴定的检验中，禁止以非破损检验取代破坏性检验。

2 后锚固连接承载力的设计值，应按现行国家标准《混凝土结构加固设计规范》GB 50367 规定的受拉承载力设计值的计算方法确定；不得采用厂家所谓的"技术手册"的推荐值。

本条为强制性条文，必须严格执行。

12.3.2 涉及后锚固连接安全性的专项性能检验项目和合格指标，在 JG 160 标准中已作出规定，故不再重复，仅要求应按该标准执行。

中华人民共和国行业标准

混凝土耐久性检验评定标准

Standard for inspection and assessment of concrete durability

JGJ/T 193—2009

批准部门：中华人民共和国住房和城乡建设部
施行日期：２０１０年７月１日

中华人民共和国住房和城乡建设部

公 告

第 430 号

关于发布行业标准《混凝土耐久性检验评定标准》的公告

现批准《混凝土耐久性检验评定标准》为行业标准，编号为 JGJ/T 193－2009，自 2010 年 7 月 1 日起实施。

本标准由我部标准定额研究所组织中国建筑工业出版社出版发行。

中华人民共和国住房和城乡建设部
2009 年 11 月 9 日

前 言

根据原建设部《关于印发〈2005 年工程建设标准规范制订、修订计划（第一批）〉的通知》（建标〔2005〕84 号）的要求，编制组经广泛调研研究，认真总结实践经验，参考有关国际标准和国外先进标准，并在广泛征求意见的基础上，制定本标准。

本标准的主要技术内容是：1 总则；2 基本规定；3 性能等级划分与试验方法；4 检验；5 评定。

本标准由住房和城乡建设部负责管理，由中国建筑科学研究院负责具体技术内容的解释。执行过程中如有意见或建议，请寄送至中国建筑科学研究院建筑材料研究所《混凝土耐久性检验评定标准》标准编制组（地址：北京市北三环东路 30 号，邮编：100013；电子邮件：cabrconcrete@vip.163.com）。

本标准主编单位：中国建筑科学研究院
中设建工集团有限公司

本标准参编单位：中国铁道科学研究院
辽宁省建设科学研究院
中冶集团建筑研究总院
甘肃土木工程科学研究院
南京水利科学研究院
云南建工混凝土有限公司
贵州中建建筑科研设计院
广东省建筑科学研究院
重庆市建筑科学研究院
山东省建筑科学研究院
中国建筑材料科学研究总院
武汉大学
深圳大学
中国建筑第二工程局有限公司
北京耐恒检测设备科技发展有限公司
吉安市建筑工程质量检测中心
建研建材有限公司

本标准主要起草人员：冷发光　张仁瑜　丁　威
周永祥　谢永江　田冠飞
王　元　郝挺宇　杜　雷
陈永根　傅国君　张燕迟
刘数华　李昕成　李章建
王林枫　王新祥　杨再富
王志刚　李景芳　王　玲
邢　锋　王植槐　黄素平
何更新　纪宪坤　王　晶
韦庆东　鲍克蒙　田　凯

本标准主要审查人员：赵铁军　石云兴　陈改新
闻德荣　朋改非　惠云玲
赵顺增　蔡亚宁　张国志
王　军　封孝信

目　次

Contents

1 总 则

1.0.1 为规范混凝土耐久性能的检验评定方法，制定本标准。

1.0.2 本标准适用于建筑与市政工程中混凝土耐久性的检验与评定。

1.0.3 本标准规定了混凝土耐久性检验评定的基本技术要求。当本标准与国家法律、行政法规的规定相抵触时，应按国家法律、行政法规的规定执行。

1.0.4 混凝土耐久性的检验评定除应符合本标准的规定外，尚应符合国家现行有关标准的规定。

2 基 本 规 定

2.0.1 混凝土耐久性检验评定的项目可包括抗冻性能、抗水渗透性能、抗硫酸盐侵蚀性能、抗氯离子渗透性能、抗碳化性能和早期抗裂性能。当混凝土需要进行耐久性检验评定时，检验评定的项目及其等级或限值应根据设计要求确定。

2.0.2 混凝土原材料应符合国家现行有关标准的规定，并应满足设计要求；工程施工过程中，混凝土原材料的质量控制与验收应符合现行国家标准《混凝土结构工程施工质量验收规范》GB 50204 的规定。

2.0.3 对于需要进行耐久性检验评定的混凝土，其强度应满足设计要求，且强度检验评定应符合现行国家标准《混凝土强度检验评定标准》GBJ 107 的规定。

2.0.4 混凝土的配合比设计应符合现行行业标准《普通混凝土配合比设计规程》JGJ 55 中关于耐久性的规定。

2.0.5 混凝土的质量控制应符合现行国家标准《混凝土质量控制标准》GB 50164 的规定。

3 性能等级划分与试验方法

3.0.1 混凝土抗冻性能、抗水渗透性能和抗硫酸盐侵蚀性能的等级划分应符合表 3.0.1 的规定。

表 3.0.1 混凝土抗冻性能、抗水渗透性能和
抗硫酸盐侵蚀性能的等级划分

抗冻等级（快冻法）	抗冻标号（慢冻法）	抗渗等级	抗硫酸盐等级
F50	F250	D50	P4	KS30
F100	F300	D100	P6	KS60
F150	F350	D150	P8	KS90
F200	F400	D200	P10	KS120
>F400	>D200	P12	KS150
		>P12	>KS150

3.0.2 混凝土抗氯离子渗透性能的等级划分应符合下列规定：

1 当采用氯离子迁移系数（RCM 法）划分混凝土抗氯离子渗透性能等级时，应符合表 3.0.2-1 的规定，且混凝土测试龄期应为 84d。

表 3.0.2-1 混凝土抗氯离子渗透性能
的等级划分（RCM 法）

等级	RCM-Ⅰ	RCM-Ⅱ	RCM-Ⅲ	RCM-Ⅳ	RCM-Ⅴ
氯离子迁移系数 D_{RCM}（RCM法）（$\times 10^{-12} m^2/s$）	$D_{RCM} \geq 4.5$	$3.5 \leq D_{RCM} < 4.5$	$2.5 \leq D_{RCM} < 3.5$	$1.5 \leq D_{RCM} < 2.5$	$D_{RCM} < 1.5$

2 当采用电通量划分混凝土抗氯离子渗透性能等级时，应符合表 3.0.2-2 的规定，且混凝土测试龄期宜为 28d。当混凝土中水泥混合材与矿物掺合料之和超过胶凝材料用量的 50% 时，测试龄期可为 56d。

表 3.0.2-2 混凝土抗氯离子
渗透性能的等级划分（电通量法）

等级	Q-Ⅰ	Q-Ⅱ	Q-Ⅲ	Q-Ⅳ	Q-Ⅴ
电通量 Q_s（C）	$Q_s \geq 4000$	$2000 \leq Q_s < 4000$	$1000 \leq Q_s < 2000$	$500 \leq Q_s < 1000$	$Q_s < 500$

3.0.3 混凝土抗碳化性能的等级划分应符合表 3.0.3 的规定。

表 3.0.3 混凝土抗碳化性能的等级划分

等级	T-Ⅰ	T-Ⅱ	T-Ⅲ	T-Ⅳ	T-Ⅴ
碳化深度 d（mm）	$d \geq 30$	$20 \leq d < 30$	$10 \leq d < 20$	$0.1 \leq d < 10$	$d < 0.1$

3.0.4 混凝土早期抗裂性能的等级划分应符合表 3.0.4 的规定。

表 3.0.4 混凝土早期抗裂性能的等级划分

等级	L-Ⅰ	L-Ⅱ	L-Ⅲ	L-Ⅳ	L-Ⅴ
单位面积上的总开裂面积 c（mm^2/m^2）	$c \geq 1000$	$700 \leq c < 1000$	$400 \leq c < 700$	$100 \leq c < 400$	$c < 100$

3.0.5 混凝土耐久性检验项目的试验方法应符合现行国家标准《普通混凝土长期性能和耐久性能试验方法标准》GB/T 50082 的规定。

4 检 验

4.1 检验批及试验组数

4.1.1 同一检验批混凝土的强度等级、龄期、生产工艺和配合比应相同。

4.1.2 对于同一工程、同一配合比的混凝土，检验批不应少于一个。

4.1.3 对于同一检验批，设计要求的各个检验项目应至少完成一组试验。

4.2 取 样

4.2.1 取样方法应符合现行国家标准《普通混凝土拌合物性能试验方法标准》GB/T 50080 的规定。

4.2.2 取样应在施工现场进行，应随机从同一车（盘）中取样，并不宜在首车（盘）混凝土中取样。从车中取样时，应将混凝土搅拌均匀，并应在卸料量的 1/4～3/4 之间取样。

4.2.3 取样数量应至少为计算试验用量的 1.5 倍。计算试验用量应根据现行国家标准《普通混凝土长期性能和耐久性能试验方法标准》GB/T 50082 的规定计算。

4.2.4 每次取样应进行记录，取样记录应至少包括下列内容：

    1 耐久性检验项目；

    2 取样日期、时间和取样人；

    3 取样地点（实验室名称或工程名称、结构部位等）；

    4 混凝土强度等级；

    5 混凝土拌合物工作性；

    6 取样方法；

    7 试样编号；

    8 试样数量；

    9 环境温度及取样的混凝土温度（现场取样还应记录取样时的天气状况）；

    10 取样后的样品保存方法、运输方法以及从取样到制作成型的时间。

4.3 试件制作与养护

4.3.1 试件制作应在现场取样后 30min 内进行。

4.3.2 试件制作和养护应符合现行国家标准《普通混凝土力学性能试验方法标准》GB/T 50081 和《普通混凝土长期性能和耐久性能试验方法标准》GB/T 50082 的有关规定。

4.4 检 验 结 果

4.4.1 对于同一检验批只进行一组试验的检验项目，应将试验结果作为检验结果。对于抗冻试验、抗水渗透试验和抗硫酸盐侵蚀试验，当同一检验批进行一组以上试验时，应取所有组试验结果中的最小值作为检验结果。当检验结果介于本标准表 3.0.1 中所列的相邻两个等级之间时，应取等级较低者作为检验结果。

4.4.2 对于抗氯离子渗透试验、碳化试验、早期抗

裂试验，当同一检验批进行一组以上试验时，应取所有组试验结果中的最大值作为检验结果。

5 评 定

5.0.1 混凝土的耐久性应根据混凝土的各耐久性检验项目的检验结果，分项进行评定。符合设计规定的检验项目，可评定为合格。

5.0.2 同一检验批全部耐久性项目检验合格者，该检验批混凝土耐久性可评定为合格。

5.0.3 对于某一检验批被评定为不合格的耐久性检验项目，应进行专项评审并对该检验批的混凝土提出处理意见。

本标准用词说明

    1 为便于在执行本标准条文时区别对待，对要求严格程度不同的用词说明如下：

      1）表示很严格，非这样做不可的：

        正面词采用"必须"，反面词采用"严禁"；

      2）表示严格，在正常情况下均应这样做的：

        正面词采用"应"，反面词采用"不应"或"不得"；

      3）表示允许稍有选择，在条件许可时首先应这样做的：

        正面词采用"宜"，反面词采用"不宜"；

      4）表示有选择，在一定条件下可以这样做的 采用"可"。

    2 条文中指明应按其他有关标准执行的写法为："应符合……的规定"或"应按……执行"。

引用标准名录

    1 《混凝土强度检验评定标准》GBJ 107

    2 《普通混凝土拌合物性能试验方法标准》GB/T 50080

    3 《普通混凝土力学性能试验方法标准》GB/T 50081

    4 《普通混凝土长期性能和耐久性能试验方法标准》GB/T 50082

    5 《混凝土质量控制标准》GB 50164

    6 《混凝土结构工程施工质量验收规范》GB 50204

    7 《普通混凝土配合比设计规程》JGJ 55

中华人民共和国行业标准

混凝土耐久性检验评定标准

JGJ/T 193—2009

条 文 说 明

制 订 说 明

《混凝土耐久性检验评定标准》JGJ/T 193 - 2009，经住房和城乡建设部 2009 年 11 月 9 日以第 430 号公告批准、发布。

本标准制订过程中，编制组进行了广泛而深入的调查研究，总结了我国工程建设中混凝土耐久性检验评定的实践经验，同时参考了国外先进技术法规、技术标准，通过试验取得了混凝土耐久性检验评定的重要技术参数。

为便于广大设计、施工、科研、学校等单位有关人员在使用本标准时能正确理解和执行条文规定，《混凝土耐久性检验评定标准》编制组按章、节、条顺序编制了本标准的条文说明，对条文规定的目的、依据以及执行中需注意的有关事项进行了说明。但是，本条文说明不具备与标准正文同等的法律效力，仅供使用者作为理解和把握标准规定的参考。在使用中如果发现本条文说明有不妥之处，请将意见函寄中国建筑科学研究院建筑材料研究所《混凝土耐久性检验评定标准》标准编制组。

目　　次

1 总　则

1.0.1 国家标准《普通混凝土长期性能和耐久性能试验方法标准》GB/T 50082 提出了若干混凝土耐久性的标准试验方法，但不包括对试验结果等级的评定，更不包括对工程混凝土耐久性检验结果的评定，而本标准则对混凝土耐久性检验评定作出规定。

1.0.2 本条规定了本标准的适用范围。本标准中的"混凝土"指"普通混凝土"，即干表观密度为 2000kg/m³～2800kg/m³ 的水泥混凝土，定义见《普通混凝土配合比设计规程》JGJ 55。

1.0.4 本标准的有关内容还应与相应的国家现行有关标准相协调，并避免与相关标准有不必要的重复。

2 基本规定

2.0.1 用于不同工程的混凝土所需要的耐久性能不同，根据实际情况或设计要求来确定哪些混凝土耐久性项目需要进行检验评定。同时，即使同一检验批的混凝土，不同检验项目的等级或限值可能处于不同的级别，例如某混凝土样品，其抗氯离子渗透性处于Ⅲ级，而其早期抗裂性可能处于Ⅳ级。

本标准规定进行检验评定的混凝土耐久性项目，是当今工程中最主要的混凝土耐久性项目，可以满足工程对混凝土耐久性控制的基本要求。对于一些与耐久性相关的特殊项目，可按照设计要求进行。

2.0.2 原材料的质量控制是保证混凝土耐久性的重要环节，与原材料有关的现行标准有：《通用硅酸盐水泥》GB 175、《用于水泥和混凝土中的粉煤灰》GB/T 1596、《用于水泥和混凝土中的粒化高炉矿渣粉》GB/T 18046、《普通混凝土用砂、石质量及检验方法标准》JGJ 52、《混凝土用水标准》JGJ 63、《混凝土外加剂》GB 8076 以及《聚羧酸系高性能减水剂》JG/T 223 等。

《混凝土结构工程施工质量验收规范》GB 50204 - 2002 第 7.2 节对原材料的"主控项目"和"一般项目"进行了规定。

2.0.3 混凝土的耐久性检验评定应与强度检验评定结合，强度符合要求是耐久性检验评定的前提条件。

2.0.4 混凝土配合比设计是保证混凝土耐久性的重要环节，《普通混凝土配合比设计规程》JGJ 55 中保证混凝土耐久性的相关技术规定有：最大水胶比、最小胶凝材料用量等。

2.0.5 混凝土生产与施工是保证结构中混凝土耐久性的重要环节。为了最大限度保证按本标准进行的耐久性检验评定与实际结构中混凝土的耐久性相当，除了对原材料、配合比设计等提出要求外，还必须加强混凝土生产和施工阶段的质量控制。

3 性能等级划分与试验方法

3.0.1 混凝土的抗冻等级（快冻法）、抗冻标号（慢冻法）、抗渗等级、抗硫酸盐等级的试验方法已包含等级划分，同时，这些耐久性指标多数在国内已有较长的应用历史并已体现在相关的标准中，因此，本标准将它们单独列出，以便符合目前的工程设计习惯，且能与相关标准相协调。

　　1）抗冻等级的划分

美国《混凝土快速冻融试验方法标准》（Standard Test Method for Resistance of Concrete to Rapid Freezing and Thawing）ASTM C 666 确定的快速冻融法以耐久性指数 DF 来表征混凝土的抗冻融性能。DF 的计算以预设的总循环次数（最大为 300 次）为基础，实质上体现了混凝土试件耐受冻融循环的次数。我国《普通混凝土长期性能和耐久性能试验方法标准》GB/T 50082 以抗冻等级综合反映混凝土的抗冻性能。

《水工建筑物抗冰冻设计规范》DL/T 5082 - 1998 将按快冻法测试的抗冻等级分为 F400、F300、F200、F150、F100、F50 六级。《水运工程混凝土质量控制标准》JTJ 269 - 96 对水位变动区有抗冻要求的混凝土进行了规定，针对海水环境、淡水环境分别采用的混凝土抗冻等级有 F100、F150、F200、F250、F300、F350 六个等级。抗冻等级的适用范围可参考该标准的相关规定进行选用。

《水运工程混凝土质量控制标准》JTJ 269 - 96 对水位变动区有抗冻要求的混凝土进行了规定，见表 1。《公路钢筋混凝土及预应力混凝土桥涵设计规范》JTG D62 - 2004 对水位变动区混凝土抗冻等级的要求与表 1 一致。

表 1　水位变动区混凝土抗冻等级选定标准

建筑所在地区	海水环境		淡水环境	
	钢筋混凝土及预应力混凝土	素混凝土	钢筋混凝土及预应力混凝土	素混凝土
严重受冻地区（最冷月平均气温低于−8℃）	F350	F300	F250	F200
受冻地区（最冷月平均气温在−8℃～−4℃之间）	F300	F250	F200	F150
微冻地区（最冷月平均气温在−4℃～0℃之间）	F250	F200	F150	F100

注：1　试验过程中试件所接触的介质应与建筑物实际接触的介质相近；

　　2　开敞式码头和防波堤等建筑物混凝土应选用比同一地区高一级的抗冻等级。

《铁路混凝土结构耐久性设计暂行规定》对冻融环境进行了分类，并根据不同的设计使用年限和环境作用等级，规定设计使用年限分别为 100 年、60 年和 30 年的混凝土抗冻等级（56d 龄期）分别为 ≥F300、≥F250 和 ≥F200。

对于有抗冻要求的结构，应根据气候分区、环境条件、结构构件的重要性以及用途等情况提出相应的抗冻等级要求，具体要求可参见相关标准。

2）抗冻标号的等级划分

根据目前结构混凝土慢冻法的研究结果，D25 的混凝土抗冻性能很差，一般不能满足有抗冻要求的工程需要，因此本标准将 D50 作为抗冻标号的最低等级。考虑到慢冻法试验周期较长的实际情况，且 D200 也足以反映混凝土在慢冻条件下良好的耐久性能，D200 以上不再进行更详细的划分。

3）抗渗等级的划分

采用逐级加压法测得的抗水渗透等级在我国有着广泛的应用。《混凝土质量控制标准》GB 50164 - 92 将混凝土抗渗等级划分为 S4、S6、S8、S10、S12 五个等级〔各个标准中抗（水）渗等级的表示符号不同，应注意区分，有关标准中的 S、W 与本标准中的 P 含义相同〕。《普通混凝土配合比设计规程》JGJ 55 - 2000 将抗渗混凝土（impermeable concrete）定义为抗渗等级等于或大于 P6 级的混凝土。《给水排水工程构筑物结构设计规范》GB 50069 - 2002 根据最大作用水头与混凝土壁、板厚度之比值 i_w 来设计抗渗等级：i_w 小于 10 时，抗渗等级为 S4；i_w 大于 30 时，抗渗等级为 S8；介于二者之间的抗渗等级为 S6。

《水工混凝土结构设计规范》DL/T 5057 - 1996 将混凝土抗渗等级分为 W2、W4、W6、W8、W10、W12 六级。《水运工程混凝土施工规范》JTJ 268 - 1996 以及《水运工程混凝土质量控制标准》JTJ 269 - 96 按照最大作用水头与混凝土壁厚之比，对抗（水）渗等级作出了相应的规定（见表 2）。《公路钢筋混凝土及预应力混凝土桥涵设计规范》JTG D62 - 2004 对结构混凝土抗渗等级的要求与表 2 一致。

表 2　混凝土抗渗等级

最大作用水头与混凝土壁厚之比	<5	5～10	11～15	16～20	>20
抗渗等级	W4	W6	W8	W10	W12

对于有抗渗要求的结构，应根据所承受的水头、水力梯度、水质条件和渗透水的危害程度等因素进行确定，具体要求可参见相关标准。

4）抗硫酸盐等级划分

抗硫酸盐侵蚀试验的评定指标为抗硫酸盐等级。《普通混凝土长期性能和耐久性能试验方法标准》

GB/T 50082 规定：当抗压强度耐蚀系数低于 75%，或者达到规定的干湿循环次数即可停止试验，此时记录的干湿循环次数即为抗硫酸盐等级。

抗硫酸盐侵蚀试验一般只有当工程环境中有较强的硫酸盐侵蚀时才进行该试验，因此，为保证此类工程具有足够的抗硫酸盐侵蚀性能，将下限值设为 KS30。系统的试验结果表明，能够经历 150 次以上抗硫酸盐干湿循环的混凝土，具有优异的抗硫酸盐侵蚀性能，故将 KS150 定为分级的上限值。

3.0.2 按照氯离子迁移系数将混凝土抗氯离子渗透性能划分为五个等级，分别用 RCM-Ⅰ、RCM-Ⅱ、RCM-Ⅲ、RCM-Ⅳ 和 RCM-Ⅴ 来表示。从 Ⅰ 级到 Ⅴ 级，表示混凝土抗氯离子渗透性能越来越高。与 Ⅰ～Ⅴ 级对应的混凝土耐久性水平推荐意见见表 3，该表定性地描述了等级代号所代表的混凝土耐久性能的高低。

同样，用 Q-Ⅰ～Q-Ⅴ 来代表按电通量划分的混凝土抗氯离子渗透性能等级，用 T-Ⅰ～T-Ⅴ 代表混凝土的抗碳化性能等级，用 L-Ⅰ～L-Ⅴ 代表混凝土的早期抗裂性能等级。从 Ⅰ 级到 Ⅴ 级的代号含义，均可参照表 3 理解。需要说明的是，这种定性评价仅对混凝土材料本身而言，至于是否符合工程实际的要求，则需要结合设计和施工要求进行确定。

表 3　等级代号与混凝土耐久性水平推荐意见

等级代号	Ⅰ	Ⅱ	Ⅲ	Ⅳ	Ⅴ
混凝土耐久性水平推荐意见	差	较差	较好	好	很好

《普通混凝土长期性能和耐久性能试验方法标准》GB/T 50082 规定抗氯离子渗透性试验（RCM 法）的试验龄期可以为 28d、56d 或 84d，这是为了照顾到所有的混凝土种类，并尽可能缩短试验周期。但是，测试混凝土氯离子迁移系数往往是针对海洋等氯离子侵蚀环境，而此类工程的混凝土中一般都需要掺入较多的矿物掺合料，若以 28d 龄期作为测试时间，则不够合理，而在 84d 龄期测试相对比较合理。因此，84d 龄期的测试指标多为跨海桥梁等工程设计所采用，例如我国杭州湾大桥，以 84d 龄期的混凝土氯离子迁移系数作为控制要求，不同结构部位的控制阈值分别为：$1.5 \times 10^{-12} \, m^2/s$、$2.5 \times 10^{-12} \, m^2/s$、$3.0 \times 10^{-12} \, m^2/s$ 和 $3.5 \times 10^{-12} \, m^2/s$。马来西亚槟城第二跨海大桥也以 84d 龄期抗氯离子迁移系数作为设计指标。

试验研究表明，如果 84d 龄期的混凝土氯离子迁移系数小于 $2.5 \times 10^{-12} \, m^2/s$，则表明混凝土具有较好的抗氯离子渗透性能。因此，本标准以 84d 龄期的试验值进行评定。

《普通混凝土长期性能和耐久性能试验方法标准》

GB/T 50082 规定抗氯离子渗透性试验（电通量法）的试验龄期可以为 28d 或 56d。为缩短试验周期，对于以硅酸盐水泥为主要胶凝材料的混凝土，一般试验龄期为 28d。但是对于大掺量矿物掺合料的混凝土，28d 的试验结果可能不能准确反映混凝土真实的抗氯离子渗透性能，故允许采用 56d 的测试值进行评定。本标准明确了大掺量矿物掺合料的混凝土指：混凝土中水泥混合材与矿物掺合料之和超过胶凝材料用量的 50%，其中，胶凝材料用量包括水泥用量与矿物掺合料用量之和。

《铁路混凝土结构耐久性设计暂行规定》对氯盐环境进行了分类，并根据不同的设计使用年限和环境作用等级，规定了混凝土的电通量（56d）等级（见表 4）。另外，该标准还规定氯盐环境和化学侵蚀环境下混凝土的电通量一般不超过 1500C，有的则需要小于 800C 或 1000C。

表 4　混凝土的电通量

设计使用年限级别		一（100 年）	二(60 年)、三(30 年)
电通量(C)(56d)	<C30	<2000	<2500
	C30～C45	<1500	<2000
	≥C50	<1000	<1500

《海港工程混凝土结构防腐蚀技术规范》JTJ 275-2000 对高性能混凝土的电通量要求不超过 1000C。需要注意的是，该标准对电通量的测试龄期要求是：标准条件下养护 28d，试验应在 35d 内完成；对掺加粉煤灰或粒化高炉矿渣粉的混凝土，可按 90d 龄期的试验结果评定。

本标准电通量的等级划分部分参照了美国《用电通量法测试混凝土的抗氯离子侵入性能试验方法标准》(Standard Test Method for Electrical Indication of Concrete's Ability to Resist Chloride Ion Penetration) ASTM C 1202 的规定（表 5）。我国其他有关标准也是参考该标准制订。

表 5　基于电通量的氯离子渗透性

电通量(C)	>4000	2000～4000	1000～2000	100～1000	<100
氯离子渗透性评价	高	中等	低	很低	可忽略

3.0.3　系统的试验研究表明，在快速碳化试验中，碳化深度小于 20mm 的混凝土，其抗碳化性能较好，一般认为可满足大气环境下 50 年的耐久性要求。在工程实际中，碳化的发展规律也基本与此相近。在其他腐蚀介质的共同侵蚀下，混凝土的碳化会发展得更快。一般公认的是，碳化深度小于 10mm 的混凝土，其抗碳化性能良好。许多强度等级高、密实性好的混

凝土，在碳化试验中会出现测不出碳化的情况。目前，《轻骨料混凝土技术规程》JGJ 51-2002 根据不同的使用条件对砂轻混凝土的碳化深度进行了规定（表 6）。在抗碳化性能方面，有些种类的轻骨料混凝土与普通混凝土相近，有些种类则比普通混凝土略差一些。

表 6　砂轻混凝土的碳化深度值

等　　级	使用条件	碳化深度（mm）
1	正常湿度，室内	≤40
2	正常湿度，室外	≤35
3	潮湿，室外	≤30
4	干湿交替	≤25

注：　1　正常湿度系指相对湿度为 55%～65%；

　　　2　潮湿系指相对湿度为 65%～80%；

　　　3　碳化深度值相当于在正常大气条件下，即 CO_2 的体积浓度为 0.03%、温度为 20℃±3℃ 环境条件下，自然碳化 50 年时混凝土的碳化深度。

3.0.4　中国建筑科学研究院采用刀口法试验对混凝土早期的抗裂性能进行了系统的研究，结果发现，抗裂性能好的混凝土，单位面积上的总开裂面积很小，通常在 $100mm^2/m^2$ 以内；当单位面积上的总开裂面积超过 $1000mm^2/m^2$ 时，混凝土的抗裂性能较差；而单位面积上的总开裂面积在 $700mm^2/m^2$ 左右时，混凝土抗裂性能也出现一个较为明显的变化。据此，将混凝土的早期抗裂性能进行了等级划分。

3.0.5　本标准规定的测试方法均出自《普通混凝土长期性能和耐久性能试验方法标准》GB/T 50082。

4　检　　验

4.1　检验批及试验组数

4.1.1　本条为检验批的划分提供了明确的依据。

4.1.2　本条规定与《混凝土结构工程施工质量验收规范》GB 50204 协调。

4.1.3　混凝土耐久性检验项目的确定见本标准第 3.0.1 条的规定。例如，某一检验批按照设计要求需要对抗碳化性能和抗硫酸盐侵蚀性能进行检验评定时，需要各做不少于一组的抗碳化试验和抗硫酸盐侵蚀试验。

4.2　取　　样

4.2.2　从同一盘或同一车混凝土中取样以保证试件制作的匀质性。由于搅拌设备、运输设备首次启用可能造成混凝土的组分不具有代表性，因此不宜在首盘或首车混凝土中取样。

4.2.4　取样记录包含了影响混凝土耐久性试验结果

的因素，有时对解释检验结果有用。因此，取样记录包含了多种信息。

4.3 试件制作与养护

4.3.1 本条规定了取样与试件制作的时间要求。

4.3.2 《普通混凝土力学性能试验方法标准》GB/T 50081 规定了一般混凝土试件的制作与养护，《普通混凝土长期性能和耐久性能试验方法标准》GB/T 50082 在此基础上针对具体的试验方法进行了更为详细的规定。

4.4 检验结果

4.4.1 按《普通混凝土长期性能和耐久性能试验方法标准》GB/T 50082 进行试验得到的结果为试验结果。如果检验批只进行了一组试验，试验结果即为检验结果。对于一组以上的试验结果，取偏于安全者作为检验结果，如：快冻法试验进行了 2 组，其试验结果分别为 F125 和 F150，取最小值 F125，但 F125 介于本标准表 3.0.1 所规定的 F100 和 F150 之间，此时取 F100 作为检验结果。

4.4.2 本条规定取偏于安全的试验结果作为检验结果。

5 评 定

5.0.1 本条规定了对混凝土耐久性先进行分项评定。

5.0.2 在分项评定的基础上，对检验批的耐久性进行总体评定。

5.0.3 对于存在不合格检验项目的检验批，由专家进行评审并提出处理意见为妥。

中华人民共和国行业标准

建筑变形测量规范

Code for deformation measurement of building and structure

JGJ 8—2007

J 719—2007

批准部门：中华人民共和国建设部

施行日期：２００８年３月１日

中华人民共和国建设部
公　　告

第 710 号

建设部关于发布行业标准
《建筑变形测量规范》的公告

现批准《建筑变形测量规范》为行业标准，编号为 JGJ 8—2007，自 2008 年 3 月 1 日起实施。其中，第 3.0.1、3.0.11 条为强制性条文，必须严格执行。原行业标准《建筑变形测量规程》JGJ/T 8—97 同时废止。

本规范由建设部标准定额研究所组织中国建筑工业出版社出版发行。

2007 年 9 月 4 日

前　　言

根据建设部建标［2004］66 号文的要求，标准编制组经广泛调查研究，认真总结实践经验，参考有关国外先进标准，在广泛征求意见的基础上，对原《建筑变形测量规程》JGJ/T 8-97 进行了修订。

本规范的主要技术内容是：1. 总则；2. 术语、符号和代号；3. 基本规定；4. 变形控制测量；5. 沉降观测；6. 位移观测；7. 特殊变形观测；8. 数据处理分析；9. 成果整理与质量检查验收。

修订的内容是：1. 将标准的名称修订为《建筑变形测量规范》；2. 增加了第 2、7、9 章和第 4.5、4.8、6.4 节及附录 C；3. 将原第 2 章作较大的修改后成为目前的第 3 章；4. 将原第 3、4 章修改并合并为目前的第 4 章；5. 在第 4、5、6 章中分别增加"一般规定"一节；6. 将原第 6 章中的日照变形观测、风振观测和裂缝观测放入第 7 章；7. 对原第 7 章作了较大的修改和扩充后成为目前的第 8 章；8. 对有关技术要求和作业方法等作了较为全面的修订；9. 设置了强制性条文。

本规范以黑体字标志的条文为强制性条文，必须严格执行。

本规范由建设部负责管理和对强制性条文进行解释，由主编单位负责具体技术内容的解释。

本规范主编单位：建设综合勘察研究设计院

（北京东直门内大街 177 号，邮政编码：100007）

本规范参编单位：上海岩土工程勘察设计研究院有限公司
西北综合勘察设计研究院
南京工业大学
深圳市勘察测绘院有限公司
中国有色金属工业西安勘察设计研究院
北京市测绘设计研究院
武汉市勘测设计研究院
广州市城市规划勘测设计研究院
长沙市勘测设计研究院
重庆市勘测院
北京威远图数据开发有限公司

本规范主要起草人：王　丹　陆学智　张肇基
潘庆林　王双龙　王百发
刘广盈　张凤录　严小平
欧海平　戴建清　谢征海
陈宜金　孙　焰

目 次

1 总　则

1.0.1 为了在建筑变形测量中贯彻执行国家有关技术经济政策，做到技术先进、经济合理、安全适用、确保质量，制定本规范。

1.0.2 本规范适用于工业与民用建筑的地基、基础、上部结构及场地的沉降测量、位移测量和特殊变形测量。

1.0.3 建筑变形测量应能确切地反映建筑地基、基础、上部结构及其场地在静荷载或动荷载及环境等因素影响下的变形程度或变形趋势。

1.0.4 建筑变形测量所用仪器设备必须经检定合格。仪器设备的检定、检验及维护，应符合本规范和国家现行有关标准的规定。

1.0.5 建筑变形测量除使用本规范规定的各种方法外，亦可采用能满足本规范规定的技术质量要求的其他方法。

1.0.6 建筑变形测量除应符合本规范外，尚应符合国家现行有关标准的规定。

2　术语、符号和代号

2.1　术　语

2.1.1 建筑变形 deformation of building and structure

建筑的地基、基础、上部结构及其场地受各种作用力而产生的形状或位置变化现象。

2.1.2 建筑变形测量 deformation measurement of building and structure

对建筑的地基、基础、上部结构及其场地受各种作用力而产生的形状或位置变化进行观测，并对观测结果进行处理和分析的工作。

2.1.3 地基 foundation soils, subgrade
支承基础的土体或岩体。

2.1.4 基础 foundation
将结构所承受的各种作用力传递到地基上的结构组成部分。

2.1.5 基坑 foundation pit
为进行建筑基础与地下室的施工所开挖的地面以下空间。

2.1.6 基坑回弹 rebound of foundation pit
基坑开挖时由于卸除土的自重而引起坑底土隆起的现象。

2.1.7 沉降 settlement, subsidence
建筑地基、基础及地面在荷载作用下产生的竖向移动，包括下沉和上升。其下沉或上升值称为沉降量。

2.1.8 沉降差 differential settlement
同一建筑的不同部位在同一时间段的沉降量差值，亦称差异沉降。

2.1.9 相邻地基沉降 adjacent subgrade subsidence
由于毗邻建筑间的荷载差异引起的相邻地基土应力重新分布而产生的附加沉降。

2.1.10 场地地面沉降 field ground subsidence
由于长期降雨、管道漏水、地下水位大幅度变化、大面积堆载、地裂缝、大面积潜蚀、砂土液化以及地下采空等原因引起的一定范围内的地面沉降。

2.1.11 位移 displacement
本规范特指建筑产生的非竖向变形。

2.1.12 倾斜 inclination
建筑中心线或其墙、柱等，在不同高度的点对其相应底部点的偏移现象。

2.1.13 挠度 deflection
建筑的基础、上部结构或构件等在弯矩作用下因挠曲引起的垂直于轴线的线位移。

2.1.14 动态变形 dynamic deformation
建筑在动荷载作用下产生的变形。

2.1.15 风振变形 wind loading deformation
由于受强风作用而产生的变形。

2.1.16 日照变形 sunshine deformation
由于受阳光照射受热不均而产生的变形。

2.1.17 变形允许值 allowable deformation value
建筑能承受而不至于产生损害或影响正常使用所允许的变形值。

2.1.18 基准点 benchmark, reference point
为进行变形测量而布设的稳定的、需长期保存的测量控制点。

2.1.19 工作基点 working reference point
为直接观测变形点而在现场布设的相对稳定的测量控制点。

2.1.20 观测点 observation point
布设在建筑地基、基础、场地及上部结构的敏感位置上能反映其变形特征的测量点，亦称变形点。

2.1.21 变形速率 rate of deformation
单位时间的变形量。

2.1.22 观测周期 time interval of measurement
前后两次变形观测的时间间隔。

2.1.23 变形因子 deformation factor
引起建筑变形的因素，如荷载、时间等。

2.2　符　号

2.2.1 变形量
A——风力振幅
d——位移分量；偏离值
d_d——动态位移
d_m——平均位移值

d_s——静态位移

f_c——基础相对弯曲度

f_d——挠度值

f_{dc}——跨中挠度值

s——沉降量

$α$——基础或构件倾斜度

$β$——风振系数

$Δ$——观测点两周期之间的变形量

$Δd$——位移分量差

$Δs$——沉降差

2.2.2 观测量

D——距离；边长

h——高差

I——仪器高

L——附合路线、环线或视准线线长度

n——测回数；测站数；高差个数

r——水准观测同一路线的观测次数

S——视线长度

$α_v$——垂直角

$υ$——觇牌高

2.2.3 中误差

m_d——位移分量或偏离值测定中误差

$m_{Δd}$——位移分量差测定中误差

m_h——测站高差中误差

m_0——水准测量单程观测每测站高差中误差

m_s——沉降量测定中误差

$m_{Δs}$——沉降差测定中误差

$m_α$——方向中误差

$m_β$——测角中误差

$μ$——单位权中误差；观测点测站高差中误差；观测点坐标中误差

2.2.4 误差估算参数

C_1、C_2——导线类别系数

Q——观测点变形量的协因数

Q_H——最弱观测点高程的协因数

Q_h——待求观测点间高差的协因数

Q_X——最弱观测点坐标的协因数

$Q_{ΔX}$——待求观测点间坐标差的协因数

$λ$——系统误差影响系数

2.2.5 仪器特征参数

a——电磁波测距仪标称的固定误差

b——电磁波测距仪标称的比例误差系数

i——水准仪视准轴与水准管轴的夹角

$2C$——经纬仪两倍视准误差

2.2.6 其他符号

H_g——自室外地面起算的建筑物高度

K——大气垂直折光系数

R——地球平均曲率半径

2.3 代　　号

DJ——经纬仪型号代码，主要有 DJ05、DJ1、DJ2 等型号

DS——水准仪型号代码，主要有 DS05、DS1、DS3 等型号

DSZ——自动安平水准仪型号代码，主要有 DSZ05、DSZ1、DSZ3 等型号

GPS——全球定位系统 global positioning system

PDOP——GPS 的空间位置精度因子 position dilution of precision

3 基 本 规 定

3.0.1 下列建筑在施工和使用期间应进行变形测量：

1 地基基础设计等级为甲级的建筑；

2 复合地基或软弱地基上的设计等级为乙级的建筑；

3 加层、扩建建筑；

4 受邻近深基坑开挖施工影响或受场地地下水等环境因素变化影响的建筑；

5 需要积累经验或进行设计反分析的建筑。

3.0.2 建筑变形测量的平面坐标系统和高程系统宜采用国家平面坐标系统和高程系统或所在地方使用的平面坐标系统和高程系统，也可采用独立系统。当采用独立系统时，必须在技术设计书和技术报告书中明确说明。

3.0.3 建筑变形测量工作开始前，应根据建筑地基基础设计的等级和要求、变形类型、测量目的、任务要求以及测区条件进行施测方案设计，确定变形测量的内容、精度级别、基准点与变形点布设方案、观测周期、仪器设备及检定要求、观测与数据处理方法、提交成果内容等，编写技术设计书或施测方案。

3.0.4 建筑变形测量的级别、精度指标及其适用范围应符合表 3.0.4 的规定。

表 3.0.4　建筑变形测量的级别、精度指标及其适用范围

变形测量级别	沉降观测	位移观测	主要适用范围
	观测点测站高差中误差（mm）	观测点坐标中误差（mm）	
特级	±0.05	±0.3	特高精度要求的特种精密工程的变形测量
一级	±0.15	±1.0	地基基础设计为甲级的建筑的变形测量；重要的古建筑和特大型市政桥梁等变形测量等

变形测量级别	沉降观测 观测点测站高差中误差（mm）	位移观测 观测点坐标中误差（mm）	主要适用范围
二级	±0.5	±3.0	地基基础设计为甲、乙级的建筑的变形测量；场地滑坡测量；重要管线的变形测量；地下工程施工及运营中变形测量；大型市政桥梁变形测量等
三级	±1.5	±10.0	地基基础设计为乙、丙级的建筑的变形测量；地表、道路及一般管线的变形测量；中小型市政桥梁变形测量等

注：1　观测点测站高差中误差，系指水准测量的测站高差中误差或静力水准测量、电磁波测距三角高程测量中相邻观测点相应测段间等价的相对高差中误差；

2　观测点坐标中误差，系指观测点相对测站点（如工作基点）的坐标中误差、坐标差中误差以及等价的观测点相对基准线的偏差值中误差、建筑或构件相对底部固定点的水平位移分量中误差；

3　观测点点位中误差为观测点坐标中误差的$\sqrt{2}$倍；

4　本规范以中误差作为衡量精度的标准，并以二倍中误差作为极限误差。

3.0.5　建筑变形测量精度级别的确定应符合下列规定：

1　地基基础设计为甲级的建筑及有特殊要求的建筑变形测量工程，应根据现行国家标准《建筑地基基础设计规范》GB 50007 规定的建筑地基变形允许值，分别按本规范第 3.0.6 条和第 3.0.7 条的规定进行精度估算后，按下列原则确定精度级别：

1）当仅给定单一变形允许值时，应按所估算的观测点精度选择相应的精度级别；

2）当给定多个同类型变形允许值时，应分别估算观测点精度，根据其中最高精度选择相应的精度级别；

3）当估算出的观测点精度低于本规范表 3.0.4 中三级精度的要求时，应采用三级精度。

2　其他建筑变形测量工程，可根据设计、施工的要求，按照本规范表 3.0.4 的规定，选取适宜的精度级别；

3　当需要采用特级精度时，应对作业过程和方法作出专门的设计与论证后实施。

3.0.6　沉降观测点测站高差中误差应按下列规定进行估算：

1　按照设计的沉降观测网，计算网中最弱观测点高程的协因数 Q_H、待求观测点间高差的协因数 Q_h；

2　单位权中误差即观测点测站高差中误差 μ 应按公式（3.0.6-1）或公式（3.0.6-2）估算：

$$\mu = m_s / \sqrt{2Q_H} \qquad (3.0.6\text{-}1)$$

$$\mu = m_{\Delta s} / \sqrt{2Q_h} \qquad (3.0.6\text{-}2)$$

式中　m_s——沉降量 s 的测定中误差（mm）；

$m_{\Delta s}$——沉降差 Δs 的测定中误差（mm）。

3　公式（3.0.6-1）、（3.0.6-2）中的 m_s 和 $m_{\Delta s}$ 应按下列规定确定：

1）沉降量、平均沉降量等绝对沉降的测定中误差 m_s，对于特高精度要求的工程可按地基条件，结合经验具体分析确定；对于其他精度要求的工程，可按低、中、高压缩性地基土或微风化、中风化、强风化地基岩石的类别及建筑对沉降的敏感程度的大小分别选 ±0.5mm、±1.0mm、±2.5mm；

2）基坑回弹、地基土分层沉降等局部地基沉降以及膨胀土地基沉降等的测定中误差 m_s，不应超过其变形允许值的 1/20；

3）平置构件挠度等变形的测定中误差，不应超过变形允许值的 1/6；

4）沉降差、基础倾斜、局部倾斜等相对沉降的测定中误差，不应超过其变形允许值的 1/20；

5）对于具有科研及特殊目的的沉降量或沉降差的测定中误差，可根据需要将上述各项中误差乘以 1/5～1/2 系数后采用。

3.0.7　位移观测点坐标中误差应按下列规定进行估算：

1　应按照设计的位移观测网，计算网中最弱观测点坐标的协因数 Q_X、待求观测点间坐标差的协因数 $Q_{\Delta X}$；

2　单位权中误差即观测点坐标中误差 μ 应按公式（3.0.7-1）或公式（3.0.7-2）估算：

$$\mu = m_d / \sqrt{2Q_X} \qquad (3.0.7\text{-}1)$$

$$\mu = m_{\Delta d} / \sqrt{2Q_{\Delta X}} \qquad (3.0.7\text{-}2)$$

式中　m_d——位移分量 d 的测定中误差（mm）；

$m_{\Delta d}$——位移分量差 Δd 的测定中误差（mm）。

3　公式（3.0.7-1）、（3.0.7-2）中的 m_d 和 $m_{\Delta d}$ 应按下列规定确定：

1）对建筑基础水平位移、滑坡位移等绝对位移，可按本规范表 3.0.4 选取精度级别；

2）受基础施工影响的位移、挡土设施位移等局部地基位移的测定中误差，不应超过其变形允许值分量的 1/20。变形允许值分量应按变形允许值的 $1/\sqrt{2}$ 采用；

　　3）建筑的顶部水平位移、工程设施的整体垂直挠曲、全高垂直度偏差、工程设施水平轴线偏差等建筑整体变形的测定中误差，不应超过其变形允许值分量的 1/10；

　　4）高层建筑层间相对位移、竖直构件的挠度、垂直偏差等结构段变形的测定中误差，不应超过其变形允许值分量的 1/6；

　　5）基础的位移差、转动挠曲等相对位移的测定中误差，不应超过其变形允许值分量的 1/20；

　　6）对于科研及特殊目的的变形量测定中误差，可根据需要将上述各项中误差乘以 1/5～1/2 系数后采用。

3.0.8 建筑变形测量应按确定的观测周期与总次数进行观测。变形观测周期的确定应以能系统地反映所测建筑变形的变化过程、且不遗漏其变化时刻为原则，并综合考虑单位时间内变形量的大小、变形特征、观测精度要求及外界因素影响情况。

3.0.9 建筑变形测量的首次（即零周期）观测应连续进行两次独立观测，并取观测结果的中数作为变形测量初始值。

3.0.10 一个周期的观测应在短的时间内完成。不同周期观测时，宜采用相同的观测网形、观测路线和观测方法，并使用同一测量仪器和设备。对于特级和一级变形观测，宜固定观测人员、选择最佳观测时段、在相同的环境和条件下观测。

3.0.11 当建筑变形观测过程中发生下列情况之一时，必须立即报告委托方，同时应及时增加观测次数或调整变形测量方案：

　　1 变形量或变形速率出现异常变化；

　　2 变形量达到或超出预警值；

　　3 周边或开挖面出现塌陷、滑坡；

　　4 建筑本身、周边建筑及地表出现异常；

　　5 由于地震、暴雨、冻融等自然灾害引起的其他变形异常情况。

4 变形控制测量

4.1 一般规定

4.1.1 建筑变形测量基准点和工作基点的设置应符合下列规定：

　　1 建筑沉降观测应设置高程基准点；

　　2 建筑位移和特殊变形观测应设置平面基准点，必要时应设置高程基准点；

　　3 当基准点离所测建筑距离较远致使变形测量作业不方便时，宜设置工作基点。

4.1.2 变形测量的基准点应设置在变形区域以外、位置稳定、易于长期保存的地方，并应定期复测。复测周期应视基准点所在位置的稳定情况确定，在建筑施工过程中宜 1～2 月复测一次，点位稳定后宜每季度或每半年复测一次。当观测点变形测量成果出现异常，或当测区受到地震、洪水、爆破等外界因素影响时，应及时进行复测，并按本规范第 8.2 节的规定对其稳定性进行分析。

4.1.3 变形测量基准点的标石、标志埋设后，应达到稳定后方可开始观测。稳定期应根据观测要求与地质条件确定，不宜少于 15d。

4.1.4 当有工作基点时，每期变形观测时均应将其与基准点进行联测，然后再对观测点进行观测。

4.1.5 变形控制测量的精度级别应不低于沉降或位移观测的精度级别。

4.2 高程基准点的布设与测量

4.2.1 特级沉降观测的高程基准点数不应少于 4 个；其他级别沉降观测的高程基准点数不应少于 3 个。高程工作基点可根据需要设置。基准点和工作基点应形成闭合环或形成由附合路线构成的结点网。

4.2.2 高程基准点和工作基点位置的选择应符合下列规定：

　　1 高程基准点和工作基点应避开交通干道主路、地下管线、仓库堆栈、水源地、河岸、松软填土、滑坡地段、机器振动区以及其他可能使标石、标志易遭腐蚀和破坏的地方；

　　2 高程基准点应选在变形影响范围以外且稳定、易于长期保存的地方。在建筑区内，其点位与邻近建筑的距离应大于建筑基础最大宽度的 2 倍，其标石埋深应大于邻近建筑基础的深度。高程基准点也可选择在基础深且稳定的建筑上；

　　3 高程基准点、工作基点之间宜便于进行水准测量。当使用电磁波测距三角高程测量方法进行观测时，宜使各点周围的地形条件一致。当使用静力水准测量方法进行沉降观测时，用于联测观测点的工作基点宜与沉降观测点设在同一高程面上，偏差不应超过 ±1cm。当不能满足这一要求时，应设置上下高程不同但位置垂直对应的辅助点传递高程。

4.2.3 高程基准点和工作基点标石、标志的选型及埋设应符合下列规定：

　　1 高程基准点的标石应埋设在基岩层或原状土层中，可根据点位所在处的不同地质条件，选埋基岩水准基点标石、深埋双金属管水准基点标石、深埋钢管水准基点标石、混凝土基本水准标石。在基岩壁或稳固的建筑上也可埋设墙上水准标志；

　　2 高程工作基点的标石可按点位的不同要求，选用浅埋钢管水准标石、混凝土普通水准标石或墙上水准标志等；

3 标石、标志的形式可按本规范附录 A 的规定执行。特殊土地区和有特殊要求的标石、标志规格及埋设，应另行设计。

4.2.4 高程控制测量宜使用水准测量方法。对于二、三级沉降观测的高程控制测量，当不便使用水准测量时，可使用电磁波测距三角高程测量方法。

4.3 平面基准点的布设与测量

4.3.1 平面基准点、工作基点的布设应符合下列规定：

1 各级别位移观测的基准点（含方位定向点）不应少于 3 个，工作基点可根据需要设置；

2 基准点、工作基点应便于检核校验；

3 当使用 GPS 测量方法进行平面或三维控制测量时，基准点位置还应满足下列要求：

  1）应便于安置接收设备和操作；

  2）视场内障碍物的高度角不宜超过 15°；

  3）离电视台、电台、微波站等大功率无线电发射源的距离不应小于 200m；离高压输电线和微波无线电信号传输通道的距离不应小于 50m；附近不应有强烈反射卫星信号的大面积水域、大型建筑以及热源等；

  4）通视条件好，应方便后续采用常规测量手段进行联测。

4.3.2 平面基准点、工作基点标志的形式及埋设应符合下列规定：

1 对特级、一级位移观测的平面基准点、工作基点，应建造具有强制对中装置的观测墩或埋设专门观测标石，强制对中装置的对中误差不应超过 ±0.1mm；

2 照准标志应具有明显的几何中心或轴线，并应符合图像反差大、图案对称、相位差小和本身不变形等要求。根据点位不同情况，可选用重力平衡球式标、旋入式杆状标、直插式觇牌、屋顶标和墙上标等形式的标志。观测墩及重力平衡球式照准标志的形式，可按本规范附录 B 的规定执行；

3 对用作平面基准点的深埋式标志、兼作高程基准的标石和标志以及特殊土地区或有特殊要求的标石、标志及其埋设应另行设计。

4.3.3 平面控制测量可采用边角测量、导线测量、GPS 测量及三角测量、三边测量等形式。三维控制测量可使用 GPS 测量及边角测量、导线测量、水准测量和电磁波测距三角高程测量的组合方法。

4.3.4 平面控制测量的精度应符合下列规定：

1 测角网、测边网、边角网、导线网或 GPS 网的最弱边边长中误差，不应大于所选级别的观测点坐标中误差；

2 工作基点相对于邻近基准点的点位中误差，不应大于相应级别的观测点点位中误差；

3 用基准线法测定偏差值的中误差，不应大于所选级别的观测点坐标中误差。

4.3.5 除特级控制网和其他大型、复杂工程以及有特殊要求的控制网应专门设计外，对于一、二、三级平面控制网，其技术要求应符合下列规定：

1 测角网、测边网、边角网、GPS 网应符合表 4.3.5-1 的规定：

表 4.3.5-1　平面控制网技术要求

级别	平均边长 (m)	角度中误差 (")	边长中误差 (mm)	最弱边边长相对中误差
一级	200	±1.0	±1.0	1:200000
二级	300	±1.5	±3.0	1:100000
三级	500	±2.5	±10.0	1:50000

注：1　最弱边边长相对中误差中未计及基线边长误差影响；

　　2　有下列情况之一时，不宜按本规定，应另行设计：

　　　1）最弱边边长中误差不同于表列规定时；

　　　2）实际平均边长与表列数值相差大时；

　　　3）采用边角组合网时。

2 各级测角、测边控制网宜布设为近似等边三角形网，其三角形内角不宜小于 30°；当受地形或其他条件限制时，个别角可放宽，但不应小于 25°。宜优先使用边角网，在边角网中应以测边为主，加测部分角度，并合理配置测角和测边的精度；

3 导线测量的技术要求应符合表 4.3.5-2 的规定：

表 4.3.5-2　导线测量技术要求

级别	导线最弱点点位中误差 (mm)	导线总长 (m)	平均边长 (m)	测边中误差 (mm)	测角中误差 (")	导线全长相对闭合差
一级	±1.4	750C_1	150	±0.6C_2	±1.0	1:100000
二级	±4.2	1000C_1	200	±2.0C_2	±2.0	1:45000
三级	±14.0	1250C_1	250	±6.0C_2	±5.0	1:17000

注：1　C_1、C_2 为导线类别系数。对附合导线，$C_1 = C_2 = 1$；对独立单一导线，$C_1 = 1.2$，$C_2 = 2$；对导线网，导线总长系指附合点与结点或结点间的导线长度，取 $C_1 \leq 0.7$，$C_2 = 1$；

　　2　有下列情况之一时，不宜按本规定，应另行设计：

　　　1）导线最弱点点位中误差不同于表列规定时；

　　　2）实际导线的平均边长和总长与表列数值相差大时。

4.3.6 对于三维控制测量，其平面位置和高程应分别符合平面基准点和高程基准点的布设和测量规定。

4.4 水 准 测 量

4.4.1 采用水准测量方法进行各级高程控制测量或沉降观测，应符合下列规定：

1 各等级水准测量使用的仪器型号和标尺类型应符合表4.4.1-1的规定：

表4.4.1-1 水准测量的仪器型号和标尺类型

级别	使用的仪器型号			标尺类型		
	DS05、DSZ05型	DS1、DSZ1型	DS3、DSZ3型	因瓦尺	条码尺	区格式木制标尺
特级	✓	×	×	✓	✓	×
一级	✓	×	×	✓	✓	×
二级	✓	✓	×	✓	✓	×
三级	✓	✓	✓	✓	✓	✓

注：表中"✓"表示允许使用；"×"表示不允许使用。

2 使用光学水准仪和数字水准仪进行水准测量作业的基本方法应符合现行国家标准《国家一、二等水准测量规范》GB 12897和《国家三、四等水准测量规范》GB 12898的相应规定；

3 一、二、三级水准测量的观测方式应符合表4.4.1-2的规定：

表4.4.1-2 一、二、三级水准测量观测方式

级别	高程控制测量、工作基点联测及首次沉降观测			其他各次沉降观测		
	DS05、DSZ05型	DS1、DSZ1型	DS3、DSZ3型	DS05、DSZ05型	DS1、DSZ1型	DS3、DSZ3型
一级	往返测	—	—	往返测或单程双测站	—	—
二级	往返测或单程双测站	往返测或单程双测站	—	单程观测	单程双测站	—
三级	单程双测站	单程双测站	往返测或单程双测站	单程观测	单程观测	单程双测站

4 特级水准观测的观测次数 r 可根据所选精度和使用的仪器类型，按公式（4.4.1-1）估算并作调整后确定：

$$r = (m_0/m_h)^2 \qquad (4.4.1-1)$$

式中　m_h——测站高差中误差；

　　　m_0——水准仪单程观测每测站高差中误差估

值（mm）。对DS05和DSZ05型仪器，m_0 可按公式(4.4.1-2)计算：

$$m_0 = 0.025 + 0.0029 \times S \qquad (4.4.1-2)$$

式中　S——最长视线长度（m）。

对按公式（4.4.1-1）估算的结果，应按下列规定执行：

　1）当 $1 < r \leqslant 2$ 时，应采用往返观测或单程双测站观测；

　2）当 $2 < r < 4$ 时，应采用两次往返观测或正反向各按单程双测站观测；

　3）当 $r \leqslant 1$ 时，对高程控制网的首次观测、复测、各周期观测中的工作基点稳定性检测及首次沉降观测应进行往返测或单程双测站观测。从第二次沉降观测开始，可进行单程观测。

4.4.2 水准观测的有关技术要求应符合下列规定：

1 水准观测的视线长度、前后视距差和视线高度应符合表4.4.2-1的规定：

表4.4.2-1 水准观测的视线长度、前后视距差和视线高（m）

级别	视线长度	前后视距差	前后视距差累积	视线高度
特级	≤10	≤0.3	≤0.5	≥0.8
一级	≤30	≤0.7	≤1.0	≥0.5
二级	≤50	≤2.0	≤3.0	≥0.3
三级	≤75	≤5.0	≤8.0	≥0.2

注：1 表中的视线高度为下丝读数；

　　2 当采用数字水准仪观测时，最短视线长度不宜小于3m，最低水平视线高度不应低于0.6m。

2 水准观测的限差应符合表4.4.2-2的规定：

表4.4.2-2 水准观测的限差（mm）

级别		基辅分划读数之差	基辅分划所测高差之差	往返较差及附合或环线闭合差	单程双测站所测高差较差	检测已测测段高差之差
特级		0.15	0.2	≤$0.1\sqrt{n}$	≤$0.07\sqrt{n}$	≤$0.15\sqrt{n}$
一级		0.3	0.5	≤$0.3\sqrt{n}$	≤$0.2\sqrt{n}$	≤$0.45\sqrt{n}$
二级		0.5	0.7	≤$1.0\sqrt{n}$	≤$0.7\sqrt{n}$	≤$1.5\sqrt{n}$
三级	光学测微法	1.0	1.5	≤$3.0\sqrt{n}$	≤$2.0\sqrt{n}$	≤$4.5\sqrt{n}$
	中丝读数法	2.0	3.0			

注：1 当采用数字水准仪观测时，对同一尺面的两次读数差不设限差，两次读数所测高差之差的限差执行基辅分划所测高差之差的限差；

　　2 表中 n 为测站数。

4.4.3 使用的水准仪、水准标尺在项目开始前和结束后应进行检验，项目进行中也应定期检验。当观测成果出现异常，经分析与仪器有关时，应及时对仪器进行检验与校正。检验和校正应按现行国家标准《国家一、二等水准测量规范》GB 12897 和《国家三、四等水准测量规范》GB 12898 的规定执行。检验后应符合下列要求：

　　1 对用于特级水准观测的仪器，i 角不得大于 10″；对用于一、二级水准观测的仪器，i 角不得大于 15″；对用于三级水准观测的仪器，i 角不得大于 20″。补偿式自动安平水准仪的补偿误差绝对值不得大于 0.2″；

　　2 水准标尺分划线的分米分划线误差和米分划间隔真长与名义长度之差，对线条式因瓦合金标尺不应大于 0.1mm，对区格式木质标尺不应大于 0.5mm。

4.4.4 水准观测作业应符合下列要求：

　　1 应在标尺分划线成像清晰和稳定的条件下进行观测。不得在日出后或日落前约半小时、太阳中天前后、风力大于四级、气温突变时以及标尺分划线的成像跳动而难以照准时进行观测。阴天可全天观测；

　　2 观测前半小时，应将仪器置于露天阴影下，使仪器与外界气温趋于一致。设站时，应用测伞遮蔽阳光。使用数字水准仪前，还应进行预热；

　　3 使用数字水准仪，应避免望远镜直接对着太阳，并避免视线被遮挡。仪器应在其生产厂家规定的温度范围内工作。振动源造成的振动消失后，才能启动测量键。当地面振动较大时，应随时增加重复测量次数；

　　4 每测段往测与返测的测站数均应为偶数，否则应加入标尺零点差改正。由往测转向返测时，两标尺应互换位置，并重新整置仪器。在同一测站上观测时，不得两次调焦。转动仪器的倾斜螺旋和测微鼓时，其最后旋转方向，均应为旋进；

　　5 对各周期观测过程中发现的相邻观测点高差变动迹象、地质地貌异常、附近建筑基础和墙体裂缝等情况，应做好记录，并画草图。

4.4.5 凡超出本规范表 4.4.2-2 规定限差的成果，均应先分析原因再进行重测。当测站观测限差超限时，应立即重测；当迁站后发现超限时，应从稳固可靠的固定点开始重测。

4.4.6 静力水准测量的技术要求应符合表 4.4.6 的规定：

表 4.4.6　静力水准观测技术要求

级　别	特　级	一　级	二　级	三　级
仪器类型	封闭式	封闭式 敞口式	敞口式	敞口式
读数方式	接触式	接触式	目视式	目视式

续表 4.4.6

级　别	特　级	一　级	二　级	三　级
两次观测高差较差（mm）	±0.1	±0.3	±1.0	±3.0
环线及附合路线闭合差（mm）	$\pm0.1\sqrt{n}$	$\pm0.3\sqrt{n}$	$\pm1.0\sqrt{n}$	$\pm3.0\sqrt{n}$

注：n 为高差个数。

4.4.7 静力水准测量作业应符合下列规定：

　　1 观测前向连通管内充水时，不得将空气带入，可采用自然压力排气充水法或人工排气充水法进行充水；

　　2 连通管应平放在地面上，当通过障碍物时，应防止连通管在竖向出现 Ω 形而形成滞气"死角"。连通管任何一段的高度都应低于蓄水罐底部，但最低不宜低于 20cm；

　　3 观测时间应选在气温最稳定的时段，观测读数应在液体完全呈静态下进行；

　　4 测站上安置仪器的接触面应清洁、无灰尘杂物。仪器对中误差不应大于 ±2mm，倾斜度不应大于 10′。使用固定式仪器时，应有校验安装面的装置，校验误差不应大于 ±0.05mm；

　　5 宜采用两台仪器对向观测。条件不具备时，亦可采用一台仪器往返观测。每次观测，可取 2～3 个读数的中数作为一次观测值。根据读数设备的精度和沉降观测级别，读数较差限值宜为 0.02～0.04mm。

4.4.8 使用自动静力水准设备进行水准测量时，应根据变形测量的精度级别和所用设备的性能，参照本规范的有关规定，制定相应的作业规程。作业中，应定期对所用设备进行检校。

4.5　电磁波测距三角高程测量

4.5.1 对水准测量确有困难的二、三级高程控制测量，可采用电磁波测距三角高程测量，并按附录 C 的规定使用专用觇牌和配件。对于更高精度或特殊的高程控制测量确需采用三角高程测量时，应进行详细设计和论证。

4.5.2 电磁波测距三角高程测量的视线长度不宜大于 300m，最长不得超过 500m，视线垂直角不得超过 10°，视线高度和离开障碍物的距离不得小于 1.3m。

4.5.3 电磁波测距三角高程测量应优先采用中间设站观测方式，也可采用每点设站、往返观测方式。当采用中间设站观测方式时，每站的前后视线长度之差，对于二级不得超过 15m，三级不得超过视线长度的 1/10；前后视距差累积，对于二级不得超过 30m，三级不得超过 100m。

4.5.4 电磁波测距三角高程测量施测的主要技术要求应符合下列规定：

1 三角高程测量边长的测定，应采用符合本规范表4.7.1规定的相应精度等级的电磁波测距仪往返观测各2测回。当采取中间设站观测方式时，前、后视各观测2测回。测距的各项限差和要求应符合本规范第4.7节的要求；

2 垂直角观测应采用觇牌为照准目标，按表4.5.4的要求采用中丝双照准法观测。当采用中间设站观测方式分两组观测时，垂直角观测的顺序宜为：

第一组：后视—前视—前视—后视（照准上目标）；

第二组：前视—后视—后视—前视（照准下目标）。

表4.5.4 垂直角观测的测回数与限差

级 别	二 级		三 级	
仪器类型	DJ05	DJ1	DJ1	DJ2
测回数	4	6	4	6
两次照准目标读数差(″)	1.5	4	4	6
垂直角测回差(″)	2		5	7
指标差较差(″)	3			

每次照准后视或前视时，一次正倒镜完成该分组测回数的1/2。中间设站观测方式的垂直角总测回数应等于每点设站、往返观测方式的垂直角总测回数；

3 垂直角观测宜在日出后2h至日落前2h的期间内目标成像清晰稳定时进行。阴天和多云天气可全天观测；

4 仪器高、觇标高应在观测前后用经过检验的量杆或钢尺各量测一次，精确读至0.5mm，当较差不大于1mm时取用中数。采用中间设站观测方式时可不量测仪器高；

5 测定边长和垂直角时，当测距仪光轴和经纬仪照准轴不共轴，或在不同觇牌高度上分两组观测垂直角时，必须进行边长和垂直角归算后才能计算和比较两组高差。

4.5.5 电磁波测距三角高程测量高差的计算及其限差应符合下列规定：

1 每点设站、往返观测时，单向观测高差应按公式（4.5.5-1）计算：

$$h = D\tan\alpha_V + \frac{1-K}{2R}D^2 + I - v \quad (4.5.5-1)$$

式中 D——三角高程测量边的水平距离（m）；

h——三角高程测量边两端点的高差（m）；

α_V——垂直角；

K——为大气垂直折光系数；

R——地球平均曲率半径（m）；

I——仪器高（m）；

v——觇牌高（m）。

2 中间设站观测时应按公式（4.5.5-2）计算

高差：

$$h_{12} = (D_2\tan\alpha_2 - D_1\tan\alpha_1) + \left(\frac{D_2^2 - D_1^2}{2R}\right)$$
$$- \left(\frac{D_2^2}{2R}K_2 - \frac{D_1^2}{2R}K_1\right) - (v_2 - v_1)$$
$$(4.5.5-2)$$

式中 h_{12}——后视点与前视点之间的高差（m）；

α_1、α_2——后视、前视垂直角；

D_1、D_2——后视、前视水平距离（m）；

K_1、K_2——后视、前视大气垂直折光系数；

R——地球平均曲率半径（m）；

v_1、v_2——后视、前视觇牌高（m）。

3 电磁波测距三角高程测量观测的限差应符合表4.5.5的要求。

表4.5.5 三角高程测量的限差（mm）

级别	附合线路或环线闭合差	检测已测边高差之差
二 级	≤±4√L	≤±6√D
三 级	≤±12√L	≤±18√D

注：D为测距边边长，以km为单位；L为附合路线或环线长度，以km为单位。

4.6 水平角观测

4.6.1 各级水平角观测的技术要求应符合下列规定：

1 水平角观测宜采用方向观测法，当方向数不多于3个时，可不归零；特级、一级网点亦可采用全组合测角法。导线测量中，当导线点上只有两个方向时，应按左、右角观测；当导线点上多于两个方向时，应按方向法观测；

2 一、二、三级水平角观测的测回数，可按表4.6.1的规定执行：

表4.6.1 水平角观测测回数

级 别	一 级	二 级	三 级
DJ05	6	4	2
DJ1	9	6	3
DJ2	—	9	6

3 对于特级水平角观测及当有可靠的光学经纬仪、电子经纬仪或全站仪精度实测数据时，可按公式（4.6.1）估算测回数：

$$n = 1 / \left[\left(\frac{m_\beta}{m_\alpha}\right)^2 - \lambda^2 \right] \quad (4.6.1)$$

式中 n——测回数，对全组合测角法取方向权nm之1/2为测回数（此处m为测站上的方向数）；

m_β——按闭合差计算的测角中误差(″)；

m_α——各测站平差后一测回方向中误差的平均值(″)，该值可根据仪器类型、读数和照准设备、外界条件以及操作的严格与熟练程度，在下列数值范围内选取：

DJ05 型仪器 $0.4''\sim 0.5''$；

DJ1 型仪器 $0.8''\sim 1.0''$；

DJ2 型仪器 $1.4''\sim 1.8''$；

λ——系统误差影响系数，宜为 $0.5\sim 0.9$。

按公式 (4.6.1) 估算结果凑整取值时，对方向观测法与全组合测角法，应考虑光学经纬仪、电子经纬仪和全站仪观测度盘位置编制的要求；对动态式测角系统的电子经纬仪和全站仪，不需进行度盘配置；对导线观测应取偶数，当估算结果 n 小于 2 时，应取 n 等于 2。

4.6.2 各级别水平角观测的限差应符合下列要求：

1 方向观测法观测的限差应符合表 4.6.2-1 的规定：

表 4.6.2-1 方向观测法限差 ($''$)

仪器类型	两次照准目标读数差	半测回归零差	一测回内2C互差	同一方向值各测回互差
DJ05	2	3	5	3
DJ1	4	6	9	5
DJ2	6	8	13	8

注：当照准方向的垂直角超过 $\pm 3°$ 时，该方向的 2C 互差可按同一观测时间段内相邻测回进行比较，其差值仍按表中规定。

2 全组合测角法观测的限差应符合表 4.6.2-2 的规定：

表 4.6.2-2 全组合测角法限差 ($''$)

仪器类型	两次照准目标读数差	上下半测回角值互差	同一角度各测回角值互差
DJ05	2	3	3
DJ1	4	6	5
DJ2	6	10	8

3 测角网的三角形最大闭合差，不应大于 $2\sqrt{3}m_\beta$；导线测量每测站左、右角闭合差，不应大于 $2m_\beta$；导线的方位角闭合差，不应大于 $2\sqrt{n}m_\beta$（n 为测站数）。

4.6.3 各级水平角观测作业应符合下列要求：

1 使用的仪器设备在项目开始前应进行检验，项目进行中也应定期检验；

2 观测应在通视良好、成像清晰稳定时进行。晴天的日出、日落前后和太阳中天前后不宜观测。作业中仪器不得受阳光直接照射，当气泡偏离超过一格时，应在测回间重新整置仪器。当视线靠近吸热或放热强烈的地形地物时，应选择阴天或有风但不影响仪器稳定的时间进行观测。当需削减时间性水平折光影响时，应按不同时间段观测；

3 控制网观测宜采用双照准法，在半测回中每

个方向连续照准两次，并各读数一次。每站观测中，应避免二次调焦，当观测方向的边长悬殊较大、有关方向应调焦时，宜采用正倒镜同时观测法，并可不考虑 2C 变动范围。对于大倾斜方向的观测，应严格控制水平气泡偏移，当垂直角超过 $3°$ 时，应进行仪器竖轴倾斜改正。

4.6.4 当观测成果超出限差时，应按下列规定进行重测：

1 当 2C 互差或各测回互差超限时，应重测超限方向，并联测零方向；

2 当归零差或零方向的 2C 互差超限时，应重测该测回；

3 在方向观测法一测回中，当重测方向数超过所测方向总数的 1/3 时，应重测该测回；

4 在一个测站上，对于采用方向观测法，当基本测回重测的方向测回数超过全部方向测回总数的 1/3 时，应重测该测站；对于采用全组合测角法，当重测的测回数超过全部基本测回数的 1/3 时，应重测该测站；

5 基本测回成果和重测成果均应记入手簿。重测成果与基本测回结果之间不得取中数，每一测回只应取用一个符合限差的结果；

6 全组合测角法，当直接角与间接角互差超限时，在满足本条第 4 款要求，即不超过全部基本测回数 1/3 的前提下，可重测单角；

7 当三角形闭合差超限需要重测时，应进行分析，选择有关测站进行重测。

4.7 距 离 测 量

4.7.1 电磁波测距仪测距的技术要求，除特级和其他有特殊要求的边长须专门设计外，对一、二、三级位移观测应符合表 4.7.1 的要求，并应按下列规定执行：

表 4.7.1 电磁波测距技术要求

级别	仪器精度等级 (mm)	每边测回数		一测回读数间较差限值 (mm)	单程测回间较差限值 (mm)	气象数据测定的最小读数		往返或时段间较差限值
		往	返			温度 (℃)	气压 (mmHg)	
一级	$\leqslant 1$	4	4	1	1.4	0.1	0.1	$\sqrt{2}(a+b\cdot D\cdot 10^{-6})$
二级	$\leqslant 3$	4	4	3	5.0	0.2	0.5	
三级	$\leqslant 5$	2	2	5	7.0	0.5	0.5	
	$\leqslant 10$	4	4	10	15.0	0.5	0.5	

注：1 仪器精度等级系根据仪器标称精度 ($a+b\cdot 10^{-6}$)，以相应级别的平均边长 D 代入计算的测距中误差划分；

2 一测回是指照准目标一次、读数 4 次的过程；

3 时段是指测边的时间段，如上午、下午和不同的白天。可采用不同时段观测代替往返观测。

1 往返测或不同时间段观测值较差，应将斜距化算到同一水平面上方可进行比较；

2 测距时应使用经检定合格的温度计和气压计；

3 气象数据应在每边观测始末时在两端进行测定，取其平均值；

4 测距边两端点的高差，对一、二级边可采用三级水准测量方法测定；对三级边可采用三角高程测量方法测定，并应考虑大气折光和地球曲率对垂直角观测值的影响；

5 测距边归算到水平距离时，应在观测的斜距中加入气象改正和加常数、乘常数、周期误差改正后，化算至测距仪与反光镜的平均高程面上。

4.7.2 电磁波测距作业应符合下列要求：

1 项目开始前，应对使用的测距仪进行检验；项目进行中，应对其定期检验；

2 测距应在成像清晰、气象条件稳定时进行。阴天、有微风时可全天观测；晴天最佳观测时间宜为日出后 1h 和日落前 1h；雷雨前后、大雾、大风、雨、雪天和大气透明度很差时，不应进行观测；

3 晴天作业时，应对测距仪和反光镜打伞遮阳，严禁将仪器照准头对准太阳，不宜顺、逆光观测；

4 视线离地面或障碍物宜在 1.3m 以上，测站不应设在电磁场影响范围之内；

5 当一测回中读数较差超限时，应重测整测回。当测回间较差超限时，可重测 2 个测回，然后去掉其中最大、最小两个观测值后取平均。如重测后测回差仍超限，应重测该测距边的所有测回。当往返测或不同时段较差超限时，应分析原因，重测单方向的距离。如重测后仍超限，应重测往、返两方向或不同时段的距离。

4.7.3 因瓦尺和钢尺丈量距离的技术要求，除特级和其他有特殊要求的边长须专门设计外，对一、二、三级位移观测的边长丈量，应符合表 4.7.3 的要求，并应按下列规定执行：

表 4.7.3 因瓦尺及钢尺距离丈量技术要求

级别	尺子类型	尺数	丈量总次数	定线最大偏差(mm)	尺段高差较差(mm)	读数次数	最小估读值(mm)	最小温度读数(℃)	同尺各次或同段各尺的较差(mm)	经各项改正后的各次或各尺全长较差(mm)
一级	因瓦尺	2	4	20	3	3	0.1	0.5	0.3	$2.5\sqrt{D}$
二级	因瓦尺	1 2	4 2	30	5	3	0.1	0.5	0.5	$3.0\sqrt{D}$
	钢尺	2	8	50	5	3	0.5	0.5	1.0	
三级	钢尺	2	6	50	5	3	0.5	0.5	2.0	$5.0\sqrt{D}$

注：1 表中 D 是以 100m 为单位计的长度；
2 表列规定所适应的边长丈量相对中误差为：一级 1/200000，二级 1/100000，三级 1/50000。

1 因瓦尺、钢尺在使用前应按规定进行检定，并在有效期内使用；

2 各级边长测量应采用往返悬空丈量方法。使用的重锤、弹簧秤和温度计，均应进行检定。丈量时，引张拉力值应与检定时相同；

3 当下雨、尺的横向有二级以上风或作业时的温度超过尺子膨胀系数检定时的温度范围时，不应进行丈量；

4 网的起算边或基线宜选成尺长的整倍数。用零尺段时，应改变拉力或进行拉力改正；

5 量距时，应在尺子的附近测定温度；

6 安置轴杆架或引张架时应使用经纬仪定线。尺段高差可采用水准仪中丝法往返测或单程双测站观测；

7 丈量结果应加入尺长、温度、倾斜改正，因瓦尺还应加入悬链线不对称、分划尺倾斜等改正。

4.8 GPS 测 量

4.8.1 选用 GPS 接收机，应根据需要并符合表 4.8.1 的规定。

表 4.8.1 GPS 接收机的选用

级别	一、二级	三级
接收机类型	双频或单频	双频或单频
标称精度	≤（3mm+$D\times10^{-6}$）	≤（5mm+$D\times10^{-6}$）

4.8.2 GPS 接收机必须经检定合格后方可用于变形测量作业。接收机在使用过程中应进行必要的检验。

4.8.3 GPS 测量的基本技术要求应符合表 4.8.3 的规定。

表 4.8.3 GPS 测量基本技术要求

级别		一级	二级	三级
卫星截止高度角（°）		≥15	≥15	≥15
有效观测卫星数		≥6	≥5	≥4
观测时段长度(min)	静 态	30～90	20～60	15～45
	快速静态	—	—	≥15
数据采样间隔(s)	静 态	10～30	10～30	10～30
	快速静态	—	—	5～15
PDOP		≤5	≤6	≤6

4.8.4 GPS观测作业应符合下列规定：

1 对于一、二级 GPS 测量，应使用零相位天线和强制对中器安置 GPS 接收机天线，对中精度应高于±0.5mm，天线应统一指向北方；

2 作业中应严格按规定的时间计划进行观测；

3 经检查接收机电源电缆和天线等各项连结无误，方可开机；

4 开机后经检验有关指示灯与仪表显示正常后，方可进行自测试，输入测站名和时段等控制信息；

5 接收机启动前与作业过程中，应填写测量手簿中的记录项目；

6 每时段应进行一次气象观测；

7 每时段开始、结束时，应分别量测一次天线高，并取其平均值作为天线高；

8 观测期间应防止接收设备振动，并防止人员和其他物体碰动天线或阻挡信号；

9 观测期间，不得在天线附近使用电台、对讲机和手机等无线电通信设备；

10 天气太冷时，接收机应适当保暖。天气很热时，接收机应避免阳光直接照晒，确保接收机正常工作。雷电、风暴天气不宜进行测量；

11 同一时段观测过程中，不得进行下列操作：

　　1) 接收机关闭又重新启动；

　　2) 进行自测试；

　　3) 改变卫星截止高度角；

　　4) 改变数据采样间隔；

　　5) 改变天线位置；

　　6) 按动关闭文件和删除文件功能键；

12 在 GPS 快速静态定位测量中，整个作业时间段内，参考站观测不得中断，参考站和流动站采样间隔应相同；

13 GPS测量数据的处理应按现行国家标准《全球定位系统（GPS）测量规范》GB/T 18314 的相应规定执行，数据采用率宜大于 95%。对于一、二级变形测量，宜使用精密星历。

5 沉 降 观 测

5.1 一 般 规 定

5.1.1 建筑沉降观测可根据需要，分别或组合测定建筑场地沉降、基坑回弹、地基土分层沉降以及基础和上部结构沉降。对于深基础建筑或高层、超高层建筑，沉降观测应从基础施工时开始。

5.1.2 各类沉降观测的级别和精度要求，应视工程的规模、性质及沉降量的大小及速度确定。

5.1.3 布设沉降观测点时，应结合建筑结构、形状和场地工程地质条件，并应顾及施工和建成后的使用方便。同时，点位应易于保存，标志应稳固美观。

5.1.4 各类沉降观测应根据本规范第 9.1 节的规定及时提交相应的阶段性成果和综合成果。

5.2 建筑场地沉降观测

5.2.1 建筑场地沉降观测应分别测定建筑相邻影响范围之内的相邻地基沉降与建筑相邻影响范围之外的场地地面沉降。

5.2.2 建筑场地沉降点位的选择应符合下列规定：

1 相邻地基沉降观测点可选在建筑纵横轴线或边线的延长线上，亦可选在通过建筑重心的轴线延长线上。其点位间距应视基础类型、荷载大小及地质条件，与设计人员共同确定或征求设计人员意见后确定。点位可在建筑基础深度 1.5～2.0 倍的距离范围内，由外墙向外由密到疏布设，但距基础最远的观测点应设置在沉降量为零的沉降临界点以外；

2 场地地面沉降观测点应在相邻地基沉降观测点布设线路之外的地面上均匀布设。根据地质地形条件，可选择使用平行轴线方格网法、沿建筑四角辐射网法或散点法布设。

5.2.3 建筑场地沉降点标志的类型及埋设应符合下列规定：

1 相邻地基沉降观测点标志可分为用于监测安全的浅埋标和用于结合科研的深埋标两种。浅埋标可采用普通水准标石或用直径 25cm 的水泥管现场浇灌，埋深宜为 1～2m，并使标石底部埋在冰冻线以下。深埋标可采用内管外加保护管的标石形式，埋深应与建筑基础深度相适应，标石顶部须埋入地面下 20～30cm，并砌筑带盖的窨井加以保护；

2 场地地面沉降观测点的标志与埋设，应根据观测要求确定，可采用浅埋标志。

5.2.4 建筑场地沉降观测的路线布设、观测精度及其他技术要求可按照本规范第 5.5 节的有关规定执行。

5.2.5 建筑场地沉降观测的周期，应根据不同任务要求、产生沉降的不同情况以及沉降速度等因素具体分析确定，并符合下列规定：

1 基础施工的相邻地基沉降观测，在基坑降水时和基坑土开挖过程中应每天观测一次。混凝土底板浇完 10d 以后，可每 2～3d 观测一次，直至地下室顶板完工和水位恢复。此后可每周观测一次至回填土完工；

2 主体施工的相邻地基沉降观测和场地地面沉降观测的周期可按照本规范第 5.5 节的有关规定确定。

5.2.6 建筑场地沉降观测应提交下列图表：

1 场地沉降观测点平面布置图；

2 场地沉降观测成果表；

3 相邻地基沉降的距离-沉降曲线图；

4 场地地面等沉降曲线图。

5.3 基坑回弹观测

5.3.1 基坑回弹观测应测定建筑基础在基坑开挖后，由于卸除基坑土自重而引起的基坑内外影响范围内相对于开挖前的回弹量。

5.3.2 回弹观测点位的布设，应根据基坑形状、大小、深度及地质条件确定，用适当的点数测出所需纵横断面的回弹量。可利用回弹变形的近似对称特性，按下列规定布点：

1 对于矩形基坑，应在基坑中央及纵（长边）横（短边）轴线上布设，纵向每 8～10m 布一点，横向每 3～4m 布一点。对其他形状不规则的基坑，可与设计人员商定；

2 对基坑外的观测点，应埋设常用的普通水准点标石。观测点应在所选坑内方向线的延长线上距基坑深度 1.5～2.0 倍距离内布置。当所选点位遇到地下管道或其他物体时，可将观测点移至与之对应方向线的空位置上；

3 应在基坑外相对稳定且不受施工影响的地点选设工作基点及为寻找标志用的定位点。

5.3.3 回弹标志应埋入基坑底面以下 20～30cm，根据开挖深度和地层土质情况，可采用钻孔法或探井法埋设。根据埋设与观测方法，可采用辅助杆压入式、钻杆送入式或直埋式标志。回弹标志的埋设可按本规范附录 D 第 D.0.2 条的规定执行。

5.3.4 回弹观测的精度可按本规范第 3.0.5 条的规定以给定或预估的最大回弹量为变形允许值进行估算后确定，但最弱观测点相对邻近工作基点的高程中误差不得大于 ±1.0mm。

5.3.5 回弹观测路线应组成起迄于工作基点的闭合或附合路线。

5.3.6 回弹观测不应少于 3 次，其中第一次应在基坑开挖之前，第二次应在基坑挖好之后，第三次应在浇筑基础混凝土之前。当基坑挖完至基础施工的间隔时间较长时，应适当增加观测次数。

5.3.7 基坑开挖前的回弹观测，宜采用水准测量配以铅垂钢尺读数的钢尺法。较浅基坑的观测，可采用水准测量配辅助杆垫高水准尺读数的辅助杆法。观测结束后，应在观测孔底充填厚度约为 1m 的白灰。

5.3.8 回弹观测的设备及作业方法应符合下列规定：

1 钢尺在地面的一端，应使用三脚架、滑轮、重锤或拉力计牵拉。在孔内的一端，应配以能在读数时准确接触回弹标志头的装置。观测时可配挂磁锤。当基坑较深、地质条件复杂时，可用电磁探头装置观测。当基坑较浅时，可用挂钩法，此时标志顶端应加工成弯钩状；

2 辅助杆宜用空心两头封口的金属管制成，顶部应加工成半球状，并在顶部侧面安置圆水准器，杆长以放入孔内后露出地面 20～40cm 为宜；

3 测前与测后应对钢尺和辅助杆的长度进行检定。长度检定中误差不应大于回弹观测站高差中误差的 1/2；

4 每一测站的观测可按先后视水准点上标尺、再前视孔内标尺的顺序进行，每组读数 3 次，反复进行两组作为一测回。每站不少于两测回，并应同时测记孔内温度。观测结果应加入尺长和温度改正。

5.3.9 基坑开挖后的回弹观测，应利用传递到坑底的临时工作点，按所需观测精度，用水准测量方法及时测出每一观测点的标高。当全部点挖见后，再统一观测一次。

5.3.10 基坑回弹观测应提交的主要图表为：

1 回弹观测点位布置平面图；

2 回弹观测成果表；

3 回弹纵、横断面图（本规范附录 E）。

5.4 地基土分层沉降观测

5.4.1 分层沉降观测应测定建筑地基内部各分层土的沉降量、沉降速度以及有效压缩层的厚度。

5.4.2 分层沉降观测点应在建筑地基中心附近 2m×2m 或各点间距不大于 50cm 的范围内，沿铅垂线方向上的各层土内布置。点位数量与深度应根据分层土的分布情况确定，每一土层应设一点，最浅的点位应在基础底面下不小于 50cm 处，最深的点位应在超过压缩层理论厚度处或设在压缩性低的砾石或岩石层上。

5.4.3 分层沉降观测标志的埋设应采用钻孔法，埋设要求可按本规范第 D.0.3 条的规定执行。

5.4.4 分层沉降观测精度可按分层沉降观测点相对于邻近工作基点或基准点的高程中误差不大于 ±1.0mm 的要求设计确定。

5.4.5 分层沉降观测应按周期用精密水准仪或自动分层沉降仪测出各标顶的高程，计算出沉降量。

5.4.6 分层沉降观测应从基坑开挖后基础施工前开始，直至建筑竣工后沉降稳定时为止。观测周期可按照本规范第 5.5 节的有关规定确定。首次观测至少应在标志埋好 5d 后进行。

5.4.7 地基土分层沉降观测应提交下列图表：

1 地基土分层标点位置图；

2 地基土分层沉降观测成果表；

3 各土层荷载-沉降-深度曲线图（本规范附录 E）。

5.5 建筑沉降观测

5.5.1 建筑沉降观测应测定建筑及地基的沉降量、沉降差及沉降速度，并根据需要计算基础倾斜、局部倾斜、相对弯曲及构件倾斜。

5.5.2 沉降观测点的布设应能全面反映建筑及地基变形特征，并顾及地质情况及建筑结构特点。点位宜选设在下列位置：

1 建筑的四角、核心筒四角、大转角处及沿外墙每 10～20m 处或每隔 2～3 根柱基上；

2 高低层建筑、新旧建筑、纵横墙等交接处的两侧；

3 建筑裂缝、后浇带和沉降缝两侧、基础埋深相差悬殊处、人工地基与天然地基接壤处、不同结构的分界处及填挖方分界处；

4 对于宽度大于等于 15m 或小于 15m 而地质复杂以及膨胀土地区的建筑，应在承重内隔墙中部设内墙点，并在室内地面中心及四周设地面点；

5 邻近堆置重物处、受振动有显著影响的部位及基础下的暗浜（沟）处；

6 框架结构建筑的每个或部分柱基上或沿纵横轴线上；

7 筏形基础、箱形基础底板或接近基础的结构部分之四角处及其中部位置；

8 重型设备基础和动力设备基础的四角、基础形式或埋深改变处以及地质条件变化处两侧；

9 对于电视塔、烟囱、水塔、油罐、炼油塔、高炉等高耸建筑，应设在沿周边与基础轴线相交的对称位置上，点数不少于 4 个。

5.5.3 沉降观测的标志可根据不同的建筑结构类型和建筑材料，采用墙（柱）标志、基础标志和隐蔽式标志等形式，并符合下列规定：

1 各类标志的立尺部位应加工成半球形或有明显的突出点，并涂上防腐剂；

2 标志的埋设位置应避开雨水管、窗台线、散热器、暖水管、电气开关等有碍设标与观测的障碍物，并应视立尺需要离开墙（柱）面和地面一定距离；

3 隐蔽式沉降观测点标志的形式可按本规范第 D.0.1 条的规定执行；

4 当应用静力水准测量方法进行沉降观测时，观测标志的形式及其埋设，应根据采用的静力水准仪的型号、结构、读数方式以及现场条件确定。标志的规格尺寸设计，应符合仪器安置的要求。

5.5.4 沉降观测点的施测精度应按本规范第 3.0.5 条的规定确定。

5.5.5 沉降观测的周期和观测时间应按下列要求并结合实际情况确定：

1 建筑施工阶段的观测应符合下列规定：

　1）普通建筑可在基础完工后或地下室砌完后开始观测，大型、高层建筑可在基础垫层或基础底部完成后开始观测；

　2）观测次数与间隔时间应视地基与加荷情况而定。民用高层建筑可每加高 1～5 层观测一次，工业建筑可按回填基坑、安装柱子和屋架、砌筑墙体、设备安装等

不同施工阶段分别进行观测。若建筑施工均匀增高，应至少在增加荷载的 25%、50%、75% 和 100% 时各测一次；

　3）施工过程中若暂停工，在停工时及重新开工时应各观测一次。停工期间可每隔 2～3 个月观测一次；

2 建筑使用阶段的观测次数，应视地基土类型和沉降速率大小而定。除有特殊要求外，可在第一年观测 3～4 次，第二年观测 2～3 次，第三年后每年观测 1 次，直至稳定为止。

3 在观测过程中，若有基础附近地面荷载突然增减、基础四周大量积水、长时间连续降雨等情况，均应及时增加观测次数。当建筑突然发生大量沉降、不均匀沉降或严重裂缝时，应立即进行逐日或 2～3d 一次的连续观测；

4 建筑沉降是否进入稳定阶段，应由沉降量与时间关系曲线判定。当最后 100d 的沉降速率小于 0.01～0.04mm/d 时可认为已进入稳定阶段。具体取值宜根据各地区地基土的压缩性能确定。

5.5.6 沉降观测的作业方法和技术要求应符合下列规定：

1 对特级、一级沉降观测，应按本规范第 4.4 节的规定执行；

2 对二级、三级沉降观测，除建筑转角点、交接点、分界点等主要变形特征点外，允许使用间视法进行观测，但视线长度不得大于相应等级规定的长度；

3 观测时，仪器应避免安置在有空压机、搅拌机、卷扬机、起重机等振动影响的范围内；

4 每次观测应记载施工进度、荷载量变动、建筑倾斜裂缝等各种影响沉降变化和异常的情况。

5.5.7 每周期观测后，应及时对观测资料进行整理，计算观测点的沉降量、沉降差以及本周期平均沉降量、沉降速率和累计沉降量。根据需要，可按公式 (5.5.7-1)、(5.5.7-2) 计算基础或构件的倾斜或弯曲量：

1 基础或构件倾斜度 α：

$$\alpha = (s_A - s_B)/L \qquad (5.5.7\text{-}1)$$

式中　s_A、s_B——基础或构件倾斜方向上 A、B 两点的沉降量（mm）；

　　　L——A、B 两点间的距离（mm）。

2 基础相对弯曲度 f_c：

$$f_c = [2s_0 - (s_1 + s_2)]/L \qquad (5.5.7\text{-}2)$$

式中　s_0——基础中点的沉降量（mm）；

　　　s_1、s_2——基础两个端点的沉降量（mm）；

　　　L——基础两个端点间的距离（mm）。

注：弯曲量以向上凸起为正，反之为负。

5.5.8 沉降观测应提交下列图表：

1 工程平面位置图及基准点分布图；
2 沉降观测点位分布图；
3 沉降观测成果表；
4 时间-荷载-沉降量曲线图（本规范附录 E）；
5 等沉降曲线图（本规范附录 E）。

6 位 移 观 测

6.1 一 般 规 定

6.1.1 建筑位移观测可根据需要，分别或组合测定建筑主体倾斜、水平位移、挠度和基坑壁侧向位移，并对建筑场地滑坡进行监测。

6.1.2 位移观测应根据建筑的特点和施测要求做好观测方案的设计和技术准备工作，并取得委托方及有关人员的配合。

6.1.3 位移观测的标志应根据不同建筑的特点进行设计。标志应牢固、适用、美观。若受条件限制或对于高耸建筑，也可选定变形体上特征明显的塔尖、避雷针、圆柱（球）体边缘等作为观测点。对于基坑等临时性结构或岩土体，标志应坚固、耐用、便于保护。

6.1.4 位移观测可根据现场作业条件和经济因素选用视准线法、测角交会法或方向差交会法、极坐标法、激光准直法、投点法、测小角法、测斜法、正倒垂线法、激光位移计自动测记法、GPS 法、激光扫描法或近景摄影测量法等。

6.1.5 各类建筑位移观测应根据本规范第 9.1 节的规定及时提交相应的阶段性成果和综合成果。

6.2 建筑主体倾斜观测

6.2.1 建筑主体倾斜观测应测定建筑顶部观测点相对于底部固定点或上层相对于下层观测点的倾斜度、倾斜方向及倾斜速率。刚性建筑的整体倾斜，可通过测量顶面或基础的差异沉降来间接确定。

6.2.2 主体倾斜观测点和测站点的布设应符合下列要求：

1 当从建筑外部观测时，测站点的点位应选在与倾斜方向成正交的方向线上距照准目标 1.5～2.0 倍目标高度的固定位置。当利用建筑内部竖向通道观测时，可将通道底部中心点作为测站点；

2 对于整体倾斜，观测点及底部固定点应沿着对应测站点的建筑主体竖直线，在顶部和底部上下对应布设；对于分层倾斜，应按分层部位上下对应布设；

3 按前方交会法布设的测站点，基线端点的选设应顾及测距或长度丈量的要求。按方向线水平角法布设的测站点，应设置好定向点。

6.2.3 主体倾斜观测点位的标志设置应符合下列要求：

1 建筑顶部和墙体上的观测点标志可采用埋入式照准标志。当有特殊要求时，应专门设计；

2 不便埋设标志的塔形、圆形建筑以及竖直构件，可以照准视线所切同高边缘确定的位置或用高度角控制的位置作为观测点位；

3 位于地面的测站点和定向点，可根据不同的观测要求，使用带有强制对中装置的观测墩或混凝土标石；

4 对于一次性倾斜观测项目，观测点标志可采用标记形式或直接利用符合位置与照准要求的建筑特征部位，测站点可采用小标石或临时性标志。

6.2.4 主体倾斜观测的精度可根据给定的倾斜量允许值，按本规范第 3.0.5 条的规定确定。当由基础倾斜间接确定建筑整体倾斜时，基础差异沉降的观测精度应按本规范第 3.0.5 条的规定确定。

6.2.5 主体倾斜观测的周期可视倾斜速度每 1～3 个月观测一次。当遇基础附近因大量堆载或卸载、场地降雨长期积水等而导致倾斜速度加快时，应及时增加观测次数。施工期间的观测周期，可根据要求按照本规范第 5.5.5 条的规定确定。倾斜观测应避开强日照和风荷载影响大的时间段。

6.2.6 当从建筑或构件的外部观测主体倾斜时，宜选用下列经纬仪观测法：

1 投点法。观测时，应在底部观测点位置安置水平读数尺等量测设施。在每测站安置经纬仪投影时，应按正倒镜法测出每对上下观测点标志间的水平位移分量，再按矢量相加法求得水平位移值（倾斜量）和位移方向（倾斜方向）；

2 测水平角法。对塔形、圆形建筑或构件，每测站的观测应以定向点作为零方向，测出各观测点的方向值和至底部中心的距离，计算顶部中心相对底部中心的水平位移分量。对矩形建筑，可在每测站直接观测顶部观测点与底部观测点之间的夹角或上层观测点与下层观测点之间的夹角，以所测角值与距离值计算整体的或分层的水平位移分量和位移方向；

3 前方交会法。所选基线应与观测点组成最佳构形，交会角宜在 60°～120°之间。水平位移计算，可采用直接由两周期观测方向值之差解算坐标变化量的方向差交会法，亦可采用按每周期计算观测点坐标值，再以坐标差计算水平位移的方法。

6.2.7 当利用建筑或构件的顶部与底部之间的竖向通视条件进行主体倾斜观测时，宜选用下列观测方法：

1 激光铅直仪观测法。应在顶部适当位置安置接收靶，在其垂线下的地面或地板上安置激光铅直仪或激光经纬仪，按一定周期观测，在接收靶上直接读取或量出顶部的水平位移量和位移方向。作业中仪器应严格置平、对中，应旋转 180°观测两次取其中数。

对超高层建筑，当仪器设在楼体内部时，应考虑大气湍流影响；

2 激光位移计自动记录法。位移计宜安置在建筑底层或地下室地板上，接收装置可设在顶层或需要观测的楼层，激光通道可利用未使用的电梯井或楼梯间隔，测试室宜选在靠近顶部的楼层内。当位移计发射激光时，从测试室的光线示波器上可直接获取位移图像及有关参数，并自动记录成果；

3 正、倒垂线法。垂线宜选用直径 0.6～1.2mm 的不锈钢丝或因瓦丝，并采用无缝钢管保护。采用正垂线法时，垂线上端可锚固在通道顶部或所需高度处设置的支点上。采用倒垂线法时，垂线下端可固定在锚块上，上端设浮筒。用来稳定重锤、浮子的油箱中应装有阻尼液。观测时，由观测墩上安置的坐标仪、光学垂线仪、电感式垂线仪等量测设备，按一定周期测出各测点的水平位移量；

4 吊垂球法。应在顶部或所需高度处的观测点位置上，直接或支出一点悬挂适当重量的垂球，在垂线下的底部固定毫米格网读数板等读数设备，直接读取或量出上部观测点相对底部观测点的水平位移量和位移方向。

6.2.8 当利用相对沉降量间接确定建筑整体倾斜时，可选用下列方法：

1 倾斜仪测记法。可采用水管式倾斜仪、水平摆倾斜仪、气泡倾斜仪或电子倾斜仪进行观测。倾斜仪应具有连续读数、自动记录和数字传输的功能。监测建筑上部层面倾斜时，仪器可安置在建筑顶层或需要观测的楼层的楼板上。监测基础倾斜时，仪器可安置在基础面上，以所测楼层或基础面的水平倾角变化值反映和分析建筑倾斜的变化程度；

2 测定基础沉降差法。可按本规范第 5.5 节有关规定，在基础上选设观测点，采用水准测量方法，以所测各周期基础的沉降差换算求得建筑整体倾斜度及倾斜方向。

6.2.9 当建筑立面上观测点数量多或倾斜变形量大时，可采用激光扫描或数字近景摄影测量方法，具体技术要求应另行设计。

6.2.10 倾斜观测应提交下列图表：

1 倾斜观测点位布置图；

2 倾斜观测成果表；

3 主体倾斜曲线图。

6.3 建筑水平位移观测

6.3.1 建筑水平位移观测点的位置应选在墙角、柱基及裂缝两边等处。标志可采用墙上标志，具体形式及其埋设应根据点位条件和观测要求确定。

6.3.2 水平位移观测的精度可根据本规范第 3.0.5 条的规定确定。

6.3.3 水平位移观测的周期，对于不良地基土地区

的观测，可与一并进行的沉降观测协调确定；对于受基础施工影响的有关观测，应按施工进度的需要确定，可逐日或隔 2～3d 观测一次，直至施工结束。

6.3.4 当测量地面观测点在特定方向的位移时，可使用视准线、激光准直、测边角等方法。

6.3.5 当采用视准线法测定位移时，应符合下列规定：

1 在视准线两端各自向外的延长线上，宜埋设检核点。在观测成果的处理中，应顾及视准线端点的偏差改正；

2 采用活动觇牌法进行视准线测量时，观测点偏离视准线的距离不应超过活动觇牌读数尺的读数范围。应在视准线一端安置经纬仪或视准仪，瞄准安置在另一端的固定觇牌进行定向，待活动觇牌的照准标志正好移至方向线上时读数。每个观测点应按确定的测回数进行往测与返测；

3 采用小角法进行视准线测量时，视准线应按平行于待测建筑边线布置，观测点偏离视准线的偏角不应超过 30″。偏离值 d（见图 6.3.5）可按公式 (6.3.5) 计算：

$$d = \alpha/\rho \cdot D \qquad (6.3.5)$$

式中 α——偏角（″）；

　　　D——从观测端点到观测点的距离（m）；

　　　ρ——常数，其值为 206265。

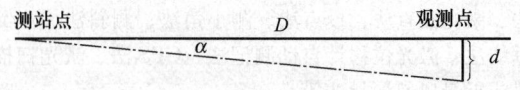

图 6.3.5　小角法

6.3.6 当采用激光准直法测定位移时，应符合下列规定：

1 使用激光经纬仪准直法时，当要求具有 10^{-5}～10^{-4} 量级准直精度时，可采用 DJ2 型仪器配置氦—氖激光器或半导体激光器的激光经纬仪及光电探测器或目测有机玻璃方格网板；当要求达 10^{-6} 量级精度时，可采用 DJ1 型仪器配置高稳定性氦—氖激光器或半导体激光器的激光经纬仪及高精度光电探测系统；

2 对于较长距离的高精度准直，可采用三点式激光衍射准直系统或衍射频谱成像及投影成像激光准直系统。对短距离的高精度准直，可采用衍射式激光准直仪或连续成像衍射板准直仪；

3 激光仪器在使用前必须进行检校，仪器射出的激光束轴线、发射系统轴线和望远镜照准轴应三者重合，观测目标与最小激光斑应重合；

4 观测点位的布设和作业方法应按照本规范第 6.3.5 条第 2 款的规定执行。

6.3.7 当采用测边角法测定位移时，对主要观测点，可以该点为测站测出对应视准线端点的边长和角度，求得偏差值。对其他观测点，可选适宜的主

要观测点为测站，测出对应其他观测点的距离与方向值，按坐标法求得偏差值。角度观测测回数与长度的丈量精度要求，应根据要求的偏差值观测中误差确定。

6.3.8 测量观测点任意方向位移时，可视观测点的分布情况，采用前方交会或方向差交会及极坐标等方法。单个建筑亦可采用直接量测位移分量的方向线法，在建筑纵、横轴线的相邻延长线上设置固定方向线，定期测出基础的纵向和横向位移。

6.3.9 对于观测内容较多的大测区或观测点远离稳定地区的测区，宜采用测角、测边、边角及GPS与基准线法相结合的综合测量方法。

6.3.10 水平位移观测应提交下列图表：

    1 水平位移观测点位布置图；

    2 水平位移观测成果表；

    3 水平位移曲线图。

6.4 基坑壁侧向位移观测

6.4.1 基坑壁侧向位移观测应测定基坑围护结构桩墙顶水平位移和桩墙深层挠曲。

6.4.2 基坑壁侧向位移观测的精度应根据基坑支护结构类型、基坑形状、大小和深度、周边建筑及设施的重要程度、工程地质与水文地质条件和设计变形报警预估值等因素综合确定。

6.4.3 基坑壁侧向位移观测可根据现场条件使用视准线法、测小角法、前方交会法或极坐标法，并宜同时使用测斜仪或钢筋计、轴力计等进行观测。

6.4.4 当使用视准线法、测小角法、前方交会法或极坐标法测定基坑壁侧向位移时，应符合下列规定：

    1 基坑壁侧向位移观测点应沿基坑周边桩墙顶每隔10～15m布设一点；

    2 侧向位移观测点宜布置在冠梁上，可采用铆钉枪射入铝钉，亦可钻孔埋设膨胀螺栓或用环氧树脂胶粘标志；

    3 测站点宜布置在基坑围护结构的直角上。

6.4.5 当采用测斜仪测定基坑壁侧向位移时，应符合下列规定：

    1 测斜仪宜采用能连续进行多点测量的滑动式仪器；

    2 测斜管应布设在基坑每边中部及关键部位，并埋设在围护结构桩墙内或其外侧的土体内，其埋设深度应与围护结构入土深度一致；

    3 将测斜管吊入孔或槽内时，应使十字形槽口对准观测的水平位移方向。连接测斜管时应对准导槽，使之保持在一直线上。管底端应装底盖，每个接头及底盖处应密封；

    4 埋设于基坑围护结构中的测斜管，应将测斜管绑扎在钢筋笼上，同步放入成孔或槽内，通过浇筑混凝土后固定在桩墙中或外侧；

    5 埋设于土体中的测斜管，应先用地质钻机成孔，将分段测斜管连接放入孔内，测斜管连接部分应密封处理，测斜管与钻孔壁之间空隙宜回填细砂或水泥与膨润土拌合的灰浆，其配合比应根据土层的物理力学性能和水文地质情况确定。测斜管的埋设深度应与围护结构入土深度一致；

    6 测斜管埋好后，应停留一段时间，使测斜管与土体或结构固连为一整体；

    7 观测时，可由管底开始向上提升测头至待测位置，或沿导槽全长每隔500mm（轮距）测读一次，将测头旋转180°再测一次。两次观测位置（深度）应一致，依此作为一测回。每周期测量可测两测回，每个测斜导管的初测值，应测四测回，观测成果取中数。

6.4.6 当应用钢筋计、轴力计等物理测量仪表测定基坑主要结构的轴力、钢筋内力及监测基坑四周土体内土体压力、孔隙水压力时，应能反映基坑围护结构的变形特征。对变形大的区域，应适当加密观测点位和增设相应仪表。

6.4.7 基坑壁侧向位移观测的周期应符合下列规定：

    1 基坑开挖期间应2～3d观测一次，位移速率或位移量大时应每天1～2次；

    2 当基坑壁的位移速率或位移量迅速增大或出现其他异常时，应在做好观测本身安全的同时，增加观测次数，并立即将观测结果报告委托方。

6.4.8 基坑壁侧向位移观测应提交下列图表：

    1 基坑壁位移观测点布置图；

    2 基坑壁位移观测成果表；

    3 基坑壁位移曲线图。

6.5 建筑场地滑坡观测

6.5.1 建筑场地滑坡观测应测定滑坡的周界、面积、滑动量、滑移方向、主滑线以及滑动速度，并视需要进行滑坡预报。

6.5.2 滑坡观测点位的布设应符合下列要求：

    1 滑坡面上的观测点应均匀布设。滑动量较大和滑动速度较快的部位，应适当增加布点；

    2 滑坡周界外稳定的部位和界内稳定的部位，均应布设观测点；

    3 主滑方向和滑动范围已明确时，可根据滑坡规模选取十字形或格网形平面布点方式；主滑方向和滑动范围不明确时，可根据现场条件，采用放射形平面布点方式；

    4 需要测定滑坡体深部位移时，应将观测点钻孔位置布设在主滑轴线上，并可对滑坡体上局部滑动和可能具有的多层滑动面进行观测；

    5 对已加固的滑坡，应在其支挡锚固结构的主要受力构件上布设应力计和观测点；

    6 采用GPS观测滑坡位移时，观测点的布设还应符合本规范第4.8节的有关规定。

6.5.3 滑坡观测点位的标石、标志及其埋设应符合下列要求：

1 土体上的观测点可埋设预制混凝土标石。根据观测精度要求，顶部的标志可采用具有强制对中装置的活动标志或嵌入加工成半球状的钢筋标志。标石埋深不宜小于1m，在冻土地区应埋至当地冻土线以下0.5m。标石顶部应露出地面20~30cm；

2 岩体上的观测点可采用砂浆现场浇固的钢筋标志。凿孔深度不宜小于10cm。标志埋好后，其顶部应露出岩体面5cm；

3 必要的临时性或过渡性观测点以及观测周期短、次数少的小型滑坡观测点，可埋设硬质大木桩，但顶部应安置照准标志，底部应埋至当地冻土线以下；

4 滑坡体深部位移观测钻孔应穿过潜在滑动面进入稳定的基岩面以下不小于1m。观测钻孔应铅直，孔径应不小于110mm。测斜管与孔壁之间的孔隙应按本规范第6.4.5条第5款的规定回填。

6.5.4 滑坡观测点的测定精度可选择本规范表3.0.4中所列的二、三级精度。有特殊要求的，应另行确定。

6.5.5 滑坡观测的周期应视滑坡的活跃程度及季节变化等情况而定，并应符合下列规定：

1 在雨季，宜每半月或一月测一次；干旱季节，可每季度测一次；

2 当发现滑速增快，或遇暴雨、地震、解冻等情况时，应增加观测次数；

3 当发现有大的滑动可能或有其他异常时，应在做好观测本身安全的同时，及时增加观测次数，并立即将观测结果报告委托方。

6.5.6 滑坡观测点的位移观测方法，可根据现场条件，按下列要求选用：

1 当建筑数量多、地形复杂时，宜采用以三方向交会为主的测角前方交会法，交会角宜在50°~110°之间，长短边不宜悬殊。也可采用测距交会法、测距导线法以及极坐标法；

2 对于视野开阔的场地，当面积小时，可采用放射线观测网法，从两个测站点上按放射状布设交会角在30°~150°之间的若干条观测线，两条观测线的交点即为观测点。每次观测时，应以解析法或图解法测出观测点偏离两测线交点的位移量。当场地面积大时，可采用任意方格网法，其布设与观测方法应与放射线观测网相同，但应需增加测站点与定向点；

3 对于带状滑坡，当通视较好时，可采用测线支距法，在与滑动轴线的垂直方向，布设若干条测线，沿测线选定测站点、定向点与观测点。每次观测时，应按支距法测出观测点的位移量与位移方向。当滑坡体窄而长时，可采用十字交叉观测网法；

4 对于抗滑墙（桩）和要求高的单独测线，可选用本规范第6.3.5条规定的视准线法；

5 对于可能有大滑动的滑坡，除采用测角前方交会等方法外，亦可采用数字近景摄影测量方法同时测定观测点的水平和垂直位移；

6 滑坡体内深部测点的位移观测，可采用测斜仪观测方法，作业要求可按本规范第6.4.5条的规定执行；

7 当符合GPS观测条件和满足观测精度要求时，可采用单机多天线GPS观测方法观测。

6.5.7 滑坡观测点的高程测量可采用水准测量方法，对困难点位可采用电磁波测距三角高程测量方法。观测路线均应组成闭合或附合网形。

6.5.8 滑坡预报应采用现场严密监视和资料综合分析相结合的方法进行。每次观测后，应及时整理绘制出各观测点的滑动曲线。当利用回归方程发现有异常观测值，或利用位移对数和时间关系曲线判断有拐点时，应在加强观测的同时，密切注意观察滑前征兆，并结合工程地质、水文地质、地震和气象等方面资料，全面分析，作出滑坡预报，及时预警以采取应急措施。

6.5.9 滑坡观测应提交下列图表：

1 滑坡观测点位布置图；

2 观测成果表；

3 观测点位移与沉降综合曲线图（本规范附录F）。

6.6 挠度观测

6.6.1 建筑基础和建筑主体以及墙、柱等独立构筑物的挠度观测，应按一定周期测定其挠度值。

6.6.2 挠度观测的周期应根据荷载情况并考虑设计、施工要求确定。观测的精度可按本规范第3.0.5条的有关规定确定。

6.6.3 建筑基础挠度观测可与建筑沉降观测同时进行。观测点应沿基础的轴线或边线布设，每一轴线或边线上不得少于3点。标志设置、观测方法应符合本规范第5.5节的规定。

6.6.4 建筑主体挠度观测，除观测点应按建筑结构类型在各不同高度或各层处沿一定垂直方向布设外，其标志设置、观测方法应按本规范第6.2节的有关规定执行。挠度值应由建筑上不同高度点相对于底部固定点的水平位移值确定。

6.6.5 独立构筑物的挠度观测，除可采用建筑主体挠度观测要求外，当观测条件允许时，亦可用挠度计、位移传感器等设备直接测定挠度值。

6.6.6 挠度值及跨中挠度值应按下列公式计算：

1 挠度值 f_d 应按下列公式计算（图6.6.6）：

$$f_d = \Delta s_{AE} - \frac{L_{AE}}{L_{AE} + L_{EB}} \Delta s_{AB} \quad (6.6.6\text{-}1)$$

$$\Delta s_{AE} = s_E - s_A \quad (6.6.6\text{-}2)$$

$$\Delta s_{AB} = s_B - s_A \quad (6.6.6\text{-}3)$$

式中 s_A、s_B——为基础上 A、B 点的沉降量或位移量（mm）；

s_E——基础上 E 点的沉降量或位移量（mm），E 点位于 A、B 两点之间；

L_{AE}——A、E 之间的距离（m）；

L_{EB}——E、B 之间的距离（m）。

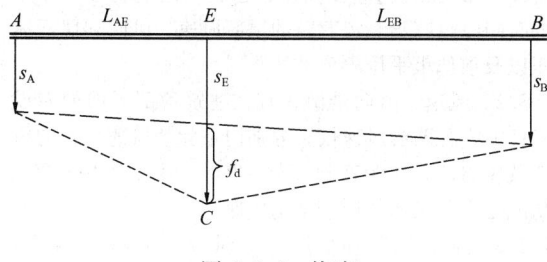

图 6.6.6 挠度

2 跨中挠度值 f_{dc} 应按下列公式计算：

$$f_{dc} = \Delta s_{10} - \frac{1}{2} \Delta s_{12} \quad (6.6.6\text{-}4)$$

$$\Delta s_{10} = s_0 - s_1 \quad (6.6.6\text{-}5)$$

$$\Delta s_{12} = s_2 - s_1 \quad (6.6.6\text{-}6)$$

式中 s_0——基础中点的沉降量或位移量（mm）；

s_1、s_2——基础两个端点的沉降量或位移量（mm）。

6.6.7 挠度观测应提交下列图表：

1 挠度观测点布置图；

2 观测成果表；

3 挠度曲线图。

7 特殊变形观测

7.1 动态变形测量

7.1.1 对于建筑在动荷载作用下而产生的动态变形，应测定其一定时间段内的瞬时变形量，计算变形特征参数，分析变形规律。

7.1.2 动态变形的观测点应选在变形体受动荷载作用最敏感并能稳定牢固地安置传感器、接收靶和反光镜等照准目标的位置上。

7.1.3 动态变形测量的精度应根据变形速率、变形幅度、测量要求和经济因素来确定。

7.1.4 动态变形测量方法的选择可根据变形体的类型、变形速率、变形周期特征和测定精度要求等确

定，并符合下列规定：

1 对于精度要求高、变形周期长、变形速率小的动态变形测量，可采用全站仪自动跟踪测量或激光测量等方法；

2 对于精度要求低、变形周期短、变形速率大的建筑，可采用位移传感器、加速度传感器、GPS 动态实时差分测量等方法；

3 当变形频率小时，可采用数字近景摄影测量或经纬仪测角前方交会等方法。

7.1.5 采用全站仪自动跟踪测量方法进行动态变形观测时，应符合下列规定：

1 测站应设立在基准点或工作基点上，并使用有强制对中装置的观测台或观测墩；

2 变形观测点上宜安置观测棱镜，距离短时也可采用反射片；

3 数据通信电缆宜采用光纤或专用数据电缆，并应安全敷设。连接处应采取绝缘和防水措施；

4 测站和数据终端设备应备有不间断电源；

5 数据处理软件应具有观测数据自动检核、超限数据自动处理、不合格数据自动重测、观测目标被遮挡时可自动延时观测以及变形数据自动处理、分析、预报和预警等功能。

7.1.6 采用激光测量方法进行动态变形观测时，应符合下列规定：

1 激光经纬仪、激光导向仪、激光准直仪等激光器宜安置在变形区影响之外或受变形影响小的区域。激光器应采取防尘、防水措施；

2 安置激光器后，应同时在激光器附近的激光光路上，设立固定的光路检核标志；

3 整个光路上应无障碍物，光路附近应设立安全警示标志；

4 目标板或感应器应稳固设立在变形比较敏感的部位并与光路垂直；目标板的刻划应均匀、合理。观测时，应将接收到的激光光斑调至最小、最清晰。

7.1.7 采用 GPS 动态实时差分测量方法进行动态变形观测时，应符合下列规定：

1 应在变形区之外或受变形影响小的地势高处设立 GPS 参考站。参考站上部应无高度角超过 10° 的障碍物，且周围无大面积水域、大型建筑等 GPS 信号反射物及高压线、电视台、无线电发射源、热源、微波通道等干扰源；

2 变形观测点宜设置在建筑顶部变形敏感的部位，变形观测点的数目应依建筑结构和要求布设，接收天线的安置应稳固，并采取保护措施，周围无高度角超过 10° 的障碍物。卫星接收数量不应少于 5 颗，并应采用固定解成果；

3 长期的变形观测宜采用光缆或专用数据电缆进行数据通信，短期的也可采用无线电数据链；

4 卫星实时定位测量的其他技术要求，应满足

本规范第 4.8 节的相关规定。

7.1.8 采用数字近景摄影测量方法进行动态变形观测时，应满足下列要求：

1 应根据观测体的变形特点、观测规模和精度要求，合理选用作业方法，可采用时间基线视差法、立体摄影测量方法或多摄站摄影测量方法；

2 像控点可采用独立坐标系。像控点应布设在建筑的四周，并应在景深范围内均匀布设。像控点测定中误差不宜大于变形观测点中误差的 1/3。当采用直接线性变换法解算待定点时，一个像对宜布设 6~9 个控制点；当采用时间基线视差法时，一个像对宜至少布设 4 个控制点；

3 变形观测点的点位中误差宜为 ±1~10mm，相对中误差宜为 1/5000~1/20000。观测标志，可采用十字形或同心圆形，标志的颜色可采用与被摄建筑色调有明显反差的黑、白两色相间；

4 摄影站应设置固定观测墩。对于长方形的建筑，摄影站宜布设在与其长轴线相平行的一条直线上，并使摄影主光轴垂直于被摄物体的主立面；对于圆柱形外表的建筑，摄影站可均匀布设在与物体中轴线等距的四周；

5 多像对摄影时，应布设像对间起连接作用的标志点；

6 近景摄影测量的其他技术要求，应满足现行国家标准《工程摄影测量规范》GB 50167 的有关规定。

7.1.9 各类动态变形观测应根据本规范第 9.1 节的要求及时提交相应的阶段性成果和综合成果。

7.2 日照变形观测

7.2.1 日照变形观测应在高耸建筑或单柱受强阳光照射或辐射的过程中进行，应测定建筑或单柱上部由于向阳面与背阳面温差引起的偏移量及其变化规律。

7.2.2 日照变形观测点的选设应符合下列要求：

1 当利用建筑内部竖向通道观测时，应以通道底部中心位置作为测站点，以通道顶部正垂直对应于测站点的位置作为观测点；

2 当从建筑或单柱外部观测时，观测点应选在受热面的顶部或受热面上部的不同高度处与底部（视观测方法需要布置）适中位置，并设置照准标志，单柱亦可直接照准顶部与底部中心线位置；测站点应选在与观测点连线呈正交或近于正交的两条方向线上，其中一条宜与受热面垂直。测站点宜选在距观测点的距离为照准目标高度 1.5 倍以外的固定位置处，并埋设标石。

7.2.3 日照变形的观测时间，宜选在夏季的高温天进行。观测可在白天时间段进行，从日出前开始，日落后停止，宜每隔 1h 观测一次。在每次观测的同时，应测出建筑向阳面与背阳面的温度，并测定风速与风向。

7.2.4 日照变形观测的精度，可根据观测对象和观测方法的不同，具体分析确定。

7.2.5 日照变形观测可根据不同观测条件与要求选用本规范第 7.1 节规定的方法。

7.2.6 日照变形观测应提交下列图表：

1 日照变形观测点位布置图；

2 日照变形观测成果表；

3 日照变形曲线图（本规范附录 F）。

7.3 风 振 观 测

7.3.1 风振观测应在高层、超高层建筑受强风作用的时间段内同步测定建筑的顶部风速、风向和墙面风压以及顶部水平位移。

7.3.2 风速、风向观测，宜在建筑顶部天面的专设桅杆上安置两台风速仪，分别记录脉动风速、平均风速及风向，并在距建筑 100~200m 距离内 10~20m 高度处安置风速仪记录平均风速。

7.3.3 应在建筑不同高度的迎风面与背风面外墙上，对应设置适当数量的风压盒，或采用激光光纤压力计和自动记录系统，测定风压分布和风压系数。

7.3.4 当用自动测记法时，风振位移的观测精度应根据所用仪器设备的性能和精度要求具体确定。当采用经纬仪观测时，观测点相对测站点的点位中误差不应大于 ±15mm。

7.3.5 顶部动态位移观测可根据要求和现场情况选用本规范 7.1 节规定的方法。

7.3.6 由实测位移值计算风振系数 β 时，可采用公式（7.3.6-1）或公式（7.3.6-2）：

$$\beta = (d_m + 0.5A)/d_m \qquad (7.3.6-1)$$

$$\beta = (d_s + d_d)/d_s \qquad (7.3.6-2)$$

式中 A——风力振幅（mm）；

      d_m——平均位移值（mm）；

      d_s——静态位移（mm）；

      d_d——动态位移（mm）。

7.3.7 风振观测应提交下列图表：

1 风速、风压、位移的观测位置布置图；

2 风振观测成果表；

3 风速、风压、位移及振幅等曲线图。

7.4 裂 缝 观 测

7.4.1 裂缝观测应测定建筑上的裂缝分布位置和裂缝的走向、长度、宽度及其变化情况。

7.4.2 对需要观测的裂缝应统一进行编号。每条裂缝至少布设两组观测标志，其中一组应在裂缝的最宽处，另一组应在裂缝的末端。每组应使用两个对应的标志，分别设在裂缝的两侧。

7.4.3 裂缝观测标志应具有可供量测的明晰端面或

中心。长期观测时，可采用镶嵌或埋入墙面的金属标志、金属杆标志或楔形板标志；短期观测时，可采用油漆平行线标志或用建筑胶粘贴的金属片标志。当需要测出裂缝纵横向变化值时，可采用坐标方格网板标志。使用专用仪器设备观测的标志，可按具体要求另行设计。

7.4.4 对于数量少、量测方便的裂缝，可根据标志形式的不同分别采用比例尺、小钢尺或游标卡尺等工具定期量出标志间距离求得裂缝变化值，或用方格网板定期读取"坐标差"计算裂缝变化值；对于大面积且不便于人工量测的众多裂缝宜采用交会测量或近景摄影测量方法；需要连续监测裂缝变化时，可采用测缝计或传感器自动测记方法观测。

7.4.5 裂缝观测的周期应根据其裂缝变化速度而定。开始时可半月测一次，以后一月测一次。当发现裂缝加大时，应及时增加观测次数。

7.4.6 裂缝观测中，裂缝宽度数据应量至 0.1mm，每次观测应绘出裂缝的位置、形态和尺寸，注明日期，并拍摄裂缝照片。

7.4.7 裂缝观测应提交下列图表：

　　1 裂缝位置分布图；

　　2 裂缝观测成果表；

　　3 裂缝变化曲线图。

8　数据处理分析

8.1　平　差　计　算

8.1.1 每期建筑变形观测结束后，应依据测量误差理论和统计检验原理对获得的观测数据及时进行平差计算和处理，并计算各种变形量。

8.1.2 变形观测数据的平差计算，应符合下列规定：

　　1 应利用稳定的基准点作为起算点；

　　2 应使用严密的平差方法和可靠的软件系统；

　　3 应确保平差计算所用的观测数据、起算数据准确无误；

　　4 应剔除含有粗差的观测数据；

　　5 对于特级、一级变形测量平差计算，应对可能含有系统误差的观测值进行系统误差改正；

　　6 对于特级、一级变形测量平差计算，当涉及边长、方向等不同类型观测值时，应使用验后方差估计方法确定这些观测值的权；

　　7 平差计算除给出变形参数值外，还应评定这些变形参数的精度。

8.1.3 对各类变形控制网和变形测量成果，平差计算的单位权中误差及变形参数的精度应符合本规范第3章、第4章规定的相应级别变形测量的精度要求。

8.1.4 建筑变形测量平差计算和分析中的数据取位应符合表8.1.4的规定。

表 8.1.4　变形测量平差计算和
分析中的数据取位要求

级别	高差 (mm)	角度 (″)	边长 (mm)	坐标 (mm)	高程 (mm)	沉降值 (mm)	位移值 (mm)
特级	0.01	0.01	0.01	0.01	0.01	0.01	0.01
一级	0.01	0.01	0.01	0.01	0.01	0.01	0.01
二、三级	0.1	0.1	0.1	0.1	0.1	0.1	0.1

8.2　变形几何分析

8.2.1 变形测量几何分析应对基准点的稳定性进行检验和分析，并判断观测点是否变动。

8.2.2 当基准点按本规范第4章的相关规定设置在稳定地点时，基准点的稳定性可使用下列方法进行分析判断：

　　1 当基准点单独构网时，每次基准网复测后，应根据本次复测数据与上次数据之间的差值，通过组合比较的方式对基准点的稳定性进行分析判断；

　　2 当基准点与观测点共同构网时，每期变形观测后，应根据本期基准点观测数据与上期观测数据之间的差值，通过组合比较的方式对基准点的稳定性进行分析判断。

8.2.3 当基准点可能不稳定或可能发生变动但使用本规范第8.2.2条方法不能判定时，可以通过统计检验的方法对其稳定性进行检验，并找出变动的基准点。

8.2.4 在变形观测过程中，当某期观测点变形量出现异常变化时，应分析原因，在排除观测本身错误的前提下，应及时对基准点的稳定性进行检测分析。

8.2.5 观测点的变动分析应符合下列规定：

　　1 观测点的变动分析应基于以稳定的基准点作为起始点而进行的平差计算成果；

　　2 二、三级及部分一级变形测量，相邻两期观测点的变动分析可通过比较观测点相邻两期的变形量与最大测量误差（取两倍中误差）来进行。当变形量小于最大误差时，可认为该观测点在这两个周期间没有变动或变动不显著；

　　3 特级及有特殊要求的一级变形测量，当观测点两期间的变形量 Δ 符合公式（8.2.5）时，可认为该观测点在这两个周期间没有变动或变动不显著：

$$\Delta < 2\mu\sqrt{Q} \qquad (8.2.5)$$

式中　μ——单位权中误差，可取两个周期平差单位权中误差的平均值；

　　　　Q——观测点变形量的协因数；

　　4 对多期变形观测成果，当相邻周期变形量小，但多期呈现出明显的变化趋势时，应视为有变动。

8.3　变形建模与预报

8.3.1 对于多期建筑变形观测成果，根据需要，应建立反映变形量与变形因子关系的数学模型，对引起变形的原因作出分析和解释，必要时还应对变形的发展趋势进行预报。

8.3.2 当一个变形体上所有观测点或部分观测点的变形状况总体一致时，可利用这些观测点的平均变形量建立相应的数学模型。当各观测点变形状况差异大或某些观测点变形状况特殊时，应对各观测点或特殊的观测点分别建立数学模型。对于特级和某些一级变形观测成果，根据需要，可以利用地理信息系统技术实现多点变形状态的可视化表达。

8.3.3 建立变形量与变形因子关系数学模型可使用回归分析方法，并应符合下列规定：

1 应以不少于 10 个周期的观测数据为依据，通过分析各期所测的变形量与相应荷载、时间之间的相关性，建立荷载或时间-变形量数学模型；

2 变形量与变形因子之间的回归模型应简单，包含的变形因子数不宜超过 2 个。回归模型可采用线性回归模型和指数回归模型、多项式回归模型等非线性回归模型。对非线性回归模型，应进行线性化；

3 当只有一个变形因子时，可采用一元回归分析方法；

4 当考虑多个变形因子时，宜采用逐步回归分析方法，确定影响显著的因子。

8.3.4 对于沉降观测，当观测值近似呈等时间间隔时，可采用灰色建模方法，建立沉降量与时间之间的灰色模型。

8.3.5 对于动态变形观测获得的时序数据，可使用时间序列分析方法建模并加以分析。

8.3.6 建立变形量与变形因子关系模型后，应对模型的有效性进行检验和分析。用于后续分析的数学模型应是有效的。

8.3.7 需要利用变形量与变形因子关系模型进行变形趋势预报时，应给出预报结果的误差范围和适用条件。

9 成果整理与质量检查验收

9.1 成果整理

9.1.1 建筑变形测量在完成记录检查、平差计算和处理分析后，应按下列规定进行成果的整理：

1 观测记录手簿的内容应完整、齐全；

2 平差计算过程及成果、图表和各种检验、分析资料应完整、清晰；

3 使用的图式符号应规格统一、注记清楚。

9.1.2 建筑变形测量的观测记录、计算资料及技术成果均应有有关责任人签字，技术成果应加盖成果章。

9.1.3 根据建筑变形测量任务委托方的要求，可按

周期或变形发展情况提交下列阶段性成果：

1 本次或前 1～2 次观测结果；

2 与前一次观测间的变形量；

3 本次观测后的累计变形量；

4 简要说明及分析、建议等。

9.1.4 当建筑变形测量任务全部完成后或委托方需要时，应提交下列综合成果：

1 技术设计书或施测方案；

2 变形测量工程的平面位置图；

3 基准点与观测点分布平面图；

4 标石、标志规格及埋设图；

5 仪器检验与校正资料；

6 平差计算、成果质量评定资料及成果表；

7 反映变形过程的图表；

8 技术报告书。

9.1.5 建筑变形测量技术报告书内容应真实、完整，重点应突出，结构应清晰，文理应通顺，结论应明确。技术报告书应包括下列内容：

1 项目概况。应包括项目来源、观测目的和要求，测区地理位置及周边环境，项目完成的起止时间，实际布设和测定的基准点、工作基点、变形观测点点数和观测次数，项目测量单位，项目负责人、审核审定人等；

2 作业过程及技术方法。应包括变形测量作业依据的技术标准，项目技术设计或施测方案的技术变更情况，采用的仪器设备及其检校情况，基准点及观测点的标志及其布设情况，变形测量精度级别，作业方法及数据处理方法，变形测量各周期观测时间等；

3 成果精度统计及质量检验结果；

4 变形测量过程中出现的变形异常和作业中发生的特殊情况等；

5 变形分析的基本结论与建议；

6 提交的成果清单；

7 附图附表等。

9.1.6 建筑变形测量的观测记录、计算资料和技术成果应进行归档。

9.1.7 建筑变形测量的各项观测、计算数据及成果的组织、管理和分析宜使用专门的变形测量数据处理与信息管理系统进行。该系统宜具备下列功能：

1 对变形测量的各项起始数据、各次观测记录和计算数据以及各种中间及最终成果建立相应的数据库；

2 各种数据的输入、输出和格式转换；

3 变形测量基准点和观测点点之记信息管理；

4 变形测量控制网数据管理、平差计算、精度分析；

5 各次原始观测记录和计算数据管理；

6 必要的变形分析；

7 各种报表和分析图表的生成及变形测量成果

可视化；

8 用户管理及安全管理等。

9.2 质量检查验收

9.2.1 测量单位应对建筑变形测量项目实行两级检查、一级验收制度，并应符合下列规定：

1 对于所有变形观测记录和计算、分析结果，应进行两级检查；

2 对于需要提交委托方的变形测量阶段性成果和综合成果，应在两级检查的基础上进行验收。提交的成果应为验收合格的成果；

3 检查验收情况应形成记录，并进行归档。

9.2.2 质量检查验收应依据下列规定进行：

1 项目委托书或合同书及委托方与测量方达成的其他文件；

2 技术设计书或施测方案；

3 依据的技术标准和国家政策法规；

4 测量单位质量管理文件。

9.2.3 质量检查验收应对项目实施情况进行准确全面的评价，应包括下列主要方面：

1 执行技术设计书或施测方案及技术标准、政策法规情况；

2 使用仪器设备及其检定情况；

3 记录和计算所用软件系统情况；

4 基准点和变形观测点的布设及标石、标志情况；

5 实际观测情况，包括观测周期、观测方法和操作程序的正确性等；

6 基准点稳定性检测与分析情况；

7 观测限差和精度统计情况；

8 记录的完整准确性及记录项目的齐全性；

9 观测数据的各项改正情况；

10 计算过程的正确性、资料整理的完整性、精度统计和质量评定的合理性；

11 变形测量成果分析的合理性；

12 提交成果的正确性、可靠性、完整性及数据的符合性情况；

13 技术报告书内容的完整性、统计数据的准确性、结论的可靠性及体例的规范性；

14 成果签署的完整性和符合性情况等。

9.2.4 当质量检查验收中发现不符合项时，应立即提出处理意见，返回作业部门进行纠正。纠正后的成果应重新进行检查验收。

附录 A 高程控制点标石、标志

A.0.1 基岩水准基点标石应按图 A.0.1 的形式埋设。

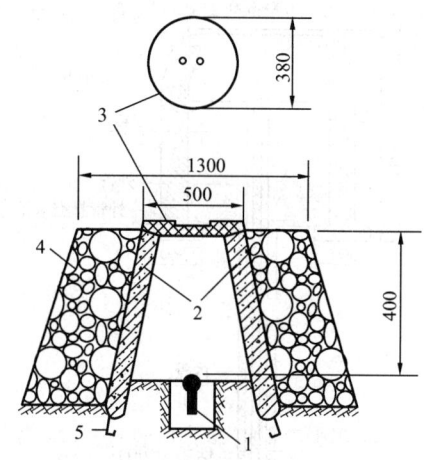

图 A.0.1 岩层水准基点标石（单位：mm）
1—抗蚀的金属标志；2—钢筋混凝土井圈；
3—井盖；4—砌石土丘；5—井圈保护层

A.0.2 深埋双金属管水准基点标石应按图 A.0.2 的规格埋设。

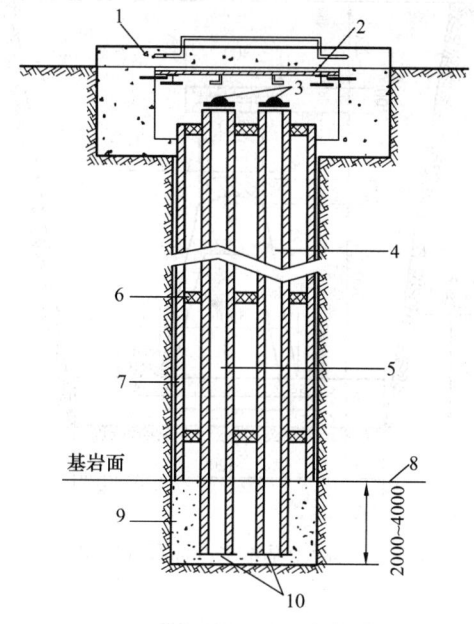

图 A.0.2 深埋双金属管水准基点标石（单位：mm）
1—钢筋混凝土标盖；2—钢板标盖；3—标心；
4—钢心管；5—铝心管；6—橡胶环；7—钻孔
保护钢管；8—新鲜基岩面；9—M20 水泥砂浆；
10—钢心管底板与根络

A.0.3 深埋钢管水准基点标石应按图 A.0.3 的规格埋设。

A.0.4 混凝土基本水准标石应按图 A.0.4 的规格埋设。

A.0.5 浅埋钢管水准标石应按图 A.0.5 的规格埋设。

A.0.6 混凝土普通水准标石应按图 A.0.6 的规格埋设。

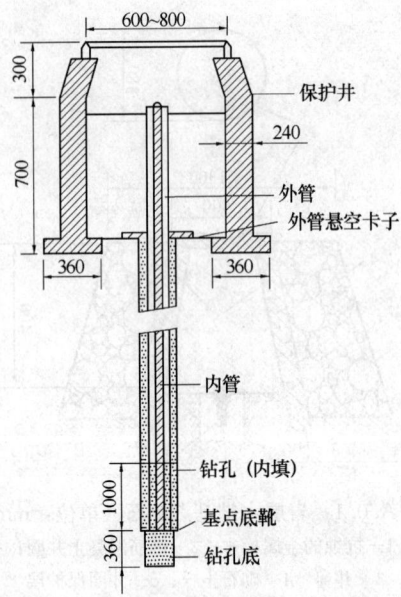

图 A.0.3 深埋钢管水准基点标石（单位：mm）

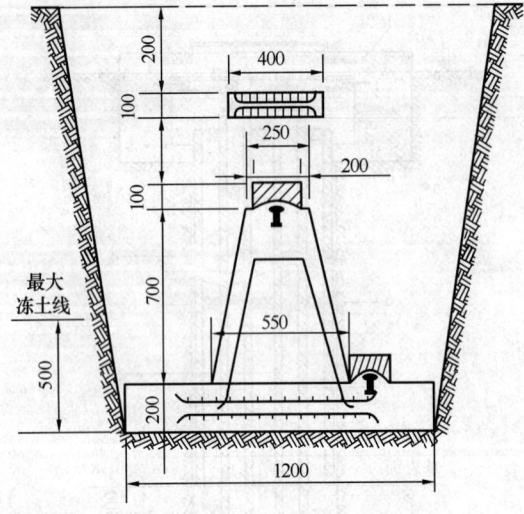

图 A.0.4 混凝土基本水准标石（单位：mm）

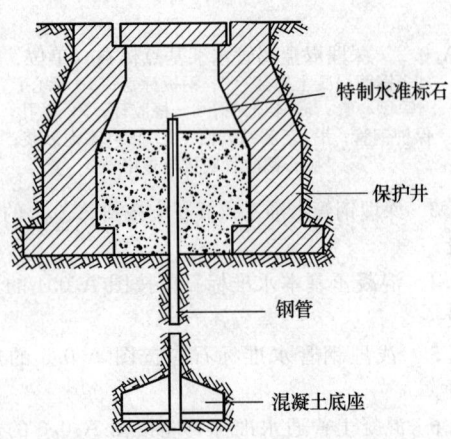

图 A.0.5 浅埋钢管水准标石

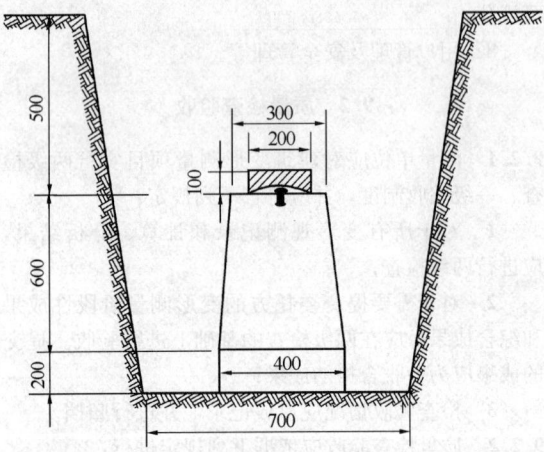

图 A.0.6 混凝土普通水准标石（单位：mm）

A.0.7 混凝土三角高程点墩标标石应按图 A.0.7 的规格埋设。

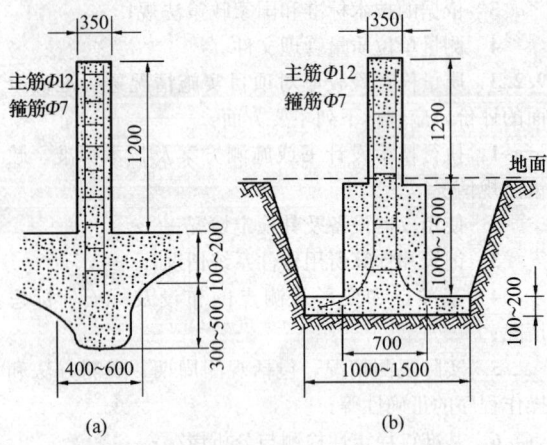

图 A.0.7 混凝土三角高程点墩标标石（单位：mm）
(a) 岩层点墩标；(b) 土层点墩标

A.0.8 铸铁或不锈钢墙水准标志应按图 A.0.8 的规格埋设。

A.0.9 混凝土三角高程点建筑顶标石应按图 A.0.9 的规格埋设。

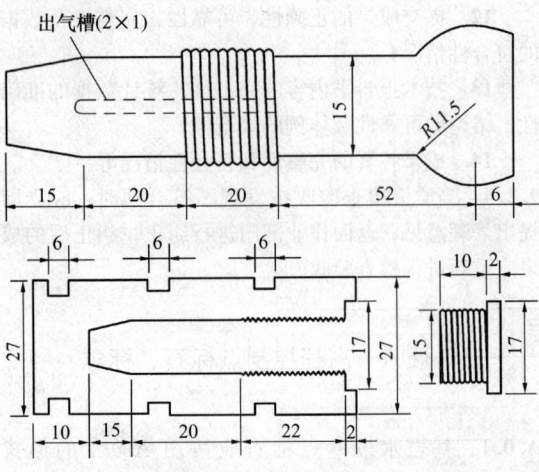

图 A.0.8 铸铁或不锈钢墙水准标志（单位：mm）

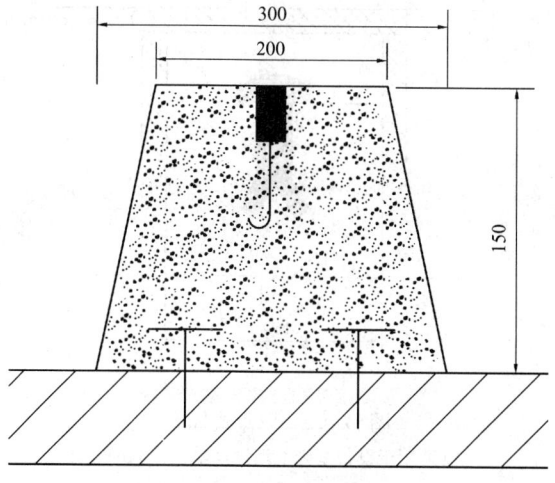

图 A.0.9　混凝土三角高程点
建筑顶标石（单位：mm）

附录 B　水平位移观测墩及重力平衡球式
照　准　标　志

B.0.1　水平位移观测墩应按图 B.0.1 的规格埋设。

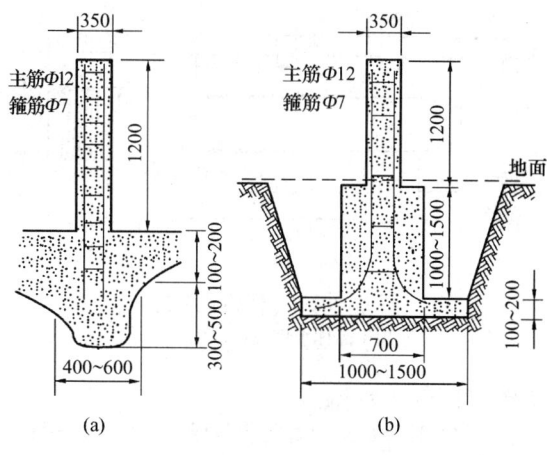

主筋Φ12
箍筋Φ7

（a）　　　　（b）

图 B.0.1　水平位移观测墩（单位：mm）
（a）岩层点观测墩；（b）土层点观测墩

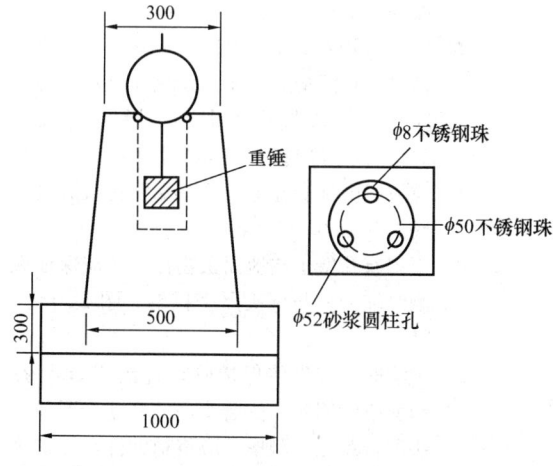

重锤

Φ8不锈钢珠

Φ50不锈钢珠

Φ52砂浆圆柱孔

图 B.0.2　重力平衡球式照准标志（单位：mm）

B.0.2　重力平衡球式照准标志应按图 B.0.2 规格
埋设。

附录 C　三角高程测量
专用觇牌及配件

C.0.1　三角高程测量觇牌可按图 C.0.1 的形式
制作。

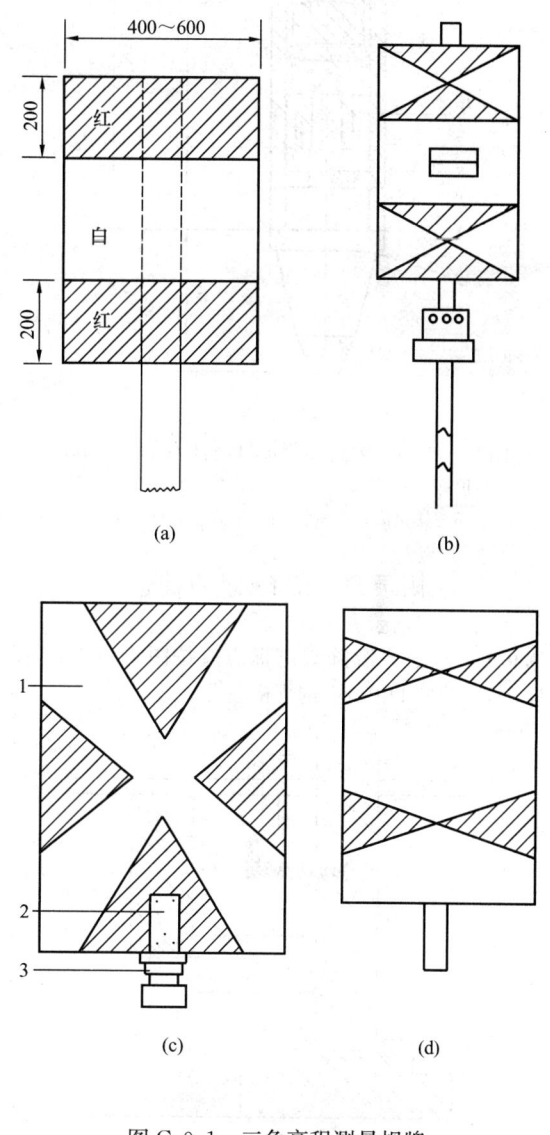

红

白

红

（a）　　　　　　（b）

1

2

3

（c）　　　　　　（d）

图 C.0.1　三角高程测量觇牌
（单位：mm）
1—觇板；2—螺钉；3—牌座

C.0.2　三角高程测量量高杆见图 C.0.2 所示。

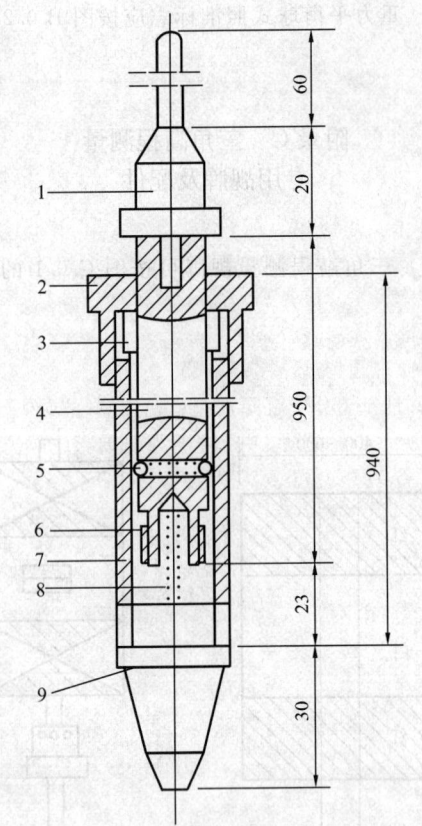

图 C.0.2 三角高程测量量高杆（单位：mm）

1—顶杆；2—压盖；3—导套；4—尺杆；5—钢球；
6—扶正圈；7—外管；8—弹簧；9—底座

附录 D 沉降观测点标志

D.0.1 隐蔽式沉降观测标志应按图 D.0.1-1、图 D.0.1-2 或图 D.0.1-3 的规格埋设。

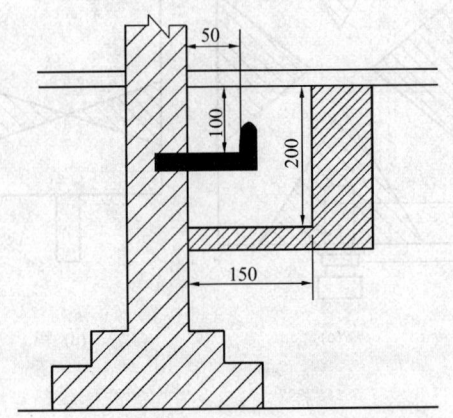

图 D.0.1-1 窨井式标志
（适用于建筑内部埋设，单位：mm）

D.0.2 基坑回弹标志的埋设，可按下列步骤与要求进行：

1 辅助杆压入式标志应按图 D.0.2-1 埋设，其

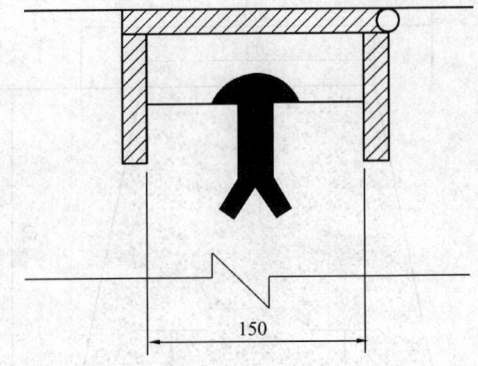

图 D.0.1-2 盒式标志
（适用于设备基础上埋设，单位：mm）

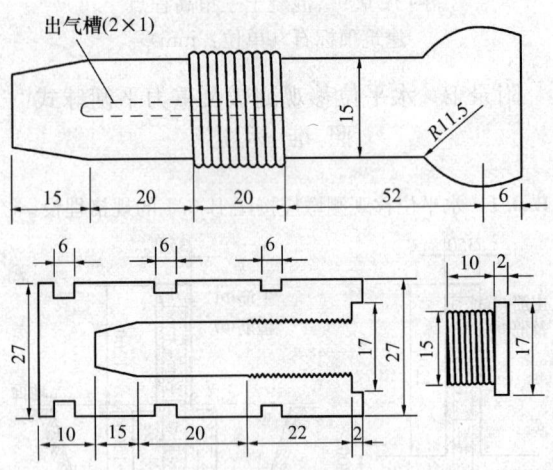

图 D.0.1-3 螺栓式标志
（适用于墙体上埋设，单位：mm）

步骤应符合下列要求：

1）回弹标志的直径应与保护管内径相适应，可采用长 20cm 的圆钢，其一端中心应加工成半径宜为 15～20mm 的半球状，另一端应加工成楔形；

2）钻孔可用小口径（如 127mm）工程地质钻机，孔深应达孔底设计平面以下 20～30cm。孔口与孔底中心偏差不宜大于 3/1000，并应将孔底清除干净；

3）应将回弹标套在保护管下端顺孔口放入孔底，图 D.0.2-1（a）；

4）不得有孔壁土或地面杂物掉入，应保证观测时辅助杆与标头严密接触，图 D.0.2-1（b）；

5）观测时，应先将保护管提起约 10cm，在地面临时固定，然后将辅助杆立于回弹标头即行观测。测毕，应将辅助杆与保护管拔出地面，先用白灰回填厚 50cm，再填

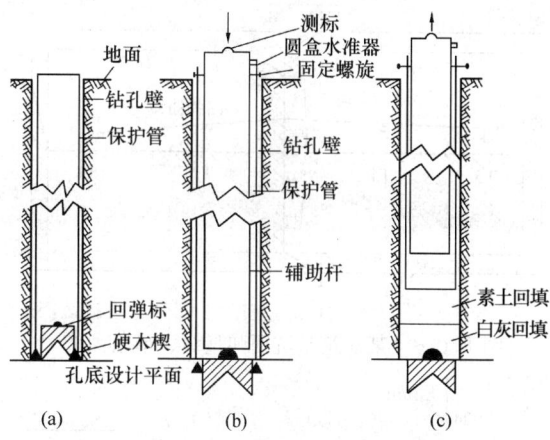

图 D.0.2-1　辅助杆压入式标志埋设步骤

素土至填满全孔。回填应小心缓慢进行，避免撞动标志，图 D.0.2-1（c）。

2　钻杆送入式标志应采用图 D.0.2-2 的形式，其埋设应符合下列要求：

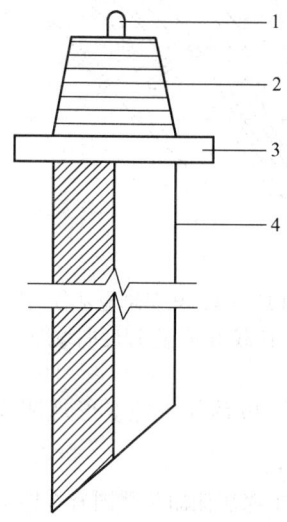

图 D.0.2-2　钻杆送入式标志
1—标头；2—连接钻杆反丝扣；3—连接圆盘；4—标身

1）标志的直径应与钻杆外径相适应。标头可加工成直径 20mm、高 25mm 的半球体；连接圆盘可用直径 100mm、厚 18mm 的钢板制成；标身可由断面 50mm×50mm×5mm、长 400～500mm 的角钢制成；标头、连接钻杆反丝扣、连接圆盘和标身等四部分应焊接成整体；

2）钻孔要求应与埋设辅助杆压入式标志的要求相同；

3）当用磁锤观测时，孔内应下套管至基坑设计标高以下。观测前，应先提出钻杆卸下钻头，换上标志打入土中，使标头进至低于坑底面 20～30cm 防止开挖基坑时被铲

坏。然后，拧动钻杆使与标志自然脱开，提出钻杆后即可进行观测；

4）当用电磁探头观测时，在上述埋标过程中可免除下套管工序，直接将电磁探头放入钻杆内进行观测。

3　直埋式标志可用于深度不大于 10m 的浅基坑配合探井成孔使用。标志可用直径 20～24mm、长 40cm 的圆钢或螺纹钢制成，其一端应加工成半球状，另一端应锻尖。探井口直径不应大于 1m，挖深应至基坑底部设计标高以下 10cm 处，标志可直接打入至其顶部低于坑底设计标高 3～5cm 为止。

D.0.3　地基土分层沉降观测可使用测标式标志按图 D.0.3 所示步骤埋设，并应符合下列要求：

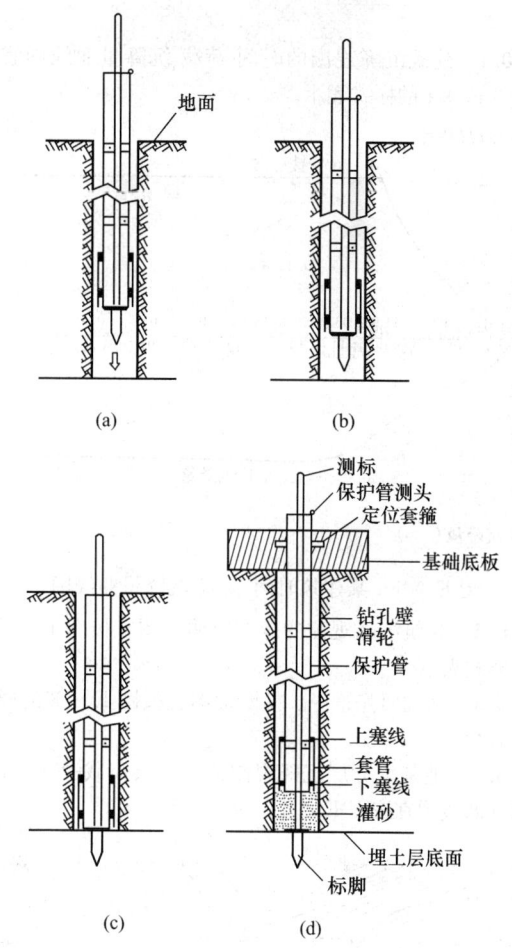

图 D.0.3　测标式标志埋设步骤

1　测标长度应与点位深度相适应，顶端应加工成半球形并露出地面，下端应为焊接的标脚，应埋设于预定的观测点位置；

2　钻孔时，孔径大小应符合设计要求，并应保持孔壁铅垂；

3　下标志时，应用活塞将长 50mm 的套管和保护管挤紧，图 D.0.3（a）；

4　测标、保护管与套管三者应整体徐徐放入孔底，

若测杆较长、钻孔较深，应在测标与保护管之间加入固定滑轮，避免测标在保护管内摆动，图 D.0.3 (b)；

5 整个标脚应压入孔底面以下，当孔底土质坚硬时，可用钻机钻一小孔后再压入标脚，图 D.0.3 (c)；

6 标志埋好后，应用钻机卡住保护管提起 30～50cm，然后在提起部分和保护管与孔壁之间的空隙内灌沙，提高标志随所在土层活动的灵敏性。最后，应用定位套箍将保护管固定在基础底板上，并以保护管测头随时检查保护管在观测过程中有无脱落情况，图 D.0.3 (d)。

附录 E 沉降观测成果图

E.0.1 建筑沉降观测的时间-荷载-沉降量曲线图宜按图 E.0.1 的样式表示。

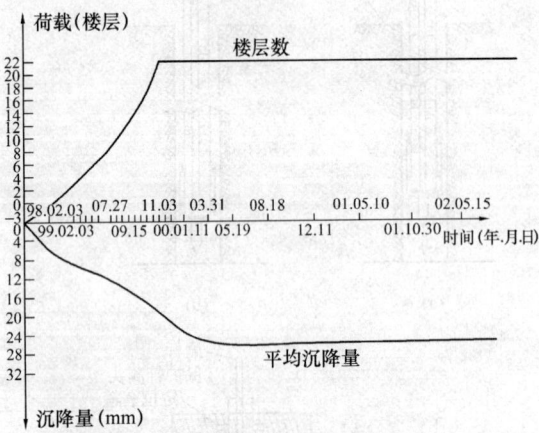

图 E.0.1 某建筑时间-荷载-沉降量曲线图

E.0.2 建筑沉降观测的等沉降曲线图宜按图 E.0.2 的样式表示。

E.0.3 基坑回弹量纵、横断面图宜按图 E.0.3 的样式表示。

E.0.4 地基土分层沉降观测的各土层荷载-沉降量-深度曲线图宜按图 E.0.4 的形式表示。

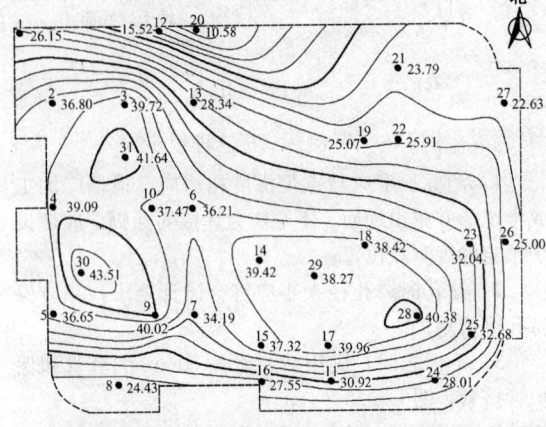

图 E.0.2 某建筑等沉降曲线图（单位：mm）

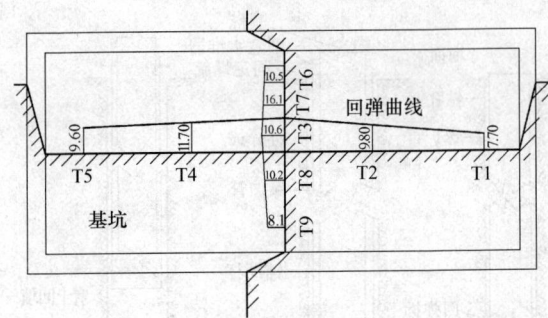

图 E.0.3 某建筑基坑回弹量纵、横断面图

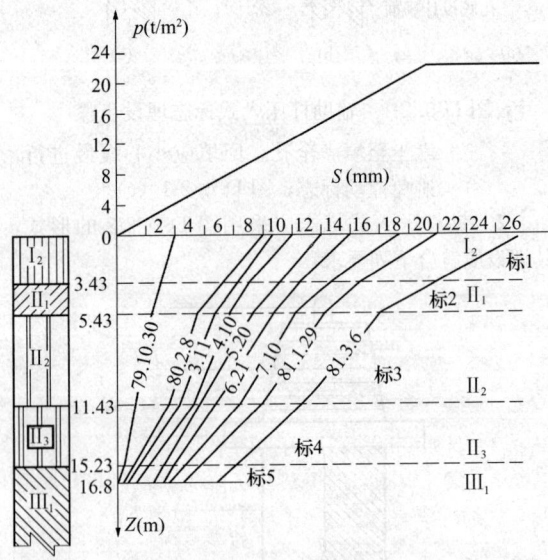

图 E.0.4 某建筑地基各土层
荷载-沉降量-深度曲线图

附录 F 位移与特殊变形观测成果图

F.0.1 地基土深层侧向位移图宜按图 F.0.1-1、图 F.0.1-2 表示。

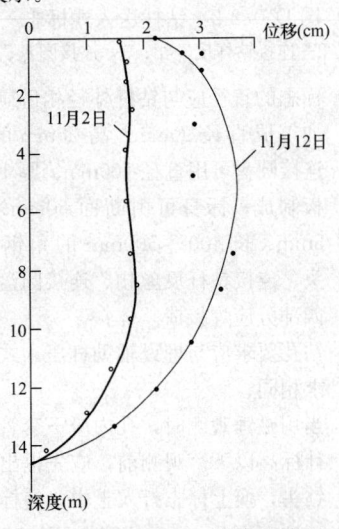

图 F.0.1-1 深度-位移曲线图

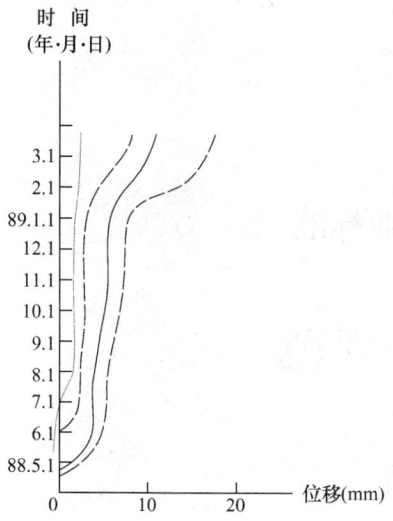

图 F.0.1-2 时间-位移曲线图

注：1 图 F.0.1-1 为某一工程实测的大面积加荷引起的水
平位移沿深度分布线；
  2 图 F.0.1-2 为某一高层建筑基坑四周地下钢筋混凝
土连续墙上一个测斜导管，在不同深度处，从基坑
开挖前开始，直至基础底板混凝土浇筑完毕止，所
测得的时间-位移曲线。

F.0.2 日照变形曲线图可按图 F.0.2 的样式表示。

F.0.3 滑坡观测点的位移与沉降综合曲线图可按图
F.0.3 的样式表示。

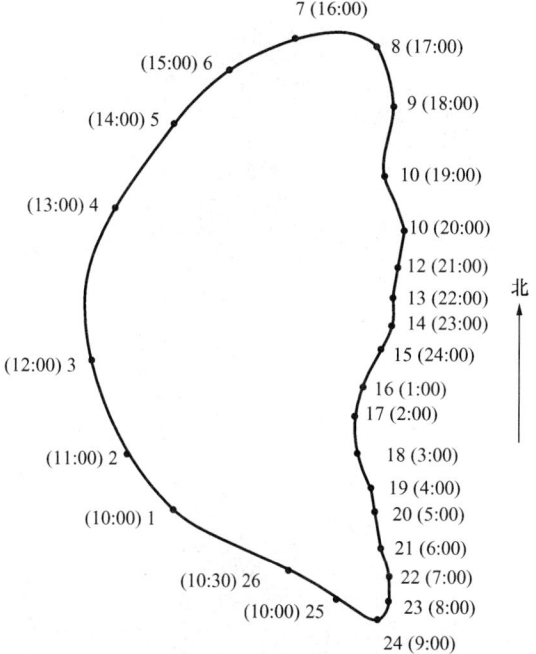

图 F.0.2 某电视塔顶部日照变形曲线图

注：1 图中顺序号为观测次数编号，括号内数字为
时间；
  2 曲线图由激光铅直仪直接测出的激光中心轨迹
反转而成。

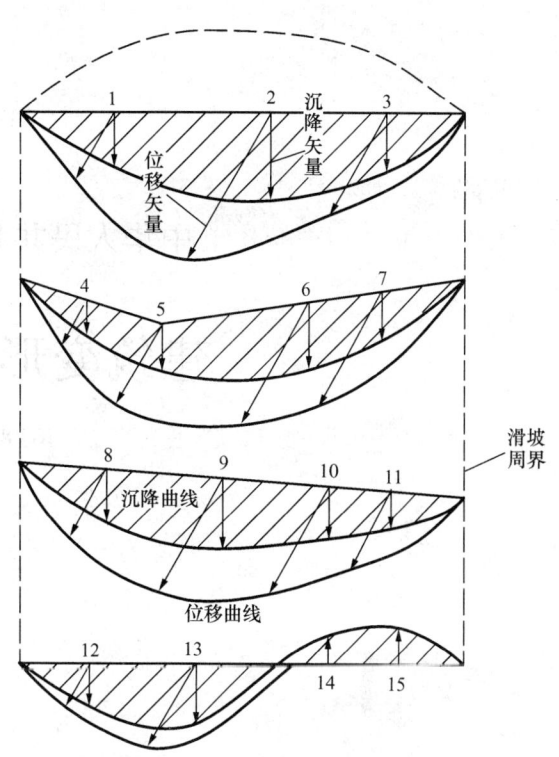

图 F.0.3 某滑坡观测点位移与
沉降综合曲线图

本规范用词说明

1 为便于在执行本规范条文时区别对待，对要
求严格程度不同的用词说明如下：
  1）表示很严格，非这样做不可的：
    正面词采用"必须"，反面词采用"严
    禁"；
  2）表示严格，在正常情况下均应这样做的：
    正面词采用"应"，反面词采用"不应"
    或"不得"；
  3）表示允许稍可选择，在条件许可时首先应
    这样做的：
    正面词采用"宜"，反面词采用"不宜"；
    表示有选择，在一定条件下可以这样做
    的，采用"可"。
2 条文中指明应按其他有关标准执行的写法为：
"应符合……的规定"或"应按……执行"。

中华人民共和国行业标准

建筑变形测量规范

JGJ 8—2007

条 文 说 明

前　言

《建筑变形测量规范》JGJ 8—2007，经建设部2007年9月4日以第710号公告批准发布。

本规范第一版的主编单位是建设部综合勘察研究设计院，参加单位是陕西省综合勘察设计院、中南勘察设计院、南京建筑工程学院、上海市民用建筑设计院、中国有色金属工业西安勘察院。

为便于广大勘测、设计、施工及科研教学等人员在使用本规范时能正确理解和执行条文规定，《建筑变形测量规范》编制组按章、节、条顺序编制了本规范的条文说明。在使用中，如发现条文说明中有欠妥之处，请将意见函寄建设综合勘察研究设计院科技质量处（北京东直门内大街177号，邮编：100007）。

目　次

1 总 则

1.0.1 本规范采用"建筑变形测量"一词，主要基于如下考虑：

1 本规范规定的变形测量不仅针对建筑物，也适用于构筑物，因此使用"建筑"作为建筑物、构筑物的通称。而"建筑变形"除包括建筑物、构筑物基础与上部结构的变形外，还包括建筑地基及场地的变形；

2 "变形测量"比"变形观测"更便于概括除获得变形信息的观测作业之外的变形分析、预报等数据处理的内容；

3 建筑变形测量属于工程测量范畴，但在技术方法、精度要求等方面与工程控制测量、地形测量及施工测量等有诸多不同之处，目前已发展成一种具有较完善技术体系的专业测量。

1.0.2 本规范主要适用于工业与民用建筑的地基、基础、上部结构及场地的沉降、位移和特殊变形测量。将建筑变形测量分为沉降、位移和特殊变形测量三类，是以观测项目的主要变形性质为依据并顾及建筑设计、施工习惯用语而确定的。这里的沉降测量包括建筑场地沉降、基坑回弹、地基土分层沉降、建筑沉降等观测；位移测量包括建筑主体倾斜、建筑水平位移、基坑壁侧向位移、场地滑坡及挠度等观测；特殊变形测量包括日照变形、风振、裂缝及其他动态变形测量等。

《建筑变形测量规程》JGJ/T 8—97 将建筑变形分为沉降和位移两类。考虑到日照、风振及裂缝变形的性质与一般的建筑位移是有区别的，本次修订时将这三种变形列为特殊变形测量。同时，由于测量技术的进步，使得人们能够用更先进的仪器捕捉到建筑受风荷载、日照及其他外力作用下的实时变形，根据需要本规范增加了动态变形测量内容，并列入特殊变形测量一章中。

1.0.3 将"确切地反映建筑地基、基础、上部结构及其场地在静荷载或动荷载及环境等因素影响下的变形程度或变形趋势"作为建筑变形测量的基本要求，是由变形测量性质所决定的，应体现在变形测量全过程中。

从测量目的考虑，只有使变形测量成果资料符合上述基本要求，才能做到：

1）有效监视新建建筑在施工及运营使用期间的安全，以利及时采取预防措施；

2）有效监测已建建筑以及建筑场地的稳定性，为建筑维修、保护、特殊性土地区选址以及场地整治提供依据；

3）为验证有关建筑地基基础、工程结构设计的理论及设计参数提供可靠的基础数据；

4）在结合典型工程、典型地质条件开展的建筑变形规律与预报以及变形理论与测量方法的研究工作中，依据对系统、可信的观测资料的综合分析，获得有价值的结论。

由于建筑变形测量属于测绘学科与土木工程学科的边缘，人员的技术素质与工作方法也要与之相适应。变形测量工作者除了努力提高有关现代测量理论与技术水平外，还应学习必要的土力学和土木工程基础知识，并在工作中重视与建筑设计、施工及建设单位的密切配合。比如，在编制施测方案时，应与有关设计、施工、岩土工程人员协商，合理解决诸如点位选设、观测周期等问题；在施测过程中，对于发现的变形异常情况，应及时通报项目委托单位，以采取必要措施。

1.0.4 测量仪器的检验检定对于保障建筑变形测量成果的质量具有十分重要的意义。仪器设备应经国家认可机构检定并在检定有效期内使用。大地测量仪器的检验检定在现行有关国家测量规范中已有详细规定，本规范除结合建筑变形测量特点规定其必要的检验技术要求外，对于光学和数字水准仪、光学和电子经纬仪、全站仪、测距仪、GPS 接收机及相关配件的检验项目、方法及维护要求，均应按照现行有关国家规范的规定执行。这些规范主要有：《国家一、二等水准测量规范》GB 12897、《国家三、四等水准测量规范》GB 12898、《国家三角测量规范》GB/T 17942、《中、短程光电测距规范》GB/T 16818、《全球定位系统（GPS）测量规范》GB/T 18314、《精密工程测量规范》GB/T 15314 等。此外，关于测量仪器检定还有一些行业标准可供借鉴，如：《水准仪检定规程》JJG 425、《水准标尺检定规程》JJG 8、《光学经纬仪检定规程》JJG 414、《全站型电子速测仪检定规程》JJG 100、《光电测距仪检定规程》JJG 703、《全球定位系统（GPS）接收机（测地型和导航型）校准规范》JJF 1118 等。使用中应依据这些标准的最新版本。

1.0.5 现代测量技术发展迅速，本规范规定：在建筑变形测量实践中，除使用本规范中规定的各种方法外，也可采用其他测量方法，但这些方法应能满足本规范规定的技术质量要求。

2 术语、符号和代号

本章主要对规范中使用的术语、代号和符号作出说明，以便于理解和使用。

对一些术语主要是按照建筑变形测量的特点和实际工作中的习惯来定义的，如"观测周期"、"沉降差"等。在本规范中，"沉降差"是指同一建筑的不同部位在同一时间段的沉降量差值。

"地基"、"基础"、"基坑回弹"等主要参考了

《岩土工程基本术语标准》GB/T 50279—98。"倾斜"、"日照"等主要参考了《工程测量基本术语标准》GB/T 50228—96。

3 基 本 规 定

3.0.1 为监视建筑及其周围环境在施工和使用期间的安全，了解其变形特征，并为工程设计、管理及科研提供资料，在参考国家标准《建筑地基基础设计规范》GB 50007—2002 规定的地基基础设计等级和第10.2.9 条（强制性条文）及国家标准《岩土工程勘察规范》GB 50021—2001 第 13.2.5 条规定的基础上，本规范提出 5 类建筑在施工及使用期间应进行变形观测，并将该条作为强制性条文。其中的地基基础设计等级主要使用了 GB 50007—2002 中表 3.0.1 的规定。为了方便使用，我们将该表列在这里（见表 3-1）。

表 3-1　建筑地基基础设计等级

设计等级	建筑和地基类型
甲级	重要的工业与民用建筑 30 层以上的高层建筑 体型复杂，层数相差超过 10 层的高低层连成一体的建筑 大面积的多层地下建筑物（如地下车库、商场、运动场等） 对地基变形有特殊要求的建筑物 复杂地质条件下的坡上建筑物（包括高边坡） 对原有工程影响较大的新建筑物 场地和地基条件复杂的一般建筑物 位于复杂地质条件及软土地区的二层及二层以上地下室的基坑工程
乙级	除甲级、丙级以外的工业与民用建筑物
丙级	场地和地基条件简单、荷载分布均匀的七层及七层以下民用建筑及一般工业建筑物；次要的轻型建筑物

3.0.2 建筑变形测量的平面坐标系统与高程系统通常应优先采用国家或所在地方的平面坐标系统和高程系统。当观测条件困难，难以与国家或地方使用的系统联测时，采用独立系统也可以满足要求，这是因为变形测量主要以测定变形体的变形为目的。为了便于变形测量成果的进一步使用和管理，当采用独立平面坐标或高程系统时，必须在技术设计书和技术报告书中作出明确说明。

3.0.3 建筑变形测量的基本要求是以确切反映建筑及其场地在静荷载或动荷载及环境等影响下的变形程度或变形趋势，这一要求应体现在变形测量的全过程。变形测量的成果质量取决于各个测量环节，而技术设计尤为重要。因此，应在建筑变形测量开始前，认真做好技术设计，形成书面的技术设计书或施测方案。技术设计书或施测方案的编写要求可参照现行行业标准《测绘技术设计规定》CH/T 1004 的相关规定进行。

3.0.4 本次修订中，有关建筑变形测量的级别名称、级别划分及精度要求沿用了原《建筑变形测量规程》JGJ/T 8—97 的规定。原规程发布后，有一些用户对规程使用"级"而不是"等"有不同的看法。经过分析研究，我们认为，对于建筑变形测量，使用"级"而不是"等"能更好地体现变形测量的精度特征，也便于实际应用的延续性。

建筑变形测量的级别划分及其精度要求系根据原规程的下述分析来进行确定的（本次修订中补充了有关标准当前版本的规定）。

1 沉降测量的级别划分及其精度要求

1）级别划分。采用特级、一级、二级、三级，并分别代表特高精度、高精度、中等精度、低精度等 4 个级别精度档次。级别精度是按照与我国国家水准测量等级精度指标相靠拢，并能概括国内有关标准对沉降水准测量精度规定综合确定的。

国内外有关标准的规定等级及其精度要求参见表 3-2。

2）精度指标。考虑到沉降测量的自身特点及其小范围测量的环境，同时为了便于使用和数据处理，宜以观测点测站高差中误差作为精度指标。从表 3-2 可见，一些沉降测量规范也是采用测站高差中误差作为规定测量精度的依据。

表 3-2　有关标准规定的等级及其精度要求

标准名称	等级划分及其精度指标		m_0(mm)
德国工业标准《建筑物沉降观测》（DIN 4107）	分四档，规定观测高差中误差(mm)为：		
	特高精度	±0.1	±0.1
		±0.3	±0.3
	（指相邻观测点间高差中误差）		
	高精度	±0.5	$±0.5/\sqrt{Q}$
	中等精度	±3.0	$±3.0/\sqrt{Q}$
	低精度	沉降终值的 10%	
	（指观测点相对于控制点的高差中误差）		
前苏联建筑物沉降观测规定（载于《大型工程建筑物的变形观测》，1974 年）	分五等，规定每公里高差中数偶然中误差(mm)为：		
	一	±0.28 （$S=5$m,$r=2$）	±0.04
	Ⅰ 等	±0.50 （$S=50$m,$r=4$）	±0.32
	Ⅱ 等	±0.84 （$S=65$m,$r=2$）	±0.43
	Ⅲ 等	±1.67 （$S=75$m,$r=2$）	±0.92
	Ⅳ 等	±6.68 （$S=100$m,$r=1$）	±3.00

续表 3-2

标准名称	等级划分及其精度指标		m_0(mm)
《国家一、二等水准测量规范》(GB 12897)《国家三、四水准测量规范》(GB 12898)	分四等,规定每公里往返测高差中数的偶然中误差(mm)分别为:		
	一等	±0.45 （S≤30m)	±0.16
	二等	±1.0 （S≤50m)	±0.45
	三等	±3.0 （S≤75m)	±1.64
	四等	±5.0 （S≤100m)	±3.16
《工程测量规范》GB 50026—93	分四等,规定变形点的高程中误差、相邻变形点高差中误差(mm)分别为:		
	一等	±0.3,±0.1 （S≤15m)	±0.10
	二等	±0.5,±0.3 （S≤35m)	±0.30
	三等	±1.0,±0.5 （S≤50m)	±0.50
	四等	±2.0,±1.0 （S≤100m)	±1.00
《地下铁道、轻轨交通工程测量规范》(GB 50308—99)	分三等,规定变形点的高程中误差、相邻变形点的高差中误差(mm)分别为:		
	一等	±0.3,±0.1 （S≤15m)	±0.10
	二等	±0.5,±0.3 （S≤35m)	±0.30
	三等	±1.0,±0.5 （S≤50m)	±0.50

注：1 表中 S 为视线长度,r 为观测路线条数,n 为测站数,Q 为协因数,m_0 为按各个标准规定精度指标换算的测站高差中误差;

2 表中等级和精度指标用词,均为原标准使用的原词。

3）一、二、三级沉降观测精度指标。以国家水准测量规范规定的一、二、三等水准测量每公里往返测高差中数的偶然中误差 M_Δ 为依据,由下列换算式计算出单程观测测站高差中误差 m_0（mm）,则可得沉降水准测量精度指标,如表 3-3。

$$m_0 = M_\Delta \sqrt{\frac{S}{250}} \qquad (3-1)$$

式中 S——本规范规定的各级别水准视线长度（m）。

表 3-3　一、二、三级沉降观测精度指标计算

等级	M_Δ(mm)	S(m)	换算的 m_0 值(mm)	取用值(mm)
一级	0.45	30	±0.16	±0.15
二级	1.0	50	±0.45	±0.5
三级	3.0	75	±1.64	±1.5

4）特级精度指标。我国国家水准测量规范没有这个级别的精度指标,现依据表 3-2 所列的国内外的有关标准的规定,分析确定如下:

①根据表 3-2 所列前苏联建筑物沉降观测标准的

特高精度等级 $M_\Delta = \pm 0.28$mm（$S=5$m,$r=2$）,按(3-1)式换算为本规范的特级 m_0 值为 ±0.056mm;

②按国内所使用的最高精度水准仪 DS05 型的观测精度,取用本规范第 4.4.1 条中计算 DS05 单程观测每测站高差中误差 m_0（mm）的经验公式为:

$$m_0 = 0.025 + 0.0029S \qquad (3-2)$$

式中 S——视线长度,且 $S \leq 10$m。

按(3-2)式为 $m_0 = \pm 0.054$mm;

③按表 3-2 所列《工程测量规范》规定一测站变形点高程中误差 ±0.30mm,顾及等影响原则,其测站高差中误差为 ±0.30mm$/\sqrt{2} = \pm 0.21$mm,当 $S \leq 15$m 时,按(3-1)式可换算为本规范特级 m_0 值小于或等于 ±0.051mm。

综合上述三种情况,取 ±0.05mm 作为特级精度指标是合理的。同时,这样取值也使相邻级别沉降观测的精度比例约为 1:3,体现了精度系列的系统性。

5）按实测的沉降测量工程项目精度统计,检验本规范规定的精度指标的可行性与合理性。我们统计了近二十年完成的 68 项大型工程项目,其中水准测量 64 项、静力水准测量 4 项,涉及精密工程、科研工程、高层建筑、工业民用建筑、古建筑及场地沉降等,现列于表 3-4。

表 3-4　68 项工程的实测测站高差中误差统计

级别	特级	一级	二级	三级
精度（mm）	±0.05	±0.15	±0.50	±1.50
项目数	7	17	37	7
%	10	25	54	11

注：1 一项工程中计算多个中误差值时,取其中最大者统计;

2 达到特级精度指标的项目,包括特种精密工程项目 3 项、工业与民用建筑 4 项。

由表 3-4 可见,用水准测量方法进行沉降观测所得成果精度均在规定的精度范围以内,其分布属一、二级者最多,三级者较少,特级也较少,符合正常规律。同时通过原规程发布后多年的实践和应用,也表明本规范采用的精度级别与精度指标的规定是先进合理、实用的。

2　位移测量的级别划分及其精度指标

1）级别划分。按照与沉降测量的规定相配套考虑,分为特、一、二、三级。

2）精度指标。从有利于概括不同位移的向量性质和使用直观、方便来考虑,本规范采用变形观测点坐标中误差作为精度指标。目前,位移观测中,绝大多数是使用测定坐标的方法（如全站仪、GPS、测斜仪测量等）,规定用坐标中误差作为观测点相对于测站点（工作基点）的测定精度较为方便。对于有些非直接测定观测点坐标的方法（如基准线法、铅垂仪法），可按"与坐标等价"的原则考虑，如基准线法规定为观测点相对基准线的偏差值中误差，铅垂仪法规定为建筑物（或构件）上部观测点相对于底部定点的水平位移分量中误差。另外，有些建筑位移观测规定以点位中误差表示精度时，则可按坐标中误差的 $\sqrt{2}$ 倍计算。从原规程发布后多年的工程实践表明，采用观测点坐标中误差作为精度指标是合适的。

    3）各级别的精度指标取值。本规范各级别的精度指标取值仍采用原规程的规定。首先确定特级和三级的精度指标值，再以适当比例定出一、二级的精度指标，构成较为合理的精度系列。

    ①特级的精度指标，以适应特种精密工程变形观测要求为原则，综合考虑表 3-5 所列几项代表性工程项目的观测精度要求和表 3-6 所列国内近年来完成的几项典型工程项目实测精度来确定。

表 3-5　几项特种精密工程项目的观测精度要求

工程项目	观测精度要求（mm）	相当的坐标中误差（mm）
高能粒子加速器工程	漂移管横向精度 $\pm0.05\sim$ $\pm0.05\sim\pm0.3$	±0.30
人造卫星与导弹发射轨道	几百米以内的横向中误差 $\pm0.10\sim$	$\pm0.10\sim$ ±0.30
抛光与磨光工艺玻璃传送带	$\pm0.1\sim\pm0.3$	
大型核电厂汽轮发电机组	水平位移监测精度 $\pm0.2\sim\pm0.5$	$\pm0.14\sim$ ±0.35

表 3-6　几种特种精密工程项目的实测精度要求

工程项目	观测精度要求（mm）	相当的坐标中误差（mm）
北京正负电子对撞机工程	地面测边控制网点位中误差 ±0.30	±0.20
	输运线平面控制网相对点位中误差 ±0.20	±0.14
	贮存环平面控制网相对点位中误差 ±0.15	±0.10
	各种磁铁及其他束流部件安装定位横向精度 $\pm0.1\sim$ ±0.2	$\pm0.10\sim$ ±0.20

续表 3-6

工程项目	观测精度要求（mm）	相当的坐标中误差（mm）
武汉船模实验水池工程	控制点横向点位中误差 ±0.3	±0.3
	池壁横向变形测量误差 $\leqslant\pm0.2$	$\leqslant\pm0.2$
	轨道精调实测最大不直度中误差 ±0.179	±0.2
某雷达标准基线	天线控制点之间的距离误差 ±0.28	±0.28

    综合表 3-5、表 3-6 所列精度，取特级的观测点坐标中误差为 ±0.3mm。

    ②三级的精度指标，以满足具有最大位移允许值的高耸建筑顶部水平位移观测精度要求为原则，综合考虑表 3-7 所列的几项项目的精度估算结果和表 3-8 所列几项工程的实测精度确定。

表 3-7　几个观测项目的观测精度要求

项目	规范及给定的估算参数（取最大值）	估算的观测点坐标中误差（mm）
风荷载作用下的高层建筑顶部水平位移	《钢筋混凝土高层建筑结构设计与施工规程》 JGJ 3—91 $\Delta/H=1/500$ H 取值 130m	±13
电视塔中心线垂直度	原国家广电部规定，130m 以上高度的允许偏差为 $H/1500$，取 $H=300$m	±10
钢筋混凝土烟囱中心线垂直度	《烟囱工程施工及验收规范》 $H=300$m　允许偏差为 165mm	±8

注：1　表中 Δ 为建筑物顶部水平位移允许值，H 为建筑高度；
    2　精度估算，按本规范第 3.0.7 条规定，取坐标中误差＝允许值/20。

表 3-8　几项工程的实测精度

项目	观测方法	实测点位中误差（mm）	换算的观测点坐标中误差（mm）
北京 380m 高中央电视塔倾斜观测	三方向交会法比值解析法	±13.0	±9.2

项　目	观测方法	实测点位中误差 (mm)	换算的观测点坐标中误差 (mm)
南宁 75.76m 高砖瓦厂烟囱倾斜观测	交会法	±12.5	±8.8
德国 360m 高电视塔摆动观测	地面摄影法	±11.0(250m 处) ±13.0(305m 处) ±15.0(360m 处)	±7.8 ±9.2 ±10.6
前苏联 316m 高电视塔倾斜观测	三方向交会法	±8.5(200m 处)	±6

综合表 3-7、表 3-8 的精度，并考虑到《工程测量规范》GB 50026—93 最低一级水平位移变形点点位中误差为 ±12mm（换算为坐标中误差为±8.5mm），本规范三级的观测点坐标中误差定为±10mm。

③一、二级的精度指标，按与沉降观测各级别之间精度指标比例相同考虑（即 1：3），取一级为±1.0mm、二级为±3.0mm。

④按实测的位移测量工程项目精度统计，验证本规范规定的级别精度指标是可行、实用的。现统计 20 世纪 80 年代以来国内完成的 57 个工程 72 个观测项目，其中控制网 22 个、倾斜观测项目 19 个、滑坡观测项目 8 个、其他位移观测项目 23 个。将这 72 个观测项目实测精度均换算为坐标中误差形式，归纳列于表 3-9。

表 3-9　57 个工程的 72 个观测项目实测精度统计

级　别		特级	一级	二级	三级	级外
精度指标（mm）		±0.3	±1.0	±3.0	±10.0	>±10.0
控制网个数		5	5	10	2	—
观测项目个数	建筑物倾斜	—	2	4	12	1
	场地滑坡	—	—	1	7	—
	其他位移	6	1	10	6	—
合计个数		11	8	25	27	1
％		15	11	35	38	1

注：表列特级均为特种精密工程，共 5 个工程，其中 2 个工程包括 2 个控制网 5 个观测项目；其余等级的统计量中，除少数工程占 2 个项目（包括控制网与观测项目）外，均为一个工程一个项目。

从表 3-9 统计看出，实测成果精度除个别项目外，均在本规范规定的精度范围以内，且分布符合正常情况。本规范表 3.0.4 中的适用范围，也是参照表

3-9 中所列各项目实际达到的精度及其在各级别中的一般分布特征来确定的。原规程位移观测精度规定经过多年的工程实践和应用，表明级别精度规定是合适的。

3.0.5　这里涉及的建筑地基变形允许值采用了国家标准《建筑地基基础设计规范》GB 50007—2002 表 5.3.4 的规定。关于变形允许值的确定可参见该规范相应的条文说明。为了方便使用，我们将该表列在这里（见表 3-10）。

表 3-10　建筑物的地基变形允许值

变　形　特　征		地基土类别	
		中、低压缩性土	高压缩性土
砌体承重结构基础的局部倾斜		0.002	0.003
工业与民用建筑相邻柱基的沉降差 (1) 框架结构 (2) 砌体墙填充的边排柱 (3) 当基础不均匀沉降时不产生附加应力的结构		0.002l 0.0007l 0.005l	0.003l 0.001l 0.005l
单层排架结构（柱距为 6m）柱基的沉降量（mm）		(120)	200
桥式吊车轨面的倾斜（按不调整轨道考虑）			
	纵向	0.004	
	横向	0.003	
多层和高层建筑物的整体倾斜	H_g≤24	0.004	
	24<H_g≤60	0.003	
	60<H_g≤100	0.0025	
	H_g>100	0.002	
体形简单的高层建筑基础的平均沉降量（mm）		200	
高耸结构基础的倾斜	H_g≤20	0.008	
	20<H_g≤50	0.006	
	50<H_g≤100	0.005	
	100<H_g≤150	0.004	
	150<H_g≤200	0.003	
	200<H_g≤250	0.002	
高耸结构基础的沉降量（mm）	H_g≤100	400	
	100<H_g≤200	300	
	200<H_g≤250	200	

注：1　本表数值为建筑物地基实际最终变形允许值；
　　2　有括号者仅适用于中压缩性土；
　　3　l 为相邻柱基的中心距离（mm），H_g 为自室外地面起算的建筑物高度（m）；
　　4　倾斜指基础倾斜方向两端点的沉降差与其距离的比值；
　　5　局部倾斜指砌体承重结构沿纵向 6～10m 内基础两点的沉降差与其距离的比值。

3.0.6 高程控制网和观测点精度设计中的最终沉降量观测中误差是按照下列对变形值观测中误差的分析与估计确定的。

1 对已有变形值观测中误差取值方法的分析

国内外有关变形值观测中误差取值方法有很多种，但使用较广泛的是以变形允许值为依据给以一定比例系数确定或直接给出观测中误差值。对一般变形测量，观测值中误差不应超过变形允许值的$1/20\sim1/10$，或者$\pm(1\sim2)$mm；而对一些具有科研目的的变形监测，应分别为$1/100\sim1/20$，或者±0.2mm。另外，也有少数是以一定小的变形特征值（如，达到稳定指标时的变形量、建筑阶段平均变形量等）为依据给以一定比例系数的取值方法。因此，本规范结合建筑变形特点及测量要求，归纳出以下确定变形值观测精度的基本思路。

1）区分实用目的与科研目的。以前者的取值为依据，视不同要求，取其$1/2\sim1/5$作为科研和特殊目的的变形值观测中误差；

2）绝对变形允许值，在建筑设计、施工中通常不作为主要控制指标，其变形值因地质环境影响复杂变化较大，给出的允许值也带有较大概略性，因此绝对变形值的观测精度以按综合分析方法考虑不同地质条件直接确定为宜。除绝对变形允许值之外的各种变形允许值，在建筑设计、施工中通常作为主要控制指标，其数值比较稳定，可信赖性强，对于这类变形的观测精度，宜以允许值为依据给以适当比例系数估算确定；

3）从便于使用考虑，宜对不同变形观测项目类别分别给出比例系数。在按其变形性质所选取的一定概率下，可以忽略的测量误差作为变形值观测误差来估算出比例系数。

2 推导为实用目的变形值观测中误差估算公式

按上款确定比例系数的思路，取变形值与测量误差的关系式为：

$$\Delta_0^2 = \Delta_1^2 + \Delta_2^2 \qquad (3-3)$$

式中 Δ_0——用测量方法测得的变形值；

Δ_1——在一定概率下可忽略的测量误差；

Δ_2——在测量误差小到可忽略程度时，所反映的近似纯变形值。

当Δ_1可忽略时，即

$$\Delta_0 = \sqrt{\Delta_1^2 + \Delta_2^2} \approx \Delta_2 \qquad (3-4)$$

为求Δ_1应比Δ_2小到多少才可以忽略，令

$$\Delta_1 = \Delta_2/\lambda \qquad (3-5)$$

将公式（3-5）代入公式（3-3），可得

$$\lambda = \frac{1}{\sqrt{\left(\dfrac{\Delta_0}{\Delta_2}\right)^2 - 1}} \qquad (3-6)$$

以m表示Δ_1的中误差并作为变形值观测中误差，以Δ表示Δ_0的限差即变形允许值，令按变形性质与类型选取的概率为$P=\Delta_2/\Delta_0$，顾及公式（3-4），则由公式（3-5）、（3-6）可得实用估算式为：

$$m = \frac{\Delta}{t\lambda} \qquad (3-7)$$

$$\lambda = \frac{1}{\sqrt{\left(\dfrac{1}{P}\right)^2 - 1}} \qquad (3-8)$$

式中 t——置信区间内允许误差与中误差之比值，取$t=2$；

$1/t\lambda$——比例系数。

3 绝对沉降（值）的观测中误差取值，系综合下列估算和已有规定确定。

1）按原《建筑地基基础设计规范》GBJ 7—89对一般多层建筑物在施工期间完成的沉降量所占最终沉降量之比例规定，取该规范条文说明中根据64幢建筑物完工时的沉降观测资料所绘经验曲线，可知完工时对于低、中、高压缩性土的沉降量分别为$\leqslant20$mm、$\geqslant40$mm、$\geqslant120$mm。按公式（3-7）、（3-8），取Δ为20mm、40mm、120mm，$P=0.999$，可得$1/t\lambda=1/44$，则估算得变形值观测中误差，对低、中、高压缩性土分别为±0.45mm、±0.91mm与±2.7mm；

2）国内有些单位实测中，按不同沉降情况，采用的沉降量观测中误差为±0.5mm、±1.0mm与±2.0mm；

3）前苏联的沉降观测规范规定，对岩石和半岩石，沙土、黏土及其他压缩性土，填土、湿陷土、泥炭土及其他高压缩性土等三类地基土，分别规定测定沉降的允许误差为不大于1mm、2mm与5mm，即相应的沉降观测中误差为±0.5mm、±1.0mm、±2.5mm。

上述三种取值基本接近，综合考虑国内外经验，作出规定：对低、中、高压缩性土的绝对沉降观测中误差分别为±0.5mm、±1.0mm与±2.5mm。

4 绝对沉降之外的各种变形的观测中误差。按公式（3-7）、（3-8）估算确定，其采用的概率P与比例系数$1/t\lambda$分别为：

1）对于相对沉降（如沉降差、基础倾斜、局部倾斜）和具有相对变形性质的局部地基沉降（如基坑回弹、地基土分层沉降）、膨胀土地基沉降，取$P=0.995$，则$1/t\lambda \leqslant 1/20$；

2）结构段变形（如平置构件挠度），取$P=0.950$，则$1/t\lambda \leqslant 1/6$。

3.0.7 平面控制网和观测点精度设计中的变形值观

测中误差取值，按本规范第 3.0.6 条条文说明中提出的基本思路和估算方法确定。需要注意的是采用的变形值应在向量意义上与作为级别精度指标的坐标中误差相协调，即所估算的变形值观测中误差应是位移分量的观测中误差；对应的变形允许值应是变形允许值的分量值，并约定以允许值的 $1/\sqrt{2}$ 作为允许值分量。

1 对于绝对位移（如建筑基础水平位移、滑坡位移等）的允许值，现行的建筑规范中未有规定，也难以给定，因此可不估算其位移值的观测中误差，根据经验或结合分析，直接按照本规范表 3.0.4 的规定选取适宜的精度等级。

2 对于绝对位移之外各项位移分量的观测中误差，则可按本规范第 3.0.6 条条文说明中的公式（3-7）、（3-8）估算确定，其取用的概率 P 与比例系数 $1/\alpha$ 为：

1）对相对位移（如基础的位移差、转动、挠曲等）和具有相对变形性质的局部地基位移（如受基础施工影响的建筑物或地下管线位移，挡土墙等设施的位移）的观测中误差，可取 $P=0.995$，即 $1/\alpha \leqslant 1/20$；

2）对建筑整体性位移（如建筑顶部水平位移、建筑全高垂直度偏差、桥梁等工程设施水平轴线偏差）的观测中误差，可取 $P=0.980$，即 $1/\alpha \leqslant 1/10$；

3）对结构段变形（如高层建筑层间相对位移、竖直构件的挠度、垂直偏差等）的观测中误差，可取 $P=0.950$，即 $1/\alpha \leqslant 1/6$；

4）对于科研及特殊项目的位移分量观测中误差，取与沉降观测中误差的规定相同，即将上列各项变形值观测中误差，再乘以 $1/5 \sim 1/2$ 的适当系数采用。

3.0.8 建筑变形测量中观测点与控制点应按照变形观测周期进行观测，其观测周期应根据变形体的特征、变形速率和变形观测精度要求及外界因素影响等综合确定。当有多种原因使某一变形体产生变形时，可分别以各种因素确定观测周期后，以其最短周期作为观测周期。

3.0.9 变形测量的时间性很强，它反映某一时刻变形体相对于基点的变形程度或变形趋势，因此首次观测值（初始值）是整个变形观测的基础数据，应认真观测，仔细复核，增加观测量，进行两次同精度独立观测，以保证首次观测成果有足够的精度和可靠性。

3.0.10 一个周期的观测应在尽可能短的时间内完成，以保证同一周期的变形观测数据在时态上基本一致。对于不同周期的变形测量，采用相同的观测网形（路线）和观测方法，并使用同一仪器和设备等观测措施，其目的是为了尽可能减弱系统误差影响，提高观测精度，保证成果质量。

3.0.11 为了保证建筑及周围环境在施工或运营期间的安全，当变形测量过程中出现各种异常或有异常趋势时，必须立即报告委托方以便采取必要的安全措施。同时，应及时增加观测次数或调整变形测量方案，以获取更准确全面的变形信息。本条第 2 款中的预警值通常取允许变形值的 60%。本条作为强制性条文，必须严格执行。

4 变形控制测量

4.1 一 般 规 定

4.1.1~4.1.4 变形测量基准点的基本要求是应在整个变形观测阶段保持稳定可靠，因此除了对其位置有要求外，还应定期对其进行复测和稳定性分析。

设置工作基点的主要目的是为方便较大规模变形测量工程的每期变形观测作业。由于工作基点一般距待测目标较近，因此在每期变形观测时，应将其与基准点进行联测。

需要说明的是，原规程中将高程控制和平面控制分别列为两章，本次修订将其合并为一章，并作了较多的补充、修改和顺序调整。

4.2 高程基准点的布设与测量

4.2.1 本规范规定"特级沉降观测的高程基准点数不应少于 4 个、其他级别沉降观测的高程基准点数不应少于 3 个"是为了保证有足够数量的基准点可用于检测其稳定性，从而保证沉降观测成果的可靠性。高程控制网不能布设成附合路线，只能独立布设成闭合环或布设成由附合路线构成的结点网，这主要是为了便于检核校验。

4.2.2 根据地基基础设计的规定和经验总结，规定高程基准点和工作基点位置选择的要求，以便保证高程基准点的稳定和长期保存以及工作基点的适用性。关于基准点位置的进一步分析还可参见本规范第 5.2.2 条的条文说明。

4.2.3 高程基准点标石、标志的形式有多种，本规范附录 A 仅给出了一些常用的形式。

4.2.4 在建立沉降观测高程控制网的方法中增加电磁波测距三角高程测量，主要是考虑到在一些二、三级沉降观测高程控制测量中，可能难以进行高效率的水准测量作业。为减少垂线偏差和折光影响，对电磁波测距三角高程测量观测视线的路径要高度重视，尽可能使两个端点周围的地形相互对称，并提高视线高度，使视线通过类似的地貌和植被。

4.3 平面基准点的布设与测量

4.3.2 平面基准点标石、标志的形式有多种，本规范附录 B 仅给出了几种常用的形式。

4.3.5 一般测区的一、二、三级平面控制网技术要求，系按下列思路分析确定：

1 主要思路：

1）取一般建筑场地的规模、按一个层次布设控制网点，以常用网形和观测精度考虑；

2）测角、测边网的最弱边边长中误差，按相邻点间边长中误差与点的坐标中误差近似相等的关系，取与相应等级精度指标的观测点坐标中误差等值，导线（网）的最弱点点位中误差取与相应级别观测点坐标中误差的 $\sqrt{2}$ 倍等值；

3）控制网精度设计，主要考虑测角、测距精度及网的构形，未计及起始数据误差影响。

2 本规范表 4.3.5-1 中的技术要求（按三角网进行估算）：

1）精度估算按下列公式：

$$m_{\lg D} = m_\beta \sqrt{\frac{1}{P_{\lg D}}} \qquad (4-1)$$

$$\frac{1}{T} = \frac{m_D}{D} = \frac{m_{\lg D}}{\mu \cdot 10^6} \qquad (4-2)$$

$$m_\beta = \frac{\mu \cdot 10^6}{T \sqrt{\frac{1}{P_{\lg D}}}} \qquad (4-3)$$

$$\frac{1}{P_{\lg D}} = K\Sigma R \qquad (4-4)$$

式中　D——最弱边边长（mm）；

m_D——边长中误差（mm）；

$m_{\lg D}$——边长对数中误差，以对数第六位为单位；

m_β——测角中误差（"）；

T——最弱边边长相对中误差的分母；

$1/P_{\lg D}$——边长对数权倒数；

R——为图形强度因子；

K——图形系数。

μ 取 0.4343；

2）各项技术要求的确定

取实际布网中常遇三角形（三个角度分别为 45°、60°、75°）作为推算路线的图形，平均的 R 值为 5.7。

一级网，主要用于建筑或场地的高精度水平位移观测。一般控制面积不大，边长较短，取平均边长 $D=200m$。按三角网，布设两条起算边，传算三角形个数为 3，因 $K=1/3$，则 $1/P_{\lg D}=5.7$；按四边形网，布设一条起算边，传算三角形个数为 2，因 $K=0.4$，则 $1/P_{\lg D}=4.6$；按五边中点多边形网，布设一条起算边，传算三角形个数为 3，因 $K=0.35$，则 $1/P_{\lg D}=6.0$。取 $m_D=\pm1.0mm$，即 $T=200000$，由公式（4-3）可得出上述三种网形的 m_β 值分别为：三角网 $\pm0.9"$，四边形网 $\pm1.0"$，五边中点多边形网 $\pm0.9"$，

取用 $\pm1.0"$。

二级网，主要用于中等精度要求的建筑水平位移观测和重要场地滑坡观测。一般控制面积较大，边长较长，取平均边长 $D=300m$。按三角网，布设两条起算边，传算三角形个数为 4，即 $1/P_{\lg D}=7.6$；按四边形网，布设一条起算边，传算三角形个数为 2，即 $1/P_{\lg D}=4.6$；按六边中点多边形网，布设一条起算边，传算三角形个数为 3，因 $K=0.45$，则 $1/P_{\lg D}=7.7$。取 $m_D=3.0mm$，即 $T=100000$，由公式（4-3）可得上述三种网形的 m_β 分别为：三角网 $\pm1.6"$，四边形网 $\pm2.0"$，六边中点多边形网 $\pm1.6"$，取用 $\pm1.5"$。

三级网，主要用于低精度要求的建筑水平位移观测和一般场地滑坡观测。一般控制面积大，边长长，取平均边长为 500m。按三角网，布设两条起算边，传算三角形个数为 6，即 $1/P_{\lg D}=11.4$；如布设一条起算边，传算三角形个数为 3，因 $K=2/3$，则 $1/P_{\lg D}=11.4$；按七边中点多边形，布设一条起算边，传算三角形个数为 4，因 $K=0.52$，则 $1/P_{\lg D}=11.8$。取 $m_D=\pm10.0mm$，即 $T=50000$，由公式（4-3）可得出上述三种网形的 m_β 分别为 $\pm2.6"$、$\pm2.6"$、$\pm2.5"$，取用 $\pm2.5"$。

需要说明的是，目前由于高精度全站仪的普及应用，三角网更多地使用边角网。边角网具有测角和测边精度的互补特性，受网形影响小，布设灵活，精度也高，应优先采用。在边角网中应以测边为主，加测部分角度。测角和测距精度匹配的原则是使 $m_\alpha/\rho \approx m_D/D$。本规范表 4.3.5-1 的技术要求宜分别采用准确度为 Ⅰ、Ⅱ、Ⅲ 等级的全站仪，从其相应的出厂标称准确度来看，其测角和测边精度完全可以满足上述技术要求。

3 本规范表 4.3.5-2 中的导线测量技术要求：

1）确定技术要求的主要思路为：

导线设计，以直伸等边的单一导线分析为基础，再用等权代替法、模拟计算法等推广到导线网。单一导线包括附合导线和独立单一导线，本规范表 4.3.5-2 中的规定是以附合导线的技术要求为依据，在有关参数上给以乘系数即可又用于独立单一导线和导线网。考虑点位布设条件与要求的不同，导线边长取比测角网为短，边长测量以电磁波测距为主，视需要亦可采用直接钢尺丈量；

2）精度估算按下列公式进行：

①附合导线。根据导线起算数据误差对导线中点（最弱点）的横向影响与纵向影响相等、导线中点的横向测量误差与纵向测量误差相等的原则，可推导出如下估算式：

$$m_D = \frac{1}{\sqrt{n}} M_Z \qquad (4-5)$$

$$m_\beta = \frac{4\sqrt{3}}{L}\frac{\rho M_Z}{\sqrt{n+3}} \quad (4\text{-}6)$$

$$\frac{1}{T} = \frac{2\sqrt{7}}{L}M_Z \quad (4\text{-}7)$$

式中 M_Z——导线中点顾及起算数据误差影响的点位中误差（mm）；

m_D——导线平均边长的边长中误差（mm）；

n——导线边数；

m_β——导线测角中误差（″）；

L——导线全长（mm）；

$1/T$——导线全长相对闭合差。

②独立单一导线。按不顾及起算数据误差影响的中点横向测量误差与纵向测量误差相等为原则，可推导出如下估算式：

$$m_D = \sqrt{\frac{2}{n}}M_Z \quad (4\text{-}8)$$

$$m_\beta = \frac{4\sqrt{6}}{L}\frac{\rho M_Z}{\sqrt{n+3}} \quad (4\text{-}9)$$

$$\frac{1}{T} = \frac{2\sqrt{10}}{L}M_Z \quad (4\text{-}10)$$

式中 M_Z——不顾及起算数据误差影响的导线中点点位中误差（mm）。

3）各项技术要求的确定：

取 M_Z 为等级精度指标观测点坐标中误差的 $\sqrt{2}$ 倍值；导线平均边长，对一级为 150m，二级为 200m，三级为 250m；导线边数 n，对附合导线取 5，对独立单一导线取 6。将这些估算参数代入公式（4-5）～（4-10），可得估算结果如表 4-1：

表 4-1 单一导线测量主要技术要求指标的估算

	附合导线					
	一 级		二 级		三 级	
	估算	取用	估算	取用	估算	取用
M_Z (mm)		±1.4		±4.2		±14.0
m_D (mm)	±0.6	±0.6	±1.9	±2.0	±6.3	±6.0
m_β (″)	±0.9	±1.0	±2.1	±2.0	±5.6	±5.0
T	101200	100000	45000	45000	16900	17000
	独立单一导线					
	一 级		二 级		三 级	
	估算	取用	估算	取用	估算	取用
M_Z (mm)		±1.4		±4.2		±14.0
m_D (mm)	±0.8	±0.8	±2.4	±2.5	±8.1	±8.0
m_β (″)	±1.0	±1.0	±2.4	±2.0	±6.3	±5.0
T	101600	100000	45200	45000	16900	17000

从表 4-1 估算结果可知：

①两种导线，在要求的 M_Z 与平均边长 D 相同条件下，m_β 与 $1/T$ 也基本相同。在各自的边长相差不大时，独立单一导线的 m_D 可比附合导线的 m_D 放宽约 $\sqrt{2}$ 倍；

②对于导线网，亦可采用附合导线的技术要求，只是需将附合点与结点间或结点与结点间的长度，按附合导线长度乘以小于或等于 0.7 的系数采用。

4 在执行本规范表 4.3.5-1、表 4.3.5-2 的规定时，需注意表列技术要求系以一般测量项目采用的级别精度下限指标值和一般场地条件选取的网点方案为依据来确定的。当实际平均边长、导线总长均与规定相差较大时以及对于复杂的布网方案，应当另行估算确定适宜的技术要求。

4.4 水 准 测 量

4.4.1 本条中 DS05、DSZ05 型仪器的 m_0 值估算经验公式（4.4.1-2）系根据有关测量规范（原《国家水准测量规范》、《大地形变测量规范（水准测量）》）说明中给出的实例数据以及华北电力设计院、中南勘测设计研究院、北京市测绘设计研究院等 8 个单位的实测统计资料，经统计分析求出的。一些数据检验表明，该 m_0 估算式较为合理、可靠。

4.4.2 各级别几何水准观测的视线要求和各项观测限差的规定依据，说明如下：

1 水准观测的视线要求：

1）视线长度规定为特级≤10m、一级≤30m、二级≤50m、三级≤75m，系综合考虑实际作业经验和现行有关标准规定而确定。其中一、二、三级的视线长度与现行《国家一、二等水准测量规范》及《国家三、四等水准测量规范》规定的一、二、三等水准测量一致，二、三级的视线长度也与现行《工程测量规范》的相关规定一致；

2）视线高度规定为特级 ≥0.8m、一级 ≥0.5m、二级 ≥0.3m、三级 ≥0.2m，是根据确定的视线长度并考虑变形观测条件，参照现行《国家一、二等水准测量规范》、《国家三、四等水准测量规范》与《工程测量规范》的相关规定确定的；

3）前后视距差 Δ_d 系按下式关系确定：

$$\Delta_d \leqslant \delta_d \rho/i \quad (4\text{-}11)$$

式中 i——视准轴不平行于水准管轴的误差（″）；

δ_d——要求对测站高差中误差 m_0 的影响小到在 $P=0.950$ 下可忽略不计的由于 Δ_d 而产生的高差误差（mm），$\delta_d = m_0/\lambda$（取 $\lambda = 3$）。

将规定的 m_0 与 i 值代入公式（4-11），则得：

特级（$m_0 \leqslant 0.05$mm，$i = 10$″）：$\Delta_d \leqslant 0.3$m，取

$\Delta_d \leqslant 0.3m$;

一级（$m_0 \leqslant 0.15mm$，$i = 15''$）：$\Delta_d \leqslant 0.7m$，取 $\Delta_d \leqslant 0.7m$；

二级（$m_0 \leqslant 0.50mm$，$i = 15''$）：$\Delta_d \leqslant 2.3m$，取 $\Delta_d \leqslant 2.0m$；

三级（$m_0 \leqslant 1.50mm$，$i = 20''$）：$\Delta_d \leqslant 5.0m$，取 $\Delta_d \leqslant 5.0m$。

4）前后视距差累积

从水准测段或环线一般只有几百米的长度情况考虑，取前后视距差累积为前后视距差的 1.5 倍计，则可得：

特级：$\leqslant 0.45m$，取 $\leqslant 0.5m$；

一级：$\leqslant 1.05m$，取 $\leqslant 1.0m$；

二级：$\leqslant 3.0m$，取 $\leqslant 3.0m$；

三级：$\leqslant 7.5m$，取 $\leqslant 8.0m$。

2 各项观测限差：

1）基、辅分划（黑红面）读数之差 $\Delta_{基辅}$

同一标尺基、辅分划的观测条件相同，则可得：

$$\Delta_{基辅} = 2\sqrt{2}m_d \qquad (4-12)$$

各级别测站观测的 $\Delta_{基辅}$ 估算结果见表 4-2：

表 4-2 $\Delta_{基辅}$ 与 $\Delta h_{基辅}$ 的估算

级别	仪器类型	最长视距 (m)	m_d (mm)	$\Delta_{基辅}$ 估算值	$\Delta_{基辅}$ 取用值	$\Delta h_{基辅}$ 估算值	$\Delta h_{基辅}$ 取用值
特级	DS05	10	0.05	0.14	0.15	0.22	0.2
一级	DS05	30	0.11	0.31	0.3	0.45	0.5
二级	DS05	50	0.17	0.48	0.5	0.68	0.7
	DS1	50	0.20	0.56		0.79	
三级	DS05	75	0.24	0.68	1.0	0.96	1.5
	DS1	75	0.29	0.82		1.16	
	DS3	75	0.77	2.17	2.0	3.08	3.0

注：公式（4-12）的 m_d 及表 4-2 中相应的数值为根据《建筑变形测量规程》JGJ/T 8—97 中给出几种类型水准仪单程观测每测站高差中误差经验公式求得的。

2）基、辅分划（黑红面）所测高差之差 $\Delta h_{基辅}$

高差之差是读数之差的和差函数，则可得

$$\Delta h_{基辅} = \sqrt{2}\Delta_{基辅} \qquad (4-13)$$

各级别测站观测的 $\Delta h_{基辅}$ 估算结果见表 4-2。

表列一、二、三级的 $\Delta_{基辅}$ 与 $\Delta h_{基辅}$ 取用值与《国家一、二等水准测量规范》和《国家三、四等水准测量规范》的规定一致。

3）往返较差、附合或环线闭合差 $\Delta_{限}$

往返测高差不符值实质为单程往测与返测构成的闭合差，附合路线与环线的线路长度较短，可只考虑偶然误差影响，则三者以测站为单位的限差均为：

$$\Delta_{限} \leqslant 2\mu\sqrt{n} \qquad (4-14)$$

式中 μ——单程观测测站高差中误差（mm）；

n——测站数。

各级别 $\Delta_{限}$ 的估算结果取值见表 4-3。

4）单程双测站所测高差较差 $\Delta_{双}$

单程双测站观测所测高差较差中基本不反映系统性误差影响，取双测站较差为往返测较差的 $1/\sqrt{2}$，则可得：

$$\Delta_{双} \leqslant \sqrt{2}\mu\sqrt{n} \qquad (4-15)$$

各级别 $\Delta_{双}$ 的估算结果取值见表 4-3：

表 4-3 $\Delta_{限}$、$\Delta_{双}$、$\Delta_{检}$ 的估算（mm）

级别	μ	$\Delta_{限}$ 估算	$\Delta_{限}$ 取用	$\Delta_{双}$ 估算	$\Delta_{双}$ 取用	$\Delta_{检}$ 估算	$\Delta_{检}$ 取用
特级	±0.05	$\leqslant 0.1\sqrt{n}$	$\leqslant 0.1\sqrt{n}$	$\leqslant 0.07\sqrt{n}$	$\leqslant 0.07\sqrt{n}$	$\leqslant 0.14\sqrt{n}$	$\leqslant 0.15\sqrt{n}$
一级	±0.15	$\leqslant 0.3\sqrt{n}$	$\leqslant 0.3\sqrt{n}$	$\leqslant 0.21\sqrt{n}$	$\leqslant 0.2\sqrt{n}$	$\leqslant 0.42\sqrt{n}$	$\leqslant 0.45\sqrt{n}$
二级	±0.5	$\leqslant 1.0\sqrt{n}$	$\leqslant 1.0\sqrt{n}$	$\leqslant 0.7\sqrt{n}$	$\leqslant 0.7\sqrt{n}$	$\leqslant 1.4\sqrt{n}$	$\leqslant 1.5\sqrt{n}$
三级	±1.5	$\leqslant 3.0\sqrt{n}$	$\leqslant 3.0\sqrt{n}$	$\leqslant 2.1\sqrt{n}$	$\leqslant 2.0\sqrt{n}$	$\leqslant 4.2\sqrt{n}$	$\leqslant 4.5\sqrt{n}$

注：μ 值取各等级精度指标下限值。

5）检测已测测段高差之差 $\Delta_{检}$

检测与已测的时间间隔不长，且均按相同精度要求观测，则可得：

$$\Delta_{检} \leqslant 2\sqrt{2}\mu\sqrt{n} \qquad (4-16)$$

各级别 $\Delta_{检}$ 的估算结果取值见表 4-3。

4.4.6~4.4.7 在一些场合中，静力水准测量具有相对优越性，是沉降观测的有效作业方法之一。这里根据静力水准测量的作业经验，对其技术和作业要求进行了规定。

4.4.8 由于自动静力水准设备的类型、规格和性能都有很大的不同，因此，对于不同的设备应分别制定相应的作业规程，以保证满足本规范规定的精度要求。

4.5 电磁波测距三角高程测量

4.5.1 最近 20 多年来的大量实践表明，电磁波测距三角高程测量在一定条件下可以代替一定等级的水准测量。就建筑变形测量而言，对于某些使用水准测量作业困难、效率低的场合，可以使用电磁波测距三角高程测量方法进行二、三级高程控制测量。本节有关技术指标和要求是在认真总结相关应用案例并考虑变形测量特点的基础上给定的。对于更高精度或特殊要求下的电磁波测距三角高程测量，应进行专门的技术设计和论证。

4.5.3 电磁波测距三角高程测量作业可分别采用中间设站观测方式（即在两照准点中间安置仪器）或每

点设站、往返观测方式（即在每一照准点上安置仪器并进行对向往返观测）。这两种方式可同时或交替使用。实际作业中，应优先使用中间设站方式，因为这种方式作业迅速方便、不需量测仪器高。规定中间设站方式下的前后视线长度差及累积差差限是为了有效地消减地球曲率与大气垂直折光影响。

4.5.4 边长和垂直角的观测顺序对不同观测方式分别为：

1 当按单点设站、对向往返观测方式时，边长和垂直角应独立测量，观测顺序为：

往测时：观测边长—观测垂直角；

返测时：观测垂直角—观测边长。

2 当按中间设站观测方式时，垂直角应采用单程双测法，在特制觇牌的两个照准目标高度上独立地分两组观测，以避免粗差并消减垂直度盘和测微器的分划系统性误差，同时可评定每公里偶然中误差。如采用本规范附录C图C.0.1（b）、（d）所示觇牌，观测顺序为：

第一组：观测边长—观测垂直角（此处 n 为规程规定的垂直角观测测回数）

1）照准后视点反射镜，观测边长2测回（结束后安置觇牌）；

2）照准前视点反射镜，观测边长2测回（结束后安置觇牌）；

3）照准后视觇牌上目标，正倒镜观测垂直角 $n/2$ 测回；

4）照准前视觇牌上目标，正倒镜观测垂直角 $n/2$ 测回；

5）照准前视觇牌上目标，正倒镜观测垂直角 $n/2$ 测回；

6）照准后视觇牌上目标，正倒镜观测垂直角 $n/2$ 测回。

第二组：观测垂直角—观测边长

1）照准后视觇牌下目标，正倒镜观测垂直角 $n/2$ 测回；

2）照准前视觇牌下目标，正倒镜观测垂直角 $n/2$ 测回；

3）照准前视觇牌下目标，正倒镜观测垂直角 $n/2$ 测回（结束后安置反射镜）；

4）照准后视觇牌下目标，正倒镜观测垂直角 $n/2$ 测回（结束后安置反射镜）；

5）照准后视点反射镜，观测边长2测回；

6）照准前视点反射镜，观测边长2测回。

3 应该注意到，电子经纬仪和全站仪的垂直角观测精度比光学经纬仪要高。按照国家计量检定规程《全站型电子速测仪检定规程》JJG 100—1994 和《光学经纬仪检定规程》JJG 414—1994 规定的一测回垂直中误差：$1''$级全站仪和电子经纬仪为 $1''$，而 DJ1 型光学经纬仪为 $2''$；$2''$级全站仪和电子经纬仪为 $2''$，

而 DJ2 型光学经纬仪为 $6''$；$6''$级全站仪和电子经纬仪为 $6''$，而 DJ6 型光学经纬仪为 $10''$。因此，有条件时，应尽可能使用电子经纬仪和全站仪以提高观测精度和速度。作业时，应避免在折光系数急剧变化的时间段内观测，尽量缩短观测时间，观测顺序要对称。

4.5.5 电磁波测距三角高程测量的验算项目包括：

1）每点设站对向观测时，可根据在一测站同一方向两个不同目标高度上观测的两组垂直角观测值，按公式（4-17）计算每公里高差中数的偶然中误差 $m_{\Delta 1}$：

$$m_{\Delta 1} = \pm \frac{1}{4} \sqrt{\frac{1}{N_1} \left[\frac{\Delta \Delta}{S} \right]} \qquad (4-17)$$

式中 Δ_i——往测（或返测）时用观测的斜距和两组垂直角计算的两组高差之差（mm）；

N_1——对向观测的边数；

S——观测的边长（km）。

2）中间设站时，两组高差中数的每公里偶然中误差 $m_{\Delta 2}$ 按公式（4-18）计算：

$$m_{\Delta 2} = \pm \sqrt{\frac{1}{4N_2} \left[\frac{\Delta \Delta}{L} \right]} \qquad (4-18)$$

式中 Δ_i——每一测站计算的两组高差之差（mm）；

N_2——中间设站数；

L——每站前后视距之和（km）。

4.6 水平角观测

4.6.1 水平角观测的测回数估算系根据以下分析确定：

1 对于特级水平角观测和当有可靠的实测精度数据时，采用估算方法确定测回数，可以适应水平角观测的多样性需要（如不同精度要求的测角网点和导线点的观测、独立测站点上的观测等）。

2 估算公式主要根据长江流域规划办公室勘测处对23个高精度短边三角网观测成果的统计结果（见《中国测绘学会第二届综合学术年会论文选编（第四卷）》，测绘出版社，1981）。采用导入系统误差影响系数 λ 和各测站平差后一测回方向中误差的平均值 m_a 值的方法，推导得出测角中误差 m_β 与 m_a 和测回数 n 之间的相关函数数学表达式为：

$$m_\beta = \pm \sqrt{(\lambda \cdot m_a)^2 + m_a^2/n} \qquad (4-19)$$

即

$$n = 1 / \left[\left(\frac{m_\beta}{m_a} \right)^2 - \lambda^2 \right] \qquad (4-20)$$

关于该公式的推导、验算以及采用不同的 λ 值（0.5、0.7 和 0.9）、从 2 到 24 测回数的观测精度计算结果和最适宜的测回数等的研究见《经纬仪水平角观测精度的研究》（《工程勘察》，2005 年第 3 期）。

这里利用的 23 个三角网分布在重庆、四川、湖北、贵州、河南、陕西等省市，为包括三峡、葛洲坝和丹江口在内的坝址、坝区三角网，边长为 0.2～3.0km，三角点上均建有混凝土观测墩，配备强制对

中装置和照准标志，用DJ1型仪器观测。这些观测条件与要求与本规范的规定基本相同。

3 m_a的取值规定

《光学经纬仪检定规程》JJG 414—1994规定室内检定时，一测回水平方向中误差不应超过表4-4的规定。

表4-4　JJG 414-1994规定的光学经纬仪一测回水平方向中误差

仪器型号	DJ07	DJ1	DJ2	DJ6
一测回水平方向中误差（室内）	0.6″	0.8″	1.6″	4.0″

《全站型电子速测仪检定规程》JJG 100—1994规定室内检定时，一测回水平方向中误差应满足仪器出厂的标称准确度。各等级全站仪及电子经纬仪的限差见表4-5。

表4-5　JJG 100-1994规定的全站仪和电子经纬仪一测回水平方向中误差

仪器等级	Ⅰ		Ⅱ		Ⅲ		
出厂标称准确度值	±0.5″	±1″	±1.5″	±2.0″	±3″	±5″	±6″
一测回水平方向中误差	≤0.5″	≤0.7″	≤1.1″	≤1.4″	≤2.1″	≤3.6″	≤3.6″

部分实测精度统计见表4-6。

表4-6　部分实测 m_a 值统计

仪器类型	观测方法	m_a (″)	依据的资料及统计的数据量
DJ1	全组合测角法	±0.82	长办测短边三角网，测站数181个
		±0.94	长办测一、二、三、四、五等三角网，测站数397个
	方向观测法	±0.86	长办测短边三角网，测站数472个
		±0.90	长办测一、二、三、四、五等三角网，测站数2698个
DJ2	方向观测法	±1.41	长办测一、二、三、四、五等三角网，测站数1150个

综合表4-4、表4-5和表4-6，m_a值可根据仪器类型、读数和照准设备、外界条件以及操作的严格与熟练程度，在下列数值范围内选取：

DJ05型仪器：0.4～0.5″；

DJ1型仪器：0.8～1.0″；

DJ2型仪器：1.4～1.8″。

考虑到变形测量角度观测具有多次重复观测的特点，为此，本规范规定，允许根据各类仪器的实测精度数据按照公式(4-20)调整测回数。

4 按公式(4-20)估算测回数 n 时，需注意以下两个问题：

1) 估算结果凑整取值时，对方向观测法与全组合测角法，应顾及观测度盘位置编制要求，使各测回均匀地分配在度盘和测微器的不同位置上。对于导线观测，当按左、右角观测时，总测回数应成偶数，当估算后 $n<2$ 时，取 $n=2$；

2) 由于一测回角度观测值是由上、下半测回各两个方向观测值之差的平均值组成，按误差传播原理可知，$m_角$ 等于半测回（正镜或倒镜）每方向的观测中误差 $m_方$，这种等值关系在精度估算中经常使用。

4.6.2 水平角观测限差系根据以下分析确定：

1 方向观测法观测的限差

1) 二次照准目标读数差的限值 $\Delta_照准$

二次照准目标读数之差的中误差为 $\sqrt{2}m_方$，取2倍中误差为限差，并顾及 $m_方 = m_角$，则

$$\Delta_照准 = 2\sqrt{2}m_角 \qquad (4-21)$$

2) 半测回归零的限值 $\Delta_归零$

半测回归零差的中误差，如仅考虑偶然误差，其中误差即为 $\sqrt{2}m_方$，但尚有仪器基座扭转、外界条件变化等误差影响，取这些误差影响为偶然误差的 $\sqrt{2}$ 倍，则

$$\Delta_归零 = 2\sqrt{2}\times\sqrt{2}m_方 = 4m_角 \qquad (4-22)$$

3) 一测回内2C互差的限值 Δ_{2C}

一测回内2C互差之中误差如仅考虑偶然误差，其中误差即为 $\sqrt{4}m_方$，但在2C互差中尚包含仪器基座扭转、仪器视准轴和水平轴倾斜等误差影响，设这些误差影响为偶然误差的 $\sqrt{3}$ 倍，则

$$\Delta_{2C} = 2\sqrt{4}\times\sqrt{3}m_方 = 4\sqrt{3}m_角 \qquad (4-23)$$

4) 同一方向值各测回互差的限值 $\Delta_测回$

同一方向各测回互差之中误差，如仅考虑偶然误差，其中误差即为 $\sqrt{2}m_方$，但在测回互差中尚包括仪器水平度盘分划和测微器的系统误差、以旁折光为主的外界条件变化等误差影响，设这些误差影响为偶然误差的 $\sqrt{2}$ 倍，则

$$\Delta_测回 = 2\sqrt{2}\times\sqrt{2}m_方 = 4m_角 \qquad (4-24)$$

5）在公式（4-21）、（4-22）、（4-23）、（4-24）中，将第 4.6.1 条文说明中确定的 m_α 值代入，则可得各项观测限值，见表 4-7。

表 4-7　方向观测法各项观测限值估算（"）

仪器类型	m_α	$m_角$	$\Delta_{照准}$		$\Delta_{归零}$		Δ_{2C}		$\Delta_{测回}$	
			估算	取用	估算	取用	估算	取用	估算	取用
DJ05	±0.5	±0.7	2.0	2	2.8	3	4.8	5	2.8	3
DJ1	±0.9	±1.3	3.7	4	5.2	5	8.9	9	5.2	5
DJ2	±1.4	±2.0	5.6	6	8.0	8	13.8	13	8.0	8

2　全组合观测法观测的限差主要参照《精密工程测量规范》GB/T 15314—94 第 7.3.6 条表 5 的规定。

4.7　距　离　测　量

4.7.1　一般地区一、二、三级边长的电磁波测距技术要求，系按下列考虑与分析确定：

1　建筑变形测量的边长较短（一般在 1km 之内），测距精度要求高（从小于 1mm 到 10mm）。本规范将测距仪精度分为 $m_D \leq 1mm$、$m_D \leq 3mm$、$m_D \leq 5mm$ 与 $m_D \leq 10mm$ 四个等级。m_D 值以采用的边长 D（测边网取平均边长）代入具体仪器标称精度表达式 $(m_D = a + b \cdot 10^{-6}D)$ 计算。

2　规定各级别边长均应采用往、返观测或以不同时段代替往、返测，是从尽可能减弱由气象等因素引起的系统误差影响和使观测成果具有必要检核来考虑的，这样也与现行有关规范规定相协调。

3　测距的各项限差是依据原《城市测量规范》编制说明中提供的仪器内部符合精度 $m_内$ 较仪器外部符合精度（仪器标称精度）m_D 缩小 1/3 的关系以及其分析各项限差的思路来确定的。

1）一测回读数间较差的限值 $\Delta_{读数}$

读数间较差主要反映仪器内部符合精度，取 2 倍中误差为规定限值，则

$$\Delta_{读数} = 2\sqrt{2}m_内 = 2\sqrt{2} \times 1/3 \times m_D \approx m_D \tag{4-25}$$

取 $m_D = 1mm$、3mm、5mm、10mm，则相应的 $\Delta_{读数} = 1mm$、3mm、5mm、10mm。

2）单程测回间较差的限值 $\Delta_{测回}$

以一测回内最少读数次数为 2 来考虑，即一测回读数中误差为 $m_内/\sqrt{2}$。取测回间较差中的照准误差、大气瞬间变化影响等因素的综合影响为一测回读数中误差之 2 倍，则

$$\Delta_{测回} = 2\sqrt{2} \times 2 \times 1/\sqrt{2}m_内 = 4/3m_D \approx \sqrt{2}m_D \tag{4-26}$$

对应 $m_D = 1mm$、3mm、5mm、

10mm 的 $\Delta_{测回}$ 分别为 1.4mm、4mm、7mm、14mm，实际分别取 1.5mm、5mm、7mm 和 15mm。

3）往返或时间段较差的限值 $\Delta_{往返}$

往返或时间段间较差，除受 $m_内$ 的影响外，更主要的是受大气条件变化影响以及仪器对中误差、倾斜改正误差等的影响，因此，可以认为该较差之大小主要反映的是仪器外部符合精度的高低。取一测回测距中误差 $\leq (a + b \cdot 10^{-6}D)$，往返或不同时段各测 4 测回，则

$$\Delta_{往返} = 2\sqrt{2} \times 1/\sqrt{4}(a + b \cdot 10^{-6}D)$$
$$= \sqrt{2}(a + b \cdot 10^{-6}D) \tag{4-27}$$

4.7.3　本规范表 4.7.3 中规定的丈量边长（距离）技术要求，是以适应各等级边长相对中误差：一级 1/200000、二级 1/100000、三级 1/50000 并参照现行《城市测量规范》和《工程测量规范》中相应这一精度要求的规定来确定的。本规范除对个别指标作调整外，从便于衡量短边的精度考虑，还将"经各项改正后各次或各尺全长较差"一项的限值，由按 L（以 km 为单位）表达的公式，改为按 D（以 100m 为单位）表达的公式，即

对一级，原为 $8\sqrt{L}$，换算为 $2.5\sqrt{D}$，取用 2.5 $\sqrt{D}$；

对二级，原为 $10\sqrt{L}$，换算为 $3.2\sqrt{D}$，取用 3.0 $\sqrt{D}$；

对三级，原为 $15\sqrt{L}$，换算为 $4.7\sqrt{D}$，取用 5.0 $\sqrt{D}$。

4.8　GPS　测　量

4.8.1　应用 GPS 进行建筑变形测量时，应根据变形测量的精度要求，尽可能选用高精度、高性能的 GPS 接收机。

4.8.2　GPS 接收机的检验、检定应符合以下规定：

1　新购置的 GPS 接收机应按规定进行全面检验后使用。GPS 接收机的全面检验应包括以下内容：

1）一般检视：

—GPS 接收机及天线的外观良好，型号正确；

—各种部件及其附件应匹配、齐全和完好；

—需紧固的部件不得松动和脱落；

—设备使用手册和后处理软件操作手册及磁（光）盘应齐全；

2）通电检验：

—有关信号灯工作应正常；

—按键和显示系统工作应正常；

—利用自测试命令进行测试；

—检验接收机锁定卫星时间的快慢，接收信号强弱及信号失锁情况；

　　3）试测检验前，还应检验：

—天线或基座圆水准器和光学对中器是否正确；

—天线高量尺是否完好，尺长精度是否正确；

—数据传录设备及软件是否齐全，数据传输性能是否良好；

—通过实例计算，测试和评估数据后处理软件。

　　2　GPS接收机在完成一般检视和通电检验后，应在不同长度的标准基线上进行以下测试：

　　　　1）接收机内部噪声水平测试；

　　　　2）接收机天线相位中心稳定性测试；

　　　　3）接收机野外作业性能及不同测程精度指标测试；

　　　　4）接收机频标稳定性检验和数据质量的评价；

　　　　5）接收机高低温性能测试；

　　　　6）接收机综合性能评价等。

　　3　GPS接收机或天线受到强烈撞击后，或更新接收机部件及更新天线与接收机的匹配关系后，应按新购买仪器做全面检验。

　　4　GPS接收机应定期送专门检定机构进行检定。

　　5　GPS接收机的所有检验、检定项目和方法应符合相关技术标准的规定。

4.8.4　GPS测量的基本要求、作业规定及数据处理等尚应参照《全球定位系统（GPS）测量规范》GB/T 18413等相应规定。

5　沉　降　观　测

5.1　一　般　规　定

5.1.1　对于深基础或高层、超高层建筑，基础的荷载不可漏测，观测点需从基础底板开始布设并观测。据某设计院提供的资料，如仅在建筑底层布设观测点，将漏掉 $5t/m^2$ 的荷载（约等于三层楼），从而将影响变形的整体分析。因此，对这类建筑的沉降观测，应从基础施工时就开始，以获取基础和上部结构的沉降量。

5.1.2　同一测区或同一建筑物随着沉降量和沉降速度的变化，原则上可以采用不同的沉降观测等级和精度，因为有的工程由于沉降观测初期沉降量较大或非常明显，采用较高精度不仅费时、费工造成浪费，而且也无必要。而在观测后期或经过治理以后沉降量较小，采用较低精度观测则不能正确反映其沉降量。同一测区也有沉降量大的区域和小的区域，采用不同的

观测等级和精度较为经济，也符合要求。但一般情况下，如果变形量差别不是很大，还是采用一种观测精度较为方便。

5.1.4　本规范第9.1节对建筑变形测量阶段性成果和综合成果的内容进行了较详细的规定。对于不同类型的变形测量，应提交的图表可能有所不同。因此本规范对各类变形测量提出了应提交的主要图表类型，分别列在有关章节中。

5.2　建筑场地沉降观测

5.2.1　将建筑场地沉降观测分为相邻地基沉降观测与场地地面沉降观测，是根据建筑设计、施工的实际需要特别是软土地区密集房屋之间的建筑施工需要来确定的。这两种沉降的定义见本规范第2.1节术语。

　　毗邻的高层与低层建筑或新建与已建的建筑，由于荷载的差异，引起相邻地基土的应力重新分布，而产生差异沉降，致使毗邻建筑物遭到不同程度的危害。差异沉降越大，建筑刚度越差，危害愈烈，轻者房屋粉刷层坠落、门窗变形，重则地坪与墙面开裂、地下管道断裂，甚至房屋倒塌。因此建筑场地沉降观测的首要任务是监视已有建筑安全，开展相邻地基沉降观测。

　　在相邻地基变形范围之外的地面，由于降雨、地下水等自然因素与堆卸、采掘等人为因素的影响，也产生一定沉降，并且有时相邻地基沉降与场地地面沉降还会交错重叠。但两者的变形性质与程度毕竟不同，分别提供观测成果便于区分建筑沉降与场地地面沉降，对于研究场地与建筑共同沉降的程度、进行整体变形分析和有效验证设计参数是有益的。

5.2.2　对相邻地基沉降观测点的布设，规定可在以建筑基础深度 1.5～2.0 倍的距离为半径的范围内，以外墙附近向外由密到疏进行布置，这是根据软土地基上建筑相邻影响距离的有关规定和研究成果分析确定的。

　　1　取《上海地基基础设计规范》编制说明介绍的沉桩影响距离（见表 5-1）和《建筑地基基础设计规范》GB 50007—2002 表 7.3.3 相邻建筑基础间的净距（见表 5-2）作为分析的依据。

表 5-1　沉桩影响距离（m）

被影响建筑物类型	影响距离
结构差的三层以下房屋	$(1.0～1.5)\,L$
结构较好的三至五层楼房	$1.0L$
采用箱基、桩基六层以上楼房	$0.5L$

注：L 为桩基长度（m）。

　　2　从表 5-1、表 5-2 可知，影响距离与沉降量、建筑结构形式有着复杂的相关关系，从测量工作预期的相邻没有建筑的影响范围和使用方便考虑，取表

5-1中的最大影响距离（1.0~1.5）L再乘以$\sqrt{2}$系数作为选设观测点的范围半径，亦即以建筑基础深度的1.5~2.0倍之距离为半径，是比较合理、安全和可行的。另外，补充说明的是，本规范第4.2.2条中规定的基准点应选设在离开邻近建筑的基础深度2倍之外的稳固位置，也是以上述分析为依据的。

表5-2　相邻建筑基础间的净距（m）

影响建筑的预估平均沉降量 S（mm）	被影响建筑的长高比	
	$2.0 \leqslant L/H_f < 3.0$	$3.0 \leqslant L/H_f < 5.0$
70~150	2~3	3~6
160~250	3~6	6~9
260~400	6~9	9~12
>400	9~12	≥12

注：1　表中 L 为建筑长度或沉降缝分隔的单元长度（m），H_f 为自基础底面标高算起的建筑高度（m）；

2　当被影响建筑的长高比为 $1.5 < L/H_f < 2.0$ 时，其间净距可适当缩小。

3　产生影响建筑的沉降量随其离开距离增大而减小，因此对观测点也规定应从其建筑外墙附近开始向外由密到疏来布置。

5.3　基坑回弹观测

5.3.2　基坑回弹观测比较复杂，需要建筑设计、施工和测量人员密切配合才能完成。回弹观测点的埋设也十分费时、费工，在基坑开挖时保护也相当困难，因此在选定点位时要与设计人员讨论，原则上以较少数量的点位能测出基坑必要的回弹量为出发点。据调查，国内只有北京、西安、上海、山东等地做过这个项目。表5-3分别给出几个示例供参考。

表5-3　3个观测项目情况

序号	基坑下土质	基坑长×宽×高（m）	回弹量（cm）	
			最大	最小
1	第四纪冲击砂卵石层	30.0×10.0×8.9	1.45	0.72
2	第四纪 Q_3	57.5×18.5×7.0	1.5	0.8
3	粉质黏土、中砂	50.4×43.2×8.7	3.6	1.8

5.3.4　规定回弹观测最弱观测点相对邻近工作基点的高程中误差不应大于±1.0mm，是根据以下考虑和估算确定的。

1　基坑的回弹量，在地基设计中可根据基坑形状（形状系数）、深度、隆起或回弹系数、杨氏模量等参数进行预估。经调查，基坑回弹量占最终沉降量的比例，在沿海地区为1/4~1/5，北京地区为1/2~

1/3，西安地区为1/3以上。统计一般高层建筑，基坑深度为5~10m的回弹量，黄土地区为10~20mm，软土地区为10~30mm，这与设计预估的回弹量基本一致。

2　按本规范第3.0.5条和第3.0.6条对估算局部地基沉降的变形观测值中误差 m_s 和公式（3.0.6-1）的规定，可求出最弱观测点高程中误差。取最大回弹量为30mm，则得：

$$m_s = 30/20 = \pm 1.5mm；$$

$$m_H = m_s/\sqrt{2} = \pm 1.0mm。$$

此处的 m_H 即为相对于邻近工作基点的高程中误差。

5.3.7　基坑开挖前的回弹观测结束后，为了防止点位被破坏和便于寻找点位，应在观测孔底充填厚度约为1m左右的白灰。如果开挖后仍找不到点位，可用本规范第5.3.2条第3款设置的坑外定位点通过交会来确定。

5.4　地基土分层沉降观测

5.4.2　分层沉降观测点的布设，限定在地基中心附近约2m见方范围内，间隔约50cm最好在同一垂直面内，一方面是为了方便观测和管理，另一方面制图较为准确。因为分层沉降观测从基础施工开始直到建筑沉降稳定为止，时间较长，且在建筑底面上加砌窨井与护盖，标志不再取出。

5.4.4　规定分层沉降观测点相对于邻近工作基点或基准点的高程中误差不应大于±1.0mm，是依据以下考虑提出的：地基土的分层及其沉降情况比较复杂，不仅各地区的地质分层不一，而且同一基础各分层的沉降量相差也比较悬殊，例如最浅层的沉降量可能和建筑的沉降量相同，而最深层（超过理论压缩层）的沉降量可能等于零，因此就难以预估分层沉降量，也不能按估算的方法确定分层观测精度要求。

5.5　建筑沉降观测

5.5.5　本条关于建筑沉降观测周期与观测时间的规定，是在综合有关标准规定和工程实践经验基础上进行的。由于观测目的不同，荷载和地基土类型各异，执行中还应结合实际情况灵活运用。对于从施工开始直至沉降稳定为止的系统（长期）观测项目，应将施工期间与竣工后的观测周期、次数与观测时间统一考虑确定。对于已建建筑和因某些原因从基础浇筑后才开始观测的项目，在分析最终沉降量时，应注意到所漏测的基础沉降问题。

对于沉降稳定控制指标，本规范使用最后100d的沉降速率小于0.01~0.04mm/d作为稳定指标。这一指标来源于对几个主要城市有关设计、勘测单位的调查（见表5-4）。

表 5-4　几个城市采用的稳定指标

城市	接近稳定时的周期容许沉降量	稳定控制指标
北京	1mm/100d	0.01mm/d
天津	3mm/半年，1mm/100d	0.017~0.01mm/d
济南	1mm/100d	0.01mm/d
西安	1~2mm/50d	0.02~0.04mm/d
上海	2mm/半年	0.01mm/d

实际应用中，稳定指标的具体取值应根据不同地区地基土的压缩性能来综合考虑确定。

6　位　移　观　测

6.2　建筑主体倾斜观测

6.2.4　在建筑主体倾斜观测精度估算中，应注意以下问题：

1　当以给定的主体倾斜允许值，按本规范第 3.0.5 条的有关规定进行估算时，应注意允许值的向量性质，取如下估算参数：

1）对整体倾斜，令给定的建筑顶部水平位移限值或垂直度偏差限值为 Δ，则

$$m_S = \Delta/(10\sqrt{2}), m_X \leqslant m_S/\sqrt{2} = \Delta/20 \quad (6\text{-}1)$$

2）对分层倾斜，令给定的建筑层间相对位移限值为 Δ，则

$$m_S = \Delta/(6\sqrt{2}), m_X \leqslant m_S/\sqrt{2} = \Delta/12 \quad (6\text{-}2)$$

3）对竖直构件倾斜，令给定的构件垂直度偏差限值为 Δ，则

$$m_S = \Delta/(6\sqrt{2}), m_X \leqslant m_S/\sqrt{2} = \Delta/12 \quad (6\text{-}3)$$

2　当由基础倾斜间接确定建筑整体倾斜时，该建筑应具有足够的整体结构刚度。

6.2.9　近年来，随着技术的进步，激光扫描仪和基于数码相机的数字近景摄影测量方法有了进一步的发展，并在建筑变形测量及相关领域得到应用，值得关注。由于这两种技术的特殊性，实际用于建筑变形测量时，应根据精度要求、现场作业条件和仪器性能等，进行专门的技术设计，必要时还应进行技术论证。

6.4　基坑壁侧向位移观测

6.4.1　随着城市建设的发展，高层建筑、大型市政设施及地下空间的开发建设方兴未艾，出现了大量的基坑工程。基坑工程尽管是临时性的，但其技术复杂，并对建筑基础的施工安全起到非常重要的保障作用，因此将有关基坑变形观测的内容纳入本规范是非常必要的。

基坑的观测内容比较多，涉及范围较广，既有属于基坑本身的，也有属于邻近环境（如建筑物、管线和地表等）的，还有属于自然环境（雨水、洪水、气温、水位等）的。通过对现行国家标准《建筑地基基础设计规范》GB 50007—2002 和现行行业标准《建筑基坑支护技术规程》JGJ 120—99 以及一些地方标准（如上海、广东）有关观测内容的比较分析，可以发现它们实际上是大同小异的，可归纳为表 6-1 的观测内容。

表 6-1　基坑观测内容

基坑安全等级 观测内容	一级	二级	三级
基坑周围地面超载状况	应测	应测	应测
自然环境（雨水、洪水、气温等）	应测	应测	应测
基坑渗、漏水状况	应测	应测	应测
土方分层开挖标高	应测	应测	应测
支护结构位移	应测	应测	应测
周围建筑物、地下管线变形	应测	应测	宜测
地下水位	应测	应测	宜测
桩墙内力	应测	宜测	可测
锚杆拉力	应测	宜测	可测
支撑轴力	应测	宜测	可测
支柱变形	应测	宜测	可测
基坑隆起	应测	宜测	可测
孔隙水压力	宜测	可测	可测
支护结构界面上侧向压力	宜测	可测	可测

本规范内容侧重于位移观测，由于有关章节已经对有关位移观测项目作了规定，因此本节仅对基坑壁侧向位移观测进行规定。基坑工程分为无支护开挖和支护开挖，无支护开挖就是放坡，说明土体稳定性较好；需要支护的开挖，说明土体稳定性较差，土体侧向位移直接作用于围护结构，所以基坑围护结构的变形是非常重要的观测内容。

按照《建筑基坑支护技术规程》JGJ 120—99 和国家标准《建筑地基基础工程施工质量验收规范》GB 50202—2002 的规定，将建筑基坑安全等级划分为一级、二级和三级，以利于工程类比分析和工程监控。对比这两本标准的分级标准，我们认为 GB 50202—2002 表 7.1.7 的分级标准更容易操作，现将其罗列出来以供使用参考：

1　符合下列情况之一，为一级基坑：

1）重要工程或支护结构做主体结构的一部分；

2）开挖深度大于 10m；

3）与邻近建筑物、重要设施的距离在开挖深度内的基坑；

4）基坑范围内有历史文物、近代优秀建筑、重要管线等需要严加保护的基坑。

2　三级基坑为开挖深度小于 7m，且周围环境无

特别要求的基坑。

　　3 除一级和三级外的基坑属二级基坑。

　　4 当周围已有的设施有特殊要求时，尚应符合这些要求。

6.4.2 本条的规定在实际工程应用中可参考以下意见：

　　1 有设计指标时，可根据设计变形预估值结合基坑安全级别（参照第 6.4.1 条说明确定），按预估值的 1/10～1/20 作为观测精度，并按本规范第 3.0.5 条确定观测精度。

　　2 当没有设计指标时，可根据《建筑地基基础工程施工质量验收规范》GB 50202—2002 表 7.1.7 规定的基坑变形监控值（见表 6-2，监控值约为允许值的 60%），按允许值的 1/20 确定观测精度，并按第 3.0.5 条确定观测精度。经计算分析认为，安全等级为一、二级的基坑可选择本规范规定的建筑变形测量级别为二级的精度要求进行观测；三级基坑可选择变形测量二级或三级。

表 6-2　基坑变形的监控值（cm）

基坑类别	围护结构墙顶位移监控值	围护结构墙体最大位移监控值	地面最大沉降监控值
一级基坑	3	5	3
二级基坑	6	8	6
三级基坑	8	10	10

6.4.7 位移速率的大小应根据具体工程情况和工程类比经验分析确定。当无法确定时，可将 5～10mm/d 作为位移速率大的参考标准。位移量大，是指与监控值比较的结果。为了保证基坑安全，当出现异常或特殊情况（如位移速率或位移量突变、出现较大的裂缝等）时应随时进行观测，并将结果及时报告有关部门。由于基坑壁侧向位移观测的特殊性，紧急情况下进行观测前，必须采取有效措施保护好观测人员和设备的安全。

6.5　建筑场地滑坡观测

6.5.1 滑坡对工程建设和自然环境危害极大，所以必须重视滑坡问题。滑坡观测是保证工程、自然环境、人员和财产安全的重要手段之一，其主要目的是了解滑坡发生演变过程，及时捕捉临滑特征信息，为滑坡稳定性分析和预测预报提供准确可靠的数据，并检验防治工程的效果。为了实现滑坡观测的目的，结合具体滑坡工程，需要对滑坡的变形场、渗流场、气象水文、波动力场等进行观测。建筑场地滑坡观测重点应放在变形场和渗流场的观测，现行国家标准《岩土工程勘察规范》GB 50021—2001 第 13.3.4 条规定滑坡观测的内容应包括：滑坡体的位移；滑坡位置及错动；滑坡裂缝的发生发展；滑坡体内外地下水位、流向、泉水流量和滑带孔隙水压力；支挡结构及其他

工程设施的位移、变形、裂缝的发生和发展。本规范侧重于变形场的观测。

6.5.3 本条对滑坡土体上的观测点的规定埋深不宜小于 1m，在冻土地区则应埋至当地冰冻线以下 0.5m。这里取 1m 的限值，主要参考了有关实践经验，如西北综合勘察设计研究院在陕西、甘肃等省多项场地滑坡观测中，对埋深 1m 左右的观测点标石，经两年多重复观测均未发现标石有异常现象，观测成果比较规律，反映了场地滑坡的实际情况。深部位移观测孔应进入稳定基岩才可能保证观测质量，即滑动面上下岩体的相对位移观测的可靠性；钻孔进入稳定基岩多深才合适，综合考虑其可靠性和经济性，认为取 1m 作为限制较为合适，能保证在稳定基岩层起码读数两次（一般 0.5m 读数一次）。

6.5.5 滑坡观测中，当出现异常时，应立即增加观测次数，并将结果及时报告有关部门。由于滑坡观测的特殊性，紧急情况下进行观测前，必须采取有效措施保护好观测人员和设备的安全。

7　特殊变形观测

7.1　动态变形测量

7.1.3 变形观测的精度，应依据设计部门提出的最大允许位移量和可变荷载的分布、大小等因素，按本规范第 3.0.5 条的规定确定观测中误差。

7.1.4 可变荷载作用下的变形属于弹性变形，其特点是变形具有周期性。这类变形观测一般采用实时的连续观测、自动记录、自动处理数据方法。

　　观测方法的选择，应根据变形周期的长短和建筑的外部结构和观测的精度要求选择适合的方法，条文中所罗列的方法都是比较常用的方法。作业时，不一定只选一种方法，应根据不同的精度要求和观测目的，采用多种方法的综合，也可以进行相互的检验以便获得更高的可靠性。

7.3　风振观测

7.3.1 测定高层、超高层建筑的顶部风速、风向和墙面风压以及顶部水平位移的目的是获取建筑的风压分布、风压系数及风振系数等参数。

7.3.2 在距建筑 100～200m 距离内 10～20m 高度处安置风速仪记录平均风速的目的是与建筑顶部测定的风速进行比较，以观测风力沿高度的变化。

8　数据处理分析

8.1　平差计算

8.1.1 建筑变形测量的计算和分析是决定最终成果

可靠性的重要环节，必须高度重视。

8.1.2 建筑变形测量平差计算应利用稳定的基准点作为起算点。某期平差计算和分析中，如果发现有基准点变动，不得使用该点作为起算点。当经多次复测或某期观测发现基准点变动，应重新选择参考系并使用原观测数据重新平差计算以前的各次成果。

变形观测数据的平差计算和处理的方法很多，目前已有许多成熟的平差计算软件实现了严密的平差计算。这些软件一般都具有粗差探测、系统误差补偿、验后方差估计和精度评定等功能。平差计算中，需要特别注意的是要确保输入的原始观测数据和起算数据正确无误。

8.2 变形几何分析

8.2.2 基准点稳定性检验虽提出了许多方法，但都有其局限性。对于建筑变形测量，一般均按本规范第4章的相关规定设置了稳定的基准点，且基准点的数量一般不会超过3～4个，所以可以采用较为简单的方法对其稳定性进行分析判断。

8.2.3 一种较为典型的基准点稳定性统计检验方法称之为"平均间隙法"。该方法由德国 Pelzer 教授提出。其基本思想是：

1 对两期观测成果，按秩亏自由网方法分别进行平差；

2 使用 F 检验法进行两周期图形一致性检验（或称"整体检验"），如果检验通过，则确认所有基准点是稳定的；

3 如果检验不通过，使用"尝试法"，依次去掉每一点，计算图形不一致性减少的程度，使得图形不一致性减少最大的那一点是不稳定的点。排除不稳定点后再重复上述过程，直至去掉不稳定点后的图形一致性通过检验为止。

关于该方法的详细介绍可参见有关文献，如陈永奇等《变形监测分析与预报》（测绘出版社，1998）和黄声享等《变形监测数据处理》（武汉大学出版社，2003）。

8.2.5 观测点的变动分析一般可直接通过比较观测点相邻两期的变形量与最大测量误差（取两倍中误差）来进行。要求较高时，可通过比较变形量与该变形测量的测定精度来进行。公式（8.3.5）中的 $\mu\sqrt{Q}$ 实际上就是该变形量的测定精度。对多期变形观测成果，还应综合分析多周期的变形特征，尽管相邻周期变形量可能很小，但多期呈现出较明显的变化趋势时，应视为有变动。

8.3 变形建模与预报

8.3.1 建筑变形分析与预报的目的是，对多期变形观测成果，通过分析变形量与变形因子之间的相关性，建立变形量与变形因子之间的数学模型，并根据需要对变形的发展趋势进行预报。这是建筑变形测量的任务之一，但也是一个较困难的环节。近20多年来，有关变形分析与预报的研究成果较多，许多方法尚处在探索中。本节主要吸收和采纳了其中一些相对成熟和便于使用的方法。

8.3.2 由于一个变形体上各观测点的变形状况不可能完全一致，因此对一个变形观测项目，可能需要建立多个反映变形量与变形因子之间关系的数学模型。具体建多少个模型应根据实际变形状况及应用的要求来确定。一般可利用平均变形量对整个变形体建立一个数学模型。如果需要，可选择几个变形量较大的或特殊的点建立相应于单个点或一组点的模型。当有多个变形数学模型时，则可以利用地理信息系统的空间分析技术实现多点变形状态的可视化和形象化表达。

8.3.3 回归分析是建立变形量与变形因子关系数学模型最常用的方法。该方法简单，使用也较方便。在使用中需要注意：

1 回归模型应尽可能简单，包含的变形因子数不宜过多，对于建筑变形而言，一般没有必要超过2个。

2 常用的回归模型是线性回归模型、指数回归模型和多项式回归模型。后两种非线性回归模型可以通过变量变换的方法转化成线性回归模型来处理。变量变换方法在各种回归分析教材中均有详细介绍。

3 当有多个变形因子时，有必要采用逐步回归分析方法，确定影响最显著的几个关键因子。逐步回归分析方法可参见有关教材的介绍。

8.3.4 灰色建模方法目前已经成为变形观测建模的一种较常用的方法。该方法只要求有4个以上周期的观测数据即可建模，建模过程也比较简单。灰色建模方法认为，变形体的变形可看成是一个复杂的动态过程，这一过程每一时刻的变形量可以视为变形体内部状态的过去变化与外部所有因素的共同作用的结果。基于这一思想，可以通过关联分析提取建模所需变量，对离散数据建立微分方程的动态模型，即灰色模型。

灰色模型有多种，变形分析中最常用的为 GM（1，1）模型，它只包括一个变量（时间）。应用灰色建模方法的前提是，变形量的取得应呈等时间间隔，即应为时间序列数据（时序数据）。实际中，当不完全满足这一要求时，可通过插值的方式进行插补。有关灰色建模的原理、方法及其在变形测量中的应用方式等，可参见有关文献，如条文说明第8.2.3条给出的两种文献。

8.3.5 动态变形观测获得的是大量的时序数据，对这些数据可使用时间序列分析方法建模并作分析。

动态变形分析通常以变形的频率和变形的幅度为主要参数进行，可采用时域法和频域法两种时间序列分析方法。当变形周期很长时，变形值常呈现出密切的相关性，对于这类序列宜采用时域法分析。该方法是以时间序列的自相关函数作为拟合的基础。当变形周期较短时，宜采用频域法。该方法是对时间序列的谱分布进行统计分析作为主要的诊断工具。当预报精度要求高时，还应对拟合后的残差序列进行分析计算或进一步拟合。

有关时序分析及其在变形测量中应用的详细介绍可参见条文说明第 8.2.3 条给出的两种文献。

8.3.6 模型的有效性检验对于不同类型的数学模型方法不同。对于一元线性回归，主要是通过计算相关系数来判定。对于灰色模型 GM（1，1），则是通过计算后验差比值和小误差概率来判定。具体方法可参阅介绍这些建模方法的文献。需要注意的是，只有有效的数字模型，才能用于进一步的分析，如变形预报等。

8.3.7 当利用变形量与变形因子模型进行变形趋势预报时，为了提高预报精度，应尽可能对该模型生成的残差序列作进一步的时序分析，以精化预报模型。具体方法可参见介绍这些建模方法的文献。为了全面、合理地掌握预报结果，变形预报除给出某一时刻变形量的预报值外，还应同时给出预报值的误差范围和该预报值有效的边界条件。

9 成果整理与质量检查验收

9.1 成果整理

9.1.1 每次变形观测结束后，均应及时进行测量资料的整理，保证各项资料完整性。整个项目完成后，应对资料分类合并，整理装订。自动记录器记录的数据应注意观测时间和变形点号等的正确性。

9.1.2 为了保证变形测量成果的质量和可靠性，有关观测记录、计算资料和技术成果必须有有关责任人签字，并加盖成果章。这里的技术成果包括本规范第 9.1.3 条和第 9.1.4 条中的阶段性成果和综合成果。

9.1.3～9.1.4 建筑变形测量周期一般较长，很多情况下需要向委托方提交阶段性成果。变形测量任务全部完成后，或委托方需要时，则应提交综合成果。需要说明的是，变形测量过程中提交的阶段性成果实际上是综合成果的重要组成部分，必须切实保证阶段性

成果的质量以及与综合成果之间的一致性。

9.1.5 建筑变形测量技术报告书是变形测量的主要成果，编写时可参考现行行业标准《测绘技术总结编写规定》CH/T 1001 的相关要求，其内容应涵盖本条所列的各个方面。

9.1.6 建筑变形测量的各项记录、计算资料以及阶段性成果和综合成果应按照档案管理的规定及时进行完整的归档。

9.1.7 建筑变形测量手段和处理方法的自动化程度正在不断提高。在条件允许的情况下，建立变形测量数据处理和信息管理系统，实现变形观测、记录、处理、分析和管理的一体化，方便资源共享，是非常必要的。

9.2 质量检查验收

9.2.1 建筑变形测量成果资料的正确无误，要依靠完善的质量保证体系来实现，两级检查、一级验收制度是多年来形成的行之有效的质量保证制度，检查验收人员应具备建筑变形测量的有关知识和经验，具有必要的数据处理分析能力。需要特别强调的是，变形测量的阶段性成果和综合成果一样重要，都需要经过严格的检查验收才能提交给委托方。

9.2.2 质量检查验收主要依据项目委托书、合同书及技术设计书等进行，因一般建筑变形测量周期较长，且对成果的时效性要求高，观测条件变化不可预计，对于成果的录用标准可能发生变化，所以对在作业中形成的文字记录可能变成成果录用的标准，从而成为检查验收的依据。

9.2.3 本条按变形测量的过程列出了质量检验的有关内容，在检查验收过程中某项内容可能不宜进行事后验证，要依靠作业员的诚信素质在作业过程中严格掌握。阶段性成果的检查应根据实际情况进行，以保证提交成果的正确无误。

9.2.4 变形测量时效性决定了测量过程的不可完全重复性的特点，因此，应保证现场检验的及时性和正确性，后续检查验收的时间要缩短。当质量检查不合格时，反馈渠道要畅通，应在分析造成不合格的原因后，立即进行必要的现场复测和纠正。纠正后的成果应重新进行质量检查验收。

中华人民共和国行业标准

回弹法检测混凝土抗压强度技术规程

Technical specification for inspecting of concrete
compressive strength by rebound method

JGJ/T 23—2011

批准部门：中华人民共和国住房和城乡建设部
施行日期：２０１１年１２月１日

中华人民共和国住房和城乡建设部
公　告

第 1000 号

关于发布行业标准《回弹法检测
混凝土抗压强度技术规程》的公告

现批准《回弹法检测混凝土抗压强度技术规程》为行业标准，编号为 JGJ/T 23-2011，自 2011 年 12 月 1 日起实施。原行业标准《回弹法检测混凝土抗压强度技术规程》JGJ/T 23-2001 同时废止。

本规程由我部标准定额研究所组织中国建筑工业出版社出版发行。

中华人民共和国住房和城乡建设部
2011 年 5 月 3 日

前　言

根据住房和城乡建设部《关于印发〈2008 年工程建设标准规范制订、修订计划（第一批）〉的通知》（建标〔2008〕102 号）的要求，规程编制组经过广泛的调查研究，认真总结实践经验，参考有关国际标准和国外先进标准，并在广泛征求意见的基础上，修订了本规程。

本规程的主要技术内容是：1. 总则；2. 术语和符号；3. 回弹仪；4. 检测技术；5. 回弹值计算；6. 测强曲线；7. 混凝土强度的计算。

修订的主要技术内容是：1. 增加了数字式回弹仪的技术要求；2. 增加了泵送混凝土测强曲线及测区强度换算表。

本规程由住房和城乡建设部负责管理，陕西省建筑科学研究院负责具体技术内容的解释。执行过程中如有意见或建议，请寄送陕西省建筑科学研究院（地址：西安市环城西路北段 272 号，邮政编码：710082，E-mail：sjkwhw@126.com）。

本 规 程 主 编 单 位：陕西省建筑科学研究院
　　　　　　　　　　　浙江海天建设集团有限公司
本 规 程 参 编 单 位：浙江省建筑科学设计研究院有限公司
　　　　　　　　　　　中国建筑科学研究院
　　　　　　　　　　　乐陵市回弹仪厂

四川省建筑科学研究院
舟山市博远科技开发有限公司
江苏省建筑科学研究院
贵州中建建筑科研设计院
浙江省建设工程检测协会
四川华西混凝土工程有限公司
广州穗监工程质量安全检测中心
山东省建筑科学研究院
中山市建设工程质量检测中心

本规程主要起草人员：文恒武　卢锡雷　魏超琪
　　　　　　　　　　　徐国孝　张仁瑜　王明堂
　　　　　　　　　　　彭泽杨　应培新　崔士起
　　　　　　　　　　　周岳年　顾瑞南　朱艾路
　　　　　　　　　　　张　晓　诸华丰　马　林
　　　　　　　　　　　郭　林　吴福成　王金山
　　　　　　　　　　　吴照海
本规程主要审查人员：罗骐先　黄政宇　王福川
　　　　　　　　　　　薛永武　郝挺宇　叶　健
　　　　　　　　　　　童寿兴　朱金根　国天逯
　　　　　　　　　　　王文明　张荣成

目 次

Contents

1 总　则

1.0.1 为统一使用回弹仪检测普通混凝土抗压强度的方法，保证检测精度，制定本规程。

1.0.2 本规程适用于普通混凝土抗压强度（以下简称混凝土强度）的检测，不适用于表层与内部质量有明显差异或内部存在缺陷的混凝土强度检测。

1.0.3 使用回弹法进行检测的人员，应通过专门的技术培训。

1.0.4 回弹法检测混凝土强度除应符合本规程外，尚应符合国家现行有关标准的规定。

2　术语和符号

2.1　术　语

2.1.1　测区　test area

检测构件混凝土强度时的一个检测单元。

2.1.2　测点　test point

测区内的一个回弹检测点。

2.1.3　测区混凝土强度换算值　conversion value of concrete compressive strength of test area

由测区的平均回弹值和碳化深度值通过测强曲线或测区强度换算表得到的测区现龄期混凝土强度值。

2.1.4　混凝土强度推定值　estimation value of strength for concrete

相应于强度换算值总体分布中保证率不低于95%的构件中的混凝土强度值。

2.2　符　号

d_m——测区的平均碳化深度值。

$f_{cu,i}^c$——测区混凝土强度换算值。

$f_{cor,m}$——芯样试件混凝土强度平均值。

$f_{cu,m}$——同条件立方体试块混凝土强度平均值。

$f_{cu,m0}^c$——对应于钻芯部位或同条件试块回弹测区混凝土强度换算值的平均值。

$f_{cor,i}$——第 i 个混凝土芯样试件的抗压强度。

$f_{cu,i}$——第 i 个混凝土立方体试块的抗压强度。

$f_{cu,i0}^c$——修正前第 i 个测区的混凝土强度换算值。

$f_{cu,i1}^c$——修正后第 i 个测区的混凝土强度换算值。

$f_{cu,min}^c$——构件中测区混凝土强度换算值的最小值。

$f_{cu,e}$——构件混凝土强度推定值。

$m_{f_{cu}^c}$——测区混凝土强度换算值的平均值。

$S_{f_{cu}^c}$——构件测区混凝土强度换算值的标准差。

R_i——测区第 i 个测点的回弹值。

R_m——测区或试块的平均回弹值。

$R_{m\alpha}$——回弹仪非水平方向检测时，测区的平均回弹值。

R_m^t——回弹仪在水平方向检测混凝土浇筑表面时，测区的平均回弹值。

R_m^b——回弹仪在水平方向检测混凝土浇筑底面时，测区的平均回弹值。

R_a^t——回弹仪检测混凝土浇筑表面时，回弹值的修正值。

R_a^b——回弹仪检测混凝土浇筑底面时，回弹值的修正值。

$R_{a\alpha}$——非水平方向检测时，回弹值的修正值。

Δ_{tot}——测区混凝土强度修正量。

3　回　弹　仪

3.1　技　术　要　求

3.1.1　回弹仪可为数字式的，也可为指针直读式的。

3.1.2　回弹仪应具有产品合格证及计量检定证书，并应在回弹仪的明显位置上标注名称、型号、制造厂名（或商标）、出厂编号等。

3.1.3　回弹仪除应符合现行国家标准《回弹仪》GB/T 9138 的规定外，尚应符合下列规定：

　　1　水平弹击时，在弹击锤脱钩瞬间，回弹仪的标称能量应为 2.207J；

　　2　在弹击锤与弹击杆碰撞的瞬间，弹击拉簧应处于自由状态，且弹击锤起跳点应位于指针指示刻度尺上的"0"处；

　　3　在洛氏硬度 HRC 为 60±2 的钢砧上，回弹仪的率定值应为 80±2；

　　4　数字式回弹仪应带有指针直读示值系统；数字显示的回弹值与指针直读示值相差不应超过 1。

3.1.4　回弹仪使用时的环境温度应为（-4～40）℃。

3.2　检　定

3.2.1　回弹仪检定周期为半年，当回弹仪具有下列情况之一时，应由法定计量检定机构按现行行业标准《回弹仪》JJG 817 进行检定：

　　1　新回弹仪启用前；

　　2　超过检定有效期限；

　　3　数字式回弹仪数字显示的回弹值与指针直读示值相差大于1；

　　4　经保养后，在钢砧上的率定值不合格；

　　5　遭受严重撞击或其他损害。

3.2.2　回弹仪的率定试验应符合下列规定：

　　1　率定试验应在室温为（5～35）℃的条件下进行；

　　2　钢砧表面应干燥、清洁，并应稳固地平放在刚度大的物体上；

　　3　回弹值应取连续向下弹击三次的稳定回弹结

果的平均值；

　　4　率定试验应分四个方向进行，且每个方向弹击前，弹击杆应旋转90度，每个方向的回弹平均值均应为80±2。

3.2.3　回弹仪率定试验所用的钢砧应每2年送授权计量检定机构检定或校准。

3.3　保　　养

3.3.1　当回弹仪存在下列情况之一时，应进行保养：

　　1　回弹仪弹击超过2000次；

　　2　在钢砧上的率定值不合格；

　　3　对检测值有怀疑。

3.3.2　回弹仪的保养应按下列步骤进行：

　　1　先将弹击锤脱钩，取出机芯，然后卸下弹击杆，取出里面的缓冲压簧，并取出弹击锤、弹击拉簧和拉簧座。

　　2　清洁机芯各零部件，并应重点清理中心导杆、弹击锤和弹击杆的内孔及冲击面。清理后，应在中心导杆上薄薄涂抹钟表油，其他零部件不得抹油。

　　3　清理机壳内壁，卸下刻度尺，检查指针，其摩擦力应为(0.5～0.8)N。

　　4　对于数字式回弹仪，还应按产品要求的维护程序进行维护。

　　5　保养时，不得旋转尾盖上已定位紧固的调零螺丝，不得自制或更换零部件。

　　6　保养后应按本规程第3.2.2条的规定进行率定。

3.3.3　回弹仪使用完毕，应使弹击杆伸出机壳，并应清除弹击杆、杆前端球面以及刻度尺表面和外壳上的污垢、尘土。回弹仪不用时，应将弹击杆压入机壳内，经弹击后按下按钮，锁住机芯，然后装入仪器箱。仪器箱应平放在干燥阴凉处。当数字式回弹仪长期不用时，应取出电池。

4　检测技术

4.1　一般规定

4.1.1　采用回弹法检测混凝土强度时，宜具有下列资料：

　　1　工程名称、设计单位、施工单位；

　　2　构件名称、数量及混凝土类型、强度等级；

　　3　水泥安定性、外加剂、掺合料品种，混凝土配合比等；

　　4　施工模板，混凝土浇筑、养护情况及浇筑日期等；

　　5　必要的设计图纸和施工记录；

　　6　检测原因。

4.1.2　回弹仪在检测前后，均应在钢砧上做率定试验，并应符合本规程第3.1.3条的规定。

4.1.3　混凝土强度可按单个构件或按批量进行检测，并应符合下列规定：

　　1　单个构件的检测应符合本规程第4.1.4条的规定。

　　2　对于混凝土生产工艺、强度等级相同，原材料、配合比、养护条件基本一致且龄期相近的一批同类构件的检测应采用批量检测。按批量进行检测时，应随机抽取构件，抽检数量不宜少于同批构件总数的30％且不宜少于10件。当检验批构件数量大于30个时，抽样构件数量可适当调整，并不得少于国家现行有关标准规定的最少抽样数量。

4.1.4　单个构件的检测应符合下列规定：

　　1　对于一般构件，测区数不宜少于10个。当受检构件数量大于30个且不需提供单个构件推定强度或受检构件某一方向尺寸不大于4.5m且另一方向尺寸不大于0.3m时，每个构件的测区数量可适当减少，但不应少于5个。

　　2　相邻两测区的间距不应大于2m，测区离构件端部或施工缝边缘的距离不宜大于0.5m，且不宜小于0.2m。

　　3　测区宜选在能使回弹仪处于水平方向的混凝土浇筑侧面。当不能满足这一要求时，也可选在使回弹仪处于非水平方向的混凝土浇筑表面或底面。

　　4　测区宜布置在构件的两个对称的可测面上，当不能布置在对称的可测面上时，也可布置在同一可测面上，且应均匀分布。在构件的重要部位及薄弱部位应布置测区，并应避开预埋件。

　　5　测区的面积不宜大于0.04m²。

　　6　测区表面应为混凝土原浆面，并应清洁、平整，不应有疏松层、浮浆、油垢、涂层以及蜂窝、麻面。

　　7　对于弹击时产生颤动的薄壁、小型构件，应进行固定。

4.1.5　测区应标有清晰的编号，并宜在记录纸上绘制测区布置示意图和描述外观质量情况。

4.1.6　当检测条件与本规程第6.2.1条和第6.2.2条的适用条件有较大差异时，可采用在构件上钻取的混凝土芯样或同条件试块对测区混凝土强度换算值进行修正。对同一强度等级混凝土修正时，芯样数量不应少于6个，公称直径宜为100mm，高径比应为1。芯样应在测区内钻取，每个芯样应只加工一个试件。同条件试块修正时，试块数量不应少于6个，试块边长应为150mm。计算时，测区混凝土强度修正量及测区混凝土强度换算值的修正应符合下列规定：

　　1　修正量应按下列公式计算：

$$\Delta_{tot} = f_{cor,m} - f_{cu,m0}^c \tag{4.1.6-1}$$

$$\Delta_{tot} = f_{cu,m} - f_{cu,m0}^c \tag{4.1.6-2}$$

$$f_{cor,m} = \frac{1}{n}\sum_{i=1}^{n} f_{cor,i} \quad (4.1.6-3)$$

$$f_{cu,m} = \frac{1}{n}\sum_{i=1}^{n} f_{cu,i} \quad (4.1.6-4)$$

$$f_{cu,m0}^{c} = \frac{1}{n}\sum_{i=1}^{n} f_{cu,i}^{c} \quad (4.1.6-5)$$

式中：Δ_{tot}——测区混凝土强度修正量（MPa），精确到 0.1MPa；

$f_{cor,m}$——芯样试件混凝土强度平均值（MPa），精确到 0.1MPa；

$f_{cu,m}$——150mm 同条件立方体试块混凝土强度平均值（MPa），精确到 0.1MPa；

$f_{cu,m0}^{c}$——对应于钻芯部位或同条件立方体试块回弹测区混凝土强度换算值的平均值（MPa），精确到 0.1MPa；

$f_{cor,i}$——第 i 个混凝土芯样试件的抗压强度；

$f_{cu,i}$——第 i 个混凝土立方体试块的抗压强度；

$f_{cu,i}^{c}$——对应于第 i 个芯样部位或同条件立方体试块测区回弹值和碳化深度值的混凝土强度换算值，可按本规程附录 A 或附录 B 取值；

n——芯样或试块数量。

2 测区混凝土强度换算值的修正应按下式计算：

$$f_{cu,i1}^{c} = f_{cu,i0}^{c} + \Delta_{tot} \quad (4.1.6-6)$$

式中：$f_{cu,i0}^{c}$——第 i 个测区修正前的混凝土强度换算值（MPa），精确到 0.1MPa；

$f_{cu,i1}^{c}$——第 i 个测区修正后的混凝土强度换算值（MPa），精确到 0.1MPa。

4.2 回弹值测量

4.2.1 测量回弹值时，回弹仪的轴线应始终垂直于混凝土检测面，并应缓慢施压、准确读数、快速复位。

4.2.2 每一测区应读取 16 个回弹值，每一测点的回弹值读数应精确至 1。测点宜在测区范围内均匀分布，相邻两测点的净距离不宜小于 20mm；测点距外露钢筋、预埋件的距离不宜小于 30mm；测点不应在气孔或外露石子上，同一测点应只弹击一次。

4.3 碳化深度值测量

4.3.1 回弹值测量完毕后，应在有代表性的测区上测量碳化深度值，测点数不应少于构件测区数的 30%，应取其平均值作为该构件每个测区的碳化深度值。当碳化深度值极差大于 2.0mm 时，应在每一测区分别测量碳化深度值。

4.3.2 碳化深度值的测量应符合下列规定：

1 可采用工具在测区表面形成直径约 15mm 的孔洞，其深度应大于混凝土的碳化深度；

2 应清除孔洞中的粉末和碎屑，且不得用水

擦洗；

3 应采用浓度为 1%～2% 的酚酞酒精溶液滴在孔洞内壁的边缘处，当已碳化与未碳化界线清晰时，应采用碳化深度测量仪测量已碳化与未碳化混凝土交界面到混凝土表面的垂直距离，并应测量 3 次，每次读数应精确至 0.25mm；

4 应取三次测量的平均值作为检测结果，并应精确至 0.5mm。

4.4 泵送混凝土的检测

4.4.1 检测泵送混凝土强度时，测区应选在混凝土浇筑侧面。

5 回弹值计算

5.0.1 计算测区平均回弹值时，应从该测区的 16 个回弹值中剔除 3 个最大值和 3 个最小值，其余的 10 个回弹值按下式计算：

$$R_m = \frac{\sum_{i=1}^{10} R_i}{10} \quad (5.0.1)$$

式中：R_m——测区平均回弹值，精确至 0.1；

R_i——第 i 个测点的回弹值。

5.0.2 非水平方向检测混凝土浇筑侧面时，测区的平均回弹值应按下式修正：

$$R_m = R_{m\alpha} + R_{a\alpha} \quad (5.0.2)$$

式中：$R_{m\alpha}$——非水平方向检测时测区的平均回弹值，精确至 0.1；

$R_{a\alpha}$——非水平方向检测时回弹值修正值，应按本规程附录 C 取值。

5.0.3 水平方向检测混凝土浇筑表面或浇筑底面时，测区的平均回弹值应按下列公式修正：

$$R_m = R_m^t + R_a^t \quad (5.0.3-1)$$

$$R_m = R_m^b + R_a^b \quad (5.0.3-2)$$

式中：R_m^t、R_m^b——水平方向检测混凝土浇筑表面、底面时，测区的平均回弹值，精确至 0.1；

R_a^t、R_a^b——混凝土浇筑表面、底面回弹值的修正值，应按本规程附录 D 取值。

5.0.4 当回弹仪为非水平方向且测试面为混凝土的非浇筑侧面时，应先对回弹值进行角度修正，并应对修正后的回弹值进行浇筑面修正。

6 测强曲线

6.1 一般规定

6.1.1 混凝土强度换算值可采用下列测强曲线计算：

1 统一测强曲线：由全国有代表性的材料、成型工艺制作的混凝土试件，通过试验所建立的测强曲线。

2 地区测强曲线：由本地区常用的材料、成型工艺制作的混凝土试件，通过试验所建立的测强曲线。

3 专用测强曲线：由与构件混凝土相同的材料、成型养护工艺制作的混凝土试件，通过试验所建立的测强曲线。

6.1.2 有条件的地区和部门，应制定本地区的测强曲线或专用测强曲线。检测单位宜按专用测强曲线、地区测强曲线、统一测强曲线的顺序选用测强曲线。

6.2 统一测强曲线

6.2.1 符合下列条件的非泵送混凝土，测区强度应按本规程附录 A 进行强度换算：

1 混凝土采用的水泥、砂石、外加剂、掺合料、拌合用水符合国家现行有关标准；

2 采用普通成型工艺；

3 采用符合国家标准规定的模板；

4 蒸汽养护出池经自然养护 7d 以上，且混凝土表层为干燥状态；

5 自然养护且龄期为(14～1000)d；

6 抗压强度为(10.0～60.0)MPa。

6.2.2 符合本规程第 6.2.1 条的泵送混凝土，测区强度可按本规程附录 B 的曲线方程计算或按本规程附录 B 的规定进行强度换算。

6.2.3 测区混凝土强度换算表所依据的统一测强曲线，其强度误差值应符合下列规定：

1 平均相对误差(δ)不应大于±15.0%；

2 相对标准差(e_r)不应大于 18.0%。

6.2.4 当有下列情况之一时，测区混凝土强度不得按本规程附录 A 或附录 B 进行强度换算：

1 非泵送混凝土粗骨料最大公称粒径大于 60mm，泵送混凝土粗骨料最大公称粒径大于 31.5mm；

2 特种成型工艺制作的混凝土；

3 检测部位曲率半径小于 250mm；

4 潮湿或浸水混凝土。

6.3 地区和专用测强曲线

6.3.1 地区和专用测强曲线的强度误差应符合下列规定：

1 地区测强曲线：平均相对误差(δ)不应大于±14.0%，相对标准差(e_r)不应大于 17.0%。

2 专用测强曲线：平均相对误差(δ)不应大于±12.0%，相对标准差(e_r)不应大于 14.0%。

3 平均相对误差(δ)和相对标准差(e_r)的计算应符合本规程附录 E 的规定。

6.3.2 地区和专用测强曲线应按本规程附录 E 的方法制定。使用地区或专用测强曲线时，被检测的混凝土应与制定该类测强曲线混凝土的适应条件相同，不得超出该类测强曲线的适应范围，并应每半年抽取一定数量的同条件试件进行校核，当存在显著差异时，应查找原因，不得继续使用。

7 混凝土强度的计算

7.0.1 构件第 i 个测区混凝土强度换算值，可按本规程第 5 章所求得的平均回弹值(R_m)及按本规程第 4.3 条所求得的平均碳化深度值(d_m)由本规程附录 A、附录 B 查表或计算得出。当有地区或专用测强曲线时，混凝土强度的换算值宜按地区测强曲线或专用测强曲线计算或查表得出。

7.0.2 构件的测区混凝土强度平均值应根据各测区的混凝土强度换算值计算。当测区数为 10 个及以上时，还应计算强度标准差。平均值及标准差应按下列公式计算：

$$m_{f_{cu}^c} = \frac{\sum_{i=1}^{n} f_{cu,i}^c}{n} \tag{7.0.2-1}$$

$$S_{f_{cu}^c} = \sqrt{\frac{\sum_{i=1}^{n}(f_{cu,i}^c)^2 - n(m_{f_{cu}^c})^2}{n-1}} \tag{7.0.2-2}$$

式中：$m_{f_{cu}^c}$——构件测区混凝土强度换算值的平均值（MPa），精确至 0.1MPa；

n——对于单个检测的构件，取该构件的测区数；对批量检测的构件，取所有被抽检构件测区数之和；

$S_{f_{cu}^c}$——结构或构件测区混凝土强度换算值的标准差（MPa），精确至 0.01MPa。

7.0.3 构件的现龄期混凝土强度推定值($f_{cu,e}$)应符合下列规定：

1 当构件测区数少于 10 个时，应按下式计算：

$$f_{cu,e} = f_{cu,min}^c \tag{7.0.3-1}$$

式中：$f_{cu,min}^c$——构件中最小的测区混凝土强度换算值。

2 当构件的测区强度值中出现小于 10.0MPa 时，应按下式确定：

$$f_{cu,e} < 10.0MPa \tag{7.0.3-2}$$

3 当构件测区数不少于 10 个时，应按下式计算：

$$f_{cu,e} = m_{f_{cu}^c} - 1.645S_{f_{cu}^c} \tag{7.0.3-3}$$

4 当批量检测时，应按下式计算：

$$f_{cu,e} = m_{f_{cu}^c} - kS_{f_{cu}^c} \tag{7.0.3-4}$$

式中：k——推定系数，宜取 1.645。当需要进行推定强度区间时，可按国家现行有关标准的规定取值。

注：构件的混凝土强度推定值是指相应于强度换算值总体分布中保证率不低于95%的构件中混凝土抗压强度值。

7.0.4 对按批量检测的构件，当该批构件混凝土强度标准差出现下列情况之一时，该批构件应全部按单个构件检测：

1 当该批构件混凝土强度平均值小于25MPa、$S_{f_{cu}^c}$ 大于 4.5MPa 时；

2 当该批构件混凝土强度平均值不小于25MPa且不大于60MPa、$S_{f_{cu}^c}$ 大于 5.5MPa 时。

7.0.5 回弹法检测混凝土抗压强度报告可按本规程附录 F 的格式编写。

附录 A　测区混凝土强度换算表

表 A　测区混凝土强度换算表

平均回弹值 R_m	测区混凝土强度换算值 $f_{cu,i}^c$（MPa）												
	平均碳化深度值 d_m（mm）												
	0.0	0.5	1.0	1.5	2.0	2.5	3.0	3.5	4.0	4.5	5.0	5.5	≥6
20.0	10.3	10.1	—	—	—	—	—	—	—	—	—	—	—
20.2	10.5	10.3	10.0	—	—	—	—	—	—	—	—	—	—
20.4	10.7	10.5	10.2	—	—	—	—	—	—	—	—	—	—
20.6	11.0	10.8	10.4	10.1	—	—	—	—	—	—	—	—	—
20.8	11.2	11.0	10.6	10.3	—	—	—	—	—	—	—	—	—
21.0	11.4	11.2	10.8	10.5	10.0	—	—	—	—	—	—	—	—
21.2	11.6	11.4	11.0	10.7	10.2	—	—	—	—	—	—	—	—
21.4	11.8	11.6	11.2	10.9	10.4	10.0	—	—	—	—	—	—	—
21.6	12.0	11.8	11.4	11.0	10.6	10.2	—	—	—	—	—	—	—
21.8	12.3	12.1	11.7	11.3	10.8	10.5	10.1	—	—	—	—	—	—
22.0	12.5	12.2	11.9	11.5	11.0	10.6	10.2	—	—	—	—	—	—
22.2	12.7	12.4	12.1	11.7	11.2	10.8	10.4	10.0	—	—	—	—	—
22.4	13.0	12.7	12.4	12.0	11.4	11.0	10.7	10.3	10.0	—	—	—	—
22.6	13.2	12.9	12.5	12.1	11.6	11.2	10.8	10.4	10.2	—	—	—	—
22.8	13.4	13.1	12.7	12.3	11.8	11.4	11.0	10.6	10.3	—	—	—	—
23.0	13.7	13.4	13.0	12.6	12.0	11.6	11.2	10.8	10.5	10.1	—	—	—
23.2	13.9	13.6	13.2	12.8	12.2	11.8	11.4	11.0	10.7	10.3	10.0	—	—
23.4	14.1	13.8	13.4	13.0	12.4	12.0	11.6	11.2	10.9	10.4	10.2	—	—
23.6	14.4	14.1	13.7	13.2	12.7	12.2	11.8	11.4	11.1	10.7	10.4	10.1	—
23.8	14.6	14.3	13.9	13.4	12.8	12.4	12.0	11.5	11.2	10.8	10.5	10.2	—
24.0	14.9	14.6	14.2	13.7	13.1	12.7	12.2	11.8	11.5	11.0	10.7	10.4	10.1
24.2	15.1	14.8	14.3	13.9	13.3	12.8	12.4	11.9	11.6	11.2	10.9	10.6	10.3
24.4	15.4	15.1	14.6	14.2	13.6	13.1	12.7	12.2	11.9	11.4	11.1	10.8	10.4
24.6	15.6	15.3	14.8	14.4	13.7	13.3	12.8	12.3	12.0	11.5	11.2	10.9	10.6
24.8	15.9	15.6	15.1	14.6	14.0	13.5	13.0	12.6	12.2	11.8	11.4	11.1	10.7
25.0	16.2	15.9	15.4	14.9	14.3	13.8	13.3	12.8	12.5	12.0	11.7	11.3	10.9

平均回弹值 R_m	测区混凝土强度换算值 $f^c_{cu,i}$（MPa）												
	平均碳化深度值 d_m（mm）												
	0.0	0.5	1.0	1.5	2.0	2.5	3.0	3.5	4.0	4.5	5.0	5.5	≥6
25.2	16.4	16.1	15.6	15.1	14.4	13.9	13.4	13.0	12.6	12.1	11.8	11.5	11.0
25.4	16.7	16.4	15.9	15.4	14.7	14.2	13.7	13.2	12.9	12.4	12.0	11.7	11.2
25.6	16.9	16.6	16.1	15.7	14.9	14.4	13.9	13.4	13.0	12.5	12.2	11.8	11.3
25.8	17.2	16.9	16.3	15.8	15.1	14.6	14.1	13.6	13.2	12.7	12.4	12.0	11.5
26.0	17.5	17.2	16.6	16.1	15.4	14.9	14.4	13.8	13.5	13.0	12.6	12.2	11.6
26.2	17.8	17.4	16.9	16.4	15.7	15.1	14.6	14.0	13.7	13.2	12.8	12.4	11.8
26.4	18.0	17.6	17.1	16.6	15.8	15.3	14.8	14.2	13.9	13.3	13.0	12.6	12.0
26.6	18.3	17.9	17.4	16.8	16.1	15.6	15.0	14.4	14.1	13.5	13.2	12.8	12.1
26.8	18.6	18.2	17.7	17.1	16.4	15.8	15.3	14.6	14.3	13.8	13.4	12.9	12.3
27.0	18.9	18.5	18.0	17.4	16.6	16.1	15.5	14.8	14.6	14.0	13.6	13.1	12.4
27.2	19.1	18.7	18.1	17.6	16.8	16.2	15.7	15.0	14.7	14.1	13.8	13.3	12.6
27.4	19.4	19.0	18.4	17.8	17.0	16.4	15.9	15.2	14.9	14.3	14.0	13.4	12.7
27.6	19.7	19.3	18.7	18.0	17.2	16.6	16.1	15.4	15.1	14.5	14.1	13.6	12.9
27.8	20.0	19.6	19.0	18.2	17.4	16.8	16.3	15.6	15.3	14.7	14.2	13.7	13.0
28.0	20.3	19.7	19.2	18.4	17.6	17.0	16.5	15.8	15.4	14.8	14.4	13.9	13.2
28.2	20.6	20.0	19.5	18.6	17.8	17.2	16.7	16.0	15.6	15.0	14.6	14.0	13.3
28.4	20.9	20.3	19.7	18.8	18.0	17.4	16.9	16.2	15.8	15.2	14.8	14.2	13.5
28.6	21.2	20.6	20.0	19.1	18.2	17.6	17.1	16.4	16.0	15.4	15.0	14.3	13.6
28.8	21.5	20.9	20.0	19.4	18.5	17.8	17.3	16.6	16.2	15.6	15.2	14.5	13.8
29.0	21.8	21.1	20.5	19.6	18.7	18.1	17.5	16.8	16.4	15.8	15.4	14.6	13.9
29.2	22.1	21.4	20.8	19.9	19.0	18.3	17.7	17.0	16.6	16.0	15.6	14.8	14.1
29.4	22.4	21.7	21.1	20.2	19.3	18.6	17.9	17.2	16.8	16.2	15.8	15.0	14.2
29.6	22.7	22.0	21.3	20.4	19.5	18.8	18.2	17.5	17.0	16.4	16.0	15.1	14.4
29.8	23.0	22.3	21.6	20.7	19.8	19.1	18.4	17.7	17.2	16.6	16.2	15.3	14.5
30.0	23.3	22.6	21.9	21.0	20.0	19.3	18.6	17.9	17.4	16.8	16.4	15.4	14.7
30.2	23.6	22.9	22.2	21.2	20.3	19.6	18.9	17.6	17.0	16.6	15.6	14.9
30.4	23.9	23.2	22.5	21.5	20.6	19.8	19.1	18.4	17.8	17.2	16.8	15.8	15.1
30.6	24.3	23.6	22.8	21.9	20.9	20.2	19.4	18.7	18.0	17.5	17.0	16.0	15.2
30.8	24.6	23.9	23.1	22.1	21.2	20.4	19.7	18.9	18.2	17.7	17.2	16.2	15.4
31.0	24.9	24.2	23.4	22.4	21.4	20.7	19.9	19.2	18.4	17.9	17.4	16.4	15.5
31.2	25.2	24.4	23.7	22.7	21.7	20.9	20.2	19.4	18.6	16.1	17.6	16.6	15.7
31.4	25.6	24.8	24.1	23.0	22.0	21.2	20.5	19.7	18.9	18.4	17.8	16.9	15.8
31.6	25.9	25.1	24.3	23.3	22.3	21.5	20.7	19.9	19.2	18.6	18.0	17.1	16.0
31.8	26.2	25.4	24.6	23.6	22.5	21.7	21.0	20.2	19.4	18.9	18.2	17.3	16.2
32.0	26.5	25.7	24.9	23.9	22.8	22.0	21.2	20.4	19.6	19.1	18.4	17.5	16.4
32.2	26.9	26.1	25.3	24.2	23.1	22.3	21.5	20.7	19.9	19.4	18.6	17.7	16.6

平均回弹值 R_m	测区混凝土强度换算值 $f_{cu,i}^c$ (MPa)												
	平均碳化深度值 d_m (mm)												
	0.0	0.5	1.0	1.5	2.0	2.5	3.0	3.5	4.0	4.5	5.0	5.5	≥6
32.4	27.2	26.4	25.6	24.5	23.4	22.6	21.8	20.9	20.1	19.6	18.8	17.9	16.8
32.6	27.6	26.8	25.9	24.8	23.7	22.9	22.1	21.3	20.4	19.9	19.0	18.1	17.0
32.8	27.9	27.1	26.2	25.1	24.0	23.2	22.3	21.5	20.6	20.1	19.2	18.3	17.2
33.0	28.2	27.4	26.5	25.4	24.3	23.4	22.6	21.7	20.9	20.3	19.4	18.5	17.4
33.2	28.6	27.7	26.8	25.7	24.6	23.7	22.9	22.0	21.2	20.5	19.6	18.7	17.6
33.4	28.9	28.0	27.1	26.0	24.9	24.0	23.1	22.3	21.4	20.7	19.8	18.9	17.8
33.6	29.3	28.4	27.4	26.4	25.2	24.2	23.3	22.6	21.7	20.9	20.0	19.1	18.0
33.8	29.6	28.7	27.7	26.6	25.4	24.4	23.5	22.8	21.9	21.1	20.2	19.3	18.2
34.0	30.0	29.1	28.0	26.8	25.6	24.6	23.7	23.0	22.1	21.3	20.4	19.5	18.3
34.2	30.3	29.4	28.3	27.0	25.8	24.8	23.9	23.2	22.3	21.5	20.6	19.7	18.4
34.4	30.7	29.8	28.6	27.2	26.0	25.0	24.1	23.4	22.5	21.7	20.8	19.8	18.6
34.6	31.1	30.2	28.9	27.4	26.2	25.2	24.3	23.6	22.7	21.9	21.0	20.0	18.8
34.8	31.4	30.5	29.2	27.6	26.4	25.4	24.5	23.8	22.9	22.1	21.2	20.2	19.0
35.0	31.8	30.8	29.6	28.0	26.7	25.8	24.8	24.0	23.2	22.3	21.4	20.4	19.2
35.2	32.1	31.1	29.9	28.2	27.0	26.0	25.0	24.2	23.4	22.5	21.6	20.6	19.4
35.4	32.5	31.5	30.2	28.6	27.3	26.3	25.4	24.4	23.7	22.8	21.8	20.8	19.6
35.6	32.9	31.9	30.6	29.0	27.6	26.6	25.7	24.7	24.0	23.0	22.0	21.0	19.8
35.8	33.3	32.3	31.0	29.3	28.0	27.0	26.0	25.0	24.3	23.3	22.2	21.2	20.0
36.0	33.6	32.6	31.2	29.6	28.2	27.2	26.2	25.2	24.5	23.5	22.4	21.4	20.2
36.2	34.0	33.0	31.6	29.9	28.6	27.5	26.5	25.5	24.8	23.8	22.6	21.6	20.4
36.4	34.4	33.4	32.0	30.3	28.9	27.9	26.8	25.8	25.1	24.1	22.8	21.8	20.6
36.6	34.8	33.8	32.4	30.6	29.2	28.2	27.1	26.1	25.4	24.4	23.0	22.0	20.9
36.8	35.2	34.1	32.7	31.0	29.6	28.5	27.5	26.4	25.7	24.6	23.2	22.2	21.1
37.0	35.5	34.4	33.0	31.2	29.8	28.8	27.7	26.6	25.9	24.8	23.4	22.4	21.3
37.2	35.9	34.8	33.4	31.6	30.2	29.1	28.0	26.9	26.2	25.1	23.7	22.6	21.5
37.4	36.3	35.2	33.8	31.9	30.5	29.4	28.3	27.2	26.6	25.4	24.0	22.9	21.6
37.6	36.7	35.6	34.1	32.3	30.8	29.7	28.6	27.5	26.8	25.7	24.2	23.1	22.0
37.8	37.1	36.0	34.5	32.6	31.2	30.0	28.9	27.8	27.1	26.0	24.5	23.4	22.3
38.0	37.5	36.4	34.9	33.0	31.5	30.3	29.2	28.1	27.4	26.2	24.8	23.6	22.5
38.2	37.9	36.8	35.2	33.4	31.8	30.6	29.5	28.4	27.7	26.5	25.0	23.9	22.7
38.4	38.3	37.2	35.6	33.7	32.1	30.9	29.8	28.7	28.0	29.8	25.3	24.1	23.0
38.6	38.7	37.5	36.0	34.1	32.4	31.2	30.1	29.0	28.3	27.0	25.5	24.4	23.2
38.8	39.1	37.9	36.4	34.4	32.7	31.5	30.4	29.3	28.5	27.2	25.8	24.6	23.5
39.0	39.5	38.2	36.7	34.7	33.0	31.8	30.6	29.6	28.8	27.4	26.0	24.8	23.7
39.2	39.9	38.5	37.0	35.0	33.3	32.1	30.8	29.8	29.0	27.6	26.2	25.0	25.0
39.4	40.3	38.8	37.3	35.3	33.6	32.4	31.0	30.0	29.2	27.8	26.4	25.2	24.2

平均回弹值 R_m	测区混凝土强度换算值 $f^c_{cu,i}$（MPa）												
	平均碳化深度值 d_m（mm）												
	0.0	0.5	1.0	1.5	2.0	2.5	3.0	3.5	4.0	4.5	5.0	5.5	≥6
39.6	40.7	39.1	37.6	35.6	33.9	32.7	31.2	30.2	29.4	28.0	26.6	25.4	24.4
39.8	41.2	39.6	38.0	35.9	34.2	33.0	31.4	30.5	29.7	28.2	26.8	25.6	24.7
40.0	41.6	39.9	38.3	36.2	34.5	33.3	31.7	30.8	30.0	28.4	27.0	25.8	25.0
40.2	42.0	40.3	38.6	36.5	34.8	33.6	32.0	31.1	30.2	28.6	27.3	26.0	25.2
40.4	42.4	40.7	39.0	36.9	35.1	33.9	32.3	31.4	30.5	28.8	27.6	26.2	25.4
40.6	42.8	41.1	39.4	37.2	35.4	34.2	32.6	31.7	30.8	29.1	27.8	26.5	25.7
40.8	43.3	41.6	39.8	37.7	35.7	34.5	32.9	32.0	31.2	29.4	28.1	26.8	26.0
41.0	43.7	42.0	40.2	38.0	36.0	34.8	33.2	32.3	31.5	29.7	28.4	27.1	26.2
41.2	44.1	42.3	40.6	38.4	36.3	35.1	33.5	32.6	31.8	30.0	28.7	27.3	26.5
41.4	44.5	42.7	40.9	38.7	36.6	35.4	33.8	32.9	32.0	30.3	28.9	27.6	26.7
41.6	45.0	43.2	41.4	39.2	36.9	35.7	34.2	33.3	32.4	30.6	29.2	27.9	27.0
41.8	45.4	43.6	41.8	39.5	37.2	36.0	34.5	33.6	32.7	30.9	29.5	28.1	27.2
42.0	45.9	44.1	42.2	39.9	37.6	36.3	34.9	34.0	33.0	31.2	29.8	28.5	27.5
42.2	46.3	44.4	42.6	40.3	38.0	36.6	35.2	34.3	33.3	31.5	30.1	28.7	27.8
42.4	46.7	44.8	43.0	40.6	38.3	36.9	35.5	34.6	33.6	31.8	30.4	29.0	28.0
42.6	47.2	45.3	43.4	41.1	38.7	37.3	35.9	34.9	34.0	32.1	30.7	29.3	28.3
42.8	47.6	45.7	43.8	41.4	39.0	37.6	36.2	35.3	34.3	32.4	30.9	29.5	28.6
43.0	48.1	46.2	44.2	41.8	39.4	38.0	36.6	35.6	34.6	32.7	31.3	29.8	28.9
43.2	48.5	46.6	44.6	42.2	39.8	38.3	36.9	35.9	34.9	33.0	31.5	30.1	29.1
43.4	49.0	47.0	45.1	42.6	40.2	38.7	37.2	36.3	35.3	33.3	31.8	30.4	29.4
43.6	49.4	47.4	45.4	43.0	40.5	39.0	37.5	36.6	35.6	33.6	32.1	30.6	29.6
43.8	49.9	47.9	45.9	43.4	40.9	39.4	37.9	36.9	35.9	33.9	32.4	30.9	29.9
44.0	50.4	48.4	46.4	43.8	41.3	39.8	38.3	37.3	36.3	34.3	32.8	31.2	30.2
44.2	50.8	48.8	46.7	44.2	41.7	40.1	38.6	37.6	36.6	34.5	33.0	31.5	30.5
44.4	51.3	49.2	47.2	44.6	42.1	40.5	39.0	38.0	36.9	34.9	33.3	31.8	30.8
44.6	51.7	49.6	47.6	45.0	42.4	40.8	39.3	38.3	37.2	35.2	33.6	32.1	31.0
44.8	52.2	50.1	48.0	45.4	42.8	41.2	39.7	38.6	37.6	35.5	33.9	32.4	31.3
45.0	52.7	50.6	48.5	45.8	43.2	41.6	40.1	39.0	37.9	35.8	34.3	32.7	31.6
45.2	53.2	51.1	48.9	46.3	43.6	42.0	40.4	39.4	38.3	36.2	34.6	33.0	31.9
45.4	53.6	51.5	49.4	46.6	44.0	42.3	40.7	39.7	38.6	36.4	34.8	33.2	32.2
45.6	54.1	51.9	49.8	47.1	44.4	42.7	41.1	40.0	39.0	36.8	35.2	33.5	32.5
45.8	54.6	52.4	50.2	47.5	44.8	43.1	41.5	40.4	39.3	37.1	35.5	33.9	32.8
46.0	55.0	52.8	50.6	47.9	45.2	43.5	41.9	40.8	39.7	37.5	35.8	34.2	33.1
46.2	55.5	53.3	51.1	48.3	45.5	43.8	42.2	41.1	40.0	37.7	36.1	34.4	33.3
46.4	56.0	53.8	51.5	48.7	45.9	44.2	42.6	41.4	40.3	38.1	36.4	34.7	33.6
46.6	56.5	54.2	52.0	49.2	46.3	44.6	42.9	41.8	40.7	38.4	36.7	35.0	33.9

续表 A

平均回弹值 R_m	测区混凝土强度换算值 $f^c_{cu,i}$（MPa）												
	平均碳化深度值 d_m（mm）												
	0.0	0.5	1.0	1.5	2.0	2.5	3.0	3.5	4.0	4.5	5.0	5.5	≥6
46.8	57.0	54.7	52.4	49.6	46.7	45.0	43.3	42.2	41.0	38.8	37.0	35.3	34.2
47.0	57.5	55.2	52.9	50.0	47.2	45.2	43.7	42.6	41.4	39.1	37.4	35.6	34.5
47.2	58.0	55.7	53.4	50.5	47.6	45.8	44.1	42.9	41.8	39.4	37.7	36.0	34.8
47.4	58.5	56.2	53.8	50.9	48.0	46.2	44.5	43.3	42.1	39.8	38.0	36.3	35.1
47.6	59.0	56.6	54.3	51.3	48.4	46.6	44.8	43.7	42.5	40.1	40.0	36.6	35.4
47.8	59.5	57.1	54.7	51.8	48.8	47.0	45.2	44.0	42.8	40.5	38.7	36.9	35.7
48.0	60.0	57.6	55.2	52.2	49.2	47.4	45.6	44.4	43.2	40.8	39.0	37.2	36.0
48.2	—	58.0	55.7	52.6	49.6	47.8	46.0	44.8	43.6	41.1	39.3	37.5	36.3
48.4	—	58.6	56.1	53.1	50.0	48.2	46.4	45.1	43.9	41.5	39.6	37.8	36.6
48.6	—	59.0	56.6	53.5	50.4	48.6	46.7	45.5	44.3	41.8	40.0	38.1	36.9
48.8	—	59.5	57.1	54.0	50.9	49.0	47.1	45.9	44.6	42.2	40.3	38.4	37.2
49.0	—	60.0	57.5	54.4	51.3	49.4	47.5	46.2	45.0	42.5	40.6	38.8	37.5
49.2	—	—	58.0	54.8	51.7	49.8	47.9	46.6	45.4	42.8	41.0	39.1	37.8
49.4	—	—	58.5	55.3	52.1	50.2	48.3	47.1	45.8	43.2	41.3	39.4	38.2
49.6	—	—	58.9	55.7	52.5	50.6	48.7	47.4	46.2	43.6	41.7	39.7	38.5
49.8	—	—	59.4	56.2	53.0	51.0	49.1	47.8	46.5	43.9	42.0	40.1	38.8
50.0	—	—	59.9	56.7	53.4	51.4	49.5	48.2	46.9	44.3	42.3	40.4	39.1
50.2	—	—	60.0	57.1	53.8	51.9	49.9	48.5	47.2	44.6	42.6	40.7	39.4
50.4	—	—	—	57.6	54.3	52.3	50.3	49.0	47.7	45.0	43.0	41.0	39.7
50.6	—	—	—	58.0	54.7	52.7	50.7	49.4	48.0	45.4	43.4	41.4	40.0
50.8	—	—	—	58.5	55.1	53.1	51.1	49.8	48.4	45.7	43.7	41.7	40.3
51.0	—	—	—	59.0	55.6	53.5	51.5	50.1	48.8	46.1	44.1	42.0	40.7
51.2	—	—	—	59.4	56.0	54.0	51.9	50.5	49.2	46.4	44.4	42.3	41.0
51.4	—	—	—	59.9	56.4	54.4	52.3	50.9	49.6	46.8	44.7	42.7	41.3
51.6	—	—	—	60.0	56.9	54.8	52.7	51.3	50.0	47.2	45.1	43.0	41.6
51.8	—	—	—	—	57.3	55.2	53.1	51.7	50.3	47.5	45.4	43.3	41.8
52.0	—	—	—	—	57.8	55.7	53.6	52.1	50.7	47.9	45.8	43.7	42.3
52.2	—	—	—	—	58.2	56.1	54.0	52.5	51.1	48.3	46.2	44.0	42.6
52.4	—	—	—	—	58.7	56.5	54.4	53.0	51.5	48.7	46.5	44.4	43.0
52.6	—	—	—	—	59.1	57.0	54.8	53.4	51.9	49.0	46.9	44.7	43.3
52.8	—	—	—	—	59.6	57.4	55.2	53.8	52.3	49.4	47.3	45.1	43.6
53.0	—	—	—	—	60.0	57.8	55.6	54.2	52.7	49.8	47.6	45.4	43.9
53.2	—	—	—	—	—	58.3	56.1	54.6	53.1	50.2	48.0	45.8	44.3
53.4	—	—	—	—	—	58.7	56.5	55.0	53.5	50.5	48.3	46.1	44.6
53.6	—	—	—	—	—	59.2	56.9	55.4	53.9	50.9	48.7	46.4	44.9
53.8	—	—	—	—	—	59.6	57.3	55.8	54.3	51.3	49.0	46.8	45.3

平均回弹值 R_m	测区混凝土强度换算值 $f^c_{cu,i}$（MPa）												
	平均碳化深度值 d_m（mm）												
	0.0	0.5	1.0	1.5	2.0	2.5	3.0	3.5	4.0	4.5	5.0	5.5	≥6
54.0	—	—	—	—	—	60.0	57.8	56.3	54.7	51.7	49.4	47.1	45.6
54.2	—	—	—	—	—	—	58.2	56.7	55.1	52.1	49.8	47.5	46.0
54.4	—	—	—	—	—	—	58.6	57.1	55.6	52.5	50.2	47.9	46.3
54.6	—	—	—	—	—	—	59.1	57.5	56.0	52.9	50.5	48.2	46.6
54.8	—	—	—	—	—	—	59.5	57.9	56.4	53.2	50.9	48.5	47.0
55.0	—	—	—	—	—	—	59.9	58.4	56.8	53.6	51.3	48.9	47.3
55.2	—	—	—	—	—	—	60.0	58.8	57.2	54.0	51.6	49.3	47.7
55.4	—	—	—	—	—	—	—	59.2	57.6	54.4	52.0	49.6	48.0
55.6	—	—	—	—	—	—	—	59.7	58.0	54.8	52.4	50.0	48.4
55.8	—	—	—	—	—	—	—	60.0	58.5	55.2	52.8	50.3	48.7
56.0	—	—	—	—	—	—	—	—	58.9	55.6	53.2	50.7	49.1
56.2	—	—	—	—	—	—	—	—	59.3	56.0	53.5	51.1	49.4
56.4	—	—	—	—	—	—	—	—	59.7	56.4	53.9	51.4	49.8
56.6	—	—	—	—	—	—	—	—	60.0	56.8	54.3	51.8	50.1
56.8	—	—	—	—	—	—	—	—	—	57.2	54.7	52.2	50.5
57.0	—	—	—	—	—	—	—	—	—	57.6	55.1	52.5	50.8
57.2	—	—	—	—	—	—	—	—	—	58.0	55.5	52.9	51.2
57.4	—	—	—	—	—	—	—	—	—	58.4	55.9	53.3	51.6
57.6	—	—	—	—	—	—	—	—	—	58.9	56.3	53.7	51.9
57.8	—	—	—	—	—	—	—	—	—	59.3	56.7	54.0	52.3
58.0	—	—	—	—	—	—	—	—	—	59.7	57.0	54.4	52.7
58.2	—	—	—	—	—	—	—	—	—	60.0	57.4	54.8	53.0
58.4	—	—	—	—	—	—	—	—	—	—	57.8	55.2	53.4
58.6	—	—	—	—	—	—	—	—	—	—	58.2	55.6	53.8
58.8	—	—	—	—	—	—	—	—	—	—	58.6	55.9	54.1
59.0	—	—	—	—	—	—	—	—	—	—	59.0	56.3	54.5
59.2	—	—	—	—	—	—	—	—	—	—	59.4	56.7	54.9
59.4	—	—	—	—	—	—	—	—	—	—	59.8	57.1	55.2
59.6	—	—	—	—	—	—	—	—	—	—	60.0	57.5	55.6
59.8	—	—	—	—	—	—	—	—	—	—	—	57.9	56.0
60.0	—	—	—	—	—	—	—	—	—	—	—	58.3	56.4

注：表中未注明的测区混凝土强度换算值为小于 10MPa 或大于 60MPa。

附录 B 泵送混凝土测区强度换算表

表 B 泵送混凝土测区强度换算表

平均回弹值 R_m	测区混凝土强度换算值 $f^c_{cu,i}$（MPa）												
	平均碳化深度值 d_m（mm）												
	0.0	0.5	1.0	1.5	2.0	2.5	3.0	3.5	4.0	4.5	5.0	5.5	≥6
18.6	10.0	—	—	—	—	—	—	—	—	—	—	—	—
18.8	10.2	10.0	—	—	—	—	—	—	—	—	—	—	—
19.0	10.4	10.2	10.0	—	—	—	—	—	—	—	—	—	—
19.2	10.6	10.4	10.2	10.0	—	—	—	—	—	—	—	—	—
19.4	10.9	10.7	10.4	10.2	10.0	—	—	—	—	—	—	—	—
19.6	11.1	10.9	10.6	10.4	10.2	10.0	—	—	—	—	—	—	—
19.8	11.3	11.1	10.9	10.6	10.4	10.2	10.0	—	—	—	—	—	—
20.0	11.5	11.3	11.1	10.9	10.6	10.4	10.2	10.0	—	—	—	—	—
20.2	11.8	11.5	11.3	11.1	10.9	10.6	10.4	10.2	10.0	—	—	—	—
20.4	12.0	11.7	11.5	11.3	11.1	10.8	10.6	10.4	10.2	10.0	—	—	—
20.6	12.2	12.0	11.7	11.5	11.3	11.0	10.8	10.6	10.4	10.2	10.0	—	—
20.8	12.4	12.2	12.0	11.7	11.5	11.3	11.0	10.8	10.6	10.4	10.2	10.0	—
21.0	12.7	12.4	12.2	11.9	11.7	11.5	11.2	11.0	10.8	10.6	10.4	10.2	10.0
21.2	12.9	12.7	12.4	12.2	11.9	11.7	11.5	11.2	11.0	10.8	10.6	10.4	10.2
21.4	13.1	12.9	12.6	12.4	12.1	11.9	11.7	11.4	11.2	11.0	10.8	10.6	10.3
21.6	13.4	13.1	12.9	12.6	12.4	12.1	11.9	11.6	11.4	11.2	11.0	10.7	10.5
21.8	13.6	13.4	13.1	12.8	12.6	12.3	12.1	11.9	11.6	11.4	11.2	10.9	10.7
22.0	13.9	13.6	13.3	13.1	12.8	12.6	12.3	12.1	11.8	11.6	11.4	11.1	10.9
22.2	14.1	13.8	13.6	13.3	13.0	12.8	12.5	12.3	12.0	11.8	11.6	11.3	11.1
22.4	14.4	14.1	13.8	13.5	13.3	13.0	12.7	12.5	12.2	12.0	11.8	11.5	11.3
22.6	14.6	14.3	14.0	13.8	13.5	13.2	13.0	12.7	12.5	12.2	12.0	11.7	11.5
22.8	14.9	14.6	14.3	14.0	13.7	13.5	13.2	12.9	12.7	12.4	12.2	11.9	11.7
23.0	15.1	14.8	14.5	14.2	14.0	13.7	13.4	13.1	12.9	12.6	12.4	12.1	11.9
23.2	15.4	15.1	14.8	14.5	14.2	13.9	13.6	13.4	13.1	12.8	12.6	12.3	12.1
23.4	15.6	15.3	15.0	14.7	14.4	14.1	13.9	13.6	13.3	13.1	12.8	12.6	12.3
23.6	15.9	15.6	15.3	15.0	14.7	14.4	14.1	13.8	13.5	13.3	13.0	12.8	12.5
23.8	16.2	15.8	15.5	15.2	14.9	14.6	14.3	14.1	13.8	13.5	13.2	13.0	12.7
24.0	16.4	16.1	15.8	15.5	15.2	14.9	14.6	14.3	14.0	13.7	13.5	13.2	12.9
24.2	16.7	16.4	16.0	15.7	15.4	15.1	14.8	14.5	14.2	13.9	13.7	13.4	13.1
24.4	17.0	16.6	16.3	16.0	15.7	15.3	15.0	14.7	14.5	14.2	13.9	13.6	13.3
24.6	17.2	16.9	16.6	16.2	15.9	15.6	15.3	15.0	14.7	14.4	14.1	13.8	13.6
24.8	17.5	17.1	16.8	16.5	16.2	15.8	15.5	15.2	14.9	14.6	14.3	14.1	13.8

续表 B

平均回弹值 R_m	测区混凝土强度换算值 $f^c_{cu,i}$（MPa）												
	平均碳化深度值 d_m（mm）												
	0.0	0.5	1.0	1.5	2.0	2.5	3.0	3.5	4.0	4.5	5.0	5.5	≥6
25.0	17.8	17.4	17.1	16.7	16.4	16.1	15.8	15.5	15.2	14.9	14.6	14.3	14.0
25.2	18.0	17.7	17.3	17.0	16.7	16.3	16.0	15.7	15.4	15.1	14.8	14.5	14.2
25.4	18.3	18.0	17.6	17.3	16.9	16.6	16.3	15.9	15.6	15.3	15.0	14.7	14.4
25.6	18.6	18.2	17.9	17.5	17.2	16.8	16.5	16.2	15.9	15.6	15.2	14.9	14.7
25.8	18.9	18.5	18.2	17.8	17.4	17.1	16.8	16.4	16.1	15.8	15.5	15.2	14.9
26.0	19.2	18.8	18.4	18.1	17.7	17.4	17.0	16.7	16.3	16.0	15.7	15.4	15.1
26.2	19.5	19.1	18.7	18.3	18.0	17.6	17.3	16.9	16.6	16.3	15.9	15.6	15.3
26.4	19.8	19.4	19.0	18.6	18.2	17.9	17.5	17.2	16.8	16.5	16.2	15.9	15.6
26.6	20.0	19.6	19.3	18.9	18.5	18.1	17.8	17.4	17.1	16.8	16.4	16.1	15.8
26.8	20.3	19.9	19.5	19.2	18.8	18.4	18.0	17.7	17.3	17.0	16.7	16.3	16.0
27.0	20.6	20.2	19.8	19.4	19.1	18.7	18.3	17.9	17.6	17.2	16.9	16.6	16.2
27.2	20.9	20.5	20.1	19.7	19.3	18.9	18.6	18.2	17.8	17.5	17.1	16.8	16.5
27.4	21.2	20.8	20.4	20.0	19.6	19.2	18.8	18.5	18.1	17.7	17.4	17.1	16.7
27.6	21.5	21.1	20.7	20.3	19.9	19.5	19.1	18.7	18.4	18.0	17.6	17.3	17.0
27.8	21.8	21.4	21.0	20.6	20.2	19.8	19.4	19.0	18.6	18.3	17.9	17.5	17.2
28.0	22.1	21.7	21.3	20.9	20.4	20.0	19.6	19.3	18.9	18.5	18.1	17.8	17.4
28.2	22.4	22.0	21.6	21.1	20.7	20.3	19.9	19.5	19.1	18.8	18.4	18.0	17.7
28.4	22.8	22.3	21.9	21.4	21.0	20.6	20.2	19.8	19.4	19.0	18.6	18.3	17.9
28.6	23.1	22.6	22.2	21.7	21.3	20.9	20.5	20.1	19.7	19.3	18.9	18.5	18.2
28.8	23.4	22.9	22.5	22.0	21.6	21.2	20.7	20.3	19.9	19.5	19.2	18.8	18.4
29.0	23.7	23.2	22.8	22.3	21.9	21.5	21.0	20.6	20.2	19.8	19.4	19.0	18.7
29.2	24.0	23.5	23.1	22.6	22.2	21.7	21.3	20.9	20.5	20.1	19.7	19.3	18.9
29.4	24.3	23.9	23.4	22.9	22.5	22.0	21.6	21.2	20.8	20.3	19.9	19.5	19.2
29.6	24.7	24.2	23.7	23.2	22.8	22.3	21.9	21.4	21.0	20.6	20.2	19.8	19.4
29.8	25.0	24.5	24.0	23.5	23.1	22.6	22.2	21.7	21.3	20.9	20.5	20.1	19.7
30.0	25.3	24.8	24.3	23.8	23.4	22.9	22.5	22.0	21.6	21.2	20.7	20.3	19.9
30.2	25.6	25.1	24.6	24.2	23.7	23.2	22.8	22.3	21.9	21.4	21.0	20.6	20.2
30.4	26.0	25.5	25.0	24.5	24.0	23.5	23.0	22.6	22.1	21.7	21.3	20.9	20.4
30.6	26.3	25.8	25.3	24.8	24.3	23.8	23.3	22.9	22.4	22.0	21.6	21.1	20.7
30.8	26.6	26.1	25.6	25.1	24.6	24.1	23.6	23.2	22.7	22.3	21.8	21.4	21.0
31.0	27.0	26.4	25.9	25.4	24.9	24.4	23.9	23.5	23.0	22.5	22.1	21.7	21.2
31.2	27.3	26.8	26.2	25.7	25.2	24.7	24.2	23.8	23.3	22.8	22.4	21.9	21.5
31.4	27.7	27.1	26.6	26.0	25.5	25.0	24.5	24.1	23.6	23.1	22.7	22.2	21.8
31.6	28.0	27.4	26.9	26.4	25.9	25.3	24.8	24.4	23.9	23.4	22.9	22.5	22.0
31.8	28.3	27.8	27.2	26.7	26.2	25.7	25.1	24.7	24.2	23.7	23.2	22.8	22.3
32.0	28.7	28.1	27.6	27.0	26.5	26.0	25.5	25.0	24.5	24.0	23.5	23.0	22.6

续表 B

平均回弹值 R_{m}	测区混凝土强度换算值 $f^{c}_{\mathrm{cu},i}$（MPa）												
	平均碳化深度值 d_{m}（mm）												
	0.0	0.5	1.0	1.5	2.0	2.5	3.0	3.5	4.0	4.5	5.0	5.5	≥6
32.2	29.0	28.5	27.9	27.4	26.8	26.3	25.8	25.3	24.8	24.3	23.8	23.3	22.9
32.4	29.4	28.8	28.2	27.7	27.1	26.6	26.1	25.6	25.1	24.6	24.1	23.6	23.1
32.6	29.7	29.2	28.6	28.0	27.5	26.9	26.4	25.9	25.4	24.9	24.4	23.9	23.4
32.8	30.1	29.5	28.9	28.3	27.8	27.2	26.7	26.2	25.7	25.2	24.7	24.2	23.7
33.0	30.4	29.8	29.3	28.7	28.1	27.6	27.0	26.5	26.0	25.5	25.0	24.5	24.0
33.2	30.8	30.2	29.6	29.0	28.4	27.9	27.3	26.8	26.3	25.8	25.2	24.7	24.3
33.4	31.2	30.6	30.0	29.4	28.8	28.2	27.7	27.1	26.6	26.1	25.5	25.0	24.5
33.6	31.5	30.9	30.3	29.7	29.1	28.5	28.0	27.4	26.9	26.4	25.8	25.3	24.8
33.8	31.9	31.3	30.7	30.0	29.5	28.9	28.3	27.7	27.2	26.7	26.1	25.6	25.1
34.0	32.3	31.6	31.0	30.4	29.8	29.2	28.6	28.1	27.5	27.0	26.4	25.9	25.4
34.2	32.6	32.0	31.4	30.7	30.1	29.5	29.0	28.4	27.8	27.3	26.7	26.2	25.7
34.4	33.0	32.4	31.7	31.1	30.5	29.9	29.3	28.7	28.1	27.6	27.0	26.5	26.0
34.6	33.4	32.7	32.1	31.4	30.8	30.2	29.6	29.0	28.5	27.9	27.4	26.8	26.3
34.8	33.8	33.1	32.4	31.8	31.2	30.6	30.0	29.4	28.8	28.2	27.7	27.1	26.6
35.0	34.1	33.5	32.8	32.2	31.5	30.9	30.3	29.7	29.1	28.5	28.0	27.4	26.9
35.2	34.5	33.8	33.2	32.5	31.9	31.2	30.6	30.0	29.4	28.8	28.3	27.7	27.2
35.4	34.9	34.2	33.5	32.9	32.2	31.6	31.0	30.4	29.8	29.2	28.6	28.0	27.5
35.6	35.3	34.6	33.9	33.2	32.6	31.9	31.3	30.7	30.1	29.5	28.9	28.3	27.8
35.8	35.7	35.0	34.3	33.6	32.9	32.3	31.6	31.0	30.4	29.8	29.2	28.6	28.1
36.0	36.0	35.3	34.6	34.0	33.3	32.6	32.0	31.4	30.7	30.1	29.5	29.0	28.4
36.2	36.4	35.7	35.0	34.3	33.6	33.0	32.3	31.7	31.1	30.5	29.9	29.3	28.7
36.4	36.8	36.1	35.4	34.7	34.0	33.3	32.7	32.0	31.4	30.8	30.2	29.6	29.0
36.6	37.2	36.5	35.8	35.1	34.4	33.7	33.0	32.4	31.7	31.1	30.5	29.9	29.3
36.8	37.6	36.9	36.2	35.4	34.7	34.1	33.4	32.7	32.1	31.4	30.8	30.2	29.6
37.0	38.0	37.3	36.5	35.8	35.1	34.4	33.7	33.1	32.4	31.8	31.2	30.5	29.9
37.2	38.4	37.7	36.9	36.2	35.5	34.8	34.1	33.4	32.8	32.1	31.5	30.9	30.2
37.4	38.8	38.1	37.3	36.6	35.8	35.1	34.4	33.8	33.1	32.4	31.8	31.2	30.6
37.6	39.2	38.4	37.7	36.9	36.2	35.5	34.8	34.1	33.4	32.8	32.1	31.5	30.9
37.8	39.6	38.8	38.1	37.3	36.6	35.9	35.2	34.5	33.8	33.1	32.5	31.8	31.2
38.0	40.0	39.2	38.5	37.7	37.0	36.2	35.5	34.8	34.1	33.5	32.8	32.2	31.5
38.2	40.4	39.6	38.9	38.1	37.3	36.6	35.9	35.2	34.5	33.8	33.1	32.5	31.8
38.4	40.9	40.1	39.3	38.5	37.7	37.0	36.3	35.5	34.8	34.2	33.5	32.8	32.2
38.6	41.3	40.5	39.7	38.9	38.1	37.4	36.6	35.9	35.2	34.5	33.8	33.2	32.5
38.8	41.7	40.9	40.1	39.3	38.5	37.7	37.0	36.3	35.5	34.8	34.2	33.5	32.8
39.0	42.1	41.3	40.5	39.7	38.9	38.1	37.4	36.6	35.9	35.2	34.5	33.8	33.2
39.2	42.5	41.7	40.9	40.1	39.3	38.5	37.7	37.0	36.3	35.5	34.8	34.2	33.5

續表B

平均回弹值 R_m	测区混凝土强度换算值 $f^c_{cu,i}$（MPa）												
	平均碳化深度值 d_m（mm）												
	0.0	0.5	1.0	1.5	2.0	2.5	3.0	3.5	4.0	4.5	5.0	5.5	≥6
39.4	42.9	42.1	41.3	40.5	39.7	38.9	38.1	37.4	36.6	35.9	35.2	34.5	33.8
39.6	43.4	42.5	41.7	40.9	40.0	39.3	38.5	37.7	37.0	36.3	35.5	34.8	34.2
39.8	43.8	42.9	42.1	41.3	40.4	39.6	38.9	38.1	37.3	36.6	35.9	35.2	34.5
40.0	44.2	43.4	42.5	41.7	40.8	40.0	39.2	38.5	37.7	37.0	36.2	35.5	34.8
40.2	44.7	43.8	42.9	42.1	41.2	40.4	39.6	38.8	38.1	37.3	36.6	35.9	35.2
40.4	45.1	44.2	43.3	42.5	41.6	40.8	40.0	39.2	38.4	37.7	36.9	36.2	35.5
40.6	45.5	44.6	43.7	42.9	42.0	41.2	40.4	39.6	38.8	38.1	37.3	36.6	35.8
40.8	46.0	45.1	44.2	43.3	42.4	41.6	40.8	40.0	39.2	38.4	37.7	36.9	36.2
41.0	46.4	45.5	44.6	43.7	42.8	42.0	41.2	40.4	39.6	38.8	38.0	37.3	36.5
41.2	46.8	45.9	45.0	44.1	43.2	42.4	41.6	40.7	39.9	39.1	38.4	37.6	36.9
41.4	47.3	46.3	45.4	44.5	43.7	42.8	42.0	41.1	40.3	39.5	38.7	38.0	37.2
41.6	47.7	46.8	45.9	45.0	44.1	43.2	42.3	41.5	40.7	39.9	39.1	38.3	37.6
41.8	48.2	47.2	46.3	45.4	44.5	43.6	42.7	41.9	41.1	40.3	39.5	38.7	37.9
42.0	48.6	47.7	46.7	45.8	44.9	44.0	43.1	42.3	41.5	40.6	39.8	39.1	38.3
42.2	49.1	48.1	47.1	46.2	45.3	44.4	43.5	42.7	41.8	41.0	40.2	39.4	38.6
42.4	49.5	48.5	47.6	46.6	45.7	44.8	43.9	43.1	42.2	41.4	40.6	39.8	39.0
42.6	50.0	49.0	48.0	47.1	46.1	45.2	44.3	43.5	42.6	41.8	40.9	40.1	39.3
42.8	50.4	49.4	48.5	47.5	46.6	45.6	44.7	43.9	43.0	42.2	41.3	40.5	39.7
43.0	50.9	49.9	48.9	47.9	47.0	46.1	45.2	44.3	43.4	42.5	41.7	40.9	40.1
43.2	51.3	50.3	49.3	48.4	47.4	46.5	45.6	44.7	43.8	42.9	42.1	41.2	40.4
43.4	51.8	50.8	49.8	48.8	47.8	46.9	46.0	45.1	44.2	43.3	42.5	41.6	40.8
43.6	52.3	51.2	50.2	49.2	48.3	47.3	46.4	45.5	44.6	43.7	42.8	42.0	41.2
43.8	52.7	51.7	50.7	49.7	48.7	47.7	46.8	45.9	45.0	44.1	43.2	42.4	41.5
44.0	53.2	52.2	51.1	50.1	49.1	48.2	47.2	46.3	45.4	44.5	43.6	42.7	41.9
44.2	53.7	52.6	51.6	50.6	49.6	48.6	47.6	46.7	45.8	44.9	44.0	43.1	42.3
44.4	54.1	53.1	52.0	51.0	50.0	49.0	48.0	47.1	46.2	45.3	44.4	43.5	42.6
44.6	54.6	53.5	52.5	51.5	50.4	49.4	48.5	47.5	46.6	45.7	44.8	43.9	43.0
44.8	55.1	54.0	52.9	51.9	50.9	49.9	48.9	47.9	47.0	46.1	45.1	44.3	43.4
45.0	55.6	54.5	53.4	52.4	51.3	50.3	49.3	48.3	47.4	46.5	45.5	44.6	43.8
45.2	56.1	55.0	53.9	52.8	51.8	50.7	49.7	48.8	47.8	46.9	45.9	45.0	44.1
45.4	56.5	55.4	54.3	53.3	52.2	51.2	50.2	49.2	48.2	47.3	46.3	45.4	44.5
45.6	57.0	55.9	54.8	53.7	52.7	51.6	50.6	49.6	48.6	47.7	46.7	45.8	44.9
45.8	57.5	56.4	55.3	54.2	53.1	52.1	51.0	50.0	49.0	48.1	47.1	46.2	45.3
46.0	58.0	56.9	55.7	54.6	53.6	52.5	51.5	50.5	49.5	48.5	47.5	46.6	45.7
46.2	58.5	57.3	56.2	55.1	54.0	52.9	51.9	50.9	49.9	48.9	47.9	47.0	46.1
46.4	59.0	57.8	56.7	55.6	54.5	53.4	52.3	51.3	50.3	49.3	48.3	47.4	46.4

续表B

平均回弹值 R_{m}	测区混凝土强度换算值 $f^{c}_{\mathrm{cu},i}$（MPa）												
	平均碳化深度值 d_{m}（mm）												
	0.0	0.5	1.0	1.5	2.0	2.5	3.0	3.5	4.0	4.5	5.0	5.5	≥6
46.6	59.5	58.3	57.2	56.0	54.9	53.8	52.8	51.7	50.7	49.7	48.7	47.8	46.8
46.8	60.0	58.8	57.6	56.5	55.4	54.3	53.2	52.2	51.1	50.1	49.1	48.2	47.2
47.0	—	59.3	58.1	57.0	55.8	54.7	53.7	52.6	51.6	50.5	49.5	48.6	47.6
47.2	—	59.8	58.6	57.4	56.3	55.2	54.1	53.0	52.0	51.0	50.0	49.0	48.0
47.4	—	60.0	59.1	57.9	56.8	55.6	54.5	53.5	52.4	51.4	50.4	49.4	48.4
47.6	—	—	59.6	58.4	57.2	56.1	55.0	53.9	52.8	51.8	50.8	49.8	48.8
47.8	—	—	60.0	58.9	57.7	56.6	55.4	54.4	53.3	52.2	51.2	50.2	49.2
48.0	—	—	—	59.3	58.2	57.0	55.9	54.8	53.7	52.7	51.6	50.6	49.6
48.2	—	—	—	59.8	58.6	57.5	56.3	55.2	54.1	53.1	52.0	51.0	50.0
48.4	—	—	—	60.0	59.1	57.9	56.8	55.7	54.6	53.5	52.5	51.4	50.4
48.6	—	—	—	—	59.6	58.4	57.3	56.1	55.0	53.9	52.9	51.8	50.8
48.8	—	—	—	—	60.0	58.9	57.7	56.6	55.5	54.4	53.3	52.2	51.2
49.0	—	—	—	—	—	59.3	58.2	57.0	55.9	54.8	53.7	52.7	51.6
49.2	—	—	—	—	—	59.8	58.6	57.5	56.3	55.2	54.1	53.1	52.0
49.4	—	—	—	—	—	60.0	59.1	57.9	56.8	55.7	54.6	53.5	52.4
49.6	—	—	—	—	—	—	59.6	58.4	57.2	56.1	55.0	53.9	52.9
49.8	—	—	—	—	—	—	60.0	58.8	57.7	56.6	55.4	54.3	53.3
50.0	—	—	—	—	—	—	—	59.3	58.1	57.0	55.9	54.8	53.7
50.2	—	—	—	—	—	—	—	59.8	58.6	57.4	56.3	55.2	54.1
50.4	—	—	—	—	—	—	—	60.0	59.0	57.9	56.7	55.6	54.5
50.6	—	—	—	—	—	—	—	—	59.5	58.3	57.2	56.0	54.9
50.8	—	—	—	—	—	—	—	—	60.0	58.8	57.6	56.5	55.4
51.0	—	—	—	—	—	—	—	—	—	59.2	58.1	56.9	55.8
51.2	—	—	—	—	—	—	—	—	—	59.7	58.5	57.3	56.2
51.4	—	—	—	—	—	—	—	—	—	60.0	58.9	57.8	56.6
51.6	—	—	—	—	—	—	—	—	—	—	59.4	58.2	57.1
51.8	—	—	—	—	—	—	—	—	—	—	59.8	58.7	57.5
52.0	—	—	—	—	—	—	—	—	—	—	60.0	59.1	57.9
52.2	—	—	—	—	—	—	—	—	—	—	—	59.5	58.4
52.4	—	—	—	—	—	—	—	—	—	—	—	60.0	58.8
52.6	—	—	—	—	—	—	—	—	—	—	—	—	59.2
52.8	—	—	—	—	—	—	—	—	—	—	—	—	59.7

注：表中未注明的测区混凝土强度换算值为小于10MPa或大于60MPa；

表中数值是根据曲线方程 $f = 0.034488R^{1.9400}\, 10^{(-0.0173d_{\mathrm{m}})}$ 计算。

附录 C 非水平方向检测时的回弹值修正值

表 C 非水平方向检测时的回弹值修正值

$R_{m\alpha}$	检测角度							
	向上				向下			
	90°	60°	45°	30°	−30°	−45°	−60°	−90°
20	−6.0	−5.0	−4.0	−3.0	+2.5	+3.0	+3.5	+4.0
21	−5.9	−4.9	−4.0	−3.0	+2.5	+3.0	+3.5	+4.0
22	−5.8	−4.8	−3.9	−2.9	+2.4	+2.9	+3.4	+3.9
23	−5.7	−4.7	−3.9	−2.9	+2.4	+2.9	+3.4	+3.9
24	−5.6	−4.6	−3.8	−2.8	+2.3	+2.8	+3.3	+3.8
25	−5.5	−4.5	−3.8	−2.8	+2.3	+2.8	+3.3	+3.8
26	−5.4	−4.4	−3.7	−2.7	+2.2	+2.7	+3.2	+3.7
27	−5.3	−4.3	−3.7	−2.7	+2.2	+2.7	+3.2	+3.7
28	−5.2	−4.2	−3.6	−2.6	+2.1	+2.6	+3.1	+3.6
29	−5.1	−4.1	−3.6	−2.6	+2.1	+2.6	+3.1	+3.6
30	−5.0	−4.0	−3.5	−2.5	+2.0	+2.5	+3.0	+3.5
31	−4.9	−4.0	−3.5	−2.5	+2.0	+2.5	+3.0	+3.5
32	−4.8	−3.9	−3.4	−2.4	+1.9	+2.4	+2.9	+3.4
33	−4.7	−3.9	−3.4	−2.4	+1.9	+2.4	+2.9	+3.4
34	−4.6	−3.8	−3.3	−2.3	+1.8	+2.3	+2.8	+3.3
35	−4.5	−3.8	−3.3	−2.3	+1.8	+2.3	+2.8	+3.3
36	−4.4	−3.7	−3.2	−2.2	+1.7	+2.2	+2.7	+3.2
37	−4.3	−3.7	−3.2	−2.2	+1.7	+2.2	+2.7	+3.2
38	−4.2	−3.6	−3.1	−2.1	+1.6	+2.1	+2.6	+3.1
39	−4.1	−3.6	−3.1	−2.1	+1.6	+2.1	+2.6	+3.1
40	−4.0	−3.5	−3.0	−2.0	+1.5	+2.0	+2.5	+3.0
41	−4.0	−3.5	−3.0	−2.0	+1.5	+2.0	+2.5	+3.0
42	−3.9	−3.4	−2.9	−1.9	+1.4	+1.9	+2.4	+2.9
43	−3.9	−3.4	−2.9	−1.9	+1.4	+1.9	+2.4	+2.9
44	−3.8	−3.3	−2.8	−1.8	+1.3	+1.8	+2.3	+2.8
45	−3.8	−3.3	−2.8	−1.8	+1.3	+1.8	+2.3	+2.8
46	−3.7	−3.2	−2.7	−1.7	+1.2	+1.7	+2.2	+2.7
47	−3.7	−3.2	−2.7	−1.7	+1.2	+1.7	+2.2	+2.7
48	−3.6	−3.1	−2.6	−1.6	+1.1	+1.6	+2.1	+2.6
49	−3.6	−3.1	−2.6	−1.6	+1.1	+1.6	+2.1	+2.6
50	−3.5	−3.0	−2.5	−1.5	+1.0	+1.5	+2.0	+2.5

注：1 $R_{m\alpha}$ 小于 20 或大于 50 时，分别按 20 或 50 查表；

2 表中未列入的相应于 $R_{m\alpha}$ 的修正值 $R_{m\alpha}$，可用内插法求得，精确至 0.1。

附录 D 不同浇筑面的回弹值修正值

表 D 不同浇筑面的回弹值修正值

R_m^t 或 R_m^b	表面修正值 (R_a^t)	底面修正值 (R_a^b)	R_m^t 或 R_m^b	表面修正值 (R_a^t)	底面修正值 (R_a^b)
20	+2.5	−3.0	36	+0.9	−1.4
21	+2.4	−2.9	37	+0.8	−1.3
22	+2.3	−2.8	38	+0.7	−1.2
23	+2.2	−2.7	39	+0.6	−1.1
24	+2.1	−2.6	40	+0.5	−1.0
25	+2.0	−2.5	41	+0.4	−0.9
26	+1.9	−2.4	42	+0.3	−0.8
27	+1.8	−2.3	43	+0.2	−0.7
28	+1.7	−2.2	44	+0.1	−0.6
29	+1.6	−2.1	45	0	−0.5
30	+1.5	−2.0	46	0	−0.4
31	+1.4	−1.9	47	0	−0.3
32	+1.3	−1.8	48	0	−0.2
33	+1.2	−1.7	49	0	−0.1
34	+1.1	−1.6	50	0	0
35	+1.0	−1.5			

注：1 R_m^t 或 R_m^b 小于 20 或大于 50 时，分别按 20 或 50 查表；

2 表中有关混凝土浇筑表面的修正系数，是指一般原浆抹面的修正值；

3 表中有关混凝土浇筑底面的修正系数，是指构件底面与侧面采用同一类模板在正常浇筑情况下的修正值；

4 表中未列入相应于 R_m^t 或 R_m^b 的 R_a^t 和 R_a^b，可用内插法求得，精确至 0.1。

附录 E 地区和专用测强曲线的制定方法

E.0.1 制定地区和专用测强曲线的试块应与欲测构件在原材料（含品种、规格）、成型工艺、养护方法等方面条件相同。

E.0.2 试块的制作、养护应符合下列规定：

1 应按最佳配合比设计 5 个强度等级，且每一强度等级不同龄期应分别制作不少于 6 个 150mm 立方体试块；

2 在成型 24h 后，应将试块移至与被测构件相同条件下养护，试块拆模日期宜与构件的拆模日期相同。

E.0.3 试块的测试应按下列步骤进行：

1 擦净试块表面，以浇筑侧面的两个相对面置于压力机的上下承压板之间，加压 (60~100)kN（低强度试件取低值）；

2 在试块保持压力下，采用符合本规程第 3.1.3 条规定的标准状态的回弹仪和本规程第 4.2.1 条规定的操作方法，在试块的两个侧面上分别弹击 8 个点；

3 从每一试块的 16 个回弹值中分别剔除 3 个最大值和 3 个最小值，以余下的 10 个回弹值的平均值（计算精确至 0.1）作为该试块的平均回弹值 R_m；

4 将试块加荷直至破坏，计算试块的抗压强度值 f_{cu}（MPa），精确至 0.1MPa；

5 按本规程第 4.3 节的规定在破坏后的试块边缘测量该试块的平均碳化深度值。

E.0.4 地区和专用测强曲线的计算应符合下列规定：

1 地区和专用测强曲线的回归方程式，应按每一试件得到的 R_m、d_m 和 f_{cu}，采用最小二乘法原理计算；

2 回归方程宜采用以下函数关系式：

$$f_{cu}^c = a R_m^b \cdot 10^{cd_m} \qquad (E.0.4-1)$$

3 用下式计算回归方程式的强度平均相对误差 δ 和强度相对标准差 e_r，且当 δ 和 e_r 均符合本规程第 6.3.1 条规定时，可报请上级主管部门审批：

$$\delta = \pm \frac{1}{n} \sum_{i=1}^{n} \left| \frac{f_{cu,i}^c}{f_{cu,i}} - 1 \right| \times 100 \qquad (E.0.4-2)$$

$$e_r = \sqrt{\frac{1}{n-1} \sum_{i=1}^{n} \left(\frac{f_{cu,i}^c}{f_{cu,i}} - 1 \right)^2} \times 100$$

$$(E.0.4-3)$$

式中：δ——回归方程式的强度平均相对误差（%），精确至 0.1；

e_r——回归方程式的强度相对标准差（%），精确至 0.1；

$f_{cu,i}$——由第 i 个试块抗压试验得出的混凝土抗压强度值（MPa），精确至 0.1MPa；

$f_{cu,i}^c$ ——由同一试块的平均回弹值 R_m 及平均碳化
深度值 d_m 按回归方程式算出的混凝土的
强度换算值（MPa），精确至 0.1MPa；

n ——制定回归方程式的试件数。

附录 F 回弹法检测混凝土抗压强度报告

表 F 回弹法检测混凝土抗压强度报告

编号（ ）第_____号 第_____页 共_____页

委 托 单 位_____ 施 工 单 位_____
工 程 名 称_____ 混 凝 土 类 型_____
强 度 等 级_____ 浇 筑 日 期_____
检 测 原 因_____ 检 测 依 据_____
环 境 温 度_____ 检 测 日 期_____
回弹仪型号_____ 回弹仪检定证号_____

检 测 结 果

构件	测区混凝土抗压强度换算值（MPa）			构件现龄期混凝土强度推定值（MPa）	备注
名称	编号	平均值	标准差	最小值	

（有需要说明的问题或表格不够请续页）
批准：_____审核：_____
主检：_____上岗证书号_____主检_____上岗证号书_____
报告日期_____年_____月_____日

本规程用词说明

1 为便于在执行本规程条文时区别对待，对于要求严格程度不同的用词说明如下：

1）表示很严格，非这样做不可的：
正面词采用"必须"；反面词采用"严禁"；

2）表示严格，在正常情况下均应这样做的：
正面词采用"应"；反面词采用"不应"或"不得"；

3）表示允许稍有选择，在条件许可时首先应这样做的：
正面词采用"宜"；反面词采用"不宜"；

4）表示有选择，在一定条件下可以这样做的，采用"可"。

2 条文中指明应按其他有关标准执行的写法为："应按……执行"或"应符合……规定"。

引用标准名录

1 《回弹仪》GB/T 9138
2 《回弹仪》JJG 817

中华人民共和国行业标准

回弹法检测混凝土抗压强度技术规程

JGJ/T 23—2011

条 文 说 明

修 订 说 明

《回弹法检测混凝土抗压强度技术规程》JGJ/T 23-2011，经住房和城乡建设部 2011 年 5 月 3 日以第 1000 号公告批准、发布。

本规程是在《回弹法检测混凝土抗压强度技术规程》JGJ/T 23-2001 的基础上修订而成。本规程第一版于 1985 年颁布实施，主编单位是陕西省建筑科学研究院，参编单位是中国建筑科学研究院、浙江省建筑科学研究院、四川省建筑科学研究院、贵州中建建筑科学研究院、重庆市建建筑科学研究院、天津建筑仪器试验机公司。

本规程经过 1992 年和 2001 年两次修订，本次为第三次修订。

为便于广大设计、生产、施工、科研、学校等单位有关人员在使用本规程时能正确理解和执行条文规定，本规程编制组按章、节、条顺序编制了本规程的条文说明，供使用者参考。但是，本条文说明不具备与规程正文同等的法律效力，仅供使用者作为理解和把握规程规定的参考。

目　次

1 总 则

1.0.1 统一回弹仪检测方法，保证检测精度是本规程制定的目的。回弹法在我国已使用了几十年，应用非常广泛，为了保证检测的准确性和可靠性，就必须统一检测方法。

1.0.2 本条所指的普通混凝土系主要由水泥、砂、石、外加剂、掺合料和水配制的密度为 2000kg/m³ ～ 2800kg/m³ 的混凝土。

1.0.3 由于本规程规定的方法是处理混凝土质量问题的依据，若不进行统一培训，则会对同一构件混凝土强度的推定结果存在着因人而异的混乱现象，因此本条规定，凡从事本项检测的人员应经过培训并持有相应的资格证书。

1.0.4 凡本规程涉及的其他有关方面，例如钻芯取样，高空、深坑作业时的安全技术和劳动保护等，均应遵守相应的标准和规范。

3 回 弹 仪

3.1 技 术 要 求

3.1.1 随着光电子技术在回弹仪上的应用，国内数字式回弹仪的技术水平有了很大的提高，技术上已经成熟，我国一些回弹仪企业生产的数字回弹仪性能已相当稳定。为了推广和应用先进技术，提高工作效率，减少人为产生的读数、记录、计算等过程出现差错，因此，本条规定可使用数字式回弹仪也可使用传统指针直读式回弹仪。

3.1.2 由于回弹仪为计量仪器，因此在回弹仪明显的位置上要标明名称、型号、制造厂名、生产编号及生产日期。

3.1.3 回弹仪的质量及测试性能直接影响混凝土强度推定结果的准确性。根据多年对回弹仪的测试性能试验研究，编制组认为：回弹仪的标准状态是统一仪器性能的基础，是使回弹法广泛应用于现场的关键所在；只有采用质量统一，性能一致的回弹仪，才能保证测试结果的可靠性，并能在同一水平上进行比较。在此基础上，提出了下列回弹仪标准状态的各项具体指标：

1 水平弹击时，对于中型回弹仪弹击锤脱钩的瞬间，回弹仪的标准能量 E，即中型回弹仪弹击拉簧恢复原始状态所作的功为：

$$E = \frac{1}{2}KL^2 = \frac{1}{2} \times 784.532 \times 0.075^2 = 2.207J$$

$$(3-1)$$

式中：K——弹击拉簧的刚度系数（N/m）；

L——弹击拉簧工作时拉伸长度（m）。

2 弹击锤与弹击杆碰撞瞬间，弹击拉簧应处于自由状态，此时弹击锤起跳点应相应于刻度尺上的"0"处，同时弹击锤应在相应于刻度尺上的"100"处脱钩，也即在"0"处起跳。

试验表明，当弹击拉簧的工作长度、拉伸长度及弹击锤的起跳点不符合以上规定的要求，即不符合回弹仪工作的标准状态时，则各仪器在同一试块上测得的回弹值的极差高达 7.82 分度值，调为标准状态后，极差为 1.72 分度值。

3 检验回弹仪的率定值是否符合 80±2 的作用是：检验回弹仪的标称能量是否为 2.207J；回弹仪的测试性能是否稳定；机芯的滑动部分是否有污垢等。

当钢砧率定值达不到规定值时，不允许用混凝土试块上的回弹值予以修正，更不允许旋动调零螺丝人为地使其达到率定值。试验表明上述方法不符合回弹仪测试性能，破坏了零点起跳亦即使回弹仪处于非标准状态。此时，可按本规程第 3.3 节要求进行常规保养，若保养后仍不合格，可送检定单位检定。

4 现有绝大多数数字式回弹仪都是在传统机械构造和标准技术参数的基础上实现回弹值的数字化采样的，即现有数字式回弹仪所得到的回弹值采样系统都是把回弹仪的指针示值实现数字化采样。也只有这种形式的数字回弹仪才符合现行回弹法技术规程的使用要求。

市场上少数劣质数字回弹仪采样系统所采用的技术手段落后、器件质量耐久性差，工作不久就经常出现采样数据与实际指针回弹值发生偏差的故障。如早期机械接触式数显回弹仪，由于采样系统的电阻片耐久性差，容易发生低值区严重磨损出现率定值（采样高值区）正确而实际检测值（采样低值区）严重失真的情况。

保留人工直读示值系统能使数字回弹仪的操作者在实际检测过程中随时核对数字回弹仪所显示的采样值是否与指针示值相同，及时发现仪器采样系统的故障。

如数字回弹仪不保留人工直读示值系统，检测单位或操作人员将难以及时发现和判断数字回弹仪采样系统的故障，极易造成检测结果错误，严重时将影响被测建筑物的安全性判断。

因此，规定数字式回弹仪应带有指针直读系统，这是保证数字式回弹仪的数字显示与指针显示一致性的基本要求。

3.1.4 环境温度异常时，对回弹仪的性能有影响，故规定了其使用时的环境温度。

3.2 检 定

3.2.1 本条指出，检定混凝土回弹仪的单位应由主管部门授权，并按照国家计量检定规程《回弹仪》JJG 817（新修订的计量检定规程将原《混凝土回弹仪》更名为《回弹仪》）进行。开展检定工作要备有回弹仪检定器、拉簧刚度测量仪等设备。目前有的地区或部门不具备检定回弹仪的资格及条件，甚至不懂得回弹仪的标准状态，进行调整调零螺丝以使其钢砧率定值达到80±2的错误做法；有的没有检定设备也开展检定工作，以至于影响了回弹法的正确推广应用。因此，有必要强调检定单位的资格和统一检定回弹仪的方法。

目前，回弹仪生产不能完全保证每台新回弹仪均为标准状态，因此新回弹仪在使用前必须检定。回弹仪检定期限为半年，这样规定比较符合我国目前使用回弹仪的情况。原规程规定的6000次，是参照国内外有关试验资料而定的。一般情况下，如不超过这一界限，正常质量的弹击拉簧不会产生显著的塑性变形而影响其工作性能。但是，6000次如何具体定量，相对较困难，所以这次予以删除，用半年期限和其他参数控制。

3.2.2 本条给出了回弹仪的率定方法。

3.2.3 钢砧的钢芯硬度和表面状态会随着弹击次数的增加而变化，故规定钢砧应每两年校验一次。

3.3 保 养

3.3.1 本条主要规定了回弹仪常规保养的要求。

3.3.2 本条给出了回弹仪常规保养的步骤。进行常规保养时，必须先使弹击锤脱钩后再取出机芯，否则会使弹击杆突然伸出造成伤害。取机芯时要将指针轴向上轻轻抽出，以免造成指针片折断。此外，各零部件清洗完后，不能在指针轴上抹油，否则，使用中由于指针轴的油污垢，将使指针摩擦力变化，直接影响检测结果。数字式回弹仪结构和原理较复杂，其厂商已提供了使用和维护手册，应按该手册的要求进行维护和保养。

3.3.3 回弹仪每次使用完毕后，应及时清除表面污垢。不用时，应将弹击杆压入仪器内，必须经弹击后方可按下按钮锁住机芯，如果未经弹击而锁住机芯，将使弹击拉簧在不工作时仍处于受拉状态，极易因疲劳而损坏。存放时回弹仪应平放在干燥阴凉处，如存放地点潮湿将会使仪器锈蚀。

4 检 测 技 术

4.1 一 般 规 定

4.1.1 本条列举的1~6项资料，是为了对被检测的构件有全面、系统的了解。此外，必须了解水泥的安定性。如水泥安定性不合格则不能检测，如不能确切提供水泥安定性合格与否则应在检测报告上说明，以免产生由于后期混凝土强度因水泥安定性不合格而降低或丧失所引起的事故责任不清的问题。另外，也应了解清楚混凝土成型日期，这样可以推算出检测时构件混凝土的龄期。

4.1.2 本条是为了保证在使用中及时发现和纠正回弹仪的非标准状态。

4.1.3 由于回弹法测试具有快速、简便的特点，能在短期内进行较多数量的检测，以取得代表性较高的总体混凝土强度数据，故规定：按批进行检测的构件，抽检数量不得少于同批构件总数的30%且构件数量不得少于10个。当检验批构件数量过多时，抽检构件数量可按照《建筑结构检测技术标准》GB/T 50344进行适当调整。

此外，抽取试样应严格遵守"随机"的原则，并宜由建设单位、监理单位、施工单位会同检测单位共同商定抽样的范围、数量和方法。

4.1.4 某一方向尺寸不大于4.5m且另一方向尺寸不大于0.3m时，作为是否需要10个测区数的界线。另外，当受检构件数量较多且混凝土质量较均匀时，如果还按10个测区，检测工作量太大，可以适当减少测区数量，但不得少于5个测区。

检测构件布置测区时，相邻两测区的间距及测区离构件端部或施工缝的距离应遵守本条规定。布置测区时，宜选在构件两个对称的可测面上。当可测面的对称面无法检测时，也可在一个检测面上布置测区。

检测面应为混凝土原浆面，已经粉刷的构件应将粉刷层清除干净，不可将粉刷层当作混凝土原浆面进行检测。如果养护不当，混凝土表面会产生疏松层，尤其在气候干燥地区更应注意，应将疏松层清除后方可检测，否则会造成误判。

对于薄壁小型构件，如果约束力不够，回弹时产生颤动，会造成回弹能量损失，使检测结果偏低。因此必须加以可靠支撑，使之有足够的约束力时方可检测。

4.1.5 在记录纸上描述测区在构件上的位置和外观质量（例如有无裂缝），目的是以备推定和分析处理构件混凝土强度时参考。

4.1.6 当检测条件与测强曲线的适用条件有较大差异时，例如龄期、成型工艺、养护条件等有差异时，可以采用钻取混凝土芯样或同条件试块进行修正，修正时试件数量应不少于6个。芯样数量太少代表性不够，且离散较大。如果数量过大，则钻取芯工作量太大，有些构件又不宜取过多芯样，否则影响其结构安全性，因此，规定芯样数量不少于6个。考虑到芯样强度计算时，不同的规格修正会带来新的误差，因此规定芯样的直径宜为100mm，高径比为1。另外，需要指出的是，此处每一个钻取芯样的部位均应在回弹测区内，先测定测区回弹值、碳化深度值，然后再钻取芯样。不可以将较长芯样沿长度方向截取为几个芯样试件来计算修正值。芯样的钻取、加工、计算可参照中国工程建设标准化协会标准《钻芯法检测混凝土强度技术规程》CECS 03的规定执行。同样，同条件试块修正时，试块数量不少于6个，试块边长应为150mm，避免试块尺寸不同进行换算时带来二次误差。

为了更精确、合理的对测区混凝土强度进行修正，修订编制组经过反复讨论，推荐采用修正量方法对测区混凝土强度进行修正。具体理由如下：

1 国家标准《建筑结构检测技术标准》GB/T 50344-2004 的第 4.3.3 条文为"采用钻芯修正法时，宜选用总体修正量的方法。"中国工程建设标准化协会标准《钻芯法检测混凝土强度技术规程》CECS 03：2007 的第 3.3.1 条文为"对间接测强方法进行钻芯修正时，宜采用修正量的方法"。

2 经过数学公式的推定及查阅国内相关的技术文章，得出统一结论：修正量方法对测区强度进行修正后，只修正混凝土测区强度值，不会改变同一构件或同批构件的标准差。

3 根据 CECS 03：2007 的条文解释，修正量的概念与现行国家标准《数据的统计处理和解释 在成对观测值情形下两个均值的比较》GB/T 3361 的概念相符；欧洲标准《Assessment of in-suit compressive strength in structures and precast concrete components》BS EN 13791：2007 也采取修正量的方法。

4.2 回弹值测量

4.2.1 检测时，应注意回弹仪的轴线应始终垂直于混凝土检测面，并且缓慢施压不能冲击，否则回弹值读数不准确。

4.2.2 本条规定每一测区记取 16 点回弹值，它不包含弹击隐藏在薄薄一层水泥浆下的气孔或石子上的数值，这两种数值与该测区的正常回弹值偏差很大，很好判断。同一测点只允许弹击一次，若重复弹击则后者回弹值高于前者，这是因为经过弹击后该局部位置较密实，再弹击时吸收的能量较小从而使回弹值偏高。

4.3 碳化深度值测量

4.3.1 本规程附录 A 中测区混凝土强度换算值由回弹值及碳化深度值两个因素确定，因此需要具体确定每一个测区的碳化深度值。当出现测区间碳化深度值极差大于 2.0mm 情况时，可能预示该构件混凝土强度不均匀，因此要求每一测区应分别测量碳化深度值。

4.3.2 由于现在所用水泥掺合料品种繁多，有些水泥水化后不能立即呈现碳化与未碳化的界线，需等待一段时间显现。因此本条规定了量测碳化深度时，需待碳化与未碳化界线清楚时再进行量测的内容。与回弹值一样，碳化深度值的测量准确与否，直接影响推定混凝土强度的准确性，因此在测量碳化深度值时应为垂直距离，并非孔洞中显现的非垂直距离。测量碳化深度值时应采用专用碳化深度测量仪，每个点测量 3 次，每次测量碳化深度可以精确到 0.25mm，3 次测量结果取平均值，精确到 0.5mm。当测区的碳化深度的极差大于 2.0mm 时，可能预示着该构件的混凝土强度不均匀，因此要求每一个测区均需要测量碳化深度值。征求意见稿中有些专家提出"用 2% 的酚酞酒精溶液来显示碳化深度，效果较好"，经编制组的多次试验，1% 的酚酞酒精溶液和 2% 的酚酞酒精溶液差别不大，因此将原来规定的 1% 的酒精酚酞溶液改为 1%～2% 的酚酞酒精溶液。对于因养护不当及酸性隔离剂等因素引起的异常碳化，可用其他方法对检测结果进行修正。

4.4 泵送混凝土的检测

4.4.1 泵送混凝土的流动性大，其浇筑面的表面和底面性能相差较大，由于缺乏足够的具有说服力的实验数据，故规定测区应选在混凝土浇筑侧面。

5 回弹值计算

5.0.1 本条规定的测区平均回弹值计算方法和建立测强曲线时的取舍方法一致，不会引进新的误差。

5.0.2、5.0.3 由于现场检测条件的限制，有时不能满足水平方向检测混凝土浇筑侧面的要求，需按照规定修正。本规程附录 C 及附录 D 系参考国外有关标准和国内试验资料而制定的。

5.0.4 当检测时回弹仪为非水平方向且测试面为非混凝土的浇筑侧面时，应先按本规程附录 C 对回弹值进行角度修正，然后用上述按角度修正后的回弹值查本规程附录 D 再行修正，两次修正后的值可理解为水平方向检测混凝土浇筑侧面的回弹值。这种先后修正的顺序不能颠倒，更不允许分别修正后的值直接与原始回弹值相加减。

6 测强曲线

6.1 一般规定

6.1.1 我国地域辽阔，气候差别很大，混凝土材料种类繁多，工程分散，施工和管理水平参差不齐。在全国工程中使用回弹法检测混凝土强度，除应统一仪器标准，统一测试技术，统一数据处理，统一强度推定方法外，还应尽力提高检测曲线的精度，发挥各地区的技术作用。各地区使用统一测强曲线外，也可以根据各地的气候和原材料特点，因地制宜地制定和采用专用测强曲线和地区测强曲线。

6.1.2 对于有条件的地区如能建立本地区的测强区线或专用测强曲线，则可以提高该地区的检测精度。地区和专用测强曲线须经地方建行行政主管部门组织的审查和批准，方能实施。各地可以根据专用测强曲线、地区测强曲线、统一测强曲线的次序选用。

6.2 统一测强曲线

6.2.1 统一测强曲线经过了 20 多年的使用，对于非泵送混凝土效果良好，这次修订时予以保留。本条给出了全国统一测强曲线的适应条件。

6.2.2 泵送混凝土在原材料、配合比、搅拌、运输、浇筑、振捣、养护等环节与传统的混凝土都有很大的区别。为了适用混凝土技术的发展，提高回弹法检测的精度，这次把泵送混凝土进行单独回归。本次各参加实验单位共取得泵送混凝土实验数据 9843 个，按照最小二乘法的原理，通过回归而得到的幂函数曲线方程为：

$$f = 0.034488R^{1.9400}10^{(-0.0173d_m)}$$

其强度误差值为：平均相对误差(δ)±13.89%；相对标准差(e_r)17.24%；相关系数(r)：0.878。

得到的指数方程为：

$$f = 5.1392e^{(0.0535R - 0.0444d_m)}$$

其强度误差值为：平均相对误差(δ)±14.31%；相对标准差(e_r)17.69%；相关系数(r)：0.870。

通过分析比较，最后采用幂函数曲线方程作为泵送混凝土的测强曲线方程。该曲线方程与全国部分地方曲线方程相比，在混凝土抗压强度区间(10.0～60.0)MPa 范围内，各地的测强曲线中回弹值既有一定的差异，同时又比较接近，这就充分说明了本次修订的泵送混凝土的测强曲线具有广泛的适应性和可靠性。

下面是全国部分地方曲线方程强度在(10.0～60.0)MPa 范围内的回弹区间：

陕西省	回弹值 17.0～48.6	强度值(MPa) 10.0～59.8
山东省	回弹值 20.6～45.8	强度值(MPa) 9.8～60.1
浙江省(碎石)	回弹值 18.2～47.6	强度值(MPa) 13.1～59.9
浙江省(卵石)	回弹值 20.0～48.0	强度值(MPa) 10.3～60.0
辽宁省	回弹值 20.0～54.8	强度值(MPa) 10.0～60.0
北京市	回弹值 20.0～50.0	强度值(MPa) 10.9～60.1
唐山市(2003 年)	回弹值 20.0～47.6	强度值(MPa) 14.5～60.0
成都市(1997 年)	回弹值 35.0～43.6	强度值(MPa) 31.9～60.2
温州市(2003 年)	回弹值 27.0～47.2	强度值(MPa) 17.4～60.2
焦作市	回弹值 18.6～46.6	强度值(MPa) 10.0～59.5
宁夏回族自治区	回弹值 21.0～46.2	强度值(MPa) 11.2～60.3
本次修订的行标	回弹值 18.6～46.8	强度值(MPa) 10.0～60.0

6.2.3 本条给出了对统一测强曲线误差的基本要求。

6.2.4 粗骨料最大公称粒径大于 60mm，已超出实验时试块及试件粗骨料的最大粒径，泵送混凝土粗骨料最大公称粒径大于 31.5mm 时已不能满足泵送的要求；构件生产中，有的并非一般机械成型工艺可以完成，例如混凝土轨枕，上、下水管道等，就需采用加压振动或离心法成型工艺，超出了该测强曲线的使用范围；对于在非平面的构件上测得的回弹值与在平面上测得的回弹值关系，国内目前尚无试验资料，现参照国外资料，规定凡测试部位的曲率半径小于 250mm 的构件一律不能采用该测强曲线；混凝土表面湿度对回弹法测强影响很大，应等待混凝土表面干燥后再进行检测。

6.3 地区和专用测强曲线

6.3.1 地区和专用测强曲线的强度误差值均应小于全国统一测强曲线，本条给出了地区和专用测强曲线的强度误差值要求。

6.3.2 地区和专用测强曲线的制定应按本规程附录 E 进行并报主管部门批准实施，使用中应注意其使用范围，只能在制定曲线时的试件条件范围内，例如龄期、原材料、外加剂、强度区间等，不允许超出该使用范围。这些测强曲线均为经验公式制定，因此决不能根据测强公式而任意外推，以免得出错误的计算结果。此外，应经常抽取一定数量的同条件试块进行校核，如发现误差较大时，应停止使用并应及时查找原因。

7 混凝土强度的计算

7.0.1 构件的每一测区的混凝土强度换算值，是由每一测区的平均回弹值及平均碳化深度值按照测强曲线计算或查表得出。

7.0.2 此条给出了测区混凝土强度平均值及标准差的计算方法。需要说明的是，在计算标准差时，强度平均值应精确至 0.01MPa，否则会因二次数据修约而增大计算误差。

7.0.3 当测区数量≥10 个时，为了保证构件的混凝土强度满足 95% 的保证率，采用数理统计的公式计算强度推定值；当构件测区数 <10 个时，因样本太少，取最小值作为强度推定值。此外，当构件中出现测区强度无法查出（如 f_{cu}^c < 10.0MPa 或 f_{cu}^c > 60MPa）时，因无法计算平均值及标准差，也只能以最小值作为该强度推定值。

7.0.4 当测区间的标准差过大时，说明已有某些系统误差因素起作用，例如构件不是同一强度等级，龄期差异较大等，不属于同一母体，因此不能按批进行推定。

7.0.5 检测报告是工程测试的最后结果，是处理混凝土质量问题的依据，宜按统一格式出具。

中华人民共和国行业标准

后锚固法检测混凝土抗压强度技术规程

Technical specification for inspection of concrete compressive
strength by post-installed adhesive anchorage method

JGJ/T 208—2010

批准部门：中华人民共和国住房和城乡建设部
施行日期：２０１０年１０月１日

中华人民共和国住房和城乡建设部
公　告

第 550 号

关于发布行业标准《后锚固法检测
混凝土抗压强度技术规程》的公告

现批准《后锚固法检测混凝土抗压强度技术规程》为行业标准，编号为 JGJ/T 208－2010，自 2010年10月1日起实施。

本规程由我部标准定额研究所组织中国建筑工业出版社出版发行。

中华人民共和国住房和城乡建设部

2010 年 4 月 17 日

前　　言

根据住房和城乡建设部《关于印发〈2009 年工程建设标准规范制订、修订计划〉的通知》（建标〔2009〕88 号）的要求，规程编制组经广泛调研、认真总结实践经验、参考有关国际标准和国内先进标准，并在广泛征求意见的基础上，制定本规程。

本规程的主要技术内容是：1　总则；2　术语和符号；3　基本规定；4　后锚固法试验装置；5　检测技术；6　混凝土强度推定等。

本规程由住房和城乡建设部负责管理，由山东省建筑科学研究院负责具体技术内容的解释。执行过程中，如有意见或建议，请寄送山东省建筑科学研究院（济南市无影山路 29 号，邮编：250031）。

本 规 程 主 编 单 位：山东省建筑科学研究院

江苏盐城二建集团有限公司

本 规 程 参 编 单 位：国家建筑工程质量监督检验中心

甘肃省建设投资（控股）集团总公司

福建省建筑科学研究院

甘肃省建筑科学研究院

江苏省建筑科学研究院有限公司

辽宁省建设科学研究院

青岛理工大学

济南市工程质量与安全生产监督站

山东华森混凝土有限公司

烟台市建设工程质量监督站

东营市建筑工程质量检测站

日照市建设工程质量监督站

山东省乐陵市回弹仪厂

本规程主要起草人员：崔士起　王金山　肖春虎

张仁瑜　冯力强　叶　健

顾瑞南　由世岐　晏大玮

许世培　陈　松　于长江

孟康荣　于素健　张　晓

孔旭文　马全安　张惠平

申永俊　刘　强　谢慧东

王明堂　范　涛　张敬朋

丁元余　赵　晶

本规程主要审查人员：高小旺　傅传国　李　杰

郝挺宇　文恒武　路彦兴

卢同和　焦安亮　张维汇

毕建新

目　次

Contents

1 总　则

1.0.1 为规范后锚固法检测混凝土抗压强度（以下简称混凝土强度）技术，保证检测精度，制定本规程。

1.0.2 本规程适用于后锚固法检测普通混凝土强度。

1.0.3 后锚固法检测混凝土强度，除应符合本规程外，尚应符合国家现行有关标准的规定。

2 术语和符号

2.1 术　语

2.1.1 后锚固法　post-installed adhesive anchorage method

在已硬化混凝土中钻孔，并用高强胶粘剂植入锚固件，待胶粘剂固化后进行拔出试验，根据拔出力来推定混凝土强度的方法。

2.1.2 测点　test point

检测混凝土强度时，按本规程要求取得检测数据的检测点。

2.1.3 检测批　inspection lot

设计强度等级、原材料、配合比相同，生产工艺基本相同，养护条件基本一致且龄期相近，由一定数量构件构成的检测对象。

2.1.4 抽样检测　sampling inspection

从检测批中抽取样本，通过对样本的检测确定检测批混凝土强度的检测方法。

2.1.5 混凝土强度换算值　conversion value of concrete strength

通过测强曲线计算得到的现龄期混凝土强度值。相当于被检测混凝土在所处条件和龄期下，边长为150mm立方体试块的抗压强度值。

2.1.6 混凝土强度推定值　estimated value of concrete strength

相当于混凝土强度换算值总体分布中保证率不低于95%的强度值。

2.2 符　号

d_1——反力支撑圆环内径；

d_2——反力支撑圆环外径；

$f^c_{cor,i}$——第 i 个芯样试件混凝土强度换算值；

$f^c_{cor,m}$——芯样试件混凝土强度换算值的平均值；

$f^c_{cu,e}$——混凝土强度推定值；

$f^c_{cu,i}$——第 i 个测点混凝土强度换算值；

h_{ef}——锚固深度；

h_r——反力支撑圆环高度；

$m_{f^c_{cu}}$——测点混凝土强度换算值的平均值；

P_i——拔出力；

$s_{f^c_{cu}}$——测点混凝土强度换算值的标准差；

t——反力支撑圆环上壁厚度；

Δ_f——修正量。

3 基本规定

3.0.1 对新建工程，在正常情况下混凝土强度的检验与评定应按现行国家标准《混凝土结构工程施工质量验收规范》GB 50204 及《混凝土强度检验评定标准》GB/T 50107 执行。当需要推定既有建筑的混凝土强度时，可按本规程进行检测，检测结果可作为评价混凝土强度的依据。

3.0.2 当混凝土表层与内部的质量有明显差异时，应将表层混凝土清除干净后方可进行检测。

3.0.3 检测前宜具备下列资料：

1　工程名称及建设单位、设计单位、施工单位和监理单位名称；

2　被检测构件名称、混凝土设计强度等级及施工图纸；

3　粗骨料品种、最大粒径；

4　混凝土浇筑和养护情况以及混凝土的龄期；

5　混凝土试块强度资料以及相关的施工技术资料；

6　检测原因。

3.0.4 采用后锚固法进行检测的人员均应通过专项培训并考核合格。

3.0.5 现场检测作业应遵守有关安全环保规定。

3.0.6 有条件的单位或地区可制定专用测强曲线或地区测强曲线，计算混凝土强度换算值时应依次优先选用专用测强曲线、地区测强曲线和本规程统一测强曲线。专用和地区测强曲线的制定方法应符合本规程附录 A 的规定。

4 后锚固法试验装置

4.1 技术要求

4.1.1 后锚固法试验装置应由拔出仪、锚固件、钻孔机、定位圆盘及反力支承圆环等组成。

4.1.2 后锚固法试验装置应具有产品合格证，拔出仪应具有法定计量机构的校准合格证书。

4.1.3 后锚固法试验装置的反力支承圆环内径应为120mm，外径应为135mm，高度应为50mm，上壁厚应为15mm，允许误差应均为±0.1mm；锚固深度应为（30±0.5）mm，锚固件（图 4.1.3）尺寸允许误差应为±0.1mm。反力支承圆环和锚固件应采用屈服强度不小于355MPa的金属材料制作。

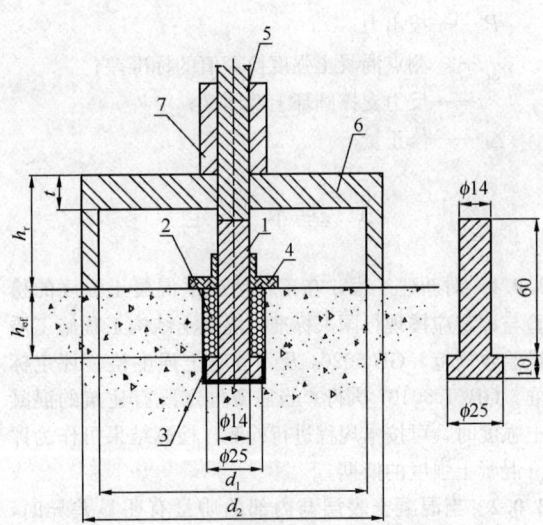

图 4.1.3 后锚固法试验装置示意图
1—锚固件;2—锚固胶;3—橡胶套;4—定位圆盘;
5—拉杆;6—反力支承圆环;7—拔出仪
d_1—反力支承圆环内径;d_2—反力支承圆环外径;
h_r—反力支承圆环高度;t—反力支承圆环上壁厚度;
h_{ef}—锚固深度

4.2 拔 出 仪

4.2.1 拔出仪应由加荷装置和测力装置两部分组成。

4.2.2 拔出仪应具备以下技术性能:

1 工作最大拔出力应在额定拔出力的(20～80)%范围以内;

2 工作行程不应小于 6mm;

3 允许示值误差应为仪器额定拔出力的±2%;

4 测力装置应具有峰值保持功能。

4.2.3 当遇有下列情况之一时,拔出仪应送法定计量机构校准:

1 新拔出仪启用前;

2 经维修后;

3 出现异常时;

4 超过校准有效期限(有效期限为一年);

5 遭受严重撞击或其他损害。

4.3 钻 孔 机

4.3.1 钻孔机可采用金刚石薄壁空心钻或冲击电锤。金刚石薄壁空心钻宜有水冷却装置。

4.3.2 钻孔机宜有控制垂直度及深度的装置。

4.4 锚 固 胶

4.4.1 锚固胶性能指标应符合表 4.4.1 的规定。

表 4.4.1 锚固胶性能

性 能 项 目	性能要求	试验方法
抗拉强度 (MPa)	≥40	

续表 4.4.1

性 能 项 目	性能要求	试验方法
受拉弹性模量 (MPa)	≥2500	GB/T 2567
伸长率 (%)	≥1.5	
抗压强度 (MPa)	≥70	GB/T 2567
混合后初黏度 (23℃时) (mPa·s)	≤1800	GB/T 22314
钢-钢拉伸 剪切强度 (MPa)	≥20	GB/T 2567

注:表中的性能指标均为平均值。

4.5 定 位 圆 盘

4.5.1 定位圆盘宜设有注胶孔、排气孔和持压漏斗。

4.5.2 定位圆盘(图 4.5.2)应能保证锚固件垂直于混凝土表面并可确定锚固深度。

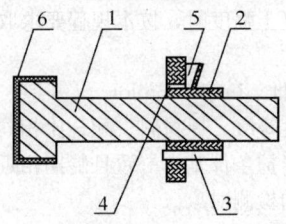

图 4.5.2 定位圆盘安装示意图
1—锚固件;2—定位圆盘;3—圆盘注胶孔;
4—圆盘排气孔;5—持压漏斗;6—橡胶套

5 检 测 技 术

5.1 一 般 规 定

5.1.1 检测混凝土强度可采用以下两种方式:

1 单个检测:适用于单个构件的检测,其检测结果不得扩大到未检测的构件或范围;

2 抽样检测:同一检测批构件总数不应少于 9 个,否则,应按单个检测。

5.1.2 抽样检测时,应进行随机抽样,且抽测构件最小数量应符合表 5.1.2 的规定。

表 5.1.2 随机抽测构件最小数量

同一检测批 构件总数	9～15	16～25	26～50	51～90	91～150
抽测构件 最小数量	3	5	8	13	20

续表 5.1.2

同一检测批构件总数	151~280	281~500	501~1200	1201~3200	3201~10000
抽测构件最小数量	32	50	80	125	200

5.1.3 测点布置应符合下列规定：

1 每一构件应均匀布置 3 个测点，最大拔出力或最小拔出力与中间值之差大于中间值的 15% 时，应在最小拔出力测点附近再加测 2 个测点；

2 测点应优先布置在混凝土浇筑侧面，混凝土浇筑侧面无法布置测点时，可在混凝土浇筑顶面布置测点，布置测点前，应清除混凝土表层浮浆，如混凝土浇筑面不平整时，应将测点部位混凝土打磨平整；

3 相邻两测点的间距不应小于 300mm，测点距构件边缘不应小于 150mm；

4 测点应避开接缝、蜂窝、麻面部位，且后锚固法破坏体破坏面无外露钢筋。

5.1.4 测点应标有编号，必要时宜描绘测点布置的示意图。

5.2 钻 孔

5.2.1 在钻孔过程中，钻头应始终与混凝土表面保持垂直。

5.2.2 成孔尺寸应符合下列规定：

1 钻孔直径应为 (27±1)mm；

2 钻孔深度应为 (45±5)mm。

5.3 清孔与锚固

5.3.1 钻孔完毕后，应清除孔内粉尘。当采用金刚石薄壁空心钻钻孔时，应使孔壁清洁、干燥。

5.3.2 应将定位圆盘与锚固件连接后注射锚固胶。待锚固胶固化后，方可进行拔出试验。

5.4 拔 出 试 验

5.4.1 拔出试验过程中，施加拔出力应连续、均匀，其速度应控制在 (0.5~1.0)kN/s。

5.4.2 施加拔出力至拔出仪测力装置读数不再增加为止，记录极限拔出力，精确至 0.1kN。

5.4.3 后锚固法试验时，应采取有效措施防止试验装置脱落。

5.4.4 当后锚固法试验出现下列异常情况之一时，应作详细记录，并将该值舍去，在其附近补测一个测点。

1 后锚固法破坏体呈非完整锥体破坏状态；

2 后锚固法破坏体的锥体破坏面上，有显著影响检测精度的缺陷或异物；

3 反力支承圆环外混凝土出现裂缝。

5.4.5 后锚固法检测后，应及时对检测造成的构件破损部位进行有效修补。

6 混凝土强度推定

6.1 测点混凝土强度换算值

6.1.1 当无专用测强曲线和地区测强曲线时，可采用本规程统一测强曲线式（6.1.1）或按本规程附录 B 计算混凝土强度换算值。

$$f^c_{cu,i} = 2.1667P_i + 1.8288 \qquad (6.1.1)$$

式中：$f^c_{cu,i}$ ——混凝土强度换算值（MPa），精确至 0.1MPa；

P_i ——拔出力（kN），精确至 0.1kN。

6.1.2 本规程统一测强曲线适用于符合下列条件的混凝土：

1 符合普通混凝土用材料且粗骨料为碎石，其最大粒径不大于 40mm；

2 抗压强度范围为（10~80）MPa；

3 采用普通成型工艺；

4 自然养护 14d 或蒸气养护出池后经自然养护 7d 以上。

6.2 钻 芯 修 正

6.2.1 当采用钻芯法修正时，钻取芯样应符合下列规定：

1 符合同一检测批的被检测构件应采用同一修正量；

2 同一检测批，若采用直径 100mm（高径比 1:1）混凝土芯样时，芯样试件的数量不应少于 6 个；若采用直径小于 100mm（高径比 1:1）的混凝土芯样时，芯样试件的直径不应小于 70mm，芯样试件的数量不应少于 9 个。

6.2.2 钻芯法修正应采用修正量法。修正后测点混凝土强度换算值应按下列公式计算：

$$f^c_{cu,i0} = f^c_{cu,i} + \Delta_f \qquad (6.2.2\text{-}1)$$

$$\Delta_f = f^c_{cor,m} - f^c_{cu,mj} \qquad (6.2.2\text{-}2)$$

$$f^c_{cor,m} = \frac{\sum\limits_{i=1}^{n} f^c_{cor,i}}{n_1} \qquad (6.2.2\text{-}3)$$

式中：$f^c_{cor,m}$ ——芯样试件混凝土强度换算值的平均值（MPa），精确至 0.1MPa；

$f^c_{cor,i}$ ——第 i 个芯样试件混凝土强度换算值（MPa），精确至 0.1MPa；

$f^c_{cu,mj}$ ——与钻芯部位相应的后锚固法测点混凝土强度换算值的平均值（MPa），精确至 0.1MPa；

$f^c_{cu,i0}$ ——修正后测点混凝土强度换算值（MPa），精确至 0.1MPa；

$f^c_{cu,i}$ ——修正前测点混凝土强度换算值

（MPa），精确至 0.1MPa；

n_1——芯样数量；

Δ_f——修正量（MPa），精确至 0.1MPa。

6.2.3 钻芯后，应及时对钻芯造成的构件破损部位进行有效修补。

6.3 单个检测

6.3.1 单个构件的拔出力计算值确定应符合下列规定：

1 当构件 3 个拔出力中的最大和最小值与中间值之差均小于中间值的 15％时，应取最小值作为该构件拔出力计算值；

2 当按本规程第 5.1.3 条第 1 款加测时，加测的 2 个拔出力应和最小拔出力一起取平均值，再与前一次的拔出力中间值比较，取较小值作为该构件的拔出力计算值。

6.3.2 根据单个构件拔出力计算值，应按本规程 6.1.1 条计算其强度换算值，并应将此强度换算值作为单个构件混凝土强度推定值。

6.4 抽样检测

6.4.1 抽样检测时，应按本规程 6.1.1 条计算每个测点混凝土强度换算值。

6.4.2 检测批混凝土的强度平均值、标准差，应按下列公式计算：

$$m_{f_{cu}^c} = \frac{\sum\limits_{i=1}^{n} f_{cu,i}^c}{n_2} \qquad (6.4.2\text{-}1)$$

$$s_{f_{cu}^c} = \sqrt{\frac{\sum\limits_{i=1}^{n} (f_{cu,i}^c)^2 - n_2 (m_{f_{cu}^c})^2}{n_2 - 1}} \qquad (6.4.2\text{-}2)$$

式中：$f_{cu,i}^c$——第 i 个测点混凝土强度换算值（MPa），精确至 0.1MPa；

$m_{f_{cu}^c}$——混凝土强度的平均值（MPa），精确至 0.1MPa；

n_2——检测批测点数之和；

$s_{f_{cu}^c}$——混凝土强度的标准差（MPa），精确至 0.01MPa。

6.4.3 抽样检测混凝土强度推定值应按下式计算：

$$f_{cu,e}^c = m_{f_{cu}^c} - 1.645 s_{f_{cu}^c} \qquad (6.4.3)$$

式中：$f_{cu,e}^c$——检测批混凝土强度推定值（MPa），精确至 0.1MPa。

6.4.4 由钻芯，修正方法确定检测批的混凝土强度推定值时，应采用修正后的样本算术平均值和标准差，并按本规程第 6.4.3 条规定的方法确定。

6.4.5 抽样检测时，检测批混凝土强度标准差限值应控制在表 6.4.5 的范围内，否则，应按本规程第 6.4.6 条的要求进行处理。

表 6.4.5 检测批混凝土强度标准差限值

强度平均值（MPa）	小于 25 时	不小于 25 且不大于 60 时	大于 60 且不大于 80 时
强度标准差最大限值（MPa）	4.5	5.5	6.5

6.4.6 当不能满足本规程第 6.4.5 条要求时，应在分析原因的基础上采取下列措施，并在检测报告中注明：

1 应分析施工条件及检测结果，重新划分检测批；

2 当采取上述措施仍不能满足要求或无条件采取上述措施时，宜按本规程第 6.3 节提供单个检测的结果。

附录 A 专用和地区测强曲线的制定方法

A.0.1 采用的后锚固法试验装置应符合本规程第 4 章的各项要求。

A.0.2 制定专用测强曲线的混凝土试块应采用与被检测混凝土相同的原材料和成型养护工艺制作；制定地区测强曲线的混凝土试块应采用本地区常用原材料和成型养护工艺制作。混凝土用水泥应符合现行国家标准《通用硅酸盐水泥》GB 175 的规定，混凝土用砂、石应符合现行行业标准《普通混凝土用砂、石质量及检验方法标准》JGJ 52 的规定，混凝土搅拌用水应符合现行行业标准《混凝土用水标准》JGJ 63 的规定。

A.0.3 试块的制作和养护应符合下列规定：

1 制定专用测强曲线时应根据使用要求按最佳配合比设计不少于 5 个强度等级，每一强度等级每一龄期应制作不少于 6 组后锚固法试件，每组应由 3 个 150mm 立方体试块和至少可布置 5 个测点的混凝土试件组成；

2 制定地区测强曲线时应按最佳配合比设计不少于 8 个强度等级，每一强度等级每一龄期每一有代表性区域应制作不少于 6 组后锚固法试件，每组应由 3 个 150mm 立方体试块和至少可布置 5 个测点的混凝土试件组成；

3 每组混凝土试件和相应的立方体试块应采用同批混凝土，同一龄期混凝土试件和立方体试块应在同一天内成型完毕；

4 在成型后的第二天，应将立方体试块移至与混凝土试件相同的条件下养护，立方体试块拆模日期应与混凝土试件的拆模日期相同。

A.0.4 拔出试验应按下列规定进行：

1 拔出试验测点宜布置在混凝土试件的浇筑侧面；

2 在每一混凝土试件上应进行 5 个拔出试验，

取平均值为该试件的拔出力计算值 P_m，精确至 0.1kN；

3 同条件制作的 3 个 150mm 立方体试块，应按现行国家标准《普通混凝土力学性能试验方法标准》GB/T 50081 进行立方体试块抗压强度试验，得到试块的立方体抗压强度值 f_{cu}，精确至 0.1MPa。

A.0.5 专用和地区测强曲线的计算应符合下列规定：

1 专用和地区测强曲线的回归方程式，应按每一混凝土试件求得的拔出力和对应的立方体试块抗压强度值，采用最小二乘法原理计算。

2 回归方程式可采用下式计算：

$$f_{cu}^c = A + BP_m \qquad (A.0.5\text{-}1)$$

式中：A、B——回归系数。

3 回归方程的平均相对误差 δ 及相对标准差 e_r，可按下列公式计算：

$$\delta = \pm \frac{1}{n}\sum_{i=1}^{n}\left|\frac{f_{cu,i}}{f_{cu,i}^c} - 1\right| \times 100\% \qquad (A.0.5\text{-}2)$$

$$e_r = \sqrt{\frac{1}{n-1}\sum_{i=1}^{n}\left(\frac{f_{cu,i}}{f_{cu,i}^c} - 1\right)^2} \times 100\% \qquad (A.0.5\text{-}3)$$

式中：e_r——回归方程式的强度相对标准差（%），精确至 0.1%；

$f_{cu,i}$——由第 i 个试块抗压试验得出的混凝土强度值（MPa），精确至 0.1MPa；

$f_{cu,i}^c$——对应于第 i 个试块按（A.0.5-1）计算的强度换算值（MPa），精确至 0.1MPa；

n——制定回归方程式的数据数量；

δ——回归方程式的强度平均相对误差（%），精确至 0.1%。

A.0.6 专用和地区测强曲线的强度误差应符合下列规定：

1 专用测强曲线：平均相对误差应为 ±10.0%，相对标准差不应大于 12.0%；

2 地区测强曲线：平均相对误差应为 ±12.0%，相对标准差不应大于 15.0%。

附录 B　测点混凝土强度换算表

表 B　测点混凝土强度换算表

拔出力 (kN)	强度换算值 (MPa)	拔出力 (kN)	强度换算值 (MPa)
3.8	10.1	4.4	11.4
4.0	10.5	4.6	11.8
4.2	10.9	4.8	12.2

续表 B

拔出力 (kN)	强度换算值 (MPa)	拔出力 (kN)	强度换算值 (MPa)
5.0	12.7	12.4	28.7
5.2	13.1	12.6	29.1
5.4	13.5	12.8	29.6
5.6	14.0	13.0	30.0
5.8	14.4	13.2	30.4
6.0	14.8	13.4	30.9
6.2	15.3	13.6	31.3
6.4	15.7	13.8	31.7
6.6	16.1	14.0	32.2
6.8	16.6	14.2	32.6
7.0	17.0	14.4	33.0
7.2	17.4	14.6	33.5
7.4	17.9	14.8	33.9
7.6	18.3	15.0	34.3
7.8	18.7	15.2	34.8
8.0	19.2	15.4	35.2
8.2	19.6	15.6	35.6
8.4	20.0	15.8	36.1
8.6	20.5	16.0	36.5
8.8	20.9	16.2	36.9
9.0	21.3	16.4	37.4
9.2	21.8	16.6	37.8
9.4	22.2	16.8	38.2
9.6	22.6	17.0	38.7
9.8	23.1	17.2	39.1
10.0	23.5	17.4	39.5
10.2	23.9	17.6	40.0
10.4	24.4	17.8	40.4
10.6	24.8	18.0	40.8
10.8	25.2	18.2	41.3
11.0	25.7	18.4	41.7
11.2	26.1	18.6	42.1
11.4	26.5	18.8	42.6
11.6	27.0	19.0	43.0
11.8	27.4	19.2	43.4
12.0	27.8	19.4	43.9
12.2	28.3	19.6	44.3

拔出力 (kN)	强度换算值 (MPa)	拔出力 (kN)	强度换算值 (MPa)
19.8	44.7	27.0	60.3
20.0	45.2	27.2	60.8
20.2	45.6	27.4	61.2
20.4	46.0	27.6	61.6
20.6	46.5	27.8	62.1
20.8	46.9	28.0	62.5
21.0	47.3	28.2	62.9
21.2	47.8	28.4	63.4
21.4	48.2	28.6	63.8
21.6	48.6	28.8	64.2
21.8	49.1	29.0	64.7
22.0	49.5	29.2	65.1
22.2	49.9	29.4	65.5
22.4	50.4	29.6	66.0
22.6	50.8	29.8	66.4
22.8	51.2	30.0	66.8
23.0	51.7	30.2	67.3
23.2	52.1	30.4	67.7
23.4	52.5	30.6	68.1
23.6	53.0	30.8	68.6
23.8	53.4	31.0	69.0
24.0	53.8	31.2	69.4
24.2	54.3	31.4	69.9
24.4	54.7	31.6	70.3
24.6	55.1	31.8	70.7
24.8	55.6	32.0	71.2
25.0	56.0	32.2	71.6
25.2	56.4	32.4	72.0
25.4	56.9	32.6	72.5
25.6	57.3	32.8	72.9
25.8	57.7	33.2	73.8
26.0	58.2	33.2	73.8
26.2	58.6	33.4	74.2
26.4	59.0	33.6	74.6
26.6	59.5	33.8	75.1
26.8	59.9	34.0	75.5

拔出力 (kN)	强度换算值 (MPa)	拔出力 (kN)	强度换算值 (MPa)
34.2	75.9	35.4	78.5
34.4	76.4	35.6	79.0
34.6	76.8	35.8	79.4
34.8	77.2	36.0	79.8
35.0	77.7	36.2	80.3
35.2	78.1	—	—

本规程用词说明

1 为便于在执行本规程条文时区别对待，对要求严格程度不同的用词说明如下：

　　1）表示很严格，非这样做不可的：

　　　　正面词采用"必须"；反面词采用"严禁"；

　　2）表示严格，在正常情况下均应这样做的：

　　　　正面词采用"应"；反面词采用"不应"或"不得"；

　　3）表示允许稍有选择，在条件许可时首先应这样做的：

　　　　正面词采用"宜"；反面词采用"不宜"；

　　4）表示有选择，在一定条件下可以这样做的采用"可"。

2 条文中指明应按其他有关标准执行的写法为："应符合……的规定"或"应按……执行"。

引用标准名录

1 《普通混凝土力学性能试验方法标准》GB/T 50081

2 《混凝土强度检验评定标准》GB/T 50107

3 《工业建筑可靠性鉴定标准》GB 50144

4 《混凝土结构工程施工质量验收规范》GB 50204

5 《建筑结构检测技术标准》GB/T 50344

6 《民用建筑可靠性鉴定标准》GB 50292

7 《通用硅酸盐水泥》GB 175

8 《树脂浇铸体拉伸性能试验方法》GB/T 2567

9 《塑料环氧树脂黏度测定方法》GB/T 22314

10 《普通混凝土用砂、石质量及检验方法标准》JGJ 52

11 《混凝土用水标准》JGJ 63

中华人民共和国行业标准

后锚固法检测混凝土抗压强度技术规程

JGJ/T 208—2010

条 文 说 明

制 订 说 明

《后锚固法检测混凝土抗压强度技术规程》JGJ/T 208-2010，经住房和城乡建设部 2010 年 4 月 17 日以第 550 号公告批准、发布。

本规程制订过程中，编制组进行了广泛的调查研究，总结了我国工程建设混凝土强度无损检测领域的实践经验，同时参考了国外先进技术法规、技术标准，通过试验取得了后锚固法试验装置的重要技术参数。

为便于广大检测、监督、施工、监理、科研等单位有关人员在使用本规程时能正确理解和执行条文规定，《后锚固法检测混凝土抗压强度技术规程》编制组按章、节、条顺序编制了本规程的条文说明，对条文规定的目的、依据以及执行中需注意的有关事项进行了说明。但是，本条文说明不具备与规程正文同等的法律效力，仅供使用者作为理解和把握标准规定的参考。

目　次

1 总 则

1.0.1 后锚固法作为一种新的微破损方法，具有检测精度高、对结构损伤小、操作简单便捷等优点，具有广阔的应用前景。规范使用后锚固法检测混凝土强度的方法，推广使用后锚固法检测混凝土强度技术，保证检测精度，提高我国建筑工程质量检测技术水平，是制定本规程的目的。

1.0.2 本条所指的普通混凝土是干密度为（2000～2800）kg/m³ 的水泥混凝土。

3 基 本 规 定

3.0.1 本规程的混凝土检测方法适用于新建工程非正常验收的混凝土强度检测和既有建筑的混凝土强度检测。在正常情况下，混凝土强度的检验与评定应按国家现行标准《混凝土结构工程施工质量验收规范》GB 50204 及《混凝土强度检验评定标准》GB/T 50107 执行。但是，在下列情况时，可按本规程进行检测及推定混凝土强度，并作为评价混凝土质量的依据。

    1 混凝土试块与结构的混凝土质量不一致或对试块检验结果有怀疑时；

    2 供试验用的混凝土试块数量不足时；

    3 待改建或扩建的旧结构物需要推定其混凝土强度时；

    4 其他需要检测、推定混凝土强度的情况。

3.0.2 后锚固法检测混凝土强度技术是通过测定混凝土表层 30mm 范围内后锚固法破坏体的拔出力，根据拔出力推定构件的混凝土抗压强度，因此，采用后锚固法检测混凝土强度时，要求被检测混凝土表层与内部质量一致。当混凝土表层与内部质量有明显差异时，应根据情况采取适当措施后方可进行检测。例如，遭受冻害、化学腐蚀、火灾及高温等损伤属于表层范围内时，应将受损伤混凝土清除干净后进行检测。

3.0.3 现场工程检测之前，应进行必要的资料准备，尽可能的全面了解有关原始记录和资料，为正确选择检测方案和推定混凝土强度打下基础。

3.0.6 我国地域辽阔，气候差别很大，混凝土材料种类繁多，施工和管理水平参差不齐。因此，有条件的单位或地区宜制定专用测强曲线或地区测强曲线。专用测强曲线精度优于地区测强曲线，地区测强曲线精度优于本规程统一测强曲线。为提高后锚固法检测混凝土抗压强度技术的检测精度，使用时应按上述顺序依次优先选用测强曲线。专用或地区测强曲线应通过地方建设行政主管部门组织的审查和批准后方可使用。

4 后锚固法试验装置

4.1 技 术 要 求

4.1.2 后锚固法试验装置的制造质量及拔出仪测力装置的计量精度直接关系到后锚固法检测混凝土强度的精度，因此规定了试验装置应具有产品合格证，拔出仪应具有法定计量机构的校准合格证书。

4.1.3 后锚固法检测混凝土强度试验过程中，其破坏体呈以下四种破坏形式（图1）：

    （a）锚固件拔断；

    （b）混凝土完整锥体破坏。后锚固法破坏体表面直径等于反力环内径，破坏体高度等于锚固深度；

    （c）锚固件拔脱破坏；

    （d）混凝土锥体及胶体粘结联合破坏。后锚固法破坏体高度小于锚固深度。

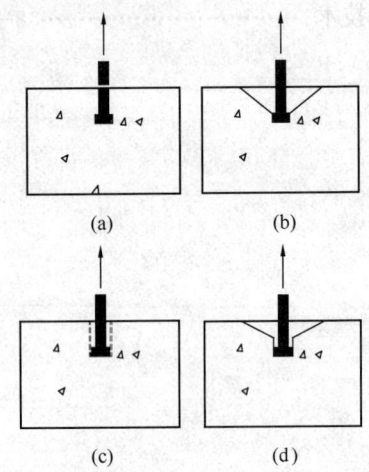

图 1 后锚固法破坏体破坏形式

    理论和试验研究表明：在锚固件尺寸确定的情况下，后锚固法破坏体的破坏形式主要与混凝土强度、反力支撑圆环内径、锚固深度、锚固胶的性能、孔壁状况等因素有关。混凝土破坏体高度随着锚固深度、混凝土强度的提高而减小，随着反力环直径的减小而减小。本规程的基本原理是选择适当的试验装置和试验参数，使后锚固法破坏体呈混凝土完整锥体破坏状态。经过理论研究和试验分析，规程编制组确定了正文要求的试验装置和试验参数。

4.2 拔 出 仪

4.2.2 拔出仪的工作行程是根据在后锚固试验过程中，混凝土的挤压、压缩变形及开裂分离变形的总和确定的。

    在试验过程中，为便于准确测读极限拔出力，拔出仪测力装置应具备峰值保持功能。

4.3 钻孔机

4.3.1、4.3.2 钻孔时，如操作不当，可能使成孔直径偏大或倾斜。为保证钻孔与混凝土表面垂直，并且钻孔一次到位，钻孔机宜具有能控制垂直度及深度的固定装置。

4.4 锚 固 胶

4.4.1 本条规定了锚固胶的性能指标。当锚固胶性能低于本规程的要求时，后锚固法破坏体可能出现锚固件拔脱破坏、混凝土锥体及胶体粘结破坏等异常情况，不能保证检测精度。当环境温度或其他因素导致拔出试验时锚固胶固化不充分、实际强度偏低等情况时，可采取电加热、红外线加热、延长固化时间等措施使其充分固化，以避免出现异常情况。

4.5 定 位 圆 盘

4.5.1、4.5.2 定位圆盘能够实现水平方向锚固孔中的锚固胶无漏填，同时保证锚固件垂直于混凝土试件表面。定位圆盘设有与圆盘排气孔连通的持压漏斗。定位圆盘粘结固定在混凝土表面后，自底部圆盘注胶孔注射锚固胶，注胶速度应均匀缓慢，使孔内空气能够从持压漏斗中排净，要求锚固胶在持压漏斗中的液面高度超过钻孔的孔壁最上边缘，以保证注胶饱满。

5 检 测 技 术

5.1 一 般 规 定

5.1.1 单个检测用于单个板、柱、梁、墙、基础等构件的混凝土强度检测，单个构件可按《工业建筑可靠性鉴定标准》GB 50144 或《民用建筑可靠性鉴定标准》GB 50292 划分。

某些大型结构如烟囱、水塔等构筑物可按施工顺序划分为若干个检测区域，每个检测区域作为一个独立构件，根据检测区域数量，可选择单个检测，也可选择抽样检测。

5.1.2 依据《计数抽样检验程序第1部分：按接收质量限（AQL）检索的逐批检验抽样计划》GB/T 2828.1-2003，规定抽样检测随机抽测构件最小数量，检测过程中，以构件总数作为检测批的容量，随机抽测构件最小数量应满足表 5.1.2 中的要求；也可在大型构件上布置若干检测区域，以检测区域总数作为检测批的容量。

5.1.3 检测时应注意：

1 后锚固法试验对测点部位造成局部损伤，所以在单个构件上不宜布置较多的测点。按单个检测时，在一个构件上先布置3个测点，然后根据3个测点拔出力的离散程度决定是否增加测点，如离散较

大，则加测2个测点。

2 编制组试验分析表明：混凝土浇筑底面的数据离散性较大，不应布置测点。侧面和顶面可布置测点，测强曲线是建立在混凝土试件浇筑侧面的基础上，因此规定优先检测混凝土浇筑侧面。检测面应平整，反力支承圆环面应与混凝土面完全接触。当检测面不平整时，反力支承边界约束条件不能保证。因此检测面应平整，如平整度较差时应进行磨平处理。

5.1.4 在构件上标记测点的目的是：便于观察和分析不同构件、不同部位混凝土质量状况；查找最小拔出力测点部位，以便在其附近增加测点；当试验出现异常时便于分析其原因。

5.2 钻 孔

5.2.1 钻孔垂直度偏差直接影响锚固件的安装质量。因此，在钻孔过程中，钻头应始终与混凝土表面保持垂直。

5.2.2 为锚固可靠及保证检测精度，本条规定了成孔尺寸要求。

5.3 清孔与锚固

5.3.1 孔壁残留的粉尘会降低胶粘剂与混凝土之间的粘结效果。为保证检测精度，应保证清孔的质量，避免出现异常破坏。

5.4 拔 出 试 验

5.4.1 施加拔出力的速度对后锚固法破坏体的拔出力有影响，如果速度快，将导致拔出力偏高；如果速度慢，将导致拔出力偏低。为避免这一影响，实际操作时施加拔出力的速度应与制定本规程测强曲线时施加拔出力的速度相一致。

5.4.5 后锚固法检测后，为保证结构的工作性能，对混凝土破损部位应及时进行有效修补。修补方法常采用比其实际强度高一个强度等级的微膨胀混凝土进行修补，修补前应清理干净并充分湿润，修补后应充分养护。亦可采用其他的有效方法进行修补。

6 混凝土强度推定

6.1 测点混凝土强度换算值

6.1.1 规程编制组在山东、江苏、甘肃、福建、辽宁等地区大量试验数据的基础上，经数据处理得出《后锚固法检测混凝土抗压强度技术规程》JGJ/T 208 统一测强曲线。

统一测强曲线：

$$f^c_{cu,i} = 2.1667P_i + 1.8288 \qquad (6.1.1)$$

式中：$f^c_{cu,i}$——混凝土强度换算值（MPa），精确至 0.1MPa；

P_i ——拔出力（kN），精确至 0.1kN。

该回归方程的相关系数 $r = 0.909$，平均相对误差 $\delta = 10.84\%$，相对标准差 $e_r = 13.21\%$。

计算混凝土强度的换算值时应依次优先选用专用测强曲线和地区测强曲线。若无上述曲线时，可采用本规程统一测强曲线。

6.1.2 本规程编制组进行了立方体抗压强度为（10～100）MPa 普通混凝土后锚固法试验研究，考虑到与其他规范的衔接，本规程将后锚固法检测普通混凝土强度技术的适用范围限定为（10～80）MPa。

6.2 钻芯修正

6.2.2 修正量的概念与国家标准《数据的统计处理和解释在成对观测值情形下两个均值的比较》GB/T 3361 的概念相符。修正量法只对间接方法测得的混凝土强度的平均值进行修正，不修正标准差。

$$f_{cu,i0}^{c} = f_{cu,i}^{c} + \Delta_f \quad (6.2.2\text{-}1)$$

$$m_{f_{cu,0}^{c}} = m_{f_{cu}^{c}} + \Delta_f \quad (6.2.2\text{-}2)$$

$$s_{f_{cu,0}^{c}} = \sqrt{\frac{\sum_{i=1}^{n}(f_{cu,i0}^{c} - m_{f_{cu,0}^{c}})^2}{n_1 - 1}} \quad (6.2.2\text{-}3)$$

将式（6.2.2-1）和式（6.2.2-2）代入式（6.2.2-3），得：

$$s_{f_{cu,0}^{c}} = s_{f_{cu}^{c}} \quad (6.2.2\text{-}4)$$

式中：$m_{f_{cu,0}^{c}}$ ——修正后强度平均值；

$s_{f_{cu,0}^{c}}$ ——修正后强度标准差。

6.2.3 构件钻芯后，为保证结构的工作性能，对混凝土破损部位应及时进行有效修补。修补方法常采用比其实际强度高一个强度等级的微膨胀混凝土进行修补，修补前应清理干净并充分湿润，修补后应充分养护。亦可采用其他有效方法进行修补。

6.3 单个检测

6.3.1 当单个构件 3 个拔出力中最大和最小拔出力与中间值之差均小于中间值的 15% 时，说明构件混凝土强度的均匀性较好，且检测误差较小，不必加测。为提高保证率，将最小值作为该构件拔出力计算值。

当单个构件 3 个拔出力中最大或最小拔出力与中间值之差大于中间值的 15% 时，说明混凝土强度均匀性较差或检测误差较大，为证实最小拔出力的真实性，消除试验误差，在最小拔出力测点附近加测 2 个测点，此时拔出力计算值的取值方法仍然是本着提高保证率的原则确定的。

6.4 抽样检测

6.4.2 本条规定了检测批混凝土强度平均值和标准差的计算方法。

6.4.5 本条对抽样检测的标准差进行限制，当标准差过大时，说明这些测区不属于同一母体，不能按批进行检测。

6.4.6 本条对检测批混凝土强度标准差超出界限后可采取的相应措施作出规定。

中华人民共和国行业标准

高强混凝土强度检测技术规程

Technical specification for strength testing of high strength concrete

JGJ/T 294—2013

批准部门：中华人民共和国住房和城乡建设部
施行日期：２０１３年１２月１日

中华人民共和国住房和城乡建设部
公　告

第 26 号

住房城乡建设部关于发布行业标准
《高强混凝土强度检测技术规程》的公告

现批准《高强混凝土强度检测技术规程》为行业标准，编号为 JGJ/T 294 - 2013，自 2013 年 12 月 1 日起实施。

本规程由我部标准定额研究所组织中国建筑工业出版社出版发行。

中华人民共和国住房和城乡建设部
2013 年 5 月 9 日

前　言

根据原建设部《关于印发〈二〇〇二～二〇〇三年度工程建设城建、建工行业标准制订、修订计划〉的通知》（建标［2003］104 号）的要求，规程编制组经广泛调查研究，认真总结实践经验，参考有关标准，并在广泛征求意见的基础上，制定本规程。

本规程主要技术内容是：1. 总则；2. 术语和符号；3. 检测仪器；4. 检测技术；5. 混凝土强度的推定；6. 检测报告。

本规程由住房和城乡建设部负责管理，由中国建筑科学研究院负责具体技术内容的解释。执行过程中如有意见和建议，请寄送中国建筑科学研究院（地址：北京市北三环东路 30 号，邮政编码：100013）。

本 规 程 主 编 单 位：中国建筑科学研究院
本 规 程 参 编 单 位：甘肃省建筑科学研究院
　　　　　　　　　　山西省建筑科学研究院
　　　　　　　　　　中山市建设工程质量检测中心
　　　　　　　　　　重庆市建筑科学研究院
　　　　　　　　　　贵州中建建筑科学研究院
　　　　　　　　　　河北省建筑科学研究院
　　　　　　　　　　深圳市建设工程质量检测中心
　　　　　　　　　　山东省建筑科学研究院
　　　　　　　　　　广西建筑科学研究设计院
　　　　　　　　　　沈阳市建设工程质量检测中心
　　　　　　　　　　陕西省建筑科学研究院
本 规 程 参 加 单 位：乐陵市回弹仪厂
本规程主要起草人员：张荣成　冯力强　邱　平
　　　　　　　　　　魏利国　朱艾路　林文修
　　　　　　　　　　张　晓　强万明　陈少波
　　　　　　　　　　崔士起　李杰成　陈伯田
　　　　　　　　　　王宇新　王先芬　颜丙山
　　　　　　　　　　黎　刚　谢小玲　边智慧
　　　　　　　　　　赵士永　郑　伟　陈灿华
　　　　　　　　　　赵　强　赵　波　王金山
　　　　　　　　　　孔旭文　王金环　蒋莉莉
　　　　　　　　　　肖　嫦　张翼鹏　贾玉新
　　　　　　　　　　晏大玮　孟康荣　文恒武
　　　　　　　　　　魏超琪
本规程主要审查人员：艾永祥　张元勃　李启棣
　　　　　　　　　　国天逵　胡耀林　路来军
　　　　　　　　　　周聚光　郝挺宇　王文明
　　　　　　　　　　黄政宇　王若冰　金　华

目 次

Contents

1 总　则

1.0.1 为检测工程结构中的高强混凝土抗压强度，保证检测结果的可靠性，制定本规程。

1.0.2 本规程适用于工程结构中强度等级为 C50～C100 的混凝土抗压强度检测。本规程不适用于下列情况的混凝土抗压强度检测：

  1 遭受严重冻伤、化学侵蚀、火灾而导致表里质量不一致的混凝土和表面不平整的混凝土；

  2 潮湿的和特种工艺成型的混凝土；

  3 厚度小于 150mm 的混凝土构件；

  4 所处环境温度低于 0℃ 或高于 40℃ 的混凝土。

1.0.3 当对结构中的混凝土有强度检测要求时，可按本规程进行检测，其强度推定结果可作为混凝土结构处理的依据。

1.0.4 当具有钻芯试件或同条件的标准试件作校核时，可按本规程对 900d 以上龄期混凝土抗压强度进行检测和推定。

1.0.5 当采用回弹法检测高强混凝土强度时，可采用标称动能为 4.5J 或 5.5J 的回弹仪。采用标称动能为 4.5J 的回弹仪时，应按本规程附录 A 执行，采用标称动能为 5.5J 的回弹仪时，应按本规程附录 B 执行。

1.0.6 采用本规程的方法检测及推定混凝土强度时，除应符合本规程外，尚应符合国家现行有关标准的规定。

2 术语和符号

2.1 术　语

2.1.1 测区 testing zone

按检测方法要求布置的具有一个或若干个测点的区域。

2.1.2 测点 testing point

在测区内，取得检测数据的检测点。

2.1.3 测区混凝土抗压强度换算值 conversion value of concrete compressive strength of testing zone

根据测区混凝土中的声速代表值和回弹代表值，通过测强曲线换算所得的该测区现龄期混凝土的抗压强度值。

2.1.4 混凝土抗压强度推定值 estimation value of strength for concrete

测区混凝土抗压强度换算值总体分布中保证率不低于 95% 的结构或构件现龄期混凝土强度值。

2.1.5 超声回弹综合法 ultrasonic-rebound combined method

通过测定混凝土的超声波声速值和回弹值检测混凝土抗压强度的方法。

2.1.6 回弹法 rebound method

根据回弹值推定混凝土强度的方法。

2.1.7 超声波速度 velocity of ultrasonic wave

在混凝土中，超声脉冲波单位时间内的传播距离。

2.1.8 波幅 amplitude of wave

超声脉冲波通过混凝土被换能器接收后，由超声波检测仪显示的首波信号的幅度。

2.2 符　号

e_r —— 相对标准差；

$f_{cu,i}$ —— 结构或构件第 i 个测区的混凝土抗压强度换算值；

$f_{cu,e}$ —— 结构混凝土抗压强度推定值；

$f_{cu,min}$ —— 结构或构件最小的测区混凝土抗压强度换算值；

$f_{cor,i}$ —— 第 i 个混凝土芯样试件的抗压强度；

$f_{cu,i}$ —— 第 i 个同条件混凝土标准试件的抗压强度；

$f_{cu,i0}^c$ —— 第 i 个测区修正前的混凝土强度换算值；

$f_{cu,i1}^c$ —— 第 i 个测区修正后的混凝土强度换算值；

l_i —— 第 i 个测点的超声测距；

$m_{f_{cu}^c}$ —— 结构或构件测区混凝土抗压强度换算值的平均值；

n —— 测区数、测点数、立方体试件数、芯样试件数；

R_i —— 第 i 个测点的有效回弹值；

R —— 测区回弹代表值；

$s_{f_{cu}^c}$ —— 结构或构件测区混凝土抗压强度换算值的标准差；

T_k —— 空气的摄氏温度；

t_i —— 第 i 个测点的声时读数；

t_0 —— 声时初读数；

v —— 测区混凝土中声速代表值；

v_k —— 空气中声速计算值；

v^0 —— 空气中声速实测值；

v_i —— 第 i 个测点的混凝土中声速值；

Δ_{tot} —— 测区混凝土强度修正量。

3 检测仪器

3.1 回　弹　仪

3.1.1 回弹仪应具有产品合格证和检定合格证。

3.1.2 回弹仪的弹击锤脱钩时，指针滑块示值刻线应对应于仪壳的上刻线处，且示值误差不应超过 ±0.4mm。

3.1.3 回弹仪率定应符合下列规定：

1 钢砧应稳固地平放在坚实的地坪上；

2 回弹仪应向下弹击；

3 弹击杆应旋转 3 次，每次应旋转 90°，且每旋转 1 次弹击杆，应弹击 3 次；

4 应取连续 3 次稳定回弹值的平均值作为率定值。

3.1.4 当遇有下列情况之一时，回弹仪应送法定计量检定机构进行检定：

1 新回弹仪启用之前；

2 超过检定有效期；

3 更换零件和检修后；

4 尾盖螺钉松动或调整后；

5 遭受严重撞击或其他损害。

3.1.5 当遇有下列情况之一时，应在钢砧上进行率定，且率定值不合格时不得使用：

1 每个检测项目执行之前和之后；

2 测试过程中回弹值异常时。

3.1.6 回弹仪每次使用完毕后，应进行维护。

3.1.7 回弹仪有下列情况之一时，应将回弹仪拆开维护：

1 弹击超过 2000 次；

2 率定值不合格。

3.1.8 回弹仪拆开维护应按下列步骤进行：

1 将弹击锤脱钩，取出机芯；

2 擦拭中心导杆和弹击杆的端面、弹击锤的内孔和冲击面等；

3 组装仪器后做率定。

3.1.9 回弹仪拆开维护应符合下列规定：

1 经过清洗的零部件，除中心导杆需涂上微量的钟表油外，其他零部件均不得涂油；

2 应保持弹击拉簧前端钩入拉簧座的原孔位；

3 不得转动尾盖上已定位紧固的调零螺钉；

4 不得自制或更换零部件。

3.2 混凝土超声波检测仪器

3.2.1 混凝土超声波检测仪应具有产品合格证和校准证书。

3.2.2 混凝土超声波检测仪可采用模拟式和数字式。

3.2.3 超声波检测仪应符合现行行业标准《混凝土超声波检测仪》JG/T 5004 的规定，且计量检定结果应在有效期内。

3.2.4 应符合下列规定：

1 应具有波形清晰、显示稳定的示波装置；

2 声时最小分度值应为 0.1μs；

3 应具有最小分度值为 1dB 的信号幅度调整系统；

4 接收放大器频响范围应为 10kHz～500kHz，总增益不应小于 80dB，信噪比为 3:1 时的接收灵敏度不应大于 50μV；

5 超声波检测仪的电源电压偏差在额定电压的 ±10% 的范围内时，应能正常工作；

6 连续正常工作时间不应少于 4h。

3.2.5 模拟式超声波检测仪除应符合本规程第 3.2.4 条的规定外，尚应符合下列规定：

1 应具有手动游标和自动整形两种声时测读功能；

2 数字显示应稳定，声时调节应在 20μs～30μs 范围内，连续静置 1h 数字变化不应超过 ±0.2μs。

3.2.6 数字式超声波检测仪除应符合本规程第 3.2.4 条的规定外，尚应符合下列规定：

1 应具有采集、储存数字信号并进行数据处理的功能；

2 应具有手动游标测读和自动测读两种方式，当自动测读时，在同一测试条件下，在 1h 内每 5min 测读一次声时值的差异不应超过 ±0.2μs；

3 自动测读时，在显示器的接收波形上，应有光标指示声时的测读位置。

3.2.7 超声波检测仪器使用时的环境温度应为 0℃～40℃。

3.2.8 换能器应符合下列规定：

1 换能器的工作频率应在 50kHz～100kHz 范围内；

2 换能器的实测主频与标称频率相差不应超过 ±10%。

3.2.9 超声波检测仪在工作前，应进行校准，并应符合下列规定：

1 应按下式计算空气中声速计算值（v_k）：

$$v_k = 331.4\sqrt{1+0.00367T_k} \qquad (3.2.9)$$

式中：v_k——温度为 T_k 时空气中的声速计算值（m/s）；

T_k——测试时空气的温度（℃）。

2 超声波检测仪的声时计量检验，应按"时-距"法测量空气中声速实测值（v^0），且 v^0 相对 v_k 误差不应超过 ±0.5%。

3 应根据测试需要配置合适的换能器和高频电缆线，并应测定声时初读数（t_0），检测过程中更换换能器或高频电缆线时，应重新测定 t_0。

3.2.10 超声波检测仪应至少每年保养一次。

4 检测技术

4.1 一般规定

4.1.1 使用回弹仪、混凝土超声波检测仪进行工程检测的人员，应通过专业培训，并持证上岗。

4.1.2 检测前宜收集下列有关资料：

1 工程名称及建设、设计、施工、监理单位名称；

2 结构或构件的部位、名称及混凝土设计强度等级；

3 水泥品种、强度等级、砂石品种、粒径、外加剂品种、掺合料类别及等级、混凝土配合比等；

4 混凝土浇筑日期、施工工艺、养护情况及施工记录；

5 结构及现状；

6 检测原因。

4.1.3 当按批抽样检测时，同时符合下列条件的构件可作为同批构件：

1 混凝土设计强度等级、配合比和成型工艺相同；

2 混凝土原材料、养护条件及龄期基本相同；

3 构件种类相同；

4 在施工阶段所处状态相同。

4.1.4 对同批构件按批抽样检测时，构件应随机抽样，抽样数量不宜少于同批构件的 30%，且不宜少于 10 件。当检验批中构件数量大于 50 时，构件抽样数量可按现行国家标准《建筑结构检测技术标准》GB/T 50344 进行调整，但抽取的构件总数不宜少于 10 件，并应按现行国家标准《建筑结构检测技术标准》GB/T 50344 进行检测批混凝土的强度推定。

4.1.5 测区布置应符合下列规定：

1 检测时应在构件上均匀布置测区，每个构件上的测区数不应少于 10 个；

2 对某一方向尺寸不大于 4.5m 且另一方向尺寸不大于 0.3m 的构件，其测区数量可减少，但不应少于 5 个。

4.1.6 构件的测区应符合下列规定：

1 测区应布置在构件混凝土浇筑方向的侧面，并宜布置在构件的两个对称的可测面上，当不能布置在对称的可测面上时，也可布置在同一可测面上；在构件的重要部位及薄弱部位应布置测区，并应避开预埋件；

2 相邻两测区的间距不宜大于 2m；测区离构件边缘的距离不宜小于 100mm；

3 测区尺寸宜为 200mm×200mm；

4 测试面应清洁、平整、干燥，不应有接缝、饰面层、浮浆和油垢；表面不平处可用砂轮适度打磨，并擦净残留粉尘。

4.1.7 结构或构件上的测区应注明编号，并应在检测时记录测区位置和外观质量情况。

4.2 回弹测试及回弹值计算

4.2.1 在构件上回弹测试时，回弹仪的纵轴线应始终与混凝土成型侧面保持垂直，并应缓慢施压、准确读数、快速复位。

4.2.2 结构或构件上的每一测区应回弹 16 个测点，或在待测超声波测区的两个相对测试面各回弹 8 个测点，每一测点的回弹值应精确至 1。

4.2.3 测点在测区范围内宜均匀分布，不得分布在气孔或外露石子上。同一测点应只弹击一次，相邻两测点的间距不宜小于 30mm；测点距外露钢筋、铁件的距离不宜小于 100mm。

4.2.4 计算测区回弹值时，在每一测区内的 16 个回弹值中，应先剔除 3 个最大值和 3 个最小值，然后将余下的 10 个回弹值按下式计算，其结果作为该测区回弹值的代表值：

$$R = \frac{1}{10} \sum_{i=1}^{10} R_i \qquad (4.2.4)$$

式中：R——测区回弹代表值，精确至 0.1；

R_i——第 i 个测点的有效回弹值。

4.3 超声测试及声速值计算

4.3.1 采用超声回弹综合法检测时，应在回弹测试完毕的测区内进行超声测试。每一测区应布置 3 个测点。超声测试宜优先采用对测，当被测构件不具备对测条件时，可采用角测和单面平测。

4.3.2 超声测试时，换能器辐射面应采用耦合剂使其与混凝土测试面良好耦合。

4.3.3 声时测量应精确至 0.1μs，超声测距测量应精确至 1mm，且测量误差应在超声测距的 ±1% 之内。声速计算应精确至 0.01km/s。

4.3.4 当在混凝土浇筑方向的两个侧面进行对测时，测区混凝土中声速代表值应为该测区中 3 个测点的平均声速值，并应按下式计算：

$$v = \frac{1}{3} \sum_{i=1}^{3} \frac{l_i}{t_i - t_0} \qquad (4.3.4)$$

式中：v——测区混凝土中声速代表值（km/s）；

l_i——第 i 个测点的超声测距（mm）；

t_i——第 i 个测点的声时读数（μs）；

t_0——声时初读数（μs）。

5 混凝土强度的推定

5.0.1 本规程给出的强度换算公式适用于配制强度等级为 C50～C100 的混凝土，且混凝土应符合下列规定：

1 水泥应符合现行国家标准《通用硅酸盐水泥》GB 175 的规定；

2 砂、石应符合现行行业标准《普通混凝土用砂、石质量及检验方法标准》JGJ 52 的规定；

3 应自然养护；

4 龄期不宜超过 900d。

5.0.2 结构或构件中第 i 个测区的混凝土抗压强度换算值应按本规程第 3 章的规定，计算出所用检测方法对应的测区测试参数代表值，并应优先采用专用测强曲线或地区测强曲线换算取得。专用测强曲线和地区测强曲线应按本规程附录 C 的规定制定。

5.0.3 当无专用测强曲线和地区测强曲线时，可按本规程附录 D 的规定，通过验证后，采用本规程第 5.0.4 条或第 5.0.5 条给出的全国高强混凝土测强曲线公式，计算结构或构件中第 i 个测区混凝土抗压强度换算值。

5.0.4 当采用回弹法检测时，结构或构件第 i 个测区混凝土强度换算值，可按本规程附录 A 或附录 B 查表得出。

5.0.5 当采用超声回弹综合法检测时，结构或构件第 i 个测区混凝土强度换算值，可按下式计算，也可按本规程附录 E 查表得出：

$$f_{cu,i}^c = 0.117081 v^{0.539038} \cdot R^{1.33947} \quad (5.0.5)$$

式中：$f_{cu,i}^c$ ——结构或构件第 i 个测区的混凝土抗压强度换算值（MPa）；

R ——4.5J 回弹仪测区回弹代表值，精确至 0.1。

5.0.6 结构或构件的测区混凝土换算强度平均值可根据各测区的混凝土强度换算值计算。当测区数为 10 个及以上时，应计算强度标准差。平均值和标准差应按下列公式计算：

$$m_{f_{cu}^c} = \frac{1}{n} \sum_{i=1}^{n} f_{cu,i}^c \quad (5.0.6-1)$$

$$s_{f_{cu}^c} = \sqrt{\frac{\sum_{i=1}^{n} (f_{cu,i}^c)^2 - n (m_{f_{cu}^c})^2}{n-1}} \quad (5.0.6-2)$$

式中：$m_{f_{cu}^c}$ ——结构或构件测区混凝土抗压强度换算值的平均值（MPa），精确至 0.1MPa；

$s_{f_{cu}^c}$ ——结构或构件测区混凝土抗压强度换算值的标准差（MPa），精确至 0.01MPa；

n ——测区数。对单个检测的构件，取一个构件的测区数；对批量检测的构件，取被抽检构件测区数之总和。

5.0.7 当检测条件与测强曲线的适用条件有较大差异或曲线没有经过验证时，应采用同条件标准试件或直接从结构构件测区内钻取混凝土芯样进行推定强度修正，且试件数量或混凝土芯样不应少于 6 个。计算时，测区混凝土强度修正量及测区混凝土强度换算值的修正应符合下列规定：

1 修正量应按下列公式计算：

$$\Delta_{tot} = \frac{1}{n} \sum_{i=1}^{n} f_{cor,i} - \frac{1}{n} \sum_{i=1}^{n} f_{cu,i}^c \quad (5.0.7-1)$$

$$\Delta_{tot} = \frac{1}{n} \sum_{i=1}^{n} f_{cu,i} - \frac{1}{n} \sum_{i=1}^{n} f_{cu,i}^c \quad (5.0.7-2)$$

式中：Δ_{tot} ——测区混凝土强度修正量（MPa），精确到 0.1MPa；

$f_{cor,i}$ ——第 i 个混凝土芯样试件的抗压强度；

$f_{cu,i}$ ——第 i 个同条件混凝土标准试件的抗压强度；

$f_{cu,i}^c$ ——对应于第 i 个芯样部位或同条件混凝土标准试件的混凝土强度换算值；

n ——混凝土芯样或标准试件数量。

2 测区混凝土强度换算值的修正应按下式计算：

$$f_{cu,i1}^c = f_{cu,i0}^c + \Delta_{tot} \quad (5.0.7-3)$$

式中：$f_{cu,i0}^c$ ——第 i 个测区修正前的混凝土强度换算值（MPa），精确到 0.1MPa；

$f_{cu,i1}^c$ ——第 i 个测区修正后的混凝土强度换算值（MPa），精确到 0.1MPa。

5.0.8 结构或构件的混凝土强度推定值（$f_{cu,e}$）应按下列公式确定：

1 当该结构或构件测区数少于 10 个时，应按下式计算：

$$f_{cu,e} = f_{cu,min}^c \quad (5.0.8-1)$$

式中：$f_{cu,min}^c$ ——结构或构件最小的测区混凝土抗压强度换算值（MPa），精确至 0.1MPa。

2 当该结构或构件测区数不少于 10 个或按批量检测时，应按下式计算：

$$f_{cu,e} = m_{f_{cu}^c} - 1.645 s_{f_{cu}^c} \quad (5.0.8-2)$$

5.0.9 对按批量检测的结构或构件，当该批构件混凝土强度标准差出现下列情况之一时，该批构件应全部按单个构件检测：

1 该批构件的混凝土抗压强度换算值的平均值（$m_{f_{cu}^c}$）不大于 50.0MPa，且标准差（$s_{f_{cu}^c}$）大于 5.50MPa；

2 该批构件的混凝土抗压强度换算值的平均值（$m_{f_{cu}^c}$）大于 50.0MPa，且标准差（$s_{f_{cu}^c}$）大于 6.50MPa。

6 检测报告

6.0.1 检测报告应信息完整、齐全，并宜包括下列内容：

1 工程名称；

2 工程地址；

3 委托单位；

4 设计单位；

5 监理单位

6 施工单位；

7 检测部位；

8 混凝土浇筑日期；

9 检测原因；

10 检测依据；

11 检测时间；

12 检测仪器；

13 检测结果；

14 报告批准人、审核人和主检人签字;

15 出具报告日期;

16 检测单位公章。

6.0.2 检测报告宜采用本规程附录 F 的格式,并可增加所检测构件平面分布图。

附录 A 采用标称动能 4.5J 回弹仪推定混凝土强度

A.0.1 标称动能为 4.5J 的回弹仪应符合下列规定:

1 水平弹击时,在弹击锤脱钩的瞬间,回弹仪的标称动能应为 4.5J;

2 在配套的洛氏硬度为 HRC60±2 钢砧上,回弹仪的率定值应为 88±2。

A.0.2 采用标称动能为 4.5J 回弹仪时,结构或构件的第 i 个测区混凝土强度换算值可按表 A.0.2 直接查得。

表 A.0.2 采用标称动能为 4.5J 回弹仪时测区混凝土强度换算值

R	$f^c_{cu,i}$	R	$f^c_{cu,i}$	R	$f^c_{cu,i}$	R	$f^c_{cu,i}$
28.0	—	42.0	37.6	56.0	58.9	70.0	83.4
29.0	20.6	43.0	39.0	57.0	60.6	71.0	85.2
30.0	21.8	44.0	40.5	58.0	62.2	72.0	87.1
31.0	23.0	45.0	41.9	59.0	63.9	73.0	89.0
32.0	24.3	46.0	43.4	60.0	65.6	74.0	90.9
33.0	25.5	47.0	44.9	61.0	67.3	75.0	92.9
34.0	26.8	48.0	46.4	62.0	69.0	76.0	94.8
35.0	28.1	49.0	47.9	63.0	70.8	77.0	96.8
36.0	29.4	50.0	49.4	64.0	72.5	78.0	98.7
37.0	30.7	51.0	51.0	65.0	74.3	79.0	100.7
38.0	32.1	52.0	52.5	66.0	76.1	80.0	102.7
39.0	33.4	53.0	54.1	67.0	77.9	81.0	104.8
40.0	34.8	54.0	55.7	68.0	79.7	82.0	106.8
41.0	36.2	55.0	57.3	69.0	81.5	83.0	108.8

注:1 表内未列数值可用内插法求得,精度至 0.1MPa;

2 表中 R 为测区回弹代表值,$f^c_{cu,i}$ 为测区混凝土强度换算值;

3 表中数值是根据曲线公式 $f^c_{cu,i} = -7.83 + 0.75R + 0.0079R^2$ 计算得出。

附录 B 采用标称动能 5.5J 回弹仪推定混凝土强度

B.0.1 标称动能为 5.5J 的回弹仪应符合下列规定:

1 水平弹击时,在弹击锤脱钩的瞬间,回弹仪的标称动能应为 5.5J;

2 在配套的洛氏硬度为 HRC60±2 钢砧上,回弹仪的率定值应为 83±1。

B.0.2 采用标称动能为 5.5J 回弹仪时,结构或构件的第 i 个测区混凝土强度换算值可按表 B.0.2 直接查得。

表 B.0.2 采用标称动能为 5.5J 回弹仪时的测区混凝土强度换算值

R	$f^c_{cu,i}$	R	$f^c_{cu,i}$	R	$f^c_{cu,i}$	R	$f^c_{cu,i}$
35.6	60.2	39.6	66.1	43.6	72.0	47.6	77.9
35.8	60.5	39.8	66.4	43.8	72.3	47.8	78.2
36.0	60.8	40.0	66.7	44.0	72.6	48.0	78.5
36.2	61.1	40.2	67.0	44.2	72.9	48.2	78.8
36.4	61.4	40.4	67.3	44.4	73.2	48.4	79.1
36.6	61.7	40.6	67.6	44.6	73.5	48.6	79.3
36.8	62.0	40.8	67.9	44.8	73.8	48.8	79.6
37.0	62.3	41.0	68.2	45.0	74.1	49.0	79.9
37.2	62.6	41.2	68.5	45.2	74.4	—	—
37.4	62.9	41.4	68.8	45.4	74.7	—	—
37.6	63.2	41.6	69.1	45.6	75.0	—	—
37.8	63.5	41.8	69.4	45.8	75.3	—	—
38.0	63.8	42.0	69.7	46.0	75.6	—	—
38.2	64.1	42.2	70.0	46.2	75.9	—	—
38.4	64.4	42.4	70.3	46.4	76.1	—	—
38.6	64.7	42.6	70.6	46.6	76.4	—	—
38.8	64.9	42.8	70.9	46.8	76.7	—	—
39.0	65.2	43.0	71.2	47.0	77.0	—	—
39.2	65.5	43.2	71.5	47.2	77.3	—	—
39.4	65.8	43.4	71.8	47.4	77.6	—	—

注:1 表内未列数值可用内插法求得,精度至 0.1MPa;

2 表中 R 为测区回弹代表值,$f^c_{cu,i}$ 为测区混凝土强度换算值;

3 表中数值根据曲线公式 $f^c_{cu,i} = 2.51246R^{0.889}$ 计算。

附录 C 建立专用或地区高强混凝土测强曲线的技术要求

C.0.1 混凝土应采用本地区常用水泥、粗骨料、细骨料,并应按常用配合比制作强度等级为 C50~C100、边长 150mm 的混凝土立方体标准试件。

C.0.2 试件应符合下列规定:

1 试模应符合现行行业标准《混凝土试模》JG 237 的规定;

2 每个强度等级的混凝土试件数宜为 39 块,并应采用同一盘混凝土均匀装模振捣成型;

3 试件拆模后应按"品"字形堆放在不受日晒雨淋处自然养护;

4 试件的测试龄期宜分为 7d、14d、28d、60d、90d、180d、365d 等；

5 对同一强度等级的混凝土，应在每个测试龄期测试 3 个试件。

C.0.3 试件的测试应按下列步骤进行：

1 试件编号：将被测试件四个浇筑侧面上的尘土、污物等擦拭干净，以同一强度等级混凝土的 3 个试件作为一组，依次编号；

2 选择测试面，标注测点：在试件测试面上标示超声测点，并取试块浇筑方向的侧面为测试面，在两个相对测试面上分别标出相对应的 3 个测点（图 C.0.3）；

3 测量试件的超声测距：采用钢卷尺或钢板尺，在两个超声测试面的两侧边缘处对应超声波测点高度逐点测量两测试面的垂直距离（l_1、l_2、l_3），取两边缘对应垂直距离的平均值作为测点的超声测距值；

4 测量试件的声时值：在试件两个测试面的对应测点位置涂抹耦合剂，将一对发射和接收换能器耦合在对应测点上，并始终保持两个换能器的轴线在同一直线上，逐点测读声时（t_1、t_2、t_3）；

5 计算声速值：分别计算 3 个测点的声速值（v_i），并取 3 个测点声速的平均值作为该试件的混凝土中声速代表值（v）；

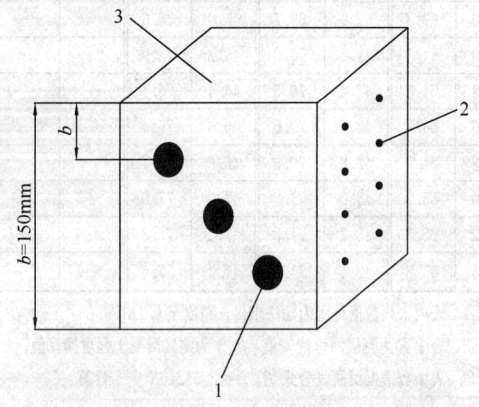

图 C.0.3　声时测量测点布置示意
1—超声测点；2—回弹测点；3—混凝土浇筑面

6 测量回弹值：先将试件超声测试面的耦合剂擦拭干净，再置于压力机上下承压板之间，使另外一对侧面朝向便于回弹测试的方向，然后加压至 60kN～100kN，并保持此压力；分别在试件两个相对侧面上按本规程第 4.2.2 条规定的水平测试方法各测 8 点回弹值，精确至 1；剔除 3 个最大值和 3 个最小值，取余下 10 个有效回弹值的平均值作为该试件的回弹代表值 R，计算精确至 0.1；

7 抗压强度试验：回弹值测试完毕后，卸荷将回弹测试面放置在压力机承压板正中，按现行国家标准《普通混凝土力学性能试验方法标准》GB/T 50081 的规定速度连续均匀加荷至破坏；计算抗压强度实测值 f_{cu}，精确至 0.1MPa。

C.0.4 测强曲线应按下列步骤进行计算：

1 数据整理：将各试件测试所得的声速值（v）、回弹值（R）和试件抗压强度实测值（f_{cu}）汇总；

2 回归分析：得出回弹法或超声回弹综合法测强曲线公式；

3 误差计算：测强曲线的相对标准差（e_r）应按下式计算：

$$e_r = \sqrt{\frac{\sum_{i=1}^{n}\left(\frac{f_{cu,i}^c}{f_{cu,i}}-1\right)^2}{n}} \times 100\% \qquad (C.0.4)$$

式中：e_r ——相对标准差；

$f_{cu,i}$ ——第 i 个立方体标准试件的抗压强度实测值（MPa）；

$f_{cu,i}^c$ ——第 i 个立方体标准试件按相应检测方法的测强曲线公式计算的抗压强度换算值（MPa）。

C.0.5 所建立的专用或地区测强曲线的抗压强度相对标准差（e_r）应符合下列规定：

1 超声回弹综合法专用测强曲线的相对标准差（e_r）不应大于 12%；

2 超声回弹综合法地区测强曲线的相对标准差（e_r）不应大于 14%；

3 回弹法专用测强曲线的相对标准差（e_r）不应大于 14%；

4 回弹法地区测强曲线的相对标准差（e_r）不应大于 17%。

C.0.6 建立专用或地区高强混凝土测强曲线时，可根据测强曲线公式给出测区混凝土抗压强度换算表。

C.0.7 测区混凝土抗压强度换算时，不得在建立测强曲线时的标准立方体试件强度范围之外使用。

附录 D　测强曲线的验证方法

D.0.1 在采用本规程测强曲线前，应进行验证。

D.0.2 回弹仪应符合本规程第 3.1 节的规定，超声波检测仪应符合本规程第 3.2 节的规定。

D.0.3 测强曲线可按下列步骤进行验证：

1 根据本地区具体情况，选用高强混凝土的原材料和配合比，制作强度等级 C50～C100，边长为 150mm 混凝土立方体标准试件各 5 组，每组 6 块，并自然养护；

2 按 7d、14d、28d、60d 和 90d，进行欲验证测强曲线对应方法的测试和试件抗压试验；

3 根据每个试件测得的参数，计算出对应方法的换算强度；

4 根据实测试件抗压强度和换算强度，按下式计算相对标准差（e_r）：

$$e_r = \sqrt{\frac{\sum_{i=1}^{n}\left(\dfrac{f_{cu,i}^c}{f_{cu,i}}-1\right)^2}{n}} \times 100\% \qquad (D.0.3)$$

式中：e_r——相对标准差；

$f_{cu,i}$——第 i 个立方体标准试件的抗压强度实测值（MPa）；

$f_{cu,i}^c$——第 i 个立方体标准试件按相应的检测方法测强曲线公式计算的抗压强度换算值（MPa）。

5 当 e_r 小于等于 15% 时，可使用本规程测强曲线；当 e_r 大于 15%，应采用钻取混凝土芯样或同条件标准试件对检测结果进行修正或另建立测强曲线；

6 测强曲线的验证也可采用高强混凝土结构同条件标准试件或采用钻取混凝土芯样的方法，按本条第 1～5 款的要求进行，试件数量不得少于 30 个。

附录 E 超声回弹综合法测区混凝土强度换算表

表 E 超声回弹综合法测区混凝土强度换算表

R \ v / f_{cu}^c	3.18	3.20	3.22	3.24	3.26	3.28	3.30	3.32	3.34	3.36	3.38	3.40	3.42
28.0	—	—	—	—	—	—	—	—	—	—	—	—	—
29.0	—	—	20.0	20.1	20.1	20.2	20.3	20.3	20.4	20.5	20.5	20.6	20.7
30.0	20.8	20.9	20.9	21.0	21.1	21.2	21.2	21.3	21.4	21.4	21.5	21.6	21.6
31.0	21.7	21.8	21.9	22.0	22.0	22.1	22.2	22.2	22.3	22.4	22.5	22.5	22.6
32.0	22.7	22.8	22.9	23.0	23.1	23.1	23.2	23.3	23.4	23.4	23.5	23.5	23.6
33.0	23.6	23.7	23.8	23.9	24.0	24.0	24.1	24.2	24.3	24.3	24.4	24.5	24.6
34.0	24.6	24.7	24.8	24.8	25.0	25.0	25.1	25.2	25.3	25.3	25.5	25.5	25.6
35.0	25.6	25.7	25.7	25.8	25.9	26.0	26.1	26.2	26.3	26.3	26.4	26.5	26.6
36.0	26.6	26.6	26.7	26.8	26.9	27.0	27.1	27.2	27.2	27.3	27.4	27.4	27.6
37.0	27.5	27.6	27.7	27.8	27.9	28.0	28.1	28.2	28.3	28.4	28.5	28.6	28.6
38.0	28.5	28.6	28.7	28.9	29.0	29.1	29.1	29.2	29.3	29.4	29.5	29.6	29.7
39.0	29.6	29.7	29.8	29.9	30.0	30.1	30.2	30.3	30.4	30.5	30.5	30.6	30.7
40.0	30.6	30.7	30.8	30.9	31.0	31.1	31.2	31.3	31.4	31.5	31.6	31.7	31.8
41.0	31.6	31.7	31.8	31.9	32.0	32.2	32.3	32.4	32.4	32.6	32.6	32.8	32.9
42.0	32.6	32.7	32.9	33.0	33.1	33.2	33.3	33.4	33.5	33.6	33.6	33.8	33.9
43.0	33.7	33.8	33.9	34.0	34.1	34.2	34.4	34.5	34.6	34.6	34.7	34.8	35.0
44.0	34.7	34.8	35.0	35.1	35.2	35.3	35.4	35.5	35.7	35.8	35.9	36.0	36.1
45.0	35.8	35.9	36.0	36.2	36.3	36.4	36.5	36.6	36.8	36.9	37.0	37.1	37.2
46.0	36.9	37.0	37.1	37.2	37.4	37.5	37.6	37.7	37.8	38.0	38.1	38.2	38.3
47.0	37.9	38.1	38.2	38.3	38.4	38.6	38.7	38.8	39.0	39.1	39.2	39.3	39.5
48.0	39.0	39.2	39.3	39.4	39.5	39.7	39.8	39.9	40.1	40.2	40.3	40.5	40.6
49.0	40.1	40.2	40.4	40.5	40.7	40.8	40.9	41.1	41.2	41.3	41.5	41.6	41.7

R \ v / f_{cu}^c	3.18	3.20	3.22	3.24	3.26	3.28	3.30	3.32	3.34	3.36	3.38	3.40	3.42
50.0	41.2	41.3	41.5	41.6	41.8	41.9	42.0	42.2	42.3	42.5	42.6	42.7	42.9
51.0	42.3	42.5	42.6	42.7	42.9	43.0	43.2	43.3	43.5	43.6	43.7	43.9	44.0
52.0	43.4	43.6	43.7	43.9	44.0	44.2	44.3	44.4	44.6	44.7	44.9	45.0	45.2
53.0	44.6	44.7	44.9	45.0	45.2	45.3	45.4	45.6	45.7	45.9	46.0	46.2	46.3
54.0	45.7	45.8	46.0	46.1	46.3	46.4	46.6	46.7	46.9	47.1	47.2	47.4	47.5
55.0	46.8	47.0	47.1	47.3	47.4	47.6	47.8	47.9	48.1	48.2	48.4	48.5	48.7
56.0	48.0	48.1	48.3	48.4	48.6	48.8	48.9	49.1	49.2	49.4	49.6	49.7	49.9
57.0	49.1	49.3	49.4	49.6	49.8	49.9	50.1	50.3	50.4	50.6	50.7	50.9	51.1
58.0	50.3	50.4	50.6	50.8	50.9	51.1	51.3	51.4	51.6	51.8	51.9	52.1	52.3
59.0	51.4	51.6	51.8	51.9	52.1	52.3	52.5	52.6	52.8	53.0	53.1	53.3	53.5
60.0	52.6	52.8	52.9	53.1	53.3	53.5	53.7	53.8	54.0	54.2	54.4	54.5	54.7
61.0	53.8	54.0	54.1	54.3	54.5	54.7	54.9	55.0	55.2	55.4	55.6	55.7	55.9
62.0	55.0	55.1	55.3	55.5	55.7	55.9	56.1	56.2	56.4	56.6	56.8	57.0	57.2
63.0	56.1	56.3	56.5	56.7	56.9	57.1	57.3	57.5	57.6	57.8	58.0	58.2	58.4
64.0	57.3	57.5	57.7	57.9	58.1	58.3	58.5	58.7	58.9	59.1	59.3	59.4	59.6
65.0	58.5	58.7	58.9	59.1	59.3	59.5	59.7	59.9	60.1	60.3	60.5	60.7	60.9
66.0	59.7	59.9	60.2	60.4	60.6	60.8	61.0	61.2	61.3	61.5	61.7	61.9	62.1
67.0	61.0	61.2	61.4	61.6	61.8	62.0	62.2	62.4	62.6	62.8	63.0	63.2	63.4
68.0	62.2	62.4	62.6	62.8	63.0	63.2	63.4	63.6	63.8	64.1	64.3	64.5	64.7
69.0	63.4	63.6	63.8	64.1	64.3	64.5	64.7	64.9	65.1	65.3	65.5	65.7	65.9
70.0	64.6	64.9	65.1	65.3	65.5	65.7	65.9	66.2	66.4	66.6	66.8	67.0	67.2
71.0	65.9	66.1	66.3	66.5	66.8	67.0	67.2	67.4	67.6	67.9	68.1	68.3	68.5
72.0	67.1	67.4	67.6	67.8	68.0	68.3	68.5	68.7	68.9	69.1	69.4	69.6	69.8
73.0	68.4	68.6	68.8	69.1	69.3	69.5	69.8	70.0	70.2	70.4	70.7	70.9	71.1
74.0	69.6	69.9	70.1	70.3	70.6	70.8	71.0	71.3	71.5	71.7	72.0	72.2	72.4
75.0	70.9	71.1	71.4	71.6	71.8	72.1	72.3	72.6	72.8	73.0	73.3	73.5	73.7
76.0	72.2	72.4	72.6	72.9	73.1	73.4	73.6	73.9	74.1	74.3	74.6	74.8	75.0
77.0	73.4	73.7	73.9	74.2	74.4	74.7	74.9	75.2	75.4	75.6	75.9	76.1	76.4
78.0	74.7	75.0	75.2	75.5	75.7	76.0	76.2	76.5	76.7	77.0	77.2	77.5	77.7
79.0	76.0	76.3	76.5	76.8	77.0	77.3	77.5	77.8	78.0	78.3	78.5	78.8	79.0
80.0	77.3	77.5	77.8	78.1	78.3	78.6	78.8	79.1	79.4	79.6	79.9	80.1	80.4
81.0	78.6	78.8	79.1	79.4	79.6	79.9	80.2	80.4	80.7	80.9	81.2	81.5	81.7
82.0	79.9	80.2	80.4	80.7	81.0	81.2	81.5	81.8	82.0	82.3	82.6	82.8	83.1
83.0	81.2	81.5	81.7	82.0	82.3	82.6	82.8	83.1	83.4	83.6	83.9	84.2	84.4
84.0	82.5	82.8	83.1	83.3	83.6	83.9	84.2	84.4	84.7	85.0	85.3	85.5	85.8
85.0	83.8	84.1	84.4	84.7	85.0	85.2	85.5	85.8	86.1	86.3	86.6	86.9	87.2
86.0	85.1	85.4	85.7	86.0	86.3	86.6	86.9	87.1	87.4	87.7	88.0	88.3	88.5
87.0	86.5	86.8	87.1	87.3	87.6	87.9	88.2	88.5	88.8	89.1	89.4	89.6	89.9
88.0	87.8	88.1	88.4	88.7	89.0	89.3	89.6	89.9	90.2	90.4	90.7	91.0	91.3
89.0	89.1	89.4	89.7	90.0	90.3	90.6	90.9	91.2	91.5	91.8	92.1	92.4	92.7
90.0	90.5	90.8	91.1	91.4	91.7	92.0	92.3	92.6	92.9	93.2	93.5	93.8	94.1

R \ f_{cu}^c \ v	3.44	3.46	3.48	3.50	3.52	3.54	3.56	3.58	3.60	3.62	3.64	3.66	3.68
28.0	—	—	—	20.0	20.0	20.1	20.2	20.2	20.3	20.3	20.4	20.5	20.5
29.0	20.7	20.8	20.9	20.9	21.0	21.1	21.1	21.2	21.3	21.3	21.4	21.4	21.5
30.0	21.7	21.8	21.8	21.9	22.0	22.0	22.1	22.2	22.2	22.3	22.4	22.4	22.5
31.0	22.7	22.7	22.8	22.9	23.0	23.0	23.1	23.2	23.2	23.3	23.4	23.4	23.5
32.0	23.7	23.7	23.8	23.9	23.9	24.0	24.1	24.2	24.2	24.3	24.4	24.5	24.5
33.0	24.7	24.7	24.8	24.9	25.0	25.0	25.1	25.2	25.3	25.3	25.4	25.5	25.6
34.0	25.7	25.7	25.8	25.9	26.0	26.1	26.1	26.2	26.3	26.4	26.5	26.5	26.6
35.0	26.7	26.8	26.8	26.9	27.0	27.1	27.2	27.3	27.3	27.4	27.5	27.6	27.7
36.0	27.7	27.8	27.9	28.0	28.0	28.1	28.2	28.3	28.4	28.5	28.6	28.6	28.7
37.0	28.7	28.8	28.9	29.0	29.1	29.2	29.3	29.4	29.4	29.5	29.6	29.7	29.8
38.0	29.8	29.9	30.0	30.1	30.2	30.2	30.3	30.4	30.5	30.6	30.7	30.8	30.8
39.0	30.8	30.9	31.0	31.1	31.2	31.3	31.4	31.5	31.6	31.7	31.8	31.9	32.0
40.0	31.9	32.0	32.1	32.2	32.3	32.4	32.5	32.6	32.7	32.8	32.9	33.0	33.1
41.0	33.0	33.1	33.2	33.3	33.4	33.5	33.6	33.7	33.8	33.9	34.0	34.1	34.2
42.0	34.0	34.2	34.3	34.4	34.5	34.6	34.7	34.8	34.9	35.0	35.1	35.2	35.3
43.0	35.1	35.2	35.4	35.5	35.6	35.7	35.8	35.9	36.0	36.1	36.2	36.3	36.4
44.0	36.2	36.3	36.5	36.6	36.7	36.8	36.9	37.0	37.1	37.2	37.4	37.5	37.6
45.0	37.3	37.5	37.6	37.7	37.8	37.9	38.0	38.2	38.3	38.4	38.5	38.6	38.7
46.0	38.5	38.6	38.7	38.8	38.9	39.1	39.2	39.3	39.4	39.5	39.6	39.8	39.9
47.0	39.6	39.7	39.8	39.9	40.1	40.2	40.3	40.4	40.6	40.7	40.8	40.9	41.0
48.0	40.7	40.8	41.0	41.1	41.2	41.3	41.5	41.6	41.7	41.8	42.0	42.1	42.2
49.0	41.8	42.0	42.1	42.2	42.4	42.5	42.6	42.8	42.9	43.0	43.1	43.3	43.4
50.0	43.0	43.1	43.3	43.4	43.5	43.7	43.8	43.9	44.1	44.2	44.3	44.5	44.6
51.0	44.1	44.3	44.4	44.6	44.7	44.8	45.0	45.1	45.2	45.4	45.5	45.6	45.8
52.0	45.3	45.5	45.6	45.7	45.9	46.0	46.2	46.3	46.4	46.6	46.7	46.8	47.0
53.0	46.5	46.6	46.8	46.9	47.1	47.2	47.3	47.5	47.6	47.8	47.9	48.1	48.2
54.0	47.7	47.8	48.0	48.1	48.2	48.4	48.5	48.7	48.8	49.0	49.1	49.3	49.4
55.0	48.8	49.0	49.1	49.3	49.4	49.6	49.8	49.9	50.1	50.2	50.4	50.5	50.6
56.0	50.0	50.2	50.3	50.5	50.7	50.8	51.0	51.1	51.3	51.4	51.6	51.7	51.9
57.0	51.2	51.4	51.6	51.7	51.9	52.0	52.2	52.3	52.5	52.7	52.8	53.0	53.1
58.0	52.4	52.6	52.8	52.9	53.1	53.3	53.4	53.6	53.7	53.9	54.1	54.2	54.4
59.0	53.6	53.8	54.0	54.2	54.3	54.5	54.7	54.8	55.0	55.1	55.3	55.5	55.6
60.0	54.9	55.0	55.2	55.4	55.6	55.7	55.9	56.1	56.2	56.4	56.6	56.7	56.9
61.0	56.1	56.3	56.4	56.6	56.8	57.0	57.1	57.3	57.5	57.7	57.8	58.0	58.2
62.0	57.3	57.5	57.7	57.9	58.0	58.2	58.4	58.6	58.8	58.9	59.1	59.3	59.5
63.0	58.6	58.8	58.9	59.1	59.3	59.5	59.7	59.8	60.0	60.2	60.4	60.6	60.7
64.0	59.8	60.0	60.2	60.4	60.6	60.8	60.9	61.1	61.3	61.5	61.7	61.9	62.0
65.0	61.1	61.3	61.5	61.6	61.8	62.0	62.2	62.4	62.6	62.8	63.0	63.1	63.3
66.0	62.3	62.5	62.7	62.9	63.1	63.3	63.5	63.7	63.9	64.1	64.3	64.5	64.6
67.0	63.6	63.8	64.0	64.2	64.4	64.6	64.8	65.0	65.2	65.4	65.6	65.8	66.0
68.0	64.9	65.1	65.3	65.5	65.7	65.9	66.1	66.3	66.5	66.7	66.9	67.1	67.3
69.0	66.2	66.4	66.6	66.8	67.0	67.2	67.4	67.6	67.8	68.0	68.2	68.4	68.6
70.0	67.4	67.7	67.9	68.1	68.3	68.5	68.7	68.9	69.1	69.3	69.5	69.7	69.9
71.0	68.7	68.9	69.2	69.4	69.6	69.8	70.0	70.2	70.4	70.6	70.9	71.1	71.3
72.0	70.0	70.2	70.5	70.7	70.9	71.1	71.3	71.6	71.8	72.0	72.2	72.4	72.6
73.0	71.3	71.6	71.8	72.0	72.2	72.4	72.7	72.9	73.1	73.3	73.5	73.8	74.0
74.0	72.6	72.9	73.1	73.3	73.6	73.8	74.0	74.2	74.4	74.7	74.9	75.1	75.3
75.0	74.0	74.2	74.4	74.7	74.9	75.1	75.3	75.6	75.8	76.0	76.2	76.5	76.7
76.0	75.3	75.5	75.8	76.0	76.2	76.5	76.7	76.9	77.2	77.4	77.6	77.8	78.1
77.0	76.6	76.9	77.1	77.3	77.6	77.8	78.0	78.3	78.5	78.7	79.0	79.2	79.4
78.0	77.9	78.2	78.4	78.7	78.9	79.2	79.4	79.6	79.9	80.1	80.4	80.6	80.8
79.0	79.3	79.5	79.8	80.0	80.3	80.5	80.8	81.0	81.3	81.5	81.7	82.0	82.2
80.0	80.6	80.9	81.1	81.4	81.6	81.9	82.1	82.4	82.6	82.9	83.1	83.4	83.6
81.0	82.0	82.2	82.5	82.8	83.0	83.3	83.5	83.8	84.0	84.3	84.5	84.8	85.0
82.0	83.3	83.6	83.9	84.1	84.4	84.6	84.9	85.2	85.4	85.7	85.9	86.2	86.4
83.0	84.7	85.0	85.2	85.5	85.8	86.0	86.3	86.5	86.8	87.1	87.3	87.6	87.8
84.0	86.1	86.3	86.6	86.9	87.1	87.4	87.7	87.9	88.2	88.5	88.7	89.0	89.3
85.0	87.4	87.7	88.0	88.3	88.5	88.8	89.1	89.3	89.6	89.9	90.1	90.4	90.7
86.0	88.8	89.1	89.4	89.7	89.9	90.2	90.5	90.8	91.0	91.3	91.6	91.8	92.1
87.0	90.2	90.5	90.8	91.1	91.3	91.6	91.9	92.2	92.4	92.7	93.0	93.3	93.5
88.0	91.6	91.9	92.2	92.5	92.7	93.0	93.3	93.6	93.9	94.2	94.4	94.7	95.0
89.0	93.0	93.3	93.6	93.9	94.2	94.4	94.7	95.0	95.3	95.6	95.9	96.2	96.4
90.0	94.4	94.7	95.0	95.3	95.6	95.9	96.2	96.4	96.7	97.0	97.3	97.6	97.9

R \ f^c_{cu} \ v	3.70	3.72	3.74	3.76	3.78	3.80	3.82	3.84	3.86	3.88	3.90	3.92	3.94
28.0	20.6	20.6	20.7	20.8	20.8	20.9	20.9	21.0	21.1	21.1	21.2	21.2	21.3
29.0	21.6	21.6	21.7	21.8	21.8	21.9	21.9	22.0	22.1	22.1	22.2	22.3	22.3
30.0	22.6	22.6	22.7	22.8	22.8	22.9	23.0	23.0	23.1	23.2	23.2	23.3	23.4
31.0	23.6	23.7	23.7	23.8	23.9	23.9	24.0	24.1	24.1	24.2	24.2	24.3	24.4
32.0	24.6	24.7	24.8	24.8	24.9	25.0	25.0	25.1	25.2	25.2	25.3	25.4	25.5
33.0	25.6	25.7	25.8	25.9	25.9	26.0	26.1	26.2	26.2	26.3	26.4	26.5	26.5
34.0	26.7	26.8	26.8	26.9	27.0	27.1	27.2	27.2	27.3	27.4	27.5	27.5	27.6
35.0	27.7	27.8	27.9	28.0	28.1	28.1	28.2	28.3	28.4	28.5	28.5	28.6	28.7
36.0	28.8	28.9	29.0	29.1	29.1	29.2	29.3	29.4	29.5	29.6	29.6	29.7	29.8
37.0	29.9	30.0	30.1	30.1	30.2	30.3	30.4	30.5	30.6	30.7	30.7	30.8	30.9
38.0	31.0	31.1	31.2	31.2	31.3	31.4	31.5	31.6	31.7	31.8	31.9	32.0	32.0
39.0	32.1	32.2	32.3	32.3	32.4	32.5	32.6	32.7	32.8	32.9	33.0	33.1	33.2
40.0	33.2	33.3	33.4	33.5	33.6	33.7	33.7	33.8	33.9	34.0	34.1	34.2	34.3
41.0	34.3	34.4	34.5	34.6	34.7	34.8	34.9	35.0	35.1	35.2	35.3	35.4	35.5
42.0	35.4	35.5	35.6	35.7	35.8	35.9	36.0	36.1	36.2	36.3	36.4	36.5	36.6
43.0	36.5	36.6	36.8	36.9	37.0	37.1	37.2	37.3	37.4	37.5	37.6	37.7	37.8
44.0	37.7	37.8	37.9	38.0	38.1	38.2	38.3	38.4	38.6	38.7	38.8	38.9	39.0
45.0	38.8	38.9	39.1	39.2	39.3	39.4	39.5	39.6	39.7	39.8	40.0	40.1	40.2
46.0	40.0	40.1	40.2	40.3	40.5	40.6	40.7	40.8	40.9	41.0	41.1	41.3	41.4
47.0	41.2	41.3	41.4	41.5	41.6	41.8	41.9	42.0	42.1	42.2	42.3	42.5	42.6
48.0	42.3	42.5	42.6	42.7	42.8	43.0	43.1	43.2	43.3	43.4	43.6	43.7	43.8
49.0	43.5	43.6	43.8	43.9	44.0	44.2	44.3	44.4	44.5	44.7	44.8	44.9	45.0
50.0	44.7	44.8	45.0	45.1	45.2	45.4	45.5	45.6	45.7	45.9	46.0	46.1	46.3
51.0	45.9	46.0	46.2	46.3	46.4	46.6	46.7	46.8	47.0	47.1	47.2	47.4	47.5
52.0	47.1	47.3	47.4	47.5	47.7	47.8	47.9	48.1	48.2	48.3	48.5	48.6	48.7
53.0	48.3	48.5	48.6	48.8	48.9	49.0	49.2	49.3	49.5	49.6	49.7	49.9	50.0
54.0	49.6	49.7	49.9	50.0	50.1	50.3	50.4	50.6	50.7	50.8	51.0	51.1	51.3
55.0	50.8	50.9	51.1	51.2	51.4	51.5	51.7	51.8	52.0	52.1	52.3	52.4	52.5
56.0	52.0	52.2	52.3	52.5	52.6	52.8	52.9	53.1	53.2	53.4	53.5	53.7	53.8
57.0	53.3	53.4	53.6	53.7	53.9	54.1	54.2	54.4	54.5	54.7	54.8	55.0	55.1
58.0	54.5	54.7	54.9	55.0	55.2	55.3	55.5	55.6	55.8	56.0	56.1	56.3	56.4

R \ f^c_{cu} \ v	3.70	3.72	3.74	3.76	3.78	3.80	3.82	3.84	3.86	3.88	3.90	3.92	3.94
59.0	55.8	56.0	56.1	56.3	56.4	56.6	56.8	56.9	57.1	57.2	57.4	57.6	57.7
60.0	57.1	57.2	57.4	57.6	57.7	57.9	58.1	58.2	58.4	58.5	58.7	58.9	59.0
61.0	58.3	58.5	58.7	58.9	59.0	59.2	59.4	59.5	59.7	59.9	60.0	60.2	60.4
62.0	59.6	59.8	60.0	60.1	60.3	60.5	60.7	60.8	61.0	61.2	61.3	61.5	61.7
63.0	60.9	61.1	61.3	61.4	61.6	61.8	62.0	62.1	62.3	62.5	62.7	62.8	63.0
64.0	62.2	62.4	62.6	62.8	62.9	63.1	63.3	63.5	63.7	63.8	64.0	64.2	64.4
65.0	63.5	63.7	63.9	64.1	64.3	64.4	64.6	64.8	65.0	65.2	65.3	65.5	65.7
66.0	64.8	65.0	65.2	65.4	65.6	65.8	66.0	66.1	66.3	66.5	66.7	66.9	67.1
67.0	66.1	66.3	66.5	66.7	66.9	67.1	67.3	67.5	67.7	67.9	68.1	68.2	68.4
68.0	67.5	67.7	67.9	68.1	68.3	68.4	68.6	68.8	69.0	69.2	69.4	69.6	69.8
69.0	68.8	69.0	69.2	69.4	69.6	69.8	70.0	70.2	70.4	70.6	70.8	71.0	71.2
70.0	70.1	70.3	70.5	70.8	71.0	71.2	71.4	71.6	71.8	72.0	72.2	72.4	72.6
71.0	71.5	71.7	71.9	72.1	72.3	72.5	72.7	72.9	73.1	73.3	73.5	73.7	73.9
72.0	72.8	73.0	73.3	73.5	73.7	73.9	74.1	74.3	74.5	74.7	74.9	75.1	75.3
73.0	74.2	74.4	74.6	74.8	75.1	75.3	75.5	75.7	75.9	76.1	76.3	76.5	76.7
74.0	75.6	75.8	76.0	76.2	76.4	76.6	76.9	77.1	77.3	77.5	77.7	77.9	78.2
75.0	76.9	77.1	77.4	77.6	77.8	78.0	78.3	78.5	78.7	78.9	79.1	79.4	79.6
76.0	78.3	78.5	78.8	79.0	79.2	79.4	79.7	79.9	80.1	80.3	80.6	80.8	81.0
77.0	79.7	79.9	80.1	80.4	80.6	80.8	81.1	81.3	81.5	81.7	82.0	82.2	82.4
78.0	81.1	81.3	81.5	81.8	82.0	82.2	82.5	82.7	82.9	83.2	83.4	83.6	83.9
79.0	82.5	82.7	82.9	83.2	83.4	83.7	83.9	84.1	84.4	84.6	84.8	85.1	85.3
80.0	83.9	84.1	84.3	84.6	84.8	85.1	85.3	85.6	85.8	86.0	86.3	86.5	86.8
81.0	85.3	85.5	85.8	86.0	86.3	86.5	86.7	87.0	87.2	87.5	87.7	88.0	88.2
82.0	86.7	86.9	87.2	87.4	87.7	87.9	88.2	88.4	88.7	88.9	89.2	89.4	89.7
83.0	88.1	88.4	88.6	88.9	89.1	89.4	89.6	89.9	90.1	90.4	90.6	90.9	91.1
84.0	89.5	89.8	90.0	90.3	90.6	90.8	91.1	91.3	91.6	91.8	92.1	92.3	92.6
85.0	90.9	91.1	91.5	91.7	92.0	92.3	92.5	92.8	93.0	93.3	93.6	93.8	94.1
86.0	92.4	92.7	92.9	93.2	93.5	93.7	94.0	94.3	94.5	94.8	95.0	95.3	95.6
87.0	93.8	94.1	94.4	94.6	94.9	95.2	95.5	95.7	96.0	96.3	96.5	96.8	97.1
88.0	95.3	95.5	95.8	96.1	96.4	96.6	96.9	97.2	97.5	97.7	98.0	98.3	98.6
89.0	96.7	97.0	97.3	97.6	97.8	98.1	98.4	98.7	99.0	99.2	99.5	99.8	100.1
90.0	98.2	98.5	98.7	99.0	99.3	99.6	99.9	100.2	100.4	100.7	101.0	101.3	101.6

R \ f^c_{cu} \ v	3.96	3.98	4.00	4.02	4.04	4.06	4.08	4.10	4.12	4.14	4.16	4.18	4.20
28.0	21.4	21.4	21.5	21.5	21.6	21.6	21.7	21.8	21.8	21.9	21.9	22.0	22.0
29.0	22.4	22.4	22.5	22.6	22.6	22.7	22.7	22.8	22.9	22.9	23.0	23.0	23.1
30.0	23.4	23.5	23.5	23.6	23.7	23.7	23.8	23.9	23.9	24.0	24.0	24.1	24.2
31.0	24.5	24.5	24.6	24.7	24.7	24.8	24.9	24.9	25.0	25.1	25.1	25.2	25.3
32.0	25.5	25.6	25.7	25.7	25.8	25.9	25.9	26.0	26.1	26.1	26.2	26.3	26.4
33.0	26.6	26.7	26.7	26.8	26.9	27.0	27.0	27.1	27.2	27.2	27.3	27.4	27.5
34.0	28.8	28.8	28.9	29.0	29.1	29.2	29.2	29.3	29.4	29.5	29.6	29.6	29.7
35.0	28.8	28.9	28.9	29.0	29.1	29.2	29.2	29.3	29.4	29.5	29.6	29.6	29.7
36.0	29.9	30.0	30.0	30.1	30.2	30.3	30.4	30.5	30.5	30.6	30.7	30.8	30.8
37.0	31.0	31.1	31.2	31.3	31.3	31.4	31.5	31.6	31.7	31.8	31.8	31.9	32.0
38.0	32.1	32.2	32.3	32.4	32.5	32.6	32.6	32.7	32.8	32.9	33.0	33.1	33.2
39.0	33.3	33.4	33.4	33.5	33.6	33.7	33.8	33.9	34.0	34.1	34.2	34.2	34.3
40.0	34.4	34.5	34.6	34.7	34.8	34.9	35.0	35.1	35.2	35.2	35.3	35.4	35.5
41.0	35.6	35.7	35.8	35.9	36.0	36.0	36.1	36.2	36.3	36.4	36.5	36.6	36.7
42.0	36.7	36.8	36.9	37.0	37.1	37.2	37.3	37.4	37.5	37.6	37.7	37.8	37.9
43.0	37.9	38.0	38.1	38.2	38.3	38.4	38.5	38.6	38.7	38.8	38.9	39.0	39.1
44.0	39.1	39.2	39.3	39.4	39.5	39.6	39.7	39.8	39.9	40.0	40.1	40.2	40.3
45.0	40.3	40.4	40.5	40.6	40.7	40.8	40.9	41.0	41.2	41.3	41.4	41.5	41.6
46.0	41.5	41.6	41.7	41.8	41.9	42.0	42.2	42.3	42.4	42.5	42.6	42.7	42.8
47.0	42.7	42.8	42.9	43.0	43.2	43.3	43.4	43.5	43.6	43.7	43.8	44.0	44.1
48.0	43.9	44.0	44.2	44.3	44.4	44.5	44.6	44.7	44.9	45.0	45.1	45.2	45.3
49.0	45.1	45.3	45.4	45.5	45.6	45.8	45.9	46.0	46.1	46.2	46.4	46.5	46.6
50.0	46.4	46.5	46.6	46.8	46.9	47.0	47.1	47.3	47.4	47.5	47.6	47.8	47.9
51.0	47.6	47.8	47.9	48.0	48.1	48.3	48.4	48.5	48.7	48.8	48.9	49.0	49.2
52.0	48.9	49.0	49.1	49.3	49.4	49.5	49.7	49.8	49.9	50.1	50.2	50.3	50.5
53.0	50.1	50.3	50.4	50.6	50.7	50.8	51.0	51.1	51.2	51.4	51.5	51.6	51.8
54.0	51.4	51.6	51.7	51.8	52.0	52.1	52.2	52.4	52.5	52.7	52.8	52.9	53.1
55.0	52.7	52.8	53.0	53.1	53.3	53.4	53.5	53.7	53.8	54.0	54.1	54.2	54.4
56.0	54.0	54.1	54.3	54.4	54.6	54.7	54.9	55.0	55.1	55.3	55.4	55.6	55.7
57.0	55.3	55.4	55.6	55.7	55.9	56.0	56.2	56.3	56.5	56.6	56.8	56.9	57.1
58.0	56.6	56.7	56.9	57.0	57.2	57.3	57.5	57.6	57.8	57.9	58.1	58.2	58.4

R \ f^c_{cu} \ v	3.96	3.98	4.00	4.02	4.04	4.06	4.08	4.10	4.12	4.14	4.16	4.18	4.20
59.0	57.9	58.0	58.2	58.4	58.5	58.7	58.8	59.0	59.1	59.3	59.4	59.6	59.7
60.0	59.2	59.4	59.5	59.7	59.8	60.0	60.2	60.3	60.5	60.6	60.8	60.9	61.1
61.0	60.5	60.7	60.8	61.0	61.2	61.3	61.5	61.7	61.8	62.0	62.1	62.3	62.5
62.0	61.9	62.0	62.2	62.4	62.5	62.7	62.9	63.0	63.2	63.4	63.5	63.7	63.8
63.0	63.2	63.4	63.5	63.7	63.9	64.0	64.2	64.4	64.6	64.7	64.9	65.1	65.2
64.0	64.5	64.7	64.9	65.1	65.2	65.4	65.6	65.8	65.9	66.1	66.3	66.4	66.6
65.0	65.9	66.1	66.2	66.4	66.6	66.8	67.0	67.1	67.3	67.5	67.7	67.8	68.0
66.0	67.2	67.4	67.6	67.8	68.0	68.2	68.3	68.5	68.7	68.9	69.1	69.2	69.4
67.0	68.6	68.8	69.0	69.2	69.4	69.5	69.7	69.9	70.1	70.3	70.5	70.6	70.8
68.0	70.0	70.2	70.4	70.6	70.7	70.9	71.1	71.3	71.5	71.7	71.9	72.1	72.2
69.0	71.4	71.6	71.8	71.9	72.1	72.3	72.5	72.7	72.9	73.1	73.3	73.5	73.7
70.0	72.8	73.0	73.2	73.3	73.5	73.7	73.9	74.1	74.3	74.5	74.7	74.9	75.1
71.0	74.1	74.4	74.6	74.8	75.0	75.2	75.4	75.6	75.8	75.9	76.1	76.3	76.5
72.0	75.6	75.8	76.0	76.2	76.4	76.6	76.8	77.0	77.2	77.4	77.6	77.8	78.0
73.0	77.0	77.2	77.4	77.6	77.8	78.0	78.2	78.4	78.6	78.8	79.0	79.2	79.4
74.0	78.4	78.6	78.8	79.0	79.2	79.4	79.6	79.9	80.1	80.3	80.5	80.7	80.9
75.0	79.8	80.0	80.2	80.4	80.7	80.9	81.1	81.3	81.5	81.7	81.9	82.2	82.4
76.0	81.2	81.4	81.7	81.9	82.1	82.3	82.5	82.8	83.0	83.2	83.4	83.6	83.8
77.0	82.7	82.9	83.1	83.3	83.5	83.8	84.0	84.2	84.4	84.7	84.9	85.1	85.3
78.0	84.1	84.3	84.5	84.8	85.0	85.2	85.5	85.7	85.9	86.1	86.4	86.6	86.8
79.0	85.5	85.8	86.0	86.2	86.5	86.7	86.9	87.2	87.4	87.6	87.8	88.1	88.3
80.0	87.0	87.2	87.5	87.7	87.9	88.2	88.4	88.6	88.9	89.1	89.3	89.6	89.8
81.0	88.4	88.7	88.9	89.2	89.4	89.6	89.9	90.1	90.4	90.6	90.8	91.1	91.3
82.0	89.9	90.2	90.4	90.6	90.9	91.1	91.4	91.6	91.9	92.1	92.3	92.6	92.8
83.0	91.4	91.6	91.9	92.1	92.4	92.6	92.9	93.1	93.4	93.6	93.8	94.1	94.3
84.0	92.9	93.1	93.4	93.6	93.9	94.1	94.4	94.6	94.9	95.1	95.4	95.6	95.8
85.0	94.3	94.6	94.9	95.1	95.4	95.6	95.9	96.1	96.4	96.6	96.9	97.1	97.4
86.0	95.8	96.1	96.3	96.6	96.9	97.1	97.4	97.6	97.9	98.2	98.4	98.7	98.9
87.0	97.3	97.6	97.8	98.1	98.4	98.6	98.9	99.2	99.4	99.7	99.9	100.2	100.5
88.0	98.8	99.1	99.4	99.6	99.9	100.2	100.4	100.7	101.0	101.2	101.5	101.7	102.0
89.0	100.3	100.6	100.9	101.1	101.4	101.7	102.0	102.2	102.5	102.8	103.0	103.3	103.6
90.0	101.8	102.1	102.4	102.7	102.9	103.2	103.5	103.8	104.0	104.3	104.6	104.8	105.1

续表 E

R \ f^c_{cu} \ v	4.22	4.24	4.26	4.28	4.30	4.32	4.34	4.36	4.38	4.40	4.42	4.44	4.46
28.0	22.1	22.2	22.2	22.3	22.3	22.4	22.4	22.5	22.5	22.6	22.7	22.7	22.8
29.0	23.2	23.2	23.3	23.3	23.4	23.5	23.5	23.6	23.6	23.7	23.7	23.8	23.9
30.0	24.2	24.3	24.4	24.4	24.5	24.5	24.6	24.7	24.7	24.8	24.8	24.9	25.0
31.0	25.3	25.4	25.4	25.5	25.6	25.6	25.7	25.8	25.8	25.9	26.0	26.0	26.1
32.0	26.4	26.5	26.6	26.6	26.7	26.8	26.8	26.9	27.0	27.0	27.1	27.2	27.2
33.0	27.5	27.6	27.7	27.7	27.8	27.9	27.9	28.0	28.1	28.2	28.2	28.3	28.4
34.0	29.8	29.9	29.9	30.0	30.1	30.2	30.2	30.3	30.4	30.5	30.5	30.6	30.7
35.0	29.8	29.9	29.9	30.0	30.1	30.2	30.2	30.3	30.4	30.5	30.5	30.6	30.7
36.0	30.9	31.0	31.1	31.2	31.2	31.3	31.4	31.5	31.6	31.6	31.7	31.8	31.9
37.0	32.1	32.2	32.2	32.3	32.4	32.5	32.6	32.7	32.7	32.8	32.9	33.0	33.1
38.0	33.2	33.3	33.4	33.5	33.6	33.7	33.8	33.8	33.9	34.0	34.1	34.2	34.3
39.0	34.4	34.5	34.6	34.7	34.8	34.9	34.9	35.0	35.1	35.2	35.3	35.4	35.5
40.0	35.6	35.7	35.8	35.9	36.0	36.1	36.2	36.2	36.3	36.4	36.5	36.6	36.7
41.0	36.8	36.9	37.0	37.1	37.2	37.3	37.4	37.5	37.6	37.6	37.7	37.8	37.9
42.0	38.0	38.1	38.2	38.3	38.4	38.5	38.6	38.7	38.8	38.9	39.0	39.1	39.2
43.0	39.2	39.3	39.4	39.5	39.6	39.7	39.8	39.9	40.0	40.1	40.2	40.3	40.4
44.0	40.5	40.6	40.7	40.8	40.9	41.0	41.1	41.2	41.3	41.4	41.5	41.6	41.7
45.0	41.7	41.8	41.9	42.0	42.1	42.2	42.3	42.4	42.5	42.6	42.7	42.8	42.9
46.0	42.9	43.0	43.2	43.3	43.4	43.5	43.6	43.7	43.8	43.9	44.0	44.1	44.2
47.0	44.2	44.3	44.4	44.5	44.6	44.7	44.9	45.0	45.1	45.2	45.3	45.4	45.5
48.0	45.4	45.6	45.7	45.8	45.9	46.0	46.1	46.3	46.4	46.5	46.6	46.7	46.8
49.0	46.7	46.8	47.0	47.1	47.2	47.3	47.4	47.5	47.7	47.8	47.9	48.0	48.1
50.0	48.0	48.1	48.2	48.4	48.5	48.6	48.7	48.9	49.0	49.1	49.2	49.3	49.5
51.0	49.3	49.4	49.5	49.7	49.8	49.9	50.0	50.2	50.3	50.4	50.5	50.7	50.8
52.0	50.6	50.7	50.8	51.0	51.1	51.2	51.4	51.5	51.6	51.7	51.9	52.0	52.1
53.0	51.9	52.0	52.2	52.3	52.4	52.6	52.7	52.8	52.9	53.1	53.2	53.3	53.5
54.0	53.2	53.3	53.5	53.6	53.7	53.9	54.0	54.1	54.3	54.4	54.6	54.7	54.8
55.0	54.5	54.7	54.8	54.9	55.1	55.2	55.4	55.5	55.6	55.8	55.9	56.0	56.2
56.0	55.9	56.0	56.1	56.3	56.4	56.6	56.7	56.8	57.0	57.1	57.3	57.4	57.5
57.0	57.2	57.3	57.5	57.6	57.8	57.9	58.1	58.2	58.4	58.5	58.6	58.8	58.9
58.0	58.5	58.7	58.8	59.0	59.1	59.3	59.4	59.6	59.7	59.9	60.0	60.2	60.3

续表 E

R \ f^c_{cu} \ v	4.22	4.24	4.26	4.28	4.30	4.32	4.34	4.36	4.38	4.40	4.42	4.44	4.46
59.0	59.9	60.1	60.2	60.4	60.5	60.7	60.8	61.0	61.1	61.3	61.4	61.6	61.7
60.0	61.3	61.4	61.6	61.7	61.9	62.0	62.2	62.3	62.5	62.7	62.8	63.0	63.1
61.0	62.6	62.8	62.9	63.1	63.3	63.4	63.6	63.7	63.9	64.1	64.2	64.4	64.5
62.0	64.0	64.2	64.3	64.5	64.7	64.8	65.0	65.1	65.3	65.5	65.6	65.8	65.9
63.0	65.4	65.6	65.7	65.9	66.1	66.2	66.4	66.6	66.7	66.9	67.0	67.2	67.4
64.0	66.8	67.0	67.1	67.3	67.5	67.6	67.8	68.0	68.1	68.3	68.5	68.6	68.8
65.0	68.2	68.4	68.5	68.7	68.9	69.1	69.2	69.4	69.6	69.7	69.9	70.1	70.2
66.0	69.6	69.8	69.9	70.1	70.3	70.5	70.7	70.8	71.0	71.2	71.4	71.5	71.7
67.0	71.0	71.2	71.4	71.5	71.7	71.9	72.1	72.3	72.4	72.6	72.8	73.0	73.2
68.0	72.4	72.6	72.8	73.0	73.2	73.3	73.5	73.7	73.9	74.1	74.3	74.4	74.6
69.0	73.9	74.0	74.2	74.4	74.6	74.8	75.0	75.2	75.4	75.5	75.7	75.9	76.1
70.0	75.3	75.5	75.7	75.9	76.1	76.2	76.4	76.6	76.8	77.0	77.2	77.4	77.6
71.0	76.7	76.9	77.1	77.3	77.5	77.7	77.9	78.1	78.3	78.5	78.7	78.9	79.1
72.0	78.2	78.4	78.6	78.8	79.0	79.2	79.4	79.6	79.8	80.0	80.2	80.4	80.6
73.0	79.6	79.8	80.0	80.2	80.5	80.7	80.9	81.1	81.3	81.5	81.7	81.9	82.1
74.0	81.1	81.3	81.5	81.7	81.9	82.1	82.3	82.5	82.7	83.0	83.2	83.4	83.6
75.0	82.6	82.8	83.0	83.2	83.4	83.6	83.8	84.0	84.2	84.5	84.7	84.9	85.1
76.0	84.1	84.3	84.5	84.7	84.9	85.1	85.3	85.5	85.8	86.0	86.2	86.4	86.6
77.0	85.5	85.8	86.0	86.2	86.4	86.6	86.8	87.1	87.3	87.5	87.7	87.9	88.1
78.0	87.0	87.2	87.5	87.7	87.9	88.1	88.3	88.6	88.8	89.0	89.2	89.4	89.7
79.0	88.5	88.7	89.0	89.2	89.4	89.6	89.9	90.1	90.3	90.5	90.8	91.0	91.2
80.0	90.0	90.3	90.5	90.7	90.9	91.2	91.4	91.6	91.8	92.1	92.3	92.5	92.7
81.0	91.5	91.8	92.0	92.2	92.5	92.7	92.9	93.2	93.4	93.6	93.8	94.1	94.3
82.0	93.0	93.3	93.5	93.8	94.0	94.2	94.5	94.7	94.9	95.2	95.4	95.6	95.9
83.0	94.6	94.8	95.0	95.3	95.5	95.8	96.0	96.2	96.5	96.7	97.0	97.2	97.4
84.0	96.1	96.3	96.6	96.8	97.1	97.3	97.6	97.8	98.0	98.3	98.5	98.8	99.0
85.0	97.6	97.9	98.1	98.4	98.6	98.9	99.1	99.4	99.6	99.9	100.1	100.3	100.6
86.0	99.2	99.4	99.7	99.9	100.2	100.4	100.7	100.9	101.2	101.4	101.7	101.9	102.2
87.0	100.7	101.0	101.2	101.5	101.7	102.0	102.2	102.5	102.8	103.0	103.3	103.5	103.8
88.0	102.3	102.5	102.8	103.0	103.3	103.6	103.8	104.1	104.3	104.6	104.9	105.1	105.4
89.0	103.8	104.1	104.4	104.6	104.9	105.1	105.4	105.7	105.9	106.2	106.4	106.7	107.0
90.0	105.4	105.7	105.9	106.2	106.5	106.7	107.0	107.3	107.5	107.8	108.1	108.3	108.6

R \ f_{cu}^c \ v	4.48	4.50	4.52	4.54	4.56	4.58	4.60	4.62	4.64	4.66	4.68	4.70	4.72
28.0	22.8	22.9	22.9	23.0	23.0	23.1	23.1	23.2	23.3	23.3	23.4	23.4	23.5
29.0	23.9	24.0	24.0	24.1	24.1	24.2	24.3	24.3	24.4	24.4	24.5	24.5	24.6
30.0	25.0	25.1	25.1	25.2	25.3	25.3	25.4	25.4	25.5	25.6	25.6	25.7	25.7
31.0	26.1	26.2	26.3	26.3	26.4	26.5	26.5	26.6	26.6	26.7	26.8	26.8	26.9
32.0	27.3	27.3	27.4	27.5	27.5	27.6	27.7	27.7	27.8	27.9	27.9	28.0	28.1
33.0	28.4	28.5	28.6	28.6	28.7	28.8	28.8	28.9	29.0	29.0	29.1	29.2	29.2
34.0	30.8	30.8	30.9	31.0	31.1	31.1	31.2	31.3	31.3	31.4	31.5	31.6	31.6
35.0	30.8	30.8	30.9	31.0	31.1	31.1	31.2	31.3	31.3	31.4	31.5	31.6	31.6
36.0	31.9	32.0	32.1	32.2	32.2	32.3	32.4	32.5	32.6	32.6	32.7	32.8	32.9
37.0	33.1	33.2	33.3	33.4	33.5	33.5	33.6	33.7	33.8	33.8	33.9	34.0	34.1
38.0	34.3	34.4	34.5	34.6	34.7	34.7	34.8	34.9	35.0	35.1	35.2	35.2	35.3
39.0	35.6	35.6	35.7	35.8	35.9	36.0	36.1	36.1	36.2	36.3	36.4	36.5	36.6
40.0	36.8	36.9	37.0	37.0	37.1	37.2	37.3	37.4	37.5	37.6	37.7	37.7	37.8
41.0	38.0	38.1	38.2	38.3	38.4	38.5	38.6	38.6	38.7	38.8	38.9	39.0	39.1
42.0	39.3	39.4	39.4	39.5	39.6	39.7	39.8	39.9	40.0	40.1	40.2	40.3	40.4
43.0	40.5	40.6	40.7	40.8	40.9	41.0	41.1	41.2	41.3	41.4	41.5	41.6	41.7
44.0	41.8	41.9	42.0	42.1	42.2	42.3	42.4	42.5	42.6	42.7	42.8	42.9	43.0
45.0	43.1	43.2	43.3	43.4	43.5	43.6	43.7	43.8	43.9	44.0	44.1	44.2	44.3
46.0	44.3	44.4	44.6	44.7	44.8	44.9	45.0	45.1	45.2	45.3	45.4	45.5	45.6
47.0	45.6	45.7	45.9	46.0	46.1	46.2	46.3	46.4	46.5	46.6	46.7	46.8	46.9
48.0	46.9	47.0	47.2	47.3	47.4	47.5	47.6	47.7	47.8	47.9	48.1	48.2	48.3
49.0	48.2	48.4	48.5	48.6	48.7	48.8	48.9	49.1	49.2	49.3	49.4	49.5	49.6
50.0	49.6	49.7	49.8	49.9	50.0	50.2	50.3	50.4	50.5	50.6	50.8	50.9	51.0
51.0	50.9	51.0	51.1	51.3	51.4	51.5	51.6	51.8	51.9	52.0	52.1	52.2	52.4
52.0	52.2	52.4	52.5	52.6	52.7	52.9	53.0	53.1	53.2	53.4	53.5	53.6	53.7
53.0	53.6	53.7	53.8	54.0	54.1	54.2	54.4	54.5	54.6	54.7	54.9	55.0	55.1
54.0	54.9	55.1	55.2	55.3	55.5	55.6	55.7	55.9	56.0	56.1	56.3	56.4	56.5
55.0	56.3	56.4	56.6	56.7	56.9	57.0	57.1	57.3	57.4	57.5	57.7	57.8	57.9
56.0	57.7	57.8	58.0	58.1	58.2	58.4	58.5	58.7	58.8	58.9	59.1	59.2	59.3
57.0	59.1	59.2	59.4	59.5	59.6	59.8	59.9	60.1	60.2	60.3	60.5	60.6	60.8
58.0	60.5	60.6	60.8	60.9	61.0	61.2	61.3	61.5	61.6	61.8	61.9	62.0	62.2

R \ f_{cu}^c \ v	4.48	4.50	4.52	4.54	4.56	4.58	4.60	4.62	4.64	4.66	4.68	4.70	4.72
59.0	61.9	62.0	62.2	62.3	62.5	62.6	62.7	62.9	63.0	63.2	63.3	63.5	63.6
60.0	63.3	63.4	63.6	63.7	63.9	64.0	64.2	64.3	64.5	64.6	64.8	64.9	65.1
61.0	64.7	64.8	65.0	65.1	65.3	65.5	65.6	65.8	65.9	66.1	66.2	66.4	66.5
62.0	66.1	66.3	66.4	66.6	66.7	66.9	67.1	67.2	67.4	67.5	67.7	67.8	68.0
63.0	67.5	67.7	67.9	68.0	68.2	68.3	68.5	68.7	68.8	69.0	69.1	69.3	69.5
64.0	69.0	69.1	69.3	69.5	69.6	69.8	70.0	70.1	70.3	70.5	70.6	70.8	70.9
65.0	70.4	70.6	70.8	70.9	71.1	71.3	71.4	71.6	71.8	71.9	72.1	72.3	72.4
66.0	71.9	72.0	72.2	72.4	72.6	72.7	72.9	73.1	73.2	73.4	73.6	73.8	73.9
67.0	73.3	73.5	73.7	73.9	74.0	74.2	74.4	74.6	74.7	74.9	75.1	75.3	75.4
68.0	74.8	75.0	75.2	75.3	75.5	75.7	75.9	76.1	76.2	76.4	76.6	76.8	76.9
69.0	76.3	76.5	76.6	76.8	77.0	77.2	77.4	77.6	77.7	77.9	78.1	78.3	78.5
70.0	77.8	77.9	78.1	78.3	78.5	78.7	78.9	79.1	79.2	79.4	79.6	79.8	80.0
71.0	79.2	79.4	79.6	79.8	80.0	80.2	80.4	80.6	80.8	80.9	81.1	81.3	81.5
72.0	80.7	80.9	81.1	81.3	81.5	81.7	81.9	82.1	82.3	82.5	82.7	82.9	83.0
73.0	82.3	82.4	82.6	82.8	83.0	83.2	83.4	83.6	83.8	84.0	84.2	84.4	84.6
74.0	83.8	84.0	84.2	84.4	84.6	84.8	85.0	85.2	85.4	85.6	85.8	86.0	86.2
75.0	85.3	85.5	85.7	85.9	86.1	86.3	86.5	86.7	86.9	87.1	87.3	87.5	87.7
76.0	86.8	87.0	87.2	87.4	87.6	87.8	88.0	88.3	88.5	88.7	88.9	89.1	89.3
77.0	88.3	88.5	88.8	89.0	89.2	89.4	89.6	89.8	90.0	90.2	90.4	90.6	90.9
78.0	89.9	90.1	90.3	90.5	90.7	90.9	91.2	91.4	91.6	91.8	92.0	92.2	92.4
79.0	91.4	91.6	91.9	92.1	92.3	92.5	92.7	92.9	93.2	93.4	93.6	93.8	94.0
80.0	93.0	93.2	93.4	93.6	93.9	94.1	94.3	94.5	94.7	95.0	95.2	95.4	95.6
81.0	94.5	94.8	95.0	95.2	95.4	95.7	95.9	96.1	96.3	96.6	96.8	97.0	97.2
82.0	96.1	96.3	96.6	96.8	97.0	97.2	97.5	97.7	97.9	98.2	98.4	98.6	98.8
83.0	97.7	97.9	98.1	98.4	98.6	98.8	99.1	99.3	99.5	99.8	100.0	100.2	100.5
84.0	99.2	99.5	99.7	100.0	100.2	100.4	100.7	100.9	101.1	101.4	101.6	101.8	102.1
85.0	100.8	101.1	101.3	101.6	101.8	102.0	102.3	102.5	102.8	103.0	103.2	103.5	103.7
86.0	102.4	102.7	102.9	103.2	103.4	103.6	103.9	104.1	104.4	104.6	104.9	105.1	105.3
87.0	104.0	104.3	104.5	104.8	105.0	105.3	105.5	105.8	106.0	106.2	106.5	106.7	107.0
88.0	105.6	105.9	106.1	106.4	106.6	106.9	107.1	107.4	107.6	107.9	108.1	108.4	108.6
89.0	107.2	107.5	107.7	108.0	108.3	108.5	108.8	109.0	109.3	109.5	109.8	110.0	—
90.0	108.8	109.1	109.4	109.6	109.9	—	—	—	—	—	—	—	—

R \ f^c_{cu} \ v	4.74	4.76	4.78	4.80	4.82	4.84	4.86	4.88	4.90	4.92	4.94	4.96	4.98
28.0	23.5	23.6	23.6	23.7	23.7	23.8	23.8	23.9	23.9	24.0	24.1	24.1	24.2
29.0	24.7	24.7	24.8	24.8	24.9	24.9	25.0	25.0	25.1	25.2	25.2	25.3	25.3
30.0	25.8	25.9	25.9	26.0	26.0	26.1	26.1	26.2	26.3	26.3	26.4	26.4	26.5
31.0	27.0	27.0	27.1	27.1	27.2	27.3	27.3	27.4	27.4	27.5	27.6	27.6	27.7
32.0	28.1	28.2	28.3	28.3	28.4	28.4	28.5	28.6	28.6	28.7	28.8	28.8	28.9
33.0	29.3	29.4	29.4	29.5	29.6	29.6	29.7	29.8	29.8	29.9	30.0	30.0	30.1
34.0	31.7	31.8	31.9	31.9	32.0	32.1	32.1	32.2	32.3	32.4	32.4	32.5	32.6
35.0	31.7	31.8	31.9	31.9	32.0	32.1	32.1	32.2	32.3	32.4	32.4	32.5	32.6
36.0	32.9	33.0	33.1	33.2	33.2	33.3	33.4	33.4	33.5	33.6	33.7	33.7	33.8
37.0	34.2	34.2	34.3	34.4	34.5	34.5	34.6	34.7	34.8	34.8	34.9	35.0	35.1
38.0	35.4	35.5	35.6	35.6	35.7	35.8	35.9	36.0	36.0	36.1	36.2	36.3	36.4
39.0	36.6	36.7	36.8	36.9	37.0	37.1	37.1	37.2	37.3	37.4	37.5	37.6	37.6
40.0	37.9	38.0	38.1	38.2	38.3	38.3	38.4	38.5	38.6	38.7	38.8	38.9	38.9
41.0	39.2	39.3	39.4	39.5	39.5	39.6	39.7	39.8	39.9	40.0	40.1	40.2	40.2
42.0	40.5	40.6	40.7	40.7	40.8	40.9	41.0	41.1	41.2	41.3	41.4	41.5	41.6
43.0	41.8	41.9	42.0	42.0	42.1	42.2	42.3	42.4	42.5	42.6	42.7	42.8	42.9
44.0	43.1	43.2	43.3	43.4	43.5	43.6	43.7	43.7	43.8	43.9	44.0	44.1	44.2
45.0	44.4	44.5	44.6	44.7	44.8	44.9	45.0	45.1	45.2	45.3	45.4	45.5	45.6
46.0	45.7	45.8	45.9	46.0	46.1	46.2	46.3	46.4	46.5	46.6	46.7	46.8	46.9
47.0	47.0	47.1	47.3	47.4	47.5	47.6	47.7	47.8	47.9	48.0	48.1	48.2	48.3
48.0	48.4	48.5	48.6	48.7	48.8	48.9	49.0	49.2	49.3	49.4	49.5	49.6	49.7
49.0	49.7	49.9	50.0	50.1	50.2	50.3	50.4	50.5	50.6	50.7	50.9	51.0	51.1
50.0	51.1	51.2	51.3	51.4	51.6	51.7	51.8	51.9	52.0	52.1	52.3	52.4	52.5
51.0	52.5	52.6	52.7	52.8	52.9	53.1	53.2	53.3	53.4	53.5	53.7	53.8	53.9
52.0	53.9	54.0	54.1	54.2	54.3	54.5	54.6	54.7	54.8	54.9	55.1	55.2	55.3
53.0	55.2	55.4	55.5	55.6	55.7	55.9	56.0	56.1	56.2	56.4	56.5	56.6	56.7
54.0	56.6	56.8	56.9	57.0	57.2	57.3	57.4	57.5	57.7	57.8	57.9	58.0	58.2
55.0	58.1	58.2	58.3	58.4	58.6	58.7	58.8	59.0	59.1	59.2	59.4	59.5	59.6
56.0	59.5	59.6	59.7	59.9	60.0	60.1	60.3	60.4	60.5	60.7	60.8	60.9	61.1
57.0	60.9	61.0	61.2	61.3	61.4	61.6	61.7	61.9	62.0	62.1	62.3	62.4	62.5
58.0	62.3	62.5	62.6	62.8	62.9	63.0	63.2	63.3	63.5	63.6	63.7	63.9	64.0

R \ f^c_{cu} \ v	4.74	4.76	4.78	4.80	4.82	4.84	4.86	4.88	4.90	4.92	4.94	4.96	4.98
59.0	63.8	63.9	64.1	64.2	64.3	64.5	64.6	64.8	64.9	65.1	65.2	65.3	65.5
60.0	65.2	65.4	65.5	65.7	65.8	66.0	66.1	66.3	66.4	66.5	66.7	66.8	67.0
61.0	66.7	66.8	67.0	67.1	67.3	67.4	67.6	67.7	67.9	68.0	68.2	68.3	68.5
62.0	68.1	68.3	68.5	68.6	68.8	68.9	69.1	69.2	69.4	69.5	69.7	69.8	70.0
63.0	69.6	69.8	69.9	70.1	70.3	70.4	70.6	70.7	70.9	71.0	71.2	71.3	71.5
64.0	71.1	71.3	71.4	71.6	71.7	71.9	72.1	72.2	72.4	72.5	72.7	72.9	73.0
65.0	72.6	72.8	72.9	73.1	73.3	73.4	73.6	73.7	73.9	74.1	74.2	74.4	74.6
66.0	74.1	74.3	74.4	74.6	74.8	74.9	75.1	75.3	75.4	75.6	75.8	75.9	76.1
67.0	75.6	75.8	75.9	76.1	76.3	76.5	76.6	76.8	77.0	77.1	77.3	77.5	77.6
68.0	77.1	77.3	77.5	77.6	77.8	78.0	78.2	78.3	78.5	78.7	78.8	79.0	79.2
69.0	78.6	78.8	79.0	79.2	79.3	79.5	79.7	79.9	80.1	80.2	80.4	80.6	80.8
70.0	80.2	80.3	80.5	80.7	80.9	81.1	81.2	81.4	81.6	81.8	82.0	82.1	82.3
71.0	81.7	81.9	82.1	82.3	82.4	82.6	82.8	83.0	83.2	83.4	83.5	83.7	83.9
72.0	83.2	83.4	83.6	83.8	84.0	84.2	84.4	84.6	84.7	84.9	85.1	85.3	85.5
73.0	84.8	85.0	85.2	85.4	85.6	85.7	85.9	86.1	86.3	86.5	86.7	86.9	87.1
74.0	86.3	86.5	86.7	86.9	87.1	87.3	87.5	87.7	87.9	88.1	88.3	88.5	88.7
75.0	87.9	88.1	88.3	88.5	88.7	88.9	89.1	89.3	89.5	89.7	89.9	90.1	90.3
76.0	89.5	89.7	89.9	90.1	90.3	90.5	90.7	90.9	91.1	91.3	91.5	91.7	91.9
77.0	91.1	91.3	91.5	91.7	91.9	92.1	92.3	92.5	92.7	92.9	93.1	93.3	93.5
78.0	92.6	92.9	93.1	93.3	93.5	93.7	93.9	94.1	94.3	94.5	94.7	94.9	95.1
79.0	94.2	94.5	94.7	94.9	95.1	95.3	95.5	95.7	95.9	96.2	96.4	96.6	96.8
80.0	95.8	96.1	96.3	96.5	96.7	96.9	97.1	97.4	97.6	97.8	98.0	98.2	98.4
81.0	97.4	97.7	97.9	98.1	98.3	98.6	98.8	99.0	99.2	99.4	99.6	99.9	100.1
82.0	99.1	99.3	99.5	99.7	100.0	100.2	100.4	100.6	100.8	101.1	101.3	101.5	101.7
83.0	100.7	100.9	101.1	101.4	101.6	101.8	102.0	102.3	102.5	102.7	102.9	103.2	103.4
84.0	102.3	102.5	102.8	103.0	103.2	103.5	103.7	103.9	104.2	104.4	104.6	104.8	105.1
85.0	103.9	104.2	104.4	104.6	104.9	105.1	105.3	105.6	105.8	106.0	106.3	106.5	106.7
86.0	105.6	105.8	106.1	106.3	106.6	106.8	107.0	107.2	107.5	107.7	108.0	108.2	108.4
87.0	107.2	107.5	107.7	108.0	108.2	108.4	108.7	108.9	109.2	109.4	109.6	—	—
88.0	108.9	109.1	109.4	109.6	109.9	—	—	—	—	—	—	—	—

R \ f_cu^c \ v	5.00	5.02	5.04	5.06	5.08	5.10	5.12	5.14	5.16	5.18	5.20	5.22	5.24
28.0	24.2	24.3	24.3	24.4	24.4	24.5	24.5	24.6	24.6	24.7	24.7	24.8	24.8
29.0	25.4	25.4	25.5	25.5	25.6	25.6	25.7	25.8	25.8	25.9	25.9	26.0	26.0
30.0	26.6	26.6	26.7	26.7	26.8	26.8	26.9	27.0	27.0	27.1	27.1	27.2	27.2
31.0	27.7	27.8	27.9	27.9	28.0	28.0	28.1	28.2	28.2	28.3	28.3	28.4	28.5
32.0	28.9	29.0	29.1	29.1	29.2	29.3	29.3	29.4	29.4	29.5	29.6	29.6	29.7
33.0	30.2	30.2	30.3	30.4	30.4	30.5	30.6	30.6	30.7	30.7	30.8	30.9	30.9
34.0	32.6	32.7	32.8	32.8	32.9	33.0	33.1	33.1	33.2	33.3	33.3	33.4	33.5
35.0	32.6	32.7	32.8	32.8	32.9	33.0	33.1	33.1	33.2	33.3	33.3	33.4	33.5
36.0	33.9	34.0	34.0	34.1	34.2	34.3	34.3	34.4	34.5	34.5	34.6	34.7	34.8
37.0	35.2	35.2	35.3	35.4	35.5	35.5	35.6	35.7	35.8	35.8	35.9	36.0	36.1
38.0	36.4	36.5	36.6	36.7	36.7	36.8	36.9	37.0	37.1	37.1	37.2	37.3	37.4
39.0	37.7	37.8	37.9	38.0	38.0	38.1	38.2	38.3	38.4	38.4	38.5	38.6	38.7
40.0	39.0	39.1	39.2	39.3	39.4	39.4	39.5	39.6	39.7	39.8	39.9	39.9	40.0
41.0	40.3	40.4	40.5	40.6	40.7	40.8	40.8	40.9	41.0	41.1	41.2	41.3	41.4
42.0	41.7	41.7	41.8	41.9	42.0	42.1	42.2	42.3	42.4	42.5	42.5	42.6	42.7
43.0	43.0	43.1	43.2	43.3	43.4	43.4	43.5	43.6	43.7	43.8	43.9	44.0	44.1
44.0	44.3	44.4	44.5	44.6	44.7	44.8	44.9	45.0	45.1	45.2	45.3	45.4	45.5
45.0	45.7	45.8	45.9	46.0	46.1	46.2	46.3	46.4	46.5	46.6	46.7	46.8	46.8
46.0	47.0	47.1	47.2	47.3	47.4	47.5	47.6	47.7	47.8	47.9	48.0	48.1	48.2
47.0	48.4	48.5	48.6	48.7	48.8	48.9	49.0	49.1	49.2	49.3	49.4	49.6	49.7
48.0	49.8	49.9	50.0	50.1	50.2	50.3	50.4	50.5	50.7	50.8	50.9	51.0	51.1
49.0	51.2	51.3	51.4	51.5	51.6	51.7	51.9	52.0	52.1	52.2	52.3	52.4	52.5
50.0	52.6	52.7	52.8	52.9	53.0	53.2	53.3	53.4	53.5	53.6	53.7	53.8	53.9
51.0	54.0	54.1	54.2	54.4	54.5	54.6	54.7	54.8	54.9	55.0	55.2	55.3	55.4
52.0	55.4	55.5	55.7	55.8	55.9	56.0	56.1	56.3	56.4	56.5	56.6	56.7	56.8
53.0	56.9	57.0	57.1	57.2	57.3	57.5	57.6	57.7	57.8	58.0	58.1	58.2	58.3
54.0	58.3	58.4	58.5	58.7	58.8	58.9	59.0	59.2	59.3	59.4	59.5	59.7	59.8
55.0	59.7	59.9	60.0	60.1	60.3	60.4	60.5	60.6	60.8	60.9	61.0	61.2	61.3
56.0	61.2	61.3	61.5	61.6	61.7	61.9	62.0	62.1	62.3	62.4	62.5	62.6	62.8
57.0	62.7	62.8	62.9	63.1	63.2	63.3	63.5	63.6	63.7	63.9	64.0	64.1	64.3

R \ f_cu^c \ v	5.00	5.02	5.04	5.06	5.08	5.10	5.12	5.14	5.16	5.18	5.20	5.22	5.24
58.0	64.1	64.3	64.4	64.6	64.7	64.8	65.0	65.1	65.2	65.4	65.5	65.7	65.8
59.0	65.6	65.8	65.9	66.1	66.2	66.3	66.5	66.6	66.8	66.9	67.0	67.2	67.3
60.0	67.1	67.3	67.4	67.6	67.7	67.8	68.0	68.1	68.3	68.4	68.6	68.7	68.8
61.0	68.6	68.8	68.9	69.1	69.2	69.4	69.5	69.7	69.8	69.9	70.1	70.2	70.4
62.0	70.1	70.3	70.4	70.6	70.7	70.9	71.0	71.2	71.3	71.5	71.6	71.8	71.9
63.0	71.7	71.8	72.0	72.1	72.3	72.4	72.6	72.7	72.9	73.0	73.2	73.3	73.5
64.0	73.2	73.3	73.5	73.7	73.8	74.0	74.1	74.3	74.4	74.6	74.7	74.9	75.1
65.0	74.7	74.9	75.0	75.2	75.4	75.5	75.7	75.8	76.0	76.2	76.3	76.5	76.6
66.0	76.3	76.4	76.6	76.7	76.9	77.1	77.2	77.4	77.6	77.7	77.9	78.0	78.2
67.0	77.8	78.0	78.1	78.3	78.5	78.6	78.8	79.0	79.1	79.3	79.5	79.6	79.8
68.0	79.4	79.5	79.7	79.9	80.0	80.2	80.4	80.6	80.7	80.9	81.1	81.2	81.4
69.0	80.9	81.1	81.3	81.5	81.6	81.8	82.0	82.1	82.3	82.5	82.7	82.8	83.0
70.0	82.5	82.7	82.9	83.0	83.2	83.4	83.6	83.7	83.9	84.1	84.3	84.4	84.6
71.0	84.1	84.3	84.4	84.6	84.8	85.0	85.2	85.3	85.5	85.7	85.9	86.1	86.2
72.0	85.7	85.9	86.0	86.2	86.4	86.6	86.8	87.0	87.1	87.3	87.5	87.7	87.9
73.0	87.3	87.5	87.6	87.8	88.0	88.2	88.4	88.6	88.8	88.9	89.1	89.3	89.5
74.0	88.9	89.1	89.3	89.4	89.6	89.8	90.0	90.2	90.4	90.6	90.8	91.0	91.1
75.0	90.5	90.7	90.9	91.1	91.3	91.5	91.6	91.8	92.0	92.2	92.4	92.6	92.8
76.0	92.1	92.3	92.5	92.7	92.9	93.1	93.3	93.5	93.7	93.9	94.1	94.3	94.5
77.0	93.7	93.9	94.1	94.3	94.5	94.7	94.9	95.1	95.3	95.5	95.7	95.9	96.1
78.0	95.4	95.6	95.8	96.0	96.2	96.4	96.6	96.8	97.0	97.2	97.4	97.6	97.8
79.0	97.0	97.2	97.4	97.6	97.8	98.0	98.2	98.4	98.7	98.9	99.1	99.3	99.5
80.0	98.6	98.9	99.1	99.3	99.5	99.7	99.9	100.1	100.3	100.5	100.7	101.0	101.2
81.0	100.3	100.5	100.7	100.9	101.2	101.4	101.6	101.8	102.0	102.2	102.4	102.6	102.9
82.0	102.0	102.2	102.4	102.6	102.8	103.0	103.3	103.5	103.7	103.9	104.1	104.3	104.6
83.0	103.6	103.8	104.1	104.3	104.5	104.7	105.0	105.2	105.4	105.6	105.8	106.1	106.3
84.0	105.3	105.5	105.7	106.0	106.2	106.4	106.6	106.9	107.1	107.3	107.5	107.8	108.0
85.0	107.0	107.2	107.4	107.7	107.9	108.1	108.4	108.6	108.8	109.0	109.3	109.5	109.7
86.0	108.7	108.9	109.1	109.4	109.6	—	—	—	—	—	—	—	—

R \ f_{cu}^c \ v	5.26	5.28	5.30	5.32	5.34	5.36	5.38	5.40	5.42	5.44	5.46	5.48	5.50
28.0	24.9	24.9	25.0	25.0	25.1	25.1	25.2	25.2	25.3	25.3	25.4	25.4	25.5
29.0	26.1	26.1	26.2	26.2	26.3	26.3	26.4	26.4	26.5	26.6	26.6	26.7	26.7
30.0	27.3	27.3	27.4	27.5	27.5	27.6	27.6	27.7	27.7	27.8	27.8	27.9	28.0
31.0	28.5	28.6	28.6	28.7	28.7	28.8	28.9	28.9	29.0	29.0	29.1	29.1	29.2
32.0	29.7	29.8	29.9	29.9	30.0	30.1	30.1	30.2	30.2	30.3	30.4	30.4	30.5
33.0	31.0	31.1	31.1	31.2	31.3	31.3	31.4	31.4	31.5	31.6	31.6	31.7	31.8
34.0	33.5	33.6	33.7	33.7	33.8	33.9	33.9	34.0	34.1	34.2	34.2	34.3	34.4
35.0	33.5	33.6	33.7	33.7	33.8	33.9	33.9	34.0	34.1	34.2	34.2	34.3	34.4
36.0	34.8	34.9	35.0	35.0	35.1	35.2	35.3	35.3	35.4	35.5	35.5	35.6	35.7
37.0	36.1	36.2	36.3	36.3	36.4	36.5	36.6	36.6	36.7	36.8	36.9	36.9	37.0
38.0	37.4	37.5	37.6	37.7	37.7	37.8	37.9	38.0	38.0	38.1	38.2	38.3	38.4
39.0	38.8	38.8	38.9	39.0	39.1	39.2	39.2	39.3	39.4	39.5	39.6	39.6	39.7
40.0	40.1	40.2	40.3	40.3	40.4	40.5	40.6	40.7	40.8	40.8	40.9	41.0	41.1
41.0	41.4	41.5	41.6	41.7	41.8	41.9	42.0	42.0	42.1	42.2	42.3	42.4	42.5
42.0	42.8	42.9	43.0	43.1	43.2	43.2	43.3	43.4	43.5	43.6	43.7	43.8	43.8
43.0	44.2	44.3	44.4	44.4	44.5	44.6	44.7	44.8	44.9	45.0	45.1	45.2	45.2
44.0	45.6	45.6	45.7	45.8	45.9	46.0	46.1	46.2	46.3	46.4	46.5	46.6	46.7
45.0	46.9	47.0	47.1	47.2	47.3	47.4	47.5	47.6	47.7	47.8	47.9	48.0	48.1
46.0	48.3	48.4	48.5	48.6	48.7	48.8	48.9	49.0	49.1	49.2	49.3	49.4	49.5
47.0	49.8	49.9	50.0	50.1	50.2	50.3	50.4	50.5	50.6	50.7	50.8	50.9	51.0
48.0	51.2	51.3	51.4	51.5	51.6	51.7	51.8	51.9	52.0	52.1	52.2	52.3	52.4
49.0	52.6	52.7	52.8	52.9	53.0	53.1	53.3	53.4	53.5	53.6	53.7	53.8	53.9
50.0	54.1	54.2	54.3	54.4	54.5	54.6	54.7	54.8	54.9	55.0	55.1	55.3	55.4
51.0	55.5	55.6	55.7	55.8	56.0	56.1	56.2	56.3	56.4	56.5	56.6	56.7	56.9
52.0	57.0	57.1	57.2	57.3	57.4	57.5	57.7	57.8	57.9	58.0	58.1	58.2	58.4
53.0	58.4	58.6	58.7	58.8	58.9	59.0	59.1	59.3	59.4	59.5	59.6	59.7	59.9
54.0	59.9	60.0	60.2	60.3	60.4	60.5	60.6	60.8	60.9	61.0	61.1	61.3	61.4
55.0	61.4	61.5	61.7	61.8	61.9	62.0	62.2	62.3	62.4	62.5	62.7	62.8	62.9
56.0	62.9	63.0	63.2	63.3	63.4	63.5	63.7	63.8	63.9	64.1	64.2	64.3	64.4
57.0	64.4	64.5	64.7	64.8	64.9	65.1	65.2	65.3	65.5	65.6	65.7	65.8	66.0

R \ f_{cu}^c \ v	5.26	5.28	5.30	5.32	5.34	5.36	5.38	5.40	5.42	5.44	5.46	5.48	5.50
58.0	65.9	66.1	66.2	66.3	66.5	66.6	66.7	66.9	67.0	67.1	67.3	67.4	67.5
59.0	67.5	67.6	67.7	67.9	68.0	68.1	68.3	68.4	68.5	68.7	68.8	69.0	69.1
60.0	69.0	69.1	69.3	69.4	69.5	69.7	69.8	70.0	70.1	70.2	70.4	70.5	70.7
61.0	70.5	70.7	70.8	71.0	71.1	71.2	71.4	71.5	71.7	71.8	72.0	72.1	72.2
62.0	72.1	72.2	72.4	72.5	72.7	72.8	73.0	73.1	73.3	73.4	73.5	73.7	73.8
63.0	73.6	73.8	73.9	74.1	74.2	74.4	74.5	74.7	74.8	75.0	75.1	75.3	75.4
64.0	75.2	75.4	75.5	75.7	75.8	76.0	76.1	76.3	76.4	76.6	76.7	76.9	77.0
65.0	76.8	76.9	77.1	77.3	77.4	77.6	77.7	77.9	78.0	78.2	78.3	78.5	78.7
66.0	78.4	78.5	78.7	78.8	79.0	79.2	79.3	79.5	79.6	79.8	80.0	80.1	80.3
67.0	80.0	80.1	80.3	80.5	80.6	80.8	80.9	81.1	81.3	81.4	81.6	81.7	81.9
68.0	81.6	81.7	81.9	82.1	82.2	82.4	82.6	82.7	82.9	83.1	83.2	83.4	83.5
69.0	83.2	83.3	83.5	83.7	83.8	84.0	84.2	84.4	84.5	84.7	84.9	85.0	85.2
70.0	84.8	85.0	85.1	85.3	85.5	85.7	85.8	86.0	86.2	86.3	86.5	86.7	86.9
71.0	86.4	86.6	86.8	86.9	87.1	87.3	87.5	87.6	87.8	88.0	88.2	88.3	88.5
72.0	88.0	88.2	88.4	88.6	88.8	88.9	89.1	89.3	89.5	89.7	89.8	90.0	90.2
73.0	89.7	89.9	90.1	90.2	90.4	90.6	90.8	91.0	91.1	91.3	91.5	91.7	91.9
74.0	91.3	91.5	91.7	91.9	92.1	92.3	92.4	92.6	92.8	93.0	93.2	93.4	93.6
75.0	93.0	93.2	93.4	93.6	93.7	93.9	94.1	94.3	94.5	94.7	94.9	95.1	95.2
76.0	94.6	94.8	95.0	95.2	95.4	95.6	95.8	96.0	96.2	96.4	96.6	96.8	97.0
77.0	96.3	96.5	96.7	96.9	97.1	97.3	97.5	97.7	97.9	98.1	98.3	98.5	98.7
78.0	98.0	98.2	98.4	98.6	98.8	99.0	99.2	99.4	99.6	99.8	100.0	100.2	100.4
79.0	99.7	99.9	100.1	100.3	100.5	100.7	100.9	101.1	101.3	101.5	101.7	101.9	102.1
80.0	101.4	101.6	101.8	102.0	102.2	102.4	102.6	102.8	103.0	103.2	103.4	103.6	103.8
81.0	103.1	103.3	103.5	103.7	103.9	104.1	104.3	104.5	104.8	105.0	105.2	105.4	105.6
82.0	104.8	105.0	105.2	105.4	105.6	105.8	106.1	106.3	106.5	106.7	106.9	107.1	107.3
83.0	106.5	106.7	106.9	107.1	107.4	107.6	107.8	108.0	108.2	108.4	108.7	108.9	109.1
84.0	108.2	108.4	108.7	108.9	109.1	109.3	109.5	109.8	—	—	—	—	—
85.0	109.9	—	—	—	—	—	—	—	—	—	—	—	—

R \ f_cu \ v	5.52	5.54	5.56	5.58	5.60	5.62	5.64	5.66	5.68	5.70	5.72	5.74	5.76
28.0	25.5	25.6	25.6	25.7	25.7	25.8	25.8	25.9	25.9	26.0	26.0	26.1	26.1
29.0	26.8	26.8	26.9	26.9	27.0	27.0	27.1	27.1	27.2	27.2	27.3	27.3	27.4
30.0	28.0	28.1	28.1	28.2	28.2	28.3	28.3	28.4	28.4	28.5	28.5	28.6	28.7
31.0	29.3	29.3	29.4	29.4	29.5	29.5	29.6	29.7	29.7	29.8	29.8	29.9	29.9
32.0	30.5	30.6	30.7	30.7	30.8	30.8	30.9	30.9	31.0	31.1	31.1	31.1	31.2
33.0	31.8	31.9	31.9	32.0	32.1	32.1	32.2	32.2	32.3	32.4	32.4	32.5	32.6
34.0	34.4	34.5	34.6	34.6	34.7	34.8	34.8	34.9	35.0	35.0	35.1	35.2	35.2
35.0	34.4	34.5	34.6	34.6	34.7	34.8	34.8	34.9	35.0	35.0	35.1	35.2	35.2
36.0	35.7	35.8	35.9	36.0	36.0	36.1	36.2	36.2	36.3	36.4	36.4	36.5	36.6
37.0	37.1	37.2	37.2	37.3	37.4	37.4	37.5	37.6	37.7	37.7	37.8	37.9	37.9
38.0	38.4	38.5	38.6	38.7	38.7	38.8	38.9	38.9	39.0	39.1	39.2	39.2	39.3
39.0	39.8	39.9	39.9	40.0	40.1	40.2	40.2	40.3	40.4	40.5	40.6	40.6	40.7
40.0	41.2	41.2	41.3	41.4	41.5	41.6	41.6	41.7	41.8	41.9	42.0	42.0	42.1
41.0	42.5	42.6	42.7	42.8	42.9	43.0	43.0	43.1	43.2	43.3	43.4	43.4	43.5
42.0	43.9	44.0	44.1	44.2	44.3	44.4	44.4	44.5	44.6	44.7	44.8	44.9	45.0
43.0	45.3	45.4	45.5	45.6	45.7	45.8	45.9	46.0	46.0	46.1	46.2	46.3	46.4
44.0	46.8	46.8	46.9	47.0	47.1	47.2	47.3	47.4	47.5	47.6	47.7	47.7	47.8
45.0	48.2	48.3	48.4	48.5	48.6	48.6	48.7	48.8	48.9	49.0	49.1	49.2	49.3
46.0	49.6	49.7	49.8	49.9	50.0	50.1	50.2	50.3	50.4	50.5	50.6	50.7	50.8
47.0	51.1	51.2	51.3	51.4	51.5	51.6	51.7	51.8	51.9	52.0	52.1	52.2	52.3
48.0	52.5	52.6	52.7	52.8	52.9	53.0	53.1	53.2	53.3	53.4	53.5	53.6	53.7
49.0	54.0	54.1	54.2	54.3	54.4	54.5	54.6	54.7	54.8	54.9	55.0	55.1	55.2
50.0	55.5	55.6	55.7	55.8	55.9	56.0	56.1	56.2	56.3	56.4	56.6	56.7	56.8
51.0	57.0	57.1	57.2	57.3	57.4	57.5	57.6	57.7	57.8	58.0	58.1	58.2	58.3
52.0	58.5	58.6	58.7	58.8	58.9	59.0	59.1	59.3	59.4	59.5	59.6	59.7	59.8
53.0	60.0	60.1	60.2	60.3	60.4	60.6	60.7	60.8	60.9	61.0	61.1	61.3	61.4
54.0	61.5	61.6	61.7	61.9	62.0	62.1	62.2	62.3	62.4	62.6	62.7	62.8	62.9
55.0	63.0	63.1	63.3	63.4	63.5	63.6	63.8	63.9	64.0	64.1	64.2	64.4	64.5
56.0	64.6	64.7	64.8	64.9	65.1	65.2	65.3	65.4	65.6	65.7	65.8	65.9	66.1
57.0	66.1	66.2	66.4	66.5	66.6	66.7	66.9	67.0	67.1	67.3	67.4	67.5	67.6
58.0	67.7	67.8	67.9	68.1	68.2	68.3	68.5	68.6	68.7	68.8	69.0	69.1	69.2
59.0	69.2	69.4	69.5	69.6	69.8	69.9	70.0	70.2	70.3	70.4	70.6	70.7	70.8
60.0	70.8	70.9	71.1	71.2	71.4	71.5	71.6	71.8	71.9	72.0	72.2	72.3	72.4
61.0	72.4	72.5	72.7	72.8	72.9	73.1	73.2	73.4	73.5	73.6	73.8	73.9	74.1
62.0	74.0	74.1	74.3	74.4	74.6	74.7	74.8	75.0	75.1	75.3	75.4	75.6	75.7
63.0	75.6	75.7	75.9	76.0	76.2	76.3	76.5	76.6	76.8	76.9	77.0	77.2	77.3
64.0	77.2	77.3	77.5	77.6	77.8	77.9	78.1	78.2	78.4	78.5	78.7	78.8	79.0
65.0	78.8	79.0	79.1	79.3	79.4	79.6	79.7	79.9	80.0	80.2	80.3	80.5	80.6
66.0	80.4	80.6	80.7	80.9	81.1	81.2	81.4	81.5	81.7	81.8	82.0	82.1	82.3
67.0	82.1	82.2	82.4	82.5	82.7	82.9	83.0	83.2	83.3	83.5	83.7	83.8	84.0
68.0	83.7	83.9	84.0	84.2	84.4	84.5	84.7	84.8	85.0	85.2	85.3	85.5	85.7
69.0	85.4	85.5	85.7	85.9	86.0	86.2	86.4	86.5	86.7	86.9	87.0	87.2	87.3
70.0	87.0	87.2	87.4	87.5	87.7	87.9	88.0	88.2	88.4	88.5	88.7	88.9	89.0
71.0	88.7	88.9	89.0	89.2	89.4	89.6	89.7	89.9	90.1	90.2	90.4	90.6	90.7

R \ f_cu \ v	5.52	5.54	5.56	5.58	5.60	5.62	5.64	5.66	5.68	5.70	5.72	5.74	5.76
72.0	90.4	90.5	90.7	90.9	91.1	91.2	91.4	91.6	91.8	91.9	92.1	92.3	92.5
73.0	92.0	92.2	92.4	92.6	92.8	92.9	93.1	93.3	93.5	93.7	93.8	94.0	94.2
74.0	93.7	93.9	94.1	94.3	94.5	94.6	94.8	95.0	95.2	95.4	95.6	95.7	95.9
75.0	95.4	95.6	95.8	96.0	96.2	96.4	96.5	96.7	96.9	97.1	97.3	97.5	97.7
76.0	97.1	97.3	97.5	97.7	97.9	98.1	98.3	98.5	98.7	98.8	99.0	99.2	99.4
77.0	98.9	99.0	99.2	99.4	99.6	99.8	100.0	100.2	100.4	100.6	100.8	101.0	101.2
78.0	100.6	100.8	101.0	101.2	101.4	101.6	101.8	101.9	102.1	102.3	102.5	102.7	102.9
79.0	102.4	102.5	102.7	102.9	103.1	103.3	103.5	103.7	103.9	104.1	104.3	104.5	104.7
80.0	104.0	104.2	104.4	104.7	104.9	105.1	105.3	105.5	105.7	105.9	106.1	106.3	106.5
81.0	105.8	106.0	106.2	106.4	106.6	106.8	107.0	107.2	107.4	107.6	107.8	108.0	108.2
82.0	107.5	107.7	108.0	108.2	108.4	108.6	108.8	109.0	109.2	109.4	109.6	109.8	—
83.0	109.3	109.5	109.7	109.9	—	—	—	—	—	—	—	—	—

注：1 表内未列数值可用内插法求得，精度至 0.1MPa；

2 表中 v 为测区声速代表值，R 为 4.5J 回弹仪测区回弹代表值，f_{cu}^c 为测区混凝土强度换算值。

附录 F 高强混凝土强度检测报告

检测单位名称：

报告编号：　　　　　　　　　　　　　共　页　第　页

工程名称	
工程地址	
委托单位	
设计单位	
监理单位	
施工单位	
混凝土浇筑日期	

检测原因		检测日期	
检测依据		检测仪器	

混凝土强度检测结果

构件名称、轴线编号	混凝土强度换算值（MPa）			构件混凝土强度推定值（MPa）
	平均值	标准差	最小值	

强度修正量 Δ_{tot}				
强度批推定值（MPa） $n =$	$m_{f_{cu}^c} =$ MPa		$s_{f_{cu}^c} =$ MPa	$f_{cu,e} =$ MPa

测强曲线	规程，地区，专用	备注	

批准：　　　　　　审核：　　　　　　主检：　　　　　　年 月 日

单位公章

本规程用词说明

1 为便于在执行本规程条文时区别对待，对要求严格程度不同的用词说明如下：

1）表示很严格，非这样做不可的用词：

正面词采用"必须"，反面词采用"严禁"；

2）表示严格，在正常情况下均应这样做的用词：

正面词采用"应"；反面词采用"不应"或"不得"；

3）表示允许稍有选择，在条件许可时首先应这样做的用词：

正面词采用"宜"；反面词采用"不宜"；

4）表示有选择，在一定条件下可以这样做的用词，采用"可"。

2 条文中指明应按其他有关标准执行的写法为："应符合……的规定"或"应按……执行"。

引用标准名录

1 《普通混凝土力学性能试验方法标准》GB/T 50081

2 《建筑结构检测技术标准》GB/T 50344

3 《通用硅酸盐水泥》GB 175

4 《普通混凝土用砂、石质量及检验方法标准》JGJ 52

5 《混凝土试模》JG 237

6 《混凝土超声波检测仪》JG/T 5004

中华人民共和国行业标准

高强混凝土强度检测技术规程

JGJ/T 294—2013

条 文 说 明

制 订 说 明

《高强混凝土强度检测技术规程》JGJ/T 294 -
2013，经住房和城乡建设部 2013 年 5 月 9 日以第 26
号文公告批准、发布。

本规程编制过程中，编制组开展了大量的实验研
究和工程质量检测，取得了高强混凝土强度检测的重
要技术参数。

为便于广大工程设计、施工、科研、学校等单位
有关人员在使用本规程时能正确理解和执行条文规
定，《高强混凝土强度检测技术规程》编制组按章、
节、条顺序编制了本规程的条文说明。对条文规定的
目的、依据以及执行中需要注意的有关事项进行了说
明。但是，本条文说明不具备与规程正文同等的法律
效力，仅供使用者作为理解和把握规程规定的参考。

目　次

1 总　　则

1.0.1 为 C50 及以上强度等级的混凝土抗压强度检测，制定本规程。

1.0.2 本规程所述的混凝土材料是符合现行国家有关标准的、由一般机械搅拌或泵送的配制强度等级为 C50～C100 的混凝土。在检测仪器技术性能允许的前提下，可适当放宽对仪器工作环境温度的限制。

1.0.3 在正常情况下，应当按现行国家标准《混凝土结构工程施工质量规范》GB 50204 及《混凝土强度检验评定标准》GB/T 50107 验收评定混凝土强度，不允许用本规程取代国家标准对制作混凝土标准试件的要求。但是，由于管理不善、施工质量不良，试件与结构中混凝土质量不一致或对混凝土标准试件检验结果有怀疑时，可以按本规程进行检测，推定混凝土强度，并作为处理混凝土质量问题的主要依据。

1.0.4 本规程测强曲线为 900d 的期龄。如果检测 900d 以上期龄混凝土强度，需钻取混凝土芯样（或同条件标准试件）对测强曲线进行修正。

3 检测仪器

3.1 回弹仪

3.1.1 回弹仪属于量具，在使用之前，应当由法定计量检定机构进行检定，使检测精度得到保证。

3.1.2 确认回弹仪标称动能的具体检查方法。满足该条款要求后方可投入使用。检查方法是：先将回弹仪刻度尺从仪壳上拆下，露出指针滑块。然后将弹击杆压缩至外露长度约 1/3 时，用手将指针滑块拨至刻度尺率定值对应的仪壳刻线以上的高度，继续施压至弹击锤脱钩，按住按钮，观察指针滑块示值刻线停留位置。此时的停留位置应与仪壳上的上刻线对齐。否则需调整尾盖上的螺栓。率定时应采用与回弹仪配套的质量为 20.0kg 的钢砧。

3.1.3 回弹仪每次使用前，通常都要进行率定。本条给出具体率定方法和率定值计算方法。

3.1.4、3.1.5 对回弹仪检定和率定的条件划分。回弹仪的检定和率定，直接关系到检测精度。

3.1.6～3.1.9 由于回弹仪的使用环境中，粉尘含量较高，加之仪器内各相互移动的部件间有相对磨损。因此，必须经常地做好维护和保养工作。保养工作结束后，将回弹仪外壳和弹击杆擦拭干净，使弹击杆处于外伸状态并装入仪器盒内，水平置于干燥阴凉处。需要注意的是，维护保养的人员必须是对回弹仪工作原理很熟悉的，或经过相应技术培训的技术人员。

4 检测技术

4.1 一般规定

4.1.2 本条中的第 1～6 款资料系对结构或构件检测混凝土强度所需要的资料。

4.1.3 当按批抽样检测时，四个条件同时相同，方可视为同批构件。

4.1.4 为按批检测时，对构件数量的要求。

4.1.5 对测区布置的规定和要求。其中第 2 款的规定，对某一方向尺寸不大于 4.5m 且另一方向尺寸不大于 0.3m 的同批构件按批抽样检测时，最少测区数量可以为 5 个。

4.1.6、4.1.7 对在构件上布置测区的规定和要求。为了解构件强度变化情况，应当将测区编号记录下来，以供强度分析计算使用。

4.2 回弹测试及回弹值计算

4.2.1 考虑到高强混凝土多用于竖向承载的构件，所以绝大多数检测面为混凝土浇筑侧面，本规程的测强曲线就是在混凝土成型侧面建立的。因此，测区换算强度按混凝土浇筑侧面对应的测强曲线计算。测试时回弹仪的轴线方向应与结构或构件的测试面相垂直。

4.2.2、4.2.3 规定测区测点数量和测点位置。

4.3 超声测试及声速值计算

4.3.1 3 个超声测点应布置在回弹测试的同一测区内。由于测强曲线建立时采用了超声对测方法，所以，实际工程检测时应优先采用对测的方法。当被测构件不具备对测条件时（如地下室外墙面），可采用角测或平测法。平测时两个换能器的连线应与附近钢筋的轴线保持 40°～50°夹角，以避免钢筋的影响。大量实践证明，平测时测距宜采用 350mm～450mm，以便使接收信号首波清晰易辨认。角测和平测的具体测试方法可参照现行标准《超声回弹综合法检测混凝土强度技术规程》CECS 02：2005。

4.3.2 使用耦合剂是为了保证换能器辐射面与混凝土测试面达到完全面接触，排除其间的空气和杂物。同时，每一测点均应使耦合层达到最薄，以保持耦合状态一致，这样才能保证声时测量条件的一致性。

4.3.3 本条对声时读数和测距量测的精度提出了严格要求。因为声速值准确与否，完全取决于声时和测距量测是否准确可靠。

4.3.4 规定了测区混凝土中声速代表值的计算方法。测区混凝土中声速代表值是取超声测距除以测区内 3 个测点混凝土中声时平均值。当超声测点在浇筑方向的侧面对测时，声速不做修正。如果超声测试采用了角测或平测，应考虑参照现行标准《超声回弹综合法检测混凝土强度技术规程》CECS 02：2005 的有关规定，事先找到声速的修正系数对声速进行修正。

声时初读数 t_0 是声时测试值中的仪器及发、收换能器系统的声延时，是每次现场测试开始前都应确认的声参数。

5 混凝土强度的推定

5.0.1 具体说明了本规程给出的全国高强混凝土测强曲线公式适用范围。由于高强混凝土在施工过程中，早期强度的增长情况备受关注。因此，建立测强曲线公式时，采用了最短龄期为 1d 的试验数据。测强曲线公式在短龄期的适用，有利于采用本规程为控制短龄期高强混凝土质量提供技术依据。该条所提及的高强混凝土所用水、外加剂和掺合料等尚应符合国家有关标准要求。

5.0.2 实践证明专用测强曲线精度高于地区测强曲线，而地区测强曲线精度高于全国测强曲线。所以本条鼓励优先采用专用测强曲线或地区测强曲线。

5.0.3 如果检测部门未建立专用或地区测强曲线，可使用本规程给出的全国测强曲线。为了掌握全国测强曲线在本地区的检测精度情况，应对其进行验证。

5.0.5 对全国 11 个省、直辖市提供的 4000 余组数据回归分析后得到如表 1 所示的测强曲线公式。

表 1　测强曲线公式和统计分析指标

检测方法	测强曲线公式	相关系数 r	相对标准差 e_r	平均相对误差 δ	试件龄期 (d)	试件强度范围 (MPa)
超声回弹综合法	$f^c_{cu,i} = 0.117081v^{0.539038} \cdot R^{1.33947}$	0.90	16.1%	±12.9%	1~900	7.4~113.8

考虑到高强混凝土质量控制时，需要掌握高强混凝土在强度增长过程的强度变化情况，公式的强度应用范围定为 20.0MPa~110.0MPa。建立表 1 中所示的测强曲线公式时，所用仪器为混凝土超声波检测仪和标称动能为 4.5J 回弹仪。

5.0.6 结构或构件混凝土强度的平均值和标准差是用各测区的混凝土强度换算值计算得出的。当按批推定混凝土强度时，如果测区混凝土强度标准差超过本规程第 5.0.9 条规定，说明该批构件的混凝土制作条件不尽相同，混凝土强度质量均匀性差，不能按批推定混凝土强度。

5.0.7 当现场检测条件与测强曲线的适用条件有较大差异时，应采用同条件立方体标准试件或在测区钻取的混凝土芯样试件进行修正。为了与《建筑结构检测技术标准》GB/T 50344－2004 所规定的修正量法相协调，本规程采用了修正量法。按式（5.0.7-1）或式（5.0.7-2）计算修正量。这里需要注意的是，1 个混凝土芯样钻取位置只能制作 1 个芯样试件进行抗压试验。混凝土芯样直径宜为 100mm，高径比为 1。此外，规程中所说的混凝土芯样抗压强度试验，仅是参照现行标准《钻芯法检测混凝土强度技术规程》CECS 03 的规定进行。

5.0.8 按本规程推定的混凝土抗压强度，不能等同于施工现场取样成型并标准养护 28d 所得的标准试件抗压强度。因此，在正常情况下混凝土强度的验收与评定，应按现行国家标准执行。

当构件测区数少于 10 个时，应按式（5.0.8-1）计算推定抗压强度。当构件测区数不少于 10 个或按批推定构件混凝土抗压强度时，应按式（5.0.8-2）计算推定抗压强度。注意批推定构件混凝土抗压强度时的强度平均值和标准差，应采用该检验批中所有抽检构件的测区强度来计算。

当结构或构件的测区抗压强度换算值中出现小于 20.0MPa 的值时，该构件混凝土抗压强度推定值 $f_{cu,e}$ 应取小于 20MPa。若测区换算值小于 20.0MPa 或大于 110.0MPa，因超出了本规程强度换算方法的规定适用范围，故该测区的混凝土抗压强度应表述为"<20.0MPa"，或">110.0MPa"。若构件测区中有小于 20.0MPa 的测区，因不能计算构件混凝土的强度标准差，则该构件混凝土的推定强度应表述为"<20.0MPa"；若构件测区中有大于 110.0MPa 的测区，也不能计算构件混凝土的强度标准差，此时，构件混凝土抗压强度的推定值取该构件各测区中最小的测区混凝土抗压强度换算值。

5.0.9 对按批量检测的构件，如该批构件的混凝土质量不均匀，测区混凝土强度标准差大于规定的范围，则该批构件应全部按单个构件进行强度推定。

考虑到实际工程中可能会出现结构或构件混凝土未达到设计强度等级的情况，$m^f_{cu} \leq 50MPa$ 的情形是存在的。本条中混凝土抗压强度平均值 $m^f_{cu} \leq 50MPa$ 和 $m^f_{cu} > 50MPa$ 时，对标准差 s^f_{cu} 的限值，沿用了《超声回弹综合法检测混凝土强度技术规程》CECS 02：2005 中的规定。

6 检 测 报 告

要求检测报告的信息尽量齐全。对于较复杂的工程，还需要在检测报告中反映工程概况、所检测构件种类及分布等信息。对于检测结果，可以与设计强度等级对应的强度相对比，给出是否满足设计要求的结论。

中华人民共和国行业标准

建筑基桩检测技术规范

Technical code for testing of building
foundation piles

JGJ 106—2003

批准部门：中华人民共和国建设部
施行日期：２００３年７月１日

中华人民共和国建设部
公　告

第 133 号

建设部关于发布行业标准
《建筑基桩检测技术规范》的公告

现批准《建筑基桩检测技术规范》为行业标准，编号为 JGJ 106—2003，自 2003 年 7 月 1 日起实施。其中，第 3.1.1、4.3.5、4.4.4、6.4.6、8.4.7、9.2.3、9.2.4、9.4.2、9.4.5、9.4.15 条为强制性条文，必须严格执行。原行业标准《基桩高应变动力检测规程》JGJ 106—97 同时废止。

本规程由建设部标准定额研究所组织中国建筑工业出版社出版发行。

中华人民共和国建设部

2003 年 3 月 21 日

前　言

根据建设部建标 [2000] 284 号文的要求，规范编制组经过广泛调查研究，认真总结国内外桩基工程基桩检测的实践经验和科研成果，并在广泛征求意见的基础上，制定了本规范。

本规范的主要技术内容是：总则、术语和符号、基本规定、单桩竖向抗压静载试验、单桩竖向抗拔静载试验、单桩水平静载试验、钻芯法、低应变法、高应变法、声波透射法等。

本规范由建设部负责管理和对强制性条文的解释，由主编单位负责具体技术内容的解释。

本规范主编单位：中国建筑科学研究院（地址：北京市北三环东路 30 号；邮编：100013）

本规范参加编写单位：广东省建筑科学研究院
上海港湾工程设计研究院
冶金工业工程质量监督总
站检测中心
中国科学院武汉岩土力学研究所
深圳市勘察研究院
辽宁省建设科学研究院
河南省建筑工程质量检验测试中心站
福建省建筑科学研究院
上海市建筑科学研究院

本规范主要起草人：陈　凡　　徐天平　　朱光裕
钟冬波　　刘明贵　　刘金砺
叶万灵　　滕延京　　李大展
刘艳玲　　关立军　　李荣强
王敏权　　陈久照　　赵海生
柳　春　　季沧江

目 次

1 总　则

1.0.1　为了确保基桩检测工作质量，统一基桩检测方法，为设计和施工验收提供可靠依据，使基桩质量检测工作符合安全适用、技术先进、数据准确、正确评价的要求，制定本规范。

1.0.2　本规范适用于建筑工程基桩的承载力和桩身完整性的检测与评价。

1.0.3　基桩检测方法应根据各种检测方法的特点和适用范围，考虑地质条件、桩型及施工质量可靠性、使用要求等因素进行合理选择搭配。基桩检测结果应结合上述因素进行分析判定。

1.0.4　建筑工程基桩的质量检测除应执行本规范外，尚应符合国家现行有关强制性标准的规定。

2　术语、符号

2.1　术　语

2.1.1　基桩 foundation pile
桩基础中的单桩。

2.1.2　桩身完整性 pile integrity
反映桩身截面尺寸相对变化、桩身材料密实性和连续性的综合定性指标。

2.1.3　桩身缺陷 pile defects
使桩身完整性恶化，在一定程度上引起桩身结构强度和耐久性降低的桩身断裂、裂缝、缩颈、夹泥（杂物）、空洞、蜂窝、松散等现象的统称。

2.1.4　静载试验 static loading test
在桩顶部逐级施加竖向压力、竖向上拔力或水平推力，观测桩顶部随时间产生的沉降、上拔位移或水平位移，以确定相应的单桩竖向抗压承载力、单桩竖向抗拔承载力或单桩水平承载力的试验方法。

2.1.5　钻芯法 core drilling method
用钻机钻取芯样以检测桩长、桩身缺陷、桩底沉渣厚度以及桩身混凝土的强度、密实性和连续性，判定桩端岩土性状的方法。

2.1.6　低应变法 low strain integrity testing
采用低能量瞬态或稳态激振方式在桩顶激振，实测桩顶部的速度时程曲线或速度导纳曲线，通过波动理论分析或频域分析，对桩身完整性进行判定的检测方法。

2.1.7　高应变法 high strain dynamic testing
用重锤冲击桩顶，实测桩顶部的速度和力时程曲线，通过波动理论分析，对单桩竖向抗压承载力和桩身完整性进行判定的检测方法。

2.1.8　声波透射法 crosshole sonic logging
在预埋声测管之间发射并接收声波，通过实测声波在混凝土介质中传播的声时、频率和波幅衰减等声学参数的相对变化，对桩身完整性进行检测的方法。

2.2　符　号

2.2.1　抗力和材料性能

c——桩身一维纵向应力波传播速度（简称桩身波速）；

E——桩身材料弹性模量；

f_{cu}——混凝土芯样试件抗压强度；

m——地基土水平抗力系数的比例系数；

Q_u——单桩竖向抗压极限承载力；

R_a——单桩竖向抗压承载力特征值；

R_c——由凯司法判定的单桩竖向抗压承载力；

R_x——缺陷以上部位土阻力的估计值；

v——桩身混凝土声速；

Z——桩身截面力学阻抗；

ρ——桩身材料质量密度。

2.2.2　作用与作用效应

F——锤击力；

H——单桩水平静载试验中作用于地面的水平力；

P——芯样抗压试验测得的破坏荷载；

Q——单桩竖向抗压静载试验中施加的竖向荷载、桩身轴力；

s——桩顶竖向沉降、桩身竖向位移；

U——单桩竖向抗拔静载试验中施加的上拔荷载；

V——质点运动速度；

Y_0——水平力作用点的水平位移；

δ——桩顶上拔量；

σ_s——钢筋应力。

2.2.3　几何参数

A——桩身截面面积；

B——矩形桩的边宽；

b_0——桩身计算宽度；

D——桩身直径（外径）；

d——芯样试件的平均直径；

I——桩身换算截面惯性矩；

l'——每检测剖面相应两声测管的外壁间净距离；

L——测点下桩长；

x——传感器安装点至桩身缺陷的距离；

z——测点深度。

2.2.4　计算系数

J_c——凯司法阻尼系数；

α——桩的水平变形系数；

β——高应变法桩身完整性系数；

λ——样本中不同统计个数对应的系数；

ν_y——桩顶水平位移系数；

ξ——混凝土芯样试件抗压强度折算系数。

2.2.5　其他

A_m——声波波幅平均值；

A_p——声波波幅值；

a——信号首波峰值电压；

a_0——零分贝信号峰值电压；

c_m——桩身波速的平均值；

f——频率、声波信号主频；

n——数目、样本数量；

s_x——标准差；

T——信号周期；

t'——声测管及耦合水层声时修正值；

t_0——仪器系统延迟时间；

t_1——速度第一峰对应的时刻；

t_c——声时；

t_i——时间、声时测量值；

t_r——锤击力上升时间；

t_x——缺陷反射峰对应的时刻；

v_0——声速的异常判断值；

v_c——声速的异常判断临界值；

v_L——声速低限值；

v_m——声速平均值；

Δf——幅频曲线上桩底相邻谐振峰间的频差；

$\Delta f'$——幅频曲线上缺陷相邻谐振峰间的频差；

ΔT——速度波第一峰与桩底反射波峰间的时间差；

Δt_x——速度波第一峰与缺陷反射波峰间的时间差。

3 基 本 规 定

3.1 检测方法和内容

3.1.1 工程桩应进行单桩承载力和桩身完整性抽样检测。

3.1.2 基桩检测方法应根据检测目的按表 3.1.2 选择。

表 3.1.2 检测方法及检测目的

检测方法	检 测 目 的
单桩竖向抗压静载试验	确定单桩竖向抗压极限承载力； 判定竖向抗压承载力是否满足设计要求； 通过桩身内力及变形测试，测定桩侧、桩端阻力； 验证高应变法的单桩竖向抗压承载力检测结果
单桩竖向抗拔静载试验	确定单桩竖向抗拔极限承载力； 判定竖向抗拔承载力是否满足设计要求； 通过桩身内力及变形测试，测定桩的抗拔摩阻力

续表 3.1.2

检测方法	检 测 目 的
单桩水平静载试验	确定单桩水平临界和极限承载力，推定土抗力参数； 判定水平承载力是否满足设计要求； 通过桩身内力及变形测试，测定桩身弯矩
钻芯法	检测灌注桩桩长、桩身混凝土强度、桩底沉渣厚度，判定或鉴别桩端岩土性状，判定桩身完整性类别
低应变法	检测桩身缺陷及其位置，判定桩身完整性类别
高应变法	判定单桩竖向抗压承载力是否满足设计要求； 检测桩身缺陷及其位置，判定桩身完整性类别； 分析桩侧和桩端土阻力
声波透射法	检测灌注桩桩身缺陷及其位置，判定桩身完整性类别

3.1.3 桩身完整性检测宜采用两种或多种合适的检测方法进行。

3.1.4 基桩检测除应在施工前和施工后进行外，尚应采取符合本规范规定的检测方法或专业验收规范规定的其他检测方法，进行桩基施工过程中的检测，加强施工过程质量控制。

3.2 检测工作程序

3.2.1 检测工作的程序，应按图 3.2.1 进行：

3.2.2 调查、资料收集阶段宜包括下列内容：

1 收集被检测工程的岩土工程勘察资料、桩基设计图纸、施工记录；了解施工工艺和施工中出现的异常情况。

2 进一步明确委托方的具体要求。

3 检测项目现场实施的可行性。

3.2.3 应根据调查结果和确定的检测目的，选择检测方法，制定检测方案。检测方案宜包含以下内容：工程概况，检测方法及其依据的标准，抽样方案，所需的机械或人工配合，试验周期。

3.2.4 检测前应对仪器设备检查调试。

3.2.5 检测用计量器具必须在计量检定周期的有效期内。

3.2.6 检测开始时间应符合下列规定：

1 当采用低应变法或声波透射法检测时，受检桩混凝土强度至少达到设计强度的 70%，且不小于 15MPa。

2 当采用钻芯法检测时，受检桩的混凝土龄期达到 28d 或预留同条件养护试块强度达到设计强度。

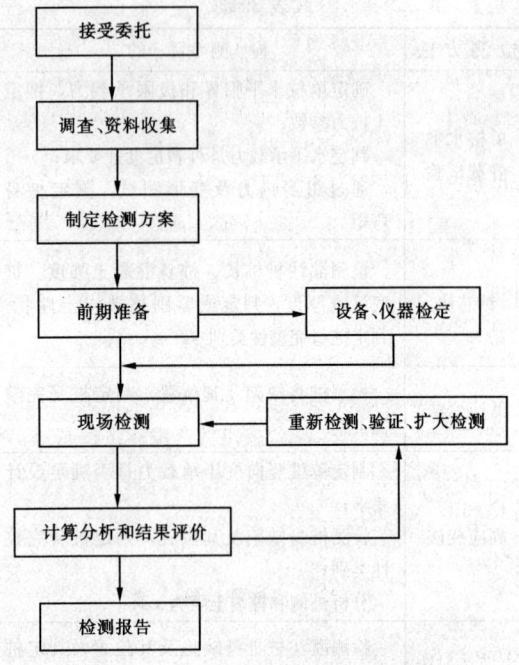

图 3.2.1　检测工作程序框图

3　承载力检测前的休止时间除应达到本条第 2 款规定的混凝土强度外，当无成熟的地区经验时，尚不应少于表 3.2.6 规定的时间。

表 3.2.6　休止时间

土的类别		休止时间（d）
砂　土		7
粉　土		10
黏性土	非饱和	15
	饱和	25

注：对于泥浆护壁灌注桩，宜适当延长休止时间。

3.2.7　施工后，宜先进行工程桩的桩身完整性检测，后进行承载力检测。当基础埋深较大时，桩身完整性检测应在基坑开挖至基底标高后进行。

3.2.8　现场检测期间，除应执行本规范的有关规定外，还应遵守国家有关安全生产的规定。当现场操作环境不符合仪器设备使用要求时，应采取有效的防护措施。

3.2.9　当发现检测数据异常时，应查找原因，重新检测。

3.2.10　当需要进行验证或扩大检测时，应得到有关各方的确认，并按本规范第 3.4.1～3.4.7 条的有关规定执行。

3.3　检　测　数　量

3.3.1　当设计有要求或满足下列条件之一时，施工前应采用静载试验确定单桩竖向抗压承载力特征值：

1　设计等级为甲级、乙级的桩基；

2　地质条件复杂、桩施工质量可靠性低；

3　本地区采用的新桩型或新工艺。

检测数量在同一条件下不应少于 3 根，且不宜少于总桩数的 1%；当工程桩总数在 50 根以内时，不应少于 2 根。

3.3.2　打入式预制桩有下列条件要求之一时，应采用高应变法进行试打桩的打桩过程监测：

1　控制打桩过程中的桩身应力；

2　选择沉桩设备和确定工艺参数；

3　选择桩端持力层。

在相同施工工艺和相近地质条件下，试打桩数量不应少于 3 根。

3.3.3　单桩承载力和桩身完整性验收抽样检测的受检桩选择宜符合下列规定：

1　施工质量有疑问的桩；

2　设计方认为重要的桩；

3　局部地质条件出现异常的桩；

4　施工工艺不同的桩；

5　承载力验收检测时适量选择完整性检测中判定的Ⅲ类桩；

6　除上述规定外，同类型桩宜均匀随机分布。

3.3.4　混凝土桩的桩身完整性检测的抽检数量应符合下列规定：

1　柱下三桩或三桩以下的承台抽检桩数不得少于 1 根。

2　设计等级为甲级，或地质条件复杂、成桩质量可靠性较低的灌注桩，抽检数量不应少于总桩数的 30%，且不得少于 20 根；其他桩基工程的抽检数量不应少于总桩数的 20%，且不得少于 10 根。

　　注：1　对端承型大直径灌注桩，应在上述两款规定的抽检桩数范围内，选用钻芯法或声波透射法对部分受检桩进行桩身完整性检测。抽检数量不应少于总桩数的 10%。

　　　　2　地下水位以上且终孔后桩端持力层已通过核验的人工挖孔桩，以及单节混凝土预制桩，抽检数量可适当减少，但不应少于总桩数的 10%，且不应少于 10 根。

3　当符合第 3.3.3 条第 1～4 款规定的桩数较多，或为了全面了解整个工程基桩的桩身完整性情况时，应适当增加抽检数量。

3.3.5　对单位工程内且在同一条件下的工程桩，当符合下列条件之一时，应采用单桩竖向抗压承载力静载试验进行验收检测：

1　设计等级为甲级的桩基；

2　地质条件复杂、桩施工质量可靠性低；

3　本地区采用的新桩型或新工艺；

4　挤土群桩施工产生挤土效应。

抽检数量不应少于总桩数的 1%，且不少于 3 根；当总桩数在 50 根以内时，不应少于 2 根。

　　注：对上述第 1～4 款规定条件外的工程桩，当采用竖向抗压静载试验进行验收承载力检测时，抽检数量宜按本条规定执行。

3.3.6 对第3.3.5条规定条件外的预制桩和满足高应变法适用检测范围的灌注桩,可采用高应变法进行单桩竖向抗压承载力验收检测。当有本地区相近条件的对比验证资料时,高应变法也可作为第3.3.5条规定条件下单桩竖向抗压承载力验收检测的补充。抽检数量不宜少于总桩数的5%,且不得少于5根。

3.3.7 对于端承型大直径灌注桩,当受设备或现场条件限制无法检测单桩竖向抗压承载力时,可采用钻芯法测定桩底沉渣厚度并钻取桩端持力层岩土芯样检验桩端持力层。抽检数量不应少于总桩数的10%,且不应少于10根。

3.3.8 对于承受拔力和水平力较大的桩基,应进行单桩竖向抗拔、水平承载力检测。检测数量不应少于总桩数的1%,且不应少于3根。

3.4 验证与扩大检测

3.4.1 当出现本规范第8.4.5~8.4.6条和第9.4.7条中所列情况时,应进行验证检测。验证方法宜采用单桩竖向抗压静载试验;对于嵌岩灌注桩,可采用钻芯法验证。

3.4.2 桩身浅部缺陷可采用开挖验证。

3.4.3 桩身或接头存在裂隙的预制桩可采用高应变法验证。

3.4.4 单孔钻芯检测发现桩身混凝土质量问题时,宜在同一基桩增加钻孔验证。

3.4.5 对低应变法检测中不能明确完整性类别的桩或Ⅲ类桩,可根据实际情况采用静载法、钻芯法、高应变法、开挖等适宜的方法验证检测。

3.4.6 当单桩承载力或钻芯法抽检结果不满足设计要求时,应分析原因,并经确认后扩大抽检。

3.4.7 当采用低应变法、高应变法和声波透射法抽检桩身完整性所发现的Ⅲ、Ⅳ类桩之和大于抽检桩数的20%时,宜采用原检测方法(声波透射法可改用钻芯法),在未检桩中继续扩大抽检。

3.5 检测结果评价和检测报告

3.5.1 桩身完整性检测结果评价,应给出每根受检桩的桩身完整性类别。桩身完整性分类应符合表3.5.1的规定,并按本规范第7~10章分别规定的技术内容划分。

表 3.5.1 桩身完整性分类表

桩身完整性类别	分 类 原 则
Ⅰ类桩	桩身完整
Ⅱ类桩	桩身有轻微缺陷,不会影响桩身结构承载力的正常发挥
Ⅲ类桩	桩身有明显缺陷,对桩身结构承载力有影响
Ⅳ类桩	桩身存在严重缺陷

3.5.2 Ⅳ类桩应进行工程处理。

3.5.3 工程桩承载力检测结果的评价,应给出每根受检桩的承载力检测值,并据此给出单位工程同一条件下的单桩承载力特征值是否满足设计要求的结论。

3.5.4 检测报告应结论准确、用词规范。

3.5.5 检测报告应包含以下内容:
1 委托方名称,工程名称、地点,建设、勘察、设计、监理和施工单位,基础、结构型式,层数,设计要求,检测目的,检测依据,检测数量,检测日期;
2 地质条件描述;
3 受检桩的桩号、桩位和相关施工记录;
4 检测方法,检测仪器设备,检测过程叙述;
5 受检桩的检测数据,实测与计算分析曲线、表格和汇总结果;
6 与检测内容相应的检测结论。

3.6 检测机构和检测人员

3.6.1 检测机构应通过计量认证,并具有基桩检测的资质。

3.6.2 检测人员应经过培训合格,并具有相应的资质。

4 单桩竖向抗压静载试验

4.1 适 用 范 围

4.1.1 本方法适用于检测单桩的竖向抗压承载力。

4.1.2 当埋设有测量桩身应力、应变、桩底反力的传感器或位移杆时,可测定桩的分层侧阻力和端阻力或桩身截面的位移量。

4.1.3 为设计提供依据的试验桩,应加载至破坏;当桩的承载力以桩身强度控制时,可按设计要求的加载量进行。

4.1.4 对工程桩抽样检测时,加载量不应小于设计要求的单桩承载力特征值的2.0倍。

4.2 设备仪器及其安装

4.2.1 试验加载宜采用油压千斤顶。当采用两台及两台以上千斤顶加载时应并联同步工作,且应符合下列规定:
1 采用的千斤顶型号、规格应相同。
2 千斤顶的合力中心应与桩轴线重合。

4.2.2 加载反力装置可根据现场条件选择锚桩横梁反力装置、压重平台反力装置、锚桩压重联合反力装置、地锚反力装置,并应符合下列规定:
1 加载反力装置能提供的反力不得小于最大加载量的1.2倍。
2 应对加载反力装置的全部构件进行强度和变

形验算。

3 应对锚桩抗拔力（地基土、抗拔钢筋、桩的接头）进行验算；采用工程桩作锚桩时，锚桩数量不应少于4根，并应监测锚桩上拔量。

4 压重宜在检测前一次加足，并均匀稳固地放置于平台上。

5 压重施加于地基的压应力不宜大于地基承载力特征值的1.5倍，有条件时宜利用工程桩作为堆载支点。

4.2.3 荷载测量可用放置在千斤顶上的荷重传感器直接测定；或采用并联于千斤顶油路的压力表或压力传感器测定油压，根据千斤顶率定曲线换算荷载。传感器的测量误差不应大于1%，压力表精度应优于或等于0.4级。试验用压力表、油泵、油管在最大加载时的压力不应超过规定工作压力的80%。

4.2.4 沉降测量宜采用位移传感器或大量程百分表，并应符合下列规定：

1 测量误差不大于0.1%FS，分辨力优于或等于0.01mm。

2 直径或边宽大于500mm的桩，应在其两个方向对称安置4个位移测试仪表，直径或边宽小于等于500mm的桩可对称安置2个位移测试仪表。

3 沉降测定平面宜在桩顶200mm以下位置，测点应牢固地固定于桩身。

4 基准梁应具有一定的刚度，梁的一端固定在基准桩上，另一端简支于基准桩上。

5 固定和支撑位移计（百分表）的夹具及基准梁应避免气温、振动及其他外界因素的影响。

4.2.5 试桩、锚桩（压重平台支墩边）和基准桩之间的中心距离应符合表4.2.5规定。

表4.2.5 试桩、锚桩（或压重平台支墩边）和基准桩之间的中心距离

距离 反力装置	试桩中心与锚桩中心（或压重平台支墩边）	试桩中心与基准桩中心	基准桩中心与锚桩中心（或压重平台支墩边）
锚桩横梁	≥4(3)D 且>2.0m	≥4(3)D 且>2.0m	≥4(3)D 且>2.0m
压重平台	≥4D 且>2.0m	≥4(3)D 且>2.0m	≥4D 且>2.0m
地锚装置	≥4D 且>2.0m	≥4(3)D 且>2.0m	≥4D 且>2.0m

注：1 D为试桩、锚桩或地锚的设计直径或边宽，取其较大者。
2 如试桩或锚桩为扩底桩或多支盘桩时，试桩与锚桩的中心距尚不应小于2倍扩大端直径。
3 括号内数值可用于工程桩验收检测时多排桩设计桩中心距小于4D的情况。
4 软土场地堆载重量较大时，宜增加支墩边与基准桩中心和试桩中心之间的距离，并在试验过程中观测基准桩的竖向位移。

4.2.6 当需要测试桩侧阻力和桩端阻力时，桩身内埋设传感器应按本规范附录A执行。

4.3 现场检测

4.3.1 试桩的成桩工艺和质量控制标准应与工程桩一致。

4.3.2 桩顶部宜高出试坑底面，试坑底面宜与桩承台底标高一致。混凝土桩头加固可按本规范附录B执行。

4.3.3 对作为锚桩用的灌注桩和有接头的混凝土预制桩，检测前宜对其桩身完整性进行检测。

4.3.4 试验加载卸载方式应符合下列规定：

1 加载应分级进行，采用逐级等量加载；分级荷载宜为最大加载量或预估极限承载力的1/10，其中第一级可取分级荷载的2倍。

2 卸载应分级进行，每级卸载量取加载时分级荷载的2倍，逐级等量卸载。

3 加、卸载时应使荷载传递均匀、连续、无冲击，每级荷载在维持过程中的变化幅度不得超过分级荷载的±10%。

4.3.5 为设计提供依据的竖向抗压静载试验应采用慢速维持荷载法。

4.3.6 慢速维持荷载法试验步骤应符合下列规定：

1 每级荷载施加后按第5、15、30、45、60min测读桩顶沉降量，以后每隔30min测读一次。

2 试桩沉降相对稳定标准：每一小时内的桩顶沉降量不超过0.1mm，并连续出现两次（从分级荷载施加后第30min开始，按1.5h连续三次每30min的沉降观测值计算）。

3 当桩顶沉降速率达到相对稳定标准时，再施加下一级荷载。

4 卸载时，每级荷载维持1h，按第15、30、60min测读桩顶沉降量后，即可卸下一级荷载。卸载至零后，应测读桩顶残余沉降量，维持时间为3h，测读时间为第15、30min，以后每隔30min测读一次。

4.3.7 施工后的工程桩验收检测宜采用慢速维持荷载法。当有成熟的地区经验时，也可采用快速维持荷载法。

快速维持荷载法的每级荷载维持时间至少为1h，是否延长维持荷载时间应根据桩顶沉降收敛情况确定。

4.3.8 当出现下列情况之一时，可终止加载：

1 某级荷载作用下，桩顶沉降量大于前一级荷载作用下沉降量的5倍。

注：当桩顶沉降能相对稳定且总沉降量小于40mm时，宜加载至桩顶总沉降量超过40mm。

2 某级荷载作用下，桩顶沉降量大于前一级荷载作用下沉降量的2倍，且经24h尚未达到相对稳定标准。

    3 已达到设计要求的最大加载量。

    4 当工程桩作锚桩时，锚桩上拔量已达到允许值。

    5 当荷载-沉降曲线呈缓变型时，可加载至桩顶总沉降量60～80mm；在特殊情况下，可根据具体要求加载至桩顶累计沉降量超过 80mm。

4.3.9 检测数据宜按本规范附录C附表C.0.1的格式记录。

4.3.10 测试桩侧阻力和桩端阻力时，测试数据的测读时间宜符合第4.3.6条的规定。

4.4 检测数据的分析与判定

4.4.1 检测数据的整理应符合下列规定：

    1 确定单桩竖向抗压承载力时，应绘制竖向荷载-沉降（Q-s）、沉降-时间对数（s-$\lg t$）曲线，需要时也可绘制其他辅助分析所需曲线。

    2 当进行桩身应力、应变和桩底反力测定时，应整理出有关数据的记录表，并按本规范附录 Λ 绘制桩身轴力分布图、计算不同土层的分层侧摩阻力和端阻力值。

4.4.2 单桩竖向抗压极限承载力 Q_u 可按下列方法综合分析确定：

    1 根据沉降随荷载变化的特征确定：对于陡降型 Q-s 曲线，取其发生明显陡降的起始点对应的荷载值。

    2 根据沉降随时间变化的特征确定：取 s-$\lg t$ 曲线尾部出现明显向下弯曲的前一级荷载值。

    3 出现第4.3.8条第2款情况，取前一级荷载值。

    4 对于缓变型 Q-s 曲线可根据沉降量确定，宜取 s＝40mm 对应的荷载值；当桩长大于40m时，宜考虑桩身弹性压缩量；对直径大于或等于800mm的桩，可取 s＝0.05D（D 为桩端直径）对应的荷载值。

    注：当按上述四款判定桩的竖向抗压承载力未达到极限时，桩的竖向抗压极限承载力应取最大试验荷载值。

4.4.3 单桩竖向抗压极限承载力统计值的确定应符合下列规定：

    1 参加统计的试桩结果，当满足其极差不超过平均值的30%时，取其平均值为单桩竖向抗压极限承载力。

    2 当极差超过平均值的30%时，应分析极差过大的原因，结合工程具体情况综合确定，必要时可增加试桩数量。

    3 对桩数为3根或3根以下的柱下承台，或工程桩抽检数量少于3根时，应取低值。

4.4.4 单位工程同一条件下的单桩竖向抗压承载力特征值 R_a 应按单桩竖向抗压极限承载力统计值的一半取值。

4.4.5 检测报告除应包括本规范第3.5.5条内容外，还应包括：

    1 受检桩桩位对应的地质柱状图；

    2 受检桩及锚桩的尺寸、材料强度、锚桩数量、配筋情况；

    3 加载反力种类，堆载法应指明堆载重量，锚桩法应有反力梁布置平面图；

    4 加卸载方法，荷载分级；

    5 本规范第4.4.1条要求绘制的曲线及对应的数据表；与承载力判定有关的曲线及数据；

    6 承载力判定依据；

    7 当进行分层摩阻力测试时，还应有传感器类型、安装位置，轴力计算方法，各级荷载下桩身轴力变化曲线，各土层的桩侧极限摩阻力和桩端阻力。

5 单桩竖向抗拔静载试验

5.1 适用范围

5.1.1 本方法适用于检测单桩的竖向抗拔承载力。

5.1.2 当埋设有桩身应力、应变测量传感器时，或桩端埋设有位移测量杆时，可直接测量桩侧抗拔摩阻力，或桩端上拔量。

5.1.3 为设计提供依据的试验桩应加载至桩侧土破坏或桩身材料达到设计强度；对工程桩抽样检测时，可按设计要求确定最大加载量。

5.2 设备仪器及其安装

5.2.1 抗拔桩试验加载装置宜采用油压千斤顶，加载方式应符合本规范第4.2.1条规定。

5.2.2 试验反力装置宜采用反力桩（或工程桩）提供支座反力，也可根据现场情况采用天然地基提供支座反力。反力架系统应具有1.2倍的安全系数并符合下列规定：

    1 采用反力桩（或工程桩）提供支座反力时，反力桩顶面应平整并具有一定的强度。

    2 采用天然地基提供反力时，施加于地基的压应力不宜超过地基承载力特征值的1.5倍；反力梁的支点重心应与支座中心重合。

5.2.3 荷载测量及其仪器的技术要求应符合本规范第4.2.3条的规定。

5.2.4 桩顶上拔量测量及其仪器的技术要求应符合本规范4.2.4条的有关规定。

    注：桩顶上拔量观测点可固定在桩顶面的桩身混凝土上。

5.2.5 试桩、支座和基准桩之间的中心距离应符合表4.2.5的规定。

5.2.6 当需要测试桩侧抗拔摩阻力分布或桩端上拔位移时，桩身内埋设传感器或桩端埋设位移杆应按本规范附录A执行。

5.3 现 场 检 测

5.3.1 对混凝土灌注桩、有接头的预制桩，宜在拔桩试验前采用低应变法检测受检桩的桩身完整性。为设计提供依据的抗拔灌注桩施工时应进行成孔质量检测，发现桩身中、下部位有明显扩径的桩不宜作为抗拔试验桩；对有接头的预制桩，应验算接头强度。

5.3.2 单桩竖向抗拔静载试验宜采用慢速维持荷载法。需要时，也可采用多循环加、卸载方法。慢速维持荷载法的加卸载分级、试验方法及稳定标准应按本规范第4.3.4条和4.3.6条有关规定执行，并仔细观察桩身混凝土开裂情况。

5.3.3 当出现下列情况之一时，可终止加载：

1 在某级荷载作用下，桩顶上拔量大于前一级上拔荷载作用下的上拔量5倍。

2 按桩顶上拔量控制，当累计桩顶上拔量超过100mm时。

3 按钢筋抗拉强度控制，桩顶上拔荷载达到钢筋强度标准值的0.9倍。

4 对于验收抽样检测的工程桩，达到设计要求的最大上拔荷载值。

5.3.4 检测数据可按本规范附录C附表C.0.1的格式记录。

5.3.5 测试桩侧抗拔摩阻力或桩端上拔位移时，测试数据的测读时间宜符合本规范第4.3.6条的规定。

5.4 检测数据的分析与判定

5.4.1 数据整理应绘制上拔荷载-桩顶上拔量（U-δ）关系曲线和桩顶上拔量-时间对数（δ-lg$t$）关系曲线。

5.4.2 单桩竖向抗拔极限承载力可按下列方法综合判定：

1 根据上拔量随荷载变化的特征确定：对陡变型U-δ曲线，取陡升起始点对应的荷载值；

2 根据上拔量随时间变化的特征确定：取δ-lg$t$曲线斜率明显变陡或曲线尾部明显弯曲的前一级荷载值。

3 当在某级荷载下抗拔钢筋断裂时，取其前一级荷载值。

5.4.3 单桩竖向抗拔极限承载力统计值的确定应符合本规范第4.4.3条的规定。

5.4.4 当作为验收抽样检测的受检桩在最大上拔荷载作用下，未出现本规范第5.4.2条所列三款情况时，可按设计要求判定。

5.4.5 单位工程同一条件下的单桩竖向抗拔承载力特征值应按单桩竖向抗拔极限承载力统计值的一半取值。

注：当工程桩不允许带裂缝工作时，取桩身开裂的前一级荷载作为单桩竖向抗拔承载力特征值，并与按极限荷载一半取值确定的承载力特征值相比取小值。

5.4.6 检测报告除应包括本规范第3.5.5条内容外，还应包括：

1 受检桩桩位对应的地质柱状图；

2 受检桩尺寸（灌注桩宜标明孔径曲线）及配筋情况；

3 加卸载方法，荷载分级；

4 第5.4.1条要求绘制的曲线及对应的数据表；

5 承载力判定依据；

6 当进行抗拔摩阻力测试时，应有传感器类型、安装位置、轴力计算方法，各级荷载下桩身轴力变化曲线，各土层中的抗拔极限摩阻力。

6 单桩水平静载试验

6.1 适 用 范 围

6.1.1 本方法适用于桩顶自由时的单桩水平静载试验；其他形式的水平静载试验可参照使用。

6.1.2 本方法适用于检测单桩的水平承载力，推定地基土抗力系数的比例系数。

6.1.3 当埋设有桩身应变测量传感器时，可测量相应水平荷载作用下的桩身应力，并由此计算桩身弯矩。

6.1.4 为设计提供依据的试验桩宜加载至桩顶出现较大水平位移或桩身结构破坏；对工程桩抽样检测，可按设计要求的水平位移允许值控制加载。

6.2 设备仪器及其安装

6.2.1 水平推力加载装置宜采用油压千斤顶，加载能力不得小于最大试验荷载的1.2倍。

6.2.2 水平推力的反力可由相邻桩提供；当专门设置反力结构时，其承载能力和刚度应大于试验桩的1.2倍。

6.2.3 荷载测量及其仪器的技术要求应符合本规范第4.2.3条的规定；水平力作用点宜与实际工程的桩基承台底面标高一致；千斤顶和试验桩接触处应安置球形支座，千斤顶作用力应水平通过桩身轴线；千斤顶与试验桩的接触处宜适当补强。

6.2.4 桩的水平位移测量及其仪器的技术要求应符合本规范第4.2.4条的有关规定。在水平力作用平面的受检桩两侧应对称安装两个位移计；当需要测量桩顶转角时，尚应在水平力作用平面以上50cm的受检桩两侧对称安装两个位移计。

6.2.5 位移测量的基准点设置不应受试验和其他因

素的影响，基准点应设置在与作用力方向垂直且与位移方向相反的试桩侧面，基准点与试桩净距不应小于1倍桩径。

6.2.6 测量桩身应力或应变时，各测试断面的测量传感器应沿受力方向对称布置在远离中性轴的受拉和受压主筋上；埋设传感器的纵剖面与受力方向之间的夹角不得大于10°。在地面下10倍桩径（桩宽）的主要受力部分应加密测试断面，断面间距不宜超过1倍桩径；超过此深度，测试断面间距可适当加大。桩身内埋设传感器应按本规范附录A执行。

6.3 现 场 检 测

6.3.1 加载方法宜根据工程桩实际受力特性选用单向多循环加载法或本规范第4章规定的慢速维持荷载法，也可按设计要求采用其他加载方法。需要测量桩身应力或应变的试桩宜采用维持荷载法。

6.3.2 试验加卸载方式和水平位移测量应符合下列规定：

1 单向多循环加载法的分级荷载应小于预估水平极限承载力或最大试验荷载的1/10。每级荷载施加后，恒载4min后可测读水平位移，然后卸载至零，停2min测读残余水平位移，至此完成一个加卸载循环。如此循环5次，完成一级荷载的位移观测。试验不得中间停顿。

2 慢速维持荷载法的加卸载分级、试验方法及稳定标准应按本规范第4.3.4条和4.3.6条有关规定执行。

6.3.3 当出现下列情况之一时，可终止加载：

1 桩身折断；

2 水平位移超过30～40mm（软土取40mm）；

3 水平位移达到设计要求的水平位移允许值。

6.3.4 检测数据可按本规范附录C附表C.0.2的格式记录。

6.3.5 测量桩身应力或应变时，测试数据的测读宜与水平位移测量同步。

6.4 检测数据的分析与判定

6.4.1 检测数据应按下列要求整理：

1 采用单向多循环加载法时应绘制水平力-时间-作用点位移（H-t-Y_0）关系曲线和水平力-位移梯度（H-$\Delta Y_0/\Delta H$）关系曲线。

2 采用慢速维持荷载法时应绘制水平力-力作用点位移（H-Y_0）关系曲线、水平力-位移梯度（H-$\Delta Y_0/\Delta H$）关系曲线、力作用点位移-时间对数（Y_0-lg$t$）关系曲线和水平力-力作用点位移双对数（lg$H$-lgY_0）关系曲线。

3 绘制水平力、水平力作用点水平位移-地基土水平抗力系数的比例系数的关系曲线（H-m、Y_0-m）。

当桩顶自由且水平力作用位置位于地面处时，m

值可按下列公式确定：

$$m = \frac{(\nu_y \cdot H)^{\frac{5}{3}}}{b_0 Y_0^{\frac{5}{3}} (EI)^{\frac{2}{3}}} \qquad (6.4.1\text{-}1)$$

$$\alpha = \left(\frac{mb_0}{EI}\right)^{\frac{1}{5}} \qquad (6.4.1\text{-}2)$$

式中　m——地基土水平抗力系数的比例系数（kN/m⁴）；

α——桩的水平变形系数（m⁻¹）；

ν_y——桩顶水平位移系数，由式（6.4.1-2）试算α，当$\alpha h \geqslant 4.0$时（h为桩的入土深度），$\nu_y = 2.441$；

H——作用于地面的水平力（kN）；

Y_0——水平力作用点的水平位移（m）；

EI——桩身抗弯刚度（kN·m²）；其中E为桩身材料弹性模量，I为桩身换算截面惯性矩；

b_0——桩身计算宽度（m）；对于圆形桩：当桩径$D \leqslant 1$m时，$b_0 = 0.9(1.5D+0.5)$；当桩径$D > 1$m时，$b_0 = 0.9(D+1)$。对于矩形桩：当边宽$B \leqslant 1$m时，$b_0 = 1.5B+0.5$；当边宽$B > 1$m时，$b_0 = B+1$。

6.4.2 对埋设有应力或应变测量传感器的试验应绘制下列曲线，并列表给出相应的数据：

1 各级水平力作用下的桩身弯矩分布图；

2 水平力-最大弯矩截面钢筋拉应力（H-σ_s）曲线。

6.4.3 单桩的水平临界荷载可按下列方法综合确定：

1 取单向多循环加载法时的H-t-Y_0曲线或慢速维持荷载法时的H-Y_0曲线出现拐点的前一级水平荷载值。

2 取H-$\Delta Y_0/\Delta H$曲线或lg$H$-lgY_0曲线上第一拐点对应的水平荷载值。

3 取H-σ_s曲线第一拐点对应的水平荷载值。

6.4.4 单桩的水平极限承载力可按下列方法综合确定：

1 取单向多循环加载法时的H-t-Y_0曲线产生明显陡降的前一级、或慢速维持荷载法时的H-Y_0曲线发生明显陡降的起始点对应的水平荷载值。

2 取慢速维持荷载法时的Y_0-lg$t$曲线尾部出现明显弯曲的前一级水平荷载值。

3 取H-$\Delta Y_0/\Delta H$曲线或lg$H$-lgY_0曲线上第二拐点对应的水平荷载值。

4 取桩身折断或受拉钢筋屈服的前一级水平荷载值。

6.4.5 单桩水平极限承载力和水平临界荷载统计值的确定应符合本规范第4.4.3条的规定。

6.4.6 单位工程同一条件下的单桩水平承载力特征

值的确定应符合下列规定：

　　1　当水平承载力按桩身强度控制时，取水平临界荷载统计值为单桩水平承载力特征值。

　　2　当桩受长期水平荷载作用且桩不允许开裂时，取水平临界荷载统计值的 **0.8** 倍作为单桩水平承载力特征值。

6.4.7　除本规范第 6.4.6 条规定外，当水平承载力按设计要求的水平允许位移控制时，可取设计要求的水平允许位移对应的水平荷载作为单桩水平承载力特征值，但应满足有关规范抗裂设计的要求。

6.4.8　检测报告除应包括本规范第 3.5.5 条内容外，还应包括：

　　1　受检桩桩位对应的地质柱状图；

　　2　受检桩的截面尺寸及配筋情况；

　　3　加卸载方法，荷载分级；

　　4　第 6.4.1 条要求绘制的曲线及对应的数据表；

　　5　承载力判定依据；

　　6　当进行钢筋应力测试并由此计算桩身弯矩时，应有传感器类型、安装位置、内力计算方法和第 6.4.2 条要求绘制的曲线及其对应的数据表。

7　钻芯法

7.1　适用范围

7.1.1　本方法适用于检测混凝土灌注桩的桩长、桩身混凝土强度、桩底沉渣厚度和桩身完整性，判定或鉴别桩端持力层岩土性状。

7.2　设备

7.2.1　钻取芯样宜采用液压操纵的钻机。钻机设备参数应符合以下规定：

　　1　额定最高转速不低于 790r/min。

　　2　转速调节范围不少于 4 档。

　　3　额定配用压力不低于 1.5MPa。

7.2.2　钻机应配备单动双管钻具以及相应的孔口管、扩孔器、卡簧、扶正稳定器和可捞取松软渣样的钻具。钻杆应顺直，直径宜为 50mm。

7.2.3　钻头应根据混凝土设计强度等级选用合适粒度、浓度、胎体硬度的金刚石钻头，且外径不宜小于100mm。钻头胎体不得有肉眼可见的裂纹、缺边、少角、倾斜及喇叭口变形。

7.2.4　水泵的排水量为 50～160L/min，泵压应为1.0～2.0MPa。

7.2.5　锯切芯样试件用的锯切机应具有冷却系统和牢固夹紧芯样的装置，配套使用的金刚石圆锯片应有足够刚度。

7.2.6　芯样试件端面的补平器和磨平机应满足芯样制作的要求。

7.3　现场操作

7.3.1　每根受检桩的钻芯孔数和钻孔位置宜符合下列规定：

　　1　桩径小于 1.2m 的桩钻 1 孔，桩径为 1.2～1.6m 的桩钻 2 孔，桩径大于 1.6m 的桩钻 3 孔。

　　2　当钻芯孔为一个时，宜在距桩中心 10～15cm 的位置开孔；当钻芯孔为两个或两个以上时，开孔位置宜在距桩中心 0.15～0.25D 内均匀对称布置。

　　3　对桩端持力层的钻探，每根受检桩不应少于一孔，且钻探深度应满足设计要求。

7.3.2　钻机设备安装必须周正、稳固、底座水平。钻机立轴中心、天轮中心（天车前沿切点）与孔口中心必须在同一铅垂线上。应确保钻机在钻芯过程中不发生倾斜、移位，钻芯孔垂直度偏差不大于 0.5%。

7.3.3　当桩顶面与钻机底座的距离较大时，应安装孔口管，孔口管应垂直且牢固。

7.3.4　钻进过程中，钻孔内循环水流不得中断，应根据回水含砂量及颜色调整钻进速度。

7.3.5　提钻卸取芯样时，应拧卸钻头和扩孔器，严禁敲打卸芯。

7.3.6　每回次进尺宜控制在 1.5m 内；钻至桩底时，宜采取适宜的钻芯方法和工艺钻取沉渣并测定沉渣厚度，并采用适宜的方法对桩端持力层岩土性状进行鉴别。

7.3.7　钻取的芯样宜由上而下按回次顺序放进芯样箱中，芯样侧面上应清晰标明回次数、块号、本回次总块数，并应按本规范附录 D 附表 D.0.1-1 的格式及时记录钻进情况和钻进异常情况，对芯样质量进行初步描述。

7.3.8　钻芯过程中，应按本规范附录 D 附表 D.0.1-2 的格式对芯样混凝土、桩底沉渣以及桩端持力层详细编录。

7.3.9　钻芯结束后，应对芯样和标有工程名称、桩号、钻芯孔号、芯样试件采取位置、桩长、孔深、检测单位名称的标示牌的全貌进行拍照。

7.3.10　当单桩质量评价满足设计要求时，应采用0.5～1.0MPa 压力，从钻芯孔孔底往上用水泥浆回灌封闭；否则应封存钻芯孔，留待处理。

7.4　芯样试件截取与加工

7.4.1　截取混凝土抗压芯样试件应符合下列规定：

　　1　当桩长为 10～30m 时，每孔截取 3 组芯样；当桩长小于 10m 时，可取 2 组，当桩长大于 30m 时，不少于 4 组。

　　2　上部芯样位置距桩顶设计标高不宜大于 1 倍桩径或 1m，下部芯样位置距桩底不宜大于 1 倍桩径或 1m，中间芯样宜等间距截取。

　　3　缺陷位置能取样时，应截取一组芯样进行混凝土抗压试验。

4 当同一基桩的钻芯孔数大于一个,其中一孔在某深度存在缺陷时,应在其他孔的该深度处截取芯样进行混凝土抗压试验。

7.4.2 当桩端持力层为中、微风化岩层且岩芯可制作成试件时,应在接近桩底部位截取一组岩石芯样;遇分层岩性时宜在各层取样。

7.4.3 每组芯样应制作三个芯样抗压试件。芯样试件应按本规范附录 E 进行加工和测量。

7.5 芯样试件抗压强度试验

7.5.1 芯样试件制作完毕可立即进行抗压强度试验。

7.5.2 混凝土芯样试件的抗压强度试验应按现行国家标准《普通混凝土力学性能试验方法》GB/T 50081—2002 的有关规定执行。

7.5.3 抗压强度试验后,当发现芯样试件平均直径小于 2 倍试件内混凝土粗骨料最大粒径,且强度值异常时,该试件的强度值不得参与统计平均。

7.5.4 混凝土芯样试件抗压强度应按下列公式计算:

$$f_{cu} = \xi \cdot \frac{4P}{\pi d^2} \qquad (7.5.4)$$

式中 f_{cu}——混凝土芯样试件抗压强度(MPa),精确至 0.1MPa;

P——芯样试件抗压试验测得的破坏荷载(N);

d——芯样试件的平均直径(mm);

ξ——混凝土芯样试件抗压强度折算系数,应考虑芯样尺寸效应、钻芯机械对芯样扰动和混凝土成型条件的影响,通过试验统计确定;当无试验统计资料时,宜取为 1.0。

7.5.5 桩底岩芯单轴抗压强度试验可按现行国家标准《建筑地基基础设计规范》GB 50007—2002 附录 J 执行。

7.6 检测数据的分析与判定

7.6.1 混凝土芯样试件抗压强度代表值应按一组三块试件强度值的平均值确定。同一受检桩同一深度部位有两组或两组以上混凝土芯样试件抗压强度代表值时,取其平均值为该桩该深度处混凝土芯样试件抗压强度代表值。

7.6.2 受检桩中不同深度位置的混凝土芯样试件抗压强度代表值中的最小值为该桩混凝土芯样试件抗压强度代表值。

7.6.3 桩端持力层性状应根据芯样特征、岩石芯样单轴抗压强度试验、动力触探或标准贯入试验结果,综合判定桩端持力层岩土性状。

7.6.4 桩身完整性类别应结合钻芯孔数、现场混凝土芯样特征、芯样单轴抗压强度试验结果,按本规范表 3.5.1 的规定和表 7.6.4 的特征进行综合判定。

7.6.5 成桩质量评价应按单桩进行。当出现下列情况之一时,应判定该受检桩不满足设计要求:

1 桩身完整性类别为Ⅳ类的桩。

2 受检桩混凝土芯样试件抗压强度代表值小于混凝土设计强度等级的桩。

3 桩长、桩底沉渣厚度不满足设计或规范要求的桩。

4 桩端持力层岩土性状(强度)或厚度未达到设计或规范要求的桩。

表 7.6.4 桩身完整性判定

类 别	特 征
Ⅰ	混凝土芯样连续、完整、表面光滑、胶结好、骨料分布均匀、呈长柱状、断口吻合,芯样侧面仅见少量气孔
Ⅱ	混凝土芯样连续、完整、胶结较好、骨料分布基本均匀、呈柱状、断口基本吻合,芯样侧面局部见蜂窝麻面、沟槽
Ⅲ	大部分混凝土芯样胶结较好,无松散、夹泥或分层现象,但有下列情况之一: 芯样局部破碎且破碎长度不大于 10cm; 芯样骨料分布不均匀; 芯样多呈短柱状或块状; 芯样侧面蜂窝麻面、沟槽连续
Ⅳ	有下列情况之一: 钻进很困难; 芯样任一段松散、夹泥或分层; 芯样局部破碎且破碎长度大于 10cm

7.6.6 钻芯孔偏出桩外时,仅对钻取芯样部分进行评价。

7.6.7 检测报告除应包括本规范第 3.5.5 条内容外,还应包括:

1 钻芯设备情况;

2 检测桩数、钻孔数量,架空、混凝土芯进尺、岩芯进尺、总进尺,混凝土试件组数、岩石试件组数、动力触探或标准贯入试验结果;

3 按本规范附录 D 附表 D.0.1-3 的格式编制每孔的柱状图;

4 芯样单轴抗压强度试验结果;

5 芯样彩色照片;

6 异常情况说明。

8 低 应 变 法

8.1 适 用 范 围

8.1.1 本方法适用于检测混凝土桩的桩身完整性，判定桩身缺陷的程度及位置。

8.1.2 本方法的有效检测桩长范围应通过现场试验确定。

8.2 仪 器 设 备

8.2.1 检测仪器的主要技术性能指标应符合现行行业标准《基桩动测仪》JG/T 3055 的有关规定，且应具有信号显示、储存和处理分析功能。

8.2.2 瞬态激振设备应包括能激发宽脉冲和窄脉冲的力锤和锤垫；力锤可装有力传感器；稳态激振设备应包括激振力可调、扫频范围为 10～2000Hz 的电磁式稳态激振器。

8.3 现 场 检 测

8.3.1 受检桩应符合下列规定：

1 桩身强度应符合本规范第 3.2.6 条第 1 款的规定。

2 桩头的材质、强度、截面尺寸应与桩身基本等同。

3 桩顶面应平整、密实，并与桩轴线基本垂直。

8.3.2 测试参数设定应符合下列规定：

1 时域信号记录的时间段长度应在 $2L/c$ 时刻后延续不少于 5ms；幅频信号分析的频率范围上限不应小于 2000Hz。

2 设定桩长应为桩顶测点至桩底的施工桩长，设定桩身截面积应为施工截面积。

3 桩身波速可根据本地区同类型桩的测试值初步设定。

4 采样时间间隔或采样频率应根据桩长、桩身波速和频域分辨率合理选择；时域信号采样点数不宜少于 1024 点。

5 传感器的设定值应按计量检定结果设定。

8.3.3 测量传感器安装和激振操作应符合下列规定：

1 传感器安装应与桩顶面垂直；用耦合剂粘结时，应具有足够的粘结强度。

2 实心桩的激振点位置应选择在桩中心，测量传感器安装位置宜为距桩中心 2/3 半径处；空心桩的激振点与测量传感器安装位置宜在同一水平面上，且与桩中心连线形成的夹角宜为 90°，激振点和测量传感器安装位置宜为桩壁厚的 1/2 处。

3 激振点与测量传感器安装位置应避开钢筋笼的主筋影响。

4 激振方向应沿桩轴线方向。

5 瞬态激振应通过现场敲击试验，选择合适重量的激振力锤和锤垫，宜用宽脉冲获取桩底或桩身下部缺陷反射信号，宜用窄脉冲获取桩身上部缺陷反射信号。

6 稳态激振应在每一个设定频率下获得稳定响应信号，并应根据桩径、桩长及桩周土约束情况调整激振力大小。

8.3.4 信号采集和筛选应符合下列规定：

1 根据桩径大小，桩心对称布置 2～4 个检测点；每个检测点记录的有效信号数不宜少于 3 个。

2 检查判断实测信号是否反映桩身完整性特征。

3 不同检测点及多次实测时域信号一致性较差，应分析原因，增加检测点数量。

4 信号不应失真和产生零漂，信号幅值不应超过测量系统的量程。

8.4 检测数据的分析与判定

8.4.1 桩身波速平均值的确定应符合下列规定：

1 当桩长已知、桩底反射信号明确时，在地质条件、设计桩型、成桩工艺相同的基桩中，选取不少于 5 根 I 类桩的桩身波速值按下式计算其平均值：

$$c_m = \frac{1}{n}\sum_{i=1}^{n} c_i \qquad (8.4.1\text{-}1)$$

$$c_i = \frac{2000L}{\Delta T} \qquad (8.4.1\text{-}2)$$

$$c_i = 2L \cdot \Delta f \qquad (8.4.1\text{-}3)$$

式中 c_m——桩身波速的平均值（m/s）；

c_i——第 i 根受检桩的桩身波速值（m/s），且 $|c_i - c_m|/c_m \leqslant 5\%$；

L——测点下桩长（m）；

ΔT——速度波第一峰与桩底反射波峰间的时间差（ms）；

Δf——幅频曲线上桩底相邻谐振峰间的频差（Hz）；

n——参加波速平均值计算的基桩数量（$n \geqslant 5$）。

2 当无法按上款确定时，波速平均值可根据本地区相同桩型及成桩工艺的其他桩基工程的实测值，结合桩身混凝土的骨料品种和强度等级综合确定。

8.4.2 桩身缺陷位置应按下列公式计算：

$$x = \frac{1}{2000} \cdot \Delta_x \cdot c \qquad (8.4.2\text{-}1)$$

$$x = \frac{1}{2} \cdot \frac{c}{\Delta f'} \qquad (8.4.2\text{-}2)$$

式中 x——桩身缺陷至传感器安装点的距离（m）；

Δt_x——速度波第一峰与缺陷反射波峰间的时间差（ms）；

c——受检桩的桩身波速（m/s），无法确定时用 c_m 值替代；

$\Delta f'$——幅频信号曲线上缺陷相邻谐振峰间的频差（Hz）。

8.4.3 桩身完整性类别应结合缺陷出现的深度、测试信号衰减特性以及设计桩型、成桩工艺、地质条件、施工情况，按本规范表3.5.1的规定和表8.4.3所列实测时域或幅频信号特征进行综合分析判定。

表8.4.3 桩身完整性判定

类别	时域信号特征	幅频信号特征
I	$2L/c$ 时刻前无缺陷反射波，有桩底反射波	桩底谐振峰排列基本等间距，其相邻频差 $\Delta f \approx c/2L$
II	$2L/c$ 时刻前出现轻微缺陷反射波，有桩底反射波	桩底谐振峰排列基本等间距，其相邻频差 $\Delta f \approx c/2L$，轻微缺陷产生的谐振峰与桩底谐振峰之间的频差 $\Delta f' > c/2L$
III	有明显缺陷反射波，其他特征介于II类和IV类之间	
IV	$2L/c$ 时刻前出现严重缺陷反射波或周期性反射波，无桩底反射波；或因桩身浅部严重缺陷使波形呈现低频大振幅衰减振动，无桩底反射波	缺陷谐振峰排列基本等间距，相邻频差 $\Delta f' > c/2L$，无桩底谐振峰；或因桩身浅部严重缺陷只出现单一谐振峰，无桩底谐振峰

注：对同一场地、地质条件相近、桩型和成桩工艺相同的基桩，因桩端部分桩身阻抗与持力层阻抗相匹配导致实测信号无桩底反射波时，可按本场地同条件下有桩底反射波的其他桩实测信号判定桩身完整性类别。

8.4.4 对于混凝土灌注桩，采用时域信号分析时应区分桩身截面渐变后恢复至原桩径并在该阻抗突变处的一次反射，或扩径突变处的二次反射，结合成桩工艺和地质条件综合分析判定受检桩的完整性类别。必要时，可采用实测曲线拟合法辅助判定桩身完整性或借助实测导纳值、动刚度的相对高低辅助判定桩身完整性。

8.4.5 对于嵌岩桩，桩底时域反射信号为单一反射波且与锤击脉冲信号同向时，应采取其他方法核验桩端嵌岩情况。

8.4.6 出现下列情况之一，桩身完整性判定宜结合其他检测方法进行：

1 实测信号复杂，无规律，无法对其进行准确评价。

2 桩身截面渐变或多变，且变化幅度较大的混凝土灌注桩。

8.4.7 低应变检测报告应给出桩身完整性检测的实测信号曲线。

8.4.8 检测报告除应包括本规范第3.5.5条内容外，还应包括下列内容：

1 桩身波速取值；

2 桩身完整性描述、缺陷的位置及桩身完整性类别；

3 时域信号时段所对应的桩身长度标尺、指数或线性放大的范围及倍数；或幅频信号曲线分析的频率范围、桩底或桩身缺陷对应的相邻谐振峰间的频差。

9 高 应 变 法

9.1 适 用 范 围

9.1.1 本方法适用于检测基桩的竖向抗压承载力和桩身完整性；监测预制桩打入时的桩身应力和锤击能量传递比，为沉桩工艺参数及桩长选择提供依据。

9.1.2 进行灌注桩的竖向抗压承载力检测时，应具有现场实测经验和本地区相近条件下的可靠对比验证资料。

9.1.3 对于大直径扩底桩和 Q-s 曲线具有缓变型特征的大直径灌注桩，不宜采用本方法进行竖向抗压承载力检测。

9.2 仪 器 设 备

9.2.1 检测仪器的主要技术性能指标不应低于现行行业标准《基桩动测仪》JG/T 3055中表1规定的2级标准，且应具有保存、显示实测力与速度信号和信号处理与分析的功能。

9.2.2 锤击设备宜具有稳固的导向装置；打桩机械或类似的装置（导杆式柴油锤除外）都可作为锤击设备。

9.2.3 高应变检测用重锤应材质均匀、形状对称、锤底平整，高径（宽）比不得小于1，并采用铸铁或铸钢制作。当采取自由落锤安装加速度传感器的方式实测锤击力时，重锤应整体铸造，且高径（宽）比应在1.0～1.5范围内。

9.2.4 进行高应变承载力检测时，锤的重量应大于预估单桩极限承载力的1.0%～1.5%，混凝土桩的桩径大于600mm或桩长大于30m时取高值。

9.2.5 桩的贯入度可采用精密水准仪等仪器测定。

9.3 现 场 检 测

9.3.1 检测前的准备工作应符合下列规定：

1 预制桩承载力的时间效应应通过复打确定。

2　桩顶面应平整，桩顶高度应满足锤击装置的要求，桩锤重心应与桩顶对中，锤击装置架立应垂直。

3　对不能承受锤击的桩头应加固处理，混凝土桩的桩头处理按本规范附录 B 执行。

4　传感器的安装应符合本规范附录 F 的规定。

5　桩头顶部应设置桩垫，桩垫可采用 10～30mm 厚的木板或胶合板等材料。

9.3.2　参数设定和计算应符合下列规定：

1　采样时间间隔宜为 50～200μs，信号采样点数不宜少于 1024 点。

2　传感器的设定值应按计量检定结果设定。

3　自由落锤安装加速度传感器测力时，力的设定值由加速度传感器设定值与重锤质量的乘积确定。

4　测点处的桩截面尺寸应按实际测量确定，波速、质量密度和弹性模量应按实际情况设定。

5　测点以下桩长和截面积可采用设计文件或施工记录提供的数据作为设定值。

6　桩身材料质量密度应按表 9.3.2 取值。

表 9.3.2　桩身材料质量密度（t/m³）

钢　桩	混凝土预制桩	离心管桩	混凝土灌注桩
7.85	2.45～2.50	2.55～2.60	2.40

7　桩身波速可结合本地经验或按同场地同类型已检桩的平均波速初步设定，现场检测完成后应按第 9.4.3 条调整。

8　桩身材料弹性模量应按下式计算：

$$E = \rho \cdot c^2 \qquad (9.3.2)$$

式中　E——桩身材料弹性模量（kPa）；

$\quad\quad c$——桩身应力波传播速度（m/s）；

$\quad\quad \rho$——桩身材料质量密度（t/m³）。

9.3.3　现场检测应符合下列要求：

1　交流供电的测试系统应良好接地；检测时测试系统应处于正常状态。

2　采用自由落锤为锤击设备时，应重锤低击，最大锤击落距不宜大于 2.5m。

3　试验目的为确定预制桩打桩过程中的桩身应力、沉桩设备匹配能力和选择桩长时，应按本规范附录 G 执行。

4　检测时应及时检查采集数据的质量；每根受检桩记录的有效锤击信号应根据桩顶最大动位移、贯入度以及桩身最大拉、压应力和缺陷程度及其发展情况综合确定。

5　发现测试波形紊乱，应分析原因；桩身有明显缺陷或缺陷程度加剧，应停止检测。

9.3.4　承载力检测时宜实测桩的贯入度，单击贯入度宜在 2～6mm 之间。

9.4　检测数据的分析与判定

9.4.1　检测承载力时选取锤击信号，宜取锤击能量较大的击次。

9.4.2　当出现下列情况之一时，高应变锤击信号不得作为承载力分析计算的依据：

1　传感器安装处混凝土开裂或出现严重塑性变形使力曲线最终未归零；

2　严重锤击偏心，两侧力信号幅值相差超过 1 倍；

3　触变效应的影响，预制桩在多次锤击下承载力下降；

4　四通道测试数据不全。

9.4.3　桩身波速可根据下行波波形起升沿的起点到上行波下降沿的起点之间的时差与已知桩长值确定（图 9.4.3）；桩底反射信号不明显时，可根据桩长、混凝土波速的合理取值范围以及邻近桩的桩身波速值综合确定。

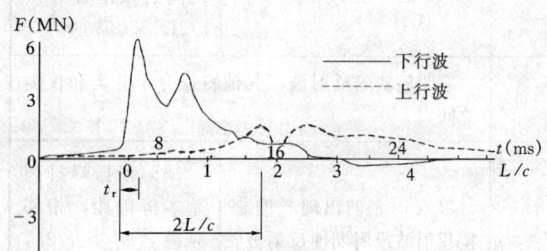

图 9.4.3　桩身波速的确定

9.4.4　当测点处原设定波速随调整后的桩身波速改变时，桩身材料弹性模量和锤击力信号幅值的调整应符合下列规定：

1　桩身材料弹性模量应按本规范式（9.3.2）重新计算。

2　当采用应变式传感器测力时，应同时对原实测力值校正。

9.4.5　**高应变实测的力和速度信号第一峰起始比例失调时，不得进行比例调整。**

9.4.6　承载力分析计算前，应结合地质条件、设计参数，对实测波形特征进行定性检查：

1　实测曲线特征反映出的桩承载性状。

2　观察桩身缺陷程度和位置，连续锤击时缺陷的扩大或逐步闭合情况。

9.4.7　以下四种情况应采用静载法进一步验证：

1　桩身存在缺陷，无法判定桩的竖向承载力。

2　桩身缺陷对水平承载力有影响。

3　单击贯入度大，桩底同向反射强烈且反射峰较宽，侧阻力波、端阻力波反射弱，即波形表现出竖向承载性状明显与勘察报告中的地质条件不符合。

4　嵌岩桩桩底同向反射强烈，且在时间 2L/c 后无明显端阻力反射；也可采用钻芯法核验。

9.4.8 采用凯司法判定桩承载力，应符合下列规定：

1 只限于中、小直径桩。

2 桩身材质、截面应基本均匀。

3 阻尼系数 J_c 宜根据同条件下静载试验结果校核，或应在已取得相近条件下可靠对比资料后，采用实测曲线拟合法确定 J_c 值，拟合计算的桩数不应少于检测总桩数的 30%，且不应少于 3 根。

4 在同一场地、地质条件相近和桩型及其截面积相同情况下，J_c 值的极差不宜大于平均值的 30%。

9.4.9 凯司法判定单桩承载力可按下列公式计算：

$$R_c = \frac{1}{2}(1 - J_c) \cdot [F(t_1) + Z \cdot V(t_1)] + \frac{1}{2}(1 + J_c)$$
$$\cdot \left[F\left(t_1 + \frac{2L}{c}\right) - Z \cdot V\left(t_1 + \frac{2L}{c}\right) \right] \quad (9.4.9\text{-}1)$$

$$Z = \frac{E \cdot A}{c} \quad (9.4.9\text{-}2)$$

式中 R_c——由凯司法判定的单桩竖向抗压承载力（kN）；

J_c——凯司法阻尼系数；

t_1——速度第一峰对应的时刻（ms）；

$F(t_1)$——t_1 时刻的锤击力（kN）；

$V(t_1)$——t_1 时刻的质点运动速度（m/s）；

Z——桩身截面力学阻抗（kN·s/m）；

A——桩身截面面积（m²）；

L——测点下桩长（m）。

注：公式（9.4.9-1）适用于 $t_1 + 2L/c$ 时刻桩侧和桩端土阻力均已充分发挥的摩擦型桩。

对于土阻力滞后于 $t_1 + 2L/c$ 时刻明显发挥或先于 $t_1 + 2L/c$ 时刻发挥并造成桩中上部强烈反弹这两种情况，宜分别采用以下两种方法对 R_c 值进行提高修正：

1 适当将 t_1 延时，确定 R_c 的最大值。

2 考虑卸载回弹部分土阻力对 R_c 值进行修正。

9.4.10 采用实测曲线拟合法判定桩承载力，应符合下列规定：

1 所采用的力学模型应明确合理，桩和土的力学模型应能分别反映桩和土的实际力学性状，模型参数的取值范围应能限定。

2 拟合分析选用的参数应在岩土工程的合理范围内。

3 曲线拟合时间段长度在 $t_1 + 2L/c$ 时刻后延续时间不应小于 20ms；对于柴油锤打桩信号，在 $t_1 + 2L/c$ 时刻后延续时间不应小于 30ms。

4 各单元所选用的土的最大弹性位移值不应超过相应桩单元的最大计算位移值。

5 拟合完成时，土阻力响应区段的计算曲线与实测曲线应吻合，其他区段的曲线应基本吻合。

6 贯入度的计算值应与实测值接近。

9.4.11 本方法对单桩承载力的统计和单桩竖向抗压承载力特征值的确定应符合下列规定：

1 参加统计的试桩结果，当满足其极差不超过平均值的 30% 时，取其平均值为单桩承载力统计值。

2 当极差超过 30% 时，应分析极差过大的原因，结合工程具体情况综合确定。必要时可增加试桩数量。

3 单位工程同一条件下的单桩竖向抗压承载力特征值 R_a 应按本方法得到的单桩承载力统计值的一半取值。

9.4.12 桩身完整性判定可采用以下方法进行：

1 采用实测曲线拟合法判定时，拟合所选用的桩土参数应符合本规范第 9.4.10 条第 1~2 款的规定；根据桩的成桩工艺，拟合时可采用桩身阻抗拟合或桩身裂隙（包括混凝土预制桩的接桩缝隙）拟合。

2 对于等截面桩，可按表 9.4.12 并结合经验判定；桩身完整性系数 β 和桩身缺陷位置 x 应分别按下列公式计算：

$$\beta = \frac{[F(t_1) + Z \cdot V(t_1)] - 2R_x + [F(t_x) - Z \cdot V(t_x)]}{[F(t_1) + Z \cdot V(t_1)] - [F(t_x) - Z \cdot V(t_x)]}$$
$$(9.4.12\text{-}1)$$

$$x = c \cdot \frac{t_x - t_1}{2000} \quad (9.4.12\text{-}2)$$

式中 β——桩身完整性系数；

t_x——缺陷反射峰对应的时刻（ms）；

x——桩身缺陷至传感器安装点的距离（m）；

R_x——缺陷以上部位土阻力的估计值，等于缺陷反射波起始点的力与速度乘以桩身截面力学阻抗之差值，取值方法见图 9.4.12。

表 9.4.12　桩身完整性判定

类别	β 值	类别	β 值
Ⅰ	$\beta = 1.0$	Ⅲ	$0.6 \leqslant \beta < 0.8$
Ⅱ	$0.8 \leqslant \beta < 1.0$	Ⅳ	$\beta < 0.6$

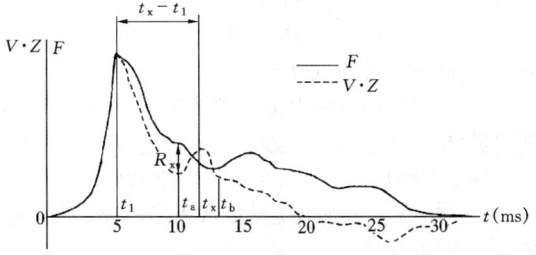

图 9.4.12　桩身完整性系数计算

9.4.13 出现下列情况之一时，桩身完整性判定宜按工程地质条件和施工工艺，结合实测曲线拟合法或其他检测方法综合进行：

1 桩身有扩径的桩。

2 桩身截面渐变或多变的混凝土灌注桩。

3 力和速度曲线在峰值附近比例失调，桩身浅部有缺陷的桩。

4 锤击力波上升缓慢，力与速度曲线比例失调的桩。

9.4.14 桩身最大锤击拉、压应力和桩锤实际传递给桩的能量应分别按本规范附录 G 相应公式计算。

9.4.15 高应变检测报告应给出实测的力与速度信号曲线。

9.4.16 检测报告除应包括本规范第 3.5.5 条内容外，还应包括下列内容：

1 计算中实际采用的桩身波速值和 J_c 值；

2 实测曲线拟合法所选用的各单元桩土模型参数、拟合曲线、土阻力沿桩身分布图；

3 实测贯入度；

4 试打桩和打桩监控所采用的桩锤型号、锤垫类型，以及监测得到的锤击数、桩侧和桩端静阻力、桩身锤击拉力和压应力、桩身完整性以及能量传递比随入土深度的变化。

10 声波透射法

10.1 适用范围

10.1.1 本方法适用于已预埋声测管的混凝土灌注桩桩身完整性检测，判定桩身缺陷的程度并确定其位置。

10.2 仪器设备

10.2.1 声波发射与接收换能器应符合下列要求：

1 圆柱状径向振动，沿径向无指向性；

2 外径小于声测管内径，有效工作面轴向长度不大于 150mm；

3 谐振频率宜为 30～50kHz；

4 水密性满足 1MPa 水压不渗水。

10.2.2 声波检测仪应符合下列要求：

1 具有实时显示和记录接收信号的时程曲线以及频率测量或频谱分析功能。

2 声时测量分辨力优于或等于 0.5μs，声波幅值测量相对误差小于 5%，系统频带宽度为 1～200kHz，系统最大动态范围不小于 100dB。

3 声波发射脉冲宜为阶跃或矩形脉冲，电压幅值为 200～1000V。

10.3 现场检测

10.3.1 声测管埋设应按本规范附录 H 的规定执行。

10.3.2 现场检测前准备工作应符合下列规定：

1 采用标定法确定仪器系统延迟时间。

2 计算声测管及耦合水层声时修正值。

3 在桩顶测量相应声测管外壁间净距离。

4 将各声测管内注满清水，检查声测管畅通情况；换能器应能在全程范围内升降顺畅。

10.3.3 现场检测步骤应符合下列规定：

1 将发射与接收声波换能器通过深度标志分别置于两根声测管中的测点处。

2 发射与接收声波换能器应以相同标高（图10.3.3a）或保持固定高差（图10.3.3b）同步升降，测点间距不宜大于 250mm。

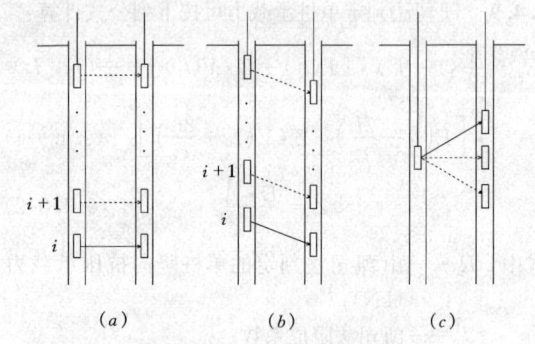

图 10.3.3 平测、斜测和扇形扫测示意图
(a) 平测；(b) 斜测；(c) 扇形扫测

3 实时显示和记录接收信号的时程曲线，读取声时、首波峰值和周期值，宜同时显示频谱曲线及主频值。

4 将多根声测管以两根为一个检测剖面进行全组合，分别对所有检测剖面完成检测。

5 在桩身质量可疑的测点周围，应采用加密测点，或采用斜测（图 10.3.3b）、扇形扫测（图10.3.3c）进行复测，进一步确定桩身缺陷的位置和范围。

6 在同一根桩的各检测剖面的检测过程中，声波发射电压和仪器设置参数应保持不变。

10.4 检测数据的分析与判定

10.4.1 各测点的声时 t_c、声速 v、波幅 A_p 及主频 f 应根据现场检测数据，按下列各式计算，并绘制声速-深度（v-z）曲线和波幅-深度（A_p-z）曲线，需要时可绘制辅助的主频-深度（f-z）曲线：

$$t_{ci} = t_i - t_0 - t' \tag{10.4.1-1}$$

$$v_i = \frac{l'}{t_{ci}} \tag{10.4.1-2}$$

$$A_{pi} = 20\lg\frac{a_i}{a_0} \tag{10.4.1-3}$$

$$f_i = \frac{1000}{T_i} \tag{10.4.1-4}$$

式中 t_{ci}——第 i 测点声时（μs）；

t_i——第 i 测点声时测量值（μs）；

t_0——仪器系统延迟时间（μs）；

t'——声测管及耦合水层声时修正值（μs）；

l'——每检测剖面相应两声测管的外壁间净距离（mm）；

v_i——第 i 测点声速（km/s）；

A_{pi}——第 i 测点波幅值（dB）；

a_i——第 i 测点信号首波峰值（V）；

a_0——零分贝信号幅值（V）；

f_i——第 i 测点信号主频值（kHz），也可由信号频谱的主频求得；

T_i——第 i 测点信号周期（μs）。

10.4.2 声速临界值应按下列步骤计算：

1 将同一检测剖面各测点的声速值 v_i 由大到小依次排序，即

$$v_1 \geqslant v_2 \geqslant \cdots v_i \geqslant \cdots v_{n-k} \geqslant \cdots v_{n-1}$$
$$\geqslant v_n(k = 0,1,2,\cdots) \quad (10.4.2\text{-}1)$$

式中 v_i——按序排列后的第 i 个声速测量值；

n——检测剖面测点数；

k——从零开始逐一去掉式（10.4.2-1）v_i 序列尾部最小数值的数据个数。

2 对从零开始逐一去掉 v_i 序列中最小数值后余下的数据进行统计计算。当去掉最小数值的数据个数为 k 时，对包括 v_{n-k} 在内的余下数据 $v_1 \sim v_{n-k}$ 按下列公式进行统计计算：

$$v_0 = v_m - \lambda \cdot s_x \quad (10.4.2\text{-}2)$$

$$v_m = \frac{1}{n-k} \sum_{i=1}^{n-k} v_i \quad (10.4.2\text{-}3)$$

$$s_x = \sqrt{\frac{1}{n-k-1} \sum_{i=1}^{n-k} (v_i - v_m)^2} \quad (10.4.2\text{-}4)$$

式中 v_0——异常判断值；

v_m——$(n-k)$ 个数据的平均值；

s_x——$(n-k)$ 个数据的标准差；

λ——由表 10.4.2 查得的与 $(n-k)$ 相对应的系数。

表 10.4.2 统计数据个数 $(n-k)$ 与对应的 λ 值

n-k	20	22	24	26	28	30	32	34	36	38
λ	1.64	1.69	1.73	1.77	1.80	1.83	1.86	1.89	1.91	1.94
n-k	40	42	44	46	48	50	52	54	56	58
λ	1.96	1.98	2.00	2.02	2.04	2.05	2.07	2.09	2.10	2.11
n-k	60	62	64	66	68	70	72	74	76	78
λ	2.13	2.14	2.15	2.17	2.18	2.19	2.20	2.21	2.22	2.23

续表 10.4.2

n-k	80	82	84	86	88	90	92	94	96	98
λ	2.24	2.25	2.26	2.27	2.28	2.29	2.29	2.30	2.31	2.32
n-k	100	105	110	115	120	125	130	135	140	145
λ	2.33	2.34	2.36	2.38	2.39	2.41	2.42	2.43	2.45	2.46
n-k	150	160	170	180	190	200	220	240	260	280
λ	2.47	2.50	2.52	2.54	2.56	2.58	2.61	2.64	2.67	2.69

3 将 v_{n-k} 与异常判断值 v_0 进行比较，当 $v_{n-k} \leqslant v_0$ 时，v_{n-k} 及其以后的数据均为异常，去掉 v_{n-k} 及其以后的异常数据；再用数据 $v_1 \sim v_{n-k-1}$ 并重复式（10.4.2-2）～（10.4.2-4）的计算步骤，直到 v_i 序列中余下的全部数据满足

$$v_i > v_0 \quad (10.4.2\text{-}5)$$

此时，v_0 为声速的异常判断临界值 v_c。

4 声速异常时的临界值判据为：

$$v_i \leqslant v_c \quad (10.4.2\text{-}6)$$

当式（10.4.2-6）成立时，声速可判定为异常。

10.4.3 当检测剖面 n 个测点的声速值普遍偏低且离散性很小时，宜采用声速低限值判据：

$$v_i < v_L \quad (10.4.3)$$

式中 v_i——第 i 测点声速（km/s）；

v_L——声速低限值（km/s），由预留同条件混凝土试件的抗压强度与声速对比试验结果，结合本地区实际经验确定。

当式（10.4.3）成立时，可直接判定为声速低于低限值异常。

10.4.4 波幅异常时的临界值判据应按下列公式计算：

$$A_m = \frac{1}{n} \sum_{i=1}^{n} A_{pi} \quad (10.4.4\text{-}1)$$

$$A_{pi} < A_m - 6 \quad (10.4.4\text{-}2)$$

式中 A_m——波幅平均值（dB）；

n——检测剖面测点数。

当式（10.4.4-2）成立时，波幅可判定为异常。

10.4.5 当采用斜率法的 PSD 值作为辅助异常点判据时，PSD 值应按下列公式计算：

$$PSD = K \cdot \Delta t \quad (10.4.5\text{-}1)$$

$$K = \frac{t_{ci} - t_{ci-1}}{z_i - z_{i-1}} \quad (10.4.5\text{-}2)$$

$$\Delta t = t_{ci} - t_{ci-1} \quad (10.4.5\text{-}3)$$

式中 t_{ci}——第 i 测点声时（μs）；

t_{ci-1}——第 $i-1$ 测点声时（μs）；

z_i——第 i 测点深度（m）；

z_{i-1}——第 $i-1$ 测点深度（m）。

根据 PSD 值在某深度处的突变，结合波幅变化情况，进行异常点判定。

10.4.6 当采用信号主频值作为辅助异常点判据时，主频-深度曲线上主频值明显降低可判定为异常。

10.4.7 桩身完整性类别应结合桩身混凝土各声学参数临界值、PSD判据、混凝土声速低限值以及桩身质量可疑点加密测试（包括斜测或扇形扫测）后确定的缺陷范围，按本规范表3.5.1的规定和表10.4.7的特征进行综合判定。

10.4.8 检测报告除应包括规范第3.5.5条内容外，还应包括：

1 声测管布置图；

2 受检桩每个检测剖面声速-深度曲线、波幅-深度曲线，并将相应判据临界值所对应的标志线绘制于同一个座标系；

3 当采用主频值或PSD值进行辅助分析判定时，绘制主频-深度曲线或PSD曲线；

4 缺陷分布图示。

表10.4.7 桩身完整性判定

类别	特征
I	各检测剖面的声学参数均无异常，无声速低于低限值异常
II	某一检测剖面个别测点的声学参数出现异常，无声速低于低限值异常
III	某一检测剖面连续多个测点的声学参数出现异常； 两个或两个以上检测剖面在同一深度测点的声学参数出现异常； 局部混凝土声速出现低于低限值异常
IV	某一检测剖面连续多个测点的声学参数出现明显异常； 两个或两个以上检测剖面在同一深度测点的声学参数出现明显异常； 桩身混凝土声速出现普遍低于低限值异常或无法检测首波或声波接收信号严重畸变

附录A 桩身内力测试

A.0.1 基桩内力测试适用于混凝土预制桩、钢桩、组合型桩，也可用于桩身断面尺寸基本恒定或已知的混凝土灌注桩。

A.0.2 对竖向抗压静载试验桩，可得到桩侧各土层的分层抗压摩阻力和桩端支承力；对竖向抗拔静荷载试验桩，可得到桩侧土的分层抗拔摩阻力；对水平静荷载试验桩，可求得桩身弯矩分布，最大弯矩位置等；对打入式预制混凝土桩和钢桩，可得到打桩过程中桩身各部位的锤击压应力、锤击拉应力。

A.0.3 基桩内力测试宜采用应变式传感器或钢弦式传感器。根据测试目的及要求，宜按表A.0.3中的传感器技术、环境特性，选择适合的传感器；也可采用滑动测微计。需要检测桩身某断面或桩端位移时，可在需检测断面设置沉降杆。

表A.0.3 传感器技术、环境特性一览表

类型 特性	钢弦式传感器	应变式传感器
传感器体积	大	较小
蠕变	较小，适宜于长期观测	较大，需提高制作技术、工艺解决
测量灵敏度	较低	较高
温度变化的影响	温度变化范围较大时需要修正	可以实现温度变化的自补偿
长导线影响	不影响测试结果	需进行长导线电阻影响的修正
自身补偿能力	补偿能力弱	对自身的弯曲、扭曲可以自补偿
对绝缘的要求	要求不高	要求高
动态响应	差	好

A.0.4 传感器设置位置及数量宜符合下列规定：

1 传感器宜放在两种不同性质土层的界面处，以测量桩在不同土层中的分层摩阻力。在地面处（或以上）应设置一个测量断面作为传感器标定断面。传感器埋设断面距桩顶和桩底的距离不宜小于1倍桩径。

2 在同一断面处可对称设置2~4个传感器，当桩径较大或试验要求较高时取高值。

A.0.5 应变式传感器可视以下情况采用不同制作方法：

1 对钢桩可采用以下两种方法之一：

1）将应变计用特殊的粘贴剂直接贴在钢桩的桩身，应变计宜采用标距3~~6mm的350Ω胶基箔式应变计，不得使用纸基应变计。粘贴前应将贴片区表面除锈磨平，用有机溶剂去污清洗，待干燥后粘贴应变计。粘贴好的应变计应采取可靠的防水防潮密封防护措施。

2）将应变式传感器直接固定在测量位置。

2 对混凝土预制桩和灌注桩，应变传感器的制作和埋设可视具体情况采用以下三种方法之一：

1）在600~1000mm长的钢筋上，轴向、横向粘贴四个（二个）应变计组成全桥（半桥），经防水绝缘处理后，到材料试验机上进行应力-应变关系标定。标定时的最大拉力宜控制在钢筋抗拉强度设计值的60%以内，经三次重复标定，应力-应变

曲线的线性、滞后和重复性满足要求后，方可采用。传感器应在浇筑混凝土前按指定位置焊接或绑扎（泥浆护壁灌注桩应焊接）在主筋上，并满足规范对钢筋锚固长度的要求。固定后带应变计的钢筋不得弯曲变形或有附加应力产生。

    2）直接将电阻应变计粘贴在桩身指定断面的主筋上，其制作方法及要求同本条第 1 款钢桩上粘贴应变计的方法及要求。

    3）将应变砖或埋入式混凝土应变测量传感器按产品使用要求预埋在预制桩的桩身指定位置。

A.0.6 应变式传感器可按全桥或半桥方式制作，宜优先采用全桥方式。传感器的测量片和补偿片应选用同一规格同一批号的产品，按轴向、横向准确地粘贴在钢筋同一断面上。测点的连接应采用屏蔽电缆，导线的对地绝缘电阻值应在 500MΩ 以上；使用前应将整卷电缆除两端外全部浸入水中 1h，测量芯线与水的绝缘；电缆屏蔽线应与钢筋绝缘；测量和补偿所用连接电缆的长度和线径应相同。

A.0.7 电阻应变计及其连接电缆均应有可靠的防潮绝缘防护措施；正式试验前电阻应变计及电缆的系统绝缘电阻不应低于 200MΩ。

A.0.8 不同材质的电阻应变计粘贴时应使用不同的粘贴剂。在选用电阻应变计、粘贴剂和导线时，应充分考虑试验桩在制作、养护和施工过程中的环境条件。对采用蒸汽养护或高压养护的混凝土预制桩，应选用耐高温的电阻应变计、粘贴剂和导线。

A.0.9 电阻应变测量所用的电阻应变仪宜具有多点自动测量功能，仪器的分辨力应优于或等于 $1\mu\varepsilon$，并有存储和打印功能。

A.0.10 弦式钢筋计应按主筋直径大小选择。仪器的可测频率范围应大于桩在最大加载时的频率的 1.2 倍。使用前应对钢筋计逐个标定，得出压力（拉力）与频率之间的关系。

A.0.11 带有接长杆弦式钢筋计可焊接在主筋上；不宜采用螺纹连接。

A.0.12 弦式钢筋计通过与之匹配的频率仪进行测量，频率仪的分辨力应优于或等于 1Hz。

A.0.13 当同时进行桩身位移测量时，桩身内力和位移测试应同步。

A.0.14 测试数据整理应符合下列规定：

    1 采用应变式传感器测量时，按下列公式对实测应变值进行导线电阻修正：

    采用半桥测量时：$\varepsilon = \varepsilon' \cdot \left(1 + \dfrac{r}{R}\right)$ (A.0.14-1)

    采用全桥测量时：$\varepsilon = \varepsilon' \cdot \left(1 + \dfrac{2r}{R}\right)$ (A.0.14-2)

式中 ε——修正后的应变值；

    ε'——修正前的应变值；

    r——导线电阻（Ω）；

    R——应变计电阻（Ω）。

    2 采用弦式传感器测量时，将钢筋计实测频率通过率定系数换算成力，再计算成与钢筋计断面处的混凝土应变相等的钢筋应变量。

    3 在数据整理过程中，应将零漂大、变化无规律的测点删除，求出同一断面有效测点的应变平均值，并按下式计算该断面处桩身轴力：

$$Q_i = \bar{\varepsilon}_i \cdot E_i \cdot A_i \quad (A.0.14\text{-}3)$$

式中 Q_i——桩身第 i 断面处轴力（kN）；

    $\bar{\varepsilon}_i$——第 i 断面处应变平均值；

    E_i——第 i 断面处桩身材料弹性模量（kPa）；当桩身断面、配筋一致时，宜按标定断面处的应力与应变的比值确定；

    A_i——第 i 断面处桩身截面面积（m²）。

    4 按每级试验荷载下桩身不同断面处的轴力值制成表格，并绘制轴力分布图。再由桩顶极限荷载下对应的各断面轴力值计算桩侧土的分层极限摩阻力和极限端阻力：

$$q_{si} = \frac{Q_i - Q_{i+1}}{u \cdot l_i} \quad (A.0.14\text{-}4)$$

$$q_p = \frac{Q_n}{A_0} \quad (A.0.14\text{-}5)$$

式中 q_{si}——桩第 i 断面与 $i+1$ 断面间侧摩阻力（kPa）；

    q_p——桩的端阻力（kPa）；

    i——桩检测断面顺序号，$i = 1, 2, \cdots\cdots$，n，并自桩顶以下从小到大排列；

    u——桩身周长（m）；

    l_i——第 i 断面与 $i+1$ 断面之间的桩长（m）；

    Q_n——桩端的轴力（kN）；

    A_0——桩端面积（m²）。

    5 桩身第 i 断面处的钢筋应力可按下式计算：

$$\sigma_{si} = E_s \cdot \varepsilon_{si} \quad (A.0.14\text{-}6)$$

式中 σ_{si}——桩身第 i 断面处的钢筋应力（kPa）；

    E_s——钢筋弹性模量（kPa）；

    ε_{si}——桩身第 i 断面处的钢筋应变。

A.0.15 沉降杆宜采用内外管形式：外管固定在桩身，内管下端固定在需测试断面，顶端高出外管 100～200mm，并能与固定断面同步位移。

A.0.16 沉降杆应具有一定的刚度；沉降杆外径与外管内径之差不宜小于 10mm，沉降杆接头处应光滑。

A.0.17 测量沉降杆位移的检测仪器应符合本规范第 4.2.4 条的技术要求。数据的测读应与桩顶位移测量同步。

A.0.18 当沉降杆底端固定断面处桩身埋设有内力测试传感器时，可得到该断面处桩身轴力 Q_i 和位移 s_i。

附录 B　混凝土桩桩头处理

B.0.1 混凝土桩应先凿掉桩顶部的破碎层和软弱混凝土。

B.0.2 桩头顶面应平整，桩头中轴线与桩身上部的中轴线应重合。

B.0.3 桩头主筋应全部直通至桩顶混凝土保护层之下，各主筋应在同一高度上。

B.0.4 距桩顶 1 倍桩径范围内，宜用厚度为 3～5mm 的钢板围裹或距桩顶 1.5 倍桩径范围内设置箍筋，间距不宜大于 100mm。桩顶应设置钢筋网片 2～3 层，间距 60～100mm。

B.0.5 桩头混凝土强度等级宜比桩身混凝土提高1～2级，且不得低于 C30。

B.0.6 高应变法检测的桩头测点处截面尺寸应与原桩身截面尺寸相同。

附录 C　静载试验记录表

C.0.1 单桩竖向抗压静载试验的现场检测数据宜按附表 C.0.1 的格式记录。

C.0.2 单桩水平静载试验的现场检测数据宜按附表 C.0.2 的格式记录。

附表 C.0.1　单桩竖向抗压静载试验记录表

工程名称				桩号			日期		
加载级	油压(MPa)	荷载(kN)	测读时间	位移计（百分表）读数				本级沉降(mm)	累计沉降(mm)	备注
				1号	2号	3号	4号			

检测单位：　　　　　校核：　　　　　记录：

附表 C.0.2　单桩水平静载试验记录表

工程名称			桩号		日期		上下表距	
油压(MPa)	荷载(kN)	观测时间	循环数	加载		卸载		水平位移(mm)		加载上下表读数差	转角	备注

油压(MPa)	荷载(kN)	观测时间	循环数	加载 上表	加载 下表	卸载 上表	卸载 下表	加载	卸载	加载上下表读数差	转角	备注

检测单位：　　　　　校核：　　　　　记录：

附录 D　钻芯法检测记录表

D.0.1 钻芯法检测的现场操作记录和芯样编录应分别按附表 D.0.1-1、D.0.1-2 的格式记录；检测芯样综合柱状图应按附表 D.0.1-3 的格式记录和描述。

附表 D.0.1-1　钻芯法检测现场操作记录表

桩号		孔号		工程名称		
时间		钻进（m）			芯样编号	芯样长度(m)	残留芯样	芯样初步描述及异常情况记录
自	至	自	至	计				

检测日期：　　　机长：　　　记录：　　　页次：

附表 D.0.1-2　钻芯法检测芯样编录表

工程名称			日期	
桩号/钻芯孔号		桩径	混凝土设计强度等级	
项目	分段（层）深度(m)	芯样描述	取样编号 取样深度	备注
桩身混凝土		混凝土钻进深度，芯样连续性、完整性、胶结情况、表面光滑情况、断口吻合程度、混凝土芯是否为柱状、骨料大小分布情况，以及气孔、空洞、蜂窝麻面、沟槽、破碎、夹泥、松散的情况		
桩底沉渣		桩端混凝土与持力层接触情况、沉渣厚度		
持力层		持力层钻进深度，岩土名称、芯样颜色、结构构造、裂隙发育程度、坚硬及风化程度；分层岩层应分层描述	（强风化或土层时的动力触探或标贯结果）	

检测单位：　　　记录员：　　　检测人员：

附表 D.0.1-3　钻芯法检测芯样综合柱状图

桩号/孔号		混凝土设计强度等级		桩顶标高		开孔时间	
施工桩长		设计桩径		钻孔深度		终孔时间	
层序号	层底标高(m)	层底深度(m)	分层厚度(m)	混凝土/岩土芯柱状图(比例尺)	桩身混凝土、持力层描述	序号	芯样深度(m)	芯样强度(m)	备注
				□					
				□					
				□					

编制：　　　　　　　校核：

注：□代表芯样试件取样位置。

附录 E　芯样试件加工和测量

E.0.1　应采用双面锯切机加工芯样试件。加工时应将芯样固定，锯切平面垂直于芯样轴线。锯切过程中应淋水冷却金刚石圆锯片。

E.0.2　锯切后的芯样试件，当试件不能满足平整度及垂直度要求时，应选用以下方法进行端面加工：

1　在磨平机上磨平。

2　用水泥砂浆（或水泥净浆）或硫磺胶泥（或硫磺）等材料在专用补平装置上补平。水泥砂浆（或水泥净浆）补平厚度不宜大于 5mm，硫磺胶泥（或硫磺）补平厚度不宜大于 1.5mm。

补平层应与芯样结合牢固，受压时补平层与芯样的结合面不得提前破坏。

E.0.3　试验前，应对芯样试件的几何尺寸做下列测量：

1　平均直径：用游标卡尺测量芯样中部，在相互垂直的两个位置上，取其两次测量的算术平均值，精确至 0.5mm。

2　芯样高度：用钢卷尺或钢板尺进行测量，精确至 1mm。

3　垂直度：用游标量角器测量两个端面与母线的夹角，精确至 0.1°。

4　平整度：用钢板尺或角尺紧靠在芯样端面上，一面转动钢板尺，一面用塞尺测量与芯样端面之间的缝隙。

E.0.4　试件有裂缝或有其他较大缺陷、芯样试件内含有钢筋以及试件尺寸偏差超过下列数值时，不得用作抗压强度试验：

1　芯样试件高度小于 $0.95d$ 或大于 $1.05d$ 时（d 为芯样试件平均直径）。

2　沿试件高度任一直径与平均直径相差达 2mm 以上时。

3　试件端面的不平整度在 100mm 长度内超过 0.1mm 时。

4　试件端面与轴线的不垂直度超过 2°时。

5　芯样试件平均直径小于 2 倍表观混凝土粗骨料最大粒径时。

附录 F　高应变法传感器安装

F.0.1　检测时至少应对称安装冲击力和冲击响应（质点运动速度）测量传感器各两个（传感器安装见图 F.0.1）。冲击力和响应测量可采取以下方式：

1　在桩顶下的桩侧表面分别对称安装加速度传感器和应变式力传感器，直接测量桩身测点处的响应和应变，并将应变换算成冲击力。

2　在桩顶下的桩侧表面对称安装加速传感器直接测量响应，在自由落锤锤体 $0.5H_r$ 处（H_r 为锤体高度）对称安装加速度传感器直接测量冲击力。

F.0.2　在第 F.0.1 条第 1 款条件下，传感器宜分别对称安装在距桩顶不小于 $2D$ 的桩侧表面处（D 为试桩的直径或边宽）；对于大直径桩，传感器与桩顶之间的距离可适当减小，但不得小于 $1D$。安装面处的材质和截面尺寸应与原桩身相同，传感器不得安装在截面突变处附近。

在第 F.0.1 条第 2 款条件下，对称安装在桩侧表面的加速度传感器距桩顶的距离不得小于 $0.4H_r$ 或 $1D$，并取两者高值。

F.0.3　在第 F.0.1 条第 1 款条件下，传感器安装尚应符合下列规定：

1　应变传感器与加速度传感器的中心应位于同一水平线上；同侧的应变传感器和加速度传感器间的水平距离不宜大于 80mm。安装完毕后，传感器的中心轴应与桩中心轴保持平行。

2　各传感器的安装面材质应均匀、密实、平整，并与桩轴线平行，否则应采用磨光机将其磨平。

3　安装螺栓的钻孔应与桩侧表面垂直；安装完毕后的传感器应紧贴桩表面，锤击时传感器不得产生滑动。安装应变式传感器时应对其初始应变值进行监视，安装后的传感器初始应变值应能保证锤击时的可测轴向变形余量为：

1）混凝土桩应大于 $\pm1000\mu\varepsilon$；

2）钢桩应大于 $\pm1500\mu\varepsilon$。

F.0.4　当连续锤击监测时，应将传感器连接电缆有效固定。

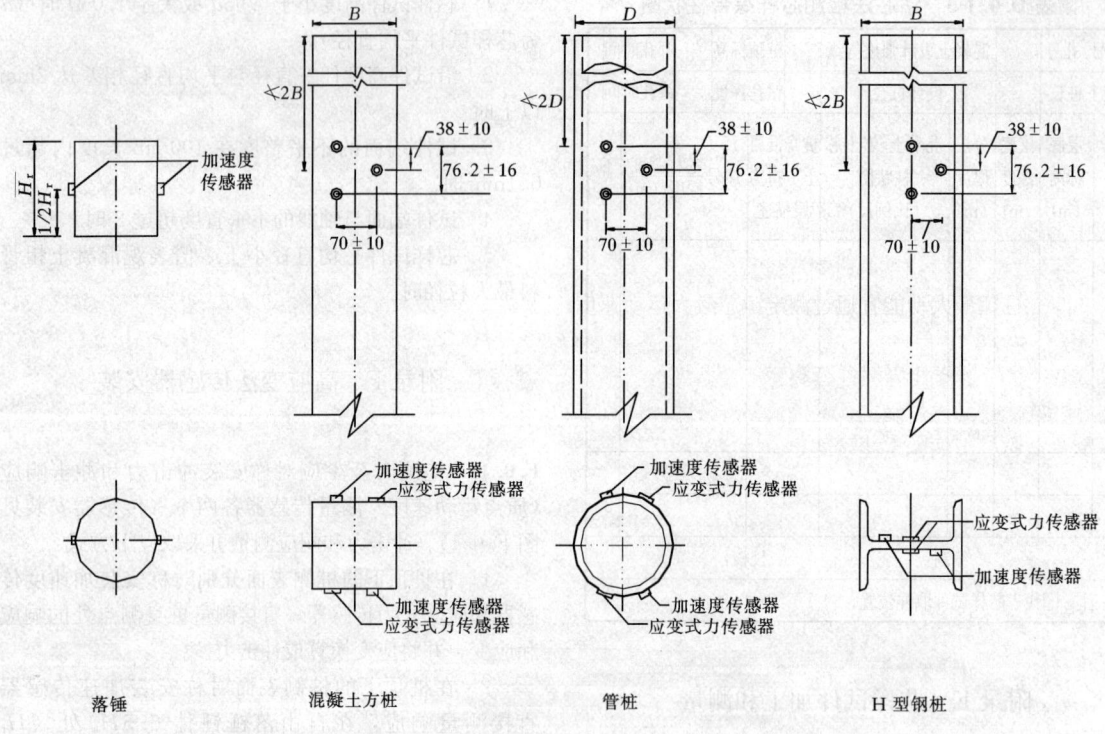

图 F.0.1 传感器安装示意图（单位：mm）

落锤　　　　混凝土方桩　　　　管桩　　　　H 型钢桩

附录 G　试打桩与打桩监控

G.1　试　打　桩

G.1.1　选择工程桩的桩型、桩长和桩端持力层进行试打桩时，应符合下列规定：

1　试打桩位置的工程地质条件应具有代表性。

2　试打桩过程中，应按桩端进入的土层逐一进行测试；当持力层较厚时，应在同一土层中进行多次测试。

G.1.2　桩端持力层应根据试打桩结果的承载力与贯入度关系，结合场地岩土工程勘察报告综合判定。

G.1.3　采用试打桩判定桩的承载力时，应符合下列规定：

1　判定的承载力值应小于或等于试打桩时测得的桩侧和桩端静土阻力值之和与桩在地基土中的时间效应系数的乘积，并应进行复打校核。

2　复打至初打的休止时间应符合本规范表3.2.6的规定。

G.2　桩身锤击应力监测

G.2.1　桩身锤击应力监测应符合下列规定：

1　被监测桩的桩型、材质应与工程桩相同；施打机械的锤型、落距和垫层材料及状况应与工程桩施工时相同。

2　应包括桩身锤击拉应力和锤击压应力两部分。

G.2.2　为测得桩身锤击应力最大值，监测时应符合下列规定：

1　桩身锤击拉应力宜在预计桩端进入软土层或桩端穿过硬土层进入软夹层时测试。

2　桩身锤击压应力宜在桩端进入硬土层或桩周土阻力较大时测试。

G.2.3　最大桩身锤击拉应力可按下式计算：

$$\sigma_t = \frac{1}{2A}\left[Z \cdot V\left(t_1 + \frac{2L}{c}\right) - F\left(t_1 + \frac{2L}{c}\right) \right.$$
$$\left. - Z \cdot V\left(t_1 + \frac{2L - 2x}{c}\right) \right.$$
$$\left. - F\left(t_1 + \frac{2L - 2x}{c}\right) \right] \qquad (G.2.3)$$

式中　σ_t——最大桩身锤击拉应力（kPa）；

x——传感器安装点至计算点的距离（m）；

A——桩身截面面积（m^2）。

G.2.4　最大桩身锤击压应力可按下式计算：

$$\sigma_p = \frac{F_{max}}{A} \qquad (G.2.4)$$

式中　σ_p——最大桩身锤击压应力（kPa）；

F_{max}——实测的最大锤击力（kN）。

当打桩过程中突然出现贯入度骤减甚至拒锤时，应考虑与桩端接触的硬层对桩身锤击压应力的放大作用。

G.2.5　桩身最大锤击应力控制值应符合《建筑桩基

技术规范》JGJ 94 的有关规定。

G.3 锤击能量监测

G.3.1 桩锤实际传递给桩的能量应按下式计算：

$$E_n = \int_0^{t_e} E \cdot V \cdot \mathrm{d}t \qquad (G.3.1)$$

式中　E_n——桩锤实际传递给桩的能量（kJ）；

　　　t_e——采样结束的时刻（s）。

G.3.2 桩锤最大动能宜通过测定锤芯最大运动速度确定。

G.3.3 桩锤传递比应按桩锤实际传递给桩的能量与桩锤额定能量的比值确定；桩锤效率应按实测的桩锤最大动能与桩锤的额定能量的比值确定。

附录 H 声测管埋设要点

H.0.1 声测管内径宜为 50～60mm。

H.0.2 声测管应下端封闭、上端加盖、管内无异物；声测管连接处应光滑过渡，管口应高出桩顶 100mm 以上，且各声测管管口高度宜一致。

H.0.3 应采取适宜方法固定声测管，使之成桩后相互平行。

H.0.4 声测管埋设数量应符合下列要求：

　1　$D \leqslant 800$mm，2 根管。

　2　800mm$< D \leqslant 2000$mm，不少于 3 根管。

　3　$D > 2000$mm，不少于 4 根管。

式中　D——受检桩设计桩径。

H.0.5 声测管应沿桩截面外侧呈对称形状布置，按图 H.0.5 所示的箭头方向顺时针旋转依次编号。

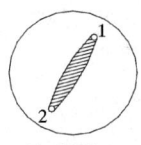 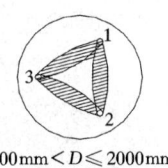 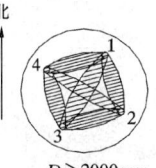

$D \leqslant 800$mm　　800mm$< D \leqslant 2000$mm　　$D > 2000$mm

H.0.5 声测管布置图

检测剖面编组分别为：1-2；

　　　　　　　　　　1-2，1-3，2-3；

　　　　　　　　　　1-2,1-3,1-4,2-3,2-4,3-4。

本规范用词说明

1　为便于在执行本规范条文时区别对待，对要求严格程度不同的用词，说明如下：

　1）表示很严格，非这样做不可的：

　　　正面词采用"必须"；反面词采用"严禁"。

　2）表示严格，在正常情况均应这样做的：

　　　正面词采用"应"；反面词采用"不应"或"不得"。

　3）表示允许稍有选择，在条件许可时首先应这样做的：

　　　正面词采用"宜"；反面词采用"不宜"。

　表示有选择，在一定条件下可以这样做的，采用"可"。

2　条文中指定应按其他有关标准、规范执行的写法为"应按……执行"或"应符合……的要求（或规定）"。

中华人民共和国行业标准

建筑基桩检测技术规范

JGJ 106—2003

条 文 说 明

前　言

《建筑基桩检测技术规范》JGJ 106—2003，经建设部 2003 年 3 月 27 日以第 133 号公告批准、发布。

为便于广大检测、设计、施工、科研、学校等单位的有关人员在使用本标准时能正确理解和执行条文规定，《建筑基桩检测技术规范》编制组按章、节、条顺序编制了本规范的条文说明，供国内使用者参考。在使用中如发现本条文说明有不妥之处，请将意见函寄中国建筑科学研究院（地址：北京市北三环东路 30 号；邮编：100013）。

目　　次

1 总　则

1.0.1 工业与民用建筑中的质量问题和重大质量事故多与基础工程质量有关，其中有不少是由于桩基工程的质量问题，而直接危及主体结构的正常使用与安全。我国每年的用桩量超过 300 万根，其中沿海地区和长江中下游软土地区占 70%～80%。如此大的用桩量，如何保证质量，一直倍受建设、施工、设计、勘察、监理各方以及建设行政主管部门的关注。桩基工程除因受岩土工程条件、基础与结构设计、桩土体系相互作用、施工以及专业技术水平和经验等关联因素的影响而具有复杂性外，桩的施工还具有高度的隐蔽性，发现质量问题难，事故处理更难。因此，基桩检测工作是整个桩基工程中不可缺少的重要环节，只有提高基桩检测工作的质量和检测评定结果的可靠性，才能真正做到确保桩基工程质量与安全。

20 世纪 80 年代以来，我国基桩检测技术、特别是基桩动测技术得到了飞速发展。从国内外基桩检测实践看，如果不将动测法作为质量普查和承载力判定的补充手段，很难在人力和物力上对桩基工程质量进行有效的检测和评价。因此，利用理论和实践渐趋成熟的动测技术势在必行。但同时应注意，与常规的直接法（静载法、钻芯法）相比，动测法对检测人员的经验与理论水平要求高。况且，动测法在国内起步近三十年，但推广应用才十年，仍属发展中的技术，经验和理论有待进一步积累和完善。

目前，国内有关基桩检测的标准虽已形成初步系列，但这些标准只针对一类检测方法单独制定，有关设计规范对基桩检测的规定比较原则，主要侧重于为桩基设计提供依据。这些标准施行后暴露出的问题可归纳为：

1　各方法之间在某些方面（如抽检数量、桩身完整性类别划分及判据、测试仪器主要性能指标、复检规则等）缺乏统一的标准（至少是能被共同接受的一个低限原则），使检测人员在方法应用、检测数据采用及评判时显得无所适从，容易造成桩基工程验收工作的混乱。

2　由于技术上的原因，各检测方法都有其一定的适用范围。若将检测能力和适用范围不适宜的扩大，容易引起误判。

3　基桩检测通常是直接法与半直接法配合，多种方法并用。当需要对整个桩基质量进行评定时，单独的方法无法覆盖，各个标准（包括地方标准）并用时又出现主次不分或不一致。

因此，统一基桩检测方法，使基桩检测技术标准化、规范化，才能促进基桩检测技术进步，提高检测工作质量，为设计和施工验收提供可靠依据，确保工程质量。

1.0.2 本规范所指的基桩是混凝土灌注桩、混凝土预制桩（包括预应力管桩）和钢桩。基桩的承载力和桩身完整性检测是基桩质量检测中的两项重要内容，除此之外，质量检测的其他内容与要求已在相关的设计和施工质量验收规范中做了明确规定。本规范的适用范围是根据《建筑地基基础设计规范》GB 50007 和《建筑地基基础工程施工质量验收规范》GB 50202 的有关规定制定的，交通、铁路、港口等工程的基桩检测可参照使用。但应注意：建筑工程的基桩绝大多数以竖向受压混凝土桩为主，某些交通、铁路、港工以及上部竖向荷载较小的构筑物等基础桩的承载力并非单纯以竖向抗压承载力控制，而是以上拔或水平荷载控制，也可能是抗压与水平荷载或上拔与水平荷载的双重控制。此外，对于复合地基增强体设计强度等级不小于 C15 的高粘结强度桩（类似于素混凝土桩，如水泥粉煤灰碎石桩），其桩身完整性检测的原理、方法与本规范桩基的桩身完整性检测无异，同样可按本规范执行。

1.0.3 本条是本规范编制的基本原则。桩基工程的安全与单桩本身的质量直接相关，而设计条件（地质条件、桩的承载性状、桩的使用功能、桩型、基础和上部结构的型式等）和施工因素（成桩工艺、施工过程的质量控制、施工质量的均匀性、施工方法的可靠性等）不仅对单桩质量而且对整个桩基的正常使用均有影响。另外，检测得到的数据和信号也包含了诸如地质条件、桩身材料、不同桩型及其成桩可靠性、桩的休止时间等设计和施工因素的作用和影响，这些也直接决定了与检测方法相应的检测结果判定是否可靠，及所选择的受检桩是否具有代表性等。如果基桩检测及其结果判定时抛开这些影响因素，就会造成不必要的浪费或隐患。同时，由于各种检测方法在可靠性或经济性方面存在不同程度的局限性，多种方法配合时又具有一定的灵活性。因此，应根据检测目的、检测方法的适用范围和特点，考虑上述各种因素合理选择检测方法，实现各种方法合理搭配、优势互补，使各种检测方法尽量能互为补充或验证，即在达到"正确评价"目的的同时，又要体现经济合理性。

2　术语、符号

2.1　术　语

2.1.2 桩身完整性是一个综合定性指标，而非严格的定量指标。其类别是按缺陷对桩身结构承载力的影响程度划分的。这里有两点需要说明：

1　连续性包涵了桩长不够的情况。因动测法只能估算桩长，桩长明显偏短时，给出断桩的结论是正常的。而钻芯法则不同，可准确测定桩长。

2 作为完整性定性指标之一的桩身截面尺寸，由于定义为"相对变化"，所以也要确定一个相对衡量尺度。但检测时，桩径是否减小可能会参照以下条件之一：

——按设计桩径；

——根据设计桩径，并针对不同成桩工艺的桩型按施工验收规范考虑桩径的允许负偏差；

——考虑充盈系数后的平均施工桩径。

所以，灌注桩是否缩颈必需有一个参考基准。过去，在动测法检测并采用开挖验证时，说明动测结论与开挖验证结果是否符合通常是按第一种条件。但严格地讲，应按施工验收规范，即第二个条件才是合理的，但因为动测法不能对缩颈严格定量，于是才定义为"相对变化"。

2.1.3 桩身缺陷有三个指标，即位置、类型（性质）和程度。动测法检测时，不论缺陷的类型如何，其综合表现均为桩的阻抗变小，即完整性动力检测中分析的仅是阻抗变化，阻抗的变小可能是任何一种或多种缺陷类型及其程度大小的表现。因此，仅根据阻抗的变小不能判断缺陷的具体类型，如有必要，应结合地质资料、桩型、成桩工艺和施工记录等进行综合判断。对于扩径而表现出的阻抗变大，应在分析判定时予以说明，因扩径对桩的承载力有利，不应作为缺陷考虑。

2.1.6～2.1.7 基桩动力检测方法按动荷载作用产生的桩顶位移和桩身应变大小可分为高应变法和低应变法。前者的桩顶位移量与竖向抗压静载试验接近，桩周岩土全部或大部进入塑性变形状态，桩身应变量通常在 0.1‰～1.0‰范围内；后者桩-土系统变形完全在弹性范围内，桩身应变量一般小于 0.01‰。对于普通钢桩，超过 1.0‰的桩身应变量已接近其屈服台阶所对应的变形；对于混凝土桩，视混凝土强度等级的不同，其出现明显塑性变形对应的应变量约为 0.5‰～1.0‰。

3 基 本 规 定

3.1 检测方法和内容

3.1.1 工程桩应进行承载力检验是现行《建筑地基基础工程施工质量验收规范》GB 50202 和《建筑地基基础设计规范》GB 50007 以强制性条文的形式规定的；混凝土桩的桩身完整性检测是 GB 50202 质量检验标准中的主控项目。因工程桩的预期使用功能要通过单桩承载力实现，完整性检测的目的是发现某些可能影响单桩承载力的缺陷，最终仍是为减少安全隐患、可靠判定工程桩承载力服务。所以，基桩质量检测时，承载力和完整性两项内容密不可分，往往是通过低应变完整性普查找出基桩施工质量问题并得到对

整体施工质量的大致估计。

3.1.2 表 3.1.2 所列 7 种方法是基桩检测中最常用的检测方法。对于冲钻孔、挖孔和沉管灌注桩以及预制桩等桩型，可采用其中多种甚至全部方法进行检测；但对异型桩、组合型桩，表 3.1.2 中的 7 种方法就不能完全适用（如高、低应变动测法和声透法）。因此在具体选择检测方法时，应根据检测目的、内容和要求，结合各检测方法的适用范围和检测能力，考虑设计、地质条件、施工因素和工程重要性等情况确定，不允许超适用范围滥用。同时也要兼顾实施中的经济合理性，即在满足正确评价的前提下，做到快速经济。

3.1.3 本条是 1.0.3 条中"各种检测方法合理选择搭配"这一原则的具体体现，目的是提高检测结果的可靠性。除中小直径灌注桩外，大直径灌注桩完整性检测一般可同时选用两种或多种的方法检测，使各种方法能相互补充印证，优势互补。另外，对设计等级高、地质条件复杂、施工质量变异性大的桩基，或低应变完整性判定可能有技术困难时，提倡采用直接法（静载试验、钻芯和开挖）进行验证。

3.1.4 鉴于目前对施工过程中的检测重视不够，本条强调了施工过程中的检测，以便加强施工过程的质量控制，做到信息化施工。如：冲钻孔灌注桩施工中应提倡或明确规定采用一些成熟的技术和常规的方法进行孔径、孔斜、孔深、沉渣厚度和桩端岩性鉴别等项目的检验；对于打入式预制桩，提倡沉桩过程中的动力监测等。

桩基施工过程中可能出现以下情况：设计变更、局部地质条件与勘察报告不符、工程桩施工参数与施工前为设计提供依据的试验桩不同、原材料发生变化、施工单位更换等，都可能造成质量隐患。除施工前为设计提供依据的检测外，仅在施工后进行验收检测，即使发现质量问题，也只是事后补救，造成不必要的浪费。因此，基桩检测除在施工前和施工后进行外，尚应加强桩基施工过程中的检测，以便及时发现并解决问题，做到防患于未然，提高效益。

3.2 检测工作程序

3.2.1 框图 3.2.1 是检测机构应遵循的检测工作程序。实际执行检测程序中，由于不可预知的原因，如委托要求的变化、现场调查情况与委托方介绍的不符，或在现场检测尚未全部完成就已发现质量问题而需要进一步排查，都可能使原检测方案中的抽检数量、受检桩桩位、检测方法发生变化。如首先用低应变法普测（或扩检），再根据低应变法检测结果，采用钻芯法、高应变法或静载试验，对有缺陷的桩重点抽测。总之，检测方案并非一成不变，可根据实际情况动态调整。

3.2.2 根据 1.0.3 条的原则及基桩检测工作的特殊

性，本条对调查阶段工作提出了具体要求。为了正确地对基桩质量进行检测和评价，提高基桩检测工作的质量，做到有的放矢，应尽可能详细地了解和搜集有关的技术资料，并按表1填写受检桩设计施工记录表。另外，有时委托方的介绍和提出的要求是笼统的、非技术性的，也需要通过调查来进一步明确委托方的具体要求和现场实施的可行性；有些情况下还需要检测技术人员到现场了解和搜集。

表1　受检桩设计施工资料表

桩号	桩横截面尺寸	混凝土设计强度等级（MPa）	设计桩顶标高（m）	检测时桩顶标高（m）	施工桩底标高（m）	施工桩长（m）	成桩日期	设计桩端持力层	单桩承载力特征值（kN）	其他
工程名称					地点			桩型		
提供资料人员：				日期：				第　　　页		

3.2.3 本条提出的检测方案内容为一般情况下包含的内容，某些情况下还需要包括桩头加固、处理方案以及场地开挖、道路、供电、照明等要求。有时检测方案还需要与委托方或设计方共同研究制定。

3.2.5 检测所用计量器具必须送至法定计量检定单位进行定期检定，且使用时必须在计量检定的有效期之内，这是我国《计量法》的要求，以保证基桩检测数据的准确可靠性和可追溯性。虽然计量器具在有效计量检定周期之内，但由于基桩检测工作的环境较差，使用期间仍可能由于使用不当或环境恶劣等造成计量器具的受损或计量参数发生变化。因此，检测前还应加强对计量器具、配套设备的检查或模拟测试；有条件时可建立校准装置进行自校，发现问题后应重新检定。

3.2.6 混凝土是一种与龄期相关的材料，其强度随时间的增加而增加。在最初几天内强度快速增加，随后逐渐变缓，其物理力学、声学参数变化趋势亦大体如此。桩基工程受季节气候、周边环境或工期紧的影响，往往不允许等到全部工程桩施工完并都达到28d龄期强度后再开始检测。为做到信息化施工，尽早发现桩的施工质量问题并及时处理，同时考虑到低应变法和声波透射法检测内容是桩身完整性，对混凝土强度的要求可适当放宽。但如果混凝土龄期过短或强度过低，应力波或声波在其中的传播衰减加剧，或同一场地由于桩的龄期相差大，声速的变异性增大。因此，对于低应变法或声波透射法的测试，规定桩身混凝土强度应大于设计强度的70%，并不得低于15MPa。钻芯法检测的内容之一即是桩身混凝土强度，显然受检桩应达到28d龄期或同条件养护试块达到设计强度，如果不是以检测混凝土强度为目的的验证检测，也可根据实际情况适当缩短混凝土龄期。高应变法和静载试验在桩身产生的应力水平高，若桩身混凝土强度低，有可能引起桩身损伤或破坏。为分清责任，桩身混凝土应达到28d龄期或设计强度。另

外，桩身混凝土强度过低，也可能出现桩身材料应力-应变关系的严重非线性，使高应变测试信号失真。

桩在施工过程中不可避免地扰动桩周土，降低土体强度，引起桩的承载力下降，以高灵敏度饱和粘性土中的摩擦桩最明显。随着休止时间的增加，土体重新固结，土体强度逐渐恢复提高，桩的承载力也逐渐增加。成桩后桩的承载力随时间而变化的现象称为桩的承载力时间（或歇后）效应，我国软土地区这种效应尤为突出。研究资料表明，时间效应可使桩的承载力比初始值增长40%～400%。其变化规律一般是初期增长速度较快，随后渐慢，待达到一定时间后趋于相对稳定，其增长的快慢和幅度与土性和类别有关。除非在特定的土质条件和成桩工艺下积累大量的对比数据，否则很难得到承载力的时间效应关系。另外，桩的承载力包括两层涵义，即桩身结构承载力和支撑桩结构的地基岩土承载力，桩的破坏可能是桩身结构破坏或支撑桩结构的地基岩土承载力达到了极限状态，多数情况下桩的承载力受后者制约。如果混凝土强度过低，桩可能产生桩身结构破坏而地基土承载力尚未完全发挥，桩身产生的压缩量较大，检测结果不能真正反映设计条件下桩的承载力与桩的变形情况。因此，对于承载力检测，应同时满足地基土休止时间和桩身混凝土龄期（或设计强度）双重规定，若验收检测工期紧无法满足休止时间规定时，应在检测报告中注明。

3.2.7 相对于静载试验而言，本规范规定的完整性检测（除钻芯法外）方法作为普查手段，具有速度快、费用较低和抽检数量大的特点，容易发现桩基的整体施工质量问题，至少能为有针对性的选择静载试验提供依据。所以，完整性检测安排在静载试验之前是合理的。当基础埋深较大时，基坑开挖产生土体侧移将桩推断或机械开挖将桩碰断的现象时有发生，此时完整性检测应等到开挖至基底标高后进行。

3.2.8 操作环境要求是按测量仪器设备对使用温湿

度、电压波动、电磁干扰、振动冲击等现场环境条件的适应性规定的。

3.2.9 测试数据异常通常是因测试人员误操作、仪器设备故障及现场准备不足造成的。用不正确的测试数据进行分析得出的结果必然是不正确的。对此，应及时分析原因，组织重新检测。

3.2.10 按检测方法的准确可靠程度与直观性高低，用"高"的检测方法来弥补"低"的检测方法的不确定性或复核"低"的结论，称为验证检测。本条所指情况主要是针对动测法而言的。

通常，因初次抽样检测数量有限，当抽样检测中发现承载力不满足设计要求或完整性检测中Ⅲ、Ⅳ类桩比例较大时，应会同有关各方分析和判断桩基整体的质量情况，如果不能得出准确判断，为补强或设计变更方案提供可靠依据时，应扩大检测。倘若初次检测已基本查明质量问题的原因所在，则不应盲目扩大检测。

3.3 检测数量

3.3.1 施工前进行单桩竖向抗压静载试验，目的是为设计提供依据。对设计等级高且缺乏地区经验的地区，为获得既经济又可靠的设计施工参数，减少盲目性，前期试桩尤为重要。本条规定的试桩数量和第1~2款条件，与《建筑地基基础设计规范》GB 50007、《建筑桩基技术规范》JGJ 94 基本一致。考虑到桩基础选型、成桩工艺选择与地区条件、桩型和工法的成熟性密切相关，为在推广应用新桩型或新工艺过程中不断积累经验，使其能达到预期的质量和效益目标，增加了本地区采用新桩型或新工艺时应进行施工前静载试验的规定。对于大型工程，"同条件下"可能包含若干个子单位工程（子分部工程）。本条规定的试桩数量仅仅是下限，若实际中由于某些原因不足以为设计提供可靠依据或设计另有要求时，可根据实际情况增加试桩数量。另外，如果施工时桩参数发生了较大变动或施工工艺发生了变化，应重新试桩。

对于端承型大直径灌注桩，当受设备或现场条件限制无法做静载试验时，可按《建筑地基基础设计规范》GB 50007进行深层平板载荷试验、岩基载荷试验，或在同条件下的小直径桩的静载试验中，通过桩身内力测试，确定端承力参数。

3.3.2 本条的要求恰好是在打入式预制桩（特别是长桩、超长桩）情况下的高应变法技术优势所在。进行打桩过程监控可减少桩的破损率和选择合理的入土深度，进而提高沉桩效率。

3.3.3 由于检测成本和周期问题，很难做到对桩基工程全部基桩进行检测。施工后验收验测的最终目的是查明隐患、确保安全。为了在有限的抽检数量中更能充分暴露桩基存在的质量问题，宜优先抽检本条第

1~5款所列的桩，其次再考虑抽样的随机性。

3.3.4 "三桩或三桩以下的柱下承台抽检桩数不得少于1根"的规定涵盖了单桩单柱全数检测之意。按设计等级、地质情况和成桩质量可靠性确定灌注桩抽检比例大小，符合惯例，是合理的。端承型大直径灌注桩一般设计承载力高，桩身质量是控制承载力的主要因素；随着桩径的增大，尺寸效应对低应变法的影响加剧，而钻芯法、声透法恰好适合于大直径桩的检测（对于嵌岩桩，采用钻芯法可同时钻取桩端持力层岩芯和检测沉渣厚度）。同时，对大直径桩采用联合检测方式，多种方法并举，可以实现低应变法与钻芯法、声透法之间的相互补充或验证，提高完整性检测的可靠性。

常见的干作业灌注桩是人工挖孔桩。当在地下水位以上施工时，终孔后可派人下孔核验桩端持力层；因能保证清底干净和混凝土灌注质量，成桩质量比水下灌注桩可靠；同样，混凝土预制桩由于工厂化生产，桩身质量较有保证，缺陷类型远不如灌注桩复杂，且单节桩不存在接头质量问题，主要是桩身开裂，因此抽检数量可适当减少。对多节预制桩，接头质量缺陷是较常见的问题。在无可靠验证对比资料和经验时，低应变法对不同形式的接头质量判定尺度较难掌握。所以，当对预制桩的接头质量有怀疑时，宜采用低应变法与高应变法相结合的方式检测。当对复合地基中类似于素混凝土桩的增强体进行检测时，抽检数量应按《建筑地基处理技术规范》JGJ 79 规定执行。

3.3.5 桩基工程属于一个单位工程的分部（子分部）工程中的分项工程，一般以分项工程单独验收。所以本规范限定的工程桩承载力验收检测范围是在一个单位工程内。本条同时规定了在何种条件下工程桩应进行单桩竖向抗压静载试验及抽检数量低限。与第3.3.1条规定条件相比，现对第4款增加条件说明如下：

挤土群桩施工时，由于土体的侧挤和隆起，质量问题（桩被挤断、拉断、上浮等）时有发生，尤其是大面积密集群桩施工，加上施打顺序不合理或打桩速率过快等不利因素，常引发严重的质量事故。有时施工前虽做过静载试验并以此作为设计依据，但因前期施工的试桩数量毕竟有限，挤土效应并未充分显现，施工后的单桩承载力与施工前的试桩结果相差甚远，对此应给予足够的重视。

3.3.6 高应变法在我国的应用不到二十年，目前仍处于发展和完善阶段。作为一种以检测承载力为主的试验方法，尚不能完全取代静载试验。该方法的可靠性的提高，在很大程度上取决于检测人员的技术水平和经验，绝非仅通过一定量的静动对比就能解决。由于检测人员水平、设备匹配能力、桩土相互作用复杂性等原因，超出高应变法适用范围后，静动对比在机

理上就不具备可比性。如果说"静动对比"是衡量高应变法是否可靠的唯一"硬"指标的话，那么对比结果就不能只是与静载承载力数值的比较，还应比较动测得到的桩的沉降和土参数取值是否合理。同时，在不受第3.3.5条规定条件限制时，尽管允许采用高应变法进行验收检测，但仍需不断积累验证资料、提高分析判断能力和现场检测技术水平。尤其针对灌注桩检测中，实测信号质量有时不易保证，分析中不确定因素多的情况，本规范第9.1.2～9.1.3条对此已做了相应规定。

3.3.7 端承型大直径灌注桩（事实上对所有高承载力的桩），往往不允许任何一根桩承载力失效，否则后果不堪设想。由于试桩荷载大或场地限制，有时很难、甚至无法进行单桩竖向抗压承载力静载检测。对此，本条规定实际是对第3.3.5条的补充，体现了"多种方法合理搭配，优势互补"的原则，如深层平板载荷试验、岩基载荷试验、终孔后混凝土灌注前的桩端持力层鉴别、成桩后的钻芯法沉渣厚度测定、桩端持力层钻芯鉴别（包括动力触探，标贯试验、岩芯试件抗压强度试验），有条件时可预埋荷载箱进行桩端载荷试验等。

当单位工程的钻芯法抽检数量不少于总桩数的10%，且不少于10根时，可认为既满足了本条的要求，也满足第3.3.4条注1的要求。

3.3.8 对于上覆竖向荷载不大的构筑物，如烟囱、埋深及水浮力大的地下结构、送电线路塔等基础中的桩，荷载最不利组合为拔力或推力，承载力静载试验以竖向拔桩或水平推桩为主，并非所有的工程桩承载力检验都要做竖向抗压试验。

3.4 验证与扩大检测

3.4.1～3.4.5 这五条内容针对检测中出现的缺乏依据、无法或难于定论的情况，提出了可用的验证检测原则。应该指出：桩身完整性不符合要求和单桩承载力不满足设计要求是两个独立概念。完整性为Ⅰ类或Ⅱ类而承载力不满足设计要求显然存在结构安全隐患；竖向抗压承载力满足设计要求而完整性为Ⅲ或Ⅳ类也可能存在安全和耐久性方面的隐患。如桩身出现水平整合型裂缝（灌注桩因挤土、开挖等原因也常出现）或断裂，低应变完整性为Ⅲ类或Ⅳ类，但高应变完整性可能为Ⅱ类，且竖向抗压承载力可能满足设计要求，但存在水平承载力和耐久性方面的隐患。

3.4.6～3.4.7 扩大检测数量宜根据地质条件、桩基设计等级、桩型、施工质量变异性等因素合理确定，并应经过有关各方确认。

3.5 检测结果评价和检测报告

3.5.1 桩身完整性类别划分过去在国内一直未统一，其表现为划分的依据、类（级）别及名称三个方面。在划分依据上，根据信号反映的桩的缺陷程度划分者居多；部分是在考虑缺陷程度和整桩波速的基础上，以信号"反映的缺陷性质"划分；极少数是根据波速"得出的桩身混凝土强度"划分。在类别及名称上，有的分为"优质（优良）、良好（较好）、合格、可疑（较差）、不合格（很差、报废）"等五类；有的分为"完整（优质）、基本完整（尚可、合格、轻微缺陷）、可疑（较差）、不合格（报废）"等四类；或分为"优质、良好、不合格"等三类；甚至有的仅给出"合格、不合格"两类。表3.5.1统一了桩身完整性类别划分标准，有利于对完整性检测结果的判定和采用。需要特别指出：分项工程施工质量验收时的检查项目很多，桩身完整性仅是主控检查项目之一（承载力也如此），通常所有的检查项目都满足规定要求时才给出是否合格的结论，况且经设计复核或补强处理还允许通过验收。

桩基整体施工质量问题可由桩身完整性普测发现，如果不能就提供的完整性检测结果估计对桩承载力的影响程度，进而估计是否危及上部结构安全，那么在很大程度上就减少了桩身完整性检测的实际意义。桩的承载功能是通过桩身结构承载力实现的。完整性类别划分主要是根据缺陷程度，但这种划分不能机械地理解为不需考虑桩的设计条件和施工因素。综合判定能力对检测人员极为重要。

检测时实测桩长小于施工记录桩长，有两种情况：一种是桩端未进入设计要求的持力层或进入持力层的深度不满足设计要求，直接影响桩的承载力；另一种情况是桩端按设计要求进入了持力层，基本不影响桩的承载力。不论哪种情况，按桩身完整性定义中连续性的涵义，显然均应判为Ⅳ类桩。

3.5.2 本条所指的"工程处理"包括以下内容：补强、补桩、设计变更或由原设计单位复核是否可满足结构安全和使用功能要求。

3.5.3 承载力特征值是根据一个单位工程内同条件下的单桩承载力检测结果的统计、考虑一定的安全储备得到的。所以，本条所指的工程桩承载力检测结果评价——"给出承载力特征值是否满足设计要求的结论"，相当于用小样本推断大母体。这和过去常说的"仅对来样负责"不同，这里详细解释如下：

桩的设计要求通常包含承载力、混凝土强度以及施工质量验收规范规定的各项要求内容，而施工后基桩检测结果的评价包含了承载力和完整性两个相对独立的评价内容。设计文件中一般不提出完整性检测中Ⅲ类和Ⅳ类桩数的具体要求，但只要存在缺陷桩，尽管承载力满足设计要求，除非采取可靠的补救措施或设计上有很大的安全储备，否则该批桩不能被认为是合格批。所以，工程基桩整体评价满足设计要求的必要条件应理解为：包括补强处理后复检在内的承载力和完整性应全部符合要求；而其充分条件是结合设计施工等因素，确定有限的抽检数量（特别是静载和钻芯检测）具有代表性，能推断整体。若评价依据不充分，应增加抽检数量。

一种合适的检测评定标准，应该能保证施工和使用双方的风险均较小，但对基桩的承载力检测，要同时使二者的风险都比较小是不可能的，除非增大随机抽检数量。基桩承载力检测与评价与药品质量检测既有类似之处：生产方的风险一般大于使用方的风险，即有"不合格"桩存在就判为不满足设计要求，虽然从确保安全的角度说是合理的，但会造成很多合格桩也被否定掉；也有不同之处：通过设计复核或补强处理，只要不影响安全和正常使用功能，桩基工程可予以验收。

更为重要的是，同一批药品的生产条件相对稳定，其质量的抽样检测评定标准是严格建立在科学的概率统计学基础上。根据一定的抽样规则，通过样本检测推断整批质量的错判率（生产方风险）和漏判率（使用方风险）在概率统计学上是已知的。然而，在基桩抽样检测评定中，同一批桩的施工中隐蔽影响因素多，很难保持条件恒定；传统的抽样规则，并未建立在概率统计学基础上。显然，倘要使工程基桩的整体评价（推断）有很高的置信度，势必要打破过去沿袭下来的"抽检1%且不少于3根"的做法，从而大幅度增加静载试桩数量，造成不经济。

根据桩基工程特点，应强调在出具检测结论时，需结合设计条件（基础和上部结构型式、地质条件、桩的承载性状、沉降控制要求等）和施工质量可靠性，在充分考虑受检桩数量及代表性的基础上进行；但桩基工程事故，绝大部分表现为沉降过大而不均匀，其中有些是因桩身存在严重缺陷造成的。而完整性检测带有普查性，故整体评价不能仅根据少数桩的承载力检测结果，尚应结合完整性检测结果。

还应注意到，对整个工程基桩的承载力评价，不是检测规范和检测人员能完全解决的。因为：

1 检测人员并非都具有较宽的知识面，也较难详细了解施工全过程以及设计条件。

2 基桩检测制定抽样方案的要求与《建筑工程施工质量验收统一标准》GB 50300 有所不同：既然是通过小样本检测进行推断，就存在犯错判和漏判两类错误的可能性，但基桩检测目前却不能确定犯两类错误的概率各是多少。如按本规范第3.3.3条关于抽样的规定，少量静载试桩往往不具随机性（可能仅抽检完整性较差的桩，增加了施工方风险）。

所以，为使工程基桩承载力主控项目验收结论明确，便于采用，规定用"单桩承载力特征值满足设计要求"的结论书面形式，并无全部基桩承载力均满足设计要求的涵义。

最后还需说明两点：（1）承载力检测因时间短暂，其结果仅代表试桩那一时刻的承载力，更不能包含日后自然或人为因素（如桩周土湿陷、膨胀、冻胀、侧移、基础上浮、地面堆载等）对承载力的影响。（2）承载力评价可能出现矛盾的情况，即承载力不满足设计要求而满足有关规范要求。因为规范一般给出满足安全储备和正常使用功能的最低要求，而设计时常在此基础上留有一定余量。考虑到责权划分，可以作为问题或建议提出，但仍需设计方复核和有关各责任主体方表态确认。

3.5.4～3.5.5 检测报告应根据所采用的检测方法和相应的检测内容出具检测结论。为使报告内容完整和具有较强的可读性，报告中应包括常规内容的叙述。还需特别强调：检测报告应包含各受检桩的原始检测数据和曲线，并附有相关的计算分析数据和曲线。检测报告仅有检测结果而无任何检测数据和曲线的现象必须杜绝。

3.6 检测机构和检测人员

3.6.1 建工行业的基桩检测机构只有经国务院、省级建设行政主管部门检测资质认可和计量行政主管部门的计量认证考核合格后，才能合法地进入检测市场开展相应的检测业务。实行这种考核办法旨在确认检测机构的计量检定、测试设备能力、人员技术水平、符合相关检测标准的情况、检测数据可靠性和质量管理体系的有效性，以保证出具的检测结果客观、公正、可靠。

3.6.2 由于基桩检测时需综合考虑地质、设计、施工等因素的影响，这就要求从事基桩检测工作的技术人员应经过学习、培训，具有必要的基桩检测方面的理论基础和实践，并对岩土工程尤其是桩基工程方面的知识有充分了解。

在各种基桩检测方法中，动力检测技术涉及的学科较多，且仍处于发展中，对检测人员的素质、技术水平和实践经验要求都很高。因此，持有工程桩动测资质证书的单位，还需要该单位的检测人员持有经考核合格后颁发的上岗证书。

4 单桩竖向抗压静载试验

4.1 适用范围

4.1.1 单桩抗压静载试验是公认的检测基桩竖向抗压承载力最直观、最可靠的传统方法。本规范主要是针对我国建筑工程中惯用的维持荷载法进行了技术规定。根据桩的使用环境、荷载条件及大量工程检测实践，在国内其他行业或国外，尚有循环荷载、等变形速率及终级荷载长时间维持等方法。

4.1.2 桩身内力测试按附录A规定的方法执行。

4.1.3 本条明确规定为设计提供依据的静试验应

加载至破坏，即试验应进行到能判定单桩极限承载力为止。对于以桩身强度控制承载力的端承型桩，当设计另有规定时，应从其规定。

4.1.4 在对工程桩抽样验收检测时，规定了加载量不应小于单桩承载力特征值的 2.0 倍，以保证足够的安全储备。实际检测中，有时出现这样的情况：3 根工程桩静载试验，分十级加载，其中一根桩第十级破坏，另两根桩满足设计要求，按第 3.5.3 条，单位工程的单桩竖向抗压承载力特征值不满足设计要求。此时若有一根满足设计要求的桩的最大加载量取为单桩承载力特征值的 2.2 倍，且试验证实竖向抗压承载力不低于单桩承载力特征值的 2.2 倍，则单位工程的单桩竖向抗压承载力特征值满足设计要求。显然，若抽检的 3 根桩有代表性，就可避免不必要的工程处理。

4.2 设备仪器及其安装

4.2.1 为防止加载偏心，千斤顶的合力中心应与反力装置的重心、桩轴线重合，并保证合力方向垂直。

4.2.2 加载反力装置的形式在《建筑桩基技术规范》基础上增加了地锚反力装置，对单桩极限承载力较小的摩擦桩可用土锚作反力；对岩面浅的嵌岩桩，可利用岩锚提供反力。

4.2.3 用荷重传感器（直接方式）和油压表（间接方式）两种荷载测量方式的区别在于：前者采用荷重传感器测力，不需考虑千斤顶活塞摩擦对出力的影响；后者需通过率定换算千斤顶出力。同型号千斤顶在保养正常状态下，相同油压时的出力相对误差约为 1%～2%，非正常时可高达 5%。采用传感器测量荷重或油压，容易实现加卸荷与稳压自动化控制，且测量精度较高。采用压力表测定油压时，为保证测量精度，其精度等级应优于或等于 0.4 级，不得使用 1.5 级压力表控制加载。当油路工作压力较高时，有时出现油管爆裂、接头漏油、油泵加压不足造成千斤顶出力受限、压力表线性度变差等情况，所以应选用耐压高、工作压力大和量程大的油管、油泵和压力表。

4.2.4 对于机械式大量程（50mm）百分表，《大量程百分表》JJG379 规定的 1 级标准为：全程示值误差和回程误差分别不超过 40μm 和 8μm，相当于满量程测量误差不大于 0.1%FS。沉降测定平面应在千斤顶底座承压板以下的桩身位置，即不得在承压板上或千斤顶上设置沉降观测点，避免因承压板变形导致沉降观测数据失实。基准桩应打入地面以下足够的深度，一般不小于 1m。基准梁应一端固定，另一端简支，这是为减少温度变化引起的基准梁挠曲变形。在满足表 4.2.5 的规定条件下，基准梁不宜过长，并应采取有效遮挡措施，以减少温度变化和刮风下雨的影响，尤其在昼夜温差较大且白天有阳光照射时更应注意。

4.2.5 在试桩加卸载过程中，荷载将通过锚桩（地

锚）、压重平台支墩传至试桩、基准桩周围地基土并使之变形。随着试桩、基准桩和锚桩（或压重平台支墩）三者间相互距离缩小，地基土变形对试桩、基准桩的附加应力和变位影响加剧。

1985 年，国际土力学与基础工程协会（ISSMFE）根据世界各国对有关静载试验的规定，提出了静载试验的建议方法并指出：试桩中心到锚桩（或压重平台支墩边）和到基准桩各自间的距离应分别"不小于 2.5m 或 3D"，这和我国现行规范规定的"大于等于 4D 且不小于 2.0m"相比更容易满足（小直径桩按 3D 控制，大直径桩按 2.5m 控制）。高重建筑物下的大直径桩试验荷载大、桩间净距小（最小中心距为 3D），往往受设备能力制约，采用锚桩法检测时，三者间的距离有时很难满足"大小等于 4D"的要求，加长基准梁又难避免气候环境影响。考虑到现场验收试验中的困难，且加载过程中，锚桩上拔对基准桩、试桩的影响小于压重平台对它们的影响，故本规范中对部分间距的规定放宽为"不小于 3D"。

关于压重平台支墩边与基准桩和试桩之间的最小间距问题，应区别两种情况对待。在场地土较硬时，堆载引起的支墩及其周边地面沉降和试验加载引起的地面回弹均很小。如 φ1200 灌注桩采用 10×10m² 平台堆载 11550kN，土层自上而下为凝灰岩残积土、强风化和中风化凝灰岩，堆载和试验加载过程中，距支墩边 1m、2m 处观测到的地面沉降及回弹量几乎为零。但在软土场地，大吨位堆载由于支墩影响范围大而应引起足够的重视。以某一场地 φ500 管桩用 7×7m² 平台堆载 4000kN 为例：在距支墩边 0.95m、1.95m、2.55m 和 3.5m 设四个观测点，平台堆载至4000kN 时观测点下沉量分别为 13.4mm、6.7mm、3.0mm 和 0.1mm；试验加载至 4000kN 时观测点回弹量分别为 2.1mm、0.8mm、0.5mm 和 0.4mm。但也有报导管桩堆载 6000kN，支墩产生明显下沉，试验加载至 6000kN 时，距支墩边 2.9m 处的观测点回弹近 8mm。这里出现两个问题：其一，当支墩边距试桩较近时，大吨位堆载地面下沉将对桩产生负摩阻力，特别对摩擦型桩将明显影响其承载力；其二，桩加载（地面卸载）时地基土回弹对基准桩产生影响。支墩对试桩、基准桩的影响程度与荷载水平及土质条件等有关。对于软土场地超过 10000kN 的特大吨位堆载（目前国内压重平台法堆载已超过 30000kN），为减少对试桩产生附加影响，应考虑对支墩下 2～3 倍宽影响范围内的地基进行加固；对大吨位堆载支墩出现明显下沉的情况，尚需进一步积累资料和研究可靠的沉降测量方法，简易的办法是在远离支墩处用水准仪或张紧的钢丝观测基准桩的竖向位移。

4.3 现 场 检 测

4.3.1 本条是为使试桩具有代表性而提出的。

4.3.2 为便于沉降测量仪表安装，试桩顶部宜高出试坑地面；为使试验桩受力条件与设计条件相同，试坑地面宜与承台底标高一致。对于工程桩验收检测，当桩身荷载水平较低时，允许采用水泥砂浆将桩顶抹平的简单桩头处理方法。

4.3.3 本条主要是考虑在实际工程桩检测中，因锚桩质量问题而导致试桩失败或中途停顿的情况时有发生，为此建议在试桩前对灌注桩及有接头的混凝土预制桩进行完整性检测，大致确定其能否作锚桩使用。

4.3.4 本条是按我国的传统做法，对维持荷载法进行的原则性规定。

4.3.5 慢速维持荷载法是我国公认，且已沿用多年的标准试验方法，也是其他工程桩竖向抗压承载力验收检测方法的唯一比较标准。

4.3.6~4.3.7 按4.3.6条第2款，慢速维持荷载法每级荷载持载时间最少为2h。对绝大多数桩基而言，为保证上部结构正常使用，控制桩基绝对沉降是第一位重要的，这是地基基础按变形控制设计的基本原则。在工程桩验收检测中，国内某些行业或地方标准允许采用快速维持荷载法。国外许多国家的维持荷载法相当于我国的快速维持荷载法，最少持载时间为1h，但规定了较为宽松的沉降相对稳定标准，与我国快速法的差别就在于此。1985年ISSMFE根据世界各国的静载试验有关规定，在推荐的试验方法中，建议"维持荷载法加载为每小时一级，稳定标准为0.1mm/20min"。当桩端嵌入基岩时，个别国家还允许缩短时间；也有些国家为测定桩的蠕变沉降速率建议采用终级荷载长时间维持法。

快速维持荷载法在国内从20世纪70年代就开始应用，我国港口工程规范从1983年（JTJ 2202—83）、上海地基设计规范从1989年（DBJ-08-11-89）起就将这一方法列入，与慢速法一起列为静载试验方法。快速法由于每级荷载维持时间为1h，各级荷载下的桩顶沉降相对慢速法确实要小一些。表2列出了上海市23根摩擦桩慢速维持荷载法试验实测桩顶稳定时的沉降量和1h时沉降量的对比结果。从中可见，在1/2极限荷载点，快速法1h时的桩顶沉降量与慢速法相差很小（0.5mm以内），平均相差0.2mm；在极限荷载点相差要大些，为0.6~6.1mm，平均2.9mm。相对而言，"慢速法"的加荷速率比建筑物建造过程中的施工加载速率要快得多，慢速法试桩得到的使用荷载对应的桩顶沉降与建筑物桩基在长期荷载作用下的实际沉降相比，要小几倍到十几倍。所以，规范中的快慢速试桩沉降差异是可以忽略的。

关于快慢速法极限承载力比较，根据上海市统计的71根试验桩资料（桩端在粘性土中47根，在砂土中24根），这些对比是在同一根桩或桩土条件相同的相邻桩上进行的，得出的结果见表3。

表2 稳定时的沉降量 s_w 和 1h 时的沉降量 s_{1h} 的对比

荷载点	s_w 与 s_{1h} 之差（mm）		s_{1h}/s_w（%）	
	幅度	平均	幅度	平均
极限荷载	0.57~6.07	2.89	71~96	86
1/2极限荷载	0.01~0.51	0.20	95~100	98

表3 快速法与慢速法极限承载力比较

桩端土类别	快速法比慢速法极限荷载提高幅度
粘性土	0~9.6%，平均4.5%
砂 土	−2.5%~9.6%，平均2.3%

从中可以看出快速法试验得出的极限承载力较慢速法略高一些，其中桩端在粘性土中平均提高约1/2级荷载，桩端在砂土中平均提高约1/4级荷载。

在我国，如有些软土中的摩擦桩，按慢速法加载，在2倍设计荷载的前几级，就已出现沉降稳定时间逐渐延长，即在2h甚至更长时间内不收敛。此时，采用快速法是不适宜的。而也有很多地方的工程桩验收试验，在每级荷载施加不久，沉降迅速稳定，缩短持载时间不会明显影响试桩结果；且因试验周期的缩短，又可减少昼夜温差等环境影响引起的沉降观测误差。在此，建议快速维持荷载法按下列步骤进行：

1 每级荷载施加后维持1h，按第5、15、30min测读桩顶沉降量，以后每隔15min测读一次。

2 测读时间累计为1h时，若最后15min时间间隔的桩顶沉降增量与相邻15min时间间隔的桩顶沉降增量相比未明显收敛时，应延长维持荷载时间，直至最后15min的沉降增量小于相邻15min的沉降增量为止。

3 终止加荷条件可按本规范第4.3.8条第1、3、4、5款执行。

4 卸载时，每级荷载维持15min，按第5、15min测读桩顶沉降量后，即可卸下一级荷载。卸载至零后，应测读桩顶残余沉降量，维持时间为2h，测读时间为第5、15、30min，以后每隔30min测读一次。

各地在采用快速法时，应总结积累经验，并可结合当地条件提出适宜的沉降相对稳定控制标准。

4.3.8 当桩身存在水平整合型缝隙、桩端有沉渣或吊脚时，在较低竖向荷载时常出现本级荷载沉降超过上一级荷载对应沉降5倍的陡降，当缝隙闭合或桩端与硬持力层接触后，随着持载时间或荷载增加，变形梯度逐渐变缓；当桩身强度不足桩被压断时，也会出现陡降，但与前相反，随着沉降增加，荷载不能维持甚至大幅降低。所以，出现陡降后不宜立即卸荷，而应使桩下沉量超过40mm，以大致判断造成陡降的原因。

非嵌岩的长（超长）桩和大直径（扩底）桩的 Q-s 曲线一般呈缓变型，在桩顶沉降达到 40mm 时，桩端阻力一般不能充分发挥。前者由于长细比大、桩身较柔，弹性压缩量大，桩顶沉降较大时，桩端位移还很小；后者虽桩端位移较大，但尚不足以使端阻力充分发挥。因此，放宽桩顶总沉降量控制标准是合理的。

4.4 检测数据的分析与判定

4.4.1 除 Q-s、s-$\lg t$ 曲线外，还有 s-$\lg Q$ 曲线。同一工程的一批试桩曲线应按相同的沉降纵坐标比例绘制，满刻度沉降值不宜小于 40mm，使结果直观、便于比较。

4.4.2 大量实践经验表明：当沉降量达到桩径的 10% 时，才可能出现极限荷载（太沙基和 ISSMFE）；粘性土中端阻充分发挥所需的桩端位移为桩径的 4%～5%，而砂土中至少达到 15%。故本条第 4 款对缓变型 Q-s 曲线，按 $s = 0.05D$ 确定直径大于等于 800mm 桩的极限承载力大体上是保守的；且因 $D \geqslant$ 800mm 时定义为大直径桩，当 $D = 800$mm 时，$0.05D = 40$mm，正好与中、小直径桩的取值标准衔接。应该注意，世界各国按桩顶总沉降确定极限承载力的规定差别较大，这和各国安全系数的取值大小、特别是上部结构对桩基沉降的要求有关。因此当按本规范建议的桩顶沉降量确定极限承载力时，尚应考虑上部结构对桩基沉降的具体要求。

4.4.3 本规范单桩竖向抗压承载力的统计按《建筑地基基础设计规范》GB 50007 的规定执行。也有根据统计承载力标准差大于 15% 时，采用极限承载力标准值折减系数的修正方法。实际操作中对桩数大于等于 4 根时，折减系数的计算比较繁琐，且静载检测本身是通过小样本来推断总体，样本容量愈小，可靠度愈低，而影响单桩承载力的因素复杂多变。当一批受检桩中有一根桩承载力过低，若恰好不是偶然原因造成，则该验收批一旦被接受，就会增加使用方的风险。因此规定极差超过平均值的 30% 时，首先应分析、查明原因，结合工程实际综合确定。例如一组 5 根试桩的承载力值依次为 800、950、1000、1100、1150kN，平均值为 1000kN，单桩承载力最低值和最高值的极差为 350kN，超过平均值的 30%，则不得将最低值 800kN 去掉将后面 4 个值取平均，或将最低和最高值都去掉取中间 3 个值的平均值。应查明是否出现桩的质量问题或场地条件变异。若低值承载出现的原因并非偶然的施工质量造成，则按本例依次去掉高值后取平均，直至满足极差不超过 30% 的条件。此外，对桩数小于或等于 3 根的柱下承台，或试桩数量仅为 2 根时，应采用低值，以确保安全。对于仅通过少量试桩无法判明极差大的原因时，可增加试桩数量。

4.4.4 《建筑地基基础设计规范》GB 50007 规定的

单桩竖向抗压承载力特征值是按单桩竖向抗压极限承载力统计值除以安全系数 2 得到的，综合反映了桩侧、桩端极限阻力控制承载力特征值的低限要求。

4.4.5 本条规定了检测报告中应包含的一些内容，避免检测报告过于简单，也有利于委托方、设计及检测部门对报告的审查和分析。

5 单桩竖向抗拔静载试验

5.1 适 用 范 围

5.1.1 单桩竖向抗拔静载试验是检测单桩竖向抗拔承载力最直观、可靠的方法。与本规范中抗压静载试验一样，拔桩试验也是采用了国内外惯用的维持荷载法，并规定应采用慢速维持荷载法。

5.1.2 当需要检测桩侧抗拔极限摩阻力或了解桩端上拔量时，可按本规范附录 A 中有关方法执行。

5.1.3 当为设计提供依据时，应加载到能判别单桩抗拔极限承载力为止，或加载到桩身材料强度控制值。在对工程桩抽样验收检测时，可按设计要求控制最大上拔荷载，但应有足够的安全储备。

5.2 设备仪器及其安装

5.2.1 本条的要求基本同第 4.2.1 条。因拔桩试验时千斤顶安放在反力架上面，当采用二台以上千斤顶加载时，应采取一定的安全措施，防止千斤顶倾倒或其他意外事故发生。

5.2.2 当采用天然地基作反力时，两边支座处的地基强度应相近，且两边支座与地面的接触面积宜相同，避免加载过程中两边沉降不均造成试桩偏心受拉。为保证反力梁的稳定性，应注意反力桩顶面直径（或边长）不小于反力架的梁宽。

5.2.3～5.2.5 这三条基本参照本规范第 4.2.3～4.2.5 条执行，但应注意以下两点：

1 桩顶上拔量测量平面必须在桩身位置，严禁在混凝土桩的受拉钢筋上设置位移观测点，避免因钢筋变形导致上拔量观测数据失实。

2 在采用天然地基提供支座反力时，拔桩试验加载相当于给支座处地面加载。支座附近的地面也因此会出现不同程度的沉降。荷载越大，这种变形越明显。为防止支座处地基沉降对基准梁的影响，一是应使基准桩与支座、试桩各自之间的间距满足表 4.2.5 的规定，二是基准桩需打入试坑地面以下一定深度（一般不小于 1m）。

5.3 现 场 检 测

5.3.1 本条包含以下三个方面内容：

1 在拔桩试验前，对混凝土灌注桩及有接头的预制桩采用低应变法检查桩身质量，目的是防止因试验桩自身质量问题而影响抗拔试验成果。

2 对抗拔试验的钻孔灌注桩在浇注混凝土前进行成孔检测，目的是查明桩身有无明显扩径现象或出现扩大头，因这类桩的抗拔承载力缺乏代表性，特别是扩大头桩及桩身中下部有明显扩径的桩，其抗拔极限承载力远远高于长度和桩径相同的非扩径桩，且相同荷载下的上拔量也有明显差别。

3 对有接头的 PHC、PTC 和 PC 管桩应进行接头抗拉强度验算。对电焊接头的管桩除验算其主筋强度外，还要考虑主筋墩头的折减系数以及管节端板偏心受拉时的强度及稳定性。墩头折减系数可按有关规范取 0.92，而端板强度的验算则比较复杂，可按经验取一个较为安全的系数。

5.3.2 本条规定拔桩试验应采用慢速维持荷载法，其荷载分级、试验方法及稳定标准均同第 4.3.4 条和 4.3.6 条有关规定。

5.3.3 本条规定出现所列四种情况之一时，可终止加载。但若在较小荷载下出现某级荷载的桩顶上拔量大于前一级荷载下的 5 倍时，应综合分析原因。若是试验桩，必要时可继续加载，因混凝土桩当桩身出现多条环向裂缝后，其桩顶位移可能会出现小的突变，而此时并非达到桩侧土的极限抗拔力。

5.4 检测数据的分析与判定

5.4.1 拔桩试验与压桩试验一样，一般应绘制 $U\text{-}\delta$ 曲线和 $\delta\text{-}\lg t$ 曲线，但当上述二种曲线难以判别时，也可以辅以 $\delta\text{-}\lg U$ 曲线或 $\lg U\text{-}\lg \delta$ 曲线，以确定拐点位置。

5.4.2 本条前两款确定的抗拔极限承载力是土的极限抗拔阻力与桩（包括桩向上运动所带动的土体）的自重标准值两部分之和。第 3 款所指的"断裂"是因钢筋强度不够情况下的断裂。如果因抗拔钢筋受力不均匀，部分钢筋因受力太大而断裂，应视该桩试验无效并进行补充试验。不能将钢筋断裂前一级荷载作为极限荷载。

5.4.4 工程桩验收检测时，混凝土桩抗拔承载力可能受开裂或钢筋强度制约，而土的抗拔阻力尚未发挥到极限，一般取最大荷载或取上拔量控制值对应的荷载作为极限荷载，不能轻易外推。

5.4.5 按统计的试桩竖向抗拔极限承载力确定单桩竖向抗拔承载力特征值 U_a 时取安全系数为 2，显然只与极限抗拔承载力按土的极限抗拔阻力控制的情况对应。有关抗裂控制要求的解释可参见第 6.4.6～6.4.7 条的条文说明。

6 单桩水平静载试验

6.1 适 用 范 围

6.1.1 桩的水平承载力静载试验除了桩顶自由的单桩试验外，还有带承台桩的水平静载试验（考虑承台的底面阻力和侧面抗力，以便充分反映桩基在水平力作用下的实际工作状况）、桩顶不能自由转动的不同约束条件及桩顶施加垂直荷载等试验方法，也有循环荷载的加载方法。这一切都可根据设计的特殊要求给予满足，并参考本方法进行。

6.1.2 桩的抗弯能力取决于桩和土的力学性能、桩的自由长度、抗弯刚度、桩宽、桩顶约束等因素。试验条件应尽可能和实际工作条件接近，将各种影响降低到最小的程度，使试验成果能尽量反映工程桩的实际情况。通常情况下，试验条件很难做到和工程桩的情况完全一致，此时应通过试验桩测得桩周土的地基反力特性，即地基土的水平抗力系数。它反映了桩在不同深度处桩侧土抗力和水平位移之间的关系，可视为土的固有特性。根据实际工程桩的情况（如不同桩顶约束、不同自由长度），用它确定土抗力大小，进而计算单桩的水平承载力和弯矩。因此，通过试验求得地基土的水平抗力系数具有更实际、更普遍的意义。

6.2 设备仪器及其安装

6.2.3 水平力作用点位置高于基桩承台底标高，试验时在相对承台底面处产生附加弯矩，影响测试结果，也不利于将试验成果根据实际桩顶的约束予以修正。球形支座的作用是在试验过程中，保持作用力的方向始终水平和通过桩轴线，不随桩的倾斜或扭转而改变。

6.2.6 为保证各测试断面的应力最大值及相应弯矩的测量精度，试桩设置时应严格控制测点的纵剖面与力作用方向之间的偏差。对承受水平荷载的桩而言，桩的破坏是由于桩身弯矩引起的结构破坏。因此对中长桩而言，浅层土的性质起了重要作用，在这段范围内的弯矩变化也最大。为找出最大弯矩及其位置，应加密测试断面。

6.3 现 场 检 测

6.3.1 单向多循环加载法，主要是为了模拟实际结构的受力形式。由于结构物承受的实际荷载异常复杂，所以当需考虑长期水平荷载作用影响时，宜采用第 4 章规定的慢速维持荷载法。由于单向多循环荷载的施加会给内力测试带来不稳定因素，为方便测试，建议采用第 4 章规定的慢速或快速维持荷载法；此外水平试验桩通常以结构破坏为主，为缩短试验时间，也可采用更短时间的快速维持荷载法。例如《港口工程桩基规范》（桩的水平承载力设计）JTJ 254—98 规定每级荷载维持 20min。

6.3.3 对抗弯性能较差的长桩或中长桩而言，承受水平荷载桩的破坏特征是弯曲破坏，即桩身发生折断，此时试验自然终止。本条对终止加荷的水平位移限制要求是根据《建筑桩基技术规范》提出的；在工程桩水平承载力验收检测中，终止加荷条件可按设计要求或规范规定的水平位移允许值控制。

6.4 检测数据的分析与判定

6.4.1 本条中的地基土水平抗力系数随深度增长的比例系数 m 值的计算公式仅适用于水平力作用点至试坑地面的桩自由长度为零时的情况。按桩、土相对刚度不同，水平荷载作用下的桩-土体系有两种工作状态和破坏机理，一种是"刚性短桩"，因转动或平移而破坏，相当于 $\alpha h < 2.5$ 时的情况；另一种是工程中常见的"弹性长桩"，桩身产生挠曲变形，桩下段嵌固于土中不能转动，即本条中 $\alpha h \geq 4.0$ 的情况。在 $2.5 \leq \alpha h < 4.0$ 范围内，称为"有限长度的中长桩"。《建筑桩基技术规范》对中长桩的 ν_y 变化给出了具体数值（见表4）。因此，在按式（6.4.1-1）计算 m 值时，应先试算 αh 值，以确定 αh 是否大于或等于4.0，若在 $2.5 \sim 4.0$ 范围以内，应调整 ν_y 值重新计算 m 值（有些行业标准不考虑）。当 $\alpha h < 2.5$ 时，式（6.4.1-1）不适用。

表4 桩顶水平位移系数 ν_y

桩的换算埋深 αh	4.0	3.5	3.0	2.8	2.6	2.4
桩顶自由或铰接时的 ν_y 值	2.441	2.502	2.727	2.905	3.163	3.526

注：当 $\alpha h > 4.0$ 时取 $\alpha h = 4.0$。

试验得到的地基土水平抗力系数的比例系数 m 不是一个常量，而是随地面水平位移及荷载而变化的曲线。

6.4.3 对于混凝土长桩或中长桩，随着水平荷载的增加，桩侧土体的塑性区自上而下逐渐开展扩大，最大弯矩断面下移，最后形成桩身结构的破坏。所测水平临界荷载 H_{cr} 是桩身产生开裂前所对应的水平荷载。因为只有混凝土桩才会产生开裂，故只有混凝土桩才有临界荷载。

6.4.4 单桩水平极限承载力是对应于桩身折断或桩身钢筋应力达到屈服时的前一级水平荷载。

6.4.6～6.4.7 单桩水平承载力特征值除与桩的材料强度、截面刚度、入土深度、土质条件、桩顶水平位移允许值有关外，还与桩顶边界条件（嵌固情况和桩顶竖向荷载大小）有关。由于建筑工程的基桩桩顶嵌入承台长度通常较短，其与承台连接的实际约束条件介于固接与铰接之间，这种连接相对于桩顶完全自由时可减少桩顶位移，相对于桩顶完全固接时可降低桩顶约束弯矩并重新分配桩身弯矩。如果桩顶完全固接，水平承载力按位移控制时，是桩顶自由时的2.60倍；对较低配筋率的灌注桩按桩身强度（开裂）控制时，由于桩顶弯矩的增加，水平临界承载力是桩顶自由时的0.83倍。如果考虑桩顶竖向荷载作用，

混凝土桩的水平承载力将会产生变化，桩顶荷载是压力，其水平承载力增加，反之减小。

桩顶自由的单桩水平试验得到的承载力和弯矩仅代表试桩条件的情况，要得到符合实际工程桩嵌固条件的受力特性，需将试桩结果转化，而求得地基土水平抗力系数是实现这一转化的关键。考虑到水平荷载-位移关系的非线性且 m 随荷载或位移增加而减小，有必要给出 H-m 和 Y_0-m 曲线并按以下考虑确定 m 值：

1 可按设计给出的实际荷载或桩顶位移确定 m 值。

2 设计未做具体规定的，可取6.4.6条或6.4.7条确定的水平承载力特征值对应的 m 值：对低配筋率灌注桩，水平承载力多由桩身强度控制，则应按试验得到的 H-m 曲线取水平临界荷载所对应的 m 值；对于高配筋率混凝土桩或钢桩，水平承载力按允许位移控制时，可按设计要求的水平允许位移选取 m 值。

与竖向抗压、抗拔桩不同，混凝土桩在水平荷载作用下的破坏模式一般为弯曲破坏，极限承载力由桩身强度控制。所以，6.4.6条在确定单桩水平承载力特征值 H_a 时，未采用按试桩水平极限承载力除以安全系数的方法，而按照桩身强度、开裂或允许位移等控制因素来确定 H_a。不过，也正是因为水平承载桩的承载能力极限状态主要受桩身强度制约，通过试验给出极限承载力和极限弯矩对强度控制设计是非常必要的。抗裂要求不仅涉及桩身强度，也涉及桩的耐久性。6.4.7条虽允许按设计要求的水平位移确定水平承载力，但根据《混凝土结构设计规范》GB 50010，只有裂缝控制等级为三级的构件，才允许出现裂缝，且桩所处的环境类别至少为二级以上（含二级），裂缝宽度限值为 0.2mm。因此，当裂缝控制等级为一、二级时，按6.4.7条确定的水平承载力特征值就不应超过水平临界荷载。

7 钻 芯 法

7.1 适 用 范 围

7.1.1 钻芯法是检测钻（冲）孔、人工挖孔等现浇混凝土灌注桩的成桩质量的一种有效手段，不受场地条件的限制，特别适用于大直径混凝土灌注桩的成桩质量检测。钻芯法检测的主要目的有四个：

1 检测桩身混凝土质量情况，如桩身混凝土胶结状况、有无气孔、松散或断桩等，桩身混凝土强度是否符合设计要求。

2 桩底沉渣是否符合设计或规范的要求。

3 桩端持力层的岩土性状（强度）和厚度是否符合设计或规范要求。

4 施工记录桩长是否真实。

受检桩长径比较大时，成孔的垂直度和钻芯孔的垂直度很难控制，钻芯孔容易偏离桩身，故要求受检桩桩径不宜小于800mm、长径比不宜大于30。

7.2 设　备

7.2.1～7.2.3 应采用带有产品合格证的钻芯设备。钻机宜采用岩芯钻探的液压钻机，并配有相应的钻塔和牢固的底座，机械技术性能良好，不得使用立轴旷动过大的钻机。

孔口管、扶正稳定器（又称导向器）及可捞取松软渣样的钻具应根据需要选用。桩较长时，应使用扶正稳定器确保钻芯孔的垂直度。

目前钻芯取样方法分三大类：钢粒钻进、硬质合金钻进和金刚石钻进。钢粒钻进能通过坚硬岩石，但钻头与切削具是分开的，破碎孔底环状面积大、芯样直径小、芯样易破碎、磨损大、采取率低，不适用于基桩钻芯法检测。硬质合金钻进虽然切削具破坏岩石比较平稳、破碎孔底环状间隙相对较小、孔壁与钻具间隙小、芯样直径大、采取率较好，但是硬质合金钻只适用于小于七级的岩石（岩石有十二级分类），不适用于基桩钻芯法检测。金刚石钻头切削刀细、破碎岩石平稳、钻具孔壁间隙小、破碎孔底环状面积小，且由于金刚石较硬、研磨性较强，高速钻进时芯样受钻具磨损时间短，容易获得比较真实的芯样。因此钻芯法检测应采用金刚石钻头钻进。

芯样试件直径不宜小于骨料最大粒径的3倍，在任何情况下不得小于骨料最大粒径的2倍，否则试件强度的离散性较大。目前，钻头外径有76mm、91mm、101mm、110mm、130mm几种规格，从经济合理的角度综合考虑，应选用外径为101mm和110mm的钻头；当受检桩采用商品混凝土、骨料最大粒径小于30mm时，可选用外径为91mm的钻头；如果不检测混凝土强度，可选用外径为76mm的钻头。

7.3 现场检测

7.3.1 当钻芯孔为一个时，规定宜在距桩中心10～15cm的位置开孔，是考虑导管附近的混凝土质量相对较差、不具有代表性；同时也方便第二个孔的位置布置。

为准确确定桩的中心点，桩头宜开挖裸露；来不及开挖或不便开挖的桩，应由经纬仪测出桩位中心。

桩端持力层岩土性状的准确判断直接关系到受检桩的使用安全。《建筑地基基础设计规范》GB 50007规定：嵌岩灌注桩要求按端承桩设计，桩端以下三倍桩径范围内无软弱夹层、断裂破碎带和洞隙分布，在桩底应力扩散范围内无岩体临空面。虽然施工前已进行岩土工程勘察，但有时钻孔数量有限，对较复杂的地质条件，很难全面弄清岩石、土层的分布情况。因此，应对桩端持力层进行足够深度的钻探。

7.3.2～7.3.5 钻芯设备应精心安装、认真检查。钻进过程中应经常对钻机立轴进行校正，及时纠正立轴偏差，确保钻芯过程不发生倾斜、移位。设备安装后，应进行试运转，在确认正常后方能开钻。

桩顶面与钻机塔座距离大于2m时，宜安装孔口管。开孔宜采用合金钻头，开孔深为0.3～0.5m后安装孔口管，孔口管下入时应严格测量垂直度，然后固定。

当出现钻芯孔与桩体偏离时，应立即停机记录，分析原因。当有争议时，可进行钻芯测斜，以判断是受检桩倾斜超过规范要求还是钻芯孔倾斜超过规定要求。

金刚石钻头、扩孔器与卡簧的配合和使用要求：金刚石钻头与岩芯管之间必须安有扩孔器，用以修正孔壁；扩孔器外径应比钻头外径大0.3～0.5mm，卡簧内径应比钻头内径小0.3mm左右；金刚石钻头和扩孔器应按外径先大后小的排列顺序使用，同时考虑钻头内径小的先用，内径大的后用。

金刚石钻进技术参数：

1　钻头压力：钻芯法的钻头压力应根据混凝土芯样的强度与胶结好坏而定，胶结好、强度高的钻头压力可大，相反的压力应小；一般情况初压力为0.2MPa，正常压力1MPa。

2　转速：回次初转速宜为100r/min左右；正常钻进时可以采用高转速，但芯样胶结强度低的混凝土应采用低转速。

3　冲洗液量：钻芯法宜采用清水钻进，冲洗液量一般按钻头大小而定。钻头直径为101mm时，冲洗液流量应为60～120L/min。

金刚石钻进应注意的事项：

1　金刚石钻进前，应将孔底硬质合金捞取干净并磨灭，然后磨平孔底。

2　提钻卸取芯样时，应使用专门的自由钳卸钻头和扩孔器。

3　提放钻具时，钻头不得在地下拖拉；下钻时金刚石钻头不得碰撞孔口或孔口管上；发生墩钻或跑钻事故，应提钻检查钻头，不得盲目钻进。

4　当孔内有掉块、混凝土脱落或残留混凝土芯超过200mm时，不得使用新金刚石钻头扫孔，应使用旧的金刚石钻头或针状合金钻头套扫。

5　下钻前金刚石钻头不得下至孔底，应下至距孔底200mm处，采用轻压慢转到孔底，待钻进正常后再逐步增加压力和转速至正常范围。

6　正常钻进时不得随意提动钻具，以防止混凝土芯堵塞，发现混凝土芯堵塞时应立刻提钻，不得继续钻进。

7　钻进过程中要随时观察冲洗液量和泵压的变化，正常泵压应为0.5～1MPa，发现异常应查明原因，立即处理。

7.3.6 钻至桩底时，为检测桩底沉渣或虚土厚度，应采用减压、慢速钻进。若遇钻具突降，应即停钻，及时测量机上余尺，准确记录孔深及有关情况。

当持力层为中、微风化岩石时，可将桩底 0.5m 左右的混凝土芯样、0.5m 左右的持力层以及沉渣纳入同一回次。当持力层为强风化岩层或土层时，可采用合金钢钻头干钻等适宜的钻芯方法和工艺钻取沉渣并测定沉渣厚度。

对中、微风化岩的桩端持力层，可直接钻取岩芯鉴别；对强风化岩层或土层，可采用动力触探、标准贯入试验等方法鉴别。试验宜在距桩底 50cm 内进行。

7.3.7 芯样取出后，应由上而下按回次顺序放进芯样箱中，芯样侧面上应清晰标明回次数、块号、本回次总块数（宜写成带分数的形式，如 $2\frac{3}{5}$ 表示第 2 回次共有 5 块芯样，本块芯样为第 3 块）。及时记录孔号、回次数、起至深度、块数、总块数、芯样质量的初步描述及钻进异常情况。

有条件时，可采用钻孔电视辅助判断混凝土质量。

7.3.8 对桩身混凝土芯样的描述包括桩身混凝土钻进深度，芯样连续性、完整性、胶结情况、表面光滑情况、断口吻合程度、混凝土芯是否柱状、骨料大小分布情况，气孔、蜂窝麻面、沟槽、破碎、夹泥、松散的情况，以及取样编号和取样位置。

对持力层的描述包括持力层钻进深度、岩土名称、芯样颜色、结构构造、裂隙发育程度、坚硬及风化程度，以及取样编号和取样位置，或动力触探、标准贯入试验位置和结果。分层岩层应分别描述。

7.3.9 应先拍彩色照片，后截取芯样试件。取样完毕剩余的芯样宜移交委托单位妥善保存。

7.4 芯样试件截取与加工

7.4.1 以概率论为基础，用可靠性指标度量桩基的可靠度是比较科学的评价基桩强度的方法，即在钻芯法受检桩的芯样中截取一批芯样试件进行抗压强度试验，采用统计的方法判断混凝土强度是否满足设计要求。但在应用上存在以下一些困难：

1 由于基桩施工的特殊性，评价单根受检桩的混凝土强度比评价整个桩基工程的混凝土强度更合理。

2 《混凝土强度检验评定标准》GBJ 107—87 定义立方体抗压强度标准值采用了概率论和可靠度概念，但是在判断一个验收批的混凝土强度是否合格时采用了两个不等式：

$$m_{fcu} - \lambda_1 \cdot s_{fcu} \geq 0.9 f_{cu,k} \quad (1)$$

$$f_{cu,min} \geq \lambda_2 \cdot f_{cu,k} \quad (2)$$

如果说第一个不等式沿用了概率论和可靠度概念，那么，第二个不等式是考虑评定对象是结构受力构件，不允许出现过低的小值。同时，该标准指出一组试件的强度代表值应由三个试件的强度值确定，而钻芯法增加 3 倍的芯样试件数量有困难。

3 混凝土桩应作为受力构件考虑，薄弱部位的强度（结构承载能力）能否满足使用要求，直接关系到结构安全。

综合多种因素考虑，规定按上、中、下截取芯样试件的原则，同时对缺陷和多孔取样做了规定。

一般来说，蜂窝麻面、沟槽等缺陷部位的强度较正常胶结的混凝土芯样强度低，无论是严把质量关，尽可能查明质量隐患，还是便于设计人员进行结构承载力验算，都有必要对缺陷部位的芯样进行取样试验。因此，缺陷位置能取样试验时，应截取一组芯样进行混凝土抗压试验。

如果同一基桩的钻芯孔数大于一个，其中一孔在某深度存在蜂窝麻面、沟槽、空洞等缺陷，芯样试件强度可能不满足设计要求，按第 7.6.1 条的多孔强度计算原则，在其他孔的相同深度部位取样进行抗压试验是非常必要的，在保证结构承载能力的前提下，减少加固处理费用。

7.4.2 为便于设计人员对端承力的验算，提供分层岩性的各层强度值是必要的。为保证岩石原始性状，选取的岩石芯样应及时包装并浸泡在水中。

7.4.3 对于基桩混凝土芯样来说，芯样试件可选择的余地较大，因此，不仅要求芯样试件不能有裂缝或有其他较大缺陷，而且要求芯样试件内不能含有钢筋；同时，为了避免试件强度的离散性较大，在选取芯样试件时，应观察芯样侧面的表观混凝土粗骨料粒径，确保芯样试件平均直径小于 2 倍表观混凝土粗骨料最大粒径。

为了避免再对芯样试件高径比进行修正，规定有效芯样试件的高度不得小于 $0.95d$ 且不得大于 $1.05d$ 时（d 为芯样试件平均直径）。

附录 E 规定平均直径测量精确至 0.5mm；沿试件高度任一直径与平均直径相差达 2mm 以上时不得用作抗压强度试验。这里做以下几点说明：

1 一方面要求直径测量误差小于 1mm，另一方面允许不同高度处的直径相差大于 1mm，增大了芯样试件强度的不确定度。考虑到钻芯过程对芯样直径的影响是强度低的地方直径偏小，而抗压试验时直径偏小的地方容易破坏，因此，在测量芯样平均直径时宜选择表观直径偏小的芯样中部部位。

2 允许沿试件高度任一直径与平均直径相差达 2mm，极端情况下，芯样试件的最大直径与最小直径相差可达 4 mm，此时固然满足规范规定，但是，当芯样侧面有明显波浪状时，应检查钻机的性能，钻头、扩孔器、卡簧是否合理配置，机座是否安装稳固，钻机立轴是否摆动过大，提高钻机操作人员的技术水平。

　　3　在诸多因素中，芯样试件端面的平整度是一个重要的因素，容易被检测人员忽视，应引起足够的重视。

7.5　芯样试件抗压强度试验

7.5.1　根据桩的工作环境状态，试件宜在 $20\pm5℃$ 的清水中浸泡一段时间后进行抗压强度试验。本条规定芯样试件加工完毕后，即可进行抗压强度试验，一方面考虑到钻芯过程中诸因素影响均使芯样试件强度降低，另一方面是出于方便考虑。

7.5.2　芯样试件抗压破坏时的最大压力值与混凝土标准试件明显不同，芯样试件抗压强度试验时应合理选择压力机的量程和加荷速率，保证试验精度。

7.5.3　当出现截取芯样未能制作成试件、芯样试件平均直径小于 2 倍试件内混凝土粗骨料最大粒径时，应重新截取芯样试件进行抗压强度试验。条件不具备时，可将另外两个强度的平均值作为该组混凝土芯样试件抗压强度值。在报告中应对有关情况予以说明。

7.5.4　混凝土芯样试件的强度值不等于在施工现场取样、成型、同条件养护试块的抗压强度，也不等于标准养护 28 天的试块抗压强度。广东有 137 组数据表明在桩身混凝土中的钻芯强度与立方体强度的比值的统计平均值为 0.749。为考察小芯样取芯的离散性（如尺寸效应、机械扰动等），广东、福建、河南等地 6 家单位在标准立方体试块中钻取芯样进行抗压强度试验（强度等级 C15～C50，芯样直径 68～100mm，共 184 组），目的是排除龄期、振捣和养护条件的差异。结果表明：芯样试件强度与立方体强度的比值分别为 0.689、0.848、0.895、0.915、1.106、1.106，平均为 0.943，其中有两单位得出了 φ68、φ80 芯样强度与 φ100 芯样强度相比均接近于 1.0 的结论。当排除龄期和养护条件（温度、湿度）差异时，尽管普遍认同芯样强度低于立方体强度，尤其是在桩身混凝土中钻芯更是如此，但上述结果说明：尚不能采用一个统一的折算系数来反映芯样强度与立方体强度的差异。作为行业标准，为了安全起见，本规范暂不推荐采用 1/0.88（国内一些地方标准采用的折算系数）对芯样强度进行提高修正，留待各地根据试验结果进行调整。

7.5.5　岩石芯样试件数量按本规范 7.4.3 条每组芯样制作三个芯样抗压试件的规定。当岩石芯样抗压强度试验仅仅是配合判断桩端持力层岩性时，检测报告中可不给出岩石饱和单轴抗压强度标准值，只给出平均值；当需要确定岩石饱和单轴抗压强度标准值时，宜按《建筑地基基础设计规范》GB 50007 附录 J 执行。

7.6　检测数据的分析与判定

7.6.1　由于混凝土芯样试件抗压强度的离散性比混凝土标准试件大得多，采用《混凝土强度检验评定标准》GBJ 107 来计算混凝土芯样试件抗压强度代表值有时会出现无法确定代表值的情况。为了避免这种情况，对数千组数据进行验算，证实取平均值的方法是可行的。

　　同一根桩有两个或两个以上钻芯孔时，应综合考虑各孔芯样强度来评定桩身承载力。取同一深度部位各孔芯样试件抗压强度的平均值作为该深度的混凝土芯样试件抗压强度代表值，是一种简便实用方法。

7.6.2　虽然桩身轴力上大下小，但从设计角度考虑，桩承载力受最薄弱部位的混凝土强度控制。

7.6.3　桩端持力层岩土性状的描述、判定应有工程地质专业人员参与，并应符合《岩土工程勘察规范》GB 50021 的有关规定。

7.6.4～7.6.5　通过芯样特征对桩身完整性分类，有比低应变法更直观的一面，也有一孔之见代表性差的一面。同一根桩有两个或两个以上钻芯孔时，桩身完整性分类应综合考虑各钻芯孔的芯样质量情况，不同钻芯孔的芯样在同一深度部位均存在缺陷时，该位置存在安全隐患的可能性大，桩身缺陷类别应判重些。

　　在本规范中，虽然按芯样特征判定完整性和通过芯样试件抗压试验判定桩身强度是否满足设计要求在内容上相对独立，且表 3.5.1 中的桩身完整性分类是针对缺陷是否影响结构承载力的原则性规定。但是，除桩身裂隙外，根据芯样特征描述，不论缺陷属于哪种类型，都指明或相对表明桩身混凝土质量差，即存在低强度区这一共性。因此对于钻芯法，完整性分类尚应结合芯样强度值综合判定。例如：

　　1　蜂窝麻面、沟槽、空洞等缺陷程度应根据其芯样强度试验结果判断。若无法取样或不能加工成试件，缺陷程度应判重些。

　　2　芯样连续、完整、胶结好或较好、骨料分布均匀或基本均匀、断口吻合或基本吻合；芯样侧面无表观缺陷，或虽有气孔、蜂窝麻面、沟槽，但能够截取芯样制作成试件；芯样试件抗压强度代表值不小于混凝土设计强度等级。则应判为Ⅱ类桩。

　　3　芯样任一段松散、夹泥或分层，钻进困难甚至无法钻进，则判定基桩的混凝土质量不满足设计要求；若仅在一个孔中出现前述缺陷，而在其他孔同深度部位未出现，为确保质量，仍应进行工程处理。

　　4　局部混凝土破碎、无法取样或虽能取样但无法加工成试件，一般判定为Ⅲ类桩。但是，当钻芯孔数为 3 个时，若同一深度部位芯样质量均如此，宜判为Ⅳ类桩；如果仅一孔的芯样质量如此，且长度小于 10cm，另两孔同深度部位的芯样试件抗压强度较高，宜判为Ⅱ类桩。

　　除桩身完整性和芯样试件抗压强度代表值外，当设计有要求时，应判断桩底的沉渣厚度、持力层岩土性状（强度）或厚度是否满足或达到设计要求；否则，应判断是否满足或达到规范要求。

8 低应变法

8.1 适用范围

8.1.1 目前国内外普遍采用瞬态冲击方式，通过实测桩顶加速度或速度响应时域曲线，籍一维波动理论分析来判定基桩的桩身完整性，这种方法称之为反射波法（或瞬态时域分析法）。据建设部所发工程桩动测单位资质证书的数量统计，绝大多数的单位采用上述方法，所用动测仪器一般都具有傅立叶变换功能，可通过速度幅频曲线辅助分析判定桩身完整性，即所谓瞬态频域分析法；也有些动测仪器还具备实测锤击力并对其进行傅立叶变换的功能，进而得到导纳曲线，这称之为瞬态机械阻抗法。当然，采用稳态激振方式直接测得导纳曲线，则称之为稳态机械阻抗法。无论瞬态激振的时域分析还是瞬态或稳态激振的频域分析，只是习惯上从波动理论或振动理论两个不同角度去分析，数学上忽略截断和泄漏误差时，时域信号和频域信号可通过傅立叶变换建立对应关系。所以，当桩的边界和初始条件相同时，时域和频域分析结果应殊途同归。综上所述，考虑到目前国内外使用方法的普遍程度和可操作性，本规范将上述方法合并编写并统称为低应变（动测）法。

一维线弹性杆件模型是低应变法的理论基础。因此受检桩的长细比、瞬态激励脉冲有效高频分量的波长与桩的横向尺寸之比宜大于5，设计桩身截面宜基本规则。另外，一维理论要求应力波在桩身中传播时平截面假设成立，所以，对薄壁钢管桩和类似于H型钢桩的异型桩，本方法不适用。

本方法对桩身缺陷程度只做定性判定，尽管利用实测曲线拟合法分析能给出定量的结果，但由于桩的尺寸效应、测试系统的幅频相频响应、高频波的弥散、滤波等造成的实测波形畸变，以及桩侧土阻尼、土阻力和桩身阻尼的耦合影响，曲线拟合法还不能达到精确定量的程度。

对于桩身不同类型的缺陷，低应变测试信号中主要反映出桩身阻抗减小的信息，缺陷性质往往较难区分。例如，混凝土灌注桩出现的缩颈与局部松散、夹泥、空洞等，只凭测试信号就很难区分。因此，对缺陷类型进行判定，应结合地质、施工情况综合分析，或采取钻芯、声波透射等其他方法。

8.1.2 由于受桩周土约束、激振能量、桩身材料阻尼和桩身截面阻抗变化等因素的影响，应力波从桩顶传至桩底再从桩底反射回桩顶的传播为一能量和幅值逐渐衰减过程。若桩过长（或长径比较大）或桩身截面阻抗多变或变幅较大，往往应力波尚未反射回桩顶甚至尚未传到桩底，其能量已完全衰减或提前反射，

致使仪器测不到桩底反射信号，而无法评定整根桩的完整性。在我国，若排除其他条件差异而只考虑各地区地质条件差异时，桩的有效检测长度主要受桩土刚度比大小的制约。因各地提出的有效检测范围变化很大，如长径比30～50、桩长30～50m不等，故本条未规定有效检测长度的控制范围。具体工程的有效检测桩长，应通过现场试验，依据能否识别桩底反射信号，确定该方法是否适用。

对于最大有效检测深度小于实际桩长的超长桩检测，尽管测不到桩底反射信号，但若有效检测长度范围内存在缺陷，则实测信号中必有缺陷反射信号。因此，低应变方法仍可用于查明有效检测长度范围内是否存在缺陷。

8.2 仪器设备

8.2.1 低应变动力检测采用的测量响应传感器主要是压电式加速度传感器（国内多数厂家生产的仪器尚能兼容磁电式速度传感器测试），根据其结构特点和动态性能，当压电式传感器的可用上限频率在其安装谐振频率的1/5以下时，可保证较高的冲击测量精度，且在此范围内，相位误差几乎可以忽略。所以应尽量选用自振频率较高的加速度传感器。

对于桩顶瞬态响应测量，习惯上是将加速度计的实测信号积分成速度曲线，并据此进行判读。实践表明：除采用小锤硬碰硬敲击外，速度信号中的有效高频成分一般在2000Hz以内。但这并不等于说，加速度计的频响线性段达到2000Hz就足够了。这是因为，加速度原始信号比积分后的速度波形中要包含更多和更尖的毛刺，高频尖峰毛刺的宽窄和多寡决定了它们在频谱上占据的频带宽窄和能量大小。事实上，对加速度信号的积分相当于低通滤波，这种滤波作用对尖峰毛刺特别明显。当加速度计的频响线性段较窄时，就会造成信号失真。所以，在±10%幅频误差内，加速度计幅频线性段的高限不宜小于5000Hz，同时也应避免在桩顶敲击处表面凹凸不平时用硬质材料锤（或不加锤垫）直接敲击。

高阻尼磁电式速度传感器固有频率接近20Hz时，幅频线性范围（误差±10%时）约在20～1000Hz内，若要拓宽使用频带，理论上可通过提高阻尼比来实现。但从传感器的结构设计、制作以及可用性看却又难于做到。因此，若要提高高频测量上限，必须提高固有频率，势必造成低频段幅频特性恶化，反之亦然。同时，速度传感器在接近固有频率时使用，还存在因相位越迁引起的相频非线性问题。此外由于速度传感器的体积和质量均较大，其安装谐振频率受安装条件影响很大，安装不良会大幅下降并产生自身振荡，虽然可通过低通滤波将自振信号滤除，但在安装谐振频率附近的有用信息也将随之滤除。综上述，高频窄脉冲冲击响应测量不宜使用速度

传感器。

8.2.2 瞬态激振操作应通过现场试验选择不同材质的锤头或锤垫，以获得低频宽脉冲或高频窄脉冲。除大直径桩外，冲击脉冲中的有效高频分量可选择不超过 2000Hz（钟形力脉冲宽度为 1ms，对应的高频截止分量约为 2000Hz）。目前激振设备普遍使用的是力锤、力棒，其锤头或锤垫多选用工程塑料、高强尼龙、铝、铜、铁、橡皮垫等材料，锤的质量为几百克至几十千克不等。

稳态激振设备可包括扫频信号发生器、功率放大器及电磁式激振器。由扫频信号发生器输出等幅值、频率可调的正弦信号，通过功率放大器放大至电磁激振器输出同频率正弦激振力作用于桩顶。

8.3 现场检测

8.3.1 桩顶条件和桩头处理好坏直接影响测试信号的质量。因此，要求受检桩桩顶的混凝土质量、截面尺寸应与桩身设计条件基本等同。灌注桩应凿去桩顶浮浆或松散、破损部分，并露出坚硬的混凝土表面；桩顶表面应平整干净且无积水；妨碍正常测试的桩顶外露主筋应割掉。对于预应力管桩，当法兰盘与桩身混凝土之间结合紧密时，可不进行处理，否则，应采用电锯将桩头锯平。

当桩头与承台或垫层相连时，相当于桩头处存在很大的截面阻抗变化，对测试信号会产生影响。因此，测试时桩头应与混凝土承台断开；当桩头侧面与垫层相连时，除非对测试信号没有影响，否则应断开。

8.3.2 从时域波形中找到桩底反射位置，仅仅是确定了桩底反射的时间，根据 $\Delta T = 2L/c$，只有已知桩长 L 才能计算波速 c，或已知波速 c 计算桩长 L。因此，桩长参数应以实际记录的施工桩长为依据，按测点至桩底的距离设定。测试前桩身波速可根据本地区同类桩型的测试值初步设定，实际分析过程中应按由桩长计算的波速重新设定或按 8.4.1 条确定的波速平均值 c_m 设定。

对于时域信号，采样频率越高，则采集的数字信号越接近模拟信号，越有利于缺陷位置的准确判断。一般应在保证测得完整信号（时段 $2L/c + 5ms$，1024 个采样点）的前提下，选用较高的采样频率或较小的采样时间间隔。但是，若要兼顾频域分辨率，则应按采样定理适当降低采样频率或增加采样点数。

稳态激振是按一定频率间隔逐个频率激振，并持续一段时间。频率间隔的选择决定于速度幅频曲线和导纳曲线的频率分辨率，它影响桩身缺陷位置的判定精度；间隔越小，精度越高，但检测时间很长，降低工作效率。一般频率间隔设置为 3Hz、5Hz 和 10Hz。每一频率下激振持续时间的选择，理论上越长越好，这样有利于消除信号中的随机噪声。实际测试过程中，为提高工作效率，只要保证获得稳定的激振力和响

响应信号即可。

8.3.3 本条是为保证获得高质量响应信号而提出的措施：

1 传感器用耦合剂粘结时，粘结层应尽可能薄；必要时可采用冲击钻打孔安装方式，但传感器底安装面应与桩顶面紧密接触。

2 相对桩顶横截面尺寸而言，激振点处为集中力作用，在桩顶部位可能出现与桩的横向振型相应的高频干扰。当锤击脉冲变窄或桩径增加时，这种由三维尺寸效应引起的干扰加剧。传感器安装点与激振点距离和位置不同，所受干扰的程度各异。初步研究表明：实心桩安装点在距桩中心约 2/3 半径 R 时，所受干扰相对较小；空心桩安装点与激振点平面夹角等于或略大于 90°时也有类似效果，该处相当于横向耦合低阶振型的驻点。另应注意加大安装与激振两点距离或平面夹角将增大锤击点与安装点响应信号时间差，造成波速或缺陷定位误差。传感器安装点、锤击点布置见图 1。

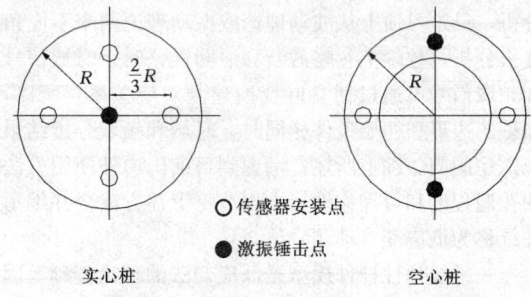

○ 传感器安装点
● 激振锤击点

实心桩　　　　　　　　空心桩

图 1　传感器安装点、锤击点布置示意图

当预制桩、预应力管桩等桩顶高于地面很多，或灌注桩桩顶部分桩身截面很不规则，或桩顶与承台等其他结构相连而不具备传感器安装条件时，可将两支测量响应传感器对称安装在桩顶以下的桩侧表面，且宜远离桩顶。

3 激振点与传感器安装点应远离钢筋笼的主筋，其目的是减少外露主筋对测试产生干扰信号。若外露主筋过长而影响正常测试时，应将其割短。

4 瞬态激振通过改变锤的重量及锤头材料，可改变冲击入射波的脉冲宽度及频率成分。锤头质量较大或刚度较小时，冲击入射波脉冲较宽，低频成分为主；当冲击力大小相同时，其能量较大，应力波衰减较慢，适合于获得长桩桩底信号或下部缺陷的识别。锤头较轻或刚度较大时，冲击入射波脉冲较窄，含高频成分较多；冲击力大小相同时，虽其能量较小并加剧大直径桩的尺寸效应影响，但较适宜于桩身浅部缺陷的识别及定位。

5 稳态激振在每个设定的频率下激振时，为避免频率变换过程产生失真信号，应具有足够的稳定激振时间，以获得稳定的激振力和响应信号，并根据桩径、桩长及桩周土约束情况调整激振力。稳态激振器

的安装方式及好坏对测试结果起着很大的作用。为保证激振系统本身在测试频率范围内不至于出现谐振，激振器的安装宜采用柔性悬挂装置，同时在测试过程中应避免激振器出现横向振动。

8.3.4 桩径增大时，桩截面各部位的运动不均匀性也会增加，桩浅部的阻抗变化往往表现出明显的方向性。故应增加检测点数量，使检测结果能全面反映桩身结构完整性情况。每个检测点有效信号数不宜少于3个，通过叠加平均提高信噪比。

应合理选择测试系统量程范围，特别是传感器的量程范围，避免信号波峰削波。

8.4 检测数据的分析与判定

8.4.1 为分析不同时段或频段信号所反映的桩身阻抗信息、核验桩底信号并确定桩身缺陷位置，需要确定桩身波速及其平均值 c_m。波速除与桩身混凝土强度有关外，还与混凝土的骨料品种、粒径级配、密度、水灰比、成桩工艺（导管灌注、振捣、离心）等因素有关。波速与桩身混凝土强度整体趋势上呈正相关关系，即强度高波速高，但二者并不为一一对应关系。在影响混凝土波速的诸多因素中，强度对波速的影响并非首位。中国建筑科学研究院的试验资料表明：采用普硅水泥，粗骨料相同，不同试配强度及龄期强度相差1倍时，声速变化仅为10%左右；根据辽宁省建设科学研究院的试验结果：采用矿渣水泥，28天强度为3天强度的4～5倍，一维波速增加20%～30%；分别采用碎石和卵石并按相同强度等级试配，发现以碎石为粗骨料的混凝土一维波速比卵石高约13%。天津市政研究院也得到类似辽宁院的规律，但有一定离散性，即同一组（粗骨料相同）混凝土试配强度不同的杆件或试块，同龄期强度低约10%～15%，但波速或声速略有提高。也有资料报导正好相反，例如福建省建筑科学研究院的试验资料表明：采用普硅水泥，按相同强度等级试配，骨料为卵石的混凝土声速略高于骨料为碎石的混凝土声速。因此，不能依据波速去评定混凝土强度等级，反之亦然。

虽然波速与混凝土强度二者并不呈一一对应关系，但考虑到二者整体趋势上呈正相关关系，且强度等级是现场最易得到的参考数据，故对于超长桩或无法明确找出桩底反射信号的桩，可根据本地区经验并结合混凝土强度等级，综合确定波速平均值，或利用成桩工艺、桩型相同且桩长相对较短并能够找出桩底反射信号的桩确定的波速，作为波速平均值。此外，当某根桩露出地面且有一定的高度时，可沿桩长方向间隔一可测量的距离段设置两个测振传感器，通过测量两个传感器的响应时差，计算该桩段的波速值，以该值代表整根桩的波速值。

8.4.2 本方法确定桩身缺陷的位置是有误差的，原因是：缺陷位置处 Δt_x 和 $\Delta f'$ 存在读数误差；采样点

数不变时，提高采样频率降低了频域分辨率；波速确定的方式及用抽样所得平均值 c_m 替代某具体桩身段波速带来的误差。其中，波速带来的缺陷位置误差 $\Delta x = x \cdot \Delta c/c$（$\Delta c/c$ 为波速相对误差）影响最大，如波速相对误差为5%，缺陷位置为10m时，则误差有0.5m；缺陷位置为20m时，则误差有1.0m。

对瞬态激振还存在另一种误差，即锤击后应力波主要以纵波形式直接沿桩身向下传播，同时在桩顶又主要以表面波和剪切波的形式沿径向传播。因锤击点与传感器安装点有一定的距离，接收点测到的入射峰总比锤击点处滞后，考虑到表面波或剪切波的传播速度比纵波低得多，特别对大直径桩或直径较大的管桩，这种从锤击点起由近及远的时间线性滞后将明显增加。而波从缺陷或桩底以一维平面应力波反射回桩顶时，引起的桩顶面径向各点的质点运动却在同一时刻都是相同的，即不存在由近及远的时间滞后问题。所以严格地讲，按入射峰-桩底反射峰确定的波速将比实际的高，若按"正确"的桩身波速确定缺陷位置将比实际的浅，若能测到 $4L/c$ 的二次桩底反射，则由 $2L/c$ 至 $4L/c$ 时段确定的波速是正确的。

8.4.3 表8.4.3列出了根据实测时域或幅频信号特征、所划分的桩身完整性类别。完整桩典型的时域信号和速度幅频信号见图2和图3，缺陷桩典型的时域信号和速度幅频信号见图4和图5。

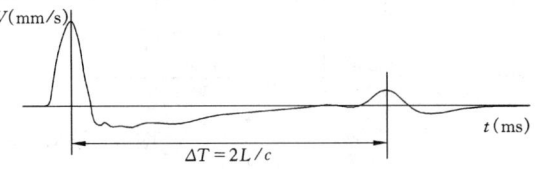

图2 完整桩典型时域信号特征

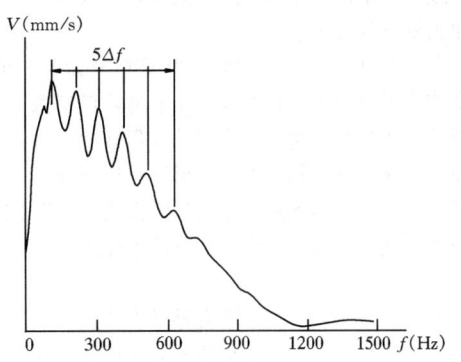

图3 完整桩典型速度幅频信号特征

完整桩分析判定，从时域信号或频域曲线特征表现的信息判定相对来说较简单直观，而分析缺陷桩信号则复杂些，有的信号的确是因施工质量缺陷产生的，但也有是因设计构造或成桩工艺本身局限导致的不连续断面产生的，例如预制打入桩的接缝，灌注桩的逐渐扩径再缩回原桩径的变截面，地层硬夹层影响等。因此，在分析测试信号时，应仔细分清哪些是缺

陷波或缺陷谐振峰，哪些是因桩身构造、成桩工艺、土层影响造成的类似缺陷信号特征。另外，根据测试信号幅值大小判定缺陷程度，除受缺陷程度影响外，还受桩周土阻尼大小及缺陷所处的深度位置影响。相同程度的缺陷因桩周土岩性不同或缺陷埋深不同，在测试信号中其幅值大小各异。因此，如何正确判定缺陷程度，特别是缺陷十分明显时，如何区分是Ⅲ类桩还是Ⅳ类桩，应仔细对照桩型、地质条件、施工情况结合当地经验综合分析判断；不仅如此，还应结合基础和上部结构型式对桩的承载安全性要求，考虑桩身承载力不足引发桩身结构破坏的可能性，进行缺陷类别划分，不宜单凭测试信号定论。

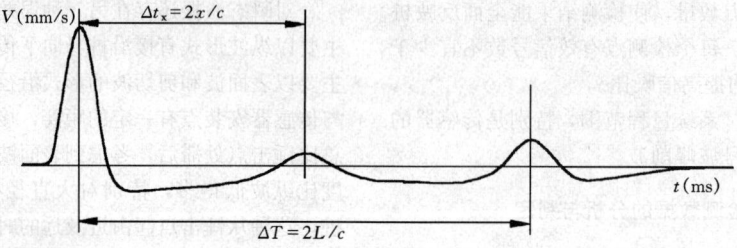

图 4 缺陷桩典型时域信号特征

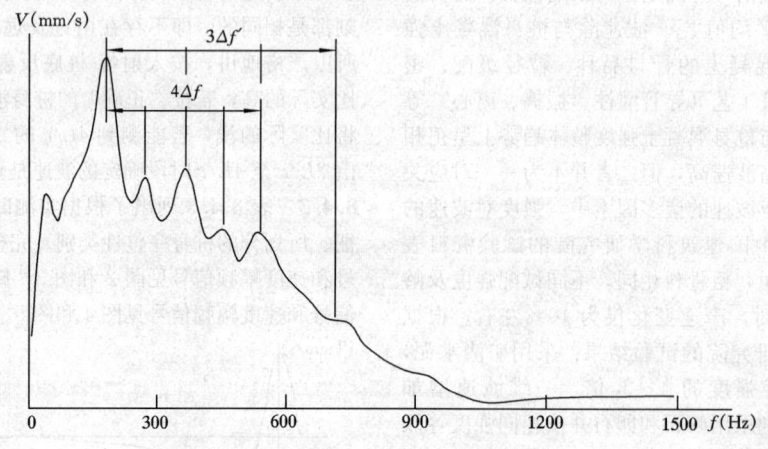

图 5 缺陷桩典型速度幅频信号特征

桩身缺陷的程度及位置，除直接从时域信号或幅频曲线上判定外，还可借助其他计算方式及相关测试量作为辅助的分析手段：

1 时域信号曲线拟合法：将桩划分为若干单元，以实测或模拟的力信号作为已知条件，设定并调整桩身阻抗及土参数，通过一维波动方程数值计算，计算出速度时域波形并与实测的波形进行反复比较，直到两者吻合程度达到满意为止，从而得出桩身阻抗的变化位置及变化量大小。该计算方法类似于高应变的曲线拟合法。

2 根据速度幅频曲线或导纳曲线中基频位置，利用实测导纳值与计算导纳值相对高低、实测动刚度的相对高低，进行判断。此外，还可对速度幅频信号曲线进行二次谱分析。

图 6 为完整桩的速度导纳曲线。计算导纳值 N_c、实测导纳值 N_m 和动刚度 K_d 分别按下列公式计算：

导纳理论计算值： $$N_c = \frac{1}{\rho c_m A} \tag{3}$$

实测导纳几何平均值： $$N_m = \sqrt{P_{max} \cdot Q_{min}} \tag{4}$$

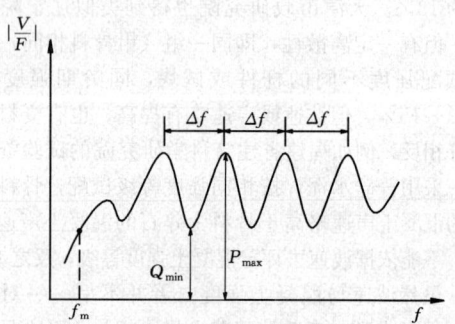

图 6 均匀完整桩的速度导纳曲线图

动刚度： $$K_d = \frac{2\pi f_m}{\left|\frac{V}{F}\right|_m} \tag{5}$$

式中 ρ——桩材质量密度（kg/m³）；

c_m——桩身波速平均值（m/s）；

A——设计桩身截面积（m²）；

P_{max}——导纳曲线上谐振波峰的最大值（m/s·N⁻¹）；

Q_{min}——导纳曲线上谐振波谷的最小值（m/s·N⁻¹）；

f_m——导纳曲线上起始近似直线段上任一频率值（Hz）；

$\left|\dfrac{V}{F}\right|_m$——与 f_m 对应的导纳幅值（m/s·N^{-1}）。

理论上，实测导纳值 N_m、计算导纳值 N_c 和动刚度 K_d 就桩身质量好坏而言存在一定的相对关系：完整桩，N_m 约等于 N_c、K_d 值正常；缺陷桩，N_m 大于 N_c、K_d 值低，且随缺陷程度的增加其差值增大；扩径桩，N_m 小于 N_c、K_d 值高。

值得说明，由于稳态激振过程在某窄小频带上激振，其能量集中、信噪比高、抗干扰能力强等特点，所测的导纳曲线、导纳值及动刚度比采用瞬态激振方式重复性好、可信度较高。

表8.4.3没有列出桩身无缺陷或有轻微缺陷但无桩底反射这种信号特征的类别划分。事实上，测不到桩底信号这种情况受多种因素和条件影响，例如：

——软土地区的超长桩，长径比很大；

——桩周土约束很大，应力波衰减很快；

——桩身阻抗与持力层阻抗匹配良好；

——桩身截面阻抗显著突变或沿桩长渐变；

——预制桩接头缝隙影响。

其实，当桩侧和桩端阻力很强时，高应变法同样也测不出桩底反射。所以，上述原因造成无桩底反射也属正常。此时的桩身完整性判定，只能结合经验、参照本场地和本地区的同类型桩综合分析或采用其他方法进一步检测。

对设计条件有利的扩径灌注桩，不应判定为缺陷桩。

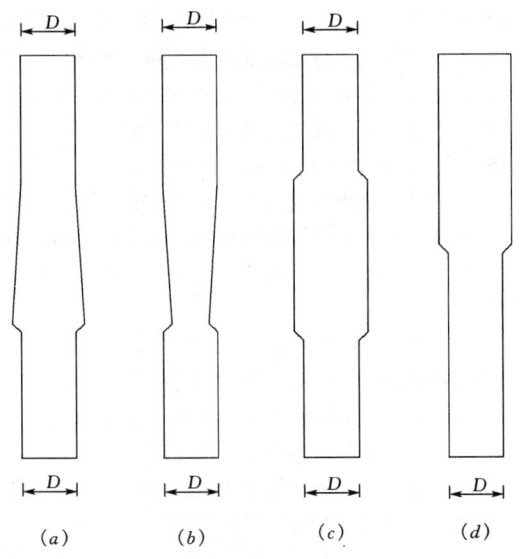

图 7 混凝土灌注桩截面（阻抗）变化示意图
（a）逐渐扩径；（b）逐渐缩颈；
（c）中部扩径；（d）上部扩径

8.4.4 当灌注桩桩截面形态呈现如图7情况时，桩

身截面（阻抗）渐变或突变，在阻抗突变处的一次或二次反射常表现为类似明显扩径、严重缺陷或断桩的相反情形，从而造成误判。因此，可结合施工、地层情况综合分析加以区分；无法区分时，应结合其他检测方法综合判定。当桩身存在不止一个阻抗变化截面（包括上述桩身某一范围阻抗渐变的情况）时，由于各阻抗变化截面的一次和多次反射波相互迭加，除距桩顶第一阻抗变化截面的一次反射能辨认外，其后的反射信号可能变得十分复杂，难于分析判断。此时，宜按下列规定采用实测曲线拟合法进行辅助分析：

1 信号不得因尺寸效应、测试系统频响等影响产生畸变。

2 桩顶横截面尺寸应按现场实际测量结果确定。

3 通过同条件下、截面基本均匀的相邻桩曲线拟合，确定引起应力波衰减的桩土参数取值。

4 宜采用实测力波形作为边界条件输入。

8.4.5 对嵌岩桩，桩底沉渣和桩端持力层是否为软弱层、溶洞等是直接关系到该桩能否安全使用的关键因素。虽然本方法不能确定桩底情况，但理论上可以将嵌岩桩桩端视为杆件的固定端，并根据桩底反射波的方向判断桩端端承效果，也可通过导纳值、动刚度的相对高低提供辅助分析。采用本方法判定桩端嵌固效果差时，应采用静载试验或钻芯法等其他检测方法核验桩端嵌岩情况，确保基桩使用安全。

8.4.7 人员水平低、测试过程和测量系统各环节出现异常、人为信号再处理影响信号真实性等，均直接影响结论判断的正确性，只有根据原始信号曲线才能鉴别。

9 高应变法

9.1 适用范围

9.1.1 高应变法的主要功能是判定单桩竖向抗压承载力是否满足设计要求。这里所说的承载力是指在桩身强度满足桩身结构承载力的前提下，得到的桩周岩土对桩的抗力（静阻力）。所以要得到极限承载力，应使桩侧和桩端岩土阻力充分发挥，否则不能得到承载力的极限值，只能得到承载力检测值。

与低应变法检测的快捷、廉价相比，高应变法检测桩身完整性虽然是附带性的，但由于其激励能量和检测有效深度大的优点，特别在判定桩身水平整合型缝隙、预制桩接头等缺陷时，能够在查明这些"缺陷"是否影响竖向抗压承载力的基础上，合理判定缺陷程度。当然，带有普查性的完整性检测，采用低应变法更为恰当。

高应变检测技术是从打入式预制桩发展起来的，试打桩和打桩监控属于其特有的功能，是静载试验无法做到的。

9.1.2 灌注桩的截面尺寸和材质的非均匀性、施工的隐蔽性（干作业成孔桩除外）及由此引起的承载力变异性普遍高于打入式预制桩，导致灌注桩检测采集的波形质量低于预制桩，波形分析中的不确定性和复杂性又明显高于预制桩。与静载试验结果对比，灌注桩高应变检测判定的承载力误差也如此。因此，积累灌注桩现场测试、分析经验和相近条件下的可靠对比验证资料，对确保检测质量尤其重要。

9.1.3 除嵌入基岩的大直径桩和纯摩擦型大直径桩外，大直径灌注桩、扩底桩（墩）由于尺寸效应，通常其静载 Q-s 曲线表现为缓变型，端阻力发挥所需的位移很大。另外，在土阻力相同条件下，桩身直径的增加使桩身截面阻抗（或桩的惯性）与直径成平方的关系增加，锤与桩的匹配能力下降。而多数情况下高应变检测所用锤的重量有限，很难在桩顶产生较长持续时间的作用荷载，达不到使土阻力充分发挥所需的位移量。另一原因如第 9.1.2 条条文说明所述。

9.2 仪 器 设 备

9.2.1 本条对仪器的主要技术性能指标要求是按建筑工业行业标准《基桩动测仪》提出的，比较适中，大部分型号的国产和进口仪器能满足。由于动测仪器的使用环境恶劣，所以仪器的环境性能指标和可靠性也很重要。本条对加速度计的量程未做具体规定，原因是对不同类型的桩，各种因素影响使最大冲击加速度变化很大。建议根据实测经验来合理选择，宜使选择的量程大于预估最大冲击加速度值的一倍以上。如对钢桩，宜选择 $20000 \sim 30000 m/s^2$ 量程的加速度计。

9.2.2 导杆式柴油锤荷载上升时间过于缓慢，容易造成速度响应信号失真。

9.2.3 分片组装式锤的单片或强夯锤，下落时平稳性差且不易导向，更易造成严重锤击偏心并影响测试质量。因此规定锤体的高径（宽）比不得小于 1。

自由落锤安装加速度计测量桩顶锤击力的依据是牛顿第二和第三定律。其成立条件是同一时刻锤体内各质点的运动和受力无差异，也就是说，虽然锤为弹性体，只要锤体内部不存在波传播的不均匀性，就可视锤为一刚体或具有一定质量的质点。波动理论分析结果表明：当沿正弦波传播方向的介质尺寸小于正弦波波长的 1/10 时，可认为在该尺寸范围内无波传播效应，即同一时刻锤的受力和运动状态均匀。除钢桩外，较重的自由落锤在桩身产生的力信号中有效频率分量（占能量的 90% 以上）在 200Hz 以内，超过 300Hz 后可忽略不计。按最不利估计，对力信号有贡献的高频分量波长也超过 15m。所以，在大多数采用自由落锤的场合，牛顿第二定律能较严格地成立。规定锤体需整体铸造且高径（宽）比不大于 1.5 正是为了避免分片锤体在内部相互碰撞和波传播效应造成的锤内部运动状态不均匀。这种方式与在桩头附近的桩侧表面安装应变式传感器的测力方式相比，优缺点是：

1 避免了桩头损伤和安装部位混凝土差导致的测力失败以及应变式传感器的经常损坏。

2 避免了因混凝土非线性造成的力信号失真（混凝土受压时，理论上讲是对实测力值放大，是不安全的）。

3 直接测定锤击力，即使混凝土波速、弹性模量改变，也无需修正。

4 测量响应的加速度计只能安装在距桩顶较近的桩侧表面，尤其不能安装在桩头变阻抗截面以下的桩身上。

5 桩顶只能放置薄层桩垫，不能放置尺寸和质量较大的桩帽（替打）。

6 需采用重锤或软锤垫以减少锤上的高频分量。但因锤高度一般不大于 1.5m，则最大适宜锤重可能受到限制，如直径 1.0m、高 1.5m 的圆柱形锤仅为 92kN。

7 由于基线修正方式的不同，锤体加速度测量可能有 1g（g 为重力加速度）的误差。大锤上的测试效果可能比小锤差。

9.2.4 本条对锤重选择与原《基桩高应变动力检测规程》不同，给出的是一个范围。主要理由如下：

1 桩较长或桩径较大时，一般使侧阻、端阻充分发挥所需位移大。

2 桩是否容易被"打动"取决于桩身"广义阻抗"的大小。广义阻抗与桩周土阻力大小和桩身截面波阻抗大小两个因素有关。随着桩直径增加，波阻抗的增加通常快于土阻力，仍按预估极限承载力的 1% 选取锤重，将使锤对桩的匹配能力下降。因此，不仅从土阻力，而从多方面考虑提高锤重的措施是更科学的做法。本条规定的锤重选择为最低限值。

9.2.5 重锤对桩冲击使桩周土产生振动，在受检桩附近架设的基准梁也将受影响，导致桩的贯入度测量结果不可靠。也有采用加速度信号两次积分得到的最终位移作为实测贯入度，虽然最方便，但可能存在下列问题：

1 由于信号采集时段短，信号采集结束时桩的运动尚未停止，以柴油锤打长桩时为甚。

2 加速度计的质量优劣影响积分精度，零漂大和低频响应差（时间常数小）时极为明显。

所以，对贯入度测量精度要求较高时，宜采用精密水准仪等光学仪器测定。

9.3 现 场 检 测

9.3.1 承载力时间效应因地而异，以沿海软土地区最显著。成桩后，若桩周岩土无隆起、侧挤、沉陷、软化等影响，承载力随时间增长。工期紧休止时间不够时，除非承载力检测值已满足设计要求，否则应休止到满足表3.2.6规定的时间为止。

锤击装置垂直、锤击平稳对中、桩头加固和加设桩垫，是为了减小锤击偏心和避免击碎桩头；在距桩顶规定的距离下的合适部位对称安装传感器，是为了减小锤击在桩顶产生的应力集中和对偏心进行补偿。所有这些措施都是为保证测试信号质量提出的。

9.3.2 采样时间间隔为100μs，对常见的工业与民用建筑的桩是合适的。但对于超长桩，例如桩长超过60m，采样时间间隔可放宽为200μs，当然也可增加采样点数。

应变式传感器直接测到的是其安装面上的应变，并按下式换算成锤击力：

$$F = A \cdot E \cdot \varepsilon \qquad (6)$$

式中 F——锤击力；

A——测点处桩截面积；

E——桩材弹性模量；

ε——实测应变值。

显然，锤击力的正确换算依赖于测点处设定的桩参数是否符合实际。另 需注意的问题是：计算测点以下原桩身的阻抗变化、包括计算的桩身运动及受力大小，都是以测点处桩头单元为相对"基准"的。

测点下桩长是指桩头传感器安装点至桩底的距离，一般不包括桩尖部分。

对于普通钢桩，桩身波速可直接设定为5120m/s。对于混凝土桩，桩身波速取决于混凝土的骨料品种、粒径级配、成桩工艺（导管灌注、振捣、离心）及龄期，其值变化范围大多为3000～4500m/s。混凝土预制桩可在沉桩前实测无缺陷桩的桩身平均波速作为设定值；混凝土灌注桩应结合本地区混凝土波速的经验值或同场地已知值初步设定，但在计算分析前，应根据实测信号进行修正。

9.3.3 本条说明如下：

1 传感器外壳与仪器外壳共地，测试现场潮湿，传感器对地未绝缘，交流供电时常出现50Hz干扰，解决办法是良好接地或改用直流供电。

2 根据波动理论分析：若视锤为一刚体，则桩顶的最大锤击应力只与锤冲击桩顶时的初速度有关，落距越高，锤击应力和偏心越大，越容易击碎桩头。轻锤高击并不能有效提高桩锤传递给桩的能量和增大桩顶位移，因为力脉冲作用持续时间不仅与锤垫有关，还主要与锤重有关；锤击脉冲越窄，波传播的不均匀性，即桩身受力和运动的不均匀性（惯性效应）越明显，实测波形中土的动阻力影响加剧，而与位移相关的静土阻力呈明显的分段发挥态势，使承载力的测试分析误差增加。事实上，若将锤重增加到预估单桩极限承载力的5%～10%以上，则可得到与静动法（STATNAMIC法）相似的长持续力脉冲作用。此时，由于桩身中的波传播效应大大减弱，桩侧、桩端岩土阻力的发挥更接近静载作用时桩的荷载传递性

状。因此，"重锤低击"是保障高应变法检测承载力准确性的基本原则，这与低应变法充分利用波传播效应（窄脉冲）准确探测缺陷位置有着概念上的区别。

3 打桩全过程监测是指预制桩施打开始后，从桩锤正常爆发起跳直到收锤为止的全部过程测试。

4 高应变试验成功的关键是信号质量以及信号中的信息是否充分。所以应根据每锤信号质量以及动位移、贯入度和大致的土阻力发挥情况，初步判别采集到的信号是否满足检测目的的要求。同时，也要检查混凝土桩锤击拉、压应力和缺陷程度大小，以决定是否进一步锤击，以免桩头或桩身受损。自由落锤锤击时，锤的落距应由低到高；打入式预制桩则按每次采集一阵（10击）的波形进行判别。

5 检测工作现场情况复杂，经常产生各种不利影响。为确保采集到可靠的数据，检测人员应能正确判断波形质量，熟练地诊断测量系统的各类故障，排除干扰因素。

9.3.4 贯入度的大小与桩尖刺入或桩端压密塑性变形量相对应，是反映桩侧、桩端土阻力是否充分发挥的一个重要信息。贯入度小，即通常所说的"打不动"，使检测得到的承载力低于极限值。本条是从保证承载力分析计算结果的可靠性出发，给出的贯入度合适范围，不能片面理解成在检测中应减小锤重使单击贯入度不超过6mm。贯入度大且桩身无缺陷的波形特征是 $2L/c$ 处桩底反射强烈，其后的土阻力反射或桩的回弹不明显。贯入度过大造成的桩周土扰动大，高应变承载力分析所用的土的力学模型，对真实的桩-土相互作用的模拟接近程度变差。据国内发现的一些实例和国外的统计资料：贯入度较大时，采用常规的理想弹塑性土阻力模型进行实测曲线拟合分析，不少情况下预示的承载力明显低于静载试验结果，统计结果离散性很大！而贯入度较小，甚至桩几乎未被打动时，静动对比的误差相对较小，且统计结果的离散性也不大。若采用考虑桩端土附加质量的能量耗散机制模型修正，与贯入度小时的承载力提高幅度相比，会出现难以预料的承载力成倍提高。原因是：桩底反射强意味着桩端的运动加速度和速度强烈，附加土质量产生的惯性力和动阻力恰好分别与加速度和速度成正比。可以想见，对于长细比较大、摩阻力较强的摩擦型桩，上述效应就不会明显。此外，6mm贯入度只是一个统计参考值，本章第9.4.7条第3款已针对此情况做了具体规定。

9.4 检测数据的分析与判定

9.4.1 从一阵锤击信号中选取分析用信号时，除要考虑有足够的锤击能量使桩周岩土阻力充分发挥外，还应注意下列问题：

1 连续打桩时桩周土的扰动及残余应力。

2 锤击使缺陷进一步发展或拉应力使桩身混凝

土产生裂隙。

3 在桩易打或难打以及长桩情况下，速度基线修正带来的误差。

4 对桩垫过厚和柴油锤冷锤信号，加速度测量系统的低频特性所造成的速度信号误差或严重失真。

9.4.2 可靠的信号是得出正确分析计算结果的基础。除柴油锤施打的长桩信号外，力的时程曲线应最终归零。对于混凝土桩，高应变测试信号质量不但受传感器安装好坏、锤击偏心程度和传感器安装面处混凝土是否开裂的影响，也受混凝土的不均匀性和非线性的影响。这种影响对应变式传感器测得的力信号尤其敏感。混凝土的非线性一般表现为：随应变的增加，弹性模量减小，并出现塑性变形，使根据应变换算到的力值偏大且力曲线尾部不归零。本规范所指的锤击偏心相当于两侧力信号之一与力平均值之差的绝对值超过平均值的 33%。通常锤击偏心很难避免，因此严禁用单侧力信号代替平均力信号。

9.4.3 桩底反射明显时，桩身平均波速也可根据速度波形第一峰起升沿的起点和桩底反射峰的起点之间的时差与已知桩长值确定。对桩底反射峰过宽或有水平裂缝的桩，不应根据峰与峰间的时差来确定平均波速。桩较短且锤击力波上升缓慢时，可采用低应变法确定平均波速。

9.4.4 通常，当平均波速按实测波形改变后，测点处的原设定波速也按比例线性改变，模量则应按平方的比例关系改变。当采用应变式传感器测力时，多数仪器并非直接保存实测应变值，如有些是以速度（$V = c \cdot \varepsilon$）的单位存储。若模量随波速改变后，仪器不能自动修正以速度为单位存储的力值，则应对原始实测力值校正。

9.4.5 在多数情况下，正常施打的预制桩，力和速度信号第一峰应基本成比例。但在以下几种情况下比例失调属于正常：

1 桩浅部阻抗变化和土阻力影响。

2 采用应变式传感器测力时，测点处混凝土的非线性造成力值明显偏高。

3 锤击力波上升缓慢或桩很短时，土阻力波或桩底反射波的影响。

除第 2 种情况减小力值，可避免计算的承载力过高外，其他情况的随意比例调整均是对实测信号的歪曲，并产生虚假的结果。因此，禁止将实测力或速度信号重新标定。这一点必须引起重视，因为有些仪器具有比例自动调整功能。

9.4.6 高应变分析计算结果的可靠性高低取决于动测仪器、分析软件和人员素质三个要素。其中起决定作用的是具有坚实理论基础和丰富实践经验的高素质检测人员。高应变法之所以有生命力，表现在高应变信号不同于随机信号的可解释性——即使不采用复杂的数学计算和提炼，只要检测波形质量有保证，就能

定性地反映桩的承载性状及其他相关的动力学问题。在建设部工程桩动测资质复查换证过程中，发现不少检测报告中，对波形的解释与分析计算已达到盲目甚至是滥用的地步。对此，如果不从提高人员素质入手加以解决，这种状况的改观显然仅靠技术规范以及仪器和软件功能的增强是无法做到的。因此，承载力分析计算前，应有高素质的检测人员对信号进行定性检查和正确判断。

9.4.7 当出现本条所述四款情况时，因高应变法难于分析判定承载力和预示桩身结构破坏的可能性，建议采取验证检测。本条第 3、4 款反映的代表性波形见图 8。原因解释参见第 9.3.4 条的条文说明。由图 9 可见，静载验证试验尚未压至破坏，但高应变测试的锤重、贯入度却"符合"要求。当采用波形拟合法分析承载力时，由于承载力比按地质报告估算的低很多，除采用直接法验证外，不能主观臆断或采用能使拟合的承载力大幅提高的桩-土模型及其参数。

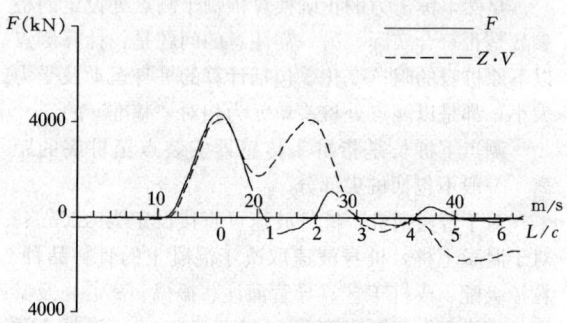

图 8 灌注桩高应变实测波形

注：ϕ800mm 钻孔灌注桩，桩端持力层为全风化花岗片麻岩，测点下桩长 16m。采用 60kN 重锤，先做高应变检测，后做静载验证检测。

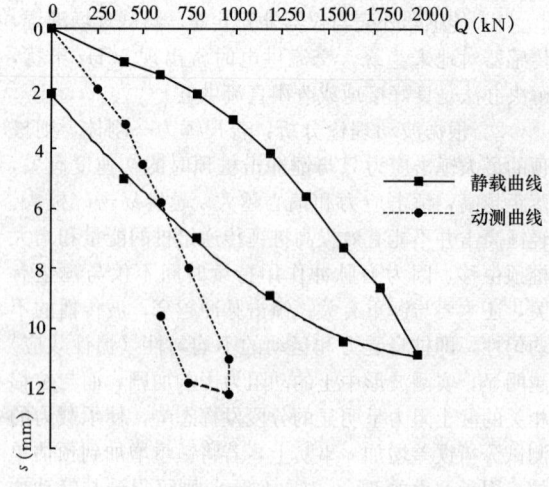

图 9 静载和动载摸拟的 Q-s 曲线

9.4.8 凯司法与实测曲线拟合法在计算承载力上的本质区别是：前者在计算极限承载力时，单击贯入度

与最大位移是参考值，计算过程与它们无关。另外，凯司法承载力计算公式是基于以下三个假定推导出的：

1　桩身阻抗基本恒定。

2　动阻力只与桩底质点运动速度成正比，即全部动阻力集中于桩端。

3　土阻力在时刻 $t_2 = t_1 + 2L/c$ 已充分发挥。

显然，它较适用于摩擦型的中、小直径预制桩和截面较均匀的灌注桩。

公式中的唯一未知数——凯司法无量纲阻尼系数 J_c 定义为仅与桩端土性有关，一般遵循随土中细粒含量增加阻尼系数增大的规律。J_c 的取值是否合理在很大程度上决定了计算承载力的准确性。所以，缺乏同条件下的静动对比校核，或大量相近条件下的对比资料时，将使其使用范围受到限制。当贯入度达不到规定值或不满足上述三个假定时，J_c 值实际上变成了一个无明确意义的综合调整系数。特别值得一提的是灌注桩，也会在同一工程、相同桩型及持力层时，可能出现 J_c 取值变异过大的情况。为防止凯司法的不合理应用，规定应采用静动对比或实测曲线拟合法校核 J_c 值。

9.4.9　由于式（9.4.9-1）给出的 R_c 值与位移无关，仅包含 $t_2 = t_1 + 2L/c$ 时刻之前所发挥的土阻力信息，通常除桩长较短的摩擦型桩外，土阻力在 $2L/c$ 时刻不会充分发挥，尤以端承型桩显著。所以，需要采用将 t_1 延时求出承载力最大值的最大阻力法（RMX法），对与位移相关的土阻力滞后 $2L/c$ 发挥的情况进行提高修正。

桩身在 $2L/c$ 之前产生较强的向上回弹，使桩身从顶部逐渐向下产生土阻力卸载（此时桩的中下部土阻力属于加载）。这对于桩较长、摩阻力较大而荷载作用持续时间相对较短的桩较为明显。因此，需要采用将桩中上部卸载的土阻力进行补偿提高修正的卸载法（RSU法）。

RMX法和RSU法判定承载力，体现了高应变法波形分析的基本概念——应充分考虑与位移相关的土阻力发挥状况和波传播效应，这也是实测曲线拟合法的精髓所在。另外，还有几种凯司法的子方法可在积累了成熟经验后采用。它们是：

1　在桩尖质点运动速度为零时，动阻力也为零，此时有两种与 J_c 无关的计算承载力"自动"法，即RAU法和RA2法。前者适用于桩侧阻力很小的情况，后者适用于桩侧阻力适中的场合。

2　通过延时求出承载力最小值的最小阻力法（RMN法）。

9.4.10　实测曲线拟合法是通过波动问题数值计算，反演确定桩和土的力学模型及其参数值。其过程为：假定各桩单元的桩和土力学模型及其模型参数，利用实测的速度（或力、上行波、下行波）曲线作为输入

边界条件，数值求解波动方程，反算桩顶的力（或速度、下行波、上行波）曲线。若计算的曲线与实测曲线不吻合，说明假设的模型及参数不合理，有针对性地调整模型及参数再行计算，直至计算曲线与实测曲线（以及贯入度的计算值与实测值）的吻合程度良好且不易进一步改善为止。虽然从原理上讲，这种方法是客观唯一的，但由于桩、土以及它们之间的相互作用等力学行为的复杂性，实际运用时还不能对各种桩型、成桩工艺、地质条件，都能达到十分准确地求解桩的动力学和承载力问题的效果。所以，本条针对该法应用中的关键技术问题，做了具体阐述和规定：

1　关于桩与土模型：(1) 目前已有成熟使用经验的土的静阻力模型为理想弹-塑性或考虑土体硬化或软化的双线性模型；模型中有两个重要参数——土的极限静阻力 R_u 和土的最大弹性位移 s_q，可以通过静载试验（包括桩身内力测试）来验证。在加载阶段，土体变形小于或等于 s_q 时，土体在弹性范围工作；变形超过 s_q 后，进入塑性变形阶段（理想弹-塑性时，静阻力达到 R_u 后不再随位移增加而变化）。对于卸载阶段，同样要规定卸载路径的斜率和弹性位移限。(2) 土的动阻力模型一般习惯采用与桩身运动速度成正比的线性粘滞阻尼，带有一定的经验性，且不易直接验证。(3) 桩的力学模型一般为一维杆模型，单元划分应采用等时单元（实际为连续模型或特征线法求解的单元划分模式），即应力波通过每个桩单元的时间相等，由于没有高阶项的影响，计算精度高。(4) 桩单元除考虑 A、E、c 等参数外，也可考虑桩身阻尼和裂隙。另外，也可考虑桩底的缝隙、开口桩或异形桩的土塞、残余应力影响和其他阻尼形式。(5) 所用模型的物理力学概念应明确，参数取值应能限定；避免采用可使承载力计算结果产生较大变异的桩-土模型及参数。

2　拟合时应根据波形特征，结合施工和地质条件合理确定桩土参数取值。因为拟合所用的桩土参数的数量和类型繁多，参数各自和相互间耦合的影响非常复杂，而拟合结果并非唯一解，需通过综合比较判断进行取舍。正确判断取舍条件的要点是参数取值应在岩土工程的合理范围内。

3　本款考虑两点原因：一是自由落锤产生的力脉冲持续时间通常不超过 20ms（除非采用很重的落锤），但柴油锤信号在主峰过后的尾部仍能产生较长的低幅值延续；二是与位移相关的总静力一般会不同程度地滞后于 $2L/c$ 发挥，当端承型桩的端阻力发挥所需位移很大时，土阻力发挥将产生严重滞后，因此规定 $2L/c$ 后延时足够的时间，使曲线拟合能包含土阻力响应区段的全部土阻力信息。

4　为防止土阻力未充分发挥时的承载力外推，设定的 s_q 值不应超过对应单元的最大计算位移值。若桩、土间相对位移不足以使桩周岩土阻力充分发

挥，则给出的承载力结果只能验证岩土阻力发挥的最低程度。

5 土阻力响应区是指波形上呈现的静土阻力信息较为突出的时间段。所以本条特别强调此区段的拟合质量，避免只重波形头尾，忽视中间土阻力响应区段拟合质量的错误做法，并通过合理的加权方式计算总的拟合质量系数，突出其影响。

6 贯入度的计算值与实测值是否接近，是判断拟合选用参数、特别是 s_q 值是否合理的辅助指标。

9.4.11 高应变动测承载力检测值多数情况下不会与静载试验桩的明显破坏特征或产生较大的桩顶沉降相对应，总趋势是沉降量偏小。为了与静载的极限承载力相区别，称为"本方法得到的承载力或动测承载力"。这里需要强调指出：验收检测中，单桩静载试验常因加荷量或设备能力限制，而做不出真正的试桩极限承载力。于是一组试桩往往因某一根桩的极限承载力达不到设计要求的特征值2倍，使一组试桩的承载力统计平均值不满足设计要求。动测承载力则不同，可能出现部分桩的承载力远高于承载力特征值的2倍。所以，即使个别桩的承载力不满足设计要求，但"高"和"低"取平均后仍能满足设计要求。为了避免可能高估承载力的危险，不得将极差超过30%的"高值"参与统计平均。

9.4.12 高应变法检测桩身完整性具有锤击能量大，可对缺陷程度定量计算，连续锤击可观察缺陷的扩大和逐步闭合情况等优点。但和低应变法一样，检测的仍是桩身阻抗变化，一般不宜判定缺陷性质。在桩身情况复杂或存在多处阻抗变化时，可优先考虑用实测曲线拟合法判定桩身完整性。

式（9.4.12-1）适用于截面基本均匀桩的桩顶下第一个缺陷的程度定量计算。当有轻微缺陷，并确认为水平裂缝（如预制桩的接头缝隙）时，裂缝宽度 δ_w 可按下式计算：

$$\delta_w = \frac{1}{2}\int_{t_a}^{t_b}\left(V - \frac{F-R_x}{Z}\right)\cdot dt \qquad (7)$$

9.4.13 采用实测曲线拟合法分析桩身扩径、桩身截面渐变或多变的情况，应注意合理选择土参数。

高应变法锤击的荷载上升时间一般不小于2ms，因此对桩身浅部缺陷位置的判定存在盲区，也无法根据式（9.4.12-1）来判定缺陷程度。只能根据力和速度曲线的比例失调程度来估计浅部缺陷程度，不能定量给出缺陷的具体部位，尤其是锤击力波上升非常缓慢时，还大量耦合有土阻力的影响。对浅部缺陷桩，宜用低应变法检测并进行缺陷定位。

9.4.14 桩身锤击拉应力是混凝土预制桩施打抗裂控制的重要指标。在深厚软土地区，打桩时侧阻和端阻虽小，但桩很长，桩锤能正常爆发起跳，桩底反射回来的上行拉力波的头部（拉应力幅值最大）与下行传

播的锤击压力波尾部迭加，在桩身某一部位产生净的拉应力。当拉应力强度超过混凝土抗拉强度时，引起桩身拉裂。开裂部位一般发生在桩的中上部，且桩愈长或锤击力持续时间愈短，最大拉应力部位就愈往下移。

有时，打桩过程中会突然出现贯入度骤减或拒锤，一般是碰上硬层（基岩，孤石，漂石、卵石等碎石土层）。继续施打会造成桩身压应力过大而破坏。此时，最大压应力部位不一定出现在桩顶，而是接近桩端的部位。

9.4.15 本条解释同8.4.7条。

10 声波透射法

10.1 适用范围

10.1.1 声波透射法是利用声波的透射原理对桩身混凝土介质状况进行检测，因此仅适用于在灌注成型过程中已经预埋了两根或两根以上声测管的基桩。

10.2 仪器设备

10.2.1 声波换能器有效工作面长度指起到换能作用的部分的实际轴向尺寸，该长度过大将夸大缺陷实际尺寸并影响测试结果。

提高换能器谐振频率，可使其外径减少到30mm以下，利于换能器在声测管中升降顺畅或减小声测管直径。但因声波发射频率的提高，使长距离声波穿透能力下降。所以，本规范仍推荐目前普遍采用的30～50kHz的谐振频率范围。

10.3 现场检测

10.3.2 标定法测定仪器系统延迟时间的方法是将发射、接收换能器平行悬于清水中，逐次改变点源距离并测量相应声时，记录若干点的声时数据并作线性回归的时距曲线：

$$t = t_0 + b \cdot l \qquad (8)$$

式中 b——直线斜率（μs/mm）；

l——换能器表面净距离（mm）；

t——声时（μs）；

t_0——仪器系统延迟时间（μs）。

按下式计算声测管及耦合水层声时修正值：

$$t' = \frac{d_1 - d_2}{v_t} + \frac{d_2 - d'}{v_w} \qquad (9)$$

式中 d_1——声测管外径（mm）；

d_2——声测管内径（mm）；

d'——换能器外径（mm）；

v_t——声测管材料声速（km/s）；

v_w——水的声速（km/s）；

t'——声测管及耦合水层声时修正值（μs）。

10.3.3 同一根桩检测时，强调各检测剖面的声波发射电压和仪器设置参数保持不变，目的是使各检测剖面的检测结果具有可比性，便于综合判定。

10.4 检测数据的分析与判定

10.4.2 声速、波幅和主频都是反映桩身质量的声学参数测量值。大量实测经验表明：声速的变化规律性较强，在一定程度上反映了桩身混凝土的均匀性，而波幅的变化较灵敏，主频在保持测试条件一致的前提下也有一定规律。因此本规范在确定测点声学参数测量值的判据时，采用了三种不同的方法。

声速异常临界值判据中的临界值 v_c 是参考数理统计学判断异常值的方法，经过多次试算而得出的。其基本原理如下：

在 n 次测量所得的数据中，去掉 k 个较小值，得到容量为（$n-k$）的样本，取异常测点数据不可能出现的次数为 1，则对于标准正态分布假设，可得异常测点数据不可能出现的概率为：

$$P(X \leqslant -\lambda) = \frac{1}{\sqrt{2\pi}} \int_{-\infty}^{-\lambda} e^{-\frac{x^2}{2}} \cdot dx = \frac{1}{n-k} \quad (10)$$

由 $\phi(\lambda) = 1/(n-k)$，在标准正态分布表可得与不同的（$n-k$）相对应的 λ 值，从而得到表 10.4.2。

每次去掉样本中的最小数据，计算剩余数据的平均值、标准差，由表 10.4.2 查得对应的 λ 值。由式 $v_0 = v_m - \lambda \cdot s_x$ 计算异常判断值并将样本中当时的最小值与之比较；当 v_{n-k} 仍为异常值时，继续去掉最小值重复计算和比较，直至剩余数据中不存在异常值为止。此时，v_0 则为异常判断的临界值 v_c。

桩身混凝土均匀性可采用离差系数 $C_v = s_x/v_m$ 评价，其中 s_x 和 v_m 分别为 n 个测点的声速标准差和 n 个测点的声速平均值。

10.4.3 当桩身混凝土的质量普遍较差时，可能同时出现下面两种情况：

1 检测剖面的 n 个测点声速平均值 v_m 明显偏低。

2 n 个测点的声速标准差 s_x 很小。

则由统计计算公式 $v_0 = v_m - \lambda \cdot s_x$ 得出的判断结果可能失效。此时可将各测点声速 v_i 与声速低限值 v_L 比较得出判断结果。

10.4.4 波幅临界值判据式为 $A_{pi} < A_m - 6$，即选择当信号首波幅值衰减量为其平均值的一半时的波幅分贝数为临界值，在具体应用中应注意下面几点：

1 因波幅的衰减受桩材不均匀性、声波传播路径和点源距离的影响，故应考虑声测管间距较大时波幅分散性而采取适当的调整。

2 因波幅的分贝数受仪器、传感器灵敏度及发射能量的影响，故应在考虑这些影响的基础上再采用波幅临界值判据。

3 当波幅差异性较大时，应与声速变化及主频变化情况相结合进行综合分析。

10.4.6 实测信号的主频值与诸多影响因素有关，因此仅作辅助声学参数选用。在使用中应保持声波换能器具有单峰的幅频特性和良好的耦合一致性；若采用 FFT 方法计算主频值，还应保证足够的频率分辨率。

10.4.7 桩身完整性判定与分类除依据声速、波幅等变化规律和借助其他辅助方法外，还与诸多复杂因素有关，故在使用中应注意以下几点：

1 可结合钻芯法将其结果进行对比，从而得出更符合实际情况的分类。

2 可将实测时程曲线的畸变及频谱、PSD 值的变化相结合，进行综合判定与分类。

3 可结合施工工艺和施工记录等有关资料具体分析。

中华人民共和国行业标准

锚杆锚固质量无损检测技术规程

Technical specification for nondestructive
testing of rock bolt system

JGJ/T 182—2009

批准部门：中华人民共和国住房和城乡建设部
施行日期：２０１０年７月１日

中华人民共和国住房和城乡建设部
公　告

第 431 号

关于发布行业标准《锚杆锚固质量
无损检测技术规程》的公告

现批准《锚杆锚固质量无损检测技术规程》为行业标准，编号为 JGJ/T 182‑2009，自 2010 年 7 月 1 日起实施。

本规程由我部标准定额研究所组织中国建筑工业

出版社出版发行。

中华人民共和国住房和城乡建设部

2009 年 11 月 9 日

前　　言

根据原建设部《关于印发〈2006 年工程建设标准规范制订、修订计划（第一批）〉的通知》（建标[2006] 77 号）的要求，本规程编制组经广泛调查研究，认真总结实践经验，参考有关国际标准和国外先进标准，并在广泛征求意见的基础上，制定本规程。

本规程的主要技术内容是：总则，术语和符号，基本规定，检测仪器设备，声波反射法，现场检测，质量评定等。

本规程由住房和城乡建设部负责管理，由长江大学负责具体技术内容的解释。执行过程中如有意见或建议，请寄送长江大学（地址：湖北荆州市南环路 1 号，邮政编码：434023）。

本规程主编单位：长江大学

本规程参编单位：中国水电顾问集团贵阳勘测设计研究院

黄河水利委员会基本建设工程质量检测中心

杭州华东工程检测技术有限公司

长江水利委员会长江科学院

中国水电顾问集团昆明勘测设计研究院

水利部长江勘测技术研究所

核工业工程勘察院

郑州大学水利与环境学院

郑州市建设检测行业协会

河南巩义市建设工程质量安

全监督站

武汉中科智创岩土技术有限公司

东华理工大学勘察设计研究院

浙江象山至高检测中心

河南新乡高新建设工程质量检测有限公司

武汉长盛工程检测技术开发有限公司

本规程主要起草人：肖柏勋　王　波　冷元宝

黄世强　吴新霞　王国滢

何　剑　周均增　马新克

魏岩峻　曾宪强　王运生

张　杰　刘明贵　龚育龄

黄劲松　许　洁　朱海群

刘春生　卢志毅　吴和平

陈　磊　刘前程　高建华

钟宏伟　郭建伟　胡勇辉

常旭东　马　蓉　向能武

董　武　王　锐　朱文仲

徐亚平　尚雅琳

本规程主要审查人：肖龙鸽　柯玉军　常　伟

刘康和　王立川　王　亮

李志华　赵守阳　徐文胜

章　光　胡祥云

目　次

Contents

1 总　　则

1.0.1 为了规范锚杆锚固质量无损检测的方法，做到技术先进、安全适用、经济合理、评价正确，制定本规程。

1.0.2 本规程适用于建筑工程全长粘结锚杆锚固质量的无损检测。

1.0.3 锚杆锚固质量无损检测方法应根据检测条件、适用范围、施工工艺等合理使用。

1.0.4 现场作业时，应遵守国家现行安全和劳动保护的有关规定。

1.0.5 本规程规定了全长粘结锚杆锚固质量无损检测的基本技术要求。当本规程与国家法律、行政法规的规定相抵触时，应按国家法律、行政法规的规定执行。

1.0.6 锚杆锚固质量无损检测除应符合本规程的规定外，尚应符合国家现行有关标准的规定。

2　术语和符号

2.1　术　　语

2.1.1 全长粘结锚杆　full-length bonded rock bar
锚杆孔全长填充粘结材料的锚杆。

2.1.2 预应力锚杆　pre-stressed rock bar
施加了预应力的锚杆。

2.1.3 摩擦型锚杆　friction-type rock bar
靠锚杆体与孔壁之间的摩擦力起锚固作用的锚杆。

2.1.4 自钻式锚杆　self-drilling rock bolt
锚杆本身兼有造孔钻进功能，将造孔、注浆和锚固结合为一体的锚杆，亦称自进式锚杆。

2.1.5 永久性锚杆　permanent rock bolt
与工程使用年限相符，在有效运行期内能够保持性能稳定和使用质量，或经检修可持续工作的锚杆。

2.1.6 临时锚杆　temporary rock bolt
短于工程使用年限，仅在工程施工期间或在特定阶段起作用的锚杆，在工程正常运行期间不考虑其作用。

2.1.7 锚杆杆体　rock bolt tendon
由筋材以及防腐保护体、支架等组成的整套锚杆组装杆件。

2.1.8 锚固段　fixed part of rock bolt
通过粘结材料或机械装置将杆体与周围介质锚固的部分。

2.1.9 自由段　free part of rock bolt
利用弹性伸长将拉力传递给锚固体，且运行期内能够适应设计范围内的拉力变化以及伸缩和弯曲变形的杆体部分。

2.1.10 锚杆无损检测　nondestructive testing of rock bolt system
对锚杆锚固质量的非破坏性检测。

2.1.11 声波反射法　soundwave reflection
采用激振声波信号，实测加速度或速度响应曲线，依据波动理论进行分析，评价锚杆锚固质量的无损检测方法。

2.1.12 锚固密实度　compactness of rock bolt
锚杆孔中填充粘结物的密实程度，一般用锚杆孔中有效锚固长度占设计长度的百分比来评价。

2.1.13 锚杆模拟试验　simulation test bolt
在实验室或现场，对检测可能遇到的各种类型的锚杆缺陷经行的模拟检测试验。

2.2　符　　号

A——锚杆杆体截面面积；

C_b——锚杆一维纵向声波传播速度；

C_t——锚杆锚固后，杆体与粘结材料、周围介质组成的一维纵向声波传播速度；

C_m——同类锚杆的波速平均值；

D——锚固密实度；

E_0——锚杆入射波波动总能量；

E_r——锚杆反射波波动总能量；

f——声波频率；

Δf——杆底相邻谐振峰之间的频差；

Δf_x——缺陷相邻谐振峰之间的频差；

L——锚杆杆体长度；

L_0——锚杆杆体外露自由段长度；

L_r——锚杆杆体入岩长度；

L_x——锚固不密实段总长度；

L_m——锚固密实段长度；

T——声波信号周期；

t_0——首波到达时间；

t_x——缺陷反射波到达时间；

Δt_e——杆底反射波旅行时间；

Δt_f——缺陷反射波旅行时间；

x——锚杆外露端至缺陷界面的距离；

β——声波能量修正系数；

Φ——锚杆杆体直径；

η——声波能量反射系数。

3　基　本　规　定

3.1　一　般　规　定

3.1.1 锚杆锚固质量无损检测内容应包括锚杆杆体长度检测和锚固密实度检测。

3.1.2 锚杆锚固质量无损检测应委托有检测资质的

单位承担。检测机构应通过计量认证，并应具有相关资质。检测人员应经上岗培训合格，并应持证上岗。

3.1.3 锚杆锚固质量无损检测前宜按本规程附录A进行锚杆模拟试验。

3.1.4 锚杆锚固质量宜分项目或单元进行抽样检测。

3.1.5 锚杆锚固质量无损检测资料分析，宜对照所检测工程锚杆模拟试验成果或类似工程锚杆锚固质量无损检测资料进行。

3.1.6 锚杆锚固质量无损检测应按图3.1.6的流程进行。

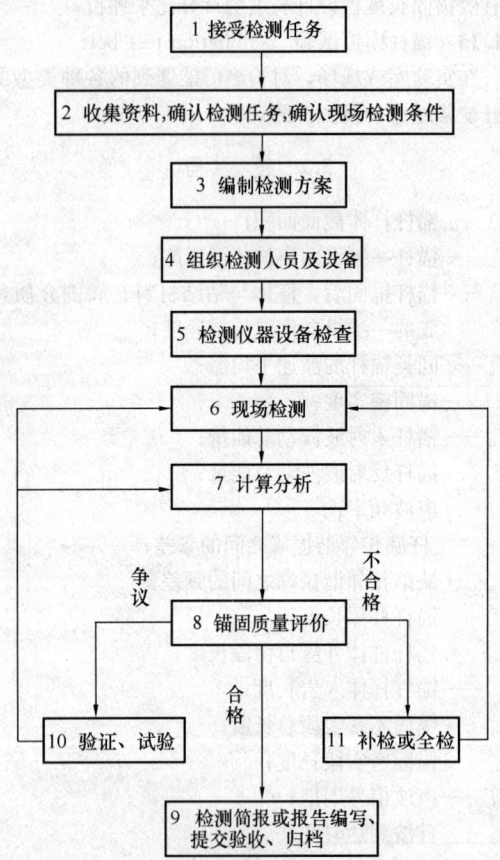

图3.1.6 锚杆锚固质量无损检测流程示意图

3.2 检 测 数 量

3.2.1 单项或单元工程的整体锚杆检测抽样率不应低于总锚杆数的10%，且每批不宜少于20根。重要部位或重要功能的锚杆宜全部检测。

3.2.2 当单项或单元工程抽检锚杆的不合格率大于10%时，应对未检测的锚杆进行加倍抽检。

3.3 检 测 结 果

3.3.1 锚杆检测结果应以简报、单项或单元工程检测报告的方式提交。

3.3.2 简报应包括锚杆布置图、检测结果表。

3.3.3 单项或单元工程检测报告宜在各期简报的基础上综合整理分析后编制。

3.3.4 检测报告宜包含下列主要内容：

    1 工程项目及检测概况；

    2 检测依据；

    3 检测方法及仪器设备；

    4 检测资料分析；

    5 检测成果综述；

    6 检测结论；

    7 附图和附表。

4 检测仪器设备

4.1 一 般 规 定

4.1.1 检测设备应经有相应资质的检定机构检定或校准合格。

4.1.2 检测设备应每年检定或校准一次。

4.1.3 检测设备应配套齐全、功能完整，主要技术参数应符合本规程要求。

4.2 采 集 仪 器

4.2.1 检测仪器的采集器应具有现场显示、输入、保存实测波形信号、检测参数的功能，宜具有对现场检测信号进行分析处理、与计算机进行数据通信的功能，一屏应能显示不少于三条波形。

4.2.2 采集器模拟放大的频率带宽不宜窄于10Hz，应具有滤波频率可调功能，A/D不应低于16位，采样间隔应小于25 μs。

4.2.3 采集器宜采用轻便节能、手持式操作设计，应能与超磁致伸缩声波振源或其他瞬态冲击振源匹配工作。

4.2.4 检测资料的分析软件宜具有数字滤波、幅频谱分析、瞬时相位谱分析、能量计算等信号处理功能，以及锚杆杆长计算、缺陷位置计算和密实度分析功能，可将检测波形、计算参数、分析结果导入相应电子文档。

4.3 激发与接收设备

4.3.1 激振器激振频率范围应在10Hz～50kHz，宜使用超磁致伸缩声波振源。

4.3.2 接收传感器感应面直径应小于锚杆直径，可通过强力磁座或其他方式与杆头耦合。

4.3.3 接收传感器频率响应范围宜在10Hz～50kHz。当响应频率为160Hz时，加速度传感器的电荷灵敏度宜为10pc/(m·s²)～20pc/(m·s²)；当响应频率为50Hz时，加速度传感器的电压灵敏度宜为50mV/(cm·s)～300mV/(cm·s)。

4.3.4 接收传感器宜采用加速度型。

5 声波反射法

5.1 适用范围

5.1.1 声波反射法适用于检测全长粘结锚杆长度和锚固密实度。

5.1.2 声波反射法的有效检测锚杆长度范围宜通过现场试验确定。

5.2 检测条件

5.2.1 锚杆杆体声波的纵波速度宜大于围岩和粘结物的声波纵波速度。

5.2.2 锚杆杆体直径宜均匀。

5.2.3 锚杆外露端面应平整。

5.2.4 锚杆端头应外露,外露杆体应与内锚杆体呈直线,外露段不宜过长;当对外露段长度有特殊要求时,应进行相同类型的锚杆模拟试验。

5.2.5 采用多根杆体连接而成的锚杆,施工方应提供详细的锚杆连接资料。

5.3 测试参数设定

5.3.1 锚杆记录编号应与锚杆图纸编号一致。

5.3.2 时域信号记录长度、采样率应根据杆长、杆系波速及频域分辨率合理设置。

5.3.3 同一工程相同规格的锚杆,检测时宜设置相同的仪器参数。

5.3.4 锚杆杆体波速应通过与所检测工程锚杆同样材质、直径的自由杆测试取得,锚杆杆系波速应采用锚杆模拟试验结果或类似工程锚杆的波速值。

5.4 激振与接收

5.4.1 激振与接收宜使用端发端收或端发侧收方式。

5.4.2 接收传感器安装宜符合下列要求:

1 接收传感器应使用强磁或其他方式固定,传感器轴心与锚杆杆轴线应平行;

2 安装有托板的锚杆,接收传感器不应直接安装在托板上。

5.4.3 激振器激振宜符合下列要求:

1 应采用瞬态激振方式,激振器激振点与锚杆杆头应充分、紧密接触;应通过现场试验选择合适的激振方式和适度的冲击力;

2 激振器激振时应避免触及接收传感器;

3 实心锚杆的激振点宜选择在杆头靠近中心位置,保持激振器的轴线与锚杆杆轴线基本重合;

4 中空式锚杆的激振点宜紧贴在靠近接收传感器一侧的环状管壁上,保持激振器的轴线与杆轴线平行;

5 激振点不宜在托板上。

5.5 检测记录

5.5.1 单根锚杆记录应符合本规程附录 B、附录 C 的要求。

5.5.2 单根锚杆检测的有效波形记录不应少于 3 个,且一致性较好。

5.5.3 锚杆的检测记录、现场标识、图纸标识应一致。

5.6 检测数据分析与判定

5.6.1 锚杆杆体长度计算应符合下列规定:

1 锚杆杆底反射信号识别可采用时域反射波法、幅频域频差法等。

2 杆底反射波与杆端入射首波波峰间的时间差即为杆底反射时差,若有多次杆底反射信号,则应取各次时差的平均值。

3 时间域杆体长度应按下式计算:

$$L = \frac{1}{2} C_m \times \Delta t_e \qquad (5.6.1-1)$$

式中:L——杆体长度;

C_m——同类锚杆的波速平均值,若无锚杆模拟试验资料,应按下列原则取值:当锚固密实度小于 30% 时,取杆体波速(C_b)平均值;当锚固密实度大于或等于 30% 时,取杆系波速(C_t)平均值(m/s);

Δt_e——时域杆底反射波旅行时间。

4 频率域杆体长度应按下式计算:

$$L = \frac{C_m}{2\Delta f} \qquad (5.6.1-2)$$

式中:Δf——幅频曲线上杆底相邻谐振峰间的频差。

5.6.2 杆体波速和杆系波速平均值的确定应符合下列规定:

1 应以现场锚杆检测同样的方法,在自由状态下检测工程所用各种材质和规格的锚杆杆体波速值,杆体波速应按下列公式计算平均值:

$$C_b = \frac{1}{n} \sum_{i=1}^{n} C_{bi} \qquad (5.6.2-1)$$

$$C_{bi} = \frac{2L}{\Delta t_e} \qquad (5.6.2-2)$$

或 $\qquad C_{bi} = 2L \cdot \Delta f \qquad (5.6.2-3)$

式中:C_b——相同材质和规格的锚杆杆体波速平均值(m/s);

C_{bi}——相同材质和规格的第 i 根锚杆的杆体波速值(m/s),且

$|C_{bi} - C_b| / C_b \leqslant 5\%$;

L——杆体长度(m);

Δt_e——杆底反射波旅行时间(s);

Δf——幅频曲线上杆底相邻谐振峰间的频差(Hz);

n——参加波速平均值计算的相同材质和规格的锚杆数量($n \geqslant 3$)。

2 宜在现场锚杆试验中选取不少于 5 根相同材质和规格的同类型锚杆的杆系波速值按式（5.6.2-4）计算平均值：

$$C_{\mathrm{t}} = \frac{1}{n} \sum_{i=1}^{n} C_{\mathrm{t}i} \qquad (5.6.2\text{-}4)$$

$$C_{\mathrm{t}i} = \frac{2L}{\Delta t_{\mathrm{e}}} \qquad (5.6.2\text{-}5)$$

或 $\qquad C_{\mathrm{t}i} = 2L \cdot \Delta f \qquad (5.6.2\text{-}6)$

式中：C_{t}——杆系波速的平均值（m/s）；

$\quad C_{\mathrm{t}i}$——第 i 根试验杆的杆系波速值（m/s），且 $|C_{\mathrm{t}i} - C_{\mathrm{t}}|/C_{\mathrm{t}} \leqslant 5\%$；

$\quad L$——杆体长度（m）；

$\quad \Delta t_{\mathrm{e}}$——杆底反射波旅行时间（s）；

$\quad \Delta f$——幅频曲线上杆底相邻谐振峰间的频差（Hz）；

$\quad n$——参与波速平均值计算的试验锚杆的锚杆数量（$n \geqslant 5$）。

5.6.3 缺陷判断及缺陷位置计算应符合下列要求：

1 时间域缺陷反射波信号到达时间应小于杆底反射时间；若缺陷反射波信号的相位与杆端入射波信号反相，二次反射信号的相位与入射波信号同相，依次交替出现，则缺陷界面的波阻抗差值为正；若各次缺陷反射波信号均与杆端入射波同相，则缺陷界面的波阻抗差值为负。

2 频率域缺陷频差值应大于杆底频差值。

3 锚杆缺陷反射信号识别可采用时域反射波法、幅频域频差法等。

4 缺陷反射波信号与杆端入射首波信号的时间差即为缺陷反射时差，若同一缺陷有多次反射信号，则应取各次缺陷反射时差的平均值。

5 缺陷位置应按下列公式计算：

$$x = \frac{1}{2} \cdot \Delta t_{\mathrm{x}} \cdot C_{\mathrm{m}} \qquad (5.6.3\text{-}1)$$

或 $\qquad x = \frac{1}{2} \cdot \frac{C_{\mathrm{m}}}{\Delta f_{\mathrm{x}}} \qquad (5.6.3\text{-}2)$

式中：x——锚杆杆端至缺陷界面的距离（m）；

$\quad \Delta t_{\mathrm{x}}$——缺陷反射波旅行时间（s）；

$\quad \Delta f_{\mathrm{x}}$——频率曲线上缺陷相邻谐振峰间的频差（Hz）。

5.6.4 锚固密实度评判应符合下列规定：

1 锚固密实度宜根据表 5.6.4 进行综合评判。

表 5.6.4 锚固密实度评判标准

质量等级	波形特征	时域信号特征	幅频信号特征	密实度 D
A	波形规则，呈指数快速衰减，持续时间短	$2L/C_{\mathrm{m}}$ 时刻前无缺陷反射波，杆底反射信号微弱或没有	呈单峰形态，或可见微弱的杆底谐振峰，其相邻频差 $\Delta f \approx C_{\mathrm{m}}/2L$	$\geqslant 90\%$

续表 5.6.4

质量等级	波形特征	时域信号特征	幅频信号特征	密实度 D
B	波形较规则，呈较快速衰减，持续时间较短	$2L/C_{\mathrm{m}}$ 时刻前有较弱的缺陷反射波，或可见较清晰的杆底反射波	呈单峰或不对称的双峰形态，或可见较弱的谐振峰，其相邻频差 $\Delta f \geqslant C_{\mathrm{m}}/2L$	$90\% \sim 80\%$
C	波形欠规则，呈逐步衰减或间歇衰减趋势形态，持续时间较长	$2L/C_{\mathrm{m}}$ 时刻前可见明显的缺陷反射波或清晰的杆底反射波，但无杆底多次反射波	呈不对称多峰形态，可见谐振峰，其相邻频差 $\Delta f \geqslant C_{\mathrm{m}}/2L$	$80\% \sim 75\%$
D	波形不规则，呈慢速衰减或间歇增强后衰减形态，持续时间长	$2L/C_{\mathrm{m}}$ 时刻前可见明显的缺陷反射波及多次反射波，或清晰的、多次杆底反射信号	呈多峰形态，杆底谐振峰明显、连续，或相邻频差 $\Delta f > C_{\mathrm{m}}/2L$	$<75\%$

2 锚固密实度可根据下式按长度比例估算：

$$D = 100\% \times (L_{\mathrm{r}} - L_{\mathrm{x}})/L_{\mathrm{r}} \qquad (5.6.4\text{-}1)$$

式中：D——锚固密实度；

$\quad L_{\mathrm{r}}$——锚杆入岩深度；

$\quad L_{\mathrm{x}}$——锚固不密实段长度。

3 除孔口段末端部分外，锚固密实度可依据反射波能量法按下列公式估算：

$$D = (1 - \beta\eta) \times 100\% \qquad (5.6.4\text{-}2)$$

$$\eta = E_{\mathrm{r}}/E_{0} \qquad (5.6.4\text{-}3)$$

$$E_{\mathrm{r}} = E_{\mathrm{s}} - E_{0} \qquad (5.6.4\text{-}4)$$

式中：D——锚固密实度；

$\quad \eta$——锚杆杆系能量反射系数；

$\quad \beta$——杆系能量修正系数，可通过锚杆模拟试验修正或根据同类锚杆经验取值，若无锚杆模拟试验数据或同类锚杆经验值，可取 $\beta = 1$；

$\quad E_{0}$——锚杆入射波总能量，自入射波动开始至入射波持续波动结束时间段内（t_{0}）的波动总能量；

$\quad E_{\mathrm{s}}$——锚杆波动总能量，自入射波动开始至杆底反射波动持续结束时刻（$2L/C_{\mathrm{m}} + t_{0}$）的波动总能量；

$\quad E_{\mathrm{r}}$——（$2L/C_{\mathrm{m}} + t_{0}$）时间段内反射波波动总能量。

4 应根据标准锚杆图谱进行评判。

5.6.5 镶接式锚杆杆体连接处的反射信号与杆身缺陷反射信号应通过施工记录区分。

5.6.6 当出现下列情况之一时，锚固质量判定宜结合其他检测方法进行：

1 实测信号复杂，波动衰减极其缓慢，无法对其进行准确分析与评价。

2 外露自由段过长、弯曲或杆体截面多变。

6 现场检测

6.1 检测准备

6.1.1 接受检测任务后，应收集下列资料：

1 工程项目用途、规模、结构、地质条件，项目锚杆的设计类别及功能、设计数量、设计长度范围等；

2 工程项目的锚杆设计布置图、施工工艺、施工记录、监理记录。

6.1.2 锚杆无损检测实施前，检测单位应编写锚杆无损检测方案。

6.1.3 检测前应对检测仪器设备进行检查调试。

6.1.4 现场检测期间，检测现场周边不得有机械振动、电焊作业等对检测数据有明显干扰的施工作业。

6.2 检测实施

6.2.1 单项或单元工程被检锚杆宜随机抽样，并应重点检测下列部位：

1 工程的重要部位；

2 局部地质条件较差部位；

3 锚杆施工较困难的部位；

4 施工质量有疑问的锚杆。

6.2.2 当出现下列情况时，宜采用其他方法进行验证：

1 实测信号复杂、波形不规则，无法对其进行锚固质量评价；

2 对无损检测结果有争议。

6.2.3 现场检测宜在锚固 7d 后进行。

6.2.4 现场检测应具备高处作业、照明、通风等条件及必要的安全防护措施。

6.2.5 检测前应清除外露端周边浮浆，分离待检锚杆外露端与喷护体的连接。

6.2.6 对被测锚杆的外露自由段长度和孔口段锚固情况应进行测量记录。

7 质量评定

7.1 一般规定

7.1.1 现场检测结束后应对每根被检测锚杆的锚固质量进行评定。

7.1.2 单根锚杆锚固质量评定应包括下列内容：

1 全长粘结锚杆杆体长度和锚固密实度；

2 自钻式锚杆杆体长度和锚固密实度；

3 端头锚固锚杆杆体长度和锚固段锚固密实度；

4 摩擦型锚杆杆体长度。

7.1.3 单项或单元工程应分别评定锚杆杆体长度和锚固密实度。

7.2 锚杆锚固质量评定标准

7.2.1 对于杆体长度不小于设计长度的 95%、且不足长度不超过 0.5m 的锚杆，可评定锚杆长度合格。

7.2.2 锚杆锚固密实度应按本规程表 5.6.4 的规定进行评定，并应符合下列规定：

1 当锚杆空浆部位集中在底部或浅部时，应降低一个等级；

2 当锚固密实度达到 C 级以上，且符合工程设计要求时，应评定锚固密实度合格。

7.2.3 单根锚杆锚固质量无损检测分级评判应按表 7.2.3 进行。

表 7.2.3 单根锚杆锚固质量无损检测分级评价表

锚固质量等级	评　价　标　准
Ⅰ	密实度为 A 级，且长度合格
Ⅱ	密实度为 B 级，且长度合格
Ⅲ	密实度为 C 级，且长度合格
Ⅳ	密实度为 D 级，或长度不合格

7.2.4 单元或单项工程锚杆锚固质量全部达到 Ⅲ 级及以上的应评定为合格，否则应评定为不合格。

附录 A　锚杆模拟试验

A.1　一般规定

A.1.1 锚杆模拟试验适用于全长粘结型锚杆。

A.1.2 锚杆模拟试验宜由工程建设单位或其授权人组织进行。

A.1.3 锚杆模拟试验宜进行室内试验和现场试验。

A.1.4 锚杆模拟试验之前应编写试验方案，检测完成后应编写试验检测报告或验证总结报告。

A.1.5 现场锚杆模拟试验宜包括所要检测工程的全部锚杆类型和规格，同时应考虑有代表性的围岩地质条件。

A.1.6 锚杆模拟试验宜使用拟用于工程锚杆检测的同类型仪器设备。

A.2　标准锚杆设计、制作和检测

A.2.1 室内标准锚杆设计应符合下列规定：

1 模拟锚杆孔宜采用内径不大于 90mm 的 PVC 或 PE 管，其长度应比被模拟锚杆长度长 1m 以上。

2 锚杆宜采用所检测工程锚杆相同类型，其长度宜涵盖设计锚杆长度范围，锚杆外露段长度与工程锚杆设计相同，外露杆头应加工平整。

3 标准锚杆宜包含所检测工程锚杆的等级和主要缺陷类型。

4 胶粘材料宜与所检测工程锚杆相同，设计缺陷宜用橡胶管等模拟。

A.2.2 现场标准锚杆设计应符合下列规定：

1 试验场地宜选在与被检测工程锚杆围岩条件类同的围岩段，且不应影响主体工程施工和便于钻孔取芯施工。

2 锚杆孔宜采用与被检锚杆同样的方式造孔，孔径应与工程锚杆孔径相同。

3 锚杆宜采用与被检测工程锚杆相同的材质与类型，长度宜涵盖工程锚杆长度范围，外露段长度与工程锚杆设计长度相同，杆头应加工平整。

4 注浆材料宜选用与工程锚杆相同的注浆材料和配合比，注浆后自然养护。

A.2.3 室内标准锚杆制作应符合下列规定：

1 根据室内标准锚杆设计，将外径略小于 PVC 或 PE 管内径的泡沫塑料或内空软橡胶管套在设计不密实段的锚杆杆体上，两端用胶带密封防止浆液渗入。

2 模型制作用 PVC 或 PE 管应一端封堵，将锚杆杆体插入 PVC 或 PE 管中，然后注浆、封口，砂浆凝固前不得敲击、碰撞管体或拉拔锚杆，自然养护。

A.2.4 现场标准锚杆制作应符合下列规定：

1 根据现场标准锚杆设计，将外径略小于 PVC 或 PE 管内径的泡沫塑料或内空软橡胶管套在设计不密实段的锚杆杆体上，两端用胶带密封防止浆液渗入。

2 按现场标准锚杆设计图钻孔，按被检测工程锚杆相同的施工工序完成锚杆施工。砂浆凝固前不得敲击、碰撞或拉拔锚杆，自然养护。

A.2.5 标准锚杆检测应符合下列要求：

1 检测方法应采用声波反射法。

2 检测宜在 3d、7d、14d、28d 龄期时分别进行。

3 检测除应符合本规程第 6 章的规定外，宜改变激振方式、激振力、接收传感器类型和仪器参数等进行检测，并取得全部记录。

A.3 验证与复核

A.3.1 室内标准锚杆检测完成后应剖开 PVC 或 PE 管，测量、记录每根室内标准锚杆的长度及缺陷位置，计算其密实度，并与原设计参数进行比对。

A.3.2 现场标准锚杆检测完成后，若条件许可，宜采用钻孔取芯等有效手段进行复核。

A.4 试验资料整理

A.4.1 应整理分析每根标准锚杆的全部检测波形，选取与验证复核相符的记录，制作标准锚杆检测图谱。

A.4.2 应计算每根试验标准锚杆的杆体波速、杆系波速，并应计算杆体波速平均值和各种缺陷类型的杆系波速平均值，杆系能量修正系数。

A.4.3 应编写锚杆模拟试验报告。报告应明确试验仪器、仪器设置的最佳参数、检测精度、检测有效范围，并应提供杆体波速、杆系波速、杆系能量修正系数及标准锚杆检测图谱。

附录B 单根锚杆检测结果表

工程名称： 项目名称： 锚杆编号：

检测单位： 仪器型号： 检测日期：

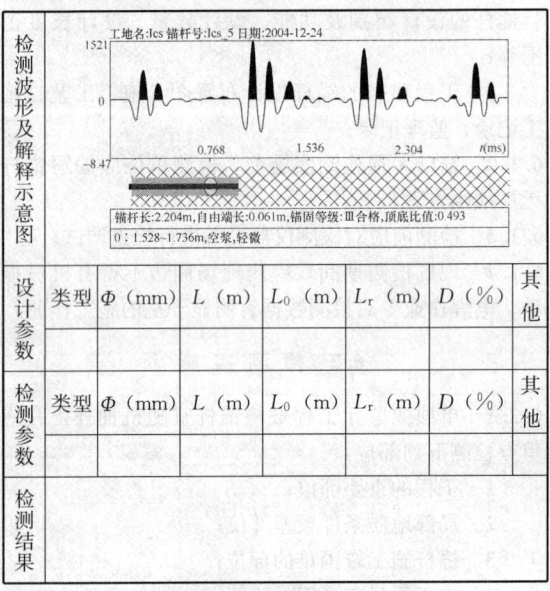

检测波形及解释示意图							
设计参数	类型	Φ (mm)	L (m)	L_0 (m)	L_r (m)	D (%)	其他
检测参数	类型	Φ (mm)	L (m)	L_0 (m)	L_r (m)	D (%)	其他
检测结果							

检测： 解释： 校对：

附录C 单元工程锚杆检测成果表

工程名称： 项目名称： 单元编号：

检测单位： 仪器型号： 检测日期：

序号	锚杆编号	设计参数		检测参数		分级	检测评价	备注
		L(m)	D(%)	L(m)	D(%)			

检测： 校对： 审核：

本规程用词说明

1 为便于在执行本规程条文时区别对待，对要求严格程度不同的用词，说明如下：

  1）表示很严格，非这样做不可的：

    正面词采用"必须"；反面词采用"严禁"；

  2）表示严格，在正常情况均应这样做的：

    正面词采用"应"；反面词采用"不应"或"不得"；

  3）表示允许稍有选择，在条件许可时首先应这样做的：

    正面词采用"宜"；反面词采用"不宜"；

  4）表示有选择，在一定条件下可以这样做的，采用"可"。

2 条文中指明应按其他有关标准执行的写法为"应符合……的规定（或要求）"或"应按……执行"。

中华人民共和国行业标准

锚杆锚固质量无损检测技术规程

JGJ/T 182—2009

条 文 说 明

制 订 说 明

《锚杆锚固质量无损检测技术规程》JGJ/T 182 - 2009 经住房和城乡建设部 2009 年 11 月 9 日以 431 号公告批准发布。

本规程制订过程中，编制组对国内建筑、水利水电、交通、矿山等行业锚杆锚固的应用情况进行了调查研究，总结了我国锚杆锚固质量无损检测的实践经验，开展了锚杆锚固质量无损检测室内模型试验和现场试验。

为便于广大设计、施工、科研、学校等单位有关人员在使用本标准时能正确理解和执行条文规定，《锚杆锚固质量无损检测技术规程》编制组按章、节、条顺序编制了本规程的条文说明，对条文规定的目的、依据以及执行中需注意的有关事项进行了说明。但是，本条文说明不具备与标准正文同等的法律效力，仅供使用者作为理解和把握标准规定的参考。

目 次

1 总　则

1.0.1　传统的锚杆锚固质量主要通过设计、施工、试验和验收等过程进行控制，试验主要是进行材料试验、锚固力试验。近年来，随着锚杆工程数量的大量使用，一般的材料试验、锚固力试验还不能够很好地控制锚杆的锚固质量，尤其是决定锚杆锚固效果的锚杆杆体长度、锚固密实度两个主要参数。所以，一些大型工程（如水电工程、公路和铁路交通工程、矿山工程）逐渐采用声波反射无损检测技术对工程的锚杆长度和锚固密实度进行检测，以达到有效控制锚杆锚固质量的目的。

1.0.2　当前，水利水电行业在其工程物探规程中的相应章节制定了锚杆锚固质量无损检测技术要求，还有一些行业实际上已广泛采用声波反射法进行锚杆锚固质量检测，从当前调查资料来看，工程中的全长粘结型锚杆占了总锚杆数量的绝大部分，其他类型锚杆相对较少。本规程适用于全长粘结锚杆的锚固质量无损检测，其他类型锚杆的锚固质量无损检测可参照执行。

1.0.3　锚杆锚固质量与设计条件和施工因素等直接相关，从目前的客观实际来看，这些因素的作用和影响，直接决定了检测结果评判的是否可靠。因此，应根据检测目的、方法技术的适用范围和特点，考虑上述因素进行合理使用，以达到正确评价的目的。

1.0.4　作业过程中要以人为本，遵守国家现行的安全与劳动保护条例，做到安全生产。

1.0.6　锚杆检测中涉及的安全作业、特殊行业中对锚杆质量的特殊要求等，应符合国家及行业的强制性标准。

2　术语和符号

锚杆的分类和定义一直没有统一，各规程的命名也不统一，锚杆类型的划分有多种方式：有按应用对象划分的，如岩石锚杆、土层锚杆；有按是否预先施加应力划分的，如预应力锚杆、非预应力锚杆；有按锚固机理划分的，如粘结式锚杆、摩擦式锚杆、端头锚固式锚杆和混合式锚杆；有按锚杆杆体构造划分的，如胀壳式锚杆、水胀式锚杆、自钻式锚杆和缝管锚杆；有按锚固体传力方式划分的，如压力型锚杆、拉力型锚杆和剪力型锚杆；有按锚固体形态划分的，如端部扩大型锚杆、连续球型锚杆；有按锚固体材料划分的，如砂浆锚杆、树脂锚杆、水泥卷锚杆；有按作用时段和服务年限划分的，如永久锚杆、临时锚杆；有按布置划分的，如系统锚杆、随机锚杆等等。目前工程常用的锚杆总体上可按锚固范围分为集中（端头）锚固类锚杆和全长锚固类锚杆两大类别：锚固装置或杆体只有一部分和锚孔壁接触的锚杆，称为集中类锚杆；锚固装置或杆体全部和锚孔壁接触的锚杆，则称之为全长锚固类锚杆。也可按锚固方式分为机械锚固型和粘结锚固型两大类型：锚固装置或杆体直接和孔壁接触，以摩擦为主起锚固作用的锚杆，称之为机械型锚杆；杆体部分或全长利用胶结材料把杆体和锚固孔孔壁充填粘结，以粘结力为主起锚固作用的锚杆，称之为粘结型锚杆。

常见锚杆的结构如下列示意图所示：

1　全长粘结型锚杆结构如图 1 所示：

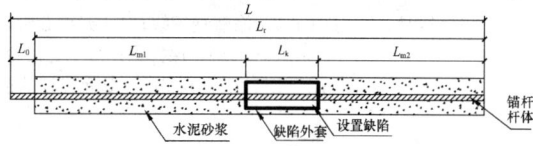

图 1　全长粘结型锚杆结构示意图

2　永久性拉力型锚杆结构如图 2 所示：

3　永久性拉力分散型锚杆结构如图 3 所示：

4　永久性压力分散型锚杆结构如图 4 所示：

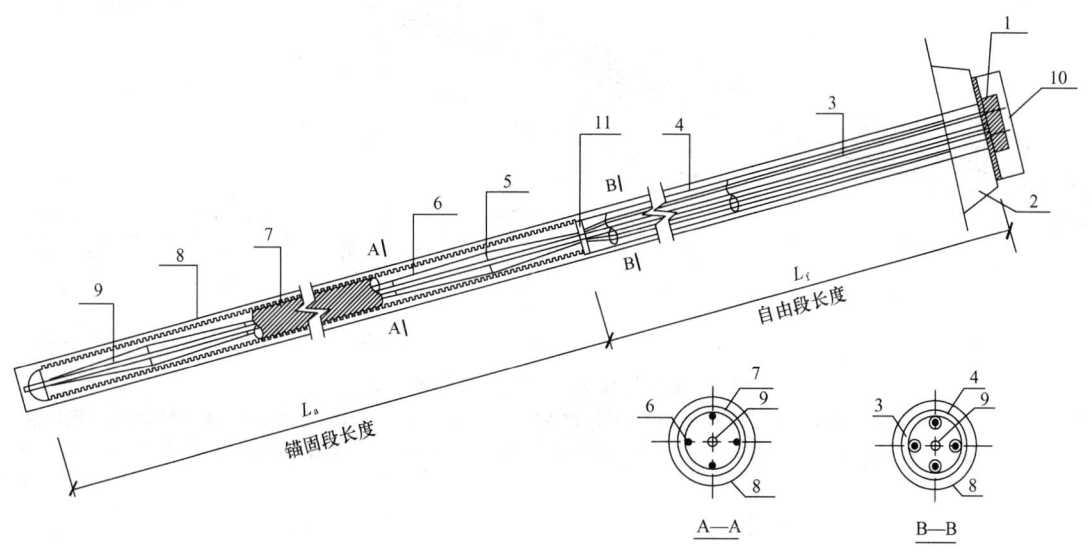

图 2　永久性拉力型锚杆结构示意图（Ⅰ级防护）

1—锚具；2—垫座；3—涂塑钢绞线；4—光滑套管；5—隔离架；6—无包裹钢绞线；7—波形套管；8—钻孔；9—注浆管；10—保护罩；11—光滑套管与波形套管搭接处（长度不小于 20cm）

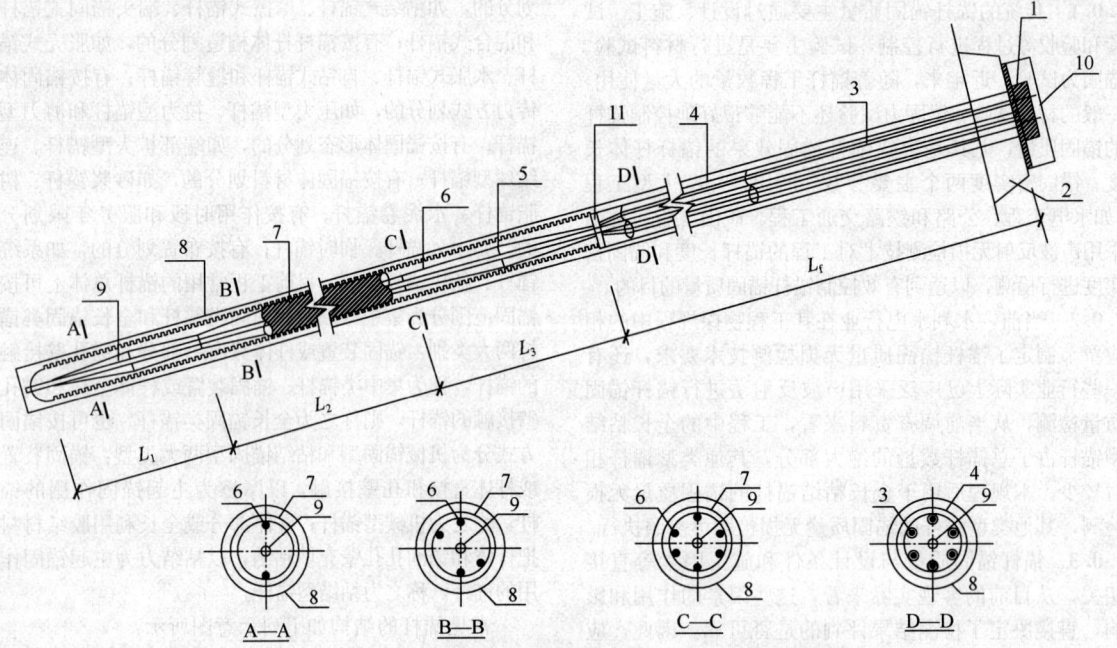

图 3　永久性拉力分散型锚杆结构示意图（Ⅰ级防护）

1—锚具；2—垫座；3—涂塑钢绞线；4—光滑套管；5—隔离架；6—无包裹钢绞线；7—波形套管；8—钻孔；
9—注浆管；10—保护罩；11—光滑套管与波形套管搭接处（长度不小于 200mm）

L_1、L_2、L_3—1、2、3 单元锚杆的锚固段长度；L_f—3 单元锚杆的自由段长度

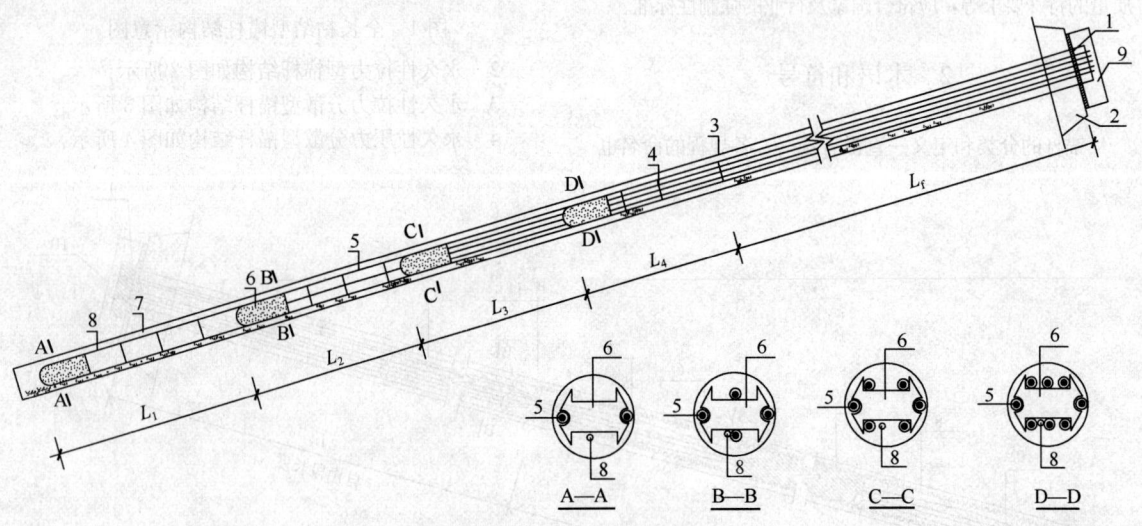

图 4　永久性压力分散型锚杆结构示意图

1—锚具；2—垫座；3—钻孔；4—隔离环；5—无粘结钢绞线；6—承载体；7—水泥浆体；8—水注浆管；9—保护罩

L_1、L_2、L_3、L_4—1、2、3、4 单元锚杆的锚固段长度；L_f—4 单元锚杆的自由段长度

5 压力型预应力锚杆结构如图5所示；

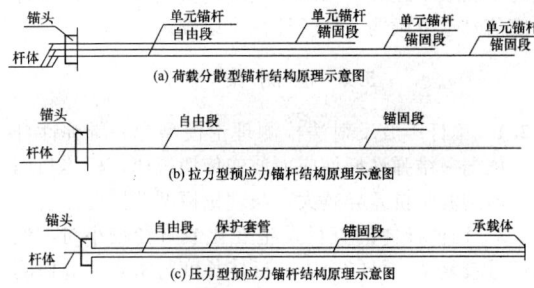

(a) 荷载分散型锚杆结构原理示意图

(b) 拉力型预应力锚杆结构原理示意图

(c) 压力型预应力锚杆结构原理示意图

图 5 压力型预应力锚杆结构原理示意图

6 水胀式锚杆结构如图6所示：

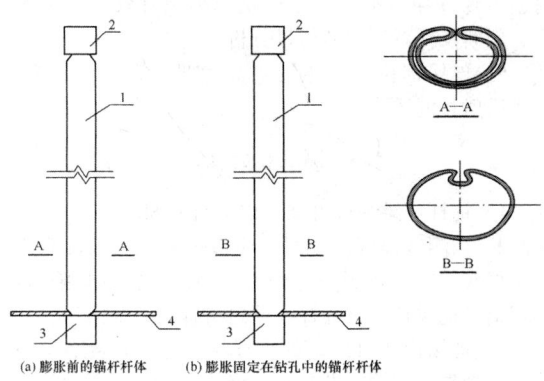

(a) 膨胀前的锚杆杆体   (b) 膨胀固定在钻孔中的锚杆杆体

图 6 水胀式锚杆结构原理示意图
1—异型钢管杆体；2—钢管套；
3—带注水管钢管套；4—垫板

7 锚杆防护结构如图7所示：

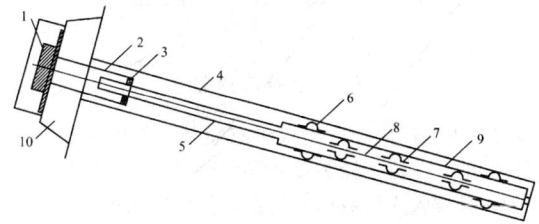

1—锚具；2—过渡管(管内注入防腐剂)；3—密封；4—锚杆注浆
5—注入防腐剂套管；6—对中支架；7—内部隔离(对中)支架；
8—预应力筋材；9—波形套管(管内注入水泥浆)；10—垫座
(a) 锚杆Ⅰ级防护构造示意图

1—锚具；2—过渡管(管内注入防腐剂)；3—密封；
4—锚杆注浆；5—注入防腐剂套管；6—对中支架；
7—预应力筋材；8—垫座
(b) 锚杆Ⅱ级防护构造示意图

图 7 锚杆防护构造示意图

3 基 本 规 定

3.1 一 般 规 定

3.1.1 全长粘结型锚杆检测的内容包括锚杆杆体长度、锚固密实度，摩擦型、膨胀型、管楔型等非粘结型锚杆可采用声波反射方法检测杆体长度。

3.1.2 我国当前工程建设项目主要由建设单位负责管理、设计单位负责设计、监理单位现场监理、施工单位施工的模式进行，为了保证检测数据的准确公证，试验和检测均应由有相应资质的单位进行。

3.1.3 试验锚杆对于检测人员来讲是"盲杆"，通过锚杆模拟试验获得不同缺陷锚杆的波形，同时对检测人员的检测水平和检测仪器的测试精度进行考核。

3.1.4 大型工程包含的项目较多，有些项目的施工周期较长，采用多个单元进行施工与验收，可按项目和单元检测，与施工、验收相对应。

3.1.5 对于大型工程一般进行了锚杆模拟试验，但不可能所有型号、所有地质条件下的均进行锚杆模拟试验，还应通过在检测过程中总结规律，逐步建立工程的锚杆检测图库。

3.1.6 本条所示框图针对单项或单元工程检测，不包括大型工程在检测机构引进、试验、机构建立的工作。

3.2 检 测 数 量

3.2.1 重要部位如岩锚吊车梁、起重机锚固墩、地下厂房顶等。

3.3 检 测 结 果

3.3.1 提交的检测报告应满足委托方的要求，检测方应将原始检测资料和检测报告存档。原始记录应包括电子文档和纸质文档。

3.3.3 有些零星或小工程不设检测机构，一次进场完成，检测时间短、检测数量少，常采取直接提交成果报告的方式。

3.3.4 工程项目及检测概况包括：项目简介、建设和施工单位、设计要求、施工工艺、检测目的、检测依据、检测数量、施工和检测日期、锚杆布置图。检测报告各单位的格式要求可能有所不同，但主要内容应涵盖本条规定。

4 检 测 仪 器 设 备

4.1 一 般 规 定

4.1.1 当前进行锚杆无损检测的仪器大多在基桩低应变检测仪器的基础上开发出来的，甚至直接使用测桩仪进行锚杆检测，但近年来已有一些厂商开发出了专门的锚杆检测仪，专业的锚杆检测仪其原理与桩基低应变仪有差异，但在传感器、激振、频率响应等方面充分考虑了锚杆的实际情况，所以，本规程规定使用经技术监督部门批准生产的专用锚杆无损检测仪。

4.1.3 成套的检测仪器是经过研制单位长期的实验室和现场试验得出的，并经相关技术部门、技术鉴定会认可的，将不同的检测仪器和备件（主要为传感器和振源）组成一个检测系统可能存在技术缺陷，不提倡检测机构自己进行采集器和备件的随意组合。

4.2 采集仪器

4.2.1 锚杆检测是现场检测，该条文的规定是保证检测人员在现场检测时能识别、判断信号的有效性，保持检测数据的质量，同时，也保证资料分析评判人员能完整地使用现场检测数据，从而保证了"现场检测—数据检查—成果分析"的连续性。

4.2.2 本规定充分考虑了锚杆的特殊性，低频可以使信号传得更远，高频分辨较小的杆系缺陷，一般的钢筋锚杆，激振频率和固有频率均较高（10Hz～100kHz），所以，应规定数据采集的采样率、A/D转换精度等参数。

4.2.3 为了检测各种类型的锚杆，配备各种振源是必须的。如短锚杆和长锚杆，硬质围岩和软质围岩等，所采用的检测振源及激振频率会有所区别。

4.3 激发与接收设备

4.3.3 每种采集仪器和接收传感器、激振设备都有一定的固有频率范围，这个固有频率范围应彼此包容，并包容锚杆的频率特性范围，传感器灵敏度为参考值，具体应根据采集的量程、检测锚杆的缺陷分辨率等情况确定。

4.3.4 声波接收传感器使用速度或加速度传感器，一般在研制生产时就给予确定，仪器说明书应说明其适用的条件。一般来说，加速度传感器一般采用压电式，体积小、灵敏度和分辨率较高；速度传感器一般采用机械式，体积大。由于锚杆直径小，激振频率高，故推荐使用加速度传感器。

5 声波反射法

5.1 适用范围

5.1.1 《锚杆喷射混凝土支护技术规范》GB 50086－2001中锚杆质量的检查包括：长度、间距、角度、方向、抗拔力以及注浆密实度等；《水电水利工程锚喷支护施工规范》DL/T 5181-2003对锚杆的质量检验主要包括：锚杆原材料质量控制检验、锚固砂浆抗压强度抽检、锚杆拉拔力检测、安装测力计、锚杆锚固密实度无损检测。

5.1.2 声波反射法检测锚杆杆体长度受锚杆锚固密实度、围岩特性等因素的影响。大量试验结果表明，

锚杆锚固密实度越低，围岩波速越小，则锚杆杆体长度的检测效果越好；当锚杆锚固密实度较好时，锚杆杆底信号十分微弱，杆长往往难以确定。

5.2 检测条件

5.2.1 锚杆声波反射法检测理论模型为一维弹性杆件，依据一维弹性杆件应力波的传播规律，杆体与周围介质的波阻抗差异越大，与理论模型越接近。

5.2.2 锚杆杆体的直径发生变化或直径较小时，检测信号较复杂，可能会影响杆体长度与密实度的检测的准确性与可靠性。

5.2.3 便于激振器激振和接收传感器的安装，且保证激振信号和接收信号的质量。

5.2.4 外露段过长，当环境存在振动或激振力过大时会导致杆端自振，产生干扰，影响有效信号的识别、判断及杆系反射波能量分析。

5.2.5 连接部位会产生反射波信号，容易与缺陷、杆底反射相混淆。

5.3 测试参数设定

5.3.1 锚杆记录编号可唯一识别与追溯。

5.3.2 当测试锚杆长度时，时域信号记录长度宜不小于杆底三次反射所需时程，当测试密实度缺陷时，时域信号记录长度宜为杆底反射时程的1.5倍。

5.3.3 现场检测时设定的采样率、记录长度、增益大小、频带范围等应准确、合理。

5.3.4 试验表明，一维自由弹线性体的波速和有一定边界条件的一维弹线性体的波速存在一定的差异，即锚杆杆体的声波纵波速度与包裹一定厚度砂浆的锚杆杆系的声波纵波速度是不一样的。一般锚杆杆体的波速比杆系的波速高，计算砂浆包裹的锚杆杆体长度时应采用杆系波速，计算自由杆杆体长度时应采用杆体波速。

5.4 激振与接收

5.4.1 当前使用的检测探头有发射与接收一体式和分体式的。一体式探头安装操作简单，但激振信号干扰大，且接收入射波信号失真；分体式探头在杆端激发，在杆侧接收，可减弱激振干扰，使入射波能量计算准确、可靠，但是安装操作不方便。

5.4.2 直接安装在托板上易产生寄生干扰或造成信号衰竭。

5.4.3 试验表明，超磁致伸缩声波振源能量可控，一致性较好，频带范围宽，故推荐使用。小锤锤击方式一致性较差，应慎重使用。

5.5 检测记录

5.5.1 检测记录为检测过程重要的依据，检测的主要活动均能从检测记录中体现，由软件生成的检测记录涉及人员岗位的，应一律使用签名，网上办公的可使用电子签名。

5.5.2 重复性检验是科学试验最重要的手段，3次重复是一般试验的要求，3次重复操作至少有2次重复的结果基本一致，如3次重复操作结果不一致，则该记录不能被采用。

5.5.3 保证检测的成果资料与样品的对应性和可追溯性是检测工作的基本要求。

5.6 检测数据分析与判定

5.6.1

1 当杆底反射信号较清晰时，可直接采用时域反射波法和幅频域频差法识别；当杆底反射信号微弱难以辨认时，宜采用瞬时谱分析法、小波分析法和能流分析法等方法识别。

4 一般情况下，锚杆的波阻抗大于围岩的波阻抗，故杆底反射波与杆端入射首波同相位，其多次反射波也是同相位的。当锚杆注浆密实的情况下，杆底反射波信号往往十分微弱，或有缺陷反射波信号干扰杆底反射波信号时，致使在时域和幅频域均难以清晰地识别杆底反射波信号及频差，故应使用瞬时谱法、小波法、能流法等方法提高杆底反射波信号的识别能力。在不利的情况下，检测锚杆长度是比较困难。

5.6.2 试验表明，锚杆的杆体波速与杆系波速是不同的，一般杆体波速高于杆系波速，波速差异的因素与声波波长、锚杆直径、胶粘物厚度、胶粘物波速及声波尺度效应等有关，因此锚杆杆长计算时采用的波速平均值应考虑密实度的影响。由于杆系平均波速受多方面因素的影响，尚无法准确地确定与密实度的关系，但在实际检测工作中应考虑杆长检测精度与密实度有关。

5.6.3

2 当缺陷反射波信号较清晰时，可采用时域反射波法和幅频域频差法识别；当缺陷反射波信号难以辨认时，宜采用瞬时谱分析法、小波分析法和能流分析法等方法识别。

5 本条所指的缺陷是指锚杆锚固不密实段，缺陷判断及缺陷位置计算应综合分析缺陷反射波信号的相位特征、相对幅值大小及反射波旅行时间等因素。

5.6.4

3 试验表明，锚杆的锚固密实度与锚杆杆系的能量反射系数之间存在紧密的相关关系，通过锚杆模型试验修正杆系能量系数使得两者的关系更具相关性。

5.6.5 试验表明，镶接式锚杆在连接处可能会产生反射信号，在缺陷分析与波动能量计算时应予以考虑。

5.6.6 出现这种复杂的情况原因较多，如环境振动干扰、电磁干扰等，外露段较长一般出现在预应力锚杆中，如水电站地下厂房的岩锚梁、过河缆机平台的锚固墩、隧洞内加固至衬砌上的预应力锚杆等，外露长度达（0.5～4.0）m，甚至弯曲，或搭接，致使检测信号变得十分复杂。

6 现场检测

6.1 检测准备

6.1.1 按照国际、国内检验认证的一般规定，锚杆无损检测属于现场原位试验，应注重检测样品的描述及相关资料的收集与分析，这种收集对检测过程的追溯、对检测成果的正确判断都非常重要。

6.1.2 按照当前国内建设项目检测、试验的一般程序，检测或试验方应针对检测对象、检测人的情况，在检测前编制检测实施细则或方案，以便监理方或其他相关方监督、了解检测工作，一般独立的小项目不作此要求。

6.1.3 该条要求是特别针对现场检测，采用了野外测试相关行业的规定，一般要求形成检查记录，与原始记录一起管理。

6.1.4 现场振动、强电磁场等干扰会严重影响记录质量，应采取施工协调、轮休等措施予以规避。

6.2 检测实施

6.2.3 锚杆锚固龄期太短，粘结材料强度低，与锚杆模拟试验类比性差，或难以检测锚固不密实缺陷。

6.2.4 为保证检测安全和检测原始数据质量而作的规定。

6.2.5 初衬支护使锚杆杆头遮掩，增加了检测难度。检测时必须找到锚杆且将杆头凿出。

6.2.6 掌握外露自由段长度和孔口段锚固情况有助于准确分析波形、判断缺陷性质及计算锚杆锚固密实度。

7 质量评定

7.1 一般规定

7.1.1 按照检验检测的一般规定，应先对独立样品进行检测评价，每根锚杆对应单个独立样品。

7.1.3 按照检验检测的原则，检测达到了群体数量时，应进行群体特性符合性评价，故对单元或单项工程应进行群体性锚杆的杆体长度、锚固密实度统计评价。

7.2 锚杆锚固质量评定标准

7.2.2 该条规定参考了国外及国内众多行业及国家标准的规定，同时也考虑到声波反射法检测的实际情况。

7.2.4 本规程规定的锚固质量无损检测分级评判标准参考了《锚杆喷射混凝土支护技术规范》GB 50086-2001、《水电水利工程锚喷支护施工规范》DL/T 5181-2003，也参考了一系列大型工程的技术规定，同时也考虑声波反射法检测技术的实际情况。

附录 A 锚杆模拟试验

A.1 一般规定

A.1.1 全长粘结型锚杆是当前工程中最常用的,其数量、比例均占绝大多数,该类型锚杆较适合声波反射法检测。

A.1.3 锚杆的室内试验是利用内径与锚杆孔径相同的PVC或PE管,模拟各类常规锚杆施工缺陷制作锚杆模型,进行锚杆无损检测试验,试验结束后将PVC或PE管剖开,与测试结果进行对比验证。现场锚杆的模拟试验是针对不同的围岩条件,模拟各类常规锚杆施工缺陷制作现场锚杆模型,在现场进行无损检测试验,以验证测试结果,分析不同围岩条件对检测波形及评判标准的影响。

A.1.4 锚杆模拟试验方案宜包含以下内容:工程概况、试验依据、检测设备和检测方法、试验内容、试验进度安排、试验锚杆设计与制作、预期检测成果。检测单位在检测完成后、开挖验证前均应编写提交检测报告,内容包含:试验概况、试验依据、检测设备和方法、试验内容、试验进度情况、试验检测成果、试验检测与开挖对比验证分析及杆系波速、杆系能量修正系数、锚杆模拟试验检测波形图库等。

A.1.5 岩土特性及锚杆的长短、直径大小对锚杆无损检测波形均有一定影响,因此,应选择不同规格的锚杆和围岩条件进行锚杆模拟试验。

A.1.6 检测规模较大时,宜在锚杆模拟试验时选择多种测试设备或测试方法对同一组模型锚杆进行重复测试,为选择准确性高的检测设备和方法提供依据。

A.2 锚杆模拟设计、制作和检测

A.2.1

3 每组试验锚杆可设计为完全锚固密实(密实度100%)、中部锚固不密实(密实度90%、75%、50%)、孔底锚固密实孔口段锚固不密实(密实度90%、75%、50%)、孔口锚固段密实孔底锚固不密实(密实度90%、75%、50%)等模型,每种长度

规格宜设计1组试验锚杆。

4 锚杆模拟试验模型制作应符合锚杆施工相关规范。锚杆施工规范规定:注浆锚杆的钻孔孔径,若采用"先注浆后安装锚杆"的程序施工,钻头直径应大于锚杆直径15mm以上;若采用"先安装锚杆后注浆"的程序施工,钻头直径应大于锚杆直径25mm以上,并均应满足施工详图要求。锚杆安装可采用"先注浆后插杆"或"先插杆后注浆"的方法进行,但应根据锚杆的长度、方向及粘结材料性能进行综合选定,以确保锚固的密实度,保证锚杆工作的耐久性。水泥锚固剂张拉锚杆应采用"先注浆后插杆"的程序施工,注浆材料(速凝和缓凝水泥锚固剂)应一次性完成。锚杆的架设和居中措施应按施工图纸的要求进行。锚杆安装时,应结合锚杆应力计、测力计的安装同步进行,并采取措施进行保护。当锚杆孔渗水呈线流或遇软弱破碎带,应采用相应的处理措施。在粘结材料凝固前,不得敲击、碰撞和拉拔锚杆。

A.2.4

2 现场模拟锚杆制作应与被检测工程锚杆的施工参数及工艺相同。

A.2.5

2、3 采用不同龄期进行检测是为了解不同龄期检测结果的差异性并选择最佳检测龄期,使得检测结果相对准确与可靠;改变激振方式、激振力、接收传感器类型和仪器参数是为选择符合工程锚杆特点的检测参数。

A.3 验证与复核

A.3.2 标准锚杆试验主要用于考核检测单位的锚杆无损检测能力与水平,修正计算参数。

A.4 试验资料整理

A.4.1 锚杆模拟试验最主要作用是制作检测图谱,辅助评判锚杆锚固质量。

A.4.2 应计算每根试验标准锚杆的杆体波速、杆系波速,并计算杆体波速平均值、杆系波速平均值和杆系能量修正系数。

中华人民共和国行业标准

建筑工程饰面砖粘结强度检验标准

Testing standard for adhesive strength of tapestry brick of construction engineering

JGJ 110—2008

J 787—2008

批准部门：中华人民共和国建设部

施行日期：2008年8月1日

中华人民共和国建设部
公　　告

第 826 号

建设部关于发布行业标准
《建筑工程饰面砖粘结强度检验标准》的公告

现批准《建筑工程饰面砖粘结强度检验标准》为行业标准，编号为 JGJ 110—2008，自 2008 年 8 月 1 日起实施。其中，第 3.0.2、3.0.5 条为强制性条文，必须严格执行。原行业标准《建筑工程饰面砖粘结强度检验标准》JGJ 110—97 同时废止。

本标准由建设部标准定额研究所组织中国建筑工业出版社出版发行。

中华人民共和国建设部

2008 年 3 月 12 日

前　　言

根据建设部建标［2004］66 号文的要求，本标准修订组在广泛调查研究，认真总结实践经验，参考有关国外先进标准，并广泛征求意见的基础上，修订了本标准。

本标准的主要技术内容是：1. 总则；2. 术语；3. 基本规定；4. 检验方法；5. 粘结强度计算；6. 粘结强度检验评定及饰面砖粘结强度检测记录和试件断开状态。本标准修订的主要技术内容是：基本规定中增加了强制性条文；增加了现场粘贴外墙饰面砖施工前应粘贴饰面砖样板件并对其粘结强度进行检验的要求，对带饰面砖的预制墙板和现场粘贴外墙饰面砖的检验批和取样位置进行了调整；检验方法中增加了对有加强处理措施的加气混凝土、轻质砌块、轻质墙板和外墙外保温系统上粘贴的外墙饰面砖断缝的规定，并增加了带保温系统的标准块粘贴示意图；粘结强度计算中将单个试样粘结强度和每组试样平均粘结强度计算结果均修约到小数点后一位；粘结强度检验评定中对现场粘贴饰面砖和带饰面砖的预制墙板的饰面砖粘结强度检验评定分别提出要求；附录 A 中增加了带保温系统的饰面砖粘结强度试件断开状态表。

本标准以黑体字标志的条文为强制性条文，必须严格执行。

本标准由建设部负责管理和对强制性条文的解释，由主编单位负责具体技术内容的解释。

本标准主编单位：中国建筑科学研究院（地址：北京市北三环东路 30 号，邮政编码：100013）。

本标准参加单位：北京市建设工程质量检测中心
珠海市建设工程质量监督检测站
哈尔滨市建筑工程设计研究院
北京国维建联检测技术开发中心

本标准主要起草人员：熊　伟　张元勃　黄春晓　张晓敏　于长江　张建平　杜习平

目　次

1 总 则

1.0.1 为统一建筑工程饰面砖粘结强度的检验方法，保证建筑工程饰面砖的粘结质量，制定本标准。

1.0.2 本标准适用于建筑工程外墙饰面砖粘结强度的检验。

1.0.3 建筑工程外墙饰面砖粘结强度的检验除应符合本标准外，尚应符合国家现行有关标准的规定。

2 术 语

2.0.1 标准块 standard test block

按长、宽、厚的尺寸为 95mm×45mm×（6～8）mm 或 40mm×40mm×（6～8）mm，用 45 号钢或铬钢材料所制作的标准试件。

2.0.2 基体 base

作为建筑物的主体结构或围护结构的混凝土墙体或砌体。

2.0.3 断缝 joint

以标准块的长、宽为基准，采用切割锯，从饰面砖表面切割至基体表面的矩形缝或正方形缝。

2.0.4 粘结层 bonding coat

固定饰面砖的粘结材料层。

2.0.5 粘结力 cohesive force

饰面砖与粘结层界面、粘结层自身、粘结层与找平层界面、找平层自身、找平层与基体界面，在垂直于表面的拉力作用下断开时的拉力值。

2.0.6 粘结强度 cohesive strength

饰面砖与粘结层界面、粘结层自身、粘结层与找平层界面、找平层自身、找平层与基体界面上单位面积上的粘结力。

3 基 本 规 定

3.0.1 粘结强度检测仪应每年至少检定一次，发现异常时应随时维修、检定。

3.0.2 带饰面砖的预制墙板进入施工现场后，应对饰面砖粘结强度进行复验。

3.0.3 带饰面砖的预制墙板应符合下列要求：

1 生产厂应提供含饰面砖粘结强度检测结果的型式检验报告，饰面砖粘结强度检测结果应符合本标准的规定。

2 复验应以每 1000m² 同类带饰面砖的预制墙板为一个检验批，不足 1000m² 应按 1000m² 计，每批应取一组，每组应为 3 块板，每块板应制取 1 个试样对饰面砖粘结强度进行检验。

3.0.4 现场粘贴外墙饰面砖应符合下列要求：

1 施工前应对饰面砖样板件粘结强度进行检验。

2 监理单位应从粘贴外墙饰面砖的施工人员中随机抽选一人，在每种类型的基层上应各粘贴至少 1m² 饰面砖样板件，每种类型的样板件应各制取一组 3 个饰面砖粘结强度试样。

3 应按饰面砖样板件粘结强度合格后的粘结料配合比和施工工艺严格控制施工过程。

3.0.5 现场粘贴的外墙饰面砖工程完工后，应对饰面砖粘结强度进行检验。

3.0.6 现场粘贴饰面砖粘结强度检验应以每 1000m² 同类墙体饰面砖为一个检验批，不足 1000m² 应按 1000m² 计，每批应取一组 3 个试样，每相邻的三个楼层应至少取一组试样，试样应随机抽取，取样间距不得小于 500mm。

3.0.7 采用水泥基胶粘剂粘贴外墙饰面砖时，可按胶粘剂使用说明书的规定时间或在粘贴外墙饰面砖 14d 及以后进行饰面砖粘结强度检验。粘贴后 28d 以内达不到标准或有争议时，应以 28～60d 内约定时间检验的粘结强度为准。

4 检 验 方 法

4.0.1 检测仪器、辅助工具及材料应符合下列要求：

1 采用的粘结强度检测仪，应符合现行行业标准《数显式粘结强度检测仪》JG 3056 的规定。

2 钢直尺的分度值应为 1mm。

3 应具备下列辅助工具及材料：

1）手持切割锯；

2）胶粘剂，粘结强度宜大于 3.0MPa；

3）胶带。

4.0.2 断缝应符合下列要求：

1 断缝应从饰面砖表面切割至混凝土墙体或砌体表面，深度应一致。对有加强处理措施的加气混凝土、轻质砌块、轻质墙板和外墙外保温系统上粘贴的外墙饰面砖，在加强处理措施或保温系统符合国家有关标准的要求，并有隐蔽工程验收合格证明的前提下，可切割至加强抹面层表面。

2 试样切割长度和宽度宜与标准块相同，其中有两道相邻切割线应沿饰面砖边缝切割。

4.0.3 标准块粘贴应符合下列要求：

1 在粘贴标准块前，应清除饰面砖表面污渍并保持干燥。当现场温度低于 5℃ 时，标准块宜预热后再进行粘贴。

2 胶粘剂应按使用说明书规定的配比使用，应搅拌均匀、随用随配、涂布均匀，胶粘剂硬化前不得受水浸。

3 在饰面砖上粘贴标准块可按图 4.0.3-1 和图 4.0.3-2 进行，胶粘剂不应粘连相邻饰面砖。

4 标准块粘贴后应及时用胶带固定。

4.0.4 粘结强度检测仪的安装（图 4.0.4）和测试

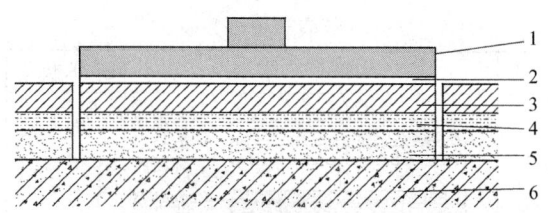

图 4.0.3-1　不带保温加强系统的标准块粘贴示意图
1—标准块；2—胶粘剂；3—饰面砖；
4—粘结层；5—找平层；6—基体

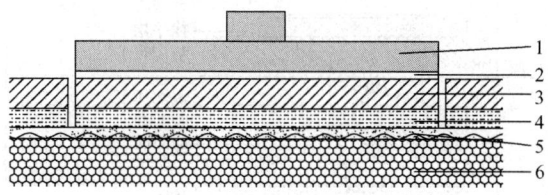

图 4.0.3-2　带保温或加强系统的标准块粘贴示意图
1—标准块；2—胶粘剂；3—饰面砖；
4—粘结层；5—加强抹面层；6—保温层或被加强的基体

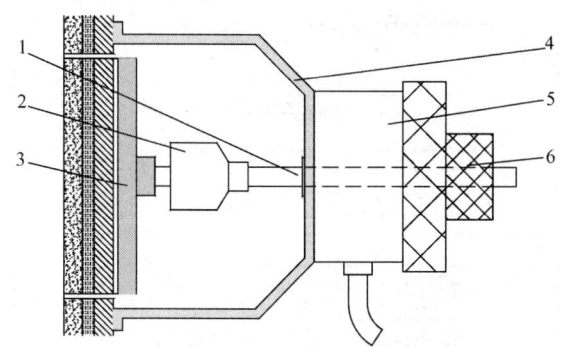

图 4.0.4　粘结强度检测仪安装示意图
1—拉力杆；2—万向接头；3—标准块；
4—支架；5—穿心式千斤顶；6—拉力杆螺母

程序应符合下列要求：

1 检测前在标准块上应安装带有万向接头的拉力杆。

2 应安装专用穿心式千斤顶，使拉力杆通过穿心千斤顶中心并与标准块垂直。

3 调整千斤顶活塞时，应使活塞升出 2mm 左右，并将数字显示器调零，再拧紧拉力杆螺母。

4 检测饰面砖粘结力时，匀速摇转手柄升压，直至饰面砖试样断开，并应按本标准附录 A 的格式记录粘结强度检测仪的数字显示器峰值，该值即是粘结力值。

5 检测后降压至千斤顶复位，取下拉力杆螺母及拉杆。

4.0.5 饰面砖粘结力检测完毕后，应按受力断开的性质及本标准附录 A 表 A.0.2 的格式确定断开状态，测量试样断开面每对切割边的中部长度（精确到

1mm）作为试样断面边长，并应按本标准附录 A 表 A.0.1 的格式记录。当检测结果为表 A.0.2 第 1、2 种断开状态且粘结强度小于标准平均值要求时，应分析原因并重新选点检测。

4.0.6 标准块处理应符合下列要求：

1 粘结力检测完毕，应将标准块表面胶粘剂清理干净，用 50 号砂布摩擦标准块粘贴面至出现光泽。

2 应将标准块放置干燥处，再次使用前应将标准块粘贴面的锈迹、油污清除。

5　粘结强度计算

5.0.1 试样粘结强度应按下式计算：

$$R_i = \frac{X_i}{S_i} \times 10^3 \qquad (5.0.1)$$

式中　R_i——第 i 个试样粘结强度（MPa），精确到 0.1MPa；

　　　X_i——第 i 个试样粘结力（kN），精确到 0.01kN；

　　　S_i——第 i 个试样断面面积（mm^2），精确到 $1mm^2$。

5.0.2 每组试样平均粘结强度应按下式计算：

$$R_m = \frac{1}{3} \sum_{i=1}^{3} R_i \qquad (5.0.2)$$

式中　R_m——每组试样平均粘结强度（MPa），精确到 0.1MPa。

6　粘结强度检验评定

6.0.1 现场粘贴的同类饰面砖，当一组试样均符合下列两项指标要求时，其粘结强度应定为合格；当一组试样均不符合下列两项指标要求时，其粘结强度应定为不合格；当一组试样只符合下列两项指标的一项要求时，应在该组试样原取样区域内重新抽取两组试样检验，若检验结果仍有一项不符合下列指标要求时，则该组饰面砖粘结强度应定为不合格：

1 每组试样平均粘结强度不应小于 0.4MPa；

2 每组可有一个试样的粘结强度小于 0.4MPa，但不应小于 0.3MPa。

6.0.2 带饰面砖的预制墙板，当一组试样均符合下列两项指标要求时，其粘结强度应定为合格；当一组试样均不符合下列两项指标要求时，其粘结强度应定为不合格；当一组试样只符合下列两项指标的一项要求时，应在该组试样原取样区域内重新抽取两组试样检验，若检验结果仍有一项不符合下列指标要求时，则该组饰面砖粘结强度应定为不合格：

1 每组试样平均粘结强度不应小于 0.6MPa；

2 每组可有一个试样的粘结强度小于 0.6MPa，但不应小于 0.4MPa。

附录 A 饰面砖粘结强度检测记录和试件断开状态

A.0.1 饰面砖粘结强度检测可采用表 A.0.1 的格式记录。

表 A.0.1 饰面砖粘结强度检测记录表

委托单位			检测日期		
工程名称			环境温度		
仪器及编号			胶粘剂		
基体类型		饰面砖粘结料		饰面砖品种及牌号	
试样编号	龄期(d)	断面边长(mm)	断面面积(mm²)	粘结力(kN)	粘结强度(MPa)	断开状态	抽样部位	备注

审核: 　　　记录: 　　　检测:

A.0.2 饰面砖粘结强度试件断开状态应按表A.0.2-1和表 A.0.2-2 确定。

表 A.0.2-1 不带保温加强系统的饰面砖粘结强度试件断开状态表

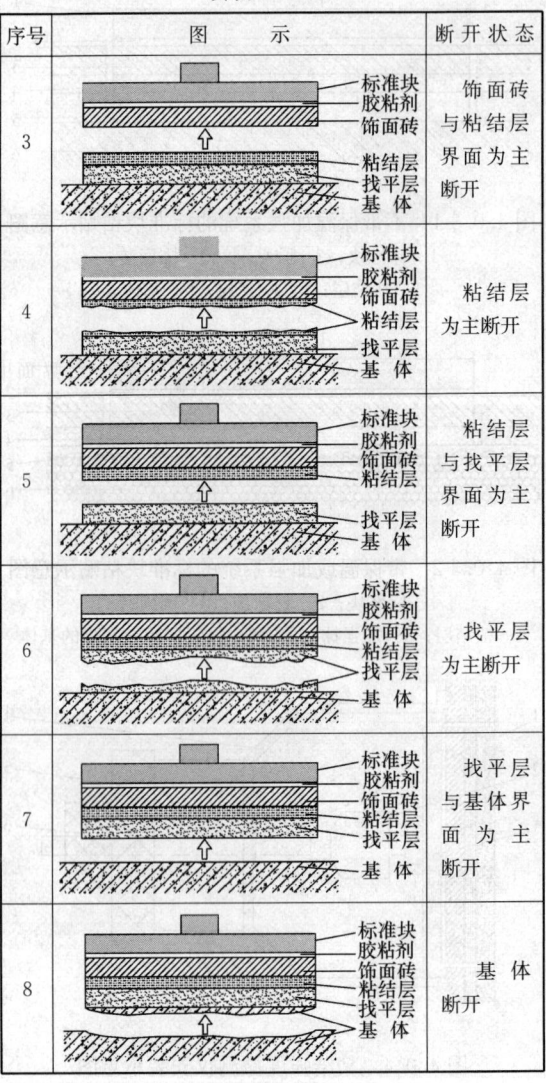

表 A.0.2-2 带保温系统的饰面砖粘结强度试件断开状态表

强处理，断缝时可切割至合格的加强层表面。普通的粘贴法外墙外保温系统不应粘贴外墙饰面砖，只有在保温层密度、与墙体粘结面积、加强处理措施、饰面砖粘结和勾缝等符合国家行业标准有关外墙外保温系统粘贴外墙饰面砖的要求，并有隐蔽工程验收合格证明的前提下，断缝时才可切割至保温系统抹面层表面，否则，应切割至混凝土墙体或砌体表面。现行行业标准《胶粉聚苯颗粒外墙外保温系统》JG 158—2004 已经有外墙外保温粘贴饰面砖要求。

4.0.3 表面不平整的饰面砖可先用胶粘剂补平表面后，再用胶粘剂粘贴标准块，也可用合适的厚涂层胶粘剂直接粘贴标准块，打磨表面不平整的饰面砖不可取。

4.0.5 试样断面面积取断缝所包围的区域承受法向拉力实际断开面面积，试样断面边长取试样断开面每对切割边的中部长度，测量精确到1mm，切割边的中部长度值一般接近两端和中部三个测量值的平均值。陶瓷锦砖试样粘结强度包括陶瓷锦砖之间的灰缝。当检测结果为表 A.0.2 第 1、2 种断开状态且粘结强度不小于标准平均值且断缝符合要求时，检测结果取断开时的检测值，能表明该试样粘结强度符合标准要求。当饰面砖以里的粘结层等粘结强度很高时，按原标准重新选点检测会持续出现胶粘剂与饰面砖界面断开的第 1 种断开状态或饰面砖为主断开的第 2 种断开状态，设法选点检测出表 A.0.2 第 1、2 种以外的断开状态难实现也没有必要。故只要求当检测结果为表 A.0.2 第 1、2 种断开状态且粘结强度小于标准平均值要求时，才应分析原因，采取对光滑饰面砖试样表面切浅道等增强胶粘剂粘结措施，并重新选点检测。当基体以外的各层粘结强度很高时，出现表 A.0.2-1 第 8 种断开状态即基体断开是正常现象，除非断缝时切坏了基体表面层且粘结强度小于标准平均值要求时需要重新选点检测外，基体断开时的检测值也作为粘结强度是否合格的结果。

5 粘结强度计算

5.0.1、5.0.2 某个试样粘结强度和每组试样平均粘结强度都精确到 0.1MPa，与粘结强度检验评定一致。公式中的字母也调整成前后一致。

6 粘结强度检验评定

将原标准粘结强度检验改为粘结强度检验评定更贴合本章标题所涵盖的内容。

6.0.1 外墙饰面砖粘结强度指标值的确定依据：

1 根据在北京、哈尔滨、珠海、河南等省市不同气候条件下对不同工程的实测和试验室的验证，从以下几方面考虑：

1）气候的特征。具体做法是分别选哈尔滨、北京、珠海、河南四省市作试件实测统计分析，使之满足《建筑气候区划标准》GB 50178 的气候特征要求。

2）工程现场和试验室两类试样的统计分析，分别求出饰面砖脱落的临界值，及未脱落的指标值，并确定其概率。

3）对饰面砖进行力学计算，考虑面砖的吸水率、温度变形、风压的正负作用，并按设计周期 50 年计算，确定其指标值。

4）急冷急热、耐候作用、台风作用的饰面砖强度指标确定。

5）国内有关单位对外墙外保温系统粘贴饰面砖的实验结果。

综合上述因素，确定标准指标值。

2 参照了日本《建筑工事共通仕样书》的第 11.2.1 和 11.2.7 条款及《建筑工事施工监理指针》第 11.5.2 条款中（a）和（b）条的粘结强度指标值。

附录 A 饰面砖粘结强度检测记录和试件断开状态

A.0.1 表 A.0.1 饰面砖粘结强度检测记录表可根据当地实际情况，增加记录项目，调整记录格式。

A.0.2 表 A.0.2-1 和表 A.0.2-2 饰面砖粘结强度试件断开状态表中的断开状态所称"…为主断开"，是指试样该种断开形式的断面面积占试样断面面面积的 50% 以上。

1 总 则

1.0.1 本条阐明了制定本标准的目的。建筑工程饰面砖粘结强度关系到人民生命财产的安全，建筑物外墙饰面砖因粘结强度问题造成脱落伤人毁物的事故时有发生。1997年参照国外有关标准，依据国内不同气候环境条件下建筑工程饰面砖粘结强度的现场实测和试验室试验数据，制定了中华人民共和国行业标准《建筑工程饰面砖粘结强度检验标准》JGJ 110—97，该标准为我国提供了统一的饰面砖粘结强度检验评定标准和检测手段。但原标准也存在缺少施工前饰面砖粘结强度检验和施工质量过程控制，对有加强措施的加气混凝土、轻质砌块、轻质墙板和外墙外保温系统等基体上粘贴外墙饰面砖没有明确的粘结强度检验方法，严重影响了饰面砖粘结质量的检验和控制，因此有必要对原标准进行修订。

1.0.2 本条规定了本标准的适用范围。不仅适用于一般气候条件，也适用于高温、高湿等气候条件。

2 术 语

本标准的术语分三类：

1) 在国家标准或行业标准中没有出现过，本标准给出具体定义。如标准块、断缝。
2) 在国家标准或行业标准中虽然出现过，但具体内容不一样，本标准再详尽给出定义，如基体、粘结强度。
3) 在国家标准或行业标准中虽然出现过，但比较生疏，本标准尽量与其协调，如粘结层、粘结力等。

2.0.1 考虑到工程上常用的饰面砖规格尺寸，切割试样时的受力边界条件，仪器的轻便性和标准规定的仪器量程范围，规定了两种尺寸的标准块。95mm×45mm标准块适用于除陶瓷锦砖以外的饰面砖试样，40mm×40mm标准块适用于陶瓷锦砖试样。

2.0.5、2.0.6 外墙外保温系统的抹面层以里按基体对待，混凝土墙基体上直接粘贴饰面砖也没有找平层，没有找平层的粘结力和粘结强度则不含找平层内容。

3 基 本 规 定

3.0.1 根据《中华人民共和国计量法》规定的有关要求，按照计量器具的种类划分和项目属性的归类，粘结强度检测仪检定周期定为一年。当发现异常时应及时维修、检定。

3.0.4 为了避免大面积粘贴外墙饰面砖后出现饰面砖粘结强度不达标造成的严重损失，本条规定现场粘贴外墙饰面砖施工前，监理单位应从粘贴外墙饰面砖的施工人员中随机抽选一人，在每种类型的基层上各粘贴饰面砖制作样板件，对饰面砖粘结强度进行检验，按饰面砖粘结强度合格后的粘结料配合比和施工工艺严格控制施工过程。目的是加强施工单位的责任心，完善对施工质量过程控制，防患于未然。

3.0.5、3.0.6 根据饰面砖工程的特点，在施工前制作的样板件饰面砖粘结强度合格的基础上，为了督促施工单位按样板件饰面砖粘结强度合格后的粘结料配合比和施工工艺严格控制施工过程，保证完工的饰面砖安全可靠，加上大量在外墙外保温系统上粘贴外墙饰面砖的粘结质量受施工影响较大，有必要对完工后的外墙饰面砖粘结强度进行抽检，约束施工行为，抽检数量调整为："每1000m² 同类墙体饰面砖为一个检验批，不足1000m² 应按1000m² 计，每批应取一组3个试样，每相邻的三个楼层至少取一组试样"。在有施工前样板件饰面砖粘结强度检验合格的基础上，抽样数量不到原标准的三分之一，抽样位置也比原标准可操作性更好。

考虑到试样的代表性以及边界条件对粘结力的影响，规定了试样取样间距不得小于500mm。

3.0.7 普通水泥基胶粘剂一般在龄期28d时达到设计强度，原标准规定："当在7d或14d进行检验时，应通过对比试验确定其粘结强度的修正系数。"实际工作中该修正系数很难确定，容易出现差错，故将这些内容去除。考虑到工程验收希望尽快进行外墙饰面砖粘结强度检验的要求，通过实验室验证在正常条件下龄期14d时已经接近设计粘结强度，因此，在施工前样板件龄期14d测定饰面砖粘结强度达标的基础上，可以选择龄期14d及以后的其他时间进行饰面砖粘结强度检验，也可按照快速硬化水泥基胶粘剂等使用说明书的规定时间进行饰面砖粘结强度检验，龄期28d以内达不到标准或有争议时，以龄期达到28～60d内约定时间检验的粘结强度为准。现行行业标准《外墙饰面砖工程施工及验收规程》JGJ 126—2000规定外墙饰面砖粘贴不得采用有机物作为主要粘结材料，故本标准不考虑这类粘结材料。

4 检 验 方 法

4.0.1 本条指出了一般情况下所采用的仪器、工具、材料及其应满足的要求。测量试样断开面每对切割边的长度用分度值为1mm的钢直尺即可，没必要用易损伤断开面边且不易操作的游标卡尺。标准块胶粘剂不再限定用环氧系胶粘剂，其他快速固化胶粘剂如双组分改性丙烯酸酯胶也可用，但粘结强度宜大于3.0MPa。

4.0.2 加气混凝土、轻质砌块和轻质墙板等基体强度较低，如果要粘贴外墙饰面砖，必须进行可靠的加

目　次

前　言

《建筑工程饰面砖粘结强度检验标准》JGJ 110—2008，经建设部 2008 年 3 月 12 日以第 826 号公告批准、发布。

本标准第一版的主编单位是国家建筑工程质量监督检验中心，参加单位是北京市建设工程质量检测中心、珠海市建设工程质量监督检测站、河南省建筑工程质量检测中心站、哈尔滨市建筑工程设计研究院、北京市建筑工程研究院、福建省南安市中南机械有限公司、北京天竺试验仪器技术服务中心。

为便于广大设计、施工、科研、学校等单位有关人员在使用本标准时能正确理解和执行条文规定，《建筑工程饰面砖粘结强度检验标准》编制组按章、节、条顺序编制了本标准的条文说明，供使用者参考。在使用中如发现本条文说明有不妥之处，请将意见函寄中国建筑科学研究院。

中华人民共和国行业标准

建筑工程饰面砖粘结强度检验标准

JGJ 110—2008

条 文 说 明

续表 A.0.2-2

序号	图　　示	断开状态
4	标准块 胶粘剂 饰面砖 粘结层 保温抹面层 保温层	粘结层为主断开
5	标准块 胶粘剂 饰面砖 粘结层 保温抹面层 保温层	粘结层与保温抹面层界面为主断开
6	标准块 胶粘剂 饰面砖 粘结层 保温抹面层 保温层	保温抹面层为主断开

本标准用词说明

1 为便于在执行本标准条文时区别对待，对要求严格程度不同的用词，说明如下：

1）表示很严格，非这样做不可的：

正面词采用"必须"，反面词采用"严禁"。

2）表示严格，在正常情况下均应这样做的：

正面词采用"应"，反面词采用"不应"或"不得"。

3）表示允许稍有选择，在条件许可时首先应这样做的：

正面词采用"宜"，反面词采用"不宜"。

表示有选择，在一定条件下可以这样做的，采用"可"。

2 条文中指明应按其他有关标准执行的写法为："应符合……的规定"或"应按……执行"。

中华人民共和国行业标准

红外热像法检测建筑外墙饰面粘结质量技术规程

Technical specification for inspecting the defects of exterior walls
cement coating of building with infrared thermography method

JGJ/T 277—2012

批准部门：中华人民共和国住房和城乡建设部
施行日期：2 0 1 2 年 5 月 1 日

中华人民共和国住房和城乡建设部
公　告

第 1240 号

关于发布行业标准《红外热像法检测建筑外墙饰面粘结质量技术规程》的公告

现批准《红外热像法检测建筑外墙饰面粘结质量技术规程》为行业标准，编号为 JGJ/T 277 - 2012，自 2012 年 5 月 1 日起实施。

本规程由我部标准定额研究所组织中国建筑工业出版社出版发行。

中华人民共和国住房和城乡建设部
2012 年 1 月 6 日

前　言

根据住房和城乡建设部《关于印发〈2010 年工程建设标准规范制订、修订计划〉的通知》（建标〔2010〕43 号）的要求，规程编制组经广泛调查研究，认真总结实践经验，参考有关国际标准和国外先进标准，并在广泛征求意见的基础上，编制了本规程。

本规程的主要技术内容是：1. 总则；2. 术语；3. 检测仪器；4. 检测；5. 检测数据分析；6. 检测结论和报告。

本规程由住房和城乡建设部负责管理，由甘肃省建设投资（控股）集团总公司负责具体技术内容的解释。执行过程中如有意见或建议，请寄送甘肃省建设投资（控股）集团总公司（地址：兰州市七里河区西津东路 575 号，邮编：730050）。

本 规 程 主 编 单 位：甘肃省建设投资（控股）集团总公司
中国建筑科学研究院

本 规 程 参 编 单 位：甘肃省建筑科学研究院
四川省建筑科学研究院
广西建筑科学研究设计院
中国计量科学研究院
河北省建筑科学研究院
沈阳市建设工程质量检测中心
重庆市建设工程质量监督总站检测中心
沈阳建筑大学
山西省建筑科学研究院
北京东方建宇混凝土科学技术研究院

本规程主要起草人员：王欢祥　冯力强　徐教宇
晏大玮　孟康荣　张剑峰
李杰成　原遵东　边智慧
贾玉新　文先琪　吴玉厚
魏利国　王安岭

本规程主要审查人员：陆津龙　崔士起　由世岐
陈　松　张嘉亮　曹万智
金光辉　马岷成　高永强

目　次

Contents

1 总 则

1.0.1 为规范红外热像技术在建筑外墙饰面层粘结质量检测中的应用，制定本规程。

1.0.2 本规程适用于建筑外墙采用满粘法施工的饰面层粘结质量检测，不适用于下列饰面层的粘结质量检测：

　　1 采用混色饰面砖或涂料，且影响检测结果判断的饰面层；

　　2 表面有较大凹凸装饰的饰面层。

1.0.3 使用红外热像法进行建筑外墙饰面层粘结质量检测的人员，应通过专业技术培训。

1.0.4 采用红外热像法检测建筑外墙饰面层粘结质量时，除应符合本规程外，尚应符合国家现行有关标准的规定。

2 术 语

2.0.1 饰面层 cement coating

　　附着于建筑外墙外侧，起装饰作用的构造层。

2.0.2 空间分辨力 spatial resolution

　　红外热像仪分辨物体空间几何形状细节的能力。

2.0.3 图像处理 image processing

　　对红外热像图进行除噪声、图像色彩调整、消除背景、空鼓面积计算等处理。

2.0.4 空鼓 exfoliation of cement coating

　　饰面层与基层之间或饰面层内部各层材料之间因相互粘结不牢而出现的分层现象。

3 检 测 仪 器

3.1 技 术 要 求

3.1.1 红外热像仪的性能指标应满足下列条件：

　　1 工作波段为 $8\mu m \sim 14\mu m$，且具备可见光成像辅助功能；

　　2 检测温度范围为 $-20℃ \sim 100℃$；

　　3 温度显示分辨率不大于 $0.08℃$；

　　4 测温一致性不大于 $0.5℃$；

　　5 测温准确度为 $\pm2℃$；

　　6 探测器像素值不小于 320×240；

　　7 空间分辨力不小于 1mrad。

3.1.2 红外热像仪应具有产品合格证。

3.1.3 红外热像仪应定期进行校准，并应符合下列规定：

　　1 红外热像仪校准方法应按本规程附录 A 执行；

　　2 校准项目应包括温度示值误差和测温一致性；

　　3 校准有效期不宜超过 1 年。

3.2 使用环境条件

3.2.1 红外热像仪的使用环境条件应符合下列规定：

　　1 环境温度应在 $-5℃ \sim 40℃$；

　　2 环境湿度应小于 90%。

4 检 测

4.1 一 般 规 定

4.1.1 红外热像法检测建筑外墙饰面层粘结质量工作程序，应按图 4.1.1 进行。

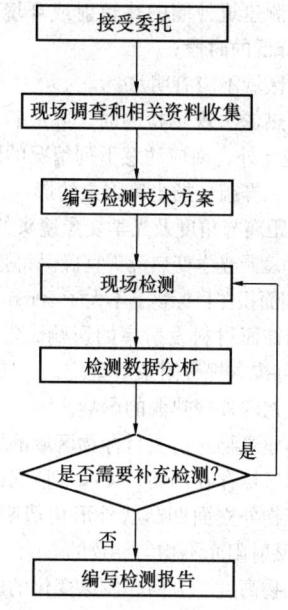

图 4.1.1 红外热像法检测建筑外墙饰面层粘结质量工作程序框图

4.1.2 接受委托后，应进行现场调查和资料收集，并宜包括下列内容：

　　1 建筑物结构形式、规模、饰面情况、使用时间；

　　2 建筑设计图纸；

　　3 建筑物方位、朝向、日照、周边环境遮挡或反射情况；

　　4 建筑物冷、热源部位及工作情况；

　　5 建筑物外墙渗漏、开裂、脱落及维修等情况。

4.1.3 检测前应编写检测技术方案，并应符合下列规定：

　　1 检测技术方案应依据委托的内容、现场调查结果和收集的资料编写。

　　2 检测技术方案应包括下列内容：

　　　　1）检测时间；

　　　　2）被检墙面的方位及检测时段；

　　　　3）检测仪器在现场的工作位置；

4) 拍摄距离、拍摄角度及拍摄次数；

5) 对检测结果进行验证的方法。

3 检测时段可按本规程附录 B 确定。

4 选择拍摄距离和拍摄角度时，应保证被测建筑物周边环境无障碍物遮挡，并应保证所得图像易于识别。

4.2 现场检测

4.2.1 红外热像法现场检测的环境和条件应符合下列规定：

1 应选择在晴天、低风速的条件，且风速不宜大于 4m/s；

2 被检测建筑外墙的热辐射或环境温度应处于快速升高或降低的时段；

3 待测区域不应有明水。

4.2.2 红外热像法现场检测时，除应符合本规程第 3.2.1 条的规定外，尚应注意下列情况的影响：

1 降水、雾霾、扬尘等因素的影响。

2 拍摄距离与角度及光学变焦镜头的影响。所选拍摄距离与角度及光学变焦镜头宜确保每张红外热像图的最小可探测面积在目标物上不大于 50mm×50mm。

3 外墙饰面材料发射率的影响。常用饰面材料表面发射率可按本规程附录 C 确定。

4 建筑物内外冷热源的影响。

5 相邻建筑物对待测目标物区域的影响。

6 待测区域存在污垢、渗漏等情况的影响。

7 建筑物外立面凹凸状外形构造阴影区域及幕墙、门窗等反射阳光不均匀导致的影响。

8 建筑物高度、方向、风速变化的影响。

9 建筑物结构变化（冷、热桥）导致温度场异常的影响。

4.2.3 红外热像法现场检测应按下列步骤进行：

1 安放、调试仪器及设备，使其处于正常工作状态；

2 记录天气、气温、日照、风速、饰面层表面温度等；

3 拍摄并记录被测区域红外及可见光图像；

4 记录拍摄距离、角度、拍摄时间等相关信息；

5 验证疑似缺陷部位；

6 填写检测记录表，记录表格式可按本规程附录 D 执行。

5 检测数据分析

5.0.1 红外热像图分析时，应采用易识别粘结缺陷的图像表达检测结果。

5.0.2 红外热像图分析应包括下列内容：

1 对分块拍摄的红外热像图进行准确的拼接合成；

2 对合成后的图像进行几何修正；

3 除去背景，选择适宜的温度范围，选用2色~3色显示图像，突出缺陷在图像中的分布；

4 采用箭头、框图等标注方法说明缺陷位置及范围；

5 将经过处理得到的缺陷分布图与所测外墙立面可见光图像准确叠加，输出结果图。

5.0.3 粘结缺陷判定可按下列步骤进行：

1 对红外热像图和可见光图像进行分析处理，得到所测饰面层红外热像和可见光粘结缺陷标记图像。

2 根据检测现场的实际环境和条件，排除周边环境的影响，得出检测结果。必要时，应采用辅助检测方法验证检测结果。

3 推定饰面层粘结缺陷部位和程度。

6 检测结论和报告

6.0.1 根据检测结果，应对建筑外墙饰面层粘结质量进行分级，给出措施建议，并应符合表 6.0.1 的规定。

表 6.0.1 建筑外墙饰面层粘结质量分级及措施建议

等 级	分 级	措施建议
Ⅰ	无明显缺陷	可不采取措施
Ⅱ	有明显缺陷	应采取措施

6.0.2 检测报告应包括下列内容：

1 工程名称及工程概况；

2 委托单位；

3 检测单位及人员名称；

4 检测仪器型号及编号；

5 检测区域范围及被测墙面轴线位置；

6 检测区域墙体饰面材料类型；

7 检测时间、环境和条件；

8 检测数据（红外热像图及相同位置的可见光图像）；

9 检测结论；

10 图释。

附录 A 红外热像仪校准方法

A.0.1 红外热像仪校准的环境条件应符合下列规定：

1 环境温度应为（23±5）℃，湿度不应大于 85%RH；

2 应满足校准设备和被校准热像仪的适用条件要求；

3 不应有强环境热辐射。

A.0.2 校准红外热像仪的仪器及设备应符合下列规定：

1 宜采用铂电阻温度计、热电偶或辐射温度计测量黑体辐射源温度；

2 黑体辐射源的温度范围应满足被校准热像仪的技术要求。

A.0.3 红外热像仪的校准项目应包括外观、示值显示、示值误差、测温一致性。

A.0.4 红外热像仪的外观可通过手动、目测检查，且热像仪的外壳、机械调节部件、外露光学元件、按键、电器连接键等不应有影响热像仪测量功能的缺陷。

A.0.5 红外热像仪的示值显示可手动、目测检查，且热像仪的示值显示效果不应有影响正常使用的缺陷。

A.0.6 红外热像仪的示值误差校准应符合下列规定：

1 校准温度点应为量程的上、下限及量程的中间值。

2 应清洁热像仪光学外露元件。

3 应安装附加光学镜头等光学元件。

4 应根据热像仪的聚焦范围要求、光学分辨力及黑体辐射源直径，确定测量距离。

5 校准前，应将热像仪预先开机。

6 应根据热像仪的使用要求，输入量程和校准条件数据，且校准时热像仪发射率参数应设置为1或等于黑体辐射源发射率。

7 在进行示值误差校准之前，应完成热像仪的使用说明要求的对测量结果有影响的操作。

8 应将被校准热像仪置于点温度测试模式，测量黑体辐射源目标中心温度。在每一个校准温度点，应至少进行4次测量，并应同时记录黑体辐射源参考标准的测量值（$t_{BBi,j}$）、被校准热像仪示值（$t_{i,j}$）和被校准热像仪当前量程。

9 黑体辐射源辐射温度平均值（t_{BBi}）可按下式计算：

$$t_{BBi} = \frac{1}{m_i} \sum_{j=1}^{m_i} t_{BBi,j} \qquad (A.0.6-1)$$

式中：$t_{BBi,j}$——在第 i 个校准温度点，标准器的第 j 个黑体辐射源温度测量值；

m_i——在第 i 个校准温度点的测量次数，$m_i \geqslant 4$。

10 被校准热像仪示值平均值（t_i）可按下式计算：

$$t_i = \frac{1}{m_i} \sum_{j=1}^{m_i} t_{i,j} \qquad (A.0.6-2)$$

式中：$t_{i,j}$——在第 i 个校准温度点，被校准热像仪的第 j 个示值；

m_i——在第 i 个校准温度点的测量次数，$m_i \geqslant 4$。

11 第 i 个校准温度点的被校准热像仪的示值误差（Δt_i）可按下式计算：

$$\Delta t_i = t_i - t_{BBi} \quad (i = 1、2、\cdots n) \qquad (A.0.6-3)$$

A.0.7 红外热像仪的测温一致性校准应符合下列规定：

1 应根据热像仪实际使用情况设定黑体辐射源温度，宜为100℃。

2 应清洁热像仪光学外露元件。

3 应安装附加光学镜头等光学元件。

4 校准前，应将热像仪预先开机。

5 应根据热像仪的使用要求，输入量程和校准条件数据，且校准时热像仪发射率参数应设置为1或等于黑体辐射源发射率。

6 应根据热像仪的聚焦范围要求、光学分辨力及黑体辐射源直径，确定测量距离。在进行测温一致性测试时，不应使用热像仪的数字变焦功能。

7 在进行测温一致性校准之前，应完成热像仪使用说明要求的对测量结果有影响的操作。

8 应将被校准热像仪显示器画面划分为9个区域，且9个区域的中心点应分别标记。

9 在实验条件下，当黑体辐射源的尺寸不能完全覆盖热像仪视场时，应采用腔式黑体辐射源进行测温一致性测试，并应调整热像仪或黑体辐射源位置，使黑体辐射源中心分别成像于标记点，使用热像仪测量黑体辐射源中心温度；当黑体辐射源的尺寸能完全覆盖热像仪视场时，应采用面黑体辐射源进行测温一致性测试，调整热像仪或黑体辐射源位置，使面辐射源清晰成像，并将热像仪发射率参数设置为面辐射源发射率。应分别测量并记录标记点温度 t_{ri} 和 t_{r5}，且测量顺序应为 5→i→5（$i=1、2、\cdots 9, i \neq 5$）。

10 被校准热像仪测温一致性的值（ϕ_i）可按下式计算：

$$\phi_i = \bar{t}_{ri} - \bar{t}_{r5} \quad (i = 1、2、\cdots 9, i \neq 5) \qquad (A.0.7)$$

式中：$\bar{t}_{ri}$——在 i 个标记点，被校准热像仪示值的平均值。

附录 B 全国部分城市红外热像法检测建筑外墙饰面粘结质量适宜检测时段

表 B 全国部分城市红外热像法检测建筑外墙饰面粘结质量适宜检测时段

城市	建筑立面的朝向			
	东	南	西	北
北京	7:00～9:00	11:00～13:00	15:00～17:00	11:00～13:00
上海	8:00～9:00	11:00～13:00	15:00～16:00	11:00～13:00
南宁	8:00～9:00	11:00～13:00	15:00～16:00	11:00～13:00
广州	8:00～9:00	11:00～13:00	15:00～16:00	11:00～13:00

续表B

城市	建筑立面的朝向			
	东	南	西	北
福州	8：00～9：00	11：00～13：00	15：00～16：00	11：00～13：00
贵阳	8：00～9：00	11：00～13：00	15：00～16：00	11：00～13：00
长沙	8：00～9：00	11：00～13：00	15：00～16：00	11：00～13：00
郑州	8：00～9：00	11：00～13：00	15：00～16：00	11：00～13：00
武汉	8：00～9：00	11：00～13：00	15：00～16：00	11：00～13：00
西安	8：00～9：00	11：00～13：00	15：00～16：00	11：00～13：00
重庆	8：00～9：00	11：00～13：00	15：00～16：00	11：00～13：00
杭州	8：00～9：00	11：00～13：00	15：00～16：00	11：00～13：00
南京	8：00～9：00	11：00～13：00	15：00～16：00	11：00～13：00
南昌	8：00～9：00	11：00～13：00	15：00～16：00	11：00～13：00
合肥	8：00～9：00	11：00～13：00	15：00～16：00	11：00～13：00

附录C 常用饰面材料表面发射率

表C 常用饰面材料表面发射率

材料名称	状态	温度（℃）	发射率
水泥砂浆	干燥	常温	0.54
饰面砖	光滑、釉面	20	0.92
	白色、发光	常温	0.70～0.75
	红色、粗糙	20	0.88～0.93
	黄色、平滑耐火砖	20	0.85
大理石	光滑	常温	0.94

附录D 检测记录表

表D 外墙饰面层粘结质量检测记录表

工程名称：_____ 地址：_____
仪器名称：___ 编号：___ 基层材料：___ 饰面材料：___
天气：___ 气温：___ 风速：___ 日照情况：___

编号	分区	楼层	立面朝向	红外像片号	数码像片号	拍摄距离	拍摄角度	拍摄时间	饰面层表面温度

检测：_____ 校核：_____ 检测日期：_____

本规程用词说明

1 为便于在执行本规程条文时区别对待，对要求严格程度不同的用词说明如下：

1）表示很严格，非这样做不可的：

正面词采用"必须"，反面词采用"严禁"；

2）表示严格，在正常情况下均应这样做的：

正面词采用"应"，反面词采用"不应"或"不得"；

3）表示允许稍有选择，在条件许可时首先应这样做的：

正面词采用"宜"，反面词采用"不宜"；

4）表示有选择，在一定条件下可以这样做的，采用"可"。

2 条文中指明应按其他有关标准执行的写法为："应符合……的规定"或"应按……执行"。

中华人民共和国行业标准

红外热像法检测建筑外墙饰面
粘结质量技术规程

JGJ/T 277—2012

条 文 说 明

制 定 说 明

《红外热像法检测建筑外墙饰面粘结质量技术规程》JGJ/T 277-2012，经住房和城乡建设部 2012 年 1 月 6 日以第 1240 号公告批准、发布。

本规程制定过程中，编制组进行了广泛深入的调查研究，总结了我国工程建设建筑外墙饰面层粘结质量检测的实践经验，同时参考了《建筑红外热像检测要求》JG/T 269、《工业检测型红外热像仪》GB/T 19870 等，通过试验及实体工程现场检测取得了相关的重要技术参数。

为便于广大设计、施工、科研、学校等单位有关人员在使用本规程时能正确理解和执行条文规定，《红外热像法检测建筑外墙饰面粘结质量技术规程》编制组按章、节、条顺序编制了本规程的条文说明，对条文规定的目的、依据以及执行中需注意的有关事项进行了说明。但是，本条文说明不具备与规程正文同等的法律效力，仅供使用者作为理解和把握规程规定的参考。

目　次

1 总　则

1.0.1 本规程是对采用红外热像法检测建筑外墙湿作业施工的砂浆、外墙砖等饰面层粘结质量的技术规定。

1.0.2 本规程主要适用于建筑外墙采用满粘法施工的饰面层粘结质量的检测。

建筑物外墙的饰面砖施工方法是多种多样的，点粘法和条粘法在施工时就已经使饰面砖和墙体之间形成了空鼓，若使用红外热像法检测极易误判，最好不用热像法，而用其他方法检测。

对于采用外墙外保温体系饰面层，由于饰面层粘贴于保温材料表面，饰面层与外保温层之间、外保温层体系各层材料之间都有可能产生粘结空鼓。尤其是外墙外保温采用 EPS 聚苯板和 XPS 聚苯板的外墙薄抹灰系统，抹面砂浆与聚苯板之间产生粘结空鼓的情况比较常见，在用红外热像法检测时，可能无法准确区分热像图显示的空鼓原因，此时需要慎重采用红外成像法检测技术，并结合外墙外保温体系的饰面层粘结质量其他检测方法进行综合判断。

有些建筑外墙用多种不同颜色的外墙饰面材料粘贴成细小花纹图形，由于颜色不同，表面温度会有所不同，饰面正常部分和空鼓部分不能正确区分，所以这种情况下红外热像法是不适用的。

此外，由于表面有大的凹凸装饰的饰面层会发生红外线乱反射，所以红外热像法也不适用。

3　检测仪器

3.1　技术要求

3.1.1 太阳光在 6000K 时的峰值波长为 $0.5\mu m$，波长 $3\mu m \sim 5\mu m$ 时的光辐射强度约是波长 $8\mu m \sim 14\mu m$ 光辐射强度的 100 倍，所以，受太阳光的影响很大，即使是相同的材料波长在 $6\mu m$ 以下时，除黑色涂料发射率大以外，白色涂料和外墙砖等发射率会降低，因此，需要在检测时恰当地选择红外热像仪的波长。建筑外墙饰面层检测时选用波长 $8\mu m \sim 14\mu m$ 的热像仪比较合适。

热像仪测温范围是可以事先设定的。$-20℃ \sim 100℃$ 测温范围基本能够满足建筑饰面层质量的检测。

热像仪温度显示分辨率是一个重要性能指标，由于建筑外墙饰面层正常部位与空鼓部位产生的温度差比较小（约为 0.5℃），为了保证检测结果的准确性，推荐使用温度显示分辨率不大于 0.08℃的仪器。

热像仪的像素值直接关系到检测结果的表达精度，因此，尽量选择像素值高的热像仪。否则，检测距离就会受到很大限制。

空间分辨力要求不小于 1mrad，在拍摄距离不超过 50m 时，可以确保每张红外热像图的最小可探测面积在目标物上不大于 50mm×50mm。

3.1.2 在红外热像仪出厂时，应该附带产品合格证。

3.1.3 为保证红外热像仪测温温差的准确性，使用者应按照规程附录 A 进行仪器的校准。附录 A 相关内容引用《热像仪校准规范》JJF 1187 的规定。

校准项目包括温度示值误差和测温一致性。温度示值误差：考虑到建筑外墙饰面层表面温度通常范围，温度示值误差不超过±2.0℃；测温一致性：不大于 0.5℃；复校时间间隔：由用户根据使用情况确定，建议为 1 年，使用特别频繁时应适当缩短。在使用中红外热像仪出现异常情况，从而对红外热像仪性能产生怀疑时，应提前进行校准。

3.2　使用环境条件

3.2.1 红外热像仪采用高灵敏度的红外探测器，为了避免影响图片质量，须对拍摄环境进行规定。通过查阅国内外成熟的红外热像仪的说明手册，结合实际工作中积累的经验，制定了仪器的使用应在环境温度 $-5℃ \sim 40℃$ 之间，检测时环境温度过低或过高会使墙面温度趋于均衡，空鼓部位与正常部位墙面温差很小，无法进行准确的检测与判定；环境湿度宜控制在 90% 以内，确保红外热像仪的正常使用。

4　检　测

4.1　一般规定

4.1.1 红外热像法检测建筑外墙饰面层粘结质量的检测程序应包含如下内容：接受委托并由委托方提供被检测建筑的权属关系证明和原始工程图纸等资料，在委托人无法提供以上资料或资料不全的情况下，检测单位应根据实际情况进行现场调查。在预调查的基础上制定检测方案，选定现场检测日期及现场检测实施方案。制定检测方案后，实施现场检测。根据现场检测记录的数据对红外热图像进行处理、分析，并判定被检测饰面层粘结空鼓部位、程度及质量分级。必要时，可采用锤击法、拉拔法等其他方法进行检测结果的验证，以确保检测结果的准确性。最后依据记录的相关资料编写检测报告。

4.1.2 现场调查和资料收集是在正式检测之前的准备调查，该调查是后期检测的必要条件。通过确认红外热像法的适用性及从建筑物管理人员处得到的信息，搞清楚该建筑物有无修补、建筑物的实际用途、环境特征等，相关信息有益于后续检测方案编写、现场检测和检测报告编制等工作的完成。

在调查过程中需要确认如下项目：

1 该建筑设计图纸：图纸和实际建筑是否完全

符合、有无差异；

2 该建筑的历史：竣工时间、施工方法、维修等情况；

3 该建筑的外观情况：观察建筑外墙饰面及其老化情况；

4 热（冷）环境：建筑内有无正在使用的热（冷）源及其位置；

5 建筑方位、建筑物朝向及各墙面的方位等；

6 周边情况：四周道路和人行道宽度、邻接地块和空地、相邻建筑的方位和高度，有无树木和障碍物等；

7 检测时应采取的安全措施和注意事项。

4.1.3 为了更高效地进行检测，根据现场调查结果以及对收集资料的分析，应事先做好检测技术方案。检测技术方案需要研究被测建筑物所具备的检测条件、环境和气象条件，然后决定检测时间，确定红外热像仪的工作位置、检测距离、检测次数以及必要时用其他检测方法确认热像法检测结果等。

检测技术方案的主要内容含义如下：

1 检测时间：收集长期天气预报，调查正式检测前约 4d～5d 的天气情况，选择气候状况相对稳定的时间段，然后确定检测日程。

2 需要检测墙面的位置及最佳检测时段：确认被测墙面日照能量、判断红外热像法的适用性，没有日照的部分应选取合适的检测时段，具体建议检测时段附录 B 引用标准《建筑红外热像检测要求》JG/T 269 规定的参数。

3 红外热像仪在现场的工作位置：应考虑建筑物规模（高度、宽度）、建筑物周边条件（相邻建筑、相邻空地、道路等）、检测距离等因素后再确定检测仪器工作位置。

4 检测距离及检测次数：红外热像法对被测建筑物的规模和结构形式基本没有限制，但是，建筑物的高度和平面尺寸过大，会使检测距离加大。如果红外热像仪仰角和水平角过大，会使检测精度降低，也会导致误判。所以，检测工作要在充分掌握红外热像仪检测功能的基础上进行。为了对大面积的墙面分块拍摄，应事先制作拍摄分块简图。应尽量减少检测次数，对于高大建筑外墙应选择恰当的检测距离。

5 辅助检测验证：对于涉及沾污部位、阴影部位及有热源的影响部位、树木障碍物的阴影部位、特殊部位（阳台侧面）等，应在确定异常缺陷部位后，用其他检测方法（如敲击法和拉拔法）进行辅助验证检测。

4.2 现场检测

4.2.1 为了使正常部位与空鼓部位产生温度差，则需要外墙温度有足够的变化量。使墙体产生人为的温度变化是比较困难的，因此主要依赖于太阳能和自然界的气温变化。由于外墙表面温度分布随着天气、时间、方位的不同，其变化是相当复杂的，所以，对每一片外墙都需要确定好合适的检测时段。也就是说，本方法在用于外墙饰面检测时，在最适宜的环境条件下检测是非常重要的。当外墙的表面温度比主体温度高，热就从外墙表面传到主体中，当外墙的表面温度比主体低时，热就由里传到外。如果墙体饰面材料有空鼓，外墙和主体之间的热传导变小。因此，当外墙表面从日照或外部升温的空气中吸收热量时，有空鼓层的部位温度变化比正常情况大。通常，当暴露在太阳光或升温的空气中时，外墙表面的温度升高，空鼓部位的温度比正常部位的温度高；相反，当阳光减弱或气温降低，外墙表面温度下降时，剥落部位的温度比正常部位的温度低。由于空气的导热系数远低于瓷砖、砖、混凝土等建筑材料，因此当热流从表面进入建筑物饰面层时，即会在"空鼓"等缺陷部位受到空气阻挡发生"热堆积"，使该处的红外热像呈"热斑"等特征。由红外热像"热斑"出现的部位、持续时间等特征推知存在饰面砖粘结质量问题的区域范围。

红外热像法检测易受太阳辐射量变化的影响，所以在雨天时是不能进行检测的，在多云的天气下，如果正常部位和空鼓部位温度差大于 0.2℃，虽然可以进行检测，但是容易出现误判现象，所以应尽量在晴天时检测。降雨过后，外墙处于不均匀含水或表面湿润状态，另外，还有雨水从裂缝等处浸入空鼓部分，所以在雨水蒸发过程中实施检测也会增加误判的可能性。因此，需在墙壁完全干燥后进行检测。从这个意义上讲，检测工作应在时间方面要给出相当大的余量。

4.2.2 尽量选在风和日丽的天气进行检测工作，刮风、下雨、有雾的天气不能进行检测。

一般的红外热像仪空间分辨力多为 1mrad 左右，红外热像仪在所测饰面层上能分辨的最小可测点面积为 50mm×50mm。为了满足分辨到 50mm 直径的目标，空间分辨力为 1mrad 的红外热像仪应在距被测目标 50m 以内的位置工作，当因环境条件限制无法满足要求时，应在相应的红外像图旁注明。由于被测建筑物周边环境的限制，热像仪应在距被测目标距离在 50m～100m 之间，热像仪应配备长焦镜头进行拍摄，满足饰面层上能分辨的最小可测点面积为 50mm×50mm 的要求。当进行近距离高处拍摄时或更近距离的拍摄，热像仪应配备广角镜头进行拍摄。拍摄角度（红外热像仪观察方向与被测建筑饰面层发射表面法向方向的夹角）应控制在 45°以内，确保得到理想的拍摄效果，超过 45°时，应在相应的红外像图旁注明。

红外热像仪不仅接收到被测物的放射，而且也有来自大气中的放射、天空或对面建筑物等的太阳反射光及其他干扰光，被测墙面发射率低的情况下，容易受到这些影响。所以，在检测发射率低的外墙饰面层时，需要正确选择检测环境。

物体对于红外线的吸收率、发射率及穿透率之间的关系如下：

$$反射率(\rho) + 吸收率(t) + 穿透率(\tau) = 1$$

$$发射率(\varepsilon) = 吸收率(t)$$

建筑物饰面材料的穿透率几乎等于 0，所以，发射率$(\varepsilon) = 1 - $反射率$(\rho)$。

由此可以看出，对于发射率高的被测物，其自身的发射起主要作用，利用红外热像法可以得到很好的温度场分布图。但是，在红外线反射率高的被测物温度场分布图中，多数情况是对面反射。所以，恰当选择检测时段及检测仪器工作位置、角度等是很重要的。

红外线检测装置是将红外热像仪"视野"内的物体放射的红外线以平面的形式摄取，并根据其强弱转换成"图像"。当仪器具有基准温度源时则其具有红外线温度计的功能。但是外墙饰面质量的检测则主要使用其相对温度的检测功能。

在建筑外墙上容易沾污的位置是窗台下部或类似构造的地方，由于沾污后颜色变黑的位置容易吸热，温度会比其他部位高，采用红外热像法也易造成误判，应采用敲击法进行确认检测。在集中空调机械室的某些墙壁或开着空调的房间与未开空调的房间的外墙以及开着空调的房间的换气扇周围墙面，在检测时出现误判的可能性会增加，也需要用敲击法加以确认。树影下的墙壁、处于对面建筑物阴影下的被测外墙等都难于用热像法检测，应采取相应的措施排除这些影响或采取其他方法检测空鼓是否存在。

周边道路、空地、相邻建筑朝向及高度，有无树木、障碍物、阴影遮挡等情况，被检测对象的外墙面是否会受相邻建筑高度及位置的影响，出现墙面受日照不完全、不充足，甚至完全不受日照等情况，这些都需要在预调查阶段加以确认，并在方案中提出解决办法。

4.2.3 对现场检测的步骤说明如下：

按照被检测建筑外墙饰面层和现场环境实际情况，安放和调试红外热像仪及其辅助设备，使其处于正常的工作状态。

在检测前和检测过程中记录相关的气象条件。如天气状况、环境气温、外墙饰面层表面温度、被测饰面层位置的空气速度及日照情况。

拍摄并储存、记录被检测外墙饰面层的红外热像图和可见光图像，并进行所得图像的朝向和分区编号，以便于在图像数据分析处理时不至于造成混淆。

记录拍摄相应的红外热像图和可见光图像时的拍摄时间、拍摄距离、拍摄角度，有助于对所拍摄得到的图像进行分析和处理，确保图像分析处理的实际性和准确性。

采用红外热像法检测后，进行红外热像图和可见光图像分析和处理，对不能充分确定饰面层粘结质量的检测部位，可采用锤击法、拉拔法等其他检测方法进行必要的验证，进一步确认被检测饰面层部位的检验结果，确保饰面层粘结质量的判定准确性。

填写完整的检测记录表。

5 检测数据分析

5.0.1 进行红外线图像处理时，每个热像图都应根据其热像图具有的温度（或热量）信息进行图像处理，按照一定标准将最后的全部墙面红外热像整合，并作为建筑物整体的一个综合判断数据来使用。检测判定结论整理成易于委托方识别的建筑饰面空鼓缺陷分布图。

5.0.2 为最终表达检测结果，应以各墙面为单元，把分拍的热像整合拼接成一幅图像。

由于拍摄角度造成近大远小的效果，所以，要对拼接的热像图进行几何修正。

红外热像图数据处理是一个较为复杂的工作，在缺陷识别及数据分析时，需要在以下几个方面加以注意：

1 日照方面：1）日照时间；2）墙面与窗及窗框等表面温度的差别；3）有凹凸外形的建筑物的影响；4）阳光照不到的墙面所引起的温度差异。

2 中部和转角部分差异：污点处的表面和其他表面温度差异。

3 与风相关的方面：1）风对高层建筑表面温度的影响；2）风对女儿墙的影响。

4 室内侧墙面温度影响方面：1）冷暖空调室的影响；2）机械室、锅炉室等的热源影响；3）空鼓部分受雨水浸透的影响。

5 检测角度和放射率的关系。

5.0.3 在图像处理和分析中，单纯机械依靠红外热像图和可见光图处理有可能出现饰面层粘结缺陷判断不准，所以图像处理应考虑并除去现场实际环境和红外热像仪性能及使用环境的影响，并由具有建筑基本知识和经验的、经过专业培训的技术人员进行。

当红外热像图和可见光图像分析和处理不能充分确定饰面层粘结缺陷时，可采用锤击法、拉拔法等其他辅助检测方法进行必要的验证，进一步确认被测饰面层部位的检验结果。

根据红外热像图和可见光图图像处理、分析判定的饰面层粘结缺陷结果及必要时采用其他辅助检测方法进行验证的结果，推定出被测饰面层粘结缺陷区域和程度。

6 检测结论和报告

6.0.1 本条对建筑外墙饰面层粘贴质量等级的划分，制定了用文字表述的分级标准。分级的原则是以质量对使用安全的影响程度划分的；分级是定性的。不采用定量分级主要是考虑到存在缺陷面积不容易确定，

最近几年全国各地发生高空饰面层坠落的事故，虽然坠落的饰面层较小，但是高度很高，造成了较为严重的安全事故。同时在检测到尚不造成安全危害的饰面层粘结缺陷时，考虑到外界自然环境的变化（如雨水的渗透、冻融等）都会使饰面层粘结缺陷发展扩大，最终会形成大的质量安全隐患。故而将质量等级划分为两个等级，Ⅰ级标准：无明显缺陷，可不采取措施；Ⅱ级标准：有明显缺陷，应采取措施。

中华人民共和国行业标准

采暖居住建筑节能检验标准

Standard for Energy Efficiency Inspection
of Heating Residential Buildings

JGJ 132—2001

主编单位：中 国 建 筑 科 学 研 究 院
批准部门：中 华 人 民 共 和 国 建 设 部
施行日期：2 0 0 1 年 6 月 1 日

关于发布行业标准
《采暖居住建筑节能检验标准》的通知

建标〔2001〕33 号

根据建设部《关于印发 1992 年工程建设行业标准制订、修订项目计划（建设部部分第二批）的通知》（建标〔1992〕732 号）的要求，由中国建筑科学研究院主编的《采暖居住建筑节能检验标准》，经审查，批准为行业标准，其中 3.0.1，3.0.2，3.0.3，3.0.4，3.0.6，4.1.1，4.4.2，4.4.6，4.4.10，4.5.4，4.7.2，4.8.2，4.9.1，5.1.1，5.1.2，5.1.3，5.1.4，5.1.5，5.1.6，5.1.7，5.1.8，5.2.1，5.2.2，5.2.4，5.2.5，5.2.6，

5.2.7，5.2.8 为强制性条文。该标准编号为 JGJ132—2001，自 2001 年 6 月 1 日起施行。

本标准由建设部建筑工程标准技术归口单位中国建筑科学研究院负责管理，中国建筑科学研究院负责具体解释，建设部标准定额研究所组织中国建筑工业出版社出版。

中华人民共和国建设部

2001 年 2 月 9 日

前　　言

根据建设部〔1992〕建标字第 732 号文的要求，标准编制组在广泛调查研究，认真总结我国在建筑热工检测和供热系统测试诊断的实践经验，参考有关国际和国外的先进标准，并在广泛征求全国有关专家意见的基础上，制定了本标准。

本标准的主要技术内容是：1　总则；2　术语；3　一般规定；4　检测方法；5　检验规则；附录 A 仪器仪表的性能要求。黑体字部分为强制性条文。

本标准由建设部建筑工程标准技术归口单位中国

建筑科学研究院归口管理，授权由主编单位负责具体解释。

本标准主编单位：中国建筑科学研究院
　　　　　　　　　（地址：北京市朝阳区北三环东路 30 号，邮政编码：100013）

本标准参加单位：哈尔滨工业大学土木工程学院
　　　　　　　　　北京市建筑设计研究院

本标准主要起草人员：徐选才　冯金秋　赵立华
　　　　　　　　　　　梁　晶

目　次

1 总 则

1.0.1 为了贯彻国家有关节约能源的法律、法规和政策，检验采暖居住建筑的实际节能效果，制定本标准。

1.0.2 本标准适用于严寒和寒冷地区设置集中采暖的居住建筑及节能技术措施的节能效果检验。

1.0.3 在进行采暖居住建筑及节能技术措施的节能效果检验时，除应符合本标准外，尚应符合国家现行有关强制性标准的规定。

2 术 语

2.0.1 水力平衡度（HB） hydraulic balance level

采暖居住建筑物热力入口处循环水量（质量流量）的测量值与设计值之比。

2.0.2 供热系统补水率（R_{mu}） rate of water makeup

供热系统在正常运行条件下，检测持续时间内系统的补水量与设计循环水量之比。

2.0.3 热像图 thermogram

用红外摄像仪拍摄的表示物体表面表观辐射温度的图片。

3 一 般 规 定

3.0.1 对试点小区应检验下列项目：

1 建筑物单位采暖耗热量；

2 小区单位采暖耗煤量；

3 建筑物室内平均温度；

4 建筑物围护结构传热系数；

5 建筑物围护结构热桥部位内表面温度；

6 建筑物围护结构热工缺陷；

7 室外管网水力平衡度；

8 供热系统补水率；

9 室外管网输送效率。

3.0.2 对试点建筑应检验下列项目：

1 建筑物单位采暖耗热量；

2 建筑物室内平均温度；

3 建筑物围护结构传热系数；

4 建筑物围护结构热桥部位内表面温度；

5 建筑物围护结构热工缺陷。

3.0.3 对非试点小区应检验下列项目：

1 建筑物单位采暖耗热量；

2 建筑物室内平均温度；

3 室外管网水力平衡度；

4 供热系统补水率。

3.0.4 对非试点建筑应检验下列项目：

1 建筑物单位采暖耗热量；

2 建筑物室内平均温度。

3.0.5 节能检验必须在下列有关技术文件准备齐全的基础上进行：

1 国家有关部门对节能设计的审核文件；

2 由国家认可的检测机构出具的外门（或户门）、外窗及保温材料的性能检测报告；

3 锅炉或热交换器、循环水泵等的产品合格证；

4 节能隐蔽工程施工质量的验收报告。

3.0.6 检测中使用的仪器仪表应在检定有效期内，并应具有法定计量部门出具的校验合格证（或校验印记）。除另有规定外，仪器仪表的性能应符合本标准附录 A 的有关规定。

3.0.7 建筑物体形系数（S）类型可分为以下两类：

1 当 S≤0.30 时为第一类；

2 当 S>0.30 时为第二类。

3.0.8 建筑物窗墙面积比（WWR）类型可分为以下两类：

1 当 WWR≤0.30 时为第一类；

2 当 WWR>0.30 时为第二类。

3.0.9 当采暖居住建筑物同时符合下列条件时应视为同一类采暖居住建筑物：

——相同的外围护结构体系；

——相同的建筑物体形系数类型；

——相同的窗墙面积比类型。

3.0.10 代表性建筑物应根据层数、朝向和采暖系统形式在同一类采暖居住建筑物中综合选取。

4 检 测 方 法

4.1 建筑物单位采暖耗热量

4.1.1 与建筑物单位采暖耗热量有关的物理量的检测应在供热系统正常运行后进行，检测持续时间不应少于168h。

4.1.2 对建筑物的供热量应采用热量计量装置在建筑物热力入口处测量。计量装置中温度计和流量计的安装应符合相关产品的使用规定。供回水温度测点宜位于外墙外侧且距外墙轴线 2.5m 以内。

4.1.3 建筑物室内平均温度应按本标准第 4.3 节规定的检测方法进行检测。

4.1.4 室外空气温度计应设置在百叶箱内；当无百叶箱时，应采取防护措施；感温测头宜距地面 1.5～2.0m，且宜在建筑物不同方向同时设置室外温度测点。检测持续时间内室外平均温度应按下列公式计算：

$$t_{ea} = \frac{\sum_{i=1}^{m}\sum_{j=1}^{n} t_{e_{i,j}}}{m \cdot n} \qquad (4.1.4)$$

式中　t_{ea}——检测持续时间内室外平均温度（℃）；

　　　$t_{e_{i,j}}$——第 i 个温度测点的第 j 个逐时测量值（℃）；

　　　m——室外温度测点的数量；

　　　n——单个温度测点逐时测量值的总个数；

　　　i——室外温度测点的编号；

　　　j——室外温度第 i 个测点测量值的顺序号。

4.1.5 在有人居住的条件下进行检测时，建筑物单位采暖耗热量应按公式（4.1.5-1）计算；在无人居住的条件下进行检测时，建筑物单位采暖耗热量应按公式（4.1.5-2）计算。

$$q_{hm} = \frac{Q_{hm}}{A_0} \cdot \frac{t_i - t_e}{t_{ia} - t_{ea}} \cdot \frac{278}{H_r} + \left(\frac{t_i - t_e}{t_{ia} - t_{ea}} - 1 \right) \cdot q_{IH}$$

$$(4.1.5-1)$$

$$q_{hm} = \frac{Q_{hm}}{A_0} \cdot \frac{t_i - t_e}{t_{ia} - t_{ea}} \cdot \frac{278}{H_r} - q_{IH}$$

$$(4.1.5-2)$$

式中　q_{hm}——建筑物单位采暖耗热量（W/m²）；

　　　Q_{hm}——检测持续时间内在建筑物热力入口处测得的总供热量（MJ）；

　　　q_{IH}——单位建筑面积的建筑物内部得热（W/m²），应按行业标准《民用建筑节能设计标准（采暖居住建筑部分）》（JGJ26）的规定采用；

　　　t_i——全部房间平均室内计算温度，一般住宅建筑取 16℃；

　　　t_e——计算用采暖期室外平均温度（℃），应按行业标准《民用建筑节能设计标准（采暖居住建筑部分）》（JGJ26）附录A的规定采用；

　　　t_{ia}——检测持续时间内建筑物室内平均温度（℃）；

　　　t_{ea}——检测持续时间内室外平均温度（℃）；

　　　A_0——建筑物的总采暖建筑面积（m²），应按行业标准《民用建筑节能设计标准（采暖居住建筑部分）》（JGJ26）附录D的规定计算；

　　　H_r——检测持续时间（h）；

　　　278——单位换算系数。

4.2　小区单位采暖耗煤量

4.2.1 与小区单位采暖耗煤量有关的物理量的检测，应在供热系统正常运行后进行，检测持续时间应为整个采暖期。

4.2.2 耗煤量应按批逐日计量和统计。

4.2.3 在检测持续时间内，煤应用基低位发热值的化验批数应与供热锅炉房进煤批数相一致，且煤样的制备方法应符合现行国家标准《工业锅炉热工试验规范》（GB10180）的有关规定。

4.2.4 小区室内平均温度应以代表性建筑物的室内平均温度的检测值为基础。代表性建筑物室内平均温度的检测应按本标准第4.3节规定的检测方法执行。代表性建筑物的采暖建筑面积应占其同一类建筑物采暖建筑面积的10%以上。

4.2.5 室外平均温度的检测和计算应符合本标准第4.1.4条的有关规定。

4.2.6 小区室内平均温度应按下列公式计算：

$$t_{qt} = \frac{\sum_{i=1}^{m} t_{i,qt} \cdot A_{0,i}}{\sum_{i=1}^{m} A_{0,i}} \qquad (4.2.6-1)$$

$$t_{i,qt} = \frac{\sum_{j=1}^{n} t_{i,j} \cdot A_{i,j}}{\sum_{j=1}^{n} A_{i,j}} \qquad (4.2.6-2)$$

式中　t_{qt}——检测持续时间内小区室内平均温度（℃）；

　　　$t_{i,qt}$——检测持续时间内第 i 类建筑物的室内平均温度（℃）；

　　　$t_{i,j}$——检测持续时间内第 i 类建筑物中第 j 栋代表性建筑物的室内平均温度（℃），应按本标准公式（4.3.3）计算；

　　　$A_{0,i}$——第 i 类建筑物的采暖建筑面积（m²）；

　　　$A_{i,j}$——第 i 类建筑物中第 j 栋代表性建筑物的采暖建筑面积（m²），应按行业标准《民用建筑节能设计标准（采暖居住建筑部分）》（JGJ26）附录D的规定计算；

　　　n——第 i 类建筑物中代表性建筑物的栋数；

　　　m——小区中采暖居住建筑物的类别数。

4.2.7 小区单位采暖耗煤量应按下式计算：

$$q_{cm} = 8.2 \times 10^{-4} \cdot \frac{G_{ct} \cdot Q_{dw,av}^y}{A_{0,qt}} \cdot \frac{t_i - t_e}{t_{qt} - t_{ea}} \cdot \frac{Z}{H_r}$$

$$(4.2.7)$$

式中　q_{cm}——小区单位采暖耗煤量（标准煤）（kg/m²·a）；

　　　G_{ct}——检测持续时间内的耗煤量（kg）；当燃料为天然气时，天然气耗量应按热值折算为标准煤量；

　　　$Q_{dw,av}^y$——检测持续时间内煤用煤的平均应用基低位发热值（kJ/kg）；当燃料为天然气时，取标煤发热值；

$A_{0,qt}$——小区内所有采暖建筑物的总采暖建筑面积（m²）；

Z——采暖期天数（d），应按行业标准《民用建筑节能设计标准（采暖居住建筑部分）》（JGJ26）附录A附表A的规定采用。

4.3 建筑物室内平均温度

4.3.1 建筑物室内平均温度应在采暖期最冷月检测，且检测持续时间不应少于168h。但当该项检测是为了配合单位采暖耗热量或单位采暖耗煤量的检测而进行时，其检测的起止时间应符合相应项目检测方法中的有关规定。

4.3.2 温度计应设于室内有代表性的位置，且不应受太阳辐射或室内热源的直接影响。

4.3.3 建筑物室内平均温度应以代表性房间室内温度的逐时检测值为依据，且应按下式计算：

$$t_{ia} = \frac{\sum\limits_{j=1}^{n} t_{rm,j} \cdot A_{rm,j}}{\sum\limits_{j=1}^{n} A_{rm,j}} \qquad (4.3.3)$$

式中 t_{ia}——检测持续时间内建筑物室内平均温度（℃）；

$t_{rm,j}$——检测持续时间内第 j 个温度计逐时检测值的算术平均值（℃）；

$A_{rm,j}$——第 j 个温度计所代表的采暖建筑面积（m²）；

j——室内温度计的序号；

n——建筑物室内温度计的个数。

4.4 建筑物围护结构传热系数

4.4.1 围护结构传热系数的现场检测宜采用热流计法或经国家质量技术监督部门认定的其它方法。

4.4.2 热流计及其标定应符合现行行业标准《建筑用热流计》（JG/T 3016）的规定。

4.4.3 温度传感器用于温度测量时，测量误差应小于 0.5℃；用一对温度传感器直接测量温差时，测量误差应小于 2%；用两个温度值相减求取温差时，测量误差应小于 0.2℃。

4.4.4 热流和温度测量应采用自动化数据采集记录仪表，数据存储方式应适用于计算机分析。测量仪表的附加误差应小于 $2\mu V$ 或 0.05℃。

4.4.5 测点位置应根据检测目的确定。测量主体部位的传热系数时，测点位置不应靠近热桥、裂缝和有空气渗漏的部位，不应受加热、制冷装置和风扇的直接影响。

4.4.6 热流计和温度传感器的安装应符合下列规定：

1 热流计应直接安装在被测围护结构的内表面上，且应与表面完全接触；

2 温度传感器应在被测围护结构两侧表面安装。

内表面温度传感器应靠近热流计安装，外表面温度传感器宜在与热流计相对应的位置安装。温度传感器连同 0.1m 长引线应与被测表面紧密接触，传感器表面的辐射系数应与被测表面基本相同。

4.4.7 检测应在采暖供热系统正常运行后进行，检测时间宜选在最冷月且应避开气温剧烈变化的天气，检测持续时间不应少于 96h。检测期间室内空气温度应保持基本稳定，热流计不得受阳光直射，围护结构被测区域的外表面宜避免雨雪侵袭和阳光直射。

4.4.8 检测期间，应逐时记录热流密度和内、外表面温度。可记录多次采样数据的平均值，采样间隔宜短于传感器最小时间常数的二分之一。

4.4.9 数据分析可采用算术平均法或动态分析法。

4.4.10 采用算术平均法进行数据分析时，应按下式计算围护结构的热阻，并符合下列规定：

$$R = \frac{\sum\limits_{j=1}^{n} (\theta_{Ij} - \theta_{Ej})}{\sum\limits_{j=1}^{n} q_j} \qquad (4.4.10)$$

式中 R——围护结构的热阻（m²·K/W）；

θ_{Ij}——围护结构内表面温度的第 j 次测量值（℃）；

θ_{Ej}——围护结构外表面温度的第 j 次测量值（℃）；

q_j——热流密度的第 j 次测量值（W/m²）。

1 对于轻型围护结构（单位面积比热容小于 20kJ/（m²·K），宜使用夜间采集的数据（日落后 1h 至日出）计算围护结构的热阻。当经过连续四个夜间测量之后，相邻两次测量的计算结果相差不大于 5% 时即可结束测量。

2 对于重型围护结构（单位面积比热容大于等于 20kJ/（m²·K）），应使用全天数据（24h 的整数倍）计算围护结构的热阻，且只有在下列条件得到满足时方可结束测量：

1） 末次 R 计算值与 24h 之前的 R 计算值相差不大于 5%；

2） 检测期间内第一个 INT（2×DT/3）天内与最后一个同样长的天数内的 R 计算值相差不大于 5%

注：DT 为检测持续天数，INT 表示取整数部分。

4.4.11 围护结构的传热系数应按下式计算：

$$K = 1/(R_i + R + R_e) \qquad (4.4.11)$$

式中 K——围护结构的传热系数（W/m²·K）；

R_i——内表面换热阻，应按国家标准《民用建筑热工设计规范》（GB 50176）附录二附表 2.2 的规定采用；

R_e——外表面换热阻，应按国家标准《民用建筑热工设计规范》（GB 50176）附录二附表 2.3 的规定采用。

4.5 建筑物围护结构热桥部位内表面温度

4.5.1 热桥部位内表面温度宜采用热电偶等温度传感器贴于被测表面进行检测；检测仪表应符合本标准第4.4.3条和第4.4.4条的规定；也可采用红外摄像仪测量热桥部位内表面温度，但应符合本标准第4.5.4条的规定。

4.5.2 内表面温度测点应选在热桥部位温度最低处。室内空气温度测点距离地面的高度应为1.5m左右，并应离开被测墙面0.5m以上。室外空气温度测点距离地面的高度应为1.5～2.0m，并应离开被测墙面0.5m以上。空气温度传感器应采用热辐射防护措施。

4.5.3 内表面温度传感器连同0.1m长引线应与被测表面紧密接触，传感器表面的辐射系数应与被测表面相同。

4.5.4 检测应在供热系统正常运行后进行，检测时间宜选在最冷月，并应避开气温剧烈变化的天气。检测持续时间不应少于96h。温度测量数据应每小时记录一次。

4.5.5 室内外计算温度下热桥部位的内表面温度应按下式计算：

$$\theta_I = t_{di} - \frac{t_{im} - \theta_{Im}}{t_{im} - t_{em}} (t_{di} - t_{de}) \qquad (4.5.5)$$

式中 θ_I ——室内外计算温度下热桥部位内表面温度（℃）；

θ_{Im} ——检测持续时间内热桥部位内表面温度逐次测量值的算术平均值（℃）；

t_{im} ——检测持续时间内室内空气温度逐次测量值的算术平均值（℃）；

t_{em} ——检测持续时间内室外空气温度逐次测量值的算术平均值（℃）；

t_{di} ——室内计算温度（℃），应根据具体设计图纸确定或按国家标准《民用建筑热工设计规范》（GB 50176）第4.1.1条的规定采用；

t_{de} ——围护结构冬季室外计算温度（℃），应根据具体设计图纸确定或按国家标准《民用建筑热工设计规范》（GB 50176）第2.0.1条的规定采用。

4.6 建筑物围护结构热工缺陷

4.6.1 建筑物围护结构热工缺陷宜采用红外摄像法进行定性检测。

4.6.2 红外摄像仪及其温度测量范围应符合冬季现场测量要求。红外摄像仪传感器的使用波长应处在2.0～2.6μm、3.0～5.0μm或8.0～14.0μm之内，传感器分辨率不应低于0.1℃，其测量误差应小于0.5℃。

4.6.3 检测应在供热系统正常运行后进行。围护结构处于直射阳光下时不应进行检测。

4.6.4 用红外摄像仪对围护结构进行检测之前，应首先对围护结构进行普测，然后对可疑部位进行详细检测。

4.6.5 应对实测热像图进行分析并判断是否存在热工缺陷以及缺陷的类型和严重程度。可通过与参考热像图的对比进行判断。必要时可采用内窥镜、取样等方法进行认定。

4.6.6 围护结构空气渗透性能宜采用经国家质量技术监督部门认定的测试方法进行检测。

4.7 室外管网水力平衡度

4.7.1 水力平衡度的检测应在供热系统运行稳定的基础上进行。

4.7.2 在水力平衡度检测过程中，循环水泵的运行状态应和设计相符。循环水泵出口总流量应稳定维持为设计值的100%～110%。

4.7.3 流量计量装置应安装在供热系统相应的热力入口处，且应符合相应产品的使用要求。

4.7.4 循环水量的测量值应以相同检测持续时间（一般为30min）内各热力入口处测得的结果为依据进行计算。

4.7.5 水力平衡度应按下式计算：

$$HB_j = \frac{G_{wm,j}}{G_{wd,j}} \qquad (4.7.5)$$

式中 HB_j ——第j个热力入口处的水力平衡度；

$G_{wm,j}$ ——第j个热力入口处循环水量的测量值（kg/s）；

$G_{wd,j}$ ——第j个热力入口处循环水量的设计值（kg/s）；

j ——热力入口的序号。

4.8 供热系统补水率

4.8.1 补水率的检测应在供热系统运行稳定且室外管网水力平衡度检验合格的基础上进行。

4.8.2 检测持续时间不应少于24h。

4.8.3 总补水量应采用具有累计流量显示功能的流量计量装置测量。流量计量装置应安装在系统补水管上适宜的位置，且应符合相应产品的使用要求。

4.8.4 供热系统补水率应按下式计算：

$$R_{mu} = \frac{G_{mu}}{G_{wt}} \cdot 100\% \qquad (4.8.4)$$

式中 R_{mu} ——供热系统补水率；

G_{mu} ——检测持续时间内系统的总补水量（kg）；

G_{wt} ——检测持续时间内系统的设计循环水量的累计值（kg）。

4.9 室外管网输送效率

4.9.1 室外管网输送效率的检测应在最冷月进行，且检测持续时间不应少于 **24h**。

4.9.2 检测期间，供热系统应处于正常运行状态，且锅炉（或换热器）的热力工况应保持稳定，并应符合下列规定：

1 锅炉或换热器出力的波动不应超过 **10%**；

2 锅炉或换热器的进出水温度与设计值之差不应大于 **10℃**。

4.9.3 各个热力（包括锅炉房或热力站）入口的热量应同时测量，其检测方法应符合本标准第 4.1.2 条的规定。

4.9.4 室外管网输送效率应按下式计算：

$$\eta_{m,t} = \sum_{j=1}^{n} Q_{m,j} / Q_{m,t} \qquad (4.9.4)$$

式中 $\eta_{m,t}$——室外管网输送效率；

$Q_{m,j}$——检测持续时间内在第 j 个热力入口处测得的热量累计值（MJ）；

$Q_{m,t}$——检测持续时间内在锅炉房或热力站总管处测得的热量累计值（MJ）；

j——热力入口的序号。

5 检验规则

5.1 检验对象的确定

5.1.1 试点小区及非试点小区建筑物节能效果的检验应以同类建筑物中的代表性建筑物为对象。

5.1.2 检验建筑物单位采暖耗热量时，其受检面积不应小于一个热力入口所对应的采暖建筑面积。

5.1.3 试点小区及非试点小区单位采暖耗煤量的检验应以整个供热系统（含锅炉、管网和热用户）为对象。

5.1.4 建筑物室内平均温度的检验部位应为底层、顶层和中间层的代表性房间，且每层的测点数不应少于 **3** 个。

5.1.5 每一种保温结构体系至少应选择一处对外围护结构主体部位的传热系数进行检验。

5.1.6 热桥部位内表面温度检验部位的数量可依现场情况而定，但在同一类建筑物中，其检验部位不应少于一处。

5.1.7 建筑物围护结构热工缺陷应实行普测。

5.1.8 水力平衡度、补水率和输送效率的检验均应以独立的供热系统为对象。

5.2 合格判据

5.2.1 建筑物单位耗热量或小区单位采暖耗煤量不应大于行业标准《民用建筑节能设计标准（采暖居住建筑部分)》(JGJ26)附录 A 附表 A 中相关指标值。

5.2.2 建筑物室内温度的逐时值最低不应低于 **16℃**，最高不应高于 **24℃**。

5.2.3 建筑物围护结构主体部位的传热系数应符合设计要求。

5.2.4 在室内外计算温度条件下，围护结构热桥部位的内表面温度不应低于室内空气露点温度，且在确定室内空气露点温度时，室内空气相对湿度应按 **60%** 计算。

5.2.5 建筑物外围护结构不应存在热工缺陷。

5.2.6 室外供热管网各个热力入口处的水力平衡度应为 **0.9~1.2**。

5.2.7 供热系统补水率不应大于 **0.5%**。

5.2.8 室外管网输送效率不应小于 **0.9**。

附录 A 仪器仪表的性能要求

A.0.1 在按本标准进行节能检验过程中，除另有规定外，所使用的仪器仪表的性能应符合表 A 的有关规定。

表 A 仪器仪表的性能要求

序号	测量的目标参数	测头的不确定度（℃）	二次仪表		总不确定度
			功能	精度（级）	
1	空气温度	≤0.5	应具有自动采集和存储数据功能，并可以和计算机接口	0.1	≤5%
2	空气温差	≤0.4	应具有自动采集和存储数据功能，并可以和计算机接口	0.1	≤5%
3	水温度	≤2（低温水系统）≤3（高温水系统）	宜具有自动采集和存储数据功能，并可以和计算机接口	0.1	≤5%
4	水温差	≤0.5（低温水系统）≤1.0（高温水系统）	宜具有自动采集和存储数据功能，并可以和计算机接口	0.1	≤5%
5	水流量	—	二次仪表应能显示瞬时流量或累计流量、或能自动存储、打印数据、或可以和计算机接口	—	≤5%
6	热量	—	集成化热表应具有自动采集和自动存储瞬时或累计数据的功能，并能打印数据或可与计算机接口	—	≤10%
7	煤量	—		2	≤5%

本标准用词说明

1. 为便于在执行本标准条文时区别对待，对于要求严格程度不同的用词说明如下：

1) 表示很严格，非这样做不可的：

正面词采用"必须"；反面词采用"严禁"。

2) 表示严格，在正常情况下均应这样做的：

正面词采用"应"；反面词采用"不应"或"不得"。

3) 表示允许稍有选择，在条件许可时首先应这样做的：

正面词采用"宜"；反面词采用"不宜"。

表示有选择，在一定条件下可以这样做的，采用"可"。

2. 条文中指明应按其他有关标准执行的写法为："应符合……的规定"或"应按……执行"。

中华人民共和国行业标准

采暖居住建筑节能检验标准

Standard for Energy Efficiency Inspection
of Heating Residential Buildings

JGJ 132—2001

条 文 说 明

前　言

《采暖居住建筑节能检验标准》JGJ 132—2001，经建设部 2001 年 2 月 9 日以建标〔2001〕33 号文批准，业已发布。

为便于广大设计、施工、科研、质检、教学等单位的有关人员在使用本标准时能正确地理解和执行条文规定，《采暖居住建筑节能检验标准》编制组按章、节、条顺序编制了本标准的条文说明，供国内使用者参考。在使用中，如发现本条文说明有不妥之处，请将意见函寄中国建筑科学研究院（地址：北京市朝阳区北三环东路 30 号，邮政编码：100013）。

目　次

1 总 则

1.0.1 随着我国经济体制改革的深入和对外开放领域的扩大，各行各业的发展日新月异，建筑业也不例外。据中国建筑业协会建筑节能专业委员会编著的《建筑节能技术》记载：截止1995年底，我国三北地区城镇共有房屋建筑面积37.4亿平方米，其中住宅20.2亿平方米，占54%。另据有关资料记载：仅1996、1997和1998年共三年内，全国城镇新建住宅达11.1亿平方米；从投资的比例上看，该三年全国用于城乡住宅上的投资平均约占全社会固定资产总投资的22.2%。由此可见，住宅产业已经成为我国国民经济的主要增长点。

住宅竣工面积的增加，势必会带来建筑能耗的加大。目前每年全社会的能耗约为13亿吨标准煤，其中城市建筑的建造与使用的能耗一般占13%以上，若考虑墙体材料的生产能耗约占25%左右。我国北方严寒和寒冷地区建筑采暖能耗已占当地全社会总能耗的20%以上。如果按照国家宏观发展目标确定的中等发达国家水平来推算，我国经济发展速度在一定时期内都将维持在7%左右，那么，到2010年就将需要一次性能源为30亿吨标准煤，而实际可供能源仅为18亿吨标准煤，约有12亿吨标准煤的能源缺口。如果再考虑在未来10年内人口的增加和人民生活水平的提高，建筑能耗占全社会总能耗的比例也将增大，我国能源的生产和供应的缺口也将会增大，必将严重影响我国经济和社会发展战略目标的实现。

为了实施党中央提出的"可持续发展"战略，我国自1998年1月1日起实施了《中华人民共和国节约能源法》。该法的实施对建筑节能行业的立法、推广和执法工作都起到了极大的促进作用。

为了节约采暖能耗，早在1986年建设部就颁布了《民用建筑节能设计标准（采暖居住建筑部分）》（JGJ26—86）（以下简称旧《节能设计标准》）；1987年建设部、国家计委、国家经委和国家建材局联合印发了"关于实施《民用建筑节能设计标准（采暖居住建筑部分）》的通知"[（87）城设字第514号]；随后国家相继颁布了《建筑外窗保温性能分级及其检测方法》（GB8484）、《钢窗建筑物理性能分级》（GB13684）、《建筑外门空气渗透性能和渗漏性能及其检测方法》（GB13606）、《民用建筑热工设计规范》（GB50176），1996年建设部又颁布了《民用建筑节能设计标准（采暖居住建筑部分）》的修订本（JGJ26—95）（以下简称新《节能设计标准》）；1997年，建设部、国家计委、国家经贸委和国家税务总局又联合印发了"关于实施《民用建筑节能设计标准（采暖居住建筑部分）》的通知"[建科〔1997〕31号]；为了加大对建筑节能工作的管理力度，建设部根据国家有关的法律法规，组织制定了建设部部长令《民用建筑节能管理规定》，并于2000年10月1日起实施。该规定对不按新《节能设计标准》设计、建造、达不到节能要求或违反规定的，最高将给予50万元的经济处罚，必要时还需停业整顿、降低其设计施工资质。与此同时，国家各部委及地方政府颁布的与建筑节能有关的标准、规范还有：《采暖与卫生工程施工及验收规范》（GBJ242）、《城市供热管网工程施工及验收规范》（CJJ28）、《工业设备管道绝热工程施工及验收规范》（GBJ126）、《聚氨酯泡沫塑料预制保温管》（CJ/T3002）、《建筑地面工程施工及验收规范》（GB50209）、《屋面工程技术规范》（GB50207）、《城市供热管网工程质量检验评定标准》（CJJ38）、《工业设备及管道绝热工程质量检验评定标准》（GB50185）、《建筑安装工程质量检验评定统一标准》（GBJ300）、《建筑工程质量检验评定标准》（GBJ301）、《建筑采暖卫生与煤气工程质量检验评定标准》（GBJ302）、《设备及管道保温效果的测试与评价》（GB8174）、《黑龙江省外保温岩棉复合墙体施工及验收规程》（DBJ07—210）、《黑龙江省内保温岩棉复合墙体施工及验收规程》（DBJ07—211）、《节能墙体EPS外保温工程施工及验收规范》（MT/T5011）《节能墙体EPS外保温工程质量检验评定标准》（MT/T5012），所有这些标准规范和行政法规的颁布和实施，均有力地推动着我国建筑节能向前发展。

与气候条件相近的发达国家相比，我国单位居住建筑面积的能耗仍是发达国家的3～5倍左右。另从新《节能设计标准》的实施效果来看，也存在着巨大差异。1986年8月1日，建设部颁布的旧《节能设计标准》规定采暖设计能耗应在1980～1981年当地通用设计能耗的基础上节能30%（第一阶段）；1996年7月1日，建设部经修订颁布的新《节能设计标准》则要求采暖设计能耗降至1980～1981年的50%（第二阶段）。节能设计标准颁布至今已逾10年，但具体的实施效果并不理想。大多数省市连第一阶段的目标尚未达到，更谈不上实现第二阶段的目标了。1996至1998年（三年间），全国城镇新建住宅11.1亿平方米，但节能建筑仅为4530万平方米，占4.08%。那么，为什么会出现这种局面呢？除有关部门对建筑节能的重要性认识不足、建筑节能技术应用推广进展缓慢外，配套的技术立法不及时，也是一个不可忽视的原因。为了在建筑节能领域，实施跨越式发展战略，切实保证新《节能设计标准》和《民用建筑节能管理规定》在具体工程上的贯彻落实，编制一本与新《节能设计标准》配套的《采暖居住建筑节能检验标准》就显得越发必要和重要。

编制本标准，就是为了通过实施对采暖居住建筑节能效果的检验，保证新《节能设计标准》提出的各项指标真正落实在居住建筑的设计、施工和运行管理全过程中。

1.0.2 由于本标准是和新《节能设计标准》相配套的，所以，在适用范围上和新《节能设计标准》一致。

1.0.3 采暖居住建筑节能检验仅仅是建筑产品质量检验的一个方面，因此，在按本标准进行节能检验时，尚应符合国家现行有关强制性标准的规定。

2 术 语

2.0.1～2.0.3 本章所列术语属本标准首次使用，其他术语与符号力求和行业标准《民用建筑节能设计标准（采暖居住建筑部分）》（JGJ26）等相关标准一致。

3 一 般 规 定

3.0.1 由于试点小区包括供热锅炉或热力站、室外输送管网和热用户三部分，所以本条规定了共九项检验内容，其中前三项（即建筑物单位采暖耗热量、小区单位采暖耗煤量和建筑物室内平均温度）是建筑物热工性能和供热系统运行质量的综合体现；中三项（即建筑物围护结构传热系数、建筑物围护结构热桥部位内表面温度和建筑物围护结构热工缺陷）是针对建筑物本身的热工特性而言的；后三项（即室外管网水力平衡度、供热系统补水率和室外管网输送效率）是针对采暖供热系统而言的。本条中的"建筑物单位采暖耗热量"是指在采暖期室外平均温度条件下，为保持室内计算温度，单位建筑面积在单位时间内消耗的、需由室内采暖设备供给的热量。"小区单位采暖耗煤量"是指在采暖期室外平均温度条件下，为保持室内计算温度，单位建筑面积在一个采暖期内消耗的标准煤量。"本标准在"单位采暖耗煤量"前面冠以"小区"，主要是要明确指出"采暖耗煤量"是相对于整个供热系统（供热锅炉、室外输送管网和热用户）而言的。

3.0.2 对于试点建筑，由于不含供热锅炉或热力站、室外输送管网，所以，本条仅规定了五项检验内容。

3.0.3 对于非试点小区，本条规定了四项检验内容（即建筑物单位采暖耗热量、建筑物室内平均温度、室外管网水力平衡度、供热系统补水率），这样规定可操作性强。

3.0.4 对于非试点建筑仅规定了建筑物单位采暖耗热量、建筑物室内平均温度共两项检验内容，这样规定可操作性强。

3.0.5 本条主要规定了四方面的文件。第 1 款是为了把住节能建筑的设计关；第 2、3 款是为了控制住用于建筑建造过程中的材料、设备的质量；第 4 款是为了防止与节能有关的隐蔽工程出现施工质量问题。

3.0.7 在新《节能设计标准》中将采暖居住建筑物大致分为体形系数小于等于 0.3 和大于 0.3 两类。据此，本条以 0.3 为界规定了两类。

3.0.8 新《节能设计标准》中第 4.2.4 条规定各朝向容许的窗墙面积比分别为：北向 0.25；东、西向 0.3；南向 0.35。可视平均值为 0.3。所以，本标准以 0.3 为界进行了规定。本标准所采用的窗墙面积比是相对单栋建筑物整体而言的，并不要求各个朝向分别考虑。这样规定的目的，主要在于简化操作程序，减少工作量而原则上又不影响检验结果。

3.0.9 本条规定了同一类采暖居住建筑物必须具有的三个特征。该三个特征对采暖能耗影响较大，为了增强检测数据的可比性，作了如此规定。

4 检 测 方 法

4.1 建筑物单位采暖耗热量

4.1.1 在供热系统运行不正常（包括系统排气未尽、循环不正常、补水率超标等）时，不能进行检测。因为在这种情况下进行的检测，常常会使检测结果不确定。为了得到稳定可靠的数据，规定其检测持续时间不应少于 168h。这里的"检测持续时间"是指连续的检测时间，而不是指几段不连续的检测时间的累计值。

4.1.2 本条规定的热量计量装置既包括由温度传感器、流量计和相应的二次仪表集约而成的一体化热表和非一体化的热表，也包括流量和温度分别测量，最后人工计算热量的测量方式。

本条规定供回水温度宜安装在外墙外侧且距建筑物外墙轴线 2.5m 以内的位置是根据 1996 年《北京市建设工程概算定额》中有关供热系统室内外工程划界的原则确定的。按规定建筑物外墙轴线外 2.5m 以内属于室内系统，而 2.5m 以外属于室外管网系统。

4.1.4 在布置室外空气温度计时，必须防止太阳辐射对检测结果的影响，所以，本条规定室外温度计应设在百叶箱内，在无百叶箱的情况下，应采取适当的防辐射的措施。

4.2 小区单位采暖耗煤量

4.2.1 关于"检测持续时间应为整个采暖期"的规定是因为：其一，由于我国采暖供热锅炉房的技术装备差，缺乏有效的调控手段，所以，使得锅炉的日常运行质量几乎完全取决于司炉工的实际操作经验、责任心、工作态度和节能意识。其二，由于采暖期气候的不规则变化，使得锅炉房内所有锅炉的整体运行效果会因季节、司炉工、锅炉配置、运行制度的不同而异，所以，在现有条件下，企图通过几天、十几天的测试结果来推定采暖期住宅小区单位采暖耗煤量是不可能的。其三，国内尚未开展对燃煤锅炉采暖期间实际平均运行效率简便测试方法的系统研究，更无

成熟的成果以资引用。基于以上客观背景条件，并考虑到住宅小区单位采暖耗煤量的检测在实际推广中的困难，所以，本标准在第 3 章中便规定仅对试点小区进行该项检测。

4.2.2 因为供热锅炉房的给煤系统随锅炉房的规模大小而异，且在一个采暖期煤场的进煤批数往往不止一次，所以在本条的规定中，仅规定"耗煤量应按批逐日计量和统计"，而对采用的计量方式和计量仪表的种类并未作具体规定。"按批"的意思是要求每批煤的燃用量应分开计量和统计，不能混计在一起。这样规定是为了更准确地计算燃用煤的热值。煤耗量计量的总误差必须满足本标准附录 A 的要求。

4.2.3 为了减少测量误差，本标准规定，煤样应用基低位发热值的化验批数应与供热锅炉房进煤批数相一致，也就是说煤场每购入一批煤，就应送检一次该批煤的煤样。这样规定是为了防止在检测期间，当每批煤煤质之间存在较大差异时而可能导致的粗大误差。

4.2.4 住宅小区平均室内温度的测量是以小区内"代表性建筑物"的平均室内温度的测量为基础的。在小区供热系统中，由于或多或少存在着不同程度的水力失调问题，所以，"代表性建筑物"应按距离热源的远近来综合选取，也就是在距离热源的近端，中间和末端均宜有"代表性建筑物"，且近、中、末端的"代表性建筑物"应着重考虑其朝向，层数和采暖系统形式等。在进行室温测量时，本标准规定"代表性 建筑物"的采暖建筑面积应占同一类采暖建筑物总采暖建筑面积的 10% 以上，这一要求总的目标是想把实际测温面积与总采暖建筑面积之比控制在 1%～3% 左右。

4.2.7 尽管新《节能设计标准》是针对燃煤锅炉采暖系统而言的，但随着经济的发展和人们环保意识的加强，在经济发达和天然气供应充足的地区，燃气采暖锅炉正在逐步取代燃煤采暖锅炉。在这种客观背景下，为了与本标准衔接，在计算方法上作了如是规定。

4.3 建筑物室内平均温度

4.3.1 在建筑节能的检验过程中，在许多情况下均要求对建筑物的室内平均温度进行检测。这里主要分为两类情况：其一，供热公司为了监测供热质量或为了解决供热质量纠纷的需要，要求对建筑物室内平均温度进行检测。在这种情况下，检测的时间选在采暖期最冷月要恰当些，因为如果供热系统运行不良，最冷月的问题会更加突出。当然，这种检测的时间不宜过长。本标准规定 168h（即 7d）。其二，在检测建筑物单位采暖耗热量、住宅小区单位采暖耗煤量等过程中，都要求对建筑物的平均室内温度进行检测，在这种情况下检测时间应和建筑物单位采暖耗热量或住宅小区单位采暖耗煤量等的检测起止时间一致。

4.4 建筑物围护结构传热系数

4.4.1 热流计法是目前国内外常用的现场测试方法。国际标准《建筑构件热阻和传热系数的现场测量》(ISO 9869)，美国 ASTM 标准《建筑围护结构构件热流和温度的现场测量》（ASTM C1046—95）和《由现场数据确定建筑围护结构 构件热阻》(ASTMC1155—95)都对热流计法做了详细规定。另外，国内外也有关于用热箱法现场测试围护结构热阻和传热系数的研究报告或资料，但尚未发现有关热箱法的国际标准或国外先进国家或权威机构的标准。

本节主要依据国际标准 ISO 9869 编写而成，因篇幅关系做了若干删减。个别条款参考了国家标准《建筑构件稳态热传递性质的测定标定和防护热箱法》(GB/T 13475)。ISO 9869 正文中只对热阻测量做了具体规定，传热系数的测量是放在附录中的。本节对围护结构主体部位热阻的现场检测方法和传热系数的计算方法进行了规定。

4.4.4 测量仪表的附加误差参照了《建筑构件稳态热传递性质的测定标定和防护热箱法》(GB/T 13475) 的有关规定。

4.4.5~4.4.8 这几条规定的目的在于缩短测量时间和减小测量误差。测量误差取决于下列因素：

1 热流计和温度传感器的标定误差。如果标定得好，该项误差约为 5%；

2 数据采集系统的误差；

3 由传感器与被测表面间热接触的轻微差别引起的随机误差。如果细心安装传感器，这种误差约为平均值的 5%。该项误差可通过多使用几个热流计来减小；

4 热流计的存在引起的附加误差。热流计的存在改变了原来的等温线分布。如果用适当的方法（例如有限元法）对该项误差进行估计并对测量数据进行修正，则误差可降为 2% 至 3%；

5 温度和热流随时间变化引起的误差，这种误差可能很大。减小室内温度波动，采用动态分析方法，保证测量持续时间足够长，可使该项误差小于 10%。

如果以上条件得到满足，则总的误差估计可控制在 14% 的均方差和 28% 的算术误差之间。

下列情况可能使误差增大：

1) 在测量之前或测量期间，与构件内外表面温差相比，温度（尤其是室内温度）波动较大；

2) 构件厚重而测量持续时间又过短；

3) 构件受到太阳辐射或其他强烈的热影响；

4) 对热流计的存在引起的附加误差未做估算（在某些情况下可高达 30%）。

进一步的误差分析可参见 ISO 9869 正文和附录。

4.4.9 在温度和热流变化较大的情况下，采用动态分析方法可从对热流计测量数据的分析，求得建筑物围护结构的稳态热性能。动态分析方法是利用热平衡方程对热性能的变化进行分析计算的。在数学模型中围护结构的热工性能是用热阻 R 和一系列时间常数 τ 表示的。未知参数 (R, τ_1, τ_2, τ_3…) 是通过一种识别技术利用所测得的热流密度和温度求得的。

动态分析方法基本步骤如下：

测量给出在时刻 t_i (i 从 1 至 N) 得到的 N 组数据，其中包括热流密度 (q_i)，内表面温度 (θ_{1i}) 和外表面温度 (θ_{Ei})。

两次测量的时间间隔为 Δt，定义为：

$$\Delta t = t_{i+1} - t_i \qquad (1)$$

在 t_i 时的热流密度是在该时刻以及此前所有时刻下温度的函数：

$$q_i = \frac{1}{R}(\theta_{1i} - \theta_{Ei}) + K_1 \dot{\theta}_{1i} - K_2 \dot{\theta}_{Ei} + \sum_n P_n \sum_{j=i-p}^{i-1} \dot{\theta}_{1j}$$
$$(1 - \beta_n)\beta_n(i-j) + \sum_n Q_n \sum_{j=i-p}^{i-1} \dot{\theta}_{Ej}(1 - \beta_n)\beta_n(i-j) \qquad (2)$$

式中，内表面温度的导数为

$$\dot{\theta}_{1i} = (\theta_{1i} - \theta_{1,i-1})/\Delta t \qquad (3)$$

外表面温度的导数 $\dot{\theta}_{Ei}$ 与上式类似。

K_1，K_2 以及 P_n 和 Q_n 是围护结构的特性参数，没有任何特定意义，它们与时间常数 τ_n 有关。变量 β_n 是时间常数 τ_n 的指数函数

$$\beta_n = \exp(-\Delta t/\tau_n) \qquad (4)$$

公式 (2) 中的 n 项求和是对所有时间常数的，理论上是一个无限数。然而，这些时间常数 (τ_n) 和 β_n 一样，随着 n 的增加而迅速减小。因而只需几个时间常数（实际上有 1 至 3 个就够了）就足以正确地表示 q，θ_E 和 θ_1 之间的关系。

假定选取的时间常数为 m 个 (τ_1, τ_2, …, τ_m)，公式(2)将包含 $2m+3$ 个未知参数，它们是

$$R, K_1, K_2, P_1, Q_1, P_2, Q_2, \cdots, P_m, Q_m \qquad (5)$$

对于 $2m+3$ 个不同时刻下的 ($2m+3$ 组) 数据将公式 (2) 写 $2m+3$ 次就得到一个线性方程组。对该方程组求解，就可确定这些参数，特别是热阻 R。然而为了完成公式 (2) 中的 j 项求和，尚需附加 p 组数据 (图 1)。最后，为了估计随机变化，还需要更多组测量数据。这样就形成了一个超定的线性方程组，该方程组可采用经典的最小二乘拟合法求解。

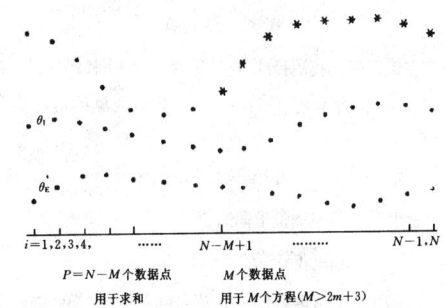

图 1 动态分析方法中的数据利用

这个多于 $2m+3$ 个方程的方程组可以写成矩阵形式

$$\dot{q} = (X)\vec{Z} \qquad (6)$$

式中 $\vec{q}$——向量，其 M 个分量是最后的 M 个热流密度数据 q_i。这样，M 的值大于 $2m+3$，并且 i 取 $N-M+1$ 至 N；

$\vec{Z}$——向量，它的 $2m+3$ 个分量是公式 (5) 中所列的未知参数；

(X)——一个 M 行 ($i = N-M+1$ 至 N)，$2m+3$ 列 (1 至 $2m+3$) 的矩形矩阵。矩阵的元素是

$$X_{i1} = \theta_{1i} - \theta_{Ei}$$

$$X_{i2} = \dot{\theta}_1 = (\theta_{1i} - \theta_{1,i-1})/\Delta t$$

$$X_{i3} = \dot{\theta}_E = (\theta_{Ei} - \theta_{E,i-1})/\Delta t$$

$$X_{i4} = \sum_{j=i-p}^{i-1} \dot{\theta}_{1j}(1 - \beta_1)\beta_1(i-j)$$

$$X_{i5} = \sum_{j=i-p}^{i-1} \dot{\theta}_{Ej}(1 - \beta_1)\beta_1(i-j)$$

$$X_{i6} = \sum_{j=i-p}^{i-1} \dot{\theta}_{1j}(1 - \beta_2)\beta_2(i-j)$$

$$X_{i7} = \sum_{j=i-p}^{i-1} \dot{\theta}_{Ej}(1 - \beta_2)\beta_2(i-j)$$
$$\vdots$$

$$X_{i,2m+2} = \sum_{j=i-p}^{i-1} \dot{\theta}_{1j}(1 - \beta_m)\beta_m(i-j)$$

$$X_{i,2m+3} = \sum_{j=i-p}^{i-1} \dot{\theta}_{Ej}(1 - \beta_m)\beta_m(i-j) \qquad (7)$$

在 j 项求和中，p 足够大，使缺省项之和可以忽略不计。于是数据组的数目 N 必须大于 $M+p$，实际上 $p = N-M$，式中 N 足够大。

方程组给出向量 $\vec{Z}$ 的估计值 $\vec{Z}^*$

$$\vec{Z}^* = [(X)'(X)]^{-1}(X)'\vec{q} \qquad (8)$$

式中，$(X)'$ 是矩阵 (X) 的转置矩阵。

事实上，时间常数 τ_n 是未知的。它们可通过改变时间常数来寻找 $\vec{Z}$ 的最佳估计值的方法来确定。这可按以下方式进行：

1 选取时间常数的个数 (m)，通常不大于 3；

2 选取时间常数间的不变比率 r (通常在 3~10 之间)，使满足

$$\tau_1 = r\tau_2 = r^2\tau_3 \qquad (9)$$

3 选取方程组（7）的方程个数 M。该值必须大于 $2m+3$，但要小于数据组的个数。通常 15 至 40 个方程就足够了。这就意味着至少需要 30 至 100 个数据点。

4 选取时间常数的最小值和最大值。因为计算机的精度是有限的，所以处理比 $\Delta t/10$ 还小的时间常数是没有意义的。另外，求和需要 $p = N - M$ 个点。如果时间常数大于 $p\Delta t$，求和将不会终止。最大时间常数最好在以下范围内选取

$$\Delta t/10 < \tau_1 < p\Delta t/2 \qquad (10)$$

5 在该区间内利用公式（8）用若干个时间常数值计算向量 $\vec{Z}$ 的估计值 $\vec{Z}^*$。对于 $\vec{Z}^*$ 的每一个值，热流向量的估计值 $\vec{q}^*$，将通过下式计算出来：

$$\vec{q}^* = (X)\,\vec{Z}^* \qquad (11)$$

6 这些估计值与测量值间的总方差按下式计算：

$$S^2 = (\vec{q} - \vec{q}^*)^2 = \Sigma\,(q_i - q_i^*)^2 \qquad (12)$$

7 能给出最小方差的时间常数组就是最佳时间常数组，这可由重复上述步骤 5 和 6 获得。

8 用此方法就可求得向量 $\vec{Z}$ 的最佳估计值 $\vec{Z}^*$。它的第一个分量 Z_1 就是热阻的倒数（$1/R$）的最佳估计值。如果最佳估计值所对应的最大时间常数等于或大于其最大值（即 $p\Delta t/2$）的话，则说明方程个数太少或检测持续时间不足。同时说明利用该组数据和该时间常数比率是无法得到可靠的结果的。这一问题可以通过改变方程组中方程的个数或使时间常数间的不变比率值（r）变大或变小来加以解决。

当用单个测量值来估算热阻 R 值时，应有一个能给出其结果置信度的判定标准。即对于某个给定的单一测量值，当其满足该标准时，便存在某个好的置信度（比如说概率 90%），结果将逼近实际值（比如说在 ±10% 之内）。

在经典分析方法的情况下，唯一的判定标准就是要求有足够长的检测时间。但如果所记录的数据表明该传热过程处于准稳态，则测量结果的可靠度高。然而，如果在测量开始之前，与热流相关的温度变化显著，在这种情况下，如果测量时间太短以至于不能消除这一温度变化所带来的影响的话，那么最终的检测结果是不可信的。

在动态分析方法的情况下也存在这样一个判定标准。对于上述热阻的估计值，置信区间为

$$I = \sqrt{\frac{S^2 Y(1,1)}{M - 2m - 4}}\,F(P, M - 2m - 5) \qquad (13)$$

$$(Y) = [(X)'(X)]^{-1} \qquad (14)$$

式中　S^2——由公式（12）得出的总方差；
　　　$Y(1,1)$——由公式（14）转换的矩阵的第一个元素；
　　　M——方程组（6）中方程的个数，而 m 是时间常数的个数；
　　　F——t 分布的显著限，式中 P 是概率，而 $M - 2m - 5$ 是自由度。

如果对于 $P = 0.9$，该置信区间小于热阻的 5%，则该热阻计算值通常是与实际值很接近的。在良好的测量条件（例如，对于轻型围护结构在夜间稳定状态下进行检测；而对于重型围护结构经过长时间的检测）下会出现这样的结果。对于一个给定的检测持续时间，置信区间越小，则若干次测量结果的分布就越窄。然而当检测持续时间较短时，测量结果的分布范围大且平均值可能不正确（一般是偏低）。因此，该判定标准是不充分的。

第二个要满足的条件是，检测持续时间不应少于 96h。
本条文是根据国际标准 ISO 9869 附录 B 写成的。

4.4.12 在新《节能设计标准》中，传热系数是由热阻按国家标准《民用建筑热工设计规范》（GB50176）（以下简称《规范》）中有关规定计算出来的。《规范》中规定了内表面换热阻和外表面换热阻的取值。为了和新《节能设计标准》中传热系数的计算方法相统一，增加数据的可比性，所以，本条对围护结构内外表面换热阻的取值依据进行了规定。

4.5 建筑物围护结构热桥部位内表面温度

4.5.1 由于热电偶反应灵敏、成本低、易制作和适用性强，在表面温度的测量中应用最广，所以，本标准优先推荐使用热电偶。随着测量技术的进步，新型的测温方法层出不穷，红外摄像仪便是一例。但由于这种设备售价高，且对操作人员的素质要求高，在短期内不易全面推广，所以，本标准规定，在有条件许可的情况下，也可采用红外摄像仪测量热桥部位的内表面温度。

4.5.5 新《节能设计标准》中规定热桥部位内表面温度不应低于室内空气露点温度，这是相对于室内外冬季计算温度条件而言的。因此需将实际室内外温度条件下的测量值换算成室内外计算温度下的表面温度值。

4.6 建筑物围护结构热工缺陷

4.6.1 本节依据国际标准《建筑围护结构中热工性能异常的定性检验》（ISO 6781—1983（E））编写而成。编写时内容的顺序及章节划分与国际标准有所不同。因篇幅所限，本节只摘要收编了国际标准中的主要内容。用红外摄像法进行热工缺陷的定性检验，要求检验人员具有红外摄像和建筑热工方面的专业知识和丰富的实践经验并掌握大量的参考热像图。

ISO 6781—1983（E）中对检验时的气候条件要求和环境状况、热工缺陷的三种类型的典型特征及参考热像图等都做了举例说明，需要时可自行参考。

4.6.2～4.6.3 由于在室内外温差较大且基本稳定的条件下，可使测得的热像图中热工缺陷部位更加明显和易于辨认，所以，这种方法特别适用于冬季现场测量。此外，因为直射阳光下的表面温度不能反映围护结构正常的传热性能，所以，在这种情况下，不应检测。

4.6.5 热工缺陷包括缺少保温材料、保温材料受潮和空气渗透三种情况。此外，参考热像图是对各种典型建筑构造在实验室条件下或对实际建筑物在现场实际条件下测得的各种热像图，可表征有热工缺陷和无热工缺陷的各种建筑构造，用于在分析检测结果时做对比参考。

4.6.6 工程实践中，采用示踪气体浓度测定法来测量房间的换气次数，采用鼓风门法来检测房间的空气渗透性能，上述两种方法均是针对房间或建筑物的整体特性的检测而言的。1986 年我国颁布实施了适用于试验室检测外窗性能的《建筑外窗空气渗透性能分级及其检测方法》（GB7107），1991 年美国 ASTM 协会颁布了供现场检测外窗及门本身空气渗透性能的《已安装外窗和门空气渗透的现场测量》（ASTM E 783-91）。但越来越多的工程实践表明：除外门窗本身的气密性能外，外门窗的安装质量，即外门窗外框和门窗洞口连接处的气密性能，也是一个不可低估的重要因素。对于如何检测外门窗的现场综合空气渗透性能（含安装质量），国内尚无完整成熟的检测方法。

4.7 室外管网水力平衡度

4.7.1 在实施水力平衡度的检测时，首先系统应运行稳定，其次应处于热态。因为在热态时，易于确认系统中空气是否排尽，从而，有利于增加检测结果的可信性。

4.7.2 循环水泵出口总流量应稳定维持为设计值的 100%～110%。这样规定的目的在于力求遏制"大马拉小车"运

行模式的继续存在。中国建筑科学研究院空调所从1991年开始，一直致力于平衡供暖的实践工作。在实践中发现：在供热系统中，"大马拉小车"的现象十分普遍。如北京蒲黄榆某小区供热系统水力平衡调试前实测总循环水量为设计值1.36倍；北京安贞里某小区二次管网水力平衡调试前实测循环水量为设计值的1.57倍。尽管采用"大马拉小车"的运行模式能解决让运行人员头痛的由于"末端用户不热"而带来的居民投诉问题，然而，这是以浪费能源为前提的。为了全面地推广平衡供暖，本条规定循环水量应稳定维持为设计值的100%～110%。

4.8 供热系统补水率

4.8.4 在工程界关于补水率的定义有两种。一种以系统的水容量为基础，另一种则以系统的循环水量为基础。《锅炉房设计规范》（GB 50041）第4.1.7条规定："热水系统的小时泄漏量，应根据系统的规模和供水温度等条件确定，宜为系统水容量的1%。"而《城市热力网设计规范》（CJJ34）第3.4.1条规定："闭式热水热力网的补水率，不宜大于总循环水量的1%。"在本标准中，究竟采用何种定义来限定补水率的大小呢？从理论上看，应按系统水容量的某一个比例来限定补水率的大小，这样更直观。但在检测实际补水率的过程中，便会遇到困难。首要的问题是热水采暖系统的水容量如何计算或测量？当然，在整个系统首次上水时，可以采用流量计测其总上水量，通过该上水量即可求得系统的水容量。但由于所有供热系统的上水时间都相对集中，所以，按此法执行起来十分困难，再加上，为了减少管网系统的腐蚀，在系统的运行管理中大力提倡湿保养，这样，将会使"上水量实测法"变得越发无计可施。除实测外，尚可以通过计算。显然，企图通过系统管材设计用量的统计计算来计算系统水容量理论上是可行的，但实际上是不可能的。因为设计和施工往往相差甚远；另一种计算方法，即是根据《供热通风设计手册》（陆耀庆主编）P468页上表11-59"供每1kW热量所需设备的水容量"来计算。该表推荐的数据对于采暖系统膨胀水箱容积的设计计算是适用的，但并不能适用于本检验。首先，表11-59中的有关数据是基于某一特定温度工况下的值；其次，表中所列数据均是概略值，而数据的误差则又无从考证。因为该表中的数据引自原苏联有关手册，而苏联手册中也未对数据的来源和误差限给予说明。若采用以系统的实际循环水量为基础来计算系统补水率，则对按"大流量，小温差"运行模式运行的系统似乎有网开一面之嫌。基于上述理由，本标准采用"以系统的设计循环水量为基础"来计算系统的补水率。但应注意的是：设计循环水量并不是指循环水泵的额定流量，而是指设计人员根据系统设计负荷和设计水温差确定的理论循环水量。这种规定，既便于实际操作，又有利于收到实效。

4.9 室外管网输送效率

4.9.1 一般来说，在最冷月采暖供水温度相应较高，也最接近设计工况，所以，在最冷月进行输送效率的检测，检测结果最具有代表性。

4.9.2 "供热系统应处于正常运行状态"是指室外管网应水力平衡且系统的补水率应正常。对"锅炉或换热器热力工况应保持稳定"的规定是为了提高检测结果的可比性。本条采用了《工业锅炉热工试验规范》（GB 10180）中的有关规定，并对进出水温度和设计值之差进行了调整。GB 10180第3.3.5条规定："热水锅炉的进水温度和出水温度与设计值之差不得大于5℃。"本标准放宽为"10℃"。这是因为：GB10180的侧重点和本标准不同。GB10180的侧重点是锅炉热工性能的试验，而本标准的应用重点在于室外管网热力输送效率的检验。所以，本标准在此基础上作适当的放宽是恰当的。

5 检 验 规 则

5.1 检验对象的确定

5.1.1～5.1.8 本节的宗旨是既要对有关项目进行检验，又要切实可行、便于本标准的执行。

5.2 合格判据

5.2.1 对建筑物单位采暖耗热量或住宅小区单位采暖耗煤量的限值进行了规定。该限值详见行业标准《民用建筑节能设计标准（采暖居住建筑部分）》（JGJ26）附录A中表A。

5.2.2 《采暖通风与空气调节设计规范》（GBJ19）第2.1.1条规定："民用建筑的主要房间的设计温度宜采用16～20℃"，所以，据此本条规定建筑物逐时室内温度值最低不应低于16℃。与此同时，为了节约采暖能耗以及适度地控制建筑物室温的不均匀分布，本条亦对建筑物逐时室内温度的最高值做出了规定。最高值（24℃）的具体确定一方面参照了国家标准《旅游旅馆建筑热工与空气调节节能设计标准》（GB 50189）中对客房设计温度的有关规定，另一方面考虑了随着社会的发展和人民生活水平的提高，居民对室内热舒适的要求也在逐渐提高这一客观现实。

5.2.4 本规定是根据《民用建筑节能设计标准（采暖居住建筑部分）》（JGJ26）第4.2.7条和《民用建筑热工设计规范》（GBS0176）第4.3.1条和第4.3.2条而确定的。

5.2.6 规定了各个热力入口处的水力平衡度的具体控制指标。这里的热力入口不含锅炉房或热力站循环水泵出口总管。由于水力平衡度是相对于设计工况而言的，因此水力平衡度控制在0.9～1.2的意义为在设计工况下，通过平衡调试后的供热系统，其各个热力入口（不含热源出入口）的实际循环流量应保持在其相应设计流量的90%～120%之间。这个指标的确定基于两方面的考虑。其一，使各热力入口的循环水量严格和设计一致，是不现实的，也是不可能的，尤其对规模庞大的系统；其二，循环水量的允许偏差既不能牺牲居民太多的室内舒适度，又要注意节能。因此结合北京地区的实际情况，编程进行了模拟计算。计算中，取采暖设计热指标为52.4W/m²（45kcal/m²·h），采暖供水温度为95℃（恒定），设计回水温度为70℃，设计供回水温差为25℃（恒定），室外设计采暖计算干球温度为-9℃（恒定），室内采暖设计温度为18℃时，采用程序对水力平衡度分别取0.9、1.0、1.1和1.2时，采暖系统回水温度和室内温度进行了预测计算，其结果如表1所示。

表1 水力平衡度对室温的影响

序号	项　　　目		内　　　容			
1	水力平衡度		0.9	1.0	1.1	1.2
2	采暖供水温度　（℃）		95	95	95	95
3	采暖回水温度　（℃）		67.7	70	72	73.7
4	实际循环水量　（kg/m²·h）		1.62	1.80	1.98	2.16
5	实际热指标　（W/m²）		51.6	52.4	53.1	53.7
6	实际室温　（℃）		17.6	18	18.4	18.7

从表1可以看出，当各个热力入口的水力平衡度为0.9～1.2时，在供水温度和室外设计条件不变的情况下，室温将在17.6～18.7之间变化，而处于该温度范围内的室温完全能满足《采暖通风与空气调节设计规范》（GBJ19）中的有关规定。

5.2.7 对供热系统补水率的限值进行了规定。《城市热力网设计规范》（CJJ34）第3.4.1条规定："闭式热水热力网的补水率，不宜大于总循环水量的1%"；而据刊登在《暖通空调》（1995.2）上的《嵩山小区的综合节能规划和设计运行》一文载明：嵩山小区供热系统的补水率最后达到了设计循环水量的0.48%，为了将补水率控制在0.5%以下，起初，他们拟采取三方面的措施：①

所有阀门直接从工厂订购；②要求阀门采用膨胀石墨盘根；③选用质量上乘的自动跑风。但在实际操作中，仅控制住了第一项措施，其它两项措施因种种原因未能如愿。即使是这样，系统的补水率仍达到了小于等于0.5%的标准。实践证明：只要严把工程质量关，供热系统的补水率控制在设计循环水量的0.5%以下是能做到的。

5.2.8 规定了室外管网输送效率的控制指标。本条是根据行业标准《民用建筑节能设计标准（采暖居住建筑部分）》(JGJ26)第3.0.3条而提出的。

附录A 仪器仪表的性能要求

A.0.1 该条的宗旨有两条：其一是保证测量数据的准确度能满足工程应用；其二是积极采用新技术，努力提高检测仪表的自动化程度。

1. 用于检测空气温度的二次仪表

80年代以前，要想对空气温度进行连续的检测，常采用双金属片温度计，或铜－康铜热电偶、铜电阻和热敏电阻配合手动或半自动的二次仪表进行测试，甚至使用棒状水银温度计。这些测温方法或手段都有各自的致命缺点。双金属片温度计测量误差大，尚需要定期更换记录纸，且数据需要人工抄录；热电偶、铜电阻和热敏电阻测温时，不但要设仪表间，而且还要布置导线，可操作性差；棒状水银温度计需要人工读数，可操作性差。随着计算机技术的进步，智能型的数据巡检仪得到了快速的发展，而且体积越来越小。在国外这种数据采集技术已用于空气温度、湿度、CO_2气体浓度等参数的检测中。一个单点的温度采集器的体积仅如火柴盒大小，使用前，首先通过计算机进行设定，然后将其放在室内合适的地方进行自动数据采集和存储，待一个采暖期结束后，再将采集器收回，通过计算机便可以将存储在采集器中数据传输至计算机的硬盘中，所以，使用起来十分方便。在国内，清华同方和哈尔滨工业大学也在生产功能类似的产品。正基于此，在本标准的附录A附表A中规定："二次仪表应具有自动采集和存储数据的功能，并可以和计算机接口"。这种温度巡检仪也能用于水温测量中。

2. 温度传感器

在节能检验中，温度传感器用的场合很多，例如：室内外温度的检测、采暖系统供回水温度的检测、外围护结构构件表面温度的检测等。在温度的连续测定中，常采用的温度传感器有铂电阻、铜电阻、热敏电阻和热电偶。其各自的测温范围及不确定度如表1所示。

表1 温度传感器测温范围及不确定度

种类	分级	测温范围 t（℃）	不确定度 Δt（℃）
铂电阻	Ⅰ级	0～500	± （0.15+3.0×10^{-3}·t）
	Ⅱ级	0～500	± （0.30+4.5×10^{-3}·t）
铜电阻	Ⅱ级	-50～100	± （0.30+3.5×10^{-3}·t）
	Ⅲ级	-50～100	± （0.30+4.5×10^{-3}·t）
热敏电阻		0～150	±1.5%t
热电偶	Ⅰ级	-40～+350	±0.5℃或±0.4%t
	Ⅱ级	-40～+350	±1.0℃或±0.75%t

在室温测试中，人们常采用的温度传感器有铜电阻，热敏电阻和热电偶。由于居住建筑实际室温的变化范围为16～24℃，所以，我们取16℃和24℃分别对温度传感器自身的绝对不确定度、相对不确定度以及和二次仪表组合在一起后的总不确定度进行了计算。计算中二次仪表自身的不确定度取为0.5%（数字式仪表的精度一般均高于0.05级），采用算术方法合成。其计算结果列于表2中。

表2 温度传感器的不确定度以及和二次仪表组合在一起后的总不确定度

种类	分级	16℃时温度传感器的绝对不确定度（℃）/相对不确定度（%）	16℃时温度传感器加上二次仪表后的总不确定度（%）	24℃时温度传感器的绝对不确定度（℃）/相对不确定度（%）	24℃时温度传感器加上二次仪表后的总不确定度（%）
铜电阻	Ⅱ级	±0.36/2.2	2.7	±0.38/1.6	2.1
	Ⅲ级	±0.40/2.5	3.0	±0.44/1.8	2.3
热敏电阻		±0.24/1.5	2.0	±0.36/1.5	2.0
热电偶	Ⅰ级	±0.50/3.1	3.6	±0.50/2.1	2.6
	Ⅱ级	±1.00/6.3	6.8	±1.00/4.2	4.7

由表2可以看出：除Ⅱ级热电偶作为温度传感器时系统的总不确定度大于附录A表A中相应的规定值外，其余的传感器均能满足有关要求，所以，在附录A表A中对检测空气温度和空气温差的测量系统的测头的不确定度和总不确定度作了如是规定。在进行空气温差的检测过程中，通过选择误差特性一致的温度传感器可以进一步降低系统的总不确定度。

在采暖供热系统供回水温差的检测工程中，人们常采用的温度传感器有铂电阻、铜电阻、热敏电阻和热电偶。由于对于低温热水系统，供水温度一般最高为95℃，回水温度最低不会低于40℃；而对于高温热水系统，供水温度一般最高为130℃，最低不会低于70℃，所以，我们取40/95和70/130℃分别对温度传感器自身的绝对不确定度、相对不确定度以及和二次仪表组合在一起后的总不确定度进行了计算。计算中二次仪表自身的不确定度仍取为0.5%，采用算术方法合成。其计算结果分别列于表3和表4中。

表3 温度传感器的不确定度以及和二次仪表组合在一起后的总不确定度（低温水系统）

种类	分级	40℃时温度传感器的绝对不确定度（℃）/相对不确定度（%）	40℃时温度传感器加上二次仪表不确定度后的总不确定度（%）	95℃时温度传感器的绝对不确定度（℃）/相对不确定度（%）	95℃时温度传感器加上二次仪表不确定度后的总不确定度（%）
铂电阻	Ⅰ级	±0.27/0.68	1.18	±0.44/0.46	0.96
	Ⅱ级	±0.48/1.20	1.70	±0.73/0.76	1.26
铜电阻	Ⅱ级	±0.44/1.10	1.60	±0.63/0.66	1.16
	Ⅲ级	±0.54/1.35	1.85	±0.87/0.92	1.42
热敏电阻		±0.60/1.50	2.00	±1.42/1.50	2.00
热电偶	Ⅰ级	±0.50/1.25	1.75	±0.50/0.53	1.03
	Ⅱ级	±1.00/2.50	3.00	±1.00/1.05	1.55

从表3"总不确定度"一栏可以看出：在用于水温的测量时，在40℃和95℃两种温度条件下，由所有温度传感器和相应的二次仪表构成的测温系统的总不确定度均能满足本标准规定的

表4 温度传感器的不确定度以及和二次仪表组合在一起后的总不确定度（高温热水系统）

种类	分级	70℃时温度传感器的绝对不确定度（℃）/相对不确定度（%）	70℃时温度传感器加上二次仪表不确定度后的总不确定度（%）	130℃时温度传感器的绝对不确定度（℃）/相对不确定度（%）	130℃时温度传感器加上二次仪表不确定度后的总不确定度（%）
铂电阻	Ⅰ级	±0.36/0.51	1.01	±0.54/0.40	0.90
	Ⅱ级	±0.62/0.88	1.38	±0.89/0.68	1.18
热敏电阻		±1.05/1.50	2.00	±1.95/1.50	2.00
热电偶	Ⅰ级	±0.50/0.71	1.21	±0.52/0.40	0.90
	Ⅱ级	±1.00/1.43	1.93	±1.00/0.76	1.26

"5%"的要求，从测头的不确定度看，所有测头均能满足

"≤2℃"的要求；而Ⅰ级铂电阻和Ⅰ级热电偶在整个温区范围内均能满足本标准对水温度和水温差的测量所提出的不确定度的要求。

同理，从表4"总不确定度"一栏可以看出：在70℃和130℃两种温度条件下，所有温度传感器和相应的二次仪表所构成的测温系统的总不确定度均能满足本标准"5%"的要求。用于水温测量时，所有温度传感器均能满足本标准附录A表A的要求，但用于水温差测量时热敏电阻除外。

综上所述，利用常规的温度传感器配合相应的二次仪表能够满足本标准的要求。

3. 流量计量装置

在暖通领域常用的流量计有涡轮流量计、涡街流量计、电磁流量计、超声波流量计和水表等。涡轮流量计的精度，在正常流量范围内一般可达0.2～0.5级，在扩大量程范围内，精度可达1级。涡街流量计在正常流量范围内，精度可达1级。电磁流量计的精度为1级；超声波流量计在安装条件满足要求的情况下，精度能达到1.5级。水表在正常使用流量范围内（10%～100%特性流量），其精度可达到2级。

由此可见，测量流量的仪表种类多，而且各有特点，但在正常使用条件下和正常流量范围内，总精度均优于2.0级，总不确定度均能满足本标准附录A表A的要求。因此，在本标准中，并没有具体指定流量计的种类，仅对流量计量装置的总允许误差做出了规定。这样，在具体执行过程中，可以因地制宜。当然，在使用各类流量计进行测量时，均应按使用说明书的要求进行操作，以便降低测量不确定度。

4. 热量计量装置

从现阶段的技术条件来看，测量热量的手段有两种。一种是高度集成化的热表。该热表设计精巧、紧凑、自动化程度高、能自动采集并存储有关数据，可以和计算机通讯。为了推进检测仪器仪表的技术进步，本标准要求热表应具有上述功能。

另一种是分别测量流量和温差，然后根据有关公式计算得出热量。这种办法经济适用，特别适合于我国现阶段的实际情况。

但无论采用何种方法，其测量系统的总不确定度应不超过测试值的10%。

5. 煤量计量装置

据有关智能型核子皮带秤的性能数据表明：在正常负荷条件下，其总不确定度≤1%FS，而据可移动全电子汽车衡的资料表明：其准确度可达0.1%FS；无线传输电子吊钩秤的准确度亦可达0.1%FS；电子皮带秤的不确定度可控制在0.5%FS。但考虑到我国三北地区经济发展不平衡，所以，对煤量计的具体功能未作规定，同时，从使用的角度出发，适当将煤量计的精度等级放宽到2级。

中华人民共和国行业标准

贯入法检测砌筑砂浆抗压强度技术规程

Technical specification for testing
compressive strength of masonry mortar
by penetration resistance method

JGJ/T 136—2001

批准部门：中 华 人 民 共 和 国 建 设 部
施行日期：２ ０ ０ ２ 年 １ 月 １ 日

关于发布行业标准《贯入法检测砌筑砂浆抗压强度技术规程》的通知

建标〔2001〕219号

根据建设部《关于印发〈一九九九年工程建设城建、建工行业标准制订、修订计划〉的通知》（建标〔1999〕309号）的要求，由中国建筑科学研究院主编的《贯入法检测砌筑砂浆抗压强度技术规程》，经审查，批准为行业标准，该标准编号为 JGJ/T 136—2001，自2002年1月1日起施行。

本标准由建设部建筑工程标准技术归口单位中国建筑科学研究院负责管理，中国建筑科学研究院负责具体解释，建设部标准定额研究所组织中国建筑工业出版社出版。

中华人民共和国建设部
2001年10月31日

前　　言

根据建设部建标〔1999〕309号文的要求，规程编制组经广泛调查研究，认真总结实践经验，参考有关国际标准和国外先进标准，并在广泛征求意见的基础上，制定了本规程。

本规程的主要技术内容是：1　总则；2　术语、符号；3　检测仪器；4　检测技术；5　砂浆抗压强度计算；6　检测报告；附录A　贯入仪校准；附录B　贯入深度测量表校准；附录C　砂浆抗压强度贯入检测记录表；附录D　砂浆抗压强度换算表；附录E　专用测强曲线制定方法等。

本规程由建设部建筑工程标准技术归口单位中国建筑科学研究院归口管理，授权由主编单位负责具体解释。

本规程主编单位是：中国建筑科学研究院

（地址：北京市北三环东路30号，邮政编码：100013）。

本规程参加单位是：福建省建筑科学研究院、安徽省建筑科学研究设计院、河北省建筑科学研究院。

本规程主要起草人员是：张仁瑜、叶　健、邹道金、路彦兴、陈　松。

目　次

1 总　则

1.0.1 为了规范贯入法检测砌筑砂浆抗压强度技术，保证砌体工程现场检测的质量，制定本规程。

1.0.2 本规程适用于工业与民用建筑砌体工程中砌筑砂浆抗压强度的现场检测，并作为推定抗压强度的依据。本规程不适用于遭受高温、冻害、化学侵蚀、火灾等表面损伤的砂浆检测，以及冻结法施工的砂浆在强度回升期阶段的检测。

1.0.3 对砌筑砂浆抗压强度进行检测时，除应执行本规程外，尚应符合国家现行的有关强制性标准的规定。

2　术语、符号

2.1　术　语

2.1.1 贯入法检测　test of penetration resistance method

根据测钉贯入砂浆的深度和砂浆抗压强度间的相关关系，采用压缩工作弹簧加荷，把一测钉贯入砂浆中，由测钉的贯入深度通过测强曲线来换算砂浆抗压强度的检测方法。

2.1.2 测孔　pin hole

贯入试验时，贯入测钉在灰缝上所形成的孔。

2.1.3 砂浆抗压强度换算值　calculating compressive strength of masonry mortar

由构件的贯入深度平均值通过测强曲线计算得到的砌筑砂浆抗压强度值。相当于被测构件在该龄期下同条件养护的边长为 70.7mm 一组立方体试块的抗压强度平均值。

2.2　符　号

d_i^0——第 i 个测点的贯入深度测量表的不平整度读数；

d'_i——第 i 个测点的贯入深度测量表读数；

d_i——第 i 个测点的贯入深度值；

$f_{2,j}^c$——第 j 个构件的砂浆抗压强度换算值；

$f_{2,min}^c$——同批构件中砂浆抗压强度换算值的最小值；

$f_{2,e}^c$——砂浆抗压强度推定值；

$f_{2,e1}^c$——砂浆抗压强度推定值之一；

$f_{2,e2}^c$——砂浆抗压强度推定值之二；

m_{d_j}——第 j 个构件的贯入深度平均值；

$m_{f_2^c}$——同批构件砂浆抗压强度换算值的平均值；

$s_{f_2^c}$——同批构件砂浆抗压强度换算值的标准差；

$\delta_{f_2^c}$——同批构件砂浆抗压强度换算值的变异系数。

3　检测仪器

3.1　仪器及性能

3.1.1 贯入法检测使用的仪器应包括贯入式砂浆强度检测仪（简称贯入仪，图 3.1.1）、贯入深度测量表。

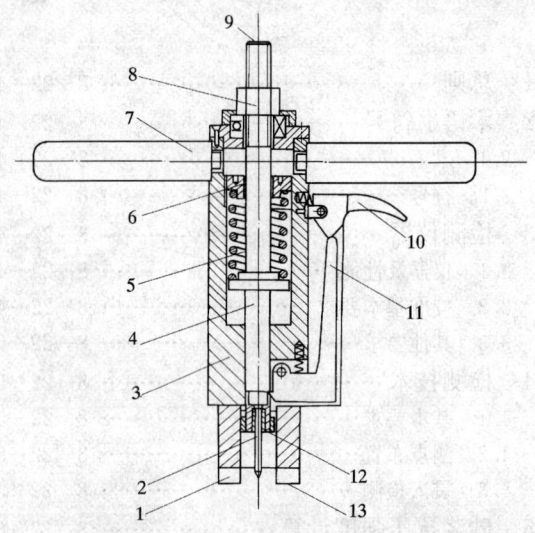

图 3.1.1　贯入仪构造示意图

1—扁头；2—测钉；3—主体；4—贯入杆；5—工作弹簧；6—调整螺母；7—把手；8—螺母；9—贯入杆外端；10—扳机；11—挂钩；12—贯入杆端面；13—扁头端面

3.1.2 贯入仪及贯入深度测量表必须具有制造厂家的产品合格证、中国计量器具制造许可证及法定计量部门的校准合格证，并应在贯入仪的明显位置具有下列标志：名称、型号、制造厂名、商标、出厂日期和中国计量器具制造许可证标志 CMC 等。

3.1.3 贯入仪应满足下列技术要求：

——贯入力应为 800±8N；

——工作行程为 20±0.10mm。

3.1.4 贯入深度测量表（图 3.1.4）应满足下列技术要求：

——最大量程应为 20±0.02mm；

——分度值应为 0.01mm。

3.1.5 测钉长度应为 40±0.10mm，直径应为 3.5mm，尖端锥度应为 45°。测钉量规的量规槽长度应为 $39.5^{+0.10}_{0}$mm。

3.1.6 贯入仪使用时的环境温度应为 −4～40℃。

3.2　校准基本要求

3.2.1 正常使用过程中，贯入仪、贯入深度测量表（通称为仪器）应由法定计量部门每年至少校准一次。

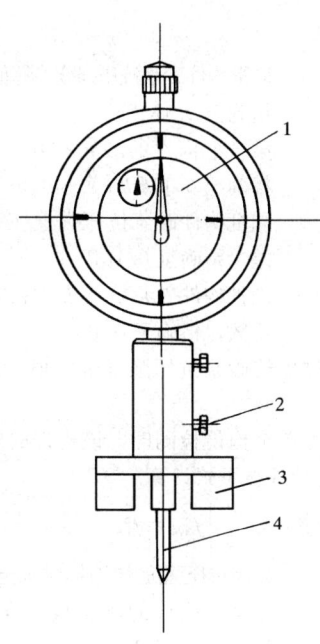

图 3.1.4　贯入深度测量表示意图
1—百分表；2—锁紧螺钉；
3—扁头；4—测头

校准应符合本规程附录 A、附录 B 的规定。

3.2.2　当遇到下列情况之一时，仪器应送法定计量部门进行校准：

——新仪器启用前；

——超过校准有效期；

——更换主要零件或对仪器进行过调整；

——检测数据异常；

——零部件松动；

——遭遇撞击或其他损坏；

——累计贯入次数为 10000 次。

3.3　其他要求

3.3.1　贯入仪在闲置和保存时，工作弹簧应处于自由状态。

3.3.2　贯入仪不得随意拆装。

4　检测技术

4.1　基本要求

4.1.1　检测人员应通过相应专业培训。检测过程中应做到正确和安全操作。

4.1.2　用贯入法检测的砌筑砂浆应符合下列要求：

——自然养护；

——龄期为 28d 或 28d 以上；

——自然风干状态；

——强度为 0.4～16.0MPa。

4.1.3　检测砌筑砂浆抗压强度时，委托单位应提供下列资料：

——建设单位、设计单位、监理单位、施工单位和委托单位名称；

——工程名称、结构类型、有关图纸；

——原材料试验资料、砂浆品种、设计强度等级和配合比；

——砌筑日期、施工及养护情况；

——检测原因。

4.2　测点布置

4.2.1　检测砌筑砂浆抗压强度时，应以面积不大于 25m² 的砌体构件或构筑物为一个构件。

4.2.2　按批抽样检测时，应取龄期相近的同楼层、同品种、同强度等级砌筑砂浆且不大于 250m³ 砌体为一批，抽检数量不应少于砌体总构件数的 30%，且不应少于 6 个构件。基础砌体可按一个楼层计。

4.2.3　被检测灰缝应饱满，其厚度不应小于 7mm，并应避开竖缝位置、门窗洞口、后砌洞口和预埋件的边缘。

4.2.4　多孔砖砌体和空斗墙砌体的水平灰缝深度应大于 30mm。

4.2.5　检测范围内的饰面层、粉刷层、勾缝砂浆、浮浆以及表面损伤层等，应清除干净；应使待测灰缝砂浆暴露并经打磨平整后再进行检测。

4.2.6　每一构件应测试 16 点。测点应均匀分布在构件的水平灰缝上，相邻测点水平间距不宜小于 240mm，每条灰缝测点不宜多于 2 点。

4.3　贯入检测

4.3.1　贯入检测应按下列程序操作：

1　将测钉插入贯入杆的测钉座中，测钉尖端朝外，固定好测钉；

2　用摇柄旋紧螺母，直至挂钩挂上为止，然后将螺母退到贯入杆顶端；

3　将贯入仪扁头对准灰缝中间，并垂直贴在被测砌体灰缝砂浆的表面，握住贯入仪把手，扳动扳机，将测钉贯入被测砂浆中。

4.3.2　每次试验前，应清除测钉上附着的水泥灰渣等杂物，同时用测钉量规检验测钉的长度；测钉能够通过测钉量规槽时，应重新选用新的测钉。

4.3.3　操作过程中，当测点处的灰缝砂浆存在空洞或测孔周围砂浆不完整时，该测点应作废，另选测点补测。

4.3.4　贯入深度的测量应按下列程序操作：

1　将测钉拔出，用吹风器将测孔中的粉尘吹干净；

2　将贯入深度测量表扁头对准灰缝，同时将测头插入测孔中，并保持测量表垂直于被测砌体灰缝砂浆的表面，从表盘中直接读取测量表显示值 d_i' 并记录在本规程附录 C 的记录表中，贯入深度应按下式计算：

$$d_i = 20.00 - d_i^l \qquad (4.3.4)$$

式中 d_i^l——第 i 个测点贯入深度测量表读数，精确至 0.01mm；

　　　d_i——第 i 个测点贯入深度值，精确至 0.01mm。

3　直接读数不方便时，可用锁紧螺钉锁定测头，然后取下贯入深度测量表读数。

4.3.5　当砌体的灰缝经打磨仍难以达到平整时，可在测点处标记，贯入检测前用贯入深度测量表读测点处的砂浆表面不平整度读数 d_i^0，然后再在测点处进行贯入检测，读取 d_i^l，则贯入深度应按下式计算：

$$d_i = d_i^0 - d_i^l \qquad (4.3.5)$$

式中 d_i——第 i 个测点贯入深度值，精确至 0.01mm；

　　　d_i^0——第 i 个测点贯入深度测量表的不平整度读数，精确至 0.01mm；

　　　d_i^l——第 i 个测点贯入深度测量表读数，精确至 0.01mm。

5　砂浆抗压强度计算

5.0.1　检测数值中，应将 16 个贯入深度值中的 3 个较大值和 3 个较小值剔除，余下的 10 个贯入深度值可按下式取平均值：

$$m_{dj} = \frac{1}{10} \sum_{i=1}^{10} d_i \qquad (5.0.1)$$

式中 m_{dj}——第 j 个构件的砂浆贯入深度平均值，精确至 0.01mm；

　　　d_i——第 i 个测点的贯入深度值，精确至 0.01mm。

5.0.2　根据计算所得的构件贯入深度平均值 m_{dj}，可按不同的砂浆品种由本规程附录 D 查得其砂浆抗压强度换算值 $f_{2,j}^c$。其他品种的砂浆可按本规程附录 E 的要求建立专用测强曲线进行检测。有专用测强曲线时，砂浆抗压强度换算值的计算应优先采用专用测强曲线。

5.0.3　在采用本规程附录 D 的砂浆抗压强度换算表时，应首先进行检测误差验证试验，试验方法可按本规程附录 E 的要求进行，试验数量和范围应按检测的对象确定，其检测误差应满足本规程第 E.0.10 条的规定，否则应按本规程附录 E 的要求建立专用测强曲线。

5.0.4　按批抽检时，同批构件砂浆应按下列公式计算其平均值和变异系数：

$$m_{f_2^c} = \frac{1}{n} \sum_{j=1}^n f_{2,j}^c \qquad (5.0.4\text{-}1)$$

$$s_{f_2^c} = \sqrt{\frac{\sum_{j=1}^n (m_{f_2^c} - f_{2,j}^c)^2}{n-1}} \qquad (5.0.4\text{-}2)$$

$$\delta_{f_2^c} = s_{f_2^c} / m_{f_2^c} \qquad (5.0.4\text{-}3)$$

式中 $m_{f_2^c}$——同批构件砂浆抗压强度换算值的平均值，精确至 0.1MPa；

　　　$f_{2,j}^c$——第 j 个构件的砂浆抗压强度换算值，精确至 0.1MPa；

　　　$s_{f_2^c}$——同批构件砂浆抗压强度换算值的标准差，精确至 0.1MPa；

　　　$\delta_{f_2^c}$——同批构件砂浆抗压强度换算值的变异系数，精确至 0.1。

5.0.5　砌体砌筑砂浆抗压强度推定值 $f_{2,e}^c$ 应按下列规定确定：

1　当按单个构件检测时，该构件的砌筑砂浆抗压强度推定值应按下式计算：

$$f_{2,e}^c = f_{2,j}^c \qquad (5.0.5\text{-}1)$$

式中 $f_{2,e}^c$——砂浆抗压强度推定值，精确至 0.1MPa；

　　　$f_{2,j}^c$——第 j 个构件的砂浆抗压强度换算值，精确至 0.1MPa。

2　当按批抽检时，应按下列公式计算：

$$f_{2,e1}^c = m_{f_2^c} \qquad (5.0.5\text{-}2)$$

$$f_{2,e2}^c = \frac{f_{2,\min}^c}{0.75} \qquad (5.0.5\text{-}3)$$

式中 $f_{2,e1}^c$——砂浆抗压强度推定值之一，精确至 0.1MPa；

　　　$f_{2,e2}^c$——砂浆抗压强度推定值之二，精确至 0.1MPa；

　　　$m_{f_2^c}$——同批构件砂浆抗压强度换算值的平均值，精确至 0.1MPa；

　　　$f_{2,\min}^c$——同批构件中砂浆抗压强度换算值的最小值，精确至 0.1MPa。

应取公式（5.0.5-2）和（5.0.5-3）中的较小值作为该批构件的砌筑砂浆抗压强度推定值 $f_{2,e}^c$。

5.0.6　对于按批抽检的砌体，当该批构件砌筑砂浆抗压强度换算值变异系数不小于 0.3 时，则该批构件应全部按单个构件检测。

6　检　测　报　告

6.0.1　砌筑砂浆抗压强度的检测报告，应包括下列主要内容：

——建设单位名称；

——委托单位名称；

——设计单位名称；

——施工单位名称；

——监理单位名称；

——工程名称和结构类型或构件名称；

——施工日期；

——检测原因；

——检测环境；

——检测依据（所用标准名称及编号）；

——仪器名称、型号、编号及校准证号；

——所测砌筑砂浆的强度设计等级和抗压强度推定值；

——出具报告的单位名称（盖章），有关检测人员签字；

——检测及出具报告的日期；

——其他需要说明的事项，对于无法用文字表达清楚的内容，应附简图。

附录 A 贯入仪校准

A.1 贯入力校准

A.1.1 贯入力的校准应在弹簧拉压试验机上进行，校准时贯入仪的工作弹簧应处于自由状态（图A.1.1）。

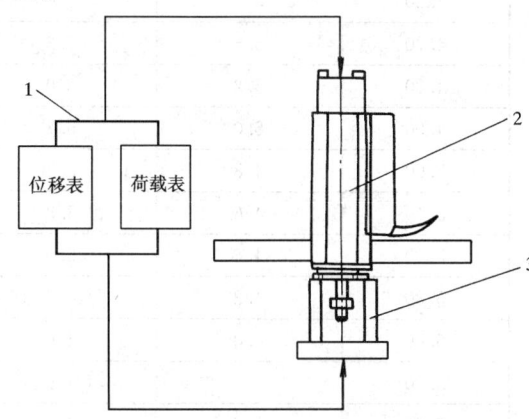

图 A.1.1 贯入力校准

1—弹簧拉压试验机；2—贯入仪；3—U形架

A.1.2 弹簧拉压试验机的性能应符合下列规定：

——位移分度值应为 0.01mm；

——负荷分度值应为 0.1N；

——位移误差应为±0.01mm；

——负荷误差应小于 0.5%（示值误差）。

A.1.3 贯入力的校准应按下列步骤进行：

1 将 U 形架平放在试验机工作台上，然后将贯入仪的贯入杆外端置于 U 形架的 U 形槽中；

2 将弹簧拉压试验机压头与贯入杆面接触；

3 下压 20±0.10mm，弹簧拉压试验机读数应为 800±8N。

A.2 工作行程校准

A.2.1 贯入仪贯入杆外端应先放在 U 形架的 U 形槽中，并用深度游标卡尺测量贯入仪在工作弹簧处于自由状态时的贯入杆端面至扁头端面的距离 l_0。

A.2.2 给贯入仪工作弹簧加荷，直至挂钩挂上为止，并应将螺母退至贯入杆外端。

A.2.3 应再将贯入仪贯入杆外端放在 U 形架的 U 形槽中，并用深度游标卡尺测量贯入仪在挂钩状态时的贯入杆端面至扁头端面的距离 l_1。

A.2.4 两个距离的差（l_1-l_0）即为工作行程，并应满足 20±0.10mm。

附录 B 贯入深度测量表校准

B.0.1 贯入深度测量表上的百分表应经法定计量部门检定。

B.0.2 在百分表检定合格后，应再校准贯入深度测量表的测头外露长度。

注：测头外露长度是指贯入深度测量表处于自由状态时，百分表指针对零位时的测头外露长度。

B.0.3 将测头外露部分压在钢制长方体量块上，直至扁头端面和量块表面重合（图B.0.3）。此时贯入深度测量表的读数应为 20±0.02mm。

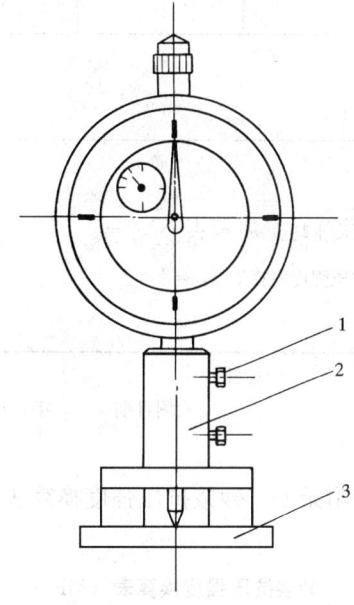

图 B.0.3 贯入深度测量表校准

1—校准调整螺母；2—贯入深度测量表
3—钢制长方体量块

附录 C 砂浆抗压强度贯入检测记录表

工程名称：　　　　　　　　　构件名称及编号：

贯入仪：型号及编号

砂浆品种：　　　　　　检测环境：

共　　页第　　页

序号	不平整度读数 d_i^0 (mm)	贯入深度测量表读数 d_i' (mm)	贯入深度 d_i (mm)
1			
2			
3			
4			
5			
6			
7			
8			
9			
10			
11			
12			
13			
14			
15			
16			
备注			

贯入深度平均值 $m_{dj}=\dfrac{1}{10}\sum\limits_{i=1}^{10}d_i=$

砂浆抗压强度换算值 $f_{2,j}^c=$

复核：　　　检测：

检测日期：　年　月　日

附录 D　砂浆抗压强度换算表

表 D　砂浆抗压强度换算表（MPa）

贯入深度 d_i (mm)	砂浆抗压强度换算值 $f_{2,j}^c$ (MPa)	
	水泥混合砂浆	水泥砂浆
2.90	15.6	—
3.00	14.5	—
3.10	13.5	15.5
3.20	12.6	14.5
3.30	11.8	13.5

贯入深度 d_i (mm)	砂浆抗压强度换算值 $f_{2,j}^c$ (MPa)	
	水泥混合砂浆	水泥砂浆
3.40	11.1	12.7
3.50	10.4	11.9
3.60	9.8	11.2
3.70	9.2	10.5
3.80	8.7	10.0
3.90	8.2	9.4
4.00	7.8	8.9
4.10	7.3	8.4
4.20	7.0	8.0
4.30	6.6	7.6
4.40	6.3	7.2
4.50	6.0	6.9
4.60	5.7	6.6
4.70	5.5	6.3
4.80	5.2	6.0
4.90	5.0	5.7
5.00	4.8	5.5
5.10	4.6	5.3
5.20	4.4	5.0
5.30	4.2	4.8
5.40	4.0	4.6
5.50	3.9	4.5
5.60	3.7	4.3
5.70	3.6	4.1
5.80	3.4	4.0
5.90	3.3	3.8
6.00	3.2	3.7
6.10	3.1	3.6
6.20	3.0	3.4
6.30	2.9	3.3
6.40	2.8	3.2
6.50	2.7	3.1
6.60	2.6	3.0
6.70	2.5	2.9
6.80	2.4	2.8
6.90	2.4	2.7
7.00	2.3	2.6
7.10	2.2	2.6

贯入深度 d_i (mm)	砂浆抗压强度换算值 $f^c_{2,j}$ (MPa)		贯入深度 d_i (mm)	砂浆抗压强度换算值 $f^c_{2,j}$ (MPa)	
	水泥混合砂浆	水泥砂浆		水泥混合砂浆	水泥砂浆
7.20	2.2	2.5	11.00	0.9	1.0
7.30	2.1	2.4	11.10	0.8	1.0
7.40	2.0	2.3	11.20	0.8	1.0
7.50	2.0	2.3	11.30	0.8	0.9
7.60	1.9	2.2	11.40	0.8	0.9
7.70	1.9	2.1	11.50	0.8	0.9
7.80	1.8	2.1	11.60	0.8	0.9
7.90	1.8	2.0	11.70	0.8	0.9
8.00	1.7	2.0	11.80	0.7	0.9
8.10	1.7	1.9	11.90	0.7	0.8
8.20	1.6	1.9	12.00	0.7	0.8
8.30	1.6	1.8	12.10	0.7	0.8
8.40	1.5	1.8	12.20	0.7	0.8
8.50	1.5	1.7	12.30	0.7	0.8
8.60	1.5	1.7	12.40	0.7	0.8
8.70	1.4	1.6	12.50	0.7	0.8
8.80	1.4	1.6	12.60	0.6	0.7
8.90	1.4	1.6	12.70	0.6	0.7
9.00	1.3	1.5	12.80	0.6	0.7
9.10	1.3	1.5	12.90	0.6	0.7
9.20	1.3	1.5	13.00	0.6	0.7
9.30	1.2	1.4	13.10	0.6	0.7
9.40	1.2	1.4	13.20	0.6	0.7
9.50	1.2	1.4	13.30	0.6	0.7
9.60	1.2	1.3	13.40	0.6	0.6
9.70	1.1	1.3	13.50	0.6	0.6
9.80	1.1	1.3	13.60	0.5	0.6
9.90	1.1	1.2	13.70	0.5	0.6
10.00	1.1	1.2	13.80	0.5	0.6
10.10	1.0	1.2	13.90	0.5	0.6
10.20	1.0	1.2	14.00	0.5	0.6
10.30	1.0	1.1	14.10	0.5	0.6
10.40	1.0	1.1	14.20	0.5	0.6
10.50	1.0	1.1	14.30	0.5	0.6
10.60	0.9	1.1	14.40	0.5	0.6
10.70	0.9	1.1	14.50	0.5	0.5
10.80	0.9	1.0	14.60	0.5	0.5
10.90	0.9	1.0	14.70	0.5	0.5

贯入深度 d_i (mm)	砂浆抗压强度换算值 $f^0_{2,j}$ (MPa)	
	水泥混合砂浆	水泥砂浆
14.80	0.5	0.5
14.90	0.4	0.5
15.00	0.4	0.5
15.10	0.4	0.5
15.20	0.4	0.5
15.30	0.4	0.5
15.40	0.4	0.5
15.50	0.4	0.5
15.60	0.4	0.5
15.70	0.4	0.5
15.80	0.4	0.4
15.90	0.4	0.4
16.00	0.4	0.4
16.10	0.4	0.4
16.20	0.4	0.4
16.30	0.4	0.4
16.40	0.4	0.4
16.50	0.4	0.4
16.60	0.4	0.4
16.70	—	0.4
16.80	—	0.4
16.90	—	0.4
17.00	—	0.4
17.10	—	0.4
17.20	—	0.4
17.30	—	0.4
17.40	—	0.4
17.50	—	0.4
17.60	—	0.4
17.70	—	0.4
—	—	—

注：①表内数据在应用时不得外推；

②表中未列数据，可用内插法求得，精确至 0.1MPa。

附录 E 专用测强曲线制定方法

E.0.1 制定专用测强曲线的试件应与检测砌体在原材料、成型工艺与养护方法等方面相同。

E.0.2 可按常用配合比设计 7 个强度等级，强度等级为 M0.4、M1、M2.5、M5、M7.5、M10、M15，也可按实际需要确定强度等级的数量，但实测抗压强度范围不得超出 0.4~16.0MPa。

E.0.3 每一强度等级制作不应少于 72 个尺寸为 70.7mm×70.7mm×70.7mm 的立方体试块，并应用同盘砂浆制作。采用普通粘土砖作底砖时，应按现行行业标准《建筑砂浆基本性能试验方法》（JGJ 70）的规定制作试块。

E.0.4 拆模后，试块应摊开进行自然养护，并应保证各个试块的养护条件相同。

E.0.5 同龄期同强度等级且同盘制作的试块表面应擦净，以六块试块进行抗压强度试验，同时以六块试块进行贯入深度试验。

E.0.6 应按现行行业标准《建筑砂浆基本性能试验方法》（JGJ 70）的规定进行砂浆试块的抗压强度试验，并应取六块试块的抗压强度平均值为代表值 f_2（MPa），精确至 0.1MPa。

E.0.7 贯入试验时，应先将砂浆试块固定，按照本规程第 4 章的规定在砂浆试块的成型侧面进行贯入试验，每块试块应进行一次贯入试验，取六块试块的贯入深度平均值为代表值 m_d（mm），精确至 0.01mm。

E.0.8 也可采用同盘砂浆砌筑砌体，同时制作试块进行同条件养护，在砌体灰缝上进行贯入试验，用同条件养护砂浆试块进行抗压强度试验。

E.0.9 专用测强曲线的计算应符合下列规定：

1 专用测强曲线的回归方程式，应按每一组试块的 f_2 和对应一组的 m_d 数据，采用最小二乘法进行计算。

2 回归方程式宜采用下式：

$$f^0_2 = \alpha \cdot m_d\beta \qquad (E.0.9)$$

式中 α、β——测强曲线回归系数；

m_d——贯入深度平均值；

f^0_2——砂浆抗压强度换算值。

E.0.10 建立的测强曲线尚应进行一定数量的误差验证试验，其平均相对误差不应大于 18%，相对标准差不应大于 20%。

本规程用词说明

1 为便于在执行本规程条文时区别对待，对要求严格程度不同的用词说明如下：

（1）表示很严格，非这样做不可的

正面词采用"必须"，反面词采用"严禁"；

（2）表示严格，在正常情况下均应这样做的

正面词采用"应"，反面词采用"不应"或"不得"；

（3）表示允许稍有选择，在条件许可时首先应这样做的

正面词采用"宜"，反面词采用"不宜"。

表示有选择，在一定条件下可以这样做的，采用"可"。

2 条文中指明应按其他有关标准执行的写法为，"应按……执行"或"应符合……要求（或规定）"。

中华人民共和国行业标准

贯入法检测砌筑砂浆抗压强度技术规程

JGJ/T 136—2001

条 文 说 明

前　言

《贯入法检测砌筑砂浆抗压强度技术规程》（JGJ/T 136—2001），经建设部 2001 年 10 月 31 日以建标〔2001〕219 号文批准，业已发布。

为便于广大设计、施工、科研、质检、学校等单位的有关人员在使用本规程时能正确理解和执行条文规定，《贯入法检测砌筑砂浆抗压强度技术规程》编制组按章、节、条顺序编制了本规程的条文说明，供使用者参考。在使用中如发现本条文说明有不妥之处，请将意见函寄中国建筑科学研究院（地址：北京市北三环东路 30 号，邮政编码：100013）。

目　次

1 总 则

1.0.1 砌体中砌筑砂浆的抗压强度检测，一直没有较好的原位无损检测方法。在进行新建工程质量事故处理和既有建筑物鉴定时，往往缺乏必要的手段和依据。贯入法检测砌筑砂浆抗压强度技术在全国各地得到了广泛的应用，解决了许多工程质量问题，取得了良好的社会效益和经济效益。为了保证砌体工程现场检测的质量，迫切需要制定一本行业规程来规范和指导检测工作。

1.0.2 贯入法检测技术适用于工业与民用建筑砌体工程中的砌筑砂浆抗压强度检测。当砂浆遭受高温、冻害、化学侵蚀、表面粉蚀、火灾等时，将与建立测强曲线的砂浆在性能上有差异，且砂浆的内外质量可能存在较大不同，因而不再适用。

1.0.3 在正常情况下，砌筑砂浆强度的检验和评定应按国家现行标准《砌体工程施工及验收规范》(GB 50203)、《建筑工程质量检验评定标准》(GBJ 301)、《建筑砂浆基本性能试验方法》(JGJ 70)、《砌体基本力学性能试验方法标准》(GBJ 129)等执行。不允许用本规程取代制作试块的规定。但是，当砌筑砂浆的强度不符合有关标准规范要求或对其有怀疑时，可按本规程进行检测，并作为抗压强度检测的依据。

3 检测仪器

3.1 仪器及性能

3.1.1 贯入式砂浆强度检测仪是针对砌体中灰缝砂浆检测的特殊要求，并通过试验研究而设计的。贯入深度测量表是用机械式百分表改制而成，机械式百分表精度高且可靠耐用。为了砌体灰缝检测的需要，贯入仪专门设计了扁头。

3.1.2 保证检测仪器的性能指标满足本规程的要求，限制粗制滥造和假冒伪劣仪器的使用。

3.1.3 贯入仪的基本性能是通过试验确定的。试验证明，选用贯入力为 800N 是比较合适的，可以保证在检测较高和较低强度的砂浆时都有很好的精度，同时能够满足砂浆强度为 0.4～16.0MPa 的检测要求。

3.2 校准基本要求

3.2.1～3.2.2 仪器的校准是为了保证仪器在标准状态下进行检测，仪器的标准状态是统一仪器性能的基础，是贯入法广泛应用的关键所在，只有采用质量统一、性能一致的仪器，才能保证检测结果的可靠性，并能在同一水平上进行比较。才能使一台仪器建立的测强曲线适用于所有同类仪器。由于仪器在使用过程中，因检修、零件松动、工作弹簧松弛等都可能改变其标准状态，因而应按本节的要求由法定计量部门对仪器进行校准。以确保仪器的检测精度。

3.3 其他要求

3.3.1 贯入仪在使用后，应将工作弹簧释放，使其处于自由状态时闲置和保管。若长时间使工作弹簧处于压缩状态时，将有可能改变工作弹簧的性能，使检测结果产生误差。

4 检测技术

4.1 基本要求

4.1.2 砂浆的含水量对检测结果有一定的影响，规定砂浆为自然风干状态可以避免含水量不同造成的影响。

4.2 测点布置

4.2.1～4.2.2 规定贯入法检测时构件的划分原则和取样原则。现场检测往往是工程质量事故的鉴定，取样数量应比正常抽检数量多。

4.2.3～4.2.6 在《砌体工程施工及验收规范》(GB 50203—98) 第4.2.3条中规定，砖砌体的水平灰缝厚度和竖向灰缝宽度一般为 10mm，但不应小于 8mm，也不应大于 12mm。贯入仪的扁头厚度便是依据上述规定而设计为 6mm。当灰缝厚度小于 7mm 时，扁头便有可能伸不进灰缝而导致无法检测。为了检测方便，一般应选用灰缝较厚的部位进行检测。

贯入法是用来检测砌筑砂浆强度的，故测区内的灰缝砂浆应该外露。如外露灰缝不够整齐，还应该进行打磨至平整后才能进行检测，否则将对贯入深度的测量带来误差，且主要是负偏差。对于砂浆表面粉蚀，遭受高温、冻害、化学侵蚀、火灾等的砂浆，可以将损伤层磨去后再进行检测。

为了全面准确地反映构件中砌筑砂浆的强度，在一个构件内的测点应均匀分布。

4.3 贯入检测

4.3.2 测钉在试验中会受到磨损而变短，测钉的使用次数视所测砂浆的强度而定。测钉是否废弃，可用随贯入仪所附的测钉量规来测量，当测钉能够通过测钉量规槽时便应废弃。

4.3.4 贯入试验后的测孔内，由于贯入试验会有一些粉尘，要用吹风器将测孔内的粉尘吹干净。否则将导致贯入深度测量结果偏浅。

贯入深度测量表直接测量的并不是贯入深度，而是相当于 20.00mm 长测钉的外露长度，故测钉的实际贯入深度 $d_i = 20.00\text{mm} - d_i'$。例如：贯入深度测量表的读数为 15.89mm，则贯入深度为 $20.00 - 15.89 = 4.11\text{mm}$。

4.3.5 在砌体灰缝表面不平整时进行检测，将可能导致强度检测结果偏低。在检测时先测量测点处的不平整度并进行扣除，将较大幅度提高检测精度。公式 $d_i = d_i^0 - d_i'$ 是由 $d_i = (20.00 - d_i') - (20.00 - d_i^0)$ 简化得出的。

5 砂浆抗压强度计算

5.0.1 在一个测区内检测 16 个测点，在数据处理时将 3 个较大值和 3 个较小值剔除，是为了减少试验的粗大误差，在贯入试验时由于操作不正确、测试面状态不好和碰上砂浆内的孔洞或小石子等都会影响贯入深度，通过数据直接剔除基本上可以消除这些误差，比二倍标准差或三倍标准差剔除方法简单实用。

5.0.2～5.0.3 由于测强曲线是根据试验结果建立的，砂浆强度换算表中未列的数据表示未曾进行过试验，故在查表换算砂浆的抗压强度时，其强度范围不得超出表中所列数据范围。否则，可能带来较大的误差。本规程所建立的测强曲线的试验数据，取自北京、安徽、河北、浙江、山东等。当砂浆在材料、养护等方面存在差异时，可能导致较大的检测误差，故在使用时应先进行检测误差验证，检测误差满足要求时才能使用附录 D 的砂浆抗压强度换算表。专用测强曲线往往是针对某一地区、甚至是某一工程所用材料和施工条件所建立的测强曲线，具有针对性强，检测精度高，因而应优先使用。

随着建筑技术的发展，许多砂浆新品种不断出现，如干拌砂浆、掺加各种塑化剂的砂浆等，对于这些砂浆品种可单独建立专用测强曲线，若满足附录 E 的要求便可以使用。

5.0.5 主要参考《砌体工程施工及验收规范》(GB 50203—98)

第 3.4.4 条推导得出的。砌筑砂浆抗压强度推定值因龄期、养护条件等与标准试块不同，两者的结果并不完全相同。故称为"推定值"。

5.0.6 同批砌筑砂浆的抗压强度换算值的变异系数不小于 0.3 时，按照《砌筑砂浆配合比设计规程》(JGJ 98—2000) 第 5.1.3 条的规定，变异系数超过 0.3 时，已属较差施工水平，可以认为它们已不属于同一母体，不能构成为同批砂浆，故应按单个构件检测。

砌筑砂浆抗压强度推定值相当于被测构件在该龄期下的同条件养护试块所对应的砂浆强度等级。

附录 D　砂浆抗压强度换算表

附录 D 中所列砂浆抗压强度换算表，是在大量试验的基础上，通过对试验结果进行回归分析建立的测强曲线，根据测强曲线计算的砂浆抗压强度换算表，试验数据来自北京、安徽、河北、浙江、山东等省市，测强曲线的回归结果见表 1。

表 1　测强曲线的回归结果

砂浆品种	测强曲线	相关系数	平均相对误差（%）	相对标准差（%）
水泥混合砂浆	$f_{2,j}^c = 159.2906\, m_{d_j}^{-2.1801}$	-0.97	17.0	21.7
水泥砂浆	$f_{2,j}^c = 181.0213\, m_{d_j}^{-2.1730}$	-0.97	19.9	24.9

上述测强曲线在检验概率 $\alpha = 0.95$ 的条件下，均具有显著的相关性。

建立测强曲线时采用试块—试块方式，即同条件试块中，一组进行抗压强度试验，对应的另一组进行贯入试验。

中华人民共和国行业标准

择压法检测砌筑砂浆抗压强度
技 术 规 程

Technical specification for compressive strength
of masonry mortar bed testing by selective
pressing method

JGJ/T 234—2011

批准部门：中华人民共和国住房和城乡建设部
施行日期：２０１１年１２月１日

中华人民共和国住房和城乡建设部
公　告

第 900 号

关于发布行业标准《择压法检测
砌筑砂浆抗压强度技术规程》的公告

现批准《择压法检测砌筑砂浆抗压强度技术规程》为行业标准，编号为 JGJ/T 234-2011，自 2011 年 12 月 1 日起实施。

本规程由我部标准定额研究所组织中国建筑工业出版社出版发行。

中华人民共和国住房和城乡建设部
2011 年 1 月 28 日

前　　言

根据住房和城乡建设部《关于印发〈2009 年工程建设标准规范制订、修订计划〉的通知》（建标 [2009] 88 号）的要求，规程编制组经广泛调查研究，认真总结实践经验，参考有关国际和国内先进标准，并在广泛征求意见的基础上，制定了本规程。

本规程的主要技术内容是：1 总则；2 术语和符号；3 择压仪；4 抽样与检测；5 强度计算与推定；6 检测报告。

本规程由住房和城乡建设部负责管理，由江苏省金陵建工集团有限公司负责具体技术内容的解释。执行过程中如有意见和建议，请寄送江苏省金陵建工集团有限公司（地址：南京市建邺区楠溪江东街 68 号旭建大厦 2 层，邮政编码：210019）。

本规程主编单位：江苏省金陵建工集团有限公司
江苏南通三建集团有限公司

本规程参编单位：江苏省建筑科学研究院有限公司
江苏科永和工程建设质量检测鉴定中心有限公司
国家建筑工程质量监督检验中心

四川省建筑科学研究院
山东省建筑科学研究院
陕西省建筑科学研究院
重庆市建筑科学研究院
南京工程学院
江苏三泰建设工程有限公司
扬州开发区建设局
江苏双龙集团有限公司
扬州大学

本规程主要起草人员：顾瑞南　韩　放　钱艺柏
盛胜刚　邸小坛　侯汝欣
崔士起　文恒武　林文修
徐　骋　宗　兰　陈树芝
李文龙　杨苏杭　张　伟
韩文星　王　枫　李正美
曹光中　杜　勇　钱承刚
郑　林　王金山　潘振华
叶鸿林　朱春银　杨鼎宜

本规程主要审查人员：高小旺　王永维　张书禹
叶　健　晏大玮　方　平
曹双寅　李延和　张赤宇

目 次

Contents

1 总 则

1.0.1 为规范择压法检测砌体结构砌筑砂浆抗压强度的技术方法，保证检测精度，制定本规程。

1.0.2 本规程适用于烧结普通砖、烧结多孔砖、烧结空心砖砌体结构中水泥砂浆、混合砂浆抗压强度的现场检测和推定。

1.0.3 从事择压法检测砌筑砂浆抗压强度的人员，应通过专门的技术培训。现场开展检测工作时，应遵守国家有关安全、劳动保护和环境保护的规定。

1.0.4 择压法检测砌筑砂浆抗压强度，除应符合本规程外，尚应符合国家现行有关标准的规定。

2 术语和符号

2.1 术 语

2.1.1 择压法 selective pressing method

选择砌体结构中有代表性的水平灰缝，取出砂浆片试样制作成试件，使用择压仪对其进行抗压试验，测得择压荷载值继而推定砌筑砂浆抗压强度的检测方法。

2.1.2 择压荷载值 load value for selective pressing

择压法检测砌筑砂浆抗压强度过程中，当试件破坏时，择压仪显示的读数值。

2.1.3 择压强度 strength of selective pressing

试件厚度换算后，受压面上单位面积的择压荷载值。

2.1.4 砌筑砂浆抗压强度推定值 estimation value of compressive strength for masonry mortar bed

砌体结构水平灰缝内的砌筑砂浆（水泥砂浆或混合砂浆）抗压强度推定值，为检测龄期的砌筑砂浆抗压强度。

2.2 符 号

A——试件受压面积，取 $78.54 mm^2$。

f_2——砌筑砂浆推定强度等级所对应的立方体试块抗压强度平均值。

$f_{2,i,j}$——i 测区第 j 个砂浆试件的择压强度。

$f_{2,i}$——i 测区砂浆试件择压强度平均值。

$f_{2,i,cu}$——i 测区砂浆抗压强度换算值。

$f_{2,m}$——同一检测单元或单片墙内各测区砌筑砂浆抗压强度平均值。

$f_{2,min}$——同一检测单元中，测区砌筑砂浆抗压强度的最小值。

$N_{i,j}$——i 测区第 j 个砂浆试件的择压荷载值。

s——同一检测单元的强度标准差。

δ——同一检测单元的强度变异系数。

$\xi_{i,j}$——i 测区第 j 个砂浆试件厚度换算系数。

3 择 压 仪

3.1 技 术 要 求

3.1.1 择压仪应包括反力架、测力系统、圆平压头、对中自调平系统、数显测读系统、加载手柄和积灰盖等部分（图 3.1.1）。

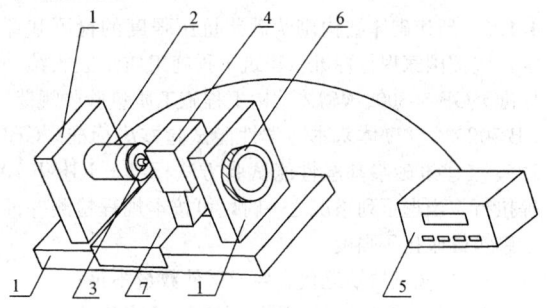

图 3.1.1 择压仪示意图

1—反力架；2—测力系统；3—圆平压头；4—对中自调平系统；5—数显测读系统；6—加载手柄；7—积灰盖

3.1.2 择压仪应具有产品出厂合格证，并应通过计量校准。

3.1.3 择压仪应满足下列技术要求：

1 整体结构应有足够强度和刚度；

2 择压仪用圆平压头的直径应为（10±0.05）mm，额定行程不应小于18mm；

3 择压仪应设有对中自调平系统；

4 择压仪的极限压力应为5000N；

5 数显测读系统示值的最小分度值不应大于1N，且数显测读系统应具有峰值保持功能、断电保持功能和数据存储功能；

6 测力系统的力值误差不应大于1N。

3.1.4 择压仪的使用环境温度宜为5℃～35℃。数显测读系统应在室内自然环境下使用和放置，严禁与水接触。

3.2 校准与保养

3.2.1 择压仪的计量校准有效期应为1年，计量校准的结果应符合本规程第3.1.3条的规定。

3.2.2 当具有下列情况之一时，择压仪应进行校准：

1 新择压仪启用前；

2 超过校准有效期；

3 遭受严重撞击、跌落、振动等损伤；

4 维修后；

5 对检测结果有怀疑或争议时。

3.2.3 择压仪应定期保养，并应符合下列规定：

1 使用过程中，宜避免灰尘沾污仪器，若沾污灰尘应予清除；

2 机械转动摩擦部位应保持润滑；

3 使用后应清理干净；

4 不用时应予遮盖防护，并应使圆平压头处于不受荷载状态。

4 抽样与检测

4.1 一般规定

4.1.1 新建砌体结构砌筑砂浆抗压强度的检测和评定，应按国家现行标准《建筑工程施工质量验收统一标准》GB 50300、《砌体结构工程施工质量验收规范》GB 50203、《砌体基本力学性能试验方法标准》GBJ 129、《建筑砂浆基本性能试验方法标准》JGJ/T 70 等执行。当遇下列情况之一时，可按本规程检测并推定砌筑砂浆抗压强度：

1 砂浆试块缺乏代表性或试件数量不足；

2 对砂浆试块的检测结果有怀疑或争议，需要确定砌筑砂浆抗压强度。

4.1.2 既有建筑的砌体结构进行下列鉴定时，可按本规程检测并推定砌筑砂浆抗压强度：

1 砌体结构安全鉴定；

2 砌体结构抗震鉴定；

3 砌体结构改变用途、改建、加层、扩建或大修前的专门鉴定。

4.2 抽样与试件制作

4.2.1 抽样方法应符合下列规定：

1 当检测对象为整栋建筑物或建筑物的一部分时，可将其划分为一个或若干个独立的检测单元。对连续墙体划分检测单元时，每片墙的高度不宜大于3.5m，水平长度不宜大于6.0m。

2 当一个检测单元内的墙体多于6片时，随机抽样的墙片数量不应少于6片；当一个检测单元内不多于6片时，每片墙均应检测。每片墙内至少应布置1个测区，当每片墙布置2个或2个以上测区时，宜沿墙高均匀分布。当检测单元仅为单片墙时，测区不应少于2个。

3 每个测区的面积宜为0.5m×0.5m。

4 应随机在每个测区的水平灰缝内取出6个面积不小于30mm×30mm、厚度为8mm～16mm的砂浆片试样，其中1个应为备份试样，其余5个应为试验试样。试样的两面应相对平行。取得的试样应使用同一容器收置并编号入册。

4.2.2 砂浆试样应在深入墙体表面20mm以内抽取，不应在独立砖柱或长度小于1m的墙体上抽取，也不应在承重梁正下方的墙体上抽取。

4.2.3 试件制作应符合下列规定：

1 制作的试件最小中心线性长度不应小于30mm；

2 试件受压面应平整和无缺陷，对于不平整的受压面，可用砂纸打磨；

3 试件表面的砂粒和浮尘应清除。

4.3 检 测

4.3.1 砂浆试样应在自然干燥的状态下进行检测；当砂浆试样处于潮湿状态时，应自然晾干或烘干。

4.3.2 砂浆试件的厚度应使用游标卡尺进行量测，测厚点应在择压作用面内，读数应精确至0.1mm，并应取3个不同部位厚度的平均值作为试件厚度。

4.3.3 在择压仪的两个圆平压头表面，应各贴一片厚度小于1mm、面积略大于圆平压头的薄橡胶垫。启动择压仪，应设置数显测读系统为峰值保持状态，并应确认计量单位为牛顿（N）。

4.3.4 砂浆试件应垂直对中放置在择压仪的两个压头之间，压头作用面边缘至砂浆试件边缘的距离不宜小于10mm。

4.3.5 对砂浆试件进行加荷试验时，加荷速率宜控制在每秒为预估破坏荷载的1/15～1/10，并应持续至试件破坏为止。择压荷载值应为砂浆试件破坏时择压仪数显测读系统显示的峰值，并应精确至1N。检测记录宜按本规程附录A的格式填写。

5 强度计算与推定

5.1 强 度 计 算

5.1.1 单个砂浆试件的择压强度应按下式计算：

$$f_{2,i,j} = \xi_{i,j} \cdot \frac{N_{i,j}}{A} \qquad (5.1.1)$$

式中：$N_{i,j}$——第i测区第j个砂浆试件破坏时试件择压荷载值，精确至1N；

A——试件受压面积，取78.54mm^2；

$\xi_{i,j}$——第i测区第j个砂浆试件厚度换算系数，按表5.1.1取值；

$f_{2,i,j}$——第i测区第j个砂浆试件的择压强度，精确至0.1MPa。

表5.1.1 砂浆试件厚度换算系数

试件厚度 (mm)	8	9	10	11	12	13	14	15	16
厚度换算系数 $\xi_{i,j}$	1.25	1.11	1.00	0.91	0.83	0.77	0.71	0.67	0.62

注：表中未列出的值，可用内插求得。

5.1.2 每个测区的择压强度平均值应按下式计算：

$$f_{2,i} = \frac{\sum_{j=1}^{5} f_{2,i,j}}{5} \qquad (5.1.2)$$

式中：$f_{2,i}$——第i测区砂浆试件择压强度平均值，精确至0.1MPa。

5.1.3 每个测区的砂浆抗压强度换算值应通过测强曲线换算取得，并应优先采用专用测强曲线。当无专用测强曲线时，可采用地区测强曲线。当无地区测强曲线或专用测强曲线时，可按下列公式计算：

1 水泥砂浆，可按下式计算：

$$f_{2,i,cu} = 0.635 f_{2,i}^{1.112} \qquad (5.1.3\text{-}1)$$

2 混合砂浆，可按下式计算：

$$f_{2,i,cu} = 0.511 f_{2,i}^{1.267} \qquad (5.1.3\text{-}2)$$

式中：$f_{2,i,cu}$——第 i 测区砂浆抗压强度换算值，精确至 0.1MPa。

5.1.4 有条件的单位或地区，可制定专用测强曲线或地区测强曲线。专用测强曲线或地区测强曲线的制定应符合本规程附录 B 的规定。

5.2 强 度 推 定

5.2.1 每一检测单元的砌筑砂浆抗压强度平均值、标准差和变异系数，应分别按下列公式计算：

$$f_{2,m} = \frac{1}{n_2} \sum_{i=1}^{n_2} f_{2,i,cu} \qquad (5.2.1\text{-}1)$$

$$s = \sqrt{\frac{\sum_{i=1}^{n_2} (f_{2,m} - f_{2,i,cu})^2}{n_2 - 1}} \qquad (5.2.1\text{-}2)$$

$$\delta = \frac{s}{f_{2,m}} \qquad (5.2.1\text{-}3)$$

式中：$f_{2,m}$——同一检测单元内各测区砌筑砂浆抗压强度平均值（MPa）；

n_2——同一检测单元的测区数；

s——同一检测单元的强度标准差，精确至 0.01MPa；

δ——同一检测单元的强度变异系数，精确至 0.01。

5.2.2 每一检测单元的砌筑砂浆抗压强度，应按下列规定进行推定：

1 当墙片数大于或等于 6 片时，砌筑砂浆抗压强度推定值应符合下列公式的规定：

$$f_2 \leq f_{2,m} \qquad (5.2.2\text{-}1)$$

$$f_2 \leq \frac{4}{3} f_{2,min} \qquad (5.2.2\text{-}2)$$

2 当墙片数小于 6 片时，砌筑砂浆抗压强度推定值应符合下式的规定：

$$f_2 \leq f_{2,min} \qquad (5.2.2\text{-}3)$$

式中：f_2——砌筑砂浆抗压强度推定值（MPa），精确至 0.1MPa；

$f_{2,min}$——同一检测单元中，测区砌筑砂浆抗压强度的最小值（MPa）。

3 当检测结果的变异系数（δ）大于 0.35 时，应检查产生离散性的原因，且当离散性是因检测单元划分不当造成时，应重新划分检测单元进行检测，并可增加测区数进行补测，然后重新推定；当离散性是因其他原因造成时，可根据实际情况采取相应措施。

6 检 测 报 告

6.0.1 检测报告应结论准确、用词规范、文字简练，并可按本规程附录 C 的格式填写。对于容易混淆的术语和概念，宜给出书面解释，也可附图说明。

6.0.2 检测报告应包括下列内容：

1 委托单位名称；

2 建筑工程概况，包括工程名称、结构类型、规模、施工日期、现状及结构平面图等；

3 施工单位名称；

4 检测原因；

5 检测项目、检测方法及依据的标准；

6 抽样方案及数量；

7 检测日期、报告完成日期；

8 检测数据和汇总结果、检测结论；

9 检测、审核和批准人员的签名。

附录 A 择压法检测砌筑砂浆抗压强度试验记录表

表 A 择压法检测砌筑砂浆抗压强度记录表

工程名称：＿＿＿＿＿　择压仪编号：＿＿＿＿＿

施工单位：＿＿＿＿＿　择压仪检验证号：＿＿＿＿＿

施工日期：＿＿＿＿＿　单元编号：＿＿＿＿＿

委托单位：＿＿＿＿＿　砂浆类别：＿＿＿＿＿

检测原因：＿＿＿＿＿　检测日期：＿＿＿＿＿

测区	试件编号	厚度（mm）				厚度换算系数（内插法）	择压值（N）	试件择压强度（MPa）	测区择压强度（MPa）	抗压强度换算值（MPa）	备注
		1	2	3	均值						

检测：＿＿＿＿＿　　记录：＿＿＿＿＿

校对：＿＿＿＿＿　　审核：＿＿＿＿＿

附录 B 地区测强曲线和专用测强曲线的制定方法

B.0.1 制定地区测强曲线的试件（砂浆试块和试验用墙体）应与本地区常测结构或构件在原材料、砌筑工艺与养护方法等方面条件相同。制定专用测强曲线的试件应与拟检测结构或构件在原材料、砌筑工艺和养护方法等方面条件相同。采用的择压仪应符合本规程第 3 章的规定。

B.0.2 试件的制作和养护应符合下列规定：

1 制定地区测强曲线时，应按地区常用配合比设计 5 个砂浆强度等级，并按砖底模、钢底模分别为每一强度等级、每一龄期、每一有代表性的区域制作不少于 6 组砂浆试块，且每组均应为 3 个 70.7mm×70.7mm×70.7mm 的立方体试块。每一强度等级对应砌筑的试验墙片，规格不应小于 1.5m×1.5m，数量不应少于 2 片。

2 制定专用测强曲线时，应与拟检测砌体结构要求的相同材料和配合比选用 5 个砂浆强度等级。试件数量应与地区测强曲线的要求一致。

3 砂浆试块和墙体试件应同条件养护。

B.0.3 试验应符合下列规定：

1 同强度、同龄期的砂浆试块试验和择压法试验应同时进行；

2 砂浆试块的试验应按现行行业标准《建筑砂浆基本性能试验方法标准》JGJ/T 70 执行；

3 择压法试件应在相应试验墙体中分区域抽取，且有效试件数量不应少于 25 个，择压法试验应符合本规程第 4 章的规定。

B.0.4 地区测强曲线和专用测强曲线的计算均应符合下列规定：

1 地区测强曲线和专用测强曲线的回归方程式，应按每一砂浆试件求得的 $f_{2,i}$ 和 $f_{2,cu}$ 数据，采用最小二乘法原理计算；

2 回归方程宜符合下式规定：

$$f_{2,cu} = A f_{2,i}^B \qquad (B.0.4\text{-}1)$$

3 回归方程式的强度平均相对误差（δ）和强度相对标准差（e_r）应用下列公式计算：

$$\delta = \pm \frac{1}{n} \sum_{i=1}^{n} \left| \frac{f_{2,i}}{f_{2,cu}} - 1 \right| \times 100 \quad (B.0.4\text{-}2)$$

$$e_r = \sqrt{\frac{1}{n-1} \sum_{i=1}^{n} \left(\frac{f_{2,i}}{f_{2,cu}} - 1 \right)^2} \times 100$$

$$(B.0.4\text{-}3)$$

式中：δ——回归方程式的强度平均相对误差（%），精确至 0.1；

e_r——回归方程式的强度相对标准差（%），精确至 0.1；

$f_{2,i}$——i 测区砂浆试件抗压强度平均值（MPa），精确至 0.01MPa；

$f_{2,cu}$——由同一试件的平均择压值 $f_{2,i}$ 按回归方程式算出的砂浆立方体抗压强度换算值（MPa），精确至 0.1MPa；

n——制定回归方程式的试件数。

B.0.5 地区测强曲线和专用测强曲线应符合下列规定：

1 对于地区测强曲线，平均相对误差不应大于 15.0%，相对标准差不应大于 20.0%；

2 对于专用测强曲线，平均相对误差不应大于 13.0%，相对标准差不应大于 18.0%。

B.0.6 当 δ 和 e_r 符合本规程第 B.0.5 条的规定后，应将测强曲线报请上级主管部门审批。

附录 C 择压法检测砌筑砂浆抗压强度报告

表 C 择压法检测砌筑砂浆抗压强度报告

编号（规考）第_____号　　　第_____页共_____页

施工单位：_____　　　委托单位：_____

工程名称：_____　　　结构或构件名称：_____

施工日期：_____　　　检测原因：_____

检测环境：_____　　　检测依据：_____

择压仪厂：_____　　　择压仪编号：_____

检测日期：_____　　　择压仪检验证号：_____

检 测 结 果

构件		砌筑砂浆抗压强度换算值（MPa）			现龄期砌筑砂浆强度推定值（MPa）	备 注
名称	编号	平均值	标准差	最小值		

批准：_____　　　审核：_____

主检：_____　　　上岗证号：_____

主检：_____　　　上岗证号：_____

出具报告日期：___年___月___日　单位盖章：_____

本规程用词说明

1 为了便于在执行本规程条文时区别对待，对要求严格程度不同的用词说明如下：

1）表示很严格，非这样做不可的：
正面词采用"必须"；反面词采用"严禁"。

2）表示严格，在正常情况下均应这样做的：

正面词采用"应";反面词采用"不应"或"不得"。

3）表示允许稍有选择，在条件许可时首先这样做的：

正面词采用"宜";反面词采用"不宜"。

4）表示有选择，在一定条件下可以这样做的，采用"可"。

2 条文中指明应按其他有关标准执行的写法为："应符合……的规定"或"应按……执行"。

引用标准名录

1 《砌体基本力学性能试验方法标准》GBJ 129

2 《砌体结构工程施工质量验收规范》GB 50203

3 《建筑工程施工质量验收统一标准》GB 50300

4 《建筑砂浆基本性能试验方法标准》JGJ/T 70

中华人民共和国行业标准

择压法检测砌筑砂浆抗压强度
技术规程

JGJ/T 234—2011

条 文 说 明

制 定 说 明

《择压法检测砌筑砂浆抗压强度技术规程》JGJ/T
234-2011，经住房和城乡建设部 2011 年 1 月 28 日
以第 900 号公告批准、发布。

本规程制定过程中，编制组进行了全国范围内的
相关工程情况和国内外科技查新等的调查研究，总结
了我国近 10 年的砌体结构砌筑砂浆抗压强度检测鉴
定的实践经验，同时参考了国外先进技术法规、技术
标准，通过试验取得了择压法一些相关的重要技术
参数。

为便于广大设计、施工、科研、学校等单位有关
人员在使用本规程时能正确理解和执行条文规定，
《择压法检测砌筑砂浆抗压强度技术规程》编制组按
章、节、条顺序编制了本规程的条文说明，对条文规
定的目的、依据以及执行中需注意的有关事项进行了
说明。但是，本条文说明不具备与规程正文同等的法
律效力，仅供使用者作为理解和把握规程的参考。

目　　次

1 总　　则

1.0.1 建筑结构工程中，砌体结构面广量大，而砌体结构砌筑砂浆抗压强度是砌体结构质量和安全的重要性能指标之一，其现场检测评定的方法和技术有多种。择压法检测砌筑砂浆抗压强度方法和技术是由江苏省建筑科学研究院在 1996～1998 年负责完成的一项新的科研成果——"砌体结构砌筑砂浆抗压强度直接检测鉴定技术的研究"，并于 1999～2001 年完成了江苏省地方标准的编制任务。"择压法"——择为选择，压为局部直接抗压，即选择局部直接抗压的方法。现编制的《择压法检测砌筑砂浆抗压强度技术规程》，系实现对砌体结构水平灰缝中取出的砂浆片通过直径为 10mm 圆平压头进行实质近似于直径为 10mm、高度为灰缝厚度的正圆柱体形砂浆进行局部直接抗压试验，测得其择压荷载值。由预先通过对比试验所建立的砂浆片试样抗压强度与同条件养护的砂浆试块立方体抗压强度的关系，推定砌体结构砌筑砂浆抗压强度。所测结果更直接、更准确、更合理、更科学。为此编制规程，以利推广应用。

1.0.2 本条规定了使用本规程检测及推定砌筑砂浆抗压强度的适用范围。

1.0.3 为了更好地推广择压法检测砌筑砂浆抗压强度技术，保证检测质量，要求使用本规程进行工程检测和结果分析的人员均应通过专门的技术培训。

3 择　压　仪

3.1　技　术　要　求

3.1.1～3.1.4　规定了择压仪的仪器构成、技术要求和使用环境。由于择压仪是计量仪器，因此要在择压仪的明显位置上标明名称、型号、制造厂商、生产编号及生产日期。

3.2　校准与保养

3.2.1、3.2.2　规定了择压仪需要校准的情况。
3.2.3　本条规定了择压仪常规的保养要求及方法。

4 抽样与检测

4.1　一　般　规　定

4.1.1、4.1.2　规定了择压法检测砌筑砂浆抗压强度实际工程应用范围。

4.2　抽样与试件制作

4.2.1　本条规定了择压法检测砌筑砂浆抗压强度的砂浆试件抽样方法。试件抽样遵守"随机"的原则，并宜由建设单位、监理单位、施工单位会同检测单位共同商定抽样的范围、数量和方法。对有争议的墙体或推定强度明显偏低的墙体，采取细分检测单元或增加单元测区数量等措施。

4.2.2　本条规定了试样抽取的位置，主要考虑：1）内外砂浆性状不一致；2）抽取试样时砌体结构自身的安全性。

4.2.3　本条规定了试件制作的相关规定，试件边缘不要求非常规则。从水平灰缝中取出的原状砂浆片称作试样，试样经选择加工处理后用于择压试验的砂浆片称为试件。

4.3　检　　测

4.3.3　在圆平压头表面各垫上一片薄橡胶垫，既可确保加载均匀，有缓冲作用，又避免圆平压头磨损。
4.3.5　圆平压头加荷速率大小对试件极限破坏荷载有影响，所以规定了加荷时的速率范围。

5 强度计算与推定

5.1　强　度　计　算

5.1.1　本条规定了单个砂浆试件的择压强度计算过程。由于现场检测条件的限制，砂浆试件有时不能符合 10mm 的厚度要求，故本条规定可按表 5.1.1 厚度换算系数进行换算。

5.1.3　本条规定了测区对应砂浆立方体试件的抗压强度换算值的计算方法，可用下列测强曲线计算：

　　1　统一测强曲线：由全国有代表性的材料、成型工艺所砌筑和成型的砌体和砂浆试件，通过试验所建立的测强曲线；

　　2　地区测强曲线：由该地区常用的材料、成型工艺所砌筑和成型的砌体和砂浆试件，通过试验所建立的测强曲线；

　　3　专用测量曲线：由与拟检测结构或构件采用相同的材料、成型、砌筑、养护工艺而制成的试件和墙体，通过试验所建立的测强曲线。

　　规程编制组在江苏、陕西、青海、黑龙江、山东、四川、广东、内蒙古、北京、上海等地区大量试验和验证数据的基础上，经数据处理得出《择压法检测砌筑砂浆抗压强度技术规程》统一测强曲线。

　　统一测强曲线：
　　水泥砂浆

$$f_{2,i,cu} = 0.635 f_{2,i}^{1.112}$$

　　混合砂浆

$$f_{2,i,cu} = 0.511 f_{2,i}^{1.267}$$

　　相关系数 $r=0.84$，平均相对误差 $\delta=17\%$，相对标准差 $e_r=20\%$。

5.1.4 建立地区和专用测强曲线可以提高该地区的检测精度。地区和专用测强曲线须经地方建设行政主管部门组织的审查和批准，方能实施。各地可以根据专用测强曲线、地区测强曲线、统一测强曲线的次序选用。

5.2 强度推定

5.2.1 规定了判定每一检测单元择压法检测砌筑砂浆抗压强度检测结果的离散性计算方法。

5.2.2 本条规定了检测单元的砌筑砂浆的抗压强度推定方法和离散性较大时的处理办法。

6 检 测 报 告

6.0.1 检测报告是工程测试的最后结果，是掌握和控制砌体结构中砌筑砂浆抗压强度的依据，为避免检测报告格式混乱，因此提出检测报告的具体内容要求。

中华人民共和国行业标准

混凝土中钢筋检测技术规程

Technical specification for test of reinforcing
steel bar in concrete

JGJ/T 152—2008

J 794—2008

批准部门：中华人民共和国住房和城乡建设部
施行日期：２００８年１０月１日

中华人民共和国住房和城乡建设部
公　告

第 20 号

关于发布行业标准
《混凝土中钢筋检测技术规程》的公告

现批准《混凝土中钢筋检测技术规程》为行业标准，编号为 JGJ/T 152—2008，自 2008 年 10 月 1 日起实施。

本规程由我部标准定额研究所组织中国建筑工业出版社出版发行。

中华人民共和国住房和城乡建设部

2008 年 4 月 28 日

前　言

根据建设部建标〔2002〕84 号文的要求，规程编制组经广泛调查研究，认真总结实践经验，参考有关国际标准和国外先进标准，并在广泛征求意见的基础上，制定了本规程。

本规程的主要技术内容：1. 总则；2. 术语、符号；3. 钢筋间距和保护层厚度检测；4. 钢筋直径检测；5. 钢筋锈蚀性状检测。

本规程由住房和城乡建设部负责管理，由主编单位负责具体技术内容的解释。

本规程主编单位：中国建筑科学研究院（地址：北京市北三环东路 30 号，邮政编码：100013）

本规程参加单位：福建省建筑科学研究院
安徽省水利科学研究院
山东省建筑科学研究院
欧美大地仪器设备中国有限公司
北京盛世伟业科技有限公司
喜利得（中国）有限公司

本规程主要起草人员：张仁瑜　陈　松　崔德密
崔士起　叶　健　何春凯
陈　涛　李劲松　张今阳
成　勃　徐凯讯

目　次

1 总 则

1.0.1 为规范混凝土结构及构件中钢筋检测及检测结果的评价方法，提高检测结果的可靠性和可比性，制定本规程。

1.0.2 本规程适用于混凝土结构及构件中钢筋的间距、公称直径、锈蚀性状及混凝土保护层厚度的现场检测。

1.0.3 检测前宜具备下列资料：

1 工程名称、结构及构件名称以及相应的钢筋设计图纸；

2 建设、设计、施工及监理单位名称；

3 混凝土中含有的铁磁性物质；

4 检测部位钢筋品种、牌号、设计规格、设计保护层厚度，结构构件中预留管道、金属预埋件等；

5 施工记录等相关资料；

6 检测原因。

1.0.4 对混凝土中钢筋进行检测时，除应符合本规程外，尚应符合国家现行有关标准的规定。

2 术语、符号

2.1 术 语

2.1.1 电磁感应法 electromagnetic test method

用电磁感应原理检测混凝土结构及构件中钢筋间距、混凝土保护层厚度及公称直径的方法。

2.1.2 雷达法 radar test method

通过发射和接收到的毫微秒级电磁波来检测混凝土结构及构件中钢筋间距、混凝土保护层厚度的方法。

2.1.3 半电池电位法 half-cell potentials test method

通过检测钢筋表面层上某一点的电位，并与铜-硫酸铜参考电极的电位作比较，以此来确定钢筋锈蚀性状的方法。

2.2 符 号

c_1'、c_2'——第 1、2 次检测的混凝土保护层厚度检测值；

c_0——探头垫块厚度；

$c_{m,i}'$——第 i 个测点混凝土保护层厚度平均检测值；

c_c——混凝土保护层厚度修正值；

s_i——第 i 个钢筋间距；

$s_{m,i}$——钢筋平均间距；

T——检测环境温度；

V——温度修正后电位值；

V_R——温度修正前电位值。

3 钢筋间距和保护层厚度检测

3.1 一 般 规 定

3.1.1 本章所规定检测方法不适用于含有铁磁性物质的混凝土检测。

3.1.2 应根据钢筋设计资料，确定检测区域内钢筋可能分布的状况，选择适当的检测面。检测面应清洁、平整，并应避开金属预埋件。

3.1.3 对于具有饰面层的结构及构件，应清除饰面层后在混凝土面上进行检测。

3.1.4 钻孔、剔凿时，不得损坏钢筋，实测应采用游标卡尺，量测精度应为 0.1mm。

3.1.5 钢筋间距和混凝土保护层厚度检测结果可按本规程附录 A 中表 A.0.1 和表 A.0.2 记录。

3.2 仪器性能要求

3.2.1 电磁感应法钢筋探测仪（以下简称钢筋探测仪）和雷达仪检测前应采用校准试件进行校准，当混凝土保护层厚度为 10～50mm 时，混凝土保护层厚度检测的允许误差为±1mm，钢筋间距检测的允许误差为±3mm。

3.2.2 钢筋探测仪的校准应按本规程附录 B 的规定进行，雷达仪的校准应按本规程附录 C 的规定进行。正常情况下，钢筋探测仪和雷达仪校准有效期可为一年。发生下列情况之一时，应对钢筋探测仪和雷达仪进行校准：

1 新仪器启用前；

2 检测数据异常，无法进行调整；

3 经过维修或更换主要零配件。

3.3 钢筋探测仪检测技术

3.3.1 钢筋探测仪可用于检测混凝土结构及构件中钢筋的间距和混凝土保护层厚度。

3.3.2 检测前，应对钢筋探测仪进行预热和调零，调零时探头应远离金属物体。在检测过程中，应核查钢筋探测仪的零点状态。

3.3.3 进行检测前，宜结合设计资料了解钢筋布置状况。检测时，应避开钢筋接头和绑丝，钢筋间距应满足钢筋探测仪的检测要求。探头在检测面上移动，直到钢筋探测仪保护层厚度示值最小，此时探头中心线与钢筋轴线应重合，在相应位置作好标记。按上述步骤将相邻的其他钢筋位置逐一标出。

3.3.4 钢筋位置确定后，应按下列方法进行混凝土保护层厚度的检测：

1 首先应设定钢筋探测仪量程范围及钢筋公称直径，沿被测钢筋轴线选择相邻钢筋影响较小的位置，并应避开钢筋接头和绑丝，读取第 1 次检测的混凝土保护层厚度检测值。在被测钢筋的同一位置应重复检测1次,读取第2次检测的混凝土保护层厚度检测值。

　　2　当同一处读取的2个混凝土保护层厚度检测值相差大于1mm时,该组检测数据应无效,并查明原因,在该处应重新进行检测。仍不满足要求时,应更换钢筋探测仪或采用钻孔、剔凿的方法验证。

　　注:大多数钢筋探测仪要求钢筋公称直径已知方能准确检测混凝土保护层厚度,此时钢筋探测仪必须按照钢筋公称直径对应进行设置。

3.3.5　当实际混凝土保护层厚度小于钢筋探测仪最小示值时,应采用在探头下附加垫块的方法进行检测。垫块对钢筋探测仪检测结果不应产生干扰,表面应光滑平整,其各方向厚度值偏差不应大于0.1mm。所加垫块厚度在计算时应予扣除。

3.3.6　钢筋间距检测应按本规程第3.3.3条的规定进行。应将检测范围内的设计间距相同的连续相邻钢筋逐一标出,并应逐个量测钢筋的间距。

3.3.7　遇到下列情况之一时,应选取不少于30%的已测钢筋,且不应少于6处(当实际检测数量不到6处时应全部选取),采用钻孔、剔凿等方法验证:

　　1　认为相邻钢筋对检测结果有影响;

　　2　钢筋公称直径未知或有异议;

　　3　钢筋实际根数、位置与设计有较大偏差;

　　4　钢筋以及混凝土材质与校准试件有显著差异。

3.4　雷达仪检测技术

3.4.1　雷达法宜用于结构及构件中钢筋间距的大面积扫描检测;当检测精度满足要求时,也可用于钢筋的混凝土保护层厚度检测。

3.4.2　根据被测结构及构件中钢筋的排列方向,雷达仪探头或天线应沿垂直于选定的被测钢筋轴线方向扫描,应根据钢筋的反射波位置来确定钢筋间距和混凝土保护层厚度检测值。

3.4.3　遇到下列情况之一时,应选取不少于30%的已测钢筋,且不应少于6处(当实际检测数量不到6处时应全部选取),采用钻孔、剔凿等方法验证:

　　1　认为相邻钢筋对检测结果有影响;

　　2　钢筋实际根数、位置与设计有较大偏差或无资料可供参考;

　　3　混凝土含水率较高;

　　4　钢筋以及混凝土材质与校准试件有显著差异。

3.5　检测数据处理

3.5.1　钢筋的混凝土保护层厚度平均检测值应按下式计算:

$$c_{m,i}^{t} = (c_1^t + c_2^t + 2c_c - 2c_0)/2 \quad (3.5.1)$$

式中　$c_{m,i}^{t}$——第i测点混凝土保护层厚度平均检测值,精确至1mm;

　　c_1^t、c_2^t——第1、2次检测的混凝土保护层厚度检测值,精确至1mm;

　　c_c——混凝土保护层厚度修正值,为同一规格钢筋的混凝土保护层厚度实测验证值减去检测值,精确至0.1mm;

　　c_0——探头垫块厚度,精确至0.1mm;不加垫块时$c_0 = 0$。

3.5.2　检测钢筋间距时,可根据实际需要采用绘图方式给出结果。当同一构件检测钢筋不少于7根钢筋(6个间隔)时,也可给出被测钢筋的最大间距、最小间距,并按下式计算钢筋平均间距:

$$s_{m,i} = \frac{\sum_{i=1}^{n} s_i}{n} \quad (3.5.2)$$

式中　$s_{m,i}$——钢筋平均间距,精确至1mm;

　　s_i——第i个钢筋间距,精确至1mm。

4　钢筋直径检测

4.1　一般规定

4.1.1　应采用以数字显示示值的钢筋探测仪来检测钢筋公称直径,钢筋探测仪及检测应符合本规程第3.1节和第3.2节的要求。

4.1.2　对于校准试件,钢筋探测仪对钢筋公称直径的检测允许误差为±1mm。当检测误差不能满足要求时,应以剔凿实测结果为准。

4.1.3　钢筋直径的检测结果可按本规程附录A中表A.0.3记录。

4.2　检测技术

4.2.1　检测的准备应按本规程第3.1节的要求进行。

4.2.2　钢筋探测仪的操作应按本规程第3.3节的要求进行。

4.2.3　钢筋的公称直径检测应采用钢筋探测仪检测并结合钻孔、剔凿的方法进行,钢筋钻孔、剔凿的数量不应少于该规格已测钢筋的30%且不应少于3处(当实际检测数量不到3处时应全部选取)。钻孔、剔凿时,不得损坏钢筋,实测应采用游标卡尺,量测精度应为0.1mm。

4.2.4　实测时,根据游标卡尺的测量结果,可通过相关的钢筋产品标准查出对应的钢筋公称直径。

4.2.5　当钢筋探测仪测得的钢筋公称直径与钢筋实际公称直径之差大于1mm时,应以实测结果为准。

4.2.6　应根据设计图纸等资料,确定被测结构及构件中钢筋的排列方向,并采用钢筋探测仪按本规程第3.3节的要求对被测结构及构件中钢筋及其相邻钢筋进行准确定位并作标记。

4.2.7　被测钢筋与相邻钢筋的间距应大于100mm,

且其周边的其他钢筋不应影响检测结果，并应避开钢筋接头及绑丝。在定位的标记上，应根据钢筋探测仪的使用说明书操作，并记录钢筋探测仪显示的钢筋公称直径。每根钢筋重复检测2次，第2次检测时探头应旋转180°，每次读数必须一致。

4.2.8 对需依据钢筋混凝土保护层厚度值来检测钢筋公称直径的仪器，应事先钻孔确定钢筋的混凝土保护层厚度。

5 钢筋锈蚀性状检测

5.1 一 般 规 定

5.1.1 本章适用于采用半电池电位法来定性评估混凝土结构及构件中钢筋的锈蚀性状，不适用于带涂层的钢筋以及混凝土已饱水和接近饱水的构件检测。

5.1.2 钢筋的实际锈蚀状况宜进行剔凿实测验证。

5.1.3 钢筋半电池电位的检测结果可按本规程附录A中表A.0.4记录。

5.2 仪器性能要求

5.2.1 检测设备应包括半电池电位法钢筋锈蚀检测仪（以下简称钢筋锈蚀检测仪）和钢筋探测仪等，钢筋探测仪的技术要求应符合本规程第3章相关规定。

5.2.2 钢筋锈蚀检测仪应由铜-硫酸铜半电池（以下简称半电池）、电压仪和导线构成。铜-硫酸铜半电池如图5.2.2所示。

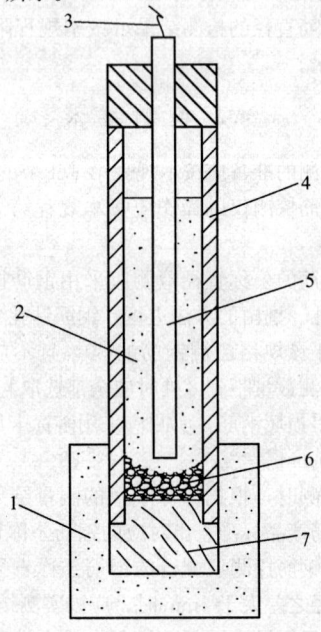

图 5.2.2 铜-硫酸铜半电池剖面
1—电连接垫（海绵）；2—饱和硫酸铜溶液；3—与电压仪导线连接的插头；4—刚性管；5—铜棒；6—少许硫酸铜结晶；7—多孔塞（软木塞）

5.2.3 饱和硫酸铜溶液应采用分析纯硫酸铜试剂晶体溶解于蒸馏水中制备。应使刚性管的底部积有少量未溶解的硫酸铜结晶，溶液应清澈且饱和。

5.2.4 半电池的电连接垫应预先浸湿，多孔塞和混凝土构件表面应形成电通路。

5.2.5 电压仪应具有采集、显示和存储数据的功能，满量程不宜小于1000mV。在满量程范围内的测试允许误差为±3%。

5.2.6 用于连接电压仪与混凝土中钢筋的导线宜为铜导线，其总长度不宜超过150m、截面面积宜大于0.75mm²，在使用长度内因电阻干扰所产生的测试回路电压降不应大于0.1mV。

5.3 钢筋锈蚀检测仪的保养、维护与校准

5.3.1 钢筋锈蚀检测仪使用后，应及时清洗刚性管、铜棒和多孔塞，并应密闭盖好多孔塞。

5.3.2 铜棒可采用稀释的盐酸溶液轻轻擦洗，并用蒸馏水清洗干净。不得用钢毛刷擦洗铜棒及刚性管。

5.3.3 硫酸铜溶液应根据使用时间给予更换，更换后宜采用甘汞电极进行校准。在室温（22±1）℃时，铜-硫酸铜电极与甘汞电极之间的电位差应为（68±10）mV。

5.4 钢筋半电池电位检测技术

5.4.1 在混凝土结构及构件上可布置若干测区，测区面积不宜大于5m×5m，并应按确定的位置编号。每个测区应采用矩阵式（行、列）布置测点，依据被测结构及构件的尺寸，宜用100mm×100mm～500mm×500mm划分网格，网格的节点应为电位测点。

5.4.2 当测区混凝土有绝缘涂层介质隔离时，应清除绝缘涂层介质。测点处混凝土表面应平整、清洁。必要时应采用砂轮或钢丝刷打磨，并应将粉尘等杂物清除。

5.4.3 导线与钢筋的连接应按下列步骤进行：

　　1 采用钢筋探测仪检测钢筋的分布情况，并应在适当位置剔凿出钢筋；

　　2 导线一端应接于电压仪的负输入端，另一端应接于混凝土中钢筋上；

　　3 连接处的钢筋表面应除锈或清除污物，并保证导线与钢筋有效连接；

　　4 测区内的钢筋（钢筋网）必须与连接点的钢筋形成电通路。

5.4.4 导线与半电池的连接应按下列步骤进行：

　　1 连接前应检查各种接口，接触应良好；

　　2 导线一端应连接到半电池接线插头上，另一端应连接到电压仪的正输入端。

5.4.5 测区混凝土应预先充分浸湿。可在饮用水中加入适量（约2%）家用液态洗涤剂配制成导电溶液，在测区混凝土表面喷洒，半电池的电连接垫与混

凝土表面测点应有良好的耦合。

5.4.6 半电池检测系统稳定性应符合下列要求：

1 在同一测点，用相同半电池重复 2 次测得该点的电位差值应小于 10mV；

2 在同一测点，用两只不同的半电池重复 2 次测得该点的电位差值应小于 20mV。

5.4.7 半电池电位的检测应按下列步骤进行：

1 测量并记录环境温度；

2 应按测区编号，将半电池依次放在各电位测点上，检测并记录各测点的电位值；

3 检测时，应及时清除电连接垫表面的吸附物，半电池多孔塞与混凝土表面应形成电通路；

4 在水平方向和垂直方向上检测时，应保证半电池刚性管中的饱和硫酸铜溶液同时与多孔塞和铜棒保持完全接触；

5 检测时应避免外界各种因素产生的电流影响。

5.4.8 当检测环境温度在（22±5）℃之外时，应按下列公式对测点的电位值进行温度修正：

当 $T \geq 27℃$：

$$V = 0.9 \times (T - 27.0) + V_R \quad (5.4.8\text{-}1)$$

当 $T \leq 17℃$：

$$V = 0.9 \times (T - 17.0) + V_R \quad (5.4.8\text{-}2)$$

式中 V——温度修正后电位值，精确至 1mV；

V_R——温度修正前电位值，精确至 1mV；

T——检测环境温度，精确至 1℃；

0.9——系数（mV /℃）。

5.5 半电池电位法检测结果评判

5.5.1 半电池电位检测结果可采用电位等值线图表示被测结构及构件中钢筋的锈蚀性状。

5.5.2 宜按合适比例在结构及构件图上标出各测点

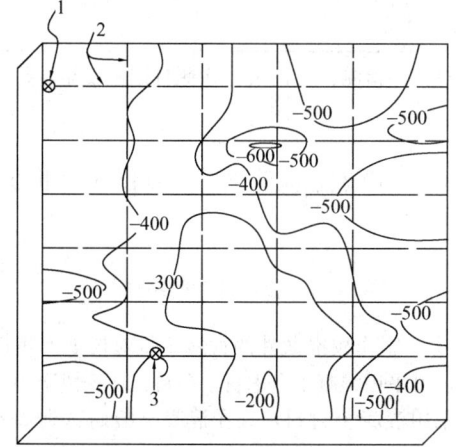

图 5.5.2 电位等值线示意
1—钢筋锈蚀检测仪与钢筋连接点；2—钢筋；
3—铜-硫酸铜半电池

的半电池电位值，可通过数值相等的各点或内插等值的各点绘出电位等值线。电位等值线的最大间隔宜为 100mV，如图 5.5.2 所示。

5.5.3 当采用半电池电位值评价钢筋锈蚀性状时，应根据表 5.5.3 进行判断。

表 5.5.3 半电池电位值评价钢筋锈蚀性状的判据

电位水平（mV）	钢筋锈蚀性状
> -200	不发生锈蚀的概率>90%
$-200 \sim -350$	锈蚀性状不确定
< -350	发生锈蚀的概率>90%

附录 A 检测记录表

A.0.1 钢筋间距检测记录表可采用表 A.0.1 的格式。

表 A.0.1 钢筋间距检测记录表

第 页共 页

工程名称				构件名称					
检测依据									
检测仪器									

序号	设计配筋间距（mm）	检测部位	钢筋间距 s_i（mm）						验证值（mm）	备注
			1	2	3	4	5	6		
检测部位示意图										
备注										

校对： 检测： 记录： 检测日期： 年 月 日

A.0.2 钢筋混凝土保护层厚度检测记录表可采用表 A.0.2 的格式。

表 A.0.2 钢筋混凝土保护层厚度检测记录表

第 页共 页

工程名称			构件名称				
检测依据							
检测仪器			垫块厚度 c_0(mm)				
序号	钢筋保护层厚度设计值 (mm)	检测部位	钢筋公称直径 (mm)	保护层厚度检测值 (mm)			备注
				第1次检测值 c_1^t	第2次检测值 c_2^t	平均值	验证值
检测部位示意图							
备注							

校对： 检测： 记录： 检测日期：年 月 日

A.0.3 钢筋公称直径检测记录表可采用表 A.0.3 的格式。

表 A.0.3 钢筋公称直径检测记录表

第 页共 页

工程名称			构件名称		
检测依据					
检测仪器					
序号	设计配筋直径 (mm)	检测部位	检测结果 (mm)		备注
			第1次	第2次	实测参数 ( )
检测部位示意图					
备注					

校对： 检测： 记录： 检测日期：年 月 日

A.0.4 钢筋半电池电位检测记录表可采用表 A.0.4 的格式。

表 A.0.4 钢筋半电池电位检测记录表

第 页共 页

工程名称			构件名称				
检测依据							
检测仪器			检测环境温度（℃）				
检测部位	测点电位值（mV）						
	1	2	3	4	5	6	7
检测部位示意图							
备注							

校对： 检测： 记录： 检测日期： 年 月 日

附录 B 电磁感应法钢筋探测仪的校准方法

B.1 校准试件的制作

B.1.1 制作校准试件的材料不得对仪器产生电磁干扰，可采用混凝土、木材、塑料、环氧树脂等。宜优先采用混凝土材料，且在混凝土龄期达到 28d 后使用。

B.1.2 制作校准试件时，宜将钢筋预埋在校准试件中，钢筋埋置时两端应露出试件，长度宜为 50mm 以上。试件表面应平整，钢筋轴线应平行于试件表面，从试件 4 个侧面量测其钢筋的埋置深度应不相同，并且同一钢筋两外露端轴线至试件同一表面的垂直距离差应在 0.5mm 之内。

B.1.3 校准的试件尺寸、钢筋公称直径和钢筋保护层厚度可根据钢筋探测仪的量程进行设置，并应与工程中被检钢筋的实际参数基本相同。钢筋间距校准试件的制作可按本规程附录 C 第 C.1.2 条进行。

B.2 校准项目及指标要求

B.2.1 应对钢筋间距、混凝土保护层厚度和公称直径 3 个检测项目进行校准。

B.2.2 校准项目的指标应满足本规程第 3.2.1 条和第 4.1.2 条的要求。

B.3 校 准 步 骤

B.3.1 应在试件各测试表面标记出钢筋的实际轴线位置，用游标卡尺量测两外露钢筋在各测试面上的实际保护层厚度值，取其平均值，精确至 0.1mm。

B.3.2 应采用游标卡尺量测钢筋，精确至 0.1mm，并通过相关的钢筋产品标准查出其对应的公称直径。

B.3.3 校准时，钢筋探测仪探头应在试件上进行扫描，并标记出仪器所指定的钢筋轴线，应采用直尺量测试件表面钢筋探测仪所测定的钢筋轴线与实际钢筋轴线之间的最大偏差。记录钢筋探测仪指示的保护层厚度检测值。对于具有钢筋公称直径检测功能的钢筋探测仪，应进行钢筋公称直径检测。

B.3.4 钢筋探测仪检测值和实际量测值的对比结果均符合本规程附录第 B.2 节的要求时，应判定钢筋探测仪合格。当部分项目指标以及一定量程范围内符合本规程附录第 B.2 节的要求时，应判定其相应部分合格，但应限定钢筋探测仪的使用范围，并应指明其符合的项目和量程范围以及不符合的项目和量程范围。

B.3.5 经过校准合格或部分合格的钢筋探测仪，应注明所采用的校准试件的钢筋牌号、规格以及校准试件材质。

附录 C 雷达仪校准方法

C.1 校准试件的制作

C.1.1 应选择当地常用的原材料及强度等级制作混凝土板，并宜采用同盘混凝土拌合物同时制作校正混凝土介电常数的素混凝土试块，其大小应参考雷达仪说明书的要求。当试件较多时，校准用混凝土板应和校正介电常数的试块逐一对应。

C.1.2 混凝土板应采用单层钢筋网，宜采用直径为 8~12mm 的圆钢制作，其间距宜为 100~150mm，钢筋的混凝土保护层厚度应覆盖 15mm、40mm、65mm、90mm 四个区段，每个混凝土保护层厚度的钢筋网至少应有 8 个间距。钢筋两端应外露，其两端混凝土保护层厚度差不应大于 0.5mm，两端的间距差不应大于 1mm，否则应重新制作试件。也可根据工程实际制作相应的试件。

C.1.3 制作混凝土试件的原材料均不得含有铁磁性物质，试件浇筑后 7d 内应浇水并覆盖养护，7d 后采用自然养护，试件龄期应达到 28d 且在自然风干后使用。

C.2 校准项目及指标要求

C.2.1 应对钢筋间距和混凝土保护层厚度 2 个项目进行校准。

C.2.2 校准项目的指标应满足本规程第 3.2.1 条的要求。

C.3 校 准 步 骤

C.3.1 校准过程中应避免外界的电磁干扰。

C.3.2 应先校正试件的介电常数，然后再进行雷达仪校准。

C.3.3 在外露钢筋的两端，应采用钢卷尺量测 6 段钢筋间距内的总长度，取平均值，并作为钢筋的实际平均间距。同时用游标卡尺量测钢筋两外露端实际混凝土保护层厚度值，取其平均值。

C.3.4 应根据雷达仪在试件上的扫描结果，标记出雷达仪所指定的钢筋轴线，并应根据扫描结果计算钢筋平均间距及混凝土保护层厚度检测值。

C.3.5 当雷达仪检测值和实际量测值的对比结果均符合本规程附录第 C.2 节的要求时，应判定雷达仪合格。当部分项目指标以及一定量程范围内符合本规程附录第 C.2 节的要求时，应判定其相应部分合格，但应限定雷达仪的使用范围，并应指明其符合的项目和量程范围以及不符合的项目和量程范围。

C.3.6 经过校准合格或部分合格的雷达仪，应注明所采用的校准试件的钢筋牌号、规格以及混凝土材质。

本规程用词说明

1 为便于在执行本规程条文时区别对待，对要求严格程度不同的用词说明如下：

  1）表示很严格，非这样做不可的用词：

    正面词采用"必须"，反面词采用"严禁"；

  2）表示严格，在正常情况下均应这样做的用词：

    正面词采用"应"，反面词采用"不应"或"不得"；

3) 表示允许稍有选择，在条件许可时首先应这样做的用词：

正面词采用"宜"，反面词采用"不宜"；

表示有选择，在一定条件下可以这样做的用词，采用"可"。

2 本规程中指明应按其他有关标准执行的写法为"应按……执行"或"应符合……要求（规定）"。

中华人民共和国行业标准

混凝土中钢筋检测技术规程

JGJ/T 152—2008

条 文 说 明

前　言

《混凝土中钢筋检测技术规程》JGJ/T 152—2008，经住房和城乡建设部 2008 年 4 月 28 日以第 20 号公告批准、发布。

为便于广大设计、施工、科研、质检、学校等单位的有关人员在使用本规程时能正确理解和执行条文规定，《混凝土中钢筋检测技术规程》编制组按章、节、条顺序编制了本规程的条文说明，供使用者参考。在使用中如发现条文说明有不妥之处，请将意见函寄中国建筑科学研究院（地址：北京市北三环东路 30 号，邮政编码：100013）。

目 次

1 总 则

1.0.1、1.0.2 混凝土结构及构件通常由混凝土和置于混凝土内的钢筋组成。钢筋在混凝土结构中主要承受拉力并赋予结构以延性,补偿混凝土抗拉能力低下、容易开裂和脆断的缺陷,而混凝土则主要承受压力并保护内部的钢筋不致发生锈蚀。因此,混凝土中的钢筋直接关系到建筑物的结构安全和耐久性。混凝土中的钢筋已成为工程质量鉴定和验收所必检的项目,本规程的制定将规范混凝土结构及构件中钢筋的现场检测技术及检测结果的评价方法,提高检测结果的可靠性和可比性。

现行的较为成熟的检测内容主要有钢筋的间距、混凝土保护层厚度、公称直径以及锈蚀性状。采用的方法主要有电磁感应法钢筋探测仪、雷达仪和半电池电位法钢筋锈蚀检测仪。

3 钢筋间距和保护层厚度检测

3.1 一 般 规 定

3.1.1 铁磁性物质会对仪器造成干扰,对于混凝土保护层厚度的检测具有很大的影响。

3.1.2 钢筋在混凝土结构中属于隐蔽工程,检测前应充分了解设计资料以及委托单位意图,有助于检测人员制订较为妥善的检测方案,取得准确的检测结果。

3.1.3 在对既有建筑进行检测时,构件通常具有饰面层,应将饰面层清除后进行检测。对于设计和验收来说,需要检测的是钢筋的混凝土保护层厚度,不清除饰面层难以得到准确的检测值。

3.2 仪器性能要求

3.2.1 现行国家标准《混凝土结构工程施工质量验收规范》GB 50204—2002 附录 E "结构实体保护层厚度检测"中,对钢筋保护层厚度的检测误差规定不应大于1mm,考虑到通常混凝土保护层厚度设计值以及现行验收规范所允许的实际施工误差,因此提出10~50mm 范围内其检测允许误差为1mm,多数钢筋探测仪在此量程范围内是可以满足要求的。需要指出的是,本条规定的是校准时的允许误差,在工程检测中的误差有时会更大一点。

3.2.2 校准是为了保证仪器的正常工作状态和检测精度。仪器的主要零配件包括探头、天线等。

3.3 钢筋探测仪检测技术

3.3.2 预热可以使钢筋探测仪达到稳定的工作状态。对于电子仪器,使用中难免受到各种干扰导致读数漂移,为保证钢筋探测仪读数的准确,应时常检查钢筋探测仪是否偏离调零时的零点状态。

3.3.3 应根据设计图纸或者结构知识,了解所检测结构及构件中可能的钢筋品种、排列方式,比如框架柱一般有纵筋、箍筋,然后用钢筋探测仪探头在构件上预先扫描检测,了解其大概的位置,以便于在进一步的检测中尽可能避开钢筋间的相互干扰。在尽可能避开钢筋相互干扰和大致了解所检钢筋分布状况的前提下,即可根据钢筋探测仪显示的最小保护层厚度检测值来判断钢筋轴线,此步骤便完成了钢筋的定位。

3.3.4 对于钢筋探测仪,其基本原理是根据钢筋对仪器探头所发出的电磁场的感应强度来判定钢筋的大小和深度,而钢筋公称直径和深度是相互关联的,对于同样强度的感应信号,当钢筋公称直径较大时,其混凝土保护层厚度较深,因此,为了准确得到钢筋的混凝土保护层厚度值,应该按照钢筋实际公称直径进行设定。当2次检测的误差超过允许值时,应检查零点是否出现漂移并采取相应的处理措施。

3.3.5 当混凝土保护层厚度值过小时,有些钢筋探测仪无法进行检测或示值偏差较大,可采用在探头下附加垫块来人为增大保护层厚度的检测值。

3.4 雷达仪检测技术

3.4.1 雷达法的特点是一次扫描后能形成被测部位的断面图象,因此可以进行快速、大面积的扫描。因为雷达法需要利用雷达波(电磁波的一种)在混凝土中的传播速度来推算其传播距离,而雷达波在混凝土中的传播速度和其介电常数有关,故为达到检测所需的精度要求,应根据被检结构及构件所采用的素混凝土,对雷达仪进行介电常数的校正。

3.5 检测数据处理

3.5.1 当混凝土保护层厚度很小时,例如混凝土保护层厚度检测值只有1~2mm,而混凝土保护层厚度修正值也为1~2mm 时,公式(3.5.1)的计算结果有可能会出现负值。但在混凝土保护层厚度很小时,一般是不需要修正的。

4 钢筋直径检测

4.1 一 般 规 定

4.1.2 一般建筑结构及构件常用的钢筋公称直径最小也是以 2mm 递增的,因此对于钢筋公称直径的检测,如果误差超过 2mm 则失去了检测意义。由于钢筋探测仪容易受到邻近钢筋的干扰而导致检测误差的增大,因此当误差较大时,应以剔凿实测结果为准。

4.2 检 测 技 术

4.2.3 对于结构及构件来说,其钢筋即使仅仅相差一个规格，都会对结构安全带来重大影响，因此必须慎重对待。当前的技术手段还不能完全满足对钢筋公称直径进行非破损检测的要求，采用局部剔凿实测相结合的办法是很有必要的。

4.2.4 在用游标卡尺进行钢筋直径实测时，应根据相关的钢筋产品标准如《钢筋混凝土用钢 第 2 部分：热轧带肋钢筋》GB 1499.2 等来确定量测部位，并根据量测结果通过产品标准查出其对应的公称直径。

4.2.7 此规定的主要目的是尽量避开干扰，降低影响因素。为保证检测精度，对检测数据的重复性要求较高，也是为了避免错判。

5 钢筋锈蚀性状检测

5.1 一 般 规 定

5.1.1 半电池电位法是一种电化学方法。考虑到在一般的建筑物中，混凝土结构及构件中钢筋腐蚀通常是由于自然电化学腐蚀引起的，因此采用测量电化学参数来进行判断。在本方法中，规定了一种半电池，即铜-硫酸铜半电池；同时将混凝土与混凝土中的钢筋看作是另一个半电池。测量时，将铜-硫酸铜半电池与钢筋混凝土相连接检测钢筋的电位，根据研究积累的经验来判断钢筋的锈蚀性状。所以这种方法适用于已硬化混凝土中钢筋的半电池电位的检测，它不受混凝土构件尺寸和钢筋保护层厚度的限制。

5.2 仪器性能要求

5.2.1 使用钢筋探测仪是要在检测前找到钢筋的位置，有利于提高工作效率。

5.2.4 将预先浸湿的电连接垫安装在刚性管底端，以使多孔塞和混凝土构件表面形成电通路，从而在混凝土表面和半电池之间提供一个低电阻的液体桥路。

5.3 钢筋锈蚀检测仪的保养、维护与校准

5.3.1 多孔塞一般为软木塞，一旦干燥收缩，将会产生很大变形，影响其使用寿命。

5.4 钢筋半电池电位检测技术

5.4.1 为了便于操作，建议测区面积不宜大于 5m×5m。一般碰到尺寸较大结构及构件时，测区面积控制在 5m×5m，测点间距可取大值，如 500mm×500mm；而构件尺寸相对较小时，如梁、柱等，测区面积相应较小，测点间距可取小值，如 100mm×100mm。

5.4.2 当混凝土表面有绝缘涂层介质隔离时，为了能让 2 个半电池形成通路，应清除绝缘介质。为了保证半电池的电连接垫与测点处混凝土有良好接触，测点处混凝土表面应平整、清洁。如果表面有水泥浮浆或其他杂物时，应该用砂轮或钢丝刷打磨，把其清除掉。

5.4.3 选定好被测构件后，用钢筋探测仪扫描钢筋的分布情况，在合适的位置凿出 2 处钢筋。用万用表测量这 2 根钢筋是否连通，用以验证测区内的钢筋（钢筋网）是否与连接点的钢筋形成通路。然后选择其中 1 根钢筋用于连接电压仪。

5.5 半电池电位法检测结果评判

5.5.1、5.5.2 采用电位等值线图后，可以较直观地反映不同锈蚀性状的钢筋分布情况。

5.5.3 半电池电位法检测结果评判采用《Standard Test Method for Half-Cell Potentials of Uncoated Reinforcing Steel in Concrete》ASTM C876-91（Reapproved 1999）中的判据。

中华人民共和国行业标准

建筑门窗工程检测技术规程

Technical Specification for inspection of
building doors and windows

JGJ/T 205—2010

批准部门：中华人民共和国住房和城乡建设部
施行日期：２０１０年８月１日

中华人民共和国住房和城乡建设部
公　告

第 524 号

关于发布行业标准
《建筑门窗工程检测技术规程》的公告

现批准《建筑门窗工程检测技术规程》为行业标准，编号为 JGJ/T 205-2010，自 2010 年 8 月 1 日起实施。

本规程由我部标准定额研究所组织中国建筑工业出版社出版发行。

中华人民共和国住房和城乡建设部
2010 年 3 月 18 日

前　言

根据住房和城乡建设部《关于印发〈2008 年工程建设城建、建工行业标准制订、修订计划（第一批）〉的通知》（建标[2008]102 号）的要求，规程编制组经广泛调查研究，认真总结实践经验，参考有关国际标准和国外先进标准，并在广泛征求意见的基础上，制定了本规程。

本规程的主要技术内容是：1. 总则；2. 术语和符号；3. 基本规定；4. 门窗产品的进场检验；5. 门窗洞口施工质量检测；6. 门窗安装质量检测；7. 门窗工程性能现场检测；8. 既有建筑门窗检测。

本规程由住房和城乡建设部负责管理，由中国建筑科学研究院负责具体技术内容的解释。执行过程中如有意见或建议，请寄送中国建筑科学研究院（地址：北京市北三环东路 30 号，邮编：100013）。

本 规 程 主 编 单 位：中国建筑科学研究院
浙江省建工集团有限责任公司

本 规 程 参 编 单 位：浙江省建筑科学设计研究院
天津市建设工程质量监督管理总站
浙江建工检测科技有限公司
湖北省建筑科学研究设计院
浙江中南幕墙股份有限公司
浙江建工幕墙装饰有限公司
浙江展诚建设集团股份有限公司

本规程主要起草人员：邸小坛　吴　飞　翟传明
金　睿　熊　伟　雷立争
杨燕萍　樊　葳　余忠林
唐小虎　梁方岭　王坚飞
楼道安　陈洁如　周国平

本规程主要审查人员：赵宇宏　金伟良　赵　伟
王建民　朱　华　丁晓芬
杨　杨　张云龙　邱锡宏
林　安　李　萍　邱　涛

目　　次

Contents

1 总 则

1.0.1 为使建筑门窗工程质量检测和既有建筑门窗性能检测做到技术先进、经济合理、确保质量，制定本规程。

1.0.2 本规程适用于新建、扩建和改建建筑门窗工程质量检测和既有建筑门窗性能检测，不适用于建筑门窗防火、防盗等特殊性能检测。

1.0.3 本规程规定了建筑门窗工程检测的基本技术要求。当本规程与国家法律、行政法规的规定相抵触时，应按国家法律、行政法规的规定执行。

1.0.4 建筑门窗工程的检测，除应符合本规程外，尚应符合国家现行有关标准的规定。

2 术语和符号

2.1 术 语

2.1.1 自检 self-checking

生产单位对产品、制品质量或施工单位对建筑门窗工程施工质量的检查和检验。

2.1.2 第三方检测 the third body inspection

与建设单位、施工单位和生产单位等均无隶属关系的有资质的机构实施的检测。

2.1.3 门窗产品 windows and doors products

具有门窗型号规定尺寸特征及其所需配件的制品。

2.1.4 静载检测 static load inspection

施加荷载确定外门窗安装牢固性或抗风压性能的检测。

2.1.5 合格性检验 qualification detection

由建设单位或其委托的监理单位组织相关设计、施工单位进行的，为建筑门窗工程验收实施的检验。

2.2 符 号

E——撞击能量（N·m）；

h——撞击体有效下落高度（m）；

m——撞击体质量（kg）。

3 基 本 规 定

3.1 检 测 分 类

3.1.1 建筑门窗工程质量检测应包括门窗产品、洞口工程、门窗安装工程和门窗工程性能等。

3.1.2 门窗产品的检验应包括自检和进场检验。

3.1.3 洞口工程质量、门窗安装质量和门窗工程性能现场检测应包括自检、合格性检验和第三方检测。

3.1.4 既有建筑门窗性能的检测宜采取第三方检测。

3.2 检测方式与数量

3.2.1 门窗产品、洞口工程、门窗安装工程的自检应采取全数检测的方式。

3.2.2 门窗产品的生产单位应向门窗产品的购置单位提供产品的生产许可证、合格证书和型式检验报告，并宜提供建筑门窗节能性能标识证书。

3.2.3 门窗产品的进场检验和洞口工程质量、门窗安装工程质量的合格性检验宜采取全数检验的方式，也可按现行国家标准《建筑装饰装修工程质量验收规范》GB 50210 规定采取计数抽样检验方式。

3.3 检测方法与检测仪器

3.3.1 外观检查可采取在良好的自然光或散射光照条件下，距被检对象表面约 600mm 处进行观察。

3.3.2 合格性检验中的见证取样检测，应按国家现行有关标准规定的方法进行。

3.3.3 门窗规格和尺寸等的检测应采用下列量测工具：

1 分度值为 1mm 的钢卷尺；

2 分度值为 0.5mm 的钢直尺；

3 分辨率为 0.02mm 的游标卡尺；

4 分辨率为 1μm 的膜厚检测仪；

5 分度值为 0.5mm 的塞尺；

6 分度值为 0.1mm 的读数显微镜。

4 门窗产品的进场检验

4.1 一 般 规 定

4.1.1 门窗产品的进场检验应由建设单位或其委托的监理单位组织门窗生产单位和门窗安装单位等实施。

4.1.2 门窗产品进场时，建设单位或其委托的监理单位应对门窗产品生产单位提供的产品合格证书、检验报告和型式检验报告等进行核查。对于提供建筑门窗节能性能标识证书的，应对其进行核查。

4.1.3 门窗产品的进场检验应包括门窗与型材、玻璃、密封材料、五金件及其他配件、门窗产品物理性能和有害物质含量等。

4.2 门窗及型材

4.2.1 门窗及型材的进场检验应包括外观检查、规格和尺寸检验等。

4.2.2 木门窗及型材的外观检查应包括下列内容：

1 表面完整性、洁净度、色泽一致性、刨痕、锤印状况等；

2 木材的品种、材质等级和框扇的线型。

4.2.3 金属门窗及型材的外观检查应包括下列内容：

1 表面洁净度、平整度、光滑度、色泽一致性、锈蚀状况等；

2 漆膜和保护层完整状况，大面划痕、碰伤状况；

3 品种和类型。

4.2.4 塑料门窗及型材的外观检查应包括下列内容：

1 表面洁净度、平整度、光滑状况；

2 大面划痕、碰伤状况；

3 品种和类型。

4.2.5 门窗规格和尺寸的检验内容和检验方法宜按表4.2.5的规定进行。

表 4.2.5 门窗规格和尺寸的检验内容和检验方法

项次	检验内容	构件名称	检 验 方 法
1	对角线长度差	框	在框的两个相对的内角处放置直径25mm圆棒，量测两个圆棒之间的距离，取两个相交对角线距离之差的绝对值作为对角线长度差
		扇	用钢卷尺量测门窗扇两个相对外角之间的长度，取两个相交对角线长度之差的绝对值作为对角线长度差
2	表面平整度	扇	用1m靠尺分别贴靠与门窗扇边平行的两个方向，用塞尺量测靠尺下的最大间隙，靠尺端部间隙最大时，取两端部间隙平均值作为该方向的间隙值。取两个方向的间隙值中的较大值作为表面平整度
3	高度	框	用钢卷尺量测距门窗框外角100mm处的两个横框外端面的距离，作为框的高度
		扇	用钢卷尺量测距门窗扇外角100mm处的上下外缘的距离，作为门窗扇的高度
4	宽度	框	用钢卷尺量测距门窗框外角100mm处的两个竖框外端面的距离，作为框的宽度
		扇	用钢卷尺量测距门窗扇外角100mm处的两个侧边外缘的距离，作为门窗扇的宽度
5	裁口、线条结合处高低差	框、扇	将规格150mm的钢直尺中部压在裁口、线条结合处，钢直尺一边紧贴表面，用塞尺量测距裁口、线条结合处10mm的另一边的缝隙，作为裁口、线条结合处高低差
6	型材的规格、壁厚	框、扇	从做完物理性能检验的门窗上截取型材，用游标卡尺量测型材的截面外形尺寸及厚度
7	塑料门窗内增强型钢的规格、壁厚	框、扇	用磁铁检查塑料门窗内增强型钢的位置，从做完物理性能的门窗上截取增强型钢，用游标卡尺量测增强型钢的截面的外形尺寸及壁厚
8	塑料门窗拼樘料内增强型钢的规格、壁厚	—	用游标卡尺检测塑料门窗拼樘料内增强型钢的外形尺寸和壁厚

续表 4.2.5

项次	检验内容	构件名称	检 验 方 法
9	铝合金窗表面处理膜厚	—	用膜厚检测仪量测铝合金窗表面处理膜厚

4.2.6 门窗的规格和尺寸的检测结果应符合设计和国家现行有关产品标准的规定。

4.2.7 隔热铝合金型材的抗剪强度和横向抗拉强度应采取见证取样检测，检测样品可在做完物理性能检验的门窗上截取，且检测应符合现行国家标准《铝合金建筑型材 第6部分：隔热型材》GB 5237.6的规定。

4.2.8 含人造木板的木门窗产品的甲醛释放量应采取见证取样检测，并应符合现行国家标准《室内装饰装修材料 木家具中有害物质限量》GB 18584相应的规定。

4.3 玻 璃

4.3.1 建筑门窗玻璃产品的进场检验应包括下列内容：

1 品种与类型；

2 基本尺寸；

3 外观质量和边缘处理情况；

4 钢化状况。

4.3.2 玻璃的品种与类型检验可按国家现行有关产品标准和设计的要求进行检查，也可进行见证取样检测。

4.3.3 玻璃的厚度可采用下列方法量测：

1 未安装的玻璃，可用游标卡尺量测玻璃每边中点的厚度，取平均值作为厚度的检验值。

2 已安装的门窗玻璃，可用分辨率为0.1mm的玻璃测厚仪在玻璃每边的中点附近进行测定，取平均值作为厚度的检验值。

3 中空玻璃安装或组装前，可用钢直尺或游标卡尺在玻璃的每边各取两点，测定玻璃及空气隔层的厚度和胶层厚度。

4.3.4 玻璃边长的检测应在玻璃安装或组装前进行，可用钢卷尺检测距玻璃角100mm处对边之间的距离。

4.3.5 玻璃外观质量应包括下列检查内容：

1 钢化玻璃应观察检查爆边、裂纹、缺角、划伤。划伤长度可用钢卷尺量测，划伤宽度可用读数显微镜量测。

2 镀膜玻璃应观察检查斑纹、针眼、斑点、划伤。针眼和斑点直径可用读数显微镜量测，针眼和斑点的位置可用钢卷尺量测，划伤长度可用钢卷尺量测，划伤宽度可用读数显微镜量测。

3 夹层玻璃应观察检查裂纹、爆边、脱胶和划伤、磨伤，胶合层应观察检查气泡或杂质。爆边长度或宽度可用游标卡尺量测，胶合层气泡或杂质长度可用游标卡尺量测，气泡或杂质的位置可用钢卷尺检测。

    4 中空玻璃应观察检查胶粘剂飞溅、缺胶和内表面污迹。

4.3.6 玻璃钢化情况可用偏振片检验。

4.3.7 玻璃表面的应力可用表面应力检测仪检验，检验操作应符合现行行业标准《玻璃幕墙工程质量检验标准》JGJ/T 139 有关的规定。

4.3.8 玻璃边缘的处理情况可采用观察并手试的方法确定玻璃磨边、倒棱、倒角等处理状况。

4.4 密封材料

4.4.1 未使用的密封材料产品，应对照设计要求和检验报告检查其品种、规格，也可进行见证取样检测其性能指标。

4.4.2 已用于门窗产品的密封材料，应检查其品种、类型、外观、宽度和厚度等。密封胶应观察检查表面光滑、饱满、平整、密实、缝隙、裂缝状况等。

4.4.3 密封材料的宽度和厚度可采用游标卡尺量测。

4.4.4 密封胶与各种接触材料的相容性应进行见证取样检测。

4.5 五金件及其他配件

4.5.1 门窗五金件及其他配件的进场检验宜包括外观质量、规格尺寸、表面膜厚等。

4.5.2 门窗五金件及其他配件的外观质量应观察检查其表面洁净与完整性。

4.5.3 门窗五金件及其他配件的规格尺寸可用游标卡尺量测。

4.5.4 门窗五金件及其他配件表面膜厚可用膜厚检测仪量测。

4.6 物 理 性 能

4.6.1 建筑门窗产品的物理性能应采取见证取样检测，应在经过进场检验的门窗产品中随机抽取至少一组检测样品。

4.6.2 建筑门窗产品的物理性能检验应包括气密性能、水密性能、抗风压性能、保温性能、采光性能、空气声隔声性能、可见光透射比、遮阳系数等。

4.6.3 建筑外门窗产品的气密性能、水密性能、抗风压性能的检验应符合现行国家标准《建筑外门窗气密、水密、抗风压性能分级及检测方法》GB/T 7106 的规定。

4.6.4 建筑外门窗产品的保温性能的检验应符合现行国家标准《建筑外门窗保温性能分级及检测方法》GB/T 8484 的规定。

4.6.5 建筑门窗产品的空气声隔声性能的检验应符合现行国家标准《建筑门窗空气声隔声性能分级及检测方法》GB/T 8485 的规定。

4.6.6 建筑外窗产品的采光性能检验应符合现行国家标准《建筑外窗采光性能分级及检测方法》GB/T 11976 的规定。

4.6.7 建筑外窗中空玻璃露点的检验应符合现行国家标准《中空玻璃》GB/T 11944 的规定。

4.6.8 外窗可见光透射比的检验应符合现行国家标准《建筑玻璃 可见光透射比、太阳光直接透射比、太阳能总透射比、紫外线透射比及有关窗玻璃参数的测定》GB/T 2680 的规定。

4.6.9 外窗遮阳系数的检验应按现行国家标准《建筑玻璃 可见光透射比、太阳光直接透射比、太阳能总透射比、紫外线透射比及有关窗玻璃参数的测定》GB/T 2680 的规定测定门窗单片玻璃太阳光光谱透射比、反射比等参数，并应按现行行业标准《建筑门窗玻璃幕墙热工计算规程》JGJ/T 151 的规定计算夏季标准条件下外窗遮阳系数。

5 门窗洞口施工质量检测

5.1 一 般 规 定

5.1.1 门窗洞口施工质量的检测应包括门窗洞口尺寸、外观和埋件质量等。

5.1.2 门窗洞口的施工质量应由门窗洞口工程的施工单位进行全数自检。

5.1.3 门窗洞口施工质量的合格性检验，可由建设单位或其委托的监理单位组织门窗洞口施工单位和门窗安装单位实施。

5.2 门窗洞口尺寸

5.2.1 门窗洞口尺寸的检测应包括洞口的宽度、高度、对角线长度差和位置偏差等。门窗洞口的尺寸应符合现行国家标准《建筑门窗洞口尺寸系列》GB/T 5824 及设计的规定。

5.2.2 门窗洞口尺寸的检测方法应符合表 5.2.2 的规定。

表 5.2.2 门窗洞口尺寸的检测方法

项次	内容	检 测 方 法
1	宽度	用钢卷尺量测距门窗洞口内角 100mm 处的装门窗位置的宽度
2	高度	用钢卷尺量测距门窗洞口内角 100mm 处的装门窗位置的高度
3	对角线长度差	在门窗洞口两对角装门窗位置放置直径 25mm 圆棒，量测两对角圆棒之间的长度，并取两对角线长度差值的绝对值
4	位置偏差	用钢卷尺量测门窗洞口 1/2 宽度处与上下门窗洞口垂直中线的距离；用钢卷尺量测门窗洞口 1/2 高度处与左右门窗洞口水平中线的距离

5.3 洞口外观与埋件

5.3.1 门窗洞口外观质量检查应观察其表面完整性、密实度、平整度等。

5.3.2 洞口埋件的检查应包括材质、数量、位置、尺寸及防腐处理状况等。

5.3.3 埋件的材质可通过观察或核查埋件材质检验报告进行检查，埋件数量可通过观察确定。

5.3.4 埋件的位置可用钢卷尺量测埋件中心至洞口1/2高度或1/2宽度处的距离。埋件的尺寸可用游标卡尺量测。

5.3.5 埋件的防腐处理状况可通过观察检查。

5.3.6 在组合洞口拼樘料的对应位置，应检查预埋件或预留孔洞与设计要求的一致性。

6 门窗安装质量检测

6.1 一般规定

6.1.1 门窗安装质量检测应包括外观与尺寸、连接固定、排水构造、启闭、密封等。

6.1.2 门窗安装质量的验收检测可委托第三方检测机构进行。

6.2 外观与尺寸

6.2.1 门窗安装质量的外观检查应观察下列内容：

　　1 木门窗表面完整性、洁净度、色泽一致性、刨痕或锤印等；

　　2 木门窗的割角、拼缝严密平整状况，门窗框、扇裁口顺直状况，刨面平整状况，槽、孔边缘整齐、毛刺状况；

　　3 木门窗批水、盖口条、压缝条、密封条的安装顺直状况，与门窗结合严密状况；

　　4 金属门窗表面洁净性、平整度、光滑度、色泽一致性、锈蚀状况等；

　　5 金属门窗漆膜或保护层的完整性，大面划痕、碰伤状况等；

　　6 塑料门窗表面清洁度、平整度、光滑度等；

　　7 塑料门窗大面划痕、碰伤状况等；

　　8 门窗扇的密封条脱落状况，旋转窗间隙均匀状况。

6.2.2 门窗安装尺寸检测方法应按表6.2.2的规定进行。

表 6.2.2　门窗安装尺寸检测方法

项次	内容	检 测 方 法
1	门窗槽口宽度、高度	用钢卷尺量测距门窗槽口角100mm处的槽口宽度、高度

续表6.2.2

项次	内容	检 测 方 法
2	门窗槽口对角线长度差	在门窗槽口内角对角处放置直径25mm圆棒，量测两两对角圆棒之间的长度，取两对对角线长度差值的绝对值
3	门窗框的正、侧面垂直度	用1m直立检测量尺量测门窗立框的正面、开口侧面垂直度
4	门窗横框的水平度	将1m的水平尺压在门窗横框上面或下面，用塞尺插入水平尺一端调水珠至中部，塞尺插入值即为门窗横框的水平度
5	门窗横框标高	用钢卷尺量测门窗横框与基准线之间的高度
6	门窗竖向偏离中心	用钢直尺量测门窗中心与中心基准线之间的距离
7	门窗扇对口缝	关闭门窗扇，用塞尺量测距门窗扇上、下边100mm处的对口缝间隙
8	门窗扇与上框间留缝	关闭门窗扇，用塞尺量测距门窗上角100mm处扇与上框之间的间隙
9	门窗扇与侧框间留缝	关闭门窗扇，用塞尺量测距门窗扇上、下边100mm处扇与侧框之间的间隙
10	门窗扇与下框间留缝	关闭门窗扇，用塞尺或钢直尺量测距门窗扇下角100mm处与下框之间的间隙
11	双层门窗内外框间距	打开门窗扇，用钢卷尺量测双层门窗开口上、下边100mm处内外立框之间的距离
12	门窗扇与框搭接量	关闭门窗扇，用分辨率0.05mm的深度尺或钢直尺量测距门窗角100mm处门窗扇与框搭接量
13	推拉门窗扇与竖框平行度	开启门窗扇约20mm，用钢直尺量测距推拉门窗扇上、下边100mm处门窗扇与竖框之间的间隙，取两间隙之差的绝对值

6.3 连接固定

6.3.1 门窗安装连接固定质量检验应包括门窗框和扇的牢固性，门窗批水、盖口条等与门窗结合的牢固性，门窗配件的牢固性和推拉门窗扇防脱落措施等。

6.3.2 门窗框、门窗扇安装牢固性的检验可采取观察与手工相结合的方法，并应符合下列规定：

　　1 当手扳门窗侧框中部不松动，反复扳不晃动时，可确定门窗框安装牢固。

　　2 应根据设计文件或国家现行有关产品标准，检查门窗洞口与门窗框之间连接件的规格、尺寸与数量，可用游标卡尺量测连接片的厚度和宽度，可用钢卷尺量测连接片间距。

　　3 应检查门窗扇与门窗框之间螺钉安装的数量与质量。

　　4 当手扳非推拉门窗开启不松动时，可确定门窗扇安装牢固；手扳推拉门窗扇不脱落时，可确定防脱落措施有效。

6.3.3 门窗批水、盖口条、压缝条、密封条牢固性可通过手扳端头检验。当手扳端头不松动时,可确定为牢固。

6.3.4 门窗配件安装牢固性可按下列步骤进行检验:

　　1 检查门窗配件与门窗连接的螺栓设置数量与质量;

　　2 当手扳门窗配件不松动时,可确定为安装牢固。

6.3.5 塑料门窗拼樘料与门窗洞口固定的牢固性可通过手扳门窗拼樘料中部检验,当手扳不松动时,可确定门窗拼樘料与门窗洞口固定牢固。

6.3.6 塑料门窗框与拼樘料连接牢固性可通过手推卡接中部并用钢卷尺量测固定螺钉间距检验,当手推不松动且固定螺钉间距不大于 600mm 时,可确定塑料门窗框与拼樘料固定牢固。

6.4　排水、启闭与密封

6.4.1 外门窗排水有效性可按下列步骤进行检验:

　　1 按设计要求核查外门窗下框排水孔的位置和数量;

　　2 在推拉外门窗下框内淋满水,在 1min 之内水能完全排出且不排向室内;

　　3 在窗外淋水,窗台不积水且水不排向室内。

6.4.2 门窗扇启闭灵活性可采取连续 5 次开启和关闭门窗扇的方法检验,并应观察检查门窗扇关闭严密程度、有无倒翘现象。

6.4.3 铝合金和塑料推拉门窗扇的开关力可采用管形测力计均匀拉门窗扇把手部位检测。

6.4.4 塑料平开门窗扇铰链的开关力可采用管形测力计拉门窗扇把手部位检测。

6.4.5 未隐蔽的门窗框与墙体间的缝隙可观察检查缝隙填嵌材料类型及饱满程度。已隐蔽的外门窗框与墙体间密封缺陷可按本规程附录 A 的规定采用红外热像仪进行检测,也可打开门窗框与墙体间的缝隙检查。

6.4.6 门窗框与墙体间缝隙的密封质量检查应观察表面光滑、顺直、裂纹状况。

6.4.7 门窗上的橡胶密封条或毛毡密封条应观察其完整性,连续 5 次开启和关闭门窗扇时是否脱槽。

7　门窗工程性能现场检测

7.1　一般规定

7.1.1 门窗工程性能的现场检测宜包括外门窗气密性能、水密性能、抗风压性能和隔声性能。对于易受人体或物体碰撞的建筑门窗,宜进行撞击性能的检测。

7.1.2 门窗工程性能的现场检测工作宜由第三方检测机构承担。

7.1.3 除有特殊的检测要求外,门窗工程性能现场检测的样品应在安装质量检验合格的批次中随机抽取。

7.2　外门窗气密性能、水密性能、抗风压性能检测

7.2.1 采用静压箱检测外门窗气密性能、水密性能、抗风压性能时,应符合现行行业标准《建筑外窗气密、水密、抗风压性能现场检测方法》JG/T 211 的相关规定。

7.2.2 外门窗气密性能、水密性能、抗风压性能现场检测结果应以设计要求为基准,按现行国家标准《建筑外门窗气密、水密、抗风压性能分级及检测方法》GB/T 7106 的相应指标评定。

7.2.3 外门窗高度或宽度大于 1500mm 时,其水密性能宜用现场淋水的方法检测。外门窗水密性能现场淋水检测应符合本规程附录 B 的规定。

7.2.4 外门窗高度或宽度大于 1500mm 时,其抗风压性能宜用静载方法检测。外门窗抗风压性能的静载检测应符合本规程附录 C 的规定。

7.3　门窗其他性能检测

7.3.1 门窗现场撞击性能检测应符合本规程附录 D 的规定。

7.3.2 外窗空气隔声性能的检测应符合现行国家标准《声学　建筑和建筑构件隔声测量　第 5 部分:外墙构件和外墙空气声隔声的现场测量》GB/T 19889.5 的有关规定。

8　既有建筑门窗检测

8.1　一般规定

8.1.1 既有建筑门窗的检测可分为门窗改造工程的检测和门窗修复与更换工程的检测。

8.1.2 既有建筑门窗改造工程应按新建门窗工程的规定进行门窗产品、门窗洞口、门窗安装质量和门窗性能检测。门窗改造工程可委托有资质的第三方检测机构进行合格性检测。

8.1.3 门窗修复与更换工程的检测可分为门窗检查、门窗检测与分析和门窗性能现场检测。

8.2　门窗的检查

8.2.1 门窗修复与更换工程宜采用全数检查的方式。

8.2.2 门窗检查应包括下列内容:

　　1 玻璃;

　　2 门窗框和门窗扇;

　　3 密封材料;

4 连接件与五金件；

5 排水构造与措施。

8.2.3 玻璃检查宜包括下列内容：

1 玻璃的爆边、裂纹、缺角、划伤、针眼、斑纹、斑点、脱胶、有胶合层气泡或杂质等；

2 玻璃的磨损、磨伤和表面污迹；

3 玻璃破损；

4 中空玻璃起雾、结露和霉变，夹层玻璃分层、脱胶等。

8.2.4 门窗框和门窗扇检查宜包括下列内容：

1 门窗表面的洁净度；

2 门窗表面的漆膜碰伤、划痕、锈迹、电化学腐蚀迹象等；

3 门窗的缺陷、损伤、锈蚀、电化学腐蚀、老化等状况，木门窗腐朽状况；

4 门窗框和开启扇的牢固性。牢固性可通过手扳进行检查，但出现晃动时，应进行连接件、埋件或窗扇尺寸及连接节点的检测与分析。

8.2.5 密封材料检查宜包括下列内容：

1 密封材料的脱落、缺失、损坏等状况；

2 密封材料的裂纹、弹性下降等老化情况。

8.2.6 连接件与五金件检查宜包括下列内容：

1 连接件与五金件的缺失、损坏状况；

2 连接件与五金件的牢固性；

3 连接件与五金件的有效性。

8.2.7 排水构造检查可包括下列内容：

1 检查推拉窗的排水孔及有效性；

2 检查窗台的排水情况；

3 检查窗台与窗框之间的缝隙。

8.3 门窗的检测与分析

8.3.1 门窗修复与更换工程可采用计数抽样与重点抽样相结合的方式进行检测与分析，检查中存在问题的门窗可作为重点抽样对象。

8.3.2 门窗检测宜包括下列内容：

1 门窗的基本尺寸与抗风能力；

2 门窗的连接牢固性；

3 门窗开启与锁闭有效性；

4 门窗的气密性、水密性；

5 玻璃安全性；

6 门窗采光性。

8.3.3 门窗的基本尺寸与抗风能力的检测与分析可按下列步骤进行：

1 按本规程表 4.2.5 中的规定检测门窗尺寸及主料截面尺寸；

2 用测厚仪检测门窗主料的壁厚；

3 确定主料的材料强度；

4 确定门窗承受的风荷载标准值；

5 计算在风荷载作用下门窗的位移与内力。

8.3.4 当计算分析符合下列条件时，可确定门窗具有足够的抗风能力：

1 金属门窗在设计风荷载作用下，最大应力不超过材料的弹性极限；

2 特定门窗抗风能力与作用效应之比大于 1.2；

3 有允许应力限制的门窗，作用效应产生的应力不大于允许应力。

8.3.5 对于不符合本规程第 8.3.4 条的门窗，可通过静载检测判定其抗风性能。

8.3.6 门窗的连接牢固性检测与分析可按下列步骤进行：

1 检查门窗扇与门窗框连接件的规格和数量；

2 检查连接件螺钉或螺栓的规格、缺失与紧固状态，必要时测定紧固力；

3 对连接件附近门窗框扇进行检查；

4 必要时检查埋件的设置及其质量，检查埋件与门窗框连接的质量。

8.3.7 当需要定量确定连接牢固性时，可采取静载检测方法确定。

8.3.8 门窗开启与锁闭有效性检测与分析可按下列步骤进行：

1 定量测定门窗开启锁闭力，并判别影响开启或锁闭力的原因；

2 检查滑撑的状况；

3 检查框扇变形状况；

4 检查结构构件的挤压状况；

5 检查锁闭器的状况；

6 检查密封胶条的状况。

8.3.9 外门窗框与墙体间密封缺陷可按本规程附录 A 的规定进行检测。

8.3.10 玻璃安全性的检测与分析可按下列步骤进行：

1 检测玻璃的应力状况；

2 检测玻璃的厚度；

3 按现行行业标准《建筑玻璃应用技术规程》JGJ 113 计算玻璃抗风荷载能力。

8.4 门窗性能

8.4.1 既有建筑门窗修复与改造工程门窗的基本性能可分为外门窗的抗风压性能、水密性能、气密性能和门窗的隔声性能等。

8.4.2 外门窗抗风压性能的现场检测可按本规程附录 C 的规定采取静载检测，也可按现行行业标准《建筑外窗气密、水密、抗风压性能现场检测方法》JG/T 211 中的规定方法进行检测。

8.4.3 当静载满载检测法线变形不超过国家现行有关标准限定的变形且卸载后无残余变形时，可判定该门窗可以抵抗相应风压作用。

当静载满载缝隙有明显变化时，可在满载时施加淋水检测的方法，当淋水检测出现渗漏时，可确定该门窗需要进行处理。

8.4.4 外门窗水密性能可按本规程附录 B 的规定采取淋水的方法进行检测，也可按现行行业标准《建筑外窗气密、水密、抗风压性能现场检测方法》JG/T 211 规定的方法进行检测。

8.4.5 外门窗水密性能淋水检测与抗风压静载检测宜同时进行；当不能同时进行时，宜使门窗开启扇与框具有静载满载时相应的缝隙。

8.4.6 检测时出现渗漏的门窗应采取措施处理。

8.4.7 外窗气密性能可按现行行业标准《建筑外窗气密、水密、抗风压性能现场检测方法》JG/T 211 规定的方法进行检测。

8.4.8 门窗隔声性能可按现行国家标准《声学 建筑和建筑构件隔声测量 第 5 部分：外墙构件和外墙空气声隔声的现场测量》GB/T 19889.5 规定的方法进行检测。

8.4.9 门窗抗撞击性能可按本规程附录 D 规定的方法进行检测。

附录 A 红外热像仪检测外门窗框与墙体间密封缺陷

A.0.1 红外热像仪及其温度测量范围应符合现场检测要求。红外热像仪设计适用波长范围应为 $8.0\mu m \sim 14.0\mu m$，传感器温度分辨率（NETD）应小于 $0.08℃$，温差检测不确定度应小于 $0.5℃$，红外热像仪的像素不应少于 76800 点。

A.0.2 检测前及检测期间，环境条件应符合下列规定：

1 检测前至少 24h 内室外空气温度的逐时值与开始检测时的室外空气温度相比，其变化不应大于 10℃。

2 检测前至少 24h 内和检测期间，建筑物外门窗内外平均空气温度差不宜小于 10℃。

3 检测期间与开始检测时的空气温度相比，室外空气温度逐时值变化不应大于 5℃，室内空气温度逐时值的变化不应大于 2℃。

4 1h 内室外风速变化不应大于 2 级。

5 检测开始前至少 12h 内受检的表面不应受到太阳直接照射，受检的内表面不应受到灯光的直接照射。

6 室外空气相对湿度不应大于 75%，空气中粉尘含量不应异常。

A.0.3 检测前宜采用表面式温度计在受检表面上测出参照温度，并应调整红外热像仪的发射率，使红外热像仪的测定结果等于该参照温度。宜在与目标距离相等的不同方位扫描同一个部位。必要时，可采取遮

挡措施或关闭室内辐射源，或在合适的时间段进行检测。

A.0.4 受检表面同一个部位的红外热像图，不应少于 2 张。当拍摄的红外热像图中，主体区域过小时，应至少单独拍摄 1 张主体部位红外热像图。应采用图示说明受检部位的红外热像图在建筑中的位置，并应附上可见光照片。红外热像图上应标明参照温度的位置，并应同时提供参照温度的数据。

A.0.5 红外热像图中的异常部位，宜通过将实测热像图与受检部分的预期温度分布进行比较确定。必要时，可打开门窗框与墙体间缝隙确定。

附录 B 外门窗现场淋水检测

B.0.1 外门窗现场淋水检测装置应包括控制阀、压力表、增压泵、喷嘴和直径 19mm 水管等，且喷嘴喷出的水应能在被检门窗表面形成连续水幕。

B.0.2 现场淋水检测部位应包括窗扇与窗框之间的开启缝、窗框之间的拼接缝、拼樘框与门窗外框的拼接缝以及门窗与窗洞口的安装缝等可能出现渗漏的部位。

B.0.3 门窗现场淋水检测应按下列步骤和要求进行：

1 调节淋水水压。热带风暴和台风地区水压应为 160kPa，非热带风暴和台风地区水压应为 110kPa。

2 在门窗的室外侧选定检测部位，在距门窗表面 0.5m～0.7m 处，从下向上沿与门窗表面垂直的方向对准待测接缝进行喷水。喷淋时间应持续 5min。

3 淋水的同时在门窗室内侧观察有无渗漏水现象。当连续 5min 内未发现渗漏水时，可进入下一个待测部位。

4 依次对选定的部位进行喷淋。对有渗漏水出现的部位，应记录其位置。

附录 C 门窗静载检测

C.0.1 门窗静载检测装置应包括支撑架、施加推力或施加拉力荷载装置、位移检测百分表等。

C.0.2 支撑架应牢固可靠，安装施加推力或施加拉力的支撑杆应有足够的刚度，受力变形不得影响检测结果。

C.0.3 门窗静载检测可采取施加推力或施加拉力的方式。

C.0.4 门窗静载检测可采取 1/2 高度单排加载、1/3 高度双排加载或多排加载的方式；宽度大于高度的门窗可采取 1/3 宽度双行加载或多行加载的方式。可在加载位置和距加载门窗框端点 10mm 处安装位移检测百分表。

C.0.5 门窗静载检测应按下列步骤进行：

　　1 用分度值 1mm 的钢卷尺检测门窗外边框之间的宽度、高度和内框长度、位置，确定门窗加载的方式和位置；

　　2 安装门窗静载检测支撑架和加荷载装置；

　　3 荷载应分级施加，每级荷载施加的时间间隔可为 5min～10min，检测并记录每级荷载相应的位移，施加荷载的最大值不应小于该门窗承受风荷载设计值等效加载部位的力值；

　　4 在加载过程中出现超过允许挠度的位移时，可停止检测，卸除荷载；

　　5 达到预期荷载时，应保持 10min 以上再检测位移，然后卸除荷载；

　　6 卸荷 10min 后，应再次检测位移。

C.0.6 对静载检测结果的分析应符合下列规定：

　　1 当连接固定处出现沿加载方向的位移时，应判定连接固定存在质量问题；

　　2 应检测的门窗位移减去距加载门窗框端点 10mm 处位移作为门窗的静载变形，并可根据变形计算或换算成法线挠度；

　　3 当法线挠度大于允许挠度时，应判定门窗抗风压能力不符合要求；

　　4 当法线挠度小于允许挠度时，尚应对卸荷后的残余变形进行分析，当残余法线挠度大于 1mm 时，应判定门窗抗风压能力不符合要求。

附录 D　门窗现场撞击性能检测

D.0.1 门窗现场撞击性能检测装置应包括支撑架、悬挂钢丝、撞击体和释放装置（图 D.0.1）。

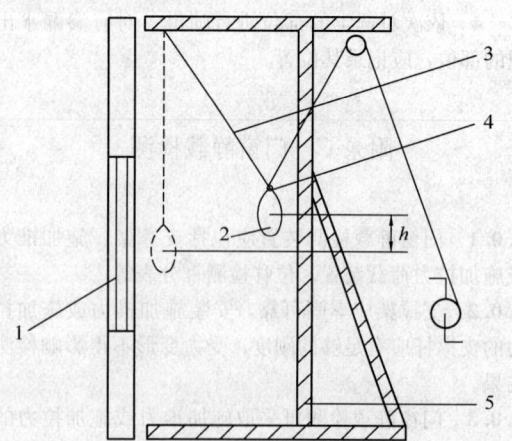

图 D.0.1　门窗现场撞击性能检测装置示意图
1—试件；2—撞击体；3—悬挂钢丝；
4—释放装置；5—支撑架

D.0.2 支撑架应牢固、稳定，可在检测现场临时搭设。

D.0.3 撞击体质量应为（30±1）kg，应采用直径 350mm 的球状皮袋内装干砂制成，且干砂应通过 2mm 筛孔筛选。悬挂的撞击体球状皮袋外缘距被检测门窗表面宜为 20mm。

D.0.4 悬挂撞击体的钢丝绳宜为直径 5mm 的钢丝绳。

D.0.5 释放装置应能准确定位撞击体的提升高度，并应能保证撞击体的中心线和悬挂钢丝中心线在同一条直线上。

D.0.6 门窗撞击性能检测前，门窗扇应处于关闭状态。

D.0.7 撞击有效下落高度应按下式计算：

$$h = \frac{E}{9.8 \cdot m} \qquad (D.0.7)$$

式中：h——撞击体有效下落高度（m）；

　　　　E——撞击能量，根据设计需要决定（N·m）；

　　　　m——撞击体质量（kg）。

D.0.8 撞击点宜选择门窗扇中梃的中点、中框的中点、拼樘框中点等部位，采用安全玻璃的门窗也可选择面板中心部位作为撞击点。

D.0.9 门窗撞击试验开始前，应在门窗撞击点的另一侧设置安全措施，防止窗扇或玻璃脱落伤人。

D.0.10 门窗撞击性能检测应按下列步骤进行：

　　1 提升撞击体中心至设定撞击高度并处于静止状态。

　　2 释放撞击体，撞击体下落撞击门窗撞击点一次。撞击后应防止撞击体回弹再次撞击。

　　3 试件撞击后应观察门窗变形、零部件脱落等状况。

D.0.11 门窗受撞击后不应有影响使用的永久变形和零部件脱落。

本规程用词说明

　　1 为便于在执行本规程条文时区别对待，对于要求严格程度不同的用词说明如下：

　　　　1） 表示很严格，非这样做不可的：

　　　　　　正面词采用"必须"；反面词采用"严禁"。

　　　　2） 表示严格，在正常情况下均应这样做的：

　　　　　　正面词采用"应"；反面词采用"不应"或"不得"。

　　　　3） 表示允许稍有选择，在条件许可时首先应这样做的：

　　　　　　正面词采用"宜"；反面词采用"不宜"。

　　　　4） 表示有选择，在一定条件下可以这样做的，采用"可"。

　　2 条文中指明应按其他有关标准执行的写法为："应符合……的规定"或"应按……执行"。

引用标准名录

1 《建筑装饰装修工程质量验收规范》GB 50210

2 《建筑玻璃 可见光透射比、太阳光直接透射比、太阳能总透射比、紫外线透射比及有关窗玻璃参数的测定》GB/T 2680

3 《铝合金建筑型材 第6部分：隔热型材》GB 5237.6

4 《建筑门窗洞口尺寸系列》GB/T 5824

5 《建筑外门窗气密、水密、抗风压性能分级及检测方法》GB/T 7106

6 《建筑外门窗保温性能分级及检测方法》GB/T 8484

7 《建筑门窗空气声隔声性能分级及检测方法》

GB/T 8485

8 《中空玻璃》GB/T 11944

9 《建筑外窗采光性能分级及检测方法》GB/T 11976

10 《室内装饰装修材料 木家具中有害物质限量》GB 18584

11 《声学 建筑和建筑构件隔声测量 第5部分：外墙构件和外墙空气声隔声的现场测量》GB/T 19889.5

12 《建筑玻璃应用技术规程》JGJ 113

13 《玻璃幕墙工程质量检验标准》JGJ/T 139

14 《建筑门窗玻璃幕墙热工计算规程》JGJ/T 151

15 《建筑外窗气密、水密、抗风压性能现场检测方法》JG/T 211

中华人民共和国行业标准

建筑门窗工程检测技术规程

JGJ/T 205—2010

条 文 说 明

制 订 说 明

《建筑门窗工程检测技术规程》JGJ/T 205 -
2010，经住房和城乡建设部 2010 年 3 月 18 日以第
524 号文公告批准发布。

本规程在制订过程中，编制组进行了调研、召开
研讨会等大量调查研究，总结了我国建筑门窗工程设
计、施工、检测的实践经验，同时参考了国外先进技
术标准，通过试验，取得了大量重要技术参数。

为便于广大工程设计、施工、监理、检测、咨
询、科研、教学、物业、能源审计及管理等单位有关
人员和居住建筑业主在使用本规程时能正确理解和执
行条文规定，《建筑门窗工程检测技术规程》编制组
按章、节、条顺序编制了本规程的条文说明，对条文
规定的目的、依据以及执行中需注意的有关事项进行
了说明。但是本条文说明不具备与本规程同等的法律
效力，仅供使用者作为理解和把握规程规定的参考。

目 次

1 总　则

1.0.1 由于现行国家标准《建筑装饰装修工程质量验收规范》GB 50210－2001 列出的门窗工程现场检验方法多为观察、尺量，没有明确观察的方法，没有明确尺量的位置和数量，导致实际检测工作中随意性很强，结果可比性差，严重影响了工程质量的监督检查和检测水平的提高，迫切需要制定细化检测方法的建筑门窗工程检测技术规程。

1.0.2 本条包含了新建、扩建、改建建筑门窗工程质量的检测和既有建筑的门窗常规性能的检测。建筑门窗防火、防盗等特殊性能的检测另有规定，故不包含在本规程中。

1.0.4 与建筑门窗工程质量检测有关的国家现行标准主要有：《建筑装饰装修工程质量验收规范》GB 50210－2001、《住宅装饰装修工程施工规范》GB 50327－2001、《塑料门窗工程技术规程》JGJ 103－2008、各种门窗产品标准、门窗性能检测标准、门窗配件标准等。

3　基本规定

3.1　检测分类

3.1.1 本条提出建筑工程中门窗工程的四个检测项目。

3.1.3 门窗工程性能的现场检测需要专用的仪器设备和检测技术，一般应委托第三方检测机构进行。

3.1.4 既有建筑门窗性能检测的全部检测项目可委托第三方检测机构实施，此时一般没有施工企业、门窗安装企业和监理单位等协助业主进行检验。

3.2　检测方式与数量

3.2.2 门窗的合格证是门窗产品生产单位自检结果的证明材料，建筑门窗产品进场前就要有合格证、型式检验报告。

3.2.3 现行国家标准《建筑装饰装修工程质量验收规范》GB 50210－2001 规定：木门窗、金属门窗、塑料门窗及门窗玻璃，每个检验批应至少抽查 5%，并不得少于 3 樘，不足 3 樘时应全数检查；高层建筑的外窗，每个检验批应至少抽查 10%，并不得少于 6 樘，不足 6 樘时应全数检查。特种门每个检验批应至少抽查 50%，并不得少于 10 樘，不足 10 樘时应全数检查。

3.3　检测方法与检测仪器

3.3.1 本条推荐外观检查在良好的自然光或散射光照条件下，距被检对象表面约 600mm 处观察检查，保证了外观检查方法的一致性。

3.3.3 本条将主要量测仪器要求统一提出，在具体检测的规定中不再重复分辨率或分度值等要求。

4　门窗产品的进场检验

4.2　门窗及型材

4.2.2～4.2.5 门窗指已经加工成型的除玻璃和配件以外的门窗框架、面板，门窗型材外观检查项目与现行国家标准《建筑装饰装修工程质量验收规范》GB 50210－2001 需要检验评价的项目相同。

4.2.6 门窗的规格、尺寸的检测结果与设计和相应产品标准的要求对比。

4.2.7 隔热铝合金型材是保温节能的重要材料，其抗剪强度和横向抗拉强度按已有的现行国家标准《铝合金建筑型材　第 6 部分：隔热型材》GB 5237.6－2004 规定的方法进行检测。

4.2.8 甲醛是世界卫生组织确定的致癌物，人造木板中有可能含有超标的甲醛，有必要对含人造木板的木门窗甲醛释放量进行检测，已有的现行国家标准《室内装饰装修材料　木家具中有害物质限量》GB 18584－2001 规定了甲醛释放量检测方法。

4.3　玻　璃

4.3.5～4.3.7 玻璃外观检测项目和玻璃表面应力检测方法参考了已有的现行行业标准《玻璃幕墙工程质量检验标准》JGJ/T 139－2001 的相关规定。

4.4　密封材料

4.4.1 未使用的密封材料产品包括密封包装的液体密封胶和没有装在门窗上的橡胶密封条、毛毡密封条等，这些未使用的产品状态和性能没有变化，可以按产品标准要求检查其品种、规格，也可进行见证取样检测其性能。

4.4.2 装在门窗产品上的橡胶密封条、毛毡密封条等已经变形，注在门窗产品上的密封胶已经变成弹性体，已无法再按原产品标准进行检测，故应检查其品种、类型、外观、宽度和厚度等项目。

4.6　物理性能

4.6.1 建筑外门窗产品的物理性能包括气密性能、水密性能、抗风压性能、保温性能、采光性能、空气声隔声性能、遮阳性能等。过去建筑外门窗产品的物理性能复验样品大多不是从进入现场的门窗中取得，而由门窗生产单位送检，很容易出现复验样品与现场安装的门窗产品不一致、弄虚作假的情况，失去了复验把关的意义。将建筑外门窗产品的物理性能复验采取见证取样检测的方式，可以有效地保证建筑外门窗产品的物理性能复验样品与现场安装的门窗产品一致，保证门窗工程质量。

4.6.3 建筑外门窗产品的气密性能、水密性能、抗风压性能按已有的现行国家标准《建筑外门窗气密、水密、抗风压性能分级及检测方法》GB/T 7106 - 2008 在实验室进行检测。

4.6.4 建筑外门窗产品的保温性能按已有的现行国家标准《建筑外门窗保温性能分级及检测方法》GB/T 8484 - 2008 在实验室进行检测。

4.6.5 建筑门窗产品的空气声隔声性能按已有的现行国家标准《建筑门窗空气声隔声性能分级及检测方法》GB/T 8485 - 2008 在实验室进行检测。

4.6.6 建筑外窗产品的采光性能按已有的现行国家标准《建筑外窗采光性能分级及检测方法》GB/T 11976 - 2002 在实验室进行检测。

4.6.7 建筑外窗中空玻璃结露会严重影响正常使用，检测外窗中空玻璃露点很有必要，已有的现行国家标准《中空玻璃》GB/T 11944 - 2002 有中空玻璃露点检测方法。

4.6.8 外窗可见光透射比按已有的现行国家标准《建筑玻璃 可见光透射比、太阳光直接透射比、太阳能总透射比、紫外线透射比及有关窗玻璃参数的测定》GB/T 2680 - 94 的规定进行检测。

4.6.9 外窗遮阳效果关系到节能和正常使用，按已有的现行国家标准《建筑玻璃 可见光透射比、太阳光直接透射比、太阳能总透射比、紫外线透射比及有关窗玻璃参数的测定》GB/T 2680 - 94 的规定检测门窗单片玻璃太阳光光谱透射比、反射比等参数后，按已有的现行行业标准《建筑门窗玻璃幕墙热工计算规程》JGJ/T 151 - 2008 的规定，在夏季标准计算条件下计算外窗遮阳系数。

5 门窗洞口施工质量检测

5.1 一 般 规 定

5.1.2 施工单位对洞口进行全数自检可以及时修改存在的问题。

5.1.3 当门窗的安装单位为门窗洞口的施工单位时，合格验收检验可采取计数抽样检验；当门窗的安装单位不是洞口的施工单位时，宜采取全数检验的验收方式。

5.2 门窗洞口尺寸

5.2.2 过去洞口尺寸控制没有得到应有的重视，检测洞口尺寸的目的是按洞口尺寸确定门窗制作尺寸，直接影响门窗安装质量和保温节能效果，有必要严格控制门窗洞口尺寸允许偏差。目前门窗洞口尺寸允许偏差只有现行行业标准《塑料门窗工程技术规程》JGJ 103 - 2008中有位置允许偏差和宽度或高

度允许偏差的明确规定，规定要求如下：

洞口位置偏差规定要求处于同一垂直位置的相邻洞口，中线左右位置相对偏差不应大于10mm；全楼高度内，所有处于同一垂直线位置的各楼层洞口，左右位置相对偏差不应大于15mm（全楼高度小于30m）或20mm（全楼高度大于或等于30m）；处于同一水平位置的相邻洞口，中线上下位置相对偏差不应大于10mm；全楼长度内，所有处于同一水平线位置的各单元洞口，上下位置相对偏差不应大于15mm（全楼长度小于30m）或20mm（全楼长度大于或等于30m）。

洞口宽度或高度尺寸的允许偏差规定要求见下表：

洞口类型 \ 洞口宽度或高度		<2400mm	2400mm～4800mm	>4800mm
不带附框洞口	未粉刷墙面	±10mm	±15mm	±20mm
	已粉刷墙面	±5mm	±10mm	±15mm
已安装附框的洞口		±5mm	±10mm	±15mm

5.3 洞口外观与埋件

5.3.1 门窗洞口表面完整、密实、平整是保证门窗尺寸和安装质量的关键。

6 门窗安装质量检测

6.1 一 般 规 定

6.1.1 检测项目的划分参照已有的现行国家标准《建筑装饰装修工程质量验收规范》GB 50210 - 2001。

6.2 外观与尺寸

6.2.1 门窗安装质量的外观检查项目与现行国家标准《建筑装饰装修工程质量验收规范》GB 50210 - 2001需要检验评价的项目相同。

6.2.2 门窗安装尺寸检测项目与现行国家标准《建筑装饰装修工程质量验收规范》GB 50210 - 2001需要检验评价的项目相同。

6.3 连 接 固 定

6.3.2 门窗侧框中部是形成松动的薄弱部位。

6.3.3 门窗批水、盖口条、压缝条、密封条端头是形成松动的薄弱部位。

6.4 排水、启闭与密封

6.4.5 门窗框与墙体间缝隙填嵌是否饱满关系到保温效果和缝隙表面密封开裂，门窗框与墙体间缝隙要采用闭孔弹性材料填嵌，寒冷和严寒地区木外门窗

（或门窗框）与墙体间的空隙要填充保温材料，采用红外热像仪可无损检测外门窗框与墙体间密封缺陷，有密封缺陷时可打开门窗框与墙体间缝隙检查确认。

7 门窗工程性能现场检测

7.1 一般规定

7.1.1 过去只注重门窗本身性能实验室检测，将安装之后的门窗性能视同实验室的检测结果，实际上工程安装后的门窗性能却比实验室检测结果差很多。主要原因是在缺少对门窗安装后整体性能进行检测督促的条件下，生产单位送到实验室检测的门窗可能和实际进场安装的门窗不同；另外，门窗安装时对性能影响很大的门窗框与洞口之间的缝隙普遍填嵌不饱满的缺陷得不到应有的重视。因此，对建筑外门窗气密性能、水密性能、抗风压性能、隔声性能和撞击性能等进行现场检测是保证门窗工程质量的关键。

7.2 外门窗气密性能、水密性能、抗风压性能检测

7.2.1 采用静压箱检测外门窗气密性能、水密性能、抗风压性能的方法，在现行行业标准《建筑外窗气密、水密、抗风压性能现场检测方法》JG/T 211 - 2007 已经有了规定。

7.2.2 本条提出对检测结果的评定原则。

7.2.3 外窗渗漏水严重影响使用，对大尺寸的组合窗以及非标准形状的外窗难以利用静压箱体进行水密性能现场检测，可采用现场淋水的方法检测外窗防渗漏水性能。

7.2.4 外门窗安装后受风荷载的作用是否安全是大家普遍关心的问题，大规格组合门窗（尤其是条形窗和隐框窗），由于规格尺寸过大或是洞口不是矩形，使得现场检测时难以用密封板材进行密封，难以利用静压箱体进行抗风压性能现场检测。门窗静载检测借鉴比较成熟的建筑结构静载检测技术和方法，不需要庞大的加风压装置，采用局部加荷载的简便检测装置，通过等效计算结果对门窗框特定位置分时逐级施加荷载，检测位移值，确定门窗抗风压性能，效果很好。

7.3 门窗其他性能检测

7.3.1 易受人体或物体碰撞部位的建筑门窗安全越来越引起大家的重视，现场撞击性能检测是模拟人和物体对门窗猛烈冲击后，门窗扇脱落和玻璃破碎情况，可以有效检测门窗抗撞击性能。

7.3.2 外窗空气隔声性能的检测在现行国家标准《声学 建筑和建筑构件隔声测量 第5部分：外墙构件和外墙空气声隔声的现场测量》GB/T 19889.5 - 2006 中已经有了规定。

8 既有建筑门窗检测

8.1 一般规定

8.1.1 改造工程为门窗全部更换，门窗修复与更换工程为部分门窗更换或配件更换。

8.1.2 新、旧门窗检测方法可能相同，但检测目的并不完全相同。

8.2 门窗的检查

8.2.1 采用全数检查的方式可以指导门窗修复与更换。

8.4 门窗性能

8.4.1 既有建筑门窗存在密封胶开裂、密封条脱落、玻璃破裂等可维修的缺陷时，直接采用静压箱检测建筑外窗气密、水密、抗风压性能不能真实反映外窗本身真实性能，会将可修复的门窗误判为门窗必须更换。因此，需要先将既有建筑门窗可维修的缺陷正常维修后再采用静压箱进行性能检测。

附录 A 红外热像仪检测外门窗框与墙体间密封缺陷

采用红外热像仪可无损检测外门窗框与墙体间密封缺陷，本附录在已有的外围护结构热工缺陷检测的基础上，结合外门窗工程的特点编制而成。

附录 B 外门窗现场淋水检测

B.0.3 有时漏水并非一个部位，因此对所有接缝按顺序进行检测。检测顺序应依据从下向上的原则，可避免上部接缝检测的水从下部接缝渗入，干扰检测结果。

附录 C 门窗静载检测

C.0.3 有开启扇的外窗可在开启扇边的中框上施加拉力静载检测，没有开启扇的外窗可在中框上施加推力静载检测。

附录 D 门窗现场撞击性能检测

D.0.2 悬挂撞击体的支撑架应足够牢固，不得影响检测结果。

D.0.5 本条保证门窗受到撞击体撞击时，悬挂装置、释放装置等对门窗无其他力的影响。

D.0.8 门窗薄弱处为受冲击后容易损坏或变形最大的部位。一般选择门窗扇中梃的中点，中横、中竖框的中点，拼樘框中点，门窗面板中心等部位。

D.0.11 门窗受撞击后应能吸收撞击能量，保持原有性能或在撞击力消失后恢复正常使用功能，无影响使用的永久变形。撞击力不应导致门窗零部件脱落，门窗面板应达到各自产品标准规定的撞击性能。

中华人民共和国行业标准

采暖通风与空气调节工程检测技术规程

Technical specification for test of heating & ventilating
and air-conditioning engineering

JGJ/T 260—2011

批准部门：中华人民共和国住房和城乡建设部
施行日期：2 0 1 2 年 4 月 1 日

中华人民共和国住房和城乡建设部
公　告

第 1130 号

关于发布行业标准《采暖通风与
空气调节工程检测技术规程》的公告

现批准《采暖通风与空气调节工程检测技术规程》为行业标准，编号为 JGJ/T 260 - 2011，自 2012 年 4 月 1 日起实施。

本规程由我部标准定额研究所组织中国建筑工业出版社出版发行。

中华人民共和国住房和城乡建设部
2011 年 8 月 29 日

前　言

根据原建设部《关于印发〈2005 年工程建设标准规范制订、修订计划（第一批）〉的通知》（建标函 [2005] 84 号）的要求，规程编制组经广泛调查研究，认真总结实践经验，参考有关国际标准和国外先进标准，并在广泛征求意见的基础上，制定本规程。

本规程主要技术内容包括：总则，基本规定，基本技术参数测试方法，采暖工程，通风与空调工程，洁净工程，恒温恒湿工程。

本规程由住房和城乡建设部负责管理，由中国建筑科学研究院负责具体技术内容的解释。执行过程中如有意见或建议，请寄送中国建筑科学研究院（地址：北京市北三环东路 30 号，邮政编码：100013，E-mail：JCGC163@163.com)

本规程主编单位：中国建筑科学研究院
湖南望新建设集团股份有限公司

本规程参编单位：北京住总集团有限责任公司
北京市设备安装工程集团有限公司
北京建工总机电设备安装工程有限公司
北京市建设工程质量监督总站

国家空调设备质量监督检验中心
深圳市建设工程质量监督总站
深圳市建设工程质量检测中心
辽宁省建设科学研究院
上海市建设工程质量检测有限公司
北京建筑工程学院
沈阳紫薇机电设备有限公司
国际铜业中国协会
福禄克国际公司

本规程主要起草人：宋　波　宋松树　史新华
刘元光　李建军　孙世如
曹　勇　王智超　张彦国
柳　松　刘锋钢　陈少波
盖晓霞　路　宾　王庆辉
高尚现　邵宗义　李　攀
张建华　邱晨怡

本规程主要审查人：许文发　朱　能　李德英
万水娥　于晓明　曹　阳
朱伟峰　龚延风　董重成

目　　次

Contents

1 总 则

1.0.1 为了加强对采暖通风与空气调节工程的监督与管理，规范采暖通风与空气调节工程的检测方法，保证采暖通风与空气调节工程检测的质量，制定本规程。

1.0.2 本规程适用于采暖通风与空气调节工程中基本技术参数性能指标测试，以及采暖、通风、空调、洁净、恒温恒湿工程的试验、试运行及调试的检测。

1.0.3 采暖通风与空气调节工程检测除应符合本规程外，尚应符合国家现行有关标准的规定。

2 基 本 规 定

2.0.1 采暖通风与空气调节工程检测可分为过程检测、试运行与调试检测。

2.0.2 委托第三方检测的程序应符合下列规定：

　　1 委托方应提出检测要求，并应提供完整的技术资料；

　　2 委托方与检测机构应签订委托合同；

　　3 检测机构应组成检测小组，制定检测方案并实施；

　　4 检测机构应出具检测报告。

2.0.3 参加检测的工作人员应经专业技术培训，所使用的检测仪器和设备应在合格检定或校准有效期内。

2.0.4 检测人员应根据检测范围，选择和操作相关检测仪器设备，与检测仪器设备相关的技术资料应便于检测人员的取用。

2.0.5 检测时应妥善保管检测资料和检测结果，检测后应做好技术档案归档工作。

2.0.6 检测报告的保存管理应符合下列规定：

　　1 报告发出后，报告副本、原始记录和相关资料应统一管理；

　　2 报告的保存和销毁应按相应制度执行。

3 基本技术参数测试方法

3.1 一般规定

3.1.1 采暖通风与空气调节系统各项性能均应在系统实际运行状态下进行检测。

3.1.2 冷水（热泵）机组及其水系统性能检测工况应符合现行行业标准《公共建筑节能检测标准》JGJ/T 177 的规定。

3.1.3 基本参数检测项目应包括风系统基本参数、水系统基本参数、室内环境基本参数、电气和其他参数，以及系统性能参数。

3.2 风系统基本参数

3.2.1 风系统基本参数检测仪表性能应符合表3.2.1的规定。

表 3.2.1 风系统基本参数检测仪表性能

序号	测量参数（单位）	检测仪器	仪表准确度
1	送、回风温度（℃）	玻璃水银温度计、热电阻温度计、热电偶温度计等各类温度计（仪）	0.5℃
2	风速（m/s）	风速仪、毕托管和微压计	0.5m/s
3	风量（m³/h）	毕托管和微压计、风速仪、风量罩	5%（测量值）
4	动压、静压（Pa）	毕托管和微压计	1.0Pa
5	大气压力（Pa）	大气压力计	2hPa

3.2.2 送、回风温度的检测应符合下列规定：

　　1 送、回风温度的测点布置应符合下列规定：

　　　　1) 风口送、回温度检测位置应位于风口表面气流直接触及的位置（包含散流器出口）；

　　　　2) 风管内和机组送、回风温度检测位置应位于风管中央或机组预留点。

　　2 送、回风温度可按下列步骤及方法进行测量：

　　　　1) 根据委托要求和现场的实际情况确定检测状态；

　　　　2) 检查系统是否运行稳定；

　　　　3) 确定测点的具体位置以及测点的数目；

　　　　4) 使用检测仪器设备进行检测。

　　3 送、回风温度应按下式计算：

$$t_p = \frac{\sum_{i=1}^{n} t_i}{n} \tag{3.2.2}$$

式中：t_p——测点平均温度（℃）；

　　　n——测试点的个数；

　　　t_i——第 i 个测点温度（℃）。

3.2.3 风管风量、风速和风压的检测应符合下列规定：

　　1 风管风量、风速和风压测点布置应符合现行行业标准《公共建筑节能检测标准》JGJ/T 177 的规定。

　　2 风管风量、风速和风压可按下列步骤及方法进行检测：

　　　　1) 检查系统和机组是否正常运行，并调整到检测状态；

　　　　2) 确定风量测量的具体位置以及测点的数目

和布置方法，测量截面应选择在气流较均匀的直管段上，并距上游局部阻力管件4倍～5倍管径以上（或矩形风管长边尺寸），距下游局部阻力管件1.5倍～2倍管径以上（或矩形风管长边尺寸）的位置（图3.2.3）；

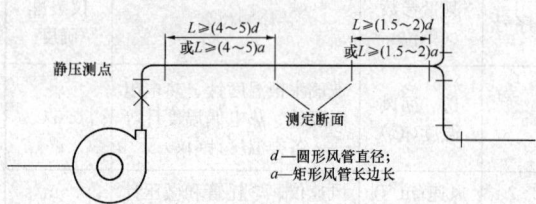

图3.2.3 测定断面位置选择示意

3）依据仪表的操作规程，调整测试用仪表到测量状态；

4）逐点进行测量，每点宜进行2次以上测量；

5）当采用毕托管测量时，毕托管的直管应垂直管壁，毕托管的测头应正对气流方向且与风管的轴线平行，测量过程中，应保证毕托管与微压计的连接软管通畅无漏气；

6）记录所测空气温度和当时的大气压力。

3 数据处理应符合下列规定：

1）当采用毕托管和微压计测量时，应按下列公式计算风量：

$$\overline{P}_{\mathrm{v}} = \left(\frac{\sqrt{P_{\mathrm{v1}}} + \sqrt{P_{\mathrm{v2}}} + \cdots\cdots \sqrt{P_{\mathrm{vn}}}}{n} \right)^2$$

（3.2.3-1）

$$\overline{V} = \sqrt{\frac{2\overline{P}_{\mathrm{v}}}{\rho}}$$ （3.2.3-2）

$$L = 3600\overline{V}F$$ （3.2.3-3）

$$L_{\mathrm{s}} = \frac{L \cdot \rho}{1.2}$$ （3.2.3-4）

$$\rho = 0.00349B/(273.15 + t)$$ （3.2.3-5）

式中： $\overline{P}_{\mathrm{v}}$ ——平均动压（Pa）；

P_{v1}、P_{v2}……P_{vn} ——各测点的动压（Pa）；

$\overline{V}$ ——断面平均风速（m/s）；

ρ ——空气密度（kg/m³）；

B ——大气压力（kPa）；

t ——空气温度（℃）；

F ——断面面积（m²）；

L ——机组或系统风量（m³/h）；

L_{s} ——标准空气状态下风量（m³/h）。

2）当采用热电风速计或数字式风速计测量风量时，断面平均风速为各测点风速测量值的平均值，实测风量和标准风量的计算方法与毕托管和微压计测量计算方法相同。

3.2.4 大气压力的检测应符合下列规定：

1 大气压力检测的测点布置应将大气压力测试装置放置于当地测点水平处，保持与测试环境充分接触，并不受外界相关因素干扰；

2 应在测试环境稳定后，对仪表进行读值；

3 大气压力检测的数据处理应取两次测试值的平均值作为测试结果。

3.2.5 室内换气次数检测应符合现行国家标准《公共场所室内换气率测定方法》GB/T 18204.19 的规定。

3.2.6 室内气流速度检测应符合下列规定：

1 室内气流速度检测的测点布置应将被测空间划分为若干个体积相等的正方体，在每个小的正方体内悬挂布置小型风速自动记录仪，测点的位置和数量由被测空间的大小和工艺要求确定。

2 室内气流速度可按下列步骤及方法进行检测：

1）对所有测点的风速自动记录仪校对时间，设置自动记录的启动时间和时间间隔；

2）开启被测空间工艺设备进行送风，待稳定后人员离开被测试空间；

3）风速自动记录仪按照预先设定进行自动测量和存储，测试完成后应使用相应的软件将数据下载进行分析。

3 室内气流速度检测的数据处理应依据采集的数据，做出室内气流速度场在空间和时间范围内的分布图。

3.3 水系统基本参数

3.3.1 水系统基本参数检测仪表性能应符合表3.3.1的要求。

表3.3.1 水系统基本参数检测仪表性能

序号	测量参数	单位	检测仪器	仪表准确度
1	温度	℃	玻璃水银温度计、铂电阻温度计等各类温度计（仪）	0.2℃（空调）0.5℃（采暖）
2	流量	m³/h	超声波流量计或其他形式流量计	≤2%（测量值）
3	压力	Pa	压力仪表	≤5%（测量值）

3.3.2 水温检测应符合下列规定：

1 水温检测的测点布置应尽量布置在靠近被测机组（设备）的进出口处；当被检测系统预留安放温度计位置时，可利用预留位置进行测试。

2 水温可按下列步骤进行检测：

1）确定检测状态，安装检测仪表；

2）依据仪表的操作规程，调整测试仪表到测量状态；

3）待测试状态稳定后，开始测量；

4）测试过程中，若测试工况发生比较大的变化，需对测试状态进行调整，重新进行测试。

3 水温检测的数据处理应将各次测量值的算术平均值作为测试值。

3.3.3 水流量检测应符合下列规定：

1 水流量检测的测点布置应设置在设备进口或出口的直管段上；对于超声波流量计，其最佳位置可为距上游局部阻力构件 10 倍管径、距下游局部阻力构件 5 倍管径之间的管段上。

2 水流量可按下列步骤进行检测：

1）确定检测状态，安装检测仪表；

2）依据仪表的操作规程，调整测试仪表到测量状态；

3）待测试状态稳定后，开始测量，测量时间宜取 10min。

3 水流量检测的数据处理应取各次测量的算术平均值作为测试值。

3.3.4 压力检测应符合下列规定：

1 压力检测的测点布置应在系统原有压力表安装位置。

2 压力可按下列步骤进行检测：

1）确定检测状态，拆卸系统原有压力表，安装已标定或校准过的压力表；

2）依据仪表的操作规程，调整测试仪表到测量状态；

3）待测试状态稳定后，开始测量。

3 压力检测的数据处理应取各次测量的算术平均值作为测试值。

3.4 室内环境基本参数

3.4.1 室内环境基本参数检测仪表性能应符合表 3.4.1 的要求。

表 3.4.1 室内环境基本参数检测仪表性能

序号	测量参数	单位	检测仪器	仪表准确度
1	温度	℃	温度计(仪)	0.5℃ 热响应时间不应大于 90s
2	相对湿度	％RH	相对湿度仪	5％RH
3	风速	m/s	风速仪	0.5m/s
4	噪声	dB(A)	声级计	0.5dB(A)
5	洁净度	粒/m³	尘埃粒子计数器	采样速率大于 1L/min
6	静压差	Pa	微压计	1.0Pa

3.4.2 室内环境温度、湿度检测应符合下列规定：

1 空调房间室内环境温度、湿度检测的测点布置应符合下列规定：

1）室内面积不足 16m²，测室中央 1 点；

2）16m² 及以上且不足 30 m² 测 2 点（居室对角线三等分，其二个等分点作为测点）；

3）30m² 及以上不足 60 m² 测 3 点（居室对角线四等分，其三个等分点作为测点）；

4）60m² 及以上不足 100m² 测 5 点（二对角线上梅花设点）；

5）100m² 及以上每增加 20m²～50m² 酌情增加 1 个～2 个测点（均匀布置）；

6）测点应距离地面以上 0.7m～1.8m，且应离开外墙表面和冷热源不小于 0.5m，避免辐射影响。

2 室内环境温度、湿度可按下列步骤及方法进行检测：

1）根据设计图纸绘制房间平面图，对各房间进行统一编号；

2）检查测试仪表是否满足使用要求；

3）检查空调系统是否正常运行，对于舒适性空调，系统运行时间不少于 6h；

4）根据系统形式和测点布置原则布置测点；

5）待系统运行稳定后，依据仪表的操作规程，对各项参数进行检测并记录测试数据；

6）对于舒适性空调系统测量一次。

3 室内平均温度应按下列公式计算：

$$t_{rm} = \frac{\sum_{i=1}^{n} t_{rm,i}}{n} \qquad (3.4.2\text{-}1)$$

$$t_{rm,i} = \frac{\sum_{j=1}^{p} t_{i,j}}{p} \qquad (3.4.2\text{-}2)$$

式中：t_{rm} ——检测持续时间内受检房间的室内平均温度（℃）；

$t_{rm,i}$ ——检测持续时间内受检房间第 i 个室内逐时温度（℃）；

n ——检测持续时间内受检房间的室内逐时温度的个数；

$t_{i,j}$ ——检测持续时间内受检房间第 j 个测点的第 i 个温度逐时值（℃）；

p ——检测持续时间内受检房间布置的温度测点的点数。

4 室内平均相对湿度应按下列公式计算：

$$\varphi_{rm} = \frac{\sum_{i=1}^{n} \varphi_{rm,i}}{n} \qquad (3.4.2\text{-}3)$$

$$\varphi_{rm,i} = \frac{\sum_{j=1}^{p} \varphi_{i,j}}{p} \qquad (3.4.2\text{-}4)$$

式中：φ_{rm} ——检测持续时间内受检房间的室内平均相对湿度（％）；

$\varphi_{rm,i}$——检测持续时间内受检房间第 i 个室内
逐时相对湿度(%);

n——检测持续时间内受检房间的室内逐时
相对湿度的个数;

$\varphi_{i,j}$——检测持续时间内受检房间第 j 个测点
的第 i 个相对湿度逐时值(%);

p——检测持续时间内受检房间布置的相对
湿度测点的点数。

3.4.3 风口风速检测应符合下列规定:

1 风口风速检测的测点布置应符合下列规定:

1) 当风口面积较大时,可用定点测量法,测
点不应少于 5 个,测点布置如图 3.4.3-1
所示;

2) 当风口为散流器风口时,测点布置如图
3.4.3-2 所示。

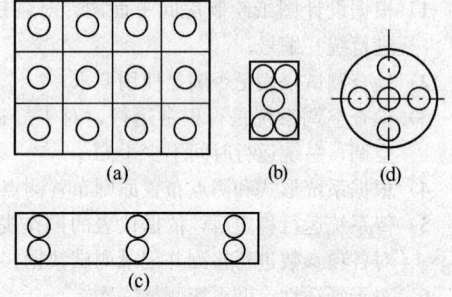

图 3.4.3-1 各种形式风口测点布置
(a) 较大矩形风口;(b) 较小矩形风口;
(c) 条缝形风口;(d) 圆形风口

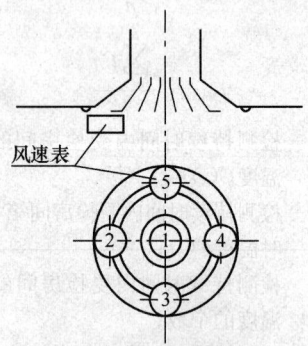

图 3.4.3-2 用风速仪测
定散流器出口平均风速

2 风口风速可按下列检测步骤及方法进行检测:

1) 当风口为格栅或网格风口时,可用叶轮式
风速仪紧贴风口平面测定风速;

2) 当风口为条缝形风口或风口气流有偏移时,
应临时安装长度为 0.5m~1.0m 且断面尺
寸与风口相同的短管进行测定。

3 风口风速应按下式计算:

$$V = \frac{V_1 + V_2 + V_3 + \cdots\cdots + V_n}{N} \quad (3.4.3)$$

式中:V_1、$V_2\cdots\cdots V_n$——各测点的风速(m/s);

n——测点总数(个)。

3.4.4 风口风量的检测应符合下列规定:

1 风口风量检测测点布置应符合下列规定:

1) 当采用风速计法测量风口风量时,在辅助
风管出口平面上,应按测点不少于 6 点均
匀布置测点;

2) 当采用风量罩法测量风口风量时,应根据
设计图纸绘制风口平面布置图,并对各房
间风口进行统一编号。

2 风口风量可按下列检测步骤及方法进行检测:

1) 当采用风速计法时,根据风口的尺寸,制
作辅助风管;辅助风管的截面尺寸应与风
口内截面尺寸相同,长度不小于 2 倍风口
边长;利用辅助风管将待测风口罩住,保
证无漏风;

2) 当采用风量罩法时,根据待测风口的尺寸、
面积,选择与风口的面积较接近的风量罩
罩体,且罩体的长边长度不得超过风口长
边长度的 3 倍;风口的面积不应小于罩体
边界面积的 15%;确定罩体的摆放位置来
罩住风口,风口宜位于罩体的中间位置;
保证无漏风。

3 风口风量检测的数据处理应符合下列规定:

1) 当采用风速计法时,以风口截面平均风速
乘以风口截面积计算风口风量,风口截面
平均风速为各测点风速测量值的算术平均
值,应按下式计算:

$$L = 3600 \cdot F \cdot V \quad (3.4.4)$$

式中:F——送风口的外框面积(m^2);

V——风口处测得的平均风速(m/s)。

2) 当采用风量罩法时,观察仪表的显示值,
待显示值趋于稳定后,读取风量值,依据
读取的风量值,考虑是否需要进行背压补
偿,当风量值不大于 1500m^3/h 时,无需
进行背压补偿,所读风量值即为所测风口
的风量值;当风量值大于 1500m^3/h 时,
使用背压补偿挡板进行背压补偿,读取仪
表显示值即为所测的风口补偿后风量值。

3.4.5 室内环境噪声检测应符合下列规定:

1 室内环境噪声检测的测点布置应符合下列
规定:

1) 当室内面积小于 50 m^2 时,测点应位于室
内中心且距地 1.1m~1.5m 高度处或按工
艺要求设定,距离操作者 0.5m 左右,距
墙面和其他主要反射面不小于 1m;

2) 当室内面积大于 50m^2,每增加 50m^2 应增
加 1 个测点;

3) 测量时声级计或传声器可采用手持或固定
在三脚架上,应使传声器指向被测声源。

2 室内环境噪声可按下列检测步骤及方法进行检测：

1) 根据设计图纸绘制房间平面图，对各房间进行统一编号；
2) 检查测试仪表是否满足使用要求；
3) 检查空调系统是否正常运行；
4) 根据测点布置原则布置测点；
5) 关掉所有空调设备，测量背景噪声；
6) 依据仪表的操作规程，测量各测点噪声。

3 室内环境噪声检测的数据处理应符合下列规定：

1) 当实测噪声与背景噪声之差 $\Delta<3$dB(A)时，测量无效；
2) 当实测噪声与背景噪声之差 $\Delta=3$dB(A)时，实测值 -3dB(A)；
3) 当实测噪声与背景噪声之差 $\Delta=4\sim5$dB(A)，实测值 -2dB(A)；
4) 当实测噪声与背景噪声之差 $\Delta=6\sim10$dB(A)，实测值 -1dB(A)；
5) 当实测噪声与背景噪声之差 $\Delta>10$dB(A)，不用修正。

3.4.6 截面风速的检测应符合下列规定：

1 截面风速检测的测点布置应符合下列规定：

1) 对于为检测送风量而进行的单向流风速检测，应在距离过滤器出风面100mm～300mm的截面处进行。对于工作面平均风速的检测应和委托方协商确认工作面的位置，垂直单向流应选择距墙或围护结构内表面大于0.5m，离地面0.8m作为工作区；水平单向流以距送风墙或围护结构内表面0.5m处的纵断面为第一工作面；
2) 确定测点数时，可采用送风面积乘以10，再计算平方根确定测点数量，不得少于4个点，且每个高效过滤风口或风机过滤器机组至少测量1个点；
3) 确定测量时间时，为保证检测的可重复性，每点风速检测应保证一定的测量时间，可采用一定时间的平均值作为测点的检测值。

2 应检查空调系统运行是否正常，依据仪表的操作规程，测量并记录各测点截面风速。

3 截面风速检测的数据处理应符合下列规定：

1) 对于为检测送风量和截面平均风速进行的风速检测，应以各点平均值作为检测结果；
2) 工作面风速不均匀度可按下式计算：

$$\beta_v=\frac{\sqrt{\dfrac{\sum(v_i-\overline{v})^2}{n-1}}}{\overline{v}} \qquad (3.4.6)$$

式中：β_v——风速不均匀度；
　　　v_i——任一点实测风速；

$\overline{v}$——平均风速；
n——测点数。

3.4.7 空气洁净度检测应符合下列规定：

1 空气洁净度检测仪表的选择应符合下列规定：

1) 空气洁净度检测宜采用粒子计数器，采样量应大于1L/min；
2) 当测试粒径大于或等于0.5μm的粒子时，宜采用光散射粒子计数器；
3) 当测试粒径大于或等于0.1μm的粒子时，宜采用大流量激光粒子计数器，采样量应大于或等于28.3L/min；
4) 当测试粒径小于0.1μm的超微粒子时，宜采用凝结核激光粒子计数器。

2 空气洁净度检测采样点应按下式计算：

$$N_L=\sqrt{A} \qquad (3.4.7-1)$$

式中：N_L——最少采样点数；
　　　A——洁净室（区）的面积（m²）。

3 空气洁净度检测每次采样的最少采样量的确定应符合下列规定：

1) 在每个采样点应采集足够的空气量，保证能检测出至少20个粒子，每个采样点的每次采样量应按下式计算：

$$V_s=\frac{20}{Cn\cdot m}\times1000 \qquad (3.4.7-2)$$

式中：V_s——采样量（L）；
　　　$Cn\cdot m$——被测洁净室（区）空气洁净度等级被测粒径的允许限制（p/m³）。

2) 每个采样点的采样量应至少为2L，采样时间最少应为1min；当洁净室（区）仅有1个采样点时，应在该点至少采样3次。

4 空气洁净度检测的数据处理应符合下列规定：

1) 每个采样次数为2次或2次以上的采样点，该采样点平均粒子浓度应按下式计算：

$$\overline{X_i}=\frac{X_{i,1}+X_{i,2}+\Lambda+X_{i,n}}{n} \qquad (3.4.7-3)$$

式中：$\overline{X_i}$——采样点 i（代表任何位置）的平均粒子浓度；
　　$X_{i,1}\cdots\cdots X_{i,n}$——每次采样的粒子浓度；
　　　n——在采样点 i 的采样次数。

2) 当采样点为1个时，应按本规程式（3.4.7-3）计算该平均粒子浓度。当采样点为10个或10个以上时，应按本规程式（3.4.7-3）计算各点的平均浓度后，按下式计算洁净室（区）总平均值：

$$\overline{\overline{X}}=\frac{\overline{X_{i,1}}+\overline{X_{i,2}}+\Lambda+\overline{X_{i,m}}}{m} \qquad (3.4.7-4)$$

式中：$\overline{\overline{X}}$——采样点平均值的总平均值；
　　　m——采样点的总数。

3.4.8 静压差的检测应符合下列规定：

1 静压差检测点布置应在所有门关闭的条件下进行，宜由平面布置上与外界最远的里间房间开始，依次向外测定，通过门缝或预留测孔等位置进行检测。

2 静压差可按下列检测步骤及方法进行检测：

　　1）静压差的测试应在风量调试完成后进行；

　　2）根据房间平面图，制定检测顺序，检测前确认所有房门关闭；

　　3）根据安排好的顺序，依次对各房间的静压差进行检测，记录检测数据。

3.5 电气参数和其他参数

3.5.1 电气参数和其他参数等检测仪表性能应符合表 3.5.1 的要求。

表 3.5.1　电气参数和其他参数等检测仪表性能

序号	测量参数	单位	检测仪器	仪表准确度
1	电流	A	交流电流表 交流钳形电流表	2.0 级
2	电压	V	电压表	1.0 级
3	功率	kW	功率表或 电流电压表	1.5 级
4	功率因数	%	功率因数表	1.5 级
5	转速	r/min	各类接触式 非接触式转速表	1.5 级

3.5.2 电流检测应符合下列规定：

1 电流检测的测点布置应根据测试需求，确定被测电流的位置；

2 应检查测试状态是否正常，并依据仪表的操作规程，进行测量；

3 电流检测的数据处理应待被测电流稳定后，进行记录读值。

3.5.3 电压检测应符合下列规定：

1 电压检测的测点布置应根据测试需求确定被测电压的位置；

2 应检查测试状态是否正常，并依据仪表的操作规程，进行测量；

3 电压检测的数据处理应待被测电压稳定后，进行记录读值，取三相电压的算术平均值。

3.5.4 转速检测应符合下列规定：

1 转速检测的测点布置应根据测试需求确定被测位置；

2 应检查测试状态是否正常，并依据仪表的操作规程，进行测试；

3 转速检测的数据处理应直接测量机组主轴转速，在同一试验条件下测量三次，取平均值。

3.5.5 功率检测应符合下列规定：

1 功率检测的测点布置应根据测试需求确定被测位置，电机输入功率检测应按现行国家标准《三相异步电动机试验方法》GB/T 1032 进行。

2 功率检测宜优先采用两表法（两台单相功率表）测量，也可采用一台三相功率表或三台单相功率表测量。

3 当功率检测的数据处理采用两表法（两台单相功率表）测量时，输入功率应为两表测试功率之和。

3.5.6 功率因数检测应符合下列规定：

1 功率因数检测的测点布置应根据测试需求确定被测设备的位置。

2 应检查测试状态是否正常，并依据仪表的操作规程，进行测量。

3 功率因数的数据处理应符合下列规定：

　　1）当测试仪表能够直接显示功率因数时，应直接读取功率因数作为测试值；

　　2）当测试仪表无法直接显示功率因数时，应根据功率表和交流电压表（交流电流表）测试的有功功率值和视在功率计算得出功率因数。

3.6 系统性能参数

3.6.1 制冷（热）量检测应符合下列规定：

1 制冷（热）量检测的测点布置应符合下列规定：

　　1）对于 2 台及以下同型号机组，应至少抽取 1 台；对于 3 台及以上同型号机组，应至少抽取 2 台；

　　2）温度计应设在靠近机组的进出口处；流量传感器应设在设备进口或出口的直管段上，并应符合测试要求。

2 制冷（热）量可按下列步骤及方法进行检测：

　　1）应按现行国家标准《容积式和离心式冷水（热泵）机组性能试验方法》GB/T 10870 规定的液体载冷剂法进行检测；

　　2）检测时应同时分别对冷水（热水）的进、出口处水温和流量进行检测，根据进、出口温差和流量检测值计算得到系统的供冷（供热）量；

　　3）应每隔 5min～10min 读一次数，连续测量 60min，取每次读数的平均值作为测试的测定值。

3 机组制冷（热）量应按下式计算：

$$Q_0 = V \rho c \Delta t / 3600 \qquad (3.6.1)$$

式中：Q_0 ——机组制冷（热）量（W）；

　　　V ——循环侧水平均流量（m³/h）；

　　　Δt ——循环侧水进、出口平均温差（℃）；

　　　ρ ——水平均密度（kg/m³）；

c ——平均温度下水的比热容[kJ/(kg·℃)]。

3.6.2 冷水机组性能系数检测应符合下列规定：

1 冷水机组性能系数可按下列步骤及方法进行检测：

　　1) 应在被测机组测试状态稳定后，开始测量冷水机组的冷量，并同时测量冷水机组耗功率；

　　2) 应每隔5min～10min读一次数，连续测量60min，取每次读数的平均值作为测试的测定值；

　　3) 冷水机组的校核试验热平衡率偏差不得大于15%。

2 冷水机组性能系数检测的数据处理应符合下列规定：

　　1) 电驱动压缩机的蒸气压缩循环冷水机组的性能系数（COP）应按下式计算：

$$COP = \frac{Q_0}{N_i} \qquad (3.6.2-1)$$

式中：Q_0 ——机组测定工况下平均制冷量（kW）；

　　　　N_i ——机组平均实际输入功率（kW）。

　　2) 溴化锂吸收式冷水机组的性能系数（COP）按下式计算：

$$COP = \frac{Q_0}{(Wq/3600) + P} \qquad (3.6.2-2)$$

式中：Q_0 ——机组测定工况下平均制冷量（kW）；

　　　　W ——燃料耗量，其中燃气消耗量 W_g（m³/h），燃油消耗量 W_0（kg/h）；

　　　　q ——燃料低位热值（kJ/m³或 kJ/kg）；

　　　　P ——消耗电力（kW）。

3.6.3 水泵效率检测应符合下列规定：

1 水泵效率可按下列步骤及方法进行检测：

　　1) 应在被测水泵测试状态稳定后，开始测量；

　　2) 测试过程中，应测量水泵流量，并测试水泵进出口压差，以及水泵进出口压力表的高差，同时记录水泵输入功率；

　　3) 检测工况下，应每隔5min～10min读数1次，连续测量60min，并应取每次读数的平均值作为检测值。

2 水泵效率应按下式计算：

$$\eta = 10^{-6}V\rho g(\Delta H + Z)/3.6W \qquad (3.6.3-1)$$
$$\Delta H = (P_{out} + P_{in})/\rho g \qquad (3.6.3-2)$$

式中：V ——水泵平均水流量（m³/h）；

　　　　ρ ——水平均密度（kg/m³）；

　　　　g ——自由落体加速度（m/s²）；

　　　　P_{out} ——水泵出口压力（Pa）；

　　　　P_{in} ——水泵进口压力（Pa）；

　　　　ΔH ——水泵平均扬程，进、出口平均压差（m）；

　　　　Z ——水泵进、出口压力表高度差（m）；

　　　　W ——水泵平均输入功率（kW）。

3.6.4 冷却塔效率检测应符合下列规定：

1 冷却塔可按下列步骤及方法进行检测：

　　1) 应在被测冷却塔测试状态稳定后开始测量，冷却水量不得低于额定水量的80%；

　　2) 应测量冷却塔进出口水温，并测试冷却塔周围环境空气湿球温度。

2 冷却塔效率应按下式计算：

$$\eta_{ic} = \frac{T_{ic,in} - T_{ic,out}}{T_{ic,in} - T_{iw}} \times 100\% \qquad (3.6.4)$$

式中：η_{ic} ——冷却塔效率（%）；

　　　　$T_{ic,in}$ ——冷却塔进水温度（℃）；

　　　　$T_{ic,out}$ ——冷却塔出水温度（℃）；

　　　　T_{iw} ——环境空气湿球温度（℃）。

3.6.5 冷源系统能效比（EER_{-sys}）检测应符合下列规定：

1 应在被测冷源系统运行状态稳定后开始测量冷源系统能效比，并可按下列步骤及方法进行：

　　1) 应分别对系统的制冷量、机组输入功率、冷冻水泵输入功率、冷却水泵输入功率、冷却塔风机输入功率进行测试；

　　2) 供冷量的测试应符合本规程第3.6.1条的规定；

　　3) 检测工况下，应每隔5min～10min读数1次，连续测量60min，并应取每次读数的平均值作为检测的检测值。

2 冷源系统能效比应按下式计算：

$$EER_{-sys} = \frac{Q_0}{\Sigma N_i} \qquad (3.6.5)$$

式中：EER_{-sys} ——冷源系统能效比（kW/kW）；

　　　　Q_0 ——冷源系统测定工况下平均制冷量（kW）；

　　　　ΣN_i ——冷源系统各设备的平均输入功率之和（kW）。

3.6.6 风机单位风量耗功率检测应符合下列规定：

1 抽检比例不应少于空调机组总数的20%，不同风量的空调机组检测数量不应少于1台。

2 风机单位风量耗功率可按下列步骤及方法进行检测：

　　1) 被测风机测试状态稳定后，开始测量；

　　2) 分别对风机的风量和输入功率进行测试，风管风量的检测方法应符合本规程第3.2.3条的规定；

　　3) 风机的风量应为吸入端风量和压出端风量的平均值，且风机前后的风量之差不应大于5%。

3 风机单位风量耗功率应按下式计算：

$$W_s = \frac{N}{L} \qquad (3.6.6)$$

式中：W_s ——风机单位风量耗功率[W/(m³·h)]；

　　　　N ——风机的输入功率（W）；

L ——风机的实际风量（m^3/h）。

3.6.7 水力平衡度检测应符合下列规定：

  1 水力平衡度检测的测点位置应符合下列规定：

    1）当热力入口总数不超过 6 个时，应全数检测；

    2）当热力入口总数超过 6 个时，应根据各个热力入口距热源距离的远近，按近端、远端、中间区域各选 2 处确定受检热力入口。

  2 水力平衡度可按下列步骤及方法进行检测：

    1）检测应在采暖系统正常运行后进行；

    2）水力平衡度检测期间，应保证系统总循环水量维持恒定且为设计值的 $100\%\sim110\%$；

    3）热力入口流量测试应符合本规程第 3.3.3 条的规定；

    4）循环水量的检测值应以相同检测持续时间内各热力入口处测得的结果为依据进行计算。

  3 水力平衡度应按下式计算：

$$HB_j = \frac{G_{wm,j}}{G_{wd,j}} \quad (3.6.7)$$

式中：HB_j——第 j 个支路处的系统水力平衡度；

    $G_{wm,j}$——第 j 个支路处的实际水流量（m^3/h）；

    $G_{wd,j}$——第 j 个支路处的设计水流量（m^3/h）；

    j ——支路处编号。

3.6.8 补水率检测应符合下列规定：

  1 补水率检测的测点应布置在补水管道上适宜的位置。

  2 补水率可按下列步骤及方法进行检测：

    1）应在采暖系统正常运行后进行，检测持续时间宜为整个采暖期；

    2）总补水量应采用具有累计流量显示功能的流量计量装置检测，且应符合产品的使用要求；

    3）当采暖系统中固有的流量计量装置在检定有效期内时，可直接利用该装置进行检测。

  3 采暖系统补水率应按下列公式计算：

$$R_{mp} = \frac{g_a}{g_d} \times 100\% \quad (3.6.8\text{-}1)$$

$$g_d = 0.861 \frac{q_q}{t_s - t_r} \quad (3.6.8\text{-}2)$$

$$g_a = \frac{G_a}{A_0} \quad (3.6.8\text{-}3)$$

式中：R_{mp}——采暖系统补水率（%）；

    g_a——检测持续时间内采暖系统单位建筑面积单位时间内的补水量 [$kg/(m^2 \cdot h)$]；

    g_d——采暖系统单位建筑面积单位时间内理论设计循环水量 [$kg/(m^2 \cdot h)$]；

    G_a——检测持续时间内采暖系统平均单位时

间内的补水量（kg/h）；

    A_0——居住小区内所有采暖建筑物的总建筑面积（m^2）；

    q_q——供热设计热负荷指标（W/m^2）；

    t_s、t_r——采暖系统设计供回水温度（℃）。

3.6.9 室外管网热损失率检测应符合下列规定：

  1 室外管网热损失率检测的测点应布置在热源总出口及各个热力入口。

  2 室外管网热损失率可按下列步骤及方法进行检测：

    1）应在采暖系统正常运行 120h 后进行，检测持续时间不应少于 72h；

    2）检测期间，采暖系统应处于正常运行工况，热源供水温度的逐时值不应低于 35℃；

    3）采暖系统室外管网供水温降应采用温度自动检测仪进行同步检测，数据记录时间间隔不应大于 60min；

    4）建筑物采暖供热量应采用热计量装置在建筑物热力入口处检测，供回水温度和流量传感器的安装宜满足相关产品的使用要求，温度传感器宜安装于受检建筑物外墙外侧且距外墙外表面 2.5m 以内的地方；

    5）采暖系统总采暖供热量宜在采暖热源出口处检测，供回水温度和流量传感器宜安装在采暖热源机房内，当温度传感器安装在室外时，距采暖热源机房外墙外表面的垂直距离不应大于 2.5m。

  3 采暖系统室外管网热损失率应按下式计算：

$$\alpha_{ht} = \left(1 - \sum_{j=1}^{n} Q_{a,j} / Q_{a,t}\right) \times 100\% \quad (3.6.9)$$

式中：α_{ht}——采暖系统室外管网热损失率；

    $Q_{a,j}$——检测持续时间内第 j 个热力入口处的供热量（MJ）；

    $Q_{a,t}$——检测持续时间内热源的输出热量（MJ）。

3.6.10 锅炉运行效率检测应符合下列规定：

  1 锅炉运行效率可按下列步骤及方法进行检测：

    1）应在采暖系统正常运行 120h 后进行，检测持续时间不应少于 24h；

    2）检测期间，采暖系统应处于正常运行工况，燃煤锅炉的日平均运行负荷率不应小于 60%，燃油和燃气锅炉瞬时运行负荷率不应小于 30%，锅炉日累计运行时数不应少于 10h；

    3）燃煤采暖锅炉的耗煤量应按批计量；燃油和燃气采暖锅炉的耗油量和耗气量应连续累计计量；

    4）在检测持续时间内，煤样应用基低位发热值的化验批数应与采暖锅炉房进煤批次一致，且煤样的制备方法应符合现行国家标准《工业锅炉热工性能试验规程》GB/T 10180 的有关规定；燃油和燃气的低位发热值应根据油品种类和气源变化进行化验；

5）采暖锅炉的输出热量应采用热计量装置连续累计计量。

2 检测持续时间内采暖锅炉日平均运行效率应按下列公式进行计算：

$$\eta_{2,a} = \frac{Q_{a,t}}{Q_i} \times 100\% \quad (3.6.10\text{-}1)$$

$$Q_i = G_c \cdot Q_c^y \cdot 10^{-3} \quad (3.6.10\text{-}2)$$

式中：$\eta_{2,a}$——检测持续时间内采暖锅炉日平均运行效率；

Q_i——检测持续时间内采暖锅炉的输入热量（MJ）；

G_c——检测持续时间内采暖锅炉的燃煤量（kg）或燃油量（kg）或燃气量（Nm³）；

Q_c^y——检测持续时间内燃用煤的平均应用基低位发热值（kJ/kg）或燃用油的平均低位发热值（kJ/kg）或燃用气的平均低位发热值（kJ/Nm³）。

4 采暖工程

4.1 一般规定

4.1.1 采暖工程检测前应具备下列条件：

1 检测方案已批准，并进行方案交底；

2 参与检测人员应掌握、熟悉检测内容和检测技术要求；

3 检测项目施工应已完成，且经检查符合设计要求；

4 检测设备齐备，水、电供应满足检测要求。

4.1.2 采暖工程检测应包括下列内容：

1 水压试验应包括阀门水压试验、散热器水压试验、地板辐射供暖盘管水压试验、室内采暖管道水压试验、换热器水压试验和室外供热管网水压试验；

2 冲洗试验应包括室内采暖系统冲洗试验，室外采暖管网冲洗试验；

3 试运行和调试应包括水泵单机试运转、室内采暖系统试运行和调试、地板辐射供暖系统的试运行和调试，室外供热管网试运行和调试。

4.2 水压试验

4.2.1 阀门水压试验应符合下列规定：

1 阀门水压试验应包括强度试验和严密性试验。

2 阀门外观检查应无损伤，规格应符合设计要求，质量合格证明文件及性能检测报告应齐全、有效。

3 阀门的强度试验压力应为公称压力的 1.5 倍；

严密性试验压力应为公称压力的 1.1 倍，试验压力在试验持续时间内应保持不变，且壳体填料及阀瓣密封面应无渗漏。

4 阀门试验应以水作为介质，温度应在 5℃～40℃之间。阀门持续试验时间应符合表 4.2.1-1 的规定。

表 4.2.1-1 阀门试验持续时间

公称直径 DN（mm）	最短试验持续时间(s)		
	严密性试验		强度试验
	金属密封	非金属密封	
≤50	15	15	15
65～200	30	15	60
250～450	60	30	180

5 阀门强度试验可按下列步骤进行：

1） 把阀门放在试验台上，封堵好阀门两端，完全打开阀门启闭件；

2） 从另一端口引入压力，打开进水阀门，充满水后，及时排气；

3） 缓慢升压至试验压力值，不得急剧升压；

4） 到达强度试验压力后（止回阀应从进口端加压），在规定的时间内，检查阀门壳体是否发生破裂或产生变形，压力有无下降，壳体（包括填料阀体与阀盖连接处）是否有结构损伤；

5） 阀门水压试验后，擦净阀门水渍存放，并逐个记录阀门强度试验情况。

6 阀门严密性试验可按下列步骤进行：

1） 阀门严密性试验应在强度试验合格的基础上进行；主要阀类的严密性试验方法应符合表 4.2.1-2 的要求；

2） 对于规定了介质流通方向的阀门，应按规定的流通方向加压（止回阀除外）；在试验压力下，规定时间内检查阀门的密封性能；

3） 阀门严密性试验后，擦净阀门水渍存放，并逐个记录阀门严密性试验情况。

表 4.2.1-2 阀门严密性试验

序号	阀类	试验加压方法
1	闸阀	关闭启闭件，从一端引入压力，缓慢升压至试验压力，在规定的时间内检查阀瓣处是否严密，压力是否有下降；一端试验合格后，用同样的方法检验另一密封面，从另一端引入压力，检查阀瓣处是否严密，压力是否下降
2	球阀	
3	旋塞阀	
4	截止阀	试验程序同闸阀试验程序。在对阀座密封最不利的方向，引入压力至试验压力，在阀门完全关闭的状态下，在规定的试验时间内检查阀瓣是否渗漏
5	调节阀	

序号	阀类	试验加压方法
6	蝶阀	沿着对密封最不利的方向引入介质并施加压力。对称阀座的蝶阀可沿任一方向加压。试验程序同闸阀试验程序
7	止回阀	沿着使阀瓣关闭的方向引入介质并施加压力，检查是否渗漏，试验程序同闸阀试验程序

4.2.2 散热器强度试验应符合下列规定：

1 散热器外观检查应无损伤，规格应符合设计要求，质量合格证明文件及性能检测报告应齐全、有效。

2 水压试验水温应在 5℃～40℃ 之间；当设计无要求时试验压力应为工作压力的 1.5 倍，但不得小于 0.6MPa，试验时间应为 2min～3min，压力不降且不渗漏。

3 散热器强度试验可按下列步骤进行：

1）将散热器轻放在试验台上，安装试验用临时丝堵和补芯、放气阀门、压力表和手动试压泵等试验部件；

2）试压管道连接后，开启进水阀门向散热器内充水，同时打开放气阀，待水灌满后，关闭放气阀门；

3）缓慢升压至散热器工作压力，检查无渗漏后再升压至规定的试验压力值，关闭进水阀门，稳压 2min～3min，观察散热器各接口是否有渗漏现象、压力表值是否下降；

4）散热器水压试验后应及时排空腔内积水，并分别填写每组散热器试验情况。

4.2.3 地面辐射供暖盘管水压试验应符合下列规定：

1 水压试验之前，管道敷设应符合设计要求，并对试压管道和管件采取安全有效的固定和保护措施；冬期进行水压试验时，还应采取可靠的防冻措施；水压试验应在盘管隐蔽前进行。

2 试验压力应为工作压力的 1.5 倍并不得小于 0.6MPa，稳压 1h 内压力降不得大于 0.05MPa 且不渗不漏。

3 地面辐射采暖盘管水压试验应按下列步骤进行：

1）水压试验时，经分水器缓慢注水，同时应将管道内空气排尽；

2）充满水后进行检查，观察无渗漏现象后再进行加压；

3）缓慢升压，升压至工作压力，观察管道无渗漏现象后，再继续升压至试验压力，时间不宜少于 15min；

4）升压至试验压力后停止加压，稳压 1h 观察有无渗漏现象，记录压力下降数值；

5）应按分集水器分别记录试验情况。

4.2.4 室内采暖管道水压试验应符合下列规定：

1 室内采暖管道水压试验应在管道安装完成，且经检查符合设计要求后进行。

2 冬期进行水压试验时，应采取可靠的防冻措施，试压结束后应及时将水放尽，必要时采用压缩空气或氧气将低点处存水吹尽。

3 水压试验水温应在 5℃～40℃ 之间，试验压力应符合设计要求，当设计未注明时，应符合下列规定：

1）使用金属管道热水采暖系统，顶点试验压力应以系统顶点工作压力加 0.1MPa，同时在系统顶点的试验压力不应小于 0.3MPa；

2）使用塑料管及复合管的热水采暖系统，顶点试验压力应以系统顶点工作压力加 0.2MPa，同时在系统顶点的试验压力不应小于 0.4MPa；

3）隐蔽的局部管道，试验压力应为管道工作压力的 1.5 倍；

4）水压试验时应保证最低点试验压力不超过该处的设备和管道以及附件的最大承受压力；

5）加压泵所处位置的试验压力，应为顶点的试验压力与试压泵所处的位置与顶点的标高差的静水压力之和。

4 室内采暖管道水压试验应按下列步骤及方法进行：

1）应开启试压管路全部阀门，关闭试验段与非试验段连接处阀门；

2）打开进水阀门向管道系统中注水，同时开启系统高点排气阀，将管道及采暖设备内的空气排尽，待水注满后，关闭排气阀和进水阀；

3）使用加压泵向系统加压，宜分 2～3 次升至试验压力，升压过程中应对系统进行全面检查，无异常现象时继续加压；

4）缓慢升压至工作压力后，检查各部位是否存在渗漏现象，当无渗漏现象后再升压至试验压力，进行全面检查，当管道系统和设备检查结果符合要求后，降至工作压力，再作检查；

5）水压试验结束后，打开排气阀和泄水阀，将水排至指定地方，并填写试验记录。

4.2.5 热交换器水压试验应符合下列规定：

1 热交换器的质量合格证明文件及性能检测报告应齐全、有效。

2 热交换器的试验压力应为最大工作压力的 1.5 倍，且不应低于 0.4MPa，水压试验水温应在

5℃～40℃之间。

3 热交换器水压试验应按下列步骤及方法进行：

1) 开启进水阀门向热交换器内充水，同时打开放气阀排气，充满水后关闭进水阀门和排气阀门；

2) 缓慢升压至规定试验压力，10min内观察压力下降情况；

3) 试验结束后，开启排气阀和泄水阀门进行泄水，并记录试验情况。

4.2.6 室外供热管道水压试验应符合下列规定：

1 室外供热管道水压试验应在管道安装工作全部完成后进行。

2 冬期进行水压试验时，应采取可靠的防冻措施，试压合格后应及时将水放尽。

3 水压试验压力应为工作压力的1.5倍，且不应低于0.6MPa，水压试验水温应在5℃～40℃之间。

4 室外供热管网水压试验可按下列步骤及方法进行：

1) 将系统的阀门全部开启，同时开启各高点放气阀，关闭最低点泄水阀；

2) 向管道系统内充水，待管道中空气全部排净，放气阀不间断出水时，关闭放气阀和进水阀，全面检查管道是否存在漏水现象；

3) 管道无漏水现象后，使用加压泵对管道系统进行加压，加压宜分2～3次升至试验压力，加压过程中应检查系统管道是否存在渗漏、变形、破坏等现象；

4) 水压试验结束后应及时将管道内水排净，并记录试验情况。

4.3 冲洗与充水试验

4.3.1 室内采暖系统冲洗应符合下列规定：

1 室内采暖系统冲洗应在水压试验合格后进行。

2 系统冲洗应按管道的水流方向进行冲洗，系统冲洗水温应在5℃～40℃之间。

3 冲洗压力不应低于采暖工作压力，且不应大于管道水压试验压力，管道内冲洗流速不应低于介质工作流速，冲洗出水口流速不应小于1.5m/s且不宜大于2m/s。

4 冲洗出水口处管道管径不应小于被冲洗管径的3/5。

5 冲洗水排出时应具备排放条件。

6 室内采暖系统冲洗可按下列步骤及方法进行：

1) 检查采暖系统各环路阀门，启闭应灵活、可靠；

2) 冲洗前应将系统滤网等附件全部卸下，待冲洗后复位；

3) 由待冲洗立支管的采暖入口向系统供水，

关闭其他立支管控制阀门，启动增压水泵向系统加压，观察出水口水质水量情况；

4) 按顺序冲洗其他各干、立、支管，直至全系统管道冲洗完毕为止。

4.3.2 室外管道冲洗应符合下列规定：

1 室外管道冲洗应在管道试压合格后进行；

2 冲洗要求应符合本规程第4.3.1条的规定；

3 当条件具备时，可将供回水管道与换热站联网进行循环冲洗，循环冲洗时间宜为20min～30min，打开除污器排污阀，反复灌水循环冲洗，直至从除污器排水口出的水与入口水相同为止。

4.4 试运行与调试检测

4.4.1 水泵单机试运行应按下列步骤及方法进行：

1 水泵单机试运行应在测试水泵接地电阻、电机绝缘合格后进行；

2 水泵带负荷运行必须在水泵充水状态下运行，严禁无水进行水泵试运行；

3 点动启动按钮检查水泵运行方向是否正确，有无异常振动、声响，确保无误后启动水泵运行；

4 监测水泵启动电流和运行电流，待稳定后观察进、出水管段压力表显示值的波动范围值，满足设计要求后，逐渐打开水泵出水阀门，直至全部打开，系统正常运行；

5 检查填料压盖滴水情况，普通填料泄漏量不应大于60mL/h，机械密封的不应大于5mL/h；

6 试运行结束后，使用接触式温度计对水泵轴承温度进行检测，将感温包紧贴轴承外壳处，记录轴承温度；

7 水泵单机试运行试验后记录试验结果。

4.4.2 室内采暖系统调试和试运行应符合下列规定：

1 室内采暖系统调试和试运行应在系统试压、冲洗合格后进行。

2 热力入口的相应设备（水力平衡阀、压力表、温度计等）应安装齐全。

3 调试应在热源不间断供热时进行，室内温度不应低于设计计算温度2℃，且不应高于1℃。

4 室内采暖系统试运行可按下列步骤及方法进行：

1) 开启系统的回水总阀门，关闭系统的供水阀门，同时开启系统最高点的排气阀门；

2) 外网热水经回水干管向系统注入，直至系统中空气排净充满热水；

3) 缓慢开启总供水阀门，使系统正常循环；

4) 巡查管道系统，对渗漏管道进行修理。

5 室内采暖系统调试应按下列步骤及方法进行：

1) 室内采暖系统调试前应在系统正常运行24h后进行；

2) 通过调节各分支环路水力平衡阀以及立管

和散热器支管阀门，使系统各环路流量不超过设计要求的 10%；

3）检查各分支环路室内温度是否符合设计要求，不应存在过冷、过热情况。

6 记录采暖热力入口的供水压力、温度、流量、供、回水压差，平衡阀的锁定位置，室内温度以及膨胀水箱的水位与补水泵的连锁启动控制等。

4.4.3 地面辐射供暖系统调试和试运行应符合下列规定：

1 地面辐射供暖系统的调试和试运行应在系统冲洗完毕且混凝土填充层养护期满后，正式供暖运行前进行，并具备正常供暖条件；

2 初始加热时，热水升温应平缓，供水温度应控制在比室外环境温度高 10℃ 左右，且不应高于 32℃，连续运行 48h 后每隔 24h 升高约 3℃，直至达到设计供水温度；

3 对每组分水器、集水器分支管逐路进行调节，室内温度不应低于设计计算温度 2℃，且不应高于 1℃；

4 试运行和调试应按每组分集水器分别记录。

4.4.4 室外管网调试和试运行应符合下列规定：

1 室外供热管网调试和试运行应在水压试验、冲洗完成后进行。

2 各环路流量不应超过设计流量的 10%。

3 调试时应做好保温、封闭工作，防止管道系统冻坏。

4 室外管网试运行可按下列步骤及方法进行：

1）关闭各建筑的供、回水阀门，打开循环管阀门，从回水总管处向供热管道注水，注水应经过处理软化，直至注满外管网，注水过程中应在换热站内供水总管的最高点排出系统内空气；

2）外管网注满水后，对系统水进行升温加热，同时开启循环水泵，使供水温度逐渐升高至设计温度；

3）应对巡查中发现的问题及时处理和修理，修好后随即开启阀门。

5 室外管网调试可按下列步骤及方法进行：

1）调试首先应从最不利支环路开始，关小其他环路阀门，调整最不利环路水力平衡阀至设计流量，并用智能仪表监测该阀门的压降值；

2）依次调节其他环路，按同样方法调整其他支环路水力平衡阀至设计流量，全部调试合格后，锁定各平衡阀开度，并做出标志；

3）调试同时应对建筑物室内温度进行测试，室内温度应符合设计要求，当室内温度达不到设计要求时，应重新进行调试直至合格为止。

5 通风与空调工程

5.1 一般规定

5.1.1 通风与空调工程检测应具备下列条件：

1 检测方案已批准，并进行方案交底；

2 参与检测人员掌握、熟悉检测内容和检测技术要求；

3 检测项目施工已完成，经检查应符合设计要求；

4 检测设备应齐备，水、电供应满足检测要求。

5.1.2 通风与空调工程检测应包括下列内容：

1 严密性试验包括漏光检验、风管漏风量试验、现场组装式空气处理机组漏风量测试；

2 水压试验包括阀门水压试验、风机盘管水压试验、供冷（热）管道水压试验；

3 冲洗与充水试验；

4 试运行与调试包括水泵单机试运行、风机单机试运行、风机盘管三速运行试验、冷却塔单机试运行、冷水机组单机试运行、供冷（热）水管道系统调试、风机风量及风压测试、风系统调试。

5.2 严密性试验

5.2.1 风管漏光试验应符合下列规定：

1 风管系统漏光检测时，可将移动光源置于风管内侧或外侧，其相对侧应为暗黑环境；

2 检测光源应沿着被检测风管接口、接缝处作垂直或水平缓慢移动，检查人员在另一侧观察漏光情况，当有光线射出时应作好记录，并统计漏光点；

3 系统风管的检测应以总管和主干管为主，宜采用分段检测。

5.2.2 风管漏风量检测应符合下列规定：

1 风管漏风量检测条件应符合下列规定：

1）风管漏风量检测应在风管分段连接完成或系统主干管安装完毕、漏光检测合格后进行；

2）系统分段、面积测试应完成，试验管段分支管口及端口应密封；

3）测试风管端面按仪器要求安装好连接软管；

4）检测场地应有 220V～380V 电源。

2 风管漏风量可按下列步骤及方法进行检测：

1）使用连接软管将漏风量测试仪的出风口与被测风管连接起来，并应确保严密不漏；

2）使用测压软管连接被测风管和微压计（或 U 形压力计）的一侧，使用测压软管将微压计与漏风量测试装置流量测试管测压口连接，或将微压计的双口与流量测试管的测压口连接；

3) 接通电源，启动风机，通过调整节流器或变频调速器，向被测试风管内注入风量，缓慢升压，使被测风管压力（微压计或 U 形压力计）示值控制在要求测试的压力点上，并基本保持稳定，记录漏风量测试仪进口流量测试管的压力或孔板流量测试管的压差；

4) 经计算得出测试风管的漏风量，记录测试数据，并根据测试风管的面积计算单位漏风量。

5.2.3 现场组装式空气处理机组漏风率检测应符合下列规定：

1 现场组装式空气处理机组漏风率检测应按照机组的使用进行分类，对于明显的漏风缝隙或漏风点应进行密封处理；

2 现场组装式空气处理机组漏风率检测应符合本规程第 5.2.2 条的规定。

5.3 水压试验

5.3.1 阀门水压试验应符合本规程第 4.2.1 条的规定。

5.3.2 风机盘管水压试验压力应为工作压力的 1.5 倍，试验方法应符合本规程第 4.2.2 条的规定。

5.3.3 供冷（热）管道水压试验应符合下列规定：

1 水压试验应在管道安装完成并经检查符合设计要求后进行。

2 当冬期进行水压试验时，应采取可靠的防冻措施，试压结束后应及时将水放尽，必要时应采用压缩空气或氧气将低点处存水吹尽。

3 水压试验水温应在 5℃～40℃之间，试验压力应符合设计要求，当设计未注明时，应符合下列规定：

1) 冷热水、冷却水系统的试验压力，当工作压力不大于 1.0MPa 时，试验压力应为 1.5 倍工作压力，且不应小于 0.6MPa；当工作压力大于 1.0MPa 时，试验压力应为工作压力加 0.5MPa；

2) 耐压塑料管的强度试验压力应为 1.5 倍工作压力，严密性试验压力应为 1.15 倍的工作压力。

4 供冷（热）管道水压试验步骤应符合本规程第 4.2.4 条的规定。

5.4 冲洗与充水试验

5.4.1 管道的冲洗应符合本规程第 4.3.1、4.3.2 条的规定。

5.4.2 冷凝水管道充水试验应符合下列规定：

1 冷凝水管道充水试验应分层分段进行；

2 应对冷凝水试验管段最低处进行封堵，由系统风机盘管托水盘向该管段内注水，水位应高于风机盘管托水盘最低点；

3 灌满水后观察 15min，应检查管道及接口有无渗漏，确认管道及接口无渗漏时，应从最低处泄水，同时检查各盘管托盘无存水为合格；

4 充水试验合格后，应填写冲洗试验记录。

5.5 试运行与调试检测

5.5.1 水泵单机试运行应符合本规程第 4.4.1 条的规定。

5.5.2 风机单机试运行应符合下列规定：

1 风机单机试运行之前应检查风机叶轮旋转方向、运转平稳状态、有无异常振动与声响，其电机运行功率应符合设备技术文件的规定。

2 风机运转平稳后应进行风机转速、风压、风量的测定，并应符合下列规定：

1) 风机转速测定宜使用接触式或光电式转速表，根据风机的传动类型选择测定位置，传动风机可将测点设在风机传动轴的轴心处，并根据轴心孔的大小选择相应的转换头，将转速表调整到测定状态后把接触头正对轴心孔，拧紧转换头并观察转速显示器显示数值的稳定性，读取数值并记录；

2) 风机风压、风量的检测方法应符合本规程第 3.2.3 条的规定。

5.5.3 风机盘管温控与调速运行试验应在风机正常运转的状态下进行，调整变速或温控开关的档位或状态，风机运行动作状态应与试验要求运行状态对应。

5.5.4 冷却塔试运行应符合下列规定：

1 冷却塔试运行前管道水压试验及冲洗应合格，冷却塔集水盘应清理干净，自动补水阀应动作灵活；

2 点动启动风机，检查冷却塔风机的转向及稳定性符合要求后，正式启动冷却塔风机和冷却水泵，系统循环试运行不应少于 2h，运行中无异常情况出现，冷却塔本体应稳固、无异常振动和声响，其噪声应符合设计要求和产品性能指标；

3 试运行过程中应检查测试冷却塔飘水率及噪声，并应分时段检测进出水温度的变化情况，对比设计要求及设备性能，冷却塔试运行工作结束后，应清洗集水盘。

5.5.5 冷水机组单机试运行应符合下列规定：

1 冷水机组单机试运行前准备工作应包括下列内容：

1) 检查安全保护继电器的整定值，控制系统动作应灵敏、正常；

2) 检查油箱的油面高度；

3) 开启系统中相应的阀门；

4) 设备冷却水系统应开通、运行稳定，冷冻水系统应满足运行要求；

5）向蒸发器供载冷剂液体应通畅；

6）将能量调节装置调到最小负荷位置或打开旁通阀。

2　冷水机组单机启动运行可按下列步骤及方法进行：

1）启动压缩机，检查油压，待压缩机转速稳定后，其油压应符合有关设备技术文件的规定；

2）容积式压缩机启动时应缓慢开启吸气截止阀和节流阀；

3）安全保护继电器的动作应灵敏；

4）根据现场情况和设备技术文件的规定，确定在最小负荷下所需运转的时间，并作好记录。

3　冷水机组单机试运行检查记录应包括下列内容：

1）油箱油面高度和各部位供油情况；

2）润滑油的压力和温度；

3）吸排气的压力和温度；

4）进排水温度和冷却水供应情况；

5）运动部件有无异常声响，各连接部位有无松动、漏气、漏油、漏水等现象；

6）电动机的电流、电压和温升；

7）能量调节装置动作是否灵敏，浮球阀及其他液位计工作是否稳定；

8）机组的噪声和振动。

5.5.6　水系统试运行与调试应符合下列规定：

1　调试运行前，水管道试压及管道系统的冲洗应全部合格，制冷设备、通风与空调设备单机试运行应合格。

2　水系统试运行与调试可按下列步骤及方法进行：

1）关闭水系统所有控制阀门，风机盘管及空调机组的旁通阀门应关闭严密；

2）检查风机盘管上的放气阀是否完好，并把放气阀的顶针拧紧，检查膨胀水箱的补水阀门是否关闭严密；

3）向系统内注入软化水，主干管及立管注满水后，对系统进行检查，确保无渗漏后对支路系统进行注水，待支路系统注满水，检查无渗漏后，进行风机盘管的注水、放气、查漏工作；

4）启动空调水系统循环水泵，进行系统循环，通过调整阀门的开启度调整水系统、分支管路的流量，运行时间不应少于 8h，当北方冬季天气进行调试时，宜进行热水循环；

5）水系统调试时，在水泵运行稳定后应检查系统的平衡性。

3　水系统调试结果应符合下列规定：

1）空调冷热水、冷却水总流量测试结果与设计流量的偏差不应大于 10%；

2）系统平衡调整后，各空调机组的水流量应符合设计要求，允许偏差为 15%；

3）多台冷却塔并联运行时，各冷却塔的进、出水量应达到均衡一致。

5.5.7　风机风量及风压检测应符合本规程第 3.2.3 条的规定。

5.5.8　风系统风量调试应符合下列规定：

1　系统各支管风量调试应符合下列规定：

1）系统各支管风量调试应在风机单机试运行调试合格后进行；

2）从系统的最不利环路开始，使其支路风量与设计风量近似相等，利用各支路风阀依次进行风量调节，每调一次风阀需要重新进行一次风量测试，直至系统各支路风量与设计风量基本一致；

3）风量调整达到设计要求后，在风阀上用油漆注上标记，并将风阀固定。

2　空调系统新风、回风量调试应符合下列规定：

1）在确定空调系统送风量符合设计要求的基础上，按照设计要求计算新风量和回风量数值；

2）根据系统特点及管路布置情况，可选取在回风管段或回风、新风管段共同确定测试断面进行回风量和新风量测试；

3）根据测试数据的大小调整新风阀、回风阀的开度使之符合设计要求，以达到风量平衡。

3　总风量实际测试值与设计值的偏差不应大于 10%，各风口的实际测试值与设计值的偏差不应大于 15%。

6　洁　净　工　程

6.1　一　般　规　定

6.1.1　洁净工程检测可分为常规检测和综合性能检测。

6.1.2　洁净工程常规检测应符合本规程第 5 章的规定。

6.1.3　洁净工程综合性能检测包括下列主要内容：

1　洁净室风量、风速、洁净度、压差的检测；

2　高效过滤器检漏；

3　洁净室温湿度、噪声检测；

4　生物洁净室微生物的检测；

5　精密操作的洁净室微振检测；

6　电子工业洁净室围护结构表面导静电性的检测；

7 洁净室气流检测；

8 非单向流洁净室自净能力检测；

9 围护结构严密性检测；

10 围护结构渗漏检测；

11 洁净室内甲醛、氨、臭氧、二氧化碳浓度的检测；

12 洁净室分子态污染物和表面污染物的检测。

6.1.4 洁净室试运行和调试应在空态或静态条件下进行，需要时也可与建设方（用户）协商确定检测状态。试运行和调试时，冷（热）源系统运转应正常，试运行时间不应少于 8h。

6.1.5 综合性能检验应在系统连续稳定运行 12h 以上进行。

6.1.6 洁净室风量、风速、洁净度、压差、温湿度、噪声的检测应符合第 3 章的规定，对于有恒温恒湿项目的检测应符合本规程第 7 章的规定。

6.1.7 洁净室内甲醛、氨、臭氧、二氧化碳浓度的检测，应符合国家室内空气质量相关标准的规定，对于洁净室分子态污染物和表面污染物的检测，应符合现行国家标准《洁净室施工及验收规范》GB 50591 的规定。

6.2 高效过滤器扫描检漏

6.2.1 高效过滤器扫描检漏应符合下列规定：

1 对送、排（回）风高效空气过滤器的现场检漏，应采用扫描法，采用光度计或粒子计数器在过滤器与安装框架接触面、过滤器边框与滤纸接触面以及其全部滤芯出风面上进行。过滤器上游用于现场扫描检漏检测的气溶胶可为液态，也可为固态。

2 被检过滤器的风量宜在设计风量的 80%～120% 之间。

3 当高效过滤器上游大气尘浓度低于 4000 粒/L，且过滤器上游系统上可设置检漏气溶胶注入点时，可采用光度计法进行检漏。

4 粒子计数器法可适用于所有等级的洁净场所过滤器检漏，适用过滤器最大穿透率可低至 0.000005% 或更低。

5 采用光度计扫描检漏时，高效过滤器上游气溶胶浓度宜在 20mg/m³～80mg/m³，不得低于 10mg/m³；采用粒子计数器扫描检漏时，高效过滤器上游浓度及采样流量应符合表 6.2.1 的规定。当上游浓度达不到规定要求时，应采用适当措施增加上游浓度。

表 6.2.1 粒子计数器扫描检漏时的参数

高效过滤器	采样流量（L/min）	过滤器上游浓度（粒/L）
普通高效过滤器（国标 A、B、C 类）	≥2.83	≥0.5μm：≥4000

续表 6.2.1

高效过滤器	采样流量（L/min）	过滤器上游浓度（粒/L）
超高效过滤器（国标 D、E、F 类）	≥28.3	≥0.3μm：≥6000

6.2.2 高效过滤器扫描检漏应按下列方法进行：

1 检漏时将采样口放在距离被检过滤器表面 2cm～3cm 处，宜以 1.5cm/s（2.83L/min）或 2cm/s（28.3L/min）的速度移动，对被检过滤器进行扫描。

2 当上游浓度较大时可提高扫描速度。

3 采用光度计扫描检漏时，过滤器局部透过率不应超过 0.01%；采用粒子计数器扫描检漏时，粒子计数器显示值为检测结果。

6.3 生物洁净室微生物检测

6.3.1 生物洁净室微生物检测应符合下列规定：

1 生物洁净室微生物检测宜采用沉降菌法和浮游菌法。

2 微生物的静态或空态检测前，应对各类表面进行擦拭消毒，但不应对室内空气进行熏蒸、喷洒等消毒；动态检测禁止对表面和空气进行消毒。

3 采样点的位置应协商确定，宜布置在有代表性的地点和气流扰动极小的地点，在乱流洁净室内培养皿不应布置在送风口正下方，当无特殊要求时，可在洁净区内均匀布置。

6.3.2 生物洁净室微生物的检测应按下列步骤及方法进行：

1 检测之前，应确保培养皿、采样器等检测设备没有受到污染。测试人员必须穿着无菌服，戴口罩，头、手均不应裸露，裤管应塞在袜套内。应制定和记录检测计划，包括采样位置、数量、顺序等，所有培养皿均在底部编号，记录各采样位置相对应的培养皿编号。

2 采用沉降法测试时，放置培养皿时宜从内向外依次布置，将带盖的培养皿放置在适当位置，拿开盖子，搭在皿边上，并使培养基完全暴露，过程中避免跨越已经暴露的培养皿。经过沉降后，宜从外向内依次收皿，将盖子盖好后倒置，收起培养皿。为防止脱水，最长沉降时间不宜超过 1h。

3 采用浮游菌测试时，应开动真空泵，排除残余消毒剂后，再放入培养皿或培养基条，置采样口于采样点后，开启采样器、真空泵，设定采样时间，进行采样。

4 收皿后应及时放入培养箱培养，在培养箱外时间不宜超过 2h。当无专业标准规定时，对于检测细菌总数，培养温度应采用 35℃～37℃，培养时间应为 24h～48h；对于检测真菌，培养温度应采用 27℃～29℃，培养时间宜为 3d。对培养后的皿进行菌落计数时，应采用 5 倍～10 倍放大镜查看，当有 2 个或更多的菌落重叠时，可分辨时应以 2 个或多个菌落计数。

6.4 洁净室微振检测

6.4.1 洁净室微振检测应符合下列规定：

1 室内微振的检测应采用能满足检测精度要求的振动分析仪；

2 测点应选在室中心地面和有必要测定振动位置的地面上，以及各壁板表面的中心处。

6.4.2 洁净室微振检测应按下列步骤及方法进行：

1 应分别测出室内全部净化空调设备正常运转和停止运转两种情况下纵轴、横轴和垂直轴三个方向的振幅值；

2 微振测试宜分阶段进行，首先应进行本底环境振动测试，再进行建筑结构振动测试，对于精密设备仪器应首先进行安装地点的环境振动测试，再进行精密设备仪器的微振测试。

6.5 围护结构表面导静电性检测

6.5.1 地面、墙面和工作台面等表面导静电性能应采用符合精度要求的高阻计检测。

6.5.2 围护结构表面导静电性检测应在测试表面上选定代表区域的两点，用导线把高阻计和圆柱形铜电极连接起来进行测量。

6.6 洁净室气流检测

6.6.1 洁净室气流检测应符合下列规定：

1 不应用气流动态数值模拟（CFD）的分析结果代替洁净室气流检测；

2 气流检测包括气流流型、气流流向、流线平行性等，可采用丝线法或示踪剂法（发烟等）等，逐点观察和记录气流流向，并可用量角器测量气流角度，也可采用照相机或摄像机等图像处理技术进行记录，采用热球式风速仪或超声三维风速仪等测量各点气流速度；

3 采用丝线法时可采用尼龙单丝线、薄膜带等轻质材料，放置在测试杆的末端，或装在气流中细丝格栅上，直接观察出气流的方向和因干扰引起的波动；

4 采用示踪剂法时，可采用去离子（DI）水，用固态二氧化碳（干冰）或超声波雾化器等生成直径为 $0.5\mu m\sim50\mu m$ 的水雾，采用四氯化钛（$TiCl_4$）等"酸雾"作示踪剂时，应确保不致对洁净室、室内设备以及操作人员产生危害。

6.6.2 洁净室气流检测应按下列步骤及方法进行：

1 气流流型检测时，对于垂直单向流洁净室可选择洁净室纵、横剖面各一个，以及距地面高度 0.8m、1.5m 的水平面各一个；水平单向流洁净室可选择纵剖面和工作区高度水平面各一个，以及距送、回风墙面 0.5m 和房间中心处等 3 个横剖面。所有面上的测点间距均应为 0.2m～1.0m。对于乱流洁净室，应选择通过代表性送风口中心的纵、横剖面和工作区高度的水平面各 1 个，剖面上的测点间距应为 0.2m～0.5m，水平面上的测点间距应为 0.5m～1.0m。两个风口之间的中线上应设置测点；

2 气流流向检测时，应在被测区域内前后之间设置多个测点；

3 流线平行性检测时，应在每台过滤器下设置测点。

6.7 非单向流洁净室自净能力检测

6.7.1 非单向流洁净室自净能力检测应符合下列规定：

1 非单向流洁净室自净能力检测宜适用于 ISO6 级和 ISO7 级洁净室，对于更低级别的洁净室不宜检测；

2 自净能力检测可采用计算自净时间和实测自净时间比对的方法，具体检测方法应符合现行国家标准《洁净室施工及验收规范》GB 50591 的规定；

3 宜采用 100：1 自净时间检测法进行检测，同时采用大气尘或人工尘源，采用粒子计数器测试。

6.7.2 非单向流洁净室自净能力检测应按下列步骤及方法进行：

1 将室内浓度升高到 100 倍的洁净室级别上限浓度，采用尘埃粒子计数器对室内洁净度进行间隔 1min 的连续检测，记录达到级别上限浓度所需要的时间；

2 自净速率、100：1 自净时间应按下列公式计算：

$$N = -2.3 \times \frac{1}{t_1} \log_{10}\left(\frac{C_1}{C_0}\right) \quad (6.7.2-1)$$

$$N = 4.6 \times \frac{1}{t_{0.01}} \quad (6.7.2-2)$$

式中：N——自净速率；

t_1——两次测量的间隔时间；

C_0——初始浓度；

C_1——t_1 时间后的浓度；

$t_{0.01}$——指室内浓度达到初始浓度 1% 所需要的时间。

6.8 围护结构严密性检测

6.8.1 围护结构严密性检测应符合下列规定：

1 围护结构严密性检测宜使用目测法、压力衰减法和恒压法；

2 压力衰减法和恒压法的压力设定值，应根据工程实际情况与建设方协商确定，且不应超过围护结构的承受能力；

3 测试过程中室内温度应保持稳定。

6.8.2 围护结构严密性检测应按下列步骤及方法进行：

1 当采用目测法时，应采用发烟管等示踪指示剂，在有压洁净室的待测位置进行气流示踪检查，观察有无明显的渗漏气流；

2 当采用压力衰减法时，被测洁净室内到达某一设定压力后，应观察室内压力随时间的衰减情况，记录压力衰减到一半时所用的时间；

3 当采用恒压法时，被测洁净室内到达某一设定压力后，应通过补气或抽气使室内压差维持稳定，采用流量计读取漏泄量，每分钟读数一次，取平均值，测试不宜超过5min。

6.9 围护结构防渗漏检测

6.9.1 围护结构防渗漏检测应符合下列规定：

1 围护结构防渗漏测试宜采用粒子计数器和光度计；

2 应检查围护结构的连接处、各种缝隙、工艺管道穿墙处，测试点的数目和位置宜协商确定。

6.9.2 围护结构防渗漏检测应按下列步骤及方法进行：

1 应在洁净室内，距被测部位5cm处，以5cm/s的速度进行扫描，检查渗漏情况。

2 当采用粒子计数器时，应首先测量洁净室外部紧邻围护结构或入口处的粒子浓度，该浓度不应小于洁净室内浓度的 10^3 倍，且不应低于 3.5×10^6 粒/ m^3，当浓度小于该值时，应采用人工尘提高浓度。对于打开的入口的防渗漏检测，宜采用示踪法检测入口处的气流流向。

3 当采用光度计时，宜在洁净室围护结构外侧发人工尘，其浓度应超过光度计在0.1%设置时的满量程，对于打开的入口的防渗漏检测，应采用光度计测量门内侧0.3m～1.0m处的微粒浓度。

7 恒温恒湿工程

7.1 一 般 规 定

7.1.1 恒温恒湿工程的通风空调系统检测应符合本规程第5章的规定。

7.1.2 在对恒温恒湿工程进行检测之前，其空调系统应连续正常运行不少于24h。

7.1.3 在对恒温恒湿工程进行检测时，应对空调系统的送、回风空气的温湿度和风量进行检测并符合要求。

7.1.4 对于有噪声或者振动控制要求的恒温恒湿工程，应符合本规程第7.4节和第7.5节进行噪声和振动检测的规定。

7.2 室内温度检测

7.2.1 恒温恒湿房间的温度检测仪器宜采用具有自动记录功能的温度记录仪，也可采用其他类似的温度采集系统，检测时应根据温度波动范围选择高一级精度的仪器。

7.2.2 检测的时间间隔宜为30s～60s，并应连续检测24h～48h。

7.2.3 室内温度测点布置应符合下列规定：

1 送回风口处应布置测点。

2 恒温恒湿工作区具有代表性的地点应布置测点。

3 测点应布置在距外墙表面大于0.5m、离地0.8m的同一高度上；也可根据恒温恒湿区的大小，分别布置在离地不同高度的几个平面上，测点数应符合表7.2.3的规定。

表7.2.3 温度测点数要求

波动范围	室内面积不大于 50m^2	每增加 20m^2～50m^2
$\Delta t \leqslant \pm 0.5℃$	点间距不应大于2m，点数不应少于5个	
$\Delta t = \pm 0.5℃ \sim \pm 2℃$	5个	增加3个～5个

7.3 室内湿度检测

7.3.1 恒温恒湿房间的湿度检测仪器宜采用具有自动记录功能的湿度记录仪，也可采用其他的湿度采集系统，检测时应根据湿度波动范围选择高一级精度的仪器。

7.3.2 检测的时间间隔宜为30s～60s，并应连续检测24h～48h。

7.3.3 室内湿度测点布置应符合下列规定：

1 送回风口处应布置测点。

2 恒温恒湿工作区具有代表性的地点应布置测点。

3 测点应布置在距外墙表面大于0.5m、离地0.8m的同一高度上；也可根据恒温恒湿区的大小，分别布置在离地不同高度的几个平面上，测点数应符合表7.3.3的规定。

表7.3.3 湿度测点数要求

波动范围	室内面积不大于50m^2	每增加 20m^2～50m^2
$\Delta RH \leqslant \pm 5\%$	点间距不应大于2m，点数不应少于5个	
$\Delta RH = \pm 5\% \sim \pm 10\%$	5个	增加3个～5个

7.4 室内噪声检测

7.4.1 恒温恒湿房间内的噪声检测宜采用带倍频程分析的声级计。

7.4.2 测点布置可按室内面积均分或按照工艺特定要求进行。当按室内面积均分时，可每 50m² 设一点，测点应位于其中心，距地面 1.1m～1.5m 高度处。

7.5 室内振动检测

7.5.1 当空调机组邻近恒温恒湿房间且工艺设备有振动要求时，恒温恒湿房间内的振动检测应采用振动仪测定。

7.5.2 测点应按工艺特定要求进行布置。

本规程用词说明

1 为便于在执行本规程条文时区别对待，对要求严格程度不同的用词说明如下：

1）表示很严格，非这样做不可的：

正面词采用"必须"，反面词采用"严禁"；

2）表示严格，在正常情况下均应这样做的：

正面词采用"应"，反面词采用"不应"或"不得"；

3）表示允许稍有选择，在条件许可时首先应这样做的：

正面词采用"宜"，反面词采用"不宜"；

4）表示有选择，在一定条件下可以这样做的采用"可"。

2 条文中指明应按其他有关标准执行的写法为："应符合……的规定"或"应按……执行"。

引用标准名录

1《三相异步电动机试验方法》GB/T 1032

2《工业锅炉热工性能试验规程》GB/T 10180

3《容积式和离心式冷水（热泵）机组性能试验方法》GB/T 10870

4《公共场所室内换气率测定方法》GB/T 18204.19

5《洁净室施工及验收规范》GB 50591

6《公共建筑节能检测标准》JGJ/T 177

中华人民共和国行业标准

采暖通风与空气调节工程检测技术规程

JGJ/T 260—2011

条 文 说 明

制　定　说　明

《采暖通风与空气调节工程检测技术规程》JGJ/T 260-2011，经住房和城乡建设部 2011 年 8 月 29 日以第 1130 号公告批准、发布。

本规程制定过程中，编制组进行了广泛调查研究，总结我国采暖通风与空气调节工程检测的实践经验，同时参考了有关国际标准和国外先进标准，通过试验取得了采暖通风与空气调节工程检测技术的重要技术参数。

为便于广大设计、施工、科研、学校等单位有关人员在使用本规程时能正确理解和执行条文规定，《采暖通风与空气调节工程检测技术规程》编制组按章、节、条顺序编制了本规程的条文说明，对条文规定的目的、依据以及执行中需注意的有关事项进行了说明。但是，本条文说明不具备与规程正文同等的法律效力，仅供使用者作为理解和把握规程规定的参考。

目　次

1 总　　则

为了加强对采暖通风与空气调节工程的监督与管理，规范采暖通风与空气调节工程的检测方法，保证采暖通风与空气调节工程检测中采暖、通风与空调、洁净、恒温恒湿工程的试验、试运行及调试的质量，制定本规程。

2 基 本 规 定

2.0.2 本条所规定的内容是委托第三方检测时的检测条件与程序，具备相应能力的施工单位也可自行完成检测工作。

3 基本技术参数测试方法

3.2 风系统基本参数

3.2.1 本条为检测仪器的基本要求，检测仪器的选择需根据检测量程范围和检测精度的要求进行确定。

3.2.2 风口送、回风干球温度检测时，检测传感器应尽量同出口气流充分接触。

3.2.3 风量的测量方法主要参照《公共建筑节能检测标准》JGJ/T 177-2009 附录 E.1.3 中的方法，现场进行检测时，可根据现场的情况和检测位置对风管的截面测点进行确定。

3.2.6 室内风场和温湿度的测试主要采用小型风速、温度、湿度自动记录设备以保证尽可能少地对室内原有的风场、温度场、湿度场的影响；各个点气流速度的测量必须同时进行；这种气流的测试应是室内空间立体的测试。对于只有气流最大风速限定的测试场合，可采用无指向风速探头。

3.3 水系统基本参数

3.3.1 本条为检测仪器的基本要求，检测仪器的选择需根据检测量程范围和检测精度的要求进行确定。

3.3.2 对本条说明如下：

1 测点布置应考虑尽量减少由于管道散热造成的测量偏差。

2 当没有提供安放温度计的位置时，可以利用热电偶或表面温度计等测量供回水管外壁面的温度，通过两者测量值相减得到供回水温差。测量时注意在安放了热电偶后，应在测量位置覆盖绝热材料，保证热电偶和水管管壁的充分接触。热电偶测量误差应经校准确认满足测量要求，或保证热电偶是同向误差，即同时保持正偏差或负偏差。

3.3.3 可采用系统已有的孔板流量计、涡轮流量计等进行测量，但应进行校准。

3.4 室内环境基本参数

3.4.1 本条为检测仪器的基本要求，检测仪器的选择需根据检测范围和检测精度的要求进行确定，如对室内风速有特殊要求的乒乓球场馆、羽毛球场馆等，需要根据测试要求进行确定。

湿球温度检测可采用通风干湿球温度仪，精度要求不低于 0.5℃。对恒温恒湿系统，温度和相对湿度测量仪器精度根据其不同精度要求而定。

3.4.2 对本条说明如下：

1 对于工艺性空调区域和委托方有特殊要求的空调区域可根据本条原则进行测点的增加。

2 测点距离地面高度是根据检测人员使用手持式温湿度检测仪器和我国空调房间具有温度控制功能的控制面板的高度而确定的。

3.4.4 风量罩罩体与风口尺寸相差较大会造成较大的测量误差，所以需要尺寸相近的罩体进行测量。当风口风量较大时，风量罩罩体和测量部分的节流对风口的阻力会增加，造成风量下降较多，为了消除这部分阻力，需要进行背压补偿。

3.4.5 在《洁净室施工及验收规范》GB 50591-2010 中规定：F.6.3 有条件时，宜测定空调净化系统停止运行后的本底噪声，室内噪声与本底噪声相差小于 10dB(A) 时，应对测点值进行修正：6~9dB(A) 时减 1dB(A)，4~5dB(A) 时减 2dB(A)，3dB(A) 时减 3dB(A)，<3dB(A) 时测定值无效。在《工业企业厂界环境噪声排放标准》GB 12348-2008 中也有相同规定。《采暖通风与空气调节设备噪声声功率级的测定　工程法》GB 9068-88 中的 7.4.1.2，规定测量值与背景噪声相差大于 10dB(A) 时不修正，小于 6dB(A) 时，测量无效，当差值为 6~8dB(A) 时，修正值为 -1dB(A)，当差值为 9~10dB(A) 时，修正值为 -0.5dB(A)。对于工程现场检测，要求不必过高。建议采用最新国家标准，《洁净室施工及验收规范》GB 50591-2010 和《工业企业厂界环境噪声排放标准》GB 12348-2008 中的规定。

3.4.6 关于截面风速的测量，一般指层流洁净室的截面风速，包括高效过滤器出风面和工作面。测量位置和测点的确定方法，参考《洁净室及相关受控环境——第 3 部分　计量和测试方法》ISO 14644-3 中的 B 4.2.2。

单向流风速的检测方法，参考 ISO 14644-3 中的规定。但在 ISO 14644-3 中没有规定工作面的检测，相对于国内的很多洁净室相关规范均有工作面截面风速的要求，因此在这里作了检测规定。另外以往国内检测方法中，对于单向流风速检测的测点要求数量很多，尤其是对于大面积单向流洁净室，造成检测工作量巨大，在此参照最新 ISO 14644-3 中的规定，减少了测点数量。此外，这里规定的测点数量为最低要求，在实际工程中，可根据工程要求作调整。

3.4.7 对于单向流洁净室，采样口应对着气流方向，对于非单向流洁净室，采样口宜向上，采样速度宜接近室内气流速度。室内测试人员必须穿洁净服，不得超过3人，应位于测试点下风侧并远离测试点，并应保持静止。进行换点操作时动作要轻，应减少人员对室内洁净度的干扰。

3.5 电气参数和其他参数

3.5.1 本条为检测仪器的基本要求，检测仪器的选择须根据检测的量程范围和检测精度的要求进行确定。

3.5.2 当线路的电流较小且要求测量精度较高时，测量仪器的干扰较大，所以应该将测量电流表串入电路中进行测量。

3.6 系统性能参数

3.6.2 《容积式和离心式冷水（热泵）机组性能试验方法》GB/T 10870 - 2001 中规定校核试验偏差不应大于6%，考虑现场的测试条件和仪表准确度的规定，现场冷水机组性能的校核试验热平衡率偏差取不大于15%。

溴化锂吸收式冷水机组的燃料耗量如现场不便于测量，可现场安装计量仪表进行测量，现场安装仪表必须经过相关计量部门的标定；燃料的发热值可根据当地相关部门提供的燃料发热值进行计算。

3.6.3 当测量水泵进出口压力时，应注意两个测点之间的阻力部件（如过滤器、软连接和弯头等）对测量结果的影响，如影响不能忽略，则应进行修正。

3.6.5 冷源系统用电设备包括冷水机房的冷水机组、冷冻水泵、冷却水泵和冷却塔风机，其中冷冻水泵如果是二次泵系统，一次泵和二次泵均包括在内。冷源系统不包括空调系统的末端设备。

4 采 暖 工 程

4.2 水 压 试 验

4.2.1 阀门强度及严密性试验应根据不同的阀门类型分别进行。阀门的强度性能是指阀门承受介质压力的能力。阀门是承受内压的机械产品，因而必须有足够的强度和刚度，以保证长期使用而不发生破裂或产生变形，因此，强度试验主要是检验壳体、填料函及阀体与阀盖连接处的耐压强度，不应有结构损伤；阀门的密封性能是指阀门各密封部位阻止介质泄漏的能力，它是阀门最重要的技术性能指标。阀门的密封部位有三处：启闭件与阀座两密封面间的接触处；填料与阀杆和填料函的配合处；阀体与阀盖的连接处。其中前一处的泄漏叫做内漏，也就是通常所说的关不

严，它将影响阀门截断介质的能力。对于截断阀类来说，内漏是不允许的。后两处的泄漏叫做外漏，即介质从阀内泄漏到阀外。外漏会造成物料损失，污染环境，严重时还会造成事故。对于易燃易爆、有毒或放射性的介质，外漏更是不允许的，因而阀门必须具有可靠的密封性能。

4.2.2 无论是订购成品散热器还是现场组装散热器，散热器的强度试验均应逐组进行，试验的关键是要求散热器各接口必须无渗漏现象，且压力表值无下降。

4.2.3 塑料管材一般都具有透氧性，同时塑料管材的可塑性也较钢管大，所以在进行水压试验时，需较长时间的观察才能真实反映出耐压强度和严密性；也是因为塑料管材的可塑性大，在水压试验的过程中，升压过快，有可能使局部的压力过高，而压力表却无法反映出来，容易出现爆管事故。冬期施工进行水压试验时，应进行防冻保护，并在水压试验合格后把水放尽并吹扫干净。

4.2.4 本条规定了采暖系统水压试验的程序和方法。采暖系统水压试验的压力是指试压泵的出口压力，通常应由设计给出。如果设计未注明，验收规范规定了可根据系统顶点的工作压力来确定的方法。采暖系统水压试验压力确定方法是根据采暖系统管道内工作介质的特性、工作压力的状况和便于操作的要求等因素综合考虑的。

热水采暖系统中，当采用上供下回式的供热方式时，根据其系统动水压图可知，系统运行时其顶点的工作压力高于系统底点的工作压力。

采暖系统施工，有些部位随着装修进度需要提前隐蔽，如导管、主立管等，对于该部位应提前进行单项试压。试验压力应按较为严格的强度试验压力要求，为1.5倍工作压力，在试验压力下不得有压力下降，这也是考虑因为管道相对较少，且隐蔽后在系统试压时不便检查，无任何渗漏的可能。

4.2.5 热交换器水压试验时，应以最大工作压力进行试验进行。升压过程应缓慢，以免造成局部压力过大，损坏加热面。

4.2.6 室外管网的管径比较大，焊口较多，水压试验的关键是排净管道系统中的空气，缓慢升压，分几次升压至试验压力，才能真实反映试验情况。

4.3 冲洗与充水试验

4.3.1 冲洗时应保证有一定流速及压力。流速过大，不容易观察水质情况，流速过小，冲洗无力。冲洗应先冲洗大管，后冲洗小管；先冲洗横导管，然后冲洗立管，再冲洗支管。严禁以水压试验过程中的放水代替管道冲洗。

4.3.2 室外网管安装成品保护是关键的问题，作业条件比较差，管内容易掉进杂物。因此，冲洗是关键的工序，否则杂物会进入室内管网，堵塞管道。

4.4 试运行与调试检测

4.4.1 本条提出电机和水泵在试运行前和试运行过程中检查的内容，主要是检查电机的安全保障、水泵的性能及确保水泵安全运行的状态。水泵转动方向不正确将无法检查水泵的性能状况，要求连续运行时间主要是观察其性能状态的稳定性，各转动部件的异常振动和声响，异常的振动和声响将是设备故障的先兆。由于轴承的摩擦运转过程要产生热量，摩擦越大产生的热量越多，其连接体的温度也将越高，通过实验和经验判断，温度过高会对转动件造成损坏，因而提出轴承的温度要求。

4.4.2 采暖系统试运行和调试是检验采暖系统是否符合设计要求、是否满足使用功能的重要工序。试运行可以在热状态下进行，也可以在冷状态下进行，主要是检验系统的水力运转情况，检查室内管道循环是否正常。

调试必须在热源不间断供热的情况下，并且在热负荷 24h 后进行，检验各环路的水流量平衡情况，最终使房间温度相对于设计计算温度偏差不大于 2℃。

4.4.3 地面辐射采暖铺设的管道一般采用复合管道或塑料管道，因其热膨胀系数大，如果首次通水温度过高，会造成管道急剧膨胀而被损坏，因此要求供水温度不宜过高，并且是缓慢升温。

4.4.4 室外管网平衡是关系到各用户正常供热的重要因素，调试应在系统试运行正常的基础上进行。

5 通风与空调工程

5.1 一般规定

5.1.2 本条对系统必要的检测项目进行界定，以满足工程追溯检查和验收的需要，同时也是对系统安装过程的定性检查的需要及工程交付使用性能的检验。因为在实际施工过程中，一些施工单位为了赶进度往往忽视一些必要的检测项目和内容，造成竣工验收过程中一些核查资料的缺失。

5.2 严密性试验

5.2.2 对系统安装状态提出要求，对需要进行漏风试验的管段先进行漏光试验是为了减少重复试验的次数，漏光检查是为了把一些明显的漏点提前发现并采取措施进行封堵，确保系统的严密，如果不进行漏光试验直接进行漏风试验往往很难做到一次试验成功，甚至无法做到升压、保压，过程不稳定，无法记录试验数据。

因为目前使用的漏风量测试装置主要由风机、节流器、测压仪表、标准孔板、整流栅、连接软管等构成，每一台标准的测试装置都有一个特定的数学关系式来表示或已经绘制出完整的图表，因而我们在测试

之前一定要详细地阅读设备使用说明书，明确操作要领及需要使用哪些仪表、用哪些仪表测试出哪些数据，按照关系式的要求代入即可计算出漏风量或通过图表查取要获得的数据。按照《通风与空调工程施工质量验收规范》GB 50243-2002 中第 4.2.5 条的计算结果对比所测试的漏风量进行判定是否符合要求。

5.3 水 压 试 验

5.3.3 由于分段试验完成后系统当中存在部分没有进行试验的接点，同时现场的交叉作业可能对已进行试压完成的管段造成损坏，本条提出在系统安装完成后要求进行系统管路强度试验。由于系统的最低点为最大承压点，提出试验压力以系统最低点的压力为准。管道系统试压完成后，及时排除管内积水主要是考虑北方地区冬季较为寒冷，防止管道发生冻胀裂，给后续施工带来不必要的隐患、返工和经济损失。

5.4 冲洗与充水试验

5.4.2 由于冷凝水管道多为开式系统，不便于进行封闭耐压试验，因而要求进行灌水试验，目的在于检查各管道接口处是否有渗漏现象。检查盘管托盘有无存水主要为了发现风机盘管安装是否有倒坡现象。由于存在漏检或不检的现象，在夏季空气湿度大的情况下，冷凝水骤然剧增造成排水不畅，形成外溢而渗漏，损坏建筑装饰。

5.5 试运行与调试检测

5.5.2 风机转动方向不正确将无法检查风机的性能状况，要求连续运行时间主要是观察其性能状态的稳定性、各转动部件的异常振动和声响，异常的振动和声响是设备故障的先兆。由于轴承的摩擦运转过程要产生热量，摩擦越大产生的热量越多，其连接体的温度也将越高，通过实验和经验判断，温度过高会对转动件造成损坏，因而提出轴承的温度要求。

风机试运行时，在额定转速下连续运行 2h 后，其轴承温度应符合下列规定：

1 滑动轴承外壳温度最高不得超过 70℃；
2 滚动轴承温度最高不得超过 80℃。

5.5.4 冷却水系统的清洁状态直接影响着冷水机组的运行工况，施工现场存在试水排放代替冲洗的现象，然而其水量和排放速度无法将管道内的杂物排除干净，在系统运行时会造成冷凝器管路的堵塞或交换器管壁的损伤，降低冷水机组的制冷效果和使用寿命。管路的渗漏会加大补水量，补水阀的灵活性将影响系统的安全性。冷却塔的运行基于风机的运转状态，其异常振动和声响将影响冷却塔的安全性，必须查清原因、消除隐患。排除系统内的积水是为了防止北方冬季天气较冷，积水冻结冻坏设备和管路，造成不必要的返修和经济损失。

5.5.5 本条中检查的项目和要求主要是为了确保冷水机组的安全性。程序上的错误和检测数据的异常在机组启动时就可能造成机组的损坏，因而在机组启动前要按照要求进行检查和各项测试工作，发现异常必须立即停止，排除异常和故障，重新启动。

5.5.6 系统的安装完成、试压、冲洗是确保水系统调试的条件。一部分项目为了满足提前使用的需要往往存在甩项调试的情况，而不考虑系统的完整性，或者在甩项内容安装完成后直接利用已运行系统内的水进行运行压力试压和简单的冲洗即投入运行，为以后的整体运行埋下隐患。

本条给出了空调水系统调试、风机风量及风压测定的方法和要求，主要是检查空调系统的运行状态、调试结果及合格判定标准。

5.5.8 本条给出了风量调整的先后顺序和具体的调试方法及调试结果判定的标准。

6 洁 净 工 程

6.1 一 般 规 定

6.1.4 通常工程调试时的检测为空态，工程验收的检测为空态或静态，工程使用验收和日常监测为动态。空态通常是指全部建成且设施齐备，净化空调系统运行正常，只是没有生产设备、材料及人的洁净室状态。静态指全部建成且设施齐备，净化空调系统运行正常，现场没有人员。此时生产设备已安装完毕而未运行的洁净室状态；或生产设备停止运行并进行自净达到规定时间后的洁净室状态；或正在按建设方（用户）和施工方商定的方式运行的洁净室状态。动态通常是指全部建成、设施齐备，正在以规定的模式运行，且现场有规定数量的人员正以商定方式工作的洁净室状态。通常在静态的定义上有些分歧，在《洁净室及相关受控环境》ISO 14644 上，将静态定义为"在全部建成、设施齐备的洁净室中，已安装好的生产设备正在按用户和供应商商定好的方式运行，但场内没有人员。"《洁净室及相关受控环境》ISO 14644 规定设备运行却无人员在场，侧重高自动化程度的电子厂房，并不适用于所有洁净室。通过与 ISO 工作组的交流，认为不同行业的洁净室应针对行业特点对运行状态进行定义，《洁净室及相关受控环境》ISO 14644 中的定义偏向于自动化程度高的生产厂房。在新版欧盟《药品生产质量管理规范》GMP 中，对静态的定义也作了修改。

6.1.7 新增项目如甲醛、氨、臭氧、二氧化碳等的检测，是环保要求的新需要，突显对洁净室质量要求的提高。分子态污染物和表面洁净度则是国际上新出现的内容，在国际标准中也无具体方法。在现行国家标准《洁净室施工及验收规范》GB 50591 中，根据相关资料和企业实践作了相关规定。

6.2 高效过滤器扫描检漏

6.2.1 有些行业出于安全、环保等原因，不提倡使用 DOP 进行过滤器测试，而有些行业出于对有机物缓释挥发方面的担忧，不提倡使用油性气溶胶进行过滤器测试。所发生的气溶胶可以为单分散气溶胶，也可以为多分散气溶胶，但无论发生哪种气溶胶，应保证所发生气溶胶的浓度以及粒径分布在测试过程中保持稳定。常用液态物质包括 DEHS/DES/DOS（癸二酸二辛酯）、DOP（邻苯二甲酸二辛酯）、PAO（聚 α 烯烃）等，常用固态物质包括 PSL（聚苯乙烯乳胶球）、大气气溶胶。人工多分散气溶胶一般采用 Laskin 喷嘴来发生。

6.2.2 高效过滤器安装后的检漏方法主要参照《洁净室及相关受控环境》ISO 14644 以及《洁净室施工及验收规范》GB 50591 中的要求，并结合工程实践制定，光度计法发尘量大，操作复杂，易污染，一般宜采用粒子计数器法。

对于单个安装高效过滤器，四周形成空腔时，应采取适宜的隔离措施，如不采用措施，在安装边框扫描处会受周围环境洁净度影响，造成无法判断。

6.3 生物洁净室微生物检测

6.3.2 对于生物洁净室是以控制生物微粒为主要目的，细菌检测要经常进行，沉降菌法相对简便易行，建议优先采用。

6.7 非单向流洁净室自净能力检测

6.7.2 这里介绍的洁净室自净能力检测方法是 ISO 14644-3 中的两种方法，《洁净室施工及验收规范》GB 50591 中采用实测自净时间和理论自净时间相比较的方法，可根据需要采用。

6.9 围护结构防渗漏检测

6.9.2 围护结构渗漏测试是《洁净室及相关受控环境》ISO 14644 上新增的检测内容，用以检查围护结构严密性，以往一般采用目测，实际工程中，可根据需要进行测试，通常用于高级别洁净室。采用粒子计数器时，如果被测位置的含尘浓度超过室外相同粒径的粒子浓度的 1%，则认为有渗漏，采用光度计时，当 0.1% 设置的光度计的读数超过 0.01% 时，则认为有渗漏。

7 恒温恒湿工程

7.1 一 般 规 定

7.1.2 本条文对恒温恒湿工程的空调系统连续正常运行的时间作出了规定。检测工作必须在恒温恒湿空调系统运行稳定和可靠之后进行。空调系统连续正常运行24h以后，应已适应了周围环境对它的影响，可以认为达到了稳定的状态。

7.1.3 空调系统的送、回风空气的温湿度和风量不仅能最直接地反映出空调系统的实际运行情况，而且是检验空调系统是否达到设计工况的主要依据，因此在恒温恒湿工程检测过程中，应对其进行检测。

7.1.4 恒温恒湿控制区域一般都离空调机组较近，对于一些有特殊要求的工艺或者操作间，噪声或者振动可能会对工艺或者操作有所影响。这种情况下，应对恒温恒湿控制区域的噪声或者振动进行检测。

7.2 室内温度检测

7.2.1 本条文对恒温恒湿工程温度检测所使用的仪器进行了规定。对于恒温恒湿工程，不同的测量仪器具有的精度不同，检测时应根据温度波动范围选择相应的具有足够精度的仪器。推荐采用带有锂电池的温度自记仪进行检测，这样既方便检测，又可减少测量仪器对工程的影响。

7.2.2 本条文对恒温恒湿工程温度检测时间间隔和检测持续时间进行了规定。检测的时间间隔主要考虑检测仪器的反应时间和环境对检测的影响，一般地，时间间隔取为30s～60s，既可保证检测仪器具有足够的反应时间，又可忽略环境对检测的影响；连续记录时间应在周围环境完整变化一个周期（昼夜），即24h以上，同时，检测也无需无限进行下去，在周围环境完整变化两个周期，即48h以内即可。检测的时间间隔和连续检测持续的时间也可由委托方和检测方约定。

7.2.3 本条对恒温恒湿工程室内温度测点布置原则进行了规定。对送回风温度进行检测的主要目的是检查空调系统实际运行情况是否能达到设计工况。对恒温恒湿工作区具有代表性点的温度进行检测，可以查看出空调系统的运行效果。测点的布置应离外墙一定距离（大于0.5m），从而避免外墙对检测产生影响；考虑到操作人员的操作高度，测点一般布置在离地0.8m的同一高度上；对于一些特殊工艺或者有特殊要求的恒温恒湿区，可根据恒温恒湿区的大小，分别布置在离地不同高度的几个平面上。

7.3 室内湿度检测

7.3.1 本条对恒温恒湿工程湿度检测所使用的仪器进行了规定。对于恒温恒湿工程，推荐采用带有锂电池的湿度自记仪进行检测，这样既方便检测，又可减少测量仪器对工程的影响。不同的测量仪器具有的精度不同，检测时应根据湿度波动范围选择相应的具有足够精度的仪器。

7.3.2 本条对恒温恒湿工程湿度检测时间间隔和检测持续时间进行了规定。检测的时间间隔主要考虑检测仪器的反应时间和环境对检测的影响，一般地，时间间隔取为30s～60s，既可保证检测仪器具有足够的反应时间，又可忽略环境对检测的影响；连续记录时间应在周围环境完整变化一个周期（昼夜），即24h以上，同时，检测也无需无限进行下去，在周围环境完整变化两个周期，即48h以内即可。检测的时间间隔和连续检测持续的时间也可由委托方和检测方约定。

7.3.3 对送回风湿度进行检测的主要目的是检查空调系统实际运行情况是否能达到设计工况。对恒温恒湿工作区具有代表性点的湿度进行检测，可以查看出空调系统的运行效果。测点的布置应离外墙一定距离（大于0.5m），从而避免外墙对检测产生影响；考虑到操作人员的操作高度，测点一般布置在离地0.8m的同一高度上；对于一些特殊工艺或者有特殊要求的恒温恒湿区，可根据恒温恒湿区的大小，分别布置在离地不同高度的几个平面上。

7.4 室内噪声检测

7.4.1 本条对恒温恒湿工程噪声检测所使用的仪器进行了规定。采用带倍频程分析的声级计可以测量出各个频段的噪声，便于分析出现较大噪声的原因。

7.4.2 本条对恒温恒湿工程噪声测点布置进行了规定。因为噪声在一定面积（50m²）内是几乎不变的，所以在按室内面积均分进行噪声检测时，每50m²检测一点，测点设置于中心，同时考虑操作人员的听觉高度，测点设置于距地面1.1m～1.5m高度处。

7.5 室内振动检测

7.5.2 本条对恒温恒湿工程振动测点布置进行了规定。振动测点主要考虑按工艺特定的要求进行布置。

中华人民共和国行业标准

建筑防水工程现场检测技术规范

Technical code for in-site testing of building
waterproof engineering

JGJ/T 299—2013

批准部门：中华人民共和国住房和城乡建设部
施行日期：2 0 1 3 年 1 2 月 1 日

中华人民共和国住房和城乡建设部
公　告

第 25 号

住房城乡建设部关于发布行业标准
《建筑防水工程现场检测技术规范》的公告

现批准《建筑防水工程现场检测技术规范》为行业标准，编号为 JGJ/T 299-2013，自 2013 年 12 月 1 日起实施。

本规范由我部标准定额研究所组织中国建筑工业出版社出版发行。

中华人民共和国住房和城乡建设部

2013 年 5 月 9 日

前　言

根据住房和城乡建设部《关于印发〈2010 年工程建设标准规范制订、修订计划〉的通知》（建标〔2010〕43 号文）的要求，规范编制组经广泛调查研究，认真总结实践经验，参考有关国内外先进标准，并在广泛征求意见的基础上，制定了本规范。

本规范的主要技术内容是：1. 总则；2. 术语；3. 基本规定；4. 基层平整度检测；5. 基层含水检测；6. 基层表面正拉粘结强度检测；7. 防水层粘结强度检测；8. 防水层厚度检测；9. 剥离强度检测；10. 防水层柔性检测；11. 防水层不透水性检测；12. 蓄水和淋水试验；13. 红外热像法渗漏水检测。

本规范由住房和城乡建设部负责管理，由中国建筑科学研究院负责具体技术内容的解释。执行过程中如有意见或建议，请寄送中国建筑科学研究院（地址：北京市北三环东路 30 号；邮编：100013）。

本 规 范 主 编 单 位：中国建筑科学研究院
四川省晟茂建设有限公司

本 规 范 参 编 单 位：广州市建筑科学研究院有限公司

安徽省建筑科学研究设计院
重庆市建筑科学研究院
辽宁省建设科学研究院
广州市鲁班建筑工程技术有限公司
中国建筑材料科学研究总院苏州防水研究院
北京东方雨虹防水技术股份有限公司

本规范主要起草人员：张仁瑜　程晓波　张　勇
王景贤　袁伟衡　范　伟
邹道金　罗　晖　王　元
邓天宁　杨　胜　段文锋
肖　波　王淑丽　刘林军
梁志勤

本规范主要审查人员：叶林标　高小旺　崔士起
戴宝成　路彦兴　李　军
卢忠飞　翟传明　乔亚玲

目　次

Contents

1 总 则

1.0.1 为保证建筑防水工程质量，统一现场检测方法，制定本规范。

1.0.2 本规范适用于建筑防水工程的现场检测。

1.0.3 建筑防水工程的现场检测除应符合本规范外，尚应符合国家现行有关标准的规定。

2 术 语

2.0.1 检测单元 testing unit

按要求划分的、供检测用的建筑防水工程组成单元。

2.0.2 测区 testing zone

对建筑防水工程中进行现场检测时，在一个检测单元内按检测方法要求确定的检测区域。

2.0.3 测点 testing point

按检测方法要求，在一个测区内随机布置的一个或若干个检测点。

2.0.4 无损检测方法 non-destructive testing method

检测过程对既有防水性能不会造成损伤的检测方法。

2.0.5 局部破损检测方法 semi-destructive testing method

检测过程对既有防水性能有局部或暂时的损伤，但可修复的检测方法。

2.0.6 基层 substrate

防水层的依附层或起支撑作用的构造层。

2.0.7 无水氯化钙法 testing method of anhydrous calcium chloride

利用安放在基层表面的无水氯化钙吸湿盒吸水前后的质量差计算基层单位面积含水量的检测方法。

2.0.8 破坏面积 breakage area

粘结强度检测时，破坏部位在基层法线方向上的投影面积。

2.0.9 切割面积 cutting area

粘结强度检测前，使用切割工具沿钢标准块边缘，在测点上切割出的检测区域的面积。

2.0.10 超声波法 ultrasonic method

利用超声波在不同材质界面发生反射时间差的原理检测防水层厚度的方法。

2.0.11 落锤法 dropping hammer method

用一定质量的钢锤从一定高度自由下落并锤击水平面防水层，通过观察锤击部位裂纹分布情况检测防水层柔性的方法。

2.0.12 摆锤法 pendulum hammer method

用一定质量的摆锤装置，从水平、初速度为零的状态自由下摆，锤击垂直面防水层，通过观察锤击部位裂纹分布情况检测防水层柔性的方法。

2.0.13 红外热像法 testing method of thermal imager

利用红外热像仪对待检部位进行热成像拍摄，根据表面温差，查找防水工程渗漏区域的方法。

3 基 本 规 定

3.1 检 测 程 序

3.1.1 建筑防水工程的现场检测应按下列程序进行：

1 接受客户委托；

2 开展检测前调查；

3 确定检测方案；

4 开展现场检测；

5 处理数据，并对无效数据进行补充检测；

6 出具检测报告。

3.1.2 调查阶段应开展下列工作：

1 了解检测目的和委托方的具体要求；

2 收集待检工程的设计图纸、防水材料种类及材料检测报告等施工验收资料；

3 了解防水工程施工工艺、施工条件及使用状况；

4 查明建筑防水工程所处环境条件；

5 对于既有建筑，应查明防水工程的现状。

3.1.3 检测方案应包括下列内容：

1 检测范围和检测内容；

2 检测方法；

3 检测单元及测区、测点的划分方案；

4 人员安全防护及环境保护措施。

3.1.4 建筑防水工程现场检测方法应根据防水工程的结构形式、设计要求和现场条件等因素进行选择。当满足检测要求时，宜选择无损检测方法。

3.1.5 对检测造成的防水层破损应予以修复，并宜对修复部位进行加强处理。

3.1.6 检测报告应包含下列内容：

1 委托单位、工程名称及部位；

2 防水材料名称及施工工艺；

3 检测项目及检测方法；

4 仪器设备名称及型号；

5 检测项目中每个测区的检测结果；

6 检测中出现的异常部位的图示；

7 检测日期及环境条件；

8 检测方法及双方约定的其他需要记录的信息。

3.2 检测单元及测区的划分

3.2.1 新建建筑防水工程检测单元的划分应符合下列规定：

1 新建建筑的屋面、外墙和地下防水工程检测单元的划分应符合国家现行有关验收规范的规定；

2 新建建筑的室内防水工程检测单元的划分应符合表 3.2.1 的规定；

表 3.2.1　新建建筑室内防水工程检测单元的划分

	划分标准	检测单元（个）
自然间	≤10 间	不应少于 1 个
	>10 间且≤50 间	不应少于 3 个
	>50 间且≤100 间	不应少于 7 个
	>100 间	每 100 间不应少于 7 个，不足 100 间的应按本表的划分标准执行
水池	≤100m²	不应少于 1 个
	>100 m²且≤1000 m²	不应少于 3 个
	>1000 m²且≤10000 m²	不应少于 5 个
	>10000 m²	每 10000m² 不应少于 5 个，不足 10000m² 的部分应按本表的划分标准执行

3　进行蓄水试验时，水池应被视为一个检测单元；

4　进行红外热像法渗漏检测时，宜根据红外热像仪的精度和检测范围划分检测单元，检测单元的面积不应大于仪器在最佳分辨率条件下的最大检测范围。

3.2.2　既有建筑防水工程检测单元的划分应符合下列规定：

1　既有建筑室内防水工程检测单元的划分应符合本规范第 3.2.1 条的规定。

2　既有建筑的屋面、外墙和地下等防水工程检测单元应按防水层面积划分，并应符合表 3.2.2 的规定。

表 3.2.2　既有建筑屋面、外墙和地下等防水工程检测单元的划分

划分标准（m²）	检测单元（个）
≤1000	不应少于 1 个
>1000 且≤5000	不应少于 3 个
>5000 且≤10000	不应少于 7 个
>10000	每 10000 m² 的检测单元数不应少于 7 个，不足 10000 m² 的部分应按本表中划分标准执行

3.2.3　测区的划分应符合下列规定：

1　进行红外热像法渗漏水检测时，一个检测单元应被视为一个测区。

2　进行除蓄水试验和红外热像法渗漏水检测之外的其他检测时，每个检测单元的测区数量不应少于 3 个，且每个测区的面积不得小于 10m²。检测单元面积不足 10m² 的，应作为一个测区。

3　对于建筑室内防水工程的自然间和水池，当进行蓄水试验时，每个检测单元的每一自然间和水池均应作为一个测区；除此之外，当进行其他检测时可从每个检测单元中随机抽取一自然间和水池作为一个测区。

3.2.4　除淋水、蓄水试验及红外热像法渗漏水检测外，进行其他检测时，每个测区的测点数量不应少于 3 个。

3.3　检测条件

3.3.1　测点表面应清洁。

3.3.2　仪器设备的精度应满足检测项目的要求。检测时，仪器设备应在检定或校准周期内，并处于正常工作状态。

3.3.3　检测用水应符合现行行业标准《混凝土用水标准》JGJ 63 的规定。

3.3.4　露天检测时，不应在雨、雪及五级以上大风天气条件下进行，检测环境温度宜在 5℃～35℃。

3.3.5　检测人员应经过专业培训。

4　基层平整度检测

4.0.1　本章适用于基层平整度的现场检测。

4.0.2　基层平整度现场检测的器具应符合下列规定：

1　靠尺规格应为 2m；

2　塞尺精度不应低于 0.1mm。

4.0.3　基层平整度检测时，每个测点应在相互垂直的方向上各检测一次，取两次读数的较大值作为该测点基层平整度的检测值，并应精确至 0.1mm。

4.0.4　应以各测点检测值的最大值作为该测区基层平整度的检测结果，并应以各测区检测结果的最大值为该检测单元基层平整度的检测结果。

5　基层含水检测

5.1　一般规定

5.1.1　本章适用于自然风干状态的混凝土或砂浆基层含水的现场检测，其中含水率宜采用含水率测定仪进行检测，单位面积含水量宜采用无水氯化钙法进行检测。

5.1.2　基层含水检测时，环境相对湿度不应大于 80%。

5.2 含水率检测

5.2.1 基层含水率测定仪的允许误差为±0.5%，测量范围不应小于40%。

5.2.2 基层含水率的测点间距不应小于1000mm，且距构件边缘不应小于100mm。

5.2.3 基层含水率检测时，含水率测定仪探头应与测点表面充分接触，每个测点应重复检测三次，以三次读数的算术平均值作为该测点的基层含水率，并应精确至0.1%。

5.2.4 应以各测点检测值的最大值作为该测区基层含水率的检测结果，并应以各测区检测结果的最大值为该检测单元基层含水率的检测结果。

5.3 单位面积含水量检测

5.3.1 单位面积含水量检测的仪器和装置应符合下列规定：

1 无水氯化钙吸湿盒应密封，包含的粉状无水氯化钙质量不宜小于100g，吸湿盒应具有重复开启、密闭功能，其开口面积不宜小于800mm²；

2 透明罩开口面积不宜小于200mm×300mm，高度不宜小于150mm；

3 透明罩、托盘及吸湿盒不应具有吸水特性，托盘不应影响基层表面的水分向外扩散；

4 天平的感量应为0.01g。

5.3.2 单位面积含水量检测的每个测区应至少布置1个测点，且测点应易于无水氯化钙吸湿盒的安放和透明罩的密封。

5.3.3 单位面积含水量的现场检测应按下列步骤进行：

1 称量无水氯化钙吸湿盒的初始质量，记为m_1，并应精确至0.01g。

2 安放托盘和无水氯化钙吸湿盒，打开吸湿盒，并立即安放透明罩（图5.3.3-1、图5.3.3-2）。透明罩四周应采用密封胶在2min内完全密封，并应记录检测开始时间。检测过程中，应确保透明罩的密封。

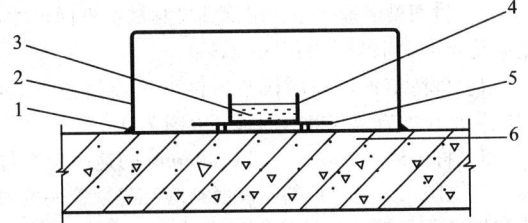

图 5.3.3-1 水平面基层单位面积
含水量检测示意图

1—密封胶；2—透明罩；3—无水氯化钙
4—无水氯化钙吸湿盒；5—托盘；6—基层

3 经过（24±0.5）h后，打开透明罩，立即密封无水氯化钙吸湿盒，称取吸湿后无水氯化钙吸湿盒

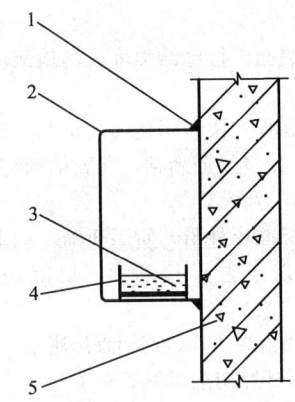

图 5.3.3-2 立面基层单位面积
含水量检测示意图

1—密封胶；2—透明罩；3—无水氯化钙；
4—无水氯化钙吸湿盒；5—基层

质量，记为m_2，应精确至0.01g，并应记录检测终止时间。

5.3.4 基层单位面积含水量应按下式计算：

$$M_A = \frac{m_2 - m_1}{A} \times 10^6 \qquad (5.3.4)$$

式中：M_A——基层单位面积含水量（g/m²），精确至0.1g/m²；

m_1——无水氯化钙吸湿盒的初始质量（g）；

m_2——吸湿后无水氯化钙吸湿盒质量（g）；

A——透明罩的开口面积（mm²）。

5.3.5 当布置多个测点时，应以各测点检测值的最大值作为该测区的基层单位面积含水量的检测结果。

5.3.6 应以各测区检测结果的最大值为该检测单元基层含水率的检测结果。

5.3.7 基层单位面积含水量检测时，应同时记录检测过程中的平均气温。

5.3.8 当基层含水量检测过程中测点周围出现明水时，该次检测应作废，并应重新进行检测。

6 基层表面正拉粘结强度检测

6.0.1 本章适用于混凝土或砂浆基层表面正拉粘结强度的现场检测。

6.0.2 基层表面正拉粘结强度现场检测的仪器设备应符合下列规定：

1 粘结强度检测仪应符合现行行业标准《数显式粘结强度检测仪》JG 3056的规定，且精度不应超过1N；

2 方形钢标准块的尺寸宜为40mm×40mm，厚度不应小于25mm，且应采用45号钢制作；

3 钢直尺的分度值应为1mm。

6.0.3 基层表面正拉粘结强度现场检测的测点间距不应小于1000mm，测点距构件边缘不应小于100mm。

6.0.4 基层表面正拉粘结强度现场检测应按下列步骤进行：

1 使用高强、快速固化的胶粘剂将钢标准块粘结在测点上，并应保证满粘，在胶粘剂完全固化前，钢标准块不得受到扰动。

2 沿钢标准块外沿，使用切割机在垂直基层表面的方向上切成方形检测面，切割深度不应小于10mm。

3 将切槽清理干净，用钢直尺测量切割面尺寸，精确至1mm，计算切割面积（S）。

4 将粘结强度检测仪与钢标准块连接在一起，并应保证拉力方向与检测面垂直（图6.0.4）。

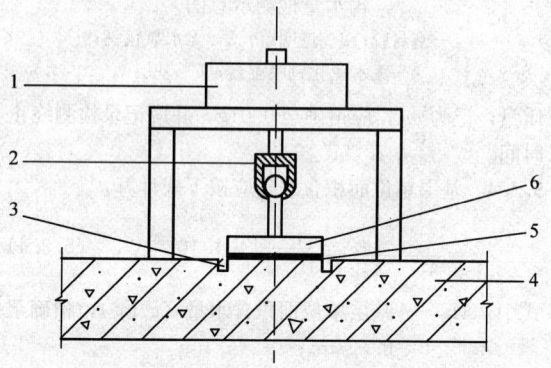

图6.0.4 基层表面正拉粘结强度检测示意图
1—加载装置；2—传力螺杆；3—切口；4—基层；
5—胶粘剂；6—钢标准块

5 将钢标准块以（5±1）mm/min的速率向上拉动，直至破坏，然后记录最大拉力值和破坏面情况。对于检测过程中钢标准块发生扭转、偏斜或检测面部分脱落的，该次检测应作废，并应重新进行检测。

6 当破坏面积大于钢标准块面积的80%，且破坏面中无外露钢筋时，可判定本次检测为有效，否则应重新进行检测。

6.0.5 基层表面正拉粘结强度应按下式计算：

$$R_c = \frac{F_t}{S} \qquad (6.0.5)$$

式中：R_c——表面正拉粘结强度（MPa），精确至0.01MPa；

F_t——最大拉力值（N）；

S——检测面的切割面积（mm²）。

6.0.6 基层表面正拉粘结强度检测结果的判定应符合下列规定：

1 当测区内各测点检测值的算术平均值符合设计要求或国家现行有关标准的规定，且最小值不小于设计值的80%或国家现行标准规定值80%时，判定该测区所检项目合格；

2 当测区内测点检测值的最小值不小于设计值的80%或国家现行有关标准规定值的80%，且算术

平均值小于设计值或国家现行有关标准的规定时，可在同一测区内加倍选取测点补测，并以前后两批测点检测值的算术平均值和最小值为该测区所检项目的检测结果；

3 全部测区合格时，判定该检测单元合格。

7 防水层粘结强度检测

7.0.1 本章适用于卷材防水层和涂膜防水层粘结强度的现场检测。

7.0.2 防水层粘结强度现场检测的仪器设备应符合下列规定：

1 粘结强度检测仪的技术指标应符合现行行业标准《数显式粘结强度检测仪》JG 3056的规定，且精度不应超过1N；

2 改性沥青类卷材防水层宜选用100mm×100mm的钢标准块，其他类型防水层宜选用40mm×40mm的钢标准块，钢标准块的厚度不应小于25mm，且应采用45号钢制作；

3 红外测温仪的分辨率不应超过0.1℃。

7.0.3 防水层粘结强度现场检测的测点布置应符合下列规定：

1 相邻测点间距不应小于1000mm，测点距构件边缘不应小于100mm；

2 检测卷材防水层时，测点应避开卷材的搭接部位。

7.0.4 防水层粘结强度现场检测时，应采用红外测温仪对防水层表面温度进行检测，且防水层表面温度应在10℃~40℃。

7.0.5 防水层粘结强度的现场检测应按下列步骤进行：

1 使用高强、快速固化的胶粘剂将钢标准块粘结在测点上，并应保证满粘，在胶粘剂完全固化前，钢标准块不得受到扰动。

2 沿钢标准块外沿，使用切割机在垂直基层表面方向切成方形检测面，应将防水层完全切透。

3 将切槽清理干净，用钢直尺测量切割面尺寸，精确至1mm，计算切割面积（S）。

4 将粘结强度检测仪与钢标准块连接在一起，并应保证拉力方向与检测面垂直（图7.0.5）。

5 将钢标准块以（5±1）mm/min的速率向上拉动，直至防水层完全从基层表面剥落，记录最大拉力值和破坏面情况。对于检测过程中钢标准块发生扭转、偏斜或检测面部分脱落的，该次检测应作废，并应重新进行检测。

6 当破坏发生在基层、防水层或基层与防水层的粘结面中，且破坏面积大于钢标准块面积的80%时，可判定本次检测有效，否则应重新进行检测。

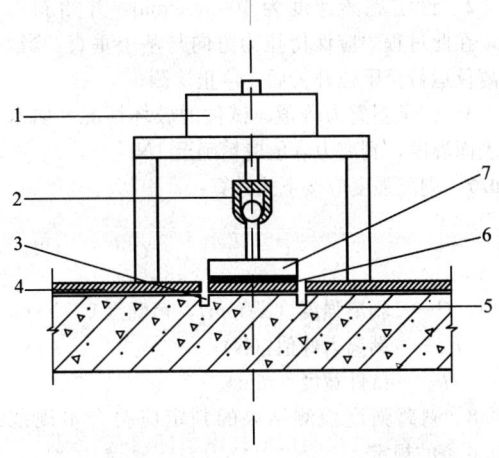

图 7.0.5　防水层粘结强度检测示意图

1—加载装置；2—传力螺杆；3—切口；4—防水层；
5—基层；6—胶粘剂；7—钢标准块

7.0.6　防水层粘结强度应按下式计算：

$$R_w = \frac{F_t}{S} \qquad (7.0.6)$$

式中：R_w——防水层粘结强度（MPa），精确
至 0.01MPa；

F_t——最大拉力值（N）；

S——检测面的切割面积（mm^2）。

7.0.7　防水层粘结强度检测结果的判定应符合本规
范第 6.0.6 条的规定。

8　防水层厚度检测

8.1　一般规定

8.1.1　本章适用于防水层厚度的现场检测，其中超
声波法适用于涂膜防水层的厚度检测，割开法适用于
涂膜和卷材防水层的厚度检测。

8.1.2　检测涂膜防水层厚度时，待检涂膜防水层应
完全固化。

8.1.3　当对防水层厚度检测结果有异议时，应以割
开法的检测结果为准。

8.1.4　防水层厚度检测结果的判定应符合本规范第
6.0.6 条的规定。

8.2　超声波法

8.2.1　超声波法所用的涂层测厚仪，应具有检测以
混凝土、砂浆为基层的涂膜防水层厚度的功能，检测
精度不应大于 0.01mm，仪器的量程不应小于涂膜设
计厚度的 120%。

8.2.2　超声波法防水层厚度检测应按下列步骤进行：

　　1　采用与被测涂膜材质相近且厚度已知的涂膜
对超声波涂层测厚仪进行校正；

　　2　在探头端面涂抹耦合剂；

　　3　施加适当且恒定的力将探头垂直地压在测点
表面，读取并记录仪器示值（图 8.2.2）。每个测点
应重复读数 3 次，并应以 3 次读数的算术平均值作为
该测点的防水层厚度的检测结果，精确至 0.01mm。

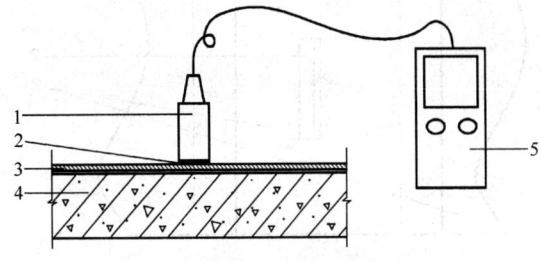

图 8.2.2　超声波法检测示意图

1—探头；2—耦合剂；3—涂膜防水层；
4—基层；5—超声波涂层测厚仪主机

8.3　割开法

8.3.1　割开法所用的测厚仪应符合现行国家标准
《建筑防水卷材试验方法　第 4 部分：沥青防水卷材
厚度、单位面积质量》GB/T 328.4 的规定。

8.3.2　割开法防水层厚度检测应按下列步骤进行：

　　1　采用切割工具在选定测点处切割出尺寸为
40mm×40mm 的防水层，取样时应避免防水层因拉
伸而产生的永久变形；

　　2　用测厚仪在四边及中心部位分别量取样品的
厚度，取 5 个测量值的算术平均值作为该测点防水层
厚度的检测结果，精确至 0.01mm。

9　剥离强度检测

9.0.1　本章适用于采用满粘工艺铺贴的卷材防水层
与基层剥离强度、卷材防水层接缝剥离强度的现场
检测。

9.0.2　剥离强度的现场检测应采用下列仪器设备：

　　1　90°剥离仪：应具有实时显示力值、位移等检
测参数的功能和自动峰值显示功能；

　　2　红外测温仪：分辨率为±0.1℃。

9.0.3　剥离强度现场检测的每个测区应至少布置 1
个测点，相邻测点的间距不应小于 1000mm，测点距
构件边缘不应小于 100mm。

9.0.4　剥离强度现场检测用试件应按下列步骤进行
制备：

　　1　卷材防水层接缝剥离强度试件：先准备长度
不小于 200mm，宽度为（50±5）mm 的卷材作为夹持
辅助材料；再采用高强、快速固化的胶粘剂将其粘结
在卷材防水层的接缝外边缘处，粘结面尺寸宜为
50mm×30mm，其长度方向应与接缝垂直；然后沿夹
持辅助材料的边缘，采用切割工具进行切割，制备试
件，并将接缝上层卷材拉起 30mm（图 9.0.4）；

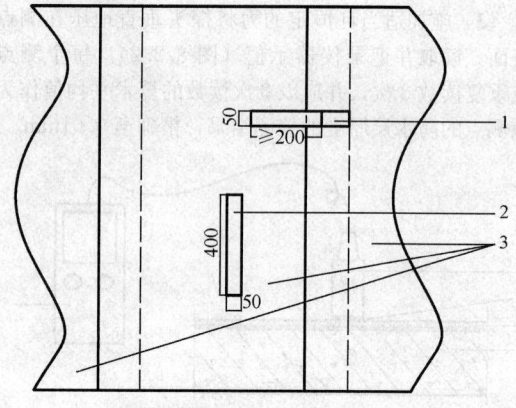

图 9.0.4　剥离强度试件
1—卷材防水层接缝剥离试件；2—卷材防水层与
基层剥离试件；3—卷材防水层

2 卷材防水层与基层剥离强度试件：采用切割工具沿纵向在卷材防水层上切割出长度为（400±10）mm，宽度为（50±5）mm 的试件，并将试件的一端拉起 30mm（图 9.0.4）。

9.0.5 剥离强度现场检测时，应采用红外测温仪对防水层表面温度进行检测，防水层表面温度应在 10℃～40℃。

9.0.6 剥离强度现场检测应按下列步骤进行：

1 将 90°剥离仪放置在测点上，使试件的拉起部分与防水层垂直（图 9.0.6-1、图 9.0.6-2）；仪器调平后，将试件拉起部分放入夹具中，拧紧夹具；

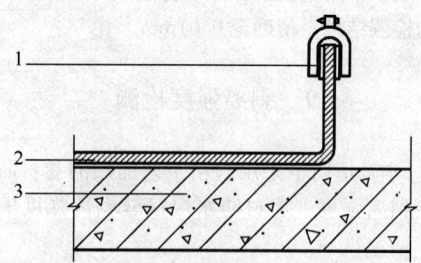

图 9.0.6-1　防水卷材与基层剥离
强度检测示意图
1—夹具；2—防水层；3—基层

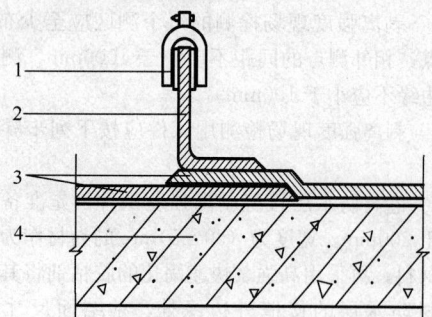

图 9.0.6-2　卷材防水层接缝剥离
强度检测示意图
1—夹具；2—夹持辅助材料；3—防水层；4—基层

2 设定剥离速度为 100mm/min，开始剥离试验，在此过程中应保持拉力方向与基层垂直，当 90°剥离仪运行至限位开关后，停止检测；

3 记录剥离力峰值、试件的破坏情况和防水层的表面温度，剥离力峰值应精确至 1N。

9.0.7 剥离强度应按下式计算：

$$P = \frac{F_p}{b} \qquad (9.0.7)$$

式中：P——剥离强度（N/mm），精确至 0.1N/mm；

F_p——剥离力峰值（N）；

b——试件宽度（mm）。

9.0.8 剥离强度检测结果的判定应符合本规范第 6.0.6 条的规定。

10　防水层柔性检测

10.0.1 本章适用于改性沥青类卷材防水层低温柔性的现场检测，其中落锤法适用于水平面卷材防水层，摆锤法适用于垂直立面卷材防水层。

10.0.2 防水层柔性现场检测的仪器设备应符合下列规定：

1 冷箱应由制冷器件、测温元件、控制单元及直径不小于 200mm 的隔温罩组成，冷箱的制冷温度应能降至 −30℃ 以下；

2 落锤仪应由落锤、透明导管组成，落锤质量应为（1000±1）g，锤头应为半球形（图 10.0.2），锤头半径应为 $15^{+0}_{-0.5}$ mm，锤身应为圆柱形，半径应为（20±1）mm，导管长度应为（1050±10）mm，并应在距下端 1000mm 处刻有标记；

3 摆锤仪应由摆锤、摆臂、支座组成；摆锤质量应为（700±1）g，锤头应为半球形（图 10.0.2），锤头半径应为 $15^{+0}_{-0.5}$ mm，锤身应为圆柱形，半径应为（20±1）mm，锤身应与摆臂连接，摆锤重心至支座连接轴中心之间的长度应为（1000±2）mm。摆臂质量应

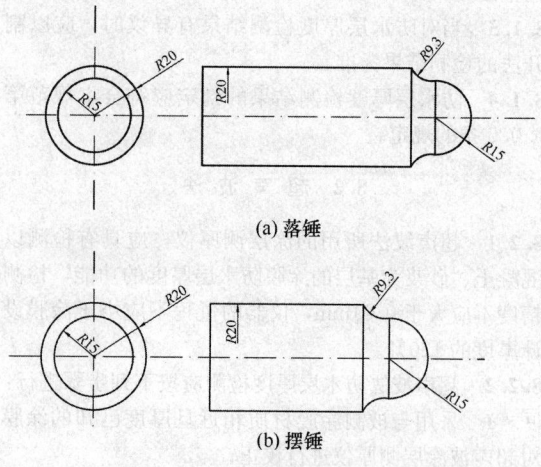

(a) 落锤

(b) 摆锤

图 10.0.2　落锤与摆锤示意图

为(600±1)g，且应分布均匀；

4 光学放大镜的放大倍数应为 10 倍。

10.0.3 防水层柔性现场检测的每个测区应至少布置 1 个测点，且测点应避开防水层接缝。

10.0.4 不同类型卷材防水层低温柔性现场检测的测点表面温度应符合表 10.0.4 的规定。

**表 10.0.4 不同类型卷材防水层低温柔性
现场检测的测点表面温度**

防水卷材类型		测点表面温度（℃）
SBS 改性沥青防水卷材	Ⅰ	−15±2
	Ⅱ	−20±2
APP 改性沥青防水卷材	Ⅰ	−2±1
	Ⅱ	−10±2

10.0.5 防水层柔性现场检测前，应先将冷箱置于测点处，密封隔温罩边缘，启动冷箱，使测点表面温度降至本规范表 10.0.4 的规定值，并保持 30min；然后移走冷箱，立即进行检测，且检测应在冷箱移走后 20s 内完成。

10.0.6 检测水平面防水层时，应将导管安放在测点上，落锤置于导管内，且落锤距待检面应为 1000mm，释放落锤，使其自由下落锤击防水层（图 10.0.6）。同一测点内应检测三次，且锤击点间距不应小于 50mm。

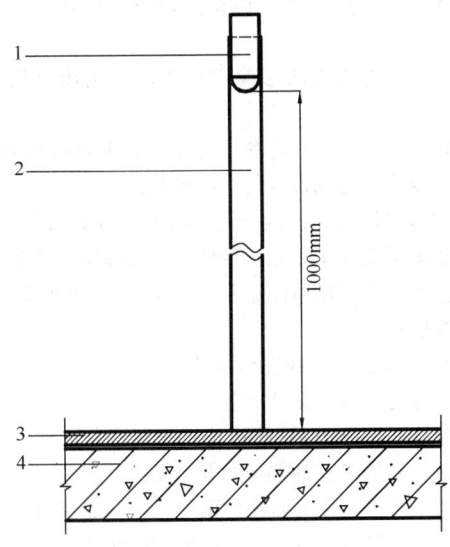

图 10.0.6 落锤法检测水平面防水层柔性示意图
1—落锤；2—导管；3—防水层；4—基层

10.0.7 检测垂直立面防水层时，应将摆锤仪置于测点上方，并应保证摆锤锤击位置与测点重合（图 10.0.7）。摆臂应从水平状态自由下落，锤击防水层。同一测点内应检测三次，且锤击点间距不应小于 50mm。

10.0.8 锤击后，应立即用放大镜观察测点有无裂

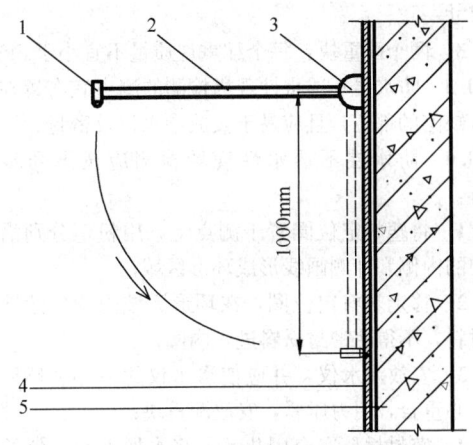

图 10.0.7 摆锤法检测垂直立面防水层柔性示意图
1—摆锤；2—摆臂；3—支座；4—防水层；5—基层

纹，并记录裂纹形态。三个锤击点中可允许出现 1 条裂纹，当裂纹多于 1 条时，应判定该测点防水层低温柔性不合格。

10.0.9 测点防水层低温柔性不合格时，应判定整个测区及检测单元的防水层低温柔性不合格。

11 防水层不透水性检测

11.0.1 本章适用于水平面防水层不透水性的现场检测。

11.0.2 防水层不透水性的现场检测应采用下列仪器和材料：

1 渗水仪：盛水量筒应由透明有机玻璃制成，容积应为 600mL，内径应为 50mm，量筒上应有刻度，分度值应为 1mm；环形底座内径应为 150mm，外径宜为 220mm（图 11.0.2）；

2 塑料定位圈：尺寸应与渗水仪的环形底座平

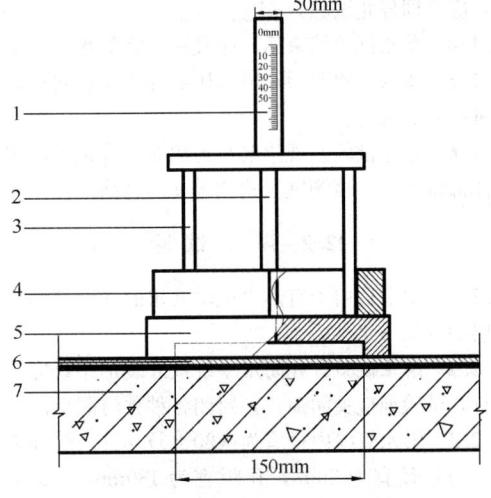

图 11.0.2 渗水仪示意图
1—盛水量筒；2—导管；3—支架；4—配重块；
5—环形底座；6—待检防水层；7—基层

面尺寸一致；

　　3 两个配重块：每个配重块质量不宜小于 5kg。

11.0.3 防水层不透水性现场检测的测点宜布置在怀疑有缺陷的部位，且应易于安放渗水仪及密封。

11.0.4 防水层不透水性现场检测应按下列步骤进行：

　　1 将塑料定位圈置于测点上，用粉笔分别沿塑料圈的内侧和外侧画线形成环形区域；

　　2 移走塑料定位圈，在环形区域内均匀涂抹密封材料，不得使密封材料进入内圈；

　　3 安放渗水仪，并应使渗水仪的中心和环形区域中心重合，用力压紧，安放配重块；

　　4 密封材料完全固化后，将水加入渗水仪的量筒至 0 刻度线，每 5min 记录一次水位高度，直至 30min 为止。

11.0.5 检测结束时，渗水仪量筒内水位下降高度不应大于 2mm。下降高度大于 2mm 时，应判定该测点防水层不透水性不合格。

11.0.6 测点防水层不透水性不合格时，应判定整个测区及检测单元的防水层不透水性不合格。

12 蓄水和淋水试验

12.1 蓄水试验

12.1.1 本节适用于平面防水层的现场蓄水试验。蓄水试验应在一道防水层施工完毕后进行。

12.1.2 蓄水试验前，应封堵试验区域内的排水口。最浅处蓄水深度不应小于 25mm，且不应大于立管套管和防水层收头的高度。

12.1.3 蓄水试验时间不应小于 24h，并应由专人负责观察和记录水面高度和背水面渗漏情况，出现渗漏时，应立即停止试验。

12.1.4 蓄水试验结束后，应及时排除蓄水。

12.1.5 蓄水试验前后，可采用红外热像法对被测区域进行普查对比。

12.1.6 蓄水试验发现渗漏水现象时，应记录渗漏水具体部位并判定该测区及检测单元不合格。

12.2 淋水试验

12.2.1 本节适用于有淋水试验要求的立面或斜面防水层的现场淋水试验。

12.2.2 淋水试验宜在防水系统或外装饰系统完工后进行，试验前应关闭窗户，封闭各种预留洞口。

12.2.3 淋水管线内径宜为（20±5）mm，管线上淋水孔的直径宜为 3mm，孔距宜为 180mm～220mm，离墙距离不宜大于 150mm，淋水水压不应低于 0.3MPa，并应能在待测区域表面形成均匀水幕。

12.2.4 淋水试验应自上而下进行，为保证水流压力

和流量，每 6m～10m 宜增设一条淋水管线，持续淋水试验时间不应少于 30min。

12.2.5 淋水试验应由专人负责，并应做好记录。淋水试验结束后，应检查背水面有无渗漏。

12.2.6 淋水试验前后，可采用红外热像法对被测区域进行普查对比。

12.2.7 对怀疑有渗漏的部位，可加强淋水。

12.2.8 淋水试验发现渗漏水现象时，应记录渗漏水具体部位并判定该测区及检测单元不合格。

13 红外热像法渗漏水检测

13.0.1 本章适用于红外热像法建筑防水工程渗漏水的现场检测。

13.0.2 现场检测用红外热像仪应符合现行行业标准《建筑红外热像检测要求》JG/T 269 的规定。

13.0.3 红外热像法渗漏水现场检测过程中，环境温度变化幅度不应超过 5℃，室外风力变化不应超过 2 级，且最大风力不应大于 5 级。

13.0.4 红外热像法渗漏水现场检测时，待检部位表面不应有明水。

13.0.5 红外热像法渗漏水现场检测时，所选拍摄位置及光学变焦镜头应保证每张红外热像图的一个像素点在待检区域上的面积不大于 50mm×50mm。

13.0.6 红外热像法渗漏水现场检测的拍摄角度不宜超过 45°；超过 45°的，应在报告中的红外热谱图旁注明。

13.0.7 红外热像法渗漏水现场检测应按下列步骤进行：

　　1 先对被测区域进行普测，获取红外热像图，然后对温度异常部位进行详细检测；

　　2 拍摄防水层的红外热像图，且同一部位的红外热像图不应少于 2 张，疑似渗漏水部位应适量增加照片数量，并应用草图说明其所在位置，同时应拍摄可见光照片；

　　3 被检部位面积较大时应分区域进行拍摄，但相邻图像之间应有重合部分；

　　4 记录并标识被拍摄位置的角度与方向，保存被检部位对应的红外热像图及可见光照片。

13.0.8 户外有阳光直接照射时，渗漏点温差异常参考值宜为 1℃～2℃；无阳光直接照射时，渗漏点温差异常参考值宜为 0.5℃～1℃。室内渗漏点温差异常参考值宜为 0.3℃～0.5℃。

13.0.9 红外热像图中出现异常时，应首先排除热（冷）源的干扰。对于红外热像图中的异常温差部位，宜通过比较实测热像图与被测部位的预期温度分布来确定渗漏点。

13.0.10 对红外热像法渗漏水现场检测结果有争议时，可采用现场破损取样的方法进行验证。

本规范用词说明

1 为便于在执行本规范条文时区别对待，对要求严格程度不同的用词说明如下：

1）表示很严格，非这样做不可的用词：
正面词采用"必须"，反面词采用"严禁"；

2）表示严格，在正常情况下均应这样做的用词：
正面词采用"应"，反面词采用"不应"或"不得"；

3）表示允许稍有选择，在条件许可时首先应这样做的用词：

正面词采用"宜"，反面词采用"不宜"；

4）表示有选择，在一定条件下可以这样做的用词，采用"可"。

2 条文中指明应按其他有关标准执行的写法为："应符合……的规定"或"应按……执行"。

引用标准名录

1 《建筑防水卷材试验方法 第 4 部分：沥青防水卷材 厚度、单位面积质量》GB/T 328.4

2 《混凝土用水标准》JGJ 63

3 《建筑红外热像检测要求》JG/T 269

4 《数显式粘结强度检测仪》JG 3056

中华人民共和国行业标准

建筑防水工程现场检测技术规范

JGJ/T 299—2013

条 文 说 明

制 订 说 明

《建筑防水工程现场检测技术规范》JGJ/T 299－2013，经住房和城乡建设部 2013 年 5 月 9 日以第 25 号文公告批准、发布。

本规范在制订过程中，编制组进行了广泛的调研，结合工程实际需求，总结了国内建筑防水工程检测实践经验，借鉴国外先进技术和方法，并通过大量的验证性试验，制订了有关建筑防水工程中与基层质量和防水层质量相关的 10 项技术指标的现场检测方法。

为便于广大工程设计、施工、监理、检测、咨询、科研、教学、管理等单位有关人员在使用本规范时能正确理解和执行条文规定，《建筑防水工程现场检测技术规范》编制组按章、节、条顺序编制了本规范的条文说明，对条文规定的目的、依据以及执行中需注意的有关事项进行了说明。但是，本条文说明不具备与规范正文同等的法律效力，仅供使用者作为理解和把握规范规定的参考。

目　次

1 总　　则

1.0.2 本条规定了本规范的适用范围。但是，本规范所列各种方法均不能代替施工和验收阶段已有明确规定的各种材料和衡量施工质量的检测方法，也不能代替针对防水材料质量进行试验室检测的各项标准，仅适用于在工程现场对防水工程中的基层、防水层质量进行检测。

1.0.3 国家现行有关标准包括《屋面工程质量验收规范》GB 50207、《屋面工程技术规范》GB 50345、《地下工程防水技术规范》GB 50108、《地下防水工程质量验收规范》GB 50208、《建筑外墙防水工程技术规程》JGJ/T 235、《建筑室内防水工程技术规程》CECS：196、《喷涂聚脲防水工程技术规程》JGJ/T 200、《弹性体改性沥青防水卷材》GB 18242、《塑性体改性沥青防水卷材》GB 18243、《高分子防水材料 第1部分：片材》GB 18173.1、《聚氨酯防水涂料》GB/T 19250、《喷涂聚脲防水涂料》GB/T 23446 等。

3 基 本 规 定

3.1 检 测 程 序

3.1.1 本条给出一般检测程序，当有特殊需要时，也可按检测需要进行检测。

3.1.2 使用状况包括建筑防水工程日常使用时的环境、损伤以及经历的维护、维修等情况。防水工程的现状包括检测时的体系完整性、防水有效性以及破损渗漏等现场情况。

3.1.4 建筑防水工程的现场检测方法，按照是否对防水层造成破坏，可分为以下两类：

　　1 无损检测方法：包括基层平整度检测、含水率检测、单位面积含水量检测、超声波法厚度检测、不透水性检测、蓄水试验、淋水试验、红外热像法渗漏水检测等；

　　2 局部破损检测方法：包括正拉粘结强度检测、割开法厚度检测、剥离强度检测、落锤法柔性检测、摆锤法柔性检测等。

　　在满足检测要求的前提下，宜优先选取无损检测方法进行检测。

3.2 检测单元及测区的划分

3.2.1 新建建筑的屋面、外墙和地下防水工程检测单元的划分可分别按照《屋面工程质量验收规范》GB 50207 - 2012、《建筑外墙防水工程技术规程》JGJ/T 235 - 2011、《地下防水工程质量验收规范》GB 50208 - 2011 进行。

　　建筑防水工程中的自然间主要为厨房和厕浴间，

水池包括蓄水池、游泳池、污水池等构筑物。

3.3 检 测 条 件

3.3.1 检测基层表面正拉粘结强度、防水层粘结强度时，测点表面若残留浮浆、灰尘等对检测结果产生影响；检测基层含水时，测点表面若残留胶粘剂、密封剂、油漆等污染物，会影响混凝土中水分的蒸发，所以必须将测点表面清理干净。

3.3.3 检测用水主要为符合标准要求的淡水。

3.3.4 天气恶劣时，不适宜进行露天检测，温度低于5℃或高于35℃时，已无法进行防水工程作业和现场检测。

4 基层平整度检测

4.0.1 《屋面工程质量验收规范》GB 50207 - 2012 第4.2.10条规定了"找坡层表面平整度的允许偏差为7mm，找平层表面平整度的允许偏差为5mm"；《地下防水工程质量验收规范》GB 50208 - 2011 第4.5.2条规定了塑料板防水层基面平整度的限值；《建筑室内防水工程技术规程》CECS 196：2006 标准中也对基层平整度做了规定。基层平整度检测时，可参照相关标准和设计要求进行判定。

4.0.2 检测时，可根据检测面积的大小选择合适的靠尺和塞尺，面积过小时，也可将2m靠尺对折作为1m靠尺使用。

5 基层含水检测

5.1 一 般 规 定

5.1.1 本条规定了基层含水检测的适用范围。《屋面工程质量验收规范》GB 50207 - 2012 中给出了基层干燥程度的简易检验方法，但难以量化。其余相关验收规范均参考此方法进行定性检验。《城市桥梁桥面防水工程技术规程》CJJ 139 - 2010 第6.2.1条中给出了不同类型防水层的基层含水率的限值要求，基层含水检测时，可参照相关标准和设计要求进行判定。

5.1.2 环境相对湿度超过80%时，空气中的水汽对检测结果的影响过大，难以反映基层的真实的含水状况。

5.3 单位面积含水量检测

5.3.1 无水氯化钙吸湿盒要严格密封，以防吸水失效。

5.3.3 整个安装检测过程中，无水氯化钙吸湿盒打开和密封过程应迅速完成，减小空气中水分对检测结果的影响。

5.3.4 基层单位面积含水量的物理意义为单位面积

上水汽的散发量，以 g/m² 为计量单位。

6 基层表面正拉粘结强度检测

6.0.1 本条规定了基层表面正拉粘结强度检测的适用范围。对于粘结强度较高的防水层一般需对基层的表面正拉粘结强度进行控制，如喷涂聚脲防水涂料、聚氨酯防水涂料等。目前，现行标准中仅有《喷涂聚脲防水工程技术规程》JGJ/T 200－2010 第 3.0.2 条规定"基层表面正拉粘结强度不宜小于 2.0MPa"，其余防水相关标准均要求"基层表面坚固、坚实、平整和干燥"，无具体的数值要求。基层表面正拉粘结强度检测时，可参考相关标准和设计要求进行判定。

6.0.3 本条规定了测点间距和测点与构件边缘距离，是为了防止测点之间的相互影响，并利于安装试验设备而定。

6.0.4 胶粘剂的粘结强度必须大于基层的表面正拉粘结强度。

在基层上加工检测面时，需符合安全施工要求，避免粉尘、有害气体等对人体产生的伤害。

在安放粘结强度检测仪时，保证拉力方向与检测面垂直，是为了将拉力均匀地传递到试件上，避免因受力不均而出现试件局部率先破坏现象。检测过程中，如果发现破坏发生在基层与环氧胶之间、钢标准块与环氧胶之间时，得到的数据不能真实反映基层的表面正拉粘结强度，需重新制样进行检测。

6.0.6 本条规定了基层表面正拉粘结强度的判定原则。

当测区内测点检测值的最小值和算术平均值不小于设计值的 80% 或相关标准规定值的 80%，但小于设计值或相关标准规定时，允许加倍选取测点补测进行让步验收，检测结果仍小于设计或相关标准规定值时，判定该测区不合格。

7 防水层粘结强度检测

7.0.1 本条规定了防水层粘结强度适用范围。目前，《喷涂聚脲防水工程技术规程》JGJ/T 200－2010 第 7.2.2 条规定"喷涂聚脲涂层正拉粘结强度 ≥ 2.0MPa 且正常破坏"，其他类型的防水层粘结强度是否合格可与相应的产品标准的技术要求相比较来确定。

7.0.3 本条规定了测点间距和测点与构件边缘距离，是为了防止测点之间的相互影响，并利于安装试验设备而定。

7.0.4 防水层表面温度超出此范围时不宜对防水层粘结强度进行检测。

7.0.5 在防水层上切槽时，应切透防水层，是为了使检测结果不受到周围防水层的影响，真实反映防水

层与基层的粘结强度。

检测过程中，如果发现防水层与环氧胶粘破坏、钢标准块与环氧胶间粘结破坏时，得到的数据不能真实反映防水层与基层的粘结强度，需重新制样进行检测。

8 防水层厚度检测

8.1 一般规定

8.1.1 超声波法适用于涂膜防水层，割开法适用于涂膜和卷材防水层。割开法检测结果准确率高，但对防水层的完整性有影响。

国家现行验收标准中对于涂层厚度的质量要求为"平均厚度应符合设计要求，检测的最小厚度值不应小于设计厚度的 80%"。《屋面工程质量验收规范》GB 50207 和《地下防水工程质量验收规范》GB 50208 中给出了不同防水等级的防水卷材厚度的最低要求，防水层厚度检测时，可参考设计要求和相应的验收规范进行判定。

8.2 超声波法

8.2.2 校正调零时，应按照仪器使用说明进行，调节仪器的测量范围上下限。

对于光滑且厚度小的涂料，应以水做耦合剂；对于表面较粗糙的防水层，在不会对涂层造成污染的情况下，应以乙二醇凝胶做耦合剂。

超声波发射开关在探头上，施以启动发射的压力即可，不应继续加力。

检测过程中，如果同一测点上仪器自动检测的 3 个读数相差较大，则应另选测点检测，如果读数仍然相差很大，应对测厚仪进行校正。

8.3 割开法

8.3.2 割开法适用于涂膜和卷材防水层，属于局部破损检测。也可在其他现场检测后的破损部位割取防水层，采用测厚仪进行检测。

9 剥离强度检测

9.0.1 卷材防水层与基层及卷材防水层间应有一定的剥离强度，以保证卷材防水层的整体性。在防水层施工过程中，基层处理不当或者防水层层间粘结处理不当都会导致防水层整体性的降低，因此在防水层施工完成后应对其层间剥离强度进行检测。《弹性体改性沥青防水卷材》GB 18242、《塑性体改性沥青防水卷材》GB 18243 等标准给出了接缝剥离强度的技术要求，《自粘聚合物改性沥青防水卷材》GB 23441、《高分子防水材料 第 1 部分：片材》GB 18173.1 等

标准给出了剥离强度的技术要求，剥离强度检测时，可参考相关产品标准的技术要求进行判定。

9.0.2 《公路沥青面施工技术规范》JTGF 40－2004 中规定对卷材类或加胎体涂膜类防水层90°剥离仪进行现场检测，本条中规定的90°剥离仪可采用此设备。

9.0.3 剥离强度现场检测属局部破损检测，因此测点布置不宜过多，对剥离强度有怀疑时也可按需要增加测点。

9.0.4 卷材间的接缝宽度难以满足设备要求，因此需增加辅助材料进行剥离强度检测。

9.0.5 基层表面温度超出此范围时不宜进行剥离强度检测。

10 防水层柔性检测

10.0.1 本方法是在已施工的防水层上进行低温锤击试验。将防水层降温至对应标准中规定的检测温度，使用落锤或摆锤，对其进行锤击，使防水层表面发生形变。质量不符合标准的材料在对应低温下发生形变时，会产生裂纹。本方法是在对不同种类改性沥青卷材进行了大量验证性试验后而定的。

10.0.2 本方法使用的冷箱是具有迅速降温至－30℃且能在低温下恒温功能的便携式冷冻设备。

10.0.3 本方法是检测防水层在低温锤击后有无裂纹，接缝处厚度与其他部位防水层厚度不一致，铺贴过程对防水卷材的影响较大，性能上会有较大差异。

10.0.4 通过试验验证，对于不同种类的防水材料，现场锤击方法的检测温度应高于相应产品标准中低温柔性的检测温度，表10.0.4中所列温度为使用锤击法检测由相应防水材料铺设而成的防水层低温柔性的现场检测温度。

10.0.5 由于沥青类卷材的低温柔性对温度敏感性很大，在检测时常会因为温度的升高，而使检测结果发生改变，因此，检测时待检表面温度必须在规定温度范围内，落锤和摆锤检测均应迅速进行。

10.0.8 低温柔性不合格的防水材料，锤击点周围会有辐射状或环状的裂纹。裂纹不超过1条时可认为防水层低温柔性满足要求。

11 防水层不透水性检测

11.0.1 本条规定了防水层不透水性检测的适用范围。本方法主要参照《公路路基路面现场测试规程》JTG E60－2008中"沥青路面渗水系数测试方法"而确定。

11.0.2 塑料圈用于定位和划定涂抹密封材料，其内外径与环形底座内外径尺寸一致。

11.0.3 怀疑部位如卷材接缝、涂层表面粗糙、疑似针孔等处。

11.0.4 塑料定位圈确定的环形区域即为需要用密封材料进行密封的区域。

11.0.5 如防水层表面无针孔、破损等缺陷，渗水仪量筒内水位不会下降，本条规定水面下降高度不超过2mm，主要考虑蒸发等因素引起的水分散失。

12 蓄水和淋水试验

12.1 蓄水试验

12.1.1 蓄水试验主要目的是为检测平面防水层的整体性，应对验收规范中有蓄水试验要求的部位进行蓄水试验。

现有验收规范中，《屋面工程质量验收规范》GB 50207－2012第3.0.12条规定"屋面防水工程完工后，应进行观感质量检查和雨后观察或淋水、蓄水试验，不得有渗漏和积水现象"，第9.0.8条规定"具备蓄水条件的檐沟、天沟应进行蓄水试验，蓄水时间不得少于24h，并应填写蓄水试验记录"；《建筑室内防水工程技术规程》CECS 196：2006第6.1.1条第9款规定"地面和水池、泳池的蓄水试验应达到24h以上进行检验不渗漏"，第6.6.1第4款规定"所有厨房、厕浴间均应进行蓄水试验"。

12.1.3 蓄水试验时，蓄水深度不宜过深，并注意屋面蓄水的总重量，不能超过屋面结构的承载能力。对于立管根部及女儿墙卷材收头等部位，应沿着立管或女儿墙根部浇水，检查收头部位的渗漏水情况。一旦出现渗漏，必须立即停止试验，待渗漏点处理完毕后再重新进行蓄水试验。

12.1.5 对于有怀疑部位可在蓄水试验前首先采用红外热像法进行扫描，蓄水试验结束后，首先目测有无渗漏水的部位，如无明显的渗漏水现象，可在表干后采用红外热像法对蓄水部位进行扫描，对比蓄水前后的红外热像图以便查找渗漏点。

12.2 淋水试验

12.2.1 淋水试验主要目的是为检测立面或斜屋面防水层的整体性，应对验收规范中有淋水试验要求的部位进行淋水试验。

现有验收规范中，《屋面工程质量验收规范》GB 50207－2012第9.0.8条规定"检查屋面有无渗漏、积水和排水系统是否通畅，应在雨后或持续淋水2h后进行"；《建筑外墙防水工程技术规程》JGJ/T 235－2011第7.1.3条规定"外墙防水层完工后应进行检验验收，防水层渗漏检查应在雨后或持续淋水30min后进行"。

12.2.3 本条规定了淋水管线的具体要求，形成的水幕类似于人工降雨，便于雨后检查。

12.2.4 对于有怀疑部位可在淋水试验前首先采用红

外热像法进行扫描，淋水试验结束后，首先目测有无渗漏水的部位，如无明显的渗漏水现象，可在表干后采用红外热像法对此部位进行扫描，对比淋水前后的红外热像图以便查找渗漏点。

12.2.5 对怀疑有渗漏部位可加强淋水，以进一步确认。

13 红外热像法渗漏水检测

13.0.1 红外热像法是利用红外探测器、光学成像物镜和光机扫描系统接受待检物的红外辐射能量分布反映到红外探测器的光敏元件上，依据不同的红外辐射能量，在红外热像图中显示为不同的颜色区域，对建筑物防水失效进行检测的非破坏性检测方法。借鉴国外建筑行业中使用方法，设计相应检测方案，并经过验证性考核试验，纳入建筑防水工程现场检测技术中。

本条明确规定了红外热像法的适用范围，应用本方法时，适用范围不得外延。

13.0.2 由于渗漏点温差小，仪器的温度分辨率越小越好。

13.0.4 表面有明水时，所拍摄的红外热谱图主要为水温，无法准确反映防水层状况。

13.0.5 所选拍摄位置（角度与距离）及光学变焦镜头应确保每张红外热谱图的最小可探测面积在目标物上不大于 $50mm \times 50mm$，即当空间分辨力为 1m/rad 时拍摄距离不超过 50m，如因环境所限无法达到以上要求则需要在报告中相应的红外热谱图旁注明。现场记录异常区域。

13.0.6 拍摄角度是指红外热像仪观察方向与被测物体辐射表面法线方向的夹角。

13.0.7 检测前应保证仪器有足够的电量，并对仪器的使用状况进行检查，以保证检测过程中得到较为清晰的红外热像图。

空间分辨力为 1m/rad 时拍摄距离不超过 50m。进行拍摄时，应在同一地点，相同距离和角度进行拍摄，以便分析结果。

13.0.8 温差异常参考值会根据现场环境及目标物状态有轻微变化，可配合相对湿度检测进行确认，也可以热聚焦的方法进一步检视红外热谱图。

总 目 录

第1册 地基与基础、施工技术

1 地基与基础

2 施工技术

第 2 册　主体结构

3　主体结构

第3册 装饰装修、专业工程、施工管理

4 装饰装修

5　专业工程

6　施工组织与管理

第4册　材料及应用、检测技术

7　材料及应用

8　检测技术

第 5 册　质量验收、安全卫生

9　质量验收

10 安全卫生